Anatomie et physiologie humaines

2e édition

Elaine N. Marieb

Anatomie et physiologie humaines

2e édition

ÉDITIONS DU RENOUVEAU PÉDAGOGIQUE INC.

5757, RUE CYPIHOT
SAINT-LAURENT (QUÉBEC) H4S 1R3
TÉL.: (514) 334-2690
TÉLÉC.: (514) 334-4720
COURRIEL: erpidlm@erpi.com

Adaptation française: René Lachaîne

Supervision éditoriale:
Sylvie Chapleau

Traduction:
Jean-Pierre Artigau, France Boudreault,
Annie Desbiens, Marie-Claude Désorcy

Révision linguistique et correction d'épreuves:
Hélène Lecaudey

Édition électronique:
Caractéra inc.

Couverture:
ERPI

Photographies de la couverture:
Michael Slobodian, photographe
Catherine Allard, Rey Dizon et Tony Fabre, danseurs

Cet ouvrage est une version française de la quatrième édition de *Human Anatomy and Physiology* de Elaine N. Marieb, publiée et vendue à travers le monde par The Benjamin/Cummings Publishing Company, Inc.

Dépôt légal: 2e trimestre 1999
Bibliothèque nationale du Québec
Bibliothèque nationale du Canada
Imprimé au Canada

ISBN 2-7613-1053-5

1 2 3 4 5 6 7 8 9 0 II 5 4 3 2 1 0 9
20101 ABCD LHM-9

AU PROFESSEUR

En tant que professeurs d'anatomie et de physiologie, nous faisons tous face à la même difficulté. Nous devons transmettre aux étudiants une masse d'informations assez complexes d'une manière qui stimule leur intérêt, et non qui le dilue. Cette tâche exige la construction d'une démarche pédagogique qui mène à une réelle compréhension et aide les étudiants à appliquer leurs connaissances. Ce faisant, nous espérons leur inspirer un véritable amour du sujet.

Après avoir enseigné l'anatomie et la physiologie humaines pendant de nombreuses années, je suis moi-même retournée aux études, poussée par la curiosité que m'inspiraient les aspects cliniques de l'anatomie et de la physiologie. Assise parmi des étudiants de tous âges, j'ai eu tôt fait de songer aux améliorations que je pourrais apporter à mes propres explications. J'ai bientôt acquis la conviction que, en renouvelant la présentation de bon nombre de sujets, je pourrais stimuler la curiosité naturelle des étudiants. C'est alors que j'ai décidé d'écrire cet ouvrage.

THÈMES FONDAMENTAUX

L'étude de l'anatomie et de la physiologie ne serait ni cohérente ni logique si elle ne s'articulait autour de thèmes fondamentaux. Les trois que j'ai choisis, énoncés dans le chapitre 1 et développés tout au long du manuel, forment le fil conducteur qui donne au manuel son unité, sa structure et son ton.

- **Relations entre les systèmes:** Partout où j'en ai eu l'occasion, j'ai souligné que presque tous les mécanismes de régulation reposent sur l'interaction de plusieurs systèmes. Par exemple, dans le chapitre 6, qui porte sur la croissance et le remaniement du tissu osseux, je fais ressortir l'importance de la traction musculaire pour la force des os; dans le chapitre 21, qui traite des vaisseaux et des tissus lymphatiques, je fais état du rôle capital que jouent ces organes dans l'immunité et la circulation sanguine, deux fonctions absolument essentielles au maintien de la vie. Cette approche atteint son point culminant dans les encadrés intitulés *Synthèse,* qui aideront les étudiants à envisager l'organisme comme un ensemble dynamique de parties interdépendantes et non comme un assemblage d'unités structurales isolées.
- **Homéostasie:** L'homéostasie est l'état d'équilibre que l'organisme normal cherche sans cesse à atteindre ou à conserver. La perte de cet état entraîne inévitablement un trouble, qu'il soit passager ou permanent. C'est pourquoi je présente les états pathologiques dans le corps même du texte, chaque fois qu'il est pertinent de le faire. Toutefois, les exemples cliniques ne visent qu'à mettre en relief le fonctionnement normal de l'organisme et ne constituent jamais des fins en soi. Au chapitre 20, par exemple, j'ajoute à la présentation de la structure et du fonctionnement des vaisseaux sanguins des explications sur la capacité qu'ont les artères saines de se dilater et de se resserrer pour assurer un débit sanguin adéquat. Je profite de l'occasion pour traiter des conséquences de la perte de l'élasticité artérielle sur l'homéostasie, soit l'hypertension et tous les problèmes qu'elle entraîne. Les paragraphes portant sur les déséquilibres homéostatiques sont indiqués par un symbole qui évoque une balance en déséquilibre. Dans une figure ou dans le texte, ce symbole annonce aux étudiants qu'ils vont analyser la maladie sous l'angle de la perte de l'homéostasie.
- **Relation entre la structure et la fonction:** Au fil du manuel, je fais de la compréhension des structures anatomiques une condition préalable à l'assimilation des fonctions. J'explique minutieusement les concepts fondamentaux de la physiologie, et je les rapporte aux caractéristiques morphologiques qui permettent ou facilitent l'accomplissement des diverses fonctions. Je souligne par exemple que la fonction de double pompe du cœur repose sur les faisceaux musculaires qui relient les cavités cardiaques en formant autour d'elles des huit sans début ni fin.

Les pages suivantes vous donneront un aperçu des nombreuses autres particularités de l'ouvrage.

GUIDE VISUEL
Anatomie et physiologie humaines

5 LE SYSTÈME TÉGUMENTAIRE

SOMMAIRE ET OBJECTIFS D'APPRENTISSAGE

Peau (p. 143-148)

1. Nommer les différents tissus qui composent l'épiderme et le derme. Identifier leurs principales couches et expliquer les fonctions de chacune de ces couches.
2. Décrire les facteurs qui déterminent normalement la couleur de la peau. Expliquer brièvement pourquoi des changements de la couleur de la peau peuvent être interprétés comme les signes cliniques de certaines maladies.

Annexes cutanées (p. 148-153)

3. Comparer la structure, la répartition et la situation la plus fréquente des glandes sudoripares et sébacées, ainsi que la composition et les fonctions de leurs sécrétions.
4. Comparer les glandes sudoripares mérocrines et les glandes sudoripares apocrines.
5. Énumérer les parties d'un follicule pileux et expliquer leurs fonctions respectives. Décrire la relation fonctionnelle entre le muscle arrecteur du poil et le follicule pileux.
6. Nommer les parties du poil et définir les principes qui déterminent la couleur des poils. Décrire la répartition, la croissance et le renouvellement des poils ainsi que les changements dont ils font l'objet tout au long de l'existence.
7. Décrire la structure des ongles.

Fonctions du système tégumentaire (p. 153-155)

8. Énumérer au moins cinq fonctions de la peau et les décrire.

Déséquilibres homéostatiques de la peau (p. 155-157)

9. Expliquer pourquoi une brûlure grave constitue une menace pour la vie. Exposer une technique servant à déterminer l'étendue d'une brûlure et comparer les brûlures des premier, second et troisième degrés.
10. Nommer les trois principaux types de cancer de la peau.

Développement et vieillissement du système tégumentaire (p. 157, 160)

11. Décrire brièvement les changements que subit la peau de la naissance à la vieillesse et donner un aperçu de leurs causes.

Seriez-vous séduit par une publicité qui vanterait les mérites d'un vêtement imperméable, élastique, lavable, infroissable, réparant lui-même ses petites coupures, déchirures et brûlures grâce à d'invisibles outils de raccommodage, et garanti à vie dans la mesure où l'on en prend raisonnablement soin? Cela vous paraîtrait sûrement trop beau pour être vrai. Pourtant, vous possédez déjà un tel vêtement: votre peau. La peau et ses annexes (glandes sudoripares et sébacées, poils et ongles) forment un ensemble d'organes extrêmement complexe qui assument de nombreuses fonctions pour la plupart protectrices. L'ensemble de ces organes est appelé **système tégumentaire.**

142

Sommaire et objectifs d'apprentissage

Introduction au chapitre

La liste des concepts généraux, des processus et de la terminologie présentée au début des chapitres indique aux étudiants les points les plus importants du chapitre. Les étudiants peuvent utiliser les objectifs comme outil d'étude et de révision afin de vérifier leur compréhension.

Au début de chacun des chapitres, des histoires ou des analogies avec le monde réel aideront les étudiants à voir comment le système étudié fait une différence dans leur vie.

Onglets de couleur portant le numéro du chapitre

Tous les chapitres portant sur un même système sont identifiés par un onglet de la même couleur. Afin de faciliter le repérage de l'information, les onglets donnent également le numéro du chapitre.

Tableaux

Les illustrations situées à l'intérieur des tableaux résument l'information fournie. La synthèse ainsi obtenue constitue un bon outil d'étude.

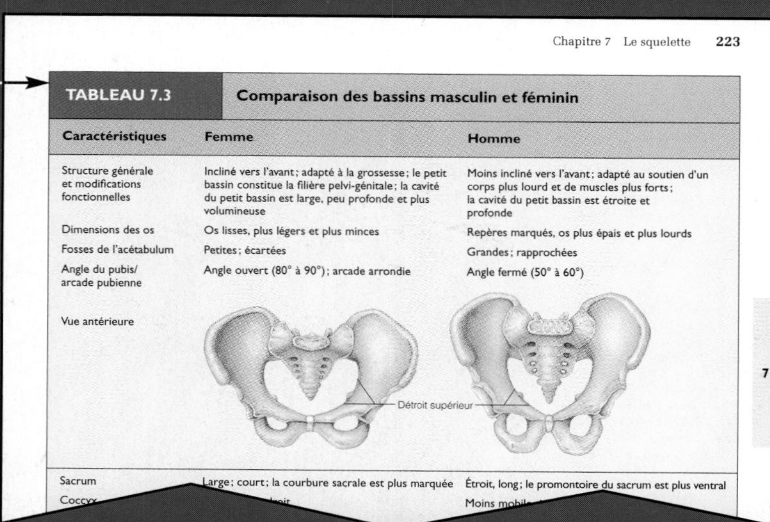

Chapitre 7 Le squelette 223

TABLEAU 7.3 Comparaison des bassins masculin et féminin

Caractéristiques	Femme	Homme
Structure générale et modifications fonctionnelles	Incliné vers l'avant; adapté à la grossesse; le petit bassin constitue la filière pelvi-génitale; la cavité du petit bassin est large, peu profonde et plus volumineuse	Moins incliné vers l'avant; adapté au soutien d'un corps plus lourd et de muscles plus forts; la cavité du petit bassin est étroite et profonde
Dimensions des os	Os lisses, plus légers et plus minces	Repères marqués, os plus épais et plus lourds
Fosses de l'acétabulum	Petites; écartées	Grandes; rapprochées
Angle du pubis/arcade pubienne	Angle ouvert (80° à 90°); arcade arrondie	Angle fermé (50° à 60°)
Vue antérieure		
Sacrum	Large; court; la courbure sacrale est plus marquée	Étroit, long; le promontoire du sacrum est plus ventral
Coccyx		Moins mobile

Illustrations numérisées

La numérisation des figures assure leur uniformité, tout en donnant des couleurs franches et des images très vivantes.

Photographies de cadavres

Les photographies de cadavres présentées dans les figures aident les étudiants à faire le lien entre les illustrations et l'anatomie réelle du corps humain.

Questions clés et réponses

Les questions portant sur une sélection de figures servent de guide pour l'interprétation des concepts ou des processus illustrés. Les réponses apparaissent sous la figure ou au bas de la page.

Chapitre 12 Le système nerveux central 439

? *Qu'est-ce qui forme les intumescences cervicale et lombale dans la moelle épinière?*

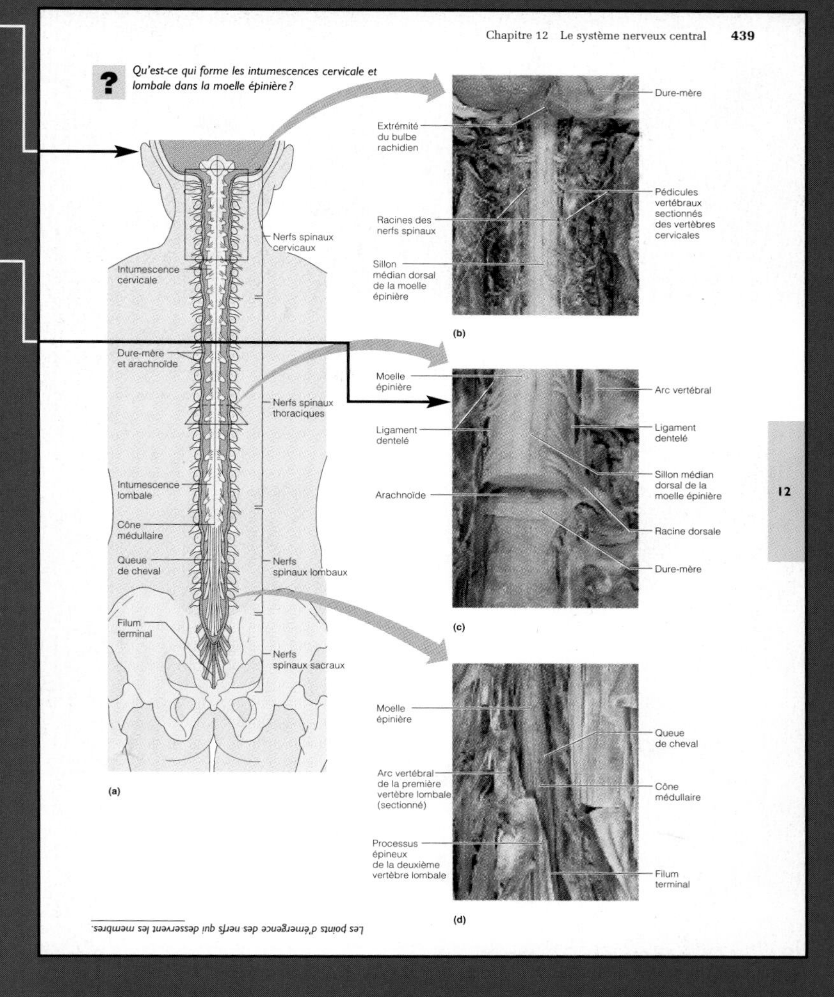

Les points d'émergence des nerfs qui desservent les membres.

? *Quelle protéine membranaire sert de transducteur du signal dans ce mécanisme? Pourquoi dit-on que les réactions déclenchées par les seconds messagers sont «en cascade»?*

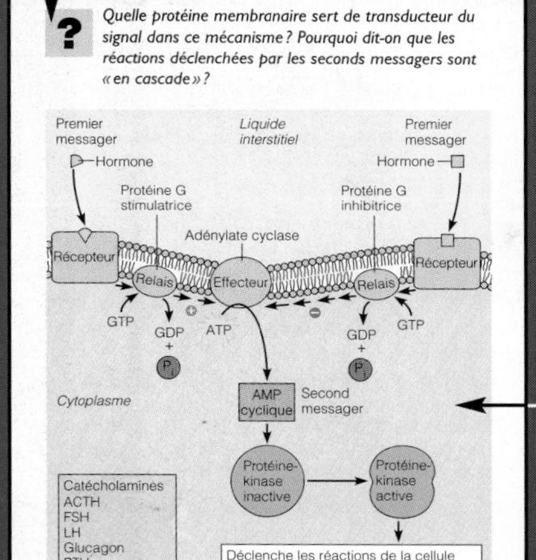

FIGURE 17.2
Représentation schématique des seconds messagers des hormones dérivées d'acides aminés. (a) L'activation de l'adénylate cyclase et la production d'AMP cyclique qui s'ensuit sont déclenchées par des protéines G. Ces protéines sont activées par la liaison de l'hormone (premier messager) aux récepteurs membranaires. Elles ont une activité GTPase qui catalyse la libération d'énergie par hydrolyse de la GTP. L'AMP cyclique (le second messager) agit à l'intérieur de la cellule de manière à activer des protéines-kinases qui induisent les réactions de la cellule à l'hormone.

Hormones dérivées d'acides aminés et seconds messagers

Les protéines et les peptides ne peuvent traverser la membrane plasmique des cellules car celle-ci est principalement composée d'une double couche de phospholipides; presque toutes les hormones dérivées d'acides aminés (hydrosolubles) agissent donc par l'intermédiaire de **seconds messagers** intracellulaires produits par la liaison des hormones aux récepteurs de la membrane plasmique. Parmi les seconds messagers, l'**AMP cyclique,** qui induit aussi les effets de certains neurotransmetteurs, est de loin le mieux connu, et c'est sur lui que nous nous attarderons.

La (les) protéine(s) G. Parce que chaque étape a un effet d'amplification énorme et produit beaucoup plus de molécules que la précédente.

Physiologie simplifiée

La physiologie n'est pas obligatoirement difficile! Ces figures aident les étudiants à comprendre un processus dans son ensemble sans se perdre dans les détails.

Conseils d'étudiants

Ces conseils d'anciens étudiants ayant trouvé des moyens innovateurs pour retenir et mettre en application l'information présentée pendant le cours d'anatomie et de physiologie se révéleront fort utiles.

Membranes Les surfaces interne et externe de l'os sont chacune associées à des membranes. La surface externe de la diaphyse est recouverte et protégée par une membrane double, d'un blanc brillant, le **périoste** (*peri* = autour; *osteon* = os). La *couche fibreuse* externe du périoste est composée de tissu conjonctif dense irrégulier; la *couche ostéogénique* interne repose sur la surface osseuse; elle comporte surtout des **ostéoblastes** (cellules productrices de matière osseuse) et des **ostéoclastes** (cellules qui détruisent la matière osseuse).

Le périoste est riche en neurofibres et en vaisseaux lymphatiques et sanguins qui pénètrent l'os de la diaphyse par des **foramens nourriciers,** ou trous vasculaires. Il est fixé à l'os sous-jacent par des touffes de fibres collagènes nommées **fibres de Sharpey** (figure 6.3), qui s'étendent de la couche fibreuse jusqu'à l'intérieur de la matrice osseuse. Le périoste constitue également une zone de points d'insertion ou d'ancrage des tendons et des ligaments; les fibres de Sharpey sont extrêmement denses en ces points.

> « *Pour réviser, il est beaucoup plus efficace et amusant de dessiner et de colorier que de fixer une page! Prenez quelques crayons et coloriez les documents en noir et blanc distribués pendant le cours. Vous pouvez aussi faire vos propres croquis ou calquer des images du manuel pour les colorier. Nul besoin d'être un grand artiste; le but est de porter toute votre attention sur la matière que vous étudiez.*
>
> *Wendy Storkamp, étudiante en médecine*

Les surfaces internes de l'os sont garnies d'une fine membrane de tissu conjonctif nommée **endoste** (*endon* = en dedans). L'endoste (figure 6.3) recouvre les travées de l'os spongieux dans les cavités médullaires, et il tapisse les canaux qui traversent l'os compact. Tout comme le périoste, l'endoste contient à la fois des ostéoblastes et des ostéoclastes.

Structure des os courts, irréguliers et pl...

GROS PLAN

Le cartilage ou la force de l'eau

Point de match. Argosy lance sa balle en l'air, cambre les reins et catapulte le projectile dans le carré de service opposé. Belsky recule à toutes jambes puis exécute un plongeon désespéré pour tenter de retourner la balle. Ça vous dirait, une petite partie de tennis ? Sûrement pas sans de bons cartilages !

Le cartilage est le tissu qui constitue la charpente pour la construction de la plupart des os et qui représente des coussins spongieux dans les articulations mobiles. Sa caractéristique première est l'*élasticité* : si on le comprime puis qu'on relâche la pression, il reprend sa forme initiale. C'est ainsi que les cartilages articulaires situés aux extrémités des os absorbent les chocs provoqués par toutes sortes de mouvements, comme soulever un objet lourd, frapper une balle de tennis, courir ou sauter. Lorsque le mouvement cesse, le cartilage reprend sa forme jusqu'à ce qu'un autre mouvement le sollicite.

Le cartilage a une autre caractéris- … portante : il *croît rapidement* …

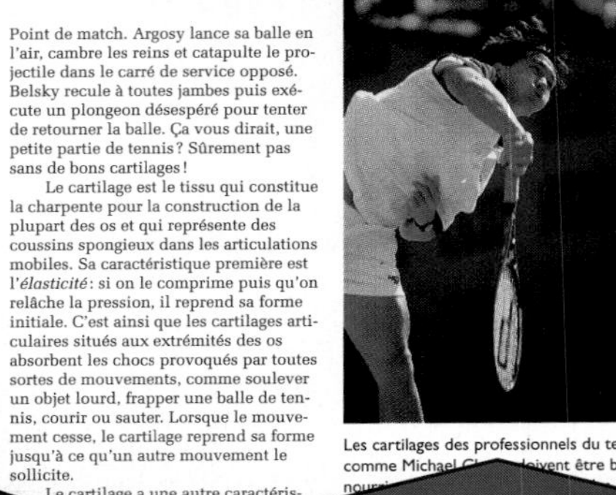

Les cartilages des professionnels du tennis, comme Michael Ch… doivent être bien nourri…

confère de l'élasticité au cartilage. Quand le cartilage subit une pression, l'eau est repoussée hors des régions de charge négative. À mesure que ces dernières sont comprimées les unes contre les autres, elles se repoussent et résistent à l'augmentation de la compression. Lorsque la pression cesse, les molécules d'eau regagnent instantanément leur position initiale, ce qui amène le cartilage à reprendre instantanément sa forme. Ces mécanismes jouent un rôle essentiel dans la nutrition des cartilages articulaires. En effet, le mouvement de liquide qui se déclenche chaque fois qu'une pression est exercée ou relâchée apporte des nutriments aux cellules du cartilage. Voilà pourquoi les longues périodes d'inactivité peuvent affaiblir les cartilages articulaires.

Comme toutes les cellules de l'organisme, les chondrocytes vieillissent et semblent obéir à une horloge biologique. Les protéoglycanes synthétisés par les vieux chondrocytes sont nettement différents de ceux que produisent les cellules … différences pourraient expli… …throse (une

4

Encadrés « Gros plan »

Ces encadrés explorent les innovations de la technologie médicale, les découvertes en recherche médicale et d'importantes questions sociétales.

Icône de l'homéostasie

Cette balance en déséquilibre indique les endroits où on étudie des troubles dans le fonctionnement de l'organisme.

tant les récepteurs liés se séparent alors de la vésicule et regagnent la membrane plasmique, où elles sont réutilisables à nouveau. En ce qui concerne les cellules autres que les globules blancs, l'endocytose peut être néfaste quand elle constitue un moyen d'entrée pour des substances nocives.

L'*hypercholestérolémie familiale* est une maladie héréditaire dans laquelle les récepteurs protéiques nécessaires à la capture du cholestérol par récepteurs interposés sont absents. Par conséquent, le cholestérol ne peut entrer dans les cellules de l'organisme et il s'accumule dans le sang. En l'absence de traitement, l'athérosclérose apparaît tôt et le risque de maladie coronarienne devient beaucoup plus élevé. ■

Création et entretien du potentiel de repos de la membrane

Comme vous le savez, la membrane plasmique est plus perméable à certains types de molécules qu'à d'autres. Cette perméabilité différentielle peut produire des phénomènes osmotiques qui entraînent des modifications importantes du tonus cellulaire, mais elle a aussi d'autres conséquences tout aussi importantes, dont la création d'un voltage, ou **potentiel de membrane,** de part et d'autre de la membrane. Un *voltage* est une forme d'énergie potentielle électrique résultant de la séparation de charges de signe opposé. Dans les cellules, les particules chargées sont les ions, et la barrière qui les sépare est la membrane plasmique.

À l'état de repos, toutes les cellules de l'organisme présentent un **potentiel de repos de la membrane** qui se situe habituellement entre –20 et –200 millivolts (mV) selon l'organisme et le type de cellule. Par conséquent, toutes les cellules sont dites **polarisées.** Le signe qui précède l'indication du voltage signifie que l'*intérieur* de la cellule est plus négatif que l'extérieur. Cependant, ce voltage (ou séparation des charges) n'existe qu'au niveau de la membrane ; si on pouvait additionner toutes les charges positives et négatives présentes dans le cytoplasme, on constaterait que l'intérieur de la cellule est électriquement neutre. De la même façon, les charges positives et négatives du liquide interstitiel s'équilibrent parfaitement.

S'il en est ainsi, comment le potentiel de repos de la membrane apparaît-il et comment est-il entretenu ? Bien que de nombreux types d'ions soient présents à la fois à l'intérieur des cellules et dans le liquide interstitiel, le potentiel de repos de la membrane résulte principalement des gradients de concentration de deux ions, Na^+ et K^+, et de la perméabilité différentielle de la membrane plasmique à ces derniers. Comme nous l'avons déjà dit et comme vous pouvez le voir à la figure 3.12, les cellules de l'organisme contiennent une forte proportion de K^+ et baignent dans un liquide interstitiel où il y a relativement plus de

avec les récepteurs de l'ACh et empêche la liaison de l'acétylcholine par inhibition compétitive. En conséquence, bien que les neurofibres continuent de libérer de l'acétylcholine (le « feu vert »), les muscles ne peuvent plus se contracter et un arrêt respiratoire se produit. On se sert du curare et d'autres substances semblables pour permettre l'intubation et empêcher le mouvement des muscles pendant les interventions chirurgicales. ■

Couplage excitation-contraction Le **couplage excitation-contraction** est la succession d'événements par laquelle le potentiel d'action transmis le long du sarcolemme provoque le glissement des myofilaments. Le potentiel d'action est très court et prend fin bien avant que le moindre signe de contraction se manifeste. Le laps de temps qui s'écoule depuis le début du potentiel d'action jusqu'au début de l'activité musculaire (raccourcissement) est appelé *temps de latence* (*latere* = être caché). Les événements qui constituent le couplage excitation-contraction se produisent pendant cet intervalle. Comme nous allons le voir, le signal électrique n'agit pas directement sur les myofilaments ; en revanche, il provoque une augmentation de la concentration intracellulaire d'ions calcium, qui entraîne à son tour le glissement des filaments (figure 9.11).

Le couplage excitation-contraction passe par les étapes suivantes.

1. Le potentiel d'action se propage le long du sarcolemme et des tubules transverses.
2. Lorsque le potentiel d'action parvient aux triades, les citernes terminales du réticulum sarcoplasmique libèrent des ions calcium à l'intérieur du sarcoplasme, où les myofilaments peuvent les capter. Les « fermetures à glissière double » (figure 9.5, p. 269)

Contenu à la fine pointe de la recherche

Le manuel tient compte des recherches et des informations les plus récentes.

512 Troisième partie : Régulation et intégration des processus physiologiques

SYNTHÈSE

Tous pour un, un pour tous : relations entre le système nerveux et les autres systèmes de l'organisme

Système endocrinien

- Le système nerveux sympathique active la médulla surrénale ; l'hypothalamus concourt à la régulation de l'activité de l'adénohypophyse et produit lui-même deux hormones.
- Les hormones influent sur le métabolisme et le fonctionnement des neurones ; les hormones thyroïdiennes sont essentielles au développement du système nerveux.

Système cardiovasculaire

- Le SNA concourt à la régulation de la fréquence cardiaque et de la pression artérielle.
- Le système cardiovasculaire fournit du sang riche en oxygène et en nutriments au système nerveux et il évacue les déchets.

Système lymphatique et immunitaire

- Des nerfs innervent les organes lymphoïdes ; l'encéphale concourt à la régulation de la fonction immunitaire.
- Les vaisseaux lymphatiques débarrassent les tissus entourant les structures du système nerveux des liquides échappés des capillaires ; les éléments du système immunitaire protègent tous les organes des agents pathogènes (le SNC possède aussi d'autres mécanismes de défense).

Système respiratoire

- Le système nerveux régit le rythme et l'amplitude des mouvements respiratoires.
- Le système respiratoire fournit l'oxygène essentiel à la vie des cellules nerveuses et il en évacue le gaz carbonique.

Système digestif

- Le SNA (en particulier le système nerveux parasympathique) régit la motilité digestive et l'activité des glandes annexes du système digestif.
- Le système digestif fournit les nutriments nécessaires à la synthèse de l'ATP et des neurotransmetteurs par les neurones ; il apporte les ions Na^+ et K^+ nécessaires à la conduction de l'influx nerveux.

Système urinaire

- Le SNA régit la miction et la pression artérielle rénale.
- Les reins évacuent les déchets du métabolisme et maintiennent une composition électrolytique et un pH du sang appropriés au fonctionnement neuronal.

Système génital

- Le SNA régit l'érection du péni
ainsi que l'érection du clitoris
chez la femme.
- La testostérone est à l'origine
veau, et elle intervient dans la

Système tégumentaire

- Le système nerveux sympathique régit les glandes sudoripares et les vaisseaux sanguins de la peau (et, par conséquent, la déperdition ou la rétention de chaleur).
- La peau concourt à la déperdition de chaleur ; la peau renferme de nombreux types d'extérocepteurs.

Système osseux

- Les nerfs innervent les os.
- Les os emmagasinent du calcium qui servira à la fonction nerveuse et ils protègent les structures du SNC.

Système musculaire

- Le système nerveux somatique transporte les informations sensorielles provenant des fuseaux neuromusculaires et les commandes actionnant ou inhibant les muscles squelettiques.
- Les muscles squelettiques sont les effecteurs du système nerveux somatique.

14

Encadrés « Synthèse »

La compréhension des relations entre les systèmes et les processus physiologiques est essentielle en anatomie et en physiologie. Ces encadrés en trois sections décrivent comment le système étudié interagit avec les autres systèmes de l'organisme.

La section « Tous pour un, un pour tous », qui constitue une synthèse de l'information essentielle, aide les étudiants à apprendre comment faire des liens.

Chapitre 14 Le système nerveux autonome 513

Liens particuliers : relations entre le système nerveux et les systèmes musculaire, respiratoire et digestif

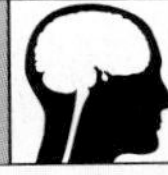

Le système nerveux influe sur la plupart des systèmes de l'organisme. Tenter de sélectionner les interactions les plus importantes constitue donc une tâche presque impossible. Qu'est-ce qui a le plus d'importance : la digestion, l'élimination des déchets ou la mobilité ? Votre réponse dépendra probablement de l'état dans lequel vous vous trouvez en lisant cette page : vous ne répondrez pas la même chose selon que vous avez faim ou ressentez un besoin pressant de vous rendre aux toilettes. Nous nous contenterons de présenter ici les principales relations entre le système nerveux et les systèmes musculaire, respiratoire et digestif, car nous traiterons en détail des interactions du système nerveux avec quelques autres systèmes dans des chapitres ultérieurs.

Système musculaire

Soyons brefs : le système musculaire cesserait de fonctionner sans le système nerveux. Contrairement aux muscles viscéraux et au muscle cardiaque, qui possèdent d'autres mécanismes de régulation, les muscles squelettiques dépendent *entièrement* des neurofibres motrices somatiques pour ce qui est de l'activation et de la régulation. Non seulement les neurofibres somatiques commandent-elles aux muscles squelettiques de se contracter, mais elles leur « indiquent » aussi avec quelle force le faire. En formant ses premières synapses avec les myocytes squelettiques, le système nerveux détermine si leurs contractions seront rapides ou lentes et, par le fait même, établit de manière définitive le potentiel de vitesse et d'endurance des muscles. Les relations entre les diverses régions de l'encéphale (les noyaux basaux, le cervelet, l'aire prémotrice, etc.) et les informations provenant des mécanorécepteurs (sensibles à l'étirement) dictent également l'élégance et la coordination de nos mouvements. Par ailleurs, tant que les myocytes squelettiques sont sains, ils ont un effet sur la viabilité des neurones avec lesquels ils font synapse. La relation est véritablement synergique.

Système respiratoire

Comme celui du système musculaire, le fonctionnement du système respiratoire dépend entièrement du système nerveux. Le système respiratoire oxygène sans cesse le sang (et les cellules) et évacue le gaz carbonique. Les centres nerveux du bulbe rachidien et du pont déclenchent et maintiennent les mouvements d'inspiration et d'expiration de l'air en activant des muscles squelettiques qui modifient le volume des poumons (et, par conséquent, la pression des gaz à l'intérieur). Si certains de ces centres du système nerveux central subissent des lésions, les mécanorécepteurs (sensibles à l'étirement) situés dans les poumons déclenchent des réflexes grâce auxquels la respiration peut continuer.

Système digestif

Le système digestif réagit à de nombreux facteurs (comme les hormones, le pH local, les substances chimiques irritantes et les bactéries), mais le système nerveux parasympathique n'en est pas moins essentiel à son fonctionnement normal. L'activité sympathique, qui inhibe la digestion (et par le fait même l'approvisionnement de l'organisme en nutriments), ne rencontrerait aucune opposition sans les influx des neurofibres parasympathiques. La régulation parasympathique est si importante que certains des neurones parasympathiques sont situés dans la paroi même des organes du système digestif, plus précisément dans les plexus intrinsèques. Les mécanismes intrinsèques de régulation pourraient donc maintenir la digestion même si tous les mécanismes extrinsèques disparaissaient. Le système digestif joue le même rôle pour le système nerveux que pour tous les autres systèmes : il fait passer dans la circulation sanguine les nutriments contenus dans les aliments ingérés afin de les mettre à la disposition des cellules.

14

IMPLICATIONS CLINIQUES

Système nerveux

Étude de cas : À son arrivée au centre hospitalier, le petit Éric, âgé de 10 ans, est couché sur une civière rigide, la tête et le tronc immobilisés. Les ambulanciers indiquent qu'ils l'ont trouvé conscient à 15 m de l'autobus ; il pleurait, disait qu'il était incapable de se lever pour retrouver sa mère et se plaignait d'un « gros mal de tête ». Éric présente de graves contusions dans la région lombale et sur la tête ainsi que des lacérations sur le dos et le cuir chevelu. Sa pression artérielle est basse, sa température est élevée (39,5 °C) et ses membres inférieurs sont paralysés et insensibles aux stimulus douloureux. Peu de temps après son arrivée au centre hospitalier, Éric devient somnolent et incohérent ; il a bientôt de fréquentes périodes d'inconscience.

On fait immédiatement subir une tomodensitométrie à Éric, on lui réserve une salle d'opération et on lui met une perfusion intraveineuse de dexaméthasone, un corticostéroïde anti-inflammatoire.

1. Pourquoi a-t-on immobilisé la tête et le torse d'Éric pendant le transport vers le centre hospitalier ?
2. Selon toute probabilité, qu'indique la dégradation des signes neurologiques (somnolence, incohérence, etc.) chez Éric ? (Établissez le rapport avec le type d'intervention chirurgicale qu'on pratiquera.)
3. Pourquoi administre-t-on de la dexaméthasone à Éric ?
4. La tomodensitométrie ne révèle aucune lésion permanente de la moelle épinière. Comment pouvez-vous expliquer la paralysie des membres inférieurs d'Éric ?

Environ 24 heures après l'intervention chirurgicale, la paralysie des membres inférieurs disparaît et l'activité réflexe se rétablit. Cependant, Éric présente des spasmes en flexion incoercibles et il est incontinent. L'examen révèle qu'il transpire abondamment et que sa pression artérielle est anormalement élevée.

5. De quel trouble Éric souffre-t-il ? Quelles en sont les causes déterminantes ?
6. Quels sont les risques associés à l'hypertension artérielle dans le cas d'Éric ?

(Réponses à l'appendice G)

Liens particuliers

Cette section détaille les principales relations du système étudié avec d'autres systèmes afin de renforcer le concept de liens, ce qui ouvre la voie à une meilleure compréhension ultérieure du sujet.

Implications cliniques

Cette section permet aux étudiants de mettre en application ce qu'ils ont appris en lisant une étude de cas, en diagnostiquant et en évaluant les problèmes de santé d'un patient, puis en déterminant l'issue à prévoir. Les réponses aux questions sont présentées à l'appendice G.

TERMES MÉDICAUX

Contusion du muscle quadriceps fémoral Déchirure de fibres musculaires causée par un traumatisme et suivie d'une hémorragie dans les tissus (formation d'un hématome) ainsi que d'une douleur intense et prolongée; se produit fréquemment chez les adeptes des sports de contact, en particulier chez les joueurs de football.

Foulure du quadriceps ou des muscles de la loge postérieure de la cuisse Aussi appelée claquage, cette blessure cause des déchirures de ces muscles ou de leurs tendons; elle survient surtout chez les athlètes qui ne s'échauffent pas suffisamment et qui font des mouvements d'extension complète de la hanche (claquage du quadriceps) ou du genou (claquage des muscles de la loge postérieure de la cuisse) rapidement et avec vigueur (par exemple des sprinters ou des joueurs de tennis); elle n'est pas douloureuse au début, mais la douleur s'intensifie dans les trois à six heures qui suivent (trente minutes si la déchirure est importante). Le meilleur traitement consiste en l'étirement des muscles, après une semaine de repos.

Rupture du tendon calcanéen Même si le tendon calcanéen (tendon d'Achille) est le plus gros et le plus solide du corps, il se déchire relativement souvent, particulièrement chez les hommes âgés qui trébuchent ou chez les jeunes sprinters dont le tendon subit un traumatisme au départ d'une course; la déchirure est suivie d'une douleur soudaine; on aperçoit un creux juste au-dessus du talon et le mollet fait saillie à la suite de la coupure du triceps sural de son point d'attache; la flexion plantaire n'est plus possible, mais la dorsiflexion devient excessive.

Syndrome tibial antérieur Douleur dans la loge antérieure de la jambe causée, entre autres, par une irritation du tibial antérieur à la suite d'un exercice exagéré ou inhabituel sans mise en forme préalable; à mesure que l'inflammation fait gonfler le muscle, la circulation sanguine est entravée par les enveloppes aponévrotiques serrées, ce qui provoque une douleur et une sensibilité au toucher. Ce terme est cependant utilisé plus largement pour désigner diverses affections allant de la fracture de marche du tibia à l'inflammation de l'aponévrose du tibia, en passant par les déchirures de muscles.

Torticolis musculaire (*tortum* = tordu; *collum* = cou) Torsion du cou, avec rotation chronique et inclinaison de la tête de côté, causée par une lésion du sterno-cléido-mastoïdien d'un côté; se produit parfois à la naissance lorsque les fibres du muscle sont déchirées au cours d'un accouchement difficile; le traitement habituel consiste à effectuer des exercices d'étirement du muscle atteint.

RÉSUMÉ DU CHAPITRE

Mécanique musculaire: importance des systèmes de levier et des modes d'agencement des faisceaux (p. 303-306)

1. Un levier est une barre mobile autour d'un point d'appui. Lorsqu'une force est appliquée sur le levier, une charge est déplacée. Dans le corps, les os sont les leviers, les articulations sont les points d'appui et la force est exercée par les muscles squelettiques à leurs points d'insertion.

2. Si la distance entre le point d'application de la force et le point d'appui est plus grande que la distance entre la charge et le point d'appui, il y a avantage mécanique (le levier est lent et fort). Lorsque la distance entre le point d'application de la force et le point d'appui est plus petite que la distance entre la charge et le point d'appui, il y a désavantage mécanique (le levier est rapide et produit un mouvement de grande amplitude).

3. Les leviers du premier genre (charge/point d'appui/force) peuvent fonctionner avec un avantage ou un désavantage mécanique; les leviers du deuxième genre (point d'appui/charge/force) fonctionnent toujours avec un avantage mécanique; les leviers du troisième genre (charge/force/point d'appui) fonctionnent toujours avec un désavantage mécanique.

4. Les modes les plus courants d'agencement des faisceaux sont de type parallèle, penné, convergent et circulaire. Les muscles dont les fibres sont parallèles à leur axe longitudinal sont ceux qui raccourcissent le plus; les gros muscles pennés raccourcissent peu mais sont les plus puissants.

Interactions entre les muscles squelettiques (p. 306)

1. Les muscles squelettiques ne peuvent que tirer (raccourcir). Ils sont placés en groupes opposés de chaque côté des articulations de telle sorte qu'un groupe peut s'opposer à l'action de l'autre ou la modifier.

2. Les muscles peuvent être classés en groupes fonctionnels: agonistes, qui sont les principaux responsables des mouvements; antagonistes, qui s'opposent à l'action d'un autre muscle; synergiques, qui aident les agonistes en effectuant la même action, en stabilisant les articulations ou en empêchant les mouvements indésirables; et fixateurs, dont le rôle est d'immobiliser un os ou l'origine d'un muscle.

Noms des muscles squelettiques (p. 307)

1. Les critères fréquemment utilisés pour nommer les muscles comprennent leur situation, leur forme, leur taille relative, la direction de leurs fibres (faisceaux), le nombre de leurs points d'attache (origine/insertion) et leur action. Certains muscles sont nommés d'après plusieurs critères à la fois.

Principaux muscles squelettiques (p. 307-358)

1. Les muscles de la tête responsables de l'expression faciale sont généralement petits et s'insèrent dans les tissus mous (peau et autres muscles) plutôt que sur les os. Ces muscles permettent l'ouverture et la fermeture des yeux et de la bouche, la compression des joues, le sourire et d'autres manifestations d'expression faciale (voir le tableau 10.1*)

2. Les muscles de la tête qui servent à la mastication comprennent le masséter et le temporal qui élèvent la mandibule, et deux paires de muscles profonds qui assurent les mouvements de broyage et de glissement de la mâchoire (voir le tableau 10.2*). Les muscles extrinsèques de la langue la fixent à son point d'ancrage et régissent ses mouvements.

3. Les muscles profonds de la partie antérieure du cou assurent la déglutition qui comprend l'élévation ou l'abaissement de l'os hyoïde, la fermeture des voies respiratoires et le péristaltisme du pharynx (voir le tableau 10.3*).

4. Les mouvements de la tête et du tronc sont assurés par les muscles du cou et les muscles profonds de la colonne vertébrale (voir le tableau 10.4*). Les muscles profonds du dos peuvent produire l'extension de régions importantes de la colonne vertébrale (et de la tête) simultanément. La flexion et la rotation de la tête sont effectuées par les muscles sterno-cléido-mastoïdien et scalènes situés a…

5. Les … diaphra… (voir le … augmen… intervie…

* Consul… chaque n…

Termes médicaux

Cette liste de termes médicaux, accompagnés de leur définition, préparera les étudiants au monde clinique.

Réflexion et application

Ces questions, identifiées par une icône représentant un stéthoscope, amènent les étudiants à faire une synthèse des informations et à résoudre des problèmes cliniques.

Développement et vieillissement des articulations (p. 257)

1. Les articulations se forment à partir du mésenchyme, parallèlement au développement embryonnaire des os.

2. Mis à part les blessures, les articulations fonctionnent bien jusqu'à la fin de la cinquantaine; les symptômes de durcissement du tissu conjonctif et d'arthrose commencent alors à se manifester chez la plupart des personnes. L'exercice physique modéré retarde ces effets et stabilise les articulations; trop d'exercice peut cependant entraîner l'apparition prématurée de l'arthrite.

QUESTIONS DE RÉVISION

Choix multiples/associations

(Réponses à l'appendice G)

1. Associez les termes suivants avec les descriptions appropriées:

(a) articulations fibreuses (b) articulations cartilagineuses
(c) articulations synoviales

_______ (1) possèdent une cavité articulaire
_______ (2) les différents types comprennent les sutures et les syndesmoses
_______ (3) les os sont unis par des fibres collagènes
_______ (4) les différents types comprennent les synchondroses et les symphyses
_______ (5) toutes sont des articulations mobiles
_______ (6) plusieurs sont des articulations semi-mobiles
_______ (7) les os sont unis par un disque de cartilage hyalin ou du cartilage fibreux
_______ (8) presque toutes sont des articulations immobiles
_______ (9) les articulations de l'épaule, de la hanche, de la mâchoire et du coude

2. La grande majorité des articulations du corps et toutes les articulations des membres sont de type: (a) cartilagineux; (b) synovial; (c) fibreux.

3. Les caractéristiques anatomiques d'une articulation synoviale comprennent: (a) du cartilage articulaire; (b) une cavité articulaire; (c) une capsule articulaire; (d) toutes ces réponses.

4. Les facteurs qui influent sur la stabilité d'une articulation synoviale comprennent: (a) la forme des surfaces articulaires; (b) la présence de solides ligaments; (c) le tonus des muscles environnants; (d) toutes ces réponses.

5. La description suivante — « Surfaces articulaires profondes et solides; une capsule fortement renforcée par des ligaments et des tendons musculaires; articulation très stable » — décrit le mieux: (a) l'articulation du coude; (b) l'articulation de la hanche; (c) l'articulation du genou; (d) l'articulation de l'épaule.

…fréquentes dans le corps des bourses et des gaines de tendon.

11. Le mouvement d'une articulation peut être non axial, uniaxial, biaxial ou multiaxial. Donnez la définition et un exemple de chacun de ces termes.

12. Comparez les mouvements symétriques de flexion et d'extension avec l'adduction et l'abduction; montrez les différences.

13. Quelle est la différence entre la rotation et la circumduction?

14. Nommez deux types d'articulations uniaxiales, biaxiales et multiaxiales.

15. Quel est le rôle précis des ménisques du genou? des ligaments croisés antérieur et postérieur?

16. On dit souvent du genou qu'il est aussi pratique que fragile. Donnez plusieurs raisons pouvant expliquer sa fragilité.

17. Comparez l'articulation de l'épaule et celle de la hanche sur le plan de la structure, de la stabilité et de la fonction.

18. Pourquoi les entorses et les lésions du cartilage sont-elles longues à guérir ou nécessitent-elles souvent une intervention?

RÉFLEXION ET APPLICATION

1. Sophie a travaillé comme femme de ménage pendant 30 ans pour que ses deux enfants puissent aller à l'université. Il lui est souvent arrivé de téléphoner à ses employeurs pour les avertir qu'elle ne pourrait pas travailler en raison d'une rotule enflée et douloureuse. De quoi souffre Sophie, et quelle en est la cause probable?

2. En faisant sa course à pied habituelle, Henri a trébuché et s'est tordu brutalement la cheville gauche. Lorsqu'il s'est relevé, il ne pouvait plus porter son poids sur cette cheville. Le diagnostic est une grave luxation et une entorse de la cheville gauche. L'orthopédiste déclare à Henri qu'elle effectuera une réduction orthopédique de la luxation et qu'elle tentera de réparer le ligament par arthroscopie. (a) L'articulation de la cheville est-elle normalement une articulation stable? (b) De quoi dépend sa stabilité? (c) Qu'est-ce qu'une réduction orthopédique? (d) Pourquoi est-il nécessaire de réparer le ligament? (e) En quoi consiste une arthroscopie? (f) Comment le recours à cette méthode diminuera-t-il le temps de rétablissement (et de souffrance) d'Henri?

3. Âgée de 45 ans, Mme Béchard se présente au cabinet de son médecin et se plaint d'une douleur insupportable à l'articulation interphalangienne distale de son gros orteil droit. L'articulation paraît très rougie et enflée. Quand on lui demande si elle a déjà souffert d'un tel trouble dans le passé, elle se rappelle des attaques semblables, deux ans auparavant, qui avaient disparu aussi rapidement qu'elles étaient apparues. Le médecin diagnostique une arthrite. (a) De quel type d'arthrite s'agit-il? (b) Quel est le facteur déclenchant de ce type particulier d'arthropathie?

Résumé du chapitre

Ces résumés complets, accompagnés de renvois aux pages appropriées, sont présentés de façon à constituer un outil de révision très utile lors de l'étude individuelle ou en groupe.

Questions de révision

Ces questions aideront les étudiants à vérifier s'ils ont bien compris ce qu'ils ont lu et à déterminer sur quels points ils devraient travailler davantage. Les réponses aux questions sont présentées à l'appendice G.

À L'ÉTUDIANT

Le présent ouvrage a été écrit pour vous. En un sens, il a été écrit par des étudiants, car il tient compte de leurs suggestions, répond à leurs questions les plus fréquentes et présente le corps humain selon des approches qui ont fait leurs preuves. L'anatomie et la physiologie humaines ne sont pas seulement intéressantes ; elles sont fascinantes ! Pour vous faire partager mon enthousiasme, j'ai doté le manuel d'un certain nombre de particularités.

J'ai voulu que le ton soit simple et familier. Il n'y a aucune raison pour ne pas prendre plaisir à étudier. Je n'ai pas cherché à écrire une encyclopédie, mais un guide qui vous aide à comprendre votre propre corps. J'ai choisi avec soin les données et me suis attachée à ne conserver que les faits essentiels. Les concepts physiologiques sont expliqués en détail ; chaque fois que cela est possible, j'utilise des analogies et des exemples inspirés de la vie quotidienne.

Les illustrations et les tableaux ont été conçus en fonction de vos besoins. Les tableaux, par exemple, résument les données importantes du texte, et ils devraient vous être d'une aide précieuse lorsque vous réviserez la matière en prévision d'un examen. Vous trouverez des références aux illustrations chaque fois que leur consultation est propre à faciliter la compréhension. Les figures qui décrivent des mécanismes physiologiques prennent souvent la forme de diagrammes afin que vous gardiez toujours une vue d'ensemble des processus. En outre, de nombreuses figures clés sont accompagnées d'une question qui vous aidera à les interpréter ou à appliquer et à intégrer leur contenu. (Les réponses aux questions apparaissent au bas de la page.) Des encadrés intitulés *Gros plan* vous renseignent sur les progrès de la médecine ou sur des faits scientifiques qui trouvent un retentissement dans votre vie. Vous apprécierez également les encadrés intitulés *Synthèse,* qui se divisent en trois sections. La section « Tous pour un, un pour tous » récapitule les informations que vous devriez posséder à la fin de l'étude de chaque système de l'organisme. La section « Liens particuliers » élargit votre horizon et améliore votre compréhension du système ; il est possible que vous n'ayez pas encore vu tous les concepts qui y sont traités. La section « Implications cliniques » vous demande d'appliquer vos connaissances à des cas cliniques. Ces encadrés vous seront très utiles pour approfondir le sujet traité.

Chaque chapitre commence par un sommaire des principaux sujets traités et des objectifs d'apprentissage qui y sont liés. Dans le corps du texte, les termes importants apparaissent en caractères gras.

Un examen est toujours source d'anxiété. Pour vous aider à vous préparer aux examens et à assimiler la matière, des résumés complets accompagnés de références aux pages apparaissent à la fin de chaque chapitre. Ils sont suivis de questions de révision présentées sous forme de choix multiples, d'associations, de questions à court développement et d'exercices de réflexion et d'application. Vous pouvez également vous référer aux questions des figures clés présentées à l'intérieur du chapitre.

J'espère que *Anatomie et physiologie humaines* sera pour vous un outil d'apprentissage agréable et qu'il fera de votre étude des structures et des fonctions du corps humain une aventure aussi passionnante que gratifiante. Le meilleur conseil que je puisse vous donner est peut-être le suivant : n'essayez pas de mémoriser sans comprendre. Si vous vous efforcez d'assimiler véritablement les concepts plutôt que de les apprendre par cœur, votre mémoire vous fera rarement défaut.

Elaine N. Marieb

TABLE DES MATIÈRES

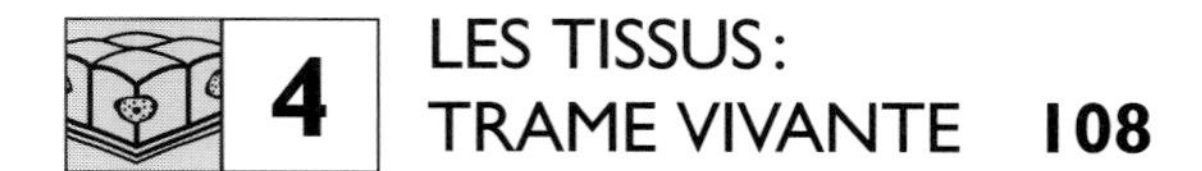

4 LES TISSUS : TRAME VIVANTE 108

DEUXIÈME PARTIE : LA PEAU, LES OS ET LES MUSCLES

5 LE SYSTÈME TÉGUMENTAIRE 142

6 LE TISSU OSSEUX ET LES OS 164

7 LE SQUELETTE 188

PREMIÈRE PARTIE : LE SQUELETTE AXIAL 189

QUATRIÈME PARTIE : MAINTIEN DE L'HOMÉOSTASIE

21 LE SYSTÈME LYMPHATIQUE **746**

22 DÉFENSES NON SPÉCIFIQUES DE L'ORGANISME ET IMMUNITÉ **760**

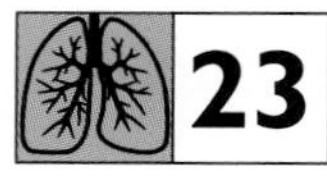

23 LE SYSTÈME RESPIRATOIRE **802**

27 ÉQUILIBRE HYDRIQUE, ÉLECTROLYTIQUE ET ACIDO-BASIQUE 1008

CINQUIÈME PARTIE: PERPÉTUATION

28 LE SYSTÈME GÉNITAL 1038

29 GROSSESSE ET DÉVELOPPEMENT PRÉNATAL 1086

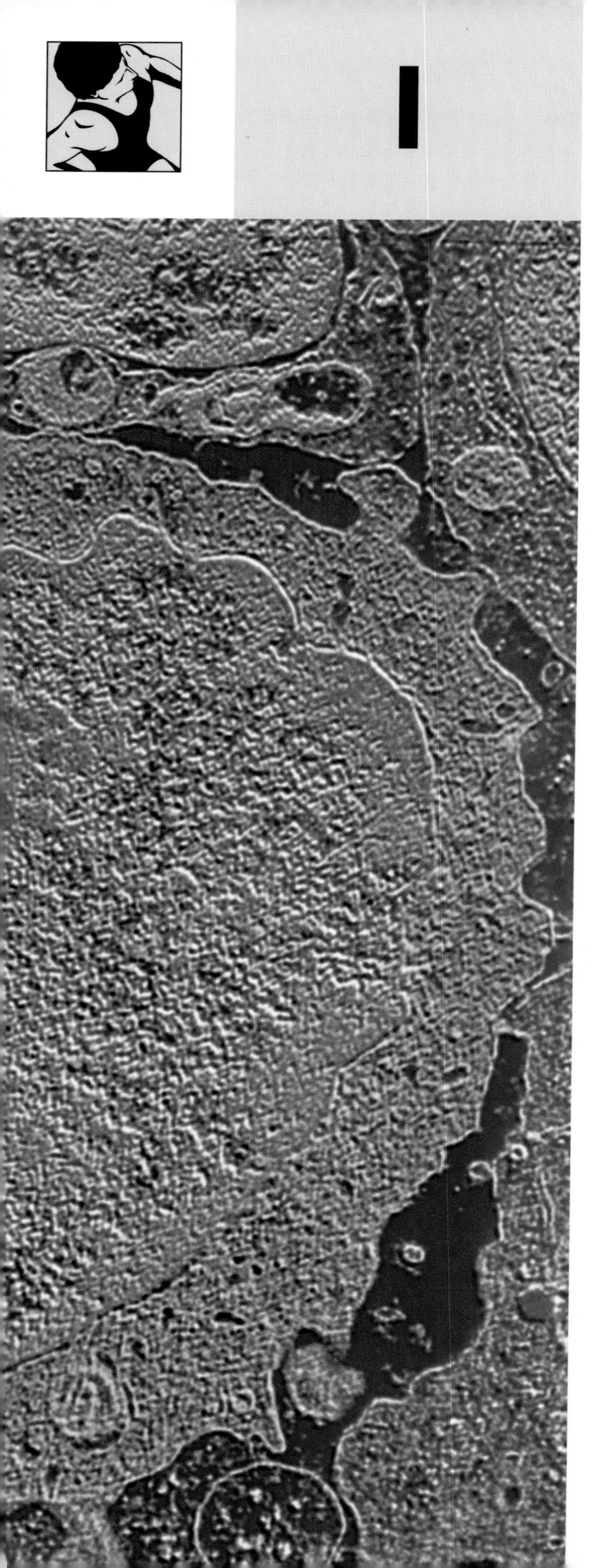

1 LE CORPS HUMAIN : INTRODUCTION

SOMMAIRE ET OBJECTIFS D'APPRENTISSAGE

Définition générale de l'anatomie et de la physiologie (p. 1-2)

1. Définir l'anatomie et la physiologie et décrire leurs spécialités.
2. Expliquer le principe de relation entre la structure et la fonction.

Niveaux d'organisation structurale (p. 2-5)

3. Énumérer (du plus simple au plus complexe) les différents niveaux d'organisation structurale du corps humain et expliquer les relations entre eux.
4. Nommer les 11 systèmes de l'organisme et expliquer brièvement les principales fonctions de chacun d'eux.

Maintien de la vie (p. 6-8)

5. Énumérer et définir les caractéristiques fonctionnelles qui jouent un rôle important pour le maintien de la vie chez les humains.
6. Énumérer les besoins vitaux de l'organisme et expliquer sommairement les fondements de chacun de ces besoins.

Homéostasie (p. 8-12)

7. Définir l'homéostasie et expliquer son importance.
8. Comparer les systèmes de rétro-inhibition et de rétro-activation et expliquer la contribution de chacun dans le maintien de l'homéostasie de l'organisme.
9. Définir la relation entre les déséquilibres homéostatiques et la maladie.

Vocabulaire de l'anatomie (p. 12-21)

10. Décrire la position anatomique.
11. À l'aide des termes anatomiques corrects, décrire l'orientation, les régions et les plans ou coupes du corps.
12. Situer et nommer les grandes cavités du corps et leurs subdivisions et énumérer les principaux organes qu'elles renferment.
13. Nommer les séreuses et expliquer leur fonction commune.
14. Nommer et situer les neuf régions et les quatre quadrants de la cavité abdomino-pelvienne et énumérer les organes qu'ils contiennent.

Ce manuel va vous permettre d'acquérir des connaissances sur le plus fascinant des sujets : votre propre corps. Non seulement ce type d'étude revêt un caractère extrêmement personnel, mais il arrive aussi à point. En effet, nous sommes submergés d'information et les médias annoncent presque tous les jours quelque découverte médicale. Pour pouvoir apprécier à leur juste valeur les découvertes en génie génétique, comprendre les nouvelles méthodes de diagnostic et de traitement des maladies et profiter pleinement des informations sur la manière de rester en bonne santé, vous devez connaître le fonctionnement du corps humain. Par ailleurs, l'étude de l'anatomie et de la physiologie permettra à ceux qui se préparent à une carrière dans les sciences de la santé d'acquérir les connaissances fondamentales sur lesquelles ils pourront bâtir leur expérience clinique.

Dans ce chapitre, nous commençons par définir l'anatomie et la physiologie en établissant la distinction entre ces deux domaines ; nous décrivons ensuite la structure du corps humain et nous passons en revue les besoins et les processus fonctionnels communs à tous les organismes vivants. Nous expliquons les trois principes fondamentaux qui constituent la base de notre étude du corps humain et qui forment le lien entre tous les sujets traités dans ce manuel, à savoir la *relation entre la structure et la fonction*, l'*organisation structurale* et l'*homéostasie*. La dernière section de ce chapitre présente le vocabulaire de l'anatomie, c'est-à-dire les termes employés par les anatomistes pour décrire le corps humain et ses parties.

DÉFINITION GÉNÉRALE DE L'ANATOMIE ET DE LA PHYSIOLOGIE

Les deux disciplines scientifiques complémentaires que sont l'anatomie et la physiologie touchent aux notions fondamentales qui nous permettent de comprendre l'organisme humain. L'**anatomie** est l'étude de la *structure* des parties du corps et des relations qu'elles ont les unes avec les autres ; l'aspect concret de l'anatomie lui confère un certain attrait, étant donné qu'on peut voir les structures de l'organisme, les palper et les examiner de près, sans être obligé de les *imaginer*. La **physiologie** porte sur le *fonctionnement* des parties du corps, c'est-à-dire sur la façon dont celles-ci jouent leur rôle et permettent le maintien de la vie. En fin de compte, il n'est possible d'expliquer la physiologie qu'à partir des structures anatomiques sous-jacentes.

Spécialités de l'anatomie

L'anatomie est un vaste domaine d'étude qui englobe de nombreuses spécialités, dont chacune pourrait faire l'objet d'un cours complet. L'**anatomie macroscopique** est l'étude des structures visibles à l'œil nu, comme le cœur, les poumons et les reins. Le terme *anatomie* (d'un mot grec signifiant « découper ») s'applique surtout à l'anatomie macroscopique parce que cette discipline consiste à disséquer (découper) des animaux ou des organes préparés afin de les examiner. On peut aborder l'anatomie macroscopique de diverses façons. Ainsi, en **anatomie régionale,** on examine simultanément toutes les structures (muscles, os, vaisseaux sanguins, nerfs, etc.) d'une certaine région du corps, par exemple l'abdomen ou la jambe. En **anatomie des systèmes,** on étudie séparément l'anatomie macroscopique de chacun des systèmes de l'organisme : par exemple, l'étude du système cardiovasculaire comprendrait l'examen du cœur et des vaisseaux sanguins de tout le corps. En **anatomie de surface,** on se penche sur les structures internes en relation avec la surface de la peau. Vous y avez recours pour identifier les muscles visibles sous la peau d'un culturiste, tout comme les infirmières pour repérer les vaisseaux sanguins avant de prélever du sang ou de prendre le pouls.

L'**anatomie microscopique** s'intéresse aux structures trop petites pour être vues sans l'aide d'un microscope. Dans la plupart des cas, on examine au microscope des coupes extrêmement minces de tissus qui ont été colorés et montés sur une lame. L'anatomie microscopique comprend *l'anatomie cellulaire*, ou **cytologie,** c'est-à-dire l'étude des cellules, et l'**histologie,** c'est-à-dire l'étude des tissus.

L'**anatomie du développement** suit la transformation structurale de l'organisme de la conception à la vieillesse. L'**embryologie** est une des branches de l'anatomie du développement et traite du développement prénatal.

Quelques divisions très spécialisées de l'anatomie sont surtout utiles pour la recherche scientifique et le diagnostic des maladies. Par exemple, l'*anatomie pathologique* (ou anatomopathologie) porte sur les altérations causées aux structures de l'organisme par la maladie, tant au niveau microscopique qu'au niveau macroscopique. L'*anatomie radiologique* est l'étude des structures internes au moyen de la radiographie ou des techniques spécialisées de tomographie. La radiologie est utile aux cliniciens pour le diagnostic de certaines maladies osseuses, des tumeurs et d'autres affections qui entraînent des modifications anatomiques. La *biologie moléculaire* traite de la structure des molécules biologiques (substances chimiques). En principe, la biologie moléculaire appartient à une autre branche de la biologie, mais on peut considérer qu'elle fait partie du grand domaine de l'anatomie si on pousse l'étude anatomique au-delà de la cellule, au niveau où les molécules elles-mêmes constituent les liens fondamentaux entre la structure et la fonction. Vous pouvez constater que les anatomistes s'intéressent autant aux plus petites molécules qu'aux structures facilement visibles à l'œil nu et que leurs travaux fournissent une image statique de la structure de l'organisme.

Vous apprendrez bientôt que les meilleurs « outils » pour l'étude de l'anatomie sont l'observation, la manipulation et la connaissance du vocabulaire de l'anatomie. À l'aide d'un exemple, voyons comment on emploie ces outils au cours d'une étude anatomique. Supposons que vous vous intéressez aux articulations mobiles. Au laboratoire, vous allez *observer* l'articulation d'un animal et voir comment ses parties sont agencées ; vous pouvez la faire bouger (la *manipuler*) pour déterminer l'amplitude de son mouvement. Puis à l'aide du *vocabulaire de l'anatomie*, vous allez nommer les parties de l'articulation et décrire les relations qui existent entre elles afin que les autres étudiants (et le professeur) vous comprennent. Pour apprendre ce vocabulaire spécialisé, vous pourrez vous servir du glossaire. Vous ferez la plupart de vos propres observations à l'œil nu ou au microscope, mais vous devez savoir qu'il existe de nombreuses techniques médicales très perfectionnées qui permettent de scruter l'intérieur du corps sans causer de traumatismes. Voyez par exemple l'encadré des pages 18-19 où il est question de la tomographie, de la remnographie et d'autres techniques d'imagerie médicale.

Spécialités de la physiologie

Comme l'anatomie, la physiologie englobe également plusieurs spécialités dont les plus communes portent sur le fonctionnement de systèmes particuliers. Ainsi la **physiologie rénale** étudie le fonctionnement des reins et la production d'urine, la **neurophysiologie** explique celui du système nerveux et la **physiologie cardiovasculaire** examine le fonctionnement du cœur et des vaisseaux sanguins. Alors que l'anatomie donne une image statique du corps, la physiologie met en évidence la nature dynamique de l'organisme.

En physiologie, on s'intéresse souvent à ce qui se passe au niveau cellulaire ou moléculaire parce que les capacités fonctionnelles du corps dépendent du fonctionnement cellulaire, qui est lui-même déterminé par les réactions chimiques à l'intérieur des cellules. Pour bien comprendre la physiologie, il faut connaître les principes de la physique parce que cette science permet d'expliquer, entre autres, les courants électriques, la pression dans les vaisseaux sanguins et le mouvement produit par l'action des muscles sur les os. En fait, les notions de physique et de chimie sont indispensables pour comprendre le fonctionnement du système nerveux, la contraction musculaire, la digestion et de nombreuses autres fonctions de l'organisme. C'est pourquoi nous présentons au chapitre 2 les principes fondamentaux de la chimie et de la physique, que nous reprendrons au besoin tout au long de ce manuel afin d'expliquer les notions de physiologie.

Relation entre la structure et la fonction

Bien qu'on puisse étudier séparément l'anatomie et la physiologie, ces deux disciplines scientifiques sont en réalité indissociables ; en effet, la fonction reflète toujours la structure, c'est-à-dire qu'un organe ne peut accomplir que les fonctions qui sont permises par sa structure. C'est ce qu'on appelle le **principe de relation entre la structure et la fonction.** Ainsi les os soutiennent et protègent les organes grâce aux minéraux qu'ils contiennent, le sang ne peut traverser le cœur que dans un sens parce que cet organe comporte des valves qui empêchent le reflux, et les poumons peuvent donner lieu aux échanges gazeux parce qu'ils contiennent des alvéoles aux parois extrêmement minces. Dans ce manuel, pour faciliter votre apprentissage, nous mettons souvent l'accent sur l'étroite relation qui existe entre la structure et la fonction. Après avoir décrit l'anatomie d'une structure, nous expliquons sa fonction en soulignant les caractéristiques structurales qui contribuent à cette fonction.

NIVEAUX D'ORGANISATION STRUCTURALE

Le corps humain comporte plusieurs niveaux de complexité (figure 1.1). Tout au bas de cette organisation hiérarchique, on trouve le **niveau chimique,** que nous étudions au chapitre 2. À ce niveau, de minuscules particules de matière, les atomes, se combinent pour former des *molécules* comme l'eau, le sucre et les protéines. À leur tour, ces molécules s'associent de manière bien spécifique pour former les *organites*, qui sont les éléments fondamentaux de la cellule. Les *cellules* sont les plus petites unités des organismes vivants. Nous étudions le **niveau cellulaire** au chapitre 3. Les cellules ont des dimensions et des formes très variées qui reflètent la diversité de leurs fonctions dans l'organisme. Toutes les cellules ont certaines fonctions en commun, mais seuls certains types de cellules peuvent former le cristallin, sécréter du mucus ou transmettre des influx nerveux.

Les organismes les plus simples ne sont constitués que d'une seule cellule, mais chez des organismes complexes comme les êtres humains, le **niveau tissulaire** représente l'échelon suivant. Les *tissus* sont des groupes de cellules semblables qui remplissent une même fonction. Il existe quatre grands types de tissus chez les humains : le tissu épithélial, le tissu musculaire, le tissu conjonctif et le tissu nerveux. Chaque type de tissu joue dans l'organisme un rôle particulier que nous expliquons en détail au chapitre 4. En résumé, le tissu épithélial couvre la surface du corps et tapisse ses cavités internes ; le tissu musculaire produit le mouvement ; le tissu conjonctif soutient le corps et protège les organes ; le tissu nerveux permet des communications internes rapides par la transmission d'influx nerveux.

Un *organe* est une structure composée d'au moins deux types de tissus (on y retrouve très souvent les quatre grands types) qui exerce une fonction précise dans l'organisme. Au **niveau des organes,** des processus physiologiques extrêmement complexes deviennent possibles. Prenons l'exemple de l'estomac : il est tapissé d'un épithélium qui sécrète le suc gastrique ; sa paroi est essentiellement formée de tissu musculaire dont le rôle est de pétrir et de mélanger le contenu gastrique (les aliments) ; cette paroi surtout musculaire et molle est renforcée par du tissu conjonctif ; ses fibres nerveuses accélèrent la digestion en stimulant la contraction des muscles et la sécrétion de suc gastrique. Le foie, le cerveau, les vaisseaux sanguins, les muscles squelettiques, la peau sont aussi des organes même s'ils sont très différents de l'estomac. On peut se représenter chaque organe comme une structure fonctionnelle spécialisée qui exécute une activité essentielle qu'aucun autre organe ne peut accomplir à sa place.

Le niveau d'organisation suivant est le **niveau des systèmes,** chaque *système* étant constitué d'organes qui travaillent de concert pour accomplir une même fonction. Par exemple, les organes du système cardiovasculaire — notamment le cœur et les vaisseaux sanguins — acheminent continuellement à toutes les cellules de l'organisme

Cellule musculaire lisse
Molécules
Atomes
Niveau cellulaire
Les cellules sont composées d'organites, eux-mêmes constitués de molécules
Niveau chimique
Les atomes se combinent pour former des molécules
Tissu musculaire lisse
Niveau tissulaire
Les tissus sont constitués de cellules du même type
Tissu épithélial
Tissu musculaire lisse
Tissu conjonctif
Vaisseau sanguin (organe)
Niveau des organes
Les organes sont formés de différents types de tissus
Système cardiovasculaire
Niveau des systèmes
Les systèmes sont constitués de divers organes qui collaborent étroitement
Niveau de l'organisme
Les organismes sont formés d'un grand nombre de systèmes

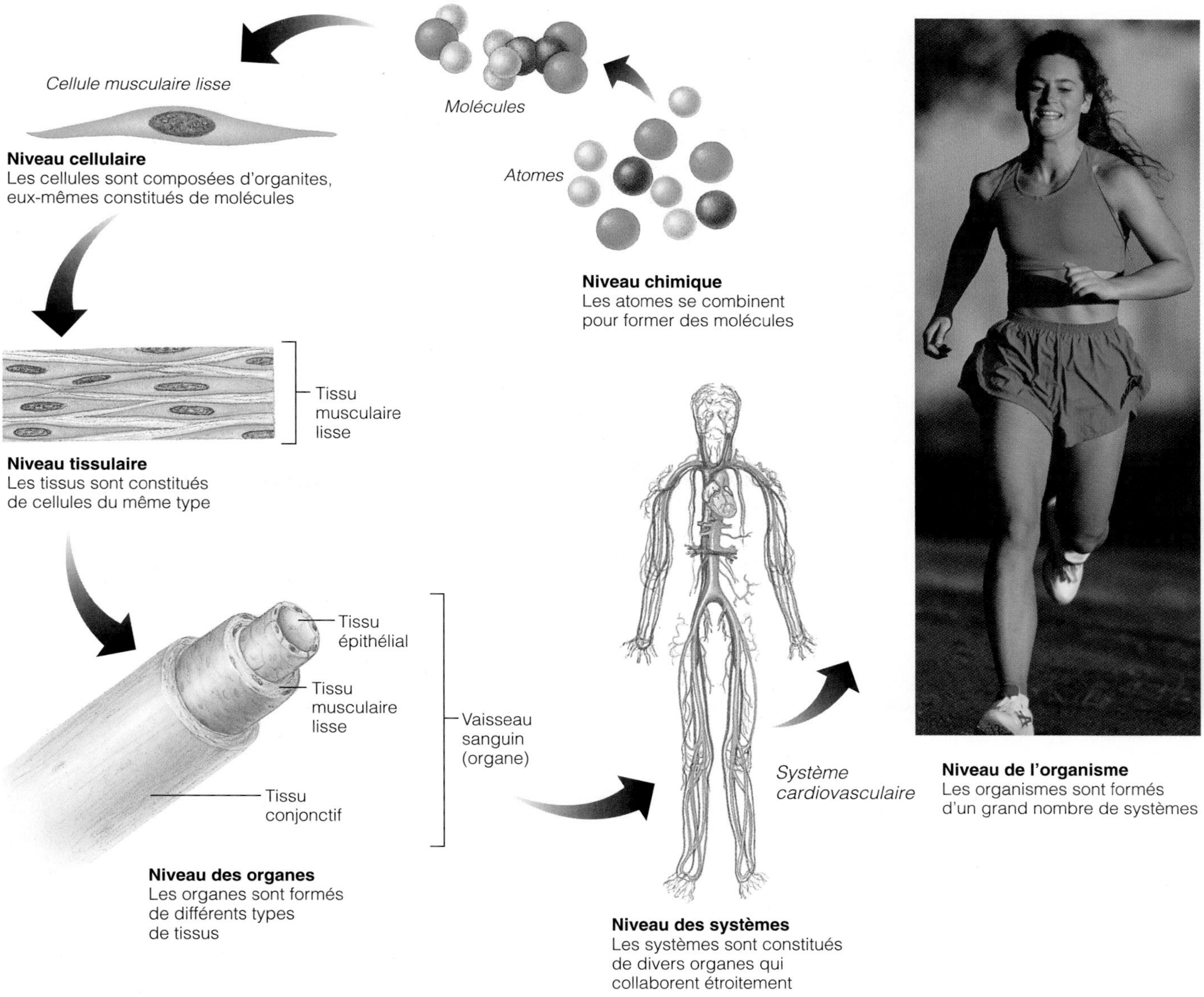

FIGURE 1.1
Niveaux d'organisation structurale. Dans ce diagramme, les différents niveaux de complexité du corps humain sont illustrés à l'aide du système cardiovasculaire.

le sang oxygéné contenant des nutriments et d'autres substances vitales. Les organes du système digestif (la bouche, l'œsophage, l'estomac, les intestins, etc.) dégradent les aliments ingérés en nutriments qui peuvent passer dans le sang. Le système digestif permet l'élimination des résidus d'aliments impossibles à digérer. Outre le système cardiovasculaire et le système digestif, l'organisme comporte les systèmes tégumentaire, osseux, musculaire, nerveux, endrocrinien, respiratoire, lymphatique, urinaire et génital. Vous trouverez à la figure 1.2 une brève description de chacun de ces 11 systèmes, que nous étudions plus en détail de la deuxième partie à la cinquième partie de ce manuel.

Le dernier niveau d'organisation est celui de l'*organisme*, c'est-à-dire l'être humain vivant. Le **niveau de l'organisme** représente l'ensemble de tous ces niveaux de complexité travaillant de concert pour assurer le maintien de la vie.

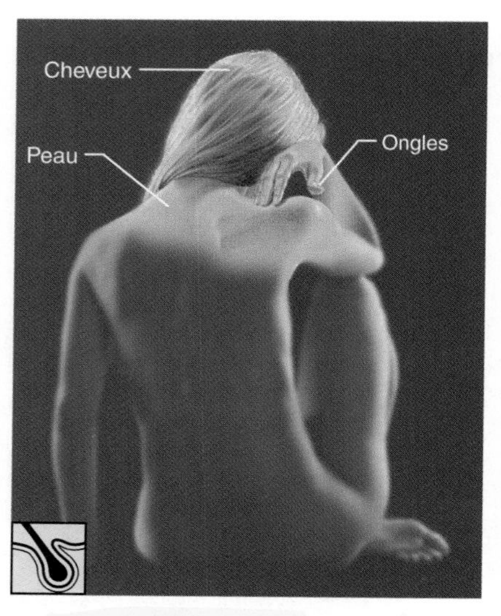

(a) **Système tégumentaire**
Forme l'enveloppe externe de l'organisme ; protège les tissus plus profonds contre les lésions ; synthétise la vitamine D ; contient les récepteurs cutanés (douleur, pression, etc.) ainsi que les glandes sudoripares et sébacées.

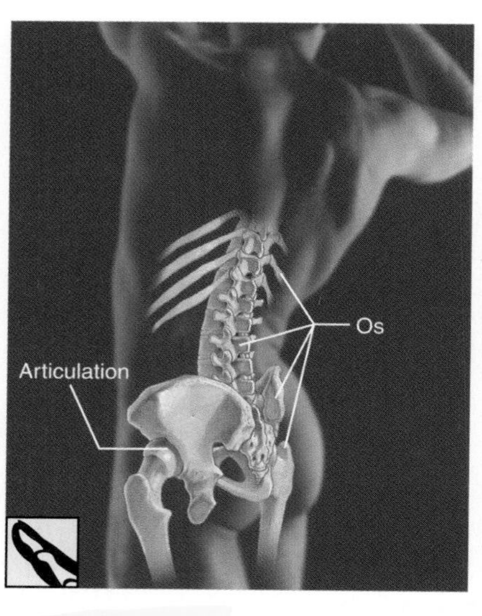

(b) **Système osseux**
Protège et soutient les autres organes ; constitue une charpente sur laquelle les muscles agissent pour produire le mouvement ; fabrique les globules sanguins dans la moelle des os ; constitue une réserve de minéraux.

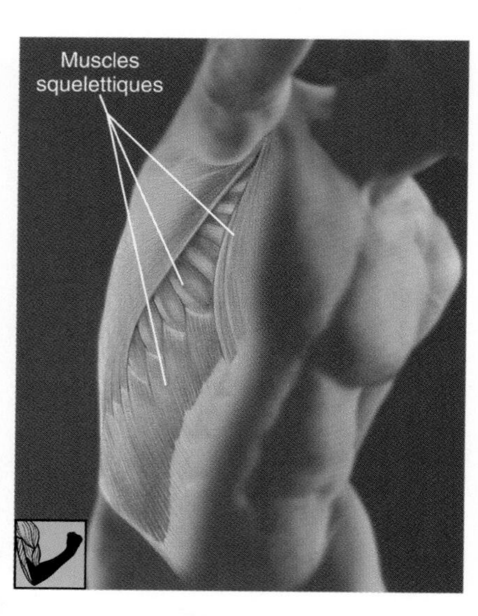

(c) **Système musculaire**
Permet les manipulations d'objets dans l'environnement, la locomotion, l'expression faciale, le maintien de la posture ; produit de la chaleur.

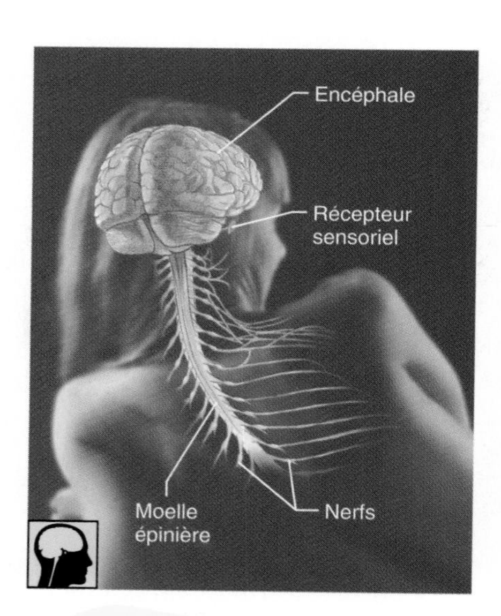

(d) **Système nerveux**
Système de régulation rapide de l'organisme ; réagit instantanément aux changements internes et externes en activant les glandes et les muscles appropriés.

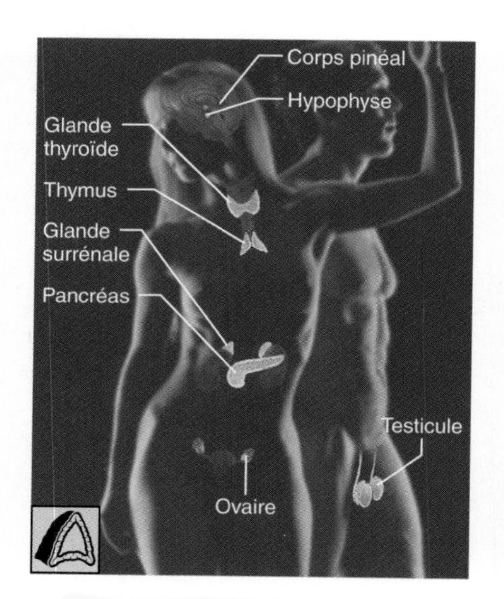

(e) **Système endocrinien**
Glandes qui sécrètent des hormones réglant des processus comme la croissance, la reproduction et l'utilisation des nutriments par les cellules (métabolisme).

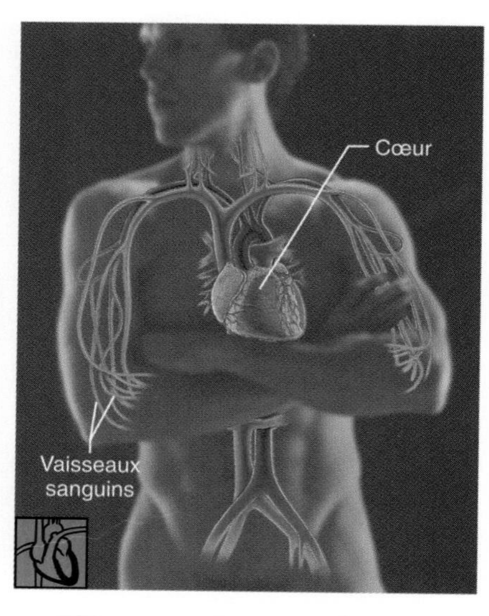

(f) **Système cardiovasculaire**
Les vaisseaux sanguins transportent le sang qui contient de l'oxygène, du gaz carbonique, des nutriments, des déchets, etc. ; le cœur fait circuler le sang en agissant comme une pompe.

FIGURE 1.2
Description sommaire des systèmes de l'organisme. Les éléments structuraux des systèmes sont représentés schématiquement. Les principales fonctions de chaque système sont énumérées sous l'illustration correspondante.

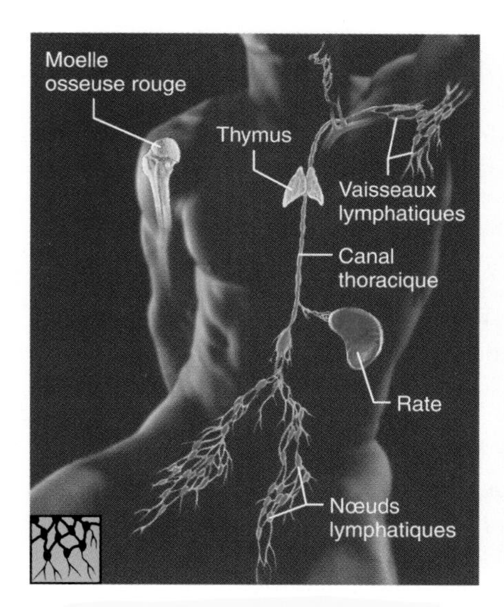

(g) Système lymphatique et immunitaire
Recueille les liquides qui s'échappent des vaisseaux sanguins et les réacheminent vers le sang ; élimine les déchets de la lymphe grâce aux nœuds lymphatiques ; contient les globules blancs (lymphocytes) qui jouent un rôle dans l'immunité. Les cellules immunitaires s'attaquent aux substances étrangères présentes dans l'organisme.

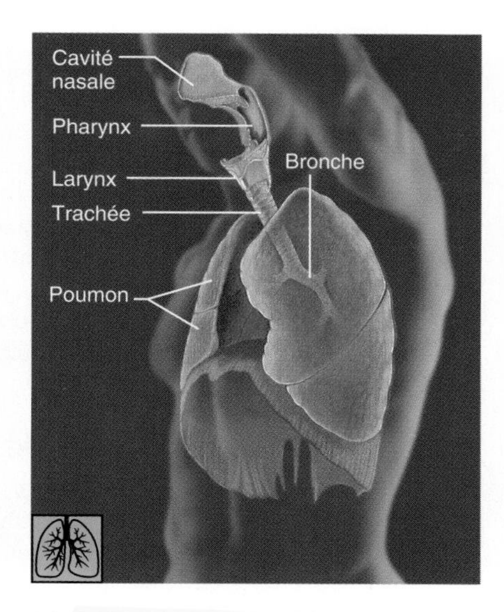

(h) Système respiratoire
Assure en permanence l'oxygénation du sang et l'élimination du gaz carbonique qu'il contient ; les échanges gazeux se produisent à travers les parois des alvéoles pulmonaires.

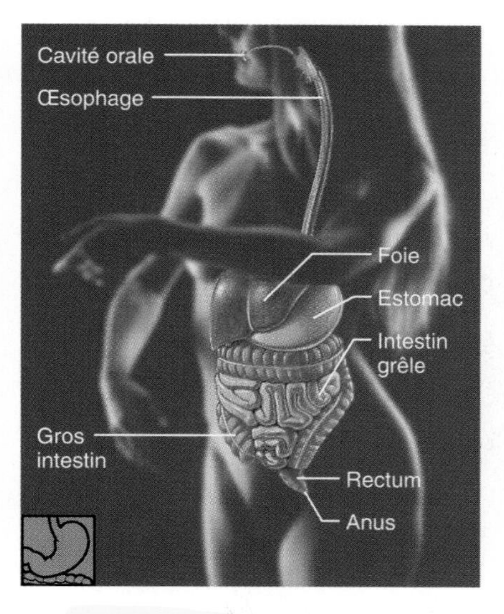

(i) Système digestif
Dégrade les aliments en nutriments absorbables qui passent dans le sang pour être distribués aux cellules ; les substances non digérées sont rejetées sous forme de selles.

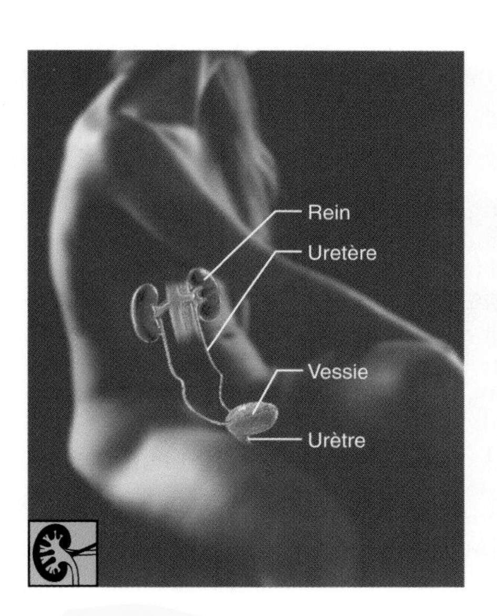

(j) Système urinaire
Élimine du corps les déchets azotés ; règle l'équilibre hydrique, électrolytique et acido-basique du sang.

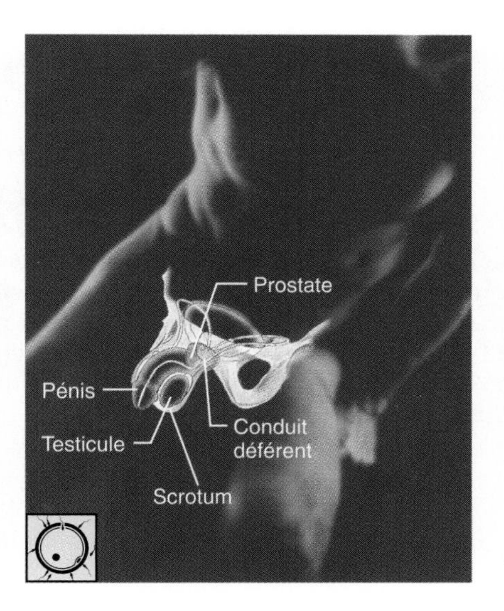

(k) Système génital de l'homme

(l) Système génital de la femme

Assurent la reproduction. Les testicules produisent les spermatozoïdes et l'hormone sexuelle masculine ; les conduits et les glandes permettent de déposer les spermatozoïdes dans les voies génitales de la femme. Les ovaires produisent les ovules et les hormones sexuelles féminines ; les autres organes sont le siège de la fécondation et du développement du fœtus. Les glandes mammaires situées dans les seins produisent du lait servant à nourrir le nouveau-né.

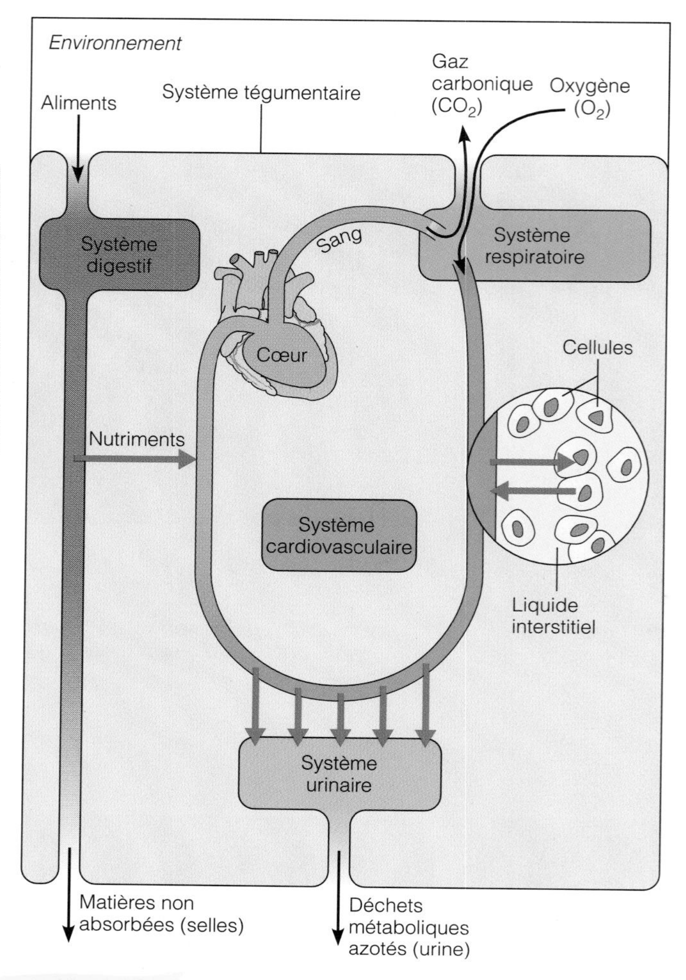

FIGURE 1.3
Exemples montrant l'interdépendance des systèmes de l'organisme. Le système tégumentaire protège l'ensemble de l'organisme contre l'environnement. Le système digestif et le système respiratoire communiquent avec l'environnement et apportent respectivement les nutriments et l'oxygène au sang qui les distribue ensuite à toutes les cellules. Les déchets métaboliques sont éliminés de l'organisme par le système urinaire et le système respiratoire.

MAINTIEN DE LA VIE

Fonctions vitales

Après la description de ces niveaux d'organisation structurale du corps humain, il nous faut maintenant essayer de comprendre le fonctionnement de cet organisme si bien structuré. Comme tous les animaux complexes, les êtres humains doivent maintenir leurs limites, bouger, réagir aux changements de leur environnement, ingérer et digérer des aliments, avoir une activité métabolique, éliminer des déchets, se reproduire et croître. Nous traiterons ici brièvement de chacune de ces fonctions vitales, qui sont expliquées en détail dans des chapitres ultérieurs.

Il est important de bien comprendre que l'état multicellulaire et la distribution des fonctions vitales entre plusieurs systèmes *différents* entraînent une interdépendance de toutes les cellules du corps. Aucun des systèmes ne travaille de façon totalement indépendante; ils collaborent tous au bien-être de l'organisme entier. Comme nous mettons l'accent sur cette réalité tout au long de ce manuel, nous allons voir quels sont les systèmes qui contribuent le plus à chacun des processus fonctionnels (figure 1.3). Pour mieux comprendre cette section, reportez-vous aux descriptions détaillées de la figure 1.2.

Maintien des limites

Tout organisme vivant doit pouvoir **maintenir des limites** entre son environnement (milieu externe) et son milieu interne (l'intérieur de l'organisme). Chez les organismes unicellulaires, cette limite est constituée d'une membrane qui forme une enveloppe et laisse entrer les substances utiles tout en empêchant le passage des substances inutiles ou nuisibles. De la même façon, toutes les cellules de l'organisme humain sont délimitées par une membrane à perméabilité sélective. De plus, l'ensemble de notre corps est recouvert et protégé par le système tégumentaire (peau) qui prévient le dessèchement des organes internes (ce qui serait fatal) tout en les protégeant contre les bactéries et les effets nocifs de la chaleur, des rayons du soleil ainsi que des innombrables substances chimiques présentes dans l'environnement.

Mouvement

Par **mouvement,** on entend toutes les activités permises par le système musculaire comme le déplacement au moyen de la marche, de la course ou de la nage, et les manipulations d'objets dans l'environnement grâce à l'agilité de nos doigts. Le système osseux constitue la charpente sur laquelle les muscles peuvent agir. La circulation du sang dans le système cardiovasculaire, le déplacement des aliments dans le système digestif et l'écoulement de l'urine dans le système urinaire sont également des mouvements. Au niveau cellulaire, la capacité des cellules musculaires de se raccourcir est appelée **contractilité.**

Excitabilité

L'**excitabilité** est la faculté de percevoir les changements (stimulus) de l'environnement et d'y réagir de manière adéquate. Par exemple, si on se blesse la main sur un éclat de verre, on a aussitôt un réflexe de retrait, c'est-à-dire qu'on éloigne involontairement la main du stimulus douloureux (l'éclat de verre). Il n'est même pas nécessaire d'y penser, le geste est automatique. Un phénomène similaire se produit quand la concentration de gaz carbonique dans le sang s'élève jusqu'à atteindre un niveau dangereux: des chimiorécepteurs interviennent alors en envoyant des messages aux centres de l'encéphale régissant la respiration, et le rythme respiratoire s'accélère.

Comme les cellules nerveuses sont extrêmement excitables et communiquent rapidement entre elles au moyen d'influx nerveux, le système nerveux joue un rôle déterminant dans l'excitabilité. Cependant, toutes les cellules de l'organisme sont excitables dans une certaine mesure.

Digestion

La **digestion** est le processus de dégradation des aliments en molécules simples qui peuvent passer dans le sang. Le sang chargé de nutriments est ensuite acheminé à toutes les cellules de l'organisme par le système cardiovasculaire. Dans un organisme unicellulaire comme l'amibe, c'est la cellule elle-même qui constitue l'« usine de digestion » ; mais dans un organisme multicellulaire comme le corps humain, c'est le système digestif qui remplit cette fonction pour l'ensemble de l'organisme.

Métabolisme

Le terme **métabolisme** (« changement d'état ») englobe toutes les réactions chimiques qui se produisent à l'intérieur des cellules. Plus précisément, le métabolisme comprend la dégradation de certaines substances en leurs unités constitutives, la synthèse de structures cellulaires plus complexes à partir de matériaux simples et la production, à partir des nutriments et de l'oxygène (par la *respiration cellulaire*), des molécules d'ATP qui fournissent l'énergie nécessaire à l'activité cellulaire. Le métabolisme dépend des systèmes digestif et respiratoire qui font passer les nutriments et l'oxygène dans le sang, ainsi que du système cardiovasculaire qui distribue à l'ensemble de l'organisme ces substances indispensables. La régulation du métabolisme se fait principalement par l'intermédiaire des hormones sécrétées par les glandes du système endocrinien.

Excrétion

L'**excrétion** est l'élimination des *excreta*, ou déchets de l'organisme. Pour fonctionner correctement, le corps doit se débarrasser des substances inutiles, comme les résidus de la digestion, ou même potentiellement toxiques, comme des sous-produits du métabolisme. La fonction d'excrétion est accomplie par plusieurs systèmes. Par exemple, les résidus de nourriture impossibles à digérer sont rejetés par le système digestif sous forme de selles, et le système urinaire élimine dans l'urine les déchets métaboliques azotés comme l'urée et l'acide urique. Le gaz carbonique, un sous-produit de la respiration cellulaire, est transporté par le sang jusqu'aux poumons et expulsé avec l'air expiré.

Reproduction

La **reproduction** s'effectue au niveau cellulaire et au niveau de l'organisme. La reproduction des cellules se fait par division cellulaire (mitose), une cellule originale produisant deux cellules filles identiques pour assurer la croissance ou la guérison d'une lésion. La reproduction de l'organisme humain, c'est-à-dire la génération d'un nouvel être humain, est la principale fonction du système génital. Lorsqu'un spermatozoïde s'unit à un ovule, l'ovule ainsi fécondé se développe à l'intérieur de l'organisme maternel jusqu'à la naissance d'un magnifique bébé. Le système génital est directement responsable de la reproduction, mais son fonctionnement est réglé de façon très fine par les hormones du système endocrinien.

Comme les hommes produisent des spermatozoïdes et les femmes des ovules, le processus de reproduction donne lieu à une « division du travail » et les organes génitaux de chaque sexe sont très différents (voir la figure 1.2k et l). En outre, le site de la fécondation des ovules par les spermatozoïdes se trouve dans les structures reproductrices de la femme, où le fœtus en cours de développement est protégé et nourri jusqu'à sa naissance.

Croissance

La **croissance** est l'augmentation de volume d'une partie du corps ou de l'organisme entier, habituellement par la multiplication des cellules. Notons toutefois que les cellules grossissent aussi lorsqu'elles ne sont pas en train de se diviser. Pour qu'une véritable croissance se produise, il faut que les activités anaboliques (de synthèse) se fassent à un rythme plus rapide que les activités cataboliques (de dégradation).

Besoins vitaux

Tous les systèmes de l'organisme travaillent d'une façon ou d'une autre au maintien de la vie. Cependant, la vie est extraordinairement fragile et plusieurs facteurs lui sont nécessaires ; c'est ce que nous appelons les *besoins vitaux*, soit les nutriments, l'oxygène, l'eau ainsi qu'une température et une pression atmosphérique adéquates.

Les **nutriments** proviennent de l'alimentation et contiennent les substances chimiques qui servent à produire de l'énergie ou à construire des cellules. La plupart des aliments d'origine végétale sont riches en glucides, en vitamines et en minéraux, alors que la plupart des aliments d'origine animale sont riches en protéines et en lipides. Les glucides sont la principale source d'énergie des celules. Les protéines et, dans une moindre mesure, les lipides sont essentiels à l'élaboration des structures de la cellule. Les lipides protègent également les organes, forment des couches isolantes et constituent une réserve d'énergie. Plusieurs vitamines et minéraux sont indispensables aux réactions chimiques qui se produisent à l'intérieur des cellules et au transport de l'oxygène dans le sang. Ainsi le calcium, un minéral, confère aux os leur dureté ; il joue également un rôle essentiel dans la coagulation du sang.

Tous les nutriments du monde seraient inutiles sans **oxygène** puisque seules des *réactions oxydatives*, impossibles sans oxygène, permettent de tirer de l'énergie des nutriments. Les cellules ne peuvent survivre que quelques minutes sans oxygène. Ce gaz représente 20 % de l'air que nous respirons. Il pénètre dans le sang et atteint les cellules grâce au travail conjoint du système respiratoire et du système cardiovasculaire.

L'**eau** compte pour 60 à 80 % de la masse corporelle ; c'est la substance chimique la plus abondante de l'organisme. Elle constitue à la fois le milieu liquide nécessaire aux réactions chimiques et la substance de base des sécrétions et excrétions. L'organisme tire l'eau des aliments et des liquides ingérés et il la perd par évaporation au niveau des poumons et de la peau ainsi que par les excrétions.

> *Pour étudier, j'utilise régulièrement le lecteur de cassettes de mon auto. Après chaque cours, je fais des enregistrements que je peux écouter tout en conduisant, ce qui me permet d'ajouter environ deux heures à ma semaine d'étude. Je commence par lire les principaux points de mes notes, puis je définis la terminologie et je répète des « trucs » mnémotechniques le cas échéant. Ensuite, j'enregistre plusieurs questions suivies de quelques secondes de silence, puis de la bonne réponse. Lorsque j'écoute l'enregistrement, je tente de répondre à la question à haute voix pendant la pause. La réponse enregistrée me permet de vérifier celle que j'avais donnée. Ce système me procure énormément de confiance avant un test, et je garde aussi les cassettes en prévision de l'examen final !*
>
> *Kelly Ann Bleiweis, étudiante en médecine*

Les réactions chimiques ne peuvent se produire à un rythme suffisant pour maintenir l'organisme en vie que si la **température corporelle** est normale. Tout abaissement de la température au-dessous de 37 °C entraîne un ralentissement progressif des réactions métaboliques puis, finalement, leur arrêt. Si la température est excessive, les réactions chimiques deviennent si rapides que les protéines de l'organisme perdent leur forme caractéristique et cessent d'être fonctionnelles. Les deux extrêmes de température sont mortels. La majeure partie de la chaleur du corps est produite par le système musculaire.

La force exercée par l'air sur la surface du corps est appelée **pression atmosphérique.** La respiration et les échanges gazeux dans les poumons dépendent de la pression atmosphérique. En altitude, là où l'air est peu dense et la pression atmosphérique faible, l'apport en oxygène est parfois insuffisant pour que le métabolisme cellulaire puisse se maintenir.

Pour assurer la survie, non seulement les facteurs décrits ci-dessus doivent-ils exister, mais ils doivent être présents en quantité *appropriée* ; les excès peuvent être tout aussi néfastes que les insuffisances. Ainsi l'oxygène est essentiel, mais en concentrations élevées il peut s'avérer toxique pour les cellules. De même, nous devons consommer des aliments de bonne qualité et en quantité adéquate afin d'éviter les troubles nutritionnels, l'obésité ou l'inanition. Ajoutons que les facteurs énumérés ici sont capitaux, mais qu'ils sont loin de représenter l'ensemble des facteurs qui contribuent à une bonne qualité de vie. Par exemple, si nécessaire, nous pouvons vivre en l'absence de gravité, mais notre qualité de vie s'en ressent.

HOMÉOSTASIE

Notre corps est constitué de millions de millions de cellules presque toujours en activité et le fait qu'il s'y produise si peu de problèmes de fonctionnement ne peut que nous émerveiller. Au début du XXe siècle, un physiologiste américain nommé Walter Cannon parlait de la « sagesse du corps » ; il a créé le mot **homéostasie** pour décrire sa capacité de maintenir une stabilité relative du milieu interne malgré les fluctuations constantes de l'environnement. Même si l'étymologie du terme fait référence à un état stable, l'homéostasie ne désigne pas vraiment un état statique ou sans changement ; il s'agit en fait d'un état d'équilibre *dynamique* dans lequel les conditions internes varient, mais toujours dans des limites relativement étroites.

En général, on considère que l'homéostasie se maintient quand les besoins de l'organisme sont satisfaits et qu'il fonctionne bien. Mais le maintien de l'homéostasie est un processus beaucoup plus complexe qu'on ne le croirait. En effet, presque tous les systèmes contribuent à maintenir un milieu interne stable. Non seulement l'organisme doit maintenir à tout moment une concentration adéquate de nutriments dans le sang, mais il doit également surveiller et ajuster sans arrêt l'activité cardiaque et la pression artérielle afin que le sang puisse être acheminé à tous les tissus. Par ailleurs, il doit éviter l'accumulation des déchets et assurer une régulation précise de la température corporelle. Une large gamme de processus chimiques, thermiques et neurologiques agissent et interagissent de façon complexe dans l'organisme, certains ayant tendance à le rapprocher, d'autres à l'éloigner de son objectif ultime qui est l'homéostasie.

Mécanismes de régulation de l'homéostasie

La communication entre les différentes parties de l'organisme est essentielle au maintien de l'homéostasie. Le système nerveux et le système endrocrinien assurent la majorité des communications, respectivement au moyen d'influx nerveux transmis par les nerfs et d'hormones transportées par le sang. Nous étudions en détail le fonctionnement de ces deux grands systèmes de régulation dans des chapitres ultérieurs, mais nous décrirons ici les caractéristiques fondamentales des systèmes de régulation de l'homéostasie.

Quel que soit le facteur contrôlé (appelé **variable**), tous les mécanismes de régulation comportent au moins trois éléments interdépendants (figure 1.4). Le premier est un **récepteur.** Il s'agit essentiellement d'un capteur dont le rôle consiste à surveiller l'environnement et à réagir aux changements, ou *stimulus*, en envoyant des informations (entrée) au second élément, qui est le *centre de régulation.* Ces informations vont du récepteur au centre de régulation en suivant la *voie afférente.* Le **centre de régulation,** qui fixe la *valeur de référence* (niveau ou fourchette) où la variable doit être maintenue, analyse les données qu'il reçoit et détermine la réaction appropriée.

Le troisième élément est l'**effecteur** grâce auquel le centre de régulation produit une réponse (sortie) au stimulus. Pour aller du centre de régulation à l'effecteur, l'information suit la voie *efférente.* La réponse produit alors une *rétroaction* qui agit sur le stimulus ; elle peut

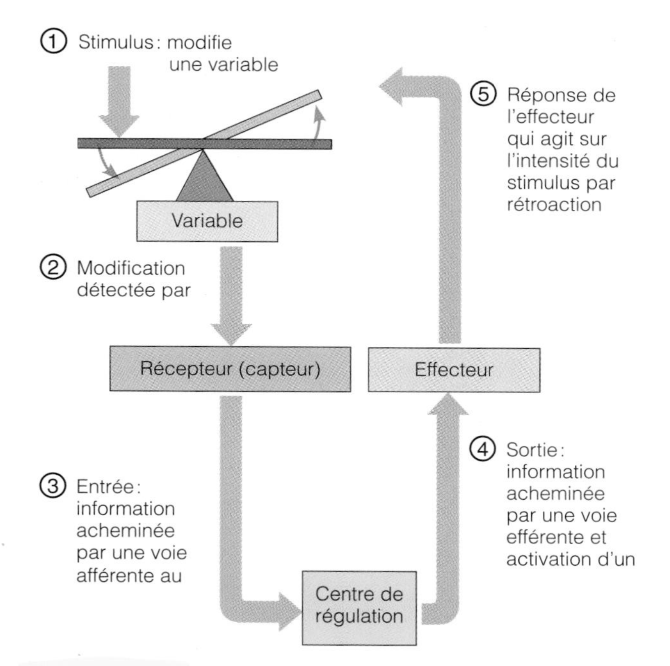

FIGURE 1.4
Représentation schématique des éléments d'un mécanisme de régulation. Les communications entre le récepteur, le centre de régulation et l'effecteur sont essentielles au fonctionnement de ce mécanisme.

avoir pour effet de le réduire (rétro-inhibition) de sorte que tout le mécanisme de régulation cesse son activité, ou elle peut le renforcer (rétroactivation) de sorte que la réaction se poursuit avec une intensité croissante.

Maintenant que nous avons examiné l'essentiel du cheminement de l'information dans les systèmes de régulation, nous pouvons expliquer de quelle façon les mécanismes de rétro-inhibition et de rétroactivation contribuent au maintien de l'homéostasie de l'organisme.

Mécanismes de rétro-inhibition

La majorité des mécanismes de régulation de l'homéostasie sont des **mécanismes de rétro-inhibition**, c'est-à-dire des systèmes qui, par leur réponse, mettent fin au stimulus de départ ou réduisent son intensité. La valeur de la variable change donc dans une direction *opposée* au changement initial et revient à une valeur « idéale », d'ou le terme « rétro-inhibition ».

On utilise souvent comme exemple de système de rétro-inhibition non biologique, un appareil de chauffage relié à un thermostat. Celui-ci contient à la fois le récepteur et le centre de régulation. Si le thermostat est réglé à 20 °C, il met l'appareil de chauffage (l'effecteur) en marche dès que la température de la pièce descend sous cette valeur. L'appareil réchauffe alors l'air ambiant; lorsque la température atteint 20 °C ou un peu plus, le thermostat coupe l'appareil de chauffage. Le cycle « marche » et « arrêt » ainsi créé permet de conserver dans la maison une température assez proche de la valeur désirée, soit 20 °C. Le « thermostat » de votre corps, situé dans une partie de l'encéphale appelée hypothalamus, fonctionne à peu près selon le même principe.

La régulation de la température corporelle par l'hypothalamus est une des nombreuses voies par lesquelles le système nerveux assure la stabilité du milieu interne. Le *réflexe de retrait* que nous avons cité comme exemple d'excitabilité est un mécanisme de régulation nerveux qui assure un retrait rapide de la main en présence d'un stimulus douloureux comme le contact avec un éclat de verre. Le système endocrinien joue également un rôle important dans le maintien de l'homéostasie. Ainsi, la glycémie (taux de glucose dans le sang) est réglée par un mécanisme de rétro-inhibition faisant intervenir les hormones pancréatiques (figure 1.5).

Pour poursuivre leurs activités métaboliques normales, les cellules doivent disposer d'un apport continu de glucose, le principal carburant qui leur permet de produire l'énergie cellulaire, ou ATP. Normalement, la concentration de glucose dans le sang (glycémie) se maintient à environ 5 mmol/L (5 millimoles par litre) de sang*. Supposons que vous venez de céder à un accès de gourmandise et que vous avez englouti quatre beignes à la confiture. Dans votre système digestif, ceux-ci sont rapidement dégradés en diverses substances simples (glucose essentiellement) qui passe dans le sang et entraîne une augmentation rapide de la glycémie, d'où une rupture de l'équilibre homéostatique. L'augmentation de la glycémie stimule les cellules pancréatiques productrices d'insuline, qui libèrent alors cette dernière dans le sang. L'insuline accélère l'absorption du glucose par la plupart des cellules et favorise son stockage sous forme de glycogène dans le foie et les muscles ; le corps met ainsi en quelque sorte le glucose en réserve. La glycémie revient donc à la valeur de référence normale et le stimulus ayant déclenché la sécrétion d'insuline diminue également.

Le glucagon, l'autre hormone pancréatique, a un effet inverse. Il est libéré quand la glycémie tombe au-dessous de la valeur de référence. Supposons qu'il est 14 h et que vous avez sauté votre repas de midi : votre glycémie est basse, et les cellules pancréatiques productrices de glucagon sont stimulées et sécrètent cette hormone. La cible du glucagon est le foie, qui libère alors dans le sang une partie des réserves de glucose qu'il contient. La glycémie remonte donc jusqu'à ce que l'équilibre homéostatique soit atteint.

La capacité de l'organisme de régulariser son milieu interne revêt une importance capitale, et tous les mécanismes de rétro-inhibition contribuent par leur action à éviter les changements soudains et importants au sein de l'organisme. La température corporelle et la glycémie ne sont que deux exemples des variables qui sont ajustées de cette façon, mais il en existe des centaines ! D'autres

*Le système international d'unités est décrit à l'appendice A.

(1) Dans cet exemple, quel est le centre de régulation ? (2) Quel est le stimulus qui déclenche la libération d'insuline ? (3) Quelle est la réponse à la libération d'insuline ?

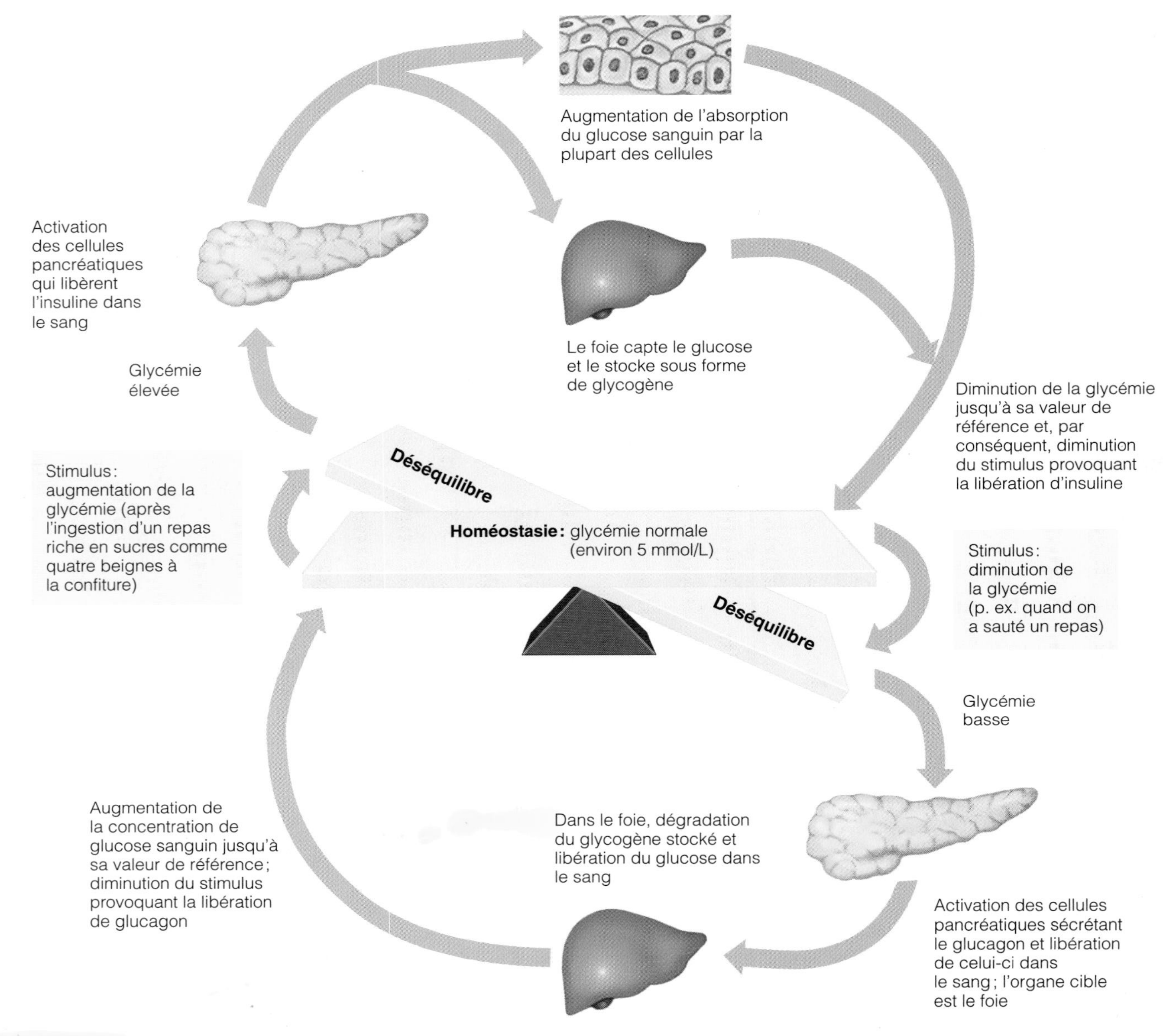

Augmentation de l'absorption du glucose sanguin par la plupart des cellules
Activation des cellules pancréatiques qui libèrent l'insuline dans le sang
Le foie capte le glucose et le stocke sous forme de glycogène
Glycémie élevée
Diminution de la glycémie jusqu'à sa valeur de référence et, par conséquent, diminution du stimulus provoquant la libération d'insuline
Déséquilibre
Stimulus : augmentation de la glycémie (après l'ingestion d'un repas riche en sucres comme quatre beignes à la confiture)
Homéostasie : glycémie normale (environ 5 mmol/L)
Stimulus : diminution de la glycémie (p. ex. quand on a sauté un repas)
Déséquilibre
Glycémie basse
Augmentation de la concentration de glucose sanguin jusqu'à sa valeur de référence ; diminution du stimulus provoquant la libération de glucagon
Dans le foie, dégradation du glycogène stocké et libération du glucose dans le sang
Activation des cellules pancréatiques sécrétant le glucagon et libération de celui-ci dans le sang ; l'organe cible est le foie

FIGURE 1.5
Régulation de la glycémie par un mécanisme de rétro-inhibition faisant intervenir les hormones pancréatiques.

mécanismes de rétro-inhibition règlent le rythme cardiaque, la pression artérielle, la fréquence et l'amplitude respiratoires ainsi que les concentrations d'oxygène, de gaz carbonique et de minéraux dans le sang. Nous verrons plusieurs de ces mécanismes quand nous étudierons les différents systèmes. Pour le moment, penchons-nous sur l'autre groupe de mécanismes de régulation par rétroaction, soit les mécanismes de rétroactivation.

(1) Le pancréas. (2) L'augmentation de la glycémie. (3) Les cellules de l'organisme absorbent le glucose du sang et le foie le met en réserve sous forme de glycogène, ce qui fait diminuer la glycémie.

Mécanismes de rétroactivation

Les **mécanismes de rétroactivation** amplifient ou font augmenter le stimulus de départ, ce qui entraîne un accroissement de l'activité (sortie). On parle de « rétroactivation » parce que le changement produit va dans la même direction que la fluctuation initiale, de sorte que la variable s'éloigne de plus en plus de sa valeur ou de son intervalle de valeurs de départ. Contrairement aux mécanismes de rétro-inhibition, qui règlent une fonction physiologique ou maintiennent la concentration des composants sanguins dans une fourchette très étroite, les mécanismes de rétroactivation régissent habituellement des phénomènes peu fréquents qui ne nécessitent pas d'ajustements continus. En général, ils déclenchent une série d'événements pouvant s'auto-entretenir et avoir un caractère explosif. C'est pourquoi on dit souvent qu'ils se déroulent « en cascade ». Comme les mécanismes de rétroactivation risquent de devenir incontrôlables, ils n'assurent habituellement pas le maintien de l'homéostasie de l'organisme. Cependant, il y a au moins deux exemples bien connus qui font intervenir de tels mécanismes : la coagulation du sang et l'augmentation de la force et de la fréquence des contractions du muscle utérin au cours de l'accouchement.

La coagulation sanguine est une réaction normale lorsque le revêtement d'un vaisseau sanguin est déchiré ou endommagé, et c'est un excellent exemple de régulation d'une fonction organique importante par rétroactivation. Comme on peut le voir à la figure 1.6, lorsqu'un vaisseau sanguin est endommagé (1), des cellules sanguines appelées plaquettes s'agglutinent immédiatement sur le site de la blessure (2) et libèrent des substances chimiques qui attirent d'autres plaquettes (3). L'accumulation rapide de plaquettes amorce la séquence d'événements qui mène à la formation d'un caillot (4).

Le mécanisme de rétroactivation qui rend plus intenses les contractions utérines pendant l'accouchement fonctionne de la façon suivante. Lorsque l'enfant descend dans le canal génital de la mère, la pression croissante qui s'exerce sur le col utérin (sortie de l'utérus, qui est pourvue de muscles) active des récepteurs de pression qui se trouvent à cet endroit. Ces récepteurs envoient des influx nerveux rapides à l'hypothalamus, qui déclenche alors la libération d'une hormone appelée ocytocine. Le sang transporte celle-ci jusqu'à l'utérus, où elle stimule les muscles de la paroi utérine qui se contractent de plus en plus vigoureusement en poussant l'enfant encore plus loin dans le canal génital. Ce cycle provoque des contractions de plus en plus fréquentes et de plus en plus vigoureuses jusqu'à ce que l'accouchement soit terminé. À ce moment-là, le stimulus ayant déclenché la libération d'ocytocine (c'est-à-dire la pression) disparaît, ce qui met fin au mécanisme de rétroactivation (voir aussi la figure 29.16, p. 1108.)

Déséquilibre homéostatique

L'importance de l'homéostasie est telle qu'on considère que la plupart des maladies sont causées par un **déséquilibre homéostatique,** c'est-à-dire par une perturbation de l'homéostasie. Lorsque nous avançons en âge, nos organes et nos mécanismes de régulation deviennent de moins en moins efficaces. Notre milieu interne devient donc de plus en plus instable, ce qui crée un risque croissant de maladie et entraîne les modifications inhérentes au vieillissement.

On trouve également de nombreux exemples de déséquilibre homéostatique dans certaines situations pathologiques, lorsque les mécanismes normaux de rétro-inhibition ne sont plus en mesure de jouer leur rôle et que ce sont les mécanismes destructeurs de rétroactivation

(1) Pourquoi appelle-t-on ce type de mécanisme de régulation « rétroactivation » ? (2) Quel événement met fin à la cascade ou réaction en chaîne qu'on observe dans ce mécanisme de rétroactivation ?

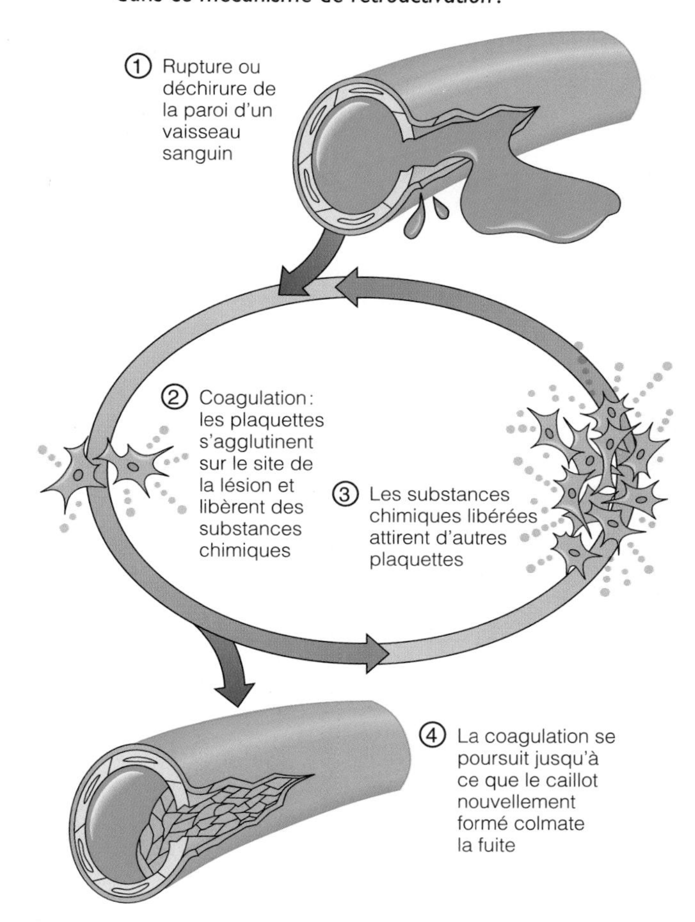
① Rupture ou déchirure de la paroi d'un vaisseau sanguin
② Coagulation : les plaquettes s'agglutinent sur le site de la lésion et libèrent des substances chimiques
③ Les substances chimiques libérées attirent d'autres plaquettes
④ La coagulation se poursuit jusqu'à ce que le caillot nouvellement formé colmate la fuite

FIGURE 1.6
Description sommaire du mécanisme de rétroactivation qui régit la coagulation sanguine.

(1) Parce que la réponse, au lieu de mettre fin au stimulus, entraîne une réponse encore plus intense (des plaquettes s'agglutinent sur le vaisseau endommagé et libèrent des substances chimiques qui attirent d'autres plaquettes, lesquelles libèrent à leur tour les mêmes substances en quantité encore plus importante, et ainsi de suite). (2) La cascade prend fin lorsque le caillot a colmaté la fuite dans le vaisseau sanguin.

Sur cette figure, indiquez exactement où se trouve la lésion si ***(1)*** *vous vous étirez un muscle de la région* axillaire, ***(2)*** *vous vous fracturez un os de la région* occipitale *et* ***(3)*** *vous vous coupez dans la région* digitale.

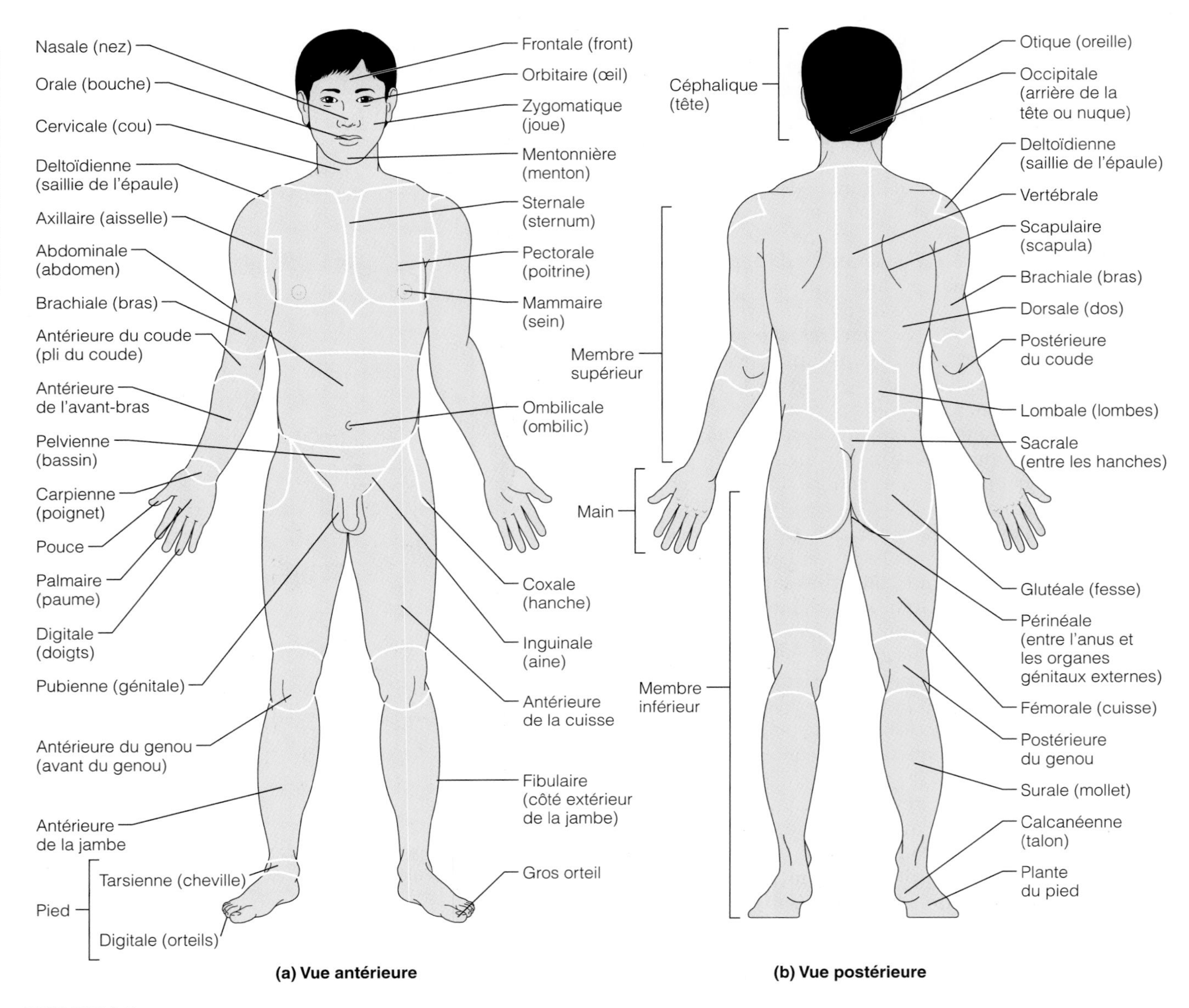

FIGURE 1.7
Termes désignant les régions du corps. (a) Le corps est représenté en position anatomique. **(b)** Les talons sont légèrement soulevés pour montrer la face plantaire du pied.

qui deviennent prédominants. Ce phénomène peut se manifester dans certains types de crises cardiaques.

Tout au long de cet ouvrage, vous trouverez des exemples de déséquilibres homéostatiques qui vous permettront de mieux comprendre les mécanismes physiologiques normaux. Les paragraphes décrivant des déséquilibres homéostatiques commencent par le symbole pour indiquer qu'on y explique un état anormal.

(1) À l'aisselle. (2) Sur la face inférieure à l'arrière du crâne. (3) Au doigt.

VOCABULAIRE DE L'ANATOMIE

Naturellement, nous voulons tous en savoir plus sur notre corps, mais nous sommes parfois découragés lorsqu'il nous faut apprendre les termes employés en anatomie et en physiologie. Vous avez sans doute déjà remarqué que cet ouvrage ne se lit pas comme un roman ! Les termes spécialisés sont malheureusement essentiels pour éviter la confusion. Lorsqu'on regarde un ballon, il est facile de savoir que « au-dessus » désigne toujours la région située plus haut que le ballon. Les autres directions peuvent être désignées de façon tout aussi claire parce que le ballon est sphérique, c'est-à-dire absolument symétrique ; tous ses côtés et surfaces sont équivalents. Par contre, le corps humain présente plusieurs saillies, courbes et points de repère particuliers. On est donc obligé de se demander : « Au-dessus de quoi ? » Pour bien se comprendre, les anatomistes ont adopté une terminologie universellement acceptée pour nommer et situer toutes les structures avec précision et de façon concise. Dans les sections suivantes, nous définissons et expliquons ces termes.

Position anatomique et orientation

Pour décrire avec précision une partie du corps et sa position, il faut une attitude de référence et une direction. L'attitude de référence est une position standard appelée **position anatomique.** Dans cette position, la personne est debout, les pieds joints. Il est facile de s'en souvenir parce que c'est la position du garde-à-vous, mais avec les paumes des mains tournées vers l'avant et les pouces vers l'extérieur. La position anatomique est illustrée à la figure 1.7 ci-contre. Assurez-vous de bien la comprendre car dans cet ouvrage, la plupart des termes décrivant l'orientation font référence à un individu *comme s'il était dans cette position, quelle que soit sa véritable position.* Par ailleurs, il faut savoir que les termes « droite » et « gauche » se rapportent à la personne ou au cadavre qu'on examine et non aux côtés de l'observateur.

Pour définir précisément la position d'une structure corporelle par rapport à une autre, on emploie les termes relatifs à l'**orientation.** Par exemple, pour décrire la relation qui existe entre les oreilles et le nez, on pourrait dire : « Les oreilles se trouvent de chaque côté de la tête, à droite et à gauche du nez. » En termes anatomiques, cette phrase deviendrait : « Les oreilles sont latérales par rapport au nez. » Il est évident que la terminologie anatomique est plus concise et moins ambiguë. Les principaux termes relatifs à l'orientation sont définis et illustrés dans le tableau 1.1 (p. 14). La plupart de ces termes sont employés dans la vie de tous les jours, mais ils prennent un sens très précis en anatomie.

Régions

Les deux principales divisions du corps humain sont ses parties *axiale* et *appendiculaire*. La **partie axiale,** ainsi nommée parce qu'elle constitue l'*axe* principal du corps, comprend la tête, le cou et le tronc. La **partie appendiculaire** comprend les *appendices* ou *membres*, qui sont reliés à la partie axiale. Les termes désignant les **régions** spécifiques du corps à l'intérieur de ces grandes divisions sont illustrés à la figure 1.7. Le terme courant s'appliquant à chacune de ces régions figure également entre parenthèses.

Plans et coupes

Pour étudier l'anatomie, il faut souvent disséquer le corps, c'est-à-dire effectuer une *coupe* le long d'une surface ou d'un plan. Les plans le plus fréquemment utilisés sont les plans sagittal, frontal et transverse, qui se situent à angle droit les uns par rapport aux autres (figure 1.8, p. 15). La coupe prend le nom du plan selon lequel elle a été pratiquée ; ainsi, une coupe suivant un plan sagittal s'appelle coupe sagittale.

Un **plan sagittal** (*sagitta* = flèche) est un plan vertical qui divise le corps en parties droite et gauche. Le plan sagittal situé exactement sur la ligne médiane est nommé **plan sagittal médian** ou **plan médian** (figure 1.8c). Tous les autres plans sagittaux qui ne sont pas situés sur la ligne médiane sont appelés **plans parasagittaux** (*para* = à côté de).

Un **plan frontal** ou **coronal** (*corona* = couronne) est vertical, comme un plan sagittal, mais il divise le corps en parties antérieure et postérieure (figure 1.8a).

Un **plan transverse** ou **horizontal** est, comme son nom l'indique, horizontal et forme un angle droit avec l'axe du corps qu'il divise en parties supérieure et inférieure (figure 1.8b). Bien entendu, il existe de nombreux plans transverses à tous les niveaux, de la tête aux pieds. On parle donc également de **coupe transversale.** Lorsqu'une coupe est pratiquée selon un plan intermédiaire entre un plan vertical et un plan horizontal, on l'appelle **coupe oblique.** Les coupes de ce type sont peu usitées parce qu'elles prêtent souvent à confusion et sont difficiles à interpréter.

En médecine, il est de plus en plus important de pouvoir interpréter les coupes du corps, en particulier les coupes transversales. En effet, les nouveaux procédés d'imagerie médicale (décrits dans l'encadré des pages 18-19) produisent des images en coupe et non des images tridimensionnelles. Il peut être difficile de déterminer la forme d'un objet à partir d'une coupe. Ainsi, la coupe transversale d'une banane est circulaire et ne permet pas de savoir que la banane a la forme d'un croissant. Par ailleurs, des coupes du corps ou d'un organe selon plusieurs plans peuvent donner des images d'aspect totalement différent. Par exemple, une coupe transversale du tronc au niveau des reins montrerait très clairement la structure de ces derniers. Leur anatomie semblerait très différente sur une coupe frontale du tronc, alors qu'ils seraient invisibles sur une coupe sagittale médiane du tronc. Avec de la pratique, vous finirez par apprendre à faire le lien entre les coupes bidimensionnelles et les formes tridimensionnelles.

Cavités et membranes

La partie axiale du corps humain renferme deux grandes cavités, la cavité postérieure et la cavité antérieure ; elles se situent près de l'extérieur et contiennent des organes internes.

I

TABLEAU 1.1 Termes relatifs à l'orientation

Terme	Définition	Exemple
Supérieur	Vers la tête, ou vers le haut d'une structure ou du corps ; au-dessus	La tête est *supérieure* par rapport à l'abdomen.
Inférieur	À l'opposé de la tête, ou vers le bas d'une structure ou du corps ; au-dessous	L'ombilic est *inférieur* par rapport au menton.
Antérieur (ventral) *	Vers l'avant ou à l'avant du corps ; devant	Le sternum est *antérieur* par rapport à la colonne vertébrale.
Postérieur (dorsal) *	Vers le dos ou au dos du corps ; derrière	Le cœur est *postérieur* par rapport au sternum.
Médian ou médial	Vers ou sur le plan médian du corps ; sur la face intérieure de	Le cœur est *médian* par rapport au bras.
Latéral	Opposé au plan médian du corps ; sur la face extérieure de	Les bras sont *latéraux* par rapport au cœur.
Intermédiaire ou moyen	Entre une structure plus médiane et une structure plus latérale	La clavicule est *intermédiaire* par rapport au sternum et à l'épaule.
Proximal	Plus près de l'origine d'une structure ou du point d'attache d'un membre au tronc	Le coude est *proximal* par rapport au poignet.
Distal	Plus éloigné de l'origine d'une structure ou du point d'attache d'un membre au tronc	Le genou est *distal* par rapport à la cuisse.
Superficiel	Près de la surface ou à la surface du corps	La peau est *superficielle* par rapport aux muscles squelettiques.
Profond	Loin de la surface du corps ; plus interne	Les poumons sont *profonds* par rapport à la peau.

* Les termes *antérieur* et *ventral* sont synonymes chez les humains, mais non chez les quadrupèdes. *Ventral* signifie « relatif à l'abdomen » chez les vertébrés et, par conséquent, correspond à la face inférieure des quadrupèdes. De même, *postérieur* et *dorsal,* synonymes chez les humains, ne le sont pas chez les quadrupèdes, puisque le terme *dorsal* signifie « relatif au dos » et que le dos est la face supérieure des quadrupèdes.

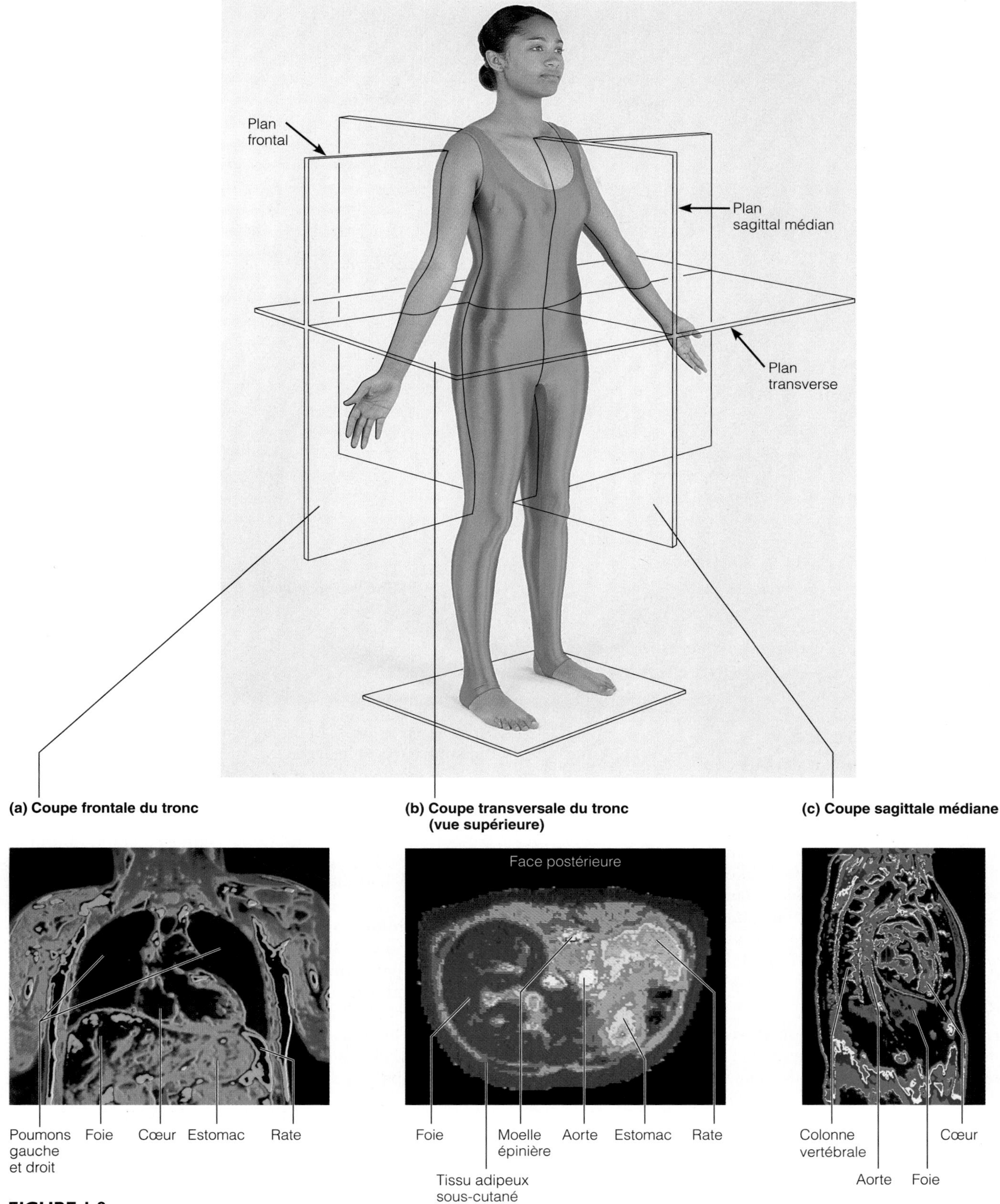

FIGURE 1.8
Plans du corps. Sur la photo d'une jeune femme en position anatomique, on a superposé les trois principaux plans du corps (frontal, transverse et sagittal médian). Au-dessous, on a reproduit certaines coupes du corps obtenues par remnographie dans chacun de ces trois plans.

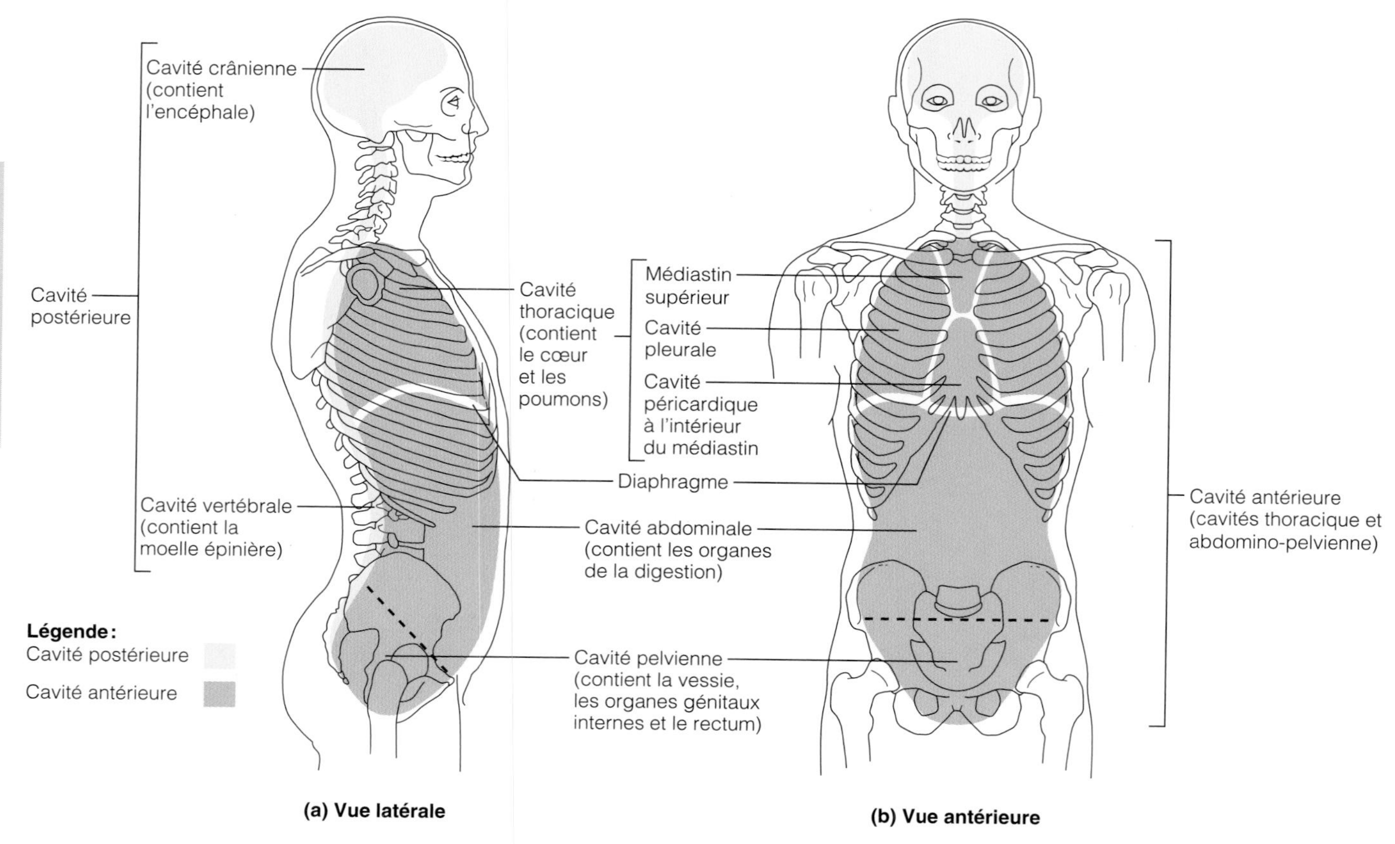

FIGURE 1.9
Cavités antérieure et postérieure et leurs divisions.

Cavité postérieure

La **cavité postérieure** ou **dorsale** (figure 1.9) se subdivise en **cavité crânienne** et en **cavité vertébrale** ou **spinale.** La première cavité est circonscrite par les os du crâne et contient l'encéphale. La cavité vertébrale est située à l'intérieur de la colonne vertébrale et renferme la moelle épinière. Comme la moelle épinière part de l'encéphale, dont elle est en fait un prolongement, la cavité crânienne et la cavité vertébrale sont en communication directe. Les centres vitaux et très fragiles du système nerveux sont bien protégés par les os qui délimitent la cavité postérieure.

Cavité antérieure

La **cavité antérieure** ou **ventrale** (voir la figure 1.9), qui est antérieure par rapport à la cavité dorsale et plus grande que celle-ci, se divise également en deux parties principales, la *cavité thoracique* et la *cavité abdomino-pelvienne.* La cavité antérieure renferme un ensemble d'organes internes qu'on regroupe sous le nom de **viscères,** ou **organes viscéraux.**

La partie supérieure, appelée **cavité thoracique,** est délimitée par les côtes et les muscles du thorax. Elle est elle-même formée de trois cavités : les deux cavités latérales appelées **cavités pleurales,** qui contiennent chacune un poumon, et la cavité médiane, ou **médiastin.** Celui-ci contient à son tour la **cavité péricardique** (où loge le cœur) et les autres organes de la cage thoracique (œsophage, trachée, etc.).

La **cavité abdomino-pelvienne** est inférieure par rapport à la cavité thoracique dont elle est séparée par un muscle en forme de voûte, le diaphragme, qui joue un rôle important dans la respiration. Comme son nom l'indique, la cavité abdomino-pelvienne se divise en deux parties qui, cependant, ne sont pas séparées par une paroi musculaire ni par une membrane. La partie supérieure est la **cavité abdominale** ; elle renferme l'estomac, les intestins, la rate, le foie et d'autres viscères. La partie inférieure est la **cavité pelvienne** ; elle contient la vessie, les organes génitaux internes et le rectum. Comme le montre la figure 1.9a, les cavités abdominale et pelvienne ne sont pas alignées, le bassin étant plus ou moins sphérique et incliné par rapport à la verticale. La figure 1.10 présente les principales cavités de l'organisme sous forme d'un diagramme-résumé.

Lorsque le corps subit un traumatisme physique (comme cela se produit souvent au cours d'un accident de la circulation, par exemple), les organes abdomino-pelviens les plus vulnérables sont ceux de la cavité abdominale parce que les parois de cette cavité ne sont formées que par des muscles du tronc et ne sont pas renforcées par des os. Par contre, les organes pelviens sont relativement mieux protégés grâce aux os du bassin. ■

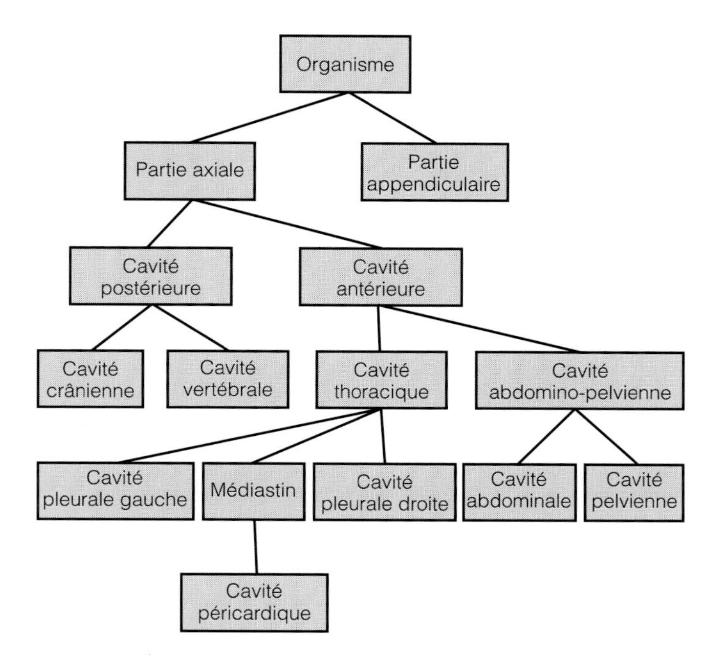

FIGURE 1.10
Diagramme-résumé des principales cavités de l'organisme.

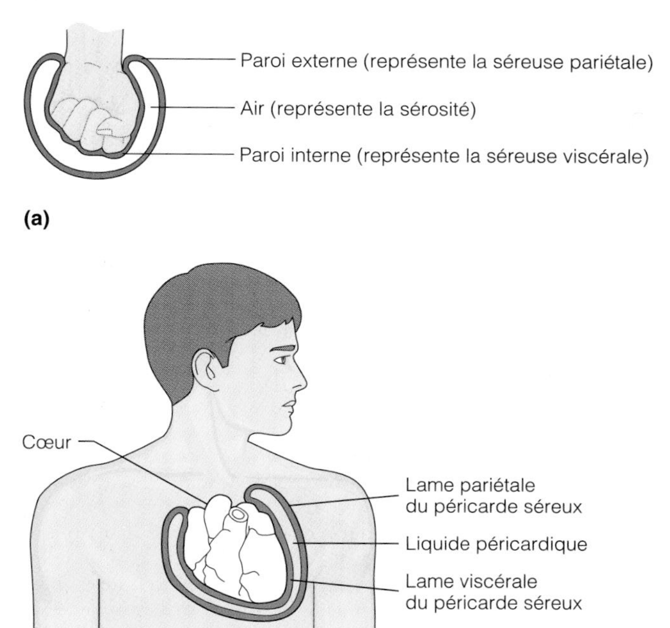

FIGURE 1.11
Relations entre les feuillets des séreuses. (a) La relation entre la séreuse pariétale et la séreuse viscérale est représentée par un poing enfoncé dans un ballon dégonflé. **(b)** La lame pariétale du péricarde est la couche externe de la séreuse qui recouvre l'intérieur de la cavité péricardique ; la lame viscérale du péricarde est accolée à la surface externe du cœur.

Membranes de la cavité antérieure

La face interne de la paroi de la cavité antérieure et la surface des organes qu'elle contient sont recouvertes d'une membrane extrêmement fine formée de deux couches de tissus : la **séreuse.** La partie de la séreuse qui tapisse la face interne de la paroi de cette cavité est nommée **séreuse pariétale.** Elle se replie sur elle-même pour former la **séreuse viscérale** qui recouvre les organes présents dans la cavité. (Le mot « pariétal » s'applique aux parois de la cavité et vient du mot latin *paries,* qui a donné « paroi » ; le mot « viscère » vient de *viscus,* qui signifie « organe dans une cavité corporelle ».)

Vous pouvez vous représenter la relation qui existe entre les séreuses en enfonçant votre poing dans un ballon dégonflé (figure 1.11a). La partie du ballon en contact avec votre main peut être comparée à la séreuse viscérale qui adhère à la surface des organes. La partie externe du ballon peut être comparée à la séreuse pariétale qui tapisse la paroi de la cavité. (Cependant, contrairement au ballon, cette séreuse n'est jamais exposée à l'air libre puisqu'elle est toujours accolée à la face interne de la paroi de la cavité.) Il n'y a pas d'air entre les séreuses comme dans le cas du ballon, mais un liquide lubrifiant transparent appelé **sérosité** qui est sécrété par les deux couches de la membrane. Bien que les deux séreuses ne soient pas accolées, elles sont très rapprochées l'une de l'autre.

La sérosité est visqueuse et permet aux organes en fonctionnement de glisser sans friction les uns contre les autres et contre la paroi de la cavité. Cette caractéristique est particulièrement importante pour les organes ayant une action mécanique comme le cœur (qui pompe le sang) et l'estomac (qui mélange les aliments).

On nomme les séreuses en fonction de la cavité ou de l'organe auquel elles sont associées. Ainsi, comme on peut le voir à la figure 1.11b, la *lame pariétale du péricarde* tapisse la cavité péricardique, et la *lame viscérale du péricarde* recouvre le cœur, qui se trouve dans cette même cavité. De la même façon, la *plèvre pariétale* tapisse les parois de la cavité thoracique, et la *plèvre viscérale* recouvre les poumons. Quant au *péritoine pariétal,* il adhère à la paroi de la cavité abdomino-pelvienne, alors que le *péritoine viscéral* recouvre la plupart des organes contenus dans cette cavité. (La plèvre et le péritoine sont représentés à la figure 4.9, p. 131.)

L'inflammation des séreuses s'accompagne habituellement d'un manque de liquide lubrifiant, ce qui entraîne une adhérence et un frottement des organes les uns contre les autres. Ce phénomène provoque des douleurs atroces, comme peuvent en témoigner tous ceux qui ont déjà souffert de pleurésie (inflammation de la plèvre) ou de péritonite (inflammation du péritoine). ■

GROS PLAN

L'imagerie médicale : pour explorer les profondeurs du corps humain

Les médecins ont longtemps rêvé de pouvoir examiner les organes internes sans soumettre le malade au choc ni à la douleur découlant d'une intervention chirurgicale exploratrice. Il y a 30 ans, pour observer l'intérieur de l'organisme vivant, ils ne disposaient encore que des rayons X, technique remarquable mais donnant des images floues. La **radiographie** consiste à faire traverser l'organisme par des *rayons X*, qui sont des ondes électromagnétiques de très courte longueur d'onde, et elle permet d'obtenir un négatif flou des organes internes. Les structures denses absorbent plus les rayons X et apparaissent pâles sur le cliché ; les organes creux contenant de l'air ainsi que les tissus adipeux absorbent moins les rayons X et apparaissent foncés. La radiographie est surtout utile pour l'observation de structures dures et osseuses et la détection d'objets anormalement denses (tumeurs, nodules tuberculeux) dans les poumons.

La médecine nucléaire (examen du corps à l'aide d'isotopes radioactifs) et l'ultrasonographie ont fait leur apparition au cours des années 1950. Les années 1970 ont été marquées par l'avènement de la tomographie, de la tomographie par émission de positrons et de la résonance magnétique nucléaire. Ces nouvelles techniques permettent l'observation des structures internes de notre organisme et nous renseignent également sur le fonctionnement intime de leurs molécules, qui était resté inaccessible jusque-là. La plus connue de ces techniques est la **tomographie par ordinateur** (autrefois appelée **tomographie axiale par ordinateur**), qui est une forme perfectionnée de radiographie. Pour ce type d'examen, le patient est déplacé lentement dans le tomodensitomètre, un appareil en forme d'anneau, pendant que le tube à rayons X tourne autour de lui et irradie un niveau spécifique de son corps dans toutes les directions. Comme le faisceau de rayonnement est limité à tout moment à une mince « tranche » du corps (de l'épaisseur d'une pièce de 10 cents), la tomographie élimine toute confusion découlant de la superposition des organes comme dans la radiographie ordinaire. À partir des données ainsi recueillies, l'ordinateur du tomodensitomètre reconstitue une coupe transversale détaillée de toutes les régions examinées. Grâce à la clarté des images produites, cette technique a pratiquement éliminé la chirurgie exploratrice. On peut améliorer la tomographie de l'encéphale à l'aide du xénon, un gaz radioactif qui constitue un traceur idéal pour les mesures rapides du flux sanguin allant au cerveau. Utilisée conjointement avec l'inhalation de xénon, la tomographie facilite beaucoup le diagnostic de l'emplacement et de la gravité des traumatismes à la tête ainsi que des accidents vasculaires cérébraux, ce qui permet de planifier le traitement avec de meilleures chances de succès. Elle constitue actuellement le fer de lance de la technique médicale pour le diagnostic de la plupart des troubles cérébraux (voir l'image (a) pour la localisation d'une tumeur au cerveau) et abdominaux ainsi que de certains problèmes squelettiques.

Des procédés tomographiques spéciaux à grande vitesse permettent la **reconstruction spatiale dynamique (RSD)**, qui donne des images tridimensionnelles des organes sous n'importe quel angle, tout en permettant d'examiner leurs mouvements et les modifications de leurs volumes internes à vitesse normale, au ralenti et à un instant précis. Ces méthodes se révèlent utiles pour l'examen des poumons et d'autres organes mobiles, mais elles servent surtout à reconstituer les battements du cœur et la circulation sanguine ; on est ainsi en mesure d'observer les malformations cardiaques, les resserrements ou obstructions des vaisseaux sanguins et l'état des pontages coronariens.

L'**angiographie numérique avec soustraction** est une autre technique radiologique assistée par ordinateur (*angiographie* = images des vaisseaux). Elle permet d'obtenir une image très claire des vaisseaux sanguins affectés. Son principe est simple : on prend des radiographies traditionnelles avant et après injection d'un agent de contraste dans une artère. L'ordinateur soustrait ensuite l'image « avant » de l'image « après », faisant ainsi disparaître toute trace des structures qui cachent le vaisseau à examiner. On se sert souvent de cette technique pour trouver les obstructions des artères qui alimentent le muscle cardiaque et le cerveau [voir la photo (b)].

Tout comme la radiographie a donné naissance à d'autres techniques plus avancées, les progrès réalisés en médecine nucléaire ont débouché sur la **tomographie par émission de positrons (TEP)**, un excellent outil d'observation des *processus métaboliques*. On injecte au patient des molécules biologiques (du glucose par exemple) marquées par un isotope radioactif (l'oxygène 15 par exemple), puis on le place dans le tomographe à émission de positrons. Les isotopes radioactifs, qui émettent des rayons gamma à haute énergie, sont absorbés par les cellules du cerveau qui sont les plus actives. L'émission de ces rayons gamma est analysée par l'ordinateur, qui reconstitue alors en direct une image en couleurs très contrastées de l'activité biochimique du cerveau. La tomographie par émission de positrons a notamment permis d'étudier l'activité cérébrale des victimes d'un accident vasculaire cérébral ainsi que des personnes atteintes d'une maladie mentale, de la maladie d'Alzheimer ou d'épilepsie. Cette technique s'est également avérée particulièrement intéressante pour déterminer chez des personnes *saines* les régions du cerveau qui sont actives lors de l'exécution de certaines tâches (parole, écoute de musique ou solution d'un problème mathématique).

L'**échographie,** ou **ultrasonographie,** possède certains avantages évidents sur les procédés décrits ci-dessus. D'une part l'équipement est peu coûteux, et d'autre part les ondes sonores de haute fréquence (ultrasons) utilisées comme source d'énergie semblent être moins néfastes que les rayonnements ionisants qui sont employés en médecine nucléaire. Le corps est traversé par des impulsions sonores qui sont réfléchies et déviées de différentes façons par les divers types de tissus. À partir des échos ainsi produits, un ordinateur reconstruit des images du contour des organes examinés. Un simple petit appareil qu'on tient à la main sert à émettre les ultrasons et à capter les échos. On peut facilement déplacer cet appareil à la surface du corps pour obtenir des images sous plusieurs angles.

À cause de son innocuité, l'échographie est la technique d'imagerie de choix en obstétrique. Elle permet de déterminer l'âge et la position du fœtus ainsi que de situer le placenta [voir la photo (c)]. L'échographie est de peu d'utilité pour l'examen des structures remplies d'air (poumons) ou protégées par des os (encéphale et moelle épinière) parce que les ondes sonores se dissipent rapidement dans l'air et n'ont qu'un faible pouvoir de pénétration.

(a)

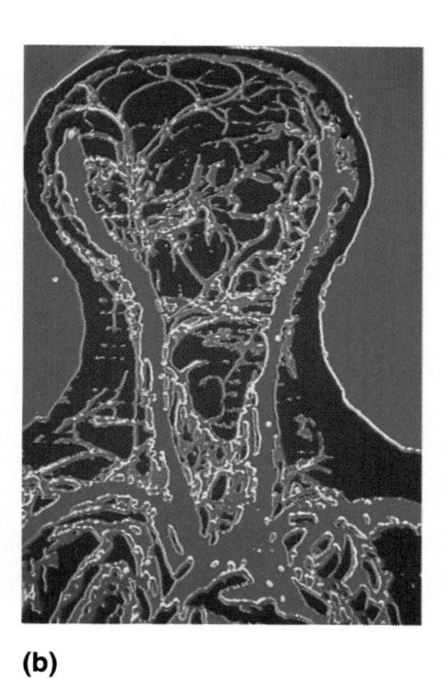

(b)

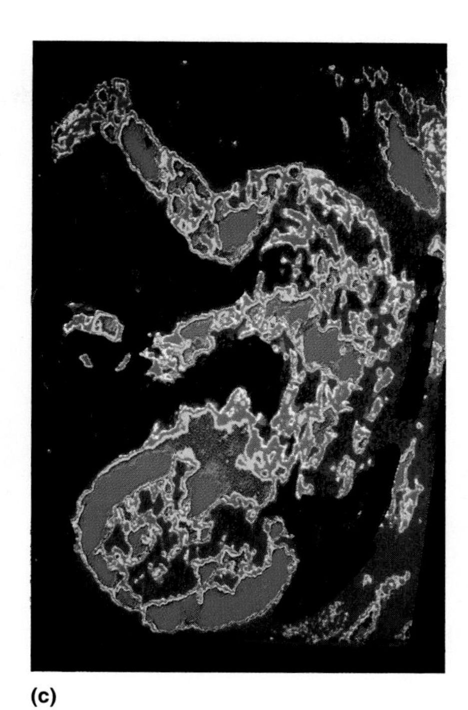

(c)

Trois méthodes pour examiner l'intérieur du corps humain. **(a)** Tomographie d'une tumeur au cerveau (ovale jaune du côté droit de l'encéphale). **(b)** Vue des vaisseaux sanguins de la tête et du cou par angiographie numérique avec soustraction. **(c)** Image échographique améliorée par ordinateur d'un fœtus en cours de développement. On voit clairement la tête, le tronc et les membres.

La **remnographie,** ou **résonance magnétique nucléaire (RMN)**, est une technique extrêmement intéressante parce qu'elle produit des images très contrastées des tissus *mous*, pour lesquels la radiographie et la tomographie ne sont pas d'une grande utilité. Sous sa forme originale, la résonance magnétique nucléaire donne avant tout une image de l'hydrogène, un élément ; dans notre organisme, la plus grande partie de l'hydrogène fait partie des molécules d'eau et des molécules de lipides. Pour forcer les molécules du corps à livrer leurs secrets, on applique à l'organisme des champs magnétiques pouvant atteindre 60 000 fois l'intensité du magnétisme terrestre. Le patient est étendu à l'intérieur d'un espace entouré d'un énorme aimant. Les molécules d'hydrogène tournent comme des toupies dans le champ magnétique, et on accroît leur énergie à l'aide d'ondes radio. Lorsque l'émission des ondes radio cesse, l'énergie libérée est transformée en image.

Comme la RMN permet de reconnaître les divers tissus de l'organisme selon leur contenu en eau, il est possible par exemple de distinguer dans l'encéphale la substance blanche, qui est grasse, de la substance grise plus aqueuse, et les médecins peuvent ainsi voir les minces neurofibres de la moelle épinière. L'intérieur de la cavité crânienne et de la cavité vertébrale est visible parce que les structures denses comme les os n'apparaissent pas à la remnographie. Ce procédé est aussi très utile au diagnostic de diverses tumeurs et maladies dégénératives ; la tomographie ne permet pas de déceler les zones sans myéline caractéristiques de la sclérose en plaques, mais celles-ci sont très visibles par RMN. La remnographie détecte également les réactions métaboliques comme les processus de production des molécules d'ATP, lesquelles constituent des réserves d'énergie. Une nouvelle forme de RMN, la **spectroscopie par résonance magnétique,** fournit une carte de la distribution d'éléments autres que l'hydrogène, révélant ainsi les effets de la maladie sur la chimie de l'organisme. De plus, grâce aux progrès de la technique informatique, les images obtenues par remnographie peuvent maintenant être affichées en trois dimensions et servir pour guider la chirurgie au laser. En 1992, la remnographie a fait un bond en avant avec la mise au point de la **RMN fonctionnelle,** qui permet de suivre le flux sanguin en direction du cerveau en temps réel. Jusqu'à cette date, pour établir des liens entre des pensées, des activités et des maladies d'une part et l'activité cérébrale correspondante d'autre part, on ne disposait que de la TEP. Comme la RMN fonctionnelle ne nécessite aucune injection de traceurs, elle représente donc une autre voie, peut-être plus souhaitable pour ce type d'études.

En dépit des avantages qu'elle présente, la résonance magnétique nucléaire pose quelques problèmes épineux. Par exemple, le puissant champ magnétique produit peut « aspirer » les objets métalliques comme les stimulateurs cardiaques et les obturations dentaires mal assujetties, au point de les déplacer ou de les déloger complètement. Par ailleurs, il n'existe aucune preuve convaincante que des champs magnétiques d'une telle intensité sont sans danger pour l'organisme, même si cette procédure est actuellement considérée comme inoffensive. L'inconfort du patient, à cause de l'espace restreint et du bruit, est également un inconvénient non négligeable.

Bien qu'elles soient étonnantes, les images produites par ces nouveaux appareils sont purement abstraites et sont assemblées dans le « cerveau » d'un ordinateur. Elles sont traitées pour renforcer la netteté des traits et colorées artificiellement (toutes les couleurs sont « fausses »). Ces images ne sont pas erronées, mais elles sont loin d'avoir la même valeur que l'observation visuelle directe.

Quoi qu'il en soit, la médecine moderne dispose d'excellents outils de diagnostic, et il ne fait aucun doute qu'ils sont en train de prendre une place de plus en plus importante. Ainsi, dans 25 % des cas où on fait appel à un procédé d'imagerie, on se sert de la tomographie ou de la tomographie par émission de positrons. L'ultrasonographie est la plus employée des nouvelles méthodes parce qu'elle est apparemment sans danger et peu coûteuse. L'utilisation de la RMN connaît un accroissement rapide. La radiographie ordinaire reste toutefois très utile puisqu'on y recourt encore dans plus de 50 % des cas où on a besoin d'un procédé d'imagerie.

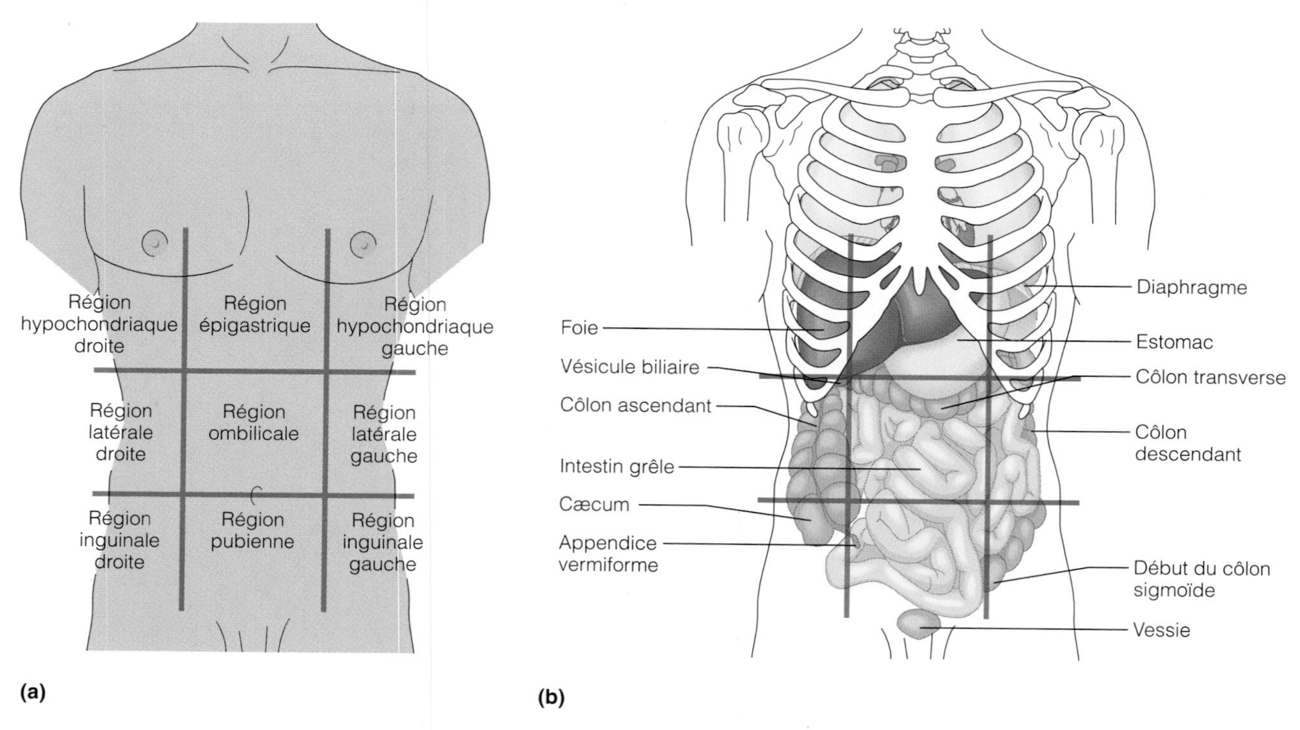

FIGURE 1.12
Les neuf régions abdomino-pelviennes. (a) Division de la cavité abdomino-pelvienne en neuf régions délimitées par quatre plans. Le plan transverse supérieur passe juste sous les côtes ; le plan transverse inférieur passe juste au-dessus des hanches ; les plans parasagittaux sont médians par rapport aux mamelons. **(b)** Vue antérieure de la cavité abdomino-pelvienne montrant les organes superficiels.

Autres cavités

En plus des grandes cavités fermées, le corps compte également quelques cavités plus petites, dont la plupart sont situées dans la tête et s'ouvrent sur l'extérieur.

1. **Cavités orale et digestive.** La cavité orale (ou cavité buccale), généralement appelée bouche, contient les dents et la langue. Elle se prolonge par la cavité du système digestif dont elle fait partie et qui s'ouvre aussi sur l'extérieur par l'anus. (Voir la figure 24.7, p. 860.)
2. **Cavités nasales.** Situées à l'intérieur et postérieurement au nez, les cavités nasales (ou fosses nasales) font partie des voies respiratoires. (Voir la figure 23.3, p. 805.)
3. **Cavités orbitaires.** Les deux cavités orbitaires, ou orbites, contiennent chacune un œil placé en position antérieure. (Voir la figure 7.9, p. 200.)
4. **Cavités de l'oreille moyenne.** Les deux cavités des oreilles moyennes, situées dans les os temporaux du crâne, sont médianes par rapport aux tympans et adjacentes à ceux-ci. Elles contiennent les osselets qui permettent la transmission du son à la partie de l'organe de l'ouïe située dans l'oreille interne. (Voir la figure 16.25, p. 566.)
5. **Cavités synoviales.** Les cavités synoviales sont situées au niveau des articulations. Elles sont délimitées par des capsules fibreuses qui entourent les diarthroses (articulations mobiles telles que le coude et le genou). Comme les séreuses de la cavité antérieure, les membranes tapissant les cavités synoviales sécrètent un liquide lubrifiant qui réduit la friction entre les os en mouvement. (Voir la figure 8.3, p. 237.)

Régions et quadrants abdomino-pelviens

La cavité abdomino-pelvienne est assez grande et elle contient de nombreux organes. C'est pourquoi on la divise souvent en parties plus petites pour en faciliter l'étude. Dans une des méthodes de division employée surtout par les anatomistes, on sépare la cavité abdomino-pelvienne en neuf **régions** au moyen de deux plans transverses et de deux plans parasagittaux placés comme dans un jeu de tic-tac-toc (figure 1.12) :

- La **région ombilicale** est située derrière et autour de l'ombilic (nombril) ;
- La **région épigastrique** est supérieure par rapport à la région ombilicale (*epi* = sur ; *gastrion* = ventre) ;

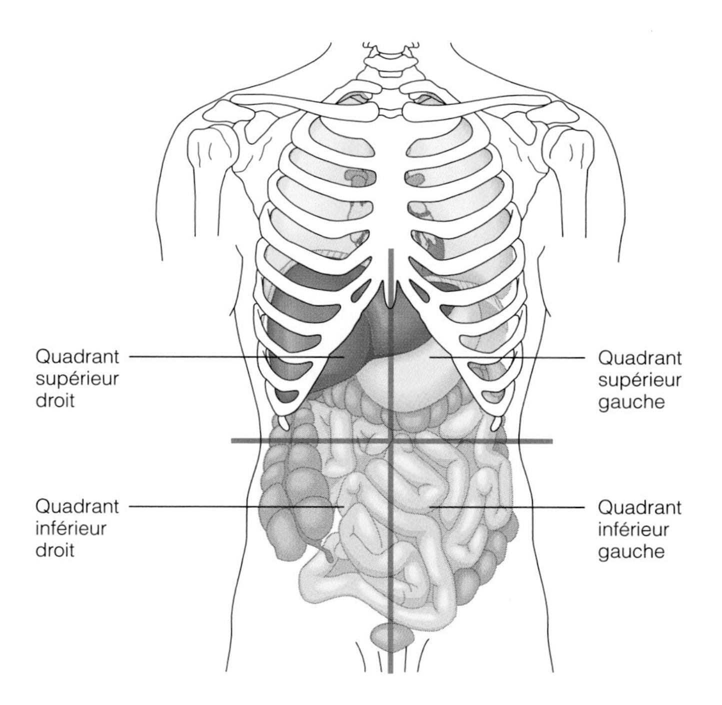

FIGURE 1.13
Les quatre quadrants abdomino-pelviens. La cavité abdomino-pelvienne est ici divisée en quatre quadrants par deux plans. La figure montre les organes superficiels situés dans chaque quadrant.

- La **région pubienne (ou hypogastrique)** est inférieure par rapport à la région ombilicale (*hypo* = au-dessous) ;
- Les **régions inguinales droite** et **gauche** sont latérales par rapport à la région hypogastrique (*inguen* = aine) ;
- Les **régions latérales droite** et **gauche** sont situées de part et d'autre de la région ombilicale (*latus* = côté) ;
- Les **régions hypochondriaques droite** et **gauche** sont situées de part et d'autre de la région épigastrique (*khondros* = cartilage des côtes).

Les professionnels de la santé se servent habituellement d'une méthode plus simple pour situer les organes de la cavité abdomino-pelvienne (figure 1.13). Dans cette méthode, on place un plan transverse et un plan sagittal médian se croisant à angle droit sur l'ombilic. On obtient ainsi quatre **quadrants** qu'on nomme selon leur position relative sur le sujet : le **quadrant supérieur droit (QSD)**, le **quadrant supérieur gauche (QSG)**, le **quadrant inférieur droit (QID)** et le **quadrant inférieur gauche (QIG)**.

I

RÉSUMÉ DU CHAPITRE

Définition générale de l'anatomie et de la physiologie (p. 1-2)

1. L'anatomie est l'étude des structures du corps et de leurs relations ; la physiologie porte sur le fonctionnement des parties du corps.

Spécialités de l'anatomie (p. 1-2)

2. Les principales divisions du domaine de l'anatomie sont l'anatomie macroscopique, l'anatomie microscopique et l'anatomie du développement.

Spécialités de la physiologie (p. 2)

3. La physiologie a généralement pour objet l'étude du fonctionnement des organes et des systèmes de l'organisme. La physiologie cardiaque, la physiologie rénale et la physiologie musculaire sont des spécialités de la physiologie.

4. Les lois de la physique et de la chimie permettent de mieux comprendre la physiologie.

Relation entre la structure et la fonction (p. 2)

5. L'anatomie et la physiologie sont indissociables, car ce qu'un organisme peut faire dépend de la structure de ses parties. C'est ce qu'on appelle le principe de relation entre la structure et la fonction.

Niveaux d'organisation structurale (p. 2-5)

1. Les niveaux d'organisation du corps humain sont, du plus simple au plus complexe, les niveaux chimique, cellulaire, tissulaire, des organes, des systèmes et de l'organisme.

2. Les 11 systèmes de l'organisme sont les systèmes tégumentaire, osseux, musculaire, nerveux, endocrinien, cardiovasculaire, lymphatique, respiratoire, digestif, urinaire et génital. Le système immunitaire est un système fonctionnel étroitement associé au système lymphatique. (Voir les fonctions de ces systèmes, p. 4-5.)

Maintien de la vie (p. 6-8)

Fonctions vitales (p. 6-7)

1. Tous les organismes vivants accomplissent certaines activités essentielles à leur survie. Il s'agit du maintien des limites, du mouvement, de l'excitabilité, de la digestion, du métabolisme, de l'excrétion, de la reproduction et de la croissance.

Besoins vitaux (p. 7-8)

2. Les principaux besoins vitaux sont les nutriments, l'eau, l'oxygène ainsi qu'une température corporelle et une pression atmosphérique appropriées.

Homéostasie (p. 8-12)

1. L'homéostasie est l'équilibre dynamique du milieu interne. Tous les systèmes contribuent à l'homéostasie, mais ce sont les systèmes nerveux et endrocrinien qui jouent le rôle le plus important. L'homéostasie est indispensable au maintien d'une bonne santé.

Mécanismes de régulation de l'homéostasie (p. 8-11)

2. Les mécanismes de régulation de l'organisme comportent au moins trois éléments : un ou plusieurs récepteurs, un centre de régulation et un ou plusieurs effecteurs.

3. Les mécanismes de rétro-inhibition réduisent le stimulus initial et sont essentiels au maintien de l'homéostasie. La température corporelle, la fréquence cardiaque, la fréquence et l'amplitude respiratoires, la concentration sanguine de glucose, d'oxygène, de gaz carbonique, d'ions et beaucoup d'autres variables sont réglées par des mécanismes de rétro-inhibition.

4. Les mécanismes de rétroactivation accentuent le stimulus initial, ce qui augmente constamment l'intensité de la réponse. Ces mécanismes ne servent généralement pas au maintien de l'homéostasie, mais ce sont eux qui régissent la coagulation du sang ainsi que les contractions utérines lors du travail.

Déséquilibre homéostatique (p. 11-12)

5. À mesure que nous vieillissons, nos mécanismes de rétro-inhibition deviennent moins efficaces et des mécanismes de rétroactivation se manifestent plus souvent. Ces changements sont la cause de certaines maladies.

Vocabulaire de l'anatomie (p. 12-21)

Position anatomique et orientation (p. 13)

1. Dans la position anatomique, la personne est debout face à l'observateur, les pieds joints, les bras sur le côté et les paumes tournées vers l'avant.

2. Les termes relatifs à l'orientation permettent de décrire avec précision l'emplacement des structures corporelles. Voici les principaux termes à retenir : supérieur/inférieur, antérieur/postérieur, ventral/dorsal, médian/latéral, intermédiaire, proximal/distal, superficiel/profond.

Régions (p. 13)

3. Certains termes désignent des régions spécifiques du corps (voir la figure 1.7).

Plans et coupes (p. 13)

4. Le corps et les organes peuvent être sectionnés selon certains plans ou lignes imaginaires, de manière à obtenir différentes coupes. On emploie souvent les plans sagittal, frontal et transverse.

Cavités et membranes (p. 13-17)

5. Le corps contient deux grandes cavités fermées : la cavité postérieure et la cavité antérieure. La cavité postérieure (ou dorsale) se divise en cavité crânienne et en cavité vertébrale, qui contiennent respectivement l'encéphale et la moelle épinière ; la cavité antérieure (ou ventrale) se divise en deux parties, d'une part une cavité supérieure appelée cavité thoracique, qui contient le cœur et les poumons, et d'autre part une cavité inférieure appelée cavité abdomino-pelvienne, qui contient le foie ainsi que les organes digestifs et les organes génitaux internes.

6. Les parois de la cavité antérieure et la surface des organes qu'elle contient sont recouvertes de minces membranes, la séreuse pariétale et la séreuse viscérale. Les séreuses sécrètent un liquide qui réduit la friction entre les organes en fonctionnement.

7. Le corps comporte plusieurs petites cavités. La plupart sont situées dans la tête et s'ouvrent sur l'extérieur.

Régions et quadrants abdomino-pelviens (p. 20-21)

8. On peut diviser la cavité abdomino-pelvienne au moyen de 4 plans délimitant 9 régions (épigastrique, ombilicale, pubienne, inguinales droite et gauche, latérales droite et gauche, hypochondriaques droite et gauche), ou au moyen de 2 plans délimitant 4 quadrants. (Les figures 1.12 et 1.13 montrent les limites de ces régions et les organes qui s'y trouvent.)

QUESTIONS DE RÉVISION

Choix multiples/associations

(Réponses à l'appendice G)

(Certaines questions ont plusieurs bonnes réponses.)

1. L'ordre des niveaux d'organisation structurale est le suivant : (a) des organes, des systèmes, cellulaire, chimique, tissulaire, de l'organisme ; (b) chimique, cellulaire, tissulaire, de l'organisme, des organes, des systèmes ; (c) chimique, cellulaire, tissulaire, des organes, des systèmes, de l'organisme ; (d) de l'organisme, des systèmes, des organes, tissulaire, cellulaire, chimique.

2. L'unité structurale et fonctionnelle de la vie est : (a) la cellule, (b) l'organe, (c) l'organisme, (d) la molécule.

3. Laquelle des fonctions suivantes est une caractéristique fonctionnelle *importante* de tous les organismes ? (a) Le mouvement, (b) la croissance, (c) le métabolisme, (d) l'excitabilité, (e) toutes ces réponses.

4. La régulation de l'homéostasie du milieu interne repose principalement sur deux des systèmes suivants. Lesquels ? (a) Le système nerveux, (b) le système digestif, (c) le système cardiovasculaire, (d) le système endrocrinien, (e) le système génital.

5. Voici une série de termes relatifs à l'orientation [p. ex. distal en (a)]. Chacun est suivi du nom de deux structures ou régions : choisissez celle qui correspond à l'orientation décrite par le premier terme.
(a) Distal : le coude/le poignet.
(b) Latéral : la hanche/l'ombilic.
(c) Supérieur : le nez/le menton.
(d) Antérieur : les orteils/le talon.
(e) Superficiel : le cuir chevelu/le crâne.

6. Supposez qu'un corps a été sectionné selon un plan sagittal médian, selon un plan frontal ou selon un plan transverse au niveau de chacun des organes suivants. Quels organes ne seraient pas visibles dans les trois sections à la fois ? (a) La vessie, (b) le cerveau, (c) les poumons, (d) les reins, (e) l'intestin grêle, (f) le cœur.

7. Associez chacun des énoncés suivants à la cavité postérieure ou à la cavité antérieure du corps.
(a) Délimitée par les os du crâne et la colonne vertébrale.
(b) Comprend les cavités thoracique et abdomino-pelvienne.
(c) Contient l'encéphale et la moelle épinière.
(d) Contient le cœur, les poumons et les organes digestifs.

8. Laquelle des associations suivantes est *erronée* ? (a) Péritoine viscéral/face externe de l'intestin grêle, (b) péricarde pariétal/face externe du cœur, (c) plèvre pariétale/paroi de la cavité thoracique.

9. Quelle subdivision de la cavité antérieure n'est pas protégée par des os ? (a) La cavité thoracique, (b) la cavité abdominale, (c) la cavité pelvienne.

Questions à court développement

10. À partir du principe de relation entre la structure et la fonction, quels liens pouvez-vous établir entre l'anatomie et la physiologie ?

11. Dans un tableau, présentez les 11 systèmes de l'organisme, nommez deux organes appartenant à chaque système (s'il y a lieu) et décrivez la principale fonction de chaque système.

12. Énumérez et décrivez brièvement 5 facteurs externes essentiels à la survie.

13. Définissez l'homéostasie.

14. Comparez le fonctionnement des mécanismes de rétro-inhibition et de rétroactivation et montrez en quoi leur rôle diffère dans le maintien de l'homéostasie. Nommez deux variables réglées par des mécanismes de rétro-inhibition et un phénomène réglé par un mécanisme de rétroactivation.

15. Décrivez et adoptez la position anatomique. Pourquoi faut-il comprendre cette position ? Pourquoi les termes relatifs à l'orientation sont-ils importants ?

16. Expliquez ce que sont un plan et une coupe.

17. Donnez le terme anatomique désignant chacune des régions suivantes : (a) bras, (b) cuisse, (c) poitrine, (d) doigts et orteils, (e) face antérieure du genou.

18. (a) À l'aide d'un schéma, montrez les neuf régions abdomino-pelviennes et nommez-les. Nommez deux organes (ou parties d'organes) situés dans chacune de ces régions. (b) Sur un autre schéma, divisez la cavité abdomino-pelvienne en quatre quadrants et nommez chacun de ces quadrants.

RÉFLEXION ET APPLICATION

1. Jean ressent une douleur atroce à chaque respiration ; le médecin a diagnostiqué une pleurésie. (a) Quelles membranes sont touchées par cette maladie ? (b) Quelle est leur fonction habituelle ? (c) Pourquoi Jean souffre-t-il tant ?

2. Paul s'est rendu à la clinique médicale parce qu'il ressentait de vives douleurs au ventre. Le médecin diagnostique une appendicite après avoir localisé la douleur dans un des quadrants de la cavité abdomino-pelvienne. Précisez lequel.

3. Un homme manifeste un comportement anormal et son médecin pense qu'il pourrait avoir une tumeur au cerveau. Laquelle des méthodes d'imagerie suivantes serait la plus utile pour découvrir cette tumeur (et pourquoi) ? La radiographie ordinaire, l'angiographie numérique avec soustraction, la tomographie par émission de positrons, l'échographie, la résonance magnétique nucléaire.

4. Quand on se déshydrate, on a généralement soif, ce qui nous pousse à boire. Dites si la soif est la manifestation d'un mécanisme de rétro-inhibition ou de rétroactivation et justifiez votre réponse.

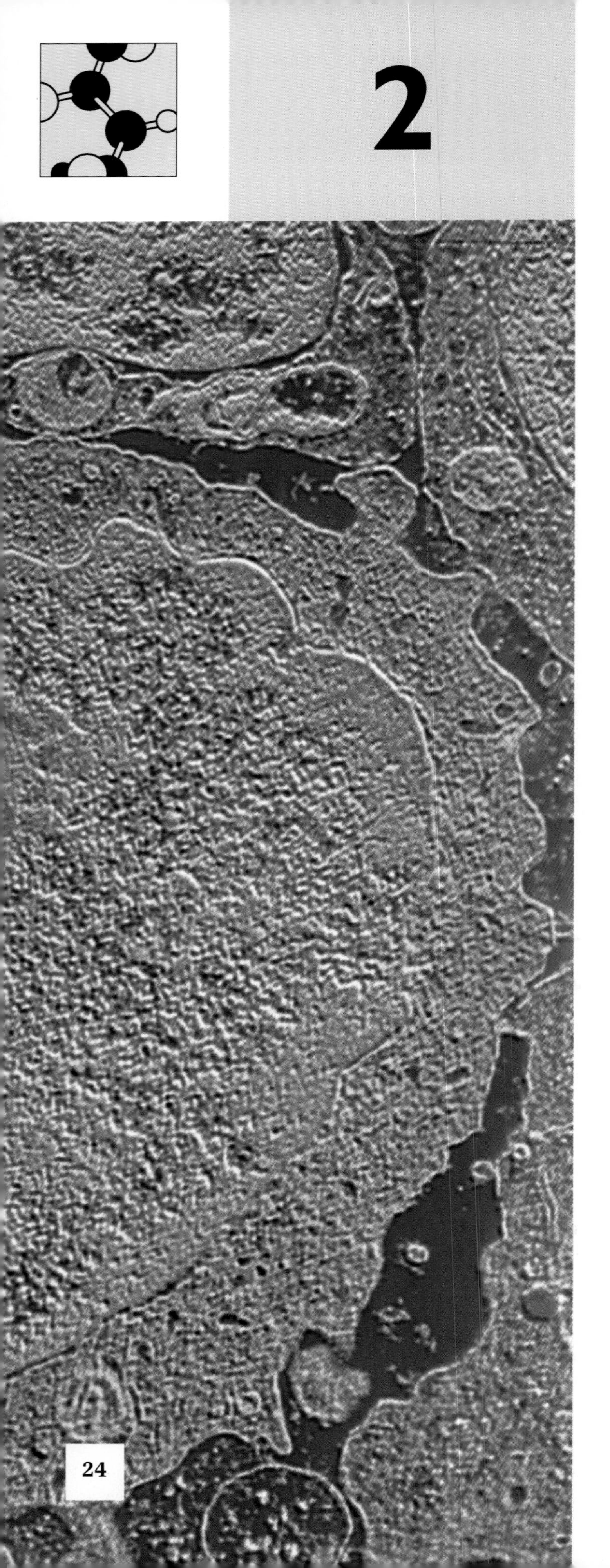

2 LA CHIMIE PREND VIE

SOMMAIRE ET OBJECTIFS D'APPRENTISSAGE

Première partie : notions de chimie

Définition des concepts de matière et d'énergie (p. 25-26)

1. Établir clairement la distinction entre la matière et l'énergie, et entre l'énergie potentielle et l'énergie cinétique.
2. Décrire les principales formes d'énergie qui permettent le fonctionnement de l'organisme et donner un exemple de l'utilisation de chacune.

Composition de la matière : atomes et éléments (p. 26-30)

3. Définir ce qu'est un élément chimique et nommer les quatre principaux éléments qui composent le corps humain.
4. Définir ce qu'est un atome. Énumérer les particules élémentaires ; donner leur masse relative, leur charge et leur position dans l'atome et préciser quelle particule détermine le comportement chimique des atomes.
5. Définir les termes suivants : numéro atomique, nombre de masse, masse atomique, isotope et radio-isotope ; montrer l'utilité des radio-isotopes dans le domaine de la santé.

Comment la matière se combine : molécules et mélanges (p. 30-31)

6. Montrer les principales différences entre un composé et un mélange. Définir ce qu'est une molécule.
7. Comparer les solutions, les colloïdes et les suspensions.

Liaisons chimiques (p. 32-36)

8. Expliquer le rôle des électrons dans la formation des liaisons chimiques et par rapport à la règle de l'octet.
9. Établir la distinction entre les liaisons ioniques et les liaisons covalentes. Montrer les différences entre ces liaisons et la liaison hydrogène.
10. Comparer les composés polaires et les composés non polaires à l'aide d'un exemple pour chaque type.

Réactions chimiques (p. 36-39)

11. Identifier les trois principaux types de réactions chimiques (synthèse, dégradation et échange). Expliquer brièvement la nature et l'importance des réactions d'oxydoréduction dans l'organisme.
12. Expliquer pourquoi les réactions chimiques qui se produisent dans l'organisme sont souvent irréversibles.
13. Énumérer les facteurs qui ont un effet sur la vitesse des réactions chimiques et déterminer l'effet de chacun.

Deuxième partie : biochimie

Composés inorganiques (p. 39-43)

14. Expliquer l'importance de l'eau et des sels dans l'homéostasie de l'organisme.
15. Définir ce que sont les acides et les bases, expliquer la notion de pH et le rôle d'un système tampon.

Composés organiques (p. 43-57)

16. Décrire et comparer les unités de base, les structures générales et les fonctions biologiques des glucides, des lipides, des protéines et des acides nucléiques.
17. Expliquer le rôle de la synthèse et de l'hydrolyse dans la formation et la dégradation des molécules organiques.
18. Comparer les fonctions des graisses neutres, des phospholipides et des stéroïdes dans l'organisme.
19. Décrire les quatre niveaux de structure des protéines.
20. Donner les principales caractéristiques des enzymes et décrire le mécanisme général de l'activité enzymatique.
21. Décrire les fonctions des protéines chaperons.
22. Comparer l'ADN et l'ARN et donner un aperçu des fonctions de chacun.
23. Expliquer le rôle de l'ATP dans le métabolisme cellulaire.

Est-il vraiment nécessaire d'étudier la chimie dans le cadre d'un cours d'anatomie et de physiologie? La réponse va de soi: vos aliments et les médicaments que vous prenez quand vous êtes malade sont constitués de substances chimiques, et le corps humain renferme des milliers de composés chimiques qui entrent sans cesse en interaction à une vitesse phénoménale. Bien qu'il soit possible d'étudier l'anatomie sans beaucoup parler de chimie, ce sont bien des réactions chimiques qui rendent possibles tous les processus physiologiques (mouvement, digestion, action de pompage du cœur et même pensée). C'est pourquoi nous présentons dans ce chapitre les notions de base de la chimie et de la biochimie (la chimie de la matière vivante) qui vous permettront de mieux comprendre les fonctions de l'organisme.

PREMIÈRE PARTIE: NOTIONS DE CHIMIE

DÉFINITION DES CONCEPTS DE MATIÈRE ET D'ÉNERGIE

Matière

La **matière** est la substance qui forme l'univers. Plus précisément, il s'agit de tout ce qui occupe un volume et qui possède une masse. En pratique, on peut considérer que la masse est l'équivalent du poids, et nous emploierons donc ces deux termes indifféremment, bien qu'ils ne soient pas vraiment synonymes: la *masse* d'un objet représente la quantité de matière qu'il contient et elle demeure constante quel que soit l'endroit où il se trouve, alors que son *poids* varie selon la force gravitationnelle. La masse de votre corps est la même, que vous vous trouviez au niveau de la mer ou au sommet d'une montagne, mais votre poids est légèrement plus faible si vous êtes en haut d'une montagne. La chimie est l'étude de la nature de la matière, plus particulièrement des modes d'association, d'interaction de ses unités de base les unes avec les autres.

États de la matière

La matière peut exister sous forme *solide*, *liquide* ou *gazeuse*. On trouve chacun de ces états à l'intérieur de l'organisme humain. Les solides, comme les os et les dents, possèdent une forme et un volume bien définis. Les liquides, comme le plasma sanguin et le liquide interstitiel, occupent un certain volume, mais ils épousent la forme de leur contenant. Les gaz n'ont ni forme ni volume définis; l'air que nous respirons est un gaz.

Énergie

L'**énergie** a un caractère beaucoup moins tangible que la matière; elle n'a pas de masse et n'occupe aucun volume. On ne peut la mesurer que par l'intermédiaire de ses effets sur la matière. On définit l'énergie comme la capacité de fournir un travail ou de mettre de la matière en mouvement. Plus le travail effectué est important, plus il représente une dépense importante d'énergie. L'haltérophile emploie plus d'énergie au moment où il soulève ses 83 kg que lorsqu'il lève sa médaille.

Énergie potentielle et énergie cinétique

L'énergie existe sous deux principales formes interchangeables. L'**énergie cinétique** est représentée par le mouvement. Les déplacements incessants des petites particules de matière que sont les atomes, de même que le mouvement d'objets plus gros (balle qui rebondit) sont des manifestations de l'énergie cinétique. Celle-ci effectue un travail en déplaçant des objets qui, à leur tour, peuvent produire un travail en mettant d'autres objets en mouvement ou en exerçant une force sur eux. C'est ce qui se passe, par exemple, lorsqu'on ouvre une porte battante en la poussant.

L'**énergie potentielle** se trouve sous forme stockée, ou inactive; elle a le *potentiel*, c'est-à-dire la capacité, d'effectuer un travail mais elle n'en produit aucun au moment où l'on observe. Les piles d'un jouet non utilisé ont une certaine énergie potentielle, tout comme les muscles de vos jambes quand vous êtes assis dans un fauteuil. Lorsqu'on libère l'énergie potentielle, elle se transforme en énergie cinétique et peut donc effectuer un travail. Par exemple, l'eau retenue par un barrage devient un torrent lorsqu'on ouvre les vannes; elle peut alors actionner les turbines d'une centrale hydro-électrique et produire de l'électricité pouvant servir à recharger une pile.

L'étude de l'énergie est en fait un sous-domaine de la physique, mais la matière et l'énergie sont indissociables. La matière est la substance, et l'énergie déplace cette même substance. Tous les êtres vivants sont constitués de matière et ont besoin d'énergie pour croître et fonctionner. Le phénomène difficile à définir que nous appelons la vie résulte en fait de la libération et de l'utilisation de l'énergie par les êtres vivants. Nous allons donc examiner brièvement les diverses formes d'énergie qui permettent le fonctionnement de l'organisme humain.

Formes d'énergie

Le corps utilise plusieurs formes d'énergie. L'**énergie chimique** est emmagasinée dans les liaisons des diverses substances chimiques. Lorsqu'il survient des réactions chimiques qui réarrangent les atomes de façon différente, cette énergie potentielle est libérée et se transforme en énergie cinétique.

Par exemple, si vous bougez un bras, une partie de l'énergie contenue dans les aliments que vous avez consommés est convertie en énergie cinétique. Cependant, les sources d'énergie présentes dans la nourriture ne peuvent pas servir directement à alimenter les fonctions de l'organisme. Au contraire, une partie de cette énergie se trouve temporairement stockée sous forme de liaisons chimiques dans une substance appelée **adénosine triphosphate,** ou **ATP.** Plus tard, les liaisons de l'ATP seront rompues et l'énergie libérée selon les besoins engendrés par les fonctions cellulaires. Chez tous les êtres vivants, l'énergie chimique stockée sous forme d'ATP est la forme d'énergie la plus fondamentale parce qu'elle alimente tous les processus fonctionnels (voir la description de l'ATP, p. 56-57).

L'**énergie électrique** résulte du mouvement de particules chargées. Dans une habitation, l'énergie électrique est produite par le déplacement d'électrons dans des fils électriques. Dans votre corps, des particules chargées appelées *ions* produisent des courants électriques lorsqu'elles traversent des membranes cellulaires. Le système nerveux transmet des messages entre les différentes régions du corps au moyen de ces courants électriques appelés *influx nerveux.* (Notez que la vitesse des influx nerveux est beaucoup moins rapide que celle du courant électrique dans un fil, et que leurs voltages ne sont pas du tout comparables.) Les courants électriques qui passent à travers le cœur permettent à celui-ci de se contracter (battre) et de faire circuler le sang, et c'est pour cette raison qu'une forte décharge électrique venant perturber ce courant peut être mortelle.

L'**énergie mécanique** produit *directement* un mouvement de matière. Lorsque vous faites de la bicyclette, vos jambes fournissent une énergie mécanique qui permet d'actionner les pédales.

L'**énergie de rayonnement,** ou **énergie électromagnétique**, se propage sous forme d'ondes. Ces ondes, de longueur variable, constituent le *spectre électromagnétique* qui comprend la lumière visible, les rayons infrarouges, les ondes radio, les rayons ultraviolets ainsi que les rayons X (voir la figure 16.13, p. 553). Lorsqu'un rayon de lumière atteint la rétine de votre œil, il déclenche une suite de réactions qui permettent la vision. Les rayons ultraviolets provoquent les coups de soleil, mais ils stimulent aussi la production de vitamine D par notre organisme. Les rayons X ne jouent aucun rôle dans le fonctionnement normal du corps, mais ils sont très utiles au diagnostic médical.

À quelques exceptions près, toute forme d'énergie peut facilement se convertir en une autre. Par exemple, l'énergie chimique (essence) qui alimente un moteur de hors-bord est convertie en énergie mécanique, puisque c'est elle qui propulse le bateau en faisant tourner l'hélice. Les conversions énergétiques sont relativement inefficaces parce qu'une partie de l'énergie initiale est toujours « perdue » dans l'environnement sous forme de chaleur. (Elle n'est pas réellement perdue, car l'énergie ne peut être créée ni détruite, mais elle devient *inutilisable.*) Il est facile de démontrer ce fait. Dans une ampoule électrique, l'énergie électrique est convertie en énergie lumineuse ; cependant, si vous touchez une ampoule allumée, vous vous apercevrez très vite qu'une partie de l'énergie électrique est aussi transformée en chaleur. De la même façon, toutes les conversions énergétiques qui se produisent dans l'organisme dégagent aussi de la chaleur. C'est ce qui explique notre température corporelle relativement élevée et ce qui fait de nous des animaux à sang chaud ; cette chaleur a également une très grande influence sur le fonctionnement de notre organisme. Par exemple, lorsqu'on chauffe une certaine quantité de matière, le mouvement des particules qui la constituent s'accélère, c'est-à-dire que leur énergie cinétique augmente. Plus la température s'élève, plus les réactions chimiques peuvent se produire rapidement. Nous reparlerons de ce phénomène plus loin.

COMPOSITION DE LA MATIÈRE : ATOMES ET ÉLÉMENTS

Toute matière est constituée de substances fondamentales appelées **éléments.** Il est impossible de dégrader les éléments en substances plus simples au moyen de méthodes chimiques ordinaires. L'oxygène, le carbone, l'or, l'argent, le cuivre et le fer sont des éléments bien connus. On connaît actuellement 112 éléments, dont 92 sont présents dans la nature. Les autres sont produits artificiellement à l'aide d'accélérateurs de particules. Quatre éléments (le carbone, l'oxygène, l'hydrogène et l'azote) représentent environ 96 % de notre masse corporelle ; on en trouve 20 autres à l'état de traces dans notre organisme. Le tableau 2.1 (p. 29) présente les éléments qui contribuent à la masse de notre corps ainsi que leur importance relative. À l'appendice E, vous trouverez le **tableau périodique** qui constitue une liste plus systématique de tous les éléments connus.

Chaque élément est un ensemble de particules, ou unités de matière, plus ou moins identiques appelés **atomes.** Les atomes les plus petits ont un diamètre de moins de 0,1 nanomètre (nm), et la taille des plus gros n'est que de 5 fois supérieure à ce chiffre. (1 nm = 0,000 000 1 centimètre ou 10^{-7} cm.)

Les atomes d'un élément donné diffèrent des atomes de tous les autres éléments et confèrent à cet élément les propriétés physiques et chimiques qui le caractérisent. Les *propriétés physiques* sont celles que nous pouvons détecter par nos sens (comme la couleur et la texture) ou mesurer à l'aide d'instruments (comme le point d'ébullition et le point de congélation). Les *propriétés chimiques* reflètent la façon dont les atomes interagissent les uns avec les autres (liaisons) et permettent d'expliquer pourquoi le fer rouille, l'essence brûle à l'air libre, les animaux peuvent digérer leurs aliments, etc.

Chaque élément est désigné par un **symbole chimique,** formé d'une ou deux lettres, généralement la ou les premières de son nom. Par exemple, C représente le carbone, O l'oxygène et Ca le calcium. Dans quelques cas, le symbole chimique vient du nom latin de l'élément ; par exemple, le symbole du sodium est Na, du mot latin *natrium.*

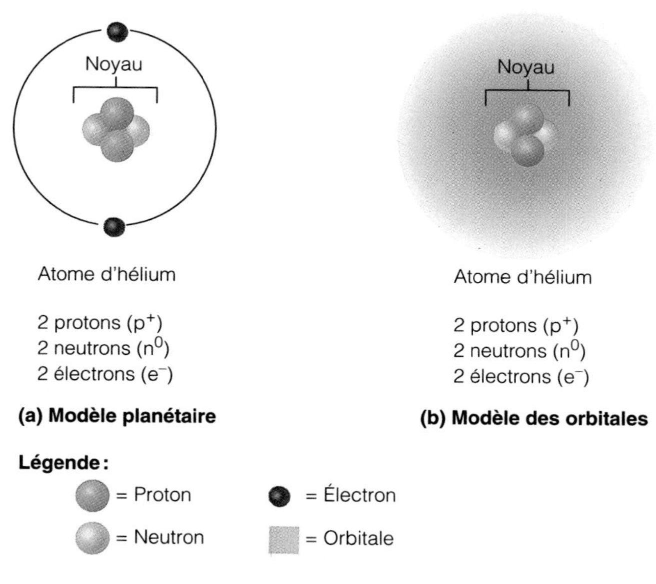

FIGURE 2.1
Structure d'un atome. Le noyau central très dense contient les protons et les neutrons. **(a)** Selon le modèle planétaire de la structure atomique, les électrons décrivent des orbites fixes autour du noyau. **(b)** Dans le modèle des orbitales, on reconnaît qu'on ne sait jamais exactement où se trouvent les électrons ; on les représente donc comme un nuage de charge négative (nuage électronique).

Structure de l'atome

Le mot *atome* vient d'un mot grec signifiant « indivisible ». Jusqu'au XXe siècle, l'indivisibilité de l'atome était considérée comme une vérité scientifique. On sait aujourd'hui que les atomes sont eux-mêmes constitués de particules encore plus petites appelées protons, neutrons et électrons, et que ces particules subatomiques peuvent être elles-mêmes scindées à l'aide d'outils très perfectionnés. Mais l'ancienne notion d'indivisibilité de l'atome est encore utile, puisque l'atome perd les propriétés de l'élément correspondant si on le dissocie en ses constituants, c'est-à-dire les particules subatomiques, ou particules élémentaires.

Les particules élémentaires diffèrent par leur masse, leur charge électrique et la position qu'elles occupent dans l'atome. Chaque atome possède un **noyau** central constitué de protons et de neutrons solidement liés les uns aux autres. Ce noyau est entouré d'électrons en orbite autour de lui (figure 2.1a). Les **protons** (p^+) ont une charge électrique positive et les **neutrons** (n^0) sont neutres. Par conséquent, l'ensemble du noyau a une charge globale positive. Les protons et les neutrons sont des particules élémentaires lourdes et ils ont à peu près la même masse à laquelle on attribue arbitrairement la valeur d'une **unité de masse atomique** (1 u). Comme toutes les particules élémentaires lourdes sont regroupées dans le noyau, celui-ci est extraordinairement dense et représente presque toute la masse de l'atome (99,9 %). Les minuscules **électrons** (e^-) ont une charge négative qui équivaut à la charge positive du proton. Un électron ne possède toutefois que environ 1/2000 de la masse du proton, et on lui attribue généralement une valeur de 0 u.

Étant donné que tous les atomes sont électriquement neutres, le nombre d'électrons doit être exactement égal au nombre de protons (pour que les charges positives et les charges négatives s'annulent). Ainsi l'hydrogène a 1 proton et 1 électron, et le fer a 26 protons et 26 électrons. Dans chaque atome, le nombre de protons et d'électrons est toujours le même.

Le **modèle planétaire** qui est illustré à la figure 2.1a est une image simplifiée (aujourd'hui dépassée) de la structure de l'atome. Comme on le voit, il représente les électrons tournant autour du noyau sur des orbites fixes généralement circulaires. Mais en fait il est impossible de connaître la position exacte des électrons à un moment donné parce qu'ils se déplacent de façon erratique en suivant des trajectoires indéterminées. Par conséquent, au lieu de parler d'orbites bien distinctes, les chimistes parlent d'**orbitales,** c'est-à-dire de *régions* autour du noyau où on a de bonnes chances de trouver un électron ou une paire d'électrons la plupart du temps. Ce modèle plus récent de la structure atomique, appelé **modèle des orbitales,** est plus utile lorsqu'on tente de prévoir le comportement chimique des atomes. À la figure 2.1b, on a illustré le modèle des orbitales en représentant par une teinte plus foncée les régions probables de plus grande densité des électrons (ce qu'on appelle le *nuage électronique*). Cependant, dans cet ouvrage, nous décrirons souvent la structure atomique en nous servant du modèle planétaire parce qu'il est plus simple.

L'hydrogène, qui ne possède qu'un proton et un électron, est l'atome le plus simple. Pour illustrer la structure spatiale de l'atome d'hydrogène, imaginons un modèle à l'échelle d'une sphère avec un diamètre égal à la longueur d'un terrain de football ; on pourrait alors représenter le noyau par une bille de plomb de la taille d'une boule de gomme placée exactement au centre de la sphère et l'électron unique par une mouche volant de façon totalement imprévisible à l'intérieur de cette sphère. Vous devriez donc vous souvenir que la plus grande partie du volume d'un atome est vide et que presque toute sa masse est concentrée dans le noyau, qui se trouve au centre.

Identification des éléments

Tous les protons sont identiques, quel que soit l'atome dont ils font partie. Cela est également vrai de tous les neutrons et de tous les électrons. Alors pourquoi les éléments ont-ils tous des propriétés différentes ? Parce que les atomes des différents éléments sont composés d'un *nombre différent* de protons, de neutrons et d'électrons.

L'hydrogène, qui est l'atome le plus simple et le plus petit, possède un proton, un électron et aucun neutron (figure 2.2). L'atome d'hélium est un peu plus gros avec deux protons, deux neutrons et deux électrons en orbite. Puis vient le lithium avec trois protons, quatre neutrons et trois électrons. Si nous poursuivions cette énumération, nous obtiendrions une série d'atomes possédant de 1 à 112 protons, autant d'électrons et un nombre un peu plus élevé de neutrons. Cependant, pour pouvoir identifier un élément donné, il suffit de connaître son numéro atomique, son nombre de masse et sa masse atomique. Ces

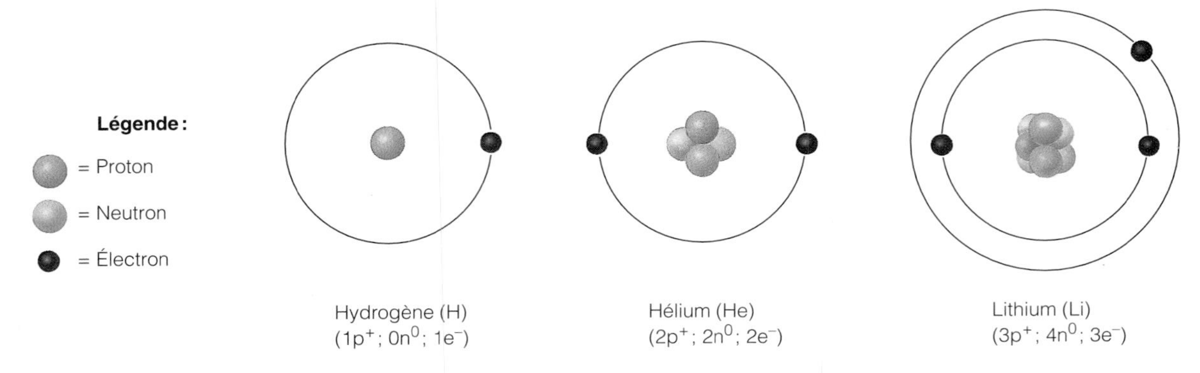

FIGURE 2.2
Structure atomique des trois plus petits atomes.

données constituent un portrait assez complet de chaque élément.

Numéro atomique

Le **numéro atomique** d'un atome est égal au nombre de protons de son noyau ; on l'indique par un chiffre placé en indice à gauche du symbole chimique. L'hydrogène, qui possède un proton, a un numéro atomique de 1 ($_1H$) ; l'hélium, avec deux protons, a donc un numéro atomique de 2 ($_2He$), et ainsi de suite. Puisque, dans un atome, le nombre de protons est toujours égal au nombre d'électrons, le numéro atomique permet aussi de connaître *indirectement* le nombre d'électrons de l'élément en question. Comme nous le verrons plus loin, ce détail a son importance, parce que ce sont les électrons qui déterminent le comportement chimique des atomes.

Nombre de masse et isotopes

Le **nombre de masse** d'un atome est la somme de la masse de ses protons et de celle de ses neutrons. (La masse de l'électron est si faible qu'on la néglige.) Le noyau de l'hydrogène ne contient qu'un proton et aucun neutron ; le numéro atomique et le nombre de masse de cet élément ont donc une valeur de 1. L'hélium, qui possède deux protons et deux neutrons, a un nombre de masse de 4. On indique habituellement le nombre de masse par un chiffre en exposant placé à gauche du symbole chimique. On peut donc représenter l'hélium par ^4_2He. Cette notation simple permet de déduire le nombre total de particules élémentaires de chaque type qui sont présentes dans l'atome ; en effet, elle indique le nombre de protons (numéro atomique), le nombre d'électrons (égal au numéro atomique) et le nombre de neutrons (nombre de masse moins numéro atomique).

En lisant ce qui précède, on pourrait penser que chaque élément n'est représenté que par un seul type d'atome, ce qui est faux. Presque tous les éléments connus ont au moins deux variétés d'atomes appelées **isotopes,** qui ont le même numéro atomique mais des nombres de masse différents (et donc des poids différents). Autrement dit, tous les isotopes d'un élément ont le même nombre de protons (et d'électrons) mais pas le même nombre de neutrons. Plus haut, lorsque nous avons écrit que l'hydrogène avait un nombre de masse de 1, nous parlions de ^1H, qui est son isotope le plus abondant. Mais certains atomes d'hydrogène (^2H et ^3H) ont une masse de 2 ou 3 u (unités de masse atomique), ce qui signifie qu'ils ont tous un proton mais respectivement un ou deux neutrons (figure 2.3). Le carbone a également plusieurs formes isotopiques. Les isotopes les plus abondants sont ^{12}C, ^{13}C et ^{14}C. Chacun de ces isotopes du carbone a six protons (sinon ce ne serait pas du carbone), mais ^{12}C a six neutrons, ^{13}C en a sept et ^{14}C en a huit. On représente aussi les isotopes en écrivant le nombre de masse après le symbole chimique, par exemple C-14.

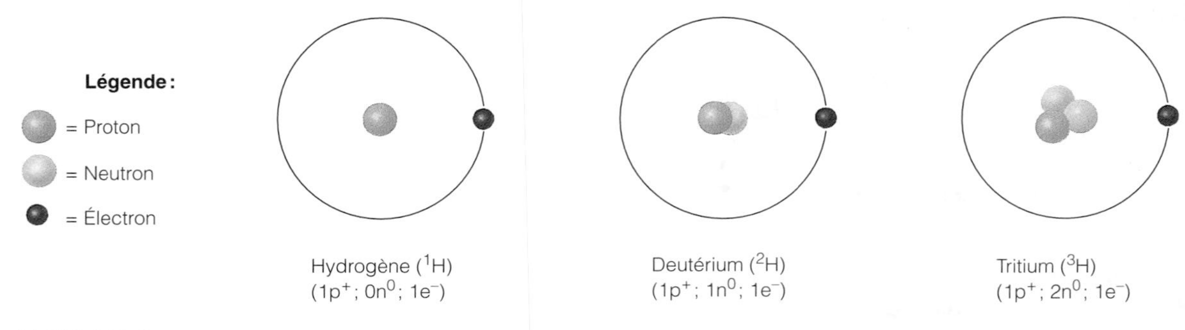

FIGURE 2.3
Isotopes de l'hydrogène.

TABLEAU 2.1 Éléments présents dans le corps humain*

Élément	Symbole chimique	% de la masse corporelle (approx.)†	Fonctions
PRINCIPAUX (96,1 %)			
Oxygène	O	65,0	Constituant important des molécules organiques (qui contiennent du carbone) et inorganiques (qui ne contiennent pas de carbone); à l'état gazeux, il est essentiel à la production de l'énergie cellulaire (ATP)
Carbone	C	18,5	Principal composant de toutes les molécules organiques, notamment des glucides, des lipides (matières grasses), des protéines et des acides nucléiques
Hydrogène	H	9,5	Présent dans toutes les molécules organiques; sous forme d'ion (proton), sa concentration détermine le pH des liquides de l'organisme
Azote	N	3,2	Présent dans les protéines et les acides nucléiques (matériel génétique)
MOINS ABONDANTS (3,9 %)			
Calcium	Ca	1,5	Présent sous forme de sel dans les os et les dents; sous forme d'ion (Ca^{2+}), il est nécessaire aux contractions musculaires, à la propagation de l'influx nerveux et à la coagulation du sang
Phosphore	P	1,0	Constituant du phosphate de calcium, un sel présent dans les os et les dents; également présent dans les acides nucléiques et l'ATP
Potassium	K	0,4	L'ion potassium (K^+) est l'ion positif (cation) le plus abondant dans les cellules; nécessaire à la transmission de l'influx nerveux et à la contraction musculaire
Soufre	S	0,3	Présent dans les protéines, notamment dans les protéines musculaires
Sodium	Na	0,2	L'ion sodium (Na^+) est le principal ion positif des liquides extracellulaires (à l'extérieur des cellules); important pour l'équilibre hydrique, la transmission de l'influx nerveux et la contraction musculaire
Chlore	Cl	0,2	L'ion chlorure (Cl^-) est l'ion négatif (anion) le plus abondant dans les liquides extracellulaires
Magnésium	Mg	0,1	Présent dans les os; cofacteur important dans de nombreuses réactions métaboliques
Iode	I	0,1	Essentiel à la production des hormones thyroïdiennes
Fer	Fe	0,1	Constituant de l'hémoglobine (qui assure le transport de l'oxygène dans les globules rouges du sang) et de certaines enzymes
OLIGOÉLÉMENTS (MOINS DE 0,01 %)			
Chrome (Cr); cobalt (Co); cuivre (Cu); fluor (F); manganèse (Mn); molybdène (Mo); sélénium (Se); silicium (Si); étain (Sn); vanadium (V); Zinc (Zn).			
Ces éléments sont appelés *oligoéléments* parce qu'ils sont nécessaires en très petite quantité; plusieurs entrent dans la composition d'enzymes ou sont nécessaires à leur activation.			

*Vous trouverez à l'appendice E le tableau périodique des éléments où ceux-ci sont ordonnés par numéro atomique croissant.
† Pourcentage de la masse corporelle humide: incluant l'eau.

Masse atomique

On pourrait penser que la masse atomique est égale au nombre de masse; ce serait vrai si la masse atomique était la masse d'atomes rigoureusement identiques. Mais la **masse atomique** est la moyenne des masses relatives (nombres de masse) de tous les isotopes d'un élément donné en fonction de leur abondance relative dans la nature. De façon générale, la masse atomique d'un élément est à peu près égale au nombre de masse de son isotope le plus abondant. Par exemple, la masse atomique de l'hydrogène est de 1,008, ce qui reflète le fait que, dans la nature, son isotope le plus léger (^1H) existe en quantité beaucoup plus grande que ses isotopes ^2H ou ^3H.

Radio-isotopes

Les isotopes les plus lourds d'un élément sont souvent instables et leurs atomes se décomposent spontanément en formes plus stables. Ce processus de désintégration atomique se nomme *radioactivité* et les isotopes qui présentent ce comportement sont appelés **radio-isotopes.** On pourrait comparer la désintégration d'un noyau radioactif à une minuscule explosion. Lorsqu'elle se produit, des *particules alpha* (α) (groupements de 2p + 2n), *bêta* (β) (particules de charge négative semblables à des électrons) ou des rayons *gamma* (γ) (énergie électromagnétique) sont éjectés du noyau atomique. Les raisons de ce phénomène sont complexes; retenez simplement que les particules nucléaires denses sont constituées de trois types de particules encore plus petites, nommées *quarks*, qui s'associent d'une certaine façon pour former des protons et d'une autre façon pour former des neutrons. La « colle » nucléaire qui relie ces quarks est, semble-t-il, moins efficace dans les isotopes lourds.

Les radio-isotopes peuvent produire un ou plusieurs types de rayonnement et perdre peu à peu leurs caractéristiques radioactives. On appelle *période*, ou demi-vie, le temps qu'il faut à un radio-isotope pour perdre la moitié de son activité. Les radio-isotopes ont des périodes extrêmement variables pouvant aller de quelques heures à des milliers d'années.

Comme il est possible de détecter la radioactivité à l'aide de la scanographie, les radio-isotopes sont des outils précieux en recherche biologique et en médecine. En clinique, les radio-isotopes servent surtout à des fins de diagnostic, c'est-à-dire à la localisation de tissus endommagés ou cancéreux. Par exemple, on utilise parfois l'iode 131 pour évaluer la taille et l'activité de la glande thyroïde ainsi que pour détecter le cancer de cette glande. Dans la tomographie par émission de positrons (une technique perfectionnée qui est présentée dans l'encadré des pages 18-19) on étudie le fonctionnement des molécules à l'intérieur du corps à l'aide de radio-isotopes. Notez bien toutefois que tous les types de radioactivité, quel que soit le but de leur utilisation, endommagent les tissus vivants.

Les rayons α ont le plus faible pouvoir de pénétration et sont les moins nocifs ; ce sont les rayons γ qui ont le plus grand pouvoir de pénétration. On se sert du radium 226, du cobalt 60 et de certains autres radio-isotopes pour détruire des cellules cancéreuses localisées. Par exemple, on traite parfois le cancer de l'utérus à l'aide du radium.

COMMENT LA MATIÈRE SE COMBINE : MOLÉCULES ET MÉLANGES

Molécules et composés

La plupart des atomes n'existent pas à l'état libre, ils sont liés chimiquement à d'autres atomes. On nomme **molécule** un tel ensemble de plusieurs atomes unis par des liaisons chimiques. (Nous décrivons plus loin la nature de ces liens chimiques.)

Si deux ou plusieurs atomes d'un *même* élément sont combinés, le résultat est appelé *molécule de cet élément*. Lorsque deux atomes d'hydrogène se lient, ils forment une molécule d'hydrogène gazeux représentée par le symbole H_2. De la même façon, une combinaison de deux atomes d'oxygène forme une molécule d'oxygène gazeux (O_2). Les atomes de soufre se combinent souvent en molécules de soufre à huit atomes (S_8).

Quand plusieurs types d'atomes d'éléments *différents* se lient entre eux, ils forment des molécules d'un **composé.** Le composé qui résulte de la combinaison de deux atomes d'hydrogène et d'un atome d'oxygène est la molécule d'eau (H_2O), et le composé formé par la liaison de quatre atomes d'hydrogène et d'un atome de carbone est le méthane (CH_4). Remarquez bien que les molécules de méthane et d'eau sont des composés mais que celles d'hydrogène n'en sont pas, parce que les composés contiennent toujours des atomes d'au moins deux éléments différents.

Les composés sont des substances chimiquement pures et toutes leurs molécules sont identiques. Par conséquent, tout comme l'atome est la plus petite particule d'un élément qui possède encore les propriétés de cet élément, une molécule est la plus petite particule d'un composé qui possède encore les propriétés de ce composé. Cette notion revêt une grande importance parce que les propriétés des composés sont généralement très différentes de celles des atomes qu'ils contiennent. Il est même presque impossible de savoir quels atomes constituent un composé sans procéder à une analyse chimique de ce dernier.

Mélanges

Les **mélanges** sont des substances faites de deux ou plusieurs substances *physiquement entremêlées*. Bien que la plus grande partie de la matière présente dans la nature se trouve sous forme de mélanges, ceux-ci ne comprennent que trois grandes catégories : les *solutions*, les *colloïdes* et les *suspensions*.

Solutions

Les solutions sont des mélanges *homogènes* (voir à la page suivante) d'au moins deux substances qui peuvent être des gaz, des liquides ou des solides. Citons par exemple l'air que nous respirons (un mélange de gaz), l'eau de mer (un mélange de sels, qui sont des solides, et d'eau) et l'alcool à 90 % (un mélange d'alcool et d'eau, qui sont des liquides). Le **solvant** (ou milieu de dissolution) est la substance la plus abondante ; les solvants sont habituellement des liquides. La substance la moins abondante est appelée **soluté.**

L'eau est le principal solvant de l'organisme. La plupart des solutions de notre corps sont des *solutions vraies* contenant des gaz, des liquides ou des solides dissous dans l'eau. Les solutions vraies sont habituellement transparentes ; les solutions de sel de table (NaCl et eau) et les mélanges de glucose et d'eau sont des solutions vraies. Dans ce type de solution, les solutés sont présents sous la forme de particules infinitésimales, généralement des molécules ou des atomes isolés. Par conséquent, ils ne sont pas visibles à l'œil nu, ne se déposent pas et ne diffusent pas la lumière. On ne peut pas voir le trajet d'un rayon lumineux qu'on fait passer à travers une solution vraie.

Expression de la concentration des solutions

On décrit souvent les solutions vraies en indiquant leur *concentration*, qui peut être exprimée de différentes façons. Dans les laboratoires des collèges et en milieu hospitalier, on parle souvent de **pourcentage** (proportion pour cent) de soluté dans une solution. Il s'agit toujours du pourcentage de soluté et, à moins d'indication contraire, on suppose que c'est l'eau qui est le solvant.

On peut aussi indiquer la concentration d'une solution par sa **molarité,** en moles par litre (mol/L). Cette méthode est plus compliquée mais beaucoup plus utile. Pour comprendre ce qu'est la molarité, il faut d'abord savoir ce qu'est une mole. Une **mole** de tout élément ou de tout composé contient un nombre de grammes égal à la masse atomique de l'élément ou à la **masse moléculaire** (somme des masses atomiques) du composé. Cette notion est plus simple qu'on ne pourrait le croire, comme l'illustre l'exemple suivant.

La formule chimique du glucose est $C_6H_{12}O_6$, ce qui signifie qu'une molécule de glucose est composée de 6 atomes de carbone, 12 atomes d'hydrogène et 6 atomes d'oxygène. Pour trouver la masse moléculaire du glucose, on cherche la masse atomique de chacun de ses atomes dans le tableau périodique (voir l'appendice E) et on fait le calcul suivant :

Atome	Nombre d'atomes		Masse atomique		Masse atomique totale
C	6	×	12,011	=	72,066
H	12	×	1,008	=	12,096
O	6	×	15,999	=	95,994
					180,156

Pour préparer une solution de glucose de 1 mol/L, il faut donc prendre 180,156 grammes (g) de glucose, soit un nombre de grammes égal à la masse moléculaire, et y ajouter assez d'eau pour obtenir 1 litre (L) de solution. Une solution de 1 mol/L d'une substance chimique contient l'équivalent en grammes de la masse moléculaire de la substance (ou de la masse atomique dans le cas d'un élément) dans 1 L (1000 mL) de solution.

Ce qui fait tout l'intérêt de la mole comme unité de mesure pour la préparation des solutions, c'est la précision qu'elle permet. Une mole de n'importe quelle substance contient toujours exactement le même nombre de particules de soluté, soit $6{,}02 \times 10^{23}$. Ce nombre est appelé **nombre d'Avogadro**. Par conséquent, que l'on pèse 1 mole de glucose (180 g), 1 mole d'eau (18 g) ou 1 mole de méthane (16 g), on a toujours $6{,}02 \times 10^{23}$ molécules de la substance en question*. Cette méthode permet donc une précision presque incroyable dans les mesures.

Colloïdes

Les **colloïdes** sont des mélanges *hétérogènes* (voir plus bas) souvent translucides ou laiteux. Bien que les particules de soluté soient plus grosses que celles des solutions vraies, elles ne se déposent pas. Cependant, elles diffusent la lumière, ce qui signifie qu'on peut voir le trajet d'un rayon de lumière passant à travers un colloïde.

Les colloïdes possèdent certaines caractéristiques qui leur sont propres, y compris la capacité de subir des **transformations sol-gel,** c'est-à-dire de passer d'un état liquide (sol) à un état plus solide (gel), puis de revenir à leur état initial. Le Jell-O et autres produits à base de gélatine sont des exemples bien connus de colloïdes non vivants qui passent de l'état de sol à l'état de gel si on les met au réfrigérateur (et qui se liquéfient à nouveau si on les met au soleil). Le cytosol, une substance semi-liquide que l'on trouve dans les cellules vivantes, est aussi un colloïde, et ses transformations sol-gel interviennent dans un grand nombre de fonctions cellulaires importantes comme la division cellulaire.

* Il existe une importante exception à cette règle : les molécules qui s'ionisent pour former des particules chargées (ions) dans l'eau, notamment les sels, les acides et les bases (voir p. 40). Par exemple, le sel de table (chlorure de sodium) se décompose en deux types de particules chargées. Dans une solution de 1 mol/L de chlorure de sodium, il y a donc en fait *2 mol* de particules de soluté, c'est-à-dire une mole de sodium et une mole de chlore.

Suspensions

Les **suspensions** sont des mélanges *hétérogènes* contenant des particules de grande taille, souvent visibles, qui ont tendance à se déposer. Un mélange de sable et d'eau constitue une suspension. Le sang est aussi une suspension ; en effet, les globules sanguins vivants sont en suspension dans le plasma, qui est la partie liquide du sang. Si on laisse cette suspension au repos, les cellules se déposent au fond du liquide à moins qu'un processus quelconque ne les maintienne en suspension (mélange, brassage ou, comme dans l'organisme, circulation).

Ces trois types de mélanges sont donc présents à la fois dans les systèmes vivants et dans les systèmes non vivants. La matière vivante est la combinaison la plus complexe de toutes puisqu'on y trouve ces trois types de mélanges en interactions multiples les uns avec les autres.

Différences entre mélanges et composés

Après avoir examiné les différents types de mélanges, nous allons étudier les différences entre les mélanges et les composés. Voici donc les principales caractéristiques qui les distinguent :

1. Il n'y a aucune liaison chimique entre les constituants d'un mélange, ce qui représente la principale différence entre les mélanges et les composés. Les propriétés des molécules et des atomes ne changent pas lorsqu'ils font partie d'un mélange. Rappelez-vous que les substances ne sont mélangées que du point de vue physique.

2. Les substances présentes dans un mélange peuvent être séparées par des méthodes physiques (égouttage, filtrage, évaporation, etc., selon la nature du mélange). Par contre, on ne peut dissocier les composés en atomes qu'au moyen de méthodes chimiques (qui coupent les liaisons chimiques).

3. Certains mélanges sont homogènes et d'autres sont hétérogènes. On dit qu'une substance est *homogène* si un échantillon prélevé n'importe où dans cette substance a exactement la même composition (du point de vue des atomes et des molécules qu'il contient) que n'importe quel autre échantillon pris ailleurs dans cette substance. Un lingot de fer élémentaire (pur) est homogène, comme le sont tous les composés. La composition des substances *hétérogènes* varie d'un endroit à l'autre. Par exemple, le minerai de fer est un mélange hétérogène qui contient du fer et de nombreux autres éléments.

LIAISONS CHIMIQUES

Comme nous l'avons mentionné plus haut, les atomes qui sont combinés sont maintenus ensemble par des **liaisons chimiques.** Une liaison chimique n'est pas une structure physique comparable à une paire de menottes reliant les poignets de deux personnes ; il s'agit d'une relation énergétique entre les électrons des atomes qui participent à une réaction chimique, et elle peut être formée ou détruite en moins d'un millionième de millionième de seconde.

Rôle des électrons dans les liaisons chimiques

Les électrons qui forment le nuage électronique occupent des régions de l'espace appelées **couches électroniques,** qui sont disposées de façon concentrique autour du noyau de l'atome. Les atomes connus peuvent avoir jusqu'à sept couches électroniques (numérotées de 1 à 7 à partir du noyau), mais le nombre de couches d'un atome donné dépend du nombre d'électrons qu'il possède. Chaque couche électronique contient une ou plusieurs orbitales.

Il est important de bien comprendre que chaque couche électronique représente un **niveau d'énergie** ; il faut donc imaginer les électrons comme des particules dotées d'une certaine énergie potentielle. D'une façon générale, les termes *couche électronique* et *niveau d'énergie* sont synonymes.

La quantité d'énergie potentielle d'un électron dépend du niveau d'énergie qu'il occupe parce que la force d'attraction entre le noyau chargé positivement et l'électron chargé négativement est plus grande près du noyau et plus faible lorsque l'électron s'en éloigne. Cela permet de comprendre pourquoi les électrons les plus éloignés du noyau (1) ont la plus grande énergie potentielle (il faut plus d'énergie pour vaincre l'attraction du noyau et atteindre les niveaux les plus éloignés), et (2) pourquoi ces électrons sont ceux qui établissent le plus facilement des interactions chimiques avec d'autres atomes (ils sont moins fortement retenus par leur propre noyau atomique et peuvent être plus facilement influencés par les autres atomes et molécules).

Chaque couche électronique peut recevoir un nombre maximal d'électrons. La couche 1, qui est la plus proche du noyau, ne peut contenir que 2 électrons. La couche 2 peut contenir au maximum 8 électrons ; la couche 3 peut en contenir jusqu'à 18. Les couches suivantes peuvent avoir un nombre d'électrons de plus en plus élevé. Les couches se remplissent généralement les unes après les autres ; par exemple, la couche 1 se remplit complètement avant que des électrons commencent à occuper la couche 2.

Lorsque les atomes forment des liaisons, les électrons les plus déterminants sont ceux de la couche la plus externe. Les électrons des couches internes ne participent généralement pas aux liaisons parce qu'ils sont retenus solidement par le noyau atomique. Lorsque le niveau d'énergie le plus externe est saturé ou lorsqu'il contient 8 électrons (voir ci-dessous), l'atome atteint un état stable et il devient *chimiquement inerte*, c'est-à-dire non réactif. Un groupe d'éléments appelés *gaz nobles*, qui comprend l'hélium et le néon, illustre parfaitement cet état (figure 2.4a). Cependant, les atomes dont la couche externe accueille moins de 8 électrons (figure 2.4b) ont tendance à gagner, à perdre ou à mettre en commun des électrons afin d'atteindre un état stable.

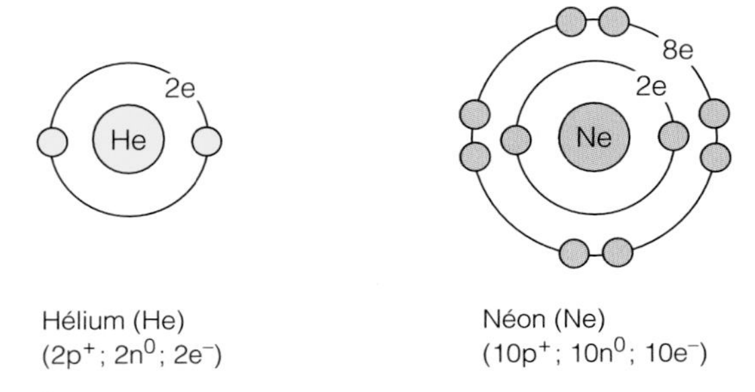

(a) Éléments chimiquement inertes (couche de valence complète)

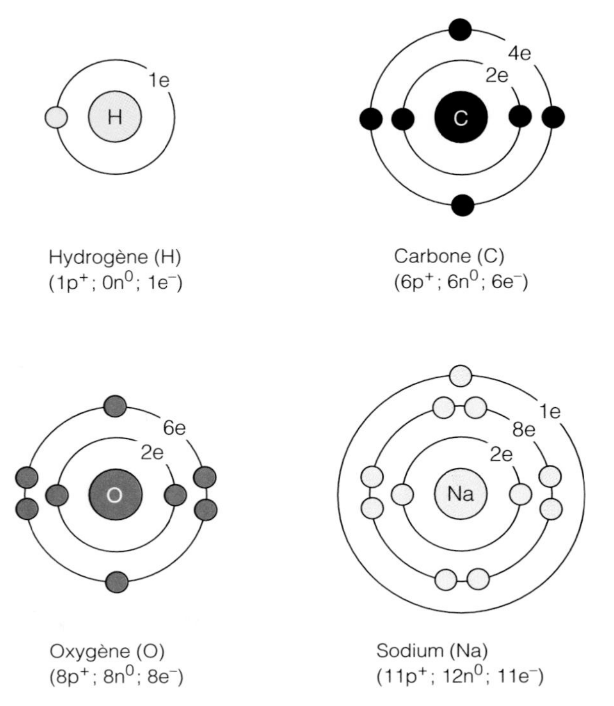

(b) Éléments chimiquement actifs (couche de valence incomplète)

FIGURE 2.4
Éléments chimiquement inertes et réactifs. (a) L'hélium et le néon sont chimiquement inertes parce que leur niveau d'énergie le plus externe (couche de valence) est rempli d'électrons. **(b)** Les éléments dont la couche de valence est incomplète sont chimiquement réactifs. Ces atomes tendent à réagir avec d'autres atomes en gagnant, en perdant ou en mettant en commun des électrons pour compléter leur couche de valence. (*Remarque :* Afin de simplifier les schémas, on a représenté les noyaux atomiques par un cercle portant le symbole chimique de l'atome ; les protons et les neutrons ne sont pas dessinés.)

Il nous faut ici éclaircir un point qui risque de prêter à confusion : dans les atomes qui ont plus de 20 électrons, les niveaux d'énergie supérieurs à la couche 2 peuvent accueillir *plus* de 8 électrons. Cependant, le nombre total d'électrons qui peuvent participer aux liaisons se limite encore à 8. On appelle **couche de valence** la couche électronique la plus externe de l'atome ou *la partie de celle-ci* où se trouvent les électrons chimiquement réactifs. Par conséquent, la clé de la réactivité est la **règle de l'octet,** ou **règle des 8 électrons.** Si on excepte la couche 1 qui est complète lorsqu'elle contient 2 électrons, les atomes interagissent généralement de façon à se retrouver avec 8 électrons dans leur couche de valence.

Types de liaisons chimiques

Il existe trois principaux types de liaisons chimiques résultant des forces d'attraction entre les atomes : les *liaisons ioniques*, les *liaisons covalentes* et les *liaisons hydrogène*.

Liaisons ioniques

Les atomes sont électriquement neutres. Cependant, il arrive que des électrons passent d'un atome à l'autre ; dans ce cas, l'équilibre parfait des charges + et – est rompu et on obtient alors des particules chargées appelées **ions.** L'atome qui gagne un ou plusieurs électrons, ou *accepteur d'électrons*, acquiert une charge nette négative : il est appelé **anion.** L'atome qui perd des électrons, ou *donneur d'électrons*, acquiert une charge nette positive : il est appelé **cation.** (Pour faciliter votre mémorisation, associez le *t* de « cation » au signe +.) Des anions et des cations se forment chaque fois que des électrons passent d'un atome à l'autre. Étant donné que les charges opposées s'attirent, ces ions tendent à rester voisins, ce qui crée une **liaison ionique.**

Comme exemple de liaison ionique, citons le chlorure de sodium (NaCl), qui se forme par interaction entre les atomes de sodium et les atomes de chlore (figure 2.5). Le sodium a un numéro atomique de 11 ; sa couche de valence ne possède donc qu'un seul électron et il serait très difficile d'en ajouter sept pour la compléter. Cependant, si l'atome perd cet unique électron, c'est la couche 2 qui devient la couche de valence (le niveau d'énergie le plus externe comportant des électrons) ; or elle possède déjà huit électrons et est donc saturée. Par conséquent, si le sodium perd le seul électron de sa troisième couche, il atteint un état stable et devient un cation (Na^+). Par ailleurs, le chlore, dont le numéro atomique est 17, n'a besoin que d'un électron pour compléter sa couche de valence en l'amenant à 8. Lorsqu'il accepte un électron, cet atome devient un anion et atteint un état stable. C'est exactement ce qui se produit lorsque ces deux atomes interagissent. Le sodium cède un électron au chlore, et les ions créés par cet échange s'attirent mutuellement, formant ainsi le chlorure de sodium. Les liaisons ioniques apparaissent généralement entre des atomes ayant un ou deux électrons de valence (les métaux comme le sodium, le calcium et le potassium) et des atomes ayant sept électrons de valence (comme le chlore, le fluor et l'iode). La plupart des composés ioniques entrent dans la catégorie chimique des *sels* (voir p. 40-41).

En l'absence d'eau, les composés ioniques tels que le chlorure de sodium n'existent pas sous forme de molécules individuelles ; ils se présentent plutôt sous forme de **cristaux,** qui sont de grands assemblages de cations et d'anions maintenus ensemble par des liaisons ioniques (voir la figure 2.11, p. 40).

Le chlorure de sodium illustre parfaitement la différence entre les propriétés d'un composé donné et celles des atomes qui le constituent. Le sodium est un métal blanc argenté, le chlore à l'état moléculaire est un gaz vert toxique utilisé pour fabriquer l'eau de javel. Cependant, le chlorure de sodium est un solide cristallin blanc dont on se sert pour assaisonner les aliments.

Liaisons covalentes

Un transfert complet d'électrons n'est pas toujours nécessaire pour que les atomes atteignent un état stable. Chaque

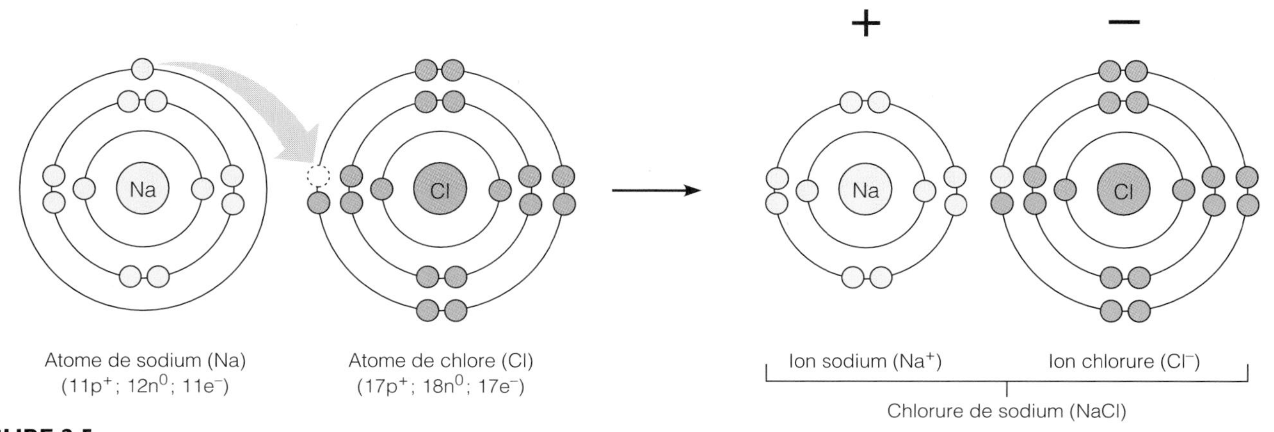

FIGURE 2.5
Formation d'une liaison ionique. Les atomes de sodium et de chlore sont chimiquement réactifs parce que leur couche de valence n'est pas complète. Pour devenir stables, le sodium doit perdre un électron et le chlore en gagner un. Après le transfert de l'électron, le sodium s'est transformé en ion sodium (Na^+) et le chlore en ion chlorure (Cl^-). Ces deux ions de charges opposées s'attirent.

2

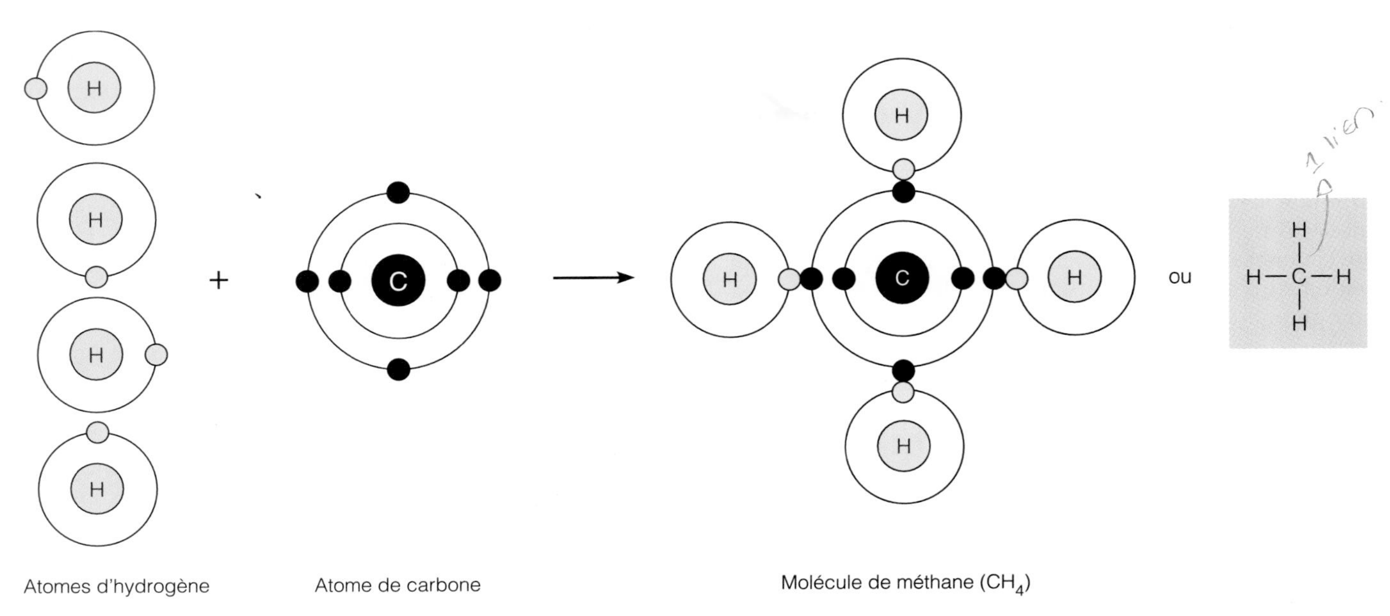

(a) Formation de quatre liaisons covalentes simples

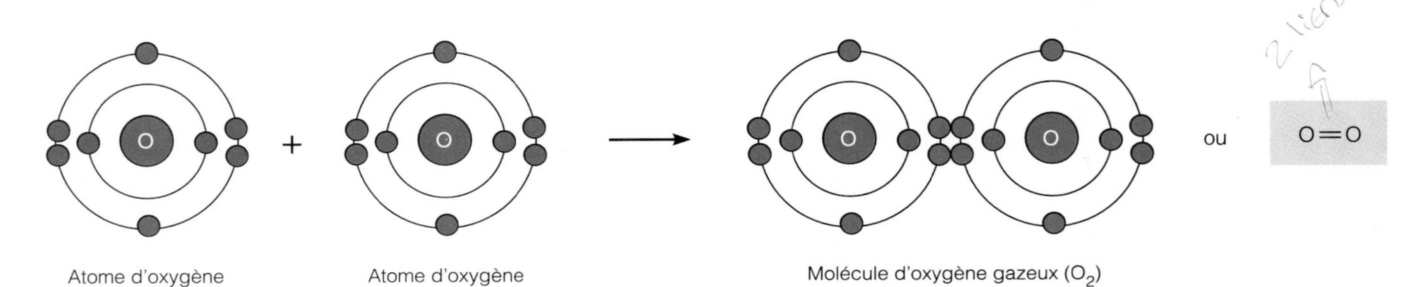

(b) Formation d'une liaison covalente double

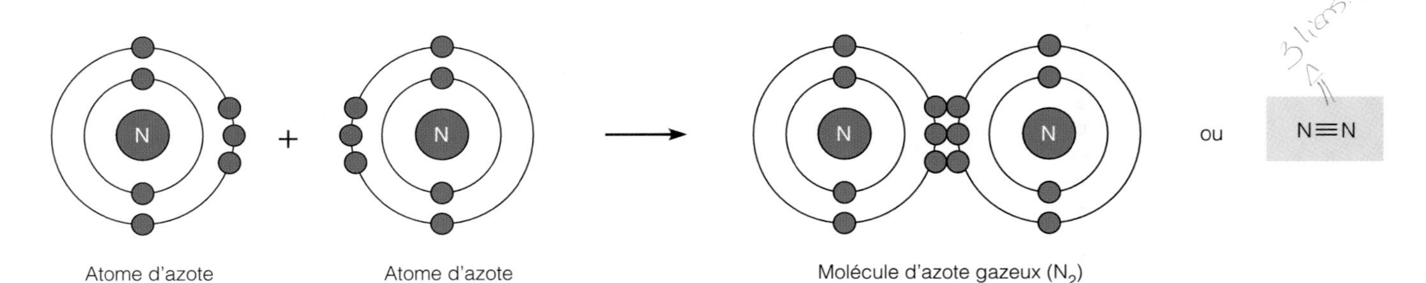

(c) Formation d'une liaison covalente triple

FIGURE 2.6
Formation de liaisons covalentes. La mise en commun des électrons des atomes en interaction est présentée à gauche. À l'extrême droite, dans les rectangles ombrés, chaque liaison covalente est représentée par un tiret reliant les atomes qui partagent la paire d'électrons. **(a)** Formation d'une molécule de méthane : l'atome de carbone partage quatre paires d'électrons avec quatre atomes d'hydrogène. **(b)** Formation d'une molécule d'oxygène gazeux : chaque atome d'oxygène partage deux paires d'électrons avec un autre atome d'oxygène, ce qui crée une liaison covalente double. **(c)** Quand une molécule d'azote gazeux se forme, les deux atomes partagent trois paires d'électrons, créant ainsi une liaison covalente triple.

atome peut également compléter sa couche électronique externe au moins une partie du temps en *partageant* des électrons, ce qui permet l'existence de molécules où les électrons mis en commun forment des **liaisons covalentes.**

Un atome d'hydrogène, qui ne possède qu'un seul électron, peut donc compléter sa seule couche électronique (couche 1) en partageant une paire d'électrons avec un autre atome. Lorsqu'il la partage avec un autre atome d'hydrogène, on obtient une molécule d'hydrogène gazeux (H_2). La paire d'électrons mis en commun gravite autour de l'ensemble de la molécule et assure ainsi la stabilité de chaque atome. L'hydrogène peut également partager une paire d'électrons avec des atomes d'autres éléments pour former des composés (figure 2.6a). Dans l'atome de carbone, il y a quatre électrons dans la couche externe, mais il en faut huit pour assurer un état stable ; pour sa part, l'hydrogène a besoin de deux électrons alors qu'il n'en possède qu'un seul. Lors de la formation d'une molécule de méthane (CH_4), le carbone partage quatre paires d'électrons avec quatre atomes d'hydrogène (une paire avec chacun des atomes). Dans ce cas également, les électrons mis en commun « appartiennent à » l'ensemble de la molécule autour de laquelle ils gravitent, assurant ainsi la stabilité de chacun des atomes. Lorsque deux atomes partagent une paire d'électrons, ils forment une *liaison covalente simple* (représentée par un trait simple reliant les atomes, H—H). Il arrive également que les atomes partagent deux ou trois paires d'électrons (figure 2.6b et c), et établissent ainsi des *liaisons covalentes doubles* ou *triples* (représentées par des traits doubles ou triples, O=O ou N≡N).

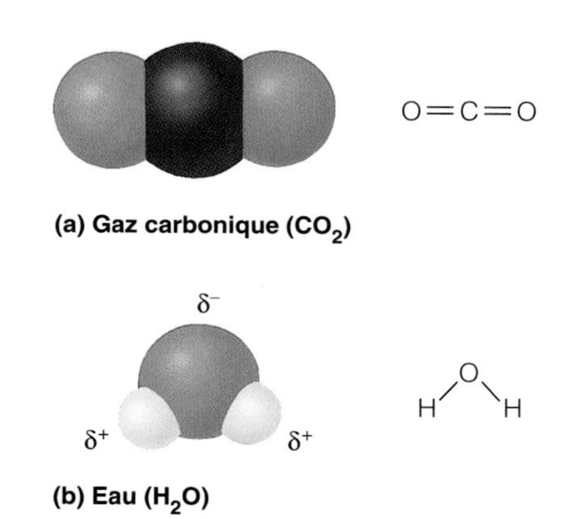

FIGURE 2.7
Modèles moléculaires représentant la structure tridimensionnelle des molécules de gaz carbonique et d'eau.

Molécules polaires et non polaires Dans les liaisons covalentes dont nous avons parlé jusqu'ici, les électrons de valence étaient mis en commun également entre les atomes. Les molécules ainsi formées sont équilibrées électriquement et on les appelle **molécules non polaires** (parce qu'elles n'ont pas de pôles distincts + et −) ; mais il n'en est pas toujours ainsi. Lorsqu'une molécule comporte plusieurs liaisons covalentes, elle adopte une forme tridimensionnelle parce que les liaisons sont orientées selon des angles précis. La forme d'une molécule donnée permet de savoir avec quels atomes ou avec quelles autres molécules elle pourra interagir ; cette forme particulière peut produire un partage inégal des paires d'électrons et créer une **molécule polaire.** Cela est particulièrement vrai des molécules asymétriques dont les atomes n'attirent pas les électrons avec la même force. De façon générale, les *petits* atomes ayant six ou sept électrons de valence, comme l'oxygène, l'azote et le chlore, attirent très fortement les électrons. Cette caractéristique des atomes avides d'électrons s'appelle **électronégativité.** Inversement, la plupart des atomes n'ayant qu'un ou deux électrons de valence sont généralement **électropositifs,** c'est-à-dire que leur capacité d'attirer les électrons est si faible qu'ils perdent habituellement leurs propres électrons de valence au profit d'autres atomes. Le potassium et le sodium, qui possèdent chacun un électron de valence, constituent de bons exemples d'atomes électropositifs.

> « *Lorsqu'on vous a demandé de lire un texte, gardez vos notes à portée de la main. Ainsi, vous pourrez les compléter à l'aide des renseignements que vous trouverez pendant votre lecture. Vous comprendrez mieux la matière si vous regroupez l'information pendant la révision.*
>
> *John Schlechter, étudiant en sciences infirmières*

Le gaz carbonique et l'eau montrent bien comment la structure tridimensionnelle de la molécule et la force d'attraction relative des atomes sur les électrons permettent de déterminer si une molécule formée de liaisons covalentes est polaire ou non. Dans le gaz carbonique (CO_2), l'atome de carbone partage quatre paires d'électrons avec deux atomes d'oxygène (deux paires avec chaque atome d'oxygène). L'oxygène est très électronégatif et attire donc les électrons de valence beaucoup plus fortement que le carbone. Cependant, comme la molécule de gaz carbonique est linéaire (figure 2.7a), l'attraction exercée par un atome d'oxygène est contrebalancée par celle de l'autre, comme dans une partie de lutte à la corde où les équipes sont de force égale. Par conséquent, les électrons de valence sont répartis de façon équilibrée : le gaz carbonique est un composé non polaire.

La molécule d'eau (H_2O) a la forme d'un V (figure 2.7b). Les deux atomes d'hydrogène sont situés à la même extrémité de la molécule et l'oxygène à l'extrémité opposée. L'atome d'oxygène peut attirer vers lui les électrons mis en commun et ainsi les éloigner des atomes d'hydrogène. La répartition des paires d'électrons *n'est donc pas* équilibrée, puisque ceux-ci passent plus de temps au voisinage de l'oxygène. Comme les électrons ont une charge négative, l'extrémité de la molécule où se trouve l'oxygène est rendue légèrement plus négative (ce que l'on représente par δ^- [delta moins]) et l'extrémité où se trouve l'hydrogène est légèrement plus positive (ce que l'on représente par δ^+). Comme la molécule d'eau a deux pôles chargés, on dit que c'est une *molécule polaire,* ou **dipôle.** Les molécules polaires s'orientent par rapport aux autres dipôles ou aux particules chargées (comme les ions et certaines protéines), et elles jouent un rôle essentiel dans les réactions chimiques qui se déroulent dans les cellules de l'organisme. La polarité de l'eau revêt une grande importance, comme nous le verrons plus loin dans ce chapitre.

Supposez qu'un composé XY possède une liaison covalente polaire. En quoi la distribution des charges est-elle différente de celle d'une molécule XX?

Type de liaison	Liaison ionique	Liaison covalente polaire	Liaison covalente non polaire
État des électrons	Transfert complet des électrons	Mise en commun inégale des électrons	Mise en commun égale des électrons
Distribution des charges électriques	Formation d'ions distincts (particules chargées)	Légère charge négative (δ^-) à une extrémité de la molécule, légère charge positive (δ^+) à l'autre extrémité	Charge équilibrée entre les atomes
Exemple	Na^+ Cl^- Chlorure de sodium	$H^{\delta+}$–$O^{\delta-}$–$H^{\delta+}$ Eau	O=C=O Gaz carbonique

FIGURE 2.8
Comparaison des liaisons ioniques, covalentes polaires et covalentes non polaires. État des électrons intervenant dans les liaisons et distribution des charges électriques dans les molécules.

Les divers types de molécules possèdent différents degrés de polarité et, comme le résume la figure 2.8, on observe un changement graduel allant des liaisons ioniques aux liaisons covalentes non polaires. Les liaisons ioniques (transfert complet d'électrons) et les liaisons covalentes non polaires (mise en commun égale d'électrons) représentent les extrêmes d'une progression continue entre lesquels la mise en commun des électrons se fait de façon plus ou moins inégale.

Liaisons hydrogène

Contrairement aux liaisons ioniques et covalentes, les liaisons hydrogène sont trop faibles pour associer des atomes de façon à former des molécules. Une liaison hydrogène apparaît quand un atome d'hydrogène déjà lié de façon covalente à un atome électronégatif (généralement d'azote ou d'oxygène) est attiré par un autre atome électronégatif, créant ainsi une sorte de « pont » entre eux.

Comme X et Y sont des atomes différents, l'un d'eux est plus électronégatif que l'autre. Par conséquent, il y a une séparation des charges dans XY, qui est un dipôle. Dans XX, les deux atomes sont identiques et les électrons sont mis en commun de façon égale ; il ne s'agit donc pas d'un dipôle.

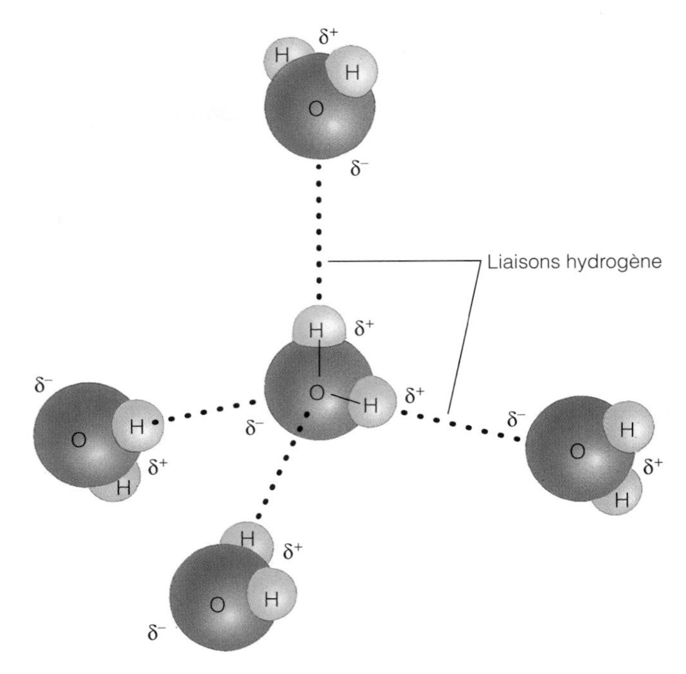

FIGURE 2.9
Liaisons hydrogène entre des molécules d'eau (polaires). Les pôles légèrement positifs (indiqués par δ^+) des molécules d'eau s'alignent en direction des pôles légèrement négatifs (indiqués par δ^-) d'autres molécules d'eau.

Les liaisons hydrogène sont communes entre les dipôles comme les molécules d'eau parce que l'atome d'oxygène d'une molécule donnée, qui est légèrement négatif, attire les atomes d'hydrogène, légèrement positifs, d'autres molécules (figure 2.9). Cette tendance qu'ont les molécules d'eau à se regrouper et à former une mince pellicule est appelée *tension superficielle*, et elle permet d'expliquer en partie pourquoi l'eau qu'on répand sur une surface dure forme de petites sphères.

Les liaisons hydrogène constituent également d'importantes *liaisons intramoléculaires* reliant diverses parties d'une grosse molécule pour lui donner la structure tridimensionnelle qui la caractérise. Certaines grosses molécules biologiques comme les protéines et l'ADN comportent un grand nombre de liaisons hydrogène qui stabilisent leur structure.

RÉACTIONS CHIMIQUES

Comme nous l'avons déjà fait remarquer, toutes les particules de matière sont en mouvement constant à cause de leur énergie cinétique. Au sein d'un solide, le mouvement des atomes ou des molécules se limite généralement à une vibration parce que ces particules sont retenues ensemble par des liaisons assez solides. Mais dans les liquides et les gaz, les particules se déplacent au hasard, entrent en collision les unes avec les autres et interagissent dans des réactions chimiques. Une **réaction chimique** se produit chaque fois que des liaisons chimiques se forment, se réorganisent ou se rompent.

Équations chimiques

On représente symboliquement les réactions chimiques par des **équations chimiques.** Par exemple, l'association de deux atomes d'hydrogène lors de la formation d'hydrogène gazeux s'écrit comme suit:

$$H + H \rightarrow H_2 \text{ (hydrogène gazeux)}$$
(réactifs) (produit)

La formation du méthane par combinaison de quatre atomes d'hydrogène et d'un atome de carbone s'écrit ainsi:

$$4\,H + C \rightarrow CH_4 \text{ (méthane)}$$

Remarquez bien qu'un chiffre écrit en *indice* signifie que les atomes sont liés par des liaisons chimiques. D'autre part, le chiffre placé *avant* le symbole (préfixe) désigne le nombre de molécules ou d'atomes *non liés.* Ainsi CH_4 signifie que la molécule de méthane est formée de quatre atomes d'hydrogène liés à un atome de carbone, mais 4 H désigne quatre atomes d'hydrogène non liés.

Une équation chimique ressemble à une phrase décrivant ce qui se passe pendant une réaction. On y trouve les informations suivantes: nombre et types de substances prenant part à la réaction, ou **réactifs,** composition chimique du ou des **produits** et, si l'équation est équilibrée, la proportion relative de chacun des réactifs et produits. Dans les exemples ci-dessus, les réactifs sont des atomes, comme l'indiquent leurs symboles atomiques (H, C). Dans chaque cas, le produit est une molécule représentée par sa **formule moléculaire** (H_2, CH_4). On peut lire l'équation de la formation du méthane de deux façons: « Quatre atomes d'hydrogène plus un atome de carbone produisent une molécule de méthane » ou bien « Quatre moles d'atomes d'hydrogène plus une mole d'atomes de carbone produisent une mole de méthane ». Il est plus pratique de se servir de moles parce qu'il est impossible d'isoler un atome ou une molécule de quoi que ce soit!

Modes de réactions chimiques

La plupart des réactions chimiques se font selon l'un des trois modes suivants: *synthèse, dégradation* ou *échange.*

Lorsque des atomes ou des molécules se combinent pour former une molécule plus grosse et plus complexe, on parle de **réaction de synthèse.** On peut représenter la réaction de synthèse, qui entraîne toujours la formation de liaisons (le choix des lettres est arbitraire), de la façon suivante:

$$A + B \rightarrow AB$$

Les réactions de synthèse constituent la base des activités **anaboliques** au sein des cellules de l'organisme, telles que le regroupement de petites molécules appelées acides aminés en grosses molécules de protéines (figure 2.10a). Les réactions de synthèse sont particulièrement évidentes dans les tissus en croissance rapide.

Une **réaction de dégradation** se produit quand une molécule est brisée en molécules plus petites ou en chacun des atomes qui la constituaient:

$$AB \rightarrow A + B$$

Les réactions de dégradation sont essentiellement l'inverse des réactions de synthèse, puisque des liens sont rompus.

Parmi les réactions de divers types qui sont représentées ici, laquelle se produit pendant la digestion de matières grasses dans votre intestin grêle?

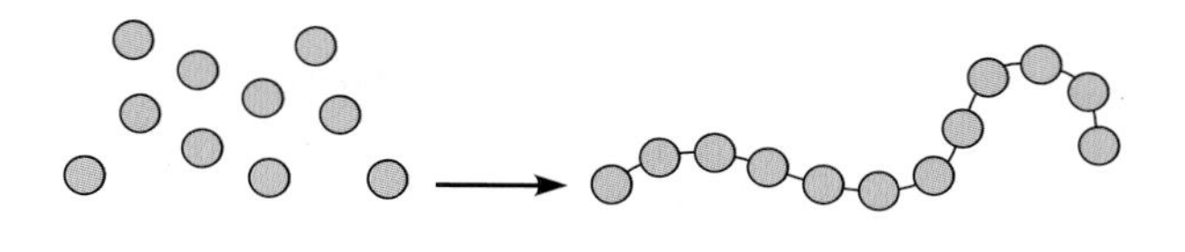

(a) Exemple d'une réaction de synthèse: formation d'une protéine par assemblage d'acides aminés

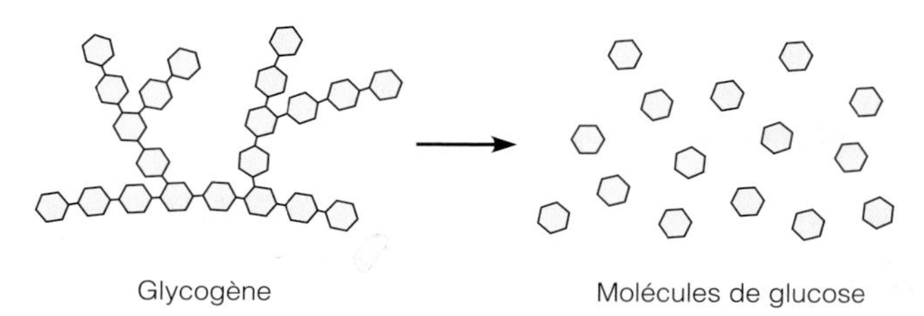

(b) Exemple d'une réaction de dégradation: dissociation du glycogène en unités de glucose

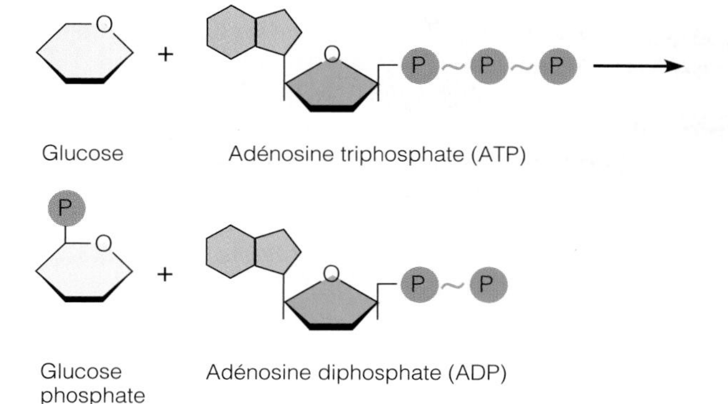

(c) Exemple d'une réaction d'échange: formation du glucose phosphate par transfert du groupement phosphate terminal de l'ATP au glucose

FIGURE 2.10
Modes de réactions chimiques. (a) Dans les réactions de synthèse, de petites particules (atomes, ions ou molécules) forment des molécules plus grosses et plus complexes en se liant les unes aux autres. **(b)** Dans les réactions de dégradation, des liaisons sont rompues. **(c)** Dans les réactions d'échange, ou de substitution, des liaisons sont rompues et d'autres sont formées.

Les réactions de dégradation sont à la base des processus **cataboliques** qui se produisent dans les cellules de l'organisme. Par exemple, la rupture des liaisons des grosses molécules de glycogène libère des molécules de glucose, qui sont plus simples (figure 2.10b).

Les **réactions d'échange** ou de **substitution** comportent à la fois une synthèse et une dégradation, c'est-à-dire qu'il y a simultanément création et rupture de liaisons.

Lors de la digestion, les matières grasses (lipides) sont décomposées en acides gras et en glycérol, qui sont leurs unités de base; il s'agit donc d'une réaction de dégradation comme en **(b).**

Dans une réaction d'échange, certaines des molécules réactives changent en quelque sorte de partenaire et forment ainsi des molécules différentes :

$$AB + C \rightarrow AC + B \quad \text{et} \quad AB + CD \rightarrow AD + CB$$

C'est une réaction d'échange qui a lieu lorsque l'ATP réagit avec le glucose et cède son groupement phosphate terminal (représenté par un P encerclé à la figure 2.10c) au glucose, produisant ainsi du glucose phosphate. Simultanément, l'ATP se transforme en ADP ; cette importante réaction se déroule chaque fois que du glucose pénètre dans une cellule de l'organisme et elle a pour effet d'emprisonner la molécule de glucose (qui est une source d'énergie) dans la cellule. (Voir la réaction 1 de la glycolyse et le texte qui la décrit à l'appendice D.)

Les **réactions d'oxydoréduction,** ou **réactions redox,** constituent un autre groupe de réactions chimiques très importantes chez les organismes vivants. Il s'agit de réactions hybrides qu'on pourrait ranger aussi bien parmi les réactions de dégradation que parmi les réactions d'échange. Ce sont des réactions de dégradation dans la mesure où elles sont la base de tous les processus de production d'énergie (c'est-à-dire d'ATP) par catabolisme des combustibles provenant des aliments. Ce sont également des réactions d'échange d'un type particulier parce que les réactifs s'échangent des électrons. Le réactif qui perd des électrons est appelé *donneur d'électrons* et on dit qu'il est **oxydé** ; l'autre réactif, qui gagne les électrons en question, est un *accepteur d'électrons* et on dit qu'il est **réduit.**

Les réactions d'oxydoréduction se produisent lors de la formation de composés ioniques. Nous avons vu que, pendant la formation de NaCl (voir la figure 2.5), le sodium perd un électron au profit du chlore. Par conséquent, le sodium est oxydé et devient l'ion sodium, et le chlore est réduit et devient l'ion chlorure. Cependant, les réactions d'oxydation-réduction n'impliquent pas toutes un transfert complet d'électrons ; dans certains cas, il y a simplement redistribution des électrons qui sont partagés dans des liaisons covalentes. Par exemple, une substance est oxydée à la fois par la perte d'atomes d'hydrogène et par combinaison avec l'oxygène. Le facteur commun à ces deux événements est que les électrons qui « appartenaient » jusque-là à la molécule de réactif sont perdus, soit complètement (l'hydrogène disparaît, emportant avec lui son électron), soit en partie (les électrons partagés passent plus de temps au voisinage de l'atome d'oxygène qui est très électronégatif).

Pour mieux comprendre l'importance des réactions d'oxydoréduction chez les organismes vivants, on peut examiner l'équation générale de la *respiration cellulaire,* qui est la principale voie de production d'énergie par dégradation du glucose dans les cellules de l'organisme :

$$\underset{\text{glucose}}{C_6H_{12}O_6} + \underset{\text{oxygène}}{6O_2} \rightarrow \underset{\text{gaz carbonique}}{6CO_2} + \underset{\text{eau}}{6H_2O} + \underset{\text{énergie cellulaire}}{\text{ATP}}$$

Comme on peut le voir, il s'agit d'une réaction d'oxydoréduction. Le glucose perd ses atomes d'hydrogène et est ainsi *oxydé* en gaz carbonique ; pour sa part, l'oxygène accepte les atomes d'hydrogène et est *réduit* en eau. Cette réaction est décrite en détail au chapitre 25 avec d'autres points relatifs au métabolisme cellulaire.

Variations de l'énergie au cours des réactions chimiques

Comme toutes les liaisons chimiques représentent une certaine quantité d'énergie chimique, toutes les réactions ont pour résultat une absorption ou un dégagement net d'énergie. Les réactions qui libèrent de l'énergie sont appelées **réactions exothermiques,** ou réactions exergoniques ; leurs produits contiennent moins d'énergie que les réactifs de départ, mais l'énergie qu'elles dégagent peut servir à d'autres fins. À quelques exceptions près, les réactions cataboliques et oxydatives sont exothermiques. Par contre, les produits des **réactions endothermiques,** ou réactions endergoniques (qui absorbent de l'énergie), contiennent dans leurs liaisons plus d'énergie potentielle que les réactifs. Pour établir les liaisons des grosses molécules de notre organisme, il faut habituellement un apport d'énergie, et les réactions anaboliques sont habituellement endothermiques. En fait, un type de réaction utilise ce qu'un autre type de réaction a libéré ; par exemple, l'énergie produite par la dégradation des molécules de combustible (oxydation) est emmagasinée dans les molécules d'ATP et utilisée plus tard pour la synthèse de molécules biologiques complexes nécessaires à la survie de l'organisme.

Réversibilité des réactions chimiques

En théorie, toutes les réactions chimiques sont réversibles ; si des liaisons chimiques peuvent être établies, elles peuvent également être rompues, et vice versa. On représente la réversibilité par une flèche double. Lorsque les flèches sont de longueur inégale, la plus longue indique la direction dominante de la réaction :

$$A + B \rightleftharpoons AB$$

Dans cet exemple, la réaction directe (vers la droite) est dominante ; au fur et à mesure que le processus se déroule, on a donc de plus en plus de produit (AB) et de moins en moins de réactifs (A et B).

Lorsque les flèches sont de même longueur, comme dans l'exemple suivant, aucune des deux réactions n'est dominante :

$$A + B \rightleftharpoons AB$$

Pour chaque molécule de produit formée (AB), une autre molécule se dissocie et libère les réactifs A et B. On dit qu'une telle réaction chimique est en état d'**équilibre chimique.** Lorsque l'équilibre chimique est atteint, il n'y a plus de *changement net* dans les quantités de réactifs et de produits. Il y a encore formation et dissociation de molécules de produit, mais l'état d'équilibre qui a été atteint au cours de l'expérience (comme une plus grande quantité de molécules de produit) reste inchangé. Ce phénomène est analogue au système d'entrées de nombreux grands musées qui vendent des billets pour différentes heures. Par exemple, si 300 billets sont émis pour 9 heures, 300 personnes seront admises à cette heure-là. Puis, quand 6 personnes sortiront, on en laissera entrer 6 autres, quand 15 personnes sortiront, on en laissera entrer 15 autres à nouveau, et ainsi de suite. Malgré le roulement continu, il se trouve environ 300 personnes dans le musée pendant toute la journée. (Il faut bien comprendre que la notion d'équilibre se rapporte à une égalité entre les entrées et les sorties et non entre le nombre d'entités de chaque côté : il y a toujours 300 personnes dans le musée, mais pas nécessairement 300 personnes à l'extérieur.)

Bien que toutes les réactions chimiques soient réversibles, nombre d'entre elles ont si peu tendance à aller dans la direction inverse qu'elles sont pratiquement irréversibles. Cela s'applique aussi à de nombreuses réactions biologiques. Les réactions chimiques qui libèrent de l'énergie lorsqu'elles vont dans une direction n'iront en sens inverse que si on remet de l'énergie dans le système. Par exemple, comme nous l'avons déjà dit plus haut, lorsque le glucose est dégradé en gaz carbonique et en eau par les réactions de la respiration cellulaire, une partie de l'énergie ainsi libérée est emmagasinée dans les liaisons de l'ATP. Dans notre organisme, cette réaction n'est jamais inversée parce que nos cellules consomment l'énergie provenant de l'ATP pour assurer diverses fonctions (et parce que le repas suivant fournit encore du glucose). Si le produit d'une réaction est continuellement évacué du site de la réaction, la réaction inverse devient impossible. C'est ce qui se passe lorsque le gaz carbonique provenant de la dégradation du glucose sort de la cellule, pénètre dans le sang et finit par quitter l'organisme par les poumons.

Facteurs influant sur la vitesse des réactions chimiques

Pour pouvoir participer à une réaction chimique, les atomes et les molécules doivent *entrer en collision* avec assez de violence pour vaincre les forces de répulsion qui existent entre leurs électrons. Les interactions entre les électrons de valence (qui sont la base de toute formation ou de toute rupture de liaison) ne peuvent pas se produire à distance. La force des collisions dépend de la vitesse de déplacement des particules. Si les particules ont une grande vitesse, les collisions sont violentes et les réactions ont beaucoup plus de chances de se produire que si les particules ne font que se frôler.

Température

L'échauffement d'une substance a pour effet d'accroître l'énergie cinétique des particules et donc la force de leurs collisions. Par conséquent, les réactions chimiques se déroulent plus rapidement à haute température. Lorsque la température descend, les particules ralentissent et les réactions sont moins rapides.

Volume des particules

Les petites particules se déplacent plus vite que les grosses (à une même température) et, par conséquent, elles ont tendance à entrer en collision plus souvent et avec plus de violence. Donc, plus les particules de réactif sont petites, plus la réaction chimique est rapide à une température et une concentration données.

Concentration

Les réactions chimiques se font plus rapidement quand les particules de réactif sont présentes en concentration élevée ; en effet, plus les particules en mouvement aléatoire dans un volume donné sont nombreuses, plus elles ont de chances de subir des collisions productives. La concentration de réactifs diminue alors jusqu'à ce que l'équilibre chimique soit atteint, à moins qu'on n'ajoute d'autres réactifs ou qu'on ne retire les produits du site de la réaction.

Catalyseurs

De nombreuses réactions ailleurs que chez les êtres vivants peuvent être accélérées en ajoutant simplement de la chaleur, mais toute augmentation forte de la température de notre organisme peut être mortelle parce qu'elle détruit des molécules biologiques vitales. Cependant, à une température corporelle normale et en l'absence de catalyseurs, la plupart des réactions chimiques seraient beaucoup trop lentes pour permettre la vie. Les **catalyseurs** sont des substances qui accroissent la vitesse des réactions chimiques sans être elles-mêmes modifiées chimiquement ni devenir une partie du produit. Les catalyseurs biologiques portent le nom d'**enzymes.** Le mode d'action des enzymes est décrit plus loin dans ce chapitre.

DEUXIÈME PARTIE : BIOCHIMIE

La **biochimie** est l'étude de la composition chimique de la matière vivante et des réactions qui se produisent dans celle-ci. Les composés biologiques entrent dans deux grandes classes : les composés organiques et les composés inorganiques. Les **composés organiques** contiennent du carbone. Ils sont tous constitués de molécules formées par des liaisons covalentes ; certaines de ces molécules sont de très grande taille.

Toutes les autres substances chimiques de notre organisme sont considérées comme des **composés inorganiques.** Il s'agit de l'eau, des sels et de nombreux acides et bases. Les composés organiques et inorganiques sont tout aussi vitaux les uns que les autres. Tenter de déterminer quelle catégorie est la plus importante reviendrait à chercher à savoir si c'est le système d'allumage ou le moteur qui est le plus utile pour faire avancer une automobile.

COMPOSÉS INORGANIQUES

Eau

L'eau, qui est le composé inorganique le plus abondant et le plus important dans la matière vivante, représente de 60 à 80 % du volume de la plupart des cellules vivantes. L'incroyable polyvalence de ce liquide vital résulte de ses propriétés :

1. **Grande capacité thermique.** L'eau a une forte capacité thermique, c'est-à-dire qu'elle absorbe ou dégage une grande quantité de chaleur avant que sa

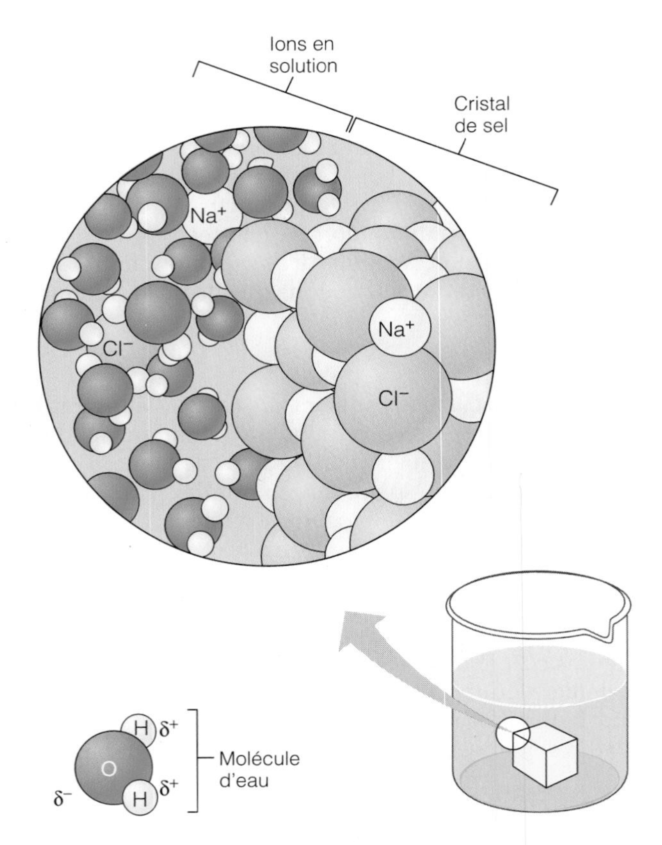

FIGURE 2.11
Dissociation d'un sel dans l'eau. Les pôles légèrement négatifs des molécules d'eau (δ^-) sont attirés par le Na^+, et les pôles légèrement positifs des molécules d'eau (δ^+) s'orientent vers le Cl^-, ce qui a pour effet de faire sortir les ions du réseau cristallin.

température change de façon significative. Le fait qu'elle soit si abondante dans l'organisme empêche les changements soudains de température dus à des facteurs externes, comme le soleil ou l'exposition au vent, ou à des processus internes, comme une activité musculaire intense. L'eau présente dans le sang distribue la chaleur parmi les tissus de l'organisme et contribue ainsi à l'homéostasie thermique.

2. **Grande chaleur de vaporisation.** Lorsque l'eau s'évapore, ou se vaporise, elle passe de l'état liquide à l'état gazeux (vapeur d'eau). Cette transformation résulte de la rupture des liaisons hydrogène qui retiennent ensemble les molécules d'eau, ce qui exige l'absorption de grandes quantités de chaleur. Cette caractéristique présente un très grand avantage lorsque nous transpirons. Lorsque la sueur (surtout constituée d'eau) s'évapore à la surface de notre peau, de grandes quantités de chaleur passent de notre corps à l'environnement, ce qui constitue un système de refroidissement très efficace.

3. **Polarité et qualités de solvant.** L'eau est un solvant sans égal à la fois pour les molécules inorganiques et pour les molécules organiques. On la qualifie même de **solvant universel.** La biochimie est en quelque sorte la « chimie du liquide ». En effet, les molécules biologiques ne sont chimiquement réactives que si elles sont en solution, et ce sont les qualités de solvant de l'eau qui rendent possibles pratiquement toutes les réactions chimiques de notre organisme.

   Comme elles sont polaires, les molécules d'eau orientent leur extrémité légèrement négative vers l'extrémité positive des molécules de soluté, et vice versa ; elles les attirent donc, puis les entourent. Cette propriété de l'eau permet d'expliquer pourquoi les composés ioniques et d'autres petites molécules réactives (comme les acides et les bases) se *dissocient* dans l'eau, c'est-à-dire que leurs ions se séparent et se répartissent de façon uniforme dans l'eau pour former des solutions vraies (figure 2.11). L'eau forme également des **couches d'hydratation** (couches de molécules d'eau) autour des grosses molécules chargées, comme les protéines ; elles les protègent ainsi de l'influence des autres substances chargées présentes dans le milieu en leur permettant de demeurer en solution. De tels mélanges d'eau et de protéines sont appelés *colloïdes biologiques*. Le liquide cérébro-spinal et le plasma sanguin sont des colloïdes.

   Grâce à ses qualités de solvant, l'eau constitue le principal milieu de *transport* de l'organisme. Les nutriments, les gaz respiratoires et les déchets métaboliques sont transportés dans l'ensemble de notre corps sous forme de solutés dans le plasma sanguin, et de nombreux déchets métaboliques sont excrétés dans l'urine, un autre liquide aqueux.

   L'eau est aussi le milieu de *dissolution* de certaines molécules spécialisées qui jouent le rôle de lubrifiants. Ces liquides lubrifiants sont par exemple le mucus, qui facilite le déplacement des selles dans les intestins, et la sérosité, qui réduit la friction entre les viscères.

4. **Réactivité.** L'eau est un *réactif* important pour de nombreuses réactions chimiques. Par exemple, les aliments (molécules complexes) sont décomposés en leurs constituants (molécules simples) par l'ajout d'une molécule d'eau sur le site de chacune des liaisons qui doit être rompue. Ce genre de réaction de dégradation est plus précisément appelé **réaction d'hydrolyse** (hydrolyse = rupture de l'eau). Inversement, lors de la synthèse de grosses molécules de glucides ou de protéines à partir de molécules plus petites, une molécule d'eau est libérée pour chaque liaison qui est formée ; cette réaction est appelée **synthèse** et résulte donc d'une déshydratation.

5. **Amortissement.** Enfin, l'eau forme un coussin résistant autour de certains organes qu'elle protège ainsi de toute lésion physique. Le liquide cérébro-spinal qui entoure l'encéphale et la moelle épinière illustre bien cette fonction d'amortisseur assurée par l'eau.

Sels

Un **sel** est un composé ionique formé de cations autres que H^+ et d'anions autres que l'ion hydroxyle (OH^-). Ce composé ne comporte donc que des liaisons ioniques, jamais de liaisons covalentes. Comme nous l'avons déjà vu, lorsque des sels se dissolvent dans l'eau, ils se dissocient en chacun des ions qui les composent (figure 2.11). Par exemple, le sulfate de sodium (Na_2SO_4) se dissocie en deux ions Na^+ et un ion SO_4^{2-}: cela se produit aisément parce que les ions sont déjà formés. Il ne reste plus à l'eau qu'à vaincre l'attraction entre les ions de charge opposée. Tous les ions sont des **électrolytes,** c'est-à-dire des substances qui conduisent l'électricité lorsqu'elles sont mises en solution. (Notez que les groupements d'atomes qui ont une charge globale, comme l'ion sulfate, sont appelés *ions polyatomiques.*)

Les sels de nombreux éléments métalliques comme NaCl, Ca_2CO_3 (carbonate de calcium) et KCl (chlorure de potassium) sont communs dans l'organisme. Cependant, les sels les plus abondants sont les phosphates de calcium ($Ca_3(PO_4)_2$) qui confèrent leur dureté aux os et aux dents. Sous leur forme ionisée, les sels jouent un rôle vital dans les fonctions de notre corps. Par exemple, les propriétés électrolytiques des ions sodium et potassium sont essentielles à la propagation de l'influx nerveux et à la contraction musculaire. Le fer ionisé entre dans la composition des molécules d'hémoglobine présentes dans les globules rouges et qui transportent l'oxygène; les ions zinc et cuivre sont essentiels à l'activité de certaines enzymes. Le tableau 2.1 (p. 29) résume quelques-unes des fonctions importantes des éléments présents dans les sels de notre organisme.

Le maintien de l'équilibre ionique des liquides organiques est l'une des fonctions les plus importantes des reins. Lorsque cet équilibre est très perturbé, presque plus rien ne fonctionne dans l'organisme. Graduellement, toutes les activités physiologiques dont nous avons parlé s'arrêtent ainsi que des milliers d'autres. ■

Acides et bases

Comme les sels, les acides et les bases sont des électrolytes, c'est-à-dire qu'ils s'ionisent et se dissocient dans l'eau et peuvent alors conduire un courant électrique. Cependant, les acides et certaines bases, contrairement aux sels, sont des molécules comportant des liaisons covalentes. Par conséquent, pour que la dissociation devienne possible, il faut que des ions soient formés.

Acides

Les **acides** ont un goût aigre, réagissent avec de nombreux métaux et peuvent « brûler » les tapis en y laissant des trous. Mais pour nos besoins, la meilleure définition d'un acide est la suivante: c'est une substance qui libère des **ions hydrogène** (H^+) en quantité détectable. Comme un ion hydrogène n'est que le noyau d'un atome d'hydrogène, c'est-à-dire un proton « nu », les acides sont également appelés **donneurs de protons.**

Lorsqu'un acide se dissout dans l'eau, il libère des ions hydrogène (protons) et des anions. C'est la concentration de protons qui détermine l'acidité d'une solution; les anions ont peu d'effet sur l'acidité. Ainsi l'acide chlorhydrique (HCl), qui est sécrété par les cellules de l'estomac et intervient dans la digestion, se dissocie en un proton et un anion chlorure:

$$\underset{}{HCl} \rightarrow \underset{\text{proton}}{H^+} + \underset{\text{anion}}{Cl^-}$$

D'autres acides se trouvent dans notre organisme ou y sont produits, comme l'acide carbonique (H_2CO_3) et l'acide acétique qui est la partie acide du vinaigre. L'acide acétique a pour formule CH_3COOH, mais on peut aussi l'écrire HAc pour mettre en évidence le proton qui sera libéré. Il est ainsi plus facile de reconnaître la formule moléculaire d'un acide.

Bases

Les **bases** ont un goût amer et sont visqueuses au toucher, comme le savon; ce sont des **accepteurs de protons,** c'est-à-dire qu'elles capturent les ions hydrogène (H^+) en quantité détectable. Parmi les bases inorganiques communes, on trouve les *hydroxydes* tels que l'hydroxyde de magnésium (lait de magnésie) et l'hydroxyde de sodium (soude caustique). Tout comme les acides, les hydroxydes se dissocient dans l'eau, mais ils libèrent des **ions hydroxyle** (OH^-) et des cations. Par exemple, l'ionisation de l'hydroxyde de sodium (NaOH) donne un ion hydroxyle et un ion sodium; l'ion hydroxyle se lie ensuite à un proton présent dans la solution (l'accepte). Cette réaction produit de l'eau tout en réduisant l'acidité (concentration d'ions hydrogène) de la solution:

$$NaOH \rightarrow \underset{\text{cation}}{Na^+} + \underset{\text{ion hydroxyle}}{OH^-}$$

puis

$$OH^- + H^+ \rightarrow \underset{\text{eau}}{H_2O}$$

L'**ion bicarbonate** (**HCO_3^-**), une base importante de l'organisme, est particulièrement abondant dans le sang. L'**ammoniac** (**NH_3**), qui est un déchet commun résultant de la dégradation des protéines, est également une base. Il a une paire d'électrons non partagés qui attirent fortement les protons. Lorsqu'il accepte un proton, l'ammoniac se transforme en ion ammonium:

$$NH_3 + H^+ \rightarrow \underset{\text{ion ammonium}}{NH_4^+}$$

pH: concentration acide-base

Plus il y a d'ions hydrogène dans une solution, plus celle-ci est acide. À l'inverse, plus la concentration d'ions hydroxyle est forte (plus la concentration de H^+ est faible), plus la solution est basique, ou *alcaline.* La concentration relative d'ions hydrogène dans les liquides organiques se mesure en unités de concentration appelées **unités de pH.**

C'est Sören Sörensen, biochimiste danois et brasseur de bière à ses heures, qui a eu le premier l'idée d'une échelle des pH en 1909. Il cherchait une manière pratique de vérifier l'acidité de son produit pour éviter qu'il soit altéré par les bactéries. (La prolifération de nombreuses espèces de bactéries est inhibée par l'acidité.) Il a donc

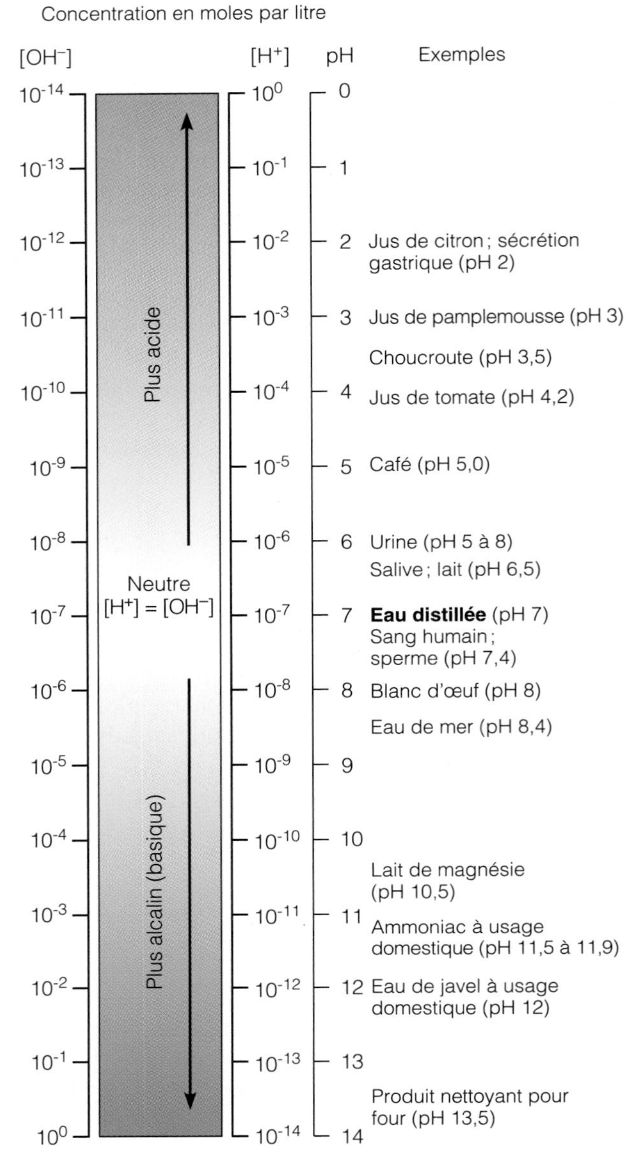

FIGURE 2.12
Échelle des pH et pH de quelques substances représentatives. L'échelle des pH est une mesure du nombre d'ions hydrogène en solution. Pour chaque unité de pH, on a indiqué la concentration des ions hydrogène ($[H^+]$) et la concentration des ions hydroxyle ($[OH^-]$) en moles par litre. À un pH de 7, les concentrations d'ions hydrogène et hydroxyle sont égales et la solution est neutre.

conçu une échelle de pH exprimant la concentration d'ions hydrogène dans une solution en moles par litre, ou molarité. Cette échelle va de 0 à 14 et est logarithmique, c'est-à-dire que d'une unité à la suivante, la concentration d'ions hydrogène est modifiée par un facteur de 10 (figure 2.12). Le pH d'une solution est donc défini comme le logarithme négatif de la concentration d'ions hydrogène $[H^+]$ en moles par litre, ou $-\log [H^+]$.

À un pH de 7 (où $[H^+]$ est égal à 10^{-7} mol/L), le nombre d'ions hydrogène est exactement égal au nombre d'ions hydroxyle et on dit que la solution est *neutre* (ni acide, ni basique). L'eau absolument pure (distillée) a un pH de 7. Les solutions de pH inférieur à 7 sont acides : les ions hydrogène y sont plus abondants que les ions hydroxyle. Plus le pH est bas, plus la solution est acide. Une solution dont le pH est de 6 contient 10 fois plus d'ions hydrogène qu'une autre dont le pH est de 7.

Les solutions de pH supérieur à 7 sont alcalines et la concentration relative d'ions hydrogène diminue d'un facteur 10 à chaque augmention d'une unité de pH. Ainsi, dans des solutions de pH 8 et 12, la concentration des ions hydrogène est respectivement de 1/10 et 1/100 000 ($1/10 \times 1/10 \times 1/10 \times 1/10 \times 1/10$) de celle de la solution de pH 7. Remarquez que lorsque la concentration des ions hydrogène diminue, celle des ions hydroxyle augmente, et vice versa. La figure 2.12 présente le pH approximatif de plusieurs liquides de l'organisme et de certaines substances d'usage courant.

Neutralisation

Lorsqu'on mélange un acide et une base, ils entrent en interaction et subissent une réaction d'échange qui produit de l'eau et un sel. Par exemple, quand l'acide chlorhydrique interagit avec l'hydroxyde de sodium, on obtient du chlorure de sodium (un sel) et de l'eau.

$$\underset{\text{acide}}{HCl} + \underset{\text{base}}{NaOH} \rightarrow \underset{\text{sel}}{NaCl} + \underset{\text{eau}}{H_2O}$$

Ce type de réaction est appelé **réaction de neutralisation,** parce que la formation d'eau résultant de l'union de H^+ et de OH^- neutralise la solution. Même si nous avons écrit la formule moléculaire (NaCl) du sel produit par cette réaction, n'oubliez pas qu'il se trouve en réalité sous forme d'ions sodium et d'ions chlorure puisqu'il est dissous dans l'eau.

Tampons

Les cellules vivantes sont extrêmement sensibles aux variations même très légères du pH de leur environnement. Les bases et les acides concentrés sont extrêmement nocifs pour les tissus vivants. C'est pourquoi l'homéostasie de l'équilibre acido-basique est réglée de façon très précise par les reins et les poumons ainsi que par des systèmes chimiques (faisant intervenir des protéines et d'autres types de molécules) appelés **tampons.** Les tampons s'opposent aux variations brusques ou importantes du pH des liquides organiques en libérant des ions hydrogène (en agissant comme des acides) si le pH augmente et en capturant des ions hydrogène (en agissant comme des bases) quand le pH diminue. Comme le sang entre en contact étroit avec presque toutes les cellules de notre corps, la régulation de son pH est particulièrement essentielle. Normalement, le pH sanguin ne varie que dans un intervalle très restreint (de 7,35 à 7,45). Toute variation de plus de quelques dixièmes d'unité en deçà ou au-delà de ces limites peut être mortelle.

Pour bien saisir le fonctionnement des systèmes tampons, vous devez parfaitement comprendre ce que sont les bases et les acides forts et les bases et les acides faibles. Premièrement, il ne faut pas oublier que l'acidité d'une solution reflète *seulement* la concentration d'ions hydrogène libres et non celle des ions hydrogène liés à des anions. Les acides qui se dissocient complètement et de façon irréversible dans l'eau sont appelés **acides forts** parce qu'ils peuvent modifier très fortement le pH d'une solution. L'acide chlorhydrique et l'acide sulfurique sont des acides forts. Si on pouvait isoler 100 molécules d'acide chlorhydrique et les mettre dans 1 mL d'eau, on obtiendrait probablement une solution contenant 100 H^+, 100 Cl^- et aucune molécule d'acide chlorhydrique non dissociée.

Les acides qui ne se dissocient pas complètement, comme l'acide carbonique (H_2CO_3) et l'acide acétique (HAc), sont appelés **acides faibles.** Si on plaçait 100 molécules d'acide acétique dans 1 mL d'eau, voici la réaction qui se produirait :

$$100\ HAc \rightarrow 90\ HAc + 10\ H^+ + 10\ Ac^-$$

Comme les molécules d'acide non dissociées ne modifient pas le pH, la solution d'acide acétique est beaucoup moins acide que celle de HCl. Les acides faibles se dissocient d'une façon prévisible et les molécules non dissociées sont en équilibre dynamique avec les ions dissociés. Par conséquent, on peut écrire ainsi la dissociation de l'acide acétique :

$$HAc \rightleftharpoons H^+ + Ac^-$$

On voit donc que l'ajout d'ions H^+ (libérés par un acide fort) à la solution d'acide acétique déplacera l'équilibre vers la gauche et qu'un nombre un peu plus élevé d'ions H^+ et Ac^- se recombineront en HAc. Par contre, si on ajoute une base forte (comme NaOH) et que le pH commence à augmenter, l'équilibre se déplacera vers la droite et un plus grand nombre de molécules de HAc se dissocieront pour libérer des ions H^+. Cette caractéristique des acides faibles leur permet de jouer un rôle extrêmement important dans les systèmes tampons de l'organisme.

La notion de bases fortes et de bases faibles est plus facile à expliquer : souvenez-vous que les bases sont des accepteurs de protons. Par conséquent, les **bases fortes** sont celles qui, comme les hydroxydes, se dissocient facilement dans l'eau et capturent rapidement des H^+. Par contre, le bicarbonate de sodium (souvent appelé bicarbonate de soude) s'ionise partiellement et de façon réversible. Comme il accepte relativement peu de protons, on le considère comme une **base faible.**

Voyons maintenant comment un système tampon contribue à maintenir l'homéostasie du pH sanguin. Le **système tampon acide carbonique-bicarbonate** est l'un des plus importants, bien qu'il en existe d'autres. L'acide carbonique (H_2CO_3) se dissocie de façon réversible en libérant des ions bicarbonate (HCO_3^-) et des protons (H^+) :

Réponse à l'augmentation du pH

$$H_2CO_3 \rightleftharpoons HCO_3^- + H^+$$

Réponse à la diminution du pH

H_2CO_3		HCO_3^-	H^+
donneur de H^+ (acide faible)	Réponse à la diminution du pH	accepteur de H^+ (base faible)	proton

L'équilibre chimique entre l'acide carbonique (un acide faible) et l'ion bicarbonate (une base faible) s'oppose aux fluctuations du pH sanguin en se déplaçant vers la gauche ou vers la droite selon que le nombre d'ions H^+ dans le sang augmente ou diminue. Si le pH sanguin augmente (par exemple lorsque le sang est rendu plus alcalin par l'ajout d'une base forte), l'équilibre se déplace vers la droite, ce qui oblige une plus grande partie d'acide carbonique à se dissocier. À l'inverse, si le pH commence à baisser (par exemple lorsque le sang est rendu plus acide par l'ajout d'un acide fort), l'équilibre se déplace vers la gauche au fur et à mesure que des ions bicarbonate se lient aux protons. Comme on le voit, les bases fortes sont remplacées par une base faible (ion bicarbonate) et les protons libérés par des acides forts sont capturés par un acide faible (acide carbonique). Dans un cas comme dans l'autre, le pH du sang varie beaucoup moins qu'il ne le ferait en l'absence de système tampon. Au chapitre 27, vous trouverez des explications plus approfondies sur l'équilibre acidobasique et les tampons.

COMPOSÉS ORGANIQUES

Les molécules propres aux êtres vivants (protéines, glucides, lipides et acides nucléiques) contiennent toutes du carbone et sont donc des composés organiques. Les composés organiques contiennent du carbone et les composés inorganiques n'en contiennent pas, mais vous devez savoir qu'il existe quelques exceptions qui échappent à toute logique : le gaz carbonique (CO_2), le monoxyde de carbone (CO) et les carbures, par exemple, ont tous du carbone, mais on les considère comme des composés inorganiques.

Pourquoi la chimie du « vivant » dépend-elle à ce point du carbone ? Premièrement, aucun autre *petit* atome n'est aussi **électroneutre.** Par conséquent, le carbone ne perd ni ne gagne jamais d'électrons, mais il les partage toujours. En outre, avec ses quatre électrons de valence, il peut établir quatre liaisons covalentes avec d'autres atomes de carbone ou avec d'autres éléments. C'est ce qui lui permet de former de longues chaînes linéaires (communes dans les graisses), des structures cycliques (comme dans les glucides et les stéroïdes) et de nombreuses autres structures essentielles à certaines fonctions de l'organisme.

Glucides

Les **glucides,** un groupe de molécules regroupant les sucres et les amidons, représentent de 1 à 2 % de la masse cellulaire. Les glucides contiennent du carbone, de l'hydrogène et de l'oxygène, et les atomes d'hydrogène et d'oxygène s'y trouvent dans le rapport de 2:1, comme dans l'eau. C'est pour cette raison qu'on appelait autrefois les glucides *hydrates de carbone.*

Selon leur taille et leur solubilité, les glucides peuvent être classés en monosaccharides (« un sucre »), disaccharides (« deux sucres ») ou polysaccharides (« nombreux sucres »). Les monosaccharides sont les unités de base de tous les autres glucides. De façon générale, plus la molécule de glucide est grosse, moins elle est soluble dans l'eau.

Monosaccharides

Les **monosaccharides,** ou *sucres simples,* sont formés d'une seule chaîne ou d'une seule structure cyclique contenant de trois à six atomes de carbone (figure 2.13a).

2

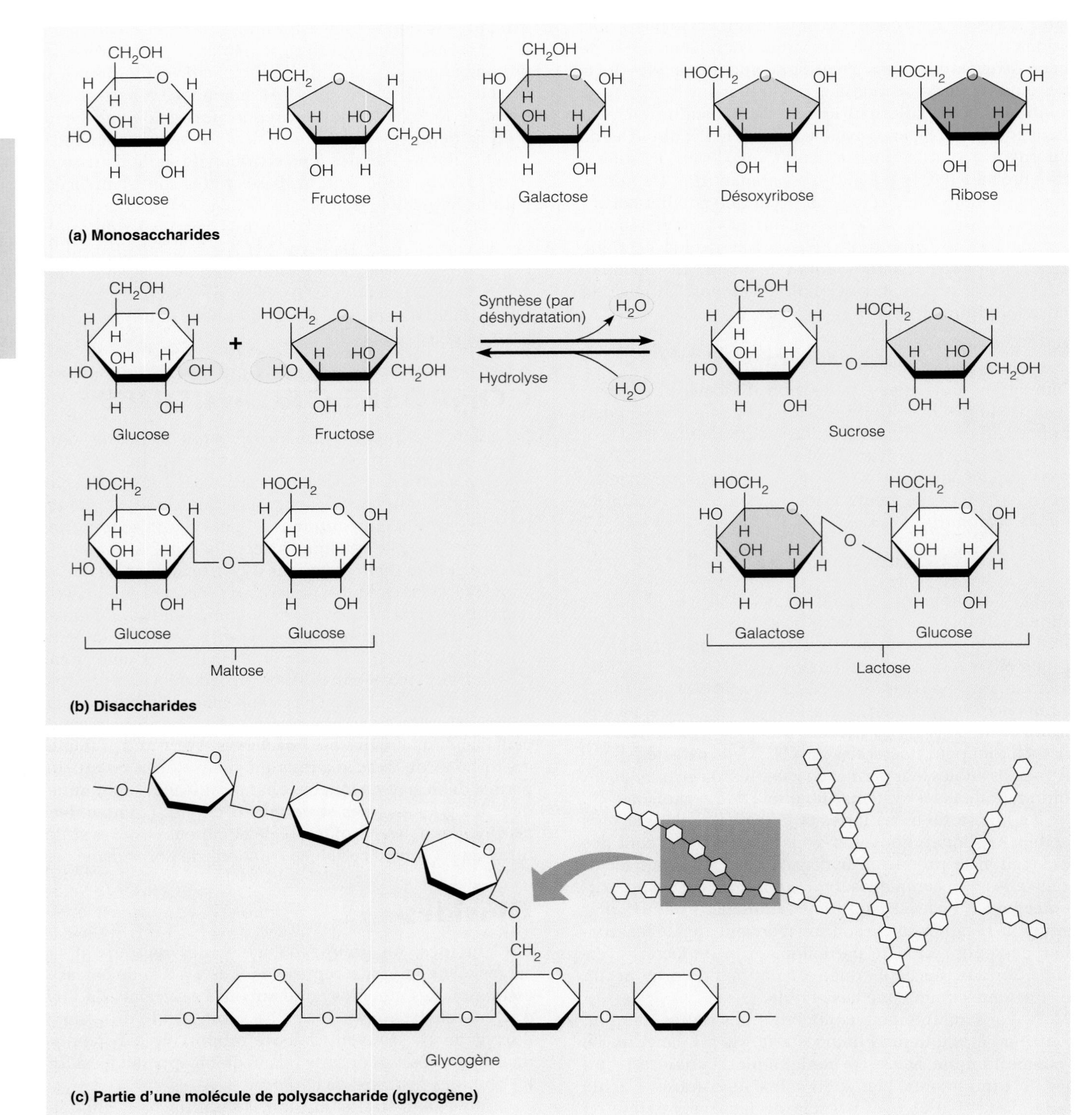

FIGURE 2.13
Molécules de glucides*. (a) Monosaccharides importants pour l'organisme. Le glucose, le fructose et le galactose, trois hexoses, sont des isomères, c'est-à-dire qu'ils ont la même formule moléculaire ($C_6H_{12}O_6$) ; cependant, comme on peut le voir ici, la disposition de leurs atomes est différente. Le désoxyribose et le ribose sont des pentoses. **(b)** Les disaccharides sont formés de deux monosaccharides reliés par synthèse, c'est-à-dire qu'une molécule d'eau a été enlevée du site de la liaison (déshydratation). On a illustré la formation du sucrose ($C_{12}H_{22}O_{11}$) à partir de molécules de glucose et de fructose. Dans la réaction inverse (hydrolyse), le sucrose est dissocié en glucose et fructose par l'ajout d'une molécule d'eau au site de la liaison. Le maltose et le lactose sont deux autres disaccharides importants (tous deux : $C_{12}H_{22}O_{11}$). **(c)** Représentation simplifiée d'une partie d'une molécule de glycogène, un polysaccharide formé d'unités de glucose.

* (Lire au bas de la *page suivante* la note concernant la structure complète de ces sucres.)

Habituellement, les atomes de carbone, d'hydrogène et d'oxygène sont présents dans des proportions de 1:2:1, de sorte que la formule générale des monosaccharides est $(CH_2O)_n$, où n est égal au nombre d'atomes de carbone dans le sucre. Ainsi la formule moléculaire du glucose, qui possède six atomes de carbone, est $C_6H_{12}O_6$; celle du ribose, qui a cinq atomes de carbone, est $C_5H_{10}O_5$.

Le nom générique des monosaccharides dépend du nombre d'atomes de carbone qu'ils contiennent. Les plus importants monosaccharides de notre organisme sont les pentoses (cinq atomes de carbone) et les hexoses (six atomes de carbone). Par exemple, le *désoxyribose*, un pentose, entre dans la composition de l'ADN, et le *glucose*, un hexose, est le sucre présent dans le sang. Deux autres hexoses, le *galactose* et le *fructose*, sont des **isomères** du glucose, c'est-à-dire qu'ils ont la même formule moléculaire ($C_6H_{12}O_6$), mais que la disposition de leurs atomes n'est pas la même, ce qui leur donne des propriétés chimiques différentes (voir la figure 2.13a).

Disaccharides

Un **disaccharide,** ou *sucre double*, est formé par une réaction de **synthèse** combinant deux monosaccharides (figure 2.13b). Au cours de cette réaction, la formation de la liaison entraîne la perte d'une molécule d'eau (déshydratation), comme l'illustre la synthèse du sucrose:

$$\underset{\text{glucose}}{C_6H_{12}O_6} + \underset{\text{fructose}}{C_6H_{12}O_6} \longrightarrow \underset{\text{sucrose}}{C_{12}H_{22}O_{11}} + \underset{\text{eau}}{H_2O}$$

Remarquez que le sucrose possède deux atomes d'hydrogène et un atome d'oxygène de moins que le total des atomes d'hydrogène et d'oxygène du glucose et du fructose; cette différence s'explique par la libération d'une molécule d'eau lors de la formation de la liaison.

Les disaccharides importants dans l'alimentation sont le *sucrose* (glucose + fructose), c'est-à-dire le sucre de canne ou de table, le *lactose* (glucose + galactose), présent dans le lait, et le *maltose* (glucose + glucose), aussi appelé sucre de malt – substance utilisée dans la fabrication de la bière (voir la figure 2.13b). Comme les disaccharides sont trop gros pour traverser les membranes cellulaires, ils doivent être dégradés en sucres simples au cours de la digestion afin de pouvoir passer du tube digestif au sang. Ce processus de dégradation, appelé **hydrolyse,** est essentiellement l'inverse de la réaction de synthèse. La liaison entre les sucres simples est rompue par addition d'une molécule d'eau (voir la figure 2.13b).

* À la figure 2.13, remarquez qu'on n'a pas représenté les atomes de carbone (C) formant les angles de la structure cyclique des glucides. L'illustration ci-dessous montre à gauche la structure complète du glucose et à droite sa représentation abrégée. Dans ce chapitre, nous utiliserons cette dernière façon pour illustrer toutes les structures cycliques.

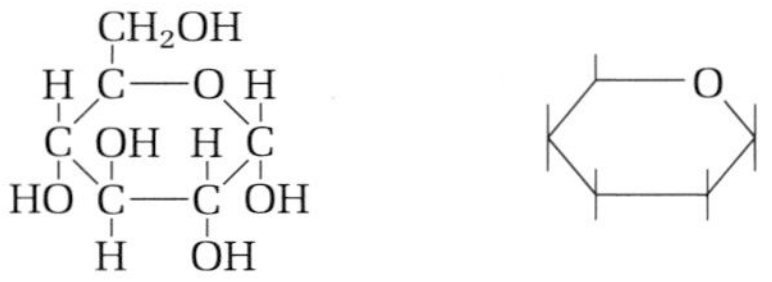

Polysaccharides

Les **polysaccharides** sont de longues chaînes de sucres simples réunis par une réaction de synthèse (figure 2.13c). Ces longues molécules formées d'une chaîne d'unités identiques sont appelées **polymères.** Comme les polysaccharides sont de grosses molécules assez insolubles, elles constituent un mode de stockage idéal. Du fait de leur grande taille, elles n'ont pas le goût sucré des monosaccharides et des disaccharides. Deux polysaccharides seulement sont importants pour notre organisme: l'amidon et le glycogène; ce sont des polymères du glucose qui ne diffèrent que par leur degré de ramification.

L'*amidon* est la forme sous laquelle les végétaux constituent des réserves de glucides. Le nombre d'unités de glucose présentes dans une molécule d'amidon est élevé et variable. Lorsque nous consommons des aliments riches en amidon, comme des céréales ou des pommes de terre, notre système digestif doit le dégrader en unités de glucose pour en permettre l'absorption. (Nous ne digérons pas la *cellulose*, un autre polysaccharide présent dans tous les produits végétaux. Cependant, cette substance revêt une certaine importance parce qu'elle donne aux selles le *volume* qui permet leur mouvement dans le côlon.)

Le *glycogène* est le glucide mis en réserve dans les tissus animaux, en particulier dans les muscles squelettiques et les cellules du foie. Comme l'amidon, il s'agit d'une molécule très grosse et très ramifiée (voir la figure 2.13c). Quand la concentration sanguine de sucre diminue soudainement, les cellules du foie dégradent du glycogène en unités de glucose qu'elles libèrent dans le sang. Comme le glycogène comporte un très grand nombre de ramifications pouvant libérer du glucose simultanément, les cellules de l'organisme ont accès presque instantanément à cette source d'énergie.

Fonctions des glucides

Dans l'organisme, les glucides sont avant tout un combustible que les cellules peuvent obtenir et employer facilement. La plupart des cellules ne peuvent utiliser qu'un nombre limité de sucres simples, et le glucose vient en tête de leur « menu ». Comme nous l'avons expliqué lorsque nous avons parlé des réactions d'oxydoréduction (p. 38), le glucose est dégradé et oxydé dans les cellules et, pendant ces réactions, des électrons sont transférés. Ces déplacements d'électrons libèrent l'énergie stockée dans les liaisons du glucose, et elle sert alors à la synthèse de l'ATP. Lorsque les réserves d'ATP sont suffisantes, les glucides provenant des aliments sont convertis en glycogène ou en graisses et stockés. Tous ceux d'entre nous qui ont pris du poids parce qu'ils ont trop mangé d'aliments riches en glucides connaissent bien ce processus de transformation !

De petites quantités de glucides servent à des fonctions structurales. Par exemple, certains sucres sont présents dans nos gènes. D'autres sont fixés à la surface des cellules, où ils jouent le rôle de « panneaux indicateurs » facilitant les interactions cellulaires (ce sont les chaînes en vert de la figure 3.2, p. 65). En outre, si l'apport en protéines est insuffisant, le foie convertit certains sucres en unités de base servant à la production de protéines.

Glycérol

3 chaînes d'acides gras

Graisse neutre, ou triglycéride

3 molécules d'eau

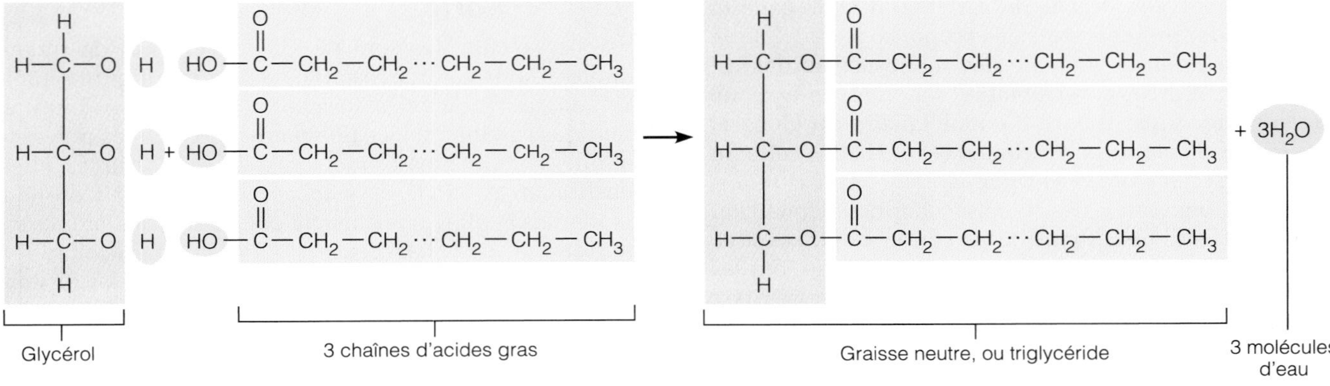

(a) Formation d'un triglycéride

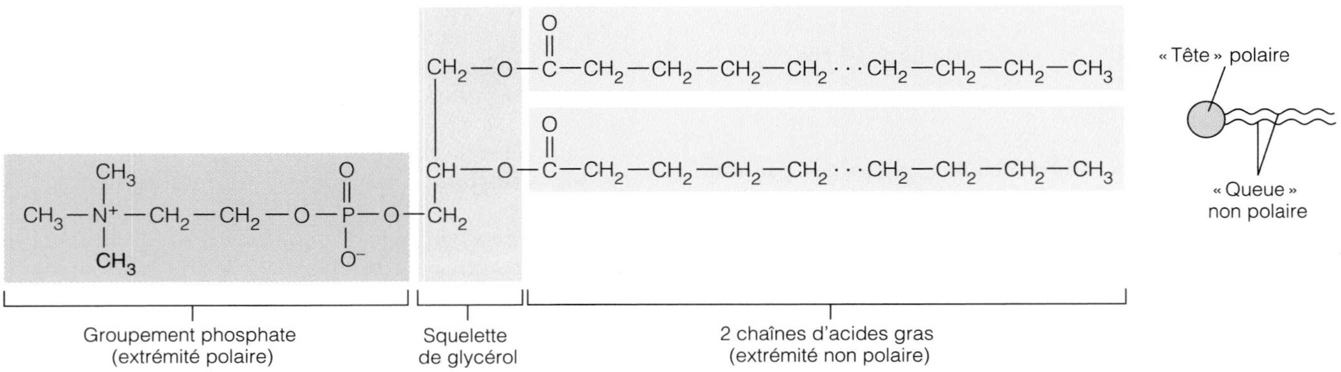

Groupement phosphate (extrémité polaire)

Squelette de glycérol

2 chaînes d'acides gras (extrémité non polaire)

« Tête » polaire

« Queue » non polaire

(b) Molécule de phospholipide (phosphatidylcholine)

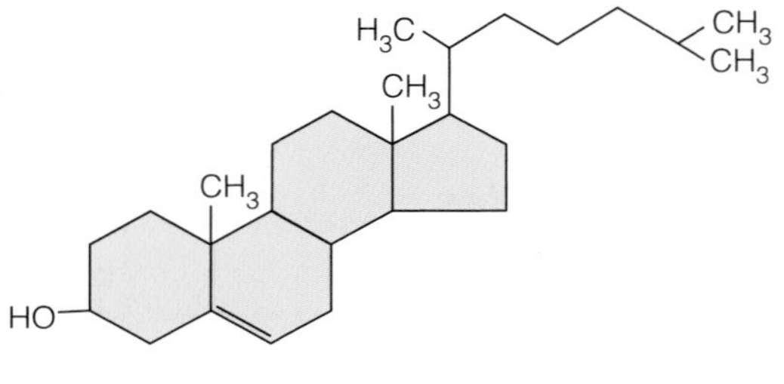

(c) Cholestérol

FIGURE 2.14
Lipides. (a) Les graisses neutres, ou triglycérides, sont produites par une réaction de synthèse : trois chaînes d'acides gras se lient à une molécule de glycérol, et une molécule d'eau est libérée au site de chaque liaison. **(b)** Structure d'une molécule de phospholipide typique. Deux chaînes d'acides gras et un groupement phosphate sont liés au squelette carboné de glycérol. On voit souvent le schéma qui figure à droite : l'extrémité polaire de la molécule (« tête ») est représentée comme une sphère et l'extrémité non polaire (« queue ») comme deux lignes ondulées. **(c)** Structure générale du cholestérol. Le cholestérol est le point de départ de la formation de tous les stéroïdes synthétisés dans l'organisme. Le noyau stéroïde est ombré.

Lipides

Les **lipides** sont des composés organiques insolubles dans l'eau mais très solubles dans les autres lipides et dans les solvants organiques comme l'alcool, le chloroforme et l'éther. Comme les glucides, tous les lipides contiennent du carbone, de l'hydrogène et de l'oxygène, mais la proportion d'oxygène est beaucoup plus faible. En outre, on trouve du phosphore dans certains des lipides les plus complexes. Le groupe des lipides est diversifié et comprend les *graisses neutres*, les *phospholipides*, les *stéroïdes* et un certain nombre d'autres substances lipoïdes. À la page 48, le tableau 2.2 indique l'emplacement et la fonction de certains lipides dans l'organisme.

Graisses neutres

Les **graisses neutres** sont habituellement appelées *graisses* lorsqu'elles sont solides et *huiles* lorsqu'elles sont liquides. Le mot « neutre » réfère à leur mode de formation qui est analogue à une réaction de neutralisation (acide + base). Elles sont composées de deux types d'éléments constitutifs, les **acides gras** et le **glycérol,** ou **propanetriol –1,2,3** (figure 2.14a). Les acides gras sont des chaînes linéaires d'atomes de carbone et d'hydrogène (chaînes hydrocarbonées) dont une extrémité comporte un groupement acide organique (–COOH)*. Le glycérol est un glucide simple

*À l'appendice C, on présente les plus importants groupements fonctionnels des molécules organiques.

modifié (sucre-alcool). Lors de la synthèse, trois chaînes d'acides gras se lient à une molécule de glycérol pour former une molécule en forme de « E ». Comme le rapport entre les acides gras et le glycérol est de 3 pour 1, les graisses neutres sont aussi appelées **triglycérides**, ou **triacylglycérols.** L'axe de glycérol est le même pour toutes les graisses neutres mais les chaînes d'acides gras varient, et il existe donc différents types de graisses neutres. Celles-ci sont de grandes molécules qui comportent souvent des centaines d'atomes ; les graisses et les huiles qui sont ingérées doivent être dégradées en leurs unités de base avant de pouvoir être absorbées. Les graisses neutres représentent la source la plus concentrée d'énergie utilisable par l'organisme ; en effet, lorsqu'elles sont oxydées, elles produisent de grandes quantités d'énergie.

Comme les graisses neutres sont formées de chaînes hydrocarbonées, ce sont des molécules non polaires. Les huiles (ou les graisses) ne se mélangent pas à l'eau parce que les molécules polaires et non polaires n'interagissent pas entre elles. Par conséquent, les graisses neutres constituent une bonne forme de stockage de l'énergie dans l'organisme. Les dépôts de graisses neutres se trouvent surtout sous la peau (hypoderme) où ils isolent aussi du froid les tissus plus profonds et les protègent contre les lésions d'origine mécanique. On sait que les femmes ont généralement moins de mal que les hommes à traverser la Manche à la nage : c'est sans doute en partie parce que leur couche de graisse sous-cutanée est plus épaisse et les isole mieux de l'eau très froide.

La consistance d'une graisse neutre à une température donnée dépend de la longueur de ses acides gras et de leur degré de saturation. Les chaînes des acides gras qui ne contiennent que des liaisons covalentes simples entre leurs atomes de carbone sont dites **saturées.** Les acides gras où il y a une ou plusieurs liaisons doubles entre certains atomes de carbone sont dits **insaturés** (respectivement **mono-insaturés** et **poly-insaturés**). Les graisses neutres dont les acides gras sont formés de chaînes courtes ou de chaînes insaturées sont liquides à la température ambiante, et ce sont ces lipides qu'on trouve habituellement dans les plantes. L'huile de cuisson est une forme très commune de ces graisses insaturées. Les huiles d'olive et d'arachide sont riches en graisses mono-insaturées. Les huiles de maïs, de soja et de carthame contiennent un fort pourcentage d'acides gras poly-insaturés. On trouve des chaînes d'acides gras plus longues et plus saturées dans les graisses d'origine animale comme le beurre et le gras de la viande, qui sont solides à la température ambiante. Sur le plan alimentaire, les acides gras insaturés sont préférables aux acides gras saturés à cause de la participation de ces derniers à la formation de dépôts lipidiques dans les vaisseaux sanguins.

Phospholipides

Les **phospholipides,** ou **phosphoglycérolipides,** sont des triglycérides modifiés ayant un groupement contenant du phosphore (phosphate) et deux chaînes d'acides gras au lieu de trois (figure 2.14b). C'est le groupement phosphate qui confère aux phospholipides leurs propriétés chimiques caractéristiques. La partie hydrocarbonée (la « queue ») de la molécule est non polaire, elle interagit donc seulement avec des molécules non polaires ; toutefois, l'extrémité contenant le groupement phosphate (la « tête ») est polaire et attire les autres molécules polaires ainsi que les particules chargées, notamment l'eau et les ions. Les molécules qui possèdent à la fois des régions polaires et des régions non polaires sont appelées *amphipathiques.* Comme vous le verrez au chapitre 3, les cellules mettent à profit cette caractéristique propre aux phospholipides pour construire leurs membranes. Le tableau 2.2 présente quelques phospholipides importants pour les êtres vivants ainsi que leurs fonctions.

Stéroïdes

Les **stéroïdes** ont une structure très différente des graisses. Ce sont essentiellement des molécules plates constituées de quatre anneaux hydrocarbonés juxtaposés. À l'instar des graisses neutres toutefois, ils sont liposolubles et contiennent peu d'oxygène. Le stéroïde le plus important pour l'être humain est le *cholestérol* (figure 2.14c). Étant donné que le cholestérol est en fait un alcool stéroïde, il serait plus exact de le qualifier de *stérol.* Nous ingérons du cholestérol dans les produits d'origine animale comme les œufs, la viande et le fromage, et notre foie en produit une certaine quantité.

Le cholestérol a mauvaise réputation à cause du rôle qu'il joue dans l'artériosclérose, mais il est absolument essentiel à la vie humaine. Il est présent dans les membranes cellulaires (voir la figure 3.2, p. 65) et c'est le matériau à partir duquel sont produits la vitamine D, les hormones stéroïdes et les sels biliaires. Les hormones stéroïdes ne sont présentes dans l'organisme qu'en petites quantités mais elles sont essentielles à l'homéostasie. Sans hormones sexuelles, la reproduction serait impossible, et l'absence de corticostéroïdes (produits par les glandes surrénales) entraîne la mort.

Eicosanoïdes

Les **eicosanoïdes** sont des lipides divers principalement dérivés d'un acide gras à 20 carbones (l'acide arachidonique) présent dans les membranes cellulaires. Les molécules les plus importantes de ce groupe sont les *prostaglandines* et les substances apparentées qui participent dans l'organisme à diverses fonctions (tableau 2.2), dont la coagulation sanguine, la réaction inflammatoire et les contractions lors de l'accouchement.

Protéines

Les **protéines** représentent de 10 à 30 % de la masse des cellules et sont le principal matériau structural de l'organisme. Cependant, toutes les protéines ne sont pas des matériaux de structure ; nombre d'entre elles jouent un rôle essentiel dans le fonctionnement cellulaire. Les enzymes (catalyseurs biologiques), l'hémoglobine du sang et les protéines contractiles du muscle sont des protéines ; dans l'organisme, c'est donc le groupe de molécules dont les fonctions sont les plus diverses. Toutes les protéines contiennent du carbone, de l'oxygène, de l'hydrogène et de l'azote, et beaucoup contiennent également du soufre et du phosphore.

TABLEAU 2.2 Quelques lipides présents dans l'organisme

Type de lipide	Emplacement et fonction
Graisses neutres (triglycérides)	Dans les tissus adipeux (sous-cutanés et entourant certains organes) ; protection et isolation des organes ; principale forme de *réserve* d'énergie dans l'organisme.
Phospholipides (phosphatidylcholine, céphaline, etc.)	Principaux constituants des membranes cellulaires ; peut-être, rôle dans le transport des lipides dans le plasma ; abondants dans le tissu nerveux.
Stéroïdes	
Cholestérol	Constituant de base pour la formation de tous les stéroïdes de l'organisme.
Sels biliaires	Produits de dégradation du cholestérol ; sécrétés par le foie et libérés dans le tube digestif, où ils contribuent à la digestion et à l'absorption des graisses.
Vitamine D	Vitamine liposoluble produite dans la peau sous l'effet de l'exposition aux rayons UV ; nécessaire à la croissance et au fonctionnement normal des os.
Hormones sexuelles	Œstrogènes et progestérone (hormones femelles) et testostérone (hormone mâle), sécrétées par les gonades et essentielles au fonctionnement des organes génitaux.
Hormones corticosurrénales	Cortisol (un corticostéroïde) : hormone du métabolisme nécessaire au maintien d'un taux normal de glucose sanguin. Aldostérone : par son action sur les reins, contribue à la régulation de l'équilibre des sels et de l'eau.
Autres substances lipoïdes	
Vitamines liposolubles	
A	Présente dans les fruits et les légumes à pigments orange ; dans la rétine, transformée en rétinal, un constituant du pigment photorécepteur intervenant dans la vision.
E	Présente dans les produits végétaux comme les germes de blé et les légumes verts à feuilles ; soi-disant (non démontré chez l'humain) contribution à la cicatrisation des plaies et à la fertilité ; contribution possible à la neutralisation des particules très réactives appelées radicaux libres, qui joueraient un rôle dans le déclenchement de certains cancers.
K	Produite chez l'humain surtout par l'action de bactéries intestinales ; également présente dans un grand nombre d'aliments ; nécessaire à la coagulation du sang.
Eicosanoïdes (prostaglandines, leucotriènes, thromboxanes)	Groupe de molécules dérivées des acides gras et présentes dans toutes les membranes cellulaires ; prostaglandines : divers effets très marqués dont la stimulation des contractions utérines, la régulation de la pression artérielle, la régulation de l'action mécanique du tube digestif et l'activité de sécrétion ; prostaglandines et leucotriènes : rôle dans la réaction inflammatoire ; thromboxanes : vasoconstricteurs puissants.
Lipoprotéines	Substances formées de lipides et de protéines, transport des acides gras et du cholestérol dans le sang ; principaux types : lipoprotéines de haute densité (HDL) et lipoprotéines de basse densité (LDL).

Acides aminés et liaisons peptidiques

Les unités de base des protéines sont de petites molécules appelées **acides aminés** ; il existe 20 acides aminés communs (voir l'appendice B). Ils sont tous dotés de deux groupements fonctionnels importants : un groupement basique appelé *groupement amine* ($-NH_2$) et un *groupement acide* organique ($-COOH$). Un acide aminé peut donc agir soit comme une base (accepteur de proton), soit comme un acide (donneur de proton). En fait, tous les acides aminés sont identiques à l'exception d'un seul groupement d'atomes appelé *groupement R*, ou *radical R*. Le comportement chimique qui caractérise chacun des acides aminés est déterminé par le nombre et la disposition des atomes du groupement R (figure 2.15).

Les protéines sont de longues chaînes d'acides aminés ; les liaisons entre ces derniers sont formées par une réaction de synthèse, le groupement amine de chaque acide aminé étant rattaché au groupement acide de l'acide aminé suivant. La liaison qui en résulte est constituée par un arrangement caractéristique d'atomes appelé **liaison peptidique** (figure 2.16). Un *dipeptide* est formé de 2 acides aminés ainsi reliés, un *tripeptide* de 3 et un *polypeptide* de 10 ou plus. Les polypeptides contenant plus de 50 acides aminés sont appelés protéines, mais la plupart des protéines sont en fait des **macromolécules,** c'est-à-dire de grandes molécules complexes contenant de 100 à 10 000 acides aminés.

Chacun des acides aminés a des caractéristiques qui lui sont propres ; selon l'ordre dans lequel ils sont assemblés, ils peuvent donc former des protéines aux structures et aux fonctions extrêmement diverses. On peut considérer que les 20 acides aminés constituent un « alphabet » de 20 lettres servant à former des « mots » (les protéines). Tout comme il est possible de changer le sens d'un mot en remplaçant une lettre par une autre (faire → foire), on peut créer une nouvelle protéine ayant une fonction différente en remplaçant un acide aminé ou en le déplaçant. Il peut aussi arriver que les modifications de la séquence d'acides aminés donnent des protéines non fonctionnelles, comme

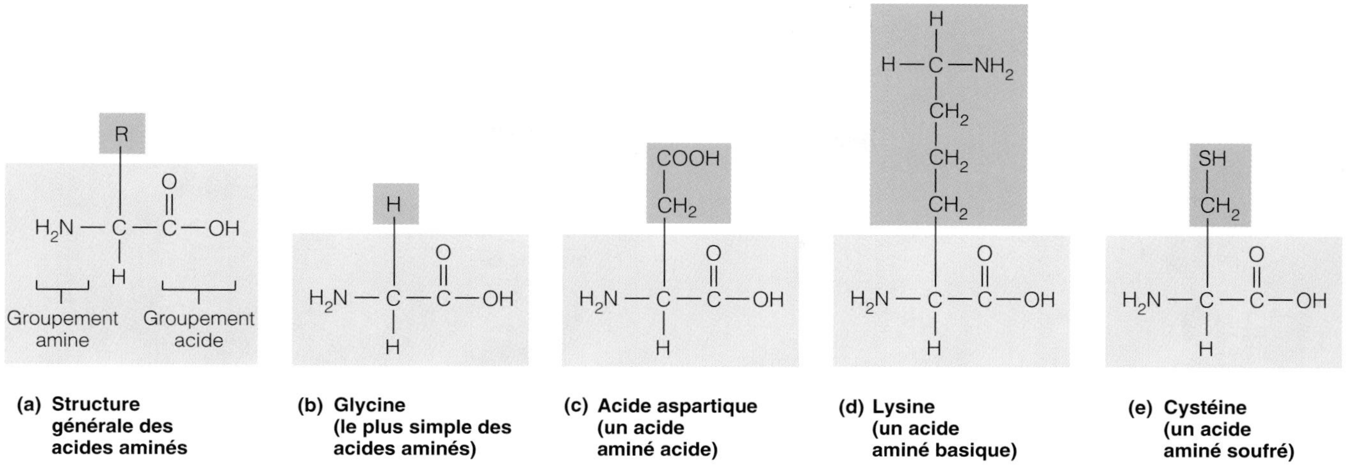

(a) **Structure générale des acides aminés** (b) **Glycine (le plus simple des acides aminés)** (c) **Acide aspartique (un acide aminé acide)** (d) **Lysine (un acide aminé basique)** (e) **Cystéine (un acide aminé soufré)**

FIGURE 2.15
Structure de quelques acides aminés. **(a)** Structure générale des acides aminés. Tous les acides aminés ont un groupement amine ($-NH_2$) et un groupement acide ($-COOH$); ils ne diffèrent que par la structure atomique de leurs groupements R (en vert). **(b-e)** Structure de quatre acides aminés. **(b)** Le groupement R de l'acide aminé le plus simple (la glycine) ne comporte qu'un seul atome d'hydrogène. **(c)** La présence d'un groupement acide dans le groupement R, comme dans l'acide aspartique, rend l'acide aminé encore plus acide. **(d)** La présence d'un groupement amine dans le groupement R, comme dans la lysine, rend l'acide aminé encore plus basique. **(e)** La présence d'un groupement thiol (–SH) dans le groupement R de la cystéine indique que cet acide aminé intervient probablement dans les liaisons intramoléculaires.

si on avait formé un nouveau mot dépourvu de sens (faire → faore). Cependant, l'organisme renferme des milliers de protéines ayant des caractéristiques fonctionnelles différentes, et toutes sont constituées de 20 acides aminés qui sont combinés de diverses façons.

Niveaux d'organisation structurale des protéines

On peut décrire les protéines selon quatre niveaux d'organisation structurale. La chaîne polypeptidique, formée d'une séquence linéaire d'acides aminés, constitue la *structure primaire* de la protéine. Cette structure, qui ressemble à un chapelet de « perles » d'acides aminés, est le squelette de la molécule de protéine (figure 2.17a, p. 50).

Normalement, les protéines n'existent pas sous forme de simples chaînes linéaires d'acides aminés, mais elles se tordent et se replient sur elles-mêmes en constituant une *structure secondaire* plus complexe. La structure secondaire la plus courante est l'**hélice alpha** (α), qui ressemble à un Slinky ou aux anneaux d'un fil de téléphone (figure 2.17b). L'hélice α est formée par l'enroulement de la molécule sur elle-même; elle est stabilisée par des liaisons hydrogène entre les groupements NH et CO des acides aminés de la chaîne primaire situés à un intervalle de quatre acides aminés environ. Les liaisons hydrogène des hélices α unissent toujours différentes parties de la *même* chaîne. Le **feuillet plissé bêta** (β) est un autre type de structure secondaire où les chaînes polypeptidiques primaires, au lieu de s'enrouler, sont maintenues côte à côte par des liaisons hydrogène et forment une sorte de ruban plié en accordéon (figure 2.17c). Dans ce type de structure secondaire, les liaisons hydrogène peuvent unir *différentes chaînes polypeptidiques* ou bien *différentes parties* d'une même chaîne repliée sur elle-même. On peut trouver ces deux types de structure secondaire (hélice α ou feuillet β) à des endroits différents le long d'une même chaîne polypeptidique.

De nombreuses protéines ont également une *structure tertiaire*, soit un niveau de complexité supplémentaire superposé à la structure secondaire. Dans ce cas, les régions hélicoïdales α ou plissées β de la chaîne polypeptidique se replient les unes sur les autres, et la molécule devient ainsi globulaire, c'est-à-dire en forme de boule. Par exemple, on peut voir à la figure 2.17d la structure tertiaire (et la structure secondaire sous-jacente) de la chaîne polypeptidique β de l'hémoglobine, la protéine des globules rouges qui fixe l'oxygène. (Il ne faut pas confondre *chaîne bêta* et *feuillet plissé bêta*: la molécule d'hémoglobine possède des chaînes

FIGURE 2.16
Les acides aminés s'unissent au cours d'une réaction de synthèse. Le groupement acide d'un acide aminé est lié au groupement amine de l'acide aminé suivant, avec perte d'une molécule d'eau. La liaison ainsi formée est appelée liaison peptidique. Les liaisons peptidiques sont rompues par addition d'une molécule d'eau (hydrolyse).

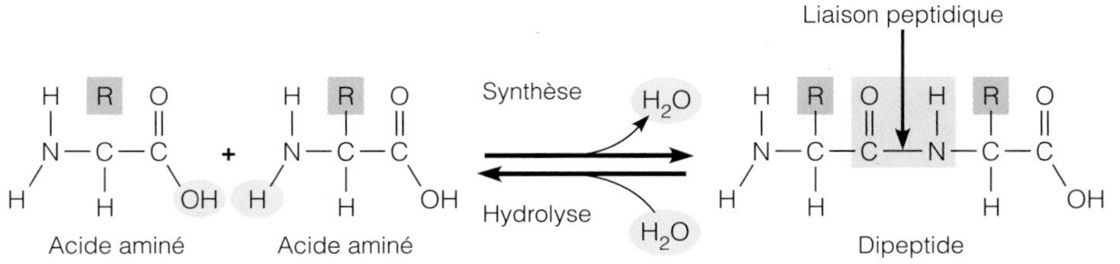

2

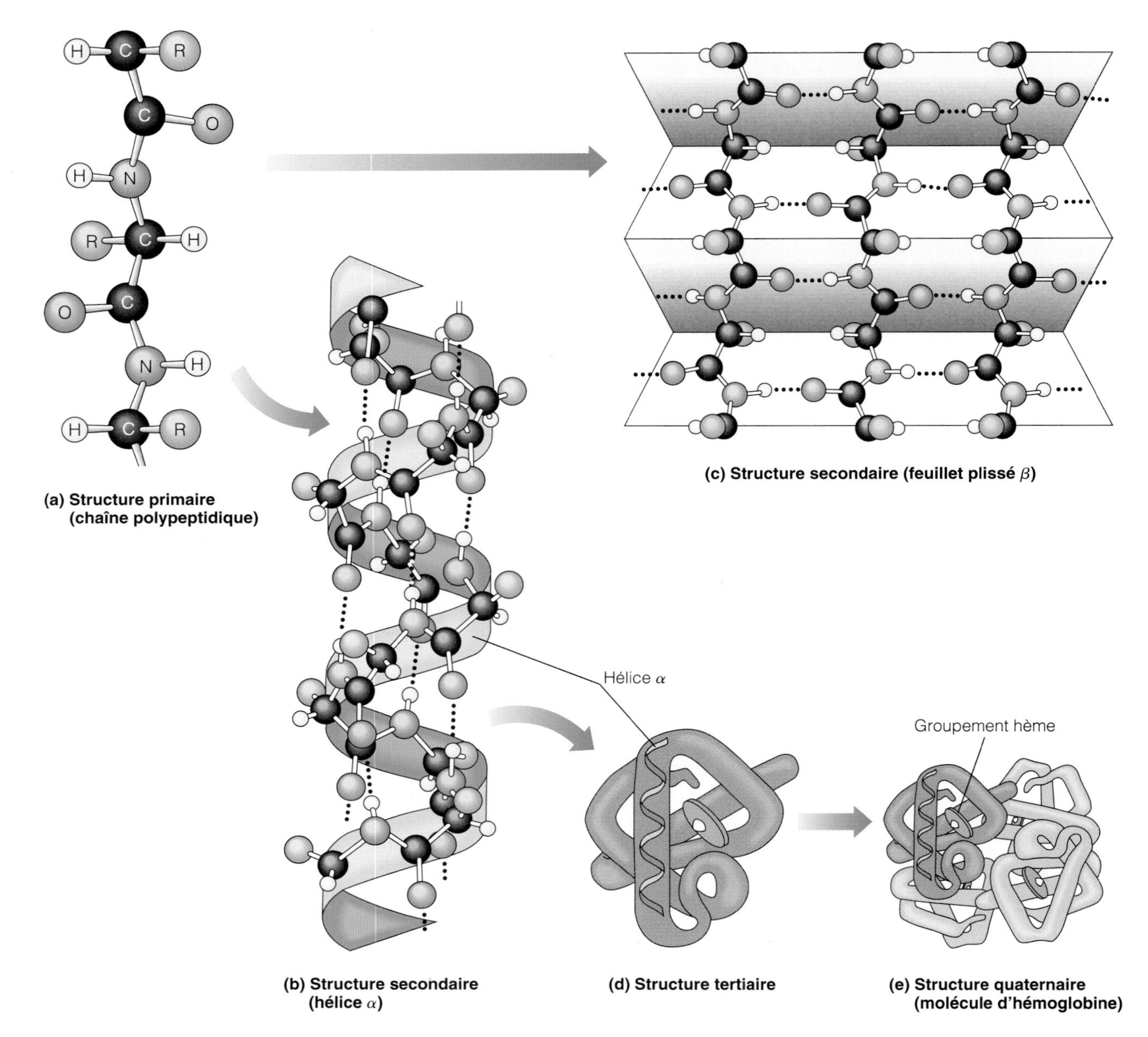

FIGURE 2.17
Niveaux d'organisation structurale des protéines. (a) Structure primaire. Les acides aminés sont liés et forment une chaîne polypeptidique linéaire. **(b)** Structure secondaire: hélice α. La chaîne primaire s'enroule sur elle-même en formant une spirale qui sera stabilisée par des liaisons hydrogène (en pointillé). **(c)** Structure secondaire: feuillet plissé β. Deux ou plusieurs chaînes primaires sont maintenues côte à côte par des liaisons hydrogène et forment un ruban en accordéon. **(d)** La structure tertiaire se superpose à une structure secondaire repliée (dans cet exemple, sur des régions hélicoïdales α) et forme une molécule grossièrement sphérique maintenue par des liaisons intramoléculaires. La molécule représentée ici est une des deux chaînes β qui forment avec les chaînes α la molécule d'hémoglobine. **(e)** Structure quaternaire de l'hémoglobine. L'hémoglobine est constituée de 4 chaînes polypeptidiques assemblées de façon très spécifique.

alpha et des chaînes bêta qui sont toutes des hélices alpha.) Cette structure très particulière est maintenue par des liaisons covalentes et des liaisons hydrogène entre des acides aminés qui sont souvent éloignés les uns des autres sur la chaîne primaire. Lorsque deux chaînes polypeptidiques ou plus se disposent ou se regroupent de façon régulière pour former une protéine complexe, comme dans le cas de l'hémoglobine, on parle de *structure quaternaire* (figure 2.17e).

Bien qu'une protéine ayant une structure tertiaire ou quaternaire puisse ressembler à un amas de pâtes congelées, il reste que la structure globale de toute protéine est déterminée avec une grande précision par sa structure primaire. En effet, l'identité et la position relative des acides aminés présents dans le squelette de la protéine déterminent l'emplacement des liaisons possibles; celles-ci engendrent à leur tour les structures complexes enroulées ou repliées qui amènent les acides aminés hydrophiles (c'est-à-dire attirées par l'eau) à la surface et maintiennent les acides aminés hydrophobes (c'est-à-dire évitant l'eau) enfouis au sein de la molécule.

TABLEAU 2.3 Quelques protéines du corps humain

Catégorie selon : Structure générale	Fonction générale	Exemples dans l'organisme
Fibreuses	Matériau de construction, support mécanique	Le *collagène*, présent dans tous les tissus conjonctifs, est la protéine la plus abondante du corps humain. Confère aux os, tendons et ligaments leur résistance à l'étirement.
		La *kératine* est la protéine structurale des poils, des cheveux et des ongles ; imperméabilise la peau.
		L'*élastine* se trouve, avec le collagène, dans les tissus où il faut résistance et flexibilité comme dans les ligaments qui joignent ensemble les os.
		La *spectrine* stabilise et renforce par l'intérieur la membrane plasmique de certaines cellules, notamment des globules rouges. La *dystrophine* renforce et stabilise la face interne de la membrane des cellules musculaires. La *titine* intervient dans l'organisation de la structure interne des cellules musculaires et donne leur élasticité aux muscles squelettiques.
	Mouvement	L'*actine* et la *myosine* sont des protéines contractiles présentes en grande quantité dans les cellules musculaires, dont elles permettent le raccourcissement (la contraction) ; elles interviennent également dans la division de tous les types de cellules. L'actine joue un rôle important dans le transport intracellulaire, en particulier dans les cellules nerveuses.
Globulaires	Catalyse	Les *enzymes* sont essentielles à presque toutes les réactions biochimiques de l'organisme ; elles multiplient par au moins un million la vitesse des réactions chimiques. Citons l'amylase salivaire (dans la salive), qui catalyse la dégradation de l'amidon, et les oxydases, qui permettent l'oxydation des sources d'énergie présentes dans les aliments.
	Transport	L'*hémoglobine*, présente dans le sang, transporte l'oxygène ; les *lipoprotéines* transportent les lipides et le cholestérol. Dans le sang, d'autres protéines servent au transport du fer, des hormones et d'autres substances.
	Régulation du pH	De nombreuses protéines du plasma, notamment l'*albumine*, agissent de façon réversible comme des acides ou des bases ; elles jouent donc le rôle de tampon et empêchent des variations excessives du pH sanguin.
	Régulation du métabolisme	Les *hormones peptidiques* et les *hormones protéiques* contribuent à la régulation de l'activité métabolique, de la croissance et du développement. Par exemple, l'*hormone de croissance* est une hormone anabolique nécessaire à une croissance optimale ; l'*insuline* intervient dans la régulation du taux de glucose sanguin.
	Défense de l'organisme	Les *anticorps* (immunoglobulines) sont des protéines spécialisées qui reconnaissent et neutralisent les substances étrangères (bactéries, toxines et certains virus) ; elles sont produites par les cellules du système immunitaire. Les *protéines du complément*, en circulation dans le sang, accroissent l'activité du système immunitaire et la réaction inflammatoire. Les *protéines chaperons* permettent le repliement des protéines nouvellement formées à la fois dans les cellules saines et dans les cellules endommagées.

Protéines fibreuses et globulaires

C'est la structure générale d'une protéine qui détermine sa fonction biologique. Ainsi, c'est grâce à leur structure caractéristique que l'hémoglobine peut transporter de l'oxygène et que les anticorps peuvent protéger l'organisme contre les bactéries en se liant à celles-ci. On classe habituellement les protéines selon leur forme générale en deux catégories, soit les protéines fibreuses et les protéines globulaires.

Les **protéines fibreuses** sont longues et filiformes. La plupart d'entre elles n'ont qu'une structure secondaire, mais certaines ont également une structure quaternaire. Par exemple, le *collagène* est constitué d'une hélice triple (une *spirale spiralée*) de trois chaînes polypeptidiques et ressemble à une corde. Les protéines fibreuses sont linéaires, insolubles dans l'eau et très stables. Ces qualités font d'elles un matériau idéal pour assurer aux tissus un support mécanique et une résistance à l'étirement. Outre le collagène, qui est la protéine la plus abondante de l'organisme, les protéines fibreuses comprennent aussi la kératine, l'élastine, la titine et les protéines contractiles des muscles (tableau 2.3). Comme les protéines fibreuses constituent le principal matériau de construction du corps humain, on les appelle aussi **protéines structurales.**

Les **protéines globulaires** sont compactes et sphériques, elles ont au moins une structure tertiaire et certaines d'entre elles ont également une structure quaternaire. Ce sont des molécules solubles dans l'eau, mobiles et chimiquement actives qui jouent un rôle essentiel dans pratiquement tous les processus biologiques. Par conséquent, on les désigne parfois par le terme de **protéines fonctionnelles.** Certaines de ces protéines (anticorps) jouent un rôle dans l'immunité, d'autres (hormones peptidiques) assurent la régulation de la croissance et du développement et d'autres encore (enzymes) sont des catalyseurs essentiels à presque toutes les réactions chimiques de l'organisme. Le tableau 2.3 résume le rôle de ces protéines et de quelques autres.

Dénaturation des protéines

Les protéines fibreuses sont très stables, mais les protéines globulaires le sont beaucoup moins. L'activité d'une protéine est fonction de sa structure tridimensionnelle, qui est elle-même maintenue par les liaisons intramoléculaires, en particulier par les liaisons hydrogène ; or celles-ci sont très fragiles et facilement détruites par de nombreux facteurs chimiques ou physiques comme la chaleur ou une trop forte acidité. Bien que les protéines n'aient pas toutes la même sensibilité aux conditions du milieu, les liaisons hydrogène commencent à se rompre quand le pH diminue ou quand la température dépasse les valeurs normales (physiologiques). Dans ces conditions, les protéines se déplient et perdent leur forme tridimensionnelle ; on dit qu'elles sont **dénaturées.** Heureusement, ce phénomène est réversible dans la plupart des cas, et la protéine dépliée reprend sa forme initiale lorsque les conditions reviennent à la normale. Toutefois, il arrive que les variations de pH ou de température soient si extrêmes qu'elles infligent des dommages irréparables à la structure de la protéine ; on parle alors de *dénaturation irréversible*. Lorsqu'on fait bouillir ou frire un œuf, on observe une coagulation, c'est-à-dire une dénaturation irréversible de l'albumine, qui est la principale protéine du blanc d'œuf. La protéine est devenue blanche et caoutchouteuse et il est impossible de lui redonner la forme translucide qu'elle avait au départ.

Les protéines globulaires dénaturées ne peuvent plus jouer leur rôle physiologique parce que leur fonction dépend de l'existence, à leur surface, de **sites actifs** qui sont constitués d'atomes disposés de façon précise. Les sites actifs sont des régions qui s'ajustent à d'autres molécules de forme et de charge complémentaires et qui interagissent chimiquement avec elles. Les atomes qui font partie d'un même site actif sont parfois très éloignés les uns des autres le long de la chaîne primaire ; la rupture des liaisons intramoléculaires a donc pour effet de les dissocier et de faire disparaître le site actif (figure 2.18). Lorsque le sang est trop acide, la capture et le transport de l'oxygène par l'hémoglobine deviennent totalement impossibles parce que la structure nécessaire à cette fonction a été détruite.

Nous parlerons de nombreuses protéines lorsque nous étudierons les systèmes d'organes ou les processus fonctionnels auxquels elles se rapportent. Cependant nous présentons ici deux groupes de protéines, les *enzymes* et les *protéines chaperons*, parce que ces molécules extrêmement complexes sont essentielles au fonctionnement de toutes les cellules.

Enzymes et activité enzymatique

Caractéristiques des enzymes Les **enzymes** sont des protéines globulaires qui jouent le rôle de catalyseurs biologiques. Un *catalyseur* est une substance qui règle et accélère la vitesse d'une réaction biochimique, mais n'est ni consommée ni transformée par la réaction. Plus précisément, on pourrait se représenter les enzymes comme des agents de la circulation de nature chimique qui régissent les allées et venues dans le réseau complexe des différentes voies métaboliques. Les enzymes ne peuvent pas forcer des réactions chimiques à se produire entre des molécules qui, dans d'autres circonstances, ne réagiraient pas du

Quel est l'événement qui est possible en **(a)** *et impossible en* **(b)** *?*

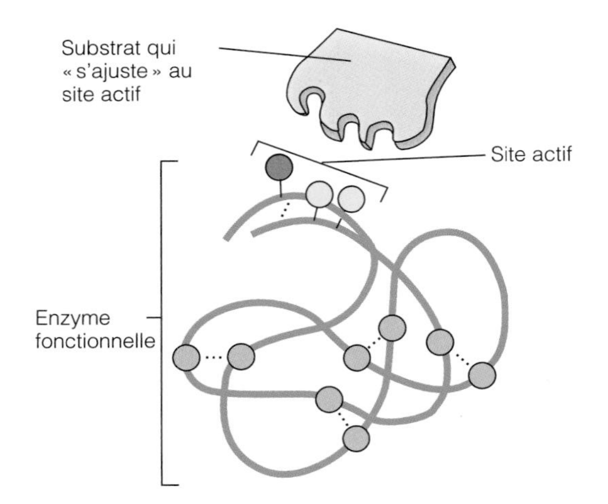

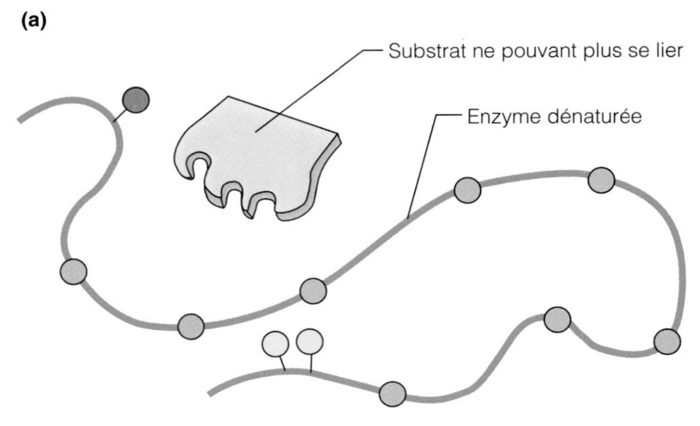

FIGURE 2.18
Dénaturation d'une protéine globulaire : exemple d'une enzyme. (a) La structure globulaire de la molécule est maintenue par des liaisons intramoléculaires. On a représenté chacun des atomes qui constituent le site actif de l'enzyme par une boule au bout d'une tige. Le substrat, ou molécule de réactif, a un site de liaison correspondant, et les deux sites s'adaptent parfaitement l'un à l'autre. **(b)** Si les liaisons intramoléculaires qui maintiennent les structures secondaire et tertiaire sont rompues, la molécule devient linéaire et les atomes qui constituaient le site actif se trouvent très éloignés les uns des autres. La liaison entre l'enzyme et le substrat est alors impossible.

En **(b)**, *le substrat ne peut plus se lier au site actif de l'enzyme parce que les atomes qui forment ce site ne sont plus en position fonctionnelle les uns par rapport aux autres.*

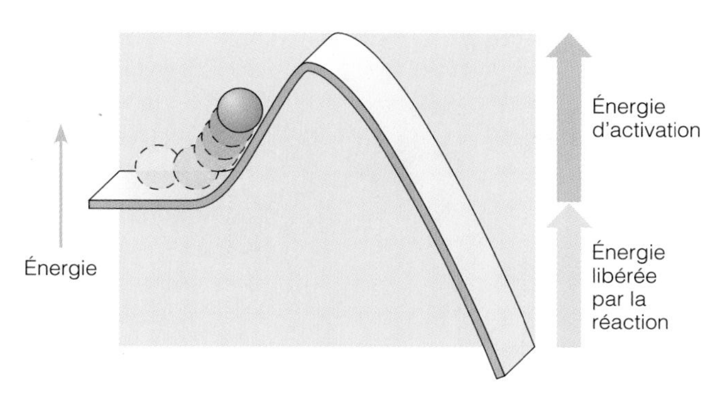

(a) Réaction non catalysée

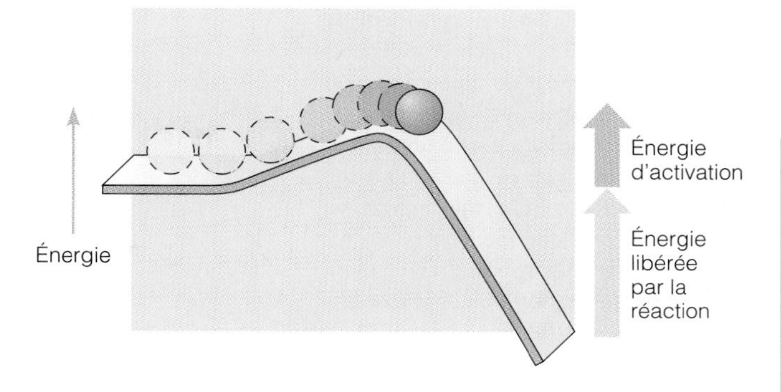

(b) Réaction catalysée par une enzyme

FIGURE 2.19
Comparaison entre la barrière énergétique d'une même réaction non catalysée dans le premier cas et catalysée par une enzyme dans le deuxième cas. Dans chaque cas les particules de réactifs, représentées ici par des boules, doivent atteindre un certain niveau d'énergie avant de pouvoir interagir. On appelle énergie d'activation la quantité d'énergie qu'elles doivent absorber pour atteindre cet état et franchir la barrière énergétique représentée par le pic. En **(a)**, la réaction non catalysée, l'énergie d'activation nécessaire est beaucoup plus importante qu'en **(b)**, la réaction catalysée par une enzyme.

2

tout ; leur seul effet est d'accélérer la vitesse de la réaction (d'environ un million de fois !). En l'absence d'enzymes, les réactions biochimiques deviennent si lentes qu'elles cessent pratiquement.

Certaines enzymes ne sont constituées que de protéines. Dans d'autres cas, l'enzyme fonctionnelle comporte deux parties, une **apoenzyme** (partie protéinique) et un **cofacteur** qui, ensemble, forment une **holoenzyme.** Selon l'enzyme, le cofacteur peut être un ion d'un élément métallique comme le cuivre ou le fer, ou bien une molécule organique servant à faciliter la réaction d'une certaine façon. La plupart des cofacteurs organiques sont dérivés des vitamines (notamment des vitamines du complexe B) ; ce type de cofacteur est appelé **coenzyme.**

Chaque enzyme est extrêmement spécifique, c'est-à-dire qu'elle ne peut agir que sur une seule réaction chimique ou sur un petit groupe de réactions apparentées. Les enzymes présentes déterminent non seulement quelles réactions seront accélérées, mais également lesquelles seront possibles (pas d'enzyme, pas de réaction). La spécificité enzymatique assure que les réactions chimiques peu souhaitables ou inutiles n'auront pas lieu. Généralement, on nomme les enzymes d'après le type de réaction qu'elles catalysent : les *hydrolases* ajoutent une molécule d'eau pendant l'hydrolyse, les *oxydases* ajoutent de l'oxygène, et ainsi de suite. Les noms de la plupart des enzymes se terminent par le suffixe *-ase.*

Certaines enzymes sont élaborées sous une forme inactive et ne deviennent fonctionnelles que si elles sont activées. Par exemple, les enzymes digestives produites par le pancréas ne sont activées que lorsqu'elles arrivent dans l'intestin grêle, où elles doivent remplir leurs fonctions. Si le pancréas les produisait sous forme active, il finirait par se digérer lui-même. Certaines enzymes sont inactivées aussitôt après avoir joué leur rôle de catalyseur, comme celles qui assurent la coagulation sanguine en cas de lésion des parois d'un vaisseau sanguin. Lorsque la coagulation a commencé, celles-ci sont inactivées, sinon le sang finirait par se solidifier dans tous nos vaisseaux sanguins au lieu de former un simple caillot protecteur.

Mécanisme de l'activité enzymatique Comment les enzymes jouent-elles leur rôle de catalyseur ? Comme nous l'avons déjà dit, une réaction chimique ne peut se produire que si les molécules de réactifs atteignent un certain niveau d'énergie représenté par leur vitesse de déplacement. Plus exactement, l'absorption d'une certaine quantité d'énergie, ou **énergie d'activation,** est nécessaire pour amorcer toute réaction. L'énergie d'activation est un niveau énergétique à partir duquel les collisions aléatoires entre les réactifs sont assez violentes pour permettre une interaction ; que la réaction globale consomme ou dégage de l'énergie, cela reste toujours vrai.

Bien entendu, un échauffement aurait pour effet d'accroître l'énergie moléculaire, mais la chaleur dénature les protéines des organismes vivants. (C'est pour cette raison qu'une forte fièvre peut avoir des conséquences graves.) Les enzymes diminuent l'énergie d'activation qui est nécessaire, ce qui permet aux réactions de se produire à la température corporelle normale (figure 2.19). On ne comprend pas exactement comment les enzymes peuvent provoquer un résultat aussi remarquable ; cependant, on sait qu'elles lient temporairement les molécules de réactifs à leur surface et les alignent dans une position qui permet leur interaction chimique, ce qui rend les réactions moins aléatoires.

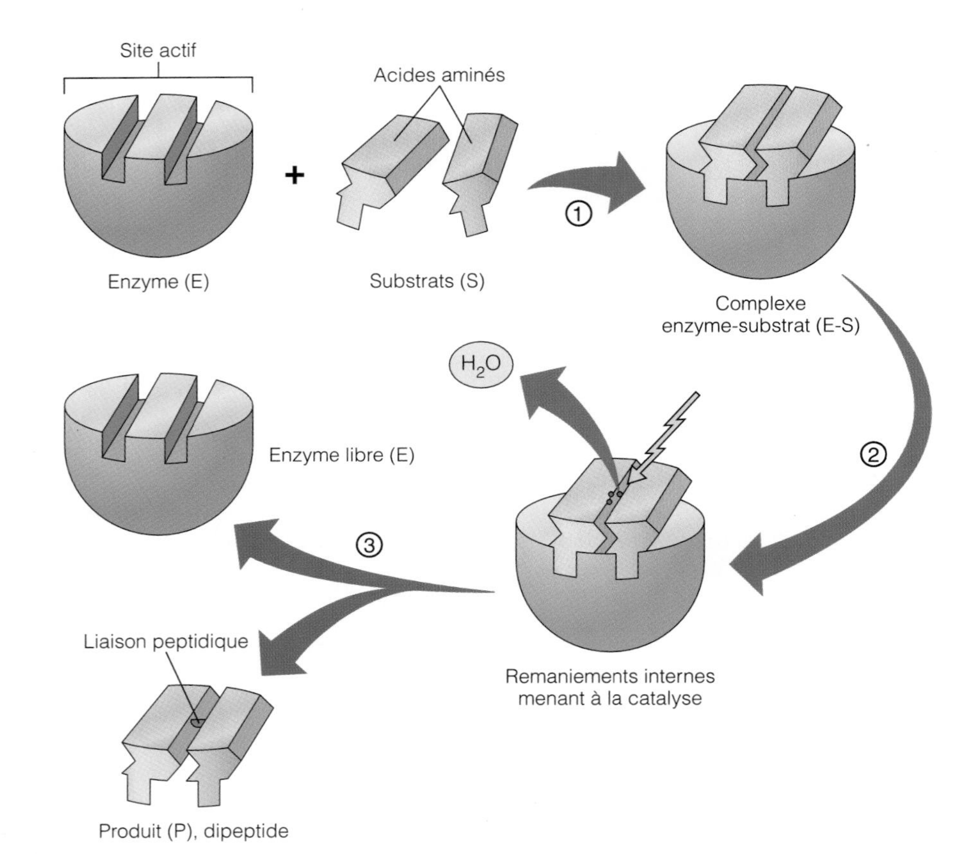

FIGURE 2.20
Mécanisme d'action enzymatique. Chaque enzyme est extrêmement spécifique pour ce qui est du type de réactions qu'elle peut catalyser, et elle ne peut se lier de façon appropriée qu'à un petit nombre de substrats ou même à un seul. Dans cet exemple, l'enzyme catalyse la formation d'un dipeptide à partir de deux acides aminés spécifiques.
1re étape : formation du complexe enzyme-substrat (E-S).
2e étape : remaniements internes. Dans ce cas précis, il y a absorption d'énergie (indiquée par la flèche jaune), libération d'une molécule d'eau et formation d'une liaison peptidique.
3e étape : l'enzyme relâche le produit de la réaction (P), un dipeptide. L'enzyme « libre » est la même qu'avant la réaction et peut maintenant catalyser une autre réaction identique.
Résumé : E + S → E-S → P + E

2

Il semble que le mécanisme de l'action enzymatique comporte trois grandes étapes (figure 2.20).

1. L'enzyme doit d'abord se lier à la substance ou aux substances sur lesquelles elle agit et qui sont ses **substrats.** La liaison avec le substrat s'effectue sur le site actif, à la surface de l'enzyme. Au moment de la liaison, le site actif change de forme et s'adapte parfaitement au substrat. Ce mode de reconnaissance du substrat approprié par l'enzyme est appelé *modèle de l'ajustement induit.*
2. Le complexe enzyme-substrat subit des remaniements internes qui font apparaître le (ou les) produit(s).
3. L'enzyme relâche le (ou les) produit(s) de la réaction. Cette étape montre que l'enzyme a une fonction catalytique, puisqu'elle ne devient pas une partie du produit ; dans le cas contraire, il s'agirait d'un réactif et non d'un catalyseur.

Comme les enzymes ne sont pas altérées et qu'elles peuvent jouer leur rôle un très grand nombre de fois, la cellule n'a besoin que de petites quantités de chaque enzyme. La catalyse se fait à une vitesse incroyable, la plupart des enzymes pouvant catalyser des millions de réactions par minute.

Protéines chaperons

En plus des enzymes, qui sont présentes partout, les cellules renferment d'autres protéines globulaires appelées **protéines chaperons,** ou **chaperonines,** qui donnent aux protéines leur forme tridimensionnelle et les rendent ainsi fonctionnelles. Bien que la forme exacte d'une protéine repliée soit déterminée par sa séquence d'acides aminés, il faut également qu'une protéine chaperon soit présente pour que le repliement se déroule rapidement et sans erreur. Il semble que les protéines chaperons aient de nombreuses fonctions. Par exemple, il existe des types spécifiques de chaperonines qui :

- empêchent le repliement accidentel, prématuré ou erroné des chaînes polypeptidiques, ou leur association avec d'autres polypeptides, ou les deux à la fois ;
- facilitent le déroulement exact du processus de repliement et d'association ;
- aident les protéines à traverser les membranes cellulaires ;
- facilitent la dégradation des protéines endommagées ou dénaturées.

Les premières protéines de ce type qui ont été découvertes ont été appelées *protéines de choc thermique* (*hsp*) parce qu'elles s'accumulent dans les cellules exposées à des variations de température anormales et semblent les protéger contre les effets destructeurs de la chaleur. On a découvert plus tard que certaines de ces protéines étaient également produites en réaction à divers stimulus traumatisants (comme dans les cellules privées d'oxygène chez une victime de crise cardiaque) ; on a alors appelé les chaperonines du groupe en question *protéines de stress* plutôt que hsp. Il est maintenant évident que les chaperonines revêtent une importance capitale pour le fonctionnement des cellules, quelles que soient les circonstances.

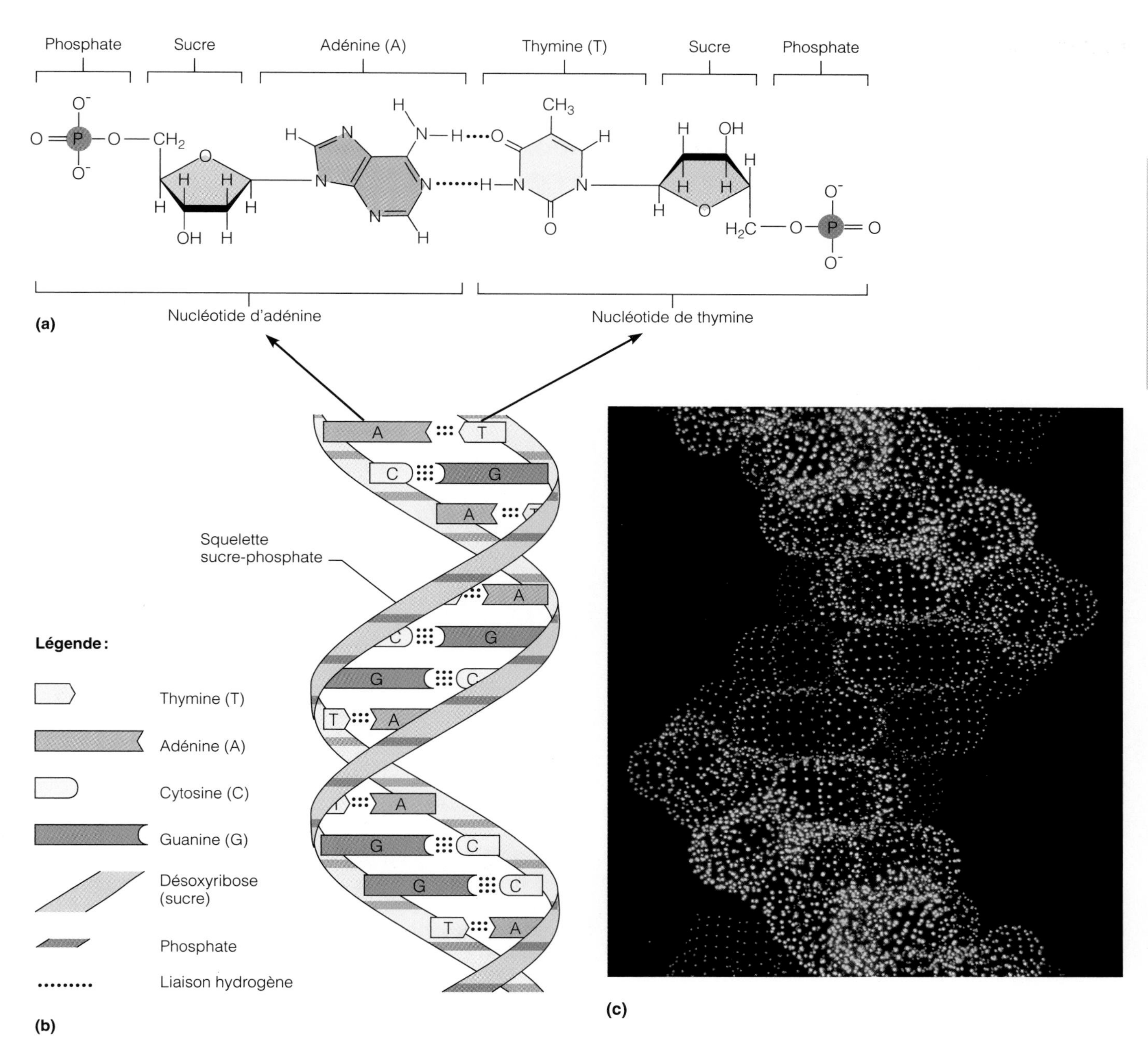

2

FIGURE 2.21
Structure de l'ADN. (a) L'unité de base de l'ADN est le nucléotide ; ce dernier est constitué d'une molécule de sucre (le désoxyribose) qui est liée à un groupement phosphate et à une base azotée. On a illustré deux nucléotides reliés par des liaisons hydrogène entre leurs bases complémentaires. **(b)** L'ADN est un polymère bicaténaire spiralé (une double hélice) composé de nucléotides. La molécule ressemble à une échelle dont les montants sont formés par une alternance d'unités de sucre et de phosphate. Les barreaux sont constitués par des bases complémentaires (A-T et G-C) qui sont reliées par des liaisons hydrogène (pointillés). **(c)** Image de l'ADN produite par ordinateur.

Acides nucléiques (ADN et ARN)

Les **acides nucléiques,** qui sont composés de carbone, d'oxygène, d'hydrogène, d'azote et de phosphore, sont les plus grandes molécules de l'organisme. Les **nucléotides,** leurs unités de base, sont assez complexes. Chaque nucléotide est lui-même formé de trois composants réunis par une réaction de synthèse (figure 2.21a) : une base azotée, une molécule de pentose (sucre) et un groupement phosphate. Cinq principaux types de bases azotées peuvent entrer dans la structure d'un nucléotide : l'**adénine** (qu'on abrège A), la **guanine** (G), la **cytosine** (C), la **thymine** (T) et l'**uracile** (U). L'adénine et la guanine (appelées purines) sont de grosses molécules formées de deux structures cycliques ; la cytosine, la thymine et l'uracile (appelées pyrimidines) sont des molécules plus petites ne comportant qu'une seule structure cyclique.

Les acides nucléiques comprennent deux grandes catégories de molécules : l'**acide désoxyribonucléique (ADN)** et l'**acide ribonucléique (ARN)**. Bien que l'ADN et l'ARN soient tous deux constitués de nucléotides, il existe de nombreuses différences entre eux. L'ADN se trouve surtout dans le noyau (centre de régulation) de la cellule, où il constitue les *gènes* (c'est-à-dire le *matériel génétique*). Il a deux fonctions principales : il se réplique (se reproduit) avant la division cellulaire, de sorte que l'information génétique présente dans les cellules filles reste rigoureusement la même, et il fournit les instructions pour la production de toutes les protéines de l'organisme. En donnant l'information nécessaire à la synthèse des protéines, l'ADN détermine l'identité même de l'être vivant (grenouille, humain, chêne), et il dirige sa croissance et son développement. Nous avons dit plus haut que les enzymes commandaient toutes les réactions chimiques, mais il ne faut pas oublier que les enzymes elles-mêmes sont des protéines formées selon les instructions provenant de l'ADN. L'ARN se trouve surtout à l'extérieur du noyau et est en quelque sorte la « molécule esclave » de l'ADN, puisqu'il assure la synthèse des protéines en suivant les directives données par l'ADN. (Certains virus chez lesquels le matériel génétique est constitué d'ARN et non d'ADN sont une exception à cette règle.)

L'ADN est un long polymère bicaténaire, c'est-à-dire formé d'une double chaîne de nucléotides (figure 2.21b et c). Les bases de l'ADN sont A, G, C et T, et son pentose est le *désoxyribose* (comme dans « désoxyribonucléique »). Les deux chaînes de nucléotides sont retenues par des liaisons hydrogène reliant les bases, et le tout a la forme d'une échelle. Les « montants » de l'échelle sont constitués par l'alternance des unités de sucre et de phosphate de chacune des chaînes, et les « barreaux » sont formés par les bases reliées entre elles. L'ensemble de la molécule s'enroule sur elle-même en formant une sorte d'escalier en spirale ; on appelle cette structure **double hélice.** Les liaisons entre les bases se forment de façon très spécifique : A est toujours associé à T, et G à C. A et T sont donc des **bases complémentaires,** tout comme C et G. Par conséquent, la séquence ATGA d'une chaîne de nucléotides sera nécessairement liée à TACT (séquence complémentaire) sur l'autre brin.

Les molécules d'ARN sont des brins simples de nucléotides. Les bases de l'ARN sont A, G, C et U (U remplace le T de l'ADN), et son sucre est le *ribose* et non le désoxyribose. Il existe trois variétés d'ARN qui diffèrent par leur taille relative et leur forme, chacune ayant un rôle précis dans l'exécution des instructions fournies par l'ADN. Au chapitre 3, nous parlerons de la réplication de l'ADN et des rôles joués par l'ADN et l'ARN dans la synthèse des protéines. Dans le tableau 2.4, on compare l'ADN et l'ARN.

Adénosine triphosphate (ATP)

Bien que le glucose soit le principal combustible cellulaire, l'énergie chimique contenue dans les liaisons de cette molécule n'est pas directement utilisable pour les fonctions cellulaires. Au lieu de cela, la dégradation du glucose est couplée à la synthèse de l'**adénosine triphosphate (ATP)**, c'est-à-dire que l'énergie qui en résulte est captée et emmagasinée par petits paquets dans les liaisons de l'ATP. Cette molécule sert alors d'« arbre de transmission » chimique produisant une forme d'énergie directement exploitable par toutes les cellules de l'organisme.

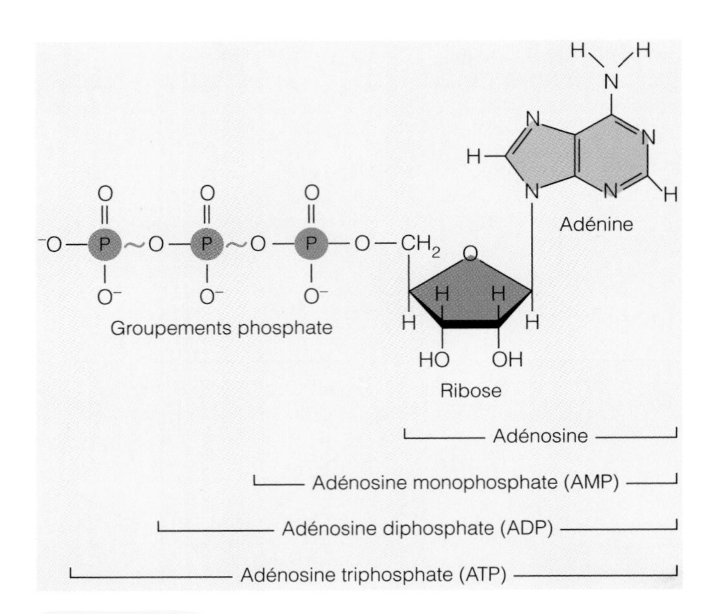

FIGURE 2.22
Structure de l'ATP (adénosine triphosphate). L'ATP est un nucléotide d'adénine auquel deux groupements phosphate supplémentaires ont été ajoutés par des liaisons phosphate très énergétiques. (Les liaisons phosphate riches en énergie sont représentées par des lignes rouges ondulées.) Lorsque le groupement phosphate terminal de l'ATP se détache, il y a libération d'une énergie pouvant accomplir un travail utile et production d'ADP (adénosine diphosphate). Lorsque le groupement phosphate terminal se sépare de l'ADP, il y a dégagement de la même quantité d'énergie et production d'AMP (adénosine monophosphate).

Du point de vue de sa structure, l'ATP est un nucléotide d'ARN contenant de l'adénine, auquel deux groupements phosphate supplémentaires ont été rattachés (figure 2.22) par des liaisons chimiques très particulières appelées **liaisons phosphate riches en énergie.** Du point de vue chimique, on peut comparer l'extrémité triphosphate de l'ATP à un ressort sous tension prêt à se détendre avec une très grande énergie dès qu'il sera relâché. En fait, l'ATP est une molécule de stockage d'énergie qui est très instable parce que ses trois groupements phosphate chargés négativement sont très rapprochés et se repoussent mutuellement. Lorsque les liaisons phosphate terminales riches en énergie sont rompues (hydrolysées), ce « ressort » chimique se détend et l'ensemble de la molécule devient plus stable. Des enzymes transfèrent les groupements phosphate terminaux à d'autres composés, ce qui permet aux cellules d'exploiter l'énergie des liaisons de l'ATP. Les molécules ainsi phosphorylées sont dites « amorcées » ; elles sont temporairement plus énergétiques et en mesure d'effectuer un type donné de travail cellulaire. En effectuant le travail en question, elles perdent leur

TABLEAU 2.4	Comparaison de l'ADN et de l'ARN	
Caractéristique	**ADN**	**ARN**
Emplacement dans la cellule	Noyau	Cytoplasme (partie de la cellule à l'extérieur du noyau)
Principales fonctions	Matériel génétique; régit la synthèse des protéines; se réplique avant la division cellulaire	Effectue la synthèse des protéines en suivant les instructions génétiques
Sucre	Désoxyribose	Ribose
Bases	Adénine, guanine, cytosine, thymine	Adénine, guanine, cytosine, uracile
Structure	Double chaîne enroulée en double hélice	Simple chaîne droite ou repliée

groupement phosphate. La quantité d'énergie libérée et transférée pendant l'hydrolyse de l'ATP correspond assez précisément à la quantité qui est nécessaire pour alimenter la plupart des réactions biochimiques. Par conséquent, les cellules sont protégées contre un dégagement excessif d'énergie qui pourrait être nocif, et elles évitent le plus possible le gaspillage.

La rupture de la liaison phosphate terminale de l'ATP produit une molécule dotée de deux groupements phosphate — l'*adénosine diphosphate* (*ADP*) et un groupement phosphate inorganique représenté par P_i; le tout est accompagné d'un transfert d'énergie:

$$\text{ATP} \overset{H_2O}{\underset{H_2O}{\rightleftharpoons}} \text{ADP} + P_i + \text{énergie}$$

L'hydrolyse de l'ATP pour les besoins énergétiques de la cellule provoque une augmentation de la quantité d'ADP. La rupture de la seconde liaison phosphate riche en énergie libère la même quantité d'énergie et produit l'adénosine monophosphate (AMP). Les réserves d'ATP sont reconstituées par l'oxydation du glucose et d'autres molécules représentant des sources d'énergie. Il faut qu'une quantité d'énergie égale à celle qui a été dégagée par l'hydrolyse des phosphates terminaux de l'ATP puisse être captée et mise à profit pour inverser cette réaction, c'est-à-dire rétablir les liaisons à haute énergie et replacer les phosphates terminaux. En l'absence d'ATP, il ne pourrait y avoir ni synthèse ni dégradation de molécules, aucune substance ne pourrait traverser les membranes cellulaires par transport actif (l'un des mécanismes importants de transport, qui requiert de l'énergie; voir le chapitre 3), les muscles ne pourraient ni se contracter, ni agir sur les autres structures, et les processus vitaux cesseraient (figure 2.23).

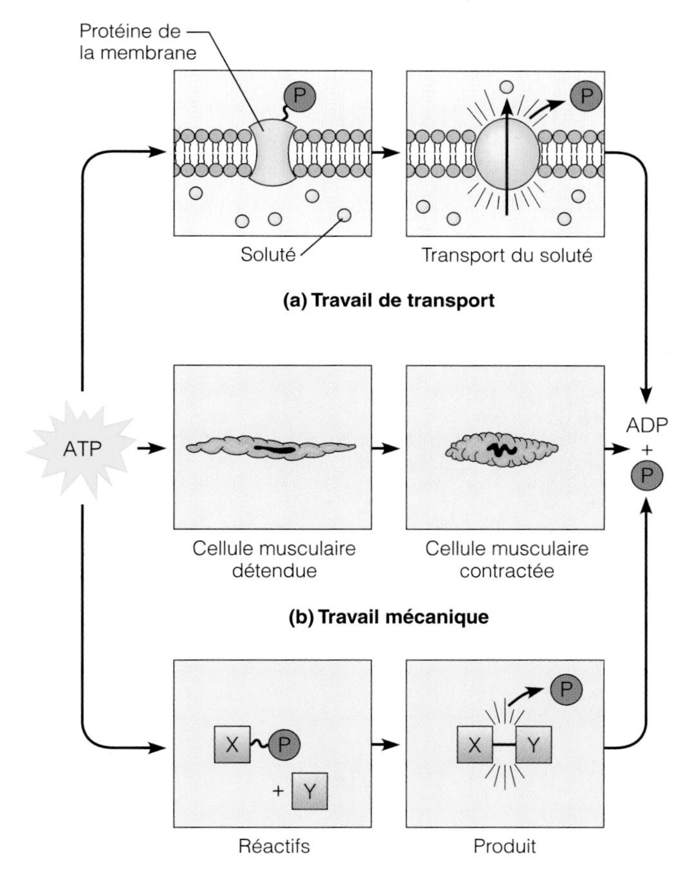

FIGURE 2.23
Trois exemples montrant comment l'ATP permet le travail cellulaire. Dans l'ATP, les liaisons phosphate riches en énergie sont comparables à des ressorts tendus; lorsqu'elles sont rompues, elles libèrent leur énergie qui peut alors être utilisée par la cellule. **(a)** L'ATP fournit l'énergie nécessaire pour faire passer certains solutés (acides aminés, par exemple) à travers la membrane cellulaire. **(b)** L'ATP active les protéines contractiles des cellules musculaires, ce qui permet à ces cellules de se contracter et de produire un travail mécanique. **(c)** L'ATP fournit l'énergie nécessaire aux réactions chimiques endothermiques (qui absorbent de l'énergie).

TERMES MÉDICAUX

Acidose Acidité du sang (pH inférieur à 7,35) ; forte concentration d'ions hydrogène dans le sang.

Alcalose Alcalinité du sang (pH supérieur à 7,45) ; faible concentration d'ions hydrogène dans le sang.

Cétose Forme d'acidose due à l'excès de corps cétoniques (produits de dégradation des graisses) dans le sang ; apparaît souvent pendant les périodes de jeûne et les crises aiguës de diabète sucré.

Mal des rayons Maladie résultant d'une exposition à la radioactivité ; affecte surtout les organes du système digestif.

Métaux lourds Métaux toxiques pour l'organisme, notamment l'arsenic, le mercure et le plomb ; le fer, qui fait partie de ces métaux, est toxique à forte concentration.

Rayonnement ionisant Rayonnement provoquant l'ionisation des atomes ; les radiations émises par les radio-isotopes sont ionisantes, tout comme les rayons X.

RÉSUMÉ DU CHAPITRE

Première partie : notions de chimie

Définition des concepts de matière et d'énergie (p. 25-26)

Matière (p. 25)

1. La matière est tout ce qui occupe un volume et possède une masse. L'énergie est ce qui peut produire du travail ou mettre la matière en mouvement.

Énergie (p. 25-26)

2. L'énergie peut se trouver sous forme d'énergie potentielle (énergie stockée ou inactive) ou d'énergie cinétique (énergie active ou effectuant un certain travail).

3. Les formes d'énergie qui jouent un rôle dans le fonctionnement de l'organisme sont l'énergie chimique, électrique, de rayonnement et mécanique. La plus importante est l'énergie chimique (emmagasinée dans les liaisons entre les atomes).

4. L'énergie peut être convertie d'une forme à une autre, mais au cours de ces transformations, une certaine quantité d'énergie devient toujours inutilisable parce qu'elle est perdue sous forme de chaleur.

Composition de la matière : atomes et éléments (p. 26-30)

1. Les éléments sont des substances uniques impossibles à décomposer en substances plus simples par les méthodes chimiques ordinaires. Quatre éléments (carbone, hydrogène, oxygène et azote) représentent 96 % de la masse corporelle.

Structure de l'atome (p. 27)

2. Les éléments sont constitués d'atomes.

3. Les atomes sont formés de protons portant une charge positive, d'électrons portant une charge négative et de neutrons électriquement neutres. Les protons et les neutrons se trouvent dans le noyau et représentent pratiquement toute la masse de l'atome ; les électrons occupent des couches électroniques autour du noyau. Dans tous les atomes, le nombre d'électrons est égal au nombre de protons.

Identification des éléments (p. 27-29)

4. Tout atome se caractérise par son numéro atomique (p^+) et son nombre de masse ($p^+ + n^0$). La notation ^4_2He signifie que l'hélium (He) a un numéro atomique de 2 et un nombre de masse de 4.

5. Les isotopes d'un élément donné diffèrent par le nombre de neutrons qu'ils contiennent. La masse atomique d'un élément est approximativement égal au nombre de masse de son isotope le plus abondant.

Radio-isotopes (p. 29-30)

6. De nombreux isotopes lourds sont instables (radioactifs). Ils sont appelés radio-isotopes et se décomposent en formes plus stables en émettant des particules α ou β ou des rayons γ. Ils sont utiles au diagnostic médical et à la recherche en biochimie.

Comment la matière se combine : molécules et mélanges (p. 30-31)

Molécules et composés (p. 30)

1. La molécule est la plus petite unité résultant de la liaison chimique entre deux atomes ou plus. Si les atomes sont différents, ils forment une molécule de composé.

Mélanges (p. 30-31)

2. Un mélange est une combinaison physique de solutés dans un solvant. Les composants d'un mélange gardent leurs propriétés respectives.

3. Les différents types de mélanges, par ordre croissant de taille des solutés, sont les solutions, les colloïdes et les suspensions.

4. On exprime habituellement la concentration d'une solution en pourcentage ou en molarité.

Différences entre mélanges et composés (p. 31)

5. Les composés sont homogènes et les éléments qui les composent sont liés chimiquement. Les mélanges peuvent être homogènes ou hétérogènes ; les substances qui les composent sont mélangées physiquement et il est possible de les séparer par des méthodes physiques.

Liaisons chimiques (p. 32-36)

Rôle des électrons dans les liaisons chimiques (p. 32-33)

1. Les électrons d'un atome occupent des régions de l'espace appelées couches électroniques ou niveaux d'énergie. Les électrons situés dans la couche la plus éloignée du noyau (couche de valence) sont ceux qui ont la plus grande énergie.

2. Les liaisons chimiques sont des relations énergétiques entre les électrons de valence des atomes réactifs. Quand la couche de valence est complète ou qu'il y a huit électrons de valence, l'atome est chimiquement inerte ; les atomes dont la couche de valence est incomplète interagissent avec d'autres atomes de façon à atteindre une configuration électronique stable.

Types de liaisons chimiques (p. 33-36)

3. Un ion est un atome possédant une ou des charges électriques. Il y a formation d'une liaison ionique lorsque des électrons de valence sont complètement transférés d'un atome à un autre.

4. Il y a formation d'une liaison covalente lorsque les atomes partagent des paires d'électrons. Si les électrons sont répartis de façon égale, la molécule est non polaire ; si leur répartition est inégale, elle est polaire (c'est un dipôle).

5. Les liaisons hydrogène sont des liaisons faibles entre l'hydrogène et l'azote ou entre l'hydrogène et l'oxygène. Elles retiennent ensemble différentes molécules (par exemple des molécules d'eau) ou différentes parties d'une même molécule (comme dans les protéines).

Réactions chimiques (p. 36-39)

Équations chimiques (p. 37)

1. Une réaction chimique représente la formation, la rupture ou le réagencement de liaisons chimiques.

Modes de réactions chimiques (p. 37-38)

2. Les réactions chimiques peuvent être des réactions de synthèse, de dégradation ou d'échange. On peut considérer les réactions d'oxydoréduction comme un type particulier de réaction d'échange ou de dégradation.

Variations de l'énergie au cours des réactions chimiques (p. 38)

3. Les liaisons chimiques sont des relations énergétiques, et toute réaction chimique entraîne une perte ou un gain net d'énergie.

4. Les réactions exothermiques libèrent de l'énergie, les réactions endothermiques en absorbent.

Réversibilité des réactions chimiques (p. 38-39)

5. Quand toutes les conditions demeurent inchangées, toute réaction chimique finit par atteindre un état d'équilibre chimique et la réaction se poursuit alors à la même vitesse dans les deux directions.

6. Toute réaction chimique est théoriquement réversible, mais chez les êtres vivants, de nombreuses réactions ne vont que dans une direction à cause des besoins énergétiques et/ou de l'élimination des produits.

Facteurs influant sur la vitesse des réactions chimiques (p. 39)

7. Les réactions chimiques ne se produisent que lorsque les particules entrent en collision et que leurs électrons de valence interagissent.

8. Plus les particules réactives sont petites, plus leur énergie cinétique est élevée et plus le taux de réaction est élevé. Les taux des réactions chimiques augmentent avec la température, avec la concentration des réactifs et en présence de catalyseurs.

Deuxième partie : biochimie

Composés inorganiques (p. 39-43)

1. La plupart des composés inorganiques ne contiennent pas de carbone. Ceux que l'on trouve dans l'organisme sont l'eau, les sels et les acides et bases inorganiques.

Eau (p. 39-40)

2. L'eau est le composé le plus abondant de notre organisme. Elle absorbe et libère la chaleur lentement, joue le rôle de solvant universel, intervient dans les réactions chimiques et protège les organes contre les lésions.

Sels (p. 40-41)

3. Les sels sont des composés ioniques qui se dissolvent dans l'eau et agissent comme des électrolytes. Les sels de calcium et de phosphore confèrent leur dureté aux os et aux dents. Les ions des sels interviennent dans un grand nombre de processus physiologiques.

Acides et bases (p. 41-43)

4. Les acides sont des donneurs de protons; dans l'eau, ils s'ionisent et se dissocient en libérant des ions hydrogène (ce qui explique leurs propriétés) et des anions.

5. Les bases sont des accepteurs de protons. Les principales bases inorganiques sont les hydroxydes; l'ion bicarbonate et l'ammoniac sont des bases importantes de notre organisme.

6. Le pH est une mesure de la concentration d'ions hydrogène dans une solution (en moles par litre). Une solution de pH 7 est neutre; si le pH est plus élevé, elle est alcaline et si le pH est plus bas, elle est acide. Le pH normal du sang se situe entre 7,35 et 7,45. Les systèmes tampons s'opposent aux fluctuations excessives du pH des liquides de l'organisme.

Composés organiques (p. 43-57)

1. Les composés organiques contiennent du carbone. Ceux qu'on trouve dans l'organisme sont les glucides, les lipides, les protéines et les acides nucléiques, qui sont tous produits par synthèse et dégradés par hydrolyse. Toutes ces molécules d'origine biologique contiennent les éléments C, H et O. Les protéines et les acides nucléiques contiennent aussi l'élément N. On retrouve aussi du phosphore (P) dans les acides nucléiques.

Glucides (p. 43-45)

2. Les unités de base des glucides sont les monosaccharides, dont les plus importants sont les hexoses (glucose, fructose, galactose) et les pentoses (ribose, désoxyribose).

3. Les disaccharides (sucrose, lactose, maltose) et les polysaccharides (amidon, glycogène) sont formés de monosaccharides liés entre eux.

4. Les glucides, en particulier le glucose, sont la principale source d'énergie servant à la formation d'ATP. L'excès de glucides est stocké sous forme de glycogène ou converti en graisses et mis en réserve.

Lipides (p. 46-47)

5. Les lipides sont solubles dans les matières grasses et les solvants organiques, mais pas dans l'eau.

6. Les graisses neutres sont formées de glycérol et de chaînes d'acides gras. Elles sont surtout présentes dans le tissu adipeux où elles servent d'isolant et constituent une réserve d'énergie pour l'organisme.

7. Les phospholipides sont des graisses neutres modifiées contenant un groupement phosphate; ils ont une partie polaire et une partie non polaire. On les trouve dans toutes les membranes cellulaires.

8. Le cholestérol, un stéroïde, est présent dans les membranes cellulaires et est le précurseur des hormones stéroïdes, des sels biliaires et de la vitamine D.

Protéines (p. 47-54)

9. Les acides aminés sont les unités de base des protéines; dans l'organisme, il y a 20 acides aminés communs.

10. Un polypeptide est formé d'un grand nombre d'acides aminés unis par des liaisons peptidiques. Toute protéine (un ou plusieurs polypeptides) se caractérise par le nombre d'acides aminés de sa ou de ses chaînes et par leur séquence ainsi que par la complexité de sa structure tridimensionnelle.

11. Les protéines fibreuses, comme la kératine et le collagène, ont une structure secondaire (hélice α ou feuillet plissé β) et parfois quaternaire. Ce sont des matériaux de structure.

12. Les protéines globulaires ont une structure tertiaire ou quaternaire et sont généralement des molécules sphériques et solubles. Les protéines globulaires (par exemple enzymes, certaines hormones, anticorps, hémoglobine) assurent certaines fonctions précises dans la cellule et dans l'organisme (par exemple catalyse, transport moléculaire).

13. Les pH ou les températures extrêmes ont pour effet de dénaturer les protéines. Lorsqu'elles sont dénaturées, les protéines globulaires ne peuvent pas remplir leur fonction normale. Ce phénomène est réversible dans la plupart des cas.

14. Les enzymes, qui sont des catalyseurs biologiques, accroissent le taux des réactions chimiques en diminuant leur énergie d'activation. Pour ce faire, elles se combinent avec les réactifs et les maintiennent dans la position appropriée pour leur permettre d'interagir. De nombreuses enzymes ne peuvent remplir leur fonction qu'en présence de cofacteurs.

15. Les protéines chaperons permettent aux protéines de se replier pour adopter leur structure tridimensionnelle fonctionnelle. Les cellules les synthétisent en plus grande quantité en cas de stress provenant de l'environnement ou d'augmentation des quantités de protéines dénaturées.

Acides nucléiques (ADN et ARN) (p. 55-56)

16. Les acides nucléiques sont l'acide désoxyribonucléique (ADN) et l'acide ribonucléique (ARN). Les nucléotides sont les unités de base des acides nucléiques; ils sont formés d'une base azotée (adénine, guanine, cytosine, thymine ou uracile), d'un sucre (ribose ou désoxyribose) et d'un groupement phosphate.

17. L'ADN est une hélice double; il contient du désoxyribose et les bases A, G, C et T. L'ADN détermine la structure des protéines et produit une copie identique à lui-même avant chaque division cellulaire.

18. L'ARN ne possède qu'un seul brin; il contient du ribose et les bases A, G, C et U. L'ARN assure la synthèse des protéines en suivant les instructions provenant de l'ADN.

Adénosine triphosphate (ATP) (p. 56-57)

19. L'ATP est la source d'énergie universelle des cellules de l'organisme. Une partie de l'énergie produite par la dégradation du glucose et d'autres substances énergétiques présentes dans les aliments est emmagasinée dans les liaisons des molécules d'ATP; puis, par l'intermédiaire des liaisons phosphate riches en énergie, elle alimente les réactions endothermiques.

QUESTIONS DE RÉVISION

Choix multiples/associations

(Réponses à l'appendice G)

1. Parmi les formes d'énergie suivantes, lesquelles jouent un rôle dans la vision? (a) Chimique, (b) électrique, (c) mécanique, (d) de rayonnement.

2. Les quatre éléments qui représentent la plus grande partie de notre masse corporelle sont les suivants, à l'exception de: (a) l'hydrogène, (b) le carbone, (c) l'azote, (d) le sodium, (e) l'oxygène.

3. Le nombre de masse d'un atome est égal: (a) à son nombre de protons, (b) à la somme des protons et des neutrons, (c) à la somme de toutes les particules élémentaires qu'il contient, (d) à la moyenne des nombres de masse de tous ses isotopes.

4. Si cet élément est présent en quantité insuffisante, on peut s'attendre à une diminution de la quantité d'hémoglobine dans le sang: (a) Fe, (b) I, (c) F, (d) Ca, (e) K.

5. Quelle est la meilleure description du proton? (a) Charge négative, sans masse, dans une orbitale; (b) charge positive, 1 u, dans le noyau; (c) sans charge, 1 u, dans le noyau.

6. Les particules élémentaires qui déterminent le comportement chimique des atomes sont: (a) les électrons, (b) les ions, (c) les neutrons, (d) les protons.

7. Parmi les molécules suivantes, lesquelles sont un composé? (a) N_2, (b) C, (c) $C_6H_{12}O_6$, (d) NaOH, (e) S_8.

8. Parmi les descriptions suivantes, laquelle *ne s'applique pas* à un mélange? (a) Les composants gardent leurs propriétés, (b) il y a formation de liaisons chimiques, (c) il est possible de séparer les composants par des méthodes physiques, (d) peut être hétérogène ou homogène.

9. Un mélange homogène et transparent qui ne diffracte pas la lumière est: (a) une solution vraie, (b) un colloïde, (c) un composé, (d) une suspension.

10. Lorsque deux atomes partagent une paire d'électrons, la liaison ainsi formée est appelée: (a) liaison covalente simple, (b) liaison covalente double, (c) liaison covalente triple, (c) liaison ionique.

11. Les molécules formées par un partage inégal des électrons sont: (a) des sels, (b) des molécules polaires, (c) des molécules non polaires.

12. Parmi les molécules suivantes formées par des liaisons covalentes, lesquelles sont polaires?

(a) H—Cl (b) H—C(H)(H)—H (c) Cl—C(H)(Cl)—Cl (d) N=N

13. Pour chacune de ces réactions, dire s'il s'agit: (a) d'une réaction de synthèse, (b) d'une réaction de dégradation ou (c) d'une réaction d'échange.

(1) $2\ Hg + O_2 \rightarrow 2\ HgO$

(2) $HCl + NaOH \rightarrow NaCl + H_2O$

14. Tous les facteurs suivants ont pour effet de faire augmenter les taux des réactions chimiques, sauf: (a) la présence de catalyseurs, (b) l'augmentation de la température, (c) l'abaissement de la température, (d) l'augmentation de la concentration des réactifs.

15. Parmi les molécules suivantes, laquelle est inorganique? (a) Le sucrose, (b) le cholestérol, (c) le collagène, (d) le chlorure de sodium.

16. L'eau a une grande importance pour les organismes vivants à cause de: (a) sa polarité et ses qualités de solvant, (b) sa grande capacité calorifique, (c) sa grande chaleur de vaporisation, (d) sa réactivité chimique, (e) toutes ces propriétés.

17. Les acides (a) libèrent des ions hydroxyle lorsqu'ils sont dissous dans l'eau, (b) sont des accepteurs de protons, (c) font augmenter le pH d'une solution, (d) libèrent des protons lorsqu'ils sont dissous dans l'eau.

18. Lors d'une analyse, un chimiste découvre un composé contenant du carbone, de l'hydrogène et de l'oxygène dans la proportion 1:2:1 et dont la molécule possède six côtés. Il s'agit probablement: (a) d'un pentose, (b) d'un acide aminé, (c) d'un acide gras, (d) d'un monosaccharide, (e) d'un acide nucléique.

19. Une graisse neutre est composée: (a) d'un glycérol et d'un certain nombre d'acides gras pouvant aller jusqu'à trois, (b) d'un squelette de sucre-phosphate auquel sont attachés deux groupements amine, (c) de deux hexoses ou plus, (d) d'acides aminés complètement saturés d'hydrogène.

20. Une certaine substance chimique contient un groupement amine et un groupement acide organique. Cependant, elle ne comporte aucune liaison peptidique. Il s'agit: (a) d'un monosaccharide, (b) d'un acide aminé, (c) d'une protéine, (d) d'une graisse.

21. Le ou les lipides servant de précurseur(s) de la vitamine D, des hormones sexuelles et des sels biliaires est ou sont: (a) les graisses neutres, (b) le cholestérol, (c) les phospholipides, (d) la prostaglandine.

22. Les enzymes sont des catalyseurs organiques qui: (a) modifient la direction d'une réaction chimique, (b) déterminent la nature des produits d'une réaction, (c) font augmenter le taux d'une réaction chimique, (d) sont des matières premières essentielles que la réaction transforme en l'un de ses produits.

Questions à court développement

23. Définissez et décrivez ce qu'est l'énergie; expliquez le rapport entre l'énergie potentielle et l'énergie cinétique.

24. Toute conversion énergétique entraîne une perte d'énergie. Expliquez le sens de cette affirmation. (Tentez de répondre à la question suivante: l'énergie est-elle vraiment perdue? Sinon, que devient-elle?)

25. Donnez le symbole chimique de chacun des éléments suivants: (a) calcium, (b) carbone, (c) hydrogène, (d) fer, (e) azote, (f) oxygène, (g) potassium, (h) sodium.

26. Voici des informations concernant trois types d'atomes de carbone:

$$^{12}_{6}C \quad ^{13}_{6}C \quad ^{14}_{6}C$$

(a) Quels sont leurs points communs? (b) En quoi sont-ils différents? (c) Comment chacun est-il appelé? (d) À l'aide du modèle planétaire, dessinez la configuration de l'atome $^{12}_{6}C$ en montrant la position relative des particules élémentaires qu'il contient et leur nombre.

27. Dans un flacon contenant 450 g d'aspirine ($C_9H_8O_4$), combien de moles de ce produit y a-t-il? (*Remarque:* la masse atomique des atomes est C = 12, H = 1 et O = 16.)

28. Dites quel type de liaison (ionique ou covalente) est la plus probable entre les atomes suivants: (a) 2 atomes d'oxygène; (b) 4 atomes d'hydrogène et 1 atome de carbone; (c) 1 atome de potassium ($^{39}_{19}K$) et 1 atome de fluor ($^{19}_{9}F$).

29. Que sont les liaisons hydrogène et pourquoi sont-elles si importantes pour notre organisme?

30. L'équation suivante, qui représente la dégradation par oxydation du glucose dans les cellules de l'organisme, est réversible (chez les végétaux, par exemple):

glucose + oxygène → gaz carbonique + eau + ATP

(a) Comment peut-on indiquer que cette réaction est réversible? (b) Comment peut-on indiquer qu'elle est en équilibre chimique? (c) Définissez ce qu'est l'équilibre chimique.

31. (a) Expliquez clairement les différences entre les structures primaire, secondaire et tertiaire d'une protéine. (b) Quel niveau de structure atteignent la plupart des protéines fibreuses? (c) Décrivez les niveaux structuraux d'une protéine globulaire.

32. La déshydratation et l'hydrolyse sont essentiellement des réactions inverses l'une de l'autre. En quoi sont-elles reliées à la synthèse et à la dégradation des molécules d'origine biologique?

33. Décrivez le mécanisme de l'activité enzymatique. Dans votre réponse, expliquez de quelle façon les enzymes font diminuer l'énergie d'activation qui est nécessaire à la réaction.

34. Expliquez l'importance des protéines chaperons.

RÉFLEXION ET APPLICATION

1. Quand Benoît a enfourché sa bicyclette pour aller se baigner au lac voisin, sa mère lui a crié: «On dirait qu'il va y avoir un orage. N'oublie pas de sortir de l'eau s'il y a des éclairs.» Cet avertissement était justifié. Pourquoi?

2. Certains antibiotiques se lient à des enzymes essentielles de la bactérie qu'ils doivent combattre. (a) Quel effet ont ces antibiotiques sur les réactions chimiques régies par ces enzymes? (b) Quelles seront les conséquences possibles pour la bactérie? Et pour la personne qui prend l'antibiotique?

3. Mme Robert est tombée dans un coma diabétique et vient d'être admise à l'hôpital. Son pH sanguin montre qu'elle souffre d'acidose grave et on prend immédiatement des mesures pour le ramener dans les limites normales. (a) Expliquer ce qu'est le pH et dire quel est le pH normal du sang. (b) Pourquoi une acidose prononcée est-elle grave?

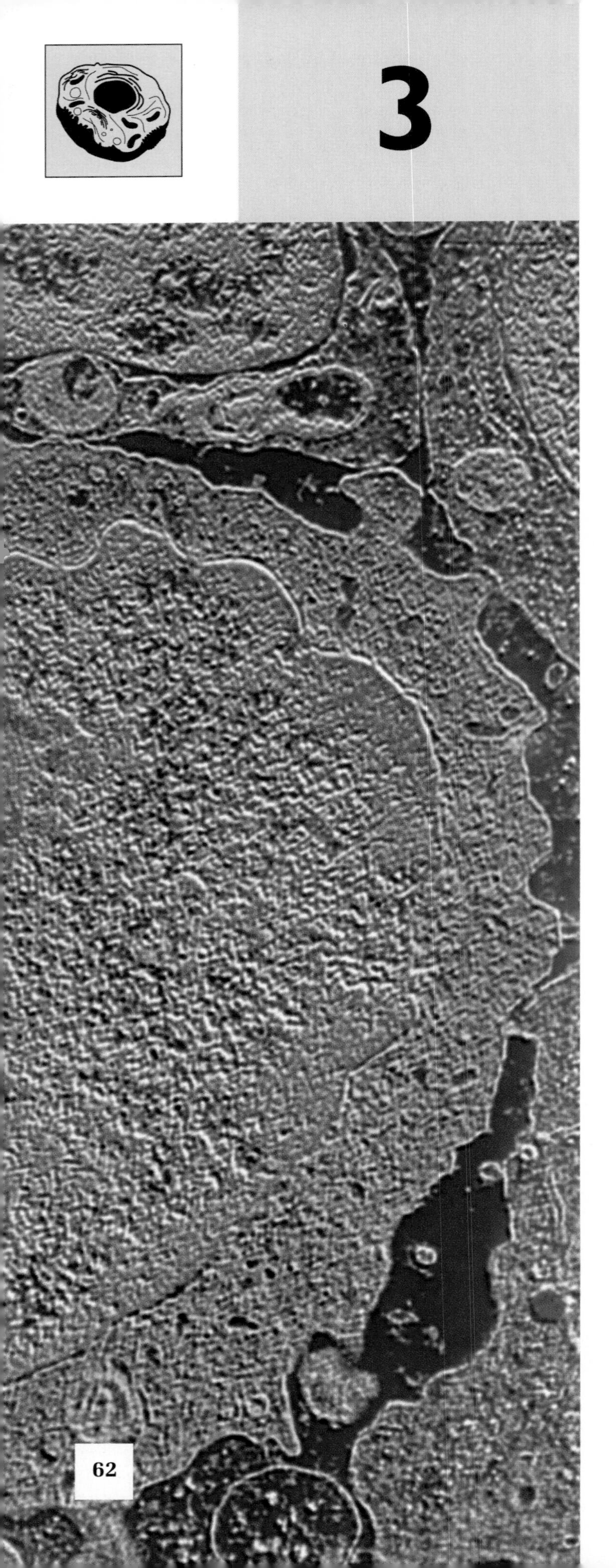

LA CELLULE: UNITÉ FONDAMENTALE DE LA VIE

SOMMAIRE ET OBJECTIFS D'APPRENTISSAGE

Principaux éléments de la théorie cellulaire (p. 63)

1. Définir ce qu'est une cellule.
2. Énumérer les trois principales régions d'une cellule typique et nommer les fonctions générales de chacune de ces régions.

Membrane plasmique: structure (p. 64-67)

3. Décrire la composition chimique de la membrane plasmique selon le modèle de la mosaïque fluide.
4. Comparer la structure et la fonction des jonctions serrées, des desmosomes et des jonctions ouvertes.

Membrane plasmique: fonctions (p. 68-78)

5. Montrer la relation entre la structure de la membrane plasmique et les mécanismes de transport actif et passif. Établir les différences entre ces mécanismes de transport pour ce qui est de la source d'énergie, des substances transportées, de la direction du transport et du mode de fonctionnement.
6. Définir ce qu'est le potentiel de membrane, expliquer comment le potentiel de repos de la membrane est entretenu et citer une fonction que joue le potentiel de membrane dans l'organisme.
7. Décrire le rôle du glycocalyx de la membrane plasmique lors des interactions des cellules avec leur environnement.
8. Énumérer trois grandes fonctions des récepteurs membranaires.

Cytoplasme (p. 78-89)

9. Décrire la composition du cytosol. Expliquer ce que sont les inclusions et en nommer trois types.
10. Décrire la structure et la fonction des mitochondries.
11. Décrire la structure et la fonction des ribosomes, du réticulum endoplasmique et du complexe golgien; montrer les relations fonctionnelles entre ces organites.
12. Comparer les fonctions du réticulum endoplasmique rugueux et du réticulum endoplasmique lisse.
13. Comparer les fonctions des lysosomes et des peroxysomes.
14. Nommer les éléments du cytosquelette et décrire leur structure et leur fonction.
15. Décrire le rôle des centrioles dans le déroulement de la mitose et dans la formation des cils et des flagelles.

Noyau (p. 89-91)

16. Décrire la composition chimique, la structure et la fonction de la membrane nucléaire, du nucléole et de la chromatine.

Croissance et reproduction de la cellule (p. 91-102)

17. Énumérer les phases du cycle cellulaire, décrire les événements qui se produisent au cours de chaque phase et préciser les facteurs qui régissent ce cycle.
18. Décrire le processus de réplication de l'ADN et expliquer son importance.

19. Définir ce qu'est un gène et expliquer la fonction des gènes. Expliquer la signification du terme « code génétique ».
20. Nommer les deux phases de la synthèse des protéines et décrire les rôles qu'y jouent l'ADN, l'ARNm, l'ARNt, l'ARNr et les ribosomes. Montrer les différences entre les triplets, les codons et les anticodons.
21. Montrer l'importance de la dégradation des protéines solubles par l'ubiquitine ligase.

Matériaux extracellulaires (p. 103)

22. Nommer les matériaux extracellulaires et décrire leur composition.

Développement et vieillissement des cellules (p. 103-104)

23. Présenter quelques théories sur le vieillissement cellulaire.

Tout comme les briques et le bois sont les unités fondamentales d'une maison, les **cellules** sont les unités fondamentales de tout être vivant. Tous les organismes vivants sont constitués de cellules, des « généralistes » unicellulaires comme les amibes aux êtres multicellulaires complexes comme les humains, les chiens et les arbres. Le corps humain comprend de 50 à 60 millions de millions de ces minuscules pièces.

Le présent chapitre porte sur les structures et les fonctions communes à toutes nos cellules. Dans des chapitres ultérieurs, nous étudierons en détail les cellules spécialisées et les fonctions qui leur sont propres.

PRINCIPAUX ÉLÉMENTS DE LA THÉORIE CELLULAIRE

Le scientifique anglais Robert Hooke a été le premier à observer des cellules végétales à l'aide d'un microscope rudimentaire, à la fin du XVIIe siècle. Cependant, il fallut attendre le milieu du XIXe siècle pour que deux scientifiques allemands, Matthias Schleiden et Theodor Schwann, osent affirmer que tous les êtres vivants étaient constitués de cellules. Le pathologiste allemand Rudolf Virchow est parti de cette idée pour avancer que les cellules prenaient naissance à partir d'autres cellules. L'hypothèse de Virchow a fait date dans l'histoire de la biologie parce qu'elle remettait en question la *théorie de la génération spontanée*, largement acceptée, selon laquelle des organismes vivants se formaient spontanément à partir de déchets ou d'autres matières inanimées. Depuis le XIXe siècle, la recherche sur les cellules a été extrêmement fructueuse et notre connaissance actuelle du domaine cellulaire a permis d'élaborer les quatre principes qui constituent la **théorie cellulaire** :

1. La cellule est l'unité fondamentale structurale et fonctionnelle des organismes vivants. Par conséquent, lorsqu'on définit les propriétés d'une cellule, on définit aussi les propriétés de la matière vivante.
2. L'activité d'un organisme dépend de l'activité de ses cellules, à la fois à l'échelle individuelle et à l'échelle collective.
3. Conformément au **principe de complémentarité**, les activités biochimiques des cellules sont rendues possibles et déterminées par certaines structures présentes à l'intérieur des cellules.
4. La continuité de la vie repose sur les cellules.

Nous reviendrons sur ces concepts plus en détail ; pour le moment, considérons l'idée selon laquelle la cellule est la plus petite quantité de matière vivante pouvant exister. La cellule est donc l'unité fondamentale sur laquelle repose toute la hiérarchie des êtres vivants et dont dépend la vie elle-même. Quels que soient son comportement et sa forme, la cellule est l'élément microscopique qui contient tous les outils permettant de survivre dans un environnement en perpétuel changement. En effet, pratiquement toutes les maladies susceptibles de nous affecter s'expliquent par la perte de l'homéostasie cellulaire.

La caractéristique la plus étonnante de la cellule est sans doute la complexité de sa structure. Du point de vue chimique, les cellules sont surtout composées de carbone, d'hydrogène, d'azote, d'oxygène et de plusieurs autres éléments présents à l'état de traces. Ces substances existent également dans l'air qui nous entoure et dans le sol, mais c'est à l'intérieur de la cellule qu'elles acquièrent les caractéristiques propres à la matière vivante. La vie résulte donc de la structure de la matière vivante et de la façon dont celle-ci assure le bon déroulement des processus métaboliques, ce qui va bien au-delà de simples questions de composition chimique.

Dans les millions de millions de cellules de l'organisme humain, on trouve quelque 200 types de cellules aux formes, aux tailles et aux fonctions incroyablement diverses. Parmi les formes possibles, citons les cellules adipeuses qui sont sphériques, les globules rouges du sang qui sont en forme de disque, les neurones qui sont ramifiés et les cellules des tubules des reins qui sont cubiques. Selon le type auquel elles appartiennent, la dimension des cellules est aussi très variable ; elle peut aller de 2 micromètres (1/5000 de centimètre) pour les plus petites à plus de 1 mètre pour les neurones qui vous permettent de remuer les orteils. La forme d'une cellule et son mode d'agencement avec ses voisines reflètent sa fonction. Par exemple, les cellules épithéliales plates en forme de tuiles qui couvrent l'intérieur de vos joues sont étroitement imbriquées. Elles constituent ainsi une barrière vivante qui protège les tissus sous-jacents de toute invasion bactérienne.

Chaque type de cellule diffère quelque peu des autres, mais toutes les cellules ont en commun plusieurs structures fondamentales et certaines fonctions. Pour faciliter la présentation des régions et des composantes de la cellule (figure 3.1), on peut donc se servir d'un **modèle général** représentant une cellule type. Les cellules humaines comportent trois régions principales : un noyau, un cytoplasme et une membrane plasmique. Le *noyau*, qui régit toutes les activités de la cellule, est habituellement situé au centre de celle-ci. Il est entouré d'un *cytoplasme* rempli d'*organites* (ou organelles), c'est-à-dire des petites structures qui assurent certaines fonctions à l'intérieur de

Comme vous le voyez sur ce schéma d'une cellule, la plupart des organites sont enfermés dans une membrane. Quel avantage cela peut-il présenter ?

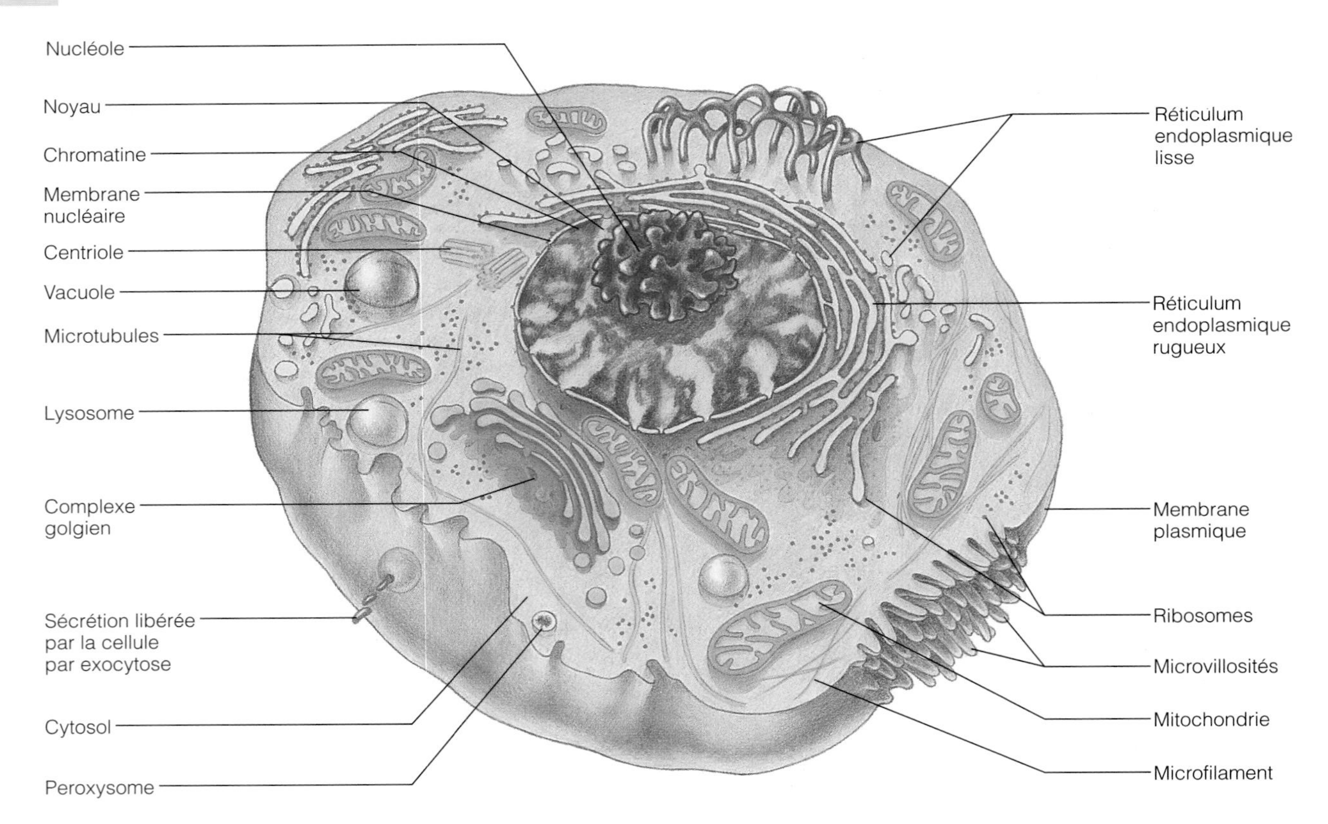

FIGURE 3.1
Structure de la cellule, modèle général. Il n'existe aucune cellule parfaitement identique à celle-ci, mais ce modèle type permet d'illustrer les caractéristiques communes à un grand nombre de cellules humaines. Remarquez que les organites ne sont pas tous dessinés à la même échelle.

la cellule. Le cytoplasme est enfermé dans la *membrane cytoplasmique,* qui forme la limite extérieure de la cellule. Les fonctions des diverses structures sont décrites en détail plus loin dans le présent chapitre et résumées au tableau 3.2 (p. 85).

MEMBRANE PLASMIQUE : STRUCTURE

La **membrane plasmique** souple délimite le volume de la cellule et constitue une fragile barrière. On l'appelle parfois *membrane cellulaire,* mais comme presque tous les organites ont aussi une membrane, nous préférons désigner la membrane externe de la cellule sous le nom de membrane plasmique. Bien que la membrane plasmique contribue largement à maintenir l'intégrité de la cellule, elle représente bien plus qu'une simple enveloppe passive. Comme nous le verrons, sa structure très particulière lui permet d'assurer une fonction dynamique dans de nombreuses activités cellulaires.

Les processus qui se déroulent à l'intérieur d'une membrane ne sont pas entravés par les événements qui surviennent à l'extérieur de celle-ci.

Modèle de la mosaïque fluide

Selon le **modèle de la mosaïque fluide** (figure 3.2), la membrane plasmique est une structure extrêmement fine (7 à 8 nm) mais stable, constituée d'une double couche, ou bicouche, de molécules lipidiques parmi lesquelles sont disséminées des molécules de protéines. Les protéines, qui flottent dans la bicouche fluide de lipides, forment une mosaïque qui change constamment, d'où le nom du modèle.

La bicouche de lipides, qui est composée en grande partie de phospholipides, représente la « trame » fondamentale de la membrane et elle est relativement imperméable à la plupart des molécules hydrosolubles. Comme nous l'avons vu au chapitre 2, les phospholipides sont des molécules en forme de sucette, avec une *tête* polaire contenant du phosphore reliée à une *queue* non polaire constituée de deux chaînes hydrocarbonées d'acides gras. La tête polaire interagit avec l'eau ; elle est donc **hydrophile** (*hudôr* = eau ; *philos* = ami). La queue non polaire n'interagit qu'avec d'autres substances non polaires et s'éloigne spontanément de l'eau et des particules chargées ; cette extrémité est donc **hydrophobe** (*phobos* = crainte). Ces caractéristiques propres aux phospholipides font que la

Certaines protéines flottent librement dans la phase lipidique de la membrane, et d'autres sont fixées à des endroits bien précis. Selon ce schéma, quelles seraient les structures d'ancrage de ces dernières ?

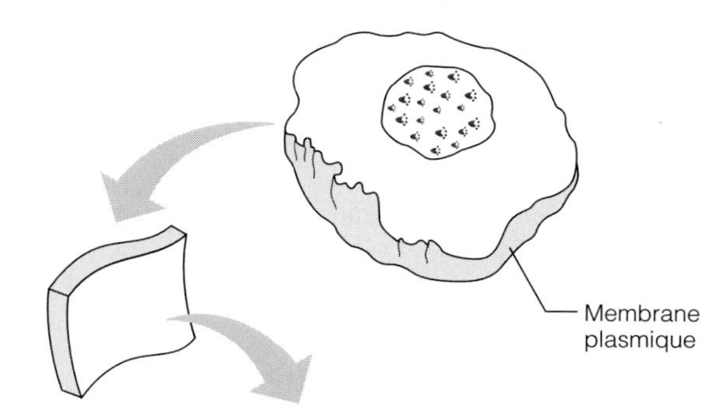

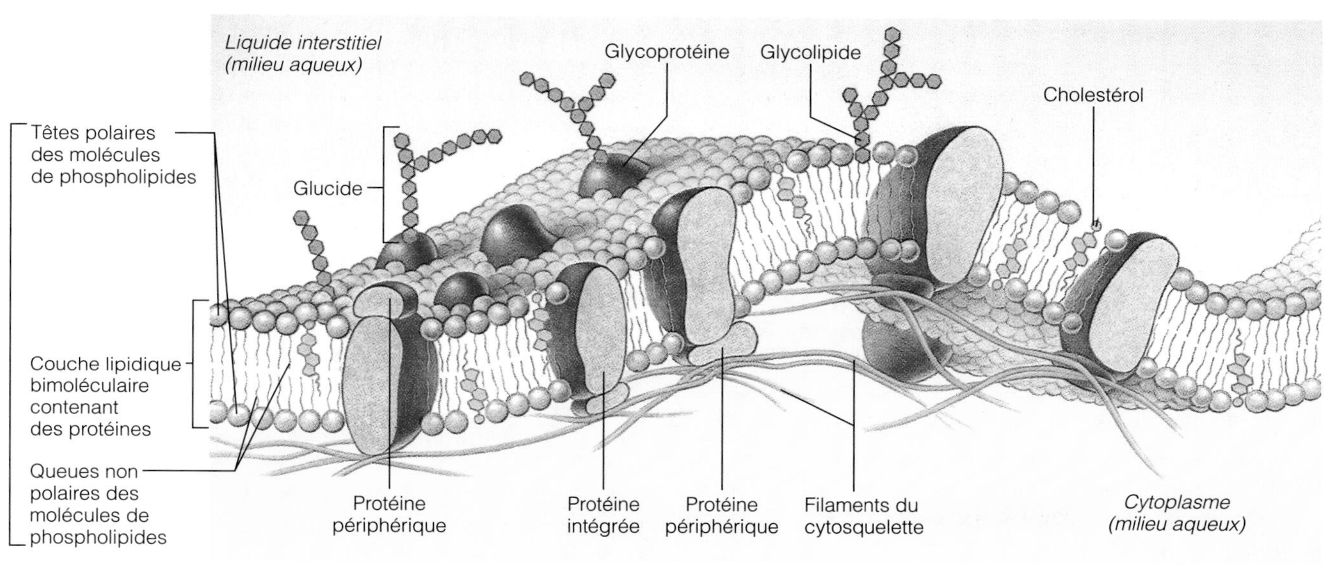

FIGURE 3.2
Structure de la membrane plasmique selon le modèle de la mosaïque fluide.

structure fondamentale de toutes les membranes biologiques est la même : ce sont des « sandwichs » constitués de deux feuillets parallèles de molécules de phospholipides ; les queues de celles-ci se font face à l'intérieur de la membrane, et leurs têtes polaires sont exposées à l'eau qui se trouve à l'intérieur et à l'extérieur de la cellule. C'est cette orientation spontanée des phospholipides qui permet aux membranes biologiques de s'assembler automatiquement pour former des structures fermées, généralement sphériques, et à la cellule de se reformer (se réparer) sans délai lorsqu'elle est déchirée.

Les types de phospholipides contenus dans les couches interne et externe de la membrane sont quelque peu différents. Environ 10 % des phospholipides qui font face à l'extérieur sont liés à des glucides (voir la figure 3.2) ; on les appelle **glycolipides.** La membrane contient également des quantités importantes de cholestérol ; ce dernier introduit ses anneaux hydrocarbonés plats entre les queues des phospholipides, ce qui les immobilise partiellement et stabilise la membrane. Cela empêche également les phospholipides de s'agréger et rend donc la membrane plus fluide.

Il existe deux populations distinctes de protéines membranaires : les protéines intégrées et les protéines périphériques (voir la figure 3.2). Les protéines représentent environ la moitié de la masse de la membrane plasmique et assurent la plus grande partie des fonctions spécialisées de celle-ci (figure 3.3). Les **protéines intégrées** sont bien enfoncées dans la bicouche lipidique. Bien que certaines d'entre elles ne soient en contact avec le milieu aqueux que d'un côté de la membrane, la plupart des protéines intégrées sont des *protéines transmembranaires*, c'est-à-dire qu'elles traversent toute l'épaisseur de la membrane et font saillie des deux côtés. Qu'elles traversent entièrement la membrane ou non, toutes les protéines intégrées possèdent des régions hydrophobes et des régions hydrophiles. Cette caractéristique structurale leur permet d'interagir avec les queues non polaires des lipides présents au cœur de la membrane et avec l'eau qui se trouve à l'extérieur et à l'intérieur de la cellule. Les protéines transmembranaires servent surtout au transport (voir la figure 3.3). Certaines se regroupent pour former

Les filaments du cytosquelette.

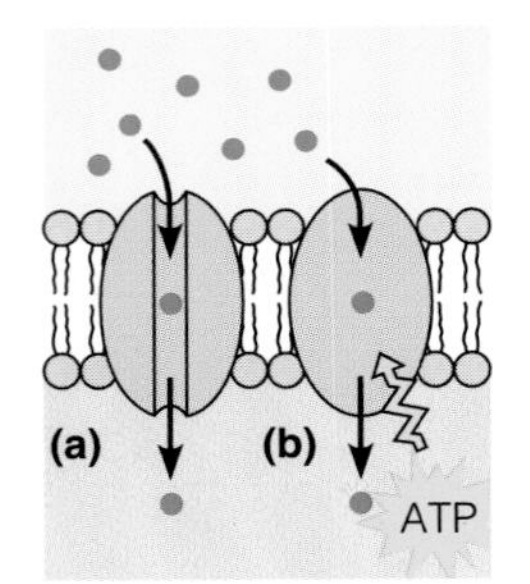

Protéine de transport
(a) Une protéine transmembranaire forme parfois un canal hydrophile qui est sélectif pour un certain soluté auquel il permet de traverser la membrane. **(b)** Certaines protéines de transport hydrolysent l'ATP ; cette source d'énergie leur permet de faire passer des substances à travers la membrane de façon active, comme le ferait une pompe.

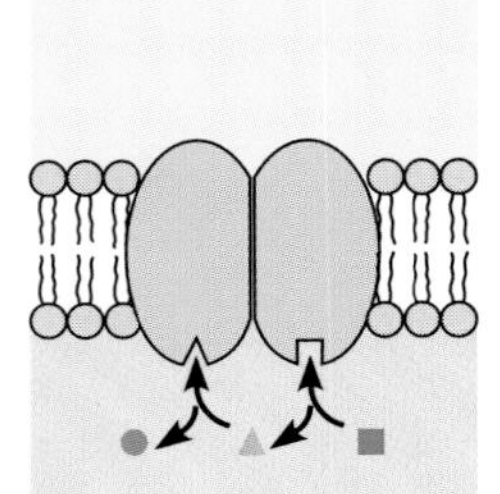

Enzyme
Quelques-unes des protéines enchâssées dans la membrane sont des enzymes dont le site actif est en contact avec les substances présentes dans la solution adjacente. Dans certains cas, plusieurs enzymes d'une même membrane travaillent de concert et catalysent les étapes successives d'une même voie métabolique, comme dans cette illustration (de droite à gauche).

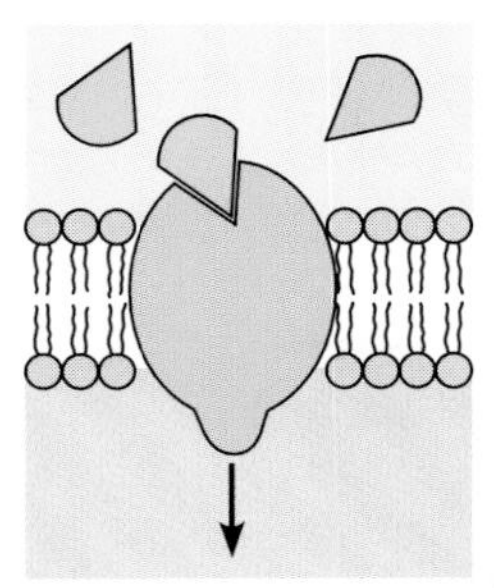

Protéines jouant le rôle de sites récepteurs
Certaines protéines membranaires en contact avec le milieu extracellulaire comportent un site de liaison doté d'une forme spécifique ; ce site permet à un messager chimique, telle une hormone, de s'unir à ces protéines. Ce signal extérieur peut provoquer un changement de conformation de la protéine et amorcer ainsi une suite de réactions chimiques à l'intérieur de la cellule.

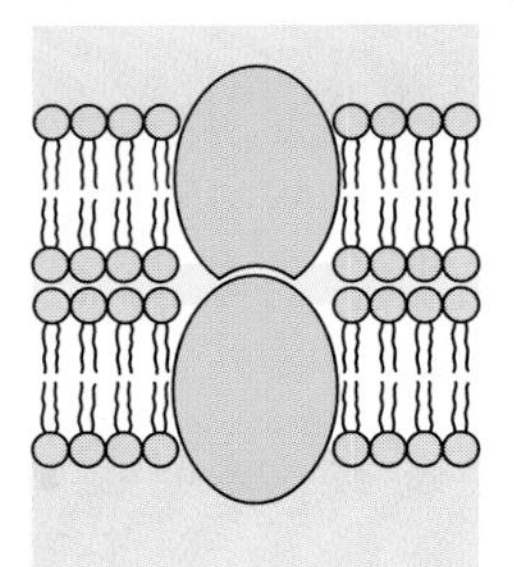

Jonctions intercellulaires
Les protéines membranaires de cellules adjacentes peuvent être reliées entre elles et former ainsi divers types de jonctions intercellulaires. Certaines protéines de ce groupe forment des sites de liaison transitoires qui guident la migration des cellules et d'autres interactions entre celles-ci.

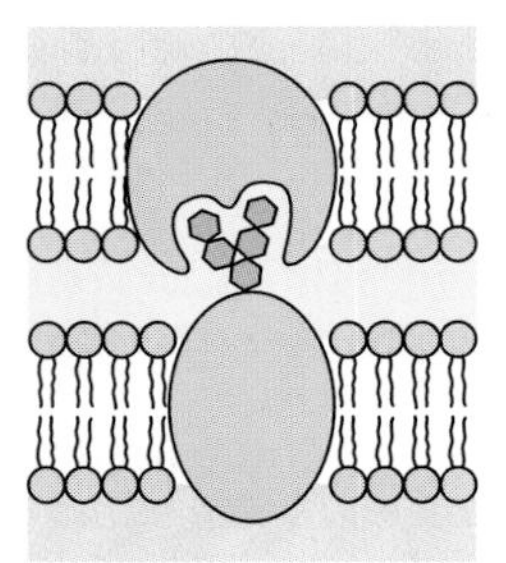

Reconnaissance entre cellules
Certaines glycoprotéines (protéines liées à de courtes chaînes de glucides) jouent le rôle d'étiquettes pouvant être reconnues par d'autres cellules.

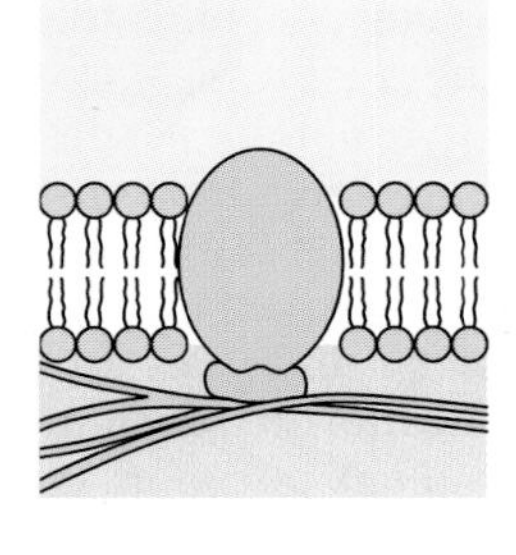

Fixation au cytosquelette et à la matrice extracellulaire
Des filaments d'actine ou certains autres éléments du cytosquelette (structure de soutien interne de la cellule) sont parfois fixés à des protéines membranaires, permettant ainsi à la cellule de garder sa forme et déterminant l'emplacement de certaines protéines sur la membrane.

FIGURE 3.3
Quelques fonctions des protéines membranaires. Parfois, une même protéine exécute plusieurs de ces tâches.

des *canaux*, ou pores, permettant le passage de petites molécules hydrosolubles ou d'ions, qui contournent ainsi la partie lipidique de la membrane. D'autres protéines sont des *transporteurs* qui peuvent se lier à une substance pour lui faire traverser la membrane. Les protéines qui ne font face qu'au milieu externe sont habituellement des récepteurs d'hormones ou d'autres messagers chimiques.

Les **protéines périphériques** ne sont pas du tout enfoncées dans la couche lipidique. Au contraire, elles sont habituellement liées aux parties des protéines intégrées qui dépassent sur la face interne de la membrane. Certaines protéines périphériques sont des enzymes, d'autres ont des fonctions mécaniques et assurent par exemple certains changements de conformation des cellules lors de leur division ou de la contraction musculaire.

La plupart des protéines qui font face à l'espace interstitiel portent des glucides ramifiés. On appelle **glycocalyx** (« tasse de sucre ») la région floue et un peu collante riche en glucides qui se trouve à la surface de la cellule ; on peut donc se représenter la cellule comme « enrobée de sucre » en quelque sorte. En plus des glycolipides déjà mentionnés, le glycocalyx est enrichi de glycoprotéines sécrétées par la cellule, qui adhèrent à la surface de celle-ci.

Comme le glycocalyx de chaque type cellulaire est constitué de glucides différents, il représente un ensemble extrêmement spécifique de marqueurs biologiques permettant aux cellules de se reconnaître mutuellement. Par exemple, le spermatozoïde identifie l'ovule grâce à son glycocalyx, et les cellules du système immunitaire identifient les bactéries et les particules virales en se liant à certaines de leurs glycoprotéines membranaires. Ces questions sont traitées plus en détail aux pages 77-78. Par ailleurs, ce sont aussi des glycoprotéines faisant partie du glycocalyx qui sont responsables de l'existence des différents groupes sanguins.

Lorsqu'une cellule devient cancéreuse, son glycocalyx subit des changements radicaux. Le glycocalyx d'une cellule cancéreuse peut même évoluer presque continuellement, ce qui permet à cette dernière d'avoir une longueur d'avance sur les mécanismes de reconnaissance du système immunitaire et de ne pas être détruite. (Nous parlons du cancer plus loin dans le présent chapitre.) ■

La membrane plasmique est une structure fluide dynamique dont la consistance se rapproche de celle de l'huile d'olive. Les molécules de lipides peuvent se déplacer latéralement, mais les interactions polaire-non polaire les empêchent de se retourner ou de passer d'une couche lipidique à l'autre. Certaines protéines de la membrane flottent tout à fait librement mais d'autres, notamment les protéines périphériques, sont plus limitées dans leurs mouvements et semblent être « ancrées » aux structures internes de la cellule qui constituent le *cytosquelette*. Ce réseau d'ancrage stabilise la face cytoplasmique de la membrane ; sans lui, la membrane se diviserait en un grand nombre de petites vésicules.

Éléments spécialisés de la membrane plasmique

Microvillosités

Les **microvillosités** (« petits poils hérissés ») sont de minuscules prolongements de la membrane plasmique en forme de doigts qui constituent des saillies sur une partie libre, ou exposée, de la surface de la cellule (voir la figure 3.4). Elles accroissent considérablement la superficie de la membrane plasmique et on les trouve le plus souvent sur les cellules absorbantes, comme celles des tubules rénaux et des intestins. Le centre des microvillosités est composé de filaments d'actine. L'actine est une protéine contractile, mais elle semble rendre les microvillosités plus rigides.

Jonctions membranaires

Bien que quelques types de cellules (globules sanguins, spermatozoïdes et certains phagocytes) se déplacent librement dans l'organisme, la plupart des cellules, surtout celles du tissu épithélial, sont étroitement associées. Habituellement, trois facteurs contribuent à retenir les cellules ensemble. Premièrement, le glycocalyx contient des glycoprotéines adhésives ; deuxièmement, les membranes plasmiques de cellules adjacentes sont ondulées et peuvent s'imbriquer comme les pièces d'un casse-tête ; troisièmement, et surtout, il existe des jonctions membranaires spécifiques qui sont décrites ci-dessous.

Jonctions serrées Dans les **jonctions serrées**, les molécules de protéines des membranes plasmiques adjacentes s'imbriquent comme les dents d'une fermeture éclair, constituant ainsi une *jonction imperméable,* une bande en forme d'anneau ceinturant complètement la cellule (figure 3.4). Les jonctions serrées empêchent les molécules de s'infiltrer entre les cellules adjacentes des muqueuses et séreuses. Par exemple, les jonctions serrées situées sur la face latérale des cellules épithéliales qui tapissent le tube digestif empêchent les enzymes digestives et les microorganismes présents dans l'intestin de passer dans le sang.

Desmosomes Les **desmosomes** (« corps liants ») sont des *jonctions d'ancrage*, c'est-à-dire des sortes d'attaches mécaniques réparties comme des rivets sur les côtés de cellules adjacentes et qui les empêchent de se séparer. Les desmosomes possèdent une structure complexe (figure 3.4). Sur la face cytoplasmique de chaque membrane plasmique, on remarque une zone plus épaisse en forme de bouton, appelée plaque. Les cellules voisines ne se touchent pas mais sont retenues ensemble par de fines protéines (cadhérines) qui relient les plaques entre elles. Des filaments protéiniques plus épais (filaments intermédiaires de kératine), qui font partie du cytosquelette, partent de la face cytoplasmique du bouton membranaire, traversent la cellule et s'ancrent à un autre bouton situé du côté opposé. Par conséquent, non seulement les desmosomes relient entre elles les cellules adjacentes, mais ils constituent également un réseau ininterrompu de « haubans » dont beaucoup passent d'une cellule à une autre. Cette disposition a pour effet de répartir les tensions à travers

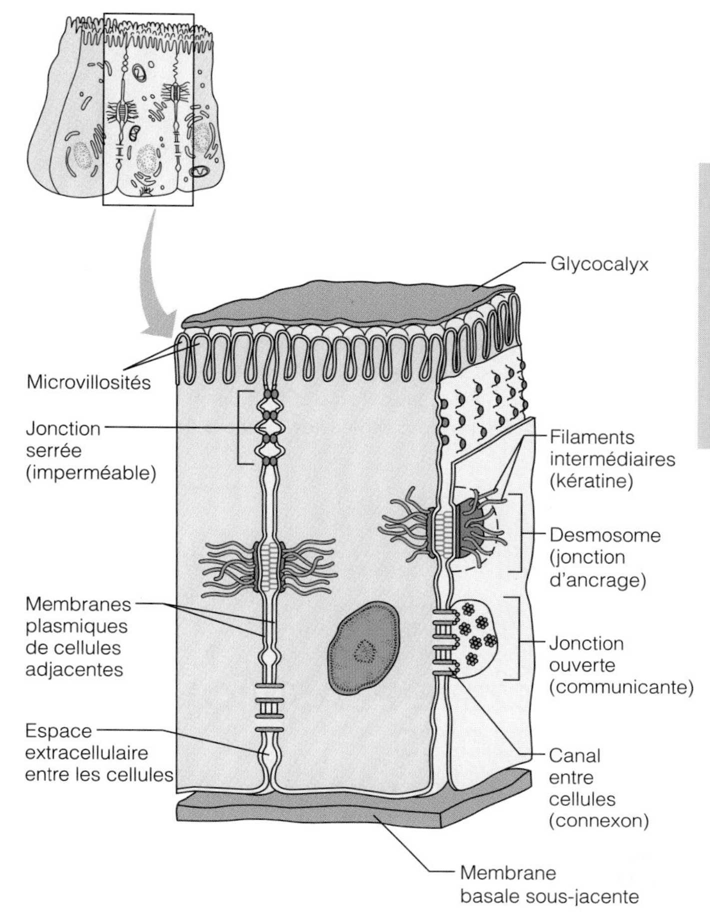

FIGURE 3.4
Jonctions cellulaires. Représentation d'une cellule épithéliale reliée aux cellules adjacentes par les trois principaux types de jonctions : jonctions serrées, desmosomes et jonctions ouvertes.

l'ensemble de la couche de cellules et empêche celle-ci de se déchirer lorsqu'elle est étirée. Les desmosomes sont nombreux dans les tissus qui se trouvent soumis à de grandes forces mécaniques, comme dans la peau, le muscle cardiaque et le col de l'utérus.

Jonctions ouvertes La principale fonction des **jonctions ouvertes** (aussi appelées jonctions lacunaires ou jonctions communicantes) est de permettre le passage de substances chimiques d'une cellule à l'autre. Au niveau des jonctions ouvertes, les membranes plasmiques adjacentes sont très rapprochées et les cellules sont reliées par des cylindres creux nommés *connexons*, dont les parois sont formées de protéines transmembranaires (connexines). Le connexon d'une membrane s'associe au connexon de la membrane adjacente pour constituer un canal unique. Les ions, les sucres et d'autres petites molécules empruntent ces canaux pleins d'eau pour passer d'une cellule à l'autre (figure 3.4). Les jonctions ouvertes existant entre les cellules de l'embryon ont un rôle vital parce qu'elles assurent la circulation des nutriments avant la formation du système sanguin ainsi que la transmission de signaux essentiels au développement des tissus. Chez les adultes, on trouve des jonctions ouvertes dans les tissus pouvant subir une

3

FIGURE 3.5
Diffusion. Les molécules en solution sont toujours en mouvement et entrent continuellement en collision les unes avec les autres. Par conséquent, elles tendent à s'éloigner des régions où leur concentration est la plus élevée et à se disséminer de façon uniforme, comme l'illustre l'exemple de la diffusion des molécules de sucre dans une tasse de café.

excitation électrique, comme le cœur et les muscles lisses où l'activité électrique et la contraction sont synchronisées en partie par le passage d'ions d'une cellule à l'autre.

MEMBRANE PLASMIQUE : FONCTIONS

Transport membranaire

Nos cellules baignent constamment dans un liquide extracellulaire, appelé **liquide interstitiel,** qui est dérivé du sang. On peut le considérer comme une sorte de « soupe » riche et nourrissante. Il contient des milliers d'ingrédients, dont des acides aminés, des sucres, des acides gras, des vitamines, des substances régulatrices comme des hormones et des neurotransmetteurs, des sels et des déchets. Pour rester saine, chaque cellule doit extraire de cette soupe les quantités exactes de chacune des substances dont elle a besoin à chaque instant et empêcher l'entrée de toute substance excédentaire.

Bien qu'il y ait toujours des échanges à travers la membrane, celle-ci forme une barrière **à perméabilité sélective** ou **différentielle,** c'est-à-dire qu'elle ne laisse passer que certaines substances, comme les nutriments, en excluant de nombreux produits indésirables. Simultanément, elle retient les précieuses protéines cellulaires et d'autres molécules tout en laissant sortir les déchets.

La barrière à perméabilité sélective est une caractéristique des cellules saines et en bon état. Lorsqu'une cellule (ou sa membrane plasmique) est très endommagée, cette barrière devient perméable à pratiquement toutes les substances, qui peuvent alors entrer dans la cellule et en sortir librement. Ce phénomène se manifeste très clairement à la suite d'une brûlure grave : liquides, ions et protéines « suintent », c'est-à-dire qu'ils s'écoulent des cellules mortes et endommagées de la région brûlée. ■

Le mouvement des substances à travers la membrane plasmique peut se produire de deux façons, c'est-à-dire activement ou passivement. Dans les **mécanismes passifs,** les molécules traversent la membrane sans que la cellule fournisse d'énergie. Dans les **mécanismes actifs,** la cellule dépense une énergie métabolique (ATP) pour transporter la substance en question à travers la membrane. Le tableau 3.1 (p. 74) résume les divers mécanismes de transport qui existent dans les cellules. Nous allons maintenant nous pencher sur le fonctionnement de chacun de ces types de transport membranaire.

Mécanismes passifs : diffusion

La *diffusion* est un processus de transport passif qui joue un rôle important dans toutes les cellules de l'organisme. Par contre, la *filtration*, l'autre mécanisme de transport passif, ne se produit généralement qu'à travers les parois des capillaires.

La **diffusion** est la tendance qu'ont les molécules et les ions à se répandre dans l'environnement (figure 3.5). Rappelez-vous que les molécules ont une certaine énergie cinétique et qu'elles sont en mouvement constant (voir le chapitre 2, p. 25) ; comme elles se déplacent au hasard et à haute vitesse, elles entrent en collision et rebondissent les unes sur les autres en changeant de direction après chaque collision. L'effet global de ce mouvement aléatoire est que les molécules vont des endroits où leur concentration est forte vers les endroits où leur concentration est plus faible ; on dit qu'elles diffusent *suivant* leur **gradient de concentration.** Plus la différence de concentration entre deux endroits est élevée, plus le mouvement net de diffusion des particules est important.

Comme le moteur (source d'énergie) de la diffusion est l'énergie cinétique des molécules elles-mêmes, la vitesse de la diffusion dépend de leur taille (plus elles sont petites, plus elles diffusent vite) et de leur température (plus celle-ci est élevée, plus la diffusion est rapide). Dans un récipient fermé, la diffusion finit par produire un mélange uniforme des divers types de molécules ; autrement dit, le système atteint un état d'équilibre où les molécules se déplacent également dans toutes les directions (aucun mouvement net). Tout le monde a eu affaire à des exemples de diffusion. Si vous pelez des oignons, vous pleurez parce que l'oignon, lorsqu'on le coupe, dégage des substances volatiles qui diffusent dans l'air, se dissolvent dans la couche de liquide qui recouvre vos yeux et forme de l'acide sulfurique, qui est irritant.

Comme l'intérieur de la membrane est composé de lipides et est donc hydrophobe, celle-ci constitue une

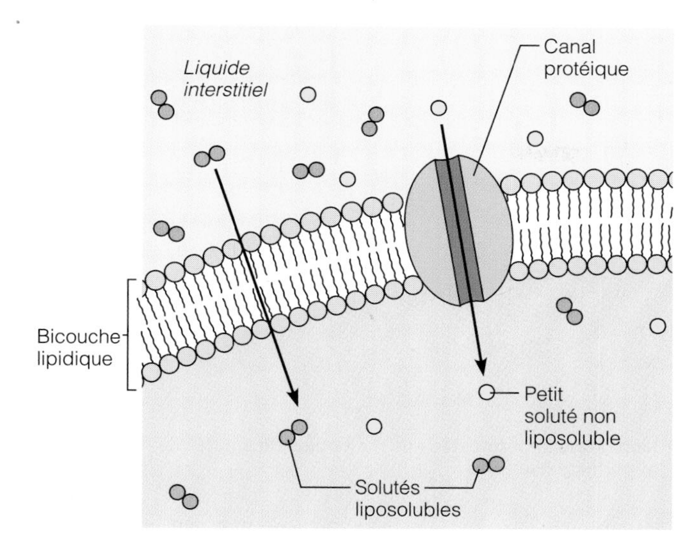

(a) **Diffusion simple**

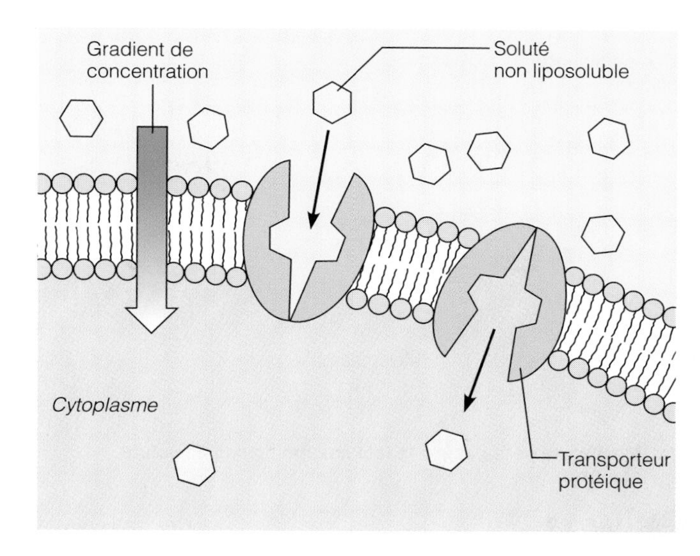

(b) **Diffusion facilitée**

FIGURE 3.6
Diffusion à travers la membrane plasmique. (a) Diffusion simple. À gauche, on voit les molécules liposolubles qui diffusent directement à travers la bicouche lipidique de la membrane plasmique, dans laquelle elles peuvent se dissoudre. À droite, on voit de petites molécules polaires ou chargées (molécules d'eau ou petits ions) qui diffusent à travers les canaux membranaires formés par certaines protéines. **(b)** La diffusion facilitée permet à de grosses molécules non liposolubles (par exemple le glucose) de traverser la membrane. La substance devant être transportée se lie à une protéine porteuse transmembranaire.

barrière à la diffusion simple. Cependant, la diffusion passive d'une molécule à travers la membrane plasmique *est possible* si la molécule répond à l'une des conditions suivantes : (1) elle est liposoluble, (2) elle est assez petite pour passer dans les pores de la membrane ou (3) elle est aidée par une molécule porteuse. La diffusion non assistée de particules liposolubles ou de très petite taille est appelée *diffusion simple*. Dans le cas particulier de la diffusion non assistée de l'eau, on parle d'*osmose* (*osmos* = pousser). La diffusion assistée est appelée *diffusion facilitée*.

Diffusion simple Les substances non polaires et liposolubles diffusent directement à travers la bicouche lipidique (figure 3.6a). Ces substances comprennent l'oxygène, le gaz carbonique, les graisses et l'alcool. L'oxygène est toujours plus concentré dans le sang que dans les cellules des tissus, et il se déplace donc continuellement vers l'intérieur de ces dernières ; quant au gaz carbonique, il est plus concentré dans les cellules et diffuse vers le sang.

La plupart des particules hydrosolubles ne peuvent pas diffuser à travers la bicouche lipidique parce qu'elles sont repoussées par sa partie interne, qui est formée de chaînes hydrocarbonées non polaires ; par contre, les particules polaires ou chargées peuvent diffuser à travers la membrane si elles sont assez petites pour passer dans les pores pleins d'eau constitués par les canaux protéiques (figure 3.6a). Le diamètre des pores est variable, mais on estime qu'il ne dépasse pas 0,8 nm ; par ailleurs, les canaux tendent à être sélectifs, c'est-à-dire qu'ils ne laissent passer que des substances précises. De plus, certains pores sont toujours ouverts, alors que d'autres sont munis d'une porte qu'ils peuvent ouvrir ou fermer en réponse à divers signaux chimiques ou électriques.

Osmose La diffusion d'un solvant, par exemple l'eau, à travers une membrane à perméabilité sélective, par exemple la membrane plasmique, est appelée **osmose.** Comme la molécule d'eau est fortement polaire, elle ne peut pas traverser la bicouche lipidique, mais elle est assez petite pour passer facilement dans les pores de la plupart des membranes plasmiques. L'osmose a lieu quand la concentration d'eau n'est pas la même des deux côtés d'une membrane. Pour illustrer le mécanisme de l'osmose, nous allons nous pencher sur quelques exemples tirés des systèmes non vivants, puis nous décrirons ce qui se produit au niveau des membranes des organismes vivants.

En présence d'eau distillée des deux côtés d'une membrane à perméabilité sélective, il n'y a aucun mouvement osmotique net, bien que les molécules d'eau traversent la membrane dans les deux sens. Cependant, dans une solution donnée, si la concentration de soluté augmente, la concentration d'eau diminue ; par conséquent, si la concentration de soluté n'est pas la même des deux côtés de la membrane, il y a aussi une différence entre les concentrations d'eau. La diminution de la concentration d'eau due à la présence du soluté *dépend du nombre* de particules de soluté *et non de leur nature* parce que, théoriquement, chaque molécule ou ion de soluté déplace une molécule d'eau. La concentration totale de toutes les particules de soluté est appelée **osmolarité** de la solution. Lorsque deux solutions d'osmolarités différentes et de même volume sont séparées par une membrane qui est *perméable à toutes les molécules du système*, il se produit simultanément une diffusion nette du soluté et de l'eau, chacune des substances se déplaçant suivant son gradient de concentration (figure 3.7a). Au bout d'un certain temps, les concentrations d'eau et de soluté sont les mêmes dans les deux compartiments et le système atteint un état d'équilibre. Si on considère le même système, mais avec une membrane *imperméable aux molécules de soluté*, on obtient un résultat tout à fait différent (figure 3.7b). L'eau

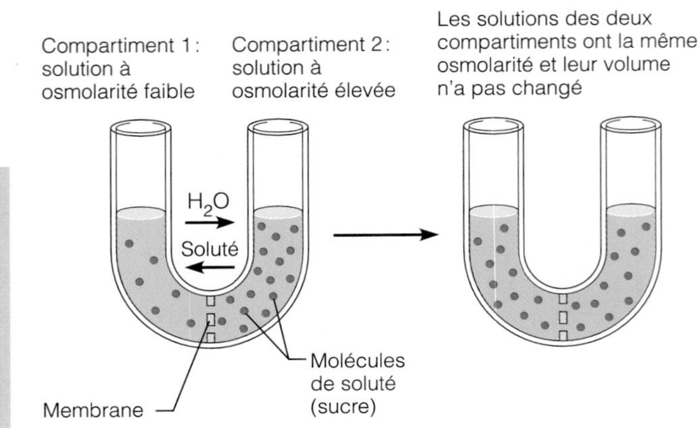

(a) Membrane perméable à la fois aux molécules de soluté et à l'eau

(b) Membrane imperméable aux molécules de soluté et perméable à l'eau

FIGURE 3.7
Influence de la perméabilité de la membrane sur la diffusion et l'osmose. (a) Dans ce système, la membrane est à la fois perméable à l'eau et aux molécules de soluté (sucre). L'eau passe de la solution où l'osmolarité est la plus basse (compartiment 1) à celle où l'osmolarité est la plus élevée (compartiment 2). Le soluté va dans le sens de son propre gradient de concentration, c'est-à-dire dans la direction opposée. Lorsque le système atteint l'état d'équilibre (à droite), les solutions ont la même osmolarité et leur volume n'a pas changé. **(b)** Ce système est identique à celui présenté en (a), mais la membrane est imperméable au soluté. L'eau passe du compartiment 1 au compartiment 2 par osmose, jusqu'à ce que sa concentration soit la même aux deux endroits (tout comme la concentration du soluté). Comme le soluté ne peut pas traverser la membrane, le volume du compartiment 2 augmente.

diffuse alors rapidement du compartiment 1 au compartiment 2 et son mouvement se poursuit jusqu'à ce que sa concentration (ainsi que celle du soluté) soit la même des deux côtés de la membrane. Remarquez que, dans ce cas, l'équilibre résulte du seul mouvement de l'eau (les solutés ne peuvent pas changer de compartiment), lequel produit un changement de volume remarquable dans les deux compartiments.

Ce dernier exemple ressemble assez aux phénomènes osmotiques qui se produisent à travers les membranes plasmiques des cellules vivantes, à une différence près : dans notre exemple, les volumes des compartiments peuvent augmenter indéfiniment, et on ne prend pas en considération la pression exercée par le poids supplémentaire de la colonne de liquide la plus haute. Dans les cellules végétales, dont les membranes plasmiques sont entourées de parois rigides, la situation est très différente. L'eau diffuse vers l'intérieur de la cellule jusqu'à ce que la **pression hydrostatique** (pression exercée depuis l'intérieur par l'eau sur la membrane) soit égale à la **pression osmotique,** c'est-à-dire la force qui attire les molécules d'eau à l'intérieur par suite de la présence de solutés non diffusibles. De façon générale, plus la cellule contient une quantité élevée de solutés non diffusibles, plus la pression osmotique est importante et plus la pression hydrostatique doit être élevée pour pouvoir s'opposer à l'entrée nette d'eau.

Cependant, les cellules animales ne sont pas entourées de parois rigides et elles ne comportent que des membranes souples ; elles ne subissent donc pas de changements aussi marqués de leur pression hydrostatique (ni osmotique). En cas de déséquilibre osmotique, il se produit un gonflement ou un affaissement des cellules animales (à la suite du gain ou de la perte d'eau) jusqu'à ce que la concentration de soluté soit la même des deux côtés de la membrane cellulaire (état d'équilibre) ou que la membrane soit étirée au point de se rompre. Cela nous amène à parler de la *tonicité*. Comme nous l'avons vu, de nombreuses molécules, notamment les protéines intracellulaires et certains ions, ne peuvent pas diffuser à travers la membrane plasmique. Par conséquent, tout changement de leur concentration modifie la concentration d'eau des deux côtés de la membrane et entraîne un gain ou une perte d'eau par la cellule. La capacité d'une solution de modifier le tonus ou la forme des cellules en agissant sur leur volume d'eau interne est appelée **tonicité** (*tonos* = tension). Les solutions dans lesquelles la concentration de soluté non diffusible est égale à celle que l'on trouve dans les cellules sont dites **isotoniques** (« de la même tonicité »). Par exemple, une solution isotonique à la cellule aurait une concentration de 0,3 Osm/L de NaCl (ces unités sont expliquées plus loin). Les cellules placées dans ces solutions gardent leur forme normale, et on n'observe dans leur cas aucune perte ni aucun gain d'eau (figure 3.8a). Comme on pourrait s'y attendre, les liquides extracellulaires du corps et la plupart des solutions intraveineuses (qui sont injectées dans le corps par une veine) sont isotoniques. Les solutions qui présentent une concentration plus élevée de soluté non diffusible que les cellules vivantes sont dites **hypertoniques.** Les cellules placées dans des solutions hypertoniques perdent de l'eau par osmose, ce qui cause une diminution de leur volume (elles deviennent *crénelées*) (figure 3.8b). On qualifie d'**hypotoniques** les solutions plus diluées (contenant moins de solutés non diffusibles) que l'intérieur des cellules. Les cellules placées dans une solution hypotonique se gonflent rapidement d'eau (figure 3.8c). L'eau distillée représente l'exemple le plus extrême d'hypotonicité ; comme elle ne contient *aucun* soluté, elle continue d'entrer dans la cellule jusqu'à ce que celle-ci éclate, ou se *lyse*.

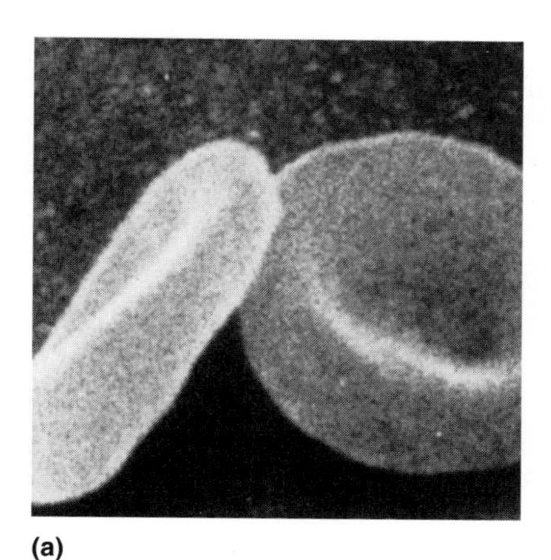

(a)

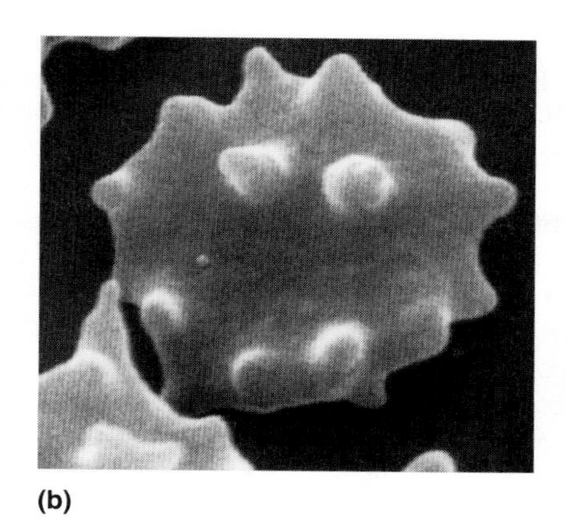

(b)

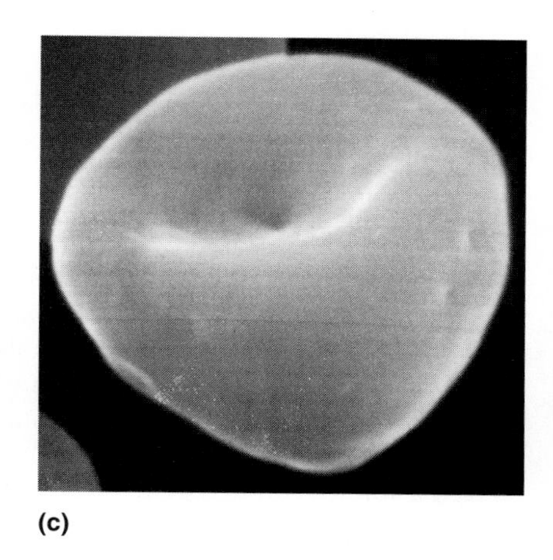

(c)

FIGURE 3.8
Effet de solutions de diverses tonicités sur des globules rouges vivants. (a) Dans une solution isotonique (mêmes concentrations de soluté et d'eau qu'à l'intérieur des cellules), les cellules gardent leur taille et leur forme normales. **(b)** Dans une solution hypertonique (concentration de soluté supérieure à celle présente dans les cellules), les cellules perdent de l'eau et rétrécissent (deviennent crénelées). **(c)** Dans une solution hypotonique (concentration de soluté inférieure à celle présente dans les cellules), les cellules absorbent de l'eau par osmose, enflent et risquent d'éclater (lyse).

On injecte parfois des solutions hypertoniques par voie intraveineuse à des patients qui souffrent d'œdème (dont les tissus sont gonflés d'eau) afin d'enlever l'excès d'eau présent dans l'espace extracellulaire et le faire passer dans le sang d'où il pourra être éliminé par les reins. On peut se servir de solutions hypotoniques (avec prudence) pour réhydrater les tissus de patients extrêmement déshydratés. Dans des cas de déshydratation moins exceptionnels, il suffit de boire des liquides hypotoniques. Beaucoup de liquides que les personnes en bonne santé boivent régulièrement (thé, cola, jus de pomme et boissons pour les sportifs) sont hypotoniques. ■

Remarquez bien que l'osmolarité et la tonicité sont deux notions différentes. Le facteur déterminant de la tonicité est la présence de solutés non diffusibles, alors que l'osmolarité dépend de l'ensemble des solutés. L'osmolarité est exprimée en osmoles par litre (Osm/L) ; 1 osmole vaut 1 mole de molécules qui ne s'ionisent pas*. Une solution de 0,3 Osm/L de NaCl est isotonique au milieu intracellulaire parce que les ions sodium ne peuvent habituellement pas diffuser librement à travers la membrane plasmique. Mais si la cellule est placée dans une solution de 0,3 Osm/L d'un soluté diffusible, ce dernier pénétrera dans la cellule et l'eau le suivra. Par conséquent, la cellule gonflera et éclatera comme si on l'avait placée dans de l'eau pure.

Les mouvements d'eau dus à l'osmose ont une importance primordiale lorsqu'on cherche à déterminer la répartition de l'eau dans les divers compartiments remplis de liquide de l'organisme (cellule, liquide interstitiel, sang, etc.). De façon générale, l'effet de l'osmose se poursuit jusqu'à ce que les pressions qui agissent sur la membrane (pressions osmotique et hydrostatique) soient égales. Par exemple, la pression hydrostatique du sang qui s'exerce sur les parois des vaisseaux sanguins tend à faire sortir l'eau des capillaires, mais la présence dans le sang de solutés qui sont trop gros pour traverser la membrane du capillaire retient l'eau dans le système circulatoire. Par conséquent, les pertes nettes de liquide plasmatique sont très faibles.

Diffusion facilitée Certaines molécules, notamment le glucose et d'autres sucres simples, sont à la fois non liposolubles et trop volumineuses pour passer par les pores de la membrane plasmique. Cependant, elles traversent celle-ci très rapidement grâce au mécanisme de transport passif appelé **diffusion facilitée** ; en effet, elles se combinent à des *transporteurs protéiques* présents dans la membrane plasmique et sont ensuite relâchées dans le cytoplasme. Le mécanisme de cette translocation reste une énigme, mais les biologistes sont à peu près certains que les protéines intégrées qui agissent comme transporteurs ne se « retournent » pas et qu'elles ne se déplacent pas véritablement pour traverser la membrane. Selon le modèle le plus répandu, qui est illustré à la figure 3.6b, le transporteur subit des changements de conformation qui lui permettent d'envelopper, puis de relâcher la substance à transporter en l'isolant de l'effet des régions non polaires de la membrane. Par conséquent, ce sont des changements de conformation du transporteur protéique qui font passer le site de liaison d'une face de la membrane à l'autre.

Les mécanismes de diffusion que nous avons décrits plus haut ne sont pas très sélectifs. Dans ces mécanismes, le fait qu'une molécule puisse traverser la membrane dépend avant tout de sa taille ou de sa solubilité dans les lipides, et non de sa structure propre. Par contre, la diffusion facilitée est extrêmement sélective ; le transporteur

* L'osmolarité (Osm) se calcule en multipliant la molarité (mol/L) par le nombre de particules produites par ionisation. Par exemple, comme le NaCl s'ionise en Na^+ et Cl^-, une solution de 1 mol/L de NaCl vaudra 2 osmoles. Dans le cas des substances qui ne s'ionisent pas (par exemple le glucose), la molarité et l'osmolarité ont la même valeur.

du glucose ne se combine qu'avec le glucose, tout comme une enzyme ne se lie qu'avec son substrat. (Dans le cas du glucose, ce transporteur appartient, en fait, à une famille de protéines qui peuvent différer légèrement d'un tissu à l'autre.) On pense que la cellule ne consomme pas d'ATP pour alimenter la diffusion facilitée, mais elle favorise néanmoins ce phénomène en produisant des transporteurs protéiques. (Cependant, dès que le glucose se trouve dans le cytoplasme, il subit une réaction couplée avec l'ATP qui donne du glucose-phosphate, comme l'illustre la figure 2.10c, page 37. Il est donc possible que le transport du glucose soit une forme de transport actif.) Comme dans tout mécanisme de diffusion, le glucose se déplace dans le sens de son gradient de concentration. Normalement, il se trouve plus concentré dans le sang que dans les cellules, où il est rapidement consommé pour la synthèse de l'ATP ; par conséquent, dans l'organisme, le transport du glucose ne se fait habituellement que dans une seule direction, c'est-à-dire vers l'intérieur des cellules. Le transport effectué à l'aide de transporteurs est limité par le nombre de récepteurs présents. Par exemple, lorsque tous les transporteurs de glucose sont « occupés », on dit qu'ils sont *saturés*, et le transport du glucose se fait alors à sa vitesse maximale.

L'oxygène, l'eau et le glucose sont essentiels à l'homéostasie de la cellule. Par conséquent, leur transport passif par diffusion représente une énorme économie d'énergie cellulaire. Si toutes ces substances (et le gaz carbonique) devaient être transportées de façon active, on constaterait un accroissement énorme de la dépense cellulaire d'ATP.

Mécanismes passifs : filtration

La **filtration** est le mécanisme par lequel l'eau et les solutés traversent une membrane ou la paroi d'un vaisseau sous l'effet de la pression *hydrostatique*. Comme la diffusion, la filtration est un processus de transport passif et fait intervenir un gradient. Cependant, dans le cas de la filtration, il s'agit d'un **gradient de pression** qui tend à faire passer un liquide contenant des solutés (filtrat) d'une région à pression élevée vers une région à pression moins élevée. Nous avons déjà vu que, dans l'organisme, la pression hydrostatique exercée par le sang tendait à faire sortir les liquides des capillaires et que ces liquides contenaient des solutés d'importance vitale pour les tissus. Les liquides sécrétés par les reins sous forme d'urine sont également produits par filtration. Ce processus n'est pas sélectif ; seuls les globules sanguins et les molécules de protéines, qui sont trop volumineux pour pouvoir passer par les pores des membranes, restent dans le compartiment d'origine.

Mécanismes actifs

Dans tous les cas où la cellule consomme l'énergie qu'elle contient sous forme d'ATP pour faire passer des substances à travers la membrane, on parle de mécanisme *actif*. Normalement, si une substance traverse la membrane plasmique par un mécanisme actif, c'est parce qu'aucun des processus de diffusion passive ne lui permet de passer dans la direction voulue. Il se peut que les molécules soient trop grosses pour passer dans les pores, qu'elles ne puissent pas se dissoudre dans la bicouche lipidique qui forme le centre de la membrane ou que leur déplacement doive se faire contre le gradient de concentration. Les deux principaux mécanismes actifs de transport membranaire sont le transport actif et le transport vésiculaire.

Transport actif Le **transport actif,** ou **pompage de solutés,** ressemble à la diffusion facilitée parce que, comme celle-ci, il fait intervenir des transporteurs protéiques qui se combinent de façon *spécifique* et *réversible* avec les substances à transporter. Cependant, la diffusion facilitée va toujours dans le sens du gradient de concentration parce qu'elle est alimentée par l'énergie cinétique. Par contre, les **pompes à solutés** (transporteurs protéiques qui ressemblent à des enzymes) déplacent les solutés, principalement des acides aminés et des ions (comme Na^+, K^+ et Ca^{2+}) « à contre-courant », c'est-à-dire *contre* leur gradient de concentration. Pour ce faire, les cellules doivent consommer l'énergie fournie par le métabolisme cellulaire et présente sous forme d'ATP. Bien que le mécanisme du transport actif ne soit pas entièrement compris, on pense que le transporteur protéique intégré, lorsqu'il est activé, change de conformation de façon à faire passer le soluté auquel il est lié à travers la membrane.

De nombreux systèmes de transport actif sont des *systèmes couplés*, c'est-à-dire qu'ils déplacent plus d'une substance à la fois. Si les deux substances sont transportées dans la même direction, il s'agit d'un **système symport** (*sym* = même). Si les substances se croisent, c'est-à-dire qu'elles traversent la membrane dans des directions opposées, on parle de **système antiport** (*anti* = opposé). De plus, on fait une distinction entre les mécanismes de transport actif selon la source d'énergie dont ils dépendent. Le **transport actif primaire** est alimenté directement par l'hydrolyse de l'ATP, alors que le **transport actif secondaire** est activé indirectement par des pompes de transport actif primaire qui créent des gradients ioniques. Étudions ces mécanismes de plus près.

Le système de transport actif primaire qui a été le plus étudié est la **pompe à sodium et à potassium (à Na^+-K^+)**, soit une enzyme appelée **ATPase sodium-potassium.** La concentration de K^+ à l'intérieur de la cellule est généralement de 10 à 20 fois plus élevée qu'à l'extérieur, et l'inverse est vrai de Na^+. Ces différences de concentration sont essentielles au fonctionnement des cellules excitables comme les cellules musculaires et les neurones ainsi qu'au maintien de quantités normales de liquide dans toutes les cellules de l'organisme. Comme Na^+ et K^+ s'écoulent de façon lente mais continue à travers la membrane plasmique en suivant leur gradient de concentration respectif (et qu'ils la traversent plus rapidement dans les cellules musculaires et les neurones qui sont excités), la pompe à Na^+-K^+ fonctionne de façon plus ou moins continue comme un antiport qui ramène Na^+ à l'extérieur de la cellule contre un gradient assez prononcé et, simultanément, ramène K^+ à l'intérieur (figure 3.9). La pompe à calcium, qui capture activement les ions calcium du liquide intracellulaire pour les enfermer dans des organites spécialisés ou les éjecter de la cellule, constitue un autre exemple de transport actif primaire.

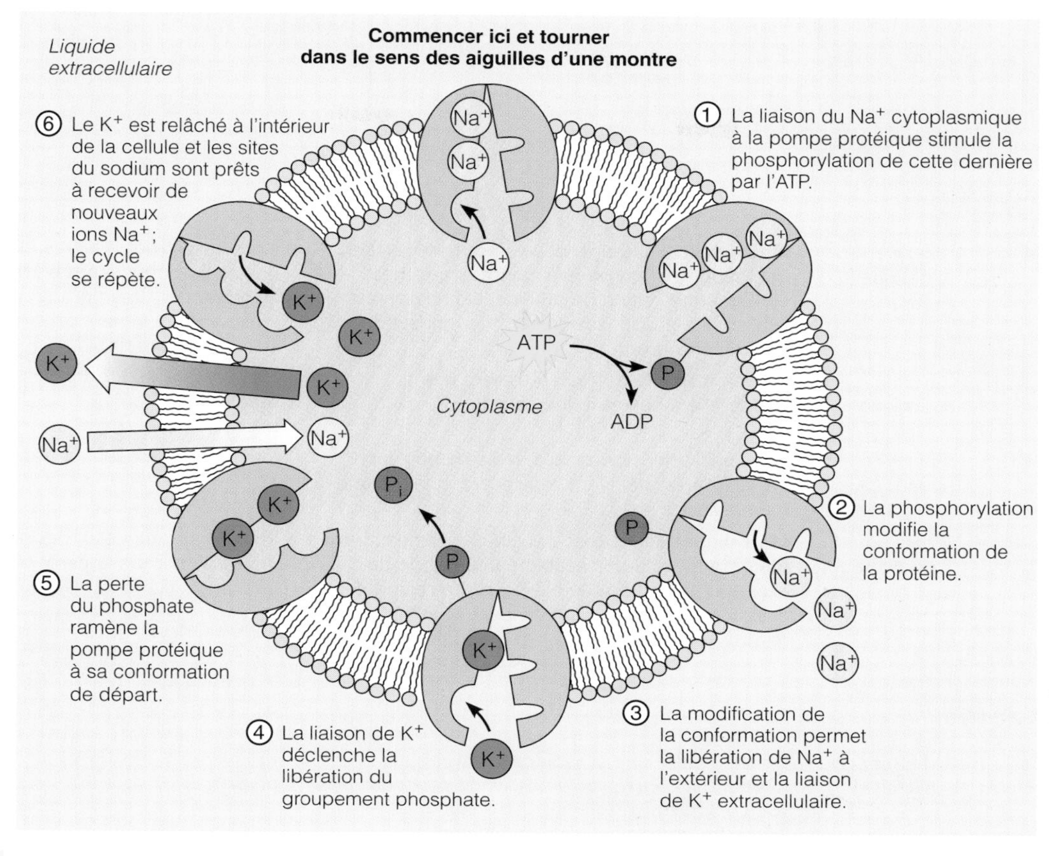

FIGURE 3.9
Fonctionnement de la pompe à sodium et à potassium, une pompe antiport (ATPase Na^+-K^+). L'hydrolyse d'une molécule d'ATP fournit l'énergie qui permet à la « pompe » protéique de faire passer trois ions sodium à l'extérieur de la cellule et d'amener deux ions potassium à l'intérieur de celle-ci. Dans les deux cas, les ions se déplacent contre leurs gradients de concentration, qui sont indiqués par des flèches de couleur traversant la membrane (flèche jaune : gradient de Na^+ ; flèche verte : gradient de K^+). Cette pompe est donc un *antiport*.

Un même type de pompe alimenté par l'ATP, comme la pompe à Na^+-K^+ qui maintient le gradient de sodium, peut aussi assurer indirectement le transport de plusieurs autres solutés (transport actif secondaire). En faisant passer le sodium à travers la membrane plasmique contre son propre gradient, la pompe emmagasine de l'énergie (sous forme de gradient ionique). Tout comme l'eau qui a été pompée vers le haut peut effectuer un travail lorsqu'elle redescend (par exemple activer une turbine), toute substance qui a été transportée activement à travers une membrane peut effectuer un travail lorsqu'elle revient à son point de départ. Lorsque le sodium diffuse à nouveau vers l'intérieur de la cellule avec l'aide d'un transporteur protéique (diffusion facilitée), celui-ci « entraîne » ou cotransporte simultanément d'autres substances. Par exemple, divers acides aminés, certains sucres et de nombreux ions sont cotransportés de cette façon vers l'intérieur des cellules qui tapissent le petit intestin. Bien que les deux substances ainsi transportées se déplacent de façon passive, le sodium doit être à nouveau pompé vers la lumière de l'intestin pour que son gradient de diffusion soit maintenu. Les gradients ioniques peuvent également servir de source d'énergie aux systèmes antiport comme ceux qui expulsent des ions hydrogène (H^+) à l'aide du gradient de sodium et assurent ainsi la régulation du pH intracellulaire.

Que l'énergie serve directement ou indirectement au mécanisme de transport actif, chaque pompe membranaire ne transporte que certaines substances bien définies. Par conséquent, le pompage de solutés et les systèmes de transport couplés permettent à la cellule de se montrer très sélective envers les substances qui ne peuvent pas traverser la membrane par diffusion. (Pas de pompe, pas de transport.)

Transport vésiculaire (en vrac) Les grosses particules et les macromolécules traversent la membrane grâce au **transport vésiculaire** ou **en vrac.** Comme le pompage de solutés, ce mécanisme de transport est activé par l'ATP. Les deux principaux modes de transport vésiculaire sont l'exocytose et l'endocytose.

L'**exocytose** (« vers l'extérieur de la cellule ») est un mécanisme qui assure le passage de certaines substances de l'intérieur de la cellule à l'espace extracellulaire. Elle permet la sécrétion d'hormones, la libération de neurotransmetteurs, la sécrétion de mucus et, dans certains cas, l'élimination des déchets. Lors de l'exocytose, la substance ou le produit cellulaire devant être libéré est

3

TABLEAU 3.1 Mécanismes de transport membranaire

Mécanisme	Source d'énergie	Description	Exemples
MÉCANISMES PASSIFS			
Diffusion simple	Énergie cinétique	Mouvement net de particules (ions, molécules, etc.) d'une région où leur concentration est élevée à une région où leur concentration est faible, c'est-à-dire dans le sens de leur gradient de concentration	Mouvement des graisses, de l'oxygène et du gaz carbonique à travers la partie lipidique de la membrane ; passage des ions dans les canaux protéiques, selon certaines conditions
Osmose	Énergie cinétique	Diffusion simple de l'eau à travers une membrane à perméabilité sélective	Mouvement de l'eau par les pores de la membrane plasmique pour entrer dans la cellule et en sortir
Diffusion facilitée	Énergie cinétique	Comme la diffusion simple, mais la substance qui diffuse est liée à un transporteur protéique membranaire	Entrée du glucose dans les cellules
Filtration	Pression hydrostatique	Mouvement de l'eau et des solutés à travers une membrane semi-perméable d'une région de pression hydrostatique élevée à une région de pression hydrostatique plus faible, c'est-à-dire dans le sens d'un gradient de pression	Mouvement de l'eau, des nutriments et des gaz à travers la paroi d'un capillaire ; formation du filtrat dans les reins
MÉCANISMES ACTIFS			
Transport actif (pompage de soluté)	ATP (énergie cellulaire)	Mouvement d'une substance à travers une membrane contre son gradient de concentration (ou contre son gradient électrochimique) ; nécessite un transporteur protéique	Mouvement des acides aminés et de la plupart des ions à travers la membrane
Transport vésiculaire (en vrac)			
• Exocytose	ATP	Sécrétion ou élimination de substances présentes dans la cellule ; la substance est enfermée dans une vésicule (sac membraneux qui fusionne avec la membrane plasmique et s'ouvre vers l'extérieur en relâchant la substance en question	Sécrétion de neurotransmetteurs, d'hormones, de mucus, etc. ; élimination des déchets cellulaires
• Phagocytose (endocytose)	ATP	« Action de manger de la cellule » : une grosse particule externe (protéines, bactéries, débris cellulaires) est entourée par un « pied » et enfermée dans une vésicule de membrane plasmique	Dans le corps humain, se produit surtout dans les phagocytes du système immunitaire (certains globules blancs, macrophagocytes)
• Pinocytose (endocytose)	ATP	« Action de boire de la cellule » : la membrane plasmique s'invagine sous une gouttelette de liquide externe contenant de petits solutés ; les bords de la membrane fusionnent en formant une vésicule remplie de liquide	Se produit dans la plupart des cellules ; importante pour la capture de solutés par les cellules absorbantes des reins et de l'intestin
• Endocytose par récepteurs interposés	ATP	Mécanisme sélectif d'endocytose ; la substance venant de l'extérieur se lie à des récepteurs membranaires, et des vésicules tapissées se forment	Mode d'absorption de certaines hormones, du cholestérol, du fer et d'autres molécules

d'abord enfermé dans un sac membraneux appelé **vésicule.** La vésicule migre en direction de la membrane plasmique, elle fusionne avec elle et déverse son contenu à l'extérieur de la cellule (figure 3.10). Ce mécanisme fait intervenir un processus d'« amarrage » ; en effet, les protéines membranaires des vésicules reconnaissent certaines protéines présentes sur la membrane plasmique et se lient avec elles, ce qui rapproche assez les deux membranes pour leur permettre de fusionner. Comme nous allons le voir, les matériaux qui s'ajoutent à la membrane lors de l'exocytose en sont retirés pendant l'endocytose, qui est le processus inverse.

L'**endocytose** (« vers l'intérieur de la cellule ») permet à de grosses particules ou à des macromolécules d'entrer dans la cellule. La substance qui doit pénétrer dans la cellule est graduellement entourée par une invagination de la membrane plasmique. Lorsque la vésicule est formée, elle se détache de la membrane plasmique et entre dans le cytoplasme, où son contenu est ensuite digéré. On connaît trois formes d'endocytose : la phagocytose, la pinocytose et l'endocytose par récepteurs interposés.

Lors de la **phagocytose** (« action de manger d'une cellule »), des portions de la membrane plasmique et du cytoplasme s'étendent pour entourer un objet

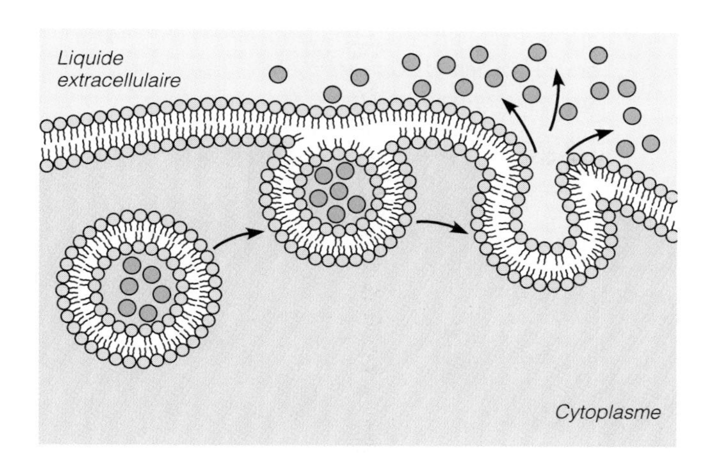

FIGURE 3.10
Exocytose. La vésicule (sac membraneux) renfermant la substance à sécréter migre vers la membrane plasmique, puis les deux membranes fusionnent. Le site de la fusion s'ouvre et libère le contenu de la vésicule dans le liquide interstitiel.

relativement gros ou solide, tel un amas de bactéries ou de débris cellulaires, des polluants ou encore des allergènes, et l'englobent (figure 3.11a). La vésicule ainsi formée est appelée **phagosome** («corps mangé»). Dans la plupart des cas, le phagosome fusionne avec un *lysosome*, soit une structure cellulaire spécialisée contenant des enzymes digestives (voir la figure 3.18, p. 83), et la partie digestible de son contenu est hydrolysée (celle qui ne l'est pas constitue un corps résiduel).

Dans l'organisme humain, la phagocytose est accomplie entre autres par les macrophagocytes et certains globules blancs. Ces «professionnels» de la phagocytose contribuent à la défense et au nettoyage de l'organisme par l'ingestion et l'élimination de bactéries, d'autres substances étrangères et de cellules mortes. La majorité des phagocytes peuvent se déplacer par des **mouvements amiboïdes,** c'est-à-dire qu'ils «rampent» sur des prolongements du cytoplasme formant des pseudopodes (*pseudês* = faux; *podos* = pied) temporaires.

Tout comme on peut dire que les cellules mangent, on peut également affirmer qu'elles boivent, et ce par le mécanisme appelé **pinocytose** («action de boire de la cellule») (figure 3.11b). Lors de la pinocytose, un petit repli de membrane plasmique englobe une gouttelette de liquide extracellulaire contenant des molécules dissoutes. La gouttelette entre dans la cellule à l'intérieur d'une minuscule *vésicule pinocytaire*. Contrairement à la phagocytose, la pinocytose est très commune chez la plupart des cellules. Elle revêt une importance toute particulière pour les cellules qui assurent l'absorption des nutriments, comme celles qui tapissent les intestins.

Lors de la phagocytose et de la pinocytose, des morceaux de la membrane plasmique se détachent de celle-ci au moment de l'absorption des vésicules. Cependant, au cours de l'exocytose, ces mêmes morceaux de membrane reviennent s'ajouter à la membrane plasmique, dont la surface reste remarquablement constante.

Contrairement à la phagocytose et à la pinocytose, qui sont des mécanismes d'ingestion non spécifiques,

? *Les cellules phagocytaires sont très nombreuses dans les alvéoles pulmonaires, notamment chez les fumeurs. Pourquoi?*

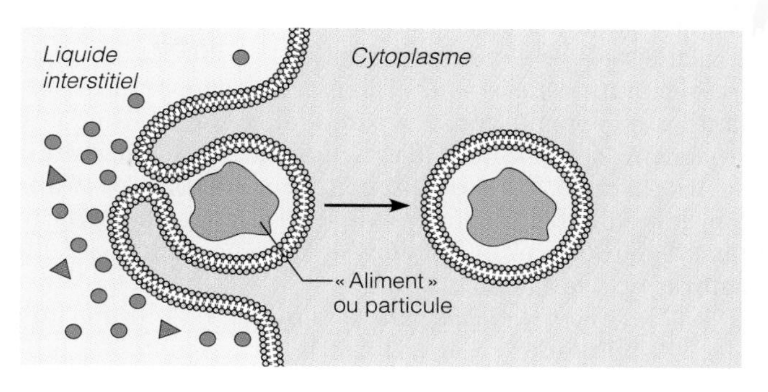

(a) Phagocytose

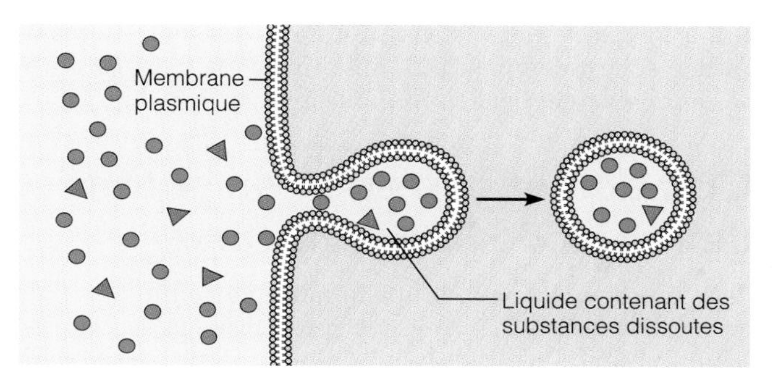

(b) Pinocytose

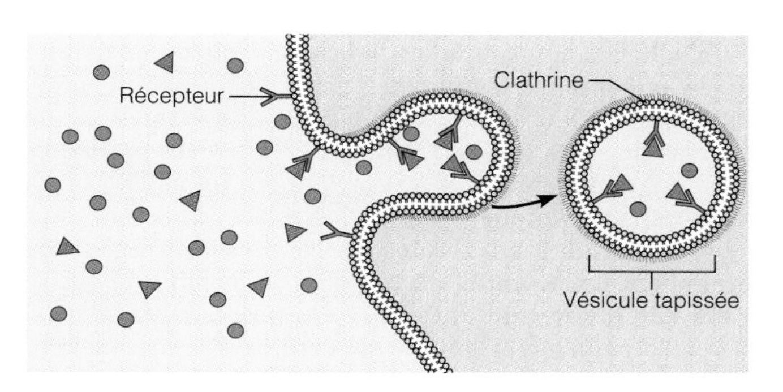

(c) Endocytose par récepteurs interposés

FIGURE 3.11
Les trois types d'endocytose.

l'**endocytose par récepteurs interposés** est extrêmement sélective (figure 3.11c). Les récepteurs sont des protéines de la membrane plasmique qui ne se lient qu'à certaines substances. Les récepteurs et les substances qui y sont fixées entrent ensemble dans la cellule à l'intérieur d'une petite vésicule appelée *vésicule tapissée*, terme qui fait allusion à la *clathrine*, une couche protéique formant des poils raides sur la face cytoplasmique de la vésicule.

Les poumons, qui sont ouverts sur l'environnement, accumulent la poussière et d'autres débris présents dans l'atmosphère. Dans les poumons des fumeurs, des particules de carbone viennent s'ajouter à ces débris.

L'endocytose par récepteurs interposés permet notamment l'absorption au niveau des reins de diverses substances telles que l'insuline, des lipoprotéines de basse densité (comme le cholestérol lié à un transporteur protéique), du fer ou encore de petites protéines. Lorsque la vésicule tapissée se combine avec un lysosome, l'hormone (ou une autre substance) est libérée ; les membranes portant les récepteurs liés se séparent alors de la vésicule et regagnent la membrane plasmique, où elles sont réutilisables à nouveau. En ce qui concerne les cellules autres que les globules blancs, l'endocytose peut être néfaste quand elle constitue un moyen d'entrée pour des substances nocives.

L'*hypercholestérolémie familiale* est une maladie héréditaire dans laquelle les récepteurs protéiques nécessaires à la capture du cholestérol par récepteurs interposés sont absents. Par conséquent, le cholestérol ne peut entrer dans les cellules de l'organisme et il s'accumule dans le sang. En l'absence de traitement, l'athérosclérose apparaît tôt et le risque de maladie coronarienne devient beaucoup plus élevé. ■

Création et entretien du potentiel de repos de la membrane

Comme vous le savez, la membrane plasmique est plus perméable à certains types de molécules qu'à d'autres. Cette perméabilité différentielle peut produire des phénomènes osmotiques qui entraînent des modifications importantes du tonus cellulaire, mais elle a aussi d'autres conséquences tout aussi importantes, dont la création d'un voltage, ou **potentiel de membrane,** de part et d'autre de la membrane. Un *voltage* est une forme d'énergie potentielle électrique résultant de la séparation de charges de signe opposé. Dans les cellules, les particules chargées sont les ions, et la barrière qui les sépare est la membrane plasmique.

À l'état de repos, toutes les cellules de l'organisme présentent un **potentiel de repos de la membrane** qui se situe habituellement entre –20 et –200 millivolts (mV) selon l'organisme et le type de cellule. Par conséquent, toutes les cellules sont dites **polarisées.** Le signe qui précède l'indication du voltage signifie que l'*intérieur* de la cellule est plus négatif que l'extérieur. Cependant, ce voltage (ou séparation des charges) n'existe qu'au niveau de la membrane ; si on pouvait additionner toutes les charges positives et négatives présentes dans le cytoplasme, on constaterait que l'intérieur de la cellule est électriquement neutre. De la même façon, les charges positives et négatives du liquide interstitiel s'équilibrent parfaitement.

S'il en est ainsi, comment le potentiel de repos de la membrane apparaît-il et comment est-il entretenu ? Bien que de nombreux types d'ions soient présents à la fois à l'intérieur des cellules et dans le liquide interstitiel, le potentiel de repos de la membrane résulte principalement des gradients de concentration de deux ions, Na^+ et K^+, et de la perméabilité différentielle de la membrane plasmique à ces derniers. Comme nous l'avons déjà dit et comme vous pouvez le voir à la figure 3.12, les cellules de l'organisme contiennent une forte proportion de K^+ et baignent dans un liquide interstitiel où il y a relativement plus de

(1) *Quels sont les ions qui sont pompés contre leur propre gradient de concentration ?* ***(2)*** *Quels sont les ions qui sont pompés contre leur gradient électrique ?*

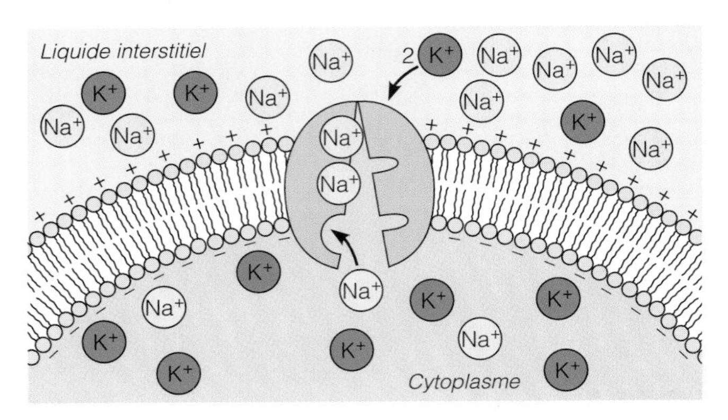

FIGURE 3.12
Résumé des forces qui créent et entretiennent les potentiels de membrane. Les déséquilibres ioniques qui produisent le potentiel de membrane reflètent la diffusion passive des ions (le sodium diffuse vers l'intérieur de la cellule plus lentement que le potassium ne diffuse vers l'extérieur parce que la perméabilité de la membrane n'est pas la même pour ces deux types d'ions). L'effet net est que la face externe de la membrane devient électriquement plus positive (accumulation d'un plus grand nombre d'ions positifs) que la face interne, qui est donc relativement négative. La pompe à Na^+-K^+ maintient cet état en assurant le transport actif des ions sodium et potassium (dans un rapport de trois à deux).

Na^+. À l'état de repos, la membrane plasmique est légèrement perméable à K^+, mais presque imperméable à Na^+. Vous pouvez constater que le potassium diffuse vers l'extérieur de la cellule en suivant son gradient de concentration. Le sodium, quant à lui, est fortement attiré vers l'intérieur de la cellule par son propre gradient de concentration ; cependant, comme la membrane est beaucoup moins perméable à Na^+ qu'à K^+, le flux du sodium est inférieur à celui du potassium et ne suffit pas à contrebalancer celui-ci. Cette diffusion inégale des deux types d'ions à travers la membrane produit une perte relative (déficit) d'ions positifs à l'intérieur de la cellule, ce qui crée le potentiel de repos de la membrane. On pourrait penser que le potentiel de repos résulte d'un flux ionique massif, mais ce n'est pas le cas. Chose surprenante, le nombre d'ions produisant le potentiel de membrane est si faible que les concentrations ioniques ne s'en trouvent pas modifiées de façon significative.

À l'état polarisé, les concentrations de sodium et de potassium ne *sont pas* en équilibre ; si on n'était en présence que de forces passives, la concentration de chacun de ces ions finirait par être la même à l'intérieur et à l'extérieur de la cellule. Au contraire, il existe un *état stable* où les concentrations ioniques correspondant à l'état de polarisation sont maintenues. Cet état stable résulte *à la fois* de mécanismes passifs et de mécanismes actifs,

(1) Les deux types d'ions sont pompés contre leur propre gradient de concentration. (2) Les ions sodium sont pompés contre leur gradient électrique.

c'est-à-dire de la diffusion et du transport actif. Comme nous l'avons vu, les ions sodium et potassium s'écoulent de façon passive en fonction des forces auxquelles ils sont soumis, mais le taux de transport actif est égal au taux de diffusion des ions sodium vers l'intérieur de la cellule et dépend de celui-ci. Si plus de sodium entre dans la cellule, de plus grandes quantités en sont pompées. (C'est un peu ce qui se passe quand on se trouve dans une chaloupe qui prend l'eau : plus l'eau entre vite, plus on écope vite !) La pompe à Na^+-K^+ couple le transport de sodium et de potassium, et chaque « coup » de pompe fait sortir trois Na^+ de la cellule en y faisant entrer deux K^+ (voir la figure 3.12). Comme la membrane est toujours un peu plus perméable à K^+, le déséquilibre ionique et le potentiel de membrane sont maintenus. Par conséquent, la pompe à sodium et à potassium activée par l'ATP donne l'impression que les cellules sont imperméables au sodium, et elle entretient à la fois le voltage de membrane et l'équilibre osmotique. Si le sodium n'était pas continuellement ramené à l'extérieur, il s'accumulerait tellement dans le milieu intracellulaire qu'il apparaîtrait un gradient osmotique qui attirerait l'eau dans la cellule jusqu'à ce qu'elle éclate.

Avant de conclure sur ce sujet, nous devons ajouter quelques détails à propos de la diffusion. Nous avons vu que les solutés diffusaient en suivant leurs gradients de concentration ; cela s'applique aux solutés non chargés, mais ce n'est que partiellement vrai des ions et autres molécules chargées. Étant donné qu'il existe un voltage de part et d'autre de la membrane plasmique, les charges positives ou négatives présentes sur les faces de celle-ci peuvent favoriser la diffusion résultant du gradient de concentration, ou s'y opposer. Il serait plus exact de dire que les ions diffusent dans le sens de leur **gradient électrochimique,** puisqu'ils subissent simultanément des forces d'origine électrique et d'origine chimique (effet de leur concentration). Par conséquent, si on examine de plus près la diffusion de K^+ et de Na^+ à travers la membrane plasmique, on constate que la diffusion de K^+ est facilitée par la plus grande perméabilité à cet ion et par son gradient de concentration, mais qu'elle est empêchée en partie par la présence de charges positives à l'extérieur de la cellule. D'autre part, Na^+ est attiré vers l'intérieur de la cellule par un gradient électrochimique très prononcé ; dans ce cas, le facteur limitant est l'imperméabilité relative de la membrane à cet ion. Comme nous le verrons plus précisément dans des chapitres ultérieurs, l'activation des neurones et des cellules musculaires se fait normalement par l'ouverture transitoire de canaux ioniques (Na^+ et K^+), ce qui a pour effet de modifier radicalement le potentiel de repos de la membrane.

Interactions entre la cellule et son milieu

Les cellules sont en quelque sorte des mini-usines biologiques ; comme toutes les usines, elles reçoivent des ordres de l'extérieur et y envoient elles-mêmes des ordres. Mais *comment* la cellule interagit-elle avec son milieu et qu'est-ce qui lui fait synthétiser des protéines ou assurer ses autres fonctions homéostatiques ?

Bien que l'on ait généralement tendance à penser que les cellules interagissent avec d'autres cellules, dans de nombreux cas elles réagissent à des substances chimiques extracellulaires telles que les hormones et les neurotransmetteurs qui sont transportés par les liquides de l'organisme. Les cellules interagissent aussi avec les molécules de la matrice extracellulaire qui servent de signaux et guident la migration cellulaire pendant le développement embryonnaire et la cicatrisation.

Que les cellules interagissent directement ou indirectement, elles le font toujours au moyen du glycocalyx. Les molécules du glycocalyx dont l'action est la mieux comprise forment deux grandes catégories, les récepteurs membranaires et les molécules d'adhérence cellulaire (voir la figure 3.3).

3

Fonctions des molécules d'adhérence cellulaire

Presque toutes les cellules de notre organisme comportent des milliers de **molécules d'adhérence cellulaire (CAM)**. Ces molécules jouent un rôle essentiel au cours du développement embryonnaire et de la cicatrisation (lorsque la mobilité cellulaire revêt une grande importance) ainsi que dans l'immunité. (Certaines de ces CAM font d'ailleurs partie de la famille des immunoglobulines, à laquelle appartiennent les anticorps.) Ces glycoprotéines collantes (cadhérines, intégrines et autres) sont (1) le « velcro » moléculaire qui permet aux cellules de se fixer à des molécules présentes dans le liquide interstitiel et les unes aux autres, (2) les « bras » grâce auxquels les cellules en migration passent les unes sur les autres et (3) les signaux de détresse (sous la forme de sélectines dépassant de la surface d'un vaisseau sanguin) qui dirigent les globules blancs vers une région infectée ou blessée. (Nous parlons des CAM plus en détail au chapitre 22, p. 765.)

Fonctions des récepteurs membranaires

Les **récepteurs membranaires** constituent un groupe diversifié et extrêmement nombreux de glycoprotéines et de protéines intégrées jouant le rôle de sites de liaison. Certains de ces récepteurs transmettent des signaux de contact, d'autres des signaux chimiques et d'autres encore des signaux électriques.

Signaux de contact Les signaux de contact représentent le mode de reconnaissance des cellules entre elles. Ils jouent un rôle particulièrement important dans le développement et l'immunité. Certaines bactéries et d'autres agents infectieux se servent également des signaux de contact pour identifier les tissus ou organes qui sont leurs cibles « préférées ».

Signaux électriques Certains récepteurs de la membrane plasmique sont des canaux protéiques qui réagissent aux fluctuations du voltage membranaire en ouvrant ou en fermant les « portes ioniques » qui leur sont associées. Ces récepteurs sensibles au voltage sont communs dans les tissus excitables tels que les tissus nerveux et musculaires, et ils sont essentiels à leur fonctionnement.

Signaux chimiques La plupart des récepteurs membranaires assurent la transmission de signaux chimiques, et nous nous pencherons plus particulièrement sur ce groupe. Les substances chimiques servant à la transmission de signaux et qui se lient spécifiquement aux récepteurs

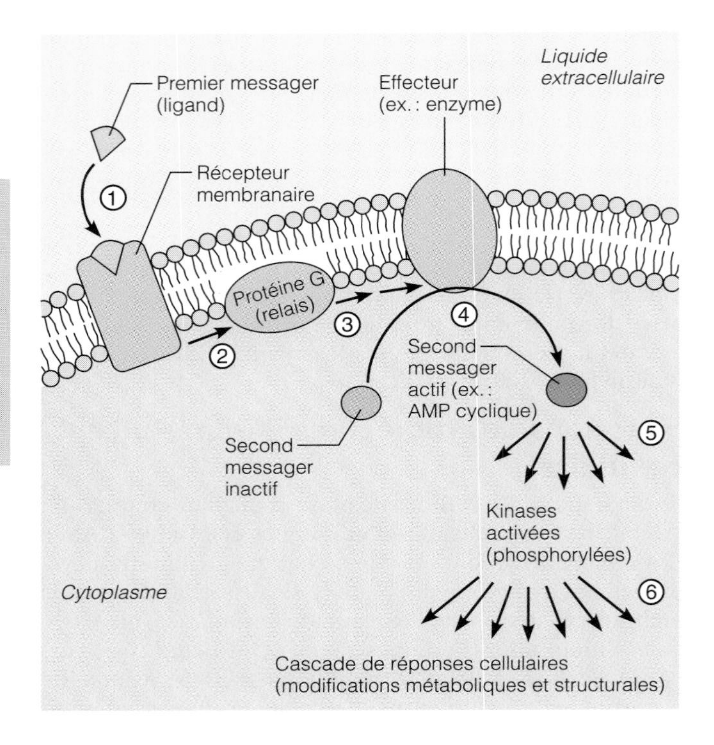

FIGURE 3.13
Modèle de fonctionnement d'un récepteur lié à une protéine G. Dans ce schéma simplifié, **(1)** une molécule extracellulaire (ligand) constitue un premier messager qui se lie à une protéine agissant comme récepteur. **(2)** Le récepteur active une protéine G servant de relais qui **(3)** stimule une protéine jouant le rôle d'effecteur. **(4)** L'effecteur est une enzyme qui produit un second messager à l'intérieur de la cellule. **(5)** Le second messager, soit l'AMP cyclique dans cet exemple, active à son tour des protéines-kinases. **(6)** Les protéines-kinases peuvent ainsi activer toute une série d'enzymes qui déclenchent les diverses réponses de la cellule.

membranaires sont appelés **ligands.** C'est parmi les ligands qu'on trouve la plupart des *neurotransmetteurs* (signaux du système nerveux), les *hormones* (signaux du système endocrinien) et les *substances paracrines* (molécules chimiques qui agissent localement et sont rapidement détruites). Les divers types de cellules peuvent répondre de façon différente à un même ligand. Par exemple, l'acétylcholine stimule la contraction des muscles squelettiques mais elle inhibe l'activité du muscle cardiaque. La réponse de la cellule cible (c'est-à-dire la conversion du signal chimique en activité cellulaire) dépend donc des mécanismes internes auxquels le récepteur est associé et non de la nature du ligand qui s'y attache. Cela se comprend mieux quand on sait que ces récepteurs peuvent avoir deux domaines fonctionnels : un qui fixe le ligand et un autre qui fait le lien entre le message et la réponse.

Bien que les réponses des cellules à l'action des récepteurs soient extrêmement variables, il existe des ressemblances fondamentales. Lorsqu'un ligand s'associe à un récepteur, la structure de ce dernier change et les protéines de la cellule sont toujours modifiées d'une façon ou d'une autre : les protéines des cellules musculaires changent de forme pour exercer une force, des enzymes sont activées ou inactivées, les protéines constituant des canaux ioniques ouvrent ou ferment ces derniers, etc.

Certains récepteurs membranaires transforment eux-mêmes le message chimique en réponse cellulaire ; ce sont les *protéines catalytiques* qui agissent comme des enzymes. Ce sont aussi les *récepteurs associés à un canal et comportant une porte* ; communs dans les cellules musculaires et les neurones, ils réagissent à la présence d'un ligand en ouvrant ou en fermant de façon transitoire les portes ioniques ou les canaux qui leur sont associés, ce qui modifie l'excitabilité de la cellule (voir la section sur les potentiels de membrane, p. 76). D'autres récepteurs ne font pas eux-mêmes la transduction du message ; ils sont couplés à des enzymes ou à des canaux ioniques par une molécule régulatrice appelée protéine G. (Il existe de nombreux types de protéines G associés aux différents types de récepteurs.) Comme presque toutes les cellules de notre organisme possèdent au moins un certain nombre de ces récepteurs, nous allons les aborder d'un peu plus près.

Les **récepteurs associés à une protéine G** agissent indirectement ; la **protéine G** leur sert d'intermédiaire ou de relais pour activer (ou inactiver) une enzyme ou un canal ionique lié à la membrane (figure 3.13). Un ou plusieurs signaux chimiques intracellulaires, souvent appelés **seconds messagers,** peuvent ainsi apparaître ; ils font le lien entre les événements qui se déroulent au niveau de la membrane plasmique et l'appareil métabolique interne de la cellule. L'**AMP cyclique** et l'ion calcium sont deux seconds messagers très importants qui, normalement, activent des enzymes appelées protéines-kinases. Celles-ci transfèrent des groupements phosphate de l'ATP à d'autres protéines et peuvent ainsi activer à leur tour toute une série d'enzymes (y compris d'autres kinases) qui déclenchent elles-mêmes l'activité cellulaire correspondante. Étant donné qu'une seule enzyme peut catalyser des centaines de réactions, ces chaînes ont un énorme effet amplificateur. Nous traitons plus en détail de ces systèmes de récepteurs ainsi que d'autres au chapitre 17.

Nous devons mentionner ici une autre molécule servant de signal, bien que son mécanisme d'action ne corresponde à aucun de ceux décrits ci-dessus. Le *monoxyde d'azote* (*NO*), composé d'un atome d'azote et d'un atome d'oxygène, est l'une des molécules les plus simples qui soient ; c'est aussi un polluant et le premier gaz connu qui agit comme messager biologique. Sa taille minuscule lui permet d'entrer dans les cellules et d'en sortir facilement. Son unique électron non apparié en fait un radical libre très réactif qui interagit avec une rapidité extrême avec d'autres molécules clés et déclenche ainsi chez les cellules une large gamme d'activités. Nous reparlerons du NO dans des chapitres ultérieurs (notamment à propos des systèmes nerveux, cardiovasculaire et immunitaire).

CYTOPLASME

Le **cytoplasme** (« matériau formant la cellule ») regroupe l'ensemble des substances présentes à l'intérieur de la membrane plasmique et à l'extérieur du noyau. C'est la principale région fonctionnelle de la cellule et l'endroit où se déroulent la plupart de ses activités. Les premiers microscopistes pensaient que le cytoplasme était un gel sans structure, mais le microscope électronique a permis de constater qu'il était constitué de trois principaux éléments : le cytosol, les organites et les inclusions.

Le **cytosol** est le liquide visqueux et translucide dans lequel les autres éléments du cytoplasme se trouvent en suspension. Le cytosol, qui est en grande partie composé d'eau, contient des protéines solubles, des sels, des sucres et divers autres solutés. Il s'agit donc d'un mélange complexe ayant à la fois les propriétés d'un colloïde et celles d'une solution vraie.

Les **organites,** que nous décrirons en détail un peu plus loin, constituent l'appareil métabolique de la cellule. Chaque type d'organite est structuré de façon à exécuter une fonction précise pour l'ensemble de la cellule. Certains organites synthétisent des protéines, d'autres les emmagasinent, etc.

Les **inclusions** ne sont pas des éléments fonctionnels mais des substances chimiques qui peuvent être présentes ou non, selon le type de cellule considéré. On pourrait citer par exemple les nutriments emmagasinés, comme les granules de glycogène qui se trouvent en abondance dans les cellules du foie et des muscles, les gouttelettes de lipides communes dans les cellules adipeuses, les granules de pigment (mélanine) présentes dans certaines cellules de la peau et dans les poils, ainsi que divers types de cristaux.

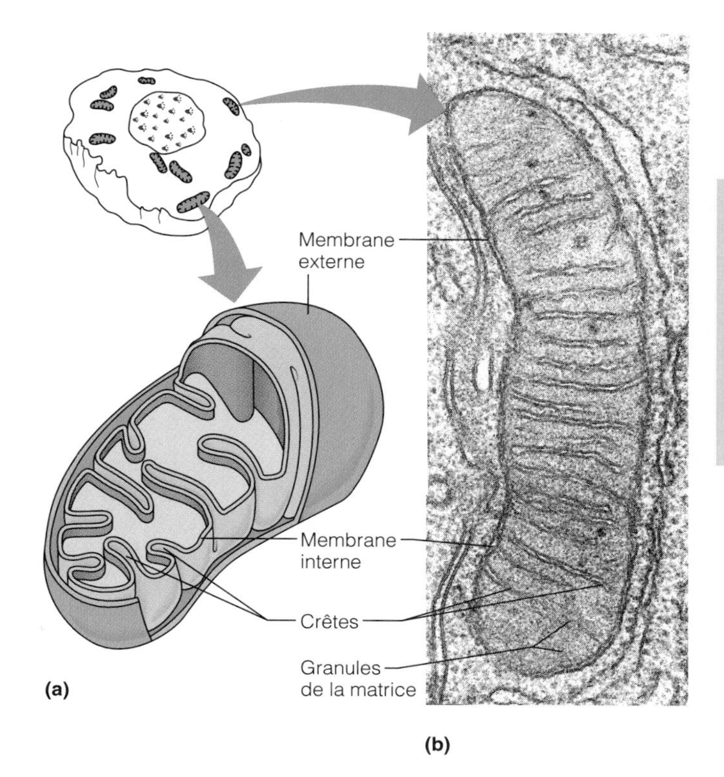

FIGURE 3.14
Mitochondrie. (a) Représentation schématique de la coupe longitudinale d'une mitochondrie. **(b)** Photographie au microscope électronique d'une mitochondrie (env. 44 880 ×).

Organites cytoplasmiques

Les organites («petits organes») du cytoplasme sont des éléments intracellulaires spécialisés qui assurent une fonction précise servant à maintenir la cellule en vie. La plupart des organites sont délimités par une membrane de composition semblable à celle de la membrane plasmique, de sorte que leur milieu interne peut être différent du cytosol qui les entoure. Ce cloisonnement est essentiel au fonctionnement de la cellule: sans lui, des milliers d'enzymes seraient mélangées au hasard et l'activité biochimique serait totalement aléatoire. En plus d'isoler les organites, ces membranes les relient entre eux en formant un réseau intracellulaire interactif appelé *système endomembranaire* (voir p. 84). Nous allons maintenant étudier le fonctionnement de chacun des ateliers de l'usine cellulaire.

Mitochondries

On représente habituellement les mitochondries comme de minuscules organites filiformes (*mitos* = fil) ou en forme de saucisse (figure 3.14). Toutefois, dans les cellules vivantes, elles se tortillent, s'allongent et changent de forme presque continuellement; elles peuvent même fusionner. Les mitochondries représentent la source d'énergie de la cellule parce qu'elles produisent la plus grande partie de son ATP. La densité des mitochondries reflète les besoins énergétiques de la cellule considérée, et ces organites sont habituellement plus nombreux là où l'activité est la plus intense. Les cellules très actives comme celles des muscles et du foie renferment des centaines de mitochondries, alors que celles qui sont relativement inactives (comme les lymphocytes) n'en possèdent que quelques-unes.

Les mitochondries sont entourées de *deux* membranes qui ont chacune la même structure générale que la membrane plasmique. La membrane externe est lisse et sans caractère particulier, mais la membrane interne se replie vers l'intérieur pour former des **crêtes** ressemblant à des étagères. Ces crêtes font saillie dans la matrice, c'est-à-dire la substance gélatineuse qui se trouve à l'intérieur de la mitochondrie. Les nutriments (acide pyruvique dérivé du glucose et acides gras) sont traités et dégradés en eau et en gaz carbonique par des groupes d'enzymes, dont certaines sont dissoutes dans la matrice mitochondriale et d'autres font partie de la membrane interne qui forme les crêtes. Notons que c'est cette membrane, parmi toutes les membranes cellulaires, qui possède la plus grande proportion de protéines.

Une partie de l'énergie produite par la dégradation du glucose est captée et utilisée pour lier des groupements phosphate à des molécules d'ADP et former ainsi de l'ATP. On appelle habituellement *respiration cellulaire aérobie* ce mécanisme mitochondrial en plusieurs étapes, car il nécessite de l'oxygène; il est décrit en détail au chapitre 25. La matrice contient aussi des particules sphériques de phosphate de calcium appelées **granules,** ce qui indique que les mitochondries ont une autre fonction, soit le stockage et la libération d'ions calcium. Comme les ions calcium servent de signal intracellulaire pour un très grand nombre de fonctions de la cellule (dont la contraction musculaire et la sécrétion), sa concentration dans le cytosol reste généralement faible.

Les mitochondries contiennent des ribosomes, de l'ADN (sous forme d'un chromosome circulaire, comme chez les bactéries) et de l'ARN, et elles se reproduisent. Bien que l'ADN mitochondrial dirige la synthèse d'environ 13 protéines nécessaires au fonctionnement de la mitochondrie, l'ADN du noyau code les quelque 50 autres protéines qui permettent la respiration cellulaire. Lorsque les besoins de la cellule en ATP augmentent, les mitochondries se multiplient en se divisant tout simplement en deux (un mécanisme appelé *scission*), puis grossissent jusqu'à atteindre leur taille initiale. Il est curieux de constater que les mitochondries ressemblent beaucoup à un groupe particulier de bactéries (phylum des bactéries pourpres). Il est maintenant généralement admis que les mitochondries descendent de bactéries aérobies qui ont envahi des ancêtres lointains de nos cellules et ont fini par en devenir complètement dépendantes.

Peroxysomes

Les **peroxysomes** sont des sacs membraneux (vésicules) contenant des oxydases, c'est-à-dire des enzymes puissantes qui utilisent l'oxygène moléculaire (O_2) pour neutraliser de nombreuses substances nuisibles ou toxiques, dont l'alcool et le formaldéhyde, et oxyder certains acides gras à longues chaînes. Cependant, la fonction la plus importante des peroxysomes est le désamorçage des dangereux radicaux libres. Les **radicaux libres** sont des substances chimiques très réactives comportant des électrons non appariés et qui peuvent semer le désordre dans la structure des protéines, des lipides et des acides nucléiques. Bien que les radicaux libres et le peroxyde d'hydrogène soient des sous-produits normaux du métabolisme cellulaire, ils peuvent avoir des effets désastreux sur les cellules s'ils s'accumulent. Les peroxysomes s'attaquent aux radicaux libres comme l'ion superoxyde (O_2^-) et le radical hydroxyle (–OH) en les transformant en peroxyde d'hydrogène (H_2O_2). Le nom de ce type d'organites reflète précisément cette fonction (*peroxysome* = corps de peroxyde). La *catalase*, une enzyme, réduit ensuite l'excès de peroxyde d'hydrogène en eau. Les peroxysomes sont particulièrement nombreux dans les cellules du foie et des reins où ils contribuent très activement à la détoxification. On peut juger de leur importance par les conséquences de leur absence par suite d'une anomalie génétique : elle entraîne la mort en bas âge.

Bien que les peroxysomes ressemblent à de petits lysosomes (voir la figure 3.1), ce sont des organites qui se reproduisent eux-mêmes en se coupant tout simplement en deux, contrairement aux lysosomes qui se forment par bourgeonnement à partir du complexe golgien.

Ribosomes

Les **ribosomes** sont de petits granules qui retiennent beaucoup le colorant ; ils sont constitués surtout d'un type d'ARN (l'*ARN ribosomal*) ainsi que de protéines. Chaque

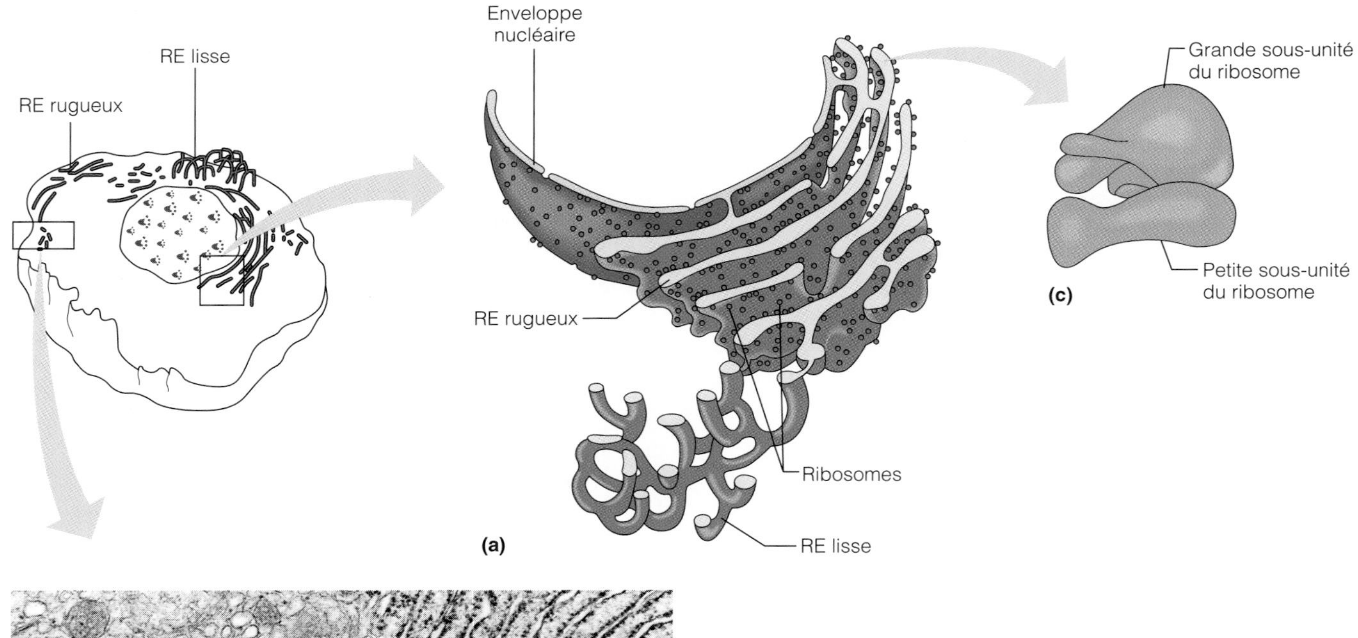

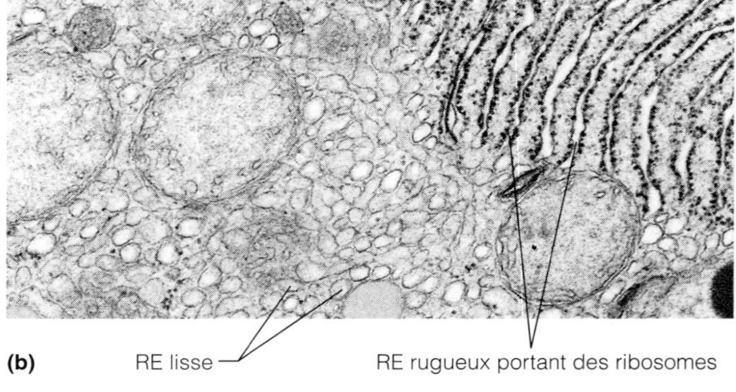

FIGURE 3.15
Le réticulum endoplasmique. (a) Représentation tridimensionnelle du réticulum endoplasmique rugueux d'une cellule hépatique ; on peut également voir ses liens avec le RE lisse. **(b)** Photographie au microscope électronique de réticulum endoplasmique rugueux et lisse (env. 26 500 ×). **(c)** Schéma d'un ribosome montrant la petite et la grande sous-unité.

ribosome est composé de deux sous-unités globulaires qui s'emboîtent l'une dans l'autre, et il ressemble à un gland lorsque la petite sous-unité est en place sur la grosse (voir la figure 3.15c). Les ribosomes sont le siège de la synthèse des protéines, dont nous reparlerons plus loin.

Certains ribosomes flottent librement dans le cytoplasme, d'autres sont fixés à des membranes et forment un complexe appelé *réticulum endoplasmique rugueux.* Ces deux populations de ribosomes semblent se partager les tâches de la synthèse des protéines. Les **ribosomes libres** fabriquent les protéines solubles dont l'activité se déroulera dans le cytosol. Les **ribosomes liés à la membrane** assurent principalement la synthèse des protéines destinées aux membranes cellulaires et aux lysosomes ou devant sortir de la cellule. Les ribosomes peuvent alterner entre ces deux fonctions, s'attachant aux membranes du réticulum endoplasmique ou s'en détachant selon le type de protéine qu'ils produisent à un moment donné.

Réticulum endoplasmique

Le **réticulum endoplasmique (RE)** est, littéralement, un « réseau à l'intérieur du cytoplasme ». Comme on peut le voir sur la figure 3.15, il forme un réseau étendu de tubes interconnectés et de membranes parallèles qui s'enroulent et se tordent dans le cytosol en formant des espaces remplis de liquide appelés **citernes.** Le RE prolonge la membrane nucléaire et représente à peu près la moitié des membranes de la cellule. Il y a deux types de RE : le RE rugueux et le RE lisse. Un type peut être plus abondant que l'autre selon les fonctions de la cellule considérée.

Réticulum endoplasmique rugueux La surface externe du **réticulum endoplasmique rugueux** est couverte de ribosomes (figure 3.15). Les protéines assemblées par ces ribosomes sont introduites dans le milieu aqueux des citernes du RE où elles connaissent diverses destinées (comme nous le verrons bientôt). Le RE rugueux a plusieurs fonctions. Ses ribosomes fabriquent toutes les protéines qui sont sécrétées par la cellule. Le RE rugueux est donc particulièrement abondant et bien développé dans la plupart des cellules sécrétrices, les cellules du plasma sanguin qui fabriquent des anticorps et les cellules du foie, où sont produites la plupart des protéines du sang. On peut aussi considérer le RE rugueux comme l'« usine à membrane » de la cellule parce que c'est là que sont fabriquées les protéines intégrées, les phospholipides et le cholestérol dont sont composées toutes les membranes cellulaires. Le site actif des enzymes qui catalysent la synthèse des lipides est situé sur la face externe (vers le cytosol) de la membrane du RE, où se trouvent leurs substrats.

Après cette brève description des fonctions du RE, nous pouvons examiner la séquence des événements qui s'y déroulent lorsque les ribosomes synthétisent des protéines. Si la protéine en cours de synthèse porte un court segment peptidique appelé **séquence-signal,** le ribosome qui lui est associé se lie à la membrane du RE rugueux (figure 3.16). Cette séquence (ainsi que le « bagage » qui est lié à elle, c'est-à-dire le ribosome et l'ARN messager)

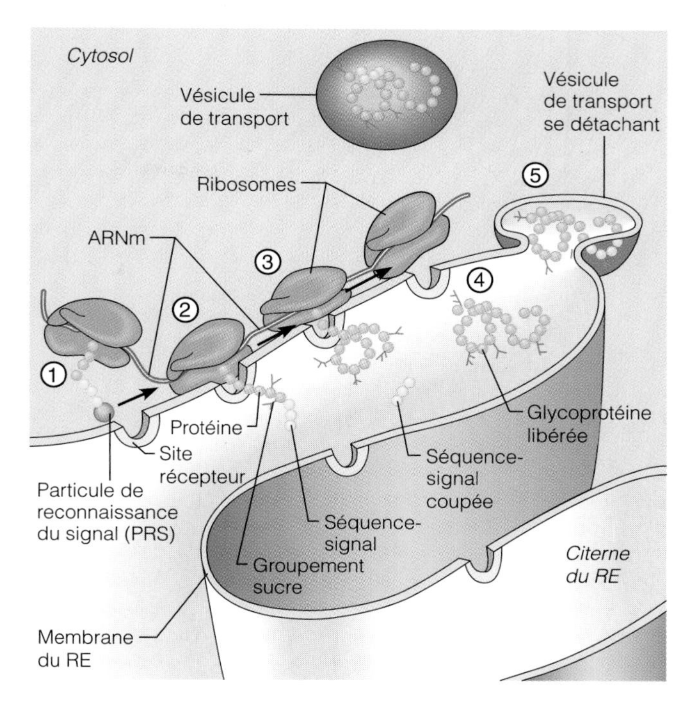

FIGURE 3.16
Le mécanisme de signal dirige les ribosomes vers le RE, où aura lieu la synthèse de protéines. Agrandissement d'une partie de la membrane du RE rugueux portant les ribosomes et d'une citerne formée par le RE. Le mécanisme de signal qui détermine la synthèse des protéines est le suivant : **(1)** En présence d'une courte séquence-signal sur une protéine en cours de synthèse, le complexe ARNm-ribosome est dirigé vers le RE rugueux par une particule de reconnaissance du signal (PRS). **(2)** Dès que le complexe est lié au site récepteur du RE, la PRS est libérée et la séquence-signal traverse la membrane et atteint l'intérieur de la citerne. **(3)** Une enzyme coupe la séquence-signal et, pendant que la synthèse de la protéine se poursuit, des groupements sucre peuvent se lier à celle-ci. **(4)** Dans cet exemple, la protéine complète (glycoprotéine) se détache du ribosome et se replie pour prendre sa conformation tridimensionnelle ; ce processus est facilité par des protéines chaperons (voir p. 54). Certaines protéines ne traversent la membrane qu'en partie et restent enchâssées dans celle-ci. **(5)** La protéine est enfermée dans une vésicule de transport qui se détache du RE. Les vésicules de transport rejoignent ensuite le complexe golgien où a lieu la suite du traitement des protéines (voir la figure 3.17).

est guidée vers un site récepteur approprié situé sur la membrane du RE par une **particule de reconnaissance du signal (PRS)** qui fait la navette entre le RE et le cytosol. Les événements qui se déroulent alors au niveau du RE sont illustrés en détail à la figure 3.16.

Réticulum endoplasmique lisse Le **réticulum endoplasmique lisse** (voir les figures 3.1 et 3.15) prolonge le RE rugueux et est formé d'un réseau de tubules ramifiés. Il ne présente pas de citernes. Ses enzymes (qui sont toutes des protéines intégrées faisant partie de ses membranes) ne jouent aucun rôle dans la synthèse des protéines. Elles catalysent plutôt des réactions reliées (1) au

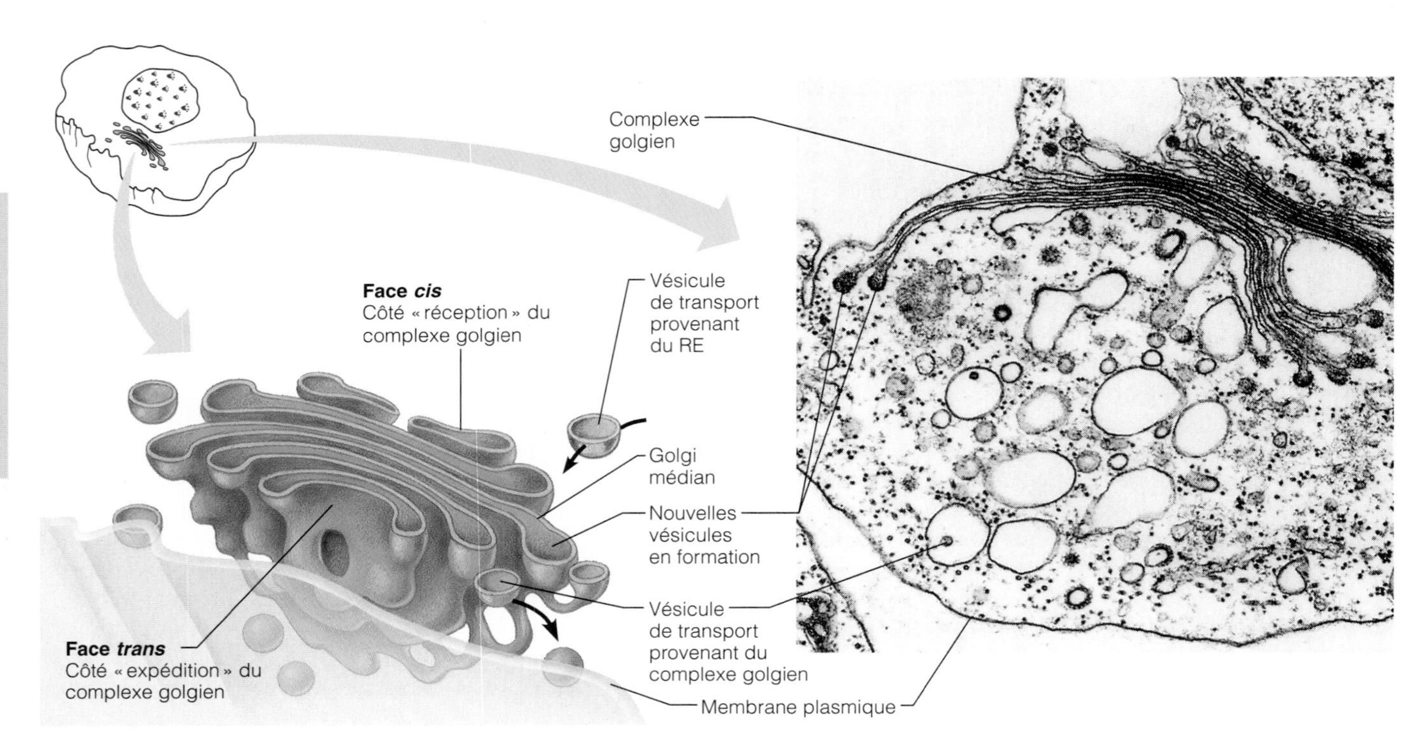

FIGURE 3.17
Complexe golgien. (a) Représentation tridimensionnelle du complexe golgien.
(b) Photographie au microscope électronique du complexe golgien (env. 27 000 ×).
Remarquez les vésicules sur le point de se détacher des membranes du complexe golgien.

métabolisme des lipides ainsi qu'à la synthèse du cholestérol et des parties lipidiques des lipoprotéines (dans les cellules du foie); (2) à la synthèse d'hormones stéroïdes comme les hormones sexuelles (dans les testicules, les cellules productrices de testostérone sont pleines de RE lisse); (3) à l'absorption, à la synthèse et au transport de lipides (dans les cellules de l'intestin); et (4) à la détoxification de certains médicaments et drogues (dans le foie et les reins). De plus, les cellules des muscles squelettiques et cardiaque ont un RE lisse très complexe (le réticulum sarcoplasmique) qui joue un rôle important dans le stockage des ions calcium et leur libération lors de la contraction musculaire. À l'exception des cas que nous venons de mentionner, la plupart des cellules du corps humain contiennent peu ou pas du tout de véritable RE lisse.

Au moins un aspect de la tolérance aux drogues et aux médicaments est relié à des modifications physiques du RE lisse. Chez les gros consommateurs d'alcool, il se produit une forte augmentation du RE lisse. Comme il y a production d'une plus grande quantité d'enzymes d'inactivation, il devient nécessaire de boire plus d'alcool pour atteindre le même degré d'ivresse. ■

Complexe golgien

Le **complexe golgien** (ou appareil de Golgi) ressemble à une pile de sacs membraneux aplatis qui est entourée d'un essaim de petites vésicules (figure 3.17). C'est lui qui dirige la plus grande partie du « trafic » des protéines de la cellule. Sa principale fonction est de modifier, de concentrer et d'emballer les protéines et les molécules organisées en membranes selon leur destination finale. Les vésicules de transport qui se détachent du RE rugueux migrent en direction des membranes de la *face cis* (« côté réception ») du complexe golgien, et fusionnent avec elles (figures 3.17 et 3.18). À l'intérieur du complexe golgien (Golgi médian), les glycoprotéines sont modifiées (glycosylation): certains groupements sucre sont retirés, d'autres sont ajoutés et, dans certains cas, des groupements phosphate ou sulfate sont également ajoutés. Les diverses protéines sont « étiquetées » selon l'adresse de livraison, triées, puis emballées dans au moins trois différents types de vésicules reliées à la *face trans* (côté « expédition ») du complexe golgien.

Les vésicules contenant les protéines destinées à l'exportation se détachent de la face trans, devenant ainsi des **vésicules de sécrétion**; elles migrent alors en direction de la membrane plasmique et libèrent leur contenu à l'extérieur de la cellule par exocytose (voir vésicule golgienne de type 1, figure 3.18). Les cellules sécrétrices spécialisées comme celles qui produisent des enzymes dans le pancréas ont un complexe golgien très développé. En plus d'emballer les substances destinées à l'exocytose, le complexe golgien produit des vésicules contenant des protéines transmembranaires et des lipides destinés à la membrane plasmique (type 2, figure 3.18) ou à d'autres organites membraneux. Il emballe également les hydrolases (enzymes digestives) dans des sacs membraneux appelés *lysosomes* qui demeurent à l'intérieur de la cellule (type 3, figure 3.18).

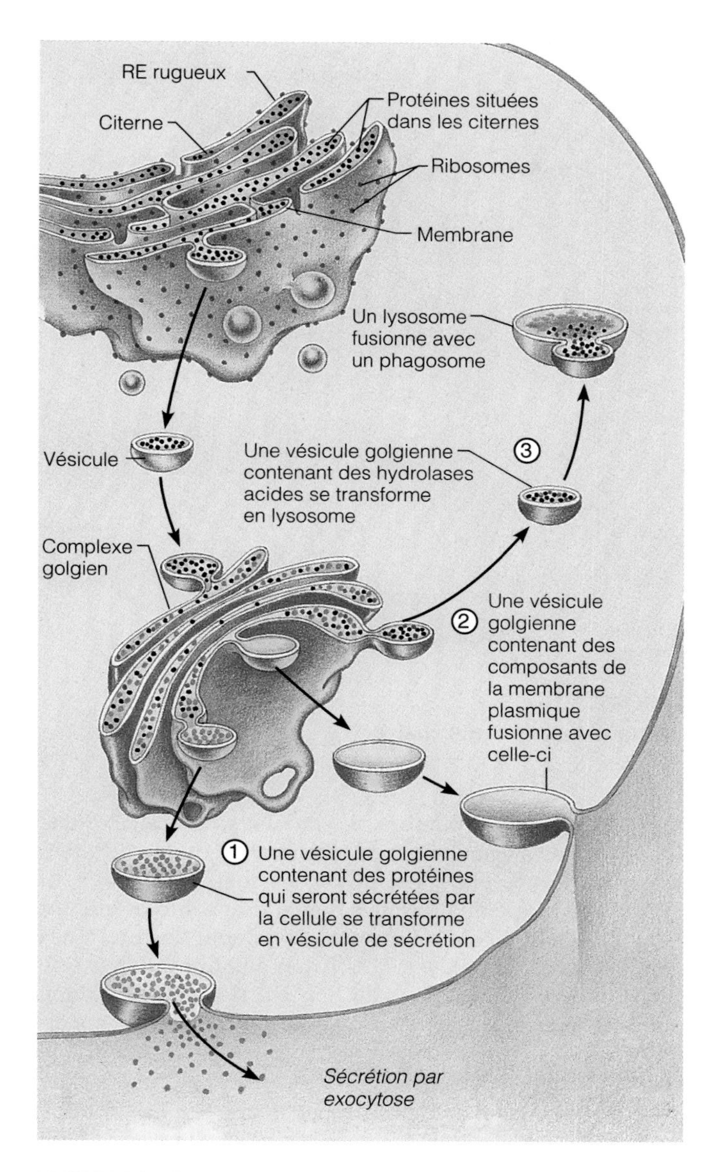

FIGURE 3.18
Rôle du complexe golgien dans l'emballage des protéines devant être utilisées par la cellule ou sécrétées. Séquence d'événements allant de la synthèse des protéines sur le RE rugueux à leur distribution finale. Les vésicules contenant les protéines se détachent du RE rugueux et migrent jusqu'aux membranes du complexe golgien, avec lesquelles elles fusionnent. Dans les compartiments du complexe golgien, les protéines sont modifiées, puis emballées dans différents types de vésicules golgiennes selon leur destination finale (étapes 1 à 3).

Lysosomes

Les **lysosomes** (« corps de désintégration ») sont des vésicules sphériques contenant des enzymes digestives (figure 3.19). Comme on pourrait s'y attendre, les lysosomes sont gros et abondants dans les phagocytes. Les enzymes qu'ils contiennent peuvent digérer toutes sortes de molécules d'origine biologique. C'est dans un milieu acide (pH 5) qu'elles fonctionnent le mieux, et c'est pour cette raison qu'on les appelle *hydrolases acides*. La membrane lysosomiale est bien adaptée aux fonctions du lysosome pour deux raisons : (1) elle comporte des « pompes » à ions hydrogène (protons) qui permettent d'accumuler les ions hydrogène en provenance du cytosol environnant et de maintenir ainsi un pH bas à l'intérieur de l'organite et (2) elle retient les dangereuses hydrolases acides tout en permettant la sortie des produits finaux de la digestion de sorte que la cellule peut les utiliser ou les excréter. Par conséquent, les lysosomes constituent des sites où la digestion peut s'effectuer *sans danger* à l'intérieur de la cellule.

Les lysosomes sont aussi en quelque sorte les « chantiers de démolition » de la cellule ; en effet, ils assurent les fonctions suivantes : (1) digestion des particules ingérées par endocytose, qui revêt une importante toute particulière puisqu'elle permet la neutralisation des bactéries, toxines et virus ; (2) dégradation des vieux organites usés ou non fonctionnels ; (3) certaines fonctions métaboliques telles que la dégradation du glycogène stocké et la libération de l'hormone thyroïdienne qui était entreposée dans les cellules de la thyroïde ; et (4) dégradation des tissus inutiles comme les palmures entre les doigts et les orteils du fœtus en voie de développement ou le revêtement superficiel de l'utérus pendant la menstruation. Ce sont également les lysosomes qui assurent la dégradation du tissu osseux et la libération des ions calcium dans le sang.

La membrane du lysosome est habituellement assez stable, mais elle devient fragile lorsque la cellule est endommagée ou manque d'oxygène, ou en présence d'un excès de vitamine A. La rupture du lysosome entraîne alors l'autodigestion de la cellule par un processus appelé

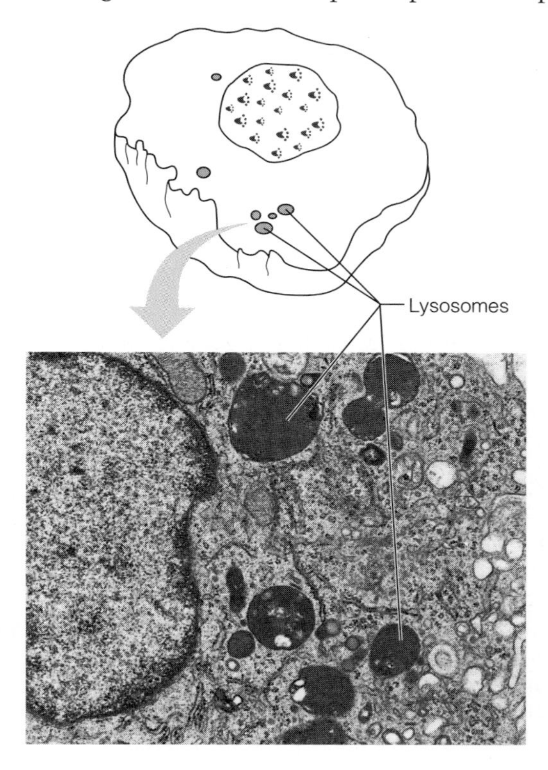

FIGURE 3.19
Lysosomes. Photographie au microscope électronique d'une cellule contenant des lysosomes (12 000 ×).

autolyse. La dégradation par autolyse est parfois souhaitable (voir le point 4 ci-dessus), mais c'est également la cause de certaines maladies *auto-immunes* comme la polyarthrite rhumatoïde (voir le chapitre 8).

Les lysosomes dégradent le glycogène et certains lipides du cerveau à un taux relativement constant. Certaines déficiences héréditaires touchant des enzymes lysosomiales peuvent donc provoquer une accumulation anormale de déchets métaboliques. Par exemple, dans la *maladie de Tay-Sachs* qui est surtout commune chez les juifs d'Europe centrale, il manque dans les lysosomes une enzyme qui permet la dégradation d'un certain glycolipide présent dans les membranes des neurones. Les lipides non dégradés s'accumulent donc dans les lysosomes des neurones qui finissent par enfler, ce qui entrave le fonctionnement du système nerveux. Les jeunes enfants atteints de cette maladie ont habituellement des traits rappelant ceux d'une poupée et une peau translucide rose. On remarque les premiers symptômes vers l'âge de trois à six ans (apathie, faiblesse de la motricité). Plus tard apparaissent une arriération mentale, des crises, la cécité et finalement la mort après moins d'un an et demi. ■

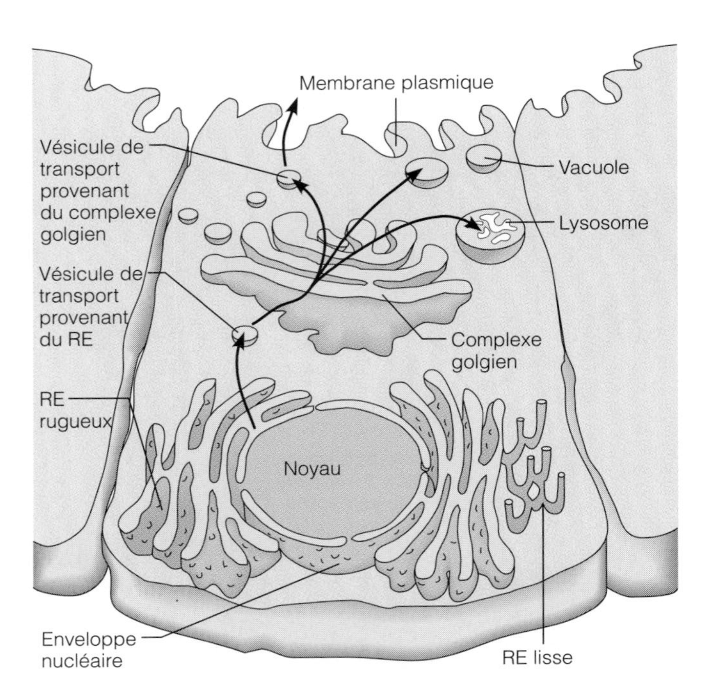

FIGURE 3.20
Système endomembranaire.

Résumé des interactions au niveau du système endomembranaire

Le **système endomembranaire** (figure 3.20) est un ensemble d'organites (décrits en grande partie ci-dessus) qui travaillent de concert pour assurer principalement (1) la production, le stockage et l'exportation de molécules d'origine biologique et (2) la dégradation de substances pouvant avoir des effets nocifs. Ce système comprend le RE, le complexe golgien, les vésicules de sécrétion et les lysosomes ainsi que la membrane nucléaire, c'est-à-dire tous les éléments ou les organites membraneux qui (1) forment un ensemble structural continu ou (2) apparaissent ou interagissent par la formation ou la fusion de vésicules de transport. L'enveloppe nucléaire (qui est elle-même un prolongement du RE rugueux) est en continuité avec le RE rugueux et le RE lisse. Du point de vue fonctionnel, la membrane plasmique fait aussi partie de ce système, bien qu'elle ne soit pas à proprement parler une *endo*membrane. De plus, le système endomembranaire est *asymétrique* : dans la figure 3.20, notez que le côté de la membrane qui fait face à la lumière du RE, du complexe golgien et des vésicules a une structure analogue à celle de la face externe de la membrane plasmique. Ces deux régions sont riches en glucides ; cette caractéristique apparaît lorsque les composantes de la membrane sont synthétisées dans le RE et modifiées dans le complexe golgien. Outre ces relations structurales directes, on remarque aussi une large gamme d'interactions indirectes (indiquées par des flèches dans la figure) entre les éléments du système. Certaines des vésicules qui « naissent » dans le RE migrent vers le complexe golgien et fusionnent avec lui ou bien avec la membrane plasmique, et des vésicules issues du complexe golgien peuvent s'intégrer à la membrane plasmique, à des vésicules de sécrétion ou à des lysosomes.

On ne sait pas encore par quel mécanisme ces vésicules « reconnaissent » leur site de destination ni comment elles s'intègrent à l'autre membrane. On a récemment identifié un certain nombre de « crochets » grâce auxquels les vésicules s'agrippent aux membranes de la cellule et fusionnent avec elles. Parmi ces crochets, on trouve au moins un groupe de protéines de fixation solubles qui ont reçu le nom de SNAP. On trouve également des protéines membranaires appelées SNARE (abréviation anglaise de *SNAP receptor*, récepteur de SNAP). Il semblerait donc que chaque vésicule porte une protéine SNARE spécifique (v-SNARE) et que celle-ci ne puisse se lier qu'à une certaine protéine t-SNARE située sur la membrane cible avec laquelle la vésicule finira par fusionner. La protéine v-SNARE joue donc le rôle d'un code postal grâce auquel la vésicule est acheminée à l'adresse voulue (un site de t-SNARE). Mais le processus de reconnaissance dans son ensemble paraît plus complexe que cette explication simple ne le laisse croire. Ainsi, par exemple, pour qu'une vésicule de transport fusionne avec une vésicule du Golgi médian, il ne faudrait pas moins de sept types de protéines différentes (dont trois types de SNAP).

Ce modèle fait ressortir un autre détail intéressant : les produits cellulaires qui, au départ, pénètrent dans les citernes du RE peuvent être sécrétés à l'extérieur de la cellule ou entrer dans le noyau de celle-ci sans jamais devoir traverser une membrane. Ce point revêt une certaine importance étant donné que le système endomembranaire s'étend à travers une grande partie du cytosol et pourrait (théoriquement) représenter un obstacle au transport intracellulaire.

Cytosquelette

Le **cytosquelette** (« squelette de la cellule ») est un réseau complexe de bâtonnets traversant le cytosol. Il soutient les structures cellulaires et produit les divers mouvements de la cellule en agissant en quelque sorte comme le

TABLEAU 3.2	Parties de la cellule, structure et fonction	
Partie de la cellule	**Structure**	**Fonctions**
MEMBRANE PLASMIQUE (figure 3.2)	Membrane formée d'une double couche de lipides (phospholipides, cholestérol, etc.) dans laquelle sont enchâssées des protéines; les protéines peuvent traverser toute l'épaisseur de la bicouche lipidique ou ne dépasser que d'un côté de celle-ci; des groupements sucre sont attachés aux protéines et à certains lipides qui font face à l'extérieur de la cellule	Délimite le volume de la cellule; intervient dans le transport des substances vers l'intérieur et l'extérieur de la cellule; entretient un potentiel de repos qui est essentiel au fonctionnement des cellules excitables; les protéines faisant face à l'extérieur de la cellule sont des récepteurs (d'hormones, de neurotransmetteurs, etc.) et interviennent dans la reconnaissance des cellules entre elles
CYTOPLASME	Région de la cellule située entre la membrane nucléaire et la membrane plasmique; formé du **cytosol,** un liquide qui contient des substances en solution, des **inclusions** (réserves de nutriments, produits de sécrétion, granules pigmentaires) et des **organites,** qui représentent l'appareil métabolique du cytoplasme	
Organites cytoplasmiques		
• Mitochondries (figure 3.14)	Structures en forme de bâtonnets et possédant deux membranes; la membrane interne forme des projections appelées crêtes	Siège de la synthèse de l'ATP; source d'énergie de la cellule
• Ribosomes (figures 3.15 et 3.16)	Particules denses constituées de deux sous-unités; chacune de celles-ci est formée d'ARN ribosomal et de protéines; libres ou attachés au RE rugueux	Siège de la synthèse des protéines
• Réticulum endoplasmique rugueux (figures 3.15 et 3.16)	Réseau tortueux de membranes formant des cavités, les citernes; couvert de ribosomes sur sa face externe	Dans les citernes, des groupements sucre sont liés aux protéines; les protéines sont enfermées dans des vésicules qui les transportent vers le complexe golgien et d'autres sites; la face externe synthétise les phospholipides et le cholestérol
• Réticulum endoplasmique lisse (figure 3.15)	Réseau de sacs et de tubules membraneux; ne comporte aucun ribosome	Siège de la synthèse des lipides et des stéroïdes, du métabolisme des lipides et de la neutralisation des drogues et des médicaments
• Complexe golgien (figures 3.17 et 3.18)	Pile de sacs membraneux lisses et de vésicules, située près du noyau	Emballe, modifie et isole des protéines qui doivent être sécrétées par la cellule, incluses dans les lysosomes ou intégrées à la membrane plasmique
• Lysosomes (figure 3.19)	Sacs membraneux contenant des hydrolases acides	Siège de la digestion intracellulaire
• Peroxysomes (figure 3.1)	Sacs membraneux contenant des oxydases	Les enzymes neutralisent certaines substances toxiques; l'enzyme la plus importante, la catalase, dégrade le peroxyde d'hydrogène
• Microtubules (figures 3.21 à 3.24)	Structures cylindriques composées d'une protéine appelée tubuline	Soutiennent la cellule et lui confèrent sa forme; interviennent dans le mouvement cellulaire et intracellulaire; constituent les centrioles
• Microfilaments (figures 3.21 et 3.22)	Fins filaments formés d'une protéine contractile, l'actine	Interviennent dans la contraction musculaire et d'autres types de mouvement intracellulaire; contribuent à la formation du cytosquelette
• Filaments intermédiaires (figure 3.21)	Fibres protéiques dont la composition est variable	Éléments stables du cytosquelette; s'opposent aux forces mécaniques qui s'exercent sur la cellule
• Centrioles (figure 3.23)	Paire de corps cylindriques formés chacun de neuf groupes de trois microtubules	Lors de la mitose, constituent un réseau de microtubules formant le fuseau mitotique et les asters; base des cils et des flagelles
• Cils (figure 3.24)	Courtes projections à la surface de la cellule; chaque cil se compose de neuf paires de microtubules entourant une dixième paire	Par leur action coordonnée, créent un courant unidirectionnel qui déplace les substances à la surface de la cellule
• Flagelle	Semblable à un cil, mais plus long; chez l'humain, le seul exemple est la queue du spermatozoïde	Propulse la cellule
NOYAU (figure 3.25)	Le plus gros des organites; délimité par l'enveloppe nucléaire; contient le nucléoplasme liquide, les nucléoles et la chromatine	Centre de régulation de la cellule; transmet l'information génétique et donne les instructions pour la synthèse des protéines
• Membrane nucléaire (figure 3.25)	Structure formée d'une double membrane; percée de pores; la membrane externe prolonge le RE	Isole le nucléoplasme du cytoplasme et régit le passage des substances vers l'intérieur et vers l'extérieur du noyau
• Nucléoles (figure 3.25)	Corps sphériques denses (non entourés d'une membrane) constitués d'ARN ribosomal et de protéines	Siège de la fabrication des sous-unités ribosomales
• Chromatine (figures 3.25 et 3.26)	Matériau granulaire filamenteux composé d'ADN et d'histones (protéines)	Les gènes sont formés d'ADN

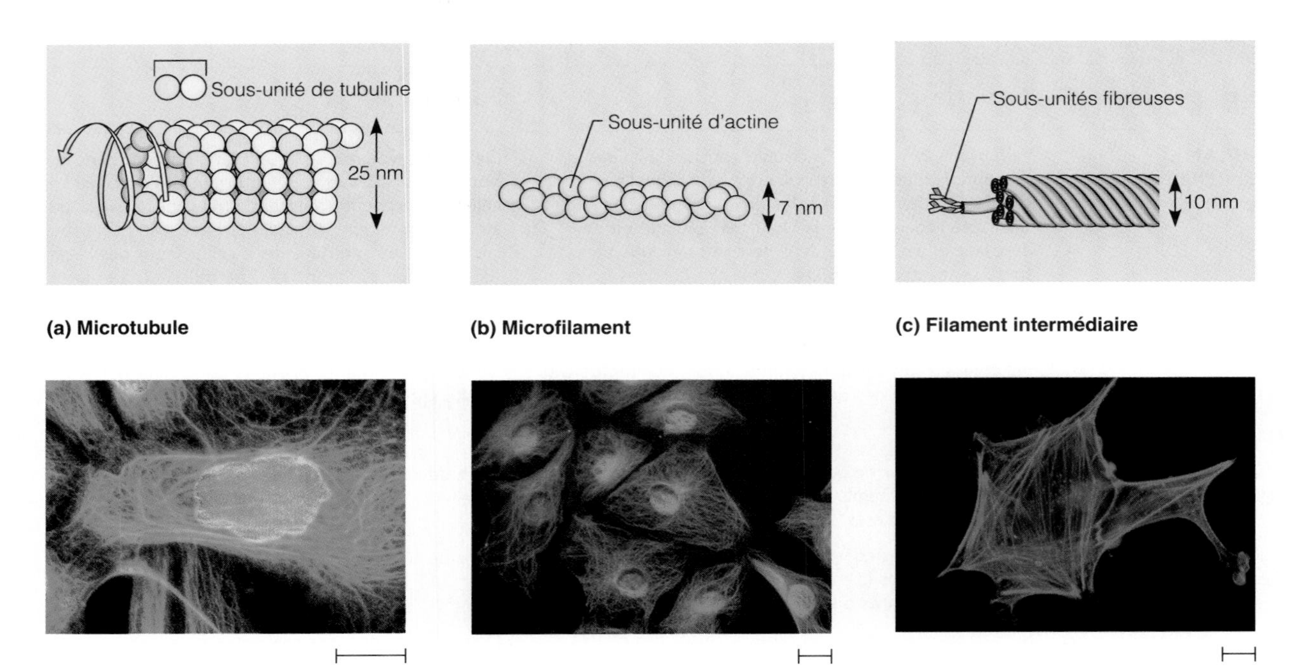

FIGURE 3.21
Cytosquelette. En haut, schémas des différents types d'éléments du cytosquelette ; au-dessous, répartition de chacun des éléments du cytosquelette de la cellule rendus visibles par immunofluorescence. (Remarquez que les microtubules et les microfilaments sont indiqués par la même fluorescence verte.)

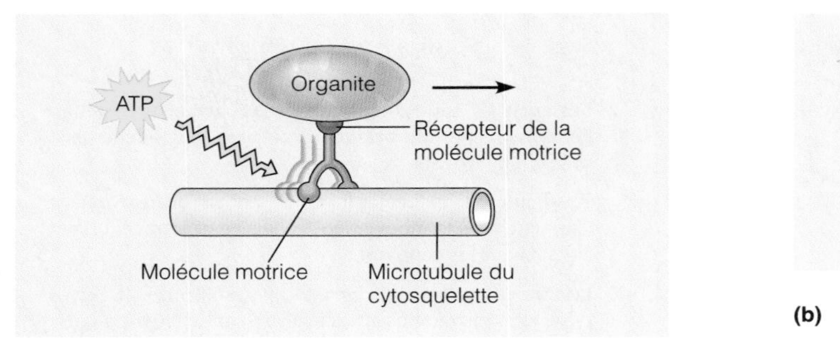

(a)

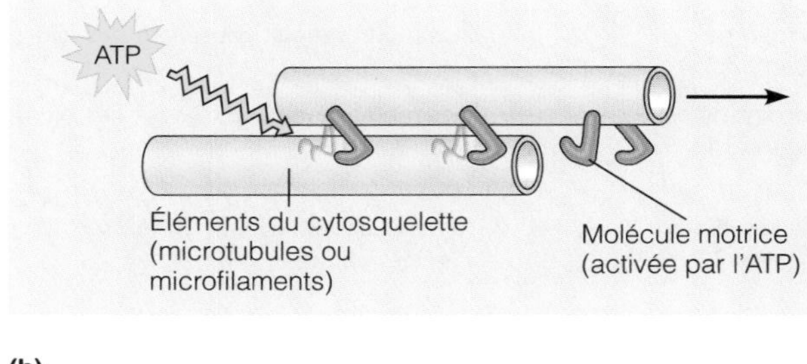

(b)

FIGURE 3.22
Interaction des molécules motrices avec les éléments du cytosquelette. Les microtubules et les microfilaments assurent la motilité en interagissant avec des complexes protéiques appelés molécules motrices. Les divers types de molécules motrices, qui sont toutes activées par l'ATP, changent de forme en effectuant des mouvements d'aller et retour, comme des jambes microscopiques. À chaque cycle de changement de conformation, la molécule motrice détache son extrémité libre et la fixe plus loin sur le microtubule ou le microfilament. **(a)** Les molécules motrices peuvent se fixer à des récepteurs situés sur les organites, comme les mitochondries ou les ribosomes, leur permettant ainsi de « marcher » le long des microtubules du cytosquelette. **(b)** Dans certains types de motilité cellulaire, les molécules motrices fixées à un élément du cytosquelette peuvent le faire glisser sur un autre élément. Par exemple, la contraction musculaire s'effectue par le glissement d'un faisceau de microfilaments sur un autre ; c'est également le glissement de microtubules voisins qui produit le mouvement des cils.

« squelette » et la « musculature » de cette dernière. Les trois types de bâtonnets du cytosquelette sont les *microtubules*, les *microfilaments* et les *filaments intermédiaires*, et aucun d'entre eux n'est couvert d'une membrane.

Les **microtubules** sont les éléments du cytosquelette qui ont le plus grand diamètre ; des sous-unités sphériques de protéines appelées *tubulines* s'alignent pour constituer des protofilaments qui eux-mêmes s'associent pour constituer les tubes creux que sont les microtubules (figure 3.21a). Tous les microtubules prennent naissance dans le *centrosome*, une petite région du cytoplasme voisine du noyau. Les microtubules, qui sont rigides et disposés radialement, déterminent la forme générale de la cellule ainsi que l'emplacement des organites cellulaires.

Ils forment le fuseau mitotique dont il sera question plus loin. Les mitochondries, les vésicules de sécrétion et les lysosomes sont disposés le long des microtubules comme des décorations accrochées aux branches d'un arbre de Noël. Des **protéines motrices** (*kinésine*, *dynéine*, entre autres) déplacent continuellement ces organites en les tirant comme des locomotives circulant sur les «rails» représentés par les microtubules (figure 3.22a). Ce transport d'organites est particulièrement important dans les longs prolongements des neurones (axones) qui peuvent mesurer jusqu'à 1 mètre. Les microtubules sont des organites remarquablement dynamiques qui se forment constamment à partir du centrosome, se disloquent et se réassemblent spontanément.

Les **microfilaments** sont de fins filaments d'une protéine contractile, l'*actine* («rayon»). Dans chaque cellule, ils ont une disposition différente; il n'existe donc pas deux cellules parfaitement identiques. Cependant, dans presque toutes les cellules, on trouve un réseau croisé assez dense de microfilaments (figure 3.21b) qui est relié à la face interne de la membrane plasmique et qui soutient et renforce la surface de la cellule. La plupart des microfilaments assurent la motilité ou les changements de forme de la cellule. Par exemple, les microfilaments d'actine interagissent avec la **myosine,** une protéine motrice, pour produire les forces de contraction des cellules musculaires (voir la figure 3.22b) et pour former l'anneau contractile qui sépare la cellule en deux lors de la division cellulaire. Les microfilaments qui se fixent aux molécules d'adhérence cellulaire (voir p. 66) du glycocalyx assurent le mouvement de reptation que l'on observe lors du mouvement amiboïde ainsi que les processus membranaires qui accompagnent l'endocytose et l'exocytose. Les microfilaments se désintègrent et se reconstituent sans cesse à partir de sous-unités plus petites lorsque leur présence devient nécessaire, sauf dans les cellules musculaires où ils sont très développés et permanents.

Les **filaments intermédiaires** sont des fibres protéiques (possédant une structure secondaire en hélice α) solides et insolubles dont le diamètre se situe entre celui des microfilaments et celui des microtubules (figure 3.21c). Ils ont la même structure qu'une corde torsadée, possèdent une grande résistance à la tension et constituent les éléments les plus stables et les plus permanents du cytosquelette. Contrairement aux deux autres types de filaments, ils ne sont aucunement impliqués dans les mouvements cellulaires. Ils agissent comme des haubans internes s'opposant aux forces d'étirement qui s'exercent sur la cellule, et ils contribuent à la formation des desmosomes (jonctions d'ancrage décrites à la page 67). Les filaments intermédiaires des divers types de cellules ont reçu des noms très différents parce qu'ils ne sont pas constitués des mêmes protéines; selon ce critère, on les a regroupés en cinq grandes classes. Par exemple, ceux des neurones sont appelés neurofilaments et ceux des cellules épithéliales sont nommés filaments de kératine.

Certains chercheurs pensent qu'il existe dans la cellule un autre élément auquel ils ont donné le nom de *réseau microtrabéculaire.* Ce fin réseau s'étendrait dans tout le cytosol, lui conférant ainsi sa consistance gélatineuse. Ils supposent également que les ribosomes libres et les enzymes solubles du cytosol sont en fait fixés à ce réseau.

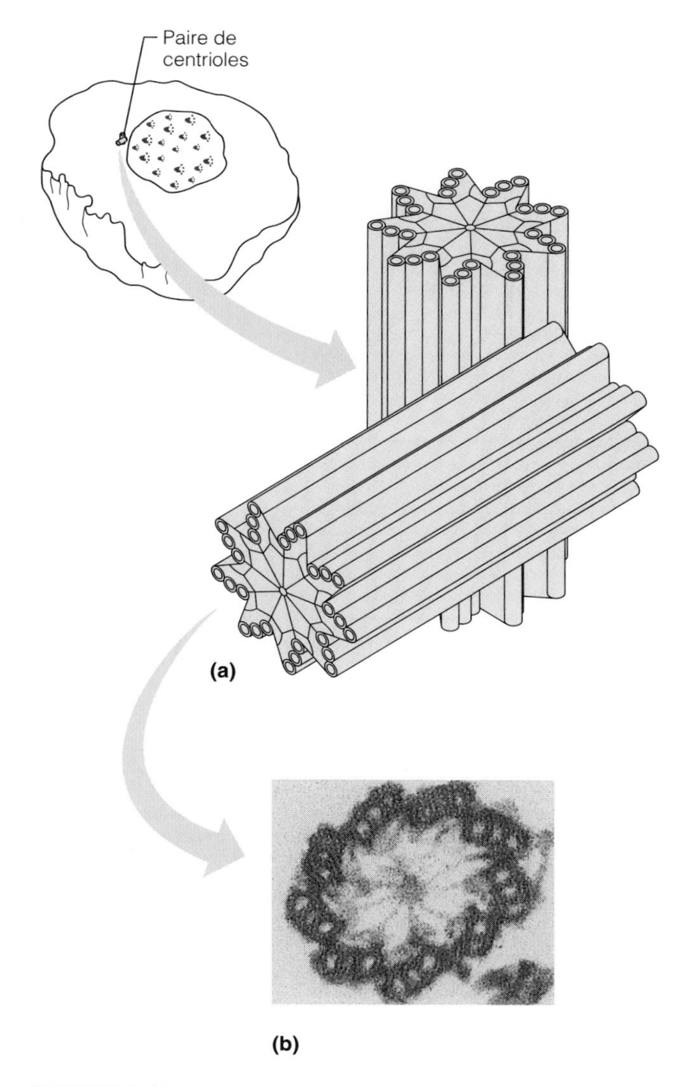

FIGURE 3.23
Centrioles. (a) Représentation tridimensionnelle d'une paire de centrioles perpendiculaires l'un à l'autre, ce qui est leur position habituelle dans la cellule. Les centrioles sont situés dans le centrosome, une région peu apparente voisine du noyau. **(b)** Photographie au microscope électronique montrant la coupe d'un centriole (env. 150 000 ×). Remarquez qu'il est formé de neuf triplets de microtubules.

Cependant, cet élément s'est avéré difficile à étudier et à comprendre et son existence est encore très controversée.

Centrosome et centrioles

Comme nous l'avons dit plus haut, beaucoup de microtubules semblent ancrés par une extrémité au **centrosome,** une région voisine du noyau qui constitue le *centre d'organisation des microtubules*; le centrosome présente peu de caractères distinctifs, si ce n'est qu'il contient une paire d'organites, les **centrioles,** qui sont de petites structures cylindriques perpendiculaires l'une à l'autre (figure 3.23). Chaque centriole est composé d'un ensemble de neuf *triplets* de microtubules stabilisés et formant un tube creux. Les centrioles sont bien connus pour le rôle qu'ils jouent dans la mise en place du fuseau mitotique (voir la

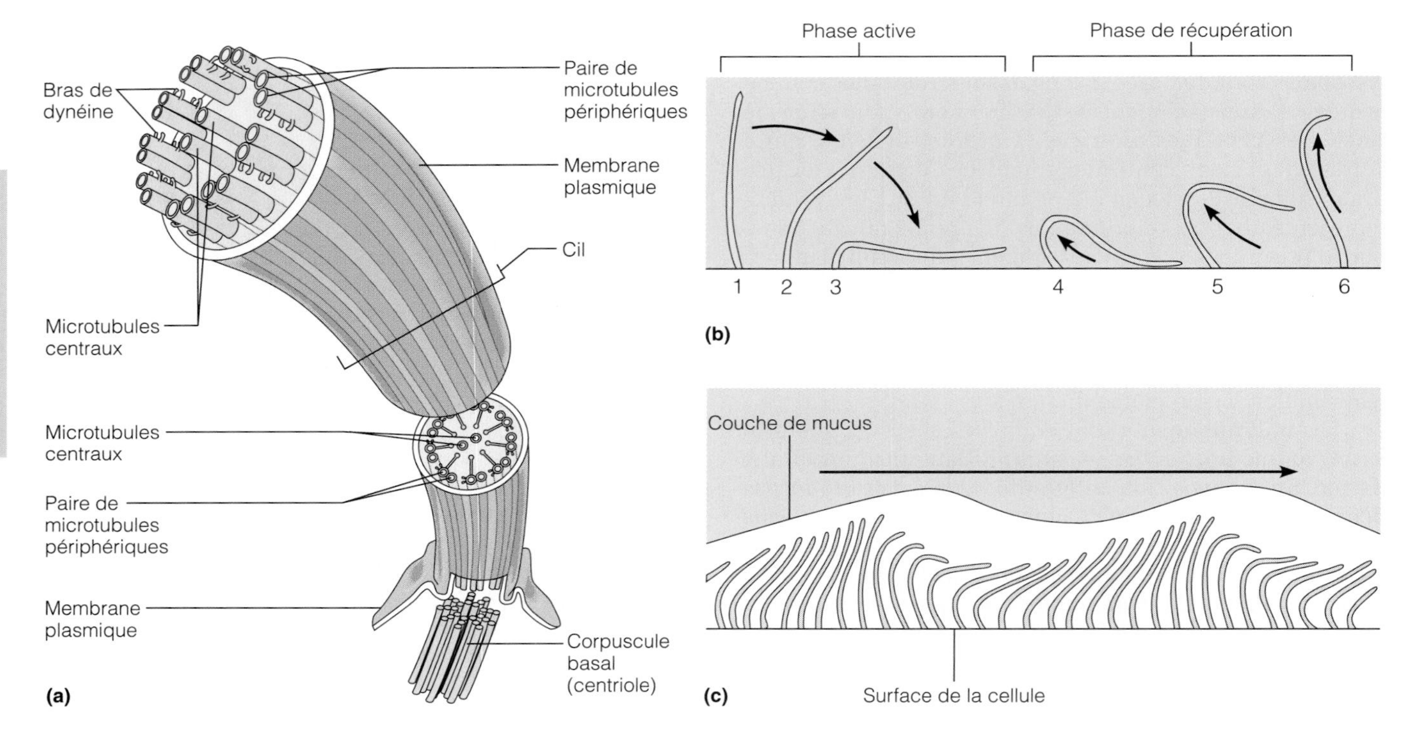

FIGURE 3.24
Structure et fonction des cils.
(a) Représentation tridimensionnelle d'une coupe transversale d'un cil montrant les neuf paires de microtubules périphériques et la paire de microtubules centraux. **(b)** Schéma des phases du battement des cils : les étapes 1 à 3 constituent le mouvement actif (de poussée) ; les étapes 4 à 6 forment le mouvement de récupération par lequel les cils reprennent leur position initiale. **(c)** Représentation de l'onde créée par le mouvement coordonné de nombreux cils qui font circuler du mucus à la surface de la cellule.

figure 3.30, p. 96-97) lors de la division cellulaire. Mais ils sont aussi à l'origine des cils et des flagelles, deux types de projections cellulaires pourvues de motilité.

Cils et flagelles

Les **cils** sont des extensions cellulaires mobiles ressemblant à des fouets, qui se trouvent habituellement en grand nombre sur les surfaces exposées de certaines cellules. L'action des cils revêt une grande importance lorsque des substances doivent être déplacées dans une direction à la surface des cellules. Par exemple, les cellules ciliées qui tapissent les voies respiratoires poussent le mucus chargé de particules de poussière et de bactéries vers le haut pour en débarrasser les poumons.

Lorsque des cils sont sur le point d'apparaître, les centrioles se multiplient et s'alignent sous la membrane plasmique de la face exposée de la cellule. Les microtubules commencent ensuite à « germer » à partir de chaque région centriolaire et à pousser la membrane plasmique en formant des projections ciliaires. Lorsque les projections formées par les centrioles sont beaucoup plus longues, on les nomme **flagelles.** La seule cellule flagellée du corps humain est le spermatozoïde, dont le flagelle propulsif est couramment appelé queue. Rappelez-vous que les cils *déplacent d'autres substances* à la surface de la cellule, alors que les flagelles *propulsent la cellule elle-même.*

Les centrioles qui forment la base des cils et des flagelles sont souvent appelés **corpuscules basaux** (figure 3.24a) parce qu'on pensait autrefois qu'ils étaient différents de ceux qui se trouvent dans le centrosome. On sait maintenant que les centrioles et les corpuscules basaux sont des structures identiques. Cependant, dans le cil ou le flagelle même, la disposition des microtubules (9 + 2) est légèrement différente de celle du centriole (neuf *triplets* de microtubules).

On ne comprend pas exactement le mode de coordination des cils. Cependant, la fonction dépend de la structure et il est évident que les microtubules jouent un certain rôle. Le cœur de chaque cil contient neuf *doublets,* ou paires, de microtubules entourant une paire centrale (figure 3.24a). Les doublets portent des bras latéraux de *dynéine,* une protéine motrice. Ceux-ci produisent le mouvement des cils en agrippant le doublet voisin et en avançant le long de celui-ci comme un chat qui grimperait à un tronc d'arbre à l'aide de ses griffes (voir la figure 3.22b). Le cil s'incurve alors sous l'effet de l'action coordonnée de tous les doublets.

Au cours de son mouvement, le cil passe alternativement de la *phase active,* ou propulsive, pendant laquelle il est presque droit et décrit un arc de cercle, à la *phase de récupération,* pendant laquelle il se courbe et revient à sa position de départ (figure 3.24b) ; par ces deux mouvements, le cil produit une poussée unidirectionnelle.

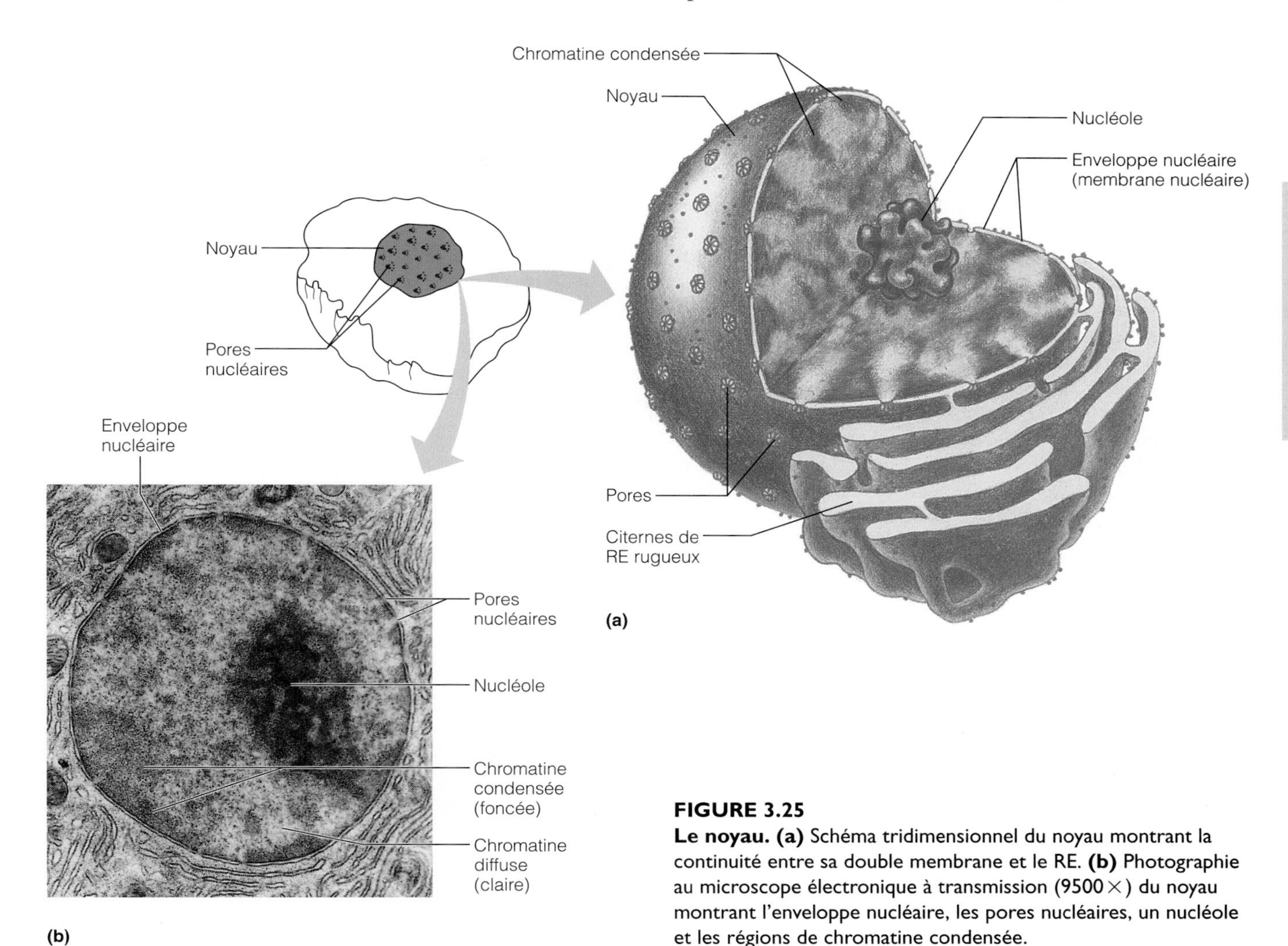

FIGURE 3.25
Le noyau. (a) Schéma tridimensionnel du noyau montrant la continuité entre sa double membrane et le RE. **(b)** Photographie au microscope électronique à transmission (9500 ×) du noyau montrant l'enveloppe nucléaire, les pores nucléaires, un nucléole et les régions de chromatine condensée.

Cependant, l'action de tous les cils ne se fait pas de façon indépendante. L'activité de l'ensemble des cils d'une certaine région est coordonnée ; en effet, la flexion d'un cil est immédiatement suivie de la flexion du suivant, puis du troisième, ce qui crée à la surface de la cellule une sorte de courant rappelant les *ondes* qui parcourent une prairie par une journée venteuse (figure 3.24c).

NOYAU

Pour qu'une chose fonctionne bien, il faut qu'elle soit bien dirigée. Dans les cellules, le centre de régulation est le **noyau,** qui contient les gènes. Cet organite fait à lui seul le travail d'un ordinateur, d'un architecte, d'un chef de chantier et d'un conseil d'administration. La plupart des cellules ne possèdent qu'un seul noyau mais certaines d'entre elles, notamment les cellules musculaires, les ostéoclastes (qui assurent la résorption osseuse) et certaines cellules hépatiques, sont **multinucléées,** c'est-à-dire qu'elles ont plusieurs noyaux. La présence de plus d'un noyau signifie habituellement que la cellule doit diriger une masse cytoplasmique supérieure à la normale.

Toutes les cellules de notre organisme sont nucléées, à l'exception des globules rouges parvenus à maturité, qui éjectent leurs noyaux avant de pénétrer dans la circulation sanguine. Ces cellules **anucléées** (*a* = sans) ne peuvent pas se reproduire et vivent donc trois à quatre mois dans le sang avant de commencer à se détériorer. Sans noyau, la cellule ne peut pas fabriquer d'autres protéines et il lui est impossible de remplacer ses enzymes et structures cellulaires lorsque ces dernières commencent à se dégrader (ce qui finit toujours par arriver).

Le noyau, dont le diamètre moyen est de 5 μm, est le plus gros organite de la cellule. Il a habituellement la même forme que la cellule, celle-ci étant le plus souvent sphérique ou ovale. Si la cellule a une forme allongée, par exemple, le noyau peut également être allongé. Il comporte trois régions ou structures distinctes : l'*enveloppe (membrane) nucléaire*, les *nucléoles* et la *chromatine* (figure 3.25).

L'enveloppe nucléaire renferme une solution colloïdale gélatineuse appelée **nucléoplasme** dans laquelle les nucléoles et la chromatine se trouvent en suspension. Comme le cytosol, le nucléoplasme contient des sels, des nutriments et d'autres substances chimiques.

Enveloppe nucléaire

Le noyau est délimité par une **enveloppe nucléaire** formée d'une *double* membrane (chacune de ces membranes étant elle-même constituée d'une bicouche de phospholipides) à l'instar de l'enveloppe de la mitochondrie. L'espace rempli de liquide situé entre les deux membranes est appelé *espace périnucléaire*. La membrane nucléaire extérieure prolonge le RE du cytoplasme et est garnie de ribosomes sur sa face externe.

À certains endroits, les deux membranes de l'enveloppe nucléaire sont fusionnées et forment des **pores nucléaires.** Comme les autres membranes de la cellule, l'enveloppe nucléaire a une perméabilité sélective, mais le passage des diverses substances est beaucoup plus facile dans ce cas parce que les pores sont relativement gros ; les molécules de protéines venant du cytoplasme et les molécules d'ARN sortant du noyau les traversent facilement.

3

Nucléoles

Les **nucléoles** (« petits noyaux ») sont les corpuscules sphériques situés à l'intérieur du noyau qui retiennent bien le colorant (voir la figure 3.25) ; ils ne sont pas entourés d'une membrane. Chaque cellule contient habituellement un ou deux nucléoles, parfois plus. Ils sont le site d'assemblage des sous-unités des ribosomes ; par conséquent, ils sont généralement très gros dans les cellules en croissance qui fabriquent de grandes quantités de protéines pour les tissus. Les nucléoles sont associés aux régions de chromatine contenant l'ADN qui fournit les instructions pour la synthèse de l'ARN ribosomal (ARNr). Ces segments d'ADN sont appelés *régions organisatrices du nucléole*. Les deux types de sous-unités ribosomales sont formés à l'intérieur d'un nucléole par combinaison des molécules d'ARNr en cours de synthèse avec des protéines. (Ces protéines sont fabriquées sur les ribosomes du cytoplasme et « importées » dans le noyau.) Les sous-unités quittent ensuite le noyau par les pores nucléaires et passent dans le cytoplasme, où elles sont assemblées en ribosomes fonctionnels.

Chromatine

Au microscope optique, la **chromatine** ressemble à un fin réseau de coloration irrégulière, mais des techniques plus perfectionnées permettent de voir un ensemble de fils renflés par endroits qui parcourent tout le nucléoplasme (figure 3.26a). La chromatine comporte des quantités à peu près égales d'**ADN,** qui représente notre matériel génétique, et d'**histones,** des protéines globulaires. Les **nucléosomes** (« corps du noyau ») sont les unités fondamentales de la chromatine ; ce sont des amas sphériques de huit histones ressemblant à des perles sur un fil et reliés par une molécule d'ADN qui s'enroule autour de chacun des amas (figure 3.26b). En plus de servir au repliement compact et ordonné des très longues molécules d'ADN, les histones jouent un rôle important dans

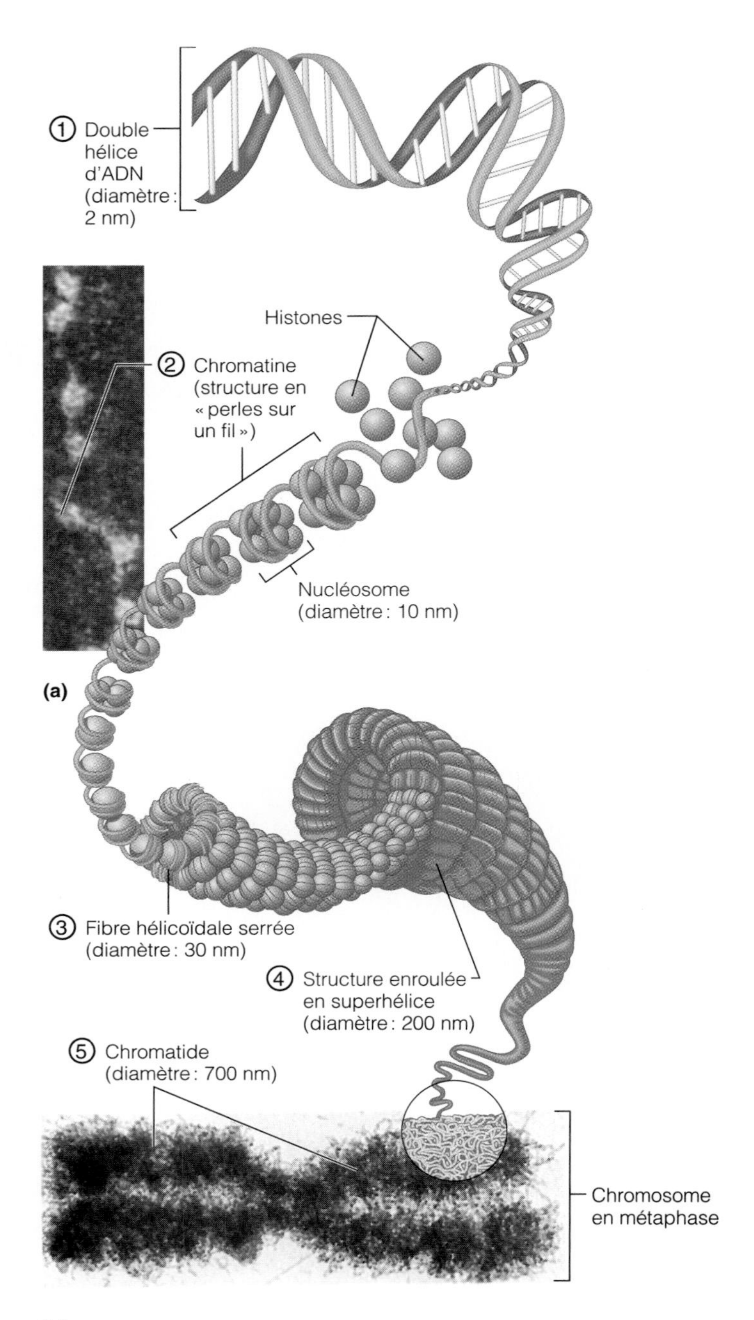

FIGURE 3.26
La chromatine et la structure du chromosome.
(a) Photographie au microscope électronique des fibres de chromatine, qui ont l'apparence de perles sur un fil (216 000 ×). **(b)** Emballage de l'ADN dans un chromosome. L'ordre des chiffres indique les niveaux de complexité structurale croissante (enroulements) allant de l'hélice d'ADN au chromosome en métaphase. (La métaphase est l'étape de la division nucléaire qui précède la répartition du matériel génétique dans les cellules filles.) Remarquez la structure des nucléosomes, qui sont les unités fondamentales de chromatine ressemblant à des « perles sur un fil ». Chaque nucléosome est composé de huit histones (protéines) enveloppées de deux tours de l'hélice d'ADN.

la régulation des gènes. Par exemple, dans une cellule qui n'est pas en cours de division, les changements de forme des histones exposent différents segments de l'ADN, ou gènes, qui peuvent alors « dicter » les spécifications en vue de la synthèse des protéines. Ces segments actifs de chromatine diffuse (appelée *euchromatine*) sont habituellement invisibles au microscope optique. Les segments inactifs de chromatine condensée (appelée *hétérochromatine*) retiennent mieux le colorant et sont donc plus facilement visibles (voir la figure 3.25). Lorsqu'une cellule est sur le point de se diviser, les fils de chromatine s'enroulent et se condensent considérablement pour former de courts bâtonnets appelés **chromosomes** (« corps colorés ») (figure 3.26). Un filament d'ADN peut ainsi rapetisser de 10 000 fois. Les chromosomes se déplacent beaucoup pendant la division cellulaire (p. 96-97) ; leur forme compacte les empêche de s'emmêler et évite que les fragiles filaments de chromatine se brisent au cours de ces mouvements. Dans la partie qui suit, nous présentons les fonctions de l'ADN et le déroulement de la division cellulaire.

CROISSANCE ET REPRODUCTION DE LA CELLULE

Cycle cellulaire

Le **cycle cellulaire** est la suite de transformations que subit une cellule entre l'instant où elle est formée et le moment où elle se reproduit. Ce cycle comporte deux périodes principales : l'*interphase,* pendant laquelle la cellule croît et poursuit la majeure partie de ses activités, et la *division cellulaire,* ou *phase mitotique,* pendant laquelle elle se reproduit (figure 3.27).

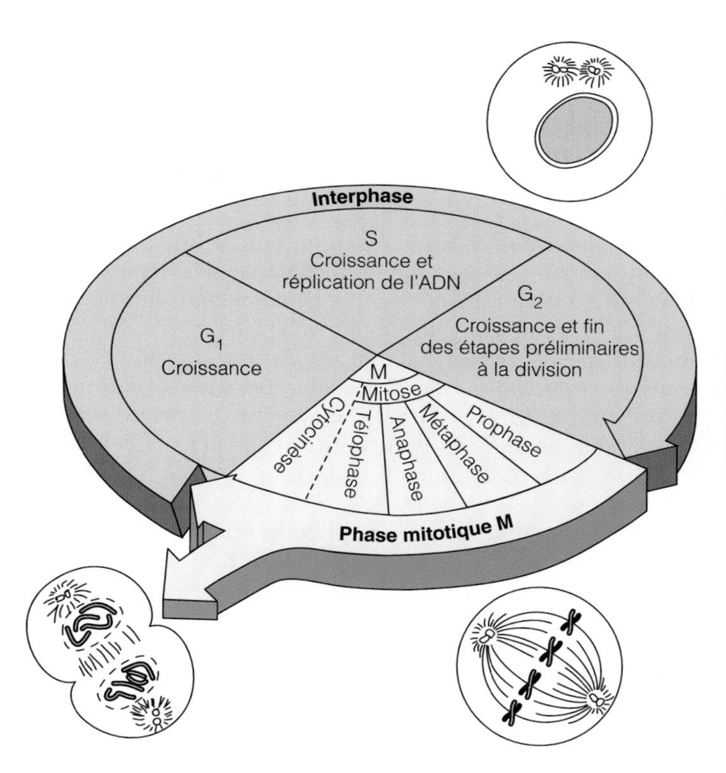

FIGURE 3.27
Cycle cellulaire. Au cours de la phase G_1, les cellules croissent rapidement et poursuivent leurs activités de routine ; à la fin de cette phase, les centrioles commencent à se répliquer. La phase S commence au début de la synthèse de l'ADN et se termine lorsque celui-ci a fini de se répliquer. Au cours de la phase G_2, qui est de courte durée, les matériaux nécessaires à la division cellulaire sont synthétisés et la croissance se poursuit. La mitose et la cytocinèse ont lieu durant la phase M (division cellulaire) et produisent deux cellules filles. La durée du cycle cellulaire dépend du type de cellule, mais la phase G_1 est la phase la plus longue et la plus variable chez toutes les cellules.

Interphase

L'**interphase** représente tout le laps de temps allant de la formation de la cellule à sa division. Les premiers cytologistes ignoraient que la cellule était le siège d'une activité moléculaire constante et étaient impressionnés par les mouvements qu'ils pouvaient facilement observer durant la division cellulaire ; c'est pour cette raison qu'ils ont qualifié l'interphase de phase de repos du cycle cellulaire. (Le terme *interphase* indique également qu'il ne s'agit que d'une étape qui a lieu *entre* deux divisions cellulaires.) Cependant, il s'agissait d'une conception totalement erronée puisque la cellule accomplit toutes ses fonctions normales au cours de l'interphase et que le « repos » ne concerne que la division. Il serait sans doute plus juste de parler de *phase métabolique* ou de *phase de croissance.*

En plus d'assurer les réactions qui lui permettent de survivre, la cellule en interphase se prépare à la prochaine division. L'interphase se divise en trois sous-phases nommées G_1, S et G_2. Pendant $\mathbf{G_1}$ (*growth 1* = **croissance 1**), c'est-à-dire la première partie de l'interphase, les cellules ont une activité métabolique, elles synthétisent des protéines et croissent rapidement. C'est la phase dont la durée est la plus variable. Chez les cellules qui se divisent fréquemment, la phase G_1 peut durer de quelques minutes à quelques heures ; chez celles qui se divisent moins souvent, elle peut durer des jours ou même des années. Les cellules qui ont définitivement cessé de se diviser sont dites en **phase $\mathbf{G_0}$**.

Pendant la plus grande partie de G_1, il ne se produit pratiquement aucune activité liée à la division cellulaire ; cependant, à la fin de G_1, les centrioles commencent à se répliquer. Pendant la phase suivante, c'est-à-dire la **phase S (de synthèse)**, l'ADN se réplique de sorte que les deux cellules qui seront produites pourront recevoir des copies identiques du matériel génétique. Il y a formation de nouvelles histones qui sont assemblées en chromatine. (Nous décrivons la réplication de l'ADN plus loin.) La dernière phase de l'interphase, $\mathbf{G_2}$ (*growth 2* = **croissance 2**) est très courte ; les enzymes et les autres protéines nécessaires à la division sont synthétisées et amenées aux sites appropriés. À la fin de G_2, la réplication des centrioles est terminée. La croissance et les processus cellulaires habituels se poursuivent pendant toute la durée des phases S et G_2.

Réplication de l'ADN Avant qu'une cellule se divise, il faut que son ADN se réplique exactement de sorte que la cellule puisse transmettre des copies identiques de ses gènes à chacune des cellules filles. On ne connaît pas le mécanisme de déclenchement de la synthèse de l'ADN, mais lorsque celle-ci est amorcée, elle doit se dérouler jusqu'à la fin (loi du tout ou rien). Le processus de réplication commence simultanément sur plusieurs filaments de chromatine et se poursuit jusqu'à ce que tout l'ADN ait été recopié.

À chaque endroit où la réplication de l'ADN débute (site nommé *origine de réplication*) se forme une *bulle de réplication*, un « œil » comportant à chacune de ses deux extrémités une région en forme de Y appelée *fourche de réplication*. Le processus commence par le déroulement des hélices d'ADN. Une enzyme, l'*hélicase*, déplie la double hélice et sépare peu à peu la molécule d'ADN en deux chaînes nucléotidiques complémentaires (figure 3.28). Chaque brin de nucléotides ainsi libéré devient une *matrice*, c'est-à-dire un modèle servant à la construction d'une chaîne nucléotidique complémentaire à partir des nucléosides d'ADN qui se trouvent dans le nucléoplasme. Bien que les unités de base de l'ADN soient des *nucléotides*, les substrats servant à sa synthèse sont des *nucléosides*, qui se distinguent par le fait qu'ils possèdent non pas un mais trois groupements phosphate. Comme dans l'ATP, les phosphates terminaux sont retenus par des liaisons hautement énergétiques ; lorsqu'un nouveau nucléoside s'ajoute à la chaîne nucléotidique en formation, l'énergie nécessaire à la polymérisation provient de l'hydrolyse de ses phosphates terminaux.

Plusieurs enzymes contribuent à la synthèse de l'ADN. Les *ADN polymérases*, enzymes qui positionnent les nucléotides d'ADN les uns par rapport aux autres et les lient, ne peuvent fonctionner que dans une direction. Par conséquent, la synthèse de l'un des brins, le *brin avancé*, se poursuit de façon continue en suivant l'ouverture de la fourche de réplication. L'autre brin, appelé *brin retardé*, est construit par segments (les fragments d'Okazaki) dans la direction opposée ; ces segments sont liés ensemble plus tard par une autre enzyme, une *ADN ligase*. La vitesse d'assemblage des nucléotides à chaque fourche de réplication est de l'ordre de 100 à la seconde.

Comme nous l'avons déjà dit, les bases des nucléotides s'apparient toujours de façon complémentaire : l'*adénine* (*A*) s'associe toujours à la *thymine* (*T*) et la *guanine* (*G*) se lie toujours à la *cytosine* (*C*) (voir p. 56). Grâce à ce mode précis d'appariement, l'ordre des nucléotides de la matrice détermine l'ordre d'assemblage du brin en cours de synthèse, ce qui permet à la réplication de se faire sans erreur. Par exemple, une séquence TACTGC d'une matrice s'associerait avec des nouveaux nucléotides dans l'ordre ATGACG ; quant à la région correspondante de l'autre matrice, qui porte la séquence ATGACG, elle se lierait avec des nucléotides dans l'ordre TACTGC. On se retrouve donc en fin de compte avec deux

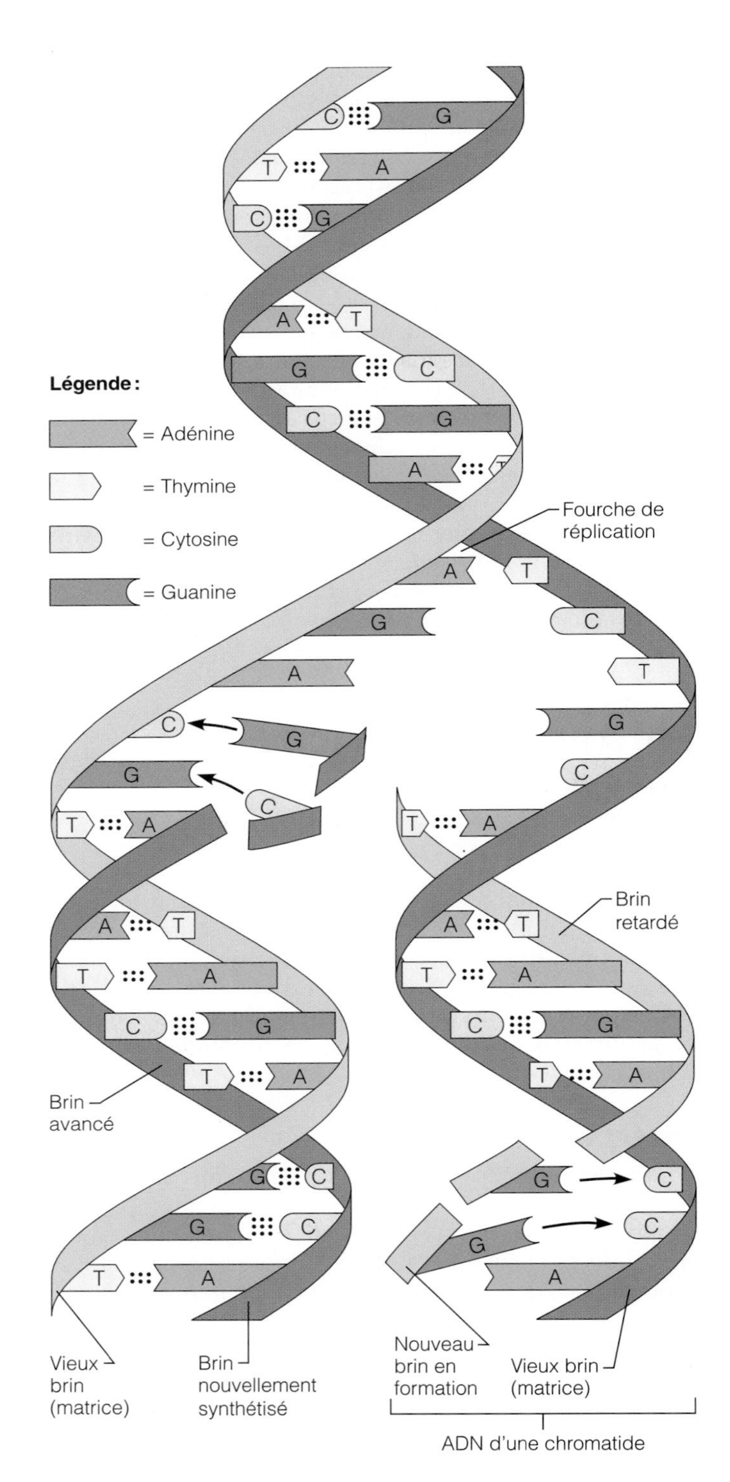

FIGURE 3.28
Réplication de l'ADN. L'hélice d'ADN se déroule et les liaisons hydrogène entre les paires de bases se rompent. Chaque chaîne de nucléotides de l'ADN devient alors une matrice servant à la construction d'une chaîne complémentaire, comme on peut le voir dans la partie inférieure du schéma. Comme les ADN polymérases (non illustrées) ne peuvent fonctionner que dans une seule direction, les deux brins (avancé et retardé) sont synthétisés dans deux directions opposées. Lorsque la réplication est terminée, on est en présence de deux molécules d'ADN identiques à celle qu'il y avait au départ et identiques l'une à l'autre. Chaque nouvelle molécule d'ADN est formée d'un vieux brin (matrice) et d'un brin nouvellement assemblé, et elle constitue une chromatide d'un chromosome.

molécules d'ADN synthétisées à partir de l'ADN de l'hélice d'origine et identiques à cette dernière, puisque chacune des nouvelles molécules est constituée d'une vieille chaîne nucléotidique et d'une chaîne nouvellement assemblée. C'est pourquoi on qualifie le mécanisme de réplication de l'ADN de **réplication semi-conservative.**

Dès que la réplication est terminée, des histones s'associent à l'ADN, complétant ainsi la formation de deux nouveaux brins de chromatine qui se condensent en formant des **chromatides** (voir la figure 3.26) reliées par un centromère. Les chromatides restent attachées ensemble jusqu'à ce que la cellule soit parvenue à l'étape de la division cellulaire appelée anaphase. Elles sont ensuite réparties entre les cellules filles, comme nous allons le voir, de sorte que chacune de celles-ci reçoit exactement la même information génétique.

Division cellulaire

La division cellulaire est essentielle à la croissance de l'organisme et à la cicatrisation des tissus. Les cellules qui subissent une usure constante, comme celles de la peau et du revêtement de l'intestin, se reproduisent presque constamment. D'autres, comme les cellules hépatiques, se divisent plus lentement (elles maintiennent la taille de l'organe qu'elles constituent) mais gardent la capacité de se reproduire rapidement si l'organe en question est endommagé. Les cellules du tissu nerveux, des muscles squelettiques et du muscle cardiaque perdent totalement leur capacité de se reproduire lorsqu'elles sont arrivées à maturité, et ces organes se réparent par formation d'un tissu cicatriciel (un type de tissu conjonctif).

Régulation de la division cellulaire Les signaux qui déclenchent la division des cellules sont mal connus, mais on sait que le *rapport superficie-volume* revêt une certaine importance. La quantité de nutriments dont une cellule en croissance a besoin dépend directement de son volume. Le volume de la cellule augmente proportionnellement au cube de son rayon, alors que sa surface n'augmente que proportionnellement au carré de son rayon. Si le volume de la cellule est multiplié par 64, sa surface ne sera donc multipliée que par 16. Par conséquent, lorsque la cellule atteint une certaine taille limite, la superficie de la membrane plasmique ne suffit plus à assurer l'échange des nutriments et des déchets. La division cellulaire permet de résoudre ce problème parce que les cellules filles, qui sont plus petites, ont à leur tour un meilleur rapport superficie-volume. Cette relation entre la superficie et le volume explique pourquoi la plupart des cellules ont une taille microscopique. On sait qu'une cellule commence à se diviser lorsqu'elle a doublé son volume initial, mais le moment de la division cellulaire dépend d'autres facteurs comme les signaux chimiques libérés par les cellules voisines ou l'existence d'un espace libre. Les cellules normales cessent de proliférer lorsqu'elles commencent à se toucher ; ce phénomène est appelé *inhibition de contact*. Les cellules cancéreuses échappent toutefois aux mécanismes de régulation de la division cellulaire et se reproduisent de façon anarchique, ce qui les rend dangereuses pour leur hôte (voir l'encadré des pages 94-95).

Bien qu'on ignore encore ce qui déclenche exactement la division cellulaire, on a la certitude qu'il existe un certain nombre d'« interrupteurs ». Par exemple, la fin de G_1 représente un moment décisif ; si tous les systèmes sont en marche à ce moment-là, la cellule entre dans la phase S, recopie son ADN et amorce la séquence de mécanismes devant mener à la division. Un deuxième moment critique se produit à la fin de G_2 ; une certaine quantité-seuil d'un complexe protéinique appelé **MPF** doit être présente pour permettre l'amorce de la phase mitotique (M) (figure 3.29). (Bien que, à l'origine, on ait appelé ce complexe *facteur de promotion de la maturation*, il serait plus exact de parler de *facteur de promotion de la phase M.*) Le MPF activé est constitué de deux protéines, dont chacune est inutile lorsqu'elle se trouve seule. L'une d'elles est une protéine régulatrice nommée *cycline* parce que sa concentration augmente et diminue au cours de chaque cycle. L'autre est la *Cdk*, une kinase cycline-dépendante qui est toujours présente. En réponse à certains signaux non identifiés (jusqu'à maintenant), une certaine quantité de cyclines s'accumule pendant l'interphase et est détruite presque instantanément à la fin de la mitose ; cette dégradation, catalysée par une autre protéine, l'ubiquitine ligase, est responsable de la fin de la mitose. Lorsque les Cdk et les cyclines s'unissent pour former le MPF activé, elles provoquent la fragmentation de la membrane nucléaire et elles amorcent les cascades enzymatiques menant à la phosphorylation des protéines qui doivent assurer chacune des autres étapes de la division cellulaire.

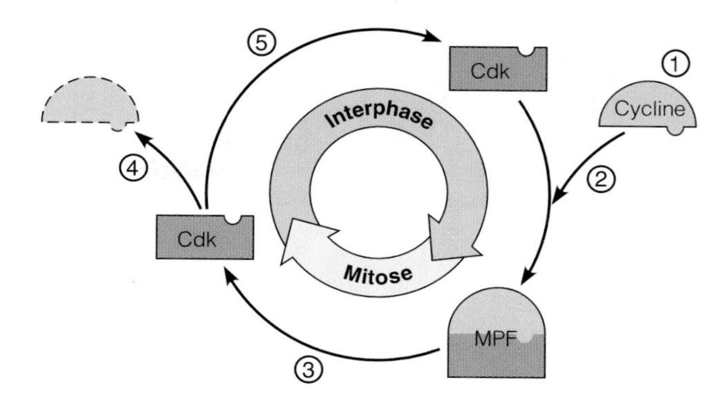

FIGURE 3.29
Rôle du MPF dans la régulation de la division cellulaire. Les phases du cycle cellulaire sont suivies par des fluctuations régulières de l'activité du MPF, qui est un complexe d'une cycline (protéine régulatrice dont la concentration change de façon cyclique) et d'une Cdk (kinase cycline-dépendante). **(1)** La cycline est synthétisée pendant tout le cycle, mais s'accumule pendant l'interphase. **(2)** À la fin de l'interphase, la cycline se fixe à la Cdk et le complexe protéinique se trouve ainsi activé. **(3)** Le MPF, un complexe kinase activé, coordonne la mitose en phosphorylant diverses protéines, y compris d'autres protéines-kinases. **(4)** L'une des protéines activées par le MPF est une enzyme qui dégrade la cycline et qui met fin à l'activité du MPF à la fin de la phase mitotique. **(5)** La composante Cdk du MPF est recyclée. Elle reprendra son activité kinase lorsqu'elle s'associera à nouveau avec la cycline qui s'accumule pendant l'interphase, avant la division cellulaire suivante.

Déroulement de la division cellulaire Dans la plupart des cellules, la division cellulaire, ou **phase M** (**mitose**) du cycle cellulaire (voir la figure 3.27), comprend

3

GROS PLAN

Le cancer : l'ennemi intime

Pour la plupart des gens, le mot **cancer** évoque quelque chose de redoutable. Pourquoi le cancer s'attaque-t-il à certains d'entre nous seulement ? Ses « germes » font-ils partie de notre bagage génétique ?

Les recherches ont révélé des relations étonnantes entre le cancer et certains mécanismes fondamentaux de la vie. Autrefois, on considérait cette maladie comme une croissance rapide et anarchique des cellules, mais on sait aujourd'hui qu'il s'agit d'un processus structuré et bien coordonné ; en effet, il se produit une séquence précise de minuscules modifications qui transforment peu à peu une cellule normale en cellule meurtrière. Voyons plus précisément ce qu'est véritablement le cancer.

Lorsque les mécanismes normaux de régulation n'ont plus d'effet sur la division des cellules, celles-ci se reproduisent de façon excessive et donnent naissance à une masse anormale appelée *néoplasme* (« nouvelle croissance »). On distingue les néoplasmes bénins et les néoplasmes malins. Un **néoplasme bénin,** souvent appelé *tumeur*, est strictement localisé. Ces néoplasmes compacts, souvent encapsulés, ont une croissance plutôt lente et tuent rarement leur hôte si on les retire avant qu'ils compriment un organe vital. Par contre, les **néoplasmes malins (cancéreux)** sont des masses non encapsulées à croissance très rapide, qui peuvent être mortelles. Leurs cellules ne sont pas aussi différenciées que celles du tissu dans lequel elles prolifèrent ; elles ont, entre autres, un rapport noyau/cytoplasme fort élevé et des nucléoles très apparents. Des cellules malignes peuvent également se détacher de la masse d'origine, nommée *tumeur primitive*, traverser la lame basale du tissu auquel elles appartiennent et suivre les voies sanguines ou lymphatiques pour atteindre d'autres organes où elles forment des *masses cancéreuses secondaires.* C'est cette capacité de créer des **métastases** et d'envahir l'organisme qui distingue les cellules cancéreuses de celles des néoplasmes bénins. Les cellules cancéreuses consomment de très grandes quantités de nutriments, ce qui mène à une perte de poids et à une diminution de la masse des tissus, lesquelles contribuent à la mort. (Le mot *cancer* vient d'un mot latin signifiant « crabe ». Ce terme rappelle le fait que chez certaines espèces de crabes les individus peuvent se dévorer mutuellement ; il évoque aussi leur capacité de régénérer les membres perdus par multiplication cellulaire.)

Mécanismes de carcinogenèse

Mais quel est le phénomène qui cause la **transformation** (conversion d'une cellule normale en cellule cancéreuse) ? Il est bien connu que certains facteurs physiques sont **cancérigènes** (rayonnements, traumatisme d'origine mécanique), de même que certaines infections virales (par exemple virus de l'hépatite B et C et cancer du foie, virus d'Epstein-Barr et lymphome de Burkitt) et de nombreuses substances chimiques (goudrons du tabac, saccharine, certains produits chimiques naturellement présents dans les aliments). Le point commun de tous ces facteurs est qu'ils provoquent des mutations, c'est-à-dire des modifications de l'ADN qui altèrent l'expression de certains gènes. Cependant, les cancérigènes ne produisent pas toujours de tels dommages parce que la plupart d'entre eux sont éliminés par les enzymes des peroxysomes ou des lysosomes, ou bien par le système immunitaire. De plus, il ne suffit pas d'une seule mutation ; il faut apparemment une suite de plusieurs changements génétiques pour transformer une cellule normale en véritable cellule cancéreuse (ce qui est compatible avec le fait que l'incidence du cancer augmente avec l'âge). La découverte des **oncogènes** (du grec *onco* = tumeur), ou gènes provoquant le cancer, a permis de comprendre en partie le rôle des gènes dans les cancers à évolution rapide. Plus tard, on a découvert les **proto-oncogènes,** qui sont des formes bénignes des oncogènes existant dans les cellules normales. Les proto-oncogènes codent pour les protéines qui sont essentielles à la division, la croissance et l'adhérence cellulaires, entre autres. Cependant, beaucoup d'entre eux possèdent des sites fragiles qui se brisent lorsqu'ils sont exposés à des cancérigènes, ce qui en fait des oncogènes. Ce type de « trahison » peut entraîner, par exemple, la perte d'une enzyme qui régit un processus métabolique important, ou bien la « mise en marche » de gènes dormants qui permettent aux cellules de devenir envahissantes et de former des métastases (les cellules de l'embryon et les cellules cancéreuses ont cette capacité, mais non les cellules adultes normales).

On a détecté des oncogènes dans 15 à 20 % des cancers humains, de sorte que les chercheurs n'ont pas été surpris de découvrir, à une date plus récente, des **gènes suppresseurs de tumeur,** ou **anti-oncogènes,** comme *p53* et *p16*, qui ont pour effet d'empêcher l'apparition du cancer. Ces gènes agissent sur les mécanismes qui inactivent les cancérigènes, ils contribuent à la réparation de l'ADN et facilitent la destruction des

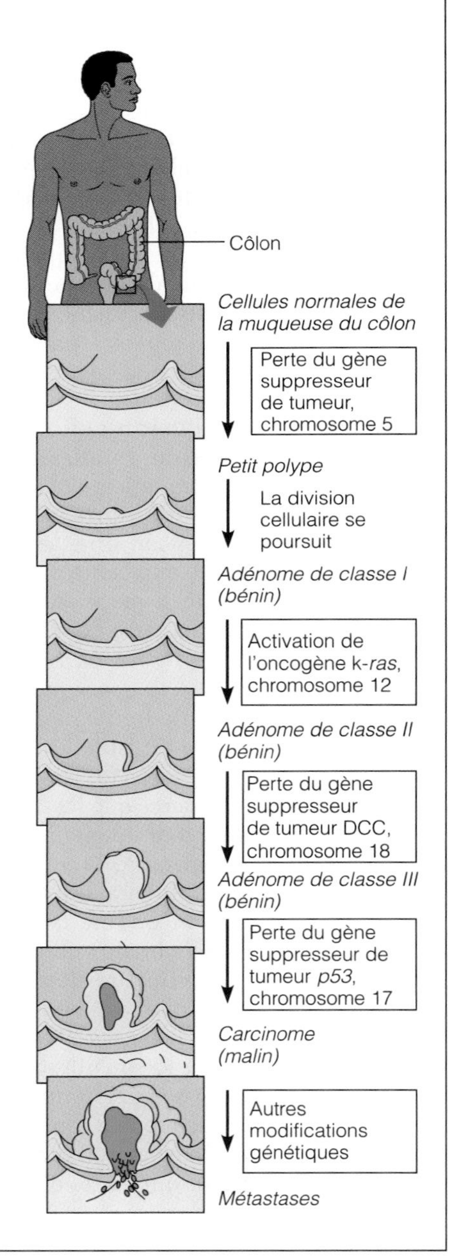

cellules cancéreuses par le système immunitaire. La méthylation accidentelle ou anormale des gènes suppresseurs de tumeur neutralise ceux-ci et a le même effet qu'une mutation. Étant donné que, dans la plupart des cellules, *p53* stimule la production de protéines qui « freinent » la division cellulaire, il est clair que tout dommage causé à ce gène rend plus probable l'apparition d'une division anarchique et d'un cancer. Quel que soit le facteur génétique en cause, les « germes » du cancer semblent bien se trouver dans nos gènes, et le cancer est bien un ennemi intime.

L'illustration qui accompagne ce texte présente un modèle de certaines des mutations qui, d'après les connaissances actuelles, se produisent dans le cancer colorectal, l'un des cancers humains les mieux connus. Comme c'est le cas pour la plupart des cancers, l'apparition d'un cancer du côlon accompagné de métastases est un processus graduel. L'un des premiers symptômes est la formation d'un polype, c'est-à-dire une petite excroissance bénigne formée de cellules de muqueuse apparemment normales. Au fur et à mesure que la division se poursuit, l'excroissance s'agrandit et devient un adénome (néoplasme glandulaire). Lorsque les divers gènes suppresseurs de tumeur sont inactivés et que l'oncogène k-*ras* est activé, les mutations s'accumulent et l'adénome devient de plus en plus anormal. Il aboutit finalement à l'apparition d'un carcinome (tumeur épithéliale maligne) du côlon. Les métastases dues au cancer du côlon sont communes, mais on ignore quel en est l'élément génétique déclencheur.

Fréquence et types de cancers et intervention médicale

Presque un Américain sur deux est atteint du cancer au cours de sa vie et un sur cinq en meurt. Le cancer peut apparaître parmi presque tous les types de cellules, mais les cancers les plus communs affectent la peau, les poumons, le côlon, le sein, la prostate chez l'homme et la vessie.

De nombreuses formes de cancer sont précédées de modifications structurales, appelées *lésions précancéreuses,* observables dans les tissus. Par exemple, la *leucoplasie* est un type de lésion qui apparaît dans la bouche sous la forme de taches blanches ; elle peut résulter du tabagisme ou d'une irritation chronique due à un dentier mal ajusté. Bien que ces lésions deviennent parfois cancéreuses, elles restent souvent stables ou reviennent même à la normale si on met fin au stimulus.

L'intervention médicale en cas de cancer peut prendre plusieurs formes, mais la séquence habituelle est la suivante :

1. **Diagnostic.** Les procédures de dépistage, comme la recherche de boules dans les seins et les testicules ainsi que de sang dans les selles, permettent une détection précoce du cancer. Cependant, la plupart des cancers ne sont diagnostiqués que lorsqu'ils ont commencé à produire des symptômes (douleur, écoulements sanguinolents, présence d'une boule, etc.), et la méthode de diagnostic la plus commune est la biopsie. La biopsie consiste à prélever par chirurgie (ou par raclage) un échantillon de la tumeur primitive qu'on examine ensuite au microscope pour y chercher les modifications structurales propres aux cellules malignes.
2. **Évaluation du stade clinique.** Il existe plusieurs méthodes (examens physiques et histologiques, tests en laboratoire, techniques d'imagerie) permettant de déterminer l'étendue de la maladie (taille du néoplasme, progression des métastases, etc.). Puis on évalue le stade clinique sur une échelle de I à IV selon la probabilité de guérison (au stade I, les chances de guérison sont les meilleures, au stade IV, elles sont les moins bonnes).
3. **Traitement.** La plupart des cancers sont enlevés par voie chirurgicale lorsque c'est possible. L'intervention chirurgicale est souvent suivie d'une radiothérapie (traitement aux rayons X ou aux radio-isotopes, ou les deux) et d'une chimiothérapie (prise de médicaments cytotoxiques). Les médicaments anticancéreux ont des effets secondaires désagréables parce que la plupart d'entre eux affectent *toutes* les cellules qui se divisent fréquemment, y compris celles qui sont normales. Parmi les effets secondaires, on note des nausées, des vomissements et la chute des cheveux. Les rayons X ont également des effets secondaires parce que, lorsqu'ils traversent l'organisme, ils tuent aussi des cellules saines qui se trouvent devant les cellules cancéreuses.

Le traitement permet de guérir environ la moitié des cas. Cependant, le taux de survie est très faible pour certains types de cancers (du poumon, du système digestif et des ovaires).

Il est largement reconnu que les traitements actuels (consistant à « couper, brûler et empoisonner ») ne sont pas assez raffinés et qu'ils sont trop pénibles. De nouvelles méthodes prometteuses misent sur la libération plus exclusive et plus précise de médicaments anticancéreux sur le site même du cancer (par l'intermédiaire d'anticorps monoclonaux qui ne réagissent qu'à une seule protéine présente sur une cellule cancéreuse) et sur une stimulation de la réaction immunitaire contre les cellules cancéreuses. Dans les recherches les plus récentes, on a cherché à réparer les gènes suppresseurs de tumeur défectueux et les oncogènes des cellules cancéreuses, à étouffer les tumeurs en détruisant les capillaires qui se forment pour les alimenter et à provoquer le « suicide » des cellules cancéreuses.

3

deux événements distincts : la *mitose,* ou division du noyau, et la *cytocinèse,* ou division du cytoplasme. Les cellules sexuelles (ovules et spermatozoïdes) sont produites par un mécanisme de division nucléaire différent appelé *méiose* ; dans ce cas, chaque cellule se retrouve avec la moitié du nombre de gènes présents dans les autres cellules de l'organisme. (Puis, lorsque deux cellules sexuelles s'unissent au moment de la fécondation, le bagage génétique redevient complet.) Nous étudions la méiose en détail au chapitre 28. Pour le moment, nous allons nous pencher sur la division mitotique.

Mitose La **mitose** est la suite d'événements menant à la répartition de l'ADN répliqué de la cellule mère entre les deux cellules filles. (Les termes *cellule mère* et *cellule fille* sont consacrés par l'usage ; ils n'ont aucun rapport avec l'identité sexuelle.) On divise la mitose en quatre phases, la **prophase,** la **métaphase,** l'**anaphase** et la **télophase,** mais il s'agit en réalité d'un processus continu, chaque phase succédant sans à-coup à la précédente. La durée de la mitose varie selon le type de cellule, cependant elle est habituellement d'environ deux heures au total. La mitose est décrite à la figure 3.30.

Cytocinèse La division du cytoplasme, ou **cytocinèse** (*kines* = mouvement), commence à la fin de l'anaphase ou au début de la télophase (voir la figure 3.30). Un *anneau contractile* constitué de microfilaments d'actine tire vers l'intérieur la partie de la membrane plasmique qui entoure le centre de la cellule (la plaque équatoriale), formant ainsi un **sillon annulaire.** Ce sillon devient de plus en plus profond jusqu'à ce que la masse cytoplasmique

3

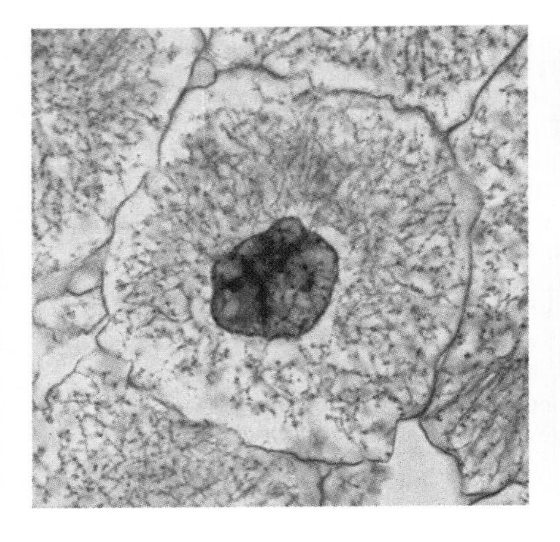

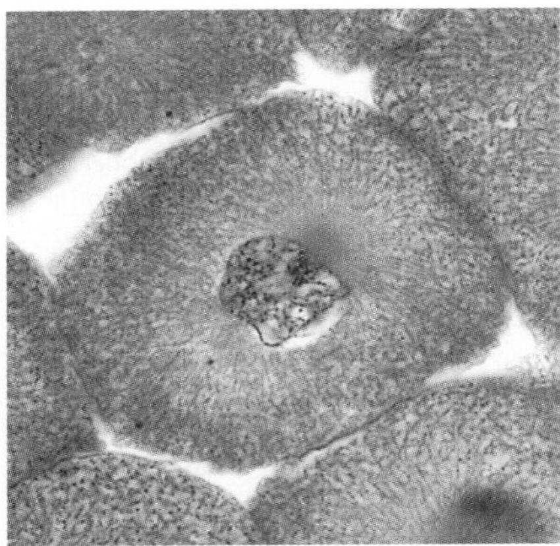

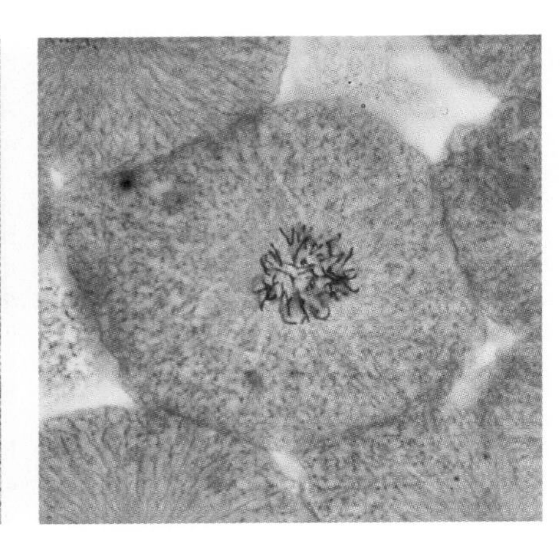

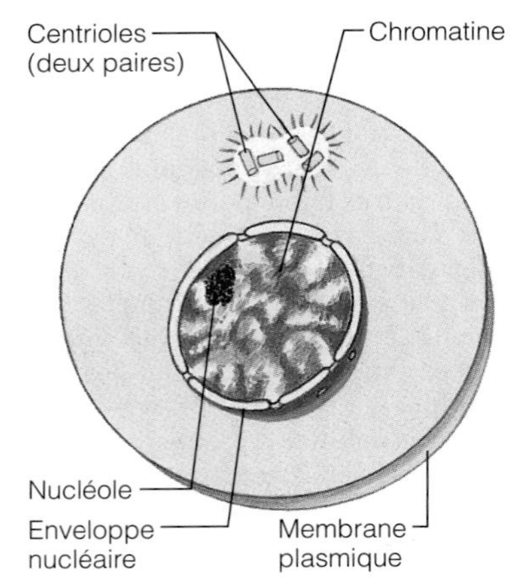

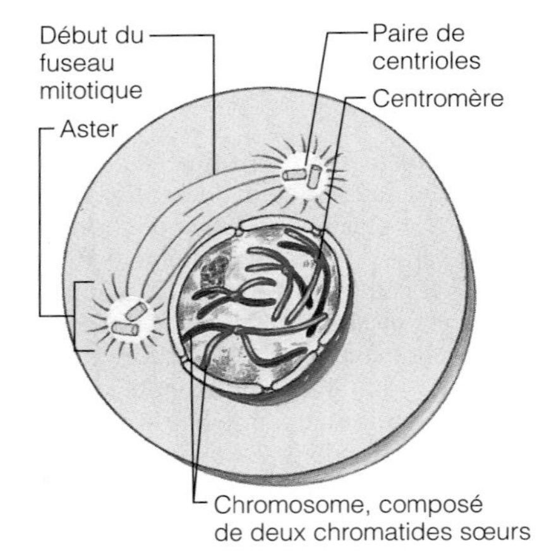

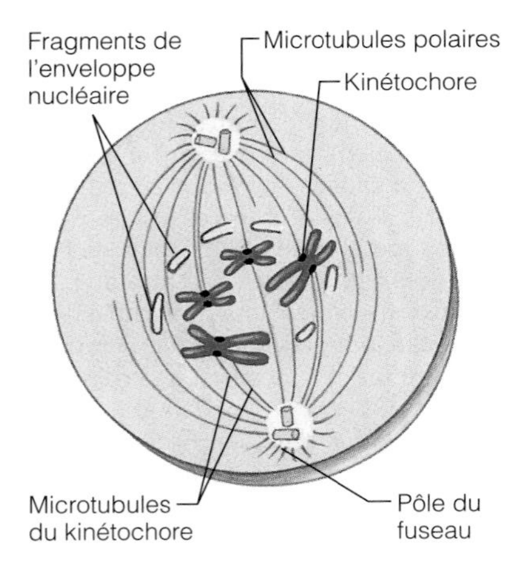

Interphase ⟶

L'*interphase* est la partie du cycle cellulaire pendant laquelle la cellule croît et poursuit ses activités métaboliques normales. Au cours de l'interphase, les chromosomes prennent la forme d'euchromatine, ou chromatine diffuse (dépliée) ; la membrane nucléaire et le nucléole sont intacts et parfaitement visibles. On voit aussi les réseaux de microtubules (asters) qui partent des centrosomes. Au cours des différentes périodes de cette phase, les centrioles commencent à se répliquer (de G_1 à G_2), l'ADN se dédouble (S) et les dernières étapes préalables à la mitose se terminent (G_2). La paire de centrioles finit de se répliquer pour former deux paires pendant G_2.

Début de la prophase ⟶

La *prophase* est la première et la plus longue des phases de la mitose ; elle débute lorsque les filaments de chromatine commencent à s'enrouler et à se condenser pour former des *chromosomes* en forme de bâtonnets, visibles au microscope optique. Comme la réplication de l'ADN a eu lieu pendant l'interphase, les chromosomes sont en fait constitués de deux filaments de chromatine identiques qui, à ce stade, sont appelés *chromatides*. Les chromatides de chaque chromosome sont retenues ensemble par un petit corpuscule central en forme de bouton, le *centromère*. Après la séparation des chromatides, on considère chacune d'entre elles comme un nouveau chromosome.

Lorsque les chromosomes deviennent visibles, les nucléoles disparaissent et les microtubules du cytosquelette se disloquent ; les paires de centrioles se séparent l'une de l'autre. Les centrioles deviennent le point de départ de la croissance d'un nouveau réseau de microtubules appelé **fuseau mitotique.** Ces microtubules continuent de croître, ils écartent les centrioles l'un de l'autre en les repoussant vers les extrémités opposées (pôles) de la cellule.

Fin de la prophase ⟶

Pendant que les centrioles s'éloignent encore l'un de l'autre, la membrane nucléaire se fragmente, permettant ainsi au fuseau d'occuper le centre de la cellule et d'interagir avec les chromosomes. Les centrioles produisent les *asters*, des microtubules qui irradient à partir des extrémités du fuseau et ancrent celui-ci à la membrane plasmique. Pendant ce temps, certains des microtubules du fuseau en formation s'attachent à des complexes protéiques spéciaux appelés *kinétochores*, qui sont situés sur le centromère de chaque chromosome. Ces microtubules sont appelés *microtubules du kinétochore*. Les tubules du fuseau qui ne s'attachent pas à des chromosomes sont les *microtubules polaires*. Les microtubules du kinétochore tirent sur chaque chromosome à partir de chaque pôle cellulaire, de sorte que les chromosomes finissent par se placer au milieu de la cellule.

FIGURE 3.30
Phases de la mitose. Ces cellules sont celles d'un jeune embryon de corégone (micrographies, env. 600 ×). Pour simplifier l'illustration, on n'a représenté que quatre chromosomes.

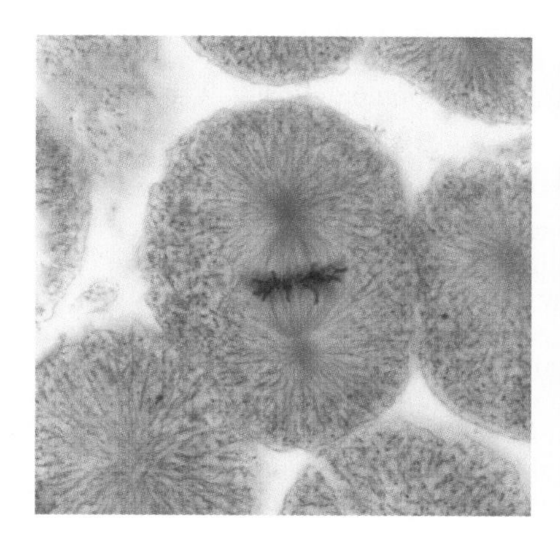

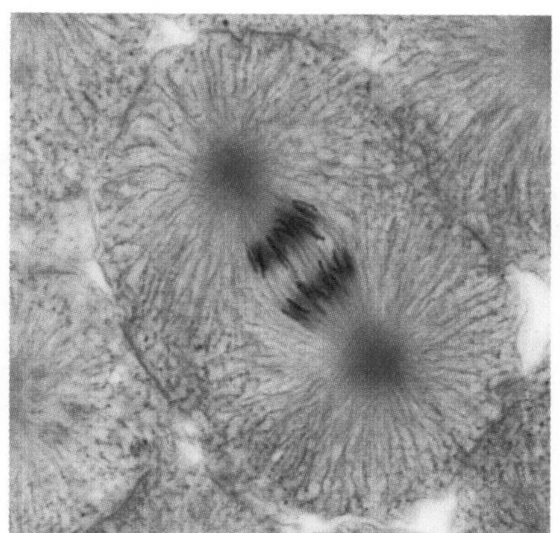

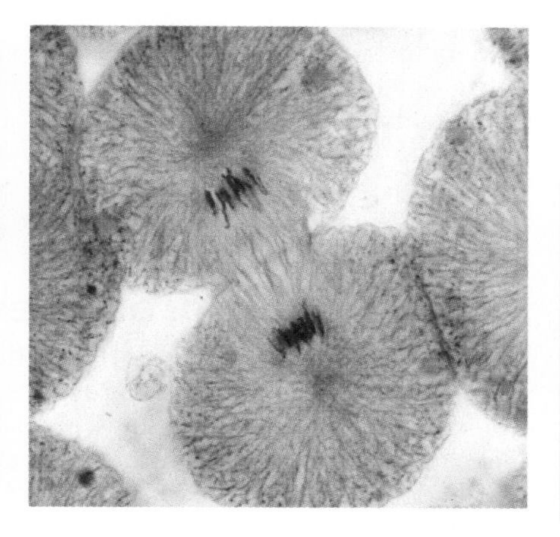

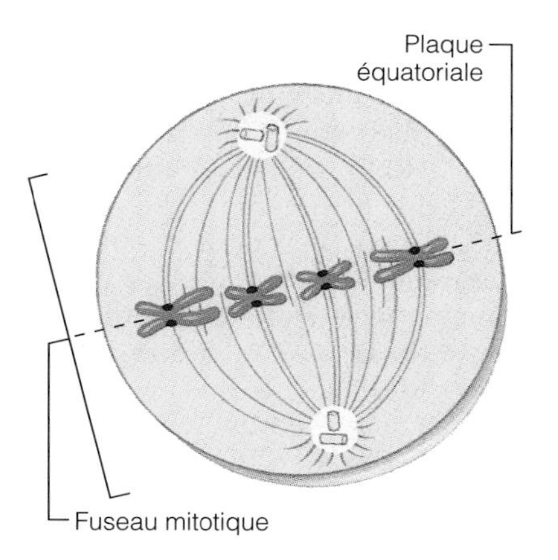

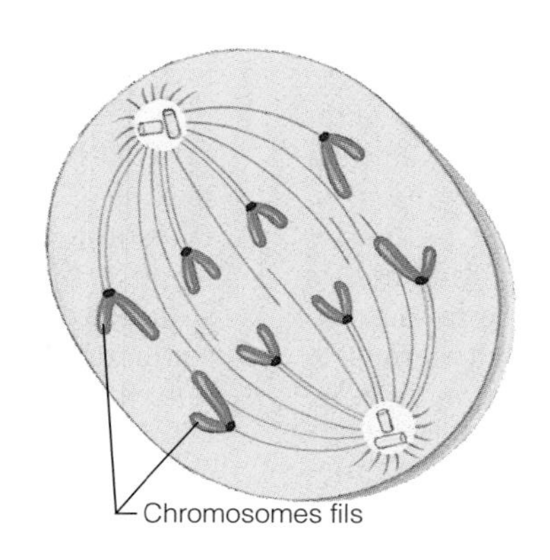

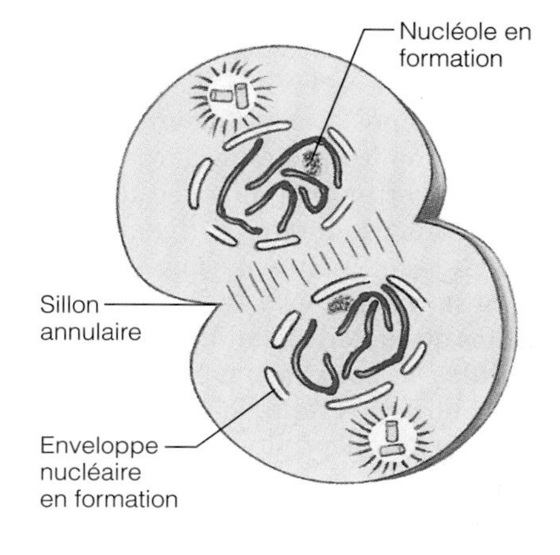

Métaphase

La *métaphase* est la deuxième phase de la mitose. Les chromosomes se regroupent au centre de la cellule, leurs centromères alignés avec précision sur le milieu du fuseau, ou *équateur*. On appelle *plaque équatoriale* cet alignement de chromosomes sur le plan médian de la cellule (à mi-chemin entre les deux pôles).

Anaphase

L'*anaphase*, la troisième phase de la mitose, commence brusquement au moment où les centromères des chromosomes se séparent et où chaque chromatide devient un chromosome indépendant. Les microtubules du kinétochore se raccourcissent (probablement parce qu'ils se disloquent au niveau des kinétochores) et, comme des élastiques tendus qui ont été relâchés, ils tirent chacun des chromosomes vers le pôle correspondant. Les microtubules polaires glissent les uns sur les autres (on pense que ce mécanisme pourrait être dû à des molécules motrices de kinésine) et s'allongent en repoussant les deux pôles, ce qui a pour effet d'allonger l'ensemble de la cellule. Il est facile de reconnaître l'anaphase parce que les chromosomes prennent la forme d'un V. Les centromères, auxquels sont fixés les microtubules du kinétochore, précèdent les « bras » des chromosomes qui traînent derrière eux. L'anaphase est la phase la plus courte de la mitose ; elle ne dure habituellement que quelques minutes.

Les chromosomes sont courts et compacts, ce qui facilite leur déplacement et leur séparation. En effet, de longs filaments de chromatine diffuse s'emmêleraient et se briseraient, ce qui endommagerait le matériel génétique et entraverait la « distribution » d'information identique aux cellules filles.

Télophase et cytocinèse

La *télophase* commence aussitôt que le déplacement des chromosomes est terminé. Cette dernière phase ressemble à la prophase à l'envers. Les chromosomes, qui sont répartis en deux jeux identiques situés à chaque extrémité de la cellule, se déroulent et redeviennent des filaments de chromatine diffuse. Une nouvelle membrane nucléaire dérivée du RE rugueux se reforme autour de chaque masse de chromatine. Des nucléoles réapparaissent dans les noyaux, et le fuseau mitotique se désintègre et disparaît. C'est alors la fin de la mitose ; pendant un bref instant, la cellule a deux noyaux (elle est binucléée), identiques à celui de la cellule mère.

Généralement, la *cytocinèse* se produit lorsque la mitose est sur le point de se terminer, et elle complète la division de la cellule en deux cellules filles. Pendant la cytocinèse, un anneau de microfilaments périphériques (non illustrés) se contracte au niveau du *sillon annulaire* et sépare la cellule en deux.

de départ se trouve partagée en deux, de sorte qu'à la fin de la cytocinèse il y a deux cellules filles. Chacune est plus petite et contient moins de cytoplasme que la cellule mère, mais elle lui est *génétiquement* identique. Les cellules filles entrent alors dans l'interphase du cycle cellulaire, croissent et poursuivent leurs activités normales jusqu'à ce qu'elles se divisent à leur tour.

Synthèse des protéines

En plus de diriger sa propre réplication, l'ADN sert de modèle pour la synthèse des protéines. Bien que les cellules produisent également des lipides et des glucides, ce n'est pas l'ADN qui détermine leur structure; en effet, l'ADN détermine *uniquement* la structure des molécules de protéines, ce qui inclut les enzymes qui catalysent la synthèse de tous les autres types de molécules d'origine biologique. La plus grande partie de l'appareil métabolique de la cellule sert d'une façon ou d'une autre à la synthèse des protéines. Cela ne devrait pas nous surprendre, étant donné que les protéines structurales représentent la plus grande partie du poids sec de la cellule et que les protéines fonctionnelles dirigent et sous-tendent toutes les activités cellulaires. Les cellules sont essentiellement de minuscules usines synthétisant l'énorme gamme de protéines qui déterminent la nature chimique et physique des cellules et, par conséquent, de l'ensemble de l'organisme.

Vous vous rappelez que les protéines sont formées de chaînes polypeptidiques, elles-mêmes constituées d'acides aminés (voir la figure 2.17, p. 50). Pour les fins de cette présentation, on peut définir un **gène** comme un segment d'une molécule d'ADN qui porte les instructions correspondant à une chaîne polypeptidique. Cependant, certains gènes particuliers déterminent la structure de certains types d'ARN qui sont leurs produits finaux.

Les quatre bases entrant dans la composition des nucléotides (A, G, T et C) sont les « lettres » de l'alphabet génétique, et c'est l'ordre dans lequel elles sont placées qui constitue l'information contenue dans l'ADN. On peut considérer chaque ensemble de trois bases, appelée **triplet,** comme un « mot » correspondant à un certain acide aminé. Par exemple, le triplet AAA code pour la phénylalanine et CCT code pour la glycine. L'ordre des triplets de chaque gène forme une « phrase » qui détermine précisément comment un polypeptide doit être assemblé, c'est-à-dire le nombre d'acides aminés devant constituer cette protéine, leur identité et leur ordre d'assemblage. Les diverses combinaisons possibles de A, T, C et G permettent donc à nos cellules de produire tous les types de protéines dont elles ont besoin. On a estimé, chez un gène très « petit », le nombre de paires de bases successives à 2100. Comme le rapport entre le nombre de bases d'ADN présentes dans le gène et le nombre d'acides aminés du polypeptide est de trois à un, le polypeptide codé par ce gène devrait contenir 700 acides aminés. En fait tout n'est pas aussi simple parce que chez les organismes supérieurs, la plupart des gènes contiennent des **exons,** c'est-à-dire des séquences codant effectivement pour des acides aminés, qui sont séparés par des **introns.** Les introns sont des segments non codants dont la longueur se situe entre 60 et 100 000 nucléotides. Comme un même gène peut comporter plus de 50 introns, la plupart des gènes sont beaucoup plus grands qu'on ne pourrait s'y attendre.

Rôle de l'ARN

L'ADN est un peu comme une bande magnétique: l'information qu'il contient ne peut être exprimée qu'à l'aide d'un mécanisme de décodage. De plus, les polypeptides sont assemblés par les ribosomes, qui se trouvent dans le cytoplasme, mais l'ADN des cellules en interphase ne quitte jamais le noyau. L'ADN a donc besoin d'un décodeur et d'un messager. Ces deux fonctions sont assurées par l'autre type d'acide nucléique, soit l'ARN.

Comme nous l'avons vu au chapitre 2, l'ARN diffère de l'ADN de trois façons: il ne comporte qu'une seule chaîne, le sucre ribose remplace le désoxyribose et la base uracile (U) prend la place de la thymine (T). Il existe trois formes d'ARN qui assurent ensemble la synthèse des polypeptides à partir des instructions fournies par l'ADN: (1) l'**ARN de transfert (ARNt)**, dont les molécules sont petites et ressemblent à des feuilles de trèfle; (2) l'**ARN ribosomal (ARNr)**, qui entre dans la composition des ribosomes; et (3) l'**ARN messager (ARNm)**, dont les molécules sont des chaînes de nucléotides relativement longues ressemblant à une « moitié d'ADN », c'est-à-dire à l'un des deux brins de cette molécule.

Les trois types d'ARN sont produits sur l'ADN, donc dans le noyau, par un processus qui rappelle la réplication de l'ADN: l'hélice de cette molécule se dédouble et l'un des deux brins sert de matrice pour la synthèse d'un brin d'ARN qui lui est complémentaire. Une fois produite, la molécule d'ARN se détache du brin d'ADN qui lui a servi de matrice et migre vers le cytoplasme. Après avoir joué son rôle, l'ADN se replie tout simplement et retrouve la forme hélicoïdale qu'il revêt lorsqu'il est inactif. La plus grande partie de l'ADN nucléaire code pour la synthèse d'ARNm (messager), qui a une vie courte; l'ARN messager est ainsi nommé parce qu'il va du gène au ribosome pour livrer à ce dernier le « message » contenant les instructions de synthèse d'un polypeptide. Par conséquent, le produit final de la plupart des gènes est un polypeptide. Seules de petites régions de l'ADN codent pour la synthèse de l'ARNr (nous avons déjà parlé des régions organisatrices du nucléole) et l'ARNt; ces deux types de molécules sont des formes durables et stables d'ARN. L'ARNr et l'ARNt constituent les produits finaux des gènes correspondants parce qu'ils ne portent pas eux-mêmes les codes devant servir à la synthèse d'autres molécules. L'ARN ribosomal et l'ARN de transfert agissent ensemble pour « traduire » le message livré par l'ARNm.

On appelle **code génétique** les règles de traduction des séquences de bases du gène d'ADN en chaîne polypeptidique (séquence d'acides aminés). Pour l'essentiel, la synthèse des polypeptides se fait en deux grandes étapes: (1) la *transcription*, qui est le codage de l'information présente dans l'ADN en ARNm, et (2) la *traduction*, c'est-à-dire l'assemblage des polypeptides par décodage de l'information livrée par l'ARNm. Ces étapes sont résumées à la figure 3.31 et décrites plus en détail ci-après.

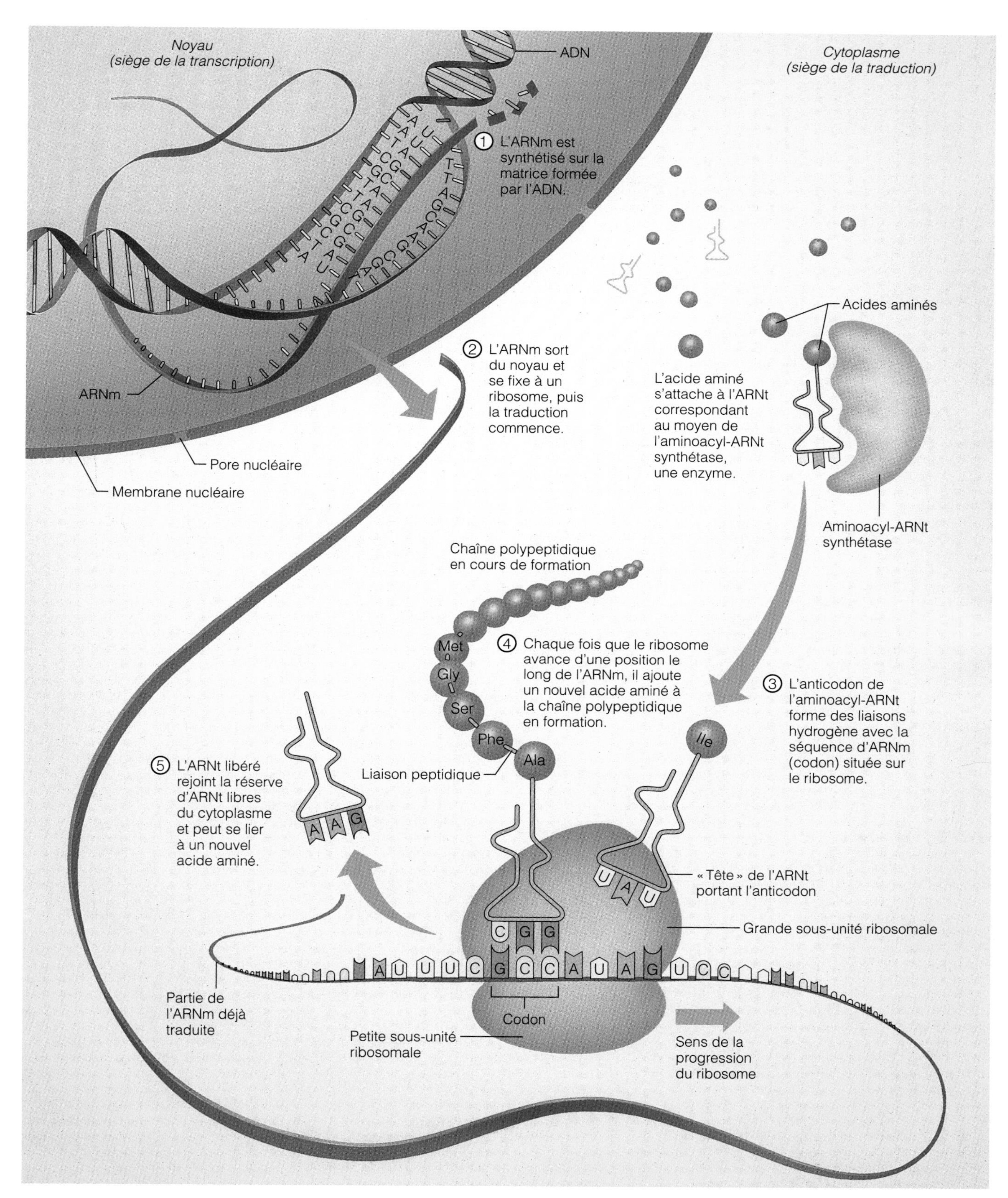

FIGURE 3.31
Synthèse des protéines. (1) *Transcription.* Le segment d'ADN, ou gène, qui code pour un polypeptide se déroule et l'un de ses brins sert de matrice pour la synthèse d'une molécule d'ARNm complémentaire. **(2 – 5)** *Traduction.* L'ARN messager en provenance du noyau s'associe à une petite sous-unité ribosomale présente dans le cytoplasme (2). L'ARN de transfert transporte les acides aminés jusqu'au brin d'ARNm et reconnaît le codon qui correspond à son acide aminé grâce à son pouvoir d'appariement avec les bases du codon (au moyen de son anticodon). Puis le ribosome s'assemble et la traduction commence (3). Le ribosome progresse le long du filament d'ARNm en lisant les codons un à un (4). Au moment où chacun des acides aminés est lié au suivant par une liaison peptidique, son ARNt se détache (5). La chaîne polypeptidique est libérée au moment de la lecture du codon d'arrêt. (Pour simplifier l'illustration, on n'a pas représenté les modifications qui sont apportées à l'ARNm pendant la phase 1.)

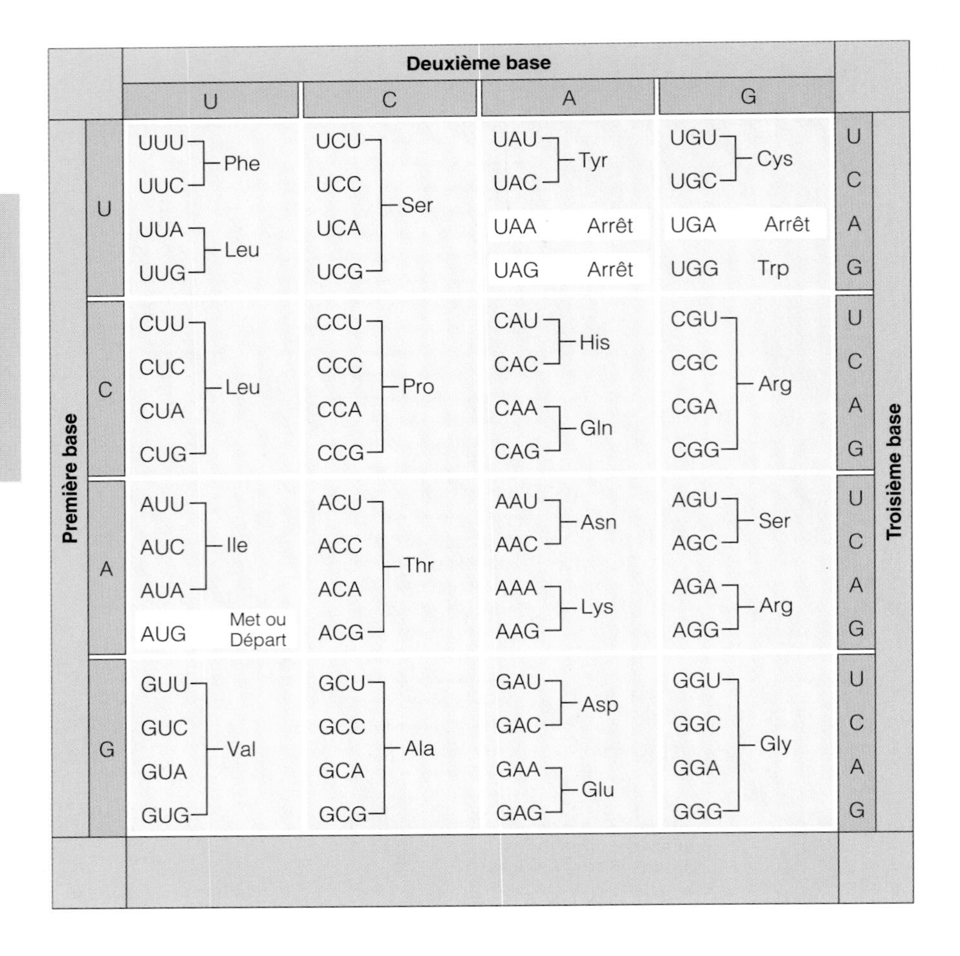

FIGURE 3.32
Le code génétique. Les trois bases d'un codon d'ARNm sont désignées respectivement comme la première, la deuxième et la troisième, en partant de l'extrémité 5′. Chaque triplet code pour l'un des acides aminés, qu'on a représentés ici par des abréviations de trois lettres (voir la liste ci-dessous). Habituellement, c'est le codon AUG codant pour la méthionine qui est le signal de départ de la synthèse des protéines. Le mot *arrêt* indique les codons qui marquent la fin de la synthèse des protéines.

Abréviation	Acide aminé
Ala	Alanine
Arg	Arginine
Asn	Asparagine
Asp	Acide aspartique
Cys	Cystéine
Gln	Glutamine
Glu	Acide glutamique
Gly	Glycine
His	Histidine
Ile	Isoleucine
Leu	Leucine
Lys	Lysine
Met	Méthionine
Phe	Phénylalanine
Pro	Proline
Ser	Sérine
Thr	Thréonine
Try	Tryptophane
Tyr	Tyrosine
Val	Valine

Transcription

La *transcription* est habituellement un travail effectué par des secrétaires : elle consiste à recopier ou à taper un texte à partir de notes prises en sténo. La même information est donc transcrite, c'est-à-dire transposée d'un format en un autre. Dans les cellules, la **transcription** est le transfert d'information d'une séquence de bases contenue dans un gène d'ADN à une séquence complémentaire formée sur une molécule d'ARNm. L'information reste la même, mais elle est mise sous une forme différente. Lorsqu'elle est complète, la molécule d'ARNm se détache et sort du noyau. Seuls l'ADN et l'ARNm interviennent dans le mécanisme de transcription.

Voyons comment se déroule la transcription en vue de la synthèse d'un polypeptide donné.

Constitution de l'ARNm Le processus commence lorsque l'*ARN polymérase,* c'est-à-dire l'enzyme qui dirige la synthèse de l'ARNm, se lie au promoteur, qui est un site particulier de l'ADN adjacent à la séquence « départ ». Après s'être liée à l'hélice d'ADN, la polymérase l'ouvre et déroule le segment d'ADN codant pour la protéine en question. L'une des deux chaînes nucléotidiques d'ADN, appelée le *brin sens,* sert alors de matrice pour la synthèse d'une molécule d'ARNm qui lui est complémentaire (voir la figure 3.31, étape 1). Par exemple, si un certain triplet d'ADN est AGC, la séquence d'ARNm qui sera formée à cet endroit sera UCG. Le brin d'ADN qui ne sert pas de matrice est appelé *brin antisens.*

Les séquences de trois bases présentes sur l'ADN sont appelées triplets, mais on nomme **codon** chacune des séquences correspondantes de l'ARNm pour indiquer que la synthèse des protéines se fait à partir de l'information qui est codée sous cette forme. Comme l'ARN (ou l'ADN) contient quatre types de nucléotides, il y a 4^3, soit 64, codons possibles, dont trois « signaux d'arrêt » marquant la fin d'un polypeptide ; tous les autres codent pour des acides aminés. Il n'existe que 20 acides aminés environ, et certains d'entre eux correspondent donc à plusieurs codons. Cette redondance du code génétique est une forme de protection contre les erreurs de transcription (et de traduction). À la figure 3.32, vous trouverez le code génétique et une liste complète des codons.

Modification de l'ARNm On pourrait penser que la traduction peut commencer dès que la synthèse de l'ARN messager est terminée, mais le mécanisme est un peu plus complexe que cela. Étant donné que nous l'avons déjà dit, l'ADN des mammifères (y compris le nôtre) comporte des régions codantes (exons) alternant avec des régions non codantes (introns). Étant donné que la transcription du gène de l'ADN se fait dans un certain ordre, la première version d'ARNm qui est produite, appelée ARN prémessager, est entrecoupée d'introns « non-sens ». Pour que le nouvel ARN puisse servir de messager, il doit subir certaines modifications ou corrections (voir la figure 3.33) permettant d'éliminer les introns. Les parties codantes (exons) sont ensuite reliées entre elles par épissage dans l'ordre où elles se trouvaient dans le gène d'ADN ; l'ARNm fonctionnel ainsi formé peut alors diriger la traduction au niveau du ribosome.

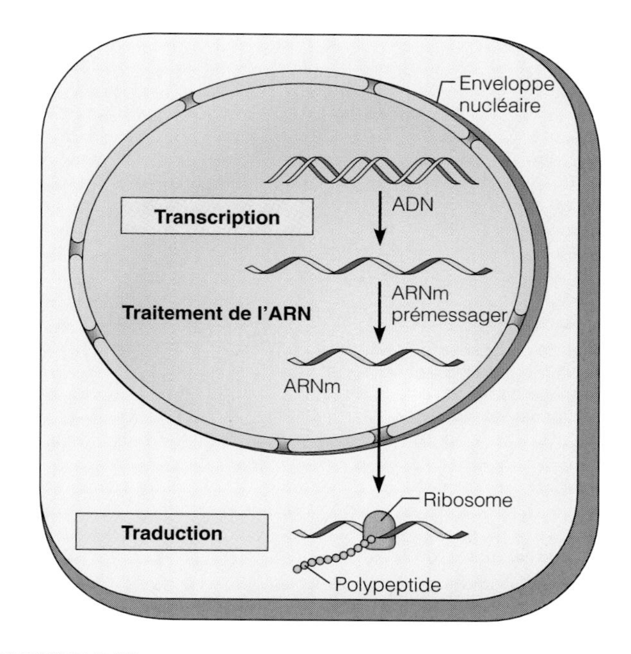

FIGURE 3.33
Représentation simplifiée du flux d'information allant du gène d'ADN à la structure de la protéine. Pendant la transcription, l'information passe de l'ADN à l'ARNm. (L'ARN est d'abord synthétisé sous forme d'ARN prémessager, qui est ensuite modifié par des enzymes, puis quitte le noyau.) Lors de la traduction, l'information provenant de l'ARNm détermine l'ordre d'assemblage des acides aminés.

Traduction

Le travail d'un traducteur consiste à prendre connaissance d'un message dans une langue et à le reconstituer dans une autre. Lors de la synthèse des protéines, à l'étape de la **traduction,** la langue des acides nucléiques (séquence de bases) est traduite dans le langage des protéines (séquence d'acides aminés). La traduction se déroule dans le cytoplasme et fait intervenir les trois formes d'ARN (voir la figure 3.31, étapes 2 à 5).

Lorsque la molécule d'ARNm portant les instructions pour la synthèse d'une certaine protéine arrive dans le cytoplasme, elle s'associe à une petite sous-unité ribosomale par liaison de ses bases avec celles de l'ARNr. C'est alors que l'ARN de transfert entre en jeu. Comme son nom l'indique, l'ARNt a pour fonction de *transférer* les acides aminés au ribosome. Il y a environ 20 types d'ARNt, chacun pouvant se lier à un acide aminé particulier. Dans chacun de ces cas, le mécanisme de liaison est régi par la synthétase (une enzyme) et activé par l'ATP. Lorsque la molécule d'ARNt a capturé l'acide aminé correspondant, elle migre en direction du ribosome et elle place l'acide aminé dans la position appropriée en fonction des codons qui se trouvent sur le brin d'ARNm. Ce mécanisme est un peu plus complexe qu'il n'y paraît ; non seulement l'ARNt doit amener un acide aminé au site de synthèse de la protéine, mais il doit également « reconnaître » le codon qui correspond à l'acide aminé en question.

La structure de la minuscule molécule d'ARN de transfert est bien adaptée à cette double fonction. L'acide aminé est lié à une extrémité de l'ARNt appelée queue. À l'autre extrémité, la tête, se trouve une séquence de trois bases nommée **anticodon** ; l'anticodon est complémentaire au codon d'ARNm qui code pour l'acide aminé porté par cet ARNt. Comme leurs anticodons forment des liaisons hydrogène avec les codons qui leur sont complémentaires, les minuscules molécules d'ARNt servent de lien entre les langages des acides nucléiques et les protéines. Par exemple, si le codon de l'ARNm est UUU (phénylalanine), l'ARNt qui porte la phénylalanine a l'anticodon AAA qui lui permet de se lier à ce même codon.

> « *Pour étudier les composantes de la cellule, je fais un tableau à trois colonnes. J'inscris le nom de chaque organite dans la première colonne, sa description dans la deuxième et ses fonctions dans la troisième. Lors de ma révision, je plie la feuille pour ne laisser qu'une seule colonne visible et je récite l'information contenue dans les deux autres.*
>
> *Amie Jan Welborn, étudiante en sciences biologiques*

La traduction commence lorsque l'anticodon (habituellement UAC) d'un ARNt portant l'acide aminé méthionine reconnaît le codon « initiateur », qui est le premier codon de l'ARNm (AUG), et se lie à lui (voir la figure 3.32). Cet événement entraîne la liaison d'une grande sous-unité ribosomale ; l'assemblage du ribosome fonctionnel est ainsi complété et l'ARNm est placé de la façon appropriée dans le « sillon » formé entre les deux sous-unités ribosomales.

Le ribosome n'est pas seulement un site de liaison passif pour l'ARNm et l'ARNt. En plus du site de liaison de l'ARNm, il présente également deux sites de liaison pour l'ARNt (site A pour l'ARNt arrivant et site P pour l'ARNt sortant), et il a pour fonction de coordonner l'appariement des codons et des anticodons pendant la traduction. Lorsque le premier ARNt est en position sur un codon comme nous l'avons expliqué, le ribosome déplace le brin d'ARNm et amène ainsi le codon suivant en position pour qu'il puisse être « lu » par un autre ARNt. Les acides aminés sont amenés en position l'un après l'autre, les liaisons peptidiques sont formées entre eux et la chaîne polypeptidique s'allonge ainsi progressivement. Au moment où chaque acide aminé est lié au précédent, l'ARNt correspondant est libéré du site P et s'éloigne du ribosome ; il est alors prêt à capturer un autre acide aminé. Au fur et à mesure que l'ARNm est lu, le début de la chaîne s'éloigne du ribosome et peut s'attacher successivement à plusieurs ribosomes qui lisent tous le même message simultanément. Le complexe de ribosomes et d'ARNm ainsi formé, appelé *polysome*, est un système efficace de production d'un grand nombre de copies de la même protéine. La lecture du brin d'ARNm se poursuit dans le même ordre jusqu'à ce que le dernier codon, ou *codon d'arrêt* (UGA, UAA ou UAG), pénètre dans la rainure du

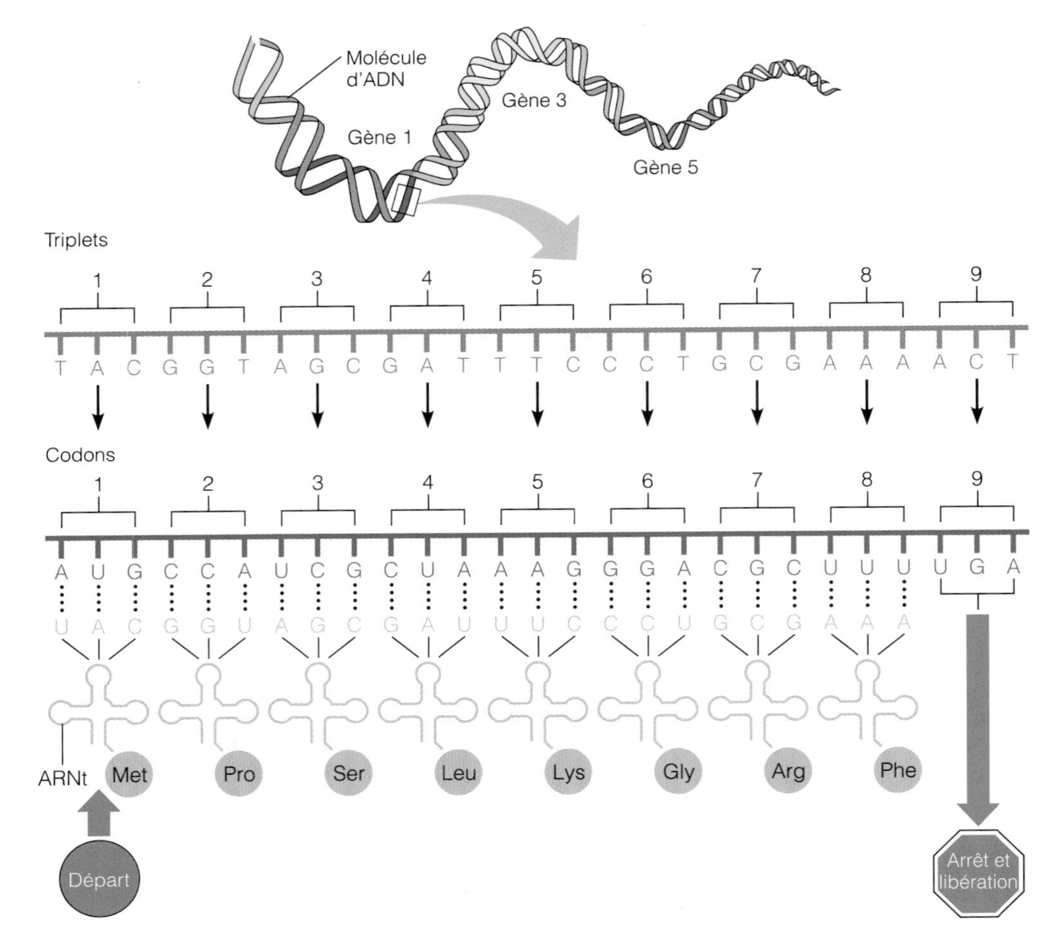

FIGURE 3.34
Transfert d'information de l'ADN à l'ARN. L'information passe du gène de l'ADN à la molécule d'ARN messager qui lui est complémentaire, et dont les codons sont ensuite « lus » par les anticodons de l'ARN de transfert. Remarquez que les anticodons de l'ARNt, lorsqu'ils « lisent » l'ARNm, reconstituent la séquence de bases (triplets) du code génétique de l'ADN (mais que T est remplacé par U).

ribosome. Ce codon est le « point » qui marque la fin de la phrase et qui termine la traduction de l'ARNm. La chaîne polypeptidique se détache alors du ribosome (figure 3.34). Si aucune autre molécule d'ARNm ne se joint à elles, les sous-unités du ribosome se séparent.

L'information génétique de la cellule permet la production de protéines par l'intermédiaire d'une suite de transferts d'information qui dépendent entièrement de l'appariement des bases complémentaires. Si on pouvait aligner les anticodons de tous les ARNt qui lisent les codons de l'ARNm, on reconstituerait ainsi la séquence de bases de l'ADN, si ce n'est que le T de l'ADN serait remplacé par le U de l'ARNt. L'information passe donc de la séquence de bases de l'ADN (triplets) à la séquence de bases de l'ARNm (codons) qui lui est complémentaire, puis revient à la séquence de bases de l'ADN (anticodons).

Dégradation des protéines dans le cytosol

Toutes les protéines des cellules finissent par être dégradées. Celles qui font partie des organites sont digérées dans les lysosomes ; cependant les enzymes des lysosomes n'ont pas accès aux protéines solubles du cytosol qui doivent être éliminées parce qu'elles sont endommagées ou repliées de façon erronée ou parce que, comme la cycline à la fin de la mitose, elles ont fini de jouer leur rôle et sont devenues inutiles. Afin d'éviter l'accumulation indésirable de ces protéines, tout en prévenant la destruction de presque toutes les protéines solubles par les enzymes du cytosol, les protéines à éliminer sont marquées par un processus appelé *poly-ubiquitinylation.* Au cours de ce processus, une protéine de reconnaissance particulière à chaque classe de protéine à détruire ainsi qu'une enzyme, l'*ubiquitine ligase,* s'attachent à la protéine qui devra subir la protéolyse. Les protéines ainsi marquées sont ensuite hydrolysées en petits peptides par des enzymes solubles ou par les *protéasomes,* des complexes géants d'enzymes spécialisées dans la digestion des protéines. Par leur structure, les protéasomes ressemblent étonnamment à un certain type de protéine chaperon (voir p. 54), et il pourrait effectivement s'agir d'une protéine de ce groupe.

MATÉRIAUX EXTRACELLULAIRES

Un grand nombre de substances qui contribuent à la masse corporelle se trouvent à l'extérieur des cellules ; collectivement, on les appelle **matériaux extracellulaires.** Les *liquides organiques* constituent un type de matériaux extracellulaires ; ce sont par exemple le liquide interstitiel, le plasma sanguin et le liquide cérébro-spinal. Ils représentent avant tout des milieux de transport et de dissolution. Les *sécrétions cellulaires* sont aussi des matériaux extracellulaires ; elles comprennent les substances qui assurent la digestion (sucs gastriques, sécrétions intestinales) et les lubrifiants (salive, mucus et sérosités).

La *matrice extracellulaire* est de loin le plus abondant des matériaux extracellulaires. La plupart des cellules de l'organisme sont en contact avec une substance gélatineuse composée de protéines et de polysaccharides. Ces molécules sécrétées par les cellules elles-mêmes forment spontanément un réseau structuré occupant l'espace extracellulaire, et elles « collent » les cellules ensemble. La matrice extracellulaire est particulièrement abondante dans le tissu conjonctif ; dans certains cas, c'est même elle, et non les cellules vivantes, qui représente la plus grande partie du volume du tissu. Selon la structure à former, la matrice extracellulaire du tissu conjonctif peut être molle, rigide et fibreuse, ou bien aussi dure que de la roche. Dans le chapitre suivant, nous examinons en détail la matrice de tissus conjonctifs spécialisés.

DÉVELOPPEMENT ET VIEILLISSEMENT DES CELLULES

La vie de notre organisme commence sous la forme d'une cellule unique, l'ovule fécondé, dont descendent toutes les cellules de notre corps. Tout au début de notre développement, les cellules commencent à se spécialiser ; certaines d'entre elles deviennent des cellules hépatiques, d'autres des neurones et d'autres encore forment le cristallin transparent de notre œil. Étant donné que toutes nos cellules renferment les mêmes gènes, comment se fait-il qu'elles soient si différentes les unes des autres ? Cette question est fascinante. Il semble que les cellules situées dans les diverses régions de l'embryon reçoivent différents signaux chimiques qui déterminent la suite de leur développement. Lorsque l'embryon n'est formé que de quelques cellules, il est possible que de légères différences de concentration d'oxygène et de gaz carbonique entre les cellules superficielles et profondes représentent le signal principal. Cependant, plus tard au cours du développement, les cellules libèrent des substances chimiques qui « désactivent » certains gènes des cellules voisines (par l'ajout de groupements méthyle par exemple) et influent ainsi sur l'évolution de ces dernières. Certains gènes sont actifs dans toutes les cellules ; par exemple, toutes les cellules doivent effectuer la synthèse de protéines et produire de l'ATP. Cependant, les gènes des enzymes qui catalysent la synthèse de substances spécialisées telles que les hormones ou les neurotransmetteurs ne sont activés que dans certaines populations cellulaires : ainsi, seules les cellules de la glande thyroïde peuvent produire la thyroxine. Les cellules se spécialisent donc en fonction des protéines qu'elles doivent produire, et cette spécialisation se fait par l'activation de gènes différents selon le type de cellule considéré. La spécialisation cellulaire mène à une variation *structurale* : le nombre d'organites de chaque catégorie varie selon le type de cellule. Par exemple, les cellules musculaires fabriquent d'énormes quantités d'actine et de myosine, et leur cytoplasme est plein de microfilaments. Les cellules hépatiques et les phagocytes produisent plus d'enzymes lysosomiales et de lysosomes. L'apparition de caractéristiques spécifiques différentes dans les cellules est appelée **différenciation cellulaire.**

Au début du développement de l'organisme, beaucoup de cellules sont tuées et détruites. La nature prend peu de risques. Il apparaît plus de cellules que nécessaire et l'excédent est ensuite éliminé, notamment dans le système nerveux. La plupart des organes sont bien formés et fonctionnels longtemps avant la naissance, mais l'organisme poursuit sa croissance en produisant de nouvelles cellules pendant toute l'enfance et l'adolescence. À l'âge adulte, la division cellulaire sert avant tout au remplacement des cellules à vie courte ainsi qu'à la réparation des lésions.

Au début de l'âge adulte, le nombre de cellules reste assez constant. Cependant, on observe souvent des fluctuations locales du taux de division cellulaire. Par exemple, chez une personne anémique, la moelle osseuse subit une **hyperplasie** (*huper* = au-delà ; *plasis* = former), c'est-à-dire une croissance accélérée, qui mène à une production plus intensive de globules rouges. Si l'état anémique cesse, l'activité de la moelle osseuse revient à la normale. L'**atrophie** est une diminution de la taille d'un organe ou d'un tissu ; elle peut résulter de l'absence d'une stimulation normale. Les muscles qui ne sont plus innervés s'atrophient et fondent, et le manque d'exercice rend les os minces et fragiles.

Les cellules vieillissent également ; ce phénomène a des causes multiples. Selon la théorie de l'« usure », le vieillissement est dû à l'effet cumulatif de petites agressions chimiques tout au long de la vie. Par exemple, il est possible que les toxines présentes dans notre environnement, comme les pesticides, l'alcool et les toxines bactériennes, endommagent les membranes cellulaires, portent atteinte aux systèmes enzymatiques ou provoquent des « erreurs » lors de la réplication de l'ADN. Des dépôts graisseux obstruent progressivement nos vaisseaux sanguins, ce qui crée des manques temporaires d'oxygène de plus en plus fréquents qui entraînent un accroissement du taux de mort cellulaire dans l'ensemble de l'organisme. Les rayons X et autres rayonnements, ainsi que certaines substances chimiques, peuvent produire une telle quantité de radicaux libres que les enzymes des peroxysomes ne suffisent plus à la tâche. Il semble que les vitamines C et E agissent comme des anti-oxydants susceptibles d'empêcher la formation de radicaux libres en nombre excessif. (On mentionne les sources principales de ces vitamines au tableau 25.2, p. 921-922.) Les attaques proviennent également de l'intérieur ; avec l'âge, le glucose (sucre présent dans le sang) tend à lier les protéines entre elles, ce qui entrave considérablement leur fonctionnement.

Selon une autre théorie, le vieillissement cellulaire serait dû à un dérèglement progressif du système immunitaire. Les tenants de cette thèse pensent que les cellules sont endommagées par (1) des réponses auto-immunes, c'est-à-dire l'action du système immunitaire contre les tissus de l'organisme lui-même, et (2) un affaiblissement progressif de la réponse immunitaire qui fait que l'organisme est de moins en moins en mesure de se débarrasser des agents pathogènes nuisibles aux cellules.

La théorie la plus répandue est la *théorie génétique* selon laquelle l'arrêt de la mitose et le vieillissement cellulaire sont « programmés dans nos gènes ». On fait intervenir ici une notion intéressante voulant que le nombre de divisions possibles d'une cellule soit déterminé par une *horloge située dans les télomères*. Les télomères (*telos* = fin ; *mer* = partie) sont des séquences nucléotidiques qui marquent la fin des chromosomes et les empêchent de s'effilocher ou de fusionner avec d'autres chromosomes. Chez les humains et chez beaucoup d'autres espèces de vertébrés, la séquence de bases des télomères est TTAGGG répétée mille fois ou plus. Bien que les télomères ne portent aucun gène, ils semblent avoir une importance capitale pour la survie du chromosome parce que l'ADN, à chacune de ses réplications, perd de 50 à 100 de ses nucléotides terminaux et que les télomères se raccourcissent d'autant. Lorsque les télomères atteignent une certaine longueur minimale, ils émettent le signal d'arrêt des divisions. (On croit cependant que les cellules germinales, qui donnent naissance aux cellules sexuelles, ne seraient pas soumises à ce phénomène de raccourcissement des chromosomes.) L'hypothèse voulant que la longévité cellulaire dépende de l'intégrité des télomères a été étayée par la découverte, en 1994, de la *télomérase*, une enzyme qui protège les télomères de la dégradation. La télomérase, qui a été appelée « l'enzyme de l'immortalité », se trouve presque toujours dans les cellules cancéreuses, mais pas dans les autres types de cellules.

* * *

À partir d'un modèle général, nous avons décrit la cellule, c'est-à-dire l'unité structurale et fonctionnelle qui détermine la forme de notre organisme et le maintient en bon état. L'un des aspects les plus étonnants de la cellule est le contraste entre sa taille minuscule et son activité intense, qui reflète l'énorme diversité de ses organites. La division du travail et la spécialisation fonctionnelle des divers organites sont remarquables. Ainsi, seuls les ribosomes synthétisent les protéines, et l'emballage de celles-ci est réservé au complexe golgien. La plupart des organites sont délimités par des membranes qui leur permettent de fonctionner sans qu'il y ait d'interférences avec les autres activités cellulaires ; la membrane plasmique assure également la régulation des échanges moléculaires vers l'intérieur ou vers l'extérieur de la cellule. Maintenant que nous connaissons les caractéristiques communes à toutes les cellules, nous pouvons nous pencher sur les différences existant entre les types de cellules des divers tissus.

TERMES MÉDICAUX

Anaplasie (*an* = sans ; *plasis* = former) Anomalies de la structure d'une cellule où une partie des caractéristiques propres au type cellulaire auquel elle appartient est perdue ; par exemple, les cellules cancéreuses perdent souvent l'apparence de leur cellule mère.

Dysplasie (*dus* = difficulté) Modification de la taille, de la forme ou de la disposition des cellules, survenant avant ou après la naissance ; dans ce dernier cas, la modification peut être provoquée par une irritation ou une inflammation chronique (infections, par exemple).

Hypertrophie Augmentation du volume d'un organe ou d'un tissu due à un grossissement de ses cellules. L'hypertrophie est une réaction normale des muscles squelettiques qui doivent fournir un travail excessif. Diffère de l'hyperplasie qui est une augmentation de volume due à un accroissement du nombre de cellules.

Liposomes Sacs microscopiques artificiels formés de deux couches de phospholipides et dans lesquels on peut enfermer divers médicaments. Ils servent de véhicules polyvalents pouvant transporter des médicaments, des enzymes, du matériel génétique, des produits cosmétiques ou même de l'oxygène.

Mutation Modification soudaine et possiblement héréditaire de la séquence de bases de l'ADN entraînant l'inclusion d'acides aminés erronés dans la protéine résultante ; la protéine touchée peut rester intacte ou bien fonctionner de façon anormale, ou pas du tout, ce qui conduira à un état pathologique. Par exemple, dans l'anémie à hématies falciformes, un seul des 287 acides aminés d'une chaîne de l'hémoglobine a été changé par suite d'une mutation.

Nécrose (*nekros* = mort ; *osis* = processus) Mort d'une cellule ou d'un groupe de cellules à la suite une lésion ou d'une maladie.

RÉSUMÉ DU CHAPITRE

Principaux éléments de la théorie cellulaire (p. 63)

1. Tous les êtres vivants sont constitués de cellules, qui sont les unités structurales et fonctionnelles fondamentales de la matière vivante. Les cellules varient beaucoup par leur forme et leur taille.

2. Le principe de complémentarité stipule que l'activité biochimique de la cellule résulte du fonctionnement des organites.

3. Le modèle général de la cellule est une façon de représenter toutes les cellules. On y retrouve trois régions principales : le noyau, le cytoplasme et la membrane plasmique.

Membrane plasmique : structure (p. 64-67)

1. La membrane plasmique délimite le contenu de la cellule, assure la régulation des échanges avec le milieu extracellulaire et intervient dans la communication cellulaire.

Modèle de la mosaïque fluide (p. 64-66)

2. Selon le modèle de la mosaïque fluide, la membrane plasmique est une bicouche fluide constituée de lipides (phospholipides, cholestérol et glycolipides) dans laquelle sont enchâssées des protéines.

3. Les phospholipides comportent à la fois des régions hydrophiles et des régions hydrophobes qui déterminent le mode d'assemblage et de réparation de la membrane. Les phospholipides et le cholestérol constituent la partie structurale de la membrane.

4. La plupart des protéines sont des protéines intégrées transmembranaires, c'est-à-dire qu'elles traversent entièrement la membrane. D'autres, les protéines périphériques, sont fixées aux protéines intégrées.

5. Les protéines assurent la plupart des fonctions spécialisées de la membrane : certaines d'entre elles sont des enzymes, d'autres sont des récepteurs, d'autres encore assurent le transport membranaire. Les glycoprotéines qui font face à l'extérieur entrent dans la composition du glycocalyx, auquel appartiennent aussi les glucides fixés à certains phospholipides (glycolipides).

Éléments spécialisés de la membrane plasmique (p. 67)

6. Les microvillosités sont des prolongements de la membrane plasmique qui, habituellement, en font augmenter la surface pour permettre une meilleure absorption.

7. Les jonctions membranaires unissent les cellules et peuvent faciliter ou entraver le passage des molécules entre les cellules ou de l'une à l'autre. Les jonctions serrées sont imperméables ; les desmosomes assurent un lien mécanique entre les cellules et en font un ensemble fonctionnel ; les jonctions ouvertes permettent la communication entre des cellules adjacentes.

Membrane plasmique : fonctions (p. 68-78)

Transport membranaire (p. 68-76)

1. La membrane plasmique est une barrière à perméabilité sélective. Les substances traversent la membrane plasmique sous l'effet de mécanismes passifs, qui dépendent de l'énergie cinétique des molécules ou de gradients de pression, ou bien sous l'effet de mécanismes actifs qui nécessitent une dépense d'énergie par la cellule (ATP).

2. La diffusion est le mouvement des molécules (produit par leur énergie cinétique) dans le sens de leur gradient de concentration. Les solutés liposolubles peuvent diffuser directement à travers la membrane en se dissolvant dans la partie lipidique. Les molécules chargées ou les ions traversent la membrane par diffusion s'ils ont une taille assez petite pour pouvoir passer dans les canaux protéiques. Certains canaux protéiques sont sélectifs.

3. L'osmose est la diffusion d'un solvant comme l'eau à travers une membrane à perméabilité sélective. L'eau passe dans les pores de la membrane en allant de la solution d'osmolarité faible vers la solution d'osmolarité plus forte.

4. La présence de solutés non diffusibles modifie le tonus de la cellule, qui peut enfler ou rétrécir. Le mouvement net dû à l'osmose prend fin lorsque la concentration de solutés présente des deux côtés de la membrane a atteint un équilibre.

5. Les solutions dans lesquelles les cellules subissent une perte nette d'eau sont hypertoniques ; celles qui entraînent un gain net d'eau par la cellule sont hypotoniques ; celles qui ne provoquent ni gain ni perte d'eau cellulaire sont isotoniques.

6. La diffusion facilitée est le mouvement passif de certains solutés à travers la membrane par leur combinaison avec une protéine membranaire qui agit comme transporteur. À l'instar des autres mécanismes de diffusion, elle est alimentée par l'énergie cinétique, mais dans ce cas les transporteurs sont sélectifs.

7. La filtration est le mouvement d'un filtrat qui traverse une membrane sous l'effet de la pression hydrostatique. Ce mécanisme n'est pas sélectif et n'est limité que par la taille des pores. Il est entretenu par le gradient de pression.

8. Le transport actif (pompage de solutés) est assuré par un transporteur protéique et de façon directe ou indirecte par l'ATP. Le déplacement des substances (acides aminés et ions) se fait contre leur gradient de concentration ou contre leur gradient électrique. Dans de nombreux cas, ces systèmes (pompes) sont couplés, c'est-à-dire que les substances cotransportées traversent la membrane dans le même sens (symport) ou en sens opposé (antiport).

9. Le transport vésiculaire exige aussi la production d'ATP. L'exocytose permet le rejet de certaines substances (hormones, déchets, sécrétions) à l'extérieur de la cellule. L'endocytose les amène à l'intérieur de celle-ci. Si la substance est sous forme de particules, on parle de phagocytose ; si elle se présente sous forme de molécules dissoutes, il s'agit de pinocytose. L'endocytose par récepteurs interposés est sélective ; avant l'endocytose, les particules devant être assimilées se lient à des récepteurs de la membrane.

Création et entretien du potentiel de repos de la membrane (p. 76-77)

10. Dans toutes les cellules au repos, on observe un potentiel de repos de la membrane, soit un voltage entre les deux faces de la membrane. Par conséquent, la facilité de diffusion des ions est déterminée simultanément par le gradient de concentration et le gradient électrique.

11. Le potentiel de membrane résulte des gradients de concentration et de la perméabilité différentielle de la membrane plasmique aux ions sodium et potassium. Le sodium est plus concentré à l'extérieur qu'à l'intérieur de la cellule et la membrane lui est peu perméable. La concentration de potassium est plus élevée dans la cellule que dans le liquide extracellulaire, et la membrane est plus perméable au potassium qu'au sodium.

12. La diffusion du potassium vers l'extérieur (qui est plus importante que la diffusion du sodium vers l'intérieur) crée une séparation des charges de part et d'autre de la membrane (l'intérieur de la cellule est négatif). Cette séparation des charges est entretenue par l'action de la pompe à sodium et à potassium.

Interactions entre la cellule et son milieu (p. 77-78)

13. Les cellules interagissent directement et indirectement avec les autres cellules. Les interactions indirectes font intervenir les substances chimiques extracellulaires qui sont transportées par les liquides organiques ou qui se trouvent dans la matrice extracellulaire.

14. Les molécules du glycocalyx sont intimement liées aux interactions entre la cellule et son milieu. La plupart d'entre elles sont des molécules d'adhérence cellulaire ou des récepteurs membranaires.

15. Les récepteurs membranaires activés servent de catalyseurs, assurent la régulation des canaux ou, comme les récepteurs associés à une protéine G, agissent par l'intermédiaire de seconds messagers comme l'AMP cyclique et Ca^{2+}. La liaison de ligands entraîne des modifications de la structure ou de l'action des protéines dans la cellule ciblée.

Cytoplasme (p. 78-89)

1. Le cytoplasme est la région de la cellule située entre les membranes nucléaire et plasmique ; il comprend le cytosol (milieu cytoplasmique liquide), des inclusions (réserves non vivantes de nutriments, granules pigmentaires, cristaux, etc.) et les organites cytoplasmiques.

Organites cytoplasmiques (p. 79-89)

2. Le cytoplasme est la principale région fonctionnelle de la cellule. Ses fonctions sont assurées par les organites cytoplasmiques.

3. Les mitochondries, des organites délimités par une double membrane, sont le siège de la production de l'ATP. Les enzymes qu'elles renferment assurent les réactions d'oxydation de la respiration cellulaire.

4. Les peroxysomes sont des vésicules (sacs membraneux) contenant des oxydases (enzymes) qui transforment les radicaux libres et d'autres substances toxiques en peroxyde d'hydrogène, puis en eau, protégeant ainsi la cellule de leurs effets destructeurs.

5. Les ribosomes, constitués de deux sous-unités renfermant l'ARN ribosomal et des protéines, sont le siège de la synthèse des protéines. Ils peuvent être libres ou fixés aux membranes.

6. Le réticulum endoplasmique rugueux est un système de membranes parsemé de ribosomes. Il forme des citernes dans lesquelles les protéines sont modifiées. Sa face externe joue un rôle dans la synthèse des phospholipides et du cholestérol. Des vésicules qui se détachent du RE transportent les protéines jusqu'à d'autres sites de la cellule.

7. Le réticulum endoplasmique lisse synthétise les molécules de lipides et d'hormones stéroïdes. Il contribue également au métabolisme des graisses et à la détoxification des médicaments et des drogues. Dans les cellules musculaires, le RE lisse est aussi une réserve d'ions calcium.

8. Le complexe golgien est un système de membranes voisin du noyau, qui emballe les protéines à sécréter pour l'exportation, enveloppe les enzymes dans des lysosomes en vue de l'utilisation par la cellule et modifie les protéines devant faire partie des membranes cellulaires.

9. Les lysosomes sont des sacs membraneux dans lesquels le complexe golgien a emballé des hydrolases acides. Ce sont les sites de la digestion intracellulaire ; ils dégradent les organites usés et les tissus qui sont devenus inutiles, et libèrent les ions calcium provenant des os.

10. Le cytosquelette comprend des microfilaments, des filaments intermédiaires et des microtubules. Les microfilaments, qui sont constitués de protéines contractiles, jouent un rôle important dans la motilité cellulaire, c'est-à-dire le mouvement de parties de la cellule. Ils sont impliqués dans la contraction musculaire et la division cellulaire. Les microtubules déterminent la structure du cytosquelette et jouent un rôle important dans le transport intracellulaire. Les fonctions liées à la motilité font intervenir des protéines motrices. Les filaments intermédiaires confèrent à la cellule une résistance aux contraintes mécaniques. Un réseau microtrabéculaire relierait les autres éléments entre eux.

11. Les centrioles assurent la formation du fuseau mitotique ; on en trouve également à la base des cils et des flagelles.

Noyau (p. 89-91)

1. Le noyau est le centre de régulation de la cellule. La plupart des cellules n'ont qu'un seul noyau ; sans noyau, une cellule ne peut ni se diviser, ni synthétiser de protéines, et elle est donc condamnée à mourir.

2. Le noyau est délimité par l'enveloppe nucléaire, qui est une double membrane percée de pores assez gros.

3. La chromatine est un réseau complexe de minces fils constitués d'histones (des protéines) et d'ADN. Les unités de chromatine sont appelées nucléosomes. Avant la division cellulaire, la chromatine s'enroule et se condense.

4. Les nucléoles, qui se trouvent dans le noyau, sont les sites de synthèse des sous-unités ribosomales.

Croissance et reproduction de la cellule (p. 91-102)

Cycle cellulaire (p. 91-97)

1. Le cycle cellulaire est la suite de changements que subit la cellule entre le moment où elle est formée et celui où elle se divise.

2. L'interphase est la phase du cycle cellulaire pendant laquelle la cellule ne se divise pas. Elle comprend les trois sous-phases G_1, S et G_2. Pendant G_1, la cellule croît rapidement et les centrioles commencent à se répliquer ; au cours de la sous-phase S, l'ADN se réplique ; à la sous-phase G_2, la cellule termine les étapes préliminaires à la division.

3. La réplication de l'ADN a lieu avant la division cellulaire ; elle permet à toutes les cellules filles de recevoir des gènes identiques. L'hélice d'ADN se déroule et chacun des deux brins de nucléotides de l'ADN sert de matrice pour la formation d'un brin complémentaire. C'est l'appariement des bases qui permet le bon positionnement des nucléotides.

4. La réplication semi-conservative d'une molécule d'ADN produit deux molécules d'ADN identiques à la molécule mère, chacune étant formée d'un « vieux » brin et d'un « nouveau » brin.

5. La division cellulaire, qui est essentielle à la croissance et à l'entretien de l'organisme, se produit pendant la phase M du cycle cellulaire. Elle est stimulée par certaines substances chimiques (dont le MPF) et l'accroissement de la taille de la cellule. Le manque d'espace et certains inhibiteurs chimiques empêchent la division. La division cellulaire comporte deux phases distinctes, soit la mitose et la cytocinèse.

6. La mitose comprend la prophase, la métaphase, l'anaphase et la télophase ; elle a pour effet de répartir les chromosomes répliqués dans les noyaux des deux cellules filles, dont chacune est génétiquement identique à la cellule mère. Lors de la cytocinèse, qui suit habituellement la mitose, le cytoplasme se trouve divisé en deux.

7. Le cancer résulte d'une division cellulaire excessive pendant laquelle les nouvelles cellules changent souvent de structure (se dédifférencient), deviennent envahissantes et forment des métastases. Les cancers sont dus à des modifications de l'ADN dont l'apparition, dans la plupart des cas, est facilitée par des facteurs présents dans l'environnement. Les modes de traitement comprennent l'intervention chirurgicale, la radiothérapie et la chimiothérapie.

Synthèse des protéines (p. 98-102)

8. On définit un gène comme un segment d'ADN qui contient les instructions pour la synthèse d'une chaîne polypeptidique ; on peut dire que le gène commande la synthèse de toutes les molécules d'origine biologique puisque la majorité des matériaux de structure de l'organisme, ainsi que toutes les enzymes, sont des protéines.

9. La séquence de bases de l'ADN détermine la structure des protéines. Chaque séquence de trois bases (triplet) est un code qui représente un acide aminé à insérer dans une chaîne polypeptidique.

10. Les trois types d'ARN sont synthétisés sur un brin simple de la matrice d'ADN. Les nucléotides de l'ARN sont assemblés conformément aux règles d'appariement des bases.

11. L'ARN ribosomal entre dans la composition des sites de synthèse protéique ; l'ARN messager va de l'ADN aux ribosomes pour acheminer les instructions servant à fabriquer la chaîne polypeptidique ; l'ARN de transfert amène les acides aminés aux ribosomes et reconnaît sur l'ARNm les codons correspondant à l'acide aminé qu'il porte.

12. La synthèse des protéines comprend (1) la transcription, ou synthèse d'un ARNm complémentaire à l'ADN, et (2) la traduction, soit la « lecture » de l'ARNm par l'ARNt et l'ajout d'acides aminés à la chaîne polypeptidique au moyen de liaisons peptidiques. Les ribosomes coordonnent la traduction.

13. Les protéines solubles qui sont endommagées ou devenues inutiles sont marquées par l'ajout d'ubiquitine ligase en vue de leur destruction. Elles sont ensuite dégradées par des enzymes cytosoliques ou des protéasomes.

Matériaux extracellulaires (p. 103)

1. Les matériaux extracellulaires sont les substances qui se trouvent à l'extérieur des cellules. Il s'agit des liquides organiques, des sécrétions cellulaires et de la matrice extracellulaire. Cette dernière est particulièrement abondante dans les tissus conjonctifs.

Développement et vieillissement des cellules (p. 103-104)

1. La première cellule d'un organisme est l'ovule fécondé. La spécialisation cellulaire commence dès le début du développement et elle reflète l'activation différentielle des gènes.

2. À l'âge adulte, le nombre de cellules reste assez constant et la division cellulaire sert avant tout à remplacer les cellules perdues.

3. Le vieillissement cellulaire résulte peut-être d'attaques chimiques, d'un dérèglement progressif du système immunitaire, d'une baisse génétiquement programmée du taux de division cellulaire avec l'âge, ou d'une combinaison de ces facteurs.

QUESTIONS DE RÉVISION

Choix multiples/associations

(Réponses à l'appendice G)

1. La plus petite entité pouvant vivre de façon indépendante est : (a) l'organe, (b) l'organite, (c) le tissu, (d) la cellule, (e) le noyau.

2. Les types de lipides les plus abondants dans la membrane plasmique sont (en choisir deux) : (a) le cholestérol, (b) les graisses neutres, (c) les phospholipides, (d) les vitamines liposolubles.

3. Les jonctions membranaires qui permettent aux nutriments et aux ions de passer d'une cellule à l'autre sont : (a) les desmosomes, (b) les jonctions ouvertes, (c) les jonctions serrées, (d) toutes ces jonctions.

4. Une personne boit six bières et se rend aux toilettes à plusieurs reprises. Cette augmentation de la production d'urine reflète une augmentation de quel processus ayant lieu dans les reins ? (a) La diffusion, (b) l'osmose, (c) le pompage de solutés, (d) la filtration.

5. Le terme qui désigne une solution dans laquelle les cellules perdent de l'eau au profit de leur milieu est : (a) isotonique, (b) hypertonique, (c) hypotonique, (d) catatonique.

6. L'osmose fait toujours intervenir (a) une membrane à perméabilité sélective, (b) une différence de concentration de solvant, (c) la diffusion, (d) le transport actif, (e) a, b et c.

7. Un physiologiste remarque que la concentration de sodium à l'intérieur d'une cellule est beaucoup plus faible qu'à l'extérieur de celle-ci. Cependant, le sodium diffuse facilement à travers la membrane plasmique des cellules de ce type lorsqu'elles sont mortes, *ce qui n'est pas le cas* des cellules vivantes. Parmi les termes suivants, lequel décrit le mieux le mécanisme cellulaire qui n'a plus lieu dans les cellules mortes ? (a) L'osmose, (b) la diffusion, (c) le transport actif (pompage de solutés), (d) la dialyse.

8. Le transport actif par pompage de solutés s'effectue au moyen (a) de la pinocytose, (b) de la phagocytose, (c) des forces électriques présentes au niveau de la membrane cellulaire, (d) de changements de conformation des molécules porteuses de la membrane plasmique.

9. Le mécanisme d'endocytose par lequel des particules sont entourées et amenées dans la cellule est appelé : (a) phagocytose, (b) pinocytose, (c) exocytose.

10. La substance qu'on trouve dans le noyau et qui est constituée d'histones (des protéines) et d'ADN est : (a) la chromatine, (b) le nucléole, (c) le nucléoplasme, (d) les pores nucléaires.

11. La séquence d'informations qui détermine la nature d'une protéine est : (a) le nucléotide, (b) le gène, (c) le triplet, (d) le codon.

12. Les mutations peuvent être provoquées par : (a) les rayons X, (b) certaines substances chimiques, (c) les rayonnements produits par les radio-isotopes, (d) tous ces facteurs.

13. La phase de la mitose pendant laquelle les centrioles arrivent aux pôles et les chromosomes se fixent au fuseau mitotique est : (a) l'anaphase, (b) la métaphase, (c) la prophase, (d) la télophase.

14. Les dernières étapes préliminaires à la division cellulaire ont lieu pendant la sous-phase du cycle cellulaire appelée : (a) G_1, (b) G_2, (c) M, (d) S.

15. L'ARN qui est synthétisé sur l'un des brins d'ADN est : (a) l'ARNm, (b) l'ARNt, (c) l'ARNr, (d) tous ces types d'ARN.

16. L'ARN qui transporte du noyau au cytoplasme le message codé indiquant la séquence d'acides aminés de la protéine à fabriquer est : (a) l'ARNm, (b) l'ARNt, (c) l'ARNr, (d) tous ces types d'ARN.

17. Si une séquence d'ADN est AAA, le segment d'ARNm qui sera synthétisé à ce niveau aura pour séquence : (a) TTT, (b) UUU, (c) GGG, (d) CCC.

18. On suppose qu'un neurone et un lymphocyte diffèrent par : (a) leurs structures spécialisées, (b) leurs gènes inhibés et leurs antécédents embryonnaires, (c) l'information génétique qu'ils contiennent, (d) a et b, (e) a et c.

Questions à court développement

19. (a) Nommez l'organite qui est le siège principal de la synthèse de l'ATP. (b) Nommez trois organites qui jouent un rôle dans la synthèse ou la modification des protéines, ou les deux. (c) Nommez deux organites qui contiennent des enzymes et décrivez leurs fonctions respectives.

20. Expliquez pourquoi on pourrait imaginer que la mitose représente l'immortalité cellulaire.

21. Si une cellule perd ou éjecte son noyau, quelle sera la destinée de cette cellule et pourquoi ?

22. Des groupes de glucides sont fixés à la face externe de certaines des protéines de la membrane plasmique. Au cours de la vie de la cellule, quel est le rôle de ces protéines « enrobées de sucre » ?

23. Les cellules sont des entités vivantes. Cependant, on trouve trois catégories de substances non vivantes à l'extérieur des cellules. Quelles sont-elles et quelles sont leurs fonctions ?

24. Expliquez comment la pompe à sodium et à potassium entretient le potentiel de repos de la membrane.

RÉFLEXION ET APPLICATION

1. Expliquez pourquoi le céleri défraîchi redevient croustillant et pourquoi le bout de vos doigts se ride lorsqu'on les trempe dans l'eau. (Le principe est exactement le même.)

2. Expliquez le principe de l'hémodialyse (rein artificiel) en précisant quel est le mécanisme de transport impliqué et quelles doivent être les caractéristiques de la membrane servant à l'hémodialyse.

3. Ci-dessous, on décrit l'action sur les cellules de deux médicaments anticancéreux utilisés en chimiothérapie. Expliquez pourquoi chacun de ces médicaments peut tuer une cellule.

- Vincristine : endommage le fuseau mitotique.
- Adriamycine : se lie à l'ADN et bloque la synthèse de l'ARNm.

4. On peut comparer la cellule à une usine qui fabrique des protéines. Identifiez les différentes composantes cellulaires comparables aux différents intervenants (personnel, machinerie, matériel...) dans l'usine. Par exemple, quel est le directeur dans la cellule, quel est le contremaître, quels sont les ouvriers, où se fait le montage des pièces, quelles sont ces pièces, etc.

5. Étant donné le segment d'ADN suivant, déterminez la séquence d'acides aminés du polypeptide qui pourra être fabriqué à partir de cette information génétique : TACTTAGACCGGGTAATT. Utilisez le code génétique donné à la figure 3.32.

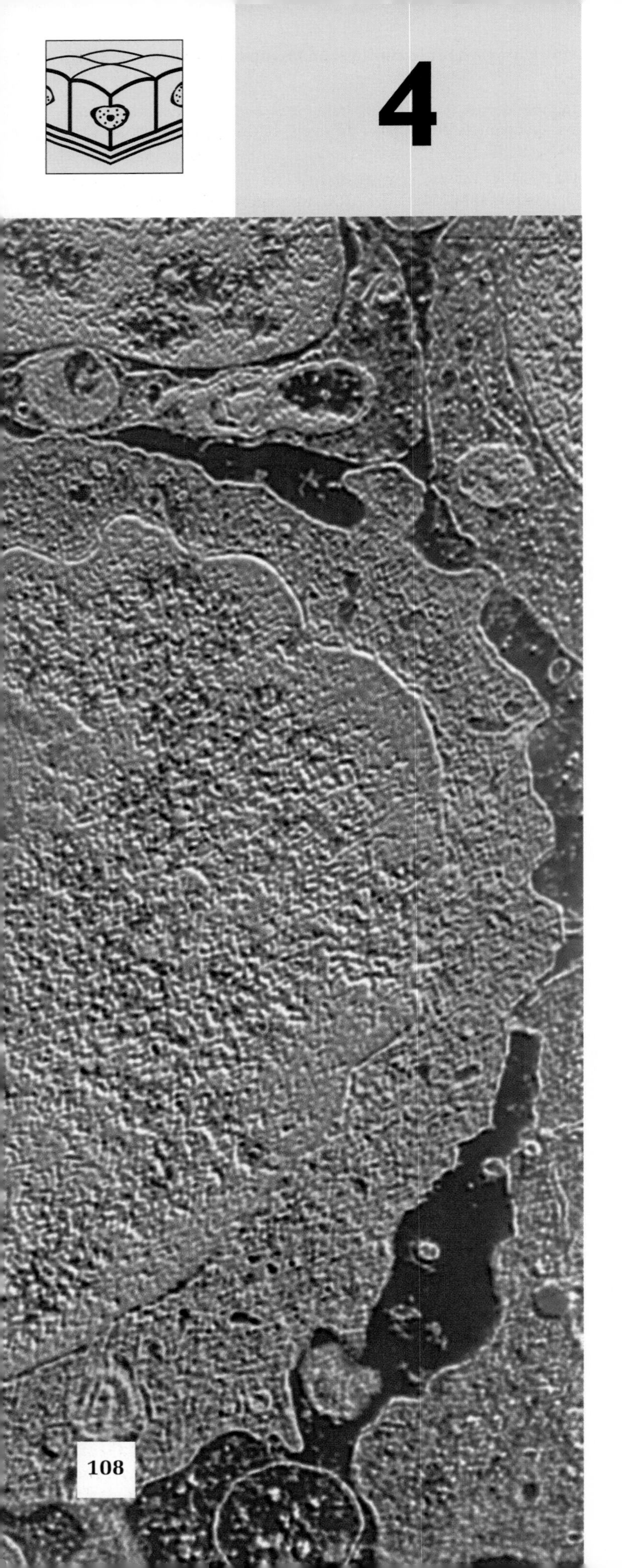

4 LES TISSUS : TRAME VIVANTE

SOMMAIRE ET OBJECTIFS D'APPRENTISSAGE

Tissu épithélial (p. 109-119)

1. Énumérer les principales caractéristiques structurales et fonctionnelles du tissu épithélial.
2. Classer les différents épithéliums.
3. Nommer et décrire les différents types d'épithéliums ; donner leurs principales fonctions et indiquer leurs localisations.
4. Définir ce qu'est une glande. Faire la distinction entre les glandes exocrines et les glandes endocrines ; entre les glandes multicellulaires et les glandes unicellulaires ; et entre les glandes mérocrines et les glandes holocrines.
5. Expliquer les critères employés pour classer les glandes exocrines multicellulaires (selon leur structure).

Tissu conjonctif (p. 119-130)

6. Nommer les principales caractéristiques des tissus conjonctifs ; énumérer et décrire leurs éléments structuraux.
7. Décrire les différents types de tissu conjonctif présents dans l'organisme et indiquer leurs fonctions particulières.

Muqueuses et séreuses (p. 130-132)

8. Décrire la structure et la fonction des muqueuses et des séreuses ; localiser de façon générale les muqueuses et les séreuses et de façon précise le péricarde, la plèvre et le péritoine.

Tissu nerveux (p. 132)

9. Donner les caractéristiques générales du tissu nerveux, sur les plans structural et fonctionnel.

Tissu musculaire (p. 134, 135)

10. Comparer les structures, les localisations et les fonctions générales des trois types de tissu musculaire.

Réparation des tissus (p. 134, 136-138)

11. Décrire le processus de réparation des tissus au cours de la cicatrisation normale d'une plaie superficielle.

Développement et vieillissement des tissus (p. 138)

12. Indiquer l'origine embryonnaire de chaque tissu primaire.
13. Décrire brièvement les modifications des tissus liées au vieillissement.

Les amibes et les autres organismes unicellulaires (formés d'une seule cellule) sont de farouches individualistes. Dans la plus totale autosuffisance, ils obtiennent et digèrent leurs aliments, ils excrètent leurs déchets et ils accomplissent toutes les autres activités nécessaires au maintien de la vie et de l'homéostasie. L'être humain, pour sa part, est un organisme multicellulaire et ses cellules ne possèdent pas autant d'autonomie. Elles forment en effet des communautés étroitement unies qui coopèrent les unes avec les autres.

Toutes les cellules de notre organisme sont spécialisées et exercent des fonctions spécifiques qui contribuent au maintien de l'homéostasie et bénéficient à l'organisme entier. La spécialisation des cellules saute aux yeux : les cellules musculaires n'ont ni la même apparence ni les mêmes fonctions que les cellules de la peau, et ces dernières se distinguent aisément des cellules du cerveau.

La spécialisation des cellules autorise le fonctionnement très complexe de l'organisme, mais cette division du travail comporte aussi certains risques. La destruction ou la lésion d'un groupe de cellules indispensables peut avoir des conséquences graves, voire fatales pour les autres cellules et l'ensemble de l'organisme.

Un ensemble de cellules qui ont une structure semblable et qui remplissent des fonctions identiques ou analogues constitue un **tissu.** Quatre tissus primaires s'enchevêtrent pour former la « trame » du corps humain : le tissu épithélial, le tissu conjonctif, le tissu musculaire et le tissu nerveux. En outre, chacun se subdivise en un grand nombre de sous-classes ou de variétés. Si l'on voulait donner à chaque tissu primaire le nom qui décrit le mieux son rôle fondamental, on parlerait de tissu de *revêtement* (pour le tissu épithélial), de tissu de *soutien* (pour le tissu conjonctif), de tissu de *mouvement* (pour le tissu musculaire) et de tissu de *régulation* (pour le tissu nerveux). Cependant, ces termes ne traduiraient qu'une petite partie des fonctions de chaque groupe de tissu.

Nous avons expliqué au chapitre 1 que les tissus forment des organes tels que les reins et le cœur. La plupart des organes contiennent les quatre types de tissus primaires ; c'est la disposition des tissus qui détermine la structure et les capacités fonctionnelles de chaque organe. L'**histologie,** l'étude des tissus, est un complément de l'anatomie macroscopique, dans la mesure où il faut connaître la structure d'un organe pour en comprendre la physiologie. Si l'on connaît la nature et la disposition des tissus dans un organe donné, il est possible de déduire sa fonction, et vice versa.

TISSU ÉPITHÉLIAL

Le **tissu épithélial** (*epi* = sur, dessus), ou **épithélium,** est un feuillet de cellules qui recouvre une surface de l'organisme ou qui en tapisse une cavité. Il se présente sous forme (1) d'*épithélium de revêtement* et (2) d'*épithélium glandulaire.* L'épithélium de revêtement forme la couche externe de la peau, tapisse les cavités ouvertes des systèmes respiratoire et digestif, les cavités du cœur et la paroi interne des vaisseaux sanguins ainsi que la paroi et les organes de la cavité abdominale. L'épithélium glandulaire forme les glandes de l'organisme.

L'épithélium constitue la frontière entre des milieux différents. L'épiderme, par exemple, sépare l'intérieur de l'organisme du milieu externe et l'épithélium qui tapisse la vessie isole de l'urine les autres cellules de la paroi de l'organe. En outre, presque toutes les substances que l'organisme absorbe ou émet doivent traverser un épithélium.

En sa qualité d'interface, l'épithélium accomplit de nombreuses fonctions, dont (1) la protection, (2) l'absorption, (3) la filtration, (4) l'excrétion, (5) la sécrétion et (6) la réception sensorielle. Nous décrivons plus loin les fonctions précises de chaque type de tissu épithélial. En voici tout de même un aperçu : l'épithélium de la peau protège les tissus sous-jacents contre les lésions mécaniques et chimiques et contre l'invasion bactérienne, et il contient des terminaisons nerveuses qui réagissent aux divers stimulus atteignant la surface de la peau (pression, chaleur, etc.) ; l'épithélium qui tapisse le tube digestif est spécialisé dans l'absorption des substances ; l'épithélium des reins, d'une remarquable polyvalence, a des fonctions d'excrétion, d'absorption, de sécrétion et de filtration. L'épithélium glandulaire est spécialisé dans la sécrétion.

Caractéristiques des tissus épithéliaux

Les tissus épithéliaux possèdent de nombreuses caractéristiques qui les distinguent des autres types de tissu.

1. **Abondance des cellules.** Le tissu épithélial est composé presque exclusivement de cellules serrées les unes contre les autres. On ne trouve qu'une infime quantité de liquide interstitiel dans les étroits espaces qui séparent ces cellules.
2. **Jonctions spécialisées.** Les cellules épithéliales s'ajustent les unes aux autres et forment des feuillets continus. Les cellules adjacentes ont de nombreux points d'attache latéraux constitués notamment par des *jonctions serrées* et des *desmosomes* (voir le chapitre 3, p. 67).
3. **Polarité.** Tous les épithéliums possèdent une **surface apicale,** soit une surface libre exposée à l'extérieur de l'organisme ou à la cavité d'un organe interne, et une **surface basale** rattachée au tissu sous-jacent. Tous les épithéliums présentent une *polarité*, c'est-à-dire que les cellules ou les parties de cellules situées près de la surface apicale n'ont ni la même structure ni la même fonction que celles situées près de la surface basale.

   Certaines surfaces apicales sont lisses, mais la plupart portent des **microvillosités,** soit des prolongements en forme de doigts de la membrane plasmique. Les microvillosités accroissent considérablement l'aire de la surface apicale. Dans les épithéliums qui absorbent ou sécrètent des substances (ceux qui tapissent l'intestin et les tubules rénaux par exemple), les microvillosités sont souvent si denses que l'apex des cellules a un aspect duveteux ; on dit qu'il a une *bordure en brosse.* Certains épithéliums, tel celui qui tapisse la trachée, sont couverts de **cils** qui propulsent les substances le long de leur surface libre.

   La surface basale d'un épithélium repose sur un mince feuillet de soutien appelé **lame basale.** Ce feuillet acellulaire adhésif est composé principalement de glycoprotéines sécrétées par les cellules épithéliales. Sur le plan fonctionnel, la lame basale sert de filtre sélectif ; autrement dit, elle détermine quelles molécules diffuseront dans l'épithélium à partir du tissu conjonctif sous-jacent. La lame basale joue aussi le rôle d'un échafaudage le long duquel les cellules épithéliales peuvent migrer pour se rendre jusqu'à une lésion et la réparer.
4. **Soutien de tissu conjonctif.** Tous les épithéliums sont soutenus et renforcés par du tissu conjonctif. La lame basale repose directement sur la **lame réticulaire,** une couche de matériau extracellulaire contenant un

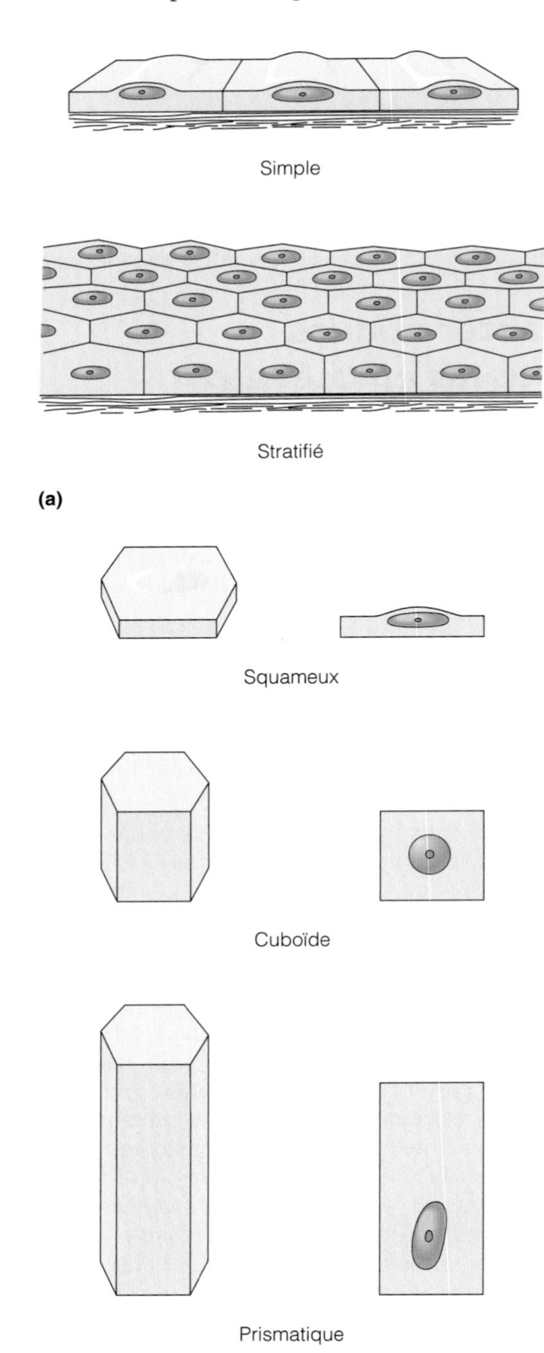

FIGURE 4.1
Classification des épithéliums. (a) Classification selon le nombre de couches de cellules. **(b)** Classification selon la forme des cellules. La cellule est représentée en entier à gauche et en coupe à droite.

fin réseau de fibres collagènes ; ces fibres font partie du tissu conjonctif sous-jacent. La lame basale et la lame réticulaire forment la **membrane basale.** La membrane basale renforce le feuillet épithélial en l'aidant à résister à l'étirement et aux déchirures, et elle définit la limite de l'épithélium.

Les cellules épithéliales cancéreuses ont ceci de caractéristique qu'elles ne respectent pas les limites établies par la membrane basale et qu'elles les franchissent pour envahir les tissus sous-jacents. ■

5. **Innervation mais avascularité.** Les épithéliums sont *innervés* (parcourus de neurofibres) mais *avasculaires* (dépourvus de vaisseaux sanguins). Les cellules épithéliales sont nourries par des substances qui diffusent à partir des vaisseaux sanguins (capillaires) contenus dans le tissu conjonctif sous-jacent.
6. **Régénération.** Les tissus épithéliaux possèdent une grande capacité de régénération. Il s'agit là d'une importante propriété puisque certains tissus épithéliaux sont exposés à la friction et perdent des cellules superficielles sous l'action de l'abrasion. D'autres tissus épithéliaux sont endommagés par des substances nocives (bactéries, acides, fumée) présentes dans l'environnement. Tant que les cellules épithéliales reçoivent les nutriments dont elles ont besoin, elles sont capables de se diviser rapidement pour remplacer les cellules mortes.

Classification des épithéliums

On désigne chaque épithélium par un terme composé de deux adjectifs. Le premier indique le nombre de couches de cellules et le second décrit la forme des cellules (figure 4.1). En se fondant sur le nombre de couches de cellules, on distingue l'épithélium simple et l'épithélium stratifié. L'**épithélium simple** est constitué d'une seule couche de cellules ; comme il forme une barrière mince, il est caractéristique des organes qui ont des fonctions d'absorption et de filtration. L'**épithélium stratifié** est une superposition d'au moins deux couches de cellules ; on le trouve en général dans les endroits qui ont besoin d'être protégés contre la friction, tels la surface de la peau et l'intérieur de la bouche.

En coupe transversale, toutes les cellules épithéliales présentent six côtés (assez irréguliers). Grâce à cette forme polyédrique, les cellules s'ajustent très étroitement les unes aux autres, si bien que la surface apicale d'un feuillet épithélial ressemble aux rayons d'une ruche. Par contre, la hauteur et, par conséquent, la forme des cellules épithéliales varie. On distingue ainsi : les **cellules squameuses,** aplaties et semblables à des écailles (*squama* = écaille) ; les **cellules cuboïdes,** en forme de boîte et à peu près aussi hautes que larges ; les **cellules prismatiques,** en forme de colonne. Dans chaque cas, la forme du noyau correspond à celle de la cellule. Le noyau d'une cellule squameuse est discoïde, celui d'une cellule cuboïde est sphérique et celui d'une cellule prismatique est allongé dans le plan vertical et généralement situé près de la base. Il est important de tenir compte de la forme du noyau lorsqu'on tente d'identifier des épithéliums.

Il est facile de classer les épithéliums simples, car toutes les cellules de la couche ont la même forme. Il existe quatre grandes classes d'épithéliums simples : l'épithélium simple squameux, l'épithélium simple cuboïde, l'épithélium simple prismatique et l'épithélium pseudostratifié prismatique (*pseudo* = faux), un épithélium simple fortement modifié qui paraît composé de plusieurs couches.

Il existe également quatre grandes classes d'épithéliums stratifiés : l'épithélium stratifié squameux, l'épithélium stratifié cuboïde, l'épithélium stratifié prismatique et l'épithélium transitionnel, un épithélium stratifié squameux ayant subi des modifications (figure 4.2). Pour ce qui est de l'abondance et de la distribution dans l'organisme, seuls l'épithélium stratifié squameux et l'épithélium transitionnel revêtent de l'importance. Dans les épithéliums stratifiés, la forme des cellules diffère suivant les couches. Pour éviter toute confusion, on nomme donc les épithéliums stratifiés selon la forme des cellules de la surface apicale. Par exemple, les cellules apicales d'un épithélium stratifié squameux sont des cellules squameuses, tandis que ses cellules basales sont cuboïdes ou prismatiques.

Pendant que vous étudierez les illustrations de la figure 4.2, essayez de distinguer les cellules au sein de chaque épithélium. La chose n'est pas toujours facile. Les tissus, en effet, sont tridimensionnels, mais nous les observons au microscope à l'aide de coupes histologiques colorées. Selon le plan de coupe utilisé pour préparer les lames, il peut malheureusement arriver que le noyau de certaines cellules soit invisible et que les limites entre les cellules épithéliales soient indistinctes.

Épithéliums simples

Les épithéliums simples assurent surtout des fonctions d'absorption, de sécrétion et de filtration. Comme ils sont habituellement très minces, ils n'ont pas vraiment de rôle protecteur.

Épithélium simple squameux Les cellules d'un **épithélium simple squameux** sont aplaties latéralement et leur cytoplasme est clairsemé (figure 4.2a). La surface de cet épithélium ressemble à un dallage. Dans une coupe perpendiculaire à leur face libre, les cellules ont l'aspect d'œufs au plat vus de côté, car leur noyau fait saillie au milieu de leur cytoplasme. On trouve cet épithélium mince et souvent perméable dans les endroits où la filtration ou l'échange de substances par diffusion rapide sont les fonctions prioritaires. Il forme une partie de la membrane de filtration dans les reins et il constitue la paroi des saccules alvéolaires où s'effectuent les échanges gazeux dans les poumons.

Deux épithéliums simples squameux portent des noms particuliers qui précisent leur localisation. L'**endothélium** (« revêtement interne ») forme un revêtement lisse qui réduit la friction à l'intérieur des vaisseaux lymphatiques, des vaisseaux sanguins et des cavités du cœur. La paroi des capillaires est faite uniquement d'endothélium, et la minceur exceptionnelle de ce tissu facilite les échanges de nutriments et de déchets entre le sang et les

(a) Épithélium simple squameux

Description : Couche unique de cellules aplaties au noyau central discoïde et au cytoplasme clairsemé ; le plus simple des épithéliums

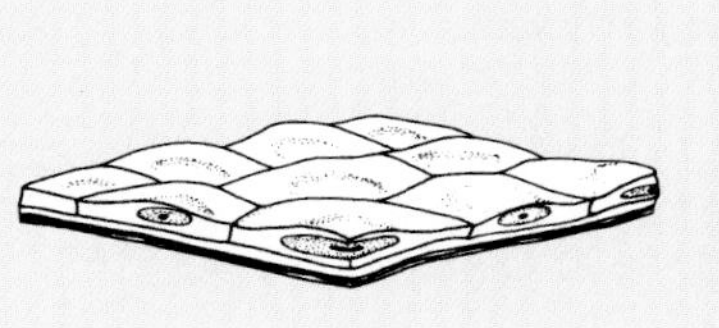

Localisation : Glomérules du rein ; saccules alvéolaires des poumons ; revêtement des vaisseaux sanguins, des vaisseaux lymphatiques et des cavités du cœur ; revêtement de la cavité abdominale (séreuses)

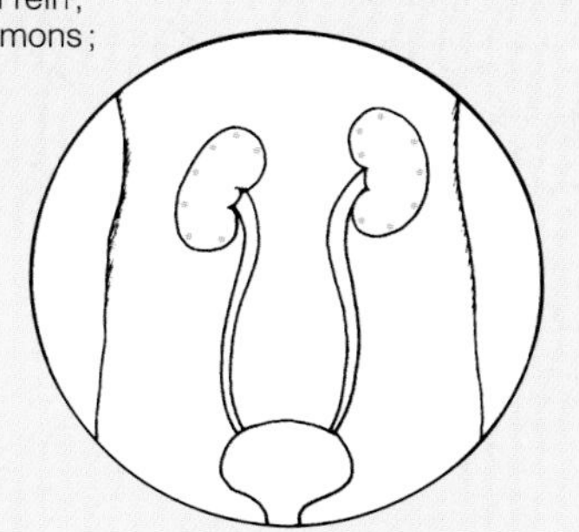

Fonction : Permet le passage des substances par diffusion et filtration aux endroits où le besoin de protection est moins important ; dans les séreuses, sécrète des substances lubrifiantes

Photomicrographie : Épithélium simple squameux de la paroi des capsules glomérulaires rénales (364 ×)

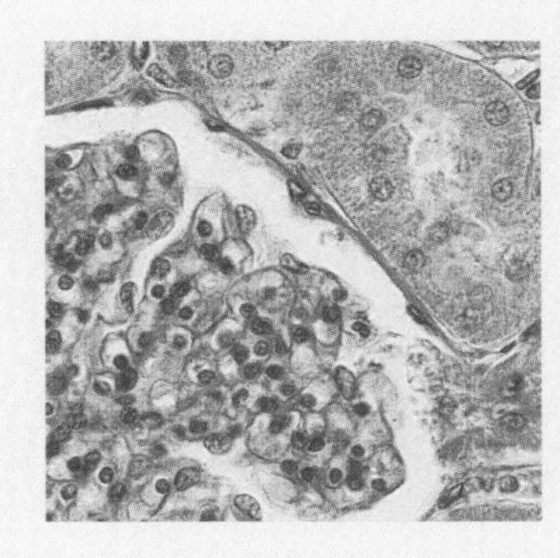

FIGURE 4.2
Tissus épithéliaux. Épithélium simple **(a).**

4

4

(b) Épithélium simple cuboïde

Description : Couche unique de cellules cuboïdes possédant un gros noyau central de forme sphérique

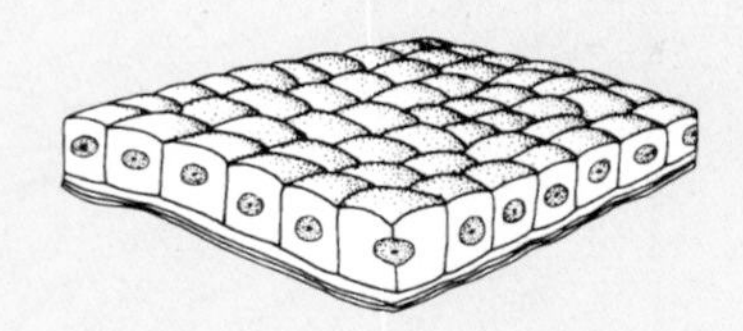

Localisation : Tubules rénaux ; conduits et parties sécrétrices des petites glandes ; surface des ovaires

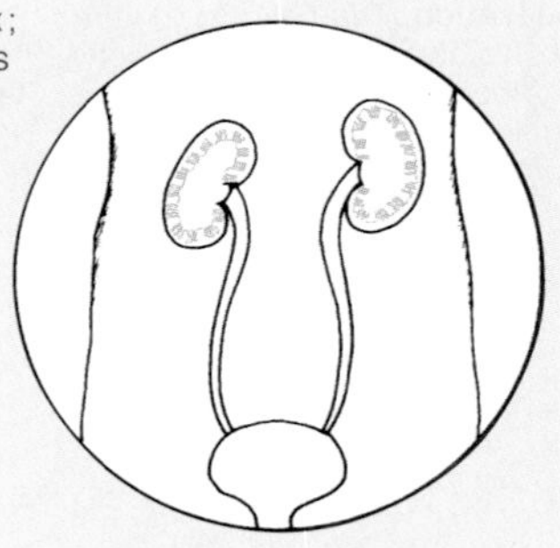

Fonction : Sécrétion et absorption

Photomicrographie : Épithélium simple cuboïde des tubules rénaux (576 ×) ; notez les gros noyaux centraux de forme sphérique

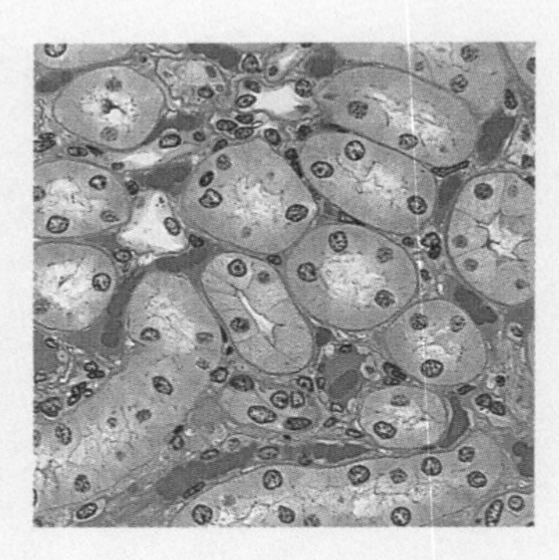

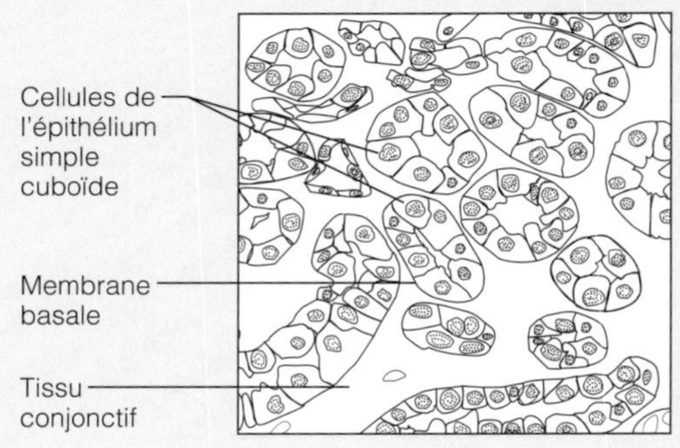

(c) Épithélium simple prismatique

Description : Couche unique de cellules hautes au noyau *ovale* ; certaines cellules portent des cils ; peut contenir des glandes unicellulaires sécrétant du mucus (cellules caliciformes)

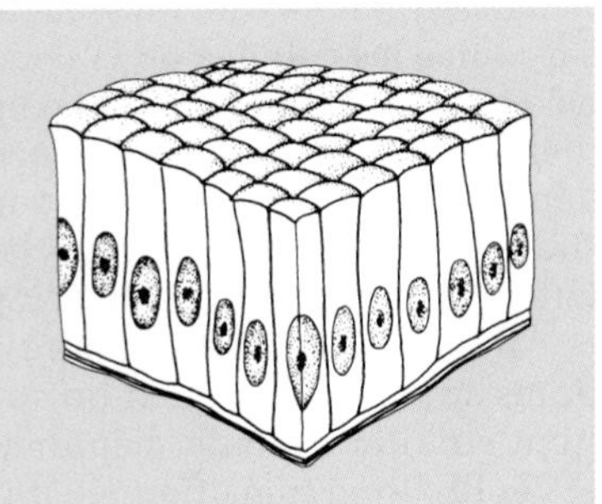

Localisation : La variété non ciliée tapisse la majeure partie du tube digestif (de l'estomac au canal anal), la vésicule biliaire et les conduits excréteurs de certaines glandes ; la variété ciliée tapisse les petites bronches, les trompes utérines et certaines régions de l'utérus

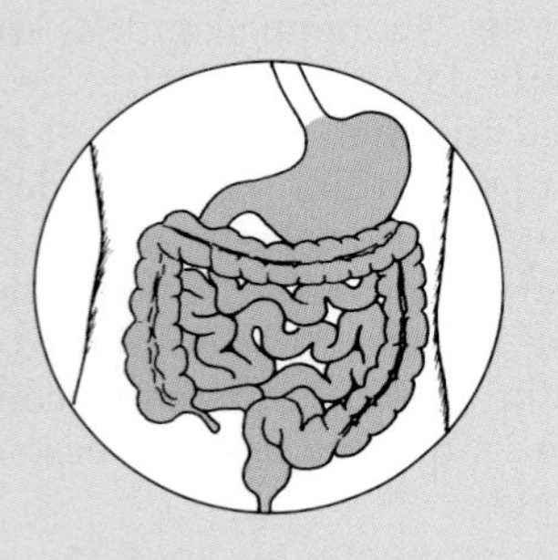

Fonction : Absorption ; sécrétion de mucus, d'enzymes et d'autres substances ; l'action des cils de la variété ciliée propulse le mucus (ou les cellules reproductrices)

Photomicrographie : Épithélium simple prismatique de la muqueuse gastrique (576 ×) ; notez les gros noyaux ovales

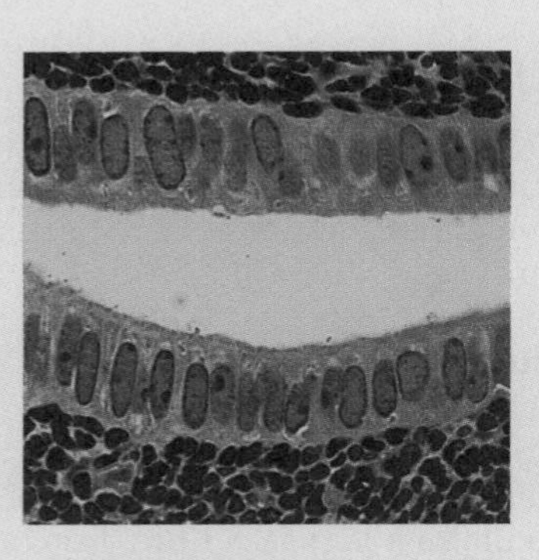

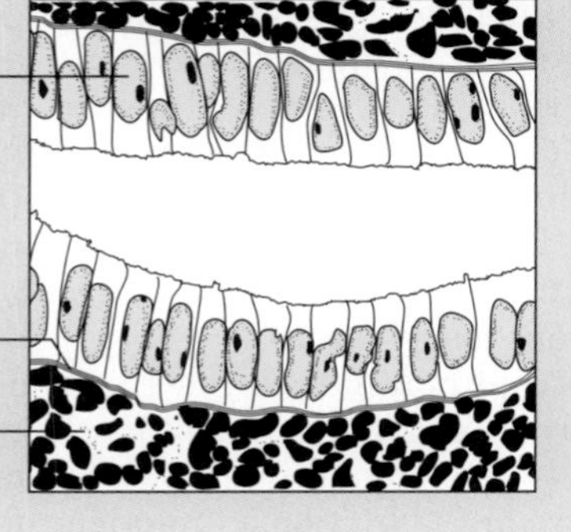

FIGURE 4.2 (suite)
Épithéliums simples (**b, c** et **d**).

(d) Épithélium pseudostratifié prismatique

Description: Couche unique de cellules de diverses hauteurs, qui n'atteignent pas toutes la surface libre; noyaux situés à différentes hauteurs; peut contenir des cellules caliciformes et porter des cils

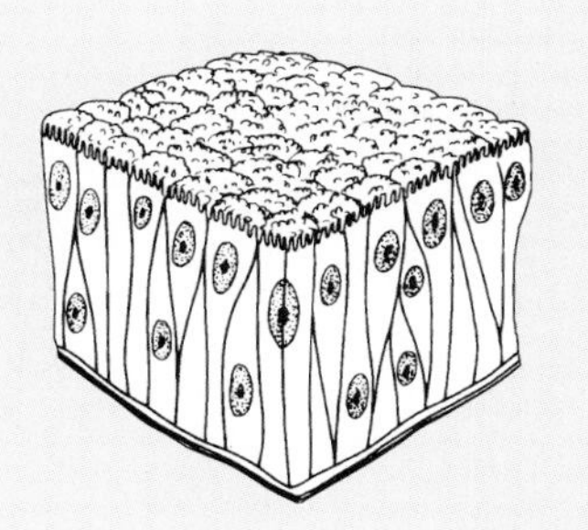

Localisation: La variété non ciliée tapisse les conduits des grosses glandes et certaines parties de l'urètre de l'homme; la variété ciliée tapisse la trachée, la majeure partie des voies respiratoires supérieures et la trompe auditive

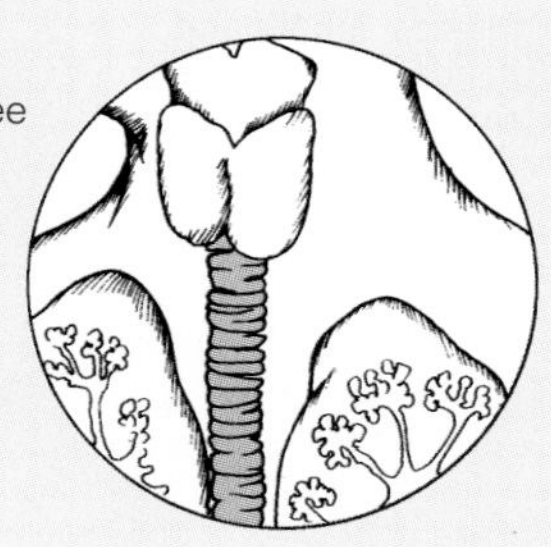

Fonction: Sécrétion, en particulier de mucus; propulsion du mucus par l'action des cils

Photomicrographie: Épithélium pseudostratifié prismatique cilié tapissant la trachée (612 ×); notez les noyaux à différentes hauteurs qui donnent l'impression de plusieurs couches de cellules

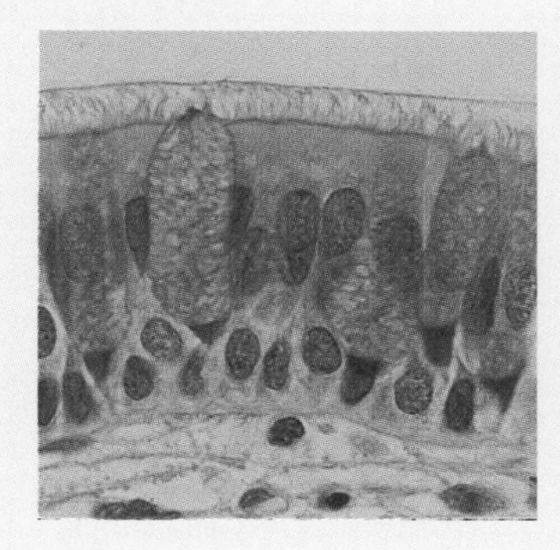

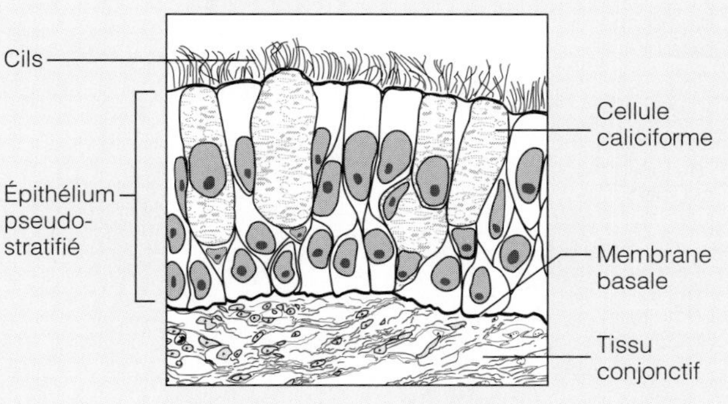

cellules des tissus environnants. Le **mésothélium** («revêtement intermédiaire») est l'épithélium des séreuses qui tapissent la paroi de la cavité abdominale et qui recouvrent les organes contenus dans cette cavité. (Nous décrivons les séreuses en détail aux pages 131-132.)

Épithélium simple cuboïde L'**épithélium simple cuboïde** est constitué d'une seule couche de cellules cuboïdes (figure 4.2b). Le noyau sphérique de ces cellules a une grande affinité pour le colorant, de sorte que la couche de cellules prend au microscope l'aspect d'un collier de perles. L'épithélium simple cuboïde a principalement des fonctions de sécrétion et d'absorption. Il est présent dans les glandes, dont il forme les parties sécrétrices et quelques-uns des petits conduits. L'épithélium simple cuboïde des tubules rénaux est pourvu de microvillosités denses qui témoignent de son rôle actif dans l'absorption (c'est-à-dire la réabsorption des substances filtrées).

Épithélium simple prismatique L'**épithélium simple prismatique** est formé d'une seule couche de cellules hautes et très rapprochées, disposées en rangs à la manière de petits soldats (figure 4.2c). Un épithélium de ce type tapisse le tube digestif, de l'estomac au canal anal. Les cellules prismatiques ont surtout des fonctions d'absorption et de sécrétion, et la muqueuse du tube digestif présente deux caractéristiques conformes à cette double fonction: (1) des cellules absorbantes dont le pôle apical est doté de microvillosités denses (voir la figure 24.22b, p. 881); (2) des **cellules caliciformes** qui sécrètent un mucus protecteur et lubrifiant. Les cellules caliciformes, ainsi nommées parce qu'elles ont la forme d'un calice, contiennent des vésicules de sécrétion qui occupent presque tout leur pôle apical (voir la figure 4.5, p. 118). Certains épithéliums simples prismatiques présentent des cils sur leur surface libre.

Épithélium pseudostratifié prismatique L'**épithélium pseudostratifié prismatique** est composé de cellules de hauteur variée (figure 4.2d). Elles reposent toutes sur la membrane basale, mais seules les plus hautes atteignent la surface apicale de l'épithélium. En outre, les noyaux sont situés à différentes hauteurs au-dessus de la membrane basale. Ces caractéristiques donnent l'impression que l'épithélium comprend plusieurs couches de cellules alors qu'il n'en est rien, d'où le qualificatif de «pseudostratifié». Cet épithélium, à l'instar de l'épithélium simple prismatique, remplit des fonctions de sécrétion et d'absorption. Une variété ciliée contenant des cellules caliciformes tapisse la majeure partie des voies respiratoires supérieures (voir la figure 23.6, p. 810). Le mucus produit par les cellules caliciformes retient la poussière inhalée et les autres débris, et les mouvements des cils propulsent ces matières vers le haut, à l'écart des poumons.

4

(e) Épithélium stratifié squameux

Description : Épaisse membrane composée de plusieurs couches de cellules ; les cellules basales sont cuboïdes ou prismatiques et ont une activité métabolique ; les cellules apicales sont aplaties (squameuses) ; dans la variété kératinisée, les cellules apicales sont mortes et pleines de kératine ; les cellules basales subissent des mitoses et produisent les cellules des couches sus-jacentes

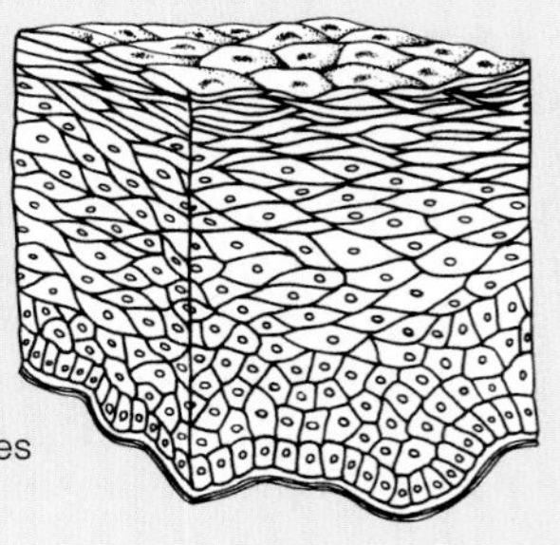

Localisation : La variété non kératinisée forme les muqueuses de l'œsophage, du canal anal, de la bouche et du vagin ainsi que la cornée ; la variété kératinisée forme l'épiderme

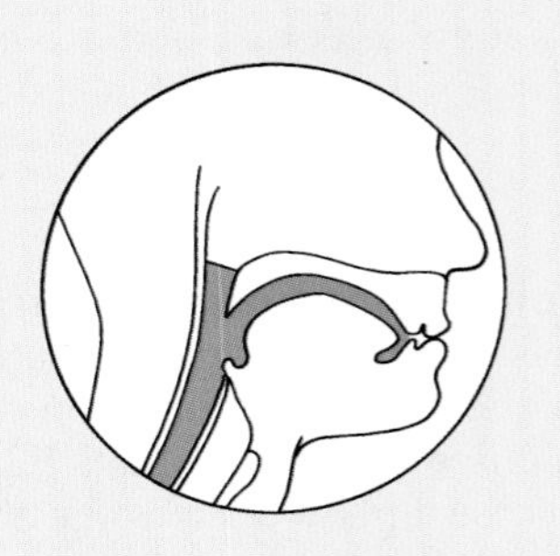

Fonction : Protège les tissus sous-jacents dans les régions sujettes à l'abrasion

Photomicrographie : Épithélium stratifié squameux tapissant l'œsophage (144 ×) ; notez la différence de forme entre les cellules apicales et les cellules basales

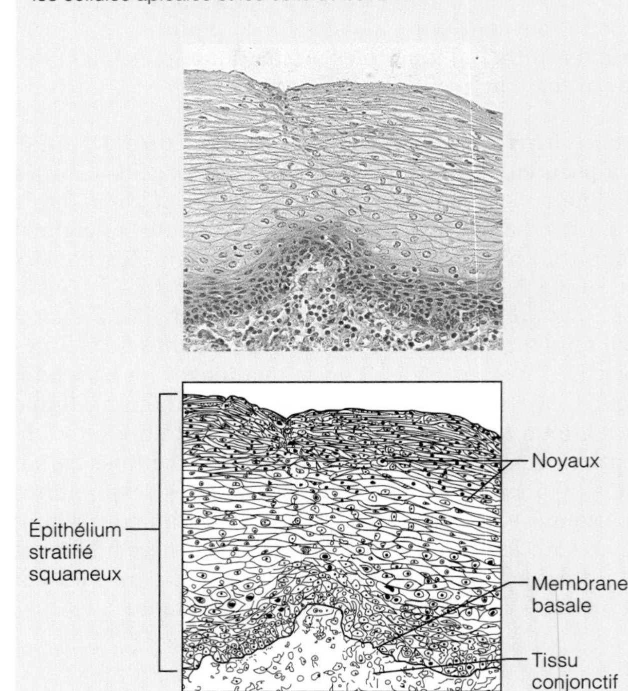

(f) Épithélium stratifié cuboïde

Description : Composé en général de deux couches de cellules cuboïdes

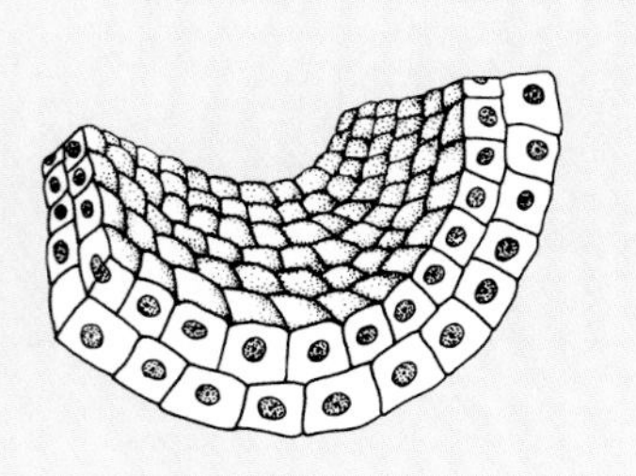

Localisation : Conduits les plus gros des glandes sudoripares, des glandes mammaires et des glandes salivaires

Fonction : Protection

Photomicrographie : Épithélium stratifié cuboïde formant un conduit d'une glande salivaire (117 ×)

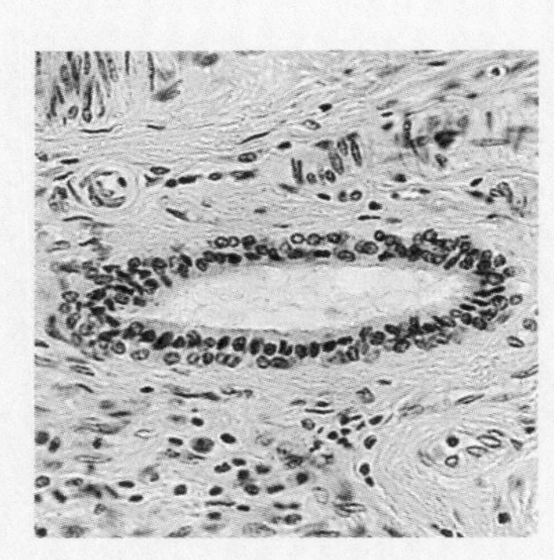

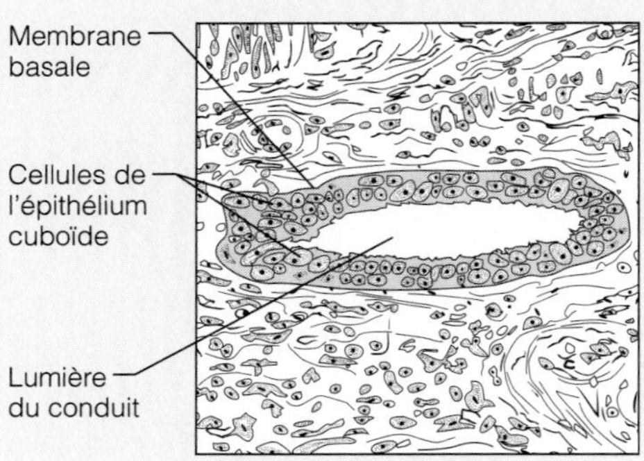

FIGURE 4.2 (suite)
Épithéliums stratifiés (**e, f** et **g**).

(g) Épithélium stratifié prismatique

Description : Plusieurs couches de cellules ; les cellules basales sont généralement cuboïdes, tandis que les cellules superficielles sont allongées et prismatiques

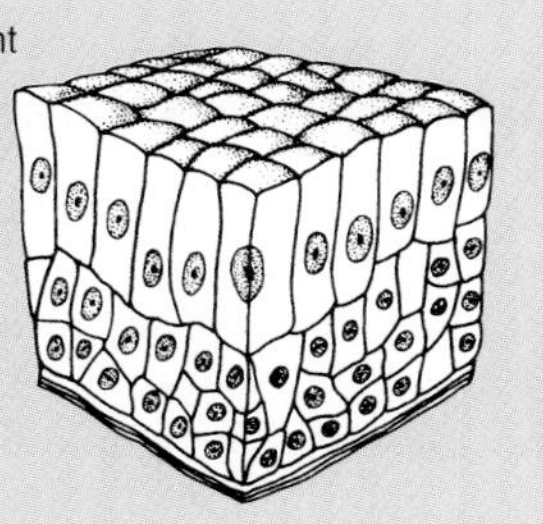

Localisation : Rare ; présent en petites quantités dans l'urètre de l'homme, dans les gros conduits de certaines glandes, dans le pharynx et sur l'épiglotte

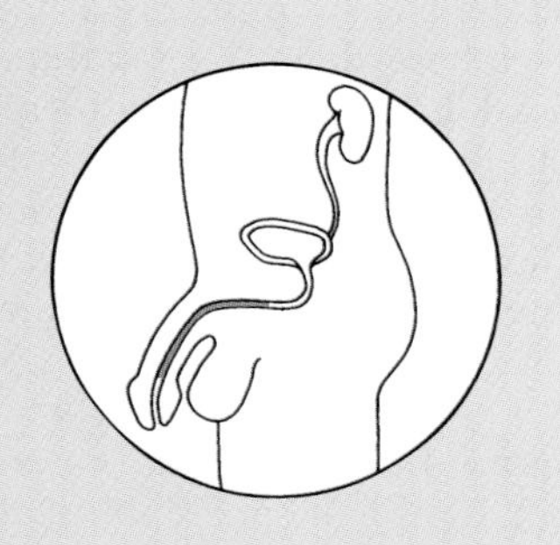

Fonction : Protection ; sécrétion

Photomicrographie : Épithélium stratifié prismatique tapissant l'urètre de l'homme (390 ×)

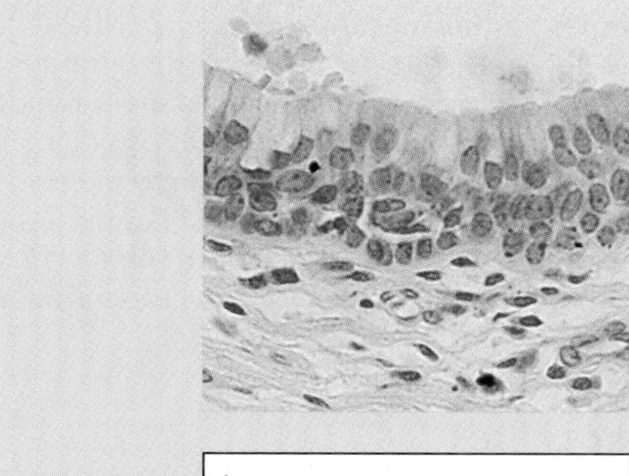

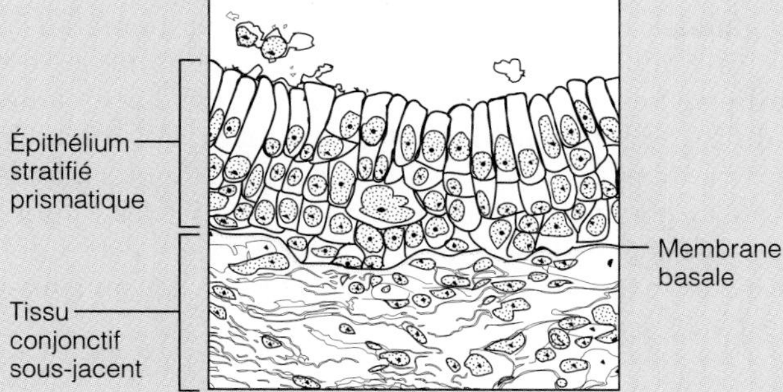

Épithéliums stratifiés

Les épithéliums stratifiés sont composés d'au moins deux couches de cellules. Ils se régénèrent de bas en haut, c'est-à-dire que les cellules basales se divisent et montent vers la surface apicale pour remplacer les cellules superficielles mortes. Les épithéliums stratifiés sont beaucoup plus durables que les épithéliums simples ; leur principale (mais non unique) fonction est donc la protection.

Épithélium stratifié squameux L'**épithélium stratifié squameux** est le plus abondant des épithéliums stratifiés (figure 4.2e). Comme il se compose de plusieurs couches de cellules, il est épais et bien adapté à son rôle de protection. Les cellules de sa surface libre sont squameuses, tandis que celles de ses couches profondes sont cuboïdes ou, moins souvent, prismatiques. On trouve cet épithélium dans les endroits qui sont sujets à l'usure. Les cellules de la surface libre sont constamment abrasées et remplacées grâce à la mitose des cellules de la membrane basale. Puisque les épithéliums ont besoin des nutriments qui diffusent à partir d'une couche sous-jacente de tissu conjonctif, les cellules éloignées de la membrane basale sont moins viables que les autres ; celles de la surface apicale sont souvent aplaties et atrophiées.

L'épithélium stratifié squameux forme la partie externe de la peau et se prolonge sur une courte distance à l'intérieur de tous les orifices naturels bordés de peau. Il recouvre la langue et tapisse la bouche, le pharynx, l'œsophage, le canal anal et le vagin. La couche externe de la peau, ou *épiderme*, est *kératinisée*, ce qui signifie que ses cellules superficielles contiennent de la *kératine*, une protéine protectrice très résistante. (Nous étudions l'épiderme au chapitre 5.) Les autres épithéliums stratifiés squameux du corps humain sont *non kératinisés*.

Épithéliums stratifiés cuboïde et prismatique
L'épithélium stratifié cuboïde et l'épithélium stratifié prismatique sont des tissus rares. On les trouve à peu près uniquement dans les gros conduits de certaines glandes. (Nous en indiquons les localisations précises dans la figure 4.2f et g.)

Épithélium transitionnel L'**épithélium transitionnel** tapisse les organes du système urinaire, qui sont soumis à d'importantes variations de la pression interne et à des étirements considérables suivant la quantité d'urine qu'ils contiennent (figure 4.2h). Les cellules basales sont cuboïdes ou prismatiques. L'aspect des cellules apicales varie en fonction de la distension de l'organe. Lorsque celui-ci n'est pas étiré, l'épithélium présente plusieurs couches de cellules et ses cellules superficielles sont bombées. Lorsque, en revanche, l'urine provoque une distension de l'organe, l'épithélium s'amincit (subit une transition) et passe d'environ six couches de cellules à trois. En outre, ses cellules apicales s'aplatissent et prennent l'aspect de cellules squameuses. Grâce à leur capacité de changer de forme, les cellules de l'épithélium transitionnel permettent l'écoulement d'un volume accru

(h) Épithélium transitionnel

Description : Ressemble à l'épithélium stratifié squameux et à l'épithélium stratifié cuboïde ; les cellules basales sont cuboïdes ou prismatiques ; les cellules superficielles sont bombées ou aplaties (comme des cellules squameuses), selon le degré d'étirement de l'organe

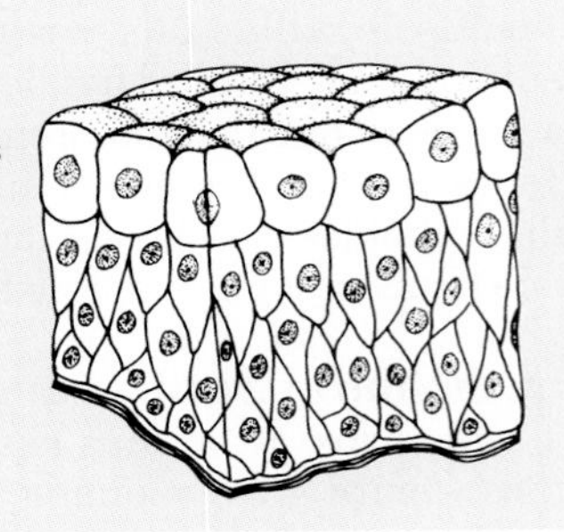

Localisation : Tapisse les uretères, la vessie et une partie de l'urètre

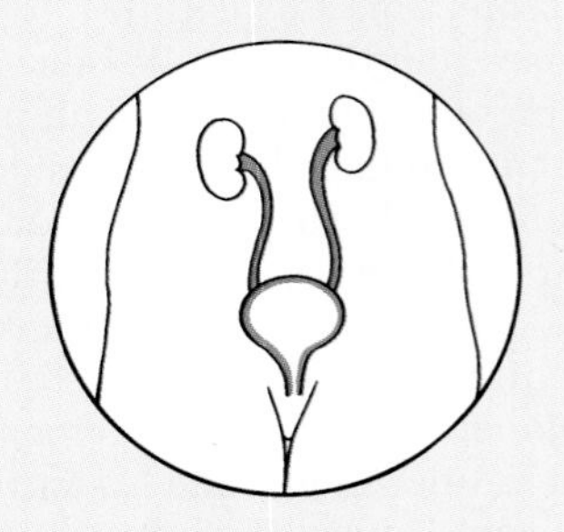

Fonction : S'étire facilement et permet la distension des organes contenant de l'urine

Photomicrographie : Épithélium transitionnel tapissant la vessie à l'état de repos (252 ×) ; notez l'aspect bombé des cellules superficielles, qui peuvent s'aplatir et s'étendre quand la vessie est pleine d'urine

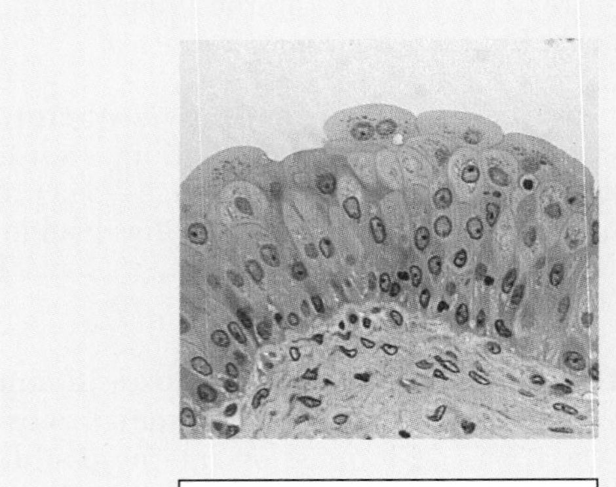

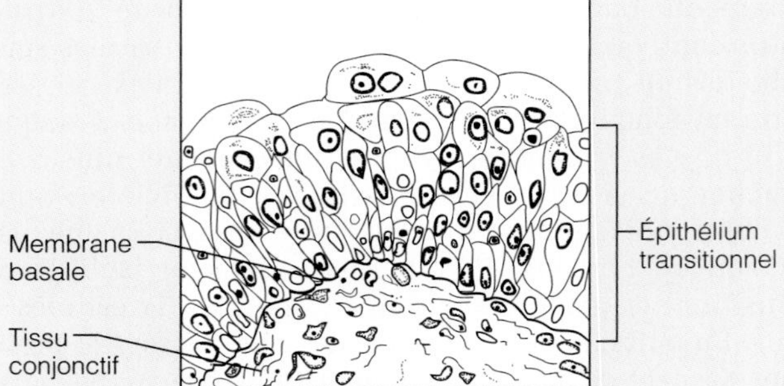

FIGURE 4.2 (suite)
Épithélium stratifié (**h**).

d'urine dans les organes tubulaires et le stockage d'un important volume d'urine dans la vessie (voir la figure 26.16, p. 997).

Épithéliums glandulaires

Une **glande** est constituée d'une ou de plusieurs cellules qui élaborent et sécrètent un produit particulier. Cette substance, appelée **sécrétion,** est un liquide aqueux (à base d'eau) qui contient généralement des protéines. Le terme *sécrétion* désigne aussi le *processus* par lequel les cellules glandulaires tirent certaines substances du sang, les transforment au moyen d'un traitement chimique et excrètent le produit. Précisons que le produit protéique est élaboré dans le réticulum endoplasmique rugueux, stocké dans des granules sécrétoires par le complexe golgien, puis expulsé de la cellule par exocytose (voir p. 73 et la figure 3.18, p. 83). Par conséquent, on trouve des granules sécrétoires dans le cytoplasme apical de presque toutes les cellules glandulaires qui sécrètent des protéines.

Les glandes sont dites *endocrines* (« à sécrétion interne ») ou *exocrines* (« à sécrétion externe ») selon la façon dont leur sécrétion est acheminée, et *unicellulaires* (« formées d'une cellule ») ou *multicellulaires* (« formées de plusieurs cellules ») selon qu'elles comportent une ou plusieurs cellules. Au cours du développement embryonnaire, la plupart des glandes épithéliales multicellulaires se forment par invagination d'un feuillet épithélial auquel elles restent reliées, pendant un certain temps au moins, par des conduits.

Glandes endocrines

Comme les **glandes endocrines** finissent par perdre leurs conduits, on les désigne souvent par le terme **glandes à sécrétion interne.** Elles produisent des substances régulatrices, appelées **hormones,** qu'elles sécrètent directement dans le liquide interstitiel. Les hormones pénètrent ensuite dans le sang et dans la lymphe. Puisque les glandes endocrines ne dérivent pas toutes de tissus épithéliaux, nous avons choisi d'en expliquer la structure et la fonction au chapitre 17.

Glandes exocrines

Les **glandes exocrines** sont beaucoup plus nombreuses que les glandes endocrines, et leurs produits nous sont familiers. Les glandes multicellulaires déversent leurs produits par l'intermédiaire d'un **conduit** à la surface du corps ou dans des cavités naturelles. Il existe une grande variété de glandes exocrines : glandes muqueuses, sudoripares, sébacées et salivaires, foie (qui sécrète la bile), partie exocrine du pancréas (qui libère des enzymes digestives), etc.

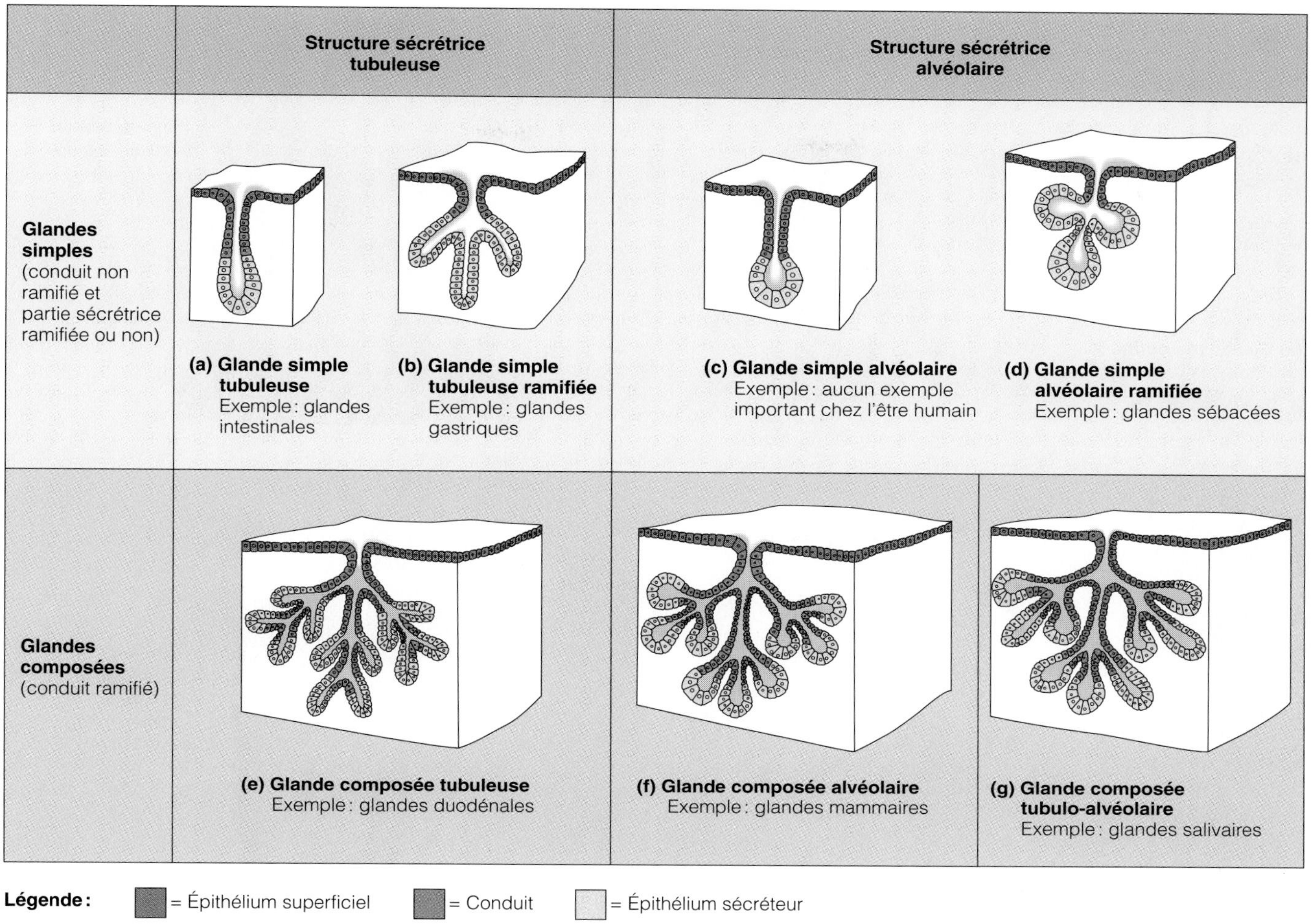

	Structure sécrétrice tubuleuse		Structure sécrétrice alvéolaire	
Glandes simples (conduit non ramifié et partie sécrétrice ramifiée ou non)	**(a) Glande simple tubuleuse** Exemple : glandes intestinales	**(b) Glande simple tubuleuse ramifiée** Exemple : glandes gastriques	**(c) Glande simple alvéolaire** Exemple : aucun exemple important chez l'être humain	**(d) Glande simple alvéolaire ramifiée** Exemple : glandes sébacées
Glandes composées (conduit ramifié)	**(e) Glande composée tubuleuse** Exemple : glandes duodénales		**(f) Glande composée alvéolaire** Exemple : glandes mammaires	**(g) Glande composée tubulo-alvéolaire** Exemple : glandes salivaires

Légende : = Épithélium superficiel = Conduit = Épithélium sécréteur

FIGURE 4.3
Types de glandes exocrines multicellulaires. Les glandes multicellulaires sont classées selon le type de conduits (simples ou composées) et la structure de leurs unités sécrétrices (tubuleuses, alvéolaires ou tubulo-alvéolaires).

Glandes exocrines multicellulaires Les **glandes exocrines multicellulaires** possèdent les deux éléments structuraux suivants : un *conduit* dérivé de l'épithélium et une *unité sécrétrice* composée de cellules sécrétrices. Dans toutes ces glandes sauf les plus simples, du *tissu conjonctif de soutien* entoure l'unité sécrétrice et lui apporte des vaisseaux sanguins et des neurofibres. Le tissu conjonctif forme souvent une *capsule fibreuse* qui se prolonge dans la glande elle-même et la divise en lobes.

Selon la structure des *conduits*, on distingue deux catégories de glandes multicellulaires (figure 4.3). Les **glandes simples** n'ont qu'un seul conduit sans ramification, tandis que les **glandes composées** possèdent un conduit ramifié. On peut par ailleurs désigner les glandes en fonction de la structure de leurs *parties sécrétrices*. On distingue ainsi : (1) les **glandes tubuleuses,** dont les cellules sécrétrices forment un tube ; (2) les **glandes alvéolaires,** dont les cellules sécrétrices forment de petits sacs d'aspect flasque (*alveolus* = petite cavité) ; (3) les **glandes tubulo-alvéolaires,** composées d'unités sécrétrices tubuleuses et d'unités sécrétrices alvéolaires. Prenez note que le terme **acineuse** (*acinus* = grain de raisin) peut être employé comme synonyme de « alvéolaire ». Pour désigner la glande par une appellation qui la décrive complètement, on combine les termes qui indiquent la structure des conduits et ceux qui indiquent la structure des parties sécrétrices.

Comme les glandes multicellulaires n'excrètent pas toutes leurs produits de la même façon, on les classe également d'après leur mode de sécrétion. La majorité des glandes exocrines sont des **glandes mérocrines,** c'est-à-dire qu'elles expulsent leurs produits par exocytose (pôle apical des cellules) à mesure qu'elles les synthétisent. Le processus n'altère nullement leurs cellules sécrétrices. Le pancréas (partie exocrine), la plupart des glandes sudoripares et les glandes salivaires appartiennent à cette catégorie (figure 4.4a).

Les cellules sécrétrices des **glandes holocrines** accumulent leurs produits jusqu'à ce que ceux-ci provoquent

? *Dans laquelle des grandes représentées ci-dessous les cellules subissent-elles les mitoses le plus fréquentes ? Justifiez votre réponse.*

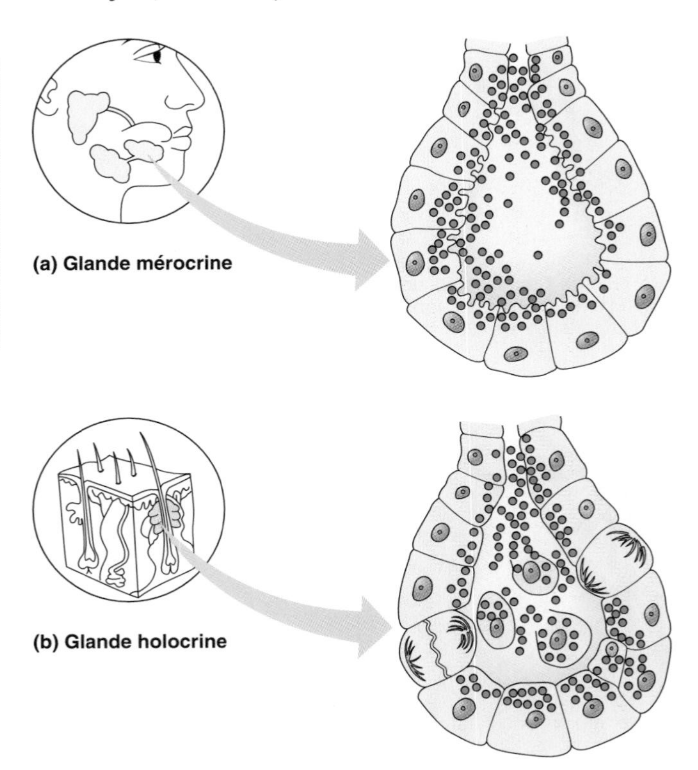

FIGURE 4.4
Principaux modes de sécrétion des glandes exocrines de l'organisme humain. (a) Les glandes mérocrines sécrètent leurs produits par exocytose. **(b)** Dans les glandes holocrines, les cellules sécrétrices se rompent, ce qui libère les sécrétions et les fragments de cellules mortes.

leur rupture. (Elles sont remplacées grâce à la division des cellules sous-jacentes.) Puisque les sécrétions des glandes holocrines se composent à la fois du produit synthétisé et des fragments de cellules mortes (*holos* = entier), on peut dire que ces cellules « se sacrifient pour leur cause ». Les glandes sébacées de la peau sont les seules glandes holocrines véritables dans l'organisme humain (figure 4.4b).

La question de la présence de *glandes apocrines* dans l'organisme humain fait l'objet d'une controverse, mais d'autres animaux possèdent incontestablement ce troisième type de glandes. Comme les glandes holocrines, les glandes apocrines accumulent leurs produits, mais elles les stockent juste sous la surface libre de leurs cellules. L'apex de chaque cellule finit par se détacher (*apo* = hors de), ce qui libère la sécrétion. La cellule se répare, et le processus se répète maintes et maintes fois. Chez l'être humain, les seules glandes qu'on pourrait considérer comme des glandes apocrines sont les glandes mammaires ; néanmoins, de nombreux histologistes les considèrent comme des glandes mérocrines.

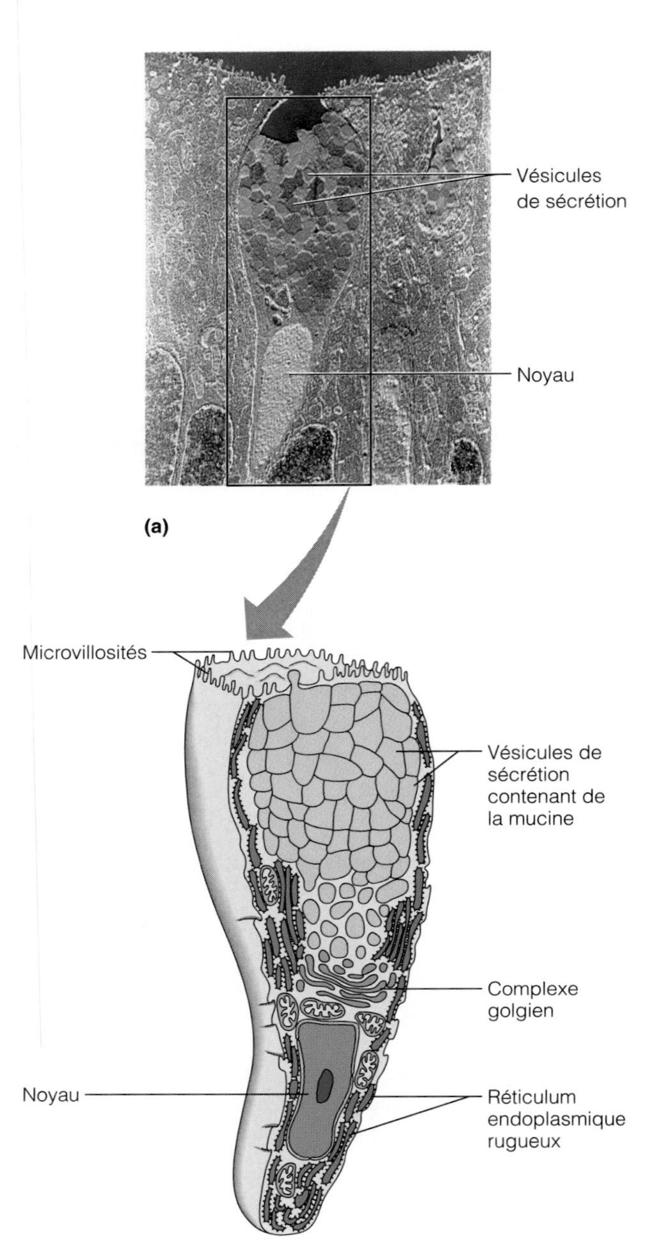

FIGURE 4.5
Cellules caliciformes, un exemple de glandes exocrines unicellulaires. (a) Photomicrographie de l'épithélium simple prismatique de l'intestin contenant des cellules caliciformes (env. 300 ×). **(b)** Schéma de la structure microscopique d'une cellule caliciforme. Notez la grande quantité de réticulum endoplasmique (RE) rugueux qui synthétise la mucine ; remarquez aussi l'étendue du complexe golgien, qui stocke la mucine dans des vésicules de sécrétion.

Dans la glande holocrine, car les cellules qui sont rompues et expulsées doivent être remplacées.

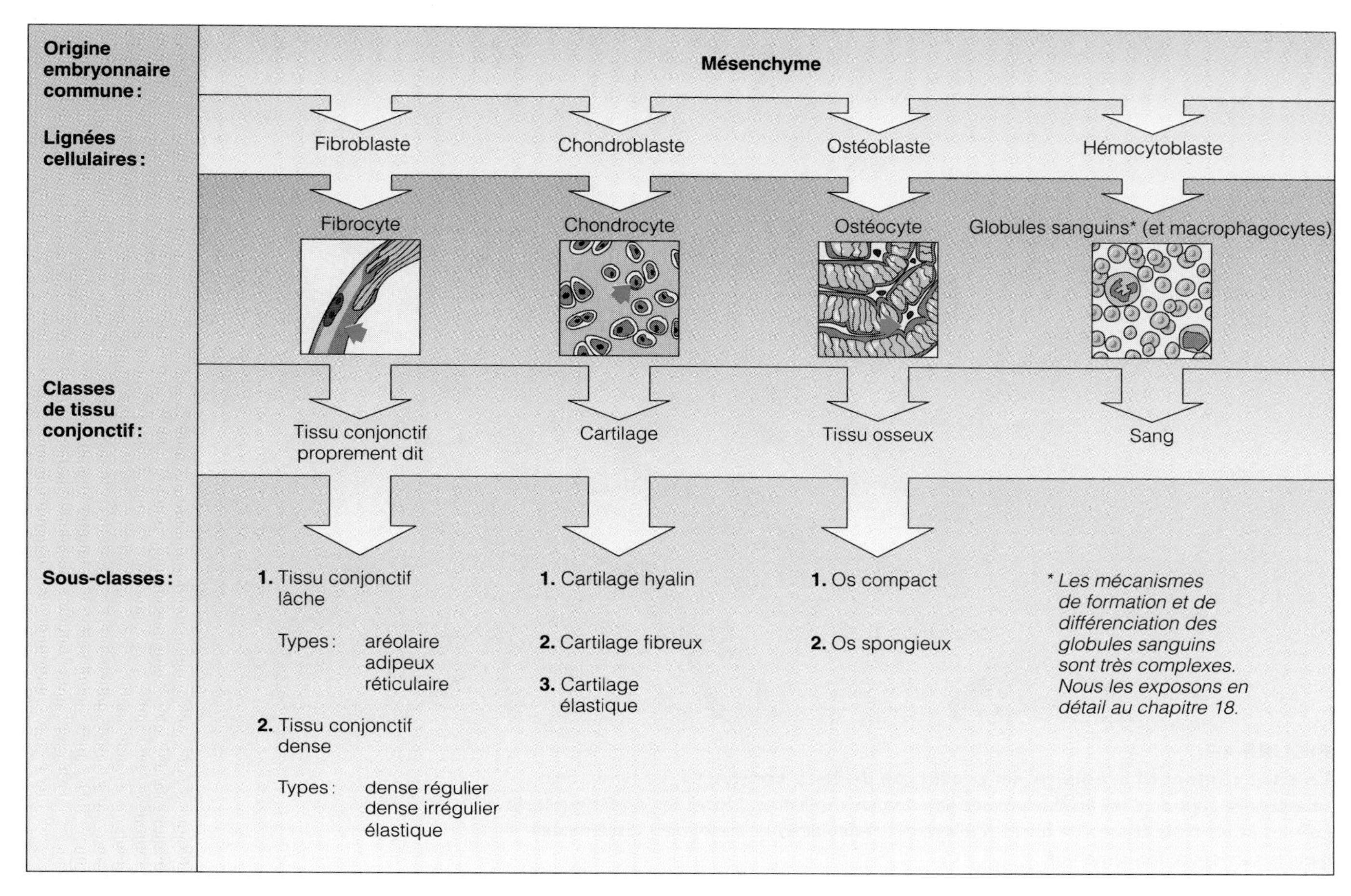

FIGURE 4.6
Principales classes de tissu conjonctif. Toutes ces classes proviennent du même tissu embryonnaire (le mésenchyme).

Glandes exocrines unicellulaires Les **glandes exocrines unicellulaires** sont des cellules dispersées dans un feuillet épithélial parmi des cellules remplissant d'autres fonctions. Elles sont dépourvues de conduits. Chez l'être humain, toutes ces glandes produisent de la **mucine,** une glycoprotéine complexe qui se dissout dans l'eau une fois sécrétée. La mucine dissoute forme le **mucus,** un enduit visqueux qui protège et lubrifie la surface de l'épithélium. Les seuls glandes unicellulaires importantes chez l'être humain sont les **cellules caliciformes** disséminées au sein de l'épithélium prismatique qui tapisse le tube digestif et les voies respiratoires (figure 4.5). Bien que les glandes unicellulaires soient probablement plus nombreuses que les glandes multicellulaires, on les connaît beaucoup moins bien.

TISSU CONJONCTIF

On trouve du **tissu conjonctif** partout dans le corps humain. Ce tissu est en effet le plus abondant et le plus répandu des tissus primaires, encore que les organes en contiennent des quantités variables. Par exemple, la peau est composée principalement de tissu conjonctif, tandis que le cerveau en contient très peu.

Le tissu conjonctif (*conjunctivus* = qui sert à lier) est bien plus qu'un tissu de connexion ; il prend de nombreuses formes et assure de nombreuses fonctions. Les grandes classes de tissu conjonctif sont le tissu conjonctif proprement dit, le cartilage, le tissu osseux et le sang. Ses principales fonctions sont : (1) la *fixation* et le *soutien* ; (2) la *protection* ; (3) l'*isolation* ; (4) dans le cas du sang, le *transport* de substances à l'intérieur du corps. Par exemple, le tissu osseux et le cartilage soutiennent et protègent les organes en leur fournissant une charpente solide, le squelette ; les coussins de tissu adipeux isolent et protègent les organes et, en outre, constituent des réserves d'énergie.

Caractéristiques des tissus conjonctifs

Bien que les tissus conjonctifs assurent des fonctions nombreuses et variées, ils ont en commun des propriétés qui les distinguent des autres tissus primaires.

1. **Origine.** Étant donné que tous les tissus conjonctifs proviennent du **mésenchyme,** un tissu embryonnaire dérivé du mésoderme (un des feuillets embryonnaires), ils présentent des liens de parenté entre eux (figure 4.6). Nous décrivons les feuillets embryonnaires plus loin dans ce chapitre (p. 138).
2. **Degrés de vascularisation.** Tandis que les tissus épithéliaux sont toujours avasculaires et que les tissus

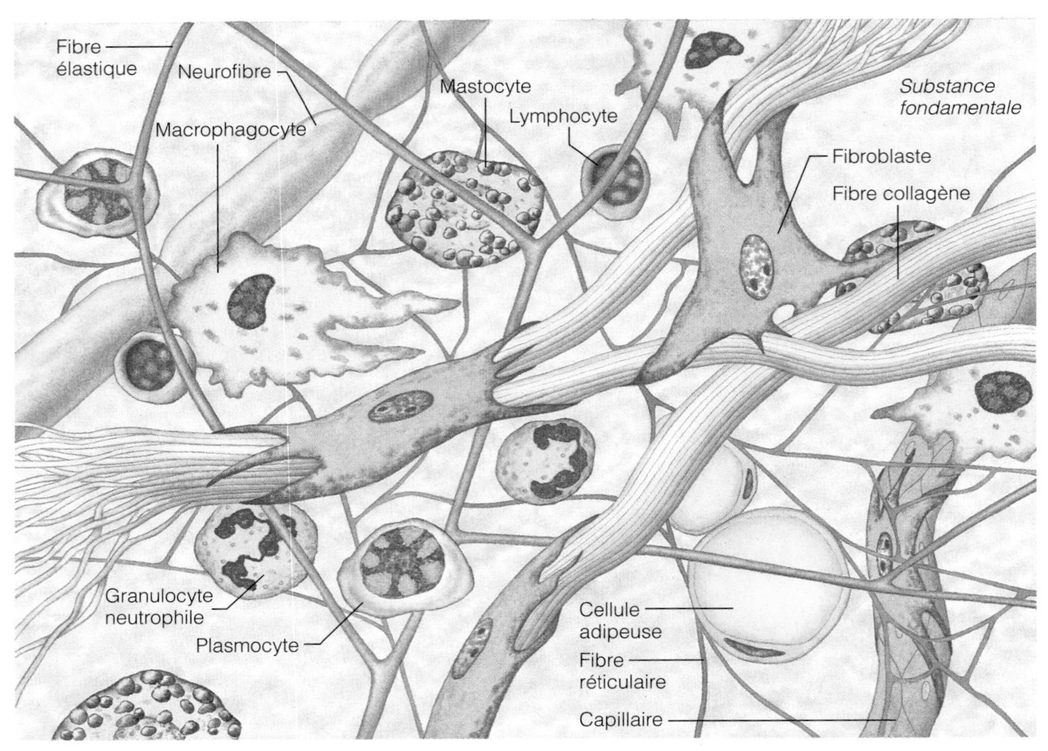

FIGURE 4.7
Le tissu conjonctif aréolaire, un prototype de tissu conjonctif. Le tissu conjonctif aréolaire supporte les épithéliums et entoure les capillaires. Notez les divers types de cellules et les trois classes de fibres (collagènes, réticulaires et élastiques) disséminées dans la substance fondamentale.

musculaires et nerveux sont toujours très vascularisés, les tissus conjonctifs présentent tous les degrés de vascularisation. Ainsi, le cartilage est avasculaire, le tissu conjonctif dense est peu vascularisé et les autres types de tissu conjonctif sont riches en vaisseaux sanguins.

3. **Matrice extracellulaire.** Alors que tous les autres tissus primaires sont composés principalement de cellules, les tissus conjonctifs sont en grande partie constitués de **matrice extracellulaire** non vivante qui s'insinue entre les cellules vivantes du tissu et les écarte parfois considérablement les unes des autres. Grâce à la matrice, le tissu conjonctif est capable de soutenir du poids, de résister à des tensions importantes et de supporter des agressions, comme les traumas et le frottement, qu'aucun autre tissu ne pourrait tolérer.

Éléments structuraux du tissu conjonctif

Les tissus conjonctifs possèdent trois éléments structuraux : la *substance fondamentale*, les *fibres* et les *cellules*. La substance fondamentale et les fibres composent la matrice extracellulaire. (Certains auteurs emploient le terme *matrice* pour désigner la substance fondamentale seulement.)

Étant donné que les propriétés des cellules, la composition de la substance fondamentale et l'arrangement des fibres varient considérablement, il existe une variété étonnante de tissus conjonctifs. Chacun de ces tissus est parfaitement adapté à sa fonction spécifique : la matrice peut former un « capitonnage » souple et délicat autour d'un organe ou, au contraire, des « cordages » (tendons et ligaments) d'une résistance incroyable. Néanmoins, tous les tissus conjonctifs ont la même structure de base, et le *tissu conjonctif aréolaire* nous servira de prototype (figure 4.7). Les autres classes ne sont que des variantes de ce tissu répandu.

Substance fondamentale

La **substance fondamentale** est un matériau amorphe (astructuré) qui comble les espaces entre les cellules et qui retient les fibres. Elle est composée de *liquide interstitiel*, de *protéines d'adhérence* et de *protéoglycanes*. Les protéines d'adhérence, qui comprennent notamment la *fibronectine* et la *laminine*, jouent le rôle d'une colle qui permet aux cellules du tissu conjonctif de se fixer aux éléments de la matrice. Les protéoglycanes sont constituées d'une protéine centrale à laquelle sont greffées des *glycosaminoglycanes* (GAG). Les GAG sont de gros polysaccharides portant des charges négatives qui font saillie de la protéine centrale comme les poils d'une brosse pour bouteilles. Parmi les GAG présents dans les tissus conjonctifs, les plus importants sont le *chondroïtine sulfate*, le *kératane sulfate* et l'*acide hyaluronique*.

De forme allongée, les GAG s'entrelacent et leurs charges négatives attirent les molécules d'eau, de sorte qu'ils forment une substance dont la consistance varie entre celle d'un liquide et celle d'un gel hydraté. Les quantités relatives et les types de GAG déterminent en partie les propriétés de la matrice. Ainsi, plus la teneur en GAG est élevée, plus la substance fondamentale est consistante.

La substance fondamentale retient le liquide et joue en quelque sorte le rôle de tamis moléculaire à travers lequel les nutriments et autres substances dissoutes diffusent des capillaires aux cellules et vice versa. Les fibres réduisent la flexibilité de la substance fondamentale et gênent quelque peu la diffusion.

Fibres

Les *fibres* du tissu conjonctif servent au soutien. On en trouve trois types dans la matrice du tissu conjonctif : les fibres collagènes, les fibres élastiques et les fibres réticulaires. Les fibres collagènes sont de loin les plus abondantes.

Les **fibres collagènes** sont principalement constituées de *collagène*, une protéine fibreuse. Les molécules de collagène sont sécrétées dans le liquide interstitiel ; là, elles s'assemblent spontanément pour former des fibres entrelacées. Les fibres collagènes sont extrêmement robustes et confèrent à la matrice une grande résistance à la traction (force longitudinale provoquant l'extension). Des essais ont en effet démontré que les fibres collagènes sont plus résistantes que des fibres d'acier de même calibre ! À l'état frais, les fibres collagènes sont blanches et luisantes, c'est pourquoi on les appelle aussi *fibres blanches*.

Les **fibres élastiques** sont principalement composées d'une autre protéine fibreuse, l'*élastine*. L'élastine est enroulée irrégulièrement sur elle-même, ce qui lui permet de s'étirer et de reprendre sa forme à la manière d'un élastique. La présence d'élastine rend la matrice caoutchouteuse, c'est-à-dire à la fois souple et résistante aux chocs. Quand le tissu conjonctif atteint un certain degré d'étirement, les épaisses fibres collagènes qui accompagnent toujours les fibres élastiques deviennent rigides. Puis, lorsque la tension se relâche, les fibres élastiques reprennent leur position initiale et redonnent au tissu conjonctif sa longueur et sa forme normales. On trouve des fibres élastiques dans les endroits où l'élasticité est importante, en particulier dans la peau, les poumons et les parois des vaisseaux sanguins. Comme les fibres élastiques sont jaunâtres, on les appelle parfois *fibres jaunes*.

Les **fibres réticulaires** sont de minces fibres collagènes reliées aux fibres collagènes proprement dites, mais dont la forme et les propriétés chimiques diffèrent quelque peu de celles de ces dernières. Leurs très nombreuses ramifications constituent de fins réseaux (*reticulum* = petit filet) qui entourent les petits vaisseaux sanguins et soutiennent les tissus mous des organes. Les fibres réticulaires sont particulièrement abondantes dans les endroits où le tissu conjonctif s'unit à un autre type de tissu, notamment dans la membrane basale des tissus épithéliaux et autour des capillaires, où elles forment des « résilles » pelucheuses.

Cellules

Chaque grande classe de tissu conjonctif possède un type fondamental de cellules présentes sous forme immature et sous forme adulte (voir la figure 4.6). Les cellules souches indifférenciées, désignées par le suffixe *-blaste* (qui signifie littéralement « germe »), subissent des mitoses et sécrètent la substance fondamentale ainsi que les protéines fibreuses qui constituent les fibres propres à leur matrice. Les cellules blastiques des différentes classes de tissu conjonctif sont : (1) les **fibroblastes** pour le tissu conjonctif proprement dit ; (2) les **chondroblastes** pour le cartilage ; (3) les **ostéoblastes** pour le tissu osseux ; (4) les **hémocytoblastes** pour le sang.

Après avoir synthétisé la matrice, les cellules blastiques acquièrent leur forme adulte, moins active, désignée par le suffixe *-cyte* (voir la figure 4.6). Les cellules adultes maintiennent l'intégrité de la matrice. Si la matrice subit des lésions, les cellules adultes retrouvent facilement un état plus actif afin de la réparer et de la régénérer. (Les hémocytoblastes, les cellules souches de la moelle osseuse rouge, subissent constamment des mitoses afin de remplacer les vieux globules rouges qui meurent.)

Le tissu conjonctif renferme plusieurs autres types de cellules, notamment des *cellules adipeuses* qui stockent les nutriments (sous forme de triglycérides) et des cellules mobiles qui migrent de la circulation sanguine jusque dans la matrice. Parmi ces dernières, on compte les **globules blancs** (granulocytes neutrophiles, granulocytes éosinophiles, granulocytes basophiles, lymphocytes et monocytes) intervenant dans la réponse tissulaire aux agressions. Certains de ces globules blancs subissent des transformations dans le tissu conjonctif et deviennent des *mastocytes*, des *macrophagocytes* et des **plasmocytes** produisant des anticorps. La grande diversité des cellules contenues dans le tissu conjonctif est particulièrement remarquable dans notre prototype, le tissu conjonctif aréolaire (figure 4.7).

Nous décrivons en détail toutes ces cellules dans des chapitres ultérieurs, mais il nous faut dire ici quelques mots à propos des mastocytes et des macrophagocytes puisqu'ils jouent un rôle capital dans la défense de l'organisme. Les **mastocytes** sont des cellules ovales que l'on trouve en amas dans les espaces tissulaires situés sous un épithélium ou le long des vaisseaux sanguins. Les mastocytes sont en quelque sorte des sentinelles qui détectent les substances étrangères (bactéries, champignons microscopiques, etc.) et déclenchent contre elles la réaction inflammatoire locale. Le cytoplasme des mastocytes contient des granules sécrétoires qui renferment (1) de l'*héparine* et (2) de l'*histamine*. L'héparine est un anticoagulant (une substance qui empêche la coagulation du sang) quand elle est présente dans la circulation sanguine, mais on connaît mal le rôle qu'elle joue dans les mastocytes chez l'être humain. Quant à l'histamine, libérée au cours de la réaction inflammatoire, elle provoque une augmentation de la perméabilité des capillaires et le passage de plasma et de globules blancs dans le tissu conjonctif. (Nous traitons de la réaction inflammatoire au chapitre 22.)

Les **macrophagocytes**, ou macrophages (*makros* = grand ; *phagein* = manger), sont de grosses cellules de forme irrégulière qui phagocytent avidement une grande variété de matières étrangères de différentes tailles, des molécules étrangères aux particules de poussière en passant par des bactéries entières. De plus, les macrophagocytes englobent et éliminent les cellules mortes et ils jouent un rôle prépondérant dans le système immunitaire. Dans les tissus conjonctifs, ils sont soit fixes (attachés aux fibres), soit mobiles (ils se déplacent dans la matrice).

Les macrophagocytes sont disséminés dans tout le tissu conjonctif lâche, dans la moelle osseuse rouge et dans le tissu lymphoïde. Certains reçoivent un nom spécifique exprimant leur localisation ; les macrophagocytes sont appelés *macrophagocytes stellaires* (ou cellules de Kupffer) dans le foie et *microglies* dans le cerveau. Toutes ces cellules sont de véritables macrophagocytes, mais certaines ont un appétit sélectif. Ainsi, les macrophagocytes de la rate phagocytent surtout les vieux globules rouges, mais ils ne refusent pas les autres « friandises » qu'ils ont la chance de rencontrer.

Types de tissu conjonctif

Comme nous l'avons vu, toutes les classes de tissu conjonctif comprennent des cellules vivantes intégrées dans une matrice. Cependant, les classes de tissu conjonctif diffèrent par le type de cellules, le type de fibres et la proportion de fibres dans la matrice. Ces trois facteurs déterminent non seulement les classes de tissu conjonctif, mais également les sous-classes et les types. Les classes de tissu conjonctif que nous décrivons dans cette section sont présentées à la figure 4.8. Puisque les tissus conjonctifs adultes proviennent du même tissu embryonnaire, nous avons jugé opportun de décrire ce tissu en premier lieu.

Tissu conjonctif embryonnaire : mésenchyme

Le **mésenchyme**, ou **tissu mésenchymateux,** est le premier tissu définitif qui naît à partir du mésoderme, un des feuillets embryonnaires (figure 4.13, p. 138). Il se compose de cellules mésenchymateuses étoilées et d'une substance fondamentale fluide contenant de minces fibrilles (figure 4.8a). Il apparaît au cours des premières semaines du développement embryonnaire puis il se différencie (se spécialise) pour former tous les types de tissus conjonctifs. Cependant, certaines cellules mésenchymateuses subsistent et constituent une source de nouvelles cellules dans les tissus conjonctifs adultes.

Le **tissu conjonctif muqueux** est un tissu temporaire dérivé du mésenchyme et semblable à lui. Le *tissu mucoïde de connexion* (ou gelée de Wharton), qui rigidifie le cordon ombilical, est l'exemple le plus représentatif de ce tissu embryonnaire rare.

Tissu conjonctif proprement dit

Le **tissu conjonctif proprement dit** se divise en deux sous-classes : le **tissu conjonctif lâche** (aréolaire, adipeux et réticulaire) et le **tissu conjonctif dense** (dense régulier, dense irrégulier et élastique). À l'exception du tissu osseux, du cartilage et du sang, tous les tissus conjonctifs adultes appartiennent à cette classe.

Tissu conjonctif aréolaire Le **tissu conjonctif aréolaire** possède une substance fondamentale semi-liquide ou gélatineuse composée principalement d'acide hyaluronique (les molécules qui retiennent l'eau), dans laquelle sont dispersées des fibres des trois types (figure 4.8b). Les cellules les plus abondantes dans ce tissu sont les **fibroblastes,** des cellules plates et ramifiées au profil fusiforme. Le tissu conjonctif aréolaire compte également un grand nombre de macrophagocytes, qui opposent une formidable barrière aux microorganismes. Il renferme en outre des cellules adipeuses, isolées ou en grappes, ainsi que de rares mastocytes, facilement reconnaissables aux gros granules cytoplasmiques, prenant facilement le colorant, qui cachent souvent le noyau. D'autres types de cellules sont dispersés dans ce tissu.

La caractéristique structurale la plus évidente du tissu conjonctif aréolaire est l'arrangement lâche de ses fibres. Le reste de la matrice, occupé par de la substance fondamentale, apparaît au microscope comme un espace vide ; du reste, le mot latin *areola* signifie « petit espace libre ». Étant donné que sa substance fondamentale est liquide, le tissu conjonctif aréolaire constitue un réservoir d'eau et de sels pour les tissus environnants ; on y trouve en effet presque autant de liquide que dans la circulation sanguine. Presque toutes les cellules de l'organisme tirent leurs nutriments de ce liquide interstitiel et y expulsent leurs déchets. Cependant, la forte teneur en acide hyaluronique donne à la substance fondamentale une viscosité qui peut gêner le mouvement des cellules. Certains globules blancs, qui protègent l'organisme contre les microorganismes pathogènes, sécrètent une enzyme appelée hyaluronidase afin de liquéfier la substance fondamentale et faciliter leur propre passage. (Malheureusement, certaines bactéries potentiellement nocives possèdent la même propriété et l'utilisent pour envahir les tissus de leur hôte.) En cas d'inflammation, le tissu aréolaire de la région atteinte absorbe comme une éponge l'excédent de liquide provenant des capillaires, ce qui provoque un gonflement, c'est-à-dire un **œdème.**

Le tissu conjonctif aréolaire, le tissu conjonctif le plus répandu dans l'organisme humain, sert à envelopper presque tous les autres types de tissus. Il relie des parties du corps tout en leur permettant de glisser facilement les unes contre les autres ; il entoure les petits vaisseaux sanguins et les nerfs ; il recouvre les glandes ; il forme le tissu sous-cutané qui capitonne la peau et la fixe aux structures sous-jacentes. Enfin, il constitue la *lamina propria* de toutes les muqueuses. (Les muqueuses tapissent toutes les cavités qui s'ouvrent sur le milieu externe ; voir p. 130.)

Tissu conjonctif embryonnaire

(a) Mésenchyme

Description : Tissu conjonctif embryonnaire ; substance fondamentale gélatineuse contenant des fibres ; cellules mésenchymateuses étoilées

Localisation : Présent surtout chez l'embryon

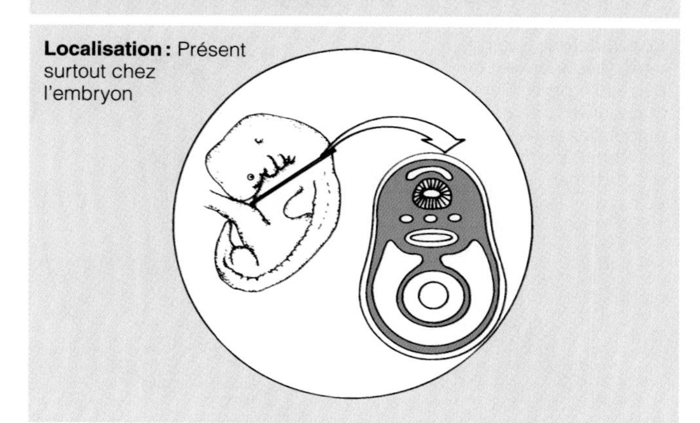

Fonction : Donne naissance à tous les types de tissu conjonctif

Photomicrographie : Tissu mésenchymateux, ou tissu conjonctif embryonnaire (475 ×) ; l'arrière-plan de couleur claire est la substance fondamentale fluide de la matrice ; remarquez les fibres minces et clairsemées

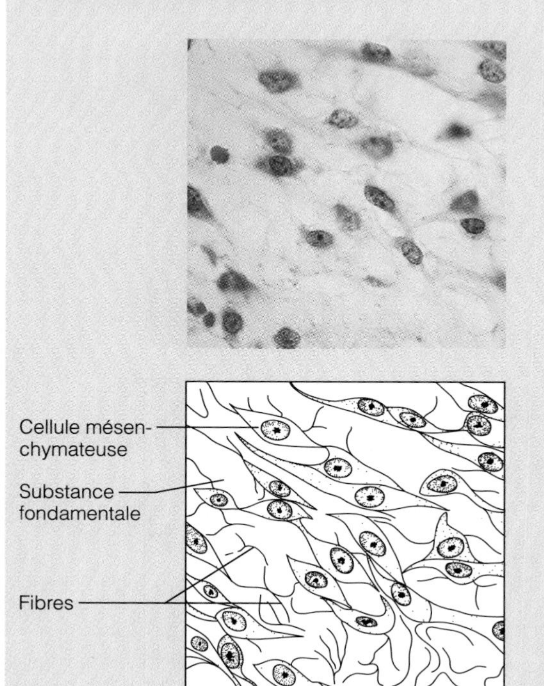

Tissu conjonctif proprement dit : tissu conjonctif lâche (b à d)

(b) Tissu conjonctif aréolaire

Description : Matrice gélatineuse contenant les trois types de fibres ; cellules : fibroblastes, macrophagocytes, mastocytes et quelques globules blancs

Localisation : Très répandu sous les épithéliums ; forme notamment la lamina propria des muqueuses ; enveloppe les organes ; entoure les capillaires

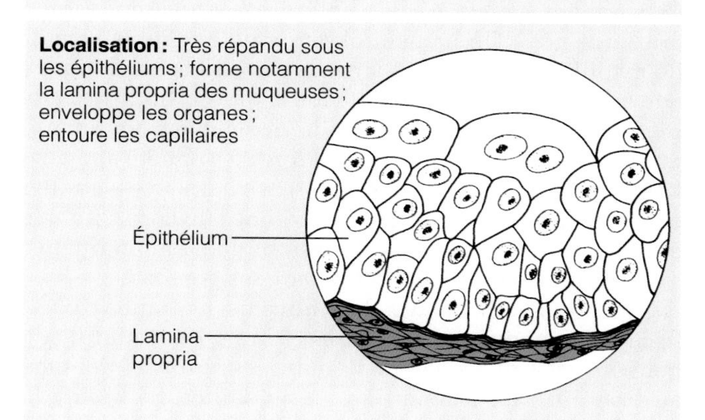

Fonction : Enveloppe les organes ; ses macrophagocytes phagocytent les bactéries ; joue un rôle important dans la réaction inflammatoire ; transporte et retient le liquide interstitiel ; constitue le site des échanges entre le plasma sanguin et le liquide interstitiel

Photomicrographie : Tissu conjonctif aréolaire, un tissu souple qui recouvre d'autres tissus (182 ×) ; remarquez combien les fibres sont dispersées (il s'agit d'un tissu conjonctif lâche)

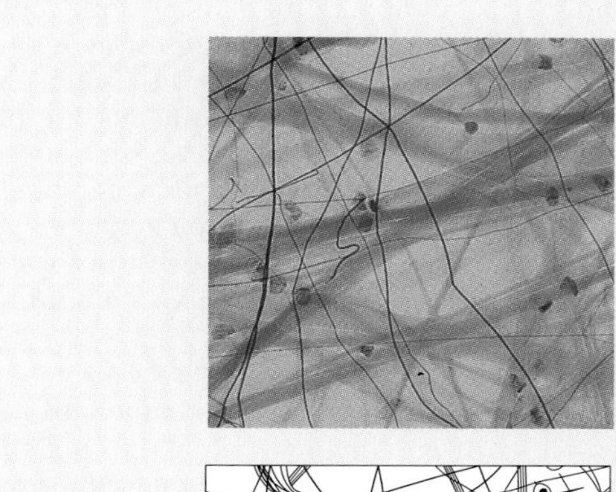

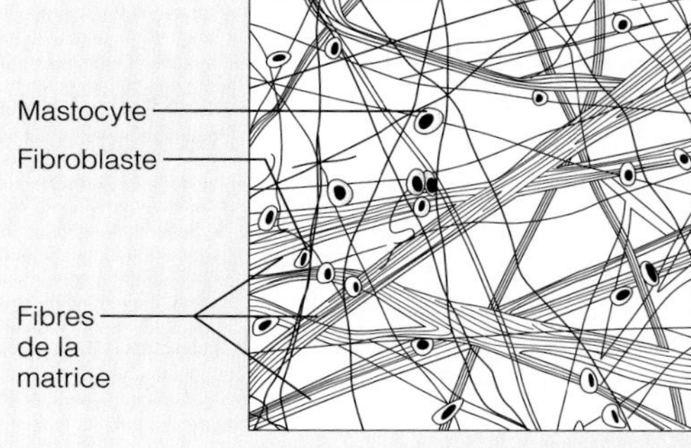

FIGURE 4.8
Tissus conjonctifs. Tissu conjonctif embryonnaire **(a)** et tissu conjonctif proprement dit **(b)**.

Tissu adipeux Le **tissu adipeux** (appelé **graisse** dans le langage courant) est fondamentalement un tissu conjonctif aréolaire modifié en vue du stockage des nutriments. C'est pourquoi les **adipocytes,** communément appelés cellules adipeuses ou graisseuses, y prédominent. La majeure partie du volume de la cellule adipeuse est occupée par une gouttelette lipidique luisante (presque entièrement composée de triglycérides) qui repousse le noyau de côté. On ne peut observer qu'une mince bande de cytoplasme à la périphérie de la cellule. Étant donné que la région lipidique paraît vide et que la bande de cytoplasme d'où le noyau fait saillie ressemble à un anneau muni d'un chaton, les cellules adipeuses ont été appelées « cellules en bague » (figure 4.8c). Les adipocytes adultes comptent parmi les plus grosses cellules du corps humain et ils sont incapables de se diviser. Ils gonflent ou rident à mesure qu'ils absorbent ou libèrent des graisses.

Par comparaison avec les autres tissus conjonctifs, le tissu adipeux a une matrice très réduite. Les cellules adipeuses sont serrées les unes contre les autres et donnent au tissu un aspect de grillage à poulailler. Le tissu adipeux est très vascularisé, signe de sa grande activité métabolique. Sans les réserves de graisse accumulées dans le tissu adipeux, nous ne pourrions survivre à plus de quelques jours de jeûne. Le tissu adipeux est certes abondant : il constitue 18 % de la masse d'un individu moyen (15 % chez l'homme et 22 % chez la femme). La proportion de la masse représentée par la graisse peut même atteindre 50 % chez un individu sans qu'il s'agisse d'une obésité morbide.

Le tissu adipeux peut apparaître dans presque toutes les régions où le tissu conjonctif aréolaire est abondant, mais il s'accumule généralement dans le tissu sous-cutané (voir la figure 5.3, p. 146), où il joue aussi le rôle d'amortisseur et d'isolant. Puisque la graisse conduit mal la chaleur, elle contribue à prévenir la perte de chaleur corporelle. La graisse s'accumule en outre dans la moelle osseuse jaune, autour des reins, derrière les bulbes de l'œil ainsi qu'à des endroits génétiquement déterminés, comme l'abdomen et les hanches.

Tissu conjonctif réticulaire Le **tissu conjonctif réticulaire** ressemble au tissu conjonctif aréolaire, mais les seules fibres présentes dans sa matrice sont des fibres réticulaires. Entrelacées, celles-ci forment un fin réseau le long duquel des fibroblastes appelés **cellules réticulaires** sont disséminés (figure 4.8d). Même si l'on trouve des fibres réticulaires dans de nombreuses régions du corps, le tissu réticulaire n'apparaît qu'à certains endroits. Il forme le **stroma** (mot signifiant littéralement « tapis, couverture »), c'est-à-dire la trame, qui soutient un grand nombre de globules blancs libres (principalement des lymphocytes) dans les nœuds lymphatiques, la rate et la moelle osseuse rouge.

Tissu conjonctif dense régulier Le **tissu conjonctif dense régulier** (figure 4.8e) est une variété de tissu conjonctif dense où les fibres sont prédominantes. C'est pourquoi on l'appelle aussi **tissu conjonctif collagène compact régulier.**

(c) Tissu adipeux

Description : Matrice semblable à celle du tissu aréolaire, mais beaucoup moins abondante ; les cellules adipeuses, ou adipocytes, sont entassées et leur noyau est repoussé de côté par une grosse gouttelette lipidique

Localisation : Sous la peau (hypoderme), en des lieux particuliers à chacun des deux sexes ; autour des reins et du bulbe de l'œil ; dans les os et l'abdomen ; dans les seins

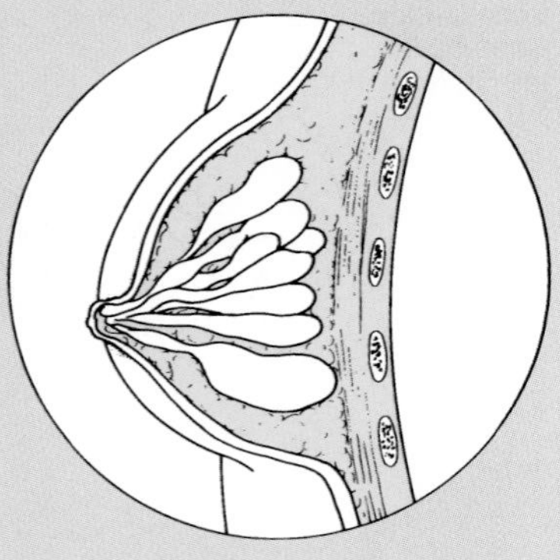

Fonction : Réserve d'énergie ; protège contre les pertes de chaleur ; soutient et protège les organes

Photomicrographie : Tissu adipeux sous-cutané (839 ×)

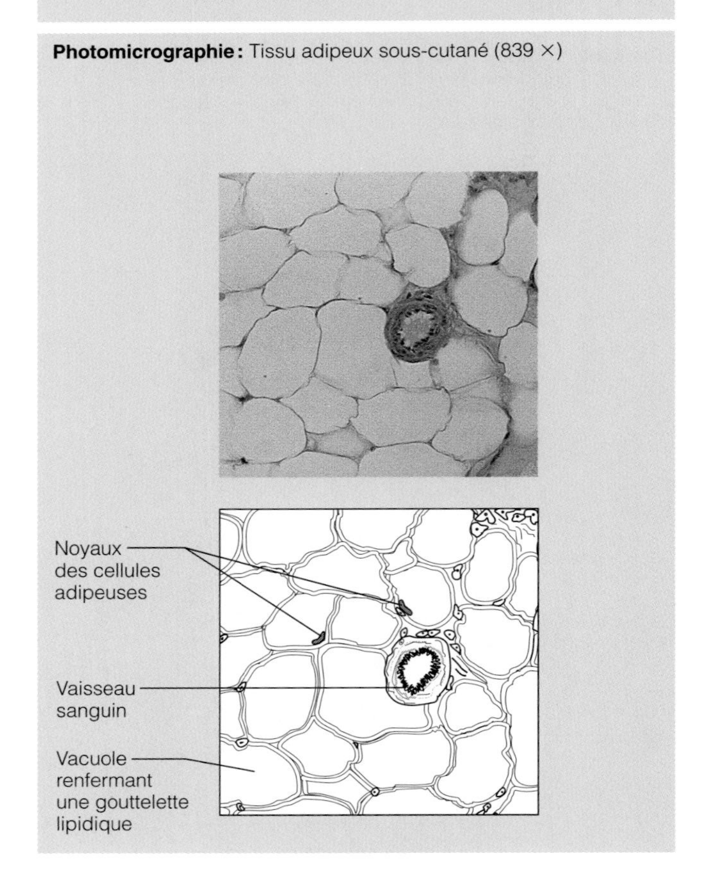

FIGURE 4.8 (suite)
Tissu conjonctif proprement dit (**c, d** et **e**).

(d) Tissu conjonctif réticulaire

Description : Réseau de fibres réticulaires baignant dans une substance fondamentale lâche typique ; les cellules réticulaires y prédominent

Localisation : Organes lymphoïdes (nœuds lymphatiques, moelle osseuse rouge et rate)

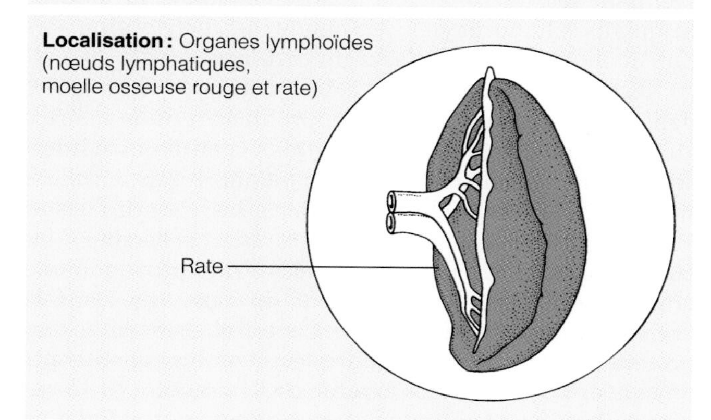

Fonction : Les fibres forment un squelette interne souple (stroma) qui soutient d'autres types de cellules

Photomicrographie : Réseau de fibres de tissu conjonctif réticulaire composant le squelette interne de la rate (1125 ×)

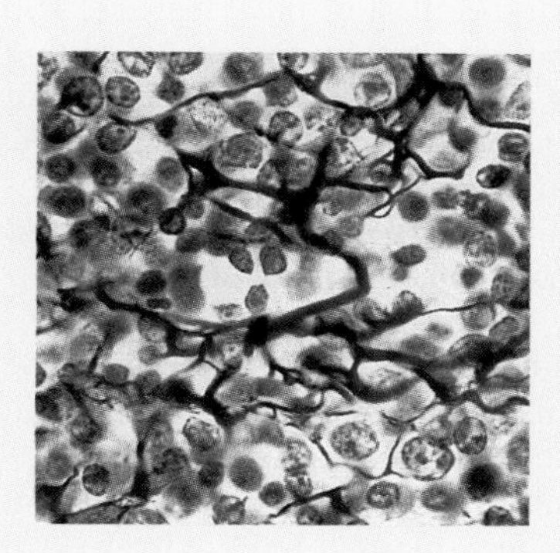

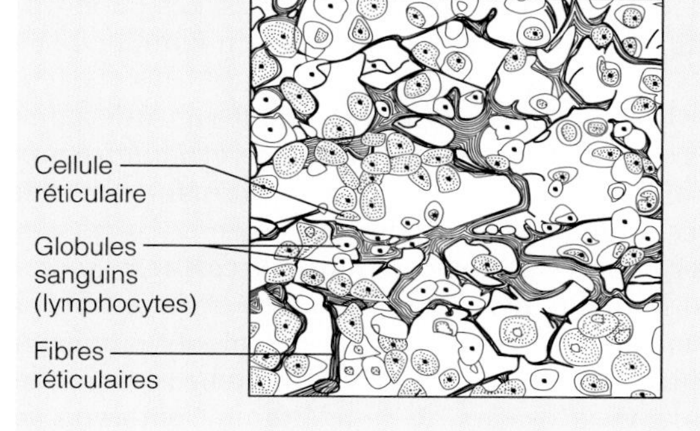

Tissu conjonctif proprement dit : tissu conjonctif dense (e et f)

(e) Tissu conjonctif dense régulier

Description : Composé principalement de fibres collagènes parallèles ; quelques fibres d'élastine ; les fibroblastes sont le principal type de cellules

Localisation : Tendons, la plupart des ligaments, aponévroses

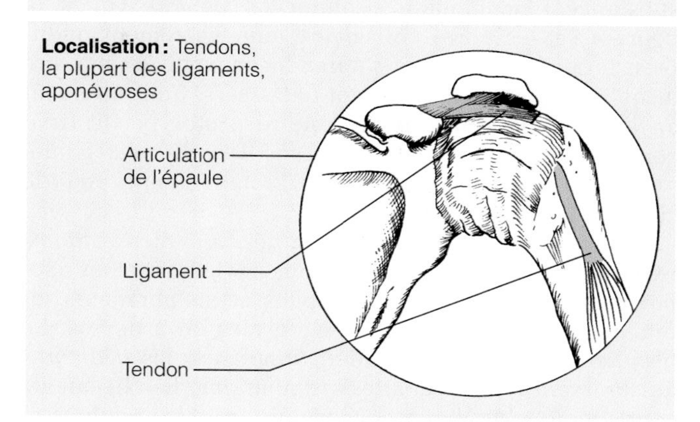

Fonction : Attache les muscles aux os ou à d'autres muscles ; relie les os ; résiste à l'étirement si la force s'exerce dans une seule direction

Photomicrographie : Tissu conjonctif dense régulier d'un tendon (576 ×) ; remarquez l'abondance des fibres collagènes parallèles

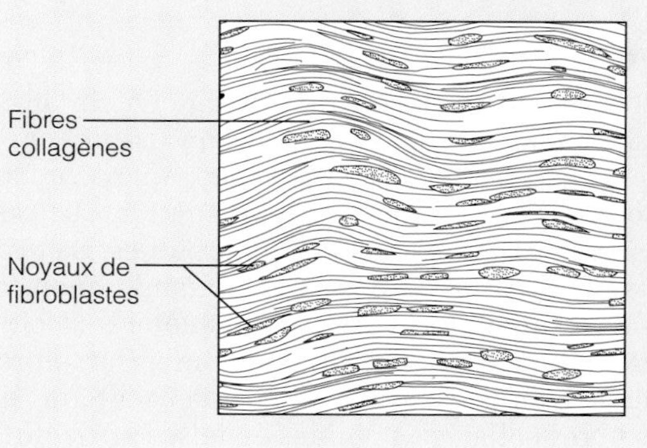

4

Le tissu conjonctif dense régulier contient des faisceaux compacts de fibres collagènes. Ces faisceaux parallèles au sens de la traction composent un tissu blanc flexible qui possède une grande résistance à l'étirement, là où cette force s'exerce toujours dans la même direction. Des rangées de fibroblastes situées entre les fibres collagènes produisent continuellement des fibres et un peu de substance fondamentale. Comme on peut le voir à la figure 4.8e, les fibres collagènes sont légèrement ondulées. Le tissu peut donc s'étirer légèrement, c'est-à-dire jusqu'à ce que les fibres soient redressées. Contrairement au tissu conjonctif aréolaire, notre prototype de tissu conjonctif, le tissu conjonctif dense régulier est faiblement vascularisé et il contient relativement peu de cellules à part les fibroblastes.

Le tissu conjonctif dense régulier forme les *tendons*, les structures qui rattachent les muscles aux os, et les *aponévroses*, un type de tendons plats et membraneux qui relient des muscles à d'autres muscles ou à des os. Le tissu conjonctif dense régulier forme aussi les *ligaments* qui unissent les os dans les articulations. Les ligaments contiennent plus de fibres élastiques que les tendons et sont de ce fait légèrement plus extensibles. Quelques ligaments, dont le *ligament nuchal* et les *ligaments jaunes*, qui relient des vertèbres adjacentes, sont très élastiques. Leur teneur en fibres élastiques est si élevée qu'on appelle le tissu conjonctif de ces structures **tissu conjonctif élastique** pour le distinguer du tissu conjonctif dense, où prédominent les fibres collagènes.

Tissu conjonctif dense irrégulier Le **tissu conjonctif dense irrégulier** se compose des mêmes éléments structuraux que le tissu conjonctif dense régulier. Toutefois, ses faisceaux de fibres collagènes sont beaucoup plus épais; ils sont en outre disposés de manière irrégulière, c'est-à-dire qu'ils sont dirigés en tout sens (figure 4.8f). Ce type de tissu forme des feuillets dans les régions du corps soumises à des forces de tension diversement orientées. Il est présent dans la peau, plus précisément dans le *derme*; il constitue aussi les capsules articulaires fibreuses et l'enveloppe fibreuse de certains organes (testicules, reins, os, cartilages, muscles et nerfs).

Cartilage

Les propriétés du **cartilage** se situent à mi-chemin entre celles du tissu conjonctif dense et celles du tissu osseux. Le cartilage est en effet dur mais flexible, ce qui confère rigidité et souplesse aux structures qu'il soutient. Le cartilage est avasculaire et dépourvu de neurofibres. Sa substance fondamentale se compose d'une grande quantité de chondroïtine sulfate (un GAG), de même que d'acide hyaluronique et de *chondronectine*, une importante protéine d'adhérence. La substance fondamentale renferme de nombreuses fibres collagènes réunies en faisceaux solides et, dans certains cas, des fibres élastiques. Par conséquent, elle est habituellement très ferme. La matrice du cartilage contient aussi une quantité exceptionnelle de liquide interstitiel; de fait, le cartilage peut comprendre jusqu'à 80 % d'eau! Le mouvement du liquide interstitiel dans la matrice permet au cartilage de reprendre sa forme après une compression (voir l'encadré de la page 133) et il contribue à nourrir les cellules du cartilage.

La surface de la majorité des structures cartilagineuses est enveloppée dans une membrane de tissu conjonctif dense irrégulier bien vascularisé appelée **périchondre** (*peri* = autour; *khondros* = cartilage), d'où proviennent les nutriments qui diffusent dans la matrice jusqu'aux chondrocytes. Ce mode de distribution des nutriments limite l'épaisseur du cartilage.

Les **chondroblastes,** les cellules les plus abondantes dans le cartilage en croissance, produisent de la matrice au moyen de deux mécanismes. Dans la **croissance interstitielle,** le mécanisme le plus apparent durant la phase initiale de la formation du cartilage, les chondroblastes situés à l'intérieur du cartilage se divisent et sécrètent les constituants de la matrice. Ce mécanisme provoque une croissance à partir de l'intérieur du cartilage. Dans la **croissance par apposition,** les chondroblastes situés en profondeur dans le périchondre sécrètent les constituants de la matrice à la surface externe de la structure cartilagineuse. Les deux mécanismes se poursuivent jusqu'à ce que la croissance du squelette se termine, à la fin de l'adolescence. La matrice du cartilage, très compacte, empêche les cellules de se disperser. C'est pourquoi les **chondrocytes,** les cellules adultes du tissu cartilagineux, s'assemblent en général dans de petites cavités appelées **lacunes.**

Étant donné que le cartilage est avasculaire et que ses cellules perdent en vieillissant leur capacité de se diviser, ce tissu se cicatrise très lentement. Ceux qui ont subi des blessures sportives peuvent malheureusement en témoigner. Au cours de la vieillesse, le cartilage a tendance à se calcifier, voire à s'ossifier. Faute d'un apport nutritionnel suffisant, les chondrocytes finissent par mourir. ■

Il existe trois types de cartilage: le *cartilage hyalin*, le *cartilage élastique* et le *cartilage fibreux*.

Cartilage hyalin Le **cartilage hyalin** est le type de cartilage le plus répandu dans le corps humain. Il contient un grand nombre de fibres collagènes. Celles-ci sont toutefois invisibles, de sorte que la matrice paraît amorphe et offre un aspect blanc bleuté vitreux (*hualos* = verre) lorsqu'on l'observe à l'œil nu (figure 4.8g). Les chondrocytes constituent de 1 à 10 % seulement du volume de ce cartilage.

Le cartilage hyalin assure un soutien ferme allié à une certaine flexibilité. Il est appelé *cartilage articulaire* aux extrémités des os longs qu'il recouvre, formant ainsi un coussin élastique qui absorbe les forces de compression exercées sur les articulations. En outre, le cartilage hyalin soutient le bout du nez, relie les côtes au sternum et constitue la majeure partie du larynx et des anneaux cartilagineux de la trachée et des bronches. Avant la formation du tissu osseux, le squelette de l'embryon se compose principalement de cartilage hyalin. Le cartilage hyalin qui persiste chez l'enfant est appelé *cartilage épiphysaire*: il constitue à l'extrémité des os longs une zone de croissance active qui permet aux os de croître en longueur.

(f) Tissu conjonctif dense irrégulier

Description : Composé principalement de fibres collagènes regroupées en épais faisceaux orientés dans tous les sens ; quelques fibres élastiques ; les fibroblastes sont le principal type de cellules

Localisation : Derme de la peau ; sous-muqueuse du tube digestif ; enveloppe fibreuse de certains organes et des capsules articulaires

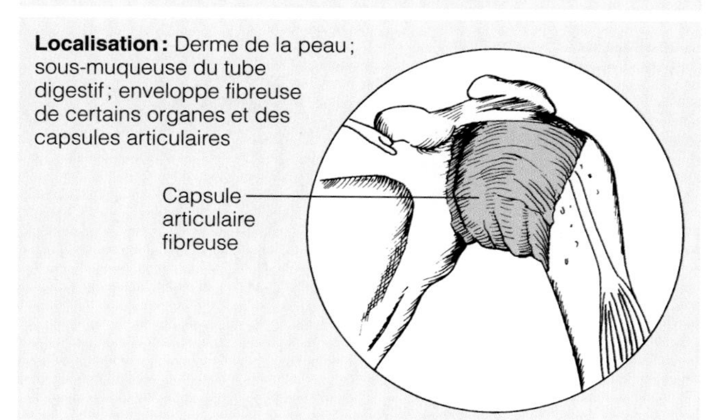

Fonction : Peut supporter un étirement exercé dans plusieurs directions ; renforce la structure

Photomicrographie : Tissu conjonctif dense irrégulier du derme (475 ×) ; remarquez l'orientation irrégulière des fibres collagènes

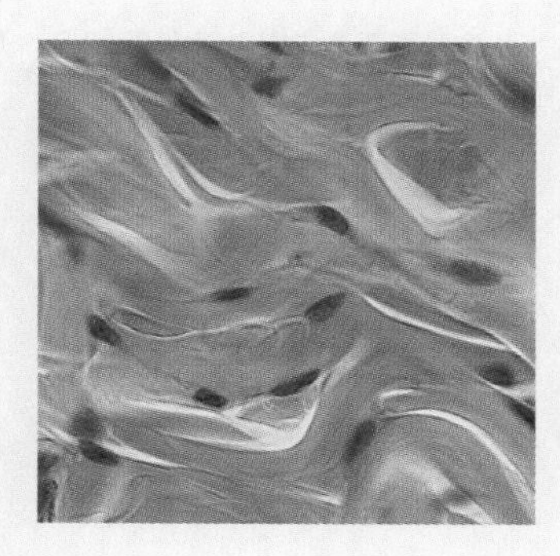

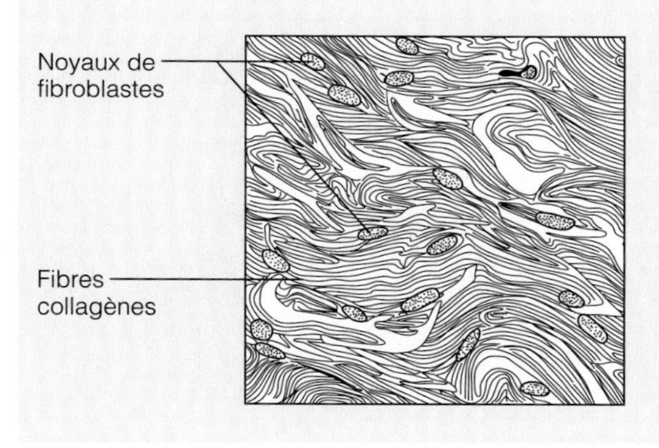

Cartilage : (g à i)

(g) Cartilage hyalin

Description : Matrice amorphe mais ferme ; les fibres collagènes forment un réseau imperceptible ; les chondroblastes produisent les constituants de la matrice et résident dans les lacunes à l'état adulte (chondrocytes)

Localisation : Compose la majeure partie du squelette embryonnaire ; recouvre les extrémités des os longs dans les cavités articulaires ; forme les cartilages costaux ; cartilage du nez, de la trachée et du larynx

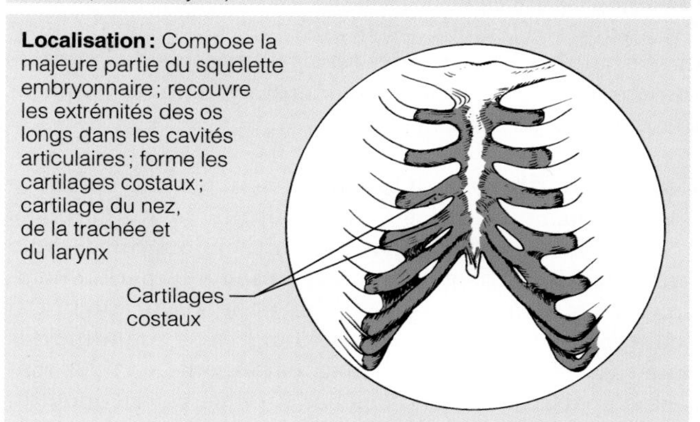

Fonction : Soutient et renforce ; forme un coussin élastique ; résiste à la compression

Photomicrographie : Cartilage hyalin de la trachée (453 ×) ; remarquez que les fibres collagènes ne sont pas visibles dans la matrice car elles ont le même indice de réfraction que la substance fondamentale

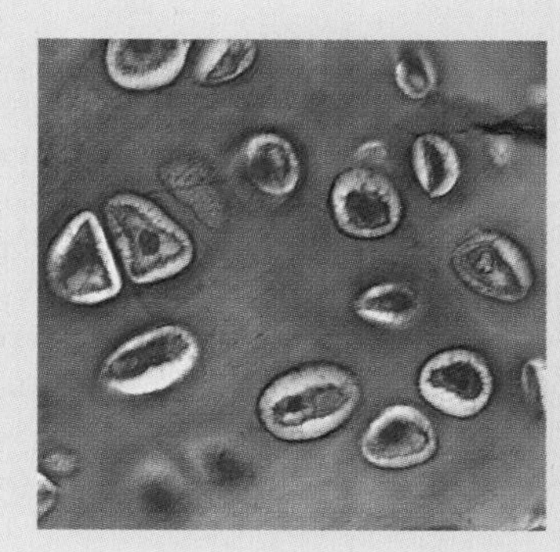

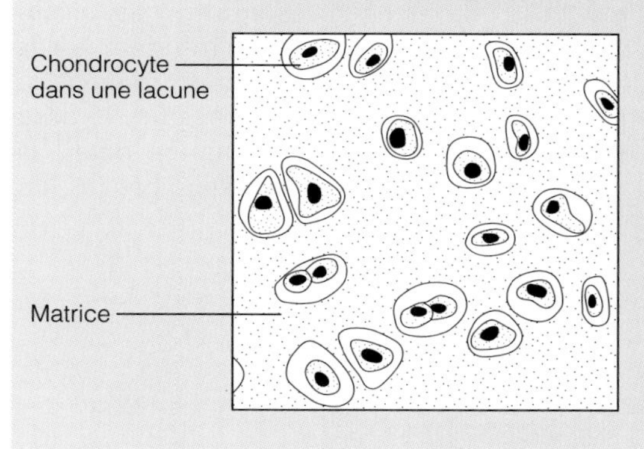

FIGURE 4.8 (suite)
Tissu conjonctif proprement dit **(f)** et cartilage **(g)**.

4

Cartilage élastique Sur le plan histologique, le **cartilage élastique** est presque identique au cartilage hyalin (figure 4.8h). Le cartilage élastique renferme toutefois beaucoup plus de fibres d'élastine, ce qui lui donne une plus grande résistance aux flexions répétées. On trouve ce cartilage aux endroits qui requièrent de la résistance et une exceptionnelle capacité d'extension. Le cartilage élastique compose le « squelette » de l'oreille externe et de l'épiglotte. (L'épiglotte est la structure en forme de rabat qui ferme l'orifice des voies respiratoires lors de la déglutition pour empêcher les aliments et les liquides de pénétrer dans les poumons.)

Cartilage fibreux On trouve souvent du **cartilage fibreux,** ou fibrocartilage, aux endroits où du cartilage hyalin s'unit à un ligament ou à un tendon. Sur le plan structural, le cartilage fibreux représente le parfait compromis entre le cartilage hyalin et le tissu conjonctif dense régulier. Il est constitué de rangées de chondrocytes (une caractéristique du cartilage) alternant avec des rangées d'épaisses fibres collagènes (une caractéristique du tissu conjonctif dense régulier) (figure 4.8i). Comme il est compressible et résiste bien à la tension, on le trouve aux endroits qui doivent être fermement soutenus et capables de résister à de fortes pressions. Ainsi, les disques intervertébraux (les coussins relativement souples situés entre les vertèbres) et les coussins cartilagineux des genoux (ménisques) sont faits de cartilage fibreux.

Tissu osseux

Étant donné qu'il est dur comme le roc, le **tissu osseux,** qui forme les **os,** soutient et protège les tissus fragiles avec beaucoup d'efficacité. Les os renferment par ailleurs des cavités qui servent au stockage des graisses et à la synthèse des globules sanguins. La matrice des os ressemble à celle du cartilage, mais elle est plus dure et plus rigide. Non seulement contient-elle plus de fibres collagènes, mais elle possède aussi un constituant supplémentaire: des sels de calcium inorganique.

Les **ostéoblastes** élaborent la portion organique de la matrice; les sels minéraux se déposent ensuite sur et entre les fibres. Les cellules osseuses adultes, les **ostéocytes,** sont situées dans les lacunes, à l'intérieur de la matrice qu'ils ont produite (figure 4.8j). Contrairement au cartilage, le tissu conjonctif le plus dur après lui, le tissu osseux est très vascularisé. Nous étudions en détail la structure, la croissance et le métabolisme des os au chapitre 6.

(h) Cartilage élastique

Description: Semblable au cartilage hyalin, mais sa matrice renferme plus de fibres élastiques

Localisation: Soutient l'oreille externe (le pavillon de l'oreille); épiglotte, trompe auditive et méat acoustique externe

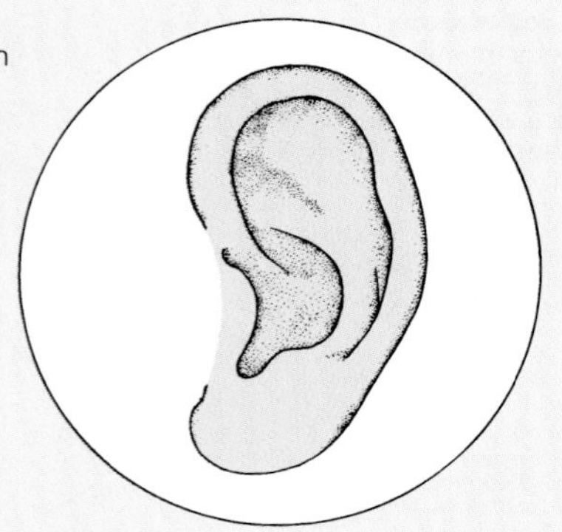

Fonction: Maintient la forme d'une structure tout en lui conférant une grande flexibilité

Photomicrographie: Cartilage élastique du pavillon de l'oreille humaine; forme la charpente flexible de l'oreille (144 ×)

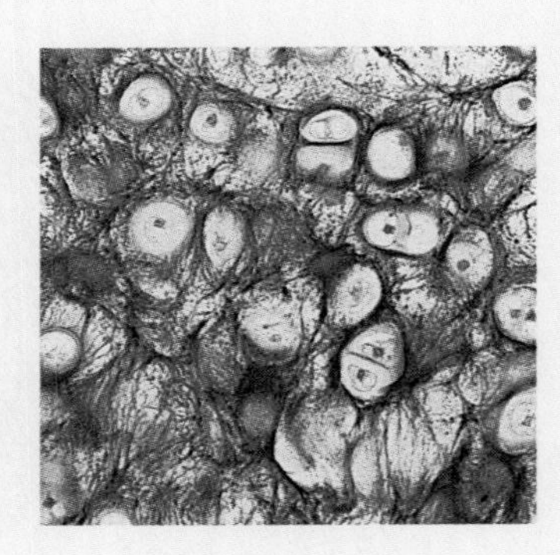

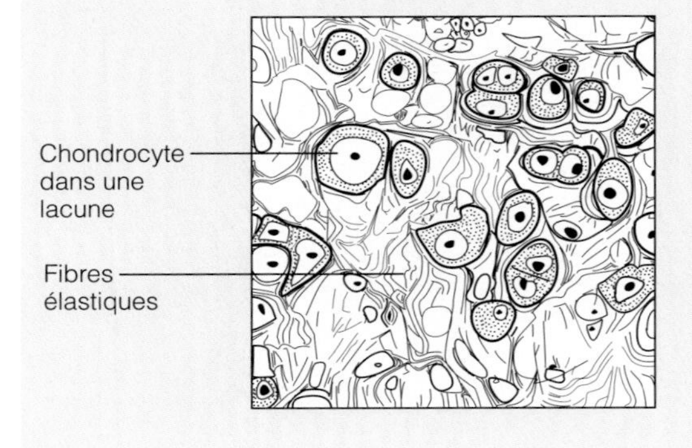

FIGURE 4.8 (suite)
Cartilage **(h** et **i)** et tissu osseux **(j).**

(i) Cartilage fibreux

Description : Matrice semblable à celle du cartilage hyalin, mais moins ferme ; les fibres collagènes épaisses sont prédominantes

Localisation : Disques intervertébraux ; symphyse pubienne ; ménisques de l'articulation du genou

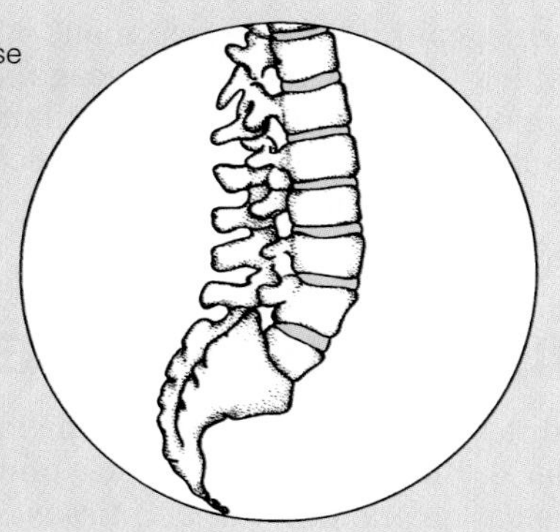

Fonction : Confère la capacité de résister à la traction et la capacité d'absorber la compression

Photomicrographie : Cartilage fibreux d'un disque intervertébral (823 ×)

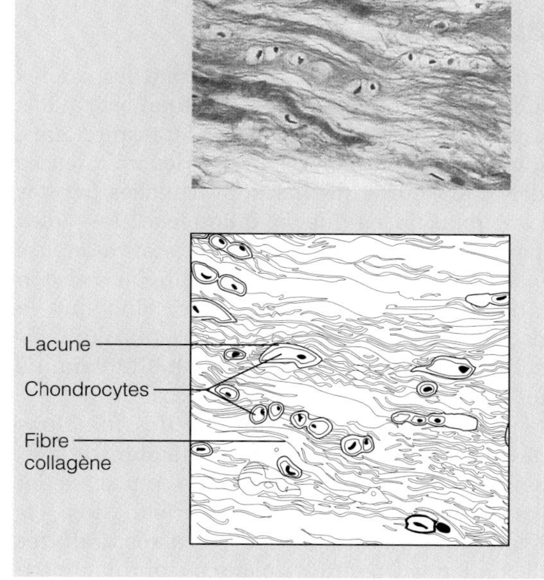

Autres : (j et k)

(j) Tissu osseux

Description : Matrice dure et calcifiée contenant de nombreuses fibres collagènes ; ostéocytes résidant dans des lacunes ; très vascularisé

Localisation : Os

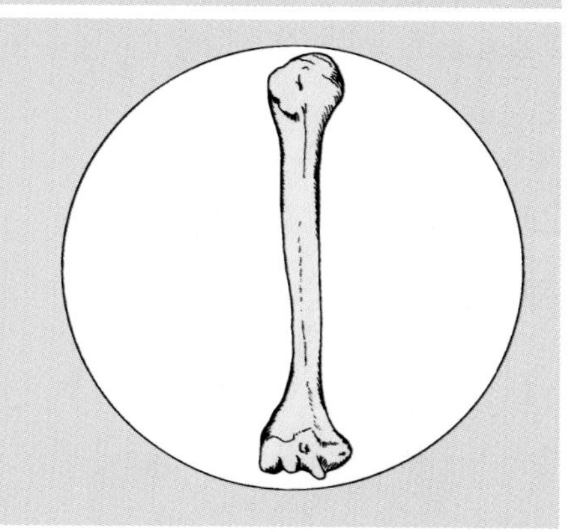

Fonction : Soutient et protège (en recouvrant) ; forme des leviers que les muscles peuvent actionner ; emmagasine du calcium et d'autres minéraux ainsi que des lipides ; la moelle osseuse rouge est le siège de la formation des globules sanguins (hématopoïèse)

Photomicrographie : Coupe transversale d'un os (100 ×)

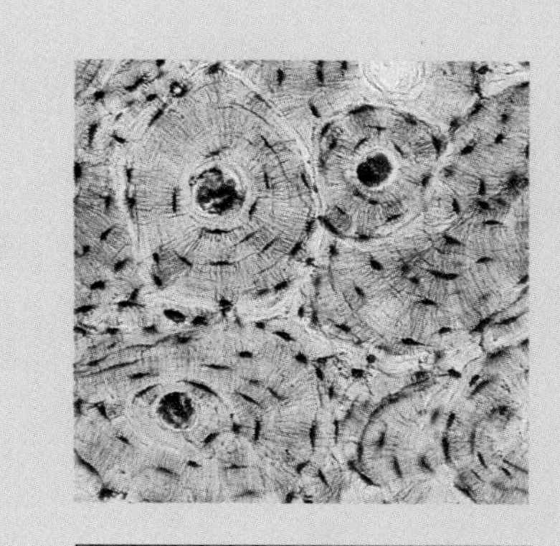

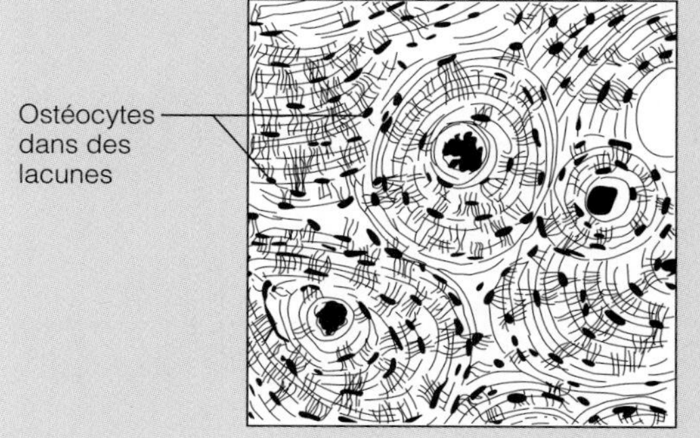

4

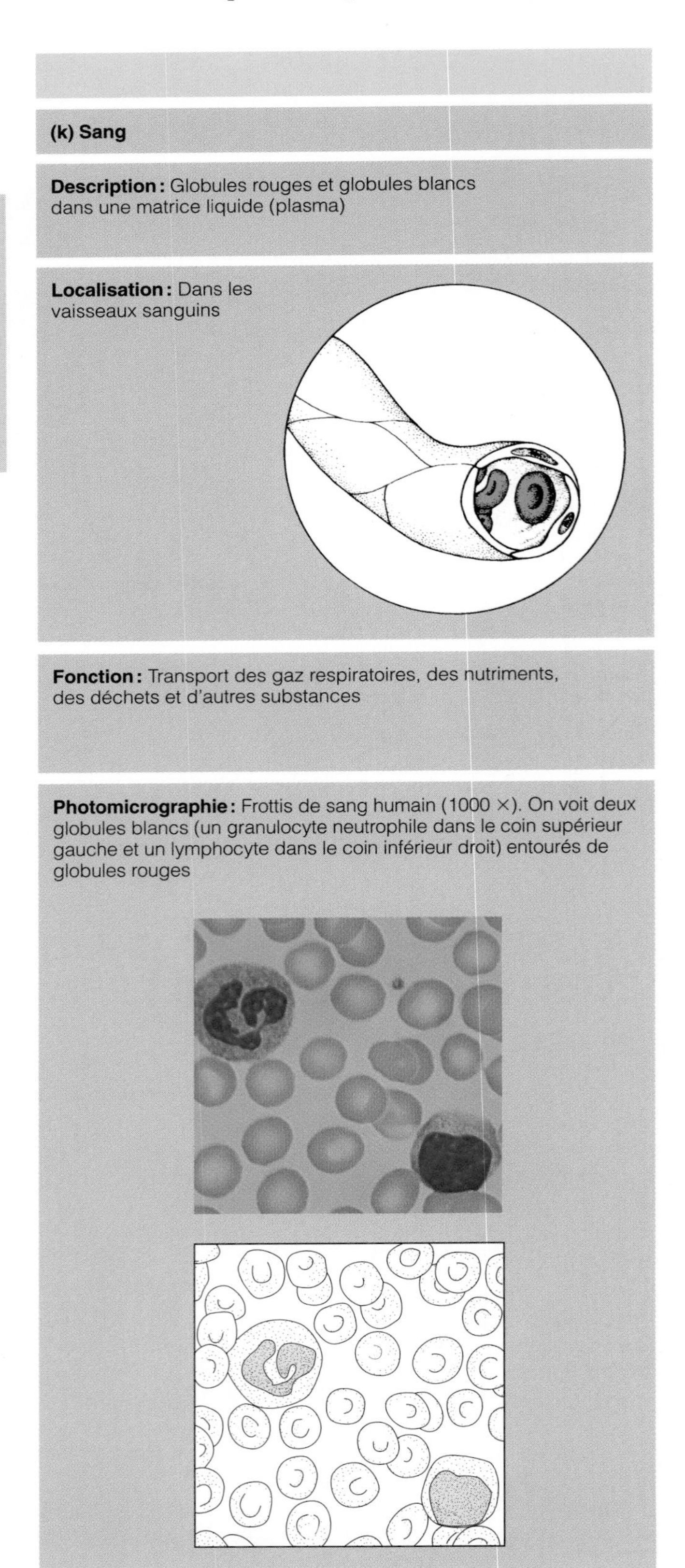
(k) Sang
Description : Globules rouges et globules blancs dans une matrice liquide (plasma)
Localisation : Dans les vaisseaux sanguins
Fonction : Transport des gaz respiratoires, des nutriments, des déchets et d'autres substances
Photomicrographie : Frottis de sang humain (1000 ×). On voit deux globules blancs (un granulocyte neutrophile dans le coin supérieur gauche et un lymphocyte dans le coin inférieur droit) entourés de globules rouges

FIGURE 4.8 (suite)
Sang **(k)**.

Sang

Le **sang,** le liquide qui circule dans les vaisseaux sanguins, est le plus atypique des tissus conjonctifs. On le considère comme un tissu conjonctif parce qu'il est composé de *cellules* (globules rouges et globules blancs) et de fragments cellulaires (plaquettes) qui baignent dans une matrice liquide non vivante appelée *plasma* (figure 4.8k). Les « fibres » du sang sont des protéines fibreuses solubles (fibrinogène) qui se transforment en fibres insolubles et visibles (fibrine) lors de la coagulation. Le sang est le véhicule du système cardiovasculaire : il transporte dans l'organisme les nutriments, les déchets, les gaz respiratoires et un grand nombre d'autres substances. Nous étudions le sang au chapitre 18.

MUQUEUSES ET SÉREUSES

Maintenant que nous avons étudié le tissu conjonctif et le tissu épithélial, nous pouvons nous pencher sur deux associations de ces types de tissus, les muqueuses et les séreuses. Notre classification des épithéliums fondée sur la forme et la disposition des cellules nous permet de les décrire tous avec une grande précision, mais elle ne nous renseigne en rien sur leur localisation. Nous décrirons ici deux types d'épithéliums de revêtement et le type de tissu conjonctif qui leur est associé. Les termes que nous emploierons pour désigner ces associations révèlent leur localisation et/ou leurs caractéristiques fonctionnelles.

Les associations de tissu épithélial et de tissu conjonctif constituent des feuillets multicellulaires continus, composés de cellules épithéliales elles-même unies à une membrane basale qui les relie à une couche plus ou moins épaisse de tissu conjonctif sous-jacent.

Muqueuses

Les **muqueuses** sont les membranes tapissant les cavités qui s'ouvrent sur le milieu externe, telles que les cavités des organes creux du tube digestif et des voies respiratoires, urinaires et génitales (figure 4.9a). Toutes les muqueuses sont humides, c'est-à-dire qu'elles sont baignées par des sécrétions ou, dans le cas de la muqueuse des voies urinaires, par de l'urine. Notez que le terme *muqueuse* traduit la localisation de la membrane épithéliale et *non* sa composition cellulaire. Celle-ci varie, bien que la majorité des muqueuses soient composées soit d'un épithélium stratifié squameux, soit d'un épithélium simple prismatique.

Les muqueuses remplissent souvent des fonctions d'absorption et de sécrétion. Un grand nombre de muqueuses possèdent des cellules caliciformes qui sécrètent du mucus, mais toutes n'ont pas cette propriété. Ainsi, les muqueuses du tube digestif et des voies respiratoires sécrètent d'abondantes quantités de mucus lubrifiant, tandis que la muqueuse des voies urinaires n'en sécrète pas.

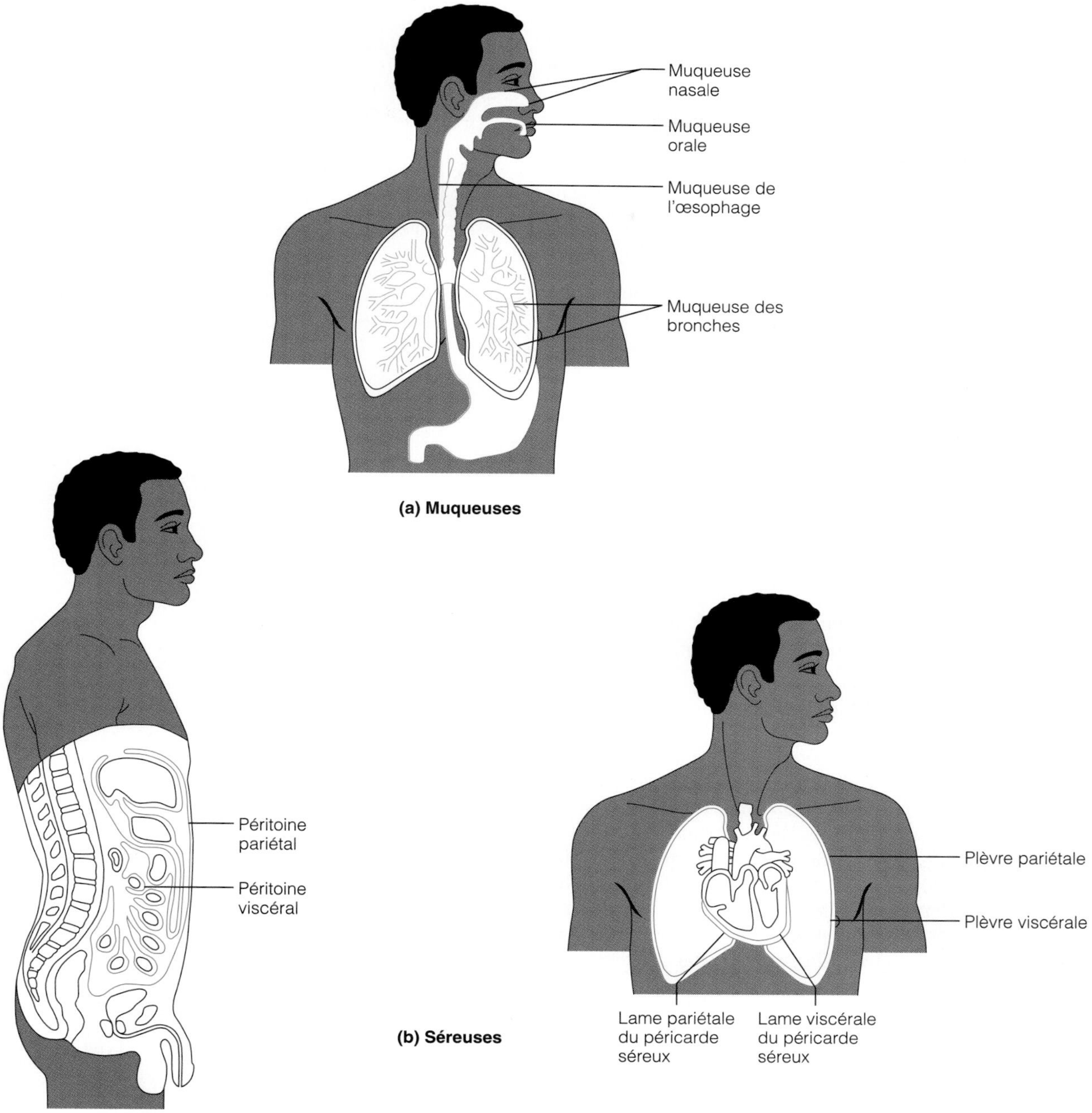

FIGURE 4.9
Muqueuses et séreuses. (a) Les muqueuses tapissent les cavités qui s'ouvrent sur le milieu externe. **(b)** Les séreuses tapissent les cavités fermées.

Toutes les muqueuses sont constituées d'un feuillet épithélial posé directement sur une couche de tissu conjonctif lâche appelée **lamina propria.** La lamina propria repose parfois sur une troisième couche (plus profonde) de cellules musculaires lisses. Nous étudions les particularités des différentes muqueuses dans des chapitres ultérieurs.

Séreuses

Les **séreuses,** ou **membranes séreuses,** sont les membranes humides de la cavité antérieure fermée (figure 4.9b). Toutes sont repliées et comportent deux couches : un *feuillet pariétal* qui tapisse la paroi de la cavité et un *feuillet viscéral* qui recouvre la face externe des organes (viscères) de la cavité. Chacune de ces couches est formée d'un mésothélium (épithélium simple squameux) reposant sur une mince couche de tissu conjonctif lâche (aréolaire). Les cellules mésothéliales enrichissent d'acide hyaluronique le liquide qui filtre des capillaires jusque dans le tissu conjonctif adjacent. Elles produisent ainsi une *sérosité* claire et translucide qui lubrifie les surfaces du feuillet pariétal et du feuillet viscéral et leur permet de glisser facilement l'un sur l'autre. La réduction de la friction empêche les organes d'adhérer les uns aux autres ou à la paroi de la cavité.

On nomme les séreuses en fonction de leur localisation et des organes auxquels elles sont associées. Par exemple, la séreuse qui tapisse la paroi thoracique et recouvre les poumons est appelée **plèvre** ; celle qui entoure le cœur, **péricarde** ; enfin, celle de la cavité abdomino-pelvienne et de ses organes, **péritoine.**

> *« Lors de vos lectures ou de vos cours, notez toutes vos questions, même si elles vous semblent absurdes. Essayez ensuite d'y répondre : feuilletez votre manuel, faites des recherches à la bibliothèque, interrogez d'autres étudiants ou consultez votre professeur. Lorsque vous aurez trouvé la réponse à toutes vos questions, vous aurez confiance en votre capacité de retenir et d'expliquer la matière. »*
>
> *Deborah Zimmerman, étudiante en sciences biologiques*

TISSU NERVEUX

Le **tissu nerveux** forme les organes du système nerveux (l'encéphale, la moelle épinière et les nerfs), le système qui régule les fonctions de l'organisme. Il se compose de deux grands types de cellules : les neurones et les gliocytes (ou cellules gliales). Les **neurones** sont les cellules nerveuses très spécialisées qui émettent et acheminent les influx nerveux (figure 4.10). Ils sont généralement ramifiés ou étoilés. Leurs prolongements cytoplasmiques leur permettent de conduire les influx nerveux sur des distances considérables. Les **gliocytes** constituent le reste du tissu nerveux. Ces cellules non conductrices soutiennent, isolent et protègent les fragiles neurones. Nous étudions le tissu nerveux plus en détail au chapitre 11.

Description : Les neurones sont ramifiés ; leurs prolongements peuvent s'étendre très loin du corps cellulaire contenant le noyau ; le tissu nerveux comprend aussi des gliocytes non excitables (non représentés ici)

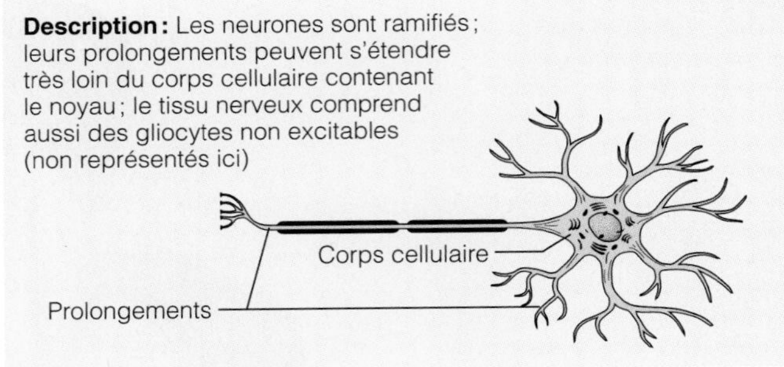

Localisation : Encéphale, moelle épinière et nerfs

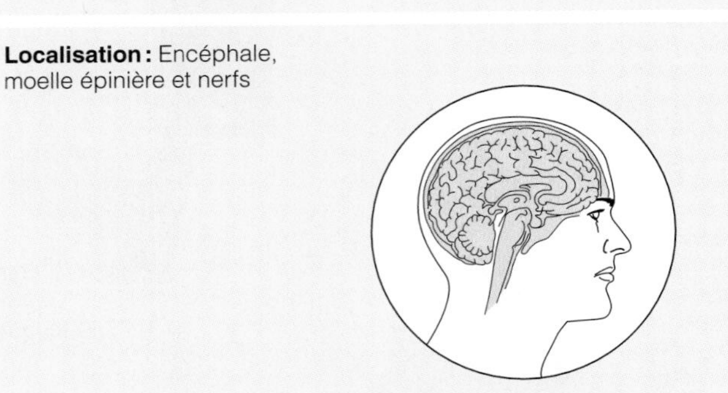

Fonctions : Reçoit et analyse des stimulus internes et externes ; régit le fonctionnement des effecteurs (muscles et glandes)

Photomicrographie : Neurone (170 ×)

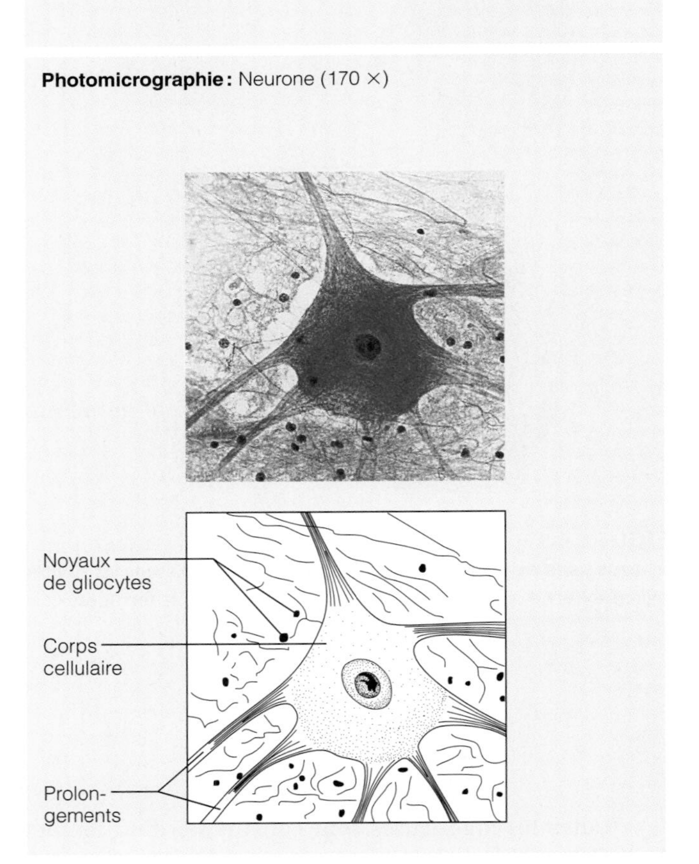

FIGURE 4.10
Tissu nerveux.

GROS PLAN

Le cartilage ou la force de l'eau

Point de match. Argosy lance sa balle en l'air, cambre les reins et catapulte le projectile dans le carré de service opposé. Belsky recule à toutes jambes puis exécute un plongeon désespéré pour tenter de retourner la balle. Ça vous dirait, une petite partie de tennis ? Sûrement pas sans de bons cartilages !

Le cartilage est le tissu qui constitue la charpente pour la construction de la plupart des os et qui représente des coussins spongieux dans les articulations mobiles. Sa caractéristique première est l'*élasticité* : si on le comprime puis qu'on relâche la pression, il reprend sa forme initiale. C'est ainsi que les cartilages articulaires situés aux extrémités des os absorbent les chocs provoqués par toutes sortes de mouvements, comme soulever un objet lourd, frapper une balle de tennis, courir ou sauter. Lorsque le mouvement cesse, le cartilage reprend sa forme jusqu'à ce qu'un autre mouvement le sollicite.

Le cartilage a une autre caractéristique importante : il *croît rapidement*. Cette propriété s'accorde bien avec le développement rapide de l'embryon. La plupart des « os » de l'embryon sont en quelque sorte des modèles en cartilage qui sont graduellement remplacés par du tissu osseux. Durant l'enfance, la majorité des os conservent des plaques épiphysaires composées de cartilage qui permettent la croissance du squelette. Puis, pendant le reste de la vie, les os fracturés se réparent avec du cartilage avant que le nouveau tissu osseux apparaisse, en une répétition du développement embryonnaire.

Le tissu embryonnaire qui donnera naissance au cartilage renferme initialement un certain nombre de capillaires, mais ceux-ci disparaissent de bonne heure. Les cellules du cartilage, de plus en plus entassées, perdent alors leur apport direct d'oxygène et de nutriments. Par la suite, elles recevront ces substances des vaisseaux sanguins situés dans le périchondre, grâce à un mécanisme qui sera expliqué plus loin.

Le cartilage remplit efficacement ses importantes fonctions même s'il est dépourvu de structures que possèdent d'autres tissus. Ainsi, il ne possède ni nerfs, ni vaisseaux sanguins, ni vaisseaux lymphatiques. Il doit l'élasticité exceptionnelle et la croissance rapide qui le caractérisent non pas à ses cellules mais bien au réseau élaboré de molécules géantes dont celles-ci s'entourent.

Les cartilages des professionnels du tennis, comme Michael Chang, doivent être bien nourris pour résister aux incroyables efforts que ce sport impose aux articulations.

Comme la matrice de tous les tissus conjonctifs, celle du cartilage contient des protéoglycanes, de nombreuses fibres collagènes et un énorme volume d'eau. Du reste, l'action structurante de l'eau détermine les caractéristiques fonctionnelles du cartilage. Les fibres collagènes forment la charpente du cartilage, à la manière des poutres d'acier qui supportent un pont. À l'intérieur des mailles de ce filet, on trouve les molécules organisatrices centrales de la matrice, soit les molécules d'acide hyaluronique. Près d'une centaine de molécules de protéoglycanes sont liées à chacune des molécules d'acide hyaluronique ; ces protéoglycanes sont elles-mêmes constituées d'un axe protéique auquel sont liées des molécules de chondroïtine sulfate et de kératane sulfate (deux GAG). Les sucres et les charges négatives de ces macromolécules attirent fortement des molécules d'eau (polaires), qui forment des « coques d'eau » interagissant les unes avec les autres. Les molécules d'acide hyaluronique attirent ainsi une telle quantité d'eau — plusieurs fois leur propre masse — que celle-ci constitue le principal composant du cartilage.

Chez l'embryon, cette eau ménage de l'espace pour le développement des os longs. Puis, tout au long de la vie, elle confère de l'élasticité au cartilage. Quand le cartilage subit une pression, l'eau est repoussée hors des régions de charge négative. À mesure que ces dernières sont comprimées les unes contre les autres, elles se repoussent et résistent à l'augmentation de la compression. Lorsque la pression cesse, les molécules d'eau regagnent instantanément leur position initiale, ce qui amène le cartilage à reprendre instantanément sa forme. Ces mécanismes jouent un rôle essentiel dans la nutrition des cartilages articulaires. En effet, le mouvement de liquide qui se déclenche chaque fois qu'une pression est exercée ou relâchée apporte des nutriments aux cellules du cartilage. Voilà pourquoi les longues périodes d'inactivité peuvent affaiblir les cartilages articulaires.

Comme toutes les cellules de l'organisme, les chondrocytes vieillissent et semblent obéir à une horloge biologique. Les protéoglycanes synthétisés par les vieux chondrocytes sont nettement différents de ceux que produisent les cellules jeunes. Les différences pourraient expliquer certaines formes d'arthrose (une affection dont souffrent beaucoup de personnes âgées) dans lesquelles le cartilage s'amincit et perd de l'élasticité. Il peut alors se déchirer si la pression exercée sur une articulation est trop grande pour sa capacité de réaction ; le cas échéant, l'enflure et la douleur typiques de l'arthrose se manifestent. La théorie du vieillissement des chondrocytes laisse croire qu'on pourrait prévenir ou guérir l'arthrose en transplantant des feuillets de chondrocytes sur les surfaces de l'articulation. À l'heure actuelle, d'ailleurs, on fait l'essai de greffes de ce genre sur des humains afin de vérifier si l'intervention permet de reconstituer la surface des articulations du genou.

Les propriétés particulières du cartilage ouvrent d'autres perspectives de recherche. On sait par exemple que les tumeurs ont besoin d'un apport sanguin abondant et qu'elles libèrent un facteur qui provoque la prolifération des vaisseaux sanguins autour d'elles. Le cartilage, en revanche, contient une substance qui inhibe la formation de vaisseaux sanguins. Serait-il possible d'appliquer cette substance sur une tumeur afin de la priver d'apport sanguin et ainsi la supprimer ? Les chercheurs tentent actuellement d'isoler le facteur d'inhibition de la néoformation des vaisseaux sanguins.

TISSU MUSCULAIRE

Les **tissus musculaires** contiennent généralement une très grande proportion de cellules et ils sont bien vascularisés. Ils produisent les mouvements des membres et ceux de la plupart des organes internes (comme ceux du tube digestif). Les cellules musculaires sont appelées **myocytes** ou encore **fibres musculaires** à cause de leur forme allongée, qui favorise le raccourcissement (contractilité). Elles possèdent des **myofilaments,** une variété élaborée des filaments d'*actine* et de *myosine* qui produisent le mouvement ou la contraction dans tous les types de cellules (voir la figure 3.22b, p. 86). Il existe trois types de tissu musculaire : le tissu musculaire squelettique, le tissu musculaire cardiaque et le tissu musculaire lisse.

Le **tissu musculaire squelettique** est enveloppé de couches de tissu conjonctif dense ; il forme des organes appelés *muscles squelettiques* qui, attachés aux os du squelette, constituent la chair du corps humain. En se contractant, les muscles tirent sur les os ou la peau, ce qui rend possible les mouvements ou les expressions du visage. Les myocytes squelettiques sont longs et cylindriques et ils renferment plusieurs noyaux. Leur aspect *strié* est dû à l'alignement précis de leurs myofilaments (figure 4.11a).

Le **tissu musculaire cardiaque** forme le muscle cardiaque qui compose les parois du cœur ; on ne le trouve nulle part ailleurs dans le corps humain. Les contractions de ce tissu propulsent le sang dans les vaisseaux sanguins afin d'irriguer toutes les parties du corps. Comme celles des muscles squelettiques, les cellules du muscle cardiaque sont striées. Toutefois, elles n'ont pas tout à fait la même structure, en ce sens (1) qu'elles sont mononucléées et (2) qu'elles se ramifient et s'imbriquent les unes dans les autres au niveau de jonctions particulières, faites de desmosomes et de jonctions ouvertes, appelées **disques intercalaires** (figure 4.11b).

Le **tissu musculaire lisse** est ainsi nommé parce que ses myocytes ne portent pas de stries visibles de l'extérieur (bien qu'ils contiennent aussi des myofilaments). Les myocytes non striés sont fusiformes et renferment un noyau central (figure 4.11c). On trouve du tissu musculaire lisse dans les parois des organes creux (organes du tube digestif et des voies urinaires, utérus et vaisseaux sanguins). Ce tissu sert généralement à faire avancer des substances dans l'organe au moyen d'une alternance de contractions et de relâchements.

Comme les muscles squelettiques se contractent sous l'effet d'une commande volontaire, on les appelle souvent **muscles volontaires** ; on appelle les deux autres types de tissu musculaire **muscles involontaires.** Nous décrivons en détail le tissu musculaire squelettique et le tissu musculaire lisse au chapitre 9 ; nous traitons du tissu musculaire cardiaque au chapitre 19.

RÉPARATION DES TISSUS

L'organisme possède plusieurs moyens de se protéger contre les agressions de toutes sortes. Les barrières mécaniques intactes, telles la peau et les muqueuses, la sécrétion de mucus, l'action ciliaire des cellules épithéliales tapissant les voies respiratoires, ou encore les barrières

(a) Tissu musculaire squelettique

Description : Cellules allongées, cylindriques et multinucléées ; stries visibles

Localisation : Dans les muscles squelettiques attachés aux os et, dans quelques cas, à la peau

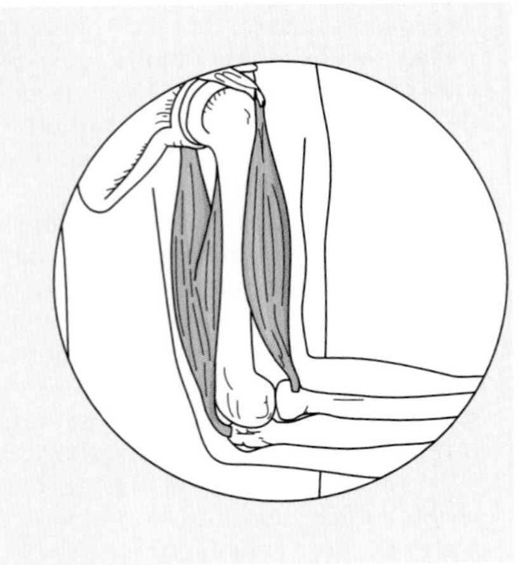

Fonction : Mouvement volontaire ; locomotion ; modifications de l'environnement ; expression du visage. Contraction généralement provoquée par des commandes motrices volontaires

Photomicrographie : Muscle squelettique (env. 30 ×). Remarquez les stries et la présence de plusieurs noyaux dans chaque cellule (myocyte)

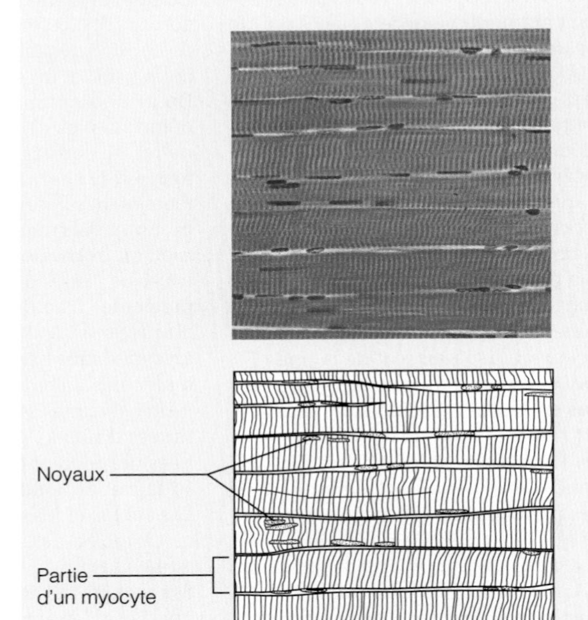

FIGURE 4.11
Tissus musculaires (a, b et c).

(b) Tissu musculaire cardiaque

Description : Cellules striées généralement mononucléées qui se ramifient et s'emboîtent au niveau de jonctions spécialisées (disques intercalaires)

Localisation : Parois du cœur

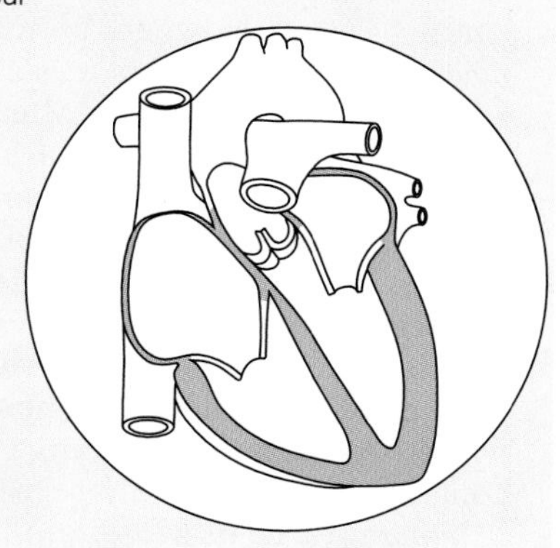

Fonction : Ses contractions propulsent le sang dans les vaisseaux sanguins. Contraction généralement provoquée par des commandes motrices involontaires

Photomicrographie : Muscle cardiaque (250 ×). Remarquez les stries, les ramifications des fibres, les disques intercalaires et le noyau unique

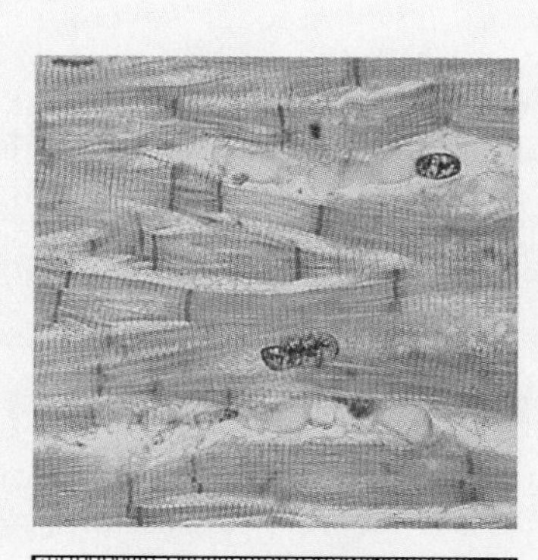

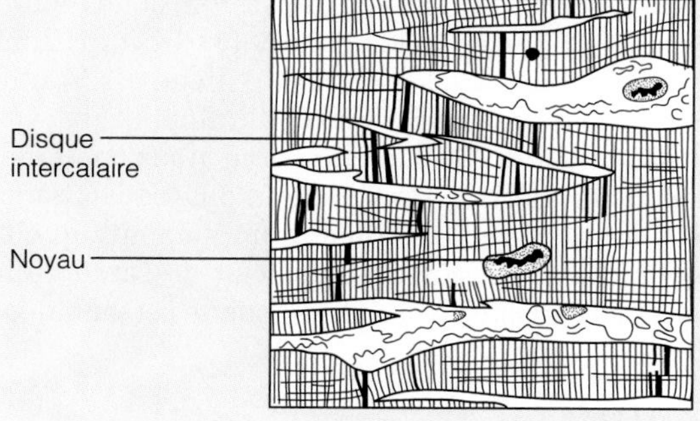

(c) Tissu musculaire lisse

Description : Cellules fusiformes avec un noyau central ; absence de stries. Les cellules sont collées les unes aux autres et forment des feuillets

Localisation : Principalement dans la paroi des organes creux

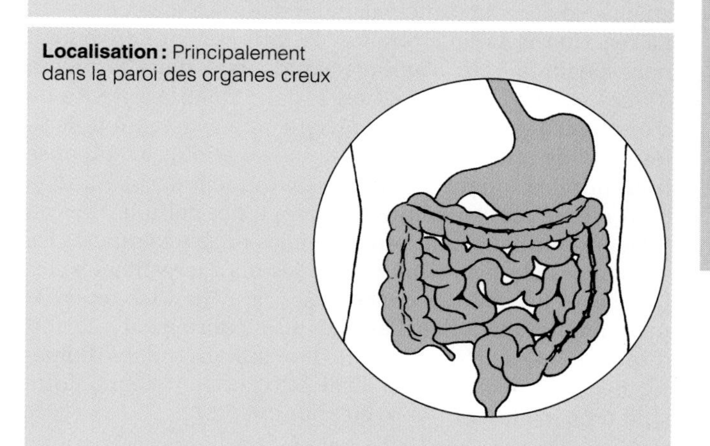

Fonction : Fait avancer des substances ou des objets (aliments, urine, fœtus) dans un passage interne. Contraction généralement provoquée par des commandes motrices involontaires

Photomicrographie : Feuillet de muscle lisse (env. 300 ×). Remarquez l'aspect fusiforme des cellules, leur noyau central et l'absence de stries

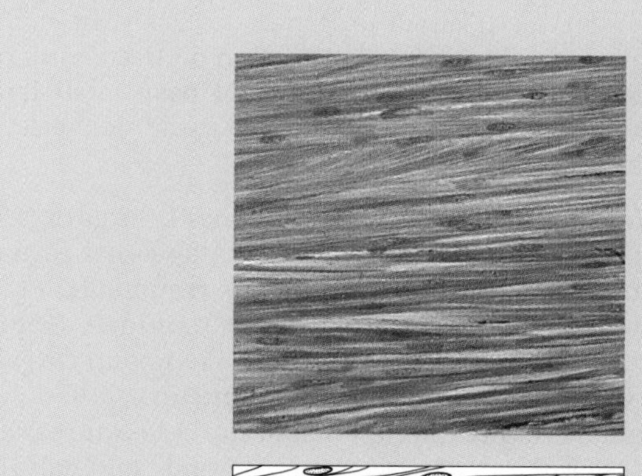

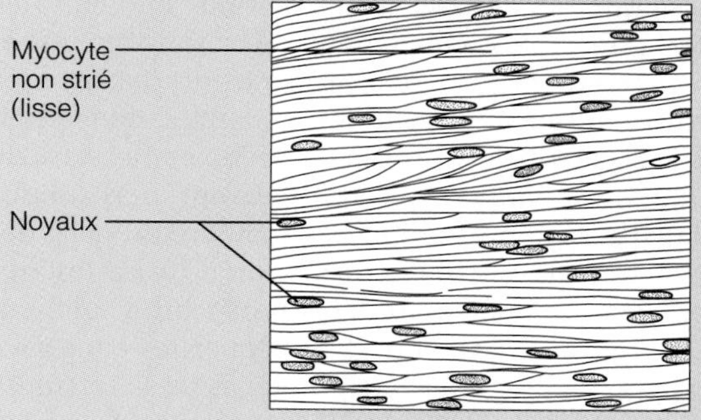

chimiques, telles que la sécrétion d'un acide fort par les glandes de l'estomac, ne sont que quelques-uns des moyens de défense mis en place aux frontières de l'organisme avec le milieu externe. Lorsqu'une lésion survient, ces barrières sont franchies. La réaction inflammatoire et la réponse immunitaire se déclenchent alors, et la contre-attaque se déroule principalement dans le tissu conjonctif. La réaction inflammatoire est un processus relativement non spécifique qui s'amorce rapidement dans la région d'une lésion. L'inflammation a pour finalité essentielle d'éliminer l'agresseur, de prévenir une aggravation de la lésion et de rétablir l'intégrité du tissu atteint. La réponse immunitaire, quant à elle, est extrêmement spécifique mais elle se met en branle lentement. Les cellules du système immunitaire sont programmées pour reconnaître les substances étrangères telles que les microorganismes, les toxines et les cellules cancéreuses. Lorsqu'elles repèrent un envahisseur, elles l'attaquent vigoureusement, soit directement, soit en libérant des anticorps dans l'organisme. Nous décrivons en détail la réaction inflammatoire et la réponse immunitaire au chapitre 22.

Étapes de la réparation des tissus

La réparation des tissus nécessite une division et une migration des cellules, deux activités déclenchées par des facteurs de croissance (hormones) que libèrent les cellules atteintes. Elle prend deux formes : la régénération et la fibrose. Deux facteurs déterminent lequel de ces deux processus se produira : (1) le type de tissu atteint et (2) la gravité et la nature de la lésion. La **régénération** est le remplacement du tissu détruit par du tissu du même type ; la **fibrose** entraîne la prolifération de tissu conjonctif fibreux, c'est-à-dire la formation de **tissu cicatriciel.** Dans la peau, le tissu qui nous servira d'exemple, les deux processus concourent à la réparation.

1. **L'inflammation prépare le terrain.** La figure 4.12 illustre la réparation d'une plaie cutanée par régénération et par fibrose. Le processus commence avant que la réaction inflammatoire soit terminée. Examinons ce qui s'est produit jusqu'à ce moment. Dès son apparition, la lésion déclenche toute une série d'événements. Premièrement, l'histamine et les autres substances inflammatoires que libèrent les cellules atteintes, les macrophagocytes, les mastocytes et d'autres cellules provoquent une dilatation des capillaires et une augmentation de leur perméabilité. Les globules blancs et le plasma (riche en facteurs de coagulation, en anticorps, etc.) peuvent alors s'infiltrer dans la région atteinte. Les facteurs de coagulation provoquent ensuite la formation d'un caillot qui arrête le saignement, réunit les bords de la plaie et isole la région atteinte afin d'empêcher les bactéries, les toxines et autres substances nocives de se répandre dans les tissus environnants (figure 4.12a). La partie du caillot qui est exposée à l'air sèche et durcit rapidement et elle forme une croûte. Le processus inflammatoire laisse un excès de liquide interstitiel, des fragments de cellules mortes et d'autres débris dans la région. Les débris sont phagocytés par les macrophagocytes du tissu conjonctif et l'excès de liquide est drainé par les vaisseaux lymphatiques. C'est à ce moment que commence la première étape de la réparation des tissus, l'organisation.
2. **L'organisation rétablit l'apport sanguin.** Au cours de l'**organisation,** le caillot sanguin, temporaire par nature, est remplacé par du tissu de granulation (figure 4.12 b). Le **tissu de granulation** est un fragile tissu rose constitué de plusieurs éléments. Des capillaires minces et extrêmement perméables croissent à partir des capillaires intacts et s'étendent jusque dans la région atteinte, formant ainsi un nouveau lit capillaire. Ils font saillie à la surface du tissu de granulation, auquel ils confèrent son aspect granuleux. Ces capillaires sont fragiles et se mettent à saigner si on gratte la croûte. Le tissu de granulation renferme aussi des macrophagocytes et des fibroblastes ; ces derniers synthétisent de nouvelles fibres collagènes qui combleront définitivement la brèche dans le tissu lésé. À mesure que l'organisation progresse, les macrophagocytes digèrent le caillot sanguin et le font disparaître. Le tissu de granulation, destiné à se transformer en tissu cicatriciel (un tissu fibreux permanent), est très résistant à l'infection, car il sécrète des substances qui inhibent la croissance des bactéries.
3. **La régénération et/ou la fibrose réalisent une réparation permanente.** Pendant que l'organisation suit son cours, l'épithélium superficiel commence à se régénérer (voir la figure 4.12b). Les cellules épithéliales migrent à travers le tissu de granulation situé juste au-dessous de la croûte, laquelle se détache après un bref laps de temps. Tandis que le tissu cicatriciel fibreux se développe et se contracte, l'épithélium s'épaissit et finit par ressembler à celui de la peau adjacente (figure 4.12c). Le résultat du processus est un épithélium pleinement régénéré reposant sur du tissu cicatriciel. La cicatrice peut être invisible ou former une mince ligne blanche, selon la gravité de la blessure.

Facteurs influant sur la réparation

De nombreux facteurs influent sur le processus de réparation. Parmi ces facteurs, on compte notamment : (1) le type de tissu atteint ; (2) le type de lésion et les soins immédiatement apportés à la lésion ; (3) la nutrition ; (4) la qualité de l'apport sanguin ; (5) l'état de santé ; (6) l'âge. Nous ne traiterons ici que de l'influence du type de tissu. Au sujet des autres facteurs, nous nous contenterons de dire que la guérison sera d'autant plus satisfaisante que la lésion est bénigne (et traitée promptement), que la nutrition, la circulation sanguine et l'état de santé de la personne sont satisfaisants et que la personne est jeune.

Type de tissu

Les tissus n'ont pas tous la même capacité de régénération, loin de là. Ainsi, les tissus épithéliaux, comme l'épiderme et les muqueuses, se régénèrent facilement, tout comme le tissu osseux et la plupart des tissus conjonctifs fibreux. Par contre, les muscles lisses et le tissu conjonctif dense régulier ont une capacité de régénération limitée, et

(1) Quelle est la composition du tissu de granulation formé au site de la lésion ?
(2) D'où proviennent les nouveaux capillaires qui pénètrent dans la région atteinte ?
(3) Qu'est-ce qui changerait dans cette série d'illustrations si la réparation par régénération était impossible ?

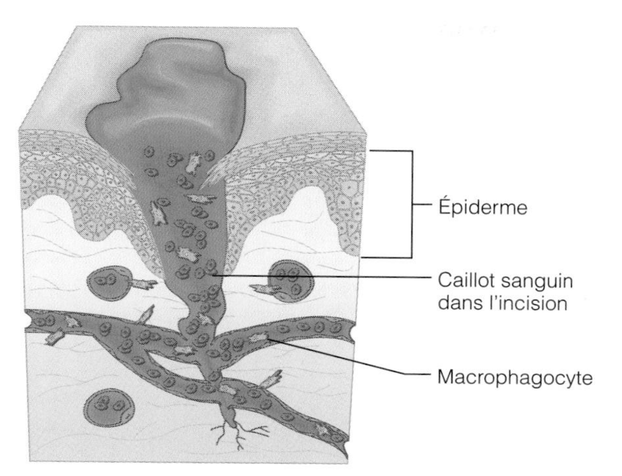

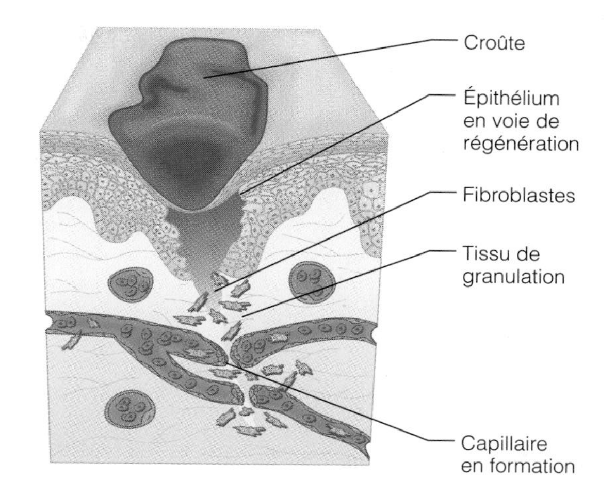

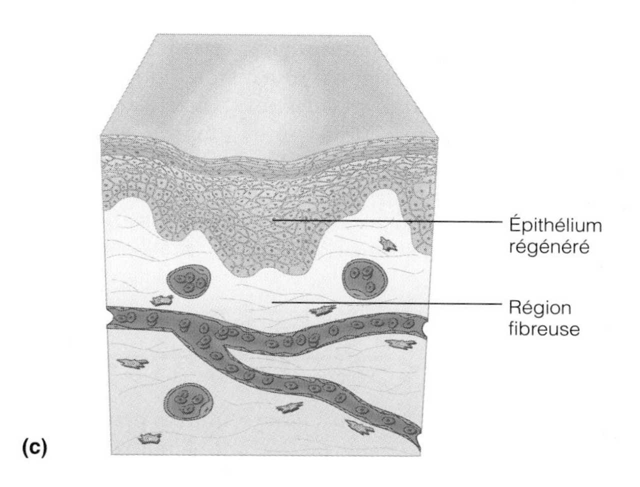

FIGURE 4.12
Réparation des tissus d'une plaie superficielle : régénération et fibrose. (a) Le sang coule des vaisseaux sanguins sectionnés. La destruction cellulaire entraîne la libération de substances inflammatoires qui font dilater les vaisseaux sanguins de la région et augmenter la perméabilité des capillaires. Les globules blancs, les liquides, les facteurs de coagulation et d'autres protéines plasmatiques peuvent alors envahir la région atteinte. Les facteurs de coagulation amorcent la formation du caillot, dont la surface sèche et forme une croûte. **(b)** Le tissu de granulation apparaît. De nouveaux capillaires pénètrent dans le caillot et rétablissent l'apport sanguin. Des fibroblastes s'infiltrent dans la région et sécrètent du collagène soluble qui va former des fibres collagènes. Celles-ci relient les bords de la plaie. Les macrophagocytes phagocytent les débris de cellules mortes et mourantes. Les cellules épithéliales superficielles prolifèrent et migrent au-dessus du tissu de granulation. **(c)** Environ une semaine plus tard, la région fibreuse (cicatrice) s'est contractée et la régénération de l'épithélium se poursuit. Le tissu cicatriciel peut être visible ou non à travers l'épiderme.

les muscles squelettiques et le cartilage se régénèrent mal, si tant est qu'ils le fassent. Quant au muscle cardiaque et aux tissus nerveux de l'encéphale et de la moelle épinière, ils ne possèdent à toutes fins utiles aucune capacité de régénération et ne sont remplacés que par du tissu cicatriciel.

Dans les tissus qui ne se régénèrent pas, la fibrose remplace totalement les tissus détruits. En quelques mois, la masse de tissu fibreux se contracte et devient de plus en plus compacte. La cicatrice forme une région pâle, souvent luisante. Une cicatrice se compose principalement de fibres collagènes et ne contient presque pas de cellules ni de capillaires. Le tissu cicatriciel est très solide, mais il n'a ni la souplesse ni la flexibilité de la plupart des tissus non endommagés. Il ne peut non plus accomplir les fonctions du tissu qu'il remplace.

La formation de tissu cicatriciel dans la paroi de la vessie, du cœur ou d'un autre organe musculaire peut entraver considérablement le fonctionnement de cet organe. Le rétrécissement normal du tissu cicatriciel diminue le volume interne de l'organe et modifie parfois la circulation des liquides dans les organes creux. Le tissu cicatriciel réduit la contractilité des muscles et peut gêner l'excitation exercée sur eux par le système nerveux. La présence de tissu cicatriciel dans le cœur peut causer une insuffisance cardiaque évolutive. Il arrive même, particulièrement après une intervention chirurgicale à l'abdomen, que des bandes de tissu cicatriciel, appelées *adhérences*, se forment entre des organes adjacents. Dans l'abdomen, les adhérences sont dangereuses, car elles sont susceptibles de faire obstacle aux mouvements normaux des anses intestinales et d'empêcher ainsi la progression des matières dans l'intestin, ce qui produit une occlusion intestinale. Par ailleurs, les adhérences peuvent restreindre les mouvements du cœur ou provoquer l'immobilisation d'une articulation. ■

(1) Le tissu de granulation est composé de nouveaux capillaires, de fibroblastes et de fibres collagènes. (2) Les nouveaux capillaires proviennent des vaisseaux sanguins intacts de la région. (3) L'épiderme (épithélium) ne serait pas continu. Le tissu de la région atteinte serait complètement remplacé par du tissu cicatriciel.

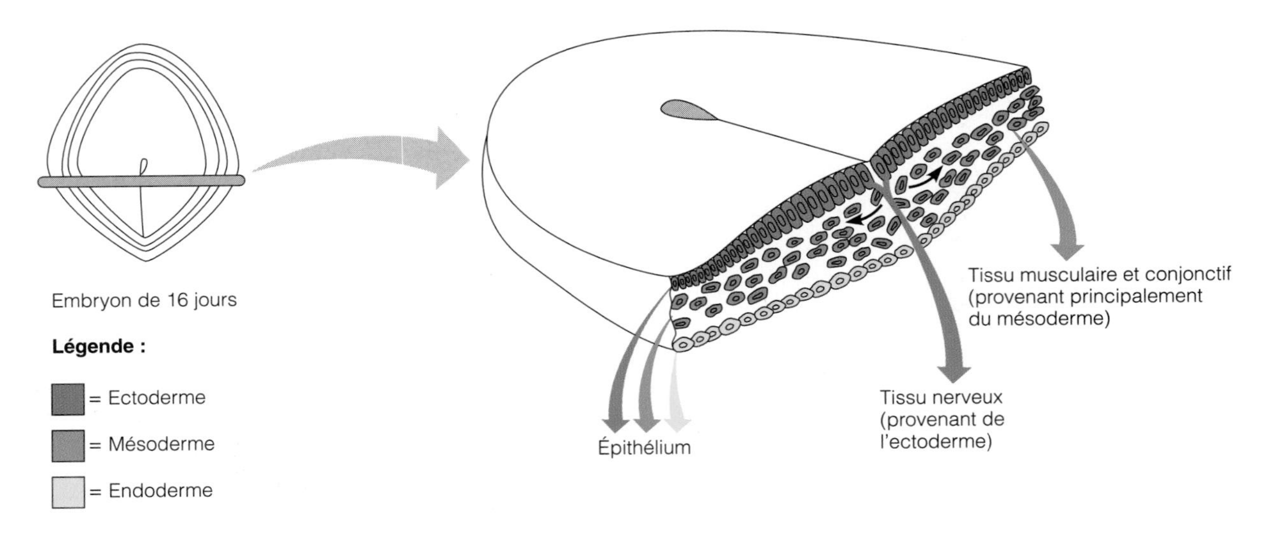

FIGURE 4.13
Les feuillets embryonnaires primitifs et les types de tissus primaires qu'ils produisent.
Les trois feuillets embryonnaires forment le corps de l'embryon au tout début de la gestation.

Le processus de réparation que nous venons de décrire fait suite à la guérison d'une lésion (coupure, égratignure ou perforation) qui traverse une barrière épithéliale. Pour ce qui est des *infections* pures (bouton ou mal de gorge), par contre, la guérison s'effectue seulement par régénération. Dans de tels cas, il n'y a généralement ni formation de caillot ni cicatrisation. Seules les infections graves (destructrices) sont suivies d'une cicatrisation.

DÉVELOPPEMENT ET VIEILLISSEMENT DES TISSUS

La formation des trois **feuillets embryonnaires primitifs** est l'un des premiers événements du développement embryonnaire. Ces trois feuillets superposés composent une sorte de gâteau à trois étages. Du feuillet superficiel au plus profond, ces feuillets sont appelés **ectoderme, mésoderme** et **endoderme** (figure 4.13). Au cours du développement embryonnaire, les feuillets primitifs se spécialisent et forment les quatre tissus primaires dont dérivent tous les organes. Les tissus épithéliaux se développent à partir de l'un des trois feuillets primitifs, selon leur nature : la majorité des muqueuses proviennent de l'endoderme ; l'endothélium et le mésothélium, du mésoderme ; l'épiderme, de l'ectoderme. Les tissus musculaires et les tissus conjonctifs proviennent du mésoderme ; le tissu nerveux, de l'ectoderme.

À la fin du deuxième mois de gestation, les tissus primaires sont apparus et la plupart des organes sont au moins ébauchés. En général, les cellules continuent à se diviser par mitose, provoquant ainsi la croissance rapide qui caractérise les périodes embryonnaire et fœtale. Exception faite des neurones, la plupart des cellules subissent des mitoses jusqu'à ce que le corps atteigne sa taille adulte. Par la suite, la division cellulaire ralentit considérablement dans la majorité des tissus. Chez l'adulte, seuls les tissus épithéliaux et hématopoïétiques subissent de fréquentes mitoses. Dans certains des tissus qui se régénèrent pendant toute la durée de la vie, telles les cellules glandulaires du foie, la régénération s'accomplit par division des cellules adultes (spécialisées). Dans d'autres tissus, comme l'épiderme et les cellules de la muqueuse intestinale, on trouve des *cellules souches*, c'est-à-dire des cellules relativement indifférenciées qui se divisent au besoin pour produire de nouvelles cellules.

Chez les personnes qui ont une alimentation adéquate et une bonne circulation et qui ne subissent pas trop de blessures ou d'infections, les tissus fonctionnent efficacement jusqu'au milieu de l'âge adulte. Puis, avec l'âge, les épithéliums s'amincissent et se fragilisent. La quantité de collagène diminue dans l'organisme ; par conséquent, la réparation des tissus perd en efficacité et les tissus osseux, musculaires et nerveux s'atrophient progressivement. Ces phénomènes sont en partie attribuables à une diminution de l'efficacité circulatoire qui réduit l'apport de nutriments aux tissus mais, dans certains cas, ils sont reliés au régime alimentaire. En effet, les personnes âgées qui n'ont pas assez d'argent pour bien se nourrir et celles qui ont de la difficulté à mastiquer consomment le plus souvent des aliments mous, pauvres en protéines et en vitamines. Elles nuisent ainsi au maintien de l'intégrité de leurs tissus.

Dans ce chapitre, nous avons vu que les cellules du corps humain se combinent pour former quatre types de tissus primaires : le tissu épithélial, le tissu conjonctif, le tissu nerveux et le tissu musculaire. Les cellules qui composent chacun de ces tissus ont certaines caractéristiques en commun, mais elles sont loin d'être identiques. Elles « s'assemblent » parce qu'elles se ressemblent sur le plan fonctionnel. Le tissu conjonctif se présente sous plusieurs formes, mais les cellules les plus polyvalentes sont vraisemblablement celles des épithéliums. En effet, elles protègent les surfaces internes et externes du corps, concourent à l'obtention de l'oxygène, absorbent les nutriments vitaux dans le sang et permettent aux reins d'excréter les déchets. Vous devriez retenir de ce chapitre une notion importante : malgré leurs propriétés distinctes, les tissus collaborent pour préserver l'intégrité de l'organisme et maintenir son homéostasie.

TERMES MÉDICAUX

Adénome (*adên* = glande ; *ome* = tumeur) Néoplasme bénin ou malin de l'épithélium glandulaire. On désigne un adénome malin par le terme spécifique *adénocarcinome*.

Autopsie Examen du corps, de ses organes et de ses tissus effectué après la mort pour préciser la cause du décès ; aussi appelé nécropsie.

Carcinome (*karkinos* = cancer) Tumeur maligne prenant naissance dans un épithélium.

Chéloïde Prolifération anormale du tissu conjonctif au cours de la cicatrisation des plaies ; se traduit par une grosse masse disgracieuse de tissu cicatriciel à la surface de la peau.

Cicatrisation par première intention Forme de cicatrisation la plus simple ; se produit lorsque les bords de la plaie sont réunis à l'aide de points de suture, d'agrafes, etc. après une intervention chirurgicale ; s'accompagne de la formation d'une quantité minime de tissu de granulation.

Cicatrisation par deuxième intention Cicatrisation dans laquelle les bords de la plaie restent écartés et la brèche est comblée par du tissu de granulation ; mode de guérison des plaies non soignées (plus lente que la cicatrisation par première intention) ; formation d'une plus grande quantité de tissu de granulation et prolifération épithéliale plus importante que dans les plaies dont les bords ont été accolés ; cicatrices plus larges.

Embolie graisseuse Oblitération d'un vaisseau sanguin irriguant un organe vital (cœur, poumons, cerveau) par une gouttelette graisseuse flottant librement dans la circulation sanguine ; la graisse peut provenir d'une lésion étendue du tissu adipeux sous-cutané ou de la cavité médullaire d'un os fracturé.

Lésion Trauma, blessure ou infection qui altère les tissus sur une surface de dimensions définies (et non pas l'ensemble du corps).

Pathologie Étude scientifique des altérations causées par la maladie dans les organes et les tissus.

Pus Substance fluide composée de liquide interstitiel, de bactéries, de cellules mortes et mourantes, de globules blancs et de macrophagocytes ; apparaît dans une région infectée ou enflammée.

Sarcome (*sarkos* = chair ; *ome* = tumeur) Tumeur maligne prenant naissance dans les tissus dérivés du mésenchyme, soit les tissus conjonctifs et musculaires.

Scorbut Maladie par carence nutritive causée par un apport de vitamine C insuffisant pour la synthèse du collagène ; les signes et symptômes comprennent notamment la rupture de vaisseaux sanguins, la lenteur de la cicatrisation, la fragilité du tissu cicatriciel et le déchaussement des dents.

Syndrome de Marfan Maladie génétique se manifestant par des anomalies des tissus conjonctifs dues à un déficit en fibrilline, une protéine associée à l'élastine dans les fibres élastiques. Les signes cliniques sont notamment une hyperlaxité articulaire, un allongement des membres, une arachnodactylie (doigts et orteils très longs), des troubles de la vue et une atteinte des vaisseaux sanguins (faiblesse de la paroi de l'aorte en particulier) par défaut de tissu conjonctif.

RÉSUMÉ DU CHAPITRE

Les cellules des organismes multicellulaires se regroupent pour former des tissus, c'est-à-dire des assemblages de cellules semblables qui sont spécialisées dans l'accomplissement d'une fonction particulière. Les quatre types de tissus primaires sont le tissu épithélial, le tissu conjonctif, le tissu nerveux et le tissu musculaire.

Tissu épithélial (p. 109-119)

1. Le tissu épithélial est le tissu de revêtement et le tissu glandulaire de l'organisme. Il remplit notamment des fonctions de protection, d'absorption, de sécrétion, de filtration, d'excrétion et de réception sensorielle.

Caractéristiques des tissus épithéliaux (p. 109-110)

2. Les tissus épithéliaux possèdent plusieurs caractéristiques : abondance des cellules, jonctions spécialisées, polarité des cellules, avascularité, soutien de tissu conjonctif et grande capacité de régénération.

Classification des épithéliums (p. 110-116)

3. Selon la structure, on distingue les épithéliums simples (une couche) et les épithéliums stratifiés (plus d'une couche) ; selon la forme des cellules, on distingue l'épithélium squameux, l'épithélium cuboïde et l'épithélium prismatique. Pour donner une description complète de l'épithélium, on combine les termes qui expriment la forme des cellules et ceux qui expriment leur disposition.

4. L'épithélium simple squameux est composé d'une seule couche de cellules squameuses. Il est adapté à la filtration et à l'échange de substances. Il forme la paroi des saccules alvéolaires des poumons. Sous le nom de mésothélium, il constitue une partie des séreuses ; sous le nom d'endothélium, il tapisse les cavités du cœur et la paroi interne des vaisseaux sanguins et lymphatiques.

5. L'épithélium simple cuboïde remplit souvent des fonctions de sécrétion et d'absorption. On en trouve dans les glandes et dans les tubules rénaux.

6. L'épithélium simple prismatique, spécialisé dans la sécrétion et l'absorption, est composé d'une couche de hautes cellules prismatiques dotées de microvillosités et souvent de cellules caliciformes. Il tapisse le tube digestif, de l'estomac au canal anal.

7. L'épithélium pseudostratifié prismatique est un épithélium simple constitué de cellules à hauteurs variées qui paraît stratifié. Un épithélium pseudostratifié cilié riche en cellules caliciformes tapisse presque toutes les voies respiratoires supérieures.

8. L'épithélium stratifié squameux se compose de plusieurs couches de cellules ; les cellules de sa surface libre sont squameuses. Il est destiné à résister au frottement. Il tapisse l'œsophage ; sa forme kératinisée constitue l'épiderme.

9. L'épithélium stratifié cuboïde et l'épithélium stratifié prismatique sont rares dans l'organisme ; on les trouve surtout dans les conduits des grosses glandes.

10. L'épithélium transitionnel est un épithélium stratifié squameux modifié. Capable de réagir à l'étirement, il tapisse les organes du système urinaire.

Épithéliums glandulaires (p. 116-119)

11. Une glande est constituée d'une ou plusieurs cellules spécialisées qui sécrètent un produit particulier.

12. Selon la nature de leur produit et la manière dont il est acheminé, les glandes sont dites exocrines ou endocrines. Selon leur structure, elles sont dites unicellulaires ou multicellulaires.

13. Selon la structure de leurs conduits, les glandes exocrines multicellulaires sont dites simples ou composées ; selon la structure de leurs parties sécrétrices, elles sont dites tubuleuses, alvéolaires ou tubulo-alvéolaires.

14. Selon leur mode de sécrétion, les glandes exocrines multicellulaires sont dites mérocrines ou holocrines.

15. Les glandes unicellulaires, aussi appelées cellules caliciformes, sécrètent du mucus. On les trouve dans le tube digestif et les voies respiratoires.

4

Tissu conjonctif (p. 119-130)

1. Le tissu conjonctif est le tissu le plus abondant et le plus répandu des tissus du corps humain. Il assure des fonctions de soutien, de protection, de fixation, d'isolation et de transport (sang).

Caractéristiques des tissus conjonctifs (p. 119-120)

2. Les tissus conjonctifs proviennent du mésenchyme embryonnaire et ils présentent une matrice extracellulaire qui occupe en général un espace plus important que les cellules. Suivant leur type, les tissus conjonctifs sont bien vascularisés (la majorité), peu vascularisés (tissus conjonctifs denses) ou avasculaires (cartilage).

Éléments structuraux du tissu conjonctif (p. 120-122)

3. Les éléments structuraux de tous les tissus conjonctifs sont la matrice extracellulaire et les cellules.

4. La matrice se compose de substance fondamentale et de fibres. Elle peut être fluide, gélatineuse ou ferme.

5. Chaque type de tissu conjonctif possède un type particulier de cellules présentes sous deux formes : une forme immature subissant des mitoses et sécrétant la matrice (-blastes) et une forme adulte entretenant la matrice (-cytes). Les cellules du tissu conjonctif proprement dit sont les fibroblastes ; celles du cartilage, les chondroblastes ; celles du tissu osseux, les ostéoblastes ; celles des tissus hématopoïétiques, les hémocytoblastes.

Types de tissu conjonctif (p. 122-130)

6. Le tissu conjonctif embryonnaire est appelé mésenchyme.

7. Le tissu conjonctif proprement dit comprend les tissus conjonctifs lâches et les tissus conjonctifs denses. Les tissus conjonctifs lâches sont les suivants :

- Tissu conjonctif aréolaire : substance fondamentale semi-liquide ; fibres des trois types (collagènes, élastiques et réticulaires) lâchement entrelacées ; renferme divers types de cellules ; forme un coussin mou autour des organes et constitue la lamina propria des muqueuses ; notre prototype des tissus conjonctifs proprement dits.
- Tissu adipeux : composé surtout d'adipocytes ; matrice peu abondante ; isole et protège les organes ; réserve d'énergie.
- Tissu conjonctif réticulaire : fin réseau de fibres réticulaires dans une substance fondamentale molle ; stroma des nœuds lymphatiques, de la rate et de la moelle osseuse rouge.

8. Les tissus conjonctifs denses sont les suivants :

- Tissu conjonctif dense régulier : faisceaux compacts et parallèles de fibres collagènes ; cellules et substance fondamentale peu abondantes ; excellente résistance à l'étirement ; forme les tendons, les ligaments et les aponévroses ; appelé tissu conjonctif élastique dans les cas où il contient aussi un grand nombre de fibres élastiques.
- Tissu conjonctif dense irrégulier : semblable au tissu conjonctif dense régulier, sauf que les fibres sont disposées dans différents plans ; résiste à la tension provenant de plusieurs directions ; forme le derme, les capsules articulaires et l'enveloppe fibreuse de certains organes.

9. Les types de cartilage sont les suivants :

- Cartilage hyalin : substance fondamentale ferme renfermant des fibres collagènes ; résiste bien à la compression ; présent dans le squelette fœtal, sur la facette articulaire des os et autour de la trachée ; type de cartilage le plus abondant.
- Cartilage élastique : composé surtout de fibres élastiques ; confère flexibilité et résistance à l'oreille externe et à l'épiglotte.
- Cartilage fibreux : grosses fibres collagènes parallèles ; résiste bien à la compression et fournit un bon soutien ; forme les disques intervertébraux et les cartilages du genou (ménisques).

10. Le tissu osseux se compose d'une matrice ferme contenant du collagène et imprégnée de sels de calcium, lesquels lui donnent sa rigidité ; forme le squelette.

11. Le sang est constitué de globules sanguins baignant dans une matrice liquide (le plasma).

Muqueuses et séreuses (p. 130-132)

1. Les muqueuses et les séreuses sont des associations relativement simples de tissu épithélial et de tissu conjonctif. Elles sont constituées d'un épithélium uni à une couche plus ou moins épaisse de tissu conjonctif sous-jacent.

Tissu nerveux (p. 132)

1. Le tissu nerveux forme les organes du système nerveux. Il se compose de neurones et de gliocytes.

2. Les neurones sont des cellules ramifiées qui reçoivent et transmettent les influx nerveux ; ils interviennent dans la régulation des fonctions physiologiques.

Tissu musculaire (p. 134, 135)

1. Le tissu musculaire est formé de cellules allongées (myocytes) capables de se contracter et de produire un mouvement.

2. Selon leur structure et leur fonction, on classe les muscles parmi les trois types suivants :

- Muscles squelettiques : attachés aux os et les font bouger. Ils sont volontaires.
- Muscle cardiaque : forme les parois du cœur ; fait circuler le sang. Il est involontaire.
- Muscles lisses : situés dans les parois des organes creux ; propulsent les substances à l'intérieur de ces organes. Ils sont involontaires.

Réparation des tissus (p. 134, 136-138)

1. L'inflammation est une réaction de l'organisme aux lésions. La réparation des tissus commence au cours du processus inflammatoire. Elle peut se faire par régénération, par fibrose ou par les deux processus à la fois.

2. La première étape de la réparation des tissus est l'organisation, au cours de laquelle le caillot sanguin est remplacé par du tissu de granulation. Si la plaie est petite et que le tissu atteint peut subir des mitoses, le tissu se régénérera et recouvrira le tissu fibreux. Si la plaie est étendue et que le tissu ne peut pas subir de mitose, la lésion sera réparée uniquement par du tissu conjonctif fibreux (tissu cicatriciel).

Développement et vieillissement des tissus (p. 138)

1. Tous les tissus proviennent d'au moins un des trois feuillets embryonnaires primitifs. L'épithélium se développe, selon sa nature, à partir de l'un des trois feuillets primitifs (l'ectoderme, le mésoderme et l'endoderme) ; le tissu musculaire et le tissu conjonctif, à partir du mésoderme ; le tissu nerveux, à partir de l'ectoderme.

2. La diminution de la masse et de la résistance des tissus qui accompagne le vieillissement résulte souvent de troubles circulatoires et d'une alimentation inadéquate.

QUESTIONS DE RÉVISION

Choix multiples/associations

(Réponses à l'appendice G)

1. Associez chacun des quatre types de tissus primaires à la description appropriée.

(a) Tissu conjonctif
(b) Tissu épithélial
(c) Tissu musculaire
(d) Tissu nerveux

______ Type de tissu principalement composé de matrice non vivante ; remplit surtout des fonctions de protection et de soutien.
______ Tissu qui produit le mouvement.
______ Tissu qui nous permet d'avoir conscience de l'environnement et d'y réagir ; spécialisé dans la communication.
______ Tissu qui tapisse les cavités du corps et qui recouvre sa surface externe.

2. Un épithélium composé de plusieurs couches, dont la plus superficielle est formée de cellules aplaties, est appelé (choisissez tous les termes adéquats) : (a) cilié ; (b) prismatique ; (c) stratifié ; (d) simple ; (e) squameux.

3. Associez les types d'épithéliums énumérés dans la colonne B avec la description pertinente de la colonne A.

Colonne A	Colonne B
______ Tapisse la majeure partie du tube digestif.	**(a)** Pseudostratifié
______ Tapisse l'œsophage.	**(b)** Simple prismatique
______ Tapisse une grande partie des voies respiratoires.	**(c)** Simple cuboïde
______ Forme la paroi des saccules alvéolaires des poumons.	**(d)** Simple squameux
______ Présent dans les organes du système urinaire.	**(e)** Stratifié prismatique
______ Endothélium et mésothélium	**(f)** Stratifié squameux
	(g) Transitionnel

4. Les glandes qui sécrètent des produits tels que le lait, la salive, la bile et la sueur au moyen d'un conduit sont : (a) les glandes endocrines ; (b) les glandes exocrines.

5. Un tissu membraneux qui tapisse une cavité du corps s'ouvrant sur l'extérieur est : (a) un endothélium ; (b) de la peau ; (c) une muqueuse ; (d) une séreuse.

6. Le tissu cicatriciel est une variété : (a) d'épithélium ; (b) de tissu conjonctif ; (c) de tissu musculaire ; (d) de tissu nerveux ; (e) de tous ces tissus.

Questions à court développement

7. Définissez le terme « tissu » ; énumérez les quatre tissus primaires et décrivez, en un seul mot, la fonction principale de chacun.

8. Énumérez quatre fonctions importantes des tissus épithéliaux et associez au moins un tissu à chacune de ces fonctions.

9. Décrivez les critères de classification des épithéliums de revêtement.

10. Expliquez la classification des glandes exocrines multicellulaires selon leur mode de sécrétion et donnez un exemple pour chacune des classes.

11. Énumérez quatre fonctions importantes du tissu conjonctif et donnez des exemples qui illustrent chacune de ces fonctions.

12. Nommez le principal type de cellules présent dans le tissu conjonctif proprement dit ; dans le cartilage ; dans le tissu osseux.

13. Nommez les deux principaux composants de la matrice et, le cas échéant, les différents types de chaque composant.

14. La matrice est extracellulaire. Comment gagne-t-elle sa position caractéristique ?

15. Nommez le type précis de tissu conjonctif qui : (a) enveloppe les organes ; (b) soutient le pavillon de l'oreille ; (c) forme les ligaments « extensibles » ; (d) est le premier tissu conjonctif chez l'embryon ; (e) forme les disques intervertébraux ; (f) recouvre les extrémités des os aux facettes articulaires ; (g) est le principal constituant du tissu sous-cutané.

16. Quelle est la fonction des macrophagocytes ?

17. Faites clairement la distinction entre le rôle des neurones et celui des gliocytes.

18. Comparez les muscles squelettiques, cardiaque et lisses quant à leur structure, leur localisation et leurs fonctions particulières.

19. Décrivez la réparation des tissus, en indiquant les facteurs qui influent sur ce processus ; faites la distinction entre régénération et fibrose.

20. Nommez les trois feuillets embryonnaires primitifs et donnez les types de tissus primaires qui dérivent de chacun.

RÉFLEXION ET APPLICATION

1. Jean s'est infligé une grave blessure au cours d'une séance d'entraînement de son équipe de football ; on lui a dit qu'il s'était déchiré un cartilage du genou. Jean guérira-t-il rapidement et sans complications ? Justifiez votre réponse.

2. L'épiderme (épithélium de la peau) est un épithélium stratifié squameux kératinisé. Expliquez pourquoi cet épithélium protège bien mieux la surface externe du corps que ne pourrait le faire une muqueuse formée d'un épithélium simple prismatique.

3. Un ami tente de vous convaincre que vous seriez beaucoup plus souple si les ligaments qui relient vos os dans les articulations mobiles (comme celles du genou, de l'épaule et de la hanche) contenaient plus de fibres élastiques. Bien qu'il y ait *une part* de vrai dans son affirmation, vous auriez de graves problèmes si elle était parfaitement exacte. Pourquoi ?

4. Chez les adultes, plus de 90 % des tumeurs malignes sont soit des adénomes (adénocarcinomes), soit des carcinomes. De fait, les tumeurs de la peau, du poumon, du côlon, du sein et de la prostate appartiennent toutes à ces catégories. Lequel des quatre types de tissus primaires donne naissance à la majorité des tumeurs ? Selon vous, pourquoi en est-il ainsi ?

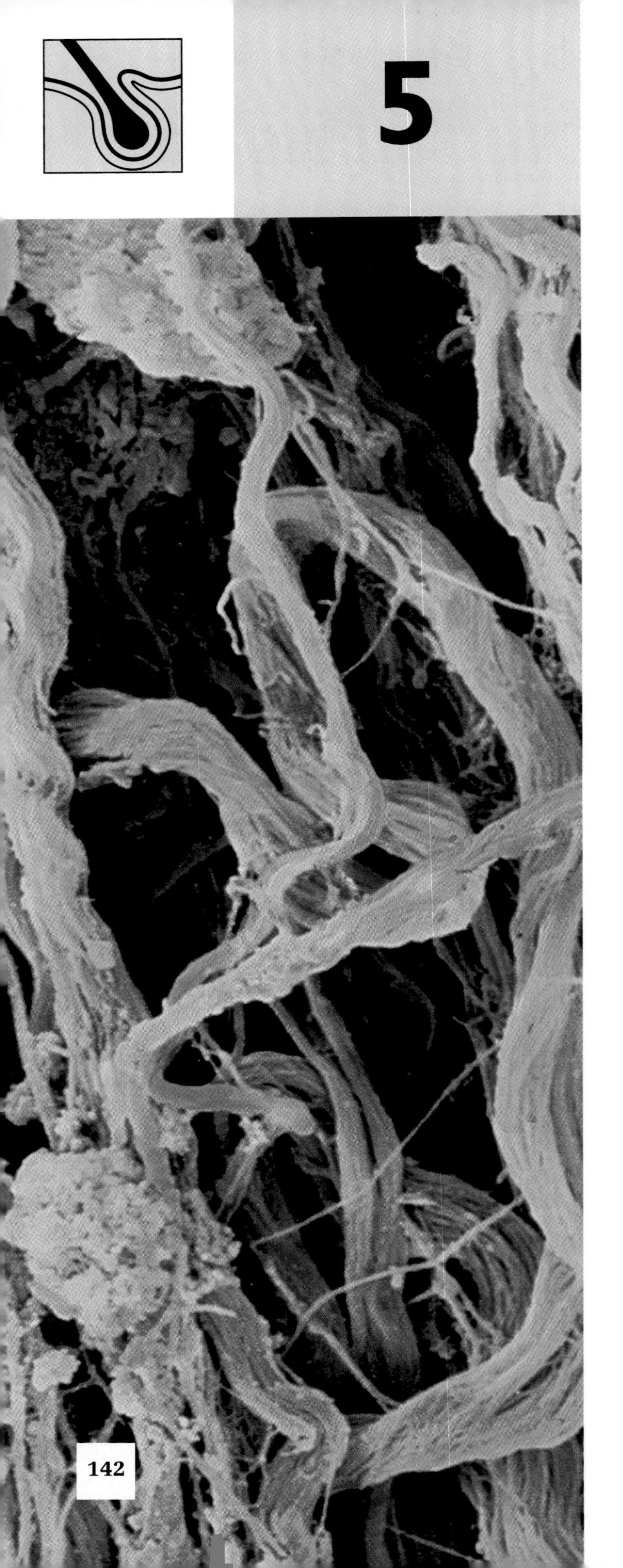

5 LE SYSTÈME TÉGUMENTAIRE

SOMMAIRE ET OBJECTIFS D'APPRENTISSAGE

Peau (p. 143-148)

1. Nommer les différents tissus qui composent l'épiderme et le derme. Identifier leurs principales couches et expliquer les fonctions de chacune de ces couches.
2. Décrire les facteurs qui déterminent normalement la couleur de la peau. Expliquer brièvement pourquoi des changements de la couleur de la peau peuvent être interprétés comme les signes cliniques de certaines maladies.

Annexes cutanées (p. 148-153)

3. Comparer la structure, la répartition et la situation la plus fréquente des glandes sudoripares et sébacées, ainsi que la composition et les fonctions de leurs sécrétions.
4. Comparer les glandes sudoripares mérocrines et les glandes sudoripares apocrines.
5. Énumérer les parties d'un follicule pileux et expliquer leurs fonctions respectives. Décrire la relation fonctionnelle entre le muscle arrecteur du poil et le follicule pileux.
6. Nommer les parties du poil et définir les principes qui déterminent la couleur des poils. Décrire la répartition, la croissance et le renouvellement des poils ainsi que les changements dont ils font l'objet tout au long de l'existence.
7. Décrire la structure des ongles.

Fonctions du système tégumentaire (p. 153-155)

8. Énumérer au moins cinq fonctions de la peau et les décrire.

Déséquilibres homéostatiques de la peau (p. 155-157)

9. Expliquer pourquoi une brûlure grave constitue une menace pour la vie. Exposer une technique servant à déterminer l'étendue d'une brûlure et comparer les brûlures des premier, second et troisième degrés.
10. Nommer les trois principaux types de cancer de la peau.

Développement et vieillissement du système tégumentaire (p. 157, 160)

11. Décrire brièvement les changements que subit la peau de la naissance à la vieillesse et donner un aperçu de leurs causes.

Seriez-vous séduit par une publicité qui vanterait les mérites d'un vêtement imperméable, élastique, lavable, infroissable, réparant lui-même ses petites coupures, déchirures et brûlures grâce à d'invisibles outils de raccommodage, et garanti à vie dans la mesure où l'on en prend raisonnablement soin ? Cela vous paraîtrait sûrement trop beau pour être vrai. Pourtant, vous possédez déjà un tel vêtement : votre peau. La peau et ses annexes (glandes sudoripares et sébacées, poils et ongles) forment un ensemble d'organes extrêmement complexe qui assument de nombreuses fonctions pour la plupart protectrices. L'ensemble de ces organes est appelé **système tégumentaire.**

PEAU

Habituellement, la peau ne jouit pas d'une grande considération de la part de ses occupants; cependant, d'un point de vue architectural, c'est un vrai chef-d'œuvre. Elle recouvre entièrement le corps. Chez l'adulte moyen, sa superficie varie entre 1,5 et 2 m^2 et elle pèse environ 4 kg (ou 7 % de la masse corporelle totale). On estime que chaque centimètre carré de peau contient 70 cm de vaisseaux sanguins, 55 cm de neurofibres, 100 glandes sudoripares, 15 glandes sébacées, 230 récepteurs sensoriels et environ un demi-million de cellules qui meurent et se renouvellent sans cesse. La peau est aussi appelé **tégument** (ce qui signifie simplement « couverture ») mais, si l'on considère ses nombreuses fonctions, on s'aperçoit qu'elle représente bien davantage qu'un grand sac opaque pour le contenu du corps. À la fois souple et résistante, elle est capable de subir les constantes attaques d'agents du milieu externe. En fait, si on nous enlevait notre peau, nous serions rapidement la proie des bactéries et nous péririons par suite de la déperdition d'eau et de chaleur.

La peau, dont l'épaisseur varie entre 1,5 et 4 mm et plus dans certaines régions du corps, est formée de deux parties distinctes, l'*épiderme* et le *derme* (figure 5.1). L'épiderme (*epi* = dessus), composé de cellules épithéliales, est la principale structure protectrice du corps. Le derme est sous-jacent à l'épiderme et constitue la partie la plus profonde de la peau. Cette couche résistante a la consistance du cuir et comprend du tissu conjonctif dense. Seul le derme est vascularisé; les nutriments diffusent à partir des capillaires du derme, par le liquide interstitiel, jusqu'aux cellules de l'épiderme.

Le tissu sous-cutané, qui se trouve juste sous la peau, est appelé **hypoderme,** ou **fascia superficiel** (voir la figure 5.3, p. 146). L'hypoderme ne fait pas véritablement partie de la peau, mais il est en interaction fonctionnelle avec elle, puisqu'il lui permet d'assurer certaines de ses fonctions de protection. Il est constitué de tissu adipeux et d'un peu de tissu conjonctif lâche (aréolaire). En plus d'emmagasiner la graisse, l'hypoderme relie la peau aux structures sous-jacentes (surtout aux muscles) et lui permet de bouger et de s'étirer pour s'adapter aux mouvements de ces structures. Cette adaptabilité nous protège de bien des coups en les faisant rebondir sur notre corps. En raison de sa composition graisseuse, l'hypoderme est également en mesure d'absorber les chocs et d'isoler les tissus plus profonds de l'organisme contre les pertes de chaleur. Il s'épaissit considérablement lorsque l'on gagne du poids. Chez la femme, ce « surplus » de graisse sous-cutanée se loge dans les cuisses et les seins, tandis que chez l'homme, il s'accumule d'abord dans le ventre (la « bedaine »).

Épiderme

L'**épiderme** est formé d'un épithélium stratifié squameux kératinisé qui se compose de quatre types de cellules et de quatre ou cinq couches distinctes selon le type de peau (épaisse ou fine).

Quel type de tissu primaire donne naissance à l'épiderme? Au derme?

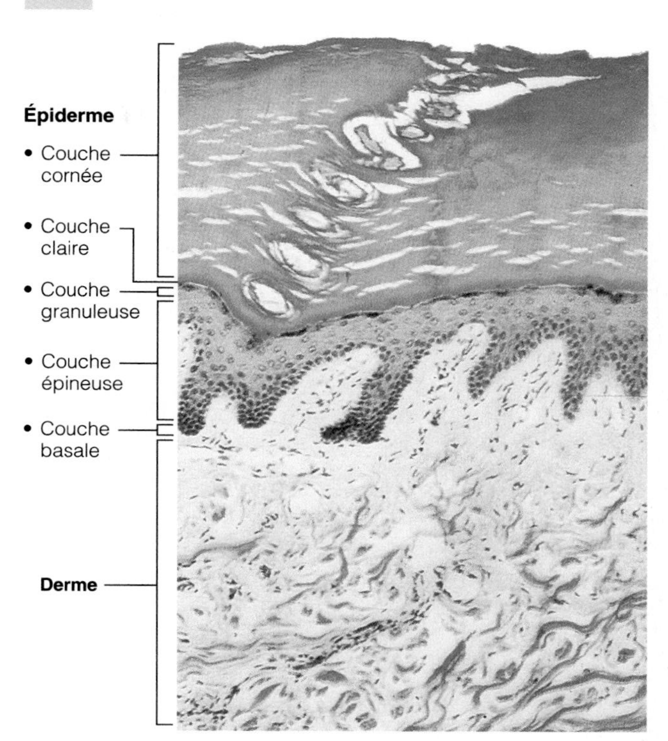

FIGURE 5.1
Photomicrographie des couches de la peau (150 ×). Tirée de *Gray's Anatomy,* Henry Gray, Churchill Livingstone, R.-U.

Cellules de l'épiderme

L'épiderme contient plusieurs types de cellules, soit les *kératinocytes,* les *mélanocytes,* les *épithélioïdocytes du tact* et les *macrophagocytes intraépidermiques* (figure 5.2). Nous nous pencherons dans un premier temps sur les kératinocytes, puisque ce sont les cellules que l'on retrouve en plus grand nombre dans l'épiderme. Le rôle principal des **kératinocytes** (*kera* = corne) consiste à produire de la **kératine,** une protéine fibreuse qui confère aux cellules de l'épiderme leurs propriétés protectrices. Les kératinocytes sont étroitement liés les uns aux autres par des desmosomes; ils proviennent de cellules qui se divisent de façon quasi continue par mitose et qui sont situées dans la partie la plus profonde de l'épiderme (couche basale). À mesure que les kératinocytes sont poussés vers la surface de la peau par les nouvelles cellules, ils commencent à produire la kératine molle qui va devenir leur constituant majeur. Les kératinocytes meurent durant leur migration vers la surface de la peau. Ces cellules ne sont alors plus guère que des membranes plasmiques remplies de kératine. Des millions de ces cellules mortes tombent chaque jour en raison des frottements que subit sans cesse notre peau, si bien que nous renouvelons totalement notre épiderme tous les 25 à 45 jours, c'est-à-dire le laps de temps qui s'écoule entre la

L'épiderme est dérivé d'un tissu épithélial et le derme, d'un tissu conjonctif.

5

Pourquoi est-il si important que les kératinocytes soient reliés par des desmosomes?

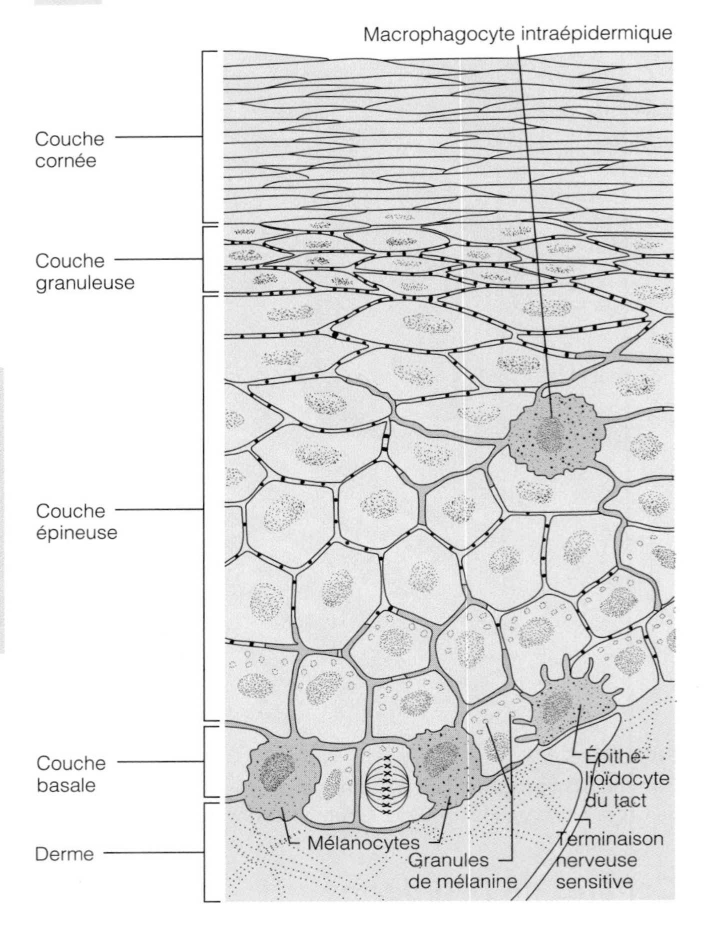

FIGURE 5.2
Schéma montrant les principales caractéristiques de l'épiderme de la peau fine – couches et quantité relative des différents types de cellules. Les kératinocytes (en beige) forment la majeure partie de l'épiderme. Les mélanocytes (en gris), moins nombreux, produisent le pigment, ou mélanine; les macrophagocytes intraépidermiques (en bleu) se comportent comme des macrophagocytes. Une terminaison nerveuse sensitive (en jaune) traverse le derme (en rose) pour se lier à un épithélioïdocyte du tact (en violet) et former un corpuscule tactile non capsulé (récepteur du toucher). On peut observer que les kératinocytes sont les seules cellules à être reliées entre elles par de nombreux desmosomes (connexions entre les membranes des cellules adjacentes). La couche claire présente dans la peau épaisse n'est pas illustrée ici.

Ce type de jonction est important car il assure la continuité de l'épiderme et augmente sa résistance.

naissance et la disparition d'un kératinocyte. L'épiderme sain est en mesure de maintenir son intégrité parce que la production des kératinocytes équivaut à la disparition des vieux kératinocytes (desquamation) à la surface de la peau. Certaines régions du corps, comme les mains et les pieds, sont régulièrement soumises à des frictions ; la production des kératinocytes et la formation de kératine y sont donc accélérées.

Les **mélanocytes** sont des cellules épithéliales spécialisées qui synthétisent un pigment appelé **mélanine** (*melas* = noir). On les trouve dans les couches profondes de l'épiderme. Ce sont des cellules étoilées qui possèdent de nombreux prolongements leur permettant d'entrer en contact avec les kératinocytes de la couche basale de l'épiderme (figure 5.2). À mesure qu'elle se constitue, la mélanine migre vers les prolongements des mélanocytes et est périodiquement absorbée par les kératinocytes avoisinants. Les granules de mélanine s'accumulent sur la face du noyau des kératinocytes qui est tournée vers le milieu externe et forment ainsi une sorte de bouclier pigmentaire qui protège le noyau des effets dévastateurs des rayons ultraviolets (UV) du soleil. (On peut voir ces granules à la figure 5.2, dans la première couche de cellules de la couche épineuse). Comme tous les êtres humains possèdent à peu près le même nombre de mélanocytes, les variations individuelles et raciales que l'on peut observer dans la coloration de la peau relèvent probablement de différences dans la synthèse et la sécrétion de la mélanine par ces cellules ou dans la vitesse de dégradation de la mélanine à l'intérieur des kératinocytes.

Les prolongements des **macrophagocytes intraépidermiques,** ou cellules de Langerhans, leur confèrent la forme d'une étoile. Ces cellules sont produites dans la moelle osseuse avant de migrer vers l'épiderme. Ce sont des macrophagocytes qui contribuent à l'activation des cellules de notre système immunitaire (nous parlerons de ce rôle plus en détail à la page 154). Leurs minces prolongements s'étendent au milieu des kératinocytes en formant un réseau plus ou moins continu (figure 5.2).

On trouve un petit nombre d'**épithélioïdocytes du tact,** ou cellules de Merkel, à la jonction de l'épiderme et du derme. Ces cellules sont hémisphériques (figure 5.2) et chacune est étroitement liée à la terminaison d'une neurofibre sensitive en forme de disque appelée *corpuscule tactile non capsulé,* ou disque de Merkel. On pense que cette structure joue le rôle de récepteur sensoriel du toucher.

Couches de l'épiderme

L'épiderme de la **peau épaisse** qui recouvre la paume des mains, le bout des doigts et la plante des pieds est constitué de cinq couches de cellules, ou *strates* (voir les figures 5.1 et 5.3). De la plus profonde à la plus superficielle, ces cinq couches sont la couche basale (ou stratum basale), la couche épineuse (ou stratum spinosum), la couche granuleuse (ou stratum granulosum), la couche claire (ou stratum lucidum) et la couche cornée (ou stratum corneum). Dans la **peau fine,** qui recouvre le reste du corps, il n'y a pas de couche claire et les quatre autres couches sont plus minces (figure 5.2).

Couche basale (stratum basale) La **couche basale,** aussi appelée couche germinative, est solidement fixée au derme sous-jacent par une bordure ondulée. Elle se compose principalement d'une seule épaisseur de cellules constituée des kératinocytes les plus jeunes. Le grand nombre de cellules à l'un des stades de la mitose que l'on peut observer dans cette couche témoigne de la rapidité avec laquelle ces cellules se divisent pour donner des kératinocytes.

De 10 à 25 % des cellules de la couche basale sont des mélanocytes. Leurs prolongements s'étendent vers les kératinocytes et peuvent atteindre les cellules épineuses du stratum spinosum. La couche basale contient également quelques épithélioïdocytes du tact.

Couche épineuse (stratum spinosum) La **couche épineuse** contient plusieurs strates de cellules. Celles-ci renferment un réseau de filaments intermédiaires qui traversent le cytosol pour se rattacher aux desmosomes. Ces filaments se composent principalement de faisceaux de kératine résistants à la tension. Dans cette couche, les kératinocytes présentent une forme légèrement aplatie et irrégulière. Lorsqu'on prépare la peau pour un examen histologique, ces cellules rétrécissent mais leurs nombreux desmosomes les retiennent en place. Au microscope, elles sont hérissées de minuscules projections en forme d'épines, d'où leur nom de *cellules épineuses*. Il faut toutefois noter que ces projections n'existent pas sur la membrane plasmique des cellules vivantes. On trouve de nombreux granules de mélanine et des macrophagocytes intraépidermiques dans cette couche de l'épiderme; ils sont disséminés parmi les kératinocytes.

> *En lisant le chapitre avant d'assister au cours, et plus particulièrement en étudiant les figures, je comprends mieux la matière enseignée. Chacune des figures est le reflet de la vaste expérience pédagogique de l'auteure, qui va toujours à l'essentiel. C'est dans les figures que les principaux concepts sont illustrés et, pour moi, une image vaut mille mots.*
>
> *Veronica Castellana, étudiante en sciences infirmières*

Couche granuleuse (stratum granulosum) La mince **couche granuleuse** est constituée de trois à cinq strates de cellules dans lesquelles les kératinocytes changent considérablement d'aspect : ils s'aplatissent ; leur noyau et leurs organites commencent à se désintégrer ; et ils accumulent des *granules de kératohyaline* et des *granules lamellés*. Les granules de kératohyaline favorisent l'accumulation de kératine dans la couche supérieure, de la manière que nous verrons dans la section sur la couche claire. Les granules lamellés contiennent un glycolipide imperméabilisant, sécrété dans l'espace extracellulaire, qui contribue fortement à limiter la déperdition d'eau dans les couches épidermiques. La membrane plasmique qui entoure ces cellules commence également à s'épaissir lorsque les protéines du cytosol adhèrent à sa face interne et que les lipides libérés par les granules lamellés tapissent sa face externe. Puisqu'ils deviennent plus résistants, on peut dire que les kératinocytes « s'endurcissent » dans le but de faire des couches supérieures la région la plus solide de la peau.

Comme tous les épithéliums, l'épiderme puise ses nutriments dans les capillaires du tissu conjonctif sous-jacent (le derme). Les cellules épidermiques situées au-dessus de la couche granuleuse sont trop éloignées de ces capillaires pour recevoir une nutrition adéquate et elles meurent. Ce phénomène est un processus normal.

Couche claire (stratum lucidum) L'observation au microscope classique révèle une fine bande translucide, appelée **couche claire,** juste au-dessus de la couche granuleuse (figure 5.3). La couche claire est formée de plusieurs strates de kératinocytes clairs, aplatis et morts, aux contours mal définis. C'est à cet endroit, ou dans la couche cornée située au-dessus, que la substance adhérente des granules de kératohyaline provenant des cellules de la couche granuleuse se lie étroitement aux filaments de kératine situés à l'intérieur des cellules pour former des rangs parallèles. Comme nous l'avons déjà mentionné, la couche claire n'existe que dans la peau épaisse.

Couche cornée (stratum corneum) La **couche cornée** est la couche la plus superficielle de l'épiderme. Elle se compose de 20 à 30 strates de cellules et peut occuper jusqu'aux trois quarts de l'épaisseur de l'épiderme. La kératine et les membranes plasmiques épaissies des cellules de la couche cornée protègent la peau contre l'abrasion et la pénétration. En outre, le glycolipide contenu entre les cellules imperméabilise cette couche. La couche cornée procure donc au corps une « enveloppe » durable qui protège les cellules plus profondes des agressions de l'environnement (l'air) et de la déperdition d'eau. Elle empêche également la pénétration de substances chimiques et de bactéries dans le milieu interne tout en limitant les effets des conditions physiques de l'environnement. Il est assez remarquable qu'une couche de cellules mortes puisse encore avoir des fonctions si importantes !

La couche cornée est composée de cellules mortes appelées *cellules kératinisées* ou *cornées* (*cornu* = corne) entièrement remplies de fibrilles de kératine et empilées les unes sur les autres. Nous connaissons tous sous le nom de pellicules ces « flocons » qui se détachent de la peau sèche. (Une personne perd en moyenne 18 kg de pellicules au cours de sa vie.)

Derme

La seconde couche de la peau, le **derme** (*derma* = peau), est constituée d'une épaisseur de tissu conjonctif, à la fois résistant et flexible. On y retrouve les cellules qui composent habituellement le tissu conjonctif proprement dit : des fibroblastes, des macrophagocytes et, à l'occasion, des mastocytes et des globules blancs (voir le chapitre 4). Sa matrice gélatineuse est imprégnée d'une grande quantité de collagène, d'élastine et de réticuline. Le derme enveloppe tout le corps à la manière d'un collant. On peut dire qu'il est notre « dépouille » : il correspond exactement aux dépouilles animales dont on tire des cuirs de grand prix.

Le derme est riche en neurofibres (beaucoup sont équipées de récepteurs sensoriels), en vaisseaux sanguins

(1) Puisque l'épithélium n'est pas vascularisé, quelle couche épidermique devrait posséder les cellules les mieux nourries ? (2) Quelle composante cellulaire de l'hypoderme lui sert d'isolant et lui permet d'absorber les chocs ?

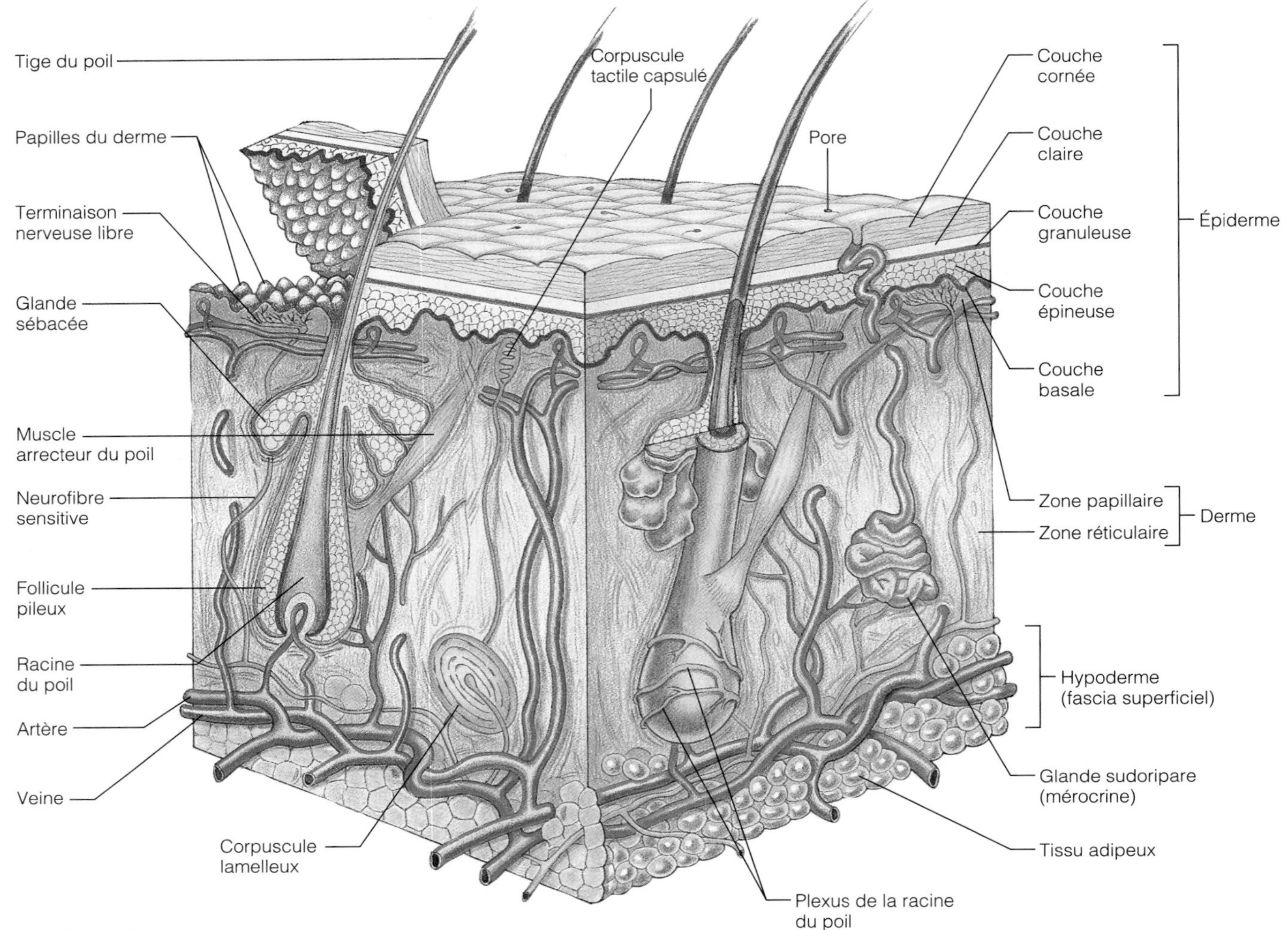

FIGURE 5.3
Structure de la peau. Vue tridimensionnelle de la peau et des tissus sous-cutanés. L'épiderme et les couches du derme ont été soulevés dans le coin supérieur gauche pour montrer les papilles du derme.

et en vaisseaux lymphatiques. La majeure partie des follicules pileux et des glandes sébacées et sudoripares résident dans le derme mais proviennent de l'épiderme, comme nous le verrons plus loin.

Le derme est formé de deux couches, soit la zone papillaire et la zone réticulaire (voir la figure 5.3). La **zone papillaire** est une mince couche de tissu conjonctif lâche formée de fibres entrelacées qui permettent le passage de nombreux vaisseaux sanguins ainsi que de neurofibres. La partie supérieure est constellée de projections mamillaires, appelées **papilles du derme** (*papilla* = bout du sein), qui donnent à la surface externe du derme un relief accidenté (coin supérieur gauche de la figure). De nombreuses papilles du derme sont pourvues de bouquets capillaires ; d'autres abritent des terminaisons nerveuses libres (récepteurs de la douleur) et des récepteurs du toucher, également appelés *corpuscules tactiles capsulés*.

(1) La couche basale de l'épiderme. (2) Les cellules adipeuses.

Sur la paume des mains et la plante des pieds, les papilles reposent sur des monticules plus imposants, les *crêtes épidermiques*, qui produisent les crêtes et les sillons que l'on peut voir à la surface de la peau. Les crêtes épidermiques augmentent la friction et accroissent la capacité d'adhérence des doigts et des pieds. Leur situation, déterminée génétiquement, est unique chez chaque individu. Parce que les glandes sudoripares s'ouvrent le long du sommet des crêtes épidermiques, les bouts des doigts laissent, sur presque tout ce qu'ils touchent, une mince couche de transpiration qu'il est possible d'identifier et que l'on appelle couramment **empreinte digitale.**

La **zone réticulaire,** plus profonde, occupe environ 80 % du derme. Elle est formée de tissu conjonctif dense irrégulier typique. Sa matrice extracellulaire renferme des faisceaux de fibres collagènes enchevêtrées, diversement orientées mais pour la plupart parallèles à la surface de la peau. Les séparations, c'est-à-dire les régions les moins denses situées entre les faisceaux, forment dans la peau des *lignes de tension* (ou lignes de Langer). Les lignes de tension suivent en général une trajectoire longitudinale dans la peau de la tête et des membres (elles sont visibles sur la surface palmaire des doigts), mais présentent des motifs circulaires dans le cou et le tronc. Elles sont particulièrement importantes à la fois pour les chirurgiens et pour leurs patients. En effet, les lèvres d'une incision pratiquée *parallèlement* à ces lignes plutôt que *transversalement* se rapprochent plus facilement, et la plaie guérit plus vite.

Les fibres collagènes du derme confèrent à la peau la résistance et l'élasticité qui lui sont nécessaires pour protéger le derme des piqûres et des éraflures. De plus, elles fixent l'eau et contribuent ainsi à l'hydratation de la peau.

Un étirement extrême de la peau, comme celui qui se produit au cours d'une grossesse, peut déchirer le derme. Une déchirure dermique se présente sous la forme d'une cicatrice d'un blanc argenté appelée *vergeture*. Un traumatisme court mais intense (une brûlure ou l'utilisation d'un outil, par exemple) peut causer une **ampoule,** c'est-à-dire une séparation des couches de l'épiderme et du derme provoquée par la formation d'une poche remplie de liquide interstitiel. ■

Outre les crêtes épidermiques et les lignes de tension, il existe un troisième type de plis de la peau, les *lignes de flexion*, qui sont le reflet de modifications dermiques. Ces marques sont particulièrement visibles sur les poignets, la paume des mains, la plante des pieds, les doigts et les orteils. Les lignes de flexion sont essentiellement disposées dans les replis du derme localisés au niveau des articulations ou à proximité, là où le derme est plus solidement fixé aux structures sous-jacentes. Dans ces régions, la peau ne peut pas glisser assez librement pour s'adapter aux mouvements des articulations, de sorte que le derme se plisse et que des sillons apparaissent.

Couleur de la peau

Trois pigments sont responsables de la couleur de la peau : la mélanine, le carotène et l'hémoglobine. Seule la mélanine est fabriquée dans la peau. La **mélanine** est un polymère synthétisé à partir de la tyrosine, un acide aminé ; elle possède une palette de couleurs allant du jaune au noir, en passant par le roux. Sa synthèse dépend d'une enzyme présente dans les mélanocytes, appelée tyrosinase. Comme nous l'avons vu, ce pigment est transmis des mélanocytes aux kératinocytes de la couche basale. Les différentes couleurs de peau sont fonction du type et de la quantité de mélanine. Les mélanocytes des individus à la peau noire ou brune élaborent une mélanine plus foncée en plus grande quantité que les mélanocytes des individus qui ont la peau plus pâle. De plus, leurs kératinocytes retiennent plus longtemps la mélanine. Les *taches de rousseur* et les *nævus pigmentaires* (grains de beauté) sont produits par une accumulation locale de mélanine. L'exposition au soleil stimule l'activité des mélanocytes. Ainsi, une exposition prolongée produit une accumulation substantielle de la mélanine, qui contribue à protéger l'ADN des cellules viables de la peau contre les rayons ultraviolets. En fait, la réparation plus rapide de l'ADN photo-endommagé est le signal qui déclenche l'accélération de la synthèse de la mélanine. Sauf chez les individus à la peau noire, cette réaction rend la peau plus foncée (c'est le bronzage).

Une exposition excessive au soleil finit par endommager la peau, et ce, en dépit des effets protecteurs de la mélanine. On assiste alors à une agglutination des fibres élastiques donnant à la peau un aspect tanné, ainsi qu'à une dépression temporaire du système immunitaire et, parfois, à une altération de l'ADN (mutations), qui mènera éventuellement à un cancer de la peau. Le fait que les individus à la peau foncée ne soient que rarement atteints de cancers de la peau démontre à quel point la mélanine constitue un écran solaire efficace.

Les rayons ultraviolets peuvent avoir d'autres effets. De nombreuses substances chimiques induisent la photosensibilité, c'est-à-dire qu'elles accentuent la sensibilité de la peau aux rayons ultraviolets (voir l'encadré de la page 148) et peuvent provoquer chez les fanatiques du soleil une éruption cutanée dont ils se passeraient bien. On trouve de telles substances dans quelques antibiotiques et antihistaminiques, dans des parfums et des détergents, et dans une substance chimique contenue dans la lime et le céleri. De petites lésions font alors leur apparition sur tout le corps ; elles se présentent sous forme de cloques et s'accompagnent de démangeaisons. Puis la peau commence à peler en lambeaux. ■

Le **carotène** est un pigment dont les tons varient du jaune à l'orangé. On en trouve dans certains végétaux comme la carotte. Il s'accumule surtout dans la couche cornée et dans les cellules adipeuses de l'hypoderme. Sa couleur apparaît de façon plus manifeste sur la paume des mains et la plante des pieds, où la couche cornée est plus épaisse, et elle devient plus profonde lorsque de grandes quantités d'aliments riches en carotène sont absorbés. Il faut cependant noter que la teinte jaunâtre de la peau des peuples asiatiques est imputable à des variations de la couleur de la mélanine et non à l'accumulation de carotène.

La teinte rosée des peaux claires est due à la couleur rouge foncé de l'**hémoglobine** oxygénée que renferment les globules rouges circulant dans les capillaires dermiques. Parce que la peau caucasoïde contient peu de mélanine, l'épiderme est plutôt transparent et l'on peut voir à travers lui la couleur rosée de l'hémoglobine.

La cyanose (*kuanos* = bleu sombre) indique une oxygénation insuffisante de l'hémoglobine : le sang et la peau des sujets à la peau blanche prennent une teinte bleuâtre. La peau peut devenir cyanosée quand le sang manque d'oxygène, comme c'est le cas lorsqu'une personne subit un infarctus du myocarde ou souffre de graves difficultés respiratoires, comme l'emphysème. Chez les individus à la peau foncée, la peau ne change pas de couleur parce que la mélanine dissimule les effets de la cyanose ; la cyanose demeure toutefois apparente sur les muqueuses (celles des lèvres, par exemple) et sur le lit de l'ongle (aux mêmes endroits où la teinte rouge du sang bien oxygéné est visible).

Divers stimulus émotionnels influent également sur la couleur de la peau chez certaines personnes. Par ailleurs, de nombreuses fluctuations de sa coloration peuvent indiquer certains états pathologiques :

- *rougeur,* ou *érythème* : une peau qui tire sur le rouge peut indiquer de l'embarras (rougissement), de la

GROS PLAN

Vampires, loups-garous et compagnie

Les histoires de vampires et de loups-garous font partie du folklore de plusieurs pays. Bien que la légende du vampire soit largement inspirée du comportement de ces cadavres gonflés qui changent de position dans leur cercueil (les « morts-vivants »), elle peut également puiser ses origines dans le cas d'individus bien vivants qui présentaient de rares maladies de peau, comme la **porphyrie,** une maladie héréditaire. Les personnes atteintes de porphyrie ne peuvent pas fabriquer certaines des enzymes qui catalysent les différentes étapes de la formation d'hème. On entend par *hème* la partie de la molécule d'hémoglobine qui contient du fer et transporte l'oxygène dans les globules rouges. Sans ces enzymes, la substance produite en milieu de parcours, la **porphyrine,** s'accumule et se répand dans la circulation, ce qui peut causer des lésions sur tout le corps, en particulier en cas d'exposition aux rayons du soleil.

Les malheureux que l'on prenait jadis pour des vampires ou des loups-garous, de même qu'un grand nombre de personnes atteintes de troubles mentaux (comme le peintre hollandais Vincent Van Gogh) souffraient peut-être de ce mal. La porphyrie, qui touche environ 1 personne sur 25 000, regroupe en fait plusieurs maladies. Elle se caractérise par : (1) des *troubles mentaux*, (2) de la *douleur*, (3) une *neuropathie multiple* et, dans de nombreux cas, (4) une *photosensibilité* (sensibilité à la lumière). Les symptômes apparaissent de façon intermittente et peuvent être aggravés par la consommation d'alcool et de substances chimiques, dont certaines sont présentes dans l'ail.

Les rayons du soleil causent de graves lésions chez les victimes de porphyrie (c'est peut-être pour cette raison que les vampires se cachent dans l'obscurité ou dans leur cercueil lorsqu'il fait jour). Sous l'effet de la lumière, les porphyrines se fractionnent et libèrent des radicaux et d'autres substances chimiques nocives ; la peau qui a été exposée au soleil présente des lésions et des cicatrices. Les doigts, les orteils et le nez sont souvent mutilés, et les dents deviennent saillantes par suite de la dégénérescence des gencives (ce qui pourrait donner les « crocs » du vampire). Une poussée de croissance des

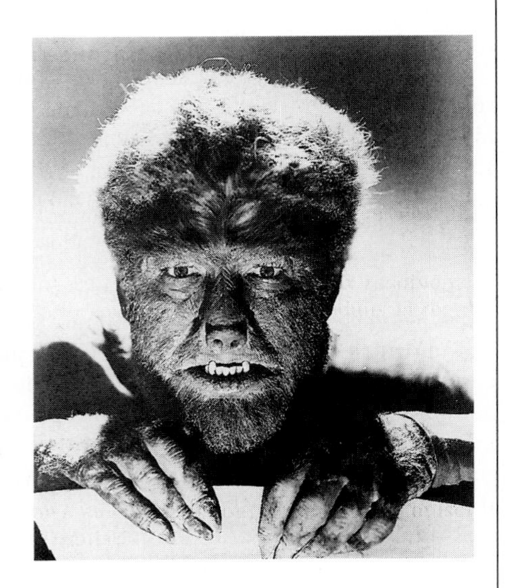

poils est à l'origine du visage de « loup-garou » et des mains velues semblables à des pattes. Pour soigner le patient atteint de porphyrie, on peut lui injecter des molécules d'hème extraites de globules rouges sains. Ces injections n'existant pas au Moyen Âge, il ne restait peut-être aux vampires qu'une seule solution : boire du sang.

5

fièvre, de l'hypertension, une inflammation ou une allergie.

- *pâleur,* ou *blancheur*: certains individus pâlissent sous le coup de tensions émotionnelles (peur, colère, etc.). Une peau pâle peut aussi être un signe d'anémie ou d'hypotension.
- *jaunisse,* ou *ictère*: une coloration jaune anormale de la peau révèle généralement des problèmes d'ordre hépatique. Les pigments biliaires (bilirubine) s'accumulent dans le sang et se déposent dans tous les tissus du corps. (Normalement, les cellules du foie sécrètent les pigments biliaires en tant que composants de la bile et ceux-ci sont libérés dans le tube digestif.)
- *couleur de bronze*: une peau ayant l'apparence presque métallique du bronze indique la maladie d'Addison, c'est-à-dire un hypofonctionnement du cortex surrénal.
- *bleus,* ou *ecchymoses*: on trouve des marques bleu-noir dans les régions où le sang s'est échappé des vaisseaux sanguins pour se coaguler sous la peau. Ces masses de sang coagulé sont appelées *hématomes.* ■

ANNEXES CUTANÉES

Outre la peau, le système tégumentaire comporte plusieurs annexes dérivées de l'épiderme. Ces **annexes cutanées** sont les poils et les follicules pileux, les ongles, les glandes sudoripares et les glandes sébacées. Chacune joue un rôle important dans le maintien de l'homéostasie de l'organisme.

Glandes sudoripares

Les **glandes sudoripares** (*sudor* = sueur) sont réparties sur toute la surface du corps, à l'exception des mamelons et de certaines parties des organes génitaux externes. Chaque être humain en possède plus de 2,5 millions. On distingue les glandes sudoripares mérocrines et les glandes sudoripares apocrines.

Les **glandes sudoripares mérocrines** (ou eccrines) sont de loin les plus nombreuses. Elles sont plus particulièrement abondantes sur la paume des mains, la plante des pieds et le front. Chacune d'elles est une glande simple, tubuleuse et en spirale. La partie sécrétrice se trouve enroulée dans le derme ; le canal excréteur s'étend et débouche sur un **pore** (*poros* = conduit) en forme d'entonnoir à la surface de la peau (voir la figure 5.3). (Ces pores sudoripares sont différents des « pores » de la peau du visage, qui sont en fait les orifices externes des follicules pileux.)

La sécrétion des glandes mérocrines, mieux connue sous le nom de **sueur,** ou transpiration, est un filtrat hypotonique du sang qui traverse les cellules sécrétrices des glandes sudoripares pour ensuite être libéré par exocytose dans la lumière de la glande. Elle est composée à 99 % d'eau, de quelques sels minéraux (en grande partie du chlorure de sodium), de vitamine C, d'anticorps, de traces de déchets métaboliques (urée, acide urique, ammoniac) et d'acide lactique (la substance chimique qui attire les moustiques). Sa composition exacte est fonction de l'hérédité et du régime alimentaire. De faibles quantités des substances médicamenteuses absorbées peuvent également être éliminées par les glandes sudoripares. La sueur est normalement acide et son pH se situe entre 4 et 6.

La transpiration est régie par les neurofibres sympathiques du système nerveux autonome, sur lequel nous n'avons que peu de contrôle volontaire. Elle contribue avant tout à la thermorégulation et plus particulièrement à la prévention du réchauffement excessif du corps. La transpiration d'origine émotionnelle (la *sueur froide* provoquée par la peur, la gêne ou la nervosité) apparaît sur la paume des mains, la plante des pieds et sous les aisselles, puis se répartit sur le reste du corps.

Les **glandes sudoripares apocrines*** sont confinées dans une large mesure aux régions axillaires et ano-génito-périnéale. Elles sont plus grosses que les glandes mérocrines et leur conduit débouche dans un follicule pileux. Outre les composants de base de la sueur des glandes mérocrines, les sécrétions des glandes apocrines contiennent des lipides et des protéines. Elles sont donc quelque peu visqueuses et parfois de couleur laiteuse ou jaunâtre. Ces sécrétions sont inodores, mais quand leurs molécules organiques sont détruites par les bactéries normalement présentes sur la surface de la peau, elles prennent une odeur musquée, en général assez déplaisante, qui est à l'origine de l'odeur corporelle.

Les glandes sudoripares apocrines commencent à fonctionner à la puberté sous l'influence des androgènes. Même si leurs sécrétions sont plus abondantes par temps chaud, elles ne jouent qu'un rôle restreint dans la thermorégulation. Leur fonction précise n'est pas encore clairement établie, mais on sait qu'elles sont activées par les neurofibres sympathiques sous l'effet de la douleur et de stimulus psychiques. Leur activité est accrue par la stimulation sexuelle et leur taille augmente et rétrécit selon les phases du cycle menstruel de la femme.

Les **glandes cérumineuses** (*cera* = cire) sont des glandes sudoripares apocrines modifiées que l'on trouve dans la peau mince qui tapisse le méat acoustique externe. Elles sécrètent une substance légèrement poisseuse appelée *cérumen*, ou cire ; on pense que cette substance sert à repousser les insectes et à empêcher les corps étrangers de pénétrer dans l'oreille.

Les **glandes mammaires** sont un autre type de glandes sudoripares, dont les cellules fabriquent et sécrètent le lait. Bien qu'elles fassent partie du système tégumentaire, nous les étudions plus en détail au chapitre 28, dans la section traitant des organes génitaux de la femme.

* Le terme *glande sudoripare apocrine* est fautif. On a d'abord cru que cette glande libérait ses sécrétions par voie apocrine (c'est-à-dire par pincement de la surface apicale), d'où le nom qui lui a été donné. Des études subséquentes ont toutefois démontré qu'il s'agit d'une glande qui libère ses sécrétions par exocytose, tout comme la glande sudoripare mérocrine.

Glandes sébacées

Les **glandes sébacées** (voir la figure 5.3) sont des glandes exocrines holocrines (voir la définition de ce terme à la page 117) présentes sur tout le corps à l'exception de la paume des mains et de la plante des pieds. Elles sont petites sur le tronc et sur les membres et assez grosses sur le visage, le cou et la partie supérieure de la poitrine. Ces glandes sécrètent une substance huileuse appelée **sébum** (*sebum* = suif). Les cellules centrales des alvéoles accumulent des lipides jusqu'à l'engorgement et l'éclatement. Sur le plan fonctionnel, ces glandes sont donc des *glandes holocrines*. Le sébum est constitué de lipides et de débris cellulaires provenant de la désintégration des cellules glandulaires. Il est habituellement sécrété dans le follicule pileux ou, parfois, vers un pore de la surface du visage. Le sébum assouplit et lubrifie les poils et la peau ; il diminue l'évaporation d'eau lorsque l'humidité externe est faible ; enfin, il possède une action bactéricide, qui est sans doute sa fonction la plus importante.

La sécrétion du sébum est stimulée par les hormones, en particulier par les androgènes. L'activité des glandes sébacées reste faible durant l'enfance. Elles entrent véritablement en fonction au moment de la puberté chez les deux sexes, quand la production d'androgènes commence à augmenter.

Lorsqu'une accumulation de sébum bouche le conduit d'une glande sébacée, un *point blanc* apparaît à la surface de la peau. Si la matière s'oxyde et sèche, elle noircit et forme un *point noir*. L'*acné* résulte d'une inflammation des glandes sébacées qui provoque la formation de « boutons » (pustules ou kystes) sur la peau. Elle est généralement causée par une infection bactérienne, le plus souvent par des staphylocoques. L'acné peut prendre une forme anodine ou extrêmement virulente et, dans ce dernier cas, laisser des cicatrices permanentes. La **séborrhée,** appelée casque séborrhéique (« croûtes de lait ») chez le nouveau-né, est due à une sécrétion excessive des glandes sébacées. Elle apparaît sur le cuir chevelu, sous la forme de lésions roses boursouflées qui jaunissent puis brunissent progressivement avant de commencer à perdre des squames huileuses. ■

Poils et follicules pileux

Bien que les poils aident les autres mammifères à se préserver du froid, ils sont beaucoup moins utiles chez l'être humain. La principale fonction de nos poils clairsemés est de nous faire sentir les insectes avant qu'ils piquent. Les cheveux protègent la tête contre les blessures, la déperdition de chaleur et la lumière du soleil. Par ailleurs, les cils abritent les yeux, et les poils du nez filtrent les grosses particules de poussière et les insectes présents dans l'air que nous inhalons.

Structure du poil

Le **poil**, qui a l'aspect d'un fil, est produit par le follicule pileux et essentiellement constitué de cellules kératinisées fusionnées. La **kératine dure,** qui compose la majeure partie du poil, a deux avantages par rapport à la **kératine molle** que l'on trouve dans l'épiderme : elle est plus solide et plus durable, et ses cellules ne se desquament pas.

Les principales parties du poil sont la *tige*, qui s'élève au-dessus de la peau (figure 5.4), et la *racine*, enchâssée dans la peau (figure 5.5a). La forme de la section de la tige définit celle du poil : si la tige est plate et présente l'apparence d'un ruban en coupe transversale, le poil est crépu ; si la section est ovale, le poil est souple, soyeux et parfois ondulé ; si elle est parfaitement ronde, il est raide et souvent rude.

Le poil comprend trois zones concentriques de cellules kératinisées (figure 5.5b). Au centre se trouve la *moelle* formée de grosses cellules partiellement séparées par des espaces remplis d'air (les poils fins ne possèdent pas de moelle). La moelle est enveloppée par une zone volumineuse, le *cortex*, qui contient plusieurs rangées de cellules plates. La **cuticule,** la zone la plus externe, est formée d'une simple couche de cellules qui se chevauchent comme des tuiles sur un toit (figure 5.4). Cette disposition particulière des cellules maintient la séparation des poils et les empêche ainsi de s'emmêler. La cuticule est la zone la plus abondamment kératinisée ; elle renforce le poil et permet aux zones internes de rester compactes. Elle est particulièrement exposée à l'abrasion et s'amenuise au bout du poil, ce qui amène les fibrilles de kératine contenues dans le cortex et dans la moelle à rebiquer, phénomène bien connu sous le nom de « pointe fourchue ».

Le pigment du poil est produit par des mélanocytes localisés à la base du poil, puis il est transféré dans les cellules du cortex. Différentes couleurs de mélanine (jaune, rouille, brun et noir) s'assemblent en proportions inégales afin de composer la couleur du poil, qui peut aller du blond au noir de jais. Les poils gris ou blancs proviennent d'une déficience dans la production de mélanine (information transmise par des gènes à retardement), qui est alors remplacée par des bulles d'air dans la tige du poil.

Structure du follicule pileux

Le **follicule pileux** (*folliculus* = petit sac) s'étend de la surface de l'épiderme au derme et peut s'enfoncer jusque dans l'hypoderme au niveau du cuir chevelu. La base du follicule s'élargit pour former le **bulbe pileux** (figure 5.5c). Un enchevêtrement de terminaisons nerveuses sensitives appelé **plexus de la racine du poil** s'enroule autour de chaque follicule (voir la figure 5.3) et il suffit d'effleurer les poils pour stimuler ces terminaisons. Nos poils jouent donc le rôle de récepteurs sensoriels du toucher.

- Vous pouvez le vérifier en passant votre main sur les poils de votre avant-bras : vous éprouverez une sensation de chatouillement.

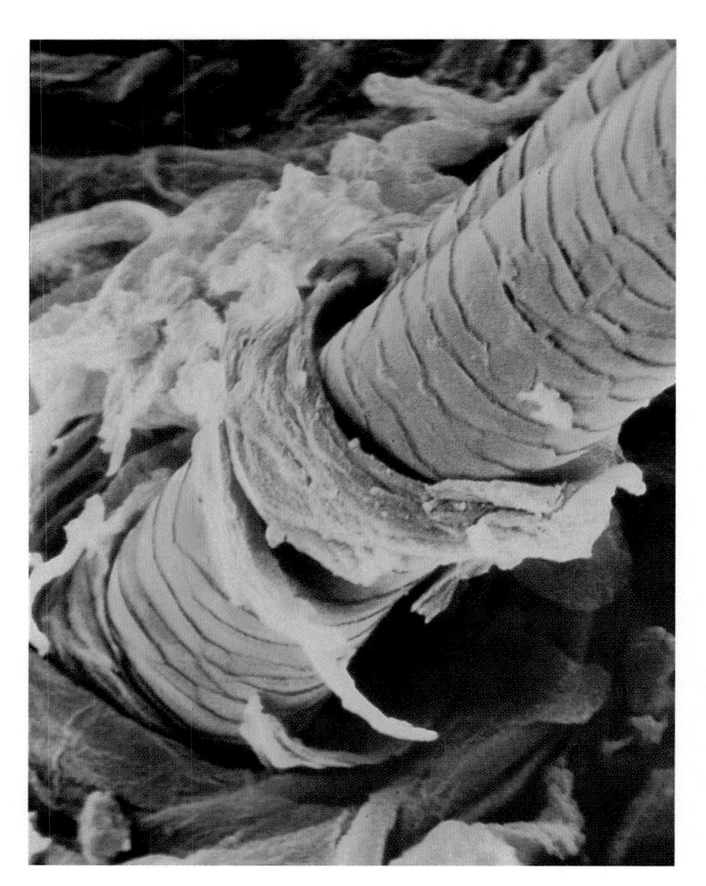

FIGURE 5.4
Micrographie électronique à balayage d'un poil émergeant de son follicule à la surface de l'épiderme. Remarquez de quelle façon les cellules de la cuticule se chevauchent (1500 ×).

La *papille du chorion* est une saillie en forme de mamelon à la base du bulbe pileux. Elle est composée de tissu dermique et vascularisée par des capillaires qui apportent aux cellules du poil les nutriments indispensables à sa croissance. Seule sa situation spécifique la différencie des papilles du derme que l'on retrouve partout ailleurs dans les couches sous-jacentes à l'épiderme.

La paroi d'un follicule pileux est formée à l'extérieur d'une **gaine de tissu conjonctif** dérivée du derme et, à l'intérieur, d'une **gaine de tissu épithélial** résultant d'une invagination de l'épiderme (figure 5.5c et d). La gaine de tissu épithélial est elle-même composée de deux parties : la gaine épithéliale externe et la gaine épithéliale interne. Ces deux gaines s'amincissent à mesure qu'elles se rapprochent de la base du bulbe pileux, de telle façon qu'une seule strate de la couche basale recouvre la papille. Cette paroi cellulaire de la papille forme la **matrice du poil** où sont produites, par mitose, des cellules qui se remplissent de kératine et permettent l'allongement du poil. Ce sont des signaux chimiques, en provenance de la papille du chorion, qui stimulent la division des cellules épithéliales de la matrice. Au fur et à mesure que la matrice produit de nouvelles cellules, la partie la plus ancienne du poil est poussée vers le haut ; ses cellules amalgamées deviennent de plus en plus kératinisées et meurent.

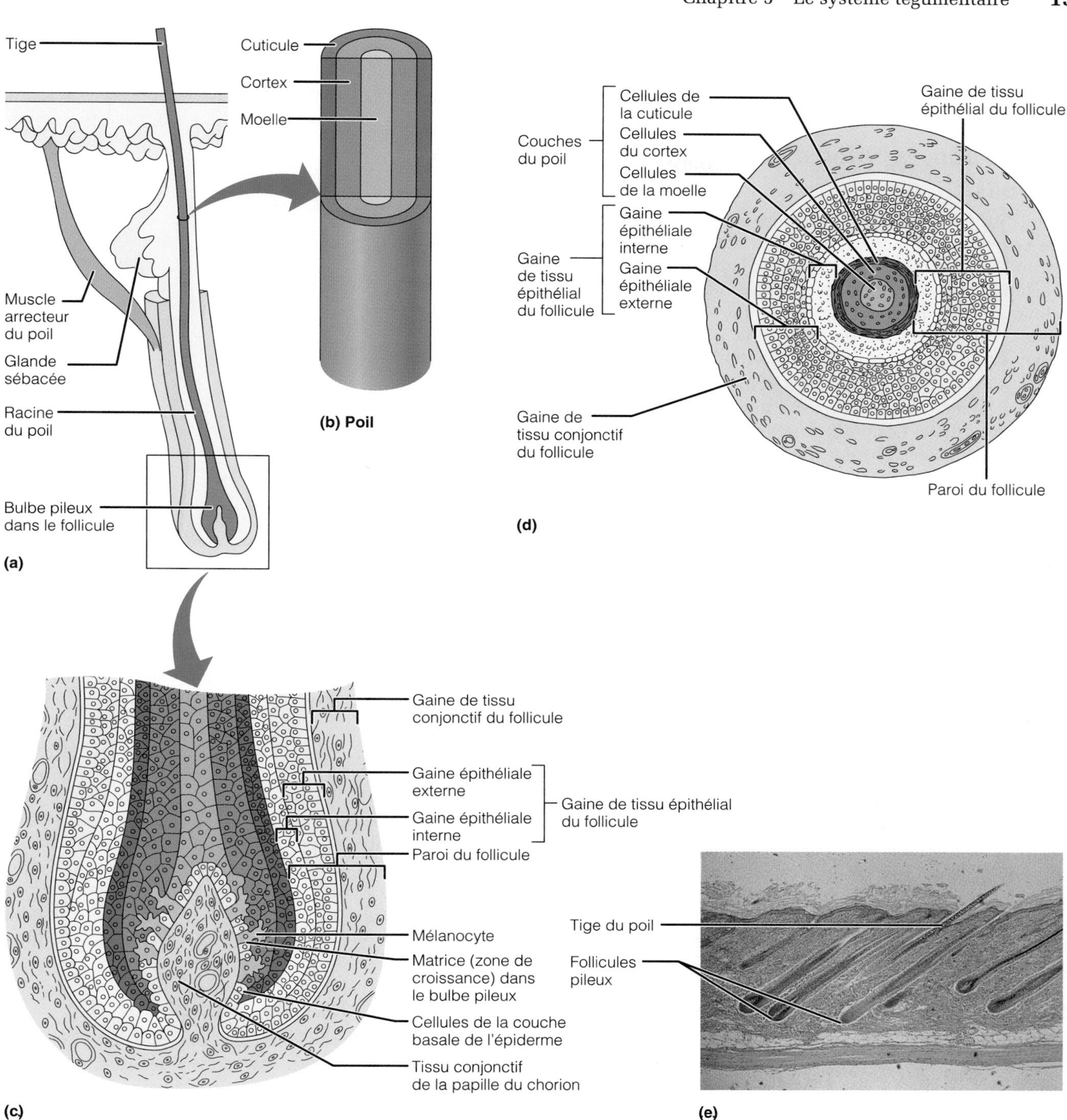

FIGURE 5.5
Structure du poil et de son follicule. (a) Coupe longitudinale d'un poil à l'intérieur de son follicule **(b)** Grossissement de la coupe longitudinale d'un poil. **(c)** Grossissement de la coupe longitudinale du follicule dont le renflement forme le bulbe pileux, lequel contient les cellules épithéliales de la matrice; leur division permet la croissance des poils. **(d)** Coupe transversale d'un poil au niveau d'un follicule. **(e)** Photomicrographie du tissu du cuir chevelu montrant de nombreux follicules (24 ×).

À chaque follicule pileux est associé un faisceau de cellules musculaires lisses appelé **muscle arrecteur du poil.** Comme vous pouvez le voir à la figure 5.5e, la plupart des follicules sont légèrement obliques lorsqu'ils parviennent à la surface de la peau. Les muscles arrecteurs des poils sont fixés de telle façon que leur contraction provoque le redressement du follicule, ce qui a pour effet de soulever la peau et de produire la chair de poule en réaction au froid ou à la peur. Chez certains animaux, ce dispositif représente un important mécanisme de protection et de rétention de la chaleur. Il protège certaines espèces à fourrure contre le froid en emprisonnant une couche d'air isolante dans leur fourrure; un animal effrayé qui dresse ses poils apparaît bien plus gros et impressionnant à son adversaire.

Distribution, typologie et croissance des poils

Des millions de poils sont dispersés sur presque tout notre corps. On en compte environ 100 000 sur le cuir chevelu et à peu près 30 000 dans la barbe d'un homme. Seules quelques régions en sont totalement dépourvues: les lèvres, les mamelons, certaines parties des organes génitaux externes et les régions où la peau est épaisse, comme la paume des mains et la plante des pieds.

Les poils sont de tailles et de formes variées, mais on les divise généralement en deux catégories, soit le duvet et les poils adultes. Les poils d'un enfant ou d'une femme adulte, fins et pâles, entrent dans la catégorie du **duvet.** Les poils plus épais, souvent plus longs et plus foncés, qui ornent les sourcils et le cuir chevelu sont des **poils adultes.** Au moment de la puberté, des poils adultes apparaissent dans les régions axillaires (aisselles) et pubienne des deux sexes, ainsi que sur le visage et la poitrine (et aussi sur les bras et les jambes) des hommes. La croissance des poils adultes sur ces parties du corps est stimulée par des hormones sexuelles mâles appelées *androgènes* (notamment la *testostérone*).

De nombreux facteurs influent sur la croissance et la densité des poils, mais les plus importants sont la nutrition et les hormones. Une alimentation inadéquate a pour effet de ralentir la croissance des poils. En revanche, toute affection qui accroît localement la circulation sanguine dans le derme (comme une irritation ou une inflammation chronique) peut augmenter la croissance des poils à cet endroit. Ainsi, beaucoup de vieux maçons qui avaient pour habitude de porter leur hotte sur l'épaule sont devenus poilus à cet endroit. La testostérone contribue également à la croissance des poils, comme nous l'avons mentionné plus haut. Par conséquent, plus la concentration des hormones mâles est élevée, plus les poils adultes deviennent abondants. La croissance de poils indésirables (au-dessus de la lèvre supérieure des femmes par exemple) peut être réduite en ayant recours à des traitements d'*électrolyse* ou des traitements au laser, qui utilisent respectivement l'électricité et l'énergie lumineuse pour détruire la racine du poil.

Chez la femme, les ovaires et les glandes surrénales produisent une faible quantité d'androgènes. Cependant, une tumeur des glandes surrénales, qui sécrètent dans ce cas une quantité anormalement élevée d'androgènes, peut induire un développement excessif du système pileux, appelé *hirsutisme* (*hirsutus* = poilu), aussi bien que d'autres signes de masculinité (virilisation). On procède dès que possible à l'ablation chirurgicale de ces tumeurs. ■

La vitesse à laquelle poussent les poils dépend de la région du corps ainsi que de l'âge et du sexe, mais ils s'allongent de 2 mm par semaine en moyenne. Le follicule passe par des *cycles de croissance* (figure 5.6). Au cours de chaque cycle, une phase de croissance active est suivie d'une phase de repos pendant laquelle la matrice est inactive et la base du follicule de même que le bulbe pileux s'atrophient quelque peu. Après la phase de repos, la matrice se réactive et forme un nouveau poil qui remplacera celui qui est tombé ou qui le poussera s'il est encore là.

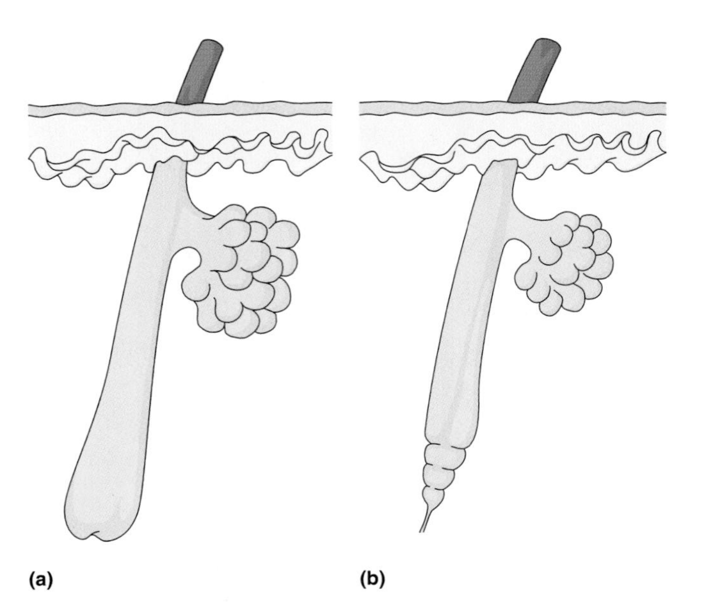

FIGURE 5.6
Vue d'ensemble d'un follicule (a) actif et (b) au repos. Le poil tombe durant la phase de repos ou juste après.

La durée de vie des poils est variable. Les follicules du cuir chevelu sont en activité pendant des années (la moyenne étant de quatre ans), puis passent par une période de repos de quelques mois. Seul un faible pourcentage des follicules pileux sont simultanément en phase de repos et, de ce fait, nous perdons en moyenne 90 cheveux par jour. L'activité des follicules des sourcils ne dure que trois ou quatre mois: c'est la raison pour laquelle nos sourcils ne deviennent jamais aussi longs que nos cheveux.

Raréfaction des cheveux et calvitie

Dans des conditions idéales, les poils ont une vitesse de croissance maximale de l'adolescence jusqu'à la quarantaine, âge auquel leur croissance commence à ralentir. Ce ralentissement résulte d'une atrophie naturelle des follicules pileux imputable à l'âge. Les poils commencent à se clairsemer à partir du moment où ils ne sont pas remplacés à mesure qu'ils tombent, et une certaine calvitie, appelée aussi **alopécie,** apparaît chez les deux sexes. Ce processus, beaucoup moins marqué chez la femme, débute habituellement par la lisière antérieure des cheveux et s'étend progressivement vers l'arrière. Les gros poils adultes sont remplacés par du duvet et deviennent de plus en plus fins.

La véritable *calvitie* a cependant des causes totalement différentes. Le type le plus courant de véritable calvitie, la **calvitie hippocratique,** est déterminé génétiquement. On pense que cette calvitie est due à un gène à retardement qui « s'active » au moment de l'âge adulte et modifie la réaction des follicules pileux à la testostérone.

Les cycles de croissance raccourcissent au point que bon nombre de poils ne réussissent jamais à sortir de leur follicule avant de tomber et que, lorsqu'ils y parviennent, c'est sous la forme d'un fin duvet qui donne à la peau l'apparence d'une peau de pêche dans les zones de calvitie. Encore tout récemment, le seul moyen de traiter la calvitie hippocratique se limitait à la prise de médicaments qui arrêtaient la production de testostérone mais inhibaient aussi la pulsion sexuelle. C'est presque par hasard que l'on a découvert que le minoxidil, un médicament destiné à réduire la pression artérielle par dilatation des vaisseaux sanguins, stimule la croissance des cheveux chez certains hommes atteints de calvitie.

La chute des cheveux peut être provoquée par bon nombre de facteurs qui prolongent les périodes de repos folliculaire et perturbent le processus normal de chute et de repousse des cheveux. Les exemples les plus marquants sont attribuables à des facteurs de stress, comme une fièvre particulièrement élevée, une intervention chirurgicale, un grave choc émotionnel ou la prise de certains médicaments (excès de vitamine A, certains antidépresseurs et la plupart des médicaments utilisés en chimiothérapie anticancéreuse). Des régimes alimentaires pauvres en protéines et la lactation peuvent également causer la chute des cheveux, car l'absence des protéines indispensables à la synthèse de la kératine ou leur détournement au profit de la production de lait ralentissent la fabrication de nouveaux cheveux. Dans tous ces cas, les cheveux se remettent à pousser à partir du moment où les facteurs à l'origine de leur chute disparaissent ou sont corrigés. La chute des cheveux est toutefois irréversible lorsqu'elle est imputable à un traumatisme prolongé, à une irradiation excessive ou à des facteurs génétiques. ■

Ongles

Un **ongle** est une modification écailleuse de l'épiderme qui forme une couverture de protection claire sur la face dorsale de la partie distale d'un doigt ou d'un orteil (figure 5.7). Les ongles (sabots ou griffes des animaux) sont des « outils » particulièrement utiles, qui nous servent à ramasser de petits objets ou encore à gratter une démangeaison. Tout comme les poils, les ongles contiennent de la kératine dure. Chaque ongle est constitué d'une *extrémité libre*, d'un *corps* (la partie attachée visible) et d'une *racine* proximale (enfouie sous la peau). Les couches profondes de l'épiderme (couche basale et couche épineuse) s'étendent sous l'ongle et forment le *lit de l'ongle*; l'ongle lui-même est constitué des couches kératinisées superficielles de l'épiderme. La partie proximale épaisse du lit de l'ongle, appelée **matrice de l'ongle,** est responsable de sa croissance. À mesure que les cellules sont produites par la matrice, elles deviennent de plus en plus kératinisées et le corps de l'ongle glisse sur le lit vers l'extrémité du doigt. La croissance de l'ongle est de l'ordre d'un dixième de millimètre par jour.

Les ongles présentent normalement une teinte rosée en raison de l'abondance des capillaires se trouvant dans le derme sous-jacent. La région qui repose sur la partie la plus épaisse de la matrice de l'ongle apparaît cependant sous la forme d'un croissant blanc appelé *lunule*

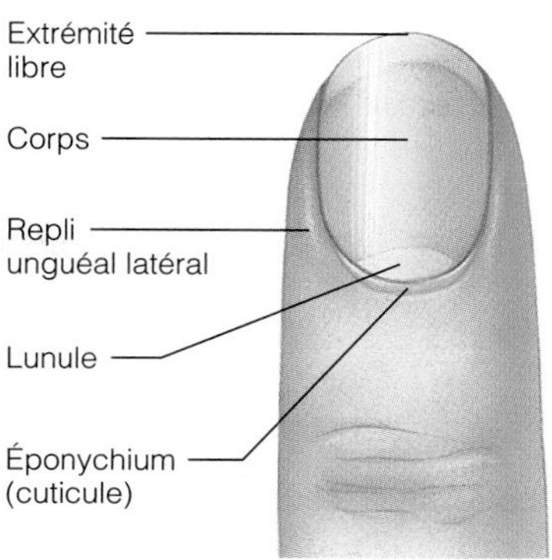

FIGURE 5.7
Structure de l'ongle. Vue antérieure de la partie distale du doigt montrant les différentes parties de l'ongle. La matrice qui forme l'ongle siège sous la lunule; l'épiderme du lit de l'ongle s'étend sous l'ongle.

(*lunula* = petite lune). Les bordures proximale et latérales de l'ongle sont recouvertes d'un pli cutané appelé *repli unguéal* (repli cutané de l'ongle). Le repli unguéal proximal déborde sur le corps de l'ongle; cette région est appelée *cuticule,* ou *éponychium.*

FONCTIONS DU SYSTÈME TÉGUMENTAIRE

La peau et ses annexes remplissent de nombreuses fonctions qui influent sur le métabolisme et empêchent des facteurs de l'environnement tels que les bactéries, l'abrasion, la température et les substances chimiques de perturber l'homéostasie de l'organisme.

Protection

La peau dresse au moins trois types de barrières entre l'organisme et l'environnement: une barrière chimique, une barrière physique et une barrière biologique.

La **barrière chimique** est formée par les sécrétions de la peau et la mélanine. Bien que la surface de la peau (sa couche cornée) foisonne de bactéries, le faible pH des sécrétions de la peau, appelé **film de liquide acide,** retarde leur multiplication. De plus, bon nombre de bactéries sont complètement décimées par les substances bactéricides contenues dans le sébum. Comme nous l'avons vu, la mélanine constitue une sorte de bouclier de pigments chimiques qui fait obstacle aux rayons ultraviolets: ces derniers ne peuvent donc endommager les cellules viables de la peau.

La **barrière physique,** ou **barrière mécanique,** est constituée par la continuité de la peau elle-même et la résistance à l'abrasion des cellules kératinisées. Sur ce plan, la peau représente un remarquable compromis. Plus épais, l'épiderme serait sans doute encore plus imperméable, mais nous y perdrions en souplesse et en agilité. La continuité de l'épiderme et le film de liquide acide jouent un rôle complémentaire dans la protection du corps contre les invasions bactériennes. Les glycolipides imperméabilisants de l'épiderme bloquent efficacement la diffusion de l'eau et des substances hydrosolubles entre les cellules, ce qui empêche l'eau de sortir de l'organisme à travers la peau, aussi bien que d'y entrer. Les substances qui peuvent pénétrer dans la peau sont peu nombreuses. Ce sont (1) les *substances liposolubles* comme l'oxygène, le gaz carbonique, les vitamines liposolubles (A, D, E et K) et les stéroïdes ; (2) les *oléorésines* de certaines plantes de la famille des Anacardiacées (*Rhus, Toxicodendron)* dont le sumac vénéneux (« herbe à puce ») ; (3) les *solvants organiques* comme l'acétone, les détergents employés pour le nettoyage à sec et les diluants utilisés par les peintres, qui dissolvent les lipides des cellules ; (4) les *sels de métaux lourds* tels le plomb, le mercure et le nickel qui deviennent solubles en se liant aux acides gras du sébum ; et (5) les agents médicamenteux qui facilitent la pénétration d'autres médicaments dans l'organisme (dialkylaminoacétates).

Les solvants organiques et les métaux lourds ont des effets destructeurs, voire mortels, sur l'organisme. Des solvants organiques qui passent à travers la peau pour se retrouver dans la circulation sanguine peuvent provoquer l'arrêt de la fonction rénale et des lésions au cerveau ; l'absorption de plomb cause l'anémie et altère le système nerveux. Ces substances ne devraient jamais être manipulées à mains nues. ■

5

La **barrière biologique** est composée des macrophagocytes intraépidermiques et des macrophagocytes du derme. Les macrophagocytes intraépidermiques sont des éléments actifs du système immunitaire. Pour qu'une réaction immunitaire soit activée, les substances étrangères, ou *antigènes*, doivent être présentées aux globules blancs appelés lymphocytes. Ce sont les macrophagocytes intraépidermiques qui, dans l'épiderme, jouent ce rôle. (Ce mécanisme est étudié au chapitre 22.) Les macrophagocytes forment une seconde ligne défensive capable d'éliminer les virus ou les bactéries qui seraient parvenus à passer à travers l'épiderme. Eux aussi « livrent » les antigènes aux lymphocytes.

Régulation de la température corporelle

Notre organisme fonctionne de façon optimale lorsque sa température reste dans les limites homéostatiques. Nous avons besoin d'évacuer la chaleur produite par nos réactions biochimiques internes, tout comme un moteur de voiture. Tant que la température extérieure est plus basse que la température de l'organisme, la surface de la peau évacue la chaleur dans l'air et dans les objets plus froids avec lesquels elle entre en contact, de la même façon qu'un radiateur de voiture perd de sa chaleur dans l'air et dans les parties du moteur qui l'entourent.

Dans des conditions normales de repos, et aussi longtemps que la température environnante ne dépasse pas 31 ou 32 °C, les glandes sudoripares sécrètent des quantités de sueur imperceptibles (environ 500 mL [0,5 L] par jour). À mesure que la température de l'organisme augmente, les vaisseaux sanguins dermiques se dilatent et les glandes sudoripares sont stimulées de telle sorte qu'elles se mettent à sécréter abondamment. La transpiration croît de manière significative et perceptible, et l'organisme peut alors perdre jusqu'à 12 L d'eau par jour. L'évaporation de la sueur à la surface de la peau expulse la chaleur du corps et rafraîchit le milieu interne pour empêcher un réchauffement excessif.

Lorsque la température extérieure est basse, les vaisseaux sanguins dermiques se contractent et permettent ainsi à un certain volume de sang chaud d'éviter temporairement la peau. La température de celle-ci peut alors tomber au niveau de la température de l'environnement. La perte de chaleur corporelle ralentit une fois que la température de la peau a rejoint la température extérieure, ce qui contribue à conserver la chaleur de l'organisme. Nous revenons sur la régulation de la température corporelle dans le chapitre 25.

Sensations cutanées

La peau est riche en **récepteurs sensoriels cutanés,** qui sont des éléments du système nerveux. Les récepteurs cutanés se rangent parmi les *extérocepteurs* parce qu'ils perçoivent les stimulus venus de l'environnement. Par exemple, les corpuscules tactiles capsulés (situés dans les papilles du derme) nous permettent de sentir une caresse ou le contact de nos vêtements sur notre peau, alors que les corpuscules lamelleux, enfouis dans les couches profondes du derme ou dans l'hypoderme, nous alertent lorsque nous recevons un coup ou que notre peau subit une forte pression. Les plexus situés à la racine des poils nous préviennent que le vent souffle sur nos poils ou que l'on nous tire les cheveux. Les stimulus douloureux (irritation due aux produits chimiques, chaleur ou froid extrêmes, etc.) sont recueillis par des terminaisons nerveuses libres qui serpentent dans toute la peau. Nous abordons plus en détail les fonctions de ces récepteurs cutanés dans le chapitre 13, mais ceux dont il est question ci-dessus sont représentés à la figure 5.3.

Fonctions métaboliques

Lorsque les rayons du soleil bombardent la peau, les molécules de cholestérol modifiées qui se trouvent dans les cellules de l'épiderme se transforment en précurseur de la vitamine D. Ce dernier est alors absorbé par les capillaires dermiques. Il est ensuite distribué dans d'autres parties de l'organisme où il joue divers rôles dans le métabolisme du calcium. Par exemple, le calcium ne peut être absorbé par le système digestif en l'absence de vitamine D.

Outre son rôle dans la synthèse de la vitamine D, l'épiderme accomplit diverses autres fonctions métaboliques. Il peut réaliser des conversions chimiques complémentaires à celles du foie – par exemple, les enzymes des kératinocytes peuvent « désarmer » un grand nombre de substances chimiques cancérogènes qui pénètrent l'épiderme. Ces enzymes peuvent également transformer certaines substances inoffensives en substances cancérogènes. Les kératinocytes activent aussi certaines hormones stéroïdes ; par exemple, ils peuvent transformer la cortisone appliquée localement sur la peau irritée en hydrocortisone, un anti-inflammatoire puissant. Les cellules de la peau fabriquent également plusieurs protéines importantes en biologie (voir la section *Liens particuliers* à la page 159) ainsi que la collagénase, une enzyme qui contribue au renouvellement naturel du collagène (et qui prévient l'apparition des rides).

Réservoir sanguin

Le réseau vasculaire de la peau est assez étendu et peut contenir environ 5 % du volume sanguin total du corps. Lorsque d'autres parties du corps, les muscles en action par exemple, ont besoin d'un plus grand apport de sang, le système nerveux provoque une constriction des vaisseaux sanguins dermiques afin que le sang qu'ils contiennent soit réparti dans les autres vaisseaux de la circulation sanguine systémique et mis à la disposition des muscles ou des autres organes (voir la figure 20.12, p. 712).

Excrétion

Une faible quantité de déchets azotés (ammoniac, urée et acide urique) est éliminée du corps par l'intermédiaire de la sueur; la grande majorité de ces déchets sont en fait excrétés dans les urines. Une transpiration abondante permet une élimination importante d'eau et de sel (chlorure de sodium).

DÉSÉQUILIBRES HOMÉOSTATIQUES DE LA PEAU

Lorsque notre peau se révolte, le phénomène ne passe pas inaperçu. En effet, un déséquilibre homéostatique au niveau des cellules et des organes peut se refléter sur la peau de façon spectaculaire. Par exemple, un dysfonctionnement important du foie peut occasionner un ictère (jaunisse) et un prurit (démangeaison). En raison de sa complexité et de son étendue, la peau peut présenter plus de mille troubles différents dont les plus courants sont les infections dues aux bactéries, aux virus et aux mycètes présents dans l'environnement. Nous donnons un aperçu de certaines d'entre elles dans la liste des termes médicaux à la page 160. Les brûlures et les cancers de la peau, dont nous allons parler ci-dessous, sont moins fréquents mais leurs effets sont beaucoup plus destructeurs pour l'organisme. ■

Brûlures

Les **brûlures** représentent un grave danger pour l'organisme, en raison surtout de leurs effets sur la peau. Une brûlure est une détérioration des tissus de la peau occasionnée par une chaleur intense, un courant électrique, les rayonnements ionisants ou certains produits chimiques. Chacun de ces facteurs dénature les protéines cellulaires de la région touchée avant d'entraîner la mort des cellules. Plus de deux millions d'Américains sont traités pour des brûlures chaque année, et environ 12 000 d'entre eux meurent de ces brûlures.

Initialement, la survie des victimes de brûlures graves est menacée par la perte dramatique de liquides organiques contenant des protéines et des électrolytes. Le suintement des liquides à la surface de la peau provoque une déshydratation et un déséquilibre électrolytique. Ces dérèglements entraînent à leur tour une insuffisance de la circulation sanguine causée par une réduction du volume sanguin (choc hypovolémique ; voir le chapitre 20) ainsi que l'arrêt de la fonction rénale. On doit immédiatement remplacer les liquides perdus pour sauver le patient. Chez les adultes, il est possible d'évaluer le volume des liquides perdus en utilisant la **règle des neuf** qui permet de calculer le pourcentage de la surface corporelle lésée. Selon cette méthode, le corps est divisé en 12 régions: chacune des onze premières comprend 9 % de la surface totale du corps ; la douzième se compose des organes génitaux externes et représente 1 % de la surface du corps (figure 5.8). Cette méthode demeure toutefois approximative, de sorte qu'on doit utiliser des tables spéciales quand une évaluation plus précise s'impose (par exemple, pour les enfants, dont les proportions du corps évoluent rapidement).

Bien que la surface antérieure de la tête et le visage n'occupent qu'une petite portion de la surface corporelle totale, les brûlures dans ces régions sont souvent plus graves que les brûlures au tronc. Pourquoi ?

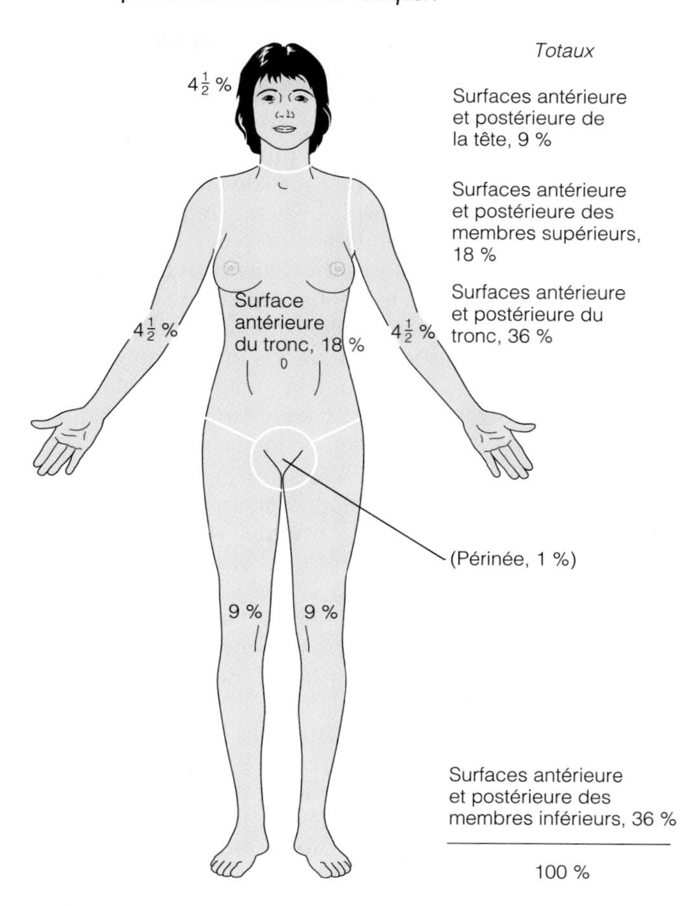

FIGURE 5.8
La règle des neuf permet d'évaluer l'étendue des brûlures. Les surfaces correspondant à la partie antérieure du corps sont indiquées sur la silhouette humaine. Les surfaces totales (surfaces antérieure et postérieure du corps) de chacune des régions du corps sont indiquées à droite de la figure.

Lorsque la région du visage est brûlée, les voies respiratoires peuvent être touchées: leurs tissus brûlés gonflent (œdème) et provoquent la suffocation.

Chez les brûlés, il faut remplacer les liquides et les électrolytes perdus et augmenter l'apport énergétique quotidien de plusieurs milliers de kilojoules afin de favoriser le renouvellement des protéines et la reconstitution des tissus. Comme aucun individu ne peut absorber une quantité de nourriture susceptible de lui fournir tous ces kilojoules, on procure un supplément nutritionnel au patient par l'intermédiaire d'une sonde gastrique ou par voie intraveineuse. Une fois la crise initiale surmontée, c'est l'infection qui représente le plus grand danger : elle constitue en effet la principale cause de mortalité chez les grands brûlés. Une peau brûlée est stérile pendant environ 24 heures. Cette période écoulée, des bactéries, des mycètes et d'autres agents pathogènes peuvent aisément envahir les régions dans lesquelles la barrière de la peau a été anéantie. Les agents pathogènes se multiplient rapidement dans ce milieu de tissus morts et de liquides contenant des protéines et des nutriments. Ce problème est aggravé par une déficience du système immunitaire qui se manifeste un ou deux jours après une brûlure grave.

Les brûlures sont classées, selon leur gravité (profondeur), en trois catégories : premier, second et troisième degrés. Dans les **brûlures du premier degré,** seul l'épiderme est touché. Les symptômes sont les suivants: rougeur localisée, enflure et douleur. Ce type de brûlure guérit en deux ou trois jours sans qu'il soit nécessaire d'y apporter des soins particuliers. Les coups de soleil sont généralement des brûlures du premier degré. Les **brûlures du second degré** endommagent l'épiderme et la couche superficielle du derme. Les symptômes sont sensiblement les mêmes que ceux des brûlures du premier degré, si ce n'est que des cloques apparaissent. Étant donné qu'il reste un nombre suffisant de cellules épithéliales, et si l'on prend soin de prévenir l'infection, la peau se régénère en ne laissant qu'une petite cicatrice, voire aucune, après trois ou quatre semaines. Les brûlures du premier et du second degré sont appelées **brûlures superficielles.**

Les **brûlures du troisième degré** détruisent toute l'épaisseur de la peau. Elles sont aussi nommées **brûlures profondes.** La région brûlée prend une coloration blême (grisâtre), rouge cerise ou noire. Les terminaisons nerveuses ayant été détruites, la région brûlée n'est pas douloureuse. Une régénération de la peau à partir des bordures de la brûlure par prolifération des cellules épithéliales de la couche basale est possible, mais on ne peut généralement pas attendre qu'elle se produise à cause de la perte de liquides et des risques d'infection. En conséquence, on recourt habituellement à la greffe de peau.

Avant d'effectuer la greffe, il faut préparer la surface brûlée en excisant les *escarres*, c'est-à-dire la peau brûlée. Afin de prévenir l'infection et la perte de liquides, la région est enduite d'antibiotiques et temporairement recouverte soit d'une membrane synthétique, soit d'une peau d'animal (porc), soit d'une peau de cadavre ou encore d'un « bandage vivant » élaboré à partir de la membrane du sac amniotique qui entoure le fœtus. Une peau saine est ensuite transplantée sur le site de la brûlure. À moins que la peau ne provienne du patient lui-même, les risques de rejet (destruction) par le système immunitaire sont importants. (Voir la section intitulée « Greffe d'organes et prévention du rejet » au chapitre 22.) Même si la greffe réussit et « prend », de grosses cicatrices se formeront souvent sur les régions brûlées.

Une technique fort prometteuse permet d'éliminer en partie les problèmes inhérents à la greffe de peau. Une peau synthétique constituée d'un « épiderme » en matière plastique, lui-même fixé à une couche « dermique » spongieuse composée de collagène et de cartilage broyé, est appliquée sur la surface nettoyée. De nouveaux vaisseaux sanguins ainsi que des fibroblastes, qui produisent les fibres collagènes, envahissent progressivement le derme artificiel reçu. Ces fibres remplacent celles du derme synthétique, qui sont biodégradables. Pendant que se déroule cette reconstruction dermique, de minuscules morceaux de tissu épithélial sont prélevés sur des zones non brûlées du patient. Ces cellules sont isolées et placées dans des contenants où elles vont proliférer (culture de tissu). Lorsque le nouveau derme est prêt (habituellement au bout de deux ou trois mois), des feuillets lisses et roses de l'épiderme formé *in vitro* sont greffées sur la surface du derme afin d'y provoquer une nouvelle croissance épidermique et de former un épiderme complètement neuf. Un produit commercial similaire (Testskin, cultivé à partir de cellules de peau provenant de prépuces de bébés circoncis) sert actuellement à vérifier les effets des cosmétiques et d'autres substances chimiques sur la peau humaine ; ce tissu obtenu par culture remplace de plus en plus les animaux dans de telles analyses.

On considère que le brûlé est dans un état critique quand: (1) plus de 25 % du corps est brûlé au second degré ; (2) plus de 10 % du corps est brûlé au troisième degré ; ou (3) le visage, les pieds ou les mains sont brûlés au troisième degré. En cas de brûlures faciales, les voies respiratoires peuvent être touchées : elles gonflent (œdème) et provoquent la suffocation. Les brûlures aux articulations posent souvent des problèmes sérieux car la formation de tissu cicatriciel réduit gravement leur mobilité.

Cancers de la peau

La plupart des tumeurs qui prennent naissance sur la peau sont bénignes et ne s'étendent pas à d'autres régions du corps. (La verrue, une tumeur provoquée par un virus, en est un exemple.) Certaines tumeurs cependant sont malignes, ou cancéreuses, c'est-à-dire qu'elles se propagent aux autres parties du corps (métastases). L'un des facteurs de risque les plus importants des cancers cutanés sans mélanome malin est l'exposition excessive aux rayons ultraviolets du soleil, qui semble désactiver un gène suppresseur de tumeur (gène *p53*). L'irritation répétée de la peau due à des infections, à des produits chimiques ou à des blessures peut aussi constituer, dans un nombre limité de cas, un facteur de risque.

Épithélioma basocellulaire

L'**épithélioma basocellulaire** est à la fois le moins malin et le plus courant des cancers de la peau. Les cellules de la couche basale prolifèrent et envahissent le derme et l'hypoderme. Les lésions cancéreuses apparaissent la plupart du temps dans les régions du visage exposées au soleil et prennent la forme de nodules brillants à la sur-

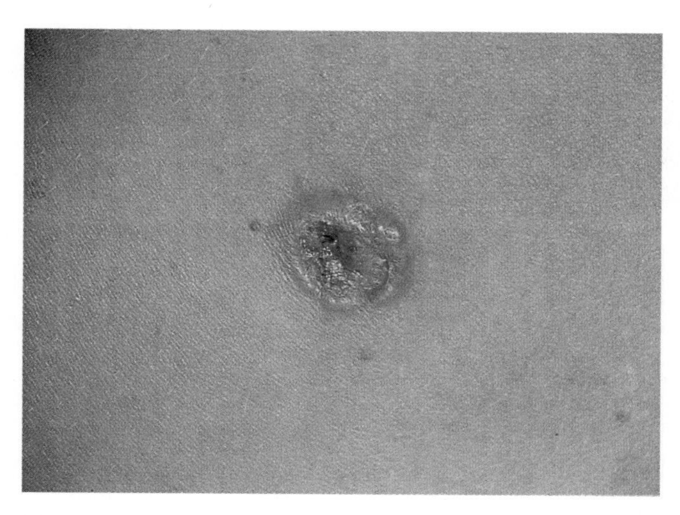

(a)

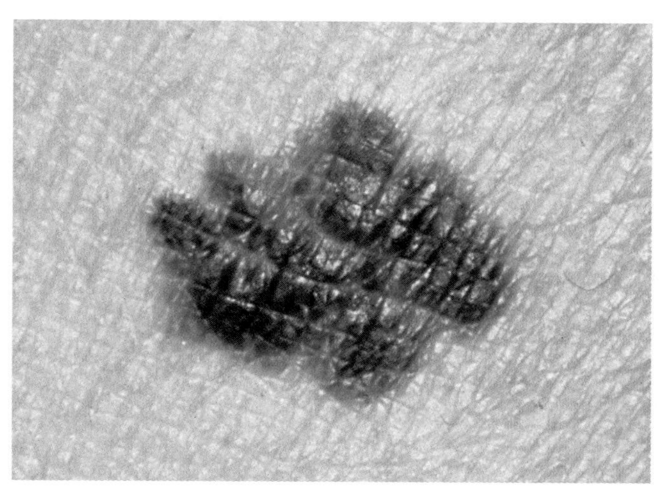

(b)

FIGURE 5.9
Photographies de cancers de la peau. (a) Épithélioma basocellulaire. **(b)** Le mélanome malin apparaît généralement sous la forme d'une petite lésion brune aux contours irréguliers.

face bombée (figure 5.9a). L'épithélioma basocellulaire croît à une vitesse relativement faible et, généralement, il est détecté avant d'avoir eu le temps de former des métastases. La guérison est totale dans 99 % des cas lorsqu'on effectue une excision chirurgicale.

Épithélioma spinocellulaire

L'**épithélioma spinocellulaire** est issu des kératinocytes de la couche épineuse. La lésion se présente d'abord sous la forme d'une petite papule (petite saillie circulaire) écailleuse et rougeâtre qui prend naissance la plupart du temps sur le cuir chevelu, les oreilles, le dos de la main et la lèvre inférieure. Il a tendance à croître rapidement et à envahir les ganglions lymphatiques adjacents s'il n'est pas enlevé. Lorsqu'il est décelé assez tôt et traité chirurgicalement ou par radiothérapie, les chances de guérison complète sont bonnes.

Mélanome malin

Le **mélanome malin** est un cancer des mélanocytes (d'où son nom), et le plus dangereux des cancers de la peau. Il représente seulement 5 % de ces cancers, mais son incidence augmente rapidement. Les mélanomes peuvent prendre naissance à tous les endroits où on trouve des mélanocytes. La plupart de ces cancers surgissent spontanément, mais environ un tiers d'entre eux se développent à partir d'un grain de beauté. Le mélanome apparaît sous la forme d'une tache qui s'agrandit sans cesse et dont la couleur varie du brun au noir (figure 5.9b). Il se propage rapidement aux vaisseaux lymphatiques et sanguins environnants. Les chances de survie sont d'environ 50 % et elles sont meilleures quand le diagnostic est précoce. On traite habituellement un mélanome malin par une excision chirurgicale étendue suivie d'une immunothérapie (qui immunise l'organisme contre ses cellules cancéreuses).

Les Sociétés canadienne et américaine du cancer suggèrent aux fanatiques du bronzage d'examiner régulièrement leur peau afin de vérifier s'il ne s'y trouve pas de nouveaux grains de beauté ou des taches pigmentées, et d'appliquer la **règle ABCD,** qui permet de reconnaître un mélanome. **A** pour **Asymétrie** : les deux côtés d'une tache pigmentée sont dissemblables; **B** pour **Bordures irrégulières**: les bordures de la lésion ne sont pas régulières mais dentelées ; **C** pour **Couleur**: la surface des taches pigmentées est de plusieurs couleurs (noir, brun, bronze et parfois bleu ou rouge); **D** pour **Diamètre**: le diamètre de la tache est supérieur à 6 mm.

DÉVELOPPEMENT ET VIEILLISSEMENT DU SYSTÈME TÉGUMENTAIRE

L'épiderme se développe à partir de l'ectoderme embryonnaire, et le derme et l'hypoderme, à partir du mésoderme. Vers le quatrième mois de développement, la peau est relativement bien formée. Toutes les couches de l'épiderme sont présentes, les papilles du derme deviennent évidentes et on note la présence de dérivés rudimentaires de l'épiderme. Pendant les cinquième et sixième mois, le fœtus est recouvert d'un manteau de poils fins appelé **lanugo.** Ce revêtement velu disparaît vers le septième mois et le duvet fait alors son apparition.

À la naissance, la peau du bébé est recouverte de **vernix caseosa,** un enduit blanchâtre et gras produit par les glandes sébacées pour protéger la peau du fœtus pendant son séjour dans la cavité amniotique. La peau du nouveau-né est très mince; sur le front et le nez, on remarque souvent des accumulations dans les glandes sébacées qui prennent la forme de petites taches blanches appelées *milia*. Ces taches disparaissent normalement vers la troisième semaine de vie. La peau s'épaissit durant l'enfance et de la graisse se dépose dans l'hypoderme. Bien que nous ayons tous à peu près le même nombre de glandes sudoripares, la quantité de glandes qui commencent à fonctionner dans les deux semaines suivant la naissance dépend du climat. Les habitants des pays chauds ont donc plus de glandes sudoripares actives que ceux qui ont grandi dans un climat plus froid.

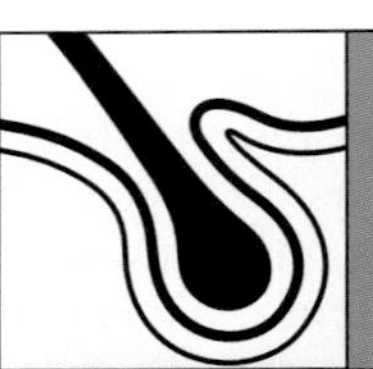

SYNTHÈSE

Tous pour un, un pour tous : relations entre le système tégumentaire et les autres systèmes de l'organisme

Système osseux

- La peau protège les os ; elle synthétise la vitamine D nécessaire à l'absorption normale du calcium et au dépôt des sels de calcium qui contribuent à durcir les os.
- Le système osseux procure un support à la peau.

Système musculaire

- La peau protège les muscles.
- L'activité musculaire produit une grande quantité de chaleur qui accroît la circulation sanguine vers la peau et peut stimuler les glandes sudoripares.

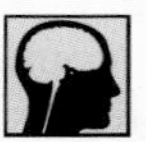

Système nerveux

- La peau protège les organes du système nerveux et renferme des récepteurs sensoriels (voir la figure 5.3).
- Le système nerveux règle le diamètre des vaisseaux sanguins dermiques ; il stimule les glandes sudoripares et contribue à la thermorégulation ; il interprète les sensations cutanées et active les muscles arrecteurs des poils.

Système endocrinien

- La peau protège les organes endocriniens et convertit certaines hormones pour les rendre actives.
- Les androgènes sécrétés par le système endocrinien stimulent les glandes sébacées et jouent un rôle dans la régulation de la croissance des poils.

Système cardiovasculaire

- La peau protège les organes cardiovasculaires ; elle empêche la perte des liquides organiques et fait office de réservoir sanguin.
- Le système cardiovasculaire transporte l'oxygène et les nutriments vers la peau et en retire les déchets ; il fournit aux glandes de la peau les substances nécessaires à la production de leurs sécrétions.

Système lymphatique et immunitaire

- La peau protège les organes lymphatiques ; elle empêche les invasions pathogènes ; les macrophagocytes intraépidermiques contribuent à activer le système immunitaire.
- Le système lymphatique prévient l'œdème en absorbant les liquides qui s'échappent des capillaires de la peau ; le système immunitaire protège les cellules de la peau.

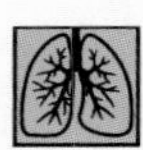

Système respiratoire

- La peau protège les organes respiratoires.
- Le système respiratoire procure de l'oxygène aux cellules de la peau et élimine le gaz carbonique par l'intermédiaire des échanges gazeux avec le sang.

Système digestif

- La peau protège les organes digestifs ; elle produit la vitamine D indispensable à l'absorption du calcium ; elle réalise certaines des conversions chimiques effectuées par les cellules du foie.
- Le système digestif fournit les nutriments nécessaires à la peau.

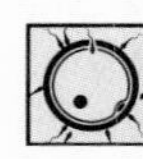

Système urinaire

- La peau protège les organes urinaires ; elle élimine des sels minéraux et certains déchets azotés dans la sueur.
- Le système urinaire active le précurseur de la vitamine D produit par les kératinocytes ; il élimine les déchets azotés du métabolisme de la peau.

Système génital

- La peau protège les organes génitaux ; les récepteurs cutanés réagissent aux stimulus érotiques ; des glandes sudoripares fortement modifiées, les glandes mammaires, produisent le lait maternel. Durant la grossesse, la peau s'étire à mesure que le fœtus croît ; des changements dans la pigmentation de la peau peuvent survenir.

Liens particuliers : relations entre le système tégumentaire et les systèmes nerveux, cardiovasculaire, lymphatique et immunitaire

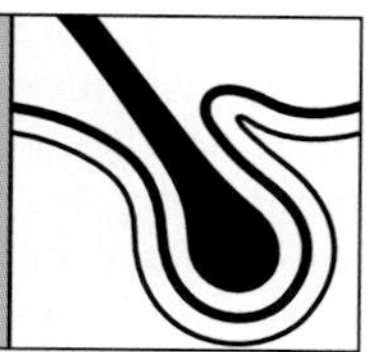

La peau est d'abord et avant tout une barrière. Telle la peau d'un raisin, elle maintient l'hydratation et l'intégrité de ce qu'elle recouvre. Elle excelle quand il s'agit de réparer elle-même ses lésions et interagit étroitement avec d'autres systèmes de l'organisme en produisant la vitamine D nécessaire au durcissement des os ainsi que d'autres molécules utiles. Elle protège aussi les tissus profonds des agents externes qui pourraient les endommager. Les rôles les plus importants qu'elle joue dans l'homéostasie globale de l'organisme sont ceux qu'elle accomplit en collaboration avec les systèmes nerveux, cardiovasculaire et lymphatique. Ces interactions sont décrites ci-dessous.

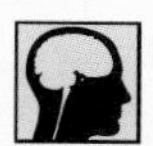

Système nerveux

La peau abrite les minuscules récepteurs sensoriels qui nous fournissent beaucoup d'informations au sujet de notre environnement, c'est-à-dire la température ambiante, la pression qu'exercent les objets et la présence de substances dangereuses. Qu'arriverait-il si nous marchions sur du verre brisé ou de l'asphalte chaud mais que notre peau était dépourvue de capteurs neuronaux ? Si nous ne pouvions pas voir, entendre, goûter ni sentir un danger, notre système nerveux n'en serait pas averti. Il serait par conséquent incapable de se rendre compte qu'une réaction est nécessaire ; il ne pourrait pas non plus prendre les mesures visant à nous protéger ou à nous procurer les premiers soins. Le corps tout entier bénéficie donc grandement de l'interaction de la peau avec le système nerveux.

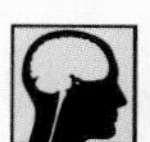 

Systèmes nerveux et cardiovasculaire

La peau nous permet de sentir la température ambiante et de réagir aux variations de température. Les vaisseaux sanguins dermiques (organes du système cardiovasculaire) et les glandes sudoripares (régies par le système nerveux) jouent un rôle essentiel dans la thermorégulation. Il en va de même du sang et des récepteurs du chaud et du froid de notre peau. Lorsque nous avons froid, notre sang perd de la chaleur au profit des organes internes et sa température diminue. Alerté, le système nerveux retient la chaleur en contractant les vaisseaux sanguins dermiques. Lorsque la température du corps et du sang augmente, les vaisseaux sanguins dermiques se dilatent et la transpiration commence. La thermorégulation est un mécanisme vital car lorsque le corps surchauffe, certains changements dangereux surviennent. Les réactions chimiques s'accélèrent et peuvent atteindre un rythme si élevé que des protéines vitales sont détruites et que nos cellules meurent. Le froid produit l'effet contraire : l'activité cellulaire ralentit et cesse au bout d'un certain temps.

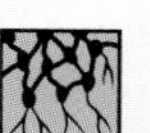

Système lymphatique et immunitaire

Le rôle de la peau dans l'immunité est très complexe. Les kératinocytes de la peau fabriquent des interférons (des protéines qui bloquent les infections virales) et d'autres protéines essentielles à la réponse immunitaire. Les macrophagocytes intraépidermiques de la peau interagissent avec les antigènes (substances étrangères) qui ont pénétré la couche cornée. Ils migrent ensuite vers les organes lymphatiques, où ils présentent des particules d'antigènes aux cellules qui organiseront la réponse immunitaire contre les substances étrangères. Ils agissent donc comme un messager qui avertit sans délai le système immunitaire que des agents pathogènes sont présents dans l'organisme.

Le plus léger coup de soleil peut empêcher une réponse immunitaire normale, car les rayons ultraviolets inactivent les cellules présentatrices d'antigènes de la peau. C'est peut-être pourquoi chez bien des gens atteints du virus de l'herpès (*Herpes simplex*) un bouton de fièvre apparaît après une exposition au soleil.

IMPLICATIONS CLINIQUES

Système tégumentaire

Une terrible collision entre un train routier et un autobus a eu lieu sur l'autoroute. Plusieurs des passagers sont transportés d'urgence vers les centres hospitaliers de la région. Quelques-unes de ces personnes seront suivies dans le cadre des études de cas cliniques présentées pour chaque système.

Étude de cas : L'examen de Mme Deschênes, âgée de 45 ans, révèle plusieurs atteintes à l'homéostasie. En ce qui concerne son système tégumentaire, les observations suivantes sont notées dans son dossier :

- Abrasions de l'épiderme sur l'épaule et le bras droits
- Lacérations graves de la joue et de la tempe droites
- Cyanose apparente

Les régions lacérées sont nettoyées, suturées et recouvertes d'un pansement par le personnel de la salle d'urgence. Mme Deschênes est ensuite admise pour subir d'autres tests.

Relativement aux signes qu'elle présente :

1. Quels mécanismes de protection ont été endommagés ou sont maintenant déficients dans les régions abrasées ?
2. En supposant que des bactéries aient pénétré le derme dans ces régions, quels autres mécanismes de défense de la peau pourraient freiner l'invasion bactérienne ?
3. Quel est l'avantage de la suture des lacérations ? (Indice : voir le chapitre 4, p. 139.)
4. La peau cyanotique de Mme Deschênes peut indiquer quel autre problème (et l'atteinte de quels systèmes ou fonctions) ?

(Réponses à l'appendice G)

5

Durant l'adolescence, la peau et les poils deviennent plus gras, parce que les glandes sébacées entrent en fonction; de l'acné peut apparaître. L'acné diminue généralement chez les jeunes adultes et la peau acquiert son apparence optimale entre vingt et trente ans. Par la suite, la peau commence à ressentir les effets des agressions constantes de l'environnement (abrasion, vent, soleil, substances chimiques). La desquamation et diverses inflammations de la peau, ou **dermatites,** sont alors plus fréquentes.

Au début de la vieillesse, le processus de renouvellement des cellules épidermiques ralentit, la peau s'amincit et se trouve plus sujette aux contusions et autres types de blessures. Les substances lubrifiantes produites par les glandes de la peau et qui contribuent à la douceur de la jeune peau se raréfient. Par conséquent, la peau s'assèche et démange. Il semblerait toutefois que ce dessèchement survienne plus tard sur une peau naturellement grasse. Les fibres élastiques s'agglutinent et dégénèrent. Les fibres collagènes durcissent et leur nombre diminue lorsqu'elles se soudent les unes aux autres. Ces altérations des fibres dermiques sont accélérées par des expositions prolongées au vent et au soleil. La couche graisseuse hypodermique s'amincit et entraîne cette intolérance au froid si fréquente chez les personnes âgées. La diminution de l'élasticité de la peau associée à la perte de tissus sous-cutanés provoque inévitablement des rides. La diminution du nombre de mélanocytes et de macrophagocytes intraépidermiques accroît le risque et l'incidence du cancer de la peau dans cette tranche d'âge. En règle générale, les personnes aux cheveux roux ou clairs, qui possèdent moins de mélanine au départ, subissent plus rapidement des changements dus au vieillissement que les personnes dont les poils et la peau sont foncés.

Vers l'âge de cinquante ans, le nombre de follicules pileux actifs est réduit à moins de un tiers de ce qu'il était et il continue ensuite à baisser. Les poils commencent alors à se clairsemer. La peau perd de son lustre et les gènes à retardement responsables du grisonnement des cheveux et de la calvitie hippocratique sont activés.

Bien qu'il n'existe aucun moyen d'éviter le vieillissement de la peau, on peut ralentir ce processus en protégeant la peau du soleil avec des écrans solaires et des vêtements. En effet, ce magnifique soleil qui donne un si beau bronzage peut aussi causer l'affaissement de la peau, la couperose et les rides. Une bonne alimentation, une consommation adéquate de liquides et une hygiène appropriée peuvent également ralentir le vieillissement de la peau.

* * *

La peau est à peu près aussi épaisse qu'une serviette de papier, ce qui n'est guère impressionnant pour un organe et même un système de l'organisme ! Pourtant, lorsqu'elle est gravement endommagée, presque tout l'organisme s'en ressent. Par contre, lorsque la peau est saine et qu'elle remplit adéquatement ses nombreuses fonctions, le corps entier en retire des bienfaits. Les corrélations les plus importantes qui existent entre le système tégumentaire et les différents systèmes de l'organisme sont résumées dans l'encadré intitulé *Synthèse* aux pages 158-159.

TERMES MÉDICAUX

Acné rosacée Rougissement du visage accompagné de lésions éruptives causé par la vasodilatation des vaisseaux sanguins faciaux. Le premier signe, un soudain rougissement, disparaît rapidement. Chaque nouvelle crise dure plus longtemps que la précédente, et de minuscules tuméfactions surélevées apparaissent. L'acné rosacée est exacerbée par tout ce qui cause la vasodilatation (exercice, liquides chauds, aliments épicés et alcool). Non traitée, elle s'aggrave et produit des masses de veines gonflées et des grappes de pustules; dans 10 % des cas, un rhinophyma défigurant (nez bulbeux et rouge) apparaît (la plupart du temps chez les hommes). Sa cause est inconnue mais la bactérie provoquant l'ulcère gastroduodénal (*Helicobacter pylori*) est soupçonnée. Des antibiotiques topiques peuvent être efficaces aux premiers stades de l'affection et un traitement au laser est bénéfique dans les cas plus graves.

Albinisme (*albus* = blanc) Affection héréditaire dans laquelle les mélanocytes ne synthétisent pas la mélanine par manque de tyrosinase. La peau d'un albinos est rose; ses poils et ses cheveux sont pâles ou blancs.

Boutons de fièvre Petites cloques remplies de liquide provoquant des démangeaisons et une sensation de brûlure; elles apparaissent généralement sur les lèvres et sur les muqueuses de la bouche. L'infection est due au virus de l'herpès (type 1); ce virus se niche dans les neurofibres cutanées où il demeure au repos jusqu'à ce qu'il soit activé par un choc émotionnel, de la fièvre ou les rayons ultraviolets.

Callosités Épaississements de la couche cornée de l'épiderme provoqués par des frottements répétés (à cause de chaussures trop serrées par exemple).

Dermatite de contact Affection de la peau caractérisée par des démangeaisons, des rougeurs et un œdème qui progressent jusqu'à la formation d'une cloque; causée par l'exposition à des substances chimiques (comme l'huile contenue dans toutes les parties du sumac vénéneux) qui provoquent une réaction allergique chez les personnes sensibles.

Dermatologie Branche de la médecine qui étudie et traite les maladies de la peau.

Épidermolyse bulleuse congénitale Groupe d'affections héréditaires caractérisé par une synthèse insuffisante ou anormale de la kératine, du collagène et/ou du « ciment » de la membrane basale qui perturbe la cohésion entre les couches de la peau ou des muqueuses; un simple contact cause la séparation de ces couches et la formation de cloques. Dans les cas les plus graves, des phlyctènes fatales apparaissent sur les principaux organes vitaux. Les cloques se rompant aisément, les victimes contractent souvent des infections; le traitement se résume à soulager les symptômes et à prévenir l'infection.

Escarre de décubitus Nécrose des cellules et ulcération localisée de la peau dues à un approvisionnement sanguin insuffisant; apparaît généralement sur une protubérance osseuse, comme la hanche ou le talon, sujette à des pressions continues lorsqu'une personne est couchée; couramment appelée « plaie de lit ».

Furoncles (clous) Inflammation aiguë de plusieurs follicules pileux d'une région de la peau; cette inflammation peut atteindre le derme et se produit fréquemment à l'arrière du cou; l'agent causal est souvent une bactérie (surtout le staphylocoque doré). Un amas de furoncles est appelé *anthrax.*

Impétigo (*impetere* = attaquer) Lésions roses, pustuleuses et gonflées (touchant souvent le tour de la bouche et le nez) qui produisent une croûte jaune et finissent par se rompre ; causées par une infection à staphylocoques ; contagieuses ; courantes chez les enfants d'âge scolaire.

Psoriasis Affection chronique caractérisée par des lésions épidermiques rougeâtres couvertes d'écailles argentées et sèches ; elle peut être défigurante et affaiblissante lorsqu'elle se manifeste de façon aiguë ; sa cause est inconnue mais une crise auto-immune pourrait y contribuer ; les crises de psoriasis sont souvent déclenchées par un trauma, une infection, des changements hormonaux et le stress.

Tache de vin (angiome plan) La plus évidente des taches de naissance ; allant du rose au rouge foncé, elle révèle la présence d'un réseau anormalement dense de vaisseaux sanguins sous la surface de la peau. La tache a tendance à s'assombrir et à devenir nodulaire avec l'âge ; le traitement au laser donne de bons résultats.

Tache mongolique Tache bleuâtre siégeant sur la peau de la région sacrale ; produite par la présence inhabituelle d'un amas de mélanocytes dans le derme ; l'épiderme ayant le pouvoir de diffuser la lumière, les zones touchées paraissent bleues ; la tache disparaît avec l'âge.

Teigne Nom courant désignant un certain nombre d'infections très contagieuses de la peau, dues à un mycète, dont les lésions peuvent avoir la forme d'un anneau. Le microorganisme parasitaire se nourrit de peau morte et des déchets présents dans la transpiration ; il siège généralement dans les plis chauds, souvent humides, de la peau (aisselle, région génitale, entre les orteils [**pied d'athlète**]). Les lésions rouges, écailleuses et prurigineuses prennent souvent la forme d'un anneau lorsque l'infection se propage. Le traitement consiste à prendre des agents antifongiques.

Vitiligo (*vitiligo* = tache blanche) Le trouble de pigmentation de la peau le plus courant ; caractérisé par une perte de mélanocytes et une répartition inégale de la mélanine ; se présente sous la forme de taches décolorées (taches claires) entourées de régions normalement colorées ; on pense qu'il s'agit d'une maladie auto-immune.

RÉSUMÉ DU CHAPITRE

Peau (p. 143-148)

1. La peau, ou tégument, est constituée de deux couches distinctes : l'épiderme, la couche la plus superficielle, et le derme, qui repose sur le tissu sous-cutané (l'hypoderme).

Épiderme (p. 143-145)

2. L'épiderme est un épithélium stratifié squameux kératinisé. Il n'est pas vascularisé. La majorité des cellules de l'épiderme sont des kératinocytes. On trouve aussi des mélanocytes, des épithélioïdocytes du tact et des macrophagocytes intraépidermiques parmi les kératinocytes de la couche la plus profonde de l'épiderme.

3. De la plus profonde à la plus superficielle, les couches, ou strates, de l'épiderme sont : la couche basale, la couche épineuse, la couche granuleuse, la couche claire et la couche cornée. On ne trouve pas de couche claire dans la peau fine. C'est dans la couche basale que sont produites par mitose les nouvelles cellules responsables de la croissance de l'épiderme. Les couches les plus superficielles sont de plus en plus kératinisées et de moins en moins viables. La couche cornée est constituée de cellules mortes entièrement kératinisées qui tombent continuellement.

Derme (p. 145-147)

4. Le derme est principalement composé de tissu conjonctif dense irrégulier. Il possède beaucoup de vaisseaux sanguins, de vaisseaux lymphatiques et de neurofibres. Les récepteurs cutanés, les glandes et les follicules pileux se trouvent dans le derme.

5. La zone papillaire, la plus superficielle du derme, comprend les papilles du derme, qui débordent sur l'épiderme. La configuration des papilles du derme est visible à la surface de l'épiderme, où elles prennent la forme de crêtes et de sillons produisant les empreintes digitales.

6. Les fibres de tissu conjonctif sont plus étroitement entremêlées dans la zone réticulaire, la plus profonde et la plus épaisse couche du derme. Les régions moins denses qui se situent entre ces faisceaux forment dans la peau des lignes de tension, aussi appelées « lignes de Langer ». Les points d'attache entre le derme et l'hypoderme, au niveau des articulations surtout, entraînent la formation de lignes de flexion.

Couleur de la peau (p. 147-148)

7. La couleur de la peau dépend de la quantité de pigments (mélanine et/ou carotène) présents dans la peau et du degré d'oxygénation de l'hémoglobine du sang.

8. La production de mélanine est stimulée par l'exposition du corps aux rayons ultraviolets du soleil. La mélanine, produite par les mélanocytes et transférée aux kératinocytes, protège le noyau des kératinocytes des effets nocifs des rayons ultraviolets.

9. Les émotions modifient la couleur de la peau. Des variations de la couleur normale de la peau (jaunisse, bronzage, érythème et autres) peuvent accompagner certains états pathologiques.

Annexes cutanées (p. 148-153)

1. Les annexes cutanées, qui dérivent de l'épiderme, comprennent les poils et les follicules pileux, les ongles et les glandes (sudoripares et sébacées).

Glandes sudoripares (p. 148-149)

2. Les glandes sudoripares mérocrines, à peu d'exceptions près, sont présentes sur toute la surface du corps. Leur principale fonction est de participer à la thermorégulation. Ce sont des glandes simples, tubuleuses et enroulées sur elles-mêmes, qui sécrètent une solution salée contenant de faibles quantités d'autres solutés. Leur conduit débouche habituellement à la surface de la peau par un pore.

3. Les glandes sudoripares apocrines se trouvent principalement dans les régions axillaires et ano-génito-périnéale. Leurs sécrétions sont similaires à celles des glandes mérocrines si ce n'est qu'elles contiennent en plus des protéines et des substances graisseuses dont les bactéries sont friandes. Leur rôle précis n'est pas encore clairement établi mais il se peut qu'elles soient odoriférantes.

Glandes sébacées (p. 149)

4. Les glandes sébacées sont présentes sur toute la surface du corps à l'exception de la paume des mains et de la plante des pieds. Ce sont des glandes exocrines holocrines ; leur sécrétion huileuse est appelée sébum. Le conduit des glandes sébacées débouche habituellement dans le follicule pileux.

5. Le sébum lubrifie la peau et les poils, empêche la déperdition d'eau par la peau et agit comme agent bactéricide. Les glandes sébacées sont activées à la puberté et régies par les androgènes.

Poils et follicules pileux (p. 149-153)

6. Le poil, produit par le follicule pileux, est constitué de cellules fortement kératinisées. Un poil typique se compose d'une moelle centrale, d'un cortex et d'une cuticule externe ; il comprend aussi une racine et une tige. La couleur du poil indique la quantité et la variété de mélanine produite.

7. Le follicule pileux est formé d'une gaine interne de tissu épithélial renfermant la matrice et d'une gaine de tissu conjonctif d'origine épidermique dérivée du derme. Le follicule pileux est abondamment vascularisé et riche en neurofibres. Les muscles arrecteurs des poils permettent aux follicules de se redresser et produisent la « chair de poule ».

8. À l'exception des cheveux et des poils entourant les yeux, les poils sont d'abord duveteux, puis, sous l'influence des androgènes, ils deviennent plus épais et plus foncés à la puberté et prennent ainsi leur forme de poils adultes.

9. La vitesse de croissance des poils varie selon les parties du corps, l'âge et le sexe. Les poils n'ayant pas tous la même longévité, ils n'ont pas la même longueur sur les diverses parties du corps. La chute des cheveux dépend de facteurs qui prolongent les périodes de repos folliculaire, de l'atrophie des follicules associée au vieillissement et d'un gène à retardement.

Ongles (p. 153)

10. L'ongle est une modification écailleuse de l'épiderme qui recouvre la face dorsale du bout du doigt ou de l'orteil. La région de croissance se situe dans la matrice de l'ongle, la partie proximale du lit de l'ongle.

Fonctions du système tégumentaire (p. 153-155)

1. Protection. La peau protège l'organisme en dressant une barrière chimique (les propriétés antibactériennes du sébum et du film de liquide acide ainsi que la mélanine), une barrière physique (une surface durcie par la kératine) et une barrière biologique (phagocytes).

2. Régulation de la température corporelle. Les vaisseaux sanguins dermiques et les glandes sudoripares, régis par le système nerveux, jouent un rôle important dans le maintien de la température homéostatique du corps.

3. Les sensations cutanées. Les récepteurs sensoriels cutanés réagissent à la température, au toucher, à la pression et aux stimulus douloureux.

4. Fonctions métaboliques. La vitamine D est synthétisée par les cellules épidermiques à partir du cholestérol. Les cellules de la peau jouent aussi un rôle dans certaines conversions chimiques.

5. Réservoir sanguin. Le réseau vasculaire étendu du derme fait de la peau un réservoir sanguin.

6. Excrétion. La sueur élimine une petite quantité de déchets azotés, et elle joue un rôle mineur dans l'excrétion.

Déséquilibres homéostatiques de la peau (p. 155-157)

1. Les problèmes cutanés les plus fréquents sont d'ordre infectieux.

Brûlures (p. 155-156)

2. Le danger initial que représente pour l'organisme une brûlure grave réside dans la perte de liquides organiques riches en protéines et en électrolytes. Cette perte peut provoquer un choc hypovolémique. Le risque d'infection bactérienne importante menace ensuite la survie.

3. La règle des neuf peut être utilisée pour évaluer l'étendue d'une brûlure (voir p. 155). Les brûlures sont divisées en trois catégories selon leur profondeur : premier, second ou troisième degré. Pour guérir correctement, une brûlure du troisième degré requiert une greffe de peau.

Cancer de la peau (p. 156-157)

4. C'est l'exposition aux rayons ultraviolets du soleil qui est la cause la plus fréquente des cancers de la peau.

5. La guérison des épithéliomas basocellulaires et des épithéliomas spinocellulaires est totale s'ils sont retirés avant d'avoir eu le temps de former des métastases. Le mélanome malin, un cancer des mélanocytes, est plus rare, mais souvent fatal.

Développement et vieillissement du système tégumentaire (p. 157, 160)

1. L'épiderme se développe à partir de l'ectoderme embryonnaire ; le derme (et l'hypoderme) à partir du mésoderme.

2. Le fœtus est recouvert d'un lanugo duveteux. Les glandes sébacées fœtales produisent une substance appelée vernix caseosa qui protège la peau du fœtus de son milieu aqueux.

3. La peau d'un nouveau-né est fine mais, durant l'enfance, elle s'épaissit et de la graisse se dépose dans l'hypoderme. Les glandes sébacées s'activent à la puberté et les poils adultes font leur apparition.

4. Au cours du vieillissement, le processus de renouvellement des cellules de l'épiderme ralentit, et la peau et les poils se raréfient. L'activité des glandes de la peau décroît. La perte des fibres collagènes, des fibres élastiques et de la graisse sous-cutanée entraîne un flétrissement de la peau.

QUESTIONS DE RÉVISION

Choix multiples/associations

(Réponses à l'appendice G)

1. Quel type de cellules épidermiques est le plus abondant ? (a) Les kératinocytes ; (b) les mélanocytes ; (c) les macrophagocytes intraépidermiques ; (d) les épithélioïdocytes du tact.

2. Laquelle de ces cellules est un macrophage ? (a) Le kératinocyte ; (b) le mélanocyte ; (c) le macrophagocyte intraépidermique ; (d) l'épithélioïdocyte du tact.

3. L'épiderme forme une barrière physique en grande partie grâce à la présence : (a) de la mélanine ; (b) du carotène ; (c) des fibres collagènes ; (d) de la kératine.

4. La couleur de la peau est déterminée par : (a) la quantité de sang ; (b) les pigments ; (c) le niveau d'oxygénation du sang ; (d) toutes ces réponses.

5. Les sensations produites par le toucher ou la pression sont perçues par des récepteurs situés dans : (a) la couche basale ; (b) le derme ; (c) l'hypoderme ; (d) la couche cornée.

6. Lequel de ces énoncés concernant la zone papillaire est inexact ? (a) Elle produit le motif des empreintes digitales ; (b) elle contribue à la résistance de la peau ; (c) elle contient des terminaisons nerveuses réagissant aux stimulus ; (d) elle est abondamment vascularisée.

7. Les marques, visibles à la surface de la peau, indiquant que le derme est étroitement lié aux tissus sous-jacents s'appellent : (a) lignes de tension ; (b) crêtes papillaires ; (c) lignes de flexion ; (d) papilles dermiques.

8. Laquelle de ces structures n'est pas un dérivé de l'épiderme ? (a) Le poil ; (b) la glande sudoripare ; (c) le récepteur sensoriel ; (d) la glande sébacée.

9. On ne ressent aucune douleur lorsqu'on se coupe les cheveux parce que : (a) aucune neurofibre n'est associée au poil ; (b) la tige du poil est constituée de cellules mortes ; (c) le follicule pileux est issu de l'épiderme et celui-ci est dépourvu de nerfs ; (d) le follicule pileux ne peut réagir car il ne reçoit pas de nutriments.

10. Un muscle arrecteur du poil : (a) est associé à chaque glande sudoripare ; (b) peut aider le poil à se redresser ; (c) permet à chaque poil de s'étirer lorsqu'il est mouillé ; (d) fournit les nouvelles cellules nécessaires à la croissance continue du poil qui lui est associé.

11. La sécrétion de ce type de glande sudoripare comprend des protéines et des substances graisseuses qui deviennent odorantes sous l'action des bactéries. Laquelle est-ce ? (a) La glande apocrine ; (b) la glande mérocrine ; (c) la glande sébacée ; (d) la glande pancréatique.

12. Le sébum : (a) lubrifie la surface de la peau et les poils ; (b) est constitué de cellules mortes et de substances graisseuses ; (c) peut causer de la séborrhée lorsque sa sécrétion est trop abondante ; (d) toutes ces réponses.

13. La « règle des neuf » est utile d'un point de vue clinique : (a) pour diagnostiquer les cancers de la peau ; (b) pour évaluer l'étendue d'une brûlure ; (c) pour déterminer la gravité d'un cancer ; (d) pour prévenir l'acné.

Questions à court développement

14. Quelle cellule épidermique contient des granules de kératohyaline et des granules lamellés ?

15. Un homme chauve ne possède-t-il réellement plus de cheveux ? Expliquez.

16. Les nouveau-nés comme les personnes âgées n'ont que très peu de tissus sous-cutanés. Pourquoi cela augmente-t-il leur sensibilité aux basses températures ?

17. Vous allez vous baigner à la plage par un très chaud après-midi de juillet. Décrivez deux des processus qu'emploiera votre système tégumentaire pour maintenir l'homéostasie de votre organisme durant cette sortie.

18. Différenciez clairement les brûlures des premier, second et troisième degrés.

19. Décrivez le processus de formation du poil et énoncez les différents facteurs qui peuvent influer sur : (a) le cycle de croissance ; (b) la texture du poil.

20. Qu'est-ce que la cyanose et qu'indique-t-elle ?

21. Pourquoi la peau ride-t-elle et quels sont les facteurs qui accélèrent ce processus ?

22. Expliquez chacun des phénomènes familiers suivants à la lumière de ce que vous avez appris dans le présent chapitre : (a) les boutons ; (b) les pellicules ; (c) les cheveux gras et le « nez luisant » ; (d) les vergetures causées par un gain de poids ; (e) les taches de rousseur ; (f) les empreintes digitales.

23. Le célèbre comte Dracula, qui vivait en Europe de l'Est il y a quelque 600 ans, aurait tué au moins 200 000 personnes. Bien qu'il ait réellement été un « monstre », il n'était pas vraiment un vampire. De quelle affection souffrait-il vraisemblablement ? (a) De porphyrie ; (b) d'épidermolyse bulleuse congénitale ; (c) de mauvaise haleine ; (d) de vitiligo. Expliquez votre réponse.

24. Pourquoi le cancer de la peau ne provient-il jamais des cellules de la couche cornée ?

RÉFLEXION ET APPLICATION

1. Un maître-nageur de quarante ans vous explique que grâce à son bronzage il avait beaucoup de succès quand il était jeune, mais que maintenant son visage est tout ridé et que plusieurs taches pigmentées foncées sont apparues sur son corps et grandissent rapidement au point d'être devenues aussi grosses que des pièces de monnaie. Il vous montre les taches et vous pensez immédiatement « ABCD ». Qu'est-ce que cela signifie et pourquoi a-t-il de bonnes raisons de s'inquiéter ?

2. Les brûlures du troisième degré permettent d'illustrer la perte des fonctions vitales subies par la peau. Quels sont les problèmes cliniques les plus importants qui se présentent en pareil cas ? Expliquez chacune des conséquences qu'entraîne l'absence de peau.

3. Une femme de trente ans, soignée pour des troubles mentaux, présente une croissance anormale des poils sur la face dorsale de l'index de sa main droite. L'infirmier explique qu'elle mordille continuellement ce doigt. Quelle est selon vous la relation entre cette manie et le doigt poilu de la patiente ?

4. Un mannequin est préoccupé par une nouvelle cicatrice sur son abdomen. Elle déclare au chirurgien qu'il ne lui est pratiquement pas resté de cicatrice d'une opération de l'appendice subie à l'âge de seize ans alors que cette cicatrice-ci, qui résulte d'une opération de la vésicule biliaire, est vraiment « affreuse ». La petite cicatrice oblique de son appendicectomie est située dans la région inférieure droite de la paroi abdominale – elle est presque imperceptible. En revanche, la nouvelle cicatrice, grosse et protubérante, est perpendiculaire à l'axe central du tronc. Comment expliquez-vous que ces deux cicatrices soient si différentes ?

LE TISSU OSSEUX ET LES OS

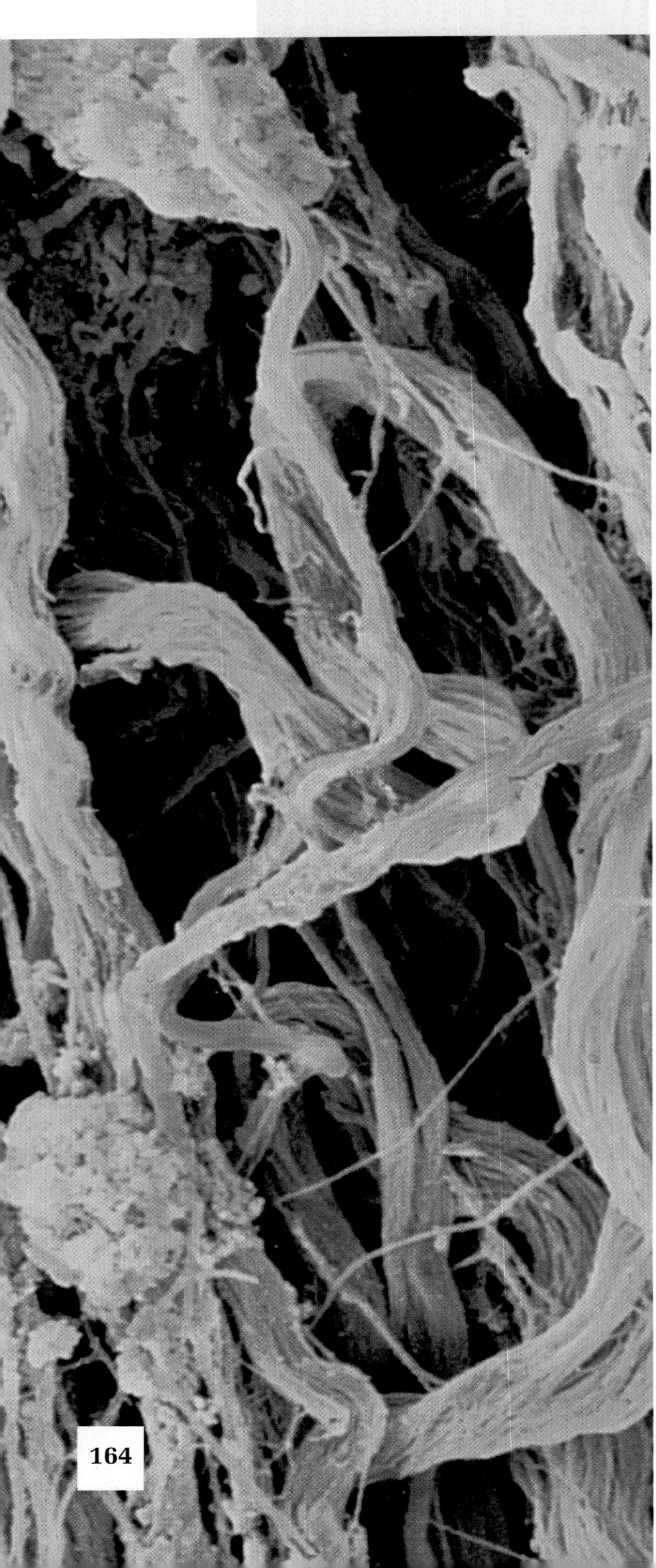

SOMMAIRE ET OBJECTIFS D'APPRENTISSAGE

Cartilages (p. 165)

1. Expliquer les propriétés fonctionnelles de chaque type de tissu cartilagineux.
2. Situer les principaux cartilages d'un squelette adulte.
3. Expliquer et différencier les deux modes de croissance du cartilage.

Fonctions des os (p. 165-167)

4. Énumérer et décrire cinq fonctions importantes des os.

Classification des os (p. 167-168)

5. Comparer et montrer les différences structurales entre les quatre classes d'os, puis donner des exemples de chaque classe.

Structure des os (p. 168-172)

6. Décrire l'anatomie macroscopique d'un os long typique et d'un os plat. Préciser la situation et les fonctions de la moelle osseuse rouge et jaune, du cartilage articulaire, du périoste et de l'endoste.
7. Montrer l'importance fonctionnelle du relief osseux.
8. Décrire la structure du tissu osseux compact et du tissu osseux spongieux.
9. Discuter de la composition chimique des os. Montrer les avantages relatifs que leur confèrent leurs composants organiques et inorganiques.

Développement des os (ostéogenèse) (p. 172-176)

10. Comparer et montrer les différences entre les deux types de formation osseuse : l'ossification intramembraneuse et l'ossification endochondrale.
11. Décrire le processus de croissance des os longs qui se produit au niveau des cartilages épiphysaires.

Homéostasie osseuse : remaniement et consolidation (p. 176-181)

12. Comparer la situation et les fonctions des ostéoblastes, des ostéocytes et des ostéoclastes dans le remaniement osseux.
13. Expliquer de quelle façon la régulation hormonale et les forces physiques influent sur le remaniement osseux.
14. Décrire les étapes de la consolidation des fractures.

Déséquilibres homéostatiques des os (p. 181, 184)

15. Montrer les différences entre les troubles du remaniement osseux manifestes dans l'ostéoporose, l'ostéomalacie et la maladie osseuse de Paget.

Développement et vieillissement des os : chronologie (p. 184-185)

16. Décrire la succession et les causes des modifications de la structure osseuse et de la masse osseuse au cours de la vie.

Nous avons tous entendu des expressions comme « avoir mal aux os », « un sac d'os », « sec comme un os », etc., autant d'images peu flatteuses et inexactes de l'un des tissus les plus intéressants de notre organisme. Les os sont également les principaux éléments de notre squelette. C'est notre cerveau, et non les os, qui détermine la sensation d'épuisement; nos os n'ont rien de sec; et pour ce qui est du «sac d'os», ils sont effectivement plus visibles chez certains d'entre nous, mais s'ils n'étaient pas là pour former notre squelette, nous ramperions sur le sol comme des limaces, incapables d'adopter une forme précise. Le squelette comprend également des cartilages, qui sont moins forts que les os, mais plus élastiques. Dans ce chapitre, nous présentons les principales localisations des cartilages du squelette. Nous nous penchons plus particulièrement sur la structure et les fonctions générales du tissu osseux ainsi que sur la dynamique de sa formation et de son remaniement au cours de la vie. Les chapitres 7 et 8 traiteront des os qui constituent notre squelette et des articulations qui en permettent la mobilité.

CARTILAGES

Bien que notre squelette soit initialement formé de cartilages et de membranes fibreuses, ces premiers supports sont rapidement remplacés par les os. Les quelques cartilages qui restent dans le squelette adulte siègent principalement dans les régions nécessitant des tissus plus souples, comme nous le verrons ci-dessous.

Structure, types et localisation des cartilages

Un **cartilage** du squelette se compose de l'une des trois variétés de *tissu cartilagineux*; ce tissu possède la caractéristique d'être constitué principalement d'eau. (Ainsi que nous l'avons expliqué dans l'encadré de la page 133, c'est la haute teneur en eau du cartilage qui lui confère son élasticité, c'est-à-dire sa capacité à reprendre sa forme initiale après avoir été comprimé.) Dépourvu de nerfs et de vaisseaux sanguins, le cartilage est entouré d'une membrane de tissu conjonctif dense appelée *périchondre* (*peri* = autour; *khondros* = cartilage). Tel un corset, le périchondre réprime l'expansion du cartilage lorsqu'il est comprimé.

Comme nous l'avons vu au chapitre 4, le corps comprend trois types de tissu cartilagineux: le cartilage hyalin, le cartilage élastique et le cartilage fibreux. Tous ont la même composition de base: des cellules appelées *chondrocytes* sont emprisonnées dans de petites cavités (lacunes) à l'intérieur d'une *matrice extracellulaire* faite de substance fondamentale gélatineuse et de fibres. Les trois types de tissus cartilagineux peuvent se retrouver dans les cartilages du squelette (figure 6.1).

Cartilage hyalin

Le **cartilage hyalin** est composé de chondrocytes sphériques (voir la figure 4.8g, p. 127) et les seules fibres que contient sa matrice sont des fibres collagènes. Le cartilage hyalin, qui ressemble à du verre givré à l'état frais, est un support à la fois flexible et élastique. C'est le type de cartilage le plus répandu dans le corps humain. Comme on peut le constater à la figure 6.1, il comprend (1) le **cartilage articulaire,** qui recouvre les extrémités des os dans les articulations mobiles; (2) le **cartilage costal,** qui relie les côtes au sternum; (3) le **cartilage du larynx,** qui forme le squelette du larynx; (4) les **cartilages trachéal** et **bronchial,** qui fortifient les autres voies de passage du système respiratoire; et (5) les **cartilages du nez,** qui soutiennent le nez.

Cartilage élastique

Le **cartilage élastique** ressemble beaucoup au cartilage hyalin (voir la figure 4.8h, p. 128), mais il contient un plus grand nombre de fibres élastiques, ce qui lui permet de mieux résister à des flexions répétées. On le trouve à quelques endroits seulement dans le squelette (figure 6.1) — il soutient notamment l'oreille externe et forme l'épiglotte (languette mobile qui se replie pour couvrir l'orifice du larynx lors de la déglutition).

Cartilage fibreux

Le **cartilage fibreux,** ou **fibrocartilage,** se présente comme une alternance de rangées de chondrocytes sensiblement parallèles et de faisceaux de fibres collagènes épaisses (voir la figure 4.8i, p. 129). Il résiste bien à la compression et à l'étirement. On le trouve là où s'exercent des pressions et des étirements considérables, par exemple dans les coussins cartilagineux du genou (ménisques) et les disques intervertébraux de la colonne vertébrale.

Croissance du cartilage

Les deux modes de croissance du cartilage sont la croissance par apposition et la croissance interstitielle (voir p. 126). Dans la **croissance par apposition** (à partir de l'extérieur), les cellules qui produisent le cartilage dans le périchondre environnant sécrètent une nouvelle matrice qui se dépose sur la face externe du tissu cartilagineux existant. Le mot *apposition* signifie «placer à côté», ce qui décrit assez bien le phénomène. Dans la **croissance interstitielle** (le principal processus de croissance pour un cartilage en formation), les chondrocytes enfermés dans les lacunes du cartilage se divisent et sécrètent une nouvelle matrice, ce qui provoque une croissance à partir de l'intérieur du cartilage. Habituellement, le cartilage cesse de croître pendant l'adolescence, en même temps que le squelette.

Dans certaines conditions, des sels de calcium peuvent se déposer dans la matrice du cartilage. Cette calcification survient lors de la *croissance normale des os* (p. 174-176) et accompagne le vieillissement. Il faut toutefois noter que le cartilage calcifié ne constitue *pas* un tissu osseux; le cartilage et les os sont toujours deux tissus distincts.

FONCTIONS DES OS

En plus de donner à notre corps sa forme extérieure, nos os remplissent plusieurs fonctions importantes:

1. **Soutien.** Les os constituent une structure rigide qui sert de support à notre corps et d'ancrage à tous ses organes mous. Par exemple, les os des membres inférieurs agissent comme des piliers qui portent notre

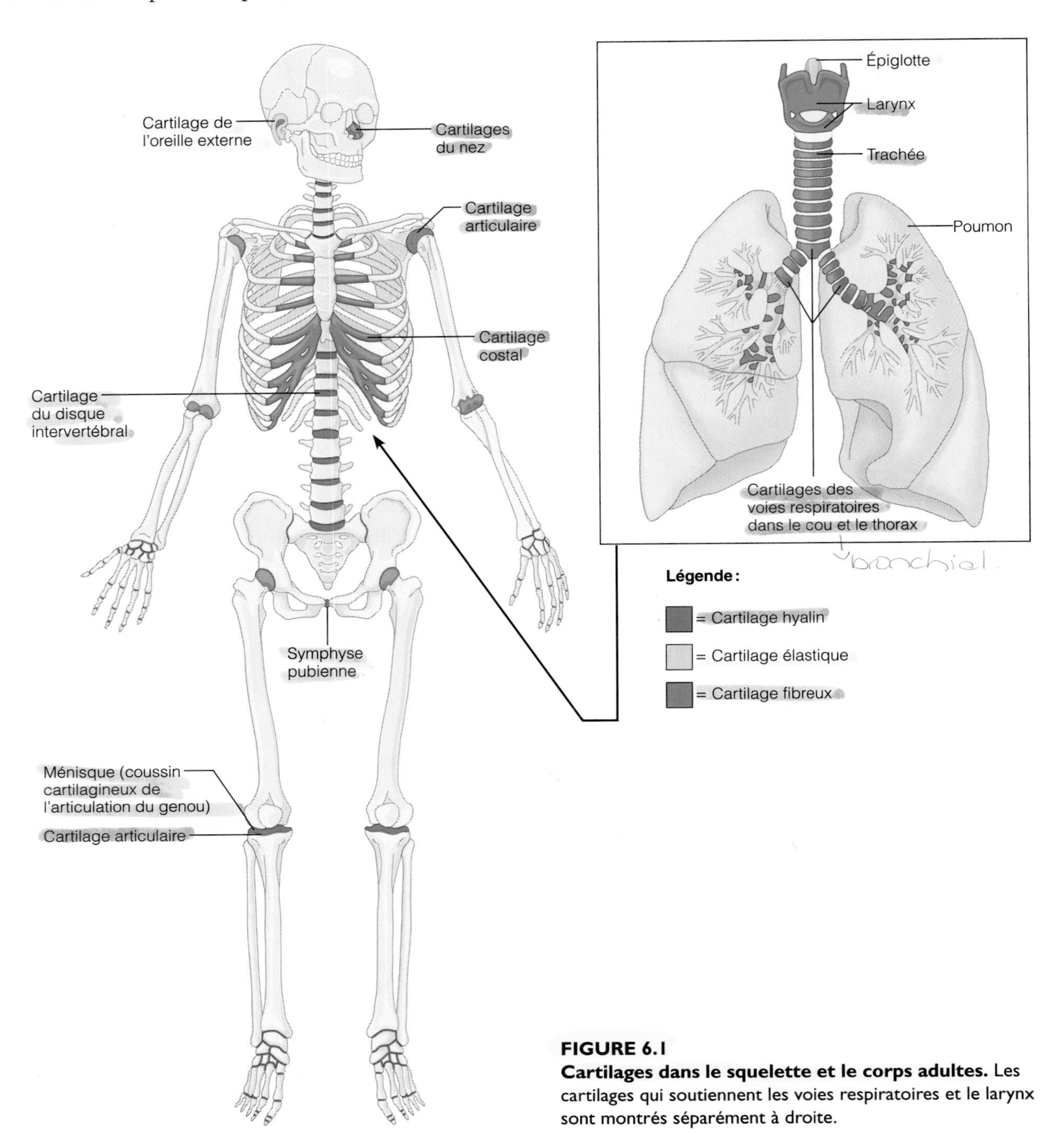

FIGURE 6.1
Cartilages dans le squelette et le corps adultes. Les cartilages qui soutiennent les voies respiratoires et le larynx sont montrés séparément à droite.

tronc lorsque nous nous tenons debout, et la cage thoracique soutient les parois du thorax.

2. **Protection.** L'encéphale est étroitement recouvert par les os du crâne. Les vertèbres entourent la moelle épinière et la cage thoracique protège les organes vitaux du thorax.
3. **Mouvement.** Les muscles squelettiques, qui sont reliés aux os par des tendons, agissent sur les os comme des leviers pour déplacer le corps ou ses parties. C'est ainsi que nous pouvons marcher, saisir un objet ou respirer. C'est l'agencement des os et des muscles squelettiques ainsi que la structure des articulations qui déterminent quels mouvements sont possibles.
4. **Stockage des minéraux.** Les os constituent un réservoir de minéraux, dont les plus importants sont le calcium et le phosphore (sous forme de phosphates). Au besoin, ces minéraux sont libérés dans la circulation sanguine sous forme d'ions, puis distribués aux différentes parties de l'organisme. En fait, des « dépôts » et des « retraits » de minéraux s'effectuent de manière presque continuelle au niveau des os.

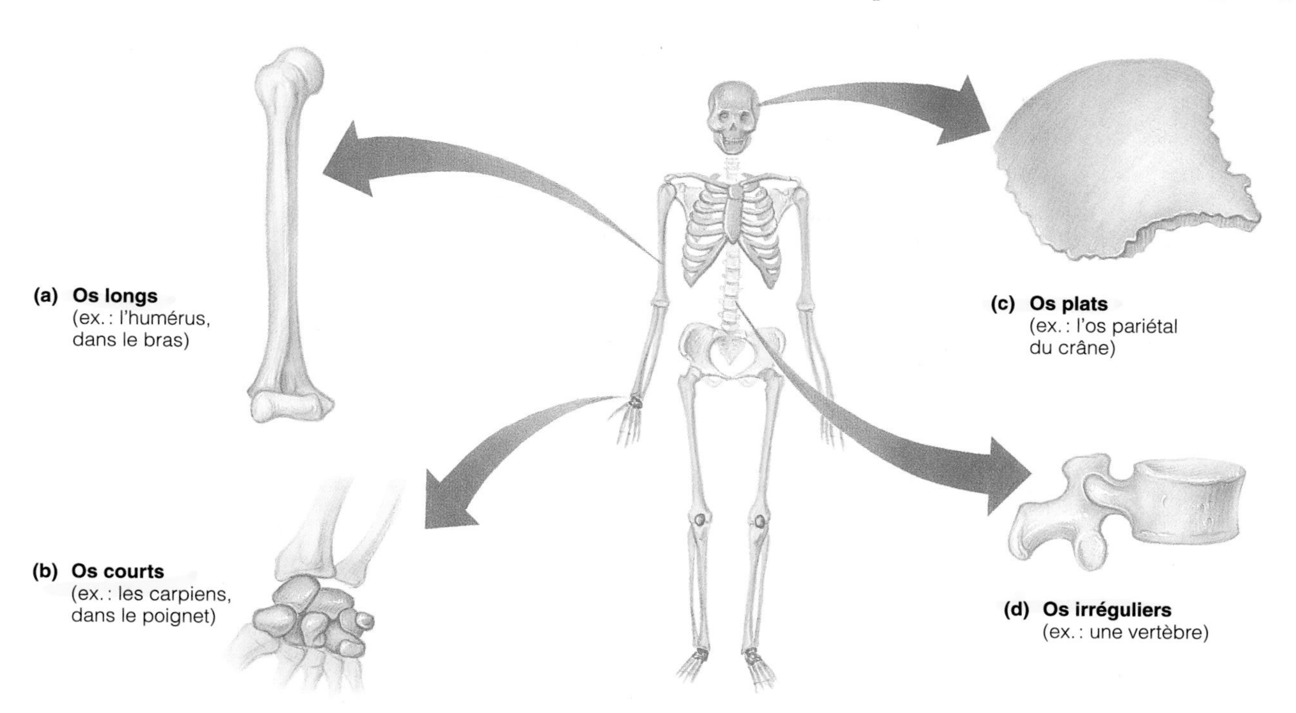

FIGURE 6.2
Classification des os selon leur forme.

6

5. **Formation des globules sanguins.** Chez l'adulte, la formation des globules sanguins rouges et blancs, ou *hématopoïèse*, se produit dans les cavités médullaires de certains os.

CLASSIFICATION DES OS

Il existe des os de toutes les grosseurs et de toutes les formes. Par exemple, le petit os pisiforme du poignet est de la taille et de la forme d'un petit pois, alors que le fémur (os de la cuisse) peut mesurer près de 60 cm chez certains sujets et possède une grosse tête sphérique. Chaque os présente une forme particulière qui répond à un besoin précis. Le fémur, par exemple, doit pouvoir résister à des pressions importantes, et sa forme de cylindre creux lui assure la plus grande solidité possible pour un poids minimal, selon le principe de relation entre la structure et la fonction que nous avons établi au chapitre 1.

Les os sont classés selon leur forme : c'est ainsi qu'on trouve des os longs, courts, plats et irréguliers (figure 6.2). Chaque os du squelette comporte une couche externe dense qui paraît lisse et solide à l'œil nu, l'**os compact.** À l'intérieur de cette couche se trouve l'**os spongieux,** une structure en nids d'abeilles constituée de petites pièces pointues ou plates appelées *travées* (*trabs* = poutre). Dans l'os vivant, les cavités entre les travées de cette structure contiennent de la moelle osseuse rouge ou jaune. Nous en parlerons plus en détail lorsque nous traiterons de la structure microscopique des os.

1. **Os longs.** Comme leur nom l'indique, les os longs sont beaucoup plus longs que larges. Un os long comprend un corps et deux extrémités. Il est surtout formé d'os compact, mais peut comporter à l'intérieur une quantité appréciable de tissu spongieux. Tous les os des membres sont longs, sauf ceux du poignet et de la cheville ainsi que la rotule (voir la figure 6.2). Remarquez bien que cette classification des os reflète leur forme allongée et non leur taille. Les trois os qui forment chacun de vos doigts (deux dans les pouces) sont des os longs, même s'ils sont très petits.

2. **Os courts.** Les os courts sont plus ou moins cubiques. Ils contiennent surtout de l'os spongieux ; l'os compact ne forme qu'une fine couche à leur surface. Les os du poignet et de la cheville sont des os courts (voir la figure 6.2).

   Les **os sésamoïdes** (*sêsamon* = sésame ; *eidos* = forme) sont un type particulier d'os courts enchâssés dans un tendon (la rotule, par exemple). Leur nombre et leur taille varient d'un individu à l'autre. On sait que certains d'entre eux modifient la direction de la traction exercée par un tendon, mais on ignore encore la fonction de certains autres.

3. **Os plats.** Les os plats sont minces, aplatis et en général légèrement courbés. Ils présentent deux faces d'os compact plus ou moins parallèles, séparées par une couche d'os spongieux. Le sternum, les côtes et la plupart des os du crâne sont des os plats (voir la figure 6.2).

4. **Os irréguliers.** Les os qui n'appartiennent à aucune des catégories précédentes sont dits irréguliers. Certains os du crâne, les vertèbres et les os iliaques sont des os irréguliers (voir la figure 6.2). Tous ces os

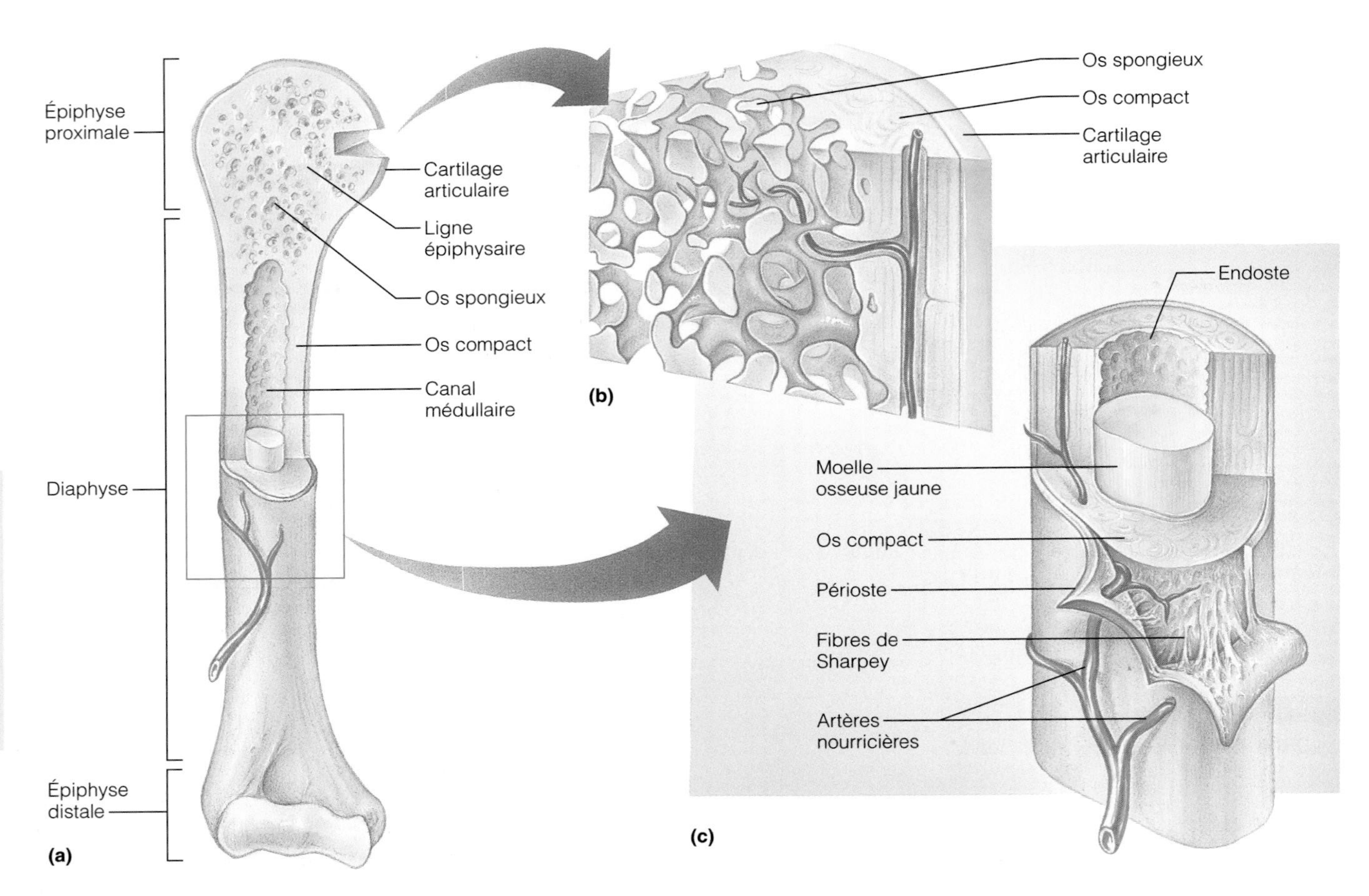

FIGURE 6.3
Structure d'un os long (humérus). **(a)** Vue antérieure avec coupe frontale montrant l'intérieur de l'extrémité proximale. **(b)** Vue tridimensionnelle grossie de l'os spongieux et de l'os compact de l'épiphyse de (a). **(c)** Coupe transversale grossie du corps (diaphyse) de (a). Remarquez que la surface externe de la diaphyse est recouverte de périoste, mais que la surface articulaire de l'épiphyse est recouverte de cartilage hyalin.

présentent des formes complexes et comportent surtout de l'os spongieux recouvert de fines couches d'os compact.

STRUCTURE DES OS

Les os sont des *organes.* (Rappelez-vous qu'un organe comprend différents tissus.) Même si l'os est constitué principalement de tissu osseux, il contient également du tissu nerveux dans ses nerfs et du tissu cartilagineux dans ses cartilages articulaires ; d'autre part, ses cavités sont tapissées de tissu conjonctif et les parois de ses vaisseaux sanguins sont composées de tissu musculaire et de tissu épithélial. Nous allons étudier ici l'anatomie des os du point de vue macroscopique, microscopique et chimique.

Anatomie macroscopique

Structure d'un os long typique

À quelques exceptions près, tous les os longs possèdent la même structure (figure 6.3).

Diaphyse La **diaphyse** (*dia* = à travers ; *phusis* = nature, formation), ou corps osseux, est de forme tubulaire et constitue l'axe longitudinal de l'os. Elle consiste en un *cylindre* d'os compact relativement épais qui renferme un **canal médullaire** central. Chez les adultes, ce canal contient la moelle jaune, principalement composée de lipides, et est aussi appelé **cavité médullaire.**

Épiphyses Les **épiphyses** sont les extrémités de l'os (*epi* = sur). Elles sont souvent plus épaisses que la diaphyse. L'extérieur des épiphyses est formé d'une fine couche d'os compact ; l'intérieur est constitué d'os spongieux. La partie osseuse de l'épiphyse par laquelle les os s'articulent est couverte d'une mince couche de **cartilage articulaire** (hyalin) qui agit comme un coussin sur l'extrémité de l'os et amortit la pression lors des mouvements de l'articulation. À la jonction de la diaphyse et de chaque épiphyse d'un os long adulte se trouve la **ligne épiphysaire.** Cette ligne représente le reliquat du cartilage épiphysaire, une zone discoïde composée de cartilage hyalin où s'effectue la croissance des os pendant l'enfance (p. 174).

Membranes Les surfaces interne et externe de l'os sont chacune associées à des membranes. La surface externe de la diaphyse est recouverte et protégée par une membrane double, d'un blanc brillant, le **périoste** (*peri* = autour; *osteon* = os). La *couche fibreuse* externe du périoste est composée de tissu conjonctif dense irrégulier; la *couche ostéogénique* interne repose sur la surface osseuse; elle comporte surtout des **ostéoblastes** (cellules productrices de matière osseuse) et des **ostéoclastes** (cellules qui détruisent la matière osseuse).

Le périoste est riche en neurofibres et en vaisseaux lymphatiques et sanguins qui pénètrent l'os de la diaphyse par des **foramens nourriciers,** ou trous vasculaires. Il est fixé à l'os sous-jacent par des touffes de fibres collagènes nommées **fibres de Sharpey** (figure 6.3), qui s'étendent de la couche fibreuse jusqu'à l'intérieur de la matrice osseuse. Le périoste constitue également une zone de points d'insertion ou d'ancrage des tendons et des ligaments; les fibres de Sharpey sont extrêmement denses en ces points.

> *Pour réviser, il est beaucoup plus efficace et amusant de dessiner et de colorier que de fixer une page! Prenez quelques crayons et coloriez les documents en noir et blanc distribués pendant le cours. Vous pouvez aussi faire vos propres croquis ou calquer des images du manuel pour les colorier. Nul besoin d'être un grand artiste; le but est de porter toute votre attention sur la matière que vous étudiez.*
>
> *Wendy Storkamp, étudiante en médecine*

Les surfaces internes de l'os sont garnies d'une fine membrane de tissu conjonctif nommée **endoste** (*endon* = en dedans). L'endoste (figure 6.3) recouvre les travées de l'os spongieux dans les cavités médullaires, et il tapisse les canaux qui traversent l'os compact. Tout comme le périoste, l'endoste contient à la fois des ostéoblastes et des ostéoclastes.

Structure des os courts, irréguliers et plats

Les os courts, irréguliers et plats présentent une structure simple: leur surface externe est constituée d'une fine couche d'os compact recouvert de périoste et l'intérieur est formé d'os spongieux tapissé d'endoste. Comme ces os ne sont pas cylindriques, ils ne possèdent ni diaphyse ni épiphyses. Ils contiennent de la moelle osseuse (entre leurs travées), mais aucun canal médullaire.

La figure 6.4 représente un os plat typique du crâne. Dans les os plats, la couche interne d'os spongieux située entre les deux couches d'os compact est appelée **diploé**; le tout ressemble à un sandwich rigide.

Disposition du tissu hématopoïétique dans les os

On nomme **cavités à moelle rouge** les cavités de l'os spongieux des os longs ainsi que le diploé des os plats, cavités où se trouve en général le tissu hématopoïétique, ou **moelle rouge.** Chez les nouveau-nés, la moelle rouge occupe le canal médullaire des os longs et toutes les cavités de l'os spongieux. Chez les adultes, la plupart des os longs possèdent un canal médullaire rempli de moelle jaune qui empiète largement sur l'épiphyse, et il subsiste peu de moelle rouge dans les cavités de l'os spongieux. C'est pourquoi, parmi les os longs des adultes, seules les têtes du fémur et de l'humérus (l'os long du bras) produisent des globules sanguins. La moelle rouge située dans le diploé des os plats (comme le sternum) et dans certains os irréguliers (comme le bassin) revêt une bien plus grande importance et présente une plus forte activité hématopoïétique. C'est habituellement à ces endroits que l'on prélève des échantillons de moelle rouge (par ponction de la moelle osseuse) pour diagnostiquer une maladie du tissu hématopoïétique comme la leucémie. La moelle jaune du canal médullaire peut du reste se convertir en moelle rouge en cas d'anémie grave, lorsque l'organisme a besoin d'accroître sa production de globules rouges.

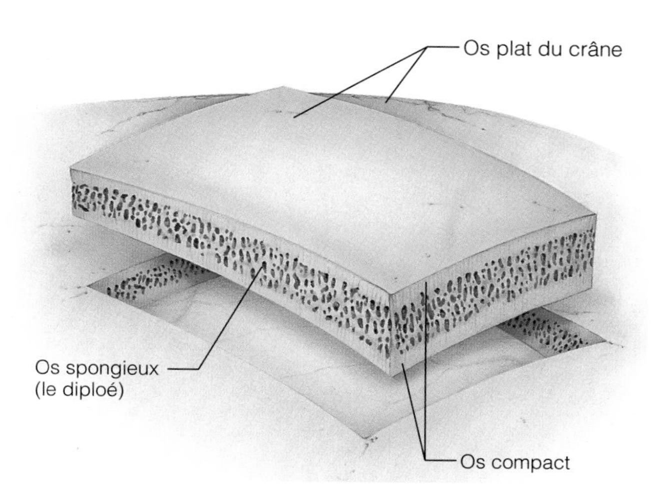

FIGURE 6.4
Structure d'un os plat. Les os plats, comme la plupart des os du crâne, comportent une épaisseur d'os spongieux (le diploé), intercalée entre deux fines couches d'os compact.

6

Structure microscopique de l'os

Os compact

À l'œil nu, l'os compact paraît très dense, mais le microscope permet de distinguer une multitude de canaux et de passages contenant des neurofibres, des vaisseaux sanguins et des vaisseaux lymphatiques (figure 6.5). L'unité structurale de l'os compact est appelée **ostéon,** ou **système de Havers.** Chaque ostéon a la forme d'un cylindre allongé et se trouve parallèle à l'axe longitudinal de l'os. Du point de vue fonctionnel, on peut se représenter l'ostéon comme un minuscule pilier qui supporte une masse. Comme on peut le voir à la figure 6.6, l'ostéon est constitué d'un ensemble de cylindres creux (6 à 15 par ostéon) composés de matrice osseuse et placés les uns dans les autres comme les anneaux de croissance d'un tronc d'arbre.

? *Quelle membrane tapisse les canaux internes et recouvre les travées de l'os spongieux ?*

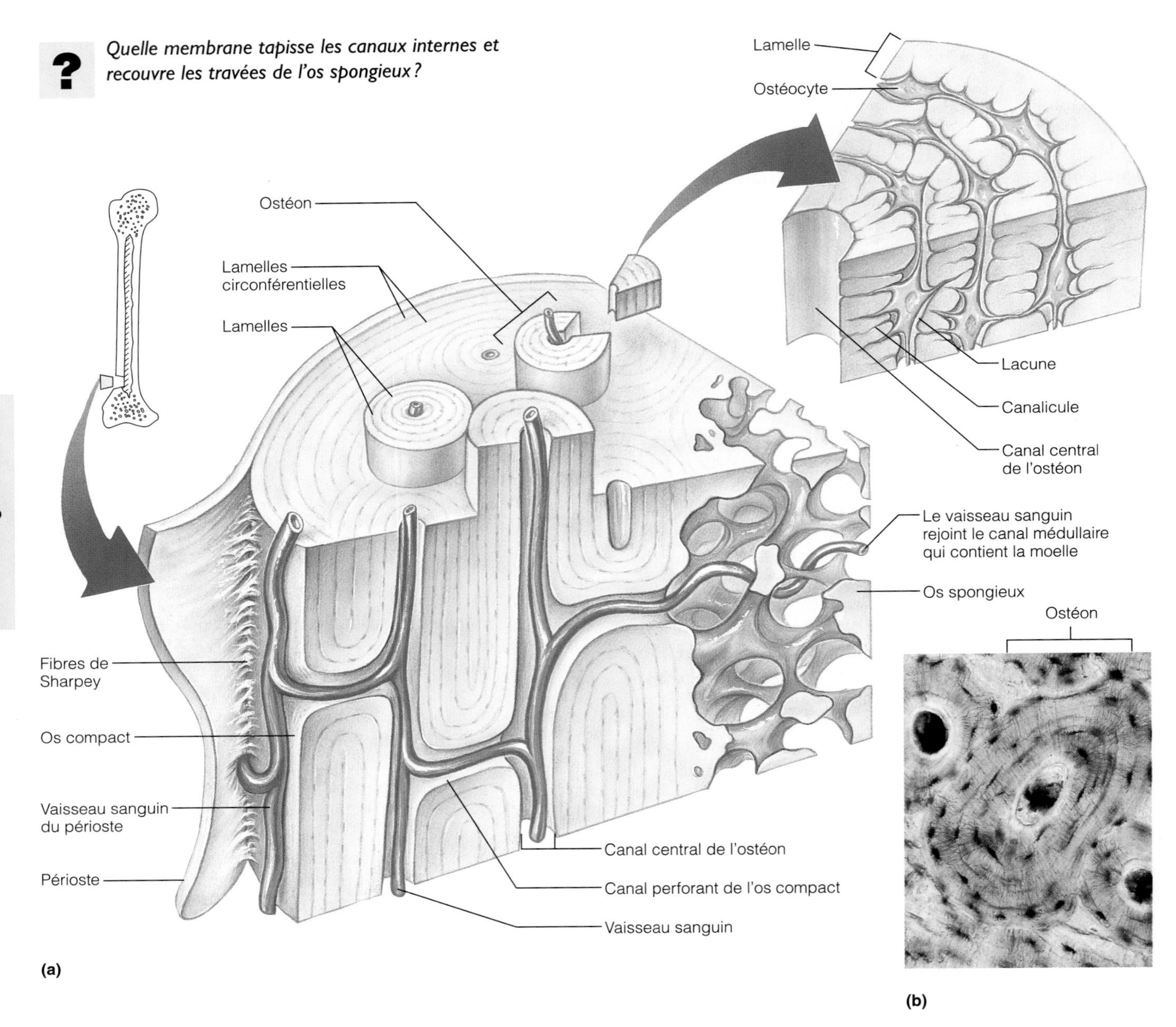

FIGURE 6.5
Structure microscopique de l'os compact. (a) Schéma en trois dimensions de l'os compact, montrant ses unités structurales (ostéons). En médaillon, une partie d'un ostéon à plus fort grossissement. Remarquez la situation des ostéocytes dans les lacunes osseuses (petites cavités de la matrice). **(b)** Photomicrographie d'un os présentant un ostéon complet et des parties d'ostéons voisins (144 ×).

Chacun de ces cylindres de matrice est une **lamelle de l'ostéon,** et l'os compact est souvent appelé **os lamellaire.** Bien que les fibres collagènes d'une lamelle donnée soient toutes parallèles, les fibres de deux lamelles adjacentes sont toujours orientées dans des directions différentes. Cette alternance a pour effet de renforcer les lamelles adjacentes et d'offrir une résistance remarquable aux forces de torsion que subissent les os.

Le centre de chaque ostéon forme un **canal central de l'ostéon,** ou **canal de Havers,** où passent de petits vaisseaux sanguins et des neurofibres qui desservent les cellules de l'ostéon. Des canaux d'un autre type sont orientés perpendiculairement à l'axe de l'ostéon ; ce sont les **canaux perforants de l'os compact,** ou **canaux de Volkmann,** qui permettent les connexions nerveuses et vasculaires entre le périoste, les canaux centraux de l'ostéon et le canal médullaire (voir la figure 6.5a). Comme toutes les cavités internes de l'os, ces deux types de canaux sont tapissés d'endoste.

Les **ostéocytes** sont des cellules osseuses mûres en forme d'araignée ; elles se trouvent dans de petits espaces vides, appelés **lacunes,** situés à la jonction des lamelles. Des canaux très fins, les **canalicules,** relient les lacunes entre elles et avec le canal central de l'ostéon. La formation de ces canalicules présente un certain intérêt. Au cours

---
L'endoste.

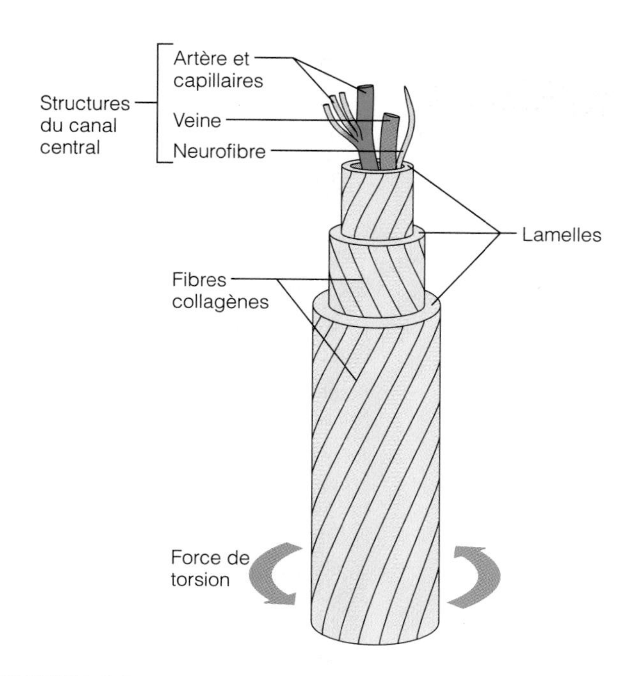

FIGURE 6.6
Schéma d'un ostéon. Dans cette illustration, l'ostéon a été dessiné comme s'il avait été étiré de façon télescopique pour en montrer toutes les lamelles. Les lignes obliques figurant sur chaque lamelle représentent l'orientation des fibres collagènes à l'intérieur de la matrice osseuse.

de la formation de l'os, les ostéoblastes qui sécrètent la matrice osseuse restent en contact les uns avec les autres, grâce à des sortes de tentacules contenant des jonctions ouvertes. Puis, lorsque les cellules mûres se trouvent emprisonnées dans la matrice durcie, il se forme tout un réseau de minuscules canaux (les canalicules) remplis de liquide interstitiel et contenant les excroissances des ostéocytes. Ces canalicules relient entre eux tous les ostéocytes d'un ostéon et permettent ainsi aux nutriments et aux déchets de passer facilement d'un ostéocyte à l'autre. C'est donc grâce à cette fonction de relais assumée par les canalicules et les lacunes que les ostéocytes sont bien « alimentés », même si la matrice osseuse est dure et imperméable aux nutriments. Les ostéocytes ont pour rôle d'entretenir la matrice osseuse. S'ils meurent, la matrice environnante est résorbée.

Entre les ostéons entiers se trouvent des lamelles incomplètes nommées **lamelles interstitielles.** Ces lamelles occupent les intervalles entre les ostéons en formation ; elles peuvent également représenter des fragments d'ostéons qui ont été coupés par le remaniement osseux (dont nous parlerons plus loin). Par ailleurs, des **lamelles circonférentielles** situées juste au-dessous du périoste entourent l'os. Ces lamelles offrent une résistance efficace aux forces de torsion qui s'exercent sur l'ensemble de l'os long.

Os spongieux

Contrairement à l'os compact, l'os spongieux, qui est constitué de travées, semble être un tissu peu structuré (voir les figures 6.4 et 6.3b). En fait, les travées sont loin d'être placées de façon aléatoire. Bien au contraire, la situation précise de ces minuscules éléments osseux reflète les contraintes subies par l'os et lui permet d'y résister le mieux possible. Les travées sont donc placées aussi stratégiquement que les arcs-boutants soutenant les murs d'une cathédrale gothique.

D'une épaisseur de quelques cellules, les travées comportent des lamelles irrégulières et des ostéocytes interreliés par des canalicules. Il n'y a pas d'ostéons. Les nutriments partent des espaces médullaires situés entre les travées et parviennent aux ostéocytes de l'os spongieux par diffusion à travers les canalicules.

Composition chimique de l'os

L'os contient à la fois des constituants organiques et des constituants inorganiques. Les *constituants organiques* sont les cellules (ostéoblastes, ostéocytes et ostéoclastes) et le **matériau ostéoïde,** qui est la partie organique de la matrice. Le matériau ostéoïde représente environ un tiers de la matrice ; il comprend des protéoglycanes, des glycoprotéines et des fibres collagènes, qui sont tous des substances organiques sécrétées par les ostéoblastes. Ce sont ces substances, le collagène en particulier, qui déterminent la structure de l'os et lui confèrent sa flexibilité ainsi que sa très grande résistance à la pression, à la tension et à la torsion.

Les *constituants inorganiques* de la matrice osseuse (65 % de sa masse) sont des **hydroxyapatites,** ou *sels minéraux*, composés en grande partie de phosphates de calcium. Les sels de calcium se présentent sous la forme de minuscules cristaux situés à l'intérieur et autour des fibres collagènes de la matrice extracellulaire. Leur présence explique la caractéristique la plus évidente de l'os, c'est-à-dire sa dureté exceptionnelle qui lui permet de résister à la compression. Par ailleurs, c'est la combinaison adéquate d'éléments organiques et inorganiques dans la matrice qui permet à l'os d'être extrêmement durable et résistant sans devenir cassant. Étonnamment, lorsqu'on le compare à l'acier, l'os sain est moitié moins résistant à la pression, mais il résiste tout aussi bien à la tension.

C'est grâce aux sels minéraux que les os subsistent longtemps après la mort, représentant ainsi une sorte de relique durable. Après de nombreux siècles, des restes de squelettes nous ont permis d'apprendre la forme, la taille, la race et le sexe de représentants de peuples anciens, de savoir quelle sorte de travaux ils effectuaient et de quels types de maladies ils souffraient (l'arthrite par exemple).

Relief osseux

Les surfaces externes des os sont rarement lisses et uniformes : on peut y observer des bosses, des dépressions et des trous, qui constituent des points d'attache de muscles, de ligaments et de tendons, des points d'articulation ou encore des passages de vaisseaux sanguins et de nerfs. Ces éléments du **relief osseux** portent différents noms. Les protubérances qui dépassent de la surface osseuse sont les têtes, trochanters, épines, etc., et chacune d'elles possède des fonctions et des caractéristiques qui lui sont propres. Les dépressions et les ouvertures incluent les fossettes, les sinus, les foramens et les gouttières. Le tableau 6.1 présente une description des principaux éléments du relief osseux. Il vous sera utile d'apprendre ces termes parce que vous les reverrez en tant que repères pour l'identification de certains os, décrits au chapitre 7 et étudiés en travaux pratiques.

DÉVELOPPEMENT DES OS (OSTÉOGENÈSE)

L'**ostéogenèse** et l'**ossification** sont des termes synonymes qui désignent le processus de formation des os (*osteon* = os; *genesis* = génération). Chez l'embryon, ce processus mène à la *formation du squelette osseux*. La *croissance osseuse*, une autre forme d'ossification, se poursuit jusqu'à l'âge adulte, tant que le sujet continue de grandir. En fait, les os sont en mesure de croître en épaisseur tout au long de la vie d'un individu (ce qui explique les transformations reliées à l'acromégalie; voir le chapitre 17). Cependant, chez l'adulte, l'ossification sert surtout au *remaniement* et à la consolidation des os.

Formation du squelette osseux

Jusqu'à la sixième semaine de gestation, le squelette de l'embryon humain est entièrement composé de membranes fibreuses et de cartilage hyalin. Puis le tissu osseux commence à se former et finit par remplacer la plus grande partie des structures fibreuses ou cartilagineuses. L'*ossification intramembraneuse* désigne le processus de formation d'un os à partir d'une membrane fibreuse; l'os ainsi constitué est appelé **os intramembraneux.** Si l'ossification se produit à partir du cartilage hyalin, on parle d'*ossification endochondrale* (*endon* = en dedans; *khondros* = cartilage) et l'os qui en résulte est nommé **os endochondral** (ou **os cartilagineux**).

Ossification intramembraneuse

La plupart des os du crâne ainsi que les clavicules se forment par **ossification intramembraneuse.** Remarquez bien que tous les os ainsi produits sont plats. Les membranes de tissu conjonctif fibreux composées de *cellules mésenchymateuses* constituent une première structure sur laquelle l'ossification peut débuter, aux environs de la huitième semaine de gestation. Le processus passe essentiellement par les stades suivants, qui sont décrits plus en détail à la figure 6.7. Le résultat final est un os plat, comme nous l'avons déjà vu à la figure 6.4 (p. 169).

1. Formation d'un *point d'ossification* dans la membrane fibreuse
2. Formation d'une matrice osseuse à l'intérieur de la membrane fibreuse
3. Formation de l'os fibreux et du périoste
4. Formation des plaques d'os compact et de la moelle rouge

TABLEAU 6.1 Relief osseux

Élément du relief	Description
PROTUBÉRANCES SUR LESQUELLES S'ATTACHENT DES MUSCLES OU DES LIGAMENTS	
Tubérosité	Grosse protubérance ronde; parfois rugueuse
Crête	Arête osseuse étroite; habituellement bien en évidence
Trochanter	Apophyse (protubérance) très grosse, épaisse, de forme irrégulière (les seuls exemples se trouvent sur le fémur)
Ligne	Arête osseuse étroite; moins en évidence qu'une crête
Tubercule	Protubérance ou relief arrondi et de petite taille
Épicondyle	Partie renflée sur un condyle ou au-dessus
Épine	Relief fin, étroit, souvent pointu
PROTUBÉRANCES QUI PARTICIPENT À LA FORMATION DES ARTICULATIONS	
Tête	Renflement osseux porté sur un col étroit
Facette	Surface articulaire lisse, presque plate
Condyle	Protubérance articulaire arrondie
Branche	Bras formé par un os
DÉPRESSIONS ET OUVERTURES SERVANT DE PASSAGE AUX VAISSEAUX SANGUINS ET AUX NERFS	
Méat	Passage en forme de canal
Sinus	Espace creux à l'intérieur d'un os; plein d'air et tapissé d'une muqueuse
Fossette	Dépression peu profonde et concave d'un os, servant souvent de surface articulaire
Gouttière	Sillon profond
Scissure	Ouverture étroite en forme de fente
Foramen	Ouverture arrondie ou ovale dans un os
Sillon	Dépression linéaire

Ossification endochondrale

La majorité des os du squelette se forment par **ossification endochondrale.** À la fin du deuxième mois de développement, ce processus débute à partir de modèles d'« os » en cartilage hyalin déjà formés. Il est plus complexe que l'ossification intramembraneuse parce que le cartilage hyalin doit être désintégré au fur et à mesure de l'ossification. Nous utiliserons comme exemple un os long en formation.

La formation d'un os long s'amorce habituellement à un **point d'ossification primaire** (aussi appelé centre d'ossification primaire), à mi-longueur de la tige de cartilage hyalin. En premier lieu, le périchondre (membrane de tissu conjonctif fibreux qui recouvre l'« os » de cartilage hyalin) est pénétré par des vaisseaux sanguins et se transforme ainsi en périoste vascularisé. Sous l'effet des changements en nutriments, les cellules mésenchymateuses situées en dessous de ce périoste se différencient en ostéoblastes. Tout est alors prêt pour le déclenchement de l'ossification, illustrée à la figure 6.8 et décrite ci-dessous.

1. **Une gaine osseuse se forme autour de la diaphyse de cartilage hyalin.** Les ostéoblastes du périoste qui viennent de se former sécrètent le matériau ostéoïde de la matrice osseuse sur la face externe de la diaphyse de cartilage hyalin, l'enfermant ainsi dans une sorte de cylindre appelé gaine osseuse, ou virole périchondrale.
2. **Le cartilage au centre de la diaphyse se calcifie.** Pendant que la gaine osseuse se constitue sur la surface externe, les chondrocytes situés à l'intérieur s'hypertrophient et déclenchent la calcification de la matrice cartilagineuse qui les entoure. Comme la matrice de cartilage calcifié est imperméable à la diffusion des nutriments, les chondrocytes meurent et la matrice qu'ils entretenaient commence à se désintégrer. Bien que ce phénomène fasse apparaître des cavités et affaiblisse le cartilage hyalin, l'extérieur de la tige se trouve renforcé par la gaine osseuse. Partout ailleurs, le cartilage demeure sain et continue à croître intensément, causant ainsi l'allongement de tout le modèle de cartilage.
3. **Le bourgeon conjonctivo-vasculaire envahit les cavités internes et l'os spongieux se forme.** Au troisième mois de développement, les cavités en cours de formation sont envahies par un **bourgeon conjonctivo-vasculaire** qui va être à l'origine du point d'ossification primaire. Ce bourgeon contient une artère et une veine nourricières, des vaisseaux lymphatiques, des neurofibres, des éléments de moelle rouge, des ostéoblastes et des ostéoclastes. Les ostéoblastes nouvellement arrivés sécrètent la matrice ostéoïde autour des derniers fragments de cartilage hyalin, formant ainsi des travées de cartilage recouvertes d'os : c'est la première forme d'os spongieux dans un os long en cours de développement.
4. **Le canal médullaire se forme.** Pendant que le point d'ossification primaire s'agrandit et s'étend du côté

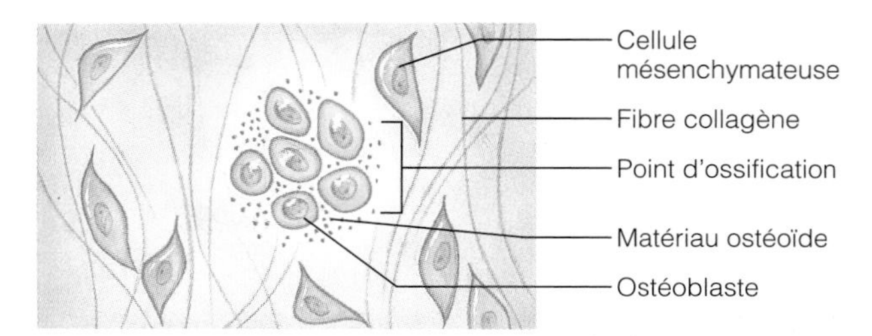

① **Un point d'ossification apparaît à l'intérieur de la membrane de tissu conjonctif fibreux.**
- Certaines cellules mésenchymateuses situées au centre s'amalgament puis se différencient en ostéoblastes pour former un point d'ossification.

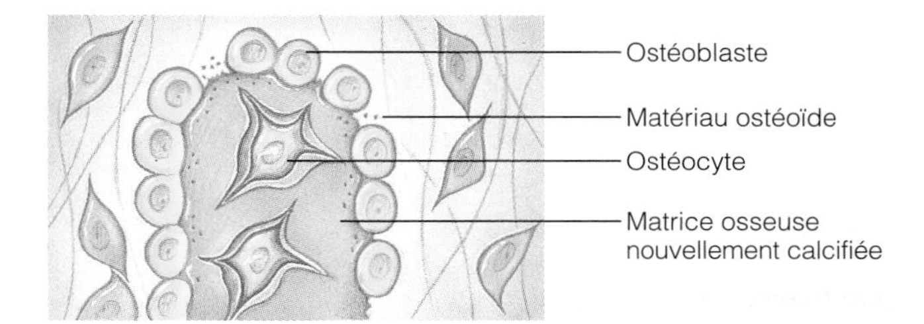

② **Une matrice osseuse est sécrétée dans la membrane.**
- Les ostéoblastes commencent à sécréter le matériau ostéoïde ; au bout de quelques jours, celui-ci est minéralisé.
- Les ostéoblastes enfermés deviennent des ostéocytes.

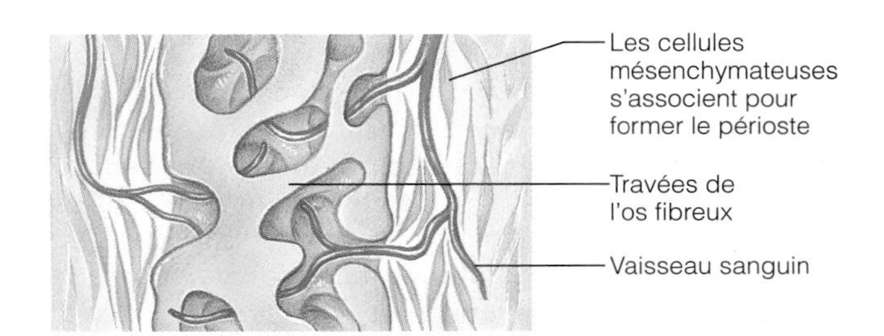

③ **L'os fibreux et le périoste se forment.**
- Les dépôts de matériau ostéoïde forment un réseau (plutôt que des lamelles) de travées (os fibreux) qui emprisonne les vaisseaux sanguins.
- Les cellules du mésenchyme vascularisé s'associent à la surface externe de l'os fibreux et se différencient en périoste.

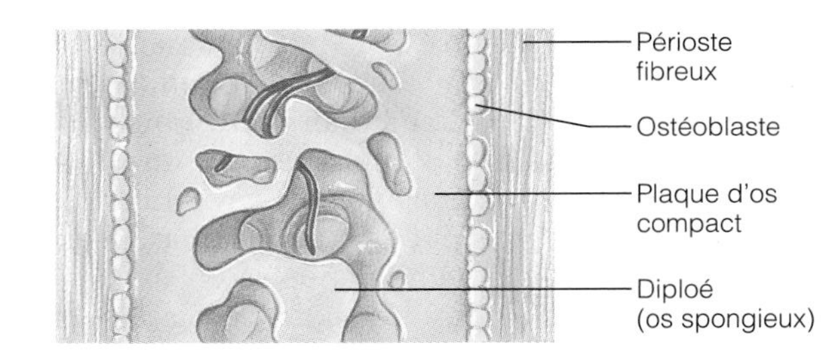

④ **La gaine osseuse de l'os compact se forme.**
- Les travées situées sous le périoste s'épaississent et forment une gaine osseuse d'os fibreux qui sera plus tard remplacée par de l'os compact lamellaire définitif.
- L'os spongieux (diploé) reste présent à l'intérieur ; son tissu vasculaire se différencie en moelle rouge.

FIGURE 6.7
Stades de l'ossification intramembraneuse. Les schémas 3 et 4 représentent un grossissement moins fort que les deux premiers schémas.

6

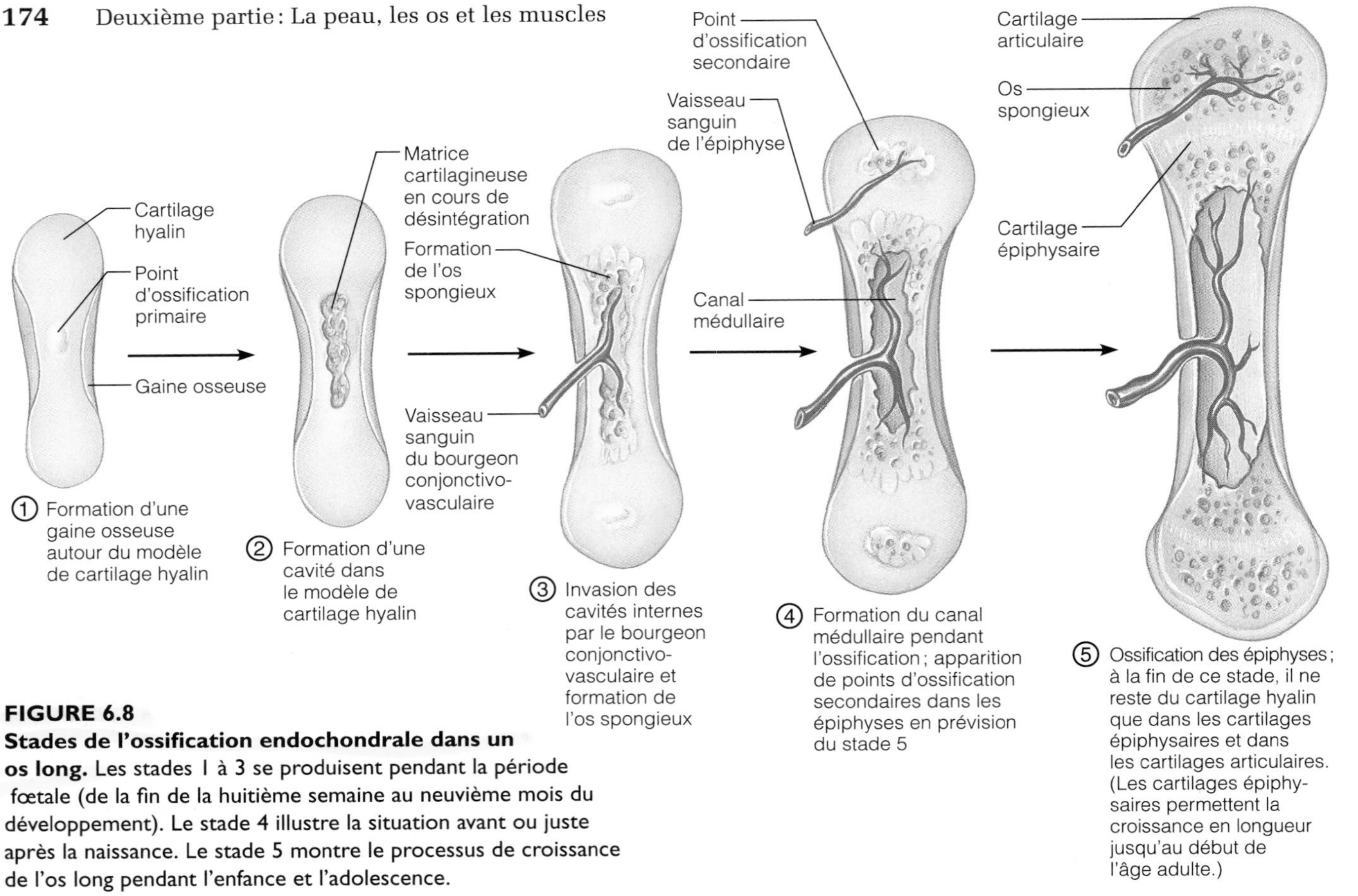

FIGURE 6.8
Stades de l'ossification endochondrale dans un os long. Les stades 1 à 3 se produisent pendant la période fœtale (de la fin de la huitième semaine au neuvième mois du développement). Le stade 4 illustre la situation avant ou juste après la naissance. Le stade 5 montre le processus de croissance de l'os long pendant l'enfance et l'adolescence.

proximal et du côté distal (vers les épiphyses), les ostéoclastes dégradent l'os spongieux récemment produit et constituent, au centre de la diaphyse, un canal médullaire ; c'est la dernière étape de l'ossification de la diaphyse. Pendant toute la durée de la vie fœtale, les épiphyses, qui ont une croissance rapide, ne comportent que du cartilage, et le modèle de cartilage hyalin continue de s'allonger par division des cellules cartilagineuses viables des épiphyses. Puisque le cartilage se calcifie, se désintègre et est remplacé par des spicules osseux sur les surfaces de l'épiphyse faisant face au canal médullaire, l'ossification repousse en quelque sorte la formation de cartilage vers les extrémités de la diaphyse.

5. **Les épiphyses sont ossifiées.** À notre naissance, la plupart de nos os longs possèdent deux épiphyses cartilagineuses, un canal médullaire croissant ainsi qu'une diaphyse osseuse à l'intérieur de laquelle se trouvent des restes d'os spongieux. Peu avant la naissance ou juste après, des **points d'ossification secondaires** apparaissent dans une épiphyse ou dans les deux, et du tissu osseux s'y forme. Le cartilage situé au centre des épiphyses se calcifie et se désintègre, ouvrant ainsi des cavités qui permettent l'entrée d'un bourgeon conjonctivo-vasculaire. Puis les ostéoblastes nouvellement arrivés sécrètent une matrice osseuse autour des derniers fragments du cartilage. (On ne trouve qu'un point d'ossification primaire dans les os courts, tandis que la plupart des os irréguliers se développent à partir de plusieurs points d'ossification distincts.)

L'ossification des épiphyses suit presque exactement les étapes de l'ossification diaphysaire, à ceci près qu'il ne se forme pas de gaine osseuse sur leur face externe et que l'os spongieux reste en place ; il n'apparaît pas de canal médullaire dans les épiphyses. À la fin de cette ossification, on ne trouve du cartilage hyalin qu'à deux endroits : (1) sur les surfaces de l'épiphyse, où il porte le nom de *cartilage articulaire*, et (2) à la jonction de la diaphyse et de l'épiphyse, où il est appelé *cartilage épiphysaire,* ou cartilage de conjugaison.

Croissance des os après la naissance

Au cours de l'enfance et de l'adolescence, les os longs s'allongent uniquement sous l'effet de la croissance interstitielle des cartilages épiphysaires, et tous les os s'épaississent sous l'effet de l'activité du périoste selon un processus de croissance par apposition. La plupart des os cessent de croître pendant l'adolescence ou au début de l'âge adulte. Cependant, certains os de la face comme ceux du nez et de la mâchoire continuent leur croissance de manière imperceptible pendant toute la vie.

Croissance en longueur des os longs

Le processus de croissance en longueur des os s'articule autour de plusieurs événements qui se produisent au cours de l'ossification endochondrale. La structure du cartilage épiphysaire qui s'appuie sur la diaphyse est telle qu'elle permet une croissance rapide et efficace (figure 6.9). Les chondrocytes forment de grandes colonnes, comme un

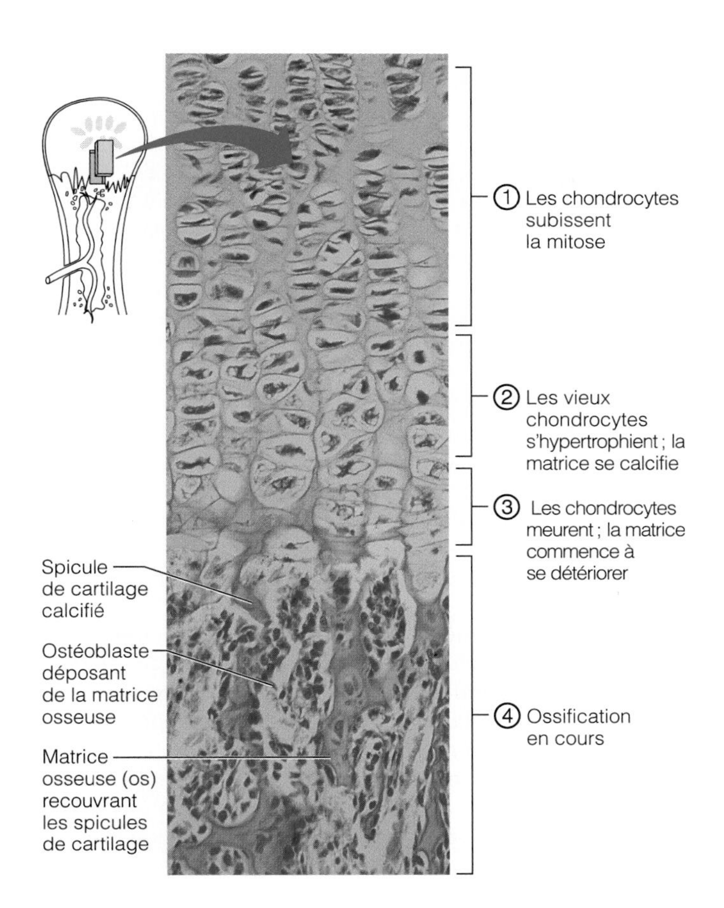

① Les chondrocytes subissent la mitose
② Les vieux chondrocytes s'hypertrophient ; la matrice se calcifie
③ Les chondrocytes meurent ; la matrice commence à se détériorer
④ Ossification en cours
Spicule de cartilage calcifié
Ostéoblaste déposant de la matrice osseuse
Matrice osseuse (os) recouvrant les spicules de cartilage

FIGURE 6.9
Croissance en longueur d'un os long. La région du cartilage épiphysaire la plus proche de l'épiphyse (face distale) comprend des chondrocytes au repos. Comme le montre cette photomicrographie (250 ×), les cellules du cartilage épiphysaire, situées du côté proximal du cartilage au repos, sont disposées en quatre couches qui diffèrent par leurs fonctions. **(1)** Empilements de chondrocytes en mitose. **(2)** Chondrocytes subissant une hypertrophie suivie de calcification de la matrice. **(3)** Région occupée par des chondrocytes morts ; la matrice commence à se désintégrer. **(4)** L'ossification est en cours sur la partie du cartilage épiphysaire qui fait face au canal médullaire : les ostéoblastes déposent la matrice osseuse autour des restes de cartilage, formant ainsi des travées osseuses.

empilement de pièces de monnaie. Les cellules placées au « sommet » (près de l'épiphyse) de la pile (zone 1) se divisent rapidement, éloignant ainsi l'épiphyse de la diaphyse et causant un allongement de l'os dans son ensemble (côté gauche de la figure 6.10). Dans le même temps, les chondrocytes plus âgés qui se trouvent plus près de la diaphyse (zone 2, figure 6.9) grossissent, et la matrice de cartilage qui les entoure se calcifie. Par la suite, ces chondrocytes meurent et leur matrice se désintègre (zone 3). Il reste à la jonction de l'épiphyse et de la diaphyse (zone 4) de longs spicules de cartilage calcifié comparables aux stalactites qui pendent du plafond d'une caverne. Ces spicules sont rapidement recouverts de matrice osseuse par les ostéoblastes, produisant ainsi de l'os spongieux qui finit par être digéré par les ostéoclastes. Le canal médullaire croît donc en longueur en même temps que l'os long.

La croissance en longueur s'accompagne d'un remaniement presque continu des extrémités épiphysaires, ce

De quoi aurait l'air un os long à la fin de l'adolescence s'il n'avait pas subi de remaniement ?

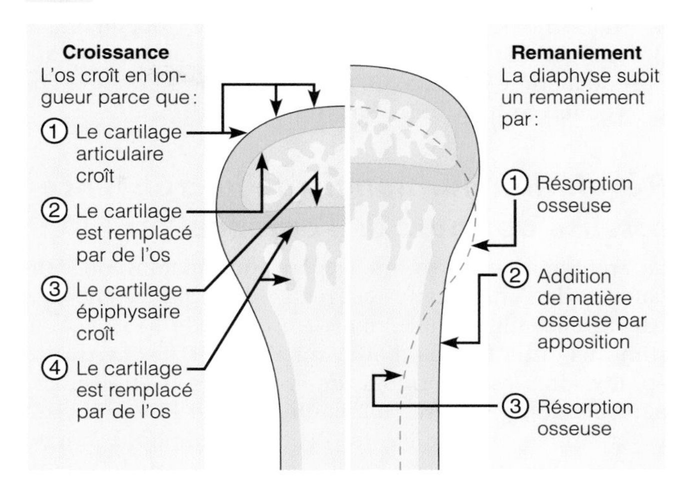

Croissance
L'os croît en longueur parce que :
① Le cartilage articulaire croît
② Le cartilage est remplacé par de l'os
③ Le cartilage épiphysaire croît
④ Le cartilage est remplacé par de l'os
Remaniement
La diaphyse subit un remaniement par :
① Résorption osseuse
② Addition de matière osseuse par apposition
③ Résorption osseuse

FIGURE 6.10
Croissance et remaniement d'un os long au cours de l'enfance. Les phénomènes indiqués à gauche constituent l'ossification endochondrale, qui se produit au niveau des cartilages articulaires et des cartilages épiphysaires pendant la croissance en longueur. Les phénomènes indiqués à droite sont ceux du remaniement osseux qui a lieu pendant la croissance de l'os long et qui lui permet de conserver ses proportions.

6

qui a pour effet de conserver des proportions adéquates entre la diaphyse et les épiphyses (côté droit de la figure 6.10). Le remaniement osseux, qui inclut à la fois la formation et la résorption (destruction) de matière osseuse, est décrit plus en détail aux pages 176-178, où nous traitons des modifications qui se produisent dans les os adultes.

Pendant l'enfance et l'adolescence, le cartilage épiphysaire conserve une même épaisseur car la vitesse de croissance du cartilage du côté de l'épiphyse est compensée par le remplacement du cartilage par du tissu osseux du côté de la diaphyse. Vers la fin de l'adolescence, les chondrocytes des cartilages épiphysaires se divisent de moins en moins souvent et les cartilages s'amincissent au point d'être entièrement remplacés par du tissu osseux. La croissance en longueur se termine avec la fusion de la matière osseuse de la diaphyse avec celle des épiphyses. Cette fusion, appelée *soudure des cartilages épiphysaires*, survient vers l'âge de 18 ans chez la femme et vers 21 ans chez l'homme. Cependant, le périoste peut faire croître les os en diamètre ou en épaisseur si l'activité musculaire ou le poids corporel engendrent de fortes contraintes.

Croissance des os en épaisseur ou en diamètre

Les os en croissance doivent épaissir à mesure qu'ils allongent. Comme les cartilages, les os gagnent en épaisseur ou, dans le cas des os longs, en diamètre, par le processus de croissance par apposition. Les ostéoblastes qui se

La diaphyse aurait conservé sa longueur initiale et les deux extrémités (épiphyses) seraient très allongées et dilatées.

trouvent sous le périoste sécrètent une matrice osseuse sur la surface externe de l'os tandis que les ostéoclastes situés sur l'endoste de la diaphyse détruisent l'os avoisinant la cavité médullaire (voir la figure 6.10). Cependant, la désintégration est en général moins importante que l'apport de matière osseuse. Ce processus produit donc un os plus épais et plus solide sans trop l'alourdir.

Régulation hormonale de la croissance osseuse au cours de l'enfance

La croissance osseuse qui s'opère tout au long de l'enfance et de l'adolescence est réglée de façon très précise par un ensemble d'hormones. Au cours de l'enfance, le stimulus qui a le plus d'effet sur l'activité des cartilages épiphysaires est l'*hormone de croissance* (GH) sécrétée par l'adénohypophyse (lobe antérieur de l'hypophyse). Les hormones thyroïdiennes (T_3 et T_4) modulent l'activité de l'hormone de croissance de sorte que le squelette conserve des proportions convenables pendant sa croissance. À la puberté, une quantité accrue d'hormones sexuelles mâles et femelles (testostérone et œstrogènes) se trouve libérée. Ces hormones sexuelles provoquent dans un premier temps la poussée de croissance typique de l'adolescence, de même que la masculinisation ou la féminisation de certaines parties du squelette. Puis elles entraînent la soudure des cartilages épiphysaires, mettant ainsi fin à la croissance en longueur des os.

Tout excès ou insuffisance d'une de ces hormones peut causer des déformations évidentes du squelette. Par exemple, une hypersécrétion de l'hormone de croissance chez l'enfant peut provoquer une taille anormale (gigantisme), tandis qu'une insuffisance de l'hormone de croissance ou des hormones thyroïdiennes entraîne des types particuliers de nanisme. Le chapitre 17 traite plus en détail des effets de la régulation hormonale de la croissance.

HOMÉOSTASIE OSSEUSE : REMANIEMENT ET CONSOLIDATION

Les os semblent être les organes les plus inertes de tout l'organisme, et nous font souvent penser à la mort. Mais comme vous venez de l'apprendre, les apparences sont trompeuses. Le tissu osseux est très actif et dynamique. D'importantes quantités de matière osseuse sont déplacées, l'architecture de l'os est modifiée de façon continuelle. Chaque semaine, nous recyclons de 5 à 7 % de notre masse osseuse, et il peut entrer ou sortir d'un squelette adulte jusqu'à 500 mg de calcium par jour ! Lorsqu'il survient une fracture (qui est le trouble de l'homéostasie osseuse le plus répandu), l'os passe par un remarquable processus d'autoguérison que nous allons décrire plus loin.

Remaniement osseux

Chez l'adulte, le dépôt et la résorption (retrait) de matière osseuse se produisent à un moment ou à un autre sur toutes les surfaces couvertes de périoste ou d'endoste. C'est l'ensemble des deux processus qui constitue le **remaniement osseux** ; ces processus sont couplés et synchronisés par l'intermédiaire de « paquets » d'ostéoblastes et d'ostéoclastes appelés *unités de remaniement*. Chez les adultes jeunes et en bonne santé, la masse osseuse totale demeure constante, ce qui indique que dans l'ensemble les taux de dépôt et de résorption osseuse sont égaux. Cependant, le processus de remaniement n'est pas uniforme : certains os ou parties d'os subissent un remaniement intense, et d'autres non. Par exemple, la partie distale du fémur (os de la cuisse) est entièrement remplacée tous les cinq ou six mois, alors que la diaphyse est modifiée bien plus lentement.

Les **dépôts osseux** se produisent à l'endroit où l'os a subi une blessure, ou encore là où il doit être plus résistant. Pour assurer un dépôt optimal, il faut un régime alimentaire riche en protéines, en vitamine C (nécessaire à la synthèse du collagène), en vitamine A (qui influe sur le rapport ostéoblastes/ostéoclastes) et en vitamine B_{12} de même qu'en minéraux (calcium, phosphore, magnésium, manganèse, etc.).

Les dépôts de nouvelle matrice se reconnaissent à la présence d'un **liséré ostéoïde,** une bande de matrice osseuse non minéralisée semblable à de la gaze mesurant de 10 à 12 μm de largeur. Entre le liséré ostéoïde et l'os déjà minéralisé, on remarque une bordure nette appelée **front de calcification.** Comme la largeur du liséré ostéoïde est constante et que la transition entre matrice non minéralisée et matrice minéralisée se fait de façon brutale, certains chercheurs ont émis l'hypothèse que le dépôt ostéoïde doit être mûr avant de pouvoir être calcifié. Cette maturation est soumise à l'influence des ostéoblastes qui sécrètent le matériau ostéoïde et semble résulter de plusieurs modifications biochimiques qui se déroulent sur une période de 10 à 12 jours. La nature exacte du facteur qui déclenche la calcification est l'objet de controverses. On peut dire cependant que le produit des concentrations locales d'ions calcium et phosphate ($Ca^{2+} \times P_i$) constitue l'un des facteurs critiques de la précipitation de sels de calcium. Lorsque ce produit atteint une certaine valeur, de minuscules cristaux d'hydroxyapatite se forment spontanément. Ces *noyaux de cristallisation* croissent rapidement, puis servent à catalyser la cristallisation d'autres sels de calcium à cet endroit. D'autres facteurs jouent probablement un certain rôle dans la calcification, entre autres des protéines matricielles qui se lient au calcium et le concentrent, ainsi qu'une bonne réserve d'une enzyme appelée **phosphatase alcaline.** La présence de cette enzyme est indispensable à la minéralisation. Dans les ostéoblastes (ainsi que dans les chondroblastes) des os en croissance rapide, on remarque des *vésicules de calcification*, minuscules protubérances des membranes plasmiques contenant de la phosphatase alcaline, qui finissent par se détacher de la cellule pour rejoindre la matrice. Lorsque les conditions appropriées sont réunies, le dépôt des sels de calcium s'accomplit d'un seul coup et avec une grande précision dans l'ensemble de la matrice « mûre » ; les cristaux de sels de calcium s'agglutinent de telle manière que le risque de craquement est moindre lorsque l'os subit une contrainte.

Ce sont de grosses cellules multinucléées, les ostéoclastes, qui assurent la **résorption osseuse** ; on pense que ces cellules sont issues de *cellules hématopoïétiques immatures* (peut-être les mêmes qui se différencient en macrophagocytes). Les ostéoclastes sécrètent (1) les *enzymes lysosomiales* et peut-être d'autres enzymes cataboliques qui digèrent la matrice osseuse et (2) des *acides métaboliques* (carbonique, lactique et autres) qui font passer les sels de calcium sous une forme soluble. Par ailleurs, il est possible que les ostéoclastes phagocytent la matrice déminéralisée. Pendant la dégradation de la matrice osseuse, les sels minéraux se dissolvent sous l'effet des acides ; les ions calcium et phosphate ainsi libérés se retrouvent dans le liquide interstitiel et passent ensuite dans la circulation sanguine.

Régulation du remaniement

Le remaniement à grande échelle qui s'opère constamment dans notre squelette est soumis à l'influence de deux boucles de régulation qui servent « deux maîtres » à la fois. La première est un processus de régulation hormonale par rétro-inhibition qui maintient l'homéostasie du Ca^{2+} dans le sang. La seconde dépend des réactions aux forces mécaniques et gravitationnelles qui agissent sur le squelette.

Régulation hormonale Le mécanisme hormonal résulte de l'interaction entre la **parathormone (PTH)** sécrétée par les glandes parathyroïdes et la **calcitonine** issue des cellules parafolliculaires (ou cellules C) de la glande thyroïde (figure 6.11). La parathormone est libérée en cas de diminution de la concentration d'ions calcium dans le sang. Elle stimule l'activité des ostéoclastes et la résorption osseuse, avec pour conséquence la libération de calcium dans le sang. Les ostéoclastes ne tiennent pas compte de l'âge de la matrice. Lorsqu'ils sont activés, ils dégradent à la fois de la matrice ancienne et de la matrice récente. Seul le matériau ostéoïde, qui ne contient pas de sels de calcium, échappe à la digestion. Quand la concentration de calcium sanguin augmente, le stimulus à l'origine de la libération de PTH prend fin.

Dans le cas d'une augmentation de la concentration du calcium sanguin, il y a sécrétion de calcitonine : cette hormone inhibe la résorption osseuse par les ostéoclastes et provoque un dépôt de sels de calcium dans la matrice osseuse, ce qui fait baisser la concentration de calcium dans le sang. Lorsque la concentration de calcium sanguin est réduite, la libération de calcitonine se trouve ralentie.

La régulation hormonale tend à conserver l'équilibre homéostatique en maintenant la concentration du calcium sanguin, plutôt qu'à préserver un squelette résistant ou en bon état. En effet, si la concentration de calcium sanguin reste trop basse pendant une longue période, les os peuvent se déminéraliser au point de laisser paraître de grands espaces vides. Les os fonctionnent donc comme un réservoir d'où l'organisme tire le calcium ionique dont il a besoin.

Les ions calcium (Ca^{2+}) sont nécessaires à un nombre étonnant de processus physiologiques, entre autres la transmission de l'influx nerveux, la contraction musculaire, la coagulation sanguine, la sécrétion par les cellules des glandes et par les neurones ainsi que la division cellulaire. Le corps humain contient de 1200 à 1400 g de calcium, dont plus de 99 % se trouvent sous forme minéralisée dans les os. La plus grande partie du reste se trouve à l'intérieur des cellules de l'organisme. Le sang ne contient

? *Quel est le résultat de la rétro-inhibition produite par la calcitonine ?*

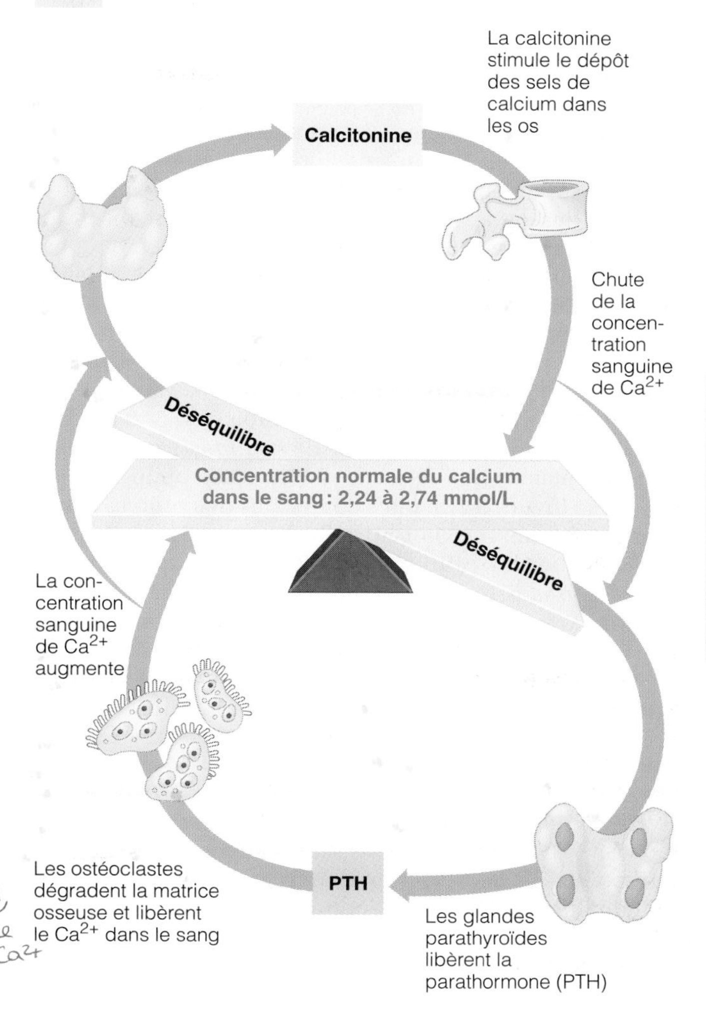

La calcitonine stimule le dépôt des sels de calcium dans les os
Calcitonine
Chute de la concentration sanguine de Ca^{2+}
Déséquilibre
Concentration normale du calcium dans le sang : 2,24 à 2,74 mmol/L
Déséquilibre
La concentration sanguine de Ca^{2+} augmente
Les ostéoclastes dégradent la matrice osseuse et libèrent le Ca^{2+} dans le sang
PTH
Les glandes parathyroïdes libèrent la parathormone (PTH)

FIGURE 6.11
Régulation hormonale de la concentration d'ions calcium dans le sang. La parathormone (PTH) et la calcitonine ont des effets antagonistes sur la régulation de la calcémie.

que 1,5 g de calcium, et la boucle de régulation hormonale maintient normalement la concentration de calcium ionique sanguin dans un intervalle très étroit situé entre 2,24 et 2,74 mmol/L. Le calcium est absorbé à partir de l'intestin sous l'effet des métabolites de la vitamine D. L'apport de calcium quotidien recommandé est de 400 à 800 mg de la naissance jusqu'à l'âge de 10 ans, et de 1200 à 1500 mg de 11 à 24 ans.

De minuscules déviations de l'équilibre homéostatique du calcium sanguin peuvent entraîner des troubles neuromusculaires graves allant de l'hyperexcitabilité à l'arrêt fonctionnel. D'autre part, une *hypercalcémie* (forte concentration de calcium sanguin) prolongée peut avoir pour conséquence un dépôt indésirable de sels de calcium dans les vaisseaux sanguins, les

Des sels de calcium se déposent dans les os et la concentration sanguine de calcium diminue.

reins et les autres organes mous, ce qui peut entraver leur physiologie normale. (Il en sera plus longuement question à propos de l'hyperparathyroïdie ; voir le chapitre 17.) ■

Régulation par sollicitation mécanique Les sollicitations mécaniques (traction des muscles) et la gravitation favorisent également le remaniement du squelette. Contrairement au mécanisme hormonal, ce type de régulation vise les besoins du squelette lui-même, puisqu'il renforce les os aux endroits où ils subissent de fortes contraintes. D'après la *loi de Wolff*, qui est reconnue par certains scientifiques seulement, la croissance ou le remaniement des os se produisent en réaction aux forces et aux sollicitations qui s'exercent sur eux. Il faut bien comprendre en premier lieu que l'anatomie d'un os reflète très précisément les contraintes qui lui sont appliquées. Par exemple, la majorité des os longs subissent une torsion, soit une combinaison de forces de *compression* et de *tension* (étirement) qui agissent sur les côtés opposés de la diaphyse (figure 6.12). Mais comme les deux forces sont à leur minimum vers le centre de l'os (annulant chacune l'effet de l'autre), celui-ci peut être évidé, ce qui le rendra plus léger sans représenter un désavantage. D'autres observations peuvent être expliquées par cette théorie, par exemple : (1) les os longs sont plus épais vers le milieu de la diaphyse, à l'endroit exact où les forces de torsion atteignent leur maximum (tordez une brindille et elle se cassera vers le milieu) ; (2) les os courbes atteignent leur plus grande épaisseur là où ils risquent le plus de se déformer ; (3) les travées de l'os spongieux forment des treillis ou des entretoises le long des lignes de compression ; et (4) de volumineuses saillies osseuses se forment aux points d'attache des gros muscles actifs. (Les os des haltérophiles présentent d'énormes renflements aux points d'insertion des muscles les plus utilisés, et les os des pieds des jeunes danseurs de ballet deviennent graduellement plus massifs car le fait de se tenir constamment sur la pointe des pieds exerce une pression intense.) La loi de Wolff explique aussi l'absence de relief des os du fœtus et l'atrophie des os des personnes immobilisées au lit, puisque dans ces cas les os ne subissent aucune contrainte.

Comment les forces mécaniques agissent-elles sur les cellules chargées du remaniement osseux ? On sait que si l'on déforme un os, il se produira un courant électrique. Puisque les régions comprimées et étirées ont des charges opposées, on croit que ce sont des signaux électriques qui régissent le processus de remaniement. L'encadré de la page 179 présente une discussion de ce principe et quelques-uns des dispositifs auxquels on a recours actuellement pour accélérer la guérison des os et la consolidation des fractures. En fin de compte, les mécanismes de réponse des os aux stimulus mécaniques ne sont pas encore connus avec certitude. On a pu observer par contre que, à la suite d'une utilisation intense, les os (ou parties d'os) s'alourdissent, et qu'ils s'affaiblissent s'ils ne travaillent pas.

Le squelette subit en permanence l'effet des hormones et des forces mécaniques. Au risque d'échafauder des hypothèses hardies, on peut supposer d'une part que la boucle de régulation hormonale est le principal facteur qui détermine *si* un changement de concentration donné du calcium sanguin doit entraîner un remaniement, et *à quel moment*, tandis que l'*endroit* où ce remaniement doit se produire dépend des forces mécaniques et gravitationnelles. Par exemple, si la matière osseuse doit être désintégrée pour faire augmenter la concentration de calcium sanguin, il y aura libération de PTH, qui agira sur les ostéoclastes. Cependant, ce sont les forces mécaniques qui déterminent *quels* ostéoclastes seront les plus sensibles à la stimulation de la parathormone ; ainsi, c'est la matière osseuse des zones où il y a le moins de contraintes (et dont on peut se passer provisoirement) qui sera dégradée.

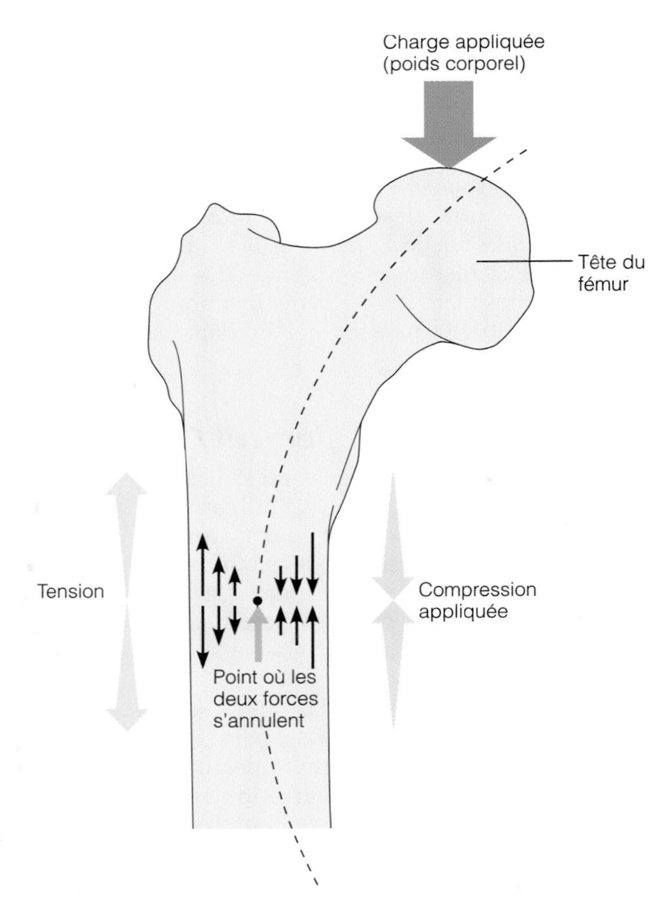

FIGURE 6.12
Effet d'une contrainte sur l'anatomie de l'os. Puisque la charge placée sur la plupart des os est décentrée, les os sont contraints de plier. Dans notre exemple, représentant un fémur, on constate que le poids corporel transmis à la tête du fémur risque de faire fléchir cet os le long de l'arc illustré en pointillé. Cette flexion comprime l'os d'un côté (flèches convergentes) et l'étire de l'autre, ce qui provoque une tension (flèches divergentes). Ces deux forces s'annulent en un point, au centre, de sorte que l'intérieur de l'os a besoin de moins de matière osseuse que sa face externe.

Consolidation des fractures

En dépit de leur résistance remarquable, les os peuvent être **fracturés,** ou cassés, à n'importe quel moment de la vie. Au cours de l'enfance, la plupart des fractures sont dues à un traumatisme exceptionnel lors duquel l'os a été tordu ou fracassé (par exemple, accidents de sport ou d'automobile et chutes). Chez les personnes âgées, les os

GROS PLAN

Ces os remarcheront : progrès cliniques dans le traitement des fractures

Bien que les os possèdent le remarquable pouvoir de se régénérer eux-mêmes, il est des circonstances dans lesquelles leurs efforts les plus acharnés restent vains. Des fractures importantes subies dans les accidents de la route, une mauvaise circulation sanguine dans des os âgés et certaines anomalies congénitales en constituent d'excellents exemples. Cependant, les progrès récents de la médecine apportent à la profession médicale la réponse à certains problèmes que les os ne peuvent résoudre seuls. Regardons ces solutions de plus près.

1. La **stimulation électrique des sites de fracture** a fortement contribué à accélérer la guérison et à améliorer le pronostic dans les cas de grosses fractures ou de fractures qui guérissent très lentement. Depuis plusieurs années on sait que le tissu osseux se dépose dans les régions de charge négative et est résorbé dans les zones chargées positivement, mais on ignorait jusqu'à une date récente comment l'électricité pouvait favoriser la guérison. On pense actuellement que les champs électriques empêchent la parathormone (PTH) de stimuler les ostéoclastes qui résorbent l'os au site de la fracture, ce qui accélère l'accumulation de tissu osseux.

2. Traitement par ultrasons. Les ultrasons, utilisés dans une des techniques d'imagerie décrites au chapitre 1, accélèrent également la consolidation des os humains. Un traitement quotidien réduit le temps de guérison des os des bras et des tibias fracturés de 25 à 35 %.

3. La **greffe vasculaire libre de la fibula** consiste à remplacer un os manquant ou très endommagé par des morceaux de fibula (ou péroné, l'os fin de la jambe qui ressemble à une tige). La fibula n'est pas un os essentiel, car il ne porte pas le poids du corps chez l'être humain ; il joue un rôle dans la stabilisation de la cheville. Autrefois, les grosses greffes osseuses se soldaient en général par un échec parce que l'intérieur du greffon ne recevait pas un apport sanguin suffisant, ce qui menait finalement à l'amputation. Grâce à cette nouvelle technique, on peut transplanter des vaisseaux sanguins normaux en même temps que de l'os ; cette technique a déjà permis de reconstituer le radius (os de l'avant-bras) chez un enfant qui en était dépourvu à la naissance, et de remplacer des os longs détruits par l'ostéomalacie ou dans un accident. Le remaniement osseux qui s'ensuit produit une réplique presque parfaite de l'os normal.

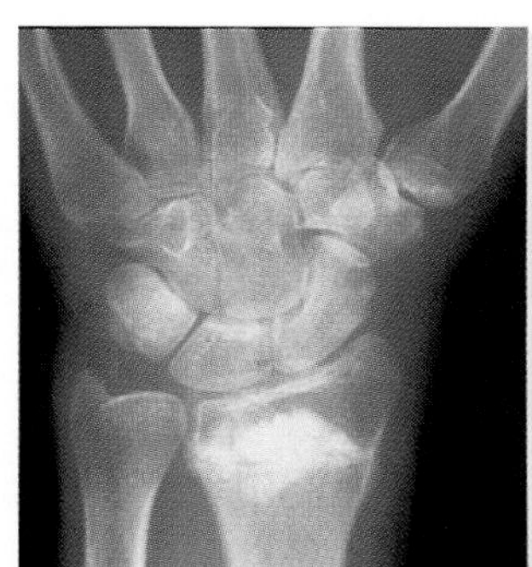
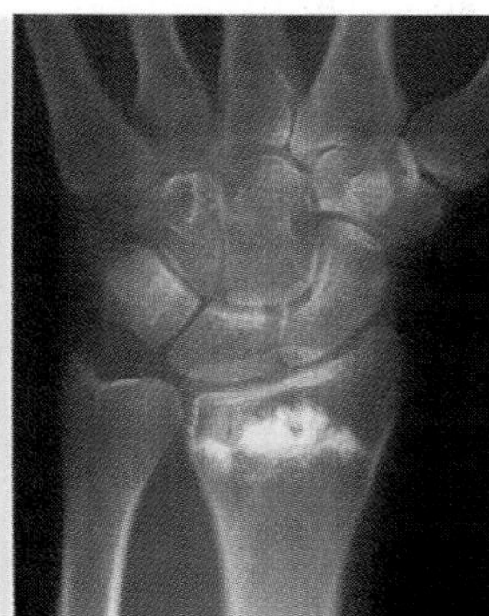

La radiographie de gauche montre une fracture du radius consolidée avec un implant de corail (région plus blanche). À droite, on voit la même fracture quelques semaines plus tard.

4. Substituts osseux. Manquant désespérément de substituts osseux, les chirurgiens utilisaient jadis des matériaux synthétiques ou des os broyés prélevés sur des cadavres. Les os broyés induisent la formation de nouvelle matière osseuse ; on mélange la poudre d'os à de l'eau pour obtenir une pâte à laquelle on peut donner la forme voulue ou qu'on peut faire entrer dans des endroits exigus et difficiles d'accès. Cette technique évite de recourir au processus long et souvent douloureux de la transplantation ou de la greffe osseuse. Il en va de même pour la plupart des substituts osseux synthétiques, quoique les deux approches aient leurs inconvénients. Les os prélevés sur des cadavres présentent un risque faible, mais réel, de transmission du virus de l'hépatite ou du VIH. De plus, le système immunitaire peut rejeter ces tissus étrangers. Quant aux substituts synthétiques, ils provoquent parfois une inflammation qui nuit à la guérison et favorise l'infection.

On effectue actuellement des essais cliniques sur un substitut osseux particulièrement prometteur, appelé **implant de corail,** qui pourrait éviter les deux complications décrites précédemment. Lorsque le corail est chauffé, ses cellules vivantes meurent et sa structure minérale (carbonate de calcium) est convertie en hydroxyapatite, le sel présent dans les os humains. Le fragile implant de corail est ensuite moulé dans la forme voulue, enduit de protéines d'origine naturelle qui stimulent la croissance des os, appelées *protéines morphogénétiques osseuses*, et finalement greffé (voir la figure ci-dessus). Des ostéoblastes et des vaisseaux sanguins migrent de l'os naturel adjacent vers l'implant de corail, qui est graduellement remplacé par de l'os vivant.

5. Os artificiels. Les recherches sur le remplacement des os ont mené également à la production de certains types d'**os artificiels.** L'un par exemple est fabriqué à partir d'une céramique biodégradable appelée phosphate tricalcique. Cette substance est assez malléable pour qu'on puisse lui donner la forme voulue, mais elle n'est pas très solide. On l'a surtout utilisée dans le remplacement d'os non porteurs tels que ceux du crâne.

Contrairement aux substituts osseux que nous venons de décrire, le Norian SRS, un nouvel implant fait de phosphate de calcium, procure un soutien structural immédiat aux os fracturés ou ostéoporotiques et permet aux patients de reprendre plus rapidement une vie normale. Préparé au moment de la chirurgie, le ciment est injecté dans les régions où les os sont endommagés et forme un « plâtre interne » entièrement biocompatible. La pâte durcit en quelques minutes et le produit final offre plus de résistance à la compression que l'os spongieux. La structure cristalline du Norian SRS étant de même type que celle de l'os naturel, il est graduellement envahi par des ostéoblastes qui y déposent de la matrice osseuse. Dans la plupart des cas, l'implant est complètement dégradé et remplacé par de l'os naturel en moins de deux ans.

TABLEAU 6.2 Types de fractures les plus courants

Type de fracture	Illustration	Description	Commentaires
Fermée		L'os présente une cassure nette, mais ne pénètre pas la peau	La majorité des fractures sont de ce type
Ouverte		Les bouts d'os cassés percent les tissus mous et la peau	Plus grave qu'une fracture fermée ; il peut s'ensuivre une grave infection de l'os (ostéomyélite) qui nécessite des doses massives d'antibiotiques
Plurifragmentaire		Os brisé en de nombreux fragments	Courante chez les personnes âgées en particulier, dont les os sont plus cassants
Fracture par tassement		Os écrasé	Courante dans les os poreux (ostéoporotiques)
Enfoncement localisé		La partie fracturée de l'os est poussée vers l'intérieur	Exemple typique de fracture du crâne
Engrenée		Les extrémités de l'os fracturé sont poussées l'une vers l'autre	Se produit souvent lorsqu'on tente d'amortir une chute avec les bras tendus ; fracture courante de la hanche
En spirale		Cassure irrégulière, se produit lorsqu'une trop grande force tend à faire tourner l'os sur lui-même	Fracture courante chez les sportifs
En bois vert		Os fracturé de façon incomplète, à la façon d'une brindille de bois vert	Courante chez les enfants dont les os possèdent relativement plus de matrice organique et sont plus flexibles que ceux des adultes

s'amincissent et perdent de leur solidité, et les fractures sont de plus en plus fréquentes. Les types de fractures les plus courants sont décrits au tableau 6.2.

On traite une fracture par *réduction*, qui consiste à réaligner les parties fracturées. Dans la **réduction à peau fermée,** on replace les deux extrémités de l'os dans leur position normale de façon manuelle. Lors d'une **réduction chirurgicale,** on relie les deux extrémités fracturées au moyen de tiges ou de fils métalliques. Après réduction, l'os est immobilisé dans un plâtre ou par traction pour permettre le début de la consolidation. Les fractures simples sont consolidées au bout de 8 à 12 semaines, mais la consolidation peut requérir beaucoup plus de temps dans le cas de gros os porteurs ou chez les personnes âgées (parce que leur circulation se fait moins bien).

La consolidation d'une fracture simple passe par quatre phases principales qui sont illustrées à la figure 6.13 et que nous allons décrire ci-dessous.

1. **Formation d'un hématome.** Lors d'une fracture, les vaisseaux sanguins présents à l'intérieur de l'os et du périoste, et peut-être aussi dans les tissus voisins, se rompent, ce qui provoque une hémorragie. Il s'ensuit la formation d'un **hématome** (masse de sang coagulé) à l'endroit de la fracture. Peu après, les cellules osseuses qui ne sont plus alimentées commencent à

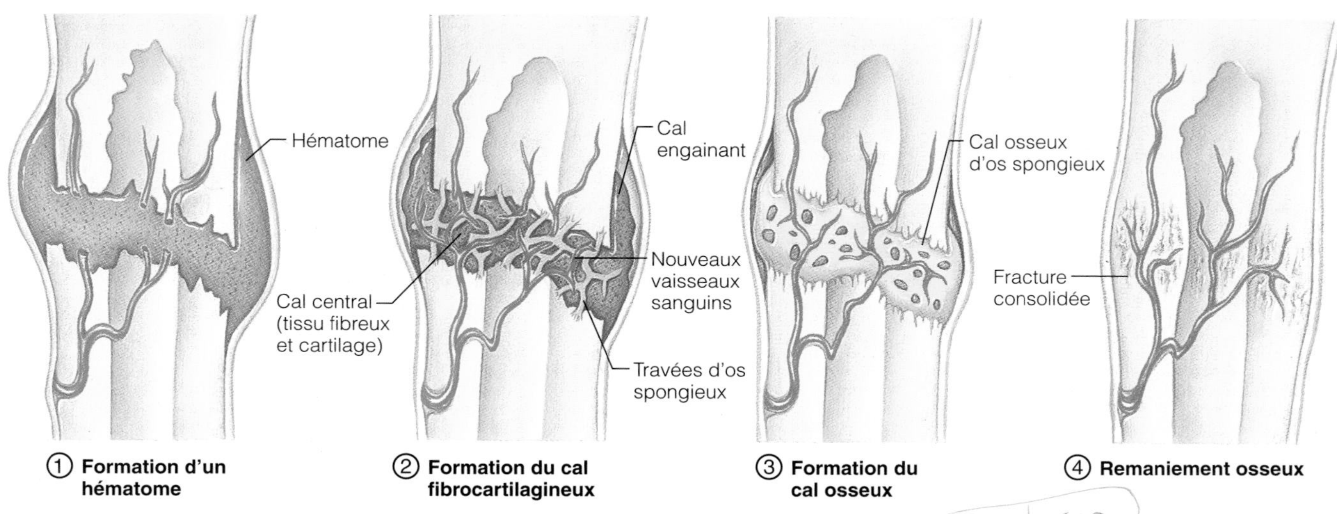

FIGURE 6.13
Phases de la consolidation d'une fracture.

mourir et le tissu du site de la fracture enfle, devient douloureux et présente une inflammation évidente.

2. **Formation du cal fibrocartilagineux.** L'étape suivante est la formation d'un *tissu de granulation* mou. Plusieurs phénomènes contribuent à la formation du tissu de granulation: des capillaires s'infiltrent dans l'hématome, des macrophagocytes envahissent la région et se mettent à évacuer les débris. Pendant ce temps, des fibroblastes et des ostéoblastes du périoste et de l'endoste voisins migrent vers le site de la fracture, puis amorcent la reconstruction de l'os. Les fibroblastes produisent des fibres collagènes qui s'étendent d'un bord à l'autre de la cassure, reliant ainsi les deux bouts de l'os fracturé; certains fibroblastes se différencient en chondroblastes qui sécrètent une matrice cartilagineuse. À l'intérieur de cette masse de tissu reconstitué, les ostéoblastes commencent à former de l'os spongieux, mais ceux qui sont les plus éloignés des capillaires nourriciers sécrètent une matrice de type cartilagineux qui fait saillie vers l'extérieur et qui finit par se calcifier. Cet ensemble de tissu reconstitué, qu'on appelle **cal fibrocartilagineux,** forme une éclisse pour l'os fracturé.

3. **Formation du cal osseux.** Les ostéoblastes et les ostéoclastes continuent de migrer vers l'intérieur et de se multiplier rapidement dans le cal fibrocartilagineux, qu'ils convertissent graduellement en un **cal osseux** constitué d'os spongieux. La formation du cal osseux commence vers la troisième ou la quatrième semaine et se poursuit jusqu'à ce que l'os soit fermement soudé, environ deux ou trois mois après l'accident.

4. **Remaniement osseux.** Dès le début de sa formation et pendant plusieurs mois par la suite, le cal osseux subit un remaniement. Les matériaux en excès à l'extérieur de la diaphyse et à l'intérieur du canal médullaire sont éliminés, et le corps de l'os est reconstruit par un dépôt d'os compact. Après le remaniement, on constate que la structure de la région remodelée est semblable à celle d'un os normal non fracturé car elle réagit au même ensemble de stimulus mécaniques.

DÉSÉQUILIBRES HOMÉOSTATIQUES DES OS

Les déséquilibres qui peuvent survenir entre l'ossification et la résorption osseuse sont à l'origine de presque toutes les maladies qui touchent le squelette adulte.

Ostéoporose

Pour la plupart d'entre nous, les « problèmes de vieux os » évoquent le stéréotype de la victime d'ostéoporose, une vieille femme recourbée avançant à grand-peine derrière son déambulateur. L'**ostéoporose** désigne un groupe de maladies dans lesquelles la résorption se fait plus rapidement que le dépôt de matière osseuse. La composition de la matrice reste normale, mais la masse osseuse se trouve réduite et les os deviennent plus poreux et plus légers. Bien que le processus de l'ostéoporose touche l'ensemble du squelette, l'os spongieux de la colonne vertébrale est le plus vulnérable, et les fractures par tassement des vertèbres sont courantes. La hanche est aussi de plus en plus exposée aux fractures (*fracture du col du fémur*) chez les personnes atteintes d'ostéoporose.

L'ostéoporose affecte le plus souvent les personnes âgées, en particulier les femmes après la ménopause, mais l'arrêt de la synthèse des hormones sexuelles peut provoquer ce trouble chez les deux sexes. Les œstrogènes et la testostérone contribuent au maintien de la densité des os en limitant l'activité des ostéoclastes et en favorisant le dépôt de nouvelle matière osseuse. Après la ménopause, la production d'œstrogènes diminue, et cette déficience joue un grand rôle chez la femme âgée. D'autres facteurs peuvent favoriser l'ostéoporose chez les personnes âgées: le manque d'exercice musculaire pour faire travailler les os, un régime pauvre en calcium et en protéines, une anomalie des récepteurs de la vitamine D, le tabagisme (qui réduit les taux d'œstrogènes) et des facteurs hormonaux (comme l'usage de corticostéroïdes, l'hyperthyroïdie et le diabète sucré). De plus, l'ostéoporose peut se manifester à

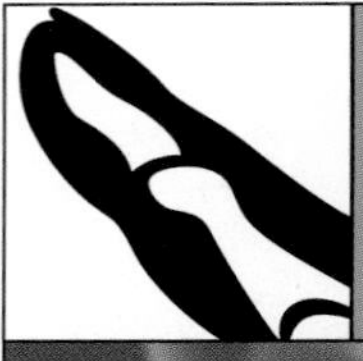

SYNTHÈSE

Tous pour un, un pour tous : relations entre le système osseux et les autres systèmes de l'organisme

Système tégumentaire

- Le système osseux fournit un support aux organes du corps, y compris la peau.
- La peau fournit la vitamine D nécessaire à la bonne absorption et utilisation du calcium.

Système musculaire

- Le système osseux fournit des leviers ainsi que des ions calcium pour l'activité musculaire.
- La traction des muscles sur les os accroît leur solidité et leur viabilité ; elle contribue à la détermination de la forme des os.

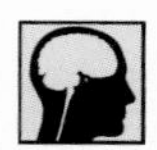

Système nerveux

- Le système osseux protège l'encéphale et la moelle épinière ; il sert de réservoir aux ions calcium nécessaires au fonctionnement du système nerveux.
- Des nerfs innervent les os et les capsules articulaires et permettent ainsi la sensation de la douleur dans les articulations.

Système endocrinien

- Le système osseux fournit une certaine protection osseuse à quelques glandes (hypophyse, entre autres) ; il emmagasine le calcium nécessaire aux mécanismes des seconds messagers.
- Les hormones règlent l'accumulation du calcium dans les os et sa libération ; elles favorisent la croissance et la maturation des os longs.

Système cardiovasculaire

- La moelle rouge des os est le siège de la formation des globules rouges, des globules blancs et des plaquettes sanguines ; la matrice osseuse emmagasine le calcium nécessaire à l'activité du muscle cardiaque.
- Le système cardiovasculaire achemine les nutriments et l'oxygène aux cellules osseuses ; il emporte leurs déchets.

Système lymphatique et immunitaire

- Le système osseux fournit une certaine protection aux organes lymphatiques ; la moelle osseuse est le siège de la formation des leucocytes participant à la réponse immunitaire.
- Le système lymphatique draine les fluides du liquide interstitiel entourant les cellules osseuses ; les cellules immunitaires protègent les différentes composantes du squelette contre les virus et les bactéries pathogènes.

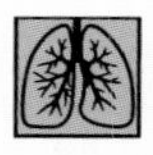

Système respiratoire

- Le système osseux protège les poumons en les enfermant (cage thoracique).
- Le système respiratoire fournit de l'oxygène aux cellules osseuses ; il évacue le gaz carbonique de ces cellules.

Système digestif

- Le système osseux fournit une certaine protection osseuse aux intestins, aux organes pelviens et au foie ; il permet la mastication et la déglutition.
- Le système digestif fournit les nutriments nécessaires au maintien et à la croissance des os.

Système urinaire

- Le système osseux protège les organes pelviens (vessie, par exemple).
- Le système urinaire active la vitamine D ; il évacue les déchets azotés des cellules osseuses.

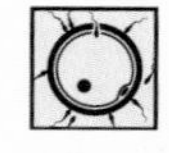

Système génital

- Le système osseux fournit une certaine protection aux organes génitaux internes.
- Les gonades produisent des hormones qui influent sur la forme du squelette et l'ossification des cartilages épiphysaires.

Liens particuliers : relations entre le système osseux et les systèmes musculaire, endocrinien et tégumentaire

Notre squelette nous soutient, protège nos organes (la protection que le crâne procure à l'encéphale est primordiale), nous donne de la stature (étrangement, les personnes grandes inspirent plus le respect), détermine nos formes (les femmes *sont* différentes des hommes) et nous permet de bouger. Il est évident que le système osseux interagit avec de nombreux autres systèmes de l'organisme, particulièrement avec les systèmes endocrinien et tégumentaire. Cependant, c'est avec le système musculaire que ses liens sont les plus intimes et les plus bénéfiques. Nous commencerons donc par là.

Système musculaire

L'interdépendance des systèmes osseux et musculaire est frappante : quand l'un fonctionne bien, l'autre aussi. Si nous faisons régulièrement des exercices des articulations portantes (course, tennis, danse aérobique), nos muscles gagnent en efficacité et exercent une plus grande pression sur nos os. Par conséquent, nos os restent sains et forts et leur masse augmente afin d'assumer ces contraintes additionnelles.

Étant donné que l'os spongieux et l'os compact atteignent leur densité maximale vers le milieu de notre vie, il est important de pratiquer des exercices des articulations portantes lorsqu'on est jeune ; cela est surtout vrai pour les femmes, qui ont une moins grande masse osseuse que les hommes et la perdent plus rapidement.

L'exercice régulier favorise également l'étirement des tissus conjonctifs qui lient les os aux muscles et à d'autres os, et il renforce les articulations. Par le fait même, la flexibilité globale augmente et les risques de blessures diminuent, ce qui nous permet de rester actifs jusqu'à un âge très avancé. (La douleur peut engendrer la paresse.)

Système endocrinien

Bien que certains facteurs mécaniques jouent indéniablement un rôle important dans la formation et le renforcement continu du squelette, les hormones, qu'elles agissent individuellement ou en groupe, régissent la croissance des os durant la jeunesse et augmentent (ou diminuent) la force des os chez les adultes. L'hormone de croissance est essentielle à la croissance normale du squelette et à son entretien tout au long de la vie, tandis que la thyroïde et les hormones sexuelles veillent à ce que le squelette prenne des proportions normales pendant l'enfance et l'adolescence. D'autre part, la parathormone et la calcitonine ne sont pas utiles au squelette, mais plutôt à l'homéostasie du calcium sanguin. Quel que soit l'aspect du système osseux que les hormones régissent, toute interférence avec leur fonctionnement normal devient vite apparente, puisqu'elle se manifeste par une anomalie osseuse ou des os mal proportionnés.

Système tégumentaire

Dans des conditions normales, le système osseux dépend entièrement du système tégumentaire (la peau), qui fournit le calcium nécessaire au maintien d'os durs et forts. La relation entre les deux systèmes est toutefois indirecte. Exposées aux rayons du soleil, les cellules de la peau fabriquent un précurseur de la vitamine D. Celui-ci entre dans la circulation sanguine qui le transporte au foie et aux reins où il devient actif, puis il se joint au complexe qui, au niveau de l'intestin, absorbe le calcium des aliments ingérés. Puisque le calcium remplit de nombreuses fonctions dans l'organisme (voir p. 177) et que le système osseux représente en quelque sorte une « banque de calcium », les os se ramollissent et s'affaiblissent en l'absence de vitamine D car aucun apport quotidien de calcium ne pénètre alors dans la circulation sanguine à partir du tube digestif.

IMPLICATIONS CLINIQUES

Système osseux

Étude de cas : Vous vous rappelez Mme Deschênes ? Aux dernières nouvelles, elle s'apprêtait à subir d'autres examens. En ce qui concerne son système osseux, les observations suivantes sont notées dans son dossier :

- Fracture de la région supérieure du tibia droit ; lacération de la peau ; zone nettoyée ; réduction chirurgicale des fragments osseux faisant saillie et application d'un plâtre
- Lésion de l'artère nourricière du tibia
- Ménisque interne (disque de cartilage fibreux) de l'articulation du genou droit broyé ; articulation du genou enflammée et douloureuse

Relativement à ces observations :

1. De quel type de fracture Mme Deschênes souffre-t-elle ?
2. Quels sont les problèmes à prévoir avec de telles fractures et comment les traite-t-on ?
3. Qu'est-ce qu'une réduction chirurgicale ? Pourquoi a-t-on posé un plâtre ?
4. En supposant un rétablissement sans complications, combien de temps environ Mme Deschênes devra-t-elle patienter avant qu'un cal osseux solide se forme ?
5. Quelles sont les complications prévisibles de la lésion de l'artère nourricière ?
6. Quelles sont les nouvelles techniques qui permettent d'améliorer la consolidation des fractures lorsque la guérison est retardée ou compromise ?
7. Quelles sont les probabilités que le cartilage du genou de Mme Deschênes se régénère ? Pourquoi ? Quelles mesures devra-t-on prendre pour remédier à ce problème ?

(Réponses à l'appendice G)

n'importe quel âge à la suite d'une période d'immobilité. Le traitement consiste habituellement à ajouter du calcium et de la vitamine D au régime alimentaire et à faire plus d'exercices des articulations portantes. Cependant, dans bien des cas, l'*hormonothérapie substitutive* offre la meilleure protection contre les fractures des os ostéoporotiques. Malheureusement, ce traitement ne fait que ralentir la perte de matière osseuse et ne parvient pas à la compenser. Les personnes qui ne peuvent pas ou ne veulent pas prendre d'œstrogènes peuvent opter pour *Fosamax*, un médicament utilisé dans le traitement de la maladie osseuse de Paget (décrite ci-dessous) qui freine l'activité des ostéoclastes et peut éventuellement renverser le processus d'ostéoporose dans la colonne vertébrale.

Il est possible d'empêcher l'apparition de l'ostéoporose, ou tout au moins de la retarder. Il s'agit d'abord d'absorber une quantité suffisante de calcium pendant que la densité des os s'accroît encore (les os longs atteignent leur densité maximale entre 35 et 40 ans, ceux qui renferment relativement plus d'os spongieux, entre 25 et 30 ans). D'autre part, il est bon de prendre l'habitude de boire de l'eau fluorée, qui favorise le durcissement des os (et des dents). Enfin, une bonne dose d'exercice des articulations portantes (marche, course à pied, tennis, etc.) pendant le jeune âge et le reste de la vie provoque l'augmentation de la masse osseuse au-delà des valeurs normales et fournit de meilleures réserves pour faire face à la perte de matière osseuse à un âge plus avancé.

Ostéomalacie et rachitisme

L'**ostéomalacie** (*osteon* = os ; *malakia* = mollesse) englobe un certain nombre de perturbations qui se traduisent par une minéralisation insuffisante des os. Il y a production de matériau ostéoïde, mais comme les sels de calcium ne se déposent pas, les os deviennent mous et fragiles. Par conséquent, les os porteurs, en particulier ceux des jambes et du bassin, peuvent se fracturer, se tordre ou se déformer. Le principal symptôme de cette maladie est l'apparition d'une douleur lorsqu'un poids est placé sur ces os.

Bon nombre de ces symptômes et de ces signes (jambes tordues, bassin, crâne et cage thoracique déformés) se retrouvent également dans le **rachitisme,** qui est l'équivalent de l'ostéomalacie chez les enfants. Cependant, comme les os sont encore en croissance rapide, la maladie est bien plus grave. Les cartilages épiphysaires, qui ne peuvent se calcifier, continuent de croître et les extrémités des os longs grossissent nettement.

L'ostéomalacie et le rachitisme sont causés en général par un manque de calcium dans le régime alimentaire ou une déficience en vitamine D. Il suffit habituellement au patient de boire du lait enrichi de vitamine D et d'exposer sa peau aux rayons du soleil pour guérir ces affections.

Maladie osseuse de Paget

La **maladie osseuse de Paget,** souvent dépistée par hasard lors d'une radiographie prise pour un autre motif, se caractérise par une résorption osseuse exagérée (face interne de l'os) et une ossification anormale (face externe de l'os). L'os nouvellement formé, appelé *os pagétique*, se constitue rapidement et possède une masse anormalement élevée d'os fibreux par rapport à celle de l'os compact. Ce phénomène, accompagné d'une réduction de la minéralisation osseuse, provoque un ramollissement des os par endroits. Dans les stades avancés de la maladie, l'activité des ostéoclastes diminue, mais les ostéoblastes poursuivent leur travail, faisant souvent apparaître sur l'os des renflements irréguliers ou remplissant le canal médullaire d'os pagétique.

La maladie osseuse de Paget peut affecter n'importe quelle partie du squelette, mais elle reste habituellement localisée. Un seul et même os peut être touché, pendant plusieurs années. La colonne vertébrale, le bassin, le fémur et le crâne sont le plus souvent atteints ; la déformation et la douleur qui l'accompagne sont progressives. Cette maladie survient rarement avant l'âge de 40 ans. On en ignore la cause, mais elle pourrait bien être d'origine virale. Les thérapies font appel à des médicaments comme l'étidronate, administré sur des périodes de 3 à 6 mois à la fois, la calcitonine (maintenant administrée par inhalation) et le tout nouveau Fosamax, qui prévient efficacement la désintégration des os. ■

DÉVELOPPEMENT ET VIEILLISSEMENT DES OS : CHRONOLOGIE

Les os suivent un programme précis entre le moment de leur formation et celui de leur mort. Chez l'embryon, le mésoderme produit les cellules mésenchymateuses ; celles-ci donnent naissance aux membranes fibreuses et aux cartilages qui forment le squelette de l'embryon. Puis ces structures s'ossifient selon une chronologie d'une étonnante précision qui permet de déterminer facilement l'âge d'un fœtus au moyen d'une radiographie ou d'un sonogramme. Bien que chaque os suive sa propre chronologie, l'ossification des os longs commence habituellement vers la huitième semaine, et à la douzième semaine, les points d'ossification primaire apparaissent (figure 6.14). Auparavant, les globules sanguins de l'embryon étaient formés dans son foie et sa rate. Mais dès le début de l'ossification, c'est la moelle rouge à l'intérieur des os en formation qui se charge de l'hématopoïèse.

À la naissance, la plupart des os longs du squelette sont bien ossifiés, à l'exception de leurs épiphyses. Après la naissance, les points d'ossification secondaire apparaissent dans les épiphyses, selon une séquence prévisible entre la première année et l'âge préscolaire. Les cartilages épiphysaires assurent la croissance des os longs pendant l'enfance (processus sous la régulation de l'hormone de croissance) et lors de la poussée de croissance provoquée par les hormones sexuelles à l'adolescence. À la naissance, tous les os sont relativement peu différenciés, mais au fur et à mesure que l'enfant se sert de ses muscles, le relief osseux se développe et devient de plus en plus évident. Vers l'âge de 25 ans, presque tous les os sont complètement ossifiés et la croissance du squelette s'arrête.

Chez les enfants et les adolescents, le taux de formation des os est supérieur au taux de résorption ; chez les jeunes adultes, ces deux processus sont en équilibre ; au cours de la vieillesse, la résorption prédomine. Même si les facteurs de l'environnement énumérés ci-dessus influent sur

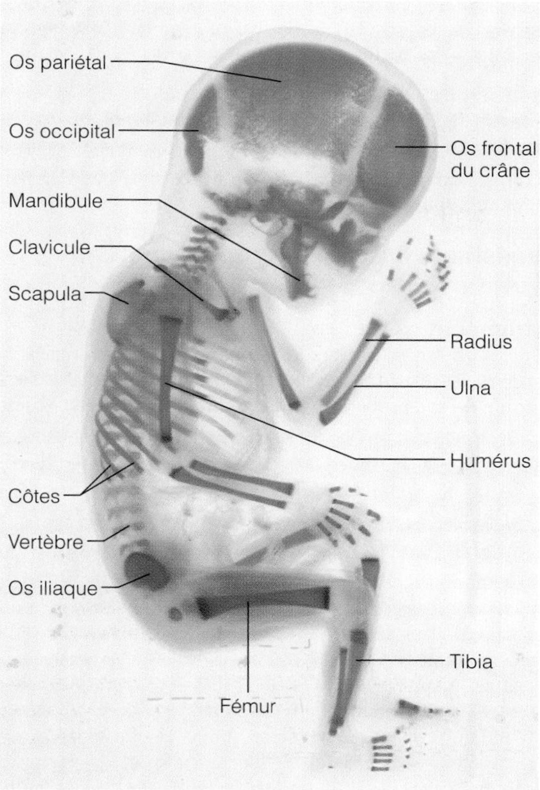

FIGURE 6.14
Les points d'ossification primaires dans le squelette de ce fœtus de 12 semaines correspondent aux régions plus foncées.

la densité des os, ce sont les facteurs génétiques qui déterminent dans une large mesure la densité osseuse chez un individu (ou la quantité relative de perte osseuse qu'il subira). Le gène qui code pour le point d'ancrage cellulaire de la vitamine D permet de déterminer à la fois la capacité d'accumulation de la masse osseuse dans les premières années de vie et les risques d'apparition de l'ostéoporose à un âge plus avancé. À partir de la quatrième décennie de vie, la masse d'os compact et spongieux commence à diminuer, sauf dans les os du crâne, semble-t-il. Chez les jeunes adultes, la masse osseuse des hommes dépasse généralement celle des femmes, et celle des Noirs est plus importante que celle des Blancs. Au cours du vieillissement, la perte de matière osseuse est plus rapide chez les Blancs que chez les Noirs (dont les os étaient déjà plus denses au départ), et chez les femmes que chez les hommes. Des modifications qualitatives surviennent également. Un nombre croissant d'ostéons n'achèvent plus leur formation et la minéralisation est moins complète. On remarque de plus en plus d'os non viable, ce qui reflète une diminution de l'irrigation sanguine au cours des années.

* * *

Dans ce chapitre, nous avons examiné en détail les cartilages et les os, leur architecture, leur composition et leur dynamique. Nous avons aussi parlé de leur rôle dans le maintien de l'homéostasie globale de l'organisme (l'encadré intitulé *Synthèse* en présente un résumé). Nous allons pouvoir étudier dans le chapitre suivant la façon dont les os sont assemblés dans le squelette et la manière dont ils contribuent, individuellement et collectivement, à son fonctionnement.

TERMES MÉDICAUX

Achondroplasie (*akhondros* = sans cartilage; *plassein* = former) Affection congénitale due à un défaut de croissance du cartilage et de l'os endochondral, se manifestant par des membres trop courts et une tête trop grosse; une forme de nanisme.

Bavure osseuse Projection osseuse anormale due à un excès de croissance de l'os; courante sur les os des sujets âgés.

Élongation Le fait de soumettre une région du corps à une tension constante pour maintenir l'alignement des parties d'un os fracturé et prévenir les spasmes des muscles squelettiques qui pourraient séparer les extrémités de l'os fracturé ou écraser la moelle épinière (dans le cas de fractures de la colonne vertébrale).

Fracture pathologique Fracture d'un os malade survenant lors d'un traumatisme léger (comme tousser ou se retourner brusquement) ou en l'absence de traumatisme.

Ostéite Inflammation du tissu osseux.

Ostéomyélite Inflammation de l'os provoquée par des bactéries pyogènes (productrices de pus) qui pénètrent dans l'organisme par une blessure (fracture ouverte par exemple), ou qui atteignent l'os au voisinage d'un site d'infection; affecte le plus souvent les os longs, provoquant une douleur aiguë et de la fièvre; peut entraîner une raideur des articulations, la destruction de la matière osseuse et le raccourcissement d'un membre; le traitement inclut le recours aux antibiotiques, le drainage des abcès (accumulations de pus) éventuels et l'extraction des fragments d'os mort (dont la présence empêche la guérison).

Sarcome ostéogène Cancer des os touchant essentiellement l'os long d'un membre, le plus souvent entre l'âge de 10 et 25 ans; de croissance fulgurante, il provoque une érosion douloureuse de l'os; les métastases migrent habituellement vers les poumons, où des tumeurs secondaires apparaissent; le traitement habituel consiste à amputer l'os ou le membre atteint puis à instaurer une chimiothérapie; le taux de survie est d'environ 50 % si la tumeur est découverte assez tôt.

RÉSUMÉ DU CHAPITRE

Cartilages (p. 165)

Structure, types et localisation des cartilages (p. 165)

1. Le cartilage présente des chondrocytes logeant dans les lacunes (cavités) de la matrice extracellulaire (substance fondamentale et fibres). Sa haute teneur en eau lui confère son élasticité. Il est dépourvu de neurofibres, avasculaire et entouré d'un périchondre fibreux qui réprime son expansion.

2. Le cartilage hyalin ressemble à du verre givré; il ne possède que des fibres collagènes. Support à la fois flexible et élastique, il est le cartilage le plus répandu; on distingue le cartilage articulaire, le cartilage costal, le cartilage du larynx, les cartilages trachéal et bronchial et les cartilages du nez.

3. Le cartilage élastique est riche en fibres élastiques et donc plus flexible que le cartilage hyalin. Il soutient l'oreille externe et forme l'épiglotte, entre autres.

4. Le cartilage fibreux est le plus compressible des cartilages et il résiste à l'étirement. Il forme les disques intervertébraux et les coussins cartilagineux du genou (ménisques).

Croissance du cartilage (p. 165)

5. Les deux modes de croissance du cartilage sont la croissance interstitielle (de l'intérieur) et la croissance par apposition (addition de nouveau tissu cartilagineux en périphérie).

Fonctions des os (p. 165-167)

1. Les os protègent et soutiennent les organes du corps ; ils servent de leviers aux muscles ; ils emmagasinent du calcium et d'autres minéraux ; ils sont le siège de la production des globules sanguins.

Classification des os (p. 167-168)

1. On distingue les os longs, courts, plats et irréguliers, suivant leur forme et leur proportion d'os compact et spongieux.

Structure des os (p. 168-172)

Anatomie macroscopique (p. 168-169)

1. Un os long comprend une diaphyse et deux épiphyses. Le canal médullaire de la diaphyse contient de la moelle jaune ; les épiphyses comportent de l'os spongieux. La ligne épiphysaire représente le reliquat du cartilage épiphysaire. La diaphyse est recouverte de périoste ; le canal médullaire des os longs et les espaces médullaires de l'os spongieux sont tapissés d'endoste. Les surfaces articulaires sont recouvertes de cartilage hyalin.

6

2. Les os plats sont formés de deux fines couches d'os compact entre lesquelles se trouve le diploé (couche d'os spongieux). Les os courts et irréguliers présentent une structure semblable à celle des os plats.

3. Chez les adultes, le tissu hématopoïétique se trouve à l'intérieur du diploé des os plats et parfois dans les épiphyses des os longs. Chez les nouveau-nés, le canal médullaire contient aussi de la moelle rouge.

Structure microscopique de l'os (p. 169-171)

4. L'unité structurale de l'os compact se nomme ostéon ; il s'agit d'un ensemble de lamelles de matrice osseuse concentriques formant en leur centre le canal central de l'ostéon. Les ostéocytes, enfermés dans les lacunes, sont reliés au canal central et entre eux par des canalicules.

5. L'os spongieux est constitué de fines travées qui comportent des lamelles disposées de façon irrégulière et forment des cavités remplies de moelle. (Dans les os plats et certaines épiphyses d'os longs, il s'agit de moelle rouge.)

Composition chimique de l'os (p. 171)

6. L'os contient des cellules vivantes (ostéoblastes, ostéocytes et ostéoclastes) et de la matrice. La matrice comprend des substances organiques qui sont sécrétées par les ostéoblastes et qui procurent à l'os sa résistance à la tension. Ses constituants inorganiques sont les hydroxyapatites (sels de calcium) qui confèrent à l'os sa dureté.

Relief osseux (p. 171-172)

7. Les éléments du relief osseux constituent d'importants repères anatomiques qui représentent les points d'attache de muscles, les points d'articulation ainsi que le passage de vaisseaux sanguins et de nerfs à l'intérieur de l'os.

Développement des os (ostéogenèse) (p. 172-176)

Formation du squelette osseux (p. 172-174)

1. Les clavicules et la plupart des os du crâne se forment par ossification intramembraneuse. La substance fondamentale de la matrice osseuse se dépose entre les fibres collagènes, à l'intérieur de la membrane fibreuse, pour constituer l'os spongieux. Les plaques d'os compact finissent par enfermer le diploé.

2. La plupart des os se forment par ossification endochondrale à partir d'un modèle de cartilage hyalin. Les ostéoblastes qui se trouvent sous le périoste sécrètent une matrice osseuse sur le modèle du cartilage, constituant ainsi une gaine osseuse. La détérioration de la matrice cartilagineuse forme des cavités, ce qui permet l'entrée du bourgeon conjonctivo-vasculaire. La matrice osseuse se dépose autour des restes de cartilage.

Croissance des os après la naissance (p. 174-176)

3. Les os longs s'allongent par croissance interstitielle des cartilages épiphysaires et leur remplacement par de la matière osseuse.

4. La croissance par apposition (du périoste) fait augmenter le diamètre et l'épaisseur de l'os.

Homéostasie osseuse : remaniement et consolidation (p. 176-181)

Remaniement osseux (p. 176-178)

1. Sous l'effet de stimulus hormonaux et mécaniques, il se produit continuellement un dépôt et une résorption de matière osseuse. L'ensemble de ces processus constitue le remaniement osseux.

2. Un liséré ostéoïde, bande étroite et non minéralisée de matrice osseuse, se forme dans les zones de nouvelle ossification ; des sels de calcium s'y déposent de 10 à 12 jours plus tard.

3. Les ostéoclastes multinucléés sécrètent des enzymes et des acides cataboliques sur les surfaces osseuses à résorber.

4. Le remaniement osseux par voie hormonale tend à maintenir la concentration normale du calcium sanguin. Lorsque la concentration du calcium sanguin diminue, la parathormone (PTH) est libérée et elle stimule la digestion de la matrice osseuse par les ostéoclastes, mécanisme qui provoque à son tour la libération de calcium ionique. Lorsqu'il y a augmentation de la concentration du calcium sanguin, la calcitonine est libérée et elle stimule le retrait du calcium du sang. Les forces mécaniques et la gravitation qui agissent sur le squelette permettent de maintenir la solidité de ce dernier. Les os s'épaississent, il s'y forme de plus grosses saillies, ou bien de nouvelles travées apparaissent dans les sites qui subissent les sollicitations.

Consolidation des fractures (p. 178-181)

5. Le traitement des fractures consiste en une réduction à peau fermée ou par voie chirurgicale. Les étapes du processus de consolidation incluent l'apparition d'un hématome, la formation d'un cal fibrocartilagineux, puis d'un cal osseux, et enfin le remaniement osseux.

Déséquilibres homéostatiques des os (p. 181, 184)

1. Toutes les anomalies du squelette sont reliées à un déséquilibre entre la formation et la résorption osseuse.

2. On nomme **ostéoporose** toute affection dans laquelle la désagrégation des os se fait plus vite que leur formation, ce qui rend les os poreux et moins solides. Les femmes y sont particulièrement prédisposées après la ménopause.

3. L'**ostéomalacie** et le **rachitisme** se manifestent en cas de minéralisation insuffisante des os. Les os deviennent mous et se déforment. Le manque de vitamine D est la cause la plus fréquente d'ostéomalacie.

4. La **maladie osseuse de Paget** se caractérise par un remaniement osseux excessif et anormal.

Développement et vieillissement des os : chronologie (p. 184-185)

1. L'ostéogenèse suit un cheminement prévisible qui est programmé avec précision.

2. La croissance des os longs se poursuit jusqu'à la fin de l'adolescence. La masse osseuse s'accroît fortement pendant la puberté et l'adolescence, alors que la formation de matière osseuse excède la résorption.

3. La masse osseuse reste relativement constante chez les jeunes adultes, mais à partir de la quarantaine, la résorption est plus rapide que la formation osseuse.

QUESTIONS DE RÉVISION

Choix multiples/associations

(Réponses à l'appendice G)

1. Qu'est-ce qui constitue une fonction du système osseux? (a) Le soutien; (b) le siège de l'hématopoïèse; (c) le stockage de minéraux; (d) l'effet de levier pour l'activité musculaire; (e) toutes ces réponses.

2. Un os qui a sensiblement la même largeur, longueur et hauteur est probablement: (a) un os long; (b) un os court; (c) un os plat; (d) un os irrégulier.

3. Le nom exact du corps d'un os long est: (a) l'épiphyse; (b) le périoste; (c) la diaphyse; (d) l'os compact.

4. L'hématopoïèse se fait dans tous ces sites, sauf: (a) les cavités à moelle rouge de l'os spongieux; (b) le diploé des os plats; (c) les canaux médullaires des os chez les jeunes enfants; (d) les canaux médullaires des os chez les adultes en bonne santé.

5. Un ostéon comporte: (a) un canal central qui renferme des vaisseaux sanguins; (b) des lamelles concentriques; (c) des ostéocytes dans des lacunes; (d) des canalicules qui relient les lacunes au canal central; (e) toutes ces réponses.

6. La partie organique de la matrice revêt une importance pour les caractéristiques suivantes, *sauf* : (a) la résistance à la tension; (b) la dureté; (c) la capacité de résister à l'étirement; (d) la flexibilité.

7. Les os plats du crâne se forment à partir: (a) de tissu conjonctif aréolaire; (b) de cartilage hyalin; (c) de tissu conjonctif; (d) d'os compact.

8. Le remaniement osseux est assuré par lesquelles de ces cellules? (a) Les chondrocytes et les ostéocytes; (b) les ostéoblastes et les ostéoclastes; (c) les chondroblastes et les ostéoblastes; (d) les ostéoblastes et les ostéocytes.

9. La croissance osseuse chez les enfants et les adultes est régie et dirigée par: (a) l'hormone de croissance; (b) la thyroxine; (c) les hormones sexuelles; (d) les forces mécaniques; (e) toutes ces réponses.

10. À l'intérieur du cartilage épiphysaire, où trouve-t-on les cellules cartilagineuses en cours de *division*? (a) Tout près de la diaphyse; (b) dans le canal médullaire; (c) du côté opposé à la diaphyse; (d) dans le point d'ossification primaire.

11. La loi de Wolff concerne: (a) la concentration du calcium sanguin; (b) l'épaisseur et la forme d'un os, qui sont déterminées par les forces mécaniques et gravitationnelles qu'il subit; (c) la charge électrique des surfaces osseuses.

12. Lors de la consolidation d'une fracture, la formation du cal osseux est suivie de: (a) la formation d'un hématome; (b) la formation du cal fibrocartilagineux; (c) le remaniement osseux qui convertit l'os fibreux en os compact; (d) la formation du tissu de granulation.

13. Une fracture dans laquelle les bouts d'os ne sont pas complètement séparés est appelée une fracture: (a) en bois vert; (b) ouverte; (c) fermée; (d) plurifragmentaire; (e) par tassement.

14. La maladie dans laquelle des os sont poreux et minces, mais d'une composition normale est: (a) l'ostéomalacie; (b) l'ostéoporose; (c) la maladie osseuse de Paget.

Questions à court développement

15. Comparez l'os au tissu cartilagineux en ce qui concerne l'élasticité, la vitesse de régénération et l'accès aux nutriments.

16. Décrivez dans le bon ordre les événements du processus d'ossification endochondrale.

17. Comparez l'apparence macroscopique, la structure microscopique et la situation de l'os compact et de l'os spongieux.

18. Pendant notre croissance, le diamètre de nos os longs augmente, mais l'épaisseur du cylindre d'os de la diaphyse reste relativement constante. Expliquez ce phénomène.

19. Décrivez le processus de formation de nouvelle matière osseuse dans un os d'adulte. Dans votre discussion, utilisez les termes *liséré ostéoïde* et *front de calcification.*

20. Comparez et montrez les différences entre le remaniement osseux d'origine hormonale et celui engendré par les forces mécaniques et gravitationnelles; tenez compte de la véritable fonction de chaque système de régulation et des modifications de l'architecture osseuse qui peuvent survenir.

21. (a) Pendant quelle époque de la vie la masse squelettique augmente-t-elle de façon substantielle, et quand commence-t-elle à diminuer? (b) Pourquoi est-ce chez les personnes âgées que l'on constate le plus grand nombre de fractures? (c) Pourquoi les fractures en bois vert sont-elles surtout courantes chez les enfants?

RÉFLEXION ET APPLICATION

1. À la suite d'un accident de motocyclette, un homme de 22 ans a été conduit au service des urgences. La radiographie a révélé une fracture en spirale du tibia droit (os principal de la jambe). Deux mois plus tard, la radiographie montre qu'un bon cal osseux est en formation. Qu'est-ce qu'un cal osseux?

2. Mme Arcand conduit sa fille de quatre ans chez le médecin, disant qu'elle n'a pas l'air de bien aller. Le front de la fillette est agrandi, il y a des bosses sur sa cage thoracique et ses membres inférieurs sont tordus et déformés. La radiographie montre des cartilages épiphysaires très épais. Le médecin conseille à Mme Arcand d'augmenter la ration alimentaire de vitamine D et de lait et d'envoyer la fillette jouer dehors au soleil. À votre avis, d'après les symptômes présentés par la fillette, de quelle maladie est-elle atteinte? Expliquez les suggestions du médecin.

3. Vous entendez des étudiants en anatomie rêver tout haut de ce que seraient leurs os s'ils avaient de l'os compact à l'intérieur et de l'os spongieux à l'extérieur, et non l'inverse. Vous leur déclarez que, du point de vue mécanique, de tels os seraient mal conçus et fragiles. Expliquez vos raisons.

4. À votre avis, pourquoi les personnes paralysées des membres inférieurs et confinées dans un fauteuil roulant ont-elles des os fins et fragiles dans les jambes et les cuisses?

5. L'été de ses onze ans, Jean Beauchemin a participé à un camp d'haltérophilie. L'entraîneur insistait beaucoup auprès de lui et de ses amis pour qu'ils améliorent leur force. Après une séance d'exercice particulièrement énergique, Jean a ressenti une douleur et une faiblesse extrêmes dans l'un de ses coudes. Le médecin a fait une radiographie de son bras et lui a expliqué qu'il s'agissait d'une blessure grave car « l'extrémité de son humérus commençait à se tordre ». Que s'était-il passé? La sœur de Jean, Thérèse, âgée de 23 ans, s'est inscrite à un programme d'haltérophilie; risque-t-elle une blessure similaire? Expliquez votre réponse.

7

LE SQUELETTE

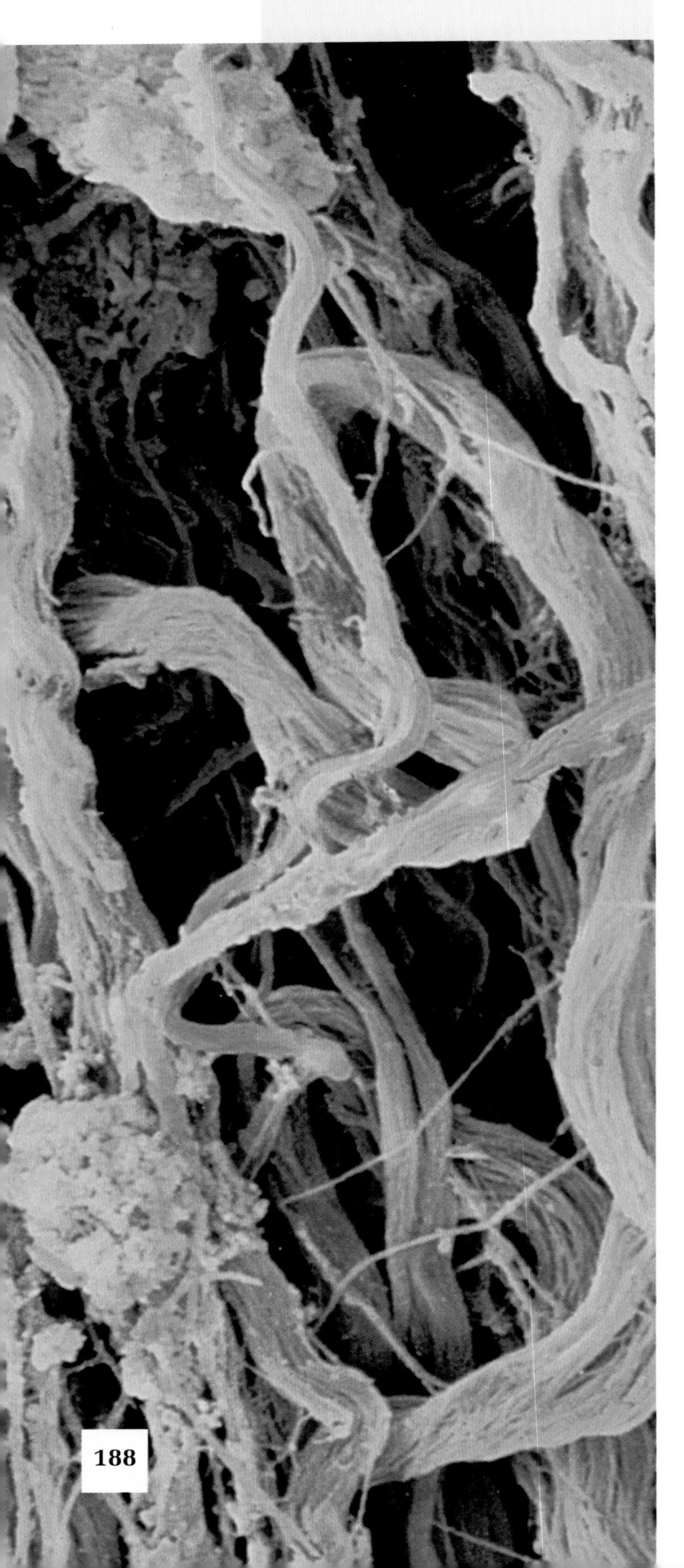

SOMMAIRE ET OBJECTIFS D'APPRENTISSAGE

1. Nommer les deux grandes subdivisions du squelette humain et préciser les parties du corps comprises dans chacune.

Première partie : Le squelette axial

Tête (p. 189-204)

2. Nommer, décrire et situer les os de la tête. Identifier leurs principaux repères.
3. Mettre en évidence les différences entre les principales fonctions du crâne et celles du squelette facial.
4. Définir les limites osseuses des orbites, des cavités nasales et des sinus paranasaux.

Colonne vertébrale (p. 204-211)

5. Décrire la structure et la fonction générale de la colonne vertébrale, nommer et situer ses différentes parties et décrire ses courbures.
6. Nommer une fonction commune aux courbures vertébrales et aux disques intervertébraux.
7. Décrire la structure d'une vertèbre typique et énumérer les caractéristiques des vertèbres cervicales, thoraciques et lombales.

Thorax osseux (p. 211-213)

8. Nommer, situer et décrire les os du thorax ; préciser leur fonction générale.
9. Différencier les vraies côtes des fausses côtes.

Deuxième partie : Le squelette appendiculaire

Ceinture scapulaire (pectorale) (p. 214-216)

10. Nommer les os de la ceinture scapulaire et montrer comment leur structure et leur disposition est reliée à la fonction de cette ceinture.
11. Nommer et situer les principaux repères anatomiques de la ceinture scapulaire.

Membre supérieur (p. 217-220)

12. Nommer et situer les os du membre supérieur ainsi que leurs principaux repères anatomiques.

Ceinture pelvienne (p. 220-222)

13. Nommer et situer les os de la hanche qui contribuent à la ceinture pelvienne, ainsi que leurs principaux repères anatomiques. Expliquer la résistance de la ceinture pelvienne en la mettant en relation avec sa fonction.
14. Comparer l'anatomie des bassins masculin et féminin en expliquant leurs différences fonctionnelles.

Membre inférieur (p. 222-227)

15. Nommer et situer les os du membre inférieur et leurs principaux repères anatomiques.
16. Nommer et situer les trois arcs plantaires et expliquer leur rôle.

Développement et vieillissement du squelette
(p. 227, 230-231)

17. Définir et situer les fontanelles et expliquer leur importance.
18. Décrire l'évolution des proportions du squelette pendant l'enfance et l'adolescence.
19. Comparer le squelette d'une personne âgée avec celui d'un jeune adulte. Décrire l'impact sur la santé des modifications du squelette liées à l'âge.

Le mot **squelette** vient du grec et signifie « corps desséché » ou « momie »... ce qui n'est guère flatteur ! En fait l'ossature du corps humain est un modèle d'ingéniosité et de technicité. Résistant mais léger, le squelette est parfaitement adapté aux fonctions de manipulation, de locomotion et de protection qu'il assume.

La forme actuelle de notre squelette s'est dessinée il y a plus de 3 millions d'années, quand nos ancêtres ont commencé à se dresser sur leurs membres postérieurs. Contrairement à l'attitude des quadrupèdes, la position debout de l'être humain augmente l'aptitude de nos muscles squelettiques à résister à la force gravitationnelle. Le squelette humain présente malgré tout un défaut : la forme en S, c'est-à-dire la cambrure, de la colonne vertébrale nécessaire à la position debout entraîne des douleurs dans le bas du dos chez de nombreuses personnes. Cette imperfection structurale ne doit cependant pas faire oublier que notre squelette est capable de répondre à la plupart de nos exigences.

Le squelette est composé d'os, de cartilages, d'articulations et de ligaments. Il représente 20 % de la masse corporelle (environ 15 kg chez un homme de 80 kg). Les os prédominent, alors que le cartilage ne se trouve que dans certaines régions telles que le nez, les côtes et les articulations. Les ligaments relient les os entre eux et renforcent les articulations. Ils rendent possibles les mouvements nécessaires mais limitent les mouvements anormaux dans les autres directions. Les articulations, qui forment les jonctions entre les os, confèrent au squelette une remarquable mobilité sans rien lui enlever de sa résistance. Nous traitons des articulations au chapitre 8.

Pour des raisons de commodité, nous allons diviser l'étude des 206 os identifiés du squelette humain en deux parties, soit le squelette axial et le squelette appendiculaire (voir la figure 7.1). Le **squelette axial** suit l'axe longitudinal du corps humain et comprend les os de la tête, de la colonne vertébrale et de la cage thoracique. Le **squelette appendiculaire** inclut les os des membres supérieurs et inférieurs, et les ceintures (os des épaules et des hanches) qui fixent les membres au squelette axial.

PREMIÈRE PARTIE : LE SQUELETTE AXIAL

Le squelette axial se compose de 80 os répartis dans trois régions principales : la *tête*, la *colonne vertébrale* et le *thorax* (figure 7.1). Il supporte la tête, le cou et le tronc et protège l'encéphale, la moelle épinière et les organes du thorax.

TÊTE

La **tête** est la structure osseuse la plus complexe du corps humain. Elle comporte 22 os, divisés en deux groupes : les *os du crâne* et les *os de la face*. On inclut parfois dans cette structure les osselets de l'ouïe situés dans l'oreille moyenne, mais nous les étudions pour notre part avec les autres organes des sens au chapitre 16. Les os du crâne, ou **crâne osseux,** entourent et protègent l'encéphale ainsi que les organes de l'ouïe et de l'équilibre, et fournissent des points d'attache aux muscles de la tête. Les os de la face assument plusieurs fonctions : ils forment l'ossature de la face ; ils ménagent des cavités pour les organes sensoriels de la vision, du goût et de l'olfaction ; ils procurent des ouvertures pour le passage de l'air et de la nourriture ; ils fixent les dents ; ils permettent enfin l'attachement des muscles faciaux responsables de l'expressivité du visage (traduction des émotions). Nous verrons plus loin comment les différents os de la tête sont parfaitement adaptés à leurs fonctions (voir le tableau 7.1, p. 202-203).

La plupart des os de la tête sont des os plats. Tous les os de la tête adulte sont soudés par des articulations appelées **sutures,** sauf la mandibule qui est reliée au reste de la tête par une articulation mobile. Les lignes de suture présentent un tracé tortueux, en dents de scie, particulièrement visible sur les faces externes des os. Les principales sutures des os du crâne sont les *sutures coronale*, *sagittale*, *squameuse* et *lambdoïde* (voir les figures 7.2b et 7.3a). Les autres sutures portent les noms des os de la face qu'elles relient.

Topographie de la tête

Avant de décrire un à un les os de la tête, arrêtons-nous quelques instants sur la « topographie » de la tête. La mâchoire inférieure enlevée, la tête ressemble à une sphère osseuse creuse et irrégulière. Les os de la face forment la face antérieure de la tête, tandis que les os du crâne constituent tout le restant (voir la figure 7.3a). Le crâne est composé d'une *voûte* et d'une *base*. La voûte crânienne, appelée **calvaria,** ou *calotte*, occupe ses côtés supérieur, latéraux et postérieur, de même que le front. La **base du crâne,** ou *plancher*, forme sa partie inférieure. Des arêtes osseuses proéminentes, sur la face interne de la base, divisent celle-ci en trois « niveaux » ou fosses crâniennes : les *fosses crâniennes antérieure*, *moyenne* et *postérieure* (voir la figure 7.4c, p. 194). L'encéphale, encastré dans la calvaria, épouse la forme des fosses crâniennes. On dit qu'il occupe la *cavité crânienne*.

En plus de la grande cavité crânienne, la tête renferme de nombreuses petites cavités : ce sont les cavités de

Lesquels des os suivants ne font pas partie du squelette appendiculaire ? Humérus, vertèbre, fémur, tibia, clavicule, côte, scapula, ulna, sternum.

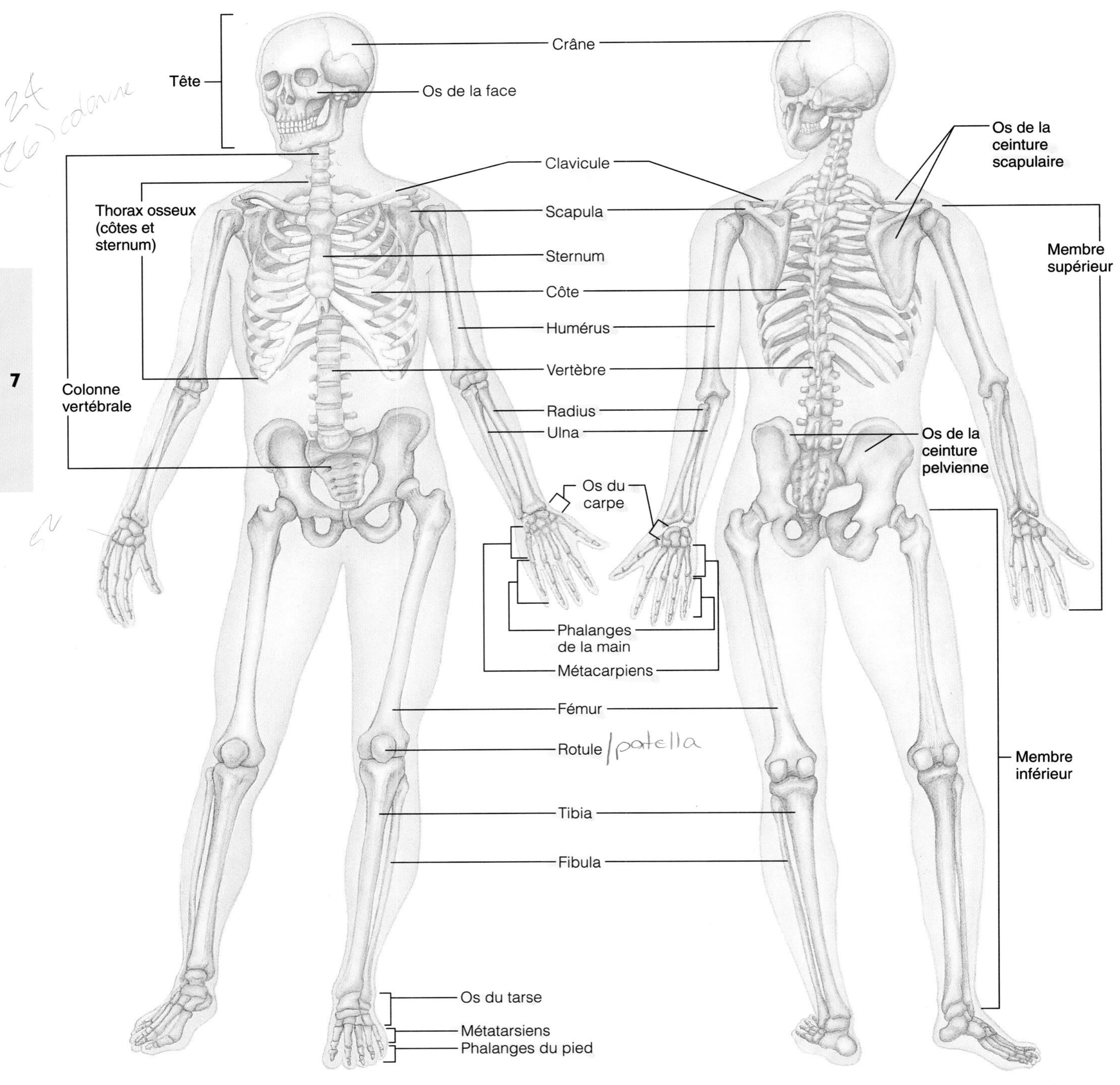

FIGURE 7.1
Squelette humain. Les os du squelette axial sont représentés en vert ; les os du squelette appendiculaire, en doré.

Vertèbre, côte et sternum.

? ***(1)*** *Lesquels parmi les os illustrés en (a) sont des os du crâne?* ***(2)*** *Quels sont les deux synonymes utilisés pour désigner le groupe des os constituant la voûte du crâne?*

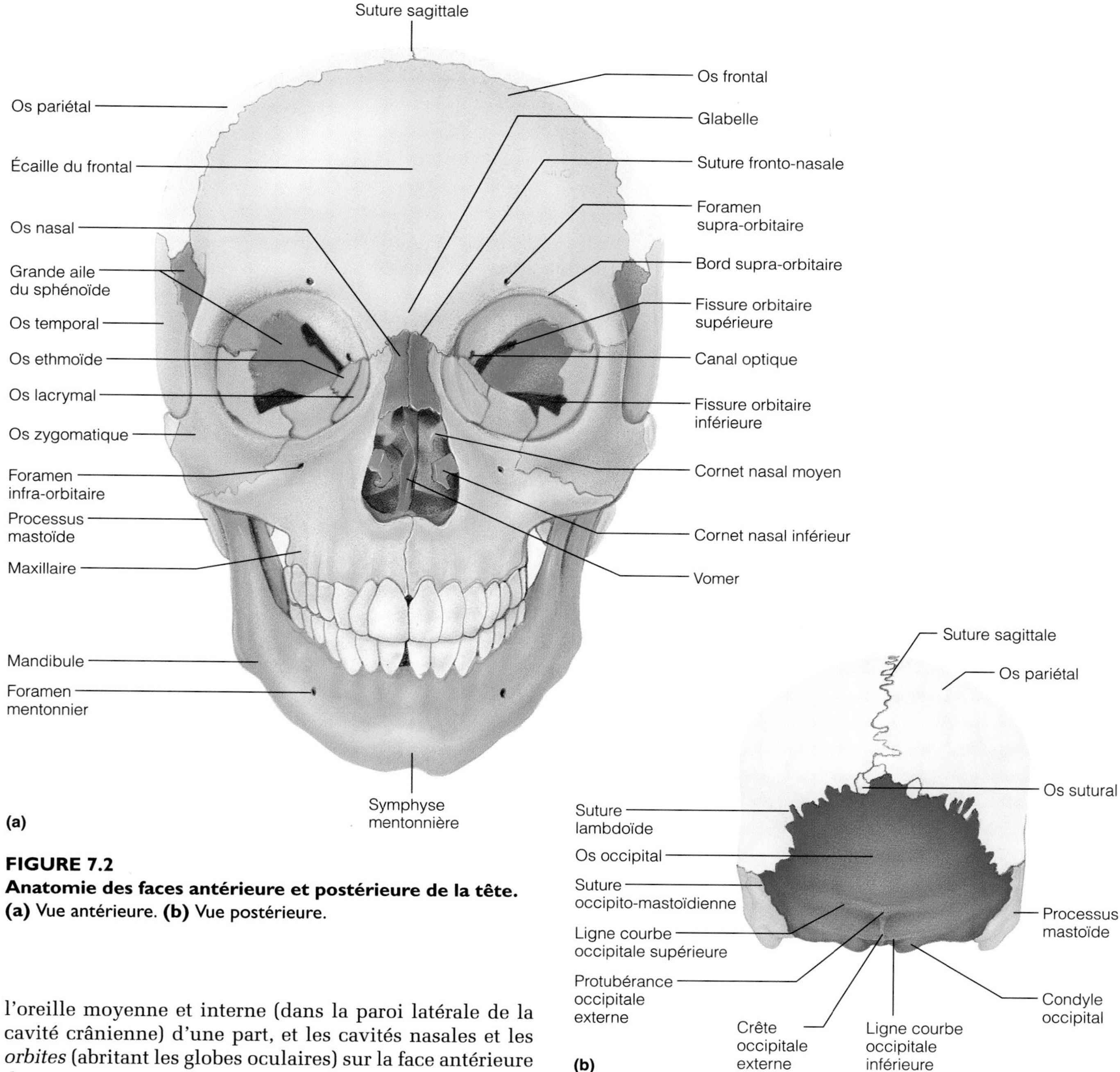

FIGURE 7.2
Anatomie des faces antérieure et postérieure de la tête.
(a) Vue antérieure. **(b)** Vue postérieure.

l'oreille moyenne et interne (dans la paroi latérale de la cavité crânienne) d'une part, et les cavités nasales et les *orbites* (abritant les globes oculaires) sur la face antérieure d'autre part. Plusieurs os de la tête contiennent des sinus remplis d'air. Les sinus situés à l'intérieur des os qui délimitent les cavités nasales sont appelés *sinus paranasaux*. Les sinus allègent la tête et assument d'autres fonctions que nous décrirons plus loin.

La tête possède par ailleurs 85 ouvertures identifiées (trous, foramens, canaux, fissures, etc.). Les plus importantes permettent le passage de la moelle épinière, des principaux vaisseaux sanguins irriguant l'encéphale (artères carotides internes et veines jugulaires internes) et des nerfs crâniens (numérotés de I à XII) par lesquels passent les influx nerveux destinés à l'encéphale ou en émanant.

Au cours de votre lecture, essayez de situer chaque os sur les différentes vues de la tête dans les figures 7.2, 7.3 et 7.4. Le tableau 7.1 présente un résumé des os de la tête et de leurs principaux repères. La case colorée placée devant le nom d'un os correspond à la couleur de cet os dans les figures.

(1) *Les os temporal, pariétal, frontal et sphénoïde sont tous des os du crâne.* ***(2)*** *La calvaria et la calotte.*

Suture coronale
Os pariétal
Os temporal
Suture lambdoïde
Suture squameuse
Os occipital
Processus zygomatique
Suture occipito-mastoïdienne
Méat acoustique externe
Processus mastoïde
Processus styloïde de l'os temporal
Condyle de la mandibule
Incisure mandibulaire
Branche de la mandibule
Angle de la mandibule
Processus coronoïde
Os frontal
Os sphénoïde
Os ethmoïde
Os lacrymal
Fosse du sac lacrymal
Os nasal
Os zygomatique
Maxillaire
Arcades alvéolaires
Mandibule
Foramen mentonnier

(a)

7

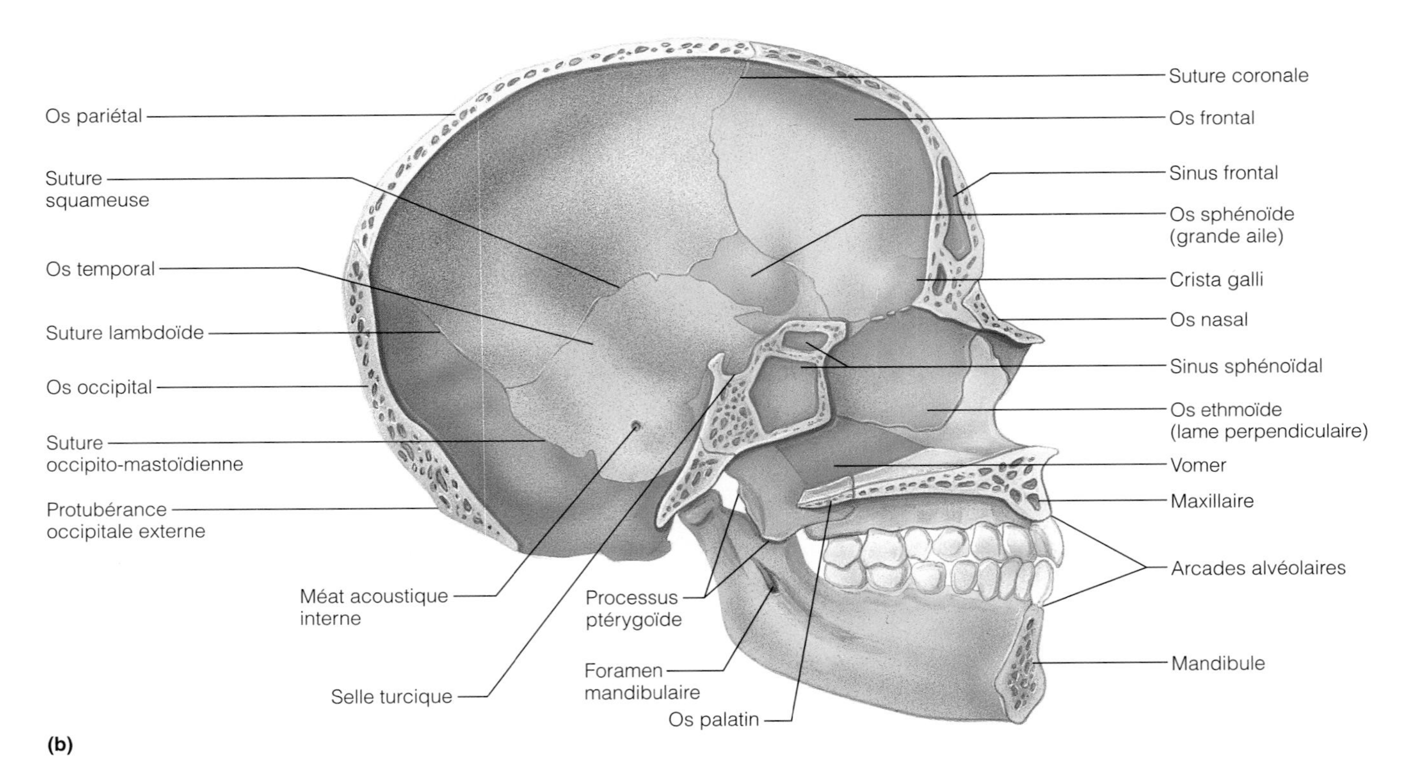

FIGURE 7.3
Anatomie des faces latérales de la tête. (a) Anatomie externe de la face latérale droite de la tête. **(b)** Vue sagittale montrant l'anatomie interne de la face latérale gauche de la tête.

Crâne

Le crâne est formé de huit os: quatre sont pairs, soit les os pariétaux et les os temporaux; quatre sont impairs, soit l'os frontal, l'os occipital, l'os sphénoïde et l'os ethmoïde. Cet ensemble constitue la protection osseuse de l'encéphale, laquelle est encore renforcée par la forme arrondie du crâne. Le crâne présente ainsi une très grande robustesse malgré sa légèreté et sa minceur, tout comme une coquille d'œuf.

Os frontal

En forme de dôme, l'**os frontal** (figures 7.2a, 7.3 et 7.4b) constitue la région antérieure du crâne, le plafond des orbites et une grande partie de la fosse crânienne antérieure. Il s'articule à l'arrière avec la paire d'os pariétaux par l'intermédiaire d'une suture saillante appelée *suture coronale*.

Complètement à l'avant de l'os frontal, on trouve l'**écaille du frontal,** communément appelée le *front*. L'écaille du frontal se prolonge vers le bas jusqu'aux **bords supra-orbitaires,** marges supérieures épaissies des orbites, situées sous les sourcils. L'os frontal s'étend ensuite vers l'arrière en formant la paroi supérieure des **orbites** et la plus grande partie de la **fosse crânienne antérieure** (voir la figure 7.4b et c), laquelle soutient les lobes frontaux du cerveau. Chaque bord supra-orbitaire est percé d'un **foramen supra-orbitaire** emprunté par l'artère et le nerf supra-orbitaires pour se rendre à la région frontale.

La **glabelle** est la surface lisse de l'os frontal située entre les deux orbites. Juste en dessous, l'os frontal rejoint les os nasaux au niveau de la *suture fronto-nasale* (figure 7.2a). Dans l'épaisseur de l'os frontal au niveau des régions prolongeant latéralement la glabelle se trouvent des sinus appelés **sinus frontaux** (voir les figures 7.3b et 7.11).

Os pariétaux et sutures principales

Les deux grands **os pariétaux,** qui présentent une forme arrondie et rectangulaire, forment la majeure partie des faces latérale et supérieure du crâne; ils constituent donc le plus gros de la calvaria. Les quatre sutures principales énumérées ci-dessous unissent les os pariétaux aux autres os du crâne.

1. La **suture coronale,** entre la partie antérieure des os pariétaux et l'os frontal (voir la figure 7.3).
2. La **suture sagittale,** entre les deux os pariétaux, au niveau de la ligne médiane du crâne (voir la figure 7.2).
3. La **suture lambdoïde,** entre la partie postérieure des os pariétaux et l'os occipital (voir les figures 7.2b et 7.3).
4. La **suture squameuse,** entre un os pariétal et un os temporal, de chaque côté du crâne (voir la figure 7.3).

Os occipital

L'**os occipital** forme, extérieurement, les majeures parties de la paroi postérieure et de la base du crâne. Il s'articule en avant avec les deux os pariétaux et les deux os temporaux par l'intermédiaire des *sutures lambdoïde* et *occipito-mastoïdienne* respectivement (figure 7.3). Il s'attache également à l'os sphénoïde, sur la base du crâne, par l'intermédiaire d'une étroite bande osseuse appelée *partie basilaire de l'occipital* (figure 7.4a). Intérieurement, il constitue les parois de la **fosse crânienne postérieure** (figure 7.4b et c), qui soutient le cervelet. À la base de l'os occipital se trouve le **foramen magnum** (ou trou occipital). C'est par cette ouverture que la partie inférieure de l'encéphale communique avec la moelle épinière. Le foramen magnum est bordé latéralement par les deux **canaux des nerfs hypoglosses** (figure 7.4b) et deux **condyles occipitaux** (voir la figure 7.4a). Les condyles occipitaux, en forme de berceaux, s'articulent avec la première vertèbre de la colonne vertébrale (l'atlas) de façon à permettre l'inclinaison de la tête.

Juste au-dessus du foramen magnum, on trouve une proéminence médiane appelée **protubérance occipitale externe** (voir les figures 7.2b, 7.3b et 7.4a). On peut la palper juste en dessous de la partie bombée en arrière du crâne. Des crêtes peu marquées, la *crête occipitale externe* et les *lignes courbes occipitales supérieure* et *inférieure*, se dessinent sur l'os occipital, près du foramen magnum. La crête occipitale externe fixe le *ligament nuchal*, un large ligament reliant les vertèbres du cou au crâne. Les lignes courbes occipitales et les régions osseuses qui les séparent sont les points d'attache de nombreux muscles du cou et du dos. La ligne courbe occipitale supérieure délimite la partie supérieure du cou.

Os temporaux

Les deux **os temporaux** sont clairement visibles sur la face latérale du crâne (voir la figure 7.3). Ils sont situés au-dessous des os pariétaux qu'ils rejoignent au niveau des sutures squameuses. Ils forment les côtés inférieurs et latéraux du crâne ainsi qu'une partie de la base du crâne (fosse crânienne moyenne). Les termes *tempe* et *temporal* viennent du latin *tempus* qui signifie «temps»: les cheveux gris, témoins du temps qui passe, apparaissent d'abord le plus souvent aux tempes.

La forme de chaque os temporal est particulièrement complexe; cet os possède en effet quatre parties principales auxquelles on se réfère pour le décrire, soit les *parties squameuse, tympanique, mastoïdienne* et *pétreuse*. La **partie squameuse** évasée est contiguë à la suture squameuse, et présente un **processus zygomatique** de forme allongée qui s'articule en avant avec l'os zygomatique de la face. Ces deux structures osseuses constituent ensemble l'**arcade zygomatique,** ou pommette de la joue (*zugon* = joug). La petite **fosse mandibulaire** ovale, sur la face inférieure du processus zygomatique, reçoit le condyle de la mandibule (os de la mâchoire inférieure); l'*articulation temporo-mandibulaire* ainsi composée est très mobile.

La **partie tympanique** (*tumpanon* = tambour) de l'os temporal entoure le **méat acoustique externe,** ou conduit auditif externe, par où pénètrent les sons (figure 7.5). Le méat acoustique externe et le tympan, à son extrémité la plus profonde, appartiennent à l'*oreille externe.* Sur un crâne d'étude dépourvu de tympan, on peut voir une partie de la cavité de l'oreille moyenne qui prolonge le méat acoustique externe. Sous celui-ci se trouve le **processus styloïde de l'os temporal** (*stylus* = tige pointue), aiguille

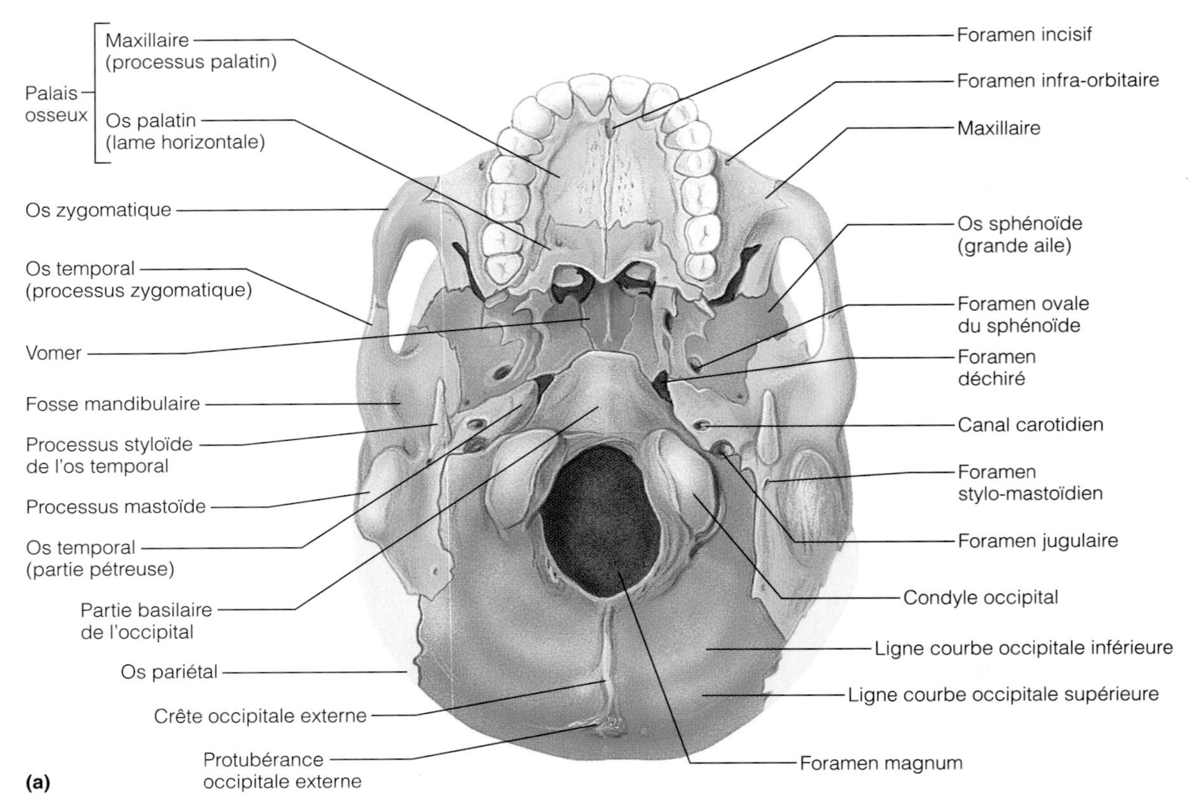

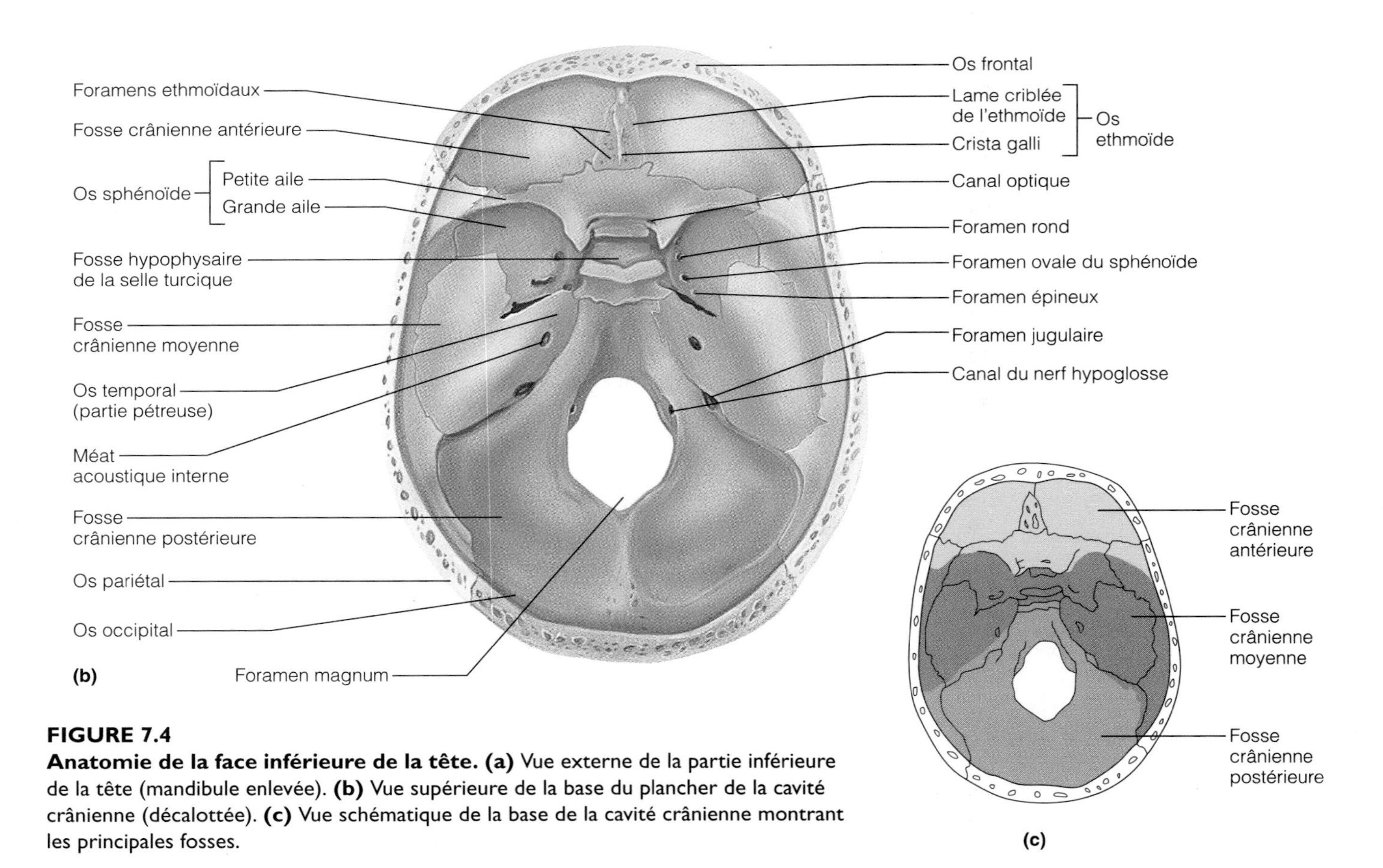

FIGURE 7.4

Anatomie de la face inférieure de la tête. (a) Vue externe de la partie inférieure de la tête (mandibule enlevée). **(b)** Vue supérieure de la base du plancher de la cavité crânienne (décalottée). **(c)** Vue schématique de la base de la cavité crânienne montrant les principales fosses.

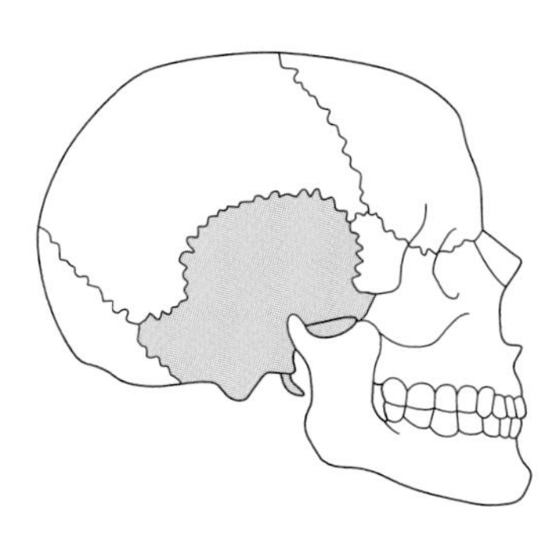

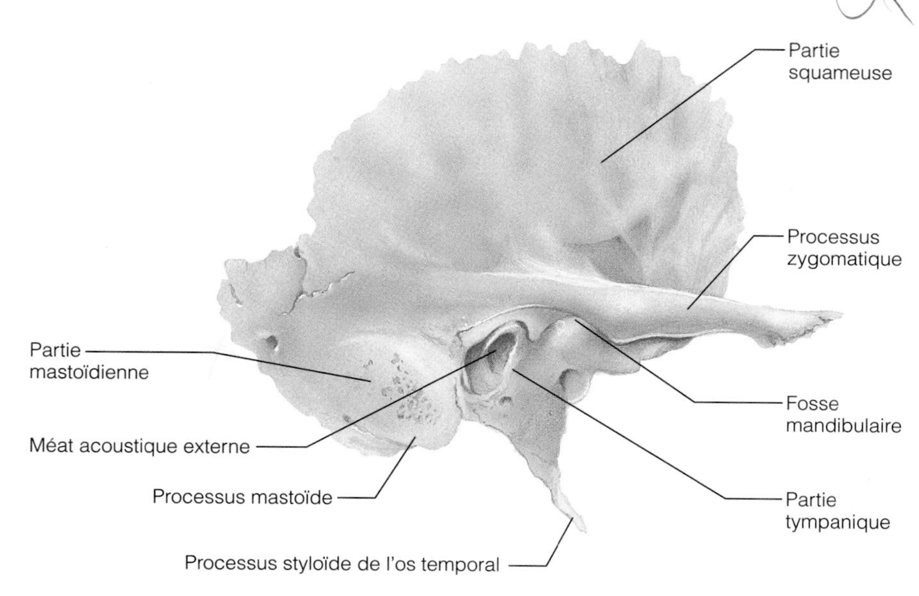

FIGURE 7.5
Os temporal. Vue latérale droite de la face externe.

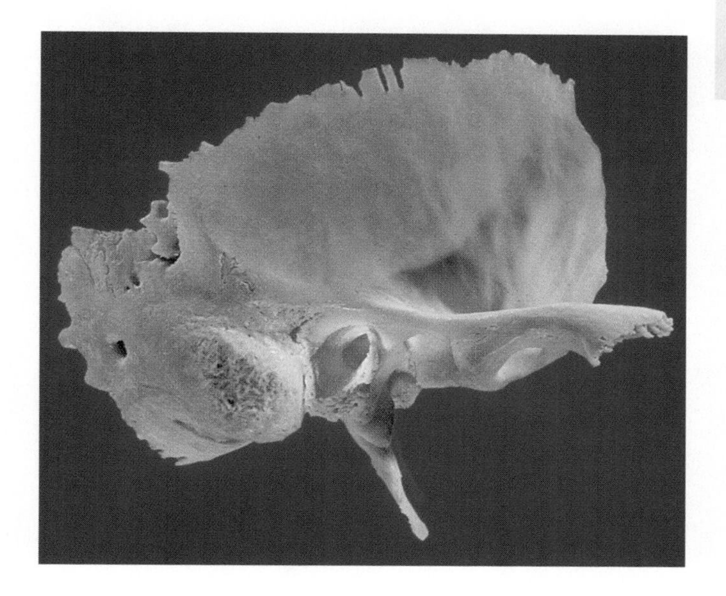

7

osseuse qui sert de point d'attache à certains muscles du cou et au ligament fixant l'os hyoïde au crâne (voir la figure 7.12).

La **partie mastoïdienne** de l'os temporal comprend l'important **processus mastoïde,** point d'attache de quelques muscles du cou (voir les figures 7.3a, 7.4a et 7.5) qui forme une bosse juste derrière l'oreille. Le **foramen stylo-mastoïdien,** situé entre le processus styloïde et le processus mastoïde, permet au nerf facial de sortir de la cavité crânienne et à l'artère stylo-mastoïdienne d'y entrer (voir la figure 7.4a).

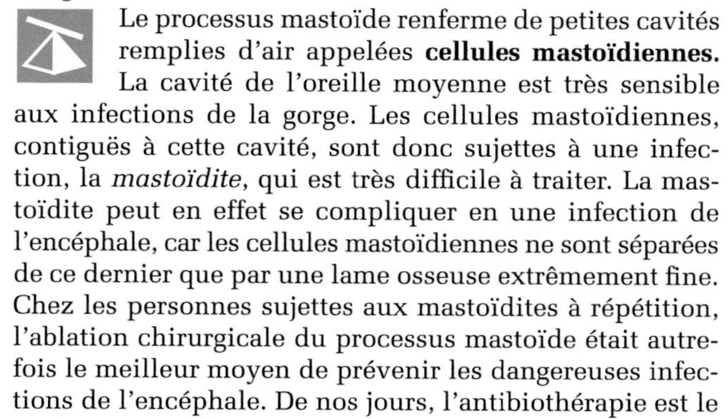

Le processus mastoïde renferme de petites cavités remplies d'air appelées **cellules mastoïdiennes.** La cavité de l'oreille moyenne est très sensible aux infections de la gorge. Les cellules mastoïdiennes, contiguës à cette cavité, sont donc sujettes à une infection, la *mastoïdite*, qui est très difficile à traiter. La mastoïdite peut en effet se compliquer en une infection de l'encéphale, car les cellules mastoïdiennes ne sont séparées de ce dernier que par une lame osseuse extrêmement fine. Chez les personnes sujettes aux mastoïdites à répétition, l'ablation chirurgicale du processus mastoïde était autrefois le meilleur moyen de prévenir les dangereuses infections de l'encéphale. De nos jours, l'antibiothérapie est le traitement le plus utilisé. ■

La partie inférieure profonde de l'os temporal, appelée **partie pétreuse,** contribue à la formation de la base du crâne (voir la figure 7.4). Rappelant une chaîne de montagnes miniature (*petrosus* = rocheux), elle est située entre l'os sphénoïde antérieurement et l'os occipital postérieurement. Sa pente postérieure descend vers la fosse crânienne postérieure, tandis que sa pente antérieure se dirige vers la fosse crânienne moyenne. Ensemble, l'os sphénoïde et les parties pétreuses des os temporaux constituent la **fosse crânienne moyenne** (voir la figure 7.4b et c), qui soutient les lobes temporaux du cerveau. La partie pétreuse abrite les *cavités de l'oreille moyenne* et *interne*, qui renferment les récepteurs sensoriels de l'ouïe et de l'équilibre.

L'os de la partie pétreuse est percé de plusieurs trous (voir la figure 7.4a). Le grand **foramen jugulaire,** à la jonction de l'os occipital et de la partie pétreuse de l'os temporal, achemine la veine jugulaire interne et trois nerfs crâniens. Le **canal carotidien,** juste devant le foramen jugulaire, fait pénétrer l'artère carotide interne dans la

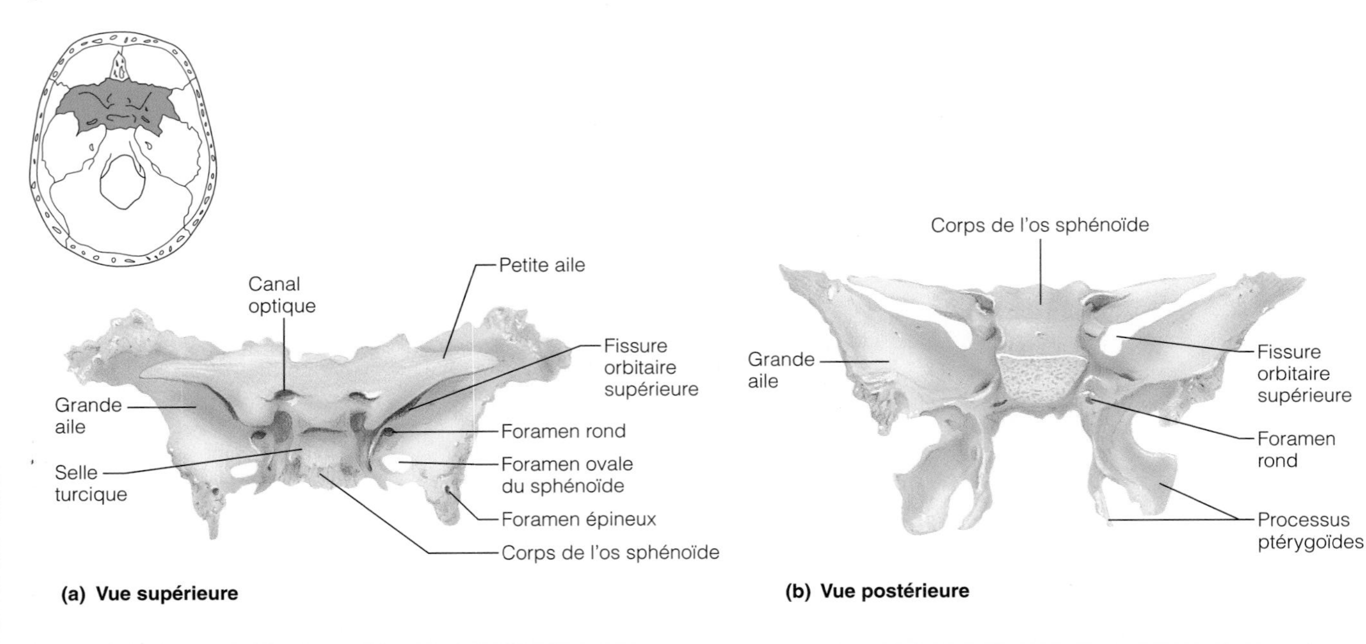

7

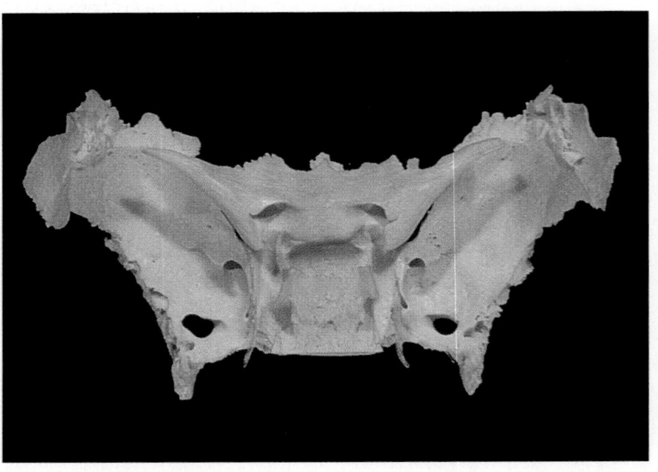

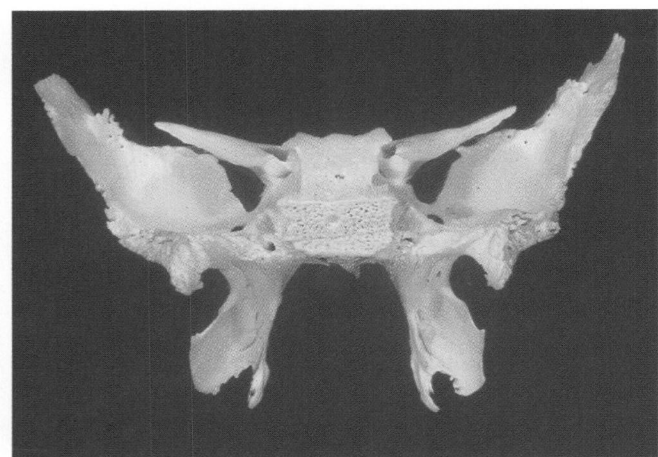

FIGURE 7.6
Os sphénoïde. (a) Vue supérieure. **(b)** Vue postérieure.

cavité crânienne. Les deux artères carotides internes fournissent l'apport sanguin de plus de 80 % des neurones des hémisphères cérébraux. La proximité des cavités de l'oreille interne explique pourquoi, lors d'un effort par exemple, on peut entendre un grondement rapide dans la tête, qui n'est en fait que notre propre pouls. Le **foramen déchiré,** ouverture aux bords dentelés localisée entre la partie pétreuse de l'os temporal et l'os sphénoïde, offre un court passage à plusieurs petits nerfs et vaisseaux sanguins. Le foramen déchiré est presque entièrement comblé par du cartilage chez une personne vivante, alors qu'il est parfaitement visible sur un crâne d'étude et suscite souvent la curiosité des étudiants. Le **méat acoustique interne,** situé au-dessus et à côté du foramen jugulaire (voir les figures 7.3b et 7.4b), ouvre le passage à l'artère labyrinthique et aux nerfs facial (crânien VII) et vestibulo-cochléaire (crânien VIII).

Os sphénoïde

L'**os sphénoïde** est un os en forme de papillon ; il occupe toute la largeur de la fosse crânienne moyenne (voir la figure 7.4b). On le considère comme l'os clé du crâne parce que sa situation centrale lui permet de s'articuler avec tous les autres os du crâne. Il est composé d'un corps central et de trois paires d'appendices : les grandes ailes, les petites ailes et les processus ptérygoïdes (figure 7.6). Le **corps de l'os sphénoïde** contient les deux **sinus sphénoïdaux** (voir les figures 7.3b et 7.11). La surface supérieure du corps porte une proéminence en forme de selle, appelée **selle turcique.** Le siège de cette selle, nommé *fosse hypophysaire*, offre un abri bien ajusté à l'hypophyse. Les **grandes ailes** s'étendent de chaque côté du corps : elles constituent une partie de la fosse crânienne moyenne (voir la figure 7.4b et c), une partie des parois dorsales des

? *Quel rôle important joue la crista galli ?*

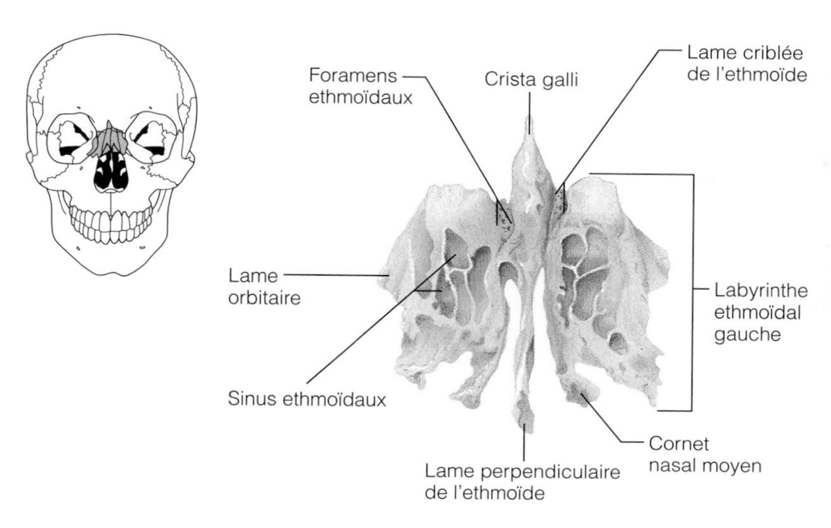

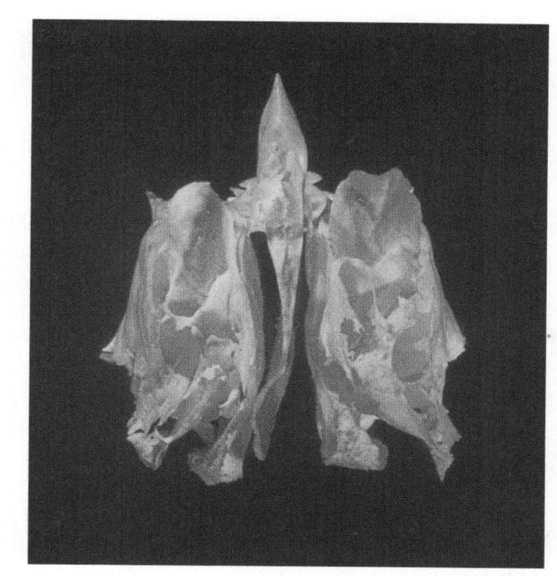

FIGURE 7.7
Os ethmoïde. Vue antérieure.

7

orbites (voir la figure 7.2) ainsi qu'une partie de la paroi externe de la tête, où elles apparaissent comme des « drapeaux » osseux, du côté médian de l'arcade zygomatique (voir la figure 7.3). Les **petites ailes,** en forme de corne, contribuent à former le plancher de la fosse crânienne antérieure (voir la figure 7.4b et c) et une partie des parois médianes des orbites. Les **processus ptérygoïdes** (aussi en forme d'ailes) sont constitués de deux plaques osseuses et prolongent la partie inférieure du corps de l'os sphénoïde (voir la figure 7.6b). Ils offrent un point d'attache aux muscles ptérygoïdiens, lesquels jouent un rôle important dans la mastication.

L'os sphénoïde présente plusieurs ouvertures dont certaines sont apparentes sur les figures 7.4b et 7.6. Les **canaux optiques,** devant la selle turcique, livrent passage aux nerfs optiques (nerfs crâniens II). De chaque côté du corps de l'os sphénoïde, une série de quatre ouvertures est disposée en croissant. Complètement à l'avant se trouve la **fissure orbitaire supérieure,** longue fente logée entre les petites et les grandes ailes qui permet aux nerfs crâniens régissant les mouvements oculaires (III, IV, VI) de pénétrer dans l'orbite. Cette fissure est bien visible sur une vue antérieure de la tête (voir la figure 7.2). Le foramen rond et le foramen ovale du sphénoïde acheminent les branches du nerf crânien V jusqu'à la face. Le **foramen rond** s'ouvre à la base de la grande aile et adopte le plus souvent une forme ovale, contrairement à son nom. Le **foramen ovale** du sphénoïde, grande ouverture ovale située derrière le foramen rond, apparaît sur une vue inférieure de la tête (voir la figure 7.4a). Le petit **foramen épineux** enfin est en position dorso-latérale par rapport au foramen ovale du sphénoïde (figure 7.4b). Il est emprunté par l'*artère cérébrale moyenne* pour desservir les faces internes de certains os du crâne.

Os ethmoïde

L' **os ethmoïde** possède une forme très compliquée, tout comme l'os sphénoïde et l'os temporal (figure 7.7). Il se trouve entre l'os sphénoïde et les os nasaux de la face, et forme la majeure partie de la région osseuse comprise entre la cavité nasale et l'orbite. C'est l'os de la tête le plus profond.

La face supérieure de l'os ethmoïde est appelée **lame criblée de l'ethmoïde** (voir aussi la figure 7.4b) ; elle participe au toit des cavités nasales et au plancher de la fosse crânienne antérieure. La lame criblée de l'ethmoïde (*êthmos* = tamis) est percée de minuscules trous, appelés *foramens ethmoïdaux*, empruntés par les neurofibres olfactives pour aller des récepteurs de l'odorat, situés dans les cavités nasales, jusqu'aux bulbes olfactifs de l'encéphale. Au-dessus de la ligne médiane de la lame criblée se trouve une expansion triangulaire appelée **crista galli.** L'enveloppe extérieure de l'encéphale (dure-mère), fixée à ce processus osseux, assure un point d'attache à l'encéphale dans la fosse crânienne antérieure.

La **lame perpendiculaire de l'ethmoïde** (perpendiculaire à la lame criblée) constitue la partie supérieure du septum nasal osseux (voir la figure 7.3b). De chaque côté de cette lame, le **labyrinthe ethmoïdal** (ou masse latérale de l'ethmoïde) se rattache à l'extrémité de la lame criblée. Ses parois minces sont parsemées de cavités appelées

C'est là que les membranes entourant l'encéphale se fixent pour maintenir l'encéphale dans la cavité crânienne.

sinus ethmoïdaux (voir les figures 7.7 et 7.11). Les **cornets nasaux moyen** et **supérieur** sont des projections osseuses délicatement enroulées ; ils prolongent les labyrinthes ethmoïdaux du côté interne et font saillie dans les cavités nasales (figures 7.7 et 7.10a). Chaque face externe des labyrinthes ethmoïdaux donne la **lame orbitaire,** qui forme la partie médiane de chacune des orbites.

Os suturaux

Les **os suturaux** (ou os wormiens) sont de petits os irréguliers situés au niveau des sutures du crâne, notamment de la suture lambdoïde (voir la figure 7.2b). Leur nombre varie d'un individu à l'autre, et ils ne sont pas toujours présents. Peu importants d'un point de vue structural, les os suturaux sont probablement des points d'ossification supplémentaires qui apparaissent lors du développement très rapide de la tête pendant la vie fœtale.

Os de la face

Le squelette facial est constitué de 14 os (voir les figures 7.2a et 7.3a), parmi lesquels seuls la mandibule et le vomer sont des os impairs. Les maxillaires, les os zygomatiques, nasaux, lacrymaux et palatins ainsi que les cornets nasaux inférieurs sont des os pairs. En général, le massif facial de l'homme est plus allongé que celui de la femme, qui paraît plus arrondi et moins anguleux.

Mandibule

La **mandibule,** ou mâchoire inférieure, en forme de U (figures 7.2, 7.3 et 7.8a), est l'os le plus volumineux et le plus résistant du visage. Le *corps de la mandibule* forme le menton, et les *branches de la mandibule* montent afin de s'articuler sur les faces latérales de la cavité crânienne. À l'arrière, chacune de ces branches forme avec le corps l'**angle de la mandibule.** Au sommet de chaque branche se trouvent un processus antérieur et un condyle postérieur séparés par l'**incisure mandibulaire.** Le **processus coronoïde de la mandibule** (« en forme de couronne ») est un point d'attache du muscle temporal, qui relève la mâchoire inférieure lors de la mastication. Le **condyle de la mandibule** s'articule avec la fosse mandibulaire du processus zygomatique, constituant ainsi l'*articulation temporo-mandibulaire.*

Les dents inférieures sont insérées sur le **corps de la mandibule.** Le bord supérieur de ce dernier, appelé **arcade alvéolaire,** est creusé de cavités (*alvéoles*) qui maintiennent les dents en place. Une légère dépression, la **symphyse mentonnière,** occupe le milieu du corps de la mandibule, et marque le point d'union entre les deux parties de la mandibule pendant l'enfance (voir la figure 7.2a).

De gros **foramens mandibulaires,** un sur la face interne de chaque branche, offrent un passage aux nerfs responsables de la sensibilité dentaire vers les dents de la mâchoire inférieure. C'est à cet endroit que les dentistes injectent de la procaïne pour anesthésier les dents inférieures. Les **foramens mentonniers,** sur la face externe de la partie antérieure du corps de la mandibule, permettent aux vaisseaux sanguins et aux nerfs de gagner le menton et la lèvre inférieure.

Maxillaires

Les **maxillaires** (voir les figures 7.2 à 7.4 et 7.8b) sont soudés par le milieu et forment la mâchoire supérieure et la partie centrale du massif facial. Tous les os de la face, sauf la mandibule, s'articulent avec les maxillaires, que l'on peut donc considérer comme les os clés du massif facial.

Les **arcades alvéolaires** des maxillaires maintiennent les dents supérieures en place. Les **processus palatins** des maxillaires prolongent la partie postérieure des arcades alvéolaires et fusionnent pour constituer les deux tiers antérieurs du palais osseux (ou palais dur) de la bouche ; ce dernier sépare la cavité orale des cavités nasales (voir les figures 7.3b et 7.4a). Juste derrière les dents se trouve une ouverture médiane, appelée **foramen incisif,** empruntée par des vaisseaux sanguins et des nerfs.

Les **processus frontaux des maxillaires** s'élèvent en direction de l'os frontal et contribuent aux faces latérales de l'arête du nez (voir les figures 7.2a et 7.8b). Les parties qui forment les parois latérales des cavités nasales contiennent les **sinus maxillaires,** les plus grands sinus paranasaux (voir la figure 7.11). Ils s'étendent des orbites aux dents supérieures. Les maxillaires s'articulent latéralement avec les os zygomatiques par l'intermédiaire des **processus zygomatiques.**

La **fissure orbitaire inférieure** se trouve au fond de l'orbite (voir la figure 7.2a), à la jonction du maxillaire et de la grande aile du sphénoïde. Elle laisse passer le nerf zygomatique, le nerf maxillaire (une branche du nerf trijumeau [crânien V]) et des vaisseaux sanguins vers la face. Juste sous l'orbite, de chaque côté, le **foramen infra-orbitaire** permet au nerf et à l'artère infra-orbitaires d'atteindre la face.

Os zygomatiques

Les **os zygomatiques,** de forme irrégulière, sont plus couramment appelés os des pommettes (voir les figures 7.2a et 7.3a). Ils s'articulent en arrière avec les processus zygomatiques des temporaux et en avant avec les processus zygomatiques des maxillaires, pour former les pommettes osseuses des joues et une partie des parois latéro-inférieures des orbites.

Os nasaux

Les **os nasaux** sont minces et grossièrement rectangulaires ; ils se joignent par le milieu pour donner l'arête du nez (voir les figures 7.2a et 7.3a). Ils s'articulent en haut avec l'os frontal, sur le côté avec les maxillaires et en arrière avec la lame perpendiculaire de l'ethmoïde. En bas, ils sont fixés aux cartilages qui constituent la majeure partie du squelette de la partie externe du nez (voir les figures 6.1, p. 166 et 23.2, p. 804).

? *Lequel des os illustrés est l'os clé du massif facial ? Lesquels forment le palais osseux ?*

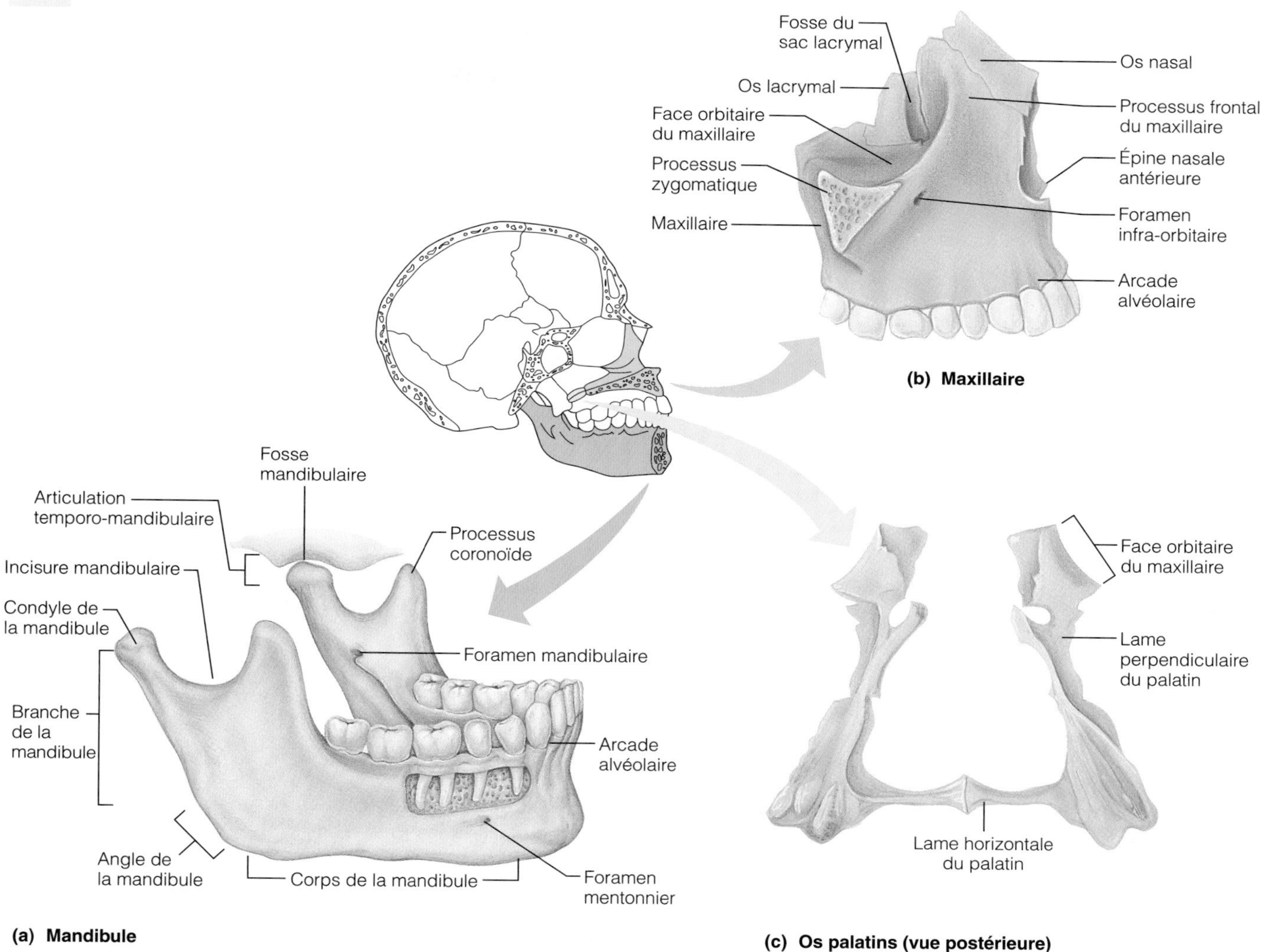

FIGURE 7.8
Anatomie détaillée de certains os isolés de la face. (a) La mandibule (et son articulation avec l'os temporal). **(b)** Le maxillaire (et son articulation avec les os nasal et lacrymal). **(c)** Vue postérieure des os palatins. Remarquez que la mandibule, les maxillaires et les os palatins ne sont pas à l'échelle.

Os lacrymaux

Les **os lacrymaux,** délicatement sculptés en forme d'ongles, participent aux parois médianes de chaque orbite (voir les figures 7.2a ,7.3a et 7.9). Ils s'articulent en haut avec l'os frontal, en arrière avec l'ethmoïde et en avant avec les maxillaires. Chaque os lacrymal présente une cavité antérieure qui contribue à former la **fosse du sac lacrymal,** qui abrite le *sac lacrymal*; ce dernier constitue une partie du conduit par lequel les larmes de la surface de l'œil s'écoulent dans la cavité nasale (*lacryma* = larme).

Os palatins

Les **lames horizontales du palatin,** issues des **os palatins** en forme de L, complètent la partie postérieure du palais osseux (voir les figures 7.3b, 7.4a et 7.8c). La **lame perpendiculaire du palatin** prolonge vers le haut la lame horizontale de chaque os palatin, et constitue une partie de la paroi latéro-postérieure de la cavité nasale ainsi qu'une petite partie de l'orbite.

Le maxillaire est l'os clé du massif facial. Le maxillaire (deux tiers antérieurs) et les os palatins (tiers postérieur) forment le palais osseux.

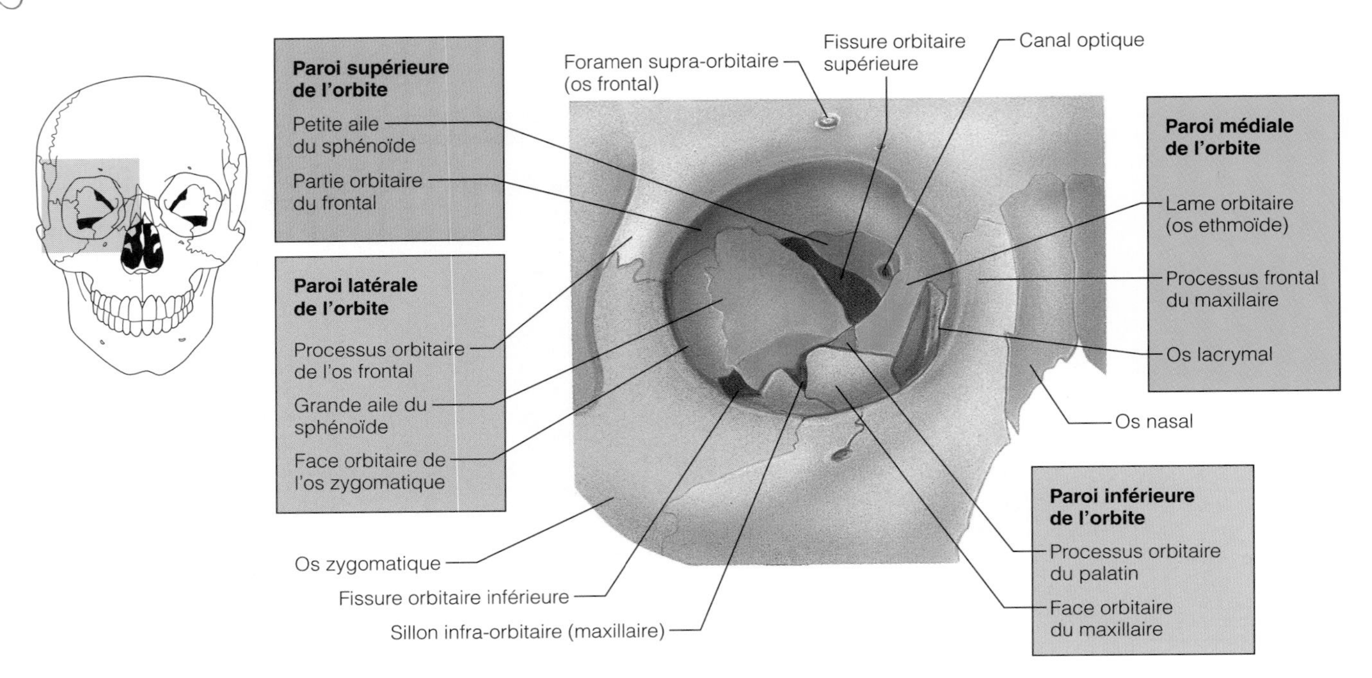

7

FIGURE 7.9
Particularités anatomiques des orbites. Illustration de la contribution des sept os qui forment l'orbite.

Vomer

Le **vomer** est un os mince, en forme de soc de charrue, situé à l'intérieur des cavités nasales et formant une partie du septum nasal (voir les figures 7.2a et 7.10b). Nous le verrons ci-dessous lorsque nous étudierons les cavités nasales.

Cornets nasaux inférieurs

Les deux **cornets nasaux inférieurs,** symétriques, sont des os fins des cavités nasales en forme de volute. Ils constituent des projections médianes naissant sur les parois latérales des cavités nasales, juste au-dessous du cornet nasal moyen de l'ethmoïde (voir les figures 7.2a et 7.10a). Les cornets nasaux inférieurs sont les plus volumineux des trois paires de cornets, et ils participent comme les autres aux parois latérales des cavités nasales.

Particularités anatomiques des orbites et des cavités nasales

Un nombre considérable d'os contribuent à la formation des orbites et des cavités nasales, deux régions pourtant peu étendues de la tête. Une brève récapitulation s'avère nécessaire pour mieux comprendre l'agencement de tous ces os, même si nous les avons déjà décrits individuellement.

Orbites

Les **orbites** sont des cavités osseuses tapissées de tissu adipeux dans lesquelles les globes oculaires sont solidement enchâssés. Les muscles responsables des mouvements oculaires ainsi que les glandes lacrymales occupent également les orbites. Sept os entrent dans la composition des parois orbitaires: l'os frontal, l'os sphénoïde, l'os zygomatique, le maxillaire, l'os palatin, l'os lacrymal et l'os ethmoïde (figure 7.9). L'orbite abrite aussi les fissures orbitaires supérieure et inférieure de même que les canaux optiques, décrits plus haut.

Cavités nasales

Les **cavités nasales** sont constituées d'os et de cartilage hyalin (figure 7.10a). La lame criblée de l'ethmoïde forme le *toit* des cavités nasales, alors que les cornets nasaux supérieur et moyen de l'ethmoïde, le cornet nasal inférieur et les lames verticales des os palatins en dessinent les *parois latérales*. Sur ces dernières, à l'abri des cornets, apparaissent des dépressions appelées *méats* (*meatus* = passage, conduit), soit les méats nasaux supérieur, moyen et inférieur. Les processus palatins des maxillaires et les os palatins délimitent le *plancher* des cavités nasales. Le *septum nasal* sépare les cavités nasales, droite et gauche, et présente une partie osseuse inférieure, le vomer, et une partie osseuse supérieure, la lame perpendiculaire de l'ethmoïde (figure 7.10b). Le

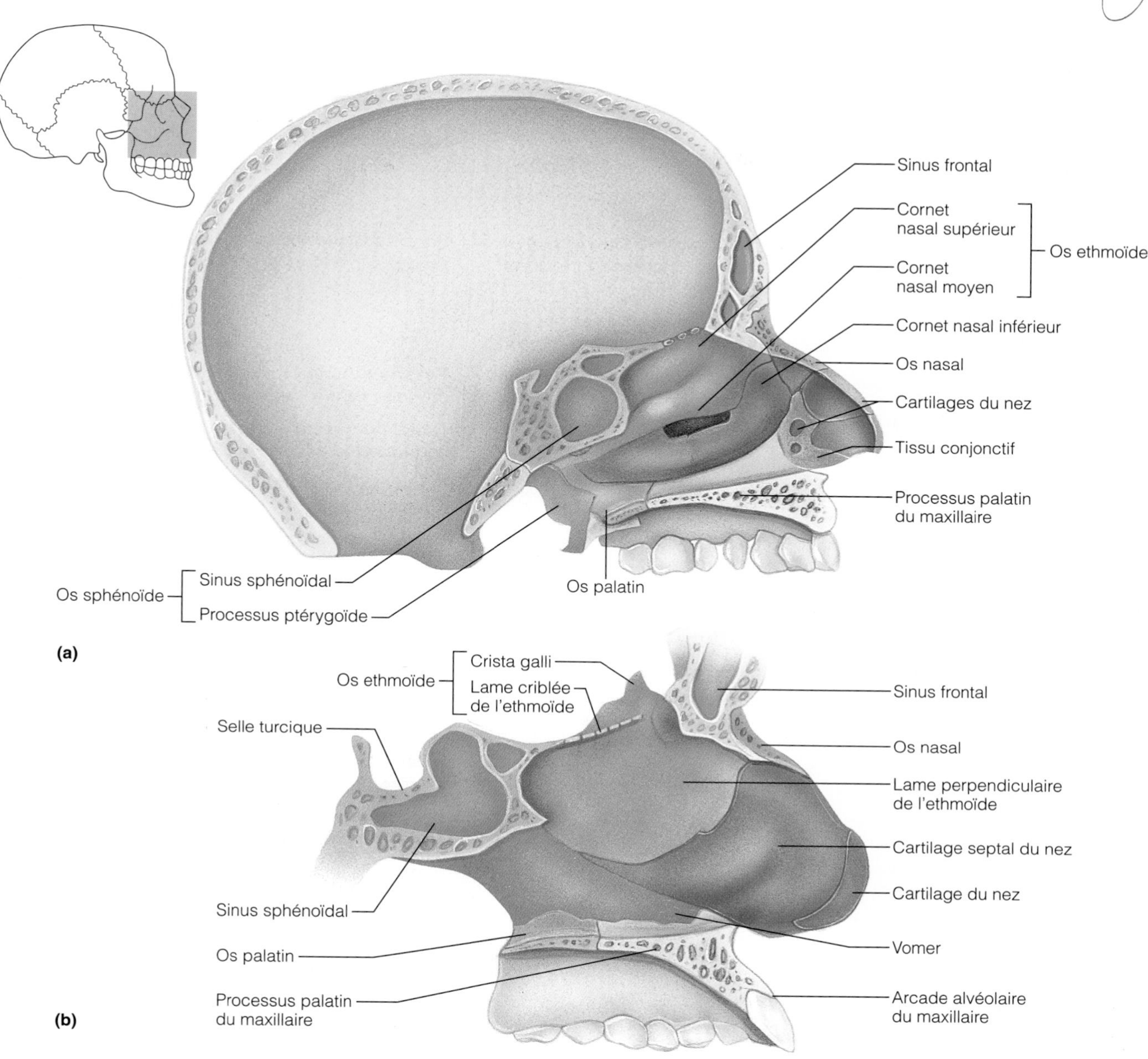

FIGURE 7.10
Caractéristiques anatomiques de la cavité nasale. (a) Os de la paroi latérale gauche de la cavité nasale. **(b)** Participation de l'ethmoïde, du vomer et du cartilage au septum nasal.

septum nasal est prolongé vers l'avant par le *cartilage septal du nez*.

Le septum nasal et les cornets sont tapissés d'une muqueuse qui humidifie et réchauffe l'air inspiré, et en retire les débris. Les volutes des cornets augmentent la turbulence de l'air à travers les cavités nasales. Ce tourbillon force l'air inhalé à entrer en contact avec la muqueuse humide et chaude et capte les poussières, bactéries et grains de pollen dans le mucus visqueux.

Sinus paranasaux (de la face)

Cinq os du crâne abritent des cavités appelées sinus, remplies d'air et tapissées d'une muqueuse ciliée. L'os frontal abrite les deux sinus frontaux, l'os sphénoïde possède un sinus sphénoïdal, l'os ethmoïde abrite un sinus ethmoïdal et chaque maxillaire, un sinus maxillaire. Ces cavités donnent à ces os un aspect « mité » sur les radiographies de la face. Les **sinus paranasaux** sont ainsi nommés parce

TABLEAU 7.1 Os de la tête

Os*	Description	Repères importants
OS DU CRÂNE		
Os frontal (1) (figures 7.2a, 7.3 et 7.4b)	Forme le front, la partie supérieure des orbites et la fosse crânienne antérieure; contient des sinus	**Foramens supra-orbitaires:** permettent le passage des artères et des nerfs supra-orbitaires
Os pariétal (2) (figures 7.2 et 7.3)	Forme la plus grande partie des faces supérieure et latérales du crâne	
Os occipital (1) (figures 7.2b, 7.3 et 7.4)	Forme la face postérieure et la plus grande partie de la base du crâne	**Foramen magnum:** permet le passage du bulbe rachidien dans le canal vertébral **Canal du nerf hypoglosse:** permet le passage du nerf hypoglosse (crânien XII) **Condyles occipitaux:** s'articulent avec l'atlas (première vertèbre) **Protubérance occipitale externe et lignes courbes occipitales:** points d'attache musculaire **Crête occipitale externe:** point d'attache du ligament nuchal
Os temporal (2) (figures 7.3, 7.4 et 7.5)	Forme les faces latéro-inférieures du crâne et participe à la fosse crânienne moyenne; comprend les parties squameuse, mastoïdienne, tympanique et pétreuse	**Processus zygomatique:** participe à l'arcade zygomatique, qui forme la pommette **Fosse mandibulaire:** point d'articulation du condyle de la mandibule **Méat acoustique externe:** canal reliant l'oreille externe au tympan **Processus styloïde:** point d'attache d'un ligament de l'os hyoïde et de plusieurs muscles du cou **Processus mastoïde:** point d'insertion de plusieurs muscles du cou et de la langue **Foramen stylo-mastoïdien:** permet le passage du nerf crânien VII (nerf facial) et de l'artère stylo-mastoïdienne **Foramen jugulaire:** permet le passage de la veine jugulaire interne et des nerfs crâniens IX, X et XI **Méat acoustique interne:** permet le passage des nerfs crâniens VII et VIII **Canal carotidien:** permet le passage de l'artère carotide interne
Os sphénoïde (1) (figures 7.2a, 7.3, 7.4b et 7.6)	Os clé du crâne, il participe à la fosse crânienne moyenne et aux orbites; ses principales parties sont le corps, les grandes ailes, les petites ailes et les processus ptérygoïdes	**Selle turcique:** la partie formée par la fosse hypophysaire abrite l'hypophyse **Canaux optiques:** permettent le passage du nerf crânien II et des artères ophtalmiques **Fissures orbitaires supérieures:** permettent le passage des nerfs crâniens III, IV et VI ainsi que de la branche ophtalmique du nerf crânien V **Foramen rond:** permet le passage de la branche maxillaire du nerf crânien V **Foramen ovale:** permet le passage de la branche mandibulaire du nerf crânien V **Foramen épineux:** permet le passage de l'artère méningée moyenne

TABLEAU 7.1 Os de la tête (suite)

Os*	Description	Repères importants
Os ethmoïde (1) (figures 7.2a, 7.3, 7.4b, 7.7 et 7.10)	Contribue à la fosse crânienne antérieure; forme une partie du septum nasal, des parois et du toit de la cavité nasale; contribue à la paroi médiane de l'orbite	**Crista galli:** point d'attache de la faux du cerveau, feuillet de la dure-mère **Lame criblée:** permet le passage de neurofibres du nerf olfactif (nerf crânien I) de la fosse nasale jusqu'au bulbe olfactif **Cornets nasaux supérieur et moyen:** contribuent aux parois latérales de la cavité nasale; augmentent la turbulence de l'air
Osselets de l'ouïe (marteau, enclume et étrier) (2 séries)	Dans la cavité de l'oreille moyenne; ils jouent un rôle dans la transmission du son (voir le chapitre 16)	
OS DE LA FACE		
Mandibule (1) (figures 7.2a, 7.3 et 7.8a)	Mâchoire inférieure	**Processus coronoïdes:** points d'attache des muscles temporaux **Condyles de la mandibule:** s'articulent librement avec les os temporaux (articulations temporo-mandibulaires) **Symphyse mentonnière:** fusion médiane des os mandibulaires **Alvéoles:** cavités occupées par les dents **Foramens mandibulaires:** permettent le passage des nerfs alvéolaires **Foramens mentonniers:** permettent le passage de vaisseaux sanguins et de nerfs vers le menton et la lèvre inférieure
Maxillaire (2) (figures 7.2a, 7.3, 7.4 et 7.8b)	Os clé du massif facial, forme la mâchoire supérieure et participe au palais osseux, aux orbites et aux parois de la cavité nasale	**Alvéoles:** cavités occupées par les dents **Processus zygomatiques:** participent aux arcades zygomatiques **Processus palatins:** forment la partie antérieure du palais osseux **Processus frontaux:** forment une partie de la face latérale de l'arête du nez **Foramen incisif:** permet le passage de vaisseaux sanguins et de nerfs dans le palais osseux **Fissures orbitaires inférieures:** permettent le passage d'une branche du nerf crânien V, d'un rameau du nerf crânien VII et de vaisseaux sanguins **Foramen infra-orbitaire:** permet le passage du nerf infra-orbitaire vers la peau du visage
Os zygomatique (2) (figures 7.2a, 7.3a et 7.4a)	Forme la joue et une partie de l'orbite	
Os nasal (2) (figures 7.2a et 7.3)	Forme l'arête du nez	
Os lacrymal (2) (figures 7.2a et 7.3a)	Forme une partie de la paroi médiane de l'orbite	**Fosse du sac lacrymal:** abrite le sac lacrymal qui déverse les larmes dans la cavité nasale
Os palatin (2) (figures 7.3b, 7.4a et 7.8c)	Forme la partie postérieure du palais osseux et une petite partie de la cavité nasale et des parois orbitaires	
Vomer (1) (figures 7.2a et 7.10)	Partie du septum nasal	
Cornet nasal inférieur (2) (figures 7.2a et 7.10a)	Forme une partie des parois latérales de la cavité nasale	

* La case colorée devant chaque nom correspond à la couleur de l'os sur les figures 7.2 à 7.10. Le nombre entre parenthèses ( ) à la suite de chaque nom indique le nombre total de ces os dans le corps humain.

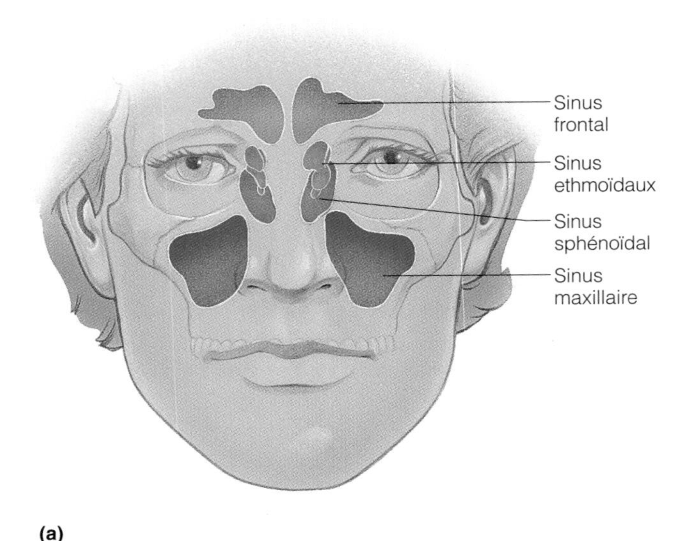

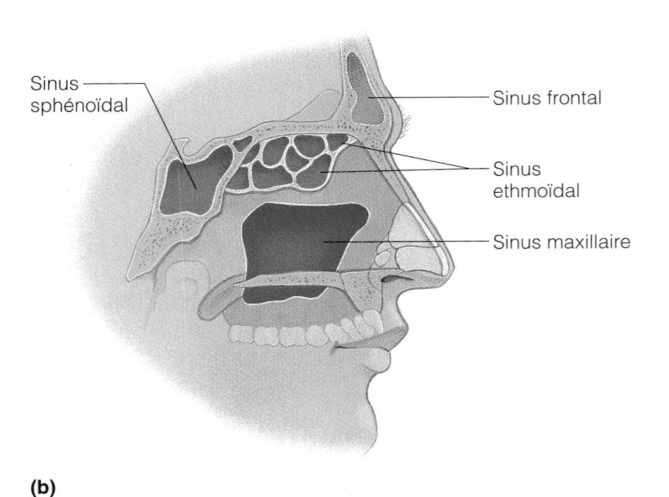

FIGURE 7.11
Sinus paranasaux. (a) Vue antérieure. **(b)** Vue médiane.

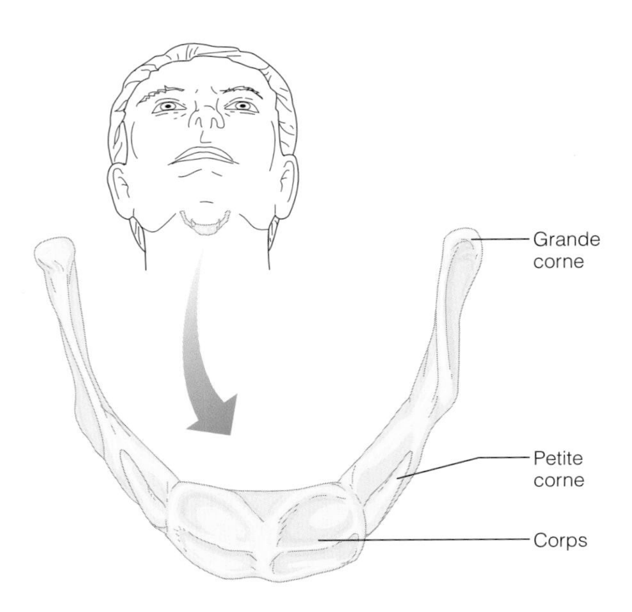

FIGURE 7.12
Caractéristiques anatomiques de l'os hyoïde. L'os hyoïde est suspendu au milieu du cou par des ligaments fixés aux petites cornes et aux processus styloïdes des os temporaux.

qu'ils sont regroupés autour des cavités nasales (figure 7.11). Ils allègent le crâne et augmentent la résonance de la voix. De petites ouvertures relient les sinus aux cavités nasales, et agissent comme « doubles voies de passage » : l'air provenant des cavités nasales pénètre dans les sinus, et le mucus sécrété par les muqueuses sinusales s'écoule dans les cavités nasales. Les muqueuses sinusales contribuent également au réchauffement et à l'humidification de l'air inspiré.

Os hyoïde

L'**os hyoïde** (figure 7.12) est relié à la mandibule et aux os temporaux, mais il ne fait pas réellement partie du crâne. C'est le seul os du corps humain qui ne s'articule pas directement avec un autre os. Situé juste sous la mandibule à l'avant du cou, il est retenu par les étroits *ligaments stylo-hyoïdiens* aux processus styloïdes des os temporaux. L'os hyoïde est en forme de fer à cheval : il se compose d'un *corps* et de deux paires de *cornes*. Il sert de base mobile à la langue. Son corps et ses grandes cornes servent de points d'attache aux muscles du cou qui relèvent et abaissent le larynx pour parler et avaler.

COLONNE VERTÉBRALE

Caractéristiques générales

On pense souvent à tort que la **colonne vertébrale** n'est qu'une tige de soutien rigide. Appelée également **épine dorsale,** c'est en fait un ensemble de 26 os formant une structure souple et ondulée (figure 7.13). Elle offre un support axial au tronc et s'étend de la tête au bassin, où elle transmet le poids du tronc aux membres inférieurs. Elle renferme et protège la moelle épinière. Elle fournit en outre des points d'attache aux côtes et aux muscles dorsaux. La colonne vertébrale du fœtus et du bébé comprend 33 os distincts, ou **vertèbres.** Neuf d'entre elles vont fusionner pour donner deux os, le sacrum et le coccyx. Les 24 autres demeurent des vertèbres distinctes, séparées par des disques intervertébraux.

Segments et courbures de la colonne vertébrale

La colonne vertébrale (rachis) mesure environ 70 cm chez l'adulte moyen et comporte 5 segments principaux (voir la figure 7.13). Les 7 vertèbres du cou sont les *vertèbres*

? *Pourquoi serait-il « absurde », d'un point de vue anatomique, que nos vertèbres les plus solides soient situées dans la région cervicale plutôt que dans la région lombale de la colonne vertébrale ?*

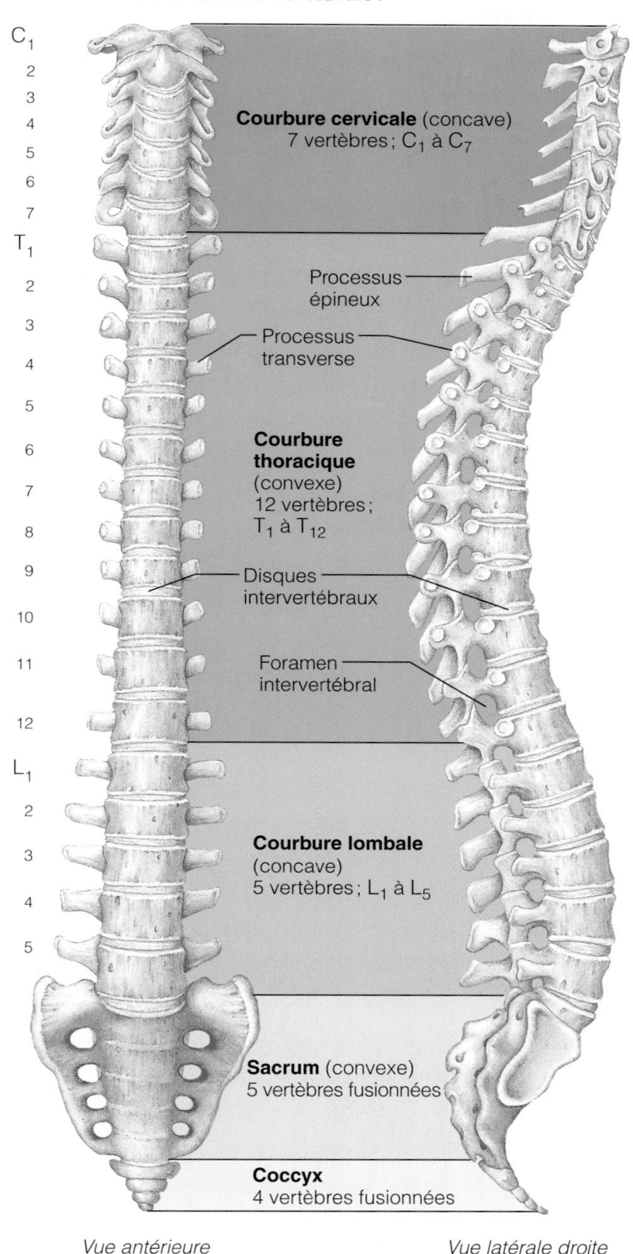

FIGURE 7.13
Colonne vertébrale. Remarquez les courbures dans la vue latérale. (Les termes *convexe* et *concave* se réfèrent à la face postérieure de la colonne vertébrale.)

cervicales, les 12 suivantes les *vertèbres thoraciques* et les 5 dernières les *vertèbres lombales*. (Le moyen mnémotechnique pour retenir le nombre d'os des trois segments de la colonne consiste à penser aux heures des repas : 7 h, 12 h et 5 h.) Le *sacrum* fait suite aux vertèbres lombales et s'articule avec le bassin. La colonne vertébrale se termine par le minuscule *coccyx*. Le nombre de vertèbres cervicales est le même chez tous les êtres humains, mais le nombre des autres vertèbres varie chez 5 % de la population.

En vue latérale, la colonne vertébrale présente quatre courbures qui lui donnent sa forme de S. Les **courbures cervicale** et **lombale** sont concaves vers l'arrière, alors que les **courbures thoracique** et **sacro-coccygienne** sont convexes vers l'arrière. Ces courbures augmentent l'élasticité et la souplesse de la colonne vertébrale, comparable à un ressort bien plus qu'à une tige rigide !

Il existe plusieurs types de courbures anormales de la colonne vertébrale. Certaines sont congénitales (présentes à la naissance), d'autres s'installent à la suite d'une maladie, d'une mauvaise posture ou d'une traction inégale des muscles sur la colonne vertébrale. La *scoliose* (*skolios* = tortueux) est une courbure *latérale* anormale le plus souvent localisée dans la région thoracique. Elle est assez fréquente chez les préadolescents (en particulier chez les filles pour une raison encore inconnue). Une configuration vertébrale anormale, des membres inférieurs de longueur inégale ou une paralysie musculaire sont responsables des cas les plus sérieux. Si les muscles d'un côté du corps sont non fonctionnels, ceux du côté opposé exercent une traction sur la colonne vertébrale, sans contrepartie, et finissent par entraîner une déviation. Les cas graves doivent être traités (par des moyens orthopédiques ou chirurgicaux) avant la fin de la croissance, afin d'éviter un handicap permanent et des difficultés respiratoires.

La *cyphose* (dos bossu) est une courbure *thoracique* dont la convexité est exagérée. On la rencontre chez les personnes âgées atteintes d'ostéoporose, mais elle peut également être un symptôme de tuberculose osseuse, de rachitisme ou d'ostéomalacie. La *lordose* est une courbure *lombale* excessive, parfois due à une tuberculose osseuse ou au rachitisme. La lordose temporaire est fréquente chez les personnes qui portent une lourde charge en avant du corps, comme les hommes bedonnants et les femmes enceintes, parce qu'elles rejettent automatiquement leurs épaules vers l'arrière afin de déplacer leur centre de gravité. ■

Ligaments

La colonne vertébrale peut être comparée à une antenne de télévision vacillante : elle ne peut pas se tenir droite toute seule, elle doit être maintenue par un système de câblage complexe, assuré dans son cas par des ligaments semblables à des courroies et par les muscles du tronc. Ces muscles sont étudiés au chapitre 10. Les principaux ligaments de soutien sont le **ligament longitudinal antérieur** et le **ligament longitudinal postérieur** (figure 7.14), qui suivent la colonne vertébrale du cou au sacrum, sur deux bandes continues, l'une antérieure et l'autre postérieure. Le ligament longitudinal antérieur, plus large, est fixé à la

Puisque la région lombale est celle qui supporte le plus grand poids, ses vertèbres sont les plus solides.

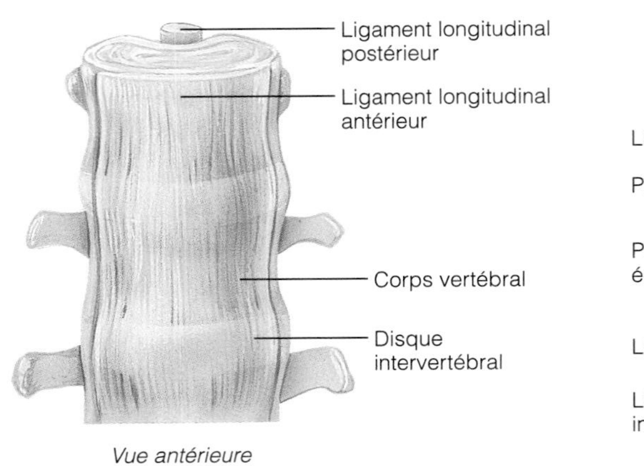

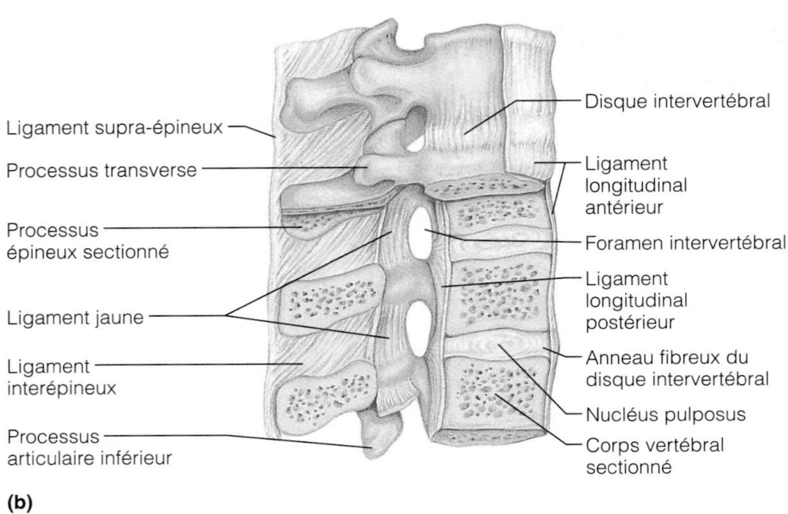

FIGURE 7.14
Ligaments et disques de cartilage fibreux qui relient les vertèbres. (a) Vue antérieure de trois vertèbres articulées, montrant la différence de largeur entre les ligaments longitudinaux antérieur et postérieur. **(b)** Coupe longitudinale des vertèbres montrant les ligaments et la structure des disques. **(c)** Vue supérieure de la coupe transversale d'un disque hernié.

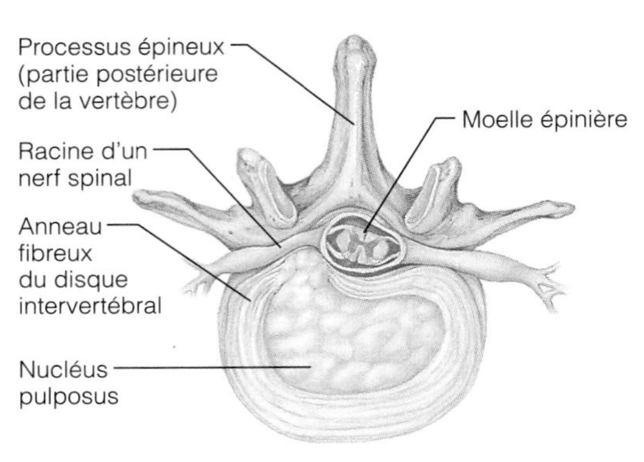

fois aux vertèbres et aux disques intervertébraux. Outre son rôle de maintien, il empêche l'hyperextension de la colonne vertébrale (extension excessive vers l'arrière). Le ligament longitudinal postérieur, qui s'oppose à l'hyperflexion de la colonne (flexion avant excessive), est plus étroit et moins résistant. Il est fixé uniquement aux disques. De courts ligaments (ligament jaune et autres) relient chaque vertèbre à celles situées immédiatement au-dessous et au-dessus.

Disques intervertébraux

Chaque **disque intervertébral** ressemble à un coussinet constitué de deux parties. Le **nucléus pulposus** occupe la zone centrale semi-fluide; il agit comme une balle de caoutchouc pour procurer au disque élasticité et compressibilité. Ce noyau est entouré d'un anneau périphérique de fibres collagènes et de cartilage fibreux résistant, l'**anneau fibreux,** qui limite l'expansion du nucléus pulposus (voir la figure 7.14b et c). L'anneau fibreux solidarise les vertèbres successives et résiste à la tension dans la colonne vertébrale. Les disques font office d'amortisseurs lors de la marche, du saut et de la course; ils permettent à la colonne vertébrale de fléchir, de s'étendre et de se pencher sur le côté. Aux points de compression, ils s'aplatissent et se renflent un peu de part et d'autre des espaces intervertébraux. Ils s'épaississent dans les régions lombale et cervicale, ce qui améliore la flexibilité de ces régions. L'ensemble des disques occupe près de 25 % de la longueur de la colonne vertébrale. Ils s'aplatissent quelque peu au cours de la journée, de sorte que nous mesurons toujours quelques centimètres de moins le soir que le matin.

Soumettre la colonne vertébrale à des efforts violents ou intenses (se pencher en avant pour soulever un objet lourd par exemple) peut causer la hernie d'un ou de plusieurs disques. Une **hernie discale** consiste généralement en la rupture de l'anneau fibreux suivie de l'expulsion du nucléus pulposus (voir la figure 7.14c). Si la partie herniée appuie sur la moelle épinière (face postérieure) ou sur les nerfs spinaux issus de celle-ci (l'une des faces latérales), elle peut provoquer de l'engourdissement et une douleur insupportable. Le traitement des hernies discales comporte le repos complet, la traction et une médication antalgique. Si aucune amélioration n'est observée, il faut procéder à l'ablation chirurgicale du disque hernié ou à sa « dissolution » à l'aide d'enzymes (nucléolyse). Pour éviter l'anesthésie générale, on propose un traitement au laser; cette intervention de 30 à 40 minutes pratiquée en externe consiste à vaporiser partiellement le disque avec un rayon laser. Par la suite, seul un pansement adhésif indique le site d'intervention. ■

Structure générale des vertèbres

Toutes les vertèbres possèdent une même structure de base (figure 7.15) : elles se composent en avant d'un **corps vertébral** discoïde, qui constitue la région portante, et en arrière d'un **arc vertébral.** Le corps vertébral et l'arc vertébral délimitent une ouverture appelée **trou vertébral.** La succession des trous vertébraux des vertèbres articulées forme le **canal vertébral,** qui renferme et protège la moelle épinière.

L'arc vertébral est composé de deux pédicules et de deux lames. Les **pédicules** sont de petits cylindres osseux qui prolongent le corps vertébral vers l'arrière et forment les côtés de l'arc vertébral. Les **lames** sont des portions aplaties qui fusionnent dans le plan médian pour dessiner l'arrière de l'arc. Ce dernier émet sept processus. Le **processus épineux** est une lamelle osseuse qui se dirige vers l'arrière ; il prolonge en arrière l'union des lames. Les deux **processus transverses** se situent de part et d'autre de l'arc vertébral. Les processus épineux et transverses servent de points d'attache aux ligaments qui maintiennent la colonne vertébrale ainsi qu'aux muscles squelettiques qui en assurent le mouvement. Les deux **processus articulaires supérieurs** se projettent vers le haut, à la jonction des pédicules et des lames, et les deux **processus articulaires inférieurs** vers le bas, au même niveau. Les surfaces de contact lisses des processus articulaires sont recouvertes de cartilage hyalin. Les processus articulaires inférieurs de chaque vertèbre entrent en contact avec les processus articulaires supérieurs de la vertèbre située au-dessous d'elle. Les vertèbres successives s'articulent donc par leurs corps et par leurs processus articulaires.

Les pédicules présentent une incisure sur leurs bords supérieur et inférieur et circonscrivent ainsi une ouverture latérale appelée **foramen intervertébral** entre deux pédicules adjacents (voir la figure 7.13). C'est par là que passent les nerfs spinaux provenant de la moelle épinière.

Quelles sont les structures de la vertèbre qui servent de points d'attache aux muscles ?

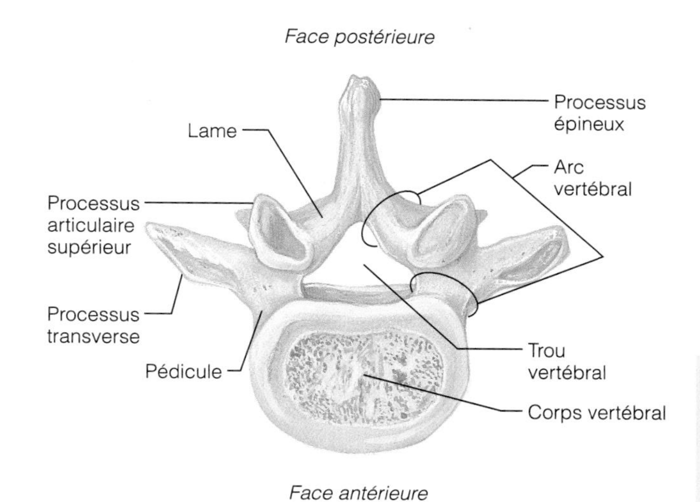

FIGURE 7.15
Structure d'une vertèbre typique. Vue supérieure (les processus articulaires inférieurs ne sont pas représentés).

Caractéristiques des différentes vertèbres

Outre les caractéristiques anatomiques communes décrites ci-dessus, les vertèbres des différents segments de la colonne vertébrale présentent des particularités liées à leurs fonctions et à leur mobilité. Le tableau 7.2, page 210, donne un résumé et des illustrations de ces caractéristiques.

Vertèbres cervicales

Les sept **vertèbres cervicales,** numérotées de C_1 à C_7, sont les plus petites et les plus légères. Les deux premières (C_1 et C_2) sont atypiques et nous y reviendrons plus loin. Les vertèbres cervicales typiques (C_3 à C_7) possèdent les particularités suivantes :

1. Un corps ovale dont la largeur excède la longueur dans le sens antéro-postérieur.
2. Sauf pour C_7, un processus épineux court, *bifide* (fendu en deux à son extrémité) et dirigé directement vers l'arrière.
3. Un trou vertébral large et généralement de forme triangulaire.
4. Des processus transverses percés d'un **trou transversaire** par lequel les grosses artères vertébrales montent en direction de l'encéphale.

Le processus épineux de C_7, non bifide, est beaucoup plus long que celui des autres vertèbres cervicales (voir la figure 7.17a). Comme il est visible sous la peau, il constitue un repère pratique pour compter les vertèbres. C'est la raison pour laquelle on désigne C_7 par le nom de **vertèbre proéminente.**

Les deux premières vertèbres cervicales, l'atlas et l'axis, montrent un aspect bien différent, qui traduit leurs fonctions spécifiques. En premier lieu, aucun disque intervertébral ne les sépare. L'**atlas** (C_1) ne possède ni corps ni processus épineux (figure 7.16a et b). Il s'agit d'un anneau osseux formé de deux *masses latérales* réunies par les *arcs osseux antérieur* et *postérieur.* Chacune de ces masses présente des surfaces articulaires sur ses faces supérieure et inférieure. Les fossettes articulaires supérieures reçoivent les condyles occipitaux de la tête ; elles supportent celle-ci tout comme Atlas supportait les cieux dans la mythologie grecque. Ces articulations nous permettent d'incliner la tête en signe d'assentiment. Les fossettes articulaires inférieures s'articulent avec l'axis (C_2).

L'**axis,** qui possède un corps, un processus épineux et les autres processus typiques d'une vertèbre, n'est pas

Les processus épineux et transverses.

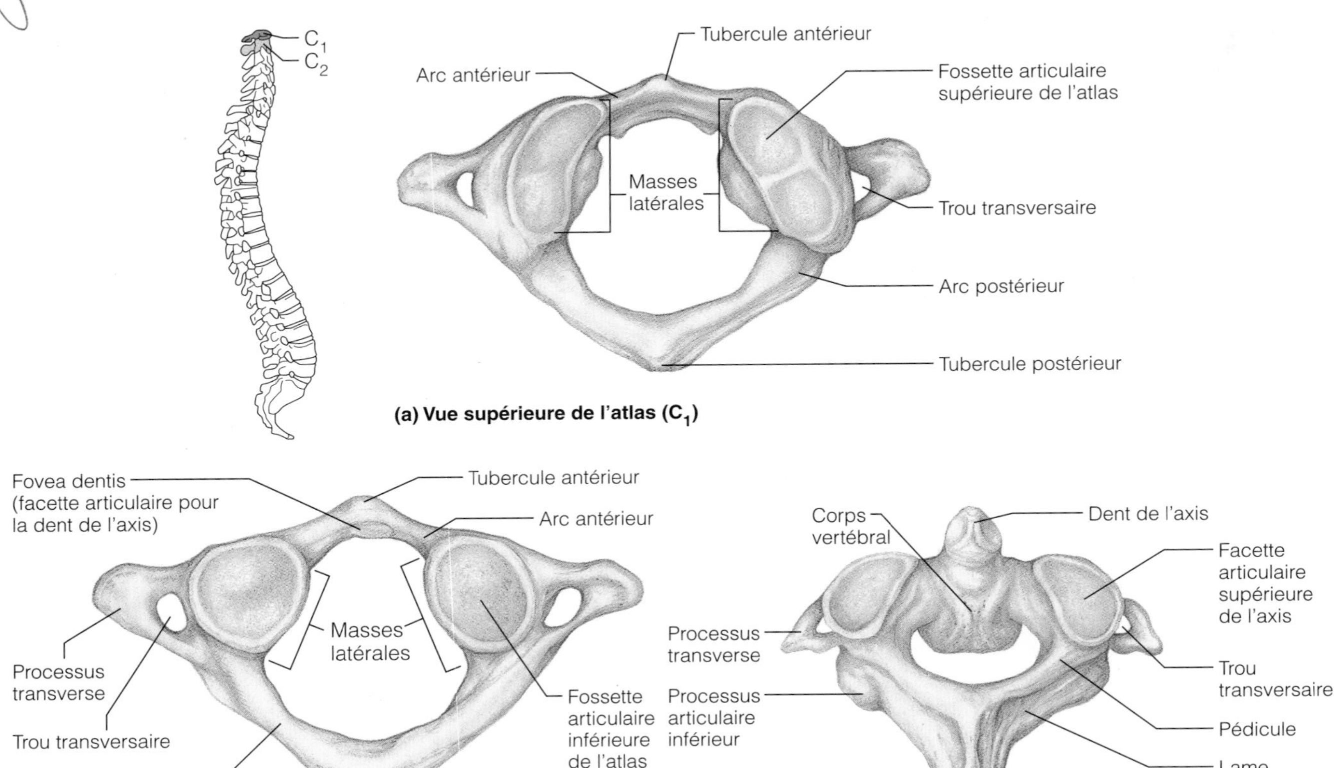

FIGURE 7.16
Première et deuxième vertèbres cervicales.

aussi spécialisé que l'atlas. Sa seule particularité est sa **dent** (ou apophyse odontoïde), un processus en forme de dent qui s'élève au-dessus du corps de l'axis. Pour certains spécialistes, elle serait le corps « absent » de l'atlas, soudé à l'axis pendant le développement embryonnaire. Elle s'appuie contre l'arc antérieur de l'atlas par le truchement des ligaments transverses (voir la figure 7.17a) et l'atlas peut pivoter autour d'elle ; on peut ainsi tourner la tête d'un côté à l'autre en signe de dénégation.

Dans les cas de traumatisme crânien où le crâne « rentre dans » la colonne vertébrale, la dent de l'axis s'enfonce à l'intérieur de la cavité crânienne et provoque ainsi un traumatisme du tronc cérébral pouvant entraîner la mort. C'est le « coup du lapin » qui se produit le plus souvent dans les accidents de la route. ■

Vertèbres thoraciques

Les 12 **vertèbres thoraciques** (T_1 à T_{12}) s'articulent toutes avec les côtes (voir le tableau 7.2 et la figure 7.17b). La première ressemble cependant beaucoup à C_7 et les quatre dernières montrent une similitude croissante de structure avec les vertèbres lombales. La taille des vertèbres thoraciques augmente progressivement avec leur rang. Les caractéristiques de ces vertèbres sont énumérées ci-dessous :

1. Le corps vertébral est plus ou moins en forme de cœur. Il présente de chaque côté deux surfaces articulaires, les *fosses costales supérieure* et *inférieure*, situées respectivement sur le bord supérieur et le bord inférieur du corps. Ces fosses entrent en contact avec les têtes costales (figure 7.20). (Le corps des vertèbres T_{10} à T_{12} est différent car il ne possède qu'une seule fosse pour chaque côte auquel il correspond.)
2. Le trou vertébral est circulaire.
3. Le processus épineux est long, dirigé obliquement vers le bas et terminé par un tubercule.
4. À l'exception de T_{11} et T_{12}, les processus transverses possèdent des fosses costales transversaires qui s'articulent avec les *tubercules* des côtes.

Vertèbres lombales

Le segment lombal de la colonne vertébrale, au bas du dos, est soumis à une importante compression. Les cinq

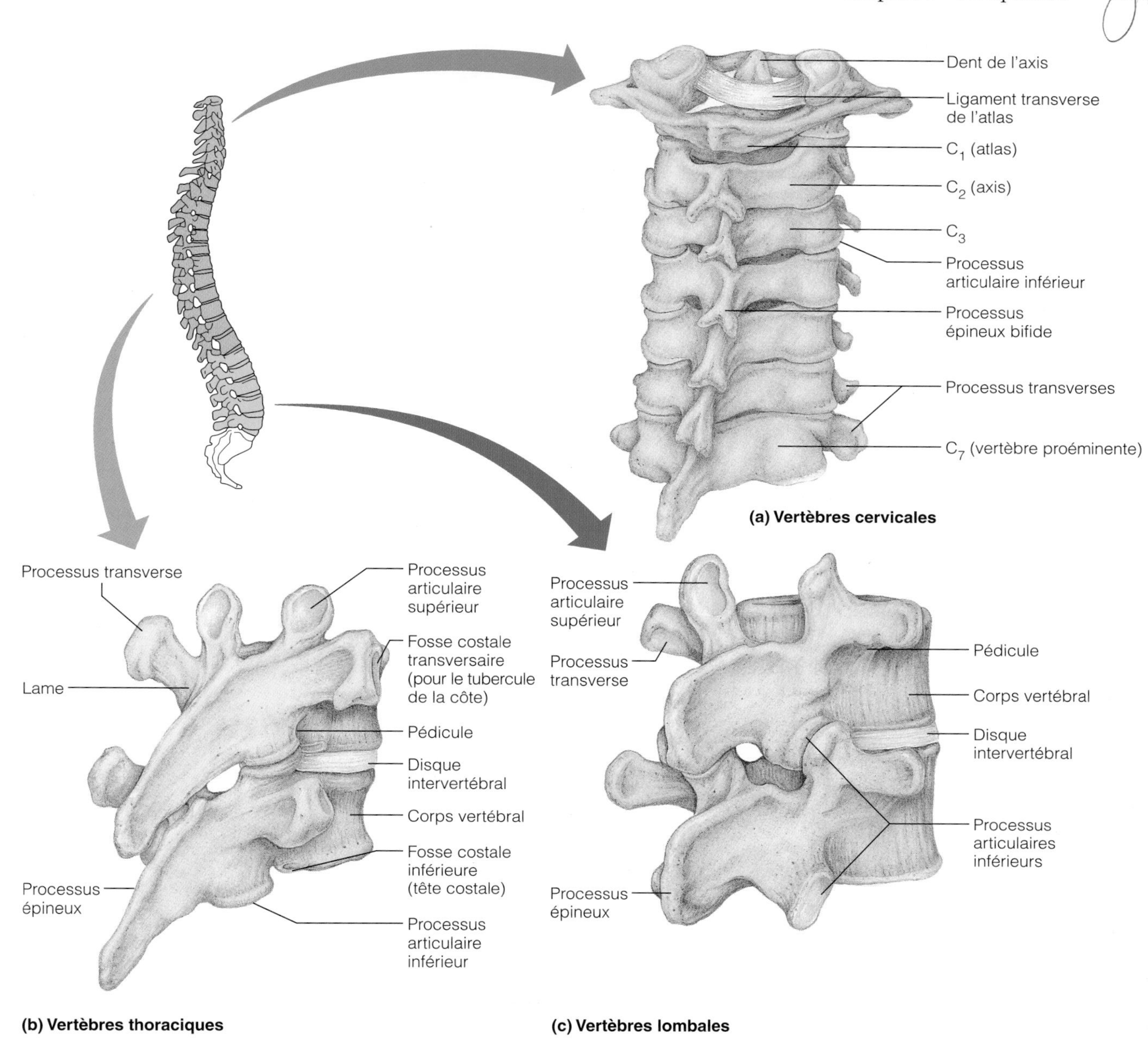

FIGURE 7.17
Vues postéro-latérales des vertèbres articulées. Remarquez le processus épineux à sommet arrondi (non bifide) de C_7, la vertèbre proéminente.

vertèbres lombales (L_1 à L_5) ont pour fonction de supporter une lourde charge, comme en témoigne leur structure plus robuste. Leur corps massif est en forme de haricot (voir le tableau 7.2 et la figure 7.17c). Leurs autres caractéristiques sont les suivantes :

1. Elles possèdent des pédicules et des lames plus courts et plus épais que les autres vertèbres.
2. Les processus épineux sont courts, aplatis, en forme de « hachette » ; ils se dessinent nettement sous la peau quand on se penche en avant. Robustes, ils sont dirigés directement vers l'arrière pour fixer les grands muscles dorsaux.
3. Le trou vertébral est triangulaire.
4. Les facettes de leurs processus articulaires sont orientées différemment (voir le tableau 7.2). Ces modifications permettent un verrouillage de l'ensemble des vertèbres lombales, qui stabilise la colonne dans cette région en empêchant toute rotation.

Sacrum

Le **sacrum** est un os de forme triangulaire (figure 7.18) ; il constitue la paroi postérieure du bassin et compte cinq vertèbres (S_1 à S_5), soudées chez l'adulte. Il renforce et stabilise le bassin. Il s'articule en haut avec L_5 (par l'intermédiaire de ses **processus articulaires supérieurs**) et en bas avec le coccyx. Sur les côtés, deux **ailes du sacrum**

TABLEAU 7.2 Caractéristiques des vertèbres cervicales, thoraciques et lombales

Caractéristiques	Cervicales (3 à 7)	Thoraciques	Lombales
Corps vertébral	Petit, large	Plus grand que celui de la vertèbre cervicale ; en forme de cœur ; présente deux fosses costales	Massif, en forme de haricot
Processus épineux	Court, bifide, dirigé vers l'arrière	Long, étroit, dirigé vers le bas	Court, émoussé, dirigé vers l'arrière
Trou vertébral	Triangulaire	Circulaire	Triangulaire
Processus transverses	Percés des trous transversaires	Présentent des fosses costales (sauf T_{11} et T_{12})	Pas de particularités
Processus articulaires supérieurs et inférieurs	Surfaces articulaires supérieures dirigées vers le haut, en arrière	Surfaces articulaires supérieures dirigées vers l'arrière	Surfaces articulaires supérieures dirigées vers l'arrière et le centre
	Surfaces articulaires inférieures dirigées vers le bas, en avant	Surfaces articulaires inférieures dirigées vers l'avant	Surfaces articulaires inférieures dirigées vers l'avant et sur le côté
Mouvements	Flexion et extension ; flexion latérale, rotation ; segment permettant la plus vaste gamme de mouvements	Rotation ; légère flexion latérale possible mais limitée par les côtes ; flexion et extension impossibles	Flexion et extension ; flexion latérale ; rotation impossible

VUE SUPÉRIEURE

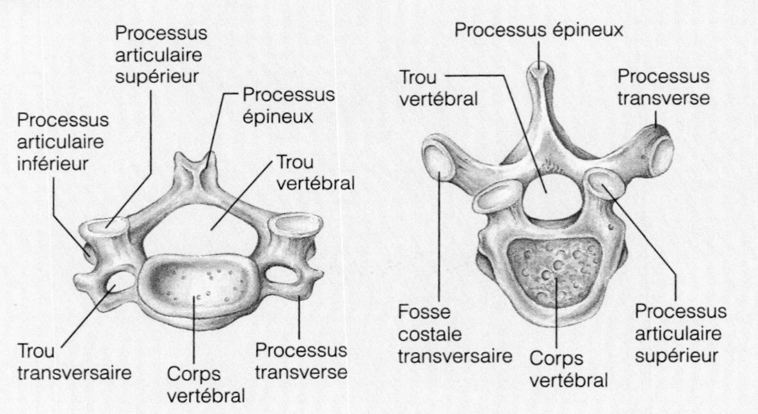

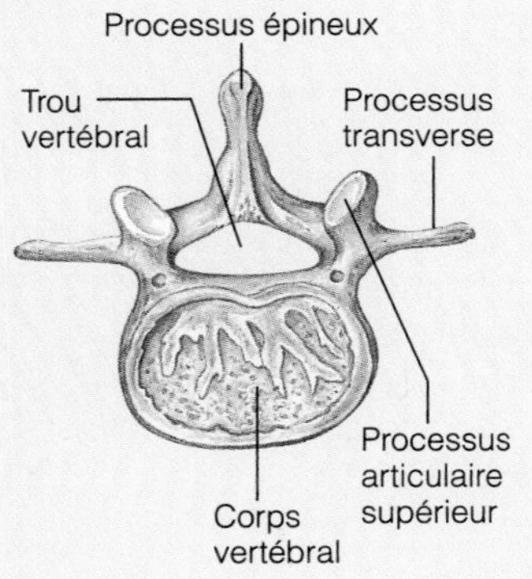

VUE LATÉRALE DROITE

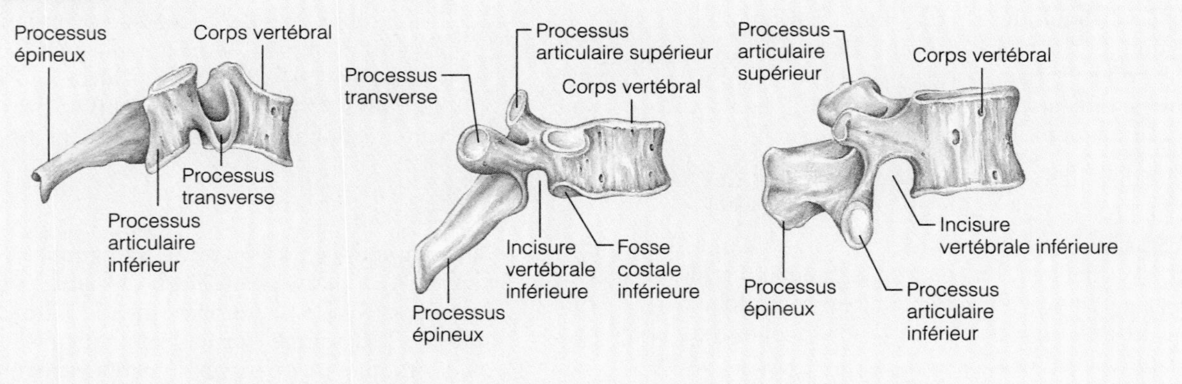

7

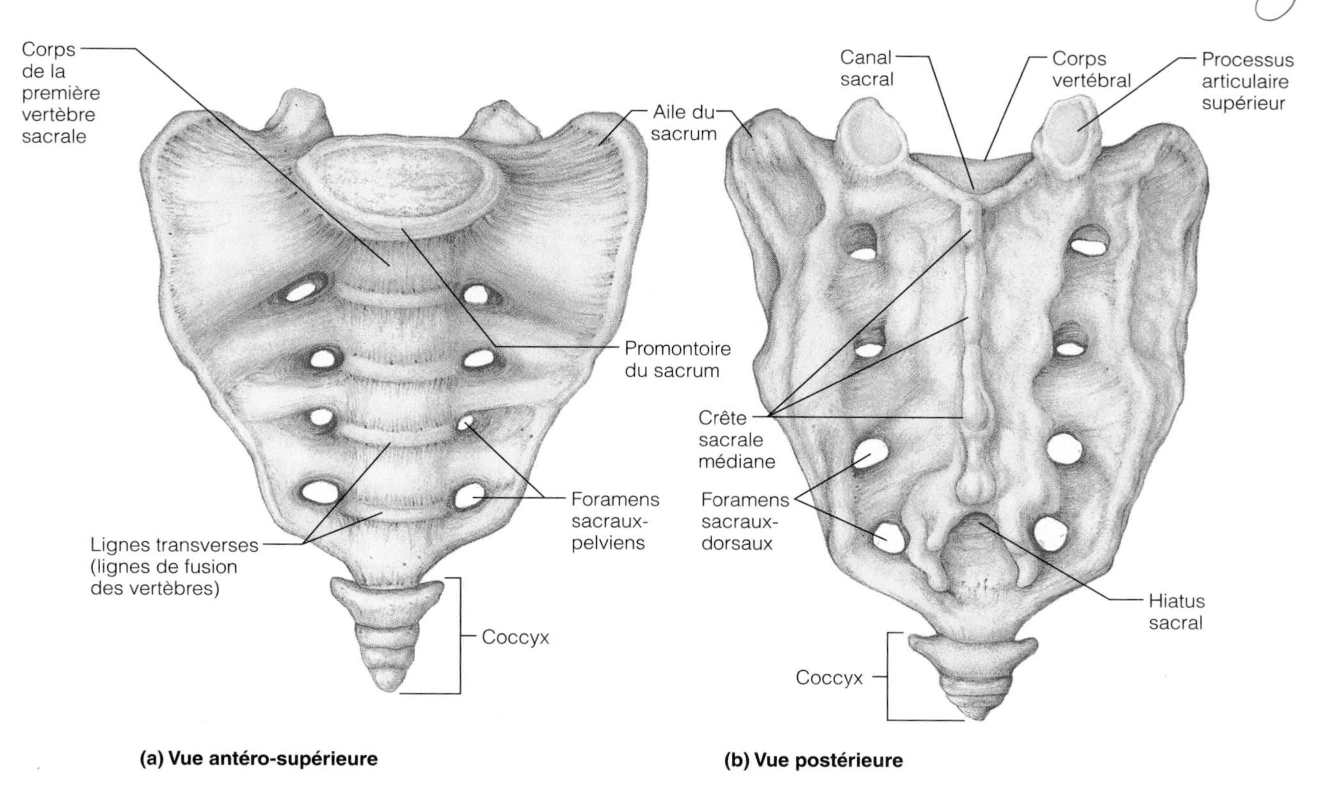

FIGURE 7.18
Sacrum et coccyx.

(résultat de la fusion des processus transverses de S_1 à S_5) se joignent aux deux os des hanches pour former les **articulations sacro-iliaques** du bassin.

Le bord antéro-supérieur de la première vertèbre sacrale, qui fait saillie en avant dans la cavité pelvienne, porte le nom de **promontoire du sacrum.** Le centre de gravité du corps se trouve à 1 cm environ derrière le promontoire du sacrum qui, comme nous le verrons, est un repère anatomique important en obstétrique. Quatre arêtes, les **lignes transverses,** traversent sa face antérieure concave (elles représentent le site de fusion des vertèbres qui composent le sacrum). Ces lignes transverses se terminent latéralement par les **foramens sacraux-pelviens** qu'empruntent des vaisseaux sanguins et des nerfs.

Sur la face postérieure, la ligne médiane du sacrum est surélevée par la **crête sacrale médiane** (fusion des processus épineux des vertèbres sacrales). Le canal vertébral se poursuit dans le sacrum sous le nom de **canal sacral.** Comme les lames de la cinquième vertèbre sacrale (et parfois de la quatrième) n'ont pas fusionné dans le plan médian, une assez grande ouverture externe, le **hiatus sacral,** est visible à l'extrémité inférieure du canal sacral.

Coccyx

Le **coccyx** est un vestige de la queue des mammifères ; il compte quatre vertèbres (parfois trois ou cinq) soudées entre elles pour donner un petit os triangulaire (figure 7.18). Le coccyx s'articule en haut avec le sacrum. (Cet os ressemble à un bec d'oiseau, d'où son nom : *kokkux* = coucou.) Le coccyx est un os quasiment inutile pour le corps humain, mis à part le faible soutien qu'il procure aux organes pelviens. Il arrive qu'un bébé naisse avec un coccyx très long. Le chirurgien procède alors à l'ablation de cet « appendice caudal » superflu.

THORAX OSSEUX

Sur le plan anatomique, le thorax désigne la poitrine, et ses « éléments » osseux constituent le **thorax osseux,** ou **cage thoracique,** avec en arrière les vertèbres thoraciques, latéralement les côtes et en avant le sternum et les cartilages costaux. Ces derniers fixent les côtes au sternum (figure 7.19a). Le thorax forme une cage en forme de cône dont la base est inférieure ; il protège les organes vitaux de la cavité thoracique (cœur, poumons et gros vaisseaux sanguins) ; il soutient les ceintures scapulaires sur lesquelles s'articulent les membres supérieurs ; il offre également des points d'attache aux muscles du dos, de la poitrine et des épaules. Les *espaces intercostaux* sont occupés par les muscles intercostaux qui soulèvent et abaissent le thorax pendant la respiration.

Sternum

Le **sternum** se trouve sur la ligne médiane antérieure du thorax. C'est un os plat typique, allongé, dont la forme rappelle celle d'un poignard, et qui mesure près de 15 cm de longueur. Il est issu de la fusion de trois os : le manubrium

Quelles côtes sont également appelées côtes sternales ?

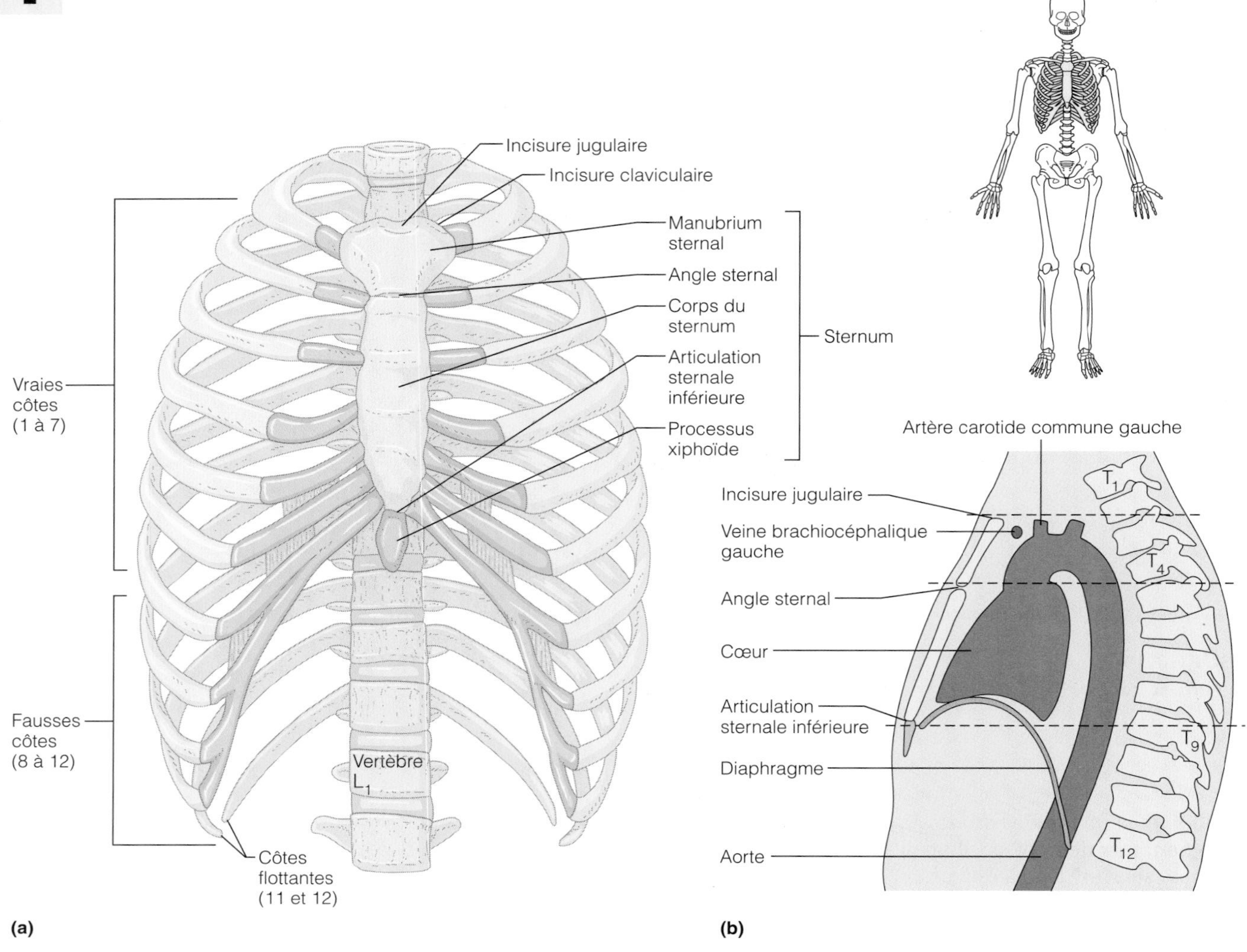

FIGURE 7.19
Thorax osseux. (a) Vue antérieure du thorax osseux (les cartilages costaux sont colorés en bleu). **(b)** Vue latérale gauche du thorax, montrant la relation entre les repères anatomiques superficiels du thorax et la partie thoracique de la colonne vertébrale.

sternal, le corps du sternum et le processus xiphoïde. Le **manubrium sternal,** tout en haut, ressemble à un nœud de cravate. Il s'articule latéralement avec les clavicules par l'intermédiaire de ses **incisures claviculaires,** et avec les deux premières paires de côtes. Le **corps du sternum,** la partie médiane, forme la plus grande partie du sternum. Ses côtés présentent des dépressions, là où il se joint aux cartilages des côtes 2 à 7. Le **processus xiphoïde** constitue la partie inférieure du sternum. Ce petit appendice de forme variable est une lame de cartilage hyalin chez l'enfant, mais il s'ossifie habituellement chez l'adulte. Le processus xiphoïde s'articule uniquement avec le corps du sternum et sert de point d'attache à quelques muscles abdominaux.

Chez certaines personnes, le processus xiphoïde fait saillie vers l'arrière. Cela pose problème lors d'un enfoncement accidentel de la poitrine, car le processus xiphoïde peut pénétrer dans le cœur ou dans le foie et provoquer une hémorragie importante. ■

Le sternum présente trois repères anatomiques importants : l'incisure jugulaire, l'angle sternal et l'articulation sternale inférieure (voir la figure 7.19). L'**incisure jugulaire,** aisément palpable, est l'échancrure centrale au bord supérieur du manubrium sternal. Elle est générale-

Les paires de côtes 1 à 7, ou vraies côtes.

ment alignée sur le disque intervertébral séparant les deuxième et troisième vertèbres thoraciques, et elle représente l'endroit où l'artère carotide commune gauche naît de l'aorte (voir la figure 7.19b). Le manubrium sternal est relié au corps du sternum par une charnière cartilagineuse qui permet au corps du sternum de s'élever vers l'avant pendant l'inspiration. Le sternum forme un léger angle à ce niveau, l'**angle sternal**; il s'agit d'une arête horizontale que l'on peut palper sur le sternum. L'angle sternal se trouve à la même hauteur que le disque intervertébral qui sépare les quatrième et cinquième vertèbres thoraciques, et au niveau de la deuxième paire de côtes. Il fournit un repère pratique pour situer la deuxième côte et par la suite, toutes les autres, lors d'un examen médical. L'**articulation sternale inférieure,** jonction entre le corps du sternum et le processus xiphoïde, fait face à la neuvième vertèbre thoracique.

Côtes

Les parois évasées de la cage thoracique sont formées de douze paires de **côtes** (figure 7.19a), fixées en arrière aux vertèbres thoraciques et s'incurvant vers le bas en direction de la paroi antérieure du thorax. Les sept paires de côtes supérieures, appelées **vraies côtes** ou **côtes sternales,** sont jointes chacune au sternum par des cartilages costaux (segments de cartilage hyalin). (Remarquez que le nom anatomique d'une côte est formé des deux points d'attache de cette côte, en commençant par le point d'attache arrière.) Les cinq autres paires de côtes sont dites **fausses côtes** car leur point d'attache au sternum est soit indirect, soit inexistant. Les huitième, neuvième et dixième paires de côtes s'attachent indirectement au sternum par le cartilage costal commun qui les relie au cartilage costal situé juste au-dessus. Les onzième et douzième paires de côtes sont dites **côtes flottantes** car elles n'ont pas de point d'ancrage antérieur sur le sternum. Le cartilage qui recouvre leur extrémité est enfoui dans la paroi musculaire de la cavité antérieure. La longueur des côtes augmente progressivement de la première à la septième paire, puis diminue de la huitième à la douzième.

La côte typique est un os plat recourbé (figure 7.20). Le *corps de la côte* possède un bord supérieur lisse et un bord inférieur mince et tranchant, déprimé sur sa face interne par le *sillon de la côte* qui reçoit les nerfs et vaisseaux intercostaux. La côte comprend également une tête, un col et un tubercule. La *tête de la côte*, en forme de coin, à l'extrémité postérieure, montre une surface articulaire composée de deux facettes : l'une s'articule avec la fosse costale supérieure du corps de la vertèbre thoracique de même rang, l'autre avec la fosse costale inférieure du corps de la vertèbre située juste au-dessus. Le *col de la côte* est la partie étranglée qui soutient la tête. À côté de lui, le *tubercule de la côte* présente une surface arrondie, appelée fosse costale transversaire, qui s'articule avec le processus transverse de la vertèbre thoracique de même rang. Au-delà du tubercule, le corps de la côte se recourbe brusquement (à l'angle de la côte) vers l'avant pour se fixer enfin à son cartilage costal. Les cartilages costaux constituent des points d'ancrage, solides mais flexibles, entre le sternum et les côtes.

Toutes les côtes n'offrent pas exactement ce profil. Ainsi, la première paire de côtes est aplatie et assez large ; les première, dixième, onzième et douzième paires s'articulent avec un seul corps vertébral ; les onzième et douzième paires ne s'articulent pas avec les processus transverses des vertèbres correspondantes. Les côtes sont faciles à percevoir chez une personne de poids normal, à l'exception de la première paire qui se trouve loin sous la clavicule.

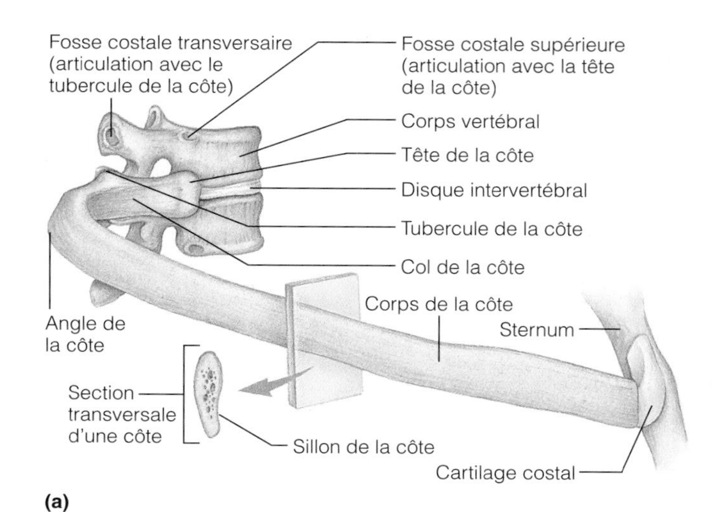

(b)
Tubercule de la côte
Processus épineux
Corps de la côte
Ligaments de l'articulation
Col de la côte
Tête de la côte
Corps d'une vertèbre thoracique

FIGURE 7.20
Structure typique d'une vraie côte et de ses articulations.
(a) Articulations vertébrale et sternale d'une vraie côte typique.
(b) Vue supérieure de l'articulation entre une côte et une vertèbre thoracique.

DEUXIÈME PARTIE : LE SQUELETTE APPENDICULAIRE

Les os du **squelette appendiculaire** (c'est-à-dire des membres supérieurs et inférieurs) sont suspendus à des structures qui ressemblent à des jougs, les ceintures osseuses, elles-mêmes fixées au squelette axial. Ils sont donc « appendus » à l'axe longitudinal du corps comme leur nom l'indique (voir la figure 7.1). Les *ceintures scapulaires* fixent les membres supérieurs au tronc, tandis que les os des membres inférieurs sont rattachés à la *ceinture pelvienne*. Cette dernière est plus robuste car elle doit soutenir l'ensemble des structures anatomiques qui sont situées au-dessus. Les os des membres supérieurs et inférieurs ne possèdent ni les mêmes fonctions ni la même mobilité. Mais chaque membre présente une structure similaire, c'est-à-dire trois segments principaux reliés entre eux par des articulations libres.

Le squelette axial est le pilier central (axial) du corps humain et il protège les organes internes. Les os du squelette appendiculaire, pour leur part, sont adaptés aux mouvements de manipulation et de rotation caractéristiques de notre mode de vie. Ce sont eux qui nous permettent des gestes simples comme monter un escalier, lancer une balle ou placer un caramel dans sa bouche.

CEINTURE SCAPULAIRE (PECTORALE)

La **ceinture scapulaire**, aussi appelée ceinture pectorale ou ceinture du membre supérieur, est constituée de deux os, la *clavicule* en avant et la *scapula* en arrière (figure 7.21 et tableau 7.4, p. 228). Les deux ceintures scapulaires et les muscles associés forment les épaules. Le mot *ceinture* ne décrit pas tout à fait la réalité ; seules ou ensemble, les ceintures scapulaires ne « ceinturent » pas le corps. En effet, l'extrémité interne de chaque clavicule s'articule antérieurement avec le sternum et l'extrémité externe, latéralement avec la scapula. Cependant, les scapulas ne bouclent pas le cercle du côté postérieur car leurs bords médians ne se touchent pas et ne rejoignent pas le squelette axial ; seuls les muscles squelettiques qui les recouvrent les attachent au thorax et à la colonne vertébrale.

Les ceintures scapulaires relient les membres supérieurs au squelette axial et offrent des points d'attache à plusieurs muscles squelettiques (moteurs) rattachés aux os des bras. Très légères, elles procurent aux membres supérieurs une flexibilité et une mobilité uniques, pour les raisons suivantes :

1. Puisque seule la clavicule est rattachée au squelette axial, la scapula peut se mouvoir assez librement sur le thorax et transférer cette mobilité au bras.
2. La cavité articulaire de l'épaule, appelée cavité glénoïdale de la scapula, est peu profonde et faiblement maintenue ; elle ne gêne donc pas le mouvement de l'humérus (os du bras). Elle procure une bonne flexibilité mais une mauvaise stabilité, responsable de la fréquence des luxations de l'épaule.

Clavicules

Les **clavicules** sont des os longs minces, incurvés en S, que l'on peut palper sur toute leur longueur, en haut du thorax (figure 7.21a, b et c). L'**extrémité sternale** (interne) de chaque clavicule est massive, cônique et s'articule avec le manubrium sternal, tandis que l'**extrémité acromiale** (externe) est aplatie et s'articule avec la scapula. Les deux tiers internes de la clavicule sont convexes vers l'avant ; son dernier tiers latéral est concave antérieurement. La face supérieure est lisse alors que la face inférieure est irrégulière.

Les clavicules offrent des points d'attache à de nombreux muscles du thorax et de l'épaule, et maintiennent les scapulas et les membres supérieurs écartés de la partie supérieure plus étroite du thorax. Cette dernière fonction devient évidente en cas de fracture de la clavicule : toute la région de l'épaule s'effondre alors vers l'intérieur. Les clavicules transmettent également les forces exercées par les membres supérieurs au squelette axial, comme lorsqu'on pousse une voiture vers une station-service. Mais elles sont peu résistantes et peuvent se fracturer, par exemple lors d'une chute amortie par les bras tendus. La courbure particulière de la clavicule favorise les fractures antérieures (externes) plutôt que postérieures (internes) qui blesseraient l'artère subclavière desservant le membre supérieur. Les clavicules sont particulièrement sensibles à la traction musculaire ; elles deviennent remarquablement plus grandes et plus solides chez les personnes qui exercent un travail manuel sollicitant les muscles des bras et des épaules.

Scapulas

Les **scapulas,** ou omoplates, sont des os minces, plats et triangulaires (figure 7.21d, e et f). Leur nom dérive d'un mot qui signifie « bêche » ou « pelle », outil que les peuples anciens fabriquaient avec des omoplates d'animaux. Elles sont placées sur la partie dorsale du thorax entre les deuxièmes et septièmes côtes. Chaque scapula présente trois bords : le *bord supérieur* (*cervical*), le plus court et le plus aigu, le *bord médial* (*spinal*), parallèle à la colonne vertébrale, et le *bord latéral* (*axillaire*), contre l'aisselle, qui abrite une petite cavité articulaire superficielle, la **cavité glénoïdale de la scapula.** Cette dernière s'articule avec l'humérus du bras pour former l'articulation de l'épaule, qui est relativement instable.

Comme tous les triangles, la scapula comporte trois *angles*. Le bord supérieur rejoint le bord médial au niveau de l'*angle supérieur* et le bord latéral, au niveau de l'*angle*

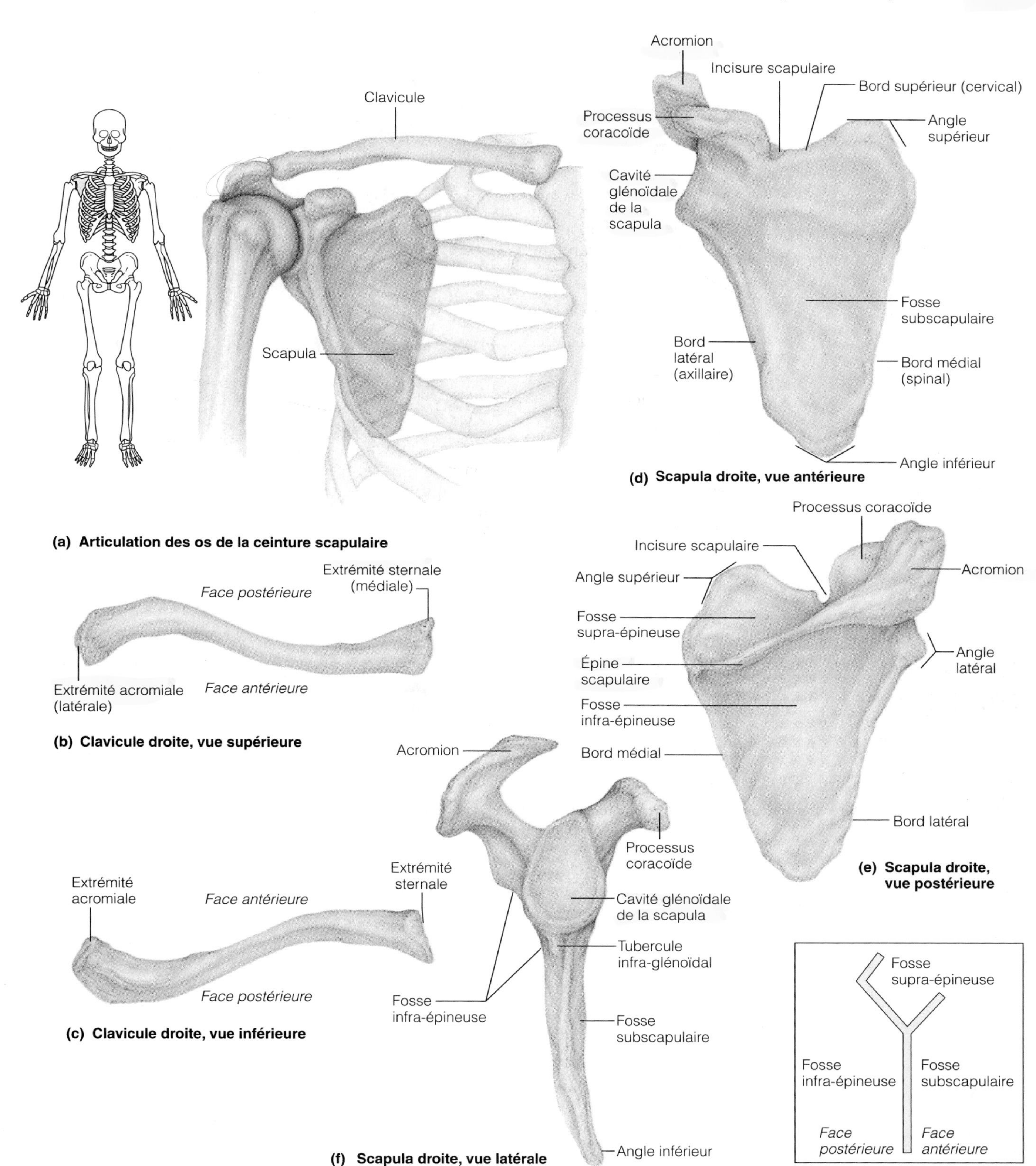

FIGURE 7.21
Os de la ceinture scapulaire. La vue (f) est flanquée d'un schéma représentant son orientation.

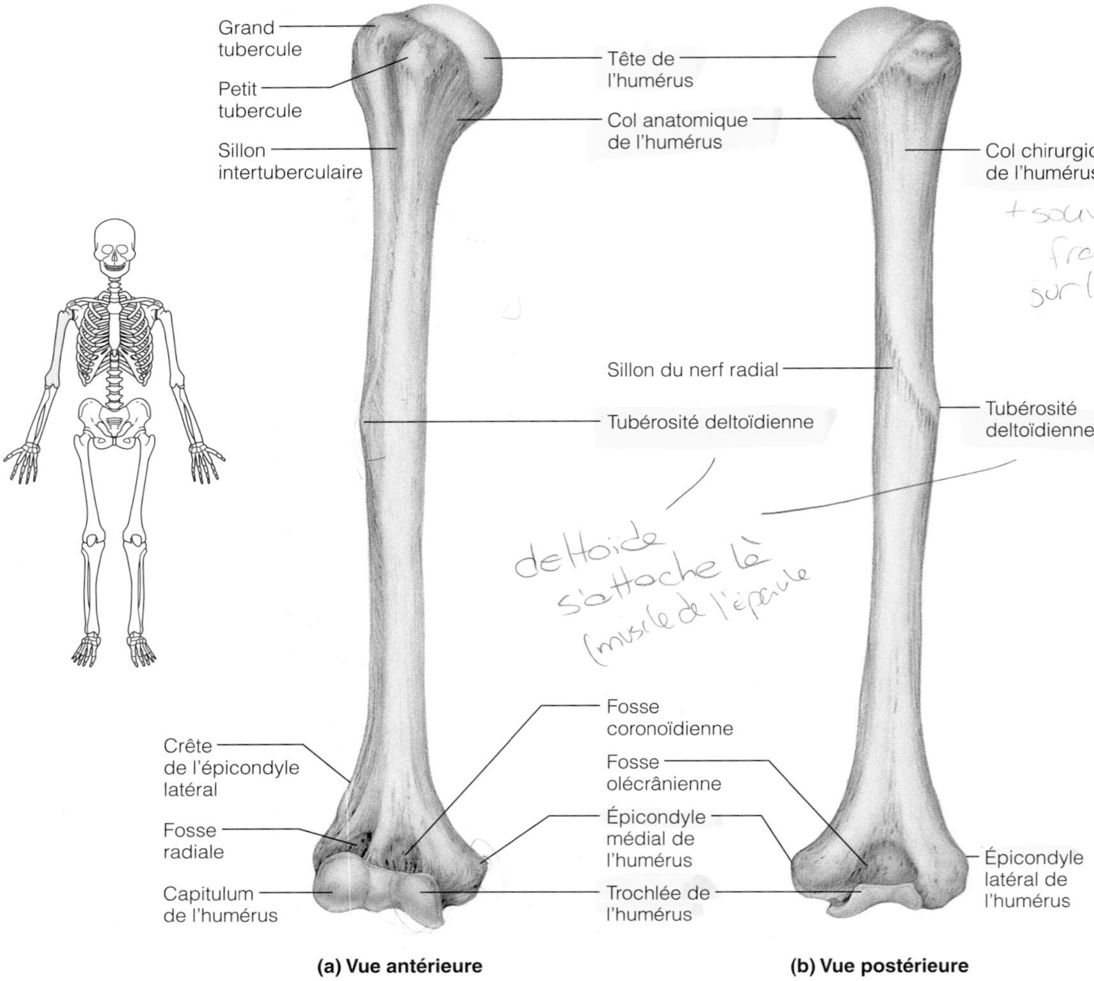

FIGURE 7.22
Humérus. (a) Vue antérieure de l'humérus droit. **(b)** Vue postérieure de l'humérus droit.

latéral. Les bords médial et latéral se rejoignent au niveau de l'*angle inférieur.* Ce dernier se déplace considérablement quand on lève et abaisse le bras, et représente un repère important dans l'étude des mouvements scapulaires.

La face antérieure, ou costale, de la scapula est concave et sans particularités notables. Sa face postérieure possède une lame transversale proéminente appelée **épine scapulaire,** que l'on perçoit facilement sous la peau. L'épine se termine latéralement par un large processus rugueux, l'**acromion,** qui s'articule avec l'extrémité acromiale de la clavicule, formant ainsi l'**articulation acromio-claviculaire.** Cette dernière n'est pas plus grosse que l'articulation du gros orteil. En dépit de son nom, le **processus coracoïde** ne ressemble pas à un bec (*kôrax* = corbeau) mais plutôt à un petit doigt recourbé ; il fait saillie vers l'avant depuis le bord supérieur de la scapula. Il participe à la fixation du muscle biceps brachial, et est limité du côté médian par l'**incisure scapulaire** (une gouttière nerveuse) et du côté latéral par la cavité glénoïdale de la scapula.

De vastes dépressions, ou fosses, peu profondes, sont visibles sur les deux faces de la scapula et désignées suivant leur localisation : les **fosses infra-épineuse** et **supra-épineuse** sont situées sur la face postérieure de la scapula, respectivement au-dessous et au-dessus de l'épine scapulaire, et la **fosse subscapulaire** sur la face antérieure de la scapula.

MEMBRE SUPÉRIEUR

Trente os distincts forment le squelette de chaque membre supérieur (voir les figures 7.22 à 7.24 et le tableau 7.4, p. 228). Ils se répartissent entre le bras, l'avant-bras et la main. (Rappelez-vous que le terme « bras » en anatomie désigne uniquement la partie du membre supérieur située entre l'épaule et le coude.)

Bras

L'**humérus,** l'unique os du bras, est un os long typique (figure 7.22), le plus long et le plus volumineux du membre supérieur. Son épiphyse proximale s'articule avec la scapula au niveau de l'épaule alors que son épiphyse distale s'articule avec le radius et l'ulna (os de l'avant-bras) au niveau du coude.

> *Certains trucs peuvent nous aider à mémoriser le nom des os. Par exemple, pour se rappeler le nom des os de la rangée proximale de la main, on peut retenir le mot «**pétales**» où chacune des consonnes (en partant de la fin) correspond à la première lettre de chacun des os (scaphoïde, lunatum, triquétrum, pisiforme). Pour ce qui est de la rangée distale, on peut associer la première lettre de chacun des os aux consonnes dans le mot «**attache**» (trapèze, trapézoïde, capitatum, hamatum).*
>
> Patrick Lachaîne, étudiant en sciences biologiques

La **tête de l'humérus** se trouve à son épiphyse proximale ; elle est hémisphérique et lisse. Elle s'insère dans la cavité glénoïdale de la scapula de façon à laisser pendre librement le bras. Le **col anatomique de l'humérus** constitue la partie rétrécie qui supporte la tête. Sous ce col, le **grand tubercule** de l'humérus (externe) et le **petit tubercule** de l'humérus (interne) sont séparés par le **sillon intertuberculaire,** ou gouttière bicipitale. Les tubercules servent de points d'attache musculaire, tandis que le sillon intertuberculaire guide un tendon du muscle biceps brachial jusqu'à son point d'attache au bord de la cavité glénoïdale. Juste au-delà des tubercules, en allant vers l'extrémité distale, on rencontre le **col chirurgical de l'humérus,** ainsi nommé parce qu'il est la partie la plus souvent fracturée de l'humérus. À mi-chemin environ de la diaphyse, sur la face latérale, la **tubérosité deltoïdienne** est le point d'attache d'aspect rugueux du gros muscle deltoïde de l'épaule. Le **sillon du nerf radial** traverse obliquement la face postérieure du corps de l'humérus. Ce sillon marque la trajectoire du nerf radial, un nerf important du membre supérieur.

Les deux condyles de l'humérus (ses extrémités distales) s'articulent avec les os de l'avant-bras. Sur la face médiale, la **trochlée,** qui ressemble à un sablier couché sur le côté, s'articule avec l'ulna, et sur la face latérale, le **capitulum** s'articule avec le radius. De part et d'autre se trouvent deux saillies osseuses, l'**épicondyle médial de l'humérus** (interne) et l'**épicondyle latéral de l'humérus** (externe), deux surfaces non articulaires qui servent de point d'attache aux muscles et ligaments. Le nerf ulnaire passe derrière l'épicondyle médial et est responsable du fourmillement douloureux ressenti quand on se cogne le coude. Au-dessus de la trochlée, la **fosse coronoïdienne** déprime la face antérieure et la **fosse olécrânienne,** bien plus profonde, la face postérieure. Ces deux dépressions permettent aux processus correspondants de l'ulna de jouer librement lorsque le coude est fléchi ou étendu. La petite **fosse radiale,** du côté externe à la fosse coronoïdienne, reçoit la tête du radius quand le coude est fléchi.

Avant-bras

Deux os longs parallèles, le radius et l'ulna, constituent le squelette de l'avant-bras (figure 7.23). On peut facilement les palper sur toute leur longueur, sauf sur un avant-bras particulièrement musclé. Leurs extrémités proximales s'articulent avec l'humérus, leurs extrémités distales avec les os du poignet. Le radius et l'ulna se joignent l'un à l'autre en haut et en bas au niveau des petites **articulations radio-ulnaire proximale** et **distale.** La **membrane interosseuse antébrachiale** est une membrane flexible qui relie ces deux os sur toute leur longueur. En position anatomique, le radius est externe (du côté du pouce) et l'ulna, interne. Mais quand on tourne l'avant-bras vers l'arrière (mouvement appelé pronation), l'extrémité distale du radius croise l'ulna et les deux os dessinent alors un X (voir la figure 8.7a, p. 243).

7

Ulna

L'**ulna,** ou cubitus, est un peu plus long que le radius et c'est surtout lui qui forme, avec l'humérus, l'articulation du coude. Son extrémité proximale ressemble à la tête d'une clé à molette et porte deux processus proéminents, l'**olécrâne** (coude) et le **processus coronoïde de l'ulna,** qui circonscrivent une grande excavation articulaire appelée **incisure trochléaire** (voir la figure 7.23). L'incisure trochléaire s'articule avec la trochlée de l'humérus et le capitulum reçoit la fossette articulaire de la tête du radius, formant ainsi une articulation stable qui permet à l'avant-bras de se replier sur le bras ou de s'étendre. Lorsque le bras est en complète extension, l'olécrâne « verrouille » la fosse olécrânienne et empêche toute hyperextension de l'avant-bras (c'est-à-dire la continuation du mouvement vers l'arrière, au-delà de l'articulation du coude). La partie postérieure du processus olécrânien constitue l'angle du coude, avant-bras fléchi, et la partie osseuse que l'on peut appuyer sur une table. Du côté externe du processus coronoïde se trouve une surface concave, l'**incisure radiale** de l'ulna, dans laquelle vient s'insérer la face latérale de la tête du radius.

Le corps de l'ulna se rétrécit dans sa partie distale (au niveau du poignet) jusqu'à la **tête de l'ulna,** arrondie et plus petite. La face interne de la tête porte le **processus styloïde de l'ulna,** d'où part un ligament vers le poignet ; le côté externe de la tête se joint au radius pour former l'articulation radio-ulnaire distale. La tête de l'ulna est séparée des os du poignet par un disque de cartilage fibreux ; elle joue un rôle négligeable dans les mouvements de la main.

? ***(1)*** *Lequel de ces os porte la main ?* ***(2)*** *Lequel joue un rôle crucial dans l'articulation du coude avec l'humérus ?*

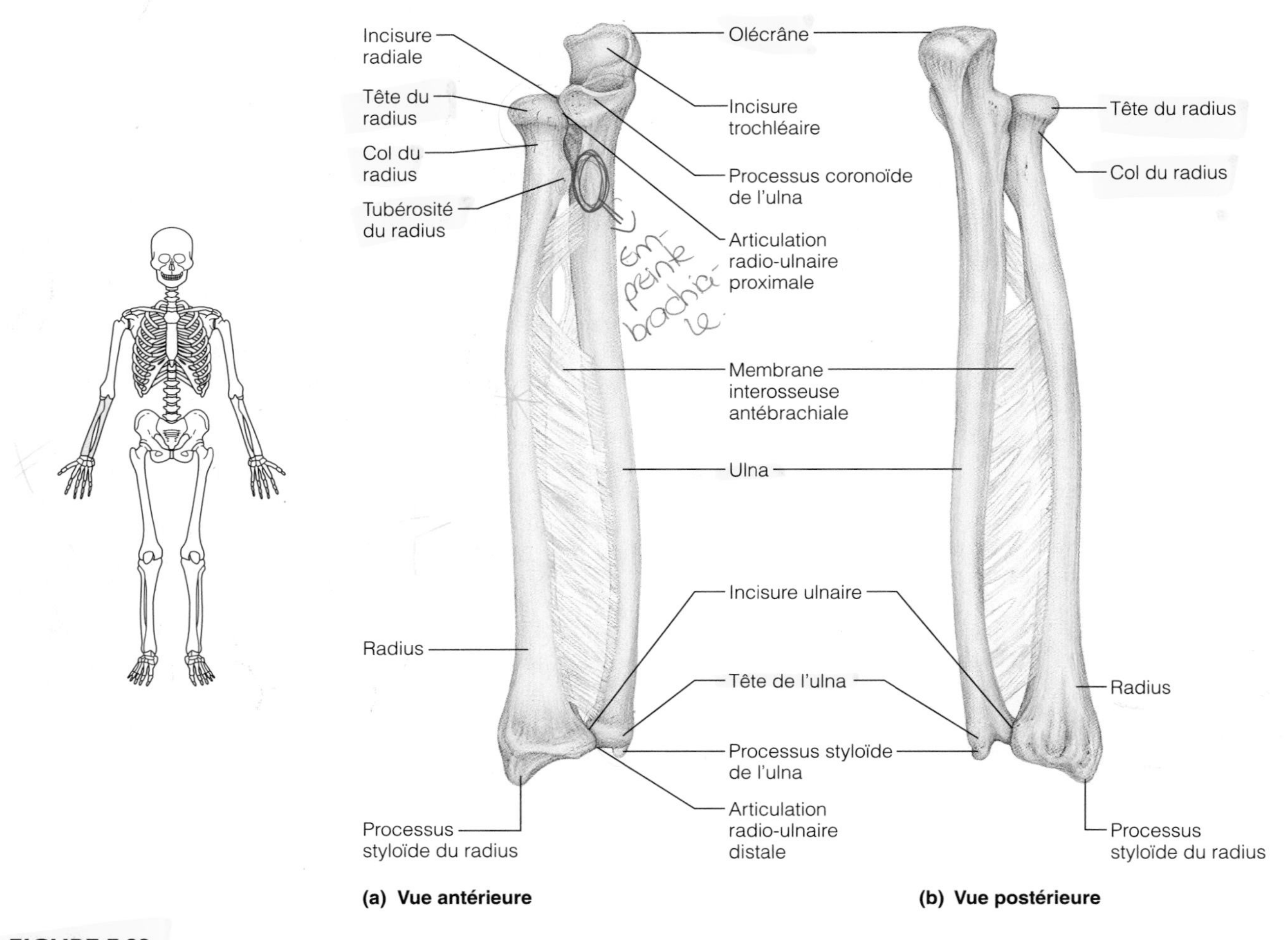

FIGURE 7.23
Os de l'avant-bras. (a) Vue antérieure du radius et de l'ulna de l'avant-bras droit en position anatomique, et de la membrane interosseuse antébrachiale. **(b)** Vue postérieure du radius et de l'ulna de l'avant-bras droit.

Radius

Le **radius** est mince à son extrémité proximale et plus large à son extrémité distale, soit le contraire de l'ulna. La **tête du radius** (épiphyse proximale) a la forme d'une tête de clou (voir la figure 7.23). Sa surface supérieure concave, c'est-à-dire la fossette articulaire de la tête du radius, s'articule avec le capitulum de l'humérus. De plus, la partie latérale interne de la tête s'insère dans l'incisure radiale de l'ulna. La **tubérosité du radius** apparaît en relief sous la tête ; elle fournit le point d'attache au muscle biceps brachial. L'extrémité distale du radius est élargie. L'**incisure ulnaire** du radius (interne) permet l'articulation de son épiphyse distale avec celle de l'ulna. Le **processus styloïde du radius** (externe) procure un point d'attache aux ligaments du poignet. Entre ces deux repères, le radius présente une surface articulaire concave, appelée surface articulaire carpienne, qui se lie à deux des os carpiens du poignet. Si l'ulna joue un rôle majeur dans l'articulation du coude, le radius revêt une importance considérable dans l'articulation du poignet, puisque la main est solidaire du radius.

(1) Le radius. (2) L'ulna forme l'articulation du coude avec l'humérus.

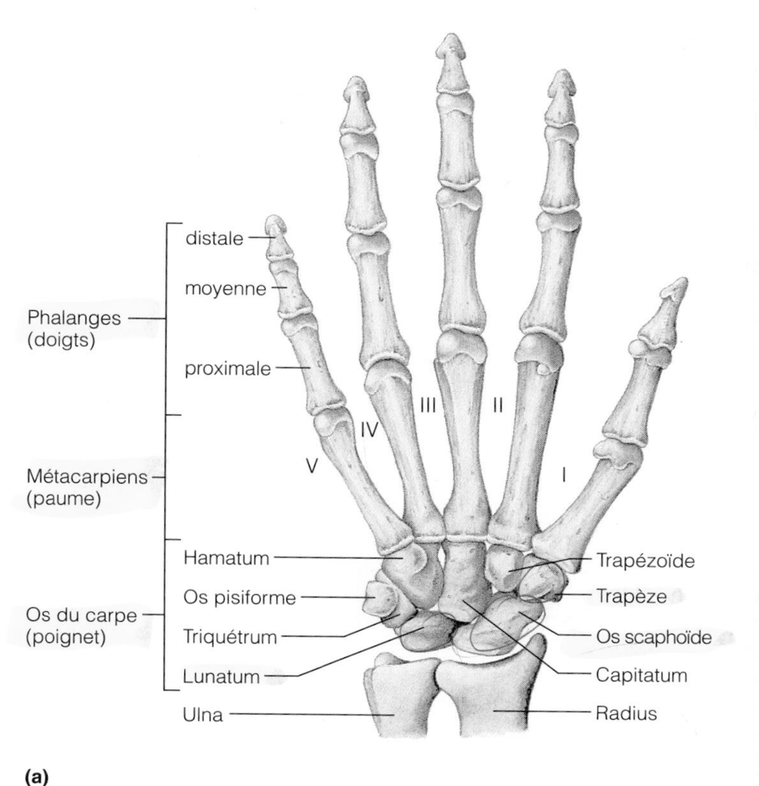

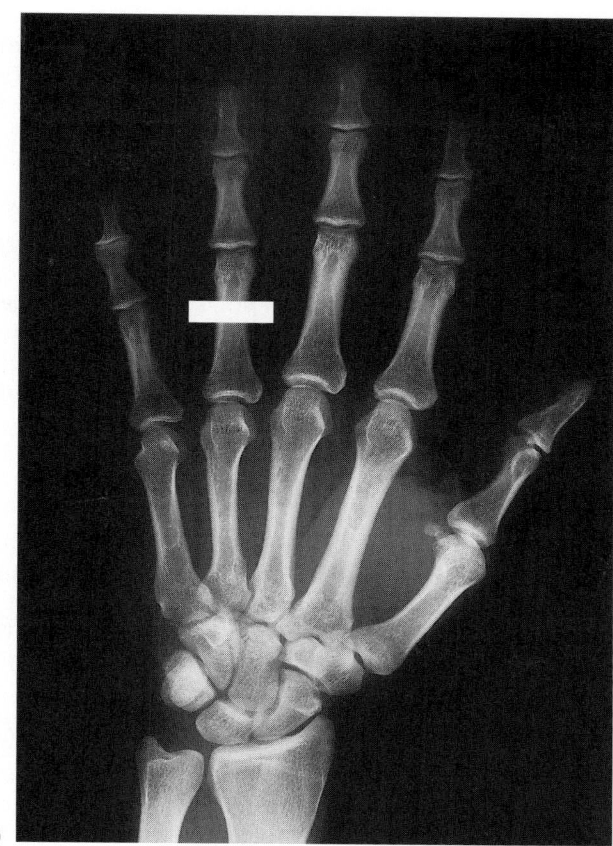

FIGURE 7.24
Os de la main. (a) Vue ventrale de la main droite montrant les relations anatomiques des os du carpe, des métacarpiens et des phalanges. **(b)** Radiographie de la main droite. La bande blanche sur la phalange proximale du doigt IV correspond à l'endroit où l'on porterait une bague.

Main

Le squelette de la main (figure 7.24) comprend les os du carpe (poignet), les métacarpiens (paume) et les phalanges (doigts).

Carpe (poignet)

On porte sa montre au bout de l'avant-bras, c'est-à-dire à l'extrémité distale du radius et de l'ulna, et non au poignet. Le poignet, ou **carpe,** est la partie proximale de ce que l'on appelle couramment la « main ». Le carpe est un ensemble de huit os courts, ou **os du carpe,** chacun de la taille d'une bille, étroitement unis par des ligaments et d'une assez grande mobilité les uns par rapport aux autres. Le poignet est donc assez souple. Les os du carpe sont disposés sur deux rangées de quatre os chacune (figure 7.24). Les os de la rangée proximale sont, de l'extérieur vers l'intérieur, l'**os scaphoïde,** le **lunatum** (ou os semi-lunaire), le **triquétrum** (ou os pyramidal) et l'**os pisiforme.** Seuls l'os scaphoïde et le lunatum s'articulent avec le radius pour former l'articulation du poignet. Les os de la rangée distale sont, de l'extérieur vers l'intérieur, le **trapèze,** le **trapézoïde,** le **capitatum** (ou grand os) et l'**hamatum** (ou os crochu).

Le carpe est concave à l'avant. Un ligament coiffe cette dénivellation et forme ainsi le célèbre *canal carpien* (voir la figure 10.18a, p. 341). Outre le nerf médian (qui innerve le côté de la main), plusieurs tendons de muscles longs sont entassés dans ce canal. Une utilisation excessive et une inflammation des tendons peuvent entraîner un œdème qui compresse le nerf médian, de même qu'un engourdissement des régions innervées. Les personnes qui tapent sur un clavier d'ordinateur toute la journée sont particulièrement exposées à cette atteinte nerveuse appelée *syndrome du canal carpien.* ■

Métacarpe (paume)

La paume de la main est composée de cinq **métacarpiens** disposés en éventail à partir du poignet (voir la figure 7.24). Ces petits os longs n'ont pas reçu de nom mais sont numérotés de I à V, du pouce à l'auriculaire. Les **bases** des métacarpiens s'articulent les unes avec les autres, mais aussi avec les os du carpe du côté proximal et avec les phalanges proximales des doigts par leurs **têtes** arrondies, du côté distal. Poing serré, les têtes des métacarpiens deviennent proéminentes ; ce sont les *articulations.* Le premier métacarpien, solidaire du pouce, est le plus petit et le plus mobile. Il se trouve dans une position plus antérieure que les autres métacarpiens. Par conséquent, l'articulation entre le premier métacarpien et le trapèze est la seule articulation en selle qui permette l'*opposition*, c'est-à-dire l'action de toucher avec le pouce le bout des autres doigts.

Phalanges (doigts)

Les **doigts** de la main sont numérotés de I à V à partir du pouce, le troisième doigt étant en général le plus long. Chaque main comprend 14 os longs miniatures appelés **phalanges.** Chaque doigt, sauf le pouce, possède trois phalanges : une phalange *distale*, une phalange *moyenne* et une phalange *proximale*. Le pouce n'a pas de phalange moyenne.

CEINTURE PELVIENNE

7

La **ceinture pelvienne**, ou ceinture du membre inférieur, soutient les viscères du bassin et relie les membres inférieurs au squelette axial. Cette articulation permet de transférer le poids du corps jusqu'aux membres inférieurs (figure 7.25 et tableau 7.4, p. 229). Nous avons vu que la ceinture scapulaire peut se déplacer assez librement par rapport au thorax et conférer une grande mobilité aux membres supérieurs. La ceinture pelvienne, quant à elle, est fixée au squelette axial par des ligaments qui sont parmi les plus solides du corps humain. Ses cavités articulaires, sur lesquelles s'articulent les os de la cuisse, sont en forme de coupe profonde et consolidées par des ligaments. Il en résulte que même si les articulations de l'épaule et de la hanche sont analogues (de type sphéroïde ; voir la figure 8.8f, p. 245), rares sont les personnes capables de mouvoir les jambes et les bras avec la même aisance.

La ceinture pelvienne est formée de deux **os coxaux** symétriques (*coxa* = hanche), appelés aussi os iliaques ou, plus couramment, **os de la hanche** (figure 7.25). Ils s'articulent antérieurement l'un à l'autre au niveau de la symphyse pubienne et postérieurement aux ailes du sacrum (au niveau des processus transverses des vertèbres). Le **bassin** doit son nom à sa forme ; cette structure profonde est aussi appelée **pelvis** et associe les os coxaux, le sacrum et le coccyx.

Chaque os coxal présente un contour irrégulier et provient de la fusion de trois os distincts chez l'enfant : l'ilium, l'ischium et le pubis. Chez l'adulte, ces os sont intimement soudés et aucune ligne de suture n'est visible. On conserve toutefois leur nom pour désigner les différentes régions de l'os coxal. Au point de jonction de l'ilium, de l'ischium et du pubis, sur la face externe de l'os coxal, existe une profonde cuvette hémisphérique appelée **fosse de l'acétabulum** (voir la figure 7.25b). Une partie de cette cavité, l'**acétabulum** (ou cavité cotyloïde), reçoit la tête du fémur, l'os de la cuisse, formant ainsi l'*articulation coxo-fémorale*.

Ilium

L'**ilium,** ou ilion, est un grand os évasé qui constitue la majeure partie de l'os coxal. Il comprend le **corps de l'ilium** et une partie supérieure en forme d'aile, appelée **aile de l'ilium.** On peut palper ses bords supérieurs plus épais, les **crêtes iliaques,** en mettant les mains sur les hanches. Chaque crête iliaque se termine en avant et en haut par une saillie émoussée, l'**épine iliaque antéro-supérieure,** et, en arrière et en haut, par une saillie aiguë, l'**épine iliaque postéro-supérieure.** Au-dessous se trouvent les **épines iliaques antéro-inférieure** et **postéro-inférieure,** qui sont moins accusées. Tous ces reliefs constituent des points d'attache des muscles du tronc, de la hanche et de la cuisse. L'épine iliaque antéro-supérieure est un repère anatomique particulièrement important, qu'on peut facilement toucher et voir à travers la peau d'une personne mince. L'épine iliaque postéro-supérieure est plus difficile à palper, mais elle est révélée par la fossette de la région sacrale. Juste sous l'épine iliaque postéro-inférieure, l'ilium se creuse profondément pour former la **grande incisure ischiatique** qu'emprunte le gros nerf ischiatique (ou nerf sciatique) pour pénétrer dans la cuisse. La face latéro-postérieure large de l'ilium, appelée **face glutéale de l'os ilium,** présente trois lignes, les **lignes glutéales postérieure, antérieure** et **inférieure,** sur lesquelles se fixent les muscles fessiers.

La face interne de l'aile de l'ilium, légèrement concave, se nomme **fosse iliaque.** Plus en arrière, la **surface auriculaire de l'ilium,** d'aspect rugueux, s'articule avec l'aile du sacrum pour former l'*articulation sacro-iliaque*, qui transfère le poids du tronc de la colonne vertébrale au bassin. La **ligne arquée de l'ilium** court depuis la surface auriculaire vers le bas et l'avant de l'os coxal et contribue à délimiter le **détroit supérieur du bassin** ; ce dernier constitue la limite supérieure du *petit bassin*, que nous décrivons plus loin. À l'avant, le corps de l'ilium rejoint l'ischium et le pubis.

Ischium

L'**ischium**, ou ischion, constitue la partie postéro-inférieure de l'os coxal (voir la figure 7.25). En forme d'arc de cercle ou de L irrégulier, il comprend dans sa partie supérieure le **corps de l'ischium,** épais, soudé à l'ilium, et, dans sa partie inférieure, la **branche de l'ischium** plus mince qui rejoint le pubis antérieurement. L'ischium présente trois repères importants. L'**épine ischiatique** fait saillie jusque dans la cavité pelvienne et sert de point d'attache au *ligament sacro-épineux*, qui relie cette épine au sacrum. La **petite incisure ischiatique** se trouve juste en dessous ; elle est traversée par plusieurs nerfs et vaisseaux sanguins qui cheminent jusqu'au périnée (région ano-génitale). La face inférieure s'épaissit pour donner la **tubérosité ischiatique** (voir la figure 7.25b). Les deux tubérosités ischiatiques sont les parties les plus solides des hanches et supportent entièrement le poids du corps en position assise. Un ligament massif, le *ligament sacro-tubéral* (non illustré), relie le sacrum à chaque tubérosité ischiatique et consolide la région pelvienne.

Pubis

Le **pubis** constitue la partie antérieure de l'os coxal (voir la figure 7.25). En position anatomique, il est quasi horizontal et soutient la vessie. Il a la forme d'un V, avec le

? *Quel repère montré dans la figure ci-dessous permet le passage du nerf et de l'artère fémoraux ?*

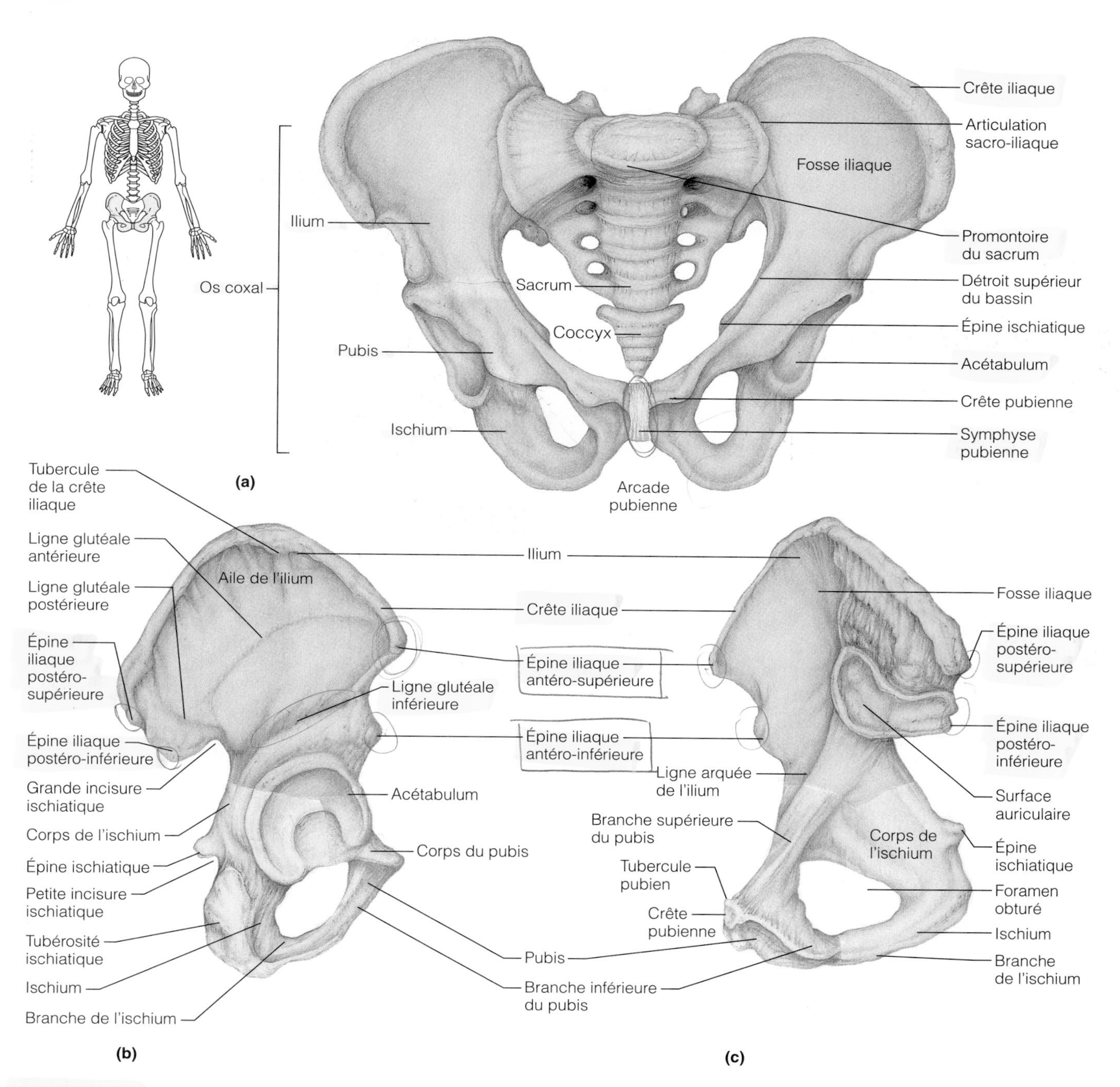

FIGURE 7.25
Os de la ceinture pelvienne. (a) Bassin en position anatomique montrant les deux os coxaux et le sacrum. **(b)** Vue externe de l'os coxal droit montrant le point de jonction de l'ilium (en doré), de l'ischium (en bleu) et du pubis (en rose) au niveau de la fosse de l'acétabulum. **(c)** Vue interne de l'os coxal droit.

Le foramen obturé.

corps du pubis médian aplati prolongé par la **branche supérieure du pubis** et la **branche inférieure du pubis.** Le corps du pubis est central, avec un bord antérieur épaissi appelé **crête pubienne.** À l'extrémité externe de cette crête, le **tubercule pubien** constitue l'un des points d'attache pelviens du ligament inguinal. Les deux branches du pubis s'étalent latéralement pour rejoindre le corps et la branche de l'ischium; elles délimitent ainsi dans l'os coxal une grande ouverture, appelée **foramen obturé.** Une membrane fibreuse obstrue ce trou, ne laissant passage qu'à quelques nerfs et vaisseaux sanguins.

La symphyse pubienne constitue l'articulation antérieure des deux os coxaux. Elle consiste en un disque de cartilage fibreux qui relie la surface symphysaire de ces os. En dessous, les branches inférieures des os pubiens forment une arcade en V inversée, l'**arcade pubienne** (figure 7.25). Cette ouverture inférieure du bassin permet de différencier les bassins masculin et féminin (tableau 7.3).

Structure du bassin et grossesse

Les différences entre les bassins masculin et féminin sont telles qu'une anatomiste expérimentée détermine immédiatement le sexe d'un squelette par simple examen du bassin. Le bassin féminin est adapté à la grossesse: il est plus large, moins profond, plus léger et plus arrondi que celui de l'homme. En effet, il doit s'ajuster à la croissance fœtale et être suffisamment large pour laisser passer la tête assez volumineuse de l'enfant à la naissance. Le tableau 7.3 résume et illustre les principales différences entre les bassins masculin et féminin.

On peut diviser le bassin en petit bassin et grand bassin. Le **grand bassin** est la partie située au-dessus de l'ouverture supérieure du pelvis, limitée latéralement par les ailes de l'ilium et postérieurement par les vertèbres lombales. Le grand bassin appartient en réalité à l'abdomen et soutient les viscères abdominaux; il ne joue pas un rôle direct dans l'accouchement. Le **petit bassin,** sous le détroit supérieur, est circonscrit de tous côtés par des os et forme une sorte de coupe profonde, qui renferme les organes pelviens. Ses dimensions, notamment celles des *détroits supérieur* et *inférieur*, se révèlent très importantes au moment de l'accouchement et sont soigneusement mesurées par l'obstétricien (*pelvimétrie*, voir la section « Termes médicaux »).

La plus grande dimension du **détroit supérieur** s'étend de droite à gauche dans un plan frontal (voir le tableau 7.3). Au début du travail, la tête de l'enfant pénètre dans le détroit supérieur, le front face à un os coxal et l'occiput face à l'autre. Un promontoire du sacrum trop important peut gêner l'entrée de l'enfant dans le petit bassin. Le **détroit inférieur** (dont des photographies sont montrées au bas du tableau 7.3) indique la limite inférieure du petit bassin. Il est bordé en avant par l'arcade pubienne, sur les côtés par les ischiums et en arrière par le sacrum et le coccyx. Le coccyx et les épines ischiatiques s'avancent dans l'ouverture du détroit, si bien qu'un coccyx trop anguleux (qui se projette vers l'intérieur) ou des épines ischiatiques trop grandes peuvent compliquer l'accouchement. La plus grande dimension du détroit inférieur est son diamètre antéropostérieur. Quand le bébé passe la tête dans le détroit supérieur, il la tourne pour amener le front en arrière et l'occiput en avant. De cette façon, la tête fait un quart de tour et passe par les endroits les plus larges du petit bassin.

MEMBRE INFÉRIEUR

Les membres inférieurs supportent entièrement le poids du corps en position debout. Ils sont soumis à des forces exceptionnelles, lors d'un saut ou d'une course par exemple, et il n'est donc pas surprenant que leurs os soient plus massifs et plus forts que ceux des membres supérieurs. Ils sont spécialement conçus pour assurer la stabilité et le soutien du corps, alors que les membres supérieurs, plus légers, sont particulièrement adaptés pour permettre la flexibilité et la mobilité. Le membre inférieur compte trois segments: la cuisse, la jambe et le pied (voir le tableau 7.4, p. 229).

Cuisse

Le **fémur,** l'unique os de la cuisse (figure 7.26, p. 224), est le plus gros, le plus long et le plus fort de tous les os du corps. Sa robustesse lui permet de supporter des pressions pouvant atteindre 280 kg/cm^2 lors d'un saut important. Il est enveloppé de muscles volumineux qui empêchent de le palper sur toute sa longueur (environ un quart de la hauteur du corps). À son extrémité proximale, le fémur s'articule avec l'os coxal, puis oblique vers l'intérieur jusqu'au genou. Cette disposition permet aux genoux de se rapprocher du centre de gravité du corps et d'améliorer ainsi l'équilibre. L'orientation vers l'intérieur des deux fémurs est encore plus accusée chez la femme, dont le bassin est plus large.

La **tête du fémur** est sphérique et présente une petite dépression centrale, la **fossette de la tête fémorale.** Un court ligament, le *ligament de la tête fémorale*, relie cette fossette à l'acétabulum de l'os coxal, participant ainsi au maintien du fémur dans la fosse de l'acétabulum. Le *col du fémur* relie obliquement la tête du fémur à sa diaphyse, car le fémur s'articule avec le côté et non avec le dessous du bassin (l'os coxal). C'est cet angle oblique qui en fait la partie du fémur la plus sujette aux fractures, plus particulièrement à ce que l'on appelle couramment la fracture de la hanche. À la jonction de la diaphyse et du col, le **grand trochanter** (externe) et le **petit trochanter** (interne) servent de points d'attache aux muscles de la cuisse et de la fesse. Ils sont reliés par la **ligne intertrochantérique** en avant et par la **crête intertrochantérique** proéminente à l'arrière. Juste en dessous, sur la face postérieure de la diaphyse fémorale, se trouve la **tubérosité glutéale,** qui se poursuit par une longue crête verticale, la **ligne âpre.** Ces deux repères sont des points d'attache musculaire. La diaphyse fémorale est lisse et arrondie, excepté au niveau de la ligne âpre.

TABLEAU 7.3 Comparaison des bassins masculin et féminin

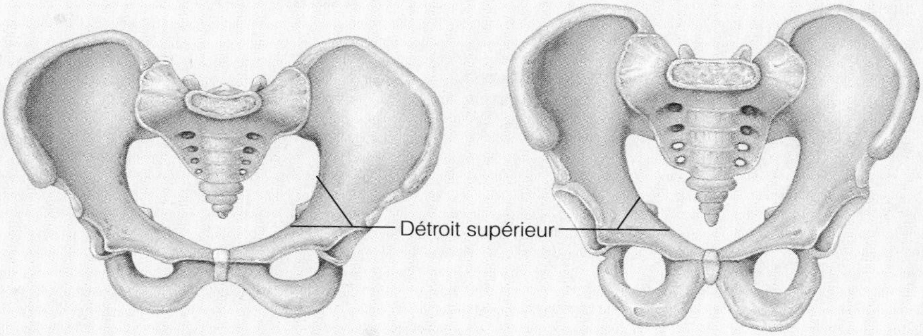

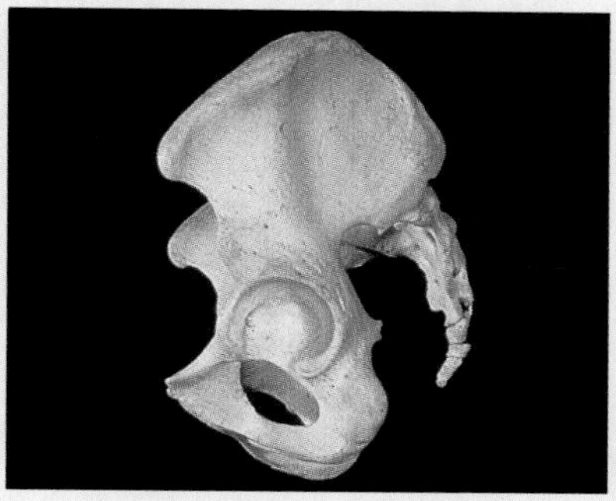

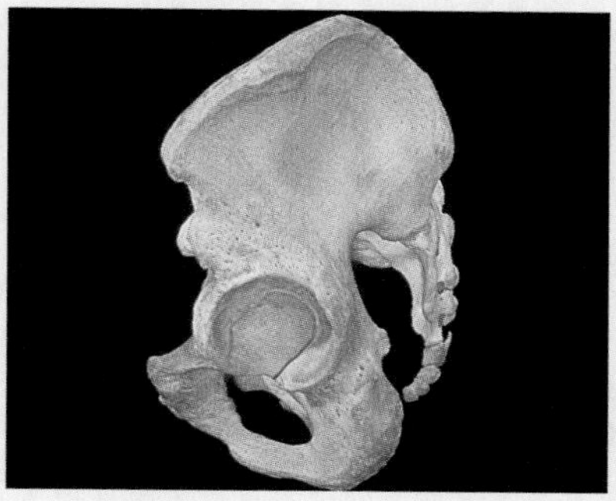

Caractéristiques	Femme	Homme
Structure générale et modifications fonctionnelles	Incliné vers l'avant; adapté à la grossesse; le petit bassin constitue la filière pelvi-génitale; la cavité du petit bassin est large, peu profonde et plus volumineuse	Moins incliné vers l'avant; adapté au soutien d'un corps plus lourd et de muscles plus forts; la cavité du petit bassin est étroite et profonde
Dimensions des os	Os lisses, plus légers et plus minces	Repères marqués, os plus épais et plus lourds
Fosses de l'acétabulum	Petites; écartées	Grandes; rapprochées
Angle du pubis/arcade pubienne	Angle ouvert (80° à 90°); arcade arrondie	Angle fermé (50° à 60°)
Vue antérieure		
Sacrum	Large; court; la courbure sacrale est plus marquée	Étroit, long; le promontoire du sacrum est plus ventral
Coccyx	Plus mobile; droit	Moins mobile; incurvé vers l'avant
Vue latérale gauche		
Détroit supérieur	Large, ovale	Étroit, en forme de cœur
Détroit inférieur	Large; tubérosités ischiatiques courtes, espacées et moins tournées vers l'intérieur	Étroit; tubérosités ischiatiques allongées, aiguës et tournées vers l'intérieur
Vue postéro-inférieure		

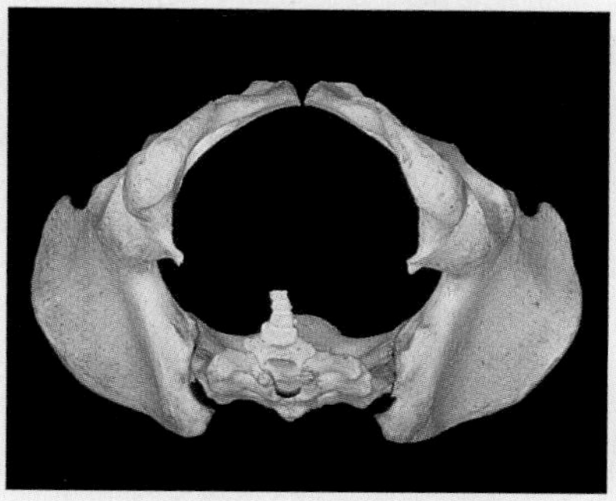

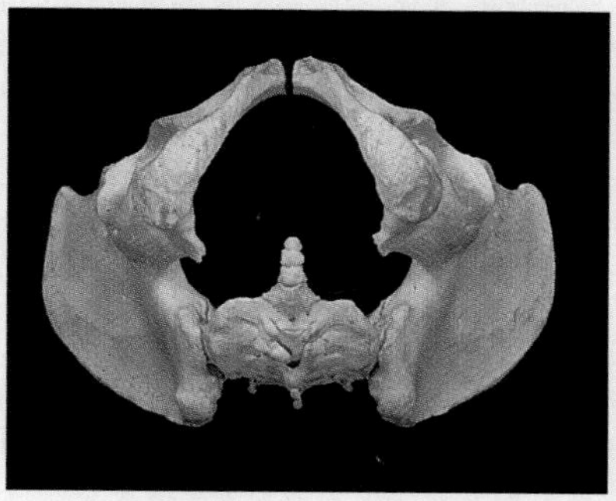

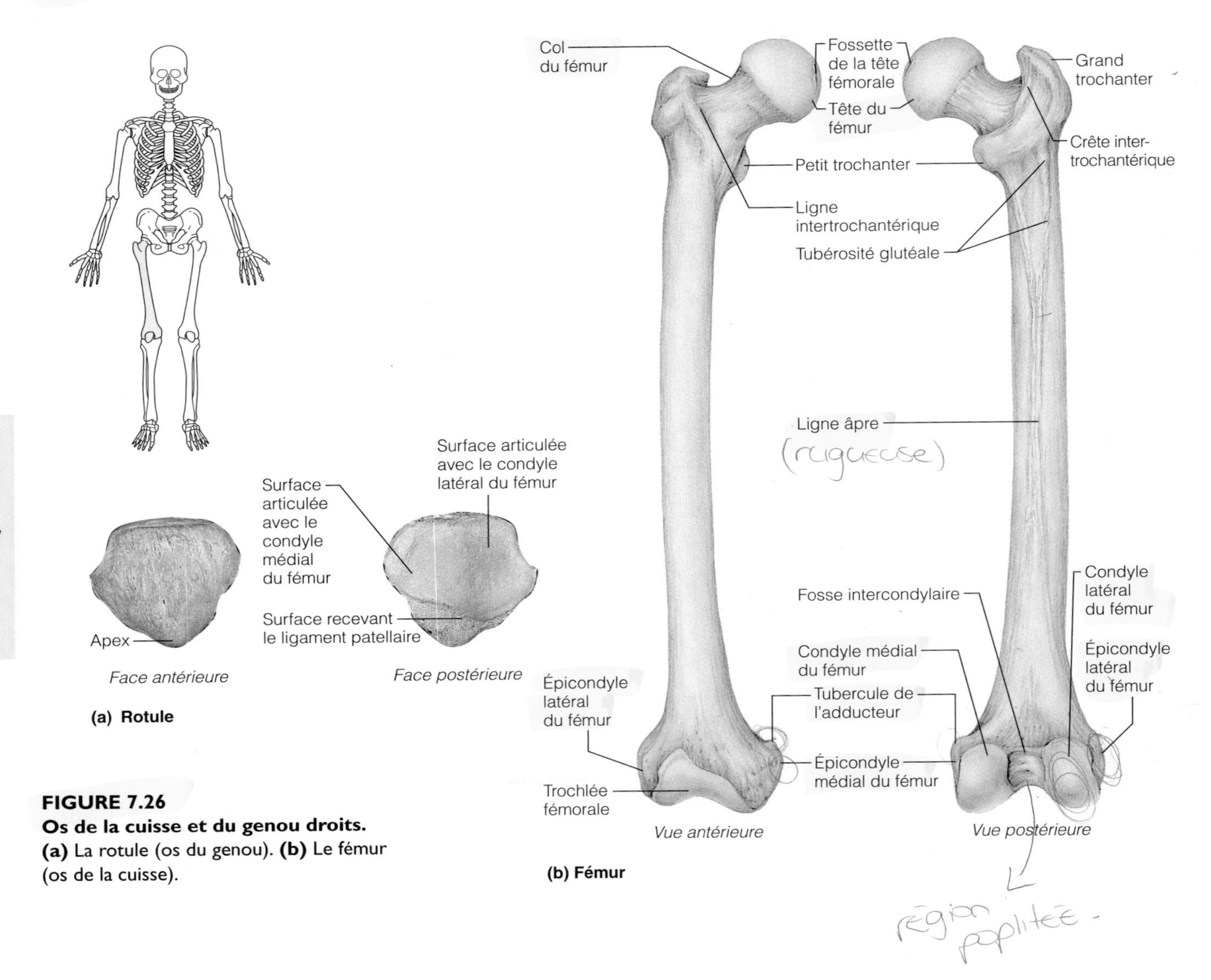

FIGURE 7.26
Os de la cuisse et du genou droits.
(a) La rotule (os du genou). **(b)** Le fémur (os de la cuisse).

À son extrémité distale, le fémur s'épaissit et se termine par le **condyle latéral du fémur** et le **condyle médial du fémur,** qui ont la forme d'une roue et se lient à l'épiphyse proximale du tibia de la jambe. La **fosse intercondylaire,** profonde, en forme de U, sépare les deux condyles sur la face postérieure du fémur. L'**épicondyle latéral du fémur** et l'**épicondyle médial du fémur** sont des points d'attache de muscles squelettiques situés au-dessus des condyles fémoraux. La partie supérieure de l'épicondyle médial est surmontée d'une bosse appelée **tubercule de l'adducteur.** La **trochlée fémorale,** aussi appelée **surface patellaire,** est une surface lisse située entre les deux condyles sur la face antérieure du fémur ; elle s'articule avec la rotule (voir les figures 7.26a et 7.1).

La **rotule,** ou patella, est un os sésamoïde triangulaire logé dans le tendon du muscle quadriceps fémoral ; ce tendon fixe les muscles antérieurs de la cuisse au tibia. La rotule protège l'articulation du genou et accroît l'effet de levier transmis par les muscles de la cuisse à cette articulation.

Jambe

Le squelette de la jambe, c'est-à-dire la partie du membre inférieur située entre le genou et la cheville, comprend deux os parallèles : le tibia et la fibula (figure 7.27). Ces deux os s'articulent l'un avec l'autre à leurs extrémités proximale et distale et sont reliés par la membrane interosseuse de la jambe. Contrairement à l'articulation radio-ulnaire de l'avant-bras, l'**articulation tibio-fibulaire** de la jambe ne permet guère de mouvements. Les os de la jambe sont donc moins mobiles que ceux de l'avant-bras, mais ils sont plus robustes et plus stables. Le tibia est un grand os en position interne ; il s'articule à son extrémité proximale avec le fémur au niveau de l'articulation modifiée du genou, et à son extrémité distale avec le talus au niveau de la cheville. Par comparaison, la fibula ne joue aucun rôle dans l'articulation du genou et dans l'articulation de la cheville, son rôle consiste uniquement à stabiliser l'articulation.

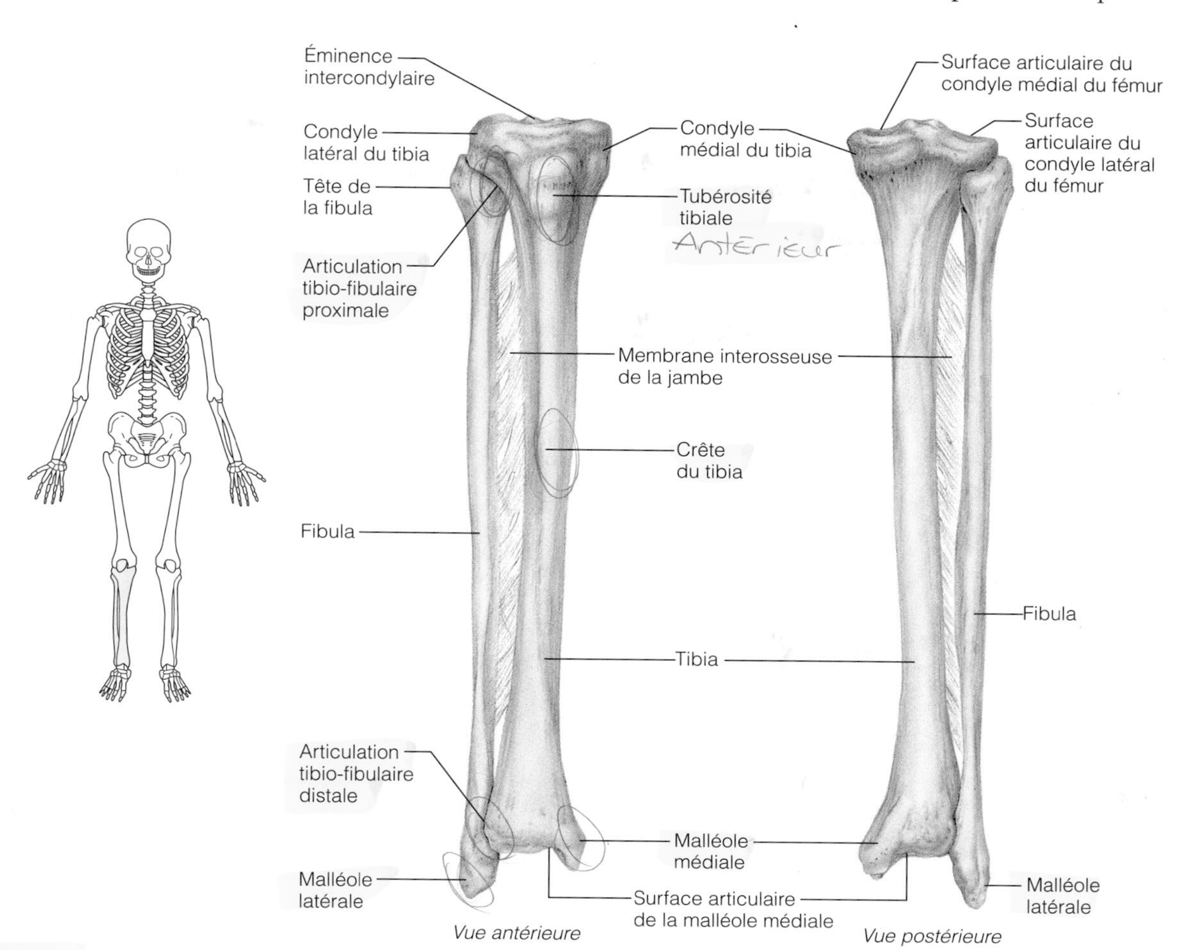

FIGURE 7.27
Tibia et fibula de la jambe droite.

Tibia

Le **tibia,** presque aussi gros et robuste que le fémur, transmet le poids du corps du fémur au pied. Son extrémité proximale plus large présente le **condyle latéral du tibia** (externe) et le **condyle médial du tibia** (interne) concaves, séparés par un relief irrégulier, l'**éminence intercondylaire,** qui est de taille variable et parfois même inexistante chez certaines personnes. Les condyles du tibia s'articulent avec les condyles du fémur correspondants. Le condyle latéral porte la surface articulaire fibulaire pour l'*articulation tibio-fibulaire proximale*. Juste sous les condyles, sur la face antérieure du corps du tibia, se trouve la **tubérosité tibiale,** le point d'attache du ligament patellaire.

La diaphyse tibiale est triangulaire en coupe transversale ; elle présente sur son bord antérieur la **crête du tibia.** Cette crête saillante ainsi que la surface interne du tibia sont aisément perceptibles sur toute leur longueur, juste sous la peau, car elles ne sont pas recouvertes de muscles. Tout le monde a fait l'expérience douloureuse d'un « coup dans le tibia ». L'extrémité distale du tibia s'émousse à l'endroit où elle s'articule avec le talus de la cheville ; son prolongement interne vers le bas se termine par la bosse interne de la cheville, la **malléole médiale.** L'**incisure fibulaire** est située sur la face externe du tibia et contribue à l'*articulation tibio-fibulaire distale*.

Fibula

La **fibula,** ou péroné, est un os en forme de baguette, dont les extrémités s'élargissent quelque peu pour s'articuler avec les faces externes des épiphyses proximale et distale du tibia. La **tête de la fibula** se trouve à son extrémité proximale ; la **malléole latérale,** à son extrémité distale, forme la volumineuse bosse externe de la cheville et s'articule avec le talus. La diaphyse de la fibula semble avoir été tordue d'un quart de tour sur elle-même et présente de nombreuses crêtes. La fibula ne supporte pas le poids du corps, mais elle est le point d'attache de plusieurs muscles.

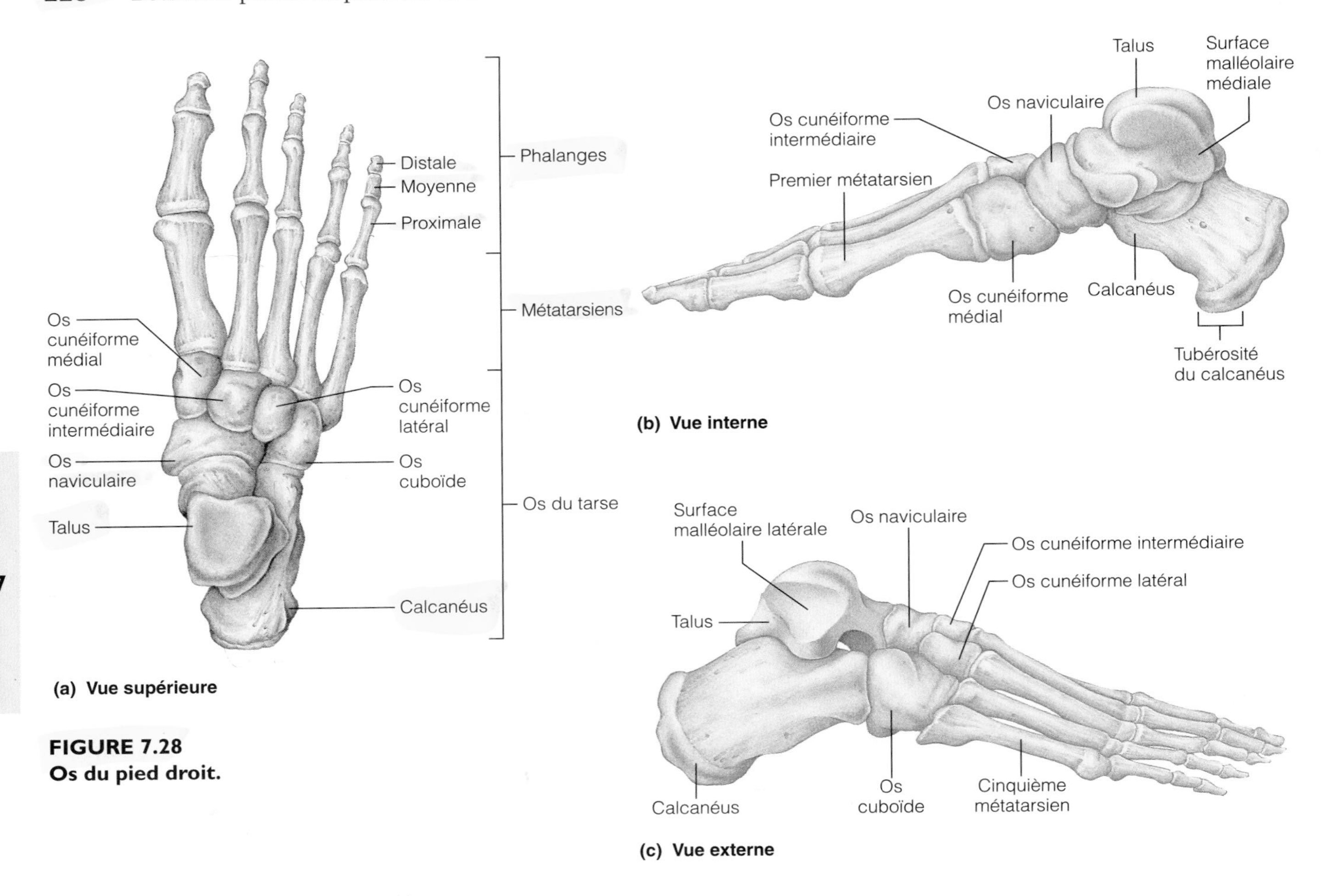

FIGURE 7.28
Os du pied droit.

Pied

Le squelette du pied comprend les os du tarse, les métatarsiens et les phalanges, ou os, des orteils (figure 7.28). Le pied remplit deux fonctions primordiales : c'est lui qui reçoit le poids du corps et il agit comme un levier pour propulser le corps en avant lors de la marche ou de la course. Un os unique pourrait suffire mais s'adapterait mal à des surfaces irrégulières, tandis que la structure segmentée du pied augmente sa souplesse.

Tarse

Les **os du tarse,** ou **os tarsiens,** sont au nombre de sept et représentent la moitié proximale du pied (ils correspondent aux os carpiens du poignet). Le **talus** (ou astragale), qui s'articule en haut avec le tibia et la fibula, et le robuste **calcanéus** (ou calcaneum), qui forme le talon et soutient le talus sur sa face supérieure, sont les deux plus gros os du tarse situés dans la partie postérieure du pied. Ils supportent tout le poids du corps. Le *tendon calcanéen* (ou tendon d'Achille), large et épais, fixe le muscle du mollet à la face postérieure du calcanéus. Le calcanéus repose sur le sol par l'intermédiaire de la *tubérosité du calcanéus*. Les autres os du tarse sont l'**os cuboïde** (latéral), l'**os naviculaire** (médial) et, vers l'avant, les **os cunéiformes latéral, intermédiaire** et **médial.** Le cuboïde et les cunéiformes s'articulent à l'avant avec les métatarsiens.

Métatarse

Le **métatarse** constitue la plante du pied et se compose de cinq petits os longs, les **métatarsiens,** numérotés de I à V à partir de l'intérieur. Le premier métatarsien est volumineux et robuste, et sa face plantaire repose sur deux os sésamoïdes (non illustrés) qui jouent un rôle important dans le soutien du poids du corps. Les métatarsiens sont plus parallèles que les métacarpiens de la main. À l'extrémité distale, à l'endroit où les métatarsiens s'articulent avec les phalanges proximales des orteils, la large tête du premier métatarsien forme l'« éminence métatarsienne ».

Phalanges (orteils)

La structure et la disposition osseuses des orteils sont identiques à celles des doigts de la main, mais leurs 14 phalanges sont nettement plus courtes et donc beaucoup moins agiles. Chaque orteil possède trois phalanges, sauf le **gros orteil** (ou hallux), qui n'en compte que deux (une proximale et une distale).

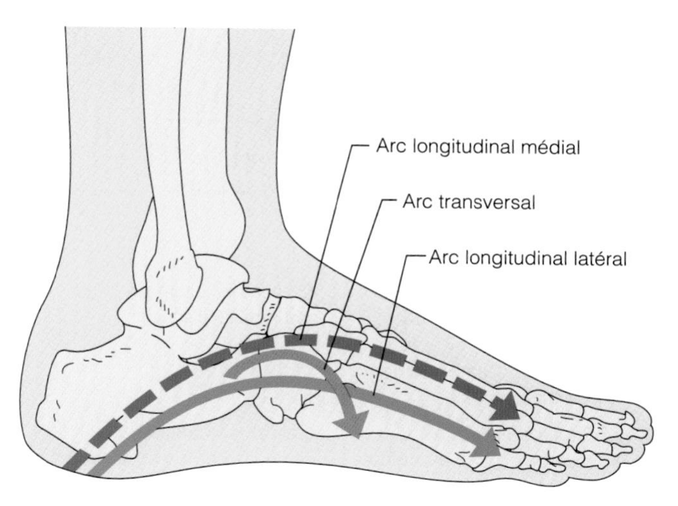

FIGURE 7.29
Arcs du pied.

Arcs plantaires

Une structure segmentée ne peut supporter un poids que si elle est en forme d'arche. Le pied présente trois arcs : les *arcs longitudinaux latéral* et *médial* et l'*arc transversal* (figure 7.29), qui lui confèrent son extraordinaire force. La forme des os du pied, de forts ligaments et la traction de certains tendons (pendant la contraction musculaire) les maintiennent solidement en place. Ces ligaments et tendons permettent une certaine élasticité ; en général, les arcs « s'affaissent » sous le poids et se relèvent une fois allégés.

En examinant l'empreinte d'un pied mouillé, on constate que la partie intermédiaire, comprise entre le talon et la tête du premier métatarsien, ne laisse aucune trace, car l'**arc longitudinal médial** ne touche pas le sol. Le talus est la clé de voûte de l'arc médial, le calcanéus son pilier postérieur et les trois métatarsiens internes son pilier antérieur. L'**arc longitudinal latéral** est le plus près du sol et élève la partie externe du pied de manière à répartir une partie du poids sur le calcanéus et la tête du cinquième métatarsien (c'est-à-dire aux extrémités de l'arc). L'os cuboïde constitue la clé de voûte de l'arc latéral. L'**arc transversal,** qui traverse le pied obliquement, s'appuie sur les arcs longitudinaux. Il suit la ligne des articulations entre les os du tarse et les métatarsiens. Les trois arcs, dans leur ensemble, représentent une demi-coupole qui répartit uniformément le poids du corps entre le talon et la tête des métatarsiens, lors de la station debout ou de la marche.

La station debout prolongée entraîne une tension excessive des tendons et ligaments des pieds (les muscles restant inactifs) et peut provoquer un affaissement des arcs, ou « pied plat », notamment chez les personnes obèses. La course sur une surface dure sans chaussures adaptées peut également entraîner l'affaissement des voûtes plantaires par affaiblissement progressif des structures de soutien. ■

DÉVELOPPEMENT ET VIEILLISSEMENT DU SQUELETTE

L'ossification des membranes osseuses de la tête commence dès le deuxième mois du développement fœtal. La matrice osseuse qui se dépose très rapidement aux points d'ossification soulève des saillies coniques sur les os en développement. À la naissance, les os de la tête sont inachevés et reliés entre eux par les restes non ossifiés des membranes fibreuses, appelés **fontanelles** (figure 7.30). C'est grâce à ces dernières que l'encéphale fœtal puis infantile peut poursuivre son développement, et que la tête peut subir une compression modérée lors de la naissance. On peut sentir le pouls du bébé en ces endroits, d'où leur nom (*fons* = petite fontaine). La grosse *fontanelle antérieure*, en forme de losange, est perceptible jusqu'à 1 an et demi ou 2 ans après la naissance. Les autres s'ossifient au cours de la première année.

À la naissance, les os de la tête sont très minces. L'os frontal et la mandibule sont d'abord des os pairs qui fusionnent médialement pendant l'enfance. Chez le

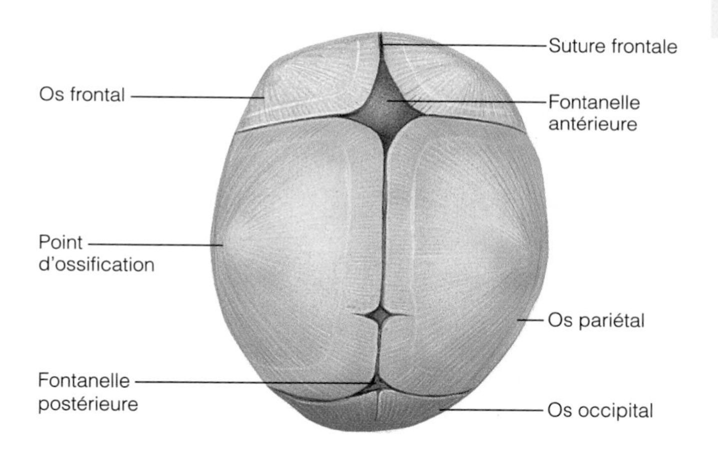

(a) Vue supérieure

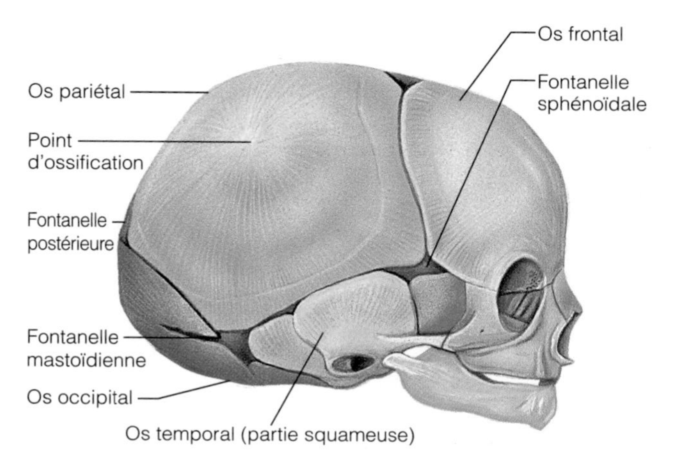

(b) Vue latérale

FIGURE 7.30
Crâne fœtal.

TABLEAU 7.4 Os du squelette appendiculaire

Région du corps	Os*	Illustration	Situation	Repères
PREMIÈRE PARTIE : OS DE LA CEINTURE SCAPULAIRE ET DU MEMBRE SUPÉRIEUR				
Ceinture scapulaire (figure 7.21)	Clavicule (2)	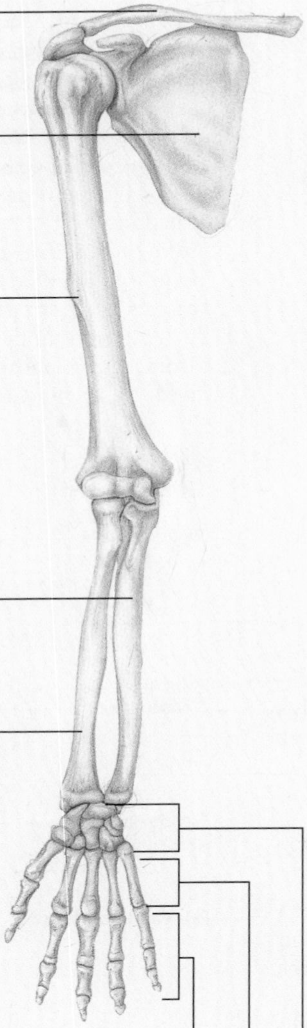	Partie antéro-supérieure du thorax ; s'articule médialement avec le sternum et latéralement avec la scapula	Extrémité acromiale ; extrémité sternale
	Scapula (2)		Partie postérieure du thorax ; forme une partie de l'épaule ; s'articule avec l'humérus et la clavicule	Cavité glénoïdale de la scapula ; épine scapulaire ; acromion ; processus coracoïde ; fosses infra-épineuse, supra-épineuse et subscapulaire
Membre supérieur Bras (figure 7.22)	Humérus (2)		Unique os du bras ; entre la scapula et le coude	Tête de l'humérus ; grand et petit tubercules ; sillon intertuberculaire ; tubérosité deltoïdienne ; trochlée ; capitulum ; fosse coronoïdienne ; fosse olécrânienne ; sillon du nerf radial ; épicondyles médial et latéral de l'humérus
Avant-bras (figure 7.23)	Ulna (2)		Os médian de l'avant-bras situé entre le coude et le poignet ; forme l'articulation du coude	Processus coronoïde de l'ulna ; olécrâne ; incisure radiale ; incisure trochléaire ; processus styloïde de l'ulna ; tête de l'ulna
	Radius (2)		Os latéral de l'avant-bras ; supporte le poignet	Tubérosité du radius ; processus styloïde du radius ; tête du radius ; incisure ulnaire
Main (figure 7.24)	8 os du carpe (16) • scaphoïde • lunatum • triquétrum • pisiforme • trapèze • trapézoïde • capitatum • hamatum		Forment un massif osseux au niveau du poignet ; disposés en deux rangées de quatre os	
	5 métacarpiens (10)		Forment la paume ; un dans le prolongement de chaque doigt	
	14 phalanges (28) • distale • médiane • proximale	*Vue antérieure de la ceinture scapulaire et du membre supérieur droit*	Forment les doigts ; trois phalanges dans les doigts II à V ; deux dans le doigt I (pouce)	

TABLEAU 7.4 Os du squelette appendiculaire (suite)

Région du corps	Os*	Illustration	Situation	Repères
DEUXIÈME PARTIE : OS DE LA CEINTURE PELVIENNE ET DU MEMBRE INFÉRIEUR				
Ceinture pelvienne (figure 7.25)	Os coxal (2)	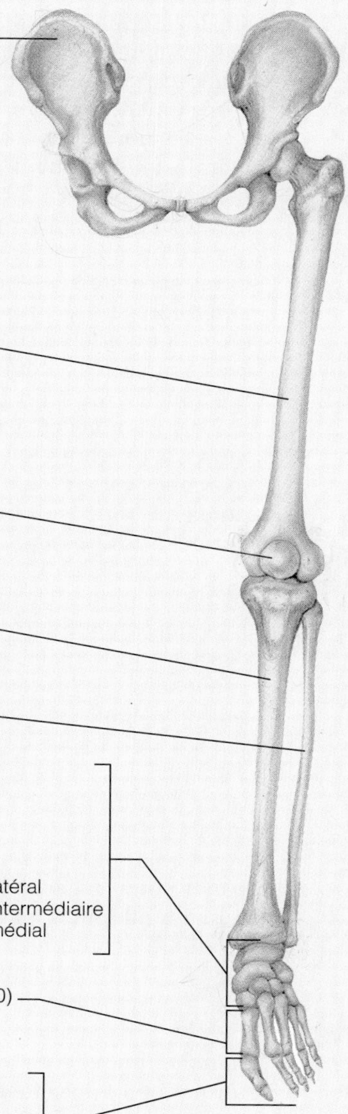	Chaque os coxal est constitué par la fusion de l'ilium, de l'ischium et du pubis ; les os coxaux fusionnent à l'avant au niveau de la symphyse pubienne et forment avec le sacrum, en arrière, l'articulation sacro-iliaque ; la ceinture composée par les deux os coxaux présente la forme d'un bassin	Crête iliaque ; épines iliaques antérieure et postérieure ; grande et petite incisures ischiatiques ; foramen obturé ; épine ischiatique et tubérosité ischiatique ; fosse de l'acétabulum ; arcade pubienne ; crête pubienne ; tubercule pubien
Membre inférieur Cuisse (figure 7.26b)	Fémur (2)		Unique os de la cuisse ; entre l'articulation de la hanche et le genou ; le plus gros os du corps	Tête du fémur ; grand et petit trochanters ; col du fémur ; condyles et épicondyles latéraux et médiaux ; fosse intercondylaire ; tubercule de l'adducteur ; tubérosité glutéale ; ligne âpre
Genou (figure 7.26a)	Rotule (2)		Os sésamoïde logé dans le tendon du muscle quadriceps fémoral (à l'avant de la cuisse)	
Jambe (figure 7.27)	Tibia (2)		L'os le plus gros et le plus interne de la jambe, entre le genou et le pied	Condyles latéral et médial du tibia ; tubérosité tibiale ; crête du tibia ; malléole médiale
	Fibula (2)		Os latéral de la jambe ; en forme de bâton	Tête de la fibula ; malléole latérale
Pied (figure 7.28)	7 os du tarse (14) • talus • calcanéus • naviculaire • cuboïde • os cunéiforme latéral • os cunéiforme intermédiaire • os cunéiforme médial		Forment la partie proximale du pied ; le talus se lie aux os de la jambe au niveau de l'articulation de la cheville ; le calcanéus, le plus gros os du tarse, forme le talon	
	5 métatarsiens (10)		Forment la plante du pied ; cinq os numérotés de I à V à partir du gros orteil	
	14 phalanges (28) • proximale • moyenne • distale		Forment les orteils ; trois phalanges dans les orteils II à V ; deux dans l'orteil I (gros orteil)	

Vue antérieure de la ceinture pelvienne et du membre inférieur gauche

* Le nombre entre parenthèses ( ) à la suite du nom de l'os donne le nombre total de ces os dans le corps.

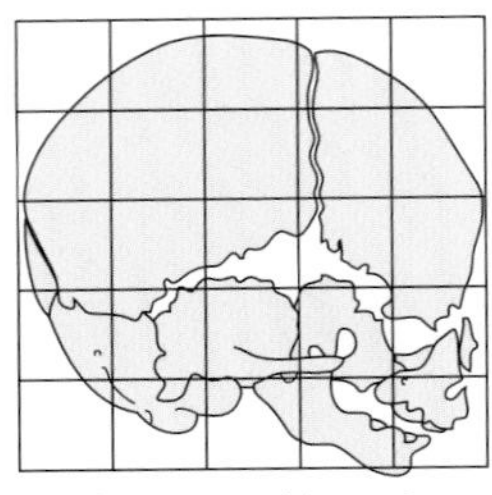

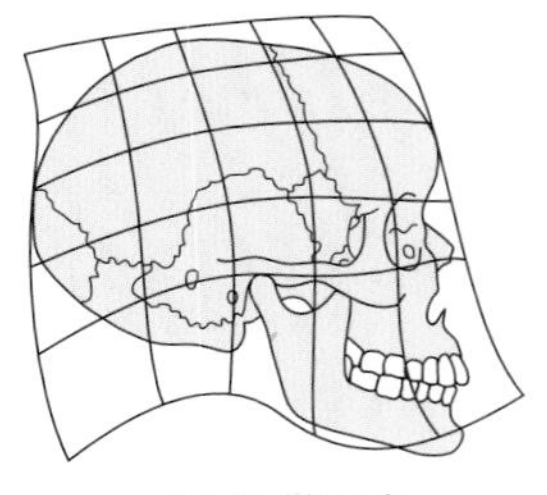

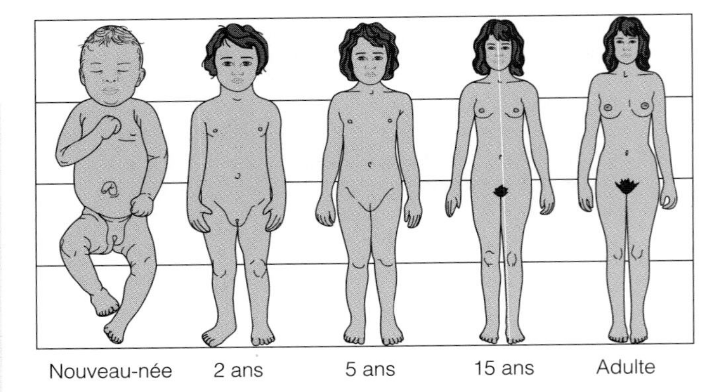

(b)

FIGURE 7.31
Les différences dans le rythme de croissance de certaines parties du corps déterminent les proportions du corps.
(a) Grâce à la croissance différentielle, le crâne arrondi et court du nouveau-né se transforme pour devenir le crâne incliné de l'adulte. **(b)** Pendant la croissance de l'humain, les bras et les jambes croissent plus rapidement que la tête et le tronc, comme l'illustre cette représentation d'individus d'âge différent mais dessinés sur une même échelle.

nouveau-né, la partie tympanique de l'os temporal n'est guère plus qu'un anneau en forme de C.

Plusieurs anomalies congénitales peuvent affecter le squelette axial. La plus connue, sans doute, est la persistance de la fente palatine, le *bec-de-lièvre*, due à l'absence de fusion médiane des processus palatins des maxillaires ou des os palatins (ou des deux). L'existence d'une ouverture entre les cavités nasale et orale gêne la tétée et peut provoquer une *pneumonie de déglutition* par le passage de nourriture dans les poumons. ■

Le squelette évolue tout au long de la vie, mais c'est chez l'enfant que les modifications sont les plus spectaculaires. À la naissance, le crâne du bébé est énorme par rapport au visage. Les maxillaires et la mandibule sont réduits et les contours du visage sans relief (figure 7.31). La croissance rapide du crâne avant et après la naissance suit de près le développement de l'encéphale. Neuf mois après la naissance, le crâne a déjà atteint la moitié de sa taille adulte, à 2 ans, les trois quarts, et entre 8 et 9 ans, il a pratiquement atteint ses dimensions définitives. Entre 6 et 11 ans, la tête paraît grossir considérablement parce que la face se dessine : les mâchoires augmentent en volume et en masse, les pommettes et le nez sont plus accusés. Ces changements du faciès sont étroitement liés au développement des voies respiratoires et des dents permanentes. La figure 7.31 illustre comment la croissance différentielle des os modifie les proportions du corps tout au long de la vie.

La colonne vertébrale présente à la naissance, de façon manifeste, deux courbures sur quatre, soit les courbures thoracique et sacro-coccygienne. Ces **courbures primaires,** à convexité postérieure, confèrent à l'enfant l'allure arquée d'un quadrupède. Plus tard apparaissent les **courbures secondaires** — cervicale et lombale — à convexité antérieure. Elles proviennent d'un remodelage des disques intervertébraux et non de modifications des vertèbres osseuses. La courbure cervicale est présente avant la naissance mais n'est pas très apparente tant que le bébé n'a pas commencé à relever sa tête de lui-même (vers 3 mois) ; la courbure lombale apparaît quand il commence à marcher (vers 12 mois). La courbure lombale place le poids du tronc au-dessus du centre de gravité du corps et permet ainsi un meilleur équilibre en position debout.

Les déformations vertébrales (scoliose et lordose) peuvent apparaître dès les premières années d'école, lorsque de nombreux muscles sont étirés par la croissance osseuse rapide des membres. La lordose se manifeste souvent à l'âge préscolaire, mais elle est compensée par le renforcement des abdominaux et par la bascule vers l'avant de la ceinture pelvienne. Le thorax s'élargit en s'aplatissant, mais la position du garde-à-vous militaire (tête droite, épaules effacées, ventre rentré et poitrine bombée) n'apparaît qu'à l'adolescence. Les courbures vertébrales et la posture sont involontaires et influencées par la force musculaire et l'état de santé général. L'être humain adopte d'instinct la posture qui le maintient en équilibre et minimise les risques de chute.

Tout comme le squelette axial, le squelette appendiculaire peut présenter un certain nombre d'anomalies congénitales. La *dysplasie de la hanche*, fréquente et assez grave, est due à un défaut de formation de l'acétabulum de l'os coxal qui reçoit la tête du fémur. Cette malformation entraîne le glissement de la tête fémorale hors de l'articulation. Un diagnostic précoce et un traitement dès le plus jeune âge sont essentiels pour prévenir une invalidité permanente. ■

Durant l'enfance, la croissance osseuse modifie non seulement la taille mais également les proportions du squelette (figure 7.31). Le **rapport partie supérieure (PS)/partie inférieure du corps (PI)** varie avec l'âge. Les deux mesures utilisées dans ce rapport sont les suivantes : la distance entre le sommet de la ceinture pelvienne et le sol (*partie inférieure*), et la différence entre la taille de l'individu et la longueur de la partie inférieure (*partie supérieure*). À la naissance, le rapport est de 1,7/1, c'est-à-dire que la tête et le tronc sont environ une fois et demie plus longs que les membres inférieurs. Les membres inférieurs se développant beaucoup plus vite que le tronc, le rapport n'est plus que de 1/1 environ à l'âge de 10 ans, et il demeure à peu près constant par la suite. À la puberté, le bassin des fillettes s'élargit en prévision d'éventuelles grossesses, et l'ensemble du squelette des garçons gagne en robustesse. Le squelette d'un adulte sain ne se modifie plus guère jusqu'à la fin de la cinquantaine.

La vieillesse affecte de nombreuses parties du squelette, en particulier la colonne vertébrale. La quantité d'eau à l'intérieur des disques intervertébraux décroît (comme à l'intérieur d'autres tissus de l'organisme). Le risque de hernie discale augmente avec la perte d'épaisseur et d'élasticité des disques. On constate souvent que la taille d'une personne de 55 ans a diminué de plusieurs centimètres. L'ostéoporose de la colonne vertébrale ou une cyphose peuvent provoquer un tassement supplémentaire du tronc. À un âge avancé, la colonne vertébrale reprend peu à peu sa forme arquée d'origine en effaçant ses courbures.

Le thorax devient plus rigide, en raison surtout de l'ossification des cartilages costaux. La cage thoracique, moins élastique, provoque donc une réduction de la capacité respiratoire.

Les os subissent au cours des années une perte de matrice osseuse qui, même si elle est moins sensible au niveau des os du crâne, contribue néanmoins à modifier la physionomie des personnes âgées : fuite des mâchoires, traits moins accusés, réapparition du faciès enfantin. Les os deviennent plus poreux et plus fragiles, en particulier au niveau des vertèbres et du col du fémur.

* * *

Notre squelette n'est pas seulement une merveilleuse infrastructure. Il protège et soutient les autres systèmes de l'organisme, et nos muscles ne seraient d'aucune utilité sans lui (et sans les articulations que nous étudions au chapitre 8). La section *Synthèse* au chapitre 6 (p. 182-183) présente les relations entre le système osseux et les autres systèmes de l'organisme.

TERMES MÉDICAUX

Arthrodèse des corps vertébraux Procédé chirurgical consistant à introduire des fragments osseux en vue d'immobiliser et de stabiliser un segment particulier de la colonne vertébrale, notamment en cas de fractures vertébrales ou de hernies discales.

Chiropractie Méthode thérapeutique consistant à effectuer diverses manipulations (*kheir* = main) sur la colonne vertébrale ; fondée sur la théorie voulant que la plupart des affections sont causées par un mauvais alignement osseux qui exerce une pression sur les nerfs ; le spécialiste de la chiropractie est le chiropraticien.

Hallux valgus Déviation latérale (*valgus*) du gros orteil (*hallux*) accompagnée d'un élargissement de la tête du premier métatarsien, ce qui entraîne le développement d'une bourse séreuse recouverte de tissus cutanés épaissis (oignon). Les causes sont le port de chaussures trop étroites ou, plus rarement, des facteurs génétiques.

Laminectomie Ablation chirurgicale d'une ou de plusieurs lames vertébrales ; traitement classique de la hernie discale ou en vue de redresser la colonne vertébrale.

Orthopédiste ou **chirurgien orthopédiste** Médecin spécialiste des os et des articulations.

Ostéalgie Douleurs osseuses spontanées ou provoquées.

Pelvimétrie Mensuration des détroits supérieur et inférieur du petit bassin (dans le sens antéro-postérieur surtout) afin de vérifier si leurs dimensions permettent la naissance normale du nouveau-né.

Pied bot Malformation du pied, assez fréquente : la plante des pieds est tournée vers l'intérieur et les orteils vers le bas, de sorte que l'appui du pied sur le sol ne se fait pas normalement ; liée à des facteurs génétiques ou secondaire à une position anormale du pied pendant le développement fœtal.

Podiatre Spécialiste des troubles du pied.

Prolapsus d'un disque Un prolapsus est l'affaissement d'un organe par suite de l'affaiblissement des structures qui le maintenaient. Le *prolapsus d'un disque* correspond à l'hernie discale.

Spina bifida Malformation de la colonne vertébrale due à un défaut de fusion médiane des lames vertébrales ; les méninges ou même la moelle épinière peut alors faire saillie à travers l'ouverture dans la ou les vertèbres. Parfois sans conséquence, elle peut aussi entraîner de graves dysfonctionnements neurologiques et prédisposer aux infections du système nerveux.

RÉSUMÉ DU CHAPITRE

1. Le squelette axial forme l'axe longitudinal du corps. Ses principales parties sont la tête, la colonne vertébrale et le thorax. Il assume un rôle de soutien et de protection des centres nerveux ainsi que des organes contenus dans le thorax.
2. Le squelette appendiculaire comprend les os des ceintures scapulaires et pelvienne ainsi que ceux des membres. Il permet la mobilité nécessaire à la locomotion et à la manipulation.

Première partie : Le squelette axial

Tête (p. 189-204)

1. La tête compte 22 os. Le crâne est constitué d'une voûte et d'une base qui enveloppent complètement l'encéphale et le protègent. Le squelette facial présente des ouvertures pour les voies respiratoires et digestives et des points d'insertion pour les muscles faciaux.
2. À l'exception de l'articulation temporo-mandibulaire, tous les os de la tête sont reliés par des sutures fixes.
3. **Crâne.** Le crâne comprend huit os : des os pairs (temporaux et pariétaux) et des os impairs (frontal, occipital, ethmoïde et sphénoïde) (voir le tableau 7.1, p. 202).
4. **Os de la face.** La face comprend 14 os : des os pairs (maxillaires, zygomatiques, nasaux, lacrymaux, palatins et cornets nasaux inférieurs) et des os impairs (mandibule et vomer) (tableau 7.1).

5. **Orbites et cavités nasales.** Les orbites et les cavités nasales sont des régions osseuses complexes formées de plusieurs os.

6. **Sinus paranasaux (de la face).** Les sinus paranasaux occupent l'os frontal, l'os ethmoïde, l'os sphénoïde et les maxillaires.

7. **Os hyoïde.** L'os hyoïde, maintenu dans le cou par des ligaments, sert de point d'attache aux muscles de la langue et du cou.

Colonne vertébrale (p. 204-211)

1. **Caractéristiques générales.** La colonne vertébrale comprend 24 vertèbres mobiles distinctes (7 cervicales, 12 thoraciques et 5 lombales) ainsi que le sacrum et le coccyx.

2. Les disques intervertébraux faits de cartilage fibreux amortissent les chocs, empêchent la friction et l'usure des corps vertébraux tout en permettant leur mouvement.

3. Les courbures thoracique et sacro-coccygienne de la colonne vertébrale sont des courbures primaires. Les courbures cervicale et lombale sont des courbures secondaires. Les courbures augmentent la flexibilité de la colonne vertébrale.

4. **Structure générale des vertèbres.** Toutes les vertèbres, à l'exception de C_1 et C_2, sont constituées d'un corps vertébral, de deux processus transverses, de deux processus articulaires supérieurs et inférieurs, d'un processus épineux et d'un arc vertébral.

5. **Caractéristiques des différentes vertèbres.** Les vertèbres de chaque segment de la colonne vertébrale présentent certaines particularités (voir le tableau 7.2, p. 210).

Thorax osseux (p. 211-213)

1. Les os du thorax comprennent les 12 paires de côtes, le sternum et les vertèbres thoraciques. Le thorax osseux protège les organes de la cavité thoracique.

2. **Sternum.** Le sternum est issu de la fusion de trois os: le manubrium sternal, le corps du sternum et le processus xiphoïde.

3. **Côtes.** Les sept premières paires de côtes sont appelées vraies côtes, les cinq autres, fausses côtes; les deux dernières (11 et 12) sont aussi nommées côtes flottantes.

Deuxième partie: Le squelette appendiculaire
Ceinture scapulaire (pectorale)* (p. 214-216)

1. Chacune des deux ceintures scapulaires comprend une clavicule et une scapula. Les ceintures scapulaires relient les membres supérieurs au squelette axial.

2. **Clavicules.** Les clavicules maintiennent les scapulas écartées du thorax. Les articulations sterno-claviculaires sont les seuls points d'ancrage de la ceinture scapulaire au squelette axial.

3. **Scapulas.** Les scapulas s'articulent avec les clavicules et avec les humérus.

Membre supérieur* (p. 217-220)

1. Chaque membre supérieur comprend 30 os parfaitement adaptés à la mobilité.

2. **Bras/avant-bras/main.** L'humérus est le seul os du bras. Le radius et l'ulna forment le squelette de l'avant-bras; les os du carpe, les métacarpiens et les phalanges forment le squelette de la main.

Ceinture pelvienne* (p. 220-222)

1. La ceinture pelvienne est une structure robuste adaptée au soutien du poids du corps; elle est formée de deux os coxaux qui relient les membres inférieurs au squelette axial. Le sacrum et les os coxaux constituent le squelette du bassin.

2. Chaque os coxal comprend trois os soudés ensemble: l'ilium, l'ischium et le pubis. La fosse de l'acétabulum de l'os coxal reçoit la tête du fémur et se situe au point de jonction de ces trois os.

3. **Ilium/ischium/pubis.** L'ilium constitue la partie supérieure évasée de l'os coxal. Chaque ilium est solidement fixé en arrière aux ailes du sacrum. L'ischium est en forme de L; nous nous asseyons sur les tubérosités ischiatiques. Les os du pubis, en forme de V, s'articulent ensemble à l'avant pour former la symphyse pubienne.

4. **Structure du bassin et grossesse.** Le bassin masculin est étroit et profond, avec des os plus volumineux et plus lourds que ceux de la femme. Le bassin féminin, qui constitue la filière pelvi-génitale, est large et peu profond.

Membre inférieur* (p. 222-227)

1. Chaque membre inférieur comprend la cuisse, la jambe et le pied, et est conçu pour supporter le poids du corps et pour se déplacer.

2. **Cuisse.** Le fémur est l'unique os de la cuisse. Sa tête sphérique s'articule avec l'acétabulum de l'os coxal.

3. **Jambe.** Les os de la jambe sont le tibia, qui participe aux articulations du genou et de la cheville, et la fibula.

4. **Pied.** Les os du pied sont les os du tarse, les métatarsiens et les phalanges. Les os du tarse les plus importants sont le calcanéus (os du talon) et le talus, qui s'articule en haut avec le tibia.

5. Trois arcs plantaires (latéral, médial et transversal) maintiennent le pied et distribuent le poids du corps sur le talon et l'éminence métatarsienne.

Développement et vieillissement du squelette (p. 227, 230-231)

1. Les fontanelles, présentes sur le crâne à la naissance, permettent la croissance de l'encéphale et facilitent le passage de la tête lors de l'accouchement. Le développement du crâne après la naissance est lié à celui de l'encéphale. L'agrandissement du massif facial fait suite au développement dentaire et à l'élargissement des voies respiratoires.

2. La colonne vertébrale est arquée à la naissance (présence des courbures thoracique et sacro-coccygienne). Les courbures secondaires se mettent en place quand le bébé commence à redresser la tête puis à marcher.

3. Les os longs continuent leur croissance jusqu'à la fin de l'adolescence. Le rapport PS/PI passe de 1,7/1 à 1/1 vers l'âge de 10 ans.

4. Le bassin de la femme se modifie pendant la puberté, en prévision d'éventuelles grossesses.

5. Le squelette adulte varie peu jusqu'à la fin de la cinquantaine. Ensuite, les disques intervertébraux s'amincissent et l'ostéoporose peut s'installer, ce qui entraîne une diminution progressive de la taille et une augmentation du risque d'hernie discale. La perte de masse osseuse prédispose les personnes âgées aux fractures, et la rigidité de la cage thoracique favorise les difficultés respiratoires.

* Voir les pages indiquées en tête de section pour trouver les repères anatomiques correspondants.

QUESTIONS DE RÉVISION

Choix multiples/associations

(Réponses à l'appendice G)

1. Associez chaque description de la colonne A à un os de la colonne B (certaines descriptions correspondent à plusieurs os).

Colonne A		Colonne B
________	**(1)** Reliés par la suture coronale	**(a)** Os ethmoïde
________	**(2)** Os clé du crâne	**(b)** Os frontal
________	**(3)** Os clé de la face	**(c)** Mandibule
________	**(4)** Forment le palais osseux	**(d)** Maxillaire
________	**(5)** Permet le passage de la moelle épinière	**(e)** Os occipital
________	**(6)** Forme le menton	**(f)** Os palatin
________	**(7)** Contiennent les sinus paranasaux	**(g)** Os pariétal
________	**(8)** Contient les cellules mastoïdiennes	**(h)** Os sphénoïde
		(i) Os temporal

2. Associez chaque os à l'une des descriptions suivantes.

Os: **(a)** clavicule **(b)** ilium **(c)** ischium **(d)** pubis **(e)** sacrum **(f)** scapula **(g)** sternum

________ **(1)** os du squelette axial auquel s'attache la ceinture scapulaire
________ **(2)** présente la cavité glénoïdale et l'acromion
________ **(3)** comprend une aile, une crête et la grande incisure ischiatique
________ **(4)** en forme de S; montant de l'épaule
________ **(5)** os de la ceinture pelvienne qui s'articule avec le squelette axial
________ **(6)** on s'assoit sur cet os
________ **(7)** os le plus antérieur de la ceinture pelvienne
________ **(8)** appartient à la colonne vertébrale

3. Associez les os suivants à l'une des définitions.

Os: **(a)** du carpe **(b)** fémur **(c)** fibula **(d)** humérus **(e)** radius **(f)** du tarse **(g)** tibia **(h)** ulna

________ **(1)** s'articule avec l'acétabulum et le tibia
________ **(2)** forme la face externe de la cheville
________ **(3)** os qui « tient » la main
________ **(4)** os du poignet
________ **(5)** extrémité proximale en forme de clé à molette
________ **(6)** s'articule avec le capitulum de l'humérus
________ **(7)** le calcanéus est l'os le plus volumineux de ce groupe

Questions à court développement

4. Énumérez les os du crâne et de la face et comparez les fonctions du squelette crânien avec celles du massif facial.

5. Comparez les proportions de la cavité crânienne et de la face d'un fœtus avec celles d'un adulte.

6. Énumérez et schématisez les courbures vertébrales normales. Lesquelles sont primaires? secondaires?

7. Donnez au moins deux caractéristiques anatomiques propres aux vertèbres cervicales, thoraciques et lombales et permettant de les identifier facilement.

8. (a) Quel est le rôle des disques intervertébraux? (b) Différenciez l'anneau fibreux du nucléus pulposus d'un disque. (c) Lequel est le plus résistant? (d) Le plus souple? (e) Lequel est responsable de la hernie discale?

9. Énumérez les principaux éléments du thorax osseux.

10. (a) Donnez la définition d'une vraie côte et d'une fausse côte. (b) Une côte flottante est-elle une vraie ou une fausse côte? (c) Pourquoi les côtes flottantes se fracturent-elles plus facilement?

11. La fonction principale de la ceinture scapulaire est la flexibilité. Quelle est celle de la ceinture pelvienne? Reliez ces différences fonctionnelles aux différences anatomiques de ces ceintures.

12. Donnez trois caractéristiques importantes qui distinguent les bassins masculin et féminin.

13. Décrivez le rôle des arcs plantaires.

14. Décrivez brièvement les particularités anatomiques et les troubles fonctionnels liés au bec-de-lièvre et à la dysplasie de la hanche.

15. Comparez le squelette d'une jeune adulte avec celui d'une personne très âgée, en considérant d'abord la masse osseuse en général, puis les structures osseuses de la tête, du thorax et de la colonne vertébrale.

RÉFLEXION ET APPLICATION

1. André est transporté à l'urgence à la suite d'une chute sur ses bras tendus. Le médecin examine son épaule et diagnostique une clavicule cassée (sans autre dommage). Décrivez la position de l'épaule. André s'inquiète au sujet des principaux vaisseaux sanguins de son bras (artère et veine subclavières) mais le médecin le rassure. Comment ce dernier peut-il être aussi affirmatif?

2. Thomas, un étudiant fatigué, assiste à une conférence; il s'assoupit au bout de 30 minutes. À la fin de la conférence, le brouhaha le réveille et il se laisse aller à un énorme bâillement. À son grand émoi, il ne peut plus refermer la bouche: sa mâchoire inférieure est bloquée! Qu'est-il arrivé d'après vous?

3. Pierre a eu la polio étant jeune, et est resté paralysé d'un membre inférieur pendant plus d'un an. Il s'est remis à marcher mais présente maintenant une déviation latérale importante de la colonne lombale. Expliquez ce qui s'est passé et décrivez son état.

4. La grand-mère de Marie-Claude glisse sur un tapis et tombe lourdement sur le sol. Sa jambe gauche a subi une rotation latérale et est nettement plus courte que la droite. Lorsqu'elle tente de se relever, elle grimace de douleur. Marie-Claude suppose que sa grand-mère s'est « fracturé la hanche », ce qui se vérifiera par la suite. Quel est l'os probablement fracturé et à quel niveau? Pourquoi une « fracture de la hanche » est-elle courante chez les personnes âgées?

8 LES ARTICULATIONS

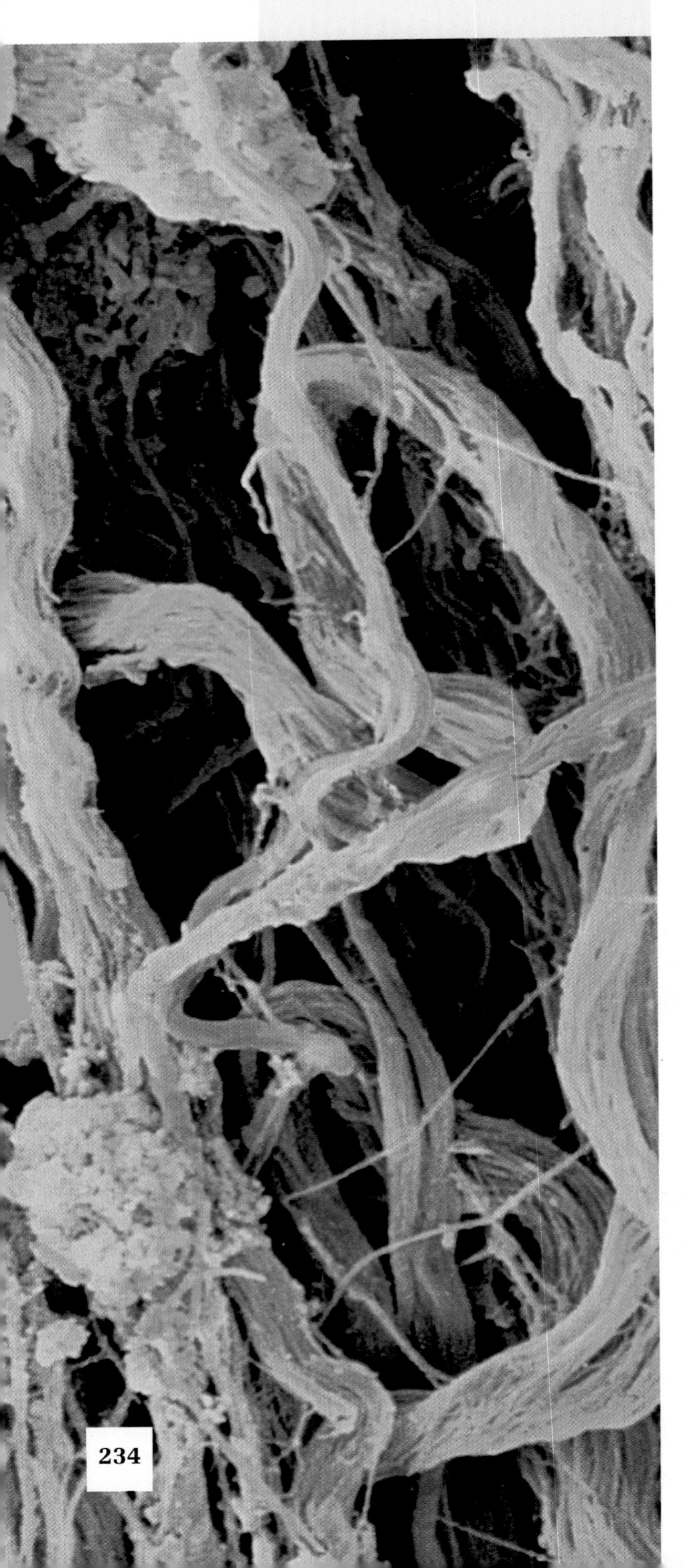

SOMMAIRE ET OBJECTIFS D'APPRENTISSAGE

1. Définir une articulation et donner ses deux fonctions essentielles.

Classification des articulations (p. 235)

2. Classer les articulations selon le plan structural et selon le plan fonctionnel.

Articulations fibreuses (p. 235-236)

3. Décrire les articulations fibreuses sur le plan de la structure générale et du type de mouvement permis. Nommer les trois types d'articulations fibreuses et donner un exemple de chacun.

Articulations cartilagineuses (p. 236-237)

4. Décrire les articulations cartilagineuses sur le plan de la structure générale et du type de mouvement permis. Nommer les deux types d'articulations cartilagineuses et donner un exemple de chacun.

Articulations synoviales (p. 237-253)

5. Décrire les caractéristiques structurales communes à toutes les articulations synoviales.
6. Énumérer trois facteurs naturels qui stabilisent les articulations synoviales.
7. Comparer les structures et les fonctions des bourses et des gaines de tendon.
8. Nommer et décrire (ou exécuter) les mouvements du corps.
9. Nommer les six types d'articulations synoviales selon le mouvement qu'elles permettent. Fournir des exemples de chaque cas.
10. Décrire les articulations du coude, du genou, de la hanche et de l'épaule. Tenir compte, dans chacun des cas, des os de l'articulation, des caractéristiques anatomiques de l'articulation, des mouvements permis et de la stabilité de l'articulation.

Déséquilibres homéostatiques des articulations (p. 253-257)

11. Nommer les blessures des articulations les plus répandues et décrire les symptômes et les problèmes qui sont rattachés à chacune.
12. Comparer l'arthrose, la polyarthrite rhumatoïde et les arthropathies goutteuses en fonction de la population touchée, des causes probables, des changements dans la structure des articulations, des conséquences de la maladie et du traitement.

Développement et vieillissement des articulations (p. 257)

13. Décrire brièvement les facteurs qui maintiennent ou perturbent l'homéostasie des articulations.

Les mouvements gracieux des danseuses de ballet et les rudes bousculades des joueurs de football illustrent bien la grande variété de mouvements que les articulations rendent possibles. Les **articulations** sont les points de contact de deux ou plusieurs os. Nos articulations assument deux fonctions essentielles: elles confèrent à notre squelette une certaine mobilité et relient nos os entre eux tout en jouant parfois un rôle de protection. C'est grâce aux articulations rigides du crâne, par exemple, que notre précieuse « matière grise » se trouve abritée dans un réceptacle résistant.

Les articulations sont les composantes les plus faibles de notre squelette, mais leur structure résiste aux diverses forces, notamment à l'écrasement et au déchirement, qui pourraient les déplacer de leur position normale.

CLASSIFICATION DES ARTICULATIONS

Les articulations sont classées selon leur structure ou leur fonction. La *classification structurale* est fondée sur les matériaux qui unissent les os et sur la présence ou l'absence d'une cavité articulaire. On parle alors d'*articulations fibreuses*, *cartilagineuses* et *synoviales* (tableau 8.1, p. 238).

La *classification fonctionnelle* prend en compte le degré du mouvement permis par l'articulation. Cette classification comprend les **articulations immobiles** (ou synarthroses), les **articulations semi-mobiles** (ou amphiarthroses) et les **articulations mobiles** (ou diarthroses). Les articulations mobiles sont plus nombreuses dans les membres supérieurs et inférieurs, tandis que les articulations immobiles et semi-mobiles sont situées presque uniquement dans le squelette axial.

En règle générale, les articulations fibreuses sont immobiles et les articulations synoviales sont totalement mobiles. Par contre, les articulations cartilagineuses offrent des exemples d'articulations immobiles et semi-mobiles. Les catégories structurales étant mieux définies que les catégories fonctionnelles, nous utiliserons la classification structurale dans ce chapitre et nous indiquerons les propriétés fonctionnelles lorsqu'elles seront pertinentes. Le tableau 8.2 (p. 252-253) présente un résumé des caractéristiques de certaines articulations du corps.

ARTICULATIONS FIBREUSES

Dans les **articulations fibreuses,** les os sont reliés par du tissu conjonctif dense et on ne trouve ni cavité articulaire ni cartilage. Le degré de mouvement permis est fonction de la longueur des fibres qui unissent les os. Quelques articulations fibreuses sont semi-mobiles, mais la plupart d'entre elles ne permettent aucun mouvement. On distingue trois types d'articulations fibreuses, soit les *sutures*, les *syndesmoses* et les *gomphoses*.

Sutures

Les **sutures** (littéralement, « coutures ») sont des articulations présentes uniquement entre les os de la tête (figure 8.1a). Les bords ondulés des os qui s'articulent s'emboîtent les uns dans les autres ou se recouvrent partiellement, et la soudure est entièrement comblée par des fibres très courtes de tissu conjonctif qui pénètrent dans les os. Il en résulte une soudure quasi rigide qui maintient les os fermement en place. Au cours de l'âge adulte, le tissu conjonctif s'ossifie et les os fusionnent en une seule pièce. Les sutures sont alors appelées **synostoses,** c'est-à-dire « jonctions osseuses ». Tout mouvement des os crâniens pourrait endommager gravement l'encéphale: l'immobilité des sutures est donc tout à fait adaptée à leur fonction de protection.

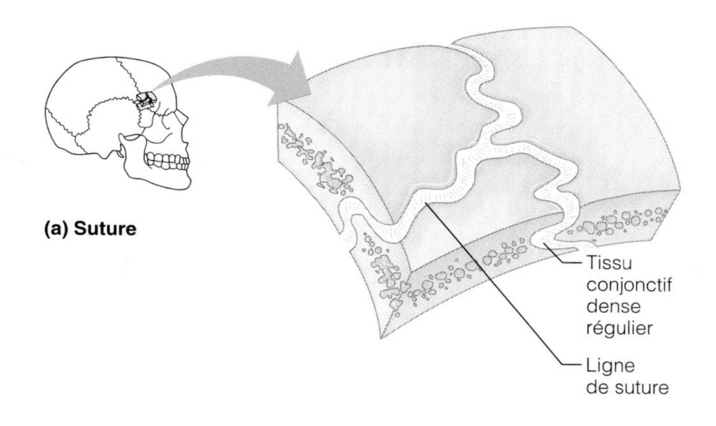

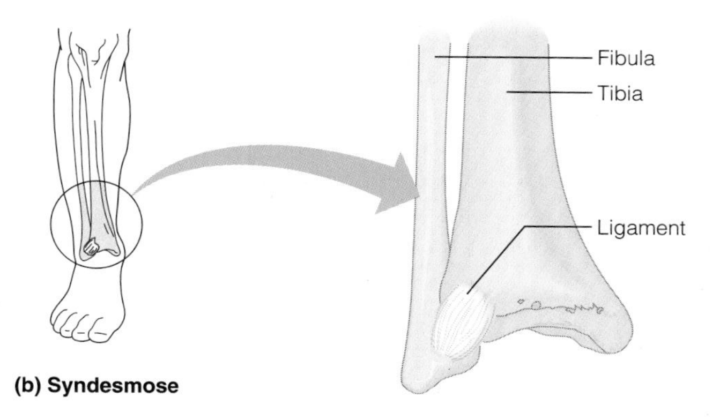

FIGURE 8.1
Articulations fibreuses. (a) Dans les sutures du crâne, les fibres de tissu conjonctif qui retiennent les os ensemble sont très courtes et les surfaces osseuses s'imbriquent de telle sorte que l'articulation est immobile. **(b)** Dans la syndesmose de l'articulation tibio-fibulaire distale, le tissu conjonctif dense (ligament) qui unit les os est plus long que dans les sutures; cela permet un certain jeu, mais pas de véritable mobilité. (La gomphose, troisième type d'articulation fibreuse, n'est pas représentée ici.)

Syndesmoses

Dans les **syndesmoses,** les os sont reliés par un faisceau ou une membrane de tissu conjonctif dense appelés respectivement *ligament* (*sundesmos* = ligament) et *membrane interosseuse*. Les fibres du tissu conjonctif sont de longueur variable mais toujours plus longues que dans les sutures. Comme l'amplitude du mouvement augmente avec la longueur des fibres du tissu conjonctif, la mobilité des syndesmoses varie beaucoup. Par exemple, le ligament qui unit les extrémités distales du tibia et de la fibula est très court (figure 8.1b), et cette articulation est à peine plus lâche qu'une suture; en d'autres termes, elle a un peu de « jeu ». Il reste que tout mouvement réel y est impossible, de sorte que l'articulation est classée, du point de vue fonctionnel, parmi les articulations immobiles. (Certains auteurs la classent toutefois parmi les articulations semi-mobiles.) Par contre, l'étendue et la flexibilité de la membrane

Lequel des trois types d'articulations représentés ci-dessous est le plus flexible, et pourquoi ?

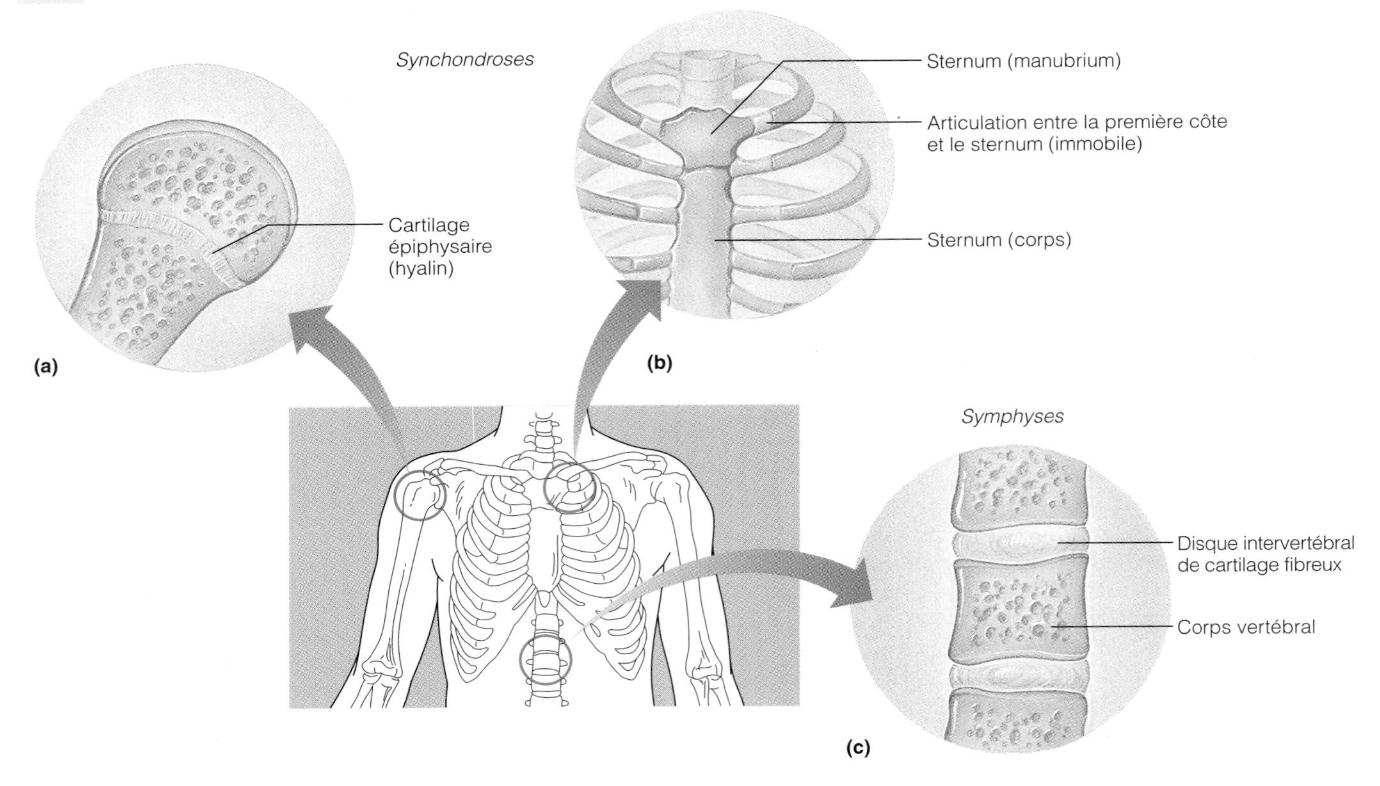

8

FIGURE 8.2
Articulations cartilagineuses. (a) Le cartilage épiphysaire observé sur un os long pendant la croissance est une synchondrose temporaire ; la diaphyse et l'épiphyse sont reliées par du cartilage hyalin qui s'ossifie complètement par la suite. **(b)** L'articulation sterno-costale entre la première côte et le manubrium sternal est une articulation cartilagineuse immobile, ou synchondrose. **(c)** Les corps de deux vertèbres et le disque de cartilage fibreux qui les sépare forment une symphyse.

interosseuse antébrachiale, qui joint longitudinalement le radius et l'ulna de l'avant-bras (figure 7.23, p. 218), favorisent la rotation du radius autour de l'ulna.

Gomphoses (articulations alvéolo-dentaires)

La **gomphose** (*gomphos* = clou, boulon) est une articulation fibreuse de type « cheville et cavité » dont le seul exemple est celui de l'articulation d'une dent dans son alvéole osseuse. Le nom de cette articulation fait référence à la façon dont les dents sont fixées, comme si elles avaient été enfoncées au marteau. Le court **desmodonte** (un ligament) assure la jonction fibreuse (voir la figure 24.11, p. 865).

ARTICULATIONS CARTILAGINEUSES

Les os sont unis par du cartilage dans les **articulations cartilagineuses** (figure 8.2). Ces articulations sont dépourvues de cavité articulaire, tout comme les articulations fibreuses. Les *synchondroses* et les *symphyses* représentent les deux types d'articulations cartilagineuses.

Synchondroses

Dans la **synchondrose** (littéralement, « jonction cartilagineuse »), c'est une lame de *cartilage hyalin* qui met les os en rapport. Au cours du jeune âge, pratiquement toutes les synchondroses constituent des sites de croissance osseuse tout en procurant une certaine flexibilité au squelette. À la fin de la croissance osseuse, cependant, presque toutes les synchondroses s'ossifient et deviennent immobiles.

Les exemples les plus courants de synchondroses sont les cartilages épiphysaires qui unissent les épiphyses à la diaphyse dans les os longs (figure 8.2a). Les cartilages épiphysaires sont des articulations temporaires qui deviendront des synostoses. L'articulation entre la première côte et le manubrium sternal est également une articulation cartilagineuse immobile car le cartilage hyalin de l'articulation se transforme en tissu osseux (figure 8.2b).

*La symphyse, représentée par les articulations intervertébrales dans la vue **(c)**, est l'articulation la plus flexible parce que le cartilage unissant les os dans ce type d'articulation est un cartilage fibreux possédant une certaine élasticité plutôt qu'un cartilage hyalin comme dans les vues **(a)** et **(b)**.*

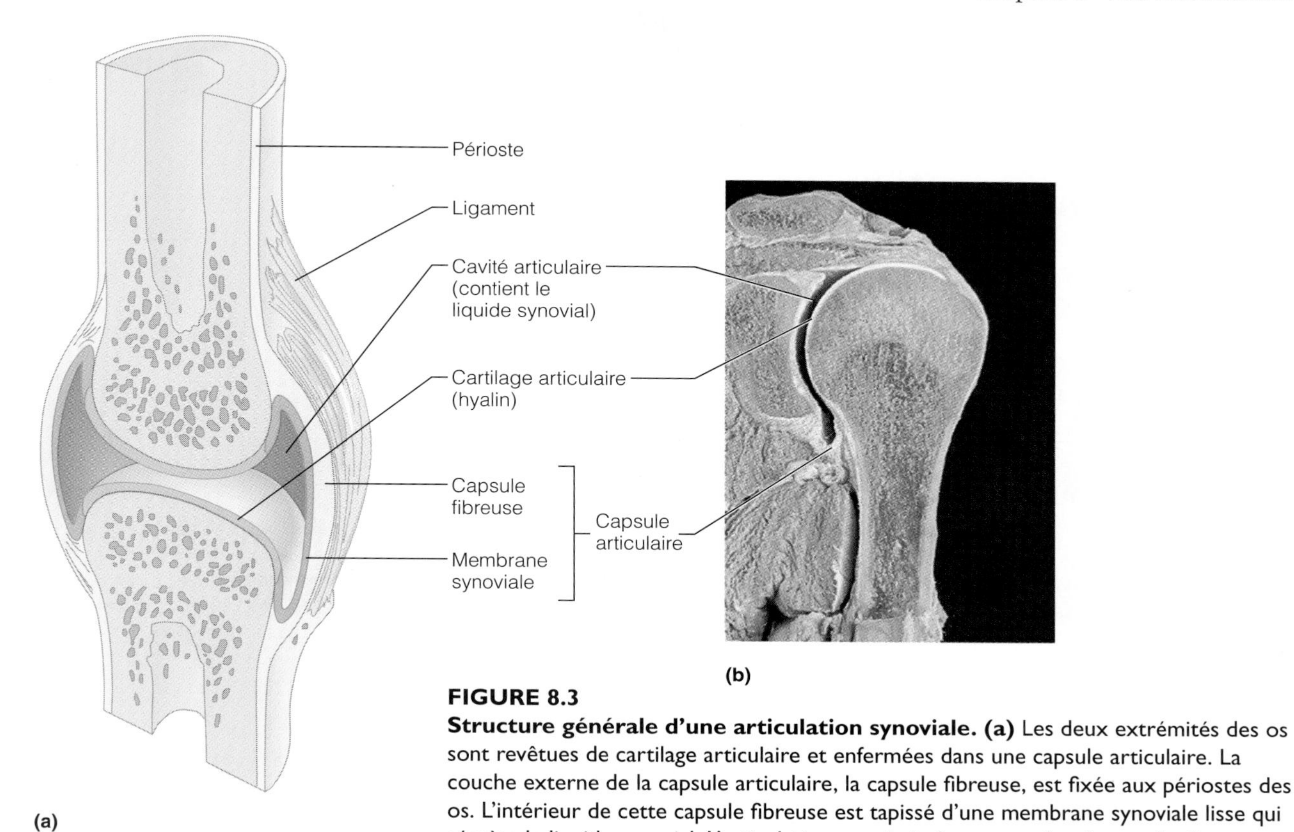

FIGURE 8.3
Structure générale d'une articulation synoviale. (a) Les deux extrémités des os sont revêtues de cartilage articulaire et enfermées dans une capsule articulaire. La couche externe de la capsule articulaire, la capsule fibreuse, est fixée aux périostes des os. L'intérieur de cette capsule fibreuse est tapissé d'une membrane synoviale lisse qui sécrète le liquide synovial. L'articulation est généralement renforcée par des ligaments. **(b)** Photographie d'une coupe frontale de l'articulation de l'épaule montrant les principales structures d'une articulation synoviale.

Symphyses

Dans les **symphyses** (*sumphusis* = union), les surfaces articulaires des os sont couvertes de cartilage articulaire (hyalin), lequel est lui-même soudé à un coussinet, c'est-à-dire un disque intermédiaire, de *cartilage fibreux*. Le cartilage fibreux étant un tissu compressible, il agit comme un amortisseur et assure un certain degré de mouvement au niveau de l'articulation. Les symphyses sont des articulations cartilagineuses conçues pour allier force et flexibilité. Les articulations intervertébrales (figure 8.2c) et la symphyse pubienne du bassin (voir le tableau 8.2, p. 252-253) en sont des exemples.

ARTICULATIONS SYNOVIALES

Dans les **articulations synoviales,** les os s'unissent par l'intermédiaire d'une cavité remplie de liquide synovial. Cette disposition offre une grande liberté de mouvement, si bien que toutes les articulations synoviales sont des articulations très mobiles. Toutes les articulations des membres (en fait, la majorité des articulations du corps) appartiennent à cette classe.

Structure générale

Les articulations synoviales possèdent cinq caractéristiques énumérées ci-contre (figure 8.3a):

1. **Cartilage articulaire.** Les surfaces des os qui s'articulent sont recouvertes d'un cartilage articulaire (hyalin) lisse et luisant. Ces coussinets spongieux absorbent la compression que subit l'articulation et préviennent donc l'écrasement des extrémités osseuses.
2. **Cavité articulaire.** La cavité articulaire constitue la caractéristique la plus remarquable des articulations synoviales; il s'agit en fait d'un espace rempli de liquide synovial.
3. **Capsule articulaire.** La capsule articulaire entoure la cavité articulaire; elle comprend deux couches de tissu. La couche externe est composée d'une **capsule fibreuse,** résistante et flexible, fixée au périoste des os adjacents. La **membrane synoviale,** formée de tissu conjonctif lâche, tapisse l'intérieur de la capsule fibreuse et circonscrit, avec le cartilage hyalin, le volume de la cavité articulaire.
4. **Liquide synovial.** Une petite quantité de liquide synovial lubrifiant occupe l'espace libre à l'intérieur de la capsule articulaire. Ce liquide provient principalement du sang empruntant les capillaires dans la membrane synoviale. L'acide hyaluronique qu'il contient, sécrété par les cellules de la membrane synoviale, lui confère une consistance visqueuse semblable au blanc d'œuf (*sun* = avec; *ôon* = œuf); le mouvement d'une articulation provoque le réchauffement du liquide synovial et une diminution de sa viscosité. Le liquide synovial, aussi présent *à l'intérieur* des cartilages articulaires, forme une pellicule lisse

TABLEAU 8.1 Résumé des classes d'articulations

Classe structurale	Caractéristiques structurales	Types	Mobilité
Fibreuse	Extrémités ou parties d'os réunies par des fibres collagènes	(1) Suture (fibres courtes)	Immobile
		(2) Syndesmose (fibres plus longues)	Légèrement mobile et immobile
		(3) Gomphose (desmodonte)	Immobile
Cartilagineuse	Extrémités ou parties d'os réunies par du cartilage	(1) Synchondrose (cartilage hyalin)	Immobile
		(2) Symphyse (cartilage fibreux)	Légèrement mobile
Synoviale	Extrémités ou parties d'os recouvertes de cartilage articulaire et abritées dans une capsule articulaire tapissée d'une membrane synoviale	(1) Plane (4) Condylaire (2) Trochléenne (5) En selle (3) Trochoïde (6) Sphéroïde	Entièrement mobile; mouvements permis selon la forme de l'articulation

8

qui lubrifie les surfaces libres des cartilages, nourrit leurs cellules et réduit la friction (usure). Lorsqu'une articulation synoviale subit une compression, les cartilages articulaires expulsent du liquide synovial. Puis, au fur et à mesure que la pression est réduite, le liquide synovial retourne dans les cartilages articulaires, un peu comme de l'eau dans une éponge, prêt à être expulsé de nouveau lors d'une autre compression de l'articulation. De plus, le liquide synovial contient des phagocytes qui débarrassent la cavité articulaire des microorganismes et des débris cellulaires qui peuvent l'envahir.

5. **Ligaments.** Les articulations synoviales sont renforcées par un certain nombre de ligaments. La plupart des ligaments sont **intrinsèques,** ou **capsulaires,** c'est-à-dire qu'ils représentent en fait un épaississement de la capsule fibreuse. D'autres sont indépendants et se trouvent soit à l'extérieur (**ligaments externes**), soit à l'intérieur (**ligaments internes**) de la capsule. En réalité, les ligaments internes ne se situent pas *dans* la cavité articulaire car ils sont recouverts par la membrane synoviale.

Certaines articulations synoviales possèdent d'autres caractéristiques structurales. Par exemple, les articulations de la hanche et du genou comportent des **coussinets adipeux** amortisseurs entre la capsule fibreuse et la membrane synoviale ou l'os. D'autres articulations présentent des disques ou des coins de cartilage fibreux (ménisques) entre les surfaces articulaires des os. Ces **disques articulaires** ou des **ménisques** sont orientés vers l'intérieur de la capsule articulaire et divisent la cavité synoviale en deux compartiments distincts (voir les ménisques à la figure 8.11). Ces structures améliorent l'ajustement entre les extrémités des os et procurent ainsi une plus grande stabilité à l'articulation. On en retrouve dans l'articulation du genou, du carpe, de la mâchoire et dans quelques autres articulations (voir le tableau 8.2).

Bourses et gaines de tendons

Les bourses et les gaines de tendons ne font pas véritablement partie des articulations synoviales, mais elles leur sont souvent associées (figure 8.4). Ce sont essentiellement des pochettes de lubrifiant que l'on peut comparer à des roulements à billes; elles jouent en effet un rôle de prévention en réduisant la friction entre les articulations et les structures adjacentes au cours des mouvements. Les **bourses** sont des sacs fibreux aplatis, tapissés d'une membrane synoviale; elles contiennent une mince pellicule de liquide synovial. On retrouve la majorité des bourses aux endroits où les ligaments, les muscles, la peau ou les tendons frottent sur les os. Beaucoup de gens ne savent pas ce qu'est une bourse mais ont déjà entendu parler de l'*oignon*; l'oignon est une inflammation de la bourse séreuse du gros orteil causée par le frottement d'une chaussure trop serrée ou mal ajustée et provoquant une enflure.

La plupart des bourses sont déjà présentes à la naissance mais il s'en forme d'autres, appelées *fausses bourses*, partout où il se produit un mouvement important des articulations; elles fonctionnent alors de la même façon que les vraies bourses. Une **gaine de tendon** est une bourse allongée qui entoure un tendon soumis à un frottement, un peu comme le petit pain entoure la saucisse dans un hot dog.

Facteurs influant sur la stabilité des articulations synoviales

Comme les articulations sont constamment étirées et comprimées, elles doivent faire preuve d'une bonne stabilité afin d'éviter les luxations (perte de contact entre deux surfaces articulaires). La stabilité d'une articulation synoviale repose principalement sur trois facteurs: la nature des surfaces articulaires, le nombre et la position des ligaments ainsi que le tonus musculaire.

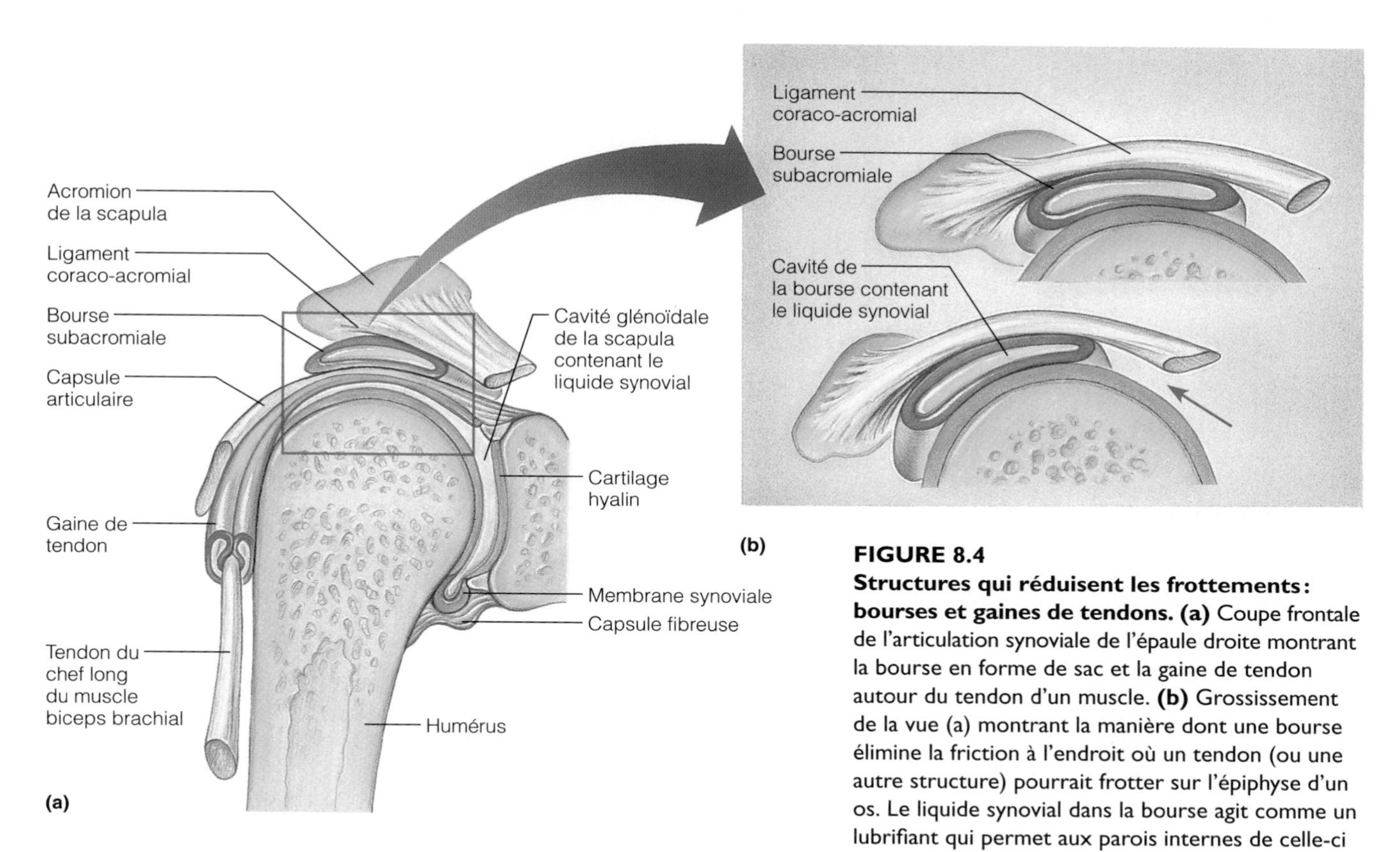

FIGURE 8.4
Structures qui réduisent les frottements : bourses et gaines de tendons. (a) Coupe frontale de l'articulation synoviale de l'épaule droite montrant la bourse en forme de sac et la gaine de tendon autour du tendon d'un muscle. **(b)** Grossissement de la vue (a) montrant la manière dont une bourse élimine la friction à l'endroit où un tendon (ou une autre structure) pourrait frotter sur l'épiphyse d'un os. Le liquide synovial dans la bourse agit comme un lubrifiant qui permet aux parois internes de celle-ci de glisser facilement l'une sur l'autre.

8

Surfaces articulaires

La forme des surfaces articulaires détermine les types de mouvements qu'une articulation peut effectuer, mais les surfaces articulaires ne jouent qu'un rôle minime dans la stabilité des articulations. En effet, de nombreuses articulations possèdent des cavités peu profondes ou même des surfaces articulaires non complémentaires (qu'on pourrait aussi qualifier de « mal adaptées »), qui ne participent guère à la stabilité de l'articulation et peuvent même y faire obstacle. En revanche, lorsque les surfaces articulaires sont assez étendues et qu'elles s'ajustent bien, ou lorsque la cavité est profonde, la stabilité s'en trouve considérablement améliorée. L'articulation sphéroïde de la hanche, dans laquelle la tête du fémur s'articule avec l'acétabulum de l'os coxal, fournit l'exemple d'une excellente stabilité assurée par la forme des surfaces articulaires.

Ligaments

Les capsules et les ligaments des articulations synoviales assument plusieurs fonctions : ils unissent les os, participent à l'orientation du mouvement d'un os et empêchent tout mouvement excessif ou non souhaitable. En règle générale, plus les ligaments sont nombreux, plus l'articulation est renforcée. Si les autres facteurs de stabilité ne sont pas suffisants, les ligaments peuvent toutefois être soumis à une tension excessive qui provoquera leur étirement. Des ligaments étirés ne reviennent jamais à leur position initiale, un peu comme du caramel ; d'autre part, ils se déchirent si l'étirement dépasse 6 % de leur longueur. Par conséquent, une articulation n'est pas très stable si ce sont des ligaments qui en constituent le principal moyen de soutien.

Tonus musculaire

Dans la plupart des cas, les tendons des muscles qui traversent les articulations représentent le facteur de stabilité le plus important. Ces tendons sont constamment maintenus sous tension par le tonus des muscles qu'ils rattachent aux os. (Le tonus musculaire se définit comme une légère contraction des muscles au repos qui leur permet de réagir à une stimulation nerveuse.) Nous verrons ultérieurement que le tonus musculaire joue un rôle essentiel dans le renforcement des articulations de l'épaule, du genou et des arcs plantaires.

La capsule articulaire et les ligaments sont riches en terminaisons nerveuses sensitives qui règlent indirectement la position des articulations et contribuent au maintien du tonus musculaire. L'étirement de ces structures envoie des influx nerveux au système nerveux central, qui analyse ces informations et retourne une commande motrice produisant la contraction appropriée des muscles entourant l'articulation.

Mouvements permis par les articulations synoviales

Chaque muscle squelettique se rattache en deux points au moins à des os ou à d'autres structures de tissu conjonctif. Le tendon de l'**origine musculaire** est lié à l'os immobile

FIGURE 8.5
Exemple d'amplitude exceptionnelle des mouvements. Dominique Dawes, gymnaste américaine aux Jeux olympiques de 1996, possède des articulations de la hanche presque aussi flexibles que celles de ses épaules.

(ou le moins mobile), alors que le tendon de l'autre extrémité, l'**insertion musculaire,** est attaché à l'os mobile. Lorsque le muscle se contracte (sur l'articulation) et que son insertion se rapproche de son origine, il se produit un mouvement de l'os. C'est le principe qui est à la base des mouvements des différentes parties du corps. Les mouvements peuvent être décrits en termes directionnels par rapport aux lignes, ou *axes*, autour desquelles les parties du corps bougent, et par rapport aux plans de l'espace dans lesquels les mouvements se réalisent, c'est-à-dire dans les plans transverse, frontal ou sagittal. (Ces plans ont été étudiés au chapitre 1.)

La gamme des mouvements permis par les articulations synoviales va du **mouvement non axial** (mouvement de glissement seulement, car il n'y a pas d'axe autour duquel le mouvement peut s'accomplir) au **mouvement multiaxial** (mouvement dans les trois plans de l'espace) en passant par le **mouvement uniaxial** (mouvement dans un plan) et le **mouvement biaxial** (mouvement dans deux plans). L'amplitude des mouvements peut varier de manière considérable d'une personne à une autre. Chez certaines personnes, tels les gymnastes ou les acrobates bien entraînés, l'amplitude des mouvements articulaires peut être exceptionnelle (figure 8.5). Les mouvements permis par les principales articulations sont présentés au tableau 8.2.

Il existe trois principaux types de mouvements : le *glissement*, les *mouvements angulaires* et la *rotation*. Nous allons décrire ici les principaux mouvements permis par les articulations synoviales ; ils sont représentés à la figure 8.6.

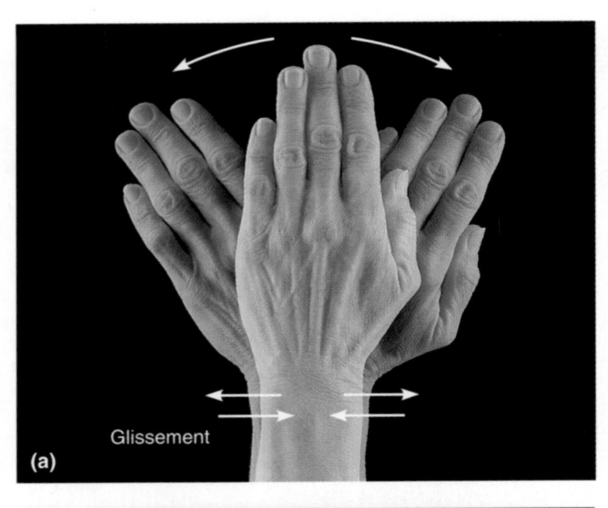

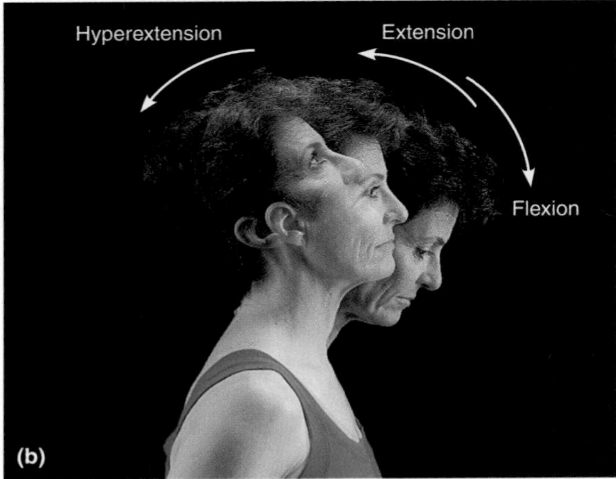

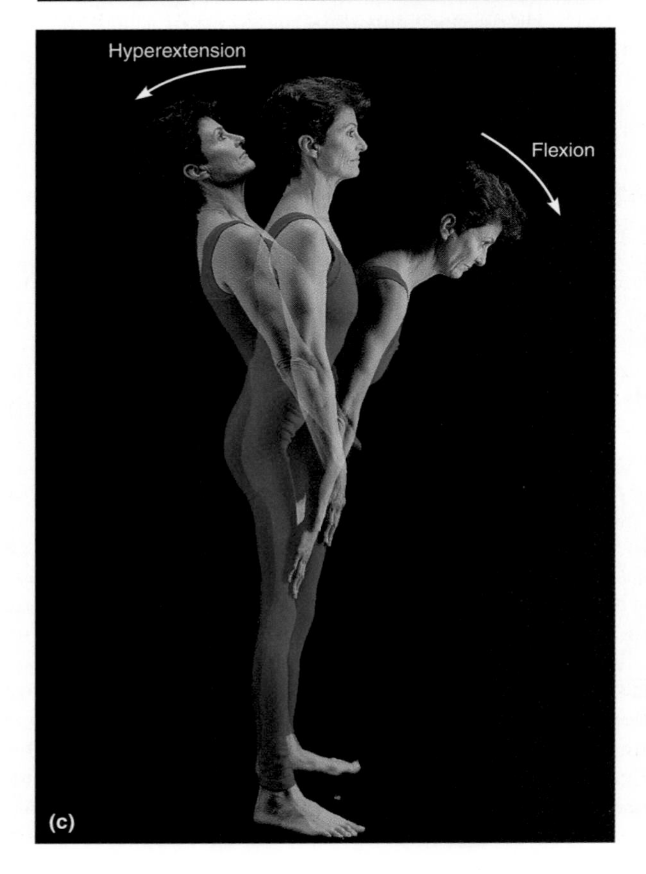

FIGURE 8.6
Mouvements permis par les articulations synoviales.
(a) Mouvements de glissement. **(b)** et **(c)** Mouvements angulaires.

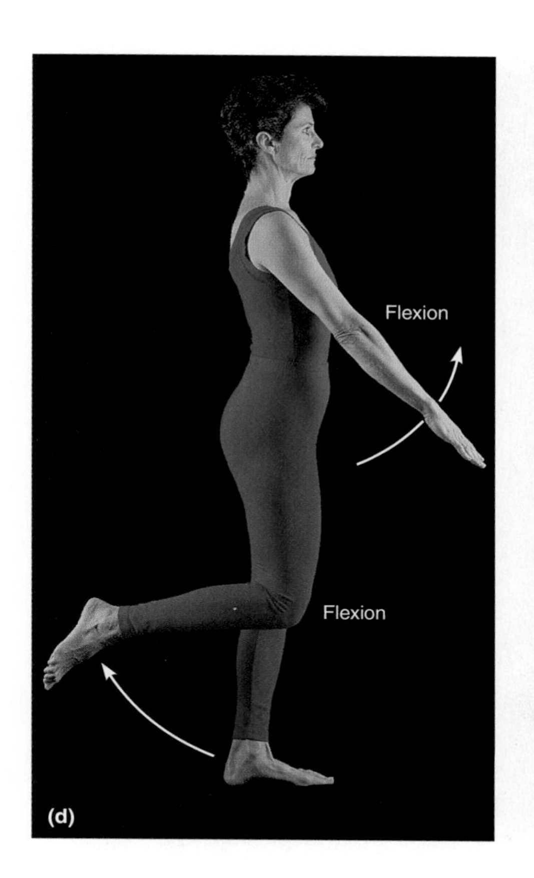

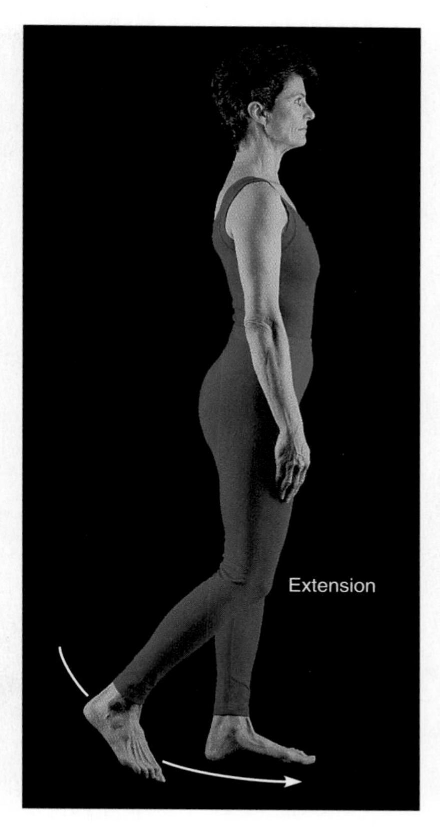

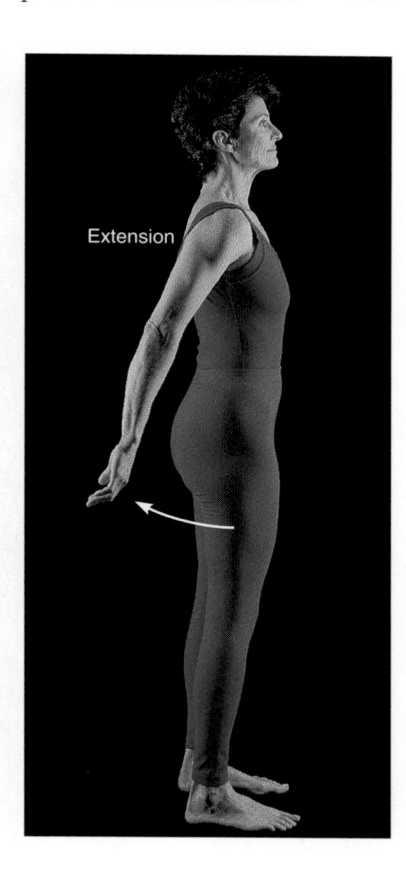

Mouvements de glissement

Les **mouvements de glissement** (figure 8.6a) sont les types de mouvements articulaires les plus simples. Une surface osseuse plane, ou presque plane, glisse sur une autre surface semblable. Les mouvements de glissement se réalisent entre les os du carpe ou entre les os du tarse ainsi qu'entre les processus articulaires plats des vertèbres (voir le tableau 8.2).

Mouvements angulaires

Les **mouvements angulaires** (figure 8.6b à f) modifient (augmentent ou diminuent) l'angle entre deux os réunis par une articulation. Les mouvements angulaires peuvent se dérouler dans tout plan du corps et comprennent la flexion, l'extension, l'abduction, l'adduction et la circumduction.

Flexion La **flexion** est un mouvement de repli qui *diminue l'angle* de l'articulation et rapproche deux os l'un de l'autre. Ce mouvement s'accomplit habituellement dans le plan sagittal. Pencher la tête en avant sur la poitrine (figure 8.6b) et fléchir le tronc ou le genou d'une position droite à une position formant un angle (figure 8.6c et d) en sont des exemples. Le mouvement du bras vers une position antérieure à l'épaule constitue la flexion du bras (figure 8.6d).

Extension L'**extension** est le mouvement inverse de la flexion et il a lieu aux mêmes articulations. Ce type de mouvement a lieu dans un plan sagittal et *augmente l'angle* entre deux os, par exemple dans l'action de redresser le cou, le tronc, les coudes ou les genoux après une flexion (figure 8.6b à d). Dans l'**hyperextension,** la tête est

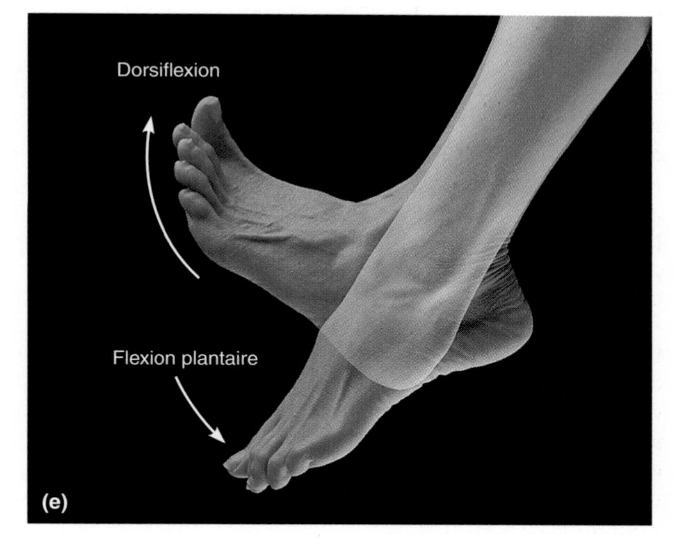

FIGURE 8.6 (suite)
Mouvements permis par les articulations synoviales.
(d) et **(e)** Mouvements angulaires (suite).

penchée en arrière au-delà de la position anatomique. Au niveau de l'épaule, l'extension du bras le déplace vers un point situé derrière l'articulation de l'épaule.

Dorsiflexion et flexion plantaire du pied Les termes extension et flexion ne peuvent pas décrire les mouvements du pied dans le plan vertical au niveau de l'articulation de la cheville (figure 8.6e). Puisque la jonction entre le pied et la jambe forme un angle droit, les mouvements vers le haut et le bas *diminuent* cet angle ; d'un point de

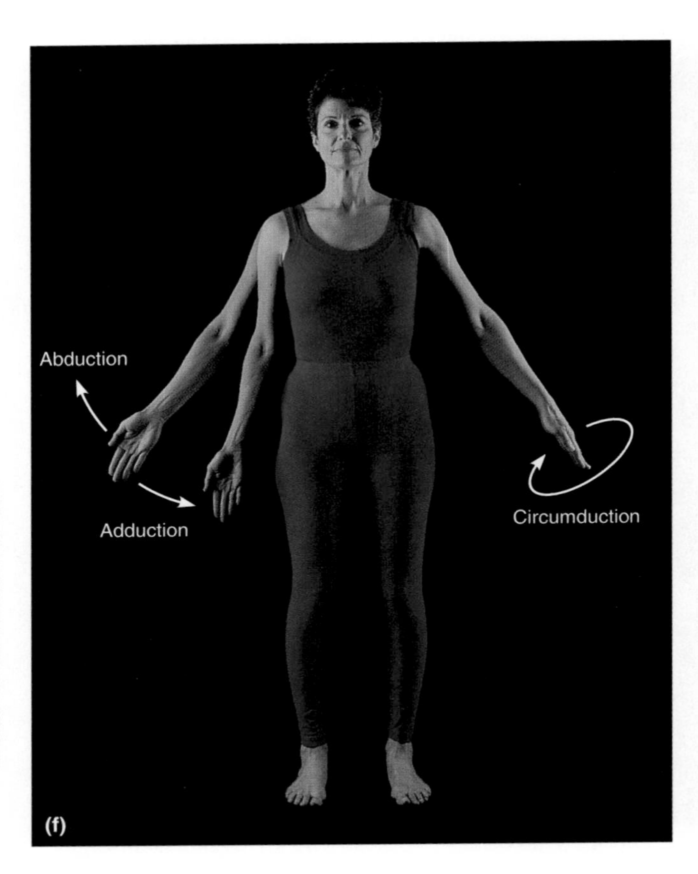

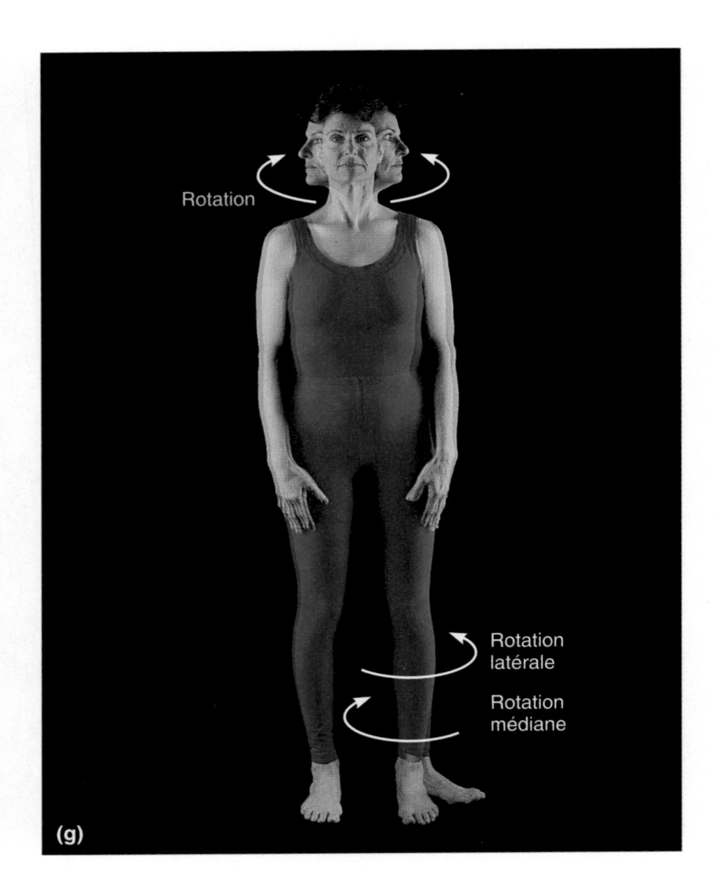

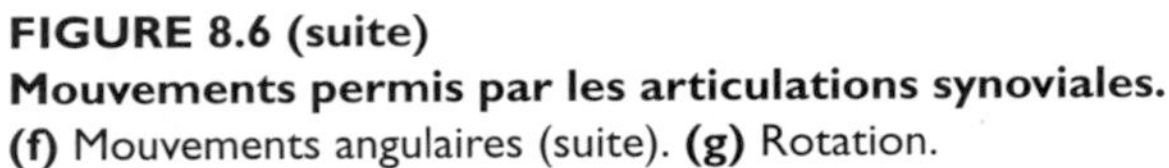

FIGURE 8.6 (suite)
Mouvements permis par les articulations synoviales.
(f) Mouvements angulaires (suite). **(g)** Rotation.

vue technique, ces mouvements sont des flexions. On utilise donc les termes plus précis de **dorsiflexion** pour décrire le mouvement consistant à lever le pied en direction du tibia et de **flexion plantaire** pour décrire l'action de pointer les orteils vers le bas.

Abduction L'**abduction** (*abductio* = action d'emmener) est le mouvement qui *écarte* un membre du plan médian du corps, dans le plan frontal. L'élévation latérale du bras (figure 8.6f) ou de la cuisse est un exemple d'abduction. Ce terme peut être utilisé pour désigner le mouvement des doigts ou des orteils, auquel cas il indique leur écartement ; le point de référence médian est alors le doigt le plus long (le troisième doigt ou le deuxième orteil). D'autre part, pencher latéralement le tronc en l'éloignant de la ligne médiane du corps, dans le plan frontal, est appelé *flexion latérale* et non abduction.

Adduction L'**adduction** (*adductio* = action d'amener) est l'opposé de l'abduction ; il s'agit donc du mouvement d'un membre *vers* la ligne médiane du corps ou, dans le cas des doigts, vers la ligne médiane de la main ou du pied (figure 8.6f).

Circumduction La **circumduction** (*circumducere* = conduire autour) est le mouvement au cours duquel le membre décrit un cône dans l'espace (figure 8.6f). L'extrémité distale du membre trace un cercle, tandis que le sommet du cône (l'articulation de l'épaule ou de la hanche) est plus ou moins stationnaire. Un lanceur de baseball, au moment de son élan, effectue un mouvement de circumduction avec le bras qui lance la balle. Comme la circumduction est en fait le résultat de la séquence des mouvements de flexion, d'abduction, d'extension et d'adduction, c'est le meilleur moyen (et le plus rapide) d'exercer les muscles qui régissent les mouvements des articulations sphéroïdes de la hanche et de l'épaule. La circumduction est également caractéristique de l'articulation en selle du pouce.

Rotation

La **rotation** est le mouvement d'un os autour de son axe longitudinal. C'est le seul mouvement qui soit possible entre les deux premières vertèbres cervicales et il se produit aussi aux articulations de la hanche et de l'épaule (figure 8.6g). La rotation peut se faire en direction de la ligne médiane ou elle peut s'en éloigner. Par exemple, dans la *rotation médiane* de la cuisse, la face antérieure du fémur se déplace vers le plan médian du corps ; la *rotation latérale* est le mouvement opposé.

Mouvements spéciaux

Certains mouvements n'entrent dans aucune des catégories précédentes et ne sont possibles qu'au niveau de certaines articulations. Des exemples de ces mouvements spéciaux sont illustrés à la figure 8.7.

? *Quelle position de la main (pronation ou supination) est caractéristique de la position anatomique ?*

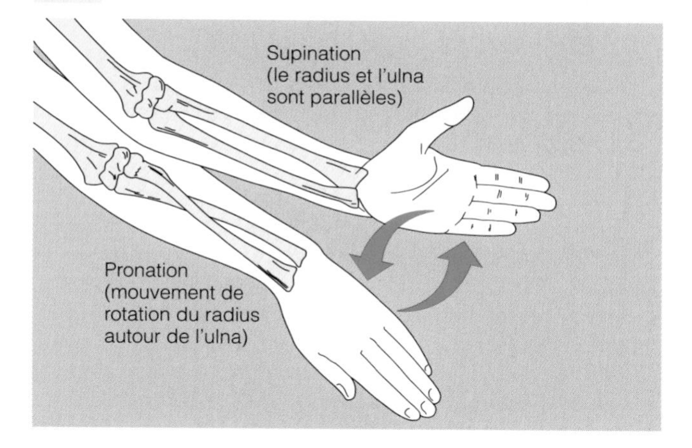

(a) Supination et pronation

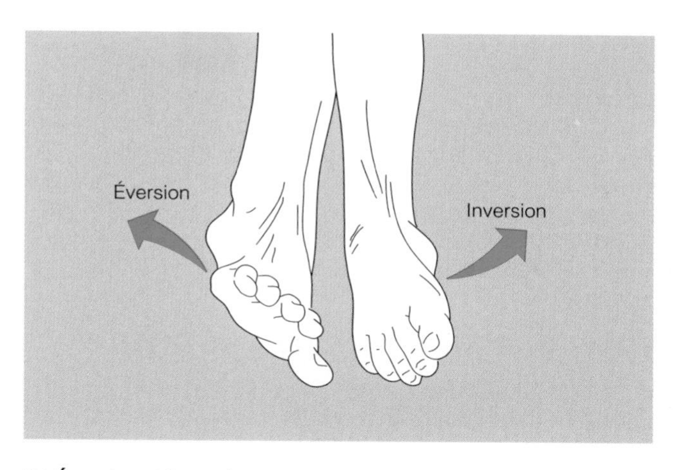

(b) Éversion et inversion

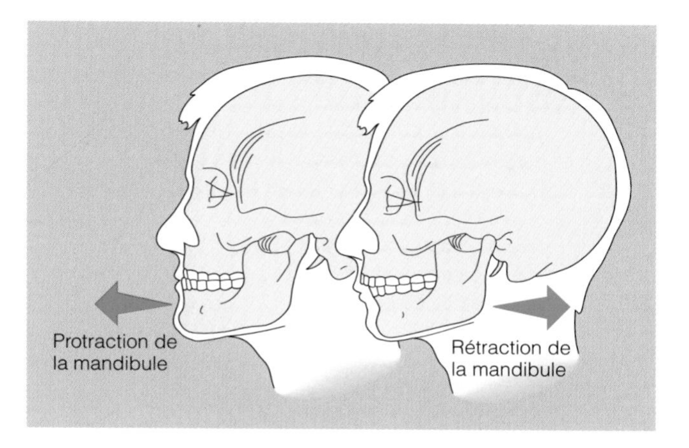

(c) Protraction et rétraction

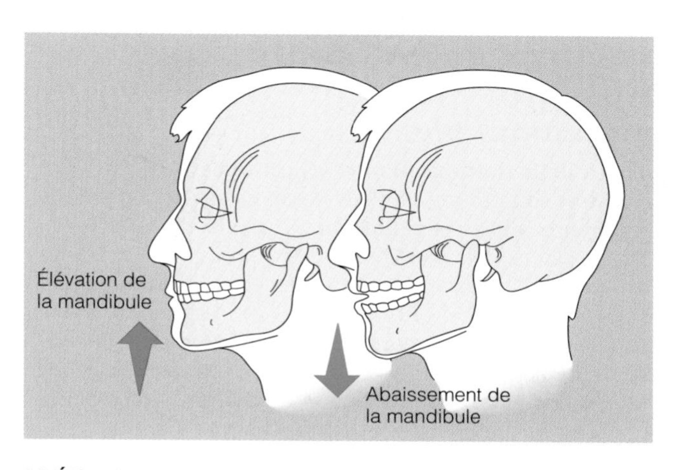

(d) Élévation et abaissement

FIGURE 8.7
Mouvements spéciaux du corps.

Supination et pronation Les termes **supination** et **pronation** ne désignent que les mouvements du radius autour de l'ulna (figure 8.7a). La supination est la rotation latérale de l'avant-bras pour tourner la paume en position antérieure ou supérieure. C'est le mouvement qu'une personne droitière effectue pour serrer une vis. Dans la position anatomique, la main est en supination et le radius et l'ulna sont parallèles. Dans la pronation, l'avant-bras décrit une rotation vers le plan médian et la paume se trouve en position postérieure ou inférieure ; l'extrémité distale du radius se déplace par rapport à l'ulna vers la ligne médiane du corps de sorte que les deux os se croisent. C'est la position de détente de l'avant-bras. La pronation nous permet de desserrer une vis ; ce type de mouvement est beaucoup plus faible que la supination.

Pour mieux distinguer la supination (de la pronation), pensez au mouvement que vous devriez effectuer pour amener un bol de soupe *posé dans la paume de vos mains* à votre bouche (la « *soup*ination »).

Inversion et éversion Les termes **inversion** et **éversion** font référence à des mouvements spéciaux du pied (figure 8.7b). Dans l'inversion, la plante du pied est tournée vers le plan médian ; dans l'éversion, elle est tournée vers l'extérieur.

Protraction et rétraction Les mouvements antérieurs et postérieurs non angulaires dans un plan transverse sont dénommés respectivement **protraction** et **rétraction** (figure 8.7c). La mandibule est protractée lorsque la mâchoire est projetée en avant, et rétractée lorsqu'elle se déplace postérieurement et retourne à sa position originale. Redresser les épaules dans la position du garde-à-vous est un autre exemple de rétraction.

Élévation et abaissement **Élévation** signifie lever ou déplacer en position supérieure (figure 8.7d). Les scapulas

---

La supination.

s'élèvent lorsque nous haussons les épaules. Le mouvement inverse, lorsque la partie élevée revient vers le bas, est appelé **abaissement.** Le fait de mâcher élève et abaisse la mandibule alternativement.

Opposition L'articulation en selle entre le métacarpien I et le trapèze permet un mouvement de flexion du pouce bien particulier appelé **opposition** : le pouce peut ainsi toucher le bout des autres doigts de la même main (ce mouvement n'est pas illustré à la figure 8.7). C'est l'opposition qui fait de la main humaine un outil si bien adapté à la préhension et à la manipulation des objets.

Types d'articulations synoviales

Toutes les articulations synoviales ont certaines caractéristiques structurales en commun, mais elles n'ont pas pour autant de plan structural commun. On peut les subdiviser en six catégories principales, selon la forme de leurs surfaces articulaires, qui détermine les mouvements permis : plane, trochléenne, trochoïde, condylaire, en selle et sphéroïde (figure 8.8).

Articulations planes

Dans les **articulations planes** (figure 8.8a), les surfaces articulaires sont plates et elles ne permettent que de petits mouvements de glissement. Nous avons déjà parlé de quelques exemples d'articulations planes : les articulations entre les os du carpe ou entre les os du tarse ainsi que les articulations entre les processus articulaires des vertèbres. Dans le mouvement de glissement, aucune rotation ne s'effectue autour d'un axe, de sorte que les articulations planes sont les seules articulations non axiales.

Articulations trochléennes

Dans les **articulations trochléennes** (figure 8.8b), la saillie convexe ou cylindrique d'un os s'ajuste dans la surface concave d'un autre os. Le mouvement s'effectue dans un seul plan et est semblable à celui d'une charnière mécanique. Seules la flexion et l'extension sont possibles dans les articulations trochléennes uniaxiales comme les articulations interphalangiennes et celles du coude.

Articulations trochoïdes

Dans une **articulation trochoïde,** ou à pivot (figure 8.8c), l'extrémité arrondie ou conique d'un os s'adapte à un anneau osseux (ou formé de ligaments) d'un autre os. Le seul mouvement autorisé est la rotation uniaxiale d'un os autour de son axe longitudinal ou contre un autre os. L'articulation entre l'atlas et la dent de l'axis, qui permet de bouger la tête de chaque côté pour signifier « non », est une articulation trochoïde, de même que l'articulation radio-ulnaire proximale dans laquelle la tête du radius tourne à l'intérieur du ligament annulaire du radius qui la relie à une petite cavité, l'incisure radiale de l'ulna.

Articulations condylaires

Dans les **articulations condylaires** (*kondulos* = articulation) ou **ellipsoïdes,** la surface articulaire convexe d'un os s'ajuste dans la cavité concave complémentaire d'un autre os (figure 8.8d). La forme ovale de chacune des deux surfaces articulaires distingue ce type d'articulation. Les articulations condylaires (biaxiales) rendent possibles tous les mouvements *angulaires*, c'est-à-dire la flexion et l'extension, l'abduction et l'adduction ainsi que la circumduction. Les articulations radio-carpiennes (du poignet) et les articulations métacarpo-phalangiennes (des jointures) sont des articulations condylaires.

Certaines articulations, par exemple les articulations du genou et les articulations temporo-mandibulaires, comportent deux surfaces articulaires, c'est-à-dire deux condyles convexes s'articulant avec deux surfaces concaves. Ces **articulations bicondylaires** sont en fait des *articulations trochléennes modifiées*. Leur mouvement s'effectue dans un seul plan (comme les articulations trochléennes) mais elles permettent également une certaine rotation, soit indépendamment, soit en complément du mouvement principal.

Articulations en selle

Les **articulations en selle** (figure 8.8e) ressemblent aux articulations condylaires mais elles accordent une plus grande liberté de mouvement. Chacune des deux surfaces articulaires possède à la fois une partie concave dans une direction et une partie convexe dans l'autre direction. La surface convexe d'un des os peut donc s'articuler dans la surface concave de l'autre os. L'articulation se comporte comme un cavalier sur sa selle qui peut se mouvoir dans deux plans perpendiculaires l'un par rapport à l'autre : vers l'avant et l'arrière d'une part et sur les côtés d'autre part. L'articulation carpo-métacarpienne du pouce illustre particulièrement bien ce type d'articulation.

> « *Apportez au cours un petit magnétophone à cassettes et enregistrez les propos du professeur (avec sa permission). Écoutez la bande peu de temps après le cours et complétez les notes que vous avez prises. Vous pouvez également l'écouter dans la voiture, en cuisinant et même dans la baignoire ! La répétition est la règle d'or de la mémorisation.*
>
> *Kimberly Kline, étudiante en médecine*

Articulations sphéroïdes

Dans les **articulations sphéroïdes** (figure 8.8f), la tête sphérique ou hémisphérique d'un os s'emboîte dans la cavité concave d'un autre os. Multiaxiales, ce sont les articulations synoviales qui autorisent la plus grande liberté de mouvement. Elles favorisent un mouvement universel (c'est-à-dire le long de tous les axes et dans tous les plans, y compris la rotation). Les articulations de l'épaule et de la hanche sont les seules articulations sphéroïdes du corps.

Structure de quelques articulations synoviales

Nous allons étudier ici quatre articulations en détail (épaule, coude, hanche et genou). Chacune de ces articulations

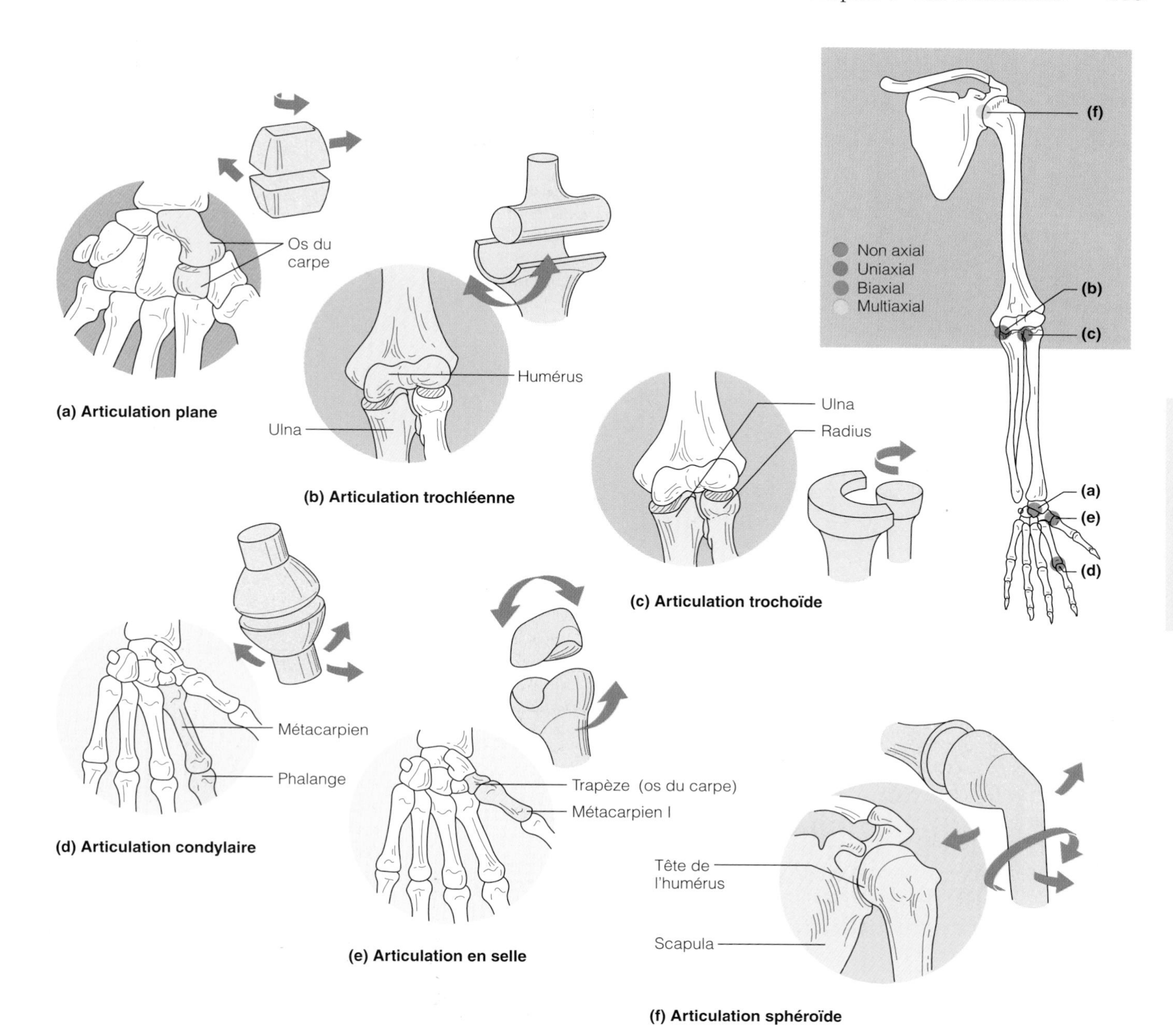

FIGURE 8.8
Types d'articulations synoviales. Les os correspondant aux renvois sont en jaune doré; les autres os sont laissés en blanc. **(a)** Articulation plane (ex.: articulations entre les os du carpe et entre les os du tarse). **(b)** Articulation trochléenne (ex.: articulations du coude et articulations interphalangiennes). **(c)** Articulation trochoïde (ex.: articulation radio-ulnaire proximale). **(d)** Articulation condylaire (ex.: articulations métacarpo-phalangiennes). **(e)** Articulation en selle (ex.: articulation carpo-métacarpienne du pouce). **(f)** Articulation sphéroïde (ex.: articulation scapulo-humérale).

présente les cinq caractéristiques propres aux articulations synoviales et nous ne reviendrons pas sur ces caractéristiques communes. Nous insisterons plutôt sur leurs caractéristiques structurales particulières, leurs capacités fonctionnelles et, dans certains cas, leurs faiblesses fonctionnelles.

Articulation de l'épaule (scapulo-humérale)

L'articulation de l'épaule est la plus mobile de toutes les articulations du corps, la stabilité y étant sacrifiée au profit de la mobilité. Dans cette articulation sphéroïde, la tête de l'humérus s'insère dans la cavité glénoïdale de la scapula, petite et peu profonde (figure 8.9), tout comme une balle de golf posée sur un tee. Bien que la cavité glénoïdale soit légèrement approfondie par un rebord de cartilage fibreux appelé **bourrelet glénoïdal,** sa taille équivaut seulement au tiers de celle de la tête humérale et sa contribution à la stabilité de l'articulation est donc minime.

La mince capsule articulaire entourant la cavité articulaire (depuis le bord de la cavité glénoïdale jusqu'au col anatomique de l'humérus) est singulièrement lâche (une

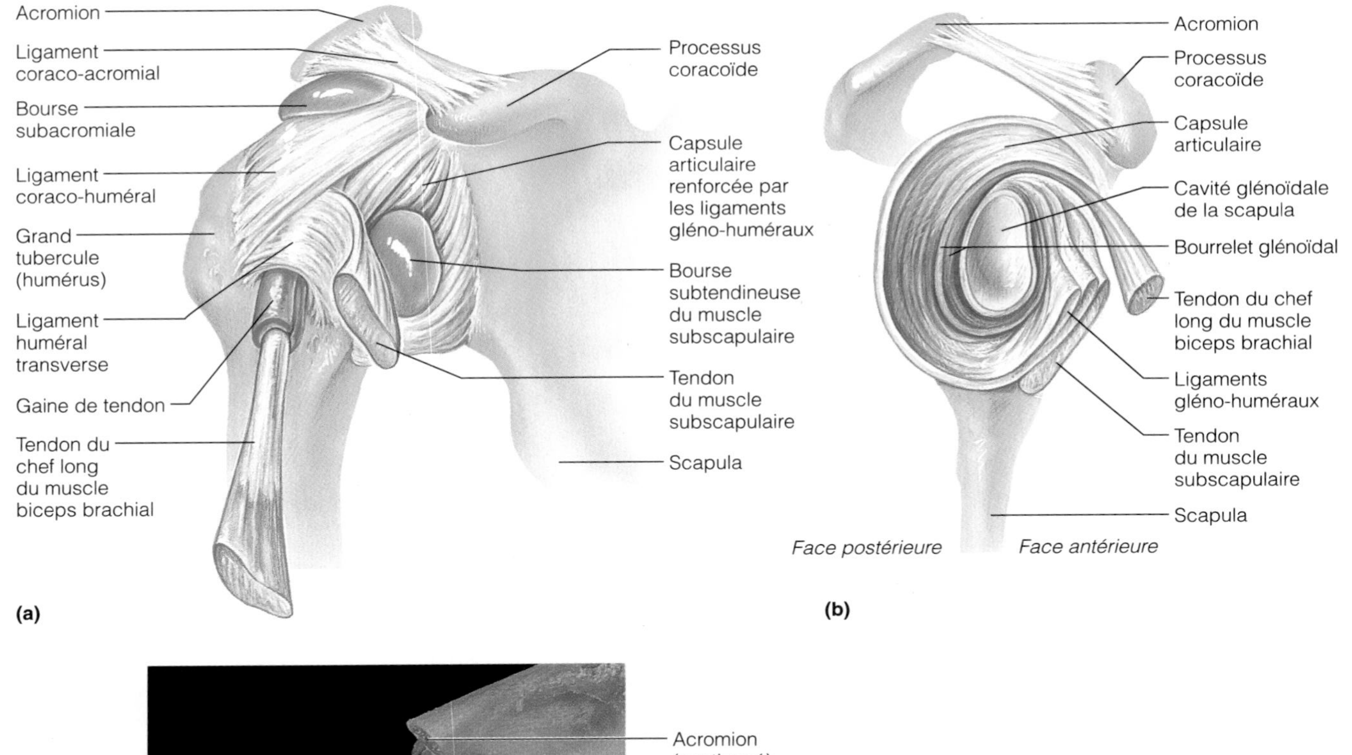

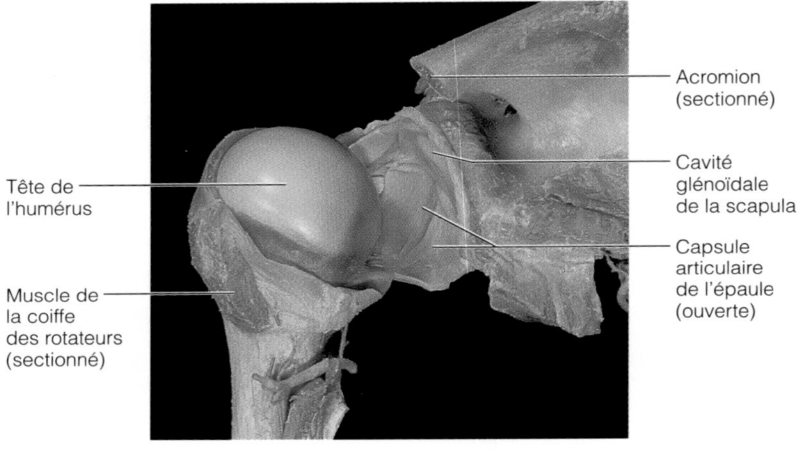

FIGURE 8.9
Articulation de l'épaule. (a) Vue antérieure de l'articulation de l'épaule (en surface) qui montre quelques ligaments de renforcement, les muscles qui leur sont associés et les bourses. **(b)** L'articulation de l'épaule droite, coupe et vue latérales, sans l'humérus. **(c)** Photographie de l'intérieur de l'articulation de l'épaule, vue antérieure.

qualité qui confère à l'articulation sa grande liberté de mouvement). Les quelques ligaments qui renforcent l'articulation de l'épaule sont situés surtout sur sa face antérieure. Le **ligament coraco-huméral,** qui s'étend du processus coracoïde de la scapula au grand tubercule de l'humérus, contribue à lui seul à l'épaississement de la capsule et supporte en partie le poids du membre supérieur ; les trois **ligaments gléno-huméraux** raffermissent quelque peu la partie frontale de la capsule mais ils sont faibles, et même parfois absents ; le **ligament huméral transverse** relie le grand et le petit tubercule de l'humérus. Plusieurs bourses sont associées à l'articulation de l'épaule.

Les tendons musculaires traversant l'articulation de l'épaule contribuent fortement à la stabilité de celle-ci. Le tendon du chef long du biceps brachial est le plus important à cet égard (figure 8.9a). Ce tendon s'attache sur la face supérieure du bourrelet glénoïdal, pénètre dans la cavité articulaire puis passe dans le sillon intertuberculaire de l'humérus. Il maintient fermement la tête de l'humérus dans la cavité glénoïdale de la scapula. Quatre autres tendons (et leurs muscles associés), qui constituent un ensemble appelé **coiffe des rotateurs,** fusionnent au niveau de la capsule articulaire et encerclent l'articulation. Ce sont les tendons des muscles subscapulaire, supra-épineux, infra-épineux et petit rond. (Ces muscles sont représentés à la figure 10.14, p. 332.) Cette disposition rend possible un étirement brutal des quatre tendons lorsque le bras effectue un vigoureux mouvement de circumduction ; les lanceurs de baseball sont sujets à une telle blessure. Comme nous l'avons dit au chapitre 7, les luxations de l'épaule sont passablement fréquentes. Les tendons et les ligaments sont principalement situés dans les régions supérieure et antérieure de l'articulation de l'épaule. C'est la raison pour laquelle sa partie inférieure est relativement faible, et que l'humérus a tendance à se déplacer vers le bas en cas de luxation de l'épaule.

Articulation de la hanche (coxo-fémorale)

L'articulation de la hanche, comme celle de l'épaule, est une articulation sphéroïde ; elle possède une bonne

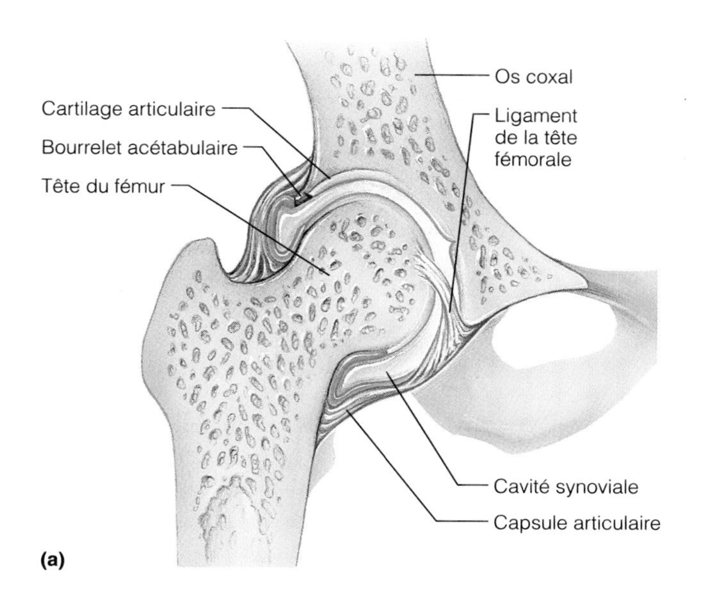

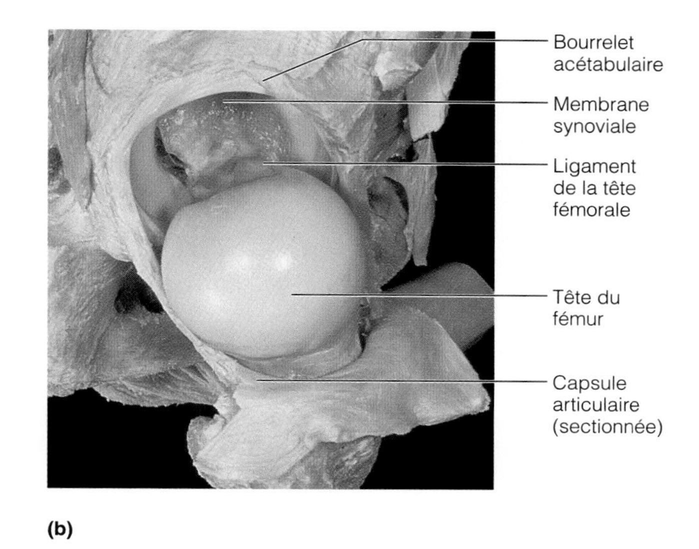

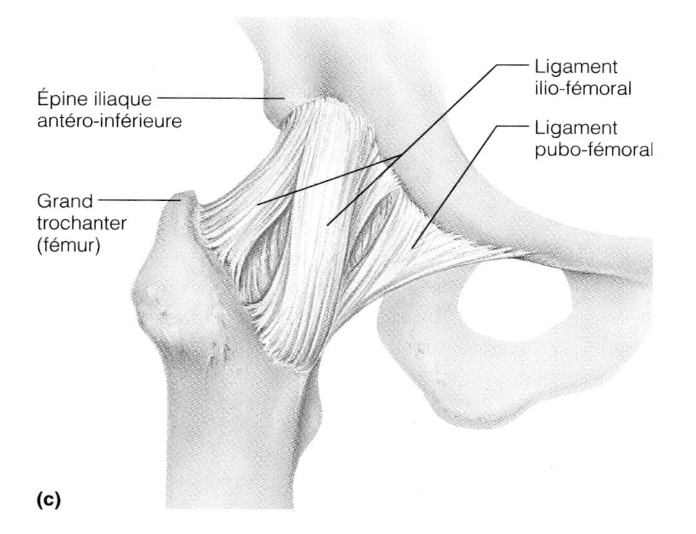

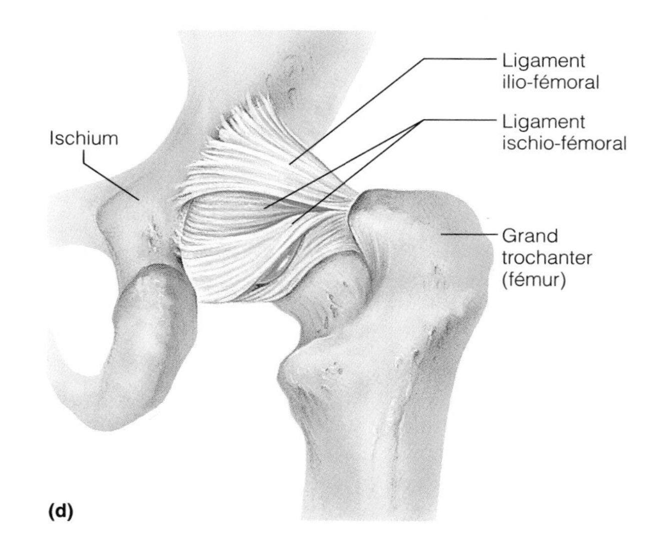

FIGURE 8.10
Articulation de la hanche. (a) Coupe frontale de l'articulation de la hanche droite. **(b)** Photographie de l'intérieur de l'articulation de la hanche, vue latérale. **(c)** Vue antérieure (en surface) de l'articulation de la hanche droite. **(d)** Vue postérieure (en surface) de l'articulation de la hanche droite.

amplitude de mouvement qui est cependant moins importante que celle de l'épaule. Les mouvements s'effectuent dans tous les plans possibles mais sont limités par les ligaments de l'articulation et par sa cavité profonde. L'articulation de la hanche est formée par l'emboîtement de la tête sphérique du fémur dans la coupe creuse de l'acétabulum de l'os coxal (figure 8.10). La profondeur de l'acétabulum est encore accrue grâce à un rebord circulaire de cartilage fibreux appelé **bourrelet acétabulaire** ; le diamètre de ce bourrelet est plus petit que celui de la tête du fémur. Ces surfaces articulaires s'ajustent bien ensemble, et les luxations de la hanche sont rares.

La capsule articulaire épaisse s'étend du rebord de l'acétabulum au col du fémur et enferme complètement l'articulation. Plusieurs ligaments solides renforcent la capsule de l'articulation de la hanche ; ce sont le **ligament ilio-fémoral,** un solide ligament en forme de V sur la face antérieure, le **ligament pubo-fémoral,** une portion triangulaire épaissie de la partie inférieure de la capsule, et le **ligament ischio-fémoral,** un ligament en spirale situé en position postérieure. La disposition de ces ligaments est telle qu'ils fixent la tête du fémur dans l'acétabulum lorsque la personne se tient debout, ce qui assure la stabilité nécessaire à cette articulation qui transfère le poids du tronc et des membres supérieurs au fémur.

Le **ligament de la tête fémorale** est un ligament plat à l'intérieur de la capsule, tendu de la tête du fémur à la surface semi-lunaire de l'acétabulum. Ce ligament reste lâche au cours de la plupart des mouvements de la hanche et ne joue donc pas un rôle essentiel dans la stabilité de l'articulation. En fait, sa fonction mécanique (s'il en a une) n'est pas bien définie ; par contre, il renferme une artère qui apporte une partie du sang artériel à la tête du fémur. Toute atteinte à cette artère peut provoquer une arthrite grave de l'articulation de la hanche.

Les tendons qui l'entourent et les muscles volumineux de la hanche et de la cuisse qui la recouvrent contribuent à la stabilité et à la force de l'articulation de la hanche. Mais ce sont les solides ligaments ainsi que la profonde cavité (l'acétabulum) qui emprisonne fermement la tête du fémur qui assurent le rôle le plus important.

Articulation du genou

L'articulation du genou est la plus volumineuse et la plus complexe de toutes les articulations (figure 8.11). Elle permet l'extension, la flexion et un peu de rotation. Le genou comporte en fait trois articulations malgré son unique cavité articulaire : l'articulation intermédiaire entre la rotule (ou patella) et la partie inférieure du fémur (l'**articulation fémoro-patellaire**) et les articulations médiale et latérale (qui constituent l'**articulation fémoro-tibiale**) entre les condyles du fémur au-dessus et les **ménisques latéral** et **médial** en forme de croissant (ou *cartilages semi-lunaires*) du tibia au-dessous. En plus de rendre les surfaces articulaires du tibia (épiphyse proximale) plus profondes, les ménisques contribuent à prévenir le ballottement latéral du fémur sur le tibia et absorbent les chocs transmis à l'articulation du genou. (Les ménisques ne s'attachent cependant que par leurs bords extérieurs et sont souvent déchirés.) L'articulation fémoro-tibiale fonctionne principalement comme une articulation trochléenne et autorise la flexion et l'extension. Toutefois, elle possède la structure d'une articulation bicondylaire ; une certaine rotation est possible lorsque le genou est partiellement plié, mais lorsqu'il est en extension, les ligaments et les ménisques empêchent fermement les mouvements latéraux ainsi que la rotation. L'articulation fémoro-patellaire est plane ; la rotule glisse sur l'extrémité distale du fémur au cours des mouvements du genou.

8

L'articulation du genou a ceci de particulier que sa cavité articulaire n'est que partiellement recouverte par une capsule. La capsule articulaire relativement mince ne se trouve que sur les faces latérales et postérieure du genou où elle engaine la masse des condyles du fémur et des condyles du tibia. Sur la face antérieure, où la capsule est absente, trois ligaments descendent de la rotule pour s'attacher à la tubérosité antérieure du tibia. Il s'agit du **ligament patellaire** encadré par les **rétinaculums patellaires médial** et **latéral** qui s'incorporent à la capsule articulaire (figure 8.11d). Le ligament patellaire est en fait un prolongement du tendon du volumineux muscle quadriceps fémoral (partie antérieure de la cuisse) ; les rétinaculums sont aussi des extensions de ce même tendon. C'est le ligament patellaire que les médecins frappent pour évaluer le réflexe rotulien.

La cavité synoviale de l'articulation du genou présente une forme complexe avec plusieurs prolongements qui conduisent à des culs-de-sac. Au moins une douzaine de bourses sont associées à l'articulation du genou (certaines sont illustrées à la figure 8.11a). Par exemple, notez la *bourse subcutanée prépatellaire*, qui est souvent blessée lorsqu'un coup est porté sur la rotule, et la *bourse suprapatellaire*, qui émerge au-dessus de la rotule, sous le tendon du muscle quadriceps fémoral.

Les ligaments extra- et intra-capsulaires stabilisent et renforcent la fragile articulation du genou. Les **ligaments extra-capsulaires** empêchent l'hyperextension et sont tendus lorsque le genou est en extension. Ils comprennent les ligaments suivants.

1. Les **ligaments collatéraux fibulaire** et **tibial** sont essentiels pour prévenir toute rotation latérale ou médiane lorsque le genou est en extension. Le ligament collatéral fibulaire, rond comme un crayon, est tendu de l'épicondyle latéral du fémur jusqu'à la tête de la fibula. Pour sa part, le large ligament collatéral tibial va de l'épicondyle médial du fémur jusqu'au condyle médial du tibia situé plus bas. Il est soudé au ménisque médial de l'articulation du genou.
2. Le **ligament poplité oblique** est en fait une partie du tendon du muscle semi-membraneux qui traverse la face postérieure de l'articulation du genou (figure 8.11e).
3. Le **ligament poplité arqué** s'étend du condyle latéral du fémur à la tête de la fibula et renforce l'arrière de la capsule articulaire.

Les **ligaments intra-capsulaires** sont appelés *ligaments croisés du genou* parce qu'ils se croisent, en formant un X, dans la fosse intercondylaire du fémur. Ils contribuent à prévenir le glissement de l'avant vers l'arrière des surfaces articulaires et relient le fémur et le tibia lorsque nous sommes debout (voir la figure 8.11b). Bien que ces ligaments soient situés à l'intérieur de la capsule articulaire, ils sont à l'*extérieur* de la cavité synoviale et la membrane synoviale recouvre presque complètement leurs surfaces. Remarquez que les deux ligaments croisés sont nommés d'après leur point d'attache au *tibia*. Le **ligament croisé antérieur du genou** monte obliquement à partir de l'aire intercondylaire *antérieure* du tibia pour s'attacher à la face médiane du condyle latéral du fémur. Lorsque le genou est en flexion, c'est ce ligament qui empêche le fémur de glisser vers l'arrière de la surface articulaire du tibia. Il s'oppose également à l'hyperextension du genou. Il est quelque peu relâché lorsque le genou est en flexion et tendu lorsque le genou est en extension. Le **ligament croisé postérieur du genou**, plus puissant, est attaché à l'aire intercondylaire *postérieure* du tibia et se dirige vers le haut et vers l'avant pour s'attacher sur la face latérale du condyle médial du fémur. Ce ligament prévient le glissement du fémur vers l'avant ou le déplacement du tibia vers l'arrière ; il contribue de la sorte à éviter une trop grande flexion de l'articulation du genou.

La capsule du genou est considérablement renforcée par les tendons. Les plus importants sont les solides tendons du muscle quadriceps fémoral de la face antérieure de la cuisse et le tendon du muscle semi-membraneux de la face postérieure de la cuisse. Ce sont les muscles associés à l'articulation qui sont les principaux facteurs de stabilité ; plus leur force et leur tonus sont élevés, moins les risques de blessure au genou sont importants.

Analyse des mouvements du genou Au cours de l'extension du genou qui survient lorsque nous passons de la position assise à la position debout, les condyles fémoraux roulent comme les billes d'un roulement à billes sur les condyles plats du tibia, jusqu'à ce que leur

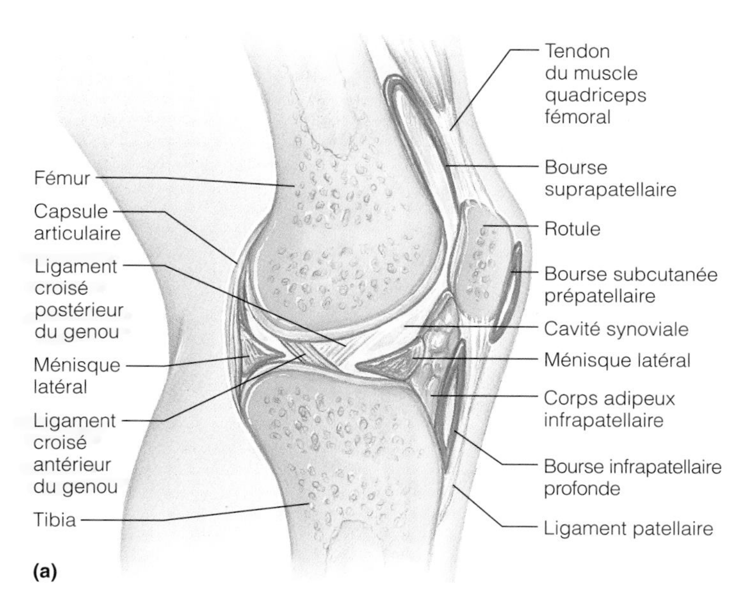

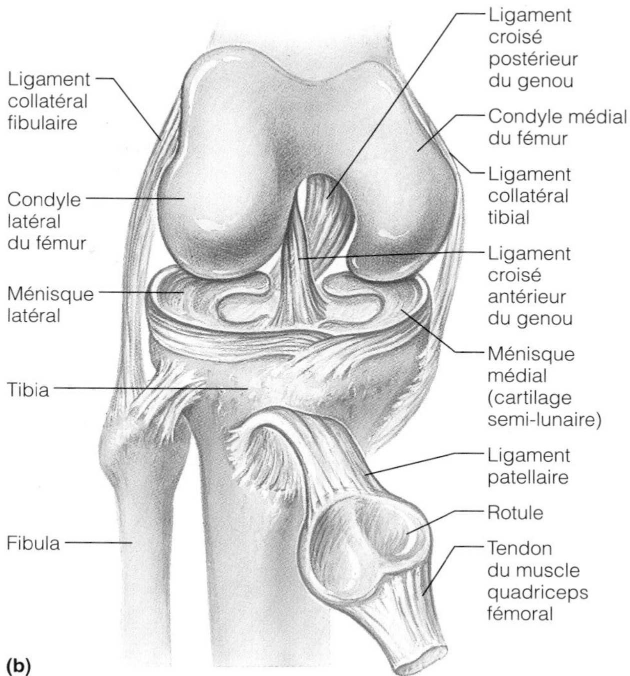

8

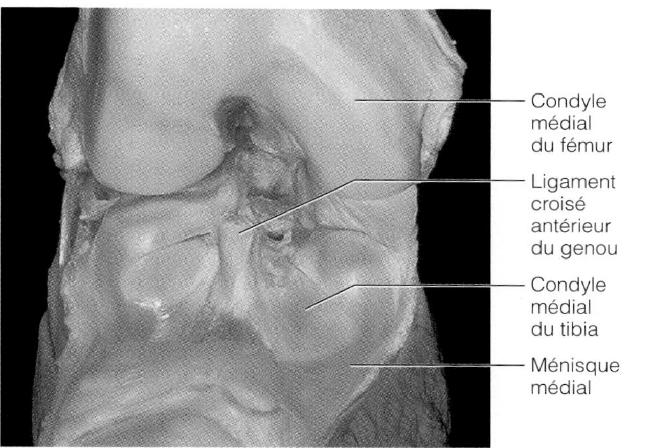

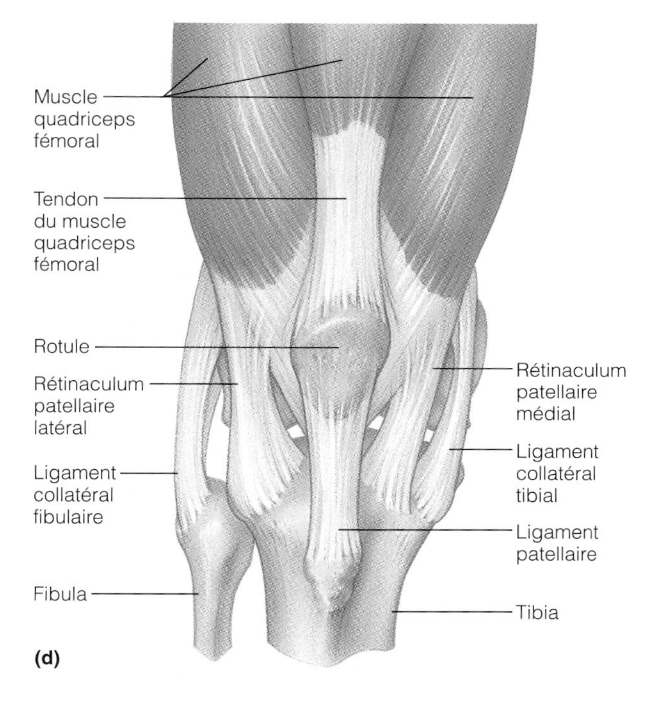

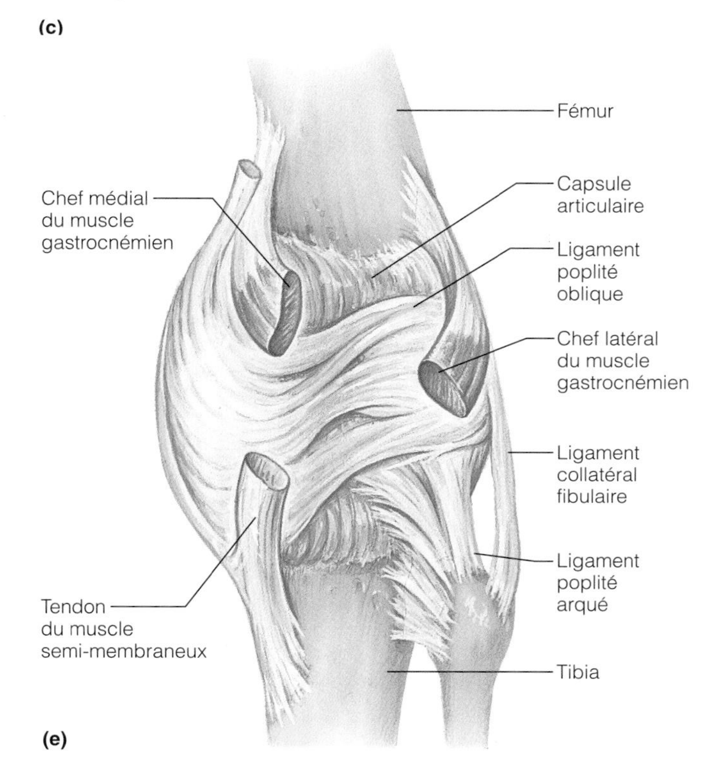

FIGURE 8.11
Articulation du genou. (a) Coupe sagittale médiane de l'articulation du genou droit. **(b)** Vue antérieure de l'articulation du genou droit légèrement fléchi montrant les ligaments croisés. La capsule articulaire a été enlevée; le tendon du muscle quadriceps fémoral a été sectionné et replié en position distale. **(c)** Photographie d'une articulation ouverte du genou correspondant au schéma présenté en (b). **(d)** Vue antérieure du genou droit. **(e)** Vue postérieure (en surface) des ligaments qui revêtent l'articulation du genou droit.

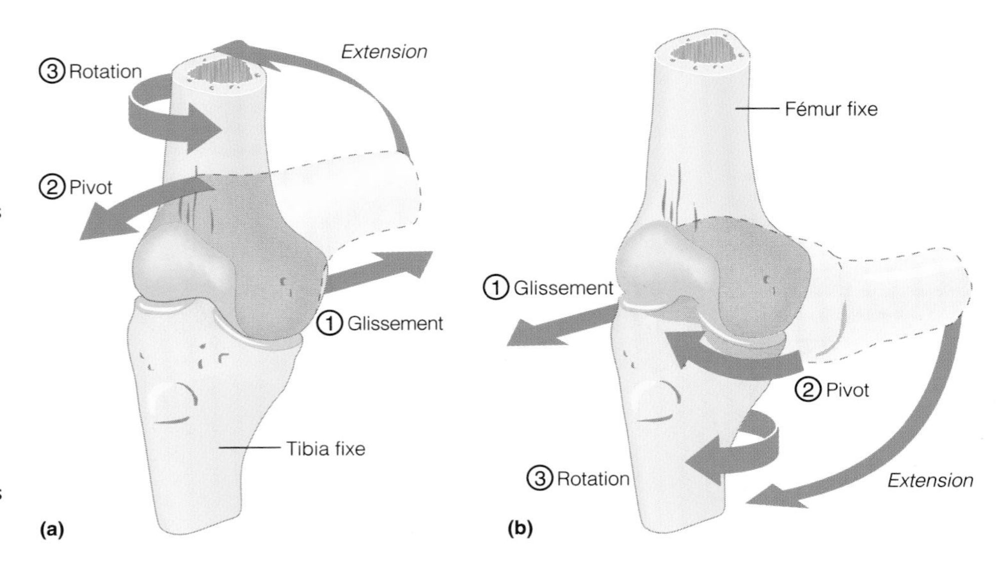

FIGURE 8.12
Mouvements de l'articulation du genou. Analyse des mouvements articulaires lors de l'extension de l'articulation du genou droit (vue de la face médiane, sans la rotule ni les ménisques ni les autres caractéristiques structurales). **(a)** Tibia fixe et surfaces condylaires du fémur en mouvement. **(b)** Fémur fixe et surfaces condylaires du tibia en mouvement. Remarquez que dans chaque cas, les mouvements de glissement, de pivot et de rotation se produisent simultanément. Dans la vue (a), le mouvement de pivot et le glissement vont dans des directions opposées ; dans la vue (b), ils vont dans la même direction.

mouvement soit freiné par la tension dans le ligament croisé antérieur. Ce mouvement vers l'avant se décompose en deux mouvements qui se produisent simultanément (figure 8.12a). Tout d'abord, le fémur *glisse* vers l'arrière sur la face postérieure de ses condyles. Il commence ensuite à s'élever, de sorte que ses condyles *pivotent* vers l'avant jusqu'à ce qu'ils entrent en contact avec les ménisques. Enfin, puisque le condyle latéral du fémur cesse de pivoter avant le condyle médial, le fémur *réalise une rotation* dans le plan médian sur le tibia, ce qui a pour effet de « verrouiller » l'articulation en une structure rigide qui supporte le poids du corps. Lorsque nous effectuons une extension du genou et que le fémur est fixe (plutôt que le tibia), on observe les mêmes mouvements (figure 8.12b). C'est cependant le tibia qui effectue les mouvements de glissement, de pivot et de rotation, les deux premiers allant dans la *même* direction.

Lorsque l'articulation est en extension complète (ou en légère hyperextension), les principaux ligaments de l'articulation du genou se tordent et se tendent, et les ménisques sont comprimés. Les ligaments doivent se détordre et se relâcher avant que la flexion puisse se produire. C'est le rôle du muscle poplité qui fait effectuer au fémur une rotation latérale sur le tibia. Le genou fléchi à angle droit permet un mouvement assez ample (rotation médiane et latérale et mouvement passif du tibia sur le fémur vers l'avant et vers l'arrière) car les ligaments collatéraux sont lâches dans cette position. La flexion prend fin lorsque la cuisse et la jambe se touchent.

De toutes les articulations, ce sont les genoux qui sont les plus exposés aux blessures pendant l'activité sportive, d'une part parce qu'ils reçoivent le poids du corps, d'autre part parce que leur stabilité dépend de facteurs non articulaires. Le genou peut absorber une force verticale égale à près de sept fois le poids du corps. Toutefois, il est très sensible aux coups portés *horizontalement* et aux mouvements de torsion accompagnés d'une grande pression qui se produisent au cours des manœuvres de blocage et de plaquage dans le football américain. Les coups les plus dangereux sont ceux qui sont portés latéralement sur le genou en extension, car ils peuvent déchirer le ligament collatéral tibial et le ménisque médial qui y est attaché ainsi que le faible ligament croisé antérieur (figure 8.13).

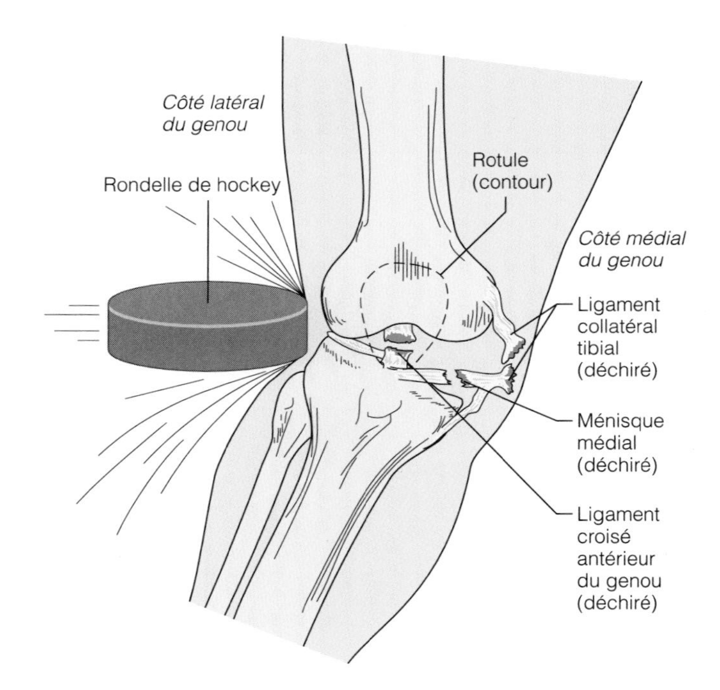

FIGURE 8.13
Blessure courante du genou. Vue antérieure du genou droit frappé par une rondelle de hockey. La plupart des blessures reçues au cours de la pratique d'un sport résultent d'un coup porté latéralement. En séparant le fémur du tibia dans le plan médian, un tel coup déchire à la fois le ligament collatéral tibial et le ménisque médial, puisque ces deux éléments sont attachés ensemble. Le ligament croisé antérieur du genou se déchire également.

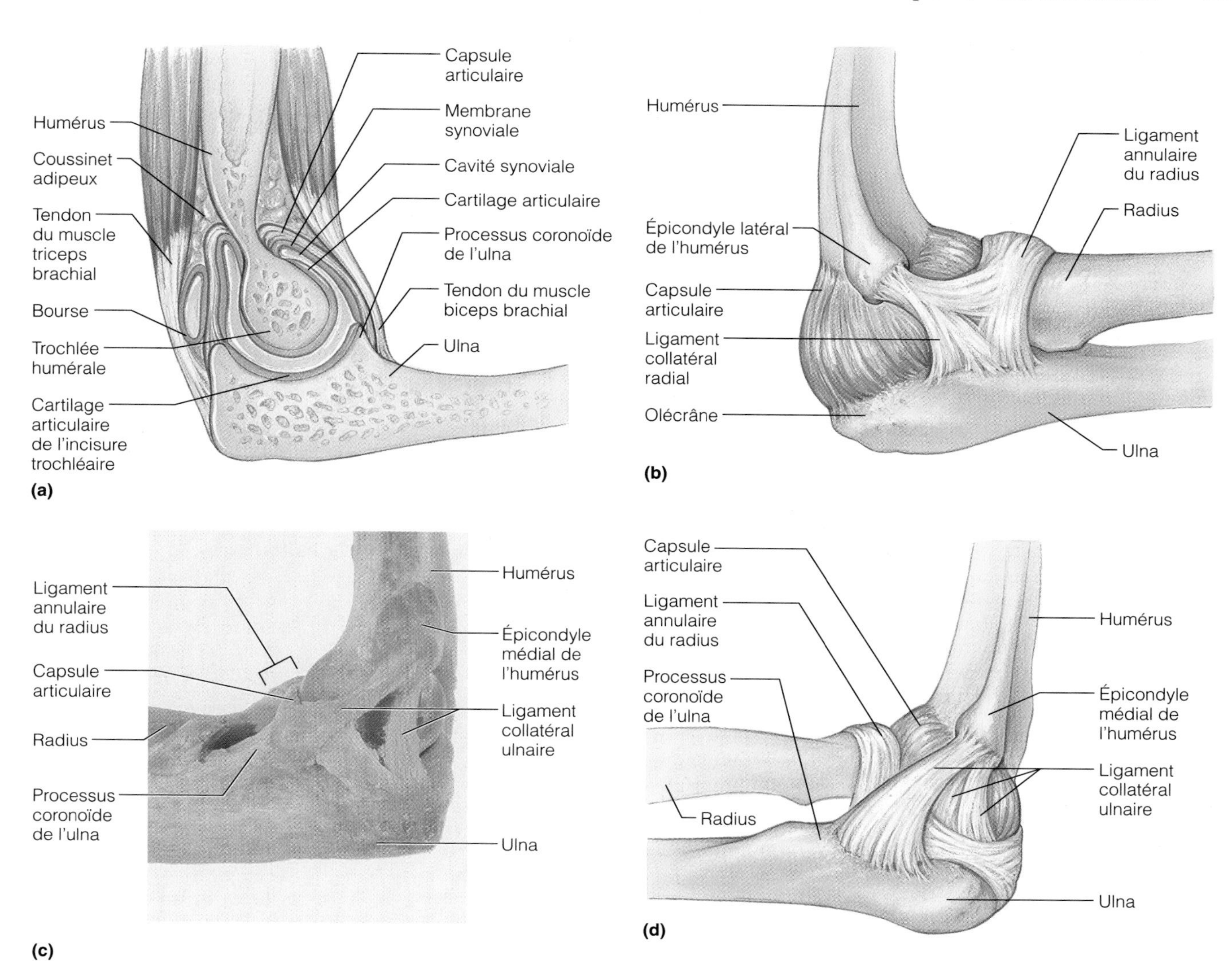

FIGURE 8.14
Articulation du coude. (a) Coupe sagittale médiane de l'articulation du coude droit. **(b)** Vue latérale de l'articulation du coude droit. **(c)** Photographie de l'articulation du coude droit montrant les cartilages de renforcement importants, vue médiane. **(d)** Vue médiane de l'articulation du coude droit.

Articulation du coude

Nos membres supérieurs sont des prolongements flexibles qui nous permettent d'atteindre ou de manipuler les objets qui nous entourent. L'articulation du coude est l'articulation la plus proéminente du membre supérieur, à part celle de l'épaule. L'ajustement précis des extrémités de l'humérus et de l'ulna qui forment cette articulation produit une articulation trochléenne stable qui fonctionne en souplesse et permet la flexion et l'extension (figure 8.14). (Les grues de chantier possèdent le même genre de flexibilité.) Dans cette articulation, le radius et l'ulna s'articulent avec les condyles de l'humérus, mais c'est en fait la trochlée retenue fermement par l'incisure trochléaire de l'ulna qui constitue la « charnière » et stabilise cette articulation. Une capsule articulaire relativement lâche se prolonge vers le bas, de l'humérus jusqu'à l'ulna et au **ligament annulaire du radius** qui entoure la tête de ce dernier.

La capsule articulaire est mince à l'avant et à l'arrière ; elle assure une assez grande liberté à la flexion et à l'extension du coude. Cependant, deux ligaments résistants empêchent les mouvements latéraux. Il s'agit du **ligament collatéral ulnaire,** composé de trois bandes qui renforcent la capsule en position médiane, et du **ligament collatéral radial,** un ligament triangulaire situé sur le côté latéral de la capsule. De plus, les tendons de plusieurs muscles (biceps brachial, triceps brachial, brachial et autres) entourent l'articulation du coude et lui procurent sa solidité.

La flexion du coude est limitée par la présence des tissus mous de l'avant-bras et du bras. L'extension est arrêtée par la tension du ligament collatéral ulnaire, par les tendons des muscles fléchisseurs de l'avant-bras et par l'ajustement précis de l'olécrâne dans la fosse olécrânienne. Le radius ne prend pas une part active dans les mouvements angulaires du coude mais, au cours de la supination et de la pronation de l'avant-bras, sa tête effectue une rotation à l'intérieur du ligament annulaire.

TABLEAU 8.2 Caractéristiques structurales et fonctionnelles des articulations du corps

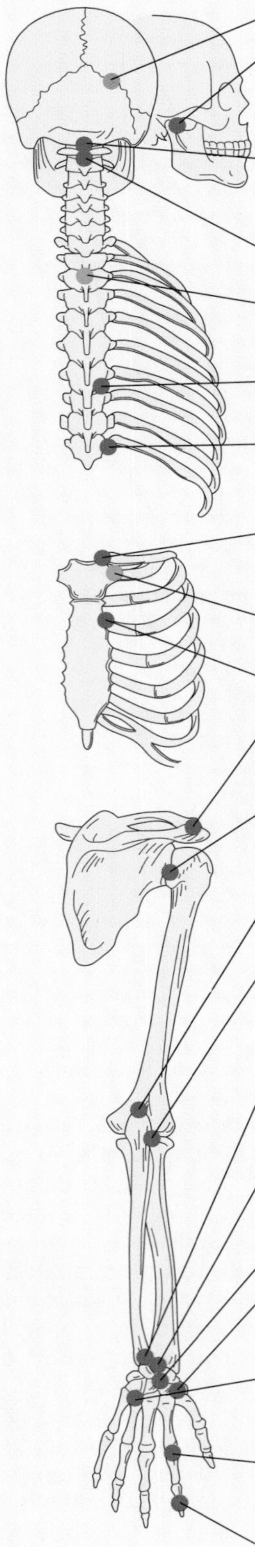

Illustration	Articulation	Os qui s'articulent	Type structural*	Type fonctionnel ; mouvements permis
	De la tête	Os du crâne et os de la face	Fibreuse ; suture	Aucun mouvement
	Temporo-mandibulaire	Os temporal du crâne et mandibule	Synoviale ; trochléenne modifiée[†] (comporte un disque articulaire)	Glissement et rotation uniaxiale ; faible mouvement latéral, élévation, abaissement, protraction, rétraction
	Atlanto-occipitale	Os occipital du crâne et atlas (C_I)	Synoviale ; condylaire	Biaxial ; flexion, extension, abduction, adduction, circumduction
	Atlanto-axoïdienne	Atlas (C_I) et axis (C_2)	Synoviale ; trochoïde	Uniaxial ; rotation de la tête
	De la colonne vertébrale	Entre les corps vertébraux adjacents	Cartilagineuse ; symphyse	Léger mouvement
	Zygapophysaire	Entre les processus articulaires	Synoviale ; plane	Glissement
	Costo-vertébrale	Vertèbres (processus transverses ou corps vertébraux) et côtes	Synoviale ; plane	Glissement
	Sterno-claviculaire	Sternum et clavicule	Synoviale ; en selle creuse (comporte un disque articulaire)	Multiaxial (permet à la clavicule de bouger autour de tous les axes)
	Sterno-costale	Sternum et première côte	Cartilagineuse ; synchondrose	Aucun mouvement
	Sterno-costale	Sternum et côtes 2 à 7	Synoviale ; à plan double	Glissement
	Acromio-claviculaire	Acromion de la scapula et clavicule	Synoviale ; plane	Glissement ; élévation, abaissement, protraction, rétraction
	Scapulo-humérale (épaule)	Scapula et humérus	Synoviale ; sphéroïde	Multiaxial ; flexion, extension, abduction, adduction, circumduction, rotation
	Du coude	Humérus avec le radius et l'ulna	Synoviale ; trochléenne	Uniaxial ; flexion, extension
	Radio-ulnaire proximale	Radius et ulna	Synoviale ; trochoïde	Uniaxial ; rotation autour de l'axe longitudinal de l'avant-bras pour permettre la pronation et la supination
	Radio-ulnaire distale	Radius et ulna	Synoviale ; trochoïde (comporte un disque articulaire)	Uniaxial ; rotation (la tête convexe de l'ulna effectue une rotation dans l'incisure ulnaire du radius)
	Radio-carpienne (poignet)	Radius et os du carpe proximaux	Synoviale ; condylaire	Biaxial ; flexion, extension, abduction, adduction, circumduction
	Intercarpienne	Os du carpe adjacents	Synoviale ; plane	Glissement
	Carpo-métacarpienne du pouce	Os du carpe (trapèze) et métacarpien I	Synoviale ; en selle	Biaxial ; flexion, extension, abduction, adduction, circumduction, opposition
	Carpo-métacarpienne de l'index au petit doigt	Os du carpe et métacarpiens II à V	Synoviale ; plane	Glissement
	Métacarpo-phalangienne (jointure des doigts)	Métacarpien et phalange proximale	Synoviale ; condylaire	Biaxial ; flexion, extension, abduction, adduction, circumduction
	Interphalangienne de la main (doigts)	Phalanges adjacentes	Synoviale ; trochléenne	Uniaxial ; flexion, extension

Illustration	Articulation	Os qui s'articulent	Type structural*	Type fonctionnel ; mouvements permis
	Sacro-iliaque	Sacrum et os coxal	Synoviale ; plane	Peu ou pas de mouvement, faible glissement possible (augmente au cours de la grossesse)
	Symphyse pubienne	Os pubiens	Cartilagineuse ; symphyse	Faible mouvement (augmente au cours de la grossesse)
	Coxo-fémorale (hanche)	Os coxal et fémur	Synoviale ; sphéroïde	Multiaxial ; flexion, extension, abduction, adduction, rotation, circumduction
	Fémoro-tibiale (genou)	Fémur et tibia	Synoviale ; trochléenne modifiée† (comporte des disques articulaires)	Biaxial ; flexion, extension, une certaine rotation
	Fémoro-patellaire (genou)	Fémur et rotule	Synoviale ; plane	Glissement
	Tibio-fibulaire proximale	Tibia et fibula	Synoviale ; plane	Glissement
	Tibio-fibulaire distale	Tibia et fibula	Fibreuse ; syndesmose	Un peu de « jeu » au cours de la dorsiflexion
	Talo-crurale	Tibia et fibula avec le talus	Synoviale ; trochléenne	Uniaxial ; flexion (dorsiflexion), extension (flexion plantaire)
	Intertarsienne	Os du tarse adjacents	Synoviale ; plane	Glissement
	Tarso-métatarsienne	Os du tarse et métatarsien(s)	Synoviale ; plane	Glissement
	Métatarso-phalangienne	Métatarsien et phalange proximale	Synoviale ; condylaire	Biaxial ; flexion, extension, abduction, adduction, circumduction
	Interphalangienne du pied (orteils)	Phalanges adjacentes	Synoviale ; trochléenne	Uniaxial ; flexion, extension

* Les **articulations fibreuses** sont indiquées par des disques orangés ; les **articulations cartilagineuses**, par des disques bleus ; les **articulations synoviales**, par des disques pourpres.

† Ces articulations trochléennes modifiées ont la structure des articulations bicondylaires.

DÉSÉQUILIBRES HOMÉOSTATIQUES DES ARTICULATIONS

Compte tenu du travail que nous imposons tous les jours à nos articulations, il est étonnant qu'elles nous causent si peu d'ennuis. Les douleurs et le dysfonctionnement des articulations peuvent être dus à un certain nombre de facteurs, mais la plupart des problèmes résultent de blessures plus ou moins graves, d'inflammations ou de maladies dégénératives.

Blessures courantes des articulations

Pour la plupart d'entre nous, les entorses et les luxations sont les blessures les plus courantes des articulations, mais les athlètes subissent fréquemment des lésions aux cartilages.

Entorses

Une **entorse** est une élongation ou une déchirure des ligaments qui renforcent une articulation. Les entorses les plus courantes sont celles de la région lombale de la colonne vertébrale ainsi que celles de la cheville et du genou. Une déchirure partielle d'un ligament se répare d'elle-même, mais comme les ligaments sont mal vascularisés, les entorses guérissent lentement ; elles sont souvent douloureuses et empêchent tout mouvement. Un ligament complètement arraché doit être immédiatement réparé au cours d'une intervention chirurgicale, car la réaction inflammatoire décomposera les tissus adjacents et transformera le ligament en une sorte de bouillie. La réfection chirurgicale n'est pas une tâche aisée : en effet, un ligament est constitué de plusieurs centaines de filaments fibreux, et recoudre un ligament déchiré peut se comparer à coudre ensemble deux brosses à cheveux.

Lorsque des ligaments importants sont endommagés au point d'interdire toute réparation, il faut les enlever et en greffer d'autres. Par exemple, un morceau du tendon d'un muscle ou des fibres collagènes entrelacées peuvent être agrafés aux os d'une articulation. Une autre solution consiste à greffer des fibres de carbone dans le ligament déchiré afin de former une matrice de soutien, laquelle sera envahie par des fibroblastes qui pourront reconstituer progressivement le ligament détruit.

Lésions du cartilage

Les adeptes de l'aérobique, encouragés à se surpasser pendant les séances d'exercice, mettent souvent trop de pression sur leurs cartilages, ce qui provoque leur rupture. Bien que la plupart des lésions du cartilage soient des ruptures des ménisques du genou, les fissures du cartilage épiphysaire et les lésions causées par une utilisation excessive des cartilages articulaires des autres articulations sont de plus en plus fréquentes chez les jeunes athlètes, comme les espoirs olympiques (en particulier les gymnastes).

Le cartilage est un tissu avasculaire et, par conséquent, les chondrocytes ne reçoivent pas assez de nutriments pour que la cicatrisation se produise ; le cartilage ne se répare donc pas. Des fragments de cartilage peuvent entraver le fonctionnement de l'articulation en causant un blocage ou une fusion de celle-ci, si bien que la plupart des spécialistes en médecine sportive recommandent l'ablation du cartilage endommagé. Il est possible de nos jours d'effectuer cette opération par **arthroscopie,** une intervention qui permet aux patients de sortir de l'hôpital le jour même. L'arthroscope est un petit instrument muni d'un objectif et d'une source lumineuse minuscules, grâce auquel le chirurgien peut explorer visuellement la cavité d'une articulation par l'intermédiaire d'une petite incision. L'ablation de fragments de cartilage ou la reconstitution d'un ligament sont réalisées à travers une ou plusieurs petites fentes, ce qui limite les lésions tissulaires et favorise la cicatrisation. L'ablation partielle ou totale d'un ménisque n'a pas de conséquences graves sur la mobilité de l'articulation mais la stabilité de cette dernière est diminuée de façon permanente.

Luxations

Une **luxation** est un déplacement des os de leur position normale (alignement) dans une articulation. Elle s'accompagne généralement d'entorses, d'inflammation et d'une immobilité articulaire. Les luxations peuvent survenir lors d'une chute grave et sont des blessures courantes dans les sports de contact. Les luxations les plus fréquentes sont celles des épaules, des doigts et des pouces. Comme les fractures, les luxations doivent être *réduites*, c'est-à-dire que les extrémités des os doivent être replacées par un médecin dans leur position normale. La **subluxation** est une luxation incomplète d'une articulation.

Les luxations à répétition sont assez fréquentes. En effet, la luxation initiale étire les ligaments et la capsule articulaire, laquelle devient trop lâche pour bien renforcer l'articulation.

Inflammations et maladies dégénératives

Les inflammations qui frappent les articulations comprennent la bursite, la tendinite et les diverses formes d'arthrite.

Bursite et tendinite

La **bursite** est l'inflammation d'une bourse, habituellement causée par un traumatisme direct ou une friction excessive. Une chute sur un genou peut engendrer une bursite douloureuse de la bourse subcutanée prépatellaire, appelée *bursite pré-rotulienne* (ou plus couramment « eau dans le genou »). L'appui prolongé sur un coude peut abîmer la bourse près de l'olécrâne et provoquer une *bursite rétro-olécrânienne*. Mais la bourse la plus fréquemment affectée est la bourse subacromiale, au niveau de l'épaule. Une bursite peut également être produite par une infection bactérienne. Parmi les symptômes de la bursite, on note la douleur aggravée par le mouvement de l'articulation, la rougeur et la tuméfaction. Les cas graves sont traités par injection d'anti-inflammatoires (cortisone, par exemple) dans la bourse. La pression provoquée par une accumulation excessive de liquide peut être réduite à l'aide d'une ponction. La **tendinite** est une inflammation des gaines de tendon habituellement causée par une utilisation excessive. Ses symptômes et son traitement (repos, application de glace et anti-inflammatoires) sont semblables à ceux de la bursite.

Arthrite

Le mot **arthrite** est un terme générique désignant plus d'une centaine de maladies inflammatoires ou dégénératives qui touchent les articulations. L'arthrite sous toutes ses formes est la maladie invalidante la plus répandue aux États-Unis ; un Américain sur sept en souffre. Au stade initial, toutes les variétés d'arthrite présentent plus ou moins les mêmes symptômes : douleur, raideur et enflure de l'articulation. Selon la forme spécifique de la maladie, les lésions vont atteindre la membrane synoviale, les cartilages ou les os, ou tous ces éléments à la fois. Dans les cas graves, on note une atrophie des muscles squelettiques, car les signaux de douleur émis par les articulations touchées empêchent le système nerveux de stimuler, avec l'intensité qui serait nécessaire, les muscles qui agissent au niveau de ces articulations.

Les formes aiguës d'arthrite sont habituellement causées par une infection bactérienne qui doit être traitée à l'aide d'antibiotiques. La membrane synoviale s'épaissit et la production de liquide diminue, ce qui provoque une augmentation du frottement et de la douleur. Les variétés chroniques d'arthrite comprennent l'arthrose, la polyarthrite rhumatoïde et les arthropathies goutteuses.

Arthrose L'**arthrose** est la forme d'arthrite chronique la plus répandue (la moitié de tous les cas). L'arthrose peut être accompagnée d'inflammation, mais elle n'est généralement pas considérée comme un type d'arthrite inflammatoire. Elle s'observe plus fréquemment chez les sujets âgés et elle est probablement liée au processus normal du vieillissement (bien qu'elle se rencontre parfois chez des personnes jeunes et que certaines formes soient liées à un facteur héréditaire).

On ne connaît pas la cause de cette maladie. La recherche actuelle tend à souligner le rôle d'enzymes qui, libérées au cours du fonctionnement normal des articulations, détruisent le cartilage articulaire. Chez des personnes en bonne santé, ce cartilage endommagé serait par la suite remplacé. Par contre, chez les personnes souffrant d'arthrose, la vitesse de destruction du cartilage dépasserait celle de sa reconstruction. Il se peut que l'arthrose soit l'expression des effets cumulatifs de la pression et du frottement sur les surfaces articulaires au fil des années; conjugués à des quantités excessives d'enzymes responsables de la destruction du cartilage, ces facteurs provoqueraient finalement le ramollissement, l'éraillement et l'érosion des cartilages articulaires.

Au fur et à mesure que la maladie progresse, l'os dénudé s'épaissit et forme des excroissances osseuses qui rendent les extrémités des os plus volumineuses. Comme les excroissances empiètent sur l'espace de l'articulation, l'amplitude du mouvement se réduit. Les patients se plaignent d'une raideur au lever qui s'estompe avec l'activité physique. Les articulations touchées peuvent faire entendre un craquement lorsqu'elles bougent; ce bruit, appelé *crépitation*, est produit par le frottement de deux surfaces articulaires devenues rugueuses. Les articulations les plus souvent touchées sont celles des doigts, des vertèbres cervicales et lombaires ainsi que les articulations des membres inférieurs qui supportent le poids du corps (genoux et hanches).

L'évolution de l'arthrose est généralement lente et irréversible. Dans la plupart des cas, un analgésique léger comme l'acide acétylsalicylique (Aspirin par exemple) ainsi qu'un programme d'exercices modérés gardant les articulations mobiles soulagent les symptômes. L'arthrose est rarement invalidante, mais peut l'être lorsqu'elle touche les articulations de la hanche ou du genou. Il semblerait que la magnétothérapie permette de soulager de façon significative environ 70 % des patients traités. On prétend en effet que les champs magnétiques stimulent la croissance et la régénération du cartilage articulaire et contrent les effets de l'arthrose. Une autre technique encore expérimentale consiste à injecter de l'acide hyaluronique dans la cavité articulaire. Comme nous l'avons mentionné précédemment (voir p. 237), l'acide hyaluronique est un polysaccharide naturel qui lubrifie et protège l'articulation. Sa viscoélasticité lui permet de reprendre sa forme initiale après une compression. Il peut donc freiner l'érosion des surfaces articulaires.

Polyarthrite rhumatoïde La **polyarthrite rhumatoïde** est une maladie inflammatoire chronique au début insidieux. Elle survient habituellement chez les personnes âgées de 40 à 50 ans, mais elle peut se présenter à tout âge; elle frappe trois fois plus de femmes que d'hommes. Même si la polyarthrite rhumatoïde n'est pas aussi répandue que l'arthrose, elle atteint des millions de personnes (plus de 1 % de la population américaine). Au stade initial, on observe en général de la fatigue, une sensibilité et une raideur articulaires. Plusieurs articulations, particulièrement les petites articulations comme celles des doigts, des poignets, des chevilles et des pieds, sont atteintes en même temps et de façon symétrique. Par exemple, si le coude droit est touché, il est fort probable que le gauche le sera aussi. L'évolution de la polyarthrite rhumatoïde est variable et marquée de poussées (aggravation) suivies de rémissions. Les autres symptômes comprennent l'anémie, l'ostéoporose, l'atrophie musculaire et les troubles cardiovasculaires.

La polyarthrite rhumatoïde est une *maladie auto-immune*, c'est-à-dire un trouble dans lequel le système immunitaire attaque les tissus de l'organisme. Le facteur

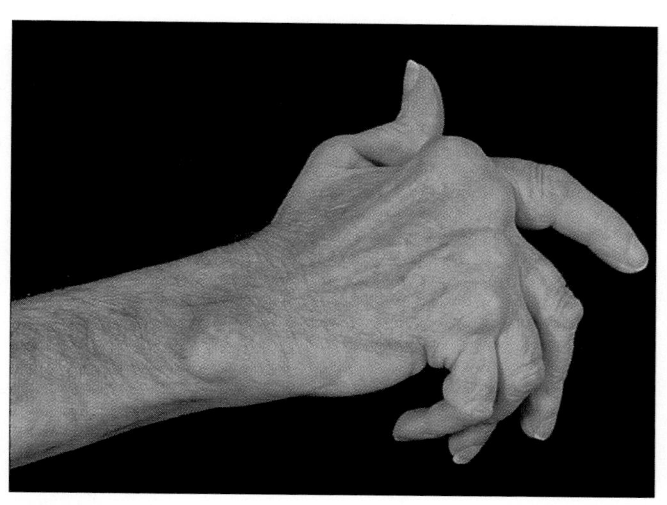

FIGURE 8.15
Photographie d'une main déformée par la polyarthrite rhumatoïde.

déclenchant cette réaction est inconnu, mais il se pourrait que des streptocoques et des virus en soient la cause. Il est possible que ces microorganismes soient porteurs de molécules semblables à celles qui sont naturellement présentes dans les articulations, et que le système immunitaire, après avoir été activé, tente de détruire les deux types de molécules.

La polyarthrite rhumatoïde se manifeste par une inflammation de la membrane synoviale (*synovite*) des articulations atteintes, mais, par la suite, tous les tissus articulaires peuvent être atteints. Sans traitement, le liquide synovial s'accumule et entraîne le gonflement de l'articulation; puis les cellules associées à la réaction inflammatoire (lymphocytes, granulocytes neutrophiles et autres) sortent du sang et pénètrent dans la cavité articulaire. Avec le temps, la membrane synoviale enflammée s'épaissit pour constituer le **pannus** («lambeau»), un tissu anormal qui adhère aux cartilages articulaires. Le cartilage (et parfois l'os sous-jacent) finit par être érodé sous l'action des enzymes libérées dans le pannus par les cellules participant à la réaction inflammatoire; il se forme alors un tissu cicatriciel qui unit les extrémités osseuses. Par la suite, ce tissu cicatriciel s'ossifie; les extrémités des os se soudent (*ankylose*), ce qui provoque souvent la déformation des doigts (voir la figure 8.15). Tous les cas de polyarthrite rhumatoïde n'évoluent pas jusqu'au stade de l'ankylose invalidante, mais ils se caractérisent tous par une restriction du mouvement de l'articulation et une douleur intense.

Malheureusement, le médicament miracle dont rêvent les victimes de la polyarthrite rhumatoïde n'a toujours pas été trouvé, et tous les médicaments utilisés actuellement ont des effets toxiques. Les traitements varient d'une simple combinaison d'Aspirin, d'antibiothérapie prolongée (minocycline) et d'activité physique jusqu'aux thérapies progressives convenant particulièrement aux patients dont la maladie évolue rapidement. Dès le départ, on administre à ces derniers des médicaments puissants (méthotrexate, azathioprine, cyclosporine et autres) pour neutraliser les substances chimiques associées

GROS PLAN

Articulations : de l'armure du chevalier à l'homme bionique

Il n'y a pas de commune mesure entre le temps qui fut nécessaire pour mettre au point les articulations des armures et celui que requiert la réalisation des prothèses articulaires modernes. La conception d'armures dotées d'articulations permettant la mobilité tout en protégeant les articulations humaines — telle était la gageure qui a fasciné de nombreux experts du Moyen Âge et de la Renaissance. De fait, les articulations sphéroïdes si difficiles à protéger au moyen de l'armure furent les premières à être fabriquées par les « visionnaires » contemporains dans le but de les insérer dans le corps humain.

L'histoire des prothèses articulaires n'a pas encore 50 ans. Ses débuts remontent aux années 1940 et 1950, alors que la Seconde Guerre mondiale et la guerre de Corée faisaient de nombreux blessés qui avaient besoin de membres et d'articulations artificiels. Aujourd'hui, plus d'un quart de million de patients atteints d'arthrite reçoivent chaque année des prothèses articulaires complètes, le plus souvent en raison des effets destructeurs de l'arthrose ou de la polyarthrite rhumatoïde.

L'organisme tend à rejeter tout corps étranger implanté ou à provoquer sa corrosion. Afin de produire des articulations solides, mobiles et durables, il était impératif de trouver un matériau robuste, non toxique pour l'organisme et résistant aux effets corrosifs des acides organiques présents dans le sang. En 1963, un orthopédiste anglais, Sir John Charnley, réalisa la première prothèse totale de la hanche et révolutionna ainsi le traitement de l'arthrite de la hanche. Son appareil comprenait une boule métallique placée sur une tige et une cavité sphérique en polyéthylène fixée au bassin à l'aide d'une colle fabriquée à partir de méthylméthacrylate. Cette colle était particulièrement résistante et posa relativement peu de problèmes. Vinrent ensuite les prothèses du genou, mais ce ne fut que dix ans plus tard que des prothèses totales de l'articulation du genou fonctionnant en douceur purent être réalisées. Les premières prothèses bloquaient brusquement au cours de l'extension du genou, ce qui provoquait la chute du patient ou la luxation de l'articulation.

Il existe maintenant des prothèses articulaires, faites de métal et de plastique, pour de nombreuses autres articulations comme les doigts, le coude et l'épaule. Les techniques modernes ont rendu possible la production de prothèses pour les hanches et les genoux qui durent environ dix ans chez des patients âgés ne forçant pas trop l'articulation. La majorité de ces interventions vise à réduire la douleur et à rétablir environ 80 % de la fonction articulaire originale.

Les articulations de rechange ne sont pas encore assez fortes et durables pour des personnes jeunes et actives, mais les recherches actuelles s'intéressent de près à cette question. Les prothèses deviennent branlantes avec le temps, et on cherche encore un moyen de minimiser ce problème en ajustant mieux l'implant sur l'os. Le tout premier chirurgien-robot, baptisé Robodoc, est capable de percer un trou plus précis dans la partie supérieure du corps du fémur afin que la prothèse fémorale s'insère mieux lors d'une chirurgie de la hanche. On étudie également les façons de faire croître l'os pour qu'il reste bien fixé à l'implant (prothèses sans colle) ou celles d'améliorer la force de la colle utilisée dans une prothèse typique (l'élimination des bulles d'air semble accentuer la durabilité de la colle).

Des changements spectaculaires se produisent dans la façon dont ces articulations sont conçues. Les spécialistes ont recours à des techniques de CFAO (conception et fabrication assistée par ordinateur) pour concevoir et fabriquer sur mesure des articulations artificielles (voir la photographie). Les radiographies du patient sont fournies à l'ordinateur en même temps que des renseignements sur ses problèmes. L'ordinateur puise dans une base de données contenant des centaines d'articulations normales et il crée un choix de modèles et de modifications qui peuvent être examinées en moins d'une minute. Une fois le modèle choisi, l'ordinateur dirige les machines qui modifient une prothèse standard ou fabriquent une prothèse sur mesure.

Les techniques de CFAO ont considérablement réduit les délais et les coûts de fabrication des prothèses. De plus, elles ont mené à la création de pièces modulaires qui peuvent remplacer certaines parties seulement d'une articulation (par exemple un condyle fémoral, si c'est la seule partie du genou qui est endommagée). Le chirurgien a donc accès à une grande variété de modules pour fabriquer une prothèse sur mesure.

Le traitement par mise en place de prothèses articulaires a atteint son plein développement, mais la recherche sur les possibilités de régénération des tissus articulaires est peut-être tout aussi passionnante. Nous savons maintenant que la greffe de chondrocytes de culture sur des surfaces articulaires peut produire suffisamment de nouveau cartilage pour remplir de petites ouvertures et des fissures dans le cartilage articulaire. Ces perspectives de régénération sont pleines de promesses pour les patients plus jeunes puisqu'elles pourraient retarder de plusieurs années le recours à une prothèse articulaire.

On est donc passé au cours des siècles des armures articulées aux articulations artificielles qui peuvent être greffées dans le corps et restituer à l'articulation sa fonction perdue. Les moyens techniques modernes ont permis des réalisations dont les concepteurs d'armures du Moyen Âge n'ont jamais rêvé.

à la réaction inflammatoire qui sont présentes dans les espaces articulaires, pour modifier la progression de la maladie et pour prévenir la déformation des articulations. Les prothèses articulaires, lorsqu'elles existent, sont le dernier recours des malades rendus invalides par une polyarthrite rhumatoïde grave (voir l'encadré ci-contre).

Arthropathies goutteuses L'acide urique est un déchet produit normalement par le métabolisme des acides nucléiques et habituellement éliminé sans problème dans l'urine. Cependant, lorsque le taux d'acide urique dans le sang devient excessif, cet acide (sous forme de cristaux d'urate de sodium en forme d'aiguille) peut se déposer dans les tissus mous des articulations. Ces dépôts provoquent des attaques de **goutte** généralement très douloureuses. L'attaque initiale touche le plus souvent l'articulation de la base du gros orteil.

La goutte est beaucoup plus fréquente chez les hommes que chez les femmes parce que le taux d'acide urique dans le sang est naturellement plus élevé chez les hommes. Certaines victimes de la goutte produisent trop d'acide urique; pour d'autres, c'est l'excrétion de l'acide urique dans l'urine qui est plus lente que la normale. Certains malades présentent les deux troubles à la fois. Comme la goutte semble frapper des familles entières, il est probable que des facteurs héréditaires sont en jeu.

Si la goutte n'est pas traitée, elle peut provoquer de véritables ravages; les dépôts d'urate causent une inflammation des cartilages et les extrémités des os se soudent parfois, immobilisant ainsi les articulations. Fort heureusement, plusieurs médicaments (colchicine, anti-inflammatoires non stéroïdiens, glucocorticoïdes et autres) peuvent arrêter ou prévenir les accès de goutte. Il est conseillé aux patients d'éviter les excès d'alcool (lequel favorise une surproduction d'acide urique) et les aliments contenant des acides nucléiques riches en purines tels que le foie, les rognons et les sardines. ■

DÉVELOPPEMENT ET VIEILLISSEMENT DES ARTICULATIONS

Les articulations se constituent au cours des deux premiers mois du développement embryonnaire, parallèlement à la formation des os à partir du mésenchyme. À la huitième semaine, les articulations synoviales ont déjà la forme et l'agencement caractéristiques des articulations adultes: les cavités articulaires et les membranes synoviales sont présentes et le liquide synovial commence à être sécrété.

Si l'on fait abstraction des blessures, les articulations fonctionnent bien jusqu'à la fin de la cinquantaine. Il faut toutefois se rappeler que dans notre vie quotidienne, nous comptons non seulement sur notre force musculaire mais aussi sur la flexibilité de nos articulations pour effectuer toute la gamme des mouvements, que ce soit pour prendre une boîte de céréales ou donner un bain au chien. Cependant, l'usure des cartilages est inéluctable. Les ligaments et les tendons qui relient nos muscles et nos os se raidissent, puis raccourcissent et s'affaiblissent. Les disques intervertébraux sont de plus en plus exposés à une rupture (hernie); l'arthrose fait son apparition. Après l'âge de 70 ans, à peu près tout le monde souffre, à divers degrés, d'arthrose. On peut déjà observer dans la cinquantaine une fréquence accrue de la polyarthrite rhumatoïde.

Tout exercice sollicitant des articulations la gamme complète des mouvements, notamment les séances régulières d'étirement et d'aérobique, retarde les effets paralysants du vieillissement sur les ligaments et les tendons, assure la nutrition des cartilages et renforce les muscles qui stabilisent les articulations. Toutefois, la prudence est essentielle, car l'usage excessif et abusif des articulations est la garantie de l'apparition prématurée d'arthrose. La poussée de l'eau allège beaucoup la tension sur les articulations qui supportent le poids du corps, et les personnes qui font de la natation ou de l'exercice en piscine conservent en général un bon fonctionnement articulaire durant toute leur vie.

* * *

Le rôle primordial des articulations est incontestable: la capacité du squelette à protéger les autres organes et à se mouvoir facilement dans l'environnement en est la manifestation éclatante. Nous avons examiné dans ce chapitre la structure des articulations et les types de mouvements qu'elles permettent. Nous pouvons maintenant nous pencher sur la façon dont les muscles sont attachés au squelette, et voir comment leur action sur les articulations permet les mouvements du corps.

TERMES MÉDICAUX

Arthrologie (*arthron* = articulation; *logos* = discours) Étude des articulations.

Rhumatisme Terme du langage courant désignant toute maladie se manifestant par des douleurs musculaires, osseuses ou articulaires; peut s'appliquer à l'arthrite, la bursite, etc. aussi bien qu'à des maladies non articulaires (par exemple la myosite).

Spondylarthrite ankylosante (*spondulos* = vertèbre) Forme peu courante de polyarthrite rhumatoïde affectant les articulations de la colonne vertébrale; elle survient le plus souvent chez les hommes jeunes; elle débute habituellement dans les articulations sacro-iliaques et progresse vers le haut de la colonne vertébrale; les ligaments entre les vertèbres peuvent se calcifier, ce qui provoque la rigidité de la colonne.

Synovite Inflammation de la membrane synoviale d'une articulation; il ne se trouve qu'une petite quantité de liquide synovial dans les articulations saines, mais la synovite en provoque une production abondante qui cause le gonflement de l'articulation et limite sa mobilité. La *ténosynovite* est l'inflammation de la membrane synoviale de la gaine de tendon (souvent au niveau des doigts).

RÉSUMÉ DU CHAPITRE

1. Les articulations sont les points d'union entre les os. Leurs fonctions consistent à relier les os et à permettre la mobilité du squelette.

Classification des articulations (p. 235)

1. La classification structurale divise les articulations en articulations fibreuses, cartilagineuses ou synoviales. Selon la classification fonctionnelle, une articulation peut être mobile, semi-mobile ou immobile.

Articulations fibreuses (p. 235-236)

1. Les articulations fibreuses relient les os par du tissu conjonctif dense ; il n'y a pas de cavité articulaire. Presque toutes les articulations fibreuses sont des articulations immobiles.

2. **Sutures/syndesmoses/gomphoses.** Les principaux types d'articulations fibreuses sont les sutures, les syndesmoses et les gomphoses.

Articulations cartilagineuses (p. 236-237)

1. Dans les articulations cartilagineuses, les os sont unis par du cartilage ; il n'y a pas de cavité articulaire.

2. **Synchondroses/symphyses.** Les articulations cartilagineuses comprennent les synchondroses et les symphyses. Certaines synchondroses et toutes les symphyses sont des articulations semi-mobiles.

8

Articulations synoviales (p. 237-253)

1. La plupart des articulations du corps sont des articulations synoviales, qui sont toutes des articulations mobiles.

Structure générale (p. 237-238)

2. Toutes les articulations synoviales possèdent une cavité articulaire entourée d'une capsule fibreuse tapissée d'une membrane synoviale et renforcée par des ligaments ; les extrémités des os sont couvertes de cartilage articulaire et la cavité articulaire contient le liquide synovial. Certaines de ces articulations contiennent des disques articulaires ou des ménisques (l'articulation du genou, par exemple). Ces structures augmentent la stabilité de l'articulation.

Bourses et gaines de tendon (p. 238)

3. Les bourses sont des sacs fibreux tapissés d'une membrane synoviale et contenant le liquide synovial. Les gaines de tendon ressemblent aux bourses, mais ce sont des structures cylindriques qui entourent les tendons des muscles. Les bourses et les gaines de tendon diminuent la friction entre les structures adjacentes et leur permettent de bouger facilement l'une contre l'autre lors du mouvement d'un membre.

Facteurs influant sur la stabilité des articulations synoviales (p. 238-239)

4. Les surfaces articulaires qui assurent le plus de stabilité possèdent des surfaces étendues et des cavités profondes et s'ajustent bien ensemble.

5. Les ligaments empêchent les mouvements non souhaitables et contribuent à l'orientation du mouvement de l'articulation.

6. Le tonus des muscles dont les tendons traversent l'articulation est un facteur de stabilité important dans de nombreuses articulations.

Mouvements permis par les articulations synoviales (p. 239-244)

7. Lorsqu'un muscle squelettique se contracte, l'insertion musculaire (attachée à l'os mobile) se déplace vers l'origine musculaire (attachée à l'os immobile). Il peut se produire trois types de mouvements lorsque les muscles se contractent autour des articulations : (a) des mouvements de glissement, (b) des mouvements angulaires (comprenant la flexion, l'extension, l'abduction, l'adduction et la circumduction) et (c) la rotation.

8. Les mouvements spéciaux sont la supination et la pronation, l'inversion et l'éversion, la protraction et la rétraction, l'élévation et l'abaissement, et l'opposition.

Types d'articulations synoviales (p. 244)

9. Les articulations synoviales se distinguent les unes des autres par les mouvements qu'elles permettent. Un mouvement peut être non axial (glissement), uniaxial (selon un plan), biaxial (selon deux plans) ou multiaxial (selon trois plans).

10. Les six catégories principales d'articulations synoviales sont les articulations planes (mouvement non axial), les articulations trochléennes (mouvement uniaxial), les articulations trochoïdes (mouvement uniaxial avec rotation permise), les articulations condylaires (mouvement biaxial avec des mouvements angulaires selon deux plans), les articulations en selle (mouvement biaxial, comme les articulations condylaires, mais plus libre) et les articulations sphéroïdes (mouvement multiaxial et de rotation).

Structure de quelques articulations synoviales (p. 244-253)

11. L'articulation de l'épaule est une articulation sphéroïde formée de la tête de l'humérus et de la cavité glénoïdale de la scapula. C'est l'articulation la plus mobile de tout le corps ; elle permet tous les mouvements angulaires et la rotation. Ses surfaces articulaires sont peu profondes. Sa capsule est lâche et mal renforcée par les ligaments. Les tendons des muscles biceps brachial et de la coiffe des rotateurs contribuent à sa stabilité.

12. L'articulation de la hanche est une articulation sphéroïde formée de la tête du fémur et de l'acétabulum de l'os coxal. Elle est extrêmement bien adaptée pour supporter le poids de la tête, du tronc et des membres inférieurs. Ses surfaces articulaires sont profondes et solides. Sa capsule épaisse est renforcée par des ligaments.

13. L'articulation du genou est l'articulation la plus volumineuse du corps. C'est une articulation trochléenne formée des condyles du fémur et du tibia d'une part et de la rotule glissant sur la partie antérieure et distale du fémur d'autre part. L'extension, la flexion et une certaine rotation sont permises. Ses surfaces articulaires sont peu profondes et condylaires. Des ménisques en forme de croissant approfondissent les surfaces articulaires du tibia. La cavité articulaire est entourée d'une capsule, mais seulement sur les faces latérales et postérieure. Plusieurs ligaments extra-capsulaires et les ligaments intra-capsulaires croisés antérieur et postérieur du genou contribuent à empêcher le déplacement anormal des condyles du fémur sur les surfaces articulaires du tibia. Le tonus des muscles quadriceps fémoral et semi-membraneux joue un rôle important dans la stabilité du genou.

14. Le coude est une articulation trochléenne dans laquelle l'ulna (et le radius) s'articule avec l'humérus, permettant la flexion et l'extension. Ses surfaces articulaires sont tout à fait complémentaires et constituent le facteur le plus important dans la stabilité de l'articulation.

Déséquilibres homéostatiques des articulations (p. 253-257)

Blessures courantes des articulations (p. 253-254)

1. Les entorses sont liées à l'élongation ou à la rupture des ligaments de l'articulation. La guérison se fait lentement car les ligaments sont mal vascularisés.

2. Les lésions du cartilage, particulièrement ceux du genou, sont fréquentes dans les sports de contact et peuvent être causées par un mouvement de rotation excessif ou une forte compression. Le cartilage avasculaire ne peut pas se reconstituer de lui-même.

3. Les luxations sont des déplacements des surfaces articulaires des os. Elles doivent être réduites.

Inflammations et maladies dégénératives (p. 254-257)

4. La bursite et la tendinite sont des inflammations d'une bourse et d'une gaine de tendon, respectivement.

5. L'arthrite est une inflammation ou une dégénérescence d'une articulation, accompagnée de raideur, de douleur et d'enflure. Les formes aiguës sont généralement causées par une infection bactérienne. Les formes chroniques comprennent l'arthrose, la polyarthrite rhumatoïde et les arthropathies goutteuses.

6. L'arthrose est une affection dégénérative très fréquente chez les personnes âgées. Les articulations qui supportent le poids du corps sont les plus touchées.

7. La polyarthrite rhumatoïde est l'arthrite la plus invalidante; c'est une maladie auto-immune qui comporte une grave inflammation des articulations et une restriction de leur mouvement. Elle peut aussi affecter les systèmes musculaire et cardiovasculaire.

8. Les arthropathies goutteuses sont des inflammations des articulations causées par le dépôt de cristaux d'urate de sodium, principalement dans les tissus mous des articulations.

Développement et vieillissement des articulations (p. 257)

1. Les articulations se forment à partir du mésenchyme, parallèlement au développement embryonnaire des os.

2. Mis à part les blessures, les articulations fonctionnent bien jusqu'à la fin de la cinquantaine; les symptômes de durcissement du tissu conjonctif et d'arthrose commencent alors à se manifester chez la plupart des personnes. L'exercice physique modéré retarde ces effets et stabilise les articulations; trop d'exercice peut cependant entraîner l'apparition prématurée de l'arthrite.

QUESTIONS DE RÉVISION

Choix multiples/associations

(Réponses à l'appendice G)

1. Associez les termes suivants avec les descriptions appropriées:

(a) articulations fibreuses **(b)** articulations cartilagineuses
(c) articulations synoviales

_______ **(1)** possèdent une cavité articulaire

_______ **(2)** les différents types comprennent les sutures et les syndesmoses

_______ **(3)** les os sont unis par des fibres collagènes

_______ **(4)** les différents types comprennent les synchondroses et les symphyses

_______ **(5)** toutes sont des articulations mobiles

_______ **(6)** plusieurs sont des articulations semi-mobiles

_______ **(7)** les os sont unis par un disque de cartilage hyalin ou du cartilage fibreux

_______ **(8)** presque toutes sont des articulations immobiles

_______ **(9)** les articulations de l'épaule, de la hanche, de la mâchoire et du coude

2. La grande majorité des articulations du corps et toutes les articulations des membres sont de type: (a) cartilagineux; (b) synovial; (c) fibreux.

3. Les caractéristiques anatomiques d'une articulation synoviale comprennent: (a) du cartilage articulaire; (b) une cavité articulaire; (c) une capsule articulaire; (d) toutes ces réponses.

4. Les facteurs qui influent sur la stabilité d'une articulation synoviale comprennent: (a) la forme des surfaces articulaires; (b) la présence de solides ligaments; (c) le tonus des muscles environnants; (d) toutes ces réponses.

5. La description suivante — « Surfaces articulaires profondes et solides; une capsule fortement renforcée par des ligaments et des tendons musculaires; articulation très stable » — décrit le mieux: (a) l'articulation du coude; (b) l'articulation de la hanche; (c) l'articulation du genou; (d) l'articulation de l'épaule.

6. L'ankylose désigne: (a) la torsion d'une cheville; (b) la déchirure des ligaments: (c) le déplacement d'un os; (d) l'immobilisation d'une articulation causée par la fusion de ses surfaces articulaires.

7. La maladie auto-immune dans laquelle les articulations sont touchées de façon symétrique et qui provoque la formation de pannus ainsi que l'immobilisation de l'articulation est: (a) une bursite; (b) la goutte; (c) l'arthrose; (d) la polyarthrite rhumatoïde.

Questions à court développement

8. Définissez une articulation.

9. Expliquez l'importance relative des articulations mobiles, semi-mobiles et mobiles dans l'homéostasie de l'organisme.

10. Comparez la structure, la fonction et les situations les plus fréquentes dans le corps des bourses et des gaines de tendon.

11. Le mouvement d'une articulation peut être non axial, uniaxial, biaxial ou multiaxial. Donnez la définition et un exemple de chacun de ces termes.

12. Comparez les mouvements symétriques de flexion et d'extension avec l'adduction et l'abduction; montrez les différences.

13. Quelle est la différence entre la rotation et la circumduction?

14. Nommez deux types d'articulations uniaxiales, biaxiales et multiaxiales.

15. Quel est le rôle précis des ménisques du genou? des ligaments croisés antérieur et postérieur?

16. On dit souvent du genou qu'il est aussi pratique que fragile. Donnez plusieurs raisons pouvant expliquer sa fragilité.

17. Comparez l'articulation de l'épaule et celle de la hanche sur le plan de la structure, de la stabilité et de la fonction.

18. Pourquoi les entorses et les lésions du cartilage sont-elles longues à guérir ou nécessitent-elles souvent une intervention?

RÉFLEXION ET APPLICATION

1. Sophie a travaillé comme femme de ménage pendant 30 ans pour que ses deux enfants puissent aller à l'université. Il lui est souvent arrivé de téléphoner à ses employeurs pour les avertir qu'elle ne pourrait pas travailler en raison d'une rotule enflée et douloureuse. De quoi souffre Sophie, et quelle en est la cause probable?

2. En faisant sa course à pied habituelle, Henri a trébuché et s'est tordu brutalement la cheville gauche. Lorsqu'il s'est relevé, il ne pouvait plus porter son poids sur cette cheville. Le diagnostic est une grave luxation et une entorse de la cheville gauche. L'orthopédiste déclare à Henri qu'elle effectuera une réduction orthopédique de la luxation et qu'elle tentera de réparer le ligament par arthroscopie. (a) L'articulation de la cheville est-elle normalement une articulation stable? (b) De quoi dépend sa stabilité? (c) Qu'est-ce qu'une réduction orthopédique? (d) Pourquoi est-il nécessaire de réparer le ligament? (e) En quoi consiste une arthroscopie? (f) Comment le recours à cette méthode diminuera-t-il le temps de rétablissement (et de souffrance) d'Henri?

3. Âgée de 45 ans, Mme Béchard se présente au cabinet de son médecin et se plaint d'une douleur insupportable à l'articulation interphalangienne distale de son gros orteil droit. L'articulation paraît très rougie et enflée. Quand on lui demande si elle a déjà souffert d'un tel trouble dans le passé, elle se rappelle des attaques semblables, deux ans auparavant, qui avaient disparu aussi rapidement qu'elles étaient apparues. Le médecin diagnostique une arthrite. (a) De quel type d'arthrite s'agit-il? (b) Quel est le facteur déclenchant de ce type particulier d'arthropathie?

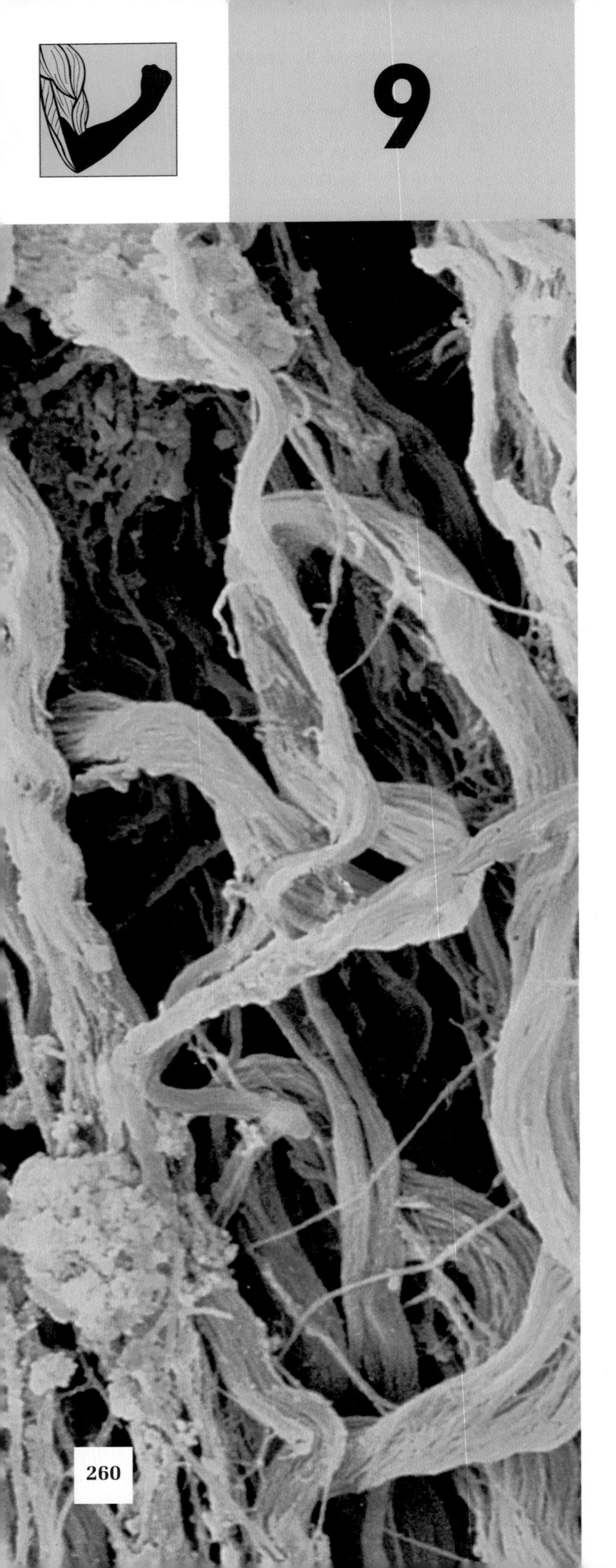

9 MUSCLES ET TISSU MUSCULAIRE

SOMMAIRE ET OBJECTIFS D'APPRENTISSAGE

Tissu musculaire : caractéristiques générales (p. 261-262)

1. Comparer les principaux types de tissu musculaire sur les plans suivants : situation, principales caractéristiques structurales et mode de déclenchement de la contraction.
2. Énumérer et expliquer brièvement quatre fonctions importantes du tissu musculaire.

Muscles squelettiques (p. 262-289)

3. Décrire la structure macroscopique d'un muscle squelettique (situation, nom des gaines et des attaches de tissu conjonctif).
4. Décrire la structure microscopique et les fonctions des myofibrilles, du réticulum sarcoplasmique et des tubules transverses des fibres (cellules) musculaires squelettiques.
5. Décrire le mécanisme de contraction du muscle squelettique par glissement des myofilaments.
6. Définir l'unité motrice et expliquer comment les fibres musculaires se contractent sous l'effet d'une stimulation.
7. Définir une secousse musculaire et décrire les événements qui se produisent pendant ses trois phases.
8. Expliquer comment le muscle squelettique peut se contracter de façon continue et graduée.
9. Établir la différence entre les contractions isométriques et isotoniques.
10. Décrire trois modes de régénération de l'ATP pendant la contraction d'un muscle squelettique.
11. Définir la dette d'oxygène et la fatigue musculaire. Énumérer des causes possibles de la fatigue musculaire.
12. Énumérer et décrire les facteurs qui déterminent la force, la rapidité et la durée de la contraction des muscles squelettiques.
13. Nommer et décrire les trois types de fibres musculaires squelettiques. Expliquer les avantages relatifs de chaque type de fibre dans l'organisme.
14. Comparer les effets des exercices aérobiques d'une part et de résistance d'autre part sur les muscles squelettiques et les autres systèmes de l'organisme.

Muscles lisses (p. 289-295)

15. Comparer l'anatomie macroscopique et microscopique des fibres musculaires lisses et des fibres musculaires squelettiques.
16. Comparer les mécanismes de contraction et les modes d'activation des muscles squelettiques et des muscles lisses.
17. Montrer les différences structurales et fonctionnelles entre les muscles lisses unitaires et multi-unitaires.

Développement et vieillissement des muscles (p. 295-298)

18. Décrire brièvement le développement embryonnaire des tissus musculaires et les transformations que subissent les muscles squelettiques au cours du vieillissement.

Il y a très longtemps, parce que les muscles au travail lui faisaient penser à des souris s'activant sous la peau, un homme de science leur a donné le nom de *muscles*, du mot latin *mus* signifiant « petite souris ». En effet, lorsqu'on entend parler de muscles, ce sont ceux des boxeurs ou des haltérophiles qui viennent à l'esprit. Mais le cœur et les parois des autres organes creux contiennent aussi une certaine proportion de tissu musculaire. Sous ses différentes formes, le tissu musculaire représente presque la moitié de notre masse corporelle. La principale caractéristique du tissu musculaire, du point de vue fonctionnel, est son aptitude à transformer une énergie chimique (sous forme d'ATP) en énergie mécanique dirigée. Grâce à cette propriété, les muscles sont capables d'exercer une force.

On peut considérer les muscles comme les « moteurs » de l'organisme. La mobilité du corps dans son ensemble résulte de l'activité des muscles squelettiques. Les muscles squelettiques se distinguent des muscles des organes internes, dont la plupart font circuler des liquides et d'autres substances dans les canaux de notre organisme.

TISSU MUSCULAIRE : CARACTÉRISTIQUES GÉNÉRALES

Types de muscles

Il existe trois types de tissu musculaire : *squelettique, cardiaque* et *lisse*. Ces trois types diffèrent par la structure de leurs cellules, leur situation dans le corps, leur fonction, et par le mode de déclenchement de leurs contractions. Mais avant de nous pencher sur leurs différences, examinons quelques-uns de leurs points communs. Premièrement, toutes les cellules musculaires (aussi appelées **myocytes**) ont une forme allongée, et c'est pour cette raison qu'on les nomme **fibres musculaires.** En deuxième lieu, la contraction musculaire est assurée par deux sortes de *myofilaments*, qui sont les équivalents musculaires des microfilaments contenant de l'actine et de la myosine décrits au chapitre 3. Vous vous souvenez certainement que ces deux protéines jouent un rôle dans la motilité et les changements de forme d'un grand nombre de cellules de l'organisme ; cette capacité est portée à son plus haut niveau dans les fibres musculaires contractiles. La troisième et dernière ressemblance se rapporte à la terminologie : chaque fois que vous verrez les préfixes *myo* ou *mys* (deux racines signifiant « muscle ») ou *sarco* (« chair »), il sera fait référence au muscle. Par exemple, la membrane plasmique des fibres musculaires se nomme *sarcolemme* (*lemma* = enveloppe), et le cytoplasme de la fibre musculaire est appelé *sarcoplasme.* Maintenant, nous pouvons décrire les trois types de tissu musculaire, un à un.

Le **tissu musculaire squelettique** se présente sous forme de *muscles squelettiques* qui recouvrent le squelette osseux et s'y attachent. Les fibres musculaires squelettiques sont les fibres musculaires les plus longues, elles portent des bandes transversales bien visibles nommées **stries** et peuvent être maîtrisées volontairement. Bien qu'ils soient parfois activés par des réflexes, les muscles squelettiques sont aussi appelés **muscles volontaires** parce qu'ils sont soumis à la volonté. Lorsque vous penserez au tissu musculaire squelettique, vous devrez avoir à l'esprit ces trois mots clés : *squelettique, strié, volontaire.* Les muscles squelettiques peuvent se contracter rapidement, mais ils se fatiguent facilement et doivent prendre quelque repos après de courtes périodes d'activité. Ils sont capables d'exercer une force considérable, comme en témoignent ces anecdotes de gens qui ont réussi à soulever des automobiles pour sauver un être cher. Le muscle squelettique est également doté de remarquables facultés d'adaptation : par exemple, les mêmes muscles de vos mains peuvent employer une force équivalant à quelques grammes pour saisir un trombone, puis à environ 30 kg pour saisir ce livre !

Le **tissu musculaire cardiaque** n'existe que dans le cœur : il représente la plus grande partie de la masse des parois de cet organe (voir la figure 19.2, p. 660). Le muscle cardiaque est strié, comme les muscles squelettiques, mais il n'est pas volontaire. La plupart d'entre nous n'exercent aucune maîtrise consciente sur notre rythme cardiaque. Les mots clés à retenir pour ce type de muscle sont donc : *cardiaque, strié, involontaire.* Le muscle cardiaque se contracte à un rythme relativement constant déterminé par le centre rythmogène (centre de régulation intrinsèque situé dans la paroi du cœur), mais d'autres centres nerveux permettent d'en régir l'accélération pendant de courts moments, par exemple lorsque vous courez à l'autre bout d'un court de tennis pour tenter une volée.

On trouve le **tissu musculaire lisse** dans les parois des organes viscéraux creux comme l'estomac, la vessie et les organes des voies respiratoires. Les mucles lisses ne sont pas striés et, comme le muscle cardiaque, ne sont pas soumis à la volonté. Pour les décrire avec précision, on peut dire qu'ils sont *viscéraux, non striés* et que leurs mouvements sont *involontaires.* Les contractions des fibres musculaires lisses sont lentes et continues. Si le muscle squelettique peut se comparer à un véhicule rapide qui perd rapidement de la puissance, le muscle lisse est plutôt semblable à un moteur robuste qui continue de fournir un travail régulier sans se fatiguer.

Dans le présent chapitre, nous étudierons les muscles squelettiques et lisses. Le chapitre 19 traite du muscle cardiaque. Le tableau 9.4 (p. 292-293) résume les principales caractéristiques de chaque type de tissu musculaire.

Fonctions des muscles

Les muscles de notre organisme exercent quatre fonctions importantes : ils produisent le mouvement, maintiennent la posture, stabilisent les articulations et dégagent de la chaleur.

Production du mouvement

Presque tous les mouvements du corps humain et de ses parties sont dus à des contractions musculaires (ou résultent pour le moins du mouvement des filaments d'actine et de myosine qui se trouvent aussi dans d'autres types de cellules). Les muscles squelettiques assurent la locomotion et la manipulation, et ils vous permettent de réagir rapidement aux événements qui surviennent dans votre environnement. Par exemple, grâce à leur rapidité et à leur puissance, vous pourriez bondir au dernier moment pour éviter une voiture folle. Votre vision dépend en partie de l'action des muscles squelettiques qui orientent vos globes oculaires, et c'est par la contraction des muscles faciaux que vous pouvez exprimer votre joie ou votre rage sans recourir à la parole.

Votre circulation sanguine est assurée par le battement régulier du muscle cardiaque et par le travail des muscles lisses présents dans les parois de vos vaisseaux sanguins, ce qui a pour effet de maintenir une pression artérielle normale. C'est également la pression exercée par les muscles lisses qui déplace substances et objets le long des organes et des conduits des systèmes digestifs, urinaire et génital (aliments, urine, fœtus).

Maintien de la posture

Le fonctionnement des muscles squelettiques qui déterminent notre posture atteint rarement le seuil de la conscience. Leur action est cependant presque constante: ils effectuent sans cesse des ajustements infimes grâce auxquels nous pouvons conserver notre posture assise ou debout malgré l'effet omniprésent de la force gravitationnelle.

Stabilisation des articulations

Au cours même de la traction qu'ils exercent pour déplacer les os, les muscles stabilisent les articulations de notre squelette. Comme nous l'avons vu au chapitre 8, les muscles squelettiques contribuent à la stabilité des articulations qui sont peu renforcées ou dont les surfaces articulaires ne sont pas complémentaires, comme celles de l'épaule et du genou. En cela, ils collaborent avec les ligaments. Pour mieux comprendre ce rôle, et en prenant l'exemple de l'épaule, examinez dans l'ordre les figures 7.21a (p. 215), 8.9a (p. 246) et 10.14a (p. 332).

Dégagement de chaleur

Enfin, comme aucune «machine» n'est parfaitement efficace, il y a perte d'énergie sous forme de chaleur pendant les contractions musculaires. Cette chaleur revêt une importance vitale parce qu'elle maintient l'organisme à une température adéquate: les réactions biochimiques peuvent ainsi s'effectuer normalement. Étant donné que les muscles squelettiques représentent au moins 40% de notre masse corporelle, ce sont eux qui dégagent le plus de chaleur.

Caractéristiques fonctionnelles des muscles

Le tissu musculaire possède certaines propriétés particulières qui lui permettent de remplir ses fonctions. Ces propriétés sont l'excitabilité, la contractilité, l'extensibilité et l'élasticité.

L'**excitabilité** est la faculté de percevoir un stimulus et d'y répondre. (Un *stimulus* est un changement dans le milieu interne ou dans l'environnement.) En ce qui concerne les muscles, le stimulus est habituellement de nature chimique (par exemple une hormone, une modification locale du pH ou un neurotransmetteur libéré par une cellule nerveuse). La réponse est la production, le long du sarcolemme, d'un signal électrique (ou potentiel d'action) qui est à l'origine de la contraction musculaire.

La **contractilité** est la capacité de se contracter avec force en présence de la stimulation appropriée. C'est cette aptitude qui rend les muscles si différents de tous les autres tissus.

L'**extensibilité** est la faculté d'étirement. Lorsqu'elles se contractent, les fibres musculaires raccourcissent, mais lorsqu'elles sont détendues, on peut les étirer au-delà de leur longueur au repos.

L'**élasticité** est la possibilité qu'ont les fibres musculaires de reprendre leur longueur de repos lorsqu'on les relâche. C'est donc l'inverse de l'extensibilité.

Dans la section qui suit, nous allons étudier en détail la structure et le fonctionnement des muscles squelettiques. Nous aborderons ensuite les muscles lisses, principalement en les comparant avec les muscles squelettiques. Quant au muscle cardiaque, nous nous contenterons de résumer ses caractéristiques au tableau 9.4, car l'ensemble du chapitre 19 lui est consacré.

MUSCLES SQUELETTIQUES

Le tableau 9.1 de la page 266 présente les différents niveaux d'organisation structurale des muscles squelettiques, en allant de l'échelle macroscopique à l'échelle microscopique.

Anatomie macroscopique d'un muscle squelettique

Chaque **muscle squelettique** est un organe bien délimité dont la majeure partie comprend des centaines, voire des milliers de fibres musculaires; le muscle renferme également des vaisseaux sanguins, des neurofibres et une grande quantité de tissu conjonctif. On peut facilement étudier à l'œil nu la forme d'un muscle et ses points d'attaches.

Enveloppes de tissu conjonctif

Dans un muscle intact, les fibres (ou cellules) musculaires sont enveloppées et maintenues ensemble par différentes couches de tissu conjonctif (figure 9.1). Chaque fibre se trouve à l'intérieur d'une fine gaine de tissu conjonctif aréolaire appelée **endomysium.** Plusieurs fibres et leur endomysium sont placées côte à côte et forment un ensemble nommé **faisceau** (*fascis* = faisceau, bande); chaque faisceau est à son tour délimité par une gaine plus épaisse de tissu conjonctif, le **périmysium.** Les faisceaux sont regroupés dans un revêtement plus grossier composé de tissu conjonctif dense régulier, **l'épimysium,** qui enveloppe l'ensemble du muscle. À l'extérieur de l'épimysium, le **fascia,** une couche encore plus grossière de tissu conjonctif dense régulier, regroupe les muscles d'un même groupe fonctionnel et recouvre aussi certaines autres structures.

Ainsi qu'on peut le voir à la figure 9.1, toutes ces gaines de tissu conjonctif constituent un ensemble continu incluant aussi les tendons qui relient les muscles aux os.

Dans quelle enveloppe conjonctive retrouve-t-on les vaisseaux sanguins qui irriguent les fibres musculaires?

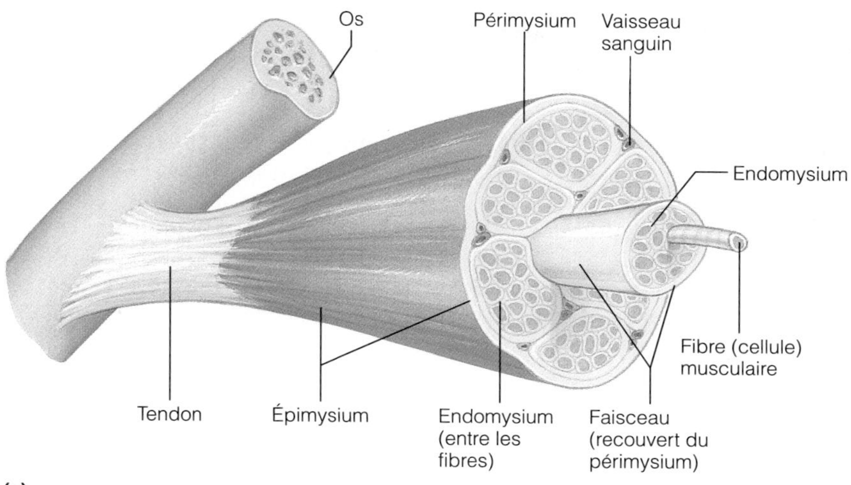

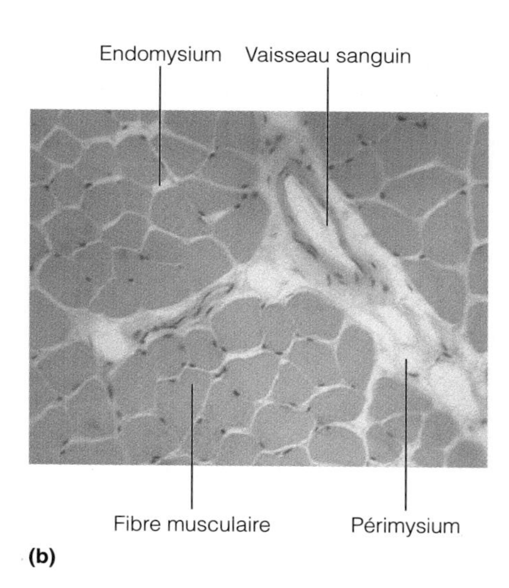

FIGURE 9.1
Enveloppes de tissu conjonctif d'un muscle squelettique. (a) Dans un muscle squelettique, chaque fibre musculaire est revêtue d'une fine gaine de tissu conjonctif, l'endomysium. Les faisceaux de fibres musculaires sont délimités par une gaine plus épaisse de tissu conjonctif, appelée périmysium. L'ensemble du muscle est renforcé et recouvert par une gaine grossière de tissu conjonctif, l'épimysium. **(b)** Photomicrographie de la coupe transversale d'un muscle squelettique (90 ×).

Lorsque les fibres musculaires se contractent, elles tirent donc sur leurs différentes gaines, lesquelles, à leur tour, transmettent la force à un os spécifique.

Comme toutes les cellules de l'organisme, les fibres musculaires squelettiques sont molles et fragiles. Les couches de tissu conjonctif soutiennent chaque cellule, renforcent l'ensemble du muscle et contribuent à l'élasticité naturelle du tissu musculaire. Elles fournissent également les voies d'entrée et de sortie des vaisseaux sanguins et des neurofibres qui desservent le muscle.

Innervation et irrigation sanguine

L'activité normale d'un muscle squelettique est tributaire de son innervation et d'un approvisionnement sanguin abondant. Contrairement aux fibres musculaires cardiaques et lisses, qui peuvent se contracter en l'absence de toute stimulation nerveuse, chaque fibre musculaire squelettique est dotée d'une terminaison nerveuse qui régit son activité.

La contraction des fibres musculaires représente une énorme dépense d'énergie, d'où la nécessité d'un approvisionnement plus ou moins continu en oxygène et en nutriments par l'intermédiaire des artères. Les cellules musculaires produisent également de grandes quantités de déchets métaboliques qui doivent être évacués par les veines pour assurer l'efficacité de la contraction. De façon générale, chaque muscle est desservi par une artère et une ou plusieurs veines.

Habituellement, les vaisseaux sanguins et les neurofibres pénètrent le muscle en son milieu et se divisent en de nombreuses branches à l'intérieur des cloisons de tissu conjonctif, puis ils rejoignent la fine couche d'endomysium qui entoure chaque fibre musculaire. Les capillaires, qui sont les plus petits des vaisseaux sanguins musculaires, sont longs et sinueux; ils peuvent donc s'adapter aux changements de longueur du muscle en se déroulant lors d'un étirement et en se repliant lors d'une contraction.

Attaches

Nous avons vu au chapitre 8 que la plupart des muscles recouvrent des articulations et s'attachent à des os (ou à d'autres structures) en au moins deux endroits; d'autre part, lorsqu'un muscle se contracte, l'os mobile (l'**insertion** du muscle) se déplace en direction de l'os fixe ou moins mobile (l'**origine** du muscle). Dans les muscles des membres, l'origine se trouve en position proximale par rapport à l'insertion.

Les attaches du muscle, qu'il s'agisse de l'origine ou de l'insertion, peuvent être directes ou indirectes. Dans les **attaches directes,** l'épimysium du muscle est soudé au périoste d'un os ou au périchondre d'un cartilage. Dans les **attaches indirectes,** les enveloppes de tissu conjonctif se joignent à un tendon cylindrique ou à une **aponévrose** plate et large. Le muscle se trouve ainsi ancré à la gaine de tissu conjonctif d'un élément du squelette (os ou cartilage) ou au fascia d'autres muscles. Le muscle temporal de la tête comporte et des attaches directes et des attaches indirectes (tendineuses) (voir la figure 10.6, p. 313).

De ces deux types d'attaches, les attaches indirectes sont de loin les plus répandues dans notre organisme en

Le périmysium.

raison de leur petite taille et de leur solidité. Comme les tendons sont composés presque entièrement de fibres collagènes résistantes, ils supportent beaucoup mieux la friction des saillies osseuses que le tissu musculaire, qui est délicat et qui pourrait se déchirer. Les tendons jouent également un rôle en ce qui a trait à l'espace. En effet, en raison de leur taille relativement petite, ils peuvent traverser une articulation en plus grand nombre que les muscles, plus charnus.

Anatomie microscopique d'une fibre musculaire squelettique

Chaque fibre musculaire squelettique est une longue cellule cylindrique renfermant de nombreux noyaux ovales situés juste au-dessous du **sarcolemme,** c'est-à-dire la surface de la membrane plasmique, qui régissent la synthèse des nombreuses protéines contractiles (voir la figure 9.2a ci-contre et le tableau 9.1, p. 266). Les fibres des muscles squelettiques sont des cellules énormes. Leur diamètre se situe habituellement entre 10 et 100 μm, soit jusqu'à dix fois celui d'une cellule moyenne de l'organisme, et leur longueur prodigieuse peut atteindre 30 cm. On s'étonne moins de la taille et du nombre de noyaux de ces cellules quand on sait que chacune d'elles est un *syncytium* (littéralement, « cellules fusionnées ») résultant de l'union de centaines de cellules embryonnaires.

Le **sarcoplasme** d'une fibre musculaire est comparable au cytoplasme des autres cellules, mais il abrite des réserves importantes de glycogène ainsi que de la **myoglobine,** une protéine qui se lie à l'oxygène et n'existe dans aucun autre type de cellule. La myoglobine est un pigment rouge qui constitue un réservoir d'oxygène à l'intérieur de la cellule musculaire ; elle s'apparente à l'hémoglobine, le pigment qui transporte l'oxygène dans les globules rouges du sang. Les cellules musculaires contiennent les organites habituels ainsi que des organites fortement modifiés, soit les myofibrilles et le réticulum sarcoplasmique. Les tubules transverses (ou tubules T) sont des modifications particulières du sarcolemme de la fibre musculaire. Maintenant, examinons de plus près ces structures uniques.

Myofibrilles

À fort grossissement, on constate que chaque fibre musculaire comporte un grand nombre de **myofibrilles** parallèles qui parcourent toute la longueur de la cellule (voir la figure 9.2b). Mesurant chacune de 1 à 2 μm de diamètre, les myofibrilles sont si serrées les unes contre les autres qu'elles semblent coincer entre elles les mitochondries et les autres organites. Selon sa taille, chaque fibre musculaire peut posséder des centaines ou des milliers de myofibrilles, qui constituent environ 80 % de son volume. Les myofibrilles représentent les éléments contractiles des cellules des muscles squelettiques.

Stries, sarcomères et myofilaments Sur la longueur de chaque myofibrille, on remarque une alternance de bandes sombres et claires appelées **stries.** Les bandes sombres sont nommées **stries A** parce qu'elles sont *anisotropes*, c'est-à-dire qu'elles polarisent la lumière visible. Les bandes claires, nommées **stries I,** sont isotropes, ou non polarisantes. Dans une fibre musculaire intacte, les bandes des myofibrilles sont presque parfaitement alignées, d'où l'aspect strié de l'ensemble de la cellule.

Comme le montre la figure 9.2c, chaque strie A a en son milieu une rayure plus claire appelée **zone claire,** ou strie H (*H* vient de *hélio* = semblable au soleil). Pour des raisons qui vous deviendront bientôt évidentes, les zones claires ne sont visibles que sur les fibres musculaires au repos. Pour compliquer encore un peu les choses, chaque zone claire est divisée en deux par une ligne sombre, la **ligne M.** Au milieu des stries I, on remarque également une zone plus foncée que l'on nomme **ligne Z.** La région d'une myofibrille comprise entre deux lignes Z successives (voir la figure 9.2c) est appelée **sarcomère** (littéralement, « segment de muscle »). Mesurant environ 2 μm de long, le sarcomère est la plus petite unité contractile de la fibre musculaire. Chaque *unité fonctionnelle* du muscle squelettique est donc une très petite portion de myofibrille, et on peut se représenter les myofibrilles comme des chaînes de sarcomères placés bout à bout tels les wagons d'un train.

Au niveau moléculaire, on constate que les stries des myofibrilles sont formées par la *disposition ordonnée* de deux types de structures encore plus petites appelées **filaments,** ou **myofilaments,** à l'intérieur des sarcomères (figure 9.2d). Les **filaments épais** parcourent toute la longueur de la strie A. Les **filaments minces** enrobent les filaments épais et s'étendent le long de la strie I et d'une partie de la strie A. Vue au microscope, la zone claire au centre de la strie A paraît moins dense parce que les filaments minces ne longent pas les filaments épais dans cette région. La ligne M, située au centre de la zone claire, est légèrement assombrie par la présence de brins qui maintiennent ensemble les filaments épais adjacents. La ligne Z, aussi appelée *télophragme*, est en fait une couche de protéines en forme de pièce de monnaie qui ancre les filaments minces et qui unit aussi les myofibrilles entre elles sur toute l'épaisseur de la cellule musculaire. (Le troisième type de filament illustré dans la figure 9.2d, le *filament élastique*, est décrit dans la prochaine section.)

Une vue longitudinale des myofilaments, comme celle de la figure 9.2d, prête quelque peu à confusion parce qu'elle donne l'impression que chaque filament épais n'interagit qu'avec quatre filaments minces. Cependant, une coupe transversale de la myofibrille montre bien que dans les régions renfermant des filaments à la fois épais et minces (strie A, de chaque côté de la strie H), chaque filament épais est en fait entouré de six filaments minces, et chaque filament mince se trouve au milieu d'un triangle formé par trois filaments épais.

Ultrastructure et composition moléculaire des myofilaments Les filaments épais (d'un diamètre d'environ 16 nm) comprennent essentiellement une protéine appelée **myosine** (figure 9.3a). La molécule de myosine possède une structure très particulière : semblable à un bâton de golf, sa *tige cylindrique* se termine à l'une de ses extrémités par une *tête* sphérique comportant elle-même deux lobes. Au niveau moléculaire, la tige de la myosine comporte deux chaînes polypeptidiques *lourdes* identiques entrelacées. Les deux lobes de sa tête constituent

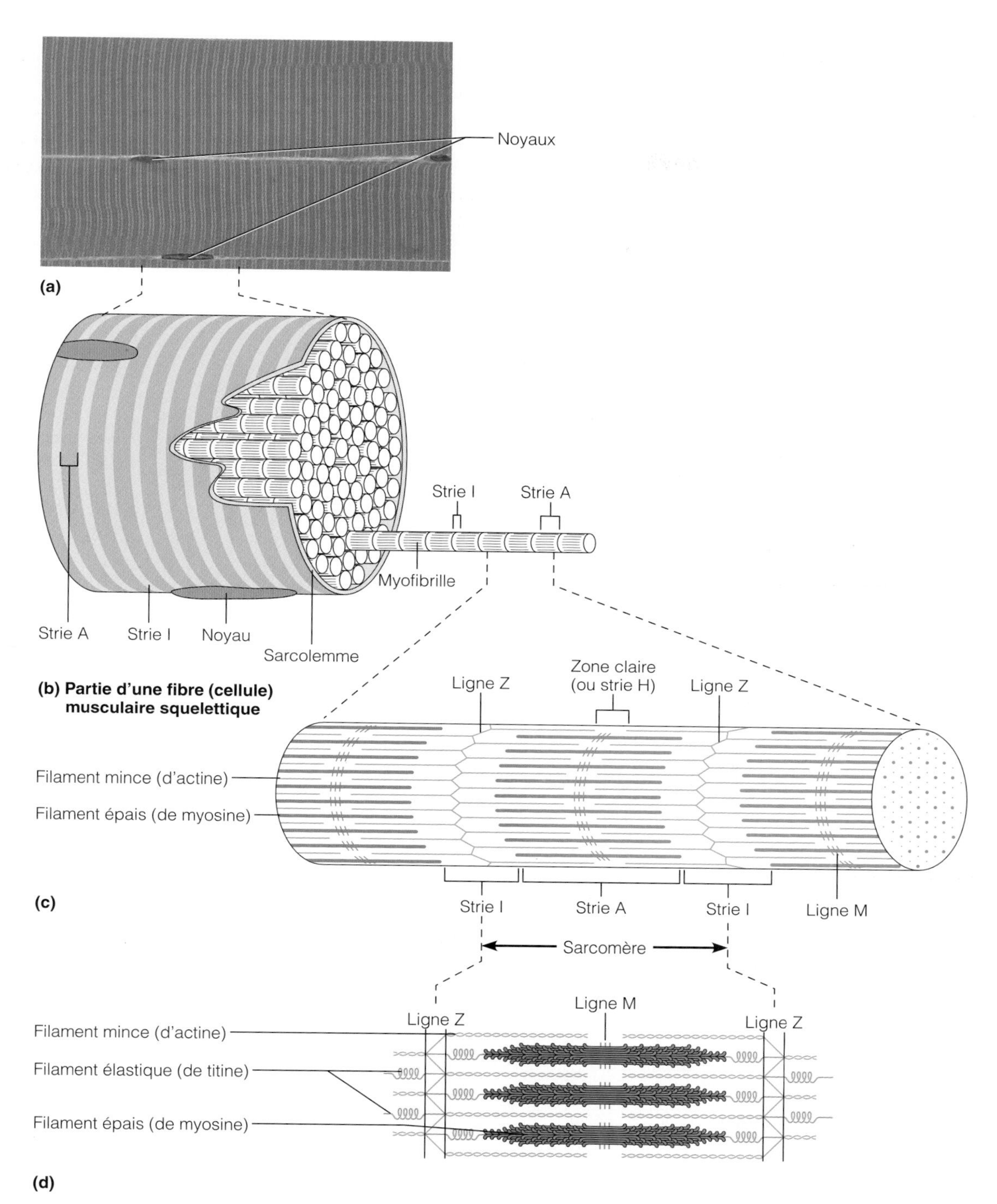

9

FIGURE 9.2
Anatomie microscopique d'une fibre musculaire squelettique. (a) Photomicrographie de portions de deux fibres musculaires isolées (450 ×). Remarquez les stries transversales évidentes (alternance de bandes claires et foncées). **(b)** Schéma d'une partie d'une fibre (cellule) musculaire montrant les myofibrilles. L'une des myofibrilles est dessinée comme si elle dépassait de la coupe faite dans la fibre musculaire. **(c)** Agrandissement d'une petite partie de myofibrille montrant les myofilaments qui forment les stries. Chaque sarcomère, ou unité contractile, s'étend d'une ligne Z à la suivante. **(d)** Agrandissement d'un sarcomère (coupe longitudinale). Remarquez les têtes de myosine sur les filaments épais.

les extrémités de ces chaînes lourdes, et chacune de ces chaînes est « épaissie » par la liaison de deux chaînes polypeptidiques *légères* qui sont plus petites. Les lobes, parfois appelés **ponts d'union,** sont les « sites actifs » de la myosine, car ils lient ensemble les myofilaments épais et les myofilaments minces durant la contraction. Ainsi que nous le verrons bientôt, ce sont les têtes de myosine qui génèrent la tension exercée lors de la contraction de la cellule musculaire. Dans un sarcomère, chaque filament épais compte environ 200 molécules de myosine. Comme le montre la figure 9.3b et d, les molécules de myosine sont regroupées de telle sorte que leurs tiges représentent la

TABLEAU 9.1 Structure et niveaux d'organisation d'un muscle squelettique

Structure et niveau d'organisation	Description	Enveloppes de tissu conjonctif
Muscle (organe) Épimysium · Faisceau · Muscle · Tendon	Constitué de centaines ou de milliers de cellules musculaires, ainsi que de gaines de tissu conjonctif, de vaisseaux sanguins et de neurofibres	Recouvert par l'épimysium
Faisceau (partie du muscle) Fibre (cellule) musculaire · Partie d'un faisceau · Périmysium	Assemblage de cellules musculaires, séparées du reste du muscle par une gaine de tissu conjonctif	Recouvert par le périmysium
Fibre (cellule) musculaire Noyau · Myofibrille · Partie d'une fibre musculaire · Stries	Cellule multinucléée allongée ; apparence striée	Recouverte par l'endomysium
Myofibrille ou fibrille (organite complexe constitué de groupes de filaments) Myofibrille · Sarcomère	Élément contractile cylindrique ; les myofibrilles occupent la plus grande partie du volume de la cellule musculaire ; portent des stries, et les stries des myofibrilles voisines sont alignées ; constituée de sarcomères placés bout à bout	
Sarcomère (segment d'une myofibrille) Sarcomère · Filament mince (d'actine) · Filament épais (de myosine)	Unité contractile, constituée de myofilaments de protéines contractiles	
Myofilament ou filament (structure macromoléculaire)	Les myofilaments sont de deux types (minces et épais), et constitués de protéines contractiles ; les filaments épais renferment un assemblage parallèle de molécules de myosine ; les filaments minces renferment des molécules d'actine (ainsi que d'autres protéines) ; le raccourcissement du muscle est assuré par le glissement des filaments minces le long des filaments épais	

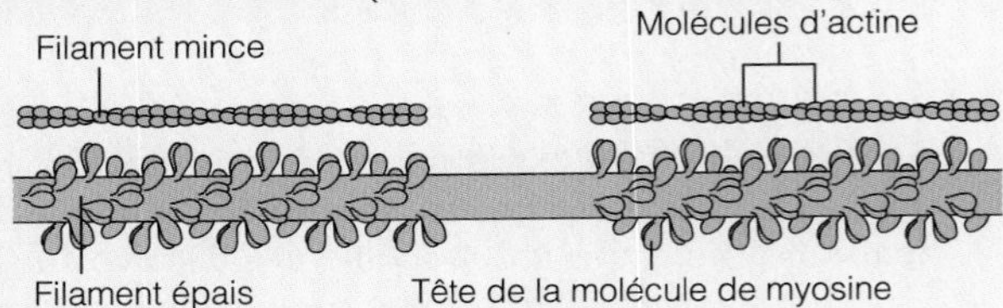

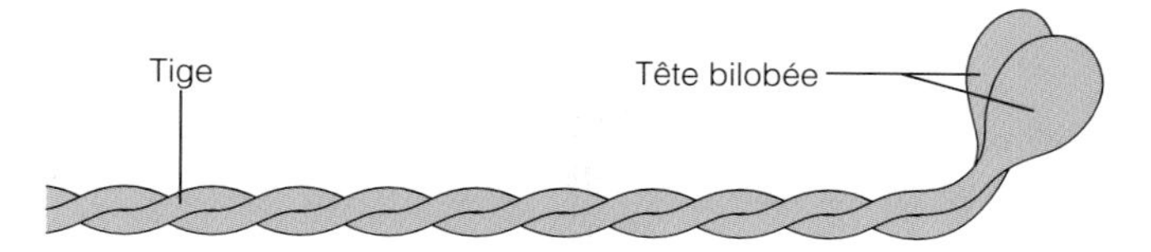

(a) Molécule de myosine

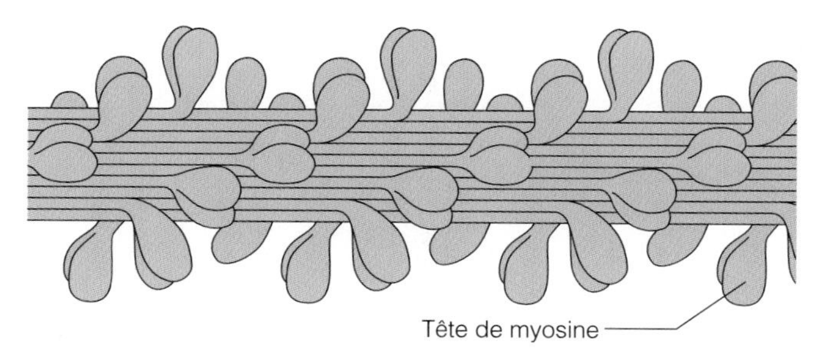

(b) Partie d'un filament épais

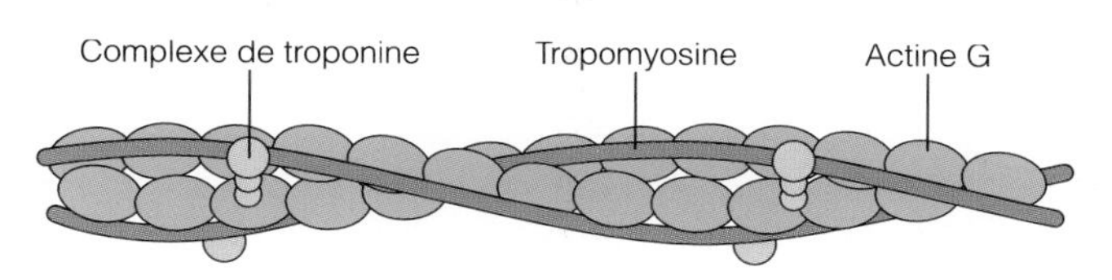

(c) Partie d'un filament mince

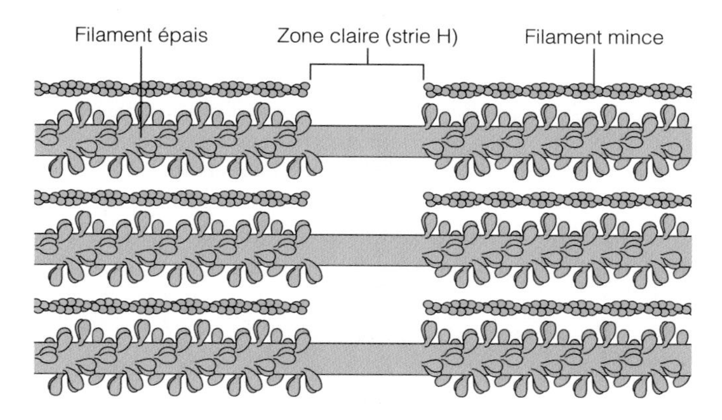

(d) Coupe longitudinale montrant les filaments à l'intérieur d'un sarcomère d'une myofibrille

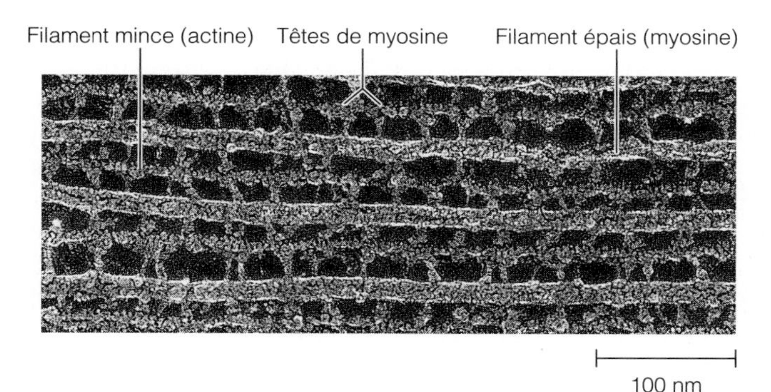

(e) Micrographie électronique à transmission d'une partie de sarcomère

FIGURE 9.3

Composition des myofilaments du muscle squelettique. **(a)** Chaque molécule de myosine présente une tige, d'où sort une tête bilobée. **(b)** Chaque filament épais comprend un grand nombre de molécules de myosine dont les têtes dépassent à chaque bout du filament, comme on le voit en (d). **(c)** Chaque filament mince comporte un brin d'actine enroulé sur lui-même en spirale. Chaque brin est constitué de sous-unités d'actine G. (Bien qu'ils soient de forme ovale dans l'illustration, on croit que les monomères d'actine G sont plutôt réniformes.) Les molécules de tropomyosine sont enroulées autour du filament d'actine, renforçant ainsi le filament. Plusieurs complexes de troponine se trouvent fixés à chaque molécule de tropomyosine. **(d)** Disposition des filaments dans un sarcomère (vue longitudinale). Au centre du sarcomère, les éléments épais ne portent pas de têtes de myosine; aux endroits où les filaments épais et minces se chevauchent, les têtes de myosine sont dirigées vers l'actine, avec laquelle elles interagissent durant la contraction. **(e)** Cette micrographie électronique d'une partie d'un sarcomère montre clairement les têtes de myosine (ponts d'union) qui produisent la force contractile.

partie centrale du filament et que les lobes de leur tête sphérique sont orientés dans des directions opposées. Par conséquent, la partie centrale du filament épais est lisse, mais ses extrémités sont garnies de têtes de myosine disposées de façon hélicoïdale autour de son axe. En plus de comporter des sites de liaison de l'actine, les têtes des molécules de myosine contiennent des sites de liaison de l'ATP, ainsi que des enzymes ATPases qui dissocient l'ATP pour produire l'énergie nécessaire à la contraction musculaire.

Les filaments minces (d'un diamètre de 7 à 8 nm) sont principalement composés d'**actine** (figure 9.3c). Les polypeptides qui forment les sous-unités de l'actine (nommés *actine globulaire,* ou *actine G*) portent des sites de liaison sur lesquels les têtes de myosine se fixent lors de la contraction. Les monomères (ou sous-unités) d'actine G, généralement en forme de haricot, sont regroupés en polymères de longs filaments d'actine. L'épine dorsale de chaque filament mince est apparemment constituée d'un seul filament d'actine qui se rétracte sur lui-même; ce filament forme une structure hélicoïdale qui ressemble à deux colliers de perles entrelacés. Le filament mince comprend aussi plusieurs protéines de régulation. Deux brins de **tropomyosine,** une protéine cylindrique, entourent le centre de l'actine et la rigidifient. Des molécules de tropomyosine sont placées bout à bout le long des filaments d'actine et, dans une fibre musculaire au repos, elles bloquent les sites actifs d'actine de sorte que les têtes de myosine ne peuvent pas se lier avec les filaments minces. La dernière des protéines importantes du filament mince, la **troponine,** est en fait un complexe de trois polypeptides. L'un de ces polypeptides (TnI) est une sous-unité inhibitrice qui se lie à l'actine. Un autre (TnT) se lie à la tropomyosine et l'aligne avec l'actine. Le troisième (TnC) se lie aux ions calcium. La troponine et la tropomyosine contribuent à la régulation des interactions myosine-actine qui se produisent au cours de la contraction.

Au cours de la dernière décennie, de nouveaux types de filaments musculaires ont été découverts; il est donc nécessaire de revoir la définition du muscle strié, actuellement considéré comme un système à deux filaments. L'un de ces nouveaux types de filaments, le **filament élastique,** est composé d'une protéine élastique appelée **titine** (aussi nommée **connectine**). Cette protéine géante s'étend sur environ 1 μm depuis la ligne Z jusqu'à la ligne M (figure 9.2d). En plus d'attacher les filaments épais et minces aux lignes Z, la titine se trouve en quantité

Parmi les structures illustrées ci-dessous, laquelle contient la concentration la plus élevée de Ca^{2+} dans une cellule musculaire au repos: le tubule transverse, la mitochondrie ou le RS?

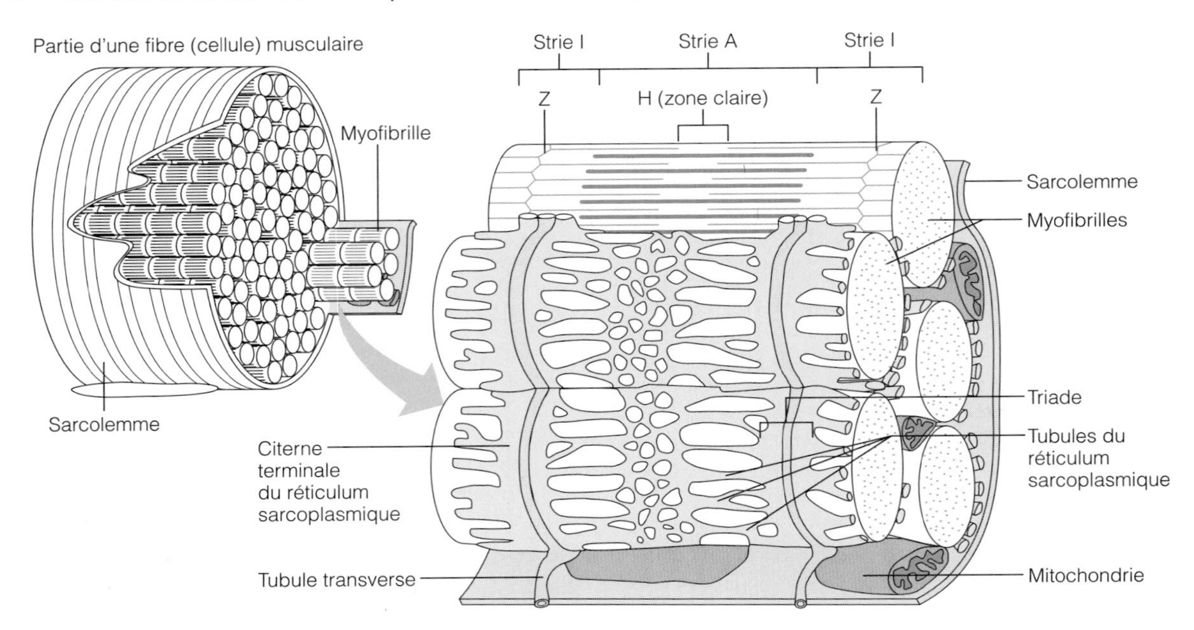

FIGURE 9.4
Relation entre le réticulum sarcoplasmique, les tubules transverses et les myofibrilles du muscle squelettique. Les tubules du réticulum sarcoplasmique enveloppent chaque myofibrille comme un manchon. En certains points, les tubules fusionnent latéralement et forment des canaux qui communiquent entre eux; cela se produit surtout au niveau de la zone claire (strie H) et au voisinage des jonctions A et I, où sont localisés les éléments en cul-de-sac nommés citernes terminales. Les tubules transverses, qui sont des invaginations du sarcolemme, pénètrent loin à l'intérieur de la cellule, entre les citernes terminales situées près des jonctions A et I. Les points de contact intime entre ces trois éléments (citerne terminale, tubule transverse, citerne terminale) sont appelés triades.

adondante dans les filaments épais et semble jouer un rôle important dans l'organisation même des stries A des myofibrilles et de la cellule musculaire dans son ensemble. La portion de titine qui traverse les stries I est élastique et rend la cellule musculaire capable de reprendre sa forme après étirement.

Réticulum sarcoplasmique et tubules transverses

Les fibres (cellules) musculaires squelettiques contiennent deux séries de tubules intracellulaires qui participent à la régulation de la contraction musculaire: (1) le réticulum sarcoplasmique et (2) les tubules transverses (figure 9.4).

Réticulum sarcoplasmique Le **réticulum sarcoplasmique (RS)** est un réticulum endoplasmique lisse complexe (p. 81). Son réseau de tubules enlace chaque myofibrille, un peu comme la manche d'un chandail aux mailles lâches recouvre votre bras. La majorité de ces tubules parcourent la myofibrille longitudinalement. Toutefois, le réticulum sarcoplasmique forme aussi de plus grands canaux transversaux, appelés **citernes terminales,** au-dessus des jonctions des stries A et I. Les citernes terminales sont accolées deux par deux au niveau de ces jonctions.

La fonction principale du réticulum sarcoplasmique consiste à régler la concentration intracellulaire de calcium ionique: il emmagasine le calcium et le libère «sur demande» lorsqu'une stimulation entraîne la contraction de la fibre musculaire. Comme nous le verrons, cette libération de calcium est le signal qui donne le feu vert à la contraction.

Tubules transverses À la jonction des stries A et I, le sarcolemme de la cellule musculaire pénètre à l'intérieur de la cellule et forme ainsi un long tube nommé **tubule transverse,** ou **tubule T,** dont la lumière communique avec le liquide interstitiel de l'espace extracellulaire. Chaque tubule transverse s'enfonce loin dans la cellule, où il passe entre les paires de citernes terminales du RS, formant ainsi des **triades,** qui sont les regroupements des trois structures membranaires (c'est-à-dire la citerne terminale située à l'extrémité d'un sarcomère, un tubule transverse et la citerne terminale du sarcomère adjacent) (figure 9.4). En se faufilant d'une myofibrille à l'autre, les tubules transverses encerclent chaque sarcomère.

La contraction musculaire est avant tout régie par les influx qui parcourent le sarcolemme de la cellule musculaire. Étant donné que les tubules transverses sont en continuité avec le sarcolemme, ils peuvent acheminer ces influx dans les régions les plus profondes de la cellule musculaire et à chaque sarcomère. Par conséquent, les tubules transverses fonctionnent tel un réseau de communication rapide: ils permettent à toutes les myofibrilles de la fibre musculaire de se contracter pratiquement en même temps. De plus, les tubules transverses constituent une voie d'en-

Le RS, qui sert à entreposer le calcium.

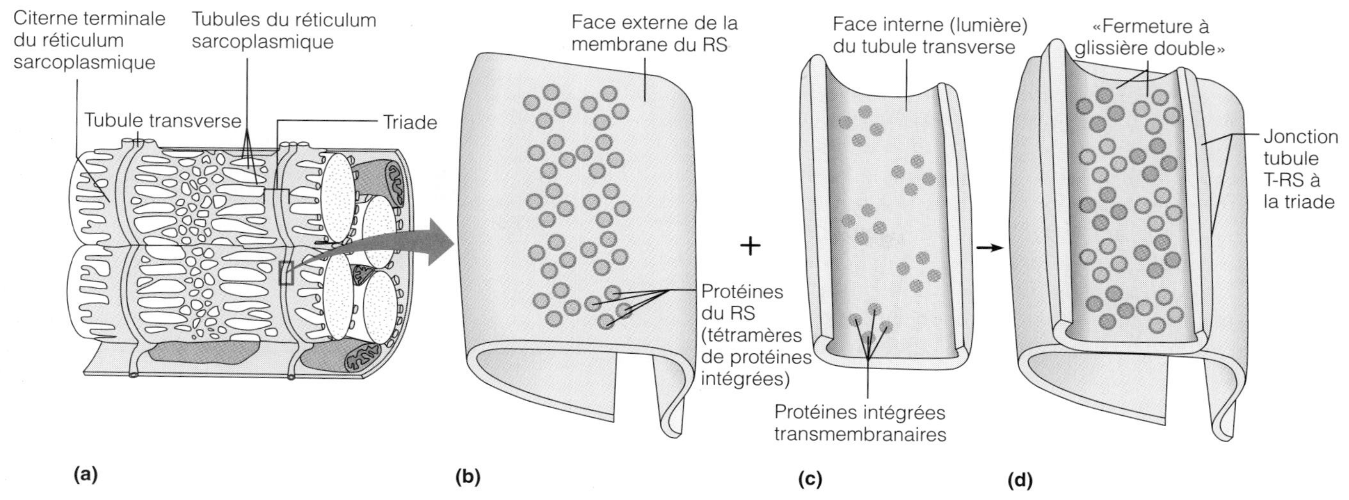

FIGURE 9.5
Jonction du tubule transverse et du RS (jonction tubule T-RS). **(a)** Schéma des principales structures à la jonction tubule T-RS des triades. **(b)** La face externe de la citerne du RS. Remarquez les groupes de quatre protéines intégrées (tétramères) dans la membrane du RS; ceux-ci font saillie dans l'espace intermembranaire. **(c)** On a coupé en deux un tubule transverse pour montrer où se trouvent ses protéines transmembranaires qui sont orientées vers les particules complémentaires de la citerne adjacente du RS. **(d)** On a superposé le tubule transverse et la citerne du RS (jonction tubule T-RS) pour montrer l'alignement en «fermeture à glissière double» des protéines situées à la jonction du tubule transverse et du RS.

trée qui met le liquide interstitiel (contenant du glucose, de l'oxygène et divers ions) en contact intime avec les parties les plus profondes de la cellule musculaire.

Relations entre les éléments d'une triade En ce qui concerne la transmission de signaux menant à la contraction, le rôle des tubules transverses et celui du RS sont intimement liés. Étant donné que la structure détermine la fonction, on devrait en principe s'attendre à trouver des éléments structuraux qui témoignent de la relation étroite entre ces organites aux endroits où ils sont le plus étroitement en contact, c'est-à-dire là où se trouvent les triades. Et c'est effectivement le cas. L'examen au microscope électronique des jonctions tubules T-RS révèle que celles-ci ressemblent à des *fermetures à glissière double* de protéines intégrées (figure 9.5). À chaque triade, une double rangée de protéines (protéines intégrées de la membrane du RS) s'enfonce dans l'espace intermembranaire, en direction du tubule T. Ces protéines forment des structures cylindriques creuses et des «pieds de jonction» qui les relient fonctionnellement aux protéines intégrées de la membrane du tubule T; ces dernières sont placées elles aussi sur une double rangée faisant face à la double rangée de protéines du RS. Les protéines du tubule transverse servent à détecter le voltage, et les protéines du RS sont des récepteurs qui régissent la libération de Ca^{2+} depuis les citernes du RS. Nous reparlerons de leur interaction un peu plus loin (voir p. 275-277).

Contraction d'une fibre musculaire squelettique

Mécanisme de contraction par glissement des filaments

Lorsqu'une cellule musculaire se contracte, chacun de ses sarcomères raccourcit. Comme la longueur de leurs sarcomères diminue, les myofibrilles raccourcissent également, de même que l'ensemble de la cellule.

Si l'on étudie la contraction de façon détaillée, on constate que ni les filaments épais ni les filaments minces ne changent de longueur pendant que les sarcomères se contractent. Dans ce cas, comment expliquer le raccourcissement de la cellule musculaire? La **théorie de la contraction par glissement des filaments,** élaborée par Hugh Huxley en 1954, propose l'explication suivante. Durant la contraction, les filaments minces glissent le long des filaments épais, de telle sorte que les filaments d'actine et de myosine se chevauchent davantage (figure 9.6). Dans une fibre musculaire au repos, les filaments épais et minces ne se chevauchent que sur une petite partie de leur longueur, mais au cours de la contraction, les filaments minces pénètrent de plus en plus loin dans la région centrale de la strie A. Remarquez que, au cours du glissement des filaments minces vers le centre (zone claire), les lignes Z auxquelles ils sont attachés sont tirées *vers* les filaments épais. Dans l'ensemble, la distance entre les lignes Z successives diminue, les stries I sont raccourcies, les zones claires disparaissent et les stries A se rapprochent les unes des autres sans que la longueur des filaments diminue.

Comment les filaments glissent-ils? Cette question nous ramène aux têtes de myosine (ponts d'union) qui font saillie tout autour des extrémités des filaments épais. Quand les cellules musculaires sont stimulées par le système nerveux, les têtes de myosine s'accrochent aux sites de liaison de l'actine situés sur les filaments minces, et le glissement s'amorce. Chaque tête de myosine s'attache et se détache plusieurs fois pendant la contraction, agissant comme une minuscule crémaillère pour produire une tension et tirer le filament mince vers le centre du sarcomère. Comme ce phénomène se déroule simultanément dans les sarcomères de toutes les myofibrilles, la cellule musculaire raccourcit. Les têtes de myosine ont besoin d'ions calcium pour se fixer à l'actine; l'influx nerveux qui déclenche la contraction provoque une augmentation de la quantité d'ions calcium à l'intérieur de la cellule. Nous parlerons plus loin de l'influx nerveux et des mouvements de calcium. Nous allons nous pencher pour l'instant sur le mécanisme même de la contraction.

Lorsque la concentration intracellulaire de calcium est faible, la cellule musculaire reste au repos parce que le complexe troponine-tropomyosine s'interpose entre les têtes de myosine et les sites de liaison de l'actine (figure 9.7a). Cependant, lorsque des ions calcium sont disponibles, ils se lient aux sites de régulation de la troponine (TnC, figure 9.7b), ce qui modifie la forme de la troponine et la fait se détacher momentanément de l'actine. La tropomyosine se trouve alors déplacée vers l'intérieur du sillon de l'hélice d'actine, ce qui expose les sites de liaison de la myosine sur les filaments d'actine (figure 9.7c et d). En présence de calcium, le masque produit par la tropomyosine est donc levé.

Dès que les sites de liaison de l'actine sont exposés, les événements suivants se succèdent rapidement (figure 9.8).

1. **Liaison des têtes de myosine.** Les têtes de myosine activées sont fortement attirées par les sites de liaison situés sur l'actine, et elles s'y lient.
2. **Phase active.** Lorsque la tête de myosine se lie, elle pivote et passe de la configuration de haute énergie à sa forme de basse énergie, qui est recourbée; le filament d'actine est donc tiré et glisse vers le milieu du sarcomère (vers la gauche sur la figure). Pendant ce temps, l'ADP et le phosphate inorganique (P_i) produits lors du cycle de contraction *précédent* quittent la tête de myosine.
3. **Détachement des têtes de myosine.** La liaison de la myosine avec l'actine devient plus lâche et la tête de myosine se détache du site de liaison de l'actine lorsqu'une nouvelle molécule d'ATP s'y fixe.
4. **Mise sous tension de la tête de myosine.** L'hydrolyse de l'ATP en ADP et en P_i par l'ATPase de la myosine fournit l'énergie grâce à laquelle la tête de myosine peut reprendre sa forme riche en énergie (sous tension). C'est cette énergie potentielle qui activera la prochaine séquence liaison-phase active (numéros 1 et 2) de la tête de myosine. (L'ADP et le P_i restent attachés à la tête de myosine pendant cette phase.) Le cycle est donc revenu à son point de départ : la tête de myosine se retrouve dans sa configuration de haute énergie, c'est-à-dire droite, prête à faire un autre « pas » et à s'attacher à un autre site de liaison situé un peu plus loin sur le filament d'actine. Cette « marche » des têtes de myosine sur les filaments minces adjacents ressemble au mouvement d'un mille-pattes. Bien que ce cycle se répète à plusieurs reprises pendant la contraction, un certain nombre de têtes de myosine (les « pattes ») demeure en contact avec l'actine (le « sol »), de sorte que les filaments d'actine ne peuvent retourner en arrière.

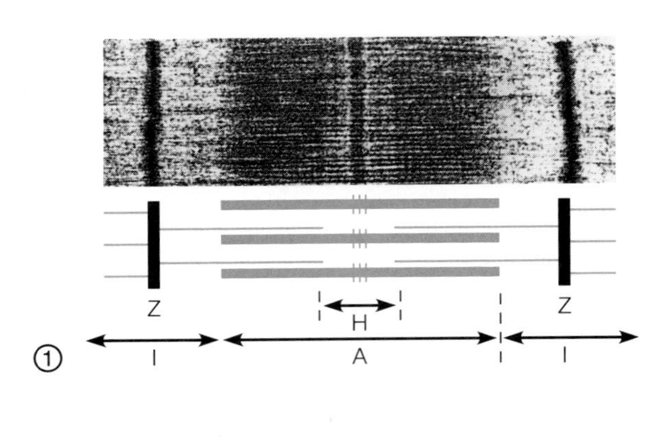

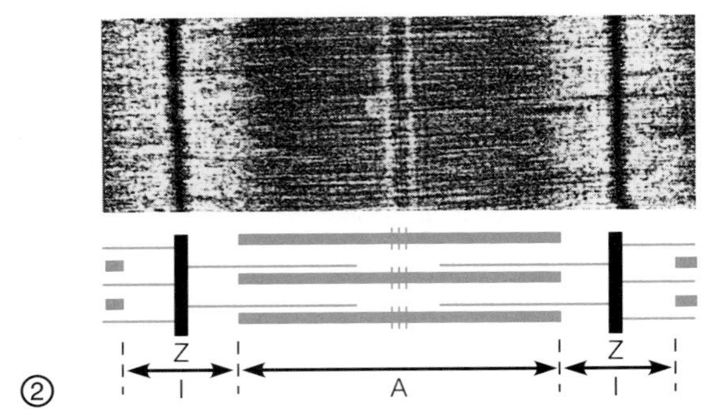

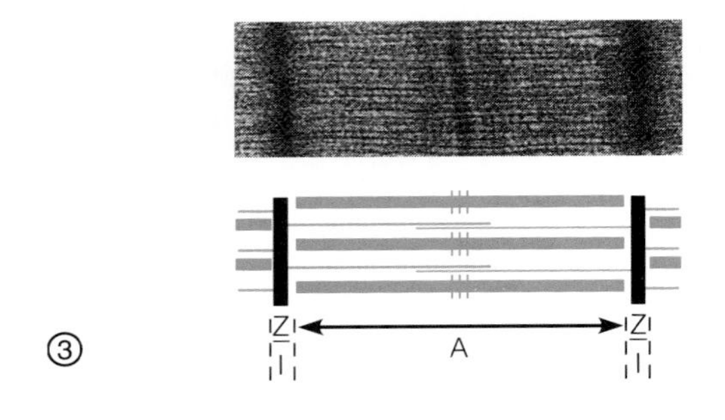

FIGURE 9.6
Modèle de contraction par glissement des filaments. Lors d'une contraction complète, les lignes Z deviennent contiguës aux filaments de myosine et les filaments d'actine se chevauchent. Les numéros apparaissant à gauche de l'illustration indiquent la séquence des événements ; le numéro 1 correspond au muscle au repos et le numéro 3, au muscle complètement contracté. Ces photomicrographies (vue du dessus dans chaque cas) montrent un grossissement de 20 000 ×.

Une seule phase active de toutes les têtes de myosine d'un muscle entraîne un raccourcissement d'environ 1 %. Comme la longueur des muscles diminue habituellement de 30 à 35 % entre l'état de repos et la contraction, chaque tête de myosine doit se lier et se détacher un grand nombre de fois au cours d'une même contraction. Il est probable que la moitié seulement des têtes de myosine d'un filament épais exercent leur force de traction au même instant ; les autres cherchent au hasard leur prochain site de liaison. Le glissement des filaments minces se poursuit tant que le signal calcique et l'ATP sont présents. Lorsque les pompes à Ca^{2+} du RS récupèrent les ions calcium du sarcoplasme et que la troponine change de nouveau sa forme, la tropomyosine masque les sites actifs de l'actine, la contraction prend fin et les filaments reprennent leur position initiale (la fibre musculaire se détend).

Bien que la théorie du glissement des filaments soit le modèle le plus utilisé pour décrire la contraction muscu-

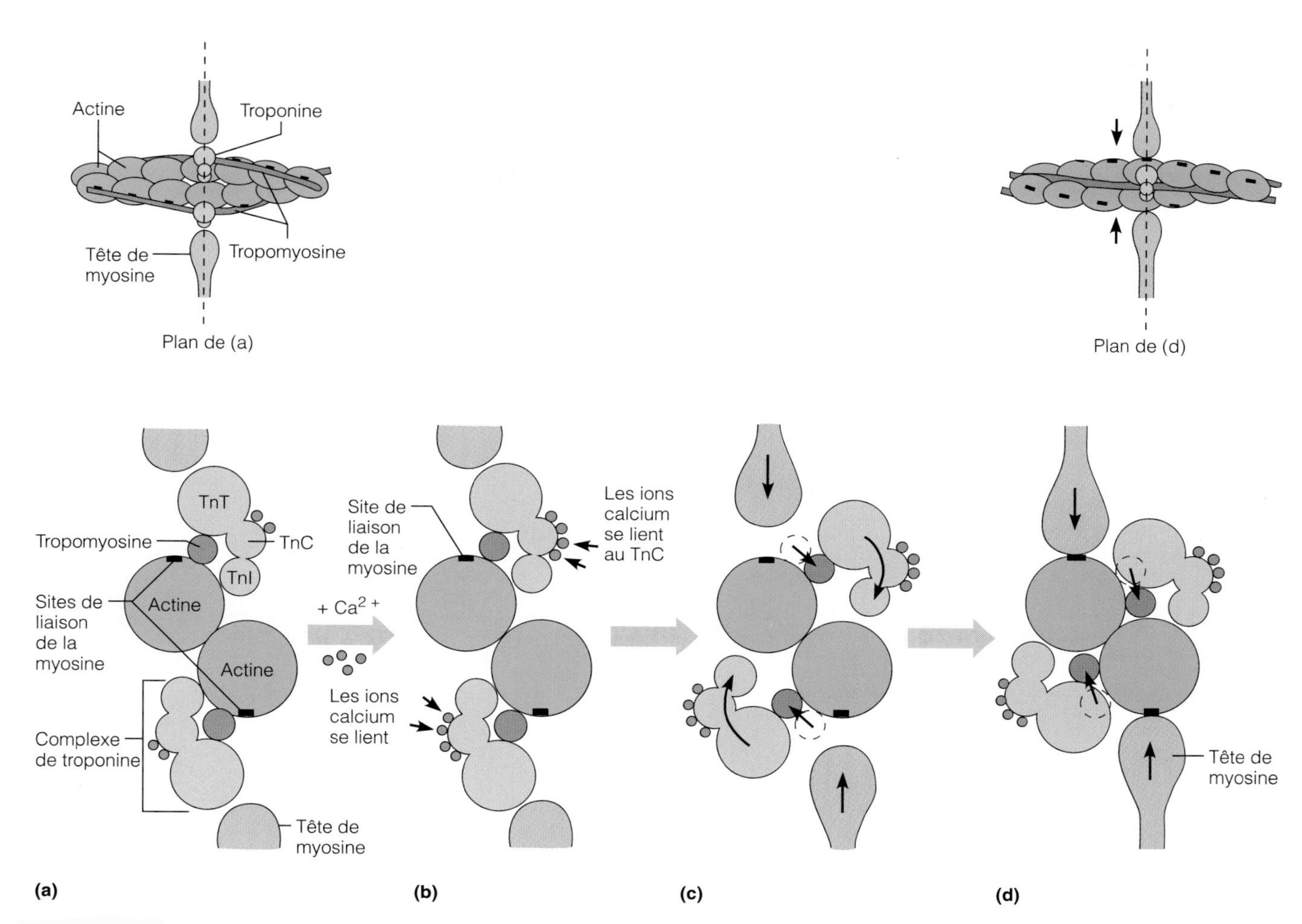

FIGURE 9.7
Rôle du calcium ionique dans le mécanisme de contraction. Les schémas **(a)** à **(d)** représentent des coupes transversales du filament mince (actine et protéines régulatrices). **(a)** Lorsque la concentration intracellulaire de Ca^{2+} est faible, la tropomyosine s'interpose entre les sites de liaison de l'actine et des têtes de myosine, empêchant ainsi leur liaison; le muscle se trouve donc à l'état de repos. **(b)** À des concentrations intracellulaires de Ca^{2+} plus élevées, le calcium se lie à la troponine. **(c)** La troponine combinée au calcium (TnC) subit un changement dans sa structure tridimensionnelle, qui écarte la tropomyosine des sites de liaison de l'actine et de la myosine. **(d)** Les têtes de myosine peuvent alors se fixer aux sites de liaison, ce qui permet à la contraction d'avoir lieu (glissement des filaments minces sous l'action des têtes de myosine).

laire, sachez que certains de ses aspects sont encore controversés. Par exemple, on a démontré que l'actine exerce aussi une activité ATPasique et qu'elle subit des changements de forme. Cela laisse supposer que les molécules d'actine contribuent activement à la traction et qu'elles ne sont pas seulement des câbles immobiles que les têtes de myosine parcourent. En outre, la théorie du glissement des filaments indique qu'une molécule d'ATP est utilisée par phase active, alors que les recherches actuelles donnent à penser que la myosine interagit peut-être avec plusieurs monomères d'actine par molécule d'ATP hydrolysée.

La *rigidité cadavérique* (ou *rigor mortis*) illustre bien le fait que c'est l'ATP qui permet le détachement des têtes de myosine. La plupart des muscles commencent à durcir 3 ou 4 heures après la mort. La rigidité atteint un maximum après 12 heures, puis diminue peu à peu pendant les 48 à 60 heures suivantes. Les cellules qui meurent ne peuvent plus exécuter de transport actif pour se débarrasser du calcium, dont la concentration est normalement plus élevée dans le liquide interstitiel; l'afflux de calcium dans les cellules musculaires entraîne alors la liaison des têtes de myosine. Cependant, peu de temps après l'arrêt de la respiration, la synthèse de l'ATP prend fin et le détachement des têtes de myosine devient impossible. L'actine et la myosine sont alors liées de façon irréversible, ce qui provoque la raideur des muscles morts. La rigidité cadavérique disparaît lorsque les protéines musculaires se dégradent quelques heures après la mort. ■

Régulation de la contraction

Pour qu'une fibre de muscle squelettique se contracte, elle doit être stimulée par une terminaison nerveuse et propager un signal électrique, ou *potentiel d'action*, sur son sarcolemme. Ce phénomène électrique fait augmenter temporairement la concentration intracellulaire d'ions calcium, ce qui provoque immédiatement la contraction. La séquence d'événements qui survient entre le signal

Qu'arriverait-il si la fibre musculaire manquait soudainement d'ATP au moment où les sarcomères sont à mi-chemin d'une contraction ?

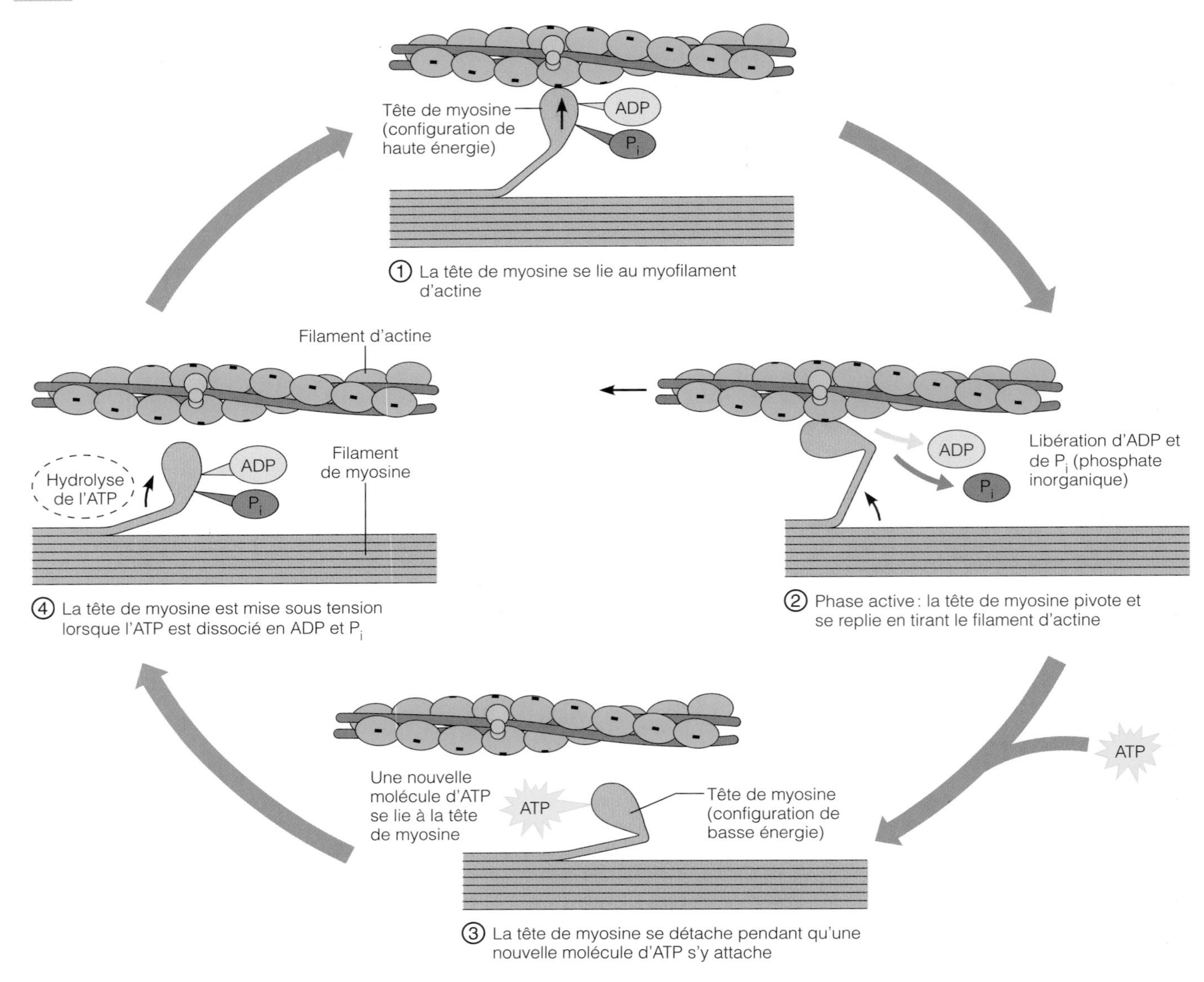
Tête de myosine (configuration de haute énergie)
ADP
P_i
① La tête de myosine se lie au myofilament d'actine
Filament d'actine
Hydrolyse de l'ATP
ADP
P_i
Filament de myosine
④ La tête de myosine est mise sous tension lorsque l'ATP est dissocié en ADP et P_i
ADP
P_i
Libération d'ADP et de P_i (phosphate inorganique)
② Phase active : la tête de myosine pivote et se replie en tirant le filament d'actine
ATP
Une nouvelle molécule d'ATP se lie à la tête de myosine
ATP
Tête de myosine (configuration de basse énergie)
③ La tête de myosine se détache pendant qu'une nouvelle molécule d'ATP s'y attache

FIGURE 9.8
Séquence des événements qui produisent le glissement des filaments d'actine lors de la contraction. Les interactions qui se produisent entre les deux types de myofilaments sont représentées sur deux petites sections voisines (filaments d'actine et de myosine). Ces événements n'ont lieu qu'en présence de calcium ionique (Ca^{2+}).

électrique et la contraction proprement dite est appelée *couplage excitation-contraction*.

Terminaison neuromusculaire et stimulus nerveux Les cellules des muscles squelettiques sont stimulées par les *neurones moteurs* de la partie somatique (volontaire) du système nerveux. Les neurones moteurs sont « situés » principalement dans l'encéphale et dans la moelle épinière, mais leurs longs prolongements filiformes (les *axones*) se rendent, regroupés en nerfs, jusqu'aux muscles qu'ils desservent. À son entrée dans le muscle, l'axone de chaque neurone moteur présente une multitude de ramifications, et chacune de ses terminaisons axonales constitue une **terminaison neuromusculaire** à plusieurs branches avec une seule fibre musculaire (figure 9.9). En général, chaque fibre musculaire ne possède qu'une seule terminaison neuromusculaire placée à peu près en son milieu. Bien que la terminaison axonale et la fibre musculaire soient très proches l'une de l'autre, elles ne se touchent pas ; elles sont séparées par un espace appelé **fente synaptique.** La fente synaptique est remplie d'une substance gélatineuse riche en glycoprotéines. À l'intérieur de la terminaison axonale, qui a la forme d'une protubérance aplatie, sont logées les **vésicules synap-**

Le sarcomère demeurerait dans un état de contraction partielle car c'est l'ATP qui permet le détachement des têtes de myosine.

tiques, petits sacs membraneux contenant un neurotransmetteur nommé **acétylcholine (ACh)**. La **plaque motrice,** soit la partie du sarcolemme de la fibre musculaire qui forme un creux et où se trouve la terminaison neuromusculaire, possède de très nombreux replis. Ces *plis jonctionnels* accroissent la superficie de la plaque motrice, qui possède à cet endroit des millions de récepteurs membranaires de l'acétylcholine.

Lorsqu'un influx nerveux parvient au bout de l'axone d'un neurone, les canaux à calcium de la membrane plasmique s'ouvrent sous l'effet du voltage, laissant entrer le Ca^{2+} présent dans le liquide interstitiel. Une fois entré dans la terminaison axonale, le calcium provoque la fusion de certaines vésicules synaptiques avec la membrane axonale et la libération d'acétylcholine dans la fente synaptique par *exocytose*. L'ACh diffuse à travers la fente et se lie aux récepteurs membranaires d'ACh (en forme de fleur) situés sur le sarcolemme. Au niveau de la membrane de la cellule musculaire, la liaison de l'acétylcholine provoque des phénomènes électriques semblables à ceux qui surviennent dans les membranes de cellules nerveuses excitées. Nous présentons ici un résumé de ces événements, que nous étudierons plus en détail au chapitre 11.

Production d'un potentiel d'action de part et d'autre du sarcolemme Comme toutes les membranes plasmiques des cellules, le sarcolemme au repos est *polarisé* (figure 9.10a), c'est-à-dire qu'il existe un voltage de part et d'autre de la membrane, et l'intérieur de la cellule est négatif. (Le potentiel de repos de la membrane est décrit au chapitre 3, p. 76-77.) Lorsque les molécules d'ACh se lient aux récepteurs de l'ACh situés sur le sarcolemme, elles ouvrent dans les récepteurs de l'ACh des canaux ioniques qui sont *commandés chimiquement* (canaux ligand-dépendants) et modifient temporairement la perméabilité du sarcolemme. Il en résulte une modification du potentiel (voltage) de membrane, c'est-à-dire que l'intérieur de la cellule musculaire devient légèrement *moins négatif*; ce phénomène se nomme **dépolarisation.** Au départ, la dépolarisation est purement locale (limitée au site du récepteur), mais si l'influx nerveux est assez fort, un potentiel d'action naît et se transmet sur le sarcolemme dans *toutes les directions* à partir de la terminaison neuromusculaire, à la manière des ondes qui s'écartent du point de chute d'un caillou lancé dans un ruisseau.

Le **potentiel d'action** est le résultat d'une suite prévisible de phénomènes électriques qui se propagent le long du sarcolemme (figure 9.10). Il comprend essentiellement trois étapes:

1. En premier lieu, la membrane est dépolarisée. Cette dépolarisation se produit parce que les canaux à sodium (Na^+) s'ouvrent et laissent le sodium pénétrer dans la cellule (voir la figure 9.10b).
2. Durant la deuxième étape, le potentiel d'action se propage à mesure que la vague de dépolarisation locale s'étend aux autres régions du sarcolemme et déclenche l'ouverture de canaux à sodium *commandés par le voltage* (canaux voltage-dépendants) (voir

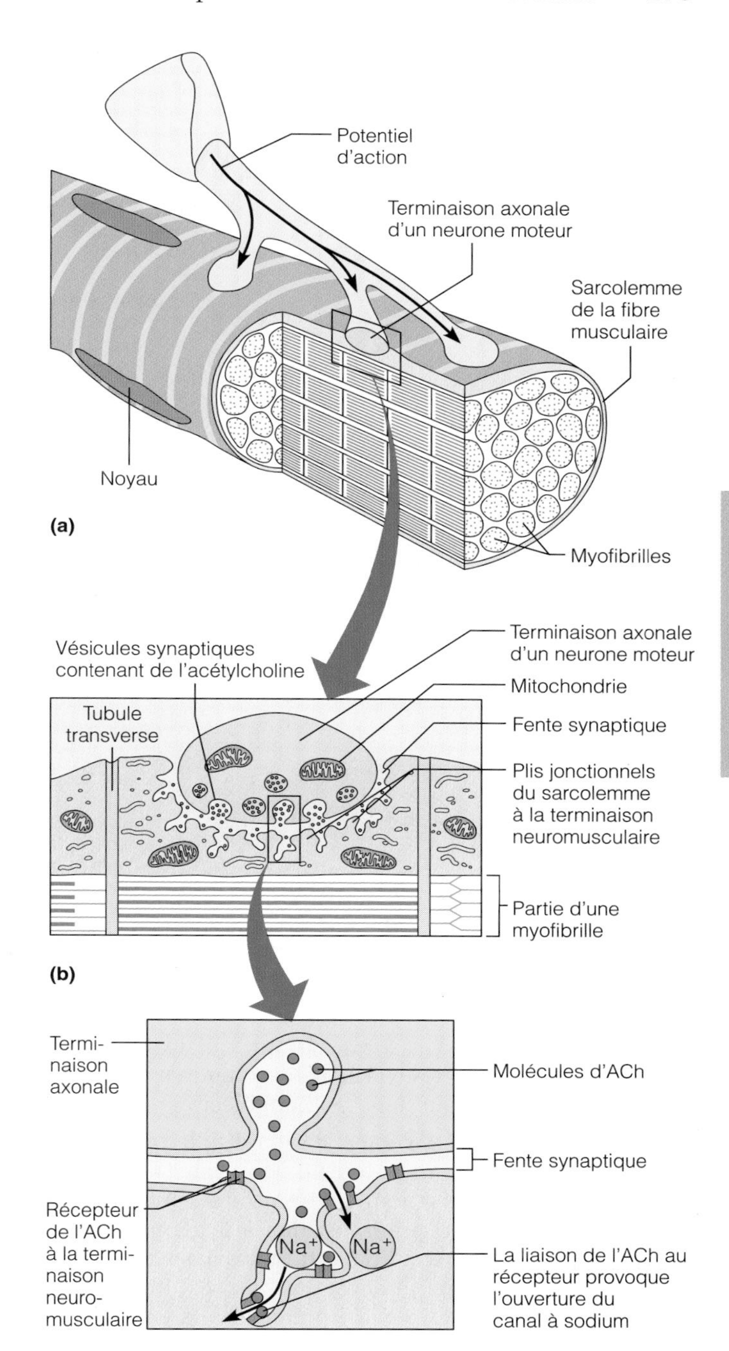

FIGURE 9.9
Terminaison neuromusculaire. (a) Terminaisons axonales d'un neurone moteur formant une terminaison neuromusculaire avec une fibre musculaire. **(b)** La terminaison axonale contient des vésicules remplies d'acétylcholine (ACh), un neurotransmetteur qui est libéré sous l'effet du potentiel d'action. Dans la région de la fente synaptique, le sarcolemme présente de nombreux replis qui contiennent des récepteurs de l'acétylcholine. **(c)** L'acétylcholine diffuse à travers la fente synaptique et se lie aux récepteurs de l'ACh situés sur le sarcolemme, ce qui provoque l'ouverture des canaux à sodium et la dépolarisation du sarcolemme.

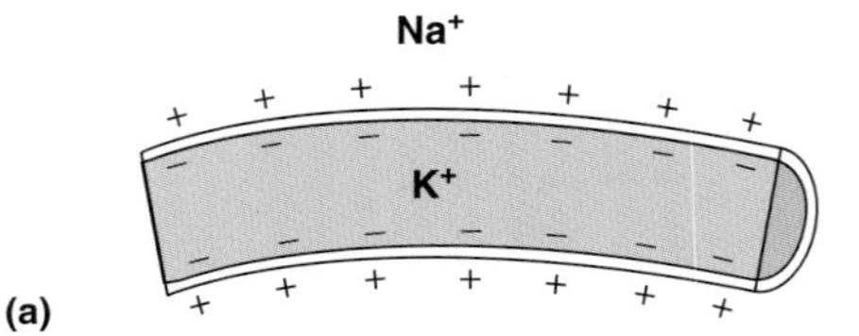

(a) État électrique d'un sarcolemme au repos (polarisé).
La face externe est positive et la face interne est négative ; il existe entre les deux une différence de potentiel qu'on appelle potentiel de repos. Le principal ion extracellulaire est le sodium (Na^+) ; le principal ion intracellulaire est le potassium (K^+). À l'état de repos, le sarcolemme est relativement imperméable aux deux types d'ions.

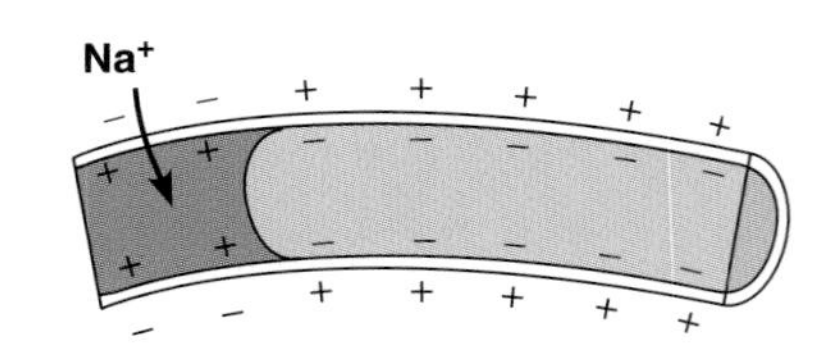

(b) 1re étape : Dépolarisation et production d'un potentiel d'action.
La stimulation provenant d'une neurofibre motrice (libération d'acétylcholine) rend cette région du sarcolemme perméable au sodium (ouverture des canaux à sodium). Pendant que les ions sodium diffusent rapidement vers l'intérieur de la cellule, le potentiel de repos diminue (c'est-à-dire que la dépolarisation a lieu). Si le stimulus est assez fort, il déclenche un potentiel d'action.

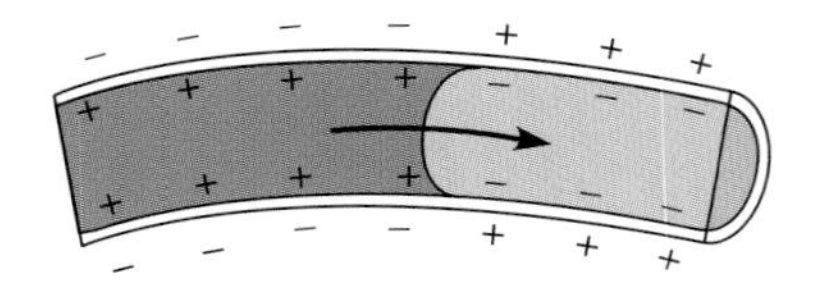

(c) 2e étape : Propagation du potentiel d'action.
La charge positive située sur la face interne de la première région du sarcolemme modifie la perméabilité de la région voisine, et les canaux à Na^+ voltage-dépendants s'ouvrent dans cette région. Par conséquent, du sodium y pénètre, le potentiel de la membrane de cette région diminue et la dépolarisation s'y produit. Le potentiel d'action se propage donc rapidement sur toute la longueur du sarcolemme.

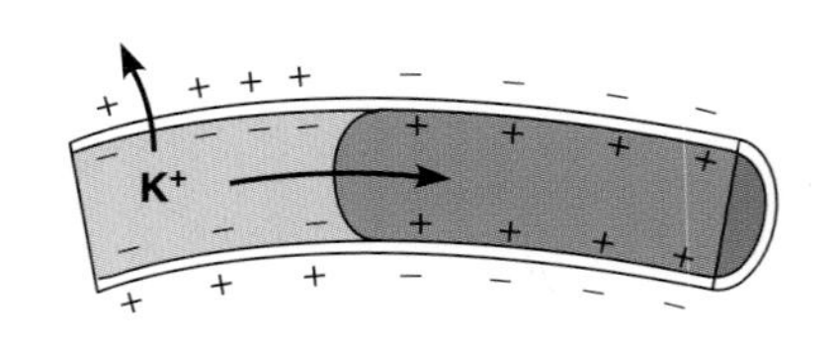

(d) 3e étape : Repolarisation.
Aussitôt après le passage de la vague de dépolarisation, la perméabilité du sarcolemme se modifie de nouveau : les canaux à sodium se ferment et les canaux à potassium s'ouvrent, laissant les ions potassium diffuser vers l'extérieur de la cellule. La membrane retrouve donc son état de repos (polarisé). La repolarisation se fait dans le même sens que la dépolarisation, et elle doit prendre fin avant que la fibre musculaire puisse être stimulée de nouveau. Plus tard, les concentrations ioniques propres à l'état de repos seront rétablies par la pompe à sodium et à potassium (transport actif).

FIGURE 9.10
Résumé des événements survenant au cours de la production et de la propagation d'un potentiel d'action dans une fibre musculaire squelettique.

la figure 9.10c). Les ions sodium, qui jusque-là ne pouvaient pas traverser la membrane, entrent alors dans la cellule en suivant leur gradient électrochimique.

3. Pendant la troisième étape, c'est-à-dire la **repolarisation,** le sarcolemme retourne à son état initial. La vague de repolarisation, qui se produit peu après la vague de dépolarisation, est due à la fermeture des canaux à sodium et à l'ouverture des canaux à potassium (K^+). Comme la concentration des ions K^+ est beaucoup plus élevée à l'intérieur de la cellule que dans le liquide interstitiel, ils sortent rapidement de la fibre musculaire par diffusion (figure 9.10d).

Pendant la repolarisation, on dit que la fibre musculaire est en **période réfractaire,** parce qu'elle ne peut plus être stimulée tant qu'elle n'est pas entièrement repolarisée. Remarquez que la repolarisation ne rétablit que l'*état électrique* propre à la phase de repos (polarisée). La pompe à Na^+-K^+, qui utilise l'ATP, doit fonctionner rapidement pour rétablir les concentrations ioniques de la phase de repos ; cependant, la fibre peut se contracter plusieurs fois avant que le déséquilibre ionique (qui caractérise la dépolarisation) n'entrave l'activité contractile.

Une fois amorcé, le potentiel d'action ne peut être arrêté et il mène à la contraction *complète* de la cellule musculaire. Ce phénomène est appelé **loi du tout ou rien,** ce qui signifie que les fibres musculaires se contractent au maximum de leur capacité ou ne se contractent pas du tout. Bien que le potentiel d'action soit très court (1 à 2 millisecondes [ms]), la phase de contraction d'une fibre musculaire peut durer 100 ms ou plus, c'est-à-dire beaucoup plus longtemps que le phénomène électrique qui l'a déclenchée.

Destruction de l'acétylcholine Aussitôt après la libération d'ACh par le neurone moteur et sa liaison aux récepteurs de l'acétylcholine, l'ACh est détruite par l'**acétylcholinestérase (AChE)**, une enzyme située sur le sarcolemme au niveau de la terminaison neuromusculaire et dans la fente synaptique. La contraction de la fibre musculaire ne peut donc plus se poursuivre en l'absence de stimulation nerveuse.

Les événements qui se déroulent à la terminaison neuromusculaire peuvent être modifiés par de nombreuses toxines, drogues et maladies. Par exemple, la *myasthénie* (*a* = sans ; *sthénos* = force) est due à un manque de récepteurs de l'ACh ; elle se manifeste par la chute des paupières supérieures, une difficulté à avaler et à parler ainsi qu'une faiblesse et une fatigabilité musculaires. Le sang contient des anticorps antirécepteurs de l'acétylcholine, ce qui porte à croire que la myasthénie est une maladie auto-immune. Bien que les récepteurs existent en nombre normal au départ, il semble qu'ils soient détruits au fur et à mesure que la maladie progresse.

Le *curare*, un poison dont les autochtones d'Amérique du Sud enduisent la pointe de leurs flèches, se combine

TABLEAU 9.2 Rôles du calcium ionique (Ca^{2+}) dans la contraction musculaire

Rôle	Mécanisme
Provoque la libération du neurotransmetteur	Lorsque l'influx nerveux atteint la terminaison axonale, il entraîne l'ouverture des canaux à calcium voltage-dépendants; le Ca^{2+} pénètre dans la terminaison, déclenche la fusion des vésicules synaptiques avec la membrane axonale et provoque l'exocytose du neurotransmetteur.
Déclenche la libération de Ca^{2+} par le réticulum sarcoplasmique (rôle hypothétique)	Lorsqu'un potentiel d'action passe le long des tubules transverses des fibres musculaires squelettiques, des détecteurs de voltage (tétramères de protéines situés dans la membrane du tubule transverse) réagissent en communiquant avec les protéines situées sur la membrane des citernes terminales adjacentes du RS qui commandent l'ouverture des canaux à calcium. Par conséquent, le RS libère du Ca^{2+} dans le sarcoplasme, provoquant ainsi une augmentation locale de la concentration de Ca^{2+}.
Déclenche le glissement des myofilaments et l'activité de l'ATPase	(1) Lorsque le Ca^{2+} se lie à la troponine (TnC) des muscles squelettiques et cardiaque, la structure tridimensionnelle de la troponine subit des modifications qui exposent les sites de liaison de l'actine. Il s'ensuit que les têtes de myosine peuvent s'y fixer et que les ATPases présentes sur ces têtes sont activées.
	(2) Lorsque le Ca^{2+} se lie à la calmoduline (protéine intracellulaire qui se lie au calcium) dans un muscle lisse, il y a activation d'une protéine-kinase qui catalyse la phosphorylation de la myosine. Par conséquent, les têtes de myosine sont activées et le glissement commence.
Favorise la dégradation du glycogène et la synthèse de l'ATP	Lorsque le Ca^{2+} se lie à la calmoduline et l'active, la calmoduline activée mobilise une protéine-kinase, qui amorce la dégradation du glycogène en glucose. La fibre musculaire métabolise alors le glucose pour produire de l'ATP, qui servira au travail musculaire.

avec les récepteurs de l'ACh et empêche la liaison de l'acétylcholine par inhibition compétitive. En conséquence, bien que les neurofibres continuent de libérer de l'acétylcholine (le « feu vert »), les muscles ne peuvent plus se contracter et un arrêt respiratoire se produit. On se sert du curare et d'autres substances semblables pour permettre l'intubation et empêcher le mouvement des muscles pendant les interventions chirurgicales. ■

Couplage excitation-contraction Le **couplage excitation-contraction** est la succession d'événements par laquelle le potentiel d'action transmis le long du sarcolemme provoque le glissement des myofilaments. Le potentiel d'action est très court et prend fin bien avant que le moindre signe de contraction se manifeste. Le laps de temps qui s'écoule depuis le début du potentiel d'action jusqu'au début de l'activité musculaire (raccourcissement) est appelé *temps de latence* (*latere* = être caché). Les événements qui constituent le couplage excitation-contraction se produisent pendant cet intervalle. Comme nous allons le voir, le signal électrique n'agit pas directement sur les myofilaments; en revanche, il provoque une augmentation de la concentration intracellulaire d'ions calcium, qui entraîne à son tour le glissement des filaments (figure 9.11).

Le couplage excitation-contraction passe par les étapes suivantes.

1. Le potentiel d'action se propage le long du sarcolemme et des tubules transverses.
2. Lorsque le potentiel d'action parvient aux triades, les citernes terminales du réticulum sarcoplasmique libèrent des ions calcium à l'intérieur du sarcoplasme, où les myofilaments peuvent les capter. Les « fermetures à glissière double » (figure 9.5, p. 269) qui se trouvent aux jonctions tubules T-RS des triades jouent le rôle suivant dans ce phénomène. Les particules de protéines qui se trouvent sur la face latérale de la membrane du tubule transverse sont sensibles au voltage et changent leur structure tridimensionnelle en réponse au potentiel d'action. Cette modification se transmet aux protéines du RS sous-jacent qui, à leur tour, subissent des changements de structure permettant l'ouverture de leurs canaux à calcium. Dans la figure 9.5, remarquez que ce ne sont pas toutes les protéines du RS qui font face à des tétramères protéiniques des tubules transverses: les protéines représentées par des cercles bleutés n'ont pas de vis-à-vis. On croit que ces protéines du RS, non liées à celles des tubules T, réagissent directement aux concentrations d'ions Ca^{2+} et sont, de fait, des canaux ligand-dépendants. Étant donné que ces événements ont lieu à chaque triade de la cellule, de grandes quantités de Ca^{2+} se déversent, en 1 ms, dans le sarcoplasme à partir des citernes du RS (voir le tableau 9.2).
3. Comme nous l'avons déjà expliqué, une partie de ce calcium se lie à la troponine (TnC) qui change alors sa structure tridimensionnelle, ce qui a pour effet d'écarter la tropomyosine du site de liaison sur la molécule d'actine.
4. Les têtes de myosine se lient aux filaments d'actine et les tirent vers le milieu du sarcomère (zone claire). Cela se produit quand le calcium intracellulaire atteint une concentration d'environ 10^{-5} mol/L.
5. Le signal calcique disparaît assez rapidement, habituellement moins de 30 ms après la fin du potentiel d'action. La chute de la concentration de calcium est rendue possible par la pompe à calcium, qui utilise

(1) Pourquoi dit-on que le Ca^{2+} est le signal final du déclenchement d'une contraction ? (2) Quel est le premier signal du déclenchement d'une contraction ?

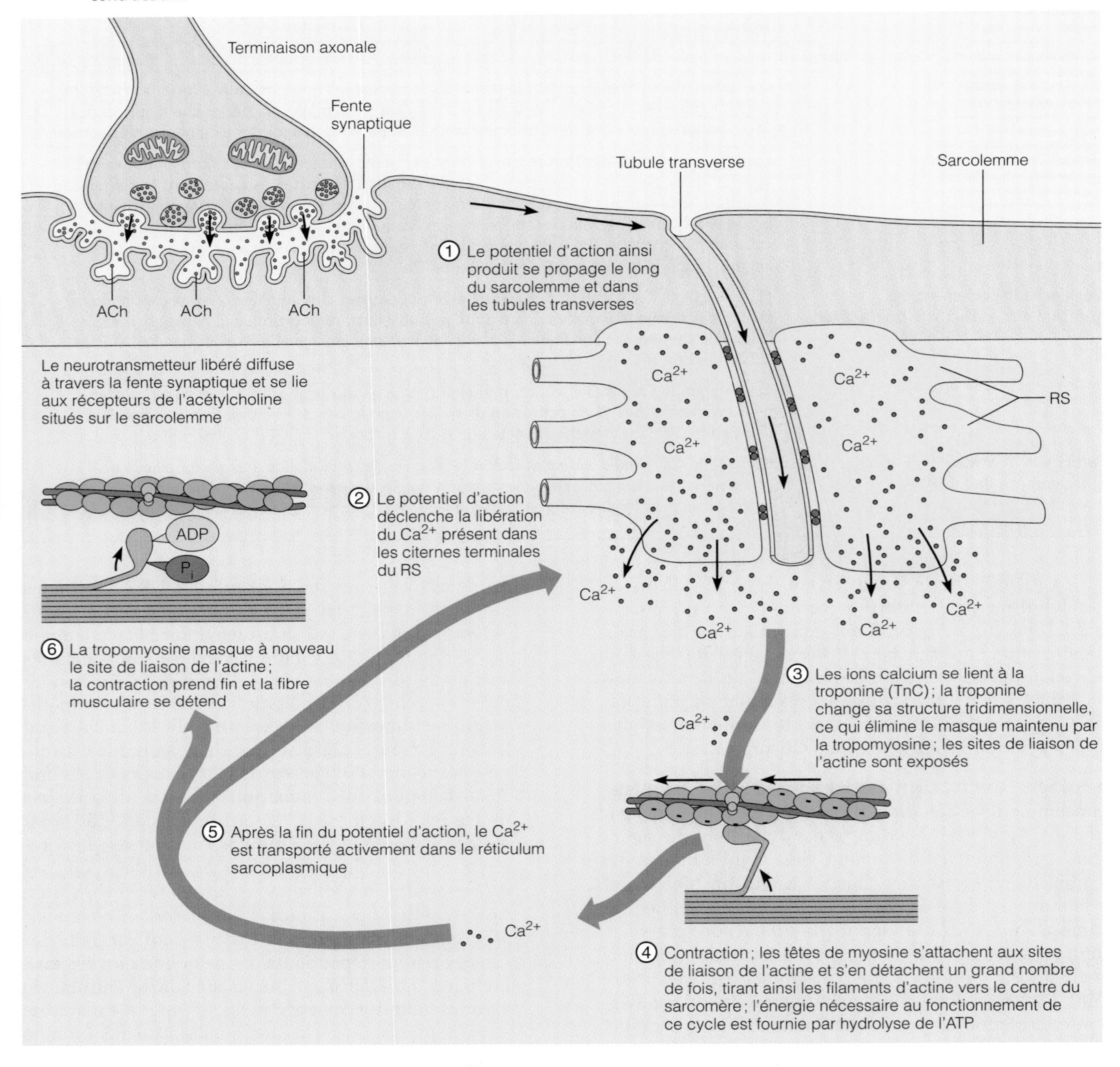

Terminaison axonale
Fente synaptique
Tubule transverse
Sarcolemme
ACh
ACh
ACh
① Le potentiel d'action ainsi produit se propage le long du sarcolemme et dans les tubules transverses
Le neurotransmetteur libéré diffuse à travers la fente synaptique et se lie aux récepteurs de l'acétylcholine situés sur le sarcolemme
Ca2+
RS
ADP
Pi
② Le potentiel d'action déclenche la libération du Ca2+ présent dans les citernes terminales du RS
⑥ La tropomyosine masque à nouveau le site de liaison de l'actine ; la contraction prend fin et la fibre musculaire se détend
③ Les ions calcium se lient à la troponine (TnC) ; la troponine change sa structure tridimensionnelle, ce qui élimine le masque maintenu par la tropomyosine ; les sites de liaison de l'actine sont exposés
⑤ Après la fin du potentiel d'action, le Ca2+ est transporté activement dans le réticulum sarcoplasmique
④ Contraction ; les têtes de myosine s'attachent aux sites de liaison de l'actine et s'en détachent un grand nombre de fois, tirant ainsi les filaments d'actine vers le centre du sarcomère ; l'énergie nécessaire au fonctionnement de ce cycle est fournie par hydrolyse de l'ATP

FIGURE 9.11
Succession des événements dans le couplage excitation-contraction. Les numéros (1) à (5) indiquent les événements qui constituent le couplage excitation-contraction. Comme le montre cette suite (dans le sens des aiguilles d'une montre), la contraction se poursuit jusqu'à la fin du signal calcique (6).

---

(1) Parce que la liaison du calcium à la troponine libère les sites actifs de l'actine auxquels peuvent se lier les têtes de myosine. (2) Le premier signal est la liaison du neurotransmetteur qui déclenche la propagation d'un potentiel d'action le long du sarcolemme.

l'ATP et fonctionne sans arrêt pour ramener le calcium dans les tubules du RS, où il se trouve à nouveau emmagasiné.

6. Lorsque la concentration intracellulaire de calcium est redevenue trop faible pour donner lieu à une contraction (10 µmol/L), la tropomyosine reprend sa forme et masque à nouveau le site de liaison, et les ATPases de la myosine sont inhibées. L'activité des têtes de myosine prend fin et la fibre musculaire se détend.

L'ensemble de cette succession d'événements se répète lorsqu'un autre influx nerveux atteint la terminaison neuromusculaire. Si les influx se succèdent très rapidement, les « bouffées » successives de libération de calcium du RS provoquent une forte augmentation de la concentration intracellulaire de calcium. Lorsque cela se produit, les cellules musculaires ne se détendent pas complètement entre les stimulus successifs ; la contraction est donc plus forte et elle se poursuit jusqu'à la fin de la stimulation (à l'intérieur de certaines limites).

Résumé des rôles du calcium ionique dans la contraction musculaire En dehors du bref instant qui suit l'excitation de la cellule musculaire, la concentration d'ions calcium dans le sarcoplasme est presque trop faible pour être détectable. Ce fait a son utilité : c'est l'ATP qui fournit à la cellule sa source d'énergie et, comme nous l'avons vu, l'hydrolyse de cette molécule produit du phosphate inorganique (P_i). Si la concentration intracellulaire de calcium ionique était toujours élevée, les ions calcium et phosphate se combineraient pour former des cristaux d'hydroxyapatite (les sels très durs présents dans la matrice osseuse), et les cellules ainsi calcifiées mourraient. De plus, comme les fonctions physiologiques du calcium sont essentielles (voir le tableau 9.2), sa concentration dans le cytoplasme est réglée de façon extrêmement précise par des protéines intracellulaires comme la **calséquestrine** (que l'on trouve dans le réticulum sarcoplasmique) et la **calmoduline,** qui peuvent tantôt se lier au calcium (ce qui l'élimine de la solution), tantôt le libérer pour émettre un signal métabolique.

Contraction d'un muscle squelettique

À l'état de repos, un muscle n'a rien d'impressionnant. Il est mou et on a peine à croire qu'il puisse faire bouger l'organisme. En quelques millisecondes, pourtant, il peut devenir un organe élastique et ferme doté de caractéristiques dynamiques qui suscitent la curiosité non seulement des biologistes, mais aussi des ingénieurs et des physiciens.

Nous pouvons maintenant étudier ce qui se passe à l'échelle macroscopique. Bien que chaque cellule musculaire réponde à la stimulation suivant la loi du tout ou rien, le muscle squelettique, qui contient un très grand nombre de cellules, peut se contracter avec une force *variable* plus ou moins longtemps. Pour comprendre comment cela se produit, nous devons nous intéresser à l'ensemble fonctionnel nerveux et musculaire que l'on nomme *unité motrice*, et voir comment le muscle répond à des stimulus de fréquence et d'intensité variables.

Unité motrice

Chaque muscle reçoit au moins un nerf moteur, lequel est constitué de centaines d'axones de neurones moteurs. À l'endroit où il pénètre dans le muscle, l'axone se ramifie en plusieurs terminaisons axonales, dont chacune établit une terminaison neuromusculaire avec une seule fibre musculaire. Un même neurone peut régir plusieurs fibres musculaires mais chaque fibre musculaire n'est connectée qu'à un seul neurone. L'ensemble formé par un neurone moteur et toutes les fibres musculaires qu'il dessert est appelé **unité motrice** (figure 9.12). Lorsqu'un neurone moteur déclenche un potentiel d'action (c'est-à-dire lorsqu'il transmet une impulsion électrique), toutes les fibres musculaires qu'il innerve répondent par une contraction. En moyenne, le nombre de fibres musculaires par unité motrice est de 150, mais ce nombre peut varier de quatre à plusieurs centaines. Les unités motrices des muscles qui exigent une très grande précision (comme ceux qui déterminent le mouvement des doigts et des yeux) sont petites. Par contre, les unités motrices des gros muscles porteurs (comme ceux des cuisses), dont les mouvements ne sont pas si précis, sont beaucoup plus grosses. Les fibres musculaires d'une même unité motrice ne sont pas regroupées ; elles sont réparties dans l'ensemble du muscle. La stimulation d'une seule unité motrice ne provoque donc qu'une faible contraction de tout le muscle.

Secousse musculaire et génération de la tension musculaire

La contraction musculaire se prête bien à l'observation en laboratoire sur un muscle isolé. Le muscle est fixé à un appareil qui produit un enregistrement graphique de la contraction appelé **myogramme.** (La ligne qui représente l'activité est appelée *tracé*.)

La **secousse musculaire** est la réponse d'un muscle à un seul stimulus liminaire de courte durée : le muscle se contracte rapidement, puis se relâche. Une secousse musculaire peut être plus ou moins vigoureuse, suivant le nombre d'unités motrices qui ont été activées, mais sur le tracé du myogramme de toute secousse musculaire, on reconnaît facilement trois phases distinctes (figure 9.13a).

1. **Période de latence.** La période de latence dure les quelques premières millisecondes qui suivent la stimulation, c'est-à-dire le temps du couplage excitation-contraction ; le myogramme n'enregistre alors aucune réponse.
2. **Période de contraction.** La période de contraction est le laps de temps qui s'écoule entre le début du raccourcissement et le maximum de la force de tension, lorsque les têtes de myosine sont actives et que le tracé du myogramme forme un pic. Cette étape dure de 10 à 100 ms. Si la tension (traction) suffit à vaincre la résistance représentée par un poids qui y est attaché, le muscle raccourcit.
3. **Période de relâchement.** La période de contraction est suivie de la période de relâchement. Cette dernière phase, qui dure aussi de 10 à 100 ms, est provoquée par un retour du Ca^{2+} dans le RS. Comme la force de contraction ne s'exerce plus, la tension du

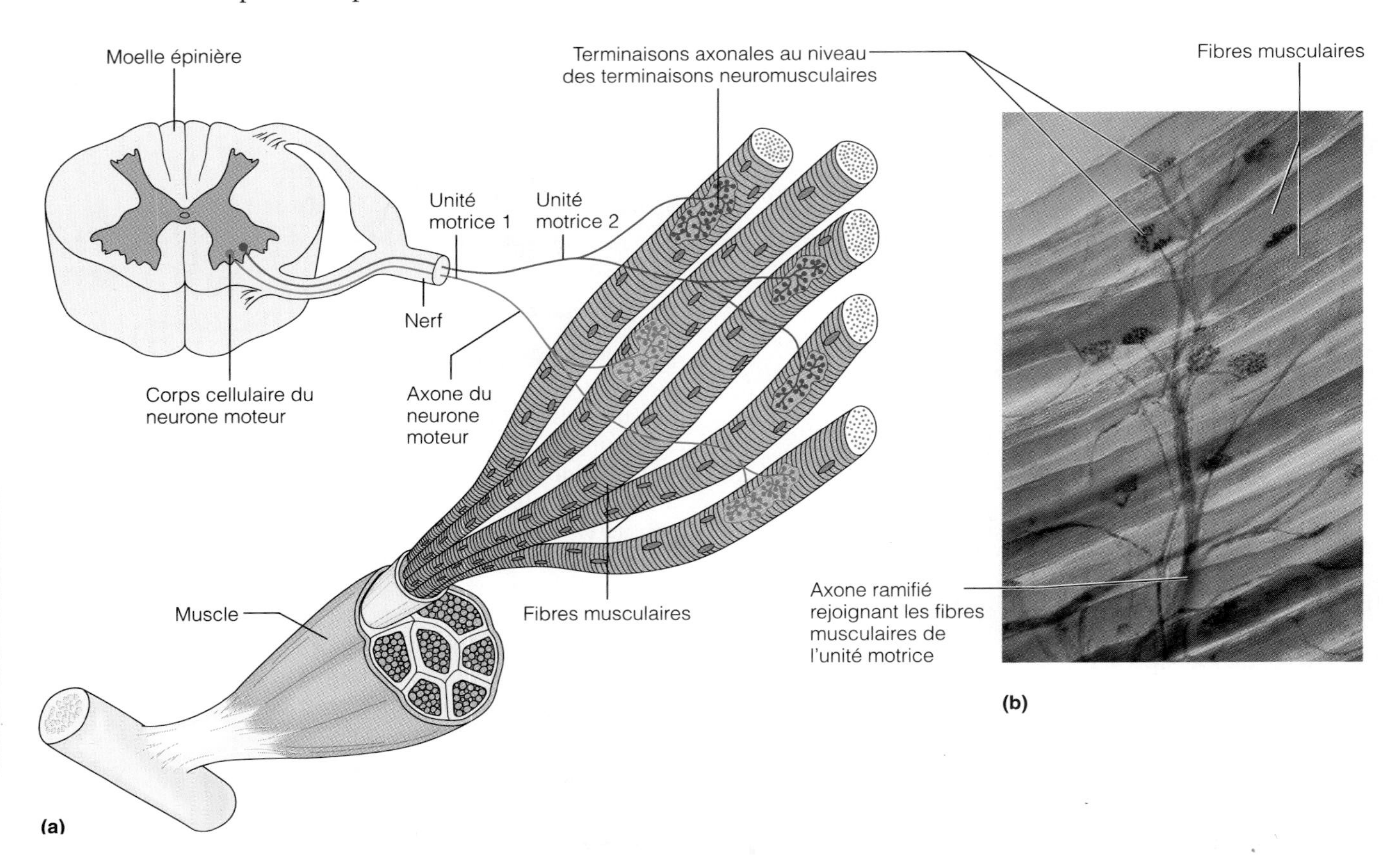

FIGURE 9.12
Unités motrices. Chaque unité motrice comprend un neurone moteur et toutes les fibres musculaires qu'il rejoint. **(a)** Représentation schématique de certaines parties de deux unités motrices. Les corps cellulaires des neurones moteurs, qui renferment le noyau, se trouvent dans la moelle épinière, et les axones se rendent jusqu'au muscle. À l'intérieur du muscle, chaque axone se ramifie en un certain nombre de terminaisons axonales, qui rejoignent des fibres musculaires disséminées dans l'ensemble du muscle. **(b)** Photomicrographie d'une partie d'une unité motrice (110 ×). Remarquez les terminaisons axonales divergentes et les terminaisons neuromusculaires avec les fibres musculaires.

muscle diminue, puis disparaît complètement, et le tracé revient à sa valeur d'origine. Si le muscle s'est raccourci pendant la contraction, il revient maintenant à sa longueur initiale.

Comme vous pouvez le voir à la figure 9.13b, les secousses de certains muscles sont rapides et courtes, comme c'est le cas pour les muscles du bulbe de l'œil. D'autre part, les muscles épais de la jambe (muscles gastrocnémien et soléaire) se contractent plus lentement et leur contraction se prolonge habituellement beaucoup plus longtemps. Ces différences entre les divers muscles reflètent les caractéristiques métaboliques de leurs myofibrilles et les variations entre leurs enzymes.

Réponses graduées du muscle

Les *secousses musculaires* (contractions brusques et isolées observées en laboratoire) se produisent parfois à cause d'anomalies neuromusculaires, mais elles ne représentent *pas* la façon dont les muscles fonctionnent normalement dans l'organisme. En réalité, nos contractions musculaires sont relativement longues et continues, et leur force varie en fonction des besoins. Ces divers degrés de contraction musculaire (qui sont évidemment indispensables à la régulation adéquate des mouvements du squelette) sont appelés **réponses graduées**. En règle générale, la contraction musculaire peut être modulée de deux façons, soit par le changement de la fréquence (vitesse) des stimulations, soit par le changement de la force des stimulus.

Réponse du muscle à la fréquence des stimulations : sommation temporelle et tétanos Si deux stimulations identiques (impulsions électriques ou influx nerveux) sont appliquées à un muscle dans un court intervalle, la seconde contraction sera plus vigoureuse que la première. Sur le myogramme, elle paraîtra chevaucher la première contraction (figure 9.14). Ce phénomène, appelé **sommation temporelle,** est dû au fait que le second stimulus survient avant que le muscle soit complètement détendu à la suite de la première contraction. Le muscle est déjà partiellement contracté et une nouvelle bouffée de calcium vient remplacer le calcium réabsorbé par le RS ; la seconde contraction s'ajoute à la première et produit un raccourcissement plus important du muscle. En d'autres termes, il y a sommation des contractions. (Cependant, la période réfractaire est *toujours* respectée. Donc, si le second stimulus arrive avant la fin de la repolarisation, il n'y aura pas de sommation.) Si l'intensité du stimulus, ou le voltage, ne varie pas et si la fréquence de la stimulation s'accélère, la période de relaxation entre les contractions devient de plus en plus courte, la concentration de Ca^{2+} dans le sarcoplasme, de plus en plus élevée, et la sommation, de plus en plus importante. Pour finir, tout signe de relâchement disparaît et les contractions fusionnent en une longue contraction régulière appelée **tétanos** (*tetanus* = rigidité, tension).

Le tétanos (à ne pas confondre avec la maladie bactérienne du même nom; voir la section « Termes médicaux », p. 298) est le mode habituel de contraction musculaire dans notre organisme, c'est-à-dire que les neurones moteurs envoient des *volées* d'influx (influx se succédant rapidement) et non des influx isolés provoquant des secousses.

Une activité musculaire intense ne peut pas se poursuivre indéfiniment. Lors d'un tétanos prolongé, le muscle perd inévitablement sa capacité de se contracter et sa tension retombe à une valeur nulle; c'est ce qu'on appelle la **fatigue musculaire.** La fatigue musculaire est principalement due au fait que le muscle ne peut pas produire assez d'ATP pour alimenter la contraction. Nous parlerons plus loin dans ce chapitre de ce phénomène et d'autres facteurs à l'origine de la fatigue musculaire.

Réponse du muscle à l'intensité des stimulus: sommation spatiale Bien que la sommation temporelle des contractions donne plus de force à la réponse musculaire, sa fonction principale consiste à produire des contractions uniformes et continues par la stimulation rapide d'un certain nombre de cellules musculaires (toujours les mêmes). La *force* de la contraction dépend de la **sommation spatiale,** c'est-à-dire du nombre d'unités motrices qui se contractent simultanément. On peut reproduire en laboratoire ce phénomène (aussi appelé **recrutement**) en administrant des impulsions électriques de voltage croissant pour mobiliser un nombre de plus en plus grand de fibres musculaires. Le stimulus qui déclenche la première contraction observable est appelé **stimulus liminaire.** Au-delà de ce seuil, au fur et à mesure que l'on fait augmenter l'intensité du stimulus, les contractions musculaires sont de plus en plus vigoureuses. Le **stimulus maximal** est l'intensité à partir de laquelle la force de la contraction musculaire ne s'accroît plus; il correspond à la contraction de toutes les unités motrices du muscle. L'intensification du stimulus au-delà du

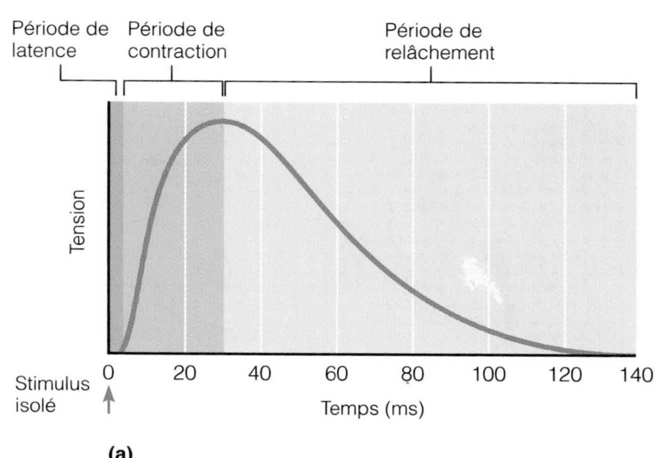

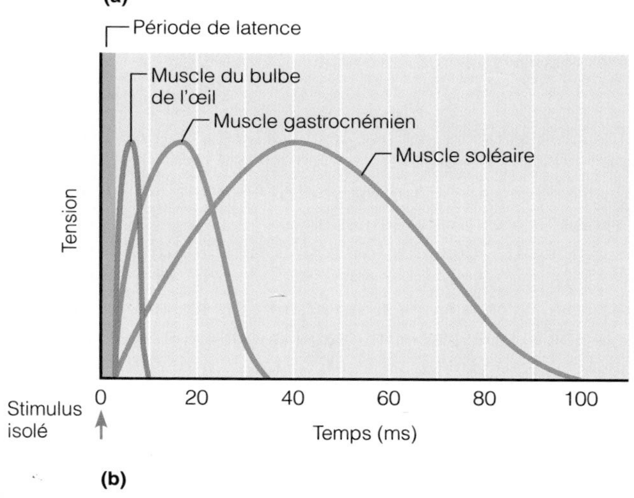

FIGURE 9.13
Secousse musculaire. (a) Tracé du myogramme d'une secousse musculaire montrant ses trois phases: la période de latence, la période de contraction et la période de relâchement. **(b)** Comparaison entre les secousses musculaires d'un muscle du bulbe de l'œil, celles du muscle gastrocnémien et celles du muscle soléaire.

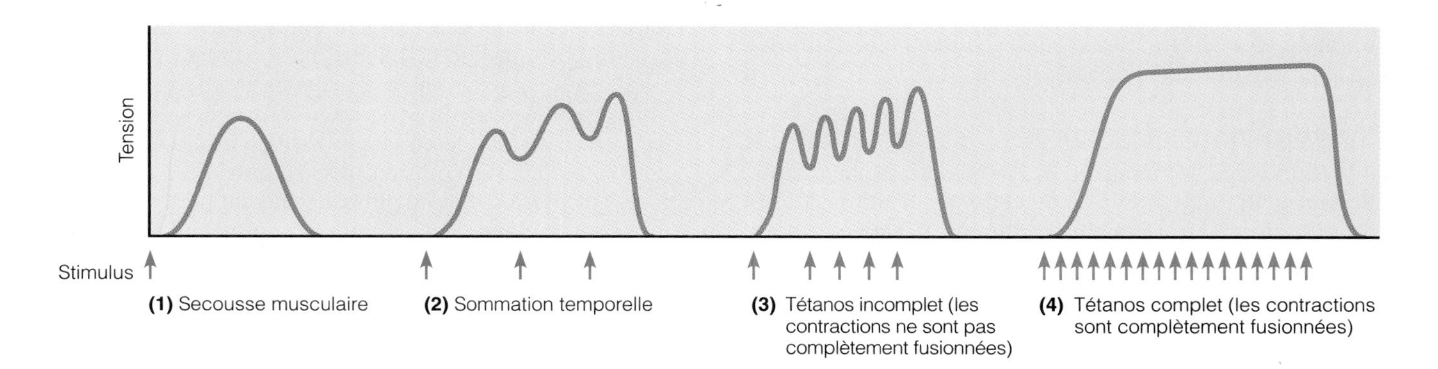

FIGURE 9.14
Sommation temporelle et tétanos. Représentation de la réponse d'un muscle entier à des stimulus de différentes fréquences. En **(1),** application d'un seul stimulus, le muscle se contracte et se détend (secousse musculaire). En **(2),** les stimulus sont appliqués avec une fréquence telle que le muscle n'a pas le temps de se relâcher complètement; la force de contraction augmente (sommation temporelle des contractions). En **(3),** les stimulus arrivent plus rapidement et la fusion des contractions est plus poussée (tétanos incomplet). **(4)** Tétanos complet: contraction uniforme et continue sans aucun signe de relâchement.

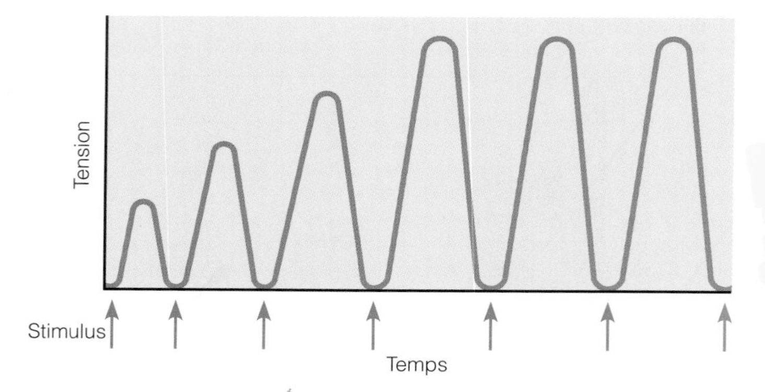

FIGURE 9.15
Myogramme du phénomène de l'escalier. Remarquez comment, bien que les stimulus appliqués au muscle soient de la même intensité et que leur fréquence soit faible, la force des toutes premières réponses va en augmentant.

9

stimulus maximal ne produit pas une contraction plus forte. Dans l'organisme, la stimulation nerveuse d'un nombre croissant d'unités motrices d'un même muscle entraîne le même phénomène.

Au cours des contractions musculaires faibles et précises, un nombre relativement peu élevé d'unités motrices sont stimulées. Inversement, lorsque le muscle se contracte avec force, un grand nombre d'unités motrices sont activées. C'est ainsi que la main qui vous tapote la joue pourrait aussi vous administrer une gifle cinglante. Dans n'importe quel muscle, les unités motrices les plus petites (celles qui possèdent le moins de fibres musculaires) sont commandées par les neurones moteurs les plus sensibles. Ce sont ces derniers qui ont tendance à être activés les premiers. Les unités motrices plus grosses, qui dépendent de neurones moins sensibles, ne sont activées que si une contraction plus forte est nécessaire.

Il peut arriver que *toutes* les unités motrices d'un muscle s'activent simultanément pour produire une contraction extrêmement forte, mais la plupart du temps, elles fonctionnent de manière asynchrone : certaines sont en tétanos pendant que d'autres sont au repos. Ce mode de fonctionnement contribue à prolonger le tétanos tout en prévenant ou en retardant la fatigue. Il explique aussi comment des contractions faibles dues à des stimulus espacés peuvent demeurer régulières.

Phénomène de l'escalier

Au début d'une contraction, la force exercée par le muscle peut n'être que la moitié de celle qui résulterait d'un stimulus de même intensité appliqué un peu plus tard. L'enregistrement de ces contractions prend une forme caractéristique appelée **escalier** (figure 9.15), qui reflète probablement l'augmentation croissante de la quantité de Ca^{2+} disponible dans le sarcoplasme. De plus, lorsque le muscle fonctionne et s'échauffe, les réactions enzymatiques nécessaires à la production d'ATP et au glissement des filaments deviennent plus efficaces. À cause de ces facteurs, les stimulus successifs produisent des contractions de plus en plus fortes au cours de la première phase de l'activité musculaire. C'est pour cette raison que les sportifs ont besoin d'une période d'échauffement.

Tonus musculaire

On qualifie les muscles squelettiques de « volontaires », mais même les muscles au repos sont presque toujours légèrement contractés : ce phénomène est appelé **tonus musculaire.** Il est dû à des réflexes spinaux (donc des activités involontaires) qui activent un groupe d'unités motrices, puis un autre, en réaction à l'activation des mécanorécepteurs (sensibles à l'étirement) situés dans les muscles et les tendons. (Ces récepteurs et leur activité sont décrits au chapitre 13.) Bien que le tonus musculaire ne produise aucun mouvement, il permet aux muscles de rester fermes et prêts à répondre à une stimulation. En outre, le tonus des muscles squelettiques stabilise les articulations et assure le maintien de la posture.

Contractions isométriques et isotoniques

Nous avons parlé jusqu'ici de la contraction des muscles en fonction de leur raccourcissement, mais les muscles ne se raccourcissent pas toujours lors d'une contraction ; parfois, leur longueur ne change pas et peut même augmenter. Le terme *contraction* désigne l'application d'une force par un muscle dont les têtes de myosine sont actives. La force exercée sur un objet par un muscle contracté est appelée **tension musculaire** et on nomme **charge** le poids, ou force de résistance, opposé au muscle par l'objet. Comme la tension musculaire et la charge sont des forces opposées, la tension musculaire doit être plus grande que la charge à déplacer.

Il existe deux grandes catégories de contractions musculaires, soit les contractions *isotoniques* et *isométriques*. Lors des **contractions isotoniques** (*isos* = même ; *tonos* = tension), le muscle se raccourcit ou s'allonge (réduisant ainsi l'angle à l'articulation), et il déplace la charge. La tension demeure constante pendant *la plus grande partie* de la contraction. Les contractions isotoniques sont de deux sortes, *concentriques* ou *excentriques*. Lors d'une **contraction concentrique,** sans doute la plus connue des contractions isotoniques, le muscle *se raccourcit* et effectue un travail (il saisit un livre ou frappe une balle, par exemple). La force des contractions concentriques joue souvent un rôle déterminant dans la réussite d'un athlète. Toutefois, les **contractions excentriques,** pendant lesquelles le muscle se contracte en *s'allongeant*, sont tout aussi importantes pour la coordination et les mouvements volontaires. Par exemple, lorsque vous gravissez une colline dont la pente est abrupte et longue, il y a des contractions excentriques dans les muscles de vos mollets. Pour une même charge, les contractions excentriques sont supérieures d'environ 50 % en puissance par rapport aux contractions concentriques et elles entraînent plus souvent des douleurs musculaires retardées. (Pensez à la *sensation* que vous éprouvez dans vos mollets un ou deux jours après avoir escaladé cette fameuse colline.) On ne sait pas exactement d'où provient cette douleur, mais il se peut que l'étirement musculaire qui se produit durant ces contractions provoque de minuscules déchirures dans les muscles.

La position accroupie illustre bien le travail de coordination qu'effectuent les contractions excentriques et concentriques dans notre vie de tous les jours. Quand les genoux fléchissent, les puissants muscles quadriceps de la face antérieure de la cuisse s'allongent (s'étirent), mais ils se contractent également (de façon excentrique) au même moment pour neutraliser la force de gravité et maîtriser la descente du tronc (tel un « frein musculaire ») afin de prévenir les lésions articulaires. Pour remettre le corps en position debout, il faut que les mêmes muscles (quadriceps) se contractent de manière concentrique pendant qu'ils se raccourcissent pour étendre les genoux. Comme on peut le voir, les contractions excentriques mettent le corps en position de se contracter de façon concentrique. Tous les mouvements de saut et de lancer font appel, jusqu'à un certain point, aux deux types de contractions.

Pour se mouvoir efficacement, le corps a également besoin de *contractions isométriques* (*metron* = mesure). Lors d'une **contraction isométrique,** la tension continue d'augmenter, mais le muscle *ne se raccourcit pas ni ne s'allonge*. Les contractions qui servent essentiellement à maintenir la position debout ou à stabiliser certaines articulations pendant les mouvements d'autres parties du corps, sont isométriques. Les contractions isométriques interviennent également quand un muscle tente de déplacer une charge supérieure à la tension (force) qu'il peut exercer (lorsque vous essayez de soulever un piano d'une main, par exemple). Lorsque vous vous accroupissez, les muscles de la face antérieure de votre cuisse se contractent de façon isométrique à deux moments. Tout d'abord, si vous restez en position accroupie pendant quelques secondes, ce sont les muscles des faces antérieure et postérieure de vos cuisses qui se contractent de façon isométrique pour garder vos genoux en position fléchie. Puis, au moment où vous commencez à vous redresser, la contraction est isométrique jusqu'à ce que la tension du muscle quadriceps dépasse la charge (c'est-à-dire la masse du haut du corps) ; la contraction devient alors isotonique concentrique (le muscle commence à se raccourcir). Donc, du début à la fin de la position accroupie, les étapes de contraction du quadriceps sont les suivantes : (1) flexion du genou (contraction isotonique excentrique) ; (2) maintien de la position accroupie (contraction isométrique) ; (3) extension du genou (contraction isométrique, puis isotonique concentrique). Évidemment, ces étapes ne tiennent aucunement compte des contractions isométriques des muscles du tronc qui concourent à maintenir le haut du corps en position relativement verticale pendant le mouvement.

Les contractions purement isotoniques ou isométriques sont surtout un phénomène de laboratoire. Dans la réalité, la plupart des mouvements du corps font intervenir les deux types de contractions. Peu de muscles fonctionnent de façon indépendante. Comme dans l'exemple de l'accroupissement, la majorité des mouvements nécessitent l'activité coordonnée de plusieurs muscles. En outre, les muscles doivent parfois passer d'un type de contraction à l'autre, par exemple dans les sports qui font appel à des mouvements complexes et où la position du corps change continuellement.

Dans les deux types de contraction musculaire, les phénomènes électrochimiques et mécaniques qui ont lieu sont les mêmes, mais le résultat est différent. Durant une contraction isotonique, les filaments minces (d'actine) glissent ; lors d'une contraction isométrique, les têtes de myosine exercent une force mais ne font pas se déplacer les filaments minces. (On pourrait dire qu'elles « dérapent » sur le même site de liaison de l'actine.)

Métabolisme des muscles

Production d'énergie pour la contraction

Entreposage de l'ATP Lors de la contraction d'un muscle, l'énergie servant à l'activité contractile (mouvement et détachement des têtes de myosine) et au fonctionnement de la pompe à calcium est fournie par l'ATP. Chose surprenante, les quantités d'ATP emmagasinées dans les muscles ne sont pas très importantes (elles permettent tout au plus une contraction de 4 à 6 secondes), mais elles suffisent.

Étant donné que l'ATP est la *seule* source d'énergie qui peut alimenter directement la contraction, il doit être régénéré de façon continue afin que la contraction puisse se poursuivre. Heureusement, une fois que l'ATP est hydrolysé en ADP et en phosphate inorganique, sa régénération se fait en une fraction de seconde suivant trois voies (figure 9.16) : (1) par interaction de l'ADP avec la créatine phosphate ; (2) à partir du glycogène emmagasiné et par une voie anaérobie appelée glycolyse anaérobie ; et (3) par respiration aérobie. La glycolyse anaérobie et la respiration aérobie servent à produire de l'ATP dans toutes les cellules de l'organisme. Ces deux voies du métabolisme cellulaire, que nous nous contenterons d'évoquer ici, sont décrites en détail au chapitre 25.

Phosphorylation directe de l'ADP par la créatine phosphate Au début d'une activité musculaire intense, l'ATP emmagasiné dans les muscles actifs s'épuise rapidement. Puis la **créatine phosphate (CP)**, une molécule à haute énergie très particulière emmagasinée dans les muscles, est utilisée pour régénérer l'ATP pendant que les voies métaboliques s'adaptent à l'augmentation soudaine de la demande en ATP. La réaction qui a lieu alors couple la CP à l'ADP. Globalement, il en résulte un transfert presque instantané d'énergie et d'un groupement phosphate de la CP vers l'ADP, qui devient de l'ATP :

$$\text{Créatine phosphate} + \text{ADP} \rightarrow \text{créatine} + \text{ATP}$$

Les cellules musculaires emmagasinent environ cinq fois plus de créatine phosphate que d'ATP, et la réaction couplée, qui est catalysée par la **créatine kinase,** une enzyme, est tellement efficace que la concentration cellulaire d'ATP change très peu au début de la contraction.

Ensemble, l'ATP et la créatine phosphate présents dans le muscle permettent de maintenir une puissance musculaire maximale pendant environ 15 secondes (cette puissance est suffisante pour courir un sprint de 100 m). La réaction couplée est facilement réversible, et les réserves de CP sont reconstituées au cours des périodes d'inactivité alors que les fibres musculaires produisent plus d'ATP qu'elles n'en ont besoin, par d'autres voies métaboliques.

Glycolyse anaérobie et production d'acide lactique Au moment même où les réserves d'ATP et de CP sont mises à contribution, d'autres quantités d'ATP sont produites par le catabolisme du glucose provenant de la circulation sanguine ou par la dégradation des réserves de glycogène musculaire. On nomme **glycolyse** (« rupture du sucre ») la première phase de dégradation du glucose : le glucose est scindé en deux molécules d'*acide pyruvique*, et une partie de l'énergie ainsi libérée sert à fabriquer un

Parmi ces voies productrices d'énergie, laquelle prédomine dans les muscles des jambes d'un cycliste de fond (exercice prolongé) ?

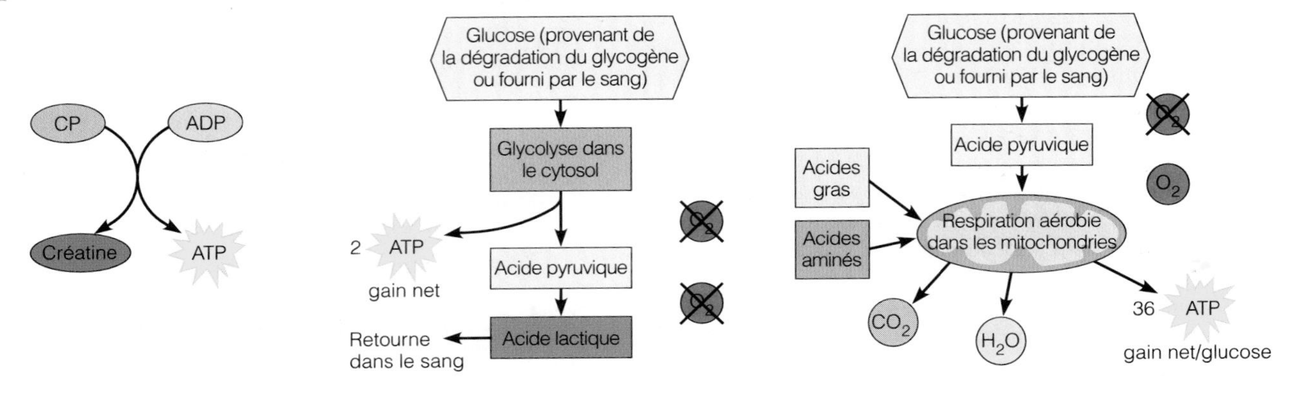

(a) Phosphorylation directe (réaction couplée de la créatine phosphate [CP] et de l'ADP)	(b) Voie anaérobie (glycolyse et formation d'acide lactique)	(c) Voie aérobie (phosphorylation oxydative)
Source d'énergie : CP	Source d'énergie : glucose	Source d'énergie : glucose ; acide pyruvique ; acides gras libres provenant du tissu adipeux ; acides aminés provenant du catabolisme protéinique
Utilisation d'oxygène : aucune Produits : 1 ATP par CP, créatine Durée de la réserve d'énergie : 15 s	Utilisation d'oxygène : aucune Produits : 2 ATP par glucose, acide lactique Durée de la réserve d'énergie : 30 à 60 s	Utilisation d'oxygène : nécessaire Produits : 36 ATP par glucose, CO_2, H_2O Durée de la réserve d'énergie : plusieurs heures

FIGURE 9.16
Voies de régénération de l'ATP durant l'activité musculaire. Le mécanisme le plus rapide est la phosphorylation directe **(a)** ; le plus lent est la voie aérobie **(c)**.

peu d'ATP (2 molécules d'ATP par molécule de glucose). Cette voie s'active aussi bien en présence qu'en l'absence d'oxygène, mais comme elle n'*utilise* pas d'oxygène, elle est appelée voie *anaérobie* (voir la figure 9.16b). Habituellement, l'acide pyruvique est dégradé dans les mitochondries au cours des réactions chimiques de la voie aérobie, qui nécessite de l'oxygène. Dans ces cas, comme en fin de compte il y a eu utilisation d'oxygène, on considère que le processus de dégradation du glucose, dans son ensemble, intervient durant la respiration cellulaire *aérobie*, avec pour conséquence une production d'ATP beaucoup plus importante. Toutefois, lorsque les muscles se contractent vigoureusement pendant un temps assez long et que l'activité contractile atteint environ 70 % du maximum possible (par exemple lorsqu'on court le plus rapidement possible sur une distance de 600 m), les muscles, gonflés, compriment les vaisseaux sanguins qu'ils contiennent, entravant ainsi l'apport de sang et, par le fait même, celui d'oxygène. Dans ces conditions, la plus grande partie de l'acide pyruvique provenant de la glycolyse est transformée en **acide lactique,** et l'ensemble du processus est appelé **glycolyse anaérobie.** En cas de déficit en oxygène, c'est donc l'acide lactique, et non le gaz carbonique et l'eau, qui constitue le produit final de la dégradation du glucose. La plus grande partie de l'acide lactique passe du muscle à la circulation sanguine par diffusion et est complètement éliminée du tissu musculaire dans les 30 minutes qui suivent la fin de l'activité physique. Par la suite, l'acide lactique est capté par les cellules du foie, du cœur ou des reins, qui peuvent l'utiliser comme source d'énergie. En outre, les cellules du foie peuvent reconvertir l'acide lactique en acide pyruvique ou en glucose pour le retourner dans la circulation sanguine en direction des muscles, ou alors le convertir en glycogène qui sera emmagasiné dans le foie et les muscles.

La voie anaérobie (glycolyse) procure environ seulement 5 % de l'ATP que fournit la voie aérobie, par molécule de glucose ; cependant, elle produit de l'ATP environ deux fois et demie plus vite. Par conséquent, lorsqu'il faut de grandes quantités d'ATP durant de courtes périodes d'activité musculaire soutenue (30 à 40 secondes), la glycolyse peut en fournir une grande partie. Ensemble, les réserves d'ATP et de CP et le système glycolyse-acide lactique peuvent entretenir une activité musculaire intense pendant presque une minute.

La glycolyse anaérobie répond très efficacement à la demande d'énergie des activités musculaires intenses et brèves, mais elle a ses défauts. D'une part, il lui faut d'énormes quantités de glucose pour produire des quantités relativement petites d'ATP ; d'autre part, l'acide lactique qui s'accumule contribue à la fatigue musculaire et est à l'origine, du moins en partie, de l'endolorissement musculaire qui suit l'exercice intense.

Respiration cellulaire aérobie Lors d'une activité musculaire légère mais prolongée, 95 % de l'ATP utilisé par les muscles est fourni par la respiration cellulaire

(c) *La voie aérobie.*

aérobie. La **respiration cellulaire aérobie** se déroule dans les mitochondries ; elle nécessite la présence d'oxygène et fait intervenir une suite de réactions chimiques au cours desquelles les liaisons des molécules de glucose et d'acides gras libres sont brisées. L'énergie ainsi libérée sert à la synthèse de l'ATP. Cet ensemble de réactions est appelé **phosphorylation oxydative.**

Pendant la respiration aérobie, le glucose est entièrement dégradé ; les produits finals de cette dégradation sont l'eau, le gaz carbonique et de grandes quantités d'ATP :

Glucose + oxygène → gaz carbonique + eau + ATP

Par diffusion, le gaz carbonique ainsi libéré passe du tissu musculaire dans le sang, puis il est évacué par les poumons.

Au début d'une contraction, le glycogène musculaire fournit la plus grande partie de l'énergie. Ensuite, les sources d'énergie servant à l'oxydation sont le glucose transporté par le sang (ainsi que l'acide pyruvique provenant de la glycolyse), des acides gras libres et, dans certains cas, des acides aminés. Le mécanisme aérobie fournit de grandes quantités d'ATP (environ 36 molécules d'ATP par molécule de glucose oxydée), mais il est relativement lent à cause de ses nombreuses étapes, sans compter qu'il nécessite un apport continu d'oxygène et de nutriments pour maintenir son activité.

Tant qu'elle dispose de quantités suffisantes d'oxygène et de glucose, la cellule musculaire fabrique de l'ATP au moyen de réactions aérobies. Toutefois, lorsque la demande commence à dépasser la capacité du système cardiovasculaire de procurer des nutriments ou la capacité des cellules musculaires d'intervenir assez rapidement, la glycolyse commence à procurer une partie de plus en plus grande de la quantité totale d'ATP produit. Si le mécanisme anaérobie se poursuit et s'accélère, il finit habituellement par entraîner une accumulation d'acide lactique et de la fatigue musculaire.

Systèmes énergétiques mis en jeu pendant les activités sportives Les spécialistes en physiologie de l'exercice physique ont pu évaluer la part de chaque système de production d'énergie dans les activités sportives. L'énergie nécessaire aux activités qui requièrent une puissance instantanée, mais qui ne durent que quelques secondes (haltérophilie, plongeon, sprint), provient uniquement des réserves d'ATP et de CP. Les autres mécanismes de production d'énergie n'ont pas le temps de s'activer avant la fin de l'activité. Il semble que les activités qui nécessitent des « bouffées » d'efforts intermittentes (tennis, football, nage de 100 m) soient presque uniquement alimentées par la voie anaérobie qui produit de l'acide lactique. Les épreuves plus longues (marathon, course à pied), dans lesquelles l'endurance, non la puissance, est essentielle, font appel principalement aux voies aérobies.

Dans le métabolisme musculaire, les voies anaérobie et aérobie sont intimement liées. Les voies anaérobies interviennent souvent temporairement au tout début d'une séance d'exercice, pendant que les voies aérobies se préparent à atteindre leur pleine efficacité et que les réserves de CP s'épuisent. Par la suite, les mécanismes aérobies prennent la relève, *à moins* que l'activité soit si intense ou si prolongée qu'ils ne puissent plus suffire à la demande. Le laps de temps durant lequel un muscle peut continuer de se contracter en utilisant les voies aérobies est appelé **endurance aérobie,** alors que le degré d'intensité à partir duquel le métabolisme musculaire commence à utiliser la glycolyse anaérobie est nommé **seuil anaérobie.** Tant que la demande d'ATP reste au-dessous du seuil anaérobie, une activité musculaire légère ou modérée peut se poursuivre pendant des heures chez les personnes en bonne condition physique. Par contre, les muscles qui travaillent à un degré d'intensité maximal en utilisant la glycolyse anaérobie se fatiguent après une ou deux minutes.

Fatigue musculaire

Le glycogène emmagasiné dans les cellules musculaires permet à ces dernières de se passer, dans une certaine mesure, du glucose apporté par le sang ; cependant, en cas d'effort soutenu, ces réserves s'épuisent elles aussi. Lorsque la production d'ATP ne suffit plus à la demande, les muscles se contractent de manière de moins en moins efficace. La fatigue musculaire finit par apparaître et l'activité s'arrête, même si le muscle reçoit encore des stimulus. La **fatigue musculaire** est une *incapacité physiologique de se contracter.* Elle est très différente de la fatigue psychologique, qui nous pousse à interrompre volontairement notre activité musculaire lorsque nous nous sentons fatigués. Dans la fatigue psychologique, la chair (les muscles) est pleine de bonne volonté, mais c'est l'esprit qui est faible ! C'est la volonté de gagner malgré la fatigue psychologique qui singularise les athlètes. Remarquez que la fatigue musculaire est due à un *manque relatif* d'ATP, et non à son absence totale. Lorsqu'il n'y a plus d'ATP, il se produit des **contractures,** ou contractions continues, parce que les têtes de myosine ne peuvent plus se détacher (un peu comme dans la rigidité cadavérique). La crampe des écrivains est un exemple bien connu de contracture passagère.

> *« Pour retenir les noms des différents muscles, amusez-vous à les nommer pendant que vous faites de l'exercice. Cette méthode fonctionne particulièrement bien si vous vous entraînez en compagnie d'une autre personne, car vous pouvez alors vous interroger tour à tour. Pensez également à l'origine et à l'insertion des muscles que vous êtes en train d'utiliser. Vous pouvez essayer cette façon d'étudier en joggant, en faisant des exercices aérobiques ou, pourquoi pas, en faisant des grimaces !*
>
> *Christy Millsaps, étudiante en physiologie*

Une trop grande accumulation d'acide lactique ainsi que les déséquilibres ioniques contribuent également à la fatigue musculaire. L'acide lactique, qui provoque une chute du pH des muscles (et cause des douleurs musculaires), entraîne une fatigue extrême et réduit l'utilisation de la voie anaérobie dans la production d'ATP. Pendant la transmission des potentiels d'action, les cellules musculaires perdent du potassium et reçoivent un excès de sodium. Tant qu'il y a de l'ATP pour alimenter la *pompe à* Na^+*-*K^+, ces légers déséquilibres ioniques sont corrigés. Cependant, lorsqu'il ne reste plus suffisamment d'ATP, la pompe cesse de fonctionner adéquatement et la cellule musculaire ne répond plus à la stimulation.

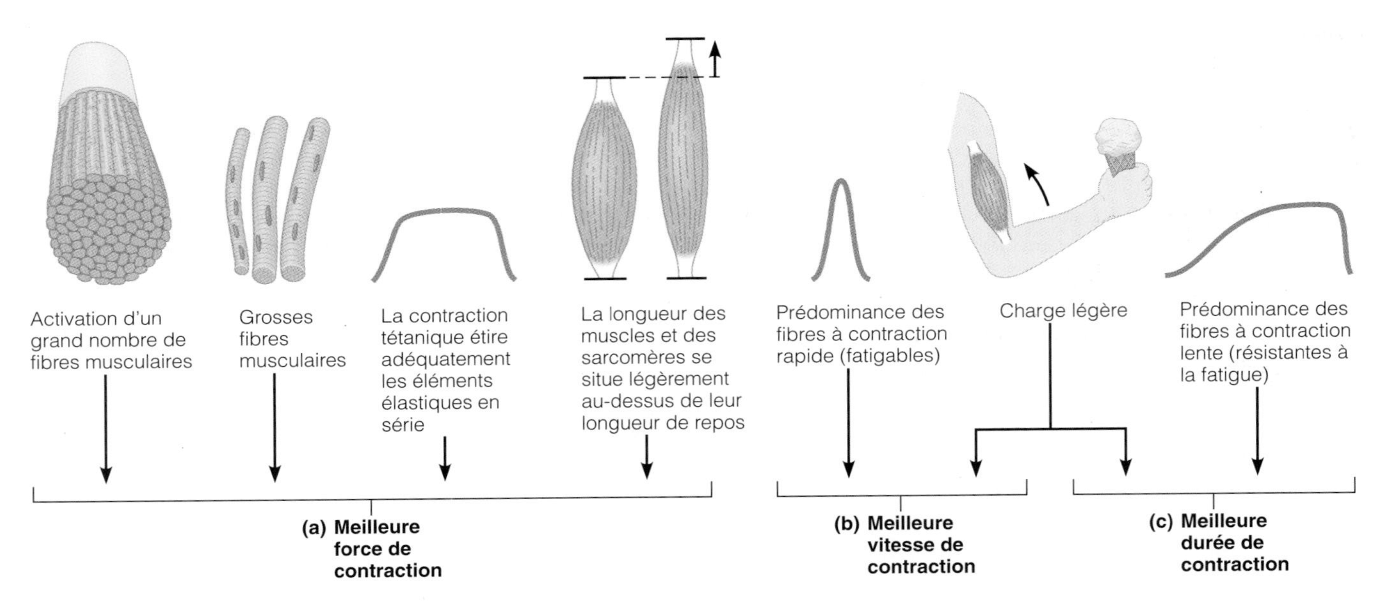

9

FIGURE 9.17
Facteurs qui déterminent la force, la vitesse et la durée de la contraction d'un muscle squelettique.

Dette d'oxygène

Qu'il y ait fatigue ou non, l'exercice vigoureux provoque d'importants changements dans les propriétés chimiques du muscle. Pour qu'un muscle revienne à l'état de repos, ses réserves d'oxygène et de glycogène doivent être reconstituées, l'acide lactique qui a été accumulé doit être reconverti en acide pyruvique et de nouvelles réserves d'ATP et de créatine phosphate doivent être établies. De plus, le foie doit convertir en glucose tout résidu d'acide lactique libéré dans le sang durant l'activité musculaire; ce glucose sert à la synthèse de glycogène dans le muscle. Lors d'une contraction musculaire anaérobie, toutes ces activités consommatrices d'oxygène se déroulent plus lentement et sont reportées (au moins en partie) jusqu'au moment où l'oxygène redevient disponible. Il se produit donc une *dette d'oxygène* qui doit être remboursée. La **dette d'oxygène** est définie comme la quantité d'oxygène supplémentaire qui devra être consommée par l'organisme pour que ces processus de rétablissement puissent avoir lieu; elle représente la différence entre la quantité d'oxygène nécessaire à une respiration totalement aérobie pendant l'activité musculaire d'une part, et la quantité qui a été effectivement consommée d'autre part. Toutes les sources d'ATP non aérobies présentes durant l'activité musculaire contribuent à cette dette.

La dette d'oxygène peut être illustrée par un exemple simple: si vous devez courir le 100 m en 12 secondes, votre organisme aura besoin d'environ 6 L d'oxygène pour que la respiration cellulaire soit totalement aérobie. Cependant, pendant ces 12 secondes, le VO_2 max (la quantité d'oxygène qui peut être acheminée et consommée par vos muscles) sera d'environ 1,2 L, beaucoup moins que ce dont vos muscles ont besoin. Vous établirez donc une dette d'oxygène d'environ 4,8 L qui devra être remboursée au moyen d'une respiration rapide et profonde pendant un certain temps après l'exercice musculaire. Cette respiration profonde est due en premier lieu à la concentration élevée d'acide lactique dans le sang, qui stimule indirectement le centre de la respiration situé dans le bulbe rachidien de l'encéphale. La quantité d'oxygène utilisée pendant un exercice musculaire est fonction de plusieurs facteurs, dont l'âge, la taille, l'entraînement et l'état de santé. En règle générale, plus une personne est habituée à faire de l'exercice physique, plus elle consommera d'oxygène au cours d'une activité (plus elle augmentera son seuil anaérobie) et plus sa dette d'oxygène sera faible. Par exemple, le VO_2 max de la plupart des sportifs est supérieur d'environ 10 % au moins à celui des personnes sédentaires, et celui d'un marathonien bien entraîné peut le dépasser de 50 %.

Dégagement de chaleur pendant l'activité musculaire

Tout comme dans les meilleures machines, seule une proportion de 20 à 25 % de l'énergie libérée par la contraction musculaire est convertie en travail utile. Le reste est transformé en chaleur, avec laquelle l'organisme doit composer pour maintenir son homéostasie. Au début d'un exercice musculaire intense, la chaleur vous incommode parce que votre sang s'échauffe. D'habitude, plusieurs processus homéostatiques, dont la transpiration et le rayonnement de chaleur par la peau, empêchent la température d'atteindre un niveau dangereux. Les frissons représentent l'autre extrême de l'ajustement homéostatique, puisque les contractions musculaires ont alors pour rôle de produire un supplément de chaleur. Les mécanismes de régulation thermique de l'organisme sont décrits au chapitre 25.

Force, vitesse et durée de la contraction musculaire

Les principaux facteurs qui déterminent la force, la vitesse et la durée des contractions musculaires sont décrits ci-dessous et résumés à la figure 9.17.

Force de la contraction

La force de la contraction musculaire dépend du nombre de fibres musculaires en cours de contraction, de la taille relative du muscle, des éléments élastiques en série et du degré d'étirement du muscle. Étudions brièvement le rôle de chacun de ces facteurs.

Nombre de fibres musculaires stimulées Comme nous l'avons déjà expliqué, plus le nombre d'unités motrices recrutées est élevé, plus la contraction musculaire est vigoureuse (sommation spatiale).

Taille relative du muscle Plus le muscle est volumineux (plus il est épais et large), plus la tension qu'il peut exercer est considérable et plus il est fort. L'exercice physique régulier renforce les muscles par une *hypertrophie* (augmentation de la taille et non du nombre) des cellules musculaires.

Éléments élastiques en série En soi, le raccourcissement du muscle ne suffit pas à faire mouvoir les parties du corps. Pour effectuer un travail utile, le muscle doit être relié à d'autres structures mobiles, et ses enveloppes de tissu conjonctif ainsi que ses tendons doivent être bien tendus. Le mouvement a lieu quand la tension produite par l'activité des têtes de myosine est transmise à la surface des cellules (sarcolemme) et à la charge (l'insertion du muscle) par l'intermédiaire des gaines de tissu conjonctif. Ces *structures non contractiles* sont appelées **éléments élastiques en série** parce qu'elles peuvent s'étirer et revenir à leur position initiale. La force (**tension interne** ou **active**) exercée par les éléments contractiles (les myofibrilles) étire les éléments élastiques en série. Ceux-ci, en retour, transmettent à la charge leur propre tension (**tension externe** ou **passive**).

Il est important de remarquer ici qu'il faut un certain temps pour étirer et tendre les éléments élastiques en série, et que, pendant ce temps-là, la force de tension (tension interne) commence déjà à diminuer. Par conséquent, dans une secousse musculaire, la tension externe est toujours inférieure à la tension interne (figure 9.18a). Lorsqu'un muscle est stimulé en tétanos, les éléments élastiques en série ont plus de temps pour s'étirer et la tension externe se rapproche de celle produite par les têtes de myosine (figure 9.18b). Donc, plus la stimulation d'un muscle est rapide (sommation temporelle), plus la force qu'il génère est grande.

Degré d'étirement du muscle La longueur de repos optimale des fibres musculaires est celle à laquelle elles peuvent exercer une force maximale (figure 9.19). Dans un sarcomère, le **rapport longueur-tension** idéal correspond à un léger étirement du muscle, lorsque les filaments d'actine et de myosine se chevauchent à peine (figure 9.19b), car le glissement peut alors se produire sur presque toute la longueur des filaments d'actine. Si la cellule est étirée au point que les filaments ne se chevauchent pas du tout (figure 9.19c), les têtes de myosine ne peuvent pas se lier aux filaments d'actine et exercer une tension. À l'autre extrême, les sarcomères sont tellement comprimés que les lignes Z s'appuient sur les myofilaments épais, et les myofilaments minces se touchent et se gênent mutuellement (figure 9.19a); dans de telles conditions, le raccourcissement possible est nul ou très limité.

Les mêmes relations existent dans l'ensemble du muscle. Un muscle extrêmement étiré (à 175 % de sa longueur optimale, par exemple) n'exerce aucune tension. De même, si un muscle est contracté à 60 % de sa longueur de repos, il ne peut plus se raccourcir beaucoup. Tout comme les fibres musculaires, les muscles ont une longueur de fonctionnement optimale comprise entre 80 et 120 % de leur longueur de repos normale. Dans l'organisme, parce qu'ils sont attachés aux os, les muscles squelettiques restent près de leur longueur optimale. *In vivo*, donc, le degré d'étirement ne modifie que *légèrement* la force des muscles squelettiques, mais il joue un rôle important dans la force des contractions cardiaques.

Vitesse et durée de la contraction

La vitesse d'une contraction et sa durée avant qu'apparaisse la fatigue musculaire sont variables. Ces caractéristiques dépendent à la fois de la charge et des types de fibres musculaires.

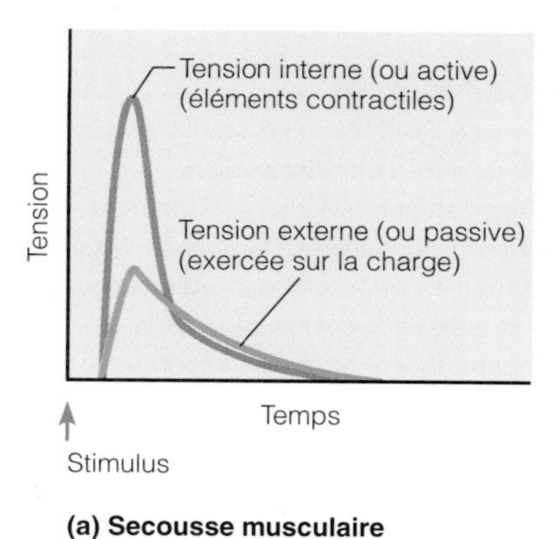

(a) Secousse musculaire

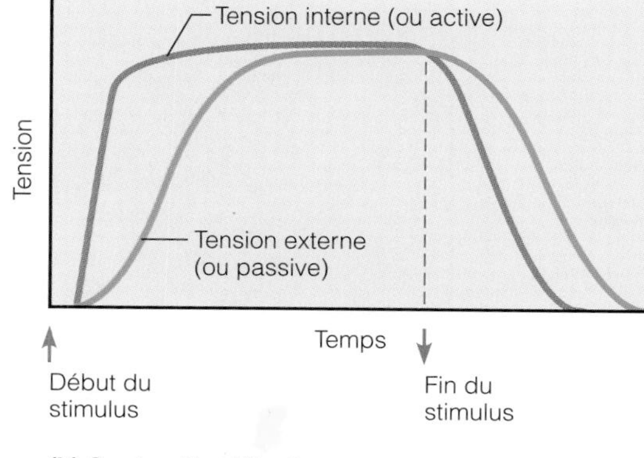

(b) Contraction tétanique

FIGURE 9.18
Relation entre la fréquence des stimulus et la tension externe appliquée à la charge. (a) Pendant une secousse musculaire isolée, la tension interne engendrée par les éléments contractiles atteint un maximum et commence à diminuer bien avant que les éléments élastiques en série parviennent à la même tension. La tension externe exercée sur la charge est donc toujours inférieure à la tension interne. **(b)** Lorsque le muscle reçoit des stimulations causant des contractions tétaniques, la tension interne persiste assez longtemps pour que les éléments élastiques en série atteignent la même tension; la tension externe s'approche de la tension interne puis finit par lui être égale.

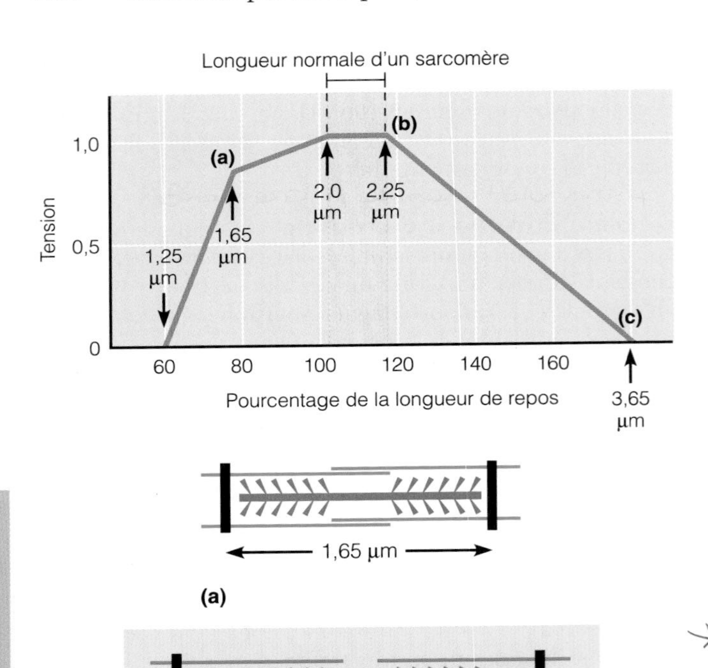

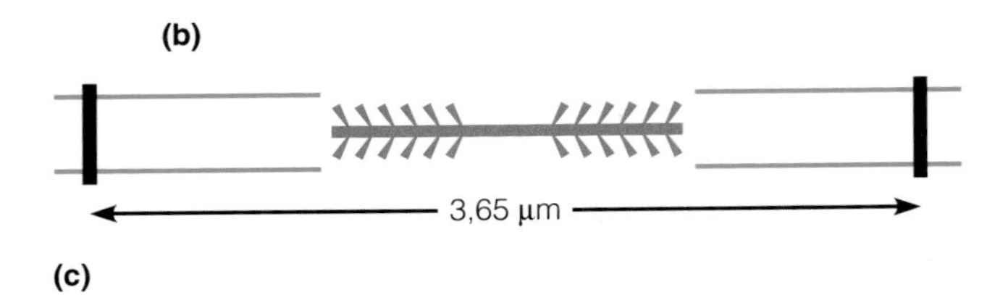

FIGURE 9.19
Relation entre la longueur et la tension dans les muscles squelettiques. La longueur moyenne d'un sarcomère est de 2,0 à 2,25 µm et la force exercée est maximale quand la longueur du muscle est légèrement supérieure à sa longueur de repos. Au-dessous et au-dessus de cette plage optimale, la force du muscle diminue et, finalement, il ne peut exercer aucune tension. On a représenté ici la longueur relative d'un sarcomère dans un muscle qui est **(a)** fortement contracté, **(b)** à sa longueur de repos normale et **(c)** extrêmement étiré.

Charge Étant donné que les muscles sont fixés aux os, ils rencontrent toujours une certaine résistance (ou charge) lorsqu'ils se contractent. Comme vous vous en doutez probablement, ils se contractent plus vite lorsqu'il n'y a pas de charge supplémentaire. Plus la charge est importante, plus la période de latence est longue, plus la contraction est lente et plus la contraction est de courte durée (figure 9.20). Si la charge est trop importante pour que le muscle puisse la déplacer, la vitesse de raccourcissement est nulle et la contraction est isométrique.

+ charge imp. + pér latence longue, + contract° lente/ courte durée

Types de fibres musculaires Il existe plusieurs façons de classer les fibres musculaires (certains étudiants diront qu'il y en a assez pour s'étourdir), mais il vous sera plus facile de les comprendre si vous commencez par examiner attentivement leurs deux caractéristiques fonctionnelles principales.

- **Vitesse de contraction.** Du point de vue de la vitesse de raccourcissement ou de contraction, on distingue les **fibres à contraction lente** et les **fibres à contraction rapide.** La vitesse de contraction de ces fibres est fonction de la vitesse à laquelle les ATPases de leur myosine scindent l'ATP. Évidemment, les fibres à contraction rapide ont des ATPases plus efficaces.
- **Principales voies de production de l'ATP.** Les cellules qui dépendent essentiellement des voies aérobies pour produire de l'ATP sont appelées **fibres oxydatives,** alors que celles qui dépendent d'abord de la glycolyse sont nommées **fibres glycolytiques.**

À partir de ces deux critères, nous pouvons classer les cellules musculaires squelettiques dans l'une ou l'autre des trois catégories suivantes : **fibres oxydatives à contraction lente, fibres oxydatives à contraction rapide** et **fibres glycolytiques à contraction rapide.** Le tableau 9.3 décrit en détail chacune de ces catégories de fibres musculaires. Un petit conseil avant de poursuivre, toutefois : n'essayez pas de tout retenir par cœur sans comprendre, vous trouveriez cela plutôt désespérant. Commencez plutôt par examiner ce que vous savez déjà de ces catégories, puis voyez comment les caractéristiques énumérées s'insèrent dans tout cela. Par exemple, une cellule qui appartient à la catégorie des **fibres oxydatives à contraction lente** présente les caractéristiques suivantes :

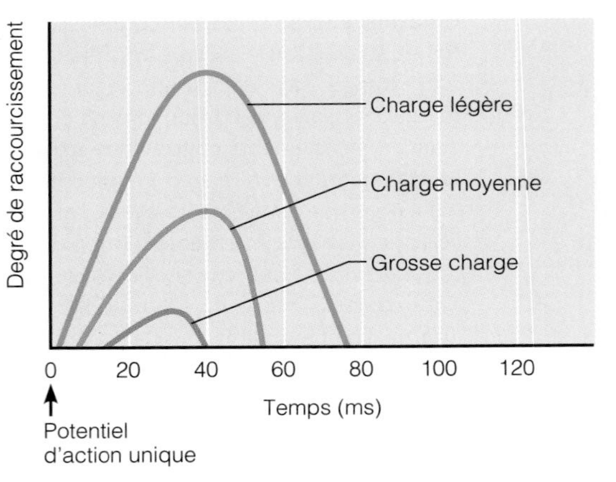

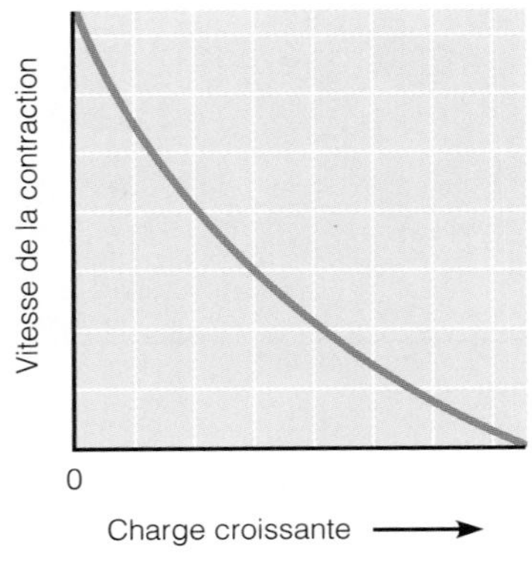

FIGURE 9.20
Influence de la charge sur la durée et la vitesse de la contraction.
(a) Relation entre la charge et le degré de la contraction (raccourcissement), ainsi que sa durée. **(b)** Relation entre la charge et la vitesse de la contraction. Si la charge augmente, la vitesse de la contraction décroît.

TABLEAU 9.3 **Caractéristiques structurales et fonctionnelles des trois types de fibres musculaires squelettiques**

	Fibres oxydatives à contraction lente	Fibres oxydatives à contraction rapide	Fibres glycolytiques à contraction rapide
CARACTÉRISTIQUES MÉTABOLIQUES :			
Vitesse des contractions	Lente	Rapide	Rapide
Activité de l'ATPase de la myosine	Lente	Rapide	Rapide
Voie principale de la synthèse de l'ATP	Aérobie	Aérobie	Glycolyse anaérobie
Concentration de myoglobine	Élevée	Élevée	Faible
Réserves de glycogène	Faibles	Intermédiaires	Élevées
Vitesse de fatigue	Lente (résistance à la fatigue)	Intermédiaire (résistance modérée à la fatigue)	Rapide (fibres fatigables)
ACTIVITÉS POUR LESQUELLES CHAQUE CATÉGORIE DE FIBRES EST LE MIEUX ADAPTÉE :			
	Activités d'endurance telles que marathon ou maintien de la posture (muscles antigravifiques)	Sprint, marche	Mouvements puissants ou intenses, de courte durée, comme frapper une balle de baseball ou lever des haltères
CARACTÉRISTIQUES STRUCTURALES :			
Couleur	Rouges	De roses à rouges	Blanches (pâles)
Diamètre des fibres	Petit	Intermédiaire	Grand
Mitochondries	Nombreuses	Nombreuses	Peu nombreuses
Capillaires	Nombreux	Nombreux	Peu nombreux

- elle se contracte de façon relativement lente parce que les ATPases de sa myosine sont lentes (premier critère) ;
- elle dépend de l'apport d'oxygène et des mécanismes aérobies (grande capacité d'oxydation, second critère) ;
- elle est résistante à la fatigue et possède une forte endurance (caractéristiques propres aux cellules qui dépendent du métabolisme aérobie) ;
- elle est mince (une grande quantité de cytoplasme empêche la diffusion de l'oxygène et des nutriments provenant du sang) ;
- elle a relativement peu de puissance (une cellule mince peut contenir seulement un nombre restreint de myofibrilles) ;
- elle renferme un grand nombre de mitochondries (sites où se produit l'utilisation d'oxygène) ;
- elle est richement irriguée (caractéristique favorable à l'apport d'oxygène et de glucose transporté par le sang) ;
- elle est rouge (sa couleur est due à l'abondance de myoglobine, un pigment caractéristique des cellules musculaires qui emmagasinent des réserves d'oxygène ; ce pigment se lie à l'oxygène et facilite sa diffusion à travers la cellule musculaire).

Inversement, les cellules qui appartiennent à la catégorie des *fibres glycolytiques à contraction rapide* se contractent rapidement, dépendent de l'abondance de leurs réserves de glycogène plutôt que de la circulation sanguine, et n'utilisent pas l'oxygène. Par conséquent, comparativement aux cellules oxydatives, elles possèdent peu de mitochondries, renferment peu de myoglobine (elles sont donc blanches) et ont tendance à être beaucoup plus grosses (car elles ne dépendent pas d'un apport continu d'oxygène et de nutriments en provenance du sang). En outre, comme leurs réserves de glycogène s'épuisent en peu de temps et qu'elles accumulent rapidement de l'acide lactique, ces cellules se fatiguent vite. Ce sont des fibres dites fatigables. Cependant, leur grand diamètre indique qu'elles possèdent un grand nombre de filaments contractiles qui leur permettent de produire des contractions puissantes avant de s'épuiser. Les fibres glycolytiques à contraction rapide sont donc les mieux adaptées pour fournir des mouvements rapides, vigoureux et de courte durée (pour transporter des meubles à l'autre bout d'une pièce, par exemple). Le tableau 9.3 présente d'autres caractéristiques encore et décrit les particularités des fibres musculaires intermédiaires appelées fibres oxydatives à contraction rapide.

Certains muscles peuvent compter une large part de fibres d'un certain type, mais la plupart des muscles du corps comportent un mélange des différents types, ce qui leur confère une certaine vitesse de contraction et une certaine résistance à la fatigue. Par exemple, un muscle de l'arrière de la jambe peut nous permettre de courir un sprint (ce sont surtout les fibres oxydatives à contraction rapide qui entrent alors en jeu), de faire une course de fond ou bien, tout simplement, de maintenir notre position debout (les fibres oxydatives à contraction lente seulement sont mobilisées). Comme on pouvait s'y attendre, toutes les fibres musculaires d'une unité motrice donnée sont du même type.

Bien que les muscles de chacun et chacune d'entre nous renferment un mélange des trois types de fibres, certaines personnes possèdent relativement plus de fibres d'un type donné. Ces différences sont dues à des facteurs génétiques et déterminent certainement dans une large mesure les capacités athlétiques. Par exemple, les muscles des marathoniens comprennent un fort pourcentage de fibres oxydatives à contraction lente (environ 80 %), alors que ceux des spécialistes du sprint possèdent un plus fort pourcentage de fibres oxydatives à contraction rapide (environ 60 %). Chez les haltérophiles, il semble que les fibres glycolytiques à contraction rapide et les fibres oxydatives à contraction lente se trouvent en quantité à peu près égale.

Effets de l'exercice physique sur les muscles

La somme de travail effectuée par un muscle engendre des modifications du muscle lui-même. Lorsqu'on les utilise souvent ou de façon soutenue, les muscles peuvent gagner en taille ou en force, ou devenir plus efficaces et résistants à la fatigue. D'autre part, quelles que soient ses causes, l'inactivité amène *toujours* un affaiblissement et une diminution du volume des muscles.

Adaptation à l'activité physique

Les **exercices aérobiques,** ou **d'endurance,** comme la natation, la course à pied, la marche rapide et le cyclisme, entraînent plusieurs modifications caractéristiques des muscles squelettiques. Il y a augmentation du nombre de capillaires qui entourent les fibres musculaires, ainsi que du nombre de mitochondries situées à l'intérieur de celles-ci, sans compter que les fibres synthétisent plus de myoglobine. Ces changements se produisent dans tous les types de fibres, mais ils sont plus évidents dans les fibres oxydatives à contraction rapide, dont le fonctionnement dépend principalement des voies aérobies. Ces transformations permettent un métabolisme musculaire plus efficace, une endurance accrue, une force plus grande et une meilleure résistance à la fatigue.

Cependant, les bienfaits des exercices aérobiques ne se limitent pas aux muscles squelettiques : le métabolisme général et la coordination neuromusculaire deviennent plus efficaces, la motilité gastro-intestinale s'améliore (ainsi que l'élimination), et le squelette est renforcé. Les exercices aérobiques agissent aussi sur le fonctionnement des systèmes cardiovasculaire et respiratoire, facilitant de la sorte le transport d'oxygène et de nutriments vers tous les tissus. Le cœur s'hypertrophie et acquiert un plus grand volume systolique (chaque battement expulse une plus grande quantité de sang), les parois des vaisseaux sanguins sont débarrassées de leurs dépôts de graisses, et les échanges gazeux qui ont lieu dans les poumons deviennent plus efficaces.

Les exercices d'endurance, c'est-à-dire qui nécessitent un effort musculaire modéré mais prolongé, n'entraînent pas une hypertrophie notable des muscles squelettiques, même si l'exercice dure des heures. L'hypertrophie musculaire, comme celles des biceps brachiaux et des pectoraux des haltérophiles professionnels, est surtout la conséquence d'**exercices contre résistance** intensifs (habituellement dans des conditions anaérobies) comme le lever de poids ou les exercices isométriques, dans lesquels une forte résistance ou un poids immobile est opposé aux muscles. Ici, c'est la force, et non l'endurance, qui importe. Quelques minutes d'exercices contre résistance tous les deux jours suffisent. (En fait, même les gringalets de longue date peuvent augmenter leur masse musculaire de 50 % en une année !) L'augmentation du volume musculaire qui en résulte reflète surtout une dilatation de chaque fibre musculaire (surtout les fibres glycolytiques à contraction rapide) et non une multiplication du nombre de fibres, comme nous l'avons déjà souligné. Cependant, au moins une partie de l'augmentation de la taille du muscle provient de la fission longitudinale ou de la déchirure des fibres hypertrophiées, ainsi que de la croissance subséquente de ces cellules « divisées ». Les fibres musculaires soumises à un travail intensif contiennent plus de mitochondries, forment un plus grand nombre de myofilaments et de myofibrilles, et emmagasinent plus de glycogène. La quantité de tissu conjonctif entre les cellules augmente aussi. Ensemble, ces changements provoquent une augmentation notable du volume et de la force du muscle.

Les exercices contre résistance peuvent donner des muscles aux formes admirables, mais si l'entraînement n'est pas mené de manière judicieuse, certains muscles peuvent se développer plus que d'autres. Les muscles travaillent en couples (ou groupes) antagonistes, et ceux qui sont opposés doivent posséder la même force pour pouvoir fonctionner de façon harmonieuse. Lorsque l'exercice musculaire n'est pas équilibré, la musculature peut sembler *hypertrophiée*, c'est-à-dire que l'individu manque de flexibilité, présente une allure maladroite et ne peut pas faire un plein usage de ses muscles.

Comme les exercices d'endurance et contre résistance entraînent différents modes de réponse musculaire, il est important de bien définir les objectifs que l'on vise lorsqu'on s'entraîne. Ainsi, le lever de poids n'aura aucun impact sur votre endurance au triathlon. De même, la course à pied corrigera peu l'apparence de vos muscles pour le prochain concours de M. ou Mme Muscle, et il ne vous rendra pas plus fort pour déménager des meubles. L'**entraînement en parcours,** qui fait alterner les activités aérobies et anaérobies, constitue le meilleur programme d'entraînement pour la santé.

Atrophie due à l'inactivité

Pour demeurer sains, les muscles doivent être actifs. L'immobilisation complète, pendant un séjour forcé au lit ou à la suite de la perte de stimulation nerveuse, entraîne une atrophie musculaire (dégénérescence et perte de masse) qui s'amorce presque aussitôt que les muscles se trouvent immobilisés. Dans de telles conditions, la force musculaire peut décroître de 5 % par jour !

Même au repos, les muscles reçoivent du système nerveux de faibles stimulus intermittents. Lorsqu'un muscle est entièrement privé de stimulation nerveuse, le résultat est désastreux : le muscle paralysé peut s'atrophier jusqu'à atteindre le quart de son volume initial. Le tissu musculaire est remplacé par du tissu conjonctif fibreux qui empêche toute rééducation. L'atrophie d'un muscle qui a subi une dénervation peut être retardée par des stimulations électriques régulières, en attendant de savoir si les neurofibres endommagées pourront se reconstituer. ■

S'entraîner judicieusement pour prévenir les blessures

La plupart d'entre nous manquent de temps (et peut-être de talent aussi) pour s'entraîner comme des professionnels, mais nous pouvons sûrement tirer profit de leurs conseils : n'essayez pas de vous remettre en forme en pratiquant un sport ; pour pratiquer un sport, vous devez *d'abord* retrouver la forme. Quelle que soit l'activité physique que vous choisissez (course à pied, lever de poids, tennis, par exemple), elle mettra vos muscles à l'épreuve. Les fibres musculaires peuvent se déchirer, les tendons peuvent s'étirer, et l'accumulation d'acide lactique peut causer des douleurs.

S'entraîner efficacement, c'est s'entraîner assez intensément pour améliorer sa condition physique, mais sans risquer de se surmener ou de se blesser. Quelle que soit l'activité choisie, il y a deux principes à suivre : d'abord, il est essentiel de commencer l'activité par des étirements pour échauffer les muscles ; ensuite, on devrait s'améliorer en suivant le *principe de surcharge.* Lorsque l'on oblige un muscle à travailler fort, on augmente sa force et son endurance. Lorsque les muscles s'habituent à donner leur maximum, il faut leur imposer une surcharge afin qu'ils travaillent encore plus. De même, pour devenir plus rapide, il faut s'entraîner à un rythme croissant. Une journée d'entraînement intense devrait être suivie d'une journée de repos ou d'entraînement léger pour permettre aux muscles de se reposer et de se réparer. Quand on se lance trop rapidement dans un entraînement excessif ou qu'on ne tient pas compte des signes avant-coureurs de la douleur musculaire ou articulaire, on risque de s'infliger des **lésions de surutilisation.** Ce type de blessure peut finir par empêcher l'activité physique et même causer des incapacités permanentes. Les enfants sont particulièrement sujets aux lésions de surutilisation, surtout si leur entourage les pousse à « s'endurcir ». Les principaux modes de traitement de presque toutes les blessures par surutilisation consistent à modifier ou limiter l'activité physique, à appliquer de la glace pour prévenir ou réduire l'inflammation, et à prendre des anti-inflammatoires non stéroïdiens (Motrin, Advil, par exemple).

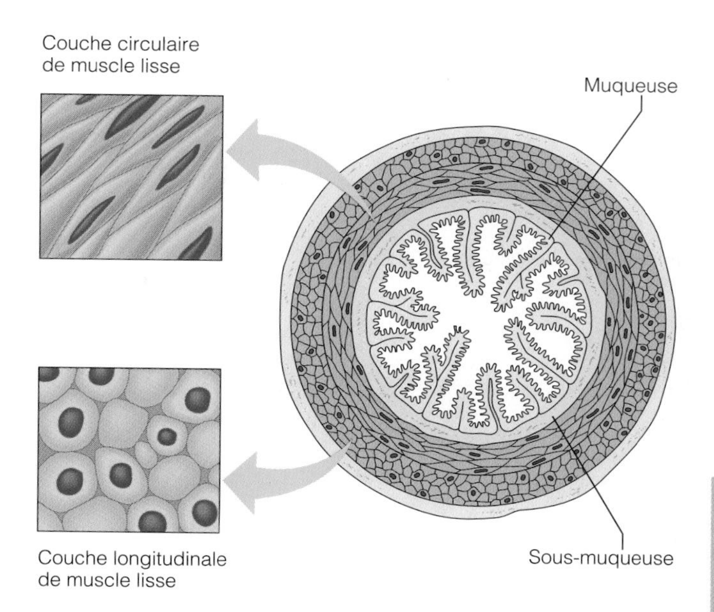

FIGURE 9.21
Disposition des muscles lisses dans les parois des organes creux. Comme on le voit sur cette coupe transversale simplifiée de l'intestin, il y a deux couches musculaires (une circulaire et une longitudinale) qui sont orientées perpendiculairement l'une à l'autre (voir aussi la figure 24.6, p. 858).

MUSCLES LISSES

À l'exception du cœur, qui est constitué par le muscle cardiaque, les muscles des parois des organes creux sont presque tous des muscles lisses. Bien que les processus chimiques et mécaniques de la contraction soient essentiellement les mêmes dans tous les tissus musculaires, les muscles lisses ont des particularités importantes (voir le tableau 9.4, p. 292-293).

Structure microscopique et disposition des fibres musculaires lisses

Les fibres (cellules) musculaires lisses sont petites, fusiformes, et possèdent un noyau en leur milieu (figure 9.21). Leur diamètre se situe généralement entre 3 et 6 µm et leur longueur est de 100 à 500 µm. Par comparaison, les fibres musculaires squelettiques sont environ 20 fois plus larges et plusieurs milliers de fois plus longues.

Les fibres musculaires lisses sont dépourvues des épaisseurs de tissu conjonctif plus grossier qui existent dans le muscle squelettique. Toutefois, on trouve entre elles un peu de tissu conjonctif lâche (endomysium), qui contient des vaisseaux sanguins et des neurofibres. Les fibres musculaires lisses sont habituellement disposées en couches denses. Ces couches se retrouvent dans les parois de tous les vaisseaux sanguins, sauf des plus petits, et dans les parois des organes creux des voies respiratoires et digestives, ainsi que dans celles des systèmes urinaire et génital. Dans la plupart des cas, il y a deux couches de muscles lisses dont les fibres sont orientées perpendiculairement l'une à l'autre (figure 9.21). L'une de ces couches, la *couche longitudinale*, est parallèle à l'axe de l'organe.

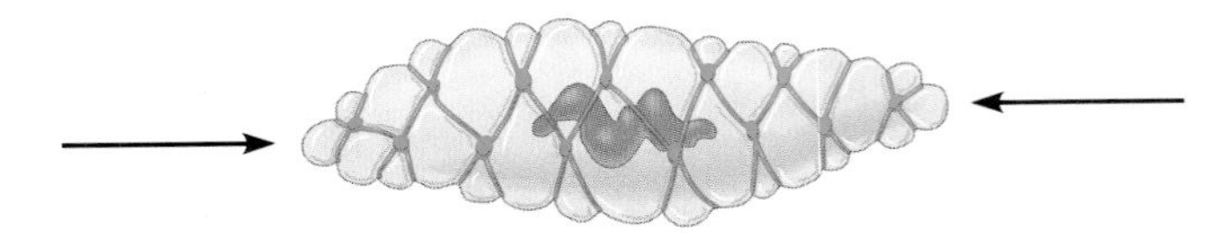

(a) Cellule musculaire lisse détendue

(b) Cellule musculaire lisse contractée

FIGURE 9.22
Filaments intermédiaires, corps denses et bandes denses des fibres musculaires lisses. Les filaments intermédiaires, les corps denses et les bandes denses des muscles lisses orientent la traction exercée par les têtes de myosine. Les filaments intermédiaires se fixent aux corps denses dispersés un peu partout dans le sarcoplasme et s'ancrent parfois aux bandes denses qui sont contiguës au sarcolemme. Les faisceaux de myofilaments se fixent aux bandes denses qui se trouvent entre les cavéoles (invaginations du sarcolemme). **(a)** Cellule musculaire lisse détendue. **(b)** Cellule musculaire lisse contractée (les cavéoles ne sont pas illustrées ici).

Lorsque cette couche se contracte, l'organe se raccourcit et se dilate. Dans l'autre couche, la *couche circulaire*, les fibres enveloppent l'organe ; la contraction de l'organe resserre sa lumière (son espace intérieur) et le fait s'allonger. L'alternance de contractions et de relâchements de ces couches opposées a pour effet de mélanger le contenu de la lumière et de le pousser le long des organes creux du tube digestif. Ce phénomène est appelé **péristaltisme.** Les contractions des muscles lisses du rectum, de la vessie et de l'utérus permettent à ces organes d'expulser leur contenu.

Les muscles lisses ne possèdent pas de terminaisons neuromusculaires très élaborées comme celles que l'on trouve dans les muscles squelettiques. Par contre, ils sont reliés à des neurofibres du système nerveux autonome (étudié au chapitre 14) qui présentent de nombreux renflements bulbeux, nommés **varicosités axonales** ; ces dernières libèrent le neurotransmetteur dans une large fente synaptique située dans la région des cellules musculaires lisses. Ces jonctions sont appelées **jonctions diffuses.**

Le réticulum sarcoplasmique des fibres musculaires lisses est moins développé que celui des fibres musculaires squelettiques. Ainsi, il n'y a pas de tubules transverses. Cependant, la membrane plasmique des fibres musculaires lisses possède de petites invaginations appelées **cavéoles** (ou vésicules plasmalemmales). Les cavéoles contiennent un peu de liquide interstitiel et permettent à une concentration élevée de Ca^{2+} d'être retenue tout près de la membrane. Par conséquent, lorsque les canaux à calcium s'ouvrent, l'afflux de Ca^{2+} arrive rapidement. Donc, même si le RS libère *une partie* des ions calcium qui déclenchent la contraction, c'est de l'espace extracellulaire que provient la plus grande partie des ions calcium.

Comme leur nom l'indique, les muscles lisses ne présentent pas de stries transversales. Certes, ils contiennent des filaments épais (myosine) et minces (actine), enchevêtrés, mais ces filaments sont différents de ceux que l'on trouve dans les muscles squelettiques. Par exemple, les filaments épais sont beaucoup plus longs dans les muscles lisses. La proportion et la disposition des myofilaments diffèrent également.

1. Dans les muscles lisses, la proportion de filaments épais par rapport aux filaments minces est bien plus faible que dans les muscles squelettiques (1 pour 13 comparativement à 1 pour 2). Cependant, les filaments épais des muscles lisses portent des têtes de myosine sur toute leur longueur, une caractéristique qui permet à ces muscles d'être aussi puissants que les muscles squelettiques de même taille.
2. La tropomyosine est associée aux filaments minces, mais il ne semble pas y avoir de complexes de troponine.
3. Il n'y a pas de sarcomères, mais les filaments épais et minces sont rassemblés en petits groupes disposés « en biais » dans la cellule, de sorte qu'ils semblent suivre l'axe longitudinal de la cellule du muscle lisse de façon hélicoïdale, comme les bandes de couleur sur une enseigne de barbier.
4. Comme toutes les cellules, les fibres de muscle lisse contiennent des *filaments intermédiaires* non contractiles qui résistent à la tension. Ceux-ci sont fixés aux **corps denses,** prenant beaucoup les colorants, qui sont répartis dans l'ensemble de la cellule et parfois accolés au sarcolemme. Les structures appelées **bandes denses,** situées entre les cavéoles et contiguës au sarcolemme, servent de points d'ancrage aux groupes de filaments minces ; elles sont donc l'équivalent des lignes Z des muscles squelettiques. Le réseau formé par les filaments intermédiaires et les corps denses constitue un cytosquelette intracellulaire résistant, qui dirige la traction exercée par le glissement des myofilaments lors de la contraction (figure 9.22).

Contraction des muscles lisses

Mécanismes et caractéristiques de la contraction

Dans la plupart des cas, les cellules musculaires lisses voisines se contractent de façon lente et synchronisée ; c'est l'*ensemble* de la couche qui répond à un stimulus. Ce phénomène est dû au couplage électrique qui relie les cellules musculaires lisses ; ce couplage électrique est rendu possible par les *jonctions ouvertes*, passages spécialisés entre les cellules décrits au chapitre 3 (voir p. 67). Les cellules musculaires squelettiques sont isolées électriquement les unes des autres, et la contraction de chacune est déclenchée par sa propre terminaison neuromusculaire ; pour leur part, les muscles lisses comportent des jonctions ouvertes qui permettent aux potentiels d'action de se propager d'une cellule à l'autre. Certaines fibres musculaires lisses de l'estomac et de l'intestin sont des *cellules rythmogènes* qui, lorsqu'elles sont stimulées, jouent le rôle de « chef d'orchestre » et déterminent la fréquence de contraction de toute la couche musculaire. De plus, certaines de ces cellules rythmogènes sont capables d'autostimulation, c'est-à-dire qu'elles peuvent se dépolariser spontanément en l'absence de stimulus externe. Cependant, le rythme et l'intensité de la contraction des muscles lisses peuvent aussi être influencés par des stimulus nerveux et chimiques, comme ceux des hormones.

Le mécanisme de contraction des muscles lisses est semblable à celui des muscles squelettiques, et ce sur les plans suivants : (1) le mécanisme de glissement des myofilaments relève de l'interaction de l'actine et de la myosine ; (2) la contraction finit par être déclenchée par une augmentation de la concentration intracellulaire d'ions calcium ; et (3) le glissement des filaments est alimenté par l'ATP.

Pendant le couplage excitation-contraction, le Ca^{2+} est libéré par les tubules du réticulum sarcoplasmique, mais il pénètre aussi dans la cellule à partir du liquide interstitiel, grâce aux cavéoles dont nous avons parlé. Bien que le Ca^{2+} joue le même rôle de déclencheur dans tous les types de muscles, le mécanisme d'activation des muscles lisses est différent. Dans le cas de ces derniers, pour pouvoir activer la myosine, le calcium interagit avec des protéines régulatrices, en l'occurrence la calmoduline située sur les filaments de myosine et une kinase appelée *kinase des chaînes légères de la myosine* (ou MLC kinase), qui font partie des filaments *épais*. Les filaments minces n'ont pas de troponine pour masquer le site de liaison des têtes de myosine et sont donc toujours prêts à se contracter. Il semble que la séquence d'événements soit la suivante.

1. Le calcium ionique se lie à la calmoduline, et l'active.
2. La calmoduline active à son tour la kinase.
3. La kinase activée catalyse le transfert d'un groupement phosphate de l'ATP à la myosine, ce qui permet à cette dernière d'interagir avec l'actine des filaments minces.
4. Tout comme les muscles squelettiques, les muscles lisses se détendent quand la concentration intracellulaire de Ca^{2+} diminue.

Les muscles lisses se contractent de façon lente et continue, et ils sont résistants à la fatigue. Si l'on compare la contraction et la relaxation du muscle lisse et du muscle squelettique, on constate que leur durée est 30 fois plus longue dans le muscle lisse et que celui-ci peut exercer la même tension contractile pendant de longues périodes en ne consommant que moins de 1 % de l'énergie dépensée par le muscle squelettique. Au moins une partie de l'importante économie d'énergie réalisée par le muscle lisse provient du fait que ses ATPases (les MLC kinases) sont lentes comparativement à celles des muscles squelettiques. De plus, les myofilaments des muscles lisses peuvent rester bloqués pendant des contractions prolongées, ce qui évite aussi une certaine dépense d'énergie.

Le type de contraction peu exigeant en ATP qui se produit dans les muscles lisses revêt une extrême importance pour l'homéostasie de l'organisme. Les muscles lisses des petites artérioles et autres organes viscéraux restent légèrement contractés (*tonus des muscles lisses*) pendant des jours entiers sans se fatiguer. Comme les muscles lisses ont besoin de peu d'énergie, leurs cellules comptent relativement peu de mitochondries et la production d'ATP se fait surtout par voie anaérobie.

Régulation de la contraction

L'activation des muscles lisses par le stimulus nerveux est identique à celle que nous avons décrite pour les muscles squelettiques. Lorsque les molécules de neurotransmetteur se lient aux récepteurs de la membrane plasmique, il apparaît un potentiel d'action qui est couplé à la libération d'ions calcium dans le sarcoplasme. Cependant, tous les influx nerveux parvenant au muscle lisse ne déclenchent pas nécessairement un potentiel d'action. Certains types de muscles lisses répondent seulement à des potentiels gradués (impulsions électriques locales). En outre, toutes les contractions ne résultent pas nécessairement d'influx nerveux (dans certaines situations, ce sont des hormones qui provoquent la contraction des myocytes).

Toutes les terminaisons nerveuses somatiques (c'est-à-dire celles qui desservent les muscles squelettiques) libèrent de l'acétylcholine, dont l'effet est toujours de produire une stimulation des muscles squelettiques. Cependant, les différentes neurofibres du système autonome qui rejoignent le muscle lisse des organes viscéraux libèrent divers neurotransmetteurs, dont certains peuvent soit stimuler, soit inhiber un groupe particulier de cellules musculaires lisses. L'effet qu'aura un neurotransmetteur particulier sur un muscle lisse donné dépend du type de récepteur membranaire (protéine intégrée de la membrane). Par exemple, lorsque l'acétylcholine se lie à des récepteurs de l'ACh situés sur les muscles lisses des bronchioles (les petits canaux aériens des poumons), les muscles se contractent fortement et resserrent les bronchioles. Lorsque la noradrénaline, libérée par un autre type de neurofibres autonomes, se lie aux récepteurs de noradrénaline présents sur les *mêmes* cellules musculaires lisses, elle a un effet inhibiteur et le muscle se détend, ce qui dilate le passage aérien. Par contre, lorsque la noradrénaline se lie aux récepteurs des muscles lisses des parois de la plupart des vaisseaux sanguins, elle provoque leur contraction et la diminution du diamètre du vaisseau sanguin (vasoconstriction ; voir le chapitre 20, p. 693).

Certaines couches de muscle lisse ne possèdent aucune terminaison nerveuse ; elles se dépolarisent spontanément ou en réponse à des stimulus chimiques. D'autres peuvent répondre à la fois à des stimulus nerveux et à des stimulus chimiques. Certains facteurs de nature chimique (hormones, manque d'oxygène, excès de gaz carbonique, baisse du pH, etc.) entraînent une contraction ou une relaxation des muscles lisses en l'absence de potentiel d'action (car ils provoquent ou empêchent l'entrée des ions calcium dans le sarcoplasme). C'est parce qu'ils réagissent immédiatement à ces stimulus chimiques de leur milieu que les muscles lisses peuvent pourvoir aux besoins spécifiques des tissus ; ce type de réaction est aussi probablement la principale cause du tonus des muscles lisses. Par exemple, la gastrine, une hormone, déclenche la contraction des muscles lisses de l'estomac, ce qui permet le brassage efficace des aliments. Dans des chapitres ultérieurs, nous étudierons l'activation des muscles lisses de certains organes.

TABLEAU 9.4	Comparaison des muscles squelettiques, cardiaque et lisses		
Caractéristiques	**Squelettiques**	**Cardiaque**	**Lisses**
Situation	Attachés aux os ou à la peau (pour certains muscles faciaux) 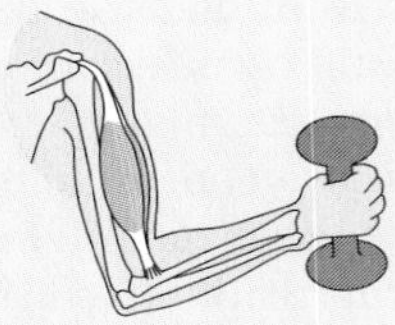	Parois du cœur 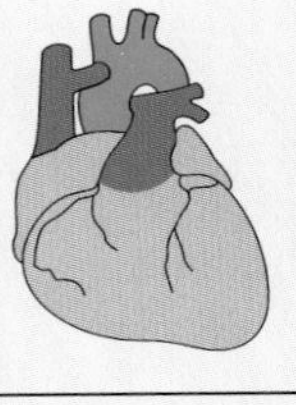	Muscles unitaires situés dans les parois des organes viscéraux creux (autres que le cœur); muscles multi-unitaires situés dans les yeux (muscles ciliaire et sphincter de la pupille) entre autres 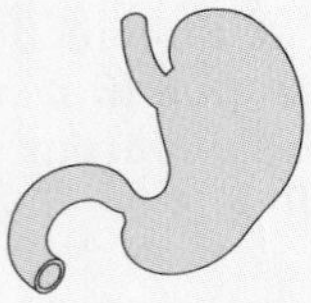
Forme et apparence des cellules	Cellules autonomes, très longues, cylindriques, multinucléées et portant des stries transversales évidentes 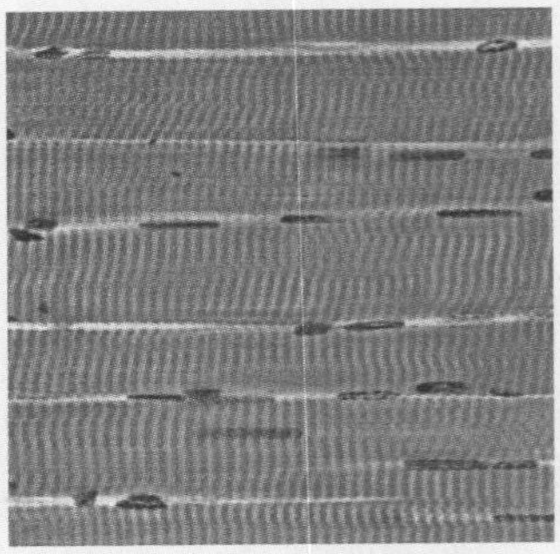 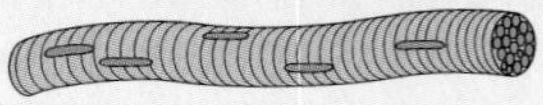	Chaînes ramifiées de cellules; à un ou deux noyaux; striées 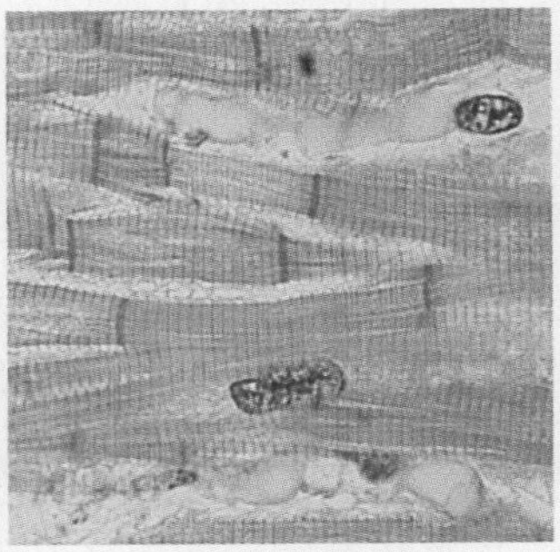 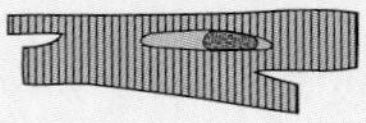	Cellules autonomes, fusiformes, mononucléées; non striées  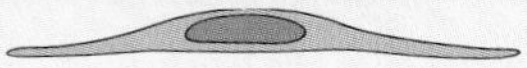
Tissus conjonctifs	Épimysium, périmysium et endomysium 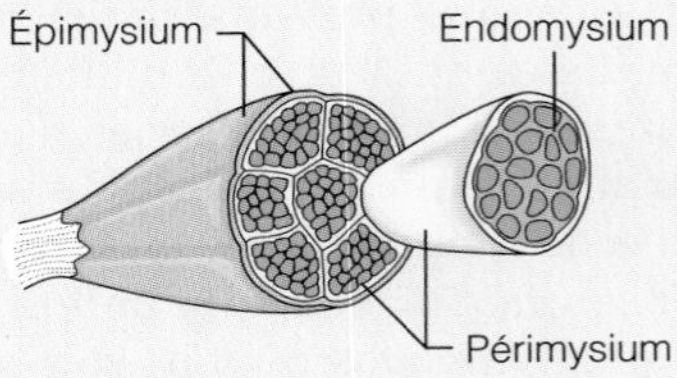 Épimysium Endomysium Périmysium	Endomysium fixé au squelette fibreux du cœur 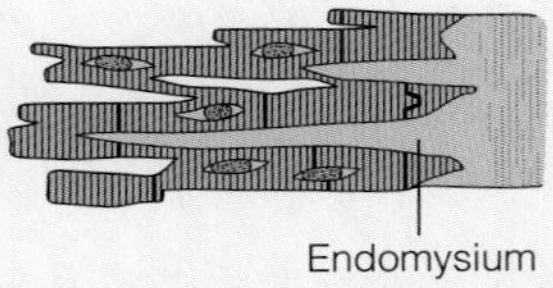 Endomysium	Endomysium Endomysium 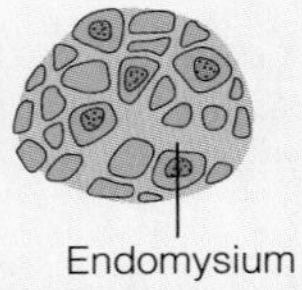
Présence de myofibrilles composées de sarcomères	Oui	Oui, mais l'épaisseur des myofibrilles est irrégulière	Non, mais les filaments d'actine et de myosine sont présents dans toute la cellule; les corps denses et les bandes denses ancrent les filaments d'actine
Présence de tubules transverses et site de l'invagination	Oui; deux dans chaque sarcomère aux jonctions A-I 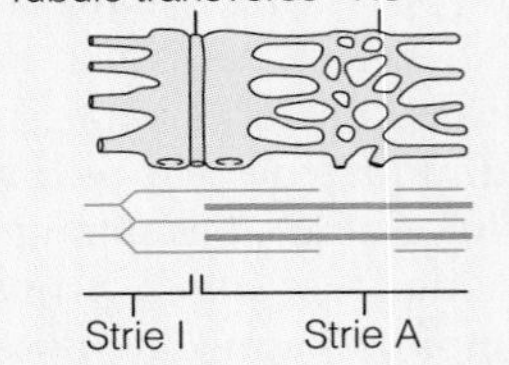 Tubule transverse RS Strie I Strie A	Oui; un dans chaque sarcomère aux lignes Z; diamètre plus important que dans les muscles squelettiques 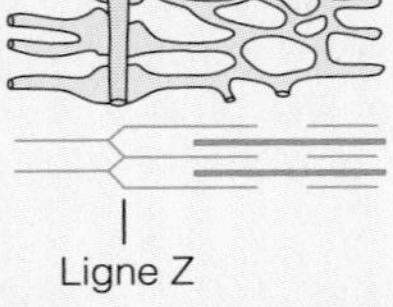 Ligne Z	Non
Réticulum sarcoplasmique développé	Oui	Moins que dans le muscle squelettique (1 à 8 % du volume cellulaire); citernes terminales rares	Équivalent de celui du muscle cardiaque (1 à 8 % du volume cellulaire)

TABLEAU 9.4	Comparaison des muscles squelettiques, cardiaque et lisses (suite)		
Caractéristiques	**Squelettiques**	**Cardiaque**	**Lisses**
Présence de jonctions ouvertes	Non	Oui; aux disques intercalaires	Oui; dans les muscles unitaires
Les fibres ont des terminaisons neuromusculaires séparées	Oui 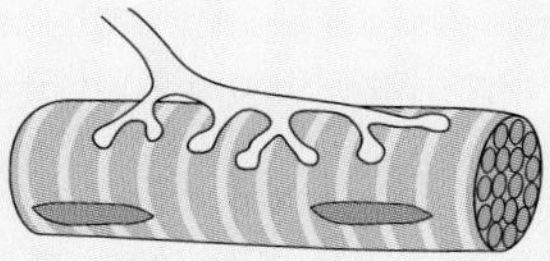	Non	Pas dans les muscles unitaires; oui dans les muscles multi-unitaires 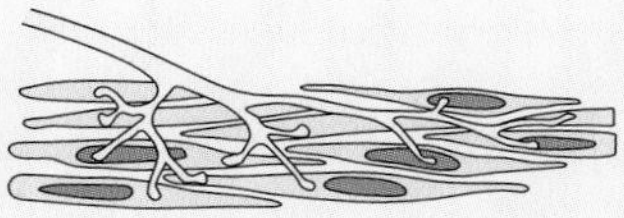
Régulation de la contraction	Volontaire, par l'intermédiaire des terminaisons axonales du système nerveux somatique 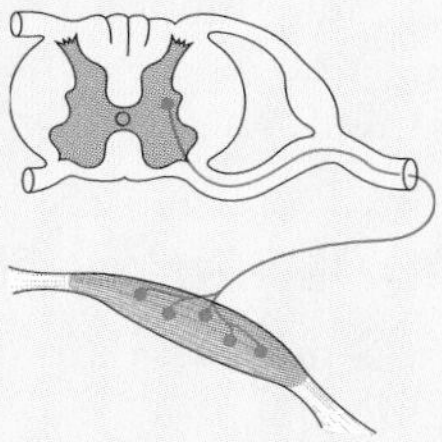	Involontaire; régulation par un système intrinsèque; régulation également par le système nerveux autonome; hormones; étirement 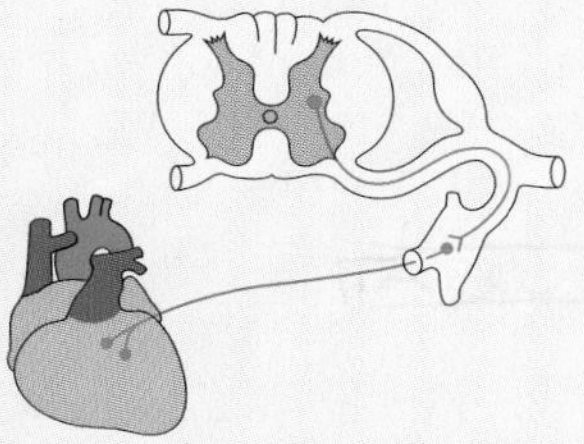	Involontaire; neurofibres autonomes, hormones, substances chimiques au niveau local, étirement 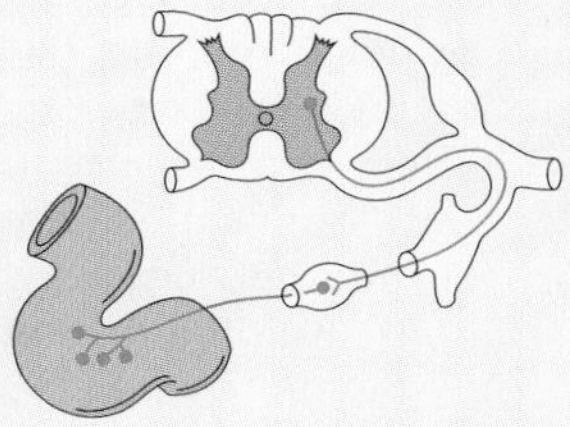
Source de Ca^{2+} pour le signal calcique	Réticulum sarcoplasmique (RS)	RS et liquide interstitiel	RS et liquide interstitiel
Siège de la régulation du calcium	Troponine sur les filaments minces porteurs d'actine 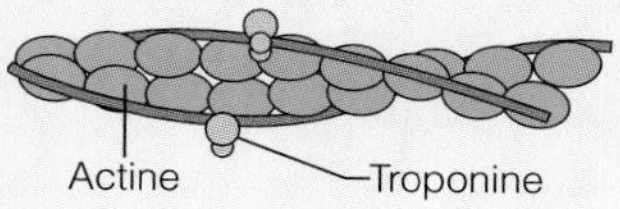 Actine Troponine	Troponine sur les filaments minces porteurs d'actine 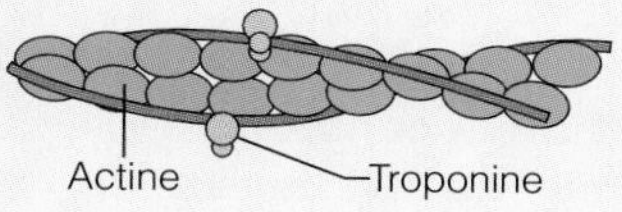 Actine Troponine	Calmoduline sur les filaments épais porteurs de myosine Calmoduline Tête de myosine 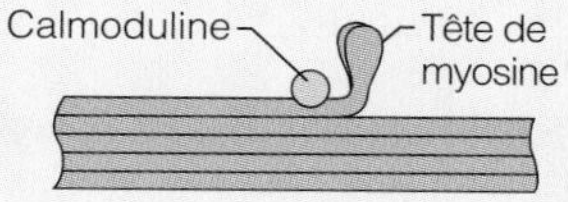
Présence d'un centre rythmogène	Non	Oui	Oui (dans les muscles unitaires seulement)
Effet de la stimulation nerveuse	Excitation	Excitation ou inhibition	Excitation ou inhibition
Vitesse de la contraction	Lente à rapide 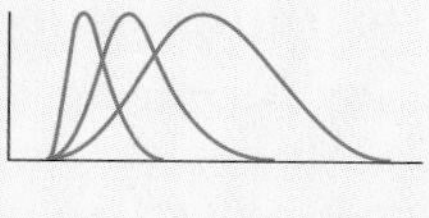	Lente 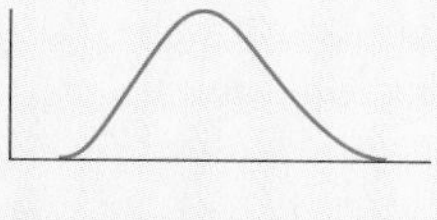	Très lente 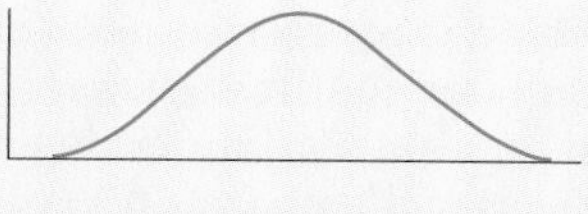
Contractions rythmiques	Non	Oui	Oui, dans les muscles unitaires
Réponse à l'étirement	La force de contraction augmente avec le degré d'étirement (jusqu'à une certaine valeur)	La force de contraction augmente avec le degré d'étirement	Réponse contraction-relâchement
Respiration	Aérobie et anaérobie	Aérobie	Surtout anaérobie

Particularités de la contraction des muscles lisses

Le fonctionnement de la plupart des organes creux dépend en grande partie des muscles lisses, lesquels présentent un certain nombre de caractéristiques très particulières. Nous avons déjà parlé de certaines de ces particularités (tonus des muscles lisses, contractions lentes et prolongées, faibles besoins énergétiques). Mais les muscles lisses peuvent aussi se raccourcir davantage que les autres types de muscles, leur réaction à l'étirement est différente et ils ont des fonctions sécrétrices.

Réponse à l'étirement Lorsque le muscle cardiaque est étiré, il réagit par des contractions plus vigoureuses. Jusqu'à une certaine valeur (environ 120 % de sa longueur de repos), le muscle squelettique réagit de la même façon. Lorsqu'il est étiré, le muscle lisse se contracte, et c'est ainsi que les substances sont poussées dans les canaux internes. Cependant, la tension n'est pas accrue très longtemps et revient rapidement à sa valeur initiale. Cette réponse, appelée **réponse contraction-relâchement**, permet aux organes creux de se dilater (à l'intérieur de certaines limites) afin de faire augmenter leur volume sans que des contractions n'en expulsent le contenu. Cette particularité a son importance, car des organes comme l'estomac et la vessie doivent retenir leur contenu un certain temps. Si ce n'était pas le cas, l'étirement de notre estomac et de notre intestin pendant les repas déclencherait de vigoureuses contractions qui précipiteraient les aliments le long de notre tube digestif, et la digestion et l'absorption n'auraient pas le temps de se faire. De même, l'urine, qui est produite de façon continue, ne pourrait être emmagasinée dans notre vessie jusqu'au moment où nous pouvons nous en débarrasser. (Nous passerions tout notre temps dans les toilettes en mourant de faim !)

9

Modifications de la longueur et de la tension Les muscles lisses s'étirent beaucoup plus que les muscles squelettiques et ils produisent une tension plus grande que des muscles squelettiques étirés de façon comparable. Comme le montre la figure 9.19c, la structure précise et le haut degré d'organisation des sarcomères des muscles squelettiques imposent des limites à l'étirement que ceux-ci peuvent subir avant de se contracter et d'exercer une force. Par contre, les cellules des muscles lisses semblent se contracter en se tordant comme un tire-bouchon. L'absence de sarcomères et la disposition irrégulière des filaments, qui se recouvrent dans une large mesure, permettent à ces cellules d'exercer une force considérable, même lorsqu'elles sont très étirées. Pour qu'un muscle squelettique puisse fonctionner de manière efficace, sa longueur peut varier d'environ 60 % (de 30 % de moins à 30 % de plus que sa longueur de repos). Par contre, un muscle lisse peut se contracter du double à la moitié de sa longueur normale (de repos), soit un changement de 150 %. Cela permet aux organes creux de tolérer d'énormes changements de volume sans devenir flasques lorsqu'ils sont vides.

Hyperplasie En plus d'être capables d'hypertrophie (augmentation de la taille de la cellule), une caractéristique commune à toutes les cellules musculaires, certaines fibres musculaires lisses sont capables d'*hyperplasie*, c'est-à-dire de se multiplier par division. La réponse de l'utérus aux œstrogènes en constitue un excellent exemple : à la puberté, la concentration plasmatique d'œstrogènes chez la jeune fille commence à augmenter. En se liant aux récepteurs membranaires des myocytes de l'utérus, les œstrogènes stimulent la division, ce qui permet à l'utérus d'atteindre sa taille adulte. Puis, lorsque survient une grossesse, la concentration élevée d'œstrogènes dans le sang stimule une hyperplasie des muscles de l'utérus en réponse à l'accroissement de la taille du fœtus.

La prolifération pathologique des muscles lisses est peut-être à l'origine de la *resténose*, où des artères coronaires rétrécies qui ont été dilatées par angioplastie s'obstruent de nouveau. (Voir l'encadré du chapitre 20, p. 696-697.) ■

Fonctions sécrétrices Les fibres des muscles lisses synthétisent et sécrètent des protéines : du collagène, de l'élastine, des protéoglycanes et des prostaglandines. Le tissu conjonctif lâche (endomysium) qui entoure les cellules des muscles lisses est donc sécrété par ces cellules elles-mêmes, et non par des fibroblastes.

Types de muscles lisses

Les muscles lisses présents dans différents organes varient considérablement quant à la disposition des fibres et à leur innervation. Cependant, pour des raisons de simplicité, les muscles lisses sont habituellement classés en deux grandes catégories : les muscles lisses *unitaires* et les muscles lisses *multi-unitaires*.

Muscles lisses unitaires

Les **muscles lisses unitaires**, aussi appelés **muscles viscéraux**, sont de loin les plus nombreux. Leurs cellules tendent à se contracter ensemble et de façon rythmique ; elles sont couplées électriquement les unes aux autres par des *jonctions ouvertes* ; enfin, elles présentent souvent des potentiels d'action spontanés. Toutes les caractéristiques des muscles lisses dont nous avons parlé jusqu'ici s'appliquent aux muscles unitaires. Les cellules des muscles unitaires sont donc disposées en couches, présentent des réponses contraction-relâchement, etc. Ce type de muscle permet les déplacements de substances dans des cavités ou dans des tubes ; il n'est pas adapté à la réalisation de mouvements fins.

Muscles lisses multi-unitaires

Les muscles lisses des grosses voies respiratoires et des grandes artères ainsi que les muscles arrecteurs des poils, reliés aux follicules pileux, sont tous des **muscles lisses multi-unitaires**, tout comme les muscles de l'œil qui règlent le diamètre de nos pupilles (muscle sphincter de la pupille) et effectuent la mise au point (muscle ciliaire).

Contrairement à ce que l'on observe dans le muscle unitaire, les jonctions ouvertes sont rares, ainsi que les dépolarisations spontanées et synchrones. Les muscles lisses multi-unitaires, comme les muscles squelettiques, sont constitués de fibres musculaires indépendantes les unes des autres ; ils sont bien pourvus en terminaisons nerveuses, et chacune de ces terminaisons forme une unité motrice avec un certain nombre de fibres musculaires; enfin, ils répondent à la stimulation nerveuse par des contractions graduées. Cependant, contrairement aux fibres musculaires squelettiques, qui sont innervées par la division somatique (volontaire) du système nerveux, les muscles lisses multi-unitaires (tout comme les muscles lisses unitaires) sont innervés par la division autonome (involontaire) du système nerveux et réagissent à la régulation hormonale.

DÉVELOPPEMENT ET VIEILLISSEMENT DES MUSCLES

À de rares exceptions près, tous les tissus musculaires se développent à partir de **myoblastes,** des cellules mononucléées du mésoderme de l'embryon. Les myoblastes qui sont destinés à devenir des cellules musculaires lisses ou cardiaques migrent jusqu'aux enveloppes rudimentaires des organes viscéraux avec lesquels ils sont associés, puis les recouvrent. Les muscles squelettiques se développent à partir de segments de mésoderme, appelés somites, situés de part et d'autre de la moelle épinière en formation, et aussi à partir de petits amas de cellules mésodermiques qui constituent les bourgeons embryonnaires des membres.

Les fibres musculaires squelettiques multinucléées sont formées par la fusion d'un grand nombre de myoblastes. Habituellement, elles se contractent déjà à la septième semaine de développement, alors que l'embryon ne mesure que 2,5 cm de long. Au début, des récepteurs de l'ACh apparaissent sur toute la surface des myoblastes en développement. Mais au fur et à mesure que les nerfs spinaux envahissent les masses musculaires et que leurs terminaisons s'associent avec des myoblastes, celles-ci libèrent un facteur trophique protéinique appelé *agrine.* L'agrine stimule l'agrégation des récepteurs de l'ACh et de l'AChE aux plaques motrices nouvellement formées, et les récepteurs ainsi regroupés s'attachent au cytosquelette sous-jacent du myoblaste par un processus qui fait intervenir, entre autres, une protéine transmembranaire spécifique (la rapsyne). En même temps que les fibres musculaires deviennent soumises à la régulation du système nerveux somatique, les proportions de fibres contractiles à contraction rapide et à contraction lente sont aussi établies.

Les myoblastes qui donnent naissance aux fibres lisses et cardiaques ne fusionnent pas. On connaît moins le détail de l'évolution de ces tissus, mais tous deux forment des jonctions ouvertes au tout début de la vie embryonnaire. Le muscle cardiaque joue son rôle de pompe sanguine vers la fin de la troisième semaine de développement (souvent avant même que la femme sache qu'elle est enceinte).

Les fibres musculaires squelettiques et cardiaques deviennent amitotiques mais restent capables d'hypertrophie chez l'adulte. À la naissance, leur spécialisation est généralement terminée et, dès lors, les muscles squelettiques endommagés (ainsi que le cœur) sont reconstitués principalement par formation de tissu cicatriciel. Cependant, les *cellules satellites* peuvent reconstituer dans une certaine mesure les fibres endommagées et permettre une régénération *très limitée* des fibres musculaires squelettiques mortes. Les cellules satellites sont des myoblastes qui demeurent normalement indifférenciés chez l'adulte; une centaine de fois moins nombreuses que les myocytes, elles peuvent se mettre à se diviser et à se différencier en fibres musculaires dans certaines circonstances. Il n'y a pas de cellules satellites dans le muscle cardiaque, qui est dépourvu de toute capacité de régénération. Par contre, les muscles lisses ont une capacité de régénération moyenne ou bonne pendant toute la vie de l'individu.

À la naissance, la plupart des muscles squelettiques ont la forme de courroies, et les mouvements du bébé sont mal coordonnés et déterminés en grande partie par des réflexes. Le développement musculaire reflète le niveau de coordination neuromusculaire, qui se fait de la tête vers les orteils et des parties proximales vers les parties distales. Ainsi, le bébé sait lever la tête avant d'apprendre à marcher. De même, les mouvements globaux apparaissent avant les mouvements fins, et l'agitation aléatoire des bras se transforme vite en gestes délicats comme le pincement (par lequel on ramasse une épingle entre l'index et le pouce). Pendant toute notre enfance, la maîtrise des muscles squelettiques se précise de plus en plus. Vers le milieu de l'adolescence, la maîtrise nerveuse *naturelle* de nos muscles a atteint son maximum, et nous pouvons soit l'accepter telle quelle, soit la perfectionner par un entraînement sportif ou autre.

On entend souvent demander si la différence entre la force d'un homme et la force d'une femme repose sur des facteurs biologiques. La réponse est oui. Il existe des variations individuelles, mais en moyenne les muscles squelettiques des femmes représentent environ 36 % de leur masse corporelle, alors que ceux des hommes comptent pour 42 %. La plus grande capacité musculaire des hommes est due en premier lieu à l'influence de la testostérone sur les fibres musculaires et non à l'exercice physique. Et comme les hommes sont généralement plus lourds que les femmes, la véritable différence de force est encore plus grande que ce que le pourcentage de masse musculaire laisse supposer, mais la force corporelle par unité de masse musculaire est la même chez les deux sexes. L'exercice musculaire intense provoque une hypertrophie musculaire plus importante chez l'homme que chez la femme, encore à cause des hormones sexuelles mâles. Par ailleurs, certains athlètes prennent de fortes doses d'hormones sexuelles mâles synthétiques («stéroïdes») pour augmenter leur masse musculaire. Cette pratique illégale et dangereuse est abordée dans l'encadré du chapitre 17 (p. 602).

Comme ils sont bien irrigués, les muscles squelettiques offrent une résistance étonnante à l'infection, et ce pendant toute la vie; il suffit d'une bonne alimentation et d'un peu d'exercice pour qu'ils soient relativement bien protégés de la maladie. Cependant, la dystrophie musculaire est une affection grave sur laquelle nous allons nous pencher de plus près.

Le terme **dystrophie musculaire** désigne un ensemble de maladies héréditaires qui attaquent les muscles et qui apparaissent généralement dans l'enfance. Les muscles atteints s'hypertrophient parce qu'il s'y dépose des graisses et du tissu conjonctif, mais les fibres musculaires elles-mêmes dégénèrent et s'atrophient.

SYNTHÈSE

Tous pour un, un pour tous: relations entre le système musculaire et les autres systèmes de l'organisme

Système tégumentaire

- L'exercice musculaire favorise l'irrigation de la peau et la maintient en bon état; l'exercice augmente aussi la température corporelle, que la peau contribue à dissiper.
- La peau protège les muscles en les enveloppant.

Système osseux

- L'activité des muscles squelettiques assure l'intégrité et la solidité des os.
- Les os fournissent des leviers pour l'activité musculaire.

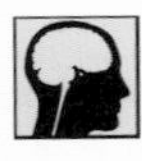

Système nerveux

- L'activité des muscles faciaux permet l'expression des émotions.
- Le système nerveux stimule l'activité musculaire et en assure la régulation.

Système endocrinien

- L'activité du muscle cardiaque et des muscles lisses des parois des vaisseaux sanguins permet le transport des hormones.
- L'hormone de croissance et les androgènes déterminent la force et la masse musculaires; d'autres hormones contribuent à la régulation de l'activité du cœur et des muscles lisses.

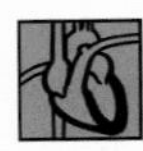

Système cardiovasculaire

- L'activité des muscles squelettiques augmente l'efficacité du système cardiovasculaire: elle prévient l'athérosclérose et provoque l'hypertrophie du cœur.
- Le système cardiovasculaire apporte aux cellules musculaires l'oxygène et les nutriments dont elles ont besoin, et il les débarrasse de leurs déchets.

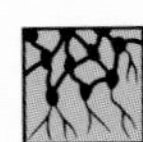

Système lymphatique et immunitaire

- L'exercice physique peut améliorer ou entraver l'immunité, selon son intensité.
- Le système lymphatique draine les fuites de liquide hors des capillaires sanguins musculaires; les cellules immunitaires protègent les muscles squelettiques contre les maladies.

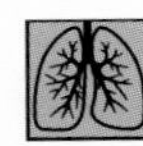

Système respiratoire

- Les muscles squelettiques permettent les mouvements respiratoires; l'exercice musculaire accroît la capacité pulmonaire.
- Le système respiratoire fournit de l'oxygène aux cellules musculaires et en évacue le gaz carbonique.

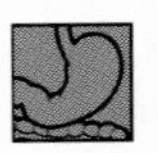

Système digestif

- L'activité physique augmente la motilité intestinale au repos.
- Le système digestif fournit les nutriments nécessaires au maintien des muscles et à la physiologie musculaire; le foie métabolise l'acide lactique.

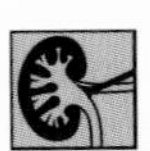

Système urinaire

- L'activité physique favorise une évacuation normale; le muscle sphincter de l'urètre (volontaire) est un muscle squelettique.
- Le système urinaire évacue les déchets azotés des cellules musculaires.

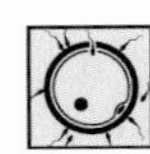

Système génital

- Les muscles squelettiques soutiennent les organes génitaux internes situés dans l'abdomen (par exemple l'utérus); les muscles des vaisseaux du pénis et du clitoris interviennent directement dans le phénomène de l'érection.
- Les androgènes produits par les testicules entraînent une augmentation du volume des muscles.

Liens particuliers: relations entre le système musculaire et les systèmes cardiovasculaire, endocrinien, lymphatique et immunitaire et osseux

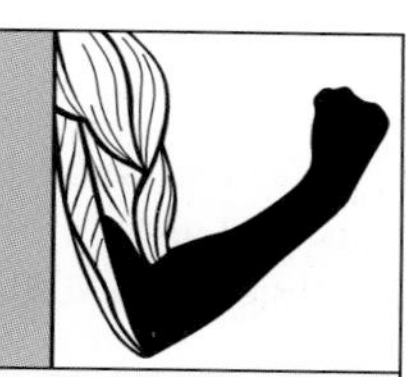

Nos muscles squelettiques sont une véritable merveille. Chez les gens qui sont en bonne condition physique, ils s'activent énergiquement. Chez ceux qui sont un peu moins en forme, ils permettent tout de même de bouger et de se déplacer, ce qui est déjà remarquable. Tout le monde sait que le système nerveux est indispensable aux muscles parce qu'il leur permet de se contracter et qu'il les aide à maintenir le tonus dont ils ont besoin pour rester en bon état. Du point de vue fonctionnel et clinique, le fait que le vieillissement prématuré résulte en grande partie de la sédentarité et des affections qui y sont associées illustre bien l'interdépendance des différents systèmes. Pourtant, nous n'avons pas à ralentir notre activité en vieillissant; notre vie durant, notre corps a besoin de bouger et nos muscles bénéficient de l'exercice. Maintenant, examinons comment l'activité des muscles squelettiques influe sur certains systèmes de l'organisme et comment elle favorise la santé et la prévention de la maladie.

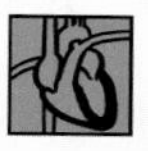

Système cardiovasculaire

L'état de notre système cardiovasculaire est l'indicateur le plus important de notre santé « vieillissante ». Plus que tout autre facteur, l'exercice aide à préserver l'intégrité de notre système cardiovasculaire. Toutes les activités qui nous essoufflent un peu et que nous pratiquons de façon régulière, que ce soit le racquetball ou la marche rapide, contribuent à maintenir la santé et la force du muscle cardiaque. L'activité physique aide également à garder dégagés les vaisseaux sanguins, ce qui retarde l'apparition de l'athérosclérose et contribue à prévenir la forme la plus courante d'hypertension et la cardiopathie hypertensive (deux affections qui peuvent entraîner la détérioration du muscle cardiaque et des reins). En évitant l'obstruction des vaisseaux sanguins, on prévient aussi la claudication intermittente, une affection douloureuse et invalidante qui est causée par une ischémie et qui entrave la marche. Enfin, l'activité physique régulière fait augmenter la concentration sanguine de substances qui empêchent la formation de caillots, ce qui aide à prévenir les crises cardiaques et les accidents vasculaires cérébraux, deux fléaux chez les adultes vieillissants.

Système endocrinien

Le métabolisme musculaire est rapide; même au repos, le tissu musculaire utilise beaucoup plus d'énergie que le tissu adipeux. Par conséquent, les exercices qui augmentent modérément la masse musculaire contribuent à maintenir une masse corporelle adéquate et à prévenir l'obésité. L'obésité est un des facteurs de risque de l'apparition du diabète non insulinodépendant (ou de type II). Ce type de diabète sucré est un trouble métabolique dans lequel les cellules de l'organisme sont insensibles à l'insuline sécrétée par le pancréas, ce qui les rend incapables d'utiliser correctement le glucose. Étant donné que l'exercice aide à garder les cellules sensibles à l'insuline, il contribue aussi à prévenir les effets cardiovasculaires de cette maladie (c'est-à-dire les troubles vasculaires). Par ailleurs, certaines hormones, dont l'hormone de croissance, les hormones thyroïdiennes et les hormones sexuelles, sont essentielles au développement normal et à la maturation des muscles squelettiques.

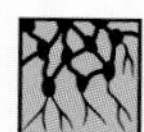

Système lymphatique et immunitaire

L'exercice a un effet marqué sur l'immunité. L'activité physique modérée ou légère provoque une augmentation temporaire du nombre de phagocytes, de lymphocytes T (variété particulière de globules blancs) et d'anticorps; tous présents dans les organes lymphatiques, ils servent à monter la garde contre les maladies infectieuses. En revanche, l'activité physique trop intense déprime le système immunitaire. On ne sait pas encore comment expliquer les répercussions de l'exercice sur l'immunité (y compris les effets apparemment contradictoires que nous venons de mentionner), mais on croit que les hormones dites de stress jouent un rôle. Comme d'autres agents de stress importants (interventions chirurgicales et brûlures graves, par exemple), l'activité physique trop intense fait augmenter les concentrations sanguines d'hormones de stress telles que l'épinéphrine et les glucocorticoïdes. En période de stress intense, ces hormones dépriment le système immunitaire. On croit qu'il s'agit d'un mécanisme de protection, c'est-à-dire d'un moyen que l'organisme utilise pour empêcher le rejet de grandes quantités de cellules légèrement endommagées.

Système osseux

Dernier point, mais non le moindre, les exercices contre résistance augmentent la solidité des os et aident à prévenir l'ostéoporose. Comme l'ostéoporose réduit considérablement la qualité de vie (elle accroît le risque de fractures), on peut dire que ce lien entre le système musculaire et le système osseux est très important. Sans os, les muscles ne pourraient pas mouvoir le corps.

IMPLICATIONS CLINIQUES

Système musculaire

Étude de cas: Continuons notre examen des problèmes de santé de Mme Deschênes, et penchons-nous sur les notes qui décrivent en détail l'état de ses muscles squelettiques.

- Lacérations graves des muscles de la jambe et du genou droits
- Lésion des vaisseaux sanguins desservant la jambe et le genou droits
- Section transversale du nerf ischiatique (gros nerf qui dessert la majeure partie du membre inférieur), juste au-dessus du genou droit

Le médecin de Mme Deschênes prescrit des exercices passifs de mobilité articulaire et la stimulation électrique de sa jambe droite tous les jours, ainsi qu'une diète riche en protéines, en glucides et en vitamine C.

1. Décrivez, étape par étape, le processus de cicatrisation des lésions musculaires de Mme Deschênes et notez les conséquences du processus de réparation spécifique qui a lieu.

2. Sur le plan de la cicatrisation, quelles complications peut-on prévoir en raison des lésions vasculaires (vaisseaux sanguins) de la jambe droite?

3. Sur le plan de la structure et de la fonction musculaires, quelles complications résultent de la section transversale du nerf ischiatique? Pourquoi prescrit-on des exercices passifs de mobilité articulaire et la stimulation électrique des muscles de la jambe droite?

4. Expliquez pourquoi on prescrit ce type de diète à Mme Deschênes.

(Réponses à l'appendice G)

La forme la plus répandue et la plus grave de cette maladie est la **dystrophie musculaire progressive de Duchenne (DMD)**, qui est héréditaire, récessive et liée au sexe. Les femmes portent et transmettent le gène anormal (ce gène a été identifié en 1986), qui s'exprime presque uniquement chez les hommes (1 cas sur 3500 naissances). Cette affection très grave est habituellement diagnostiquée entre la deuxième et la sixième année. Des enfants actifs et apparemment normaux deviennent maladroits et commencent à tomber souvent parce que leurs muscles s'affaiblissent et se détruisent graduellement ; comme les cellules satellites disparaissent aussi, les fibres musculaires mortes ne sont pas remplacées. Le mal progresse de façon implacable à partir des extrémités, et finit par atteindre les muscles de la tête et du thorax. La plupart des victimes de cette maladie meurent d'insuffisance respiratoire à environ 20 ans.

La recherche a récemment permis de découvrir la cause de la dystrophie musculaire progressive de Duchenne : dans les muscles atteints, il manque une protéine appelée *dystrophine* qui aide à maintenir l'intégrité du sarcolemme. Bien qu'il n'existe encore aucun recours contre cette maladie, on a pu élaborer, grâce à ces découvertes, quelques nouvelles techniques prometteuses. L'une de ces techniques, appelée *traitement par transfert de myoblastes*, consiste à injecter dans les muscles atteints des myoblastes sains qui fusionnent avec les myoblastes malades. Une fois à l'intérieur des cellules, les noyaux des myoblastes sains fournissent le gène normal dont les myocytes ont besoin pour produire la dystrophine et croître de façon normale. Des essais tentés sur des humains se sont soldés par des succès relatifs. Une autre technique consiste, en utilisant un virus comme vecteur, à injecter dans les muscles atteints des *plasmides*, c'est-à-dire de minuscules cercles d'ADN contenant une version réduite (les parties codantes seulement) du gène de la dystrophine. Lors des premiers essais sur des souris, environ 1 % des cellules musculaires captaient les minigènes et fabriquaient une dystrophine fonctionnelle. La grande taille des muscles humains représente un obstacle énorme au perfectionnement de ces deux techniques. Jusqu'à maintenant, le seul médicament qui améliore la force et la fonction musculaires est la prednisone (un corticostéroïde). Ce médicament ne guérit toutefois pas la maladie. ■

Au cours du vieillissement, la quantité de tissu conjonctif présent dans nos muscles squelettiques augmente, le nombre de fibres musculaires diminue et les muscles deviennent plus fibreux ou plus tendineux. Comme les muscles squelettiques représentent une grande partie de la masse corporelle, la force musculaire diminue en même temps que la masse corporelle. Vers l'âge de 80 ans, la force musculaire se trouve habituellement réduite d'environ 50 %. La pratique régulière d'exercices physiques aide à contrecarrer les effets du vieillissement sur le système musculaire. Ainsi, les personnes âgées plutôt frêles qui se mettent à lever des poids peuvent reconstituer leur masse musculaire et augmenter considérablement leur force. Cependant, les muscles peuvent aussi être atteints de façon indirecte. Le vieillissement du système cardiovasculaire se répercute sur presque tous les organes du corps, y compris les muscles. Lorsque l'artériosclérose commence à boucher les artères distales, certaines personnes peuvent présenter une anomalie du système circulatoire nommée *claudication intermittente ischémique* : l'apport sanguin aux jambes se trouve réduit, ce qui provoque de terribles douleurs dans les muscles des jambes au cours de la marche, au point que la personne doit s'arrêter et se reposer.

Les muscles lisses sont remarquablement exempts de maladies. Leur fonctionnement est principalement gêné par des agents irritants externes. Dans le tube digestif, cette irritation peut être due à l'ingestion d'une trop grande quantité d'alcool ou de nourriture épicée, ou à une infection bactérienne. Les muscles deviennent alors plus sensibles à la stimulation et tendent à débarrasser l'organisme de l'agent irritant, d'où l'apparition de diarrhée ou de vomissements. Pour ce qui est du muscle cardiaque, nous présentons, au chapitre 19, les maladies qui lui sont propres.

* * *

Le mouvement est une propriété de toutes les cellules ; cependant, à l'exception des muscles, ces mouvements se retrouvent surtout au niveau intracellulaire. Les muscles squelettiques, le principal objet de ce chapitre, nous permettent d'interagir de multiples façons avec notre environnement, mais ils contribuent aussi à l'homéostasie globale de l'organisme (l'encadré intitulé *Synthèse* en présente un résumé). Nous avons parlé de la structure des muscles en allant du niveau macroscopique au niveau moléculaire, et nous avons examiné leur physiologie. Dans le chapitre 10, nous allons nous pencher sur les interactions qui existent entre les muscles et les os et entre les muscles eux-mêmes, puis nous décrirons chacun des muscles squelettiques qui forment notre système musculaire.

TERMES MÉDICAUX

Crampe Spasme continu, ou contraction tétanique, d'un muscle entier ou d'un groupe musculaire, qui peut durer quelques secondes ou plusieurs heures, et pendant lequel le muscle devient raide et douloureux. Fréquente dans le mollet ; elle peut être due à une faible concentration de glucose dans le sang, ou à un manque d'électrolytes (en particulier de sodium ou de calcium), à la déshydratation ou à une irritabilité des neurones de la moelle épinière. Un moyen de soulager une crampe consiste à pincer le muscle en l'étirant.

Élongation musculaire Due à un étirement exagéré et parfois à une déchirure du muscle à la suite d'un effort trop intense ; habituellement, le muscle atteint s'enflamme et devient douloureux (myosite) et les articulations voisines sont immobilisées.

Fibromyosite (*fibra* = filament ; *ite* = inflammation) Ensemble d'affections consistant en l'inflammation d'un muscle, de ses enveloppes de tissu conjonctif, de ses tendons et des capsules articulaires avec lesquelles il est en contact. Les symptômes ne sont pas spécifiques et comprennent divers degrés de sensibilité associés à certaines régions précises.

Hernie Saillie d'un organe à travers la paroi de la cavité où il se trouve. Elle peut être d'origine congénitale (à la suite de l'absence de fusion des muscles pendant le développement), mais, dans la majorité des cas, elle est causée par un effort violent (déplacement d'une grosse charge) ou par l'affaiblissement musculaire qui accompagne l'obésité. (L'hernie inguinale est plus spécifiquement traitée à la page 1081.)

Inhibiteurs calciques Substances médicamenteuses qui empêchent le mouvement du Ca^{2+} à travers la membrane plasmique, inhibant ainsi la contraction musculaire. Les inhibiteurs calciques sont le plus souvent utilisés pour détendre les muscles lisses qui se trouvent dans les parois des vaisseaux sanguins coronaires, ce qui leur permet de se dilater et fait augmenter l'irrigation du myocarde.

Myalgie (*algos* = douleur) Douleur musculaire résultant d'une affection musculaire.

Myopathie (*pathos* = maladie, souffrance) Toute affection musculaire.

Spasme Contraction musculaire involontaire et soudaine (touchant un muscle ou un groupe de muscles) dont l'effet peut aller du simple agacement à une douleur intense; peut être provoqué par certains déséquilibres chimiques; des facteurs psychologiques pourraient contribuer aux spasmes des paupières ou des muscles faciaux, appelés tics; on peut tenter de masser la zone touchée pour mettre fin au spasme.

Tétanos (1) État de contraction soutenu d'un muscle qui fait partie du fonctionnement normal des muscles squelettiques. (2) Maladie infectieuse aiguë causée par la toxine de la bactérie anaérobie *Clostridium tetani* et se manifestant par des spasmes douloureux persistants de certains muscles squelettiques; la maladie débute habituellement par une raideur des mâchoires et des muscles cervicaux, suivie d'une contracture des muscles masséters des mâchoires qui bloque l'ouverture de ces dernières (trismus) ainsi que de spasmes des muscles du tronc et des membres; sans vaccination préventive, la maladie cause la mort par insuffisance respiratoire ou épuisement.

RÉSUMÉ DU CHAPITRE

Tissu musculaire: caractéristiques générales (p. 261-262)

Types de muscles (p. 261)

1. Les muscles squelettiques sont striés, attachés au squelette et soumis à la volonté.

2. Le muscle cardiaque forme le cœur, il est strié et la régulation de sa fonction est involontaire.

3. Les muscles lisses sont situés en majorité dans les parois des organes creux, et la régulation de leur fonction est involontaire. Leurs fibres ne sont pas striées.

Fonctions des muscles (p. 261-262)

4. Les muscles font bouger des parties internes et externes du corps, ils permettent le maintien de la posture, la stabilité des articulations et le dégagement de chaleur.

5. Les caractéristiques fonctionnelles des muscles sont l'excitabilité, la contractilité, l'extensibilité et l'élasticité.

Muscles squelettiques (p. 262-289)

Anatomie macroscopique d'un muscle squelettique (p. 262-264)

1. Les fibres des muscles squelettiques (cellules musculaires ou myocytes) sont protégées et renforcées par des enveloppes de tissu conjonctif. De la couche profonde à la couche superficielle, on trouve l'endomysium, le périmysium et l'épimysium.

2. Les attaches des muscles squelettiques (origines et insertions) peuvent être soit directes, soit indirectes. Les attaches indirectes des tendons et des aponévroses résistent mieux à la friction.

Anatomie microscopique d'une fibre musculaire squelettique (p. 264-269)

3. Les fibres musculaires squelettiques sont longues, striées transversalement et multinucléées.

4. Les myofibrilles sont des éléments contractiles et elles occupent la plus grande partie du volume de la cellule. Leur apparence striée est due à l'alternance régulière de bandes sombres (stries A) et claires (stries I). Les myofibrilles sont des chaînes de sarcomères; chaque sarcomère contient des filaments minces (d'actine) et épais (de myosine) disposés de façon régulière. Les têtes des molécules de myosine forment des ponts d'union qui interagissent avec les filaments d'actine.

5. Le réticulum sarcoplasmique (RS) est un réseau de tubules membranaires qui entoure chaque myofibrille. Il a pour fonction de libérer, puis de retenir les ions calcium.

6. Les tubules transverses sont des invaginations du sarcolemme qui passent entre les citernes terminales du RS. Ils acheminent le stimulus électrique et apportent le liquide interstitiel jusqu'aux parties profondes de la cellule.

Contraction d'une fibre musculaire squelettique (p. 269-277)

7. Selon la théorie de la contraction par glissement des filaments, les filaments minces sont tirés vers le centre du sarcomère par les têtes de myosine des filaments épais.

8. Le glissement des filaments est déclenché par l'augmentation de la concentration intracellulaire d'ions calcium. Sur l'actine, la liaison de la troponine et du calcium écarte la tropomyosine des sites de liaison de la myosine. L'ATPase de la myosine dissocie l'ATP, ce qui fournit l'énergie pour la phase active; la liaison d'une nouvelle molécule d'ATP à la myosine permet le détachement des ponts d'union.

9. La régulation de la contraction des cellules des muscles squelettiques comprend (a) la production et la transmission d'un potentiel d'action le long du sarcolemme et (b) le couplage excitation-contraction.

10. Un potentiel d'action se déclenche lorsque l'acétylcholine libérée par les terminaisons nerveuses se lie aux récepteurs de l'acétylcholine situés sur le sarcolemme; cela modifie la perméabilité de la membrane, qui se trouve dépolarisée, puis repolarisée par un flot d'ions. Lorsqu'il est amorcé, le potentiel d'action se propage de lui-même et ne peut être arrêté (loi du tout ou rien).

11. Pendant le couplage excitation-contraction, le potentiel d'action se propage le long des tubules transverses, provoquant la libération de calcium du réticulum sarcoplasmique vers l'intérieur de la cellule. Le calcium permet l'interaction des têtes de myosine et des filaments d'actine et, par conséquent, le glissement des filaments. L'activité des têtes de myosine prend fin lorsque le calcium est ramené dans le RS.

Contraction d'un muscle squelettique (p. 277-281)

12. Une unité motrice est constituée d'un neurone moteur et de toutes les cellules musculaires qu'il dessert. L'axone du neurone possède plusieurs ramifications, et chacune d'entre elles forme une terminaison neuromusculaire avec une cellule musculaire.

13. La secousse musculaire est la réponse d'un muscle squelettique à un seul stimulus liminaire de courte durée. La secousse musculaire comporte trois phases: la période de latence (lorsque les phénomènes préparatoires se produisent), la période de contraction (lorsque le muscle se raccourcit) et la période de relâchement (lorsque le muscle reprend sa longueur de repos).

14. Les réponses graduées à des stimulus de plus en plus rapides sont la sommation temporelle et le tétanos; la réponse graduée à des stimulus de plus en plus intenses est la sommation spatiale d'unités motrices.

15. Les contractions sont isotoniques si le muscle se raccourcit (contraction concentrique) ou s'allonge (contraction excentrique) pendant que la charge est déplacée. Elles sont isométriques si la tension musculaire ne produit ni raccourcissement ni allongement du muscle.

Métabolisme des muscles (p. 281-284)

16. La source d'énergie de la contraction musculaire est l'ATP, qui est produit par la réaction couplée de la créatine phosphate avec l'ADP, et par le métabolisme aérobie et anaérobie du glucose. La

fatigue musculaire survient lorsque la consommation d'ATP est plus élevée que sa production.

17. Lorsque l'ATP est synthétisé par les voies anaérobies, il y a accumulation d'acide lactique et dette d'oxygène. Pour que les muscles reviennent à leur état de repos, il faut que de l'ATP soit produit par la respiration cellulaire aérobie ; il sert alors à reconstituer les réserves de créatine phosphate et de glycogène en utilisant l'acide lactique qui a été accumulé.

18. Seule une proportion de 20 à 25 % de l'énergie fournie par utilisation de l'ATP sert à produire la contraction. Le reste est libéré sous forme de chaleur.

Force, vitesse et durée de la contraction musculaire (p. 284-288)

19. La force de la contraction musculaire dépend du nombre et de la taille des cellules musculaires (plus elles sont nombreuses et grosses, plus la force est grande), des éléments élastiques en série et du degré d'étirement du muscle.

20. Dans une secousse musculaire, la tension externe exercée sur la charge est toujours inférieure à la tension interne. Lorsqu'un muscle est tétanisé, la tension externe est égale à la tension interne.

21. Lorsque les filaments minces et épais se chevauchent légèrement, le muscle peut exercer sa force maximale. En cas d'étirement ou de raccourcissement exagérés du muscle, la force diminue.

22. Les facteurs qui déterminent la vitesse et la durée de la contraction musculaire sont la charge (plus elle est grande, plus la contraction est lente) et le type de fibres musculaires.

23. Il existe trois types de fibres musculaires : les fibres glycolytiques à contraction rapide (fatigables), les fibres oxydatives à contraction lente (résistantes à la fatigue) et les fibres oxydatives à contraction rapide (résistantes à la fatigue). La plupart des muscles contiennent un mélange de ces différents types de fibres.

Effets de l'exercice physique sur les muscles (p. 288-289)

24. La pratique régulière d'exercices aérobiques accroît l'efficacité, l'endurance, la force et la résistance à la fatigue des muscles squelettiques, et améliore le fonctionnement cardiovasculaire, respiratoire et neuromusculaire.

25. Les exercices contre résistance produisent une hypertrophie des muscles squelettiques et un gain important de force musculaire.

26. L'immobilisation complète des muscles mène à une faiblesse musculaire ainsi qu'à une atrophie grave.

27. Un entraînement inadéquat ou exagéré provoque des lésions de surutilisation qui peuvent être temporaires ou permanentes.

Muscles lisses (p. 289-295)

Structure microscopique et disposition des fibres musculaires lisses (p. 289-290)

1. Les fibres des muscles lisses sont petites, fusiformes et mononucléées ; elles ne sont pas striées.

2. Les cellules des muscles lisses sont le plus souvent disposées en couches. Elles ne possèdent pas d'enveloppes complexes de tissu conjonctif, si ce n'est un peu d'endomysium.

3. Le réticulum sarcoplasmique est peu développé, il n'y a pas de tubules transverses. Des filaments d'actine et de myosine sont présents, mais il n'y a pas de sarcomères. Les filaments intermédiaires, les corps denses et les bandes denses forment un réseau intracellulaire qui dirige la traction exercée par les têtes de myosine.

Contraction des muscles lisses (p. 290-294)

4. Les fibres musculaires lisses sont parfois couplées électriquement par des jonctions ouvertes ; le rythme des contractions peut être établi par des cellules rythmogènes.

5. L'énergie nécessaire à la contraction des muscles lisses vient de l'ATP et est libérée par l'entrée de calcium. Cependant, le calcium se lie à la calmoduline située sur les filaments épais et non à la troponine située sur les filaments minces.

6. Les muscles lisses se contractent pendant de longues périodes en consommant peu d'énergie et sans se fatiguer.

7. Les neurotransmetteurs du système nerveux autonome peuvent soit inhiber l'activité des muscles lisses, soit la stimuler. La contraction des muscles lisses peut aussi être déclenchée par les cellules rythmogènes, par des hormones ou par d'autres facteurs locaux de nature chimique qui font varier la concentration intracellulaire de calcium, ainsi que par un étirement mécanique.

8. Les fibres musculaires lisses possèdent certaines caractéristiques qui sont la réponse contraction-relâchement, la capacité d'exercer une force importante lors d'un fort étirement, l'hyperplasie dans certaines conditions, ainsi que la synthèse et la sécrétion de collagène et d'autres protéines du tissu conjonctif.

Types de muscles lisses (p. 294-295)

9. Les fibres des muscles lisses unitaires sont couplées électriquement ; leurs contractions sont synchrones et souvent spontanées.

10. Les muscles lisses multi-unitaires comprennent des fibres indépendantes et bien innervées ; ils ne possèdent pas de jonctions ouvertes ni de cellules rythmogènes. La stimulation vient des neurofibres du système nerveux autonome (ou d'hormones). Les contractions des muscles multi-unitaires sont rarement synchrones.

Développement et vieillissement des muscles (p. 295, 298)

1. Les tissus musculaires se développent à partir de cellules du mésoderme de l'embryon nommées myoblastes. Les fibres des muscles squelettiques sont formées par la fusion de plusieurs myoblastes. Les fibres lisses et cardiaques proviennent de myoblastes séparés et possèdent des jonctions ouvertes.

2. En se spécialisant, les fibres squelettiques et cardiaques perdent le pouvoir de se diviser mais gardent leur capacité d'hypertrophie. Les muscles lisses ont la capacité de se régénérer et de subir une hyperplasie.

3. Le développement des muscles squelettiques reflète la maturité du système nerveux ; il se déroule de la tête aux pieds et des parties proximales aux parties distales. La maîtrise neuromusculaire atteint son développement maximal vers le milieu de l'adolescence.

4. Les muscles squelettiques des femmes constituent environ 36 % de leur masse corporelle, et ceux des hommes environ 42 % ; la différence est due principalement à l'influence des hormones sexuelles mâles sur la croissance des muscles squelettiques.

5. Les muscles squelettiques sont richement vascularisés et assez résistants à l'infection, mais, pendant le vieillissement, ils deviennent fibreux, perdent de la force et s'atrophient.

QUESTIONS DE RÉVISION

Choix multiples/associations

(Réponses à l'appendice G)

1. Le tissu conjonctif qui recouvre le sarcolemme de chaque fibre musculaire se nomme : (a) épimysium ; (b) périmysium ; (c) endomysium ; (d) périoste.

2. Un faisceau est : (a) un muscle ; (b) un ensemble de fibres musculaires délimité par une gaine de tissu conjonctif ; (c) un ensemble de myofibrilles ; (d) un groupe de myofilaments.

3. Les filaments minces et épais n'ont pas la même composition. Pour chacune de ces descriptions, dites si le filament correspondant est : (a) épais ; (b) mince.

________ **(1)** Contient de l'actine
________ **(2)** Contient de l'ATPase
________ **(3)** Relié à la ligne Z
________ **(4)** Contient de la myosine
________ **(5)** Contient de la troponine
________ **(6)** Ne passe pas dans la strie I

4. Pendant la contraction musculaire, la fonction des tubules transverses est: (a) de fabriquer et d'emmagasiner du glycogène; (b) de libérer du Ca^{2+} à l'intérieur de la cellule, puis de le reprendre; (c) de transmettre le potentiel d'action loin à l'intérieur des cellules musculaires; (d) de former des protéines.

5. Les endroits où l'influx des neurones moteurs passe des terminaisons nerveuses à la membrane des cellules musculaires squelettiques sont: (a) les terminaisons neuromusculaires; (b) les sarcomères; (c) les myofilaments; (d) les lignes Z.

6. Une contraction déclenchée par un seul stimulus de courte durée se nomme: (a) secousse musculaire; (b) sommation temporelle; (c) sommation spatiale d'unités motrices; (d) tétanos.

7. Une contraction longue et régulière provoquée par une stimulation très rapide du muscle, et dans laquelle il n'y a aucun signe de relâchement, s'appelle: (a) secousse musculaire; (b) sommation temporelle; (c) sommation spatiale d'unités motrices; (d) tétanos.

8. Toutes ces caractéristiques s'appliquent aux contractions isométriques, sauf une, laquelle? (a) Le raccourcissement; (b) l'augmentation de la tension musculaire pendant toute la contraction; (c) l'absence de raccourcissement; (d) l'utilisation dans l'exercice contre résistance.

9. Pendant la contraction musculaire, l'ATP est fourni par: (a) une réaction couplée de la créatine phosphate et de l'ADP; (b) la dégradation du glucose par respiration cellulaire aérobie; (c) la glycolyse anaérobie.

________ **(1)** Par quelle voie la production d'ATP est-elle la plus rapide?

________ **(2)** Laquelle (lesquelles) ne nécessite(nt) pas la présence d'oxygène?

________ **(3)** Quelle voie (aérobie ou anaérobie) produit le plus d'ATP par molécule de glucose?

________ **(4)** Laquelle produit de l'acide lactique?

________ **(5)** Laquelle a pour sous-produits le gaz carbonique et l'eau?

________ **(6)** Laquelle est la plus importante dans les sports d'endurance?

10. Le neurotransmetteur qui est libéré par les neurones moteurs somatiques est: (a) l'acétylcholine; (b) l'acétylcholinestérase; (c) la noradrénaline.

11. Les ions qui pénètrent dans le sarcoplasme pendant le déclenchement du potentiel d'action sont: (a) des ions calcium; (b) des ions chlorure; (c) des ions sodium; (d) des ions potassium.

12. La myoglobine a une fonction particulière dans le tissu musculaire. Elle: (a) dissocie le glycogène; (b) est une protéine contractile; (c) constitue une réserve d'oxygène à l'intérieur du muscle.

13. L'exercice aérobique est bénéfique parce qu'il entraîne toutes les conséquences suivantes, sauf une, laquelle? (a) Accroissement de l'efficacité du système cardiovasculaire; (b) augmentation du nombre de mitochondries dans les cellules musculaires; (c) augmentation de la taille et de la force des cellules musculaires présentes; (d) amélioration de la coordination du système neuromusculaire.

14. Les muscles lisses que l'on trouve dans les parois des systèmes digestif et urinaire et qui possèdent des jonctions ouvertes ainsi que des cellules rythmogènes sont du type: (a) multiunitaire; (b) unitaire.

Questions à court développement

15. Nommez et décrivez les quatre caractéristiques fonctionnelles du tissu musculaire qui sont à l'origine de la réponse musculaire.

16. Quelle est la différence entre les attaches musculaires directes et indirectes?

17. (a) Décrivez la structure d'un sarcomère et montrez les relations entre le sarcomère et les myofilaments. (b) Expliquez la théorie de la contraction par glissement des filaments en vous servant de schémas représentant un sarcomère détendu et un sarcomère contracté, et dans lesquels vous nommerez les différents éléments.

18. Quel est le rôle de l'acétylcholinestérase dans la contraction d'une cellule musculaire?

19. À l'aide des principaux éléments de la sommation spatiale des unités motrices, expliquez en quoi une contraction légère (mais régulière) diffère d'une contraction vigoureuse du même muscle.

20. Expliquez ce que signifie l'expression « couplage excitation-contraction ».

21. Définissez une unité motrice.

22. Décrivez les trois différents types de fibres musculaires squelettiques.

23. Vrai ou faux? La plupart des muscles renferment une majorité de fibres musculaires squelettiques d'un type précis. Justifiez votre réponse.

24. Expliquez quelle est la cause (ou quelles sont les causes) de la fatigue musculaire, et définissez clairement cette notion.

25. Définissez la dette d'oxygène.

26. Nommez quatre facteurs qui influent sur la force d'une contraction, puis deux facteurs qui influent sur la vitesse et la durée d'une contraction.

27. Les muscles lisses ont des caractéristiques particulières (faibles besoins énergétiques, capacité de maintenir une contraction pendant de longues périodes, réponse contraction-relâchement). Faites le lien entre ces propriétés et les fonctions des muscles lisses dans l'organisme.

RÉFLEXION ET APPLICATION

1. Jean n'était pas du tout en forme lorsqu'il est allé jouer au touch-football avec ses amis. Pendant qu'il poursuivait le ballon, il a ressenti une douleur au mollet droit. Le lendemain, il s'est rendu à la clinique, où on lui a dit qu'il avait une élongation. Jean a répondu que ce devait être faux puisqu'il n'avait pas mal aux articulations. Il était clair que Jean confondait *entorse* et *élongation*. Expliquez la différence.

2. Un homme de 30 ans décide que son apparence laisse beaucoup à désirer. Pour essayer de remédier à cet état de choses, il s'inscrit à un club de mise en forme et commence à lever des poids trois fois par semaine. Au bout de trois mois d'entraînement, pendant lesquels il a pu lever des poids de plus en plus lourds, il remarque que les muscles de ses bras et de son torse sont devenus nettement plus gros. Expliquez les raisons structurales et fonctionnelles de ces changements.

3. Le jour où l'on a trouvé un suicidé, le médecin légiste n'a pu retirer le flacon de médicaments que la victime tenait serré dans la main. Dites pourquoi. Si la victime avait été découverte trois jours plus tard, le médecin aurait-il éprouvé les mêmes difficultés? Expliquez.

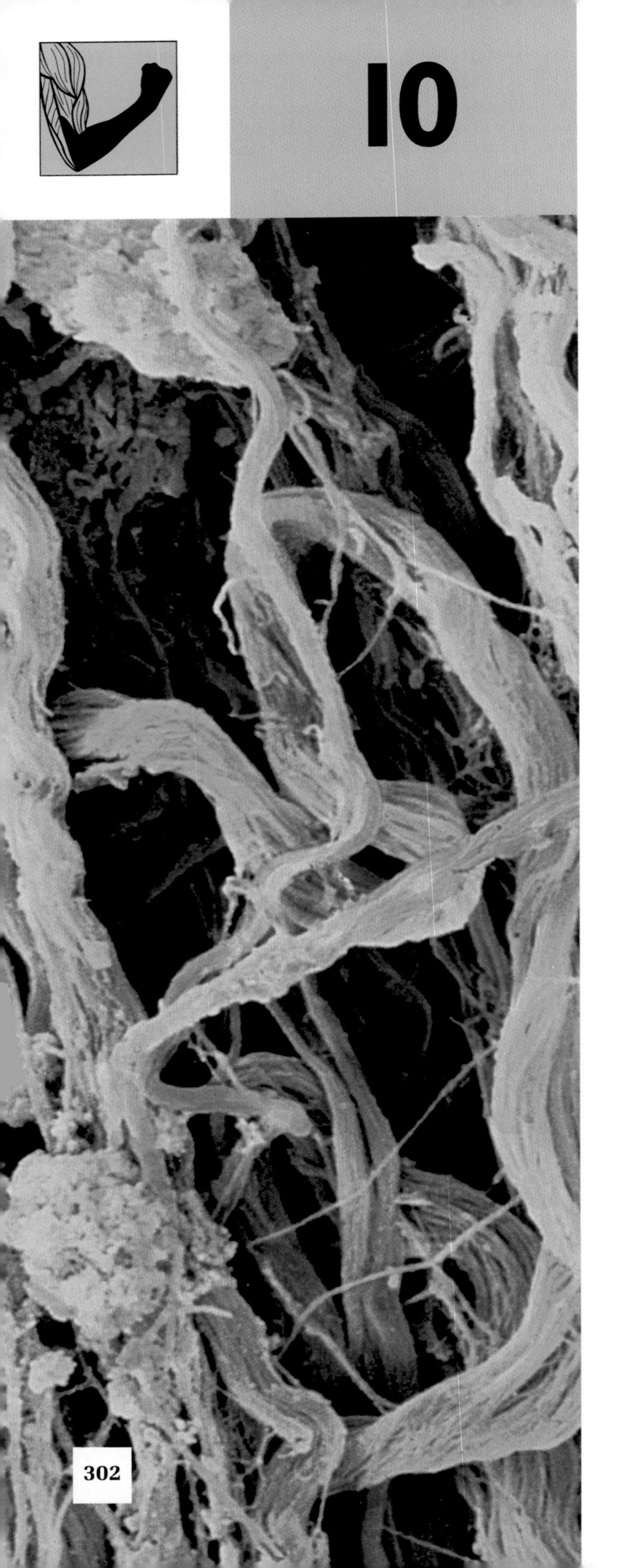

10 LE SYSTÈME MUSCULAIRE

SOMMAIRE ET OBJECTIFS D'APPRENTISSAGE

Mécanique musculaire : importance des systèmes de levier et des modes d'agencement des faisceaux (p. 303-306)

1. Définir un levier et expliquer la différence entre un levier qui fonctionne avec un avantage mécanique et un levier qui fonctionne avec un désavantage mécanique.
2. Nommer les trois genres de leviers; pour chacun des cas, donner un exemple rencontré dans l'organisme, indiquer l'arrangement des éléments (force, point d'appui et charge) et préciser les avantages mécaniques.
3. Nommer les modes les plus courants d'agencement des faisceaux et expliquer le lien entre ces modes d'agencement et la production d'une force par les muscles.

Interactions entre les muscles squelettiques (p. 306)

4. Expliquer les rôles des muscles agonistes, antagonistes, synergiques et fixateurs, et décrire la façon dont chacun assure le fonctionnement musculaire normal.

Noms des muscles squelettiques (p. 307)

5. Énumérer et définir les critères utilisés pour nommer les muscles. Donner un exemple qui illustre la manière dont chacun de ces critères est utilisé.

Principaux muscles squelettiques (p. 307-358)

6. Nommer et situer (sur un schéma ou sur un mannequin) chacun des muscles décrits aux tableaux 10.1 à 10.17. Préciser les points d'origine et d'insertion de chacun, et décrire leur action.

Comme nous l'avons vu, c'est grâce aux muscles que le corps humain est capable d'effectuer une gamme extraordinaire de mouvements, par exemple faire un clin d'œil, se tenir debout sur la pointe des pieds ou encore manier un gros marteau. Le terme tissu musculaire s'applique à tous les tissus contractiles (muscles squelettiques, cardiaque ou lisses), mais notre étude du système musculaire portera uniquement sur les **muscles squelettiques,** organes composés de fibres musculaires striées, et sur leurs enveloppes et attaches de tissu conjonctif. La « machinerie » musculaire qui permet au corps d'effectuer une multitude de mouvements constitue l'élément central de ce chapitre. Toutefois, avant d'entreprendre la description détaillée de chacun des muscles, nous allons expliquer les principes du levier, décrire la façon dont un muscle « travaille » avec ou contre un autre pour produire, empêcher ou modifier un mouvement, puis nous examinerons les critères utilisés pour nommer les muscles.

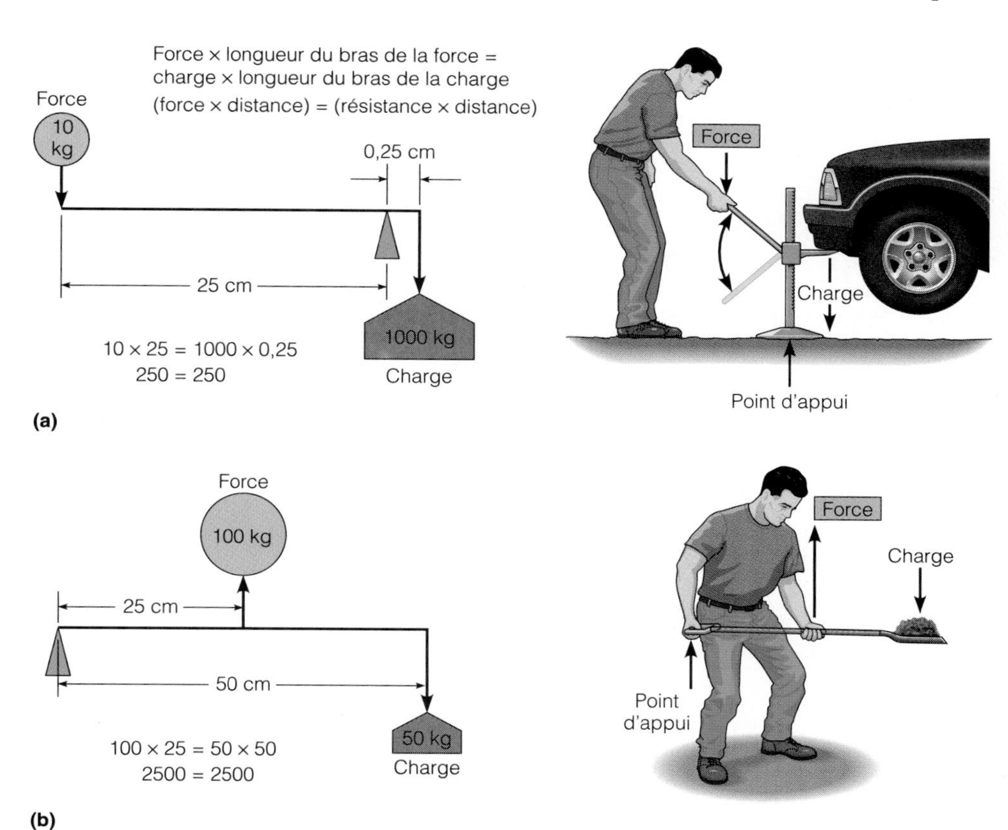

FIGURE 10.1
Systèmes de levier qui fonctionnent avec un avantage ou un désavantage mécaniques. L'équation en haut de la figure exprime la relation entre la force et la distance dans tout système de levier. **(a)** Une force de 10 kg est requise pour soulever une voiture de 1000 kg (la charge). Ce système de levier, qui utilise un cric, fonctionne avec un avantage mécanique : la charge soulevée est plus grande que la force fournie par les muscles. **(b)** Soulever de la terre avec une pelle fait intervenir un système de levier qui fonctionne avec un désavantage mécanique. Une force de 100 kg est requise pour soulever 50 kg de terre (la charge). Les leviers qui fonctionnent avec un désavantage mécanique sont nombreux dans le corps humain parce qu'un muscle peut avoir un point d'insertion près de la charge et produire ainsi des contractions rapides avec une grande amplitude du mouvement.

MÉCANIQUE MUSCULAIRE : IMPORTANCE DES SYSTÈMES DE LEVIER ET DES MODES D'AGENCEMENT DES FAISCEAUX

La plupart des facteurs qui influent sur la force et la rapidité des muscles (charge, type de fibre, etc.) ont été vus au chapitre 9, sauf deux facteurs importants : les systèmes de levier (par lesquels les muscles et le squelette travaillent ensemble) et les différents modes d'agencement des faisceaux dans les muscles. La prochaine section portera donc sur ces deux facteurs.

Systèmes de levier : relations entre les os et les muscles

Le fonctionnement de la plupart des muscles squelettiques fait intervenir un **système de levier.** Un **levier** est une barre rigide, se déplaçant autour d'un point fixe, le **point d'appui** (pivot), et soumise à l'action d'une force. La **force** est le travail fourni pour vaincre la résistance offerte par une **charge.** Dans le corps humain, les articulations constituent les points d'appui et les os du squelette agissent comme leviers. La force provient de la contraction d'un muscle et elle est appliquée sur l'os au point d'insertion du muscle. L'os lui-même, les tissus qui le recouvrent et tout ce que l'on veut déplacer avec ce levier représentent la charge à mouvoir.

Un levier permet de soulever, avec peu de force, une charge plus lourde ou de la déplacer sur une distance plus grande ou à une vitesse plus élevée qu'il ne serait possible autrement. Dans la figure 10.1a, la charge se situe près du point d'appui et la force est appliquée loin de celui-ci ; dans un tel cas, une petite force exercée à une distance relativement grande suffit pour déplacer une charge lourde sur une courte distance. On dit d'un tel levier qu'il fonctionne avec un **avantage mécanique** et on l'appelle *levier de puissance.* Par exemple, comme le montre l'illustration de la droite de la figure 10.1a, un homme peut soulever une voiture avec ce genre de levier (ici un cric). Chaque poussée vers le bas sur le bras du cric élève la voiture de quelques centimètres et ne requiert qu'un minimum de force musculaire. Si, au contraire, la charge se situe loin du point d'appui et si la force est appliquée près de celui-ci, la force déployée par le muscle doit être plus grande que la charge soutenue ou soulevée (figure 10.1b). Ce système de levier fonctionne avec un **désavantage mécanique** et est appelé *levier de vitesse.* Il se révèle cependant très utile car il permet à la charge de se déplacer rapidement sur une grande distance. Lorsque nous manions une pelle ou lançons une balle, nous mettons en action ce genre de levier. Comme vous pouvez le voir, des situations légèrement différentes du point d'insertion d'un muscle (par rapport au point d'appui ou

Lequel des trois systèmes de levier illustrés à gauche en (a), (b) ou (c) est le plus rapide ?

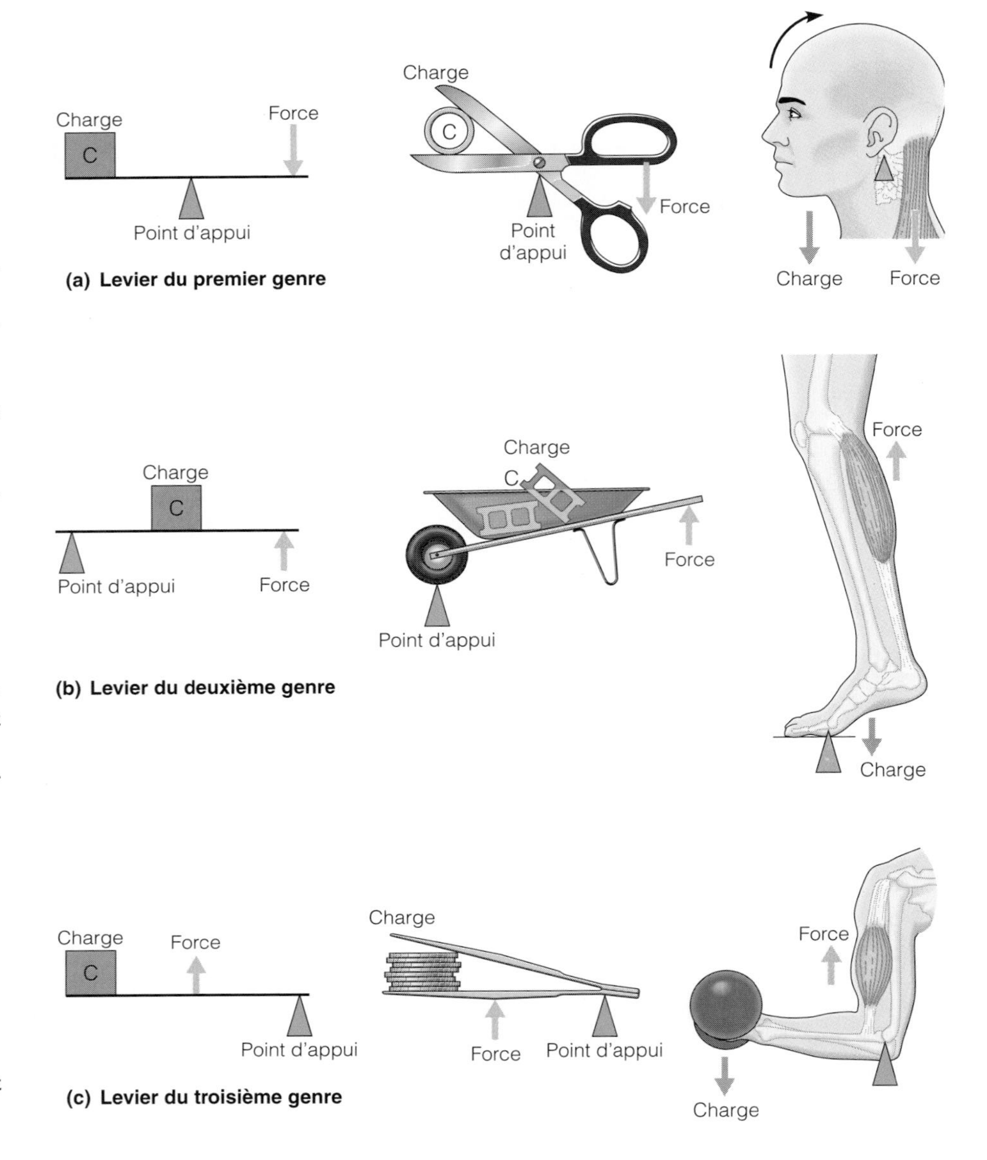

FIGURE 10.2
Systèmes de levier. (a) Dans les leviers du premier genre, les éléments sont arrangés dans l'ordre charge/point d'appui/force. Les ciseaux font partie de cette catégorie. Dans le corps humain, c'est grâce à un levier du premier genre que la tête peut être relevée. Les muscles postérieurs du cou fournissent la force, l'articulation atlanto-occipitale constitue le point d'appui et la charge à soulever est le squelette de la face. **(b)** Dans les leviers du deuxième genre, l'arrangement est le suivant : point d'appui/charge/force ; la brouette en est un exemple. Dans le corps, c'est un levier du deuxième genre qui est en jeu lorsque vous vous tenez debout sur la pointe des pieds. Les articulations de l'avant-pied jouent le rôle de point d'appui, le poids du corps constitue la charge et la force est exercée par les muscles du mollet qui tirent le talon (calcanéus) vers le haut. **(c)** Dans les leviers du troisième genre, l'arrangement est le suivant : charge/ force/point d'appui. La pince à épiler et la pince à dissection sont des leviers de ce type. Le muscle biceps brachial qui effectue la flexion de l'avant-bras en est un exemple. La charge est constituée par la main et l'extrémité distale de l'avant-bras, la force est exercée sur l'extrémité proximale du radius et le point d'appui est l'articulation du coude.

articulation) peuvent se traduire par des écarts importants dans la force que doit fournir un muscle pour remuer une charge donnée ou vaincre une résistance. Tous les leviers suivent le même principe de base : force appliquée plus loin du point d'appui que la charge = avantage mécanique ; force appliquée plus près du point d'appui que la charge = désavantage mécanique.

Selon la position relative des trois éléments (point d'application de la force, point d'appui et charge), un levier appartient à l'un des trois genres suivants. Dans les **leviers du premier genre,** la force est appliquée à une extrémité du levier et la charge se trouve à l'autre bout, le point d'appui étant situé quelque part entre les deux (figure 10.2a). Une bascule et des ciseaux sont des exemples familiers de ce type de leviers ; de même, nous mettons en action un levier de ce genre quand nous relevons la tête. Dans le corps humain, on trouve des leviers du premier genre qui fonctionnent avec un avantage mécanique (l'application de la force s'effectue loin de l'articulation et la force est moins grande que la charge à mouvoir) ; d'autres, comme dans le cas de l'action du muscle triceps brachial dans l'extension de l'avant-bras contre une charge, fonctionnent avec un désavantage mécanique (la force est appliquée plus près de l'articulation et elle est plus grande que la charge).

Dans les **leviers du deuxième genre,** la force est appliquée à une extrémité du levier et le point d'appui est situé à l'autre bout, avec la charge entre les deux (figure 10.2b).

(c) Le levier du troisième genre.

La brouette en est un exemple. Dans le corps humain, il existe peu de leviers du deuxième genre ; se tenir debout sur la pointe des pieds en est un exemple. Les articulations formant la partie antérieure de la plante du pied agissent comme point d'appui, le poids corporel constitue la charge et les muscles du mollet qui s'insèrent sur le calcanéus exercent la force, en tirant le talon vers le haut. Dans le corps humain, les leviers du deuxième genre travaillent tous avec un avantage mécanique parce que l'insertion du muscle est toujours plus loin du point d'appui que la charge à déplacer. Une grande force peut être fournie grâce à ce genre de leviers, mais l'amplitude et la vitesse des mouvements sont diminuées.

Dans les **leviers du troisième genre,** la force est appliquée en un point situé entre la charge et le point d'appui (figure 10.2c). Ces leviers autorisent un déplacement rapide de la charge mais *toujours* avec un désavantage mécanique. La pince à épiler et la pince à dissection sont des exemples de ce genre de leviers. La plupart des muscles squelettiques agissent dans des systèmes de levier du troisième genre. L'activité du muscle biceps brachial en est une bonne illustration : l'articulation du coude agit comme point d'appui, la force est exercée sur l'extrémité proximale du radius, et l'extrémité distale de l'avant-bras (avec tout ce que portent la main et l'avant-bras) constitue la charge à mouvoir. Dans les systèmes de levier du troisième genre, un muscle peut avoir un point d'insertion très proche de l'articulation où s'effectue le mouvement, ce qui provoque un mouvement rapide et de grande amplitude ne nécessitant qu'un raccourcissement relativement faible du muscle.

En conclusion, on peut dire que, selon la disposition des trois éléments d'un levier, l'activité du muscle est modifiée quant à (1) la vitesse de contraction, (2) l'amplitude du mouvement et (3) le poids de la charge qui peut être levée. Dans les systèmes de levier qui fonctionnent avec un désavantage mécanique (leviers de vitesse), la force est sacrifiée au profit de la vitesse, ce qui peut représenter un avantage marqué. Les systèmes qui fonctionnent avec un avantage mécanique (leviers de puissance) sont plus lents, plus stables et se trouvent là où la force est primordiale.

Parmi les muscles illustrés, lesquels peuvent se raccourcir le plus ? Quels sont les deux muscles qui sont probablement les plus puissants ? Pourquoi ?

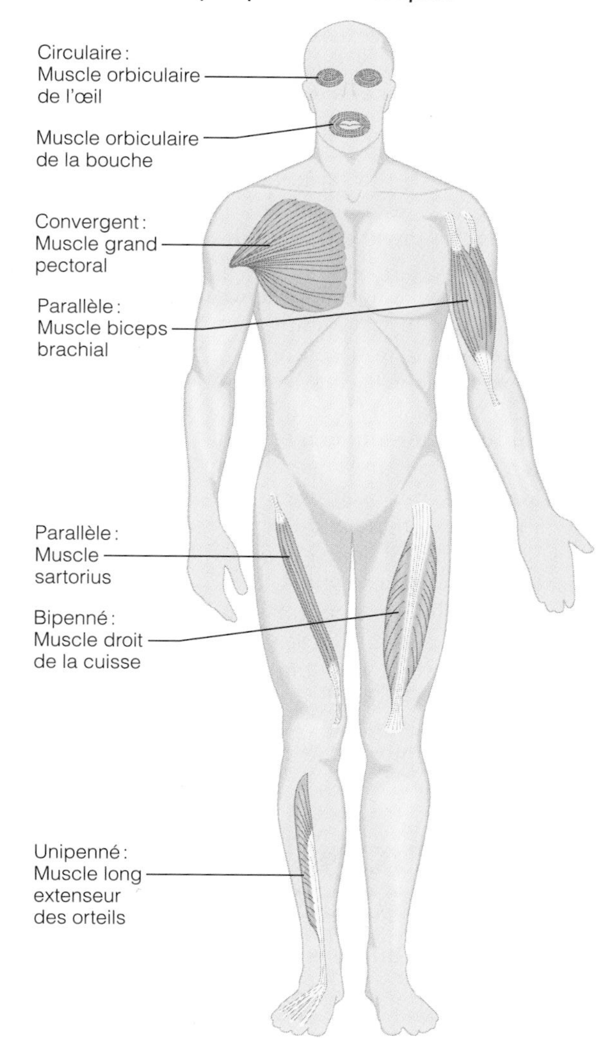

FIGURE 10.3
Relation entre l'agencement des faisceaux et la structure du muscle.

Agencement des faisceaux

Tous les muscles sont composés de faisceaux, mais l'agencement de ces derniers est variable, si bien que les muscles diffèrent tant par leurs formes que par leurs capacités fonctionnelles. Les agencements les plus courants sont de type parallèle, penné, convergent ou circulaire (figure 10.3).

Dans l'agencement **parallèle,** les axes longitudinaux des faisceaux sont orientés parallèlement à l'axe longitudinal du muscle. Ces muscles adoptent la forme d'une *courroie*, comme le muscle sartorius de la cuisse, ou sont *fusiformes* (en forme de fuseaux) avec un ventre (section médiane) épais, comme le muscle biceps brachial (muscle du bras).

Dans le type **penné** (*penna* = plume), les faisceaux sont courts et ils s'attachent en diagonale sur un tendon central qui suit l'axe du muscle. Si, comme c'est le cas du muscle long extenseur des orteils (muscle de la jambe), les faisceaux s'insèrent tous du même côté du tendon, le muscle est *unipenné*. Si les faisceaux s'insèrent sur deux côtés opposés du tendon et que le grain du muscle est semblable à celui d'une plume, on dit qu'il est **bipenné.** Le muscle droit de la cuisse est bipenné. Certains muscles sont aussi *multipennés.* Cet agencement n'apparaît pas dans la figure 10.3, mais il ressemble à un ensemble de

Le muscle sartorius et le muscle biceps brachial peuvent se raccourcir le plus parce qu'ils ont les fibres les plus longues et que ces fibres sont généralement parallèles à l'axe longitudinal des os auxquels elles sont associées. Le muscle grand pectoral et le muscle droit de la cuisse sont les plus puissants parce qu'ils sont les plus charnus (et ont donc la plus grande quantité totale de fibres).

plumes placées côte à côte, leurs tuyaux insérés obliquement sur un même gros tendon. Le muscle deltoïde, qui souligne l'arrondi de l'épaule, est multipenné (voir la figure 10.14).

Un muscle est dit **convergent** lorsque son origine est large et que ses faisceaux aboutissent à un tendon unique au niveau de l'insertion. Sa forme est plus ou moins triangulaire, en éventail. Le muscle grand pectoral, situé sur la partie antérieure du thorax, est de type convergent.

L'agencement des faisceaux d'un muscle est qualifié de **circulaire** lorsque ceux-ci sont disposés en cercles concentriques. Le muscle orbiculaire de la bouche et le muscle orbiculaire de l'œil sont circulaires. La fonction de certains muscles circulaires consiste à fermer la lumière d'un conduit; ils sont regroupés sous le nom générique de *sphincters* (*sphingein* = serrer). Le muscle sphincter externe de l'anus (squelettique) et le muscle interne de l'anus (lisse) en sont des exemples.

L'amplitude de mouvement d'un muscle et sa puissance sont fonction de l'agencement de ses faisceaux. Comme les fibres musculaires contractées mesurent environ 70 % de leur longueur de repos, plus les fibres sont longues et parallèles à l'axe longitudinal du muscle, plus le muscle peut se raccourcir. Les muscles dont les faisceaux sont parallèles raccourcissent davantage, mais ils ne sont pas très puissants en règle générale. La force d'un muscle dépend plutôt du nombre total de fibres qui le constituent: plus elles sont nombreuses, plus il est puissant. Les muscles épais de type bipenné et multipenné, qui renferment le plus grand nombre de fibres, raccourcissent très peu, mais sont très puissants.

INTERACTIONS ENTRE LES MUSCLES SQUELETTIQUES

L'arrangement des muscles leur permet de travailler ensemble ou en opposition pour accomplir une grande variété de mouvements. Lorsque vous mangez, par exemple, vous portez votre fourchette à votre bouche puis vous l'abaissez vers l'assiette: ces deux gestes sont accomplis grâce aux muscles de votre bras et de votre main. Mais les muscles ne peuvent que *tirer*; ils ne *poussent* jamais. La contraction musculaire provoque le raccourcissement et non l'allongement du muscle et, lorsqu'un muscle raccourcit, son *insertion* ou *terminaison* (point d'attache sur l'os en mouvement), se déplace généralement vers son *origine* (point d'attache fixe ou immobile). (Le point d'attache qui est fixe dans un mouvement donné peut cependant devenir le point d'attache mobile pour un autre type de mouvement.) Ainsi, pour toute action d'un muscle (ou d'un groupe de muscles), un autre muscle ou groupe de muscles produit l'effet contraire.

Les muscles peuvent être répartis dans quatre groupes fonctionnels: agonistes, antagonistes, synergiques et fixateurs. Le muscle qui est le principal responsable d'un mouvement est appelé **agoniste.** Dans la flexion du coude, l'agoniste est le muscle biceps brachial qui recouvre la face antérieure du bras (et qui s'insère sur le radius).

Les muscles qui s'opposent à un mouvement ou produisent un effet contraire sont appelés **antagonistes.** Lorsqu'un agoniste est en activité, les muscles antagonistes sont souvent étirés et à l'état de repos. Les antagonistes peuvent aussi servir à diriger l'action d'un agoniste en se contractant pour opposer une certaine résistance, contribuant ainsi à empêcher un geste de dépasser sa cible ou encore à ralentir ou à arrêter une action. En toute logique, un agoniste et son antagoniste sont situés de part et d'autre de l'articulation où ils agissent. Des antagonistes peuvent aussi être agonistes. Par exemple, le muscle triceps brachial, antagoniste du biceps brachial, devient l'agoniste dans le mouvement d'extension du coude.

La plupart des mouvements font également intervenir l'action d'un ou de plusieurs muscles **synergiques** (*sun* = avec; *ergon* = travail). Les synergiques aident les agonistes (1) en favorisant le même mouvement ou (2) en réduisant les mouvements inutiles ou indésirables qui peuvent se produire lorsqu'un agoniste se contracte. Cette dernière fonction mérite qu'on s'y attarde. Lorsqu'un muscle croise deux ou plusieurs articulations, sa contraction produit un mouvement de toutes ces articulations, à moins que d'autres muscles ne les stabilisent. Par exemple, les muscles fléchisseurs des doigts croisent les articulations du poignet et des phalanges, mais il est quand même possible de fermer le poing sans fléchir le poignet car les muscles synergiques stabilisent l'articulation. Pendant l'action de certains fléchisseurs, des mouvements de rotation indésirables peuvent aussi se produire; les synergiques empêchent ces mouvements, laissant toute la force de l'agoniste s'exercer dans la direction voulue.

> « *Si vous dessinez ou calquez les différents muscles et que vous écrivez le nom de chacun à côté, il vous sera plus facile de voir comment ils sont reliés les uns aux autres et où ils se trouvent dans le corps. Le système musculaire devient plus concret lorsqu'on le dessine soi-même.*
>
> *Lara Kain, étudiante en médecine*

Lorsque les synergiques immobilisent un os, ou l'origine d'un muscle, ils sont appelés plus précisément **fixateurs.** Au chapitre 7, nous avons vu que la scapula est très mobile car elle n'est retenue au squelette axial que par des muscles. Les muscles qui servent à mouvoir le bras prennent leur origine sur la scapula, et pour que les mouvements de cette dernière soient efficaces, elle doit être stabilisée. Le rôle des muscles fixateurs, qui s'étendent du squelette axial jusqu'à la scapula, est donc d'immobiliser celle-ci afin que seuls les mouvements désirés puissent s'accomplir au niveau de l'articulation de l'épaule. Les muscles qui concourent au maintien de la station debout sont aussi des fixateurs.

En résumé, bien que les agonistes soient les principaux responsables de la réalisation d'un mouvement, l'action des muscles antagonistes et synergiques est tout aussi importante pour assurer des mouvements harmonieux, précis et coordonnés. Par ailleurs, un même muscle peut être l'agoniste d'un mouvement, l'antagoniste d'un autre mouvement, le synergique d'un autre mouvement, et ainsi de suite.

NOMS DES MUSCLES SQUELETTIQUES

Les muscles squelettiques sont nommés selon certains critères qui s'appuient sur les caractéristiques structurales et fonctionnelles spécifiques d'un muscle. En portant attention à ces indices, il devient plus facile d'apprendre les noms et les actions des muscles.

1. **Situation du muscle.** Certains noms des muscles indiquent l'os ou l'endroit du corps auxquels le muscle est associé. Par exemple, le muscle temporal recouvre l'os temporal et les muscles intercostaux sont situés entre les côtes.
2. **Forme du muscle.** Comme les muscles possèdent souvent une forme caractéristique, ce critère est parfois utilisé pour les nommer. Par exemple, le deltoïde est presque triangulaire (*deltoïde* = en forme de triangle) et les trapèzes gauche et droit forment ensemble un trapèze.
3. **Taille relative du muscle.** Des termes tels que *grand*, *petit*, *long* et *court* apparaissent souvent dans les noms des muscles, comme dans grand glutéal et petit glutéal.
4. **Direction des fibres musculaires.** Le nom de certains muscles indique la direction de leurs fibres (et faisceaux) par rapport à une ligne imaginaire, généralement la ligne médiane du corps ou l'axe longitudinal de l'os d'un membre. Dans les muscles dont le nom comporte le terme *droit*, les fibres sont parallèles à cette ligne (axe) imaginaire; les termes *transverse* et *oblique* indiquent que les fibres sont respectivement perpendiculaires et en diagonale par rapport à cette ligne. Le muscle droit de la cuisse et le muscle transverse de l'abdomen sont des muscles dont le nom indique la direction des fibres.
5. **Nombre d'origines.** Lorsque les termes *biceps*, *triceps* ou *quadriceps* font partie du nom d'un muscle, on peut en déduire que ce dernier possède deux, trois ou quatre origines. Par exemple, le biceps brachial (du bras) a deux origines, ou *chefs*.
6. **Points d'origine et/ou d'insertion du muscle.** Certains muscles sont nommés d'après leurs points d'attache: les points d'origine et d'insertion sont tous les deux mentionnés, et c'est l'origine qui est d'abord donnée. Par exemple, le muscle sterno-cléido-mastoïdien a une double origine, sur le sternum (*sterno*) et sur la clavicule (*cléido*), et il s'insère sur le processus *mastoïde* de l'os temporal. (Pourriez-vous déduire les points d'attache du muscle stylo-hyoïdien? Voir le tableau 10.3.)
7. **Action du muscle.** Lorsque les muscles sont nommés d'après leur action, des termes tels que *fléchisseur*, *extenseur*, *adducteur* ou *abducteur* apparaissent dans leur nom. Par exemple, le muscle long adducteur, localisé sur la face interne de la cuisse, produit le mouvement d'adduction de la cuisse, et le muscle supinateur produit la supination de l'avant-bras (mouvement de la paume de la main vers le haut).

Souvent, les noms des muscles sont établis en fonction de plusieurs critères à la fois. Par exemple, le nom *long extenseur radial du carpe* désigne l'action du muscle (extension), l'endroit où s'exerce cette action (carpe) et sa taille (long, par rapport aux autres muscles extenseurs du poignet); il nous apprend également que ce muscle est situé près du radius (radial). Malheureusement, tous les noms des muscles ne sont pas aussi descriptifs.

PRINCIPAUX MUSCLES SQUELETTIQUES

Le plan d'ensemble du système musculaire est des plus impressionnants en raison du nombre très élevé de muscles squelettiques dans le corps humain — on en compte plus de 600! Il est évident que la mémorisation du nom, de la situation et des actions de tous les muscles est une tâche énorme. Il ne sera fait mention ici que des principaux muscles (environ 125 paires), mais il vous faudra quand même fournir un effort soutenu pour mémoriser toutes les informations qui les concernent. Toutefois, cette mémorisation ne sera utile — et plus facile — que si vous pouvez appliquer vos connaissances en pratique ou en clinique; en d'autres termes, elle devrait se faire dans une *perspective d'anatomie fonctionnelle*. Une fois que vous avez appris le nom d'un muscle et que vous pouvez l'identifier sur un cadavre, un mannequin ou un schéma, vous devez enrichir votre savoir en cherchant quelle est la fonction de ce muscle.

Dans les tableaux qui suivent, les muscles ont été regroupés selon leur fonction et leur situation, en allant de la tête jusqu'aux pieds. Chaque tableau est associé à une figure (ou à un ensemble de figures) qui représente les muscles décrits. Le texte au début de chaque tableau donne une vue d'ensemble des types de mouvements effectués par les muscles décrits et permet d'établir des liens entre ces derniers. Quant au tableau lui-même, il fournit, pour chaque muscle, des informations sur sa forme, sa situation par rapport aux autres muscles, son origine et son insertion, ses principales actions et son innervation. L'innervation des muscles est décrite en détail au chapitre 13.

Quand vous étudiez chaque muscle individuellement, prêtez attention aux renseignements fournis par son nom. Puis, après avoir lu sa description au complet, repérez-le sur la figure correspondant au tableau et, dans le cas des muscles superficiels, reportez-vous à la figure 10.4 ou 10.5. Cette méthode vous permettra d'associer la description du tableau à une représentation de la situation du muscle dans le corps. Tout en examinant soigneusement la situation d'un muscle, essayez d'établir un rapport entre ses points d'attache, sa situation et les actions permises par les articulations qu'il croise. Vous pourrez ainsi vous concentrer sur des détails fonctionnels qui échappent souvent à l'attention. Par exemple, les articulations du coude et du genou sont toutes deux des articulations trochléennes qui permettent la flexion et l'extension. Cependant, la flexion du genou produit le mouvement de la jambe vers l'arrière (le mollet se déplace

Dans l'illustration (a), quels sont les deux muscles utilisés dans la flexion des biceps (flexion de l'avant-bras) ? Lesquels sont sollicités pour la contraction des abdominaux (redressements assis) ?

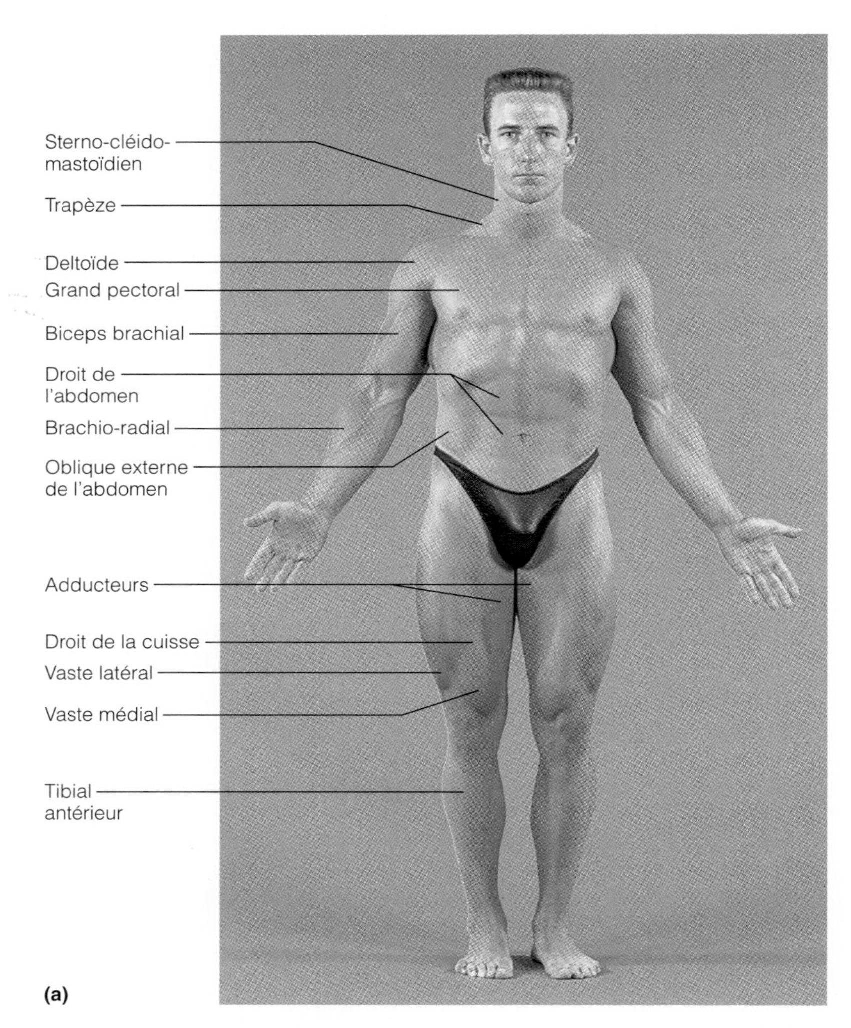

FIGURE 10.4
Vue antérieure des muscles superficiels. (a) Photographie de l'anatomie de surface. **(b)** Représentation schématique. La surface abdominale est partiellement disséquée du côté droit de l'illustration pour laisser voir les muscles plus profonds.

vers la partie postérieure de la cuisse), alors que la flexion du coude amène l'avant-bras vers la face antérieure du bras. En conséquence, les fléchisseurs de la jambe sont situés sur la face postérieure de la cuisse, tandis que ceux de l'avant-bras se trouvent sur la face antérieure du bras.

Enfin, rappelez-vous que le *meilleur* moyen d'apprendre à connaître les actions des muscles est d'effectuer soi-même des mouvements et de palper les muscles qui se contractent sous la peau.

L'organisation et l'ordre des tableaux de ce chapitre sont résumés dans la liste suivante :

- **Tableau 10.1** Muscles de la tête, première partie : expression faciale (figure 10.6) ; p. 312-313
- **Tableau 10.2** Muscles de la tête, deuxième partie : mastication et mouvement de la langue (figure 10.7) ; p. 314-315
- **Tableau 10.3** Muscles de la partie antérieure du cou et de la gorge : déglutition (figure 10.8) ; p. 316-317
- **Tableau 10.4** Muscles du cou et de la colonne vertébrale : mouvements de la tête et du tronc (figure 10.9) ; p. 318-321
- **Tableau 10.5** Muscles du thorax : respiration (figure 10.10) ; p. 322-323
- **Tableau 10.6** Muscles de la paroi abdominale : mouvements du tronc et compression des viscères abdominaux (figure 10.11) ; p. 324-325
- **Tableau 10.7** Muscles du plancher pelvien et du périnée : soutien des organes abdomino-pelviens (figure 10.12) ; p. 326-327
- **Tableau 10.8** Muscles superficiels de la face antérieure et de la face postérieure du thorax : mouvements de la scapula (figure 10.13) ; p. 328-329

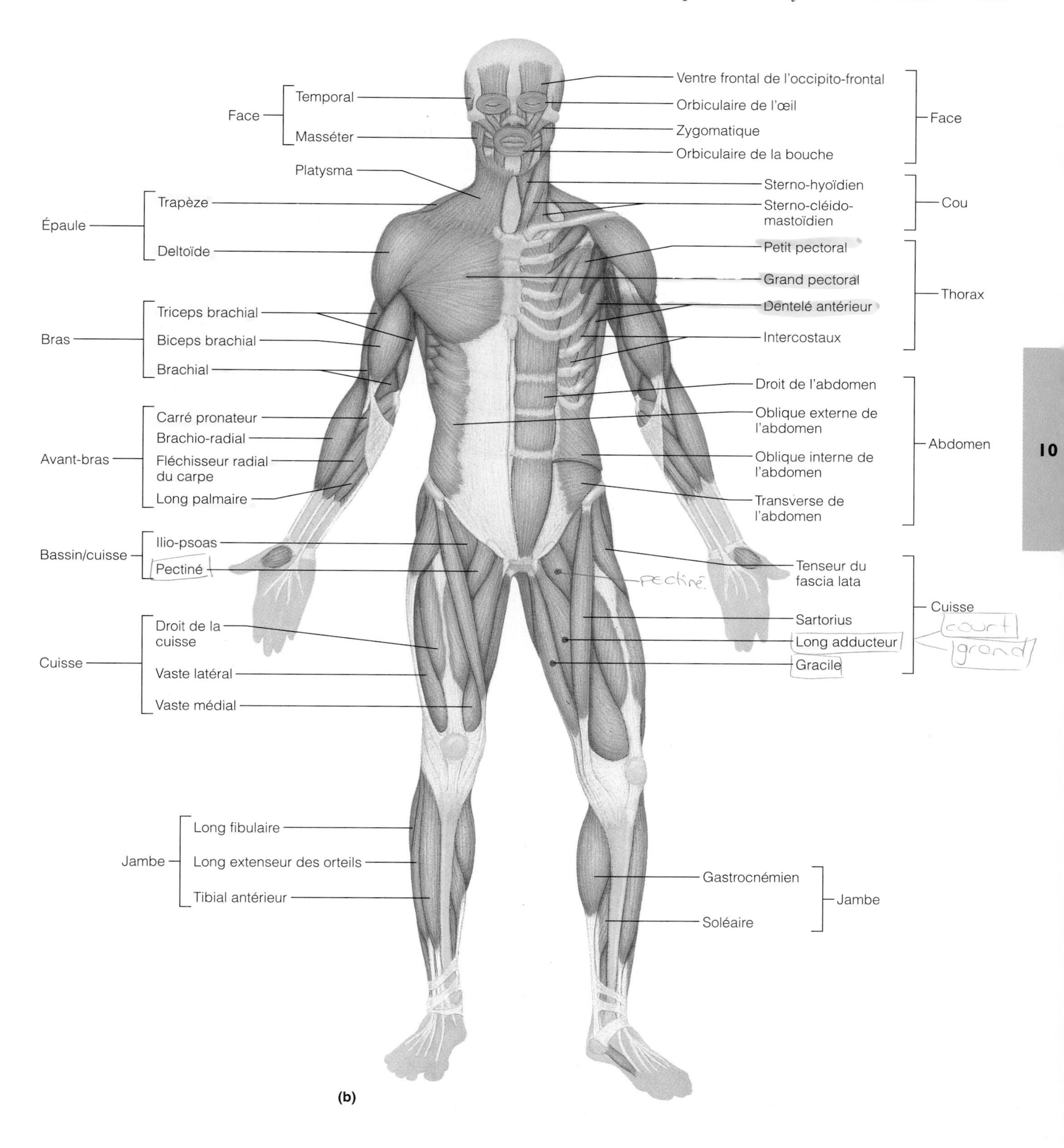

(b)

Les muscles brachio-radial et biceps brachial sont utilisés pour fléchir l'avant-bras. Le muscle oblique externe de l'abdomen et le muscle droit de l'abdomen sont sollicités pour les redressements assis.

Quels muscles identifiés sur le schéma devez-vous contracter pour hausser les épaules ? Pour rentrer les scapulas ?

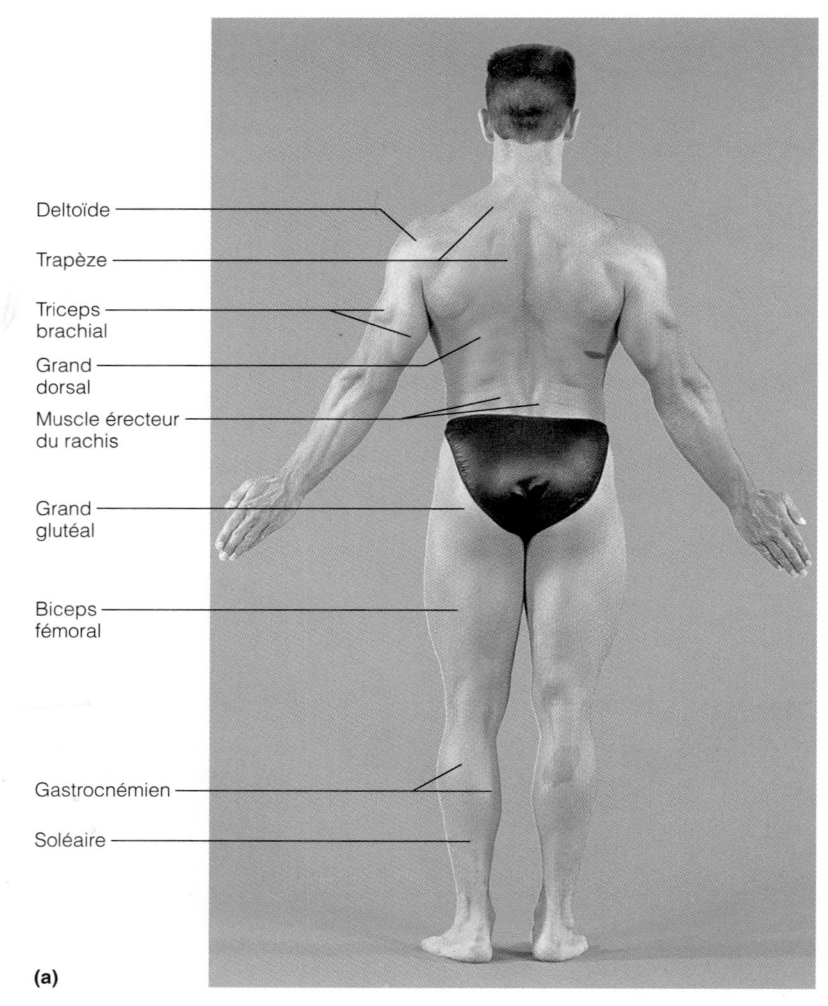

FIGURE 10.5
Vue postérieure des muscles superficiels. (a) Photographie de l'anatomie de surface. **(b)** Représentation schématique.

- **Tableau 10.9** Muscles qui croisent l'articulation de l'épaule : mouvements du bras (humérus) (figure 10.14) ; p. 330-332
- **Tableau 10.10** Muscles qui croisent l'articulation du coude : flexion et extension de l'avant-bras (figure 10.14) ; p. 333
- **Tableau 10.11** Muscles de l'avant-bras : mouvements du poignet, de la main et des doigts (figures 10.15 et 10.16) ; p. 334-337
- **Tableau 10.12** Résumé des actions des muscles qui agissent sur le bras, l'avant-bras et la main (figure 10.17) ; p. 338-339
- **Tableau 10.13** Muscles intrinsèques de la main : mouvements fins des doigts (figure 10.18) ; p. 340-341
- **Tableau 10.14** Muscles qui croisent les articulations de la hanche et du genou : mouvements de la cuisse et de la jambe (figures 10.19 et 10.20) ; p. 342-347
- **Tableau 10.15** Muscles de la jambe : mouvements de la cheville et des orteils (figures 10.21 à 10.23) ; p. 348-353
- **Tableau 10.16** Résumé des actions des muscles qui agissent sur la cuisse, la jambe et le pied (figure 10.24) ; p. 354-355
- **Tableau 10.17** Muscles intrinsèques du pied : mouvements des orteils et soutien de la voûte plantaire (figure 10.25) ; p. 356-358

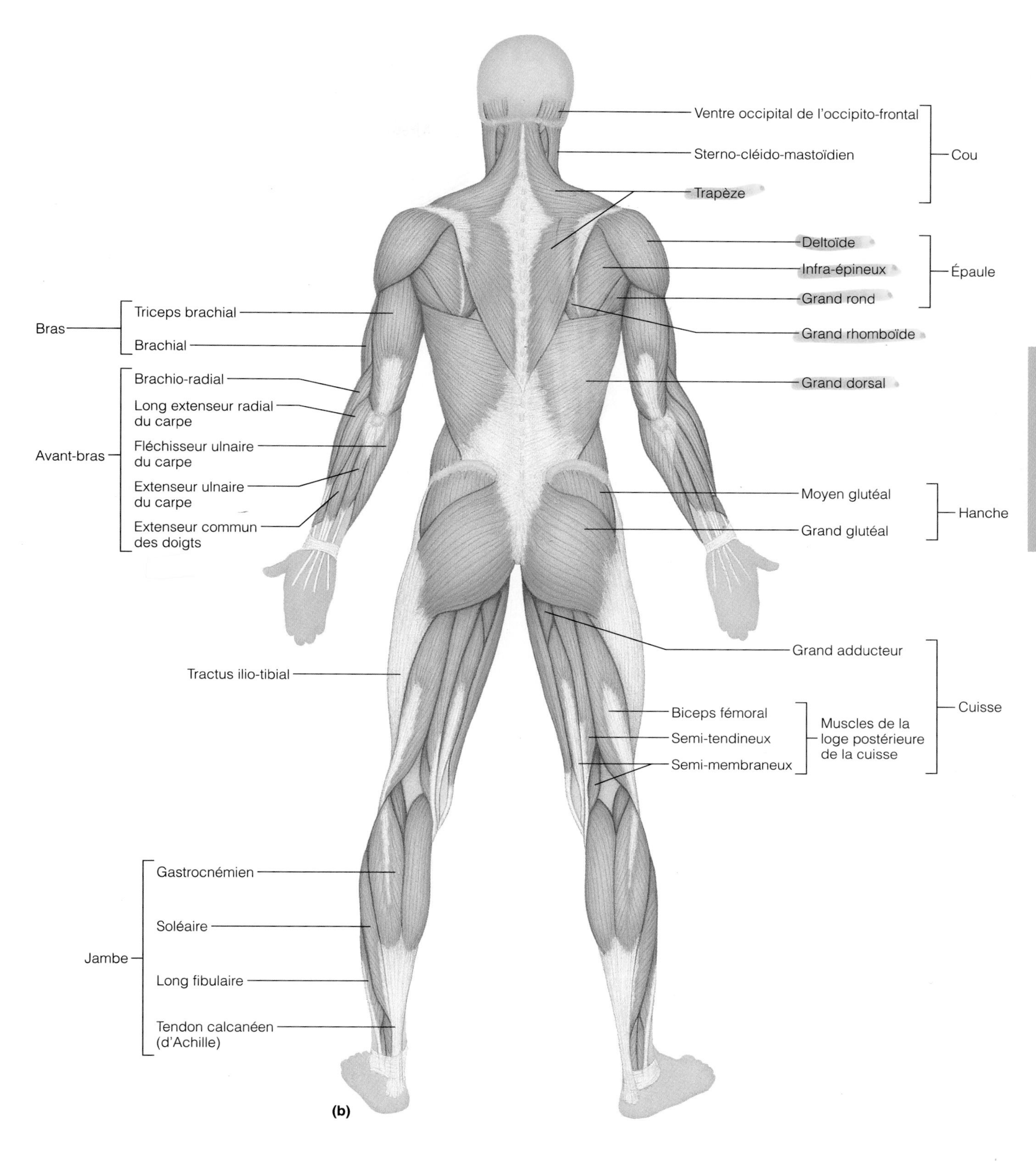

(b)

Le muscle trapèze. Le muscle trapèze et le muscle grand rhomboïde.

10

TABLEAU 10.1 Muscles de la tête, première partie : expression faciale (figure 10.6)

Les muscles superficiels de la tête responsables de l'expression faciale comprennent les muscles du cuir chevelu et ceux de la face. Leur forme et leur force sont très variables, et les muscles adjacents ont tendance à fusionner. Ces muscles sont particuliers car ils ne s'insèrent pas sur des os mais plutôt dans la peau (ou sur d'autres muscles). Le muscle le plus important du cuir chevelu est l'**occipito-frontal** constitué de deux parties : un ventre frontal et un ventre occipital ; chez l'humain, les muscles latéraux du cuir chevelu sont atrophiés. Les muscles qui recouvrent le squelette facial élèvent les sourcils, dilatent les narines, ouvrent et ferment les yeux et la bouche, et dotent les personnes d'un excellent instrument de communication : le sourire. L'importance des muscles faciaux dans la communication non verbale devient particulièrement évidente lorsqu'ils sont paralysés, comme c'est le cas chez une victime d'accident vasculaire cérébral. Tous les muscles mentionnés dans ce tableau sont innervés par le *nerf facial* (*nerf crânien VII*). Les muscles extrinsèques de l'œil, contenus dans l'orbite et responsables des mouvements oculaires, ainsi que les muscles releveurs de la paupière supérieure sont décrits au chapitre 16 et illustrés aux figures 16.4 et 16.5.

Muscle	Description et situation	Origine (O) et insertion (I)	Action	Innervation
MUSCLES DU CUIR CHEVELU				
Occipito-frontal	Muscle divisé en deux ventres (parties intermédiaires), le ventre frontal et le ventre occipital, reliés par l'aponévrose épicrânienne ; ces deux muscles agissent en alternance pour tirer le cuir chevelu vers l'avant et vers l'arrière			
• **Ventre frontal**	Recouvre le front et le sommet du crâne ; aucune attache osseuse	O : aponévrose épicrânienne I : peau des sourcils et de la racine du nez	Quand l'aponévrose est fixe, élève les sourcils (air de surprise) ; plisse horizontalement la peau du front	Nerf facial (crânien VII)
• **Ventre occipital** (*occiput* = partie inférieure et postérieure du crâne)	Recouvre la base de l'occiput ; en tirant sur l'aponévrose, fixe l'origine du frontal	O : os occipital et processus mastoïde du temporal I : aponévrose épicrânienne	Fixe l'aponévrose et tire le cuir chevelu vers l'arrière	Nerf facial
MUSCLES DE LA FACE				
Corrugateur du sourcil	Petit muscle ; son activité est associée à celle de l'orbiculaire de l'œil	O : arcade de l'os frontal au-dessus de l'os nasal I : peau des sourcils	Fronce les sourcils ; plisse la peau du front verticalement	Nerf facial
Orbiculaire de l'œil (*orbis* = anneau)	Sphincter mince et plat de la paupière ; encercle l'orbite ; sa paralysie provoque l'abaissement de la paupière inférieure et l'écoulement de larmes	O : os frontal, maxillaire et ligaments autour de l'orbite I : tissu des paupières	Protège les yeux de la lumière intense et des blessures ; diverses parties peuvent être activées individuellement ; provoque le clignement des yeux et le strabisme et abaisse les sourcils ; en fermant fort les paupières, plisse la peau sur le côté des yeux (plis appelés « pattes d'oie » qui deviennent permanents au cours des années)	Nerf facial
Zygomatiques, grand et petit (*zeugma* = joug)	Paire de muscles qui s'étendent en diagonale de la commissure des lèvres jusqu'à la pommette	O : os zygomatique I : peau et muscle à la commissure des lèvres	Tire la commissure des lèvres latéralement et vers le haut (sourire)	Nerf facial
Risorius (*risorius* = riant)	Muscle effilé qui se dirige latéralement sous le zygomatique	O : fascia latéral associé au muscle masséter I : peau de la commissure des lèvres	Tire les coins de la bouche vers l'extérieur (sourire) ; tend les lèvres, synergique du zygomatique	Nerf facial
Releveur de la lèvre supérieure	Muscle mince situé entre l'orbiculaire de la bouche et le bord inférieur de l'œil	O : os zygomatique et bord infra-orbitaire du maxillaire I : cartilage de l'aile du nez, peau de la lèvre supérieure et muscle orbiculaire de la bouche	Ouvre les lèvres ; élève et plisse la lèvre supérieure ; dilate les narines (air de dégoût)	Nerf facial
Abaisseur de la lèvre inférieure	Petit muscle qui s'étend de la lèvre inférieure jusqu'à la mandibule	O : corps de la mandibule, latéralement par rapport à sa ligne médiane I : peau et muscle de la lèvre inférieure	Tire la lèvre inférieure vers le bas (pour faire la moue)	Nerf facial

Muscle	Description et situation	Origine (O) et insertion (I)	Action	Innervation
Abaisseur de l'angle de la bouche	Petit muscle situé latéralement par rapport à l'abaisseur de la lèvre inférieure	O : corps de la mandibule sous les incisives I : peau et muscle à la commissure des lèvres sous l'insertion du zygomatique	Antagoniste du zygomatique ; tire les coins de la bouche vers le bas et latéralement (grimace comme sur un masque tragique de théâtre)	Nerf facial
Orbiculaire de la bouche	Muscle complexe des lèvres formé de plusieurs couches de fibres orientées dans diverses directions ; la plupart des couches sont circulaires	O : s'attache indirectement au maxillaire et à la mandibule ; les fibres se confondent avec celles d'autres muscles faciaux associés aux lèvres I : encercle la bouche ; s'insère dans les muscles et la peau aux angles de la bouche	Ferme les lèvres ; pince les lèvres et les projette vers l'avant (comme pour donner un baiser)	Nerf facial
Mentonnier	Muscle pair qui forme une masse en forme de V sur le menton ; la fossette du menton se situe entre ces deux muscles	O : mandibule sous les incisives I : peau du menton	Avance la lèvre inférieure (expression de dédain) ; plisse le menton et participe à la mastication	Nerf facial
Buccinateur (*buccinare* = sonner de la trompette)	Muscle mince et horizontal ; principal muscle de la joue ; situé sous le masséter (voir aussi la figure 10.7)	O : bords alvéolaires du maxillaire et de la mandibule, dans la région des molaires I : orbiculaire de la bouche, aux deux extrémités de la bouche	Tire les commissures des lèvres latéralement ; presse les joues (pour siffler, sucer ou souffler, comme dans une trompette : il tire d'ailleurs son nom de cette dernière action) ; maintient les aliments entre les dents pendant la mastication ; très développé chez le nourrisson	Nerf facial
Platysma (*platus* = large)	Muscle superficiel du cou ; unique, forme un mince feuillet ; n'est pas vraiment un muscle de la tête, mais joue un rôle dans l'expression faciale	O : fascia du thorax (par-dessus les muscles pectoraux et le deltoïde) I : bord inférieur de la mandibule, et peau et muscle à la commissure des lèvres	Contribue à abaisser la mandibule ; ramène la lèvre inférieure vers le bas et vers l'arrière, c'est-à-dire produit un affaissement de la bouche ; tend la peau du cou (p. ex. en se rasant la barbe)	Nerf facial

FIGURE 10.6
Vue latérale des muscles du cuir chevelu, de la face et du cou.

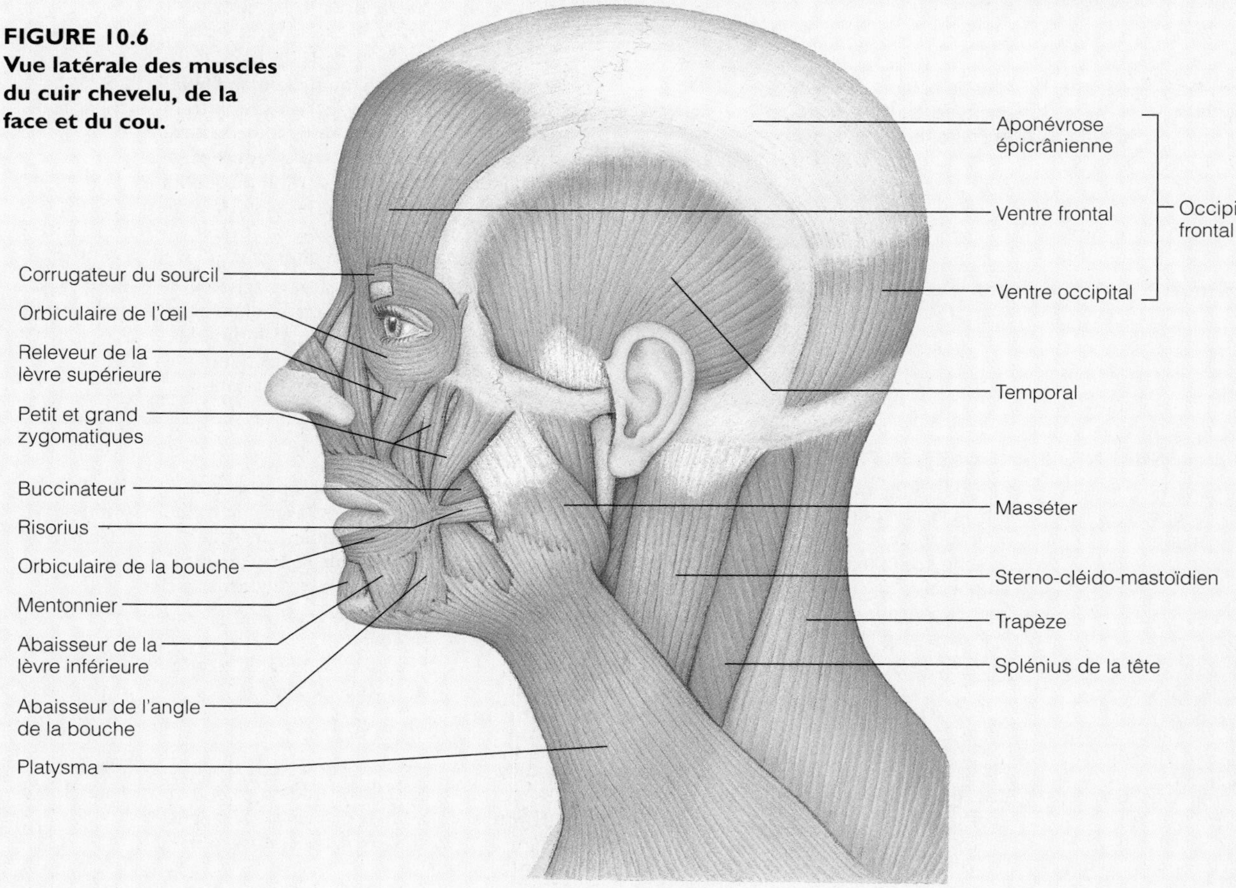

TABLEAU 10.2 Muscles de la tête, deuxième partie : mastication et mouvement de la langue (figure 10.7)

Quatre paires de muscles servent à la mastication (broyer et mordre) et ils sont tous innervés par la branche mandibulaire du *nerf trijumeau* (*nerf crânien V*). Pour la fermeture des mâchoires (et pour mordre), les agonistes sont les puissants **masséter** et **temporal** qu'il est facile de palper lorsque les dents sont serrées. Les mouvements de broyage (mouvements latéraux) sont imprimés par les **ptérygoïdiens.** Les **buccinateurs** (voir le tableau 10.1) jouent également un rôle dans la mastication. Normalement, la force gravitationnelle suffit à faire abaisser la mandibule, mais si une résistance s'oppose à l'ouverture de la mâchoire, des muscles du cou entrent en activité (muscles digastrique et mylo-hyoïdien ; voir le tableau 10.3).

La langue est composée de fibres musculaires qui lui sont particulières ; elles courbent, pressent et plient la langue lorsque la personne parle ou mastique. Ces **muscles intrinsèques de la langue,** orientés selon plusieurs plans, changent sa forme mais ne sont pas vraiment responsables de sa mobilité. Ils sont étudiés au chapitre 24 en même temps que le système digestif. Seuls les **muscles extrinsèques de la langue,** qui servent à sa fixation et à sa mobilité, sont abordés dans le tableau ci-dessous. Les muscles extrinsèques de la langue sont tous innervés par le *nerf hypoglosse* (*nerf crânien XII*).

Muscle	Description et situation	Origine (O) et insertion (I)	Action	Innervation
MUSCLES DE LA MASTICATION				
Masséter (*masêtêr* = masticateur)	Puissant muscle qui recouvre la face latérale de la branche montante de la mandibule	O : arcade zygomatique I : angle et face latérale de la branche de la mandibule	Agoniste dans la fermeture de la mâchoire ; élève la mandibule	Nerf trijumeau (crânien V)
Temporal (*tempus* = tempe)	Muscle en forme d'éventail qui recouvre en partie les os temporal, frontal et pariétal	O : fosse temporale I : processus coronoïde de la mandibule par un tendon qui passe sous l'arcade zygomatique	Ferme la bouche ; élève et rétracte la mandibule et la maintient en position de repos	Nerf trijumeau
Ptérygoïdien médial (*pterux* = aile)	Muscle profond à double chef, situé le long de la face interne de la mandibule et en grande partie caché par cet os	O : face médiane de l'aile latérale du processus ptérygoïde du sphénoïde ; maxillaire et os palatin I : face médiane de la mandibule près de l'angle de la mandibule	Synergique des muscles temporal et masséter dans l'élévation de la mandibule ; agit de concert avec le ptérygoïdien latéral pour effectuer des mouvements latéraux des mâchoires (broyage)	Nerf trijumeau
Ptérygoïdien latéral	Muscle profond à double chef; situé au-dessus du ptérygoïdien médial	O : grande aile et aile latérale du processus ptérygoïde du sphénoïde I : condyle de la mandibule et capsule de l'articulation temporo-maxillaire	Protrusion de la mandibule (vers l'avant) en se contractant simultanément ; assure le glissement vers l'avant et le va-et-vient latéral des dents inférieures (broyage) durant la contraction des deux muscles en alternance	Nerf trijumeau
Buccinateur	Voir le tableau 10.1	Voir le tableau 10.1	Les buccinateurs agissent comme un trampoline pour contribuer au maintien des aliments entre les dents pendant la mastication	Nerf facial (crânien VII)
MUSCLES ASSURANT LES MOUVEMENTS DE LA LANGUE (MUSCLES EXTRINSÈQUES)				
Génio-glosse (*genion* = menton ; *glôssa* = langue)	Muscle en forme d'éventail ; forme l'essentiel de la partie inférieure de la langue ; son attache sur la mandibule empêche la langue de tomber vers l'arrière et d'obstruer les voies respiratoires	O : face interne de la mandibule près de la symphyse I : face inférieure de la langue et corps de l'os hyoïde	Sert surtout à pousser la langue vers l'avant mais peut aussi l'abaisser contre le plancher de la bouche de concert avec d'autres muscles de la langue	Nerf hypoglosse (crânien XII)
Hyo-glosse (*hyo* = qui appartient à l'os hyoïde)	Muscle quadrilatéral plat	O : corps et grande corne de l'os hyoïde I : côté et face inférieure de la langue	Abaisse la langue et en tire les côtés vers le bas	Nerf hypoglosse
Stylo-glosse (*stylo* = qui appartient au processus styloïde)	Muscle effilé situé au-dessus de l'hyo-glosse et à angle droit avec lui	O : processus styloïde de l'os temporal I : côté et face inférieure de la langue	Élève et rétracte la langue contre le voile du palais ; permet de mettre la langue en U (« rouler la langue »)	Nerf hypoglosse

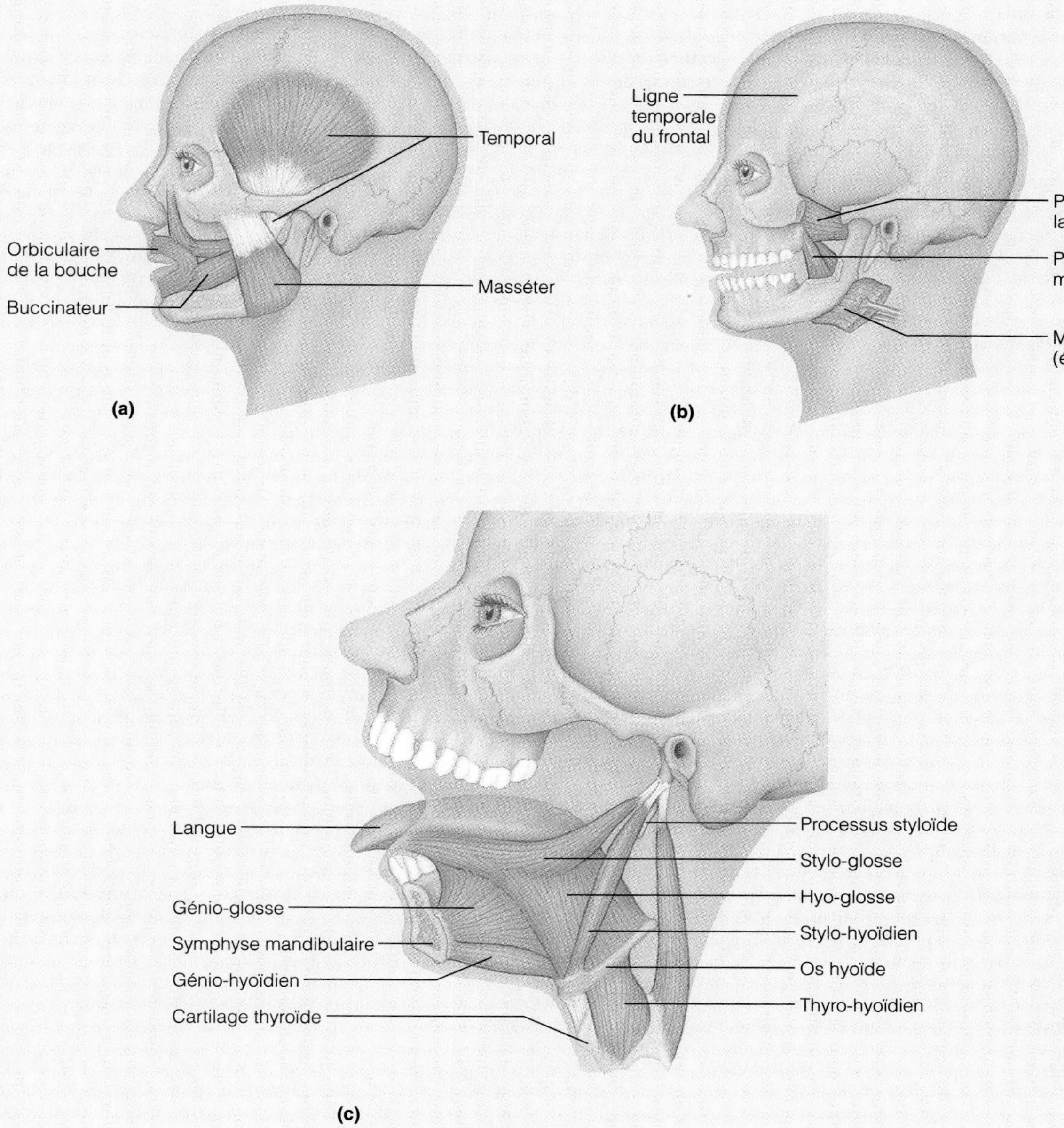

FIGURE 10.7
Muscles qui assurent la mastication et les mouvements de la langue. (a) Vue latérale des muscles temporal, masséter et buccinateur. **(b)** Vue latérale des muscles profonds de la mastication, les ptérygoïdiens médial et latéral. **(c)** Muscles extrinsèques de la langue. Quelques muscles suprahyoïdiens de la gorge sont aussi représentés.

TABLEAU 10.3 Muscles de la partie antérieure du cou et de la gorge : déglutition (figure 10.8)

Le cou est divisé en deux triangles (antérieur et postérieur) par le muscle sterno-cléido-mastoïdien (figure 10.8a). Le tableau suivant fournit des informations sur les muscles du triangle *antérieur*, qui se divisent en deux groupes, les **suprahyoïdiens** et les **infra-hyoïdiens** (respectivement situés au-dessus et au-dessous de l'os hyoïde). Ce sont, pour la plupart, des muscles profonds (de la gorge) qui assurent les mouvements coordonnés de la déglutition.

La déglutition commence lorsque la langue et les muscles buccinateurs des joues poussent les aliments le long du plafond de la cavité buccale, vers le pharynx. Puis une succession rapide de mouvements musculaires, dans la partie postérieure de la bouche et dans le pharynx, complète le processus. Les étapes de la déglutition comprennent : (1) L'ouverture du pharynx qui reçoit la nourriture et la fermeture de la partie antérieure du conduit respiratoire (larynx) afin d'empêcher l'entrée des aliments. Ces mouvements sont accomplis grâce aux *muscles suprahyoïdiens* qui élèvent et avancent l'os hyoïde vers la mandibule. L'os hyoïde est relié par un fort ligament (membrane thyro-hyoïdienne) au larynx qui est, par conséquent, élevé et avancé lui aussi ; cette manœuvre ouvre le pharynx et ferme le conduit respiratoire. (2) La fermeture des conduits du nez pour empêcher les aliments d'entrer dans les cavités nasales en raison de l'activité de petits muscles qui élèvent le voile du palais. (Ces muscles, le *muscle tenseur du voile du palais* et le *muscle élévateur du voile du palais*, ne sont pas décrits dans le tableau mais sont illustrés à la figure 10.8b.) (3) Les aliments sont poussés dans le pharynx par les **muscles constricteurs du pharynx.** (4) La contraction des *muscles infra-hyoïdiens* permet le retour de l'os hyoïde et du larynx à leur position inférieure après la déglutition.

Muscle	Description et situation	Origine (O) et insertion (I)	Action	Innervation
MUSCLES SUPRAHYOÏDIENS	Muscles qui contribuent à former le plancher de la cavité buccale, à fixer la langue et à élever le larynx pendant la déglutition ; situés au-dessus de l'os hyoïde			
Digastrique (*dis* = deux ; *gaster* = ventre)	Composé de deux ventres réunis par un tendon intermédiaire, formant un V sous le menton	O : fosse digastrique de la mandibule (ventre antérieur) et processus mastoïde du temporal (ventre postérieur) I : os hyoïde par une boucle de tissu conjonctif	Collectivement, les muscles digastriques élèvent l'os hyoïde et le maintiennent durant la déglutition et la phonation ; par une action vers l'arrière, ils ouvrent la bouche (agoniste) et abaissent la mandibule	Branche mandibulaire du nerf trijumeau (crânien V) pour le ventre antérieur ; nerf facial (crânien VII) pour le ventre postérieur
Stylo-hyoïdien (voir aussi la figure 10.7)	Muscle mince sous l'angle mandibulaire ; parallèle au ventre postérieur du digastrique	O : processus styloïde de l'os temporal I : corps de l'os hyoïde	Élève et rétracte l'os hyoïde, allongeant de cette façon le plancher buccal durant la déglutition	Nerf facial
Mylo-hyoïdien (*mylo* = molaire)	Muscle triangulaire plat, sous le digastrique ; cette paire de muscles disposés comme une écharpe forme le plancher buccal antérieur	O : face interne de la mandibule I : corps de l'os hyoïde et ligament cervical	Élève l'os hyoïde et le plancher buccal, permettant à la langue d'exercer une pression vers l'arrière et vers le haut pour pousser le bol alimentaire dans le pharynx	Branche mandibulaire du nerf trijumeau
Génio-hyoïdien (voir aussi la figure 10.7)	Muscle étroit en contact avec son partenaire en position médiane ; se dirige du menton à l'os hyoïde	O : face interne de la symphyse mandibulaire I : os hyoïde	Élève et avance l'os hyoïde en raccourcissant le plancher buccal et en élargissant le pharynx pour qu'il reçoive les aliments	Nerf cervical (C_1) par l'intermédiaire du nerf hypoglosse (crânien XII)
MUSCLES INFRA-HYOÏDIENS	Muscles qui abaissent l'os hyoïde et le larynx pendant la déglutition et la phonation ; ces muscles ressemblent à des rubans (voir aussi la figure 10.9c)			
Sterno-hyoïdien (*sternon* = sternum)	Muscle du cou en position la plus médiane ; mince ; superficiel sauf vers le bas où il est recouvert par le sterno-cléido-mastoïdien	O : manubrium sternal et extrémité médiane de la clavicule I : bord inférieur de l'os hyoïde	Abaisse l'os hyoïde et indirectement le larynx lorsque la mandibule est fixe ; peut aussi effectuer la flexion de la tête	C_1 à C_3 par l'anse cervicale du plexus cervical (collatérale du nerf hypoglosse)
Sterno-thyroïdien (*thureos* = bouclier ; *eidos* = forme)	En position latérale sous le sterno-hyoïdien	O : face postérieure du manubrium sternal I : cartilage thyroïde	Abaisse le cartilage thyroïde (avec le larynx et l'os hyoïde)	Voir sterno-hyoïdien
Omo-hyoïdien (*ômos* = épaule)	Muscle rubané constitué de deux ventres réunis par un tendon intermédiaire ; en position latérale par rapport au sterno-hyoïdien	O : face supérieure de la scapula I : bord inférieur de l'os hyoïde	Abaisse et rétracte l'os hyoïde	Voir génio-hyoïdien

Muscle	Description et situation	Origine (O) et insertion (I)	Action	Innervation
Thyro-hyoïdien (voir aussi la figure 10.7)	Apparaît comme la continuation supérieure du sterno-thyroïdien	O: cartilage thyroïde du larynx I: os hyoïde (grande corne)	Abaisse l'os hyoïde et élève le cartilage thyroïde (et le larynx)	Nerf cervical C_1 (par le nerf hypoglosse)
Muscles constricteurs du pharynx, supérieur, moyen, inférieur	Ensemble de trois muscles dont les fibres courent circulairement dans la paroi du pharynx; le muscle supérieur est le plus à l'intérieur alors que l'inférieur est plus à l'extérieur; recouvrement important	O: relié à l'avant à la mandibule et à l'aile interne du processus ptérygoïde (supérieur), à l'os hyoïde (moyen) et aux cartilages du larynx (inférieur) I: raphé du pharynx	Grâce à une action collective, resserrent le pharynx pendant la déglutition pour pousser le bol alimentaire dans l'œsophage	Plexus pharyngé (branches des nerfs vague [X] et glosso-pharyngien [IX])

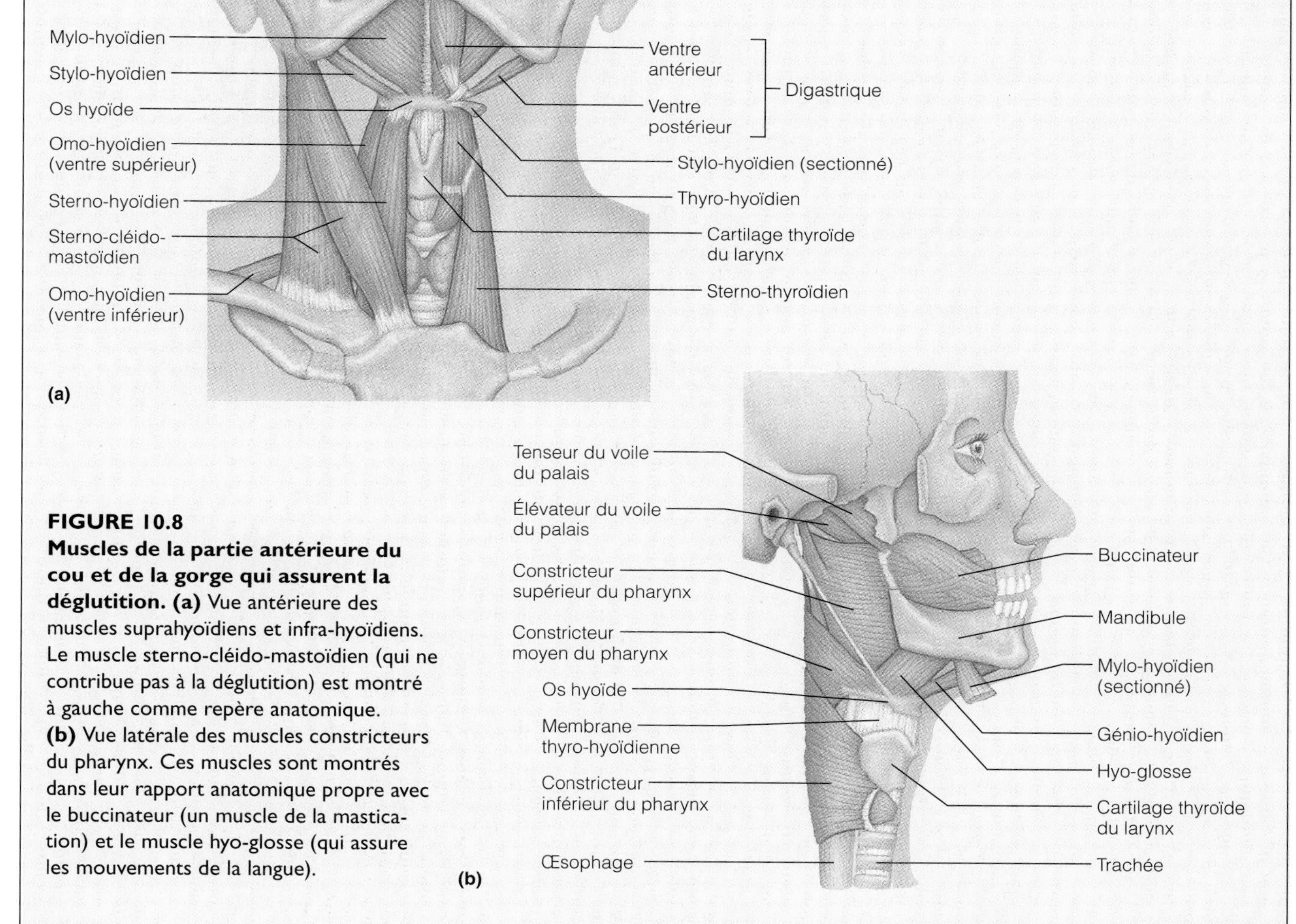

FIGURE 10.8
Muscles de la partie antérieure du cou et de la gorge qui assurent la déglutition. (a) Vue antérieure des muscles suprahyoïdiens et infra-hyoïdiens. Le muscle sterno-cléido-mastoïdien (qui ne contribue pas à la déglutition) est montré à gauche comme repère anatomique. **(b)** Vue latérale des muscles constricteurs du pharynx. Ces muscles sont montrés dans leur rapport anatomique propre avec le buccinateur (un muscle de la mastication) et le muscle hyo-glosse (qui assure les mouvements de la langue).

TABLEAU 10.4 Muscles du cou et de la colonne vertébrale : mouvements de la tête et du tronc (figure 10.9)

Mouvements de la tête. Les mouvements de la tête sont assurés par des muscles qui prennent leur origine sur le squelette axial. Les principaux fléchisseurs de la tête sont les **sterno-cléido-mastoïdiens,** mais les suprahyoïdiens et infra-hyoïdiens décrits au tableau 10.3 agissent comme synergiques dans cette action. Les mouvements latéraux de la tête sont effectués par les sterno-cléido-mastoïdiens, par quelques muscles plus profonds du cou, dont les **scalènes,** et par plusieurs muscles en forme de ruban de la colonne vertébrale situés à l'arrière du cou. L'extension de la tête est favorisée par des muscles superficiels du dos, les trapèzes, mais les **splénius,** situés sous les trapèzes, sont les principaux responsables de l'extension de la tête.

Mouvements du tronc. L'extension du tronc est effectuée par les muscles *profonds du dos* associés aux os de la colonne vertébrale : ces muscles jouent aussi un rôle important dans le maintien des courbures normales de la colonne. Les muscles du thorax, qui relient les côtes adjacentes (ainsi que le diaphragme), participent aux mouvements de la respiration (voir le tableau 10.5), alors que les muscles superficiels du dos sont surtout responsables des mouvements de la ceinture scapulaire et des membres supérieurs (voir les tableaux 10.8 et 10.9).

Les muscles profonds du dos forment une colonne large et épaisse qui s'étend du sacrum jusqu'au crâne. De nombreux muscles de longueurs variées font partie de cette masse. Pour simplifier les choses, on peut comparer chacun de ces muscles à une corde qui, lorsqu'elle est tirée, provoque l'extension d'une ou de plusieurs vertèbres ou leur rotation sur les vertèbres inférieures. Le plus important des muscles profonds du dos est le muscle **érecteur du rachis,** constitué de trois groupes de muscles. Comme les points d'origine et d'insertion des différents groupes de muscles se superposent de façon importante, des segments entiers de la colonne vertébrale peuvent bouger simultanément et en douceur. En agissant de concert, les muscles profonds du dos peuvent provoquer l'extension (ou l'hyperextension) de la colonne ; la contraction des muscles d'un seul côté peut causer la flexion latérale du dos, du cou ou de la tête. La flexion latérale est automatiquement accompagnée d'un certain degré de rotation dans la colonne vertébrale. Lorsque les vertèbres bougent, leurs surfaces articulaires glissent l'une sur l'autre.

Outre les muscles longs, les muscles profonds du dos comprennent quelques muscles courts qui s'étendent d'une vertèbre à l'autre (figure 10.9e). Ces petits muscles (rotateurs du rachis, multifides, interépineux et intertransversaires) agissent surtout comme synergiques dans l'extension et la rotation de la colonne et dans sa stabilisation. Ils ne sont pas décrits dans le tableau, mais un examen attentif des points d'origine et d'insertion de ces muscles, illustrés dans la figure, devrait vous permettre de déduire leur action particulière.

Les muscles du tronc contribuent également au maintien des courbures normales de la colonne et jouent donc un rôle comme muscles de la posture. Le tableau qui suit décrit ces *extenseurs* profonds du tronc ; les muscles plus superficiels, qui exercent d'autres fonctions, sont décrits dans d'autres tableaux. Par exemple, les muscles de la paroi abdominale, qui contribuent aussi aux mouvements de la colonne vertébrale et à la *flexion* du tronc, sont décrits au tableau 10.6.

Muscle	Description et situation	Origine (O) et insertion (I)	Action	Innervation
MUSCLES DE LA PARTIE ANTÉRO-LATÉRALE DU COU (figure 10.9a et c)				
Sterno-cléido-mastoïdien (*sternon* = sternum ; *kléidion* = clavicule ; *mastos* = sein ; *eidos* = forme)	Muscle à double chef situé sous le platysma, sur la face antéro-latérale du cou ; les parties charnues de chaque côté du cou délimitent les triangles antérieur et postérieur ; repère musculaire important dans le cou ; les spasmes d'un de ces muscles peuvent causer le torticolis musculaire	O : manubrium sternal et partie médiane de la clavicule I : processus mastoïde du temporal	Agoniste dans la flexion volontaire de la tête ; la contraction simultanée des deux muscles cause la flexion du cou, généralement contre une résistance, comme lorsqu'on lève la tête en étant couché sur le dos ; (la flexion de la tête est ordinairement le résultat des effets combinés de la force gravitationnelle et du relâchement maîtrisé des extenseurs de la tête) ; lorsqu'il agit seul, chaque muscle fait tourner la tête vers l'épaule du côté opposé et l'incline latéralement de son propre côté ; peut permettre l'élévation de la cage thoracique et donc l'inspiration en cas de difficultés respiratoires	Nerf accessoire (crânien XI) et branches des nerfs cervicaux C_2 à C_4
Scalènes, antérieur, moyen et postérieur (*skalênos* = oblique)	Situés plutôt latéralement qu'antérieurement dans le cou ; sous le platysma et le sterno-cléido-mastoïdien	O : processus transverses des vertèbres cervicales I : antérieurement et latéralement sur les deux premières côtes	Élève les deux premières côtes (aide à l'inspiration) ; peut jouer un rôle important dans la toux ; effectue la flexion latérale de la tête	Nerfs cervicaux

Muscle	Description et situation	Origine (O) et insertion (I)	Action	Innervation
MUSCLES PROFONDS DU DOS (figure 10.9b-e)				
Splénius, de la tête et du cou (*splênion* = compresse) (figures 10.9b et 10.6)	Muscle superficiel large, en deux parties (portions de la tête et du cou), qui s'étend des dernières vertèbres cervicales et des premières thoraciques jusqu'à l'os occipital et à l'os temporal; le splénius de la tête recouvre et retient les muscles plus profonds du cou	O: ligament nuchal*, processus épineux des vertèbres C_7 à T_6 I: processus mastoïde du temporal et os occipital (splénius de la tête); processus transverses des vertèbres C_2 à C_4 (splénius du cou)	Ensemble, provoquent l'extension ou l'hyperextension de la tête; lorsque les splénius agissent d'un côté seulement, inclinaison latérale et rotation homolatérale de la tête	Branches postérieures des nerfs cervicaux

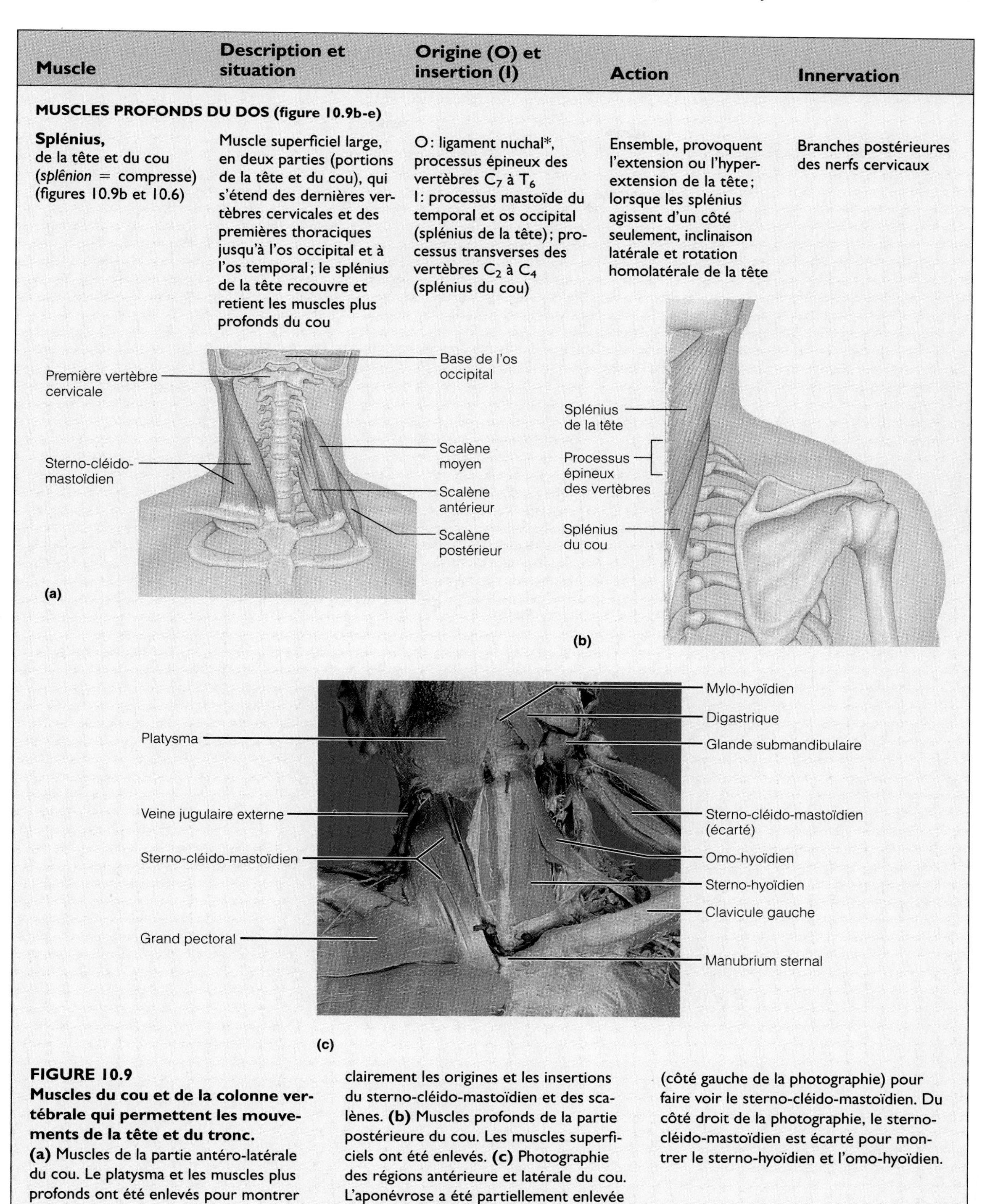

FIGURE 10.9
Muscles du cou et de la colonne vertébrale qui permettent les mouvements de la tête et du tronc.
(a) Muscles de la partie antéro-latérale du cou. Le platysma et les muscles plus profonds ont été enlevés pour montrer clairement les origines et les insertions du sterno-cléido-mastoïdien et des scalènes. **(b)** Muscles profonds de la partie postérieure du cou. Les muscles superficiels ont été enlevés. **(c)** Photographie des régions antérieure et latérale du cou. L'aponévrose a été partiellement enlevée (côté gauche de la photographie) pour faire voir le sterno-cléido-mastoïdien. Du côté droit de la photographie, le sterno-cléido-mastoïdien est écarté pour montrer le sterno-hyoïdien et l'omo-hyoïdien.

* Le ligament nuchal est un ligament solide et élastique qui s'étend le long des extrémités des processus épineux des vertèbres cervicales à partir de l'os occipital du crâne. Ce ligament relie les vertèbres cervicales et empêche la flexion excessive de la tête et du cou, évitant ainsi des lésions à la moelle épinière dans le canal vertébral.

TABLEAU 10.4 Muscles du cou et de la colonne vertébrale : mouvements de la tête et du tronc (figure 10.9) *suite*

Muscle	Description et situation	Origine (O) et insertion (I)	Action	Innervation
Érecteur du rachis (figure 10.9d, côté gauche)	Agonistes de l'extension du dos ; les muscles érecteurs du rachis sont situés de chaque côté de la colonne vertébrale ; ils se subdivisent chacun en trois groupes répartis sur trois colonnes : les muscles ilio-costal, longissimus et épineux ; ils forment la couche intermédiaire des muscles profonds du dos ; les muscles érecteurs du rachis fournissent la résistance qui contribue à la maîtrise de la flexion de la taille vers l'avant et ils jouent le rôle de puissants extenseurs pour permettre le retour à la position debout ; durant la flexion complète (c'est-à-dire lorsque le bout des doigts touche le sol), les érecteurs du rachis sont relâchés et la résistance est entièrement fournie par les ligaments du dos ; pendant l'inversion du mouvement, ces muscles sont d'abord inactifs et l'extension est engagée par les muscles de la loge postérieure de la cuisse et par le grand glutéal. Par conséquent, soulever un poids ou se relever soudainement d'une position penchée entraîne un risque de blessure des muscles et des ligaments du dos et des disques intervertébraux ; les muscles érecteurs du rachis sont sujets à des spasmes douloureux à la suite de blessures au dos			
• **Ilio-costal,** des lombes, du thorax et du cou (*ilia* = flancs ; *costa* = côte)	Parmi les muscles de l'érecteur du rachis, ce groupe est le plus latéral ; s'étendent du bassin jusqu'au cou	O : crêtes iliaques (portion des lombes) ; bord supérieur des six dernières côtes (portion thoracique) ; de la 3e à la 6e côte (portion cervicale) I : angle costal des six dernières côtes (portion des lombes) ; angle costal des six premières côtes (portion thoracique) ; processus transverses des vertèbres C_6 à C_3 (portion cervicale)	Extension de la colonne vertébrale, maintien de la position verticale ; si un seul muscle de la paire est actif, flexion de la colonne vertébrale du même côté	Nerfs spinaux (branches dorsales)
• **Longissimus,** du thorax, du cou et de la tête (*longissimus* = le plus long)	Groupe intermédiaire de trois muscles de l'érecteur du rachis ; s'étendent, par plusieurs insertions, de la région lombale jusqu'au crâne ; passent principalement entre les processus transverses et épineux des vertèbres	O : processus transverses des vertèbres lombales jusqu'aux cervicales I : les longissimus du thorax et du cou s'insèrent sur les processus transverses et épineux des vertèbres thoraciques ou cervicales et sur les côtes, au-dessus de l'origine ; le longissimus de la tête s'insère sur le processus mastoïde du temporal	Action simultanée des portions thoracique et de la tête pour l'extension de la colonne vertébrale ; muscle actif d'un seul côté, flexion de la colonne vertébrale du même côté ; le longissimus de la tête effectue l'extension de la tête et la rotation de la face du même côté	Nerfs spinaux (branches dorsales)
• **Épineux,** de la tête, du cou et du thorax	Cette colonne de muscles est située en position médiane par rapport aux muscles longissimus ; l'épineux du cou est ordinairement rudimentaire et mal défini	O : processus épineux des vertèbres lombales supérieures et thoraciques inférieures I : processus épineux des vertèbres thoraciques supérieures et cervicales	Extension de la colonne vertébrale	Nerfs spinaux (branches dorsales)
Semi-épineux, du thorax, du cou et de la tête (figure 10.9d, côté droit)	Groupe de muscles qui forment une partie de la couche profonde des muscles profonds du dos ; s'étendent de la région thoracique à la tête	O : processus transverses de C_7 à T_{12} I : os occipital (semi-épineux de la tête) et processus épineux des vertèbres cervicales (semi-épineux du cou) et de T_1 à T_4 (semi-épineux du thorax)	Extension de la colonne vertébrale et de la tête et rotation vers le côté opposé ; synergiques du sterno-cléido-mastoïdien du côté opposé	Nerfs spinaux (branches dorsales)
Carré des lombes (voir aussi la figure 10.19a)	Muscle charnu qui forme une partie de la paroi abdominale postérieure	O : crête iliaque et fascia iliaque I : processus transverses des quatre premières vertèbres lombales supérieures et bord inférieur de la douzième côte	Agissant séparément, provoque une flexion latérale de la colonne vertébrale ; l'action collective des deux muscles produit l'extension de la région lombale et la fixation de la douzième côte ; responsable du maintien de la position debout	Nerf thoracique T_{12} et nerfs spinaux de la région lombale supérieure (branches antérieures)

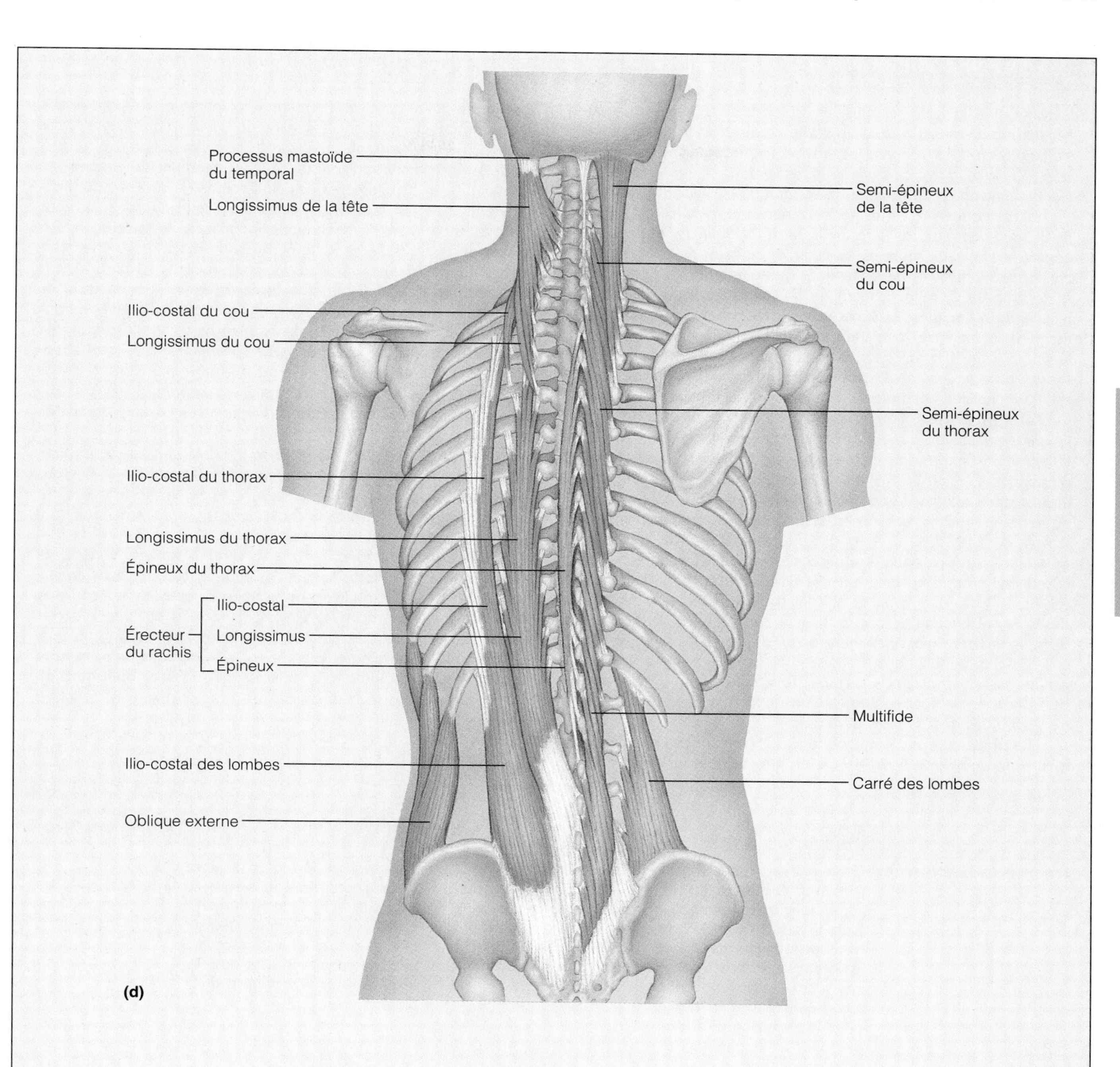

FIGURE 10.9 (suite)
(d) Muscles profonds du dos. Les muscles superficiels, intermédiaires et splénius ont été enlevés. Les trois colonnes musculaires (les ilio-costaux, les longissimus et les épineux) qui forment l'érecteur du rachis sont montrées à gauche. Les trois muscles semi-épineux sont représentés à droite. **(e)** Muscles les plus profonds du dos (rotateurs du rachis, multifides, interépineux et intertransversaires) associés à la colonne vertébrale.

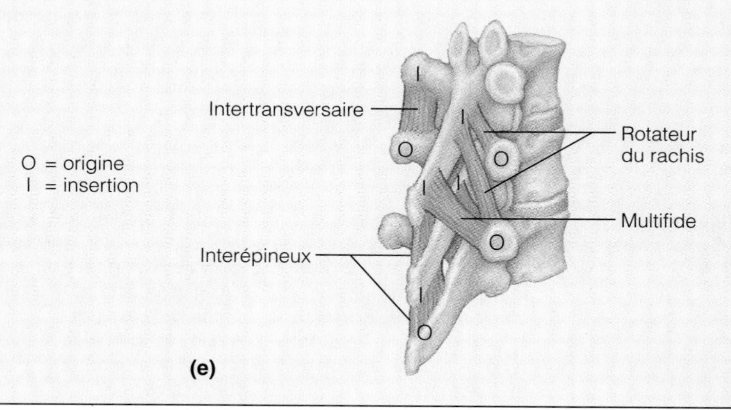

TABLEAU 10.5 Muscles du thorax : respiration (figure 10.10)

La fonction principale des muscles profonds du thorax est d'assurer les mouvements nécessaires à la respiration. La respiration s'effectue en deux phases : inspiration (ou inhalation) et expiration (ou exhalation) ; ce cycle se réalise grâce à l'augmentation et à la diminution en alternance du volume de la cavité thoracique.

Trois couches de muscles forment la paroi antéro-latérale du thorax, comme dans le cas de la paroi abdominale. Cependant, contrairement aux muscles de l'abdomen, ceux du thorax sont très courts puisqu'ils ne s'étendent que d'une côte à l'autre. En se contractant, ils rapprochent l'une de l'autre les côtes adjacentes légèrement flexibles. Les **muscles intercostaux externes** forment la majeure partie de la couche superficielle. Ils soulèvent la cage thoracique, ce qui augmente les dimensions du thorax dans le sens antéro-postérieur et dans le sens transversal ; ces muscles permettent l'inspiration. Les **muscles intercostaux internes** forment la couche intermédiaire et facilitent l'expiration active en réduisant la capacité de la cage thoracique. Cependant, l'expiration calme est en grande partie un phénomène passif, c'est-à-dire qu'elle résulte du relâchement des intercostaux externes et du diaphragme, et de la rétraction élastique des poumons. Les intercostaux internes agissent principalement dans les mouvements d'expiration forcée. La couche de muscles la plus profonde du thorax s'attache à la face interne des côtes. Elle comprend deux parties discontinues (de la face postérieure à la face antérieure), soit les subcostaux et le transverse du thorax. Chacune de ces parties se compose de nombreuses digitations (tissu musculaire en forme de doigts). Il semble que ces muscles contribuent à abaisser la cage thoracique (synergiques des intercostaux internes). Toutefois, comme leur fonction précise fait encore l'objet d'une controverse, ces muscles ne seront pas décrits plus en détail.

Le **diaphragme,** le muscle le plus important de l'inspiration, forme une cloison entre les cavités thoraciques et abdomino-pelvienne. À l'état de relâchement, le diaphragme prend la forme d'un dôme mais, pendant la contraction, il se déplace vers le bas et s'aplatit, augmentant ainsi le volume de la cavité thoracique. L'alternance de la contraction et du relâchement du diaphragme provoque des changements de pression dans la cavité abdomino-pelvienne, ce qui facilite le retour au cœur du sang veineux. Outre ses contractions rythmiques pendant la respiration, le diaphragme peut aussi être fortement contracté pour pousser vers le bas les viscères abdominaux et augmenter volontairement la pression intra-abdominale afin de contribuer à l'évacuation du contenu des organes pelviens (urine, fèces ou un fœtus) ou pour la pratique de l'haltérophilie. Lorsqu'un haltérophile prend une profonde respiration pour bloquer son diaphragme, son abdomen devient telle une colonne qui ne ploie pas sous le poids soulevé. Inutile de mentionner qu'il est important d'avoir une bonne maîtrise des sphincters de l'anus et de l'urètre durant de tels exercices.

À l'exception du diaphragme, innervé par les *nerfs phréniques*, tous les muscles mentionnés dans le tableau ci-dessous sont innervés par les *nerfs intercostaux* (branches antérieures des onze premiers nerfs spinaux thoraciques) qui, comme leur nom l'indique, se trouvent entre les côtes.

La respiration forcée fait intervenir d'autres muscles qui s'insèrent sur les côtes. Pendant l'inspiration forcée, par exemple, le scalène et le sterno-cléido-mastoïdien du cou aident à soulever les côtes. L'expiration forcée est favorisée par les muscles qui tirent les côtes vers le bas (carré des lombes) et ceux qui poussent le diaphragme vers le haut en exerçant une pression sur le contenu abdominal (muscles de la paroi abdominale). La mécanique de la respiration est étudiée plus en détail au chapitre 23.

Muscle	Description et situation	Origine (O) et insertion (I)	Action	Innervation
Intercostaux externes	Onze paires situées entre les côtes ; les fibres s'étendent obliquement (vers le bas et l'avant) entre les côtes adjacentes ; dans les espaces intercostaux inférieurs, les fibres sont en continuité avec le muscle oblique externe de l'abdomen qui forme une partie de la paroi abdominale	O : bord inférieur de la côte située au-dessus de l'espace intercostal I : bord supérieur de la côte située au-dessous de l'espace intercostal	Rapprochent les côtes les unes des autres pour soulever la cage thoracique, les premières côtes étant maintenues fixes par les scalènes ; les intercostaux externes sont des muscles inspirateurs ; synergiques du diaphragme	Nerfs intercostaux
Intercostaux internes	Onze paires situées entre les côtes ; leurs fibres sont à angle droit par rapport à celles des intercostaux externes et sous ces dernières (c'est-à-dire dirigées vers le bas et l'arrière) ; les muscles intercostaux internes inférieurs sont en continuité avec les fibres du muscle oblique interne de l'abdomen	O : bord supérieur de la côte située au-dessous de l'espace intercostal I : bord inférieur (sillon) de la côte situé au-dessus de l'espace intercostal	Les douzièmes côtes étant maintenues fixes par le carré des lombes, par les muscles de la paroi abdominale postérieure et par les obliques de la paroi abdominale, les intercostaux internes rapprochent les côtes les unes des autres et abaissent la cage thoracique ; ils facilitent l'expiration ; antagonistes des intercostaux externes	Nerfs intercostaux
Diaphragme (*diaphragma* = barrière)	Muscle large ; forme le plancher de la cavité thoracique ; en forme de dôme lorsque relâché ; les fibres convergent des bords de la cage thoracique vers un tendon central en forme de boomerang	O : bord inférieur de la cage thoracique et du sternum (processus xiphoïde), cartilages costaux des six dernières côtes et vertèbres lombales I : centre tendineux du diaphragme	Agoniste dans l'inspiration ; s'aplatit en se contractant, ce qui cause l'augmentation des dimensions verticales du thorax ; lorsque contracté fortement, augmente considérablement la pression intra-abdominale	Nerfs phréniques

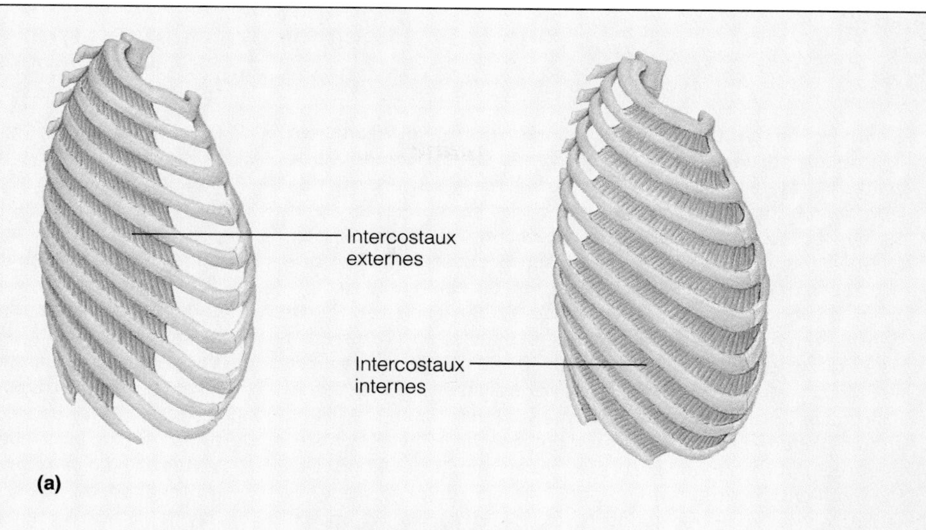

Processus xiphoïde (du sternum)
Foramen de la veine cave
Hiatus œsophagien
Cartilage costal
Centre tendineux du diaphragme
Diaphragme
Hiatus aortique
Douzième côte
Vertèbres lombales
(b)

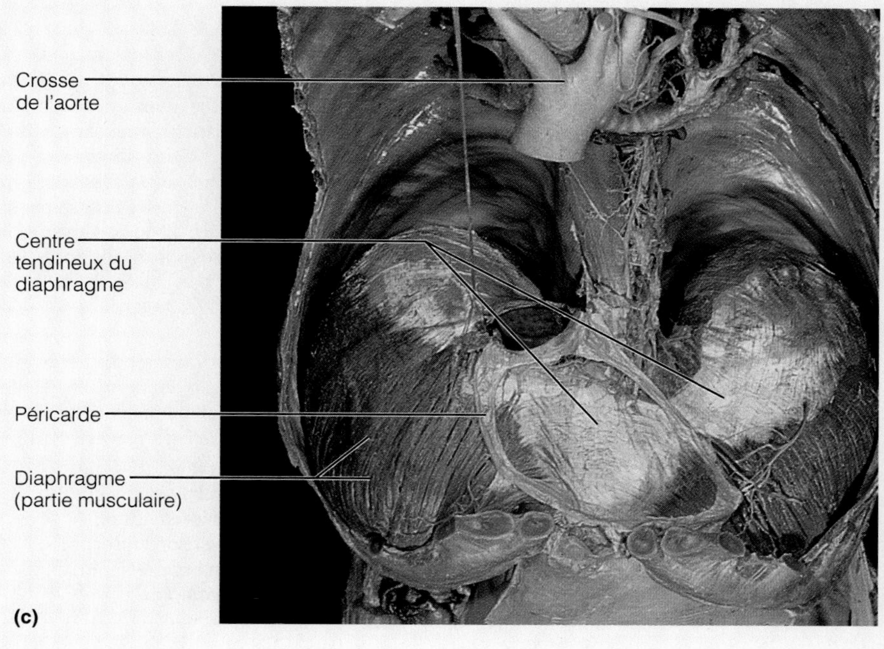

FIGURE 10.10
Muscles de la respiration.
(a) Muscles profonds du thorax. Les intercostaux externes (muscles de l'inspiration) sont illustrés à gauche et les intercostaux internes (muscles de l'expiration) à droite. Ces deux couches musculaires sont dirigées obliquement et à angle droit l'une par rapport à l'autre. **(b)** Vue inférieure du diaphragme, agoniste dans l'inspiration. Notez que ses fibres convergent vers le centre tendineux du diaphragme, ce qui force le diaphragme à s'aplatir et à se déplacer vers le bas au moment où il se contracte. Le diaphragme et son tendon sont traversés par de gros vaisseaux (aorte et veine cave inférieure) et par l'œsophage. **(c)** Photographie du diaphragme, vue supérieure.

TABLEAU 10.6 Muscles de la paroi abdominale : mouvements du tronc et compression des viscères abdominaux (figure 10.11)

Contrairement au thorax, la paroi antéro-latérale de l'abdomen ne possède aucun soutien osseux (côtes). Elle est composée de quatre paires de muscles, de leurs aponévroses d'insertion et de leurs membranes tendineuses. Trois paires de muscles larges et plats, disposées en couches superposées, constituent la paroi latérale de l'abdomen : les fibres de l'**oblique externe de l'abdomen** sont orientées inférieurement et en direction médiane et à angle droit par rapport à celles de l'**oblique interne de l'abdomen,** situé juste au-dessous. Les fibres du **transverse de l'abdomen,** plus en profondeur, sont en angle par rapport aux deux autres et s'étendent horizontalement. Cette alternance dans l'orientation des faisceaux fait penser à une feuille de contre-plaqué (dont le bois est composé de plaques à fibres opposées) et forme une paroi très résistante. Les trois muscles s'assemblent antérieurement pour donner de larges aponévroses d'insertion. Ces aponévroses, à leur tour, enveloppent une quatrième paire de muscles, les **muscles droits de l'abdomen,** sur la ligne médiane, puis s'entrecroisent pour former la **ligne blanche** (ou linea alba), un raphé fibreux (couture) qui s'étend du sternum jusqu'à la symphyse pubienne. Les aponévroses qui enveloppent les muscles droits de l'abdomen empêchent ces muscles minces et verticaux de se courber comme la corde d'un arc en faisant saillie vers l'avant. Les carrés des lombes de la paroi abdominale postérieure sont présentés au tableau 10.4.

Les muscles abdominaux protègent et soutiennent les viscères de façon plus efficace si leur tonus est adéquat. Lorsqu'ils ne sont pas suffisamment exercés ou lorsqu'ils sont fortement étirés (pendant une grossesse par exemple), ils s'affaiblissent, l'abdomen devient distendu (formation d'un « bedon »). Ces muscles permettent également la flexion latérale et la rotation du tronc, ainsi que la flexion antérieure du tronc contre une résistance (dans les redressements assis). Pendant l'inspiration calme, les muscles abdominaux se relâchent, et l'abaissement du diaphragme pousse les viscères de l'abdomen vers le bas. Au cours de la contraction simultanée de tous ces muscles abdominaux, plusieurs activités différentes peuvent être effectuées selon les autres muscles qui sont activés en même temps. Par exemple, quand tous les muscles abdominaux sont contractés, les côtes sont abaissées et le contenu de l'abdomen est comprimé. Cela a pour effet de pousser les viscères vers le haut sur le diaphragme et de provoquer une expiration forcée. Quand les muscles abdominaux se contractent de concert avec le diaphragme et que la glotte est fermée (une action appelée manœuvre de Valsalva), l'augmentation de la pression intra-abdominale qui en résulte facilite la miction, la défécation, le vomissement, la toux, l'action de crier, de se moucher le nez, l'éternuement, l'éructation et l'accouchement. (La prochaine fois que vous ferez l'une de ces activités, palpez vos muscles abdominaux qui se contractent sous la peau.) Ces muscles se contractent également lorsqu'on soulève des poids très lourds, parfois si violemment qu'il en résulte une hernie. La contraction des muscles abdominaux en même temps que celle des muscles profonds du dos contribue à prévenir l'hyperextension de la colonne et à former une gaine pour tout le tronc.

Muscle	Description et situation	Origine (O) et insertion (I)	Action	Innervation
MUSCLES DE LA PAROI ANTÉRIEURE ET LATÉRALE DE L'ABDOMEN				
	Quatre paires de muscles plats ; essentiels au soutien et à la protection des viscères abdominaux ; jouent un rôle important dans le mouvement de la colonne vertébrale (flexion et inclinaison latérale)			
Droit de l'abdomen	Paire de muscles superficiels situés de part et d'autre de la ligne médiane ; s'étendent du pubis jusqu'à la cage thoracique ; les aponévroses des muscles latéraux forment une gaine autour d'eux ; segmentés par trois intersections tendineuses	O : crête et symphyse pubiennes I : processus xiphoïde et cartilages des cinquième, sixième et septième côtes	Flexion et rotation de la région lombale de la colonne vertébrale ; fixation et abaissement des côtes, stabilisation du bassin au cours de la marche, augmentation de la pression intra-abdominale	Nerfs intercostaux (T_6 ou T_7 à T_{12})
Oblique externe de l'abdomen	Le plus grand et le plus superficiel des trois muscles latéraux ; les fibres sont dirigées vers le bas et la ligne médiane (même direction que celle des doigts allongés lorsque les mains sont dans les poches d'un pantalon) ; l'aponévrose s'incurve sous le muscle pour former le ligament inguinal	O : surfaces externes des huit dernières côtes par des digitations charnues I : la ligne blanche pour la majeure partie des fibres ; quelques-unes sur la crête pubienne et le tubercule pubien, et sur la crête iliaque ; la majorité des fibres s'insèrent antérieurement par l'intermédiaire d'une aponévrose large	Contraction simultanée de la paire de muscles : aide le droit de l'abdomen dans la flexion de la colonne vertébrale, dans la compression de la paroi abdominale et dans l'augmentation de la pression intra-abdominale ; contraction d'un seul muscle : aide les muscles du dos dans la rotation et dans la flexion latérale du tronc	Nerfs intercostaux (T_7 à T_{12})
Oblique interne de l'abdomen	Les fibres forment un éventail vers le haut et l'avant ; elles sont à angle droit avec celles de l'oblique externe sous lequel elles se trouvent	O : fascia thoraco-lombal, crête iliaque et ligament inguinal I : ligne blanche, crête pubienne, trois ou quatre dernières côtes	Voir l'oblique externe de l'abdomen	Nerfs intercostaux (T_7 à T_{12}) et L_1
Transverse de l'abdomen	Muscle le plus profond de la paroi abdominale ; ses fibres sont horizontales	O : ligament inguinal, fascia thoraco-lombal, cartilages des six dernières côtes ; crête iliaque (bord interne) I : ligne blanche, crête pubienne, processus xiphoïde	Compression des organes abdominaux	Nerfs intercostaux (T_7 à T_{12}) et L_1

10

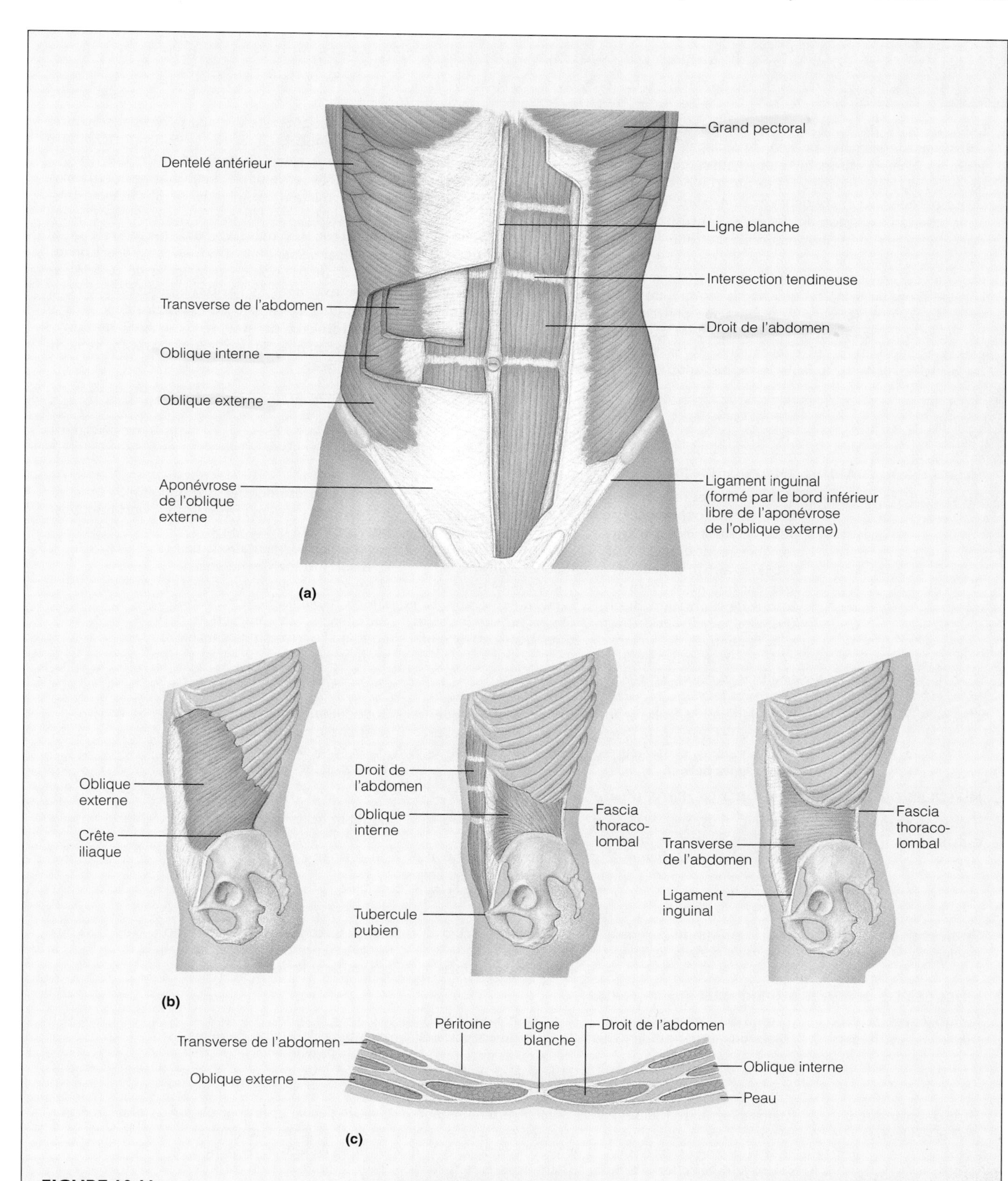

FIGURE 10.11
Muscles de la paroi abdominale.
(a) Vue antérieure des muscles qui forment la paroi antéro-latérale de l'abdomen. Les muscles superficiels ont été partiellement sectionnés sur le côté gauche du schéma pour montrer les muscles les plus profonds, soit l'oblique interne et le transverse de l'abdomen. **(b)** Vue latérale du tronc montrant la direction des fibres et les points d'attache de l'oblique externe, de l'oblique interne et du transverse de l'abdomen. **(c)** Coupe transversale de la paroi abdominale antéro-latérale (région médiane), montrant la contribution des aponévroses des muscles abdominaux latéraux dans la gaine du muscle droit de l'abdomen.

TABLEAU 10.7 Muscles du plancher pelvien et du périnée : soutien des organes abdomino-pelviens (figure 10.12)

Deux muscles pairs, l'**élévateur de l'anus** et le **coccygien,** constituent le plancher pelvien, aussi appelé **diaphragme pelvien,** en forme d'entonnoir ou de hamac, qui serait attaché aux os du bassin. Ces muscles (1) ferment le détroit inférieur de la cavité pelvienne ; (2) soutiennent et élèvent le plancher pelvien pour aider à l'expulsion des fèces ; et (3) résistent à l'augmentation de la pression intra-abdominale (qui aurait pour effet d'expulser le contenu de la vessie, du rectum et de l'utérus). Le diaphragme pelvien comprend des orifices pour le rectum et l'urètre (conduit urinaire) et, chez la femme, un orifice pour le vagin. La partie inférieure au diaphragme pelvien est le *périnée.* Les liens entre les muscles du périnée sont quelque peu complexes et nécessitent des explications. Au-dessous des muscles du plancher pelvien et dans la moitié antérieure du périnée, s'étendant entre les deux côtés de l'arcade pubienne, se trouve le **diaphragme uro-génital.** Cette mince couche triangulaire de muscles contient le **muscle sphincter de l'urètre** (sphincter externe). Ce sphincter enveloppe l'urètre et permet la maîtrise volontaire de la miction. Au-dessus du diaphragme uro-génital et recouvert de la peau du périnée, se trouve l'*espace superficiel* qui comprend les muscles (**ischio-caverneux** et **bulbo-spongieux**) participant au maintien de l'érection du pénis et du clitoris. Dans la moitié postérieure du périnée se trouve le **sphincter externe de l'anus,** un muscle sphincter qui entoure l'anus et autorise la maîtrise volontaire de la défécation. Le **centre tendineux du périnée** est situé devant ce sphincter ; c'est un tendon puissant sur lequel s'insèrent de nombreux muscles du périnée.

Muscle	Description et situation	Origine (O) et insertion (I)	Action	Innervation
MUSCLES DU DIAPHRAGME PELVIEN (figure 10.12a)				
Élévateur de l'anus	Muscle large et mince, en trois parties (pubo-coccygien, pubo-rectal et ilio-coccygien) ; ses fibres sont dirigées vers le bas et vers le milieu, et forment une « écharpe » autour de la prostate chez l'homme (ou autour du vagin chez la femme), de l'urètre et de la jonction ano-rectale avant de se rejoindre en position médiane	O : sur une ligne étendue à l'intérieur du bassin, à partir du pubis jusqu'à l'épine ischiatique I : surface interne du coccyx, élévateur de l'anus du côté opposé et (en partie) sur les structures qui le traversent	Soutient et maintient en position les viscères pelviens ; résiste aux poussées vers le bas qui accompagnent les augmentations de pression intrapelvienne durant la toux, le vomissement et les efforts d'expulsion des muscles abdominaux ; sa contraction entraîne l'occlusion du canal anal et du vagin	S_3, S_4 et nerf honteux
Coccygien	Petit muscle triangulaire situé derrière l'élévateur de l'anus ; forme la partie postérieure du diaphragme pelvien	O : épine ischiatique I : deux dernières vertèbres sacrales et coccyx	Soutient les viscères pelviens ; soutient le coccyx et le ramène vers l'avant après la défécation et l'accouchement	S_4 et S_5
MUSCLES DU DIAPHRAGME URO-GÉNITAL (figure 10.12b)				
Transverse profond du périnée	Les deux muscles de la paire comblent l'espace entre les branches ischio-pubiennes ; chez la femme, ils sont situés derrière le vagin	O : branches ischio-pubiennes I : centre tendineux du périnée ; quelques fibres dans la paroi vaginale chez la femme	Soutient les organes pelviens ; immobilise le centre tendineux du périnée	Nerf honteux
Sphincter de l'urètre (*sphingein* = serrer)	Muscle entourant l'urètre et le vagin chez la femme	O : branches ischio-pubiennes I : raphé du périnée	Sa contraction entraîne l'occlusion de la lumière de l'urètre ; participe au soutien des organes pelviens	Nerf honteux
MUSCLES DE L'ESPACE SUPERFICIEL (figure 10.12c)				
Ischio-caverneux (*iskhion* = os du bassin)	S'étend du bassin jusqu'aux piliers du clitoris ou du pénis	O : tubérosités ischiatiques I : pilier du corps caverneux du pénis chez l'homme et du clitoris chez la femme	Retarde le retour veineux et maintient l'érection du pénis ou du clitoris	Nerf honteux
Bulbo-spongieux (*bulbus* = bulbe)	Renferme la base (bulbe) et le corps caverneux du pénis chez l'homme et est situé sous les lèvres chez la femme	O : centre tendineux du périnée et raphé du pénis chez l'homme I : antérieurement sur le corps caverneux du pénis ou sur la face dorsale du clitoris	Évacue l'urine et le sperme de l'urètre chez l'homme ; favorise l'érection du pénis chez l'homme et du clitoris chez la femme	Nerf honteux
Transverse superficiel du périnée	Paire de muscles rubanés située derrière l'orifice de l'urètre (du vagin, chez la femme)	O : tubérosité ischiatique I : centre tendineux du périnée	Stabilise et renforce le centre tendineux du périnée	Nerf honteux

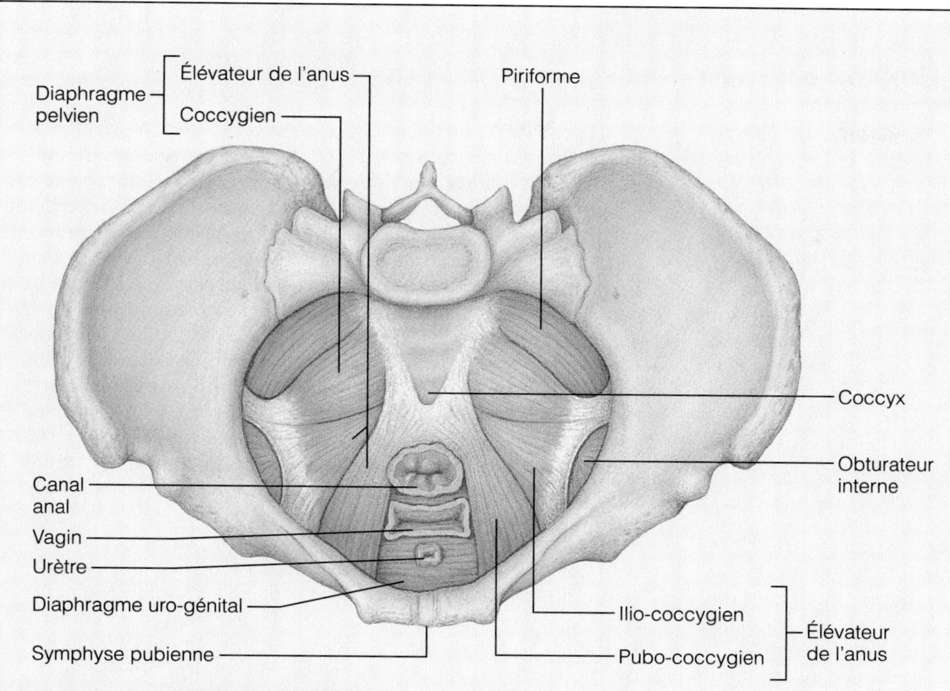

(a) **Muscles du diaphragme pelvien**

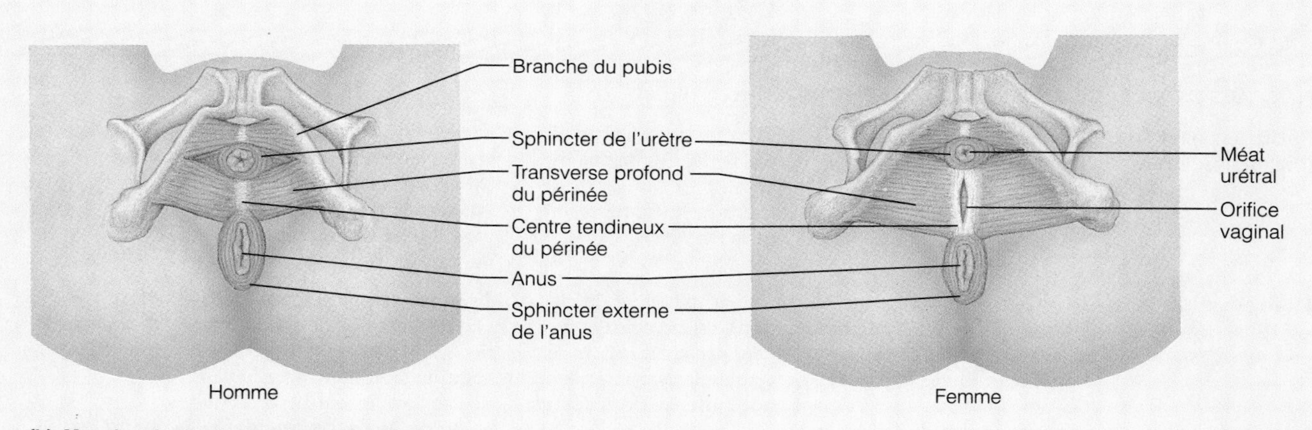

(b) **Muscles du diaphragme uro-génital**

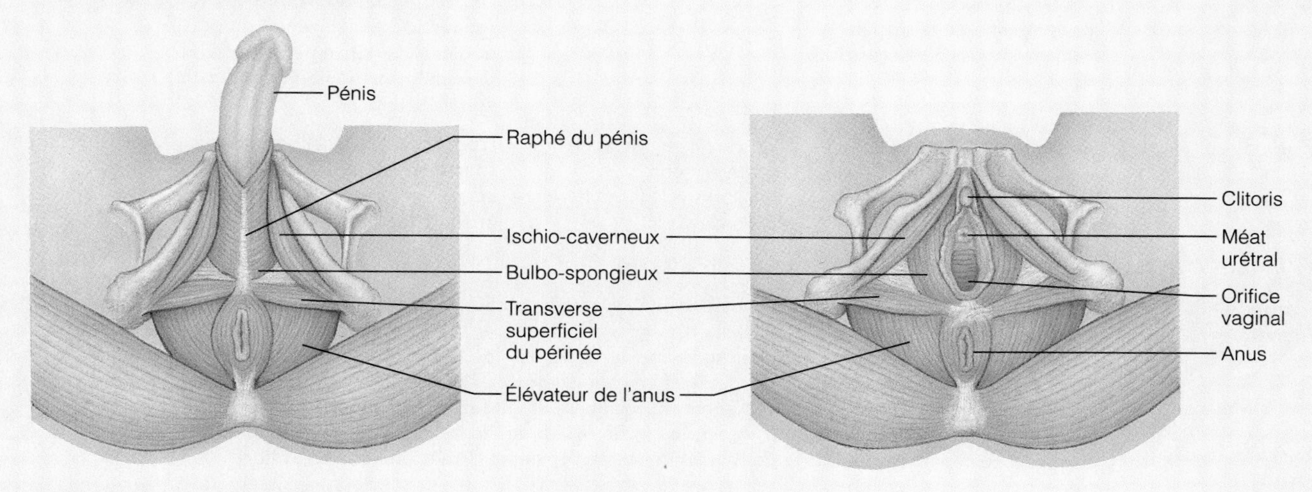

(c) **Muscles de l'espace superficiel**

FIGURE 10.12
Muscles du plancher pelvien et du périnée. (a) Muscles du plancher pelvien (élévateur de l'anus et coccygien) vus du dessus dans le bassin féminin. **(b)** Muscles du diaphragme uro-génital du périnée (sphincter de l'urètre et transverse profond du périnée), qui composent la deuxième couche, plus superficielle, de muscles. **(c)** Muscles de l'espace superficiel du périnée (ischio-caverneux, bulbo-spongieux et transverse superficiel du périnée), situés immédiatement sous la peau du périnée. Notez que le raphé est une couture de tissu conjonctif dense. Les muscles grands glutéaux sont également représentés.

TABLEAU 10.8 Muscles superficiels de la face antérieure et de la face postérieure du thorax : mouvements de la scapula (figure 10.13)

La plupart des muscles superficiels du thorax sont des *muscles extrinsèques de l'épaule*, qui s'étendent des côtes et de la colonne vertébrale jusqu'à la ceinture scapulaire. Ils maintiennent la scapula contre la paroi du thorax ou font bouger la scapula pour effectuer les mouvements du bras. Les muscles de la face antérieure du thorax comprennent le **grand pectoral,** le **petit pectoral,** le **dentelé antérieur** et le **subclavier.** Tous les muscles du groupe antérieur s'insèrent sur la ceinture scapulaire, sauf le grand pectoral qui s'attache sur l'humérus. Les muscles extrinsèques de la face postérieure du thorax sont le **grand dorsal** et le **trapèze,** à la surface, ainsi que l'**élévateur de la scapula** et les **rhomboïdes,** en profondeur. Le grand dorsal, tout comme le grand pectoral à l'avant, s'implante sur l'humérus et est davantage mis à contribution dans les mouvements du bras que dans ceux de la scapula. Nous reportons l'étude de ces deux paires de muscles au tableau 10.9 (muscles qui assurent les mouvements du bras).

Les mouvements amples de la ceinture scapulaire, c'est-à-dire l'élévation, l'abaissement, la rotation, les mouvements latéraux (vers l'avant) et médians (vers l'arrière), nécessitent des déplacements de la scapula. Les clavicules effectuent une rotation autour de leur propre axe pendant les mouvements de la scapula, et assurent à la fois stabilité et précision dans les mouvements de cette dernière.

Les muscles antérieurs, sauf le dentelé antérieur, stabilisent et abaissent la ceinture scapulaire. Ainsi, la plupart des mouvements de la scapula sont imprimés par le dentelé antérieur à l'avant et par les muscles postérieurs. Les muscles sont attachés à la scapula de telle façon qu'un muscle en particulier ne peut à lui seul provoquer un mouvement simple (linéaire). C'est par l'action combinée (synergique) de plusieurs muscles que la scapula peut s'élever ou s'abaisser, ou effectuer d'autres mouvements.

Le trapèze et l'élévateur de la scapula sont les agonistes dans l'élévation de l'épaule. Lorsqu'ils agissent ensemble pour hausser les épaules, leurs effets de rotation opposés s'équilibrent. L'abaissement de la scapula est dû en majeure partie à la force gravitationnelle (poids du bras), mais si le mouvement s'effectue contre une résistance, le trapèze et le dentelé antérieur entrent en jeu (de même que le grand dorsal décrit dans le tableau 10.9). Les mouvements (abduction) qui tirent la scapula vers l'avant, sur la paroi thoracique (pour pousser ou donner un coup de poing, par exemple), sont principalement dus à l'action du dentelé antérieur. La rétraction (adduction) de la scapula est effectuée par le trapèze et les rhomboïdes. Le dentelé antérieur et le trapèze, bien qu'ils soient antagonistes dans les mouvements vers l'avant ou vers l'arrière, agissent ensemble pour coordonner les mouvements de *rotation* de la scapula.

Muscle	Description et situation	Origine (O) et insertion (I)	Action	Innervation
MUSCLES DE LA FACE ANTÉRIEURE DU THORAX (figure 10.13a)				
Petit pectoral (*pectus* = poitrine)	Muscle plat et mince situé directement sous le grand pectoral qui le masque	O : faces antérieures de la troisième à la cinquième côte I : processus coracoïde de la scapula	Lorsque les côtes sont fixes, abaissement et traction vers l'avant de la scapula ; lorsque la scapula est fixe, élévation de la cage thoracique (le muscle devient un inspirateur accessoire)	Nerf pectoral médial (C_6 à C_8)
Dentelé antérieur	Situé sous la scapula et au-dessous des muscles pectoraux de la face latérale de la cage thoracique ; forme la paroi médiane de l'aisselle ; son origine a une apparence dentelée ; sa paralysie provoque un décollement interne de la scapula rendant impossible l'élévation du bras	O : par une série de digitations, à partir des huit ou neuf premières côtes I : toute la face antérieure du bord interne de la scapula	Agoniste dans la traction de la scapula vers l'avant et son maintien contre la paroi thoracique ; rotation latérale et vers le haut de l'angle inférieur de la scapula ; élévation de l'extrémité de l'épaule ; rôle important dans l'abduction et l'élévation du bras et dans les mouvements horizontaux du bras (pousser, donner un coup de poing)	Nerf thoracique long (C_5 à C_7)
Subclavier	Petit muscle cylindrique caché sous la clavicule ; tendu entre la première côte et la clavicule	O : cartilage costal de la première côte I : sillon sur la face inférieure de la clavicule	Contribue à la stabilisation et à l'abaissement de la ceinture scapulaire ; sa paralysie ne produit aucun effet apparent	Nerf subclavier (C_5 et C_6)
MUSCLES DE LA FACE POSTÉRIEURE DU THORAX (figure 10.13b)				
Trapèze (*trapeza* = table)	Muscle le plus superficiel de la face postérieure du thorax ; plat et triangulaire ; les fibres du faisceau supérieur descendent vers la scapula ; les fibres du faisceau moyen adoptent une direction horizontale vers la scapula tandis que les fibres du faisceau inférieur montent vers la scapula	O : os occipital, ligament nuchal et processus épineux de la septième vertèbre cervicale et de toutes les vertèbres thoraciques I : insertion continue le long de l'acromion et de l'épine scapulaire et tiers latéral de la clavicule	Stabilisation, élévation, rétraction et rotation de la scapula ; fibres du faisceau moyen : rétraction (adduction) de la scapula ; fibres du faisceau supérieur : élévation de la scapula et contribution à l'extension de la tête ; fibres du faisceau inférieur : abaissement de la scapula (et de l'épaule)	Nerf accessoire (crânien XI) ; C_3 et C_4

Muscle	Description et situation	Origine (O) et insertion (I)	Action	Innervation
Élévateur de la scapula	Muscle épais et rubané ; situé profondément sous le trapèze, à l'arrière et sur le côté du cou	O : processus transverses des quatre premières vertèbres cervicales I : bord supérieur médial de la scapula	Élévation ou adduction de la scapula en synergie avec les fibres du faisceau supérieur du trapèze ; inclinaison de la cavité glénoïdale de la scapula, vers le bas ; lorsque la scapula est immobile, flexion homolatérale du cou	Nerfs cervicaux (C_3 à C_5) et nerf dorsal de la scapula
Rhomboïdes, grand et petit (*rhombos* = losange ; *eidos* = forme)	Deux muscles rectangulaires situés sous le trapèze et au-dessous de l'élévateur de la scapula ; le petit rhomboïde est le muscle supérieur ; les deux muscles s'étendent de la colonne vertébrale à la scapula	O : processus épineux de la septième vertèbre cervicale et de la première vertèbre thoracique (petit) et processus épineux des vertèbres T_2 à T_5 (grand) I : bord médial de la scapula	Leur action conjointe (et avec le concours des fibres du faisceau moyen du trapèze) provoque la rétraction de la scapula, ce qui redresse les épaules ; imprime un mouvement de rotation à la scapula de sorte que la cavité glénoïdale de la scapula s'oriente vers le bas (quand un bras est abaissé contre une résistance ; p. ex., faire de l'aviron) ; stabilisation de la scapula	Nerf dorsal de la scapula (C_5)

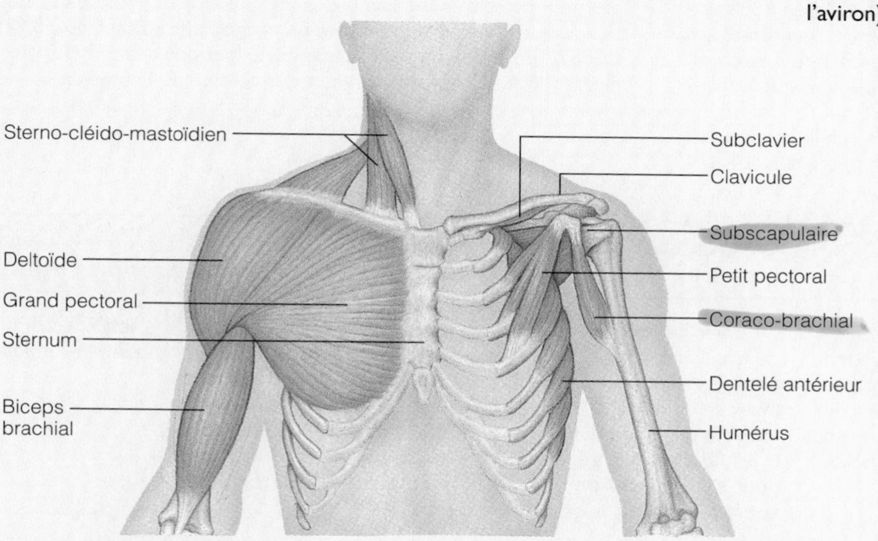

FIGURE 10.13
Muscles superficiels du thorax et de l'épaule qui agissent sur la scapula et sur le bras. (a) Vue antérieure. Les muscles superficiels, qui effectuent les mouvements du bras, sont représentés à gauche. Sur la droite, ces muscles ont été enlevés pour montrer ceux qui stabilisent ou qui font bouger la ceinture scapulaire. **(b)** Vue postérieure. Les muscles superficiels du dos sont montrés pour le côté gauche du corps, avec une photographie correspondante. Les muscles superficiels sont enlevés sur le côté droit de l'illustration pour montrer les muscles plus profonds qui agissent sur la scapula, ainsi que les muscles de la coiffe des rotateurs qui participent à la stabilisation de l'articulation de l'épaule.

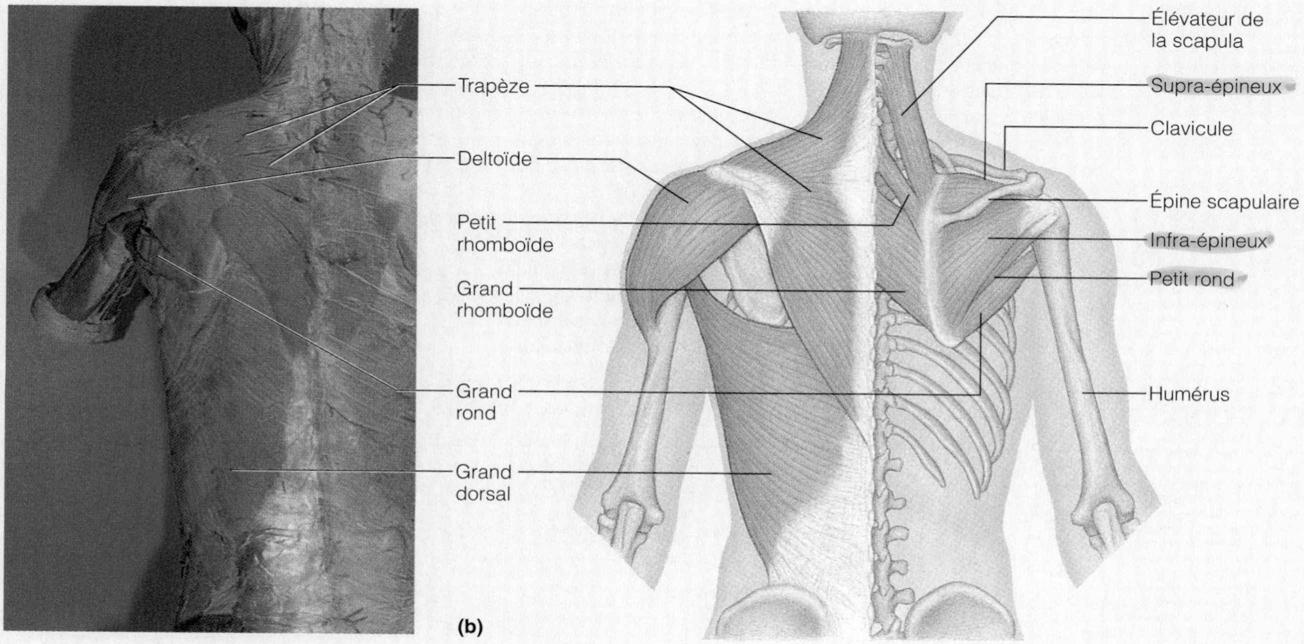

TABLEAU 10.9 Muscles qui croisent l'articulation de l'épaule : mouvements du bras (figure 10.14)

Il faut se rappeler que l'articulation sphéroïde de l'épaule est la plus mobile du corps humain, mais que cette mobilité se paie en terme d'instabilité. En tout, neuf muscles croisent l'articulation de chaque épaule pour s'insérer sur l'humérus. L'ensemble des muscles qui agissent sur l'humérus ont pour origine la ceinture scapulaire ; toutefois, le grand dorsal et le grand pectoral ont aussi une origine sur le squelette axial.

Parmi ces neuf muscles, seuls les superficiels, soit le **grand pectoral,** le **grand dorsal** et le **deltoïde,** sont agonistes dans les mouvements du bras. Les six autres sont des synergiques et des fixateurs. Quatre d'entre eux, le **supra-épineux,** l'**infra-épineux,** le **petit rond** et le **subscapulaire,** sont connus sous le nom de *muscles de la coiffe des rotateurs*. Ils naissent sur la scapula, et leurs tendons, qui se dirigent vers l'humérus, se confondent avec la capsule fibreuse de l'articulation de l'épaule. Bien que les muscles de la coiffe des rotateurs agissent comme synergiques dans les mouvements angulaires et circulaires du bras, leur fonction principale est de renforcer la capsule de l'articulation de l'épaule pour empêcher la dislocation de l'humérus. Les deux derniers muscles, le **grand rond** et le **coraco-brachial,** sont petits et croisent l'articulation de l'épaule, mais ne contribuent pas à son renforcement.

De façon générale, tout muscle qui naît sur la partie *antérieure* de l'articulation de l'épaule (grand pectoral, coraco-brachial ainsi que les fibres de la partie antérieure du deltoïde) effectue la *flexion* du bras, c'est-à-dire le fait s'élever antérieurement, habituellement dans le plan sagittal. L'agoniste dans la flexion du bras est le grand pectoral. Le biceps brachial (voir le tableau 10.10) participe aussi à cette action. Quant aux muscles qui naissent sur la partie *postérieure* de l'articulation de l'épaule, ils provoquent l'extension du bras. Ce sont le grand dorsal, les fibres postérieures du deltoïde (ces deux muscles sont des agonistes de l'extension du bras) et le grand rond. Ainsi, le grand dorsal et le grand pectoral sont des muscles *antagonistes* dans les mouvements de flexion-extension du bras.

Dans le mouvement d'abduction du bras, c'est le deltoïde (région médiane) qui est l'agoniste. Dans cette fonction, le grand pectoral est son antagoniste à l'avant, et le grand dorsal, à l'arrière. Les muscles qui agissent sur l'humérus permettent aussi la rotation latérale et médiane de l'articulation de l'épaule, selon leur situation et leurs points d'insertion. Puisque les interactions de ces neuf muscles sont complexes et que chaque muscle contribue à plus d'un mouvement, nous proposons, au tableau 10.12 (première partie), un résumé des contributions des muscles aux divers mouvements angulaires et de rotation de l'humérus.

Muscle	Description et situation	Origine (O) et insertion (I)	Action	Innervation
Grand pectoral (*pectus* = poitrine)	Muscle large, en forme d'éventail, qui couvre la partie supérieure du thorax ; forme le repli musculaire antérieur de l'aisselle ; les seins sont attachés à l'enveloppe de ces muscles (voir la figure 28.17)	O : clavicule, sternum, cartilages costaux des six premières côtes et aponévrose du muscle oblique externe de l'abdomen I : les fibres convergent pour s'insérer par un court tendon sur le grand tubercule de l'humérus	Agoniste dans la flexion du bras ; rotation médiane du bras, adduction du bras contre une résistance ; lorsque la scapula (et le bras) est fixe, élévation de la cage thoracique, ce qui aide à grimper, lancer et pousser ; facilite l'inspiration forcée	Nerfs pectoraux latéral et médial
Grand dorsal	Muscle large, plat et triangulaire du bas du dos (région lombale) ; origines superficielles étendues ; la partie supérieure est recouverte par le trapèze ; contribue à la formation du bord postérieur de l'aisselle	O : indirectement, sur les processus épineux des six dernières vertèbres thoraciques et des vertèbres lombales, sur les trois ou quatre dernières côtes et sur la partie postérieure de la crête iliaque, le tout par l'intermédiaire du fascia thoraco-lombal ; aussi, l'angle inférieur de la scapula I : s'incurve en spirale autour du grand rond pour s'insérer sur le bord médian du sillon intertuberculaire de l'humérus	Agoniste dans l'extension du bras ; puissant adducteur du bras, rotation médiane de l'épaule ; abaissement de la scapula ; grâce à sa puissance dans ces mouvements, joue un rôle important lorsque le bras est lancé vigoureusement vers le bas comme pour donner un coup, marteler, nager et ramer	Nerf thoraco-dorsal

Muscle	Description et situation	Origine (O) et insertion (I)	Action	Innervation
Deltoïde (*delta* = triangle)	Muscle épais qui forme la masse arrondie de l'épaule; ses fibres sont multipennées; point souvent utilisé pour les injections intramusculaires, surtout chez l'homme où ce muscle tend à être très charnu	O: empiète sur l'insertion du trapèze; tiers latéral de la clavicule; acromion et épine scapulaire (bord postérieur) I: tubérosité deltoïdienne de l'humérus (diaphyse)	Agoniste dans l'abduction du bras lorsque toutes ses fibres se contractent simultanément; antagoniste du grand pectoral et du grand dorsal qui produisent l'adduction du bras; si les seules fibres antérieures se contractent, il peut agir avec puissance dans la flexion et la rotation médiane de l'humérus, étant alors synergique du grand pectoral; si seules ses fibres postérieures se contractent, il effectue l'extension et la rotation latérale du bras; actif au cours de la marche pour faire balancer les bras	Nerf axillaire (C_5 et C_6)
Subscapulaire (*scapula* = épaule)	Forme une partie du bord postérieur de l'aisselle; le tendon d'insertion passe devant l'articulation de l'épaule; muscle de la coiffe des rotateurs	O: fosse subscapulaire I: petit tubercule de l'humérus	Principal responsable de la rotation médiane de l'humérus; assisté du grand pectoral; maintient la tête de l'humérus dans la cavité glénoïdale de la scapula, stabilisant ainsi l'articulation de l'épaule	Nerfs subscapulaires (C_5 à C_7)
Supra-épineux	Nommé d'après sa situation sur l'épine scapulaire sur la face postérieure de la scapula; sous le trapèze; muscle de la coiffe des rotateurs	O: fosse supra-épineuse de la scapula I: partie supérieure du grand tubercule de l'humérus	Stabilisation de l'articulation de l'épaule; maintient la tête de l'humérus pour éviter la luxation lorsqu'on porte, par exemple, une lourde valise; action synergique dans le mouvement d'abduction du bras	Nerf suprascapulaire
Infra-épineux	En partie recouvert par le deltoïde et le trapèze; nommé d'après sa situation par rapport à la scapula; muscle de la coiffe des rotateurs	O: fosse infra-épineuse de la scapula I: grand tubercule de l'humérus, postérieurement par rapport à l'insertion du supra-épineux	Action synergique dans le maintien de la tête de l'humérus dans la cavité glénoïdale de la scapula; rotation latérale de l'humérus	Nerf suprascapulaire
Petit rond	Petit muscle allongé; situé au-dessous de l'infra-épineux et peut être inséparable de ce muscle; muscle de la coiffe des rotateurs	O: bord latéral de la face dorsale de la scapula I: grand tubercule de l'humérus, au-dessous de l'insertion de l'infra-épineux	Mêmes actions que l'infra-épineux	Nerf axillaire
Grand rond	Muscle rond et épais; situé au-dessous du petit rond; contribue à la formation du bord postérieur de l'aisselle (avec le grand dorsal et le subscapulaire)	O: angle inférieur de la face postérieure de la scapula I: crête du petit tubercule de la face antérieure de l'humérus; tendon d'insertion fusionné avec celui du grand dorsal	Extension, rotation médiane et adduction de l'humérus; synergique du grand dorsal	Nerf subscapulaire inférieur
Coraco-brachial (*kôrax* = corbeau; *brakhiôn* = bras)	Petit muscle cylindrique	O: processus coracoïde de la scapula I: face médiane et milieu de la diaphyse de l'humérus	Flexion et adduction de l'humérus; synergique du grand pectoral	Nerf musculo-cutané

10

➤

TABLEAU 10.9 Muscles qui croisent l'articulation de l'épaule: mouvements du bras (figure 10.14) *suite*

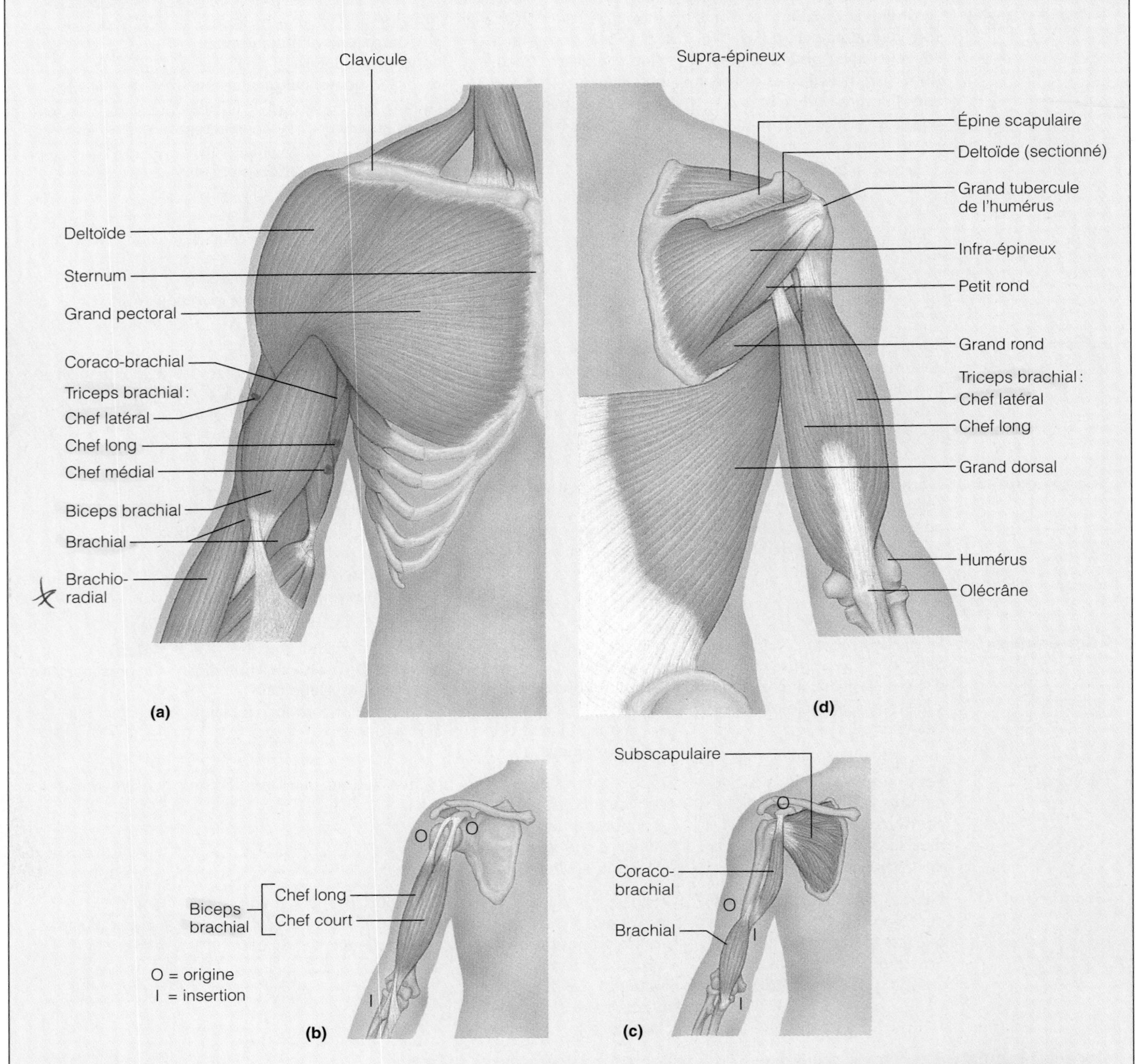

FIGURE 10.14
Muscles qui croisent les articulations de l'épaule et du coude et qui assurent les mouvements du bras et de l'avant-bras. (a) Vue antérieure des muscles superficiels de la face antérieure du thorax, de l'épaule et du bras. **(b)** Vue du biceps brachial de la partie antérieure du bras. **(c)** Vue du brachial qui prend naissance sur l'humérus, ainsi que du coraco-brachial et du subscapulaire qui naissent sur la scapula. (Notez, cependant, que le coraco-brachial effectue les mouvements du bras et non ceux de l'avant-bras, et que le subscapulaire stabilise l'articulation de l'épaule.) **(d)** Étendue du triceps brachial de la partie postérieure du bras, montré en relation avec les muscles scapulaires profonds. Le deltoïde de l'épaule a été enlevé.

TABLEAU 10.10 Muscles qui croisent l'articulation du coude : flexion et extension de l'avant-bras (figure 10.14)

Les muscles du bras croisent l'articulation du coude pour s'insérer sur les os de l'avant-bras. Comme le coude est une articulation trochléenne, les mouvements permis par ces muscles sont presque entièrement limités à la flexion et à l'extension de l'avant-bras. Des parois d'aponévrose divisent le bras en deux loges musculaires : les *extenseurs postérieurs* et les *fléchisseurs antérieurs*. L'agoniste dans l'extension de l'avant-bras est le volumineux **triceps brachial** qui forme presque toute la musculature de la loge postérieure. Il est assisté (un peu) par le très petit muscle **anconé** qui croise à peine la face postérieure de l'articulation du coude.

Tous les muscles de la face antérieure du bras participent à la flexion du coude. On trouve, par ordre décroissant de force, le **brachial**, le **biceps brachial** et le **brachio-radial.** Le brachial et le biceps s'attachent respectivement sur l'ulna et sur le radius et se contractent simultanément pendant la flexion ; ils sont considérés comme les principaux fléchisseurs de l'avant-bras. Le biceps brachial, qui se bombe lorsque l'avant-bras est fléchi, est connu de tous ; le brachial, situé sous le biceps, est moins apparent mais joue un rôle également important dans la flexion du coude. Le biceps brachial est aussi responsable de la supination de l'avant-bras et ne participe pas à la flexion du coude lorsque l'avant-bras *doit* rester en pronation. (C'est pourquoi il est plus difficile, lorsqu'on fait des élévations à la barre fixe, d'avoir les paumes tournées vers l'avant plutôt que vers l'arrière.) Puisque le brachio-radial naît de l'extrémité distale de l'humérus et s'insère sur la partie distale de l'avant-bras, sa plus grande partie se trouve dans l'avant-bras (plutôt que dans le bras comme les autres muscles de ce groupe). Étant donné que sa force s'exerce loin du point d'appui, le brachio-radial est un fléchisseur faible de l'avant-bras ; il devient actif seulement lorsque le coude a été partiellement plié par les agonistes et qu'il est en semi-pronation.

Les actions des muscles décrits ici sont résumées dans le tableau 10.12 (deuxième partie).

Muscle	Description et situation	Origine (O) et insertion (I)	Action	Innervation
MUSCLES POSTÉRIEURS				
Triceps brachial (*tris* = trois ; *caput* = tête ; *brakhiôn* = bras)	Gros muscle charnu ; seul muscle de la loge postérieure du bras ; trois points d'origine ; chef long et chef latéral situés superficiellement par rapport au chef médial	O : chef long : tubercule infra-glénoïdal de la scapula ; chef latéral : face postérieure et latérale de la diaphyse de l'humérus ; chef médial : face postérieure de la diaphyse de l'humérus, en position distale par rapport au sillon du nerf radial I : olécrâne par un tendon commun	Extenseur puissant de l'avant-bras (agoniste, particulièrement le chef médial) ; antagoniste des fléchisseurs de l'avant-bras ; tendon du chef long pouvant contribuer à la stabilisation de l'épaule et à l'adduction du bras	Nerf radial
Anconé (*ankôn* = coude) (voir la figure 10.16)	Muscle triangulaire court ; étroitement uni (confondu) avec l'extrémité distale du triceps sur la face postérieure de l'humérus	O : épicondyle latéral de l'humérus I : face latérale de l'olécrâne	Imprime un mouvement d'abduction de l'ulna pendant la pronation de l'avant-bras ; synergique du triceps brachial dans l'extension du coude	Nerf radial
MUSCLES ANTÉRIEURS				
Biceps brachial	Muscle fusiforme composé de deux chefs ; les ventres sont unis près des points d'insertion ; le tendon du chef long contribue à la stabilisation de l'articulation de l'épaule	O : chef court : processus coracoïde de la scapula ; chef long : tubercule supraglénoïdal et bourrelet glénoïdal ; le tendon du chef long s'étend jusque dans la capsule articulaire et descend dans le sillon intertuberculaire de l'humérus I : tubérosité du radius par un tendon commun aux deux ventres	Flexion de l'articulation du coude et supination de l'avant-bras ; ces actions sont habituellement simultanées (p. ex. pour déboucher une bouteille de vin, ce muscle tourne le tire-bouchon et tire le bouchon) ; faible fléchisseur du bras à l'épaule	Nerf musculo-cutané
Brachial	Muscle puissant situé sous le biceps brachial à l'extrémité distale de l'humérus	O : partie distale de la face antérieure de l'humérus ; recouvre l'insertion du deltoïde I : processus coronoïde de l'ulna et capsule de l'articulation du coude	Fléchisseur important de l'avant-bras sur le bras (élève l'ulna pendant que le biceps brachial élève le radius)	Nerf musculo-cutané
Brachio-radial (voir aussi la figure 10.15)	Muscle superficiel de la face latérale de l'avant-bras ; forme le bord latéral du pli du coude ; s'étend de l'extrémité distale de l'humérus jusqu'à la partie distale du radius	O : crête de l'épicondyle latéral à l'extrémité distale de l'humérus I : face latérale de la base du processus styloïde du radius	Synergique dans la flexion de l'avant-bras ; agit le plus avantageusement lorsque l'avant-bras est déjà partiellement plié et en semi-pronation ; lors d'une succession rapide flexion-extension, prévient la séparation de l'articulation	Nerf radial (constitue une exception notable : le nerf radial innerve habituellement les muscles extenseurs)

TABLEAU 10.11 Muscles de l'avant-bras : mouvements du poignet, de la main et des doigts (figures 10.15 et 10.16)

Les muscles de l'avant-bras sont divisés, d'après leur fonction, en deux groupes à peu près égaux : ceux qui assurent les mouvements du poignet et ceux qui agissent sur les doigts et sur le pouce. Dans la plupart des cas, leurs portions charnues forment la protubérance de la partie proximale de l'avant-bras, puis vont en diminuant progressivement pour devenir de longs tendons d'insertion. Leurs points d'insertion sont solidement fixés grâce à de forts ligaments appelés **rétinaculum des fléchisseurs des doigts** et **rétinaculum des extenseurs.** Ces ligaments en « bracelet » empêchent les tendons de faire saillie lorsqu'ils sont tendus. Concentrés dans le poignet et la paume de la main, les tendons de ces muscles sont entourés de gaines synoviales lubrifiées qui réduisent la friction lorsqu'ils glissent les uns sur les autres.

Bien que beaucoup de muscles de l'avant-bras aient, en fait, leur origine sur l'humérus et qu'ils croisent ainsi les articulations du coude et du poignet, ils agissent très peu sur le coude. La flexion et l'extension sont les mouvements typiques effectués aux articulations du poignet et des doigts. Le poignet peut aussi accomplir des mouvements d'abduction et d'adduction.

Les muscles de l'avant-bras sont séparés par des cloisons d'aponévrose en deux groupes (ou loges) principaux (*fléchisseurs antérieurs* et *extenseurs postérieurs*), et chaque groupe se divise encore en couches de muscles superficiels et profonds. La majorité des fléchisseurs de la loge antérieure prennent leur origine sur l'humérus, par l'intermédiaire d'un tendon commun, et sont innervés en grande partie par le nerf médian. Bien que la plupart des muscles de la loge antérieure de l'avant-bras soient des *fléchisseurs* du poignet ou des doigts, deux muscles de ce groupe ne sont pas des fléchisseurs mais des pronateurs : le **rond pronateur** et le **carré pronateur.** Ces deux muscles sont responsables de la pronation de l'avant-bras, un des mouvements les plus importants de ce membre.

Les muscles de la loge postérieure servent principalement à l'extension du poignet et des doigts, sauf le muscle **supinateur** qui assiste le biceps brachial dans le mouvement de supination de l'avant-bras. (Dans la loge postérieure se trouve également le muscle brachio-radial, le faible fléchisseur du coude qui est décrit dans le tableau 10.10.) Tout comme ceux de la loge antérieure, la plupart des muscles de la loge postérieure prennent naissance sur l'humérus par l'intermédiaire d'un tendon commun ; cependant, leur situation sur l'humérus diffère. Tous les muscles postérieurs de l'avant-bras sont innervés par le nerf radial.

La main peut effectuer une gamme importante de mouvements ; pourtant, elle contient une faible proportion des muscles responsables de ces mouvements. Comme nous l'avons décrit plus haut, la plupart des muscles qui font bouger la main sont situés dans l'avant-bras et peuvent mouvoir les doigts par l'intermédiaire de longs tendons, un peu comme les fils d'un pantin. Grâce à cette structure, la main est peu charnue et bien adaptée à l'exécution de mouvements fins. Les mouvements de la main qui sont initiés par les muscles de l'avant-bras sont complétés et rendus plus précis par les petits muscles *intrinsèques* de la main. Ces muscles sont décrits séparément dans le tableau 10.13.

Le présent tableau précise les situations et les actions des muscles de l'avant-bras. Comme ces muscles sont nombreux et que leurs interactions sont variées, un résumé de leurs actions est fourni au tableau 10.12 (deuxième et troisième parties).

Muscle	Description et situation	Origine (O) et insertion (I)	Action	Innervation
PREMIÈRE PARTIE : MUSCLES DE LA LOGE ANTÉRIEURE (figure 10.15)	Les huit muscles de la loge antérieure sont énumérés en partant de la face latérale vers la face médiane. La plupart prennent leur origine sur un tendon fléchisseur commun attaché à l'épicondyle médial de l'humérus ; ils possèdent aussi d'autres points d'origine. La majorité des tendons de ces fléchisseurs sont tenus en place au poignet par un épaississement d'une aponévrose profonde appelée *rétinaculum des fléchisseurs des doigts*.			
MUSCLES DU PLAN SUPERFICIEL				
Rond pronateur (*pronation* = rotation de la paume vers l'arrière)	Muscle composé de deux chefs (huméral et ulnaire) ; dans une vue superficielle, il apparaît entre les bords proximaux du brachio-radial et du fléchisseur radial du carpe ; forme le bord médian du pli du coude	O : face antérieure de l'épicondyle médial de l'humérus ; processus coronoïde de l'ulna I : partie moyenne de la face latérale du radius, par un tendon commun	Pronation de l'avant-bras ; faible fléchisseur du coude	Nerf médian
Fléchisseur radial du carpe	Disposé en diagonale au milieu de l'avant-bras ; à partir de la mi-hauteur, son ventre charnu se termine par un tendon plat qui prend la forme d'un cordon au poignet	O : face antérieure de l'épicondyle médial de l'humérus I : base des métacarpiens II et III ; le tendon d'insertion est bien visible et fournit un point de repère pour trouver, au poignet, l'artère radiale (prise du pouls)	Puissant fléchisseur du poignet ; abduction de la main ; synergique dans la flexion du coude	Nerf médian
Long palmaire (ou petit palmaire)	Petit muscle charnu avec un long tendon d'insertion ; parfois absent ; peut servir de point de repère pour trouver, au poignet, le nerf médian plus latéral	O : face antérieure de l'épicondyle médial de l'humérus I : son tendon grêle s'étale au niveau du carpe et se continue avec l'aponévrose palmaire	Faible fléchisseur du poignet ; tension de l'aponévrose palmaire superficielle pendant les mouvements de la main	Nerf médian

Muscle	Description et situation	Origine (O) et insertion (I)	Action	Innervation
Fléchisseur ulnaire du carpe	Muscle le plus médian de ce groupe; présente deux chefs; le nerf ulnaire passe latéralement à son tendon	O: épicondyle médial de l'humérus, olécrâne et les deux tiers supérieurs de la surface postérieure de l'ulna I: os pisiforme et base des métacarpiens IV et V	Puissant fléchisseur du poignet; adduction de la main de concert avec l'extenseur ulnaire du carpe (loge postérieure); stabilisation du poignet pendant l'extension des doigts	Nerf ulnaire
Fléchisseur superficiel des doigts	Muscle constitué de deux chefs; plus en profondeur que les autres, formant ainsi une couche intermédiaire; recouvert par d'autres muscles mais visible à l'extrémité distale de l'avant-bras	O: épicondyle médial de l'humérus, processus coronoïde de l'ulna; bord antérieur de la diaphyse du radius I: phalanges moyennes des deuxième au cinquième doigts, par quatre tendons	Flexion des poignets et des phalanges moyennes des deuxième au cinquième doigts; constitue un important fléchisseur des doigts quand le mouvement doit être rapide et la flexion effectuée contre une résistance	Nerf médian
MUSCLES DU PLAN PROFOND				
Long fléchisseur du pouce	Partiellement recouvert par le fléchisseur superficiel des doigts; disposé latéralement par rapport au fléchisseur profond des doigts	O: face antérieure du radius et membrane interosseuse antébrachiale I: base de la phalange distale du pouce	Flexion de la phalange distale du pouce; faible fléchisseur du poignet	Nerf médian
Fléchisseur profond des doigts	Origine étendue; entièrement recouvert par le fléchisseur superficiel des doigts	O: face antéro-médiane de l'ulna et membrane interosseuse antébrachiale I: sur la base des phalanges distales des deuxième au cinquième doigts, par quatre tendons	Flexion lente des doigts; contribue à la flexion du poignet; le seul muscle qui peut fléchir les articulations interphalangiennes distales	Portion médiane par le nerf ulnaire; portion latérale par le nerf médian

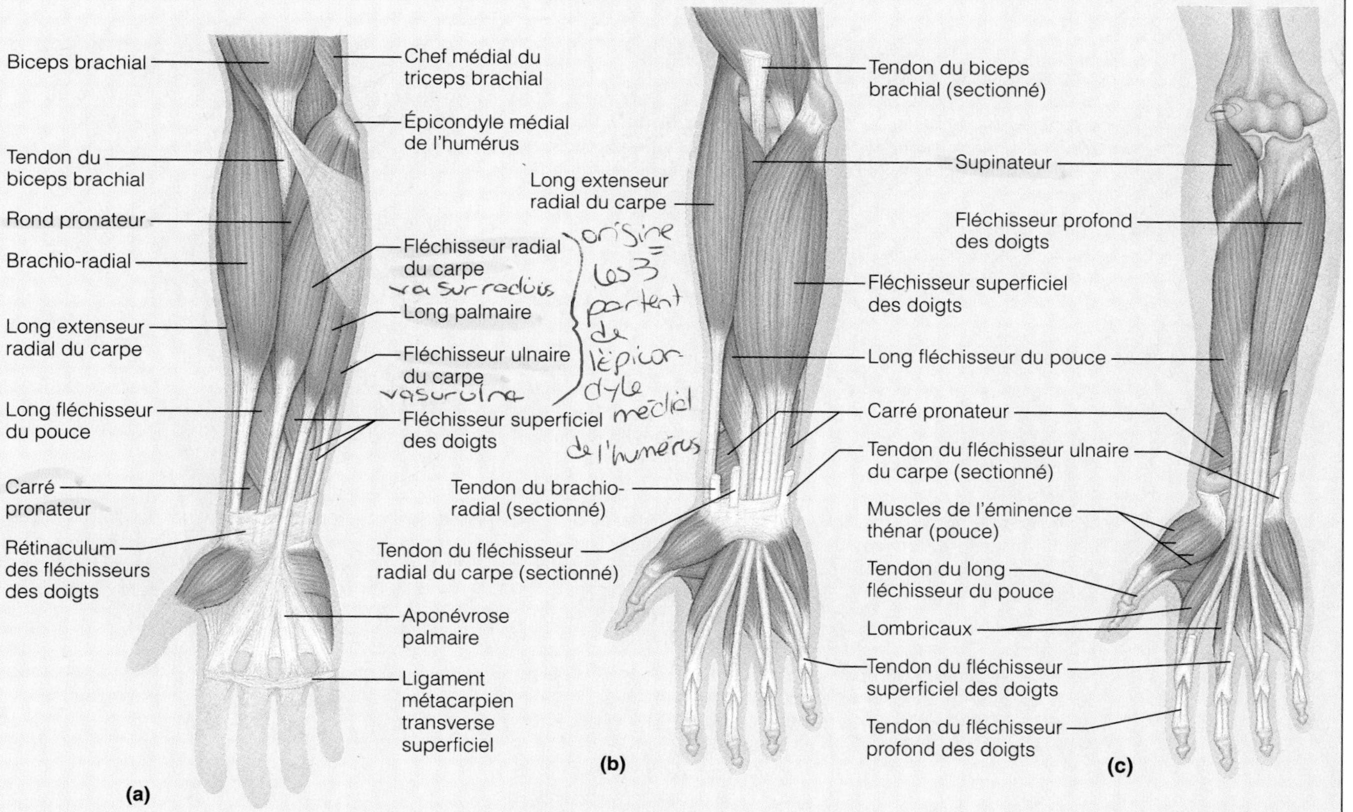

FIGURE 10.15
Muscles de la loge antérieure de l'avant-bras qui agissent sur le poignet et les doigts. (a) Vue superficielle des muscles de la main et de l'avant-bras droits. **(b)** Le brachio-radial, le fléchisseur radial du carpe, le fléchisseur ulnaire du carpe et le long palmaire ont été enlevés pour montrer la situation plus profonde du fléchisseur superficiel des doigts. **(c)** Muscles profonds de la loge antérieure. Les muscles superficiels ont été enlevés. Les lombricaux et le groupe des muscles de l'éminence thénar (muscles intrinsèques de la main) sont aussi représentés.

TABLEAU 10.11	**Muscles de l'avant-bras : mouvements du poignet, de la main et des doigts (figures 10.15 et 10.16)** ***suite***			
Muscle	**Description et situation**	**Origine (O) et insertion (I)**	**Action**	**Innervation**
Carré pronateur	Muscle le plus profond de l'extrémité distale de l'avant-bras ; s'étend vers le bas et latéralement ; le seul muscle qui a l'ulna comme unique point d'origine et qui ne s'insère que sur le radius	O : partie distale et face antérieure du corps de l'ulna I : partie distale et face antérieure du radius	Pronation de l'avant-bras ; action conjointe avec le rond pronateur ; contribue aussi à tenir ensemble l'ulna et le radius	Nerf médian
DEUXIÈME PARTIE : MUSCLES DE LA LOGE POSTÉRIEURE (figure 10.16)	La liste de ces muscles de la loge postérieure du bras est élaborée en allant de la face latérale à la face médiane. Tous les muscles de la loge postérieure du bras sont innervés par le nerf radial ou ses branches. Plus de la moitié prennent naissance sur un tendon extenseur commun attaché à la face postérieure de l'épicondyle latéral de l'humérus et de l'aponévrose adjacente. Les tendons extenseurs sont tenus en place sur la face postérieure du poignet par le *rétinaculum des extenseurs* qui empêche les tendons du poignet de se disposer à la manière de la corde d'un arc lors de son hyperextension. Les muscles extenseurs des doigts se terminent dans de larges expansions (aponévrose dorsale du doigt) sur la face dorsale des doigts.			
MUSCLES DU PLAN SUPERFICIEL				
Long extenseur radial du carpe	Situé sur la face latérale de l'avant-bras, parallèle au brachio-radial qui peut le recouvrir	O : crête de l'épicondyle latéral de l'humérus I : face dorsale de la base du métacarpien II	Extension et abduction du poignet	Nerf radial
Court extenseur radial du carpe	Un peu plus court que le long extenseur radial du carpe qui le recouvre	O : épicondyle latéral de l'humérus I : face dorsale de la base du métacarpien III	Extension et abduction du poignet ; action synergique avec le long extenseur radial du carpe pour stabiliser le poignet pendant la flexion des doigts	Branche profonde du nerf radial
Extenseur commun des doigts	Situé en position médiane par rapport au court extenseur radial du carpe ; une partie distincte de ce muscle, appelée *extenseur du petit doigt*, assure l'extension du petit doigt	O : épicondyle latéral de l'humérus I : aponévrose dorsale du doigt et phalanges distales des deuxième au cinquième doigts par l'intermédiaire de quatre tendons	Rôle d'agoniste dans l'extension des doigts ; extension du poignet ; peut effectuer l'abduction (écartement) des doigts	Nerf interosseux postérieur (branche du nerf radial)
Extenseur ulnaire du carpe	Muscle superficiel postérieur situé en position la plus médiane ; long et mince	O : épicondyle latéral de l'humérus et bord postérieur de l'ulna I : face dorsale de la base du métacarpien V	Extension et adduction du poignet (conjointement avec le fléchisseur ulnaire du carpe)	Nerf interosseux postérieur
MUSCLES DU PLAN PROFOND				
Supinateur (*supination* = rotation de la paume vers l'avant)	Muscle court et profond situé à la face postérieure du coude ; en majeure partie caché par les muscles superficiels	O : partie inférieure de l'épicondyle latéral de l'humérus ; extrémité proximale de l'ulna I : extrémité proximale du radius	Aide le biceps brachial dans la supination de l'avant-bras ; antagoniste des muscles pronateurs	Nerf radial
Long abducteur du pouce (*abduction* = mouvement d'éloignement du plan médian)	Situé latéralement et parallèlement au long extenseur du pouce ; distal par rapport au supinateur	O : faces postérieures du radius et de l'ulna ; membrane interosseuse antébrachiale I : face dorsale de la base du métacarpien I	Abduction et extension du pouce	Nerf interosseux postérieur (branche du nerf radial)
Long et **court extenseur du pouce**	Paire de muscles profonds dont l'origine et l'action sont communes ; recouverts par l'extenseur ulnaire du carpe	O : face postérieure du corps du radius et de l'ulna ; membrane interosseuse antébrachiale I : face dorsale de la base de la phalange proximale (court) et de la phalange distale (long) du pouce	Extension du pouce	Nerf interosseux postérieur
Extenseur de l'index	Muscle minuscule qui prend naissance près du poignet	O : face postérieure de l'extrémité distale de l'ulna ; membrane interosseuse antébrachiale I : aponévrose dorsale de l'index ; rejoint le tendon de l'extenseur commun des doigts	Extension de l'index	Nerf interosseux postérieur

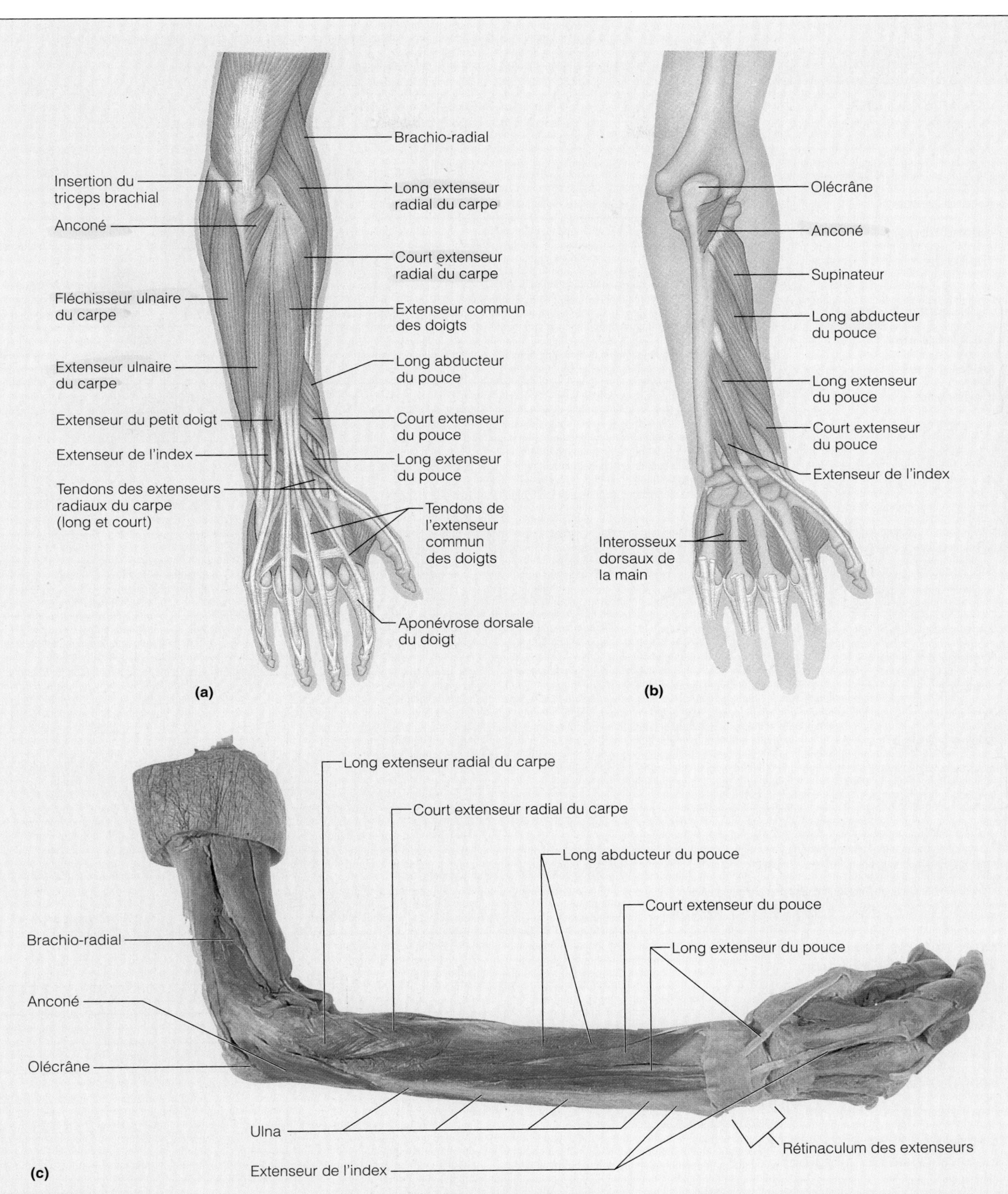

FIGURE 10.16
Muscles de la loge postérieure de l'avant-bras qui agissent sur le poignet et sur les doigts. Le rétinaculum des extenseurs qui tient solidement en place les tendons des extenseurs au poignet est montré en (c). **(a)** Muscles du plan superficiel de l'avant-bras droit, vue postérieure. **(b)** Muscles postérieurs du plan profond de l'avant-bras droit; les muscles superficiels ont été enlevés. Les interosseux dorsaux de la main, la couche la plus profonde des muscles intrinsèques de la main, sont aussi montrés.
(c) Photographie des muscles postérieurs profonds de l'avant-bras; les muscles superficiels ont été enlevés.

10

TABLEAU 10.12 Résumé des actions des muscles qui agissent sur le bras, l'avant-bras et la main (figure 10.17)

Première partie : Muscles qui agissent sur le bras (A = agoniste)	Actions à l'épaule					
	Flexion	Extension	Abduction	Adduction	Rotation médiane	Rotation latérale
Grand pectoral	X (A)			X (A)	X	
Grand dorsal		X (A)		X (A)	X	
Deltoïde	X (A) (fibres antérieures)	X (A) (fibres postérieures)	X (A)		X (fibres antérieures)	X (fibres postérieures)
Subscapulaire					X (A)	
Supra-épineux			X			
Infra-épineux						X (A)
Petit rond				X (faible)		X (A)
Grand rond		X		X	X	
Coraco-brachial	X			X		
Biceps brachial	X					
Triceps brachial				X		

Deuxième partie : Muscles qui agissent sur l'avant-bras	Actions			
	Flexion du coude	Extension du coude	Pronation	Supination
Biceps brachial	X (A)			X
Triceps brachial		X (A)		
Anconé		X		
Brachial	X (A)			
Brachio-radial	X			
Rond pronateur			X	
Carré pronateur			X	
Supinateur				X

Troisième partie : Muscles qui agissent sur le poignet et sur les doigts	Actions sur le poignet				Actions sur les doigts	
	Flexion	Extension	Abduction	Adduction	Flexion	Extension
Loge antérieure :						
Fléchisseur radial du carpe	X (A)		X			
Long palmaire	X (faible)					
Fléchisseur ulnaire du carpe	X (A)			X		
Fléchisseur superficiel des doigts	X (A)				X	
Long fléchisseur du pouce	X (faible)				X (pouce)	
Fléchisseur profond des doigts	X				X	
Loge postérieure :						
Extenseurs radiaux du carpe (long et court)		X	X			
Extenseur commun des doigts		X				X (A) (et abduction)
Extenseur ulnaire du carpe		X		X		
Long abducteur du pouce			X		(Abduction du pouce)	
Long et court extenseurs du pouce						X (pouce)
Extenseur de l'index						X (index)

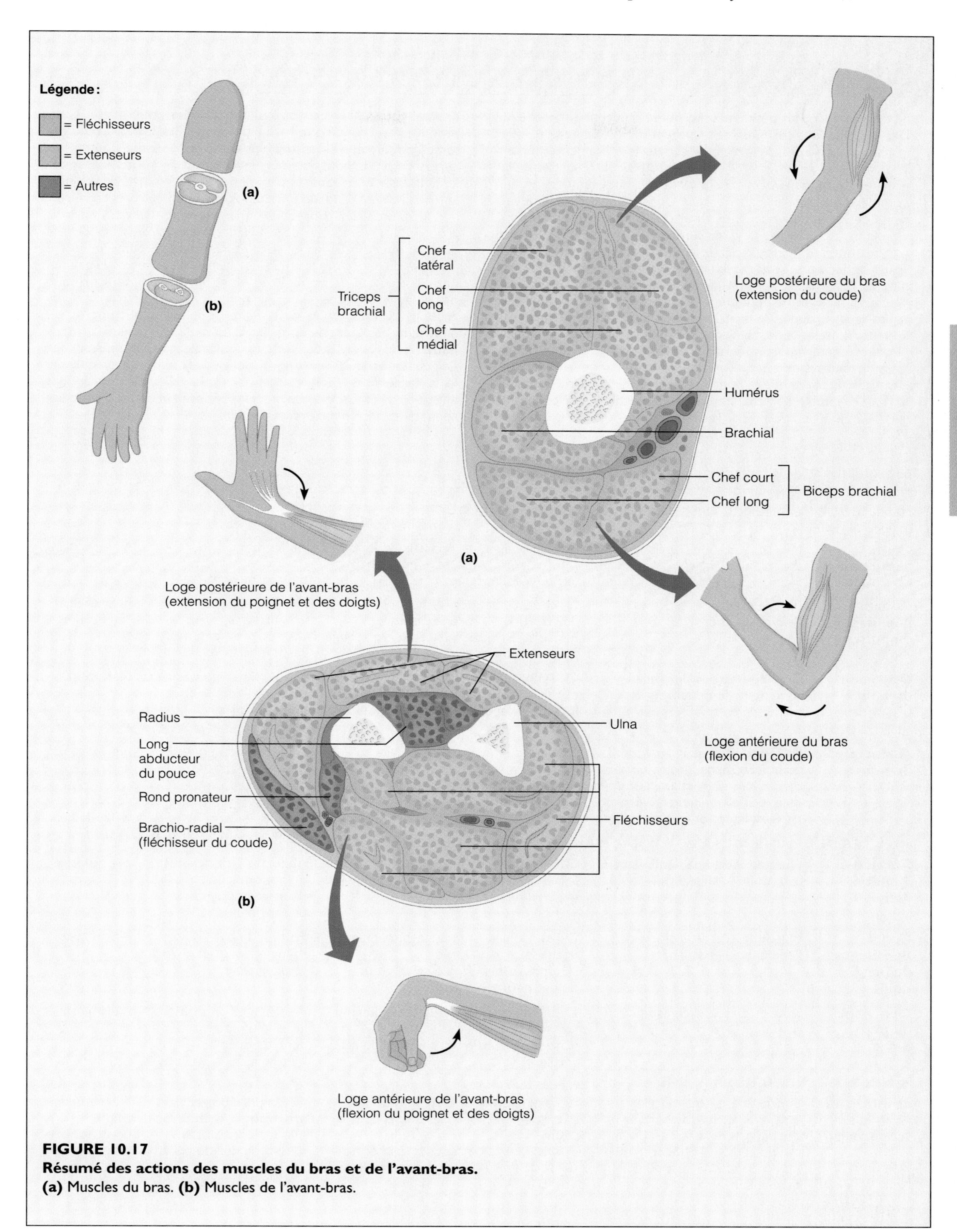

FIGURE 10.17
Résumé des actions des muscles du bras et de l'avant-bras.
(a) Muscles du bras. **(b)** Muscles de l'avant-bras.

TABLEAU 10.13 Muscles intrinsèques de la main : mouvements fins des doigts (figure 10.18)

Ce tableau décrit les petits muscles qui se trouvent entièrement dans la main. Tous ces muscles se situent dans la paume — il n'y en a aucun sur le dos de la main — et tous font bouger les métacarpiens et les doigts. Faibles et de petite taille, les muscles de la main sont essentiellement responsables des mouvements précis (comme mettre un fil dans le chas d'une aiguille) ; les mouvements des doigts qui nécessitent de la puissance (prise de force) reviennent aux muscles de l'avant-bras.

Les muscles intrinsèques de la main comprennent les principaux abducteurs et adducteurs des doigts, de même que les muscles responsables du mouvement d'opposition — mouvement du pouce vers le petit doigt — qui nous permet de saisir des objets dans la paume de la main (p. ex. un manche de marteau). Plusieurs muscles de la main sont spécialisés dans le mouvement du pouce, tandis que plusieurs autres font bouger le petit doigt. Les mouvements du pouce sont différents des mouvements des autres doigts parce que le pouce se trouve à angle droit par rapport à l'ensemble de la main. Le pouce fléchit en se courbant vers le milieu, et non vers l'avant comme les autres doigts. (Placez votre main en position anatomique pour mieux comprendre.) Le pouce s'étire en pointant vers le côté (comme lorsqu'on fait de l'auto-stop), et non vers l'arrière comme les autres doigts. L'abduction des doigts se fait en les étalant latéralement, alors que l'abduction du pouce se fait en le faisant pointer antérieurement. L'adduction du pouce le ramène vers l'arrière.

Les muscles intrinsèques de la paume sont divisés en trois groupes : (1) les muscles de l'*éminence thénar* (saillie arrondie à la base du pouce) ; (2) les muscles de l'*éminence hypothénar* (saillie à la base du petit doigt) ; et (3) les muscles du milieu de la paume. Les muscles des éminences thénar et hypothénar sont presque des images inversées les uns des autres, et chacun de ces groupes comprend un petit fléchisseur, un abducteur et un opposant. Les muscles du milieu de la paume, appelés **lombricaux** et **interosseux,** sont responsables de l'extension des doigts aux articulations interphalangiennes, un mouvement que les extenseurs des doigts situés dans l'avant-bras ne peuvent pas effectuer. Les muscles interosseux sont également les principaux abducteurs et adducteurs des doigts.

Muscle	Description et situation	Origine (O) et insertion (I)	Action	Innervation
MUSCLES DE L'ÉMINENCE THÉNAR (SAILLIE À LA BASE DU POUCE) (*thenar* = paume)				
Court abducteur du pouce	Muscle latéral de l'éminence thénar ; superficiel	O : rétinaculum des fléchisseurs des doigts I : bord latéral de la base de la phalange proximale du pouce	Abduction du pouce (à l'articulation carpo-métacarpienne)	Nerf médian
Court fléchisseur du pouce	Muscle médian et profond de l'éminence thénar	O : rétinaculum des fléchisseurs des doigts et os du carpe adjacents I : face latérale de la base de la phalange proximale du pouce	Flexion du pouce (aux articulations carpo-métacarpienne et métacarpo-phalangienne)	Nerf médian (ou ulnaire)
Opposant du pouce	Situé au-dessous du court abducteur du pouce, sur le métacarpien I	O : rétinaculum des fléchisseurs des doigts et trapèze I : toute la face antérieure du métacarpien I	Opposition : mouvement du pouce vers le bout du petit doigt	Nerf médian
Adducteur du pouce	En forme d'éventail, les fibres étant à l'horizontale ; en position distale par rapport aux autres muscles de l'éminence thénar ; chefs obliques et transversaux	O : base du métacarpien II ; face palmaire du métacarpien III I : face médiane de la base de la phalange proximale du pouce	Adduction du pouce	Nerf ulnaire
MUSCLES DE L'ÉMINENCE HYPOTHÉNAR (SAILLIE À LA BASE DU PETIT DOIGT)				
Abducteur du petit doigt	Muscle médian de l'éminence hypothénar ; superficiel	O : os pisiforme I : face médiane de la phalange proximale du petit doigt	Abduction (et flexion) du petit doigt à l'articulation métacarpo-phalangienne	Nerf ulnaire
Court fléchisseur du petit doigt	Muscle latéral et profond de l'éminence hypothénar	O : os hamatum et rétinaculum des fléchisseurs des doigts I : même insertion que l'abducteur du petit doigt	Flexion du petit doigt à l'articulation métacarpo-phalangienne	Nerf ulnaire
Opposant du petit doigt	Situé au-dessous de l'abducteur du petit doigt	O : même origine que le court fléchisseur du petit doigt I : presque tout le bord médial du métacarpien V	Participe à l'opposition : amène le métacarpien V vers le pouce pour mettre la main en coupe	Nerf ulnaire
MUSCLES DU MILIEU DE LA PAUME				
Lombricaux (*lombricus* = ver de terre)	Groupe de quatre muscles en forme de lombrics et situés dans la paume, à raison de un par doigt (sauf le pouce) ; leur aspect particulier est dû à leur origine sur les tendons d'un autre muscle	O : face latérale de chaque tendon du fléchisseur profond des doigts dans la paume I : bord latéral de l'aponévrose dorsale du doigt sur la phalange proximale des doigts II à V	Flexion des doigts aux articulations métacarpo-phalangiennes, mais extension des doigts aux articulations interphalangiennes	Nerf médian (deux branches latérales) et nerf ulnaire (deux branches médianes)

Muscle	Description et situation	Origine (O) et insertion (I)	Action	Innervation
Interosseux palmaires	Groupe de quatre muscles longs en forme de cône, situés entre les métacarpiens, du côté palmaire de la main par rapport aux interosseux dorsaux	O: sur chaque métacarpien, sur le côté qui fait face à l'axe médian de la main (métacarpien III, où ce muscle est absent) I: aponévrose dorsale du doigt sur la phalange proximale de chaque doigt (sauf le troisième), du côté qui fait face à l'axe médian de la main	Adduction des doigts: traction des doigts vers le troisième doigt; agissent avec les lombricaux dans l'extension des doigts aux articulations interphalangiennes et dans leur flexion aux articulations métacarpo-phalangiennes	Nerf ulnaire
Interosseux dorsaux de la main	Groupe de quatre muscles bipennés situés entre les métacarpiens; les plus profonds des muscles palmaires, visibles sur la face dorsale de la main (figure 10.15b)	O: faces latérales des métacarpiens I: aponévrose dorsale du doigt sur la phalange proximale des doigts II à IV du côté opposé à l'axe médian de la main (doigt III), mais des *deux* côtés du doigt III	Abduction (écartement) des doigts; extension des doigts aux articulations interphalangiennes et flexion des doigts aux articulations métacarpo-phalangiennes	Nerf ulnaire

(a) Première couche superficielle

(b) Seconde couche

(c) Interosseux palmaires

(d) Interosseux dorsaux de la main

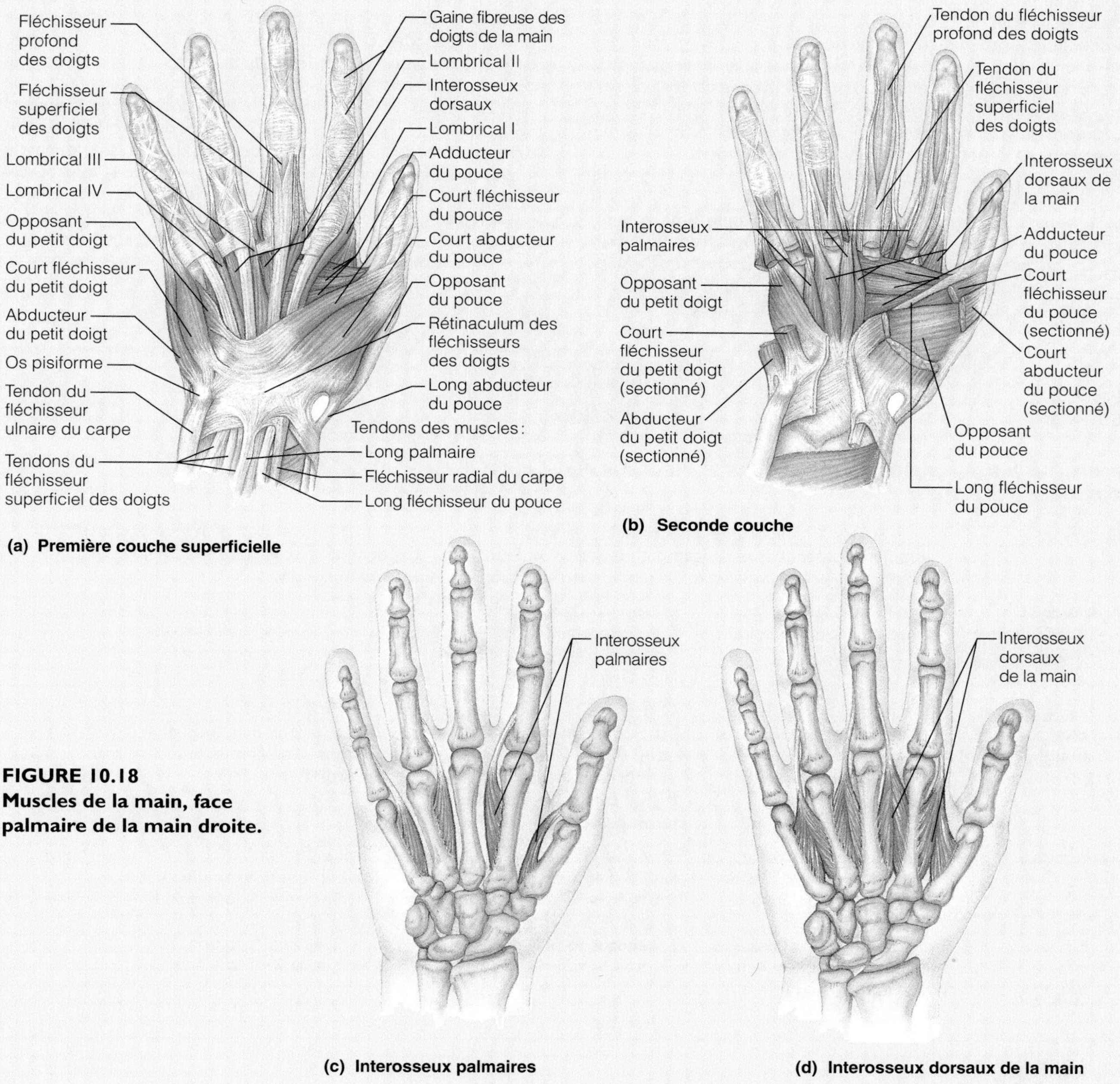

FIGURE 10.18
Muscles de la main, face palmaire de la main droite.

10

TABLEAU 10.14 Muscles qui croisent les articulations de la hanche et du genou : mouvements de la cuisse et de la jambe (figures 10.19 et 10.20)

Il est difficile de séparer en groupes, sur une base fonctionnelle, les muscles qui forment la partie charnue de la cuisse. Certains muscles de la cuisse n'agissent qu'à l'articulation de la hanche ou seulement à celle du genou, tandis que d'autres jouent un rôle aux deux endroits. Il n'est pas non plus satisfaisant de classer ces muscles en fonction de leur situation car des muscles situés à un même endroit ont souvent des actions très différentes. Toutefois, les muscles les *plus antérieurs* de la hanche et de la cuisse vont en général favoriser la flexion du fémur à la hanche et l'extension de la jambe au genou, ce qui constitue le mouvement de la première phase de la marche. En revanche, les muscles *postérieurs* de la hanche et de la cuisse assurent, pour la plupart, l'extension de la cuisse et la flexion de la jambe, c'est-à-dire la deuxième phase de la marche. Le troisième groupe de muscles de cette région, les muscles de la partie *médiane* de la cuisse (adducteurs), provoquent l'adduction de la cuisse ; ils sont sans effet sur la jambe. Les muscles antérieurs, postérieurs et adducteurs de la cuisse sont séparés, par des cloisons d'aponévroses, en *loges antérieure*, *postérieure* et *médiane* (voir la figure 10.24a). Le *fascia lata* (aponévrose fémorale) entoure et enveloppe les trois groupes de muscles comme un bas de soutien.

Les mouvements de la cuisse (provoqués à l'articulation de la hanche) sont accomplis, en majeure partie, par des muscles qui prennent leur origine sur la ceinture pelvienne. Tout comme l'articulation de l'épaule, celle de la hanche est une articulation sphéroïde qui permet la flexion, l'extension, l'abduction, l'adduction, la circumduction et la rotation. Les muscles qui assurent ces mouvements sont parmi les plus puissants du corps humain.

Les *fléchisseurs* de la cuisse passent en majeure partie devant l'articulation de la hanche. Les plus importants parmi ceux-ci sont l'**ilio-psoas,** le **tenseur du fascia lata** et le **droit de la cuisse** ; ils sont assistés par les **muscles adducteurs** de la partie médiane de la cuisse et par le **sartorius,** qui ressemble à un ruban. L'ilio-psoas est l'agoniste dans la flexion de la cuisse.

L'*extension* de la cuisse s'effectue surtout grâce aux gros **muscles de la loge postérieure de la cuisse.** Cependant, au cours d'une extension forcée, le **grand glutéal** entre en action. Les muscles glutéaux situés latéralement par rapport à l'articulation de la hanche (**moyen** et **petit glutéaux**) assurent l'*abduction* de la cuisse et sa rotation médiane. Six petits muscles profonds de la région glutéale, appelés **rotateurs latéraux,** s'opposent à la rotation médiane. L'adduction de la cuisse est assurée par les muscles adducteurs de la partie médiane de la cuisse. L'abduction et l'adduction sont très importantes au cours de la marche pour garder le poids du corps en équilibre sur le membre qui repose au sol.

La flexion et l'extension sont les principaux mouvements de l'articulation du genou. Le seul *extenseur* du genou est le **quadriceps fémoral** de la partie antérieure de la cuisse, le muscle le plus puissant du corps humain. Les muscles de la loge postérieure de la cuisse sont les antagonistes du quadriceps ; ils sont les principaux agonistes dans la flexion du genou et assurent la rotation de la jambe lorsque les genoux sont en semi-flexion.

Les actions des muscles décrits ici sont résumées dans le tableau 10.16 (première partie).

Muscle	Description et situation	Origine (O) et insertion (I)	Action	Innervation
PREMIÈRE PARTIE : MUSCLES ANTÉRIEURS ET MÉDIANS (figure 10.19) **ORIGINE SUR LE BASSIN**				
Ilio-psoas	L'ilio-psoas est composé de deux muscles étroitement apparentés l'un à l'autre (iliaque et grand psoas) ; leurs fibres passent sous le ligament inguinal (voir le tableau 10.6 [oblique externe de l'abdomen] et la figure 10.11) pour s'insérer sur le fémur par l'intermédiaire d'un tendon commun			
• **Iliaque (chef iliaque de l'ilio-psoas)** (*ilia* = flancs)	Grand muscle en forme d'éventail situé en position la plus latérale	O : fosse iliaque interne I : petit trochanter du fémur par l'intermédiaire du tendon de l'ilio-psoas	L'ilio-psoas est l'agoniste dans la flexion de la hanche ; flexion de la cuisse sur le tronc lorsque le bassin est fixe	Nerf fémoral
• **Grand psoas (chef lombal de l'ilio-psoas)** (*psoa* = lombes)	Muscle le plus long, le plus épais et dans la position la plus médiane de la paire. (C'est le filet mignon du boucher.)	O : par des fibres charnues sur les processus transverses, les corps et les disques intervertébraux des vertèbres lombales et de T_{12} I : petit trochanter du fémur par l'intermédiaire du tendon de l'ilio-psoas	Comme ci-dessus ; effectue aussi la flexion latérale de la colonne vertébrale ; rôle postural important	Branches des nerfs lombaux L_1 à L_3
Sartorius	Muscle superficiel rubané qui croise obliquement la face antérieure de la cuisse vers le genou ; le plus long muscle du corps humain ; croise les articulations de la hanche et du genou	O : épine iliaque antéro-supérieure I : s'incurve autour de la face médiane du genou et s'insère sur la face médiane de l'extrémité proximale du tibia	Flexion et rotation latérale de la cuisse ; flexion du genou (faible) ; appelé aussi « couturier » parce qu'il permet de prendre la position typique du tailleur (jambes croisées)	Nerf fémoral

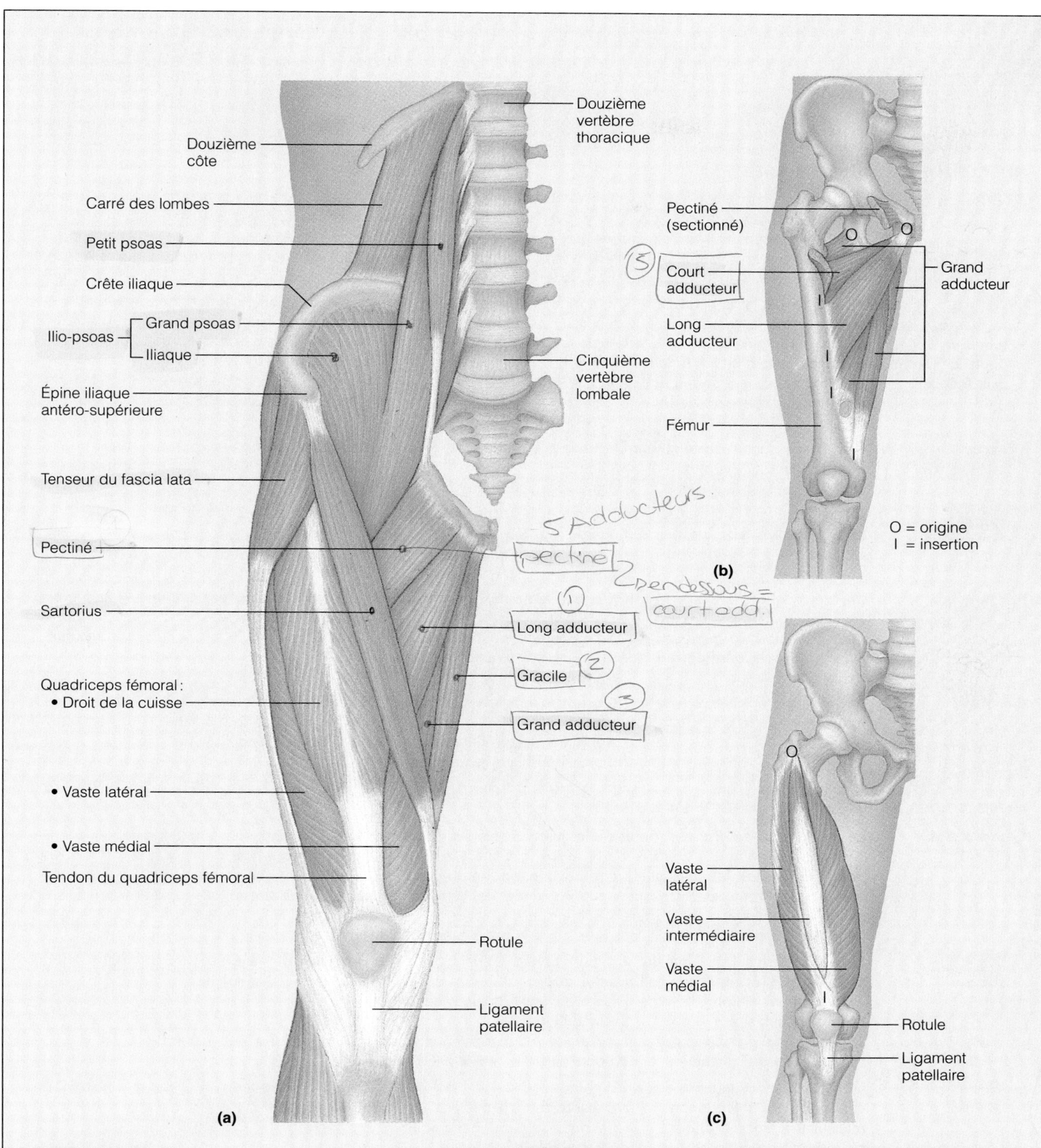

FIGURE 10.19
Muscles antérieurs et médians qui assurent les mouvements de la cuisse et de la jambe. (a) Vue antérieure des muscles profonds du bassin et des muscles superficiels de la cuisse droite. **(b)** Muscles adducteurs de la loge médiane de la cuisse. Les autres muscles ont été enlevés afin de rendre visibles les points d'origine et d'insertion des muscles adducteurs. **(c)** Les muscles vastes du groupe du quadriceps. Le droit de la cuisse du groupe du quadriceps et les muscles qui l'entourent ont été enlevés pour montrer les points d'attache et l'étendue des muscles vastes.

TABLEAU 10.14 Muscles qui croisent les articulations de la hanche et du genou : mouvements de la cuisse et de la jambe (figures 10.19 et 10.20) *suite*

Muscle	Description et situation	Origine (O) et insertion (I)	Action	Innervation
MUSCLES DE LA LOGE MÉDIANE DE LA CUISSE				
Adducteurs	Masse musculaire importante composée de trois muscles (grand, long et court) qui forment la face médiane de la cuisse ; ils naissent sur la partie inférieure du bassin et s'insèrent à différents niveaux sur le fémur ; ces trois muscles sont en activité pendant les mouvements qui permettent de serrer les genoux, en chevauchant une monture, par exemple ; importants dans les mouvements de bascule du bassin qui se produisent pendant la marche et pour fixer la hanche lorsque l'articulation du genou est fléchie ; l'ensemble est innervé par le nerf obturateur			
• **Grand adducteur** (*adduction* = déplacer vers le plan médian)	Muscle triangulaire possédant une insertion large ; composé de faisceaux ; son action est en partie celle d'un adducteur et en partie celle d'un muscle de la loge postérieure de la cuisse	O : branche ischio-pubienne et tubérosité ischiatique I : ligne âpre et épicondyle médial du fémur	Partie antérieure : adduction, rotation médiane et flexion de la cuisse ; partie postérieure : action synergique avec les muscles de la loge postérieure pendant l'extension de la cuisse	Nerfs obturateur et ischiatique
• **Long adducteur**	Recouvre la face médiane du grand adducteur ; le plus antérieur des adducteurs	O : pubis près de la symphyse pubienne I : ligne âpre (tiers moyen)	Adduction, flexion et rotation médiane de la cuisse	Nerf obturateur
• **Court adducteur**	En rapport avec l'obturateur externe ; en majeure partie caché par le long adducteur et le pectiné	O : corps et branche inférieure du pubis I : ligne âpre au-dessus du long adducteur	Adduction et rotation médiane de la cuisse	Nerf obturateur
Pectiné (*pecten* = peigne)	Muscle court et plat ; recouvre le court adducteur à l'extrémité proximale de la cuisse ; adjacent à la partie médiane du long adducteur	O : pecten du pubis (et branche supérieure) I : face postérieure du fémur, sous le petit trochanter (ligne pectinée) du fémur	Adduction, flexion et rotation médiane de la cuisse	Nerf fémoral et parfois nerf obturateur
Gracile	Muscle superficiel, étroit et effilé de la partie médiane de la cuisse	O : branche inférieure et corps du pubis I : surface médiane du tibia (tubérosité tibiale) juste sous son condyle médial	Adduction de la cuisse, flexion et rotation médiane de la jambe, pendant la marche en particulier	Nerf obturateur
MUSCLES DE LA LOGE ANTÉRIEURE DE LA CUISSE				
Quadriceps fémoral	Le quadriceps fémoral est composé de quatre chefs distincts (*quadriceps* = quatre chefs) qui forment la partie charnue du devant et des côtés de la cuisse ; ces chefs (droit de la cuisse, vastes intermédiaire, médial et latéral) possèdent un tendon d'insertion commun, le tendon du quadriceps, qui s'insère sur la rotule et, par l'intermédiaire du ligament patellaire, sur la tubérosité tibiale. Le quadriceps est un puissant extenseur de l'articulation du genou qui sert à grimper, à sauter, à courir et à se lever de la position assise ; le groupe est innervé par le nerf fémoral ; la tonicité du quadriceps joue un rôle important dans le renforcement de l'articulation du genou			
• **Droit de la cuisse**	Muscle superficiel de la partie antérieure de la cuisse ; descend verticalement, le long de la cuisse ; le chef le plus long et le seul muscle du groupe à croiser l'articulation de la hanche	O : deux tendons, l'un sur l'épine iliaque antéro-inférieure et l'autre sur le bord supérieur de l'acétabulum I : rotule et tubérosité antérieure du tibia par le ligament patellaire	Extension du genou et flexion de la cuisse à la hanche	Nerf fémoral
• **Vaste latéral**	Constitue la face latérale de la cuisse ; point d'injection intramusculaire courant, en particulier chez le nourrisson (dont les muscles des fesses et des bras sont peu développés)	O : grand trochanter, ligne intertrochantérique, ligne âpre I : même insertion que le droit de la cuisse	Extension du genou	Nerf fémoral
• **Vaste médial**	Constitue la face inféro-médiane de la cuisse	O : ligne âpre, ligne intertrochantérique I : même insertion que le droit de la cuisse	Extension du genou ; stabilisation de la rotule par les fibres inférieures	Nerf fémoral
• **Vaste intermédiaire**	Recouvert par le droit de la cuisse ; situé entre le vaste latéral et le vaste médial sur la face antérieure de la cuisse	O : faces antérieure et latérale de la diaphyse à l'extrémité proximale du fémur I : même insertion que le droit de la cuisse	Extension du genou	Nerf fémoral

Muscle	Description et situation	Origine (O) et insertion (I)	Action	Innervation
Tenseur du fascia lata (*tensum* = tendre; *fascia* = bande; *lata* = large)	Enveloppé par les cloisons d'aponévrose de la face antéro-latérale de la cuisse; apparenté fonctionnellement aux rotateurs médians et aux fléchisseurs de la cuisse	O: face antérieure de la crête iliaque et épine iliaque antéro-supérieure I: tractus ilio-tibial*	Flexion et abduction de la cuisse (par conséquent, synergique de l'ilio-psoas et des moyen et petit glutéaux); rotation médiane de la cuisse; stabilise le tronc sur la cuisse en tendant le tractus ilio-tibial	Nerf glutéal supérieur
DEUXIÈME PARTIE: MUSCLES POSTÉRIEURS (figure 10.20) **MUSCLES GLUTÉAUX — ORIGINE SUR LE BASSIN**				
Grand glutéal	Le plus volumineux et le plus superficiel des muscles glutéaux; constitue l'essentiel de la masse de la fesse; formé de grosses fibres; important point d'injection intramusculaire (point dorso-fessier); recouvre le nerf ischiatique; recouvre la tubérosité ischiatique seulement dans la station debout; dans la position assise, se déplace vers le haut, dégageant ainsi la tubérosité ischiatique	O: partie postérieure de la crête iliaque, face postérieure du sacrum et côté du coccyx I: tubérosité glutéale du fémur et tractus ilio-tibial	Principal extenseur de la cuisse; complexe, puissant et plus efficace lorsque la cuisse est fléchie et qu'il faut exercer une force, par exemple en se relevant d'une position de flexion vers l'avant et en poussant la cuisse postérieurement (monter un escalier et courir); généralement inactif durant la marche; rotation latérale de la cuisse; antagoniste de l'ilio-psoas	Nerf glutéal inférieur
Moyen glutéal	Muscle épais en grande partie recouvert par le grand glutéal; point important pour les injections intramusculaires (point ventro-fessier); considéré comme plus sûr que le point dorso-fessier car il réduit les risques de toucher le nerf ischiatique	O: entre les lignes glutéales antérieure et postérieure, sur la face latérale de l'ilium I: sur la face latérale du grand trochanter du fémur par un court tendon	Abduction et rotation médiane de la cuisse; stabilisation du bassin; son action est extrêmement importante pour la marche, car le muscle de la jambe d'appui s'oppose (abduction) à la tendance du bassin à basculer en avant du côté qui n'est plus supporté par le pied soulevé du sol	Nerf glutéal supérieur
Petit glutéal	Le plus petit et le plus profond des muscles glutéaux	O: entre les lignes glutéales antérieure et inférieure sur la face externe de l'ilium I: bord antérieur du grand trochanter du fémur	Même action que le moyen glutéal	Nerf glutéal supérieur
ROTATEURS LATÉRAUX				
Piriforme (*pirum* = poire)	Muscle triangulaire situé sur la face postérieure de l'articulation de la hanche; au-dessous du petit glutéal; prend son origine sur le bassin par la grande incisure ischiatique	O: face antéro-latérale du sacrum (du côté opposé à la grande incisure ischiatique) I: bord supérieur du grand trochanter du fémur	Rotation latérale de la cuisse; à cause de son insertion au-dessus de la tête du fémur, il peut aussi promouvoir l'abduction de la cuisse lorsque la hanche est fléchie; stabilisation de l'articulation de la hanche	S_1 et S_2, L_5
Obturateur externe	Muscle triangulaire plat situé en profondeur dans la face supérieure médiane de la cuisse	O: face externe de la membrane obturatrice, du pubis et de l'ischium; bords du foramen obturé I: par un tendon, dans la fosse trochantérique, face postérieure du fémur	Rotation latérale de la cuisse et stabilisation de l'articulation de la hanche	Nerf obturateur

* Le tractus ilio-tibial est un épaississement de la portion latérale du *fascia lata* (l'aponévrose qui enveloppe tous les muscles de la cuisse). Ce tractus est une membrane tendineuse qui s'étend de la crête iliaque jusqu'au genou (voir la figure 10.20a).

TABLEAU 10.14 Muscles qui croisent les articulations de la hanche et du genou : mouvements de la cuisse et de la jambe (figures 10.19 et 10.20) *suite*

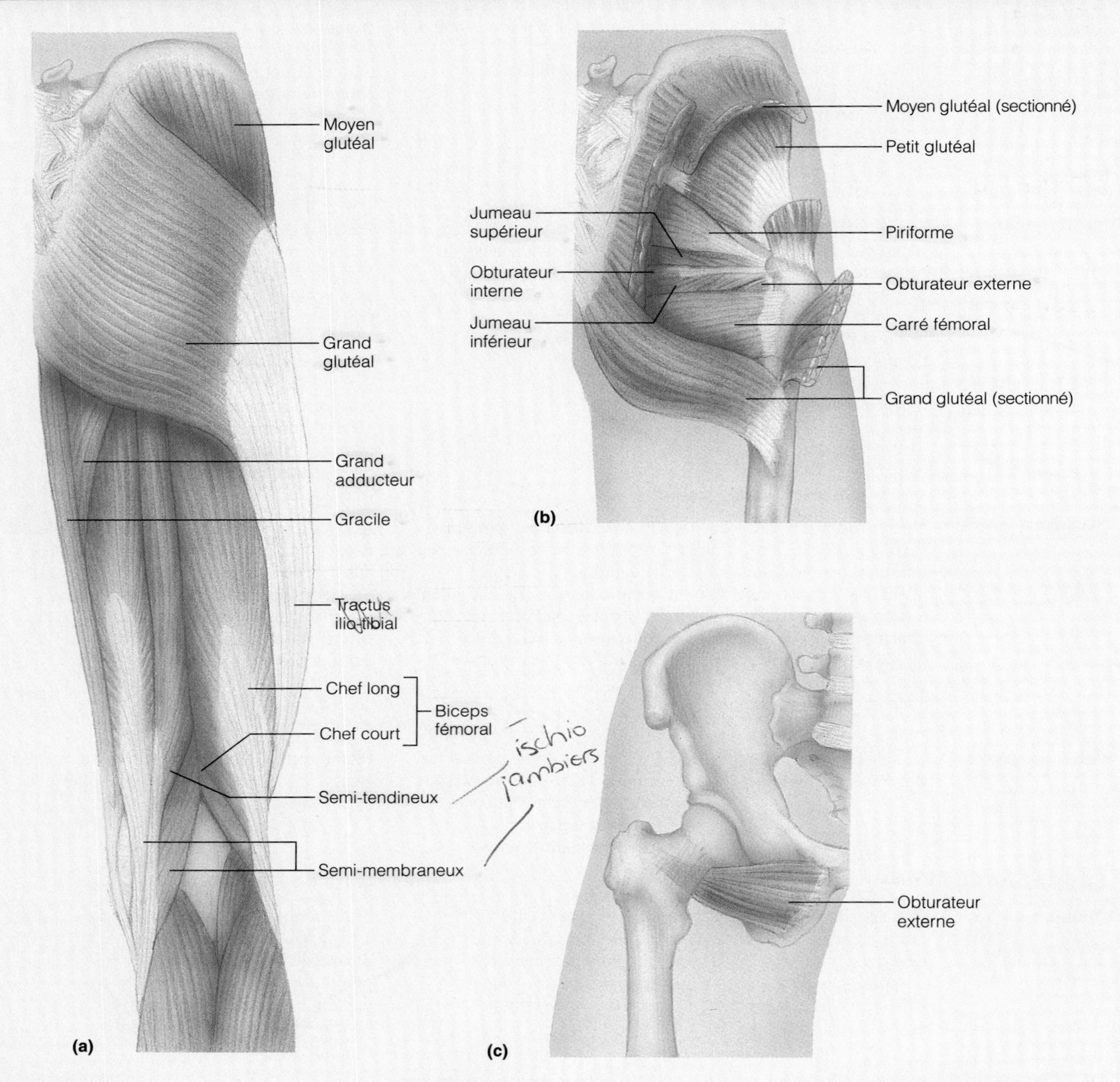

FIGURE 10.20
Muscles postérieurs de la hanche et de la cuisse droite. (a) Vue superficielle montrant les muscles glutéaux et les muscles de la loge postérieure de la cuisse. **(b)** Muscles profonds de la région glutéale dont l'action principale est la rotation latérale de la cuisse. Les grand et moyen glutéaux ont été enlevés. **(c)** Vue antérieure de l'obturateur externe isolé, montrant sa course à partir de son origine sur la face antérieure du bassin jusqu'à la face postérieure du fémur.

Muscle	Description et situation	Origine (O) et insertion (I)	Action	Innervation
Obturateur interne	Entoure la face interne du foramen obturé (dans le bassin); quitte le bassin par la petite incisure ischiatique, tourne à angle aigu et se dirige vers l'avant pour s'insérer sur le fémur	O: face interne de la membrane obturatrice, grande incisure ischiatique et bords du foramen obturé I: grand trochanter du fémur devant le piriforme	Même action que l'obturateur externe	L_5, S_1, S_2 et S_3
Jumeau, supérieur et inférieur	Deux petits muscles possédant des insertions et des actions communes; considérés comme les portions extrapelviennes de l'obturateur interne	O: épine ischiatique (supérieur); tubérosité ischiatique (inférieur) I: grand trochanter du fémur	Rotation latérale de la cuisse et stabilisation de l'articulation de la hanche	L_4, L_5 et S_1
Carré fémoral	Muscle court et épais; le plus inférieur des muscles rotateurs latéraux; s'étend latéralement à partir du bassin	O: tubérosité ischiatique I: grand trochanter du fémur	Rotation latérale de la cuisse et stabilisation de l'articulation de la hanche	Nerf ischiatique (L_4, L_5, S_1 et S_2)
MUSCLES DE LA LOGE POSTÉRIEURE DE LA CUISSE				
	Terme désignant trois muscles charnus de la partie postérieure de la cuisse (biceps fémoral, semi-tendineux et semi-membraneux); ces muscles croisent les articulations de la hanche et du genou et sont agonistes dans l'extension de la cuisse et dans la flexion du genou; le groupe a un point d'origine commun et est innervé par le nerf ischiatique; les actions de ces muscles doivent être envisagées selon que c'est l'une ou l'autre des articulations croisées qui est fixe; par exemple, si le genou est fixe (en extension), les muscles provoquent l'extension de la hanche; si la hanche est en extension, ils assurent la flexion du genou; toutefois, lorsque les muscles de la loge postérieure sont étirés, ils ont tendance à restreindre l'exécution des mouvements antagonistes; par exemple, si les genoux sont en complète extension, il est difficile de fléchir entièrement la hanche (et de toucher ses orteils), et lorsque la cuisse est complètement fléchie comme pour dégager un ballon, il est presque impossible d'accomplir l'extension complète de la jambe en même temps (sans pratique intensive); le claquage des muscles de la loge postérieure est une blessure courante chez les athlètes qui courent beaucoup			
• **Biceps fémoral** (*biceps* = deux chefs)	Muscle le plus latéral du groupe; composé de deux chefs	O: tubérosité ischiatique (chef long); ligne âpre et extrémité distale du fémur (chef court) I: le tendon commun descend latéralement (formant le bord latéral du creux poplité) pour s'insérer sur la tête de la fibula et sur le condyle latéral du tibia	Extension de la cuisse et flexion du genou; rotation latérale de la jambe, spécialement lorsque le genou est fléchi	Nerf ischiatique
• **Semi-tendineux**	Situé en position médiane par rapport au biceps fémoral; malgré son nom qui suggère que ce muscle est en grande partie tendineux, il est très charnu; son mince tendon n'apparaît qu'au tiers inférieur de la cuisse	O: tubérosité ischiatique par un tendon commun avec le chef long du biceps fémoral I: face médiane de la partie supérieure du corps du tibia	Extension de la cuisse sur la hanche; flexion du genou; rotation médiane de la jambe avec le semi-membraneux	Nerf ischiatique
• **Semi-membraneux**	Situé sous le semi-tendineux	O: tubérosité ischiatique I: condyle médial du tibia (face postérieure)	Extension de la cuisse et flexion du genou; rotation médiane de la jambe	Nerf ischiatique

TABLEAU 10.15 Muscles de la jambe : mouvements de la cheville et des orteils (figures 10.21 à 10.23)

L'aponévrose profonde de la jambe forme une enveloppe en continuité avec le fascia lata qui engaine les muscles de la cuisse. Elle retient fermement les muscles de la jambe, à la façon d'un « mi-bas » serré sous la peau, et contribue à empêcher le gonflement exagéré des muscles durant un exercice physique et à promouvoir le retour veineux. Ses prolongements vers l'intérieur séparent les muscles de la jambe en *loges antérieure*, *latérale* et *postérieure* (voir la figure 10.24b), chacune possédant son innervation et sa vascularisation propres. À l'extrémité distale, l'aponévrose de la jambe s'épaissit pour former le **rétinaculum des muscles fléchisseurs des orteils,** les **rétinaculums inférieur** et **supérieur des muscles extenseurs** et les **rétinaculums inférieur** et **supérieur des muscles fibulaires,** qui maintiennent fermement à la cheville les tendons des muscles lorsqu'ils la croisent pour se diriger vers le pied.

Selon leur situation et leur position, les divers muscles de la jambe assurent les mouvements de la cheville (dorsiflexion et flexion plantaire), des articulations intertarsiennes (inversion et éversion du pied) ou de celles des orteils (flexion et extension). Les muscles de la *loge antérieure* de la jambe (**tibial antérieur, long extenseur des orteils, long extenseur de l'hallux** et **troisième fibulaire**) sont les principaux responsables de l'*extension* des orteils et de la dorsiflexion de la cheville. La dorsiflexion n'est pas un mouvement puissant, mais elle joue un rôle non négligeable : c'est elle qui empêche les orteils de traîner pendant la marche. Les muscles de la loge latérale (**long fibulaire** et **court fibulaire**) effectuent la flexion plantaire et l'éversion du pied. Les muscles de la *loge postérieure* (**gastrocnémien, soléaire, tibial postérieur, long fléchisseur des orteils** et **long fléchisseur de l'hallux**) sont les principaux *fléchisseurs* plantaires du pied et fléchisseurs des orteils. La flexion plantaire est le mouvement le plus puissant de la cheville (et du pied) car il soulève tout le poids du corps. Ce mouvement est essentiel pour se tenir debout sur la pointe des pieds et pour fournir la propulsion nécessaire à la marche et la course. Le **muscle poplité** qui croise l'articulation du genou permet de « déverrouiller » le genou en extension avant d'effectuer sa flexion.

Les très petits muscles intrinsèques de la plante du pied (lombricaux du pied, interosseux dorsaux du pied et de nombreux autres) sont décrits séparément dans le tableau 10.17.

Les actions des muscles du présent tableau sont résumées dans le tableau 10.16 (deuxième partie).

Muscle	Description et situation	Origine (O) et insertion (I)	Action	Innervation
PREMIÈRE PARTIE : MUSCLES DE LA LOGE ANTÉRIEURE (figures 10.21 et 10.22)				
	Tous les muscles de la loge antérieure effectuent la dorsiflexion de la cheville et possèdent une innervation commune, le nerf fibulaire profond. La paralysie de ce groupe de muscles provoque le *pied tombant* ; il faut alors lever la jambe plus haut en marchant pour éviter de trébucher. Le syndrome tibial antérieur est une affection inflammatoire douloureuse des muscles de cette région.			
Tibial antérieur	Muscle superficiel de la partie antérieure de la jambe ; longe latéralement la crête tibiale	O : condyle latéral et les deux tiers supérieurs de la face latérale du tibia ; membrane interosseuse de la jambe I : par un tendon, sur la face inférieure du cunéiforme médial et à la base du métatarsien I	Agoniste dans la dorsiflexion ; inversion du pied ; contribue au maintien de l'arc plantaire longitudinal médial	Nerf fibulaire profond
Long extenseur des orteils	Sur la face antéro-latérale de la jambe ; en position latérale par rapport au tibial antérieur	O : condyle latéral du tibia ; les trois quarts proximaux de la fibula, face antérieure ; membrane interosseuse de la jambe I : deuxième et troisième phalanges des orteils II à V	Dorsiflexion du pied ; agoniste dans l'extension des orteils (agit surtout sur les articulations métatarso-phalangiennes)	Nerf fibulaire profond
Troisième fibulaire	Petit muscle ; habituellement en continuité et fusionné avec la partie distale du long extenseur des orteils ; pas toujours présent	O : extrémité distale (dernier tiers) de la face antérieure de la fibula et membrane interosseuse de la jambe I : le tendon passe devant la malléole latérale et s'insère sur le dos et à la base du métatarsien V	Dorsiflexion et éversion du pied	Nerf fibulaire profond
Long extenseur de l'hallux	Sous le long extenseur des orteils et le tibial antérieur ; point d'origine étroit	O : corps antéro-médian de la fibula et membrane interosseuse de la jambe I : le tendon s'insère sur la base de la phalange distale du gros orteil	Extension du gros orteil ; dorsiflexion et inversion du pied	Nerf fibulaire profond

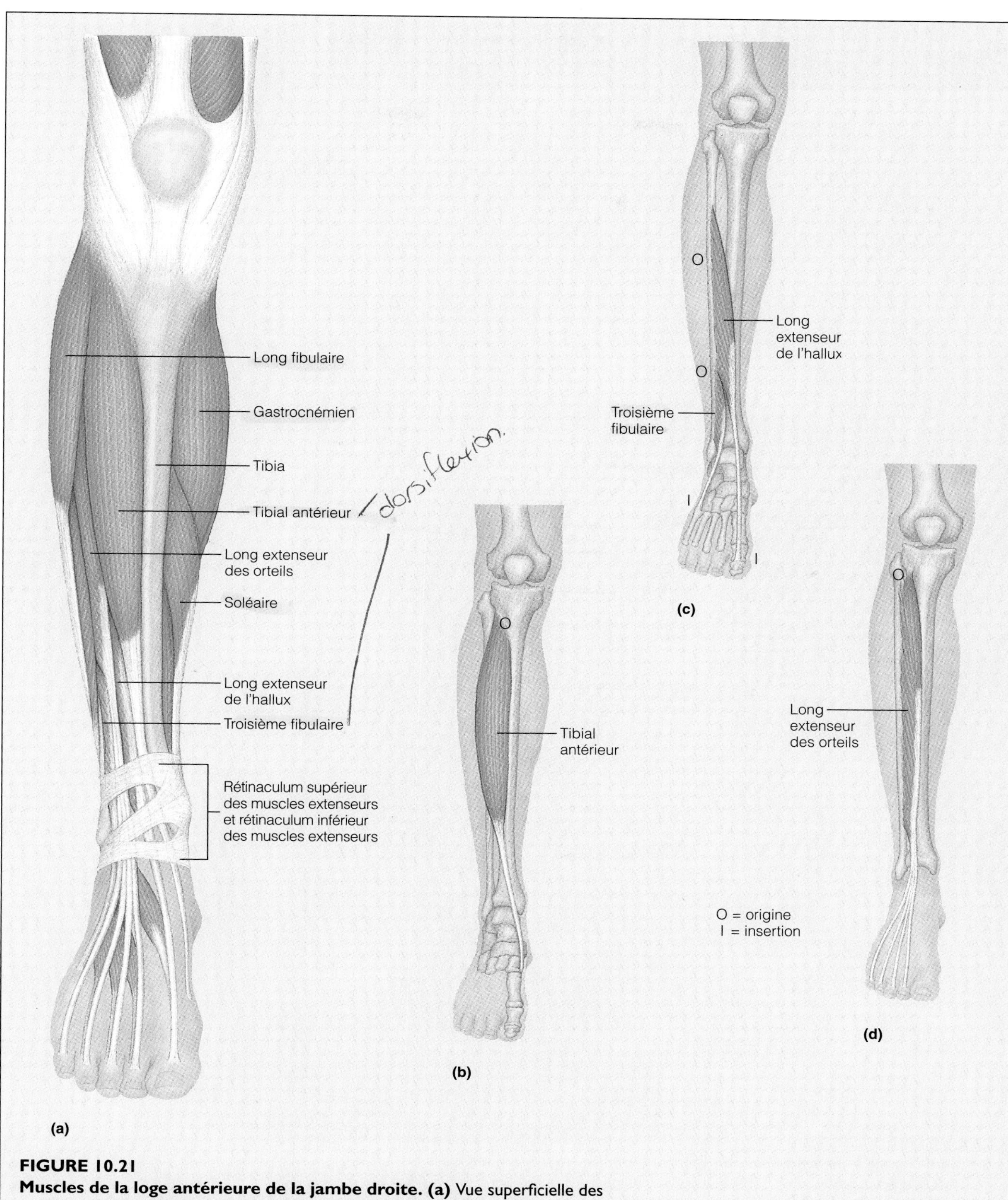

FIGURE 10.21
Muscles de la loge antérieure de la jambe droite. (a) Vue superficielle des muscles antérieurs de la jambe. **(b-d)** Quelques-uns des mêmes muscles montrés individuellement pour mettre en évidence leurs origines et leurs insertions.

10

10

TABLEAU 10.15 Muscles de la jambe : mouvements de la cheville et des orteils (figures 10.21 à 10.23) *suite*

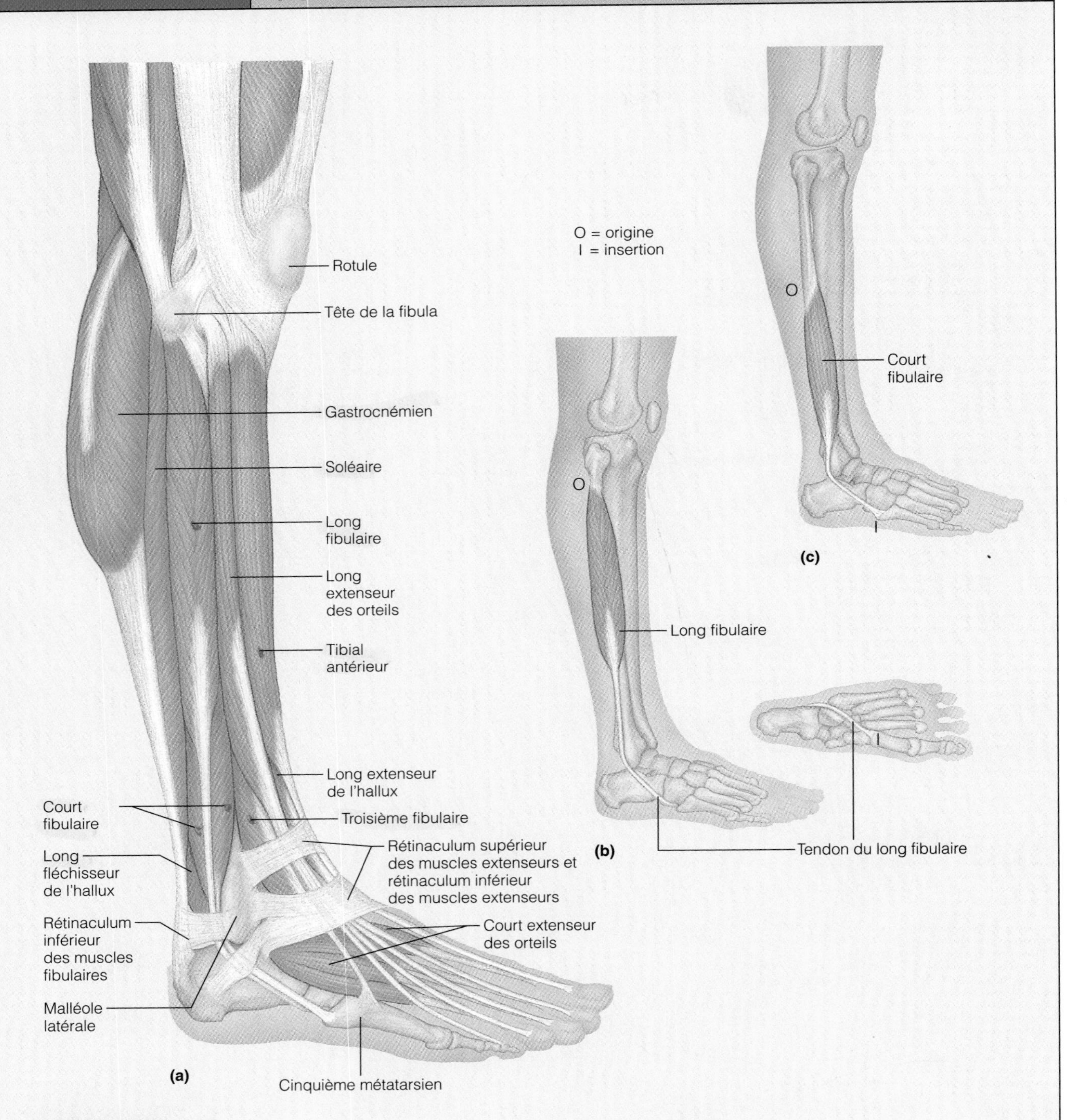

FIGURE 10.22
Muscles de la loge latérale de la jambe droite. (a) Vue superficielle de la face latérale de la jambe, montrant la situation des muscles de la loge latérale (long fibulaire et court fibulaire) par rapport à ceux des loges antérieure et postérieure. **(b)** Long fibulaire vu individuellement ; la représentation adjacente montre l'insertion du long fibulaire sur la face plantaire du pied. **(c)** Court fibulaire vu individuellement.

Muscle	Description et situation	Origine (O) et insertion (I)	Action	Innervation
DEUXIÈME PARTIE : MUSCLES DE LA LOGE LATÉRALE (figures 10.22 et 10.23)				
	Ces muscles possèdent une innervation commune : le nerf fibulaire superficiel. En plus d'effectuer la flexion plantaire et l'éversion du pied, ils stabilisent latéralement la cheville et l'arc longitudinal latéral.			
Long fibulaire (voir aussi la figure 10.21)	Muscle superficiel latéral ; recouvre la fibula	O : tête et partie supérieure latérale de la fibula I : sur la face latérale du métatarsien I et le cunéiforme médial par un long tendon qui s'incurve sous le pied	Flexion plantaire et éversion du pied ; contribue à garder le pied à plat sur le sol	Nerf fibulaire superficiel
Court fibulaire	Muscle plus petit ; situé sous le long fibulaire ; entouré d'une gaine commune	O : extrémité distale (deux derniers tiers) de la surface latérale du corps de la fibula I : extrémité proximale du métatarsien V par un tendon qui passe derrière la malléole latérale	Flexion plantaire et éversion du pied	Nerf fibulaire superficiel
TROISIÈME PARTIE : MUSCLES DE LA LOGE POSTÉRIEURE (figure 10.23)				
	Les muscles de la loge postérieure ont une innervation commune : le nerf tibial. Ils agissent de concert dans la flexion plantaire de la cheville.			
MUSCLES SUPERFICIELS				
Triceps sural (voir aussi la figure 10.22)	Terme désignant une paire de muscles (gastrocnémien et soléaire) qui sont responsables de la saillie caractéristique du mollet et qui s'insèrent par un tendon commun sur le calcanéus ; ce tendon calcanéen (ou tendon d'Achille) est le plus gros du corps humain ; agonistes dans la flexion plantaire de la cheville			
• **Gastrocnémien**	Muscle le plus superficiel de la paire ; deux ventres proéminents (chefs latéral et médial) qui forment la courbure de la partie proximale du mollet	O : par deux chefs, sur les condyles médial et latéral du fémur I : calcanéus par le tendon calcanéen	Flexion plantaire du pied lorsque le genou est en extension ; comme il croise aussi l'articulation du genou, il peut effectuer la flexion du genou pendant la dorsiflexion du pied	Nerf tibial
• **Soléaire** (*solea* = sole)	Situé sous le gastrocnémien, sur la face postérieure du mollet	O : origine étendue de forme conique ; naît de la partie supérieure et postérieure du tibia et de la fibula, et de la membrane interosseuse de la jambe I : même insertion que le gastrocnémien	Flexion plantaire de la cheville ; muscle important pour la locomotion et la posture au cours de la marche, de la course et de la danse	Nerf tibial
Plantaire	Généralement un petit muscle faible, mais son volume et son étendue sont variables ; peut être absent	O : face postérieure du condyle latéral du fémur I : calcanéus ou tendon calcanéen par un tendon long et mince	Participe à la flexion du genou et à la flexion plantaire du pied	Nerf tibial
MUSCLES PROFONDS				
Poplité (*poples* = jarret)	Muscle triangulaire mince à la face postérieure du genou ; se dirige vers le bas et la face médiane jusqu'à la surface du tibia	O : condyle latéral du fémur I : extrémité proximale du tibia	Flexion et rotation médiane de la jambe pour déverrouiller l'articulation du genou en extension totale lorsque commence la flexion	Nerf tibial
Long fléchisseur des orteils	Muscle long et étroit ; croise le tibial postérieur en position médiane et le recouvre partiellement	O : face postérieure de la diaphyse du tibia I : le tendon se dirige derrière la malléole médiale et se sépare en quatre pour s'insérer sur les phalanges distales des orteils II à V	Flexion plantaire et inversion du pied ; flexion des orteils ; aide le pied à tenir ferme au sol	Nerf tibial
Long fléchisseur de l'hallux (voir aussi la figure 10.22)	Muscle bipenné ; situé le long de la partie latérale de la face inférieure du tibial postérieur	O : milieu du corps de la fibula ; membrane interosseuse de la jambe I : le tendon se dirige sous le pied vers la phalange distale du gros orteil	Flexion plantaire et inversion du pied ; flexion du gros orteil à toutes ses articulations ; participe à la propulsion du corps au cours de la marche	Nerf tibial
Tibial postérieur	Muscle plat et épais situé sous le soléaire ; placé entre les fléchisseurs postérieurs	O : origine étendue sur la partie supérieure du tibia et de la fibula, et sur la membrane interosseuse de la jambe I : le tendon passe derrière la malléole médiale et sous la voûte plantaire ; s'insère sur plusieurs os du tarse et sur les métatarsiens II, III et IV	Agoniste dans l'inversion du pied ; flexion plantaire de la cheville ; stabilisation de l'arc longitudinal médial du pied (p. ex. durant le patinage)	Nerf tibial

TABLEAU 10.15 Muscles de la jambe : mouvements de la cheville et des orteils (figures 10.21 à 10.23) *suite*

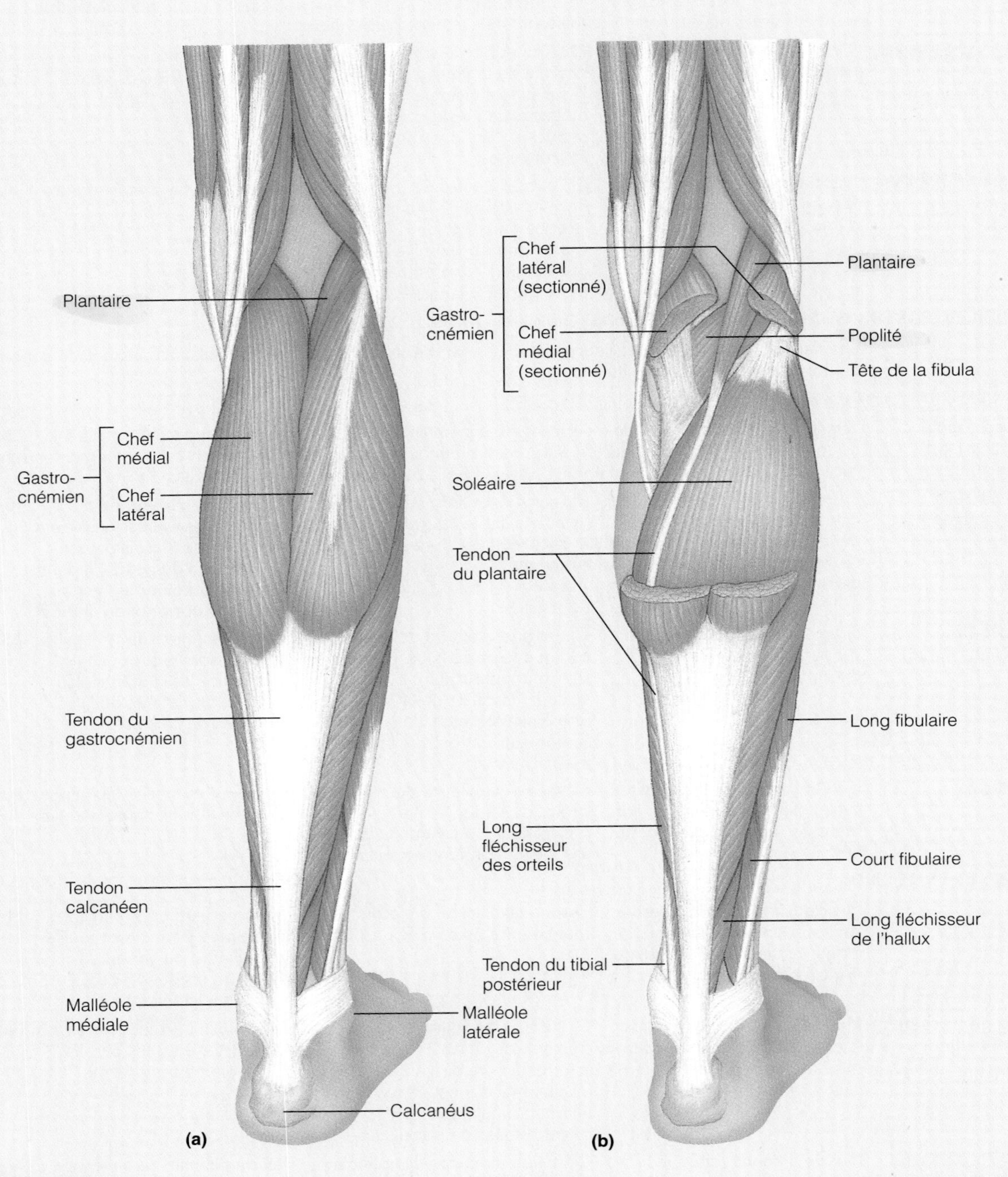

FIGURE 10.23
Muscles de la loge postérieure de la jambe droite. (a) Vue superficielle de la face postérieure de la jambe. **(b)** Le gastrocnémien a été enlevé pour montrer le soléaire juste en dessous. **(c)** Le triceps sural a été enlevé pour montrer les muscles profonds de la loge postérieure. **(d-f)** Certains muscles profonds sont représentés individuellement afin de faire voir leurs origines et leurs insertions.

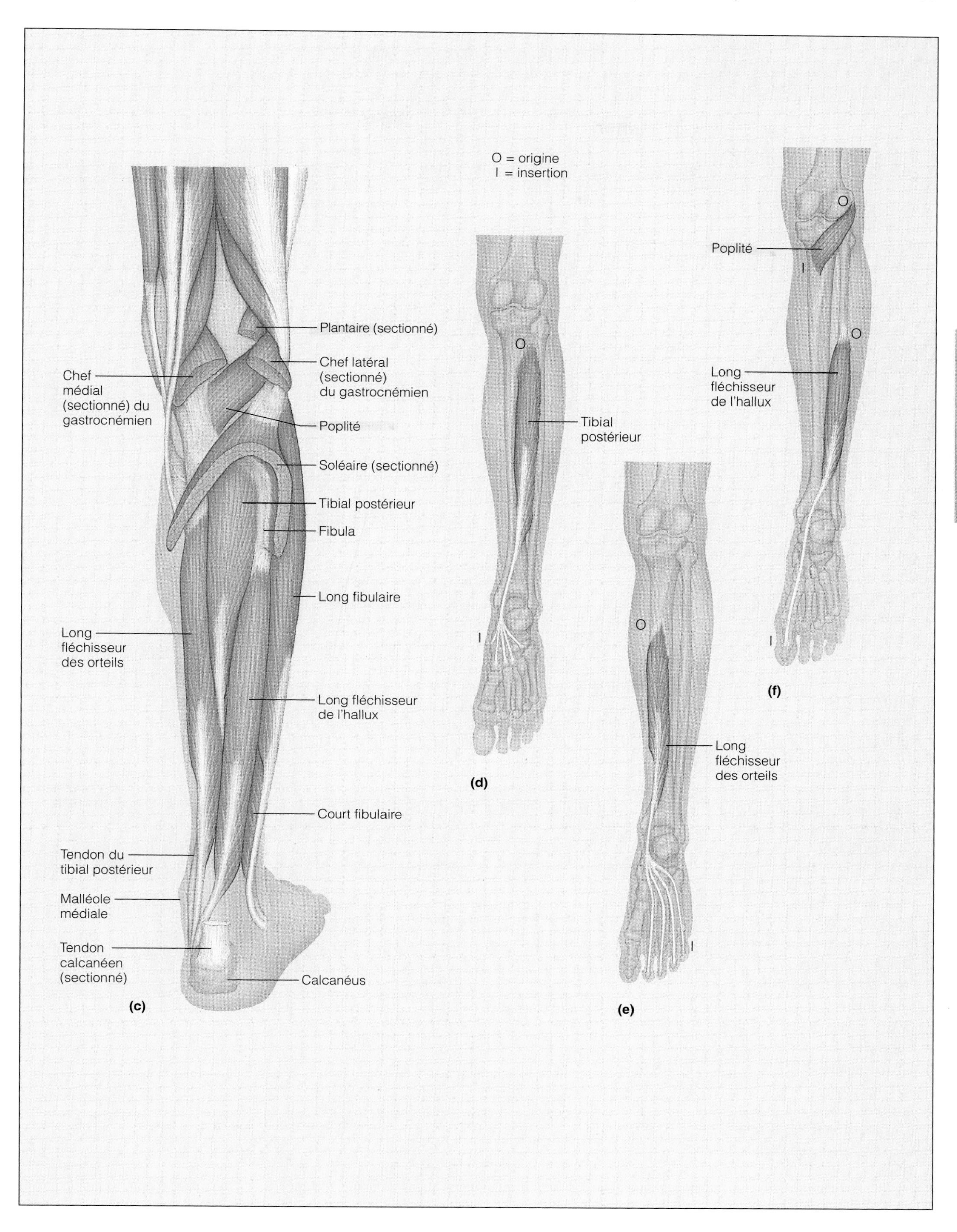
O = origine
I = insertion
Plantaire (sectionné)
Chef latéral
(sectionné)
du gastrocnémien
Chef
médial
(sectionné) du
gastrocnémien
Poplité
Soléaire (sectionné)
Tibial postérieur
Fibula
Long fibulaire
Long
fléchisseur
des orteils
Long fléchisseur
de l'hallux
Court fibulaire
Tendon du
tibial postérieur
Malléole
médiale
Tendon
calcanéen
(sectionné)
Calcanéus
(c)
O
Tibial
postérieur
I
(d)
O
Long
fléchisseur
des orteils
I
(e)
O
Poplité
I
O
Long
fléchisseur
de l'hallux
I
(f)
10

TABLEAU 10.16 Résumé des actions des muscles qui agissent sur la cuisse, la jambe et le pied (figure 10.24)

Première partie : Muscles qui agissent sur la cuisse et la jambe (A = agoniste)	**Actions à l'articulation de la hanche**						**Actions au genou**	
	Flexion	**Extension**	**Abduction**	**Adduction**	**Rotation médiane**	**Rotation latérale**	**Flexion**	**Extension**
Muscles antérieurs et médians :								
Ilio-psoas	X (A)							
Sartorius	X					X	X	
Grand adducteur		X		X		X		
Long adducteur	X			X		X		
Court adducteur	X			X		X		
Pectiné	X			X		X		
Gracile				X			X	
Droit de la cuisse	X							X (A)
Vastes								X (A)
Tenseur du fascia lata	X		X		X			
Muscles postérieurs :								
Grand glutéal		X (A)				X		
Moyen glutéal			X (A)		X			
Petit glutéal			X		X			
Piriforme			X			X		
Obturateur interne						X		
Obturateur externe						X		
Jumeaux inférieur et supérieur						X		
Carré fémoral						X		
Biceps fémoral		X (A)					X (A)	
Semi-tendineux		X					X (A)	
Semi-membraneux		X					X (A)	
Gastrocnémien							X	
Plantaire							X	
Poplité							X (et rotation médiane)	

Deuxième partie : Muscles qui agissent sur la cheville et sur les orteils	**Actions à l'articulation de la cheville**				**Actions sur les orteils**	
	Flexion plantaire	**Dorsiflexion**	**Inversion**	**Éversion**	**Flexion**	**Extension**
Loge antérieure :						
Tibial antérieur		X (A)	X			
Long extenseur des orteils		X				X (A)
Troisième fibulaire		X		X		
Long extenseur de l'hallux		X	X (faible)			X (gros orteil)
Loge latérale :						
Court et long fibulaires	X			X		
Loge postérieure :						
Gastrocnémien	X (A)					
Soléaire	X (A)					
Plantaire	X					
Long fléchisseur des orteils	X		X		X (A)	
Long fléchisseur de l'hallux	X		X		X (gros orteil)	
Tibial postérieur	X		X (A)			

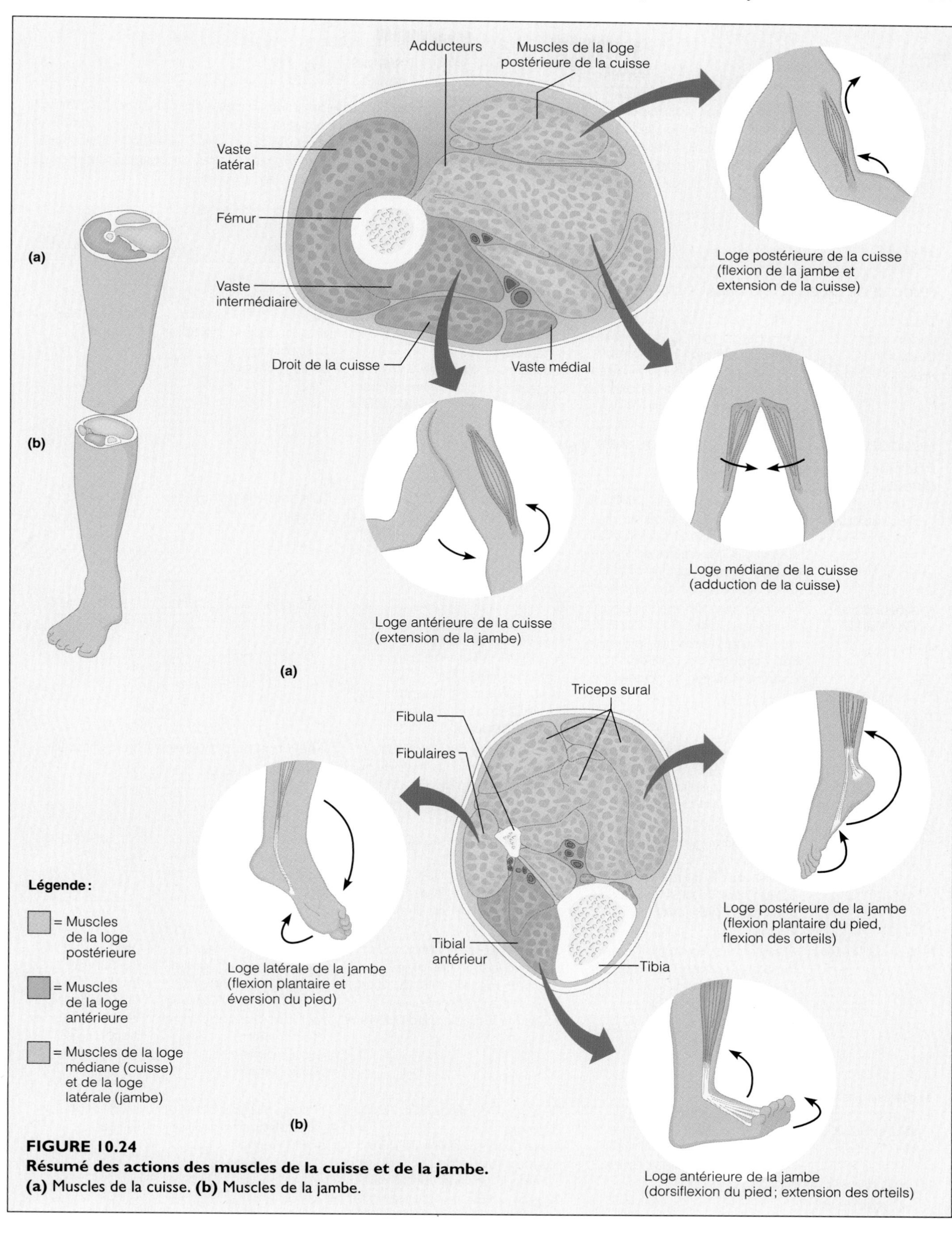

FIGURE 10.24
Résumé des actions des muscles de la cuisse et de la jambe.
(a) Muscles de la cuisse. **(b)** Muscles de la jambe.

TABLEAU 10.17 Muscles intrinsèques du pied : mouvements des orteils et soutien de la voûte plantaire (figure 10.25)

Les muscles intrinsèques du pied participent à la flexion, à l'extension, à l'abduction et à l'adduction des orteils. Ensemble et avec l'aide des tendons de certains muscles de la jambe qui se prolongent dans la plante du pied, les muscles du pied contribuent au soutien des arcs plantaires. La partie dorsale du pied (le dessus) renferme un seul muscle, alors que la partie plantaire (le dessous) en comporte plusieurs. Les muscles plantaires forment quatre couches, de la couche superficielle à la couche profonde. Dans l'ensemble, les muscles du pied ressemblent de façon étonnante à ceux de la paume de la main.

Muscle	Description et situation	Origine (O) et insertion (I)	Action	Innervation
MUSCLE DE LA PARTIE DORSALE DU PIED				
Court extenseur des orteils (figure 10.22a)	Petit muscle divisé en quatre parties et situé dans la partie dorsale du pied, plus précisément sous les tendons du long extenseur des orteils ; correspond aux muscles extenseurs de l'index et du pouce de l'avant-bras	O : partie antérieure du calcanéus ; rétinaculum des extenseurs I : base de la phalange proximale du gros orteil ; aponévrose dorsale du gros orteil sur les doigts I à IV du pied	Participe à l'extension des orteils aux articulations métatarso-phalangiennes	Nerf fibulaire profond
MUSCLES DE LA PARTIE PLANTAIRE DU PIED (figure 10.25)				
Première couche (la plus superficielle)				
• **Court fléchisseur des orteils**	Muscle en forme de bandelette situé au milieu de la plante du pied ; correspond au fléchisseur superficiel des doigts de l'avant-bras et s'insère sur les orteils de la même façon que ce muscle	O : tubérosité du calcanéus I : phalange médiane des doigts II à IV du pied	Participe à la flexion des orteils	Nerf plantaire médial
• **Abducteur de l'hallux**	Situé en position médiane par rapport au court fléchisseur des orteils (rappelez-vous le muscle correspondant du pouce, le court abducteur du pouce)	O : tubérosité du calcanéus et rétinaculum des fléchisseurs I : phalange proximale du gros orteil, sur la face médiane, par l'intermédiaire d'un os sésamoïde situé dans le tendon du court fléchisseur de l'hallux (voir ci-dessous)	Abduction du gros orteil	Nerf plantaire médial
• **Abducteur du petit orteil**	Le plus latéral des trois muscles plantaires superficiels ; (rappelez-vous l'abducteur correspondant de la paume)	O : tubérosité du calcanéus I : face latérale de la base de la phalange proximale du petit orteil	Abduction du petit orteil	Nerf plantaire latéral
Deuxième couche				
• **Carré plantaire**	Muscle rectangulaire situé juste sous le court fléchisseur des orteils dans la moitié postérieure de la plante du pied ; possède deux chefs (voir aussi la figure 10.25c)	O : faces médiane et latérale du calcanéus I : tendon du long fléchisseur des orteils situé dans la partie centrale de la plante du pied	Redresse la traction oblique du long fléchisseur des orteils ; flexion des orteils II à IV	Nerf plantaire latéral
• **Lombricaux**	Quatre muscles en forme de lombrics (comme les lombricaux de la main)	O : sur chacun des tendons du long fléchisseur des orteils I : aponévrose dorsale du doigt de la phalange proximale des doigts II à V du pied, face médiane	Par traction de l'aponévrose dorsale du doigt, produit la flexion des orteils aux articulations métatarso-phalangiennes et leur extension aux articulations interphalangiennes	Nerf plantaire médial (premier lombrical) et nerf plantaire latéral (lombricaux II à IV)
Troisième couche				
• **Court fléchisseur de l'hallux**	Recouvre le métatarsien I ; se divise en deux ventres — rappelez-vous le court fléchisseur du pouce (voir la figure 10.25d)	O : en grande partie sur l'os cuboïde I : par l'intermédiaire de deux tendons sur les deux côtés de la base de la phalange proximale du gros orteil ; un os sésamoïde se trouve à l'intérieur de chaque tendon	Flexion du gros orteil à l'articulation métatarso-phalangienne	Nerf plantaire médial

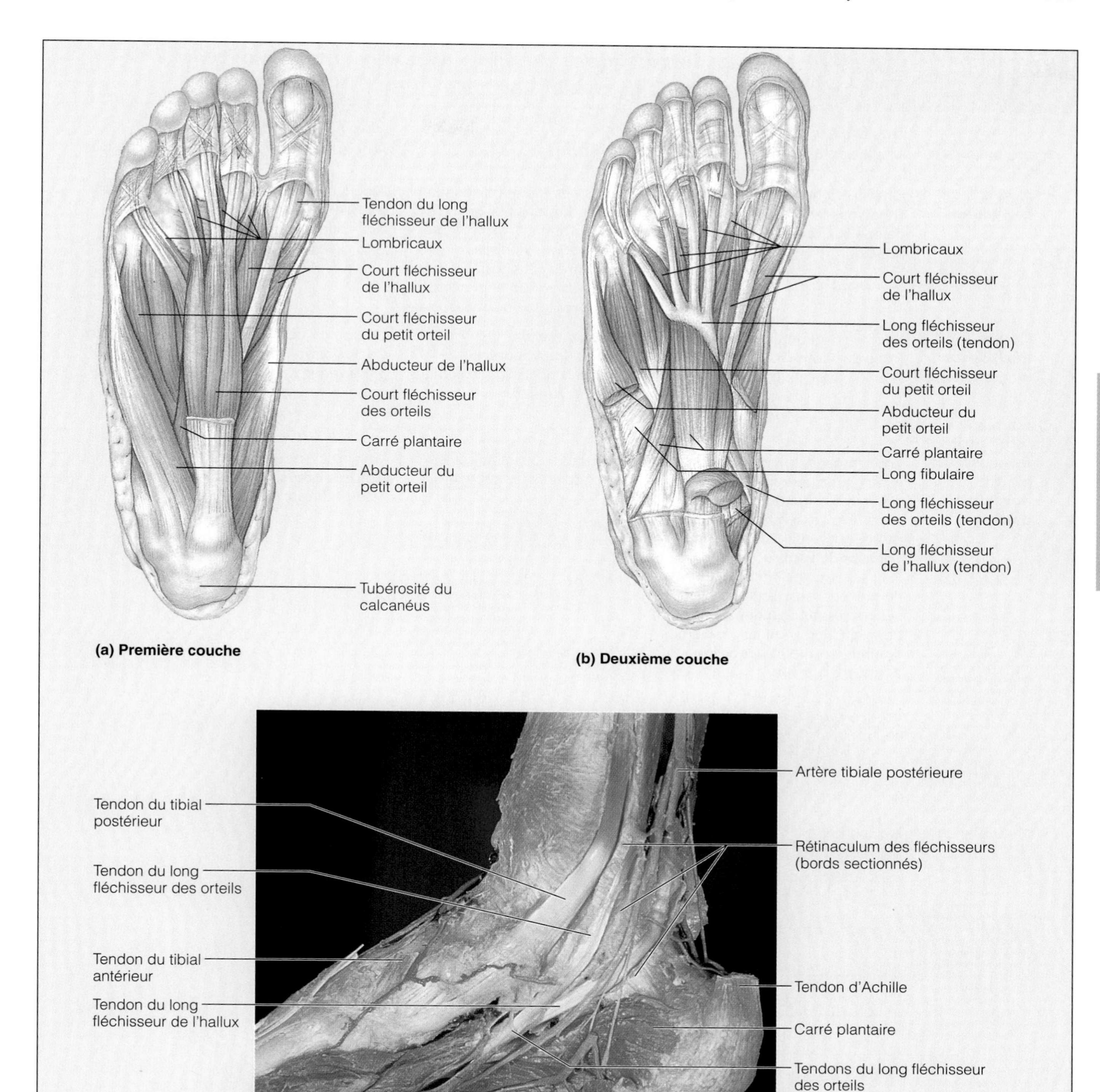
Tendon du long fléchisseur de l'hallux
Lombricaux
Court fléchisseur de l'hallux
Court fléchisseur du petit orteil
Abducteur de l'hallux
Court fléchisseur des orteils
Carré plantaire
Abducteur du petit orteil
Tubérosité du calcanéus
(a) Première couche
Lombricaux
Court fléchisseur de l'hallux
Long fléchisseur des orteils (tendon)
Court fléchisseur du petit orteil
Abducteur du petit orteil
Carré plantaire
Long fibulaire
Long fléchisseur des orteils (tendon)
Long fléchisseur de l'hallux (tendon)
(b) Deuxième couche
Tendon du tibial postérieur
Tendon du long fléchisseur des orteils
Tendon du tibial antérieur
Tendon du long fléchisseur de l'hallux
Artère tibiale postérieure
Rétinaculum des fléchisseurs (bords sectionnés)
Tendon d'Achille
Carré plantaire
Tendons du long fléchisseur des orteils
(c) Vue de la face médiane montrant la relation de quelques tendons et muscles de la jambe avec les muscles intrinsèques du pied.

FIGURE 10.25
Muscles du pied droit, faces plantaire et médiane.

TABLEAU 10.17 Muscles intrinsèques du pied : mouvements des orteils et soutien de la voûte plantaire (figure 10.25) *suite*

Muscle	Description et situation	Origine (O) et insertion (I)	Action	Innervation
• **Adducteur de l'hallux**	Chefs oblique et transverse ; situé sous les lombricaux (rappelez-vous l'adducteur du pouce)	O : bases des métatarsiens II à IV et tendon du long fibulaire (chef oblique) ; ligament qui traverse les articulations métatarso-phalangiennes (chef transverse) I : base de la phalange proximale du gros orteil, sur la face latérale	Aide à maintenir l'arc transversal du pied ; faible adducteur du gros orteil	Nerf plantaire latéral
• **Court fléchisseur du petit orteil**	Recouvre le métatarsien V (rappelez-vous le court fléchisseur du petit doigt de la main)	O : base du métatarsien V et tendon du long fibulaire I : base de la phalange proximale du doigt V du pied	Flexion du petit orteil à l'articulation métatarso-phalangienne	Nerf plantaire latéral
Quatrième couche (la plus profonde)				
• **Interosseux plantaires et dorsaux du pied**	Trois interosseux plantaires et quatre interosseux dorsaux du pied ; leurs situations, attaches et actions ressemblent à celles des interosseux palmaires et dorsaux de la main ; toutefois, l'axe longitudinal du pied autour duquel ces muscles sont orientés correspond au deuxième doigt du pied (non au troisième comme c'est le cas pour les doigts de la main)	Voir interosseux palmaires et dorsaux de la main (tableau 10.13)	Voir interosseux palmaires et dorsaux de la main (tableau 10.13)	Nerf plantaire latéral

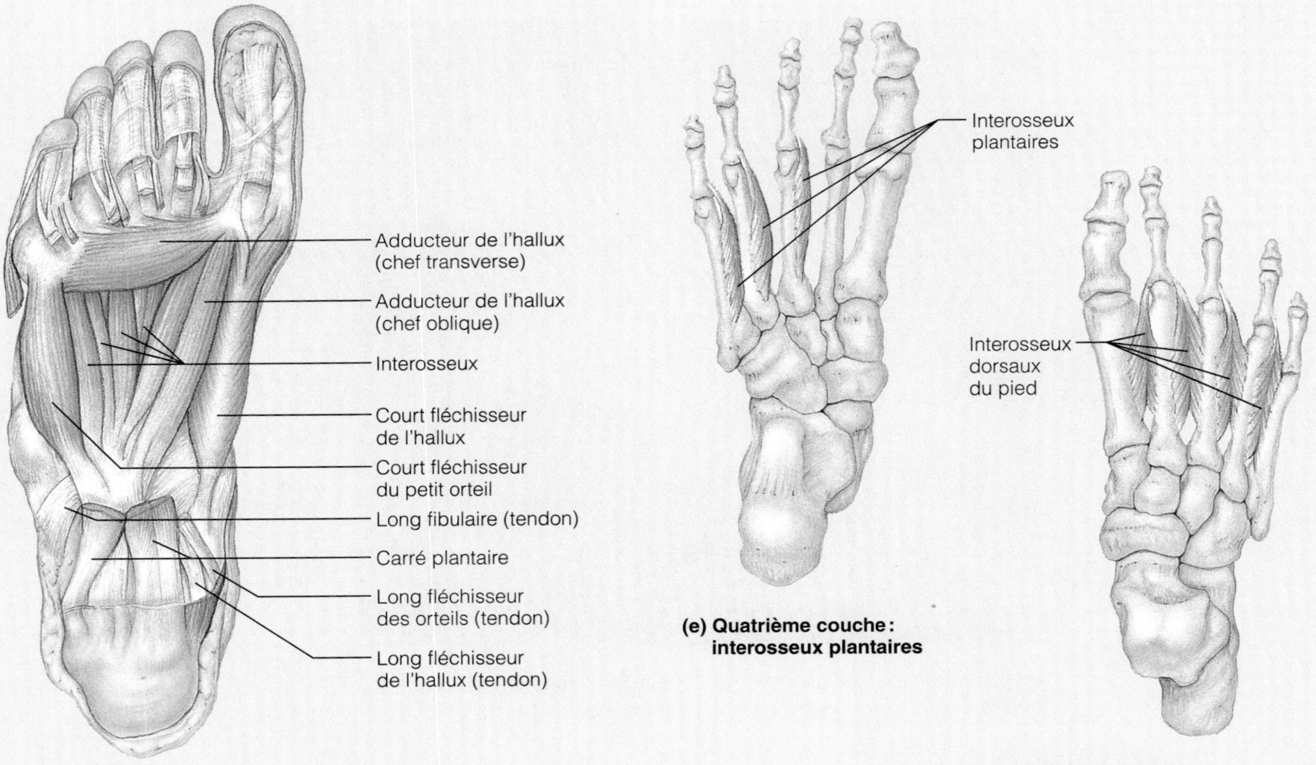

(d) Troisième couche

(e) Quatrième couche : interosseux plantaires

(f) Quatrième couche : interosseux dorsaux du pied

FIGURE 10.25 (suite)
Muscles du pied droit, face plantaire.

10

TERMES MÉDICAUX

Contusion du muscle quadriceps fémoral Déchirure de fibres musculaires causée par un traumatisme et suivie d'une hémorragie dans les tissus (formation d'un hématome) ainsi que d'une douleur intense et prolongée; se produit fréquemment chez les adeptes des sports de contact, en particulier chez les joueurs de football.

Foulure du quadriceps ou des muscles de la loge postérieure de la cuisse Aussi appelée claquage, cette blessure cause des déchirures de ces muscles ou de leurs tendons; elle survient surtout chez les athlètes qui ne s'échauffent pas suffisamment et qui font des mouvements d'extension complète de la hanche (claquage du quadriceps) ou du genou (claquage des muscles de la loge postérieure de la cuisse) rapidement et avec vigueur (par exemple des sprinters ou des joueurs de tennis); elle n'est pas douloureuse au début, mais la douleur s'intensifie dans les trois à six heures qui suivent (trente minutes si la déchirure est importante). Le meilleur traitement consiste en l'étirement des muscles, après une semaine de repos.

Rupture du tendon calcanéen Même si le tendon calcanéen (tendon d'Achille) est le plus gros et le plus solide du corps, il se déchire relativement souvent, particulièrement chez les hommes âgés qui trébuchent ou chez les jeunes sprinters dont le tendon subit un traumatisme au départ d'une course; la déchirure est suivie d'une douleur soudaine; on aperçoit un creux juste au-dessus du talon et le mollet fait saillie à la suite de la coupure du triceps sural de son point d'attache; la flexion plantaire n'est plus possible, mais la dorsiflexion devient excessive.

Syndrome tibial antérieur Douleur dans la loge antérieure de la jambe causée, entre autres, par une irritation du tibial antérieur à la suite d'un exercice exagéré ou inhabituel sans mise en forme préalable; à mesure que l'inflammation fait gonfler le muscle, la circulation sanguine est entravée par les enveloppes aponévrotiques serrées, ce qui provoque une douleur et une sensibilité au toucher. Ce terme est cependant utilisé plus largement pour désigner diverses affections allant de la fracture de marche du tibia à l'inflammation de l'aponévrose du tibia, en passant par les déchirures de muscles.

Torticolis musculaire (*tortum* = tordu; *collum* = cou) Torsion du cou, avec rotation chronique et inclinaison de la tête de côté, causée par une lésion du sterno-cléido-mastoïdien d'un côté; se produit parfois à la naissance lorsque les fibres du muscle sont déchirées au cours d'un accouchement difficile; le traitement habituel consiste à effectuer des exercices d'étirement du muscle atteint.

RÉSUMÉ DU CHAPITRE

Mécanique musculaire: importance des systèmes de levier et des modes d'agencement des faisceaux (p. 303-306)

1. Un levier est une barre mobile autour d'un point d'appui. Lorsqu'une force est appliquée sur le levier, une charge est déplacée. Dans le corps, les os sont les leviers, les articulations sont les points d'appui et la force est exercée par les muscles squelettiques à leurs points d'insertion.

2. Si la distance entre le point d'application de la force et le point d'appui est plus grande que la distance entre la charge et le point d'appui, il y a avantage mécanique (le levier est lent et fort). Lorsque la distance entre le point d'application de la force et le point d'appui est plus petite que la distance entre la charge et le point d'appui, il y a désavantage mécanique (le levier est rapide et produit un mouvement de grande amplitude).

3. Les leviers du premier genre (charge/point d'appui/force) peuvent fonctionner avec un avantage ou un désavantage mécaniques. Les leviers du deuxième genre (point d'appui/charge/force) fonctionnent tous avec un avantage mécanique. Les leviers du troisième genre (charge/force/point d'appui) fonctionnent toujours avec un désavantage mécanique.

4. Les modes les plus courants d'agencement des faisceaux sont de type parallèle, penné, convergent et circulaire. Les muscles dont les fibres sont parallèles à leur axe longitudinal sont ceux qui raccourcissent le plus; les gros muscles pennés raccourcissent peu mais sont les plus puissants.

Interactions entre les muscles squelettiques (p. 306)

1. Les muscles squelettiques ne peuvent que tirer (raccourcir). Ils sont placés en groupes opposés de chaque côté des articulations de telle sorte qu'un groupe peut s'opposer à l'action de l'autre ou la modifier.

2. Les muscles peuvent être classés en groupes fonctionnels: agonistes, qui sont les principaux responsables des mouvements; antagonistes, qui s'opposent à l'action d'un autre muscle; synergiques, qui aident les agonistes en effectuant la même action, en stabilisant les articulations ou en empêchant les mouvements indésirables; et fixateurs, dont le rôle est d'immobiliser un os ou l'origine d'un muscle.

Noms des muscles squelettiques (p. 307)

1. Les critères fréquemment utilisés pour nommer les muscles comprennent leur situation, leur forme, leur taille relative, la direction de leurs fibres (faisceaux), le nombre de leurs points d'attache (origine/insertion) et leur action. Certains muscles sont nommés d'après plusieurs critères à la fois.

Principaux muscles squelettiques (p. 307-358)

1. Les muscles de la tête responsables de l'expression faciale sont généralement petits et s'insèrent dans les tissus mous (peau et autres muscles) plutôt que sur les os. Ces muscles permettent l'ouverture et la fermeture des yeux et de la bouche, la compression des joues, le sourire et d'autres manifestations d'expression faciale (voir le tableau 10.1*)

2. Les muscles de la tête qui servent à la mastication comprennent le masséter et le temporal qui élèvent la mandibule, et deux paires de muscles profonds qui assurent les mouvements de broyage et de glissement de la mâchoire (voir le tableau 10.2*). Les muscles extrinsèques de la langue la fixent à son point d'ancrage et régissent ses mouvements.

3. Les muscles profonds de la partie antérieure du cou assurent la déglutition qui comprend l'élévation ou l'abaissement de l'os hyoïde, la fermeture des voies respiratoires et le péristaltisme du pharynx (voir le tableau 10.3*).

4. Les mouvements de la tête et du tronc sont assurés par les muscles du cou et les muscles profonds de la colonne vertébrale (voir le tableau 10.4*). Les muscles profonds du dos peuvent produire l'extension de régions importantes de la colonne vertébrale (et de la tête) simultanément. La flexion et la rotation de la tête sont effectuées par les muscles sterno-cléido-mastoïdien et scalènes situés antérieurement.

5. Les mouvements de la respiration calme sont assurés par le diaphragme et par les muscles intercostaux externes du thorax (voir le tableau 10.5*). Le mouvement descendant du diaphragme augmente la pression intra-abdominale. Les intercostaux internes interviennent surtout dans l'expiration forcée.

* Consulter le tableau mentionné pour avoir une description détaillée de chaque muscle du groupe.

6. Les quatre paires de muscles qui forment la paroi abdominale sont disposées en couches comme dans une planche de contreplaqué et constituent ainsi une ceinture musculaire qui protège, soutient et comprime le contenu de l'abdomen. Ces muscles effectuent aussi la flexion et la rotation latérale du tronc (voir le tableau 10.6*).

7. Les muscles du plancher pelvien (voir le tableau 10.7*) soutiennent les viscères pelviens et opposent une résistance aux augmentations de la pression intra-abdominale.

8. À l'exception du grand pectoral et du grand dorsal, les muscles superficiels du thorax fixent la scapula ou assurent ses mouvements (voir le tableau 10.8*). Ces derniers sont effectués principalement par les muscles de la face postérieure du thorax.

9. Neuf muscles croisent l'articulation de l'épaule pour effectuer les mouvements de l'humérus (voir le tableau 10.9*). Parmi ceux-ci, sept trouvent leur origine sur la scapula et deux viennent du squelette axial. Quatre muscles font partie de la « coiffe des rotateurs » et contribuent à la stabilisation de l'articulation de l'épaule. Généralement, les muscles situés antérieurement effectuent la flexion, la rotation et l'adduction du bras. Les muscles situés postérieurement assurent l'extension, la rotation et l'adduction du bras. Le deltoïde de l'épaule est l'agoniste dans l'abduction de l'épaule.

10. Les muscles qui produisent les mouvements de l'avant-bras forment la partie charnue du bras (voir le tableau 10.10*). Les muscles antérieurs du bras sont les fléchisseurs de l'avant-bras tandis que les muscles postérieurs sont les extenseurs de l'avant-bras.

11. Les mouvements du poignet, de la main et des doigts sont principalement effectués par les muscles qui prennent leur origine sur l'avant-bras (voir le tableau 10.11*). À l'exception des deux pronateurs, les muscles de la loge antérieure de l'avant-bras sont les fléchisseurs du poignet et/ou des doigts ; ceux de la loge postérieure sont les extenseurs du poignet et/ou des doigts.

12. Les muscles intrinsèques de la main participent aux mouvements précis des doigts (voir le tableau 10.13*) et au mouvement d'opposition qui permet de saisir des objets dans la paume. Ces petits muscles se trouvent dans trois régions différentes de la main : l'éminence thénar, l'éminence hypothénar et la région médiane de la paume.

13. Les muscles qui croisent les articulations de la hanche et du genou permettent les mouvements de la cuisse et de la jambe (voir le tableau 10.14*). Les muscles antéro-médians comprennent les fléchisseurs et/ou les adducteurs de la cuisse et les extenseurs du genou. Les muscles de la région glutéale postérieure effectuent l'extension et la rotation de la cuisse. Les muscles de la loge postérieure de la cuisse autorisent l'extension de la hanche et la flexion du genou.

14. Les muscles de la jambe agissent sur la cheville et sur les orteils (voir le tableau 10.15*). Les muscles de la loge antérieure sont en grande partie responsables de la dorsiflexion de la cheville. Les muscles de la loge latérale assurent la flexion plantaire et l'éversion du pied. Ceux de la loge postérieure effectuent la flexion plantaire. Les muscles intrinsèques du pied soutiennent la voûte plantaire et contribuent aux mouvements des orteils.

15. Les muscles intrinsèques du pied (voir le tableau 10.17*) soutiennent les arcs plantaires et participent aux mouvements des orteils. La plupart de ces muscles sont disposés en quatre couches dans la plante du pied. Ils ressemblent aux petits muscles de la paume de la main.

* Consulter le tableau mentionné pour avoir une description détaillée de chaque muscle du groupe.

QUESTIONS DE RÉVISION

Choix multiples/associations

(Réponses à l'appendice G)

1. Un muscle qui assiste un agoniste en produisant un mouvement identique ou en stabilisant une articulation sur laquelle un agoniste agit est : (a) un antagoniste ; (b) un agoniste ; (c) un synergique ; (d) un fixateur.

2. Associez les noms des muscles de la colonne B à la description des muscles de la face de la colonne A :

Colonne A	Colonne B
_______ **(1)** fait loucher	**(a)** corrugateur du sourcil
_______ **(2)** lève les sourcils	**(b)** abaisseur de l'angle de la bouche
_______ **(3)** fait sourire	**(c)** frontal
_______ **(4)** plisse les lèvres	**(d)** occipital
_______ **(5)** tire le cuir chevelu vers l'arrière	**(e)** orbiculaire de l'œil
	(f) orbiculaire de la bouche
	(g) grand zygomatique

3. L'agoniste de l'inspiration est : (a) le diaphragme ; (b) les intercostaux internes ; (c) les intercostaux externes ; (d) les muscles de la paroi abdominale.

4. Le muscle du bras qui assure la flexion du coude et la supination de l'avant-bras est : (a) le brachial ; (b) le brachio-radial ; (c) le biceps brachial ; (d) le triceps brachial.

5. Les muscles de la mastication qui font avancer la mandibule et qui produisent les mouvements latéraux de broyage sont : (a) les buccinateurs ; (b) les masséters ; (c) les temporaux ; (d) les ptérygoïdiens.

6. Parmi les muscles suivants, le seul qui n'abaisse par l'os hyoïde et le larynx est : (a) le sterno-hyoïdien ; (b) l'omo-hyoïdien ; (c) le génio-hyoïdien ; (d) le sterno-thyroïdien.

7. Parmi les muscles intrinsèques du dos suivants, les seuls qui ne provoquent pas l'extension de la colonne vertébrale (ou de la tête) sont : (a) les splénius ; (b) les semi-épineux ; (c) les scalènes ; (d) l'érecteur du rachis.

8. Plusieurs muscles jouent un rôle dans les mouvements et la stabilisation de la scapula. Parmi les muscles suivants, lesquels sont les petits muscles rectangulaires qui permettent de redresser les épaules en agissant ensemble pour effectuer la rétraction de la scapula ? (a) L'élévateur de la scapula ; (b) les rhomboïdes ; (c) le dentelé antérieur ; (d) le trapèze.

9. Lequel des muscles suivants ne fait pas partie du quadriceps fémoral ? (a) Le vaste latéral ; (b) le vaste intermédiaire ; (c) le vaste médial ; (d) le biceps fémoral ; (e) le droit de la cuisse.

10. Quel muscle est un agoniste dans la flexion de la hanche ? (a) Le droit de la cuisse ; (b) l'ilio-psoas ; (c) les vastes ; (d) le grand glutéal .

11. Quel muscle est un agoniste dans l'extension de la hanche *contre* une résistance ? (a) Le grand glutéal ; (b) le moyen glutéal ; (c) le biceps fémoral ; (d) le semi-membraneux.

12. Lequel (lesquels) des muscles suivants ne produit (produisent) pas la flexion plantaire ? (a) Le gastrocnémien ; (b) le soléaire ; (c) le tibial antérieur ; (d) le tibial postérieur ; (e) les fibulaires.

Questions à court développement

13. Citez quatre critères utilisés pour nommer les muscles et donnez un exemple (différent de ceux employés dans le texte) pour chacun des cas.

14. Faites une distinction claire quant à l'arrangement des éléments (charge, point d'appui, force) entre les leviers du premier, du deuxième et du troisième genres.

15. Que signifie « un levier qui fonctionne avec un désavantage mécanique » et quel avantage peut-on tirer d'un tel système ?

16. Quels muscles interviennent pour faire descendre le bol alimentaire dans le pharynx vers l'œsophage ?

17. Nommez le ou les muscles utilisés pour indiquer non de la tête et décrivez leur action. Même question, mais pour faire signe que oui.

18. (a) Nommez les quatre paires de muscles qui agissent collectivement pour comprimer les viscères abdominaux. (b) Comment leur arrangement (direction des fibres) contribue-t-il à la solidité de la paroi abdominale ? (c) Lesquels parmi ces muscles peuvent effectuer la rotation latérale de la colonne vertébrale ? (d) Lequel peut agir seul pour effectuer la flexion de la colonne vertébrale ?

19. Faites la liste de tous les mouvements possibles (six) au niveau de l'articulation de l'épaule et nommez l'agoniste (ou les agonistes) dans chaque mouvement. Nommez ensuite leurs antagonistes.

20. (a) Nommez deux muscles de l'avant-bras qui sont de puissants extenseurs et abducteurs du poignet. (b) Nommez l'unique muscle de l'avant-bras qui peut effectuer la flexion des articulations interphalangiennes distales des doigts.

21. Nommez les muscles qui forment généralement le groupe des rotateurs latéraux de la hanche.

22. Nommez trois muscles de la cuisse qui vous permettent de demeurer assis sur un cheval.

23. (a) Nommez trois muscles ou groupes de muscles utilisés comme points d'injections intramusculaires. (b) Lequel est utilisé le plus souvent chez le nourrisson et pour quelle raison ?

24. Nommez six muscles agissant sur le pouce, donnez leur situation (avant-bras ou main) et précisez le mouvement effectué par chacun.

25. Nommez cinq muscles du pied pour lesquels on retrouve des muscles correspondants dans la main.

RÉFLEXION ET APPLICATION

1. Supposons que vous tenez un poids de 5 kg dans votre main droite. Expliquez pourquoi il est plus facile de plier le coude droit lorsque votre avant-bras est en supination plutôt qu'en pronation.

2. Lorsque Mme Bédard retourne voir son médecin après son accouchement, elle lui dit qu'elle a de la difficulté à retenir son urine quand elle éternue (incontinence à l'effort). Le médecin demande alors à l'infirmier de montrer à Mme Bédard certains exercices pour renforcer les muscles du plancher pelvien. À quels muscles fait-il allusion ?

3. Un homme de 45 ans décide de se remettre en forme. Il entreprend donc de faire de la course à pied quotidiennement. Un matin, en courant, il entend un bruit sec suivi immédiatement d'une douleur intense à la partie inférieure de son mollet droit. À l'examen, un trou est visible entre la partie supérieure enflée de son mollet et son talon ; de plus, le patient est incapable d'effectuer la flexion plantaire de la cheville. Que lui est-il arrivé d'après vous ? Pourquoi la partie supérieure de son mollet est-elle enflée ?

10

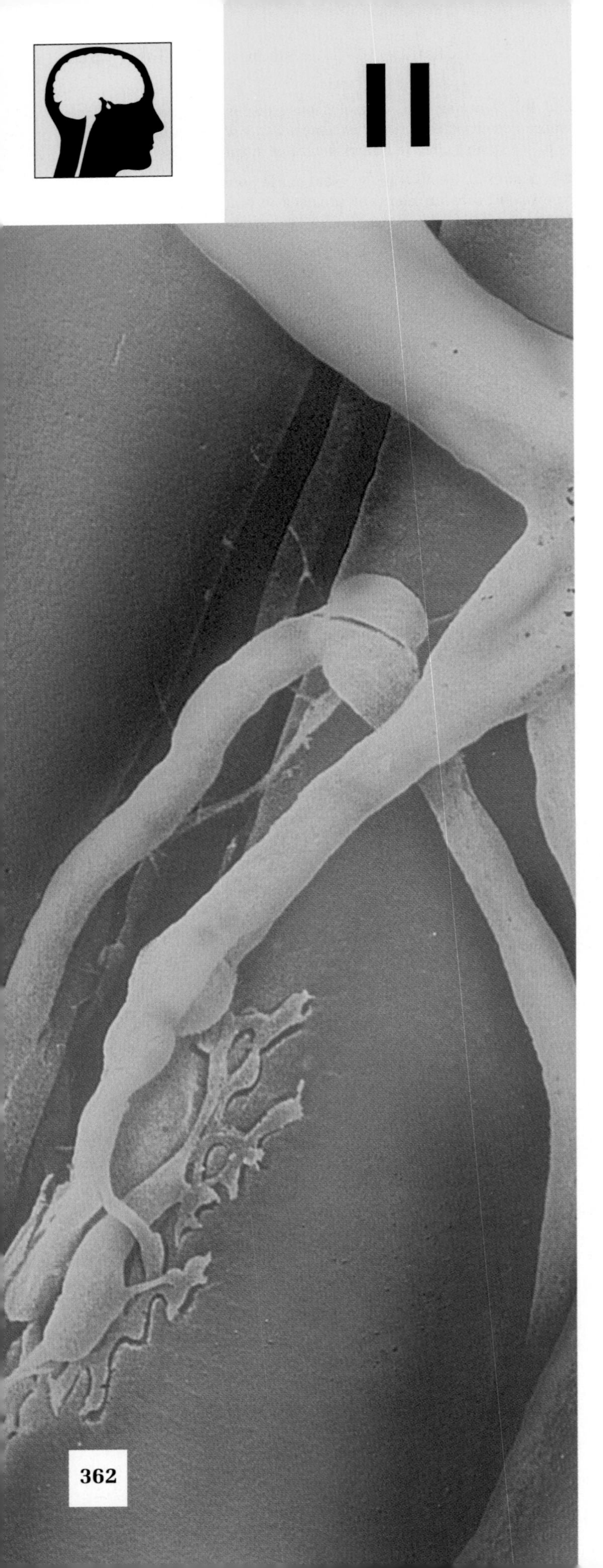

II

STRUCTURE ET PHYSIOLOGIE DU TISSU NERVEUX

SOMMAIRE ET OBJECTIFS D'APPRENTISSAGE

1. Énumérer les fonctions fondamentales du système nerveux.

Organisation du système nerveux (p. 363-364)

2. Expliquer l'organisation du système nerveux selon sa structure et sa fonction.

Histologie du tissu nerveux (p. 364-372)

3. Énumérer les types de gliocytes et leurs fonctions.
4. Décrire les structures anatomiques importantes du neurone et associer chaque structure à un rôle physiologique; énumérer les principales caractéristiques des neurones.
5. Expliquer l'importance de la gaine de myéline et décrire sa formation dans le système nerveux central et dans le système nerveux périphérique.
6. Classer les neurones selon leur structure et leur fonction.
7. Distinguer un nerf d'un faisceau et un noyau d'un ganglion.

Neurophysiologie (p. 373-395)

8. Définir le potentiel de repos de la membrane et l'expliquer du point de vue électrochimique.
9. Comparer le potentiel gradué et le potentiel d'action.
10. Expliquer la production des potentiels d'action et leur propagation dans les neurones.
11. Expliquer la notion de seuil d'excitation et la loi du tout ou rien.
12. Définir la période réfractaire absolue et la période réfractaire relative.
13. Définir la conduction saltatoire et la comparer à la propagation dans les neurofibres amyélinisées.
14. Définir la synapse. Distinguer les synapses électriques des synapses chimiques en ce qui concerne leur structure et leurs mécanismes de transmission de l'information.
15. Distinguer le potentiel postsynaptique excitateur du potentiel postsynaptique inhibiteur.
16. Décrire l'intégration et la modification des phénomènes synaptiques.
17. Définir le neurotransmetteur et nommer quelques classes de neurotransmetteurs; donner quelques exemples de substances (médicaments, drogues, poisons) agissant sur la transmission synaptique et préciser leur mode d'action.

Intégration nerveuse: concepts fondamentaux (p. 395-399)

18. Décrire les principaux types de réseaux formés par les groupes de neurones et les principaux modes de traitement de l'influx nerveux dans ces réseaux; donner un exemple de fonction réalisée par chacun des types de réseaux.
19. Différencier le traitement en série simple du traitement parallèle de l'influx nerveux.

Développement et vieillissement des neurones (p. 399-400)

20. Décrire le rôle des astrocytes et de la molécule d'adhérence des cellules nerveuses (N-CAM) dans la différenciation des neurones.

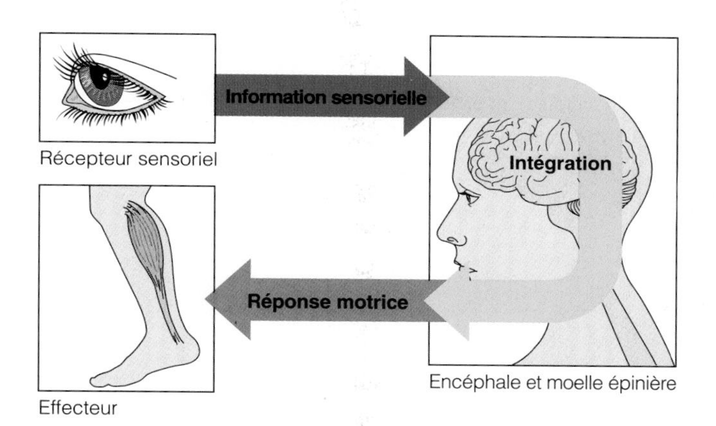

FIGURE 11.1
Fonctions du système nerveux.

Vous roulez sur une autoroute quand un avertisseur retentit à votre droite : vous donnez un coup de volant vers la gauche. Charles laisse un message sur la table de la cuisine : « À plus tard. Prépare la bouffe pour 18 h. » Vous savez que la « bouffe » se compose de crêpes de maïs et d'une sauce aux piments rouges. Vous somnolez quand votre bébé pousse un petit cri : vous vous réveillez aussitôt. Qu'ont en commun ces événements banals ? Ils témoignent tous du fonctionnement de votre système nerveux, le responsable de l'activité incessante de vos cellules.

Le **système nerveux** est le centre de régulation et de communication de l'organisme ; nos pensées, nos actions, nos émotions attestent son activité. Il partage avec le système endocrinien la tâche de régler et de maintenir l'homéostasie, mais il est de loin le plus rapide et le plus complexe de ces deux systèmes. Ses cellules communiquent au moyen de signaux électriques rapides et spécifiques qui entraînent généralement des réponses motrices quasi immédiates des effecteurs musculaires ou glandulaires. Le système endocrinien, quant à lui, communique avec les mêmes effecteurs, mais par l'intermédiaire d'hormones qu'il sécrète dans le sang. C'est ce qui explique que ses commandes soient acheminées plus lentement.

Le système nerveux remplit trois fonctions étroitement liées (figure 11.1). Premièrement, par l'intermédiaire de ses millions de récepteurs sensoriels, il reçoit de l'information sur les changements qui se produisent tant à l'intérieur qu'à l'extérieur de l'organisme. Ces changements sont appelés *stimulus* et l'information recueillie est appelée **information sensorielle.** Deuxièmement, il traite l'information sensorielle et détermine l'action à entreprendre à tout moment, ce qui constitue le processus de l'**intégration.** Troisièmement, il fournit une **réponse motrice** (commande) qui active des *effecteurs*, c'est-à-dire des muscles ou des glandes. Illustrons l'accomplissement de ces fonctions par un exemple. Quand vous êtes au volant et que vous voyez un feu rouge devant vous (information sensorielle), votre système nerveux assimile cette information (le feu rouge signifie « arrêtez »), et votre pied enfonce la pédale de frein (réponse motrice).

Le présent chapitre s'ouvre sur un aperçu de l'organisation du système nerveux. Il traite ensuite de l'anatomie fonctionnelle du tissu nerveux, en particulier des cellules nerveuses, ou *neurones*, qui constituent les pivots de ce système de régulation.

ORGANISATION DU SYSTÈME NERVEUX

Nous possédons un seul système nerveux formé de neurones en interaction fonctionnelle. Pour en faciliter l'étude, on le divise toutefois en deux grandes parties (figure 11.2). Le **système nerveux central (SNC)** est composé de l'*encéphale* et de la *moelle épinière*, laquelle est située dans la cavité dorsale. Le SNC est le centre de régulation et d'intégration du système nerveux. Il interprète l'information sensorielle qui lui parvient et élabore des réponses motrices fondées sur l'expérience, les réflexes et les conditions ambiantes. Le **système nerveux périphérique (SNP)** est la partie du système nerveux située *à l'extérieur* du SNC ; il est formé principalement des nerfs issus de l'encéphale et de la moelle épinière. Les *nerfs spinaux* transmettent les influx entre les régions du corps et la moelle épinière et inversement, tandis que les *nerfs crâniens* acheminent les influx entre les régions du corps et l'encéphale et inversement. Les nerfs du SNP sont de véritables lignes de communication qui relient l'organisme entier au système nerveux central.

Du point de vue fonctionnel, le système nerveux périphérique comprend deux types de voies (voir la figure 11.2). La **voie sensitive,** ou **afférente** (*afferre* = apporter), est composée de neurofibres qui transportent *vers* le système nerveux central les influx provenant des récepteurs sensoriels disséminés dans l'organisme. Les neurofibres sensitives qui conduisent les influx provenant de la peau, des organes des sens, des muscles squelettiques et des articulations sont appelées *neurofibres afférentes somatiques* (*sôma* = corps), tandis que celles qui transmettent les influx provenant des viscères sont appelées *neurofibres afférentes viscérales.* La voie sensitive renseigne constamment le SNC sur les événements qui se déroulent tant à l'intérieur qu'à l'extérieur de l'organisme.

La **voie motrice,** ou **efférente** (*efferre* = porter hors), est formée de neurofibres qui transmettent aux organes effecteurs, c'est-à-dire les muscles et les glandes, les influx *provenant* du SNC. Ces influx nerveux provoquent la contraction des muscles et la sécrétion des glandes ; autrement dit, ils *déclenchent* une réponse motrice adaptée à l'événement.

La voie motrice comprend elle aussi deux subdivisions (voir la figure 11.2) :

1. Le **système nerveux somatique** est composé de neurofibres motrices somatiques qui acheminent les influx nerveux du SNC aux muscles squelettiques. On l'appelle souvent **système nerveux volontaire,** car il nous permet d'exercer une maîtrise consciente sur nos muscles squelettiques.
2. Le **système nerveux autonome (SNA)** est composé de neurofibres motrices viscérales qui règlent l'activité des muscles lisses, du muscle cardiaque et des glandes. Le terme *autonome* signifie littéralement « qui se régit par ses propres lois » ; nous n'avons habituellement aucun pouvoir sur des activités telles

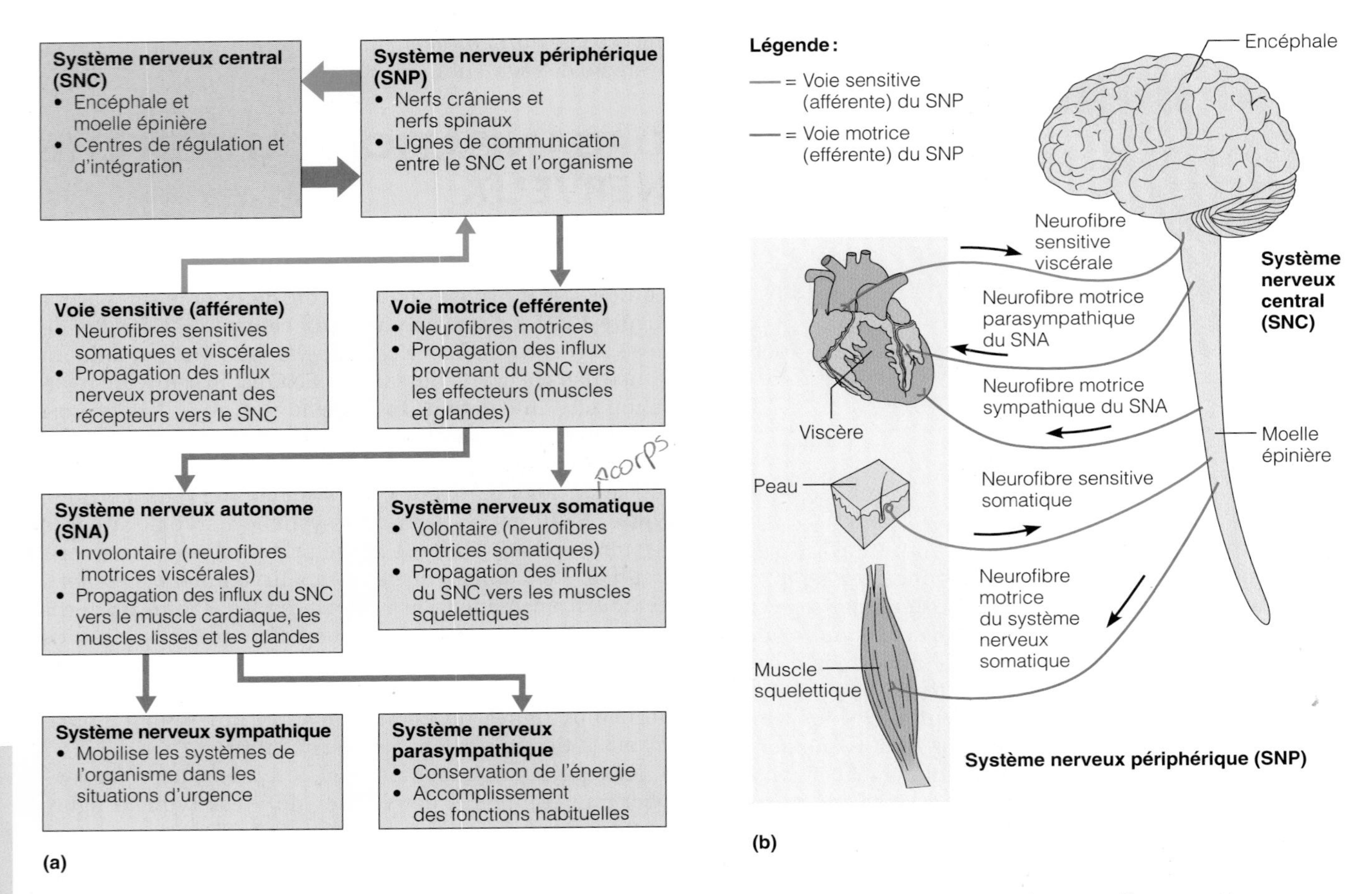

FIGURE 11.2
Organisation du système nerveux. **(a)** Organigramme. **(b)** Les *viscères* (situés pour la plupart dans la cavité antérieure) sont desservis par des neurofibres motrices du système nerveux autonome (SNA) et par des neurofibres sensitives viscérales. Les membres et les parois du corps sont desservis par des neurofibres motrices du système nerveux somatique et par des neurofibres sensitives somatiques. Les flèches indiquent la direction des influx nerveux.

que les battements de notre cœur ou les mouvements des aliments dans notre tube digestif, si bien que nous désignons aussi le SNA par le terme **système nerveux involontaire.** Comme nous l'indiquons dans la figure 11.2 et le décrivons au chapitre 14, le SNA comprend deux subdivisions fonctionnelles: le système nerveux **sympathique** et le système nerveux **parasympathique,** qui ont généralement des effets antagonistes sur l'activité de mêmes viscères. En effet, le système sympathique stimule ce que le système parasympathique inhibe et vice versa.

HISTOLOGIE DU TISSU NERVEUX

Le tissu nerveux est très riche en cellules. Le SNC, par exemple, compte moins de 20 % de l'espace extracellulaire, ce qui signifie que ses cellules sont extrêmement rapprochées et étroitement enchevêtrées. Le tissu nerveux, quoique complexe, n'est composé que de deux grands types de cellules: (1) les *neurones*, cellules nerveuses excitables qui produisent et transmettent les signaux électriques; (2) les *gliocytes*, plus petits, qui entourent et protègent les neurones. Ces deux types de cellules composent les structures du système nerveux central et du système nerveux périphérique.

Gliocytes

Tous les neurones sont étroitement associés à des **gliocytes** non excitables dont il existe six types. Quatre de ces types se trouvent dans le SNC et deux dans le SNP (figure 11.3). Chaque type de gliocyte remplit une fonction particulière mais, en général, les gliocytes ont pour fonction de soutenir les neurones. Certains séparent et isolent les neurones afin de les soustraire à l'activité électrique de leurs voisins. D'autres produisent des facteurs neurotropes qui guident les jeunes neurones vers les réseaux auxquels ils sont destinés et qui favorisent la croissance et l'intégrité des neurones.

Gliocytes du SNC

Les gliocytes du SNC forment la **névroglie** (littéralement, « colle nerveuse »). (Certains chercheurs estiment que la névroglie comprend aussi les gliocytes du SNP.) Comme les neurones, la plupart des gliocytes possèdent des prolongements ramifiés et un corps cellulaire central (figure 11.3a-d). Les gliocytes, cependant, sont beaucoup plus petits que les neurones et leur noyau retient plus le colo-

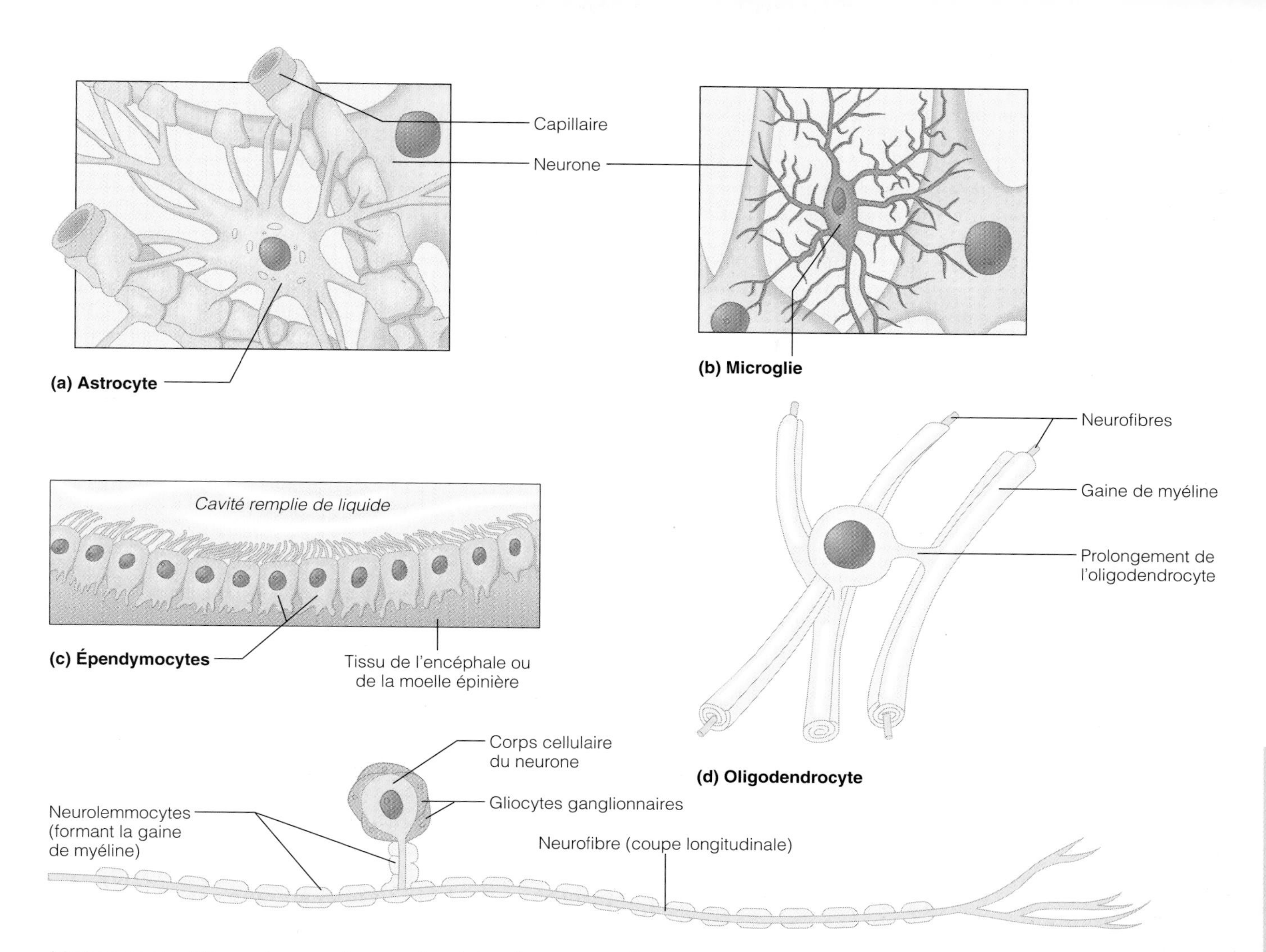

FIGURE 11.3
Gliocytes. (a-d) Types de gliocytes du système nerveux central. Notez en (d) que ce sont les prolongements des oligodendrocytes qui forment les gaines de myéline autour des neurofibres du SNC. **(e)** Relations entre les neurolemmocytes (cellules myélinisantes), les gliocytes ganglionnaires et un neurone sensitif dans le système nerveux périphérique.

rant. Ils sont neuf fois plus nombreux que les neurones dans le SNC et ils constituent environ la moitié de la masse de l'encéphale.

Les gliocytes les plus abondants sont les **astrocytes,** des cellules qui, comme leur nom l'indique, ont une forme étoilée. Leurs nombreux prolongements rayonnants s'attachent aux capillaires et aux neurones, emprisonnant ces derniers et les ancrant à leur source d'approvisionnement en nutriments, c'est-à-dire les capillaires sanguins (figure 11.3a). Les astrocytes interviennent dans les échanges entre les capillaires et les neurones et, comme les macrophagocytes intraépidermiques, ils semblent jouer le rôle de cellules présentant l'antigène dans la réponse immunitaire. Ils régissent le milieu chimique qui entoure les neurones, en particulier en récupérant les ions potassium (K^+) échappés dans l'espace extracellulaire et en effectuant le recaptage (et le recyclage) des neurotransmetteurs libérés. Comme nous le verrons plus loin, la charge électrique et les types d'ions présents à l'extérieur des neurofibres doivent être parfaitement adéquats pour que la propagation des influx nerveux puisse se réaliser. Enfin, il a été montré que les astrocytes (reliés par des jonctions ouvertes) communiquent entre eux (et peut-être avec les neurones) par l'intermédiaire de flux de calcium intracellulaires ; en outre, ils répondent à l'action de certains neurotransmetteurs.

Les **microglies** sont de petites cellules ovoïdes dotées de prolongements « épineux » relativement longs (figure 11.3b). Quand elles sont à l'état de repos, leurs prolongements sont en contact avec les neurones avoisinants et en « surveillent » l'intégrité. Lorsque les microglies détectent que certains neurones sont endommagés ou présentent certaines anomalies, elles se rassemblent et migrent dans leur direction. Si des microorganismes étrangers sont présents ou que des neurones meurent, les microglies se transforment en macrophagocytes d'un type particulier ; elles phagocytent alors les microorganismes et les débris de neurones morts. Le rôle protecteur des microglies revêt une grande importance, car les cellules du système immunitaire n'ont pas accès au SNC.

Les **épendymocytes** ont une forme variable (squameuse ou prismatique) et nombre d'entre eux sont ciliés. Ils tapissent les cavités centrales de l'encéphale et de la moelle épinière. Ils constituent une barrière perméable entre le liquide cérébro-spinal qui remplit ces cavités et le liquide interstitiel où baignent les cellules du SNC. Le battement de leurs cils facilite la circulation du liquide cérébro-spinal, qui forme un coussin protecteur pour l'encéphale et la moelle épinière (figure 11.3c).

Les **oligodendrocytes** sont moins ramifiés que les astrocytes. Étymologiquement, le terme signifie « cellules avec peu (*oligos*) de ramifications (*dendron*) ». Les oligodendrocytes sont alignés le long des axones épais du SNC, et leurs prolongements cytoplasmiques s'enroulent fermement autour de ceux-ci ; ils constituent ainsi des enveloppes isolantes appelées *gaines de myéline* (figure 11.3d).

Gliocytes du SNP

Les deux types de gliocytes présents dans le SNP sont les *gliocytes ganglionnaires* et les *neurolemmocytes*. Ces types de cellules diffèrent principalement par leur localisation.

Les **gliocytes ganglionnaires,** de forme aplatie, entourent le corps cellulaire des neurones situés dans les ganglions (figure 11.3e). On pense qu'ils participent d'une manière ou d'une autre à la régulation du milieu chimique des neurones auxquels ils sont associés.

Les **neurolemmocytes,** ou *cellules de Schwann*, constituent les gaines de myéline qui enveloppent les gros axones situés dans le système nerveux périphérique (figure 11.3e) ; ils sont donc semblables aux oligodendrocytes sur le plan fonctionnel. (Nous traiterons de la formation des gaines de myéline plus loin dans le chapitre.) Les neurolemmocytes jouent un rôle essentiel dans la régénération des neurofibres périphériques.

11

Neurones

Les **neurones,** ou **cellules nerveuses,** sont les unités structurales et fonctionnelles du système nerveux. Ces cellules hautement spécialisées acheminent les messages sous forme d'influx nerveux entre les parties du corps. Les neurones possèdent d'autres caractéristiques :

1. Les neurones ont une *longévité extrême*. Ils peuvent vivre et fonctionner de manière optimale pendant toute une vie (pendant plus de 100 ans) s'ils reçoivent une bonne nutrition.
2. Les neurones sont *amitotiques*. Les neurones ont perdu leur aptitude à la mitose, incompatible avec leur fonction de liens de communication du système nerveux. Comme ils sont incapables de se reproduire, ils ne sont pas remplacés s'ils sont détruits.
3. La *vitesse du métabolisme* des neurones est exceptionnellement *élevée*. De ce fait, les neurones requièrent un approvisionnement continuel et abondant en oxygène et en glucose. Ils ne peuvent survivre plus de quelques minutes sans oxygène.

Les neurones sont des cellules complexes et longues. Ils peuvent présenter certaines variations, mais ils comprennent généralement un *corps cellulaire* dont sont issus un ou plusieurs fins *prolongements* (figure 11.4). La membrane plasmique des neurones est le siège du déclenchement et de la propagation des influx nerveux ; elle joue un rôle essentiel dans les interactions cellulaires qui se produisent au cours du développement. La plupart des neurones ont trois structures fonctionnelles en commun (tableau 11.1, p. 371) : (1) une *structure réceptrice* ; (2) une *structure conductrice*, qui engendre et transmet le potentiel d'action (le siège de la production du potentiel d'action est appelé *zone gâchette*) ; (3) une *structure sécrétrice*, qui libère les neurotransmetteurs. Nous allons voir que chacune de ces structures est associée à une région particulière de l'anatomie du neurone.

Corps cellulaire du neurone

Le **corps cellulaire** du neurone est composé d'un gros noyau sphérique au nucléole bien défini et d'un cytoplasme granuleux. Le corps cellulaire est aussi appelé **péricaryon** (*peri* = autour ; *karuon* = noyau), et son diamètre varie entre 5 et 140 μm. Il constitue le *centre biosynthétique* du neurone. Il contient les organites habituels à l'exception des centrioles. (L'absence de centrioles, qui jouent un rôle important dans la formation du fuseau mitotique, est liée à la nature amitotique de la plupart des neurones.) Son « usine » à protéines et à membranes est composée de ribosomes libres agglutinés et de réticulum endoplasmique (RE) rugueux ; elle surpasse probablement en activité et en perfectionnement celle de toutes les autres cellules de l'organisme. Le réticulum endoplasmique rugueux, aussi appelé **substance chromatophile** (littéralement, « aimant la couleur ») ou **corps de Nissl,** prend une teinte foncée sous l'effet de colorants basiques et il est bien visible au microscope. Le complexe golgien est très développé et il forme un arc ou un cercle complet autour du noyau. Les mitochondries sont dispersées au milieu des autres organites. On aperçoit dans tout le corps cellulaire des faisceaux de microtubules et de **neurofibrilles,** des groupes de filaments intermédiaires (*neurofilaments*) qui jouent un rôle important dans le transport intracellulaire ainsi que dans le maintien de la forme et de l'intégrité de la cellule. Le corps cellulaire de certains neurones contient aussi des inclusions pigmentaires qui peuvent être composées d'une mélanine noire, d'un pigment ferreux rouge ou d'un pigment or brun appelé *lipofuscine*. La lipofuscine est un sous-produit inoffensif de l'activité lysosomiale ; elle est parfois appelée « pigment du vieillissement », car elle est particulièrement abondante dans les neurones des personnes âgées. Le corps cellulaire est le siège de la croissance des prolongements neuronaux au cours du développement embryonnaire. Dans la plupart des neurones, la membrane plasmique du corps cellulaire sert de structure réceptrice à l'information provenant des autres neurones.

Dans la plupart des cas, le corps cellulaire du neurone est situé à l'intérieur du SNC, où il est protégé par les os du crâne et de la colonne vertébrale. Les regroupements de corps cellulaires situés dans le SNC sont appelés **noyaux,** tandis que les regroupements de corps cellulaires situés dans le SNP (en nombre beaucoup moins grand) sont appelés **ganglions** (*ganglion* = nœud d'une corde, renflement).

En règle générale, les neurones dotés d'axones longs ont un gros corps cellulaire, tandis que les neurones dotés d'axones courts ont un petit corps cellulaire. Tentez d'expliquer cette correspondance.

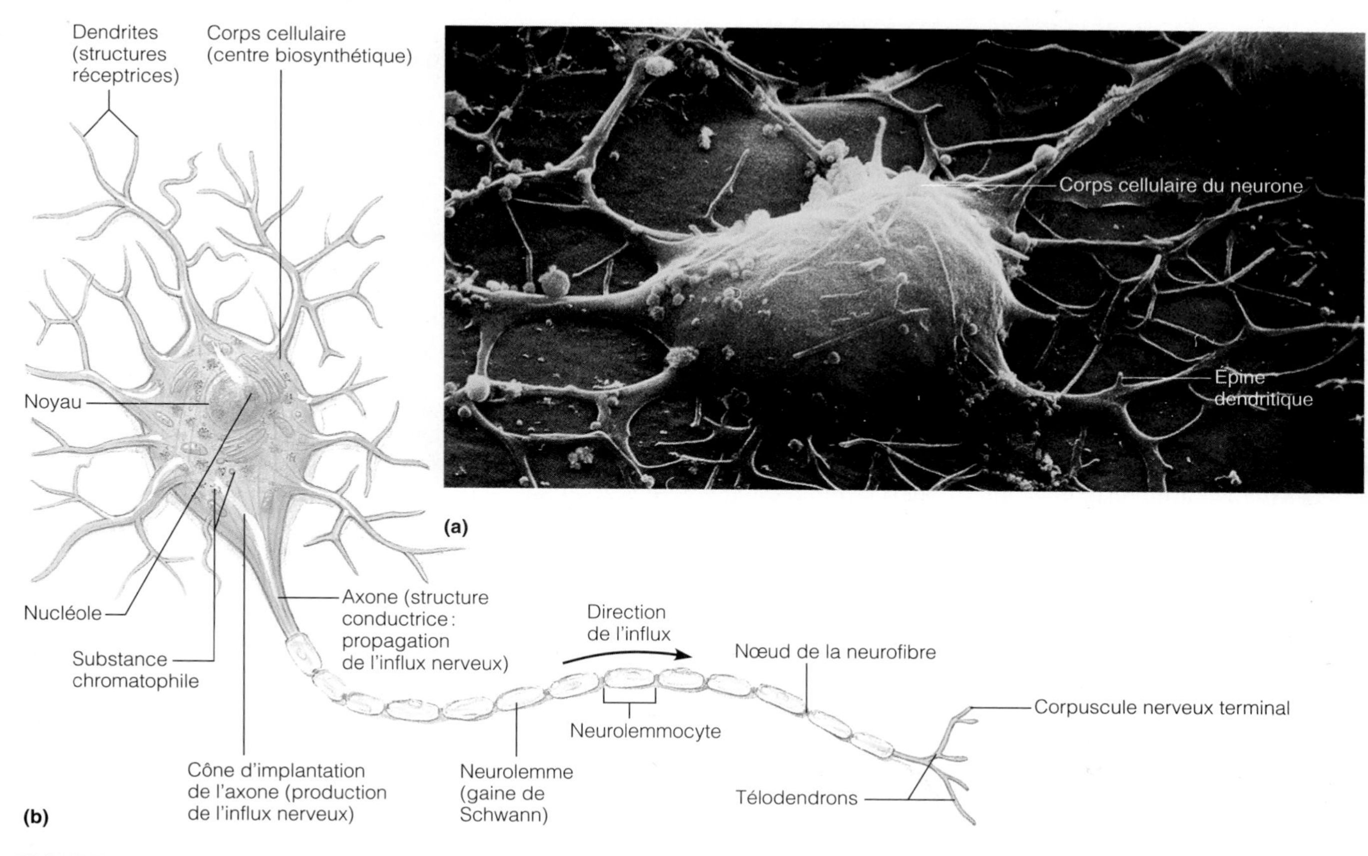

FIGURE 11.4
Structure d'un neurone moteur. (a) Micrographie au microscope électronique à balayage montrant le corps cellulaire du neurone et des dendrites avec des épines dendritiques bien définies (5000 ×). **(b)** Vue schématique.

Prolongements neuronaux

Les **prolongements neuronaux** sont des formations cytoplasmiques qui prennent naissance dans le corps cellulaire du neurone. L'encéphale et la moelle épinière (SNC) contiennent à la fois les corps cellulaires et leurs prolongements. Le SNP, à l'exception des ganglions, est composé de prolongements neuronaux. Les regroupements de prolongements neuronaux sont appelés **faisceaux** et **tractus** dans le SNC et **nerfs** dans le SNP.

Il existe deux types de prolongements neuronaux, les *dendrites* et les *axones*, qui diffèrent autant par leur structure que par les propriétés fonctionnelles de leurs membranes plasmiques. Il est d'usage de décrire les prolongements neuronaux à partir de l'exemple du neurone moteur. Nous nous conformerons ici à cette pratique, mais rappelez-vous que nombre de neurones du SNC et de neurones sensitifs diffèrent considérablement du modèle présenté ici.

Dendrites Les **dendrites** des neurones moteurs sont des prolongements courts et effilés aux ramifications diffuses. Le corps cellulaire du neurone moteur en possède généralement des centaines, dotées des mêmes organites que le corps cellulaire lui-même. Les dendrites forment la **structure réceptrice,** c'est-à-dire la première des structures fonctionnelles que nous avons vues plus haut : elles peuvent recevoir un très grand nombre de signaux des autres neurones grâce à l'immense surface qu'elles couvrent. Il existe des dendrites plus fines qui, dans de nombreuses régions cérébrales, sont chargées de la collecte de l'information ; elles sont hérissées d'appendices épineux appelés *épines dendritiques* (voir la figure 11.4a) qui constituent des points de contact étroit (synapses) avec d'autres neurones. Les dendrites transmettent les signaux électriques *vers* le corps cellulaire. Ces signaux électriques *ne* sont *pas* des influx nerveux (potentiels d'action), mais des signaux de courte portée appelés *potentiels gradués*, que nous décrirons plus loin dans ce chapitre.

Axone Chaque neurone est muni d'un **axone** unique (*axôn* = axe). L'axone est issu d'une région conique du corps cellulaire, appelée **cône d'implantation,** d'où il

---

Plus le neurone est long, plus le corps cellulaire doit être gros pour satisfaire ses besoins.

rétrécit en formant un mince prolongement dont le diamètre reste uniforme jusqu'à son extrémité (figure 11.4). L'axone est très court, voire absent dans certains neurones, tandis que dans d'autres il peut constituer presque toute la longueur de la cellule. Ainsi, les axones des neurones moteurs régissant les muscles squelettiques du gros orteil s'étendent de la région lombale de la colonne vertébrale jusqu'au pied, soit sur une distance de 1 m ou plus, ce qui fait de ces neurones les plus longues cellules du corps humain. Tout axone long est appelé **neurofibre.**

Un neurone possède un seul axone, mais ce dernier émet parfois quelques ramifications, appelées **collatérales,** qui forment avec lui des angles plus ou moins droits. Qu'un axone présente ou non des collatérales, son extrémité se divise habituellement en de très nombreuses ramifications terminales, appelées **télodendrons.** Il n'est pas rare qu'un neurone compte 10 000 télodendrons ou même plus (voir la figure 11.4). Les extrémités bulbeuses des télodendrons sont appelées **corpuscules nerveux terminaux,** ou boutons terminaux.

Les deux autres structures fonctionnelles du neurone que nous avons évoquées plus haut se retrouvent au niveau des axones. Les axones constituent en effet la **structure conductrice** des neurones. Ils *produisent des influx nerveux* qu'ils *propagent* jusqu'aux effecteurs musculaires et glandulaires. Dans les neurones moteurs, l'influx nerveux est produit au cône d'implantation de l'axone (d'où le nom de *zone gâchette*) et conduit jusqu'aux corpuscules nerveux terminaux. Ces corpuscules forment la **structure sécrétrice** du neurone. L'influx entraîne la libération dans l'espace extracellulaire de *neurotransmetteurs*, qui sont des substances chimiques emmagasinées dans les vésicules des corpuscules nerveux terminaux. Les neurotransmetteurs excitent ou inhibent les neurones (ou les cellules effectrices) avec lesquels l'axone est en contact étroit. Étant donné que chaque neurone échange des signaux avec une multitude d'autres neurones, on peut dire qu'il entretient des « conversations » simultanées avec de nombreux neurones.

L'axone contient les mêmes organites que les dendrites et le corps cellulaire, à part la substance chromatophile. Il a donc besoin du corps cellulaire et de mécanismes de transport efficaces pour renouveler et distribuer ses protéines et ses composants membranaires. C'est ce qui explique que les axones (plus précisément leur partie distale, comme nous le verrons plus loin) se décomposent rapidement s'ils sont coupés ou gravement endommagés. Comme les axones sont souvent très longs, on pourrait s'attendre à ce que le déplacement des molécules y soit problématique. Or, grâce à l'interaction de divers éléments du cytosquelette (microtubules, filaments d'actine, etc.), les substances peuvent circuler sans interruption le long de l'axone, en provenance ou en direction du corps cellulaire (transport axoplasmique). Au nombre des structures et des substances qui se déplacent vers les corpuscules nerveux terminaux (dans le sens antérograde), on trouve les mitochondries, les éléments du cytosquelette, les composants membranaires qui serviront au renouvellement de la membrane plasmique de l'axone (appelée **axolemme**) et des enzymes qui catalysent la synthèse de certains neurotransmetteurs. (D'autres neurotransmetteurs sont synthétisés dans le corps cellulaire puis transportés jusque dans les corpuscules nerveux terminaux.) Les substances transportées dans le sens inverse (rétrograde) sont principalement des organites renvoyés dans le corps cellulaire pour y être dégradés ou recyclés. Ce processus de transport est aussi un important moyen de communication intracellulaire qui « informe » le corps cellulaire des conditions qui prévalent dans les corpuscules nerveux terminaux. Il existe deux ou trois mécanismes de transport dans l'axone ; le plus rapide (100 à 400 mm/jour) dépend de l'adénosine triphosphate (ATP), il est bidirectionnel et il utilise une protéine « motrice » (adénosine triphosphatase) appelée *kinésine*. Cette protéine propulse les particules membranaires sur les microtubules, comme des trains sur des rails.

Certains virus et certaines toxines bactériennes nuisibles au tissu nerveux empruntent aussi le système de transport axonal rétrograde pour atteindre le corps cellulaire. Tel est le cas des virus de la poliomyélite, de la rage et de l'herpès ainsi que de la toxine tétanique. Dans le domaine de la recherche sur le traitement des maladies génétiques, on essaie actuellement d'utiliser ce système de transport afin d'introduire dans les noyaux cellulaires des virus contenant des gènes « corrigés ». ■

Gaine de myéline et neurolemme Les axones de nombreux neurones, et en particulier ceux qui sont longs ou de diamètre important, sont recouverts d'une enveloppe blanchâtre, lipidique (lipoprotéinique) et segmentée appelée **gaine de myéline.** La myéline protège les axones et les isole électriquement les uns des autres ; de plus, elle accroît la vitesse de transmission des influx nerveux. Les **axones myélinisés** (enveloppés d'une gaine de myéline) conduisent les influx nerveux rapidement, tandis que les **axones amyélinisés** les acheminent très lentement. (La différence peut être de l'ordre de 150, c'est-à-dire de 150 m/s à moins de 1 m/s.) La myéline ne recouvre que les axones. Les dendrites sont *toujours* amyélinisées.

Dans le système nerveux périphérique, les gaines de myéline entourant l'axone sont formées d'un très grand nombre de neurolemmocytes qui s'étendent tout le long de cette structure conductrice. D'abord, les neurolemmocytes s'incurvent pour recevoir l'axone, puis ils s'enroulent autour de lui à la façon d'un roulé à la confiture (figure 11.5). Les enroulements sont lâches initialement, puis le cytoplasme des neurolemmocytes est graduellement expulsé d'entre les couches de membrane. Quand l'enroulement est achevé, l'axone se trouve entouré d'un grand nombre de couches concentriques (de 50 à 100) formées des membranes plasmiques des neurolemmocytes. Ces couches concentriques constituent la gaine de myéline proprement dite ; l'épaisseur de la gaine dépend du nombre de couches de membrane. On ne trouve pas de canaux protéiques ni de transporteurs protéiques dans les gaines de myéline car les membranes plasmiques des neurolemmocytes contiennent moins de 25 % de protéines (contre 50 % dans les membranes plasmiques de la plupart des cellules). Cette caractéristique fait des gaines de myéline des isolants électriques exceptionnels.

Le noyau et la majeure partie du cytoplasme du neurolemmocyte se retrouvent juste en dessous de la couche la plus externe de sa membrane plasmique, c'est-à-dire à l'extérieur de la gaine de myéline ; cette portion du

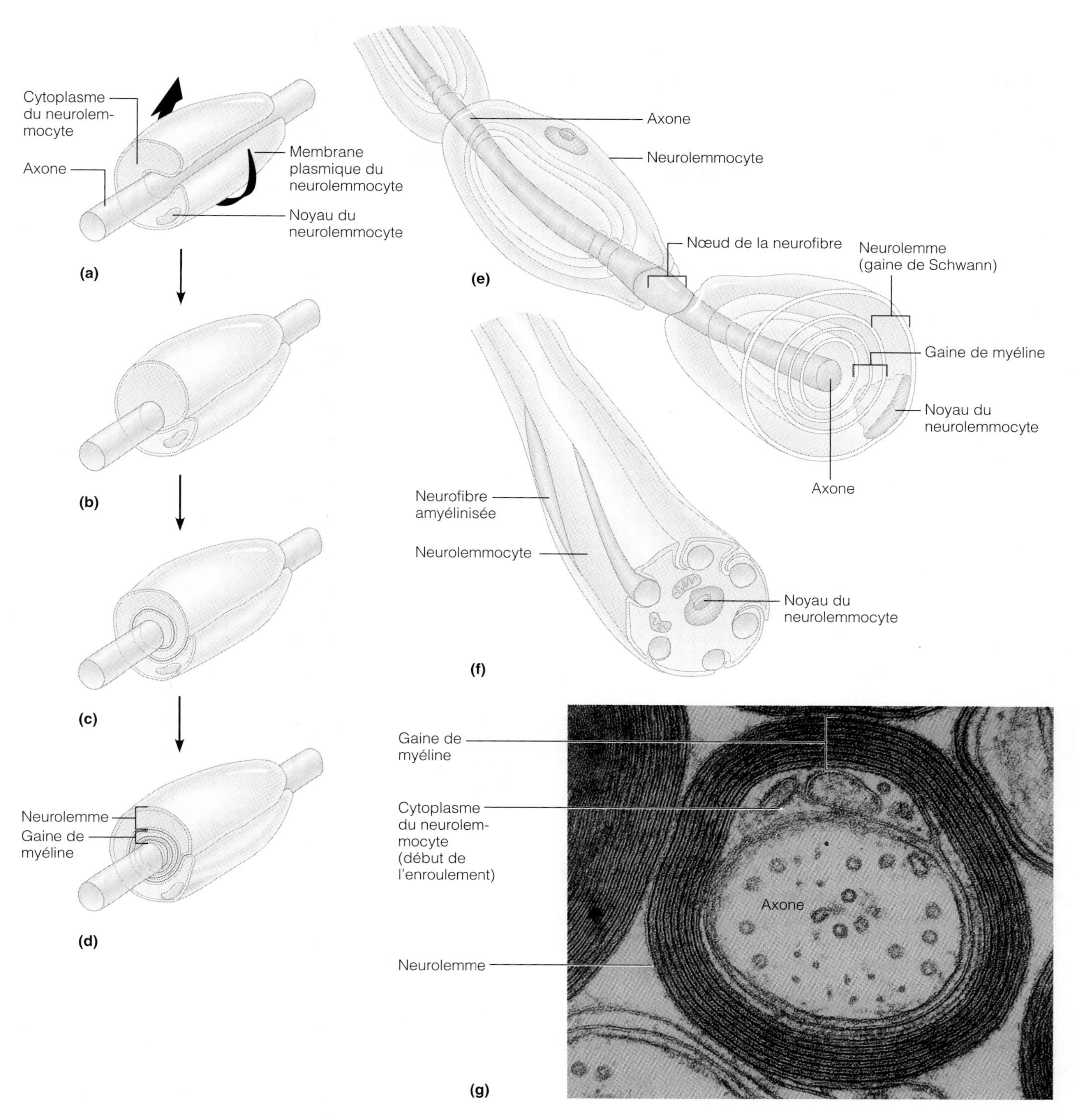

FIGURE 11.5
Relation entre les neurolemmocytes et les axones dans le système nerveux périphérique. (a-d) Myélinisation d'une neurofibre (axone). Un neurolemmocyte enveloppe un axone dans un renfoncement de sa membrane plasmique. Puis il commence à s'enrouler autour de l'axone en l'enveloppant dans des couches successives de membrane plasmique. Par la suite, le cytoplasme du neurolemmocyte est éjecté d'entre les membranes et se dispose à la périphérie, juste au-dessous de la portion découverte de la membrane plasmique du neurolemmocyte. Les couches de membrane entourant l'axone composent la gaine de myéline; la région formée par le cytoplasme du neurolemmocyte et sa membrane découverte constitue le neurolemme, ou gaine de Schwann. **(e)** Vue tridimensionnelle «en transparence» d'un axone myélinisé montrant des parties de neurolemmocytes adjacents et, entre eux, le nœud de la neurofibre (la région d'axolemme découvert). **(f)** Neurofibres amyélinisées. Les neurolemmocytes peuvent s'attacher à quelques axones (généralement de faible diamètre) et les entourer. Dans ce cas, il n'y a pas d'enroulement du neurolemmocyte autour des axones. **(g)** Micrographie au microscope électronique d'un axone myélinisé, en coupe transversale (20 000 ×).

neurolemmocyte, qui entoure la gaine de myéline, est appelée **neurolemme** («enveloppe du neurone»), ou **gaine de Schwann.** Les neurolemmocytes adjacents le long de l'axone ne se touchent pas, la gaine présente donc des intervalles réguliers appelés **nœuds de la neurofibre,** ou **nœuds de Ranvier.** C'est au niveau de ces nœuds que des collatérales peuvent émerger de l'axone. Comme ces nœuds sont aussi les seules parties dénudées de l'axolemme, l'influx nerveux est forcé de sauter de l'un à l'autre le long de l'axone. Ce mécanisme accroît considérablement la vitesse de propagation de l'influx nerveux (nous l'expliquerons en détail plus loin dans ce chapitre).

Il arrive parfois que les neurolemmocytes entourent les axones de neurones périphériques, sans toutefois s'enrouler autour. Quinze axones ou plus peuvent alors occuper des renfoncements tubulaires distincts dans la surface du neurolemmocyte (voir la figure 11.5f). On dit que les axones ainsi liés aux neurolemmocytes sont *amyélinisés*; ils sont généralement minces.

On trouve également des axones myélinisés et des axones amyélinisés dans le système nerveux central, mais ce sont des oligodendrocytes qui y constituent les gaines de myéline (voir la figure 11.3d). Contrairement au neurolemmocyte, qui s'enroule pour former un seul segment entre deux nœuds d'une gaine de myéline, l'oligodendrocyte possède de nombreux prolongements plats qui peuvent s'enrouler autour de multiples axones (jusqu'à 60) à la fois. Si on trouve des nœuds de la neurofibre dans le SNC, ils y sont beaucoup plus espacés que dans le SNP. Cependant, les gaines de myéline du SNC sont dépourvues de neurolemme, parce que ce sont des prolongements cellulaires qui s'enroulent et non une cellule entière. À mesure que les prolongements de l'oligodendrocyte s'enroulent autour des axones, le cytoplasme est repoussé vers le centre de la cellule, où se situe le noyau. Les axones du SNC sont amyélinisés quand les oligodendrocytes les touchent sans les envelopper.

Les régions de l'encéphale et de la moelle épinière qui comportent des groupements denses d'axones myélinisés forment la **substance blanche**; ces régions sont principalement constituées de faisceaux de neurofibres. La **substance grise** contient surtout des corps cellulaires et des axones amyélinisés.

Classification des neurones

On peut classer les neurones selon leur structure ou leur fonction. Nous allons présenter ici ces deux classifications, mais par la suite, c'est surtout la classification fonctionnelle que nous utiliserons.

Classification structurale La classification structurale distribue les neurones en trois groupes principaux selon le nombre de prolongements qui émergent du corps cellulaire: les neurones multipolaires (*polaire* = relatif à une extrémité, un pôle), les neurones bipolaires et les neurones unipolaires (tableau 11.1).

Les **neurones multipolaires** possèdent trois prolongements ou plus. Ce sont les neurones les plus abondants chez l'être humain, et ils sont particulièrement nombreux dans le système nerveux central. La plupart des neurones multipolaires présentent de nombreuses dendrites ramifiées et un axone, mais certains ne sont pourvus que de dendrites (par exemple, les cellules horizontales de la rétine; voir la figure 16.8a, p. 550).

Les **neurones bipolaires** ont deux prolongements, soit un axone et une dendrite, qui sont issus de côtés opposés du corps cellulaire. Les neurones bipolaires sont peu nombreux dans l'organisme adulte; on n'en trouve que dans certains des organes des sens, notamment dans la rétine et dans la muqueuse olfactive, où ils jouent le rôle de cellules réceptrices.

Les **neurones unipolaires** comportent un prolongement unique qui émerge du corps cellulaire. Ce prolongement est d'ailleurs très court, et il se divise en forme de T en une neurofibre proximale et une neurofibre distale. Le prolongement distal du neurone, souvent lié à un récepteur sensoriel, est communément appelé **prolongement périphérique,** tandis que le prolongement qui pénètre dans le SNC est appelé **prolongement central** (voir le tableau 11.1). Les neurones unipolaires sont aussi désignés par le terme **neurones pseudo-unipolaires** (*pseudo* = faux), car ce sont des neurones bipolaires à l'origine. Au début du développement embryonnaire, les deux prolongements convergent et fusionnent partiellement de manière à former le prolongement unique qui sort du corps cellulaire. Les neurones unipolaires jouent le rôle de neurones sensitifs dans le SNP; leurs corps cellulaires se retrouvent dans des ganglions.

Du fait que le prolongement périphérique et le prolongement central fusionnés des neurones unipolaires fonctionnent comme une neurofibre unique, il est justifié de se demander s'il s'agit d'axones ou de dendrites. Le prolongement central est indubitablement un axone, car il conduit les influx vers l'extérieur du corps cellulaire (ce qui correspond à une définition de l'axone). Par contre, le prolongement périphérique est plus complexe à définir. Certaines de ses caractéristiques nous poussent à l'assimiler à un axone. Premièrement, il produit et conduit un influx (ce qui correspond à la définition fonctionnelle de l'axone); deuxièmement, il est fortement myélinisé s'il est de dimensions importantes; troisièmement, il a un diamètre uniforme et il est identique à un axone au microscope. Toutefois, l'ancienne définition de la dendrite voulant qu'il s'agisse d'un prolongement qui transmet l'influx *en direction* du corps cellulaire continue à jeter un doute sur cette conclusion. Alors, qu'est-ce qu'un prolongement périphérique? En dépit de la controverse, nous avons retenu la définition la plus récente de l'axone, c'est-à-dire celle qui est fondée sur la production et la transmission de l'influx. Par conséquent, en ce qui concerne les *neurones unipolaires*, nous appellerons «axone» la longueur combinée des prolongements périphérique et central, et «dendrites», uniquement les petites ramifications réceptrices situées à l'extrémité distale du prolongement périphérique.

Classification fonctionnelle La classification fonctionnelle distribue les neurones selon le sens de la propagation de l'influx nerveux par rapport au système nerveux central. C'est ainsi que l'on trouve des neurones sensitifs, des neurones moteurs et des interneurones (voir le tableau 11.1).

Les neurones qui transmettent les influx des récepteurs sensoriels de la peau ou des organes internes *vers* le

TABLEAU 11.1 Comparaison des classes structurales de neurones

TYPES DE NEURONES

	Multipolaires	Bipolaires	Unipolaires (pseudo-unipolaires)
Classe structurale : selon le nombre de prolongements émergeant du corps cellulaire	De nombreux prolongements émergent du corps cellulaire : un grand nombre de dendrites et un seul axone.	Deux prolongements émergent du corps cellulaire : une dendrite et un axone.	Un prolongement émerge du corps cellulaire et forme un prolongement central et un prolongement périphérique qui, à eux deux, constituent l'axone. Seules les extrémités distales du prolongement périphérique sont des dendrites.

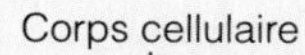

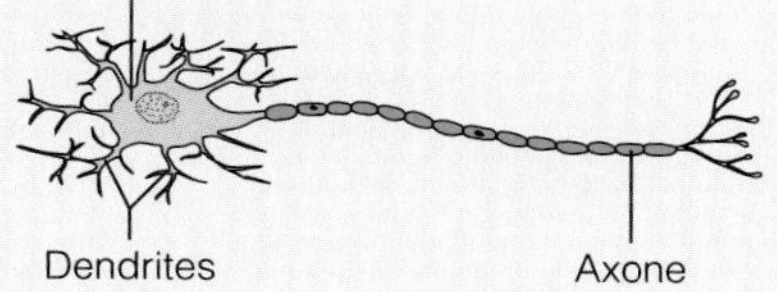

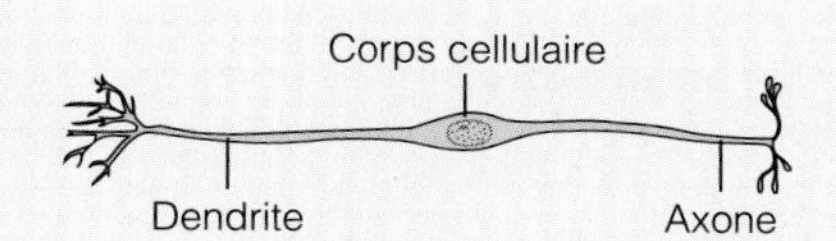

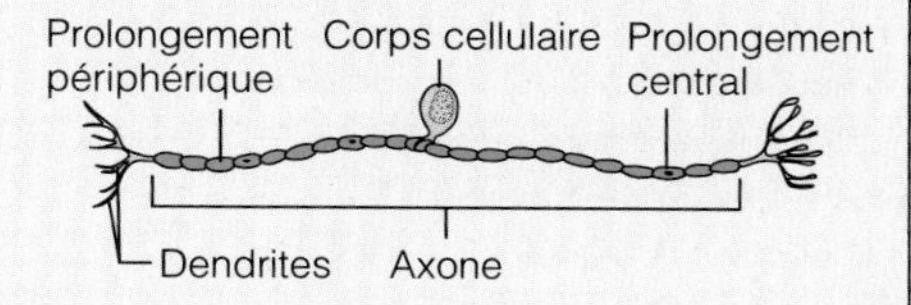

Relation entre l'anatomie et les trois structures fonctionnelles

- = Structure réceptrice (reçoit le stimulus). La membrane plasmique présente des canaux ioniques ligand-dépendants.
- = Structure conductrice (produit et transmet le potentiel d'action). La membrane plasmique présente des canaux à Na^+ et à K^+ voltage-dépendants.
- = Structure sécrétrice (libère des neurotransmetteurs). La membrane plasmique présente des canaux à Ca^{2+} voltage-dépendants.

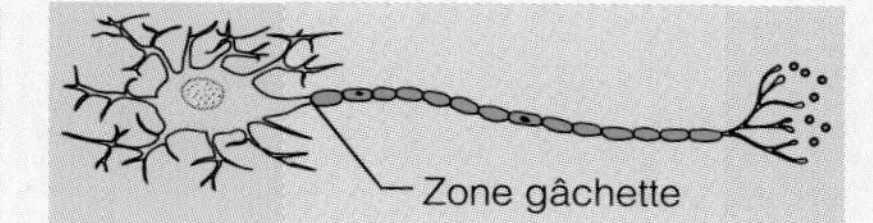

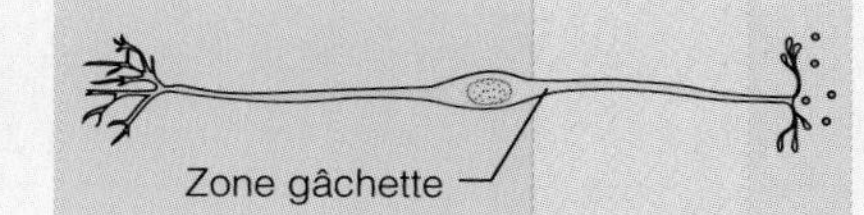

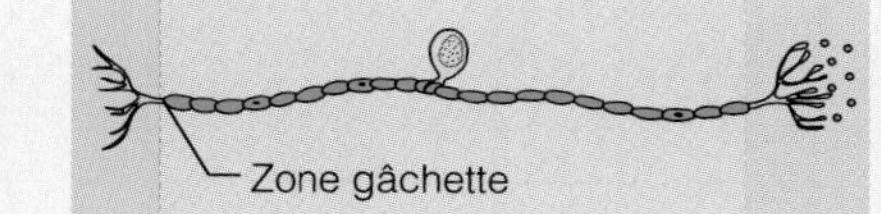

(De nombreux neurones bipolaires ne produisent pas de potentiels d'action et, chez ceux qui en produisent, la zone gâchette n'est pas toujours située au même endroit.)

	Multipolaires	Bipolaires	Unipolaires (pseudo-unipolaires)
Abondance relative et situation dans le corps humain	Les plus abondants. Principal type de neurones dans le SNC.	Rares. Se trouvent dans certains organes des sens (muqueuse olfactive, rétine).	Se trouvent surtout dans le SNP. Répandus seulement dans les ganglions de la racine dorsale de la moelle épinière et dans les ganglions sensitifs des nerfs crâniens.

Variations structurales

Multipolaires

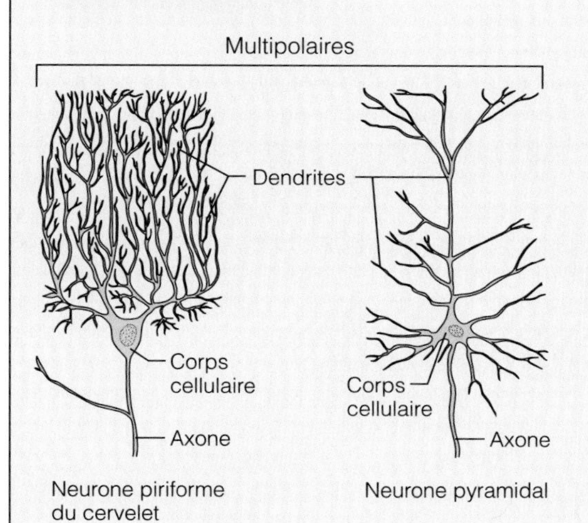

Neurone piriforme du cervelet

Neurone pyramidal

Bipolaires

Corps cellulaire
Dendrite
Axone
Corps cellulaire
Axone

Cellule olfactive

Cellule de la rétine

Unipolaires

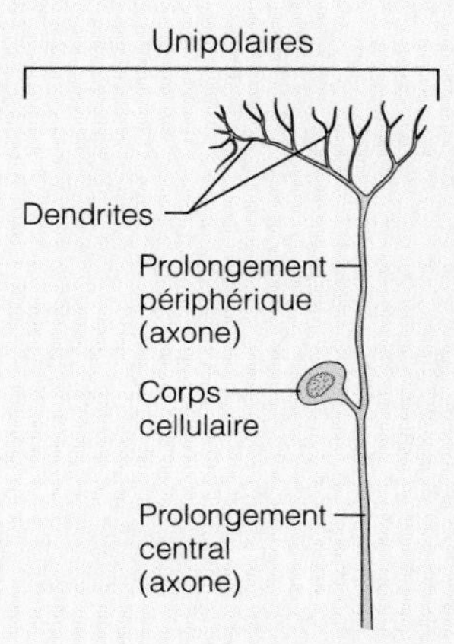

Cellule d'un ganglion de la racine dorsale

TABLEAU 11.1 Comparaison des classes structurales de neurones *(suite)*

TYPES DE NEURONES		
Multipolaires	**Bipolaires**	**Unipolaires (pseudo-unipolaires)**

Classe fonctionnelle : selon la direction de la propagation de l'influx nerveux

1. Certains neurones multipolaires sont des **neurones moteurs** qui conduisent les influx le long des voies efférentes, du SNC à un effecteur (muscle ou glande).
2. Certains neurones multipolaires sont des neurones sensitifs de deuxième ou de troisième ordre qui acheminent l'information sensorielle provenant des neurones sensitifs de premier ordre jusqu'aux centres supérieurs du SNC.

3. La plupart des neurones multipolaires sont des **interneurones (neurones d'association)** qui conduisent les influx à l'intérieur du SNC ; un interneurone multipolaire peut appartenir à une chaîne de neurones du SNC ou relier un neurone sensitif et un neurone moteur.

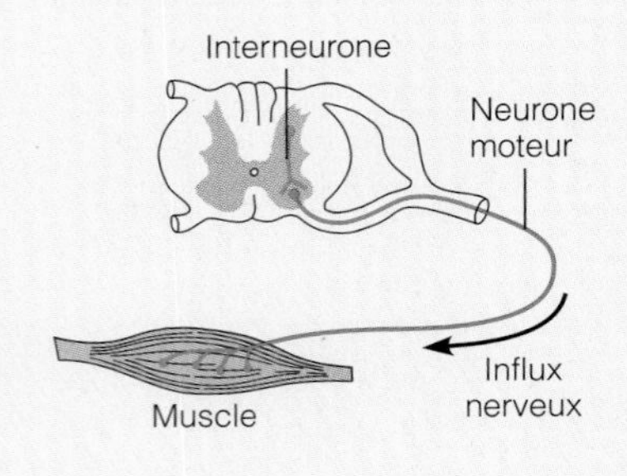

Presque tous les neurones bipolaires sont des **neurones sensitifs** situés dans certains organes des sens. Par exemple, les neurones bipolaires de la rétine interviennent dans la transmission des informations visuelles de l'œil à l'encéphale (par une chaîne intermédiaire de neurones).

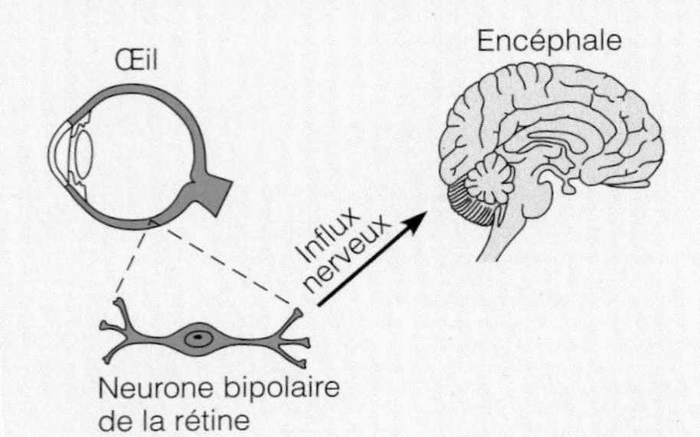

La plupart des neurones unipolaires sont des **neurones sensitifs** qui conduisent les influx le long de voies afférentes jusqu'au SNC, où ils seront interprétés. (Ces neurones sensitifs sont des neurones sensitifs de premier ordre.)

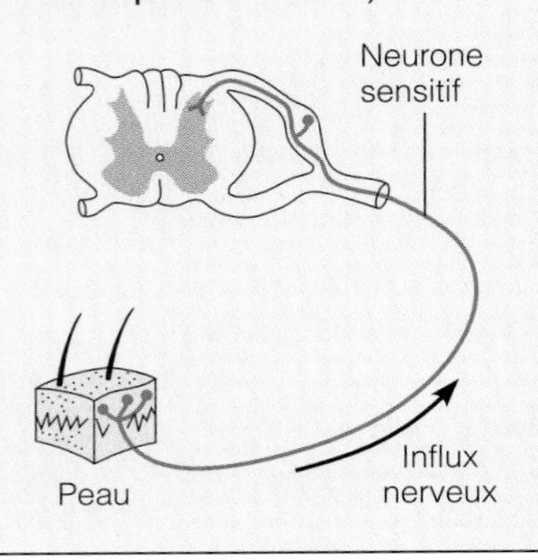

système nerveux central sont appelés **neurones sensitifs,** ou **neurones afférents.** Certains anatomistes désignent ces cellules par les termes *neurones sensitifs (ou afférents) de premier ordre (ou primaires), de deuxième ordre* et *de troisième ordre.* À l'exception des neurones bipolaires situés dans certains organes des sens, la quasi-totalité des *neurones sensitifs de premier ordre* sont unipolaires, et leurs corps cellulaires sont logés dans les ganglions sensitifs *à l'extérieur* du SNC. Sur le plan fonctionnel, seules les parties les plus distales des neurones unipolaires jouent le rôle de récepteurs, et les prolongements périphériques sont souvent très longs. Par exemple, les neurofibres qui acheminent les influx sensitifs provenant de la peau du gros orteil s'étendent sur plus de 1 m avant d'atteindre leurs corps cellulaires, qui forment un ganglion situé près de la moelle épinière.

Si les extrémités dendritiques de certains neurones sensitifs non recouverts de myéline servent elles-mêmes de récepteurs sensoriels, beaucoup sont rattachées à des récepteurs formés par d'autres types de cellules. Nous décrivons les divers types d'organes récepteurs, comme ceux de la peau, au chapitre 13, et les récepteurs des organes des sens (de l'oreille, de l'œil, etc.) au chapitre 16. Tous les neurones sensitifs de deuxième et de troisième ordre* sont multipolaires et l'ensemble de leurs parties est localisé dans le SNC. Ils transmettent les messages sensoriels entre les régions inférieures du SNC (moelle épinière et tronc cérébral) et les centres cérébraux supérieurs qui en effectuent l'interprétation.

Les neurones qui transmettent les influx *hors* du SNC jusqu'aux organes effecteurs (muscles et glandes) situés à la périphérie du corps sont appelés **neurones moteurs,** ou **neurones efférents.** Les neurones moteurs sont multipolaires et, exception faite de certains neurones du système nerveux autonome, leurs corps cellulaires sont logés dans le SNC. Pour plus de précision, on emploie le terme *neurones moteurs supérieurs* pour désigner les neurones moteurs localisés dans l'encéphale qui produisent les commandes motrices ; on emploie le terme *neurones moteurs inférieurs* pour désigner les neurones moteurs dont les axones sortent du SNC et forment les nerfs périphériques reliés aux organes effecteurs.

Les **interneurones,** ou **neurones d'association,** sont situés entre les neurones sensitifs (voies afférentes) et les neurones moteurs (voies efférentes) ; ils servent de relais aux influx nerveux qui sont acheminés vers les centres du SNC où s'effectue l'analyse des informations sensorielles. Les interneurones sont le plus souvent multipolaires, et pour la plupart, l'ensemble de leurs parties se trouve dans le SNC (dont la majorité des neurones appartiennent à ce type). Ils représentent plus de 99 % des neurones de l'organisme. Leur taille et les ramifications de leurs neurofibres varient beaucoup. Les neurones piriformes du cervelet et les neurones pyramidaux du cortex cérébral illustrent cette diversité, ainsi que vous pouvez le voir dans la section intitulée « Variations structurales » du tableau 11.1.

* Certains auteurs préfèrent appeler les neurones afférents de deuxième et de troisième ordre « interneurones » et réserver l'appellation « neurones sensitifs » aux neurones sensitifs de premier ordre.

NEUROPHYSIOLOGIE

Les neurones sont très sensibles aux stimulus: on dit qu'ils sont *excitables*. Lorsqu'un neurone reçoit un stimulus adéquat, il produit un influx électrique et le conduit tout le long de son axone. L'intensité de l'influx est toujours la même, quels que soient le type de stimulus et sa source. Ce phénomène électrique, appelé *potentiel d'action* (*influx nerveux*) est à la base même du fonctionnement du système nerveux.

Nous décrirons dans cette section la manière dont les neurones sont excités ou inhibés ainsi que leurs modes de communication avec les autres neurones et les cellules des effecteurs musculaires et glandulaires. Mais nous allons étudier d'abord quelques-uns des principes fondamentaux d'électricité et revoir la notion de potentiel de repos.

Principes fondamentaux d'électricité

Au point de vue électrique, le corps humain est neutre dans son ensemble; il possède un nombre égal de charges positives et de charges négatives. Cependant, un type de charge prédomine dans certains endroits et rend ceux-ci positivement ou négativement chargés. Puisque les charges opposées s'attirent, il faut un apport d'énergie (un travail) pour les séparer. Inversement, quand des charges opposées s'unissent, l'énergie libérée peut servir à accomplir un travail. L'énergie emmagasinée dans une pile, par exemple, est libérée lorsque les deux pôles sont connectés (lorsque le circuit est fermé), ce qui permet aux électrons de s'écouler de la région chargée négativement vers la région chargée positivement. Par conséquent, des charges opposées séparées possèdent une énergie potentielle. La mesure de cette énergie potentielle est appelée **voltage**, et elle est exprimée en *volts* ou en *millivolts* (1 mV = 0,001 V). Le voltage se mesure toujours entre deux points de charges contraires; on l'appelle **différence de potentiel**, ou simplement **potentiel**. Plus la différence de charge entre deux points est grande, plus le voltage est élevé.

Le déplacement, ou flux, des charges électriques d'un point à un autre est appelé **courant**; il peut servir à accomplir un travail, à alimenter une lampe de poche par exemple. La quantité de charges qui se déplacent entre deux points dépend de deux facteurs: le voltage et la résistance. La **résistance** est l'opposition au flux des charges exercée par des substances que le courant doit traverser. Les substances qui opposent une forte résistance sont appelées *isolants*, tandis que les substances qui opposent une faible résistance sont appelées *conducteurs*.

La relation entre voltage, courant et résistance s'exprime par la **loi d'Ohm**:

$$\text{Courant } (I) = \frac{\text{voltage } (V)}{\text{résistance } (R)}$$

On constate donc que le courant (I) est directement proportionnel au voltage: plus le voltage (différence de potentiel) est élevé, plus le courant est intense. Aucun courant ne circule entre des points ayant le même potentiel. La loi d'Ohm nous apprend aussi que le courant est inversement proportionnel à la résistance: plus la résistance est grande, plus le courant est faible.

> *Imaginez que les nerfs sont des routes pour les signaux électrochimiques et que la gaine de myéline en constitue le pavage. Tout comme le roulement d'une voiture est plus rapide et plus stable sur une route pavée que sur une route de gravier, la propagation des influx nerveux est plus rapide et plus stable dans les neurofibres myélinisées que dans les neurofibres amyélinisées. L'importance de la myéline saute aux yeux quand on pense aux maladies qui, comme la sclérose en plaques, se caractérisent par une destruction de la gaine de myéline. Quand la myéline est endommagée, les mouvements deviennent saccadés et hésitants, car les signaux électrochimiques ne peuvent plus se propager adéquatement.*
>
> *Jean Hansen,*
> *étudiante en sciences biologiques*

Dans l'organisme, les phénomènes électriques se produisent le plus souvent en milieu aqueux, et les courants électriques relèvent de la circulation des ions positifs et négatifs (charges) à travers la membrane plasmique plutôt que du mouvement d'électrons libres. (Il n'y a pas d'électrons libres qui « vagabondent » dans les organismes vivants.) Comme nous l'avons vu au chapitre 3, il existe une légère différence entre le nombre d'ions positifs et le nombre d'ions négatifs de part et d'autre de la membrane plasmique. Cette séparation des charges produit un voltage mesurable, ou différence de potentiel, entre le cytoplasme et le liquide interstitiel. La résistance au flux du courant est fournie par la membrane plasmique elle-même.

Les membranes plasmiques sont parcourues de *canaux ioniques* formés de protéines intégrées. On distingue les *canaux protéiques ouverts*, ou *à fonction passive*, qui sont toujours ouverts, des *canaux protéiques fermés*, ou *à fonction active*, qui s'ouvrent par intermittence (figure 11.6). Les canaux à fonction active comportent une « vanne », généralement constituée d'une ou de plusieurs protéines du canal, qui peut changer de forme pour ouvrir ou fermer le canal en réponse à divers signaux physiques ou chimiques. Les **canaux ligand-dépendants** s'ouvrent quand le neurotransmetteur (ligand) approprié se lie à la membrane. Les **canaux voltage-dépendants** s'ouvrent et se ferment en réponse à des modifications du potentiel de membrane, ou voltage. Nous y reviendrons plus loin. Chaque type de canal est sélectif; par exemple, un canal à potassium ne laisse généralement passer que des ions potassium.

Quand les canaux ioniques à fonction active sont ouverts, les ions diffusent rapidement à travers la membrane dans le sens de leurs gradients électrochimiques; ils créent des courants électriques et des modifications du voltage à travers la membrane, conformément à l'équation suivante, déjà vue mais présentée sous une autre forme:

$$\text{Voltage } (V) = \text{courant } (I) \times \text{résistance } (R)$$

Examinons de plus près la notion de gradient électrochimique. Lorsqu'un ion se trouve à des concentrations différentes de part et d'autre de la membrane plasmique, cette variation est appelée *gradient de concentration*: l'ion diffuse passivement d'une région de forte concentration

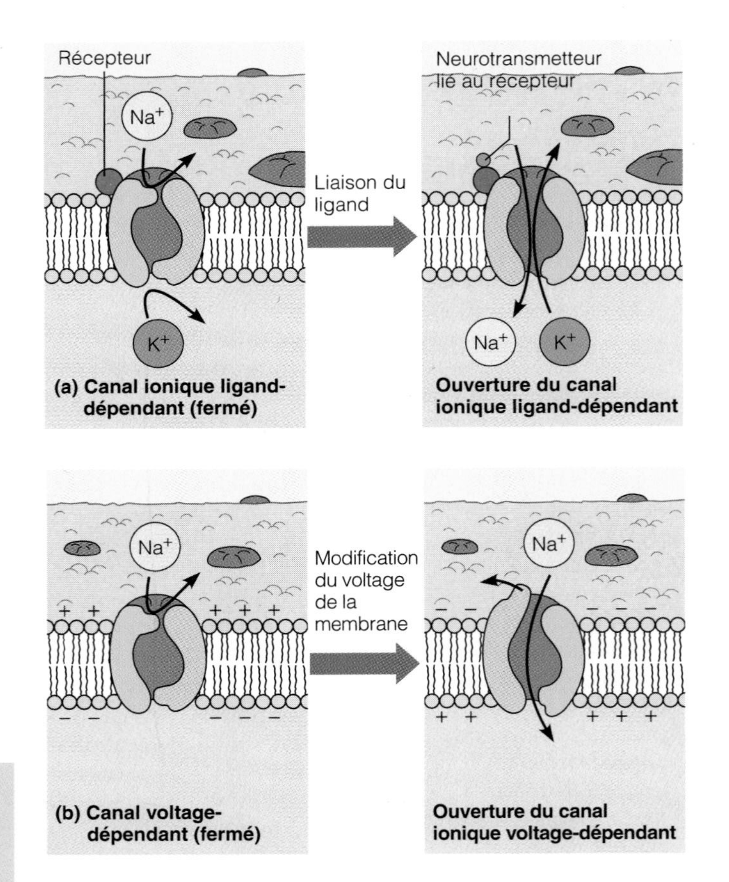

FIGURE 11.6
Fonctionnement des canaux à fonction active. (a) Un canal ligand-dépendant (ici, un canal à Na^+-K^+) s'ouvre quand le neurotransmetteur approprié se lie au récepteur, ce qui permet le mouvement simultané du Na^+ et du K^+ à travers le canal. **(b)** Un canal voltage-dépendant s'ouvre ou se ferme en réponse à des modifications du voltage. Dans cet exemple, un canal à Na^+ s'ouvre quand la face interne de la membrane devient positive.

vers une région de faible concentration. La concentration étant un concept de chimie, on parle aussi de *gradient chimique*. D'autre part, le transfert d'un ion vers une région de charge électrique opposée correspond à un *gradient électrique* (gradient de potentiel). Le gradient chimique et le gradient électrique forment le *gradient électrochimique*. La diffusion des ions à travers les canaux de la membrane plasmique du neurone se fait donc selon le gradient électrochimique de cette membrane. Ce processus de diffusion est à l'origine de la production d'influx par le neurone.

Potentiel de repos de la membrane : polarisation

La différence de potentiel entre deux points se mesure à l'aide de deux électrodes reliées à un voltmètre (figure 11.7). Lorsqu'on insère une électrode dans le cytoplasme d'un neurone et qu'on place l'autre électrode sur sa face externe, on enregistre un voltage d'environ –70 mV à travers la membrane. Le symbole « moins » indique que la face cytoplasmique (interne) de la membrane du neurone

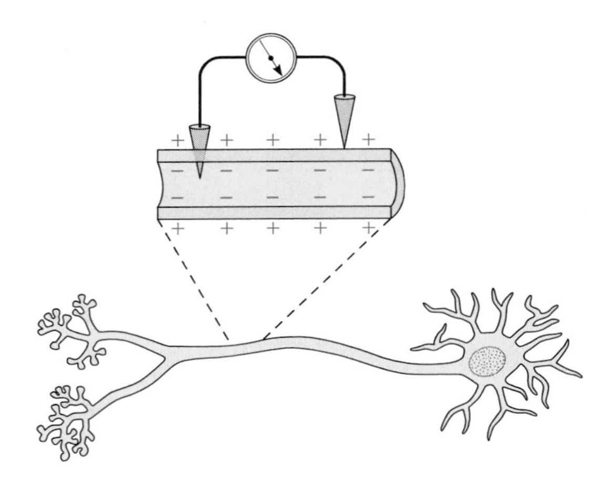

FIGURE 11.7
Mesure de la différence de potentiel entre deux points dans les neurones. Quand on place une électrode d'un voltmètre sur la face externe de la membrane et qu'on insère l'autre électrode dans le cytoplasme, on enregistre un voltage (un potentiel de membrane) d'environ –70 mV (face interne négative).

est chargée négativement, alors que la face externe (du côté du liquide interstitiel) est chargée positivement. Cette différence de potentiel dans un neurone au repos est appelée **potentiel de repos,** et on dit alors que la membrane est **polarisée.** La mesure du potentiel de repos varie (de –40 à –90 mV) selon le type de neurone. (L'écart est encore plus grand si on prend en considération tous les types de cellules.)

Le potentiel de repos n'existe qu'à travers la membrane ; autrement dit, les solutions se trouvant à l'intérieur et à l'extérieur de la cellule sont électriquement neutres. Le potentiel de repos est engendré par des différences dans la composition ionique du cytoplasme et du liquide interstitiel, comme le montre la figure 11.8. Le cytoplasme contient une plus faible concentration de sodium (Na^+) et une plus forte concentration de potassium (K^+) que le liquide interstitiel qui l'entoure. Les deux liquides renferment de nombreux autres solutés (du glucose, de l'urée et d'autres ions), mais ce sont le sodium et le potassium qui sont les plus importants en ce qui concerne la production du potentiel de membrane. Dans le liquide interstitiel, les charges positives des ions sodium et d'autres cations sont équilibrées principalement par les ions chlorure (Cl^-). Dans le cytoplasme, les protéines (A^-) chargées négativement (anioniques) facilitent l'équilibration des charges positives, et plus particulièrement des ions K^+.

Les différences ioniques découlent d'une part de la différence de perméabilité de la membrane plasmique aux ions sodium et potassium et, d'autre part, du fonctionnement de la pompe à sodium et à potassium qui transporte activement le Na^+ à l'extérieur de la cellule et le K^+ à l'intérieur (voir la figure 11.8). À l'état de repos, la membrane est imperméable aux grosses protéines cytoplasmiques anioniques, légèrement perméable aux ions sodium, environ 75 fois plus perméable aux ions potassium qu'aux ions sodium et très perméable aux ions chlorure. Ces perméabilités de repos sont reliées aux propriétés des canaux ioniques à fonction passive présents dans la membrane. Les *gradients de concentration* des ions

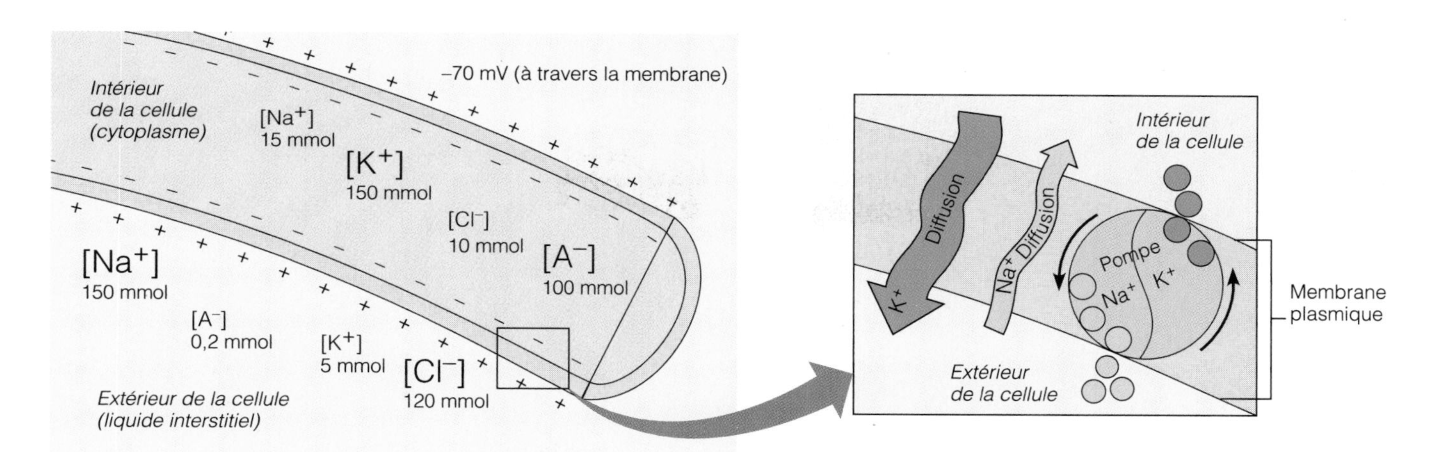

FIGURE 11.8
Forces actives et passives qui établissent et maintiennent le potentiel de repos. Les concentrations ioniques approximatives de sodium (Na^+), de potassium (K^+), de chlorure (Cl^-) et d'anions protéiniques (A^-) dans le cytoplasme et le liquide interstitiel de cellules de mammifères sont indiquées en millimoles (mmol) par litre. Il existe de nombreux autres ions (tels Ca^{2+}, PO_4^{3-} et HCO_3^-), mais ceux que nous montrons ici sont les plus importants dans le fonctionnement neuronal. La diffusion du K^+ vers l'extérieur de la cellule est grandement favorisée par son gradient de concentration (chimique). Le Na^+ est fortement attiré vers l'intérieur de la cellule par son gradient de concentration, mais il est moins apte à traverser la membrane plasmique. Les différences relatives entre les quantités de Na^+ et de K^+ qui traversent la membrane sont indiquées par des flèches d'épaisseurs différentes. La diffusion nette vers l'extérieur de charges positives qui en résulte entraîne un état de négativité relative sur la face interne de la membrane. Ce potentiel de membrane (–70 mV, intérieur négatif) est maintenu par la pompe à sodium et à potassium, qui transporte $3Na^+$ hors de la cellule chaque fois qu'elle fait entrer $2K^+$. Notez que le gradient électrique ainsi entretenu a tendance à s'opposer à la sortie de K^+ mais favorise l'entrée de Na^+.

potassium et sodium expliquent la diffusion des ions potassium vers le liquide interstitiel et la diffusion des ions sodium vers le cytoplasme. Par ailleurs, les ions potassium diffusent plus rapidement que les ions sodium. Il s'ensuit que les ions positifs qui diffusent vers l'extérieur sont un peu plus nombreux que ceux qui diffusent vers l'intérieur, ce qui laisse un léger surplus de charges négatives à l'intérieur de la cellule; ce phénomène chimique engendre un déséquilibre des charges électriques (*gradient électrique*) qui est à l'origine du potentiel de repos de la membrane plasmique. Comme il y a toujours une certaine quantité de K^+ qui s'écoule de la cellule et une certaine quantité de Na^+ qui y entre, on pourrait penser que la concentration des ions Na^+ et K^+ de part et d'autre de la membrane va s'égaliser, ce qui entraînerait la disparition de leur gradient de concentration respectif. Or, tel n'est pas le cas: la pompe à sodium et à potassium actionnée par l'ATP éjecte $3Na^+$ du cytoplasme en même temps qu'elle récupère $2K^+$. Par conséquent, la pompe à sodium et à potassium stabilise le potentiel de repos en maintenant les gradients de concentration du sodium et du potassium.

Potentiels de membrane: fonction de signalisation

Dans les cellules, en particulier dans les neurones et les myocytes, les modifications du potentiel de membrane servent de signaux pour la réception, l'intégration et la transmission de l'information. Une modification du potentiel de membrane peut être causée par tous les facteurs (1) qui changent la perméabilité de la membrane à n'importe quel ion ou (2) qui modifient les concentrations ioniques de part et d'autre de la membrane plasmique. Une modification du potentiel de membrane peut produire deux types de signaux: des *potentiels gradués*, qui interviennent sur de courtes distances, et des *potentiels d'action*, qui interviennent sur de longues distances.

Il est important de bien définir les termes *dépolarisation* et *hyperpolarisation*, car nous les emploierons fréquemment dans les sections qui suivent pour décrire les modifications du potentiel de membrane *par rapport au potentiel de repos*. La **dépolarisation** est la réduction du potentiel de membrane: la face interne de la membrane devient *moins négative* (plus proche de zéro) que le potentiel de repos (figure 11.9a). Par exemple, le passage d'un potentiel de repos de –70 mV à un potentiel de –50 mV est une dépolarisation. On convient généralement que la dépolarisation comprend également les phénomènes pendant lesquels le potentiel de membrane s'inverse et passe au-dessus de zéro pour devenir positif.

L'**hyperpolarisation** se produit lorsque le potentiel de membrane (ou voltage) augmente et devient *plus négatif* que le potentiel de repos. Par exemple, un changement de –70 à –90 mV (augmentation de la négativité du cytoplasme) est une hyperpolarisation (figure 11.9b). Comme nous allons le voir, la dépolarisation accroît la probabilité de production d'influx nerveux, tandis que l'hyperpolarisation la diminue.

Potentiels gradués

Les **potentiels gradués** sont des modifications locales et de courte durée du potentiel de membrane qui peuvent

? *Le préfixe* hyper- *signifie « au-dessus, au-delà ». Quand on dit qu'une membrane devient hyperpolarisée, à quelle augmentation fait-on référence ?*

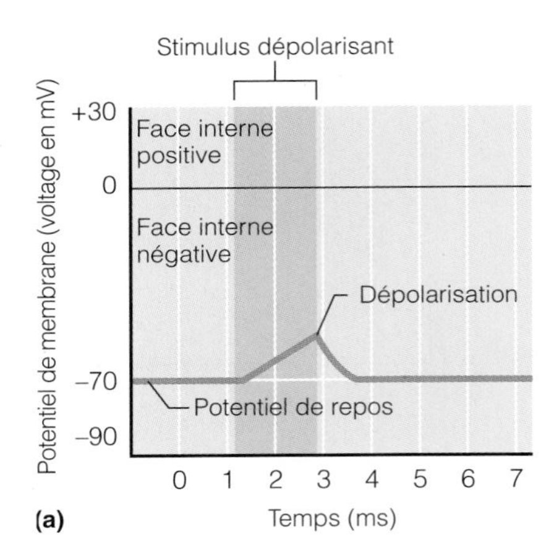

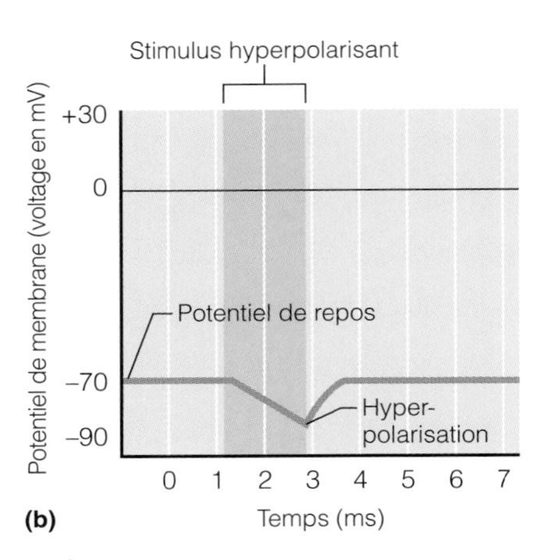

FIGURE 11.9
Dépolarisation et hyperpolarisation de la membrane plasmique. Le potentiel de repos est d'environ –70 mV (face interne négative) dans les neurones. Les modifications de ce potentiel entraînent soit une dépolarisation, soit une hyperpolarisation de la membrane. **(a)** Pendant la dépolarisation, le potentiel de membrane s'approche de 0 mV et la face interne de la membrane devient moins négative (plus positive). **(b)** Pendant l'hyperpolarisation, le potentiel de membrane augmente et la face interne de la membrane devient plus négative.

être soit des dépolarisations, soit des hyperpolarisations. Ces changements provoquent l'apparition d'un courant électrique local dont le voltage diminue avec la distance parcourue. Ces potentiels sont dits « gradués » parce que leur voltage est directement proportionnel à l'intensité ou à la force du stimulus. Plus le stimulus est intense, plus le voltage augmente et plus grande est la distance parcourue par le courant.

Les potentiels gradués sont déclenchés par une modification (stimulus) dans le milieu extracellulaire du neurone, modification qui entraîne l'ouverture des canaux ioniques à fonction active. Les potentiels gradués portent différents noms selon l'endroit où ils se produisent et les fonctions qu'ils accomplissent. Par exemple, quand le récepteur d'un neurone sensitif est stimulé par une forme d'énergie (chaleur, lumière, etc.), le potentiel gradué qui en résulte est appelé *potentiel récepteur* (ce sujet sera abordé au chapitre 13, p. 461, avec l'étude des récepteurs sensoriels). Lorsque le stimulus est un neurotransmetteur libéré par un autre neurone, le potentiel gradué est appelé *potentiel postsynaptique*, parce que le neurotransmetteur est libéré dans un espace rempli de liquide (synapse) qui sépare les membranes plasmiques de deux neurones adjacents. Le neurotransmetteur agit sur la membrane du deuxième neurone, appelé neurone postsynaptique, et produit donc un potentiel postsynaptique. Nous traiterons plus loin dans ce chapitre des potentiels postsynaptiques.

Le cytoplasme et le liquide interstitiel sont d'assez bons conducteurs ; le courant créé par le déplacement des ions y circule chaque fois qu'il se produit un changement du voltage. Supposons qu'un stimulus a dépolarisé une petite région de la membrane plasmique d'un neurone (figure 11.10a). Le courant circulera des deux côtés de la membrane entre la région dépolarisée (active) et les régions polarisées adjacentes (au repos). Les ions positifs migrent vers les régions plus négatives (le sens du mouvement des cations est désigné comme le sens du flux du courant), et les ions négatifs se déplacent simultanément vers les régions plus positives (figure 11.10b). À l'intérieur de la cellule, les ions positifs (principalement K^+) quittent donc la région active et s'accumulent dans les régions avoisinantes de la membrane, d'où ils délogent les ions négatifs. Pendant ce temps, les ions positifs de la face externe de la membrane se déplacent en direction de la région active de polarité membranaire inversée (la région dépolarisée), qui est provisoirement moins positive. À mesure que les ions positifs du liquide interstitiel se déplacent sur la membrane, des ions négatifs (tels Cl^- et HCO_3^-) s'emparent de leurs « places », comme s'ils jouaient à la chaise musicale. Par conséquent, dans la région avoisinante, la face externe de la membrane devient moins positive et la face interne moins négative ; autrement dit, la région avoisinante est dépolarisée. Afin de simplifier ce processus, la plupart des schémas qui montrent les courants locaux donnent l'impression que le circuit est complété par des ions qui entrent dans la cellule et en sortent à travers les canaux ioniques de la membrane plasmique. Cependant, tel n'est pas le cas. Le flux des ions à travers les canaux ioniques à fonction active ne fait qu'engendrer le potentiel gradué ; la propagation de ce potentiel gradué (*courant de capacitance*) de part et d'autre de la membrane plasmique reflète le mouvement des charges ioniques par diffusion passive *le long* de chacune des faces de la membrane (déplacement longitudinal des ions décrit plus haut). Le courant de capacitance est attribuable au fait que la membrane elle-même est lipidique et conduit mal le courant. En d'autres termes, l'épaisseur de la membrane constitue un *condensateur* qui emmagasine *temporaire-*

À l'augmentation de la négativité de la face interne de la membrane.

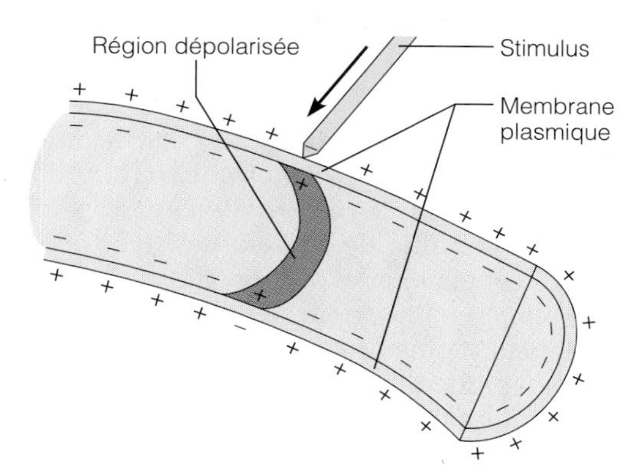

(a) Dépolarisation

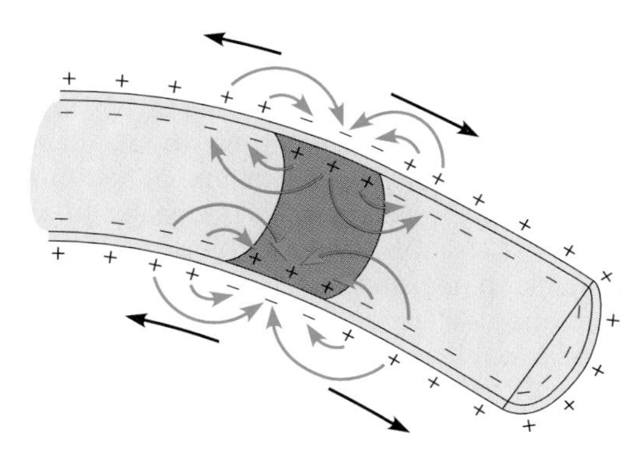

(b) Propagation de la dépolarisation

FIGURE 11.10
Mécanisme d'un potentiel gradué. (a) Une petite région de la membrane s'est dépolarisée, ce qui a provoqué un changement de polarité à cet endroit. **(b)** À mesure que les ions positifs s'écoulent en direction des régions négatives (et que les ions négatifs s'écoulent en direction des régions adjacentes plus positives), il se crée des courants locaux qui dépolarisent les régions adjacentes de la membrane et qui permettent la propagation de la vague de dépolarisation.

ment la charge et qui force les ions de charge opposée à s'accumuler face à face de part et d'autre de la membrane.

Comme nous venons de l'expliquer, le déplacement longitudinal des ions entraîne la modification du potentiel de repos des régions adjacentes. Mais la majeure partie des charges est vite perdue à travers la membrane plasmique, car celle-ci est perméable à la façon d'un boyau qui fuit. Le déplacement des charges est donc *décroissant*: il devient nul à quelques millimètres de son origine (figure 11.11). C'est pourquoi les potentiels gradués ne peuvent se déplacer que sur une très courte distance (5 mm tout au plus) de la membrane plasmique du neurone. Ils sont cependant essentiels à la production des potentiels d'action, c'est-à-dire des dépolarisations qui se propagent le long des axones sur de très longues distances, et que nous allons maintenant étudier.

Potentiels d'action

Les neurones communiquent entre eux et avec les cellules des effecteurs musculaires et glandulaires en produisant

Cette figure montre clairement que le déplacement des charges (courants locaux) diminue rapidement avec la distance. Quelles sont donc les synapses les plus susceptibles de produire un stimulus liminaire: celles qui sont formées avec la partie distale des dendrites, celles qui sont formées avec la partie proximale des dendrites ou celles qui sont formées avec le corps cellulaire?

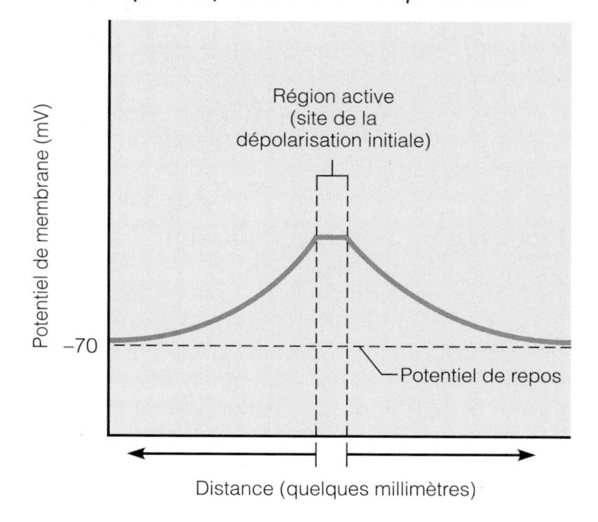

FIGURE 11.11
Changements du voltage de la membrane produits par un potentiel gradué dépolarisant. Ces changements de voltage sont décroissants parce que le courant est rapidement dissipé en raison de la «fuite» d'ions à travers la membrane plasmique. Les potentiels gradués sont donc des signaux électriques qui ne peuvent se propager que sur une courte distance.

et en propageant des **potentiels d'action** le long de leur axone. En règle générale, seules les cellules pourvues de *membranes excitables* (les neurones et les myocytes) peuvent engendrer des potentiels d'action. Comme le montre la figure 11.12a (p. 379), un potentiel d'action est une brève inversion du potentiel de membrane, d'une amplitude totale (changement de voltage) d'environ 100 mV (de −70 mV à +30 mV). (Le potentiel d'action résulte donc d'une dépolarisation.) La durée totale du phénomène ne dépasse pas quelques millisecondes. Contrairement aux potentiels gradués, les potentiels d'action ne diminuent pas avec la distance. Lorsque nous avons exposé la physiologie des muscles squelettiques au chapitre 9, nous avons mentionné que les fibres musculaires se contractent lorsqu'un potentiel d'action est transmis le long de leur sarcolemme. La figure 9.10 (p. 274) présente un résumé de cette question que nous allons examiner à présent plus en détail.

La production et la transmission du potentiel d'action sont identiques dans les myocytes squelettiques et dans les neurones. Dans un neurone, cependant, un potentiel d'action qui se propage est aussi appelé **influx nerveux.** Un neurone transmet un influx nerveux à la condition expresse de recevoir une stimulation adéquate. Le stimulus modifie la perméabilité aux ions de la membrane du neurone en ouvrant des canaux voltage-dépendants

Celles qui sont formées avec le corps cellulaire, le plus près du cône d'implantation de l'axone.

11

spécifiques situés sur la membrane plasmique de l'axone. Ces canaux s'ouvrent et se ferment en réponse à des changements du potentiel de membrane, et ils sont activés par les potentiels gradués locaux (dépolarisations) qui se propagent dans les dendrites et le corps cellulaire pour atteindre le cône d'implantation de l'axone. *Seuls les axones sont aptes à produire des potentiels d'action.* Dans de nombreux neurones, la transition du potentiel gradué local au potentiel d'action s'effectue au cône d'implantation de l'axone. Dans les neurones sensitifs, le potentiel d'action est produit par le prolongement périphérique (axonal) immédiatement contigu à la région réceptrice. Par souci de simplification, nous utiliserons le terme *axone* dans la suite de notre explication.

Production d'un potentiel d'action La production d'un potentiel d'action repose sur trois modifications de la perméabilité membranaire qui se succèdent tout en étant liées. Ces modifications sont dues à l'ouverture et à la fermeture des canaux ioniques à fonction active, deux phénomènes provoqués par la dépolarisation de la membrane axonale (figure 11.12). Les modifications de la perméabilité sont, dans l'ordre : un accroissement transitoire de la perméabilité aux ions sodium ; le rétablissement de l'imperméabilité aux ions sodium ; une augmentation de courte durée de la perméabilité aux ions potassium. Les deux premières modifications ont lieu pendant la *phase de dépolarisation* de la production du potentiel d'action, phase qui correspond à la partie ascendante du tracé du potentiel d'action. La troisième modification provoque la *phase de repolarisation* (la partie descendante du tracé) et la *phase d'hyperpolarisation tardive* représentées dans la figure 11.12a. Étudions chacune de ces phases en détail afin de comprendre comment des événements en apparence aussi simples que l'ouverture et la fermeture de canaux ioniques (représentés dans la figure 11.12b) peuvent engendrer un influx nerveux. Nous décrirons d'abord le neurone à l'état de repos (polarisé).

11

1. **État de repos : canaux à fonction active fermés.** Dans un neurone à l'état de repos, presque tous les canaux à sodium et à potassium voltage-dépendants sont fermés. De petites quantités d'ions potassium s'échappent toutefois de la cellule par des canaux à fonction passive, tandis que des quantités infimes d'ions sodium diffusent vers l'intérieur.

   Les canaux à Na^+ voltage-dépendants sont en réalité pourvus de deux vannes qui réagissent à la dépolarisation de la membrane : une *vanne d'activation* qui réagit rapidement en s'ouvrant, et une *vanne d'inactivation* qui réagit très lentement en se fermant. Il s'ensuit que *la dépolarisation provoque l'ouverture puis la fermeture des canaux à sodium.* Les deux vannes doivent être ouvertes pour que les ions sodium entrent dans le canal, mais la fermeture de l'une des deux vannes ferme le canal. Nous ne donnerons pas plus de détails ici sur l'activité des vannes des canaux à sodium, car l'élément qui importe dans notre explication est simplement l'ouverture ou la fermeture des *canaux* à sodium.

2a. **Phase de dépolarisation : accroissement de la perméabilité au sodium et inversion du potentiel de membrane.** Lorsqu'un potentiel récepteur (potentiel gradué) est assez fort pour se rendre à la zone gâchette de l'axone, il provoque l'ouverture des canaux à sodium voltage-dépendants de cette région. Cette ouverture entraîne la diffusion du sodium du compartiment extracellulaire vers le compartiment intracellulaire. Cet afflux de charges positives dépolarise encore davantage cette portion de membrane axonale, si bien que l'intérieur de la cellule devient progressivement moins négatif. Quand la dépolarisation de la membrane atteint un niveau critique appelé **seuil d'excitation** (souvent situé entre −55 et −50 mV), le processus de dépolarisation se poursuit de lui-même, alimenté par la rétroactivation. Autrement dit, après avoir été déclenchée par le stimulus, la dépolarisation de l'axone se poursuit grâce aux courants ioniques engendrés par les entrées de sodium. À mesure que s'accroît la quantité de sodium qui entre dans la cellule, le voltage est à nouveau modifié et ouvre d'autres canaux à sodium voltage-dépendants jusqu'à ce que tous les canaux à sodium soient ouverts. À ce moment-là, la perméabilité aux ions sodium est environ 1000 fois plus grande qu'elle ne l'est dans un neurone au repos. Ainsi, le potentiel de membrane devient de moins en moins négatif, puis monte à environ +30 mV à mesure que les ions sodium diffusent vers l'intérieur de la cellule (gradient électrochimique). Cette dépolarisation et cette inversion de polarité rapides de la membrane plasmique de l'axone produisent le *pic* du potentiel d'action (voir la figure 11.12a).

    Nous avons indiqué plus haut que le potentiel de membrane dépend de la perméabilité de la membrane, mais nous disons maintenant que la perméabilité de la membrane dépend du potentiel de membrane. En fait, ces deux assertions sont compatibles, car il s'agit là de relations distinctes qui s'imbriquent de manière à établir un cycle de *rétroactivation.* (L'augmentation de la perméabilité aux ions sodium due à l'ouverture d'un nombre croissant de canaux intensifie la dépolarisation. La dépolarisation, à son tour, provoque une augmentation de la perméabilité aux ions sodium, et ainsi de suite.) Ce cycle est à l'origine de la phase ascendante (de dépolarisation) des potentiels d'action, et c'est de lui que vient l'« action » à l'œuvre dans le potentiel d'action.

2b. **Phase de dépolarisation : diminution de la perméabilité au sodium.** La phase d'ascension rapide du potentiel d'action (la période de perméabilité au sodium) ne dure que pendant 1 ms environ, et elle cesse d'elle-même. Lorsque le potentiel de membrane dépasse 0 mV et gagne en positivité, la charge intracellulaire positive résiste à l'entrée du sodium (répulsion des charges électriques de même signe). En outre, les canaux à sodium (leurs vannes d'inactivation, plus précisément) se ferment après quelques millisecondes de dépolarisation. La membrane devient donc de plus en plus imperméable au sodium, et la diffusion nette de sodium diminue, puis cesse (voir la figure 11.12). Par conséquent, la courbe du potentiel d'action arrête de s'élever et baisse abruptement.

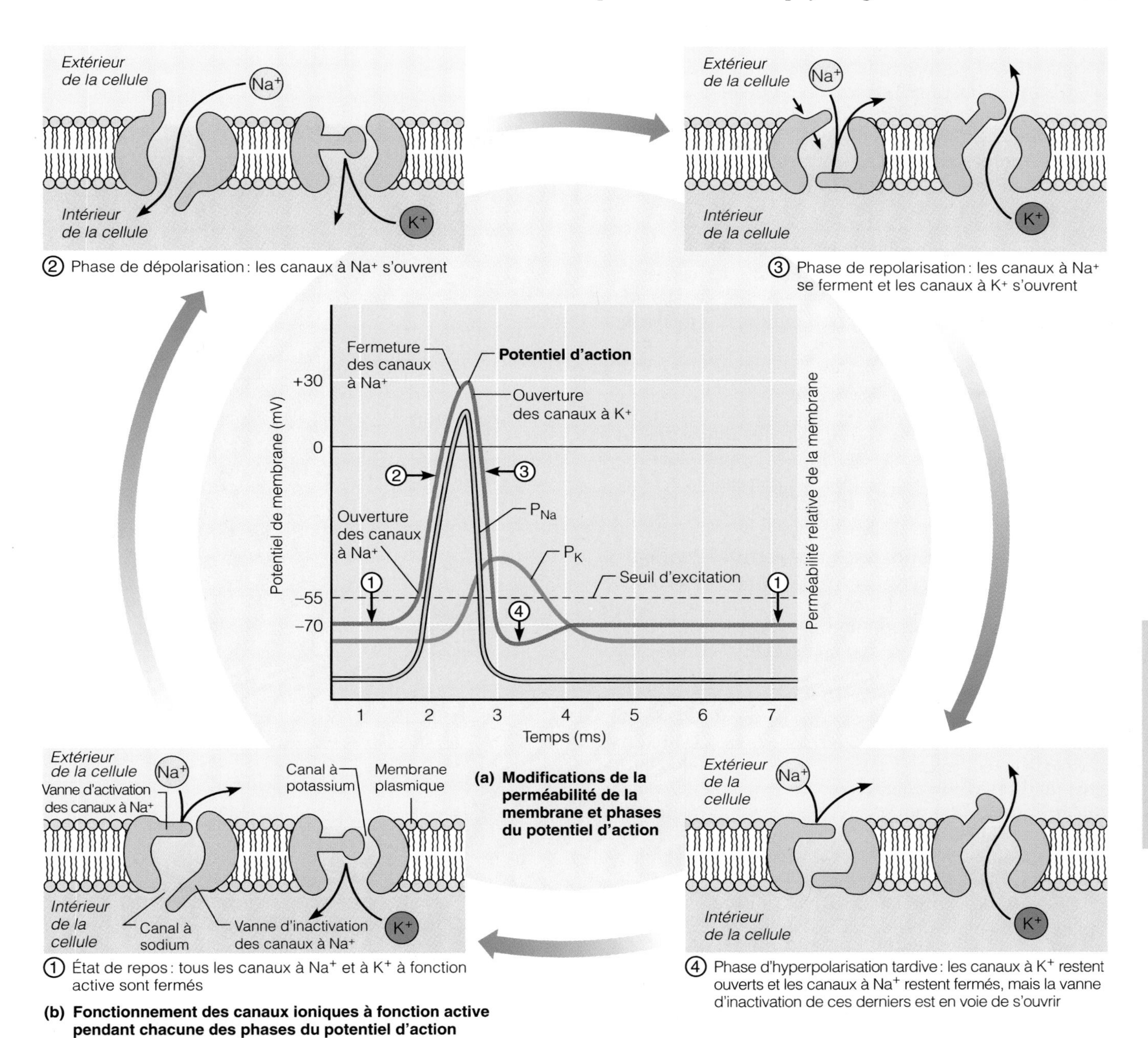

FIGURE 11.12
Phases du potentiel d'action et rôle des canaux ioniques à fonction active pendant ces phases. (a) Au cours des quatre phases du potentiel d'action, les vannes des canaux à sodium et à potassium voltage-dépendants présentent différents états, et la perméabilité de la membrane au sodium (P_{Na}) et au potassium (P_K) varie. **(b) (1)** Dans le neurone au repos, aucun canal n'est ouvert. **(2)** Pendant la phase de dépolarisation du potentiel d'action, les canaux à sodium s'ouvrent, mais les canaux à potassium restent fermés. **(3)** Pendant la phase de repolarisation du potentiel d'action, les vannes d'inactivation ferment les canaux à sodium, et les canaux à potassium s'ouvrent. **(4)** Pendant la phase d'hyperpolarisation tardive, les canaux à sodium sont fermés, mais les canaux à potassium restent ouverts, car leurs vannes ont un fonctionnement relativement lent et n'ont pas eu le temps de réagir à la repolarisation de la membrane. Après 1 ou 2 ms, l'état de repos (1) est rétabli, et le système est prêt à réagir à un nouveau stimulus.

3. **Phase de repolarisation : accroissement de la perméabilité au potassium.** À mesure que l'entrée de sodium diminue, les canaux à potassium voltage-dépendants s'ouvrent, et les ions potassium diffusent passivement vers l'extérieur de la cellule, dans le sens de leur gradient électrochimique (voir la figure 11.12b). L'intérieur de la cellule perd progressivement de sa positivité, et le potentiel de membrane revient au niveau de repos. Ce phénomène est appelé **repolarisation** (voir la figure 11.12a). La brusque diminution de la perméabilité au sodium ainsi que l'augmentation de la perméabilité au potassium participent à ce processus.

4. **Hyperpolarisation tardive : maintien de la perméabilité au potassium.** Comme les canaux à potassium

réagissent lentement au signal de dépolarisation, la période de perméabilité accrue aux ions potassium dure un peu plus longtemps qu'il n'est nécessaire pour rétablir la polarisation. Par suite de la perte excessive d'ions potassium, on observe parfois une **hyperpolarisation tardive,** c'est-à-dire une légère inflexion du tracé après la courbe représentant le potentiel d'action.

La repolarisation rétablit les conditions électriques du potentiel de repos, mais elle *ne* rétablit *pas* les distributions ioniques initiales. Cela s'accomplit après la repolarisation, par l'activation de la **pompe à sodium et à potassium.** On pourrait penser que l'ouverture des canaux voltage-dépendants permet à un très grand nombre d'ions sodium et potassium de changer de place pendant la production du potentiel d'action, mais cela n'est pas le cas. De petites quantités seulement de sodium et de potassium sont échangées, et comme une membrane axonale comprend des milliers de pompes à sodium et à potassium, ces petits changements ioniques sont vite corrigés.

Propagation d'un potentiel d'action Pour que le potentiel d'action produit serve à des fins de signalisation, il doit être **propagé** (envoyé ou transmis) tout le long de l'axone. La figure 11.13 montre ce processus.

Comme nous l'avons vu, le potentiel d'action est produit par le mouvement des ions sodium vers le cytoplasme, et la portion de la membrane axonale dépolarisée subit une inversion de polarité : sa face interne devient positive, tandis que sa face externe devient négative. Les ions positifs de l'axoplasme se déplacent latéralement de la région d'inversion de polarité vers la région de la membrane qui est encore négative (polarisée), et ceux qui se trouvent dans le liquide interstitiel migrent vers la région de plus grande charge négative (la région d'inversion de polarité) : le cycle est bouclé.

Des flux de courant locaux sont ainsi établis par le déplacement latéral des ions : ces courants locaux dépolarisent les régions adjacentes de la membrane plasmique (en s'éloignant du point d'origine de l'influx nerveux), avec pour résultat l'ouverture des canaux voltage-dépendants et le déclenchement d'un potentiel d'action. Comme la région située dans la direction opposée vient de produire un potentiel d'action, les canaux à sodium sont fermés, et aucun nouveau potentiel d'action ne peut être produit à cet endroit. Par conséquent, l'influx se propage toujours en s'éloignant de son point d'origine. (Si un axone *isolé* est stimulé par une électrode, l'influx nerveux se déplacera dans les deux directions le long de la membrane, à partir du point de stimulus.) Dans l'organisme, les potentiels d'action sont toujours engendrés à l'une des deux extrémités de l'axone et, de là, envoyés vers ses terminaisons (soit le corpuscule nerveux terminal, soit le corps cellulaire). Une fois engendré, un potentiel d'action *se propage de lui-même* le long de l'axone à vitesse constante, non sans rappeler l'« effet domino ».

Après sa dépolarisation, chaque segment de la membrane axonale subit une repolarisation, ce qui a pour effet de rétablir le potentiel de repos dans la région. Ces changements électriques engendrent aussi des flux de courant locaux, si bien que la vague de repolarisation chasse la

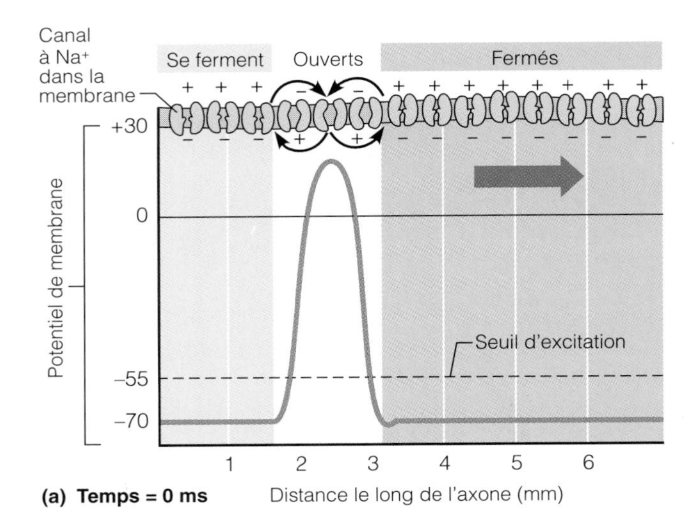

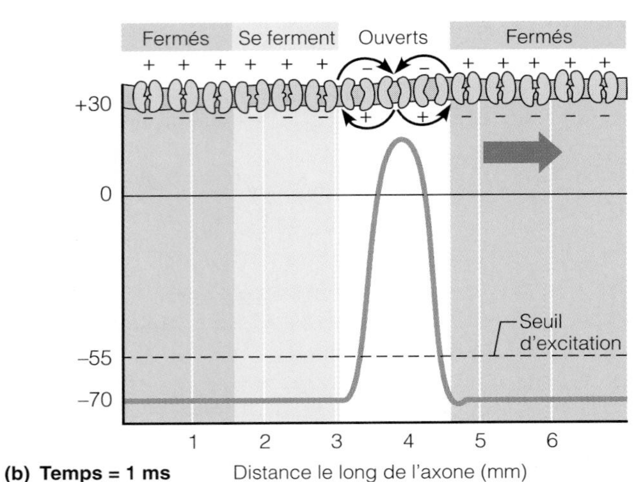

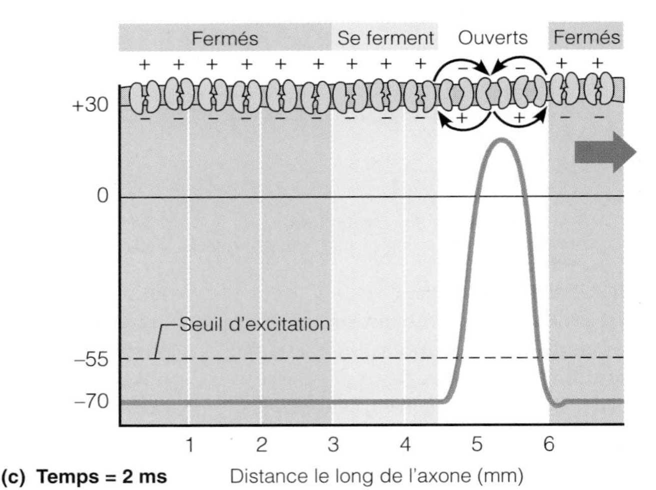

FIGURE 11.13
Propagation d'un potentiel d'action. La propagation du potentiel d'action le long de l'axone est montrée à 0 ms, à 1 ms et à 2 ms. L'état des canaux à sodium est indiqué (ouverts, fermés ou en voie de fermeture). Les petites flèches courbes indiquent les courants locaux créés par le déplacement latéral des ions. La flèche épaisse indique la direction dans laquelle se propage le potentiel d'action. Bien qu'ils ne soient pas représentés ici, les courants créés par l'ouverture des canaux à potassium (et la repolarisation qui s'ensuit) se produiraient aux points où les canaux à sodium sont en voie de fermeture.

vague de dépolarisation vers l'extrémité de l'axone. Le processus de propagation que nous venons de décrire se produit sur les axones amyélinisés (et sur les sarcolemmes des myocytes). Nous décrirons plus loin le processus de propagation particulier qui se produit sur les axones myélinisés, et que l'on appelle *conduction saltatoire*.

Bien que courante, l'expression *conduction de l'influx nerveux* n'est pas exacte, dans la mesure où les influx nerveux ne sont pas vraiment conduits comme l'est le courant dans un fil isolé. En réalité, les neurones sont d'assez piètres conducteurs : si les flux de courant locaux décroissent rapidement avec la distance, c'est parce que les charges fuient à travers la membrane. L'expression *propagation de l'influx nerveux* est plus juste, car un potentiel d'action est *régénéré* en chaque point de la membrane, et tout potentiel d'action subséquent est identique à celui qui avait été engendré initialement.

Seuil d'excitation et loi du tout ou rien Les phénomènes locaux de dépolarisation ne produisent pas tous des potentiels d'action. Ainsi, les potentiels récepteurs sont des phénomènes de dépolarisation qui n'engendrent pas nécessairement de potentiels d'action. La dépolarisation doit atteindre un certain seuil pour qu'un axone puisse « faire feu ». Qu'est-ce qui détermine le *seuil d'excitation*? Une explication veut qu'il s'agisse du potentiel de membrane lorsque le voltage attribuable au mouvement des ions potassium vers l'extérieur du neurone est exactement égal au voltage attribuable au mouvement des ions sodium vers l'intérieur. Le seuil d'excitation est généralement atteint quand la membrane a été dépolarisée de 15 à 20 mV par rapport à sa valeur de repos (donc quand le potentiel de membrane passe de −70mV à une valeur située entre −55 et −50 mV). Il semble représenter un état d'équilibre précaire qu'un des deux événements suivants peut perturber. Si un ion sodium supplémentaire entre, la dépolarisation se poursuit, ce qui ouvre plus de canaux à sodium voltage-dépendants et laisse entrer plus d'ions sodium. À l'inverse, si un autre ion potassium sort, le potentiel de membrane s'éloigne du seuil d'excitation, les canaux à sodium voltage-dépendants se ferment et les ions potassium continuent de diffuser vers le liquide interstitiel jusqu'à ce que le potentiel de membrane revienne à sa valeur de repos.

Rappelez-vous que les dépolarisations locales sont des potentiels gradués et que leur voltage augmente avec l'intensité du stimulus. Des stimulus brefs et faibles, ou *stimulus infraliminaires*, produisent des dépolarisations infraliminaires qui ne déclenchent pas de potentiel d'action. Par ailleurs, des stimulus forts, ou *stimulus liminaires,* entraînent des dépolarisations où le potentiel de membrane dépasse le voltage liminaire, de même qu'un accroissement de la perméabilité au sodium : le gain de sodium excède ainsi la perte de potassium. Le cycle de rétroactivation se met alors en place et engendre un potentiel d'action. Le facteur critique est la quantité totale de courant qui circule à travers la membrane pendant un stimulus (charge électrique × temps). Les stimulus forts dépolarisent la membrane rapidement ; les stimulus faibles doivent être appliqués plus longuement pour que le potentiel de membrane dépasse le voltage liminaire. Les stimulus très faibles ne peuvent déclencher un potentiel

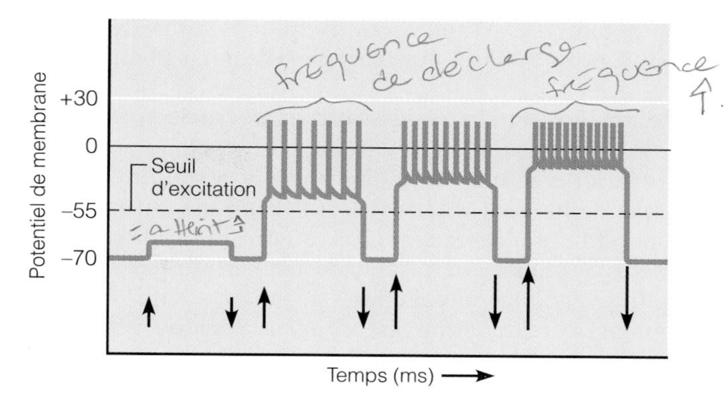

FIGURE 11.14
Relation entre l'intensité du stimulus, le potentiel local et la fréquence du potentiel d'action. Les potentiels d'action sont représentés par des lignes verticales plutôt que par les courbes traditionnelles. Les flèches ascendantes (↑) indiquent les points d'application du stimulus, tandis que les flèches descendantes (↓) indiquent la cessation du stimulus ; la longueur des flèches indique l'intensité du stimulus. Remarquez qu'un stimulus infraliminaire n'engendre pas de potentiel d'action ; cependant, une fois que le voltage liminaire est atteint, plus le stimulus est intense, plus les potentiels d'action sont fréquents.

d'action, car les flux de courant locaux qu'ils produisent sont si légers qu'ils se dissipent avant que le seuil d'excitation soit atteint.

Le potentiel d'action obéit à la **loi du tout ou rien,** c'est-à-dire que la zone gâchette de l'axone déclenche le potentiel d'action maximal ou ne le déclenche pas du tout ; par ailleurs, le potentiel d'action, quand il est produit, a toujours la même valeur. Pour illustrer la production du potentiel d'action, comparons-la à l'allumage d'une allumette sous une brindille sèche. Le chauffage d'une partie de la brindille correspond à la modification de la perméabilité de la membrane qui, dans un premier temps, permet à un plus grand nombre d'ions sodium d'entrer dans la cellule. Quand cette partie de la brindille devient suffisamment chaude (quand un nombre suffisant d'ions sodium sont entrés dans la cellule), le point d'ignition (le seuil d'excitation) est atteint, et la flamme consumera la brindille entière, même si on éteint l'allumette (le potentiel d'action sera produit et propagé, que le stimulus persiste ou non). Mais si l'on éteint l'allumette juste avant que la brindille atteigne la température critique, l'ignition ne se produira pas. De même, si les ions sodium qui entrent dans la cellule sont trop peu nombreux pour que le seuil d'excitation soit atteint, aucun potentiel d'action ne sera produit.

Codage de l'intensité du stimulus Une fois produits, les potentiels d'action sont tous indépendants de l'intensité du stimulus, et ils sont tous semblables. Alors, comment le SNC peut-il déterminer si un stimulus est intense ou faible et émettre une réponse appropriée ? C'est fort simple : dans un intervalle donné, les stimulus intenses produisent des influx nerveux plus *fréquemment* que ne le font les stimulus faibles (figure 11.14). Par conséquent, l'intensité du stimulus est codée par le nombre d'influx produits par seconde, c'est-à-dire la *fréquence des influx*, et non par des augmentations de la force (de l'amplitude) du potentiel d'action. En outre, plus un stimulus donné active de neurones, plus il est perçu comme étant intense.

Période réfractaire absolue et période réfractaire relative Quand la zone gâchette d'un axone produit un potentiel d'action et que ses canaux à sodium voltage-dépendants sont ouverts, le neurone est incapable de répondre à un autre stimulus, quelle que soit son intensité. La période qui s'étend de l'ouverture des canaux à sodium voltage-dépendants à la fermeture de leurs vannes d'inactivation est appelée **période réfractaire absolue** (voir la figure 11.15). L'existence de cette période fait en sorte que chaque potentiel d'action est un événement distinct, de type tout ou rien, et sa transmission se fait en sens unique. Ce phénomène est logique si l'on se rappelle que, une fois le potentiel d'action émis, ce sont les déplacements latéraux d'ions sodium, et non les stimulus, qui maintiennent l'ouverture des canaux à sodium.

L'intervalle qui suit la période réfractaire absolue correspond à la **période réfractaire relative** : les canaux à sodium sont fermés, la plupart d'entre eux sont revenus à l'état de repos, les canaux à potassium voltage-dépendants sont ouverts, et c'est à ce moment que la repolarisation se produit (figure 11.15). Durant cet intervalle, le seuil d'excitation de l'axone est très élevé. Un stimulus liminaire ne peut déclencher un potentiel d'action durant la période réfractaire relative, mais un stimulus exceptionnellement intense peut rouvrir les canaux à sodium voltage-dépendants de la zone gâchette et permettre ainsi le déclenchement d'un autre influx nerveux. Des stimulus intenses peuvent donc entraîner une production plus fréquente de potentiels d'action s'ils surviennent pendant la période réfractaire relative.

Vitesse de propagation de l'influx dans les axones

La vitesse de propagation des influx dans les axones varie considérablement. Les neurofibres qui transmettent les influx le plus rapidement (soit à 100 m/s ou plus) se trouvent dans les voies nerveuses où la vitesse est un facteur essentiel, comme celles qui permettent certains réflexes de posture. Les axones dans lesquels la transmission se fait plus lentement desservent le plus souvent des organes internes (intestins, glandes et vaisseaux sanguins), où la lenteur des réponses n'est pas nuisible en général. La vitesse de la propagation de l'influx repose principalement sur deux facteurs : le diamètre de l'axone et son degré de myélinisation.

1. **Influence du diamètre de l'axone.** En règle générale, plus son diamètre est grand, plus l'axone propage les influx rapidement. En effet, l'aire de la section transversale est plus importante dans les axones de grand diamètre, et une plus grande surface signifie qu'une plus grande quantité d'ions peut contribuer aux modifications de potentiel. Selon une loi fondamentale de la physique, la résistance au passage d'un courant électrique est inversement proportionnelle au diamètre du « câble » dans lequel il se transmet.

2. **Influence de la gaine de myéline.** Dans les axones amyélinisés, les potentiels d'action sont produits dans des sites adjacents, et la transmission est relativement lente. La présence d'une gaine de myéline accroît radicalement la vitesse de propagation de l'influx, car la myéline joue le rôle d'un isolant et empêche presque toutes les fuites de charges. La dépolarisation de la membrane plasmique d'un axone myélinisé ne peut avoir lieu qu'aux nœuds de la neurofibre, là où la gaine de myéline s'interrompt et où l'axone est dénudé ; du reste, les canaux à sodium voltage-dépendants sont en grande majorité concentrés en ces nœuds. Par conséquent, lorsqu'un potentiel d'action est produit dans un axone myélinisé, la dépolarisation locale ne se dissipe pas à travers les régions adjacentes (non excitables) de la membrane : elle est obligée de se déplacer vers le nœud suivant, 1 mm plus loin environ, où elle déclenche un autre potentiel d'action. Les potentiels d'action ne peuvent donc être déclenchés qu'aux nœuds de la neurofibre. Ce type de propagation est appelé **conduction saltatoire** (*saltare* = sauter), car le signal électrique semble sauter d'un nœud à l'autre le long de l'axone (figure 11.16). La conduction saltatoire est beaucoup plus rapide que la propagation continue d'une dépolarisation le long des membranes amyélinisées.

Qu'est-ce qui cause l'hyperpolarisation tardive ?

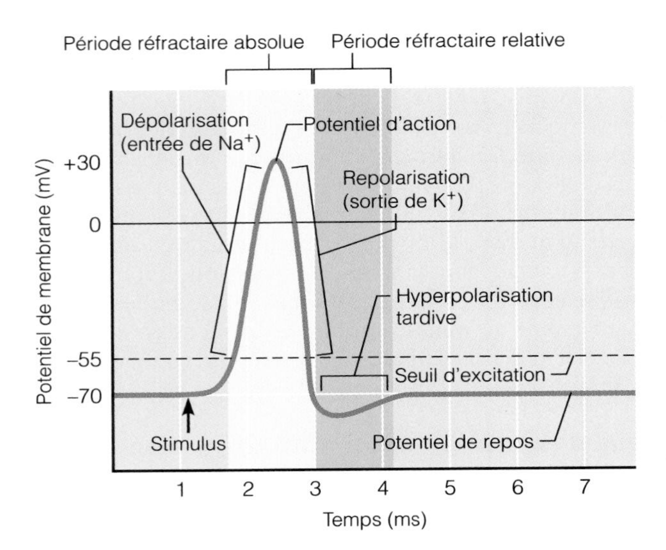

FIGURE 11.15
Tracé d'un potentiel d'action indiquant la durée de la période réfractaire absolue et de la période réfractaire relative.

L'importance de la myéline dans la transmission nerveuse se manifeste avec une douloureuse éloquence chez les personnes atteintes de maladies démyélinisantes comme la **sclérose en plaques.** Cette maladie auto-immune atteint le plus souvent de jeunes adultes. Les symptômes courants sont des troubles de la vision

L'hyperpolarisation tardive se produit parce que les vannes des canaux à potassium réagissent lentement à la dépolarisation de la membrane. Par conséquent, la quantité d'ions potassium qui sort du neurone est supérieure à la quantité nécessaire au rétablissement du potentiel de repos.

Où sont situés les canaux à sodium voltage-dépendants dans un axone myélinisé (représenté ici) et dans un axone amyélinisé ?

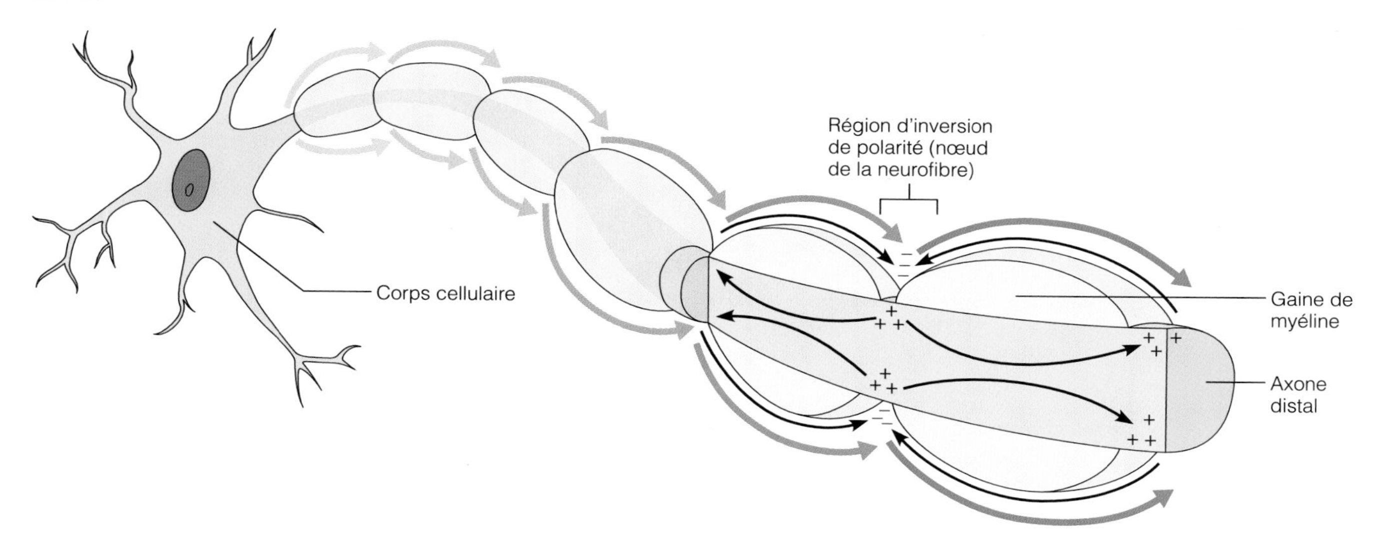

FIGURE 11.16
Conduction saltatoire dans un axone myélinisé. Dans les neurofibres myélinisées, les déplacements locaux des charges ioniques (minces flèches noires dans l'axone en coupe longitudinale et à l'extérieur de la gaine de myéline) engendrent un potentiel d'action (flèches épaisses du rose pâle au rouge) qui semble sauter d'un nœud à l'autre. Notez que le courant circule le long de l'axone d'un nœud à l'autre, tandis que les potentiels d'action sont produits uniquement aux nœuds.

(incluant la cécité), une perte de la maîtrise musculaire (faiblesse, maladresse) et l'incontinence urinaire. La sclérose en plaques est caractérisée par l'altération graduelle des gaines de myéline dans le SNC et par leur transformation en indurations inertes appelées *scléroses*. La disparition de la myéline (due à la destruction de la protéine basique de la myéline par le système immunitaire) entraîne une dérivation du courant telle que les nœuds successifs sont excités de plus en plus lentement et que la propagation de l'influx vient à cesser. En revanche, les axones eux-mêmes sont intacts et un nombre croissant de canaux à sodium apparaissent spontanément dans les axones démyélinisés. Ce phénomène explique peut-être les cycles si variables d'aggravation et de rémission (guérison temporaire) caractéristiques de cette maladie.

Les injections d'interféron bêta (une substance semblable à une hormone et sécrétée par les cellules du système immunitaire) réduisent la fréquence des crises, mais n'éliminent pas les symptômes pendant les crises. L'ingestion de myéline bovine, un traitement qui a fait l'objet d'une étude récente, donne des résultats plus encourageants. Au cours de l'année qu'a duré l'étude, près de la moitié des patients qui ont reçu ce traitement n'ont pas subi de crise et leur état s'est grandement amélioré. Les chercheurs postulent que ce traitement provoque la production de lymphocytes T suppresseurs qui inhibent l'attaque immunitaire contre la protéine basique de la myéline. ■

Selon leur diamètre, leur degré de myélinisation et la vitesse à laquelle elles propagent les influx, on dira que les neurofibres appartiennent au groupe A, au groupe B ou au groupe C. Les **neurofibres du groupe A** sont pour la plupart des neurofibres sensitives somatiques et des neurofibres motrices desservant la peau, les muscles squelettiques et les articulations ; elles possèdent le plus grand diamètre et d'épaisses gaines de myéline, et propagent les influx à des vitesses qui varient de 15 à 130 m/s. Les neurofibres motrices du système nerveux autonome, qui desservent les viscères, les neurofibres sensitives viscérales et les neurofibres sensitives somatiques, plus petites et qui transmettent les influx afférents provenant de la peau (telles les neurofibres nociceptives et tactiles) appartiennent aux groupes B et C. Les **neurofibres du groupe B** sont légèrement myélinisées et de diamètre intermédiaire ; elles acheminent les influx à des vitesses qui varient de 3 à 15 m/s. Les **neurofibres du groupe C** sont amyélinisées et ont le plus petit diamètre ; elles sont donc inaptes à la conduction saltatoire et propagent les influx très lentement, soit à 1 m/s ou moins.

Un bon nombre de facteurs chimiques et physiques peuvent entraver la propagation des influx. Suivant des mécanismes d'action différents, l'alcool, les sédatifs et les anesthésiques bloquent les influx nerveux en réduisant la perméabilité de la membrane aux ions sodium. Comme nous l'avons déjà mentionné, s'il n'y a pas d'entrée d'ions sodium, il n'y a pas de potentiel d'action.

Le froid et la pression continue interrompent la circulation sanguine (et, par le fait même, l'apport d'oxygène et de nutriments) vers les prolongements neuronaux, ce qui réduit leur capacité de propagation. Par exemple, vos doigts s'engourdissent quand vous tenez un glaçon pendant

Les canaux à sodium voltage-dépendants sont situés uniquement aux nœuds de la neurofibre dans un axone myélinisé, tandis qu'ils se trouvent sur toute la longueur d'un axone amyélinisé.

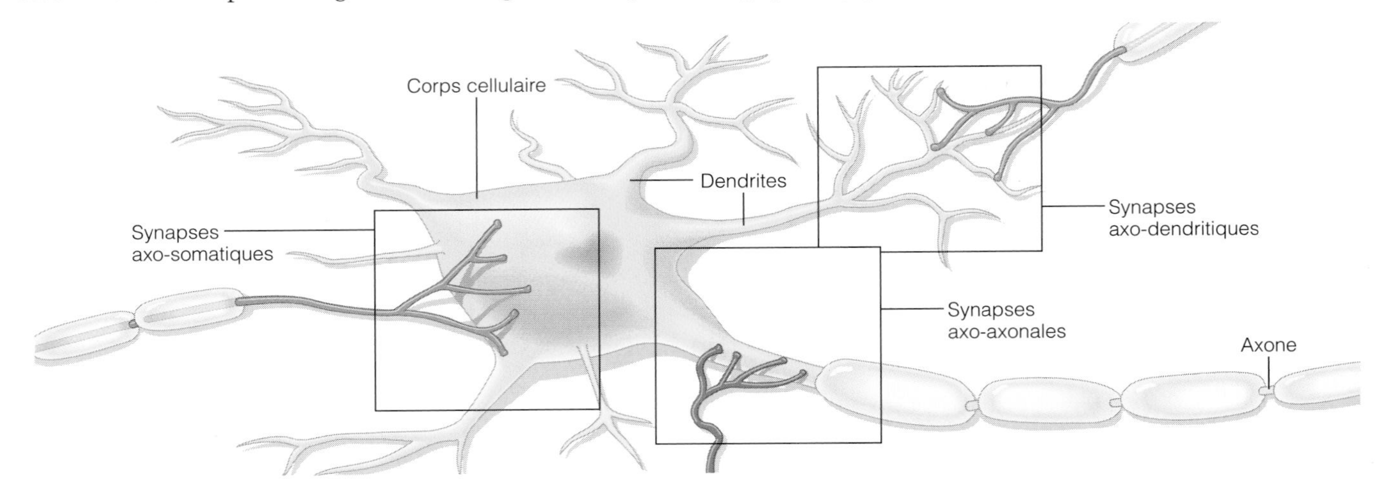

FIGURE 11.17
Différents types de synapses chimiques. Synapses axo-dendritiques, axo-somatiques et axo-axonales. Les télodendrons et les corpuscules nerveux terminaux des neurones présynaptiques apparaissent en différentes couleurs dans les diverses synapses.

plus de quelques secondes. De même, votre pied s'engourdit si vous vous asseyez dessus. Quand vous retirez la pression, la transmission des influx se rétablit et vous éprouvez une désagréable sensation de picotement. ■

Synapse

Le fonctionnement du système nerveux repose sur la circulation de l'information dans des réseaux compliqués constitués de chaînes de neurones reliés par des synapses. Une **synapse** (*sunapsis* = liaison, point de jonction) permet le transfert de l'information d'un neurone à un autre neurone ou d'un neurone à une cellule effectrice.

La plupart des synapses sont situées entre les corpuscules nerveux terminaux d'un neurone et les dendrites ou les corps cellulaires d'autres neurones ; on les appelle **synapses axo-dendritiques** et **synapses axo-somatiques,** respectivement. Les synapses situées entre les axones (*axo-axonales*), entre les dendrites (*dendro-dendritiques*) ou entre les dendrites et les corps cellulaires (*dendro-somatiques*) sont moins nombreuses et leur rôle est moins bien compris. La figure 11.17 montre quelques-unes de ces synapses.

Le **neurone présynaptique** envoie les influx vers la synapse et émet de l'information. Le **neurone postsynaptique** transmet l'activité électrique par-delà la synapse et reçoit de l'information. La plupart des neurones (y compris les interneurones) sont à la fois présynaptiques et postsynaptiques, en ce sens qu'ils reçoivent de l'information de certains neurones et qu'ils en envoient vers d'autres neurones. Un neurone est doté de 1000 à 10 000 corpuscules nerveux terminaux qui forment des synapses, et il est stimulé par un nombre équivalent de neurones. La cellule postsynaptique située dans la périphérie de l'organisme peut être soit un autre neurone, soit une cellule effectrice (musculaire ou glandulaire). Les synapses qui mettent en contact des neurones et des myocytes sont appelées *terminaisons neuromusculaires* (comme nous l'avons vu au chapitre 9) ; les synapses qui relient des neurones et des cellules glandulaires sont des *terminaisons neuroglandulaires*.

Il existe deux types de synapses : les *synapses électriques* et les *synapses chimiques*. Nous allons maintenant décrire leurs principales propriétés structurales et fonctionnelles.

Synapses électriques

Les **synapses électriques,** les moins abondantes, sont des *jonctions ouvertes* entre les membranes plasmiques de deux neurones adjacents (voir la figure 3.4, p. 67). Elles contiennent des canaux protéiques qui font communiquer le cytoplasme des neurones ; c'est par ces canaux que les ions peuvent passer directement d'un neurone à l'autre et modifier le potentiel de membrane afin de déclencher une dépolarisation. La transmission à travers ces synapses est très rapide (quelques microsecondes). Selon la nature de la synapse, la communication peut être unidirectionnelle ou bidirectionnelle.

Les synapses électriques ont ceci de particulier qu'elles permettent de synchroniser l'activité de plusieurs neurones en interaction fonctionnelle. Chez l'adulte, des synapses électriques sont situées dans les régions de l'encéphale qui président à certains mouvements stéréotypés, tels que les tressautements normaux de l'œil. Les synapses électriques sont encore plus nombreuses dans le tissu nerveux embryonnaire où, au cours des premiers stades du développement neuronal, elles permettent l'échange de « signaux » grâce auxquels les neurones se relieront adéquatement. La plupart des synapses électriques sont remplacées par des synapses chimiques plus tard au cours du développement du système nerveux. Les synapses électriques sont cependant abondantes dans certains tissus non nerveux tels que le muscle cardiaque et le muscle lisse, où elles permettent des excitations séquentielles et rythmiques.

Synapses chimiques

Contrairement aux synapses électriques, dont les particularités structurales permettent la circulation des ions entre les neurones, les **synapses chimiques** ont comme caracté-

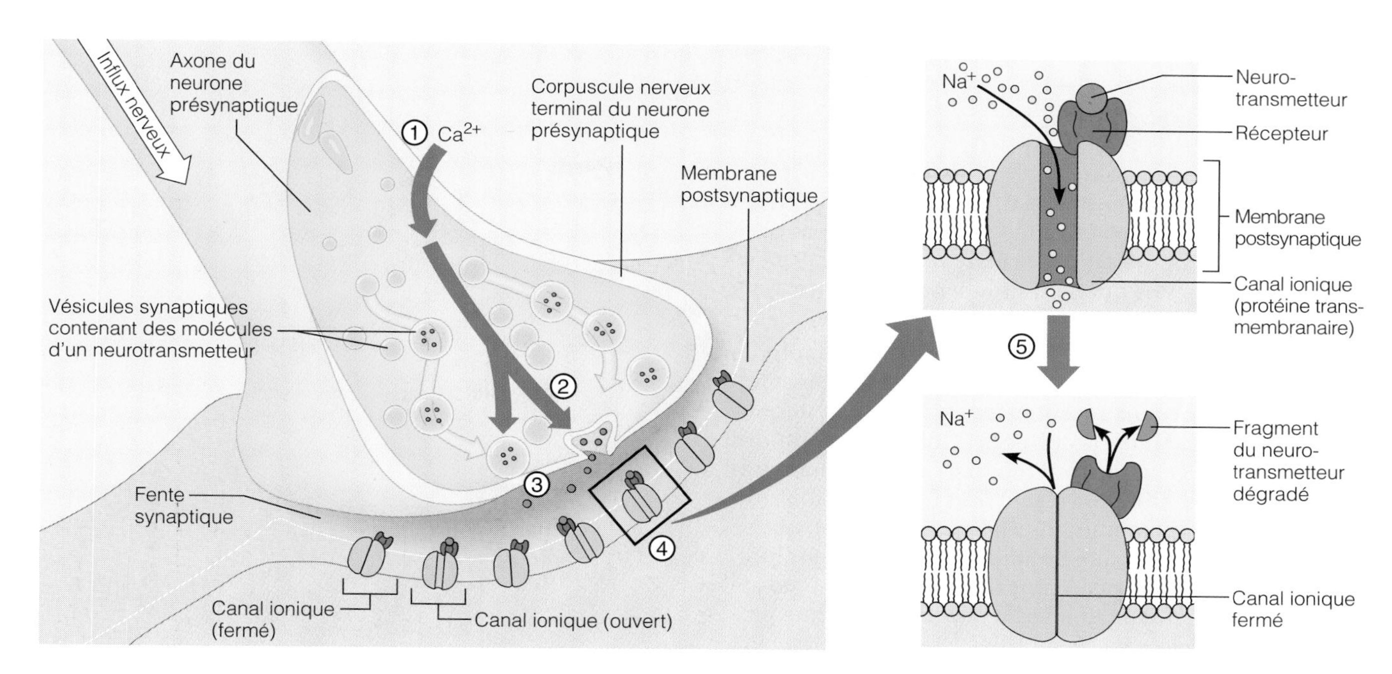

FIGURE 11.18
Phénomènes se produisant dans une synapse chimique en réponse à la dépolarisation du corpuscule nerveux terminal. (1) L'arrivée de la vague de dépolarisation (influx nerveux) provoque l'ouverture des canaux à calcium et la diffusion d'ions calcium (Ca^{2+}) dans le cytoplasme du corpuscule nerveux terminal. **(2)** Les ions calcium facilitent la fusion des vésicules synaptiques avec la membrane présynaptique ainsi que l'exocytose du neurotransmetteur. **(3)** Le neurotransmetteur diffuse à travers la fente synaptique et s'attache à des récepteurs spécifiques de la membrane postsynaptique. **(4)** La liaison du neurotransmetteur entraîne l'ouverture des canaux ioniques, ce qui provoque des changements de voltage dans la membrane postsynaptique. **(5)** Les effets sont de courte durée, car le neurotransmetteur est rapidement détruit par des enzymes, recapté dans le corpuscule présynaptique, ou dispersé par diffusion à l'extérieur de la fente synaptique, ce qui ferme les canaux ioniques et met fin à la réponse synaptique.

ristiques de libérer et de recevoir des **neurotransmetteurs** chimiques (ligands). Les neurotransmetteurs (que nous décrirons en détail plus loin) ouvrent ou ferment les canaux ioniques qui influent sur la perméabilité de la membrane plasmique et, par conséquent, sur le potentiel de membrane.

Une synapse chimique typique est composée de deux éléments: (1) le *corpuscule nerveux terminal* d'un neurone présynaptique (transmetteur), qui renferme de nombreuses **vésicules synaptiques** en suspension dans le cytoplasme (ces petits sacs contiennent des milliers de molécules d'un neurotransmetteur); (2) une *région réceptrice* qui porte des récepteurs spécifiques (souvent de plusieurs types) pour le neurotransmetteur et qui est située sur la membrane d'une dendrite ou sur le corps cellulaire d'un neurone postsynaptique (figure 11.18). Bien que rapprochées, les membranes présynaptique et postsynaptique sont toujours séparées par la **fente synaptique**, un espace d'environ 30 à 50 nm de largeur rempli de liquide interstitiel. Comme le courant provenant de la membrane présynaptique se dissipe dans cette fente, les synapses chimiques empêchent la transmission *directe* de l'influx nerveux d'un neurone à un autre. La transmission des signaux à travers les synapses chimiques est un *phénomène chimique* qui résulte de la libération, de la diffusion et de la liaison du neurotransmetteur à son récepteur spécifique. Il s'agit là d'une *communication unidirectionnelle*. Tandis que la transmission des influx nerveux le long d'un axone et à travers les synapses électriques est un phénomène purement électrique, les synapses chimiques convertissent les signaux électriques en signaux chimiques (neurotransmetteurs) qui traversent la synapse et atteignent les neurones postsynaptiques. Là, ils sont reconvertis en signaux électriques.

Transfert de l'information à travers les synapses chimiques Lorsque l'influx nerveux atteint le corpuscule nerveux terminal, il déclenche une suite d'événements qui aboutit à la libération d'un neurotransmetteur. Le neurotransmetteur traverse la fente synaptique et modifie la perméabilité de la membrane postsynaptique en se liant à ses récepteurs. La succession des événements semble être la suivante (figure 11.18).

1. **Les canaux à calcium s'ouvrent dans le corpuscule nerveux terminal du neurone présynaptique.** Quand l'influx nerveux atteint le corpuscule nerveux terminal, la dépolarisation de la membrane plasmique provoque non seulement l'ouverture des canaux à sodium, mais aussi celle des canaux à calcium voltage-dépendants. Pendant la brève période d'ouverture des canaux à calcium, les ions calcium passent du liquide interstitiel vers l'intérieur du corpuscule nerveux terminal.
2. **Le neurotransmetteur est libéré par exocytose.** L'afflux d'ions calcium libres dans le corpuscule nerveux terminal sert de messager intracellulaire qui provoque la fusion des vésicules synaptiques avec la membrane axonale de même que l'écoulement du

neurotransmetteur dans la fente synaptique par exocytose. Le Ca^{2+} est ensuite rapidement retiré : il est soit absorbé par les mitochondries, soit éjecté vers l'extérieur par la pompe à calcium.

3. **Le neurotransmetteur se lie aux récepteurs postsynaptiques.** Le neurotransmetteur diffuse à travers la fente synaptique et il se lie de manière réversible à des récepteurs protéiques spécifiques (portés par des canaux ioniques) qui sont groupés sur la membrane postsynaptique.
4. **Les canaux ioniques de la membrane postsynaptique s'ouvrent.** Lorsque les molécules de neurotransmetteurs se lient aux récepteurs des canaux ioniques ligand-dépendants, la forme tri-dimensionnelle des canaux change et ils s'ouvrent. Les courants ioniques qui en résultent produisent des modifications du potentiel de membrane (un potentiel gradué), qui se traduiront soit par une excitation, soit par une inhibition du neurone postsynaptique, selon le type de neurotransmetteurs libérés, le type de récepteurs protéiques auxquels ils se sont liés et le type de canaux régis par ces récepteurs.

Chaque fois qu'un influx nerveux atteint le corpuscule nerveux terminal, de nombreuses vésicules (environ 300) se vident dans la fente synaptique. Plus la fréquence des influx atteignant les corpuscules est élevée (plus le stimulus est intense), plus les vésicules synaptiques seront nombreuses à éjecter leur contenu, et plus l'effet sera marqué sur la cellule postsynaptique.

Cessation des effets du neurotransmetteur Tant que le neurotransmetteur demeure lié à un récepteur postsynaptique, il continue à produire des effets sur la perméabilité de la membrane et il bloque la réception d'autres « messages » en provenance des neurones présynaptiques. Il faut donc qu'un processus de « nettoyage » soit appliqué à la membrane postsynaptique. Il semble que les effets des neurotransmetteurs s'exercent pendant quelques millisecondes, après quoi, selon le neurotransmetteur, l'un des trois mécanismes suivants y mettrait fin.

1. Dégradation du neurotransmetteur par des enzymes associées à la membrane postsynaptique ou présentes dans la fente synaptique (voir la figure 11.18, étape 5). (Tel est le cas de l'acétylcholine.)
2. Retrait du neurotransmetteur de la synapse par recaptage dans le corpuscule présynaptique (où il est emmagasiné ou détruit par des enzymes), comme dans le cas de la noradrénaline.
3. Diffusion du neurotransmetteur à l'extérieur de la synapse, ce qui met fin à ses effets au niveau de la synapse. (Tel est probablement le cas de tous les neurotransmetteurs, pour une petite quantité au moins.)

Délai d'action synaptique Bien que certains neurones puissent transmettre les influx à des vitesses approchant les 100 m/s, la transmission à travers une synapse chimique est relativement lente, étant donné le temps requis pour la libération du neurotransmetteur, sa diffusion à travers la fente synaptique et sa liaison aux récepteurs. Le **délai d'action synaptique** dure de 0,3 à 0,5 ms et constitue l'*étape limitante* (la plus lente) de la transmission nerveuse. C'est à cause du délai d'action synaptique que la transmission se produit rapidement dans les voies nerveuses composées de deux ou trois neurones seulement, tandis que la transmission s'effectue beaucoup plus lentement dans les voies nerveuses polysynaptiques qui caractérisent le fonctionnement mental supérieur. Mais la vitesse de transmission est telle que ces différences ne sont habituellement pas perceptibles.

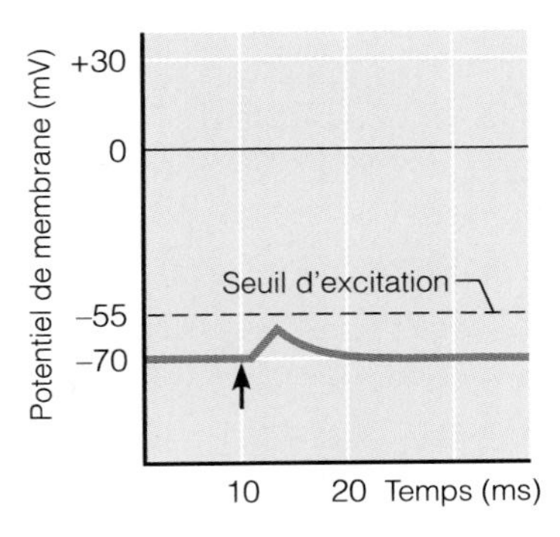

(a) Potentiel postsynaptique excitateur (PPSE)

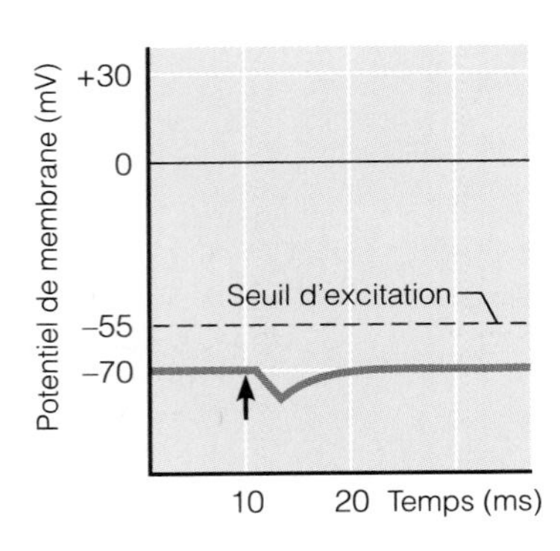

(b) Potentiel postsynaptique inhibiteur (PPSI)

FIGURE 11.19
Potentiels postsynaptiques. (a) Un potentiel postsynaptique excitateur (PPSE) consiste en une dépolarisation locale (potentiel gradué) de la membrane postsynaptique qui rapproche le neurone du seuil d'excitation. Ce phénomène électrique est déclenché par la liaison du neurotransmetteur aux canaux ioniques, ce qui explique leur ouverture et la diffusion simultanée du sodium et du potassium à travers la membrane postsynaptique. **(b)** Un potentiel postsynaptique inhibiteur (PPSI) entraîne l'hyperpolarisation du neurone postsynaptique et éloigne le neurone du seuil d'excitation. Ce phénomène électrique est déclenché par la liaison du neurotransmetteur, qui ouvre les canaux à potassium ou les canaux à chlorure ou ces deux types de canaux. La flèche verticale noire représente la stimulation.

Potentiels postsynaptiques et intégration synaptique

Un grand nombre des récepteurs présents sur les membranes postsynaptiques dans les synapses chimiques ont pour fonction d'ouvrir les canaux ioniques et de convertir ainsi les signaux chimiques en signaux électriques. Ces canaux ligand-dépendants sont relativement insensibles aux variations du potentiel de membrane, contrairement

TABLEAU 11.2 Comparaison du potentiel d'action et des potentiels postsynaptiques

Caractéristiques	Potentiel d'action	PPSE	PPSI
Fonction	Signal de longue portée; constitue l'influx nerveux	Signal de courte portée; dépolarisation qui s'étend jusqu'au cône d'implantation de l'axone; *rapproche* le potentiel de membrane du seuil d'excitation	Signal de courte portée; hyperpolarisation qui s'étend jusqu'au cône d'implantation de l'axone; *éloigne* le potentiel de membrane du seuil d'excitation
Stimulus déclenchant l'ouverture des canaux ioniques	Voltage (dépolarisation)	Substance chimique (neurotransmetteur)	Substance chimique (neurotransmetteur)
Effet initial du stimulus	Ouverture des canaux à sodium, puis des canaux à potassium	Ouverture des canaux ligand-dépendants qui permettent la diffusion simultanée du sodium et du potassium	Ouverture des canaux à potassium ligand-dépendants, des canaux à chlorure ou de ces deux types de canaux
Repolarisation	Voltage-dépendant; fermeture des canaux à sodium suivie de l'ouverture des canaux à potassium	Les charges de la membrane se dissipent avec le temps et la distance	
Distance de propagation	N'est pas transmis par des courants locaux; continuellement régénéré (propagé) le long de l'axone entier; son intensité ne diminue pas avec la distance	De 1 à 2 mm; phénomènes électriques locaux; le voltage diminue avec la distance	
Rétroactivation	Présente	Absente	Absente
Potentiel de membrane maximal	De +40 à +50 mV	0 mV	Devient hyperpolarisé; approche de −90 mV
Sommation	Aucune; obéit à la loi du tout ou rien	Présente; produit une dépolarisation graduée	Présente; produit une hyperpolarisation graduée
Période réfractaire	Présente	Absente	Absente

aux canaux ioniques voltage-dépendants qui produisent les potentiels d'action. Par conséquent, l'ouverture des canaux sur les membranes postsynaptiques n'est pas un phénomène qui peut s'autogénérer ou s'amplifier de lui-même. Les récepteurs du neurotransmetteur entraînent plutôt des variations locales du potentiel de membrane (voltage) qui sont *graduées* selon la quantité de neurotransmetteur libérée et la durée du séjour du neurotransmetteur dans la fente synaptique.

Selon leur effet sur le potentiel de membrane du neurone postsynaptique, on divise les synapses chimiques en deux types, soit les synapses excitatrices et les synapses inhibitrices (figure 11.19). Les *potentiels postsynaptiques excitateurs* (*PPSE*) sont produits dans les synapses excitatrices, et les *potentiels postsynaptiques inhibiteurs* (*PPSI*) sont produits dans les synapses inhibitrices. Le tableau 11.2 établit une comparaison entre les potentiels d'action et les deux types de potentiels postsynaptiques.

Synapses excitatrices et PPSE

La liaison du neurotransmetteur entraîne la dépolarisation de la membrane postsynaptique dans les synapses excitatrices. Contrairement à ce qui a lieu sur les membranes axonales, la liaison du neurotransmetteur ouvre un seul type de canal sur les membranes postsynaptiques (membranes des dendrites et des corps cellulaires des neurones). L'ouverture de ce canal permet aux ions sodium et aux ions potassium de diffuser *simultanément* à travers la membrane dans des directions opposées (plutôt que d'ouvrir les canaux à sodium, puis les canaux à potassium). Bien que cela puisse sembler aller à l'encontre du processus de dépolarisation, rappelez-vous que le gradient électrochimique du sodium est supérieur à celui du potassium. La diffusion du sodium vers le cytoplasme est donc plus importante que la sortie du potassium vers le liquide interstitiel, ce qui donne lieu à une dépolarisation de la membrane plasmique.

Si le neurotransmetteur se lie à un nombre suffisant de canaux ioniques, la dépolarisation de la membrane postsynaptique peut atteindre 0 mV, ce qui est bien au-dessus du seuil d'excitation d'un axone (environ −50 mV). Mais il faut souligner que *les membranes postsynaptiques ne peuvent pas engendrer de potentiels d'action ; seuls les axones* (neurofibres possédant des canaux voltage-dépendants) *ont cette capacité*. L'inversion de polarité radicale que l'on observe dans les axones ne survient jamais dans les membranes qui contiennent *seulement* des canaux ligand-dépendants, parce que les mouvements opposés du potassium et du sodium empêchent l'accumulation de charges positives excédentaires à l'intérieur de la cellule. Par conséquent, au lieu de potentiels d'action, ce sont des phénomènes locaux de dépolarisation (potentiels gradués) appelés **potentiels postsynaptiques excitateurs** (**PPSE**) qui se produisent dans les membranes postsynaptiques excitatrices (voir la figure 11.19a). Chaque PPSE ne dure que quelques millisecondes, puis la membrane revient au potentiel de repos. La seule fonction des PPSE est de favoriser la production d'un potentiel d'action par la zone

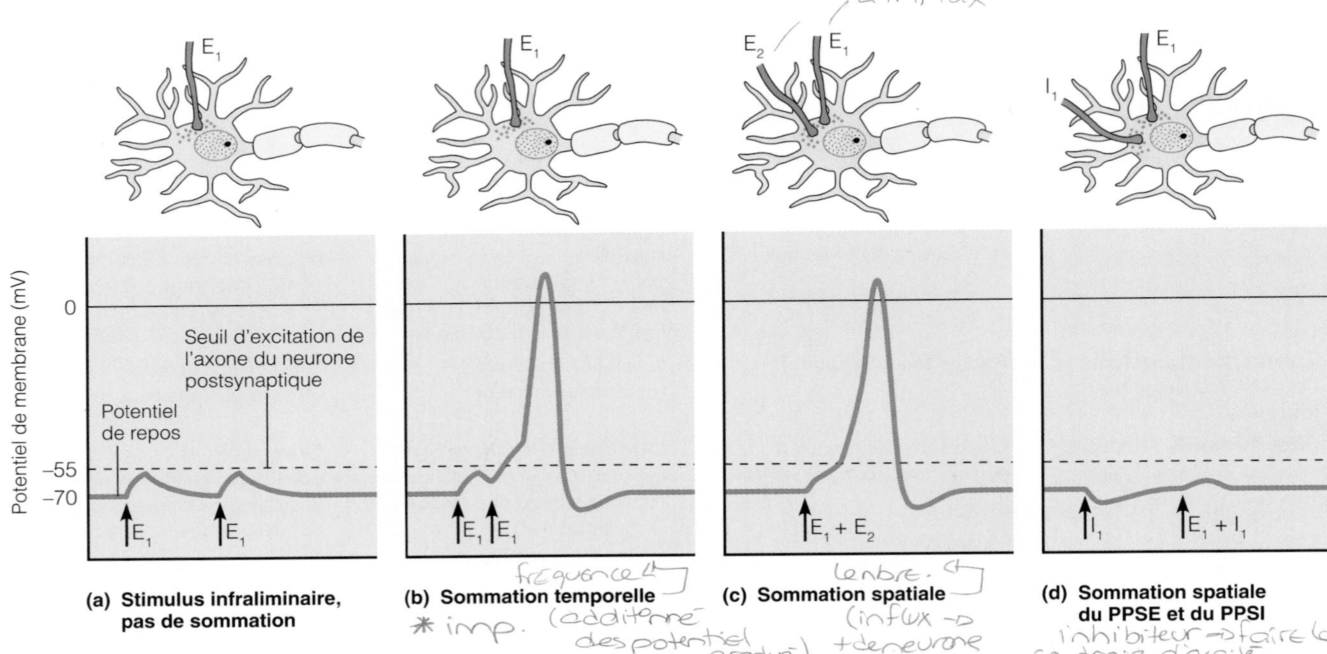

FIGURE 11.20
Intégration des PPSE et des PPSI dans la membrane axonale de la cellule postsynaptique. Les synapses E_1 et E_2 sont excitatrices ; la synapse I_1 est inhibitrice. Chaque influx est en lui-même infraliminaire. **(a)** La synapse E_1 est stimulée une première fois, puis stimulée brièvement à nouveau. Les deux PPSE ne se chevauchent pas dans le temps, c'est ce qui explique qu'il n'y a pas sommation de ces deux potentiels ; le seuil d'excitation n'est pas atteint dans l'axone du neurone postsynaptique. **(b)** La synapse E_1 est stimulée une deuxième fois avant que le PPSE initial ne s'éteigne ; la sommation temporelle se produit, et le seuil d'excitation de l'axone est atteint, ce qui entraîne la production d'un potentiel d'action. **(c)** Les synapses E_1 et E_2 sont stimulées simultanément (sommation spatiale), ce qui cause une dépolarisation liminaire. **(d)** La synapse I_1 est stimulée, ce qui cause un PPSI de courte durée (hyperpolarisation). Lorsque E_1 et I_1 sont stimulées simultanément, les changements de potentiel s'annulent.

gâchette de l'axone du neurone postsynaptique. Les flux de courant créés par chacun des PPSE diminuent avec la distance, mais ils peuvent se propager jusqu'au cône d'implantation de l'axone et, du reste, ils l'atteignent souvent. Si ceux qui atteignent le cône d'implantation sont suffisamment forts pour dépolariser l'axone jusqu'au seuil d'excitation, les canaux voltage-dépendants de la zone gâchette s'ouvriront et un potentiel d'action sera produit.

Synapses inhibitrices et PPSI

La liaison du neurotransmetteur dans les synapses inhibitrices *réduit* la capacité d'un neurone postsynaptique d'engendrer un potentiel d'action. La plupart des neurotransmetteurs inhibiteurs entraînent une hyperpolarisation de la membrane postsynaptique en augmentant sa perméabilité aux ions potassium, aux ions chlorure ou aux deux. La perméabilité aux ions sodium n'est pas modifiée. Si les canaux à potassium sont ouverts, les ions potassium sortent de la cellule ; si les canaux à chlorure sont ouverts, les ions chlorure entrent. Dans un cas comme dans l'autre, la charge de la face interne de la membrane devient relativement plus négative. À mesure que le potentiel de membrane s'accroît et s'écarte du seuil d'excitation de l'axone, le neurone postsynaptique devient moins susceptible de « faire feu », et il faudra des courants dépolarisants (des PPSE) plus importants pour créer un potentiel d'action. Ces changements de potentiel sont appelés **potentiels postsynaptiques inhibiteurs (PPSI)** (voir la figure 11.19b).

Intégration et modification des phénomènes synaptiques

Sommation par le neurone postsynaptique Un seul PPSE ne peut produire un potentiel d'action dans le neurone postsynaptique. Mais si des milliers de corpuscules nerveux terminaux excitateurs déclenchent un potentiel d'action sur la même membrane postsynaptique, ou si un plus petit nombre de corpuscules fournissent des influx très rapidement, la probabilité d'atteindre la dépolarisation liminaire s'accroît considérablement. Par conséquent, les PPSE peuvent s'additionner sur les dendrites ou sur les corps cellulaires pour influer sur l'activité d'un neurone postsynaptique. En fait, les influx nerveux ne seraient jamais engendrés sans cette **sommation** (somme des dépolarisations postsynaptiques).

Deux types de sommation sont possibles et peuvent se produire simultanément : la sommation temporelle et la sommation spatiale. Pour simplifier notre exposé, nous allons décrire ces phénomènes séparément et, dans un premier temps, nous les expliquerons en fonction des PPSE. La **sommation temporelle** se produit lorsqu'au moins un corpuscule nerveux terminal d'un neurone présynaptique transmet plusieurs influx consécutifs (figure 11.20b) et que la libération du neurotransmetteur s'effectue par vagues successives et rapprochées. Le premier influx produit un léger PPSE sur la membrane plasmique du neurone postsynaptique et, avant qu'il ne se dissipe, des influx successifs déclenchent d'autres PPSE. Ces PPSE s'additionnent et entraînent une dépolarisation de la membrane postsynaptique beaucoup plus importante que celle qui résulterait d'un seul PPSE.

La **sommation spatiale** se produit lorsque le neurone postsynaptique est stimulé en même temps par un grand nombre de corpuscules nerveux terminaux appartenant au même neurone ou, généralement, à différents neurones. Un très grand nombre de récepteurs peuvent alors se lier au neurotransmetteur et déclencher simultanément des PPSE; ces derniers s'additionnent, entraînant ainsi la dépolarisation de la membrane plasmique du corps cellulaire et éventuellement un potentiel d'action au niveau de l'axone (figure 11.20c).

Nous avons accordé une attention particulière à la sommation des PPSE, mais il faut noter que les PPSI peuvent également s'additionner, de manière temporelle aussi bien que spatiale. Il existe alors un plus haut degré d'inhibition du neurone postsynaptique et une plus faible probabilité de dépolarisation et de déclenchement d'un potentiel d'action.

La plupart des neurones reçoivent des messages excitateurs et des messages inhibiteurs de milliers de neurones. Comment toutes ces informations sont-elles interprétées par le neurone postynaptique? Le cône d'implantation de l'axone de chaque neurone semble posséder un « registre » pour les PPSE et les PPSI qu'il reçoit (figure 11.20d). Non seulement les PPSE et les PPSI s'additionnent-ils séparément, mais les PPSE s'additionnent aux PPSI. Si les effets stimulateurs des PPSE dominent suffisamment pour que le potentiel de membrane atteigne le seuil d'excitation, le cône d'implantation déclenche un potentiel d'action. Si, en revanche, le processus de sommation n'entraîne qu'une dépolarisation infraliminaire ou une hyperpolarisation, l'axone n'engendre pas de potentiel d'action. Cependant, les neurones partiellement dépolarisés profitent d'une **facilitation,** c'est-à-dire qu'ils sont plus facilement excités par des dépolarisations successives, parce qu'ils sont déjà rapprochés du seuil d'excitation. La membrane du cône d'implantation de l'axone joue ainsi le rôle d'un *intégrateur nerveux*: son potentiel reflète en tout temps la somme des informations nerveuses qui arrivent au neurone postsynaptique. Puisque les PPSE et les PPSI sont des potentiels gradués qui faiblissent à mesure qu'ils se propagent, les synapses les plus efficaces sont celles qui sont situées le plus près du cône d'implantation de l'axone. Les synapses situées sur les dendrites distales ont beaucoup moins d'influence sur l'axone que n'en ont les synapses situées sur le corps cellulaire du neurone postsynaptique.

Potentialisation synaptique L'utilisation répétée ou continue d'une synapse (même pour de courtes périodes) accroît considérablement la capacité du neurone présynaptique d'exciter le neurone postsynaptique. Cela produit des potentiels postsynaptiques beaucoup plus grands que le stimulus ne l'aurait laissé présager: c'est ce qu'on appelle la **potentialisation synaptique.** Les corpuscules nerveux terminaux présynaptiques d'une telle synapse contiennent de plus fortes concentrations d'ions calcium: on pense que ce surplus d'ions calcium déclenche la libération d'une plus grande quantité de neurotransmetteur, lequel produit à son tour de plus grands PPSE. En outre, la potentialisation synaptique accroît aussi les concentrations de calcium dans le neurone postsynaptique. Une brève stimulation à haute fréquence active des canaux voltage-dépendants appelés *récepteurs du NMDA (N-méthyl D-aspartate,* un acide aminé qui ne fait pas partie des 20 acides aminés trouvés chez les organismes vivants) situés sur la membrane postsynaptique; ces canaux couplent la dépolarisation à l'augmentation de l'entrée du calcium. Théoriquement, à mesure que le calcium entre dans la cellule, il active certaines kinases; ces enzymes entraînent des changements qui augmentent l'efficacité des réponses aux stimulus ultérieurs.

Quand ce phénomène se produit *pendant* une stimulation répétée (tétanique), il est appelé *potentialisation tétanique*. Quand il est établi et persiste pendant des périodes variables *après la cessation du stimulus*, il est appelé *potentialisation à long terme*. Sur le plan fonctionnel, on peut considérer la potentialisation synaptique comme un processus d'apprentissage qui accroît l'efficacité de la neurotransmission le long d'une voie. Par exemple, l'hippocampe (une région de l'encéphale), qui joue un rôle important dans la mémorisation d'informations ainsi que dans les processus reliés à l'apprentissage (voir p. 531-533), présente des potentialisations à long terme exceptionnellement longues.

Inhibition présynaptique et neuromodulation L'activité postsynaptique peut également subir l'effet de phénomènes survenant dans la membrane présynaptique, notamment l'inhibition présynaptique et la neuromodulation. Il y a **inhibition présynaptique** lorsque, par l'entremise d'une synapse axo-axonale, un neurone inhibe la libération d'un neurotransmetteur excitateur par un autre neurone. Plusieurs mécanismes peuvent être impliqués, mais le résultat final se traduit par une sécrétion du neurotransmetteur moins importante; seule une faible quantité de ses molécules se fixe aux récepteurs des canaux ioniques, d'où la production d'un PPSE infraliminaire. (Notez qu'il s'agit là de l'inverse du phénomène observé dans la potentialisation synaptique.) L'inhibition présynaptique s'apparente à un « élagage » synaptique fonctionnel: elle réduit la stimulation excitatrice du neurone postsynaptique, contrairement à l'inhibition postsynaptique par les PPSI qui, elle, diminue l'excitabilité du neurone postsynaptique.

Il y a **neuromodulation** lorsqu'un neurotransmetteur entraîne des changements lents dans le métabolisme de la cellule cible (voir p. 394-395) ou que des substances chimiques autres que des neurotransmetteurs modifient l'activité neuronale. Certains *neuromodulateurs* influent sur la synthèse, la libération, la dégradation ou le recaptage du neurotransmetteur par un neurone présynaptique. D'autres influent sur la sensibilité de la membrane postsynaptique au neurotransmetteur. De nombreux neuromodulateurs sont en fait des hormones qui agissent relativement loin de leur site de libération.

Neurotransmetteurs et récepteurs

Avec les signaux électriques, les **neurotransmetteurs** constituent le langage du système nerveux, le code qui permet à chaque neurone de communiquer avec les autres afin de traiter l'information et d'envoyer des messages dans le reste de l'organisme. Les neurotransmetteurs sont des molécules polyvalentes qui relient chimiquement les neurones et qui influent sur le corps et l'encéphale. Le sommeil, la pensée, la colère, la faim, la mobilité et même le sourire découlent de l'action de ces molécules de communication. La plupart des facteurs qui influent spécifiquement sur la transmission synaptique agissent en augmentant ou en empêchant la libération ou la dégradation de neurotransmetteurs ou encore en bloquant leur liaison aux récepteurs. Tout comme les troubles de la parole peuvent nuire à la communication interpersonnelle, les entraves à l'activité des neurotransmetteurs peuvent court-circuiter les «conversations» de l'encéphale ou son monologue intérieur (voir l'encadré des pages 396-397).

On connaît actuellement plus de 50 substances qui sont ou pourraient être des neurotransmetteurs. Une substance chimique doit présenter certaines caractéristiques pour être classée parmi les neurotransmetteurs. Voici les plus importantes:

1. La substance doit être présente dans le corpuscule nerveux terminal présynaptique et elle doit être libérée lorsque le neurone est adéquatement stimulé. Certains neurotransmetteurs sont synthétisés dans le corpuscule et ils y sont enfermés à l'intérieur de vésicules. D'autres sont formés dans le corps cellulaire et acheminés à l'intérieur de vésicules vers les corpuscules nerveux terminaux (transport antérograde).
2. La substance doit imiter l'effet des neurotransmetteurs naturels (endogènes) et produire des flux d'ions ainsi que des PPSE ou des PPSI lorsqu'elle est appliquée expérimentalement sur la membrane postsynaptique.
3. Il doit exister un processus naturel qui retire la substance de la synapse (voir p. 386).

Bien que certains neurones produisent et libèrent un seul neurotransmetteur, la plupart en produisent deux ou plus et ils peuvent n'en libérer qu'un ou les libérer tous. Il semble que la libération des différents neurotransmetteurs repose sur la fréquence de la stimulation, ce qui évite la production d'un fatras de messages inintelligibles. La coexistence de quelques neurotransmetteurs dans un seul neurone permet à ce dernier d'exercer plusieurs effets plutôt qu'un seul qui serait toujours le même.

On classe les neurotransmetteurs selon leur structure chimique et selon leur fonction. Le tableau 11.3 (p. 392) présente les principales caractéristiques des neurotransmetteurs, et nous en décrirons quelques-uns ci-après. Vous pourrez vous référer à ce tableau lorsqu'il sera fait mention des neurotransmetteurs dans les chapitres ultérieurs.

Classification des neurotransmetteurs selon leur structure chimique

La structure moléculaire des neurotransmetteurs détermine leur appartenance à une des classes chimiques suivantes.

Acétylcholine (ACh) L'**acétylcholine** fut la première substance à être reconnue comme un neurotransmetteur. C'est encore aujourd'hui le neurotransmetteur le mieux connu, car il est libéré dans les terminaisons neuromusculaires, dont l'étude est plus facile que celle des synapses enfouies dans le SNC. L'acétylcholine est synthétisée et enfermée dans des vésicules synaptiques situées à l'intérieur des corpuscules nerveux terminaux au cours d'une réaction catalysée par l'enzyme appelée *choline acétyltransférase*. L'acide acétique se lie à la coenzyme A (CoA) et forme l'acétyl coenzyme A, laquelle se combine alors à la choline. La coenzyme A est ensuite libérée.

$$\text{Acétyl CoA} + \text{choline} \xrightarrow[\text{acétyltransférase}]{\text{choline}} \text{ACh} + \text{CoA}$$

Après sa libération, l'acétylcholine se lie brièvement aux récepteurs postsynaptiques. Elle est ensuite libérée et dégradée en acide acétique et en choline par une enzyme appelée **acétylcholinestérase (AChE)** localisée dans la fente synaptique et sur les membranes postsynaptiques. La choline libérée est recaptée par les corpuscules présynaptiques et réutilisée dans la synthèse de nouvelles molécules d'acétylcholine.

Tous les neurones qui stimulent les muscles squelettiques libèrent de l'acétylcholine, de même que certains neurones du système nerveux autonome. C'est également le cas d'une grande partie des neurones du système nerveux central.

Amines biogènes La sérotonine et l'histamine, de même que des **catécholamines** comme la dopamine, la noradrénaline et l'adrénaline, sont des neurotransmetteurs synthétisés à partir d'acides aminés, d'où leur nom d'**amines biogènes.** Comme le montre la figure 11.21, la **dopamine** et la **noradrénaline** sont synthétisées à partir de la tyrosine, un acide aminé, au cours d'un même processus composé de plusieurs étapes. Il semble que les neurones ne contiennent que les enzymes nécessaires à la production de leur propre neurotransmetteur. Ainsi, le processus de synthèse s'arrête à l'étape de la dopamine dans les neurones qui libèrent de la dopamine, mais il se poursuit jusqu'à l'étape de la noradrénaline dans les neurones qui libèrent la noradrénaline. La synthèse d'adrénaline dans les cellules de l'encéphale et de la médulla surrénale se fait par la même voie métabolique. L'adrénaline produite par la glande surrénale étant libérée dans la circulation sanguine, on la considère non seulement comme un neurotransmetteur, mais aussi comme une hormone. La **sérotonine** est synthétisée à partir d'un acide aminé appelé tryptophane. L'**histamine** est synthétisée à partir de l'acide aminé appelé histidine.

On trouve de nombreuses amines biogènes dans l'encéphale, où elles interviennent dans le comportement émotionnel et dans la régulation de l'horloge biologique. Par ailleurs, les catécholamines (la noradrénaline en particulier) sont libérées par certains neurones moteurs du système nerveux autonome. Les déséquilibres de ces neurotransmetteurs sont associés à la maladie mentale; ainsi, on observe une production excessive de dopamine chez les personnes atteintes de schizophrénie. Certains psychotropes (le LSD et la mescaline notamment) peuvent en outre se lier aux récepteurs des amines biogènes et provoquer des hallucinations.

Acides aminés Il est plus difficile de prouver qu'un **acide aminé** est un neurotransmetteur. Alors que l'acétylcholine et les amines biogènes ne se trouvent que dans les neurones et les glandes surrénales (dans le cas de la nor-

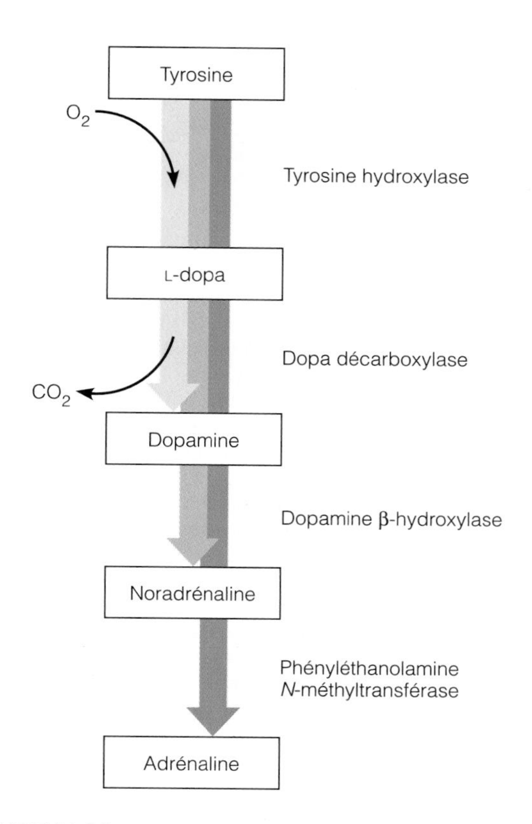

FIGURE 11.21
Processus de synthèse commun à la dopamine, à la noradrénaline et à l'adrénaline. La synthèse se poursuit plus ou moins loin selon les enzymes présentes dans la cellule. La production de dopamine et de noradrénaline se fait dans les corpuscules nerveux terminaux des neurones qui libèrent ces neurotransmetteurs. L'adrénaline, une hormone, est libérée (de même que la noradrénaline) par les cellules de la médulla surrénale.

adrénaline et de l'adrénaline), les acides aminés sont présents dans toutes les cellules de l'organisme, et ils participent à de nombreuses réactions biochimiques autres que la synthèse des neurotransmetteurs. L'**acide gamma-aminobutyrique** (**GABA**), la **glycine,** l'**aspartate** et le **glutamate** sont des acides aminés dont le rôle de neurotransmetteurs est attesté, mais il en existe probablement d'autres. Pour l'instant, c'est seulement dans le SNC qu'on a pu vérifier la présence d'acides aminés jouant le rôle de neurotransmetteurs.

Peptides Les **neuropeptides** sont constitués essentiellement de chaînes d'acides aminés et comprennent un large éventail de molécules aux effets divers. Par exemple, un neuropeptide appelé **substance P** est un important médiateur des messages nociceptifs. À l'opposé, les **endorphines** et les **enképhalines** agissent comme des opiacés ou des euphorisants naturels en réduisant la perception de la douleur dans certaines conditions stressantes. L'activité de l'enképhaline s'accroît considérablement pendant l'accouchement. La libération d'endorphines s'intensifie lorsqu'une athlète trouve ce qu'on appelle communément son second souffle, et c'est probablement ce phénomène qui explique la sensation d'euphorie qu'elle éprouve alors. Par ailleurs, des spécialistes attribuent l'« effet placebo » à la libération d'endorphines. Ces neurotransmetteurs analgésiques ont été découverts quand des équipes de recherche ont commencé à étudier le rôle de la morphine et d'autres opiacés dans la réduction de l'anxiété et de la douleur. On s'est alors rendu compte que les molécules de ces médicaments s'attachent aux mêmes récepteurs que les opiacés naturels, et que ces médicaments produisent des effets semblables mais plus intenses.

Certains neuropeptides, en particulier la somatostatine, le peptide intestinal vasoactif (VIP) et la cholécystokinine, sont aussi produits par des tissus non nerveux ; on les trouve notamment en grande quantité dans le système digestif.

Neurotransmetteurs récemment découverts Il y a quelques années à peine, le scientifique qui aurait avancé que l'ATP, le monoxyde d'azote et le monoxyde de carbone (des molécules répandues dans tout l'organisme) pourraient être des neurotransmetteurs se serait fait taxer d'hérésie. Pourtant, la découverte du rôle inattendu de messagers que jouent ces substances a ouvert de nouveaux horizons à la recherche sur la transmission nerveuse.

Certes, on savait que l'**adénosine triphosphate** (**ATP**), la forme universelle d'énergie dans la cellule, était entreposée dans des vésicules synaptiques. On croyait toutefois que sa présence dans des vésicules servait à favoriser la synthèse et/ou le recaptage d'autres neurotransmetteurs. On admet à présent que l'ATP est un important neurotransmetteur (peut-être le plus primitif) dans le SNC et le SNP. Comme le glutamate et l'acétylcholine, l'ATP produit une réponse excitatrice rapide au niveau de certains récepteurs (voir plus loin).

L'idée que le **monoxyde d'azote** (**NO**), un gaz toxique instable, soit un neurotransmetteur aurait aussi rencontré la plus ferme opposition. L'hypothèse, en effet, contredit toutes les définitions reconnues du neurotransmetteur : le monoxyde d'azote est synthétisé à la demande et il diffuse vers l'extérieur des cellules qui le produisent au lieu d'être entreposé dans des vésicules et libéré par exocytose. Plutôt que de s'attacher aux récepteurs membranaires postsynaptiques, le monoxyde d'azote traverse la membrane plasmique des cellules adjacentes et se lie, dans le neurone présynaptique, à un récepteur intracellulaire singulier, le fer de la *guanylyl cyclase* (l'enzyme qui produit le second messager appelé *GMP cyclique*). On connaît mal le rôle du monoxyde d'azote dans l'encéphale ; on sait cependant que la liaison du glutamate aux récepteurs du NMDA (un sous-ensemble spécifique des récepteurs du glutamate) provoque l'entrée de Ca^{2+} dans le neurone postsynaptique. Le calcium y active la calmoduline, une protéine régulatrice qui se lie à lui et qui active à son tour le *NO synthétase* (*NOS*), l'enzyme nécessaire à la synthèse du monoxyde d'azote à partir de l'arginine, un acide aminé. De nombreux spécialistes croient que le monoxyde d'azote est le messager rétrograde qui intervient dans la potentialisation à long terme (apprentissage et mémoire). Autrement dit, le monoxyde d'azote diffuserait du neurone postsynaptique vers le neurone présynaptique (messager rétrograde) et il y activerait la guanylyl cyclase qui, en permettant la synthèse de GMP cyclique, ferait libérer à son tour une plus grande quantité de neurotransmetteur (glutamate) lors de chaque potentiel d'action. En présence d'une quantité accrue de neurotransmetteur, le neurone postsynaptique produirait une réponse plus intense pour une même fréquence de

TABLEAU 11.3 Neurotransmetteurs

Neurotransmetteur	Classes fonctionnelles	Sites de sécrétion	Remarques
Acétylcholine 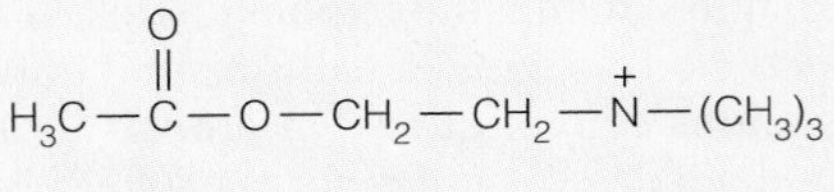 $H_3C-C(=O)-O-CH_2-CH_2-\overset{+}{N}-(CH_3)_3$	Excitatrice pour les muscles squelettiques ; excitatrice ou inhibitrice pour les effecteurs viscéraux, selon le récepteur auquel elle se lie Action directe au niveau des récepteurs nicotiniques* ; action indirecte par l'entremise de seconds messagers dans les récepteurs muscariniques**	SNC : noyaux basaux et certains neurones du cortex moteur de l'encéphale SNP : toutes les terminaisons neuromusculaires dans les muscles squelettiques ; certaines terminaisons motrices autonomes (toutes les neurofibres préganglionnaires et postganglionnaires parasympathiques)	Les gaz neurotoxiques et les insecticides organophosphorés (malathion) prolongent ses effets (causant des spasmes musculaires tétaniques) ; la toxine botulinique inhibe sa libération ; le curare (un myorésolutif) et certains venins de serpent inhibent sa liaison aux récepteurs ; diminution de concentration dans certaines aires cérébrales dans la maladie d'Alzheimer ; destruction de ses récepteurs dans la myasthénie, une maladie auto-immune ; la liaison de la nicotine aux récepteurs cholinergiques nicotiniques dans l'encéphale favorise la libération de neurotransmetteurs excitateurs (glutamate et ACh) en augmentant les concentrations présynaptiques de Ca^{2+} ; ce phénomène explique peut-être les effets comportementaux de la nicotine chez les fumeurs
Amines biogènes			
Noradrénaline 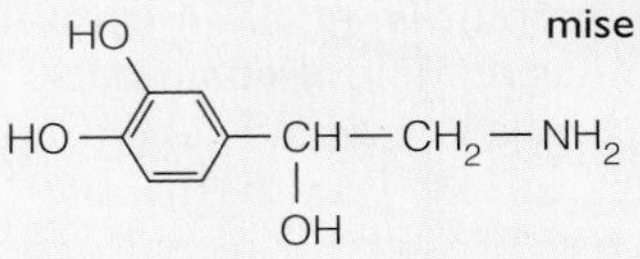 HO, HO — (cycle) — CH(OH) — CH_2 — NH_2	Excitatrice ou inhibitrice, selon le type de récepteur Action indirecte par l'entremise de seconds messagers	SNC : tronc cérébral, en particulier le locus céruleus du mésencéphale ; système limbique ; certaines aires du cortex cérébral SNP : principal neurotransmetteur des fibres postganglionnaires du système nerveux sympathique	Procure une sensation de bien-être ; les amphétamines favorisent sa libération ; les antidépresseurs tricycliques (comme Elavil) et la cocaïne empêchent son retrait de la synapse ; la réserpine (un médicament antihypertenseur) réduit ses concentrations dans l'encéphale, ce qui entraîne la dépression
Dopamine 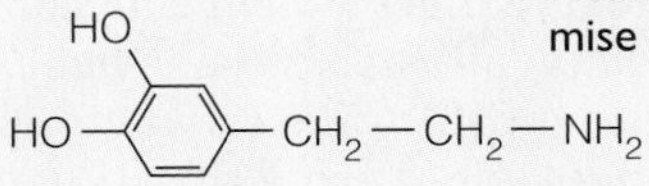 HO, HO — (cycle) — CH_2 — CH_2 — NH_2	Excitatrice ou inhibitrice, selon le type de récepteur Action indirecte par l'entremise de seconds messagers	SNC : substantia nigra du mésencéphale ; hypothalamus ; principal neurotransmetteur de la voie motrice secondaire SNP : certains ganglions sympathiques	Procure une sensation de bien-être ; la L-dopa et les amphétamines favorisent sa libération ; la cocaïne bloque son recaptage ; insuffisante dans la maladie de Parkinson ; pourrait intervenir dans la pathogenèse de la schizophrénie
Sérotonine 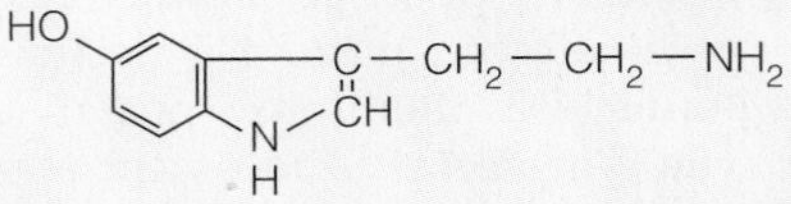 HO — (indole) — C — CH_2 — CH_2 — NH_2 ; CH ; N—H	Inhibitrice en général Action indirecte par l'entremise de seconds messagers ; action directe au niveau des récepteurs 5-HT_3	SNC : tronc cérébral, le mésencéphale en particulier ; hypothalamus ; système limbique ; cervelet ; corps pinéal ; moelle épinière	Le LSD bloque son activité ; pourrait intervenir dans le sommeil, l'appétit, les nausées, la migraine et la régulation de l'humeur ; les médicaments qui bloquent son recaptage (comme Prozac) soulagent l'anxiété et la dépression
Histamine 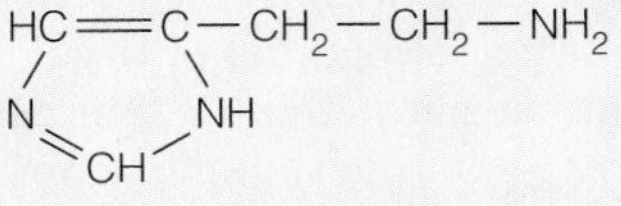 HC = C — CH_2 — CH_2 — NH_2 ; N, NH ; CH	Action indirecte par l'entremise de seconds messagers	SNC : hypothalamus	Aussi libérée par les mastocytes au cours d'une inflammation ; agit comme un puissant vasodilatateur

* Ainsi appelés parce que la nicotine produit sur ces récepteurs des effets semblables à ceux de l'ACh.
** Ainsi appelés parce que la muscarine (une substance extraite d'un champignon du genre Muscaria) produit sur ces récepteurs des effets semblables à ceux de l'ACh.

Neurotransmetteur	Classes fonctionnelles	Sites de sécrétion	Remarques
Acides aminés			
Acide gamma-aminobutyrique (GABA) $H_2N-CH_2-CH_2-CH_2-COOH$	Inhibiteur en général Action directe	SNC : hypothalamus ; neurones piriformes du cervelet ; moelle épinière ; cellules granuleuses du bulbe olfactif ; rétine	Principal neurotransmetteur inhibiteur dans l'encéphale ; rôle important dans l'inhibition présynaptique dans les synapses axo-axonales ; ses effets inhibiteurs sont augmentés par l'alcool (ce qui se traduit par un ralentissement des réflexes et une altération de la coordination motrice) ainsi que par les anxiolytiques de la classe des benzodiazépines (comme Valium) ; les substances qui bloquent sa synthèse, sa libération ou son action provoquent des convulsions
Glutamate $H_2N-CH(COOH)-CH_2-CH_2-COOH$	Excitateur en général Action directe	SNC : moelle épinière ; abondant dans l'encéphale, où il constitue le principal neurotransmetteur excitateur	« Neurotransmetteur de l'accident vasculaire cérébral » (voir p. 435)
Glycine H_2N-CH_2-COOH	Inhibitrice en général Action indirecte par l'entremise de seconds messagers	SNC : moelle épinière ; rétine	La strychnine inhibe ses récepteurs, ce qui provoque des convulsions et un arrêt respiratoire
Peptides			
Endorphines, dynorphine, enképhalines (exemple représenté) Tyr-Gly-Gly-Phe-Met	Inhibitrices en général Action indirecte par l'entremise de seconds messagers	SNC : très abondantes dans l'encéphale ; hypothalamus ; système limbique ; hypophyse ; moelle épinière	Opiacés naturels ; réduisent la douleur en inhibant la substance P ; la morphine, l'héroïne et la méthadone ont des effets similaires
Tachykinines : substance P (exemple représenté), neurokinine A (NKA) Arg-Pro-Lys-Pro-Gln-Gln-Phe-Phe-Gly-Leu-Met	Excitatrices Action indirecte par l'entremise de seconds messagers	SNC : noyaux basaux ; mésencéphale ; hypothalamus ; cortex cérébral SNP : certains neurones sensitifs des ganglions de la racine dorsale de la moelle épinière (afférents nociceptifs)	La substance P est le neurotransmetteur qui intervient dans la transmission nociceptive dans le SNP ; dans le SNC, les tachykinines interviennent dans la régulation des systèmes respiratoire et cardiovasculaire ainsi que dans celle de l'humeur
Somatostatine Ala-Gly-Cys-Lys-Asn-Phe-Phe-Trp-Lys-Thr-Phe-Thr-Ser-Cys	Inhibitrice en général Action indirecte par l'entremise de seconds messagers	SNC : hypothalamus ; rétine et autres parties de l'encéphale Pancréas	Inhibe la libération de l'hormone de croissance par l'hypophyse ; agit aussi sur le système digestif
Cholécystokinine (CCK) Asp-Tyr(SO_4)-Met-Gly-Trp-Met-Asp-Phe	Neurotransmetteur possible	Cortex cérébral Intestin grêle	Son action sur le cerveau pourrait être associée aux comportements alimentaires ; agit aussi sur le système digestif

potentiels d'action venant du neurone présynaptique. Il pourrait donc s'agir d'une forme d'apprentissage. Une grande partie des lésions cérébrales observées chez les victimes d'un accident vasculaire cérébral (voir p. 435) est due à une libération excessive de monoxyde d'azote. Par ailleurs, le monoxyde d'azote entraîne la relaxation du muscle lisse intestinal dans le plexus myentérique.

Il se pourrait qu'on découvre bientôt toute une classe de gaz messagers qui, comme le monoxyde d'azote, entrent rapidement dans les cellules, se lient brièvement à des enzymes contenant un métal puis disparaissent. Le **monoxyde de carbone (CO)**, un autre messager gazeux, stimule également la synthèse du GMP cyclique ; certains chercheurs pensent que ce gaz est la principale substance régulatrice des concentrations de GMP cyclique dans l'encéphale. On trouve du monoxyde d'azote et du monoxyde de carbone dans différentes régions de l'encéphale et ils semblent agir dans des voies distinctes ; leurs modes d'action, cependant, sont analogues. L'hypothèse selon laquelle le monoxyde de carbone intervient dans la transmission nerveuse soulève une intéressante question. Beaucoup de gros fumeurs qui tentent de se débarrasser de leur habitude se plaignent de difficultés de concentration qui peuvent durer des semaines. La concentration des ex-fumeurs devrait pourtant s'améliorer puisque le monoxyde de carbone ne fait plus concurrence à la molécule d'oxygène dans leur sang. Se pourrait-il que les fortes concentrations de monoxyde de carbone auxquelles les anciens fumeurs étaient habitués améliorent la transmission nerveuse dans les voies nerveuses associées aux opérations logiques ? Le temps nous le dira.

Classification des neurotransmetteurs selon leur fonction

Il serait impossible de décrire ici la prodigieuse diversité des fonctions dans lesquelles les neurotransmetteurs interviennent. Nous nous en tiendrons donc à deux classifications fonctionnelles, et nous donnerons plus de détails au besoin dans les chapitres ultérieurs.

Effet : excitateur ou inhibiteur Nous pouvons résumer la première classification en disant que certains neurotransmetteurs sont excitateurs (ils produisent une dépolarisation), que d'autres sont inhibiteurs (ils produisent une hyperpolarisation) et que d'autres encore sont les deux à la fois, suivant les récepteurs avec lesquels ils interagissent. Par exemple, certains acides aminés comme l'acide gamma-aminobutyrique (GABA) et la glycine sont généralement inhibiteurs, tandis que le glutamate est généralement excitateur. Par ailleurs, l'acétylcholine et la noradrénaline se lient à au moins deux types de récepteurs qui ont des effets opposés. Ainsi, l'acétylcholine est excitatrice dans les terminaisons neuromusculaires des muscles squelettiques, mais elle est inhibitrice dans les terminaisons neuromusculaires du muscle cardiaque. Nous apporterons plus de détails sur les effets de l'acétylcholine et de la noradrénaline au chapitre 14.

Mécanisme d'action : direct ou indirect Les neurotransmetteurs *à action directe* ouvrent des canaux ioniques. Ils provoquent des réponses rapides dans les cellules postsynaptiques en favorisant des changements du potentiel de membrane. L'acétylcholine et les acides aminés neurotransmetteurs sont des neurotransmetteurs à action directe.

Les neurotransmetteurs *à action indirecte* suscitent des effets plus étendus et plus durables en agissant par l'intermédiaire de molécules intracellulaires appelées *seconds messagers* (le plus souvent par des processus faisant intervenir une protéine G) ; en ce sens, leur mécanisme d'action est semblable à celui de nombreuses hormones. Les amines biogènes et les peptides sont des neurotransmetteurs à action indirecte.

Récepteurs des neurotransmetteurs

Au chapitre 3, nous avons présenté les divers types de récepteurs qui interviennent dans la communication entre les cellules. Nous reprenons ici le fil de cet exposé pour décrire l'action des récepteurs auxquels les neurotransmetteurs se lient. La majorité des récepteurs des neurotransmetteurs sont soit associés à un canal, soit associés à une protéine G. Les premiers produisent une transmission synaptique rapide, tandis que les seconds déterminent des réponses synaptiques lentes.

Mécanisme d'action des récepteurs associés à un canal Les **récepteurs associés à un canal** (analogues aux canaux ioniques ligand-dépendants) permettent une action directe du neurotransmetteur. Aussi appelés *récepteurs ionotropes*, ils sont composés de plusieurs sous-unités protéiques disposées en forme de rosette autour d'un pore central (figure 11.22a). Quand le ligand se lie à l'une (ou à plusieurs) des sous-unités du récepteur, les protéines changent aussitôt de forme. Le canal central s'ouvre et laisse passer les ions, ce qui modifie le potentiel de membrane de la cellule cible. Les récepteurs associés à un canal sont toujours situés face au site de libération du neurotransmetteur ; leurs canaux ioniques s'ouvrent dès que le ligand se lie et ils restent ouverts pendant 1 ms ou moins au cours de la période de liaison du ligand. Dans les récepteurs excitateurs (comme les récepteurs cholinergiques nicotiniques ainsi que les récepteurs du glutamate, de l'aspartate et de l'ATP), les canaux sont *cationiques*, c'est-à-dire qu'ils laissent passer de petits cations (Na^+, K^+ et Ca^{2+}) ; cependant, les canaux cationiques favorisent surtout l'entrée du Na^+, qui contribue à la dépolarisation de la membrane. Les récepteurs associés à un canal qui réagissent au GABA et à la glycine et qui laissent passer les ions K^+ ou Cl^- provoquent une inhibition rapide (une hyperpolarisation).

Mécanisme d'action des récepteurs associés à une protéine G Les réactions à la liaison du neurotransmetteur dans le cas des récepteurs associés à un canal, sont immédiates, simples, brèves et limitées à une seule cellule postsynaptique. À l'opposé, l'activité déclenchée par les **récepteurs associés à une protéine G** est indirecte et elle a tendance à être lente (durant des centaines de millisecondes ou plus), complexe, prolongée et diffuse. Il s'agit donc du genre d'activité idéal pour certains types d'apprentissage. Les récepteurs associés à une protéine G sont des complexes protéiques transmembranaires ; ils comprennent notamment les récepteurs cholinergiques muscariniques ainsi que les récepteurs des

Pourquoi dit-on que l'AMP cyclique est un second messager ?

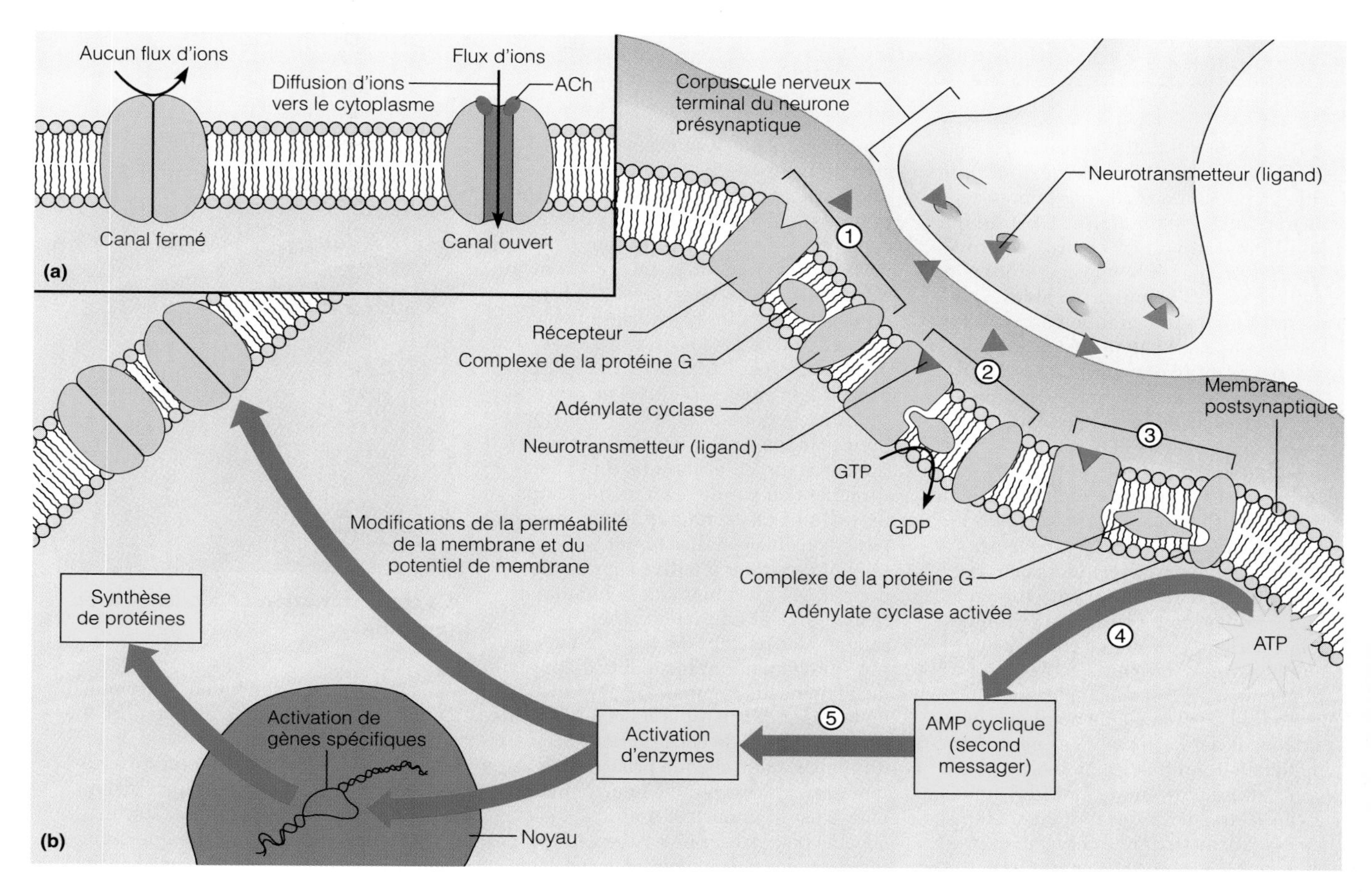

FIGURE 11.22
Mécanismes d'action des récepteurs des neurotransmetteurs. (a) Les récepteurs associés à un canal (canaux ioniques ligand-dépendants) s'ouvrent à la suite de la liaison du ligand (l'acétylcholine dans l'exemple représenté ici). Si aucun ligand ne se lie au récepteur, le canal est fermé et n'est traversé par aucun courant. Dès la liaison du ligand, le canal s'ouvre et les ions commencent à diffuser à travers. Le courant ionique précis qui se créera dépend de la structure et de la charge des protéines du canal. (Dans les récepteurs cholinergiques, le canal laisse passer des cations comme Na^+, K^+ et Ca^{2+}, ce qui crée un courant dépolarisant.) **(b)** Mécanisme d'un récepteur associé à une protéine G. Dans l'exemple représenté, les effets sont produits par l'AMP cyclique, qui sert de second messager pour relayer le signal entre le récepteur et les autres composants de la cellule. **(1)** Récepteur sans neurotransmetteur lié. **(2)** La liaison du neurotransmetteur (ligand) au récepteur entraîne l'interaction d'une protéine G et du récepteur et l'activation de la protéine G. Une fois que la GTP a remplacé la GDP dans le complexe de la protéine G, celle-ci peut interagir avec l'adénylate cyclase et l'activer **(3). (4)** L'adénylate cyclase activée catalyse la formation d'AMP cyclique à partir de l'ATP. **(5)** L'AMP cyclique, qui joue le rôle d'un second messager intracellulaire, amorce ensuite l'activation de diverses enzymes. Ces enzymes provoquent la réponse du neurone postsynaptique (modifications du potentiel de membrane, synthèse de protéines, etc.).

amines biogènes et des peptides. La liaison d'un neurotransmetteur à un récepteur associé à une protéine G active la protéine G (figure 11.22b). Il arrive parfois que les protéines G activées provoquent l'ouverture ou la fermeture des canaux ioniques mais, le plus souvent, elles régissent la production de seconds messagers comme l'**AMP cyclique,** le **GMP cyclique**, le **diacylglycérol** et le $\mathbf{Ca^{2+}}$. Ces seconds messagers jouent à leur tour le rôle d'intermédiaires pour régir les canaux ioniques ou pour activer des protéines-kinases qui déclenchent une cascade de réactions enzymatiques dans les cellules cibles. Certaines de ces enzymes modifient (activent ou inactivent) d'autres protéines (dont les protéines du canal) en leur attachant des groupements phosphate. D'autres interagissent avec des protéines du noyau qui activent des gènes et provoquent la synthèse de nouvelles protéines dans la cellule cible. Puisque les effets produits tendent à susciter des changements métaboliques étendus, les récepteurs comme les récepteurs associés à une protéine G sont couramment appelés *récepteurs métabotropes.*

Le terme premier messager désigne le messager chimique initial (le stimulus) qui, dans ce cas-ci, est le neurotransmetteur. La liaison du premier messager provoque des phénomènes qui produisent le second messager, lequel agit à l'intérieur de la cellule pour susciter la réponse voulue.

GROS PLAN

Faites-moi plaisir!

Au creux de l'hypothalamus se trouve un petit amas de tissu nerveux qui préside à une bonne partie des comportements: le *centre du plaisir*. C'est lui qui nous incite à manger, à boire et à procréer et qui, par la même occasion, nous rend pathétiquement vulnérables. Qui oserait nier qu'une grande partie de ses actions et de ses valeurs est guidée par le «principe du plaisir»? Or, c'est de ce principe que naissent les dépendances.

Le plaisir repose sur l'action de neurotransmetteurs cérébraux. C'est ainsi qu'on a pu décrire la passion amoureuse comme un «déluge» de noradrénaline, de dopamine et, surtout, de phényléthylamine (PEA) dans le cerveau: ces neurotransmetteurs activent le centre du plaisir. Il n'est pas étonnant qu'ils provoquent l'euphorie: chimiquement parlant, ce sont les cousins des amphétamines. Les utilisateurs de métamphétamines (le «speed») obtiennent artificiellement la vague de plaisir que soulèvent naturellement ces neurotransmetteurs. Toutefois, ce bien-être est de courte durée car, inondé par des substances étrangères qui imitent si bien ses neurotransmetteurs, le cerveau en produit moins (pourquoi s'en donnerait-il la peine?). Dans sa sagesse, l'organisme évite les efforts inutiles.

La cocaïne flirte elle aussi avec le centre du plaisir. Sous sa forme granulée au coût prohibitif, cette drogue est prisée depuis fort longtemps. Or, elle se présente de nos jours sous une forme moins chère et beaucoup plus puissante, le «crack». Pour quelque 10 $, le non-initié peut se procurer ces petits cristaux, respirer leur fumée et s'abandonner à un raz-de-marée de plaisir. Mais le «crack» est une drogue insidieuse dont l'utilisateur ne peut bientôt plus se passer. Comparativement à la cocaïne en poudre, il produit non seulement une euphorie plus intense, mais également une dépression plus profonde qui ne laisse qu'un choix à l'utilisateur: en consommer encore plus.

Les chercheurs commencent à comprendre les effets de la cocaïne. Elle stimule le centre du plaisir, puis elle l'épuise. Elle produit l'euphorie en bloquant le recaptage de la dopamine (plus précisément, en se liant à la protéine vectrice de ce neurotransmetteur). Par conséquent, le neurotransmetteur demeure dans la synapse et stimule sans arrêt les cellules postsynaptiques, ce qui explique le prolongement de ses effets dans l'organisme. Cette sensation s'accompagne d'une augmentation de la fréquence cardiaque, de la pression artérielle et de l'appétit sexuel. Avec le temps, cependant, et parfois après une seule prise, l'effet se modifie. La dopamine qui s'accumule dans les synapses finit par être évacuée, et les réserves du neurotransmetteur dans le cerveau ne suffisent pas à conserver l'euphorie. Les cellules émettrices (présynaptiques) ne peuvent produire la dopamine assez rapidement pour compenser l'évacuation du neurotransmetteur, et les circuits du plaisir «tombent en panne». En même temps, les cellules postsynaptiques deviennent hypersensibles et elles tentent désespérément de capter d'autres signaux de dopamine en augmentant le nombre de récepteurs sur leur membrane plasmique. L'utilisateur devient anxieux et physiologiquement incapable d'éprouver du plaisir sans cocaïne. Le cercle vicieux de la dépendance est alors établi. L'utilisateur a besoin de cocaïne pour ressentir du plaisir, mais chaque prise draine un peu plus ses réserves de neurotransmetteur. L'usage intense et prolongé de cocaïne peut causer un épuisement tel des réserves que tout plaisir est impossible et qu'une profonde dépression s'installe. Les cocaïnomanes maigrissent, dorment mal, présentent des anomalies cardiaques et pulmonaires et contractent fréquemment des infections.

Il est notoire que la dépendance à la cocaïne est très difficile à traiter. Divers médicaments ont donné des résultats mitigés. Les médicaments traditionnellement prescrits contre la dépendance sont si longs à calmer l'état de manque que la majorité des cocaïnomanes abandonnent le traitement. Cependant, trois nouveaux médicaments donnent une lueur d'espoir. Le manzindol, un modérateur de l'appétit, se lie aux récepteurs de la dopamine plus fermement que ne le fait la cocaïne. Le décanoate de flupenthixol, un antidépresseur, soulage le besoin de cocaïne en quelques jours, ce qui représente une nette amélioration par rapport aux deux ou trois semaines nécessaires aux autres médicaments ayant des effets analogues. D'après des études récentes, un analgésique appelé buprénorphine serait encore plus prometteur. En effet, les chercheurs ont constaté que des singes de laboratoire cocaïnomanes se désintéressaient rapidement de la drogue après avoir reçu de faibles doses de buprénorphine.

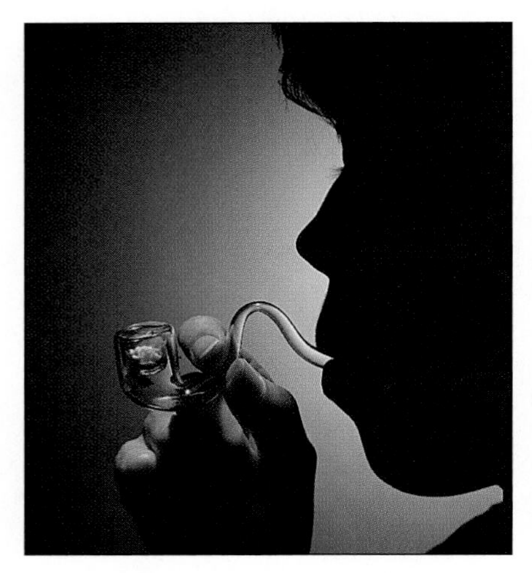

La consommation de «crack» avec une pipe.

L'usage du «crack» en Amérique du Nord pose un problème d'envergure. Le nombre de décès reliés à l'usage de la cocaïne (dus aux troubles cardiovasculaires causés par la crise hypertensive) augmente de jour en jour. Le tableau s'assombrit encore à mesure que croît le nombre de bébés au poids sous la normale et affligés de lésions cérébrales naissant de consommatrices de «crack».

Un mélange de métamphétamines et de «crack» appelé «croak» ainsi qu'une forme fumable de métamphétamines, le «ice» sont apparus dans le sud de la Californie. Alors que l'euphorie causée par le «crack» ne dure que de 20 à 30 minutes, celle qu'induit le «ice» persiste de 12 à 24 heures, et elle est suivie par une dépression si dévastatrice qu'elle entraîne apparemment une psychose hallucinatoire chronique. Par ailleurs, on trouve à présent dans les villes de l'est de l'Amérique du Nord une nouvelle drogue populaire (et probablement toxique): le «ill face». Il s'agit de marijuana imprégnée de formaldéhyde (un liquide utilisé en thanatopraxie).

Et comme si cela ne suffisait pas, une nouvelle forme d'héroïne importée du Triangle d'or du Sud-Est asiatique et baptisée «China white» fait un nombre croissant d'adeptes en Amérique du Nord. Tandis que les formes d'héroïne supplantées par la cocaïne dans les années 1980 avaient une pureté variant entre 5 et 10 %, celle-ci est si pure (jusqu'à 90 %) qu'on peut la renifler ou la fumer comme de la cocaïne. Or, l'augmentation récente du nombre d'héroïnomanes est passée presque inaperçue, car l'héroïne est un dépresseur et elle n'incite pas à la violence comme le fait le « crack » (un stimulant). Puisque le consommateur de « China white » échappe aux stigmates et aux dangers rattachés à l'injection intraveineuse, la drogue connaît une progression analogue à celle de la cocaïne. Elle est apparue dans l'industrie du spectacle et elle fait maintenant son chemin jusque dans les petites villes. Seulement, elle est beaucoup plus dispendieuse que la cocaïne et ne produit le même effet qu'à des doses bien plus importantes. Un consommateur privé de l'héroïne dont il a un besoin de plus en plus pressant est pris de nausées et de convulsions débilitantes. Et s'il en prend une dose excessive, ses poumons se remplissent de liquide et il se noie. Le danger n'est que trop réel.

Avec son insatiable appétit, le centre du plaisir est une sirène tyrannique. Nous rêvons de jeunesse et de puissance éternelles, et nous cherchons des solutions instantanées à nos problèmes. Or, les drogues ne constituent que des solutions temporaires. Le cerveau, avec sa biochimie complexe, déjoue toutes les tentatives que nous mettons en œuvre pour le maintenir dans les brumes de l'euphorie. Il faut peut-être en déduire que le plaisir est nécessairement éphémère et qu'il se mesure à l'aune de son absence.

INTÉGRATION NERVEUSE : CONCEPTS FONDAMENTAUX

Nous nous sommes penchés jusqu'à maintenant sur les activités des neurones pris individuellement ou reliés à un autre neurone par des synapses. Or, les neurones fonctionnent en groupes, et chacun de ces groupes participe à des fonctions encore plus complexes. On voit donc que l'organisation du système nerveux est de type hiérarchique et qu'elle rappelle une échelle dont il faut gravir les échelons un à un.

Chaque fois que de très nombreux éléments sont réunis (et cela est valable pour les êtres humains), il doit y avoir *intégration*. Autrement dit, les parties doivent se fondre en un tout au fonctionnement harmonieux. Nous allons commencer l'étude de l'**intégration nerveuse** dans cette section. Pour le moment, nous en resterons au premier échelon en présentant les *groupes de neurones* et leurs modes fondamentaux de communication avec les autres parties du système nerveux. Nous poursuivrons notre ascension au chapitre 15 ; nous verrons alors comment les informations sensorielles aboutissent à l'activité motrice et nous monterons jusqu'aux échelons supérieurs de l'intégration nerveuse, soit la pensée et la mémoire.

Organisation des neurones : groupes de neurones

Les milliards de neurones du système nerveux central sont répartis en **groupes de neurones** qui traitent l'information en provenance des récepteurs ou d'autres groupes de neurones, puis acheminent l'information traitée vers d'autres destinations (autres régions des centres d'intégration, effecteurs musculaires ou glandulaires).

La figure 11.23 montre la composition d'un groupe de neurones. Dans cet exemple, une neurofibre présynaptique se ramifie à son entrée dans le groupe, puis elle forme des synapses. Quand la neurofibre entrante est excitée, elle transmet son influx à des neurones postsynaptiques et facilite la dépolarisation d'autres neurones. Les neurones les plus étroitement liés à la neurofibre entrante sont les plus susceptibles d'engendrer des influx nerveux, car c'est à leur niveau que se fait l'essentiel des contacts synaptiques. On dit que ces neurones sont dans la *zone de décharge* du groupe de neurones. Généralement, la neurofibre entrante ne conduit pas jusqu'au seuil d'excitation les neurones plus éloignés de la zone de décharge, mais

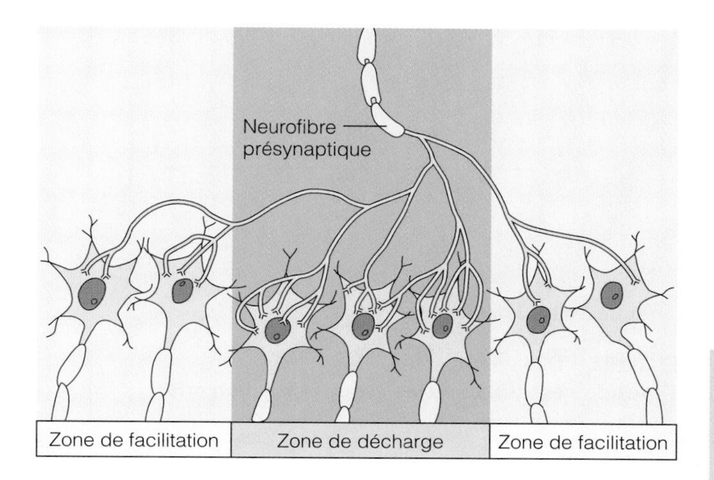

FIGURE 11.23
Un groupe de neurones. Cette schématisation d'un groupe de neurones montre sept neurones et la situation relative des neurones postsynaptiques dans la zone de décharge et dans la zone de facilitation. Notez que la neurofibre présynaptique forme plus de synapses par neurone dans la zone de décharge que dans les zones de facilitation.

elle facilite l'atteinte de ce seuil quand ils recevront d'autres stimulus. Par conséquent, les neurones de la périphérie correspondent à la *zone de facilitation*. Rappelez-vous toutefois que la figure est grossièrement simplifiée. La plupart des groupes de neurones sont composés de milliers de neurones, tant inhibiteurs qu'excitateurs.

Types de réseaux

Chaque neurone d'un groupe envoie et reçoit de l'information ; d'autre part, les synapses peuvent induire soit une excitation (PPSE), soit une inhibition (PPSI). La disposition des synapses dans les groupes de neurones établit des **réseaux,** et ce sont ces derniers qui déterminent les capacités fonctionnelles des groupes. Certains réseaux sont très complexes, mais nous pouvons nous faire une idée de leurs propriétés en en étudiant quatre grands types : les réseaux divergents, les réseaux convergents, les réseaux réverbérants et les réseaux parallèles post-décharges. Ces types de réseaux apparaissent sous forme simplifiée à la figure 11.24.

Dans les **réseaux divergents,** une neurofibre entrante déclenche des réponses dans un nombre toujours croissant de neurones ; les réseaux divergents sont donc souvent

11

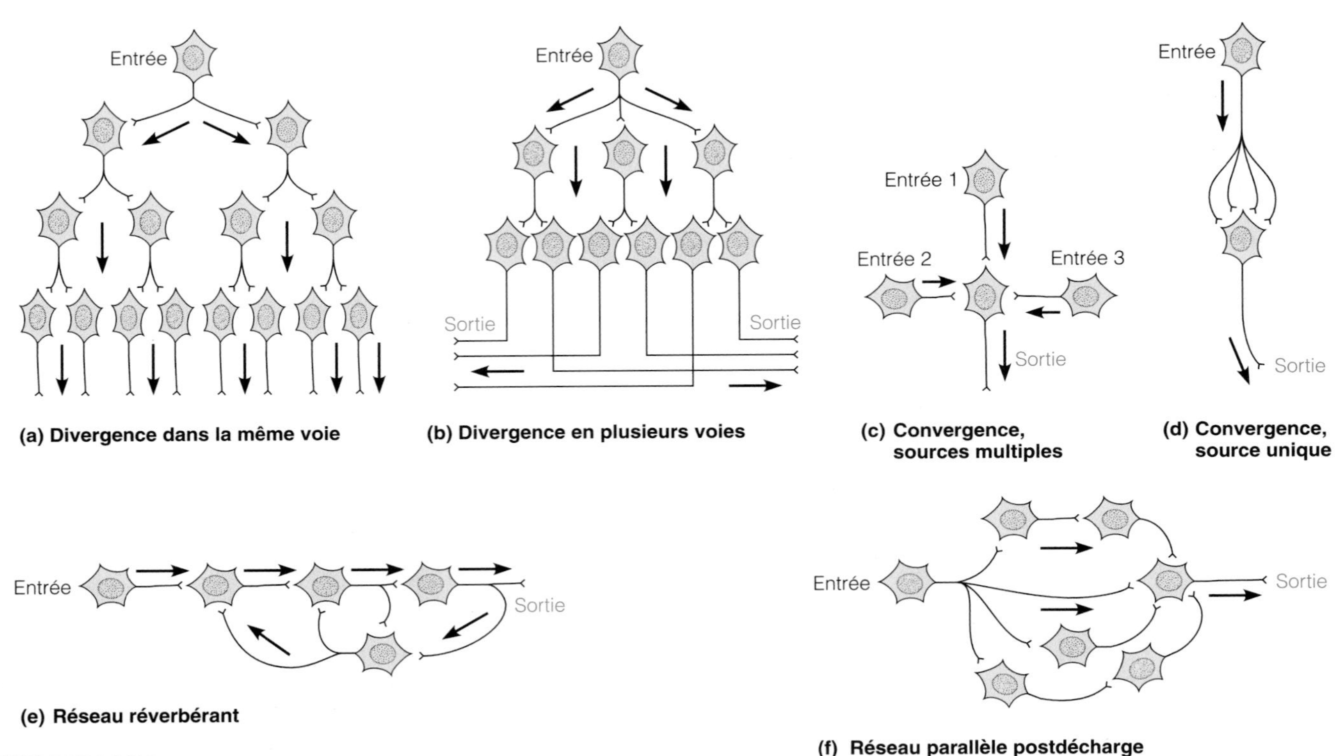

FIGURE 11.24
Types de réseaux dans les groupes de neurones.

des *réseaux amplificateurs*. La divergence peut survenir dans une ou plusieurs voies (voir la figure 11.24a et b respectivement). On trouve nombre de ces réseaux dans les voies motrices et sensitives. Par exemple, l'information provenant d'un récepteur sensoriel unique peut être transmise le long de la moelle épinière et jusqu'à diverses régions de l'encéphale. De même, les commandes motrices qui se propagent vers le bas à partir d'un neurone de l'encéphale peuvent activer plus d'une centaine de neurones moteurs dans la moelle épinière et, par conséquent, des milliers de myocytes squelettiques.

Les **réseaux convergents** possèdent une configuration opposée à celle des réseaux divergents, mais eux aussi sont nombreux dans les voies sensitives et motrices. Dans ce type de réseau, un neurone postsynaptique reçoit de l'information de plusieurs neurones présynaptiques : le réseau dans son ensemble a donc un effet *concentrateur*. Les stimulus entrants peuvent converger à partir de régions différentes (voir la figure 11.24c) ou à partir de la même source (voir la figure 11.24d) ; le résultat est une stimulation ou une inhibition intenses. Telle est la raison pour laquelle différents types de stimulus sensoriels peuvent en venir à produire le même effet ou la même réaction. Chez des parents, par exemple, voir le visage souriant de leur enfant, sentir sa peau ou entendre son babil sont des stimulus qui peuvent soulever la même vague d'émotions.

Dans les **réseaux réverbérants,** ou **à action prolongée** (voir la figure 11.24e), le message entrant franchit une chaîne de neurones qui établissent tous des synapses collatérales avec les neurones précédents (présynaptiques). À la suite de la rétroactivation, les influx se réverbèrent (c'est-à-dire qu'ils sont maintes fois renvoyés dans le réseau) ; une commande continue est alors produite, et elle durera jusqu'à ce qu'un neurone du réseau soit inhibé et demeure inerte. Les réseaux réverbérants participent à la régulation des activités rythmiques telles que le cycle veille-sommeil, la respiration et certaines actions motrices (comme le balancement des bras pendant la marche). Certains chercheurs croient que ces réseaux interviendraient dans la mémoire à court terme. Selon la disposition et le nombre de leurs neurones, les réseaux réverbérants peuvent demeurer en action pendant des secondes, des heures, voire toute une vie (comme c'est le cas pour le réseau qui régit le rythme de la respiration).

Dans les **réseaux parallèles postdécharges,** la neurofibre entrante stimule quelques neurones disposés en parallèle qui, à leur tour, stimulent une même cellule (voir la figure 11.24f). Les influx atteignent cette cellule à différents moments, ce qui crée une série d'influx appelée *décharge consécutive* qui peut survivre 15 ms ou plus à l'influx initial. Ce réseau ne comporte pas de rétroactivation, contrairement au réseau réverbérant, et une fois que tous les neurones ont produit des influx, l'activité cesse. Il se peut que les réseaux parallèles postdécharges interviennent dans des processus mentaux exigeants tels que la pratique des mathématiques ou d'autres formes de résolution de problèmes.

Modes de traitement neuronal

Le traitement de l'information dans les divers réseaux se fait soit *en série simple*, soit *en parallèle*. Dans le traitement en série simple, l'information se propage le long d'une voie unique jusqu'à une destination précise. Dans le traitement parallèle, l'information se propage le long de plusieurs voies, et elle est intégrée dans des régions différentes du SNC. Chaque mode de traitement de l'information comporte des avantages particuliers pour l'ensemble du fonctionnement neuronal. Il n'en demeure pas moins que l'encéphale, en tant qu'unité centrale de traitement, tire sa puissance de sa capacité de traiter l'information en parallèle.

Traitement en série simple

Dans le **traitement en série simple,** l'ensemble du système fonctionne de manière prévisible, suivant la loi du tout ou rien. Un neurone stimule le suivant qui stimule le suivant et ainsi de suite, ce qui finit par provoquer une réponse spécifique et prévisible. Les réflexes spinaux sont les manifestations les plus évidentes du traitement en série simple, mais les voies sensitives directes qui relient les récepteurs à l'encéphale en sont d'autres exemples. Puisque les réflexes correspondent à un processus fonctionnel du système nerveux, il est important que vous en ayez d'ores et déjà une compréhension sommaire.

Les **réflexes** sont des réponses rapides et automatiques aux stimulus: un stimulus particulier provoque toujours la *même* réponse motrice. On peut dire que l'activité réflexe est stéréotypée et fiable. Par exemple, nous retirons notre main d'un objet chaud et nous cillons lorsqu'un objet approche de notre œil. Les réflexes se produisent le long de voies appelées **arcs réflexes**, qui comprennent cinq éléments essentiels: un récepteur, un neurone sensitif, un centre d'intégration dans le SNC, un neurone moteur et un effecteur (figure 11.25). Nous étudierons les réflexes en détail au chapitre 13.

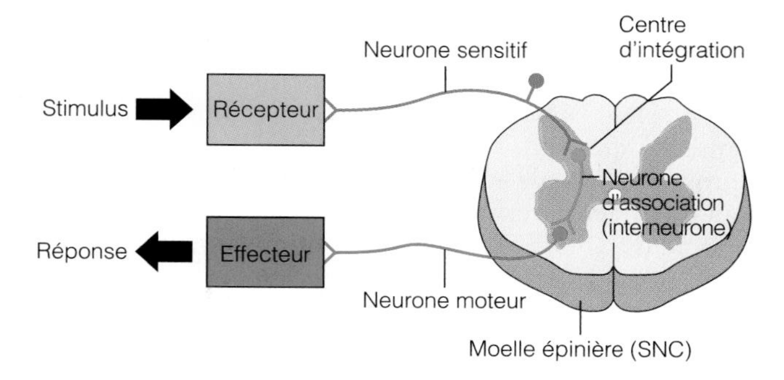

FIGURE 11.25
Arc réflexe simple. Représentation des éléments essentiels d'un arc réflexe chez les vertébrés: un récepteur, un neurone sensitif, un centre d'intégration, un neurone moteur et un effecteur.

Traitement parallèle

Dans le **traitement parallèle,** les informations sensorielles sont réparties entre de nombreuses voies, et l'information que chacune d'entre elles achemine est traitée simultanément par des réseaux différents. Par exemple, le fait de humer un cornichon (l'information) peut vous rappeler les étés où vous cueilliez des concombres à la ferme, que vous n'aimez pas les cornichons ou que vous devez en acheter au marché; l'information peut aussi faire surgir *toutes* ces pensées dans votre esprit. Le traitement parallèle peut activer des voies particulières chez chaque personne. Le même stimulus, soit l'odeur des cornichons dont nous parlions plus haut, entraîne plusieurs réponses en plus de la simple perception de l'odeur. Le traitement parallèle n'est pas redondant, car les réseaux accomplissent différentes choses avec l'information, et chaque « canal » est décodé par rapport à tous les autres de manière à créer une image globale.

Comme nous le verrons aux chapitres 13 et 15, même les arcs réflexes simples ne fonctionnent pas dans l'isolement total. Toutefois, un arc réflexe spinal prévisible traité en série est réalisé uniquement dans la moelle épinière, tandis que le traitement parallèle de la même information sensorielle se déroule simultanément dans des centres cérébraux supérieurs, ce qui permet au sujet d'avoir une perception de l'événement et d'y répondre au besoin. Imaginez par exemple que vous marchez pieds nus dans l'herbe et que vous posez le pied sur un objet tranchant. Vous levez instantanément le pied pour l'éloigner du stimulus douloureux. Ce réflexe de retrait fait l'objet d'un traitement en série. Pendant ce temps, les influx produits par les récepteurs de la douleur et de la pression empruntent des voies parallèles pour gagner l'encéphale. C'est ce traitement parallèle qui vous permet de choisir entre différentes actions: frotter le point douloureux ou demander des soins.

Le traitement parallèle est extrêmement important aussi pour les fonctions mentales supérieures, celles qui nécessitent qu'on réunisse des éléments pour comprendre un tout. Grâce au traitement parallèle, vous êtes capable de reconnaître un billet de 5 $ en une fraction de seconde, alors qu'un ordinateur qui traite l'information en série met beaucoup de temps à accomplir cette tâche. Le traitement parallèle, en effet, permet à un neurone d'envoyer de l'information dans plusieurs voies au lieu d'une seule. Autrement dit, le traitement parallèle condense une grande quantité d'informations dans un petit volume et accélère considérablement le fonctionnement des systèmes logiques.

DÉVELOPPEMENT ET VIEILLISSEMENT DES NEURONES

Comme nous avons divisé l'étude du système nerveux en plusieurs chapitres, nous nous pencherons surtout sur le développement des neurones dans cette section. Comment les cellules nerveuses se forment-elles? Comment parviennent-elles à maturité? Pour répondre à cette dernière question, il faut comprendre comment les neurones forment, entre eux et avec les organes effecteurs, les connexions qui permettront l'émergence du comportement approprié.

Ainsi que nous le verrons en détail au chapitre 12, le système nerveux se développe à partir du *tube neural* et de la *crête neurale* (voir la figure 12.2, p. 406) formés par l'ectoderme superficiel. Dès la quatrième semaine après la conception, ces cellules, appelées *cellules neuroépithéliales*, se spécialisent, c'est-à-dire qu'elles ne pourront former que du tissu nerveux. Les cellules neuroépithéliales entreprennent ensuite un processus de différenciation en trois phases. Dans un premier temps, elles *prolifèrent* jusqu'à ce que soit atteint le nombre de cellules (futurs neurones potentiels et gliocytes) nécessaire au développement du système nerveux. À la fin de cette phase, les neurones potentiels deviennent amitotiques. La deuxième phase se caractérise par la *migration* de ces cellules jusqu'à des localisations précises dans le système nerveux en formation.

La troisième phase est celle de la *différenciation* des cellules amitotiques, qui prennent alors le nom de **neuroblastes.** Les différents types de neurones doivent se former, les jonctions synaptiques doivent s'établir adéquatement entre ces derniers, et les neurotransmetteurs appropriés doivent être synthétisés. On comprend mal la spécialisation biochimique des neurones, mais on sait qu'elle dépend de l'établissement de contacts synaptiques; on sait aussi qu'elle est influencée par le milieu dans lequel les neurones migrent ainsi que par des facteurs chimiques de croissance. Pour que cette différenciation puisse avoir lieu, il faut que des gènes spécifiques soient activés d'une manière ou d'une autre.

La formation des synapses n'est pas encore complètement élucidée. Comment l'axone d'un neuroblaste « sait-il » qu'il doit se rendre à tel endroit, s'y fixer et former la connexion appropriée? Il semble que le cheminement tortueux d'un axone en direction de sa cible soit guidé par plusieurs signaux: des trajets établis par des neurones plus âgés qui ont joué le rôle d'éclaireurs et des neurofibres gliales qui servent à l'orienter; le facteur de croissance nerveuse (NGF, « nerve growth factor ») libéré par les astrocytes; des facteurs neurotropes dérivés de l'encéphale libérés par d'autres neurones; des substances chimiques inhibitrices qui écartent l'axone de la région; des substances libérées par la cellule cible. Par exemple, les myocytes des muscles squelettiques libèrent des substances chimiques qui attirent les axones moteurs. D'autre part, on a découvert une molécule appelée *N-CAM* (« nerve cell adhesion molecule », ou *molécule d'adhérence des cellules nerveuses*) sur les cellules des muscles squelettiques et à la surface des gliocytes. Cette substance semble jouer le rôle d'un adhésif pendant la période de formation. Son importance dans l'établissement de réseaux de neurones est telle que, lorsqu'elle est bloquée par des anticorps, le tissu nerveux en voie de développement s'effondre en une masse enchevêtrée comparable à des spaghetti. Le fonctionnement neuronal est alors irrémédiablement compromis.

11

Si l'axone peut croître, reconnaître son milieu et interagir avec lui, c'est grâce à une structure située à son extrémité appelée **cône de croissance.** La membrane du cône de croissance porte des N-CAM et elle est pourvue de prolongements mobiles qui s'attachent aux structures adjacentes. Le cône de croissance absorbe des molécules provenant de son milieu, puis il les transporte jusque dans le corps cellulaire, qu'il informe du trajet à suivre pendant la croissance et la formation des synapses. Une fois que l'axone a atteint sa région cible, il doit choisir le site approprié sur la cellule appropriée pour former une synapse. La reconnaissance d'une cellule nerveuse par une autre se fait avec précision; elle repose sur des messages des cellules présynaptiques et postsynaptiques. Le mécanisme qui préside à cet échange n'est pas encore bien connu, mais nous savons qu'il comprend une part de tâtonnements et que des jonctions ouvertes apparaissent et disparaissent avant que ne se forment des synapses chimiques permanentes.

Les neurones qui n'ont pu établir les contacts synaptiques appropriés ou participer à la circulation des influx nerveux se comportent comme s'ils avaient été privés d'un nutriment essentiel et ils meurent. Il semble que la mort cellulaire résultant de la formation manquée des synapses, de même que la *mort cellulaire programmée*, soient des étapes normales du processus de développement. On estime que deux tiers des neurones formés pendant la période embryonnaire meurent avant la naissance de l'enfant. Ceux qui subsistent constituent le capital neuronal que l'individu gardera toute sa vie. Exception faite des cellules du muscle cardiaque et des muscles squelettiques, presque toutes les cellules de l'organisme sont capables de se diviser. Lorsque certaines d'entre elles meurent, elles sont remplacées grâce à la mitose des cellules restantes. Mais si les neurones se divisaient, leurs connexions pourraient être irrémédiablement démantelées.

* * *

La complexité des neurones est stupéfiante. Nous avons vu dans ce chapitre les rôles qu'ils jouent par l'intermédiaire de leurs signaux électriques et chimiques. Certains d'entre eux servent de « vigies », d'autres traitent l'information en vue d'un usage immédiat ou ultérieur, d'autres encore stimulent les muscles et les glandes. Nous voilà prêts à aborder l'étude de la masse la plus perfectionnée de tissu nerveux, c'est-à-dire l'encéphale (et son prolongement, la moelle épinière). Tel sera l'objet du chapitre 12.

TERMES MÉDICAUX

Neurologue Médecin spécialisé dans l'étude du système nerveux, de ses fonctions et de ses troubles.

Neuropathie Toute maladie du tissu nerveux; en particulier, maladie dégénérative des nerfs.

Neuropharmacologie Étude scientifique des effets des médicaments sur le système nerveux.

Neurotoxine Substance toxique ou destructrice pour le tissu nerveux, comme les toxines botulinique, diphtérique et tétanique ainsi que le venin de certains serpents.

Rage Infection virale du système nerveux transmise à l'être humain par la morsure d'un mammifère infecté (chien, chauve-souris, moufette, etc.). Après son entrée dans l'organisme, le virus (qui était contenu dans la salive de l'animal) est transporté dans les axones des nerfs périphériques jusque dans le SNC; il cause l'inflammation cérébrale, des convulsions, le délire et la mort. Le traitement recommandé dans le cas d'une morsure par un animal infecté consiste en injections de vaccin antirabique accompagné ou non de sérum antirabique (anticorps).

RÉSUMÉ DU CHAPITRE

1. Le système nerveux joue un rôle prépondérant dans le maintien de l'homéostasie. Ses principales fonctions consistent à analyser et à intégrer l'information provenant de l'environnement puis à y répondre.

Organisation du système nerveux (p. 363-364)

1. Sur le plan anatomique, le système nerveux se compose du système nerveux central (encéphale et moelle épinière) et du système nerveux périphérique (nerfs crâniens, nerfs spinaux et ganglions).

2. Sur le plan fonctionnel, le système nerveux se compose d'une voie sensitive (afférente), qui achemine les influx vers le SNC, et d'une voie motrice (efférente), qui achemine les influx en provenance du SNC vers les effecteurs musculaires et glandulaires.

3. La voie efférente est formée du système nerveux somatique (volontaire), qui dessert les muscles squelettiques, et du système nerveux autonome (involontaire), qui innerve les muscles lisses, le muscle cardiaque et les glandes.

Histologie du tissu nerveux (p. 364-372)

Gliocytes (p. 364-366)

1. Les gliocytes ont plusieurs rôles, et notamment ceux de soutenir, séparer et isoler les neurones.

2. Les gliocytes du SNC sont les astrocytes, les microglies, les épendymocytes et les oligodendrocytes. Les gliocytes du SNP sont les gliocytes ganglionnaires et les neurolemmocytes.

Neurones (p. 366-372)

3. Les neurones comprennent un corps cellulaire et des prolongements cytoplasmiques appelés axones et dendrites.

4. Le corps cellulaire est le centre biosynthétique (et récepteur) du neurone. La majorité des corps cellulaires sont situés dans le SNC (noyaux); un certain nombre sont situés dans le SNP (ganglions).

5. Certains neurones sont pourvus de nombreuses dendrites; celles-ci sont des structures réceptrices qui acheminent les messages en provenance des autres neurones jusqu'au corps cellulaire. À quelques exceptions près, les neurones possèdent un axone qui produit des influx nerveux et les transmet à d'autres neurones ou à des effecteurs. Les terminaisons des axones, appelées corpuscules nerveux terminaux, libèrent des neurotransmetteurs.

6. Le transport dans les axones s'effectue selon différents mécanismes. Le mieux connu est un processus bidirectionnel et dépendant de l'ATP qui, d'une part, achemine des particules, des neurotransmetteurs et des enzymes vers les corpuscules nerveux terminaux et, d'autre part, conduit des substances à dégrader vers le corps cellulaire. Il fait intervenir les microtubules, les microfilaments et les protéines motrices.

7. Les grosses neurofibres (les axones) sont myélinisées. La gaine de myéline est formée dans le SNP par les neurolemmocytes et dans le SNC par les oligodendrocytes. La gaine comprend des intervalles appelés nœuds de la neurofibre. Les neurofibres amyélinisées sont entourées de gliocytes, mais ces derniers ne s'enroulent pas autour de l'axone.

8. Sur le plan structural, les neurones sont dits multipolaires, bipolaires ou unipolaires, selon le nombre de prolongements issus du corps cellulaire.

9. Sur le plan fonctionnel, on classe les neurones d'après la direction que suivent les influx nerveux. Ainsi, les neurones sensitifs conduisent les influx vers le SNC, tandis que les neurones moteurs les conduisent hors du SNC. Les interneurones se trouvent entre les neurones sensitifs et les neurones moteurs dans les voies nerveuses.

10. Un regroupement de neurofibres est appelé faisceau s'il est situé dans le SNC et nerf s'il est situé dans le SNP. Un regroupement de corps cellulaires est appelé noyau s'il est situé dans le SNC et ganglion s'il est situé dans le SNP.

Neurophysiologie (p. 373-395)

Principes fondamentaux d'électricité (p. 373-374)

1. La mesure de l'énergie potentielle de charges électriques séparées est appelée voltage (V) ou potentiel. Le courant (I) est le flux de charges électriques d'un point à un autre. La résistance (R) est l'obstruction à la circulation du courant. La loi d'Ohm exprime comme suit la relation entre ces termes: $I = V/R$.

2. Dans l'organisme, les charges électriques sont fournies par les ions; les membranes plasmiques des cellules exercent une résistance à la circulation des ions. Les membranes contiennent des canaux à fonction passive (toujours ouverts) et des canaux à fonction active (à ouverture intermittente).

Potentiel de repos de la membrane: polarisation (p. 374-375)

3. Un neurone au repos présente un voltage appelé potentiel de repos, dont la mesure est −70 mV (intérieur négatif), à cause des différences de concentration des ions sodium et des ions potassium à l'intérieur et à l'extérieur de la cellule.

4. Les concentrations ioniques sont différentes parce que la membrane est plus perméable au potassium qu'au sodium et parce que la pompe à sodium et à potassium éjecte $3Na^+$ de la cellule chaque fois qu'elle y admet $2K^+$.

Potentiels de membrane: fonction de signalisation (p. 375-384)

5. La dépolarisation est une diminution du potentiel de membrane (l'intérieur devient moins négatif); l'hyperpolarisation est une augmentation du potentiel de membrane (l'intérieur devient plus négatif).

6. Les potentiels gradués sont des modifications locales, faibles et brèves du potentiel de membrane qui jouent le rôle de signaux de courte portée. Le courant produit se dissipe avec la distance.

7. Un potentiel d'action, ou influx nerveux, est un signal de dépolarisation (et d'inversion de polarité) intense mais bref qui sous-tend la communication neuronale de longue portée. Il obéit à la loi du tout ou rien.

8. La production du potentiel d'action s'effectue en trois phases: (1) Une augmentation de la perméabilité au sodium et une inversion du potentiel de membrane jusqu'à environ +30 mV (intérieur positif). La dépolarisation locale ouvre les canaux à sodium voltage-dépendants. Au seuil d'excitation, la dépolarisation se poursuit d'elle-même (rétroactivation sous l'effet de l'afflux d'ions sodium). (2) Une diminution de la perméabilité au sodium. (3) Une augmentation de la perméabilité au potassium et une repolarisation.

9. Dans la propagation de l'influx nerveux, chaque potentiel d'action fournit le stimulus dépolarisant qui déclenche un potentiel d'action dans la région adjacente de la membrane. Les régions qui viennent de produire des potentiels d'action sont réfractaires; par conséquent, l'influx nerveux se propage dans une seule direction.

10. Si le seuil d'excitation est atteint, un potentiel d'action est produit; sinon, la dépolarisation demeure locale.

11. Les potentiels d'action sont indépendants de l'intensité du stimulus. En effet, les potentiels d'action produits par des stimulus intenses sont plus fréquents que les potentiels d'action produits par des stimulus faibles, mais leur amplitude n'est pas plus grande.

12. Pendant la période réfractaire absolue, un neurone est incapable de répondre à un autre stimulus parce qu'il produit déjà un potentiel d'action. La période réfractaire relative est le laps de temps pendant lequel le seuil d'excitation du neurone est élevé du fait que la repolarisation est en train de s'effectuer.

13. Dans les neurofibres amyélinisées, les potentiels d'action sont produits en vagues tout le long de l'axone. Dans les neurofibres myélinisées, les potentiels d'action ne sont produits qu'aux nœuds

de la neurofibre et, grâce à la conduction saltatoire, ils se propagent plus rapidement que dans les neurofibres amyélinisées.

Synapse (p. 384-386)

14. Une synapse est une jonction fonctionnelle entre des neurones ou entre un neurone et une cellule des effecteurs musculaires ou glandulaires. Le neurone qui transmet l'information est le neurone présynaptique ; le neurone situé de l'autre côté de la synapse est le neurone postsynaptique.

15. Les synapses électriques permettent aux ions de circuler directement d'un neurone à un autre.

16. Les synapses chimiques sont les sites de libération et de liaison des neurotransmetteurs. Quand l'influx atteint les corpuscules nerveux terminaux de l'axone présynaptique, le Ca^{2+} entre dans la cellule et permet la libération du neurotransmetteur. Les neurotransmetteurs diffusent à travers la fente synaptique et s'attachent à des récepteurs membranaires postsynaptiques spécifiques, ce qui provoque l'ouverture des canaux ioniques. Après la liaison, les neurotransmetteurs sont retirés de la fente synaptique par dégradation enzymatique, par recaptage dans le corpuscule présynaptique ou par diffusion à l'extérieur de la fente synaptique.

Potentiels postsynaptiques et intégration synaptique (p. 386-389)

17. La liaison des neurotransmetteurs aux synapses chimiques excitatrices entraîne des dépolarisations graduées locales. Ces dépolarisations, appelées PPSE, sont causées par l'ouverture des canaux qui permettent le passage simultané de Na^+ et de K^+.

18. La liaison des neurotransmetteurs aux synapses chimiques inhibitrices entraîne des hyperpolarisations appelées PPSI, qui sont causées par l'ouverture de canaux à K^+, de canaux à Cl^- ou de canaux des deux types. Les PPSI éloignent le potentiel de membrane du seuil d'excitation.

19. Les PPSE et les PPSI s'additionnent dans le temps et dans l'espace. La membrane du cône d'implantation de l'axone joue le rôle d'intégrateur neuronal des PPSE et des PPSI.

20. La potentialisation synaptique, durant laquelle la réponse du neurone postsynaptique s'intensifie, est produite par une stimulation intense et répétée. Le calcium ionique semble produire cet effet, qui est peut-être à la base de l'apprentissage.

21. L'inhibition présynaptique est attribuable à des synapses axo-axonales qui réduisent la quantité de neurotransmetteur libérée par le neurone inhibé. Il y a neuromodulation lorsque des substances chimiques (souvent autres que des neurotransmetteurs) modifient l'activité du neurone présynaptique ou postsynaptique ou du neurotransmetteur.

Neurotransmetteurs et récepteurs (p. 389-397)

22. Du point de vue chimique, les principales classes de neurotransmetteurs sont l'acétylcholine, les amines biogènes, les acides aminés et les peptides.

23. Du point de vue fonctionnel, les neurotransmetteurs sont : (1) inhibiteurs ou excitateurs (ou les deux) ; (2) à action directe ou à action indirecte. Les neurotransmetteurs à action directe entraînent l'ouverture des canaux ioniques. Les neurotransmetteurs à action indirecte agissent par l'intermédiaire de seconds messagers et provoquent des changements complexes dans le métabolisme de la cellule cible.

24. Les récepteurs des neurotransmetteurs sont soit associés à un canal, soit associés à une protéine G. Les récepteurs associés à un canal ouvrent un canal ionique et provoquent ainsi des changements rapides du potentiel de membrane. Les récepteurs associés à une protéine G déterminent des réponses synaptiques lentes produites par la protéine G et par des seconds messagers intracellulaires. En règle générale, les seconds messagers activent des protéines-kinases ; celles-ci agissent sur des canaux ioniques ou activent d'autres protéines.

Intégration nerveuse : concepts fondamentaux (p. 397-399)

Organisation des neurones : groupes de neurones (p. 397)

1. Les neurones du SNC sont répartis en groupes de divers types. Dans chacun des groupes, les connexions synaptiques présentent une distribution caractéristique appelée réseau.

Types de réseaux (p. 397-398)

2. Les quatre principaux types de réseaux sont les réseaux divergents, les réseaux convergents, les réseaux réverbérants et les réseaux parallèles postdécharges.

Modes de traitement neuronal (p. 398-399)

3. Dans le traitement en série simple, un neurone stimule le suivant, ce qui produit des réponses spécifiques et prévisibles, tels les réflexes spinaux. Un réflexe est une réponse motrice rapide et involontaire à un stimulus.

4. Les influx à l'origine des réflexes se propagent le long de voies nerveuses appelées arcs réflexes. Un arc réflexe comprend au moins cinq éléments : un récepteur, un neurone sensitif, un centre d'intégration, un neurone moteur et un effecteur.

5. Dans le traitement parallèle, qui sous-tend les fonctions mentales complexes, les influx sont acheminés le long de plusieurs voies jusqu'à des centres d'intégration différents.

Développement et vieillissement des neurones (p. 399-400)

1. Le développement des neurones comprend une phase de prolifération, une phase de migration et une phase de différenciation cellulaire. La différenciation cellulaire repose sur la spécialisation des neurones, la synthèse de neurotransmetteurs spécifiques et la formation de synapses.

2. La croissance de l'axone et la formation des synapses sont guidées par d'autres neurones, des neurofibres gliales et des substances chimiques (telles que les N-CAM et le facteur de croissance nerveuse). Les neurones qui n'établissent pas de synapses appropriées meurent. Les deux tiers environ des neurones formés dans l'embryon subissent une mort cellulaire programmée avant la naissance.

QUESTIONS DE RÉVISION

Choix multiples/associations

(Réponses à l'appendice G)

1. Parmi les structures suivantes, laquelle ne fait pas partie du système nerveux central ? (a) L'encéphale. (b) Un nerf. (c) La moelle épinière. (d) Un faisceau.

2. Associez les noms des gliocytes énumérés dans la colonne B aux descriptions de la colonne A.

	Colonne A	Colonne B
______	(1) Myélinise les neurofibres dans le SNC	(a) Astrocyte
______	(2) Tapisse les cavités de l'encéphale	(b) Épendymocyte
______	(3) Myélinise les neurofibres dans le SNP	(c) Microglie
______	(4) Phagocyte du SNC	(d) Oligodendrocyte
______	(5) Contribue peut-être à ajuster la composition ionique du liquide extracellulaire	(e) Gliocyte ganglionnaire
		(f) Neurolemmocyte

3. Quel type de courant circule dans l'axolemme pendant la phase abrupte de la repolarisation ? (a) Principalement un courant de sodium. (b) Principalement un courant de potassium. (c) Des courants de sodium et de potassium d'intensités approximativement égales.

4. Supposez qu'un PPSE est produit sur la membrane dendritique. Que se produira-t-il ? (a) Des canaux à Na^+ s'ouvriront. (b) Des canaux à K^+ s'ouvriront. (c) Des canaux d'un seul type s'ouvriront et permettront un flux simultané de Na^+ et de K^+. (d) Les canaux à Na^+ s'ouvriront, puis ils se fermeront quand les canaux à K^+ s'ouvriront.

5. Où la vitesse de propagation de l'influx nerveux est-elle la plus grande ? (a) Dans les neurofibres fortement myélinisées de grand diamètre. (b) Dans les neurofibres faiblement myélinisées de petit diamètre. (c) Dans les neurofibres amyélinisées de petit diamètre. (d) Dans les neurofibres amyélinisées de grand diamètre.

6. Parmi les caractéristiques suivantes, laquelle ne s'applique pas aux synapses chimiques ? (a) La libération d'un neurotransmetteur par les membranes présynaptiques. (b) La présence, sur les membranes postsynaptiques, de récepteurs qui se lient aux neurotransmetteurs. (c) Un flux d'ions du neurone présynaptique au neurone postsynaptique à travers des canaux protéiques. (d) Un espace rempli de liquide qui sépare les neurones.

7. Parmi les substances suivantes, laquelle n'est pas une amine biogène ? (a) La noradrénaline. (b) L'acétylcholine. (c) La dopamine. (d) La sérotonine.

8. Parmi les neuropeptides suivants, lesquels jouent le rôle d'opiacés naturels ? (a) La substance P. (b) La somatostatine. (c) La cholécystokinine. (d) Les enképhalines.

9. L'inhibition de l'acétylcholinestérase causée par une intoxication bloque la neurotransmission dans la terminaison neuromusculaire parce que : (a) le corpuscule présynaptique ne libère plus d'acétylcholine ; (b) la synthèse de l'acétylcholine est bloquée dans le corpuscule présynaptique ; (c) l'acétylcholine n'est pas dégradée, ce qui prolonge la dépolarisation sur le neurone postsynaptique ; (d) l'acétylcholine ne peut pas se lier aux récepteurs de l'acétylcholine postsynaptiques.

10. La région anatomique du neurone multipolaire qui présente le seuil d'excitation le plus bas est : (a) le corps cellulaire ; (b) les dendrites ; (c) le cône d'implantation de l'axone ; (d) l'axone distal.

11. Un PPSI est inhibiteur parce que : (a) il hyperpolarise la membrane postsynaptique ; (b) il réduit la quantité de neurotransmetteur libérée par le corpuscule présynaptique ; (c) il empêche l'entrée d'ions calcium dans le corpuscule présynaptique ; (d) il modifie le seuil d'excitation du neurone.

12. Associez les noms des réseaux neuronaux aux descriptions suivantes.

(a) Réseau convergent. **(b)** Réseau divergent. **(c)** Réseau parallèle postdécharge. **(d)** Réseau réverbérant.

________ **(1)** Les influx parcourent le réseau jusqu'à ce qu'un neurone cesse de produire des potentiels d'action.

________ **(2)** Une ou quelques informations sensorielles finissent par stimuler un grand nombre de neurones.

________ **(3)** De nombreux neurones stimulent quelques neurones.

________ **(4)** Intervient peut-être dans les activités mentales exigeantes.

Questions à court développement

13. Expliquez les divisions et subdivisions anatomiques et fonctionnelles du système nerveux.

14. (a) Décrivez la composition et la fonction du corps cellulaire. (b) Quelles sont les similitudes entre les axones et les dendrites ? Quelles sont leurs différences (structurales et fonctionnelles) ?

15. (a) Qu'est-ce que la myéline ? (b) Expliquez ce qui distingue le processus de myélinisation dans le SNC et dans le SNP.

16. (a) Comparez les neurones unipolaires, les neurones bipolaires et les neurones multipolaires du point de vue structural. (b) Indiquez à quel endroit chaque type de neurones est le plus répandu.

17. Qu'est-ce que la polarisation d'une membrane ? Comment est-elle maintenue ? (Traitez du mécanisme passif et du mécanisme actif.)

18. Décrivez les phénomènes nécessaires à la production d'un potentiel d'action. Indiquez comment les canaux ioniques sont régis et expliquez pourquoi le potentiel d'action obéit à la loi du tout ou rien.

19. Puisque tous les potentiels d'action produits par une neurofibre donnée ont la même intensité, comment le SNC détermine-t-il si un stimulus est faible ou fort ?

20. (a) Expliquez la différence entre un PPSE et un PPSI. (b) Qu'est-ce qui détermine si un PPSE ou un PPSI sera produit au niveau de la membrane postsynaptique ?

21. Puisque la surface d'un neurone est toujours susceptible de recevoir les neurotransmetteurs libérés par des milliers de neurones, comment l'activité neuronale (la production ou la non-production d'un potentiel d'action) est-elle déterminée ?

22. Les effets de la liaison des neurotransmetteurs sont très brefs. Expliquez l'utilité de cet état de fait et les mécanismes qui permettent qu'il en soit ainsi.

23. Pendant un cours de neurobiologie, un professeur emploie fréquemment les termes « neurofibre du groupe A », « neurofibre du groupe B », « période réfractaire absolue » et « nœuds de la neurofibre ». Définissez ces termes.

24. Faites la distinction entre le traitement en série simple et le traitement parallèle.

25. Décrivez brièvement les trois stades du développement du neurone.

26. Quels facteurs semblent guider la croissance d'un axone et sa capacité d'établir les contacts synaptiques appropriés ?

RÉFLEXION ET APPLICATION

1. M. Millaire est hospitalisé en raison de problèmes cardiaques. À la suite d'une erreur, il reçoit une solution intraveineuse enrichie en K^+ destinée à un patient qui prend des diurétiques (c'est-à-dire des médicaments qui causent une excrétion excessive de potassium dans l'urine). M. Millaire avait des concentrations de potassium normales avant la perfusion. Selon vous, comment la solution de K^+ modifiera-t-elle les potentiels de repos neuronaux de M. Millaire ? La capacité de ses neurones de produire des potentiels d'action ?

2. En bloquant la production de potentiels d'action, les anesthésiques locaux et généraux entraînent la quiescence du système nerveux pendant une intervention chirurgicale. Quel processus les anesthésiques entravent-ils, et en quoi cela influe-t-il sur la transmission nerveuse ?

3. Lorsque Jean a été admis à la salle d'urgence, il avait une plaie perforante profonde dans la paume de la main droite. Il était tombé sur un clou dans une grange. On lui a fait une injection antitétanique afin de prévenir des complications neurologiques. La bactérie du tétanos prolifère dans les plaies profondes et sombres, mais comment se propage-t-elle dans le tissu nerveux ?

4. Rachel est atteinte de sclérose en plaques depuis l'âge de 27 ans. Elle a maintenant 35 ans et elle a perdu presque complètement la maîtrise de ses muscles squelettiques. Comment cela s'est-il produit ?

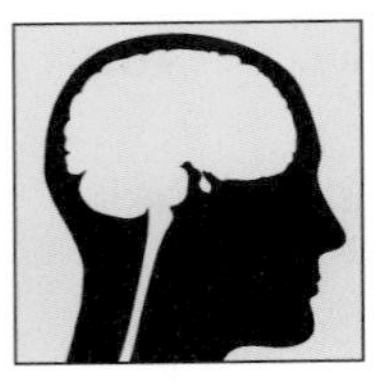

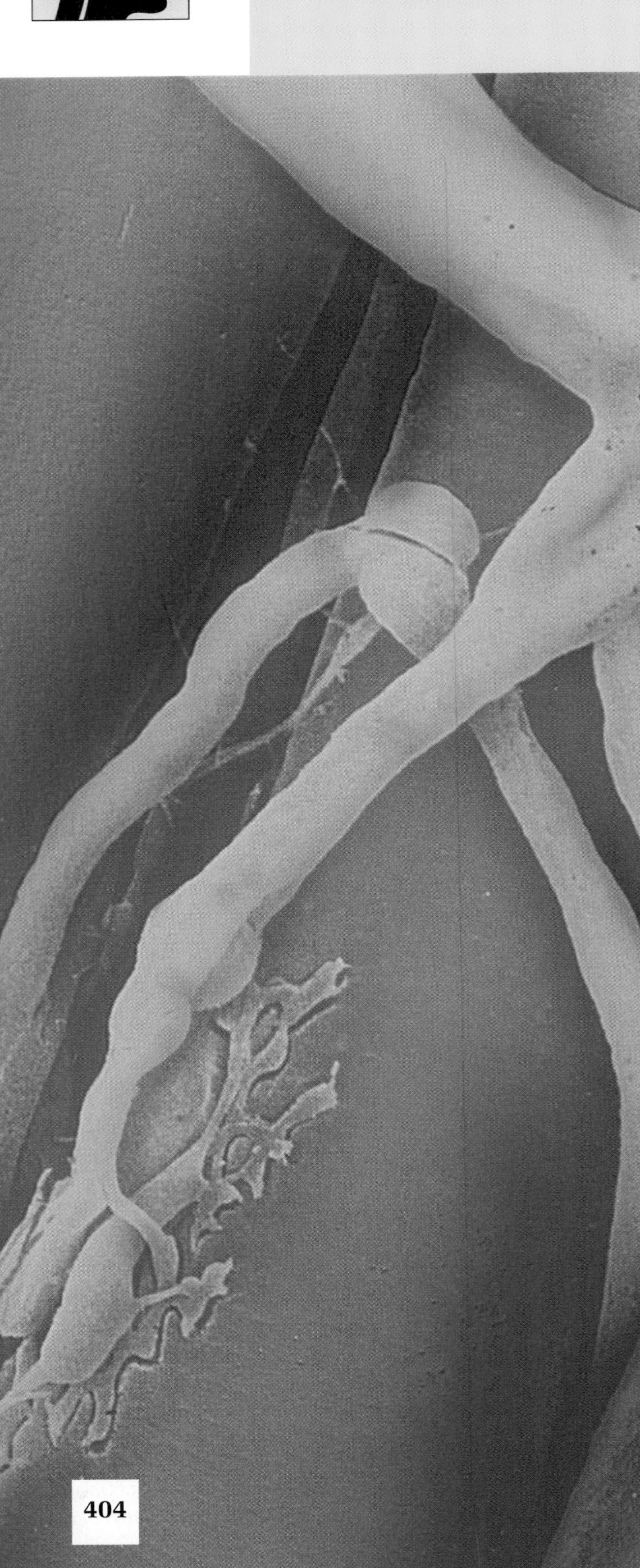

12 LE SYSTÈME NERVEUX CENTRAL

SOMMAIRE ET OBJECTIFS D'APPRENTISSAGE

Encéphale (p. 405-438)

1. Décrire le développement de l'encéphale.
2. Nommer et situer les principales régions de l'encéphale adulte.
3. Décrire la disposition de la substance grise et de la substance blanche dans les différentes parties du SNC.
4. Définir le terme ventricule ; situer les ventricules cérébraux ainsi que l'aqueduc du mésencéphale.
5. Situer les principaux lobes, fissures et aires fonctionnelles du cortex cérébral ; citer les principales fonctions de chacune des aires.
6. Expliquer la latéralisation fonctionnelle des hémisphères cérébraux.
7. Expliquer la différence entre les neurofibres commissurales, les neurofibres associatives et les neurofibres de projection.
8. Situer les noyaux basaux, expliquer leurs fonctions et énumérer les structures qui les constituent.
9. Situer le diencéphale, nommer ses trois grandes subdivisions et énumérer leurs principales fonctions.
10. Nommer et situer les trois principales régions du tronc cérébral et expliquer leurs fonctions respectives.
11. Décrire la structure macroscopique et microscopique du cervelet et expliquer son mode de fonctionnement.
12. Situer le système limbique et la formation réticulaire et expliquer leur rôle.
13. Décrire et situer les méninges ; décrire le mode de formation et la circulation du liquide cérébro-spinal ; expliquer en quoi consiste la barrière hémato-encéphalique ; montrer comment ces trois facteurs de protection du SNC jouent leur rôle.
14. Expliquer la différence entre commotion cérébrale et contusion cérébrale.
15. Décrire la cause (connue ou soupçonnée) ainsi que les principaux signes et symptômes des accidents vasculaires cérébraux et des principales maladies neurodégénératives (maladie d'Alzheimer, chorée de Huntington et maladie de Parkinson).

Moelle épinière (p. 438-449)

16. Expliquer le développement embryonnaire de la moelle épinière.
17. Décrire la structure macroscopique et microscopique de la moelle épinière et citer ses principales fonctions.
18. Énumérer et situer les principaux faisceaux et tractus de la moelle épinière, préciser leur origine et leur extrémité et expliquer leurs fonctions.
19. Distinguer la paralysie flasque de la paralysie spastique et la paralysie de la paresthésie.

Procédés visant à diagnostiquer un dysfonctionnement du SNC (p. 450)

20. Énumérer et expliquer quelques techniques servant à diagnostiquer les troubles cérébraux.

Développement et vieillissement du système nerveux central (p. 450-451)

21. Indiquer quelques facteurs maternels qui peuvent perturber le développement du système nerveux embryonnaire ; préciser leurs conséquences.
22. Expliquer en quoi les causes et les conséquences de la sénilité véritable diffèrent de celles de la sénilité réversible.

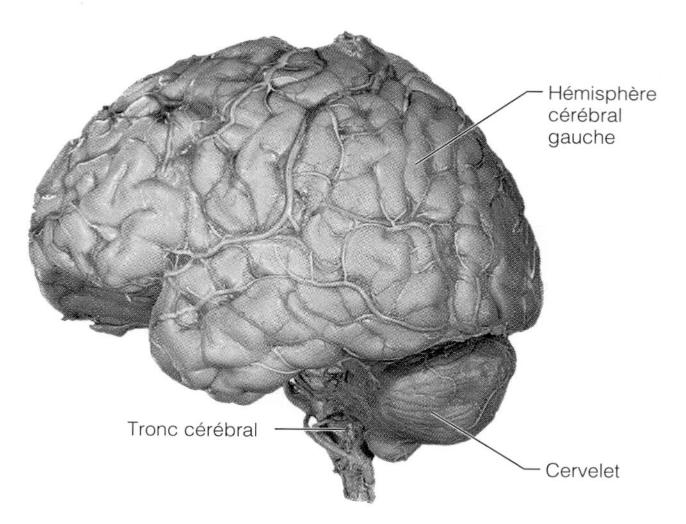

FIGURE 12.1
Anatomie de surface de l'encéphale humain, face latérale gauche.

On a longtemps comparé le **système nerveux central (SNC)** — c'est-à-dire l'encéphale et la moelle épinière — à un standard téléphonique où un très grand nombre d'appels convergent vers l'intérieur et vers l'extérieur. De nos jours, on a plutôt tendance à comparer le SNC à un ordinateur. Ces analogies expliquent partiellement le fonctionnement de la moelle épinière, mais aucune ne rend justice à la complexité et à la souplesse extraordinaires de l'encéphale humain. Nous pouvons tenir l'encéphale humain pour un organe évolué, un puissant ordinateur ou un miracle : il est certes l'une des plus grandes merveilles que nous connaissions.

La **céphalisation** s'est produite au cours de l'évolution. Autrement dit, il y a eu élaboration de la partie antérieure du système nerveux central et accroissement du nombre de neurones dans la tête. C'est chez l'humain que ce phénomène est le plus prononcé.

Le présent chapitre porte sur la structure du système nerveux central et traite des fonctions associées à ses régions anatomiques. Nous expliquerons au chapitre 15 ses fonctions d'intégration, qui sont plus complexes : l'intégration sensorielle et motrice, le cycle veille-sommeil et les fonctions mentales supérieures (la conscience et la mémoire).

ENCÉPHALE

Bien à l'abri dans la boîte crânienne, l'**encéphale,** constitué du cerveau, du cervelet et du tronc cérébral, s'est soustrait au regard de la science pendant des siècles. Aristote croyait que l'encéphale était composé d'eau et qu'il avait pour fonction de refroidir le cœur, siège de l'âme. Nos connaissances ont beaucoup évolué depuis. Aujourd'hui, nous savons que l'apparence quelque peu insignifiante de l'**encéphale** humain (figure 12.1) ne laisse rien transparaître de ses remarquables possibilités. Le cerveau, la principale structure de l'encéphale, se présente en effet comme une masse de tissu gris rosâtre deux fois grosse comme le poing, il est plissé comme une noix et sa consistance rappelle celle du gruau froid. Comment croire que cet amas gélatineux est le gardien de nos souvenirs et de nos pensées et le moteur de nos comportements !

La masse de l'encéphale est d'environ 1600 g chez l'homme adulte moyen et d'environ 1450 g chez la femme, ce qui, proportionnellement à la masse corporelle totale, correspond à des dimensions équivalentes. De toute manière, il semble que ce ne soit pas le volume mais la complexité des connexions neuronales qui détermine la puissance du cerveau. Albert Einstein, un des plus grands génies de tous les temps, avait un cerveau de taille moyenne, tandis que l'homme de Néanderthal, dont les habiletés techniques étaient pour le moins rudimentaires, possédait un encéphale plus gros que celui des humains d'aujourd'hui (de 15 %).

Développement embryonnaire de l'encéphale

Nous ferons ici exception à notre habitude et traiterons en premier du développement embryonnaire de l'encéphale. En effet, il est plus facile de comprendre la terminologie associée aux divisions structurales de l'encéphale adulte si l'on est familiarisé avec son développement embryonnaire.

La figure 12.2 montre la première phase du développement de l'encéphale. Dès la troisième semaine de la grossesse, l'ectoderme s'épaissit le long de l'axe médian dorsal de l'embryon, et il forme la **plaque neurale,** d'où émergera tout le tissu nerveux. Ensuite, la plaque neurale s'invagine et compose le sillon neural, flanqué de deux **plis neuraux.** À mesure que le sillon s'approfondit, la partie supérieure des plis neuraux se rapproche et fusionne, fermant ainsi le sillon, pour constituer le **tube neural.** Ce tube va bientôt se détacher de l'ectoderme superficiel et s'enfoncer. Le tube neural est formé dès la quatrième semaine de la grossesse et, rapidement, il se différencie et donne naissance aux organes du SNC. Sa partie antérieure (ou rostrale) donne l'encéphale et sa partie postérieure (ou caudale), la moelle épinière. De petits groupes de cellules des plis neuraux migrent latéralement entre l'ectoderme superficiel et le tube neural. Ils vont former la **crête neurale** dans laquelle prendront naissance les neurones sensitifs et certains neurones autonomes destinés à se loger dans les ganglions.

Dès que le tube neural est formé, son extrémité rostrale croît plus rapidement que le reste. Des constrictions apparaissent et délimitent les trois **vésicules encéphaliques primitives** (figure 12.3), soit le **prosencéphale** (ou

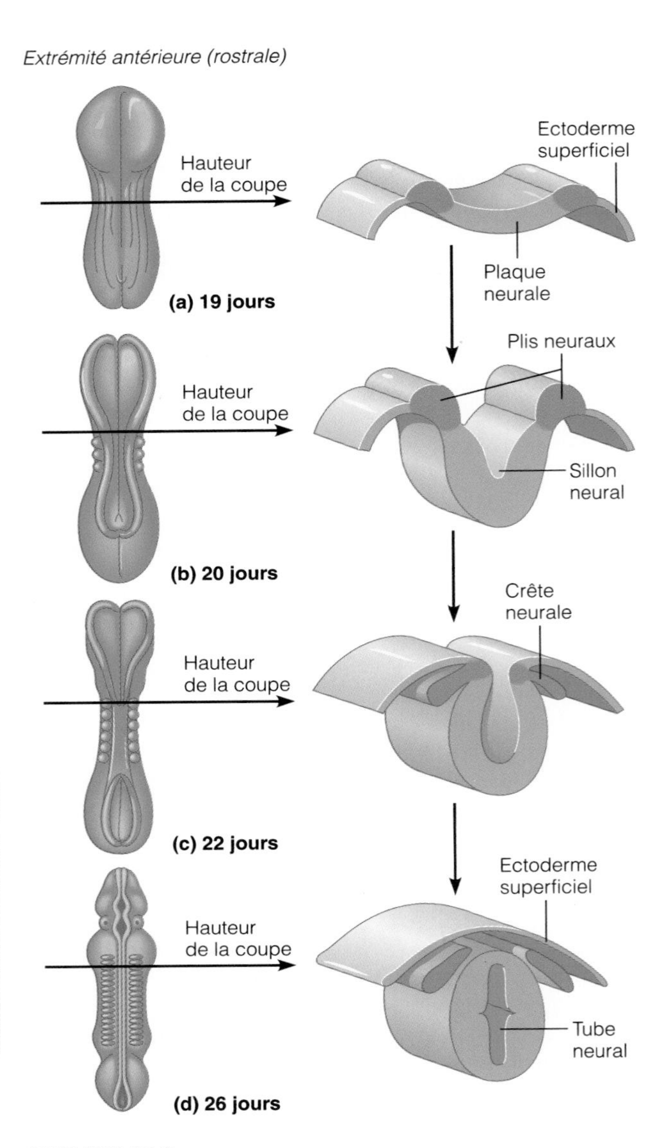

FIGURE 12.2
Développement du tube neural à partir de l'ectoderme embryonnaire. À gauche, vues de la face dorsale de l'embryon; à droite, coupes transversales. **(a)** Formation de la plaque neurale à partir de l'ectoderme superficiel. **(b-d)** Développement de la plaque neurale en sillon neural (flanqué des plis neuraux), puis en tube neural. Le tube neural donnera naissance aux structures du SNC, tandis que les cellules de la crête neurale formeront quelques-unes des structures du SNP.

cerveau antérieur), le **mésencéphale** (ou **cerveau moyen**) et le **rhombencéphale** (ou **cerveau postérieur**). Le reste du tube neural forme la moelle épinière; nous traiterons de son développement plus loin.

À la cinquième semaine, cinq régions appelées **vésicules encéphaliques secondaires** apparaissent. Le prosencéphale se divise en **télencéphale** et en **diencéphale**; le mésencéphale ne se divise pas; le rhombencéphale se divise en **métencéphale** et en **myélencéphale.** Chacune des cinq vésicules encéphaliques secondaires croît ensuite rapidement; elles constitueront les principales structures de l'encéphale adulte (figure 12.3d). Les changements les plus marqués se produisent dans le télencéphale, d'où émergent deux renflements qui se projettent vers l'avant, un peu comme les oreilles de Mickey Mouse. Ces renflements deviennent les *hémisphères cérébraux,* qui composent le **cerveau.** Diverses régions du diencéphale, issu lui aussi du prosencéphale, se spécialisent et forment l'*hypothalamus,* le *thalamus* et l'*épithalamus.* Des changements moins spectaculaires se produisent dans le métencéphale et le myencéphale, le premier donnant naissance au *pont* et au *cervelet* et le second, au *bulbe rachidien.* L'ensemble des structures du mésencéphale et du rhombencéphale, à l'exception du cervelet, forme le **tronc cérébral.** La cavité centrale du tube neural s'élargit à quatre endroits pour former les *ventricules* («petits ventres») cérébraux, que nous décrirons plus loin.

La situation relative des parties de l'encéphale se modifie également au cours de sa croissance. Cette dernière est entravée par un crâne membraneux, si bien que deux courbures, la *courbure mésencéphalique* et la *courbure cervicale,* se forment et infléchissent le prosencéphale en direction du tronc cérébral (figure 12.4a). Le manque d'espace a aussi pour conséquence d'arrêter la projection des hémisphères cérébraux vers l'avant et de les forcer à croître vers l'arrière et les côtés, en fer à cheval (comme l'indiquent les flèches dans la figure 12.4b et c). Par conséquent, ils finissent par envelopper presque complètement le diencéphale et le mésencéphale. À mesure que se poursuit la croissance des hémisphères cérébraux, leur surface se froisse et se plisse (figure 12.4d), ce qui produit leurs *gyrus* caractéristiques et accroît leur surface. C'est ainsi que quelque 10^{12} neurones peuvent occuper un espace restreint.

Régions et organisation de l'encéphale

On peut décrire la structure de l'encéphale de différentes façons. Certains neuroanatomistes et certains auteurs l'abordent sous l'angle des cinq vésicules secondaires (voir la figure 12.3c); c'est le *modèle embryonnaire.* En milieu clinique, on emploie plutôt les noms des régions de l'encéphale adulte (voir la figure 12.3d). Quant à nous, nous étudierons l'encéphale suivant les subdivisions montrées à la figure 12.5a, soit les hémisphères cérébraux, le diencéphale (le thalamus, l'hypothalamus et l'épithalamus), le tronc cérébral (le mésencéphale, le pont et le bulbe rachidien) et le cervelet. La plupart des anatomistes privilégient cette approche, mais certains d'entre eux considèrent le diencéphale comme une partie du tronc cérébral, tandis que d'autres estiment qu'il fait partie, avec les hémisphères cérébraux, du *cerveau.* Dans ce manuel, nous considérons le cerveau comme étant formé des hémisphères cérébraux et du diencéphale.

La structure de base du SNC est celle que l'on peut observer dans la moelle épinière: une cavité centrale entourée de substance grise faite de noyaux puis, vers

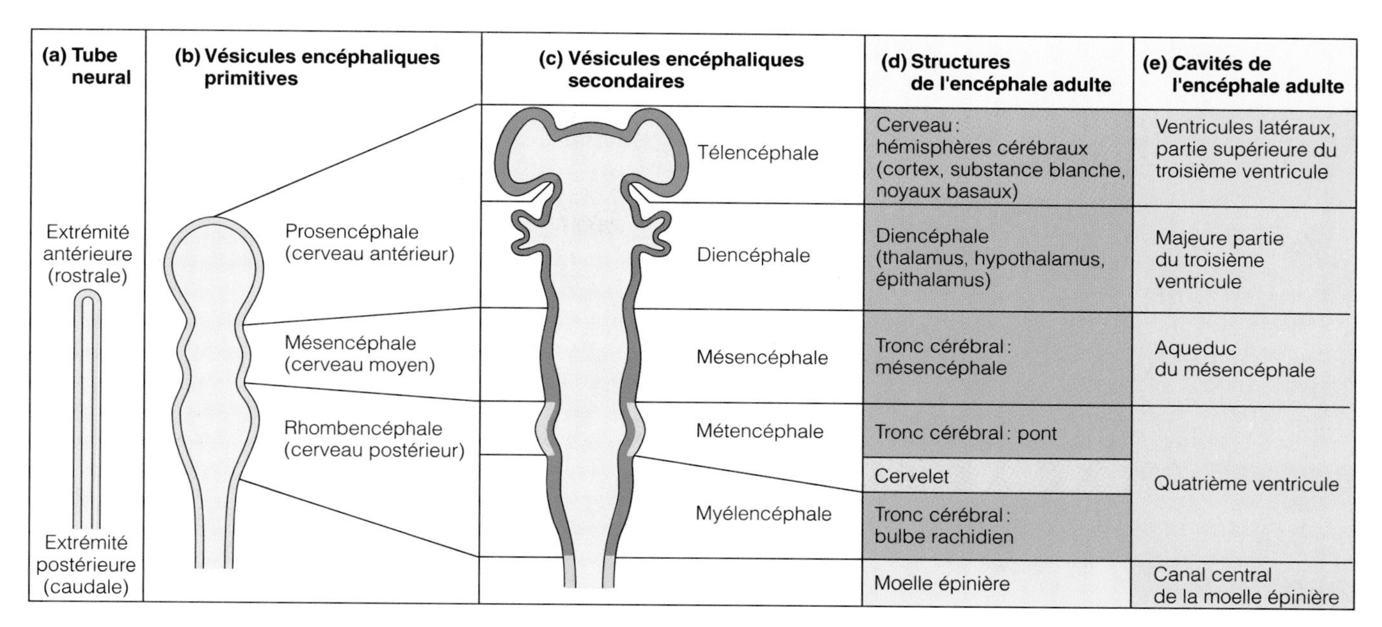

FIGURE 12.3
Développement embryonnaire de l'encéphale humain. (a) Le tube neural se subdivise en **(b)** vésicules encéphaliques primitives, qui formeront **(c)** les vésicules encéphaliques secondaires, lesquelles se différencieront pour former **(d)** les structures de l'encéphale adulte. **(e)** Les structures de l'encéphale adulte dérivées du canal neural.

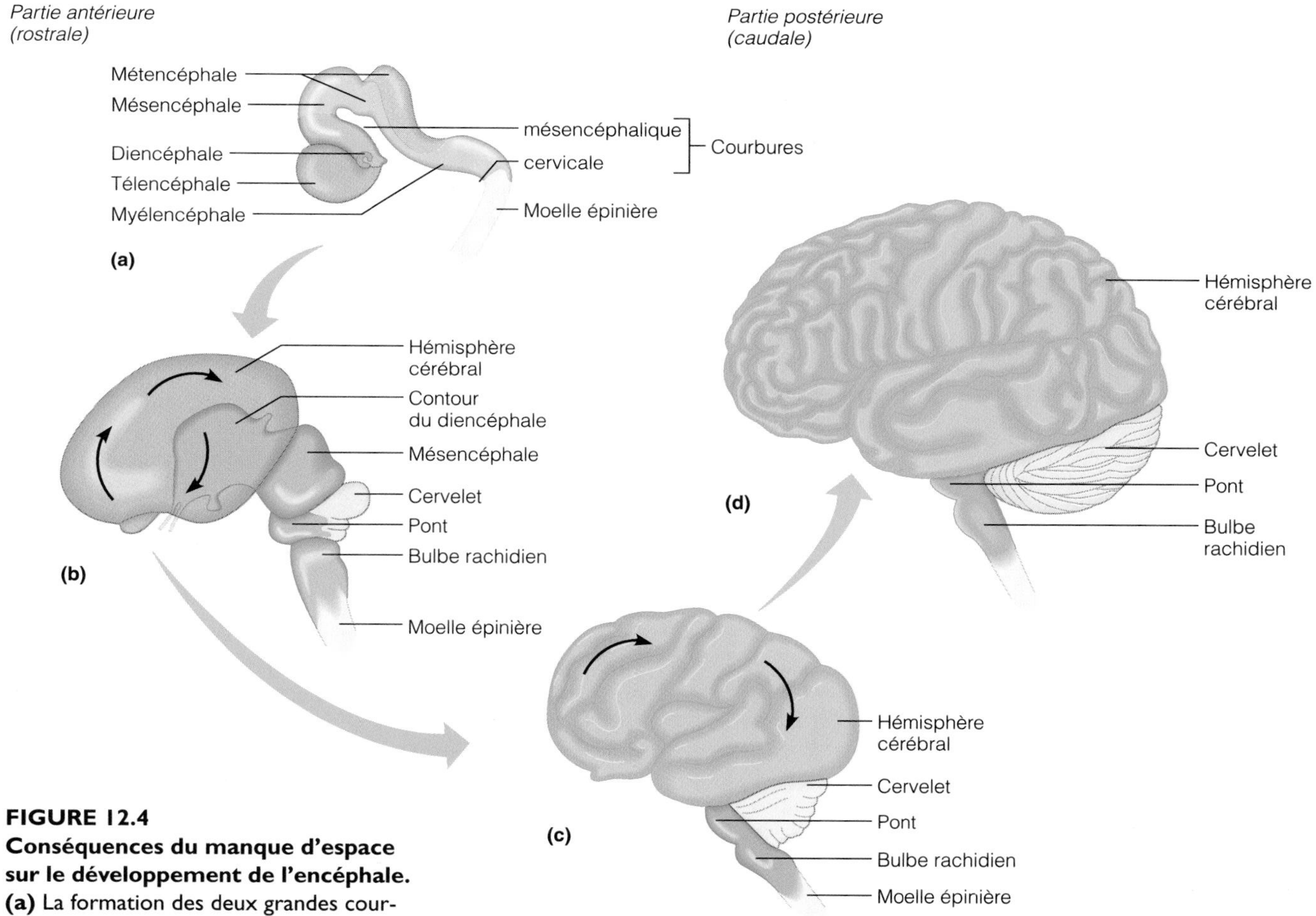

FIGURE 12.4
Conséquences du manque d'espace sur le développement de l'encéphale.
(a) La formation des deux grandes courbures à la cinquième semaine du développement repousse le télencéphale et le diencéphale vers le tronc cérébral. Développement des hémisphères cérébraux à **(b)** 13 semaines ; **(c)** 26 semaines ; **(d)** la naissance. À l'origine, la surface de l'encéphale est lisse ; les gyrus apparaissent au cours du développement. Les hémisphères cérébraux se développent en direction postéro-latérale et finissent par recouvrir complètement le diencéphale et la partie supérieure du tronc cérébral.

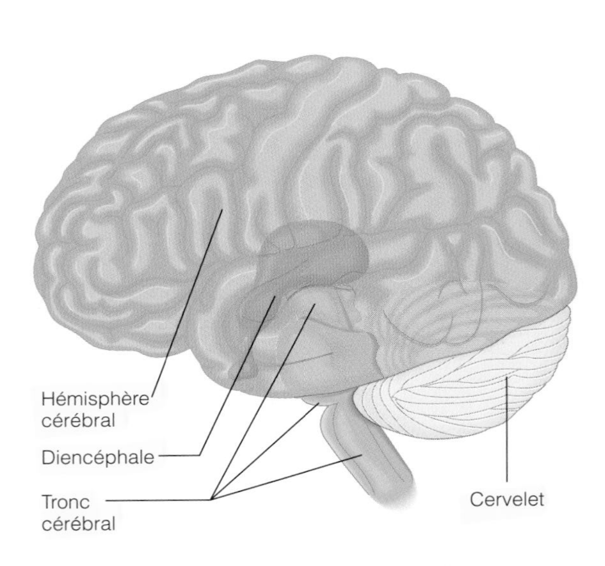

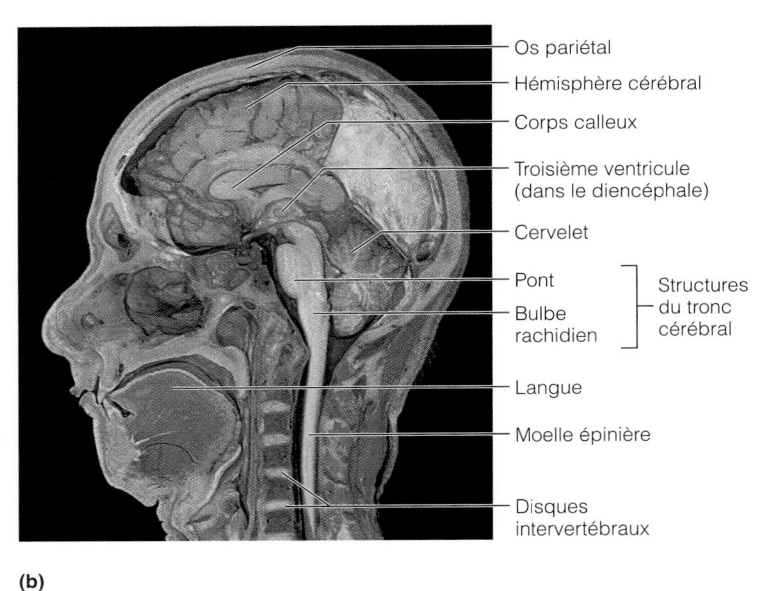

FIGURE 12.5
Régions de l'encéphale. (a) L'encéphale comprend quatre grandes structures bilatérales et symétriques: les hémisphères cérébraux (en rose) et le diencéphale (en mauve) formant le cerveau, le tronc cérébral (en vert) et le cervelet (en beige). **(b)** Coupe sagittale de l'encéphale *in situ* (c'est-à-dire dans sa situation normale à l'intérieur du crâne) montrant ces structures.

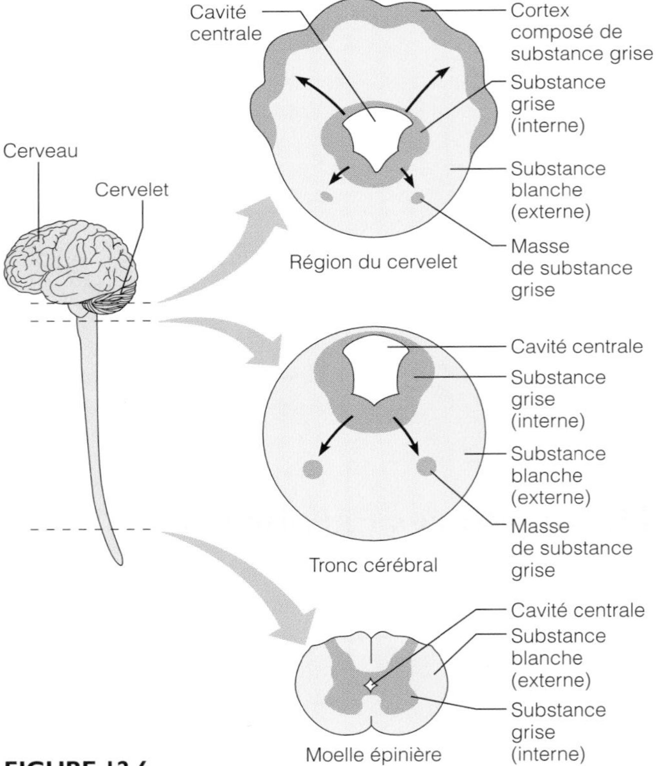

FIGURE 12.6
Disposition de la substance grise et de la substance blanche dans le SNC (schéma très simplifié). De haut en bas, les schémas représentent des coupes transversales réalisées respectivement à la hauteur du cervelet, du tronc cérébral et de la moelle épinière. La face dorsale apparaît en haut dans les coupes. La substance blanche est généralement située par-dessus la substance grise; des masses de substance grise migrent cependant vers la substance blanche au cours du développement de l'encéphale (mouvement vers l'extérieur indiqué par des flèches). Le cerveau et le cervelet présentent un cortex fait de substance grise.

l'extérieur, d'une couche de substance blanche (neurofibres myélinisées). Le cerveau et le cervelet comprennent cependant des régions de substance grise dont la moelle épinière est dépourvue (figure 12.6). Les hémisphères cérébraux et les hémisphères du cervelet possèdent un cortex, c'est-à-dire une «écorce» de substance grise (corps cellulaires de neurones). Cette composition se modifie en descendant dans le tronc cérébral: le cortex disparaît, mais des noyaux de substance grise sont disséminés dans la substance blanche. On retrouve la structure de base à l'extrémité caudale du tronc cérébral.

Pour vous aider à vous représenter les relations spatiales entre les régions de l'encéphale, nous étudierons tout d'abord les ventricules remplis de liquide qui sont enfouis profondément à l'intérieur de l'encéphale. Ensuite, nous décrirons la situation et la structure de chacune des régions encéphaliques en procédant de la région rostrale vers la région caudale, afin d'étoffer le résumé présenté au tableau 12.1, page 428.

Ventricules cérébraux

Comme nous l'avons déjà mentionné, les **ventricules cérébraux** sont issus de renflements de la lumière du tube neural embryonnaire. Ils communiquent entre eux et avec le canal central de la moelle épinière (figure 12.7). Leur face interne est tapissée d'*épendymocytes* (un type de gliocytes) et leurs cavités sont remplies de liquide cérébrospinal (voir la figure 11.3c, p. 365).

Pourquoi les ventricules latéraux sont-ils arqués et non verticaux comme les troisième et quatrième ventricules?

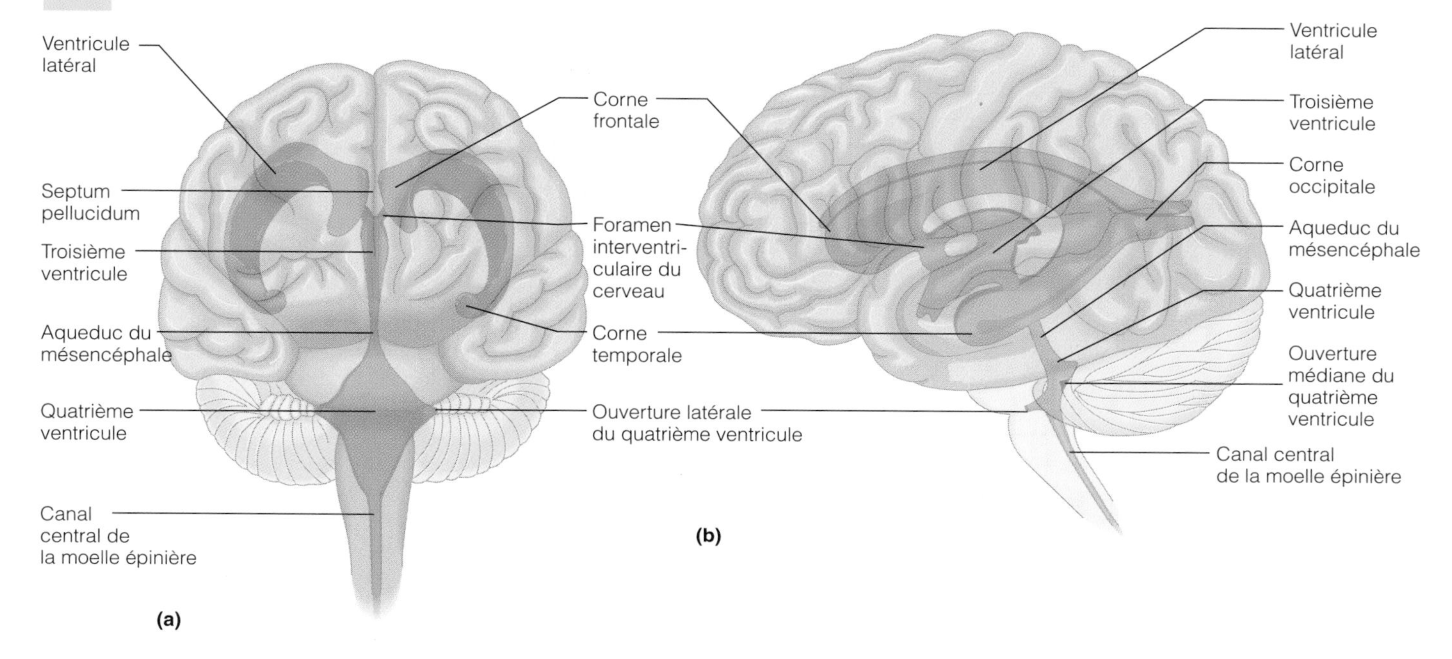

FIGURE 12.7
Vues en trois dimensions des ventricules cérébraux. (a) Vue antérieure. **(b)** Vue latérale gauche. Notez que les grands ventricules latéraux comprennent une corne frontale, une corne occipitale et une corne temporale.

Les **ventricules latéraux,** ou ventricules I et II, sont de grandes cavités dont la forme en C rappelle le déroulement de la croissance cérébrale. On trouve un ventricule latéral enfoui dans chaque hémisphère cérébral. À l'avant, les ventricules latéraux ne sont séparés que par une mince membrane appelée **septum pellucidum** (« cloison transparente ») (voir la figure 12.14, p. 419). Chaque ventricule latéral communique avec le **troisième ventricule,** assez étroit et situé dans le diencéphale, par le truchement d'un petit orifice appelé **foramen interventriculaire du cerveau,** ou trou de Monro. Le troisième ventricule communique à son tour avec le **quatrième ventricule** par l'intermédiaire d'un canal qui traverse le mésencéphale, appelé **aqueduc du mésencéphale,** ou aqueduc de Sylvius. Le quatrième ventricule apparaît comme une cavité située entre le pont et le cervelet; sa partie inférieure communique avec le canal central de la moelle épinière. Ses parois latérales sont percées de deux orifices, nommés **ouvertures latérales du quatrième ventricule,** ou trous de Luschka; l'orifice situé sur son toit est appelé **ouverture médiane du quatrième ventricule,** ou trou de Magendie. Ces orifices relient les ventricules à la *cavité subarachnoïdienne,* ou espace sous-arachnoïdien crânien, qui entoure l'encéphale et la moelle épinière et qui est remplie de liquide cérébro-spinal. C'est grâce à tout ce système d'ouvertures que le liquide cérébro-spinal peut circuler dans les différentes cavités internes de l'encéphale et s'écouler vers la cavité subarachnoïdienne. La fonction de ce liquide est présentée plus loin dans ce chapitre.

La croissance des hémisphères cérébraux chez l'embryon est entravée par le crâne en formation, si bien que les hémisphères cérébraux sont forcés de croître vers l'arrière et vers le bas. Leurs cavités (ventricules) prennent ainsi la forme de cornes.

Hémisphères cérébraux

Les **hémisphères cérébraux** composent la partie supérieure de l'encéphale (figure 12.8). Ils représentent environ 83 % de la masse de l'encéphale et ce sont les parties les plus visibles de l'encéphale intact. Les hémisphères cérébraux couvrent le diencéphale et le sommet du tronc cérébral (voir la figure 12.5), un peu comme le chapeau d'un champignon en couronne le pied.

La surface des hémisphères cérébraux (le cortex) est presque entièrement parcourue de saillies de tissu appelées **gyrus,** ou circonvolutions, qui sont séparés par des rainures. Les rainures profondes partagent le cortex en plusieurs parties et sont appelées **fissures,** tandis que les rainures superficielles séparent les gyrus et sont appelées **sillons.** Les gyrus et les sillons les plus prononcés constituent d'importants points de repère anatomiques car on les retrouve chez tous les individus. La **fissure longitudinale du cerveau** sépare les deux hémisphères cérébraux (voir

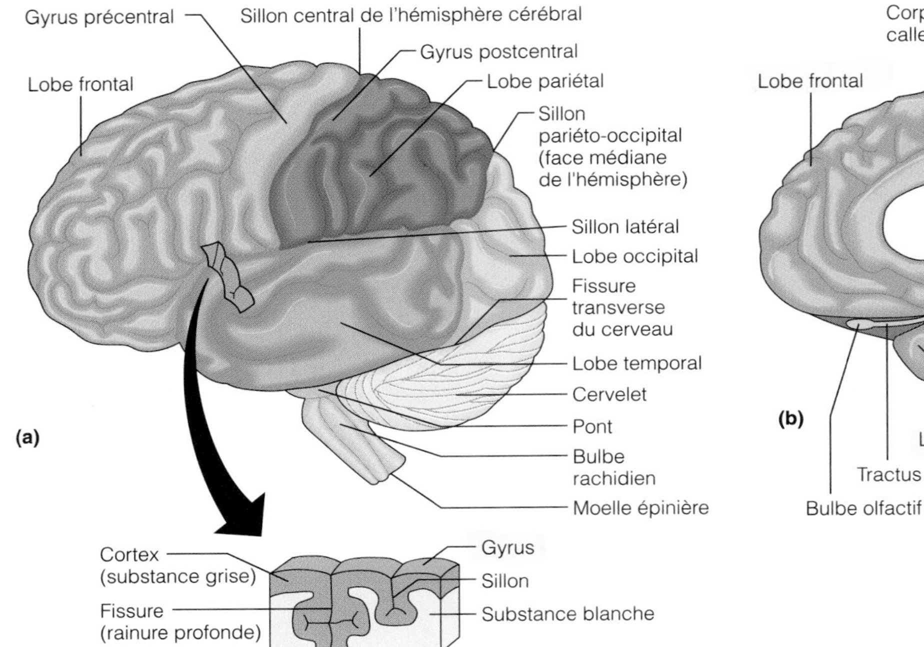

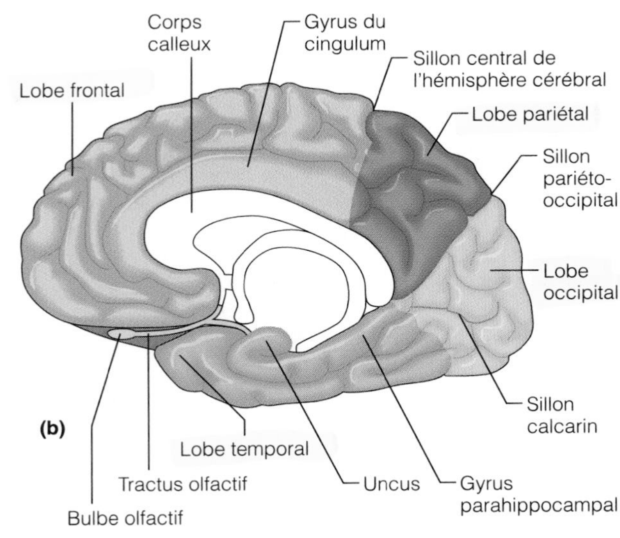

FIGURE 12.8
Lobes et fissures des hémisphères cérébraux. (a) Vue latérale gauche de l'encéphale. **(b)** Face médiale de l'hémisphère droit.

12

la figure 12.9), tandis que la **fissure transverse du cerveau** sépare les hémisphères cérébraux du cervelet situé en contrebas (voir la figure 12.8a).

Quelques sillons un peu plus profonds que les autres divisent la surface corticale de chaque hémisphère en cinq lobes, dont quatre sont nommés d'après les os qui les surmontent (voir la figure 12.8a). Dans le plan frontal, le **sillon central de l'hémisphère cérébral** sépare le **lobe frontal** du **lobe pariétal.** De part et d'autre du sillon central, on trouve deux gyrus importants : le **gyrus précentral** à l'avant, et le **gyrus postcentral** à l'arrière. La limite entre le lobe pariétal et le **lobe occipital** est établie par plusieurs repères, le plus évident étant le **sillon pariéto-occipital.** Ce sillon est situé sur la face médiane de l'hémisphère (figure 12.8b).

Le profond **sillon latéral** délimite le **lobe temporal** en le séparant des parties inférieures des lobes pariétal et frontal. Le cinquième lobe de l'hémisphère cérébral est appelé **lobe insulaire** (littéralement, « île ») ; il est enfoui profondément dans le sillon latéral et constitue une partie de son plancher. Le lobe insulaire est recouvert par des parties des lobes temporal, pariétal et frontal (figure 12.9).

Les hémisphères cérébraux s'ajustent parfaitement au crâne. Les lobes frontaux occupent la fosse crânienne antérieure, tandis que les parties antérieures des lobes temporaux comblent la fosse crânienne moyenne. La fosse crânienne postérieure abrite le tronc cérébral et le cervelet ; les lobes occipitaux, qui se trouvent au-dessus du cervelet, sont situés bien au-dessus de cette fosse (voir la figure 12.5b et la figure 7.4c, p. 194).

Une coupe frontale de l'encéphale expose les trois régions fondamentales de chacun des hémisphères cérébraux : le *cortex cérébral*, qui est constitué de substance grise (corps cellulaires de neurones) ; la *substance blanche* (axones myélinisés), qui constitue la région sous-corticale ; les *noyaux basaux* (ou noyaux gris centraux), des amas de corps cellulaires de neurones distribués dans la substance blanche (figure 12.9).

Cortex cérébral

Le **cortex cérébral** est le sommet hiérarchique du système nerveux. C'est lui qui nous fournit nos facultés de perception, de communication, de mémorisation, de compréhension, de jugement et d'accomplissement des mouvements volontaires. Toutes ces facultés relèvent du *comportement conscient,* ou **conscience.** Le cortex cérébral est composé de substance grise, c'est-à-dire de corps cellulaires de neurones, de dendrites et d'axones amyélinisés (ainsi que des gliocytes et des vaisseaux sanguins qui leur sont associés) ; il ne contient ni faisceau ni tractus. Il n'a que de 2 à 4 mm d'épaisseur, mais ses nombreux gyrus triplent sa surface, qui est d'environ 1 m^2 : c'est ainsi qu'il représente environ 40 % de la masse de l'encéphale.

À la fin du XIXe siècle, les anatomistes qui étudiaient le cortex cérébral découvrirent que son épaisseur et la structure de ses neurones présentaient de subtiles variations. En 1906, K. Brodmann parvint à cartographier 52 aires corticales, appelées **aires de Brodmann.** Disposant

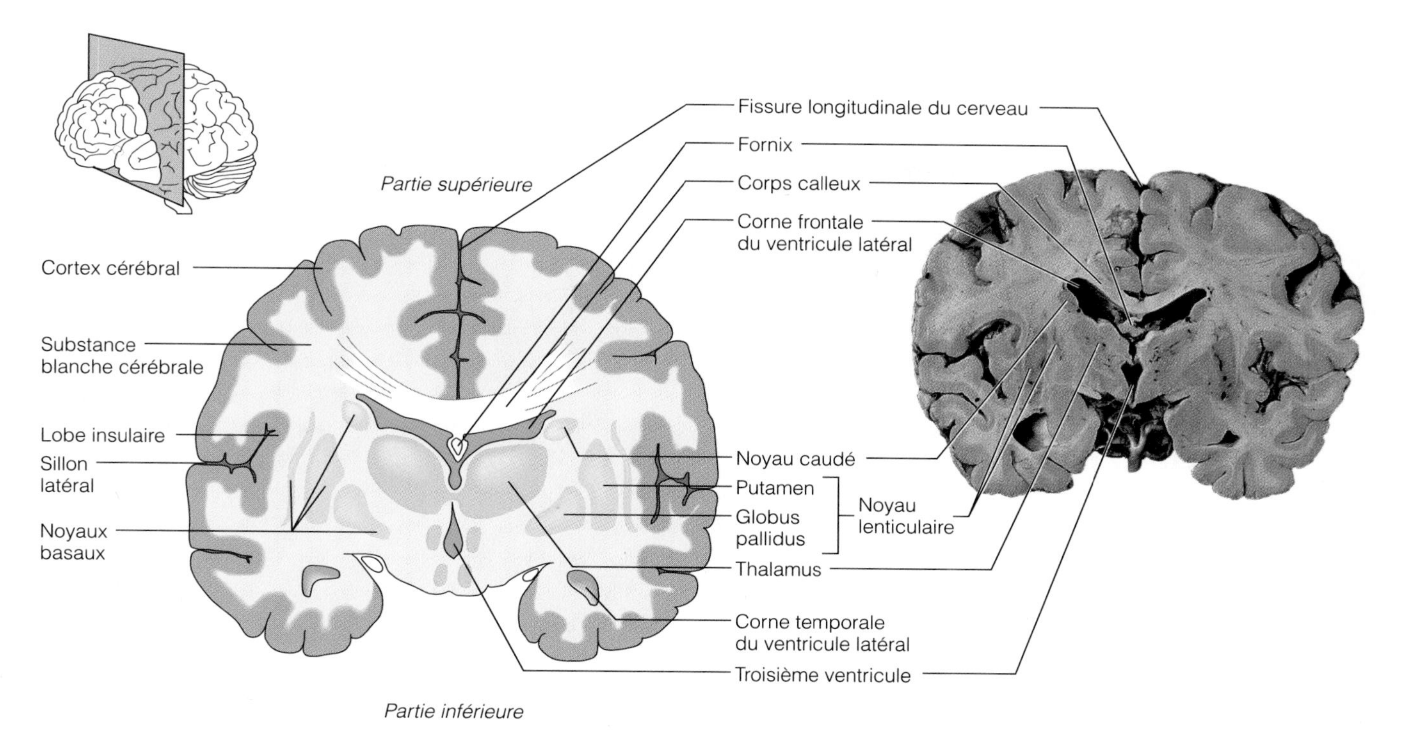

FIGURE 12.9
Principales régions des hémisphères cérébraux. Coupe frontale du cerveau humain montrant la situation du cortex cérébral, de la substance blanche et des noyaux basaux à l'intérieur de celle-ci. Les hémisphères cérébraux enveloppent les structures du diencéphale, c'est pourquoi cette région du cerveau est aussi représentée.

dès lors d'une carte structurale, les premiers neurologues se mirent fébrilement à la recherche des régions *fonctionnelles* du cortex. À cette époque, deux écoles de pensée s'opposaient quant au site des fonctions cérébrales. La **théorie de la spécialisation régionale** voulait que des aires structuralement distinctes du cortex accomplissent des fonctions différentes, tandis que la **théorie des niveaux superposés** soutenait que le cerveau fonctionnait comme un tout. Conformément à cette dernière théorie, une lésion d'une région précise aurait perturbé toutes les fonctions mentales supérieures. Aujourd'hui, grâce aux techniques expérimentales modernes (comme la tomographie par émission de positrons), nous savons que les deux théories comportaient une part de vérité. Certaines fonctions motrices et sensitives sont effectivement reliées à l'activité d'*aires corticales spécifiques.* Toutefois, plusieurs fonctions mentales supérieures (la mémoire et le langage par exemple) semblent résulter du chevauchement des fonctions de plusieurs régions du cerveau. Vous trouverez quelques-unes des plus importantes aires de Brodmann à la figure 12.10, mais nous ne traiterons que brièvement des régions fonctionnelles du cortex cérébral. Dans un premier temps, nous allons énumérer quelques caractéristiques générales du cortex cérébral.

1. Le cortex cérébral renferme trois types d'aires fonctionnelles : les **aires motrices,** qui président à la fonction motrice volontaire, les **aires sensitives,** qui permettent les perceptions sensorielles somatiques et autonomes, et les **aires associatives,** qui servent principalement à intégrer les diverses informations sensorielles (c'est-à-dire les messages) afin d'envoyer des commandes motrices aux effecteurs musculaires et glandulaires.
2. Le cortex de chacun des hémisphères est essentiellement le siège de la perception sensorielle et de la régulation de la motricité volontaire du côté opposé (controlatéral) du corps.
3. La structure du cortex des deux hémisphères est presque symétrique, mais les hémisphères ne sont pas absolument égaux sur le plan fonctionnel. Il y a plutôt latéralisation, c'est-à-dire spécialisation du cortex de chaque hémisphère par rapport à certaines fonctions cérébrales. Nous reviendrons plus loin sur cet aspect.
4. Enfin, et surtout, il est important de se rappeler que notre approche est grossièrement simplifiée. *Aucune* aire fonctionnelle du cortex n'agit isolément ; le comportement conscient fait intervenir, d'une façon ou d'une autre, l'ensemble du cortex.

Quel point de repère anatomique sépare les aires motrices des aires sensitives dans le cortex cérébral?

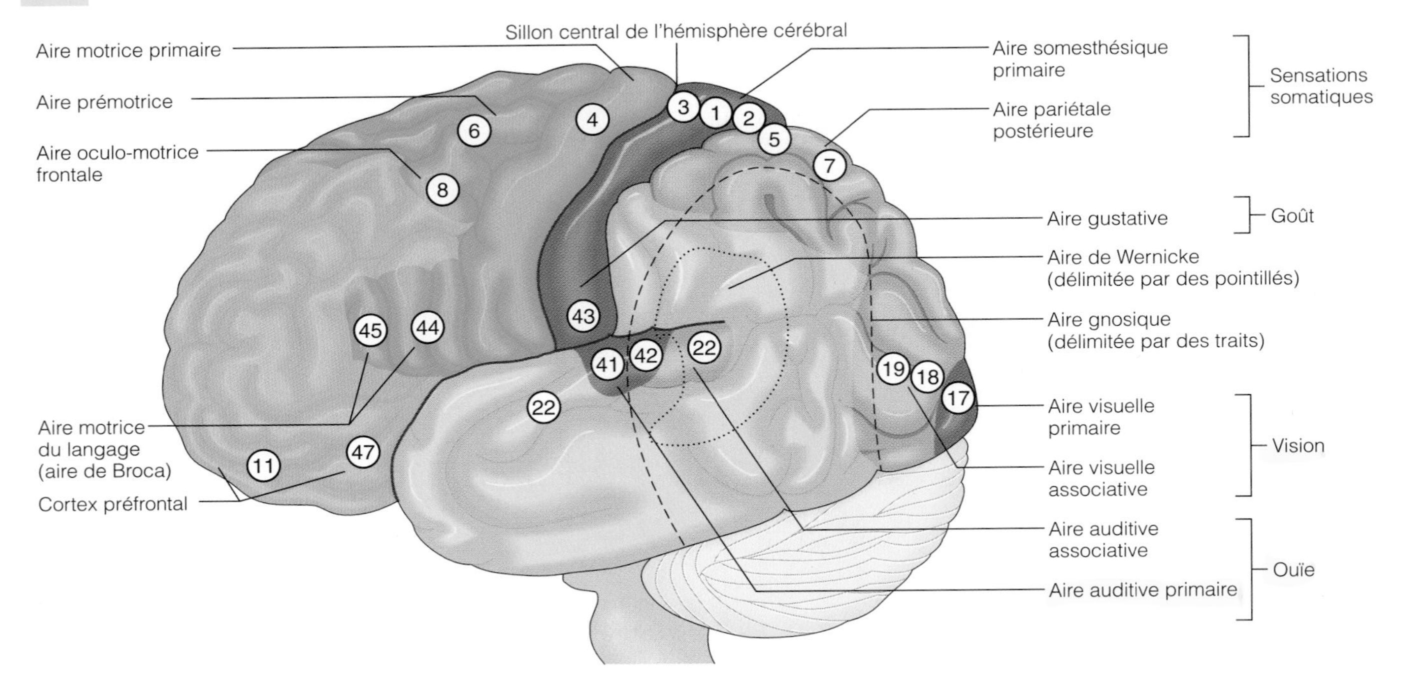

FIGURE 12.10
Aires fonctionnelles du cortex cérébral gauche. Les régions fonctionnelles du cortex apparaissent dans des couleurs différentes. Les numéros indiquent les aires définies par Brodmann. L'aire olfactive, qui est située sur la face médiane du lobe temporal, n'est pas représentée.

12

Aires motrices Les aires corticales régissant les fonctions motrices sont situées dans la partie postérieure des lobes frontaux. Il s'agit de l'aire motrice primaire, de l'aire prémotrice, de l'aire motrice du langage, ou aire de Broca, et de l'aire oculo-motrice frontale (voir la figure 12.10).

1. **Aire motrice primaire.** L'**aire motrice primaire,** aussi appelée **aire motrice somatique,** est située dans le gyrus précentral. Les gros neurones de ce gyrus, appelés **neurones pyramidaux,** régissent les mouvements volontaires des muscles squelettiques. Ils possèdent de longs axones qui forment les tractus de projection de la voie motrice principale. Les **tractus cortico-spinaux,** ou faisceaux pyramidaux, transportent, comme leur nom l'indique, les influx nerveux du cortex cérébral jusqu'à la moelle épinière; les **tractus cortico-nucléaires,** ou faisceaux cortico-nucléaires, transportent les influx du cortex jusqu'aux noyaux moteurs des nerfs crâniens situés dans le tronc cérébral.

   Chaque partie du corps est projetée dans une section du gyrus précentral de l'aire motrice primaire de chaque hémisphère. Cette correspondance entre le corps et les structures du SNC est appelée **somatotopie.** La figure 12.11 (p. 414) montre que le corps est représenté à l'envers dans le cortex cérébral, c'est-à-dire que la tête correspond à l'extrémité latérale inférieure du gyrus précentral et les orteils, à la face médiane. La plupart des neurones de ce gyrus commandent les muscles des régions du corps où les contractions musculaires doivent être très précises, c'est-à-dire le visage, la langue et les mains. Chacune de ces régions occupe ainsi une surface importante et disproportionnée de l'**homoncule moteur** (« petit homme ») dessiné au-dessus du gyrus dans la figure 12.11. Le gyrus gauche régit les muscles situés du côté droit du corps, et le gyrus droit régit les muscles situés du côté gauche: on dit que la motricité est croisée.

   La notion d'homoncule moteur suppose que l'aire motrice primaire constitue une projection systématique du corps et que certains neurones corticaux correspondent spécifiquement aux muscles qu'ils commandent. On sait maintenant que cette conception n'est pas tout à fait exacte. La recherche sur le fonctionnement de l'aire motrice primaire indique en effet qu'un muscle donné est régi par de nombreux points du cortex et que chaque neurone moteur cortical envoie des influx nerveux à plus d'un muscle. Autrement dit, les neurones moteurs corticaux régissent des muscles qui fonctionnent en synergie. Tendre un bras vers l'avant, par exemple, est un mouvement qui fait intervenir des muscles de l'épaule

---
Le sillon central. (réponse imprimée à l'envers)

et des muscles du coude; or, on a découvert des neurones qui semblent régir simultanément les muscles qui servent soit à fléchir soit à étendre ces articulations à différents moments pour produire un mouvement complexe mais coordonné. L'aire motrice primaire n'est donc pas organisée de manière aussi rigoureuse que le laisse croire l'homoncule moteur; il s'agit plutôt d'une représentation ordonnée mais floue dont les neurones sont disposés de manière à coordonner des ensembles de muscles. Les neurones qui commandent le bras sont ainsi entremêlés avec ceux qui commandent des parties du corps reliées au bras, telles la main et l'épaule. Par ailleurs, les neurones qui régissent des mouvements bien distincts les uns des autres, comme les neurones qui commandent les muscles du bras et ceux qui commandent les muscles du tronc, ne se rencontrent pas. Aussi peut-on dire que l'homoncule moteur sert principalement à montrer que de grandes régions de l'aire motrice primaire sont consacrées à la motricité de la jambe, du bras, du torse et de la tête. L'organisation des neurones à l'intérieur de ces grandes régions est cependant beaucoup plus diffuse qu'on ne le croyait autrefois.

Des lésions de l'aire motrice primaire (comme celles que provoque un accident vasculaire cérébral) entraînent la paralysie des muscles squelettiques régis par cette aire. Si la lésion touche l'hémisphère droit, le côté gauche du corps est paralysé, et vice versa. Toutefois, seuls les mouvements *volontaires* sont impossibles, les muscles demeurant aptes aux contractions réflexes dont la plupart sont commandées par des centres de la moelle épinière. ■

2. **Aire prémotrice.** L'**aire prémotrice** est située à l'avant du gyrus précentral (voir la figure 12.10). Cette aire régit les habiletés motrices apprises de nature répétitive ou systématique telles que la pratique d'un instrument de musique et la dactylographie. L'aire prémotrice coordonne les mouvements de plusieurs groupes de muscles squelettiques simultanément ou successivement. Son mode d'action principal consiste à envoyer des influx activateurs à l'aire motrice primaire. Elle a aussi une action plus directe sur l'activité motrice dans la mesure où elle renferme environ 15 % des neurofibres des tractus cortico-spinaux. On peut comparer cette aire à une base de données où sont enregistrées des activités motrices spécialisées.

La destruction totale ou partielle de l'aire prémotrice entraîne la perte des habiletés motrices qui y sont programmées, sans diminuer la force des muscles squelettiques ni la capacité d'accomplir des mouvements individuels. Si, par exemple, la partie de l'aire prémotrice qui régit le va-et-vient de vos doigts au-dessus d'un clavier était endommagée, vous ne pourriez plus dactylographier aussi rapidement qu'avant, mais vous pourriez accomplir les mêmes mouvements avec vos doigts. Vous devriez faire des exercices pour programmer l'habileté dans un autre groupe de neurones prémoteurs, tout comme il vous avait fallu le faire pour acquérir cette habileté. ■

3. **Aire motrice du langage.** L'**aire motrice du langage,** ou aire de Broca, est située à l'avant de l'aire prémotrice; elle chevauche les aires 44 et 45 de Brodmann. On a longtemps cru que cette aire ne se trouvait que dans un seul hémisphère (généralement le gauche) et qu'elle était un *centre moteur du langage* dirigeant les muscles de la langue, de la gorge et des lèvres associés à l'articulation. Cependant, des études utilisant la tomographie par émission de positrons pour « éclairer » les aires actives du cortex cérébral ont montré que l'aire motrice du langage a peut-être d'autres fonctions. Ces études ont en effet révélé que cette aire (et le centre correspondant dans l'autre hémisphère) se mettent en activité lorsque nous nous préparons à parler et à accomplir de nombreuses activités motrices volontaires autres que la parole.

4. **Aire oculo-motrice frontale.** L'**aire oculo-motrice frontale** est située à l'avant de l'aire prémotrice et au-dessus de l'aire motrice du langage. Cette aire commande les muscles du bulbe de l'œil et donc leurs mouvements volontaires.

Aires sensitives Contrairement aux aires motrices, qui sont limitées au lobe frontal, les aires reliées à la conscience des sensations sont situées dans les lobes pariétal, temporal et occipital (voir la figure 12.10).

1. **Aire somesthésique primaire.** L'**aire somesthésique primaire** se trouve dans le gyrus postcentral, c'est-à-dire dans la partie antérieure du lobe pariétal (aires 1 à 3 de Brodmann). Les neurones de ce gyrus reçoivent des messages provenant des récepteurs somatiques de la peau et des propriocepteurs des muscles squelettiques par l'intermédiaire d'une chaîne synaptique composée de trois neurones (voir le tableau 12.2, p. 445). Ils localisent ensuite la provenance des stimulus, une faculté appelée **discrimination spatiale.** Dans cette aire, comme dans l'aire motrice primaire, le corps est représenté à l'envers (voir la figure 12.11), et l'hémisphère droit reçoit les informations sensorielles issues du côté gauche du corps. La perception des différents stimulus est donc aussi croisée. La surface de l'aire somesthésique réservée à la perception sensorielle d'une région spécifique du corps dépend du degré de sensibilité de cette région (c'est-à-dire du nombre de récepteurs qu'elle renferme), et non de sa taille. Le visage (en particulier les lèvres) et le bout des doigts sont les régions les plus sensibles chez l'être humain. Ce sont donc les régions qui correspondent aux surfaces les plus importantes dans l'**homoncule somesthésique.**

2. **Aire pariétale postérieure.** L'**aire pariétale postérieure** est située immédiatement à l'arrière de l'aire somesthésique primaire (voir la figure 12.10) et y est reliée par de nombreuses connexions. Sa principale fonction consiste à intégrer et à analyser les différentes informations somesthésiques qui lui sont acheminées par l'intermédiaire de l'aire somesthésique primaire et à les traduire en perceptions de taille, de texture et d'organisation spatiale. Quand vous mettez la main dans votre poche, par exemple, l'aire pariétale

Pourquoi l'homoncule moteur et l'homoncule somesthésique sont-ils « difformes » ?

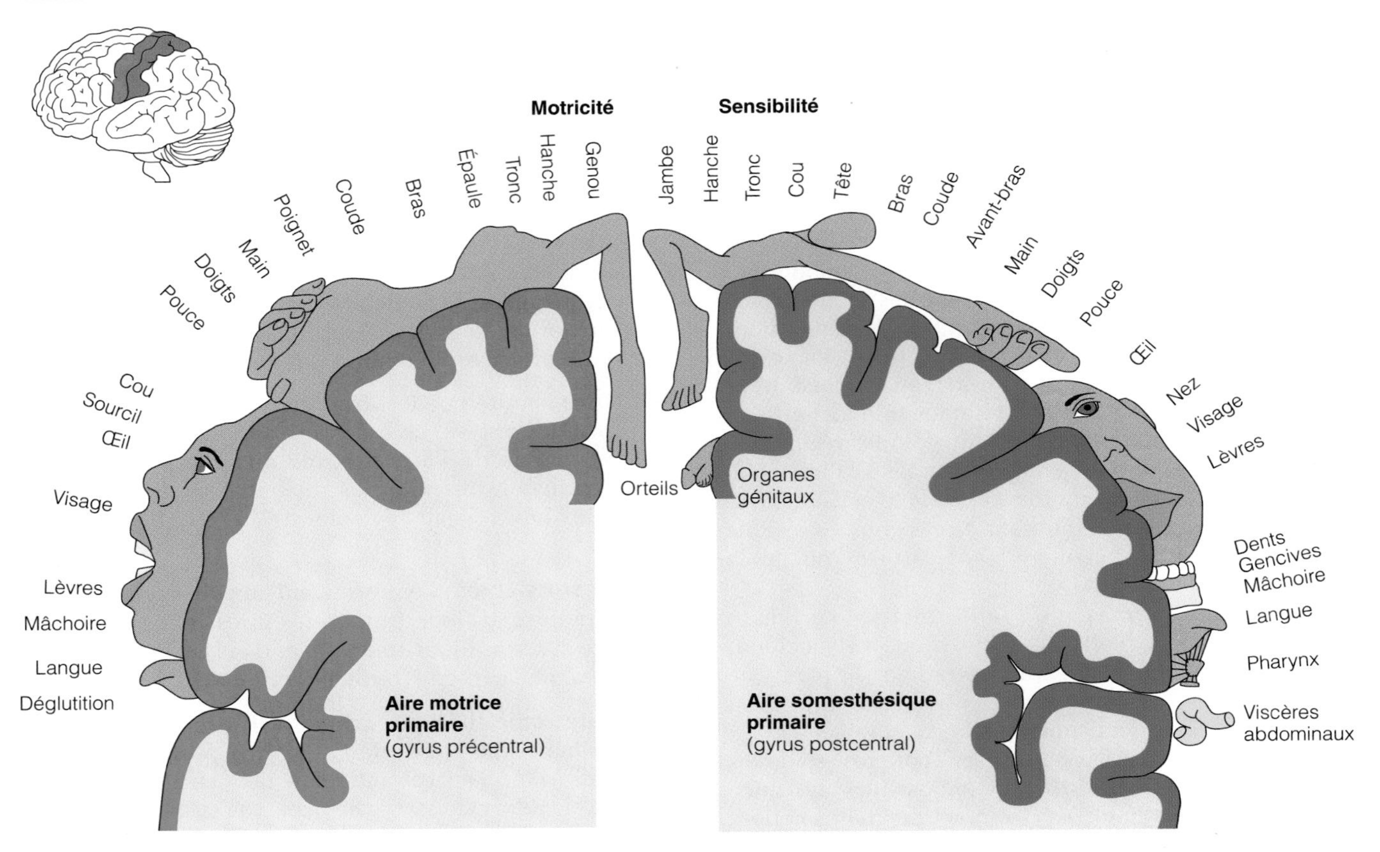

FIGURE 12.11
Aires sensitives et motrices du cortex cérébral. La quantité de tissu cortical réservée à la motricité ou à la sensibilité de chaque partie du corps correspond à la surface du gyrus occupée par le schéma de cette partie du corps. L'aire motrice primaire, dans le gyrus précentral, est représentée à gauche, tandis que l'aire somesthésique primaire, dans le gyrus postcentral, est représentée à droite.

postérieure « consulte » vos souvenirs d'expériences sensorielles et identifie les objets que vous touchez comme des pièces de monnaie ou des clés. Une personne chez qui cette aire aurait été endommagée ne pourrait reconnaître ces objets sans les regarder.

3. **Aires visuelles.** L'**aire visuelle primaire** est située à l'extrémité postérieure du lobe occipital (figure 12.10) ; la majeure partie de cette aire se trouve dans le **sillon calcarin** (littéralement, « en forme d'éperon ») dans la partie médiane de ce lobe (figure 12.8b). C'est la plus étendue des aires sensitives corticales ; elle reçoit l'information visuelle en provenance de la rétine. L'aire visuelle primaire comporte une représentation du champ visuel analogue à la représentation du corps présente dans l'aire somesthésique. La partie de droite du champ visuel est représentée dans l'aire visuelle gauche et la partie gauche dans l'aire visuelle droite.

L'**aire visuelle associative** entoure l'aire visuelle primaire et occupe une bonne partie du lobe occipital (figure 12.10). Elle communique avec l'aire visuelle primaire et interprète les stimulus visuels d'après les expériences visuelles antérieures. C'est grâce à elle que nous pouvons reconnaître une fleur ou un visage. La vision en tant que telle dépend des neurones corticaux de cette aire (bien que des expériences récemment menées sur des singes indiquent que le traitement visuel est un processus complexe qui fait intervenir toute la moitié postérieure des hémisphères cérébraux).

Des lésions de l'aire visuelle primaire entraînent la cécité fonctionnelle. Par ailleurs, les personnes qui ont subi des lésions de l'aire visuelle associative sont capables de voir, mais elles ne comprennent pas ce qu'elles regardent. ■

Parce qu'ils représentent la surface du cortex cérébral réservée à la motricité ou à la sensibilité de chaque partie du corps.

4. **Aires auditives.** L'**aire auditive primaire** est située dans la partie supérieure du lobe temporal, accolée au sillon latéral. Les ondes sonores stimulent les récepteurs auditifs (cochléaires) de l'oreille interne et déclenchent la transmission des influx nerveux à l'aire auditive primaire, qui en décode l'amplitude, le rythme et l'intensité. Derrière l'aire auditive primaire, l'**aire auditive associative** permet ensuite la perception du stimulus sonore, que nous interprétons comme des paroles, de la musique, un coup de tonnerre, un bruit, etc. Il semble que les souvenirs des sons y soient emmagasinés.

> *Faites des pauses quand vous étudiez ! Arrêtez de travailler pendant cinq ou dix minutes toutes les heures pour vous dégourdir les jambes, vous désaltérer et effectuer une de vos tâches quotidiennes. De cette façon, vous améliorerez votre circulation, vous préviendrez la déshydratation, vous éviterez de vous fatiguer trop vite et vous vous débarrasserez de vos travaux domestiques sans même vous en rendre compte !*
>
> *Nancy Kosbiel, étudiante en sciences biologiques*

5. **Aire olfactive.** L'aire olfactive se trouve au creux du lobe temporal, sur la face médiane de l'hémisphère, dans une région appelée *lobe piriforme.* Cette région est dominée par l'**uncus,** une structure en forme de crochet dans la partie antérieure du gyrus parahippocampal (voir la figure 12.8b). Les neurofibres afférentes des récepteurs olfactifs situés dans les cavités nasales transmettent des influx nerveux le long du tractus olfactif; ces influx parviendront finalement jusqu'à l'aire olfactive, avec pour résultat la perception des odeurs.

   L'aire olfactive fait partie du **rhinencéphale** (littéralement, « cerveau du nez ») qui est entièrement consacré à la réception et à la perception des influx olfactifs chez les vertébrés primitifs. Le rhinencéphale comprend l'uncus et les parties associées du cortex cérébral situées sur ou dans les faces médianes des lobes temporaux ainsi que les tractus et les bulbes olfactifs protubérants qui s'étendent jusqu'à la région nasale. Au cours de l'évolution, la majeure partie du rhinencéphale primitif a acquis de nouvelles fonctions rattachées principalement aux émotions et à la mémoire. Nous étudions ce « nouveau » rhinencéphale, appelé *système limbique,* aux pages 428-429. Les seules parties du rhinencéphale qui interviennent encore dans l'odorat chez l'être humain sont les bulbes olfactifs et les tractus olfactifs (décrits au chapitre 16) ainsi que l'aire olfactive, qui s'est atrophiée au cours de l'évolution.

6. **Aire gustative.** L'**aire gustative** (voir la figure 12.10) est associée à la perception des stimulus gustatifs; elle se trouve au creux du lobe pariétal, près du lobe temporal (aire 43 de Brodmann). Elle correspond donc au bout de la langue dans l'homoncule sensitif.

Aires associatives Les **aires associatives** comprennent toutes les aires corticales qui ne sont pas qualifiées par l'adjectif *primaire.* Comme nous l'avons déjà mentionné, l'aire somesthésique primaire et chacune des aires sensitives primaires sont situées à proximité des aires associatives avec lesquelles elles communiquent. Les aires associatives communiquent également entre elles et avec l'aire motrice de manière à reconnaître les informations sensitives, à les analyser et à y réagir. Les aires associatives reçoivent et envoient des messages indépendamment des aires sensitives et motrices primaires, ce qui témoigne de la complexité de leur fonction. Nous décrivons ci-dessous les aires associatives dont nous n'avons pas encore parlé.

1. **Cortex préfrontal.** Le **cortex préfrontal** occupe la partie antérieure du lobe frontal (voir la figure 12.10); il constitue la plus complexe des régions corticales. Il est relié à l'intellect, à la cognition (c'est-à-dire aux capacités d'apprentissage) ainsi qu'à la personnalité. De lui dépendent la production des idées abstraites, le jugement, le raisonnement, la persévérance, l'anticipation, l'altruisme et la conscience. Comme toutes ces facultés se développent très progressivement chez l'enfant, il semble que la croissance du cortex préfrontal s'effectue lentement et qu'elle soit largement déterminée par les rétroactivations et les rétro-inhibitions provenant du milieu social. Le cortex préfrontal est également associé à l'humeur car il est étroitement relié au système limbique (le siège des émotions). C'est le développement considérable de cette région qui distingue l'être humain des autres animaux.

   Les tumeurs ou d'autres lésions du cortex préfrontal provoquent parfois des troubles mentaux et des troubles de la personnalité. Elles peuvent causer des sautes d'humeur marquées ainsi qu'une perte de l'attention et des inhibitions. La personne atteinte peut faire preuve d'indifférence face aux contraintes sociales. Ainsi, elle peut négliger son apparence ou encore préférer l'attaque brutale à la fuite devant un opposant qui la dépasse d'une tête.

   Entre 1930 et 1950 environ, on employait une technique chirurgicale appelée *lobotomie préfrontale* pour traiter les maladies mentales graves. L'intervention, qui consistait à sectionner certains faisceaux qui se rendent au cortex préfrontal, semblait prometteuse à ses débuts car elle atténuait l'anxiété. Or, le traitement s'avéra pire que la maladie, puisqu'il causait fréquemment l'épilepsie et des changements de personnalité anormaux tels que la perte du jugement ou de l'initiative. Aujourd'hui, les psychotropes constituent le traitement de choix dans la plupart des troubles mentaux. ■

2. **Aire gnosique.** L'**aire gnosique,** ou aire commune de l'interprétation, est une région mal définie du cortex cérébral. Elle comprend des parties des lobes temporal, pariétal et occipital (figure 12.10). On ne la trouve que dans un seul hémisphère, en général le gauche. Cette aire reçoit les informations sensorielles de toutes les aires sensitives associatives, et semble constituer un « entrepôt » pour les souvenirs complexes associés aux perceptions sensorielles. À partir d'un ensemble d'informations sensorielles, elle produit une pensée ou une compréhension unifiée. Elle envoie ensuite ce résultat au cortex préfrontal, qui y ajoute des touches émotionnelles et détermine la réponse appropriée. Supposons par exemple qu'une

bouteille d'acide chlorhydrique vous tombe des mains et que le contenu vous éclabousse. Vous voyez la bouteille voler en éclats, vous entendez le bruit du verre brisé, vous sentez la brûlure sur votre peau, vous respirez les vapeurs de l'acide. Or, ce ne sont pas ces perceptions qui dominent votre conscience, mais bien le message global de « danger ». Instantanément, les muscles de vos jambes se contractent et vous portent en toute hâte jusqu'à la douche d'urgence.

Les lésions de l'aire gnosique provoquent l'imbécillité, même si toutes les autres aires sensitives associatives sont intactes ; la destruction de cette aire rend la personne incapable d'interpréter les situations. ■

D'après des recherches récentes, l'aire gnosique et le cortex préfrontal travaillent de concert à assembler les nouvelles expériences en constructions logiques, en « récits » fondés sur nos expériences passées. Si tel est le cas, notre vision du monde n'est pas véritablement objective, mais façonnée par ce que nous savons et comprenons déjà. Les récits exercent beaucoup d'attrait sur les représentants de toutes les cultures. Serait-ce parce que la narration est un des mécanismes de notre fonctionnement mental ?

3. **Aires du langage.** Les régions corticales associées au langage se trouvent dans les deux hémisphères. On trouve une aire d'intégration spécialisée, appelée **aire de Wernicke** (voir la figure 12.10), dans la partie postérieure du lobe temporal d'un hémisphère (généralement le gauche). Cette aire est aussi appelée « centre de la parole » ; elle entoure une partie de l'aire auditive associative. On pensait jusqu'à tout récemment que l'aire de Wernicke était la seule aire associée à la compréhension du langage écrit et parlé. Mais la tomographie par émission de positrons a révélé que cette aire est probablement reliée à la prononciation de mots inconnus, tandis que le processus plus complexe de *compréhension* du langage se déroule en fait dans les aires préfrontales, à mi-chemin entre les aires 45 et 11 de Brodmann.

   Les **aires du langage affectif,** qui président aux aspects non verbaux et émotionnels du langage, semblent situées dans l'hémisphère opposé à l'aire motrice du langage et à l'aire de Wernicke. Ces aires font que le rythme ou le ton de notre voix ainsi que nos gestes expriment nos émotions pendant que nous parlons, et elles nous permettent de comprendre le contenu émotionnel de ce que nous entendons. (Par exemple, une réponse douce et mélodieuse ne véhicule pas la même signification qu'une répartie sèche.)

4. **Aires associatives viscérales.** Le cortex du lobe insulaire (voir la figure 12.9) intervient peut-être dans la perception consciente des sensations viscérales (telles que les malaises gastriques et la plénitude de la vessie).

Latéralisation fonctionnelle des hémisphères cérébraux Nous avons recours à nos deux hémisphères cérébraux dans presque toutes nos activités. Ils ont les mêmes souvenirs et semblent presque identiques. Il y a néanmoins division du travail entre les hémisphères. En effet, chacun est doté de facultés dont l'autre est dépourvu, et l'un ou l'autre domine dans l'accomplissement de chacune de nos tâches. Ce phénomène est appelé **latéralisation fonctionnelle.** Les connaissances que nous en avons proviennent d'observations faites sur des individus ayant subi une déconnexion interhémisphérique. Le terme **dominance cérébrale** désigne la prépondérance d'un hémisphère *par rapport au langage.* Chez 90 % des gens environ, l'hémisphère gauche est celui qui exerce le plus de maîtrise sur les habiletés du langage, les habiletés mathématiques et la logique. Cet hémisphère dit dominant se met à l'œuvre lorsque nous écrivons une phrase, vérifions un relevé de compte et mémorisons une liste de noms. L'autre hémisphère (généralement le droit) intervient plutôt dans les habiletés spatio-visuelles, l'intuition, l'émotion de même que l'appréciation de l'art et de la musique et la reconnaissance des visages : c'est le côté poétique, créatif et intuitif de notre nature. La plupart des individus chez qui l'hémisphère gauche est dominant sont droitiers.

Chez les 10 % restants de la population, les rôles des hémisphères sont inversés ou égaux. La plupart des gens chez qui l'hémisphère droit est dominant sont gauchers et de sexe masculin. Les gauchers dont les fonctions corticales sont bilatérales ont dans la main non dominante une force et une adresse supérieures à la moyenne, et ils sont ambidextres. Mais la dualité de la commande cérébrale peut aussi occasionner de la confusion (« Est-ce ton tour ou le mien ? ») et des troubles de l'apprentissage. Certains cas de *dyslexie,* un trouble de la lecture caractérisé, en l'absence de toute déficience intellectuelle, par des inversions des lettres ou des syllabes dans les mots (et des mots dans les phrases), seraient dus à l'absence de dominance cérébrale.

Par ailleurs, chaque côté du cerveau exerce une influence sur l'autre. L'hémisphère dominant, plus intellectuel, empêche l'hémisphère non dominant de se livrer à des épanchements émotionnels outrés. Inversement, le côté émotif du cerveau nous pousse à briser la routine, à nous laisser aller à la rêverie ou à agir de manière spontanée. La croyance populaire voulant que nous ayons « deux cerveaux » et que l'un domine l'autre est donc fausse. Les deux hémisphères cérébraux communiquent presque instantanément l'un avec l'autre par l'intermédiaire de neurofibres commissurales (corps calleux), ce qui explique que l'intégration de leurs fonctions respectives soit totale. De plus, bien que le terme « latéralisation » signifie que chaque hémisphère s'acquitte mieux que l'autre de certaines fonctions, aucun ne prime de façon absolue.

Substance blanche cérébrale

On déduit de ce qui précède que l'échange d'informations est constant dans le cerveau. Les aires corticales des deux hémisphères cérébraux communiquent entre elles et avec les centres sous-corticaux du SNC par l'intermédiaire de la **substance blanche cérébrale** (voir la figure 12.9). Cette substance est en grande partie composée de neurofibres myélinisées regroupées en faisceaux. Suivant leur orientation,

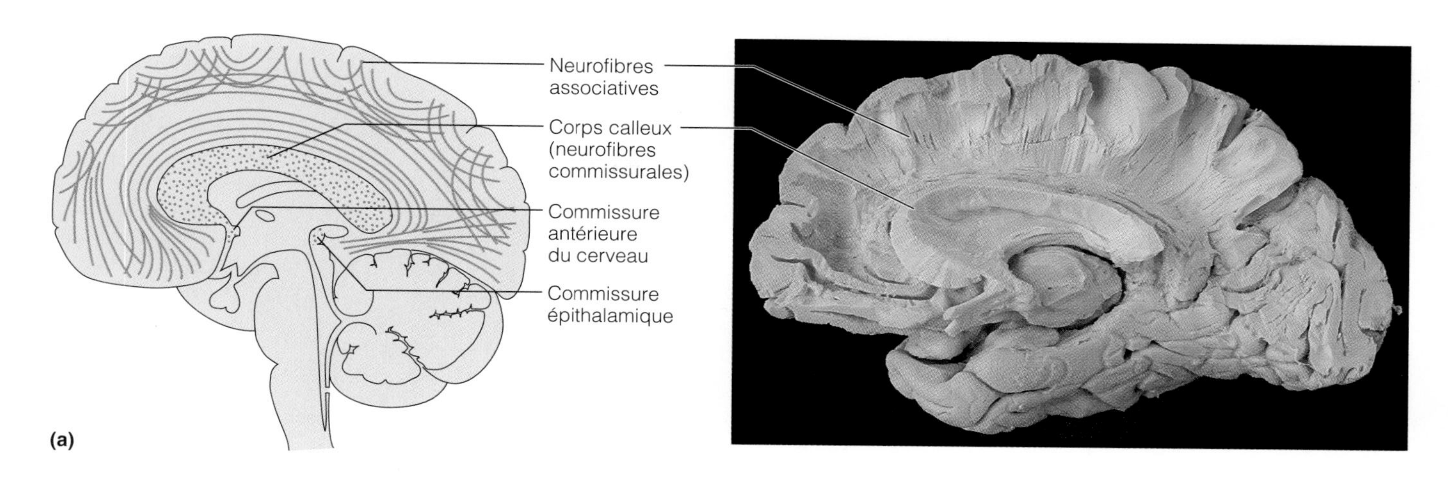

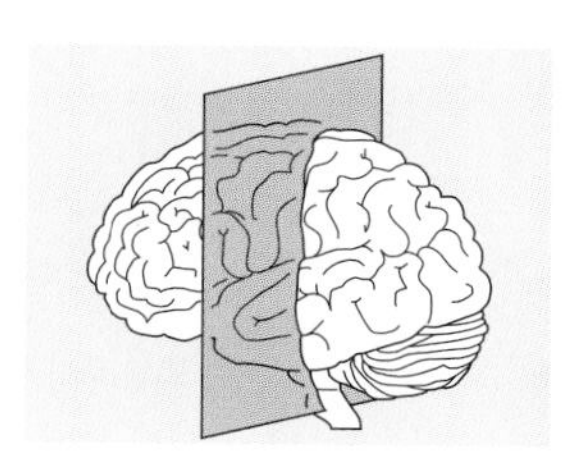

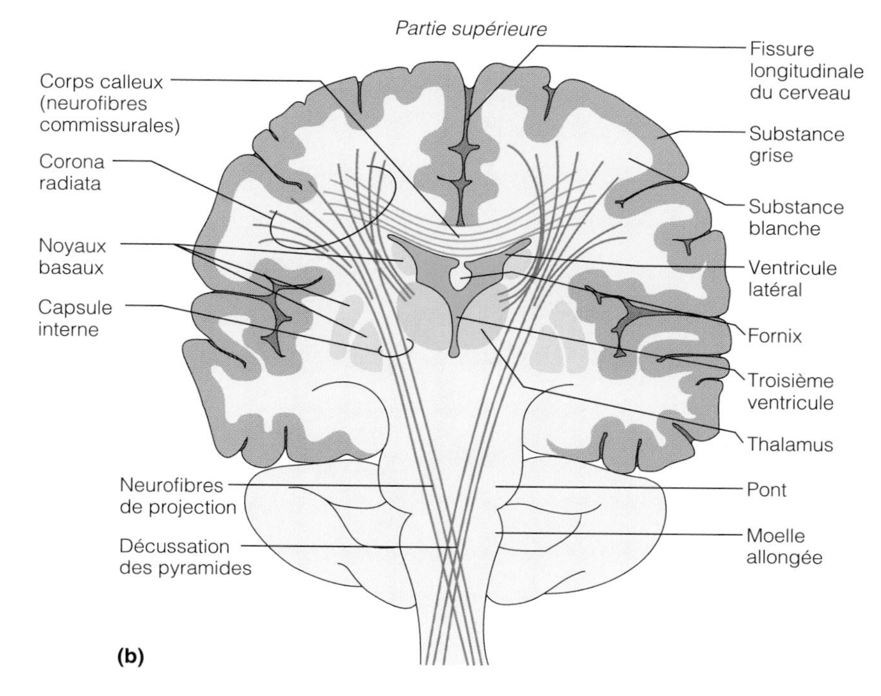

FIGURE 12.12
Neurofibres composant la substance blanche cérébrale. (a) Coupes sagittales médianes de l'hémisphère cérébral droit; schéma à gauche et photographie à droite. Remarquez les neurofibres associatives (qui relient différentes parties du même hémisphère) et le corps calleux, une commissure qui relie les hémisphères. **(b)** Coupe frontale de l'encéphale montrant le corps calleux (neurofibres commissurales) et des fibres de projection qui s'étendent entre le cerveau et les centres inférieurs du SNC. Entre le thalamus et les noyaux basaux, les neurofibres de projection se regroupent en une bande compacte appelée capsule interne. Puis elles s'étalent en éventail pour former la corona radiata.

12

ces neurofibres sont dites *commissurales, associatives* ou *de projection*.

Les **neurofibres commissurales** forment les **commissures** qui relient les aires homologues des hémisphères et permettent leur coordination. Les deux principales commissures sont la **commissure antérieure du cerveau** et le **corps calleux** (littéralement, « corps épaissi »). La plus importante des deux, le corps calleux, est située au-dessus des ventricules latéraux, au fond de la fissure longitudinale du cerveau (figure 12.12b).

Les **neurofibres associatives** forment les faisceaux d'association qui transmettent les influx nerveux à l'intérieur d'un même hémisphère. Les neurofibres courtes (neurofibres arquées du cerveau) relient les gyrus adjacents, tandis que les neurofibres longues forment des faisceaux d'association qui relient les différents lobes corticaux entre eux (le cingulum, par exemple, relie le lobe frontal au lobe temporal).

Les **neurofibres de projection** forment les faisceaux de projection qui pénètrent dans les hémisphères en provenance des centres inférieurs de l'encéphale ou de la moelle épinière; elles comprennent également les neurofibres qui partent du cortex en direction de régions inférieures. Les neurofibres de projection relient le cortex au reste du système nerveux ainsi qu'aux récepteurs et aux effecteurs du corps. Contrairement aux neurofibres commissurales et aux neurofibres associatives qui sont disposées horizontalement, les neurofibres de projection sont verticales.

Pourquoi désigne-t-on le noyau lenticulaire et le noyau caudé par le terme corps strié ?

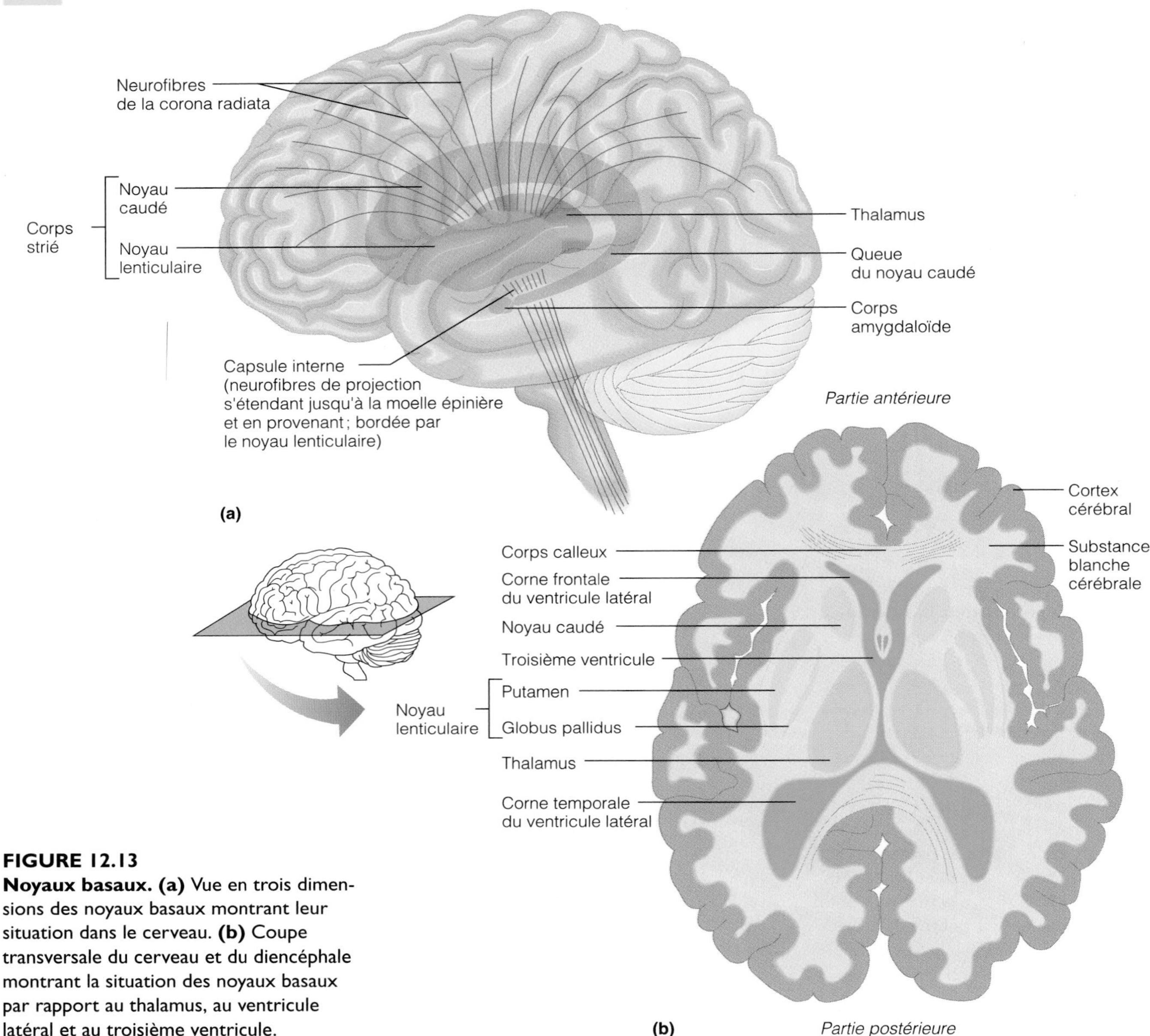

FIGURE 12.13
Noyaux basaux. (a) Vue en trois dimensions des noyaux basaux montrant leur situation dans le cerveau. **(b)** Coupe transversale du cerveau et du diencéphale montrant la situation des noyaux basaux par rapport au thalamus, au ventricule latéral et au troisième ventricule.

Les neurofibres de projection situées de part et d'autre du sommet du tronc cérébral forment une bande compacte appelée **capsule interne** (voir les figures 12.12b et 12.13a), qui passe entre le thalamus et certains des noyaux basaux. Au-delà de ce point, elles rayonnent en éventail jusqu'au cortex à travers la substance blanche. Cette structure est appelée **corona radiata** (littéralement, « couronne rayonnante »).

Parce qu'ils sont traversés par des neurofibres de la corona radiata qui semblent leur imprimer des stries.

Noyaux basaux

Au cœur de la substance blanche cérébrale de chaque hémisphère se trouve un groupe de noyaux sous-corticaux appelés **noyaux basaux.** Bien que la question soit matière à controverse, on convient généralement que les noyaux basaux regroupent essentiellement le **noyau caudé,** le **putamen** et le **globus pallidus** (voir la figure 12.13b). Le putamen (littéralement, « gousse ») et le globus pallidus (littéralement, « globe pâle ») constituent une masse ovoïde, le **noyau lenticulaire,** qui borde latéralement la capsule interne. Le noyau caudé est en forme de virgule et se recourbe par-dessus le diencéphale, sur la face médiane

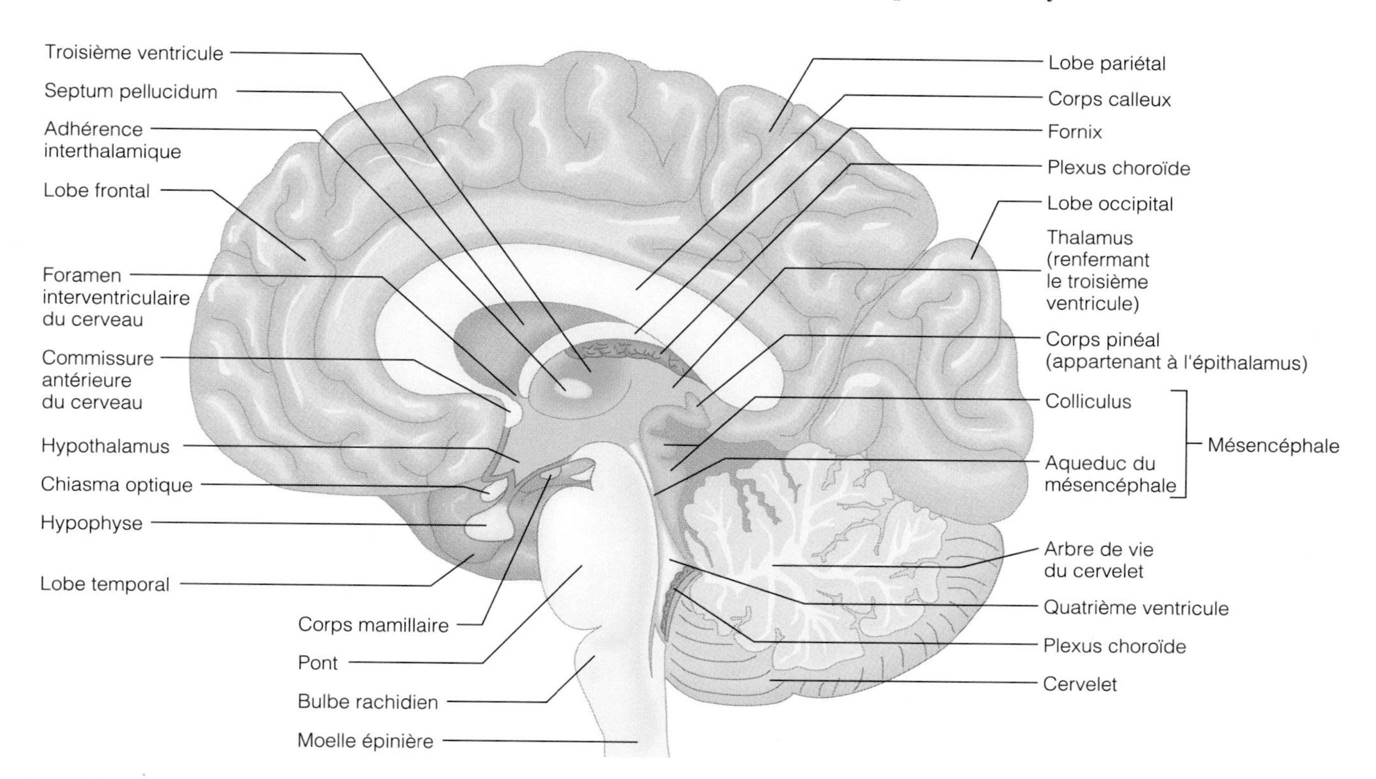

FIGURE 12.14
Coupe sagittale médiane de l'encéphale montrant le diencéphale et les structures du tronc cérébral.

de la capsule interne. Le noyau lenticulaire et le noyau caudé sont appelés ensemble **corps strié,** car les neurofibres de projection de la capsule interne semblent y imprimer des stries (voir la figure 12.13a). Sur le plan fonctionnel, les noyaux basaux sont associés aux *noyaux subthalamiques* (situés sur le « plancher » latéral du diencéphale) et à la *substantia nigra* du mésencéphale.

Le **corps amygdaloïde** (*amygdala* = amande) se trouve sur la queue du noyau caudé et renferme plusieurs noyaux. Du point de vue anatomique, on l'associe traditionnellement aux noyaux basaux alors que, fonctionnellement, il appartient au système limbique (voir p. 428-429).

Chacun des noyaux basaux reçoit des informations sensorielles de l'ensemble du cortex cérébral ainsi que des autres noyaux sous-corticaux et des autres noyaux basaux. Par l'intermédiaire de faisceaux d'association passant par le thalamus, les noyaux basaux sont en communication avec l'aire prémotrice et le cortex préfrontal et influent ainsi sur les mouvements musculaires dirigés par l'aire motrice primaire. Les noyaux basaux n'ont aucune liaison directe avec les voies motrices.

Le rôle des noyaux basaux est longtemps resté insaisissable, car leur situation les rend inaccessibles et leurs fonctions se superposent dans une certaine mesure à celles du cervelet. Les noyaux basaux et le cervelet sont en effet les deux principales structures motrices sous-corticales. Cependant, on s'aperçoit aujourd'hui que l'apport des noyaux basaux à la régulation motrice est plus complexe qu'on ne le croyait, et on sait qu'ils participent à la cognition. Ils jouent un rôle particulièrement important dans le déclenchement, la régulation et la cessation des mouvements dirigés par le cortex, surtout les mouvements relativement lents et soutenus ou encore les mouvements stéréotypés comme le balancement des bras pendant la marche. Ils régissent aussi l'*intensité* de ces mouvements, un peu comme l'entraînement commande le régime d'un moteur. En outre, les noyaux basaux inhibent les mouvements antagonistes ou superflus. Leur apport semble donc nécessaire à l'accomplissement simultané de plusieurs activités. Les lésions des noyaux basaux provoquent des perturbations de la posture et du tonus musculaire, des mouvements involontaires tels que des tremblements, et une lenteur anormale des mouvements (comme dans la maladie de Parkinson). Nous traitons en détail des activités régulatrices des noyaux basaux et de leur rôle dans la mémoire au chapitre 15.

Diencéphale

Le **diencéphale** est recouvert des hémisphères cérébraux et forme avec eux le cerveau. Il est composé essentiellement de trois structures présentes dans les deux hémisphères, soit le thalamus, l'hypothalamus et l'épithalamus, situées de chaque côté du troisième ventricule (voir les figures 12.9 et 12.14).

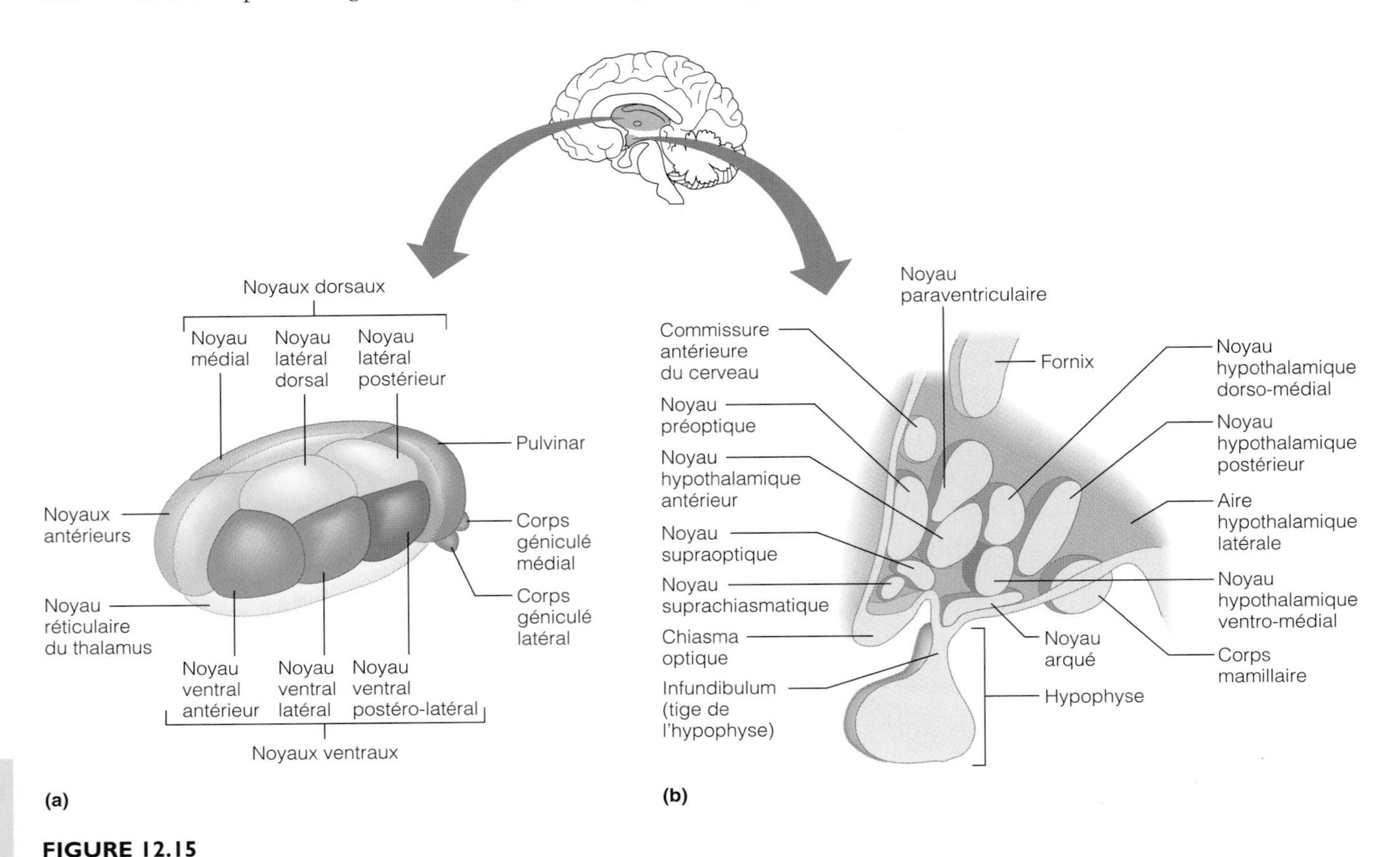

FIGURE 12.15
Quelques structures du diencéphale. (a) Le thalamus et les principaux noyaux thalamiques. (Le noyau réticulaire du thalamus qui entoure les noyaux thalamiques est représenté sous la forme d'une structure translucide incurvée.) **(b)** Les principaux noyaux hypothalamiques.

12

Thalamus

Le **thalamus** (*thalamos* = chambre interne) est de forme ovoïde; il représente 80 % du diencéphale. Il constitue les parois supéro-latérales du troisième ventricule (voir la figure 12.9). Il est composé de deux masses jumelles de substance grise retenues par une commissure médiane appelée **adhérence interthalamique,** ou commissure grise.

Le thalamus comprend de nombreux noyaux aux fonctions spécifiques dont la plupart sont nommés d'après leur situation relative (figure 12.15a). Chacun de ces noyaux projette des neurofibres vers une région définie du cortex, et chacun reçoit des neurofibres issues de cette même région. Les afférences provenant de tous les organes des sens et de toutes les parties du corps convergent dans le thalamus et y font synapse avec au moins un de ses noyaux. Dans le *noyau ventral postéro-latéral,* par exemple, on trouve d'importantes synapses entre les neurofibres qui acheminent les influx en provenance des récepteurs sensoriels somatiques (du toucher, de la pression, etc.). De même, le *corps géniculé latéral* et le *corps géniculé médial* sont d'importants relais pour les influx visuels et auditifs respectivement. Le tri et une certaine forme de traitement de l'information s'effectuent dans le thalamus. Les influx reliés à des fonctions semblables y sont groupés et retransmis aux aires sensitives et associatives appropriées par l'intermédiaire des faisceaux d'association et des neurofibres de la capsule interne. À mesure que les afférences sensitives atteignent le thalamus, nous pouvons distinguer grossièrement si la sensation que nous sommes sur le point d'éprouver sera agréable ou désagréable. Toutefois, la localisation et la distinction des stimulus se déroulent dans les différentes aires du cortex cérébral.

En fait, la *quasi-totalité* des influx nerveux envoyés au cortex cérébral passent par les noyaux thalamiques: les influx qui participent à la régulation des émotions et des fonctions viscérales traversent les noyaux antérieurs du thalamus en provenance de l'hypothalamus; certains de ceux qui dirigent l'activité des aires motrices traversent le noyau ventral latéral et le noyau ventral antérieur en provenance du cervelet et des noyaux basaux respectivement. Quelques-uns des noyaux thalamiques (le pulvinar, le noyau latéral dorsal et le noyau latéral postérieur) participent à l'intégration des informations sensorielles et projettent des neurofibres vers des aires associatives précises. L'ensemble des noyaux thalamiques est enveloppé par une mince couche de cellules qui constituent le *noyau réticulaire du thalamus*; ce noyau semble influer sur la concentration et l'attention en exerçant des effets inhibiteurs sur tous les autres noyaux du thalamus. Le thalamus joue donc un rôle essentiel dans la sensibilité, la motricité, l'excitation corticale, l'apprentissage et la mémoire; il constitue véritablement la porte d'entrée du cortex cérébral.

Hypothalamus

L'**hypothalamus** (littéralement, « sous le thalamus ») couronne le tronc cérébral. Il compose les parois et le plancher du troisième ventricule (voir la figure 12.14). Pénétrant par sa partie inférieure dans le mésencéphale, il s'étend du chiasma optique (le point de croisement des nerfs optiques) à l'extrémité postérieure des corps mamillaires. Les **corps mamillaires** (littéralement, « petits seins ») sont deux noyaux jumeaux en forme de pois qui font saillie à l'arrière de l'hypothalamus ; ils servent de relais pour les stimulus olfactifs. L'**infundibulum** est une tige de tissu hypothalamique (principalement formée de neurofibres) qui relie la base de l'hypothalamus à l'**hypophyse** ; il est situé entre le chiasma optique et les corps mamillaires. Comme le thalamus, l'hypothalamus contient de nombreux noyaux importants du point de vue fonctionnel (figure 12.15b).

En dépit de sa petite taille, l'hypothalamus constitue le principal centre de régulation des fonctions physiologiques et il est essentiel au maintien de l'homéostasie. La plupart des organes du corps se trouvent sous son influence. Nous résumons ci-dessous ses principales fonctions homéostatiques.

1. **Régulation des centres du SNA.** L'hypothalamus régit l'activité du système nerveux autonome en dirigeant les fonctions des centres autonomes du tronc cérébral et de la moelle épinière. L'hypothalamus peut ainsi régler la pression artérielle, la fréquence et l'intensité des contractions cardiaques, la motilité du tube digestif, la fréquence et l'amplitude respiratoires, le diamètre pupillaire et de nombreuses autres activités viscérales (voir le chapitre 14).
2. **Régulation des réactions émotionnelles et du comportement.** L'hypothalamus possède de nombreux liens avec les aires associatives corticales et les centres de la partie inférieure du tronc cérébral. Il constitue en fait le « cœur » du système limbique (la partie émotionnelle du cerveau). Il abrite les noyaux associés à la perception du plaisir, de la peur et de la colère ainsi que les noyaux reliés aux rythmes et aux pulsions biologiques (comme la pulsion sexuelle).

   L'hypothalamus, par le truchement de voies du SNA, déclenche la plupart des manifestations physiques des émotions. Celles de la peur, par exemple, sont les palpitations, l'élévation de la pression artérielle, la pâleur, la transpiration et la bouche sèche (xérostomie).
3. **Régulation de la température corporelle.** Le thermostat de l'organisme est situé dans l'hypothalamus. Celui-ci reçoit des informations provenant des thermorécepteurs situés dans d'autres parties de l'encéphale et dans la périphérie du corps ; par ailleurs, certains neurones hypothalamiques (ceux de la *région préoptique* en particulier) « enregistrent » la température du sang qui traverse l'hypothalamus. Selon ces signaux, l'hypothalamus déclenche les mécanismes de refroidissement (transpiration), ou de réchauffement (grelottement) nécessaires au maintien d'une température relativement constante du milieu interne (voir le chapitre 25).
4. **Régulation de l'apport alimentaire.** En réponse aux variations des concentrations sanguines de certains nutriments (le glucose et probablement les acides aminés) ou de certaines hormones (notamment l'insuline), l'hypothalamus régit l'apport alimentaire en agissant sur la sensation de faim et de satiété (voir le chapitre 25). Il semble que les *noyaux hypothalamiques ventro-médiaux* aient un rôle à jouer dans la sensation de satiété.
5. **Régulation de l'équilibre hydrique et de la soif.** Des neurones de l'hypothalamus appelés *osmorécepteurs* perçoivent une augmentation excessive de la concentration de soluté dans les liquides organiques. Ils stimulent alors des noyaux hypothalamiques qui déclenchent la libération de l'hormone antidiurétique (ADH) par la neurohypophyse. Cette hormone « commande » aux reins de retenir l'eau. Les mêmes conditions stimulent les neurones hypothalamiques du *centre de la soif* et nous poussent à ingérer des liquides (voir le chapitre 27).
6. **Régulation du cycle veille-sommeil.** L'hypothalamus participe à la régulation du phénomène complexe qu'est le sommeil, conjointement avec d'autres régions du cerveau. Par le truchement de son *noyau suprachiasmatique* (l'horloge biologique de l'organisme), l'hypothalamus règle le cycle du sommeil en réponse aux informations relatives à la clarté ou à l'obscurité qui proviennent des voies visuelles.
7. **Régulation du fonctionnement endocrinien.** L'hypothalamus est à double titre le timonier du système endocrinien. Premièrement, il *régit* la sécrétion des hormones par l'adénohypophyse en produisant des *hormones de libération.* Deuxièmement, ses *noyaux supraoptiques* et ses *noyaux paraventriculaires* produisent respectivement l'hormone antidiurétique et l'ocytocine. Nous reviendrons sur les rapports entre l'hypothalamus et le système endocrinien au chapitre 17.

Les troubles hypothalamiques sont à l'origine de plusieurs perturbations de l'homéostasie, notamment l'amaigrissement et l'obésité graves, les troubles du sommeil, la déshydratation et divers déséquilibres émotionnels. Par exemple, les nourrissons privés de soins et d'affection peuvent souffrir de troubles du sommeil qui entravent leur croissance. ■

Épithalamus

L'**épithalamus** est la partie postérieure du diencéphale ; il forme le toit du troisième ventricule. De son extrémité postérieure pointe le **corps pinéal,** ou glande pinéale (littéralement, « en forme de cône de pin »), visible de l'extérieur (voir les figures 12.14 et 12.17). Le corps pinéal sécrète l'hormone appelée *mélatonine* ; cette glande semble participer, avec les noyaux hypothalamiques, à la régulation du cycle veille-sommeil et de l'humeur. (Nous y reviendrons au chapitre 17.) L'épithalamus comprend aussi une structure appelée **plexus choroïde,** qui sécrète le liquide cérébro-spinal (voir la figure 12.14).

12

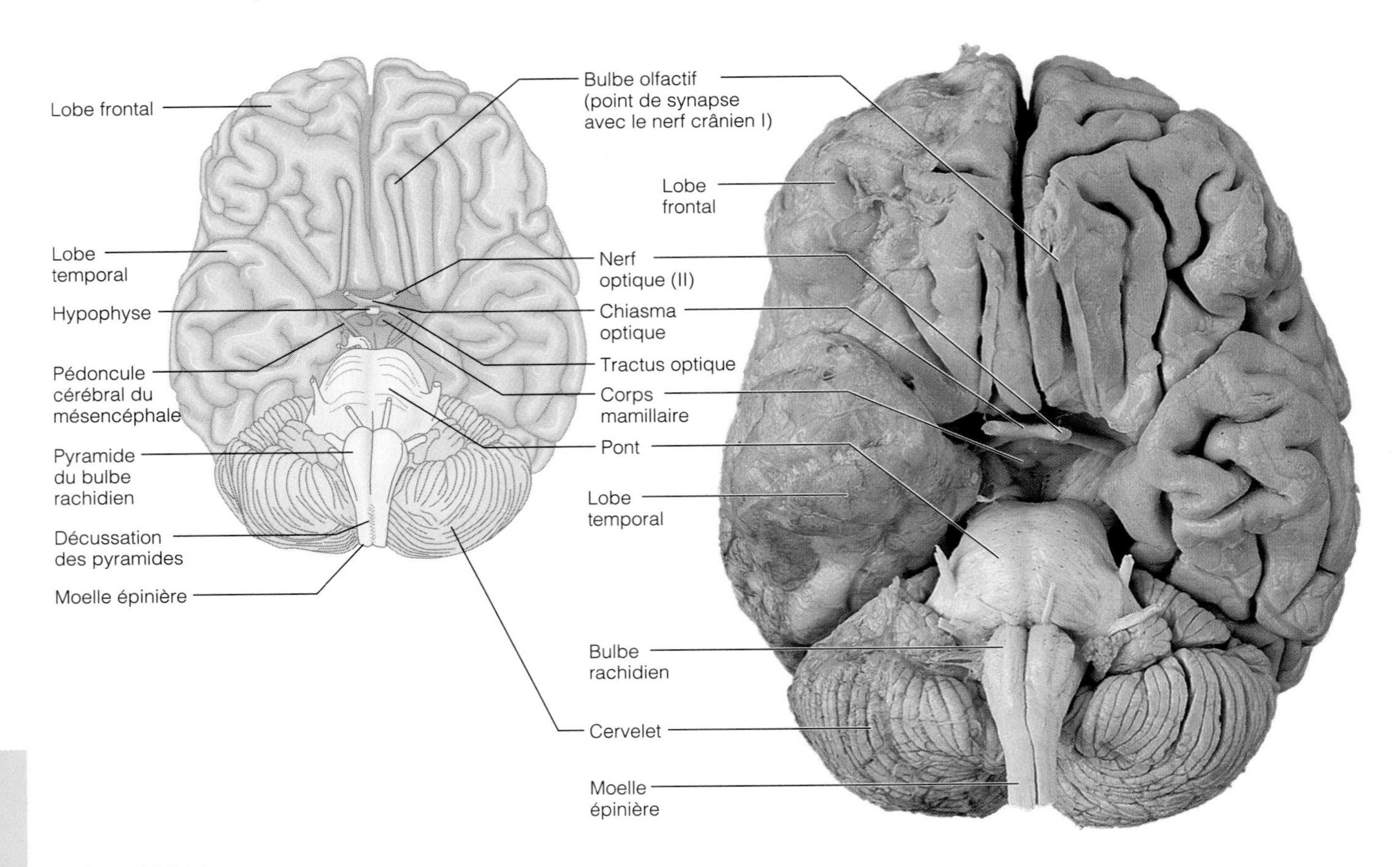

12

FIGURE 12.16
Vue antérieure de l'encéphale humain montrant les trois régions du tronc cérébral. Seule une petite partie du mésencéphale est visible, le reste étant entouré par d'autres régions de l'encéphale.

Tronc cérébral

De haut en bas, le tronc cérébral est composé du mésencéphale, du pont et du bulbe rachidien (voir les figures 12.14, 12.16 et 12.17). Chacune de ces régions mesure environ 2,5 cm de longueur. Le tronc cérébral est semblable (mais non identique) à la moelle épinière sur le plan histologique, c'est-à-dire qu'il est constitué de substance grise entourée de faisceaux de substance blanche (voir la figure 12.6).

Les centres du tronc cérébral produisent les comportements automatiques et immuables qui sont nécessaires à la survie. Placé entre le cerveau et la moelle épinière, le tronc cérébral constitue un passage pour les tractus et faisceaux ascendants et descendants qui relient les centres inférieurs et supérieurs. En outre, le tronc cérébral est un élément primordial de l'innervation de la tête, car ses noyaux sont associés à 10 des 12 paires de nerfs crâniens (qui sont décrits au chapitre 13).

Mésencéphale

Le **mésencéphale** est situé au-dessous du diencéphale et au-dessus du pont (voir la figure 12.16). Sa face ventrale présente deux renflements, les **pédoncules cérébraux,** qui ressemblent à des piliers verticaux soutenant le cerveau, d'où leur nom qui signifie littéralement « petits pieds du cerveau ». Ces pédoncules contiennent les grands tractus moteurs pyramidaux qui descendent vers la moelle épinière. Les *pédoncules cérébelleux supérieurs,* qui sont eux aussi constitués de tractus, relient la partie dorsale du mésencéphale au cervelet (figure 12.17a).

Le mésencéphale est parcouru par l'**aqueduc du mésencéphale,** qui unit le troisième et le quatrième ventricule et sépare les pédoncules cérébraux de la partie dorsale du mésencéphale, appelée *tectum du mésencéphale* (littéralement, « toit du mésencéphale »). L'aqueduc est entouré de la *substance grise centrale du mésencéphale,* qui participe à la suppression des sensations douloureuses (figure 12.18a), et de noyaux associés à deux paires de nerfs crâniens, les *nerfs oculo-moteurs* (III) et les *nerfs trochléaires* (IV) (voir les figures 12.17b et 12.18a). Des noyaux sont aussi disséminés dans la substance blanche qui enrobe le tout. Les plus gros portent le nom de **colliculus,** ou tubercules quadrijumeaux, et forment quatre protubérances sur la face dorsale du mésencéphale (voir les figures 12.14 et 12.17a). Les **colliculus supérieurs** commandent les réflexes visuels, c'est-à-dire qu'ils coordonnent les mouvements de la tête et des yeux que nous accomplissons quand nous suivons des yeux le déplacement d'un objet ;

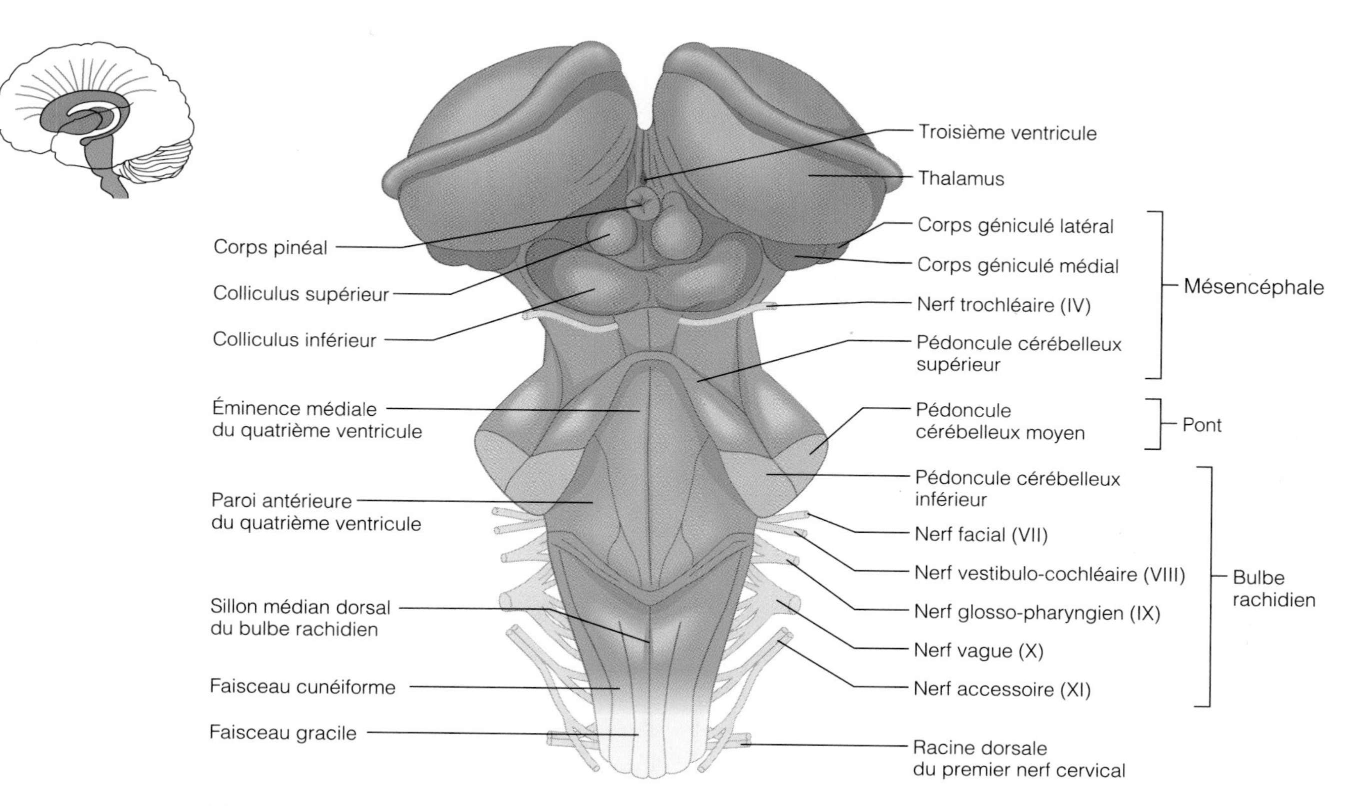

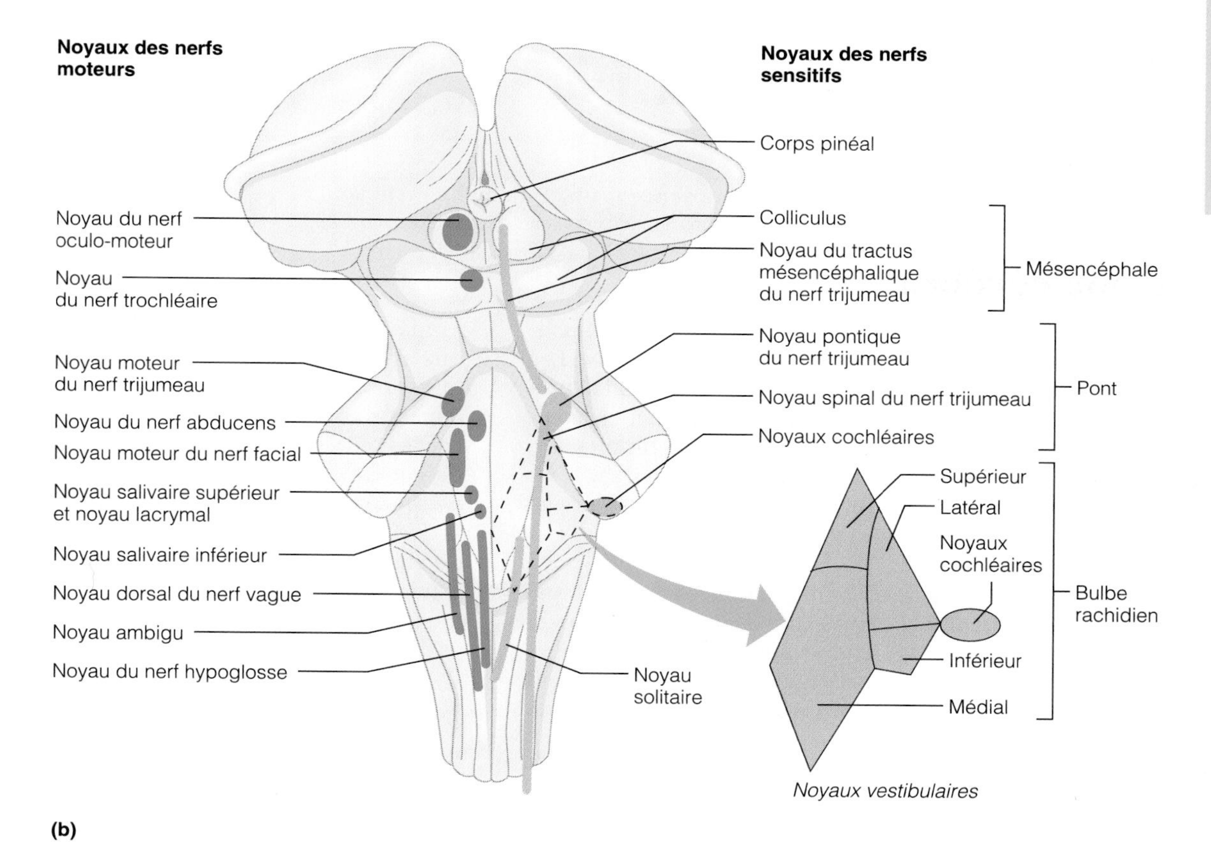

12

FIGURE 12.17
Relations entre le tronc cérébral et le diencéphale. Les hémisphères cérébraux et le cervelet ont été retirés. **(a)** Vue postérieure de la surface. **(b)** Vue postérieure montrant la situation de quelques noyaux des nerfs crâniens dans le tronc cérébral.

De quoi les pyramides du bulbe rachidien sont-elles formées ?

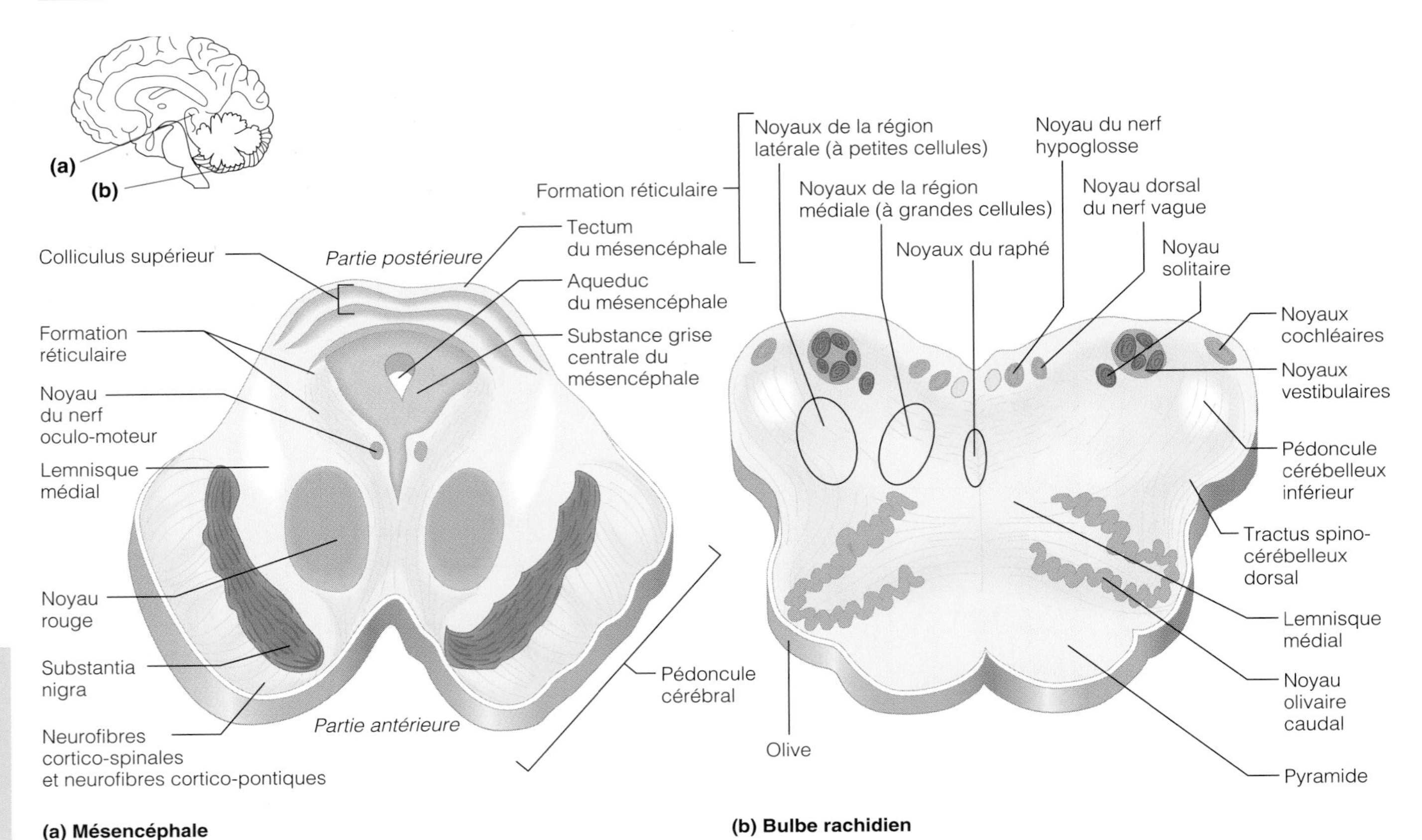

FIGURE 12.18
Quelques-uns des principaux noyaux du mésencéphale et du bulbe rachidien. Coupes transversales **(a)** du mésencéphale à la hauteur des colliculus supérieurs, **(b)** de la partie supérieure du bulbe rachidien.

ce sont eux qui nous font tourner la tête involontairement lorsque nous détectons un objet « du coin de l'œil ». Les **colliculus inférieurs,** situés immédiatement sous les précédents, appartiennent au relais auditif qui met en communication les récepteurs auditifs de l'oreille et l'aire auditive du cortex. Ils interviennent aussi dans les réponses réflexes au son, et notamment dans le *réflexe de tressaillement,* qui provoque un déplacement de la tête en direction d'un bruit inattendu.

La substance blanche du mésencéphale renferme également deux noyaux pigmentés, soit la substantia nigra et le noyau rouge (figure 12.18a). La **substantia nigra** (« substance noire ») est un noyau allongé, enfoui profondément dans le pédoncule cérébral ; il s'agit de la plus grande masse nucléaire du mésencéphale. Sa couleur sombre est due à sa forte teneur en mélanine, un pigment qui constitue le précurseur du neurotransmetteur appelé dopamine libéré par les neurones de ce noyau. Sur le plan fonctionnel, la substantia nigra est reliée aux noyaux basaux des hémisphères cérébraux, si bien que de nombreux spécialistes estiment qu'elle en fait partie. Le **noyau rouge,** de forme ovale, se trouve entre la substantia nigra et l'aqueduc du mésencéphale. Sa teinte rougeâtre est due à sa forte vascularisation et à la présence de pigment ferreux dans le corps cellulaire de ses neurones. Les noyaux rouges servent de relais dans certaines voies motrices descendantes qui produisent la flexion des membres. Le mésencéphale contient également des noyaux associés à la *formation réticulaire* (décrite aux pages 429-430). Au-dessus du mésencéphale, le SNC ne contient plus de neurones moteurs inférieurs, c'est-à-dire de neurones qui atteignent la périphérie du corps et innervent des muscles et des glandes.

Pont

Le **pont** est la région proéminente du tronc cérébral comprise entre le mésencéphale et le bulbe rachidien (voir les

Des tractus cortico-spinaux, eux-mêmes composés de neurofibres motrices qui descendent de l'aire motrice du cortex.

figures 12.14, 12.16 et 12.17). Sa face dorsale constitue une partie de la paroi antérieure du quatrième ventricule.

Le pont est composé principalement de neurofibres de projection disposées longitudinalement et transversalement. Les neurofibres longitudinales sont profondes; elles assurent la communication entre les centres cérébraux supérieurs et la moelle épinière. Les neurofibres transversales, plus superficielles, forment les *pédoncules cérébelleux moyens* (figure 12.17a) et relient, des deux côtés, le pont au cervelet.

Plusieurs paires de nerfs crâniens émergent des noyaux du pont (voir la figure 12.17), notamment les *nerfs trijumeaux* (V), les *nerfs abducens* (VI) et les *nerfs faciaux* (VII). D'autres noyaux importants du pont, le *centre pneumotaxique* par exemple, sont des centres de la respiration qui appartiennent à la formation réticulaire. Avec les centres de la respiration du bulbe rachidien, ils concourent au maintien du rythme normal de la respiration.

Bulbe rachidien

Le **bulbe rachidien,** ou moelle allongée, de forme conique, est la partie inférieure du tronc cérébral. Il s'unit à la moelle épinière à la hauteur du foramen magnum (voir les figures 12.14 et 12.16). Le canal central de la moelle épinière se poursuit dans le bulbe rachidien, où il s'élargit pour constituer la cavité du quatrième ventricule. Le bulbe rachidien et le pont forment donc la paroi ventrale du quatrième ventricule. (La paroi dorsale de ce ventricule est formée par une mince membrane riche en capillaires, le plexus choroïde, située à l'avant du cervelet; voir la figure 12.14.)

Le bulbe rachidien présente plusieurs caractéristiques visibles de l'extérieur (voir la figure 12.16). Deux saillies longitudinales, les **pyramides,** sont particulièrement apparentes sur sa face ventrale. Elles sont formées par les tractus cortico-spinaux qui descendent de l'aire motrice. Juste au-dessus de la jonction du bulbe rachidien et de la moelle épinière, la plupart de ces fibres bifurquent vers le côté opposé avant de poursuivre leur descente dans la moelle épinière. Ce point de croisement est appelé **décussation des pyramides.** La conséquence de ce croisement est que chaque hémisphère régit les mouvements volontaires des muscles du côté opposé, ou *controlatéral*, du corps.

Les pédoncules cérébelleux inférieurs, les olives et les cinq paires inférieures de nerfs crâniens sont également visibles de l'extérieur. Les *pédoncules cérébelleux inférieurs* sont des tractus qui relient la partie dorsale du bulbe rachidien au cervelet. Situées à côté des pyramides, les **olives** sont des renflements ovales (qui ressemblent effectivement à des olives) renfermant les **noyaux olivaires caudaux,** lesquels sont en fait des replis de substance grise (figure 12.18b). Les noyaux olivaires relaient au cervelet les informations sensorielles relatives à l'étirement des muscles et des articulations. Les racines des *nerfs hypoglosses* (XII) émergent du sillon séparant la pyramide de l'olive, de chaque côté du tronc cérébral. Les autres nerfs crâniens associés au bulbe rachidien sont les *nerfs glosso-pharyngiens* (IX), les *nerfs vagues* (X) et, en partie, les *nerfs accessoires* (XI) (voir la figure 12.17). De plus, les neurofibres des *nerfs vestibulo-cochléaires* (VIII) font synapse avec les **noyaux cochléaires** (qui reçoivent les informations sensorielles auditives) et avec plusieurs noyaux vestibulaires tant dans le pont que dans le bulbe rachidien (voir la figure 12.18b). Les noyaux vestibulaires forment un complexe de noyaux qui participent à la transmission des commandes motrices en rapport avec le maintien de l'équilibre.

Le bulbe rachidien abrite aussi quelques noyaux associés à des faisceaux sensitifs ascendants. Le **noyau gracile** et le **noyau cunéiforme** sont les plus importants; ces noyaux sont situés dans la partie dorsale du bulbe rachidien et ils sont associés au lemnisque médial (voir la figure 12.18b et la figure 12.31, p. 446). Ils servent de premier relais sur la voie sensitive par laquelle les informations sensorielles passent de la moelle épinière au thalamus (deuxième relais) et enfin à l'aire somesthésique du cortex.

La petite taille du bulbe rachidien ne doit pas nous faire oublier qu'il constitue un important centre réflexe autonome et qu'il participe au maintien de l'homéostasie. Nous allons énumérer ci-dessous les importants noyaux moteurs viscéraux du bulbe rachidien.

1. **Le centre cardiovasculaire.** Le centre cardiovasculaire comprend le centre cardiaque et le centre vasomoteur. Le *centre cardiaque* adapte la force et la fréquence des contractions cardiaques aux besoins de l'organisme. Le *centre vasomoteur* régit la pression artérielle; il agit sur les muscles lisses des parois des vaisseaux sanguins de manière à modifier le diamètre des vaisseaux. La constriction des vaisseaux fait augmenter la pression artérielle, tandis que la dilatation la fait diminuer.

2. **Les centres respiratoires.** Les centres respiratoires du bulbe rachidien régissent le rythme et l'amplitude de la respiration; de plus, ils maintiennent le rythme respiratoire (selon un mécanisme de rétro-inhibition qui fait aussi intervenir les centres du pont; voir le chapitre 23).

3. **Divers autres centres.** D'autres centres gèrent des activités telles que le vomissement, le hoquet, la déglutition, la salivation, la toux et l'éternuement.

Notez aussi que plusieurs des fonctions que nous venons d'énumérer ont aussi été attribuées à l'hypothalamus (p. 421). Ce chevauchement s'explique facilement: l'hypothalamus régit la plupart des fonctions viscérales en transmettant ses commandes aux centres du bulbe rachidien, qui les font exécuter par les effecteurs appropriés.

Cervelet

Le **cervelet,** dont la forme évoque celle d'un chou-fleur, est la plus grosse partie de l'encéphale, après le cerveau. Il représente environ 11 % de la masse de l'encéphale. Le cervelet est situé à l'arrière du pont et du bulbe rachidien (dont il est séparé par le quatrième ventricule). Il fait saillie sous les lobes occipitaux des hémisphères cérébraux,

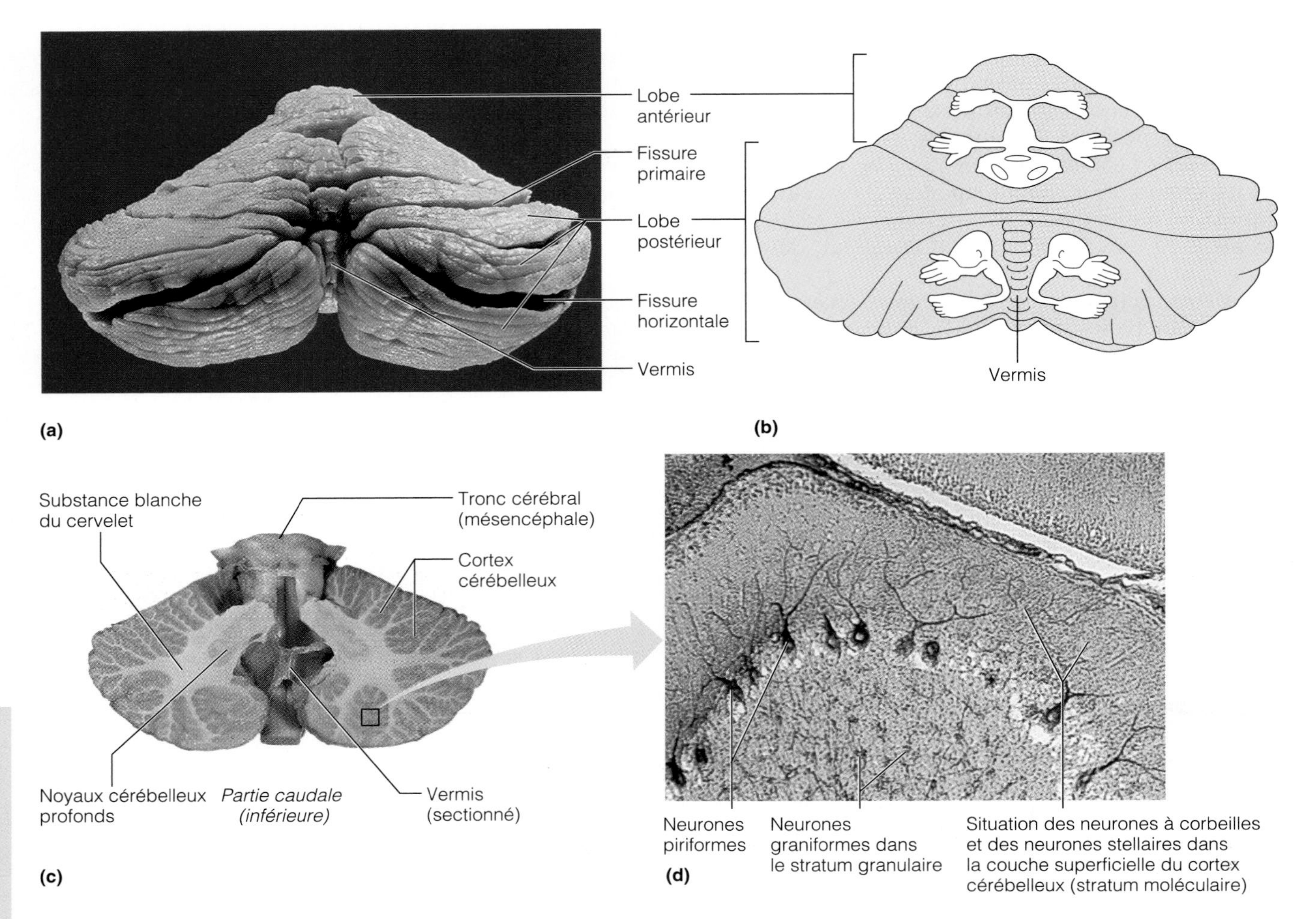

FIGURE 12.19
Cervelet. (a) Photographie de la face postérieure du cervelet. Le lobe flocculo-nodulaire, situé derrière le vermis, n'est pas visible ici. **(b)** Situation des représentations motrices et sensitives du corps dans le cervelet. La région cérébelleuse médiane correspondant au vermis coordonne les grands mouvements des ceintures et du tronc. Les parties intermédiaires des hémisphères du cervelet coordonnent les mouvements fins des membres. Les régions latérales des hémisphères interviennent dans la planification des mouvements. **(c)** Vue postérieure du cervelet en coupe frontale révélant ses trois couches. **(d)** Photomicrographie d'une petite partie du cortex cérébelleux montrant la situation des neurones graniformes, des neurones piriformes, des neurones stellaires et des neurones à corbeilles (115 ×).

dont il est séparé par la fissure transverse du cerveau (voir la figure 12.8a). Il repose dans la fosse crânienne postérieure.

Le cervelet traite les informations sensorielles reçues de l'aire motrice, de divers noyaux du tronc cérébral et de plusieurs récepteurs sensoriels. Il synchronise les contractions des muscles squelettiques de manière à produire des mouvements coordonnés, comme ceux que nous accomplissons pour conduire une voiture, dactylographier un texte et jouer d'un instrument de musique. L'activité du cervelet est subconsciente, c'est-à-dire que nous n'en avons nullement connaissance.

Anatomie du cervelet

Le cervelet est composé de deux hémisphères latéraux et symétriques, les **hémisphères du cervelet,** qui sont réunis par une structure médiane en forme de ver, le **vermis** (figure 12.19). Sa surface est parcourue de nombreuses fissures, mais comme celles-ci sont toutes transversales, elles délimitent de fins replis semblables à des feuillets superposés, les **lamelles du cervelet.** Des fissures profondes subdivisent chaque hémisphère en trois lobes: le **lobe antérieur,** le **lobe postérieur** et le **lobe flocculonodulaire.** Ce dernier est petit et en forme d'hélice; il est situé sous le vermis et le lobe postérieur et n'est pas visible de l'extérieur.

Comme le cerveau, chaque hémisphère cérébelleux présente, de l'extérieur vers l'intérieur, un cortex de substance grise, une masse de substance blanche (sous-corticale) et des masses jumelles de substance grise formant les noyaux du cervelet, dont le plus connu est le *noyau denté du cervelet.* Le cortex cérébelleux comprend plusieurs types de neurones, dont les neurones stellaires, les neurones à corbeilles, les neurones graniformes et les neurones piriformes (figure 12.19d). Les gros **neurones piriformes,** ou cellules de Purkinje, avec leurs dendrites très ramifiées, sont les seuls neurones corticaux dont les axones traversent la substance blanche et font synapse avec les noyaux centraux du cervelet. Ces noyaux transmettent la plupart des commandes motrices du cervelet. La disposition de la substance blanche dans le cervelet est caractéristique. En coupe sagittale (voir la figure 12.14), elle évoque la forme d'un arbre, d'où son nom poétique d'**arbre de vie du cervelet.**

Un peu comme dans le cortex du cerveau, les différentes régions du corps sont projetées sur le cortex cérébelleux des lobes antérieurs et postérieurs, lesquels coordonnent les mouvements; les projections concernant la motricité chevauchent complètement celles concernant la sensibilité. (voir la figure 12.19b). Les parties médianes (correspondant au vermis) reçoivent l'information sensorielle provenant du tronc et influent sur les activités motrices du tronc et des muscles des ceintures en transmettant cette information à l'aire motrice du cortex cérébral. Les parties intermédiaires des hémisphères sont associées aux parties distales des membres et aux mouvements fins. Enfin, les parties latérales de chaque hémisphère reçoivent l'information sensorielle provenant des aires associatives du cortex cérébral et elles semblent participer à la planification plutôt qu'à l'exécution des mouvements; ces régions sont donc des centres d'intégration. Les petits lobes flocculo-nodulaires reçoivent l'information sensorielle des organes de l'équilibre situés dans l'oreille interne; leur rôle est d'envoyer les commandes motrices en rapport avec le maintien de l'équilibre et certains mouvements des yeux.

Pédoncules cérébelleux

Comme nous l'avons déjà mentionné, trois paires de pédoncules cérébelleux relient le cervelet au tronc cérébral (voir la figure 12.17a).

Contrairement à ce qui se produit dans le cortex cérébral (qui présente une distribution controlatérale), la plupart des neurofibres qui pénètrent dans le cervelet et qui en sortent ont une distribution **homolatérale** (*homo* = même), c'est-à-dire qu'elles relient à chacun des hémisphères du cervelet les parties du corps situées du *même* côté. Les **pédoncules cérébelleux supérieurs** relient le cervelet au mésencéphale. Les neurofibres de ces pédoncules sont issues de neurones situés dans les noyaux cérébelleux profonds et la plupart d'entre elles communiquent avec l'aire motrice du cortex cérébral en passant par le thalamus, que l'on peut considérer comme un relais. Comme les noyaux basaux, le cervelet n'a aucun lien direct avec le cortex cérébral.

Les **pédoncules cérébelleux moyens** relient le pont au cervelet et assurent une liaison à sens unique entre les neurones du pont et ceux du cervelet. Le cervelet se trouve ainsi «informé» des activités motrices volontaires déclenchées par l'aire motrice (par l'intermédiaire de relais dans les noyaux du pont). Les **pédoncules cérébelleux inférieurs** relient le cervelet au bulbe rachidien. Ces pédoncules contiennent des tractus afférents qui acheminent au cervelet l'information sensorielle provenant des propriocepteurs des muscles et des noyaux vestibulaires du tronc cérébral, qui sont associés à l'équilibre.

Fonctionnement du cervelet

Le fonctionnement du cervelet semble s'articuler selon les étapes décrites ci-dessous.

1. Les aires motrices du lobe frontal, dans le cortex cérébral, signalent leur intention de déclencher des contractions musculaires volontaires et, par l'intermédiaire des pédoncules cérébelleux moyens et des neurofibres collatérales des tractus cortico-spinaux, informe simultanément le cervelet de son activité.
2. En même temps, par le biais des pédoncules cérébelleux inférieurs, le cervelet reçoit de l'information des propriocepteurs (à propos de la tension des muscles et des tendons et de la position des articulations) ainsi que des voies de l'équilibre (oreille interne) et de la vision. Grâce à cette information, le cervelet est en mesure d'apprécier la position des parties du corps dans l'espace et la nature de leurs mouvements.
3. Le cortex cérébelleux analyse cette information et détermine la meilleure façon de coordonner l'intensité, la direction et la durée de la contraction des muscles squelettiques de manière à éviter que les mouvements dépassent leur cible et afin de conserver la posture et de produire des mouvements coordonnés.
4. Enfin, par le biais des pédoncules cérébelleux supérieurs, le cervelet fait part de son «plan d'action» à l'aire motrice du cortex cérébral, qui y apporte les corrections appropriées. Par ailleurs, les neurofibres cérébelleuses s'étendent aussi jusqu'aux noyaux du tronc cérébral, et notamment aux *noyaux rouges* du mésencéphale, qui se rendent à leur tour jusqu'aux neurones moteurs de la moelle épinière.

On peut voir une analogie entre le cervelet et un pilote automatique qui compare les réglages des instruments de l'avion au trajet réel. En effet, le cervelet compare sans cesse les intentions du cerveau aux mouvements exécutés par le corps et émet les messages visant à effectuer les corrections nécessaires. Il permet ainsi d'exécuter des mouvements volontaires qui sont harmonieux et précis, et ce avec un minimum d'efforts. Les lésions cérébelleuses entraînent une perte du tonus et de la coordination musculaires et même, dans certains cas, une altération des pensées relatives aux mouvements. Nous décrirons ces troubles en détail au chapitre 15.

Systèmes de l'encéphale

Les systèmes de l'encéphale sont des réseaux de neurones et de noyaux qui participent à la même tâche bien qu'ils s'étendent dans plusieurs parties de l'encéphale. Par exemple, le *système limbique* s'étend dans des aires corticales et sous-corticales, et la *formation réticulaire* traverse le tronc cérébral pour se rendre, entre autres, au thalamus (tableau 12.1).

TABLEAU 12.1	Fonctions des principales régions de l'encéphale
Région	**Fonctions**
Hémisphères cérébraux (p. 409-419)	Les différentes aires de la substance grise corticale localisent et interprètent les influx sensitifs, gouvernent l'activité des muscles squelettiques volontaires et contribuent au fonctionnement intellectuel et aux réactions émotionnelles; les noyaux basaux sont des centres moteurs sous-corticaux qui jouent un rôle important dans le déclenchement des mouvements des muscles squelettiques
Diencéphale (p. 419-421)	Les noyaux thalamiques sont des relais sur le parcours: (1) des influx sensitifs dirigés vers les aires corticales pour y être interprétés; (2) des influx dirigés vers l'aire motrice du cortex cérébral et les centres moteurs inférieurs (sous-corticaux), y compris le cervelet, et de ceux qui en proviennent; le thalamus intervient aussi dans la mémorisation d'informations L'hypothalamus est le principal centre d'intégration du système nerveux autonome (involontaire); il régit la température corporelle, l'apport alimentaire, l'équilibre hydrique, la soif ainsi que les rythmes et les pulsions biologiques; il régularise la sécrétion hormonale de l'adénohypophyse et il constitue en soi une glande endocrine (il produit l'hormone antidiurétique et l'ocytocine); il fait partie du système limbique
Système limbique (p. 428-429)	Partie émotionnelle du cerveau; système fonctionnel composé de structures appartenant aux hémisphères cérébraux et au diencéphale, et dont la fonction est d'adapter les différents systèmes de l'organisme en fonction des réactions émotionnelles; intervient aussi dans la mémorisation d'informations
Tronc cérébral	
Mésencéphale (p. 422-424)	Lien entre les centres cérébraux inférieurs et supérieurs (par exemple, les pédoncules cérébraux contiennent les neurofibres des tractus cortico-spinaux); ses colliculus supérieurs et inférieurs sont des centres réflexes visuels et auditifs; la substantia nigra et les noyaux rouges sont des centres moteurs sous-corticaux; contient les noyaux des nerfs crâniens III et IV
Pont (p. 424-425)	Lien entre les centres cérébraux inférieurs et supérieurs; ses noyaux servent de relais aux informations qui partent du cerveau pour se rendre au cervelet; ses centres respiratoires contribuent, avec ceux du bulbe rachidien, à la régulation de la fréquence et de l'amplitude respiratoires; abrite les noyaux des nerfs crâniens V, VI et VII
Bulbe rachidien (p. 425)	Lien entre les centres cérébraux supérieurs et la moelle épinière; site de la décussation des tractus cortico-spinaux; abrite les noyaux des nerfs crâniens VIII à XII; contient le noyau cunéiforme et le noyau gracile (points de synapse des voies sensitives ascendantes qui transmettent les influx sensitifs des récepteurs cutanés et des propriocepteurs) et les noyaux viscéraux qui régissent la fréquence cardiaque, le diamètre des vaisseaux sanguins (vasomotricité), la fréquence respiratoire, le vomissement, la toux, etc.; les noyaux olivaires caudaux constituent des relais sensitifs vers le cervelet
Formation réticulaire (p. 429-430)	Système fonctionnel du tronc cérébral qui assure la vigilance du cortex cérébral (système réticulaire activateur ascendant) et filtre les stimulus répétitifs; ses noyaux moteurs concourent à la régulation de l'activité des muscles squelettiques, des muscles lisses des viscères et du muscle cardiaque
Cervelet (p. 425-427)	Traite l'information reçue de l'aire motrice du cortex cérébral, des propriocepteurs ainsi que des voies de l'équilibre et de la vision; donne des «directives» à l'aire motrice et aux centres moteurs sous-corticaux de manière à maintenir l'équilibre et la posture et à produire des mouvements coordonnés et harmonieux

Système limbique

Le **système limbique** est un groupe de structures situé sur la face médiane des hémisphères cérébraux et dans le diencéphale. Ses structures cérébrales encerclent (*limbus* = frange) le sommet du tronc cérébral (figure 12.20) et comprennent des parties du rhinencéphale (le *septum précommissural,* le *gyrus du cingulum,* ou circonvolution du corps calleux, le *gyrus parahippocampal* et l'*hippocampe* en forme de C) ainsi qu'une partie du *corps amygdaloïde.* Dans le diencéphale, les principales structures limbiques sont l'*hypothalamus* et les *noyaux antérieurs du thalamus.* Le **fornix,** ou trigone cérébral (une commissure), et certains faisceaux relient ces régions du système limbique.

Le système limbique est le *cerveau émotionnel* ou *affectif.* Deux de ses éléments semblent jouer un rôle particulièrement important dans les émotions: le corps amygdaloïde et la partie antérieure du **gyrus du cingulum.** Si les odeurs suscitent des réactions émotionnelles et rappellent des souvenirs, c'est qu'une grande partie du système limbique trouve son origine dans le rhinencéphale (l'encéphale olfactif primitif). Les réactions aux odeurs sont rarement neutres (une mouffette sent *mauvais* et nous répugne); d'autre part, les odeurs sont intimement liées aux traces laissées dans la mémoire par les expériences émotionnelles.

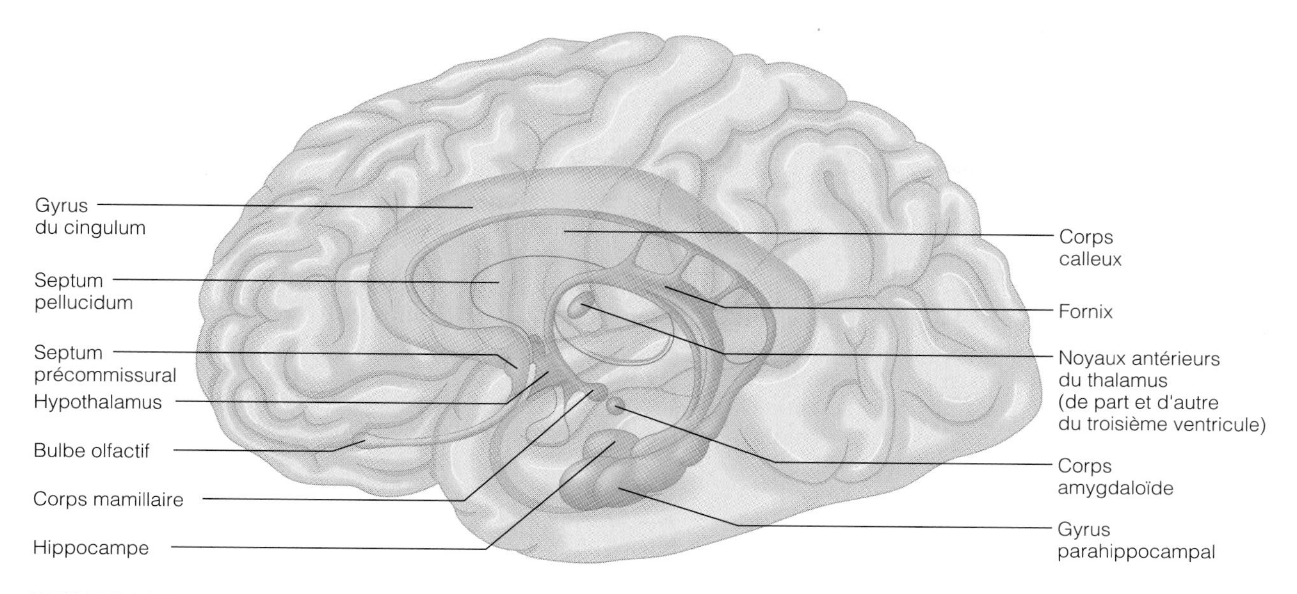

FIGURE 12.20
Système limbique. Coupe sagittale médiane du cerveau montrant, en orangé, quelques-unes des structures qui composent le système limbique (le cerveau émotionnel et viscéral). Le tronc cérébral n'est pas représenté.

Les nombreuses connexions qui relient le système limbique aux régions corticales et sous-corticales des hémisphères cérébraux lui permettent d'intégrer des stimulus environnementaux très divers et d'y réagir. Comme l'hypothalamus est en quelque sorte le bureau central tant des fonctions autonomes que des réactions émotionnelles, il n'est pas surprenant que les personnes soumises à une tension émotionnelle aiguë ou prolongée soient prédisposées aux maladies viscérales telles que l'hypertension artérielle et le syndrome du côlon irritable. Les maladies provoquées par les émotions sont appelées **maladies psychosomatiques.** La pire conséquence des émotions extrêmes (comme la peur paralysante, la joie euphorique et le chagrin dévastateur) est l'arrêt cardiaque.

Le système limbique interagit également avec les aires corticales supérieures tel le cortex préfrontal. Les sentiments (le cerveau affectif) sont donc liés de près aux pensées (le cerveau cognitif). C'est ainsi que nous pouvons réagir émotionnellement aux événements dont nous sommes conscients et, en plus, apprécier la richesse des émotions qui colorent notre vie. La communication entre le cortex cérébral et le système limbique explique pourquoi les émotions priment quelquefois la logique et, inversement, pourquoi la raison nous empêche d'exprimer nos émotions de manière déplacée. Comme nous l'expliquons au chapitre 15, l'**hippocampe** et le corps amygdaloïde participent aussi à la conversion de données nouvelles en souvenirs durables.

Il est difficile de préciser l'origine des troubles du système limbique en raison de la grande complexité de ses connexions. On sait cependant que des lésions spécifiques du corps amygdaloïde entraînent des changements de la personnalité tels que la docilité, l'agitation ainsi qu'un accroissement de l'agressivité, de l'appétit ou de la libido. ■

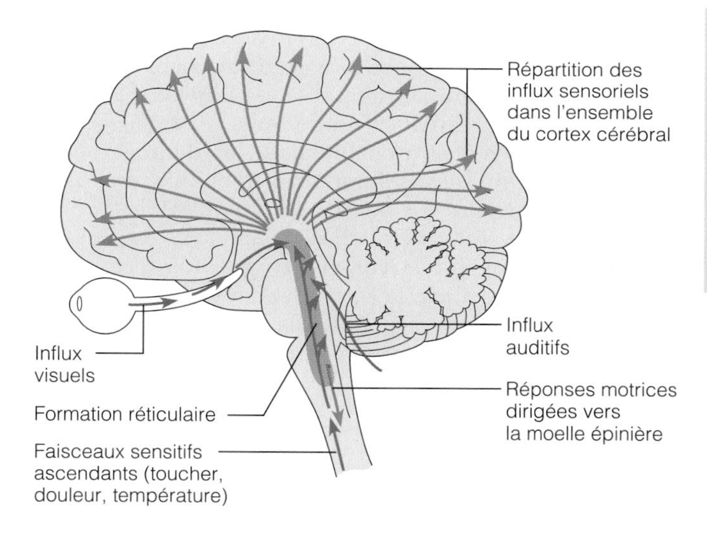

FIGURE 12.21
Formation réticulaire. La formation réticulaire s'étend le long du tronc cérébral. Une portion de la formation réticulaire, le système réticulaire activateur ascendant, maintient le cortex cérébral en état de veille. Les flèches ascendantes représentent les influx sensitifs qui parviennent au système réticulaire activateur ascendant et les influx réticulaires acheminés au cortex cérébral par l'intermédiaire de noyaux thalamiques. D'autres noyaux réticulaires participent à la coordination de l'activité des muscles squelettiques. Leurs commandes motrices sont indiquées par la flèche rouge qui descend du tronc cérébral.

Formation réticulaire

La **formation réticulaire,** ou formation réticulée, s'étend à travers le bulbe rachidien, le pont et le mésencéphale (figure 12.21). Ce système complexe est composé de neurones dont les corps cellulaires constituent des noyaux

12

réticulaires disséminés dans la substance blanche. Les axones de ces neurones forment trois larges colonnes le long du tronc cérébral (voir la figure 12.18b) : les **noyaux du raphé** (*raphê* = couture), au milieu ; les **noyaux de la région médiale (à grandes cellules)** ; les **noyaux de la région latérale (à petites cellules)**. Nous décrirons ces noyaux plus en détail au chapitre 15, lorsque nous traiterons du sommeil.

Les neurones de la formation réticulaire se démarquent par la grande étendue de leurs connexions axonales. En effet, ils rejoignent des cellules de l'hypothalamus, du thalamus, du cervelet et de la moelle épinière. De ce fait, ils sont particulièrement aptes à gouverner l'excitation de l'encéphale dans son ensemble. Certaines cellules réticulaires, par exemple, à moins que d'autres régions cérébrales ne les inhibent, envoient un courant continu d'influx nerveux (par l'intermédiaire de noyaux thalamiques) au cortex cérébral, ce qui maintient ce dernier en état de veille et augmente son excitabilité. Cette « branche » de la formation réticulaire est appelée **système réticulaire activateur ascendant.** Les influx provenant de tous les grands faisceaux sensitifs ascendants parviennent aux neurones de ce système, les gardant ainsi en activité et augmentant leur effet excitateur sur le cerveau. (C'est peut-être la raison pour laquelle tant d'étudiants se plaisent à travailler dans une cafétéria bondée.) Le système réticulaire activateur ascendant semble aussi servir de filtre à cet afflux d'informations sensorielles. Il amortit les signaux répétitifs, familiers ou faibles, mais il laisse parvenir à la conscience les influx inusités, importants ou intenses. Par exemple, vous n'êtes probablement pas dérangé par le ronronnement du réfrigérateur, mais quand celui-ci cesse vous le remarquez. Le système réticulaire activateur ascendant et le cortex cérébral négligent sans doute 99 % des stimulus sensoriels enregistrés par nos récepteurs. S'il n'en était pas ainsi, la surcharge sensorielle viendrait à bout de notre raison. Le LSD désactive ces filtres sensoriels et entraîne justement une forme de surcharge.

12

- Prêtez attention pendant quelques secondes à tous les stimulus de votre environnement. Notez les couleurs, les formes, les odeurs, les sons, etc. Combien de ces stimulus parviennent *ordinairement* à votre conscience ?

Le système réticulaire activateur ascendant est inhibé par les centres du sommeil situés dans l'hypothalamus et dans d'autres régions de l'encéphale ; l'alcool, les somnifères et les tranquillisants réduisent son activité. Les lésions graves de ce système (comme peuvent en subir des boxeurs mis hors de combat par des coups qui impriment une torsion au tronc cérébral) entraînent une inconscience permanente (un *coma* irréversible).

La formation réticulaire a aussi une « branche » *motrice.* En effet, certains de ses noyaux moteurs sont reliés à des neurones moteurs de la moelle épinière par l'intermédiaire des *tractus réticulo-spinaux* et ils contribuent à régir les muscles squelettiques pendant les mouvements amples des membres. D'autres noyaux moteurs de la formation réticulaire, tels les centres vasomoteur, cardiaque et respiratoire du bulbe rachidien, sont des centres autonomes qui régissent les fonctions motrices des muscles lisses des viscères et du muscle cardiaque.

Protection de l'encéphale

Le tissu nerveux est fragile : une pression même légère peut endommager les neurones irremplaçables dont il est composé. Mais l'encéphale est abrité par une boîte osseuse (le crâne), des membranes (les méninges) et un coussin aqueux (le liquide cérébro-spinal). Il est également protégé des substances nuisibles présentes dans le sang par ce que l'on appelle la « barrière hémato-encéphalique ». Nous avons déjà décrit le crâne au chapitre 7. Nous nous pencherons ici sur les autres protections de l'encéphale.

Méninges

Les **méninges** (*mênigx* = membrane) sont trois membranes de tissu conjonctif. Elles se nomment, de l'extérieur vers l'intérieur, la dure-mère, l'arachnoïde et la pie-mère (figure 12.22). Ces membranes recouvrent et protègent le SNC (encéphale et moelle épinière) ; elles protègent également les vaisseaux sanguins et délimitent les sinus de la dure-mère. Les méninges contiennent une partie du liquide cérébro-spinal et forment des cloisons à l'intérieur du crâne.

Dure-mère La **dure-mère** est de loin la plus résistante des méninges. Elle est formée de deux feuillets là où elle entoure l'encéphale. Le *feuillet externe* est une membrane inélastique attachée à la surface interne de la boîte crânienne ; il ne recouvre pas la moelle épinière. Le *feuillet interne* constitue l'enveloppe la plus externe de l'encéphale ; il se prolonge à l'arrière dans le canal vertébral en formant la dure-mère spinale qui protège la moelle épinière. Les deux feuillets de la dure-mère sont soudés, sauf en quelques endroits où ils délimitent les **sinus de la dure-mère** (sinus veineux), qui recueillent le sang veineux de l'encéphale et l'envoient dans les veines jugulaires internes du cou.

Le feuillet interne de la dure-mère s'enfonce à plusieurs endroits dans l'encéphale et forme des cloisons plates qui fixent celui-ci au crâne. Ces cloisons limitent ainsi les mouvements de l'encéphale à l'intérieur du crâne ; en voici une description (figure 12.23).

- La **faux du cerveau,** comme son nom l'indique, est un pli en forme de faucille qui pénètre dans la fissure longitudinale du cerveau entre les hémisphères cérébraux. Elle s'insère sur la crista galli de l'ethmoïde située à la base de la boîte crânienne.
- La **faux du cervelet** est une petite lame verticale dans le plan sagittal qui prolonge la partie inférieure de la faux du cerveau et qui forme une cloison médiane entre les hémisphères du cervelet en s'étendant le long du vermis.
- La **tente du cervelet** est un pli presque horizontal qui pénètre dans la fissure transverse du cerveau. Comme son nom l'indique, elle ressemble à une tente qui surmonterait le cervelet. Elle forme une cloison entre celui-ci et les hémisphères cérébraux, qu'elle soutient en partie.

Arachnoïde La méninge intermédiaire, appelée **arachnoïde,** constitue une enveloppe souple de l'encéphale, qui ne pénètre jamais dans les sillons. Elle est séparée de

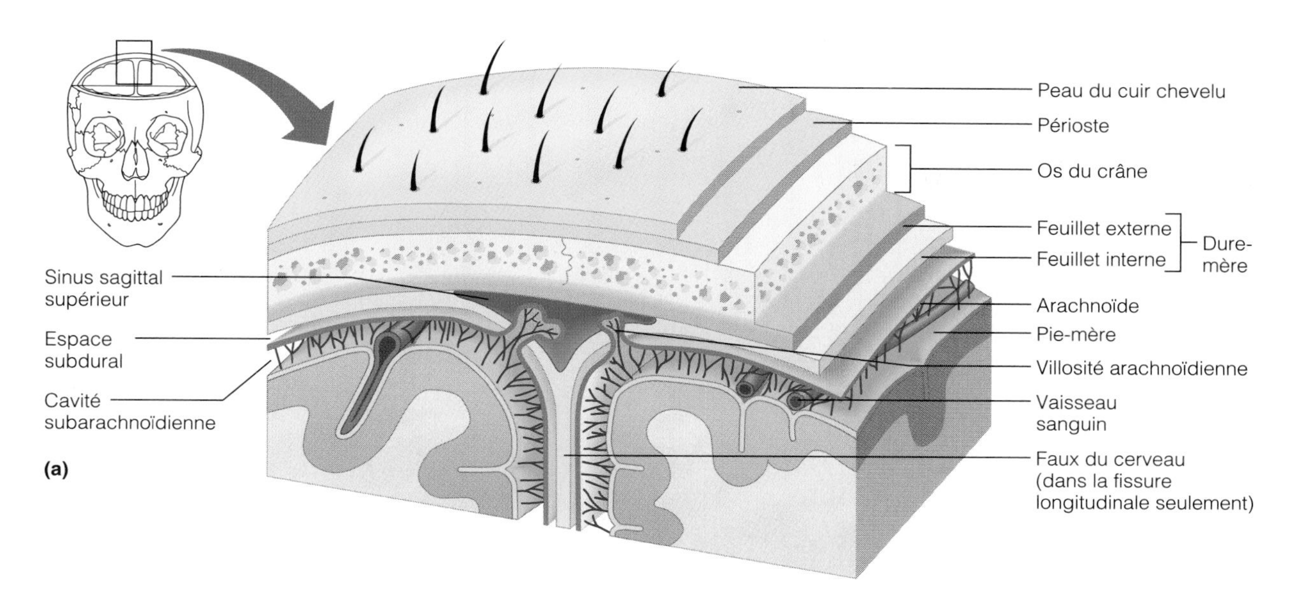

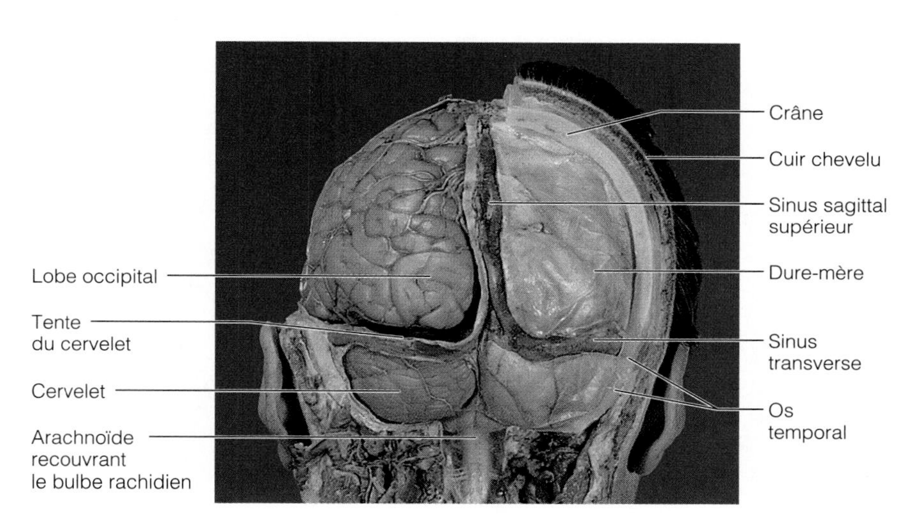

FIGURE 12.22
Méninges. (a) Coupe frontale en trois dimensions montrant la situation de la dure-mère, de l'arachnoïde et de la pie-mère. Le feuillet interne de la dure-mère forme la faux du cerveau, qui pénètre dans la fissure longitudinale et attache l'encéphale à l'ethmoïde. Un sinus de la dure-mère, le sinus sagittal supérieur, s'ouvre entre les deux feuillets de la dure-mère. On voit aussi les villosités arachnoïdiennes qui renvoient le liquide cérébro-spinal dans le sinus de la dure-mère. **(b)** Vue postérieure de l'encéphale *in situ*, entouré par la dure-mère et les sinus.

12

la dure-mère par une étroite cavité séreuse, l'**espace subdural,** et de la pie-mère, la méninge la plus profonde, par la **cavité subarachnoïdienne,** ou espace sous-arachnoïdien; l'arachnoïde se rattache à la pie-mère par des prolongements filamenteux. (L'enchevêtrement de ces prolongements évoque une toile d'araignée, d'où le nom d'*arachnoïde*.) La cavité subarachnoïdienne est remplie de liquide cérébro-spinal et elle contient les plus gros vaisseaux sanguins qui desservent l'encéphale. Ces vaisseaux sanguins ne sont pas bien protégés, car l'arachnoïde est fine et élastique.

Des saillies de l'arachnoïde appelées **villosités arachnoïdiennes** traversent la dure-mère et pénètrent dans les sinus de la dure-mère qui surmontent la partie supérieure de l'encéphale (voir la figure 12.22). Ces villosités font passer le liquide cérébro-spinal dans le sang veineux des sinus de la dure-mère.

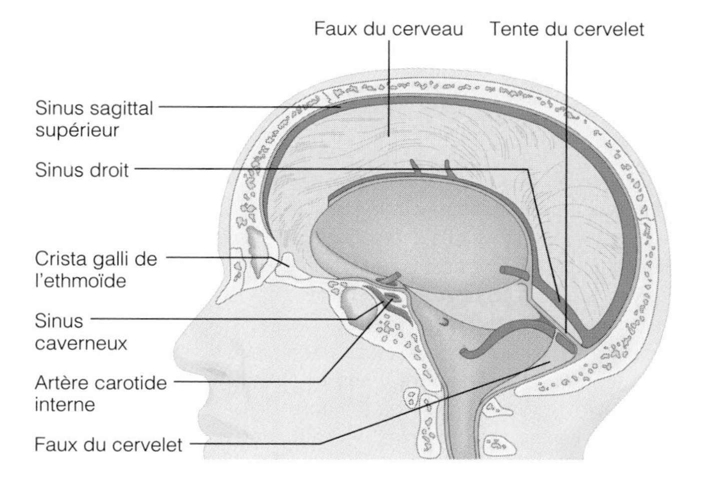

FIGURE 12.23
Plis de la dure-mère dans la cavité crânienne. Remarquez la faux du cerveau, la faux du cervelet et la tente du cervelet. Quelques sinus de la dure-mère sont aussi représentés.

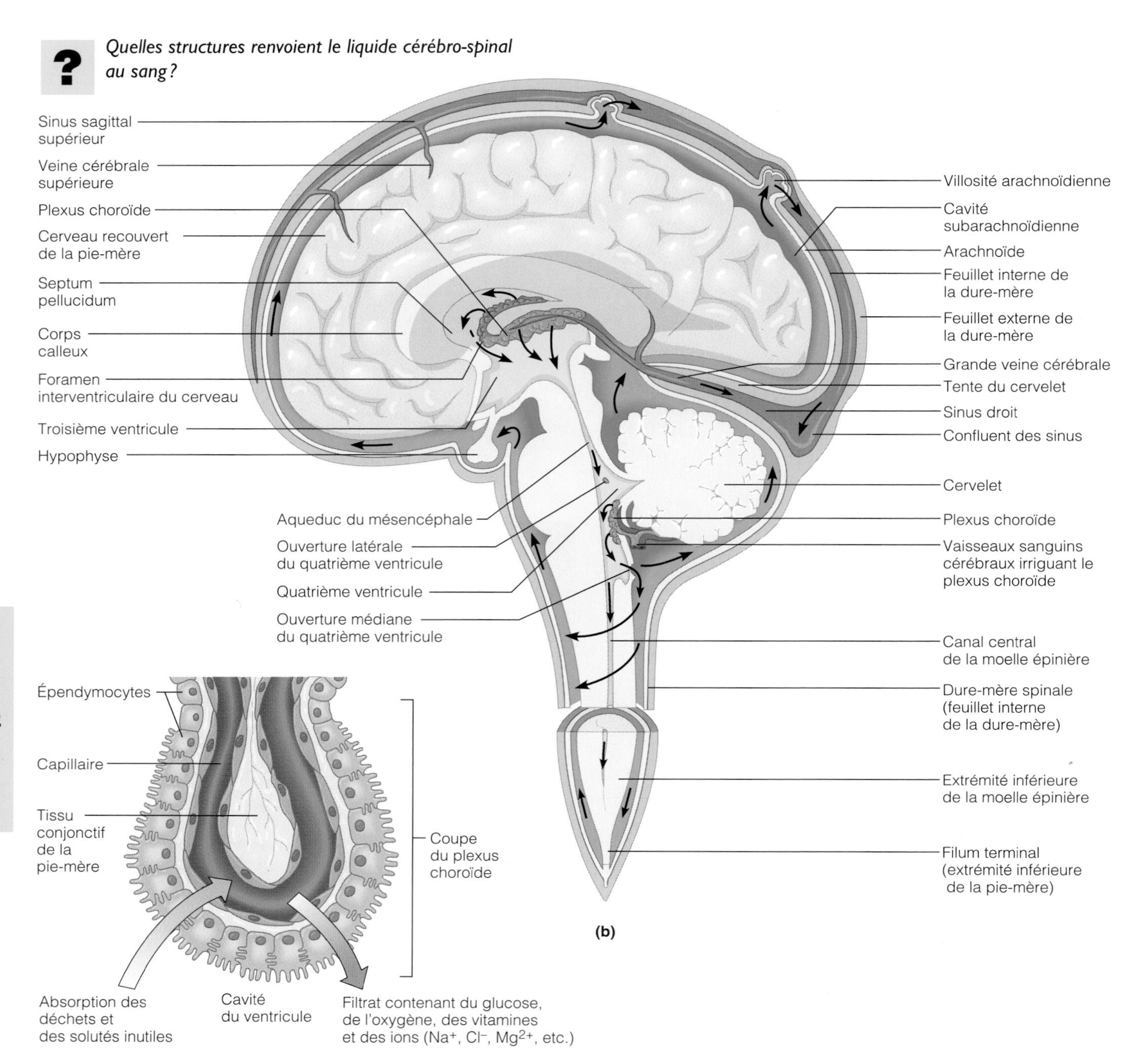

FIGURE 12.24
Formation, situation et circulation du liquide cérébro-spinal. **(a)** Les plexus choroïdes sécrètent le liquide cérébro-spinal. Chacune de ces structures consiste en un amas de capillaires poreux entourés par une couche simple d'épendymocytes ; ces cellules sont reliées par des jonctions serrées et portent de longues microvillosités aux extrémités émoussées. Le filtrat passe facilement à travers les capillaires, mais il doit traverser les épendymocytes et y subir un traitement avant de pouvoir pénétrer dans les ventricules sous forme de liquide cérébro-spinal. **(b)** Situation et trajet du liquide cérébro-spinal. Les flèches indiquent le sens de la circulation. (La situation du ventricule latéral droit est indiquée par la région de couleur bleu pâle située derrière le septum pellucidum et le corps calleux.)

Les villosités arachnoïdiennes.

Pie-mère La **pie-mère** est composée de tissu conjonctif délicat et elle est parcourue d'un grand nombre de minuscules vaisseaux sanguins. C'est la seule méninge qui adhère fermement à l'encéphale et en épouse tous les gyrus et sillons. Des gaines de pie-mère enveloppent de courts segments des petites artères qui pénètrent dans le tissu cérébral.

La *méningite,* l'inflammation des méninges, constitue une menace grave pour l'encéphale. En effet, la méningite virale ou bactérienne peut se propager au tissu nerveux du SNC et dégénérer en *encéphalite.* On diagnostique la méningite à l'aide de l'examen d'un échantillon de liquide cérébro-spinal prélevé dans la cavité subarachnoïdienne de la colonne vertébrale (ponction lombaire ; voir p. 438). ■

Liquide cérébro-spinal

Le **liquide cérébro-spinal (LCS)**, ou liquide céphalo-rachidien, que l'on trouve à l'intérieur et autour de l'encéphale et de la moelle épinière, constitue un coussin aqueux pour les organes du SNC. En flottant dans le liquide cérébro-spinal, l'encéphale, qui est gélatineux, perd 97 % de son poids et évite ainsi de s'effondrer sous son propre poids. En outre, le liquide cérébro-spinal protège l'encéphale et la moelle épinière contre les coups et autres traumatismes. Enfin, bien que l'encéphale soit abondamment irrigué, le liquide cérébro-spinal contribue aussi à le nourrir.

Le liquide cérébro-spinal est un « bouillon » aqueux dont la composition est semblable à celle du plasma sanguin duquel il est issu. Toutefois, il contient moins de protéines et plus de vitamine C que le plasma, et sa concentration ionique est différente. Par exemple, le liquide cérébro-spinal contient plus d'ions sodium, chlorure, magnésium et hydrogène et moins d'ions calcium et potassium que le plasma. La composition du liquide cérébro-spinal, et particulièrement son pH, influent sur la circulation sanguine et la respiration, comme nous le verrons dans des chapitres ultérieurs. Enfin, le liquide cérébro-spinal transporte les hormones dans les canaux ventriculaires.

Le liquide cérébro-spinal est élaboré par les **plexus choroïdes** qui pendent du toit de chaque ventricule (figure 12.24a). Ces plexus sont des amas de capillaires en forme de frondes (*plexus* = entrelacement). Ces gros capillaires présentent des parois minces ; ils sont entourés par une couche d'épendymocytes qui tapisse aussi les ventricules. Les capillaires des plexus choroïdes sont assez perméables et une partie du plasma sanguin filtre continuellement de la circulation sanguine vers le liquide interstitiel. Cependant, les épendymocytes des plexus choroïdes sont unis par des jonctions serrées, et ils sont dotés de pompes ioniques qui leur permettent de modifier ce filtrat en transportant activement certains ions à travers leurs membranes, jusque dans le liquide cérébro-spinal. Ce mécanisme établit des gradients ioniques qui entraînent la diffusion de l'eau dans les ventricules. Le liquide cérébro-spinal est donc une véritable sécrétion de l'épithélium des plexus choroïdes. Chez l'adulte, le volume total du liquide cérébro-spinal est d'environ 150 mL ; il est remplacé toutes les trois ou quatre heures. Il se forme donc quotidiennement de 900 à 1200 mL de liquide cérébro-spinal. Les plexus choroïdes contribuent aussi à débarrasser le liquide cérébro-spinal des déchets et des solutés inutiles (qui sont renvoyés dans le sang).

Une fois produit, le liquide cérébro-spinal circule librement dans les ventricules. Une certaine quantité passe des ventricules dans le canal central de la moelle épinière, mais la majeure partie pénètre dans la cavité subarachnoïdienne par l'ouverture latérale du quatrième ventricule et par l'ouverture médiane du quatrième ventricule (figure 12.24b). Les longues microvillosités des épendymocytes qui tapissent les ventricules facilitent le mouvement continuel du liquide cérébro-spinal. Dans la cavité subarachnoïdienne, le liquide cérébro-spinal baigne les surfaces externes de l'encéphale et de la moelle épinière. Ce sont les villosités arachnoïdiennes des sinus de la dure-mère qui assurent le drainage du liquide cérébro-spinal vers le sang et en maintiennent le volume constant.

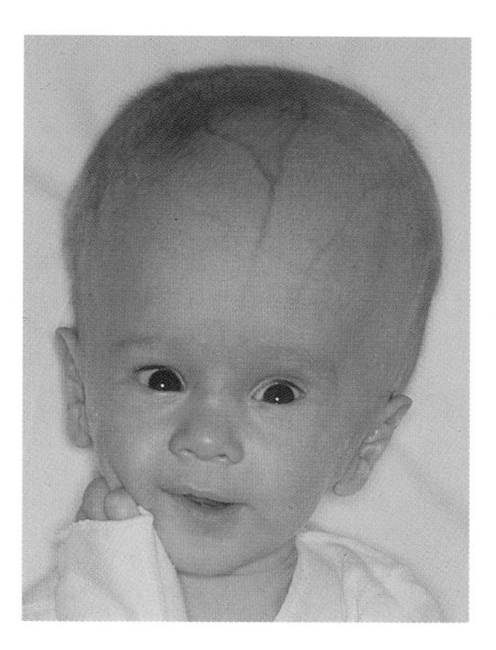

FIGURE 12.25
Hydrocéphalie chez le nouveau-né. Un drainage inadéquat du liquide cérébro-spinal entraîne une augmentation du volume de la tête et une croissance anormale du crâne.

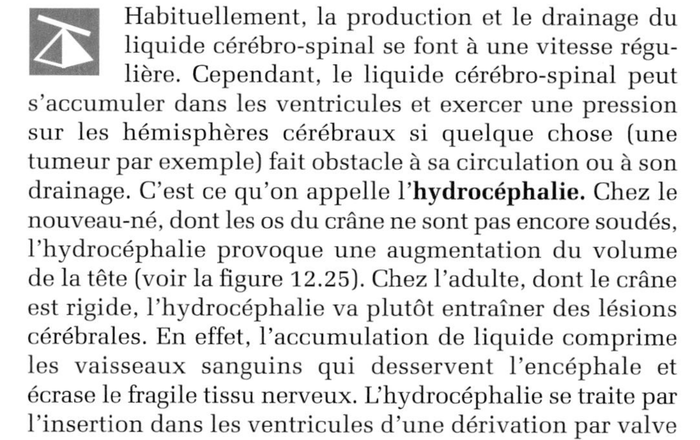

Habituellement, la production et le drainage du liquide cérébro-spinal se font à une vitesse régulière. Cependant, le liquide cérébro-spinal peut s'accumuler dans les ventricules et exercer une pression sur les hémisphères cérébraux si quelque chose (une tumeur par exemple) fait obstacle à sa circulation ou à son drainage. C'est ce qu'on appelle l'**hydrocéphalie.** Chez le nouveau-né, dont les os du crâne ne sont pas encore soudés, l'hydrocéphalie provoque une augmentation du volume de la tête (voir la figure 12.25). Chez l'adulte, dont le crâne est rigide, l'hydrocéphalie va plutôt entraîner des lésions cérébrales. En effet, l'accumulation de liquide comprime les vaisseaux sanguins qui desservent l'encéphale et écrase le fragile tissu nerveux. L'hydrocéphalie se traite par l'insertion dans les ventricules d'une dérivation par valve qui draine le surplus de liquide dans une veine du cou. ■

Barrière hémato-encéphalique

La **barrière hémato-encéphalique** est un mécanisme de protection qui assure une stabilité au milieu interne de l'encéphale. Le tissu nerveux de l'encéphale est, de tous les tissus de l'organisme, celui qui a le plus besoin d'un milieu interne absolument constant pour bien fonctionner. Dans les autres régions de l'organisme, les concentrations extracellulaires d'hormones, d'acides aminés et d'ions varient considérablement, surtout après les repas et les périodes d'activité physique. Si l'encéphale était soumis à de telles fluctuations chimiques, ses neurones ne pourraient pas fonctionner normalement. En effet, certaines hormones et certains acides aminés sont des neurotransmetteurs, et certains ions (les ions potassium en particulier) influent sur le seuil d'excitation et de dépolarisation des neurones.

Le sang qui circule dans les capillaires de l'encéphale est séparé de l'espace extracellulaire et des neurones (1) par l'endothélium continu de la paroi du capillaire; (2) par une lame basale relativement épaisse entourant la face externe des capillaires; et (3), dans une certaine mesure, par les pieds bulbeux des astrocytes fixés aux capillaires. Les cellules endothéliales des capillaires cérébraux sont unies de manière presque parfaite, sur leur pourtour, par des *jonctions serrées* (voir la figure 20.2, p. 695) qui en font les capillaires les plus imperméables de l'organisme. L'imperméabilité relative des capillaires cérébraux constitue l'essentiel (sinon la totalité) de la barrière hémato-encéphalique. On pensait autrefois que les astrocytes contribuaient à la barrière hémato-encéphalique, mais la microscopie électronique a révélé que leurs pieds sont trop distants pour assurer une quelconque étanchéité. On croit aujourd'hui que le rôle principal des pieds des astrocytes est de fournir les signaux qui incitent les cellules endothéliales des capillaires cérébraux à *former* les jonctions serrées caractéristiques de la barrière hémato-encéphalique.

La barrière hémato-encéphalique ne fonctionne pas de manière absolue mais sélective. Des nutriments comme le glucose, les acides aminés essentiels et certains électrolytes la franchissent passivement par diffusion facilitée à travers les membranes des cellules endothéliales des capillaires. Les déchets du métabolisme transportés par le sang, comme l'urée et la créatinine, de même que les protéines, certaines toxines et la plupart des médicaments ne peuvent diffuser du sang vers le tissu cérébral. Non seulement les petits acides aminés non essentiels et les ions potassium ne peuvent-ils pénétrer dans l'encéphale, mais ils en sont retirés activement par l'endothélium des capillaires.

La barrière hémato-encéphalique est impuissante contre les matières liposolubles comme les acides gras, l'oxygène et le gaz carbonique, qui diffusent aisément à travers la couche de phospholipides de toutes les membranes plasmiques. Cela explique pourquoi l'alcool, la nicotine, les drogues et les anesthésiques circulant dans le sang peuvent entraver le fonctionnement des neurones de l'encéphale.

La structure de la barrière hémato-encéphalique n'est pas uniforme. Comme nous l'avons mentionné précédemment, les capillaires des plexus choroïdes sont très poreux, mais les épendymocytes qui les entourent sont dotés de jonctions serrées. La barrière hémato-encéphalique est absente dans certaines régions de l'encéphale, notamment à quelques endroits autour du troisième et du quatrième ventricules; étant donné que l'endothélium des capillaires y est perméable, les molécules transportées par le sang ont un accès facile au tissu nerveux. Tel est le cas du centre du vomissement dans le tronc cérébral, qui détecte les substances toxiques dans le sang, ainsi que de l'hypothalamus, qui régit l'équilibre hydrique, la température corporelle et de nombreuses activités métaboliques. Si l'hypothalamus était pourvu d'une barrière hémato-encéphalique, il ne pourrait analyser la composition chimique du sang. La barrière hémato-encéphalique est incomplète chez les nouveau-nés et les prématurés; des substances potentiellement toxiques peuvent donc pénétrer dans leur SNC et causer des problèmes qui ne surviennent jamais chez les adultes.

Chez les personnes atteintes d'une tumeur au cerveau, on injecte une solution concentrée de mannitol (du sucre) avant d'administrer les médicaments chimiothérapeutiques. Le mannitol provoque la constriction des cellules endothéliales des capillaires et l'ouverture de leurs jonctions serrées. Les médicaments peuvent alors traverser la barrière hémato-encéphalique et atteindre la tumeur cérébrale. ■

Déséquilibres homéostatiques de l'encéphale

Les dysfonctionnements qui touchent l'encéphale sont incroyablement nombreux et variés. Nous en avons déjà mentionné quelques-uns, et nous traiterons des troubles du développement dans la dernière section de ce chapitre. Nous nous pencherons ici sur les traumatismes de l'encéphale, sur les accidents vasculaires cérébraux et sur les affections dégénératives de l'encéphale.

Traumatismes de l'encéphale

Aux États-Unis, les traumatismes crâniens sont la principale cause de mort accidentelle. Songez par exemple à ce qui peut se produire si votre voiture emboutit l'arrière d'un autre véhicule. Si vous n'avez pas bouclé votre ceinture de sécurité, votre tête sera entraînée vers l'avant, puis brusquement arrêtée dans son mouvement au moment de l'impact avec le pare-brise. Votre encéphale subira non seulement des lésions à l'endroit du choc contre le pare-brise, mais également à l'endroit où il heurtera, par contrecoup, la paroi opposée du crâne.

Une **commotion cérébrale** est causée par un choc peu important et se caractérise par des symptômes légers et transitoires. La personne peut être étourdie, « voir des étoiles » ou perdre brièvement connaissance, mais elle ne subit pas d'atteinte neurologique permanente.

Par contre, une **contusion cérébrale** se caractérise par une destruction importante du tissu nerveux, qui se manifestera par des signes et des symptômes très variés. Les contusions corticales n'entraînent pas toujours l'inconscience, tandis que les contusions graves du tronc cérébral provoquent toujours un coma plus ou moins prolongé (de quelques heures à un coma irréversible) en raison des lésions du système réticulaire activateur ascendant.

Des coups portés à la tête peuvent déclencher une **hémorragie subdurale** ou une **hémorragie subarachnoïdienne** (accumulation de sang dans l'espace subdural ou dans la cavité subarachnoïdienne causée par une rupture des vaisseaux sanguins), parfois mortelle. Quand un individu qu'un traumatisme crânien avait laissé lucide commence à présenter des signes de détérioration neurologique, on peut conclure à une hémorragie intracrânienne. L'accumulation de sang à l'intérieur du crâne accroît la pression intracrânienne et comprime le tissu cérébral. Si la pression monte à tel point que le tronc cérébral est poussé vers le bas dans le foramen magnum, la pression artérielle, la fréquence cardiaque et la respiration se dérèglent. Le traitement chirurgical des hémorragies consiste à évacuer l'hématome (la masse de sang) et à réparer les vaisseaux sanguins rompus.

Les traumatismes crâniens entraînent aussi un **œdème,** autrement dit un gonflement, de l'encéphale. L'œdème résulte de la formation d'exsudat pendant la réaction inflammatoire et de l'absorption d'eau par le tissu cérébral. D'ordinaire, on administre des anti-inflammatoires comme la prednisone et d'autres corticostéroïdes aux victimes d'un traumatisme crânien afin d'éviter qu'un œdème n'aggrave leurs lésions.

Accidents vasculaires cérébraux

Les **accidents vasculaires cérébraux** (**AVC**), plus souvent appelés attaques, sont les plus répandus et aussi les plus meurtriers des troubles du système nerveux central. Ils constituent la troisième cause de mortalité aux États-Unis. Une attaque se produit lorsqu'une région de l'encéphale est privée d'irrigation sanguine et que le tissu nerveux est détruit. (La diminution ou l'arrêt de l'apport sanguin dans un tissu, l'**ischémie** (littéralement, « qui arrête le sang »), prive les cellules de l'oxygène et des nutriments qui leur sont essentiels.) Les AVC peuvent survenir à la suite de l'obstruction d'une artère cérébrale par un caillot (la cause la plus fréquente), du rétrécissement progressif des artères cérébrales dû à l'athérosclérose, ou encore de la compression du tissu cérébral par une hémorragie, une tumeur (un gliome) ou un œdème post-traumatique.

Quatre-vingts pour cent des personnes qui subissent une hémorragie cérébrale massive meurent pendant la phase initiale aiguë de l'attaque; le taux de mortalité est beaucoup plus faible chez les personnes qui sont victimes d'une attaque non hémorragique. La plupart des personnes qui survivent à un AVC restent paralysées d'un côté et un grand nombre présentent des déficits sensoriels. Si les centres du langage ont subi des lésions, il s'ensuit des difficultés de compréhension ou d'émission du langage. Quelle que soit la cause de l'accident, la nature des déficits neurologiques qu'il entraîne varie selon la région touchée et l'étendue des lésions corticales et sous-corticales. Les personnes dont l'accident a été causé par un caillot sont sujettes à des problèmes de coagulation et, par conséquent, à d'autres AVC. Pourtant, la situation n'est pas désespérée. Certains patients recouvrent au moins une partie de leurs facultés, car les neurones intacts produisent de nouveaux prolongements qui vont s'étendre dans la région de la lésion et s'acquitter de quelques-unes des fonctions perdues. Cependant, l'étalement neuronal se limite à 5 mm environ, et la récupération est toujours incomplète après des lésions étendues. On amorce habituellement une physiothérapie dès que possible afin de prévenir les contractures.

Les attaques ne sont pas toutes foudroyantes. Les **accidents ischémiques transitoires** (**AIT**) sont un type fréquent d'attaque; ils durent de 5 à 50 minutes et se caractérisent par un engourdissement, une paralysie et une altération du langage. Ces déficits sont passagers, mais les AIT constituent des avertissements qui préviennent la personne du risque d'accidents plus graves. En l'absence de traitement, un tiers environ des patients ayant subi un accident ischémique transitoire sont ultérieurement victimes d'un accident vasculaire cérébral. Des essais cumulatifs ont révélé de manière convaincante que la prise quotidienne de 300 mg d'acide acétylsalicylique (Aspirin) réduit les risques tant d'AIT que d'AVC.

Jusqu'à maintenant, la médecine était relativement impuissante face aux AVC. Or, récemment, le mécanisme de la mort cellulaire à la suite d'un AVC a fait l'objet de découvertes intéressantes. Il semble que le principal responsable soit le *glutamate*, un neurotransmetteur excitateur qui intervient dans l'apprentissage et la mémoire. Normalement, la liaison du glutamate aux récepteurs du NMDA (*N*-méthyle D-aspartate), ainsi nommés d'après la substance qui sert à les identifier, ouvre des canaux ioniques qui laissent entrer les ions calcium (qui entraînent les changements essentiels à l'apprentissage ou à la potentialisation) dans le neurone stimulé. Après une lésion cérébrale, les neurones qui ont été totalement privés d'oxygène commencent à se désintégrer et libèrent autour d'eux d'énormes quantités de glutamate. Cette substance agit comme une *excitotoxine* et provoque des changements, certains immédiats, d'autres retardés, dans le transport des ions en activant les récepteurs du NMDA. On observe d'abord un changement aigu dans les minutes qui suivent la lésion: les neurones absorbent du Na^+, du Cl^- et de l'eau. On observe ensuite des changements tardifs au cours des heures suivant la lésion, soit un afflux désordonné de calcium dans le neurone postsynaptique et la production de radicaux libres (de NO notamment) qui détruisent des milliers de neurones encore sains dans les environs de la lésion. Ces neurones à leur tour libèrent du glutamate; une réaction en chaîne s'installe alors et détruit un nombre croissant de cellules saines. Ces découvertes ont poussé les scientifiques à se mettre à la recherche de médicaments, tels les antagonistes du NMDA et du NO ainsi que les inhibiteurs calciques, qui puissent prévenir cet « effet domino » neurotoxique et éclairer le pronostic des accidents vasculaires cérébraux; une vingtaine d'antagonistes du NMDA sont présentement à l'essai. On dispose aussi de médicaments pour traiter les accidents ischémiques transitoires, tels la warfarine (Coumadin) et l'activateur tissulaire du plasminogène (un médicament thrombolytique), qui dissolvent les caillots ou qui en préviennent la formation. Des essais cliniques ont en effet démontré que l'administration d'activateur tissulaire du plasminogène dans les trois heures suivant une attaque réduit de 50 % les risques d'incapacité permanente.

Maladies dégénératives de l'encéphale

La maladie d'Alzheimer, la maladie de Parkinson et la chorée de Huntington sont les plus importantes des maladies dégénératives du système nerveux central.

Maladie d'Alzheimer La **maladie d'Alzheimer** (du nom d'un neurologue allemand qui en a le premier décrit les traces caractéristiques dans le cerveau en 1906) est une maladie dégénérative de l'encéphale qui conduit à la démence (détérioration mentale). Une grande partie de la clientèle des centres d'accueil pour personnes âgées est constituée de personnes ayant subi un AVC ou atteintes de la maladie d'Alzheimer. La maladie d'Alzheimer touche habituellement des personnes âgées, mais elle peut survenir à l'âge mûr. Elle se caractérise par des déficits cognitifs étendus, dont la perte de mémoire (touchant particulièrement les événements récents), la réduction de la durée de l'attention, la désorientation et, dans les derniers stades de la maladie, la perte du langage. Des personnes faciles à vivre deviennent irritables, maussades et désorientées, et finissent par connaître des hallucinations. Cette dégénérescence s'installe au cours d'une période de quelques années pendant laquelle les proches de la personne atteinte la voient lentement « diminuer ».

La maladie d'Alzheimer est associée à un déficit en ACh et à des changements structuraux du cortex cérébral et de l'hippocampe en particulier, qui sont les régions reliées aux fonctions cognitives et à la mémoire. La maladie d'Alzheimer a une composante héréditaire. Elle est huit fois plus fréquente chez les personnes qui possèdent deux gènes APO-E4 que chez les personnes qui héritent de deux exemplaires du gène APO-E3, la variante la plus répandue du gène pour la protéine APO-E. Le gène APO-E4 code pour la synthèse d'une protéine, l'apolipoprotéine E, qui intervient dans le métabolisme du cholestérol, joue un rôle dans l'athérosclérose et est reliée à au moins un type de cardiopathie. L'examen microscopique du tissu cérébral de personnes décédées atteintes de la maladie d'Alzheimer révèle la présence d'apolipoprotéine E liée à des dépôts de *protéine bêta-amyloïde* (ainsi nommée à cause d'une ressemblance avec des amas d'amidon) en **plaques séniles** (des agrégats de cellules et de neurofibres dégénérées autour d'un centre protéique) et en **enchevêtrements neurofibrillaires** (des fibrilles insolubles enchevêtrées dans le corps cellulaire des neurones et pouvant s'étendre jusque dans leurs dendrites). On retrouve aussi, autour des plaques séniles, des astrocytes en prolifération et des microgliocytes qui pourraient jouer un rôle dans la synthèse des protéines bêta-amyloïdes.

12

Les chercheurs ont eu la plus grande difficulté à déterminer comment la protéine bêta-amyloïde peut agir comme une neurotoxine, car cette protéine se trouve également dans les cellules cérébrales saines (bien qu'en moindres quantités que dans les cellules endommagées). La protéine bêta-amyloïde est essentiellement un produit de la dégradation lysosomiale d'une glycoprotéine intégrée que l'on retrouve normalement dans la membrane plasmique; cette protéine appelée APP (« amyloid precursor protein ») est une grosse molécule de 695 acides aminés. Toutes les cellules dégradent l'APP de deux façons: selon la voie sécrétrice, qui produit des fragments protéiques inoffensifs, et selon la voie lysosomiale, qui détache la protéine bêta-amyloïde de l'APP. On ne comprend pas encore ce qui dérègle les voies biochimiques et favorise la production de protéine bêta-amyloïde. On sait toutefois que cette minuscule protéine (une quarantaine d'acides aminés) cause ses ravages en augmentant dans les neurones l'afflux de calcium régi par le glutamate. Comme chez les personnes qui ont subi un AVC, il semble donc que le trio formé par le glutamate, les récepteurs du NMDA et le Ca^{2+} soit responsable d'une partie au moins des dommages du tissu nerveux chez les personnes atteintes de la maladie d'Alzheimer.

Les chercheurs ont aussi étudié le rôle d'une protéine appelée *tau* qui favorise la formation des microtubules. (Rappelez-vous que les microtubules sont essentiels au transport intracellulaire normal, une fonction cruciale dans les neurones.) Si tau subit une mutation et est inadéquatement phosphorylée, elle cesse de stabiliser les microtubules et s'attache à d'autres molécules tau, formant ainsi des enchevêtrements neurofibrillaires. De fait, la protéine tau prélevée dans le cerveau de personnes atteintes de la maladie d'Alzheimer ne peut pas se lier aux microtubules. L'APO-E4, en tant que transporteur du cholestérol, peut par ailleurs modifier la perméabilité de la membrane plasmique au calcium. Une fois que le calcium est entré dans la cellule, il peut déclencher la cascade de réactions qui débouche sur la phosphorylation de tau, la dégradation des microtubules et la formation d'enchevêtrements neurofibrillaires. On peut supposer que les recherches sur la protéine bêta-amyloïde et sur la protéine tau convergeront un jour et aboutiront à la découverte d'un traitement pour la maladie d'Alzheimer. En attendant, on doit se contenter d'administrer aux personnes atteintes des médicaments (tacrine, donépézil) qui atténuent les symptômes en inhibant la dégradation de l'ACh. Des recherches en cours suggèrent que l'administration d'œstrogènes pourrait retarder l'apparition de la maladie.

Maladie de Parkinson La **maladie de Parkinson** (du nom du médecin anglais qui en a le premier décrit les symptômes en 1817) survient le plus souvent chez des personnes dans la cinquantaine et la soixantaine. Trois cent mille Américains en sont présentement affligés. Elle est provoquée par une dégénérescence des neurones de la substantia nigra qui libèrent de la dopamine. (La substantia nigra est un noyau du tronc cérébral dont les projections se rendent au corps strié — noyau caudé et putamen.) À mesure que ces neurones se détériorent, les noyaux basaux qu'ils approvisionnent normalement en dopamine deviennent hyperactifs, d'où les symptômes bien connus de la maladie. Les personnes atteintes présentent un tremblement persistant au repos (qui se traduit par le hochement de la tête et les mouvements d'émiettement des doigts), marchent inclinées vers l'avant et d'un pas traînant, perdent l'expression du visage et se meuvent lentement. La cause de la maladie de Parkinson est inconnue, mais le fait qu'une forme grave de la maladie ait été provoquée par l'injection d'héroïne synthétique porte à croire qu'elle est liée à des substances chimiques présentes dans l'environnement (pesticides et herbicides notamment).

Utilisé depuis les années 1960, le médicament appelé *lévodopa* (L-dopa), un intermédiaire dans la synthèse de la dopamine, soulage temporairement les symptômes de la maladie de Parkinson. La lévodopa, cependant, ne guérit par la maladie et certains spécialistes pensent que son usage prolongé favorise la dégénérescence au lieu de la limiter. La lévodopa a en outre des effets indésirables tels que des nausées graves, des étourdissements et, dans certains cas, des troubles hépatiques. Le traitement le plus souvent employé à l'heure actuelle consiste en une association médicamenteuse: d'une part, on administre de la lévodopa (pour remplacer la dopamine) avec de la carbidopa (un médicament qui bloque la conversion de la lévodopa en dopamine à l'extérieur du cerveau et qui prévient ainsi les effets secondaires de la lévodopa) — mais l'usage de

GROS PLAN

Le cerveau a-t-il un sexe?

Les jeunes femmes qui revendiquent l'égalité avec les hommes sur le marché du travail ont à combattre des notions culturelles qui veulent que les hommes soient plus capables qu'elles. Pourtant, hors de tout préjugé sexiste et abstraction faite de l'éducation, il y a réellement une différence entre les hommes et les femmes, une différence d'ordre biologique.

Au début de la puberté, les garçons tendent à démontrer plus d'agressivité que les filles, et cette différence s'explique indubitablement par l'afflux d'hormone sexuelle mâle. Pour modifier le comportement, une hormone doit d'abord influer sur le cerveau. Les hormones sexuelles femelles et mâle (les œstrogènes et la testostérone, respectivement) se concentrent de manière sélective dans les régions du cerveau qui déterminent les comportements sexuels et l'agressivité, les domaines dans lesquels les deux sexes divergent le plus. On sait également que les différences de comportement entre les sexes sont établies bien avant le déclenchement de la puberté et de ses « tempêtes hormonales ». Peu de temps après la naissance, par exemple, les garçons manifestent plus de force et de tonus musculaire que les filles, tandis que celles-ci sont plus sensibles au toucher, au goût et à la lumière, et sourient plus fréquemment. Des études approfondies menées auprès d'enfants d'âge préscolaire ont révélé que les filles obtiennent de meilleurs résultats que les garçons aux tests mesurant l'habileté à l'expression verbale, tandis que les garçons réussissent mieux les tâches spatio-visuelles. (Fait intéressant, les femmes adultes réussissent mieux les tâches spatiales lorsque leurs taux d'œstrogènes sont faibles, c'est-à-dire lorsque leur état hormonal se rapproche de celui des hommes.) Par ailleurs, l'hypothèse selon laquelle les lésions de l'hémisphère gauche entravent surtout l'habileté verbale, et les lésions de l'hémisphère droit diminuent l'habileté spatiale, n'a été vérifiée que pour les hommes. À la suite de ces études, on suppose que le chevauchement hémisphérique des fonctions verbales et spatiales est plus marqué chez les femmes que chez les hommes, lesquels démontrent une latéralisation plus hâtive du fonctionnement cortical.

Une fonction plus latéralisée est-elle nécessairement une fonction mieux développée? Il semble que non. Les femmes présentent une latéralisation moindre des fonctions du langage, et pourtant leur habileté à l'expression verbale tend à surpasser celle des hommes. D'autre part, une latéralisation marquée se paie cher. En effet, si une aire fonctionnelle fortement latéralisée est endommagée, la fonction est supprimée.

Comment peut-on expliquer ces différences de comportements et d'habiletés? Il faut chercher la réponse dans les profondeurs du cerveau. En 1973, il fut montré pour la première fois que le cerveau féminin et le cerveau masculin diffèrent en bien des points sur le plan structural. Le plus notable de ces points est la configuration synaptique d'une région du noyau préoptique de l'hypothalamus qui diffère chez les deux sexes. Si l'on castre des singes mâles peu après leur naissance, on obtient la configuration hypothalamique féminine, tandis que si l'on injecte de la testostérone à des femelles, on déclenche l'élaboration de la configuration masculine. Cette découverte permettait d'attester pour la première fois les différences structurales entre le cerveau des hommes et celui des femmes. De plus, elle prouvait que les hormones sexuelles circulant avant, pendant ou après la naissance pouvaient *modifier* l'encéphale. En se fondant sur ces résultats et sur des observations ultérieures, les scientifiques concluent que le cerveau des mammifères est féminin à l'origine et qu'il le demeure jusqu'à ce que les hormones masculinisantes « l'avisent du contraire ». C'est la testostérone produite par les fœtus de sexe masculin qui assure le développement des structures anatomiques de l'homme et l'élaboration de la configuration cérébrale masculine. Depuis ces découvertes, on a décelé d'autres différences liées au sexe dans le système nerveux central:

1. Le noyau INAH 3 (« interstitial nucleus of the anterior hypothalamus »), dans la partie antérieure de l'hypothalamus, est beaucoup plus gros chez les hommes hétérosexuels que chez les femmes hétérosexuelles et que chez les hommes homosexuels. Or, ce noyau joue un rôle important dans la régulation du comportement sexuel masculin typique.

2. La densité des neurones dans les deux lames granulaires du planum temporal (une partie du lobe temporal, postérieure à l'aire auditive primaire) est plus forte chez les femmes que chez les hommes (de 17 %). (Le planum temporal intervient dans les fonctions reliées au langage et à l'ouïe.)

3. Le lobe temporal gauche tend à être plus long chez les femmes. Par ailleurs, la partie postérieure du corps calleux est bulbeuse et large chez les femmes, tandis que, chez les hommes, le corps calleux est généralement cylindrique et de diamètre uniforme. Cette différence indique peut-être qu'il y a plus de neurofibres de communication entre les hémisphères des femmes, ce qui appuierait l'hypothèse suivant laquelle le cerveau féminin est moins latéralisé que le cerveau masculin.

4. Dans la moelle épinière, certains groupes de neurones qui desservent les organes génitaux externes sont beaucoup plus étendus chez les hommes que chez les femmes; ces neurones contiennent des récepteurs de la testostérone, mais pas de récepteurs des œstrogènes. C'est l'exposition à la testostérone avant la naissance qui donne à ces neurones de la moelle épinière leur configuration masculine.

Quelles conclusions tirer de ces résultats? Les différences observées entre les sexes sont-elles ou non liées aux subtilités du comportement? Expliquent-elles les manifestations de la masculinité et de la féminité? Si oui, dans quelle mesure? Il est trop tôt pour le savoir, car l'étude du dimorphisme sexuel encéphalique en est encore « au berceau ».

cette combinaison de médicaments ne peut se faire sur une longue période ; d'autre part, on administre des antagonistes artificiels de la dopamine (telle la bromocriptine) qui se lient à certains récepteurs de la dopamine dans le cerveau et imitent ainsi les effets de ce neurotransmetteur. Cette association permet de réduire les doses des deux types de médicaments et d'atténuer les effets secondaires. On utilise aussi des médicaments qui bloquent la libération d'acétylcholine. Par ailleurs, on installe parfois un appareil semblable à un stimulateur cardiaque (« pacemaker »), qui envoie des signaux électriques au thalamus. Ces signaux bloquent les influx qui causent les tremblements. Le fonctionnement de l'appareil peut être contrôlé par le sujet lui-même selon ses besoins. Cependant, cette technique ne guérit pas la maladie.

Les implants cérébraux de substantia nigra fœtale et de cellules de la substantia nigra adulte génétiquement modifiées sont encore plus prometteurs pour ce qui est de la durée des effets, car ils ont provoqué une régression des symptômes de la maladie. Mais l'utilisation de tissus fœtaux suscite une vive controverse et se heurte à des obstacles d'ordre éthique et juridique, si bien qu'on favorisera probablement le recours à des cellules modifiées de la substantia nigra adulte. Un nouveau médicament, le déprényl, ralentit quelque peu la détérioration neurologique lorsqu'il est administré durant les premiers stades de la maladie. Il peut ainsi retarder de 18 mois l'apparition des symptômes graves et, par le fait même, l'administration de lévodopa. Enfin, les chercheurs procèdent actuellement à des essais cliniques sur des substances possiblement efficaces, les facteurs trophiques. Le GDNF (facteur neurotrophique dérivé des gliocytes) semble protéger les neurones qui libèrent de la dopamine et même faire rétrocéder la maladie ; les animaux à qui on administre cette substance présentent une amélioration marquée de la mobilité et de l'équilibre.

Chorée de Huntington La **chorée de Huntington** (*khoreia* = danse), décrite par Huntington en 1872, est une affection héréditaire à transmission dominante qui entraîne la dégénérescence des noyaux basaux puis du cortex cérébral. Elle survient généralement à l'âge mûr mais il existe aussi des formes infantiles ; elle se caractérise dans un premier temps par des mouvements brusques, saccadés et presque continuels dont l'amplitude augmente avec le temps. Elle peut aussi provoquer des troubles d'ordre psychique, comportemental et cognitif. Contrairement aux apparences, les mouvements anormaux sont involontaires. Ces manifestations se situent à l'opposé des déficits moteurs amenés par la maladie de Parkinson, et on les traite généralement au moyen de médicaments qui bloquent les effets de la dopamine. Les implants de tissus fœtaux semblent prometteurs pour le traitement de cette maladie comme pour celui de la maladie de Parkinson.

La chorée de Huntington est évolutive et la mort survient au cours des 15 années qui suivent l'apparition des symptômes. Dans ses dernières phases, la chorée de Huntington cause une détérioration mentale prononcée (démence). On sait maintenant que la maladie est due à une répétition de trois bases de l'ADN situées près de l'extrémité du chromosome 4 (CAG qui se répète une cinquantaine de fois ou plus) ; cela semble perturber l'activité d'une enzyme importante (GAPDH) dans la glycolyse (voir le chapitre 25) et entraver ainsi la production d'énergie (d'ATP) dans les neurones touchés. C'est la présence de cette séquence de nucléotides que l'on peut mettre en évidence dans un test destiné à déceler le gène chez les individus de familles atteintes. ■

MOELLE ÉPINIÈRE

Anatomie macroscopique et protection de la moelle épinière

La moelle épinière est enfermée dans la colonne vertébrale ; elle s'étend du foramen magnum, où elle s'unit au bulbe rachidien, jusqu'à la première ou à la deuxième vertèbre lombale, juste sous les côtes (figure 12.26). La **moelle épinière** est d'un blanc luisant à l'extérieur, d'une longueur d'environ 42 cm et d'une épaisseur de 1,8 cm. Elle achemine les influx provenant de l'encéphale et ceux qui se dirigent vers lui. De plus, elle constitue un important centre réflexe : celui des réflexes spinaux. Nous présenterons les fonctions réflexes de la moelle épinière au chapitre 13. Enfin, comme nous le verrons en détail au chapitre 15, la moelle épinière peut déclencher des activités motrices complexes telles que l'alternance des flexions et des extensions pendant la marche. Toutefois, les mouvements amorcés par ce qu'il est convenu d'appeler les *générateurs centraux de mouvements* sont fortement stéréotypés et ils doivent être modulés par l'encéphale pour avoir quelque utilité. Cette section porte sur l'anatomie de la moelle épinière ainsi que sur la situation et la dénomination de ses faisceaux et tractus ascendants et descendants.

La moelle épinière, comme l'encéphale, est protégée par des os, par les méninges et par le liquide cérébro-spinal. Elle est enveloppée par le feuillet interne de la dure-mère, appelé **dure-mère spinale** (voir les figures 12.24b et 12.28), qui n'est pas fixé aux parois osseuses de la colonne vertébrale. Entre les vertèbres et la dure-mère spinale se trouve la **cavité épidurale,** un espace assez large rempli de graisse et parcouru d'un réseau de veines. La graisse forme un coussin moelleux autour de la moelle épinière. La cavité subarachnoïdienne, située entre l'*arachnoïde* et la *pie-mère,* est remplie de liquide cérébro-spinal. La dure-mère et l'arachnoïde se prolongent bien au-delà de l'extrémité inférieure de la moelle épinière dans le canal vertébral, soit jusqu'à la deuxième vertèbre sacrale (S_2) environ. Comme la moelle épinière se termine habituellement à la hauteur de L_1 (figure 12.26a), il n'y a en général aucun risque de l'atteindre au-delà de L_3. C'est donc à partir de ce niveau qu'on peut effectuer une **ponction lombaire,** c'est-à-dire un prélèvement de liquide cérébro-spinal dans la cavité subarachnoïdienne.

FIGURE 12.26
Structure macroscopique de la moelle épinière, vue postérieure. (a) Les arcs vertébraux ont été retirés pour montrer la moelle épinière et les racines des nerfs spinaux. La dure-mère et l'arachnoïde apparaissent incisées et repliées latéralement. **(b)** Photographie de la région cervicale de la moelle épinière. **(c)** Photographie agrandie de la moelle épinière montrant le ligament dentelé. **(d)** Photographie de l'extrémité inférieure de la moelle épinière montrant le cône médullaire, la queue de cheval et le filum terminal.

? *Qu'est-ce qui forme les intumescences cervicale et lombale dans la moelle épinière ?*

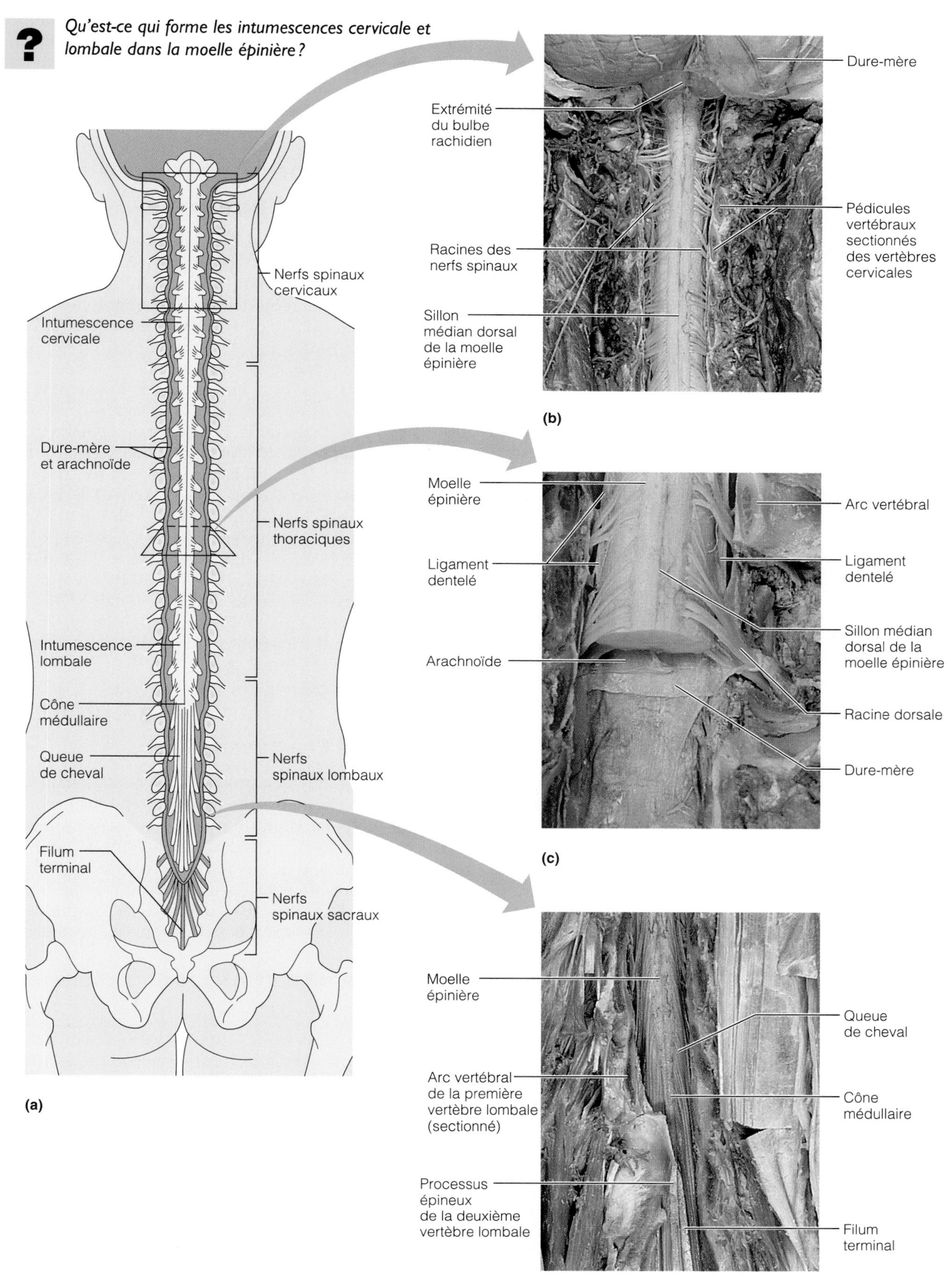

12

Les points d'émergence des nerfs qui desservent les membres.

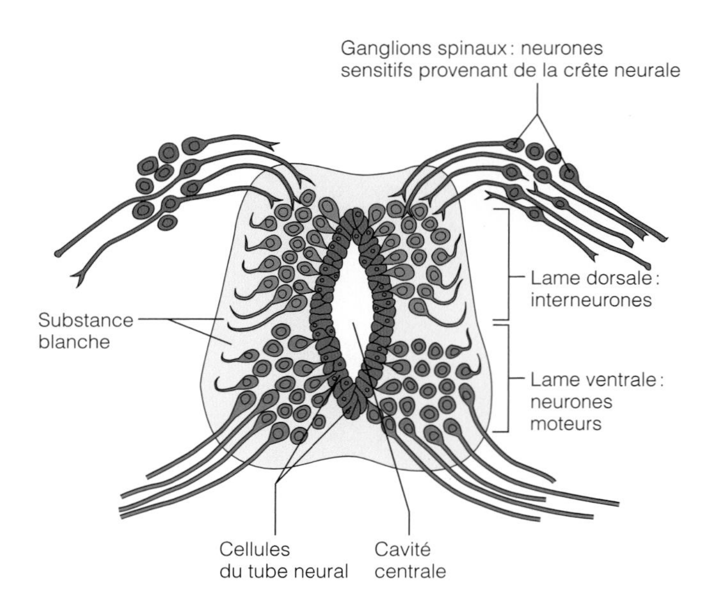

FIGURE 12.27
Structure de la moelle épinière embryonnaire. Six semaines après la conception, des agrégats de substance grise appelés lames dorsales (futurs interneurones) et lames ventrales (futurs neurones moteurs) sont formés, et les ganglions spinaux (futurs neurones sensitifs) ont émergé des cellules de la crête neurale.

De plus, les délicates racines nerveuses s'écartent du point d'insertion de l'aiguille.

Dans sa partie inférieure, la moelle épinière se termine par une structure conique appelée **cône médullaire.** Le **filum terminal** est un prolongement fibreux de la pie-mère qui s'étend du cône médullaire à la face postérieure du coccyx où il s'attache (figure 12.26d). Cette structure maintient la moelle épinière en place et lui évite de tressauter au gré des mouvements du corps. La moelle épinière est aussi rattachée sur toute sa longueur aux parois osseuses du canal vertébral par une lame en dents de scie de la pie-mère appelée **ligament dentelé** (figure 12.26c).

Chez l'être humain, 31 paires de *nerfs spinaux* naissent de la moelle épinière à partir de deux racines, émergent de la colonne vertébrale par les foramens intervertébraux, puis s'étendent jusqu'aux parties du corps qu'elles desservent. Tout comme la colonne vertébrale, la moelle épinière est segmentée (bien que ses segments ne soient pas visibles de l'extérieur). Chaque segment médullaire est rattaché à une paire de nerfs spinaux qui passent au-dessus de la vertèbre correspondante. Sur presque toute sa longueur, la moelle épinière n'est pas plus large que le pouce, mais elle présente des renflements notables dans les régions cervicale et lombosacrale, d'où émergent les nerfs qui desservent les membres supérieurs et inférieurs. Ces renflements sont appelés **intumescence cervicale,** ou renflement cervical, et **intumescence lombale,** ou renflement lombaire (voir la figure 12.26a). Comme la moelle épinière n'atteint pas l'extrémité inférieure de la colonne vertébrale, les racines des nerfs spinaux lombaux et sacraux s'infléchissent brusquement et parcourent une certaine distance dans le canal vertébral avant d'atteindre leur foramen intervertébral. L'ensemble des racines situées à l'extrémité inférieure du canal vertébral porte le nom évocateur de **queue de cheval.** Cette configuration quelque peu étrange s'explique par le fait que la colonne vertébrale croît plus rapidement vers le bas que la moelle épinière au cours du développement fœtal. Les racines des nerfs spinaux inférieurs sont alors contraintes de chercher leur point d'émergence plus bas dans le canal vertébral.

Développement embryonnaire de la moelle épinière

La moelle épinière émerge de la partie caudale du tube neural embryonnaire (voir les figures 12.2 et 12.3). Six semaines après la conception, on distingue dans la moelle deux masses de neuroblastes qui ont migré vers l'extérieur à partir du tube neural: la **lame dorsale** et la **lame ventrale** (figure 12.27).

Les neuroblastes de la lame dorsale deviennent des interneurones. Ceux de la lame ventrale deviennent des neurones moteurs; ils produisent des axones qui s'étendent jusqu'aux organes effecteurs. Les axones qui émergent des cellules de la lame dorsale (et de quelques cellules de la lame ventrale) forment la substance blanche externe de la moelle épinière en croissant vers l'extérieur le long du SNC. À mesure que se poursuit le développement, les lames s'étendent et produisent la masse centrale de substance grise en forme de H caractéristique de la moelle épinière adulte. Les cellules de la crête neurale qui se placent le long de la moelle forment les *ganglions spinaux.* Ceux-ci contiennent des corps cellulaires de neurones sensitifs qui projettent leurs axones dans la partie dorsale de la moelle épinière.

Anatomie de la moelle épinière en coupe transversale

De l'avant vers l'arrière, la moelle épinière est quelque peu aplatie, et sa surface présente deux dépressions linéaires: la **fissure médiane ventrale** et le **sillon médian dorsal,** moins profond que la première (voir la figure 12.28b). Ces dépressions parcourent toute la longueur de la moelle et la divisent partiellement en une moitié gauche et une moitié droite. Comme nous l'avons déjà mentionné, la substance grise est enveloppée par la substance blanche.

Substance grise et racines des nerfs spinaux

Dans la moelle épinière comme dans les autres régions du système nerveux central, la substance grise est composée d'un mélange de corps cellulaires de neurones, de leurs prolongements amyélinisés et de gliocytes. Tous les neurones dont le corps cellulaire est situé dans la substance grise de la moelle épinière sont des neurones multipolaires.

Comme nous l'avons déjà fait remarquer, la substance grise de la moelle épinière présente, en coupe transversale, la forme d'un H ou d'un papillon (figure 12.28b). Elle est formée de masses grises symétriques reliées par un pont de substance grise, appelé **commissure grise,** qui entoure le canal central de la moelle épinière, ou canal de l'épendyme. Les deux projections postérieures de la substance grise sont appelées **cornes dorsales** (ou **postérieures**),

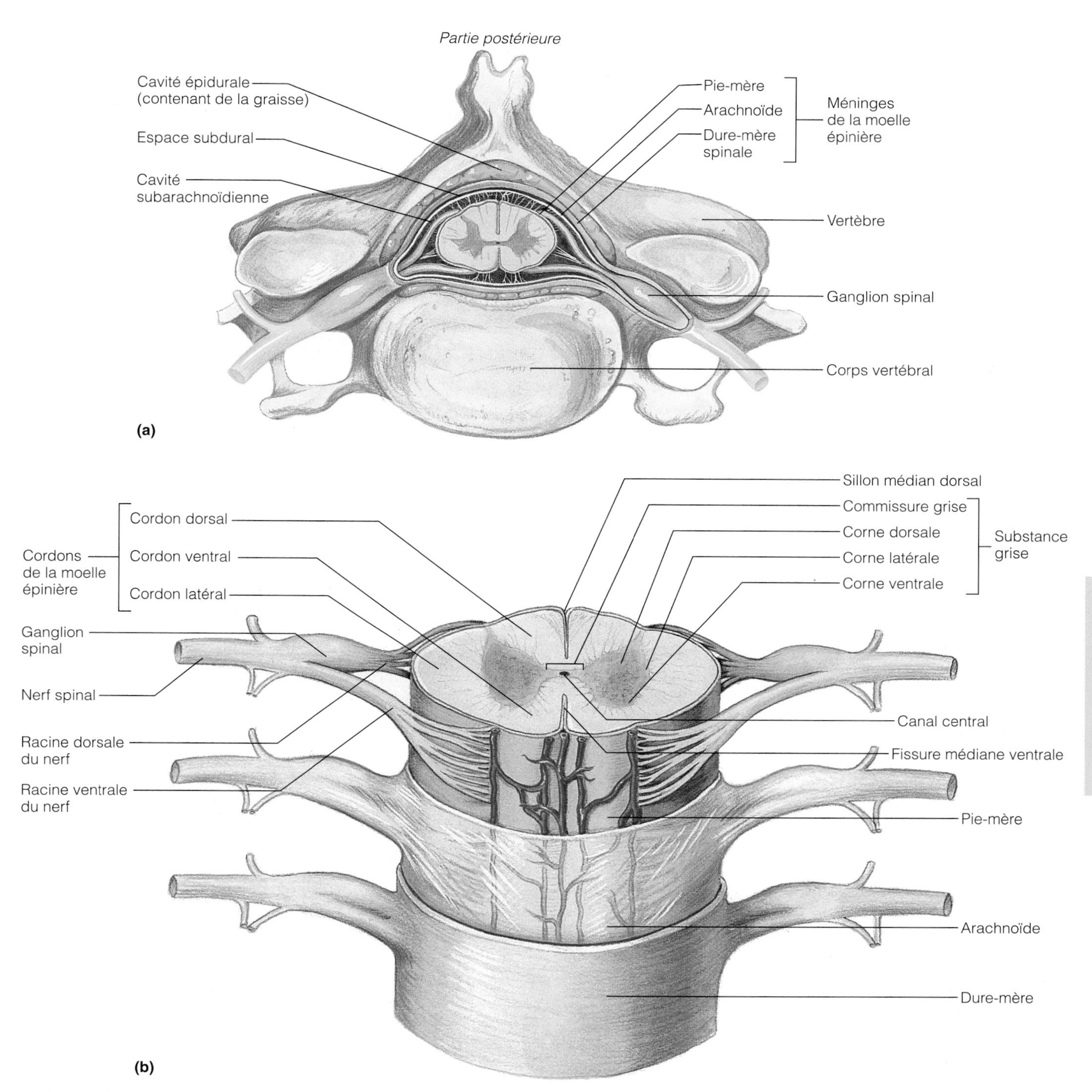

FIGURE 12.28
Anatomie de la moelle épinière. (a) Coupe transversale de la moelle épinière montrant ses relations avec la colonne vertébrale. **(b)** Vue en trois dimensions de la moelle épinière et des méninges adultes.

tandis que les deux projections antérieures sont appelées **cornes ventrales** (ou **antérieures**). On trouve une autre paire de projections de substance grise, moins étendues que les précédentes, les **cornes latérales,** dans les segments thoracique et lombal supérieur de la moelle.

Les cornes ventrales renferment principalement des corps cellulaires de neurones moteurs somatiques. Les axones de ces neurones passent dans les **racines ventrales** des nerfs spinaux (figure 12.28b) avant d'atteindre les muscles squelettiques. La quantité de substance grise des cornes ventrales dans un segment donné de la moelle épinière est reliée à la quantité de muscle squelettique à innerver. Par conséquent, les cornes ventrales atteignent leurs plus grandes dimensions dans les régions cervicale et lombale de la moelle, qui innervent les membres, ce qui explique la présence d'intumescences à ces niveaux.

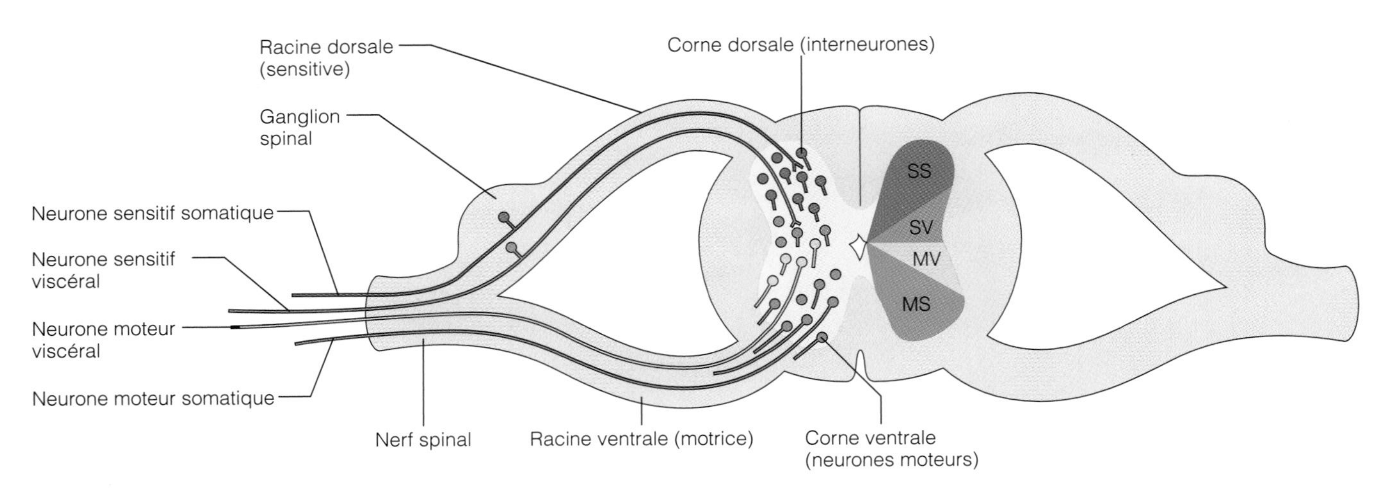

FIGURE 12.29
Organisation de la substance grise de la moelle épinière. On peut diviser la substance grise de la moelle épinière en une partie sensitive (dorsale) et une partie motrice (ventrale) selon que ses neurones interviennent dans l'activité sensorielle ou dans l'activité motrice. SS : interneurones recevant des informations sensorielles des neurones sensitifs somatiques. SV : interneurones recevant des informations sensorielles des neurones sensitifs viscéraux. MV : neurones moteurs viscéraux (autonomes). MS : neurones moteurs somatiques. Notez que la racine dorsale et la racine ventrale font partie du SNP et non de la moelle épinière.

12

Les cornes latérales renferment des neurones moteurs du système nerveux autonome (sympathique) qui desservent les muscles lisses des viscères, le muscle cardiaque et les glandes. Leurs axones sortent de la moelle épinière par les racines ventrales, avec ceux des neurones moteurs somatiques. Puisque les racines ventrales comportent à la fois des efférents somatiques et des efférents autonomes, elles servent autant au système nerveux somatique qu'au système nerveux autonome.

Les axones des neurones afférents qui acheminent les influx provenant des récepteurs sensoriels périphériques forment les **racines dorsales** de la moelle épinière (voir la figure 12.28). Les corps cellulaires de ces neurones se trouvent dans un renflement de la racine dorsale appelé **ganglion spinal.** Une fois entrés dans la moelle épinière, les axones de ces neurones peuvent prendre plusieurs directions. Ainsi, quelques-uns s'introduisent directement dans la substance blanche postérieure de la moelle épinière et vont faire synapse plus haut dans la moelle ou dans l'encéphale. D'autres font synapse avec des interneurones dans la substance grise des cornes dorsales de la moelle épinière à la hauteur où ils y pénètrent.

Les racines dorsales et ventrales sont très courtes et fusionnent latéralement pour former les **nerfs spinaux,** ou nerfs rachidiens, qui émergent de chaque côté de la moelle épinière. Nous étudierons ces nerfs, qui font partie du système nerveux périphérique, au chapitre 13.

On peut subdiviser encore la substance grise de la moelle épinière selon le rôle que jouent ses neurones dans l'innervation des régions somatiques et viscérales de l'organisme. On distingue ainsi les quatre zones suivantes dans la substance grise de la moelle épinière (figure 12.29) : la **zone sensitive somatique (SS)**, la **zone sensitive viscérale** (autonome) **(SV)**, la **zone motrice viscérale (MV)** et la **zone motrice somatique (MS).**

Les symptômes de la *poliomyélite* (*polio* = gris ; *myélite* = inflammation de la moelle épinière) proviennent de la destruction des neurones moteurs de la corne ventrale par le virus de la poliomyélite. Les premiers symptômes de la maladie sont de la fièvre, des maux de tête, des douleurs et une faiblesse musculaires ainsi que la perte de certains réflexes somatiques. La maladie évolue en paralysie et en atrophie musculaire. Si des neurones du bulbe rachidien sont détruits, la paralysie des muscles respiratoires ou un arrêt cardiaque peuvent causer la mort. Dans la plupart des cas, le virus pénètre dans l'organisme par l'intermédiaire d'eau contenant des matières fécales (l'eau d'une piscine publique par exemple). D'ailleurs, l'incidence de la maladie a toujours été plus élevée chez les enfants que chez les adultes ainsi que pendant les mois d'été. Fort heureusement, les vaccins Salk et Sabin ont pratiquement éliminé la poliomyélite.

Nombre de survivants de la grande épidémie de poliomyélite de la fin des années 1940 ont commencé à présenter une léthargie extrême, de vives brûlures dans les muscles ainsi qu'une faiblesse et une atrophie musculaires progressives. On a cru à l'origine que ces symptômes étaient attribuables à la grippe ou à une maladie psychosomatique, mais on sait à présent qu'ils constituent le **syndrome de post-poliomyélite.** La cause de ce syndrome est inconnue, mais on suppose qu'il est dû au fait que les personnes atteintes continuent de perdre des neurones tout au long de leur vie, comme nous tous au demeurant. Un système nerveux en bonne santé peut compenser les pertes en mobilisant d'autres neurones dans les environs des neurones détruits, mais celui des survivants de la poliomyélite a déjà épuisé cette réserve. Paradoxalement, ce sont les personnes qui ont lutté le plus fort pour surmonter la maladie qui en deviennent les dernières victimes. ■

Substance blanche

La substance blanche de la moelle épinière comprend des neurofibres myélinisées et des neurofibres amyélinisées. Cette partie de la moelle épinière prend la couleur blanche de la myéline, car le nombre d'axones myélinisés y est de

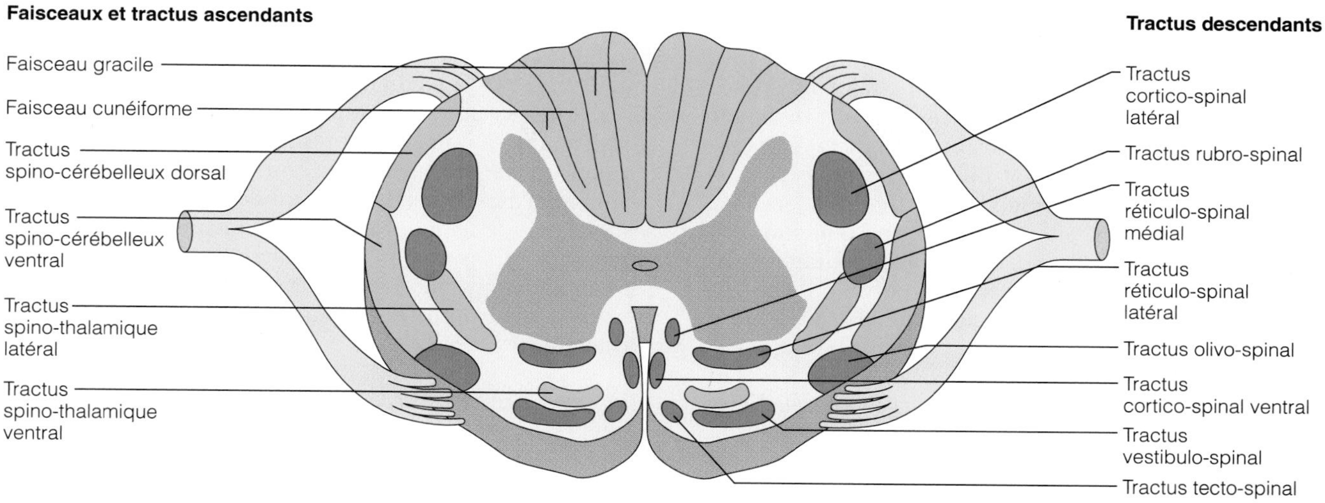

FIGURE 12.30
Coupe transversale montrant les principaux faisceaux et tractus ascendants (sensitifs) et tractus descendants (moteurs) de la moelle épinière. Les faisceaux et tractus ascendants sont représentés en bleu et énumérés du côté gauche de la figure. Les tractus descendants sont représentés en rouge et énumérés du côté droit.

beaucoup supérieur à celui des axones amyélinisés ; c'est également le cas de la région sous-corticale du cerveau. Les neurofibres *ascendantes* sont orientées vers les centres supérieurs de l'encéphale (influx sensitifs) ; les neurofibres *descendantes* sont orientées vers le bas de la moelle épinière à partir de l'encéphale ou de la moelle (influx moteurs) ; les neurofibres *commissurales* (transversales) sont orientées d'un côté de la moelle épinière à l'autre. Les neurofibres verticales (ascendantes et descendantes) prédominent.

De part et d'autre de la moelle épinière, la substance blanche se divise en trois **cordons** appelés, selon leur position, **cordon dorsal, cordon latéral** et **cordon ventral** (voir la figure 12.28b). Chaque cordon contient quelques faisceaux et tractus, et chacun de ceux-ci est composé d'axones aux destinations et aux fonctions semblables. À quelques exceptions près, les noms des faisceaux et tractus de la moelle épinière indiquent à la fois leur origine et leur destination. Les principaux faisceaux et tractus ascendants et descendants sont représentés schématiquement à la figure 12.30.

Les principaux faisceaux et tractus de la moelle épinière font partie de *voies multineuronales* qui relient l'encéphale à la périphérie du corps (récepteurs et muscles). Ces voies ascendantes et descendantes contiennent non seulement les axones de neurones médullaires, mais également des portions d'axones de neurones périphériques et de neurones cérébraux. Avant d'aller plus loin dans l'étude des faisceaux et tractus de la moelle épinière, nous allons présenter certaines de leurs caractéristiques générales.

1. Les neurofibres de la plupart des voies passent d'un côté du SNC à l'autre (croisent la ligne médiane) en un point spécifique de leur trajectoire (décussation).
2. La relation entre la périphérie et l'encéphale se fait généralement par deux ou trois neurones qui établissent des jonctions synaptiques. Les points où s'établissent ces jonctions ainsi que le cordon médullaire où chemine l'axone permettent de différencier les faisceaux et les tractus.
3. La plupart des faisceaux et des tractus sont **somatotopiques,** c'est-à-dire que leur situation dans l'espace (les cordons de la moelle épinière) reflète l'organisation du corps. Dans un faisceau ou un tractus sensitif ascendant, par exemple, les neurofibres qui transmettent les influx provenant des récepteurs sensoriels des parties supérieures du corps sont situées à côté de celles qui véhiculent l'information provenant des régions inférieures.
4. Tous les faisceaux et tractus vont par paires. Autrement dit, on trouve un membre de la paire dans un cordon situé du côté gauche de la moelle épinière, et l'autre dans un cordon situé du côté droit de la moelle épinière ou du tronc cérébral.

Faisceaux et tractus ascendants (sensitifs) Les faisceaux et tractus ascendants transportent les influx sensitifs vers les diverses régions de l'encéphale au moyen de trois neurones consécutifs unis par des synapses (*neurone de premier ordre, de deuxième ordre* et *de troisième ordre*). La majeure partie des influx sensitifs proviennent de la stimulation des récepteurs cutanés du toucher, de la pression, de la température et de la douleur, ainsi que de la stimulation des propriocepteurs qui mesurent le degré d'étirement des muscles, des tendons et des articulations. En règle générale, l'ensemble de ces informations chemine dans six grandes paires de faisceaux ou de tractus répartis également entre le côté gauche et le côté droit de la moelle épinière. Quatre de ces faisceaux et tractus sensitifs transmettent les influx aux aires somesthésiques du cortex cérébral, où les stimulus vont être traités *de manière consciente.* Le **faisceau cunéiforme,** ou faisceau de Burdach, et le **faisceau gracile,** ou faisceau de Goll, du cordon dorsal transmettent l'information provenant des récepteurs du toucher fin et de la pression légère ainsi que des propriocepteurs des articulations ; cette information peut être localisée avec exactitude sur la surface du corps (selon l'homoncule que nous avons vu plus haut). Les influx de ces deux faisceaux déterminent le *toucher discriminant* (épicritique) et la *proprioception consciente* (sensibilité profonde). Le **tractus spino-thalamique latéral,** ou faisceau spino-thalamique latéral, et le **tractus spino-thalamique ventral,** ou faisceau spino-thalamique antérieur, acheminent les influx provenant des récepteurs de la douleur (nociception), de la température, de la pression intense et du toucher grossier. Ces sensations sont conscientes mais plus difficiles à localiser avec précision que les précédentes. Les axones de ces quatre faisceaux et tractus croisent la ligne médiane avant d'arriver au cortex: les deux faisceaux, au niveau du bulbe rachidien, les deux tractus, dans la moelle épinière (voir la figure 12.31).

Enfin, le **tractus spino-cérébelleux ventral,** ou faisceau spino-cérébelleux croisé, et le **tractus spino-cérébelleux dorsal,** ou faisceau spino-cérébelleux direct, transmettent les influx provenant des propriocepteurs (étirement des muscles et des tendons) au cervelet, qui les interprète de manière à coordonner l'activité des muscles squelettiques. Ces tractus n'atteignent pas l'aire somesthésique, et ils *ne* contribuent *pas* aux sensations conscientes. Les axones de ces tractus ou bien croisent deux fois la ligne médiane, ce qui, en principe, «annule» la décussation ou bien ne la croisent pas du tout. Le tableau 12.2 présente plus en détail les faisceaux et tractus ascendants de la moelle épinière en spécifiant l'organisation synaptique de leurs neurones. L'organisation des neurones de quatre faisceaux et tractus est représentée à la figure 12.31. Notez que seuls le faisceau cunéiforme et le faisceau gracile sont formés par les axones de neurones sensitifs de premier ordre. Les tractus ascendants présentés dans le tableau 12.2 sont composés d'axones de neurones de deuxième ordre reliés, au niveau des cornes dorsales de la moelle épinière, aux neurones sensitifs de premier ordre.

Le *tabès dorsalis,* ou maladie de Duchenne de Boulogne, est une maladie à évolution lente provoquée par la détérioration des faisceaux gracile et cunéiforme et des racines dorsales qui y sont associées. Il s'agit d'une manifestation tardive des lésions neurologiques causées par la bactérie de la syphilis. Les faisceaux qui transportent les influx provenant des propriocepteurs des articulations sont détruits, ce qui entraîne une mauvaise coordination musculaire et une démarche instable chez les personnes atteintes. L'invasion des racines sensitives (dorsales) par les bactéries provoque des douleurs qui cessent lorsque les racines sont complètement détruites. ■

Nous avons déjà parlé de la répartition spécifique des neurones de l'aire somesthésique (l'homoncule du gyrus postcentral) que l'on peut rattacher à des régions déterminées de la peau ou à des structures anatomiques. Rappelez-vous que notre capacité de déterminer la provenance d'un stimulus donné et la sensation qui en découle dépend de la situation des neurones cibles de l'aire somesthésique, avec lesquels les neurofibres ascendantes qui partent du thalamus font synapse; elle n'est pas liée à la nature du message, qui correspond *toujours* à un potentiel d'action de même intensité. On peut comparer chaque neurofibre sensitive à une «ligne directe» dans un système téléphonique, que le cortex cérébral associe à une modalité sensitive particulière. Il va identifier son «interlocuteur» (un bourgeon du goût ou un barorécepteur) grâce à la ligne qui achemine le message. D'autre part, le cortex cérébral interprète l'activité d'un neurone stimulé comme une modalité sensitive spécifique (température, douleur, etc.), quelle que soit la façon dont le récepteur est activé. C'est ainsi que, si nous appuyons sur un barorécepteur de l'index, ou si nous lui appliquons une secousse électrique, ou encore si nous stimulons électriquement la région de l'aire somesthésique qui le reconnaît, le résultat est toujours le même. Nous percevons une sensation tactile ou une pression que nous pouvons relier à l'index. Ce phénomène, qui permet au cortex cérébral d'associer les sensations au point de stimulation habituel, est appelé **projection.**

Tractus descendants (moteurs) Plusieurs tractus moteurs sont nécessaires pour acheminer les influx efférents des aires motrices du cerveau à la moelle épinière. Ils se divisent en deux groupes, soit les tractus de la *voie motrice principale* et les tractus de la *voie motrice secondaire.* Les voies motrices sont composées de deux neurones, soit le neurone moteur supérieur et le neurone moteur inférieur. Les neurones pyramidaux de l'aire motrice, ainsi que les neurones des noyaux moteurs sous-corticaux qui donnent naissance à d'autres voies motrices descendantes, sont appelés **neurones moteurs supérieurs.** Les neurones moteurs de la corne ventrale, qui innervent les muscles squelettiques (leurs effecteurs), sont appelés **neurones moteurs inférieurs.** Nous nous contenterons ici d'une description sommaire des tractus descendants, car le tableau 12.3 (p. 447) fournit l'essentiel de l'information.

Les **tractus cortico-spinaux** et **cortico-nucléaires** constituent les tractus de la voie motrice principale; ils acheminent les commandes motrices qui permettent la contraction des muscles squelettiques et la régulation des mouvements volontaires. Les premiers conduisent les influx nerveux vers les muscles squelettiques des membres supérieurs et inférieurs, alors que les seconds transportent les influx vers les noyaux des nerfs crâniens qui régissent la motricité des muscles squelettiques de la tête et du cou. Les tractus cortico-spinaux commandent les mouvements fins et précis requis pour écrire ou enfiler une aiguille (figure 12.32a, p. 448). Les tractus cortico-spinaux s'étendent des neurones pyramidaux de l'aire motrice primaire jusqu'à la moelle épinière sans faire synapse. Ils font synapse dans la moelle épinière, essentiellement avec des interneurones, mais également avec les neurones moteurs de la corne ventrale, en particulier avec ceux qui gouvernent les muscles squelettiques des membres. Les neurones moteurs de la corne ventrale activent les muscles squelettiques auxquels ils sont associés. Les tractus cortico-spinaux latéraux, ou faisceaux pyramidaux croisés, croisent la ligne médiane dans le bulbe rachidien à la décussation des pyramides, et leurs neurofibres présentent une disposition somatotopique, c'est-à-dire selon l'homoncule moteur du gyrus précentral. Les tractus cortico-spinaux ventraux, ou faisceaux pyramidaux directs, beaucoup plus petits, croisent la ligne médiane dans la moelle épinière juste avant de faire synapse.

La *sclérose latérale amyotrophique* (*SLA*), aussi appelée maladie de Charcot, est une très grave maladie neuromusculaire caractérisée par une

TABLEAU 12.2 **Principaux faisceaux et tractus ascendants (sensitifs) de la moelle épinière**

Faisceaux et tractus de la moelle épinière	Situation (cordon)	Origine	Extrémité	Fonctions
Faisceau cunéiforme et faisceau gracile	Dorsal	Les axones de neurones sensitifs (de premier ordre) entrent dans la racine dorsale de la moelle épinière et se ramifient ; les ramifications entrent dans le cordon dorsal du même côté sans faire synapse	Synapses avec des neurones de deuxième ordre dans le noyau cunéiforme et le noyau gracile du bulbe rachidien ; les neurofibres des neurones du bulbe rachidien croisent la ligne médiane et montent dans les lemnisques médiaux jusqu'au thalamus, où elles font synapse avec des neurones de troisième ordre ; les neurones thalamiques transmettent ensuite les influx nerveux à l'aire somesthésique du gyrus postcentral	Ces deux faisceaux transmettent les influx sensitifs provenant des récepteurs cutanés et des propriocepteurs, qui sont ensuite interprétés dans l'aire somesthésique opposée comme des sensations tactiles, baresthésiques (perception de la pression) et « positionnelles » (position et déplacement des membres et des articulations) ; le faisceau cunéiforme achemine les influx afférents provenant des membres supérieurs, de la partie supérieure du tronc et du cou ; il est absent dans la moelle épinière au-dessous de T_6 ; le faisceau gracile transporte les influx provenant des membres inférieurs et de la partie inférieure du tronc
Tractus spino-thalamique latéral	Latéral	Interneurones (neurones de deuxième ordre) des cornes dorsales ; les neurofibres croisent la ligne médiane avant leur ascension	Synapses avec des neurones de troisième ordre dans le thalamus ; les neurones thalamiques acheminent ensuite les influx jusqu'à l'aire somesthésique	Transmet les influx sensitifs à l'aire somesthésique située du côté opposé du cerveau par rapport aux récepteurs cutanés ; ces influx sont interprétés comme de la douleur ou de la chaleur par les neurones de ces aires
Tractus spino-thalamique ventral	Ventral	Interneurones (neurones de deuxième ordre) des cornes dorsales ; les neurofibres croisent la ligne médiane avant leur ascension	Synapses avec des neurones de troisième ordre dans le thalamus ; les neurones thalamiques acheminent les influx jusqu'à l'aire somesthésique	Transmet les influx sensitifs à l'aire somesthésique située du côté opposé du cerveau, où ils sont interprétés comme étant une sensation tactile (toucher grossier) ou une pression intense par les neurones de ces aires
Tractus spino-cérébelleux dorsal*	Latéral (partie postérieure)	Interneurones (neurones de deuxième ordre) de la corne dorsale du même côté de la moelle ; les neurofibres ne croisent pas la ligne médiane avant leur ascension	Synapses dans le cervelet	Transmet les influx provenant des propriocepteurs du tronc et du membre inférieur d'un côté du corps au même côté du cervelet ; proprioception inconsciente
Tractus spino-cérébelleux ventral*	Latéral (partie antérieure)	Interneurones (neurones de deuxième ordre) de la corne dorsale ; contient des neurofibres croisées qui croisent à nouveau la ligne médiane dans le pont	Synapses dans le cervelet	Transmet les influx provenant du tronc et du membre inférieur d'un côté du corps au même côté du cervelet ; proprioception inconsciente

* Les tractus spino-cérébelleux dorsal et ventral transmettent seulement les influx provenant des membres inférieurs et du tronc. L'étude des tractus qui transmettent les influx provenant des membres supérieurs et du cou dépasse les limites du présent ouvrage.

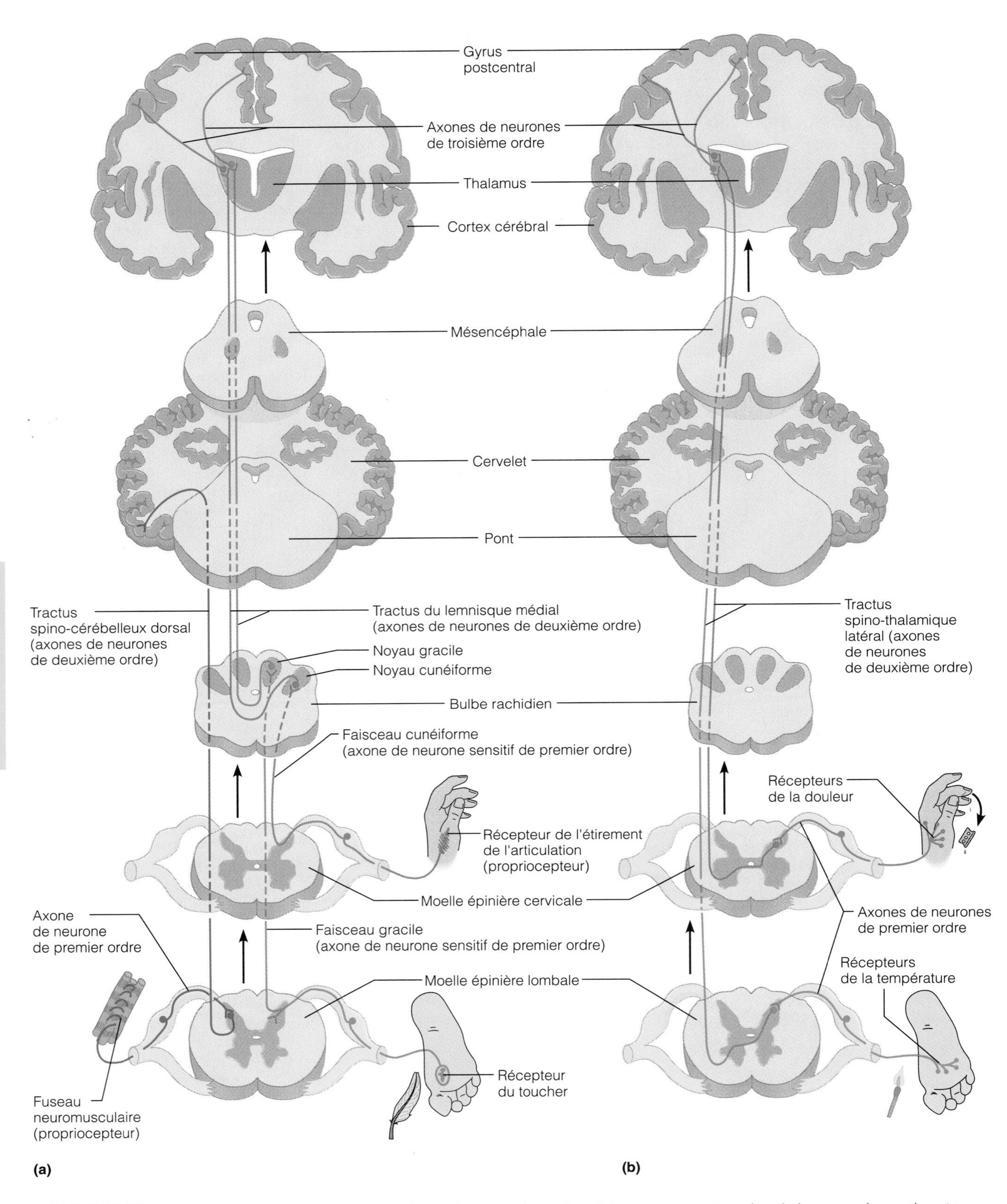

FIGURE 12.31
Chaînes de neurones de quelques faisceaux et tractus ascendants.
(a) Trajet et jonctions synaptiques des neurones à l'intérieur des faisceaux gracile et cunéiforme, qui transportent les influx sensitifs du toucher, de la pression et de la proprioception consciente (ces faisceaux s'étendent jusqu'au bulbe rachidien seulement), ainsi qu'à l'intérieur du tractus spino-cérébelleux dorsal (qui s'étend jusqu'au cervelet seulement). **(b)** Trajet et jonctions synaptiques des neurones à l'intérieur du tractus spino-thalamique latéral (qui s'étend jusqu'au thalamus seulement), qui transporte les influx sensitifs de la douleur et de la température. Notez que l'organisation des neurones est représentée en entier dans chaque cas.

TABLEAU 12.3 Principaux tractus descendants (moteurs) de la moelle épinière

Tractus de la moelle épinière	Situation (cordon)	Origine	Extrémité	Fonctions
Tractus de la voie motrice principale				
Tractus cortico-spinal latéral	Latéral	Neurones pyramidaux de l'aire motrice ; décussation dans les pyramides du bulbe rachidien	Interneurones de la corne ventrale qui influent sur les neurones moteurs inférieurs ; peuvent faire synapse directement avec les neurones moteurs inférieurs de la corne ventrale	Transmet les influx moteurs de l'aire motrice primaire aux neurones moteurs inférieurs de la moelle épinière (qui activent les muscles squelettiques situés de l'autre côté du corps) ; tractus moteur de la motricité volontaire
Tractus cortico-spinal ventral	Ventral	Neurones pyramidaux de l'aire motrice ; les neurofibres croisent la ligne médiane dans la moelle épinière	Corne ventrale (comme ci-dessus)	Comme le tractus cortico-spinal latéral
Tractus de la voie motrice secondaire (autrefois appelés extrapyramidaux)				
Tractus tecto-spinal	Ventral	Colliculus supérieur dans le mésencéphale (les neurofibres traversent du côté opposé de la moelle épinière)	Corne ventrale (comme ci-dessus)	Transmet les influx moteurs provenant des noyaux du mésencéphale, qui sont essentiels pour la coordination des mouvements (réflexes) de la tête et des yeux en direction de cibles visuelles
Tractus vestibulo-spinal	Ventral	Noyaux vestibulaires du bulbe rachidien (les neurofibres descendent sans croiser la ligne médiane)	Corne ventrale (comme ci-dessus)	Transmet les influx moteurs qui maintiennent le tonus musculaire et activent les muscles extenseurs homolatéraux des membres et du tronc qui déplacent la tête ; préserve ainsi l'équilibre en position debout et pendant la marche
Tractus rubro-spinal	Latéral	Noyau rouge du mésencéphale (les neurofibres traversent du côté opposé immédiatement au-dessous du noyau rouge)	Corne ventrale (comme ci-dessus)	Transmet les influx moteurs reliés au tonus des muscles de la partie distale des membres (principalement des fléchisseurs) du côté opposé du corps
Tractus réticulo-spinal (ventral, médial et latéral)	Ventral et latéral	Formation réticulaire du tronc cérébral (noyaux de la région médiale du pont et du bulbe rachidien) ; certaines neurofibres croisent la ligne médiane et d'autres ne la croisent pas	Corne ventrale (comme ci-dessus)	Transmet les influx reliés au tonus musculaire et à de nombreuses fonctions motrices viscérales ; régit peut-être la plupart des mouvements grossiers

destruction progressive des neurones moteurs de la corne ventrale et des neurofibres du tractus cortico-spinal. La personne atteinte perd peu à peu la capacité de parler, d'avaler et de respirer. La mort survient généralement dans les cinq ans qui suivent l'apparition de la maladie. Il semble que la SLA soit due à des gènes anormaux. Ainsi, la mort neuronale caractéristique de la maladie pourrait s'expliquer par des anomalies du gène EAAT2, qui code pour le transporteur du glutamate qui permet aux gliocytes de réabsorber le glutamate libéré dans les synapses. En effet, l'exposition des neurones à des quantités excessives de glutamate est neurotoxique (voir p. 435). On a aussi découvert que certains cas de cette maladie étaient dus à une anomalie du gène qui régit la production de la superoxyde-dismutase (SOD), une enzyme qui protège les cellules contre les ravages des radicaux libres (voir le chapitre 3, p. 80). On ignore si les anomalies de ce gène ont aussi un effet sur le transporteur du glutamate, mais on sait que le gène mutant déclenche d'une façon ou d'une autre les événements qui aboutissent à la mort neuronale. Le seul progrès qu'on ait réalisé en 50 ans dans le traitement de la SLA est la mise au point du Riluzole, un médicament

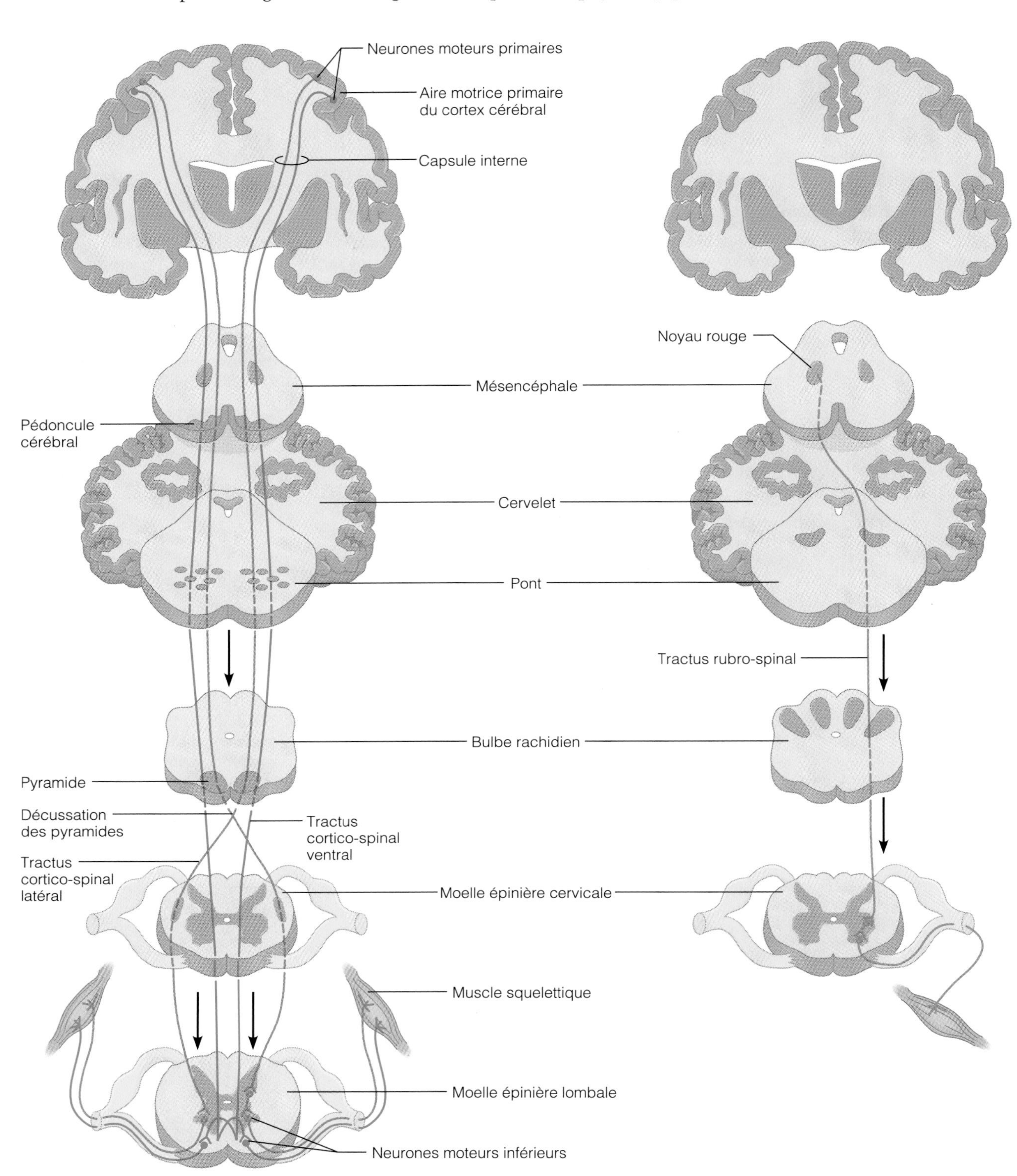

FIGURE 12.32
Chaînes de neurones de quelques tractus descendants de la voie motrice principale et de la voie motrice secondaire. (a) Trajet et jonctions synaptiques des neurones à l'intérieur des tractus cortico-spinaux latéral et ventral, qui transportent les influx moteurs aux muscles squelettiques. **(b)** Trajet et jonctions synaptiques des neurones à l'intérieur du tractus rubro-spinal, qui participe à la régulation du tonus musculaire du côté opposé du corps.

qui semble prolonger la vie des personnes atteintes en inhibant indirectement la formation de radicaux libres. ■

Les tractus descendants de la voie motrice secondaire possèdent une organisation beaucoup plus complexe que ceux de la voie motrice principale; leurs synapses sont plus nombreuses et ils acheminent les influx nerveux vers les muscles squelettiques à partir de plusieurs noyaux moteurs du tronc cérébral. Il s'agit des **tractus rubro-spinal, vestibulo-spinal, réticulo-spinal** et **tecto-spinal** qui assurent principalement la contraction musculaire semi-volontaire. Ces tractus servent à la régulation des contractions des muscles de la tête et du tronc qui maintiennent l'équilibre et la posture, des muscles qui dirigent les mouvements grossiers des parties proximales des membres et, enfin, des mouvements de la tête, du cou et des yeux qui permettent de suivre les objets placés dans le champ visuel. Plusieurs des activités régies par les noyaux moteurs sous-corticaux sont étroitement reliées à l'activité réflexe. Par exemple, le tractus rubro-spinal véhicule des influx nerveux moteurs semi-volontaires qui régissent le tonus des muscles squelettiques. La figure 12.32b représente l'organisation des neurones du tractus rubro-spinal. On désignait autrefois l'ensemble de ces tractus par les termes « faisceaux extrapyramidaux » ou « système extrapyramidal » car on pensait que les noyaux sous-corticaux, où ils prennent leur origine, étaient indépendants des tractus cortico-spinaux du système pyramidal. On sait maintenant que les neurones de ces derniers émettent des collatérales qui rejoignent la plupart des noyaux du système extrapyramidal et influent sur leur activité. C'est pourquoi les anatomistes modernes préfèrent employer les termes **tractus de la voie motrice secondaire** ou, simplement, les noms de ces différents tractus moteurs. (Toutefois, les cliniciens emploient encore les adjectifs « pyramidal » et « extrapyramidal » pour qualifier de nombreux problèmes neurologiques.)

Le cervelet orchestre et coordonne l'activité des muscles volontaires, mais aucun efférent moteur ne descend directement du cervelet à la moelle épinière. En effet, le cervelet joue un rôle dans l'activité motrice par l'entremise de jonctions synaptiques entre ses neurones et les neurones de l'aire motrice. Le cervelet interagit également avec des centres moteurs sous-corticaux tels que le noyau rouge du mésencéphale et divers noyaux de la formation réticulaire.

Notre étude des voies sensitives et motrices a porté sur les régions situées au-dessous de la tête, c'est-à-dire le tronc et les membres. En règle générale, les voies sensitives et motrices qui innervent la tête leur sont semblables, sauf que les axones ne passent pas par la moelle épinière. (Les corps cellulaires partent de noyaux du tronc cérébral, les axones sortent des nerfs crâniens et non des nerfs spinaux.) Nous reviendrons sur cette particularité lorsque nous étudierons les nerfs crâniens.

Traumatismes de la moelle épinière

La moelle épinière est élastique et elle s'étire à chaque mouvement de la tête ou à chaque flexion du tronc; elle est cependant extrêmement sensible à la pression directe. Toute lésion de la moelle épinière ou des racines des nerfs spinaux est associée à une perte fonctionnelle, qu'il s'agisse de **paralysie** (perte de la fonction motrice) ou de **paresthésie** (perte sensorielle). Les lésions des cellules de la racine ventrale (des nerfs spinaux) ou de la corne ventrale entraînent la **paralysie flasque** des muscles squelettiques correspondants (comme dans le cas de la poliomyélite). Les neurones moteurs inférieurs étant endommagés, les influx nerveux n'atteignent pas ces muscles et, par conséquent, ils deviennent incapables de mouvements volontaires ou involontaires. Privés de stimulation, les muscles s'atrophient. Les lésions limitées aux neurones moteurs supérieurs de l'aire motrice primaire causent la **paralysie spastique**; les neurones moteurs inférieurs sont intacts, et l'activité réflexe spinale continue de stimuler les muscles, quoique de manière irrégulière. Les muscles squelettiques ne s'atrophient pas aussi rapidement que dans la paralysie flasque, mais leur mouvement échappe à la commande volontaire. Dans bien des cas, les muscles raccourcissent de façon permanente et deviennent fibreux. L'administration de doses massives de prednisolone (un corticostéroïde), dans les huit heures qui suivent le traumatisme, atténue l'inflammation et bloque la cascade de réactions biochimiques nuisibles consécutives à une lésion de la moelle épinière. Ce traitement permet de réduire considérablement les dommages neurologiques et la paralysie qui, autrefois, frappaient inéluctablement les patients.

Tout sectionnement transversal de la moelle épinière, quel qu'en soit le niveau, entraîne une perte de la motricité et de la sensibilité dans les régions situées au-dessous de la lésion. Si le sectionnement se produit entre T_1 et L_1, les deux membres inférieurs sont touchés: c'est la **paraplégie.** Si, par ailleurs, le sectionnement se produit dans la région cervicale, les quatre membres sont touchés: c'est la **quadriplégie.** L'*hémiplégie*, la paralysie d'un côté du corps, est généralement provoquée par une lésion de l'une des aires motrices du cortex cérébral (comme un accident vasculaire cérébral) plutôt que par une lésion de la moelle épinière (voir p. 413). Étant donné que la motricité est croisée, cette paralysie atteint le côté opposé du corps par rapport à l'hémisphère qui a subi la lésion.

Il faut observer de près les personnes ayant subi un traumatisme de la moelle épinière afin de détecter chez elles les symptômes du **choc spinal,** une période de perte fonctionnelle qui suit l'accident. Ce phénomène entraîne une réduction immédiate de toute l'activité réflexe produite au-dessous du siège de la lésion. Le réflexe vésical et le réflexe de défécation cessent, la pression artérielle chute et tous les muscles squelettiques (somatiques) et lisses (viscéraux) situés sous la lésion deviennent paralysés et insensibles. Comme la transpiration s'arrête dans la région paralysée, la personne atteinte peut présenter de la fièvre. La fonction nerveuse se rétablit habituellement quelques heures après l'accident. Si elle ne reprend pas dans les 48 heures, la paralysie devient permanente dans la plupart des cas. Chaque année, plus de 10 000 Américains sont atteints de paralysie à la suite d'accidents de la circulation ou d'accidents survenus pendant la pratique d'un sport. ■

PROCÉDÉS VISANT À DIAGNOSTIQUER UN DYSFONCTIONNEMENT DU SNC

Quiconque a déjà subi un examen médical de routine sait en quoi consiste la recherche du réflexe patellaire. Le médecin frappe doucement le tendon du muscle quadriceps fémoral au moyen d'un marteau à percussion, les muscles antérieurs de la cuisse se contractent et produisent une extension partielle de la jambe. Cette réponse indique que la moelle épinière et les centres cérébraux supérieurs fonctionnent normalement. Toutefois, lorsque les réflexes sont anormaux ou lorsque l'on soupçonne une tumeur cérébrale, une hémorragie intracrânienne, la sclérose en plaques ou l'hydrocéphalie, il faut procéder à des épreuves neurologiques plus poussées afin de formuler un diagnostic.

La *pneumo-encéphalographie* fournit une radiographie relativement claire des ventricules cérébraux; elle a longtemps constitué le procédé d'élection pour le diagnostic de l'hydrocéphalie. On prélève une petite quantité de liquide cérébro-spinal, puis on injecte une quantité équivalente d'air dans la cavité subarachnoïdienne. On laisse monter l'air jusque dans les ventricules, ce qui permet ensuite de les visualiser.

L'*angiographie cérébrale* permet d'évaluer l'état des artères cérébrales qui desservent l'encéphale (ou celui des artères carotides du cou, qui alimentent la plupart de ces vaisseaux) chez les patients qui ont subi un accident vasculaire cérébral ou un accident ischémique transitoire. On injecte un colorant radio-opaque dans une artère et on le laisse se disperser dans l'encéphale. On prend ensuite une radiographie des artères que l'on souhaite examiner. Le colorant fait ressortir les artères rétrécies par l'artériosclérose ou obstruées par des caillots et permet de déceler la présence d'anévrismes et de tumeurs.

Les nouvelles techniques d'imagerie décrites au chapitre 1 (voir p. 18-19) ont révolutionné le diagnostic des lésions cérébrales. La *tomographie* et la *remnographie* permettent de déceler rapidement la plupart des tumeurs, des lésions intracrâniennes, des plaques de sclérose et des infarctus. Une nouvelle technique, la *tomographie au xénon*, permet de visualiser la circulation sanguine dans l'encéphale et de détecter les régions d'ischémie. Enfin, la tomographie par émission de positrons (TEP) permet de localiser les lésions cérébrales qui engendrent les crises convulsives (foyers épileptogènes) et de diagnostiquer la maladie d'Alzheimer. ■

DÉVELOPPEMENT ET VIEILLISSEMENT DU SYSTÈME NERVEUX CENTRAL

Formés pendant le premier mois du développement embryonnaire, l'encéphale et la moelle épinière poursuivent leur croissance et leur maturation pendant toute la période prénatale. L'exposition de la mère aux radiations, à diverses substances (alcool, nicotine, opiacés, etc.) ainsi que des infections peuvent empêcher le développement normal des neurones et endommager le système nerveux du fœtus, particulièrement pendant les premiers stades de son développement. Ainsi, la rubéole entraîne souvent la surdité et d'autres lésions du SNC chez le nouveau-né. L'usage du tabac diminue la quantité d'oxygène présente dans la circulation sanguine; or, une privation d'oxygène de courte durée (même de quelques minutes) peut détruire des neurones, qui ne seront pas remplacés. Une femme enceinte qui fume expose donc son enfant à des risques de lésions cérébrales.

L'**infirmité motrice cérébrale** peut être causée par une privation temporaire d'oxygène au cours d'une naissance difficile, mais également par n'importe lequel des facteurs énumérés ci-dessus. Elle résulte d'une lésion cérébrale et elle se traduit par une mauvaise maîtrise des muscles squelettiques qui régissent les mouvements volontaires ou par leur paralysie. Les personnes atteintes de cette maladie présentent de la spasticité, des difficultés d'élocution et d'autres troubles moteurs. Environ la moitié d'entre elles connaissent des crises convulsives, la moitié ont une déficience intellectuelle et le tiers sont atteintes d'un déficit auditif. Les déficiences visuelles ne sont pas rares non plus. L'infirmité motrice cérébrale n'évolue pas, mais les déficits qu'elle entraîne sont irréversibles. Avec une incidence de 6 cas sur 1000 naissances, c'est la cause de handicap la plus répandue chez les enfants américains.

De nombreuses autres anomalies congénitales liées à des facteurs génétiques ou environnementaux peuvent toucher le système nerveux central pendant les premiers stades du développement embryonnaire. Les plus graves de ces malformations sont l'hydrocéphalie (voir p. 433), l'anencéphalie et le spina bifida.

Dans l'**anencéphalie** (littéralement, « absence d'encéphale »), le cerveau et une partie du tronc cérébral ne se forment pas, probablement parce que les parties antérieures des replis neuraux ne fusionnent pas. L'enfant mène une vie complètement végétative; il est incapable de voir, d'entendre et d'éprouver des sensations. Ses muscles sont flasques et tout mouvement volontaire est impossible. Il n'y a pas de vie mentale à proprement parler. Généralement, la mort survient peu de temps après la naissance.

Le **spina bifida** (littéralement, « épine fendue en deux ») est la conséquence d'une formation incomplète des arcs vertébraux et touche habituellement la région lombo-sacrale. Cette anomalie se définit techniquement comme l'absence de lames vertébrales et de processus épineux sur au moins une vertèbre: la queue de cheval de la moelle épinière peut sortir du canal vertébral et former une protubérance (hernie) au niveau lombal ou sacral. Dans les cas graves, il se produit aussi des déficits neurologiques. Le *spina bifida occulta* est la forme la moins grave de cette maladie; il ne touche qu'une ou quelques vertèbres et n'entraîne pas de troubles neurologiques. Il ne se traduit extérieurement que par une petite fossette ou une touffe de poils surmontant la malformation. Le *spina bifida aperta* est la forme la plus grave: une hernie sacciforme des méninges émerge de la moelle épinière de l'enfant. Si la hernie contient des méninges et du liquide

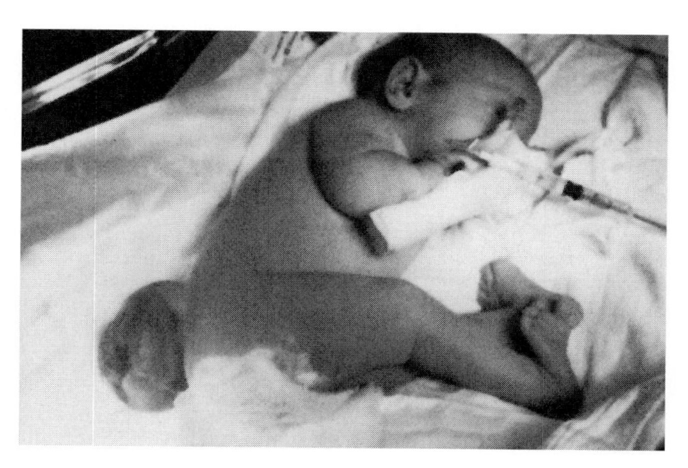

FIGURE 12.33
Nouveau-né présentant une myéloméningocèle.
(Photographie reproduite avec la permission du Dr Paul Winchester.)

cérébro-spinal, l'anomalie est une *méningocèle*; si la hernie renferme une partie de la moelle épinière et des racines des nerfs spinaux, l'anomalie est une *myéloméningocèle* (figure 12.33). Plus la hernie est volumineuse et plus elle contient de structures nerveuses, plus le déficit neurologique est prononcé. Dans le pire des cas, lorsque la partie inférieure de la moelle épinière est atteinte, il y a incontinence anale, paralysie des muscles de la vessie (qui prédispose l'enfant aux infections urinaires et à l'insuffisance rénale) et paralysie des membres inférieurs. Les infections sont fréquentes, car la hernie a tendance à se rompre ou à suinter. Le spina bifida aperta s'accompagne d'hydrocéphalie dans 90 % des cas. ■

L'hypothalamus est l'une des dernières structures du SNC à atteindre la maturité. Comme cet organe contient les centres de régulation de la température corporelle, les nouveau-nés prématurés sont sujets à des pertes de chaleur et doivent être placés en incubateur. La tomographie par émission de positrons a montré que le thalamus et l'aire somesthésique sont actifs chez l'enfant de cinq jours, mais non l'aire visuelle. C'est ce qui explique pourquoi les nouveau-nés répondent au toucher mais ont une faible perception visuelle de leur environnement. À 11 semaines, une plus grande partie du cortex est active, et le bébé peut tendre les mains vers un jouet. À huit mois, le cortex est très actif et l'enfant peut penser à ce qu'il voit. La croissance et la maturation du système nerveux se poursuivent pendant l'enfance, parallèlement à la progression de la myélinisation des axones. Comme nous l'avons vu au chapitre 9, la coordination neuromusculaire se développe dans les directions céphalo-caudale et proximo-distale, et nous savons que la myélinisation se déroule dans le même ordre.

L'encéphale atteint sa masse maximale au début de l'âge adulte. Pendant les quelque 60 ans qui suivent, les neurones se détériorent et meurent, et la masse et le volume de l'encéphale diminuent constamment. Toutefois, le nombre de neurones que nous perdons au fil du temps ne représente qu'un faible pourcentage du total. De plus, les neurones qui subsistent peuvent modifier leurs connexions synaptiques et nous pouvons ainsi continuer d'apprendre tout au long de notre vie.

L'habileté spatiale, la vitesse de perception, l'aptitude à la prise de décisions, le temps de réaction et la mémoire déclinent avec l'âge. Cependant, ces pertes n'ont de conséquences notables chez l'*individu sain* qu'à compter de l'âge de 80 ans environ. À ce moment, le cerveau devient de plus en plus fragile, probablement à cause d'une augmentation de la densité des canaux à Ca^{2+} dans les neurones (de fortes concentrations de Ca^{2+} sont neurotoxiques); certaines facultés subissent alors un déclin rapide. Le recours à l'expérience, les habiletés mathématiques et la facilité d'expression verbale ne diminuent pas avec l'âge, et beaucoup de gens s'acquittent de tâches intellectuellement astreignantes toute leur vie. Moins de 5 % des personnes de 65 ans et plus présentent une véritable sénilité. Malheureusement, on rencontre de nombreux cas de sénilité réversible dus à l'hypotension artérielle, à la constipation, à une mauvaise alimentation, aux effets des médicaments sur ordonnance, à la dépression, à la déshydratation et à des déséquilibres hormonaux non diagnostiqués. Le meilleur moyen de conserver ses facultés mentales pendant la vieillesse est vraisemblablement de subir des examens médicaux réguliers toute sa vie.

L'atrophie du cerveau survient normalement à mesure que l'on avance en âge, mais certaines personnes (notamment les alcooliques et les boxeurs professionnels) accélèrent le processus. Qu'un boxeur gagne ou non ses combats, la probabilité de lésions et d'atrophie cérébrales s'accroît à chaque coup qu'il reçoit. Par ailleurs, tout le monde convient que l'alcool a des effets marqués tant sur le corps que sur l'esprit. Or, ces effets ne sont peut-être pas tous temporaires. La tomographie démontre que la diminution de la taille et de la densité du cerveau surviennent précocement chez les alcooliques. Les boxeurs comme les alcooliques présentent des signes de sénilité sans rapport avec le vieillissement. Par exemple, il arrive que des alcooliques souffrent d'un dysfonctionnement important de la mémoire, particulièrement évident au cours de l'apprentissage et de la mémorisation de nouvelles connaissances.

* * *

La complexité des hémisphères cérébraux est stupéfiante. Le diencéphale et le tronc cérébral, les régions de l'encéphale qui gouvernent toutes les fonctions subconscientes du système nerveux autonome, ne sont pas moins complexes, surtout si l'on tient compte de leur taille relativement petite. La moelle épinière, qui sert de centre réflexe et de lien de communication entre l'encéphale et le reste du corps, est tout aussi importante pour l'homéostasie.

Vous avez appris beaucoup de termes dans ce chapitre, et vous retrouverez une bonne partie de cette terminologie dans les autres chapitres qui portent sur le système nerveux. Le chapitre 13, que vous aborderez sous peu, porte sur les structures du système nerveux périphérique qui informent le système nerveux central et acheminent ses ordres jusqu'aux effecteurs.

TERMES CLINIQUES

Chordotomie Intervention chirurgicale qui consiste à sectionner un cordon de la moelle épinière (les tractus spino-thalamiques le plus souvent), généralement afin de soulager une douleur irréductible.

Encéphalopathie (*enképhalos* = encéphale; *pathê* = maladie) Altérations graves des structures anatomiques de l'encéphale, survenant à la suite de divers événements (infections, intoxications, etc.).

Microencéphalie Anomalie congénitale, à transmission récessive, se traduisant par un arrêt dans le développement du cerveau et donc par la formation d'un petit encéphale, le signe en étant la taille réduite du crâne. La plupart des enfants atteints présentent un déficit intellectuel.

Myélite (*muélos* = moelle épinière; *itis* = inflammation) Inflammation de la moelle épinière dont il existe plusieurs formes, se traduisant, entre autres, par divers degrés de paralysie.

Myélographie (*graphê* = écriture) Radiographie de la moelle épinière après injection dans la cavité subarachnoïdienne d'une substance de contraste (radio-opaque).

Névroses Classe la moins incapacitante des troubles cérébraux fonctionnels comprenant notamment l'anxiété grave (attaques de panique), les phobies (peurs irrationnelles) et les comportements obsessionnels-compulsifs (comme se laver les mains des dizaines de fois par jour). Les personnes atteintes gardent le contact avec la réalité.

Psychoses Classe de troubles cérébraux fonctionnels provoquant une perte du contact avec la réalité et des comportements singuliers; comprennent la *schizophrénie*, la *dépression* et la *psychose maniacodépressive*.

Troubles cérébraux fonctionnels Troubles psychologiques auxquels on ne peut trouver de cause structurale; comprennent les névroses et les psychoses (voir ci-dessus).

RÉSUMÉ DU CHAPITRE

Encéphale (p. 405-438)

1. Le cerveau gouverne les mouvements volontaires, l'interprétation et l'intégration des sensations, la conscience et la cognition.

Développement embryonnaire de l'encéphale (p. 405-406)

2. L'encéphale croît à partir de la partie rostrale du tube neural embryonnaire.

3. Les premières structures cérébrales à apparaître au cours du développement embryonnaire sont les trois vésicules encéphaliques primitives: le prosencéphale (les hémisphères cérébraux et le diencéphale), le mésencéphale et le rhombencéphale (le pont, le bulbe rachidien et le cervelet).

4. La céphalisation provoque l'enveloppement du diencéphale et de la partie supérieure du tronc cérébral par les hémisphères cérébraux.

Régions et organisation de l'encéphale (p. 406-408)

5. On divise généralement l'encéphale adulte en quatre régions: les hémisphères cérébraux, le diencéphale, le tronc cérébral et le cervelet.

6. Les hémisphères cérébraux et le cervelet sont composés d'un cortex formé de substance grise et d'une région sous-corticale constituée de substance blanche et comprenant plusieurs noyaux de substance grise. Le tronc cérébral est dépourvu de cortex.

Ventricules cérébraux (p. 408-409)

7. L'encéphale contient quatre ventricules remplis de liquide cérébro-spinal. Les ventricules latéraux se trouvent dans les hémisphères cérébraux. Le troisième ventricule est situé dans le diencéphale. Le quatrième ventricule est situé dans le tronc cérébral et il communique avec le canal central de la moelle épinière.

Hémisphères cérébraux (p. 409-419)

8. Les deux hémisphères cérébraux présentent des gyrus, des sillons et des fissures. La fissure longitudinale du cerveau sépare partiellement les hémisphères. D'autres fissures et sillons divisent les hémisphères en lobes.

9. Chaque hémisphère cérébral est formé du cortex cérébral en surface et, dans la région sous-corticale, de substance blanche et de noyaux basaux.

10. Le cortex de chaque hémisphère cérébral reçoit des influx sensitifs du côté opposé du corps et y envoie des commandes motrices. Le corps est représenté tête en bas (homoncule) dans les aires motrices et sensitives.

11. Les aires fonctionnelles du cortex cérébral sont: (1) les aires motrices, soit l'aire motrice primaire, l'aire prémotrice, l'aire oculo-motrice frontale et l'aire motrice du langage, située dans le lobe frontal d'un hémisphère (généralement le gauche); (2) les aires sensitives, soit l'aire somesthésique primaire, l'aire pariétale postérieure et l'aire gustative dans le lobe pariétal, l'aire visuelle dans le lobe occipital, les aires olfactive et auditive dans le lobe temporal; (3) les aires associatives, soit le cortex préfrontal dans le lobe frontal, l'aire gnosique à la jonction des lobes temporal, pariétal et occipital d'un hémisphère (généralement le gauche), l'aire de Wernicke dans le lobe temporal d'un hémisphère (généralement le gauche), les aires du langage affectif dans un hémisphère (généralement le droit).

12. Les fonctions corticales sont latéralisées. L'hémisphère gauche (spécialisé dans le langage et les habiletés mathématiques) est dominant chez la plupart des gens; l'hémisphère droit intervient dans les habiletés spatio-visuelles et la créativité.

13. Les faisceaux de la substance blanche cérébrale sont formés par les neurofibres commissurales, les neurofibres associatives et les neurofibres de projection.

14. Les noyaux basaux comprennent le noyau lenticulaire (le globus pallidus et le putamen) et le noyau caudé. Ce sont des noyaux sous-corticaux qui participent à la régulation du mouvement des muscles squelettiques.

Diencéphale (p. 419-421)

15. Le diencéphale est composé du thalamus, de l'hypothalamus et de l'épithalamus, et il recouvre le troisième ventricule.

16. Le thalamus constitue le principal relais pour: (1) les influx sensitifs qui montent à l'aire sensitive; (2) les influx qui vont des noyaux moteurs sous-corticaux et du cervelet à l'aire motrice; (3) les influx qui vont des centres inférieurs aux aires associatives.

17. L'hypothalamus est un important centre de régulation du système nerveux autonome, et la pierre angulaire du système limbique. Il maintient l'équilibre hydrique; il régit la soif, l'appétit, l'activité gastro-intestinale, la température corporelle ainsi que l'activité de l'adénohypophyse.

18. L'épithalamus est composé du corps pinéal et du plexus choroïde du troisième ventricule.

Tronc cérébral (p. 422-425)

19. Le tronc cérébral comprend le mésencéphale, le pont et le bulbe rachidien.

20. Le mésencéphale contient les colliculus (centres réflexes visuels et auditifs), le noyau rouge (centre moteur sous-cortical) ainsi que les noyaux des nerfs crâniens III et IV. Les pédoncules cérébraux, sur la face ventrale du mésencéphale, abritent les tractus cortico-spinaux (moteurs). Le mésencéphale entoure l'aqueduc du mésencéphale.

21. Le pont est principalement une structure servant à la propagation des influx nerveux ascendants et descendants. Ses noyaux contribuent à la régulation de la respiration et donnent naissance aux nerfs crâniens V, VI et VII.

22. Les pyramides du bulbe rachidien sont formées par les tractus cortico-spinaux descendants et constituent sa face ventrale. Ces neurofibres croisent la ligne médiane (décussation des pyramides) avant d'entrer dans la moelle épinière. D'importants noyaux du bulbe rachidien régissent le rythme respiratoire, la fréquence cardiaque et la pression artérielle, et donnent naissance aux nerfs crâniens VIII à XII. Le noyau olivaire de même que les centres de la toux, de l'éternuement, de la déglutition et du vomissement sont situés dans le bulbe rachidien.

Cervelet (p. 425-427)

23. Le cervelet est formé de deux hémisphères parcourus de lamelles transversales et séparés par le vermis. Le cervelet est relié au tronc cérébral par les pédoncules cérébelleux supérieurs, moyens et inférieurs.

24. Le cervelet traite et interprète les influx provenant de l'aire motrice et des voies sensitives, et il coordonne l'activité motrice de manière à synchroniser les mouvements.

Systèmes de l'encéphale (p. 427-430)

25. Le système limbique est composé de nombreuses structures qui encerclent le diencéphale. Il correspond au « cerveau émotionnel et viscéral ». Il joue aussi un rôle dans la mémoire.

26. La formation réticulaire comprend des noyaux qui s'étendent sur toute la longueur du tronc cérébral. Elle maintient la vigilance du cortex cérébral (système réticulaire activateur ascendant) et ses noyaux moteurs interviennent dans les activités motrices tant somatiques que viscérales.

Protection de l'encéphale (p. 430-434)

27. L'encéphale est protégé par les os de la tête, les méninges, le liquide cérébro-spinal et la barrière hémato-encéphalique.

28. De l'extérieur vers l'intérieur, les méninges sont la dure-mère, l'arachnoïde et la pie-mère. Elles entourent l'encéphale et la moelle épinière ainsi que leurs vaisseaux sanguins. En se repliant vers l'intérieur, le feuillet interne de la dure-mère attache l'encéphale au crâne.

29. Le liquide cérébro-spinal est élaboré par les plexus choroïdes à partir du plasma sanguin et il circule à travers les ventricules et dans la cavité subarachnoïdienne. Les villosités arachnoïdiennes le renvoient dans les sinus de la dure-mère. Le liquide cérébro-spinal sert de soutien et de coussin à l'encéphale et à la moelle épinière, et il contribue à les nourrir.

30. La barrière hémato-encéphalique est engendrée par l'imperméabilité relative de l'épithélium des capillaires de l'encéphale. Elle laisse entrer l'eau, l'oxygène, les nutriments essentiels et les molécules liposolubles dans le tissu nerveux, mais elle en interdit l'accès aux substances hydrosolubles potentiellement nuisibles.

Déséquilibres homéostatiques de l'encéphale (p. 434-438)

31. Les traumatismes crâniens peuvent causer des lésions cérébrales appelées commotions (lésions réversibles) ou contusions (lésions irréversibles). Quand le tronc cérébral est touché, une inconscience temporaire ou permanente survient. Les lésions cérébrales causées par des traumatismes peuvent être aggravées par une hémorragie intracrânienne ou par un œdème cérébral, qui ont pour effet de comprimer le tissu cérébral.

32. Les accidents vasculaires cérébraux (attaques) surviennent lorsque les neurones cérébraux sont privés d'irrigation sanguine et que le tissu cérébral est détruit. Ils peuvent entraîner l'hémiplégie, des déficits sensoriels ou des troubles de l'élocution.

33. La maladie d'Alzheimer est une maladie cérébrale dégénérative caractérisée par l'apparition de dépôts de protéine bêta-amyloïde et d'enchevêtrements neurofibrillaires dans les neurones. Elle est associée à un déficit en ACh. La maladie cause une perte progressive de la mémoire et de la régulation motrice, ainsi que la démence.

34. La maladie de Parkinson et la chorée de Huntington sont des maladies neurodégénératives des noyaux basaux. Elles sont dues à une sécrétion insuffisante (dans le premier cas) ou excessive (dans le second) de dopamine et se caractérisent par des mouvements anormaux.

Moelle épinière (p. 438-449)

Anatomie macroscopique et protection de la moelle épinière (p. 438-440)

1. La moelle épinière achemine les influx dans les deux sens. Elle est aussi un centre réflexe. Elle est située à l'intérieur de la colonne vertébrale, et elle est protégée par les méninges et le liquide cérébro-spinal. Elle s'étend du foramen magnum jusqu'à la première vertèbre lombale.

2. Trente et une paires de nerfs spinaux émergent de la moelle épinière. La moelle épinière présente des renflements (intumescences) dans les régions cervicale et lombale, aux endroits où naissent les nerfs spinaux qui desservent les muscles squelettiques des membres.

Développement embryonnaire de la moelle épinière (p. 440)

3. La moelle épinière se développe à partir du tube neural. Sa substance grise se forme à partir des lames dorsale et ventrale. Des faisceaux et des tractus composent la substance blanche externe. La crête neurale forme les ganglions spinaux (sensitifs).

Anatomie de la moelle épinière en coupe transversale (p. 440-449)

4. La substance grise située au centre de la moelle épinière a la forme d'un H. Les cornes ventrales contiennent des neurones moteurs somatiques. Les cornes latérales contiennent des neurones moteurs viscéraux. Les cornes dorsales contiennent des interneurones.

5. Les axones des neurones des cornes latérales et ventrales émergent de la moelle épinière par l'intermédiaire des racines ventrales. Les axones des neurones sensitifs (dont les corps cellulaires sont situés dans les ganglions spinaux) entrent dans la partie postérieure de la moelle épinière et forment les racines dorsales. Les racines ventrales et dorsales s'associent pour former les nerfs spinaux.

6. De chaque côté de la moelle épinière, la substance blanche se répartit en cordons dorsal, latéral et ventral. Chaque cordon contient des faisceaux et des tractus ascendants et descendants. Tous les faisceaux et tractus sont pairés et la plupart croisent la ligne médiane à un niveau ou à un autre de la moelle.

7. Les faisceaux et les tractus ascendants (sensitifs) sont le faisceau gracile et le faisceau cunéiforme (toucher et sensibilité proprioceptive consciente des articulations), les tractus spino-thalamiques (douleur, toucher, température) et les tractus spino-cérébelleux (sensibilité proprioceptive inconsciente des muscles et des tendons).

8. Les tractus descendants (moteurs) sont les tractus cortico-spinaux ventral et latéral, qui prennent naissance dans l'aire motrice primaire, et les autres tractus moteurs, qui prennent naissance dans les noyaux moteurs sous-corticaux.

Traumatismes de la moelle épinière (p. 449)

9. Les lésions des neurones des cornes ventrales (neurones moteurs inférieurs) ou des racines ventrales entraînent la paralysie flasque. (Les lésions des neurones moteurs supérieurs de l'encéphale provoquent la paralysie spastique.) L'atteinte des racines dorsales ou des tractus sensitifs cause la paresthésie.

Procédés visant à diagnostiquer un dysfonctionnement du SNC (p. 450)

1. Les procédés diagnostiques servant à l'évaluation neurologique vont de la recherche des réflexes aux techniques perfectionnées telles que la pneumo-encéphalographie, l'angiographie cérébrale, la tomographie, la remnographie et la tomographie par émission de positrons.

Développement et vieillissement du système nerveux central (p. 450-451)

1. Des facteurs maternels et environnementaux peuvent entraver le développement cérébral de l'embryon. Par ailleurs, la privation d'oxygène détruit les cellules cérébrales. Au nombre des anomalies congénitales graves de l'encéphale, on trouve l'infirmité motrice cérébrale, l'anencéphalie, l'hydrocéphalie et le spina bifida.

2. La régulation de la température corporelle est entravée chez les bébés prématurés, car l'hypothalamus est l'une des dernières structures de l'encéphale à atteindre la maturité pendant le développement prénatal.

3. L'évolution de la régulation motrice est parallèle à la myélinisation et à la maturation du système nerveux de l'enfant.

4. La croissance de l'encéphale prend fin au début de l'âge adulte. Tout au long de la vie, des neurones meurent sans être remplacés. Par conséquent, la masse et le volume de l'encéphale diminuent au cours des années.

5. Les personnes âgées en bonne santé jouissent d'un fonctionnement intellectuel optimal. La maladie, et particulièrement la cardiopathie ischémique, est la principale cause du déclin des fonctions mentales au cours de la vieillesse.

QUESTIONS DE RÉVISION

Choix multiples/associations

(Réponses à l'appendice G)

1. L'aire motrice primaire, l'aire motrice du langage (aire de Broca) et l'aire prémotrice sont situées dans: (a) le lobe frontal; (b) le lobe pariétal; (c) le lobe temporal; (d) le lobe occipital.

2. La méninge la plus profonde, qui est composée de tissu délicat et adhère au tissu cérébral, est: (a) la dure-mère; (b) le corps calleux; (c) l'arachnoïde; (d) la pie-mère.

3. Le liquide cérébro-spinal est élaboré par: (a) les villosités arachnoïdiennes; (b) la dure-mère; (c) les plexus choroïdes; (d) toutes ces réponses.

4. Un patient a subi une hémorragie cérébrale qui a entraîné un dysfonctionnement du gyrus préfrontal de l'hémisphère droit. Cette personne ne peut donc plus: (a) remuer volontairement son bras ou sa jambe gauches; (b) éprouver de sensation du côté gauche du corps; (c) éprouver de sensation du côté droit du corps.

5. Associez les termes suivants à leurs définitions. (Un même terme peut revenir plus d'une fois.)

(a) Cervelet	**(d)** Corps strié	**(g)** Mésencéphale
(b) Colliculus	**(e)** Hypothalamus	**(h)** Pont
(c) Corps calleux	**(f)** Bulbe rachidien	**(i)** Thalamus

________ **(1)** Noyaux basaux intervenant dans la motricité fine.
________ **(2)** Région où les neurofibres des tractus cortico-spinaux descendants de la voie motrice principale croisent la ligne médiane.
________ **(3)** Régit la température, les réflexes du système nerveux autonome, la faim et l'équilibre hydrique.
________ **(4)** Abrite la substantia nigra et l'aqueduc du mésencéphale.
________ **(5)** Relais pour les influx visuels et auditifs situé dans le mésencéphale.
________ **(6)** Abrite les centres de régulation de la fréquence cardiaque, de la respiration et de la pression artérielle.
________ **(7)** Région du cerveau que doivent traverser tous les influx sensitifs pour atteindre le cortex cérébral.
________ **(8)** Région de l'encéphale qui intervient surtout dans l'équilibre, la posture et la coordination de l'activité motrice.

6. Les voies ascendantes de la moelle épinière acheminent: (a) les influx moteurs; (b) les influx sensitifs; (c) les influx commissuraux; (d) toutes ces réponses.

7. La destruction des cellules de la corne ventrale de la moelle épinière entraîne une perte: (a) des influx intégrateurs; (b) des influx sensitifs; (c) des influx moteurs volontaires; (d) toutes ces réponses.

8. Les neurofibres qui permettent la communication entre les neurones d'un même hémisphère cérébral sont: (a) les neurofibres associatives; (b) les neurofibres commissurales; (c) les neurofibres de projection.

9. Inscrivez **a** si les structures cérébrales suivantes sont composées principalement de substance grise, et **b** si elles sont composées principalement de substance blanche.

________ **(1)** Cortex cérébral
________ **(2)** Corps calleux et corona radiata
________ **(3)** Noyau rouge
________ **(4)** Noyaux à grandes cellules et noyaux à petites cellules
________ **(5)** Lemnisque médial
________ **(6)** Noyaux des nerfs crâniens
________ **(7)** Tractus spino-thalamique
________ **(8)** Fornix
________ **(9)** Gyrus du cingulum et gyrus précentral

10. Tout à coup, un professeur souffle dans un clairon pendant un cours d'anatomie et de physiologie. Tous les étudiants lèvent les yeux, ébahis. Les mouvements réflexes de leurs yeux sont commandés par: (a) le cortex cérébral; (b) les noyaux olivaires caudaux; (c) les noyaux du raphé; (d) les colliculus supérieurs; (e) le noyau gracile.

Questions à court développement

11. Faites un schéma montrant les trois vésicules encéphaliques primitives (embryonnaires). Nommez chaque vésicule ainsi que la région cérébrale adulte à laquelle elle donne naissance, en employant la terminologie clinique.

12. (a) Quels avantages nous confèrent les nombreux gyrus du cerveau? (b) Par quel terme désigne-t-on ses rainures? ses saillies? (c) Quelle rainure divise le cerveau en deux hémisphères? (d) Quelle rainure sépare le lobe pariétal du lobe frontal? le lobe pariétal du lobe temporal?

13. (a) Faites un schéma du profil de l'hémisphère cérébral gauche. (b) Vous vous dites que vous n'avez aucun talent pour le dessin? Alors, nommez l'hémisphère qui intervient dans la capacité de dessiner chez la plupart des gens. (c) Dans votre dessin, situez les aires suivantes et indiquez leurs principales fonctions: aire motrice primaire, aire prémotrice, aire pariétale postérieure, aire sensitive primaire, aire visuelle, aire auditive, cortex préfrontal, aire de Wernicke et aire motrice du langage.

14. (a) Qu'est-ce que la latéralisation du fonctionnement cortical? (b) Pourquoi le terme *dominance cérébrale* est-il impropre?

15. (a) Quelle est la fonction des noyaux basaux? (b) Quels noyaux basaux forment le noyau lenticulaire? (c) Lesquels se recourbent par-dessus le diencéphale?

16. (a) Expliquez comment le cervelet est physiquement relié au tronc cérébral. (b) Énumérez les ressemblances étroites entre le cervelet et le cerveau.

17. Expliquez comment le cervelet coordonne et synchronise l'activité des muscles squelettiques.

18. (a) Où est situé le système limbique? (b) Quelles structures composent ce système? (c) Quel est le rôle du système limbique par rapport au comportement?

19. (a) Situez la formation réticulaire dans l'encéphale. (b) Qu'est-ce que le système réticulaire activateur ascendant et quelle est sa fonction?

20. Citez quatre facteurs de protection du SNC.

21. (a) Comment le liquide cérébro-spinal est-il formé et drainé? Indiquez le trajet qu'il parcourt à l'intérieur et autour de l'encéphale. (b) Qu'arrive-t-il lorsque le liquide cérébro-spinal n'est pas adéquatement drainé? Pourquoi cette conséquence est-elle plus grave chez l'adulte que chez l'enfant?

22. Qu'est-ce qui compose la barrière hémato-encéphalique?

23. (a) Distinguez une commotion cérébrale d'une contusion cérébrale. (b) Pourquoi les contusions graves du tronc cérébral provoquent-elles l'inconscience?

24. Décrivez la moelle épinière du point de vue de son étendue, de sa composition en substance grise et en substance blanche, ainsi que des racines des nerfs spinaux.

25. Quels faisceaux et tractus ascendants de la moelle épinière acheminent les influx sensitifs reliés au toucher et à la pression? Lesquels n'interviennent que dans la sensibilité proprioceptive? Lesquels acheminent les influx reliés à la douleur et à la température?

26. (a) Nommez les tractus descendants qui interviennent dans les mouvements squelettiques volontaires et qui forment la voie motrice principale. (b) Nommez trois tractus moteurs qui ne sont pas classés parmi les tractus de la voie motrice principale.

27. Distinguez la paralysie spastique de la paralysie flasque.

28. Quelles sont les différences entre la paraplégie, l'hémiplégie et la quadriplégie?

29. (a) Qu'est-ce qu'un accident vasculaire cérébral (AVC)? (b) Décrivez ses causes et ses conséquences possibles.

30. (a) Quels facteurs peuvent influer sur le développement de l'encéphale chez le foetus? (b) Énumérez quelques-uns des changements structuraux que le vieillissement provoque dans l'encéphale.

RÉFLEXION ET APPLICATION

1. Un nourrisson de 10 mois présente une augmentation du périmètre crânien et un retard général de développement. Sa fontanelle antérieure fait saillie et la pression de son liquide cérébro-spinal est élevée. (a) Quelles sont les causes possibles de l'augmentation du périmètre crânien? (b) À quelles épreuves pourrait-on procéder pour diagnostiquer le trouble dont souffre l'enfant? (c) En supposant que les épreuves révèlent une constriction de l'aqueduc du mésencéphale, quels ventricules ou quelles régions contenant du liquide cérébro-spinal seront probablement distendus? Lesquels ne seront sans doute pas visibles? Répondez aux mêmes questions en supposant que les épreuves révèlent une obstruction des villosités arachnoïdiennes.

2. Mme Dubuc a présenté un déclin progressif des facultés mentales au cours des cinq ou six dernières années. Au début, les membres de sa famille attribuaient ses trous de mémoire occasionnels, sa désorientation et son agitation au chagrin causé par le décès de M. Dubuc, survenu six ans plus tôt. L'examen révèle que Mme Dubuc est consciente de ses problèmes cognitifs et que son QI est inférieur d'environ 30 points à celui que laissent présager ses antécédents professionnels. Une tomographie indique une atrophie cérébrale diffuse. Le médecin prescrit un tranquillisant mineur à Mme Dubuc et dit à sa famille qu'il ne peut faire plus. De quel trouble Mme Dubuc souffre-t-elle?

3. Robert, un brillant programmeur analyste, a reçu une pierre sur le devant du crâne au cours d'une escalade. Peu de temps après, ses collègues ont constaté d'importants changements dans son comportement. Contrairement à son habitude, il négligeait sa tenue vestimentaire. Un jour, quelqu'un l'a surpris alors qu'il déféquait dans une corbeille à papiers. Son supérieur lui a enjoint de consulter sans tarder le médecin de l'entreprise. Quelle région de l'encéphale de Robert a-t-elle été atteinte par le choc?

4. Mme Lefebvre est sur le point de donner naissance à son premier enfant. Il semble malheureusement que le bébé présente une myéloméningocèle. Qu'est-ce qui serait le plus indiqué: un accouchement par voie vaginale ou une césarienne? Justifiez votre réponse.

5. On trouve les notes suivantes dans le dossier médical d'un homme de 68 ans: « Léger tremblement de la main droite au repos; visage inexpressif; difficulté à amorcer les mouvements. » (a) Formulez un diagnostic en vous fondant sur vos connaissances actuelles. (b) À quelles régions du cerveau la maladie dont souffre cet homme est-elle associée? À quel déficit est-elle due? (c) Comment traite-t-on cette maladie de nos jours?

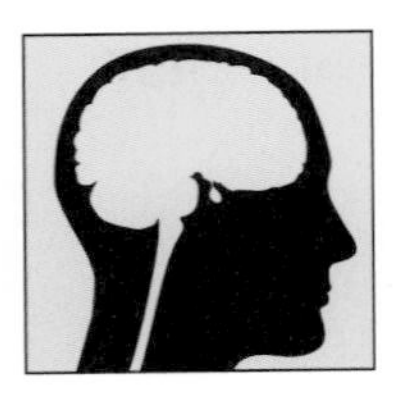

13

LE SYSTÈME NERVEUX PÉRIPHÉRIQUE ET L'ACTIVITÉ RÉFLEXE

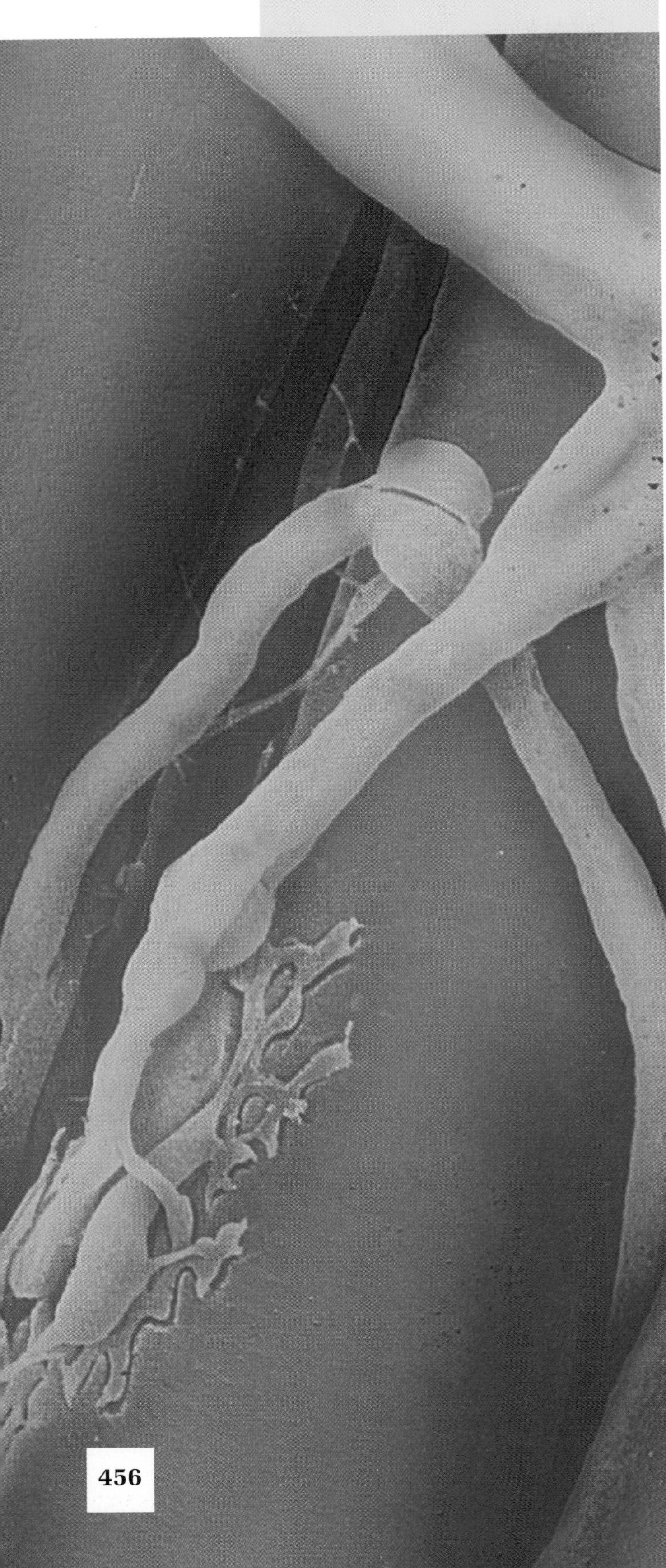

SOMMAIRE ET OBJECTIFS D'APPRENTISSAGE

Système nerveux périphérique (p. 457-466)

1. Définir le système nerveux périphérique, montrer son importance et énumérer ses éléments.
2. Décrire la fonction générale des récepteurs sensoriels; classer ces récepteurs selon leur situation anatomique, leur structure et les stimulus qu'ils captent.
3. Énumérer les différents récepteurs sensoriels simples et citer une de leurs fonctions.
4. Décrire les potentiels récepteurs et définir l'adaptation.
5. Définir le nerf et décrire sa structure générale.
6. Faire la distinction entre nerf sensitif, nerf moteur et nerf mixte.
7. Définir le ganglion et situer les ganglions dans les parties périphériques du corps.
8. Expliquer le processus de régénération des neurofibres; dire pourquoi les neurofibres du SNC ne se régénèrent habituellement pas.
9. Comparer les terminaisons motrices des neurofibres somatiques et des neurofibres autonomes.

Nerfs crâniens (p. 466-474)

10. Nommer les 12 paires de nerfs crâniens et décrire la région et les structures que chacune dessert; préciser, pour chacune des paires, si elle est sensitive, motrice ou mixte.

Nerfs spinaux (p. 474-484)

11. Expliquer la formation d'un nerf spinal et faire la distinction entre les racines et les rameaux d'un nerf spinal. Décrire la distribution des rameaux ventraux et dorsaux.
12. Expliquer comment on regroupe et nomme les différents nerfs spinaux; préciser le nombre de nerfs appartenant à chaque catégorie.
13. Définir le plexus. Nommer les principaux plexus, énumérer les nerfs qui leur donnent naissance et ceux qui en émergent; décrire la distribution et la fonction des nerfs périphériques.

Activité réflexe (p. 484-490)

14. Définir l'activité réflexe; comparer l'activité réflexe et l'activité volontaire.
15. Citer, dans l'ordre, les cinq éléments d'un arc réflexe.
16. Distinguer les réflexes autonomes des réflexes somatiques.
17. Expliquer le mécanisme de fonctionnement d'un fuseau neuromusculaire.
18. Comparer le réflexe d'étirement, le réflexe tendineux, le réflexe des raccourcisseurs et le réflexe d'extension croisée.

Développement et vieillissement du système nerveux périphérique (p. 490)

19. Expliquer, du point de vue du développement, la relation entre la disposition en segments des nerfs périphériques, celle des muscles squelettiques et celle des dermatomes.

En dépit de son haut degré de perfectionnement, l'encéphale humain n'aurait pas une grande utilité sans les liens qui le mettent en communication avec le monde extérieur, c'est-à-dire sans le **système nerveux périphérique (SNP).** On a mené des expériences avec des volontaires sains: on les a enfermés, les yeux bandés, dans un caisson de déprivation sensorielle où ils flottaient dans l'eau chaude. Ils furent rapidement victimes d'hallucinations. L'un vit des troupeaux déchaînés d'éléphants roses et violets; un autre entendit chanter un chœur; d'autres encore eurent des hallucinations gustatives. Le fonctionnement des centres d'intégration de l'encéphale (et donc notre santé mentale) repose sur un apport constant d'informations en provenance de l'environnement. Les ordres que le SNC envoie presque continuellement sous forme d'influx nerveux aux muscles volontaires et aux autres effecteurs musculaires et glandulaires ne sont pas moins importants que les stimulus sensoriels, dans la mesure où ils nous permettent de bouger et de pourvoir à nos besoins fondamentaux. La frustration qu'éprouvent les personnes atteintes de paralysie en témoigne éloquemment, dans son implacable réalité.

Le système nerveux périphérique est composé de nerfs répartis dans tout le corps. Ce sont eux qui transmettent les informations sensorielles au SNC et qui permettent l'exécution de ses décisions en transportant ses commandes motrices vers les effecteurs. Le système nerveux périphérique comprend toutes les structures nerveuses autres que l'encéphale et la moelle épinière, soit les *récepteurs sensoriels,* les *nerfs périphériques* et leurs *ganglions* ainsi que les *terminaisons motrices*; ses relations avec les autres composantes du système nerveux sont présentées à la figure 13.1. Ce chapitre s'ouvre sur un aperçu de l'anatomie fonctionnelle des éléments du SNP. Nous traitons ensuite de la distribution et de la fonction des nerfs crâniens et spinaux. Nous décrivons enfin les composants des arcs réflexes avant d'expliquer comment le SNP, par l'intermédiaire d'importants réflexes somatiques, participe au maintien de l'homéostasie.

SYSTÈME NERVEUX PÉRIPHÉRIQUE: CARACTÉRISTIQUES GÉNÉRALES

Récepteurs sensoriels

Les **récepteurs sensoriels** sont des structures chargées de réagir aux changements qui se produisent dans l'environnement, c'est-à-dire les **stimulus.** En règle générale, la stimulation d'un récepteur sensoriel par un stimulus suffisamment fort engendre des dépolarisations locales ou des potentiels gradués qui, à leur tour, déclenchent des potentiels d'action (influx nerveux) dans les neurofibres afférentes menant au SNC. (Nous expliquons ce mécanisme aux pages 460-461.) La *sensation* (la conscience du stimulus) et la *perception* (l'interprétation du stimulus) ont lieu dans les aires sensitives du cerveau. Nous reviendrons sur ce point plus en détail au chapitre 15. Nous allons dans un premier temps présenter la classification et le fonctionnement des récepteurs sensoriels. Il existe trois grandes façons de classer les récepteurs sensoriels: selon le type de stimulus qu'ils captent, selon leur situation anatomique et selon la complexité de leur structure.

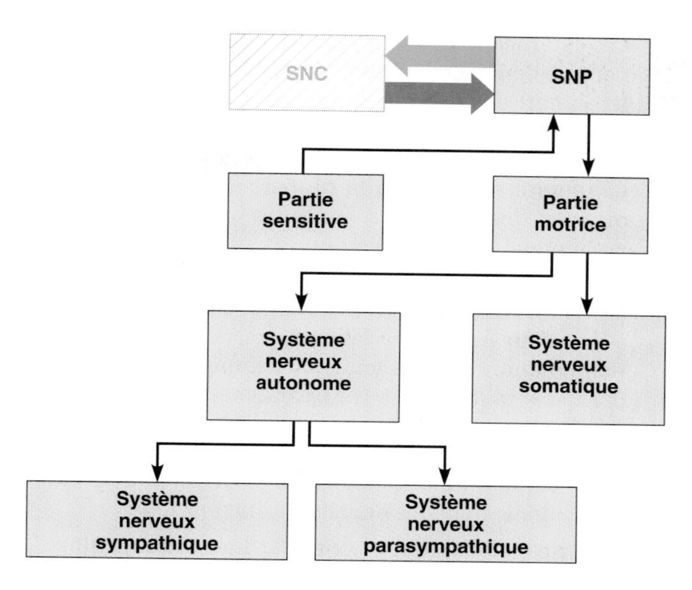

FIGURE 13.1
Place du SNP dans l'organisation structurale du système nerveux.

Classification selon le type de stimulus

On divise les récepteurs en cinq classes en fonction des stimulus qu'ils enregistrent. (Le nom de ces classes indique le type de stimulus.)

1. Les **mécanorécepteurs** produisent des influx nerveux lorsqu'eux-mêmes ou les tissus adjacents sont déformés par des facteurs mécaniques tels que le toucher, la pression (y compris la pression artérielle), les vibrations et l'étirement.
2. Les **thermorécepteurs** répondent aux changements de température.
3. Les **photorécepteurs,** comme ceux de la rétine, réagissent à l'énergie lumineuse.
4. Les **chimiorécepteurs** sont sensibles aux substances chimiques en solution (molécules respirées (odeurs) ou goûtées et changements de la composition chimique du sang).
5. Les **nocicepteurs** (*noci* = mal) réagissent aux stimulus potentiellement nuisibles et les informations sensorielles qu'ils transmettent sont interprétées comme de la douleur par le cerveau.

Tous les récepteurs ou presque jouent occasionnellement le rôle de nocicepteurs, car la stimulation excessive d'un récepteur est douloureuse. Par exemple, la chaleur intense, le froid extrême, la pression excessive et les médiateurs chimiques libérés dans la région d'une inflammation sont des stimulus interprétés comme étant douloureux.

Classification selon la situation anatomique

Selon leur situation anatomique ou celle des stimulus auxquels ils réagissent, les récepteurs se divisent en trois classes.

1. Les **extérocepteurs** sont sensibles aux stimulus provenant de l'environnement. Comme leur nom l'indique, la plupart des extérocepteurs sont situés à la surface du corps ou à proximité. Ce sont les récepteurs cutanés du toucher, de la pression, de la douleur et de la température ainsi que la plupart des récepteurs des organes des sens. Les stimulus qu'ils enregistrent deviennent conscients au niveau du cortex cérébral.
2. Les **intérocepteurs,** ou **viscérocepteurs,** réagissent aux stimulus produits dans le milieu interne, c'est-à-dire dans les viscères et les vaisseaux. Divers stimulus, comme les changements chimiques, l'étirement des tissus et la température, excitent différents intérocepteurs. Ils peuvent provoquer de la douleur, un malaise, la faim ou la soif. Les stimulus captés par les intérocepteurs parviennent aux structures de l'encéphale, mais demeurent souvent inconscients.
3. Les **propriocepteurs,** comme les intérocepteurs, réagissent aux stimulus internes, mais on ne les trouve que dans les muscles squelettiques, les tendons, les articulations, les ligaments et le tissu conjonctif qui recouvre les os et les muscles. (Certains spécialistes estiment que les récepteurs de l'équilibre situés dans l'oreille interne font également partie des propriocepteurs.) Les propriocepteurs informent constamment l'encéphale de nos mouvements (*proprio* = à soi) en mesurant le degré d'étirement des tendons et des muscles. La majorité des informations sensorielles captées par les propriocepteurs restent inconscientes.

Classification selon la complexité de la structure

Sur le plan de la structure, on trouve des **récepteurs simples** et des **récepteurs complexes.** La plupart des récepteurs sont simples ; ce sont des terminaisons dendritiques modifiées de neurones sensitifs. Les récepteurs simples sont situés dans la peau, les muqueuses, les muscles et les tissus conjonctifs. Ce sont eux qui enregistrent la plupart des informations sensorielles. Quant aux récepteurs complexes, ce sont en fait des **organes des sens,** c'est-à-dire des amas de cellules (généralement de plusieurs types) qui participent à un même processus de réception. Les récepteurs complexes sont associés à la sensibilité spécifique, c'est-à-dire à la vue, à l'ouïe, à l'odorat et au goût. Ainsi, l'œil est composé non seulement de neurones sensitifs, mais également d'autres types de cellules non nerveuses formant sa paroi de soutien, le cristallin, et d'autres structures encore. Nous connaissons mieux les organes des sens (dont nous traitons en détail au chapitre 16), mais les récepteurs sensoriels simples associés à la sensibilité générale sont tout aussi importants. La section suivante porte sur la structure et la fonction de ces minuscules sentinelles qui rapportent au SNC les événements survenant dans les profondeurs du corps comme à sa surface.

Les **récepteurs sensoriels simples** sont disséminés dans tout le corps. Ils captent les stimulus tactiles (toucher, pression, étirement et vibration), la température (le chaud et le froid) et la douleur ; ils enregistrent également (c'est la fonction des propriocepteurs) les étirements dans les tendons et les muscles squelettiques. Sur le plan anatomique, ces récepteurs sont soit des *terminaisons dendritiques libres,* soit des *terminaisons dendritiques capsulées.* Le tableau 13.1 présente des illustrations des récepteurs sensoriels simples de même que leurs classes structurale et fonctionnelle. Il faut noter cependant que la classification fonctionnelle ne fait pas l'unanimité, dans la mesure où des récepteurs de classes différentes peuvent réagir à des stimulus semblables et qu'un même récepteur peut capter des stimulus très variés.

Terminaisons dendritiques libres Les **terminaisons dendritiques libres,** ou **dénudées,** des neurones sensitifs se retrouvent dans la plupart des tissus, mais elles sont particulièrement abondantes dans le tissu épithélial et dans le tissu conjonctif. La plupart de ces neurofibres sensitives sont amyélinisées, toutes ont un faible diamètre, et leurs extrémités sont généralement renflées. Elles réagissent surtout à la douleur et à la température, mais certaines captent aussi les mouvements des tissus causés par la pression. Par conséquent, bien qu'on associe le plus souvent les terminaisons dendritiques libres aux récepteurs de la douleur (nocicepteurs), elles peuvent aussi jouer le rôle de mécanorécepteurs.

Certaines terminaisons dendritiques libres se lient à de grandes cellules épidermiques en forme de rondelles (les *épithélioïdocytes du tact*) et constituent ainsi les **corpuscules tactiles non capsulés,** ou disques de Merkel ; ceux-ci se fixent dans les couches profondes de l'épiderme et jouent le rôle de récepteurs du toucher léger (voir la figure 5.2, p. 144). D'autres terminaisons dendritiques libres, les **plexus de la racine des poils,** s'entrelacent autour des follicules pileux ; ce sont des récepteurs du toucher léger qui détectent le mouvement des poils. (Vous éprouvez un chatouillement lorsqu'un moustique se pose sur votre peau : cela correspond à la perception des informations sensorielles transmises au cerveau par les neurones de ces plexus.)

Terminaisons dendritiques capsulées Dans toutes les **terminaisons dendritiques capsulées,** on trouve au moins une dendrite d'un neurone sensitif enfermée dans une capsule de tissu conjonctif. Les récepteurs capsulés sont pour la plupart des mécanorécepteurs, mais leur forme, leur taille et leur distribution peuvent varier considérablement.

Les **corpuscules tactiles capsulés,** ou corpuscules de Meissner, sont de petits récepteurs ovoïdes formés d'une mince capsule de tissu conjonctif enfermant quelques dendrites enroulées en spirale et entourées de neurolemmocytes. Les corpuscules tactiles capsulés sont situés dans les papilles du derme, sous l'épiderme (voir la figure 5.3, p. 146) ; on les trouve en grand nombre dans les régions sensibles et glabres de la peau telles que les mamelons, le bout des doigts et la plante des pieds. Ce sont des récepteurs du toucher discriminant et, apparemment, ils sont à la peau glabre ce que les plexus de la racine des poils sont à la peau velue.

On considère que les **corpuscules bulboïdes,** ou corpuscules de Krause, sont une variante des corpuscules tactiles capsulés, à cette différence près que ces derniers sont situés dans la peau, tandis que les corpuscules

TABLEAU 13.1 Classification des récepteurs sensoriels simples selon leur structure et leur fonction

Classe anatomique (structure)	Illustration	Classe fonctionnelle Selon la situation anatomique (S) Selon le type de stimulus (T)	Situation
Terminaisons libres Terminaisons dendritiques de neurones sensitifs		S : extérocepteurs, intérocepteurs et propriocepteurs T : nocicepteurs (douleur), thermorécepteurs (chaleur et froid) et, peut-être, mécanorécepteurs (pression)	La plupart des tissus ; très denses dans les tissus conjonctifs (ligaments, tendons, derme, capsules articulaires, périoste) et les épithéliums (épiderme, cornée, muqueuses et glandes)
Terminaisons dendritiques modifiées : corpuscules tactiles non capsulés		S : extérocepteurs T : mécanorécepteurs (pression légère) ; adaptation lente	À la base de l'épiderme
Plexus de la racine des poils		S : extérocepteurs T : mécanorécepteurs (mouvement des poils)	À l'intérieur et autour des follicules des poils
Terminaisons capsulées Corpuscules tactiles capsulés		S : extérocepteurs T : mécanorécepteurs (pression légère, toucher discriminant, vibrations de basse fréquence)	Papilles du derme de la peau glabre, et particulièrement des mamelons, des organes génitaux externes, du bout des doigts, de la plante des pieds et des paupières
Corpuscules bulboïdes		S : extérocepteurs T : mécanorécepteurs (probablement des corpuscules tactiles capsulés modifiés)	Tissu conjonctif des muqueuses (bouche, conjonctive) et peau glabre près des orifices (lèvres)
Corpuscules lamelleux		S : extérocepteurs, intérocepteurs et, pour certains, propriocepteurs T : mécanorécepteurs (pression intense, étirement, vibrations de haute fréquence) ; adaptation rapide	Tissu sous-cutané ; périoste, mésentère, tendons, ligaments, capsules articulaires ; très abondants dans les doigts, la plante des pieds, les organes génitaux externes et les mamelons
Corpuscules de Ruffini	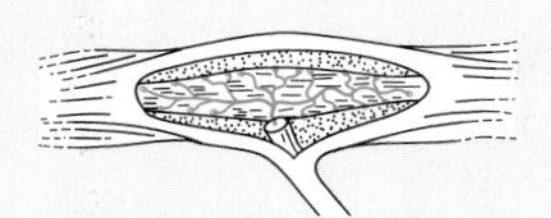	S : extérocepteurs et propriocepteurs T : mécanorécepteurs (pression intense et étirement) ; adaptation lente	Profondeur du derme, hypoderme et capsules articulaires

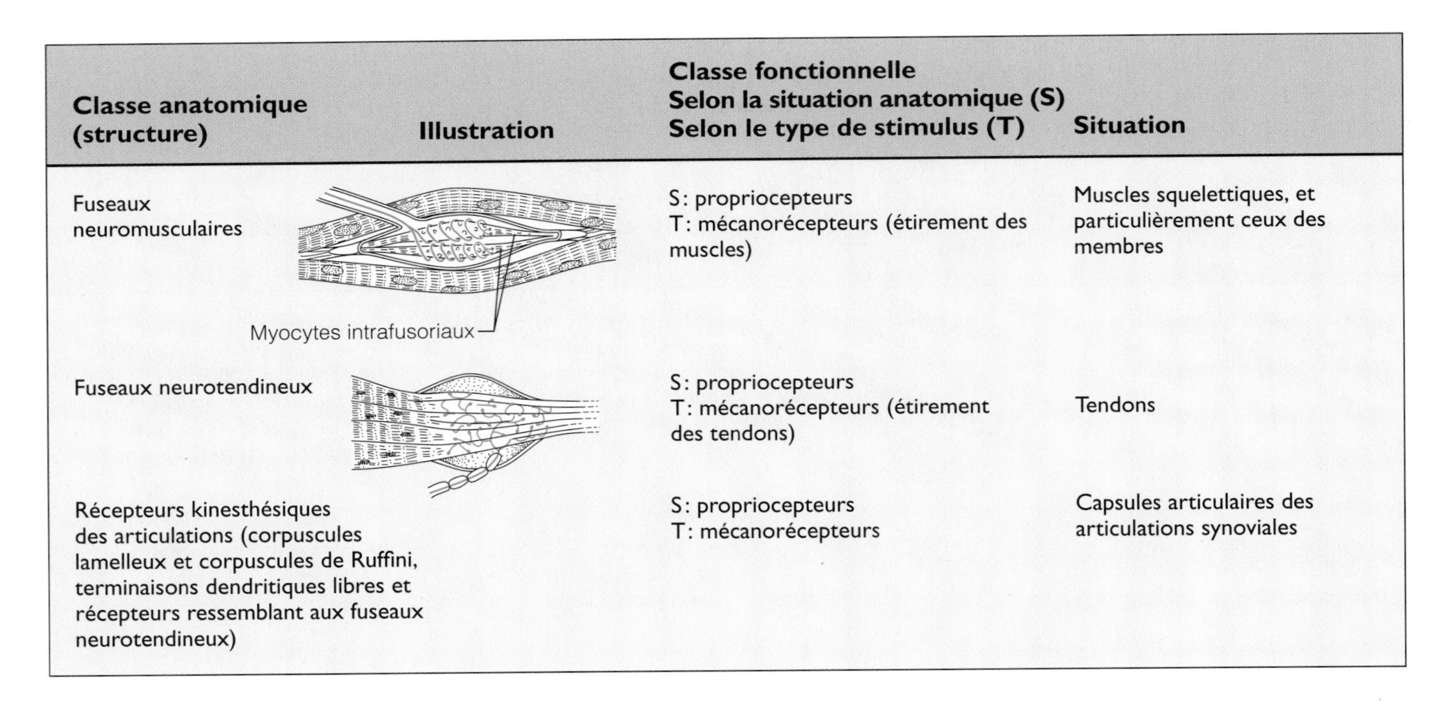

Classe anatomique (structure)	Illustration	Classe fonctionnelle Selon la situation anatomique (S) Selon le type de stimulus (T)	Situation
Fuseaux neuromusculaires		S: propriocepteurs T: mécanorécepteurs (étirement des muscles)	Muscles squelettiques, et particulièrement ceux des membres
Fuseaux neurotendineux		S: propriocepteurs T: mécanorécepteurs (étirement des tendons)	Tendons
Récepteurs kinesthésiques des articulations (corpuscules lamelleux et corpuscules de Ruffini, terminaisons dendritiques libres et récepteurs ressemblant aux fuseaux neurotendineux)		S: propriocepteurs T: mécanorécepteurs	Capsules articulaires des articulations synoviales

bulboïdes abondent surtout dans les muqueuses. C'est pourquoi on les appelle aussi **corpuscules cutanéo-muqueux.**

Les **corpuscules lamelleux,** ou corpuscules de Vater-Pacini, sont disséminés dans les profondeurs du derme et dans le tissu sous-cutané. Ces mécanorécepteurs ne réagissent qu'à une pression intense, et seulement à la première application de cette pression. Ils sont donc particulièrement aptes à reconnaître la vibration (une pression *intermittente*). Ce sont les plus grands récepteurs corpusculaires. Certains d'entre eux mesurent plus de 3 mm de longueur et 1,5 mm de largeur et apparaissent à l'œil nu comme des structures blanches et ovoïdes. En coupe, un corpuscule lamelleux ressemble à un oignon tranché. Des couches de neurolemmocytes aplatis (dont le nombre peut atteindre la soixantaine) entourent son unique dendrite, et ces cellules sont à leur tour enfermées dans une capsule de tissu conjonctif.

Les **corpuscules de Ruffini** sont logés dans le derme, le tissu sous-cutané et les capsules articulaires; ils sont composés d'une gerbe de terminaisons dendritiques enfermée dans une capsule aplatie. Ils ressemblent à s'y méprendre aux fuseaux neurotendineux (qui mesurent l'étirement des tendons), et on pense qu'ils jouent un rôle analogue dans d'autres tissus conjonctifs denses, c'est-à-dire qu'ils y captent la pression intense et *continue*.

Les **fuseaux neuromusculaires** sont des propriocepteurs fusiformes disséminés dans les muscles squelettiques. Chaque fuseau neuromusculaire est composé d'un groupe de myocytes modifiés, appelés **myocytes intrafusoriaux** (*intra* = à l'intérieur, *fusorial* = du fuseau), enfermé dans une capsule de tissu conjonctif (voir le tableau 13.1). Les myocytes intrafusoriaux détectent l'étirement du muscle; les neurofibres acheminent alors les informations sensorielles au SNC, qui va déclencher un réflexe s'opposant à cet étirement. Nous reviendrons plus loin sur les fuseaux neuromusculaires, lorsque nous décrirons le réflexe d'étirement (voir p. 486-488).

Les **fuseaux neurotendineux,** ou organes musculo-tendineux de Golgi, sont intégrés aux tendons, près du point d'insertion du muscle squelettique. Ils sont constitués de petits amas de fibres tendineuses (collagènes) entre lesquelles ou autour desquelles des dendrites s'insèrent ou s'enroulent; le tout est enfermé dans une capsule formée de couches conjonctives superposées. L'activité des fuseaux neurotendineux est liée à celle des fuseaux neuromusculaires. En effet, ils sont stimulés lorsque le muscle auquel ils sont associés se contracte et étire le tendon. La contraction musculaire est alors inhibée, puis le muscle se détend, et la stimulation des fuseaux neurotendineux cesse.

Les **récepteurs kinesthésiques des articulations** sont des propriocepteurs qui mesurent l'étirement dans les capsules articulaires entourant les articulations synoviales. Ils comprennent au moins quatre types de récepteurs (voir le tableau 13.1) qui, collectivement, informent le cerveau de la position et du mouvement (*kines* = mouvement) des articulations. Nous sommes très conscients de cette sensation.

- Fermez les yeux et remuez votre index. Vous *sentez* précisément quelles articulations se meuvent.

Potentiels récepteurs

L'information relative au milieu interne et à l'environnement correspond à différentes formes d'énergie. Les récepteurs sensoriels associés aux neurones sensitifs réagissent au son, à la pression, aux substances chimiques, etc. Ils doivent traduire ces stimulus en influx nerveux afin de pouvoir communiquer avec d'autres neurones. On peut dire que les influx constituent en quelque sorte le langage universel du système nerveux.

Quand l'énergie du stimulus est absorbée par le récepteur, elle est convertie en énergie électrique selon un processus appelé **transduction.** Autrement dit, le stimulus modifie la perméabilité de la membrane plasmique dans la région du récepteur, engendrant ainsi un potentiel gradué local appelé **potentiel récepteur.** Le potentiel récepteur est comparable à un PPSE produit par la membrane postsynaptique en réponse à la liaison d'un neurotransmetteur. Dans les deux cas, un type de canaux ioniques s'ouvre et laisse passer des flux d'ions (généralement d'ions sodium et d'ions potassium) à travers la membrane ; il y a ensuite sommation des potentiels locaux. La dépolarisation de la neurofibre afférente est appelée **potentiel générateur** si le récepteur est une cellule distincte (comme une cellule sensorielle ciliée des récepteurs de l'ouïe dans l'oreille) qui se dépolarise et libère un neurotransmetteur. Le neurotransmetteur excite *à son tour* le neurone afférent associé.

Si le potentiel récepteur a une intensité liminaire ou supraliminaire quand il atteint les canaux à sodium *voltage-dépendants* de l'axone (lesquels sont généralement proches de la membrane réceptrice, et souvent même au premier nœud de la neurofibre), il va provoquer l'ouverture des canaux à sodium et produire un potentiel d'action (influx nerveux) qui sera propagé jusqu'au SNC. La production de potentiels d'action se poursuit tant que persiste le stimulus liminaire et, comme nous l'avons déjà expliqué, l'intensité du stimulus s'exprime par la fréquence des influx venant du récepteur. Par exemple, un coup reçu à la main envoie au SNC plus de potentiels d'action à la seconde que ne le fait un contact délicat.

Adaptation des récepteurs sensoriels

Les potentiels récepteurs sont donc des potentiels gradués qui varient selon l'intensité du stimulus et peuvent s'additionner. Cependant, un phénomène particulier appelé **adaptation** peut survenir dans certains récepteurs sensoriels lorsqu'ils sont soumis à un stimulus invariable. Les chercheurs n'ont pas encore complètement élucidé le mécanisme de l'adaptation, mais ils pensent que les membranes réceptrices perdent momentanément leur capacité de se dépolariser et de produire des potentiels récepteurs liminaires capables de déclencher des potentiels d'action. En conséquence, les récepteurs diminuent la fréquence d'émission des potentiels récepteurs ou cessent d'en produire. Le cortex cérébral ne recevant plus d'informations sensorielles, il n'y a plus de perception sensorielle. Certains récepteurs, et notamment la plupart de ceux qui réagissent à la pression, au toucher et aux odeurs, s'adaptent rapidement. C'est l'adaptation qui explique pourquoi, après un laps de temps assez court, nous ne remarquons plus le contact des vêtements avec notre peau. Par contre, d'autres récepteurs s'adaptent lentement, et certains ne s'adaptent pas du tout. Les récepteurs de la douleur et les propriocepteurs, par exemple, réagissent plus ou moins continuellement aux stimulus liminaires. Heureusement, d'ailleurs, car la douleur nous avertit en général de l'imminence ou de la présence d'une lésion, et l'équilibre et la coordination reposent en grande partie sur la proprioception. Les corpuscules tactiles non capsulés, les corpuscules de Ruffini et quelques intérocepteurs qui réagissent aux fluctuations des substances chimiques dans le sang font aussi partie des récepteurs à adaptation lente.

Nerfs et ganglions

Structure et classification

Un **nerf** est un organe en forme de cordon qui appartient au système nerveux périphérique. La taille des nerfs varie mais pas leur composition : ils sont tous formés de faisceaux parallèles d'axones périphériques (myélinisés et amyélinisés) entourés d'enveloppes superposées de tissu conjonctif (figure 13.2).

Dans un nerf, chaque axone, avec sa gaine de myéline ou son neurolemme (ou avec les deux), est entouré d'une mince couche de tissu conjonctif lâche appelée **endonèvre.** Les axones sont groupés en **fascicules** par une enveloppe de tissu conjonctif plus épaisse que la première, le **périnèvre.** Enfin, tous les fascicules sont enveloppés d'une gaine fibreuse résistante, l'**épinèvre.** La structure d'un nerf présente donc une certaine similitude avec celle d'une muscle squelettique (voir la figure 9.1, p. 263). Les prolongements neuronaux ne forment qu'une petite fraction du nerf, dont l'essentiel de la masse est constitué par la myéline et par les enveloppes protectrices de tissu conjonctif. Le nerf contient également des vaisseaux sanguins et des vaisseaux lymphatiques.

Nous avons vu que le SNP comprend une partie *sensitive* (afférente) et une partie *motrice* (efférente). Par conséquent, on classe les nerfs selon le type d'influx nerveux qu'ils acheminent, soit une information sensorielle, soit une commande motrice. Les nerfs qui contiennent des neurofibres sensitives et des neurofibres motrices (qui transmettent des influx dirigés vers le SNC et des influx qui en proviennent) sont des **nerfs mixtes.** Les nerfs qui transmettent les influx vers le SNC seulement sont des **nerfs sensitifs (afférents)**. Enfin, les nerfs qui conduisent les influx provenant du SNC seulement sont des **nerfs moteurs (efférents)**. La plupart des nerfs sont mixtes ; les nerfs exclusivement sensitifs ou moteurs sont extrêmement rares.

Les nerfs mixtes comprennent souvent des neurofibres du système nerveux somatique et des neurofibres du système nerveux autonome (viscéral). On peut donc classer ces neurofibres, selon la région qu'elles innervent, en *afférentes somatiques, efférentes somatiques, afférentes viscérales* (autonomes) et *efférentes viscérales.*

Pour des raisons de commodité, on classe les nerfs périphériques en *nerfs crâniens* et en *nerfs spinaux,* suivant qu'ils émergent de l'encéphale ou de la moelle épinière. Nous ferons parfois référence aux neurofibres efférentes autonomes des nerfs crâniens dans ce chapitre, mais nous nous attacherons surtout aux fonctions somatiques du système nerveux périphérique. Nous traitons du système nerveux autonome et des fonctions viscérales qu'il assume au chapitre 14.

Les **ganglions** sont constitués d'amas de corps cellulaires de neurones associés aux nerfs du SNP. Les ganglions associés aux nerfs *afférents* contiennent des corps cellulaires de neurones sensitifs : ce sont les *ganglions spinaux* que nous avons étudiés au chapitre 12. Les ganglions liés aux nerfs *efférents* contiennent des corps cellulaires de neurones moteurs autonomes de même qu'une variété particulière de neurones d'intégration. Nous revenons sur ces ganglions particulièrement complexes du système nerveux autonome au chapitre 14.

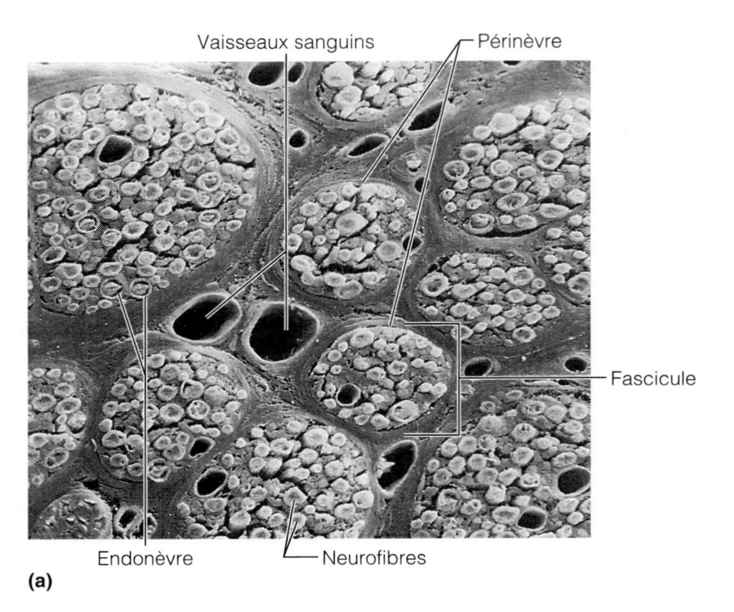

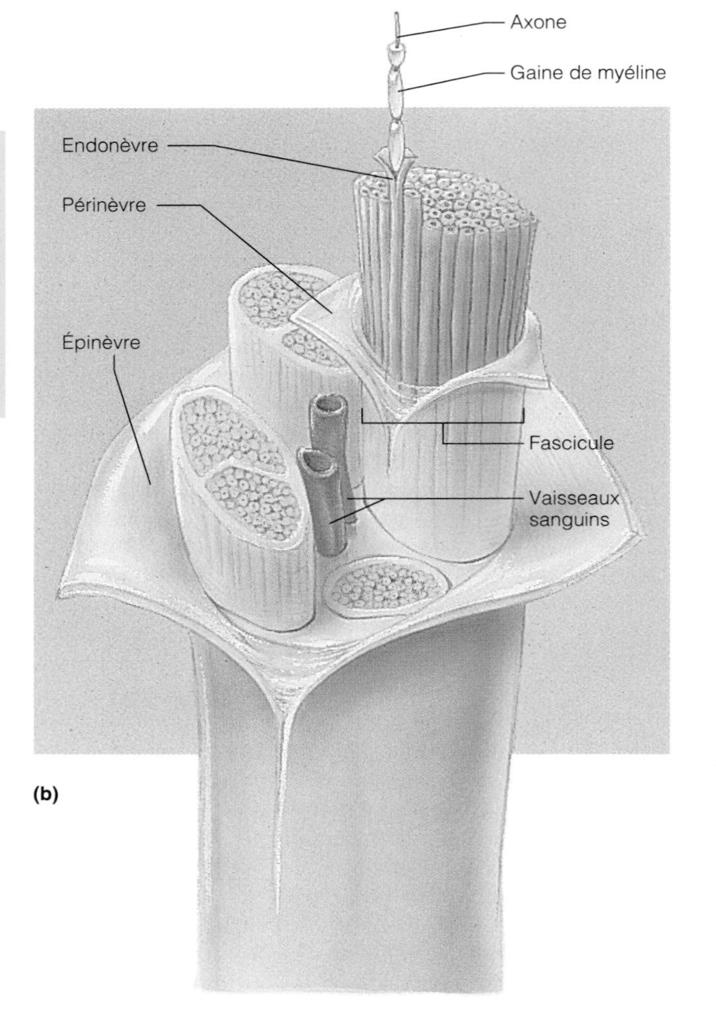

FIGURE 13.2
Structure d'un nerf. (a) Photomicrographie électronique d'un nerf en coupe transversale (400 ×). (Tiré de *Tissues and Organs: A Text-Atlas of Scanning Electron Microscopy*, de R. Kessel et R. Kardon, © 1979, W. H. Freeman.) **(b)** Vue en trois dimensions d'une partie de nerf montrant les enveloppes de tissu conjonctif.

13

Régénération des neurofibres

Les lésions du tissu nerveux sont inquiétantes parce que les neurones matures ne se divisent pas. Si la lésion est grave ou proche du corps cellulaire, elle peut détruire toute la cellule ainsi que les neurones que son axone stimulait. Dans certains cas, cependant, les axones sectionnés ou écrasés des nerfs périphériques peuvent se régénérer.

Les extrémités d'un axone périphérique se referment peu de temps après un sectionnement ou un écrasement et gonflent rapidement à cause de l'accumulation des substances transportées dans l'axone (figure 13.3a). En quelques heures, la partie de l'axone et de sa gaine de myéline située en aval du siège de la lésion commence à se désintégrer parce qu'elle ne reçoit plus du corps cellulaire les nutriments et les autres substances qui lui sont essentielles. Ce processus dégénératif est appelé **dégénérescence wallérienne**; il se propage vers l'extrémité distale à partir de la lésion, en fragmentant complètement l'axone (figure 13.3b). Des macrophagocytes migrent dans la zone du traumatisme en provenance des tissus avoisinants et, avec les neurolemmocytes déjà présents, phagocytent la myéline en décomposition et les débris de l'axone. Généralement, la partie distale de l'axone se dégrade complètement en une semaine, tandis que le neurolemme (contenant le cytoplasme et le noyau du neurolemmocyte) reste intact dans l'endonèvre. Une fois les débris nettoyés, les neurolemmocytes intacts prolifèrent sous l'action des substances chimiques mitogènes libérées par les macrophagocytes; ils migrent ensuite vers le siège de la lésion. Là, ils libèrent des facteurs de croissance tels que le facteur de croissance des cellules nerveuses (NGF), le BDNF (« brain derived neurotrophic factor ») et le facteur de croissance analogue à l'insuline (IGF), et ils commencent à produire des molécules d'adhérence des cellules nerveuses (N-CAM) qui favorisent la croissance de l'axone. Ils forment en outre des cordons cellulaires qui guident les « repousses » de l'axone en voie de régénération vers leurs points de contact antérieurs (figure 13.3c et d). Ces mêmes neurolemmocytes protègent, soutiennent et remyélinisent l'axone.

Le corps cellulaire du neurone subit également des changements caractéristiques après la désintégration de la partie distale de son axone. Deux jours après la survenue de la lésion, le corps cellulaire gonfle (souvent même jusqu'à doubler de volume), sa substance chromatophile se divise et elle se disperse en périphérie de la cellule. Ces événements indiquent que le neurone utilise le moins possible ses gènes « d'intendance » et recourt plutôt à ceux qui régissent la synthèse des protéines servant à la régénération de la membrane plasmique de l'axone.

Les axones en voie de régénération croissent de 1 à 5 mm par jour. Plus les extrémités sont éloignées, plus la probabilité de guérison est faible, car les tissus adjacents entravent la croissance en faisant irruption dans les vides. En outre, les repousses de l'axone tendent à envahir les régions environnantes et à former une masse de tissu appelée *névrome*. Les neurochirurgiens réunissent les extrémités de l'axone sectionné afin de favoriser la régénération. Dans les cas de lésions graves des nerfs périphériques, ils réussissent à guider la croissance de l'axone en greffant des supports (des tubes de silicone remplis de collagène biodégradable). Mais quelles que soient les

? *Quelle est la fonction des neurolemmocytes dans la régénération ?*

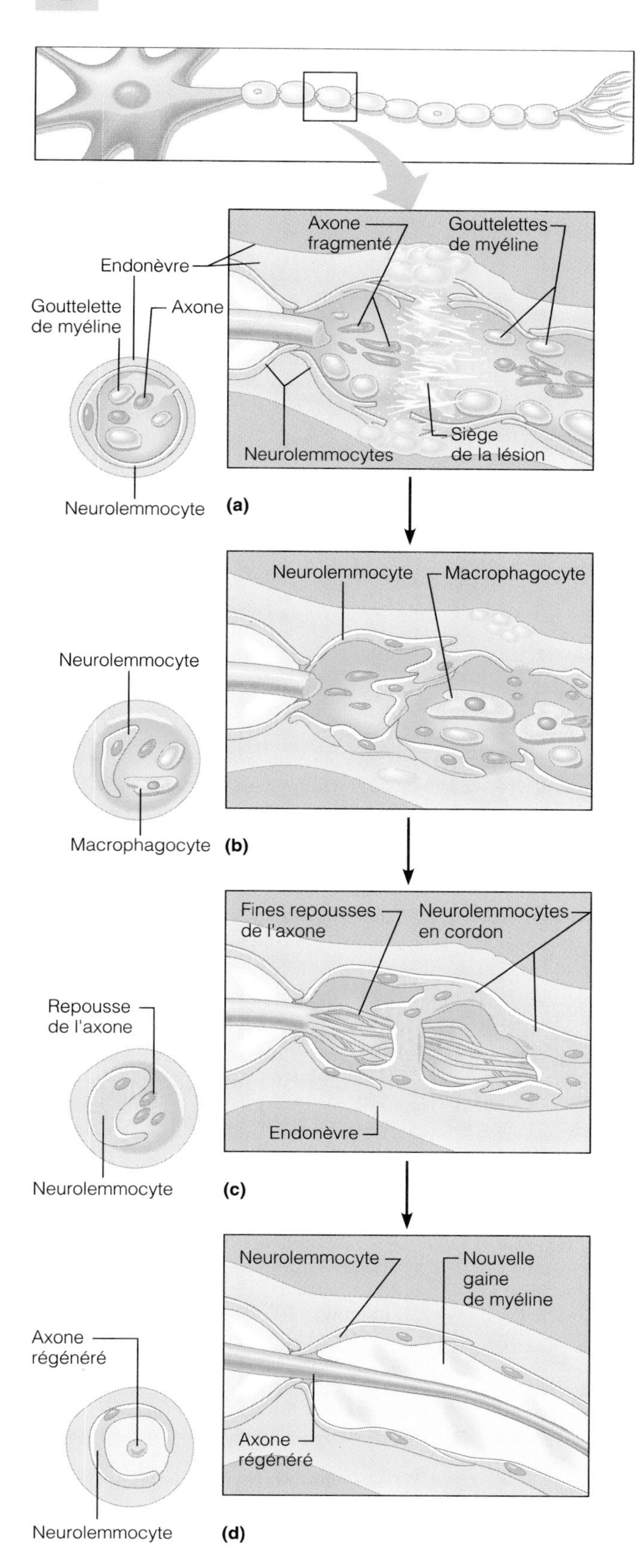

mesures entreprises, l'axone ne reprend jamais exactement son état antérieur à la lésion. Par exemple, il est impossible de replacer les neurofibres motrices et les myocytes squelettiques avec une précision absolue. De fait, la réadaptation fonctionnelle après une lésion nerveuse consiste en grande partie à rétablir la coordination du stimulus et de la réponse par une véritable rééducation du système nerveux.

Contrairement aux neurofibres du SNP, celles du SNC ne se régénèrent pas dans des circonstances normales. Par conséquent, les lésions de l'encéphale ou de la moelle épinière sont considérées comme irréversibles. Il semble que cette différence entre le SNC et le SNP ne soit pas tant liée aux neurones qu'aux gliocytes. Après une lésion du SNC, des astrocytes et d'autres gliocytes débarrassent la région des débris cellulaires. Or, l'invasion du tissu endommagé par les macrophagocytes est nettement moins prononcée dans le SNC que dans le SNP et le « nettoyage » de la région est beaucoup plus lent. De plus, les oligodendrocytes entourant la neurofibre endommagée meurent (c'est ce qu'on appelle la *démyélinisation secondaire*) et ne peuvent donc guider sa repousse. Par ailleurs, les gaines de myéline des axones voisins (un produit de l'activité des oligodendrocytes) contiennent des protéines qui inhibent la croissance et provoquent la destruction et la répulsion du cône de croissance. (La présence d'inhibiteurs de croissance dans le tissu nerveux peut vous sembler paradoxale, mais rappelez-vous que des « garde-fous » — dans ce cas-ci, de nature chimique — doivent s'ériger pendant le développement neuronal pour maintenir les jeunes axones « sur le droit chemin ».)

La recherche a cependant démontré que les axones du SNC croissent d'une part dans des segments de nerfs périphériques sectionnés contenant un facteur de croissance des fibroblastes et d'autre part dans des *ponts d'astrocytes* (de minuscules implants de papier recouverts d'astrocytes fœtaux), et qu'ils peuvent établir des connexions efficaces. De plus, si on transplante dans le SNC des macrophagocytes activés ailleurs dans l'organisme, les axones du SNC se régénéreront. Les macrophagocytes libèrent en effet des substances chimiques qui « neutralisent » les inhibiteurs de croissance dans la myéline. La neutralisation par les anticorps des inhibiteurs de croissance liés à la myéline peut également provoquer une régénération non négligeable des neurofibres. Enfin, le fait d'exposer les neurones du SNC à de grandes quantités de facteurs de croissance peut provoquer la division des neurones matures et la formation de nouveau tissu nerveux. On pense donc que le secret de la régénération du SNC réside dans les molécules qui maintiennent le fragile équilibre entre la stimulation et l'inhibition de la croissance.

FIGURE 13.3
Régénération des neurofibres des nerfs périphériques.

Ils forment le canal qui guide la repousse de l'axone.

GROS PLAN

La douleur : importune mais utile

La douleur est un phénomène redouté, une expérience primitive que l'être humain a en commun avec presque tous les autres animaux. Rares sont les personnes qui ont échappé à la cruelle persistance d'un mal de tête. La douleur a pour fonction de signaler l'imminence ou la survenue d'une lésion, mais il est difficile d'apprécier sa valeur lorsque nous en sommes victimes.

Cliniquement, on ne peut mesurer la douleur qu'au moyen de techniques indirectes comme celle qui consiste à percuter la zone douloureuse puis à observer la réaction du sujet. En revanche, l'autre signe fréquent de maladie ou de lésion, c'est-à-dire la fièvre, se mesure tout simplement avec un thermomètre.

Réception de la douleur

Les principaux récepteurs de la douleur sont des terminaisons nerveuses libres disséminées par millions dans tous les tissus et tous les organes (à l'exception de l'encéphale). Ces récepteurs réagissent aux stimulus nocifs, autrement dit à tout ce qui peut endommager les tissus. Quel que soit le siège des lésions, les cellules endommagées libèrent une véritable « soupe » de substances inflammatoires. Les bradykinines sont les plus puissants de ces activateurs des nocicepteurs. Elles déclenchent à leur tour la sécrétion de nombreuses substances chimiques, telles l'histamine et les prostaglandines, qui amorcent le processus inflammatoire à l'origine de la guérison. Certains scientifiques pensent que les bradykinines se lient également aux terminaisons axonales des récepteurs de la douleur, les amenant à produire des potentiels d'action. Ces chercheurs s'efforcent de mettre au point une variante des bradykinines qui empêcherait les bradykinines naturelles de se lier aux terminaisons des nocicepteurs et éliminerait ainsi la douleur à la source.

Fait étonnant, il semble que la source d'énergie de toutes les cellules, c'est-à-dire l'ATP, soit au nombre des substances qui causent la douleur. L'ATP que les cellules endommagées libèrent dans l'espace extracellulaire stimulerait en effet certains récepteurs situés sur les neurofibres de type C de faible diamètre et engendrerait ainsi des signaux douloureux.

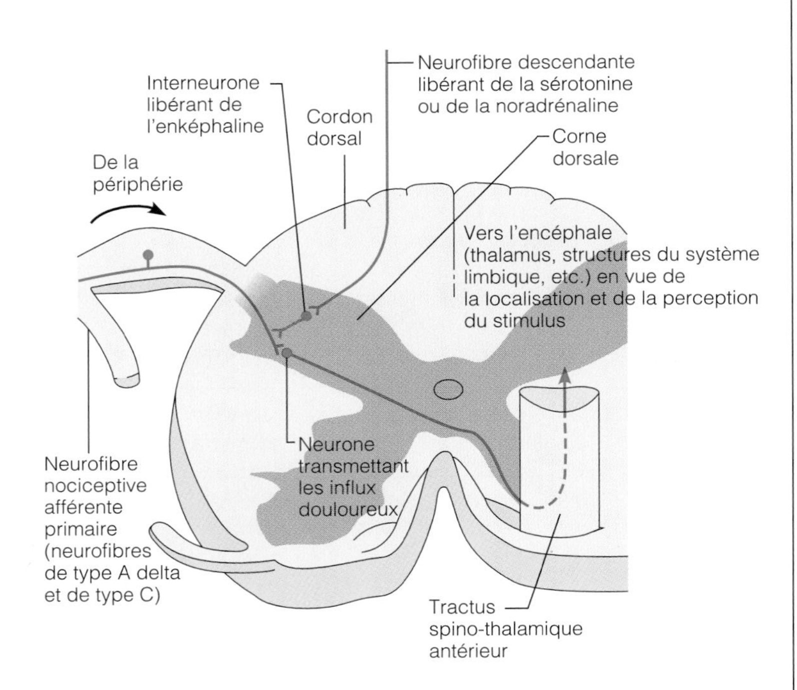

Lorsque les neurofibres de la douleur de type A delta et de type C sont stimulées, elles émettent des influx douloureux vers les neurones du tractus spino-thalamique de la moelle épinière, et ce dernier les transporte vers les aires somesthésiques. La régulation descendante de la transmission de la douleur (l'analgésie) se produit dans des neurofibres centrales descendantes qui font synapse avec de petits interneurones libérant de l'enképhaline, dans la corne dorsale ; ces interneurones sont reliés aux neurofibres nociceptives afférentes par des synapses inhibitrices. L'activation de ces interneurones inhibe la transmission de la douleur en empêchant la libération de la substance P.

Transmission et réception de la douleur

Du point de vue clinique, on distingue la douleur *somatique* de la douleur *viscérale*. La douleur somatique provient de la peau, des muscles ou des articulations et elle peut être superficielle ou profonde. La douleur somatique superficielle est aiguë et cuisante et nous pousse souvent à crier. Issue de l'épiderme ou des muqueuses, elle tend à être brève. Ce type de douleur est transmis dans des neurofibres A delta (δ) finement myélinisées à la vitesse de 12 à 80 m/s. La douleur somatique profonde est brûlante et persistante ; elle résulte de la stimulation de nocicepteurs situés dans les couches profondes de la peau, dans les muscles ou dans les articulations. Elle est plus diffuse et plus durable que la douleur somatique superficielle, et elle indique toujours une destruction tissulaire. Les influx provenant des nocicepteurs profonds sont transmis lentement (soit de 0,4 à un peu plus de 1 m/s) par de petites neurofibres C amyélinisées.

La douleur viscérale résulte de la stimulation de récepteurs situés dans les organes des cavités thoracique et abdominale. Comme la douleur somatique profonde, elle est généralement sourde, brûlante ou déchirante. Elle est déclenchée principalement par un étirement extrême des tissus, une ischémie, des substances chimiques irritantes et des spasmes musculaires. Étant donné que les influx de la douleur viscérale et ceux de la douleur somatique empruntent les mêmes tractus ascendants de la moelle épinière, l'aire somesthésique du cortex peut les confondre, ce qui donne lieu au phénomène de la *douleur projetée* (voir le chapitre 14).

Les neurofibres de la douleur somatique superficielle et celles des douleurs somatique et viscérale profondes font synapse avec des neurones de deuxième ordre dans les cornes dorsales de la moelle épinière. La transmission des influx douloureux dans les neurones de premier ordre provoque la libération de la *substance P*, le neurotransmetteur de la douleur, dans la fente synaptique. La suite des événements est mal connue, mais il semble que les axones de la plupart des neurones de deuxième ordre traversent la moelle épinière et entrent dans les tractus spino-thalamiques ventraux et latéraux qui montent jusqu'au thalamus, et plus précisément jusqu'au noyau ventral postéro-latéral (VPL). De là, les influx sont relayés à l'aire somesthésique du cortex, où ils sont perçus comme de la douleur. Des expériences de stimulations thermiques chez l'humain laissent croire que la douleur serait perçue dans des régions bien précises (S I et S II) de l'aire somesthésique, du côté opposé à la stimulation. Certaines neurofibres de deuxième ordre « prennent un raccourci », c'est-à-dire qu'elles montent directement au thalamus, ce qui permet à l'aire somesthésique de déterminer la cause et l'intensité de la douleur. Les autres neurofibres des tractus spino-thalamiques projettent un grand nombre de collatérales qui font synapse dans le tronc cérébral, dans l'hypothalamus et dans d'autres structures du système limbique (en particulier dans la partie antérieure du gyrus du cingulum, située dans le cortex frontal) avant d'atteindre le thalamus. Ce deuxième ensemble de neurofibres transporte les influx à l'origine des réactions excitatrices et émotionnelles à la douleur ; il a des effets plus durables sur le système nerveux central. La destruction du cingulum antérieur rend le sujet indifférent à la douleur, même s'il la perçoit toujours.

Le **seuil de la douleur** est le même chez tous les êtres humains ; en d'autres termes, nous percevons la douleur à partir de la même intensité de stimulus. Par exemple, la chaleur est perçue comme douloureuse à partir de 44 °C environ, soit le degré où elle commence à endommager les tissus. En revanche, la **tolérance à la douleur** varie considérablement d'un individu à l'autre, et elle est fortement influencée par des facteurs culturels et psychologiques. Lorsque nous disons d'une personne qu'elle est « très sensible à la douleur », nous évoquons sa tolérance à la douleur et non pas son seuil de la douleur. La tolérance à la douleur semble augmenter avec l'âge, mais il se peut que ce phénomène soit lié à la notion socioculturelle selon laquelle nous devons nous attendre à souffrir en vieillissant. D'autre part, les émotions et l'état mental ont également une incidence sur la douleur. Après une catastrophe, par exemple, on peut voir de grands blessés n'éprouver aucune douleur alors qu'ils se portent au secours d'autres victimes.

L'organisme demeure normalement dans un état constant où la douleur est corrélée avec une lésion. Or, des influx douloureux persistants ou très intenses peuvent perturber cette adéquation et provoquer une douleur chronique. Les **récepteurs du NMDA,** qui concourent à renforcer les connexions neuronales établies pendant certains types d'apprentissage, semblent jouer un rôle analogue dans l'**hyperalgésie,** c'est-à-dire l'amplification de la douleur dans la moelle épinière. (Si vous vous êtes déjà mis sous une douche chaude alors que vous aviez une insolation, vous savez ce qu'est l'hyperalgésie.) Les influx douloureux continuels, contrairement aux influx douloureux normaux, stimulent les récepteurs du NMDA de la moelle épinière. Une fois activés, ces récepteurs augmentent la sensibilité des neurones de la moelle épinière aux signaux ultérieurs. Les antagonistes des récepteurs du NMDA préviennent l'hyperalgésie tout en épargnant les voies normales de la douleur. Cet effet suggère qu'on pourrait mettre au point un traitement médicamenteux pour la douleur chronique et la douleur fantôme.

Modulation de la douleur et analgésie

L'aspect extraordinairement changeant de la douleur chez l'humain laisse croire à l'existence de mécanismes nerveux qui modulent la transmission et la perception de la douleur. Les connaissances sur les mécanismes et le soulagement de la douleur ont fait un bond en avant dans les années 1960, avec la publication de la *théorie de la porte médullaire sélective* (ou théorie du portillon) de Melzack et Wall. Les principaux points de cette théorie sont les suivants.

1. Il existe un « portillon » de la douleur dans la corne dorsale (la substance gélatineuse), à l'endroit où les influx nerveux provenant des petites neurofibres amyélinisées de la douleur et des grosses neurofibres du toucher (A bêta) entrent dans la moelle épinière.
2. Si les influx qui empruntent les neurofibres de la douleur dépassent en nombre les influx qui sont acheminés dans les neurofibres du toucher, le portillon s'ouvre et les influx douloureux sont transmis et perçus. Dans le cas contraire, le portillon est fermé par les interneurones libérant de l'enképhaline situés dans la moelle épinière. Ce mécanisme inhibe la transmission des influx de la douleur et de ceux du toucher et réduit la perception de la douleur.

La théorie de la porte médullaire sélective a fait l'objet de plusieurs études qui n'ont pas permis de la confirmer dans sa formulation initiale. Elle a toutefois donné lieu à une foule de recherches sur la douleur et fourni d'utiles prévisions cliniques. On a par exemple découvert que la stimulation liminaire des grosses neurofibres du toucher (à l'occasion d'un massage notamment) provoque une volée de potentiels d'action dans les cellules de la substance gélatineuse, suivie par une brève période d'inhibition de la transmission de la douleur, ce qui atteste que cette stimulation ferme le portillon. Par ailleurs, il a été amplement prouvé que la stimulation directe, et même l'électrostimulation transcutanée (TENS), des neurofibres du cordon dorsal (neurofibres du toucher de grand diamètre) entraîne un soulagement durable de la douleur. (Mais on ne connaît toujours pas les mécanismes précis de ces effets.)

Nous savons depuis un certain temps que le cerveau libère des opiacés naturels (les bêta-endorphines et les enképhalines) qui réduisent la perception de la douleur. On pense que l'hypnose, les techniques de l'accouchement naturel, la morphine et l'analgésie induite par la stimulation font intervenir la sécrétion de ces opiacés naturels dans certaines régions du cerveau. Ces régions, et notamment la *zone périventriculaire* de l'hypothalamus et la *substance grise centrale du mésencéphale,* régissent les neurofibres descendantes analgésiques qui font synapse dans les cornes dorsales. Ces neurofibres (surtout quelques-unes issues du noyau du raphé) produisent une analgésie lorsqu'elles émettent des potentiels d'action, vraisemblablement parce qu'elles font synapse avec les interneurones libérant des enképhalines, lesquels inhibent la transmission des influx douloureux (voir le schéma). L'inhibition semble due au fait que les enképhalines bloquent l'afflux de Ca^{2+} dans les terminaisons sensitives des neurofibres nociceptives afférentes primaires, les empêchant ainsi de libérer la substance P. Or, ce n'est là qu'un mécanisme parmi tant d'autres de la modulation de la douleur. Divers autres récepteurs de neurotransmetteurs situés dans la corne dorsale régissent également la perception de la douleur. Par exemple, des agents injectables comme la clonidine (un médicament antihypertenseur), le baclofen (un antagoniste des récepteurs du GABA) et la somatostatine produisent une analgésie chez les patients qui présentent une tolérance à la morphine. En quelque sorte, si les techniques analgésiques, qu'il s'agisse des médicaments, de la stimulation électrique ou du massage, ont quelque efficacité, c'est parce que l'organisme le permet !

Terminaisons motrices

Nous avons étudié jusqu'à présent les récepteurs sensoriels qui enregistrent les stimulus, ainsi que la structure des nerfs qui contiennent des neurofibres afférentes et efférentes. Nous allons maintenant passer en revue les **terminaisons motrices** qui transmettent les influx nerveux aux effecteurs musculaires et glandulaires en libérant des neurotransmetteurs. Nous n'en ferons qu'un bref résumé, car nous avons déjà étudié le sujet lorsque nous avons traité de l'innervation des muscles.

Corpuscules nerveux terminaux des neurofibres somatiques

Ainsi que vous pouvez le voir dans la figure 9.9 (p. 273), les terminaisons des neurofibres motrices somatiques qui innervent les muscles squelettiques forment des **terminaisons neuromusculaires** (synapses) avec leurs cellules effectrices. Quand un axone rejoint son myocyte cible, il se ramifie en télodendrons. Les extrémités des télodendrons, nommées corpuscules nerveux terminaux, contiennent des mitochondries et des vésicules synaptiques remplies d'un neurotransmetteur appelé acétylcholine (ACh). Lorsqu'un influx nerveux atteint un corpuscule nerveux terminal (membrane présynaptique), le neurotransmetteur est libéré par exocytose; il diffuse alors à travers la fente synaptique remplie de liquide interstitiel (d'une largeur d'environ 50 nm), puis il se lie aux récepteurs de l'ACh sur le sarcolemme (membrane postsynaptique) fortement invaginé de la jonction synaptique. La liaison de l'ACh déclenche l'ouverture des canaux à sodium (suivie de leur fermeture puis de l'ouverture des canaux à potassium) qui conduit à la propagation d'un potentiel d'action dans le sarcolemme laquelle stimule la contraction du myocyte. La fente synaptique d'une terminaison neuromusculaire somatique a ceci de particulier qu'elle est partiellement remplie d'une lame basale riche en glycoprotéines (une structure absente dans les autres synapses). La lame basale est un siège important de l'*acétylcholinestérase*, l'enzyme qui dégrade l'ACh presque immédiatement après la liaison de ce neurotransmetteur à ses récepteurs dans le sarcolemme.

13

Varicosités axonales des neurofibres autonomes

Les terminaisons des neurones moteurs autonomes (viscéraux) forment des jonctions avec les muscles lisses, le muscle cardiaque et les glandes viscérales. Ces jonctions sont beaucoup plus simples que les terminaisons neuromusculaires complexes formées par les neurofibres somatiques et les myocytes squelettiques. En effet, les axones moteurs autonomes se ramifient successivement, chaque ramification formant des *synapses consécutives* avec ses cellules effectrices. L'axone qui dessert un muscle lisse ou une glande (mais non le muscle cardiaque) ne se termine pas par un regroupement de corpuscules nerveux terminaux, mais présente une série de renflements remplis de mitochondries et de vésicules synaptiques, appelés **varicosités axonales,** qui lui confèrent l'apparence d'un collier de perles. Les vésicules synaptiques des neurones moteurs autonomes contiennent un neurotransmetteur, de l'acétylcholine ou de la noradrénaline. Certaines varicosités axonales sont en contact étroit avec les cellules effectrices, mais la fente synaptique qui les sépare est toujours plus large que dans les terminaisons neuromusculaires somatiques. Il s'ensuit que les réponses motrices viscérales ont tendance à être plus lentes que les réponses motrices somatiques.

NERFS CRÂNIENS

Douze paires de **nerfs crâniens** émergent de l'encéphale à travers les divers foramens du crâne (figure 13.4). Les deux premières paires prennent naissance dans le prosencéphale et les autres, dans le tronc cérébral. Exception faite des nerfs vagues, qui s'étendent jusque dans les cavités thoracique et abdominale, les nerfs crâniens ne desservent que les structures de la tête et du cou.

Dans la plupart des cas, les noms des nerfs crâniens indiquent les principales structures qu'ils desservent ou encore leurs principales fonctions. Par ailleurs, les nerfs crâniens sont numérotés (la tradition veut que ce soit en chiffres romains) de l'extrémité rostrale vers l'extrémité caudale. Voici une brève présentation des nerfs crâniens.

I. **Nerfs olfactifs.** Les nerfs olfactifs sont les nerfs sensitifs de l'odorat; ils s'étendent de la muqueuse nasale aux bulbes olfactifs. Veillez à ne pas confondre ces petits nerfs avec les *tractus olfactifs* plus épais qui transportent les influx nerveux du bulbe olfactif au cerveau (voir la figure 13.4a). Les nerfs olfactifs ont au moins deux caractères bien particuliers: ils sont en réalité constitués d'une vingtaine de nerfs et ceux-ci ne sont pas myélinisés.

II. **Nerfs optiques.** Les nerfs optiques sont les nerfs sensitifs de la vision. Ils forment en fait un tractus cérébral, puisqu'ils sont une excroissance de l'encéphale.

III. **Nerfs oculo-moteurs.** Comme leur nom l'indique, les nerfs oculo-moteurs desservent quatre des muscles du bulbe de l'œil (responsables du mouvement du bulbe de l'œil dans l'orbite).

IV. **Nerfs trochléaires.** Les nerfs trochléaires desservent chacun un muscle du bulbe de l'œil qui décrit une boucle à travers la trochlée, un ligament en forme de poulie situé dans l'orbite. Ce sont les plus petits nerfs crâniens.

V. **Nerfs trijumeaux.** Les nerfs trijumeaux, les plus gros des nerfs crâniens, se divisent chacun en trois branches. Ils fournissent des neurofibres sensitives au visage et des neurofibres motrices aux muscles de la mastication.

VI. **Nerfs abducens.** Chacun des nerfs abducens gouverne le muscle du bulbe de l'œil qui tourne le bulbe de l'œil de côté (abduction).

VII. **Nerfs faciaux.** Les nerfs faciaux sont de grandes dimensions; ils desservent entre autres les muscles qui produisent les expressions du visage.

VIII. **Nerfs vestibulo-cochléaires.** Les nerfs vestibulo-cochléaires (anciennement appelés *nerfs auditifs*) sont les nerfs sensitifs de l'ouïe et de l'équilibre.

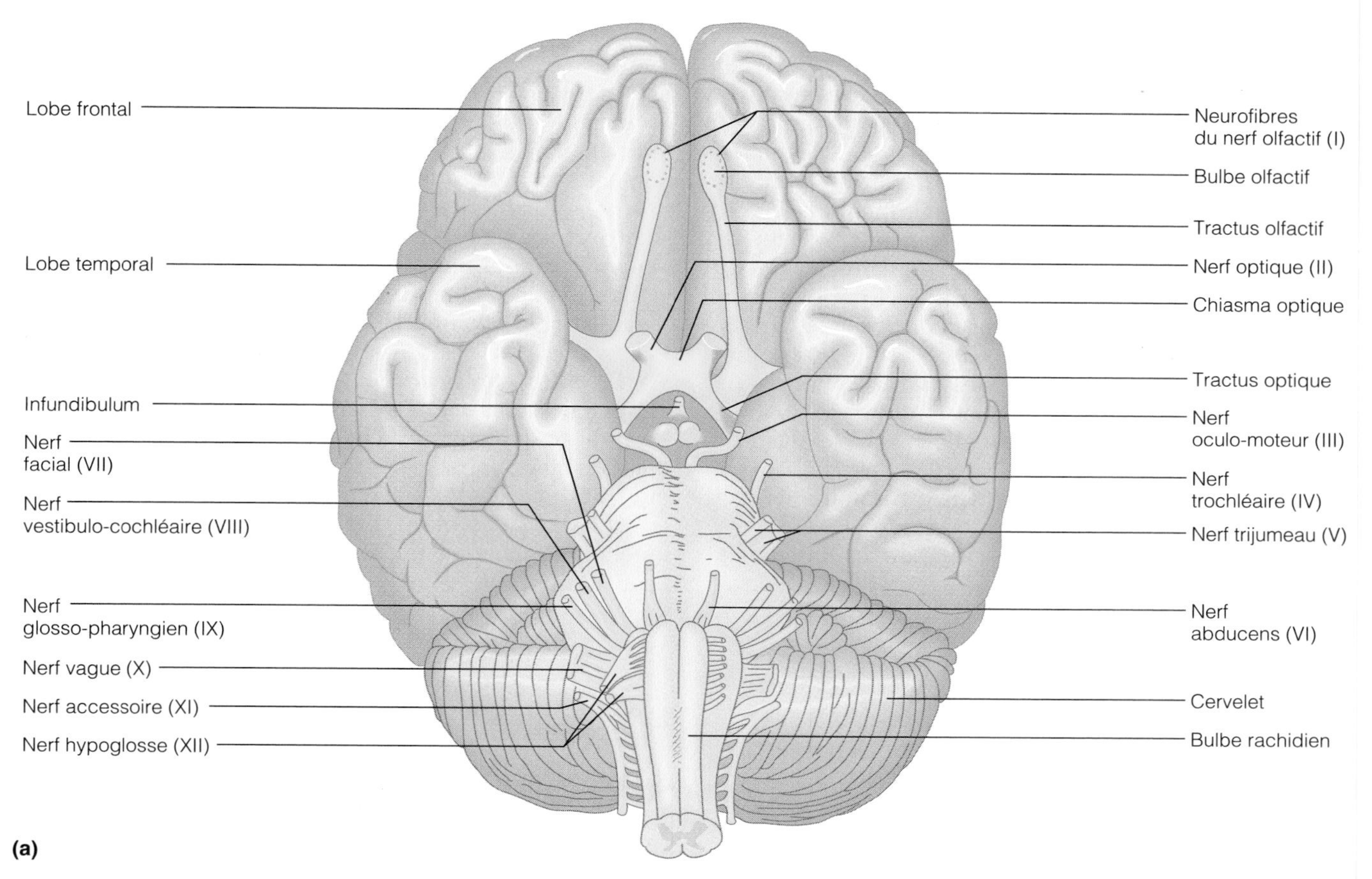

Nerf crânien I – VI	Fonction sensorielle	Fonction motrice	Neurofibres parasympathiques
I Olfactif	Oui (odorat)	Non	Non
II Optique	Oui (vision)	Non	Non
III Oculo-moteur	Non	Oui	Oui
IV Trochléaire	Non	Oui	Non
V Trijumeau	Oui (sensations tactiles)	Oui	Non
VI Abducens	Non	Oui	Non

Nerf crânien VII – XII	Fonction sensorielle	Fonction motrice	Neurofibres parasympathiques
VII Facial	Oui (goût)	Oui	Oui
VIII Vestibulo-cochléaire	Oui (ouïe et équilibre)	Non	Non
IX Glosso-pharyngien	Oui (goût)	Oui	Oui
X Vague	Oui (goût)	Oui	Oui
XI Accessoire	Non	Oui	Non
XII Hypoglosse	Non	Oui	Non

(b)

FIGURE 13.4
Nerfs crâniens : situation et fonctions. (a) Vue de la face inférieure de l'encéphale humain montrant les nerfs crâniens. **(b)** Sommaire des nerfs crâniens selon leurs fonctions. Notez que trois nerfs crâniens (I, II et VIII) ont uniquement une fonction sensorielle. Notez également que quatre nerfs crâniens (III, VII, IX et X) comprennent des neurofibres parasympathiques qui desservent des muscles lisses, le muscle cardiaque et des glandes. Tous les nerfs crâniens ayant une fonction motrice contiennent aussi des neurofibres afférentes provenant des propriocepteurs des muscles qu'ils desservent ; seules les fonctions sensorielles autres que la proprioception sont indiquées dans le tableau.

IX. Nerfs glosso-pharyngiens. Comme leur nom l'indique, les nerfs glosso-pharyngiens desservent la langue et le pharynx.

X. Nerfs vagues. Les nerfs vagues (au sens ancien de « vagabonds ») sont les seuls nerfs crâniens à s'étendre au-delà de la tête et du cou, jusque dans le thorax et l'abdomen.

XI. Nerfs accessoires. Les nerfs accessoires (ainsi appelés car ils sont une partie *accessoire* des nerfs vagues) émergent du bulbe rachidien et de la partie cervicale de la moelle épinière.

XII. Nerfs hypoglosses. Comme leur nom l'indique, les nerfs hypoglosses (littéralement, « sous la langue ») s'étendent sous la langue et desservent quelques-uns des muscles qui lui permettent de se déplacer dans la bouche.

La première lettre du nom des différents nerfs crâniens peut être mémorisée à l'aide d'une phrase comme celle-ci, inspirée d'une célèbre fable : « **O**yez ! **o**yez ! **o**bstinée, **T**ortue **T**enace **a** **f**inalement **v**aincu ; **G**rand **V**antard **a** **h**onte. »

Dans le chapitre précédent, nous avons expliqué que tous les nerfs spinaux sont formés par la fusion d'une racine ventrale (motrice) et d'une racine dorsale (sensitive). Les nerfs crâniens, cependant, présentent une plus grande diversité de structure. La plupart sont des nerfs mixtes (voir la figure 13.4b); cependant, le nerf olfactif, le nerf optique et le nerf vestibulo-cochléaire sont associés à des organes des sens et on considère généralement qu'ils sont strictement sensitifs. Les corps cellulaires des neurones sensitifs du nerf olfactif et du nerf optique sont situés *à l'intérieur* des organes des sens auxquels ces nerfs sont associés. Dans tous les autres cas, les corps cellulaires des neurones sensitifs des nerfs crâniens se trouvent dans des **ganglions sensitifs crâniens,** juste à l'extérieur de l'encéphale. Ces ganglions sont semblables aux ganglions spinaux; toutefois, certains nerfs crâniens ne possèdent qu'un seul ganglion sensitif, d'autres en ont plusieurs et d'autres enfin n'en ont aucun.

Quelques-uns des nerfs crâniens mixtes comprennent à la fois des neurofibres motrices somatiques et des neurofibres motrices autonomes; ils desservent donc des muscles squelettiques, des muscles lisses, le muscle cardiaque et des glandes. Sauf pour certains neurones moteurs autonomes situés dans des ganglions (voir le chapitre 14), les corps cellulaires des neurones moteurs des nerfs crâniens se trouvent dans les noyaux du tronc cérébral (régions ventrales de substance grise).

Le tableau 13.2 présente le nom, le numéro, l'origine, le trajet et la fonction de chaque nerf crânien. Notez que nous décrivons les voies des nerfs strictement sensitifs (I, II et VIII) des récepteurs vers l'encéphale, tandis que nous décrivons les voies des autres nerfs dans le sens contraire. Remarquez aussi que, en ce qui concerne les nerfs moteurs et les nerfs mixtes, *origine,* le terme utilisé ici, désigne le point d'émergence *superficiel* du nerf, c'est-à-dire l'endroit où il quitte le SNC, et non l'endroit précis où débutent (ou finissent) les neurofibres qui le constituent.

TABLEAU 13.2 Nerfs crâniens

I Nerfs olfactifs

Origine et trajet: les neurofibres des nerfs olfactifs émergent des cellules olfactives réceptrices situées dans la région olfactive de la muqueuse nasale; elles traversent la lame criblée de l'ethmoïde et font synapse dans le bulbe olfactif; les neurofibres des neurones du bulbe olfactif s'étendent vers l'arrière en formant le tractus olfactif, qui passe sous le lobe frontal du cerveau, pénètre dans les hémisphères cérébraux et se termine dans l'aire olfactive primaire; voir aussi la figure 16.2.

Fonction: strictement sensitifs; ils transmettent les influx afférents de l'odorat.

Épreuve clinique: on demande au sujet de renifler et d'identifier des substances aromatiques telles que l'huile de clou de girofle et la vanille.

Les fractures de l'ethmoïde ou les lésions des neurofibres olfactives peuvent entraîner une perte totale ou partielle de l'odorat, appelée *anosmie*. ■

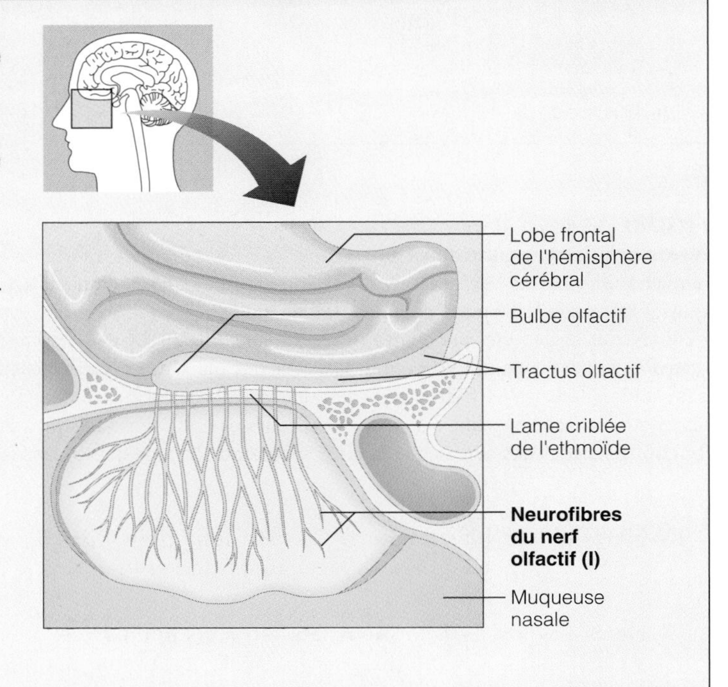

II Nerfs optiques

Origine et trajet : les neurofibres émergent de la rétine et forment le nerf optique, qui traverse le canal optique situé dans la partie postérieure du sphénoïde ; les nerfs optiques convergent et forment le chiasma optique, où une partie de leurs fibres croisent la ligne médiane ; de là, ils constituent les tractus optiques, ou bandelettes optiques, entrent dans le thalamus (corps géniculés latéraux) et y font synapse ; les neurofibres thalamiques rejoignent (sous la forme des radiations optiques) l'aire visuelle primaire du cortex cérébral, où ont lieu la perception et l'interprétation des stimulus visuels ; voir aussi la figure 16.22.
Fonction : strictement sensitifs ; ils acheminent les influx afférents de la vision.
Épreuve clinique : on évalue la vision et le champ visuel à l'aide d'un tableau d'optotypes et en cherchant le point où un objet (le doigt de l'examinateur) entre dans le champ visuel du sujet ; on observe le fond d'œil avec un ophtalmoscope pour détecter l'œdème papillaire (l'enflure du disque du nerf optique, l'endroit où le nerf optique sort du bulbe de l'œil) et pour évaluer l'état du disque du nerf optique et des vaisseaux sanguins de la rétine.

Les lésions d'un des nerfs optiques entraînent la cécité de l'œil desservi par le nerf. Les lésions de la voie visuelle située en aval du chiasma optique causent des pertes visuelles partielles. Les cécités passagères sont appelées *anopsies*. ■

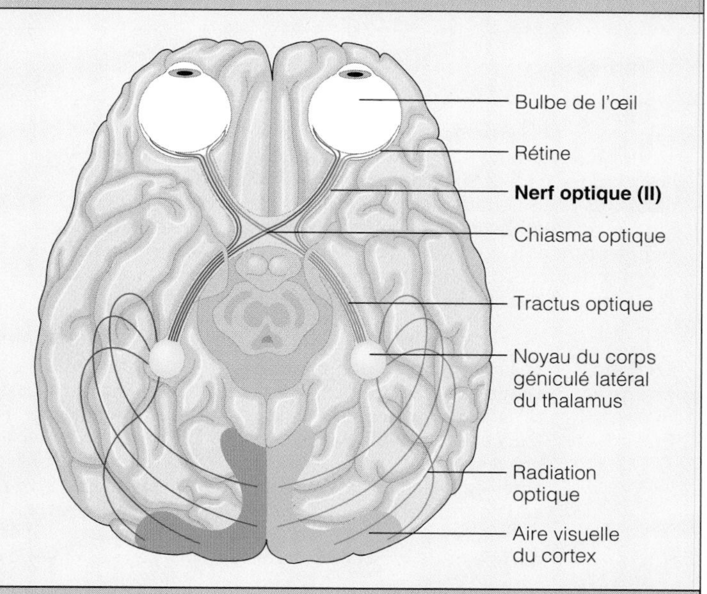

III Nerfs oculo-moteurs

Origine et trajet : les neurofibres s'étendent de la partie ventrale du mésencéphale (près de sa jonction avec le pont), traversent l'orbite par la fissure orbitaire supérieure puis rejoignent l'œil.
Fonction : mixtes ; bien qu'ils contiennent quelques afférents proprioceptifs, ce sont surtout des nerfs moteurs, comme leur nom l'indique ; chacun contient :

- des neurofibres motrices somatiques rejoignant quatre des six muscles du bulbe de l'œil (l'oblique inférieur, le droit supérieur, le droit inférieur et le droit médial) et le muscle releveur de la paupière supérieure ;
- des neurofibres motrices parasympathiques (autonomes) rejoignant le muscle sphincter de la pupille, qui ajuste l'ouverture de la pupille à la quantité de lumière, et le muscle ciliaire, qui gouverne la forme du cristallin pour l'accommodation de l'œil ;
- des neurofibres afférentes en provenance des propriocepteurs, qui s'étendent des quatre mêmes muscles du bulbe de l'œil jusqu'au mésencéphale.

Épreuve clinique : on examine le diamètre, la forme et la symétrie des pupilles ; on recherche le réflexe pupillaire à l'aide d'un crayon lumineux (les pupilles devraient se contracter sous l'effet de la lumière) ; on vérifie la convergence de la vision de près, de même que la capacité de suivre les mouvements des objets.

La paralysie du nerf oculo-moteur empêche de bouger l'œil vers le haut, vers le bas ou vers l'intérieur. Au repos, l'œil tourne vers le côté (*strabisme divergent*) parce que rien ne s'oppose aux actions des deux muscles du bulbe de l'œil non desservis par le nerf crânien III. La paupière supérieure s'affaisse (*ptose*). Le sujet est atteint de diplopie et il a de la difficulté à accommoder sa vision sur des objets rapprochés. ■

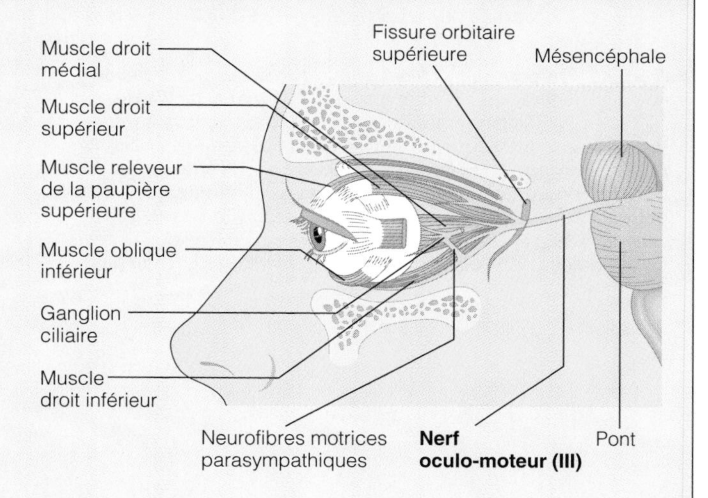

IV Nerfs trochléaires

Origine et trajet : les neurofibres émergent de la partie dorsale du mésencéphale, le contournent et entrent dans les orbites par les *fissures orbitaires supérieures,* avec les nerfs oculo-moteurs.
Fonction : mixtes, mais principalement moteurs ; ils fournissent des neurofibres motrices somatiques au muscle oblique supérieur, l'un des muscles du bulbe de l'œil, et comprennent des neurofibres proprioceptives qui en proviennent.
Épreuve clinique : évalué en même temps que le nerf crânien III.

Les lésions ou la paralysie des nerfs trochléaires causent la diplopie et entravent la capacité de tourner l'œil dans le sens inféro-latéral. ■

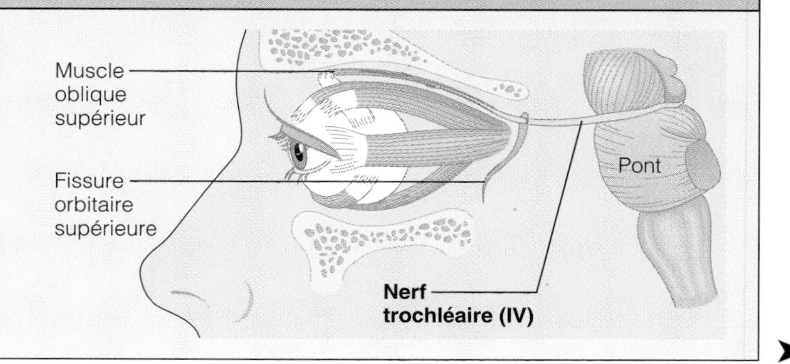

13

TABLEAU 13.2 Nerfs crâniens *(suite)*

V Nerfs trijumeaux

Ce sont les plus gros des nerfs crâniens; ils s'étendent du pont au visage et, comme leur nom l'indique, se divisent en trois branches: le nerf ophtalmique, le nerf maxillaire et le nerf mandibulaire; ils constituent les principaux nerfs sensitifs du visage; ils transmettent les influx afférents associés au toucher, à la température et à la douleur; les corps cellulaires des neurones sensitifs des trois branches sont situés dans les gros *ganglions trigéminaux* (aussi appelés ganglions *semi-lunaires* ou *de Gasser*). Les nerfs mandibulaires contiennent aussi quelques neurofibres motrices qui innervent les muscles de la mastication.

Les dentistes insensibilisent les mâchoires en injectant des anesthésiques locaux (comme la procaïne) près des nerfs alvéolaires, qui sont des ramifications des nerfs maxillaire et mandibulaire. Les neurofibres qui transmettent la douleur à partir des dents se trouvent anesthésiées, ce qui provoque l'engourdissement des tissus avoisinants.

	Nerf ophtalmique (V_1)	Nerf maxillaire (V_2)	Nerf mandibulaire (V_3)
Origine et trajet:	Les neurofibres s'étendent du visage jusqu'au pont en passant par la fissure orbitaire supérieure.	Les neurofibres s'étendent du visage jusqu'au pont en passant par le foramen rond.	Les neurofibres traversent le crâne en passant par le foramen ovale du sphénoïde.
Fonction:	Il achemine les influx sensitifs provenant de la peau de la partie antérieure du cuir chevelu, de la paupière supérieure, du nez, de la muqueuse de la cavité nasale, de la cornée et de la glande lacrymale.	Il achemine les influx sensitifs provenant de la muqueuse de la cavité nasale, du palais, des dents supérieures, de la peau des joues, de la lèvre supérieure et de la paupière inférieure.	Il achemine les influx sensitifs provenant de la partie antérieure de la langue (calicules gustatifs exceptés), des dents inférieures, de la peau du menton et de la partie temporale du cuir chevelu; il fournit des neurofibres motrices aux muscles de la mastication et renferme des neurofibres proprioceptives qui en proviennent.
Épreuve clinique:	On recherche le réflexe cornéen: le contact d'un brin de coton avec la cornée devrait provoquer le cillement.	On évalue les sensations douloureuses, tactiles et thermiques à l'aide d'une épingle de sûreté ainsi que d'objets chauds et froids.	On évalue la branche motrice en demandant au sujet de serrer les dents, d'ouvrir la bouche contre une résistance et de bouger la mâchoire latéralement.

On convient généralement que le *tic douloureux de la face,* ou *névralgie essentielle du trijumeau,* causé par l'inflammation du nerf trijumeau (surtout les branches maxillaire et mandibulaire), est la pire des douleurs qui ont une cause bénigne. La douleur pongitive (en coup de poignard) dure de quelques secondes à une minute, mais elle peut survenir une centaine de fois par jour. (Le terme *tic* renvoie à la grimace que fait la personne atteinte sous l'effet de la douleur.) La douleur est généralement déclenchée par un stimulus sensitif, le brossage des dents ou même une bouffée d'air atteignant le visage, par exemple, mais elle semble découler d'une pression sur la racine du nerf trijumeau. Les analgésiques et Tégrétol (un anticonvulsivant) n'ont qu'une efficacité partielle contre cette douleur. Dans les cas graves, on sectionne le nerf en amont du ganglion trigéminal. L'intervention soulage la souffrance, mais entraîne également une perte de la sensation du côté du visage touché. ■

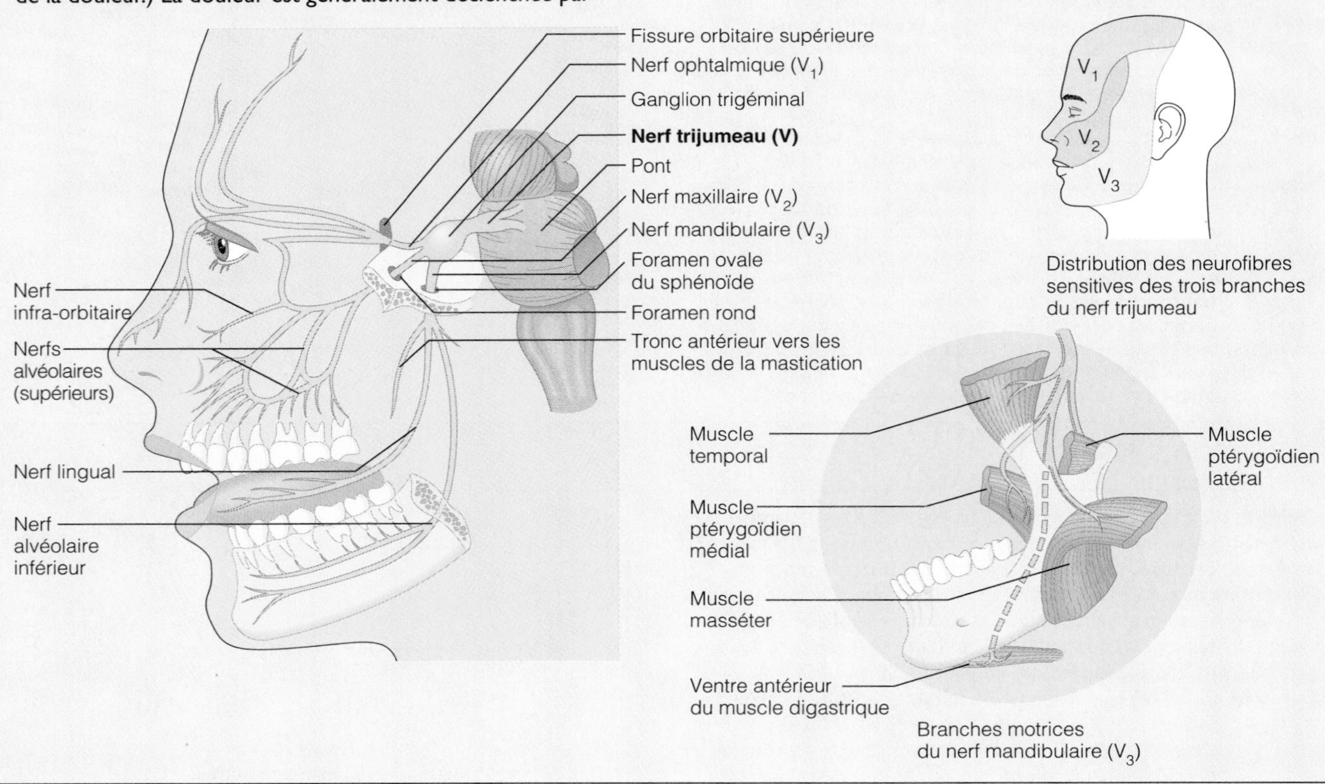

Distribution des neurofibres sensitives des trois branches du nerf trijumeau

Branches motrices du nerf mandibulaire (V_3)

VI Nerfs abducens

Origine et trajet : les neurofibres émergent de la partie inférieure du pont, entrent dans l'orbite par la fissure orbitaire supérieure et s'étendent jusqu'aux muscles de l'œil.
Fonction : nerfs mixtes, mais principalement moteurs ; ils fournissent des neurofibres motrices somatiques au muscle droit latéral (un muscle du bulbe de l'œil) ; ils acheminent à l'encéphale les influx proprioceptifs provenant de ce muscle.
Épreuve clinique : évalué en même temps que le nerf crânien III.
La paralysie du nerf abducens empêche les mouvements latéraux de l'œil ; au repos, le bulbe de l'œil touché tourne vers l'intérieur (*strabisme convergent*). ■

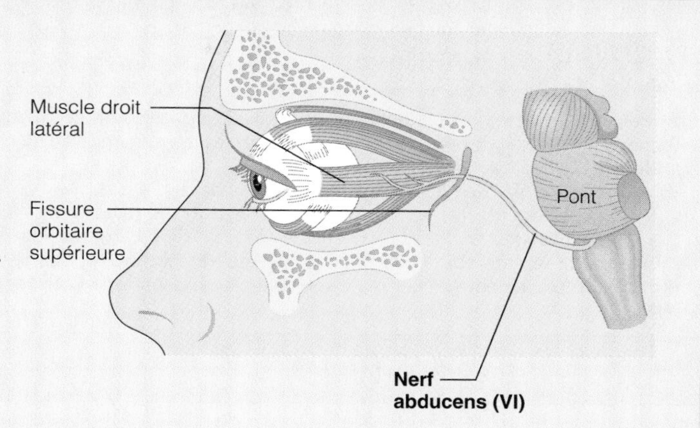

VII Nerfs faciaux

Origine et trajet : les neurofibres émergent du pont, juste à côté du nerf abducens (voir la figure 13.4), entrent dans l'os temporal par le *méat acoustique interne* et y cheminent (ainsi que dans la cavité de l'oreille interne) avant d'émerger par le *foramen stylo-mastoïdien*. Le nerf se ramifie ensuite vers le côté du visage.
Fonction : nerfs mixtes, principaux nerfs moteurs du visage ; plusieurs branches terminales du nerf facial s'anastomosent pour former le plexus parotidien (situé dans la glande salivaire parotide) duquel émergent les rameaux temporal, zygomatique, buccal, marginal de la mandibule et cervical (voir **a**). De ces rameaux partent les neurofibres qui innervent les muscles squelettiques de la face. (Par exemple, les neurofibres des rameaux temporaux se rendent au ventre frontal du muscle occipito-frontal, au muscle orbiculaire de l'œil et au muscle corrugateur du sourcil.)

- Ils acheminent les influx moteurs aux muscles squelettiques du cuir chevelu et du visage (muscles de l'expression), à l'exception des muscles de la mastication, qui sont desservis par les nerfs trijumeaux ; ils transmettent au pont les influx proprioceptifs provenant des muscles du visage (voir **c**).
- Ils transmettent les influx moteurs parasympathiques (autonomes) aux glandes lacrymales, nasales, palatines, submandibulaires et sublinguales. Certains corps cellulaires de neurones moteurs parasympathiques sont situés dans les *ganglions ptérygo-palatins* et *submandibulaires* des nerfs trijumeaux (voir **b**).
- Ils transportent les influx sensitifs provenant des calicules gustatifs des deux tiers antérieurs de la langue ; les corps cellulaires des neurones sensitifs sont situés dans les *ganglions géniculés* (voir **b**).

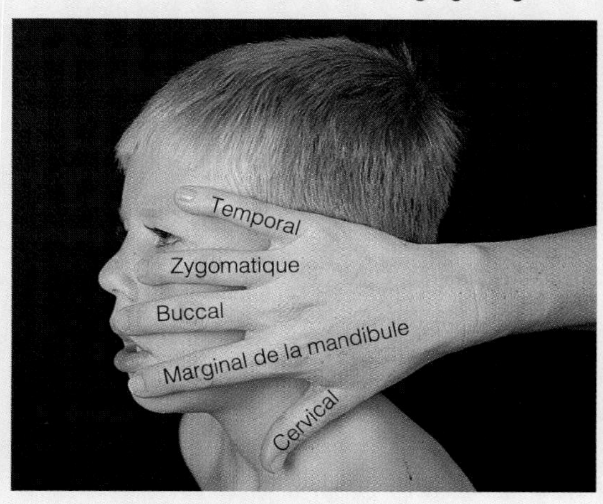

(a) Une méthode simple pour mémoriser les trajets des cinq rameaux moteurs du nerf facial

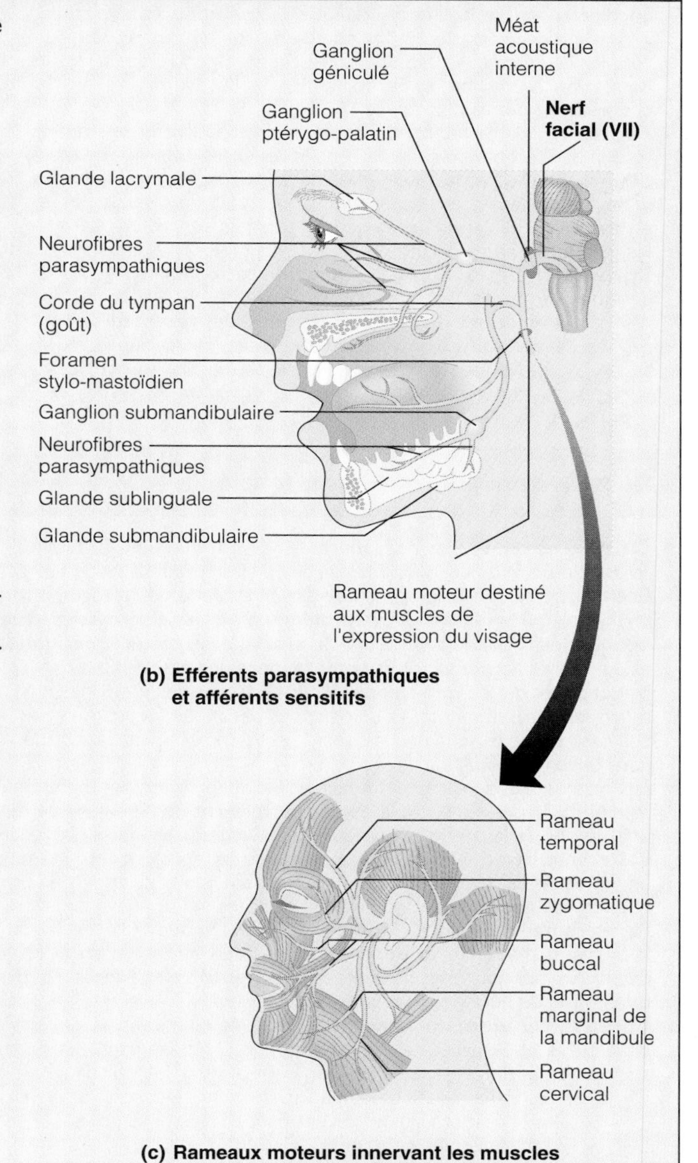

(b) Efférents parasympathiques et afférents sensitifs

(c) Rameaux moteurs innervant les muscles du cuir chevelu et de l'expression du visage

TABLEAU 13.2 Nerfs crâniens *(suite)*

VII Nerfs faciaux *(suite)*

Épreuve clinique: on évalue dans les deux tiers antérieurs de la langue la perception du sucré, du salé, de l'acide (vinaigre) et de l'amer (quinine); on vérifie la symétrie du visage; on demande au sujet de fermer les yeux, de sourire, de siffler, etc.; on évalue le larmoiement à l'aide de vapeurs d'ammoniac.

La *paralysie de Bell* se manifeste par la paralysie des muscles faciaux du côté touché, des douleurs au niveau de l'oreille et de l'œil et par une perte partielle des sensations gustatives; elle peut s'installer rapidement (souvent du jour au lendemain). Elle est causée par le virus *Herpes simplex* de type I, qui provoque un œdème et une inflammation du nerf facial. La paupière inférieure s'abaisse et le coin de la bouche s'affaisse (ce qui nuit à l'alimentation et à la parole), l'œil pleure continuellement et ne peut se fermer complètement (ce qui peut entraîner le syndrome de l'œil sec). L'affection peut disparaître spontanément, en l'absence de traitement. ■

VIII Nerfs vestibulo-cochléaires

Origine et trajet: les neurofibres prennent naissance dans l'appareil de l'audition et de l'équilibre, situé dans l'os temporal, traversent le méat acoustique interne et pénètrent dans le tronc cérébral à la limite entre le pont et le bulbe rachidien; les neurofibres afférentes provenant des récepteurs de l'audition de la cochlée constituent le *nerf cochléaire*; les neurofibres afférentes provenant des récepteurs de l'équilibre dans les canaux semi-circulaires et dans le vestibule constituent le *nerf vestibulaire*; ces deux branches fusionnent et forment le nerf vestibulo-cochléaire; voir aussi la figure 16.25.

Fonction: strictement sensitifs; le nerf vestibulaire transmet les influx afférents du sens de l'équilibre, et les corps cellulaires des neurones sensitifs sont situés dans les *ganglions vestibulaires*; le nerf cochléaire transmet les influx afférents du sens de l'ouïe, et les corps cellulaires des neurones sensitifs sont situés dans les *ganglions spiraux,* à l'intérieur de la cochlée.

Épreuve clinique: on évalue l'audition par conduction aérienne et osseuse au moyen d'un diapason.

Les lésions du nerf cochléaire ou des récepteurs cochléaires entraînent la *surdité centrale,* ou *surdité nerveuse,* tandis que les lésions du nerf vestibulaire causent des vertiges, des mouvements involontaires des yeux (le nystagmus), la perte de l'équilibre, des nausées et des vomissements. ■

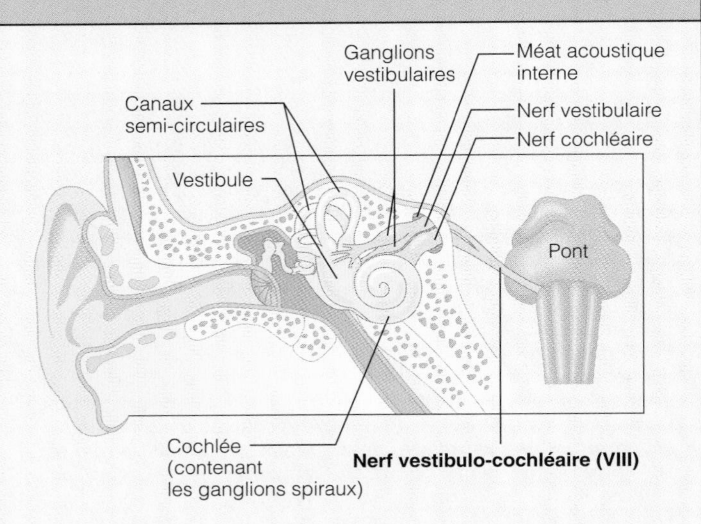

IX Nerfs glosso-pharyngiens

Origine et trajet: les neurofibres émergent du bulbe rachidien, sortent du crâne par le *foramen jugulaire* et s'étendent jusqu'à la gorge.

Fonction: nerfs mixtes qui innervent une partie de la langue et du pharynx; ils fournissent des neurofibres motrices aux muscles squelettiques de la partie supérieure du pharynx associés à la déglutition et au réflexe nauséeux, et ils comprennent des neurofibres proprioceptives qui en proviennent; ils fournissent des neurofibres motrices parasympathiques aux glandes parotides (certains corps cellulaires de ces neurones moteurs parasympathiques sont situés dans le *ganglion otique*).

Les neurofibres sensitives conduisent les influx associés au goût, au toucher, à la pression et à la douleur provenant de la muqueuse du pharynx et de la partie postérieure de la langue, les influx provenant des glomus carotidiens (chimiorécepteurs qui enregistrent la teneur en O_2 et en CO_2 du sang et qui contribuent à la régulation de la fréquence et de l'amplitude respiratoires) et les influx provenant des barorécepteurs du sinus carotidien (qui contribuent à la régulation de la pression artérielle par des mécanismes de rétro-inhibition); les corps cellulaires des neurones sensitifs sont situés dans les *ganglions supérieur* et *inférieur* du nerf glosso-pharyngien.

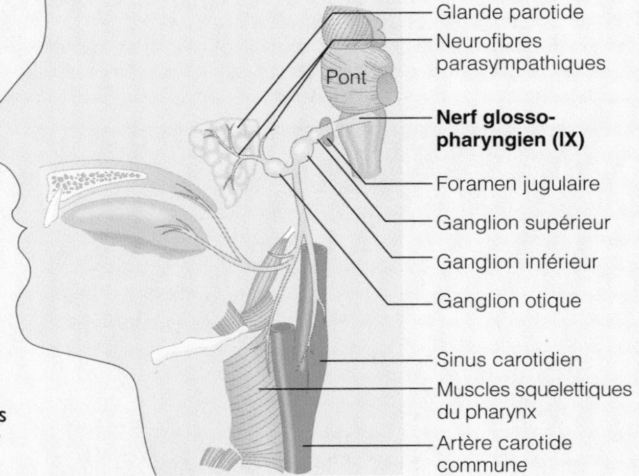

Épreuve clinique: on demande au sujet de dire «ah» et on vérifie la position de la luette et du palais mou; on recherche le réflexe nauséeux et le réflexe palatin; on demande au sujet de parler et de tousser; on peut évaluer le goût dans le tiers postérieur de la langue.

Les lésions ou l'inflammation des nerfs glosso-pharyngiens entravent la déglutition et les sensations gustatives, et particulièrement celles qui sont provoquées par les substances acides et amères. ■

X Nerfs vagues

Origine et trajet: les nerfs vagues sont les seuls nerfs crâniens à s'étendre au-delà de la tête et du cou; les neurofibres prennent naissance dans le bulbe rachidien, traversent le crâne en passant par le foramen jugulaire, descendent le long du cou et atteignent le thorax et l'abdomen; voir aussi la figure 14.4.

Fonction: nerfs mixtes; presque toutes les neurofibres motrices sont des efférents parasympathiques, sauf celles qui desservent les muscles squelettiques du pharynx et du larynx (intervenant dans la déglutition); les neurofibres motrices parasympathiques desservent le cœur, les poumons et les viscères abdominaux, et elles contribuent à la régulation de la fréquence cardiaque, de la respiration et de l'activité du système digestif; les nerfs vagues transmettent les influx sensitifs provenant des viscères thoraciques et abdominaux, des sinus carotidiens (récepteurs de la pression artérielle), des zones chimioréceptrices de la crosse de l'aorte, des glomus carotidiens (chimiorécepteurs pour la respiration) ainsi que des calicules gustatifs de la partie postérieure de la langue et du pharynx; ils comprennent des neurofibres proprioceptives provenant des muscles du larynx et du pharynx.

Épreuve clinique: la même que pour le nerf crânien IX. (On évalue les nerfs IX et X simultanément, puisqu'ils innervent tous deux les muscles de la gorge et de la bouche.)

Puisque la plupart des muscles du larynx sont innervés par des branches du nerf vague, c'est-à-dire les nerfs laryngés, la paralysie du nerf vague peut entraîner l'enrouement ou l'aphonie, entraver la déglutition et perturber la motilité du tube digestif. La destruction totale des deux nerfs vagues est mortelle, car ces nerfs parasympathiques sont essentiels au maintien de l'activité viscérale et donc de l'homéostasie. Sans leur influence, rien ne s'opposerait à l'activité des nerfs sympathiques, qui mobilisent et accélèrent les processus vitaux (et arrêtent la digestion). ■

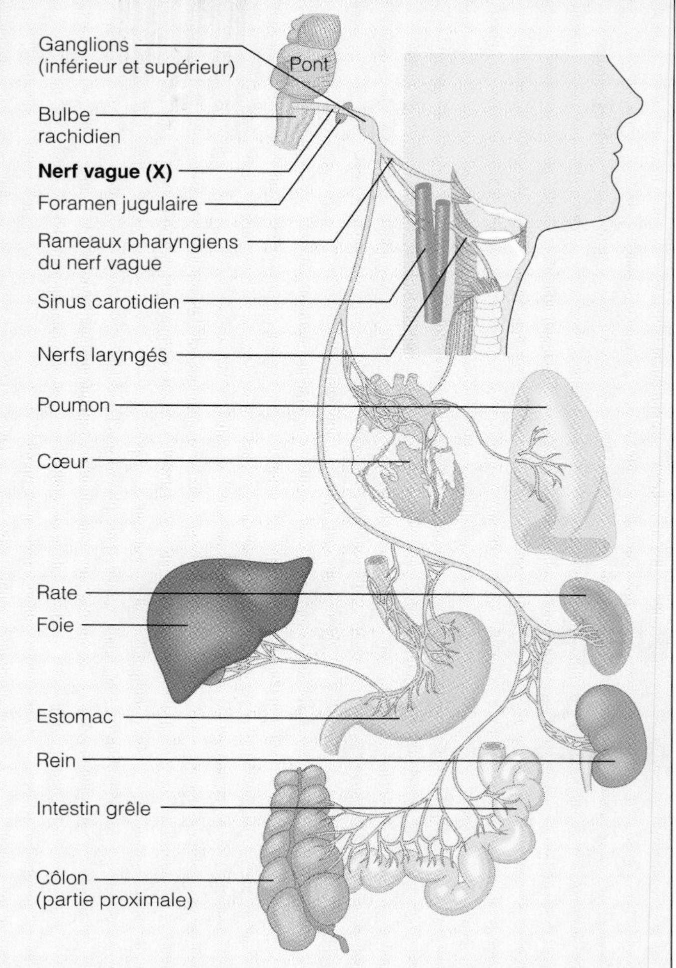

XI Nerfs accessoires

Origine et trajet: ils sont uniques en ce sens qu'ils sont formés par l'union d'une *racine crânienne* et d'une *racine spinale*; la racine crânienne émerge de la partie latérale du bulbe rachidien; la racine spinale naît de la région supérieure de la moelle épinière (C_1 à C_5), monte le long de la moelle épinière, entre dans le crâne par le foramen magnum et s'unit sur une courte distance à la racine crânienne; le nerf accessoire qui en résulte sort du crâne par le *foramen jugulaire*; ensuite, les neurofibres crâniennes et spinales divergent: les premières s'unissent aux neurofibres du nerf vague, tandis que les secondes s'étendent jusqu'aux gros muscles squelettiques du cou.

Fonction: nerfs mixtes, mais principalement moteurs; la racine crânienne s'unit aux neurofibres du nerf vague (X) et fournit des neurofibres motrices au larynx, au pharynx et au voile du palais; la racine spinale fournit des neurofibres motrices aux muscles trapèze et sterno-cléido-mastoïdien qui, à eux deux, permettent les mouvements de la tête et du cou; en outre, elle achemine les influx proprioceptifs provenant de ces muscles.

Épreuve clinique: on vérifie la force des muscles sterno-cléido-mastoïdien et trapèze en demandant au sujet de tourner la tête et de hausser les épaules contre une résistance.

Les lésions de la racine spinale d'un des nerfs accessoires provoquent une rotation de la tête vers le côté touché, en raison de la paralysie du muscle sterno-cléido-mastoïdien. Le haussement de l'épaule (dû au muscle trapèze), du côté touché, est difficile. ■

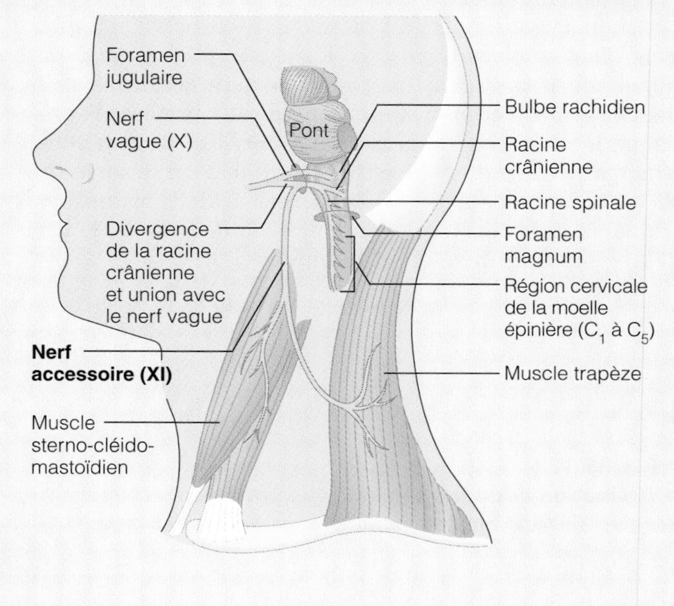

13

TABLEAU 13.2 Nerfs crâniens *(suite)*

XII Nerfs hypoglosses

Origine et trajet: comme leur nom l'indique (*hypo* = au-dessous, *glossa* = langue), les nerfs hypoglosses desservent principalement la langue; les neurofibres naissent de plusieurs racines situées dans le bulbe rachidien, sortent du crâne par le *canal du nerf hypoglosse* et atteignent la langue; voir aussi la figure 13.4.
Fonction: nerfs mixtes, mais principalement moteurs; ils conduisent des neurofibres motrices somatiques aux muscles intrinsèques et extrinsèques de la langue et ils acheminent au tronc cérébral des neurofibres proprioceptives qui proviennent de ces muscles; ils permettent les mouvements de la langue servant à la mastication, à la déglutition et à la parole.
Épreuve clinique: on demande au sujet de tirer et de rentrer la langue et on note toute déviation.
Les lésions des nerfs hypoglosses entraînent des troubles de la parole et de la déglutition. Si les deux nerfs sont atteints, la personne ne peut tirer la langue; si un seul est touché, la langue pend du même côté. Avec le temps, le côté paralysé s'atrophie. ■

Bulbe rachidien
Muscles intrinsèques de la langue
Canal du nerf hypoglosse
Nerf hypoglosse (XII)
Muscles extrinsèques de la langue

NERFS SPINAUX

Caractéristiques générales des nerfs spinaux

Trente et une paires de **nerfs spinaux** contenant chacun des milliers de neurofibres émergent de la moelle épinière et innervent toutes les parties du corps, à l'exception de la tête et de certaines régions du cou. Tous les nerfs spinaux sont mixtes. Comme le montre la figure 13.5, les nerfs spinaux sont nommés d'après leur point d'émergence de la moelle épinière. Il y a 8 paires de nerfs cervicaux (C_1 à C_8), 12 paires de nerfs thoraciques (T_1 à T_{12}), 5 paires de nerfs lombaux (L_1 à L_5), 5 paires de nerfs sacraux (S_1 à S_5) et 1 paire de minuscules nerfs coccygiens (C_0).

Le fait qu'il y ait huit paires de nerfs cervicaux mais seulement sept vertèbres cervicales s'explique aisément. En effet, les sept premières paires de nerfs cervicaux quittent le canal vertébral *au-dessus* de la vertèbre d'après laquelle elles sont nommées. Le nerf C_8, en revanche, émerge *en dessous* de la septième vertèbre cervicale (entre C_7 et T_1). Au-delà de la région cervicale, chaque nerf spinal sort de la colonne vertébrale *au-dessous* de la vertèbre portant le même numéro que lui.

? *Entre quelles vertèbres le nerf thoracique I quitte-t-il le canal vertébral?*

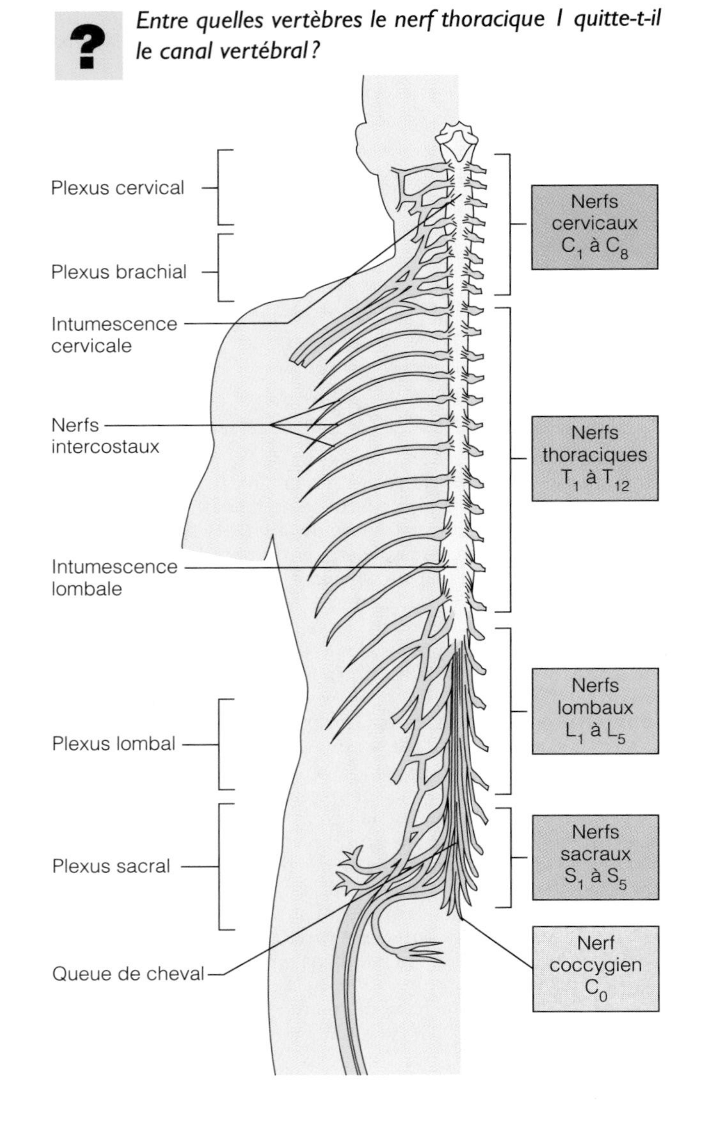

FIGURE 13.5
Distribution des nerfs spinaux, vue postérieure. Notez que les nerfs spinaux sont nommés d'après leur point d'émergence.

Entre la première et la deuxième vertèbres thoraciques.

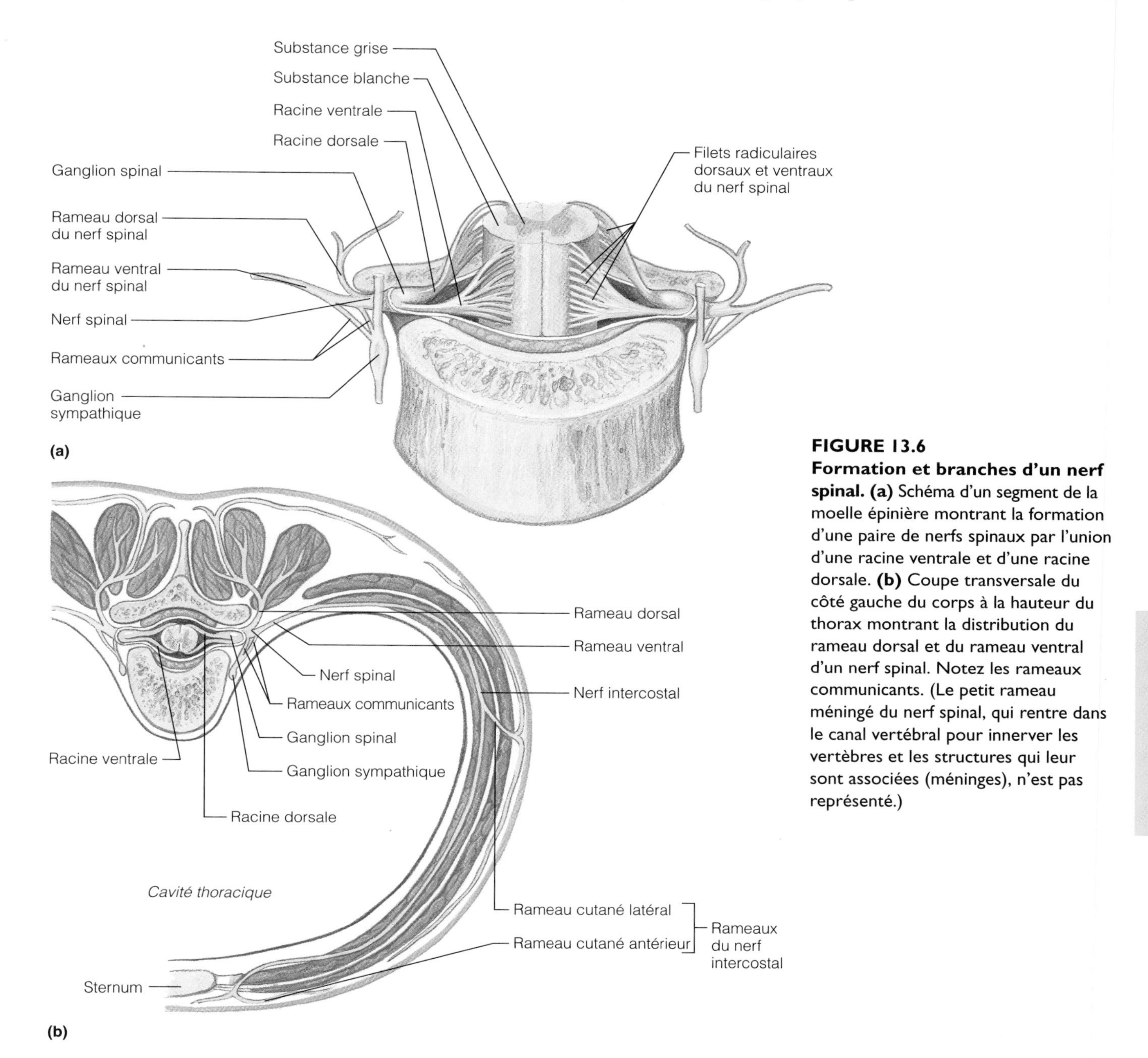

FIGURE 13.6
Formation et branches d'un nerf spinal. (a) Schéma d'un segment de la moelle épinière montrant la formation d'une paire de nerfs spinaux par l'union d'une racine ventrale et d'une racine dorsale. **(b)** Coupe transversale du côté gauche du corps à la hauteur du thorax montrant la distribution du rameau dorsal et du rameau ventral d'un nerf spinal. Notez les rameaux communicants. (Le petit rameau méningé du nerf spinal, qui rentre dans le canal vertébral pour innerver les vertèbres et les structures qui leur sont associées (méninges), n'est pas représenté.)

Comme nous l'avons vu au chapitre 12, chaque nerf spinal est relié à la moelle épinière par une **racine dorsale** et une **racine ventrale.** Chaque racine est composée d'une série de **filets radiculaires** qui s'attachent sur toute la longueur du segment correspondant de la moelle épinière (figure 13.6). Les *racines ventrales* renferment des neurofibres *motrices* (efférentes), c'est-à-dire les axones des neurones moteurs de la corne ventrale qui se rendent jusqu'aux muscles squelettiques. (Nous décrivons au chapitre 14 les efférents du système nerveux autonome qui font également partie des racines ventrales.) Les *racines dorsales* contiennent des neurofibres *sensitives* (afférentes), c'est-à-dire les axones des neurones sensitifs (de premier ordre) dont les corps cellulaires sont localisés dans les ganglions spinaux; ces neurofibres acheminent à la moelle épinière les influx provenant des extérocepteurs (peau) et des propriocepteurs (muscles squelettiques et tendons) situés en périphérie.

Les racines ventrale et dorsale du nerf spinal émergent de la moelle épinière et s'unissent en aval du ganglion spinal. Le nerf spinal qui en résulte sort de la colonne vertébrale par un foramen intervertébral. Le nerf spinal réunit des neurofibres motrices et sensitives, si bien qu'il contient à la fois des neurofibres afférentes et des neurofibres efférentes. La longueur des racines des nerfs spinaux augmente progressivement de haut en bas de la moelle épinière. Dans la région cervicale, les racines sont courtes et horizontales; dans la partie inférieure du canal vertébral, les racines des nerfs lombaux et sacraux sont orientées vers le bas, ce qui forme la *queue de cheval* (voir la figure 13.5).

Le nerf spinal proprement dit est court (il ne mesure que de 1 à 2 cm), car il se ramifie presque immédiatement après avoir émergé de son foramen intervertébral. Chaque nerf spinal se divise en un **rameau dorsal,** un **rameau ventral** et un minuscule **rameau méningé du nerf spinal.** Celui-ci rentre dans le canal vertébral et innerve les méninges et leurs vaisseaux sanguins. Chaque rameau, comme le nerf spinal lui-même, est mixte. On trouve enfin les **rameaux communicants,** qui contiennent des neurofibres autonomes (motrices); ils sont reliés à la base des rameaux ventraux des nerfs spinaux de la région thoracique. Nous reviendrons en détail sur ces rameaux au chapitre 14.

Nous allons maintenant étudier les rameaux des nerfs spinaux et leurs principales ramifications qui, à partir du cou, desservent toute la partie somatique du corps (muscles squelettiques et peau). Les rameaux dorsaux innervent la partie postérieure du tronc. Les rameaux ventraux, dont le diamètre est plus important, innervent le reste du tronc et les membres. Il est essentiel de bien faire la différence entre les racines et les rameaux. Les racines sont à la base (en amont) des nerfs spinaux et elles sont plus profondes qu'eux; elles sont toutes soit strictement sensitives, soit strictement motrices. Les rameaux sont situés en aval des nerfs spinaux et ils en sont des divisions; comme les nerfs spinaux, les rameaux contiennent à la fois des neurofibres sensitives et des neurofibres motrices.

13

Innervation de quelques parties du corps

Avant de voir comment les rameaux et leurs ramifications innervent le dos, le thorax et la paroi abdominale, le cou, les membres, les articulations et la peau, nous devons apporter d'importantes précisions à propos des rameaux ventraux des nerfs spinaux.

Tous les nerfs spinaux, à l'exception de T_2 à T_{12}, ont ceci de caractéristique que leurs rameaux ventraux se ramifient et s'enchevêtrent en **plexus** complexes (voir la figure 13.5). On trouve des plexus dans les régions cervicale, brachiale, lombale et sacrale, et ils desservent principalement les membres. Notez que seuls les rameaux ventraux des nerfs spinaux forment des plexus; les rameaux dorsaux n'en forment pas. Les neurofibres des rameaux ventraux s'entrecroisent et se redistribuent dans les plexus, si bien que chaque branche qui en résulte comprend des neurofibres provenant de nerfs spinaux différents; d'autre part, les neurofibres de chaque rameau ventral s'étendent jusqu'aux parties périphériques du corps en empruntant différents trajets. (Un groupe de muscles innervé par les branches d'un même rameau ventral est appelé **myotome.**) Par conséquent, tous les muscles d'un membre sont innervés par plusieurs nerfs spinaux. Ce regroupement des neurofibres de plusieurs nerfs constitue un avantage: la lésion d'une racine ou d'un segment spinal ne peut paralyser complètement un muscle d'un membre.

Tout au long de cette section, nous nommerons les principaux groupes de muscles squelettiques desservis par les nerfs spinaux. Consultez les tableaux 10.1 à 10.17, p. 312-358, pour obtenir des détails sur l'innervation des muscles.

Innervation du dos

Les rameaux dorsaux innervent la partie postérieure du tronc suivant une distribution simple et segmentaire. Chacun innerve l'étroite bande de muscle (et de peau) qui correspond à son point d'émergence de la moelle épinière par l'intermédiaire de quelques ramifications (figure 13.6).

Innervation de la partie antéro-latérale du thorax et de la paroi abdominale

Les rameaux ventraux ont une distribution segmentaire simple qui correspond à celle des rameaux dorsaux dans le thorax. Les rameaux ventraux de T_1 à T_{12} s'étendent vers la partie antérieure du corps, sous chaque côte, et forment les **nerfs intercostaux.** Les minuscules nerfs T_1 et T_{12} font exception. En effet, la plupart des neurofibres du premier entrent dans le plexus brachial; le second, dans la mesure où il s'étend sous la douzième côte, devient un **nerf subcostal.** Les nerfs intercostaux et leurs ramifications desservent les muscles intercostaux, les muscles et la peau de la partie antéro-latérale du thorax et la majeure partie de la paroi abdominale.

Plexus cervical et cou

Le **plexus cervical** est enfoui profondément dans le cou, sous le muscle sterno-cléido-mastoïdien. Il est composé des rameaux ventraux des quatre nerfs cervicaux supérieurs (figure 13.7). Le tableau 13.3 présente les ramifications de ce plexus en boucle. La plupart d'entre elles constituent des **nerfs cutanés** (c'est-à-dire des nerfs qui desservent seulement une région de la peau) et transmettent les influx sensitifs provenant de la peau du cou, de la région de l'oreille et de l'épaule. Les autres ramifications innervent les muscles de la partie antérieure du cou.

Le nerf le plus important du plexus cervical est le **nerf phrénique** (dont les principaux tributaires sont C_3 et C_4). Le nerf phrénique s'étend vers le bas et traverse le thorax pour se rendre au diaphragme auquel il fournit son innervation motrice et sensitive (*phrên* = diaphragme). C'est principalement ce muscle qui intervient dans les mouvements de la respiration (voir le chapitre 23).

L'irritation du nerf phrénique entraîne des spasmes du diaphragme, c'est-à-dire le hoquet. Si les deux nerfs phréniques sont sectionnés, ou si la région de la moelle épinière comprise entre C_3 et C_5 est écrasée ou détruite, le diaphragme est paralysé: c'est l'arrêt respiratoire. On peut sauver la vie des personnes ayant subi de telles lésions grâce à des respirateurs mécaniques qui insufflent de l'air dans leurs poumons. ■

TABLEAU 13.3 **Ramifications du plexus cervical (voir la figure 13.7)**

Nerfs	Rameaux ventraux des nerfs spinaux	Structures innervées
Branches cutanées (superficielles)		
Nerf petit occipital	C_2 (C_3)	Peau de la partie postéro-latérale du cou
Nerf grand auriculaire	C_2 et C_3	Peau autour de l'oreille et peau recouvrant la glande parotide
Nerf transverse du cou	C_2 et C_3	Peau des parties antérieure et latérale du cou
Nerfs supraclaviculaires (médial, intermédiaire et latéral)	C_3 et C_4	Peau de l'épaule et de la partie antérieure de la poitrine
Branches motrices (profondes)		
Anse cervicale (racines supérieure et inférieure)	C_1 à C_3	Muscles infra-hyoïdiens du cou (omo-hyoïdien, sterno-hyoïdien et sterno-thyroïdien)
Branche anastomotique (anastomose avec le nerf accessoire) et autres branches musculaires	C_1 à C_5	Muscles profonds du cou (génio-hyoïdien et thyro-hyoïdien) et parties des muscles scalènes, élévateur de la scapula, trapèze et sterno-cléido-mastoïdien
Nerf phrénique	C_3 à C_5	Diaphragme (seul nerf moteur)

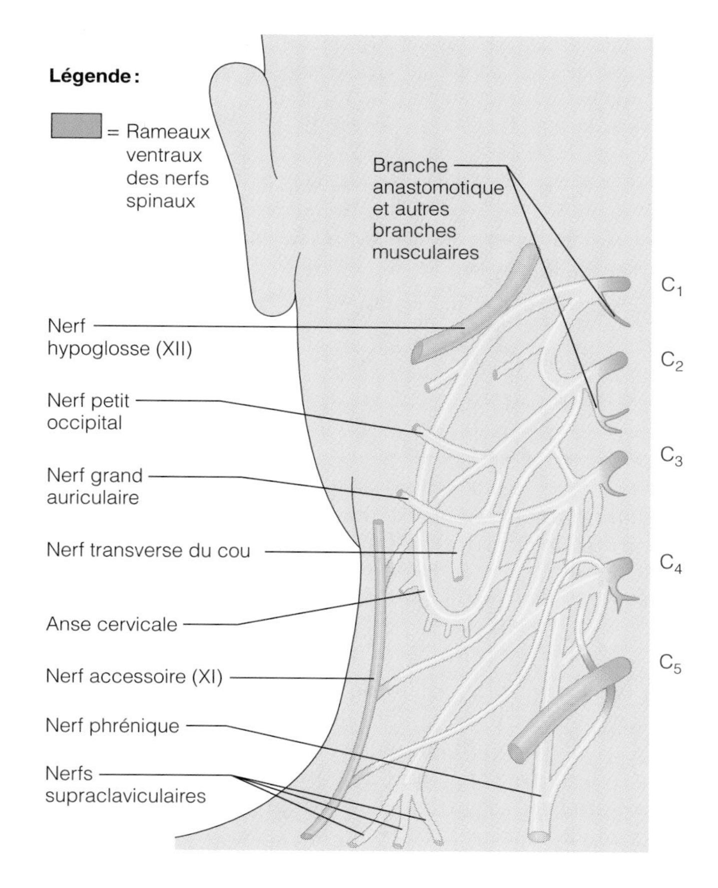

FIGURE 13.7
Plexus cervical. Les nerfs qui apparaissent en gris sont reliés au plexus mais n'en font pas partie. (Voir le tableau 13.3.)

Plexus brachial et membre supérieur

Le **plexus brachial** est de grandes dimensions : une partie est située dans le cou et une autre dans l'aisselle. Il joue un rôle important, car il regroupe pratiquement tous les nerfs qui desservent le membre supérieur (tableau 13.4). On peut le palper chez un sujet vivant juste au-dessus de la clavicule, sur le bord latéral du muscle sterno-cléido-mastoïdien.

Le plexus brachial est composé de l'enchevêtrement des rameaux ventraux des quatre nerfs cervicaux inférieurs (C_5 à C_8) et de la majeure partie de T_1. En outre, il n'est pas rare que des neurofibres de C_4, de T_2 ou des deux à la fois y soient jointes.

La complexité du plexus brachial est telle que son étude peut représenter un véritable cauchemar pour les étudiants en anatomie. La façon la plus simple de l'aborder consiste probablement à assimiler les termes qui désignent ses quatre principaux groupes de ramifications (voir la figure 13.8a et b). De la partie proximale à la partie distale, ces groupes sont : (1) les *rameaux ventraux des nerfs spinaux* ; (2) les *troncs* ; (3) les *divisions* ; (4) les *faisceaux*. Pour mémoriser dans le bon ordre ces diverses ramifications, on peut considérer ce trajet nerveux, dans son ensemble, comme une « **r**oute **d**e **f**ou » !

Les cinq **rameaux ventraux** (de C_5 à T_1) du plexus brachial sont situés sous le muscle sterno-cléido-mastoïdien. Ils s'unissent au bord latéral de ce muscle pour former les **troncs supérieur, moyen** et **inférieur** du plexus brachial. Chacun de ces troncs se sépare presque immédiatement en une **division antérieure** et une **division postérieure.** Les noms des divisions indiquent lesquelles des neurofibres iront innerver la partie avant ou arrière du

TABLEAU 13.4 **Ramifications du plexus brachial (voir la figure 13.8)**

Nerfs	Faisceaux et rameaux ventraux des nerfs spinaux	Structures innervées
Nerf musculo-cutané	Faisceau latéral (C_5 à C_7)	Branches musculaires: muscles fléchisseurs de la loge antérieure du bras (biceps brachial, brachial et coraco-brachial) Branches cutanées: peau de la partie antéro-latérale de l'avant-bras (extrêmement variable)
Nerf médian	Formé par l'anastomose du faisceau médial (C_8 et T_1) et du faisceau latéral (C_5 à C_7)	Branches musculaires destinées au groupe fléchisseur de la loge antérieure de l'avant-bras (long palmaire, fléchisseur radial du carpe, fléchisseur superficiel des doigts, long fléchisseur du pouce, moitié latérale du fléchisseur profond des doigts et rond pronateur); muscles intrinsèques de la partie latérale de la paume et des deux premiers doigts Branches cutanées: peau des deux tiers latéraux de la main, côté de la paume et dos des doigts II et III
Nerf ulnaire	Faisceau médial (C_8 et T_1)	Branches musculaires: muscles fléchisseurs de la loge antérieure de l'avant-bras (fléchisseur ulnaire du carpe et moitié médiale du fléchisseur profond des doigts); la plupart des muscles intrinsèques de la main Branches cutanées: peau du tiers médian de la main, faces postérieure et antérieure
Nerf radial	Faisceau postérieur (C_5 à C_8 et T_1)	Branches musculaires: muscles postérieurs du bras, de l'avant-bras et de la main (triceps brachial, anconé, supinateur, brachio-radial, extenseurs radiaux du carpe, extenseur ulnaire du carpe et quelques muscles extenseurs des doigts) Branches cutanées: peau de la face postéro-latérale du membre entier (sauf le dos des doigts II et III)
Nerf axillaire	Faisceau postérieur (C_5 et C_6)	Branches musculaires: muscles deltoïde et petit rond Branches cutanées: une partie de la peau de l'épaule
Nerf dorsal de la scapula	Ramifications du rameau de C_5	Muscles rhomboïdes et élévateur de la scapula
Nerf thoracique long	Ramifications des rameaux de C_5 à C_7	Muscle dentelé antérieur
Nerfs subscapulaires	Faisceau postérieur; ramifications des rameaux de C_5 à C_7	Muscles grand rond et subscapulaire
Nerf suprascapulaire	Tronc supérieur (C_5 et C_6)	Articulation de l'épaule; muscles supra-épineux et infra-épineux
Nerfs pectoraux (latéral et médial)	Ramifications des faisceaux latéral (C_5 à C_7) et médial (C_8 et T_1)	Muscles grand pectoral et petit pectoral

13

membre. Les divisions s'étendent sous la clavicule et pénètrent dans l'aisselle, où elles donnent naissance à trois grands ensembles de neurofibres appelés **faisceaux latéral, postérieur et médial.** Le plexus brachial émet sur toute sa longueur de petits nerfs qui desservent les muscles et la peau de l'épaule et de la partie supérieure du thorax.

Les lésions du plexus brachial sont répandues; les plus graves peuvent provoquer la faiblesse ou la paralysie de tout le membre supérieur. La lésion peut provenir d'un étirement causé par une traction horizontale du bras (comme lorsqu'un plaqueur tire le bras du demi-arrière au football) ou d'un écrasement produit par un coup sur le dessus de l'épaule qui pousse l'humérus vers le bas (comme lorsqu'un motocycliste est projeté la tête la première sur le sol et se heurte l'épaule sur le pavé). ■

Le plexus brachial se termine dans la région axillaire, où ses trois faisceaux suivent l'artère axillaire et émettent les principaux nerfs du membre supérieur. Cinq de ces nerfs sont particulièrement importants: ce sont le nerf axillaire, le nerf musculo-cutané, le nerf médian, le nerf ulnaire et le nerf radial (figure 13.8c). Nous décrivons brièvement leur distribution et leurs cibles ci-dessous et plus en détail au tableau 13.4.

Le **nerf axillaire** est issu du faisceau postérieur. Il s'étend à l'arrière du col anatomique de l'humérus, et il innerve les muscles deltoïde et petit rond ainsi que la peau et la capsule articulaire de l'épaule.

Le **nerf musculo-cutané** est la principale branche terminale du faisceau latéral. Il s'étend vers le bas dans la partie antérieure du bras, et il fournit des neurofibres motrices aux muscles fléchisseurs de l'avant-bras (les muscles biceps brachial et brachial). Au-delà du coude, il transmet les sensations cutanées de la partie latérale de l'avant-bras.

Le **nerf médian** parcourt le bras sans se ramifier. Dans la partie antérieure de l'avant-bras, il émet des ramifications dans la peau et dans la plupart des muscles fléchisseurs. Parvenu dans la main, il innerve cinq muscles intrinsèques de la partie latérale de la paume. Le nerf

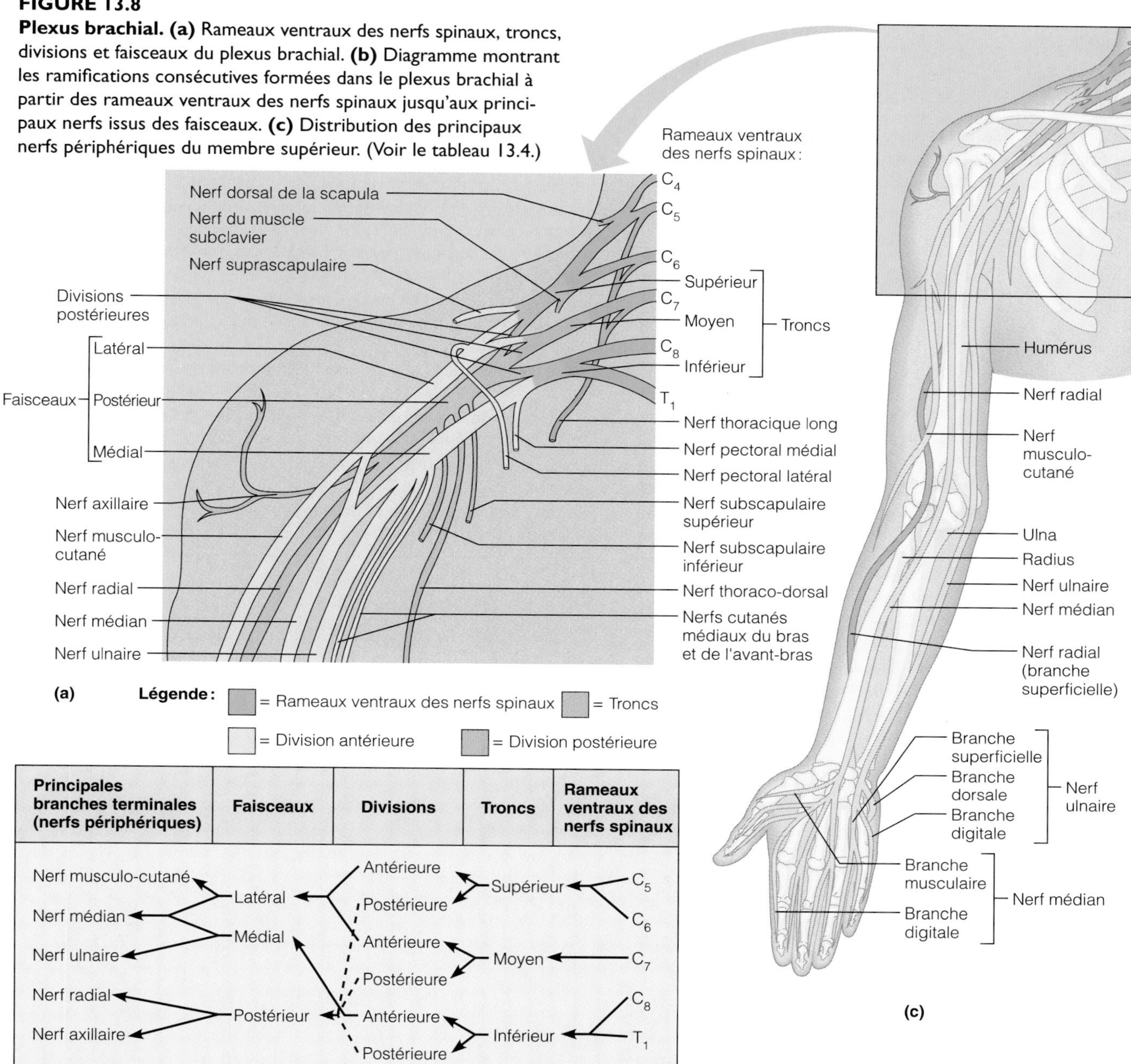

FIGURE 13.8
Plexus brachial. (a) Rameaux ventraux des nerfs spinaux, troncs, divisions et faisceaux du plexus brachial. **(b)** Diagramme montrant les ramifications consécutives formées dans le plexus brachial à partir des rameaux ventraux des nerfs spinaux jusqu'aux principaux nerfs issus des faisceaux. **(c)** Distribution des principaux nerfs périphériques du membre supérieur. (Voir le tableau 13.4.)

médian stimule les muscles responsables de la pronation de l'avant-bras, de la flexion du poignet et des doigts et de l'opposition du pouce.

Les lésions du nerf médian entravent l'opposition du pouce à l'index et, par conséquent, la préhension des petits objets. Ce nerf suit l'axe médian de l'avant-bras et du poignet et se trouve donc souvent sectionné par les personnes qui tentent de se suicider en se tailladant les poignets. ■

Le **nerf ulnaire** naît du faisceau médial du plexus brachial. Il parcourt la partie médiane du bras en direction du coude, passe derrière l'épicondyle médial et suit l'ulna dans la partie médiane de l'avant-bras. Là, il innerve le muscle fléchisseur ulnaire du carpe et une partie du muscle fléchisseur profond des doigts (les muscles que le nerf médian ne dessert pas). Il se poursuit dans la main, où il innerve la plupart de ses muscles intrinsèques et la peau de la partie médiane. Le nerf ulnaire produit la flexion et l'adduction du poignet et des doigts, de même que l'abduction des doigts IV et V (avec le nerf médian).

Dans la partie superficielle de son trajet, le nerf ulnaire est très vulnérable. Sa stimulation à la hauteur de l'épicondyle médial ou du poignet provoque un picotement dans le petit doigt. Les lésions graves ou chroniques peuvent entraîner l'anesthésie, la paralysie et l'atrophie des muscles qu'il dessert. Les personnes atteintes de telles lésions ne peuvent écarter les doigts et elles ont de la difficulté à fermer le poing et à saisir les objets. La flexion des deux dernières phalanges du petit doigt et de l'annulaire et l'extension de leurs premières phalanges sur le carpe provoquent une déformation de la main appelée *main en griffe*. ■

TABLEAU 13.5 Ramifications du plexus lombal (voir la figure 13.9)

Nerfs	Rameaux ventraux des nerfs spinaux	Structures innervées
Nerf fémoral	L_2 à L_4	Peau des faces antérieure et médiane de la cuisse par l'intermédiaire du *nerf cutané médial de la cuisse*; peau de la face médiane de la jambe et du pied, de la hanche et de l'articulation du genou par l'intermédiaire du *nerf saphène*; nerf moteur des muscles antérieurs de la cuisse (quadriceps et sartorius); muscles pectiné et iliaque
Nerf obturateur	L_2 à L_4	Nerf moteur des muscles grand adducteur (en partie), long adducteur, court adducteur, gracile et obturateur externe; nerf sensitif de la peau de la face médiane de la cuisse ainsi que des articulations de la hanche et du genou
Nerf cutané latéral de la cuisse	L_2 et L_3	Peau de la face latérale et postérieure de la cuisse; quelques branches sensitives destinées au péritoine
Nerf ilio-hypogastrique	L_1	Peau de la région pubienne, de la partie inférieure du dos et de la hanche; muscles de la partie antéro-latérale de la paroi abdominale (obliques et transverse de l'abdomen) et du pubis
Nerf ilio-inguinal	L_1	Peau des organes génitaux externes et de la partie proximale médiane de la cuisse; muscles obliques et transverse de l'abdomen
Nerf génito-fémoral	L_1 et L_2	Peau du scrotum, des grandes lèvres de la vulve et de la face antérieure de la cuisse en dessous de la partie médiane de la région inguinale; muscle crémaster chez l'homme

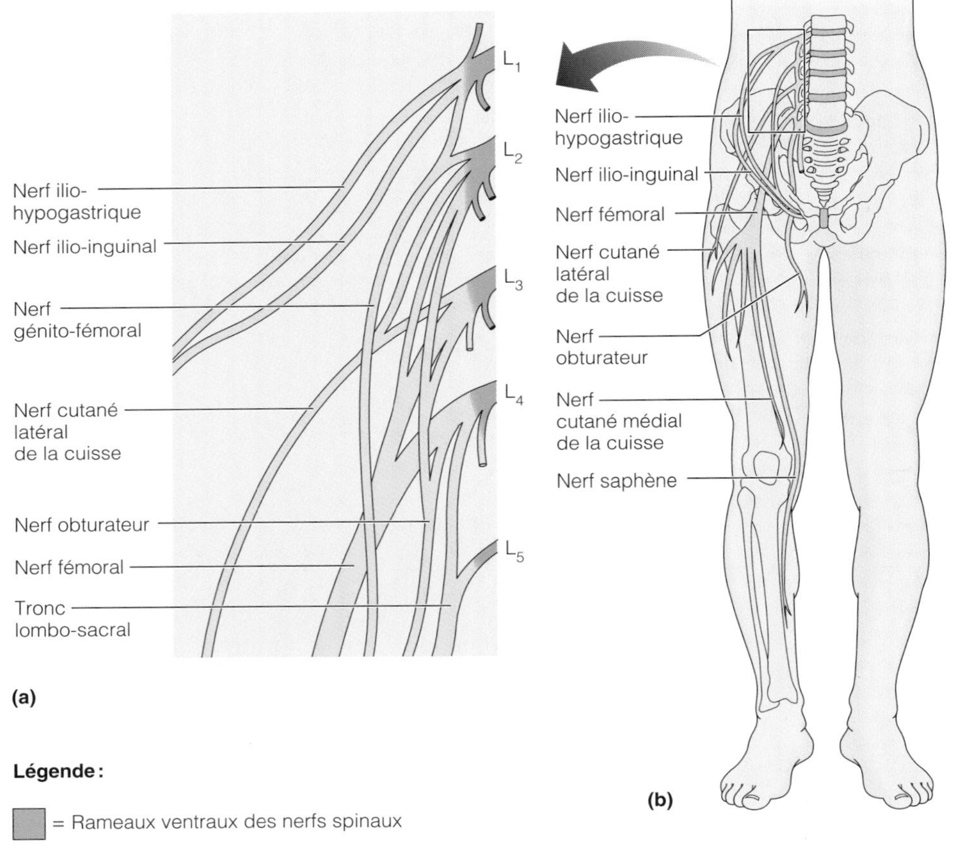

FIGURE 13.9
Plexus lombal. (a) Rameaux ventraux des nerfs spinaux et principales ramifications du plexus lombal. **(b)** Distribution des principaux nerfs périphériques du plexus lombal dans la face antérieure du membre inférieur. (Voir le tableau 13.5.)

13

Le **nerf radial** est un prolongement du faisceau postérieur et constitue la ramification la plus importante du plexus brachial. Ce nerf s'enroule autour de l'humérus (dans le sillon du nerf radial) et passe devant l'épicondyle latéral au niveau du coude. Là, il se divise en une branche superficielle qui suit le bord latéral du radius jusqu'à la main et en une branche profonde (n'apparaissant pas dans la figure) qui se dirige vers la face postérieure. Tout le long de son trajet, le nerf radial dessert la peau de la face postérieure du membre. Ses branches motrices innervent tous les muscles extenseurs du membre supérieur. Le nerf radial permet l'extension du coude, la supination de l'avant-bras, l'extension du poignet et des doigts ainsi que l'abduction du pouce.

Les lésions du nerf radial empêchent le mouvement de la main au niveau du poignet: cette affection est appelée *main tombante*, ou main en col de cygne. Lorsqu'une personne utilise une béquille de

TABLEAU 13.6 **Ramifications du plexus sacral (voir la figure 13.10)**

Nerfs	Rameaux ventraux des nerfs spinaux	Structures innervées
Nerf ischiatique	L_4 et L_5, S_1 à S_3	Formé de deux nerfs (tibial et fibulaire commun) enveloppés dans une même gaine et divergeant juste au-dessus du genou
• Tibial (incluant le nerf sural et les nerfs plantaires médial et latéral)	L_4 à S_3	Branches cutanées : peau de la face postérieure de la jambe et peau de la plante du pied Branches motrices : muscles de la face postérieure de la cuisse, de la jambe et du pied (muscles de la loge postérieure à l'exception du chef court du biceps fémoral, partie postérieure du grand adducteur, triceps sural, tibial postérieur, poplité, fléchisseur des orteils, long fléchisseur de l'hallux et muscles intrinsèques du pied)
• Fibulaire commun (branches superficielle et profonde)	L_4 à S_2	Branches cutanées : peau de la face antérieure de la jambe et du dos du pied Branches motrices : chef court du biceps fémoral, muscles fibulaires de la loge latérale de la jambe, tibial antérieur et muscles extenseurs des orteils (long extenseur de l'hallux, court extenseur des orteils et long extenseur des orteils)
Nerf glutéal supérieur	L_4, L_5 et S_1	Branches motrices : muscles moyen glutéal et petit glutéal et muscle tenseur du fascia lata
Nerf glutéal inférieur	L_5 à S_2	Branches motrices : muscle grand glutéal
Nerf cutané postérieur de la cuisse	S_1 à S_3	Peau des fesses, de la face postérieure de la cuisse et de la région poplitée ; longueur variable ; peut aussi innerver une partie de la peau du mollet et du talon
Nerf honteux	S_2 à S_4	Innerve la majeure partie de la peau et des muscles du périnée (région comprenant les organes génitaux externes et l'anus ainsi que le clitoris, les lèvres et la muqueuse vaginale chez la femme, le scrotum et le pénis chez l'homme) ; muscle sphincter externe de l'anus

façon inadéquate ou s'endort avec un bras pendant d'un fauteuil ou d'un canapé, le nerf radial est comprimé, ce qui produit une ischémie. ■

Plexus lombo-sacral et membre inférieur

Le plexus sacral et le plexus lombal se chevauchent en grande partie. On les désigne fréquemment par le terme **plexus lombo-sacral,** car de nombreuses neurofibres du plexus lombal parcourent le plexus sacral par l'intermédiaire du **tronc lombo-sacral.** Le plexus lombo-sacral dessert principalement le membre inférieur, mais il émet aussi des ramifications vers l'abdomen, le bassin et les fesses.

Plexus lombal Le **plexus lombal** naît des quatre premiers nerfs lombaux et s'étend à l'intérieur du muscle grand psoas (figure 13.9). Ses branches proximales innervent des parties des muscles de la paroi abdominale et le muscle ilio-psoas ; par contre, ses branches principales vont innerver les parties antérieure et médiane de la cuisse. Le **nerf fémoral** est le plus gros des nerfs du plexus lombal ; il pénètre dans la cuisse au-dessous du ligament inguinal, puis il se divise en plusieurs grosses branches. Les branches motrices innervent les muscles de la partie antérieure de la cuisse, qui sont les principaux fléchisseurs de la cuisse et extenseurs du genou. Les branches cutanées desservent la peau du devant de la cuisse et la face médiane de la jambe, du genou au pied. Le **nerf obturateur** entre dans la face médiane de la cuisse par le foramen obturé et innerve les muscles adducteurs. Le tableau 13.5 présente les différentes branches du plexus lombal.

La compression des rameaux ventraux du plexus lombal, qui peut notamment être causée par une hernie discale, perturbe gravement la démarche, car le nerf fémoral dessert les principaux muscles fléchisseurs de la hanche et extenseurs du genou. Les autres symptômes de l'atteinte sont l'anesthésie de la face antérieure de la cuisse et des douleurs dans sa face médiane, si le nerf obturateur est touché. ■

Plexus sacral Le **plexus sacral** naît des nerfs spinaux L_4 à S_4 ; il est situé immédiatement à l'arrière du plexus lombal (figure 13.10). Une douzaine de ses branches sont nommées et environ la moitié d'entre elles desservent la fesse et le membre inférieur ; les autres innervent les structures du bassin et le périnée. Nous décrivons les plus importantes de ces branches ci-dessous et dans le tableau 13.6.

Le **nerf ischiatique,** ou nerf sciatique, est le plus gros et le plus long des nerfs de tout le corps ; il constitue la principale branche du plexus sacral. Le nerf ischiatique est en fait formé de deux nerfs enveloppés dans une même gaine, le nerf tibial et le nerf fibulaire commun. Il quitte le bassin par la grande incisure ischiatique. Ensuite, il court sous le muscle grand glutéal et entre dans la partie postérieure de la cuisse juste à l'intérieur de l'articulation de la hanche (*iskhion* = hanche). Là, il émet

FIGURE 13.10
Plexus sacral. (a) Rameaux ventraux des nerfs spinaux et principales ramifications du plexus sacral.
(b) Distribution des principaux nerfs périphériques du plexus sacral dans la face postérieure du membre inférieur. (Voir le tableau 13.6.)

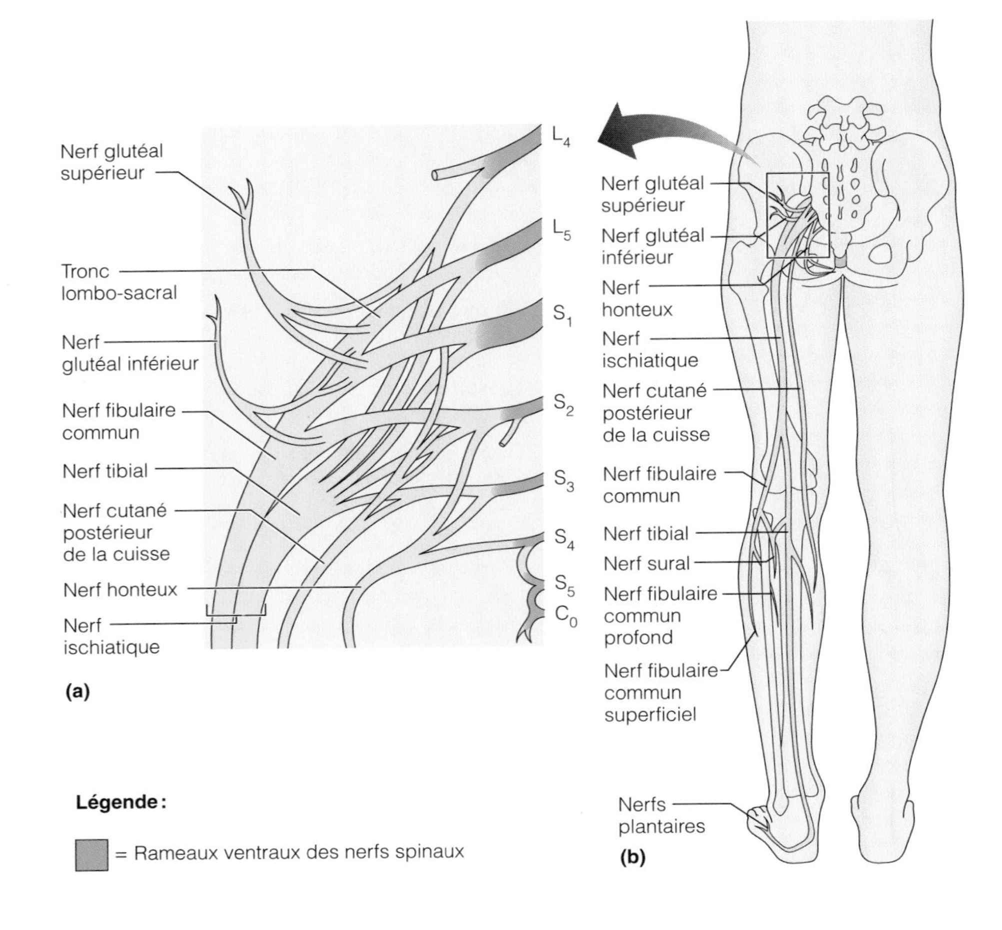

13

des branches motrices vers les muscles de la loge postérieure de la cuisse (qui sont tous des extenseurs de la cuisse et des fléchisseurs du genou) et vers le muscle grand adducteur. Ses deux nerfs constitutifs se séparent juste au-dessus du genou.

Le **nerf tibial** parcourt le creux poplité (la région située à l'arrière de l'articulation du genou) et innerve les muscles de la loge postérieure, la peau du mollet et la plante du pied. Il possède deux branches importantes, le **nerf sural,** qui dessert la peau de la partie postéro-latérale de la jambe, et les **nerfs plantaires,** qui desservent la majeure partie du pied. Le **nerf fibulaire commun** descend de son point d'émergence, s'enroule autour de la tête de la fibula, puis se divise en une branche superficielle et en une branche profonde. Ces branches innervent l'articulation du genou, la peau de la face latérale du mollet et le dos du pied, ainsi que les muscles de la face antéro-latérale de la jambe (les extenseurs qui assurent la dorsiflexion du pied).

Le **nerf glutéal supérieur** et le **nerf glutéal inférieur** sont également des branches importantes du plexus sacral. Ils innervent les muscles glutéaux (fessiers) et le muscle tenseur du fascia lata. Le **nerf honteux** innerve les muscles et la peau du périnée, permet l'érection et intervient dans la maîtrise volontaire de la miction (voir le tableau 10.7, p. 326). Les autres branches du plexus sacral desservent les muscles rotateurs de la cuisse et les muscles du plancher pelvien.

Les lésions de la partie proximale du nerf ischiatique, et notamment celles qui sont causées par une chute, une hernie discale ou l'administration inadéquate d'une injection dans la fesse, entraînent divers dysfonctionnements du membre inférieur, suivant les racines touchées. La *sciatique* est une affection répandue; elle se caractérise par une douleur pongitive qui irradie le long du trajet du nerf ischiatique. Lorsque le nerf ischiatique est sectionné, la jambe devient pratiquement inutilisable. La flexion de la jambe de même que les mouvements de la cheville et du pied sont rendus impossibles. Le pied s'affaisse alors en flexion plantaire: c'est ce qu'on appelle le *pied tombant.* Généralement, la guérison des lésions du nerf ischiatique est lente et incomplète.

Les muscles de la cuisse sont épargnés si la lésion survient en dessous du genou. Quand le nerf tibial est touché, les muscles du mollet sont paralysés et ne peuvent assurer la flexion plantaire du pied, et la démarche devient traînante. Le nerf fibulaire commun est exposé aux blessures du fait de sa situation superficielle au niveau de la tête et du col de la fibula. Un plâtre serré autour de la jambe ou le fait de demeurer trop longtemps couché sur le côté sur un matelas ferme peut comprimer ce nerf et provoquer le pied tombant. ■

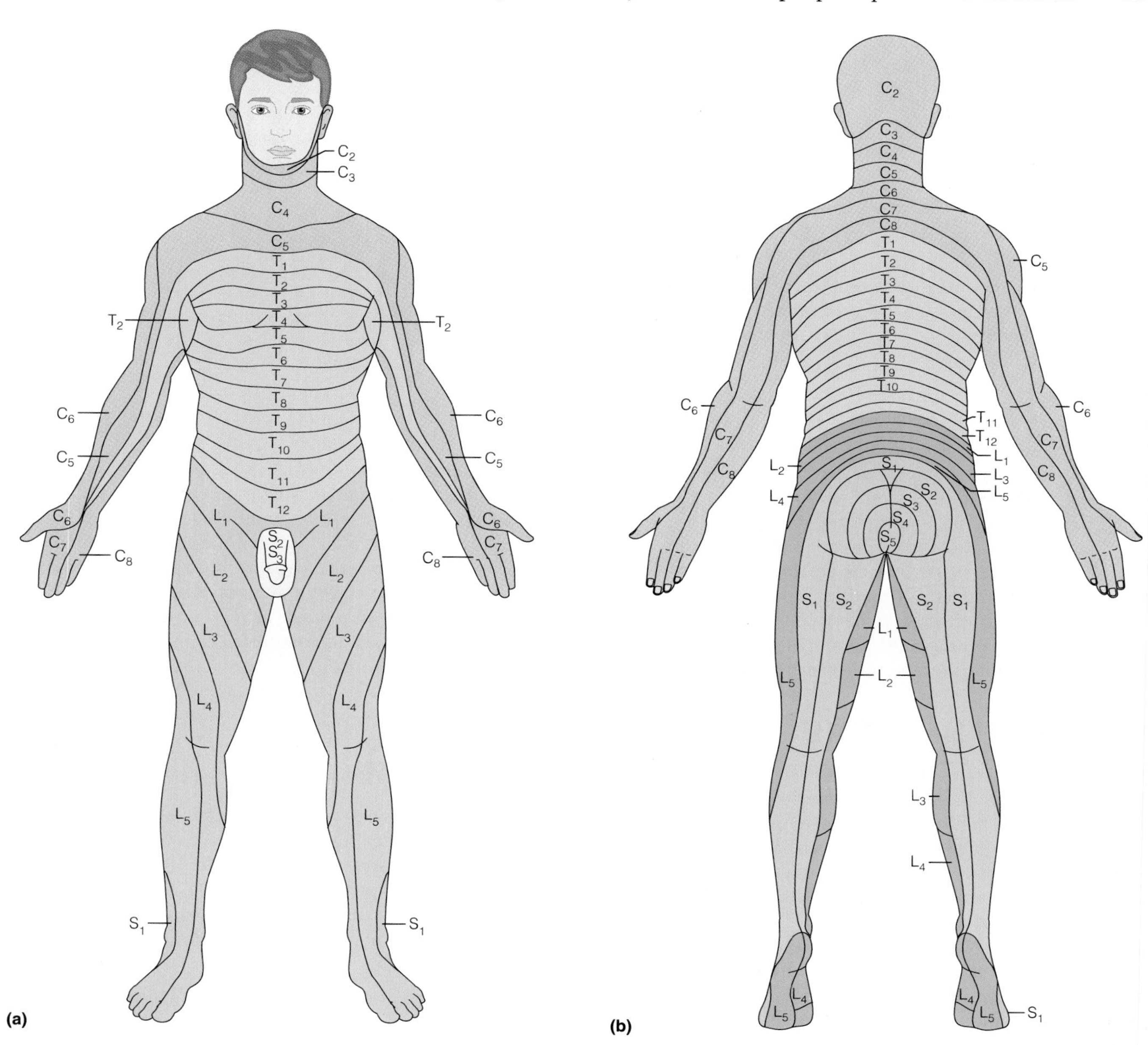

FIGURE 13.11
Les dermatomes (segments de peau) correspondent à l'innervation sensitive des nerfs spinaux. Tous les nerfs spinaux, à l'exception de C_1, délimitent des dermatomes. **(a)** Vue antérieure. **(b)** Vue postérieure.

Innervation des articulations

Pour vous rappeler quels nerfs desservent chaque articulation synoviale, pensez à la **loi de Hilton**: *Tout nerf desservant un muscle responsable du mouvement d'une articulation innerve aussi l'articulation elle-même et la peau qui la recouvre.* Vous pouvez donc vous contenter d'apprendre quels nerfs desservent les principaux muscles et groupes musculaires. Par exemple, les mouvements du genou sont produits par le muscle quadriceps, par le muscle gracile et par les muscles de la loge postérieure de la cuisse. Les nerfs qui desservent ces muscles sont le nerf fémoral à l'avant et des branches des nerfs ischiatique et obturateur à l'arrière. Par conséquent, ces nerfs innervent également l'articulation du genou.

Innervation de la peau: dermatomes

Un **dermatome** (« segment de peau ») correspond à la surface de peau innervée par les branches cutanées d'un nerf spinal (ses neurofibres sensitives). Tous les nerfs spinaux, à l'exception de C_1, délimitent des dermatomes. Les dermatomes adjacents du tronc ont une largeur uniforme, ils sont presque horizontaux et leur distribution correspond à celle des nerfs spinaux (figure 13.11). La disposition des dermatomes des membres est moins précise. (C'est pourquoi sa représentation varie selon les auteurs.) La peau des membres supérieurs est desservie par les rameaux ventraux de C_5 à T_1 (ou T_2). Les rameaux ventraux des nerfs lombaux innervent la majeure partie de la face antérieure des cuisses et des jambes, tandis que les rameaux

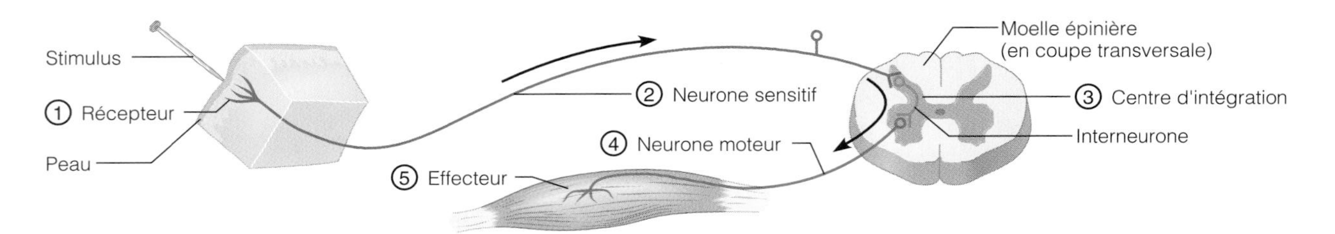

FIGURE 13.12
Éléments fondamentaux de tous les arcs réflexes chez l'être humain: un récepteur, un neurone sensitif, un centre d'intégration (au moins une synapse dans le SNC), un neurone moteur et un effecteur. (L'arc réflexe représenté est polysynaptique.)

ventraux des nerfs sacraux desservent la majeure partie de la face postérieure des membres inférieurs.

En réalité, les dermatomes ne sont pas aussi clairement définis que dans un schéma. Les dermatomes du tronc se chevauchent en grande partie (d'environ 50 %); par conséquent, la destruction d'un nerf spinal n'entraîne nulle part un engourdissement complet. Le chevauchement est moins important dans les membres, et certaines zones de la peau ne sont innervées que par un seul nerf spinal.

ACTIVITÉ RÉFLEXE

Plusieurs mécanismes de régulation de l'organisme sont de l'ordre des enchaînements stimulus-réponse appelés réflexes. Au sens le plus strict du terme, un **réflexe** est une réponse motrice rapide et prévisible à un stimulus. La plupart des réflexes ne sont ni appris, ni prémédités, ni volontaires; ils sont en quelque sorte intégrés à la physiologie du système nerveux.

Dans bien des cas, nous avons conscience du résultat de l'activité réflexe. Si vous renversez une casserole remplie d'eau bouillante sur votre bras, vous la laisserez tomber sur-le-champ et involontairement avant même d'éprouver une douleur. Cette réponse est la conséquence d'un réflexe spinal dans lequel l'encéphale n'intervient pas. Par contre, les influx signalant la douleur sont captés par les interneurones de la moelle épinière et parviennent rapidement aux aires somesthésiques du cerveau: quelques secondes plus tard, vous percevez la douleur à un endroit précis et vous comprenez ce qui l'a provoquée. Vous avez ici un bon exemple de conjonction entre le traitement en série et le traitement en parallèle que vous avez étudiés au chapitre 11. Le réflexe de retrait produit par les neurones de la moelle épinière correspond au traitement en série et la perception de la douleur, au traitement en parallèle de l'information sensorielle.

Par ailleurs, certains réflexes se produisent sans atteindre le seuil de notre conscience. C'est le cas de nombreuses activités viscérales, qui sont régies par les régions inférieures du système nerveux central, plus précisément le tronc cérébral et la moelle épinière.

Outre les réflexes élémentaires innés, il existe de nombreux *réflexes acquis*, ou *conditionnés*, qui résultent de l'exercice ou de la répétition. Pensez par exemple à l'enchaînement complexe de réactions qui se déroule lorsqu'un conducteur expérimenté prend le volant. La plupart de ses actes sont automatiques, mais ils ne le sont devenus qu'au prix d'un travail long et appliqué. La plupart des réflexes peuvent être modifiés par l'apprentissage et le travail. Si vous vous éclaboussez d'eau bouillante alors qu'un petit enfant est à vos côtés, vous prendrez le temps de déposer la casserole, car vous savez que la laisser tomber représenterait un danger pour l'enfant. Autrement dit, la distinction est loin d'être nette entre les réflexes élémentaires innés et les réflexes acquis.

Éléments d'un arc réflexe

Comme nous l'avons vu au chapitre 11, les réflexes se produisent dans des voies nerveuses très particulières appelées **arcs réflexes.** Mais pour comprendre les réflexes que nous allons présenter ici, vous devez étudier les arcs réflexes plus en détail. En résumé, tous les arcs réflexes nécessitent la présence de cinq éléments essentiels (figure 13.12).

1. Un **récepteur,** sur lequel le stimulus agit.
2. Un **neurone sensitif,** qui achemine les influx afférents au SNC (généralement à la moelle épinière).
3. Un **centre d'intégration** qui, dans les arcs réflexes les plus simples, peut être constitué d'une synapse unique entre le neurone sensitif et un neurone moteur (**réflexes monosynaptiques**). Les réflexes complexes font intervenir des chaînes de neurones et, partant, plusieurs synapses (**réflexes polysynaptiques**). Le centre d'intégration est toujours situé dans le SNC (la moelle épinière dans la figure 13.12).
4. Un **neurone moteur,** qui propage les influx efférents du centre d'intégration à un organe effecteur (muscle ou glande).
5. Un **effecteur,** c'est-à-dire un myocyte ou une cellule glandulaire, qui répond aux influx efférents de manière caractéristique (par la contraction ou la sécrétion).

Sur le plan fonctionnel, on classe les réflexes en **réflexes somatiques** et en **réflexes autonomes (viscéraux)**, suivant qu'ils activent des muscles squelettiques ou des effecteurs viscéraux (comme les muscles lisses, le muscle cardiaque et les glandes). Nous allons étudier ici les réflexes somatiques dont les centres d'intégration sont situés dans la moelle épinière (réflexes spinaux). Nous traiterons des réflexes autonomes dans des chapitres ultérieurs, en même temps que des processus viscéraux qu'ils contribuent à régir.

Réflexes spinaux

Les **réflexes spinaux** correspondent aux réflexes somatiques dont les centres d'intégration sont situés dans la moelle épinière. Les centres encéphaliques n'interviennent pas dans la plupart des réflexes spinaux. À preuve, ces réflexes subsistent chez les animaux décérébrés (dont on a détruit l'encéphale), aussi longtemps que la moelle épinière est intacte. Mais il existe également des réflexes spinaux dont le fonctionnement repose sur l'activité cérébrale. D'autre part, le cortex cérébral reçoit la plupart des informations sensorielles à l'origine des réflexes spinaux et peut décider d'intervenir en facilitant ou en inhibant la réponse motrice de l'arc réflexe. De plus, la moelle épinière doit recevoir constamment des signaux facilitants de l'encéphale pour fonctionner normalement. En effet, comme nous l'avons mentionné au chapitre 12, le sectionnement soudain de la moelle épinière provoque le *choc spinal,* c'est-à-dire l'arrêt immédiat de toutes les fonctions qu'elle gouverne.

En clinique, la recherche des réflexes somatiques permet d'évaluer l'état du système nerveux central et périphérique. L'exagération, la perturbation ou l'absence des réflexes dénotent une dégénérescence ou une affection de certaines régions du système nerveux, souvent même avant l'apparition d'autres signes.

Réflexe d'étirement et réflexe tendineux

Deux conditions président au bon fonctionnement des muscles squelettiques. Premièrement, l'encéphale doit constamment être informé de leur degré de contraction ou de relâchement. Deuxièmement, ils doivent présenter du *tonus,* c'est-à-dire qu'ils doivent résister à l'étirement actif ou passif au repos. La première condition repose sur la transmission de l'information des *fuseaux neuromusculaires* et des *fuseaux neurotendineux* (des propriocepteurs situés dans les muscles squelettiques et dans leurs tendons) jusqu'au cervelet et au cortex cérébral. La seconde condition repose sur le **réflexe d'étirement** déclenché par les fuseaux neuromusculaires, qui captent les modifications de la longueur des muscles (étirement ou contraction). Non seulement ces processus sont-ils essentiels au fonctionnement des muscles squelettiques, mais ils jouent également un rôle important dans la posture et la locomotion.

Anatomie fonctionnelle des fuseaux neuromusculaires Avant d'aborder le rôle des fuseaux neuromusculaires, nous devons faire quelques remarques sur leurs particularités. Chaque fuseau neuromusculaire est composé de 3 à 10 **myocytes intrafusoriaux** enfermés dans une capsule de tissu conjonctif (voir la figure 13.13).

Il existe une importante différence entre les fonctions des myocytes intrafusoriaux et celles des myocytes extrafusoriaux. Quelle est-elle ?

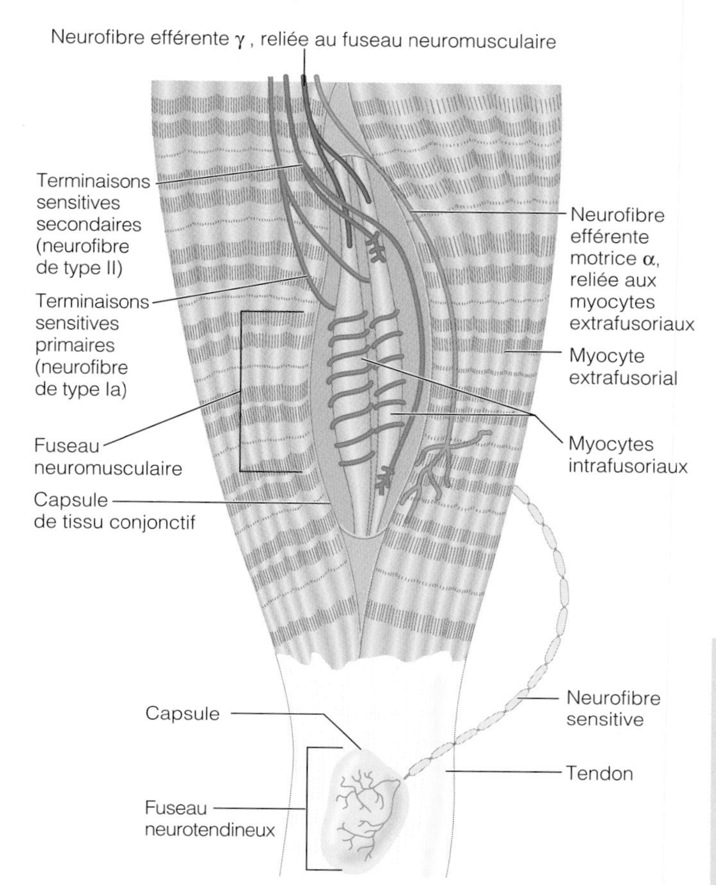

FIGURE 13.13
Anatomie du fuseau neuromusculaire et du fuseau neurotendineux. Notez les neurofibres afférentes provenant du fuseau neuromusculaire et les neurofibres efférentes qui s'y rendent.

Ces myocytes squelettiques modifiés sont quatre fois plus petits que les **myocytes extrafusoriaux** (les myocytes effecteurs). Les parties centrales des myocytes intrafusoriaux sont dépourvues de myofilaments, elles ne sont pas contractiles et elles jouent le rôle de surfaces réceptrices du fuseau neuromusculaire. Deux types de terminaisons afférentes les enrobent et envoient des influx sensitifs au SNC. Il s'agit d'une part des **terminaisons sensitives primaires,** ou **terminaisons nerveuses annulo-spiralées,** des grosses **neurofibres de type Ia,** qui sont stimulées par la fréquence et l'intensité de l'étirement du fuseau ; ces terminaisons sont rattachées au centre du fuseau. Il existe d'autre part des **terminaisons sensitives secondaires** des petites **neurofibres de type II,** qui ne sont stimulées que

Les myocytes extrafusoriaux sont des effecteurs : ils se contractent et provoquent le raccourcissement du muscle s'ils sont adéquatement stimulés. Les myocytes intrafusoriaux font partie d'une structure réceptrice qui fournit les influx permettant la régulation de l'activité du muscle.

par le degré d'étirement du muscle; ces terminaisons sont associées aux extrémités du fuseau neuromusculaire. Les régions contractiles des myocytes intrafusoriaux sont situées aux extrémités seulement, car ce sont les seules régions cellulaires à contenir des myofilaments d'actine et de myosine. Ces régions sont innervées par des **neurofibres efférentes gamma** (γ) qui émergent de petits neurones moteurs situés dans la corne ventrale de la moelle épinière. Ces neurofibres motrices, qui ont pour rôle d'assurer la stimulation du fuseau (fonction que nous décrirons bientôt), sont différentes des **neurofibres efférentes alpha** (α) des gros **neurones moteurs alpha** (α), qui provoquent la contraction des myocytes extrafusoriaux.

Réflexe d'étirement L'étirement, et donc l'excitation du fuseau neuromusculaire, peut se produire de deux façons: par l'allongement du muscle entier sous l'effet d'une force extérieure comme le soulèvement d'un objet lourd ou la contraction de muscles antagonistes (*étirement externe*); par la stimulation des neurones moteurs gamma qui causent la contraction des extrémités distales des myocytes intrafusoriaux, étirant ainsi la partie centrale du fuseau (*étirement interne*). Lorsque les fuseaux sont stimulés, peu importe par quel stimulus, la fréquence des influx envoyés à la moelle épinière par les neurones sensitifs augmente (figure 13.14a). Les neurones sensitifs y font directement synapse avec les neurones moteurs alpha, qui excitent rapidement les myocytes extrafusoriaux du muscle squelettique étiré (figure 13.15a). La contraction musculaire réflexe qui s'ensuit (un exemple de traitement en série) s'oppose à un étirement plus important de ce muscle. Des ramifications des neurofibres afférentes font aussi synapse avec des interneurones qui inhibent les neurones moteurs régissant les muscles antagonistes (traitement en parallèle); l'inhibition qui en résulte est appelée **inhibition réciproque.** Par conséquent, le stimulus d'étirement provoque, dans une certaine mesure, le relâchement des muscles antagonistes, de manière qu'ils ne puissent plus s'opposer au raccourcissement du muscle «étiré», c'est-à-dire à la contraction induite par l'arc réflexe principal.

> *On peut retenir la phrase suivante pour mémoriser la fonction de chaque nerf crânien: «**S**ahara **s**ablonneux (et) **M**er **M**orte: **d**eux **m**ondes **d**e **s**ilence (et) **d**éserts **d**e **m**ouvants **m**irages.» Les mots commençant par «S» désignent les nerfs sensitifs, les mots commençant par «M» désignent les nerfs moteurs et ceux commençant par «D» (pour deux) désignent les nerfs à la fois sensitifs et moteurs (donc mixtes).*
>
> *Mamadou Djenapo, étudiant en sciences biologiques*

Au cours de ce réflexe spinal, les influx transitent par les cordons dorsaux de la moelle épinière et parviennent aux centres encéphaliques (traitement en parallèle), qu'ils informent de la longueur du muscle et de la vitesse du raccourcissement. Le tonus musculaire est ainsi conservé et adapté aux exigences de la posture et du mouvement. Si les neurofibres afférentes ou efférentes étaient sectionnées, le muscle perdrait aussitôt son tonus et deviendrait flasque. Le réflexe d'étirement atteint son intensité maximale dans les muscles posturaux du tronc et dans les grands muscles extenseurs, comme le quadriceps, qui maintiennent la station debout. Par exemple, les contractions des muscles posturaux de la colonne vertébrale sont presque continuellement régies par des réflexes d'étirement déclenchés d'un côté de la colonne, puis de l'autre.

Le réflexe d'étirement est essentiel au tonus et à l'activité des muscles, mais il ne se produit jamais seul. En effet, il est toujours accompagné par l'**arc réflexe des neurones moteurs gamma.** Il y a une bonne raison à cela. Quand le muscle se contracte (raccourcissement), la fréquence des influx envoyés par le fuseau neuromusculaire diminue, ce qui fait aussi diminuer la fréquence des influx produits par les neurones moteurs alpha (voir la figure 13.14b). À lui seul, le réflexe d'étirement donnerait des contractions brusques et saccadées. S'il n'en est pas ainsi, c'est que les arcs réflexes des neurones moteurs gamma, qui coordonnent la réponse des myocytes intrafusoriaux du fuseau neuromusculaire, adaptent la force des contractions provoquées par le réflexe d'étirement. Les neurofibres descendantes des voies motrices font synapse avec des neurones alpha et des neurones gamma, et les influx moteurs sont transmis simultanément aux myocytes intrafusoriaux et aux myocytes extrafusoriaux.

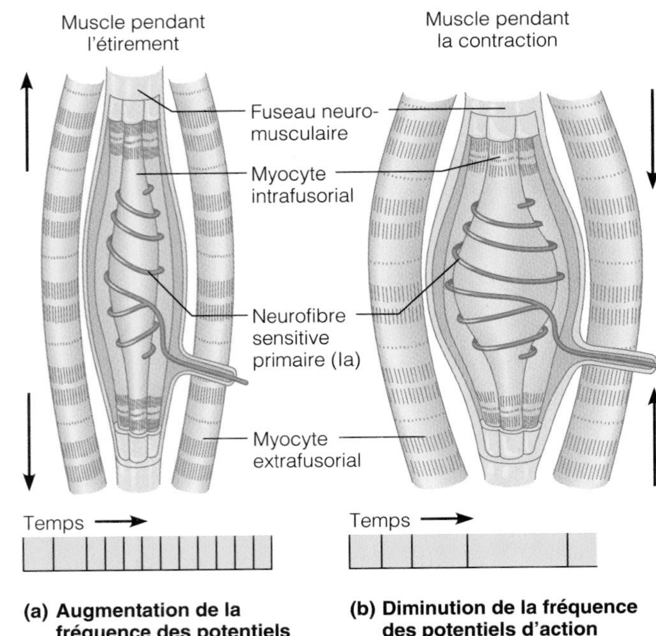

FIGURE 13.14
Fonctionnement du fuseau neuromusculaire. (a) L'étirement du muscle stimule le fuseau neuromusculaire et provoque une augmentation de la fréquence des potentiels d'action dans la neurofibre sensitive de type Ia. **(b)** La contraction du muscle réduit la tension exercée sur le fuseau neuromusculaire et provoque une diminution de la fréquence des potentiels d'action. Les flèches indiquent la direction de la force exercée sur les fuseaux neuromusculaires.

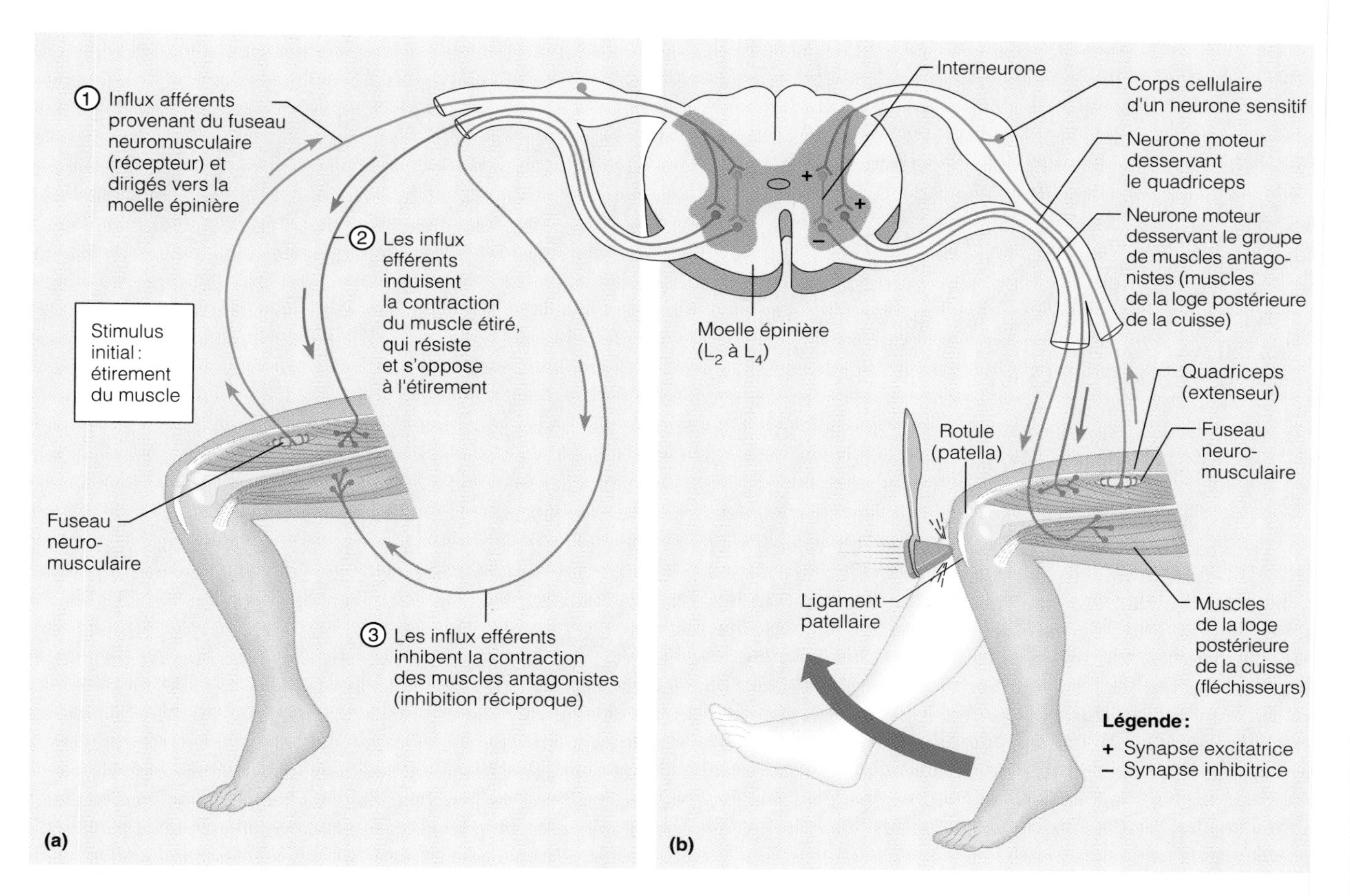

FIGURE 13.15
Étapes du réflexe d'étirement. (a) Présentées sous forme de cycle, les étapes du réflexe d'étirement menant à l'inhibition de l'étirement du muscle. **(1)** L'étirement du muscle stimule un fuseau neuromusculaire. **(2)** Les influx transmis par les neurofibres afférentes du fuseau neuromusculaire aux neurones moteurs alpha (α) de la moelle épinière induisent la contraction du muscle étiré. **(3)** Les influx transmis par les neurofibres afférentes du fuseau neuromusculaire aux interneurones de la moelle épinière provoquent l'inhibition réciproque du muscle antagoniste. **(b)** Le réflexe patellaire. La percussion du ligament patellaire cause l'étirement des fuseaux neuromusculaires du muscle quadriceps. Les influx afférents atteignent la moelle épinière, où les neurones moteurs et les interneurones font synapse. Les neurones moteurs envoient des influx activateurs au quadriceps, ce qui provoque sa contraction, l'extension du genou et une projection du pied contrant l'étirement initial. Les interneurones forment des synapses inhibitrices avec les neurones de la corne ventrale desservant le groupe de muscles antagonistes (les muscles de la loge postérieure de la cuisse), l'empêchant ainsi de s'opposer à la contraction.

La stimulation des myocytes intrafusoriaux préserve la tension (et la sensibilité) du fuseau neuromusculaire pendant la contraction musculaire afin que l'encéphale soit continuellement informé de l'évolution de la contraction du muscle. Sans un tel système, l'information relative à la longueur du muscle et à la vitesse de ses changements cesserait d'être émise par le muscle contracté.

L'innervation motrice du fuseau neuromusculaire nous permet également d'exercer une certaine maîtrise volontaire sur le réflexe d'étirement et sur la fréquence des influx des neurones moteurs alpha grâce à la stimulation ou à l'inhibition des neurones gamma. Quand les neurones gamma sont stimulés rapidement par des influx provenant de l'encéphale, le fuseau est étiré et très sensible ; la force de la contraction musculaire est alors maintenue ou augmentée. Quand les neurones gamma sont inhibés, le fuseau ressemble à un élastique détendu et il n'est pas sensible ; dans ce cas, les myocytes extrafusoriaux se détendent.

La capacité de modifier le réflexe d'étirement est importante dans bien des situations. Par exemple, si vous vous préparez à lancer une balle de base-ball, il est essentiel que le réflexe d'étirement soit supprimé, de façon que vos muscles puissent produire un mouvement ample. Par ailleurs, quand vous avez besoin d'une force maximale, l'étirement du muscle doit être aussi poussé et aussi rapide que possible juste avant le mouvement, de manière qu'une volée d'influx efférents involontaires (gamma) atteigne le muscle au moment même où la commande volontaire est donnée. On voit une manifestation de cet avantage lorsque les athlètes s'accroupissent juste avant de sauter ou de s'élancer.

L'exemple clinique le mieux connu du réflexe d'étirement est le **réflexe patellaire,** que l'on déclenche en frappant le ligament patellaire avec un marteau à réflexes (figure 13.15b). La percussion du ligament étire le muscle quadriceps, stimule les fuseaux neuromusculaires et provoque enfin la contraction du muscle quadriceps ainsi que l'inhibition de ses antagonistes, c'est-à-dire les muscles de la loge postérieure de la cuisse. On peut provoquer des réflexes d'étirement dans tout muscle squelettique en le percutant brusquement ou en percutant son tendon. Tous les réflexes d'étirement sont **monosynaptiques** et **homolatéraux,** c'est-à-dire qu'ils font intervenir une seule synapse et qu'ils déclenchent l'activité motrice du même côté du corps. Par contre, même si l'arc réflexe du réflexe d'étirement lui-même est monosynaptique, les arcs réflexes qui inhibent les muscles antagonistes sont polysynaptiques, c'est-à-dire qu'ils font intervenir plus de deux neurones et d'une synapse.

L'extension de la jambe (ou un résultat positif à la recherche de tout réflexe d'étirement) fournit deux renseignements importants. Premièrement, elle prouve le bon fonctionnement des connexions motrices et sensitives entre le muscle et la moelle épinière. Deuxièmement, la vigueur de la réponse motrice indique le degré d'excitabilité de la moelle épinière. Lorsque les influx descendant des centres encéphaliques stimulent fortement les neurones moteurs de la corne ventrale de la moelle épinière, le seul fait de toucher le tendon provoque une vigoureuse réponse réflexe. Au contraire, si les neurones moteurs de la corne ventrale reçoivent des signaux inhibiteurs, on pourrait marteler le tendon sans pour autant obtenir de réponse réflexe.

Les réflexes d'étirement sont en général faibles, voire absents, dans les cas de lésions des nerfs périphériques ou de la corne ventrale correspondant à la région évaluée. Ils sont absents chez les personnes atteintes de diabète sucré chronique ou de neurosyphilis ainsi que chez les sujets comateux. En revanche, les réflexes d'étirement sont exagérés lorsque des lésions du tractus cortico-spinal amoindrissent l'effet inhibiteur de l'encéphale sur la moelle épinière (comme dans les cas de polio ou d'accident vasculaire cérébral). ■

Réflexe tendineux Alors que le résultat du réflexe d'étirement est la contraction du muscle en réaction à son allongement, celui du **réflexe tendineux** (un réflexe polysynaptique) est le relâchement et l'allongement du muscle en réaction à sa contraction (figure 13.16). Les fuseaux neurotendineux sont stimulés lorsque la tension musculaire s'accroît modérément pendant la contraction ou l'étirement passif. Ils transmettent alors des influx afférents à la moelle épinière et, de là, au cervelet, qui ajuste la tension musculaire. En même temps, les neurones moteurs de la moelle épinière desservant le muscle contracté sont inhibés, et les muscles antagonistes sont stimulés: c'est ce qu'on appelle l'**activation réciproque.** En conséquence, le muscle contracté se détend alors que le muscle antagoniste se contracte. Les réflexes tendineux et les réflexes d'étirement assument donc deux fonctions différentes: les premiers régissent la *tension* dans le muscle, les seconds agissent sur la *longueur* du muscle.

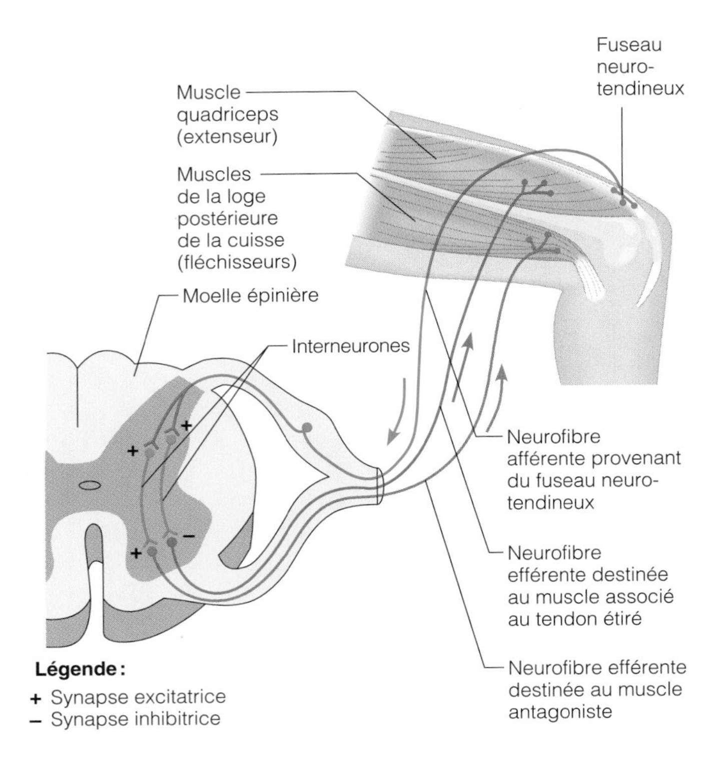

FIGURE 13.16
Réflexe tendineux. Lorsque le muscle quadriceps se contracte, la tension augmente dans la région patellaire, ce qui a pour effet de stimuler les fuseaux neurotendineux. Les neurones afférents qui leur sont associés font synapse avec des interneurones de la moelle épinière; ces interneurones inhibent les neurones moteurs desservant le muscle contracté et stimulent les neurones moteurs activant le groupe de muscles antagonistes (les muscles de la loge postérieure de la cuisse). Au bout du compte, le muscle contracté se détend et s'allonge en même temps que le muscle antagoniste se contracte et raccourcit.

Les fuseaux neurotendineux contribuent au déclenchement et à la cessation de la contraction musculaire, et ils sont particulièrement importants dans les activités qui nécessitent des passages rapides entre la flexion et l'extension, par exemple la course. Il est à noter que les fuseaux neurotendineux sont également stimulés lors de la recherche clinique d'un réflexe d'étirement, comme le réflexe des raccourcisseurs. Cependant, la brièveté du stimulus et le fait que le muscle étiré soit déjà décontracté empêchent le réflexe tendineux de l'inhiber.

Réflexe des raccourcisseurs

Le **réflexe des raccourcisseurs**, ou réflexe de retrait, est déclenché par un stimulus douloureux (réel ou perçu). Il a pour effet d'éloigner automatiquement du stimulus la partie du corps menacée (voir la figure 13.17). Vous pouvez observer ce réflexe lorsque vous vous piquez un doigt ou lorsque quelqu'un fait mine de vous donner un coup de poing dans l'abdomen et que vous fléchissez le tronc. Le réflexe des raccourcisseurs est homolatéral et poly-

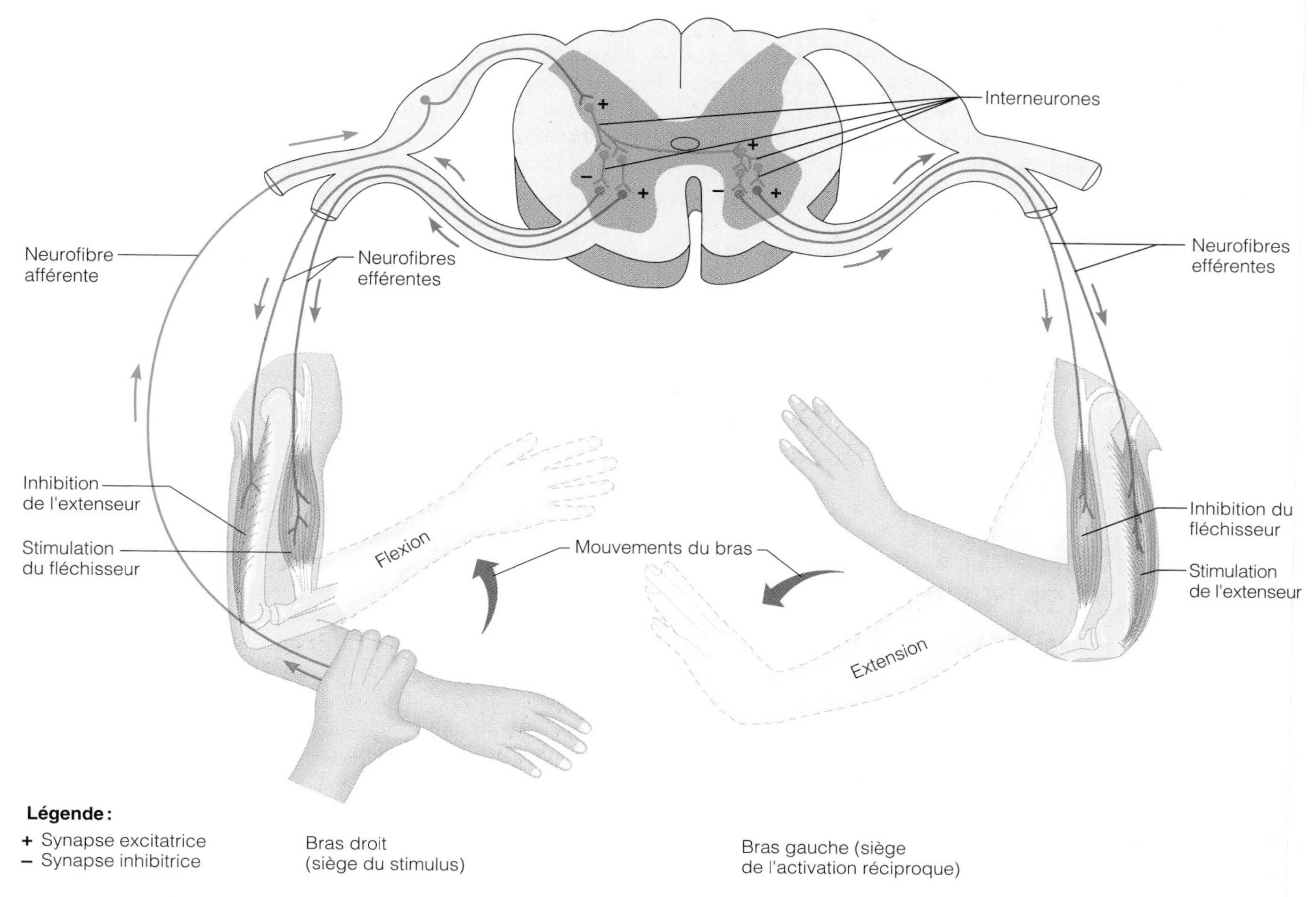

FIGURE 13.17
Réflexe d'extension croisée. Le réflexe d'extension croisée provoque le retrait de la partie du corps du côté stimulé (réflexe des raccourcisseurs, à gauche de la figure) et l'extension des muscles du côté opposé du corps (réflexe d'extension, à droite de la figure). La figure montre l'enchaînement des événements qui se produiraient si un inconnu vous attrapait le bras. Le réflexe des raccourcisseurs provoquerait le retrait immédiat du bras empoigné, tandis que le réflexe d'extension vous ferait immédiatement pousser l'inconnu avec l'autre bras en contractant les muscles extenseurs du côté opposé du corps.

synaptique. Il fait intervenir plus d'un segment de la moelle épinière, car plusieurs muscles doivent être stimulés pour éloigner la partie du corps menacée. Puisqu'il s'agit d'un réflexe de protection important pour la survie, il *mobilise* les voies spinales, c'est-à-dire qu'il en interdit l'accès à tous les autres réflexes.

Réflexe d'extension croisée

Le **réflexe d'extension croisée** est un réflexe spinal complexe constitué d'un réflexe des raccourcisseurs homolatéral et d'un réflexe d'extension controlatéral. Les neurofibres afférentes font synapse avec des interneurones qui gouvernent le réflexe des raccourcisseurs du même côté du corps, ainsi qu'avec des interneurones qui régissent les muscles extenseurs du côté opposé. Ce réflexe se manifeste lorsque quelqu'un empoigne soudainement votre bras (figure 13.17). Il survient également lorsque vous posez un pied nu sur des éclats de verre. La réponse homolatérale vous fait soulever le pied blessé, tandis que la réponse controlatérale active les muscles extenseurs de la jambe opposée afin qu'ils supportent la masse qui leur est soudainement transférée. Le réflexe d'extension croisée est particulièrement important pour le maintien de l'équilibre.

Réflexes superficiels

Les **réflexes superficiels** sont provoqués par une stimulation cutanée légère, comme celle qui est produite par le contact d'un bâtonnet sur la langue. Sur le plan clinique, les réflexes superficiels témoignent du bon fonctionnement des voies motrices supérieures et des arcs réflexes spinaux. Les réflexes superficiels les plus connus sont le réflexe plantaire et les réflexes cutanés abdominaux.

Le **réflexe plantaire** est une réponse complexe qui démontre l'intégrité de la moelle épinière de L_4 à S_2 et, indirectement, le bon fonctionnement des tractus corticospinaux (descendants). Pour le provoquer, on gratte la partie latérale de la plante du pied de l'arrière vers l'avant avec un objet émoussé. La réponse normale est une flexion plantaire des orteils. Cependant, si l'aire motrice primaire ou le tractus cortico-spinal sont endommagés, le réflexe plantaire est remplacé par le **signe de Babinski,** qui consiste en une dorsiflexion du gros orteil et en une abduction des autres orteils. Les nourrissons présentent le signe de Babinski jusqu'à l'âge de un an environ parce que les axones de leur système nerveux ne sont pas encore complètement myélinisés. En dépit de l'importance clinique du signe de Babinski, on ne comprend pas encore le mécanisme physiologique qui y préside.

En grattant la peau de l'abdomen au-dessus, à côté ou en dessous de l'ombilic, on peut induire des contractions des muscles abdominaux et un déplacement de l'ombilic en direction de l'endroit du stimulus. Ces réflexes, appelés **réflexes cutanés abdominaux,** permettent de vérifier l'intégrité de la moelle épinière et des rameaux ventraux de T_8 à T_{12}. Les réflexes cutanés abdominaux varient en intensité d'un sujet à l'autre. Ils sont absents dans les cas de lésions du tractus cortico-spinal.

DÉVELOPPEMENT ET VIEILLISSEMENT DU SYSTÈME NERVEUX PÉRIPHÉRIQUE

Comme nous l'avons vu au chapitre 9, la plupart des muscles squelettiques dérivent de masses appariées de mésoderme (somites) distribuées en segments dans la partie postérieure et médiane de l'embryon. Les nerfs spinaux émergent de la moelle épinière, sortent entre les vertèbres en voie de formation et s'associent aux masses musculaires adjacentes. Les nerfs spinaux fournissent des neurofibres motrices et des neurofibres sensitives aux muscles et contribuent à guider leur maturation. Les nerfs crâniens innervent les muscles de la tête de façon comparable.

L'innervation de la peau par les nerfs cutanés s'effectue selon un modèle similaire. Les nerfs trijumeaux viennent innerver la majeure partie du cuir chevelu et de la peau du visage. Les nerfs spinaux fournissent des branches cutanées à des dermatomes précis (adjacents), qui deviennent ultérieurement des segments dermiques. Par conséquent, la distribution et la croissance des nerfs spinaux sont en rapport avec la segmentation du corps, laquelle est établie dès la quatrième semaine du développement embryonnaire.

La croissance des membres et celle, inégale, des autres parties du corps explique l'inégalité de la taille, de la forme et du chevauchement des dermatomes chez les adultes (voir la figure 13.11, p. 483). Comme les cellules musculaires de l'embryon migrent considérablement, la segmentation initiale disparaît en grande partie. Il est primordial que les médecins connaissent la distribution des nerfs sensitifs. Par exemple, dans les régions où le chevauchement des dermatomes est important, les médecins doivent insensibiliser deux ou trois nerfs spinaux avant de procéder à une intervention chirurgicale sous anesthésie locale.

Les récepteurs sensoriels s'atrophient quelque peu au cours des années, et le tonus musculaire décroît dans le visage et dans le cou. En outre, les réflexes deviennent un peu plus lents pendant la vieillesse. Toutefois, il semble que ce phénomène soit dû à une déperdition neuronale et à un ralentissement de l'intégration nerveuse plutôt qu'à des modifications des neurofibres périphériques. En fait, les nerfs périphériques demeurent en état de fonctionner tout au long de la vie, sauf s'ils subissent un traumatisme ou une ischémie. Le symptôme le plus courant de l'ischémie (arrêt de l'irrigation sanguine) est une sensation de picotement ou d'engourdissement.

* * *

Nous avons vu dans ce chapitre que le système nerveux périphérique, constitué principalement de nerfs, représente un élément essentiel du système nerveux. C'est lui qui met en contact le système nerveux central avec le milieu interne et l'environnement. Nous pouvons maintenant aborder au chapitre 14 l'étude du système nerveux autonome, qui est une subdivision du système nerveux périphérique.

TERMES MÉDICAUX

Analgésie (*an* = sans; *algos* = douleur) Réduction ou suppression de la perception de la douleur, sans perte de conscience. Un analgésique est un médicament qui soulage la douleur.

Études de la conduction nerveuse Épreuves diagnostiques qui visent à évaluer l'intégrité des nerfs d'après leur vitesse de conduction des influx nerveux. Elles consistent à stimuler un nerf en deux points et à noter le temps que met le stimulus à atteindre le muscle desservi. On procède à ces études pour confirmer un diagnostic de neuropathie périphérique.

Névralgie (*neuron* = nerf; *algos* = douleur) Douleur intense à caractère spastique ressentie le long du trajet d'un ou de plusieurs nerfs, et généralement causée par l'inflammation ou la lésion d'un ou de plusieurs nerfs.

Névrite Inflammation d'un nerf. Il existe différentes formes de névrites ayant chacune des effets particuliers (diminution ou augmentation de la sensibilité du nerf, paralysie de la structure desservie et douleur).

Paresthésie Sensation anormale (de brûlure ou de picotement) résultant de l'atteinte d'un nerf sensitif.

Zona Inflammation virale produite par l'invasion des racines dorsales des nerfs spinaux par le virus de la varicelle (*Herpes zoster*), habituellement contracté pendant l'enfance et réactivé en période de faiblesse immunitaire. Le virus migre le long des neurofibres sensitives associées au ganglion spinal atteint, ce qui provoque de la douleur et l'éruption de vésicules le long d'un ou de plusieurs dermatomes.

RÉSUMÉ DU CHAPITRE

Système nerveux périphérique : caractéristiques générales (p. 457-466)

1. Le système nerveux périphérique comprend des récepteurs sensoriels, des nerfs (qui acheminent des influx hors du SNC et vers le SNC), des ganglions qui leur sont associés et des terminaisons motrices.

Récepteurs sensoriels (p. 457-461)

2. Les récepteurs sensoriels produisent des influx nerveux lorsqu'ils sont stimulés par des changements dans l'environnement (stimulus).

3. On trouve des récepteurs sensoriels simples dans la peau, où ils servent à capter la douleur, le toucher, la pression et la température ; on en trouve également dans les muscles squelettiques, les tendons et les viscères. Les récepteurs complexes (les organes des sens), composés de neurones sensitifs et d'autres cellules, sont ceux de la vision, de l'ouïe, de l'équilibre, de l'odorat et du goût.

4. Selon les stimulus détectés, on classe les récepteurs en mécanorécepteurs, thermorécepteurs, photorécepteurs, chimiorécepteurs ou nocicepteurs. Selon leur situation, on les classe en extérocepteurs, intérocepteurs ou propriocepteurs.

5. Sur le plan de la structure, on classe les récepteurs sensoriels simples en terminaisons dendritiques libres et en terminaisons dendritiques capsulées de neurones sensitifs. Au nombre de ces dernières, on trouve les corpuscules tactiles capsulés, les corpuscules lamelleux, les corpuscules bulboïdes, les corpuscules de Ruffini, les fuseaux neuromusculaires, les fuseaux neurotendineux et les récepteurs kinesthésiques des articulations.

6. La transduction est la conversion de l'énergie du stimulus en potentiels d'action par les récepteurs sensoriels. Lorsque la membrane réceptrice absorbe l'énergie, un seul type de canaux ioniques s'ouvre, ce qui permet aux ions de traverser la membrane et produit un potentiel récepteur comparable à un PPSE. Si le stimulus est d'intensité liminaire, il y production et propagation d'un potentiel d'action.

7. L'adaptation se définit comme la diminution de la réponse d'un récepteur sensoriel à une stimulation prolongée. Les nocicepteurs et les propriocepteurs ne s'adaptent pas.

Nerfs et ganglions (p. 461-465)

8. Un nerf est un ensemble de neurofibres du SNP. L'enveloppe de chaque neurofibre est appelée endonèvre, celle des fascicules, périnèvre et celle du nerf dans son ensemble, épinèvre.

9. Selon la direction des influx nerveux qu'ils transmettent, on classe les nerfs en nerfs moteurs, en nerfs sensitifs et en nerfs mixtes. La plupart des nerfs sont mixtes. Les neurofibres efférentes peuvent être somatiques ou autonomes.

10. Les neurofibres endommagées du SNP peuvent se régénérer si des macrophagocytes pénètrent dans la région, phagocytent les débris et libèrent des substances chimiques qui provoquent la repousse de l'axone et favorisent la prolifération des neurolemmocytes. Ceux-ci constituent un canal pour guider les repousses de l'axone vers leurs points de contact antérieurs. Normalement, les neurofibres du SNC ne se régénèrent pas, et ce pour trois raisons. Premièrement, les oligodendrocytes ne peuvent pas contribuer au processus ; deuxièmement, les macrophagocytes ne peuvent pas pénétrer dans le SNC ; enfin, la gaine de myéline entourant les axones contient des protéines qui inhibent la croissance.

11. Les ganglions sont des regroupements de corps cellulaires de neurones dont les axones sont associés à des nerfs. On trouve des ganglions spinaux (sensitifs) et des ganglions autonomes (moteurs).

Terminaisons motrices (p. 466)

12. Les terminaisons motrices des neurofibres somatiques (corpuscules nerveux terminaux) concourent à former les terminaisons neuromusculaires avec les myocytes squelettiques. Les corpuscules nerveux terminaux comprennent des vésicules synaptiques remplies d'acétylcholine. Lorsque ce neurotransmetteur est libéré, il entraîne la contraction des myocytes. (Une lame basale élaborée remplit partiellement la fente synaptique.)

13. Les terminaisons motrices autonomes, appelées varicosités axonales, sont des terminaisons renflées semblables aux précédentes sur le plan fonctionnel, mais plus simples au point de vue structural. Elles innervent les muscles lisses et les glandes. Elles ne forment pas de terminaisons neuromusculaires spécialisées ; une large fente synaptique les sépare en général de leurs cellules effectrices.

Nerfs crâniens (p. 466-474)

1. Douze paires de nerfs crâniens émergent de l'encéphale, sortent du crâne et innervent la tête et le cou. Seuls les nerfs vagues s'étendent jusque dans les cavités thoracique et abdominale.

2. Les nerfs crâniens sont numérotés de l'avant vers l'arrière, selon leur ordre d'émergence de l'encéphale. Leurs noms indiquent les structures qu'ils desservent ou leurs fonctions. Les nerfs crâniens sont :

- Les nerfs olfactifs (I) : strictement sensitifs ; ils sont associés au sens de l'odorat.
- Les nerfs optiques (II) : strictement sensitifs ; ils acheminent les influx visuels de la rétine au thalamus.
- Les nerfs oculo-moteurs (III) : nerfs mixtes, surtout moteurs ; ils émergent du mésencéphale et desservent quatre des muscles du bulbe de l'œil ainsi que le muscle releveur de la paupière supérieure, le muscle ciliaire et le muscle sphincter de la pupille ; ils transmettent aussi des influx proprioceptifs provenant des muscles squelettiques qu'ils desservent.
- Les nerfs trochléaires (IV) : nerfs mixtes ; ils émergent de la partie dorsale du mésencéphale et transmettent des influx moteurs au muscle oblique supérieur de l'œil ainsi que des influx proprioceptifs qui en proviennent.
- Les nerfs trijumeaux (V) : nerfs mixtes ; ils émergent de la partie latérale du pont. Ce sont les principaux nerfs sensitifs du visage. Chacun comprend trois branches : le nerf ophtalmique, le nerf maxillaire et le nerf mandibulaire ; ce dernier contient aussi des neurofibres motrices qui innervent les muscles de la mastication.
- Les nerfs abducens (VI) : nerfs mixtes ; ils émergent du pont et participent aux fonctions motrices et proprioceptives des muscles droits latéraux des yeux.
- Les nerfs faciaux (VII) : nerfs mixtes ; ils émergent du pont. Ce sont les principaux nerfs moteurs du visage. Ils transmettent aussi les influx sensitifs provenant des calicules gustatifs des deux tiers antérieurs de la langue.
- Les nerfs vestibulo-cochléaires (VIII) : strictement sensitifs ; ils transmettent les influx provenant des récepteurs de l'audition et de l'équilibre situés dans l'oreille interne.
- Les nerfs glosso-pharyngiens (IX) : nerfs mixtes ; ils émergent du bulbe rachidien. Ils transmettent les influx sensitifs provenant des calicules gustatifs de la partie postérieure de la langue, du pharynx, des chimiorécepteurs de la crosse de l'aorte, des glomus carotidiens et des barorécepteurs des sinus carotidiens. Ils innervent les muscles du pharynx et les glandes parotides.
- Les nerfs vagues (X) : nerfs mixtes ; ils émergent du bulbe rachidien. Les neurofibres motrices sont presque toutes des neurofibres parasympathiques autonomes. Ils donnent des efférents moteurs au pharynx, au larynx ainsi qu'aux viscères des cavités thoracique et abdominale. Ils comprennent des neurofibres sensitives qui proviennent de ces organes.
- Les nerfs accessoires (XI) : nerfs mixtes ; ils sont composés d'une racine crânienne émergeant du bulbe rachidien et d'une racine spinale émergeant de la moelle épinière cervicale. La racine crânienne fournit des neurofibres motrices au pharynx et au larynx ; la racine spinale fournit des efférents somatiques aux muscles trapèze et sterno-cléido-mastoïdien du cou, et elle comprend des afférents proprioceptifs qui en proviennent.
- Les nerfs hypoglosses (XII) : nerfs mixtes ; ils émergent du bulbe rachidien. Ils comprennent des efférents somatiques destinés aux muscles de la langue ainsi que des neurofibres proprioceptives qui en proviennent.

Nerfs spinaux (p. 474-484)

Caractéristiques générales des nerfs spinaux (p. 474-476)

1. Les 31 paires de nerfs spinaux (tous mixtes) sont numérotées successivement d'après leur point d'émergence de la moelle épinière.

2. Les nerfs spinaux sont constitués par l'union d'une racine dorsale et d'une racine ventrale de la moelle épinière. Les nerfs spinaux proprement dits sont courts et dépassent à peine les foramens intervertébraux.

3. Chaque nerf spinal se divise en un rameau dorsal, un rameau ventral, un rameau méningé et des rameaux communicants (appartenant au SNA).

Innervation de quelques parties du corps (p. 476-484)

4. Les rameaux ventraux, à l'exception de ceux de T_2 à T_{12}, forment des plexus qui desservent les membres.

5. Les rameaux dorsaux desservent les muscles et la peau de la partie postérieure du tronc. Les rameaux ventraux de T_2 à T_{12} donnent naissance aux nerfs intercostaux qui desservent la paroi du thorax et la surface abdominale.

6. Le plexus cervical (C_1 à C_4) innerve les muscles et la peau du cou et de l'épaule. Son nerf phrénique dessert le diaphragme.

7. Le plexus brachial dessert l'épaule, certains muscles du thorax et le membre supérieur. Il émerge principalement de C_5 à T_1. Dans le sens proximo-distal, le plexus brachial comprend des rameaux ventraux, des troncs, des divisions et des faisceaux. Les principaux nerfs issus de ces derniers sont les nerfs axillaire, musculo-cutané, médian, radial et ulnaire.

8. Le plexus lombal (L_1 à L_4) fournit l'innervation motrice aux muscles des parties antérieure et médiane de la cuisse ainsi que l'innervation cutanée de la partie antérieure de la cuisse et d'une portion de la jambe. Ses principales branches sont les nerfs fémoral et obturateur.

9. Le plexus sacral (L_4 à S_4) innerve les muscles postérieurs et la peau du membre inférieur. Le nerf principal est le nerf ischiatique (formé du nerf tibial et du nerf fibulaire commun).

10. Les articulations sont innervées par les mêmes nerfs que leurs muscles. Tous les nerfs spinaux, à l'exception de C_1, innervent des segments de peau appelés dermatomes.

Activité réflexe (p. 484-490)

Éléments d'un arc réflexe (p. 484-485)

1. Un réflexe est une réponse motrice rapide et involontaire à un stimulus. L'arc réflexe nécessite la présence de cinq éléments: un récepteur, un neurone sensitif, un centre d'intégration, un neurone moteur et un effecteur.

Réflexes spinaux (p. 485-490)

2. En clinique, l'observation des réflexes spinaux donne des indications sur l'intégrité des voies réflexes et sur le degré d'excitabilité de la moelle épinière.

3. Les réflexes spinaux somatiques sont le réflexe d'étirement, le réflexe tendineux, le réflexe des raccourcisseurs, le réflexe d'extension croisée et les réflexes superficiels.

4. Le réflexe d'étirement est déclenché par l'étirement des fuseaux neuromusculaires; il provoque la contraction du muscle stimulé et l'inhibition de son muscle antagoniste (inhibition réciproque). C'est un réflexe homolatéral et monosynaptique. Les réflexes d'étirement sont essentiels au tonus musculaire et au maintien de la posture.

5. Le réflexe tendineux est déclenché par la stimulation des fuseaux neurotendineux (accroissement de la tension musculaire). C'est un réflexe polysynaptique. Les réflexes tendineux provoquent la décontraction du muscle stimulé et la contraction de son muscle antagoniste (activation réciproque).

6. Le réflexe des raccourcisseurs est déclenché par un stimulus douloureux. C'est un réflexe polysynaptique et homolatéral qui joue un rôle de protection.

7. Le réflexe d'extension croisée est constitué d'un réflexe des raccourcisseurs homolatéral et d'un réflexe d'extension controlatéral.

8. Les réflexes superficiels (réflexe plantaire et réflexes cutanés abdominaux) sont provoqués par une stimulation cutanée. Ils révèlent le bon fonctionnement des arcs réflexes spinaux et des tractus cortico-spinaux.

Développement et vieillissement du système nerveux périphérique (p. 490)

1. Chaque nerf spinal fournit l'innervation sensitive et motrice d'une masse musculaire adjacente (destinée à former les muscles squelettiques) et l'innervation cutanée d'un dermatome (segment de peau).

2. Les réflexes ralentissent au cours des années, probablement en raison d'une déperdition neuronale ou d'un affaiblissement des réseaux d'intégration du SNC.

QUESTIONS DE RÉVISION

Choix multiples/associations

(Réponses à l'appendice G)

1. Les grands récepteurs en forme d'oignons situés dans le derme et dans le tissu sous-cutané et qui réagissent à la pression intense sont: (a) les corpuscules tactiles non capsulés; (b) les corpuscules lamelleux; (c) les terminaisons nerveuses libres; (d) les corpuscules bulboïdes.

2. Les propriocepteurs comprennent toutes les structures suivantes sauf: (a) les fuseaux neuromusculaires; (b) les fuseaux neurotendineux; (c) les corpuscules tactiles non capsulés; (d) les récepteurs kinesthésiques des articulations.

3. La gaine de tissu conjonctif qui entoure un fascicule de neurofibres est: (a) l'épinèvre; (b) l'endonèvre; (c) le périnèvre; (d) le neurolemme.

4. Associez les noms des nerfs crâniens de la colonne B aux descriptions de la colonne A.

	Colonne A	Colonne B
________	(1) Provoque la constriction des pupilles.	(a) Nerf abducens
________	(2) Principal nerf sensitif du visage.	(b) Nerf accessoire
________	(3) Dessert les muscles sterno-cléido-mastoïdien et trapèze.	(c) Nerf facial
________	(4) Strictement sensitifs (trois nerfs).	(d) Nerf glosso-pharyngien
________	(5) Dessert les muscles de la langue.	(e) Nerf hypoglosse
________	(6) Permet la mastication.	(f) Nerf oculo-moteur
________	(7) Atteint dans le tic douloureux de la face.	(g) Nerf olfactif
________	(8) Contribue à la régulation de l'activité cardiaque.	(h) Nerf optique
________	(9) Contribue à l'audition et à l'équilibre.	(i) Nerf trijumeau
________	(10) Contiennent des neurofibres motrices parasympathiques (quatre nerfs).	(j) Nerf trochléaire
		(k) Nerf vague
		(l) Nerf vestibulo-cochléaire

5. Donnez les plexus (liste A) et les nerfs périphériques (liste B) correspondant aux régions ou aux muscles suivants.

___, ___ **(1)** Diaphragme
___, ___ **(2)** Muscles de la loge postérieure de la cuisse et de la jambe
___, ___ **(3)** Muscles de la loge antérieure de la cuisse
___, ___ **(4)** Muscles de la loge médiane de la cuisse
___, ___ **(5)** Muscles de la loge antérieure du bras qui fléchissent l'avant-bras
___, ___ **(6)** Muscles fléchisseurs du poignet et des doigts (deux nerfs)
___, ___ **(7)** Muscles extenseurs du poignet et des doigts
___, ___ **(8)** Peau et muscles extenseurs de la loge postérieure du bras
___, ___ **(9)** Muscles fibulaire, tibial antérieur et long extenseur des orteils

Liste A : plexus
(a) Brachial
(b) Cervical
(c) Lombal
(d) Sacral

Liste B : nerfs
(1) Fibulaire commun
(2) Fémoral
(3) Médian
(4) Musculo-cutané
(5) Obturateur
(6) Phrénique
(7) Radial
(8) Tibial
(9) Ulnaire

6. Caractérisez chacun des récepteurs stimulés dans les situations suivantes en choisissant la lettre et le numéro appropriés dans la liste A et la liste B.

Liste A : **(a)** Extérocepteur
(b) Intérocepteur
(c) Propriocepteur

Liste B : **(1)** Chimiorécepteur
(2) Mécanorécepteur
(3) Nocicepteur
(4) Photorécepteur
(5) Thermorécepteur

___, ___ Vous dégustez une glace.
___, ___ Vous renversez du café chaud sur vous.
___, ___ Les rétines de vos yeux sont stimulées.
___, ___ Vous heurtez (légèrement) quelqu'un.
___, ___ Vous avez soulevé des poids et vous éprouvez une sensation dans les membres supérieurs.

7. Le réflexe homolatéral qui éloigne une partie du corps d'un stimulus douloureux est : (a) le réflexe d'extension croisée ; (b) le réflexe des raccourcisseurs ; (c) le réflexe tendineux ; (d) le réflexe d'étirement.

Questions à court développement

8. Quelle est, du point de vue fonctionnel, la relation entre le système nerveux périphérique et le système nerveux central ?

9. Énumérez les principaux éléments du système nerveux périphérique et décrivez leurs fonctions.

10. Quelles sont les ressemblances et les différences entre un potentiel récepteur et un PPSE ?

11. Expliquez pourquoi les lésions des neurofibres du SNP sont souvent réversibles, tandis que celles des neurofibres du SNC le sont rarement.

12. (a) Décrivez la formation et la composition d'un nerf spinal. (b) Nommez les branches d'un nerf spinal (autres que les rameaux communicants) et indiquez leur distribution.

13. (a) Définissez le terme plexus. (b) Indiquez les rameaux ventraux qui donnent naissance aux quatre principaux plexus et nommez les régions du corps que chaque plexus innerve.

14. Distinguez un réflexe homolatéral d'un réflexe controlatéral.

15. Sur le plan homéostatique, quel est le rôle des réflexes des raccourcisseurs ?

16. Comparez le réflexe des raccourcisseurs au réflexe d'extension croisée.

17. Expliquez en quoi le réflexe d'extension croisée constitue à la fois un exemple de traitement en série et un exemple de traitement en parallèle.

18. Quels renseignements cliniques peut-on obtenir à l'aide de la recherche des réflexes somatiques ?

19. Quelles sont les relations structurales et fonctionnelles entre les nerfs spinaux, les muscles squelettiques et les dermatomes ?

RÉFLEXION ET APPLICATION

1. En 1962, un garçon qui jouait sur une voie ferrée fut happé par un train, et une roue lui sectionna le bras droit. Les chirurgiens replacèrent le bras et suturèrent les nerfs et les vaisseaux sanguins. Ils annoncèrent au garçon qu'il retrouverait l'usage de son bras mais que le membre ne redeviendrait jamais assez fort pour lancer une balle. Expliquez pourquoi.

2. Jefferson, un joueur de football qui occupe la position d'arrière, a subi une déchirure des ménisques articulaires du genou droit après avoir été plaqué de côté. La même blessure a écrasé le nerf fibulaire commun contre la tête de la fibula. De quels problèmes locomoteurs Jefferson souffre-t-il ?

3. En tombant d'une échelle, Marie a agrippé une branche d'arbre de la main droite, mais elle n'a pu se retenir et a chuté lourdement. Plusieurs jours plus tard, Marie s'est plainte d'un engourdissement du membre supérieur. Quelle lésion la chute a-t-elle provoquée ?

4. M. Filion s'est remarquablement bien remis d'un accident vasculaire cérébral. Dernièrement, il a commencé à éprouver de la difficulté à lire. Il dit voir double et il a du mal à monter et descendre les escaliers. Il est incapable de tourner l'œil gauche vers le bas et le côté. Quel nerf crânien est endommagé ? Précisez s'il s'agit du droit ou du gauche.

5. Un chasseur a accidentellement reçu une volée de chevrotines dans les fesses au cours d'une partie de chasse au lièvre. Ses compagnons, voyant qu'il allait survivre à ses blessures, ont fait force plaisanteries à ce propos. Mais l'hilarité a fait place à la consternation une semaine plus tard lorsqu'ils apprirent que le blessé souffrirait d'une paralysie et d'une insensibilité permanentes des genoux aux pieds et dans la partie postérieure des cuisses. Qu'est-il arrivé au malheureux chasseur (quel nerf a été atteint) ?

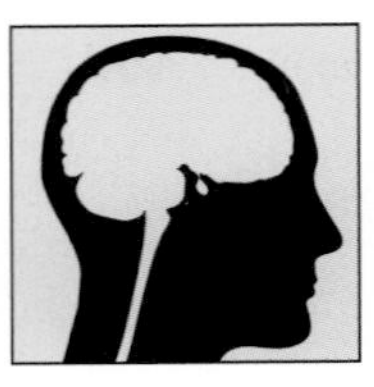

14 LE SYSTÈME NERVEUX AUTONOME

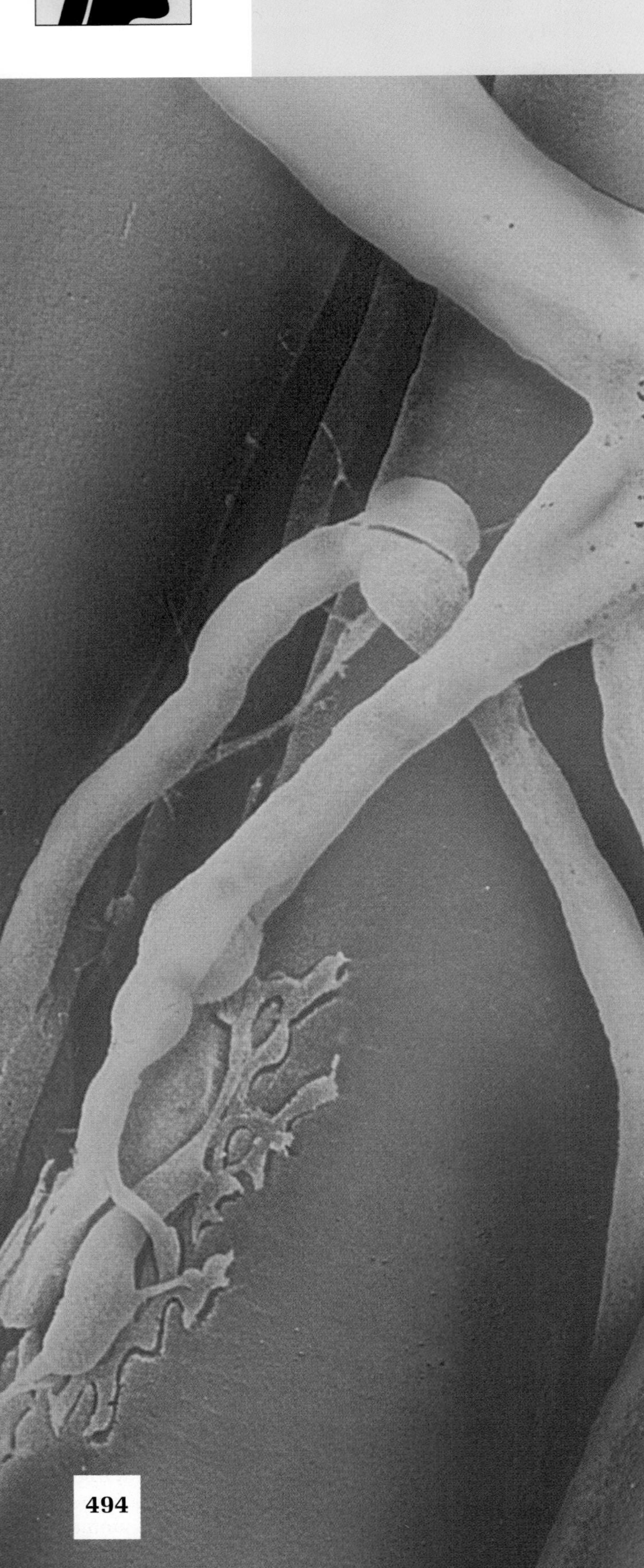

SOMMAIRE ET OBJECTIFS D'APPRENTISSAGE

Système nerveux autonome : caractéristiques générales (p. 495-497)

1. Comparer le système nerveux autonome et le système nerveux somatique du point de vue de la situation des centres d'intégration, des voies efférentes, des neurotransmetteurs libérés et des effecteurs.
2. Comparer les fonctions générales du système nerveux sympathique et celles du système nerveux parasympathique ; donner des exemples de situations dans lesquelles chacun est actif.

Anatomie du système nerveux autonome (p. 497-504)

3. Préciser l'origine du système nerveux parasympathique et du système nerveux sympathique dans le système nerveux central ; situer leurs ganglions et décrire leurs voies.
4. Comparer un arc réflexe viscéral et un arc réflexe somatique.

Physiologie du système nerveux autonome (p. 505-510, 514)

5. Définir les neurofibres cholinergiques et adrénergiques ; énumérer et situer les différents types de récepteurs cholinergiques et adrénergiques.
6. Exposer brièvement l'importance clinique des médicaments qui reproduisent ou inhibent les effets adrénergiques et cholinergiques.
7. Décrire les effets du système nerveux sympathique et du système nerveux parasympathique sur le cœur, les vaisseaux sanguins, le tube digestif, les poumons, la vessie et l'urètre, la médulla surrénale et les organes génitaux externes.
8. Expliquer ce qu'on entend par « double innervation » des viscères ; donner un exemple de situation où les systèmes sympathique et parasympathique agissent comme antagonistes et un autre où ils agissent en synergie.
9. Expliquer comment et à quels échelons du système nerveux central s'effectue la régulation du système nerveux autonome.

Déséquilibres homéostatiques du système nerveux autonome (p. 514)

10. Décrire l'hypertension artérielle, la maladie de Raynaud et le syndrome de l'hyperréflectivité autonome en tant que troubles du système nerveux autonome.

Développement et vieillissement du système nerveux autonome (p. 514-515)

11. Décrire les effets du vieillissement sur le système nerveux autonome.

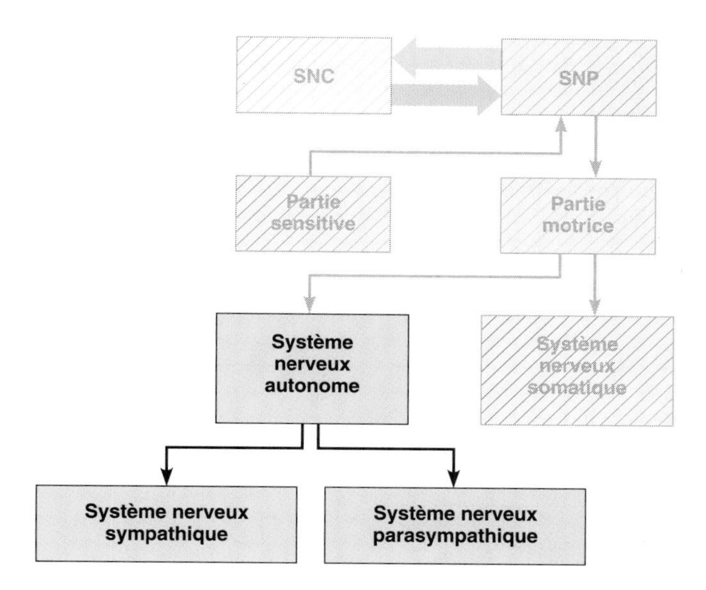

FIGURE 14.1
Place du SNA dans l'organisation structurale du système nerveux.

Nous avons vu que l'organisme travaille sans cesse au maintien de l'homéostasie. Tous les organes contribuent à la stabilité du milieu interne, mais c'est le **système nerveux autonome (SNA),** ou système nerveux végétatif, qui y préside par l'intermédiaire de neurones moteurs innervant les muscles lisses, le muscle cardiaque et les glandes (voir la figure 14.1). À chaque instant, les viscères transmettent des signaux au système nerveux central par des voies sensitives, tandis que les nerfs des voies motrices autonomes acheminent les commandes nécessaires au bon fonctionnement de l'organisme. Le système nerveux autonome réagit aux fluctuations de l'environnement en augmentant l'irrigation dans les régions qui nécessitent un apport sanguin accru, en accélérant ou en ralentissant la fréquence cardiaque, en ajustant la pression artérielle et la température corporelle, ou encore en augmentant ou en diminuant les sécrétions gastriques. La plupart de ces modulations ne franchissent pas le seuil de la conscience. Ainsi, rares sont les personnes qui se rendent compte de la dilatation de leurs pupilles ou de la constriction de leurs artères. En revanche, s'il vous est déjà arrivé d'être « torturé » par votre vessie lorsque vous patientiez à la caisse du supermarché, vous avez parfaitement ressenti le fonctionnement de cet organe. Ces fonctions, qu'elles soient conscientes ou non, sont dirigées par le système nerveux autonome. Comme son nom l'indique (*autos* = soi-même ; *nomos* = loi), le système nerveux autonome est doté d'une certaine indépendance. Il est aussi appelé **système nerveux involontaire** à cause de ses mécanismes inconscients, qui ne nécessitent pas l'intervention de la volonté, et **système moteur viscéral** en raison de la situation de la majorité de ses effecteurs.

SYSTÈME NERVEUX AUTONOME : CARACTÉRISTIQUES GÉNÉRALES

Comparaison entre le système nerveux somatique et le système nerveux autonome

Jusqu'à présent, notre étude des nerfs moteurs a porté principalement sur les nerfs qui composent le système nerveux somatique. Avant d'aborder l'anatomie du système nerveux autonome, nous allons donc souligner ce qui le distingue du système nerveux somatique d'une part et ce qui l'en rapproche sur le plan fonctionnel d'autre part. Les deux systèmes comprennent des neurofibres motrices, mais ils diffèrent sur trois points essentiels : leurs effecteurs, leurs voies efférentes et, dans une certaine mesure, les réponses que provoquent leurs neurotransmetteurs dans les organes cibles. La figure 14.2 présente un résumé de ces différences.

Effecteurs

Le système nerveux somatique stimule les muscles squelettiques, tandis que le système nerveux autonome innerve le muscle cardiaque, les muscles lisses et les glandes. Les autres différences entre les effets somatiques et les effets autonomes sur les organes cibles reposent pour la plupart sur les caractéristiques physiologiques de ces derniers.

Voies efférentes et ganglions

Les corps cellulaires des neurones moteurs du système nerveux somatique sont situés dans le système nerveux central, et leurs axones s'étendent dans les nerfs spinaux jusqu'aux muscles squelettiques qu'ils desservent. Généralement, les neurofibres motrices somatiques sont des neurofibres de type A, épaisses et fortement myélinisées, qui transmettent très rapidement les influx nerveux.

Le système nerveux autonome, quant à lui, comprend des *chaînes de deux neurones.* Le corps cellulaire du premier neurone, ou **neurone préganglionnaire,** se trouve dans l'encéphale ou dans la moelle épinière. Son axone, appelé **axone préganglionnaire,** fait synapse avec le corps cellulaire du second neurone moteur, ou **neurone postganglionnaire,** dans un **ganglion autonome** situé à l'extérieur du système nerveux central. L'**axone postganglionnaire** rejoint ensuite l'organe effecteur. Si vous prenez le temps d'assimiler la signification de ces termes tout en consultant la figure 14.2, votre étude du chapitre s'en trouvera grandement facilitée. Notez que le terme « neurone postganglionnaire » est en fait impropre, car le corps cellulaire est situé dans le ganglion et non pas au-delà (« post »). Les axones préganglionnaires sont minces et faiblement myélinisés ; les axones postganglionnaires sont encore plus minces et ils sont amyélinisés. La propagation de l'influx nerveux est par conséquent plus lente dans la chaîne efférente autonome que dans le système

Pourquoi le premier et le second neurone de la chaîne motrice autonome sont-ils respectivement appelés neurone préganglionnaire *et neurone* postganglionnaire *?*

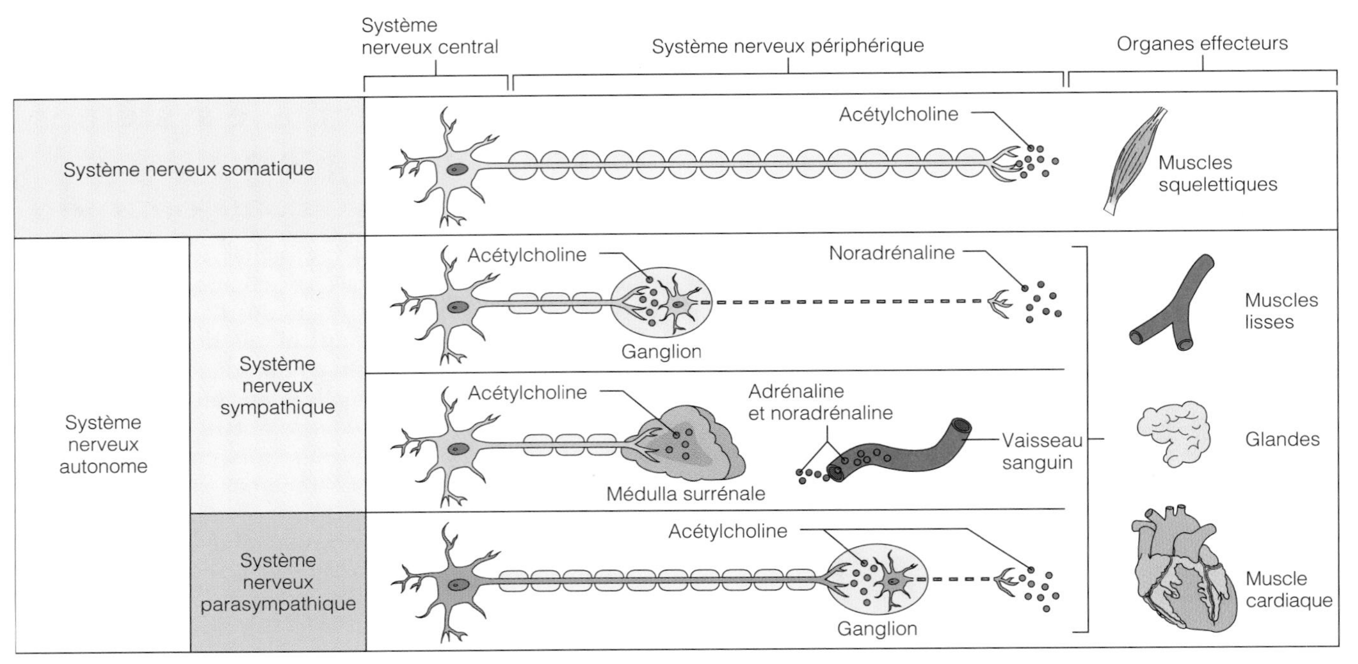

FIGURE 14.2
Comparaison entre le système nerveux somatique et le système nerveux autonome. *Système nerveux somatique* : les axones des neurones moteurs somatiques s'étendent du système nerveux central jusqu'aux effecteurs (myocytes squelettiques). Généralement, ces axones sont fortement myélinisés. Les neurones moteurs somatiques libèrent de l'acétylcholine, dont l'effet est toujours stimulant. *Système nerveux autonome* : les axones de la plupart des neurones préganglionnaires émergent du système nerveux central et font synapse avec un neurone postganglionnaire dans un ganglion autonome périphérique. Quelques axones préganglionnaires sympathiques font synapse avec des cellules de la médulla surrénale. Les axones des neurones postganglionnaires s'étendent des ganglions jusqu'aux effecteurs (myocytes cardiaques, myocytes non striés (ou lisses), glandes). Les axones préganglionnaires sont faiblement myélinisés ; les axones postganglionnaires sont amyélinisés. Tous les axones préganglionnaires autonomes libèrent de l'acétylcholine ; tous les axones postganglionnaires parasympathiques libèrent de l'acétylcholine ; la plupart des axones postganglionnaires sympathiques libèrent de la noradrénaline. Après leur stimulation, les cellules de la médulla surrénale libèrent de la noradrénaline et de l'adrénaline dans la circulation sanguine. Les effets autonomes sont stimulants ou inhibiteurs, selon le neurotransmetteur postganglionnaire libéré et les récepteurs protéiques des effecteurs.

14

nerveux somatique. De nombreux axones préganglionnaires et postganglionnaires se joignent à des nerfs spinaux ou crâniens sur l'essentiel de leur trajet.

Les ganglions autonomes sont des ganglions *moteurs* qui contiennent les corps cellulaires de neurones moteurs. Techniquement parlant, il s'agit de synapses et de points de transmission de l'information entre des neurones préganglionnaires et postganglionnaires. Cependant, la présence de *cellules ganglionnaires intrinsèques* (des neurones courts analogues à des interneurones) dans certains de ces ganglions porte à penser que l'information n'y est pas seulement transmise, mais aussi, dans une certaine mesure, intégrée. En outre, rappelez-vous que la voie motrice du système nerveux somatique est totalement *dépourvue* de ganglions. Les ganglions spinaux appartiennent uniquement à la voie sensitive du système nerveux périphérique.

Effets des neurotransmetteurs

Tous les neurones moteurs somatiques libèrent de l'acétylcholine à leurs synapses avec les myocytes squelettiques. L'effet est toujours excitateur, et si la stimulation est liminaire, le myocyte squelettique se contracte.

Les neurotransmetteurs que les neurofibres autonomes postganglionnaires libèrent dans un organe effecteur viscéral sont la **noradrénaline** (sécrétée par la plupart des neurofibres sympathiques) et l'**acétylcholine** (libérée par les neurofibres parasympathiques). Selon les récepteurs que possède l'organe cible (voir la figure 14.2 et le tableau 14.3, p. 506), ces neurotransmetteurs ont un effet excitateur ou inhibiteur.

L'axone du premier neurone s'étend entre le système nerveux central et le ganglion autonome, tandis que l'axone du second neurone est situé en aval du ganglion.

Chevauchement fonctionnel des systèmes nerveux somatique et autonome

Les centres cérébraux supérieurs régissent et coordonnent les activités motrices somatiques et viscérales, et la plupart des nerfs spinaux (ainsi que plusieurs nerfs crâniens) comportent à la fois des neurofibres motrices somatiques et des neurofibres autonomes. En outre, la plupart des adaptations de l'organisme aux changements du milieu interne et de l'environnement se traduisent par la stimulation ou l'inhibition de l'activité de certains viscères *et* des muscles squelettiques. Par exemple, lorsque les muscles squelettiques travaillent de manière intense, leurs besoins en oxygène et en glucose augmentent; les mécanismes de régulation autonomes accélèrent alors la fréquence cardiaque (muscle cardiaque: effecteur viscéral) et la fréquence respiratoire (muscles respiratoires: effecteurs somatiques) de façon à satisfaire ces besoins et à maintenir l'homéostasie. Le système nerveux autonome ne constitue qu'une partie du système nerveux mais, comme le veut la tradition, nous l'aborderons comme une entité propre et décrirons son rôle isolément.

Composants du système nerveux autonome

Le *système nerveux parasympathique* et le *système nerveux sympathique* sont les deux composants du système nerveux autonome; ils desservent généralement les mêmes viscères, mais leur action est antagoniste. Si l'un des systèmes provoque la contraction de certains muscles lisses ou la sécrétion d'une glande, l'autre va inhiber cet effet. Grâce à cette **double innervation,** les deux se font contrepoids de manière à assurer le bon fonctionnement de l'organisme. Le système nerveux sympathique mobilise l'organisme dans les situations extrêmes (la peur, l'exercice ou la colère par exemple), tandis que le système nerveux parasympathique nous permet de nous détendre pendant qu'il s'acquitte des tâches routinières de l'organisme et qu'il économise l'énergie. Nous allons examiner d'un peu plus près les différences fonctionnelles entre ces systèmes en décrivant brièvement les situations où chacun prédomine.

Rôle du système nerveux parasympathique

Le **système nerveux parasympathique** s'active surtout dans les situations neutres. Il est notamment associé au repos et à la digestion. Son rôle principal consiste à réduire la consommation d'énergie tout en accomplissant les activités banales mais vitales que sont par exemple la digestion et l'élimination des déchets. C'est d'ailleurs pour empêcher l'activité sympathique d'entraver la digestion qu'il est recommandé de se reposer après un repas copieux. Ainsi, une personne qui se détend en lisant son journal après un repas permet l'activité du système nerveux parasympathique. La pression artérielle de cette personne, sa fréquence cardiaque et sa fréquence respiratoire sont basses, son tube digestif digère le repas, et sa peau est chaude (ce qui indique que les muscles squelettiques et les organes vitaux n'ont pas besoin d'un apport sanguin accru). Ses pupilles sont en constriction pour protéger ses rétines d'un excès de lumière nuisible, et ses cristallins sont accommodés à la vision de près.

Rôle du système nerveux sympathique

C'est le **système nerveux sympathique** (ou orthosympathique) qui, dans les situations d'urgence, nous prépare à la fuite ou à la lutte. Son activité se manifeste lorsque nous sommes excités, effrayés ou menacés. Le cœur qui s'emballe, la respiration rapide et profonde, la peau froide et moite et les pupilles dilatées sont des signes incontestables de la mobilisation du système nerveux sympathique. Les modifications des tracés des ondes électroencéphalographiques et de la résistance électrique cutanée sont moins visibles mais tout aussi caractéristiques. Le polygraphe (détecteur de mensonges) permet d'enregistrer ces événements.

Le système nerveux sympathique déclenche diverses autres adaptations au cours d'une activité physique intense. Les vaisseaux sanguins des viscères (et, peut-être, de la peau) se contractent, tandis que ceux du cœur et des muscles squelettiques se dilatent, ce qui a pour effet d'accroître l'irrigation de ces organes. Les bronchioles des poumons se dilatent pour augmenter la ventilation (et, par conséquent, l'apport d'oxygène aux cellules), et le foie libère du glucose dans la circulation sanguine afin de fournir un surcroît d'énergie aux cellules. Simultanément, il y a ralentissement des activités dont l'importance est moindre temporairement, comme la motilité du tube digestif et des voies urinaires. Si vous fuyez un assaillant dans une rue sombre, la digestion de votre souper peut attendre! D'abord et avant tout, vos muscles doivent obtenir tout ce qui leur est nécessaire pour vous mettre hors de danger.

Le système nerveux sympathique amorce une série de réactions qui permettent à l'organisme de s'adapter rapidement aux situations qui pourraient perturber l'homéostasie. Son rôle est d'instaurer les conditions les plus favorables au déclenchement de la réaction appropriée à toute menace, que cette réaction soit la fuite, une meilleure vision ou la pensée critique.

Voici un bon moyen de mémoriser les principaux rôles des deux composants du système nerveux autonome: associez le système nerveux parasympathique à la lettre **D** (digestion, défécation et diurèse) et le système nerveux sympathique à la lettre **E** (exercice, excitation et embarras). Rappelez-vous toutefois que, malgré les apparences, le fonctionnement du système nerveux sympathique et celui du système nerveux parasympathique ne sont pas mutuellement exclusifs. En fait, leur antagonisme est plutôt d'ordre dynamique et les deux procèdent sans cesse à de subtils ajustements. Nous apporterons des précisions à ce sujet plus loin.

ANATOMIE DU SYSTÈME NERVEUX AUTONOME

Le système nerveux sympathique et le système nerveux parasympathique se distinguent par:

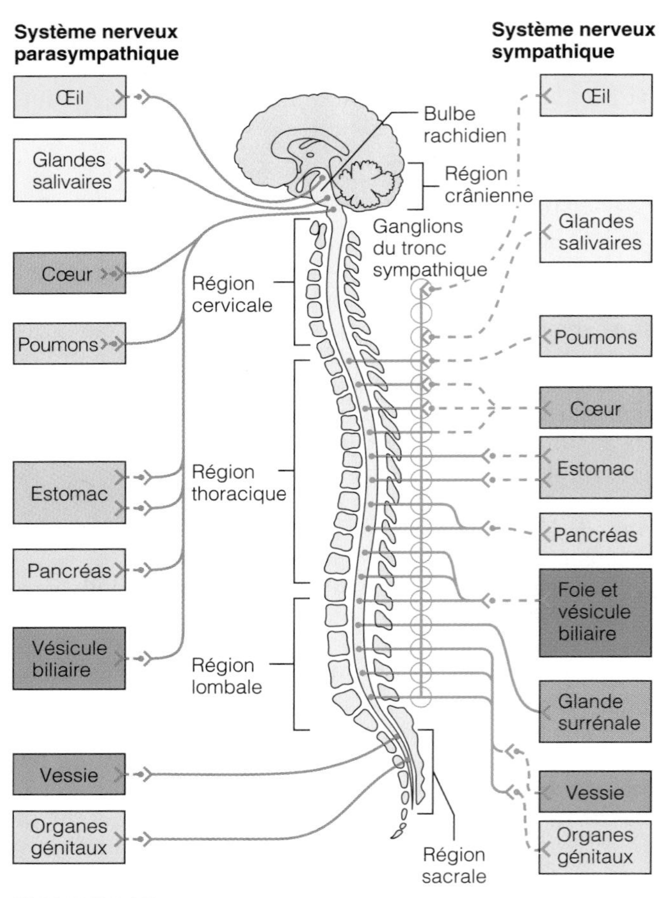

FIGURE 14.3
Vue d'ensemble du système nerveux autonome. Le diagramme présente l'origine des nerfs du système nerveux autonome et les principaux organes qu'ils desservent. Il indique aussi la situation des ganglions sympathiques et parasympathiques (synapses).

1. **Leurs lieux d'origine :** les neurofibres parasympathiques émergent de l'encéphale et de la région sacrale de la moelle épinière, tandis que les neurofibres sympathiques prennent naissance dans la région thoraco-lombale de la moelle épinière.
2. **La longueur de leurs neurofibres :** les neurofibres préganglionnaires sont longues et les neurofibres postganglionnaires sont courtes dans le système nerveux parasympathique, et inversement dans le système nerveux sympathique.
3. **La situation de leurs ganglions :** la plupart des ganglions parasympathiques sont situés dans les organes viscéraux (effecteurs), tandis que les ganglions sympathiques se trouvent à proximité de la moelle épinière.

Le tableau 14.1 (p. 500) résume ces distinctions, et la figure 14.3 les schématise.

Système nerveux parasympathique (cranio-sacral)

Nous commencerons notre étude du système nerveux autonome en abordant le système nerveux parasympathique, dont la structure anatomique est plus simple que celle du système nerveux sympathique. Le système nerveux parasympathique est aussi appelé **système cranio-sacral** (voir la figure 14.4), car ses neurofibres préganglionnaires émergent des extrémités opposées du système nerveux central (le tronc cérébral et la région sacrale de la moelle épinière). Les axones préganglionnaires s'étendent du système nerveux central jusqu'aux structures qu'ils innervent ; une fois qu'ils y sont parvenus, ils font synapse avec des neurones postganglionnaires situés dans des **ganglions terminaux** qui se trouvent soit très près des organes cibles, soit à l'intérieur ou dans la paroi de ceux-ci. Les axones postganglionnaires, très courts, naissent des ganglions terminaux et font synapse avec des cellules effectrices situées à proximité.

Neurofibres d'origine crânienne

Les neurofibres parasympathiques d'origine crânienne passent dans quelques nerfs crâniens (figure 14.4). Plus précisément, les neurofibres préganglionnaires sont situées dans les nerfs oculo-moteurs, faciaux, glosso-pharyngiens et vagues ; leurs corps cellulaires se trouvent dans les noyaux moteurs de ces nerfs, localisés dans le tronc cérébral (voir la figure 12.17b, p. 423). Nous présentons ci-dessous la situation exacte des neurones préganglionnaires et postganglionnaires des neurofibres parasympathiques d'origine crânienne.

1. **Nerfs oculo-moteurs (III).** Les neurofibres parasympathiques des nerfs oculo-moteurs innervent les muscles lisses de l'œil qui induisent la constriction des pupilles et le bombement des cristallins, ce qui permet l'accommodation sur les objets rapprochés. Les axones préganglionnaires situés dans les nerfs oculo-moteurs émergent des **noyaux oculo-moteurs accessoires** du mésencéphale. Les corps cellulaires des neurones postganglionnaires sont situés dans les **ganglions ciliaires,** à l'intérieur des orbites (voir le tableau 13.2, p. 469).
2. **Nerfs faciaux (VII).** Les neurofibres parasympathiques des nerfs faciaux induisent la sécrétion de nombreuses glandes de grandes dimensions situées dans la tête. La voie qui stimule les glandes nasales et lacrymales prend naissance dans les **noyaux lacrymaux** du pont. Les neurofibres préganglionnaires font ensuite synapse avec des neurones postganglionnaires situés dans les **ganglions ptérygo-palatins,** juste à l'arrière des maxillaires. Les neurones préganglionnaires qui stimulent les glandes submandibulaires et sublinguales émergent des **noyaux salivaires supérieurs** du pont, et ils font synapse avec des neurones postganglionnaires dans les **ganglions submandibulaires,** situés sous les angles mandibulaires.
3. **Nerfs glosso-pharyngiens (IX).** Les neurofibres parasympathiques des nerfs glosso-pharyngiens émergent des **noyaux salivaires inférieurs** situés dans le bulbe rachidien ; elles font synapse dans les **ganglions otiques** qui se trouvent au-dessous du foramen ovale. Ensuite, les neurofibres postganglionnaires rejoignent et activent les glandes parotides, situées à l'avant des oreilles (voir le tableau 13.2, p. 472).

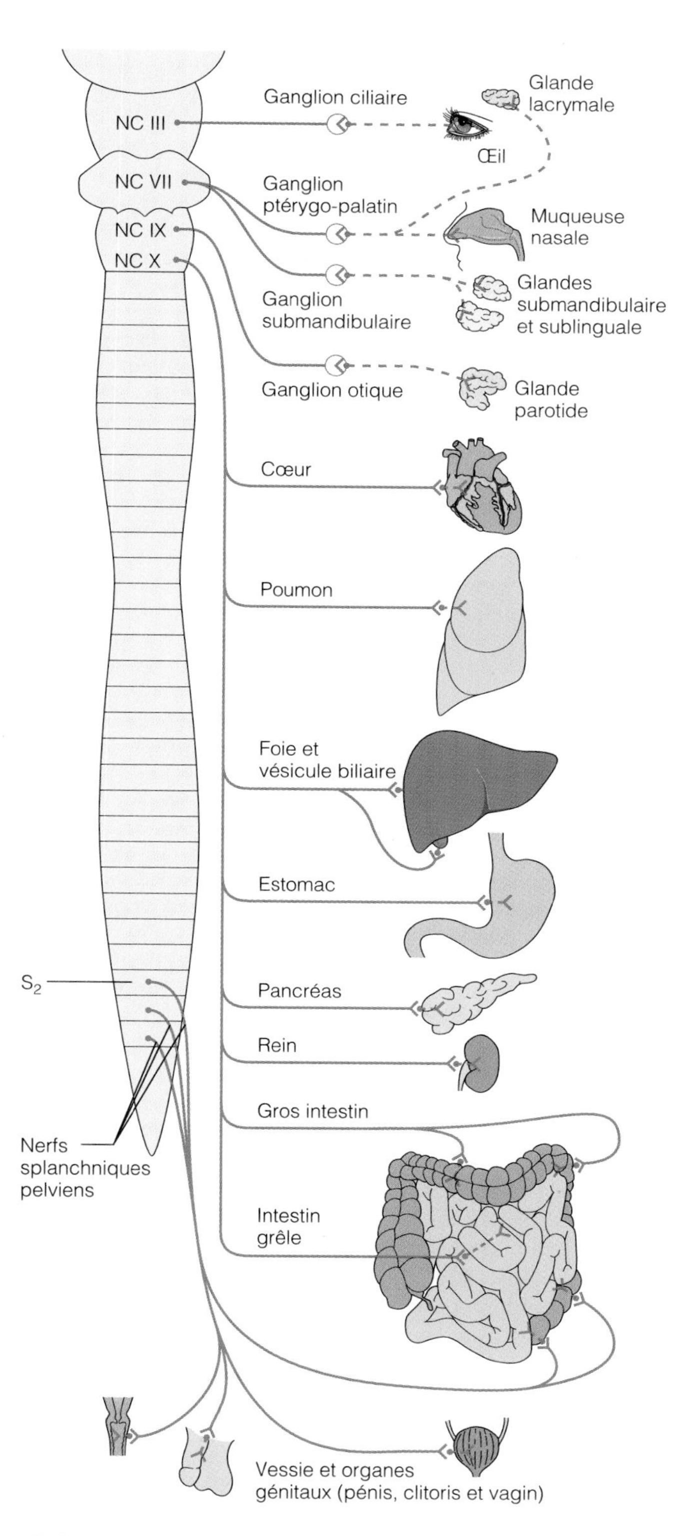

FIGURE 14.4
Système nerveux parasympathique (cranio-sacral). Les lignes pleines représentent les neurofibres préganglionnaires, tandis que les lignes pointillées représentent les neurofibres postganglionnaires. Les ganglions terminaux des neurofibres du nerf vague et du nerf splanchnique pelvien ne sont pas représentés; la plupart de ces ganglions sont situés dans ou sur l'organe cible. (Note: NC = nerf crânien.)

Ces trois paires de nerfs crâniens (III, VII et IX) assurent la totalité de l'innervation parasympathique de la tête. Cependant, on n'y trouve que des *neurofibres préganglionnaires.* En effet, les extrémités distales des neurofibres préganglionnaires s'associent à l'une ou l'autre des trois branches des *nerfs trijumeaux* (V). La synapse avec le neurone postganglionnaire s'effectue dans les ganglions déjà nommés (ciliaires, ptérygo-palatins, submandibulaires et otiques), qui sont reliés aux branches des trijumeaux. En quittant ces ganglions, les neurofibres postganglionnaires continuent donc leurs parcours vers leurs effecteurs du visage et s'unissent aux neurofibres des trijumeaux, les nerfs crâniens les plus largement distribués dans le visage.

4. **Nerfs vagues (X).** Les autres neurofibres parasympathiques d'origine crânienne empruntent les nerfs vagues (X), qui contiennent environ 90 % des neurofibres préganglionnaires parasympathiques du corps. Les deux nerfs vagues fournissent des neurofibres au cou et contribuent aux plexus nerveux (réseaux de nerfs) qui desservent pratiquement tous les organes des cavités thoracique et abdominale. Les axones préganglionnaires des nerfs vagues émergent principalement des **noyaux moteurs dorsaux** et **ambigus** du bulbe rachidien et se terminent en faisant synapse dans des ganglions terminaux qui sont habituellement situés à l'intérieur de l'organe cible. La plupart de ces ganglions terminaux ne portent pas de nom individuel: ils sont collectivement appelés *ganglions intramuraux,* ce qui signifie « à l'intérieur de la paroi ». Sur leur trajet dans le thorax, les nerfs vagues émettent des ramifications dans les plexus suivants, situés à l'intérieur ou près des organes desservis:
   - les **plexus cardiaques,** qui fournissent au cœur des neurofibres ralentissant la fréquence cardiaque;
   - les **plexus pulmonaires,** qui desservent les poumons et les bronches;
   - les **plexus œsophagiens,** qui innervent l'œsophage.

   Lorsque les principaux troncs des nerfs vagues atteignent l'œsophage, leurs neurofibres s'entremêlent et forment le plexus œsophagien d'où émergent les **troncs vagaux antérieur** et **postérieur,** qui contiennent chacun des neurofibres provenant des deux nerfs vagues. Ces troncs descendent ensuite le long de l'œsophage jusque dans la cavité abdominale, et ils émettent des neurofibres par l'intermédiaire du **plexus aortique abdominal** (formé par un certain nombre de petits plexus attachés à l'aorte abdominale) avant de donner des ramifications aux viscères abdominaux. Les neurofibres sympathiques et parasympathiques sont entremêlées dans ces plexus abdominaux; contrairement aux neurofibres sympathiques, les neurofibres parasympathiques n'y font pas synapse. Parmi les organes abdominaux qui reçoivent une innervation des nerfs vagues, on compte le foie, la vésicule biliaire, l'estomac, l'intestin grêle, les reins, le pancréas et la moitié proximale du gros intestin. Le reste du gros intestin et les organes du bassin sont desservis par des neurofibres parasympathiques provenant de la région sacrale.

TABLEAU 14.1	Différences anatomiques et physiologiques entre le système nerveux parasympathique et le système nerveux sympathique	
Caractéristiques	**Système nerveux parasympathique**	**Système nerveux sympathique**
Origine	Neurofibres d'origine cranio-sacrale : noyaux des nerfs crâniens III, VII, IX et X dans le tronc cérébral ; segments médullaires S_2 à S_4	Neurofibres d'origine thoraco-lombale : corne latérale de substance grise des segments médullaires T_1 à L_2
Situation des ganglions	Ganglions terminaux situés à l'intérieur (ganglions intramuraux) ou près des viscères desservis (ganglions extramuraux)	Ganglions situés à quelques centimètres du SNC : le long de la colonne vertébrale (ganglions du tronc sympathique) et à l'avant de la colonne vertébrale (ganglions prévertébraux)
Longueur relative des neurofibres préganglionnaires et postganglionnaires	Neurofibres préganglionnaires longues, neurofibres postganglionnaires courtes	Neurofibres préganglionnaires courtes, neurofibres postganglionnaires longues
Rameaux communicants	Aucun	Rameaux communicants gris et blancs ; les blancs contiennent des neurofibres préganglionnaires myélinisées ; les gris contiennent des neurofibres postganglionnaires amyélinisées
Degré de ramification des neurofibres préganglionnaires	Minime	Élevé
Rôle fonctionnel	Maintien des grandes fonctions physiologiques ; stockage et économie de l'énergie	Adapte le corps aux urgences et à l'activité musculaire intense
Neurotransmetteurs	Toutes les neurofibres libèrent de l'ACh (neurofibres cholinergiques)	Toutes les neurofibres préganglionnaires libèrent de l'ACh ; la plupart des neurofibres postganglionnaires libèrent de la noradrénaline (neurofibres adrénergiques) ; les neurofibres postganglionnaires qui desservent les glandes sudoripares et certains vaisseaux sanguins des muscles squelettiques libèrent de l'ACh ; la libération des hormones de la médulla surrénale (la noradrénaline et l'adrénaline) augmente l'activité de plusieurs effecteurs du système sympathique

14

Neurofibres d'origine sacrale

Les neurofibres parasympathiques d'origine sacrale émergent de neurones situés dans la substance grise latérale des segments médullaires S_2 à S_4. Les axones de ces neurones s'étendent dans les racines ventrales des nerfs spinaux, jusqu'à leurs rameaux ventraux, puis se ramifient et forment les **nerfs splanchniques pelviens** (voir la figure 14.4), qui passent par le **plexus hypogastrique inférieur.** Certaines neurofibres préganglionnaires font synapse avec des ganglions dans ce plexus, mais la plupart font synapse dans les ganglions terminaux situés dans les parois de la moitié distale du gros intestin, de la vessie, des uretères et des organes génitaux (par exemple l'utérus et les organes génitaux externes).

Système nerveux sympathique (thoraco-lombal)

Le système nerveux sympathique est plus complexe que le système nerveux parasympathique, en partie parce qu'il innerve plus d'organes. Il dessert non seulement les organes internes mais également des éléments internes de la peau et des muscles squelettiques. Cette étonnante constatation s'explique du fait que certaines glandes (comme les glandes sudoripares) et certains muscles lisses (comme les muscles arrecteurs des poils) nécessitent une innervation autonome et ne sont desservis que par des neurofibres sympathiques. En outre, toutes les artères et toutes les veines (qu'elles soient profondes ou superficielles) possèdent dans leurs parois des myocytes non striés innervés par des neurofibres sympathiques. Nous reviendrons ultérieurement plus en détail sur ce sujet ; concentrons-nous pour l'instant sur l'anatomie du système nerveux sympathique.

Tous les axones préganglionnaires du système nerveux sympathique émergent des corps cellulaires de neurones préganglionnaires situés dans les segments médullaires T_1 à L_2 (voir la figure 14.5). C'est la raison pour laquelle le système nerveux sympathique est aussi appelé **système thoraco-lombal.** Les nombreux neurones préganglionnaires sympathiques présents dans la substance grise de la moelle épinière forment les **cornes latérales,** appelées aussi **zones motrices viscérales** (voir les figures 12.28b, p. 441, et 12.29, p. 442). Les cornes latérales font saillie entre les cornes dorsales et ventrales ; ces dernières abritent les neurones moteurs somatiques. (Les neurones préganglionnaires parasympathiques de la région sacrale de la

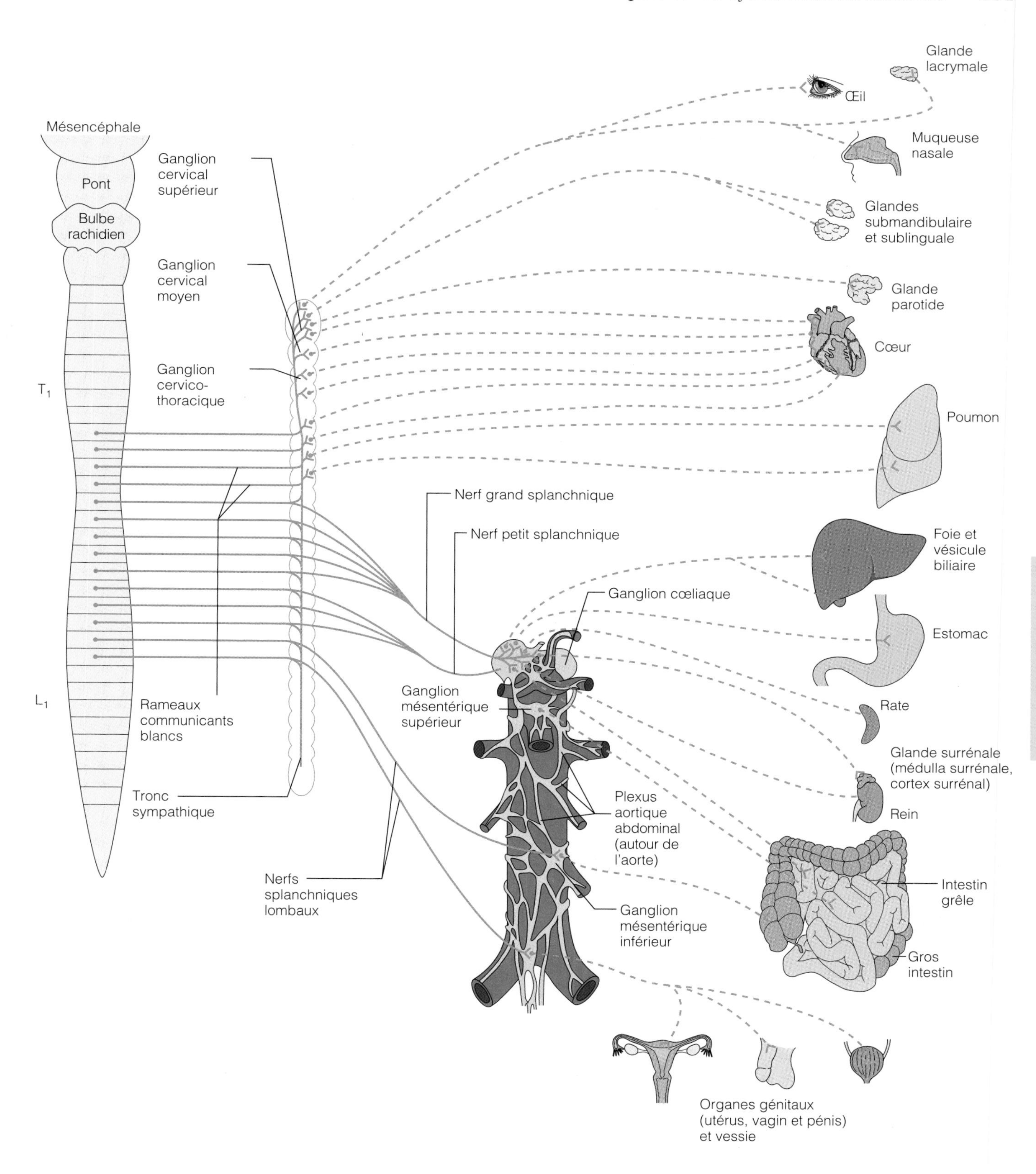

14

FIGURE 14.5
Système nerveux sympathique (thoraco-lombal). Les lignes pleines représentent les neurofibres préganglionnaires, tandis que les lignes pointillées représentent les neurofibres postganglionnaires. Les nerfs splanchniques inférieurs et sacraux ne sont pas représentés; bien que les nerfs splanchniques lombaux du système sympathique soient au nombre de quatre, deux seulement sont représentés pour des raisons de simplicité.

Qu'est-ce qui différencie les rameaux communicants gris des rameaux communicants blancs ?

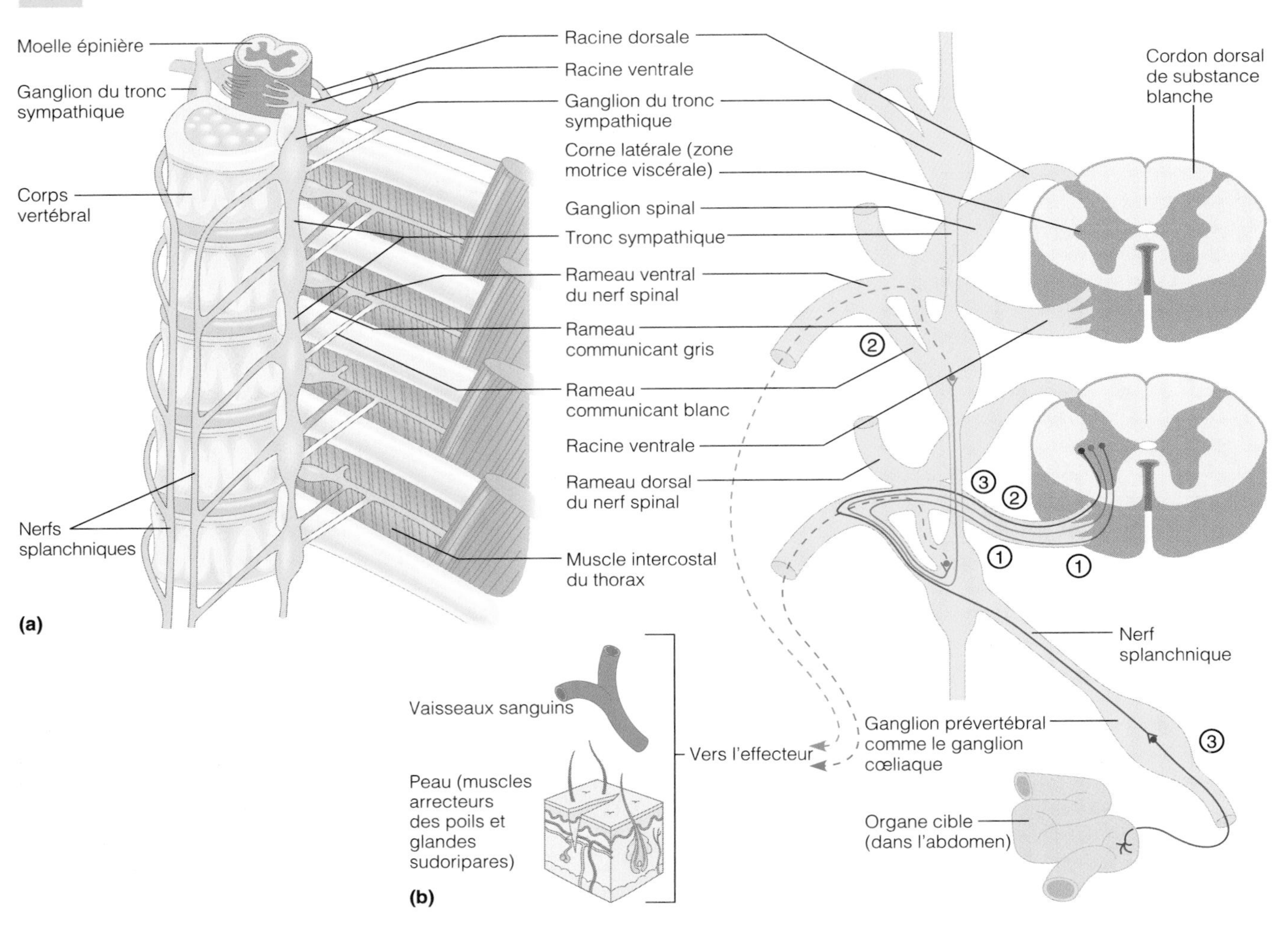

FIGURE 14.6
Troncs et voies sympathiques. (a) Les organes de la partie antérieure du thorax ont été retirés pour révéler les ganglions du tronc sympathique. **(b)** Vue schématique de la voie sympathique. **(1)** Synapse au même niveau dans un ganglion du tronc sympathique. **(2)** Synapse à un niveau différent dans un ganglion du tronc sympathique. **(3)** Synapse dans un ganglion prévertébral à l'avant de la colonne vertébrale.

moelle épinière sont beaucoup moins abondants que les neurones sympathiques analogues de la région thoraco-lombale ; d'autre part, il n'y a pas de cornes latérales dans la région sacrale de la moelle épinière. Il s'agit là d'une importante différence anatomique entre le système nerveux sympathique et le système nerveux parasympathique.) Après être sorties de la moelle épinière par la racine ventrale, les neurofibres préganglionnaires sympathiques passent par un **rameau communicant blanc** puis entrent dans un **ganglion du tronc sympathique** (figure 14.6). Les **troncs sympathiques,** ou chaînes latéro-vertébrales, s'étendent de part et d'autre de la colonne vertébrale et ressemblent à des chapelets de billes luisantes. Les ganglions de ces troncs sont nommés selon leur situation.

Bien que les troncs sympathiques cheminent du cou au bassin, les neurofibres sympathiques émergent seulement des segments thoraciques et lombaux de la moelle épinière, comme le montre la figure 14.5. La taille, la situation et le nombre des ganglions peuvent varier, mais on en trouve généralement 23 dans chaque tronc sympathique, soit 3 cervicaux, 11 thoraciques, 4 lombaux, 4 sacraux et 1 coccygien.

Une fois qu'un axone préganglionnaire a atteint un ganglion d'un tronc sympathique, il peut emprunter une des trois voies décrites ci-dessous.

1. Il peut faire synapse avec le corps cellulaire d'un neurone postganglionnaire situé dans le même ganglion (voir la voie 1, en rouge, dans la figure 14.6).

Les rameaux communicants gris sont amyélinisés. Les rameaux communicants blancs sont myélinisés, ce qui leur donne leur couleur blanche distinctive.

2. Il peut monter ou descendre dans le tronc sympathique et faire synapse dans un autre ganglion de ce même tronc (voir la voie 2, en vert, dans la figure 14.6). (Ce sont ces neurofibres qui, passant d'un ganglion à un autre, relient les ganglions dans le tronc sympathique.)
3. Il peut traverser le ganglion et émerger du tronc sympathique sans faire synapse (voir la voie 3, en mauve, dans la figure 14.6).

Les axones préganglionnaires qui empruntent ce dernier trajet contribuent à former les **nerfs splanchniques,** qui font synapse avec des **ganglions prévertébraux** (ou collatéraux), comme le ganglion cœliaque, situés à l'avant de la colonne vertébrale. Contrairement aux ganglions du tronc sympathique, les ganglions prévertébraux ne sont ni pairs ni disposés de manière segmentaire.

Quel que soit l'endroit de la synapse, tous les ganglions sympathiques sont proches de la moelle épinière, et les neurofibres postganglionnaires, qui s'étendent d'un ganglion aux organes qu'elles desservent, sont généralement beaucoup plus longues que les neurofibres préganglionnaires. Rappelez-vous que l'inverse se produit dans le système nerveux parasympathique. Comme vous le constaterez bientôt, ces distinctions anatomiques revêtent aussi de l'importance sur le plan fonctionnel.

Voies avec synapses dans un ganglion du tronc sympathique

Quand les axones préganglionnaires font synapse dans les ganglions du tronc sympathique, les axones postganglionnaires pénètrent dans le rameau ventral (ou dorsal) des nerfs spinaux adjacents par les **rameaux communicants gris** (voir la figure 14.6). Ils se distribuent par leur intermédiaire jusqu'aux glandes sudoripares et aux muscles arrecteurs des poils. Tout au long de leur trajet, les axones postganglionnaires peuvent se diriger vers des vaisseaux sanguins, puis suivre et innerver leurs myocytes non striés.

Notez que les qualificatifs « gris » et « blancs » révèlent l'apparence des rameaux communicants et qu'ils indiquent aussi si leurs axones sont myélinisés ou non. Les axones préganglionnaires qui composent les rameaux blancs sont myélinisés, tandis que les axones postganglionnaires formant les rameaux gris sont amyélinisés.

Les rameaux communicants blancs, qui acheminent les axones préganglionnaires aux troncs sympathiques, ne se trouvent que dans les segments médullaires T_1 à L_2, les régions où passent les axones des neurones sympathiques. Cependant, des rameaux gris transportant les axones postganglionnaires destinés à la périphérie du corps émergent de *chaque* ganglion des troncs sympathiques de la région cervicale à la région sacrale. Les axones des neurones sympathiques peuvent ainsi atteindre toutes les parties du corps. Comme les axones des neurones parasympathiques n'empruntent jamais les nerfs spinaux, *les rameaux communicants ne sont associés qu'au système nerveux sympathique.*

Les axones préganglionnaires sympathiques desservant le cou, la tête et le thorax émergent des segments médullaires T_1 à T_6 et montent dans le tronc sympathique pour faire synapse avec des neurones postganglionnaires situés à l'intérieur des ganglions cervicaux du cou. Les

TABLEAU 14.2 Innervation sympathique segmentaire

Segment médullaire	Organes desservis
T_1 à T_5	Tête, cou et cœur
T_2 à T_4	Bronches et poumons
T_2 à T_5	Membre supérieur
T_5 et T_6	Œsophage
T_6 à T_{10}	Estomac, rate et pancréas
T_7 à T_9	Foie
T_9 et T_{10}	Intestin grêle
T_{10} à L_1	Rein et organes génitaux (utérus, testicules, ovaires, etc.)
T_{10} à L_2	Membre inférieur
T_{11} à L_2	Gros intestin, uretère et vessie

axones postganglionnaires issus des *ganglions cervicaux* (voir la figure 14.5) fournissent l'innervation sympathique à quelques régions de la tête et du cou. Certains axones de neurones émergeant du **ganglion cervical supérieur** rejoignent des nerfs crâniens et les trois ou quatre nerfs spinaux cervicaux supérieurs ; ils empruntent également leur trajet. Ces neurofibres se distribuent dans la peau et dans les vaisseaux sanguins de la tête, et elles stimulent les muscles dilatateurs des pupilles, inhibent les glandes nasales et salivaires et innervent le muscle tarsal supérieur (muscle lisse). Le ganglion cervical supérieur donne aussi des ramifications directes au glomus et au sinus carotidiens, au larynx et au pharynx, et il fournit quelques **nerfs cardiaques** qui, comme leur nom l'indique, se rendent au cœur.

Les neurofibres postganglionnaires issues des **ganglions cervical moyen** et **cervico-thoracique** entrent dans les nerfs cervicaux C_4 à C_8. Certaines de ces neurofibres innervent le cœur, mais la plupart desservent la peau. (À cause de sa forme étoilée, le ganglion cervico-thoracique est aussi appelé *ganglion stellaire.*) En outre, certaines neurofibres postganglionnaires issues des quelque cinq premiers ganglions thoraciques se rendent directement au cœur, à l'aorte, aux poumons et à l'œsophage. En cours de route, elles passent dans les plexus associés à ces organes. Le tableau 14.2 présente un résumé de l'innervation sympathique en fonction des segments médullaires.

Voies avec synapses dans un ganglion prévertébral

Les neurofibres préganglionnaires de T_5 à L_2 font synapse dans les ganglions prévertébraux. Ces neurofibres pénètrent dans les troncs sympathiques, en sortent sans faire synapse et forment les **nerfs splanchniques.** Les nerfs grands splanchniques, les nerfs petits splanchniques et les nerfs splanchniques inférieurs prennent naissance dans la cavité thoracique et traversent le diaphragme pour se rendre dans la cavité abdominale. Les **nerfs splanchniques lombaux** et **sacraux** prennent naissance dans la partie abdominale du tronc sympathique et desservent les organes de la région pelvienne. Les nerfs splanchniques se joignent à un certain nombre de plexus enchevêtrés qui forment collectivement le **plexus aortique abdominal,** attaché à la surface de l'aorte abdominale (voir la figure 14.5). Ce plexus complexe contient quelques ganglions, des grands et des petits, qui desservent l'ensemble des viscères abdomino-pelviens (*splagkhnon* = viscère). De haut en bas, les plus importants de ces ganglions sont appelés **ganglions cœliaque, mésentérique supérieur** et **mésentérique inférieur** selon les artères auxquelles ils sont associés. Les neurofibres postganglionnaires issues de ces ganglions atteignent habituellement leurs organes cibles en compagnie des artères qui les desservent.

Certains *nerfs splanchniques* (*grands splanchniques, petits splanchniques, splanchniques inférieurs*) font synapse principalement dans les ganglions cœliaque et mésentérique supérieur. Les neurofibres postganglionnaires issues de ces ganglions se distribuent jusque dans la plupart des viscères abdominaux : l'estomac, les intestins (à l'exception de la moitié distale du gros intestin), le foie, la rate et les reins. Les *nerfs splanchniques lombaux* et *sacraux* envoient l'essentiel de leurs neurofibres au ganglion mésentérique inférieur et au plexus hypogastrique, d'où les neurofibres postganglionnaires émergent afin de desservir la moitié distale du gros intestin, la vessie et les organes génitaux internes. La plupart des neurofibres sympathiques inhibent l'activité des viscères qu'elles desservent.

Voies avec synapses dans la médulla surrénale

Certaines des neurofibres qui empruntent les nerfs splanchniques passent dans le ganglion cœliaque sans faire synapse, mais se terminent en faisant synapse avec les cellules productrices d'hormones de la médulla surrénale (voir la figure 14.5). Lorsque les cellules médullaires sont stimulées par les neurofibres préganglionnaires, elles sécrètent de la **noradrénaline** et de l'**adrénaline** (parfois appelées *norépinéphrine* et *épinéphrine*) dans le liquide interstitiel ; ces hormones diffusent vers les capillaires sanguins afin d'être transportées par la circulation sanguine vers les autres organes du corps. Les ganglions sympathiques et la médulla surrénale proviennent du même tissu embryonnaire. C'est pour cette raison que certains chercheurs assimilent la médulla surrénale à un ganglion sympathique « égaré » et ses cellules productrices d'hormones à des neurones postganglionnaires sympathiques, bien que ces cellules soient dépourvues des prolongements de la cellule nerveuse.

Arcs réflexes viscéraux

La plupart des anatomistes estiment que le système nerveux autonome est un système moteur viscéral : la présence de neurofibres sensitives (pour la plupart des afférents nociceptifs viscéraux) dans les nerfs autonomes est souvent passée sous silence. Toutefois, les **neurones sensitifs viscéraux,** qui signalent les changements chimiques, l'étirement et l'irritation des viscères (même si nous ne sommes pas conscients de la plupart de ces changements), sont les premiers maillons des réflexes autonomes qui sont à l'origine des mécanismes de régulation physiologique reliés au maintien de l'homéostasie. Les **arcs réflexes viscéraux** comprennent essentiellement les mêmes éléments que les arcs réflexes somatiques (soit un récepteur, un neurone sensitif, un centre d'intégration, un neurone moteur et un effecteur) ; par contre, ils font intervenir une voie motrice de *deux neurones* (figure 14.7).

Presque toutes les neurofibres sympathiques et parasympathiques dont nous avons fait la description sont accompagnées par des neurofibres afférentes qui conduisent les influx sensitifs provenant des structures musculaires et glandulaires. Les prolongements périphériques des neurones sensitifs viscéraux se trouvent dans les nerfs crâniens VII, IX et X, dans les nerfs splanchniques et dans d'autres nerfs qui sont rattachés au tronc sympathique, ainsi que dans les nerfs spinaux. Comme pour les neurones sensitifs qui desservent les structures somatiques (muscles squelettiques et peau), les corps cellulaires des neurones sensitifs viscéraux sont situés dans les ganglions sensitifs des nerfs crâniens associés ou dans les ganglions spinaux.

La **douleur projetée** est une douleur qui prend naissance dans les viscères mais qui est perçue en périphérie du corps. Ce phénomène s'explique par le fait que les afférents nociceptifs viscéraux empruntent les mêmes voies que les neurofibres nociceptives somatiques. Par exemple,

La légende précise que la neurofibre afférente atteint le SNC par l'intermédiaire d'un nerf spinal. Comment auriez-vous pu le savoir si la légende ne vous l'avait pas indiqué ?

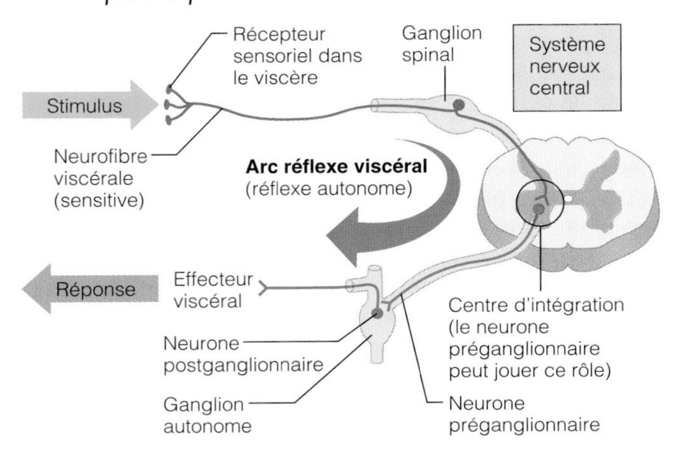

FIGURE 14.7
Réflexes viscéraux. Les réflexes viscéraux nécessitent les mêmes éléments que les réflexes somatiques. Cependant, ils se produisent toujours dans des voies polysynaptiques, car la voie efférente est formée de deux neurones moteurs. Les neurofibres afférentes viscérales se trouvent tant dans les nerfs spinaux (situation représentée ici) que dans les nerfs crâniens et les nerfs autonomes.

La neurofibre viscérale afférente pénètre dans la moelle épinière (SNC) en passant par un ganglion spinal. Or, on ne trouve des ganglions spinaux que dans la racine dorsale des nerfs spinaux.

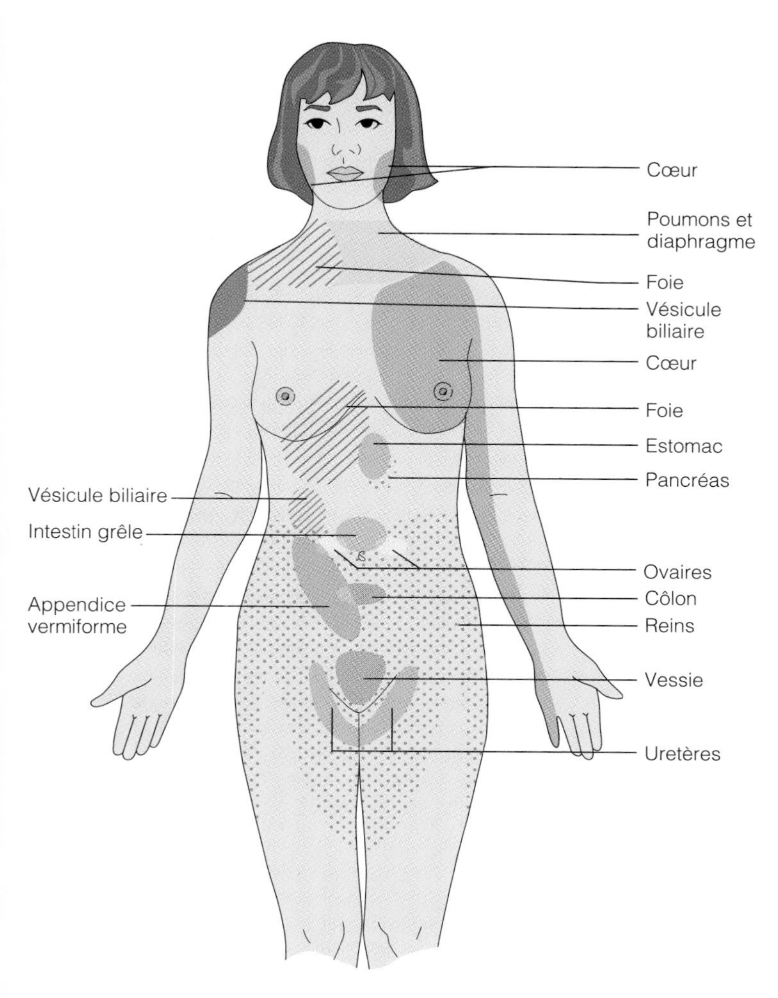

FIGURE 14.8
Douleur projetée. La figure montre les régions cutanées de la face antérieure du corps où se projette la douleur provenant de certains organes.

une crise cardiaque peut produire une douleur qui irradie jusque dans la partie supérieure de la paroi thoracique et sur la face médiane du bras gauche. Comme le cœur et les régions de projection des douleurs du tissu cardiaque sont innervés par les mêmes segments médullaires (soit T_1 à T_5), les aires somesthésiques du cerveau déduisent que les influx douloureux proviennent de la voie somatique la plus utilisée. La figure 14.8 montre les régions cutanées où se projette habituellement la douleur viscérale. (Nous traitons de la douleur somatique et viscérale dans l'encadré du chapitre 13, p. 464-465.)

PHYSIOLOGIE DU SYSTÈME NERVEUX AUTONOME

Neurotransmetteurs et récepteurs

Les neurones du système nerveux autonome libèrent principalement de l'*acétylcholine* (*ACh*) et de la *noradrénaline* (*NA*). Les neurones moteurs somatiques sécrètent aussi de l'acétylcholine; ce neurotransmetteur est libéré par tous les axones préganglionnaires du système nerveux sympathique et du système nerveux parasympathique, ainsi que par tous les axones postganglionnaires parasympathiques à leurs synapses avec les effecteurs (voir la figure 14.2 et le tableau 14.1). Les neurofibres qui libèrent de l'acétylcholine sont appelées **neurofibres cholinergiques.**

Par ailleurs, la plupart des axones postganglionnaires sympathiques libèrent de la noradrénaline et sont appelés **neurofibres adrénergiques.** Les seules exceptions sont les neurofibres postganglionnaires sympathiques innervant les glandes sudoripares et certains vaisseaux sanguins situés dans les muscles squelettiques et dans les organes génitaux externes qui, elles, libèrent toutes de l'acétylcholine.

Malheureusement, l'acétylcholine et la noradrénaline n'ont pas toujours le même effet excitateur ou inhibiteur sur les effecteurs musculaires ou glandulaires. La réaction de ces effecteurs dépend non seulement des neurotransmetteurs eux-mêmes, mais également des récepteurs de la membrane plasmique auxquels les neurotransmetteurs se lient. Comme il existe au moins deux types de récepteurs pour chaque neurotransmetteur autonome, ces substances chimiques exercent des effets différents (activation ou inhibition) sur les cellules cibles des différents effecteurs (tableau 14.3).

Récepteurs cholinergiques

Les deux types de récepteurs cholinergiques (auxquels se lie l'acétylcholine) sont nommés d'après les substances exogènes qui, en se liant à eux, reproduisent les effets de l'acétylcholine. La *nicotine* active les **récepteurs nicotiniques,** qui ont été les premiers identifiés. La *muscarine,* une substance toxique extraite d'un champignon, active un autre groupe de récepteurs cholinergiques, les **récepteurs muscariniques.** Tous les récepteurs cholinergiques sont soit nicotiniques, soit muscariniques.

On trouve des récepteurs nicotiniques (1) sur les terminaisons neuromusculaires des myocytes squelettiques (qui sont toutefois des cibles somatiques et non autonomes), (2) sur tous les neurones postganglionnaires, tant sympathiques que parasympathiques, et (3) sur les cellules productrices d'hormones de la médulla surrénale. L'effet de la liaison de l'acétylcholine aux récepteurs nicotiniques est **toujours** stimulant et il entraîne l'excitation du neurone ou de la cellule effectrice (postsynaptique).

On trouve des récepteurs muscariniques sur toutes les cellules effectrices stimulées par les neurofibres cholinergiques postganglionnaires, c'est-à-dire sur tous les organes cibles du système nerveux parasympathique et sur quelques cibles du système nerveux sympathique comme les glandes sudoripares mérocrines et certains vaisseaux sanguins des muscles squelettiques. L'effet de la liaison de l'acétylcholine aux récepteurs muscariniques est inhibiteur ou excitateur, selon l'organe cible. Par exemple, la liaison de l'acétylcholine aux récepteurs du muscle cardiaque ralentit l'activité du cœur, tandis que la liaison de l'acétylcholine aux récepteurs des muscles lisses du tube digestif accroît la motilité de celui-ci.

Récepteurs adrénergiques

Il existe également deux classes principales de récepteurs adrénergiques (auxquels se lie la noradrénaline): les

TABLEAU 14.3 Récepteurs cholinergiques et adrénergiques

Neurotransmetteur	Type de récepteur	Principales situations	Effet de la liaison
Acétylcholine	**Cholinergiques**		
	Nicotiniques	Tous les neurones postganglionnaires ; cellules de la médulla surrénale (et terminaisons neuromusculaires des muscles squelettiques)	Excitation
	Muscariniques	Tous les organes cibles du système nerveux parasympathique	Excitation dans la plupart des cas ; inhibition du muscle cardiaque
		Certaines cibles du système nerveux sympathique :	
		• glandes sudoripares mérocrines	Activation
		• vaisseaux sanguins des muscles squelettiques	Inhibition (entraîne la vasodilatation)
Noradrénaline (et adrénaline libérée par la médulla surrénale)	**Adrénergiques**		
	β_1	Principalement le cœur, mais aussi les reins	Accroissement de la fréquence et de la force cardiaques (effet ionotrope) ; déclenchement de la sécrétion de rénine par les reins
	β_2	Poumons et la plupart des autres organes cibles du système nerveux sympathique ; abondants sur les vaisseaux sanguins desservant le cœur	Déclenchement de la sécrétion d'insuline par le pancréas ; les autres effets sont principalement inhibiteurs : dilatation des vaisseaux sanguins et des bronchioles ; relâchement des muscles lisses de la paroi du tube digestif et de certains organes du système urinaire ; relâchement de la paroi de l'utérus chez la femme enceinte
	β_3	Tissu adipeux	Déclenchement de la lipolyse dans les cellules adipeuses (effet métabotrope)
	α_1	Principalement les vaisseaux sanguins desservant la peau, les muqueuses, les organes abdominaux, les reins et les glandes salivaires ; pratiquement tous les organes cibles du système nerveux sympathique, à l'exception du cœur	Constriction des vaisseaux sanguins et des sphincters des viscères ; dilatation des pupilles
	α_2	Membrane des corpuscules nerveux terminaux des axones adrénergiques ; membrane plasmique des plaquettes sanguines	Modulation de l'inhibition de la libération de NA par les terminaisons adrénergiques ; facilitation de la coagulation sanguine

récepteurs alpha (α) et les **récepteurs bêta** (β). Les organes qui réagissent à la noradrénaline (ou à l'adrénaline) présentent un type de récepteurs ou les deux. En général, la liaison de la noradrénaline (ou de l'adrénaline) aux récepteurs α a un effet excitateur, tandis que leur liaison aux récepteurs β a un effet inhibiteur. Il existe cependant des exceptions notables. Par exemple, la liaison de la noradrénaline aux récepteurs β du muscle cardiaque stimule l'activité du cœur. Ces différences sont dues au fait que les récepteurs α et β se divisent en sous-classes (α_1, α_2 ; β_1, β_2 et β_3) et que chaque type de récepteurs tend à prédominer dans certains organes cibles. Ces différentes sous-classes ont été établies en fonction des différents types de réponses obtenues lors d'essais sur la liaison de la noradrénaline avec ces récepteurs. Le tableau 14.3 présente un résumé des situations et des effets des récepteurs appartenant à ces sous-classes.

Effets des médicaments

Du point de vue clinique, il est important de connaître la situation des divers récepteurs cholinergiques et adrénergiques afin de prescrire les médicaments qui provoqueront l'effet désiré sur les organes cibles. Certains médicaments stimulent le système nerveux sympathique (sympathomimétiques), d'autres le bloquent (alphabloqueurs ou bêtabloqueurs) ; d'autres médicaments stimulent le système nerveux parasympathique (parasympathomimétiques), d'autres le bloquent (anticholinergiques). Par exemple, l'atropine est un médicament anticholinergique qui bloque les effets du système nerveux parasympathique en agissant sur les récepteurs muscariniques ; on l'administre fréquemment avant une intervention chirurgicale pour supprimer la production de salive et de sécrétions respiratoires. Les ophtalmologistes l'emploient aussi pour dilater les pupilles (agent mydriatique) pendant un examen des yeux. La *néostigmine,* un médicament anticholinestérasique, inhibe l'acétylcholinestérase, une enzyme ; ce médicament prévient ainsi la dégradation enzymatique de l'acétylcholine, ce qui permet son accumulation dans les synapses et prolonge ses effets. On l'utilise dans le traitement de la *myasthénie,* une perturbation de l'activité des muscles squelettiques causée par une diminution notable du nombre de récepteurs de l'acétylcholine sur la membrane plasmique des myocytes squelettiques.

Par ailleurs, les *antidépresseurs tricycliques* (comme Élavil et Sinéquan) soulagent la dépression en prolongeant l'effet de la noradrénaline sur la membrane postsynaptique. Comme nous l'expliquons dans le chapitre 11 (tableau 11.3, p. 392), la noradrénaline est l'un des « neurotransmetteurs du plaisir ». Des centaines de médicaments en vente libre destinés au traitement du rhume, de la toux, des allergies et de la congestion nasale contiennent des agents sympathomimétiques (comme l'éphédrine et la phényléphrine) qui stimulent les récepteurs alpha-adrénergiques. La recherche pharmaceutique est en grande partie orientée vers l'élaboration de médicaments susceptibles d'agir sur une seule sous-classe de récepteurs, sans perturber l'ensemble du système adrénergique ou cholinergique. C'est ainsi que la découverte d'inhibiteurs adrénergiques, aussi appelés *bêtabloqueurs,* qui se lient principalement aux récepteurs β_1 du muscle cardiaque a constitué un progrès important en pharmacologie. Ces médicaments, dont l'acébutolol (Sectral) et le métoprolol (Lopressor), servent à diminuer la fréquence cardiaque et la pression artérielle et à prévenir les arythmies (irrégularités du rythme cardiaque) chez les personnes atteintes de maladies du cœur, sans perturber les autres effets sympathiques.

Interactions des systèmes nerveux sympathique et parasympathique

Comme nous l'avons déjà mentionné, la plupart des organes sont innervés par des neurofibres sympathiques et par des neurofibres parasympathiques, c'est-à-dire qu'ils reçoivent une *double innervation.* Normalement, l'activité des deux composants du système nerveux autonome n'est que partielle : c'est cet antagonisme dynamique qui permet une régulation très précise de l'activité viscérale et, par le fait même, le maintien de l'homéostasie. Cependant, un système ou l'autre prédomine généralement dans des circonstances données. Plus rarement, les deux coopèrent en vue d'un résultat spécifique. Le tableau 14.4 présente les principaux effets du système nerveux sympathique et du système nerveux parasympathique.

Effets antagonistes

Comme nous l'avons vu plus haut, les effets antagonistes touchent particulièrement l'activité du cœur, du système respiratoire et du système digestif. Dans une situation d'urgence, le système nerveux sympathique accroît les fréquences respiratoire et cardiaque tout en inhibant la digestion et l'élimination. Lorsque la situation d'urgence est passée, le système nerveux parasympathique ramène les fréquences cardiaque et respiratoire au repos, puis favorise le réapprovisionnement des cellules en nutriments et l'élimination des déchets.

Tonus sympathique et parasympathique

Bien que nous ayons mentionné que le système nerveux parasympathique est surtout associé au repos et à la digestion, le système nerveux sympathique est le principal agent régulateur de la pression artérielle, même au repos. À quelques exceptions près, les vaisseaux sanguins sont entièrement innervés par des neurofibres sympathiques, qui maintiennent leurs muscles lisses dans un état de constriction partielle appelé **tonus sympathique,** ou **vasomoteur.** Lorsque la circulation doit s'accélérer, ces neurofibres émettent des influx plus rapidement, ce qui provoque la constriction des vaisseaux et l'élévation de la pression artérielle. Inversement, lorsque la pression artérielle doit diminuer, les neurofibres provoquent la dilatation des vaisseaux en diminuant le nombre des influx nerveux. Si le tonus sympathique n'existait pas, les vaisseaux seraient entièrement dilatés à l'état de repos et toute variation dans le nombre d'influx sympathiques ne pourrait que produire une vasoconstriction. On traite souvent l'hypertension à l'aide d'*alphabloqueurs* (comme la phentolamine), des médicaments qui diminuent l'activité de ces **neurofibres vasomotrices.** Lorsqu'une personne est en état de choc (irrigation inadéquate des tissus) ou lorsque des muscles squelettiques nécessitent un surcroît de sang, les vaisseaux sanguins desservant la peau et les organes abdominaux se contractent. Cette « dérivation » du sang contribue à maintenir l'irrigation du cœur et de l'encéphale ainsi que des muscles squelettiques.

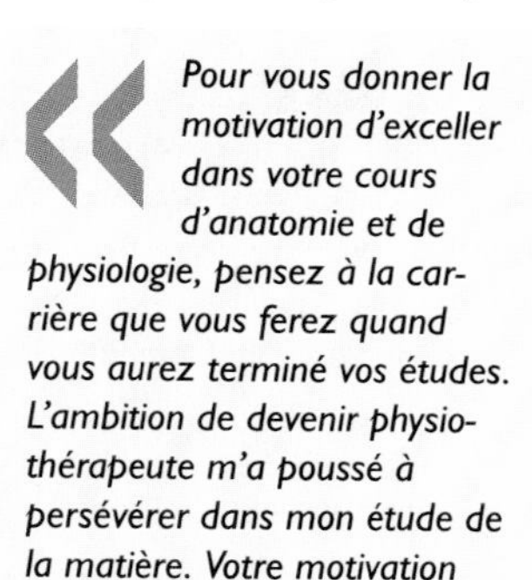

Pour vous donner la motivation d'exceller dans votre cours d'anatomie et de physiologie, pensez à la carrière que vous ferez quand vous aurez terminé vos études. L'ambition de devenir physiothérapeute m'a poussé à persévérer dans mon étude de la matière. Votre motivation augmentera beaucoup si vous vous donnez un objectif précis. Votre cours d'anatomie et de physiologie est un des facteurs qui vous mènera là où vous voulez aller. Pensez-y bien !

Marc Lichtenstein, étudiant en physiothérapie

Par ailleurs, les effets parasympathiques prédominent dans le fonctionnement normal du cœur et des muscles lisses des systèmes digestif et urinaire. Ces organes présentent donc un **tonus parasympathique.** Le système nerveux parasympathique empêche une accélération inutile de la fréquence cardiaque et établit les niveaux d'activité normaux des systèmes digestif et urinaire. Toutefois, le système nerveux sympathique peut annuler les effets parasympathiques en situation d'urgence. Les médicaments qui bloquent les réactions parasympathiques accroissent la fréquence cardiaque et provoquent la rétention fécale et urinaire. À l'exception des surrénales et des glandes sudoripares, la plupart des glandes sont activées par des neurofibres parasympathiques.

Effets synergiques

Les effets synergiques des systèmes nerveux sympathique et parasympathique ne sont nulle part plus manifestes que dans la régulation des organes génitaux externes. En effet, pendant l'excitation sexuelle, la stimulation parasympathique induit *d'abord* la dilatation des vaisseaux qui les irriguent et provoque l'érection du pénis ou du clitoris. (Cela peut expliquer pourquoi la libido diminue parfois lorsque les gens sont anxieux ou bouleversés et

TABLEAU 14.4 Effets des systèmes nerveux sympathique et parasympathique sur divers organes

Cible (organe ou système)	Effets du système nerveux parasympathique	Effets du système nerveux sympathique
Œil (iris)	Stimulation du muscle sphincter de la pupille ; constriction des pupilles	Stimulation du muscle dilatateur de la pupille ; dilatation des pupilles
Œil (muscle ciliaire)	Stimulation du muscle ciliaire entraînant le bombement du cristallin aux fins de l'accommodation et de la vision de près	Aucun
Glandes (glandes nasales, lacrymales, salivaires, gastriques, et pancréas)	Stimulation de l'activité sécrétoire	Inhibition de l'activité sécrétoire ; vasoconstriction des vaisseaux sanguins desservant les glandes
Glandes sudoripares	Aucun	Déclenchement de la diaphorèse (neurofibres cholinergiques)
Médulla surrénale	Aucun	Déclenchement de la sécrétion d'adrénaline et de noradrénaline par les cellules de la médulla surrénale
Muscles arrecteurs des poils attachés aux follicules pileux	Aucun	Déclenchement de la contraction (redresse les poils et produit la chair de poule)
Muscle cardiaque	Diminution de la fréquence cardiaque ; ralentissement et stabilisation	Accroissement de la fréquence et de la force cardiaques
Cœur : vaisseaux coronaires	Constriction des vaisseaux coronaires	Vasodilatation
Vessie/urètre	Contraction du muscle lisse de la paroi vésicale ; relâchement du sphincter lisse de l'urètre ; stimulation de la miction	Relâchement du muscle lisse de la paroi vésicale ; contraction du sphincter lisse de l'urètre ; inhibition de la miction
Poumons	Constriction des bronchioles	Dilatation des bronchioles et légère constriction des vaisseaux sanguins
Système digestif	Accroissement de la motilité (péristaltisme) et de la sécrétion ; relâchement des sphincters permettant la progression des aliments dans le tube digestif	Diminution de l'activité des glandes et des muscles lisses du système digestif et contraction des sphincters (comme le sphincter anal)
Foie	Aucun	L'adrénaline provoque la libération de glucose par le foie
Vésicule biliaire	Excitation (contraction de la vésicule biliaire provoquant l'expulsion de la bile)	Inhibition (relâchement de la vésicule biliaire)
Reins	Aucun	Vasoconstriction ; diminution de la diurèse ; formation de rénine
Pénis	Érection (vasodilatation)	Éjaculation
Vagin/clitoris	Érection (vasodilatation) du clitoris	Antipéristaltisme (contraction) du vagin
Vaisseaux sanguins	Minimes ou nuls	Constriction de la plupart des vaisseaux sanguins et augmentation de la pression artérielle ; constriction des vaisseaux des organes abdominaux et de la peau permettant la dérivation du sang vers les muscles squelettiques, l'encéphale et le cœur au besoin ; dilatation des vaisseaux des muscles squelettiques (par l'intermédiaire de neurofibres cholinergiques et de l'adrénaline) pendant une activité physique
Coagulation sanguine	Aucun	Accroissement de la coagulation
Métabolisme cellulaire	Aucun	Augmentation de la vitesse du métabolisme
Tissu adipeux	Aucun	Déclenchement de la lipolyse (dégradation des graisses)
Activité mentale	Aucun	Augmentation de la vigilance

que le système nerveux sympathique prédomine.) La stimulation sympathique entraîne *ensuite* l'éjaculation chez l'homme et le péristaltisme réflexe du vagin chez la femme.

Rôles exclusifs du système nerveux sympathique

Le système nerveux sympathique régit de nombreuses fonctions qui ne sont pas sujettes à l'influence parasympathique. Par exemple, la médulla surrénale, les glandes sudoripares, les muscles arrecteurs des poils, les reins et la plupart des vaisseaux sanguins ne reçoivent que des neurofibres sympathiques. Il est facile de se rappeler que le système nerveux sympathique innerve ces structures, car une situation d'urgence déclenche la transpiration, la peur donne la chair de poule et l'excitation fait monter en flèche la pression artérielle, sous l'effet d'une vasoconstriction généralisée. Nous avons déjà vu que l'influence du système nerveux sympathique sur les vaisseaux sanguins permet la régulation de la pression artérielle et la dérivation du sang dans le système cardiovasculaire. Il y a lieu de mentionner ici quelques autres fonctions exclusives du système nerveux sympathique.

Thermorégulation Les neurofibres du système nerveux sympathique transmettent les informations sensorielles ainsi que les commandes motrices reliées aux réflexes qui régissent la température corporelle. Par exemple, l'application de chaleur sur la peau induit la dilatation réflexe des vaisseaux sanguins de la région touchée. Lorsque la température systémique est élevée, les neurofibres sympathiques déclenchent une dilatation généralisée des vaisseaux cutanés (artérioles), ce qui entraîne un afflux de sang chaud à la peau. Ils activent également les glandes sudoripares qui sécrètent la sueur, dont l'évaporation a pour conséquence un refroidissement de la peau (comme l'évaporation de l'alcool ou de l'éther sur la peau). Inversement, lorsque la température corporelle s'abaisse, les neurofibres sympathiques déclenchent une vasoconstriction des vaisseaux sanguins de la peau de manière à confiner le sang aux organes vitaux profonds afin d'empêcher un refroidissement généralisé.

Libération de rénine Sous l'effet d'influx nerveux sympathiques, les reins libèrent de la rénine, une enzyme qui permet la formation d'angiotensine; l'action de cette molécule sur des effecteurs spécifiques élève la pression artérielle. Nous expliquons au chapitre 26 les mécanismes d'action du système rénine-angiotensine, qui contribue au maintien de l'équilibre hydrique.

Effets métaboliques Par l'intermédiaire de la stimulation directe et des hormones libérées par les cellules de la médulla surrénale, le système nerveux sympathique déclenche un certain nombre d'effets métaboliques que l'activité parasympathique ne contre pas. Il s'agit (1) de l'augmentation de la vitesse du métabolisme des cellules, (2) de l'élévation du taux de glucose sanguin, (3) de la mobilisation des graisses en vue de leur utilisation comme combustibles (synthèse de l'ATP) et (4) d'un accroissement de la vigilance dû à la stimulation du système réticulaire activateur ascendant du tronc cérébral. Les hormones de la médulla surrénale augmentent également la force et la rapidité des contractions des muscles squelettiques. Les fuseaux neuromusculaires se trouvent ainsi stimulés plus fréquemment, ce qui accroît le synchronisme des influx nerveux envoyés aux muscles. Ces volées d'influx qui favorisent les contractions musculaires sont bénéfiques pour un athlète en compétition, mais elles peuvent devenir embarrassantes, voire nuisibles, pour un musicien ou un chirurgien nerveux.

Effets localisés, brefs, et effets diffus, prolongés

Dans le système nerveux parasympathique, un neurone préganglionnaire fait synapse avec un très petit nombre de neurones postganglionnaires (un, la plupart du temps). De plus, toutes les neurofibres parasympathiques libèrent de l'acétylcholine, mais celle-ci est rapidement dégradée par l'acétylcholinestérase. Par conséquent, le système nerveux parasympathique exerce une régulation éphémère et très localisée sur ses effecteurs. En revanche, les axones préganglionnaires sympathiques se ramifient considérablement à leur entrée dans le tronc sympathique et ils font synapse avec de nombreux neurones postganglionnaires situés à divers niveaux. C'est pourquoi le système nerveux sympathique a des réactions diffuses et fortement interdépendantes lorsqu'il est activé. D'ailleurs, au sens étymologique, le terme « sympathique » (*sun* = ensemble; *pathos* = ce qu'on éprouve) fait référence à la mobilisation générale de l'organisme.

Les effets de l'activation sympathique sont aussi beaucoup plus durables que ceux de l'activation parasympathique, et ce pour trois raisons. Premièrement, la noradrénaline est inactivée plus lentement que l'acétylcholine parce qu'elle doit être recaptée dans la terminaison présynaptique avant d'être emmagasinée à nouveau dans les vésicules synaptiques ou hydrolysée. Deuxièmement, en tant que neurotransmetteur à action indirecte agissant par l'intermédiaire de seconds messagers (voir p. 394), la noradrénaline exerce ses effets plus lentement que ne le fait l'acétylcholine, qui a une action directe. Troisièmement, lorsque le système nerveux sympathique est mobilisé, les cellules de la médulla surrénale libèrent dans la circulation sanguine de petites quantités (15 %) de noradrénaline et de grandes quantités (85 %) d'adrénaline. Bien que l'adrénaline augmente la fréquence cardiaque, le taux de sucre sanguin et la vitesse du métabolisme de manière plus efficace que la noradrénaline, ces deux hormones provoquent essentiellement les mêmes effets que la noradrénaline libérée par les neurones sympathiques. En fait, les hormones circulantes de la médulla surrénale produisent de 25 à 50 % des effets sympathiques agissant sur l'organisme à un moment donné. Ces effets se font sentir pendant quelques minutes, jusqu'à ce que le foie dégrade ces hormones. Par conséquent, bien que les influx des neurofibres sympathiques aient une durée d'action brève, ils produisent des effets hormonaux de longue durée. L'effet prolongé et généralisé de l'activation sympathique explique pourquoi les symptômes du stress extrême mettent un certain temps à se dissiper, même après la disparition du stimulus.

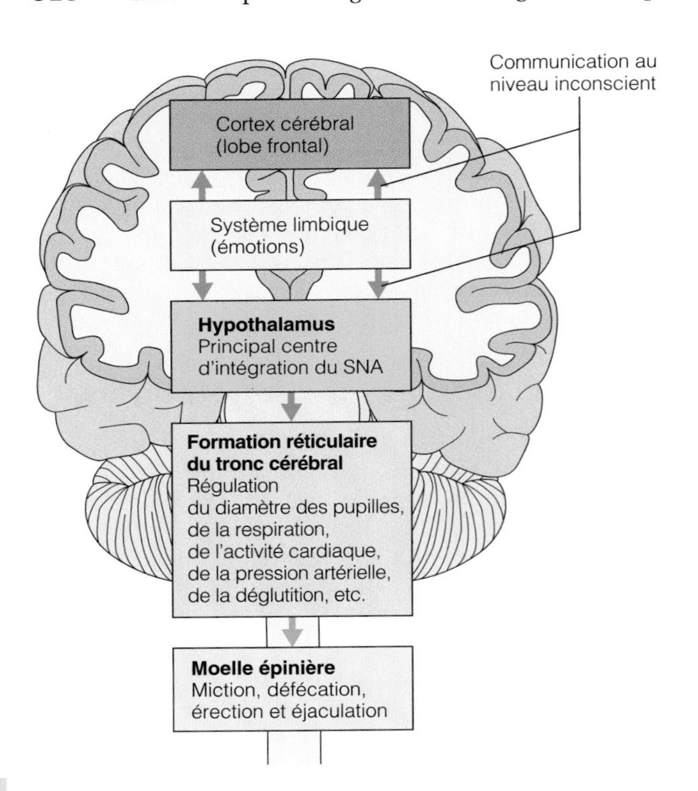

FIGURE 14.9
Niveaux de régulation du système nerveux autonome. L'hypothalamus occupe le sommet hiérarchique dans la régulation de l'activité du système nerveux autonome. Toutefois, des influx nerveux inconscients d'origine cérébrale influent sur le fonctionnement de l'hypothalamus par l'intermédiaire de connexions avec le système limbique.

Régulation du système nerveux autonome

On tient généralement pour acquis que le système nerveux autonome est involontaire, mais son activité n'en est pas moins soumise à une régulation. Cette régulation s'effectue à plusieurs échelons du système nerveux central, soit la moelle épinière, le tronc cérébral, l'hypothalamus et le cortex cérébral. L'hypothalamus joue en général le rôle de «ganglion principal», c'est-à-dire de sommet hiérarchique dans la régulation du système nerveux autonome. À partir de l'hypothalamus, les commandes descendent vers les centres inférieurs du système nerveux central pour y être exécutées. Le cortex cérébral peut modifier le fonctionnement du système nerveux autonome, mais il le fait au niveau inconscient et par l'intermédiaire de structures du système limbique agissant sur les centres hypothalamiques (figure 14.9).

Tronc cérébral et moelle épinière

L'hypothalamus préside à la régulation du système nerveux autonome, mais c'est la formation réticulaire du tronc cérébral qui semble exercer l'influence la plus *directe* sur les fonctions autonomes. Par exemple, certains neurones moteurs de la partie ventro-latérale du bulbe rachidien régissent de manière réflexe la fréquence cardiaque et le diamètre des vaisseaux sanguins (*centre cardiovasculaire*) ainsi que la respiration. D'autres régions médullaires régissent plusieurs activités gastro-intestinales. La plupart des influx sensitifs qui provoquent ces réflexes autonomes sont acheminés au tronc cérébral par l'intermédiaire de neurofibres afférentes du nerf vague. Le pont contient aussi des *centres respiratoires* qui interagissent avec ceux du bulbe rachidien, et certains centres du mésencéphale (*noyaux des nerfs oculo-moteurs*) contribuent à la régulation du diamètre des pupilles. Les réflexes de défécation et de miction, qui entraînent l'évacuation du rectum et de la vessie, sont intégrés à l'échelon de la moelle épinière, mais ils sont soumis à une inhibition consciente par les centres cérébraux supérieurs. Nous décrivons tous ces réflexes autonomes dans des chapitres ultérieurs, en même temps que les organes qu'ils desservent.

Hypothalamus

Nous avons vu que l'hypothalamus est le principal centre d'intégration du système nerveux autonome. Plusieurs noyaux des parties médiane et antérieure de l'hypothalamus semblent diriger des fonctions parasympathiques, tandis que d'autres noyaux des parties latérale et postérieure président à des fonctions sympathiques. Ces centres agissent par l'intermédiaire de relais situés dans la *formation réticulaire,* qui influe à son tour sur les neurones moteurs préganglionnaires du système nerveux autonome logés dans le tronc cérébral et la moelle épinière. Non seulement l'hypothalamus contient-il des centres qui coordonnent l'activité cardiaque et endocrinienne, la pression artérielle, la température corporelle et l'équilibre hydrique, mais il en renferme aussi qui ont un effet sur diverses émotions (la colère et le plaisir) et sur les pulsions biologiques (la soif, la faim et le désir sexuel). (L'encadré du chapitre 11, p. 396-397, traite de l'effet de certaines drogues sur le centre du plaisir de l'hypothalamus.)

Au chapitre 12 (p. 428), nous avons indiqué que la partie émotionnelle du cerveau (c'est-à-dire le système limbique) est liée de près à l'hypothalamus. En fait, c'est la réaction émotionnelle du système limbique au danger et à une situation génératrice d'anxiété qui signale à l'hypothalamus de régler le système nerveux sympathique en mode «lutte ou fuite». L'hypothalamus est donc la pierre angulaire du cerveau émotionnel et viscéral, et c'est par ses centres que les émotions se répercutent sur le fonctionnement du système nerveux autonome et sur le comportement. Nous expliquons la genèse de la *peur apprise* dans l'encadré de la page 511.

Cortex cérébral

On a longtemps pensé que le système nerveux autonome échappait à la volonté. Mais qui n'a pas senti son cœur s'emballer sous le coup de la colère ou n'a pas salivé à la simple pensée d'un aliment appétissant? Les influx qui provoquent ces réactions convergent dans l'hypothalamus en passant par les connexions qui le relient au système limbique. Les études portant sur la rétroaction biologique ont démontré qu'il est possible de maîtriser les activités viscérales, même si cette capacité demeure inexploitée chez la plupart des gens.

GROS PLAN

Comment on apprend la peur

Il fait nuit et vous entrez dans votre maison obscure. Vous entendez un faible bruit métallique. Vous frissonnez et vous dressez l'oreille. Déjà paré à affronter un intrus, vous manquez défaillir lorsque votre chat accourt à vos pieds. Nous avons tous connu les manifestations de la *peur apprise* dans des situations qui, sans comporter de réel danger, foisonnent de signaux que nous associons à une menace.

Depuis une dizaine d'années, les chercheurs scrutent l'encéphale afin de mieux comprendre ce qui s'y produit lorsque le mécanisme de la peur s'emballe. Ils ont découvert que la peur apprise fait intervenir trois régions de l'encéphale. La première est le *corps amygdaloïde* (voir l'illustration), une structure du système limbique qui relie nos émotions, la peur y comprise, à une multitude de souvenirs ou de situations. Les souvenirs entachés de peur s'imprègnent de manière presque indélébile dans le corps amygdaloïde. Ainsi, un enfant de trois ans qui se brûle en jouant avec des allumettes ne retouche plus jamais à des allumettes. On en déduit donc que les associations établies par le corps amygdaloïde à la suite de situations dangereuses doivent être durables et profondes.

Le *cortex préfrontal* (situé à la surface de la partie latérale du lobe frontal) est la deuxième des régions de l'encéphale à intervenir dans la peur. Il semble qu'il évalue le potentiel de danger et qu'il joue un rôle primordial dans le « désapprentissage » des comportements de peur. Enfin, l'*hypothalamus* réagit aux signaux de stress (quels qu'ils soient) en sécrétant de la corticolibérine (CRF), une hormone qui stimule la libération de corticotrophine (ACTH) par l'hypophyse. La corticotrophine stimule à son tour la sécrétion de cortisol par le cortex surrénal (voir l'illustration). Le cortisol, de même que l'activité du système nerveux sympathique, prépare l'organisme à se défendre.

La réaction de peur met un certain temps à s'établir. Chez l'être humain, l'activité du cortex préfrontal augmente entre le septième et le douzième mois de la vie, soit la période au cours de laquelle les nourrissons commencent à manifester une peur marquée des inconnus. C'est aussi pendant cette période que les enfants apprennent à

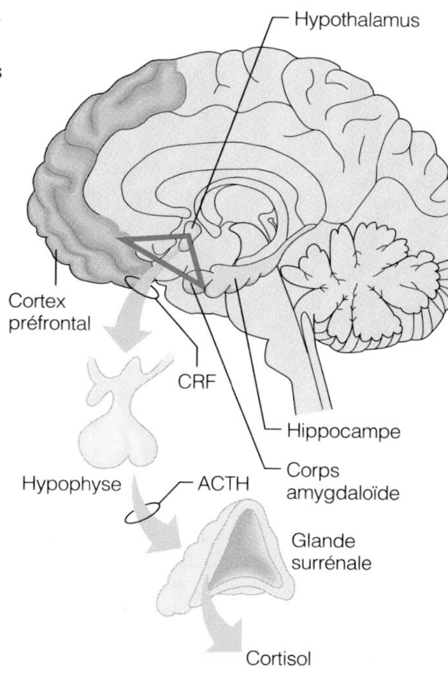

décoder les signaux sociaux et qu'ils modulent leur peur en interprétant les expressions de leurs parents. Fait intéressant, beaucoup d'enfants extrêmement craintifs ont des parents anxieux.

Les chercheurs n'ont pas fini d'étudier les aspects moléculaires de la réaction de peur, mais ils savent d'ores et déjà que ce phénomène fait intervenir des neurones qui réagissent aux opiacés et aux benzodiazépines (endogènes et exogènes). Lorsqu'une personne perçoit un danger, ses neurones sensibles aux opiacés sont inhibés et elle éprouve un sentiment grandissant de vulnérabilité. C'est ensuite au tour des neurones du cortex préfrontal qui sécrètent des benzodiazépines endogènes d'être inhibés. Ces inhibitions successives ont deux effets. Premièrement, les neurones qui libèrent du GABA sont inhibés ; deuxièmement, les comportements et les réponses hormonales qui préparent la personne à la lutte ou à la fuite se déclenchent.

Au fil des ans, la plupart des gens acquièrent des stratégies qui leur permettent de composer avec toutes sortes de situations effrayantes : apaiser un vis-à-vis en colère, crier et fuir devant un agresseur, changer de sujet de conversation ou encore entreprendre une nouvelle activité. Certaines personnes, cependant, perdent tous leurs moyens dans des situations que la majorité des gens trouvent banales : elles tremblent de manière incoercible quand elles parlent à des étrangers, elles ont peur de sortir de chez elles ou elles ont une réaction de terreur à des signaux qui leur rappellent des souvenirs du danger (comme c'est le cas pour certains anciens combattants du Viêt-nam quand ils entendent le bourdonnement d'un hélicoptère). La sécrétion chronique de cortisol peut entraîner divers troubles. Si l'organisme libère constamment du glucose au lieu d'en emmagasiner, les tissus sains s'atrophient et la fatigue s'installe. Par ailleurs, les changements cardiovasculaires prédisposent à l'hypertension artérielle et à ses complications cardiaques, vasculaires et rénales. Enfin, des maladies reliées au stress comme l'ulcère gastroduodénal peuvent apparaître.

Pourquoi les êtres humains composent-ils si différemment avec leurs peurs ? Il semble que le nombre de dangers perçus importe moins que la façon de les affronter sur le plan émotionnel. La plupart des dangers perçus sont dictés par la société et ambigus. Les personnes capables d'anticiper une situation problématique puis de l'éviter ou de trouver un exutoire à leurs tensions préviennent les effets nuisibles de la peur chronique. Dans certains cas, cependant, le problème est d'origine physiologique et réside dans une diminution de la sensibilité du circuit CRF-ACTH-cortisol qui entraîne un affaiblissement des signaux de rétro-inhibition envoyés à l'hypothalamus. L'encéphale reçoit un signal lui indiquant que la concentration sanguine de cortisol est faible alors qu'elle est élevée, si bien que le cortex surrénal en sécrète constamment. Chez les personnes atteintes de troubles anxieux diagnostiqués, il semble que le corps amygdaloïde envoie des signaux de danger même en l'absence de menace. Ces personnes doivent donc « désapprendre » les comportements de peur afin de parvenir à maîtriser leur anxiété.

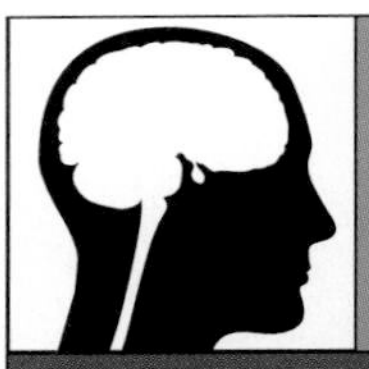

SYNTHÈSE

Tous pour un, un pour tous : relations entre le système nerveux et les autres systèmes de l'organisme

Système tégumentaire

- Le système nerveux sympathique régit les glandes sudoripares et les vaisseaux sanguins de la peau (et, par conséquent, la déperdition ou la rétention de chaleur).
- La peau concourt à la déperdition de chaleur ; la peau renferme de nombreux types d'extérocepteurs.

Système osseux

- Les nerfs innervent les os.
- Les os emmagasinent du calcium qui servira à la fonction nerveuse et ils protègent les structures du SNC.

Système musculaire

- Le système nerveux somatique transporte les informations sensorielles provenant des fuseaux neuromusculaires et les commandes actionnant ou inhibant les muscles squelettiques.
- Les muscles squelettiques sont les effecteurs du système nerveux somatique.

Système endocrinien

- Le système nerveux sympathique active la médulla surrénale ; l'hypothalamus concourt à la régulation de l'activité de l'adénohypophyse et produit lui-même deux hormones.
- Les hormones influent sur le métabolisme et le fonctionnement des neurones ; les hormones thyroïdiennes sont essentielles au développement du système nerveux.

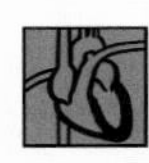

Système cardiovasculaire

- Le SNA concourt à la régulation de la fréquence cardiaque et de la pression artérielle.
- Le système cardiovasculaire fournit du sang riche en oxygène et en nutriments au système nerveux et il évacue les déchets.

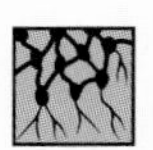

Système lymphatique et immunitaire

- Des nerfs innervent les organes lymphoïdes ; l'encéphale concourt à la régulation de la fonction immunitaire.
- Les vaisseaux lymphatiques débarrassent les tissus entourant les structures du système nerveux des liquides échappés des capillaires ; les éléments du système immunitaire protègent tous les organes des agents pathogènes (le SNC possède aussi d'autres mécanismes de défense).

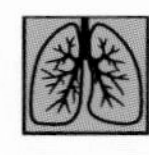

Système respiratoire

- Le système nerveux régit le rythme et l'amplitude des mouvements respiratoires.
- Le système respiratoire fournit l'oxygène essentiel à la vie des cellules nerveuses et il en évacue le gaz carbonique.

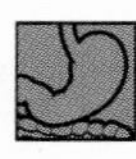

Système digestif

- Le SNA (en particulier le système nerveux parasympathique) régit la motilité digestive et l'activité des glandes annexes du système digestif.
- Le système digestif fournit les nutriments nécessaires à la synthèse de l'ATP et des neurotransmetteurs par les neurones ; il apporte les ions Na^+ et K^+ nécessaires à la conduction de l'influx nerveux.

Système urinaire

- Le SNA régit la miction et la pression artérielle rénale.
- Les reins évacuent les déchets du métabolisme et maintiennent une composition électrolytique et un pH du sang appropriés au fonctionnement neuronal.

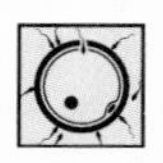

Système génital

- Le SNA régit l'érection du pénis et l'éjaculation chez l'homme ainsi que l'érection du clitoris et l'antipéristaltisme du vagin chez la femme.
- La testostérone est à l'origine de la masculinisation du cerveau, et elle intervient dans la libido et l'agressivité.

Liens particuliers: relations entre le système nerveux et les systèmes musculaire, respiratoire et digestif

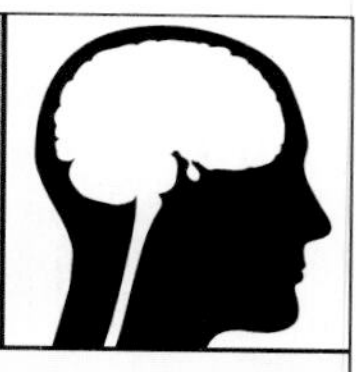

Le système nerveux influe sur la plupart des systèmes de l'organisme. Tenter de sélectionner les interactions les plus importantes constitue donc une tâche presque impossible. Qu'est-ce qui a le plus d'importance: la digestion, l'élimination des déchets ou la mobilité? Votre réponse dépendra probablement de l'état dans lequel vous vous trouvez en lisant cette page: vous ne répondrez pas la même chose selon que vous avez faim ou ressentez un besoin pressant de vous rendre aux toilettes. Nous nous contenterons de présenter ici les principales relations entre le système nerveux et les systèmes musculaire, respiratoire et digestif, car nous traiterons en détail des interactions du système nerveux avec quelques autres systèmes dans des chapitres ultérieurs.

Système musculaire

Soyons brefs: le système musculaire cesserait de fonctionner sans le système nerveux. Contrairement aux muscles viscéraux et au muscle cardiaque, qui possèdent d'autres mécanismes de régulation, les muscles squelettiques dépendent *entièrement* des neurofibres motrices somatiques pour ce qui est de l'activation et de la régulation. Non seulement les neurofibres somatiques commandent-elles aux muscles squelettiques de se contracter, mais elles leur « indiquent » aussi avec quelle force le faire. En formant ses premières synapses avec les myocytes squelettiques, le système nerveux détermine si leurs contractions seront rapides ou lentes et, par le fait même, établit de manière définitive le potentiel de vitesse et d'endurance des muscles. Les relations entre les diverses régions de l'encéphale (les noyaux basaux, le cervelet, l'aire prémotrice, etc.) et les informations provenant des mécanorécepteurs (sensibles à l'étirement) dictent également l'élégance et la coordination de nos mouvements. Par ailleurs, tant que les myocytes squelettiques sont sains, ils ont un effet sur la viabilité des neurones avec lesquels ils font synapse. La relation est véritablement synergique.

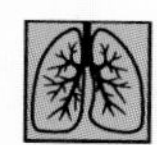

Système respiratoire

Comme celui du système musculaire, le fonctionnement du système respiratoire dépend entièrement du système nerveux. Le système respiratoire oxygène sans cesse le sang (et les cellules) et évacue le gaz carbonique. Les centres nerveux du bulbe rachidien et du pont déclenchent et maintiennent les mouvements d'inspiration et d'expiration de l'air en activant des muscles squelettiques qui modifient le volume des poumons (et, par conséquent, la pression des gaz à l'intérieur). Si certains de ces centres du système nerveux central subissent des lésions, les mécanorécepteurs (sensibles à l'étirement) situés dans les poumons déclenchent des réflexes grâce auxquels la respiration peut continuer.

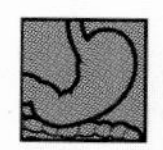

Système digestif

Le système digestif réagit à de nombreux facteurs (comme les hormones, le pH local, les substances chimiques irritantes et les bactéries), mais le système nerveux parasympathique n'en est pas moins essentiel à son fonctionnement normal. L'activité sympathique, qui inhibe la digestion (et par le fait même l'approvisionnement de l'organisme en nutriments), ne rencontrerait aucune opposition sans les influx des neurofibres parasympathiques. La régulation parasympathique est si importante que certains des neurones parasympathiques sont situés dans la paroi même des organes du système digestif, plus précisément dans les plexus intrinsèques. Les mécanismes intrinsèques de régulation pourraient donc maintenir la digestion même si tous les mécanismes extrinsèques disparaissaient. Le système digestif joue le même rôle pour le système nerveux que pour tous les autres systèmes: il fait passer dans la circulation sanguine les nutriments contenus dans les aliments ingérés afin de les mettre à la disposition des cellules.

IMPLICATIONS CLINIQUES

Système nerveux

Étude de cas: À son arrivée au centre hospitalier, le petit Éric, âgé de 10 ans, est couché sur une civière rigide, la tête et le tronc immobilisés. Les ambulanciers indiquent qu'ils l'ont trouvé conscient à 15 m de l'autobus; il pleurait, disait qu'il était incapable de se lever pour retrouver sa mère et se plaignait d'un « gros mal de tête ». Éric présente de graves contusions dans la région lombale et sur la tête ainsi que des lacérations sur le dos et le cuir chevelu. Sa pression artérielle est basse, sa température est élevée (39,5 °C) et ses membres inférieurs sont paralysés et insensibles aux stimulus douloureux. Peu de temps après son arrivée au centre hospitalier, Éric devient somnolent et incohérent; il a bientôt de fréquentes périodes d'inconscience.

On fait immédiatement subir une tomodensitométrie à Éric, on lui réserve une salle d'opération et on lui met une perfusion intraveineuse de dexaméthasone, un corticostéroïde anti-inflammatoire.

1. Pourquoi a-t-on immobilisé la tête et le torse d'Éric pendant le transport vers le centre hospitalier?
2. Selon toute probabilité, qu'indique la dégradation des signes neurologiques (somnolence, incohérence, etc.) chez Éric? (Établissez le rapport avec le type d'intervention chirurgicale qu'on pratiquera.)
3. Pourquoi administre-t-on de la dexaméthasone à Éric?
4. La tomodensitométrie ne révèle aucune lésion permanente de la moelle épinière. Comment pouvez-vous expliquer la paralysie des membres inférieurs d'Éric?

Environ 24 heures après l'intervention chirurgicale, la paralysie des membres inférieurs disparaît et l'activité réflexe se rétablit. Cependant, Éric présente des spasmes en flexion incoercibles et il est incontinent. L'examen révèle qu'il transpire abondamment et que sa pression artérielle est anormalement élevée.

5. De quel trouble Éric souffre-t-il? Quelles en sont les causes déterminantes?
6. Quels sont les risques associés à l'hypertension artérielle dans le cas d'Éric?

(Réponses à l'appendice G)

Influence de la rétroaction biologique Selon le principe de base de la **rétroaction biologique**, nous ne maîtrisons pas nos activités viscérales parce que nous n'en avons pas conscience (ou alors très peu). Pendant les séances d'apprentissage de la rétroaction biologique, les sujets sont reliés à un appareil qui détecte et amplifie certains processus physiologiques tels que la fréquence cardiaque, la pression artérielle et le tonus des muscles squelettiques ; ces données sont ensuite retransmises au sujet sous la forme de clignotants ou de tonalités. On demande au sujet d'essayer de modifier ou de maîtriser certaines fonctions « involontaires » en se concentrant sur des pensées calmes ou agréables. Comme l'appareil indique les changements physiologiques recherchés, le sujet apprend peu à peu à reconnaître les sentiments qui leur sont associés et à les susciter à volonté.

Les techniques de rétroaction biologique apportent un soulagement certain aux personnes qui souffrent de migraines. De même, elles permettent aux personnes cardiaques de gérer leur anxiété ; beaucoup ont diminué leur risque de crise cardiaque en apprenant à abaisser leur pression artérielle et leur fréquence cardiaque. Les personnes souffrant d'ulcères peuvent aussi acquérir une certaine maîtrise de leurs sécrétions gastriques. Toutefois, l'apprentissage de la rétroaction biologique est long et souvent frustrant, et les appareils utilisés sont coûteux et difficiles à utiliser.

DÉSÉQUILIBRES HOMÉOSTATIQUES DU SYSTÈME NERVEUX AUTONOME

Comme le système nerveux autonome participe à presque toutes les fonctions d'importance, il n'est pas étonnant que ses anomalies aient des effets étendus. Ces perturbations peuvent notamment entraver la circulation sanguine, voire entraîner la mort.

La plupart des troubles du système nerveux autonome sont reliés à un excès ou à une insuffisance de la régulation des muscles lisses. Les plus graves touchent les vaisseaux sanguins : il s'agit entre autres de l'hypertension, de la maladie de Raynaud et du syndrome de l'hyperréflectivité autonome.

L'*hypertension* peut être causée par une hyperactivité du système nerveux sympathique due au stress extrême et prolongé. L'hypertension, dont nous traitons au chapitre 20, est toujours grave, d'une part parce qu'elle impose un surcroît de travail au cœur, ce qui peut hâter la cardiopathie ; d'autre part parce qu'elle use prématurément les parois des artères. On traite l'hypertension due au stress à l'aide de médicaments qui bloquent les récepteurs adrénergiques.

La *maladie de Raynaud* se caractérise par des crises durant lesquelles la peau des doigts et des orteils devient blême, cyanosée puis douloureuse. Ces crises sont généralement provoquées par l'exposition au froid. Il s'agit d'une réponse exagérée de vasoconstriction dans les parties du corps touchées. Les effets de la maladie vont du simple malaise à une constriction vasculaire telle que l'ischémie et la gangrène peuvent s'ensuivre. Pour traiter les cas graves, on sectionne les neurofibres sympathiques préganglionnaires desservant les régions atteintes (cette intervention est appelée *sympathectomie*). Les vaisseaux touchés se dilatent et l'irrigation se rétablit.

Le *syndrome de l'hyperréflectivité autonome* est un phénomène très grave qui se traduit par une activation anarchique des neurones moteurs autonomes et somatiques. Dans la plupart des cas, il se manifeste chez des personnes quadriplégiques ou atteintes de lésions médullaires situées au-dessus de T_6. La lésion initiale est suivie par le *choc spinal* (voir p. 449). Quand l'activité réflexe se rétablit, elle est généralement exagérée, faute d'inhibition par les centres cérébraux supérieurs. Surviennent ensuite des périodes d'hyperréflectivité autonome provoquées par des vagues d'influx nerveux provenant de régions étendues de la moelle épinière. Le facteur déclenchant est habituellement un stimulus cutané douloureux ou la distension d'un viscère, la vessie notamment. Le syndrome de l'hyperréflectivité autonome se traduit par des spasmes en flexion, l'évacuation du côlon et de la vessie et la diaphorèse. La pression artérielle s'élève à un niveau critique (jusqu'à 200 mm Hg ou plus), ce qui peut causer la rupture d'un vaisseau sanguin de l'encéphale et un accident vasculaire cérébral. On ne connaît pas le mécanisme exact de ce syndrome, mais certains y voient une forme d'épilepsie de la moelle épinière. ■

DÉVELOPPEMENT ET VIEILLISSEMENT DU SYSTÈME NERVEUX AUTONOME

Les neurones préganglionnaires du système nerveux autonome se développent à partir du *tube neural* embryonnaire, comme les neurones moteurs somatiques. Les structures du système nerveux autonome dans le système nerveux périphérique (les neurones postganglionnaires et tous les ganglions autonomes) proviennent quant à elles de la *crête neurale* (de même que tous les neurones sensitifs) (voir la figure 12.2, p. 406). Certaines cellules de la crête neurale forment les troncs sympathiques ; d'autres migrent vers l'avant et atteignent un site adjacent à l'aorte, où elles forment les ganglions prévertébraux. Les deux types de ganglions reçoivent des axones des neurones sympathiques situés dans la moelle épinière, et ils émettent des axones qui font synapse avec leurs cellules effectrices en périphérie du corps. Ce processus semble guidé par le **facteur de croissance des cellules nerveuses (NGF,** « nerve growth factor »), une protéine sécrétée par les cellules cibles des axones postganglionnaires. Après un long trajet, certaines des cellules de la crête neurale se différencient et forment la médulla surrénale. Les cellules de la crête neurale contribuent également aux ganglions parasympathiques de la tête ainsi qu'aux ganglions terminaux parasympathiques des organes. Il semble que les cellules de la crête neurale atteignent leurs destinations en migrant le long des axones en voie de développement.

Les anomalies congénitales du système nerveux autonome sont rares. Il convient cependant de citer l'exemple de la *maladie de Hirschsprung* (*mégacôlon congénital*), une affection due à une absence de neurones dans les ganglions terminaux de la partie distale du gros intestin (dans la paroi du côlon). Comme cette partie demeure immobile, elle se distend par suite de l'accumulation des matières fécales en amont, ce qui entraîne la constipation. On corrige l'anomalie en excisant chirurgicalement le segment d'intestin inactif. ■

Pendant la jeunesse, les perturbations du système nerveux autonome sont habituellement dues à des lésions de la moelle épinière ou des nerfs autonomes. Par ailleurs, l'efficacité du système nerveux autonome diminue au cours des années. Il semble que ce déclin soit en partie dû à une accumulation de neurofilaments dans les corpuscules nerveux terminaux des axones préganglionnaires qui libèrent le neuropeptide Y. Congestionnés par les neurofilaments, les corpuscules nerveux terminaux subissent des changements structuraux (renflements).

Beaucoup de personnes âgées se plaignent de constipation (provoquée par un ralentissement de la motilité gastro-intestinale), ont les yeux secs et souffrent d'infections oculaires répétées (en raison d'une diminution de la sécrétion lacrymale). En outre, certaines personnes âgées ont tendance à s'évanouir quand elles passent de la position couchée à la position debout. Elles souffrent alors d'**hypotension orthostatique** (*orthos* = droit; *statos* = debout), une forme d'hypotension artérielle causée par un ralentissement de la réponse des centres vasoconstricteurs sympathiques. Bien que ces problèmes soient ennuyeux, ils sont généralement bénins, et la plupart peuvent être surmontés par des changements dans le mode de vie ou l'emploi de substances artificielles. Ainsi, on conseille aux personnes âgées de changer de position lentement pour laisser à leur système nerveux sympathique le temps de stabiliser la pression artérielle. On leur recommande aussi de boire beaucoup de liquides pour soulager la constipation et d'humecter leurs yeux à l'aide de gouttes pour instillations oculaires (des larmes artificielles).

* * *

Nous avons décrit dans ce chapitre la structure et le fonctionnement du système nerveux autonome, qui constitue l'une des parties motrices du système nerveux périphérique. Nous y reviendrons à plusieurs reprises, car la plupart des organes que nous allons étudier dans les chapitres ultérieurs sont soumis à des mécanismes de régulation autonomes. À présent que vous avez étudié l'essentiel du système nerveux, prenez le temps de vous pencher sur ses interactions avec les autres systèmes de l'organisme et lisez l'encadré intitulé *Synthèse*, p. 512-513.

TERMES MÉDICAUX

Achalasie (*a* = sans; *khalasis* = relâchement) Terme général qui désigne le fonctionnement défectueux des sphincters. L'achalasie du cardia est une maladie caractérisée par une perte de la capacité de l'œsophage de pousser les aliments vers l'estomac et par un défaut de relâchement du sphincter inférieur lors de la déglutition, entravant le passage des aliments. La partie distale de l'œsophage se distend et les vomissements sont fréquents. On ne connaît pas la cause de la maladie, mais il se peut qu'elle soit due à une anomalie congénitale des neurones postganglionnaires parasympathiques de la paroi de l'œsophage, ou qu'elle soit secondaire à une fibrose de l'œsophage (comme dans la sclérodermie).

Syndrome de Horner (ou syndrome de Claude Bernard) Syndrome provoqué par la destruction du tronc sympathique cervical d'un côté du corps et entraînant un affaissement (ptose) de la paupière supérieure, le myosis, l'énophtalmie (bulbe de l'œil enfoncé) et l'anhidrose du côté touché de la tête.

Vessie atonique Flaccidité de la vessie entraînant un remplissage excessif et des fuites d'urine par les sphincters. L'affection peut résulter d'une perte temporaire du réflexe de miction à la suite d'une lésion de la moelle épinière.

RÉSUMÉ DU CHAPITRE

1. Le système nerveux autonome est le volet moteur du système nerveux périphérique qui régit les activités viscérales afin de préserver l'homéostasie.

Système nerveux autonome: caractéristiques générales (p. 495-497)

Comparaison entre le système nerveux somatique et le système nerveux autonome (p. 495-497)

1. Le système nerveux somatique (volontaire) fournit des neurofibres motrices aux muscles squelettiques. Le système nerveux autonome (involontaire ou moteur viscéral) donne des neurofibres motrices aux muscles lisses, au muscle cardiaque et aux glandes.

2. Dans le système nerveux somatique, un neurone moteur unique forme la voie efférente qui va du système nerveux central aux effecteurs. La voie efférente du système nerveux autonome consiste en une chaîne de deux neurones: le neurone préganglionnaire dans le système nerveux central et le neurone postganglionnaire dans un ganglion.

3. L'acétylcholine est le neurotransmetteur des neurones moteurs somatiques; elle stimule les myocytes squelettiques. Les neurotransmetteurs libérés par les neurones moteurs autonomes (l'acétylcholine et la noradrénaline) peuvent être excitateurs ou inhibiteurs.

Composants du système nerveux autonome (p. 497)

4. Le système nerveux autonome est composé du système nerveux sympathique et du système nerveux parasympathique. Ces deux systèmes exercent généralement des effets antagonistes sur les mêmes organes cibles.

5. Le système nerveux parasympathique (repos et digestion) économise l'énergie et maintient les activités corporelles à leurs niveaux de base.

6. Les effets parasympathiques comprennent la constriction des pupilles, la sécrétion glandulaire, l'accroissement de la motilité gastro-intestinale et les mécanismes musculaires menant à l'élimination des matières fécales et de l'urine.

7. Le système nerveux sympathique prépare l'organisme à faire face aux situations d'urgence.

8. Les effets sympathiques sont la dilatation des pupilles et des bronchioles, l'augmentation de la fréquence cardiaque et respiratoire, l'élévation de la pression artérielle, l'augmentation du taux de glucose sanguin et la transpiration. Pendant une activité physique, la vasoconstriction sympathique détourne le sang de la peau et du système digestif vers le cœur, l'encéphale et les muscles squelettiques.

Anatomie du système nerveux autonome (p. 497-504)

Système nerveux parasympathique (cranio-sacral) (p. 498-500)

1. Les neurones préganglionnaires parasympathiques émergent du tronc cérébral et de la région sacrale (S_2 à S_4) de la moelle épinière.

2. Les neurofibres préganglionnaires font synapse avec des neurones postganglionnaires dans des ganglions terminaux situés à l'intérieur ou près de leurs organes effecteurs. Les neurofibres préganglionnaires sont longues, tandis que les neurofibres postganglionnaires sont courtes.

3. Les neurofibres d'origine crânienne naissent dans les noyaux des nerfs crâniens III, VII, IX et X, dans le tronc cérébral, et elles font synapse dans des ganglions situés dans la tête, le thorax et l'abdomen. Le nerf vague dessert pratiquement tous les organes des cavités thoracique et abdominale.

4. Les neurofibres d'origine sacrale (S_2 à S_4) sont issues de la région latérale de la substance grise de la moelle épinière et elles forment certains des nerfs splanchniques. Ces nerfs desservent les viscères du bassin. Les axones préganglionnaires n'empruntent ni les rameaux communicants ni les nerfs spinaux.

Système nerveux sympathique (thoraco-lombal) (p. 500-504)

5. Les axones préganglionnaires sympathiques sont issus de la corne latérale des segments médullaires T_1 à L_2.

6. Les axones préganglionnaires quittent la moelle épinière en passant par les rameaux communicants blancs et atteignent les ganglions du tronc sympathique. Un axone peut faire synapse dans un de ces ganglions situé au même niveau ou à un niveau différent, ou encore émerger du tronc sympathique sans faire synapse. Les neurofibres préganglionnaires sont courtes, tandis que les neurofibres postganglionnaires sont longues.

7. Lorsqu'il y a synapse dans un ganglion du tronc sympathique, la neurofibre postganglionnaire peut entrer dans un rameau du nerf spinal par le rameau communicant gris puis atteindre la périphérie du corps. Les neurofibres postganglionnaires issues des ganglions cervicaux du tronc sympathique desservent aussi les viscères et les vaisseaux sanguins de la tête, du cou et du thorax.

8. Lorsqu'il n'y a pas de synapse dans un ganglion du tronc sympathique, les neurofibres préganglionnaires forment les nerfs splanchniques (grands et petits splanchniques, splanchniques inférieurs, splanchniques lombaux et sacraux). La plupart des neurofibres des nerfs splanchniques font synapse dans des ganglions prévertébraux, et les neurofibres postganglionnaires desservent les organes abdominaux. Certaines neurofibres des nerfs splanchniques font synapse avec des cellules de la médulla surrénale.

Arcs réflexes viscéraux (p. 504-505)

9. Les arcs réflexes viscéraux comprennent les mêmes éléments que les arcs réflexes somatiques.

10. Les corps cellulaires des neurones sensitifs viscéraux sont situés dans les ganglions spinaux ou dans les ganglions sensitifs des nerfs crâniens. On trouve des afférents viscéraux dans les nerfs spinaux et dans presque tous les nerfs autonomes.

Physiologie du système nerveux autonome (p. 505-510, 514)

Neurotransmetteurs et récepteurs (p. 505-506)

1. Les neurones moteurs autonomes libèrent deux importants neurotransmetteurs, l'acétylcholine (ACh) et la noradrénaline (NA). Selon le neurotransmetteur qu'elles libèrent, les neurofibres sont dites cholinergiques ou adrénergiques.

2. L'acétylcholine est libérée par toutes les neurofibres préganglionnaires et par toutes les neurofibres postganglionnaires parasympathiques. La noradrénaline est libérée par toutes les neurofibres postganglionnaires sympathiques, à l'exception de celles qui desservent les glandes sudoripares de la peau, certains vaisseaux sanguins des muscles squelettiques et les organes génitaux externes (ces neurofibres sécrètent de l'acétylcholine).

3. Selon les récepteurs auxquels ils se lient, les neurotransmetteurs ont des effets différents. Les récepteurs cholinergiques (ACh) sont soit muscariniques, soit nicotiniques. Les récepteurs adrénergiques (NA) se divisent en cinq sous-classes : α_1, α_2, β_1, β_2 et β_3.

Effets des médicaments (p. 506-507)

4. On traite les troubles causés par un fonctionnement excessif ou inadéquat du système nerveux autonome par des médicaments qui reproduisent, favorisent ou inhibent l'action de ses neurotransmetteurs. Certains médicaments se lient à un seul type de récepteurs, facilitant ou inhibant de la sorte des activités précises.

Interactions des systèmes nerveux sympathique et parasympathique (p. 507-509)

5. Les systèmes sympathique et parasympathique innervent tous deux la plupart des organes ; ils ont de nombreuses interactions mais présentent habituellement un antagonisme dynamique. Les effets antagonistes touchent principalement le cœur, le système respiratoire et le système digestif. Le système nerveux sympathique stimule l'activité cardiaque et respiratoire et il ralentit l'activité gastro-intestinale. Le système nerveux parasympathique inverse ces effets.

6. La plupart des vaisseaux sanguins ne sont innervés que par des neurofibres sympathiques et présentent un tonus vasomoteur. L'activité parasympathique prédomine dans le cœur, les muscles lisses du système digestif (qui présentent normalement un tonus parasympathique) et les glandes.

7. Les systèmes nerveux sympathique et parasympathique ont des effets synergiques sur les organes génitaux externes.

8. Les rôles exclusifs du système nerveux sympathique sont la régulation de la pression artérielle, la dérivation du sang dans le système cardiovasculaire, la thermorégulation, le déclenchement de la sécrétion de rénine par les reins et les effets métaboliques.

9. L'activation du système nerveux sympathique entraîne une mobilisation prolongée de l'organisme en vue d'une situation d'urgence (réaction de lutte ou de fuite). Les effets parasympathiques sont localisés et de courte durée.

Régulation du système nerveux autonome (p. 510, 514)

10. La régulation du système nerveux autonome s'effectue à divers échelons : (1) L'activité réflexe dépend des centres de la moelle épinière et du tronc cérébral (particulièrement ceux du bulbe rachidien). (2) Les centres d'intégration hypothalamiques interagissent avec les centres supérieurs et inférieurs pour orchestrer les réactions autonomes, somatiques et endocriniennes. (3) Les centres corticaux influent sur le fonctionnement autonome par l'intermédiaire de connexions avec le système limbique. La maîtrise consciente des fonctions autonomes est rare mais possible, notamment par la rétroaction biologique.

Déséquilibres homéostatiques du système nerveux autonome (p. 514)

1. La plupart des troubles du système nerveux autonome se répercutent sur la régulation des muscles lisses. Les anomalies de la régulation vasculaire, comme l'hypertension, la maladie de Raynaud et le syndrome de l'hyperréflectivité autonome, en sont les plus graves exemples.

Développement et vieillissement du système nerveux autonome (p. 514-515)

1. Les neurones préganglionnaires se développent à partir du tube neural ; les neurones postganglionnaires proviennent de la crête neurale embryonnaire.

2. La maladie de Hirschsprung est une obstruction fonctionnelle du gros intestin due à l'absence de neurones parasympathiques dans les ganglions terminaux de cet organe.

3. L'âge entraîne une perte d'efficacité du système nerveux autonome, qui se traduit par une diminution de la sécrétion glandulaire et de la motilité gastro-intestinale ainsi que par un ralentissement des réactions vasomotrices sympathiques aux changements de position.

QUESTIONS DE RÉVISION

Choix multiples/associations

(Réponses à l'appendice G)

1. Parmi les caractéristiques suivantes, laquelle n'appartient pas au système nerveux autonome? (a) Des chaînes efférentes de deux neurones. (b) La présence de corps cellulaires de neurones dans le système nerveux central. (c) La présence de corps cellulaires de neurones dans les ganglions. (d) L'innervation des muscles squelettiques.

2. Associez les structures ou les caractéristiques suivantes au système nerveux sympathique (S) ou au système nerveux parasympathique (P).

________ **(1)** Neurofibres préganglionnaires courtes et neurofibres postganglionnaires longues
________ **(2)** Ganglions terminaux
________ **(3)** Neurofibres d'origine cranio-sacrale
________ **(4)** Neurofibres adrénergiques
________ **(5)** Ganglions cervicaux
________ **(6)** Ganglions otiques et ciliaires
________ **(7)** Régulation précise
________ **(8)** Augmentation des fréquences cardiaque et respiratoire et élévation de la pression artérielle
________ **(9)** Augmentation de la motilité gastrique et sécrétion des larmes, de la salive et des sucs digestifs
________ **(10)** Innervation des vaisseaux sanguins
________ **(11)** Activé lorsque vous vous balancez dans un hamac
________ **(12)** Activé lorsque vous participez à un marathon

Questions à court développement

3. Expliquez brièvement pourquoi l'on qualifie parfois le système nerveux autonome d'involontaire et de moteur viscéral et pourquoi on l'associe aux émotions.

4. Décrivez la relation anatomique entre les rameaux communicants gris et blanc et le nerf spinal et mentionnez le type de neurofibres que l'on trouve dans chaque rameau.

5. Énumérez les effets de l'activation du système nerveux sympathique sur les glandes sudoripares, les pupilles, la médulla surrénale, le cœur, les poumons, le foie, les vaisseaux sanguins des muscles squelettiques pendant une activité physique intense, les vaisseaux sanguins du système digestif et les glandes salivaires.

6. Parmi les effets que vous avez mentionnés dans vos réponses à la question 5, lesquels sont inversés par l'activité du système nerveux parasympathique?

7. Quelles neurofibres du système nerveux autonome libèrent de l'acétylcholine? Lesquelles libèrent de la noradrénaline?

8. Définissez le tonus sympathique et le tonus parasympathique et expliquez leur importance.

9. Énumérez les sous-classes de récepteurs de l'acétylcholine et de la noradrénaline et indiquez les principaux endroits où on trouve chacune de ces sous-classes.

10. Quelle région de l'encéphale intervient le plus directement dans les réflexes autonomes?

11. Expliquez l'importance de l'hypothalamus pour la régulation du système nerveux autonome.

12. Définissez la rétroaction biologique et expliquez ses différentes utilisations.

13. Comment la perte d'efficacité du système nerveux autonome se manifeste-t-elle chez les personnes âgées?

RÉFLEXION ET APPLICATION

1. M. Johnson souffre de rétention urinaire fonctionnelle et d'atonie de la vessie. On lui prescrit du béthanéchol, un médicament qui reproduit les effets de l'acétylcholine sur le système nerveux autonome. Justifiez ce choix thérapeutique. Ensuite, relevez parmi les réactions indésirables suivantes celles que M. Johnson est susceptible d'éprouver en prenant ce médicament: vertiges, hypotension artérielle, sécheresse oculaire, respiration sifflante, augmentation de la production de mucus dans les bronches, xérostomie, diarrhée, crampes, diaphorèse et érections inopportunes.

2. Lorsque M. Lacroix a été admis à l'hôpital, il se plaignait de douleurs atroces dans l'épaule et le bras gauches. On a diagnostiqué une crise cardiaque. Expliquez le phénomène de douleur projetée observé chez M. Lacroix.

3. Une femme de 32 ans se plaint de douleurs aux majeurs et aux annulaires et indique que, lorsqu'elles se produisent, ses doigts blêmissent puis bleuissent. On note ses antécédents médicaux, et on remarque qu'elle fume beaucoup. Le médecin lui conseille d'arrêter de fumer. Il ajoute qu'il ne lui prescrira aucun médicament avant qu'elle n'ait passé un mois sans faire usage du tabac. De quoi souffre cette femme et pourquoi doit-elle cesser de fumer?

4. Gabriel est âgé de deux ans. Son abdomen est distendu et il est toujours constipé. La palpation révèle une masse dans le côlon descendant et la radiographie montre une importante distension. Selon vous, de quel trouble Gabriel est-il atteint et quels sont les liens entre cette affection et l'innervation du côlon?

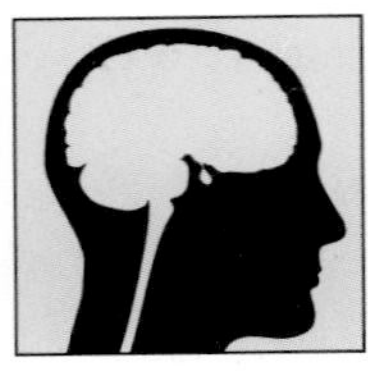

L'INTÉGRATION NERVEUSE

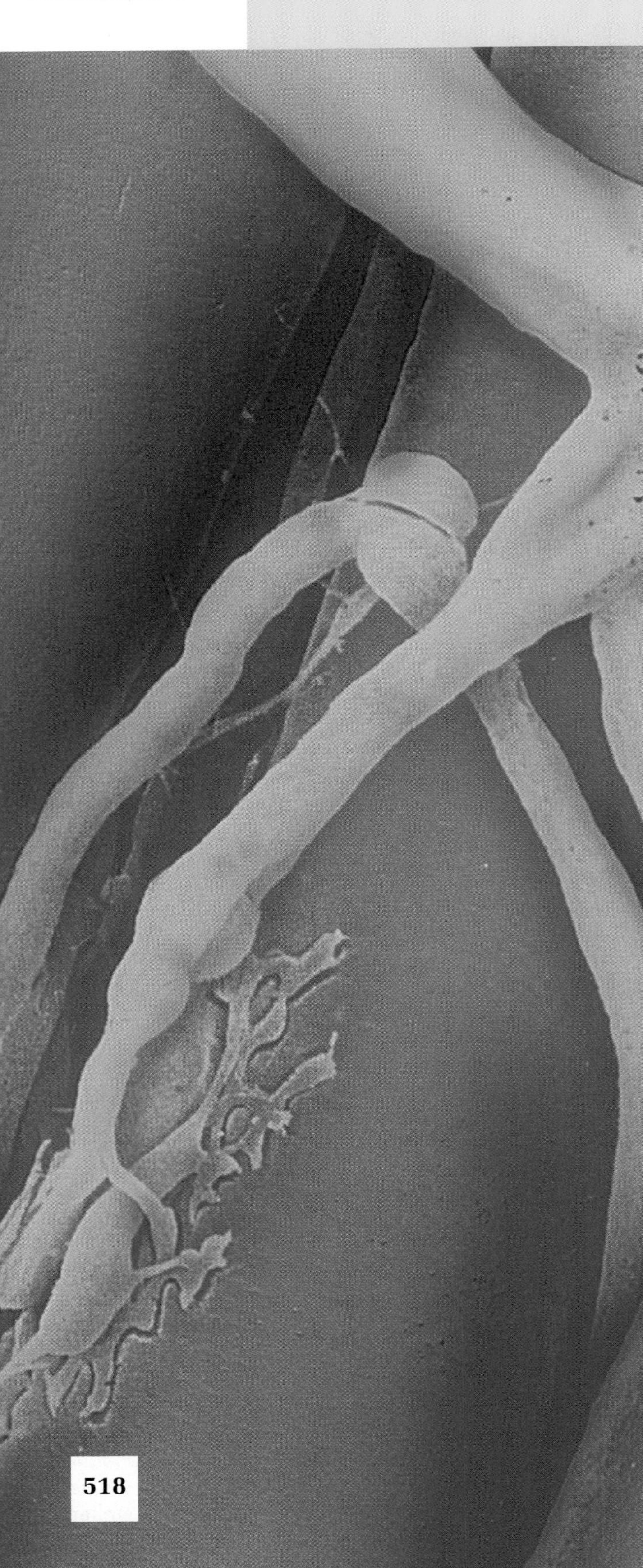

SOMMAIRE ET OBJECTIFS D'APPRENTISSAGE

Intégration sensorielle : de la réception à la perception (p. 519-522)

1. Nommer les trois niveaux de l'intégration sensorielle.
2. Expliquer le rôle que jouent les récepteurs dans le traitement des informations sensorielles.
3. Comparer les voies ascendantes antéro-latérale et lemniscale du système somesthésique sur le plan du type d'information véhiculée, de la précision des informations ainsi que de la situation des synapses.
4. Énumérer et expliquer les principales caractéristiques du traitement perceptif des influx sensitifs.

Intégration motrice : de l'intention à l'acte (p. 522-525)

5. Décrire les trois niveaux hiérarchiques de la régulation motrice sur les muscles squelettiques et montrer comment ils sont reliés entre eux.
6. Décrire ce qu'on entend par programme médullaire et neurones de commande.
7. Comparer le point de départ et le rôle de la voie motrice principale avec ceux de la voie motrice secondaire dans la régulation de l'activité motrice.
8. Expliquer la fonction du cervelet et des noyaux basaux dans l'intégration somesthésique et motrice.
9. Décrire les symptômes des troubles du cervelet et des noyaux basaux.

Fonctions mentales supérieures (p. 525-533)

10. Décrire l'électroencéphalogramme et donner un aperçu de ses applications ; distinguer les ondes alpha, bêta, thêta et delta.
11. Décrire les différentes formes d'épilepsie (causes générales, manifestations).
12. Comparer le sommeil lent avec le sommeil paradoxal, expliquer leur importance et indiquer les variations qu'ils présentent au cours de la vie ; décrire deux troubles associés au sommeil.
13. Définir la conscience du point de vue clinique.
14. Expliquer la signification de l'expression *traitement holistique* par rapport à la conscience chez l'être humain ; décrire ses différents concepts.
15. Comparer les stades de la mémoire (court terme et long terme) ainsi que les catégories de la mémoire (déclarative et procédurale).
16. Nommer les structures cérébrales associées à la mémoire déclarative et à la mémoire procédurale ; montrer comment ces structures pourraient être reliées au traitement mnésique.
17. Donner un aperçu des dernières découvertes concernant le rôle des récepteurs du NMDA et celui du monoxyde d'azote dans l'établissement des traces mnésiques.

Nous considérons rarement l'activité du système nerveux dans son ensemble; cependant, toutes ses fonctions, qu'elles soient sensitives, intégratrices ou motrices, s'accomplissent simultanément. Imaginez par exemple que vous faites une balade en voiture avec un ami. Les objets qui entrent dans votre champ visuel et la pression de l'accélérateur sur votre pied sont autant de stimulus qui, traduits en influx sensitifs, informent à tout moment votre système nerveux central des conditions qui règnent à l'intérieur comme à l'extérieur de votre organisme. Vos muscles obéissent aux ordres de votre système nerveux central, et vous freinez ou accélérez tout en soutenant une conversation animée avec votre passager. Ce chapitre porte sur les phénomènes nerveux qui sous-tendent ces actions coutumières.

À cause de leur immédiateté, les expériences sensorielles conscientes constituent un bon point de départ pour l'étude de l'intégration nerveuse. Après avoir traité de l'intégration sensorielle, nous examinerons le déroulement de quelques activités motrices, notamment la marche et la station debout. Nous ferons ensuite le lien entre ces deux sujets en abordant l'intégration sensorimotrice. Enfin, nous nous pencherons sur la pensée et la mémoire, sujets obscurs s'il en est mais combien propices à la spéculation.

INTÉGRATION SENSORIELLE : DE LA RÉCEPTION À LA PERCEPTION

Notre survie dépend non seulement de la **sensation** mais aussi de la **perception.** La première se définit comme la conscience des variations dans le milieu interne et l'environnement, et la seconde comme l'interprétation consciente des stimulus. Par exemple, lorsqu'un caillou se loge dans votre chaussure, vous avez une *sensation* de pression intense mais une *perception* de douleur. Vous vous empressez de retirer votre chaussure pour vous débarrasser du caillou. En effet, la perception détermine nos réactions aux stimulus.

Dans cette section, nous suivrons le trajet des influx sensitifs des récepteurs au cortex cérébral, et nous examinerons le rôle que jouent les structures nerveuses à chacune des étapes de ce parcours.

Organisation générale du système somesthésique

Lorsque nous avons présenté l'organisation générale du système nerveux au chapitre 11, nous n'avons pas parlé de système somesthésique, car il ne s'agit pas d'une subdivision, à proprement parler, du système nerveux. Cette appellation fait référence à un ensemble de structures associées à la réception, au transport et au traitement final des informations dans le système nerveux.

Le **système somesthésique** reçoit des influx des extérocepteurs, des propriocepteurs et des intérocepteurs. Par conséquent, il transmet des renseignements relatifs à différentes modalités sensitives du milieu interne du corps comme de son environnement, chacune de ces modalités étant associée à un groupe de récepteurs particuliers.

Comme nous l'avons mentionné au chapitre 12, les faisceaux et tractus sensitifs ascendants qui unissent les récepteurs au cortex cérébral sont généralement formés de chaînes de trois neurones : le corps cellulaire du *neurone de premier ordre,* ou *neurone afférent,* dans le ganglion spinal, le corps cellulaire du *neurone de deuxième ordre* dans la corne dorsale de la moelle épinière ou dans le bulbe rachidien, et le corps cellulaire du *neurone de troisième ordre* dans le thalamus (voir la figure 12.31, p. 446). On trouve aussi des synapses collatérales tout au long de ce trajet.

Dans le système somesthésique, l'intégration nerveuse comprend trois niveaux : le **niveau des récepteurs,** le **niveau des voies ascendantes** et le **niveau de la perception.** Ces niveaux correspondent respectivement aux récepteurs sensoriels, aux faisceaux et tractus ascendants et aux réseaux neuronaux du cortex cérébral (figure 15.1). Les neurones des trois ordres relaient les influx sensitifs en direction de l'encéphale, mais ils traitent et utilisent ces informations en cours de route.

Traitement au niveau des récepteurs

L'information relative au milieu interne et à l'environnement se présente sous forme d'énergie sonore, mécanique, chimique, etc. Les neurones des récepteurs sensoriels réagissent à ces stimulus (qui sont des formes d'énergie) en les convertissant en influx nerveux ; ce processus est appelé **transduction.** Les autres neurones du système nerveux déclenchent des influx nerveux en réaction aux neurotransmetteurs sécrétés lorsqu'un potentiel d'action stimule un neurone présynaptique.

Lorsque le récepteur absorbe l'énergie du stimulus, la perméabilité de la membrane du récepteur subit des modifications qui ouvrent ou ferment les canaux ioniques ; cela produit un potentiel gradué appelé *potentiel récepteur* (voir le chapitre 13). Si le potentiel récepteur est d'intensité liminaire, il déclenche un potentiel d'action au niveau de la zone gâchette. La transmission d'influx nerveux vers le système nerveux central se poursuit tant que continue le stimulus. Comme l'intensité du stimulus se traduit par la fréquence de la transmission d'influx (et non par une variation du potentiel d'action), les stimulus forts provoquent plus d'influx à la seconde que les stimulus faibles.

Traitement au niveau des voies ascendantes

Les prolongements centraux des neurones sensitifs, qui transportent les influx provenant des récepteurs cutanés et des propriocepteurs, se ramifient considérablement à leur entrée dans la moelle épinière. Certaines de leurs collatérales font directement synapse avec des neurones moteurs de la substance grise qui déclenchent des activités réflexes (réflexes spinaux) des muscles squelettiques. Les autres afférents sensitifs font synapse avec des neurones de deuxième ordre dans la corne dorsale ou continuent leur ascension dans les cordons de la moelle épinière et font synapse dans les noyaux du bulbe rachidien. Les neurofibres nociceptives de faible diamètre font synapse avec des neurones superficiels de la corne dorsale (*substance gélatineuse*). Les grosses neurofibres myélinisées provenant des récepteurs de la pression et du toucher

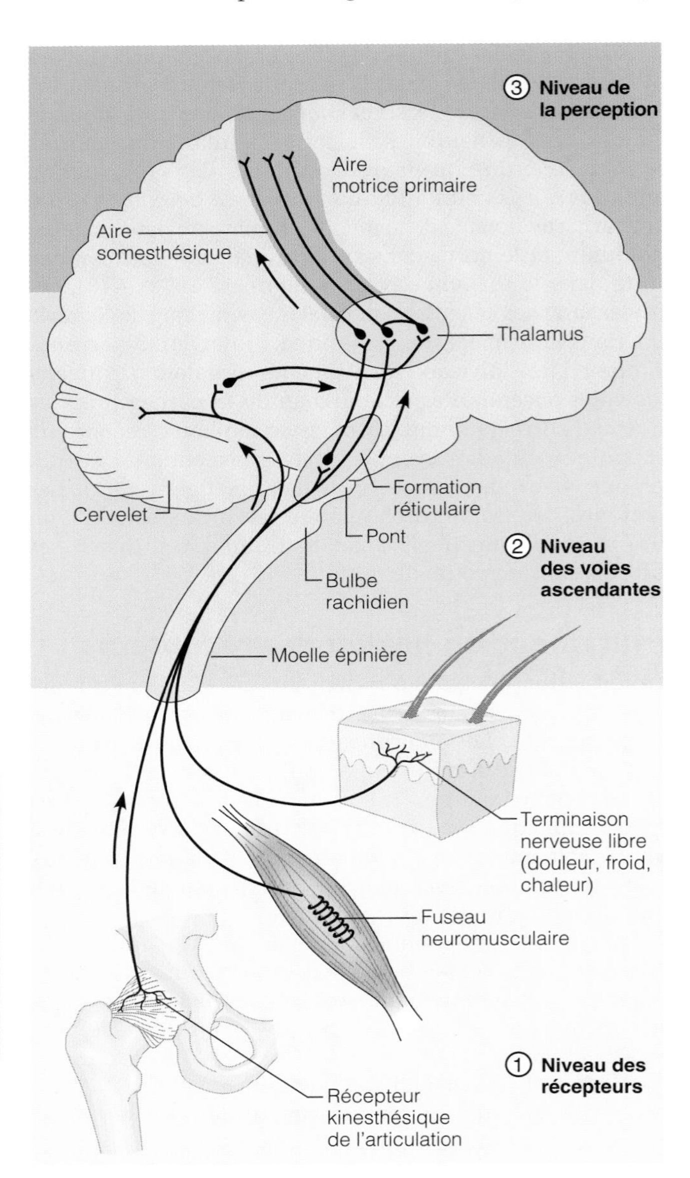

FIGURE 15.1
Organisation générale du système somesthésique. Les trois niveaux fondamentaux de l'intégration nerveuse sont le niveau des récepteurs (niveau 1), le niveau des voies ascendantes (niveau 2) et le niveau de la perception (niveau 3). Le niveau des voies ascendantes comprend tous les centres du système nerveux central, à l'exception des aires somesthésiques.

forment des synapses collatérales avec des interneurones des cornes dorsales ; ce sont ces interneurones qui permettent l'atténuation des influx douloureux au niveau des voies ascendantes (voir l'encadré des p. 464-465).

Les influx sensitifs atteignent l'aire somesthésique en empruntant les axones situés dans les faisceaux et tractus de voies ascendantes parallèles, la *voie antéro-latérale* (extra-lemniscale) et la *voie lemniscale* (figure 15.2). L'information que ces voies transmettent à l'encéphale est destinée à trois fins : la perception sensorielle, la formulation de la réponse motrice et la régulation de cette réponse. Dans le cordon latéral, on trouve également les neurofibres des **tractus spino-cérébelleux,** qui transportent les informations sensorielles (proprioceptives) en provenance des muscles squelettiques et des tendons. Comme leur nom l'indique, ces tractus se terminent dans le cervelet (voir la figure 12.31a, p. 446). Les influx proprioceptifs qu'ils transportent informent le cervelet de l'état de contraction des muscles squelettiques durant l'exécution d'un mouvement et ne servent pas à la sensibilité consciente en tant que telle.

Voie ascendante antéro-latérale La voie **ascendante antéro-latérale** est formée des *tractus spino-thalamiques ventral* et *latéral,* que nous avons présentés au chapitre 12 (voir le tableau 12.2, p. 445 et la figure 12.31b, p. 446). Les neurofibres spino-thalamiques croisent la ligne médiane dans la moelle épinière. La plupart d'entre elles transmettent des influx douloureux et thermiques, mais certaines véhiculent de l'information relative au toucher léger, à la pression ou à l'état des articulations. La sensation complexe qu'est la démangeaison emprunte aussi ce trajet. Les neurofibres spino-thalamiques font synapse avec des neurones dans quelques noyaux thalamiques ; en cours de route, cependant, elles projettent de nombreuses collatérales dans la formation réticulaire du tronc cérébral. Les neurones réticulaires font à leur tour synapse avec la majorité des parties de l'encéphale, soit divers noyaux moteurs du tronc cérébral, le système réticulaire activateur ascendant et le cortex cérébral. Comme un neurone de la voie peut recevoir des influx déclenchés par divers types de stimulus, l'information transmise à l'encéphale possède un caractère général et imprécis.

La voie ascendante antéro-latérale concourt aux aspects émotionnels de la perception (notamment au plaisir, à l'aversion, à l'excitation et à la perception de la douleur). De plus, elle contribue à certains réflexes moteurs de haut niveau et aux *réactions d'orientation* (comme celle qui consiste à tourner la tête en direction d'un stimulus insusité).

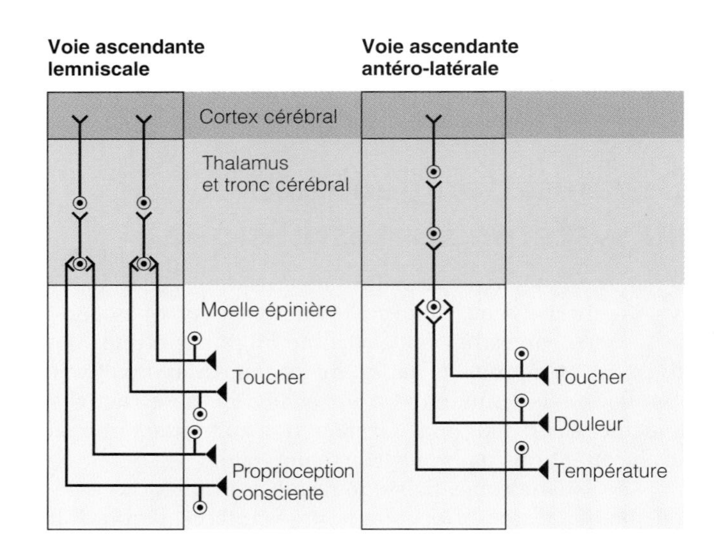

FIGURE 15.2
Schéma de deux faisceaux de la voie ascendante lemniscale et d'un tractus de la voie ascendante antéro-latérale.

15

Voie ascendante lemniscale Les axones passant dans la **voie ascendante lemniscale** interviennent principalement dans la propagation d'influx provenant d'un seul type (ou de quelques types apparentés) de récepteurs sensoriels. Cette voie est formée des *faisceaux gracile* et *cunéiforme* qui montent dans le **cordon dorsal** de la moelle épinière pour atteindre les noyaux gracile et cunéiforme du bulbe rachidien où ces axones font synapse avec le corps cellulaire d'autres neurones. Les neurofibres qui émergent de ces noyaux forment le **lemnisque médial** et permettent la propagation des influx jusqu'aux *noyaux ventraux postérieurs* du thalamus (voir le tableau 12.2, p. 445 et la figure 12.31a, p. 446). Du thalamus, les influx sont acheminés vers des régions déterminées de l'aire somesthésique du cortex. Les neurofibres des nerfs trijumeaux (nerfs crâniens V) rejoignent aussi le lemnisque médial. Les faisceaux de la voie ascendante lemniscale transmettent au cortex l'information concernant la discrimination tactile, la pression, la vibration et la proprioception consciente (position des membres et des articulations). Leurs neurofibres projettent des collatérales qui se rendent aux noyaux du système réticulaire activateur ascendant et contribuent de la sorte au mécanisme d'excitation du cortex et d'autres structures de l'encéphale.

Les faisceaux et tractus ascendants des voies antérolatérale et lemniscale sont des *voies parallèles* et ils sont activés simultanément (voir la figure 15.2); leurs interactions les uns avec les autres et avec le cortex cérébral sont nombreuses et quelque peu redondantes. Cependant, leur parallélisme comporte des avantages: d'une part, il confère de la richesse aux perceptions en permettant à la même information de subir divers traitements; d'autre part, il constitue une forme d'assurance contre les lésions, en ce sens que si l'une de ces voies est endommagée, une partie des influx peut emprunter l'autre.

Traitement au niveau de la perception

La perception est le dernier stade du traitement sensoriel; elle comprend la conscience des stimulus et la discrimination de leurs caractéristiques. Lorsque l'information sensorielle atteint le thalamus, celui-ci reconnaît vaguement l'origine de l'influx sensitif et perçoit grossièrement ses modalités. Mais ce sont les aires somesthésiques du cortex qui en déterminent précisément les caractéristiques et qui le localisent avec exactitude.

Les aires somesthésiques primaires et les aires associatives du cortex sont formées de colonnes de neurones corticaux, dont chacune constitue une unité élémentaire de la perception sensorielle. Le thalamus projette des neurofibres (différenciées par le type de sensation) jusqu'aux aires sensitives appropriées, d'abord jusqu'à celles qui sont réservées à une même modalité, puis jusqu'à celles qui en traitent plusieurs. Cette circulation d'influx permet un traitement en parallèle des divers influx sensitifs, et il en résulte une image interne et consciente du stimulus.

Les influx sensitifs entraînent généralement des réponses comportementales. Chez l'être humain, cependant, il n'y a pas obligatoirement de réponse. Une fois que le traitement cortical a produit une image consciente du stimulus, nous pouvons agir ou ne pas agir, suivant l'information que recèle cette image. Le choix que nous faisons dépend bien entendu de notre expérience en matière d'influx sensitifs semblables.

Les principaux aspects de la perception sensorielle sont la détection, l'estimation de l'intensité du stimulus, la discrimination spatiale, la discrimination des caractéristiques, la discrimination des qualités et la reconnaissance des formes. Examinons chacun de ces aspects.

Détection perceptive Le niveau le plus simple de la perception correspond à la capacité de détecter qu'un stimulus s'est produit. En règle générale, la **détection perceptive** repose sur la sommation (au niveau des aires somesthésiques) de plusieurs influx déclenchés par des récepteurs.

Estimation de l'intensité du stimulus L'**estimation de l'intensité du stimulus** correspond à la capacité des aires somesthésiques de *quantifier* le stimulus agissant sur l'organisme. Comme les stimulus sont codés suivant la fréquence des potentiels d'action, la perception s'intensifie proportionnellement à l'intensité du stimulus.

Discrimination spatiale La **discrimination spatiale** est la capacité des aires somesthésiques de déceler le siège ou le mode de la stimulation. En laboratoire, on étudie la discrimination spatiale en mesurant sur la peau la distance minimale qui sépare deux points perçus comme distincts (voir la figure 12.11, p. 414). L'épreuve permet d'estimer la densité des récepteurs tactiles dans les diverses régions de la peau. La distance séparant deux points perçus comme distincts varie de moins de 5 mm (sur les régions très sensibles du corps comme le bout de la langue et de l'index) à plus de 50 mm (sur les régions moins sensibles comme le dos et la partie postérieure du cou).

Discrimination des caractéristiques La perception sensorielle repose généralement sur l'interaction de plusieurs propriétés d'un stimulus. Ainsi, le toucher nous indique que le velours est une matière chaude, souple, lisse et légèrement discontinue. On en déduit qu'une unité de perception est apte à capter un ensemble plus ou moins grand de propriétés du stimulus et, par conséquent, à lui rattacher une *caractéristique*. Le mécanisme suivant lequel un neurone ou un réseau de neurones est apte à capter une caractéristique plutôt qu'une autre est appelé **discrimination des caractéristiques.** Lorsque nous passons les doigts sur du marbre, nous remarquons d'abord qu'il est froid, ensuite qu'il est dur, puis qu'il est lisse, trois propriétés dont l'association contribue à notre perception du marbre.

La peau comprend des récepteurs du toucher, de la pression, de la douleur et de la température; elle ne contient pas de récepteurs de la texture. Cependant, lorsque les influx sont intégrés parallèlement, nous pouvons apprécier la dureté, la froideur et le poli du marbre. La discrimination des caractéristiques nous permet d'identifier une substance ou un objet présentant une texture ou une forme particulière.

Discrimination des qualités Chaque modalité sensorielle est dotée de quelques **qualités,** ou sous-modalités.

Par exemple, les sous-modalités du goût sont le sucré, le salé, l'amer et l'acide. La **discrimination des qualités** est la capacité de distinguer les sous-modalités d'une sensation. Elle témoigne du haut degré de perfectionnement de notre système sensoriel.

La discrimination des qualités peut être analytique ou synthétique. La **discrimination analytique** conserve à chaque qualité sa nature propre. Si nous mélangeons du sucré et du salé, par exemple, les deux qualités ne se fondent pas en une tierce saveur et nous goûtons chacune individuellement (miel et beurre d'arachides sur des rôties, par exemple). En revanche, la perception du goût du chocolat correspond à de la **discrimination synthétique.** Ce goût est un mélange de qualités (sucré, amer et un peu de salé), et notre perception est en fait une *synthèse* de ces trois qualités distinctes. La discrimination synthétique est très importante pour la vision. Nos photorécepteurs de la couleur réagissent principalement aux longueurs d'onde du rouge, du bleu et du vert. Or, grâce au traitement synthétique, nous voyons du jaune, du violet et de l'orangé, suivant le nombre de récepteurs de chaque couleur qui sont stimulés. La vision et l'olfaction reposent sur la discrimination synthétique uniquement.

Reconnaissance des formes La **reconnaissance des formes** est la capacité de détecter une forme familière, une forme inconnue ou une forme chargée de sens dans notre environnement. Par exemple, nous reconnaissons un visage connu dans un ensemble de points et, lorsque nous écoutons de la musique, nous entendons la mélodie et pas seulement une suite de notes. En fait, la plupart de nos expériences sensorielles sont engendrées par des formes complexes que nous percevons comme des touts. Malheureusement, ce mécanisme échappe encore aux explications de la science.

INTÉGRATION MOTRICE : DE L'INTENTION À L'ACTE

Le système moteur somatique, à l'instar du système somesthésique, n'est pas une subdivision à proprement parler du système nerveux : il s'agit d'un ensemble fonctionnel regroupant divers types de structures. Le système moteur somatique possède une organisation différente de celle du système sensitif dans la mesure où il comprend des effecteurs (des myocytes squelettiques) plutôt que des récepteurs sensoriels et des tractus efférents descendants plutôt que des tractus et faisceaux afférents ascendants ; d'autre part, il est voué au comportement moteur plutôt qu'à la perception. En revanche, les mécanismes fondamentaux du système moteur, tout comme ceux du système sensitif, s'articulent en trois niveaux qui constituent la hiérarchie de la régulation motrice.

Niveaux de la régulation motrice

En 1873, le neurologue britannique John Jackson postula l'existence d'une **hiérarchie de la motricité.** Selon Jackson, le premier niveau de la hiérarchie motrice était occupé par la moelle épinière et le tronc cérébral avec leur activité réflexe, le deuxième, par le cervelet et le troisième, par l'aire motrice du cortex. Jackson affirmait que l'activité de chaque niveau reposait sur celle du précédent, la complétant sans jamais s'y substituer.

La recherche moderne a quelque peu modifié le modèle de Jackson. On sait maintenant que le cortex cérébral est l'instrument de la volition (la volonté de faire exécuter des mouvements spécifiques) et qu'il se situe effectivement au sommet des voies motrices conscientes, mais on sait aussi qu'il *ne* représente *pas* l'ultime étape de la planification et de la coordination des activités motrices complexes. En effet, ce rôle appartient au cervelet et aux noyaux basaux, ce qui les place au faîte de la hiérarchie de la régulation motrice. Pour ce qui est des niveaux inférieurs, on estime aujourd'hui que certaines activités motrices sont régies par des *arcs réflexes* (des réponses motrices automatiques et stéréotypées aux stimulus), mais que le comportement moteur complexe, comme la marche et la nage, dépendent de schèmes fixes. Les **schèmes fixes** sont des enchaînements stéréotypés d'actions motrices produits dans les différents centres moteurs ou déclenchés par des stimulus externes appropriés. Une fois lancés, ces enchaînements se déroulent jusqu'à leur terme, suivant la loi du tout ou rien. À l'heure actuelle, on identifie trois niveaux de régulation motrice : le *niveau segmentaire,* le *niveau de la projection* et le *niveau de la programmation.* La figure 15.3 schématise ces niveaux, leurs interactions et les structures qu'ils concernent.

Niveau segmentaire

Le niveau le plus bas de la hiérarchie motrice, le **niveau segmentaire,** est composé des **réseaux segmentaires de la moelle épinière.** Un réseau segmentaire est généralement formé de quelques neurones de la substance grise qui activent les neurones de la corne ventrale d'un seul segment médullaire, ce qui amène ces derniers à stimuler un groupe précis de myocytes squelettiques. Ces réseaux engendrent des **programmes médullaires** spécifiques qui régissent la locomotion et d'autres activités motrices maintes fois répétées.

Les données que nous possédons au sujet de la régulation de l'activité motrice par le système nerveux central nous proviennent d'études sur le mécanisme de la marche menées au cours des 100 dernières années. Les premiers chercheurs ont découvert que des portions isolées de la moelle épinière, libérées de toutes leurs connexions nerveuses et placées dans une solution physiologique, produisaient des volées d'influx moteurs propres à exciter les muscles extenseurs et fléchisseurs suivant le rythme et l'enchaînement nécessaires aux mouvements normaux de la locomotion chez un animal intact. Constatant que la moelle épinière possédait en soi la capacité d'exciter les muscles de la locomotion de manière appropriée, les chercheurs conclurent à l'existence de programmes médullaires. Le mécanisme des programmes médullaires reste encore aujourd'hui mal compris, mais il fait probablement intervenir des neurones de la moelle épinière disposés en réseaux réverbérants (voir la figure 11.24e, p. 398). Toutes ces données proviennent d'études sur des animaux, mais il est probable que la locomotion humaine est régie de façon similaire et que le programme de la marche est imprimé dans les neurones de notre moelle épinière. La marche serait une capacité innée et non acquise que même les nourrissons posséderaient.

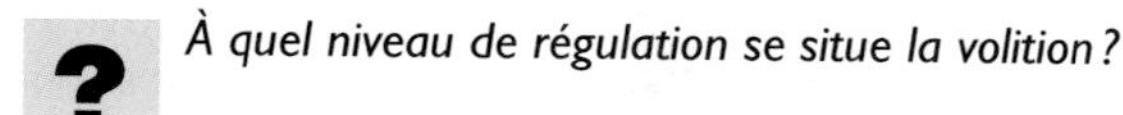

À quel niveau de régulation se situe la volition ?

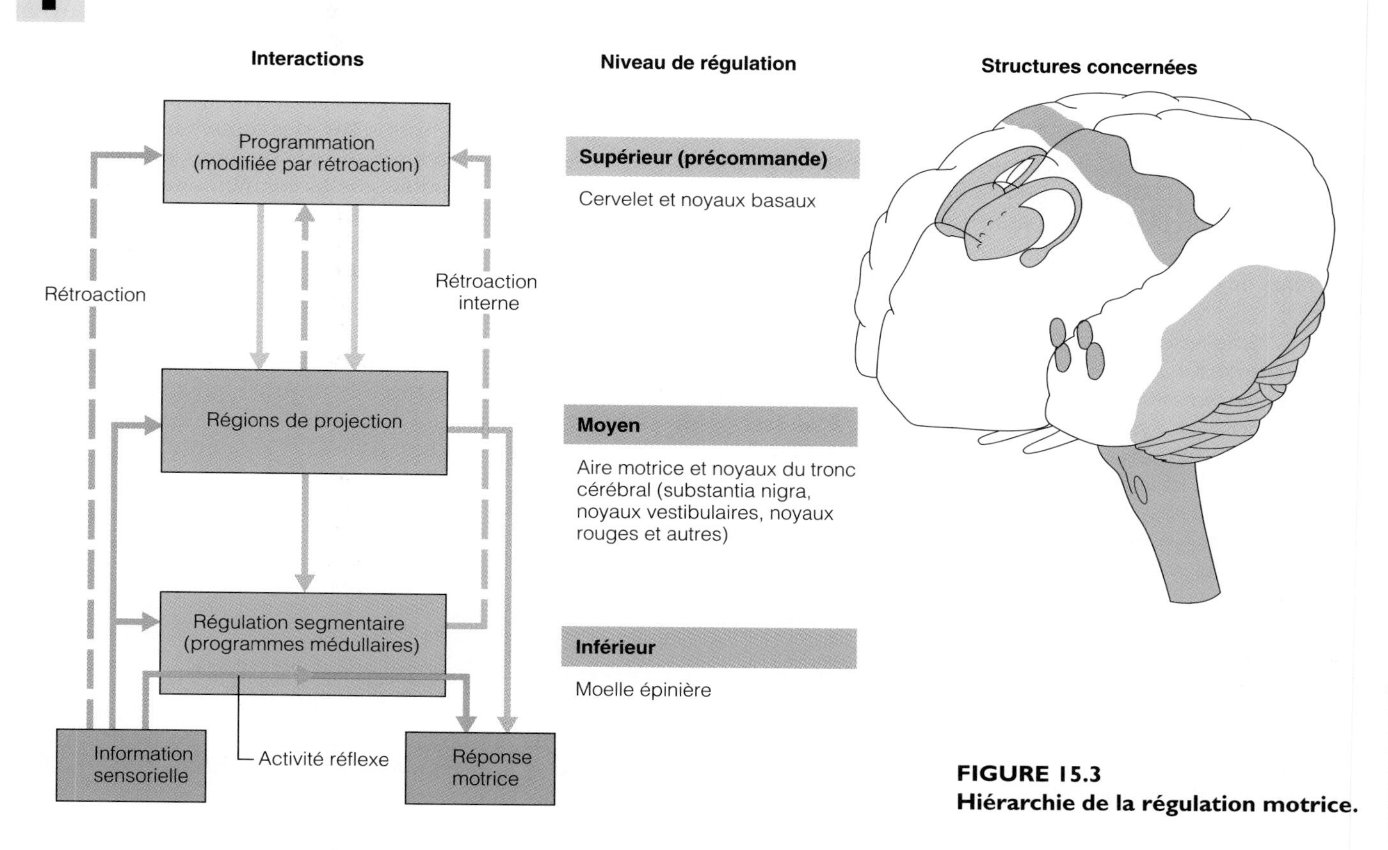

FIGURE 15.3
Hiérarchie de la régulation motrice.

Qu'est-ce qui régit un programme médullaire (ou tout autre réseau segmentaire) de façon qu'il produise des mouvements coordonnés ? Nous ne nous déplaçons pas à tout instant et, lorsque cela arrive, nous pouvons le faire d'un pas lent, en courant à vitesse modérée ou en courant très rapidement. La théorie qui prévaut en la matière veut que l'appareil segmentaire soit mis en marche ou arrêté par un « interrupteur » situé dans les centres nerveux supérieurs. Apparemment, cet interrupteur est constitué d'interneurones du tronc cérébral appelés *neurones de commande* qui appartiennent au niveau de la projection.

Niveau de la projection

Les différents segments de la moelle épinière sont directement régis par le **niveau de la projection.** Ce niveau comprend les aires motrices du cortex (point de départ de la voie motrice principale, ou voies pyramidales) et les noyaux moteurs du tronc cérébral (point de départ de la voie motrice secondaire, ou voies extrapyramidales). Les axones de ces neurones *se projettent* vers la moelle épinière en formant les tractus de projection (descendants) que nous avons décrits au chapitre 12 ; à ce niveau, ils contribuent aux activités réflexes et aux schèmes fixes et produisent des mouvements volontaires. Comme nous l'avons déjà mentionné, le niveau de la projection abrite les neurones de commande qui régissent les neurones du niveau segmentaire.

Voie motrice principale (voies pyramidales) Les neurones du niveau de la projection du cortex cérébral regroupent les neurones pyramidaux, situés dans l'aire motrice du gyrus précentral, et certains neurones de l'aire prémotrice du lobe frontal. Ces neurones envoient des influx dans le tronc cérébral par l'intermédiaire des gros **tractus cortico-spinaux,** ou **tractus pyramidaux** (voir le tableau 12.3, p. 447, et la figure 12.32a, p. 448). La plupart des neurofibres de ces tractus font synapse avec des interneurones dans la moelle épinière ou directement avec des neurones moteurs de la corne ventrale. L'activation des neurones de la corne ventrale produit les contractions des muscles squelettiques. Au fil de leur descente dans la région sous-corticale et le tronc cérébral, les tractus cortico-spinaux émettent des collatérales aux noyaux moteurs du tronc cérébral, aux noyaux basaux et au cervelet. Les **tractus cortico-nucléaires** font également partie de la voie motrice principale ; ils innervent les noyaux moteurs des nerfs crâniens situés dans le tronc cérébral.

Bien que les axones des tractus cortico-spinaux agissent sur *toutes* les cellules de la corne ventrale (les cellules α comme les cellules γ), ils influent principalement sur les neurones moteurs alpha les plus latéraux, qui régissent les muscles de la partie distale des membres. Par conséquent, la voie motrice principale régit surtout les mouvements volontaires fins ou complexes, comme ceux des doigts.

Les lésions des tractus cortico-spinaux dans le cortex cérébral ou dans les pyramides du bulbe rachidien entraînent l'*hypotonie,* c'est-à-dire une

---

Au niveau moyen (aire motrice et tronc cérébral).

faiblesse ou une paralysie flasque des muscles de la partie distale des membres. La personne atteinte a de la difficulté à desserrer les doigts et tous les mouvements de ses doigts sont ralentis et affaiblis. Les autres conséquences de ces lésions sont la perte du réflexe abdominal d'un côté du corps et l'apparition du signe de Babinski (voir le chapitre 13). ■

Voie motrice secondaire (voies extrapyramidales)

La voie motrice secondaire comprend les noyaux moteurs du tronc cérébral ainsi que *tous les tractus moteurs à l'exception* des tractus cortico-spinaux. Elle abrite les neurones de commande dont nous avons parlé plus haut.

> *Si les ressemblances entre des organes ou des systèmes vous déroutent, faites un tableau pour les différencier. Pour le système nerveux central et le système nerveux périphérique, par exemple, tracez trois colonnes sur une feuille que vous intitulerez respectivement* Caractéristiques du SNC seulement, Caractéristiques du SNP seulement *et* Caractéristiques communes au SNC et au SNP. *Inscrivez ensuite les données relatives aux différents systèmes dans la colonne appropriée. Vous verrez: une fois que vous aurez appris les différences, vous retiendrez les points communs sans difficulté.*
>
> *Lalique Metz, étudiant en sciences biologiques*

Les noyaux du tronc cérébral les plus importants de cette partie du niveau de la projection sont les noyaux réticulaires, vestibulaires et rouges ainsi que les noyaux des colliculus supérieurs. Ensemble, ces noyaux déclenchent les principales modalités du comportement moteur coutumier, c'est-à-dire qu'ils intègrent les informations descendantes et ascendantes de façon à conserver la posture et le tonus musculaire et à effectuer les activités associées dont la voie motrice principale a besoin pour produire des mouvements coordonnés.

Les **noyaux réticulaires,** dont les influx se propagent par l'intermédiaire des **tractus réticulo-spinaux** descendants (voir le tableau 12.3, p. 447), possèdent des fonctions complexes et opposées. Certains inhibent les muscles fléchisseurs tandis que d'autres les activent; il en va de même pour l'innervation des muscles extenseurs. L'effet global de ces noyaux est de conserver l'équilibre en variant le tonus des muscles squelettiques de la posture. Les **noyaux vestibulaires** reçoivent des influx du cervelet et des organes de l'équilibre (situés dans le vestibule de l'oreille interne). Les influx conduits vers le bas dans les **tractus vestibulo-spinaux** participent à la régulation des réseaux neuronaux du niveau segmentaire (médullaire) dans la position debout, autrement dit, dans le soutien du corps contre la force gravitationnelle. De plus, ils modulent l'activité motrice des muscles des yeux et du cou. Par l'intermédiaire des **tractus rubro-spinaux,** les **noyaux rouges** envoient des influx facilitants (PPSE) aux neurones moteurs qui régissent les fléchisseurs, tandis que les **colliculus supérieurs,** par le biais des **tractus tecto-spinaux,** coordonnent les mouvements de la tête accomplis en réaction à des stimulus visuels. Les interactions de ces noyaux du tronc cérébral semblent diriger les programmes médullaires pendant la locomotion et d'autres activités rythmiques telles que le balancement des bras et le grattement.

Les **neurones de commande,** situés dans les noyaux du tronc cérébral, sont des interneurones de niveau supérieur qui régissent bon nombre de ces activités. Ils peuvent en effet déclencher, arrêter ou modifier le rythme fondamental des programmes médullaires ou d'autres réseaux segmentaires. Ce faisant, ils contribuent à la régulation des mouvements épisodiques, des mouvements répétitifs et des enchaînements progressifs de mouvements.

Il convient de noter que les commandes provenant de l'aire motrice peuvent éviter les réseaux du niveau segmentaire de la moelle épinière et activer directement les neurones moteurs de la corne ventrale (voir la figure 15.3). De plus, chaque niveau du système moteur renvoie continuellement de l'information aux autres. Non seulement les tractus du niveau de projection acheminent-ils de l'information aux neurones moteurs inférieurs, mais ils en envoient également une copie (*rétroaction interne*) aux niveaux de commande supérieurs, les informant constamment sur l'exécution de la commande motrice par les muscles squelettiques. Les voies motrices principale et secondaire fournissent des tractus distincts et parallèles afin de régir le niveau segmentaire de la moelle épinière, mais ces systèmes travaillent en synergie.

Niveau de la programmation

Deux autres grands systèmes de neurones encéphaliques, situés dans les noyaux basaux et dans le cervelet, sont nécessaires à la régulation de l'activité motrice, notamment au déclenchement et à l'arrêt précis des mouvements, à la coordination des mouvements avec la posture, au blocage des mouvements indésirables et à la régulation du tonus musculaire. Ces systèmes, qui portent le nom collectif de **système de précommande,** régissent les influx provenant des centres moteurs du cortex et du tronc cérébral et représentent le plus haut niveau de la hiérarchie motrice, le **niveau de la programmation.** Dans une certaine mesure, c'est à ce niveau que les systèmes moteur et sensitif fusionnent et sont intégrés.

Le **cervelet** est la structure clé de l'encéphale en ce qui concerne l'intégration sensorimotrice. Nous avons vu au chapitre 12 que cet organe constitue en effet la cible ultime des influx ascendants relatifs à la proprioception, au toucher, à la vision et à l'équilibre, c'est-à-dire de la rétroaction dont il a besoin pour corriger rapidement les « erreurs » de l'activité motrice. Il reçoit également de l'information des aires motrices par l'intermédiaire de collatérales des tractus moteurs cortico-spinaux (descendants) et de divers noyaux du tronc cérébral. Étant donné que le cervelet est dépourvu de connexions directes avec la moelle épinière, il agit sur les tractus des voies motrices principale et secondaire par l'entremise du niveau de projection du tronc cérébral, et sur les aires motrices par l'entremise du thalamus.

Les **noyaux basaux** participent aussi à la régulation des activités motrices déclenchées par les neurones corticaux et, comme le cervelet, ils sont situés au carrefour de nombreuses voies afférentes et efférentes. Cependant, ils ne reçoivent pas de neurofibres sensitives somatiques, et ils n'envoient pas non plus de neurofibres efférentes à la moelle épinière. Ils reçoivent plutôt des influx de *toutes* les aires corticales et ils en émettent principalement à l'aire prémotrice et au cortex préfrontal par l'intermédiaire du thalamus. Les noyaux basaux sont unis par des neurones formant des liens complexes (au moyen de synapses inhibitrices et excitatrices) les uns avec les autres ainsi qu'avec certains neurones cibles du tronc cérébral qui peuvent déclencher différents « programmes moteurs ». Comparativement au cervelet, les noyaux basaux semblent participer à des aspects plus complexes de la régulation motrice (et peut-être même à des fonctions cognitives). Au repos, les noyaux basaux inhibent les divers centres moteurs de l'encéphale ; lorsque cette inhibition active cesse, les mouvements coordonnés peuvent s'amorcer. Les cellules des noyaux basaux et du cervelet émettent leurs influx préalablement aux mouvements volontaires des muscles squelettiques.

Une fois que les aires motrices associatives du cortex frontal (l'aire motrice du langage et d'autres) ont fait part de leur *intention* d'accomplir un mouvement, le tambourinement des doigts par exemple, la *planification* inconsciente de ce mouvement (qui peut faire intervenir des milliers de synapses situées dans différentes parties de l'encéphale) s'effectue dans le système de précommande ; l'aire motrice primaire est inactive pendant cette phase. Les structures les plus actives sont alors les parties latérales des hémisphères cérébelleux (et les noyaux dentelés) ainsi que le noyau caudé et le putamen. Lorsque les doigts se mettent à bouger, le système de précommande et l'aire motrice primaire sont actifs. Le système de précommande donne les « ordres », et l'aire motrice les exécute en envoyant des commandes d'activation aux groupes musculaires appropriés. Au risque de simplifier à l'excès, on peut dire que les aires motrices associatives du cortex déclarent « Je veux faire ceci », puis laissent le système de précommande coordonner l'exécution des mouvements désirés. Les programmes du système de précommande régissent les aires motrices et les préparent à déclencher un acte volontaire. Ensuite, la partie consciente du cortex choisit d'agir ou de ne pas agir, mais le terrain est déjà préparé.

Déséquilibres homéostatiques de l'intégration motrice

Le cervelet est une structure étonnante. Bien que l'organisme s'y trouve entièrement cartographié (au moyen de l'homoncule), tant du point de vue sensitif que du point de vue moteur, les lésions du cervelet ne provoquent ni faiblesse musculaire ni trouble de la perception. De plus, les lésions sont homolatérales. Suivant le siège de la lésion, les troubles cérébelleux se divisent en trois grands groupes, soit les troubles de la synergie et du tonus musculaire, les troubles de l'équilibre et les troubles du langage.

La **synergie** (*sun* = avec ; *ergon* = travail) est la coordination des muscles agonistes et antagonistes par le cervelet, en vue de l'harmonie et de la coordination des mouvements. Les perturbations de la synergie causent l'**ataxie.** Les personnes qui en sont atteintes ont des mouvements lents, hésitants et imprécis. Elles sont incapables de poser leur doigt sur leur nez les yeux fermés, ce que les individus sains accomplissent sans mal. Typiquement, les personnes ataxiques ont une démarche titubante, ce qui les prédispose aux chutes.

Lorsque le tonus des muscles squelettiques est adéquat, les membres opposent une certaine résistance au mouvement passif. Or, dans les cas de lésions du cervelet (ou des voies cérébelleuses), le tonus musculaire diminue et la personne atteinte présente une **dysmétrie,** c'est-à-dire qu'elle est incapable de mesurer l'amplitude de ses gestes et dépasse la cible. Les atteintes du cervelet peuvent aussi entraîner des troubles de l'équilibre et du langage, notamment la **scansion,** c'est-à-dire une élocution scandée, embarrassée, lente et quelque peu chantante.

Les affections qui touchent les noyaux basaux perturbent leur régulation. Les symptômes caractéristiques déterminant la **dyskinésie** (*dus* = mauvais ; *kinêsis* = mouvement) comprennent des troubles du tonus musculaire et de la posture ainsi que des mouvements involontaires. Les mouvements anormaux varient du *tremblement* aux mouvements amples et violents des membres (*hémiballisme* et *biballisme*) en passant par les mouvements lents et irréguliers des doigts et des mains (*athétose*). Les affections les plus répandues des noyaux basaux sont la maladie de Parkinson et la chorée de Huntington, deux maladies neurodégénératives causées par des troubles des réseaux de neurones coordonnant le déclenchement et l'exécution des mouvements. Nous présentons ces maladies et leur traitement au chapitre 12. ■

FONCTIONS MENTALES SUPÉRIEURES

Au cours des 20 dernières années, notre « espace intérieur » a fait l'objet d'une exploration qui, bien que passionnante, a pratiquement échappé à l'attention du public. En effet, la psychologie et la biologie ont conjugué leurs efforts pour étudier ce que nous appelons communément l'*esprit,* c'est-à-dire les fonctions mentales supérieures que sont la conscience, la mémoire, le raisonnement et le langage. La valeur des recherches entreprises est d'ordre à la fois théorique (déterminer les mécanismes biologiques des fonctions mentales supérieures) et pratique (trouver des médicaments qui guérissent ou soulagent certaines maladies mentales). Cependant, les chercheurs qui se penchent sur les processus de la cognition n'ont pas encore réussi à comprendre comment les fonctions mentales supérieures naissent de tissu vivant et d'influx électriques : il est difficile de trouver l'âme dans les synapses !

Au chapitre 11, nous avons décrit les groupes simples de neurones qui constituent le fondement de l'activité nerveuse, et, dans le présent chapitre, nous avons jusqu'à présent traité des mécanismes plus complexes de l'intégration sensorimotrice. Nous allons maintenant faire un autre pas de géant et aborder les plus hauts niveaux du fonctionnement mental. Puisque les ondes cérébrales témoignent de l'activité électrique sur laquelle repose ce fonctionnement, nous les étudierons en premier lieu, en même temps qu'un sujet apparenté, le sommeil. Ensuite, nous traiterons de la conscience et de la mémoire. Rappelez-vous toutefois qu'en passant de la cellule nerveuse unique aux vastes constellations de neurones associées aux fonctions mentales supérieures, nous entrons dans le domaine de l'incertitude et devons nous en remettre à des hypothèses ou aux modèles théoriques qui en découlent.

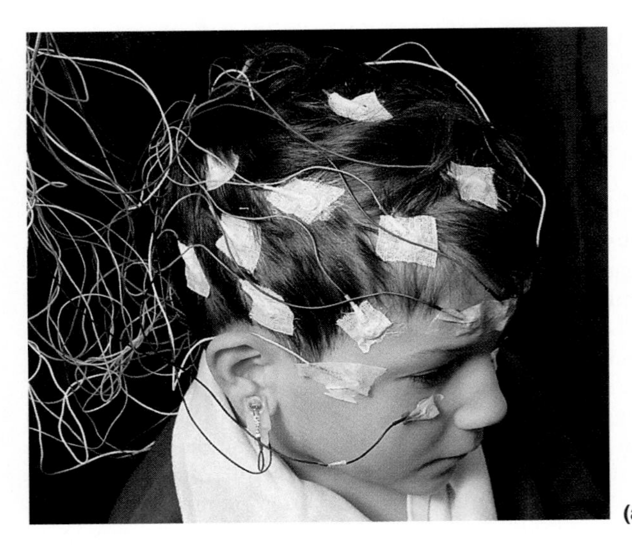

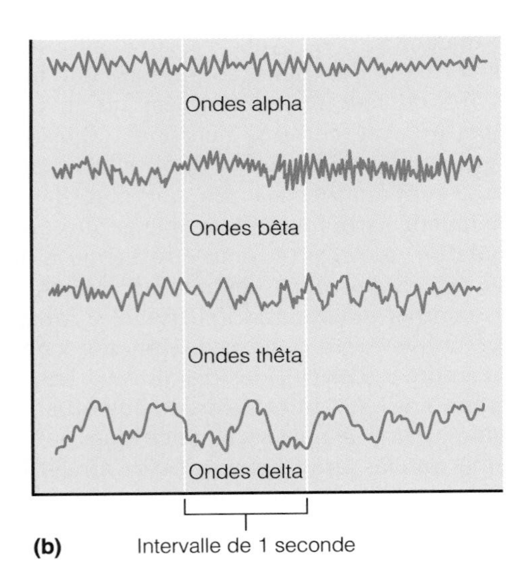

(a) (b)

FIGURE 15.4
Électroencéphalogramme et ondes cérébrales. (a) Pour obtenir un enregistrement de l'activité électrique cérébrale (un électroencéphalogramme, ou EEG), on place sur le cuir chevelu des électrodes que l'on relie à un appareil appelé électroencéphalographe. **(b)** Ondes EEG typiques. Les ondes alpha sont caractéristiques de l'état de veille diffuse ; les ondes bêta surviennent en état de veille active ; les ondes thêta sont courantes chez les enfants, mais non chez les adultes sains en état de veille ; les ondes delta se produisent durant le sommeil profond.

15

Ondes cérébrales et électroencéphalogramme

Lorsque l'encéphale fonctionne normalement, les neurones sont en constante activité électrique. Bien qu'on n'ait pas encore quantifié l'apport des divers éléments de cette activité (potentiels d'action, potentiels synaptiques, etc.), on peut en enregistrer certains aspects au moyen de l'**électroencéphalogramme,** ou **EEG.** Pour procéder à un EEG, on place à divers endroits du cuir chevelu des électrodes reliées à un appareil qui mesure les différences de potentiel entre diverses aires corticales (figure 15.4a). Les tracés que l'on obtient alors sont appelés **ondes cérébrales.**

Comme le code génétique et l'expérience façonnent le cerveau, chaque individu présente un tracé électroencéphalographique aussi unique que ses empreintes digitales. Cependant, à des fins de commodité, on peut grouper les ondes cérébrales en quatre classes, représentées à la figure 15.4b.

- Les **ondes alpha** sont des ondes de faible amplitude, lentes et synchrones, dont la fréquence moyenne est de 8 à 13 Hz (hertz, ou cycles par seconde). Dans la plupart des cas, ces ondes indiquent un état de veille diffuse, de relaxation mentale.
- Les **ondes bêta** sont rythmiques elles aussi, mais elles sont plus irrégulières que les ondes alpha et leur fréquence est plus élevée (de 14 à 25 Hz). Les ondes bêta se produisent lorsque nous sommes en état de veille active et lorsque nous nous concentrons sur un problème ou un stimulus visuel.
- Les **ondes thêta** sont encore plus irrégulières que les ondes bêta, et leur fréquence est de 4 à 7 Hz. Courantes chez les enfants, les ondes thêta sont considérées comme anormales chez les adultes éveillés.
- Les **ondes delta** ont une forte amplitude et une fréquence de 4 Hz ou moins. Elles surviennent pendant le sommeil profond et lorsque le système réticulaire activateur ascendant est amorti, au cours d'une anesthésie par exemple. Elles indiquent une lésion cérébrale chez l'adulte éveillé.

L'étendue de la fréquence des ondes cérébrales est de 1 à 30 Hz, avec un rythme dominant de 10 Hz et une amplitude moyenne de 20 à 100 µV. L'amplitude reflète le nombre de neurones produisant simultanément des potentiels d'action, et non pas le degré d'activité électrique de neurones pris individuellement. Lorsqu'un individu est en état de veille, on observe des ondes cérébrales complexes et de faible amplitude. En revanche, lorsqu'un individu est inactif, pendant le sommeil notamment, un grand nombre de neurones déchargent simultanément, ce qui engendre des ondes semblables et de forte amplitude.

Les ondes cérébrales sont influencées par l'âge, les stimulus sensoriels, les affections cérébrales et l'état chimique de l'organisme. Les tracés électroencéphalographiques ont longtemps servi à diagnostiquer et à localiser de nombreux types de lésions cérébrales, tels que les tumeurs, les accidents vasculaires cérébraux, les infections, les abcès et les lésions épileptiques. Des ondes cérébrales trop rapides ou trop lentes indiquent une perturbation des fonctions corticales ; l'inconscience s'ensuit à un extrême comme à l'autre. Les médicaments dépresseurs du système nerveux central et le coma produisent des tracés anormalement lents, tandis que la peur, diverses intoxications et l'épilepsie sont associées à des ondes excessivement rapides. L'absence d'ondes cérébrales, traduite par un électroencéphalogramme plat, est un signe clinique de mort cérébrale.

Épilepsie : une anomalie de l'activité électrique du cerveau

Les crises d'épilepsie surviennent généralement sans signes précurseurs. Saisie par des spasmes incoercibles, la personne épileptique perd conscience et tombe brutalement sur le sol, les muscles raidis. Les **crises d'épilepsie** sont généralement dues à des décharges anormales de groupes de neurones cérébraux ; aucun autre message ne peut être analysé par les différentes structures du cerveau pendant l'activité anarchique de ces neurones. L'épilepsie n'est pas associée à des déficits intellectuels et elle n'en cause pas non plus. Elle peut résulter de facteurs génétiques, mais également de lésions cérébrales causées par des coups à la tête, des accidents vasculaires cérébraux, des infections, une activité anormale du système immunitaire, une fièvre prolongée ou des tumeurs. L'épilepsie atteint environ 1 % de la population.

La gravité de l'épilepsie varie énormément. Ainsi, il en existe une forme mineure qui touche les jeunes enfants et disparaît habituellement vers l'âge de 10 ans. Cette forme d'épilepsie se manifeste par des secousses des muscles faciaux et par une perte de l'expression du visage durant quelques secondes. Une autre forme de la maladie, l'*épilepsie temporale* (ainsi nommée à cause du siège de l'hyperactivité), est souvent confondue avec un trouble mental ou émotif. Elle se manifeste par une brève perte de contact avec la réalité et, dans certains cas, par des hallucinations, des rappels d'images, des crises de nerfs ou des comportements violents. Les crises d'*épilepsie tonico-clonique* (aussi appelée grand mal ou épilepsie généralisée) sont la forme la plus grave de l'épilepsie. Elles se traduisent par une perte de conscience et des convulsions si intenses que les contractions musculaires causent parfois des fractures. De plus, on observe fréquemment une perte de la maîtrise des sphincters et de graves morsures de la langue. Au bout de quelques minutes, les muscles se décontractent et la personne revient à elle, mais elle reste désorientée pendant un certain temps. De nombreuses personnes atteintes éprouvent une hallucination de nature gustative, olfactive ou visuelle juste avant le début de la crise. Ce phénomène, appelé **aura,** a au moins l'avantage de constituer un avertissement dont la personne peut profiter pour se prémunir contre les chutes brutales.

On peut généralement traiter l'épilepsie au moyen de médicaments anticonvulsivants. À l'heure actuelle, on préfère les médicaments non sédatifs (comme l'acide valproïque, qui augmente la concentration encéphalique de GABA, un neurotransmetteur inhibiteur) aux médicaments sédatifs (tel le phénobarbital). ■

Sommeil et cycle veille-sommeil

Le **sommeil** se définit comme une altération de la conscience ou une inconscience partielle à laquelle on peut mettre fin par une stimulation. La relative précarité du sommeil le distingue du *coma,* un état d'inconscience qui *résiste* aux stimulus les plus vigoureux. Bien que l'activité corticale diminue pendant le sommeil, certaines fonctions régies par des noyaux du tronc cérébral subsistent, notamment la régulation de la respiration, de la fréquence cardiaque et de la pression artérielle. Le dormeur conserve même un certain contact avec l'environnement puisque des stimulus forts (des bruits dans la nuit) le réveillent. Du reste, les somnambules se déplacent sans se heurter aux obstacles tout en étant profondément endormis.

Types de sommeil

Les deux principaux types de sommeil, qui alternent durant la majeure partie du cycle du sommeil, sont le **sommeil lent** (**SL**) et le **sommeil paradoxal** (**SP**). Les types de sommeil sont déterminés par les ondes enregistrées sur les tracés électroencéphalographiques. La fréquence et l'amplitude des ondes cérébrales ainsi que les signes vitaux ne sont pas les mêmes au cours des deux types de sommeil.

Sommeil lent Au cours des 30 à 45 minutes suivant l'endormissement, on distingue quatre stades de sommeil de plus en plus profond qui constituent le sommeil lent. Le tableau 15.1 résume les quatre stades du sommeil lent, au cours duquel la fréquence des ondes cérébrales diminue (tandis que leur amplitude augmente) et les signes vitaux (température corporelle, fréquence respiratoire, pouls, pression artérielle) s'abaissent.

Sommeil paradoxal Environ 90 minutes après l'endormissement, le tracé électroencéphalographique change de façon soudaine. Il devient très irrégulier et semble rétrograder à travers les différents stades jusqu'à l'apparition des ondes alpha, caractéristiques du stade 1 et annonciatrices du sommeil paradoxal. Ce changement s'accompagne d'une augmentation de la température corporelle, des fréquences cardiaque et respiratoire et de la pression artérielle ainsi que d'une diminution de la motilité gastro-intestinale. D'ailleurs, le qualificatif « paradoxal » vient du fait que le tracé électroencéphalographique alors obtenu se rapproche de celui qu'on enregistre pendant l'état de veille. Le cerveau consomme une énorme quantité d'oxygène au cours du sommeil paradoxal, plus encore que durant l'état de veille.

Bien que les yeux se déplacent rapidement sous les paupières pendant le sommeil paradoxal – aussi appelé, de ce fait, *sommeil MOR* (pour mouvements oculaires rapides) – la plupart des muscles squelettiques sont temporairement paralysés (inhibés activement), ce qui nous empêche d'effectuer en réalité les mouvements que nous accomplissons en rêve. Les rêves se produisent généralement pendant le sommeil paradoxal et, selon certains chercheurs, les mouvements des yeux sont reliés à l'imagerie onirique. (Notez cependant que la plupart des cauchemars et des terreurs nocturnes surviennent au cours des stades 3 et 4 du sommeil lent.) Chez l'adolescent et l'homme adulte, les épisodes de sommeil paradoxal sont fréquemment associés à l'érection. Le seuil d'éveil atteint son plus haut point pendant le sommeil paradoxal. Par ailleurs, la personne endormie est plus susceptible de s'éveiller spontanément et de se rappeler ses rêves durant cette période.

Organisation du sommeil

La plupart des gens passent environ le tiers de leur vie à dormir ; on connaît pourtant peu de chose sur les fonde-

TABLEAU 15.1 Types et stades du sommeil

Sommeil lent

Stade 1. Les yeux sont fermés et la détente commence. Les pensées vont et viennent et la sensation de flotter se fait sentir (état hypnagogique). Les signes vitaux (température corporelle, respiration, pouls et pression artérielle) sont normaux. Le tracé électroencéphalographique montre des ondes alpha qui sont graduellement remplacées par des ondes thêta. L'éveil est immédiat en cas de stimulation.

Stade 2. Le tracé électroencéphalographique devient irrégulier ; les *fuseaux du sommeil* (des bouffées d'ondes courtes, soudaines et de forte amplitude, de 12 à 14 Hz) apparaissent, et le réveil est plus difficile.

Stade 3. Le sommeil s'approfondit, et les ondes delta apparaissent. Les signes vitaux commencent à s'abaisser, et les muscles squelettiques sont très décontractés. Le rêve est fréquent. Stade généralement atteint 20 minutes environ après le début du stade 1.

Stade 4. Le tracé électroencéphalographique est dominé par les ondes delta (1 à 4 Hz), d'où le terme sommeil lent. Les signes vitaux atteignent leurs niveaux normaux les plus bas, et la motilité digestive (l'activité des muscles lisses du tube digestif) s'accroît. Les muscles squelettiques sont décontractés, mais les dormeurs normaux changent de position toutes les 20 minutes environ. Le réveil est difficile. L'énurésie et le somnambulisme surviennent pendant cette phase.

Sommeil paradoxal

Le tracé électroencéphalographique repasse par tous les stades du sommeil lent, jusqu'au stade 1. Les signes vitaux s'intensifient et l'activité digestive diminue. Les muscles squelettiques (sauf les muscles oculaires) sont inhibés. C'est le stade où se produisent la plupart des rêves.

ments biologiques du sommeil. On sait cependant que l'alternance du sommeil et de l'état de veille suit un rythme naturel de 24 heures, le *rythme circadien*. En état de veille, la vigilance du cortex cérébral (le « cerveau conscient ») dépend des influx qui lui parviennent du *système réticulaire activateur ascendant* (voir la figure 12.21, p. 429). Lorsque l'activité de ce système diminue, celle du cortex cérébral diminue également ; c'est ce qui explique pourquoi les lésions de certains noyaux du système réticulaire activateur ascendant entraînent l'inconscience. Cependant, le sommeil ne se réduit pas à la « mise hors tension » du mécanisme d'excitation de ce système. Il s'agit en effet d'un processus actif par lequel le cerveau entre en repos. Les centres du système réticulaire activateur ascendant participent non seulement au maintien de l'état de veille, mais ils sont aussi à l'origine de certains stades du sommeil, particulièrement du stade du rêve. L'hypothalamus synchronise les stades du sommeil, en ce sens que son *noyau suprachiasmatique* (notre horloge biologique) régit son *noyau préoptique* (le centre qui induit le sommeil).

Au début et au milieu de l'âge adulte, la nuit de sommeil type est faite d'une alternance de périodes de sommeil lent et de périodes de sommeil paradoxal. Chaque épisode de sommeil paradoxal est suivi par un retour au stade 4 en début de nuit et un retour au stade 2 à partir du milieu de la nuit (car il n'y a alors plus de stade 3 ni 4). Le sommeil paradoxal recommence toutes les 90 minutes environ, chaque période de ce type de sommeil s'allongeant par rapport à la précédente. La première dure de 5 à 10 minutes et la dernière peut durer jusqu'à 50 minutes. Par conséquent, les rêves les plus longs se déroulent au petit matin (les rêves se déroulent en temps réel et non en accéléré, comme on le croit souvent). L'éveil se produit lorsque les neurones des noyaux dorsaux du raphé, dans la formation réticulaire, atteignent leur activité maximale. Selon certains chercheurs, cet événement est étroitement relié à une élévation de la température corporelle.

Les taux de neurotransmetteurs peuvent également varier dans certaines régions de l'encéphale au cours du sommeil. Pendant le sommeil profond, le taux de noradrénaline diminue et le taux de sérotonine augmente. La noradrénaline contribue au maintien de la vigilance, tandis que la sérotonine a longtemps été considérée comme le « neurotransmetteur du sommeil », plus particulièrement du sommeil lent. Cependant, des expériences récentes ont montré que l'inhibition de la synthèse de la sérotonine a pour effet de causer une insomnie qui dure sept jours. Après cette période, le sommeil lent ainsi que le sommeil paradoxal reviennent à 70 % de la normale malgré la suppression presque totale de ce neurotransmetteur dans l'encéphale. Par conséquent, la sérotonine ne serait pas le facteur qui déclenche le sommeil lent ou le sommeil paradoxal. La substance chimique (ou le neurotransmetteur) qui induirait le sommeil reste donc à découvrir.

Les éléments qui semblent être les structures maîtresses du sommeil paradoxal sont les cellules réticulaires situées dans la partie latérale du pont et dans la partie médiane du bulbe rachidien. On croit que l'activité des cellules sécrétrices d'acétylcholine dans la formation réticulaire du pont serait responsable de l'éveil du sommeil paradoxal et que la libération de noradrénaline par le locus ceruleus produirait la paralysie transitoire caractéristique du sommeil paradoxal. Les régions régissant le sommeil lent comprennent le noyau du tractus solitaire, le noyau réticulaire du thalamus, l'hypothalamus et le télencéphale ventral.

Importance du sommeil

Bien que la portée du sommeil échappe en grande partie à la science, tout porte à croire que le sommeil lent et le sommeil paradoxal ont des fonctions différentes. On pense que le sommeil lent constitue le stade réparateur, la période pendant laquelle la plupart des mécanismes nerveux passent à leurs niveaux de base. De fait, à la suite d'un manque de sommeil, le sommeil lent dure plus longtemps qu'en temps normal et il est concentré en début de nuit, comme si c'était le besoin de ce type de sommeil qu'il fallait d'abord combler.

Les sujets qui, à des fins expérimentales, sont continuellement privés de sommeil paradoxal présentent une certaine instabilité émotionnelle et divers troubles de la personnalité pouvant aller jusqu'à l'hallucination. Il se peut que le sommeil paradoxal donne au cerveau l'occasion d'analyser les événements de la journée et de s'attaquer par le rêve aux problèmes émotionnels. Sigmund Freud croyait que les rêves constituaient l'expression symbolique des désirs refoulés. D'autres spécialistes estiment que le sommeil paradoxal est un apprentissage inversé. D'après eux, nous captons sans cesse des messages contingents, répétitifs et absurdes que nous devons éliminer de nos réseaux neuronaux au moyen du rêve pour conserver à notre cerveau sa stabilité et sa vigueur. Autrement dit, nous rêverions pour oublier.

L'alcool et la plupart des somnifères (les barbituriques notamment) suppriment le sommeil paradoxal, mais non le sommeil lent. Par ailleurs, certains tranquillisants, tels le diazépam (Valium) et le chlordiazépoxyde (Librium) réduisent le sommeil lent bien davantage que le sommeil paradoxal.

Par rapport aux autres mammifères, les besoins en sommeil quotidien de l'humain sont moyens. Ils suivent une courbe à peu près régulièrement descendante au cours des années: ils sont de l'ordre de 16 heures environ chez le nourrisson, d'approximativement 7 heures chez le jeune adulte; ils se stabilisent alors, puis baissent encore chez la personne âgée. L'organisation du sommeil change également au cours de la vie. Le sommeil paradoxal occupe environ la moitié du temps de sommeil total chez le nourrisson, puis il diminue jusqu'à ce que l'enfant atteigne l'âge de 10 ans. La durée du sommeil paradoxal se stabilise alors à environ 25 % (soit environ de 1,5 à 2 heures par nuit). Inversement, le stade 4 du sommeil raccourcit constamment à compter de la naissance et, souvent, il disparaît complètement chez les personnes de plus de 60 ans. Les personnes âgées s'éveillent plus fréquemment que les jeunes au cours de la nuit, parce qu'elles dorment toujours d'un sommeil léger.

Troubles du sommeil

La narcolepsie et l'insomnie sont deux importants troubles du sommeil. Les personnes atteintes de **narcolepsie** tombent inopinément endormies au beau milieu de la journée; en général, elles entrent immédiatement dans le sommeil paradoxal. Leurs épisodes de sommeil diurne durent environ 15 minutes, peuvent survenir brusquement à tout moment et sont souvent provoqués par des circonstances agréables, qu'il s'agisse d'une bonne plaisanterie, d'une partie de cartes ou d'une manifestation sportive. Ce trouble comporte des risques considérables pour la personne qui conduit une voiture, fait fonctionner une machine ou prend un bain. La cause de cette maladie pourrait être génétique. Chez les narcoleptiques, le cerveau ou le tronc cérébral semblent incapables de réguler les réseaux de neurones qui induisent le sommeil paradoxal. Dans ces conditions, la formation réticulaire inhibe les commandes motrices envoyées aux muscles squelettiques, entre autres à ceux qui permettent de maintenir la posture durant l'éveil. C'est ce qui explique que durant une période de narcolepsie l'individu n'a aucune maîtrise sur l'ensemble de ses muscles squelettiques. Par ailleurs, durant le sommeil nocturne normal, les narcoleptiques ont une durée de sommeil paradoxal beaucoup plus courte que les individus normaux.

L'**insomnie** est l'incapacité chronique d'obtenir la *quantité* ou la *qualité* de sommeil nécessaires à l'accomplissement des activités quotidiennes. Comme les besoins de sommeil varient de quatre à neuf heures par jour chez les individus sains, il est impossible de déterminer ce qu'est la « bonne » quantité de sommeil. Les personnes qui se disent insomniaques ont tendance à exagérer l'étendue de leur manque de sommeil, et elles ont une propension notoire à l'automédication et à l'abus de barbituriques qui ne procurent pas un sommeil d'aussi bonne qualité que le sommeil normal.

L'insomnie véritable est souvent liée à des changements dus au vieillissement. Chez les grands voyageurs, elle peut être causée par le *décalage horaire.* Cependant, les troubles psychologiques en sont la cause la plus fréquente. Nous avons de la difficulté à trouver le sommeil lorsque nous sommes anxieux ou inquiets, et la dépression s'accompagne souvent de réveils matinaux. ■

Conscience

La **conscience** englobe la perception consciente des sensations, le déclenchement volontaire et la maîtrise des mouvements ainsi que les capacités associées au traitement mental supérieur (la mémoire, la logique, le jugement, la persévérance, etc.). Cliniquement, la conscience peut être considérée comme un continuum qui se définit selon les différents niveaux de comportement présentés en réponse aux stimulus, soit (1) la *vigilance,* (2) la *somnolence* ou *léthargie* (qui précède le sommeil), (3) la *stupeur* et (4) le *coma.* La vigilance est le niveau le plus élevé de la conscience et de l'activité corticale, tandis que le coma en est le niveau le plus bas. Hors du domaine clinique, toutefois, la conscience est très difficile à définir. Une personne endormie est manifestement dépourvue de quelque chose qu'elle possède lorsqu'elle est éveillée, et nous appelons ce « quelque chose » conscience. De même, il est évident que la conscience humaine, avec sa riche mosaïque de perceptions et de concepts, est bien plus que le contraire du sommeil; sa complexité nous distingue des autres animaux.

Il y a longtemps déjà que les scientifiques se penchent sur la pensée. Mais la conscience humaine demeure une énigme, et la majeure partie des ouvrages écrits sur ce sujet relève probablement de la spéculation, d'une tentative d'explication des stupéfiantes possibilités du cerveau conscient. Pour les spécialistes de la cognition, par exemple, la conscience est une manifestation du **traitement holistique de l'information**, un concept sous-tendu par les présupposés suivants:

1. *La conscience suppose l'activité simultanée de régions étendues du cortex cérébral.* Les lésions localisées du cortex cérébral *n'*abolissent *pas* la conscience.
2. *La conscience se superpose à d'autres types d'activités neuronales.* À tout moment, des neurones et des groupes de neurones précis participent à des activités localisées (telles la régulation motrice et la perception sensorielle) et aux comportements cognitifs conscients.
3. *La conscience n'est pas un phénomène isolé.* L'information nécessaire à la «pensée» peut être tirée simultanément de nombreux endroits du cerveau. Par exemple, le rappel d'un souvenir précis peut être provoqué par un facteur parmi tant d'autres, une odeur, un lieu, une personne, etc. Les croisements corticaux sont innombrables.

L'inconscience (à part celle qui caractérise le sommeil) indique toujours une perturbation du fonctionnement cérébral. Une perte temporaire de la conscience est appelée **évanouissement,** ou **syncope** (littéralement, «brisure»). La plupart du temps, l'évanouissement est dû à une diminution de l'irrigation sanguine de l'encéphale (accès ischémiques transitoires) résultant d'une hypotension artérielle à la suite par exemple d'une hémorragie ou d'une tension émotionnelle soudaine. L'évanouissement est généralement précédé par une sensation d'étourdissement liée à l'hypotension.

Le **coma** est une absence totale et prolongée de réponse aux stimulus sensoriels. Le coma *n'*est *pas* un sommeil profond. Pendant le sommeil, en effet, le cortex et le tronc cérébral sont actifs et la consommation d'oxygène est comparable (ou supérieure) à celle qui est observée dans l'état de veille. Par contre, la consommation d'oxygène est toujours inférieure aux niveaux de repos chez les patients comateux.

Les coups à la tête peuvent induire le coma en causant des lésions étendues, une hémorragie ou un œdème du cortex ou du tronc cérébral, particulièrement de la formation réticulaire. De même, les tumeurs et les infections qui envahissent le tronc cérébral peuvent entraîner le coma. Les troubles métaboliques tels que l'hypoglycémie (un taux sanguin de glucose anormalement bas), les doses excessives d'opiacés, de barbituriques ou d'alcool, ainsi que l'insuffisance hépatique ou rénale perturbent le fonctionnement global de l'encéphale et peuvent mener au coma. Les accidents vasculaires cérébraux causent rarement le coma, à moins qu'ils ne soient massifs et qu'ils ne s'accompagnent d'un œdème très important.

Lorsque le cerveau et le tronc cérébral ont subi des lésions irréparables, un coma irréversible survient, même si des mesures de maintien des fonctions vitales conservent le fonctionnement normal des autres organes. C'est la **mort cérébrale.** Les médecins doivent alors déterminer si le patient est mort aux yeux de la loi. ■

Mémoire

Le stockage et le rappel d'informations ou, plus simplement, la capacité de se souvenir du passé, constituent la **mémoire.** La mémoire est essentielle à l'apprentissage, au façonnement du comportement et à la conscience. En un mot, toute votre vie repose dans les coffres de votre mémoire.

Trois principes résument l'essentiel des connaissances sur la mémoire et l'apprentissage. Premièrement, le stockage s'effectue par stades et les données emmagasinées sont en constante mutation. Deuxièmement, l'hippocampe et les structures avoisinantes jouent un rôle particulier dans le traitement mnésique. Troisièmement, les traces mnésiques, codées sous forme de changements chimiques ou structuraux, sont disséminées à travers l'encéphale.

Stades de la mémoire

Lors de l'entrée des données par les organes des sens, un premier type de mémorisation a lieu; c'est la *mémoire sensorielle,* de durée si courte que nous ne la considérons pas ici comme un stade de la mémoire.

Le véritable stockage des données, ou fixation, s'effectue en au moins deux stades: celui de la mémoire à court terme et celui de la mémoire à long terme (figure 15.5). La **mémoire à court terme,** aussi appelée *mémoire de travail,* emmagasine temporairement les événements qui ne cessent de survenir dans notre vie. Avec sa durée de rétention de quelques secondes à quelques heures, la mémoire à court terme est l'antichambre de la mémoire à long terme, l'instrument qui permet de chercher un numéro de téléphone dans l'annuaire, de le composer et de l'oublier à tout jamais. La capacité de la mémoire à court terme est limitée à sept ou huit unités d'information, tels les chiffres d'un numéro de téléphone ou les mots d'une phrase complexe. On peut cependant augmenter cette capacité de plusieurs façons (en regroupant les éléments en unités, par exemple).

Contrairement à la mémoire à court terme, la **mémoire à long terme** semble dotée d'une capacité illimitée. Alors que la mémoire à court terme peut à peine retenir un numéro de téléphone, la mémoire à long terme peut en receler des dizaines. Toutefois, la capacité de stocker et de récupérer de l'information décline avec les années. Les souvenirs anciens peuvent s'évanouir ou le contenu de la mémoire se modifier au fil du temps. Le souvenir n'est pas souvent conservé dans sa forme originale: il subit des modifications au cours des différentes étapes de son catalogage (éliminations de détails et même ajouts). On distingue deux types de mémoire à long terme: la mémoire *sémantique* pour les faits et les connaissances générales et la mémoire *épisodique* pour les circonstances de temps et de lieu où s'est produit un événement particulier (comme l'acquisition de connaissances).

Nous ne nous rappelons pas la majeure partie des événements qui se déroulent dans notre vie, pas plus d'ailleurs que nous ne les enregistrons consciemment. Notre cortex cérébral traite les influx à mesure qu'ils lui parviennent, et il choisit parmi ces données celles qu'il transférera dans la mémoire à court terme (figure 15.5). La mémoire à court terme joue en quelque sorte le rôle

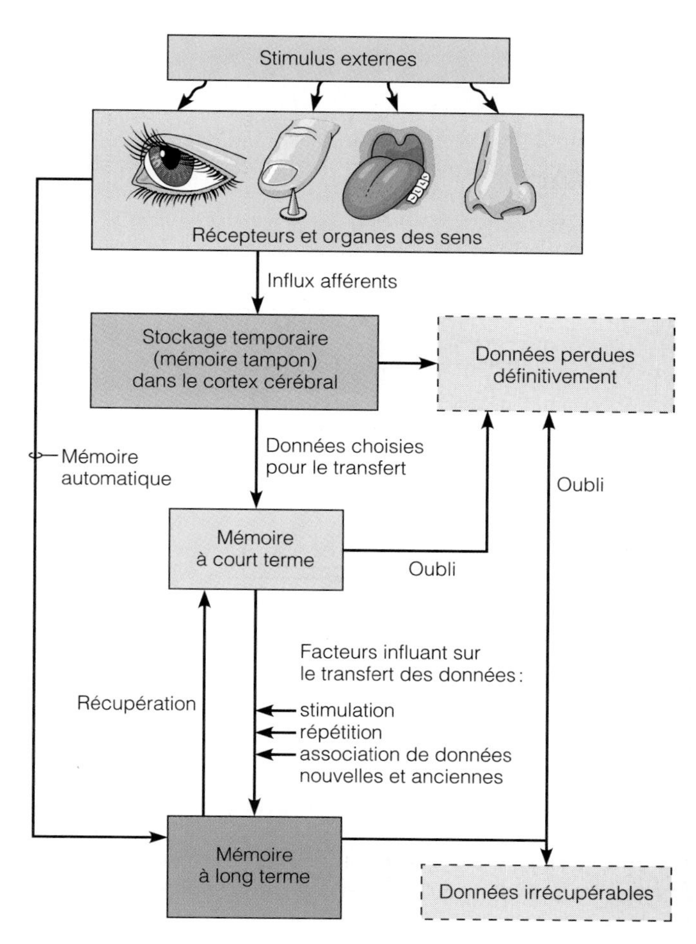

FIGURE 15.5
Traitement mnésique. Les influx sensitifs sont traités par le cortex cérébral (représenté par l'aire de stockage temporaire), qui choisit ce qui doit être envoyé dans la mémoire à court terme. Certains facteurs, dont la répétition, favorisent le transfert de l'information de la mémoire à court terme à la mémoire à long terme. Pour qu'une trace mnésique deviennent permanente dans la mémoire à long terme, il doit y avoir consolidation. Certaines unités d'information qui ne subissent pas de traitement conscient passent directement dans la mémoire à long terme (mémoire automatique).

d'entrepôt temporaire pour des données que nous conserverons ou non. Plusieurs facteurs influent sur le transfert de l'information de la mémoire à court terme à la mémoire à long terme.

1. *État émotionnel.* La qualité de l'apprentissage repose sur la vigilance, la motivation et la stimulation. Ainsi, devant un événement bouleversant, le transfert est quasi immédiat. (Par exemple, la plupart des gens de ma génération se rappellent exactement où ils se trouvaient au moment où ils ont appris l'assassinat du président Kennedy.) En effet, le traitement mnésique des événements chargés d'émotion fait intervenir la noradrénaline, et ce neurotransmetteur est libéré en plus grande quantité lorsque nous sommes excités ou tendus.
2. *Répétition.* La répétition des données favorise leur stockage.
3. *Association de données nouvelles à des données déjà stockées dans la mémoire à long terme.* Un inconditionnel du football peut vous rendre compte de tous les jeux importants d'une partie, alors qu'un néophyte les trouve difficiles à comprendre et, partant, à mémoriser.
4. *Mémoire automatique.* Les impressions qui s'intègrent à la mémoire à long terme ne sont pas toutes formées consciemment. Ainsi, nous pouvons enregistrer le motif de la cravate d'un conférencier en même temps que le contenu de son exposé.

Les souvenirs transférés dans la mémoire à long terme mettent un certain temps à devenir permanents. La **consolidation mnésique** consiste apparemment à classer des données nouvelles dans les diverses catégories de connaissances déjà établies dans le cortex cérébral. Le sommeil (paradoxal) aurait un rôle à jouer dans ce travail de rangement, mais cela exige que les informations aient été préalablement acquises. (On ne peut remplacer une période d'étude par l'« écoute » d'une cassette durant le sommeil.)

Catégories de la mémoire

Le cerveau fait la distinction entre les connaissances factuelles et les habiletés, et il les traite et les emmagasine différemment. La **mémoire déclarative (mémoire des faits)** est associée à l'apprentissage de données explicites telles que des noms, des visages, des mots et des dates. Elle est reliée à nos pensées conscientes et à notre capacité de manier les symboles et le langage. Les souvenirs factuels sont acquis par apprentissage, et beaucoup s'évanouissent rapidement; mais lorsqu'ils sont transférés dans la mémoire à long terme, ils sont généralement classés avec les autres éléments du contexte dans lequel ils ont été formés. Ainsi, lorsque vous pensez à votre nouvel ami Luc, vous le voyez sans doute à la partie de hockey où vous l'avez rencontré.

La **mémoire procédurale** passe par un apprentissage moins conscient et elle concerne généralement des activités motrices. L'exercice est le seul moyen de retenir une habileté comme la pratique de la bicyclette ou du violon. La mémoire procédurale n'enregistre pas les circonstances dans lesquelles une habileté a été acquise; en fait, c'est en exerçant une habileté motrice que nous la mémorisons. Ainsi, vous n'avez pas à réfléchir pour nouer vos lacets. Une fois qu'une habileté est acquise, il est difficile de s'en débarrasser.

Structures cérébrales associées à la mémoire

La majeure partie des connaissances que nous possédons au sujet de l'apprentissage et de la mémoire proviennent de deux sources : des expériences menées sur des macaques et des études sur l'amnésie chez l'être humain. Ces recherches ont montré que les deux catégories de la mémoire font intervenir différentes structures cérébrales (figure 15.6).

Si le cerveau humain effectue un traitement holistique, alors le traitement qu'accomplit la mémoire déclarative devrait être holistique aussi. Le cerveau devrait emmagasiner des éléments précis de chaque souvenir

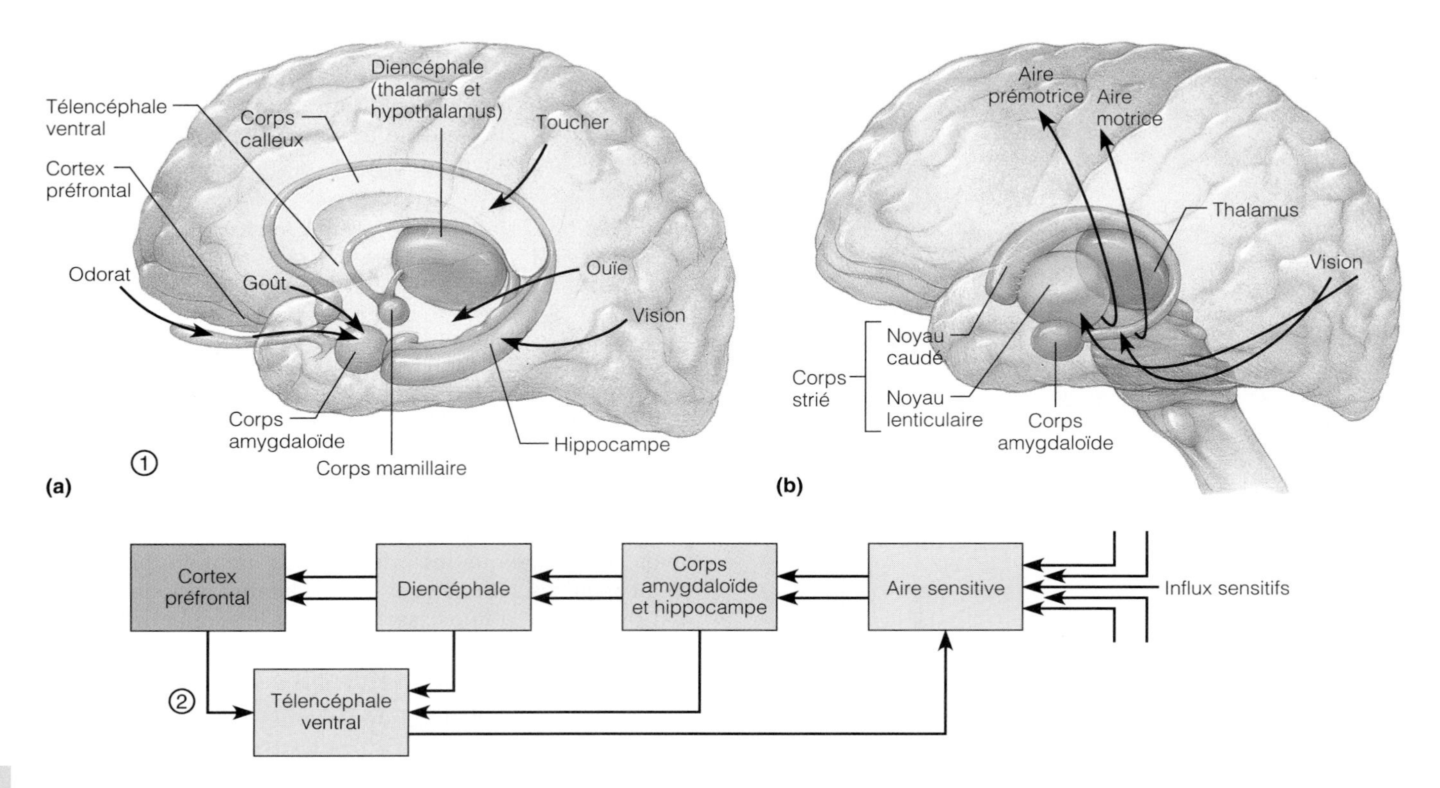

FIGURE 15.6
Réseaux hypothétiques du traitement mnésique. (a) (1) Structures renfermant les réseaux de neurones de la mémoire déclarative. **(2)** Le diagramme indique l'enchaînement des interactions probables de ces structures dans le processus de mémorisation. Les influx sensitifs provenant du cortex empruntent des réseaux parallèles, dont l'un se rend à l'hippocampe et l'autre au corps amygdaloïde. Ces deux réseaux de neurones passent dans des parties du diencéphale, du télencéphale ventral et du cortex préfrontal. Le télencéphale ventral renvoie l'information au cortex sensitif, ce qui ferme la boucle de la mémoire. **(b)** Principales structures intervenant dans la mémoire procédurale. Le corps strié permet au cerveau d'engendrer une réponse (motrice) musculaire squelettique, automatique ou semi-automatique, à la suite d'un stimulus (ici, visuel).

près des régions qui en ont besoin afin d'associer rapidement les nouveaux influx aux anciens. Ainsi, les souvenirs visuels devraient être stockés dans le cortex occipital, les souvenirs musicaux dans le cortex temporal, et ainsi de suite. Par conséquent, le souvenir d'une tante qui vous est chère — son parfum, la douceur de ses mains — devrait être morcelé à travers votre cortex.

Mais comment les liens s'effectuent-ils ? Des recherches approfondies ont montré que les structures essentielles à l'incorporation et au stockage des perceptions sensorielles dans la mémoire déclarative sont l'*hippocampe* et le *corps amygdaloïde* (qui font tous deux partie du système limbique), le *diencéphale* (des régions précises du thalamus et de l'hypothalamus), la *partie ventro-médiale du cortex préfrontal* (une région corticale enfouie sous le devant du lobe frontal) et le *télencéphale ventral* (une région qui contient des neurones sécrétant de l'acétylcholine, située à l'avant de l'hypothalamus) (voir la figure 15.6a). Hypothétiquement, l'information suit le trajet suivant. Lorsqu'une perception sensorielle se forme dans le cortex sensitif, les neurones corticaux distribuent les influx dans deux réseaux parallèles destinés à l'hippocampe et au corps amygdaloïde, qui ont chacun des connexions avec le diencéphale, le télencéphale ventral et le cortex préfrontal. Le télencéphale ventral ferme ensuite la boucle de la mémoire en renvoyant les influx aux aires sensitives qui avaient initialement formé la perception. On pense que cette rétroaction transforme la perception en un souvenir relativement durable. En vertu de cette hypothèse, les structures sous-corticales établissent les connexions initiales entre les souvenirs emmagasinés et la nouvelle perception en communiquant avec les régions corticales où réside la mémoire à long terme au moyen d'un « appel conférence », et ce jusqu'à ce que la nouvelle donnée puisse être consolidée. Le souvenir récent resurgira à l'occasion d'une stimulation des mêmes neurones corticaux.

Lors de l'exécution d'une tâche, il semble que l'intervention du cortex préfrontal soit nécessaire à la récupération des informations entreposées dans la mémoire à long terme, ailleurs dans le cerveau. Le cortex préfrontal possède vraisemblablement de nombreux domaines mnésiques qui encodent différents types de données, telles les caractéristiques et la situation des objets ainsi que les connaissances sémantiques et mathématiques. Son rôle fondamental dans la mémoire est probablement de stimuler ou d'inhiber d'autres régions du cerveau.

Selon certains chercheurs, l'hippocampe est affecté à la surveillance des réseaux de neurones qui participent à l'apprentissage et à la mémorisation des relations spatiales. Le corps amygdaloïde, grâce à ses nombreux liens avec toutes les aires sensitives, le thalamus et les centres de l'hypothalamus qui régissent la réponse émotionnelle, associerait les souvenirs formés par l'entremise de différents sens et les relierait aux états émotionnels engendrés dans l'hypothalamus.

Les lésions de l'hippocampe ou du corps amygdaloïde n'entraînent qu'une légère perte de mémoire, mais la destruction bilatérale des deux structures cause une amnésie globale. Les souvenirs consolidés subsistent, mais les nouveaux influx sensitifs ne peuvent être associés aux anciens, et la personne atteinte vit littéralement dans l'instant présent. Ce phénomène est appelé *amnésie antérograde,* et il se distingue de l'*amnésie rétrograde,* qui consiste en une perte des souvenirs formés dans le passé lointain. Une personne atteinte d'amnésie antérograde peut soutenir avec vous une conversation animée et vous avoir oublié cinq minutes plus tard. ■

Les personnes atteintes d'amnésie antérograde peuvent quand même apprendre des habiletés sensorimotrices ou des règles de raisonnement (mémoire procédurale). Des chercheurs en ont déduit l'existence d'un second réseau d'apprentissage, indépendant des voies servant à la mémoire déclarative (voir la figure 15.6b). Il semble que le cortex cérébral, activé par des influx sensitifs, signale au *corps strié* (formé du noyau lenticulaire et du noyau caudé) son intention de mobiliser la mémoire procédurale. Le corps strié communique ensuite avec au moins un des noyaux du tronc cérébral et avec le cortex afin de déclencher le mouvement désiré. Par conséquent, le corps strié constitue le lien entre un stimulus perçu et une réponse motrice. Comme de nombreuses habiletés nécessitent le conditionnement de contractions musculaires volontaires, le cervelet participe lui aussi à la mémoire procédurale. Certains spécialistes parlent alors d'**habitudes** plutôt que de mémoire au sens strict.

Mécanismes de la mémoire

Au début du XXe siècle, Karl Lashley, un des premiers neuropsychologues, se mit à la recherche de l'**engramme,** l'unité de mémoire hypothétique ou la trace mnésique permanente. Aujourd'hui, le siècle tire à sa fin, et l'engramme garde tout son mystère. La mémoire à court terme est si vacillante qu'on ne la croit pas apte à déterminer des changements permanents dans les réseaux de neurones. Néanmoins, on a constaté la similitude ou l'identité de deux phénomènes: d'une part, les phénomènes biochimiques qui, comme l'activité des seconds messagers et la régulation positive ou négative des enzymes, se produisent dans les neurones postsynaptiques où s'établissent les réseaux de la mémoire à court terme; et d'autre part les phénomènes biochimiques qui surviennent dans les premiers stades de la mémoire à long terme. Si l'engramme existe, il faut probablement le chercher dans la mémoire à long terme. Des études expérimentales soulignent plusieurs facteurs relatifs à l'apprentissage: (1) la teneur en acide ribonucléique (ARN) du neurone est modifiée; (2) les épines dendritiques changent de forme; (3) des protéines extracellulaires spéciales se déposent dans les synapses participant à la mémoire à long terme; et (4) les terminaisons présynaptiques peuvent se multiplier et grossir.

C'est proférer une évidence que d'affirmer que la mémoire humaine est un sujet d'étude difficile. Les animaux, dont le bagage mnésique est essentiellement restreint à des habiletés, offrent de bien piètres modèles pour l'étude de la mémoire déclarative chez l'être humain. Jusqu'à présent, l'analyse biochimique des traces mnésiques chez l'être humain a avancé à pas très lents. Cependant, les chercheurs sont en voie de dénouer l'impasse grâce aux connaissances qu'ils accumulent sur les **récepteurs du NMDA** (nommés d'après la substance dont on se sert pour les détecter, le *N*-méthyle D-aspartate). Comme nous l'avons vu au chapitre 11, ces récepteurs inusités jouent le rôle de canaux à calcium et entraînent une *potentialisation à long terme,* c'est-à-dire les changements durables de l'efficacité synaptique qui ont initialement été détectés dans les voies mnésiques de l'hippocampe dont le neurotransmetteur est le glutamate.

Les cellules postsynaptiques dans lesquelles une potentialisation à long terme peut être induite portent deux types de récepteurs du glutamate: des récepteurs non-NMDA et des récepteurs du NMDA. Les récepteurs du NMDA au repos se lient aux ions magnésium (Mg^{2+}) qui bloquent l'entrée du calcium dans la cellule. La liaison du glutamate aux récepteurs non-NMDA (qui jouent essentiellement le rôle de canaux à sodium ligand-dépendants) au cours de la stimulation tétanique (fréquence élevée) entraîne une dépolarisation de la membrane. La dépolarisation expulse le Mg^{2+} des récepteurs du NMDA et permet au glutamate de se lier à eux, ce qui entraîne l'ouverture des canaux à calcium.

Les récepteurs du NMDA sont donc activés à la fois par le voltage (un courant dépolarisant) et par une substance chimique (la liaison subséquente du glutamate). Ces signaux, que l'on croit successifs, entraînent l'afflux de calcium ionique dans le neurone postsynaptique; cet afflux fournit le signal nécessaire à l'induction de la potentialisation et, de plus, il crée et consolide les liens qui sous-tendent les traces mnésiques durables. Les détails des événements qui se produisent à compter de cette étape sont encore obscurs, mais il semble que le Ca^{2+} favorise l'activation de quelques enzymes dans les cellules postsynaptiques, dont des protéases et des protéines-kinases. Ainsi, la protéine-kinase C (PKC) activée phosphoryle les protéines et modifie leur forme et leur activité. On a de bonnes raisons de croire qu'au moins quelques-unes des protéines « remodelées » modifient les récepteurs du NMDA de façon à augmenter leur sensibilité au glutamate.

Les changements biochimiques nécessaires à la potentialisation à long terme ne se produisent pas seulement dans les neurones postsynaptiques. D'autres cascades enzymatiques doivent se dérouler simultanément dans le neurone présynaptique pour augmenter la libération de glutamate et restreindre la potentialisation aux neurones touchés. Selon certains chercheurs, les signaux de *ces* changements seraient donnés par des transmetteurs rétrogrades qui diffusent à rebours, c'est-à-dire à partir du neurone postsynaptique. Le **monoxyde d'azote (NO)** est vraisemblablement au nombre de ces messagers rétrogrades. En effet, cette substance est liposoluble et, par conséquent, elle peut sortir facilement du neurone postsynaptique (dépourvu de vésicules synaptiques) et diffuser dans le neurone présynaptique adjacent. On pense que le messager rétrograde favorise l'entrée du calcium dans le neurone présynaptique et active les systèmes de seconds messagers qui maintiennent la libération d'une quantité accrue de glutamate. On a trouvé du monoxyde d'azote dans des neurones où s'effectue l'induction de la potentialisation à long terme; par ailleurs, certaines enzymes activées par le calcium postsynaptique mobilisent la monoxyde d'azote synthase, qui produit le monoxyde d'azote. D'autres chercheurs nient l'intervention des messagers rétrogrades dans la potentialisation à long terme et avancent que l'induction d'une enzyme Ca^{2+}-dépendante dans le neurone postsynaptique suffit à expliquer la potentialisation à long terme.

Ces découvertes, appuyées par d'autres, suggèrent que la mémoire repose sur la *plasticité* des synapses, c'est-à dire leur capacité de modifier de façon durable l'efficacité de la transmission des influx nerveux selon l'activité des neurones postsynaptiques et/ou présynaptiques. Ainsi, comme nous l'avons vu ci-dessus, un neurone postsynaptique deviendrait plus facilement excitable par suite de l'augmentation de la quantité de neurotransmetteur libéré par le neurone présynaptique *ou* par suite de l'augmentation de la sensibilité du neurone postsynaptique à ce neurotransmetteur. Il se pourrait donc que le cerveau stocke de l'information dans des réseaux de synapses modifiées (la disposition de ces synapses constituant l'information) et qu'il récupère cette information en activant ces réseaux.

Cependant, en dépit de recherches approfondies, les mécanismes de la mémoire restent encore empreints de mystère. Chaque découverte fait inévitablement surgir de nouvelles questions. L'« esprit » que le cerveau abrite échappe encore à notre examen.

* * *

Dans le présent chapitre, nous avons fait la synthèse des mécanismes nerveux étudiés dans les chapitres précédents, et nous avons examiné la façon dont les influx sensitifs s'intègrent à l'activité motrice dans le système nerveux central. Nous avons aussi jeté un regard sur les aspects les plus complexes de l'intégration nerveuse, ceux-là même qui nous permettent de penser et de nous souvenir. Maintenant que nous avons considéré le système nerveux dans son intégralité, nous sommes prêts à aborder la structure et le fonctionnement de ses portes d'entrée qui nous sont les plus familières, les sens, sujet qui fait l'objet du chapitre 16.

TERMES MÉDICAUX

Apraxie Perte de la capacité d'accomplir volontairement des activités motrices, qui peuvent toutefois survenir automatiquement. L'**apraxie motrice** abolit la capacité de former des phrases grammaticales à cause de lésions de l'aire motrice du langage ou des régions avoisinantes de la partie antérieure du cortex frontal. L'apraxie est fréquente chez les personnes ayant subi un accident vasculaire cérébral à l'hémisphère gauche avec paralysie du côté droit.

Douleur des membres fantômes Douleur chronique perçue dans un membre amputé comme s'il était toujours présent. Bien que le phénomène demeure obscur, il semble dû au fait que les nerfs sensitifs qui transmettaient les influx sensitifs du membre continuent de réagir au traumatisme de l'amputation et que le cerveau les localise (les projette) dans le membre amputé.

Dysarthrie Atteinte des voies motrices qui cause de la faiblesse, un manque de coordination et des troubles caractéristiques du langage en perturbant la respiration, l'articulation (paralysie des organes de la phonation) ou le rythme du langage. Par exemple, les lésions des nerfs crâniens IX, X et XII résultent en une prononciation nasillarde et haletante, et les lésions des voies motrices supérieures provoquent l'enrouement.

Dystonie Perturbations généralisées ou localisées du tonus musculaire menant à des contractions musculaires involontaires.

Hypersomnie Trouble amenant à dormir jusqu'à 15 heures par jour. On observe ce symptôme dans la maladie du sommeil et dans certains cas de tumeur cérébrale.

Myoclonie (*mys* = muscle; *klonos* = agitation) Contraction involontaire soudaine d'un muscle ou d'un groupe musculaire ou d'une partie d'un muscle (généralement d'un membre). On croit que les contractions myocloniques survenant chez les individus normaux au moment de l'endormissement sont liées à une réactivation passagère du système réticulaire activateur ascendant. La myoclonie peut aussi être due à des troubles de la formation réticulaire ou du cervelet.

RÉSUMÉ DU CHAPITRE

Intégration sensorielle : de la réception à la perception (p. 519-522)

1. La sensation est la conscience des stimulus provenant du milieu interne et de l'environnement, tandis que la perception en est l'interprétation consciente.

Organisation générale du système somesthésique (p. 519-522)

2. L'intégration sensorielle comprend le niveau des récepteurs, le niveau des réseaux et le niveau de la perception. Ces niveaux relèvent respectivement des récepteurs sensoriels, des tractus et faisceaux ascendants et du cortex cérébral.

3. Les récepteurs sensoriels effectuent la transduction (conversion) de l'énergie du stimulus en potentiels d'action. L'intensité du stimulus se traduit par la fréquence de transmission des influx.

4. Certaines neurofibres sensitives entrant dans la moelle épinière interviennent dans les arcs réflexes. Certaines font synapse avec les neurones de la corne dorsale (tractus de la voie ascendante antéro-latérale) ; d'autres continuent leur course vers le haut et font synapse dans les noyaux du bulbe rachidien (faisceaux de la voie ascendante lemniscale). Les neurones de deuxième ordre de ces deux voies ascendantes se terminent dans le thalamus.

5. La voie ascendante lemniscale est composée du faisceau cunéiforme, du faisceau gracile et du lemnisque médial, qui réalisent la transmission précise et directe d'une seule modalité sensorielle ou de quelques modalités sensorielles apparentées. La voie ascendante antéro-latérale, formée des tractus spino-thalamiques, permet au tronc cérébral de traiter les influx ascendants ; elle transmet une information à caractère général et imprécis.

6. Le thalamus détermine grossièrement l'origine et les modalités des influx sensitifs, puis il les projette dans l'aire somesthésique du cortex et d'autres aires sensitives associatives.

7. La perception, l'image interne et consciente du stimulus qui constitue le fondement de la réponse, est le fruit du traitement cortical. L'étendue de l'aire somesthésique du cortex consacrée à une région du corps en particulier (l'homoncule) dépend du nombre de récepteurs siégeant dans cette région.

8. Les principaux aspects de la perception sensorielle sont la détection perceptive, l'estimation de l'intensité du stimulus, la discrimination spatiale, la discrimination des caractéristiques, la discrimination des qualités et la reconnaissance des formes.

Intégration motrice : de l'intention à l'acte (p. 522-525)

1. Le système moteur somatique comprend des effecteurs (myocytes squelettiques) et des tractus descendants, et sa régulation est hiérarchisée.

Niveaux de la régulation motrice (p. 522-525)

2. La hiérarchie de la régulation motrice est constituée du niveau segmentaire, du niveau de la projection et du niveau de la programmation.

3. Le niveau segmentaire est formé par l'ensemble des réseaux de neurones de la moelle épinière. Ces réseaux activent les neurones moteurs de la corne ventrale qui, à leur tour, stimulent les muscles squelettiques. Le niveau segmentaire régit directement les réflexes et les schèmes fixes. Les réseaux segmentaires régissant la locomotion et d'autres activités faites de gestes répétitifs sont appelés programmes médullaires.

4. Le niveau de la projection est constitué des tractus descendants qui atteignent et régissent le niveau segmentaire. Les neurofibres qui composent ces tractus naissent des noyaux moteurs du tronc cérébral (voie motrice secondaire) et du cortex (voie motrice principale). Les neurones de commande, dans le tronc cérébral, semblent moduler les programmes médullaires.

5. Le niveau de la programmation est constitué du cervelet et des noyaux basaux. Ces structures forment le système de précommande qui intègre au niveau subconscient les commandes que transportent les tractus du niveau de la projection.

Déséquilibres homéostatiques de l'intégration motrice (p. 525)

6. Les atteintes cérébelleuses provoquent des symptômes homolatéraux, dont des troubles de la synergie, du tonus musculaire, de l'équilibre et du langage. L'ataxie en est le symptôme le plus courant.

7. Les atteintes des noyaux basaux perturbent le tonus musculaire et causent des mouvements involontaires (tremblements, athétose et chorée). La maladie de Parkinson et la chorée de Huntington résultent de telles atteintes.

Fonctions mentales supérieures (p. 525-534)

Ondes cérébrales et électroencéphalogramme (p. 526-527)

1. L'activité électrique du cortex cérébral se traduit par des ondes cérébrales ; l'enregistrement de cette activité est un électroencéphalogramme (EEG). Les ondes cérébrales se distinguent par leur fréquence et leur amplitude ; ce sont les ondes alpha, bêta, thêta et delta.

2. L'épilepsie est une anomalie de l'activité électrique des neurones cérébraux. Les crises d'épilepsie sont souvent précédées d'auras et elles se caractérisent par des contractions musculaires involontaires.

Sommeil et cycle veille-sommeil (p. 527-529)

3. Le sommeil est une altération de la conscience à laquelle une stimulation peut mettre fin. Les deux principaux types de sommeil sont le sommeil lent (SL) et le sommeil paradoxal (SP).

4. Pendant les stades 1 à 4 du sommeil lent, les ondes cérébrales perdent en régularité et gagnent en amplitude jusqu'à l'apparition des ondes delta (stade 4). Le sommeil paradoxal se manifeste par un retour au stade 1 du sommeil lent. Durant le sommeil paradoxal, les yeux se déplacent rapidement sous les paupières. Les périodes de sommeil lent et de sommeil paradoxal alternent au cours de la nuit.

5. Le sommeil réparateur semble être celui du stade 4 du sommeil lent. Le sommeil paradoxal est important pour la stabilité émotionnelle.

6. Le sommeil paradoxal représente la moitié du temps de sommeil du nourrisson, et environ 25 % de celui de l'enfant de 10 ans. La durée du stade 4 du sommeil lent diminue constamment au cours de la vie.

7. La narcolepsie consiste en accès involontaires et soudains de sommeil. L'insomnie est l'incapacité chronique d'obtenir la quantité ou la qualité de sommeil nécessaire au bon fonctionnement de la personne.

Conscience (p. 529-530)

8. La conscience comprend la perception sensorielle, le déclenchement et la maîtrise des mouvements volontaires ainsi que les aptitudes mentales supérieures. Sur le plan clinique, elle peut se décrire comme un continuum dont les principaux niveaux sont la vigilance, la somnolence, la stupeur et le coma.

9. On pense que la conscience humaine fait intervenir un traitement holistique de l'information : (1) qui est impossible à localiser ;

(2) qui se superpose à d'autres types d'activités neuronales; (3) dont les éléments sont étroitement liés.

10. L'évanouissement (la syncope) est une perte temporaire de la conscience généralement due à une diminution de l'irrigation sanguine de l'encéphale. Le coma est un état d'inconscience auquel les stimulus ne peuvent mettre fin.

Mémoire (p. 530-534)

11. La mémoire est la capacité de se rappeler nos pensées. Elle est essentielle à l'apprentissage et elle s'incorpore à la conscience.

12. La mémorisation s'effectue en deux stades: celui de la mémoire à court terme et celui de la mémoire à long terme. Le transfert de l'information de la mémoire à court terme à la mémoire à long terme dure de quelques minutes à quelques heures, mais il faut plus de temps pour que soient consolidés les souvenirs à long terme.

13. La mémoire déclarative est la capacité d'apprendre et de mémoriser consciemment de l'information. La mémoire procédurale est l'apprentissage d'actes moteurs qui peuvent ensuite être accomplis sans réflexion consciente.

14. La mémoire déclarative semble faire intervenir l'hippocampe, le corps amygdaloïde, le diencéphale, le télencéphale ventral et le cortex préfrontal. Les voies de la mémoire procédurale passent par le corps strié.

15. On ne comprend pas encore tout à fait la nature des traces mnésiques, mais on sait que les récepteurs du NMDA jouent un rôle important dans la potentialisation à long terme. Ces récepteurs (qui sont essentiellement des canaux calciques) sont activés successivement par la dépolarisation et par la liaison du glutamate. L'afflux de calcium consécutif à l'activation des récepteurs du NMDA mobilisent les enzymes qui déclenchent les événements nécessaires à la consolidation des souvenirs.

QUESTIONS DE RÉVISION

Choix multiples/associations

(Réponses à l'appendice G)

1. Parmi les caractéristiques suivantes, laquelle ne s'applique pas à la voie ascendante lemniscale? (a) Comprend le faisceau gracile et le faisceau cunéiforme, qui se terminent dans le thalamus. (b) Comprend une chaîne de trois neurones. (c) Connexions diffuses permettant le traitement de plusieurs modalités. (d) Effectue la transmission précise d'une ou de plusieurs modalités sensorielles apparentées.

2. L'aspect de la perception sensorielle grâce auquel le cortex cérébral détermine le siège ou la modalité d'une stimulation est: (a) la détection perceptive; (b) la discrimination des caractéristiques; (c) la reconnaissance des formes; (d) la discrimination spatiale.

3. Les réseaux de neurones de la moelle épinière se trouvent au niveau: (a) de la programmation; (b) de la projection; (c) segmentaire.

4. Parmi les structures suivantes, laquelle fait partie de la voie motrice secondaire? (a) Les noyaux vestibulaires; (b) le noyau rouge; (c) les colliculus supérieurs; (d) les noyaux réticulaires; (e) toutes ces structures.

5. Les ondes cérébrales caractéristiques de l'état de veille active sont: (a) les ondes alpha; (b) les ondes bêta; (c) les ondes delta; (d) les ondes thêta.

6. Associez les stades du sommeil aux caractéristiques suivantes. (Les réponses (a) à (d) correspondent au sommeil lent.)

Stades: (a) stade 1; **(b)** stade 2; **(c)** stade 3; **(d)** stade 4; **(e)** sommeil paradoxal.

__________ **(1)** Stade pendant lequel les signes vitaux (fréquence respiratoire, pouls, pression artérielle et température corporelle) atteignent leurs niveaux les plus bas.

__________ **(2)** Stade pendant lequel se produisent les rêves et les mouvements des yeux sous les paupières.

__________ **(3)** Stade pendant lequel se produisent les épisodes de somnambulisme.

__________ **(4)** Stade des ondes alpha, pendant lequel le dormeur peut s'éveiller très facilement.

Questions à court développement

7. Distinguez clairement la sensation de la perception.

8. Quelles sont les différences entre la discrimination synthétique et la discrimination analytique des qualités?

9. Les programmes médullaires se trouvent au niveau segmentaire de la régulation motrice. (a) Quelle est la fonction des programmes médullaires? (b) Qu'est-ce qui les régit et où ce centre de commande est-il situé?

10. Faites un schéma de la hiérarchie de la régulation motrice. Indiquez les programmes médullaires, les neurones de commande, les noyaux du cervelet et les noyaux basaux.

11. Quelles sont les différences entre les activités motrices dirigées par la voie motrice principale et celles qui sont dirigées par la voie motrice secondaire?

12. Pourquoi le cervelet et les noyaux basaux sont-ils considérés comme étant des centres de *précommande*?

13. Expliquez ce qu'est l'électroencéphalogramme.

14. Quelles sont les variations de l'organisation du sommeil, du temps de sommeil et de la durée du sommeil lent et du sommeil paradoxal au cours de la vie?

15. (a) Définissez la narcolepsie et l'insomnie. (b) Pourquoi croit-on que la narcolepsie est liée à un trouble des centres de régulation du sommeil? (c) Pourquoi la narcolepsie est-elle un trouble sérieux?

16. (a) Définissez l'épilepsie. (b) Quelle forme de ce trouble est la plus bénigne? Laquelle est la plus grave? Développez.

17. Qu'est-ce qu'une aura?

18. Qu'est-ce que le traitement holistique de l'information et quelles sont ses caractéristiques essentielles?

19. Comparez la mémoire à court terme avec la mémoire à long terme du point de vue de la capacité de stockage et de la durée de rétention.

20. (a) Nommez quelques facteurs qui favorisent le transfert de l'information de la mémoire à court terme à la mémoire à long terme. (b) Définissez la consolidation mnésique.

21. Comparez la mémoire déclarative avec la mémoire procédurale du point de vue des données mémorisées et de l'importance de la récupération consciente.

22. Expliquez pourquoi la conscience, la mémoire et le langage sont indissociables. Citez une maladie qui illustre la relation entre ces trois domaines de l'activité cérébrale.

RÉFLEXION ET APPLICATION

1. Peu de temps après avoir remarqué une faiblesse dans son bras droit, M. Aubin devint incapable de le bouger et de parler. Pendant l'examen médical, M. Aubin semblait comprendre ce qu'on lui disait, mais il ne pouvait répondre de manière appropriée. Ses paroles étaient insensées et il marmonnait ; de plus, sa joue droite et le côté droit de sa bouche étaient affaissés. La force et les réflexes de ses membres inférieurs étaient normaux, mais les réflexes étaient faibles dans son bras droit. L'examen n'a révélé ni pertes sensorielles ni problèmes de démarche. D'après ces renseignements, répondez aux questions suivantes. (a) Quelle voie motrice (principale ou secondaire) et quelles régions du cerveau sont atteintes ? (b) Quels changements les lésions de ce système causent-elles dans les réflexes abdominaux et plantaires ? (c) Comment appelle-t-on le trouble du langage dont M. Aubin est atteint ?

2. Cynthia, une jeune fille de 16 ans, est admise d'urgence au centre hospitalier après une chute des barres parallèles. Le neurologue procède à un examen neurologique complet puis annonce aux parents de Cynthia qu'elle restera pour toujours paralysée de la taille aux pieds. Le médecin explique ensuite aux parents à quel point il est important de prévenir les complications possibles, entre autres les infections urinaires, les escarres de décubitus et les spasmes musculaires. Expliquez les facteurs de ces complications en vous fondant sur les connaissances que vous possédez en neuroanatomie.

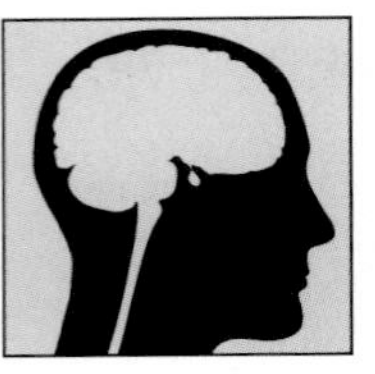

16 LES SENS

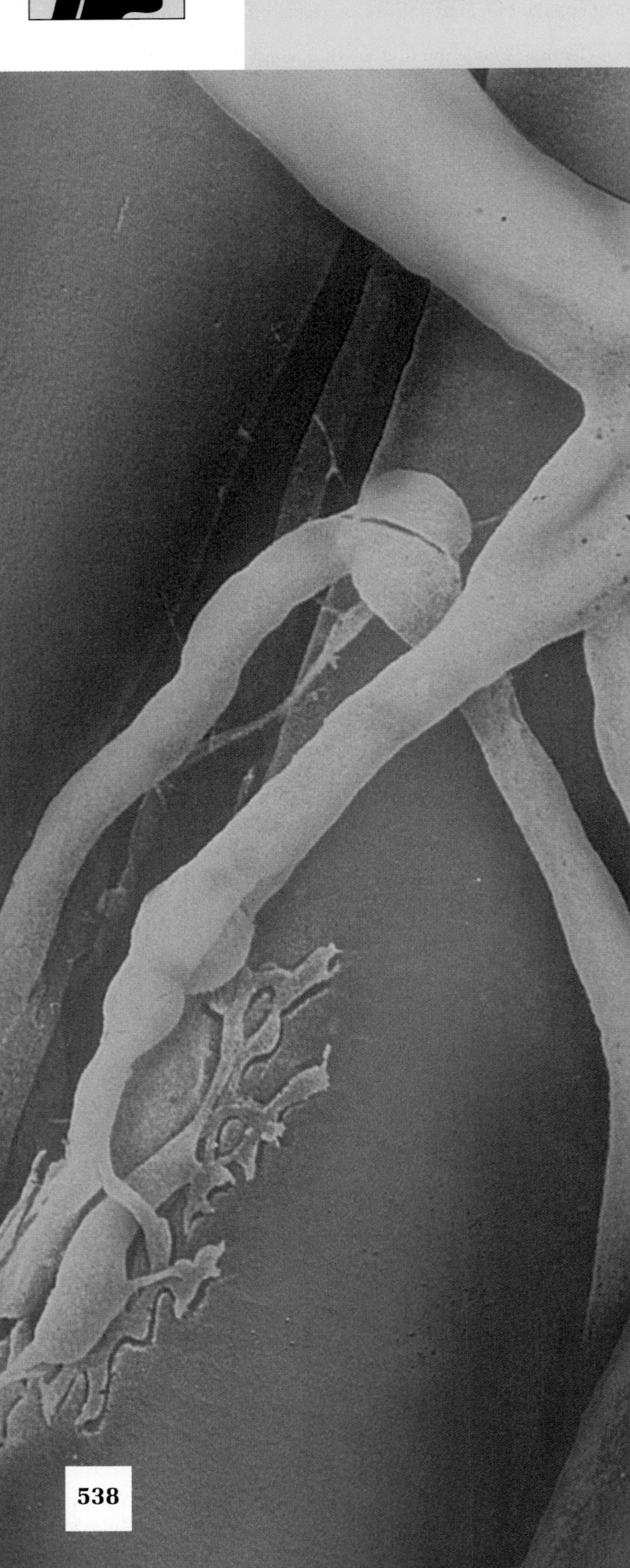

SOMMAIRE ET OBJECTIFS D'APPRENTISSAGE

Sens chimiques: goût et odorat (p. 539-544)

1. Situer les récepteurs gustatifs et olfactifs, décrire leur structure et leurs voies afférentes; expliquer comment ces récepteurs sont stimulés (activation et mécanisme de transduction).

Œil et vision (p. 544-565)

2. Situer les structures annexes de l'œil, les trois tuniques, le cristallin, l'humeur aqueuse et le corps vitré; décrire leur structure et leur fonction.
3. Expliquer le trajet que parcourt la lumière, de son entrée dans le bulbe de l'œil jusqu'aux photorécepteurs de la rétine, et expliquer comment la lumière est focalisée pour la vision éloignée et la vision rapprochée; définir les termes punctum proximum, punctum remotum, accommodation et convergence.
4. Décrire la structure des deux types de photorécepteurs; expliquer le déroulement de leur stimulation par la lumière; comparer le rôle et le fonctionnement des cônes et ceux des bâtonnets.
5. Exposer les causes, les conséquences et, éventuellement, les principaux traitements du strabisme, de l'astigmatisme, de la cataracte, du glaucome, de l'hypermétropie, de la myopie, de la presbytie, de l'hespéranopie et de l'achromatopsie.
6. Expliquer et comparer l'adaptation à la lumière et l'adaptation à l'obscurité.
7. Comparer vision binoculaire et vision panoramique et montrer comment la première permet la vision stéréoscopique.
8. Décrire le trajet de la voie visuelle jusqu'à l'aire visuelle du cortex occipital et expliquer brièvement le traitement visuel rétinien et cortical; préciser le cheminement des neurofibres des nerfs optiques à la hauteur du chiasma optique et montrer les conséquences, sur la vision, d'une lésion à différents niveaux des voies visuelles.

Oreille: ouïe et équilibre (p. 565-579)

9. Situer l'oreille externe, l'oreille moyenne et l'oreille interne; décrire leur structure et leur fonction.
10. Expliquer la transmission du son jusqu'aux liquides de l'oreille interne; montrer le mécanisme d'activation des cellules sensorielles ciliées de la cochlée; décrire la voie auditive, de l'organe spiral à l'aire auditive du cortex temporal.
11. Expliquer comment s'effectue la reconnaissance de la hauteur, de l'intensité et de la source des sons.
12. Décrire la structure des organes de l'équilibre situés dans les canaux semi-circulaires et dans le vestibule et montrer comment ils sont activés; expliquer leur rôle dans l'équilibre statique et dynamique; décrire les voies nerveuses permettant l'équilibre et l'orientation.
13. Énumérer les causes possibles, les symptômes et, éventuellement, les principaux traitements de l'otite moyenne, des deux formes de surdité, des acouphènes, du syndrome de Ménière, du mal des transports et de la presbyacousie.

Développement et vieillissement des organes des sens (p. 580-582)

14. Décrire le développement embryonnaire des organes des sens et énumérer les changements qu'ils subissent au cours du vieillissement.

Les êtres humains sont très sensibles aux stimulus. Une miche de pain chaud nous met l'eau à la bouche. Un coup de tonnerre nous fait sursauter. Notre système nerveux ne cesse de capter et d'interpréter des stimulus.

On nous apprend généralement que nous avons cinq sens : le toucher, le goût, l'odorat, la vue et l'ouïe. En réalité, le toucher comprend un ensemble de récepteurs sensoriels simples dont nous avons traité au chapitre 13. Par ailleurs, nous sommes aussi dotés du sens de l'*équilibre,* dont les récepteurs sont situés dans l'oreille, avec ceux de l'ouïe. Les récepteurs de ce que l'on appelle communément le toucher sont disséminés dans la peau et sont pour la plupart des dendrites modifiées de neurones sensitifs, alors que les **récepteurs sensoriels spécifiques** de l'*odorat,* du *goût,* de la *vue* et de l'*ouïe* sont des *cellules réceptrices* à proprement parler. Ces cellules sont regroupées dans la tête et elles occupent des endroits précis, soit dans les organes des sens (les yeux et les oreilles), soit dans des structures épithéliales bien délimitées (les calicules gustatifs et l'épithélium de la région olfactive).

Le présent chapitre porte sur l'anatomie et la physiologie de l'odorat, du goût, de la vue, de l'ouïe et de l'équilibre. Rappelez-vous en le lisant que nos perceptions sensorielles se chevauchent et que nous appréhendons notre environnement par l'intermédiaire de stimulus amalgamés.

SENS CHIMIQUES : GOÛT ET ODORAT

Le goût et l'odorat sont des sens primitifs qui nous indiquent grossièrement si les substances qui nous entourent ou que nous mettons dans notre bouche sont nocives ou inoffensives. Les récepteurs du goût et de l'odorat sont des **chimiorécepteurs,** car ils réagissent aux substances chimiques en solution aqueuse. Les récepteurs gustatifs sont stimulés par les substances chimiques contenues dans les aliments et dissoutes dans la salive ; les récepteurs olfactifs sont stimulés par des substances chimiques en suspension dans l'air qui se dissolvent dans les liquides des membranes nasales. Les récepteurs du goût et ceux de l'odorat se complètent et réagissent à plusieurs des mêmes stimulus.

Calicules gustatifs et gustation

L'étymologie nous enseigne que les mots *goût* et *gustation* viennent d'un mot indo-européen, *geus,* qui signifie « éprouver, goûter, apprécier ». Effectivement, le goût nous permet d'éprouver ou de juger directement notre environnement. Beaucoup de personnes estiment que le goût est le sens qui nous procure le plus de plaisir.

Situation et structure des calicules gustatifs

La plupart des quelque 10 000 récepteurs sensoriels du goût, appelés **calicules gustatifs,** ou bourgeons du goût, sont situés surtout sur la langue. On en trouve quelques-uns sur le palais mou, sur la face interne des joues, sur le pharynx et sur l'épiglotte.

En majorité, les calicules gustatifs siègent dans des éminences de la muqueuse linguale appelées **papilles,** qui donnent à la surface de la langue sa texture rugueuse. On distingue trois principaux types de papilles : les papilles filiformes, les papilles fungiformes et les papilles circumvallées. Chez l'adulte, les deux derniers types de papilles renferment la plupart des calicules gustatifs. Les **papilles fungiformes,** comme leur nom l'indique, ont la forme de champignons ; elles sont disséminées sur toute la surface de la langue, mais elles sont particulièrement abondantes sur le bout et les côtés (figure 16.1a). Les **papilles circumvallées,** ou papilles caliciformes, de forme ronde, sont les plus grandes et les moins nombreuses ; on en trouve de 10 à 12, en V inversé, à l'arrière de la langue (voir la figure 16.1a). Les calicules gustatifs sont situés dans l'épithélium des parois latérales des papilles circumvallées (figure 16.1b) et au sommet des papilles fungiformes.

Chaque calicule gustatif, de forme ovoïde, est formé de 40 à 100 *cellules épithéliales* de trois types : des cellules de soutien, des cellules gustatives et des cellules basales (figure 16.1c). Les **cellules de soutien** constituent l'essentiel de la masse du calicule gustatif. Elles isolent les cellules réceptrices, appelées **cellules gustatives,** les unes des autres et de l'épithélium lingual avoisinant. De longues **microvillosités** émergent des extrémités des cellules de soutien et des cellules gustatives, passent par un **pore gustatif** et se projettent à la surface de l'épithélium, où elles baignent dans la salive. Il semble qu'elles soient les parties sensitives (*membranes réceptrices*) des cellules gustatives. Celles-ci sont entourées de dendrites sensitives entremêlées qui représentent le segment initial de la voie gustative menant au cerveau (plus précisément à la région de l'aire somesthésique correspondant à la langue). Chaque neurofibre afférente reçoit des signaux provenant de plusieurs cellules réceptrices situées à l'intérieur du calicule gustatif. Étant donné leur situation, les cellules des calicules gustatifs sont sujettes à une friction intense, et elles sont parmi les plus dynamiques de l'organisme. Elles se renouvellent tous les 10 à 14 jours. Il semble que les **cellules basales** jouent le rôle de cellules souches, c'est-à-dire qu'elles se divisent et se différencient en cellules de soutien, qui donnent ensuite naissance à de nouvelles cellules gustatives.

Saveurs fondamentales

Normalement, les sensations gustatives sont provoquées par des mélanges complexes de saveurs. Cependant, les épreuves réalisées au moyen de composés chimiques purs permettent de décomposer les saveurs en quatre groupes fondamentaux* : le *sucré,* l'*acide,* le *salé* et l'*amer.* De nombreuses substances organiques ont un goût sucré, notamment les sucres, la saccharine, les alcools, certains acides aminés et certains sels de plomb (comme ceux que contient la peinture au plomb). Les acides, et plus précisément leurs ions hydrogène (H^+) en solution, ont bien entendu un goût acide, tandis que les ions des métaux (les sels inorganiques) ont un goût salé. Le sel

* Les chercheurs ont récemment découvert que le glutamate détermine une cinquième saveur baptisée *umami.* Il semble que le glutamate donne le « goût de bœuf » au steak et stimule les autres types de récepteurs.

Tout en étudiant la figure 16.1a, pensez à la distribution des nerfs crâniens. À quelle saveur seriez-vous le plus insensible si vous subissiez une lésion du nerf glosso-pharyngien ?

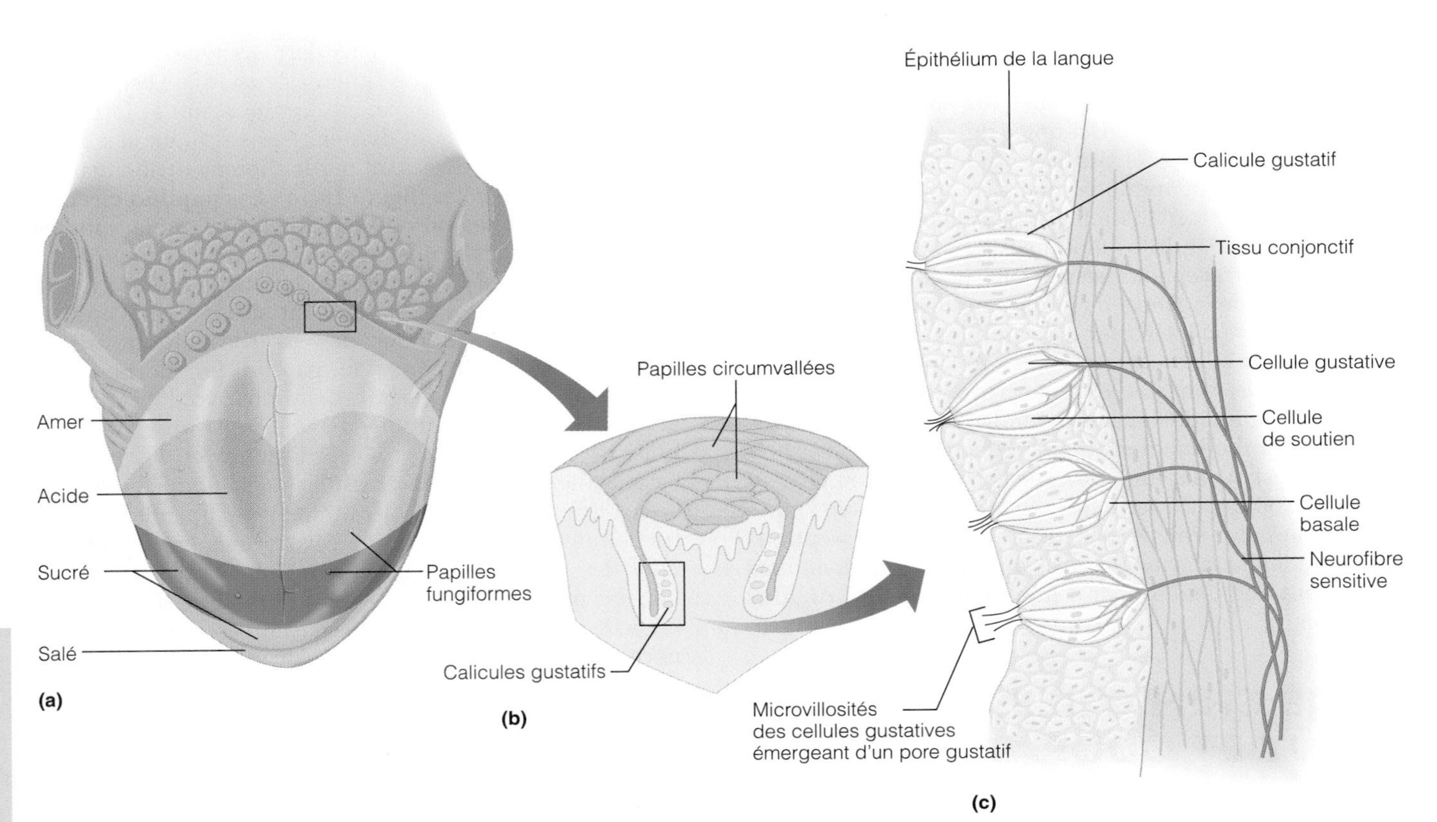

FIGURE 16.1
Situation, structure et sensibilité des calicules gustatifs. (a) Les calicules gustatifs sont liés aux papilles fungiformes et circumvallées, des éminences de la muqueuse linguale. Les parties du dos de la langue sont sensibles à différentes saveurs. (La partie la plus sensible au sucré n'est pas représentée ici ; elle chevauche la partie sensible au salé, représentée en rose.) **(b)** Coupe longitudinale d'une papille circumvallée montrant la situation des calicules gustatifs dans ses parois latérales. **(c)** Agrandissement de quatre calicules gustatifs montrant les cellules gustatives, les cellules de soutien et les cellules basales.

ordinaire (le chlorure de sodium) est la substance la plus « salée ». Enfin, les alcaloïdes (comme la quinine, la nicotine, la caféine, la morphine et la strychnine) ainsi qu'un certain nombre de substances non alcaloïdes (comme l'acide acétylsalicylique) ont un goût amer.

Il n'existe pas de différence *structurale* visible entre les calicules gustatifs des différentes parties de la langue. Cependant, le bout de la langue est surtout sensible au sucré et au salé, les côtés, à l'acide, et l'arrière (près de la racine), à l'amer (figure 16.1a). Mais ces différences ne sont pas absolues ; en effet, la plupart des calicules gustatifs réagissent à deux, trois ou quatre saveurs sur les quatre, et beaucoup de substances ont une saveur mixte (un point particulier de la langue ne répond donc pas qu'à une seule saveur en général). De plus, certaines substances changent de saveur à mesure qu'elles se déplacent dans la bouche. La saccharine, par exemple, a d'abord un goût sucré, mais elle prend un arrière-goût amer à l'arrière de la langue.

En matière de goût, les préférences et les aversions ont une valeur homéostatique. Une prédilection pour le sucré et le salé pousse à satisfaire les besoins en glucides et en minéraux (ainsi qu'en certains acides aminés). De nombreux aliments naturellement acides (comme l'orange, le citron et la tomate) sont riches en vitamine C, une vitamine essentielle. Beaucoup de poisons naturels et d'aliments gâtés ont un goût amer, si bien que notre aversion pour l'amertume a une fonction protectrice. (Il faut cependant noter que la situation des récepteurs de l'amer, à l'arrière de la langue, n'est pas des plus stratégiques, car nous avons déjà avalé une partie d'une substance amère au moment où nous la goûtons.) Les gens s'habituent souvent à l'amertume et apprécient les aliments comme les olives et le soda, tandis que la plupart des animaux évitent soigneusement les substances amères.

À l'amer. (réponse imprimée à l'envers)

Physiologie du goût

Activation des récepteurs gustatifs Pour provoquer une sensation gustative, une substance chimique doit se dissoudre dans la salive, diffuser dans le pore gustatif et entrer en contact avec les microvillosités des cellules gustatives. Or, ces cellules contiennent des vésicules synaptiques et la liaison de la substance chimique (alimentaire) à leur membrane plasmique entraîne une dépolarisation. À l'heure actuelle, les chercheurs présument que les potentiels récepteurs déclenchant les potentiels d'action dans les dendrites sensitives liées aux cellules gustatives sont produits par un stimulus chimique dû à la libération du contenu des vésicules synaptiques (neurotransmetteur).

Plus une substance chimique est concentrée, plus sa saveur est intense. Cependant, les divers types de cellules gustatives présentent des seuils d'excitation différents. Conformément à leur fonction protectrice, les récepteurs de l'amer détectent les substances présentes en d'infimes quantités. Les récepteurs de l'acide sont moins sensibles, et ceux du sucré et du salé le sont encore moins. Les récepteurs gustatifs s'adaptent très rapidement; plus précisément, l'adaptation partielle s'effectue en 3 à 5 secondes, et l'adaptation complète se réalise en 1 à 5 minutes.

Mécanisme de la transduction dans les cellules gustatives Nous avons déjà expliqué que la **transduction** est le phénomène selon lequel l'énergie du stimulus est convertie en influx nerveux. Le mécanisme de la transduction dans les neurofibres afférentes du goût (déclenché par un stimulus chimique) n'est que partiellement connu, mais il semble varier selon les saveurs. Les stimulus ioniques agissent directement sur des canaux ioniques situés dans l'apex de la cellule gustative et entraînent une dépolarisation. La saveur salée serait due à un afflux de Na^+ dans les canaux à sodium et la saveur acide, à une obstruction des canaux à K^+ (ou à Na^+) par des ions H^+. Quant à l'amer et au sucré, ils proviendraient de mécanismes dépendants d'une protéine G. Par l'intermédiaire de différents seconds messagers, ces mécanismes augmenteraient la concentration intracellulaire de Ca^{2+} (dans le cas de l'amer) ou fermeraient les canaux à K^+ (dans le cas du sucré). La protéine G qui intervient dans ces mécanismes vient d'être identifiée et elle a été baptisée *gustducine.*

Voie gustative

Comme nous l'avons expliqué au chapitre 13, les neurofibres afférentes qui acheminent les messages gustatifs provenant de la langue se trouvent en majorité dans deux paires de nerfs crâniens. Une collatérale du **nerf facial** (crânien VII), la *corde du tympan,* transmet les influx issus des récepteurs gustatifs situés dans les deux tiers antérieurs de la langue, tandis que le rameau lingual du **nerf glosso-pharyngien** (crânien IX) en dessert le tiers postérieur. Les influx gustatifs provenant des rares calicules gustatifs situés dans l'épiglotte et dans le pharynx empruntent principalement le **nerf vague** (crânien X). Les neurofibres afférentes font synapse dans le **noyau solitaire** du bulbe rachidien; de là, les influx sont transmis au thalamus et, finalement, à l'aire gustative située dans la partie inférieure (région de la langue) de l'homoncule somesthésique des lobes pariétaux. Les neurofibres atteignent aussi l'hypothalamus et des structures du système limbique; ce sont ces régions qui déterminent notre appréciation des substances goûtées.

Parmi les rôles du goût, l'un des plus importants est de provoquer les réflexes associés à la digestion. En traversant le noyau solitaire, les influx gustatifs déclenchent des réflexes autonomes (par l'intermédiaire de synapses formées avec certains noyaux parasympathiques des nerfs glosso-pharyngien et vague) qui accroissent la sécrétion de salive dans la bouche et de suc gastrique dans l'estomac. La salive contient un mucus qui humecte les aliments et une enzyme digestive qui commence à digérer l'amidon. Les aliments acides sont d'exceptionnels déclencheurs du réflexe salivaire. Par ailleurs, l'ingestion de substances répugnantes peut déclencher des haut-le-cœur et même le réflexe du vomissement, associé à un noyau moteur du bulbe rachidien situé près du noyau solitaire.

Influence des autres sensations sur le goût

Ce que nous appelons couramment le goût est intimement lié à la stimulation des récepteurs olfactifs. En fait, le goût relève à 80 % de l'odorat. Lorsque la congestion (ou l'obstruction mécanique des narines) inhibe les récepteurs olfactifs des cavités nasales, les aliments paraissent insipides. Sans l'odorat, le café du matin perdrait toute sa richesse pour ne conserver que son amertume.

La bouche contient aussi des thermorécepteurs, des mécanorécepteurs et des nocicepteurs; de ce fait, la température et la texture des aliments ajoutent ou nuisent à leur saveur. Les aliments forts, comme les piments, provoquent un effet agréable en excitant les nocicepteurs de la bouche.

Épithélium de la région olfactive et odorat

Bien que l'odorat humain soit beaucoup moins développé que celui de nombreux autres animaux, le nez humain n'en est pas moins apte à capter de subtiles différences entre les odeurs. Dans le domaine de l'œnologie, certaines personnes font de cette faculté leur gagne-pain.

Situation et structure des récepteurs olfactifs

L'odorat, comme le goût, permet de reconnaître les substances chimiques en solution. L'organe de l'odorat est l'**épithélium de la région olfactive,** une plaque jaunâtre (d'environ 5 cm^2) d'épithélium pseudostratifié située dans le toit des cavités nasales (figure 16.2). Comme l'air qui entre dans les cavités nasales doit décrire un virage en tête d'épingle pour stimuler les récepteurs olfactifs avant de pénétrer dans les voies respiratoires situées plus bas, l'épithélium de la région olfactive occupe une situation désavantageuse chez l'être humain. (C'est pourquoi le reniflement, qui attire un surcroît d'air vers l'épithélium de la région olfactive, augmente les capacités olfactives.) L'épithélium de la région olfactive surmonte le cornet nasal supérieur de chaque côté du septum nasal, et il contient des millions de **cellules olfactives,** qui jouent le rôle de

Quelle est l'importance de la couche de mucus qui recouvre l'épithélium de la région olfactive ?

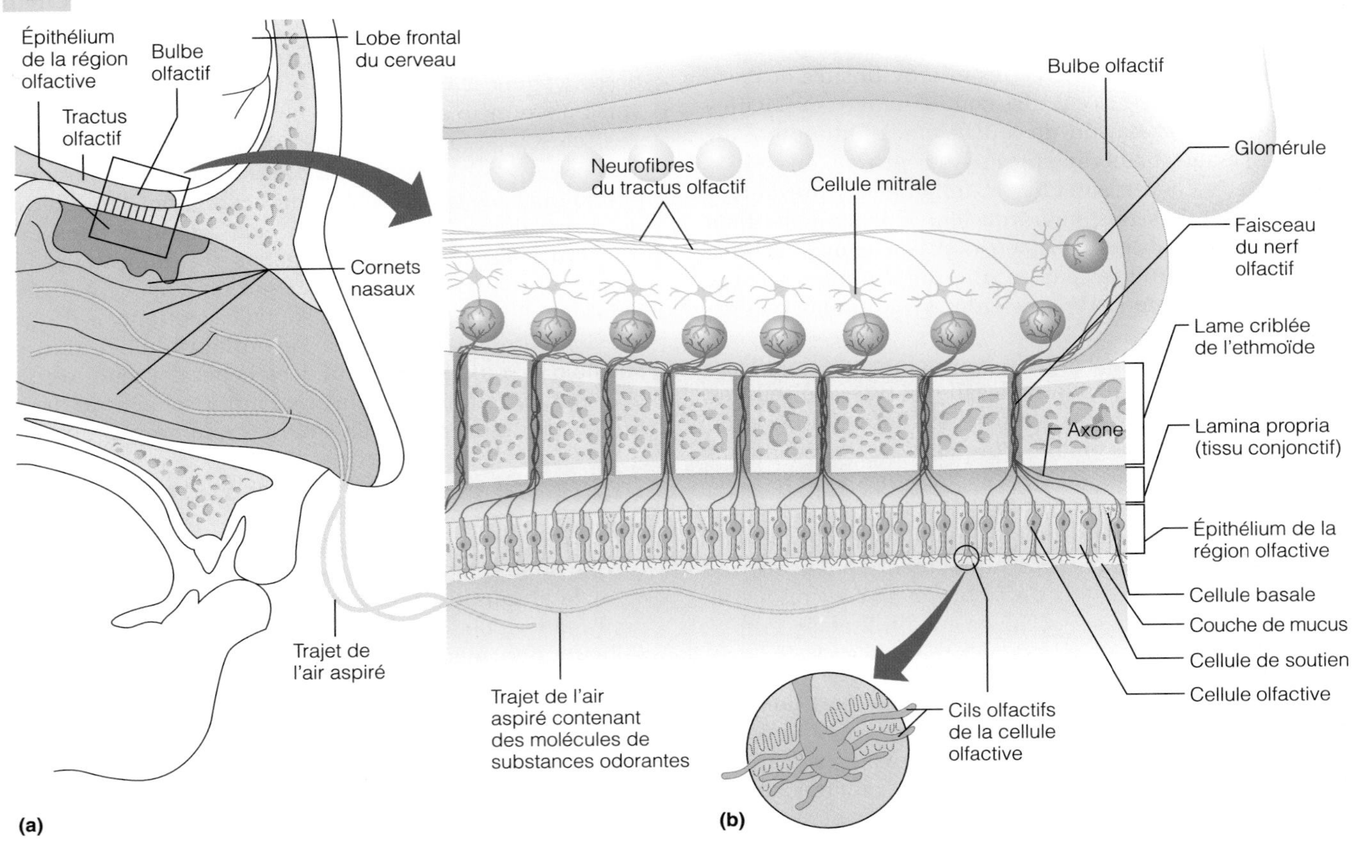

FIGURE 16.2
Région olfactive de la muqueuse du nez. (a) Situation de l'épithélium de la région olfactive dans la partie supérieure de la cavité nasale. **(b)** Agrandissement montrant la composition cellulaire de l'épithélium de la région olfactive et le trajet des neurofibres du nerf olfactif (crânien I) à travers la lame criblée de l'ethmoïde, jusqu'à leurs synapses dans le bulbe olfactif sus-jacent. Le schéma montre aussi les glomérules et les cellules mitrales (neurones postsynaptiques) dans le bulbe olfactif.

récepteurs. Ces neurones en forme de quilles sont entourés et protégés par des **cellules de soutien** prismatiques, qui composent l'essentiel de la fine muqueuse (voir la figure 16.2). Les cellules de soutien contiennent un pigment jaune brun semblable à la lipofuscine, qui donne à l'épithélium de la région olfactive sa teinte jaunâtre. Les « courtes » **cellules basales** constituent la base de l'épithélium.

Les cellules olfactives sont des neurones bipolaires particuliers : elles sont toutes pourvues d'une fine dendrite apicale terminée par un renflement portant 5 à 20 longs cils appelés **cils olfactifs.** Ces cils, qui augmentent considérablement la surface réceptrice, sont généralement repliés sur l'épithélium nasal et recouverts d'une couche de mucus clair sécrété par les cellules de soutien et par les glandes olfactives du tissu conjonctif sous-jacent. Le mucus constitue un solvant pour les molécules des substances odorantes. Il se renouvelle continuellement, si bien qu'il évacue les « vieilles » molécules et permet à de nouvelles substances odorantes d'atteindre les cils récepteurs. Contrairement aux autres cils de l'organisme, qui vibrent rapidement et de manière coordonnée, les cils olfactifs sont essentiellement immobiles (les « bras » de dynéine y sont absents). Les minces axones amyélinisés des cellules olfactives sont rassemblés en petits faisceaux, les **faisceaux du nerf olfactif** (crânien I). Les neurofibres de ces faisceaux montent à travers les orifices de la lame criblée de l'ethmoïde, et elles font synapse dans le bulbe olfactif sus-jacent.

Les cellules olfactives ont ceci de particulier qu'elles sont les seules *cellules nerveuses* à se renouveler tout au long de l'âge adulte. (Rappelez-vous que les cellules gustatives sont des cellules épithéliales.) Les cellules olfactives vivent environ 60 jours, après quoi elles sont remplacées par différenciation des cellules basales de l'épithélium de la région olfactive. Les cellules olfactives sont aussi les seules cellules nerveuses à être en contact direct avec l'environnement.

Spécificité des cellules olfactives

L'odorat est un sujet de recherche difficile, car toute odeur (la fumée du tabac par exemple) peut être composée de centaines de substances chimiques. Alors que les saveurs se répartissent commodément en quatre groupes, les odeurs échappent encore aux tentatives de classification

Elle sert de solvant pour les molécules des substances odorantes.

scientifique. L'odorat de l'être humain peut distinguer quelque 10 000 substances chimiques, mais la recherche tend à montrer que les cellules olfactives sont stimulées par diverses combinaisons d'*odeurs primaires*. Le nombre des odeurs primaires est matière à controverse : certains avancent qu'il est de sept (florale, musquée, camphrée, mentholée, éthérée, âcre [piquante] et putride) ; d'autres soutiennent que l'humain réagit à 50 classes d'odeurs pures. Or, des recherches menées au début des années 1990 laissent croire qu'il existe au moins 1000 « gènes de l'odorat » (soit 1 % du nombre total de nos gènes) qui ne sont actifs que dans le nez. Chacun de ces gènes code pour une protéine réceptrice particulière (située sur la membrane plasmique des cellules olfactives). D'une part, chaque protéine réceptrice réagirait à un petit groupe de molécules de substances odorantes et, d'autre part, chaque molécule odorante se lierait à plusieurs types de récepteurs.

Les neurones olfactifs sont extrêmement sensibles, au point que quelques molécules seulement suffisent à activer certains d'entre eux. Comme les sensations gustatives, les sensations olfactives sont parfois douloureuses. Les cavités nasales contiennent des nocicepteurs qui réagissent aux irritants tels que l'âcreté de l'ammoniac, le feu du piment et le froid du menthol. Les influx provenant de ces nocicepteurs sont acheminés aux aires olfactives par des neurofibres afférentes des nerfs trijumeaux.

Physiologie de l'odorat

Activation des cellules olfactives Pour être odorante, une substance chimique doit être *volatile,* c'est-à-dire qu'elle doit entrer à l'état gazeux dans la cavité nasale. De plus, elle doit être suffisamment hydrosoluble pour se dissoudre dans le mucus qui recouvre l'épithélium de la région olfactive. Les substances chimiques dissoutes stimulent les cellules olfactives en se liant aux protéines réceptrices des membranes des cils olfactifs et en ouvrant des canaux ioniques spécifiques (Na^+). Le potentiel récepteur ainsi engendré produit (à condition que la stimulation soit liminaire) un potentiel d'action qui se propage dans les neurofibres d'un nerf olfactif jusqu'au premier relais synaptique, situé dans le bulbe olfactif.

Mécanisme de la transduction dans les cellules olfactives Les chercheurs n'ont pas encore complètement élucidé le mécanisme de la transduction dans les cellules olfactives. Ils ont cependant toutes les raisons de croire que ce mécanisme fait intervenir des protéines G ; en outre, dans certaines cellules olfactives au moins, l'AMP cyclique jouerait le rôle de second messager et l'ouverture des canaux à Na^+ entraînerait la dépolarisation de la membrane et la transmission de l'influx.

Voie olfactive

Comme nous l'avons déjà mentionné, les axones des cellules olfactives forment les nerfs olfactifs et ils se terminent dans les **bulbes olfactifs,** qui constituent les extrémités distales des tractus olfactifs (voir le tableau 13.2). Là, les neurofibres des nerfs olfactifs font synapse avec des **cellules mitrales** (neurones de deuxième ordre) dans des structures complexes appelées **glomérules** (littéralement, « pelotes ») (voir la figure 16.2). Il semble que les axones des neurones portant un type particulier de récepteurs se rencontrent, par groupes d'environ 10 000, dans un glomérule spécifique. Chaque glomérule représenterait donc un « fichier » qui recevrait un seul type de signaux odorants, et les différentes odeurs (qui stimulent divers types de récepteurs) activeraient des sous-ensembles distincts de glomérules. Cette explication constitue la plus plausible des hypothèses mais, à vrai dire, on ne connaît pas encore la façon dont les odeurs sont codées. Les cellules mitrales semblent jouer un rôle d'intégration, local mais non moins important, dans l'olfaction : elles raffinent le signal puis le relaient. Les bulbes olfactifs renferment aussi des *cellules granuleuses* qui libèrent de l'acide gamma-aminobutyrique (GABA) : l'action de ce neurotransmetteur sur les cellules mitrales est inhibitrice (par l'entremise de synapses dendro-dendritiques), de façon à n'assurer que la transmission des influx olfactifs hautement excitateurs. On pense que cette inhibition contribue au mécanisme de l'*adaptation olfactive,* mécanisme qui permet aux employés des papeteries et des usines de traitement des eaux usées d'apprécier leur repas du midi ! En outre, les cellules granuleuses reçoivent du cerveau des influx qui modifient la réaction des bulbes olfactifs aux odeurs dans certaines conditions. Par exemple, nous percevons les arômes des aliments différemment selon que nous sommes affamés ou repus.

Lorsque les cellules mitrales sont activées, les influx provenant des bulbes olfactifs empruntent les **tractus olfactifs** (composés principalement des axones des cellules mitrales) ; ils passent d'abord par le thalamus pour se diriger vers les aires olfactives du cortex (lobe piriforme et lobe frontal), où les odeurs sont consciemment interprétées ; ils passent ensuite par la région sous-corticale pour s'acheminer vers l'hypothalamus, le corps amygdaloïde et d'autres régions du système limbique, qui analysent les aspects émotionnels des odeurs et y réagissent. Les odeurs associées au danger, celles de la fumée, du gaz et de la mouffette par exemple, déclenchent les réactions du système nerveux sympathique rattachées à la réaction de fuite ou de lutte. Tout comme les saveurs appétissantes, les odeurs alléchantes accroissent la salivation et stimulent le système digestif, tandis que certaines odeurs désagréables provoquent des réflexes de défense comme l'éternuement et l'étouffement. Les substances qui ont une odeur très forte, tel l'ammoniac, peuvent entraîner l'arrêt réflexe de la respiration.

16

Déséquilibres homéostatiques des sens chimiques

Parmi les dysfonctions des sens chimiques, ce sont celles de l'odorat, les *anosmies* (littéralement, « absence d'odeur »), qui amènent la majorité des personnes atteintes en consultation. Certains cas d'anosmie sont dus à des facteurs génétiques, mais la plupart résultent de traumatismes crâniens qui rompent les nerfs olfactifs, d'inflammations des cavités nasales (dues à un rhume, à une allergie ou à l'usage du tabac), d'obstructions physiques des cavités nasales (notamment les polypes) et du vieillissement. Dans un tiers des cas de perte d'un

FIGURE 16.3
Anatomie de surface de l'œil et de ses structures annexes. Les paupières sont anormalement écartées pour montrer la totalité de l'iris.

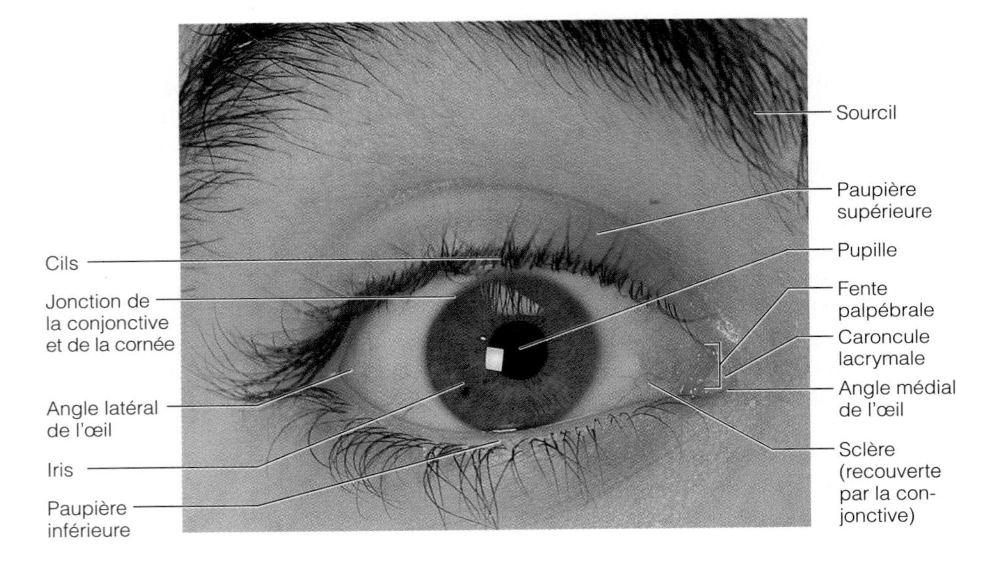

16

sens chimique, l'agent causal est une carence en zinc, et la guérison est rapide une fois prescrite la forme appropriée de supplément. Le zinc est en effet un facteur de croissance reconnu pour les récepteurs des sens chimiques.

Les affections cérébrales peuvent perturber le sens de l'odorat. Certaines personnes subissent des *crises uncinées,* c'est-à-dire des hallucinations olfactives au cours desquelles l'individu perçoit une odeur particulière (généralement répugnante), comme celle de l'essence ou de la viande pourrie. Certaines de ces hallucinations sont indéniablement d'origine psychologique, mais beaucoup résultent d'une irritation de la voie olfactive survenue à la suite d'une intervention chirurgicale à l'encéphale, d'un traumatisme crânien ou encore d'une tumeur dans la région de l'*uncus* de l'hippocampe. Les *auras olfactives* que certaines personnes épileptiques éprouvent juste avant une crise sont des crises uncinées. ■

ŒIL ET VISION

La vision est le sens le plus développé chez l'être humain : on estime que 70 % des récepteurs sensoriels de l'organisme sont situés dans les yeux et que près de la moitié du cortex cérébral participe à un aspect ou à un autre du traitement de l'information visuelle. Les cellules réceptrices de l'œil (les photorécepteurs) captent et encodent, par transduction, la lumière qui pénètre dans l'œil ; le cerveau interprète ces signaux et forme les images du monde qui nous entoure.

L'**œil** adulte est une sphère d'un diamètre d'environ 2,5 cm. Seul le sixième antérieur de la surface de l'œil est visible ; le reste est entouré et protégé par un coussin de graisse et par les parois osseuses de l'orbite. Le coussin de graisse occupe presque tout le volume de l'orbite laissé libre par l'œil lui-même. L'œil est une structure complexe et une petite partie seulement de ses tissus est consacrée à la photoréception. Avant d'étudier l'œil proprement dit, examinons les structures annexes qui le protègent ou qui permettent son fonctionnement.

Structures annexes de l'œil

Les **structures annexes** de l'œil sont le sourcil, les paupières, la conjonctive, l'appareil lacrymal et les muscles du bulbe de l'œil.

Sourcil

Le **sourcil** est composé de poils courts et grossiers surmontant l'arcade sourcilière (figures 16.3 et 16.4a). Il protège l'œil de la lumière et des gouttes de sueur coulant du front. Sous la peau du sourcil se trouvent des parties du muscle orbiculaire de l'œil et du muscle corrugateur du sourcil. La contraction du muscle orbiculaire de l'œil abaisse le sourcil, tandis que celle du muscle corrugateur du sourcil le déplace vers l'axe médian.

Paupières

À l'avant, l'œil est protégé par des **paupières** mobiles qui, séparées par la **fente palpébrale,** s'unissent aux angles interne et externe de l'œil, respectivement appelés **angle médial de l'œil** et **angle latéral de l'œil** (voir la figure 16.3). L'angle médial de l'œil présente une éminence charnue appelée **caroncule lacrymale.** La caroncule lacrymale contient des glandes sébacées et sudoripares, et elle produit la sécrétion huileuse et blanchâtre qui s'accumule parfois dans l'angle médial de l'œil, pendant le sommeil notamment. Beaucoup de personnes d'origine asiatique présentent de part et d'autre du nez un pli de peau vertical, appelé *bride épicanthique,* qui recouvre parfois l'angle médial de l'œil.

Les paupières sont de minces replis recouverts de peau que soutiennent intérieurement deux feuillets de tissu conjonctif dense appelés **tarse supérieur** pour la paupière supérieure et **tarse inférieur** pour la paupière inférieure (voir la figure 16.4a). Ces deux tarses servent d'ancrage au muscle orbiculaire de l'œil et au muscle releveur de la paupière supérieure, qui parcourent la paupière. Le muscle orbiculaire de l'œil encercle l'œil ; quand il se contracte, l'œil se ferme. La paupière supérieure est plus grande et beaucoup plus mobile que la paupière inférieure, grâce surtout à la présence du **muscle releveur de la paupière supérieure** qui la lève pour ouvrir l'œil. Les muscles des paupières ont une activité réflexe qui produit le clignement toutes les 3 à 7 secondes et qui protège l'œil des corps étrangers. Le clignement réflexe prévient la dessication de l'œil, car chaque fois qu'il se produit les sécrétions des structures annexes (huile, mucus et solution saline) se répandent sur la surface du bulbe de l'œil.

Le bord libre de chaque paupière porte des **cils.** Les follicules des cils sont richement pourvus de terminaisons nerveuses (plexus de la racine du poil); tout objet (et même un souffle d'air) qui entre en contact avec les cils déclenche le réflexe du clignement.

Plusieurs types de glandes sont associés aux paupières. Les **glandes tarsales** sont enfermées dans les deux tarses des paupières (voir la figure 16.4a), et leurs conduits s'ouvrent au bord de la paupière, juste à l'arrière des cils. Ces glandes sébacées modifiées produisent une sécrétion huileuse qui lubrifie l'œil et les paupières et qui empêche ces dernières de se coller l'une à l'autre. Un certain nombre de glandes sébacées plus petites et plus typiques sont associées aux follicules des cils. Des glandes sudoripares modifiées appelées *glandes ciliaires* se trouvent entre les follicules pileux.

L'infection des glandes tarsales engendre un kyste disgracieux appelé *chalazion.* L'inflammation d'une glande plus petite est appelée *orgelet.* ■

Conjonctive

La **conjonctive** (*conjunctio* = union) est une muqueuse transparente qui tapisse les paupières (**conjonctive palpébrale**) et se replie sur la face antérieure du bulbe de l'œil (**conjonctive bulbaire**) (voir la figure 16.4a). La conjonctive bulbaire recouvre le blanc de l'œil seulement, et non la cornée (c'est-à-dire la « fenêtre » transparente posée sur l'iris et la pupille). La conjonctive bulbaire est très mince et laisse transparaître les vaisseaux sanguins sous-jacents (qui sont encore plus visibles quand l'œil est « injecté de sang »). Lorsque l'œil est fermé, un espace très mince, le **sac de la conjonctive,** sépare le bulbe de l'œil recouvert de la conjonctive et les paupières. Les lentilles cornéennes s'insèrent dans le sac de la conjonctive et les collyres (médicaments pour les yeux) sont souvent administrés dans son repli inférieur. La conjonctive protège l'œil en empêchant les corps étrangers de pénétrer au-delà du sac de la conjonctive, mais sa principale fonction est de produire un mucus lubrifiant qui prévient la dessication de l'œil.

L'inflammation de la conjonctive, la *conjonctivite,* provoque un rougissement et une irritation des yeux. La *conjonctivite aiguë contagieuse* est une forme infectieuse, d'origine bactérienne ou virale, de la conjonctivite et elle est très contagieuse. ■

Appareil lacrymal

L'**appareil lacrymal** est constitué de la glande lacrymale et des conduits qui drainent les sécrétions lacrymales dans la cavité nasale (figure 16.4b). La **glande lacrymale**

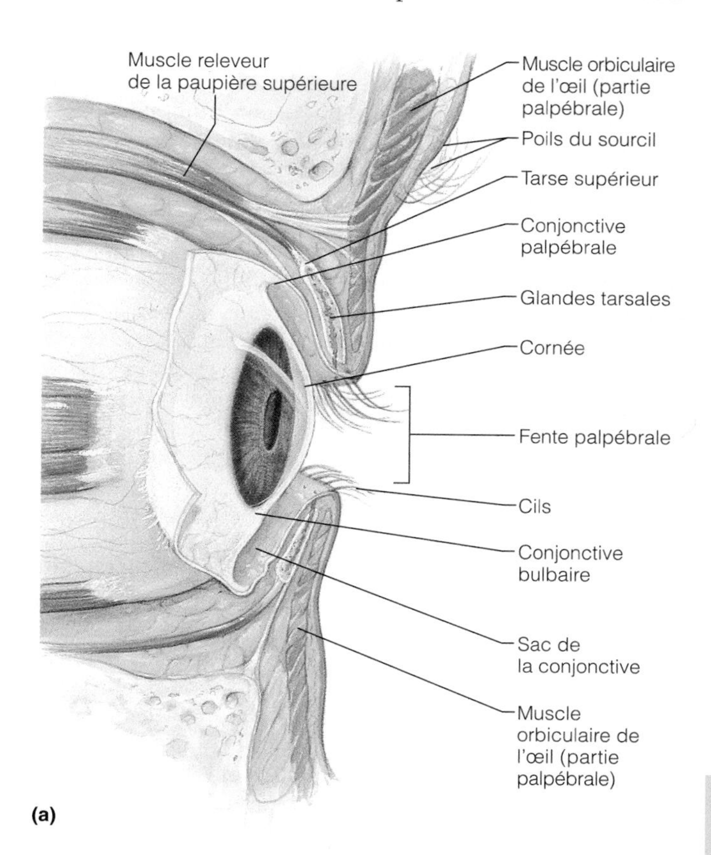

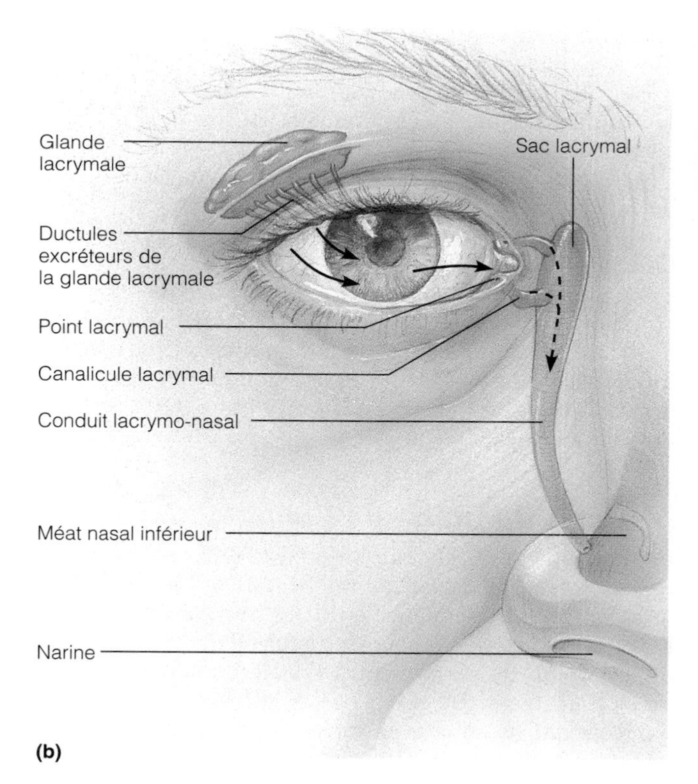

FIGURE 16.4
Structures annexes de l'œil. (a) Coupe sagittale des structures annexes de la partie antérieure de l'œil. **(b)** Appareil lacrymal. Les flèches indiquent le trajet des larmes sécrétées par la glande lacrymale.

est située à l'intérieur de l'orbite, au-dessus du bord latéral de l'œil, et elle est visible à travers la conjonctive lorsque la paupière est retournée. Elle libère continuellement une solution saline diluée appelée **sécrétion lacrymale** ou, plus communément, **larmes,** dans la partie supérieure du sac de la conjonctive par l'intermédiaire de quelques ductules excréteurs de petites dimensions. Le clignement répand les larmes vers le bas et la partie médiane du bulbe de l'œil, jusqu'à l'angle médial de l'œil ; là, les larmes entrent dans les deux **canalicules lacrymaux** par deux minuscules orifices appelés **points lacrymaux,** qui apparaissent sous forme de points rouges sur le bord médial de chaque paupière. Des canalicules lacrymaux, les larmes s'écoulent dans le **sac lacrymal** puis dans le **conduit lacrymo-nasal,** qui s'ouvre dans la cavité nasale, juste sous le méat nasal inférieur.

Les larmes contiennent du mucus, des anticorps et du **lysozyme,** une enzyme antibactérienne. Elles nettoient, protègent, humectent et lubrifient la surface de l'œil. L'activité des glandes lacrymales diminuant au cours des années, les yeux sont prédisposés à l'assèchement, à l'infection et à l'irritation pendant la vieillesse. Lorsque la sécrétion lacrymale est excessive, les larmes débordent des paupières et remplissent les cavités nasales, provoquant une congestion. Cela se produit quand des corps étrangers ou des substances chimiques nocives irritent les yeux et quand nous éprouvons un bouleversement émotionnel. Dans le cas d'une irritation de l'œil, l'accroissement de la sécrétion lacrymale a pour fonction d'éliminer ou de diluer la substance irritante. Quant aux larmes produites par les émotions, leur importance est mal comprise. Comme les larmes contiennent des enképhalines (des opiacés naturels) et comme seuls les êtres humains versent des larmes sous le coup de l'émotion, il semble que les pleurs jouent un rôle important pour la réduction de la tension émotionnelle. Toute personne qui a déjà pleuré à chaudes larmes le croira aisément, mais cela est difficile à démontrer scientifiquement.

Étant donné que la muqueuse de la cavité nasale est abouchée aux conduits lacrymaux, un rhume ou une inflammation nasale causent souvent une inflammation et un œdème de la muqueuse lacrymale. Le drainage de la surface de l'œil s'en trouve réduit, et l'œil devient larmoyant. ■

Muscles du bulbe de l'œil

Le mouvement de chaque bulbe de l'œil est commandé par six muscles rubanés, les **muscles du bulbe de l'œil,** ou muscles extrinsèques de l'œil. Ces muscles naissent de l'orbite et s'insèrent sur la face externe du bulbe de l'œil (figure 16.5). Ils permettent à l'œil de suivre le mouvement d'un objet. De plus, ils constituent des sortes de haubans qui préservent la forme du bulbe de l'œil et le maintiennent dans l'orbite.

Quatre des muscles du bulbe de l'œil, les *muscles droits,* émergent d'un même anneau tendineux situé à l'arrière de l'orbite, l'**anneau tendineux commun,** et vont directement vers leurs points d'insertion sur le bulbe de l'œil. Les noms qu'ils portent indiquent leurs points d'insertion et les mouvements qu'ils permettent : **muscles droits supérieur, inférieur, latéral** et **médial.** On déduit moins facilement les mouvements produits par les deux *muscles obliques,* car ces muscles suivent des trajets assez singuliers dans l'orbite. Les muscles obliques déplacent l'œil dans le plan vertical lorsque le bulbe de l'œil est déjà tourné vers l'intérieur par le muscle droit. Le **muscle oblique supérieur** a la même origine que les muscles droits et il suit la paroi médiane de l'orbite ; ensuite, il décrit un angle droit et passe à travers une boucle fibrocartilagineuse appelée **trochlée** (littéralement, « poulie ») avant de s'insérer sur la partie supéro-latérale du bulbe de l'œil. Sa contraction fait tourner l'œil vers le bas et, dans une certaine mesure, vers l'extérieur. Le **muscle oblique inférieur** naît sur la face médiane de l'orbite, s'étend obliquement vers l'extérieur et s'insère sur la face inféro-latérale du bulbe de l'œil. Par conséquent, il déplace l'œil vers le haut et vers l'extérieur.

Les étudiants demandent souvent pourquoi l'œil possède deux muscles obliques alors que les quatre muscles droits semblent aptes à produire tous les mouvements nécessaires (vers l'intérieur, vers l'extérieur, vers le haut et vers le bas). La façon la plus simple de répondre à cette question consiste à expliquer que les muscles droits supérieur et inférieur ne peuvent élever ni abaisser le bulbe de l'œil *sans le tourner aussi vers l'intérieur* ; en effet, ces muscles s'attachent au bulbe de l'œil dans le sens postéro-médial. Pour que le bulbe de l'œil s'élève ou s'abaisse *verticalement,* les muscles obliques doivent exercer une traction latérale qui s'oppose à la traction médiane des muscles droits supérieur et inférieur.

À l'exception des muscles droit latéral et oblique supérieur, qui sont innervés respectivement par le *nerf abducens* (crânien VI) et par le *nerf trochléaire* (crânien IV), tous les muscles du bulbe de l'œil sont desservis par le *nerf oculo-moteur* (crânien III). La figure 16.5c fournit un résumé des actions et de l'innervation de ces muscles. Les trajets des nerfs crâniens associés sont présentés dans le tableau 13.2.

Les muscles du bulbe de l'œil font partie des muscles squelettiques dont la régulation nerveuse est la plus précise et la plus rapide. En effet, le rapport des axones aux fibres musculaires y est très élevé ; les unités motrices de ces muscles contiennent de 8 à 12 fibres musculaires, et moins dans certains cas. Les muscles du bulbe de l'œil réalisent deux types fondamentaux de mouvements.

1. Les **mouvements saccadés** sont des mouvements brusques et de faible amplitude qui portent rapidement l'œil d'un point à un autre et couvrent en peu de temps la totalité du champ visuel. (Le **champ visuel** est l'étendue de l'espace que l'œil peut couvrir lorsque la tête est immobile.)
2. Les lents **mouvements de balayage** permettent de suivre un objet se déplaçant dans le champ visuel et de fixer le regard sur un objet en dépit des mouvements de la tête. La plupart des mouvements qui permettent la fixation du regard font intervenir au moins deux muscles du bulbe de l'œil.

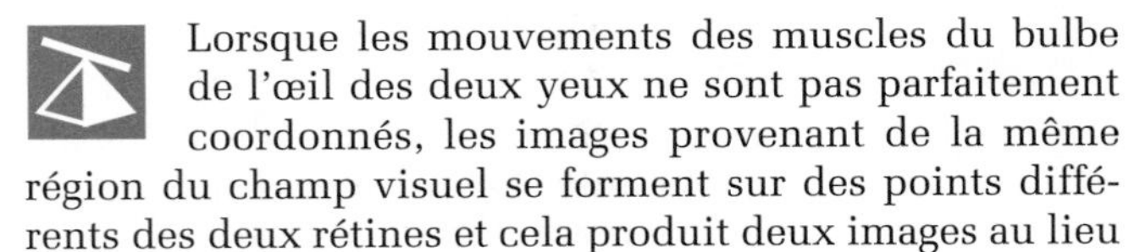

Lorsque les mouvements des muscles du bulbe de l'œil des deux yeux ne sont pas parfaitement coordonnés, les images provenant de la même région du champ visuel se forment sur des points différents des deux rétines et cela produit deux images au lieu

Quels sont les trois muscles du bulbe de l'œil qui tournent l'œil vers l'extérieur?

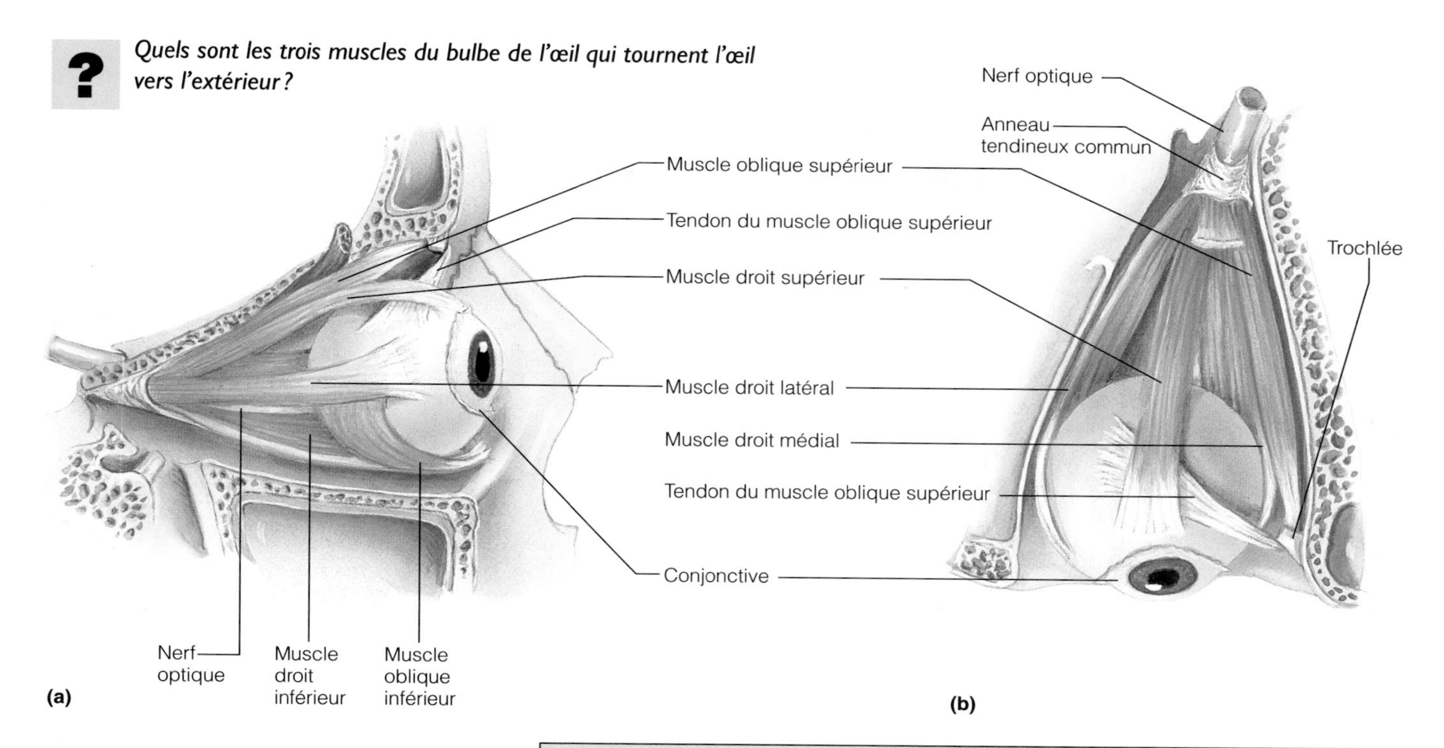

Muscle	Nerf crânien	Action
Droit latéral	VI (abducens)	Déplace l'œil vers l'extérieur
Droit médial	III (oculo-moteur)	Déplace l'œil vers l'intérieur
Droit supérieur	III (oculo-moteur)	Élève l'œil ou le déplace vers le haut
Droit inférieur	III (oculo-moteur)	Abaisse l'œil ou le déplace vers le bas
Oblique inférieur	III (oculo-moteur)	Élève l'œil et le tourne vers l'extérieur
Oblique supérieur	IV (trochléaire)	Abaisse l'œil et le tourne vers l'extérieur

(c)

FIGURE 16.5
Muscles du bulbe de l'œil. (a) Vue latérale de l'œil droit. **(b)** Vue supérieure de l'œil droit. **(c)** Résumé de l'innervation crânienne et des actions des muscles du bulbe de l'œil.

d'une seule. Ce trouble est appelé **diplopie,** ou *vision double.* Il peut résulter de la paralysie ou de la faiblesse congénitale de certains muscles du bulbe de l'œil ou constituer une conséquence temporaire de l'ivresse.

La faiblesse congénitale des muscles du bulbe de l'œil peut causer le **strabisme** (*strabos* = louche), le défaut de parallélisme des yeux. Pour compenser, l'œil normal et l'œil dévié vers l'intérieur ou l'extérieur fixent alternativement les objets. Il arrive aussi que seul l'œil normal soit utilisé et que le cerveau néglige les influx provenant de l'œil déviant, qui devient fonctionnellement aveugle. Le strabisme ne se corrige pas avec le temps. On peut traiter les cas les moins graves par des exercices visant à renforcer les muscles faibles ou par le port d'un cache-œil, qui oblige l'enfant à utiliser son œil le plus faible. Seule la chirurgie peut venir à bout des cas les plus tenaces. ■

Le muscle droit latéral, le muscle oblique supérieur et le muscle oblique inférieur.

Structure du bulbe de l'œil

L'œil proprement dit, appelé **bulbe de l'œil,** est une sphère creuse légèrement irrégulière (figure 16.6). Comme sa forme ressemble à celle du globe terrestre, on dit qu'il présente deux pôles: le **pôle antérieur** (le point situé le plus à l'avant) et le **pôle postérieur** (le point situé le plus à l'arrière). Sa paroi est composée d'une tunique fibreuse, d'une tunique vasculaire et d'une tunique interne. Il est rempli de liquides qui concourent à lui donner sa forme. Le cristallin, la « lentille » de l'œil, est soutenu verticalement à l'intérieur de l'œil, et il le divise en un *segment antérieur* et un *segment postérieur.*

Tuniques du bulbe de l'œil

Tunique fibreuse L'enveloppe externe de l'œil, la **tunique fibreuse du bulbe,** est composée d'un tissu conjonctif dense et peu vascularisé. Elle comprend deux parties bien définies, la sclère et la cornée. La **sclère** (ou sclérotique), qui forme la partie postérieure et l'essentiel de la tunique fibreuse, est d'un blanc brillant et opaque. Se présentant sur la face antérieure comme le « blanc de

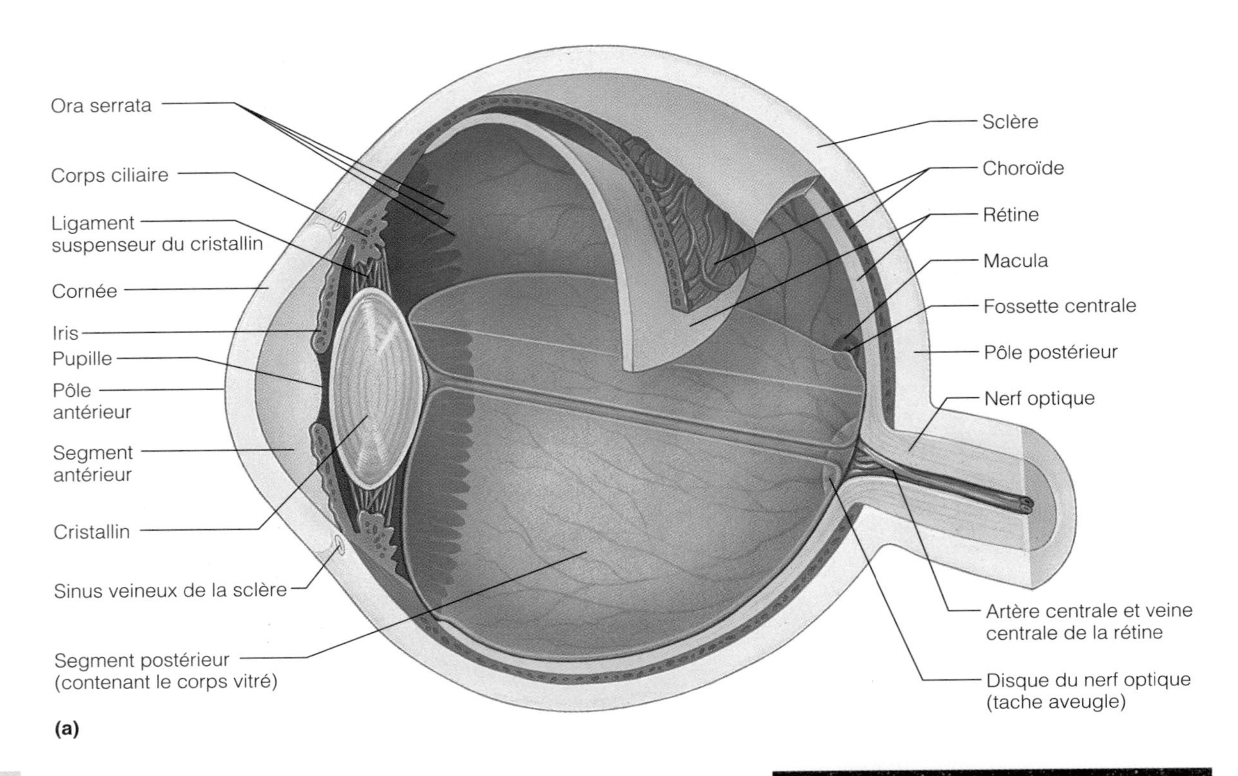

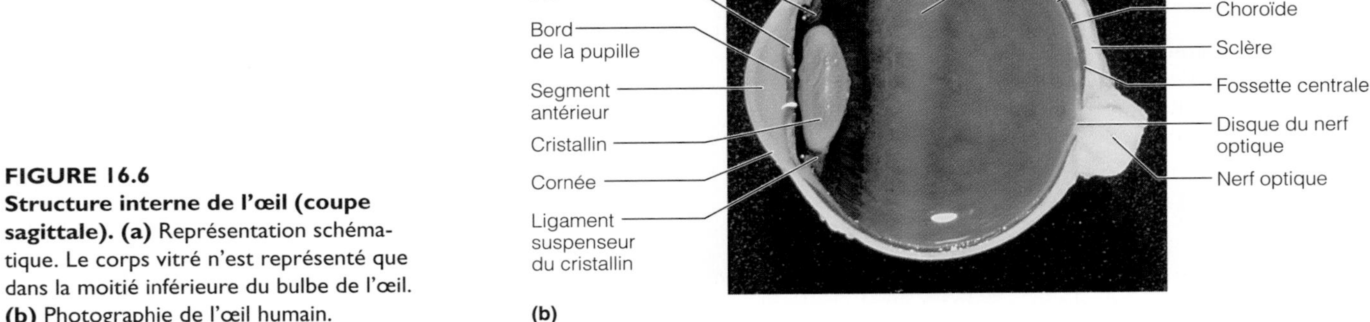

FIGURE 16.6
Structure interne de l'œil (coupe sagittale). (a) Représentation schématique. Le corps vitré n'est représenté que dans la moitié inférieure du bulbe de l'œil. **(b)** Photographie de l'œil humain.

l'œil », la sclère, résistante et de texture tendineuse (*sklêros* = dur) protège et façonne le bulbe de l'œil, tout en fournissant un ancrage solide aux muscles du bulbe de l'œil. À l'arrière, à l'endroit où le nerf optique la perce, la sclère est réunie à la dure-mère. Le sixième antérieur de la tunique fibreuse se modifie et forme la **cornée,** qui fait saillie vers l'avant. La disposition régulière des fibres collagènes donne à la cornée sa transparence et en fait une fenêtre qui laisse pénétrer la lumière dans l'œil. Comme nous l'expliquerons ultérieurement, la cornée fait aussi partie de l'appareil de réfraction de la lumière.

Les deux faces de la cornée sont recouvertes par des feuillets épithéliaux. Le feuillet externe, un épithélium stratifié squameux, s'unit à la conjonctive bulbaire à la jonction de la sclère et de la cornée et protège celle-ci de toute abrasion. (L'absence de couche kératinisée est compensée par la présence d'une mince couche de larmes qui recouvre le feuillet externe.) L'*endothélium cornéen,* composé d'un épithélium simple squameux, tapisse la face interne de la cornée. Ses cellules sont dotées de pompes à sodium actives qui préservent la transparence de la cornée en rejetant continuellement les ions sodium dans les liquides du bulbe de l'œil. L'eau suit le même chemin (dans la direction de ses gradients osmotiques) ; les fibres collagènes serrées de la cornée demeurent ainsi à l'abri des accumulations de liquide interstitiel qui pourraient les séparer et réduire la transparence de la cornée.

La cornée est riche en terminaisons nerveuses, pour la plupart des neurofibres nociceptives. (Telle est la raison pour laquelle certaines personnes ne s'adaptent jamais au port de lentilles cornéennes.) Le contact d'un objet avec la cornée provoque le réflexe du clignement et accroît la sécrétion lacrymale. La cornée demeure cependant la partie la plus exposée de l'œil, et elle subit très souvent des lésions causées par la poussière, les éclats, etc. Heureusement, sa capacité de régénération et de guérison est extraordinaire, et elle peut être remplacée chirurgicalement. La cornée est le seul tissu qu'on peut transplanter sans risque de rejet (ou avec des risques minimes). En effet, elle ne contient aucun vaisseau sanguin et se trouve donc hors de portée du système immunitaire.

Tunique vasculaire La **tunique vasculaire du bulbe,** l'enveloppe moyenne du bulbe de l'œil, est aussi appelée **uvée** (*uva* = raisin). Cette tunique pigmentée comprend trois éléments distincts : la choroïde, le corps ciliaire et l'iris (voir la figure 16.6).

La **choroïde** est une membrane (*khorion* = membrane) fortement vascularisée, de couleur brun foncé, qui forme les cinq sixièmes postérieurs de la tunique vasculaire. Ses vaisseaux sanguins fournissent des nutriments à toutes les tuniques du bulbe. Son pigment brun, produit par des mélanocytes, absorbe la lumière, l'empêchant de se diffuser et de se réfléchir à l'intérieur de l'œil (ce qui brouillerait la vision). La choroïde s'interrompt à l'arrière, à l'endroit où le nerf optique quitte l'œil. À l'avant, elle forme le **corps ciliaire,** un anneau de tissu épais qui entoure le cristallin. Le corps ciliaire est composé principalement de faisceaux musculaires lisses entrecroisés qui constituent le **muscle ciliaire** et régissent la forme du cristallin. Près du cristallin, la surface postérieure du corps ciliaire est parcourue de plis appelés **procès ciliaires,** dont les capillaires sécrètent, par transport actif, le liquide qui remplit la cavité du segment antérieur du bulbe de l'œil. Le **ligament suspenseur du cristallin,** ou **zone ciliaire,** s'étend des procès ciliaires au cristallin. Ce halo de fibres délicates encercle le cristallin et le maintient à la verticale dans l'œil.

L'**iris,** la partie colorée et visible de l'œil, est la partie la plus antérieure de la tunique vasculaire du bulbe. De la forme d'un beignet aplati, il est situé entre la cornée et le cristallin et sa partie postérieure est unie au corps ciliaire. Son ouverture centrale, la **pupille,** est ronde et laisse pénétrer la lumière dans l'œil. L'iris est composé de cellules musculaires lisses, certaines disposées en rayons (qui constituent le muscle dilatateur de la pupille) et d'autres en cercle (qui constituent le muscle sphincter de la pupille) ; par son action réflexe sur le diamètre de la pupille, l'iris joue le rôle d'un diaphragme (figure 16.7). Lorsque l'œil fixe un objet rapproché et que la lumière est abondante, le muscle sphincter de la pupille se contracte et la pupille se resserre. À l'inverse, lorsque l'œil fixe un objet éloigné et que la lumière est faible, le muscle dilatateur de la pupille se contracte et la pupille se dilate, ce qui laisse entrer un surcroît de lumière dans l'œil. Comme nous l'avons expliqué au chapitre 14 et comme nous le montrons à la figure 16.7, la dilatation et la constriction de la pupille sont régies respectivement par des neurofibres sympathiques et des neurofibres parasympathiques.

Les variations du diamètre pupillaire sont également liées à l'intérêt porté aux stimulus visuels ou aux réactions émotionnelles qu'ils suscitent. En effet, il arrive fréquemment que les pupilles se dilatent pendant l'étude d'un sujet intéressant ou pendant la résolution de problèmes. (Ainsi, vos pupilles devraient se dilater pendant que vous préparez votre déclaration de revenus !) Par ailleurs, l'ennui ou les images désagréables entraînent la contraction des pupilles.

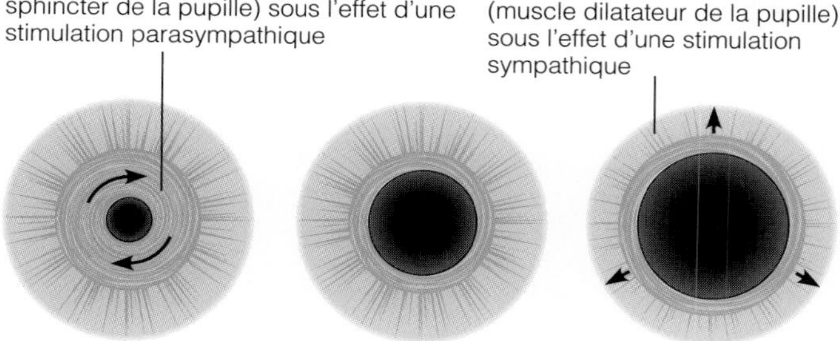

FIGURE 16.7
Vue antérieure de la pupille montrant la réponse des muscles circulaires et radiaux de l'iris à la stimulation du système nerveux autonome.

Bien qu'on trouve des iris de différentes couleurs (*iris* = arc-en-ciel), ils ne contiennent tous qu'un pigment brun. Si le pigment est abondant, les yeux paraissent bruns ou noirs. Si le pigment est peu abondant et circonscrit à la face postérieure des iris, les parties non pigmentées diffusent les longueurs d'ondes les plus courtes de la lumière et les yeux paraissent bleus, verts ou gris. Ce phénomène de diffusion est semblable à celui qui donne au ciel sa couleur bleue. La plupart des nouveau-nés ont les yeux bleus ou gris foncé parce que la pigmentation de leur iris n'est pas encore développée. La présence de pigment dans l'iris joue un rôle important dans la vision car elle permet l'absorption des rayons lumineux divergents qui pourraient être nuisibles.

Tunique interne (rétine) La délicate tunique interne de l'œil, la **rétine,** est formée de deux couches. La couche externe, appelée **partie pigmentaire de la rétine,** est composée d'une seule épaisseur de cellules ; elle est contiguë à la choroïde et, à l'avant, elle couvre le corps ciliaire et la face postérieure de l'iris. La mélanine des *cellules pigmentaires de la rétine,* comme celle des cellules de la choroïde, absorbe la lumière et l'empêche de se diffuser dans l'œil. Ces cellules épithéliales jouent également le rôle de phagocytes et contiennent des réserves de vitamine A pour les cellules photoréceptrices, de même qu'une enzyme qui permet la régénération du pigment visuel. La couche interne de la rétine, appelée **partie nerveuse de la rétine,** est transparente ; elle s'étend vers l'avant jusqu'au bord postérieur du corps ciliaire. Cette jonction est appelée **ora serrata** (littéralement, « marge en dents de scie ») (voir la figure 16.6). La rétine équivaut en fait à une émergence des cellules nerveuses du cerveau ; elle contient les millions de neurones photorécepteurs qui réalisent la transduction de l'énergie lumineuse (photons) ainsi que d'autres neurones participant au traitement des stimulus lumineux, et, enfin, des gliocytes. Les deux couches de la rétine sont très rapprochées, mais non pas fusionnées. Remarquez que, même si la rétine est souvent considérée comme la tunique sensible de l'œil, seule sa partie nerveuse joue un rôle direct dans la vision.

De l'arrière vers l'avant, la partie nerveuse de la rétine comprend trois principaux types de neurones : des **photorécepteurs**, des **neurones bipolaires** et des **cellules ganglionnaires** (figure 16.8). Les potentiels récepteurs produits

? *Quelles sont les cellules de la rétine qui engendrent des potentiels d'action ?*

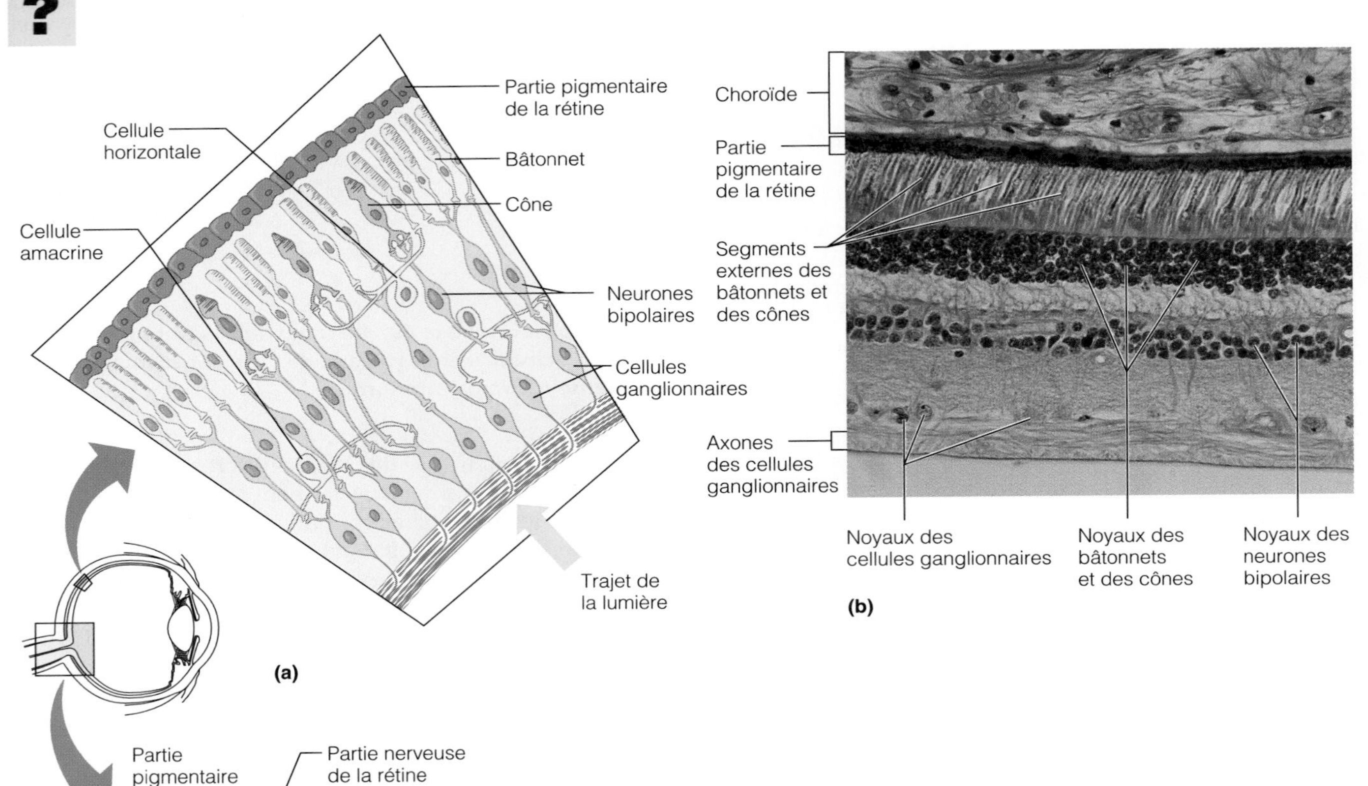

FIGURE 16.8
Anatomie microscopique de la rétine. (a) Vue schématique des trois principaux types de neurones (photorécepteurs, neurones bipolaires et cellules ganglionnaires) de la partie nerveuse de la rétine. Notez que la lumière traverse la partie nerveuse de la rétine pour stimuler les photorécepteurs (comme l'indique la flèche jaune). Les influx nerveux circulent dans la direction opposée. **(b)** Photomicrographie de la rétine (280 ×). **(c)** Vue schématique de la partie postérieure du bulbe de l'œil montrant que les axones des cellules ganglionnaires forment le nerf optique, qui sort de l'arrière du bulbe de l'œil au niveau du disque du nerf optique.

sous l'effet de la lumière dans les photorécepteurs (contigus à la partie pigmentaire) sont conduits aux neurones bipolaires puis aux cellules ganglionnaires, où sont engendrés les potentiels d'action qui transportent les informations sensorielles jusqu'aux aires visuelles du cortex occipital. Les axones des cellules ganglionnaires forment un angle droit sur la face interne de la rétine, puis ils quittent la partie postérieure de l'œil en constituant le nerf optique. La rétine contient aussi d'autres types de neurones — soit les cellules horizontales et les cellules amacrines — dont les prolongements s'étendent latéralement. Nous décrirons plus loin le rôle de ces cellules dans le traitement visuel. Le **disque du nerf optique,** l'endroit où le nerf optique sort de l'œil, est un point faible du **fond d'œil** (paroi postérieure de l'œil), car il est privé du soutien de la sclère. Le disque du nerf optique est aussi appelé **tache aveugle,** car il est dépourvu de photorécepteurs. En temps ordinaire, cependant, nous ne remarquons pas cette lacune de notre vision grâce au *remplissement,* une fonction visuelle qui permet au cerveau de combler l'absence d'informations visuelles. On peut

Les cellules ganglionnaires.

FIGURE 16.9
Démonstration du «remplissement» visuel. Tenez la figure à environ 30 cm de votre visage. Fermez l'œil droit et fixez le carré blanc avec l'œil gauche. Approchez lentement la figure de votre visage. Lorsque le disque noir atteindra votre tache aveugle (disque du nerf optique), vous le perdrez de vue et la ligne horizontale sur laquelle il est posé vous paraîtra continue. Tiré de «Blind Spots» de V. S. Ramachandra, *Scientific American,* mai 1992. © Scientific American, Inc.

Laquelle des régions apparaissant dans la photographie contient la plus grande densité de cônes?

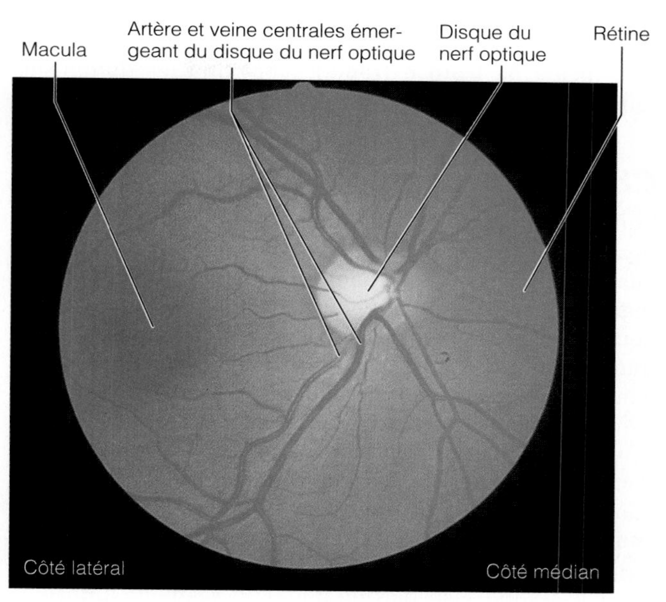

FIGURE 16.10
Partie de la paroi postérieure (fond d'œil) de la rétine vue à l'ophtalmoscope. Notez que les vaisseaux sanguins rayonnent du disque du nerf optique.

démontrer l'existence de ce phénomène à l'aide du test simple décrit à la figure 16.9.

Les 250 millions de photorécepteurs de la partie nerveuse de la rétine se répartissent en deux types: les bâtonnets et les cônes. Les **bâtonnets,** plus nombreux que les cônes, sont à l'origine de la vision périphérique et de la vision crépusculaire. Ils sont beaucoup plus sensibles à la lumière que les cônes, mais ils fournissent des images floues et incolores. C'est pourquoi les couleurs et les contours des objets sont indistincts dans la pénombre et à la périphérie du champ visuel. Les **cônes,** en revanche, s'activent en pleine lumière et fournissent une vision très précise des couleurs. Du côté latéral du disque du nerf optique de chaque œil se trouve une zone ovale appelée **macula,** ou tache jaune, dont le centre est creusé d'une minuscule dépression (0,4 mm) appelée **fossette centrale,** ou fovea centralis (voir la figure 16.6). Dans cette région, les structures rétiniennes contiguës au corps vitré (soit les cellules ganglionnaires et les neurones bipolaires) sont déplacées vers les côtés. La lumière peut ainsi atteindre presque directement les photorécepteurs (des cônes pour la plupart) plutôt que de traverser les couches de la rétine, ce qui améliore considérablement l'acuité visuelle. Les cônes sont les seuls photorécepteurs de la fossette centrale, et ils sont majoritaires dans la macula de la rétine; puis, du bord de la macula à la périphérie de la rétine, la densité des cônes décroît graduellement. La périphérie de la rétine contient seulement des bâtonnets, dont la densité décroît constamment à mesure que l'on s'approche de la macula. Seule la fossette centrale est assez densément pourvue de cônes pour fournir une vision détaillée des couleurs, et c'est pourquoi l'image des objets que nous observons attentivement se forme à son niveau. Comme chaque fossette centrale n'est pas plus grande qu'une tête d'épingle, un millième seulement du champ visuel converge à tout moment vers elle. Par conséquent, si nous voulons capter une scène animée (lorsque nous conduisons à l'heure de pointe par exemple), nos yeux doivent se porter successivement sur différentes parties du champ visuel par des mouvements saccadés rapides.

La partie nerveuse de la rétine est irriguée par deux sources. Son tiers externe (qui contient les photorécepteurs) est alimenté par des vaisseaux de la choroïde. Ses deux tiers internes sont desservis par l'**artère centrale** (une ramification de l'artère ophtalmique) et par la **veine centrale,** qui entrent dans l'œil et en sortent par le centre du nerf optique. Rayonnant à partir du disque du nerf optique, ces vaisseaux donnent naissance à un riche réseau vasculaire qui parcourt la face interne de la rétine (*retina* = filet) et que l'on distingue clairement en examinant l'intérieur du bulbe de l'œil à l'aide d'un ophtalmoscope (figure 16.10). Le fond d'œil est le seul endroit du corps où l'on peut observer directement de petits vaisseaux sanguins chez un sujet vivant.

À cause de sa structure et de la disposition de ses vaisseaux sanguins, la rétine est prédisposée à une lésion qui peut causer la cécité permanente, le *décollement de la rétine.* Il s'agit d'une séparation des parties pigmentaire et nerveuse de la rétine et d'un écoulement de corps vitré entre celles-ci. Ce trouble survient généralement à la suite d'un coup à la tête ou lorsqu'un mouvement de la tête est soudainement interrompu et suivi d'un déplacement brusque dans le sens opposé (comme dans le saut à l'élastique); il peut être aussi lié au vieillissement, à une tumeur ou à une maladie vasculaire. La plupart des personnes atteintes disent qu'elles ont

La fossette centrale dans la macula.

l'impression qu'« un rideau est tiré devant leur œil », mais d'autres voient des taches noirâtres ou des éclats de lumière (phosphènes). Si le décollement est diagnostiqué assez tôt, il est souvent possible de le corriger au moyen du laser (photocoagulation) ou de la cryochirurgie (application locale de froid extrême) avant que les dommages infligés aux photorécepteurs deviennent permanents. ■

Chambres et liquides de l'œil

Comme nous l'avons déjà mentionné, le cristallin et son ligament suspenseur circulaire divisent l'œil en un segment antérieur et un segment postérieur (figure 16.6a). Le **segment postérieur** est rempli d'une substance gélatineuse transparente, appelée **corps vitré,** composée d'une trame de fibrilles collagènes prises dans un liquide visqueux qui se lie à d'énormes quantités d'eau. Le corps vitré assure plusieurs fonctions: (1) il transmet la lumière; (2) il soutient la face postérieure du cristallin et presse fermement la partie nerveuse de la rétine contre sa partie pigmentaire; (3) il contribue à la pression intra-oculaire, contrant ainsi la traction exercée sur la partie externe du bulbe de l'œil par les muscles du bulbe de l'œil.

L'iris subdivise partiellement le **segment antérieur** (figure 16.11) en une **chambre antérieure** (située entre la cornée et l'iris) et une **chambre postérieure** (située entre l'iris et le cristallin). Le segment antérieur est *entièrement* rempli d'**humeur aqueuse,** un liquide transparent contenant, entre autres, du glucose (source d'énergie pour la cornée et le cristallin) mais pas de protéines. Contrairement au corps vitré, qui se forme dans l'embryon et qui dure toute la vie, l'humeur aqueuse est continuellement agitée et renouvelée. Elle filtre des capillaires des procès ciliaires dans la chambre postérieure, diffuse librement à travers le corps vitré dans le segment postérieur avant de retourner dans la chambre antérieure. Après avoir traversé la pupille et pénétré dans la chambre antérieure, l'humeur aqueuse s'écoule vers le sang veineux par l'intermédiaire du **sinus veineux de la sclère.** Ce canal singulier encercle l'œil et est situé dans l'angle formé par la jonction de la sclère et de la cornée. Normalement, la production et le drainage de l'humeur aqueuse s'effectuent au même rythme. Par conséquent, la pression intraoculaire demeure constante, à environ 16 mm Hg, ce qui contribue à soutenir le bulbe de l'œil par l'intérieur. L'humeur aqueuse fournit des nutriments et de l'oxygène au cristallin, à la cornée et à certaines cellules de la rétine, et elle les débarrasse de leurs déchets métaboliques; elle élimine aussi les ions et l'eau du cristallin.

16

Si le drainage de l'humeur aqueuse est entravé, la pression intra-oculaire peut atteindre un niveau dangereux et comprimer la rétine et le nerf optique; cette affection est appelée **glaucome.** Si le glaucome n'est pas diagnostiqué à temps, il aboutit à la cécité (*glaukos* = verdâtre). Malheureusement, plusieurs formes de glaucome évoluent si lentement et si insidieusement que les personnes atteintes ne se rendent compte que trop tard du problème. Les signes tardifs comprennent la vision de halos autour des lumières et une vision trouble. L'examen visant à détecter le glaucome est simple. Il consiste à déterminer la pression intra-oculaire en projetant un souffle d'air sur la sclère et en mesurant la déformation qu'elle présente. Les personnes de plus de 40 ans devraient subir cet examen annuellement. On traite le glaucome dans ses stades initiaux au moyen de collyres myotiques qui accroissent la vitesse de drainage de l'humeur aqueuse. ■

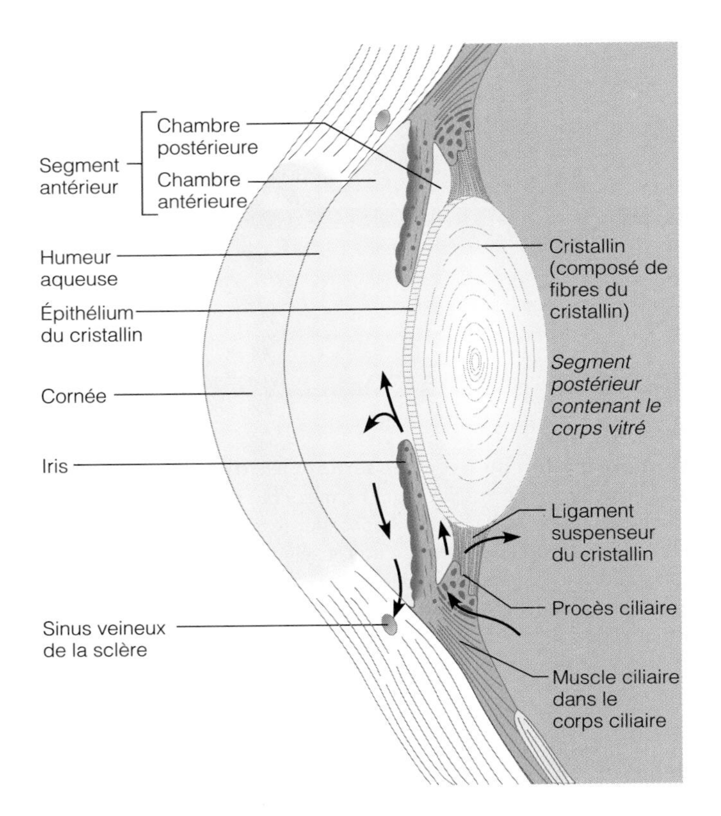

FIGURE 16.11
Circulation de l'humeur aqueuse. Le segment antérieur, à l'avant du cristallin, est partiellement divisé en une chambre antérieure (à l'avant de l'iris) et une chambre postérieure (à l'arrière de l'iris), qui communiquent par la pupille. L'humeur aqueuse remplit les chambres et diffuse librement vers le corps vitré dans le segment postérieur; elle filtre des capillaires des procès ciliaires et est drainée vers le sang veineux par le sinus veineux de la sclère. Les flèches indiquent le trajet de l'humeur aqueuse.

Cristallin

Le **cristallin** est une « lentille » biconvexe, transparente et flexible qui peut changer de forme de manière à focaliser précisément la lumière sur la rétine. Il est enfermé dans une capsule mince et élastique et maintenu juste à l'arrière de l'iris par le ligament suspenseur du cristallin (voir les figures 16.6 et 16.11). Comme la cornée, le cristallin n'est pas vascularisé, car les vaisseaux sanguins nuisent à la transparence.

Le cristallin comprend deux éléments: l'**épithélium du cristallin** et les **fibres du cristallin** (voir la figure 16.11). L'épithélium du cristallin, cantonné à la surface antérieure, est composé d'une seule couche de cellules cuboïdes; ces cellules se divisent, s'allongent et se différencient pour former les fibres du cristallin qui constituent l'essentiel de la masse du cristallin. Les fibres du cristallin sont superposées comme les couches d'un oignon et unies entre elles par des jonctions particulières qui préservent la forme du cristallin lorsque celui-ci subit les changements d'épaisseur caractéristiques de l'accommodation; les fibres sont anucléées et contiennent peu d'organites. Elles renferment cependant des protéines, repliées selon un plan bien précis, appelées **cristallines.** La structure des cristallines les rend transparentes. Par ailleurs, leurs propriétés enzymatiques leur permettent de convertir le sucre en énergie destinée au cristallin. Comme de nouvelles fibres ne cessent de s'ajouter au cristallin, celui-ci grossit au cours de la vie. Il devient donc plus dense, plus convexe et moins souple et perd peu à peu sa capacité d'accommodation.

Une **cataracte** est une opacité du cristallin qui embrouille la vision (figure 16.12). Certaines cataractes sont congénitales, d'autres surviennent à la suite d'un traumatisme, mais la plupart résultent d'un durcissement et d'un épaississement du cristallin dus au vieillissement ou sont causées par des maladies comme le diabète sucré ou l'hypothyroïdisme. L'usage du tabac et l'exposition fréquente au soleil (particulièrement aux rayons ultraviolets B — les mêmes qui causent les insolations et accroissent le risque de cancer de la peau) prédisposent aux cataractes. Mais quels que soient les facteurs prédisposants, la cause *immédiate* des cataractes est probablement un apport insuffisant de nutriments aux fibres profondes du cristallin. Les changements métaboliques qui s'ensuivent favorisent l'agrégation des cristallines. Fort heureusement, on peut exciser chirurgicalement le cristallin touché et le remplacer par un cristallin artificiel. ■

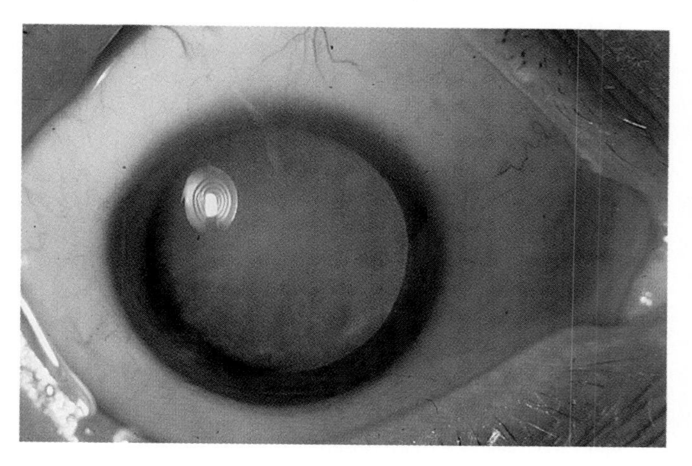

FIGURE 16.12
Photographie d'une cataracte.

Physiologie de la vision

Lumière et optique

Pour bien comprendre le fonctionnement de l'œil en tant qu'organe de la photoréception, il faut connaître quelques-unes des propriétés de la lumière.

Longueur d'onde et couleur Le **rayonnement électromagnétique** comprend toutes les longueurs d'ondes de l'énergie, de celles des ondes radio (qui se mesurent en mètres) à celles des rayons gamma (γ) et des rayons X, égales ou inférieures à 1 nm. Les seules longueurs d'onde auxquelles les yeux humains réagissent sont celles de la portion du spectre dite de la **lumière visible,** qui mesurent de 400 à 700 nm (figure 16.13a). (1 nm = 10^{-9} m, ou un milliardième de mètre.) La lumière visible se propage sous forme d'ondes dont on peut mesurer très précisément la longueur. En réalité, cependant, la lumière est composée de particules d'énergie appelées **photons** ou **quanta** d'énergie lumineuse. Ce paradoxe amène les scientifiques à décrire la lumière comme des particules d'énergie (des photons) qui se propagent sous forme d'ondes à la vitesse de 300 000 km/s. La lumière est donc une vibration d'énergie pure plutôt qu'une substance matérielle.

Lorsqu'un rayon de lumière traverse un prisme, chacune des ondes qui le composent est déviée à un degré qui lui est propre, de telle façon que le rayon se décompose en un **spectre visible** (voir la figure 16.13). (De même, l'arc-en-ciel qui se forme après une averse est dû à la décomposition de la lumière frappant les gouttelettes

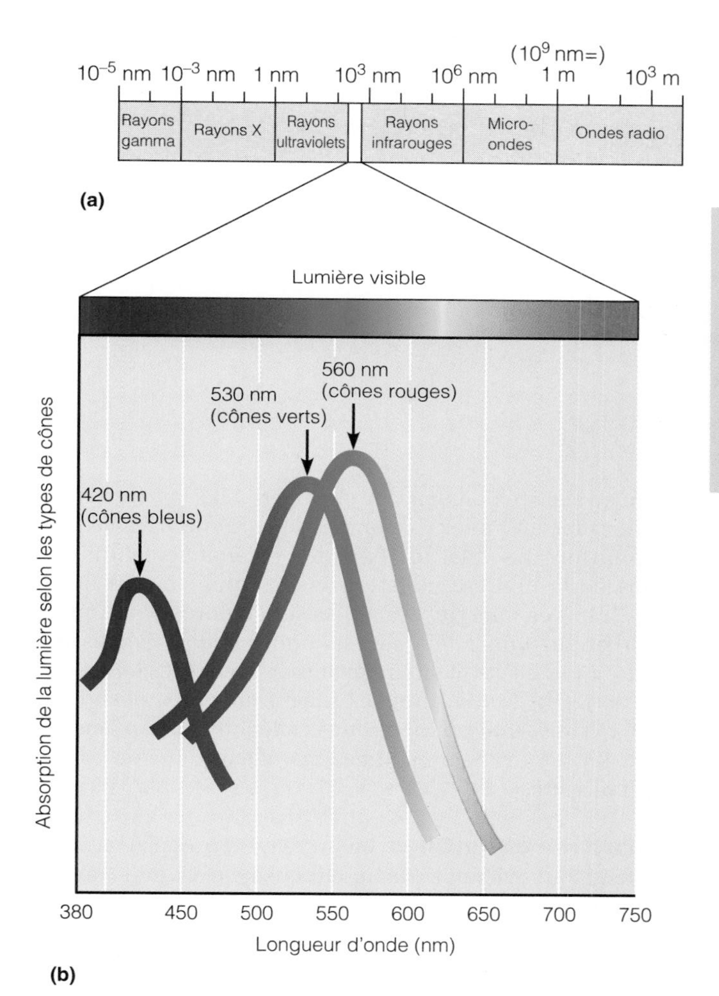

FIGURE 16.13
Spectre électromagnétique et sensibilité des cônes. (a) Le spectre électromagnétique s'étend des très courtes ondes des rayons gamma aux longues ondes radio. Les longueurs d'onde du spectre électromagnétique sont indiquées en nanomètres (1 nm = 10^{-9} m). Le spectre de la lumière visible ne constitue qu'une petite portion du spectre électromagnétique. **(b)** Sensibilité des trois types de cônes aux différentes longueurs d'onde du spectre visible.

16

FIGURE 16.14
Une cuillère placée dans un verre d'eau semble se briser à la surface de séparation de l'eau et de l'air. Ce phénomène est dû au fait que la lumière dévie vers la perpendiculaire lorsqu'elle passe d'un milieu moins dense à un milieu plus dense (ici, de l'air à l'eau).

d'eau en suspension dans l'atmosphère.) Le spectre visible va du rouge au violet. Les ondes de la lumière rouge sont les plus longues et les moins riches en énergie, tandis que celles de la lumière violette sont les plus courtes et les plus riches en énergie. Les objets sont colorés parce qu'ils absorbent certaines longueurs d'ondes et en réfléchissent d'autres. Les objets blancs réfléchissent toutes les longueurs d'onde de la lumière, et les objets noirs les absorbent toutes. Ainsi, une pomme rouge réfléchit principalement de la lumière rouge, et le gazon réfléchit surtout de la lumière verte.

Réfraction et lentilles La lumière se propage en ligne droite et tout objet opaque lui fait obstacle. Comme le son, la lumière peut rebondir sur une surface : ce phénomène est appelé **réflexion.** La majeure partie de la lumière qui atteint nos yeux a été réfléchie par les objets qui nous entourent.

Dans un milieu uniforme, la lumière se propage à une vitesse constante. Mais lorsqu'elle passe d'un milieu transparent à un autre milieu transparent de densité différente, sa vitesse se modifie. La lumière accélère en entrant dans un milieu moins dense, et elle ralentit en pénétrant dans un milieu plus dense. Ces changements de vitesse sont à l'origine de la **réfraction** qu'un rayon de lumière subit lorsqu'il atteint la surface d'un deuxième milieu obliquement plutôt que perpendiculairement. Plus l'angle d'incidence est grand, plus la déviation est forte. La figure 16.14 montre l'effet de la réfraction de la lumière : une cuillère placée obliquement dans un verre à moitié plein semble plier à la surface de séparation de l'air et de l'eau.

Une lentille est un morceau de matériau transparent dont au moins une des deux surfaces est courbe et qui réfracte la lumière. Une lentille convexe, c'est-à-dire plus épaisse au centre qu'en périphérie (comme l'objectif d'un appareil photo), fait converger la lumière en un point appelé **foyer** (figure 16.15). En règle générale, plus la lentille est épaisse (plus elle est convexe), plus la lumière dévie et plus la distance focale (la distance entre la lentille et le foyer) est courte. L'image formée par une lentille convexe, appelée **image réelle,** est inversée de haut en bas et de gauche à droite. Par ailleurs, une lentille concave, c'est-à-dire plus épaisse en périphérie qu'au centre (comme la lentille d'une loupe) fait diverger la lumière. La distance focale d'une lentille concave est plus longue que celle d'une lentille convexe.

Convergence de la lumière sur la rétine

En passant de l'air dans l'œil, la lumière traverse successivement la cornée, l'humeur aqueuse, le cristallin, le corps vitré puis *toute l'épaisseur de la partie nerveuse de la rétine* avant de stimuler les photorécepteurs de la partie

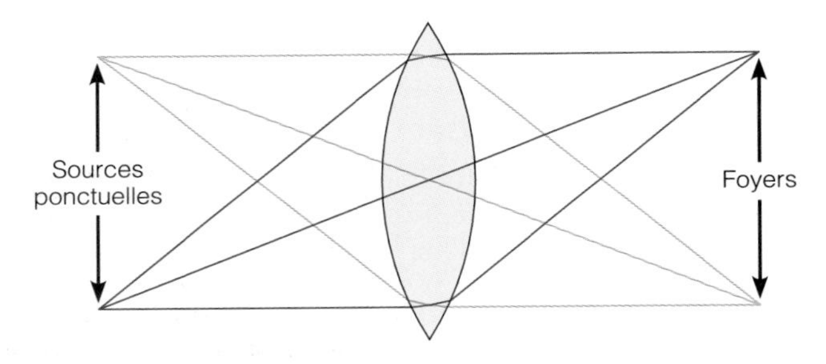

(a)

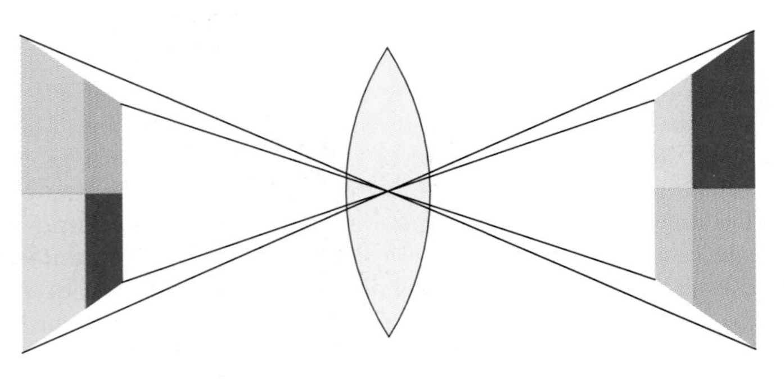

(b)

FIGURE 16.15
Réfraction de rayons lumineux issus de sources ponctuelles par une lentille convexe. (a) Le schéma montre comment se focalisent les rayons issus de deux points après avoir traversé la lentille. **(b)** Formation d'une image par une lentille convexe. Notez que l'image est inversée de haut en bas et de gauche à droite.

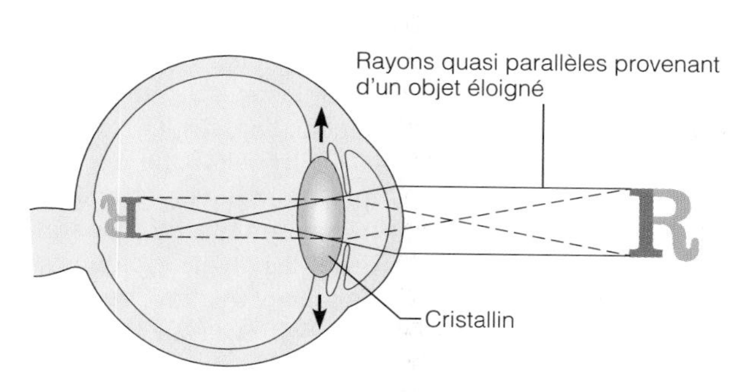

(a) Aplatissement du cristallin pour la vision éloignée

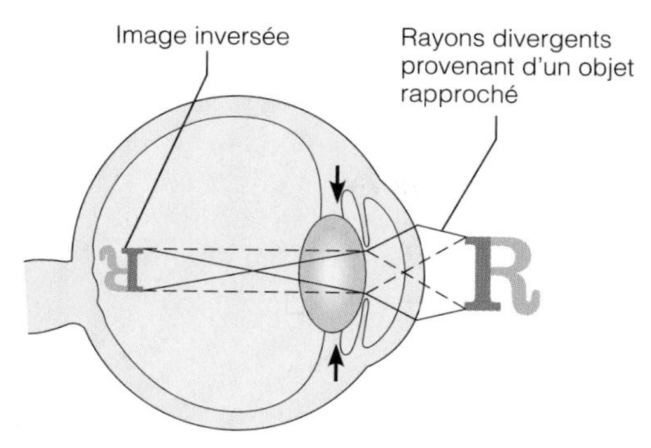

(b) Bombement du cristallin pour la vision rapprochée

FIGURE 16.16
Convergence pour la vision éloignée et la vision rapprochée. (a) La lumière provenant d'un objet éloigné (situé à plus de 6 m) atteint l'œil sous forme de rayons quasi parallèles et, dans l'œil normal, se focalise sur la rétine sans nécessiter d'adaptation. **(b)** La lumière provenant d'un objet rapproché (situé à moins de 6 m) tend à diverger, et la convexité du cristallin doit s'accroître (accommodation) pour que les rayons se focalisent correctement. Notez que, dans les deux cas, l'image formée sur la rétine est inversée de haut en bas et de gauche à droite (c'est-à-dire qu'il s'agit d'une image réelle).

nerveuse, qui sont contigus à la partie pigmentaire (voir les figures 16.6 et 16.8). La lumière est donc déviée trois fois : à son entrée dans la cornée, à son entrée dans le cristallin et à sa sortie du cristallin. La cornée produit la majeure partie de la réfraction dans l'œil, mais comme son épaisseur est uniforme, sa puissance de réfraction est constante. Le cristallin, lui, est très élastique, et sa courbure peut se modifier pour permettre une focalisation précise de la lumière. L'humeur aqueuse et le corps vitré jouent un rôle minime dans la réfraction de la lumière.

Convergence pour la vision éloignée Les yeux humains sont mieux adaptés à la vision éloignée qu'à la vision rapprochée. Pour regarder des objets éloignés, nous n'avons qu'à fixer nos bulbes de l'œil sur le même point. Le **punctum remotum** est le point au-delà duquel la vision distincte d'un objet ne nécessite aucun changement (accommodation) : la courbure du cristallin n'a pas besoin d'être modifiée pour permettre la convergence de la lumière sur la rétine. Pour l'œil normal, ou **emmétrope,** le punctum remotum est situé à environ 6 m.

On peut dire que tout objet capté par la vue est composé de très nombreux points desquels la lumière rayonne dans toutes les directions. La lumière provenant d'un objet situé au punctum remotum ou plus loin atteint l'œil sous forme de rayons quasi parallèles et elle est précisément focalisée sur la rétine par l'appareil de réfraction statique (la cornée, l'humeur aqueuse et le corps vitré) et par le cristallin au repos (figure 16.16a). Pour la vision éloignée, les muscles ciliaires sont complètement relâchés, et le cristallin (que la tension de son ligament suspenseur aplatit) a son épaisseur minimale. Par conséquent, sa puissance de réfraction est à son plus bas.

Convergence pour la vision rapprochée La lumière provenant des objets situés à moins de 6 m diverge à mesure qu'elle s'approche de l'œil et converge derrière la rétine. Par conséquent, la vision de près demande à l'œil trois adaptations actives qu'il n'a pas besoin d'effectuer pour la vision éloignée : l'accommodation, la contraction de la pupille et la convergence des bulbes de l'œil. Il semble que la formation d'une image floue sur la rétine provoque ces trois réflexes simultanés.

1. **Accommodation.** Le processus par lequel la puissance de réfraction du cristallin augmente pour faire dévier les rayons lumineux divergents est appelé **accommodation.** Il s'effectue par la contraction des muscles ciliaires, qui tirent le corps ciliaire vers la pupille, relâchant ainsi la tension du ligament suspenseur du cristallin. (Curieusement, c'est une *contraction* musculaire qui crée un *relâchement* du ligament suspenseur.) Libéré de la traction, le cristallin bombe. Sa distance focale s'en trouve raccourcie et l'image d'un objet rapproché peut ainsi converger sur la rétine (figure 16.16b). La contraction des muscles ciliaires est régie principalement par les neurofibres parasympathiques des nerfs oculo-moteurs.

   Le point le plus rapproché de l'espace que l'œil peut distinguer nettement est appelé **punctum proximum** ; c'est à ce point que le cristallin atteint son renflement maximal pour permettre la convergence de la lumière sur la rétine. Bien que nous puissions voir des objets situés en deçà de notre punctum proximum, leur image est floue. Pour le jeune adulte dont les yeux sont emmétropes, le punctum proximum est situé entre 8 et 15 cm de l'œil. Le punctum proximum est plus rapproché chez l'enfant et il recule au cours des années, ce qui explique pourquoi les enfants peuvent tenir leur livre très près de leur visage et pourquoi de nombreuses personnes âgées tiennent leur journal à bout de bras. La diminution graduelle de l'amplitude de l'accommodation est liée à la perte d'élasticité du cristallin. Chez beaucoup de gens de plus de 50 ans, l'amplitude de l'accommodation est nulle, ce qui constitue une anomalie appelée *presbytie* (littéralement, « vision de la personne âgée »).

2. **Contraction de la pupille.** Le muscle sphincter de la pupille (qui est circulaire) accentue l'effet de l'accommodation en réduisant le diamètre de la pupille à 2 mm (voir la figure 16.7a). Ce **réflexe d'accommodation,** qui fait intervenir les neurofibres parasympathiques du nerf oculo-moteur, empêche les rayons lumineux les plus divergents d'entrer dans l'œil et de traverser le pourtour du cristallin. En effet, ces rayons ne se focaliseraient pas correctement sur la fossette centrale de la macula de la rétine et ils embrouilleraient la vision. La contraction de la pupille accompagnant la vision rapprochée fait de l'œil un appareil photo miniature et accroît la clarté de l'image et la profondeur de champ.
3. **Convergence des bulbes de l'œil.** Le synchronisme des mouvements des bulbes de l'œil (favorisé par les muscles du bulbe de l'œil) nous permet de fixer notre regard sur un objet. Il a pour fonction de toujours focaliser les images sur la fossette centrale de chaque œil. Lorsque nous regardons des objets éloignés, nous dirigeons nos deux yeux parallèlement, que ce soit droit devant nous ou de côté; en revanche, lorsque nous observons un objet rapproché, nos yeux convergent. La **convergence** est la rotation médiane que les muscles droits médiaux font subir aux bulbes de l'œil de façon que chacun soit dirigé vers l'objet considéré; elle est régie par les neurofibres motrices somatiques des nerfs oculo-moteurs. Plus l'objet est rapproché, plus le degré de convergence doit être élevé; lorsque vous regardez le bout de votre nez, vous louchez.

16

La lecture et les autres tâches réalisées à courte distance des yeux nécessitent une accommodation, une contraction des pupilles et une convergence presque continuelles. C'est pourquoi les longues séances de lecture peuvent causer une *fatigue oculaire.* Si vous lisez pendant un laps de temps prolongé, il est bon que vous leviez les yeux et regardiez au loin à l'occasion afin de décontracter les muscles des yeux (qui sont contractés pour la vision rapprochée).

Déséquilibres homéostatiques de la réfraction

Les défauts de réfraction oculaire peuvent relever d'une réfraction excessive ou insuffisante du cristallin ou d'anomalies structurales du bulbe de l'œil.

La **myopie** (*muôps* = qui cligne des yeux) est une anomalie de la vision dans laquelle l'image des objets éloignés se forme non pas sur la rétine mais à l'avant de la fossette centrale (figure 16.17b). Les personnes myopes voient nettement les objets rapprochés (du fait de la capacité d'accommodation de leurs cristallins), mais elles distinguent mal les objets éloignés. La myopie est généralement due à une élongation du bulbe de l'œil. Elle atteint une personne sur quatre en Amérique du Nord. On la corrige traditionnellement avec un verre concave qui fait diverger la lumière avant son entrée dans l'œil. Depuis quelque temps, on peut traiter la myopie au moyen de la *kératotomie radiaire,* une intervention brève et indolore au cours de laquelle on pratique un certain nombre d'incisions radiales de la cornée, chirurgicalement ou à l'aide d'un laser, ce qui a pour effet de l'aplatir légèrement.

> *Le mot cônes renferme à lui seul un certain nombre de caractéristiques de ces photorécepteurs: la première lettre peut être associée à la première lettre du mot* ***c****ouleur; les trois premières lettres rappellent que les cônes sont* ***con****centrés dans la fossette centrale de la macula; la syllabe* ***one*** *(qui veut dire « un » en anglais) fait penser au mode de connexion (un à un) entre les cônes et leurs neurones bipolaires (par contre, les* ***bâtonnet****s possèdent des «* ***tonnes*** *» de photorécepteurs reliés au même neurone bipolaire).*
>
> *Serge Thibault, étudiant en soins infirmiers*

L'**hypermétropie** est une anomalie dans laquelle les rayons lumineux parallèles des objets éloignés se focalisent *à l'arrière* de la rétine (figure 16.17c). Les personnes hypermétropes voient parfaitement bien les objets éloignés, car leurs muscles ciliaires se contractent presque continuellement pour augmenter la puissance de réfraction du cristallin et ainsi avancer le foyer jusque sur la rétine. Cependant, les rayons lumineux divergents provenant d'objets *rapprochés* se focalisent si loin à l'arrière de la rétine que le cristallin, même à sa puissance de réfraction maximale, ne parvient pas à focaliser les images sur la rétine. Par conséquent, les objets rapprochés paraissent flous et les personnes hypermétropes doivent porter des verres correcteurs convexes qui font converger la lumière provenant des objets rapprochés. En général, l'hypermétropie est due à l'incapacité du cristallin de changer de forme (faible puissance de réfraction) ou à une diminution anormale de la longueur du bulbe de l'œil.

L'inégalité de la courbure des différentes parties du cristallin (ou de la cornée) produit une vision floue, car les points de lumière se focalisent sur la rétine sous forme de lignes (et non de points). Ce défaut de réfraction est appelé **astigmatisme** (*astigma* = absence de point), et on le corrige au moyen de verres cylindriques spécialement taillés. ■

Photoréception

Une fois que la lumière s'est focalisée sur la fossette centrale de la rétine, les photorécepteurs entrent en jeu. Nous aborderons la **photoréception,** le processus par lequel l'œil détecte l'énergie lumineuse, en examinant quelques sujets apparentés. Dans un premier temps, nous décrirons l'anatomie fonctionnelle des cellules photoréceptrices, puis nous traiterons de la chimie des pigments visuels et de leur réaction à la lumière. Enfin, nous expliquerons l'activation des photorécepteurs et leurs réactions aux diverses intensités de la lumière.

Anatomie fonctionnelle des photorécepteurs

Bien que les photorécepteurs soient des neurones modifiés, ils s'assimilent sur le plan structural à de grandes cellules épithéliales renversées dont l'extrémité serait

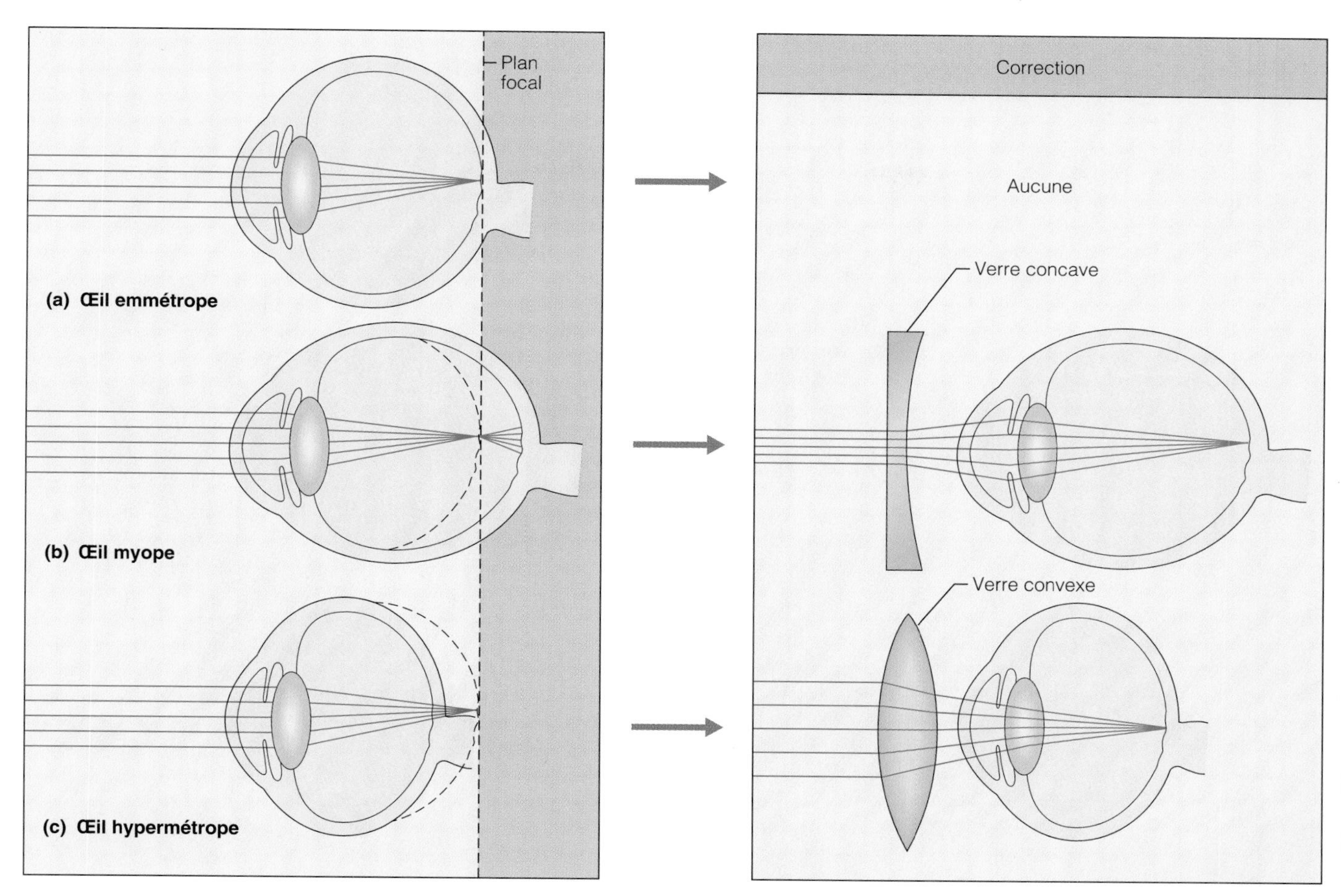

FIGURE 16.17
Défauts de réfraction. (a) Dans l'œil emmétrope (normal), la lumière provenant des objets rapprochés et des objets éloignés se focalise correctement sur la rétine. **(b)** Dans l'œil myope, la lumière provenant des objets éloignés converge avant d'atteindre la rétine puis diverge à nouveau. **(c)** Dans l'œil hypermétrope, la lumière provenant des objets rapprochés converge à l'arrière de la rétine. (Les schémas ne tiennent pas compte de l'effet réfracteur de la cornée.)

enfouie dans la partie pigmentaire de la rétine (figure 16.18a). De la partie pigmentaire à la partie nerveuse de la rétine, les cônes et les bâtonnets présentent un **segment externe** (la région réceptrice) uni à un **segment interne** par une tige de connexion renfermant un cil modifié. Le segment interne est relié au *corps cellulaire,* qui communique avec une *fibre interne,* laquelle établit des jonctions synaptiques avec les neurones bipolaires. Le segment externe des bâtonnets est allongé (d'où leur nom) et leur segment interne est relié au corps cellulaire par une *fibre externe.* Les cônes sont trapus, et leur segment externe est court et conique; leur segment interne communique directement avec leur corps cellulaire.

Les segments internes possèdent une forte concentration de mitochondries qui fournissent l'énergie nécessaire aux réactions photoréceptrices. Les segments externes contiennent un réseau élaboré de **pigments visuels,** ou **photopigments,** qui changent de forme en absorbant la lumière. Les pigments visuels sont contenus dans des disques formés par des invaginations de la membrane plasmique. Ce couplage des pigments photorécepteurs à des membranes cellulaires accroît la surface consacrée à la réception de la lumière. Dans les bâtonnets, la plupart des disques sont détachés les uns des autres et empilés comme des pièces de monnaie dans un rouleau. Dans les cônes, les membranes des disques sont unies à la membrane plasmique; l'intérieur des disques des cônes communique donc avec l'espace interstitiel.

Les cellules photoréceptrices sont très fragiles; si la rétine se détache de la tunique vasculaire du bulbe, les photorécepteurs commencent immédiatement à dégénérer. Les photorécepteurs sont également détruits par la lumière intense, l'énergie même qu'ils sont censés détecter. Dans ces conditions, comment se fait-il que nous ne devenions pas graduellement aveugles? La réponse réside dans le renouvellement des segments externes des photorécepteurs. Dans les bâtonnets, à la fin de chaque nuit, de nouveaux disques formés à partir de substances synthétisées dans le corps cellulaire s'ajoutent à l'extrémité proximale du segment externe. À mesure qu'ils se forment, les

Quel avantage y a-t-il à ce que le pigment photorécepteur fasse partie intégrante de la membrane des disques ?

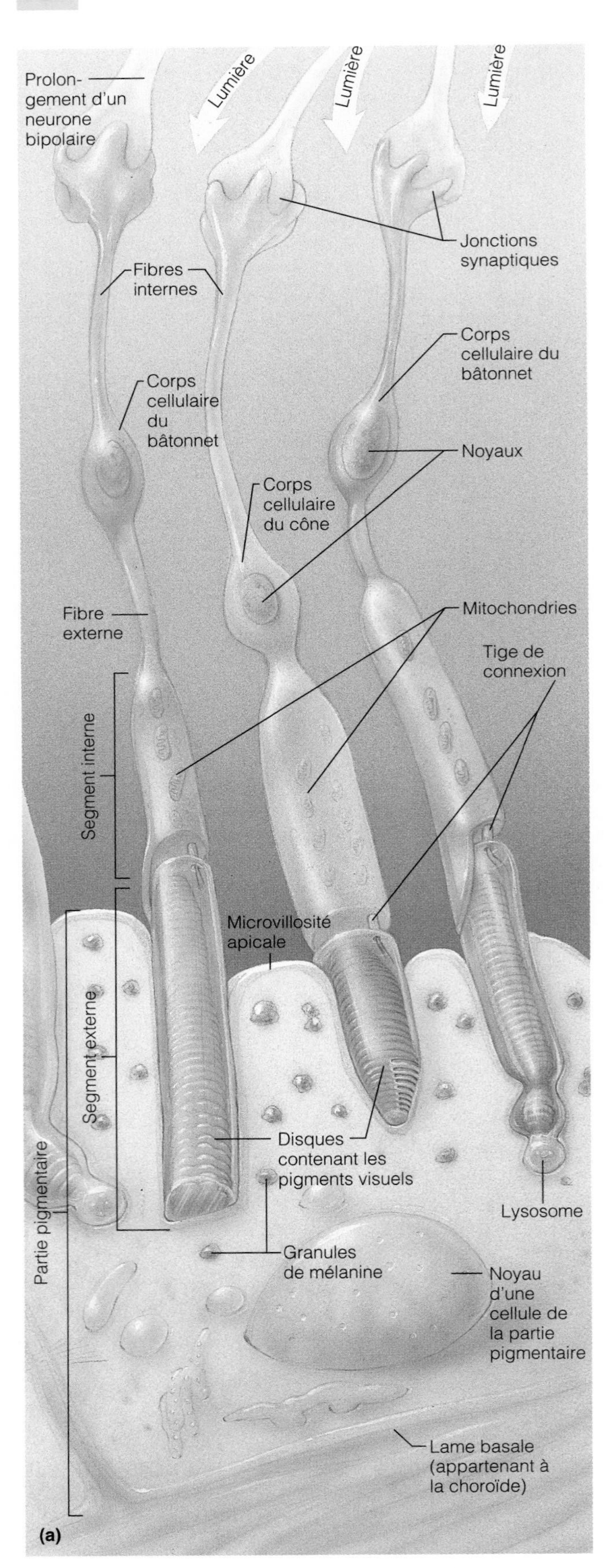

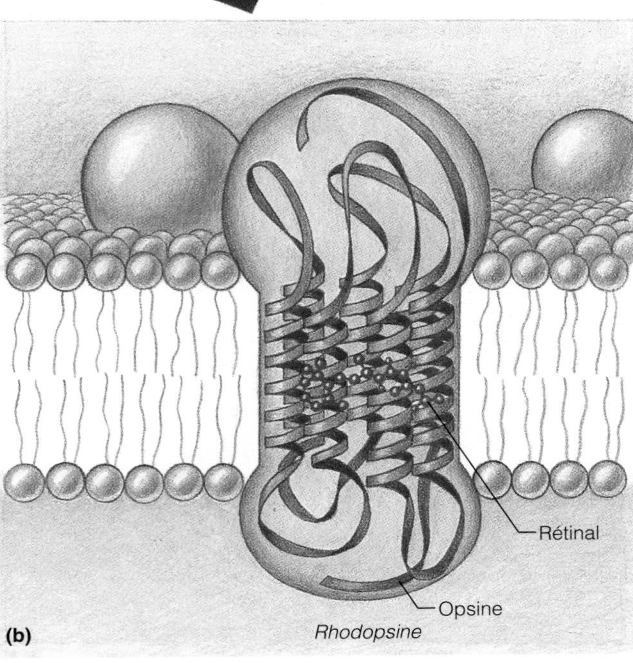

FIGURE 16.18
Photorécepteurs de la rétine. (a) Représentation schématique des photorécepteurs (cônes et bâtonnets). La jonction entre les segments externes des photorécepteurs et la partie pigmentaire de la rétine est aussi représentée. Notez que l'extrémité du segment externe du bâtonnet de droite est étranglée. **(b)** Représentation schématique d'une petite section de la membrane d'un disque contenant un pigment visuel, dans le segment externe d'un bâtonnet. Les pigments visuels sont composés d'une molécule photosensible appelée rétinal (dérivée de la vitamine A) liée à une protéine appelée opsine. Les photorécepteurs de chaque type contiennent une forme caractéristique d'opsine, qui influe sur le spectre d'absorption du rétinal. Dans les bâtonnets, l'ensemble du complexe pigment-opsine est appelé rhodopsine. Notez que le rétinal occupe le centre de la molécule d'opsine.

nouveaux disques poussent les autres vers la périphérie. Les disques situés à l'extrémité du segment externe se fragmentent et sont phagocytés par les cellules de la partie pigmentaire (une cellule de la partie pigmentaire de la rétine pourrait phagocyter de 2000 à 4000 disques quotidiennement). Les extrémités des segments externes des cônes se renouvellent également (mais à la fin de chaque journée) ; on ne connaît pas encore tous les détails de la migration des éléments de la membrane vers le segment externe. Comme la synthèse des photopigments, la phago-

Cela accroît la surface consacrée à la réception de la lumière.

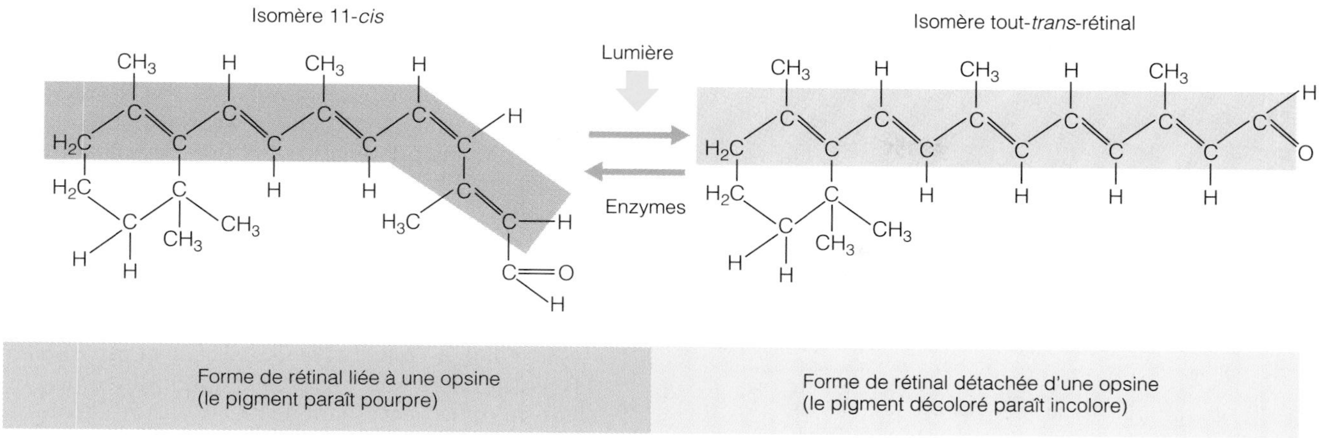

Isomère 11-*cis*

Lumière

Enzymes

Isomère tout-*trans*-rétinal

Forme de rétinal liée à une opsine (le pigment paraît pourpre)

Forme de rétinal détachée d'une opsine (le pigment décoloré paraît incolore)

FIGURE 16.19
Structure des isomères du rétinal intervenant dans la photoréception.
L'absorption de la lumière par le pigment visuel entraîne la transformation du rétinal 11-*cis* en tout-*trans*-rétinal ainsi que la décoloration du pigment.

cytose suit un rythme circadien (c'est-à-dire qu'elle s'échelonne sur une période de 24 heures environ). Il semble que cette « horloge » rétinienne soit régie par la variation de la concentration de mélatonine dans l'œil. Les extrémités des bâtonnets sont phagocytées le matin, après la première exposition à la lumière. La phagocytose des cônes est déclenchée par l'obscurité et elle se produit la nuit.

Comme les bâtonnets et les trois types de cônes contiennent des pigments visuels qui leur sont propres, ils absorbent différentes longueurs d'onde de la lumière et présentent des seuils d'excitation distincts. Ainsi, les bâtonnets sont très sensibles (ils réagissent à la lumière très faible), ils sont donc adaptés à la vision nocturne et à la vision périphérique ; d'autre part, ils absorbent toutes les longueurs d'onde de la lumière visible, mais leurs influx ne sont perçus par les aires visuelles que comme des nuances de gris. Quant aux cônes, ils sont peu sensibles (ils réagissent à la lumière très intense), mais ils contiennent des pigments qui nous permettent de capter toute une palette de couleurs.

En outre, les bâtonnets et les cônes sont reliés différemment aux autres neurones rétiniens (et aux cellules ganglionnaires qui transmettent les influx provenant de la rétine), ce qui leur confère des capacités propres. Jusqu'à 100 bâtonnets peuvent communiquer avec une cellule ganglionnaire ; ils forment ainsi des réseaux convergents. En conséquence, les effets des bâtonnets s'additionnent et sont traités collectivement, ce qui produit une faible résolution et une vision floue. (Les aires visuelles n'ont aucun moyen de distinguer, parmi le grand nombre de bâtonnets qui influent sur une cellule ganglionnaire, ceux qui sont activés.) À l'inverse, les cônes de la fossette centrale sont reliés individuellement (ou en très petits nombres) par leurs « neurones bipolaires personnels » à une cellule ganglionnaire (voir la figure 16.8). Chaque cône est donc uni par une « ligne rouge » aux aires visuelles. C'est pourquoi les cônes fournissent des images nettes et détaillées de portions très petites du champ visuel.

Puisqu'il n'y a pas de bâtonnets dans les fossettes centrales et que les cônes ne réagissent pas à la lumière faible, nous distinguons mieux les objets faiblement éclairés lorsque nous ne les regardons pas directement. Cependant, sans la focalisation sur la fossette centrale, notre vision est non discriminante. Nous ne voyons que les contours des objets, et nous les distinguons mieux lorsqu'ils sont en mouvement. Si vous en doutez, sortez dans votre jardin au clair de la lune et constatez par vous-même votre capacité de discrimination.

Chimie des pigments visuels Comment les photorécepteurs convertissent-ils la lumière en signaux électriques ? Ce processus s'effectue au moyen d'une molécule photosensible appelée **rétinal** qui se combine avec des protéines appelées **opsines** et forme quatre types de pigments visuels. Suivant le type d'opsine à laquelle il se lie, le rétinal absorbe différentes longueurs d'onde du spectre visible. Le rétinal est chimiquement apparenté à la vitamine A, dont il est dérivé. Le foie emmagasine la vitamine A et la libère à mesure que les photorécepteurs en ont besoin pour produire leurs pigments visuels. Les cellules de la partie pigmentaire de la rétine absorbent la vitamine A de la circulation sanguine et l'entreposent à l'intention des cônes et des bâtonnets.

Le rétinal peut adopter diverses structures tridimensionnelles appelées **isomères.** Lorsque le rétinal se lie à une opsine, il prend une forme entortillée appelée **isomère 11-*cis*** (figure 16.19). Cependant, quand le pigment est frappé par la lumière et qu'il absorbe des photons, le rétinal se redresse et prend une nouvelle forme d'isomère nommée **tout-*trans*-rétinal.** Ce redressement, appelé *isomérisation,* détache le rétinal de l'opsine. C'est là le *seul* stade qui dépend de la lumière, et ce phénomène photochimique simple déclenche une chaîne de réactions chimiques et électriques dans les cônes et les bâtonnets. Ces réactions finissent par entraîner la propagation d'influx nerveux dans les nerfs optiques.

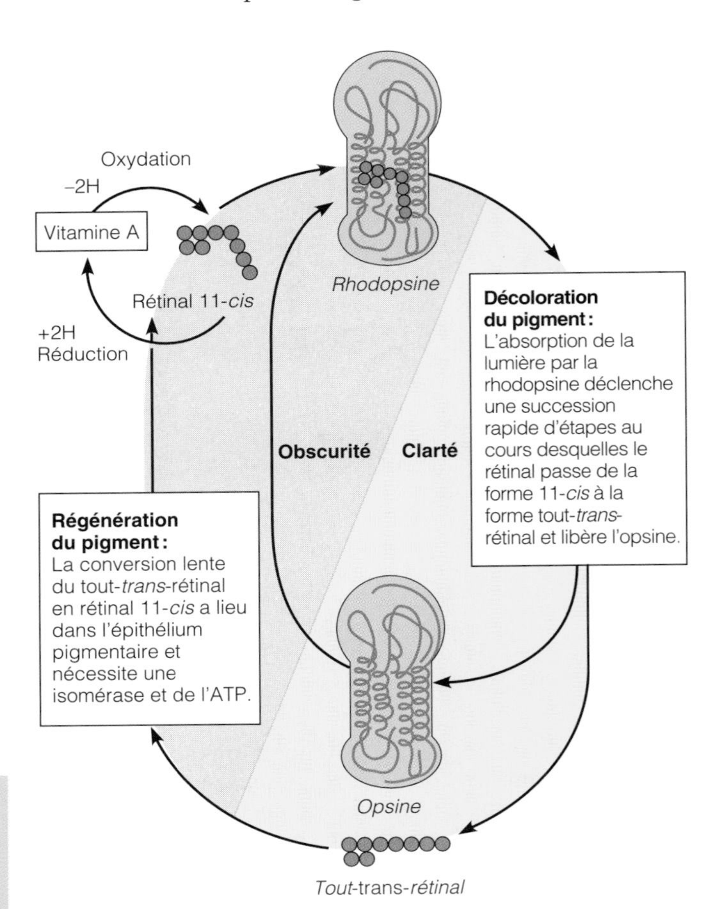

FIGURE 16.20
Cycle de la rhodopsine. Sous l'effet de la lumière, la rhodopsine se dégrade et se convertit en ses précurseurs en passant par de nombreuses étapes intermédiaires. L'absorption de la lumière entraîne une conversion rapide du rétinal 11-*cis* en tout-*trans*-rétinal, un phénomène qui cause la transduction du stimulus lumineux et, plus tard, la séparation du tout-*trans*-rétinal et de l'opsine. Ensuite, des enzymes régénèrent le rétinal 11-*cis* à partir du tout-*trans*-rétinal ou de vitamine A au cours de réactions nécessitant de l'énergie (de l'ATP, fourni par les mitochondries du segment interne des photorécepteurs). Enfin, le rétinal 11-*cis* se combine à nouveau avec l'opsine pour former de la rhodopsine.

Stimulation des photorécepteurs

1. **Excitation des bâtonnets.** Le pigment visuel des bâtonnets est la **rhodopsine** (*rhodon* = rose ; *opsis* = vision). (Pensez-vous que la personne qui a inventé l'expression « voir la vie à travers des lunettes roses » connaissait l'étymologie du mot « rhodopsine » ?) Les molécules de ce pigment pourpre sont disposées en une couche unique dans les membranes des milliers de disques des segments externes (voir la figure 16.18b). Bien que la rhodopsine absorbe la lumière du spectre visible entier, elle absorbe surtout la lumière verte.

   La rhodopsine se forme et s'accumule dans l'obscurité, au cours de l'enchaînement de réactions montré à la gauche de la figure 16.20. La vitamine A s'oxyde et se mue en rétinal 11-*cis* puis se combine avec l'opsine pour former la rhodopsine. Lorsque la rhodopsine absorbe la lumière, le rétinal se transforme en son isomère tout-*trans*-rétinal, puis la combinaison rétinal-opsine se dégrade, ce qui permet au rétinal et à l'opsine de se séparer. Cette dégradation est appelée **décoloration de la rhodopsine.** En fait, le processus est bien plus complexe, et la dégradation de la rhodopsine qui déclenche la transduction passe par des étapes intermédiaires (indiquées à la droite de la figure 16.20) ne durant que quelques millisecondes. Une fois que le tout-*trans*-rétinal frappé par la lumière est détaché de l'opsine, une protéine vectrice le précipite dans le liquide gélatineux du mince espace sous-rétinien jusqu'à l'épithélium pigmentaire. Dans les cellules de l'épithélium pigmentaire, des enzymes reconvertissent le rétinal en son isomère 11-*cis,* au cours d'un processus d'une durée de plusieurs minutes nécessitant de l'ATP. Ensuite, le rétinal retourne dans les segments externes des photorécepteurs. La rhodopsine se régénère lorsque le rétinal 11-*cis* se lie à nouveau à l'opsine.

2. **Excitation des cônes.** La science n'a pas encore complètement élucidé le fonctionnement chimique des cônes, mais leurs pigments visuels se dégradent et se régénèrent essentiellement de la même façon que la rhodopsine. Le seuil d'excitation pour l'activation des cônes est cependant beaucoup plus élevé que celui des bâtonnets, car les cônes ne réagissent qu'à la lumière intense.

   Les pigments visuels des cônes, comme ceux des bâtonnets, sont formés de rétinal et d'opsines. Il existe trois différents types d'opsines dans les cônes (différents de l'opsine des bâtonnets). Suivant les propriétés de l'opsine qu'ils contiennent, les cônes se divisent en trois types sensibles à des longueurs d'onde différentes. Les noms des types de cônes indiquent les couleurs (autrement dit, les longueurs d'onde) qu'ils absorbent le mieux et qui induisent le plus efficacement le changement de forme du rétinal et sa séparation de l'opsine. Les cônes bleus réagissent surtout aux longueurs d'onde d'environ 420 nm, les verts, aux longueurs d'onde de 530 nm, et les rouges, aux longueurs d'onde d'environ 560 nm (voir la figure 16.13b). Toutefois, comme le montre la figure, les spectres d'absorption des cônes se chevauchent et la perception des couleurs intermédiaires comme l'orangé, le jaune et le violet résulte de l'activation simultanée mais plus ou moins prononcée de plus d'un type de cônes. Par exemple, la lumière jaune stimule les cônes rouges et les cônes verts, mais si les premiers sont stimulés plus fortement que les seconds, nous voyons de l'orangé à la place du jaune. Lorsque tous les cônes sont stimulés de manière égale, nous voyons du blanc. Notre perception de l'éclat et de la saturation des couleurs (du rouge par opposition au rose par exemple) est aussi liée au degré de stimulation de chaque type de cônes.

L'**achromatopsie** (aussi appelée daltonisme) est une anomalie héréditaire due à une insuffisance congénitale d'au moins un type de cônes. Sa transmission est liée au sexe, et elle est beaucoup plus répandue chez les hommes que chez les femmes. De 8 à 10 % des hommes sont atteints d'une forme ou d'une autre d'achromatopsie. La forme la plus fréquente de

Supposez qu'un poison métabolique qui dérègle la pompe à sodium et à potassium vienne perturber le mécanisme représenté ci-dessous. Que se produira-t-il ? Justifiez votre réponse.

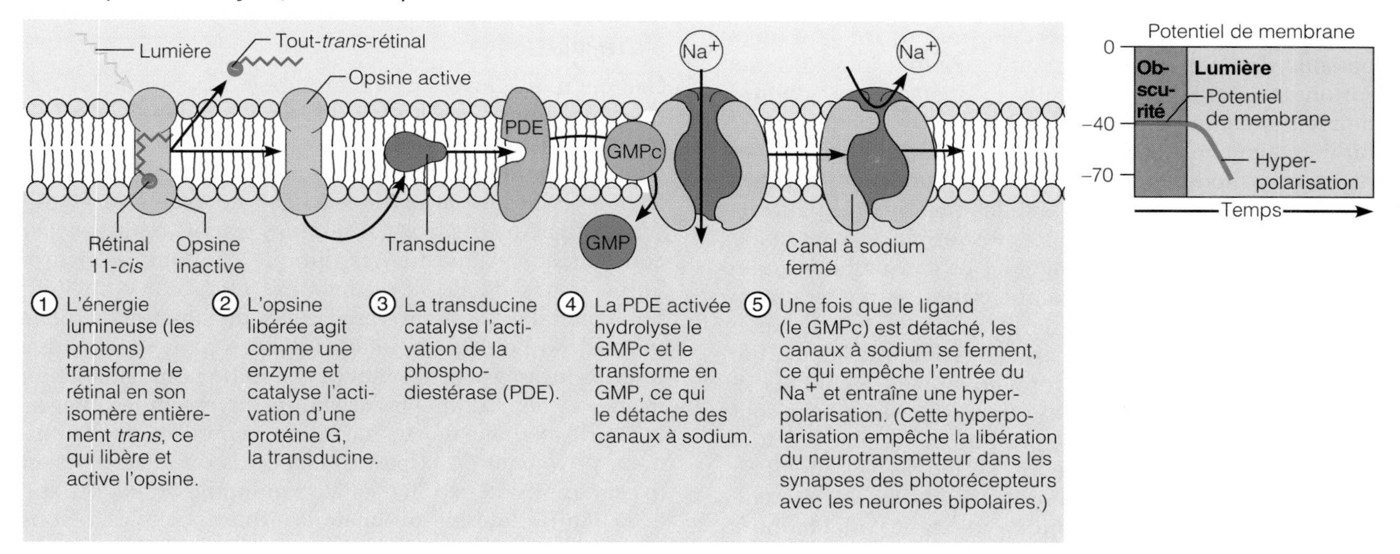

FIGURE 16.21
Mécanisme de la phototransduction.

l'anomalie résulte d'une déficience totale ou partielle en cônes verts ou en cônes rouges. Les personnes atteintes perçoivent le rouge et le vert comme une seule et même couleur, soit le rouge soit le vert, suivant le type de cônes qu'elles possèdent. De nombreuses personnes achromatopes ignorent leur état, car elles ont appris à s'en remettre à d'autres indices — comme les différences d'intensité — pour distinguer les objets rouges des objets verts, les feux de circulation par exemple. ■

Transduction dans les photorécepteurs Comment le stimulus lumineux est-il transformé en signal électrique, c'est-à-dire en un changement du potentiel de membrane ? Dans l'obscurité, le **GMP cyclique (GMPc)** se lie aux canaux à sodium dans les segments externes et les garde ouverts. Par conséquent, le Na^+ pénètre continuellement dans le segment externe et produit un *courant d'obscurité* qui maintient un potentiel de membrane (un *potentiel d'obscurité*) d'environ –40 mV. Ce courant dépolarisant garde les canaux à Ca^{2+} ouverts *dans les terminaisons synaptiques*. Les photorécepteurs peuvent ainsi libérer plus ou moins continuellement leur neurotransmetteur (le glutamate) dans leurs synapses avec les neurones bipolaires.

Lorsque la lumière amorce la dégradation de la rhodopsine, l'entrée du sodium cesse. En effet, il se produit une cascade enzymatique qui aboutit à la destruction du GMPc qui gardait les canaux à sodium ouverts dans l'obscurité. Au cours de ce processus (représenté en détail à la figure 16.21), l'opsine libérée (ou son précurseur, la métarhodopsine II) interagit avec une sous-unité d'une protéine G appelée **transducine** et active celle-ci. La transducine active à son tour la *phosphodiestérase* (*PDE*), l'enzyme qui dégrade le GMPc ; les canaux à sodium se ferment. La perméabilité au sodium diminue alors radicalement tandis que la perméabilité au potassium reste constante ; les photorécepteurs produisent donc un *potentiel récepteur hyperpolarisant* (–70 mV) qui inhibe la libération du neurotransmetteur. Voilà qui est déroutant, c'est le moins qu'on puisse dire. Des récepteurs destinés à détecter la lumière sont dépolarisés dans l'obscurité et hyperpolarisés dans la clarté ! Néanmoins, comme nous l'expliquerons dans la section intitulée « Traitement visuel », l'arrêt de la libération du neurotransmetteur par l'hyperpolarisation permet d'acheminer l'information de manière tout aussi efficace que la dépolarisation.

Les photorécepteurs n'engendrent pas de potentiels d'action. En fait, parmi les neurones rétiniens, seules les cellules ganglionnaires produisent des potentiels d'action, ce qui est en accord avec leur fonction : ce sont leurs axones qui propagent les influx nerveux dans les nerfs optiques. Tous les autres neurones rétiniens produisent uniquement des potentiels récepteurs. Cela ne devrait pas vous surprendre si vous vous rappelez que la fonction première des potentiels d'action est de transporter rapidement de l'information sur de longues distances. Comme les cellules rétiniennes sont petites et très rapprochées, les potentiels récepteurs peuvent servir adéquatement de signaux pour régir la libération du neurotransmetteur.

Adaptation à la lumière et à l'obscurité La rhodopsine est extraordinairement sensible ; même la lumière des étoiles entraîne la décoloration de quelques molécules. Tant que la lumière est faible, un petit nombre seulement de molécules de rhodopsine se décolorent, et la rétine continue de réagir aux stimulus lumineux. Dans la lumière intense, cependant, le pigment se décolore en masse, et la rhodopsine se dégrade presque aussitôt

16

Le mécanisme s'arrêtera, car l'excitation repose sur la présence de concentrations ioniques adéquates de part et d'autre de la membrane.

qu'elle est produite. À ce moment, les bâtonnets n'ont plus d'efficacité et les cônes prennent la relève. La sensibilité de la rétine s'adapte donc automatiquement à l'intensité de la lumière.

L'**adaptation à la lumière** se produit lorsque nous passons de l'obscurité à la clarté, comme lorsque nous sortons au grand jour d'une salle de cinéma. Nous sommes momentanément aveuglés (nous ne voyons que de la lumière blanche), car la sensibilité de la rétine est encore réglée en «mode pénombre». Les bâtonnets et les cônes sont fortement stimulés et de grandes quantités de pigments photosensibles se dégradent presque instantanément, produisant un déluge de signaux et causant l'aveuglement. Des mécanismes de compensation se mettent alors en place: (1) la sensibilité de la rétine décroît abruptement; (2) les neurones rétiniens subissent une adaptation rapide qui inhibe le fonctionnement des bâtonnets et active les cônes. En 60 secondes environ, les cônes sont suffisamment excités pour prendre le relais. L'acuité visuelle et la vision des couleurs continuent de s'améliorer au cours des 5 à 10 minutes qui suivent. Par conséquent, la sensibilité rétinienne diminue pendant l'adaptation à la lumière, mais l'acuité visuelle augmente.

L'**adaptation à l'obscurité** est l'inverse de l'adaptation à la lumière, et elle se produit lorsque nous passons d'un milieu bien éclairé à un milieu sombre. Dans un premier temps, nous ne voyons qu'une noirceur veloutée parce que (1) nos cônes cessent de fonctionner quand la lumière est faible et (2) la lumière intense a décoloré les pigments de nos bâtonnets et inhibé leur fonctionnement. Mais peu à peu la rhodopsine s'accumule et la sensibilité de la rétine augmente. L'adaptation à l'obscurité est beaucoup plus lente que l'adaptation à la lumière et elle peut se poursuivre pendant des heures. En règle générale, cependant, il faut de 20 à 30 minutes pour que la rhodopsine s'accumule en une quantité suffisant à la vision dans la pénombre.

Pendant que se déroulent ces phénomènes d'adaptation, le diamètre de la pupille subit des changements réflexes. La lumière intense atteignant les yeux cause la contraction de la pupille (les commandes motrices du *réflexe photomoteur* ou *pupillaire* atteignent le muscle sphincter de la pupille, qui se contracte; le *réflexe consensuel* se produit lorsqu'on éclaire un seul œil: dans ce cas, la pupille de l'autre œil rétrécit également). Ces réflexes pupillaires trouvent leur origine dans le noyau prétectal du mésencéphale, et les influx sont acheminés par des neurofibres parasympathiques. Dans la pénombre, les pupilles sont dilatées, ce qui laisse entrer un surcroît de lumière dans l'œil.

La *cécité nocturne,* ou *hespéranopie,* est un dysfonctionnement des bâtonnets qui peut, par exemple, empêcher la conduite d'une voiture en soirée ou la nuit. Ce problème est causé le plus souvent par une carence prolongée en vitamine A, associée à une dégénérescence des bâtonnets. Les suppléments de vitamine A rétablissent le fonctionnement des bâtonnets s'ils sont administrés avant les changements dégénératifs. Bien que, dans les cas de cécité nocturne, la teneur en pigment visuel des bâtonnets et des cônes soit réduite, celle des cônes est généralement suffisante pour permettre une réaction aux stimulus lumineux intenses, sauf dans les cas particulièrement graves. Par ailleurs, même une faible carence en rhodopsine entrave le fonctionnement des bâtonnets dans la pénombre. ■

Voie visuelle

Comme nous l'avons déjà mentionné, les axones des cellules ganglionnaires quittent l'arrière du bulbe de l'œil en formant le **nerf optique** (figure 16.22). Au niveau du **chiasma optique** (*khiasmos* = disposé en croix), les neurofibres issues de la partie médiane de chaque œil croisent la ligne médiane et forment les **tractus optiques.** Par conséquent, chaque tractus optique contient les neurofibres issues de la partie latérale (temporale) de l'œil homolatéral et les neurofibres issues de la partie médiane (nasale) de l'œil controlatéral; d'autre part, il achemine tous les messages provenant de la moitié homolatérale du champ visuel. Comme les cristallins inversent les images, la moitié médiane de chaque rétine reçoit les rayons lumineux provenant de la partie *temporale* du champ visuel (c'est-à-dire de l'extrême gauche ou de l'extrême droite), et la moitié latérale de chaque rétine reçoit les rayons lumineux provenant de la partie *nasale* (centrale) du champ visuel. Chaque tractus optique achemine ainsi au cerveau une représentation complète de la moitié opposée du champ visuel.

Les deux tractus optiques contournent l'hypothalamus et la majeure partie de leurs axones font synapse avec des neurones du **corps géniculé latéral** du thalamus, qui préserve la séparation des neurofibres établie au niveau du chiasma. Les axones des neurones thalamiques traversent ensuite la capsule interne pour former la **radiation optique** que l'on peut observer dans la région souscorticale du cerveau (la substance blanche). Les neurofibres de la radiation optique s'étendent jusqu'à l'**aire visuelle primaire** du cortex occipital, où se produit la perception consciente des stimulus visuels (la vision proprement dite).

Certaines neurofibres des tractus optiques émettent des ramifications dans le mésencéphale. Ces neurofibres se terminent dans les **colliculus supérieurs,** les centres visuels réflexes qui régissent les muscles du bulbe de l'œil, et dans les **noyaux prétectaux** qui, nous l'avons déjà mentionné, envoient les influx à l'origine du réflexe photomoteur de la pupille. Enfin, d'autres neurofibres de la voie visuelle s'étendent jusqu'au **noyau suprachiasmatique** de l'hypothalamus, qui joue le rôle de minuterie de nos biorythmes quotidiens. Les influx visuels assurent sa synchronisation avec le cycle naturel de la clarté et de l'obscurité. Comme vous pouvez le constater, la vision repose à la fois sur un traitement parallèle et sur un traitement en série des influx.

Vision binoculaire et vision stéréoscopique

Les humains, la plupart des primates, les oiseaux de proie et les chats possèdent une **vision binoculaire.** Comme les deux yeux sont placés à l'avant du crâne et regardent à peu près dans la même direction, leurs champs visuels (d'environ 170° chacun) se chevauchent considérablement. Néanmoins, ils captent les images sous des angles

Quelle partie de la rétine de l'œil droit est-elle stimulée par la lumière provenant d'un objet situé dans la partie nasale du champ visuel de cet œil?

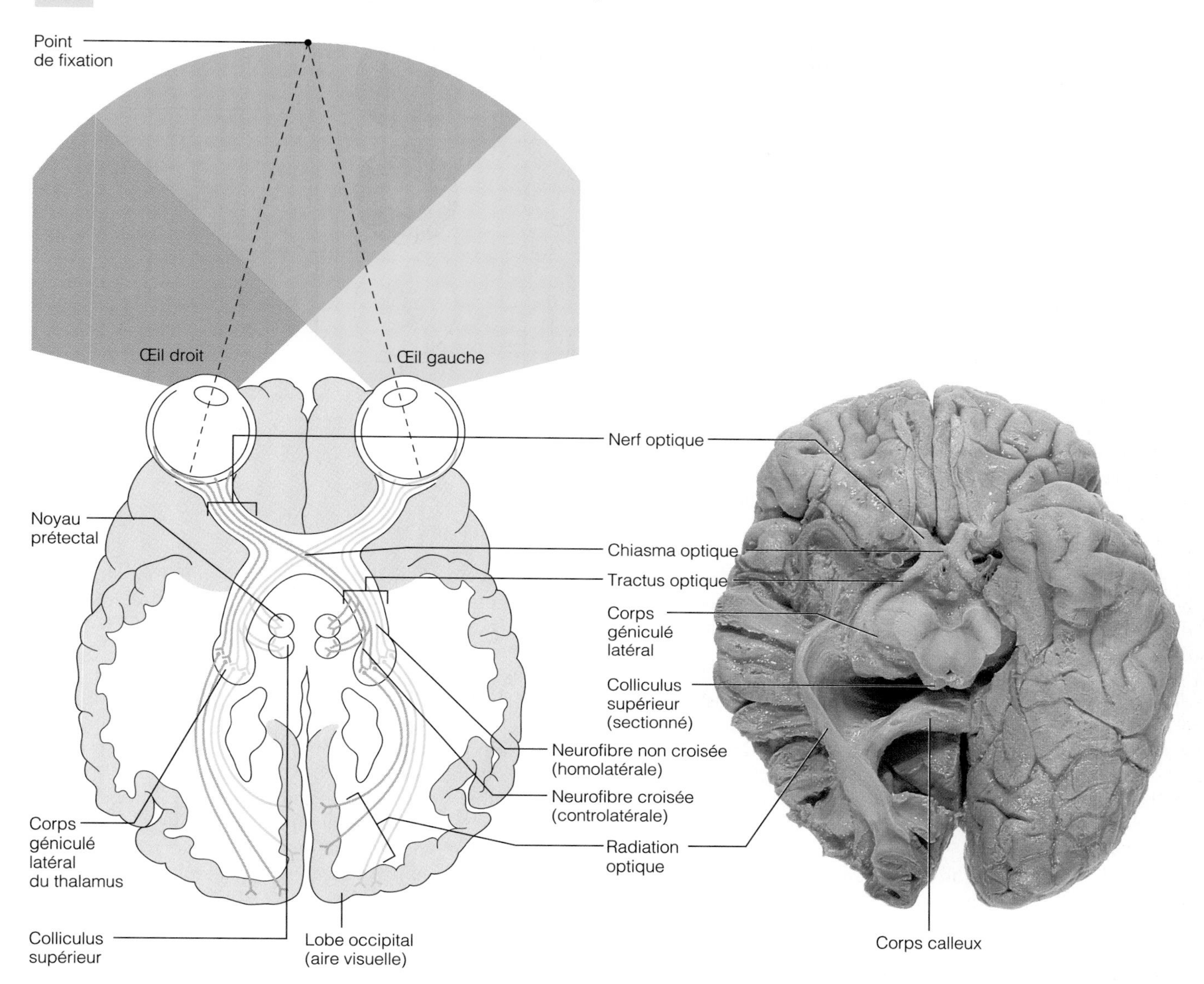

FIGURE 16.22
Champs visuels des yeux et vue inférieure de la voie visuelle. (a) Schéma. **(b)** Photographie. En (a), notez que les champs visuels se chevauchent considérablement. Notez également les sites rétiniens sur lesquels une image réelle se forme quand les deux yeux sont fixés sur un point rapproché. Le schéma ne montre pas la pleine étendue latérale des champs visuels.

différents (voir la figure 16.22). De plus, le croisement d'environ la moitié des neurofibres du nerf optique au niveau du chiasma fournit à chaque aire visuelle deux images légèrement dissemblables. Beaucoup d'autres animaux, comme les pigeons et les lapins, sont dotés d'une *vision panoramique*. Leurs yeux sont placés sur les côtés de leur tête, de sorte que les deux champs visuels se chevauchent très peu; le croisement des neurofibres du nerf optique est presque total chez ces animaux. Par conséquent, chacune de leurs aires visuelles reçoit des influx provenant d'un seul œil et d'un champ visuel complètement différent de l'autre. Comparativement à la vision panoramique, la vision binoculaire fournit un champ visuel réduit mais, en revanche, elle permet la **vision stéréoscopique,** un moyen précis de situer les objets dans

La partie temporale de la rétine.

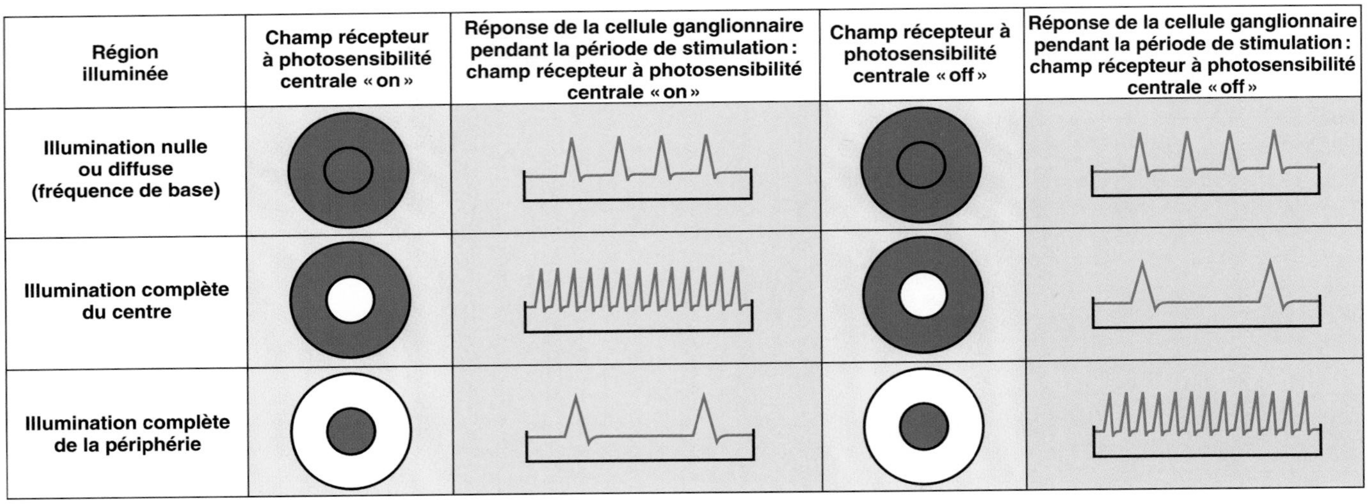

Région illuminée	Champ récepteur à photosensibilité centrale « on »	Réponse de la cellule ganglionnaire pendant la période de stimulation : champ récepteur à photosensibilité centrale « on »	Champ récepteur à photosensibilité centrale « off »	Réponse de la cellule ganglionnaire pendant la période de stimulation : champ récepteur à photosensibilité centrale « off »
Illumination nulle ou diffuse (fréquence de base)				
Illumination complète du centre				
Illumination complète de la périphérie				

FIGURE 16.23
Réponses d'une cellule ganglionnaire à champ récepteur à photosensibilité centrale « on » et à champ récepteur à photosensibilité centrale « off » aux différents types d'illumination. (Les illuminations intermédiaires du centre et de la périphérie entraînent des fréquences intermédiaires de transmission d'influx.)

l'espace. Cette faculté, aussi appelée **vision du relief,** résulte de la « fusion » corticale des images légèrement différentes envoyées par les deux yeux aux aires visuelles du cortex occipital.

La vision stéréoscopique nécessite une coordination des deux yeux et une convergence précise sur les objets. Une personne qui perd l'usage d'un œil perd aussi la vision stéréoscopique, et elle doit apprendre à évaluer la position des objets d'après des indices cognitifs. (Elle doit se dire par exemple que plus un objet est près, plus il paraît grand et que les lignes parallèles convergent à l'horizon.)

Les relations que nous venons de décrire expliquent les formes de cécité dues aux lésions des différentes structures visuelles. La destruction d'un œil ou d'un nerf optique anéantit la vision stéréoscopique et abolit la vision périphérique du côté homolatéral. Par exemple, si vous perdiez votre œil gauche dans un accident de chasse, vous ne pourriez rien voir dans la partie du champ visuel représentée en jaune à la figure 16.22. D'autre part, si la lésion se situait au-delà du chiasma optique — soit dans un des tractus optiques, dans le thalamus ou dans l'aire visuelle —, alors vous perdriez la moitié opposée de votre champ visuel (entièrement ou en partie). Ainsi, un accident vasculaire cérébral touchant l'aire visuelle gauche fait perdre la moitié droite du champ visuel mais épargne la vision stéréoscopique de la moitié gauche, car l'aire visuelle droite (intacte) reçoit encore des influx des deux yeux. ■

Traitement visuel

Comment l'information captée par les cônes et les bâtonnets se mue-t-elle en sensation visuelle ? De très nombreuses études ont porté sur la question au cours des dernières années. Nous en présentons ici quelques résultats fondamentaux.

Traitement rétinien Les cellules ganglionnaires de la rétine engendrent des potentiels d'action à une fréquence constante (de 20 à 30 Hz), même dans l'obscurité. Curieusement, l'illumination uniforme de la rétine entière n'a aucun effet sur cette fréquence basale. Cependant, l'activité des cellules ganglionnaires prises individuellement se modifie de manière substantielle lorsqu'un minuscule faisceau de lumière atteint certaines portions de leur champ récepteur. Le champ récepteur d'une cellule ganglionnaire est une partie de la rétine contenant des cônes ou des bâtonnets qui, lorsqu'elle est stimulée, provoque une modification de l'activité électrique de cette cellule ganglionnaire (les potentiels récepteurs de ces photorécepteurs convergent vers la cellule ganglionnaire).

En étudiant des cellules ganglionnaires ne recevant d'influx que des bâtonnets, des chercheurs ont découvert que ces cellules possèdent deux types de champs récepteurs, en forme de beignets (de cercles concentriques) (figure 16.23). Ces champs sont appelés **champ récepteur à photosensibilité centrale « on »** et **champ récepteur à photosensibilité centrale « off »,** suivant ce qui arrive à la cellule ganglionnaire lorsque les photorécepteurs du centre du champ sont illuminés. Les cellules ganglionnaires ayant un champ récepteur à photosensibilité centrale « on » sont stimulées (dépolarisées) lorsque la lumière frappe le centre du champ (le « trou » du beignet), et elles sont inhibées lorsque la lumière frappe la périphérie du champ (le beignet lui-même). Les cellules ganglionnaires ayant un champ récepteur à photosensibilité centrale « off » sont inhibées lorsque la lumière frappe le centre du champ (la région « off »), et elles sont stimulées lorsque la lumière frappe leur périphérie (la région « on »). Une illumination égale du centre et de la périphérie du champ récepteur modifie peu la fréquence basale de production d'influx. Cependant, les cellules ganglionnaires réagissent à différentes illuminations de parties de leurs champs en modifiant leur fréquence de production d'influx nerveux.

Dans l'état actuel des connaissances, on estime que le mécanisme du traitement rétinien est le suivant.

1. La lumière déclenche une hyperpolarisation des photorécepteurs.
2. Les neurones bipolaires situés dans les régions « on » sont excités (dépolarisés) lorsque les bâtonnets qui y convergent sont illuminés (et hyperpolarisés). Les neurones bipolaires des régions « off » sont inhibés (hyperpolarisés) lorsque les bâtonnets qui y convergent sont stimulés. Notez que les bâtonnets ne libèrent qu'un seul neurotransmetteur (probablement du glutamate). Les réponses opposées des neurones bipolaires des régions « on » (dépolarisées) et « off » (hyperpolarisées) sont liées au fait qu'ils captent le même neurotransmetteur au moyen de différents types de récepteurs.
3. Les neurones bipolaires dépolarisés excitent la cellule ganglionnaire, tandis que les neurones bipolaires hyperpolarisés l'inhibent.
4. Les neurones bipolaires recevant des signaux des cônes sont unis directement aux cellules ganglionnaires par des synapses excitatrices. Par conséquent, les influx des cônes sont perçus de manière claire et nette (et en couleurs).
5. Les neurones bipolaires recevant des influx des bâtonnets excitent les cellules amacrines par l'intermédiaire de jonctions ouvertes. Ce sont des intégrateurs locaux qui modifient les influx des bâtonnets et, en bout de ligne, dirigent les influx excitateurs vers les cellules ganglionnaires appropriées. Non seulement les influx des bâtonnets s'additionnent-ils (de nombreux bâtonnets convergent vers la même cellule ganglionnaire), mais ils décrivent des « détours » avant d'atteindre les cellules ganglionnaires (dont les axones forment le nerf optique). La conjonction de ces facteurs fait que l'image produite par les bâtonnets est plus floue que l'image produite par les cônes.
6. Les influx des bâtonnets sont également modifiés et sujets à l'inhibition latérale exercée par les contacts synaptiques (jonctions ouvertes) avec les cellules horizontales. Ce traitement local fait en sorte que les cellules ganglionnaires reçoivent de la périphérie du champ une information opposée à celle qu'elles reçoivent du centre du champ. L'élimination sélective de certains influx des bâtonnets par les cellules horizontales permet à la rétine de convertir les informations ponctuelles en une image cohérente en accentuant les contrastes, comme le représente très simplement la figure 16.24.

Traitement thalamique Les corps géniculés latéraux du thalamus relaient l'information relative au mouvement, « isolent » les axones des cellules ganglionnaires aux fins de la vision stéréoscopique et précisent l'information relative aux contrastes reçue de la rétine. Les influx provenant des deux yeux atteignent des couches distinctes de chaque noyau des corps géniculés latéraux, et cette séparation des signaux est transmise précisément aux aires visuelles. Les influx provenant des deux yeux convergent pour la première fois dans le thalamus. Cependant, les parties de la rétine ne sont pas représentées de manière égale. Les noyaux thalamiques semblent intervenir surtout dans la vision détaillée des couleurs, et leurs prolongements destinés aux aires visuelles du cortex accentuent les influx visuels provenant de la région riche en cônes.

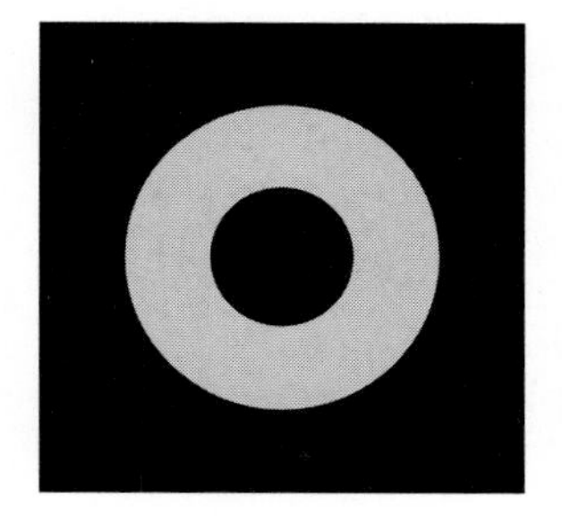
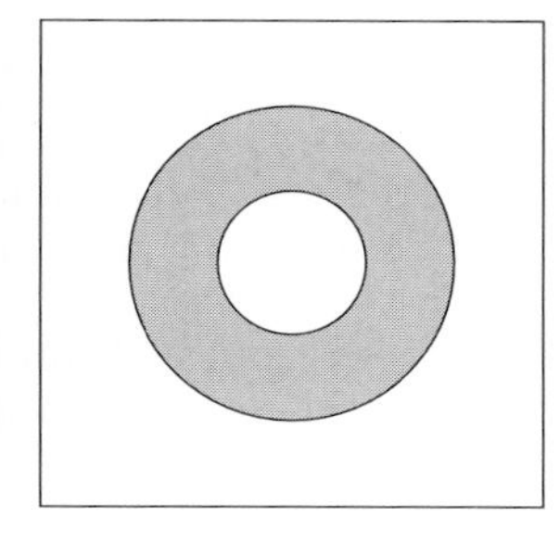

FIGURE 16.24
Illusion visuelle montrant que l'intensité des couleurs est relative et liée aux contrastes. Les anneaux ont la même taille et la même couleur, mais l'intensité de leur gris semble varier suivant le contraste qu'offre le fond sur lequel ils sont posés.

Traitement cortical Deux parties de l'aire visuelle traitent les influx provenant de la rétine. L'**aire visuelle primaire** (voir l'aire 17 de Brodmann dans la figure 12.10, p. 412) reçoit les neurofibres provenant du corps géniculé latéral. Cette région renferme une carte topographique précise de la rétine (des points adjacents sur la rétine le sont aussi sur le cortex) ainsi que les *neurones corticaux simples* qui réagissent aux lignes droites et aux contrastes. Le champ récepteur d'un neurone cortical simple est formé d'un groupe de champs de cellules ganglionnaires rétiniennes ayant tous la même orientation et le même genre de centre. L'aire visuelle primaire reçoit aussi les influx relatifs à la forme, à la couleur et au mouvement, et elle les transmet aux aires visuelles associatives. Les **aires visuelles associatives** contiennent les *neurones corticaux complexes* et traitent les influx relatifs à la forme, à la couleur, au relief et au mouvement de manière à produire des images dynamiques.

OREILLE : OUÏE ET ÉQUILIBRE

De prime abord, les mécanismes de l'ouïe et de l'équilibre paraissent fort rudimentaires. En effet, les mécanorécepteurs de l'ouïe sont stimulés par des liquides eux-mêmes agités par les vibrations sonores. Par ailleurs, les mouvements amples de la tête remuent les liquides entourant les organes de l'équilibre. Pourtant, l'ouïe humaine capte un extraordinaire éventail de sons, et les récepteurs de l'équilibre fournissent continuellement des informations à plusieurs structures du système nerveux sur la position et les mouvements de la tête. Bien que les organes de l'ouïe et de l'équilibre, à l'intérieur de l'oreille, soient structuralement associés, leurs récepteurs respectifs réagissent à des stimulus différents et ils sont activés indépendamment les uns des autres. (C'est ce qui explique que les personnes sourdes sont capables de garder leur équilibre.)

Structure de l'oreille

L'oreille se divise en trois grandes régions : l'oreille externe, l'oreille moyenne et l'oreille interne (figure 16.25). L'oreille externe et l'oreille moyenne servent uniquement à l'audition et leurs configurations sont relativement simples. L'oreille interne sert à l'audition et à l'équilibre, et sa structure est extrêmement complexe.

Oreille externe

L'**oreille externe** est composée du pavillon et du méat acoustique externe. Le **pavillon,** ou **auricule,** est ce que l'on appelle « oreille » dans le langage courant ; il s'agit de la partie saillante en forme de coquille qui entoure l'orifice du méat acoustique externe. Le pavillon est constitué de cartilage élastique recouvert d'une mince couche de peau et de poils clairsemés. Son bord, l'**hélix,** est plus épais que son centre, et sa partie inférieure charnue, le **lobule** (communément appelé « lobe de l'oreille ») ne contient pas de cartilage. La fonction du pavillon est de diriger les ondes sonores dans le méat acoustique externe. Certains animaux (le coyote, par exemple) peuvent déplacer leurs pavillons en direction de la source d'un son, mais les muscles qui permettent ces mouvements sont atrophiés et inopérants chez l'être humain.

Le **méat acoustique externe** est un tube court et courbé (d'environ 2,5 cm de long sur 0,6 cm de large) qui relie le pavillon à la membrane du tympan. Il est creusé dans l'os temporal, sauf près du pavillon, où sa charpente est formée de cartilage élastique. La peau qui le recouvre comporte des poils, des glandes sébacées et des glandes sudoripares apocrines modifiées, les **glandes cérumineuses.** Ces glandes sécrètent une substance cireuse de couleur jaune brunâtre appelée **cérumen** (*cera* = cire), qui emprisonne les corps étrangers et chasse les insectes. Chez beaucoup de gens, l'oreille se nettoie naturellement au fur et à mesure que le cérumen sèche et tombe du méat acoustique externe. Chez d'autres individus, le cérumen s'accumule, durcit et forme un bouchon qui peut nuire à l'audition.

16

Les ondes sonores qui entrent dans le méat acoustique externe frappent la **membrane du tympan,** ou **tympan** (*tumpanum* = tambourin), la limite entre l'oreille externe et l'oreille interne. Le tympan est une membrane mince et translucide de tissu conjonctif dont la face externe est recouverte de peau et la face interne, d'une muqueuse. Il a la forme d'un cône aplati dont le sommet pénètre dans l'oreille moyenne. Les ondes sonores font vibrer le tympan, qui transfère cette énergie aux osselets de l'ouïe situés dans l'oreille moyenne et les fait vibrer.

Oreille moyenne

L'**oreille moyenne,** ou **caisse du tympan,** est une petite cavité, remplie d'air et tapissée d'une muqueuse, creusée dans la partie pétreuse de l'os temporal. Sa limite latérale est le tympan, et sa limite médiane est une paroi osseuse percée de deux orifices, la **fenêtre du vestibule** et la **fenêtre de la cochlée.** Cette dernière est fermée par la *membrane secondaire du tympan.* La partie supérieure arquée de la caisse du tympan est appelée **récessus épitympanique,** ou logette des osselets, et forme le toit de l'oreille moyenne. Une cavité pratiquée dans la paroi postérieure de la caisse du tympan, l'**antre mastoïdien,** met celle-ci en communication avec les *cellules mastoïdiennes* situées dans le processus mastoïde de l'os temporal La **trompe auditive** est un conduit oblique qui relie l'oreille moyenne au naso-

Outre les limites osseuses, quelle structure sépare l'oreille externe de l'oreille moyenne ? Laquelle sépare l'oreille moyenne de l'oreille interne ?

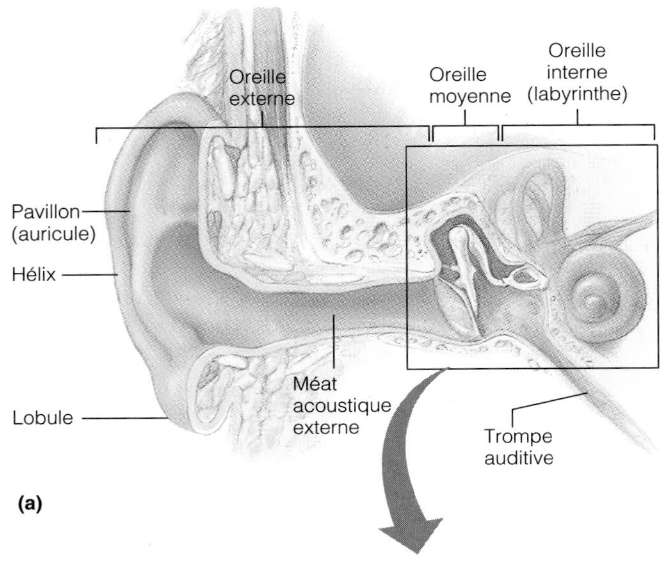

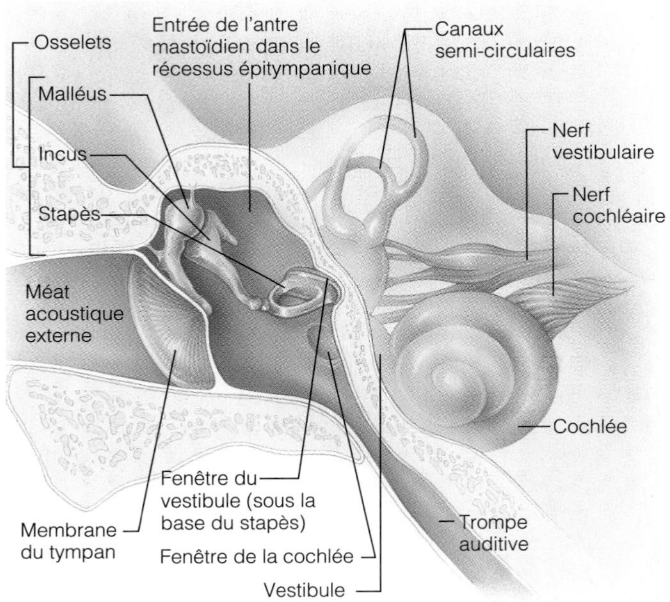

FIGURE 16.25
Structure de l'oreille. (a) Les trois régions de l'oreille. **(b)** Vue agrandie de l'oreille moyenne et de l'oreille interne. Notez que les canaux semi-circulaires, le vestibule et la cochlée forment le labyrinthe osseux.

La membrane du tympan. La membrane secondaire du tympan.

pharynx (la partie supérieure de la gorge); la muqueuse de l'oreille moyenne est donc unie à celle du pharynx (gorge). Normalement, la trompe auditive est aplatie et fermée, mais la déglutition et le bâillement l'ouvrent momentanément pour équilibrer la pression de l'air entre l'oreille moyenne et l'environnement. C'est là un mécanisme important car le tympan ne peut vibrer librement que si la pression exercée sur ses deux surfaces est égale. Dans le cas contraire, le tympan fait saillie vers l'intérieur ou vers l'extérieur, ce qui entrave l'audition (les voix semblent lointaines) et peut causer une otalgie. L'équilibration de la pression « débouche » les oreilles, une sensation que connaissent toutes les personnes qui ont déjà pris un avion.

L'inflammation de l'oreille moyenne, l'**otite moyenne,** est une conséquence fréquente des infections de la gorge, particulièrement chez les enfants, dont les trompes auditives sont courtes et horizontales. En Amérique du Nord, l'otite moyenne touche les deux tiers des enfants entre la naissance et l'âge de deux ans, et elle constitue la cause la plus fréquente de perte auditive chez les enfants. Les formes aiguës d'otite moyenne, dans lesquelles des bactéries infectieuses envahissent l'oreille moyenne, causent la saillie, l'inflammation et le rougissement du tympan. On traite la plupart des cas d'otite moyenne à l'aide d'antibiotiques. Lorsque de grandes quantités de liquide ou de pus s'accumulent dans la cavité, il faut parfois pratiquer d'urgence une *myringotomie* (paracentèse du tympan) pour réduire la pression. Pendant l'intervention, on implante un petit tube dans le tympan pour permettre au pus de s'écouler dans l'oreille externe. Ce tube tombe de lui-même dans l'année qui suit. Les cas non infectieux d'otite moyenne entraînent une accumulation de liquide translucide dans la caisse du tympan; ils sont souvent dus à des allergies alimentaires (au lait ou au blé le plus souvent). Le traitement consiste alors à éliminer l'aliment allergène du régime alimentaire plutôt qu'à administrer des antibiotiques. ■

La caisse du tympan renferme les trois plus petits os du corps, les **osselets de l'ouïe** (voir les figures 16.25 et 16.26). Les noms des osselets évoquent leur forme: le **malléus** (marteau), l'**incus** (enclume) et le **stapès** (étrier). Le « manche » du malléus est rattaché au tympan, et la base du stapès s'insère dans la fenêtre du vestibule (à laquelle elle est rattachée par le *ligament annulaire du stapès*).

De minuscules ligaments soutiennent les osselets et de petites articulations synoviales les relient en une chaîne qui s'étend dans la caisse du tympan. L'incus s'articule avec le malléus du côté latéral et avec le stapès du côté médian. Les osselets transmettent le mouvement vibratoire du tympan à la fenêtre du vestibule qui, à son tour, agite les liquides de l'oreille interne. Ce sont les mouvements de ces liquides qui excitent les récepteurs de l'audition.

Deux minuscules muscles squelettiques (les plus petits de l'organisme) sont associés aux osselets de l'ouïe (figure 16.26). Le **muscle tenseur du tympan** naît de la paroi de la trompe auditive et s'insère sur le malléus. Le **muscle stapédien,** ou muscle de l'étrier, naît de la paroi postérieure de la caisse du tympan et s'insère sur le stapès. Ces muscles se contractent, dans les deux oreilles, de façon réflexe, juste après qu'une oreille a capté un son intense ou juste avant qu'on parle, de façon à protéger les récepteurs de l'audition. Plus précisément, le muscle tenseur du tympan tend le tympan en le tirant vers l'intérieur, et le muscle stapédien atténue les vibrations de la chaîne des osselets ainsi que les mouvements du stapès dans la fenêtre du vestibule. En affaiblissant surtout les basses fréquences, ces muscles jouent un rôle de filtre sélectif: ils permettent de distinguer les voix humaines, qui contiennent beaucoup de hautes fréquences.

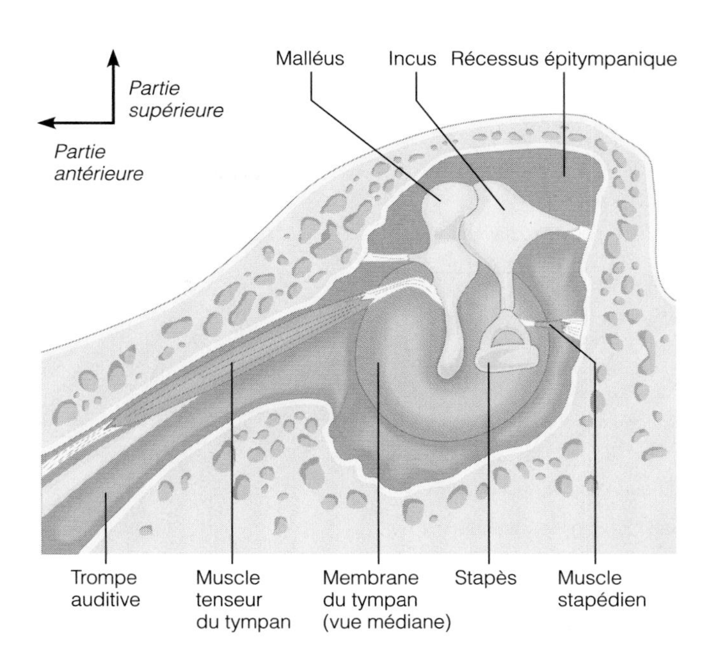

FIGURE 16.26
Vue médiane des trois osselets dans l'oreille moyenne droite.

16

Oreille interne

L'**oreille interne** est aussi appelée **labyrinthe,** étant donné sa forme compliquée (voir la figure 16.25). Sa situation dans l'os temporal, à l'arrière de l'orbite, protège les délicats récepteurs qu'elle abrite. L'oreille interne comprend deux grandes divisions: le labyrinthe osseux et le labyrinthe membraneux. Le **labyrinthe osseux** est un système de canaux tortueux creusés dans l'os; ses trois régions, qui possèdent des caractéristiques particulières tant du point de vue structural que du point de vue fonctionnel, sont le *vestibule,* la *cochlée* et les *canaux semi-circulaires.* Les schémas que l'on trouve dans la plupart des manuels, y compris le présent ouvrage, ont quelque chose de trompeur, car le labyrinthe osseux est en réalité une *cavité.* La représentation que fournit la figure 16.25 peut se comparer à un moulage de cette cavité. Le **labyrinthe membraneux** est un réseau de vésicules et de conduits membraneux logé dans le labyrinthe osseux et épousant plus ou moins ses contours (figure 16.27).

Le labyrinthe osseux est rempli de **périlymphe,** un liquide semblable au liquide cérébro-spinal. Le labyrinthe

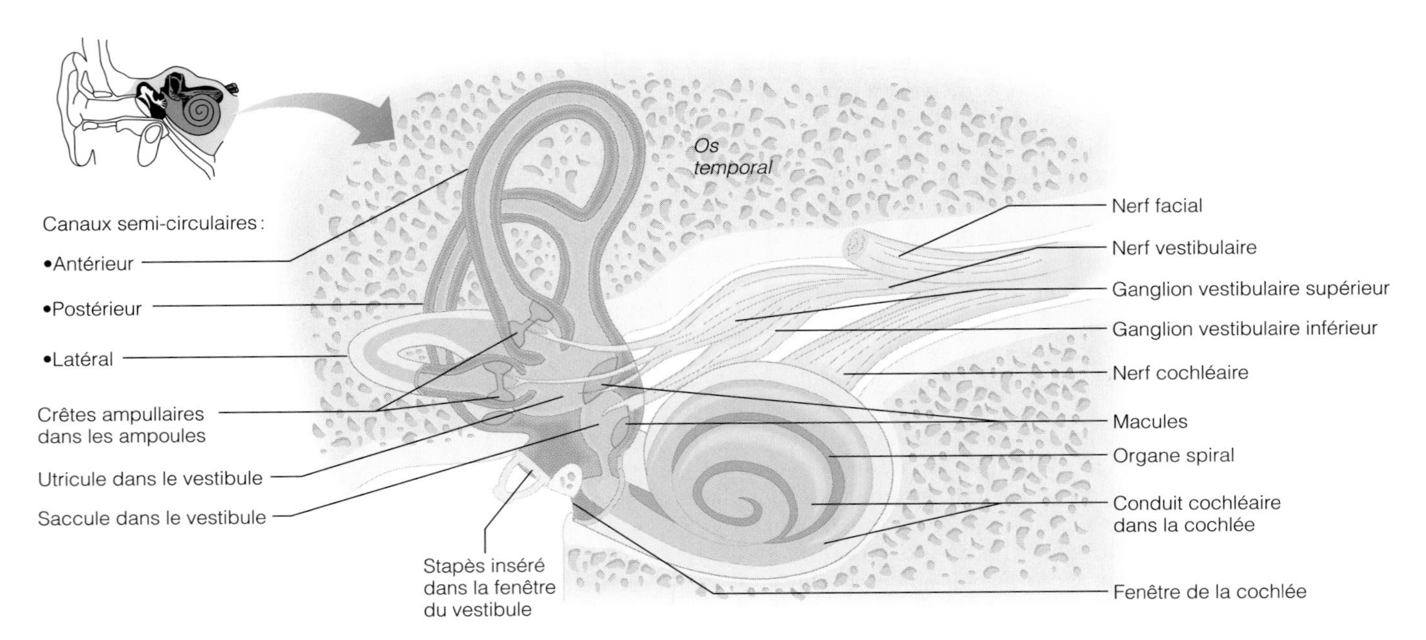

FIGURE 16.27
Labyrinthe membraneux de l'oreille interne par rapport aux cavités du labyrinthe osseux. Les situations des récepteurs spécialisés de l'audition (organe spiral) et de l'équilibre (macules et crêtes ampullaires) sont aussi indiquées.

membraneux flotte dans la périlymphe ; il contient l'**endolymphe,** un liquide dont la composition chimique est semblable à celle du liquide intracellulaire riche en K^+. La périlymphe et l'endolymphe transmettent les vibrations sonores et réagissent aux forces mécaniques produites lors des changements de position du corps et de l'accélération. Elles n'ont aucun rapport avec la lymphe qui circule dans les vaisseaux lymphatiques.

Vestibule Le **vestibule** est la cavité ovoïde située au centre du labyrinthe osseux. Il est situé à l'arrière de la cochlée et à l'avant des canaux semi-circulaires, et il borde la face médiale de l'oreille moyenne. La fenêtre du vestibule est percée dans sa paroi latérale. Deux vésicules du labyrinthe membraneux, le **saccule** et l'**utricule,** sont unies par un petit conduit et flottent dans sa périlymphe (figure 16.27). Le saccule se prolonge vers l'avant et est en continuité avec le labyrinthe membraneux pour rejoindre la cochlée (dans le *conduit cochléaire*) ; l'utricule, plus grand que le saccule, est en continuité avec les conduits qui s'étendent vers l'arrière dans les conduits semi-circulaires. Le saccule et l'utricule abritent les récepteurs de l'équilibre, appelés *macules,* qui réagissent à la force gravitationnelle et encodent les changements de position de la tête.

Canaux semi-circulaires Les **canaux semi-circulaires** osseux sont issus de la partie postérieure du vestibule. Ils occupent chacun un des trois plans de l'espace. On trouve donc un canal semi-circulaire *antérieur,* un canal semi-circulaire *postérieur* et un canal semi-circulaire *latéral.* Le canal antérieur et le canal postérieur forment un angle droit dans le plan vertical, tandis que le canal latéral est horizontal (voir la figure 16.27). Chaque canal semi-circulaire osseux contient un **conduit semi-circulaire** membraneux qui s'ouvre dans l'utricule, à l'avant. Ces conduits membraneux portent chacun une extrémité renflée appelée **ampoule,** qui abrite la *crête ampullaire,* un récepteur de l'équilibre qui réagit aux mouvements angulaires (rotatoires) de la tête.

Cochlée La **cochlée** (*cochlea* = limaçon) est une cavité osseuse spiralée et conique deux fois plus petite qu'un pois cassé. La cochlée naît de la partie antérieure du vestibule, puis elle décrit environ deux tours et demi autour d'un pilier osseux appelé **modiolus,** ou columelle (figure 16.28a). Le **conduit cochléaire** membraneux serpente au centre de la cochlée et se termine en cul-de-sac à son sommet. Le conduit cochléaire abrite l'**organe spiral,** ou organe de Corti, le récepteur de l'audition (figure 16.28b). Le conduit cochléaire et la **lame spirale osseuse,** un prolongement mince et plat qui s'enroule en spirale autour du modiolus, divisent la cochlée en trois cavités distinctes. Ces cavités sont, de haut en bas, la **rampe vestibulaire,** unie au vestibule et contiguë à la fenêtre du vestibule, le **conduit cochléaire** proprement dit et la **rampe tympanique,** qui se termine à la fenêtre de la cochlée. Le conduit cochléaire est rempli d'endolymphe, car il fait partie du labyrinthe membraneux. La rampe vestibulaire et la rampe tympanique sont remplies de périlymphe, puisqu'elles font partie du labyrinthe osseux. Les deux rampes communiquent au sommet de la cochlée, une région appelée **hélicotréma** (littéralement, « ouverture dans la spirale »).

Le toit du conduit cochléaire (situé entre ce dernier et la rampe vestibulaire) est formé par la **paroi vestibulaire du conduit cochléaire** (voir la figure 16.28b). Sa paroi externe, la **strie vasculaire,** est une muqueuse richement

Quelle cavité de la cochlée est remplie d'endolymphe ?

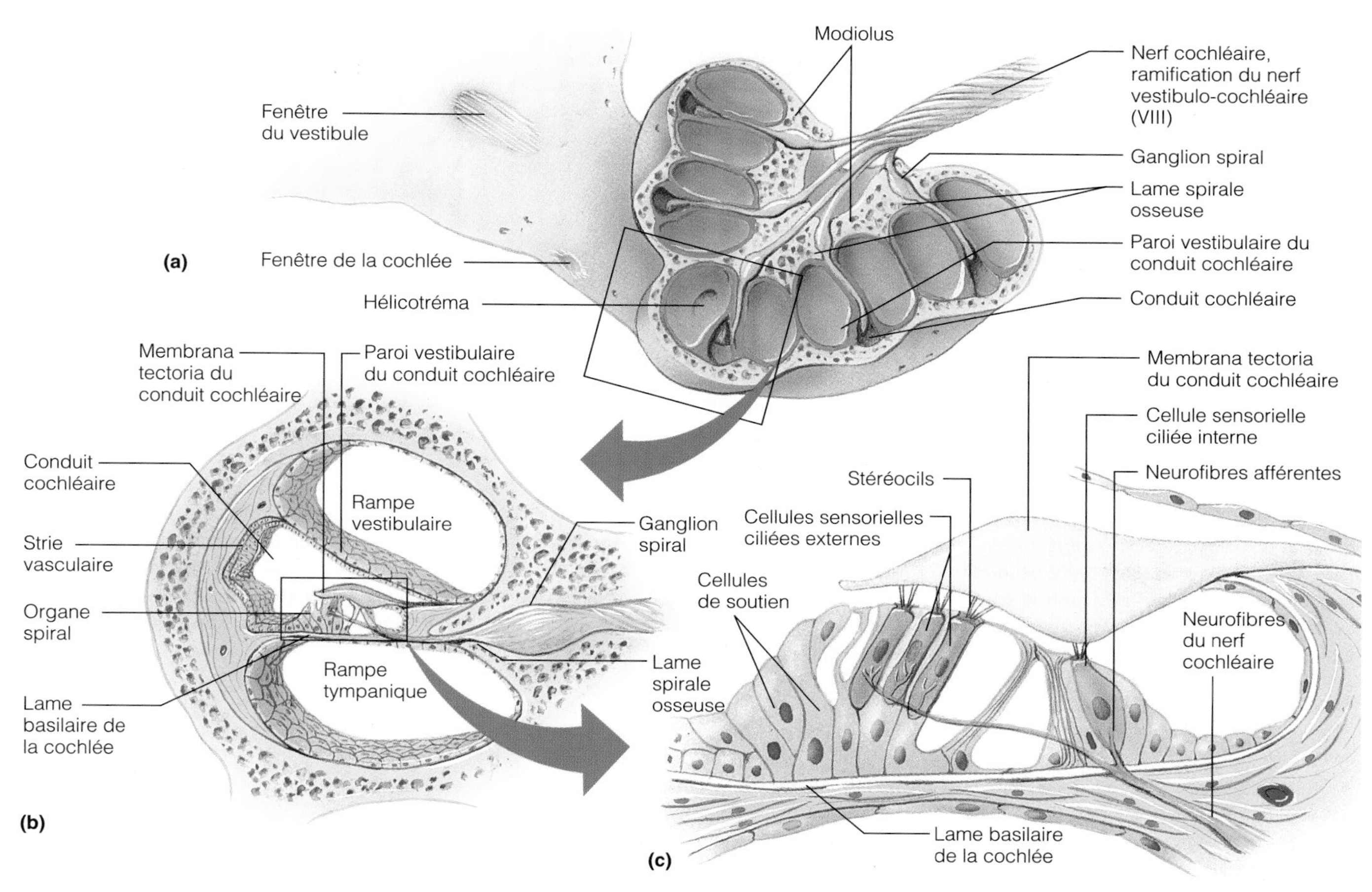

FIGURE 16.28
Anatomie de la cochlée. (a) Coupe transversale de la cochlée. **(b)** Agrandissement d'une spire de la cochlée en coupe transversale montrant la situation des deux rampes séparées par le conduit cochléaire. La rampe vestibulaire et la rampe tympanique contiennent la périlymphe ; le conduit cochléaire contient l'endolymphe. **(c)** Détail de l'organe spiral.

vascularisée qui sécrète l'endolymphe. Le plancher du conduit cochléaire est composé de la lame spirale osseuse et de la **lame basilaire de la cochlée,** flexible et fibreuse, qui soutient l'organe spiral. (Nous décrirons l'organe spiral lorsque nous exposerons le mécanisme de l'audition.) La lame basilaire est étroite et épaisse près de la fenêtre du vestibule, mais s'élargit et s'amincit près du sommet de la cochlée. Comme nous le verrons plus loin, sa structure joue un rôle primordial dans la réception du son. Le *nerf cochléaire,* une ramification du *nerf vestibulo-cochléaire* (crânien VIII), naît de l'organe spiral et traverse le modiolus avant de se diriger vers le cerveau.

Son et mécanismes de l'audition

Le mécanisme de l'audition humaine peut se résumer en une seule phrase : le son produit dans l'air des vibrations qui frappent le tympan, qui ébranle une chaîne d'osselets qui poussent le liquide de l'oreille interne contre des membranes, qui créent des forces de cisaillement qui tirent sur des cellules sensorielles ciliées, qui stimulent les neurones à proximité qui engendrent des influx qui aboutissent au cerveau qui interprète ces influx — et nous entendons ! Nous reviendrons sur chacune des étapes de cet enchaînement, mais auparavant nous allons considérer le son, stimulus de l'audition.

Propriétés du son

Contrairement à la lumière, qui peut se propager dans le vide (et notamment dans l'espace interplanétaire), le son ne se transmet que dans un milieu *élastique.* Alors que la

Le conduit cochléaire.

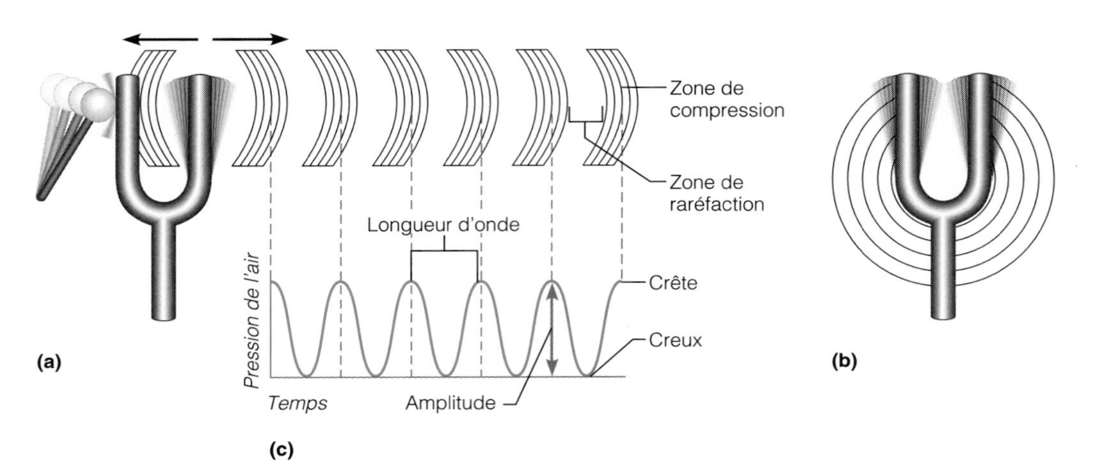

FIGURE 16.29
Source et propagation du son. La source du son est un objet vibrant. **(a)** On frappe la gauche d'un diapason à l'aide d'un marteau. Les dents se déplacent vers la droite et compriment les molécules d'air dans cette zone. (Seul le mouvement de la dent de droite est représenté, sous forme exagérée.) Ensuite, les dents se déplacent dans la direction opposée, compriment les molécules d'air de ce côté et créent une zone de raréfaction à droite du diapason. **(b)** Il se forme ainsi des ondes sonores composées d'une alternance de zones de compression et de zones de raréfaction qui se propagent dans toutes les directions à partir de la source sonore. **(c)** On peut représenter une onde sonore sous la forme d'une onde sinusoïdale. Les crêtes de l'onde représentent les zones de haute pression (de compression), tandis que les creux représentent les zones de basse pression (de raréfaction). Quel que soit le son, la distance entre deux points correspondants de l'onde (deux crêtes ou deux creux) est appelée longueur d'onde. La hauteur (amplitude) des crêtes est liée à l'énergie, ou intensité, de l'onde sonore.

vitesse de la lumière est d'environ 300 000 km/s, celle du son dans l'air sec n'est que de 331 m/s. Un éclair est presque instantanément visible, mais le son qu'il produit (le tonnerre) met un certain temps à atteindre l'oreille. (En comptant les secondes qui s'écoulent entre l'éclair et le coup de tonnerre et en multipliant le résultat par 331, on obtient la distance en mètres à laquelle se trouve l'orage.) La vitesse du son est constante dans un milieu uniforme ; elle est plus grande dans les solides que dans les gaz, y compris l'air.

Le **son** est une perturbation de la pression causée par un objet vibrant et propagée par les molécules du milieu. Prenons l'exemple du son émis par un diapason (figure 16.29a). Si l'on frappe la gauche du diapason, ses dents se déplacent d'abord vers la droite et créent une zone de haute pression de ce côté en comprimant les molécules d'air. Puis, en rebondissant, les dents compriment l'air à gauche du diapason, et la pression s'en trouve réduite à droite (puisque la majeure partie des molécules d'air de cette zone ont déjà été poussées plus loin vers la droite). En vibrant de droite à gauche, le diapason produit une série de zones de compression et de raréfaction, c'est-à-dire une *onde sonore,* qui se propage dans toutes les directions (figure 16.29b). Toutefois, chaque molécule d'air ne vibre que sur une courte distance, car elle heurte d'autres molécules et rebondit. Comme les molécules qui se déplacent vers l'extérieur donnent de l'énergie cinétique aux molécules qu'elles heurtent, l'énergie est toujours transférée dans la direction qu'emprunte l'onde sonore. Par conséquent, l'énergie de l'onde diminue avec le temps et la distance, et le son s'éteint.

On peut représenter graphiquement une onde sonore sous la forme d'une courbe en S, ou *onde sinusoïdale,* dont les crêtes sont formées par les zones de compression et les creux, par les zones de raréfaction (figure 16.29c). D'un tel graphique se dégagent deux propriétés physiques du son, soit la fréquence et l'amplitude.

Fréquence L'onde sinusoïdale d'un son pur est *périodique* ; autrement dit, ses crêtes et ses creux se répètent à des distances définies. La distance entre deux crêtes consécutives (ou deux creux consécutifs) est appelée **longueur d'onde,** et elle est constante pour un son donné. La **fréquence** (exprimée en *hertz*) est le nombre d'ondes qui passent par un point donné en un temps donné. Plus la longueur d'onde est courte, plus la fréquence du son est élevée (figure 16.30a).

L'ouïe humaine est sensible aux fréquences de 20 à 20 000 Hz, et plus particulièrement aux fréquences de 1500 à 4000 Hz, parmi lesquelles elle peut distinguer des différences de l'ordre de 2 à 3 Hz. La fréquence d'un son correspond pour nous à sa **hauteur** : plus la fréquence est élevée, plus le son est aigu. Un diapason produit un *son pur* (simple) ne possédant qu'une seule fréquence, tandis que la plupart des sons sont composés de plusieurs fréquences. Cette caractéristique du son, appelée **timbre,** nous permet de reconnaître une note de musique, un *do* par exemple, qu'elle soit chantée par une soprano ou jouée sur un piano ou une clarinette. C'est le timbre qui donne aux sons et à la musique leur richesse et leur complexité ; c'est lui également qui fournit l'information sonore que nous appelons « bruit ».

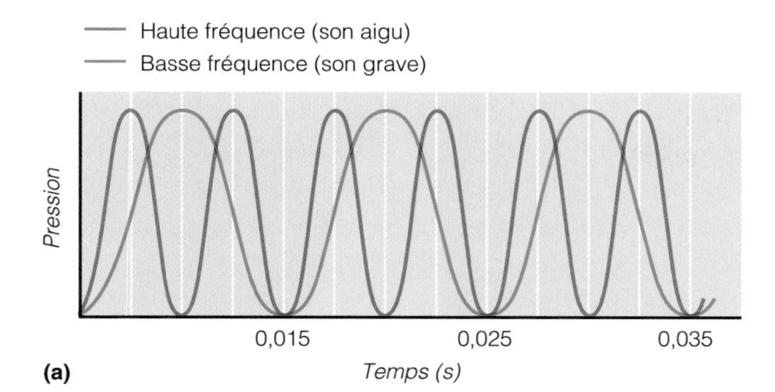

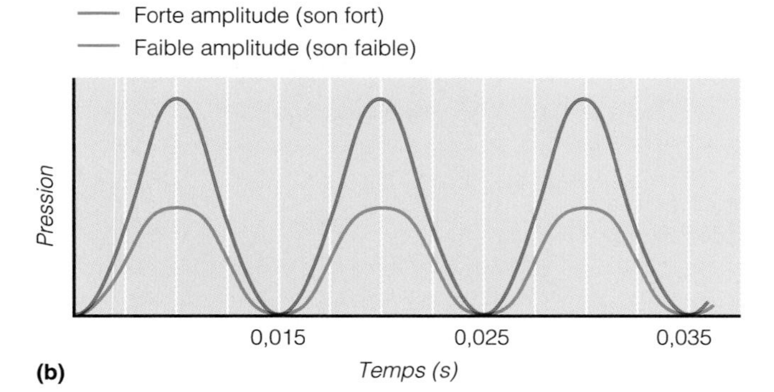

FIGURE 16.30
Fréquence et amplitude des ondes sonores. (a) L'onde représentée en rouge a une plus courte longueur d'onde que l'onde représentée en bleu; elle a donc une plus grande fréquence. La fréquence du son correspond à sa hauteur. **(b)** L'onde représentée en rouge a une plus grande amplitude que l'onde représentée en bleu. L'amplitude correspond à l'intensité.

Amplitude L'**intensité** d'un son est liée à son énergie, c'est-à-dire aux différences de pression entre ses zones de compression et ses zones de raréfaction. Dans la représentation graphique d'un son, comme celle de la figure 16.30b, l'intensité correspond à l'**amplitude**, ou hauteur, des crêtes de l'onde sinusoïdale.

Alors que l'intensité est une propriété physique objective et précisément mesurable du son, la **force** correspond à notre interprétation subjective de l'intensité. Notre champ auditif est extrêmement étendu: du bruit d'une épingle qui tombe à celui d'un sifflet à vapeur, l'intensité du son se multiplie par 100 billions. C'est pourquoi on mesure l'intensité (et la force) des sons à l'aide d'une unité logarithmique appelée **décibel** (**dB**). Sur un audiomètre médical, le début de l'échelle des décibels est arbitrairement fixé à 0 dB, soit le seuil de l'audition (sons à peine audibles) pour l'oreille normale. Chaque augmentation de 10 dB représente un décuplement de l'intensité sonore. Ainsi, un son de 10 dB renferme 10 fois plus d'énergie qu'un son de 0 dB, et un son de 20 dB possède 100 fois (10 × 10) plus d'énergie qu'un son de 0 dB. Toutefois, une augmentation de 10 dB ne représente qu'un doublement de la force du son. En d'autres mots, la plupart des gens diraient qu'un son de 20 dB leur paraît 2 fois plus fort qu'un son de 10 dB. L'oreille adulte saine peut discerner des différences d'intensité allant jusqu'à 0,1 dB, et le champ auditif normal (échelonné des sons à peine audibles aux sons juste en dessous du seuil de la douleur) couvre plus de 120 dB. (Le seuil de la douleur se situe à 130 dB.)

L'exposition fréquente ou prolongée à des sons de plus de 90 dB cause une perte auditive importante. En Amérique du Nord, les gens qui travaillent dans un milieu où le bruit dépasse 90 dB doivent porter des protecteurs auditifs. Ce chiffre prend tout son sens lorsqu'on considère qu'une conversation normale se situe aux environs de 50 dB, le bruit de fond dans un restaurant animé à 70 dB et la musique rock amplifiée à 120 dB ou plus, soit bien au-dessus de la limite de danger de 90 dB.

Transmission du son à l'oreille interne

L'audition résulte de la stimulation des aires auditives, dans les lobes temporaux. Pour qu'il y ait audition, cependant, les ondes sonores doivent traverser de l'air, des membranes, des os et des liquides, puis stimuler les cellules réceptrices de l'organe spiral dans la cochlée (figure 16.31).

Les sons qui pénètrent dans le méat acoustique externe frappent le tympan et le font vibrer à la même fréquence qu'eux. La distance sur laquelle le tympan se déplace en vibrant est fonction de l'intensité du son. Plus l'intensité est grande, plus le mouvement du tympan est ample. Le mouvement du tympan est amplifié et transmis à la fenêtre du vestibule par les osselets. Si le son atteignait directement la fenêtre du vestibule, la majeure partie de son énergie serait réfléchie et perdue, étant donné la forte impédance (résistance à la transmission) du liquide cochléaire dans l'oreille interne. Toutefois, le système de leviers formé par les osselets, semblable en cela à une presse hydraulique, transmet intégralement à la fenêtre du vestibule la force exercée sur le tympan. Comme l'aire du tympan est de 17 à 20 fois plus grande que celle de la fenêtre du vestibule, la pression (la force par unité d'aire) réellement exercée sur cette dernière est environ 20 fois plus grande que la force exercée sur le tympan. Une fois multipliée, la pression surmonte l'impédance du liquide cochléaire et lui imprime des mouvements ondulatoires. Pour mieux expliquer ce phénomène, prenons l'exemple de deux personnes de 70 kg marchant sur un revêtement de sol de vinyle souple, l'une avec de larges talons de caoutchouc et l'autre, avec des talons aiguilles. Le poids de la première personne se répartit sur plusieurs centimètres carrés, et ses talons n'abîment pas le revêtement. Par contre, le poids de la seconde personne se concentre sur une aire d'environ 2,5 cm^2, et ses talons *abîment* le revêtement.

Résonance de la lame basilaire

En vibrant contre la fenêtre du vestibule, le stapès transmet ses vibrations à la périlymphe de la rampe vestibulaire. Sous l'effet de ces mouvements, la lame basilaire du conduit cochléaire monte et descend et fait osciller à son tour la partie adjacente (basale) du conduit cochléaire.

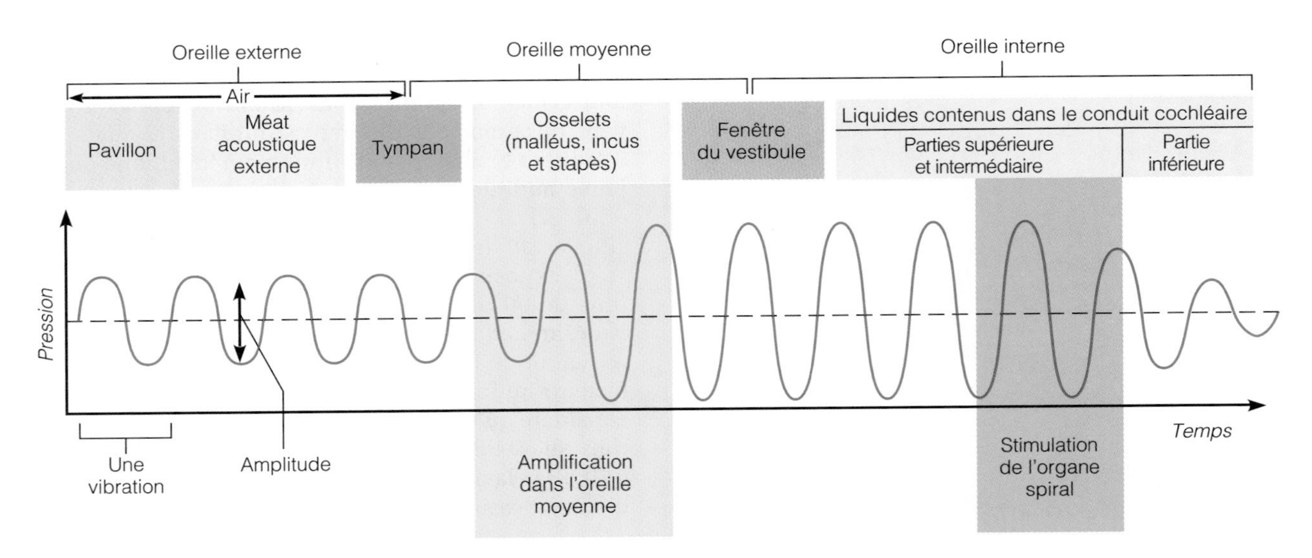

FIGURE 16.31
Trajet des ondes sonores dans l'oreille. Pour exciter les cellules sensorielles ciliées dans l'organe spiral de l'oreille interne, les ondes sonores doivent traverser de l'air, des membranes, des os et des liquides.

Une onde de pression se propage dans la périlymphe de l'extrémité basale vers l'hélicotréma, comme le mouvement ondulatoire imprimé à l'extrémité d'une corde tenue horizontalement se propage à l'autre extrémité. Les sons de très basse fréquence (moins de 20 Hz) créent des ondes de pression qui parcourent toute la cochlée: elles montent dans la rampe vestibulaire, contournent l'hélicotréma, suivent la rampe tympanique et parviennent à la fenêtre de la cochlée (figure 16.32a). Ces sons n'activent pas l'organe spiral et se trouvent donc sous le seuil de l'audition. Par ailleurs, les sons de fréquence plus élevée (et de plus courte longueur d'onde) créent des ondes de pression qui, plutôt que d'atteindre l'hélicotréma, « prennent un raccourci » et sont transmises à travers le conduit cochléaire jusque dans la périlymphe de la rampe tympanique. Or, les liquides sont incompressibles. Quand vous vous asseyez sur un côté d'un lit d'eau, par exemple, le matelas fait saillie de l'autre côté. De la même façon, la membrane de la fenêtre de la cochlée fait saillie dans la cavité de l'oreille moyenne et joue le rôle de soupape chaque fois que le stapès pousse sur le liquide adjacent à la fenêtre du vestibule.

L'onde de pression qui descend à travers la paroi vestibulaire (flexible) du conduit cochléaire, l'endolymphe du conduit cochléaire puis la lame basilaire fait vibrer cette dernière entièrement. L'oscillation atteint un maximum aux endroits où les fibres de la lame sont « accordées » avec une fréquence sonore particulière (figure 16.32b). (Cette caractéristique de nombreuses substances naturelles est appelée *résonance.*) Les fibres de la lame basilaire parcourent sa largeur comme les cordes d'une harpe. Les fibres situées près de la fenêtre du vestibule (base de la cochlée) sont courtes et rigides, et elles résonnent sous l'effet d'ondes de pression de haute fréquence (figure 16.32b). Les fibres situées près du sommet de la cochlée, longues et flexibles, résonnent sous l'effet d'ondes de pression de basse fréquence. Les signaux sonores sont donc traités mécaniquement, avant même d'atteindre les récepteurs, par la résonance de la lame basilaire.

Excitation des cellules sensorielles ciliées dans l'organe spiral

L'organe spiral, qui repose sur la lame basilaire, est composé de cellules de soutien et d'environ 16 000 cellules réceptrices de l'ouïe appelées *cellules sensorielles ciliées.* Ces cellules sont disposées en une rangée de **cellules sensorielles ciliées internes** et en trois rangées de **cellules sensorielles ciliées externes**; elles sont comprises entre la membrana tectoria du conduit cochléaire et la lame basilaire. Leur base est entourée par les neurofibres afférentes du **nerf cochléaire,** une ramification du nerf vestibulocochléaire (crânien VIII). Les « cils » de ces cellules (qui sont en fait des stéréocils rigides) sont alignés en trois ou quatre rangées et sont renforcés par des filaments d'actine; les cils d'une même rangée sont reliés par de minuscules fibres d'élastine qui forment des *liens apicaux* entre les cellules. L'extrémité des cils baigne dans l'endolymphe riche en K^+ et les plus longs s'implantent dans la **membrana tectoria du conduit cochléaire,** de texture gélatineuse (voir la figure 16.28c).

Les mouvements localisés de la lame basilaire fléchissent les stéréocils des cellules ciliées, et c'est alors que la transduction des stimulus sonores se produit.

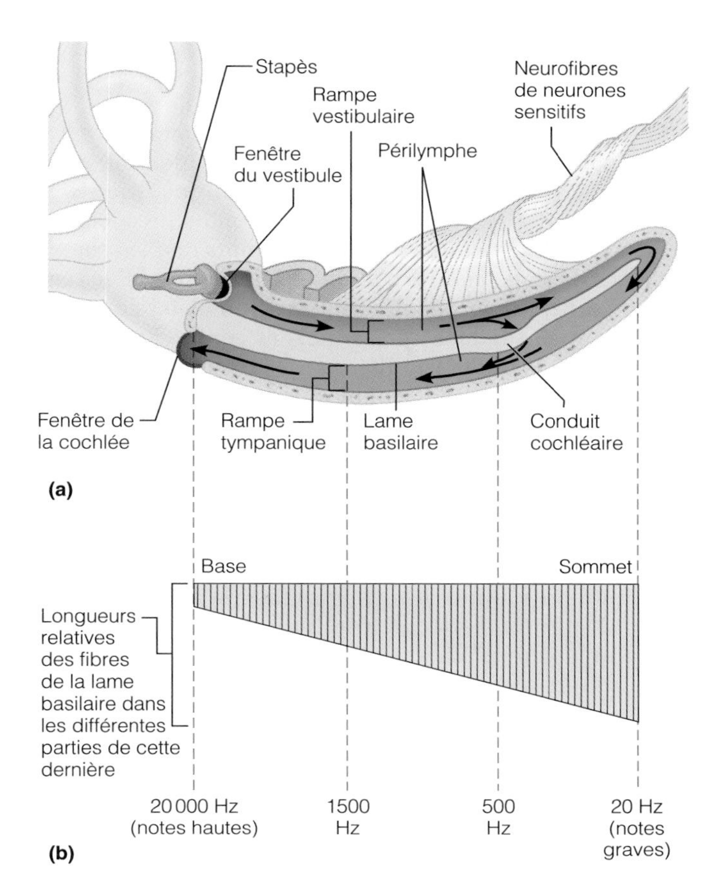

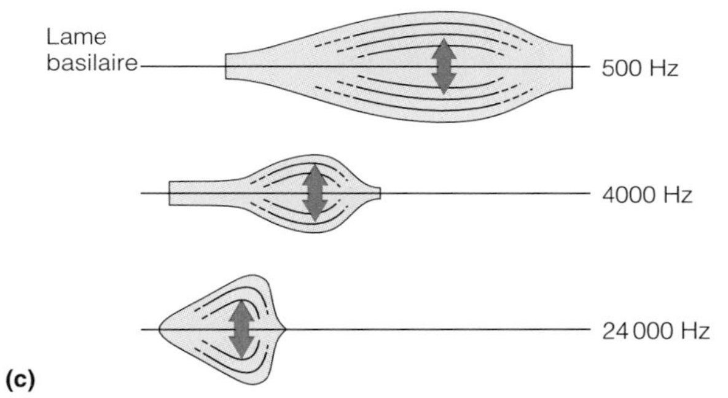

FIGURE 16.32
Résonance de la lame basilaire et activation des cellules sensorielles ciliées de la cochlée. (a) La cochlée est déroulée pour mieux représenter la transmission du son. Les ondes sonores de basse fréquence se trouvant sous le seuil de l'audition contournent l'hélicotréma sans exciter les cellules sensorielles ciliées. En revanche, les sons de haute fréquence créent des ondes de pression qui pénètrent dans le conduit cochléaire et la lame basilaire puis atteignent la rampe tympanique. Elles déclenchent dans la lame basilaire des vibrations qui atteignent leur maximum dans certaines régions sous l'effet de fréquences particulières. **(b)** La largeur de la lame basilaire est parcourue de fibres. Comme les cordes d'une harpe, ces fibres varient en longueur; elles sont courtes près de la base de la lame et longues près du sommet. La longueur des fibres «accorde» les vibrations de régions précises de la lame basilaire à des fréquences particulières. **(c)** Les différentes fréquences des ondes de pression dans la cochlée font vibrer certains endroits de la lame basilaire, stimulant ainsi des cellules sensorielles ciliées et des neurones sensitifs particuliers. Selon les cellules sensorielles ciliées stimulées, le cerveau perçoit un son d'une certaine hauteur.

D'une part, l'inflexion des stéréocils vers le plus long d'entre eux (les plus longs attirant les plus courts) provoque l'ouverture de canaux cationiques, ce qui entraîne un afflux de K^+ et de Ca^{2+} vers l'intérieur et une dépolarisation graduée. D'autre part, l'inflexion des stéréocils dans le sens opposé provoque la fermeture de canaux ioniques à fonctionnement mécanique et produit une hyperpolarisation graduée. La dépolarisation accroît la libération d'un neurotransmetteur (probablement le glutamate), et les neurofibres afférentes du nerf cochléaire envoient donc des influx plus fréquents à l'encéphale. L'hyperpolarisation a l'effet contraire. Comme vous l'aviez sans doute deviné, les cellules ciliées sont activées aux endroits où la lame basilaire vibre avec force. Les cellules sensorielles ciliées proches de la fenêtre du vestibule sont activées par les sons aigus, et les cellules sensorielles ciliées situées au sommet de la cochlée sont stimulées par les sons de basse fréquence (figure 16.32c).

Les cellules sensorielles ciliées externes sont beaucoup plus nombreuses que les cellules sensorielles ciliées internes (12 000 et 3500 respectivement), mais elles produisent relativement peu de potentiels d'action. En fait, de 90 à 95 % des neurofibres sensorielles du ganglion spiral sont reliées aux cellules sensorielles ciliées internes; ce sont donc celles-ci qui envoient presque tous les messages auditifs à l'encéphale. Par ailleurs, la plupart des neurofibres enroulées autour des cellules sensorielles ciliées externes sont des neurofibres *efférentes* qui acheminent des messages venant du tronc cérébral vers l'oreille. Là ne s'arrête pas la singularité des cellules sensorielles ciliées externes. En effet, elles s'étirent et se contractent (sous l'effet de l'hyperpolarisation et de la dépolarisation respectivement) en une danse cellulaire constituée de contractions rapides et de contractions lentes. Les contractions rapides semblent servir à préamplifier les vibrations (gain de l'ordre de 50 décibels) et jouer un rôle de filtration de la fréquence. Elles produisent en outre des sons dans l'oreille; ces sons atteignent une telle force chez certaines personnes que les autres peuvent les entendre. Appelés *oto-émissions acoustiques spontanées*, ces sons semblent constituer un bruit de fond ou une «tonalité d'occupation» susceptible d'entraver la transmission auditive. En pédiatrie clinique, la détection des oto-émissions acoustiques spontanées constitue un moyen rapide et peu coûteux de dépister les anomalies de l'ouïe chez les nouveau-nés. Quant aux contractions lentes des cellules sensorielles ciliées externes, elles joueraient un rôle inhibiteur et atténueraient les contractions rapides, réduisant les oto-émissions acoustiques.

Voie auditive

Les voies auditives ascendantes comprennent plusieurs noyaux du tronc cérébral, mais nous nous contenterons ici d'en étudier les principales étapes. Les influx engendrés dans la cochlée empruntent les neurofibres afférentes du nerf cochléaire, ils traversent le **ganglion spiral** (le ganglion sensitif du nerf cochléaire), puis ils atteignent les **noyaux cochléaires** du bulbe rachidien (figure 16.33). De là, les influx se dirigent vers le **noyau olivaire supérieur**, suivent le **lemnisque latéral,** transitent par le **colliculus inférieur** (centre auditif réflexe du mésencéphale)

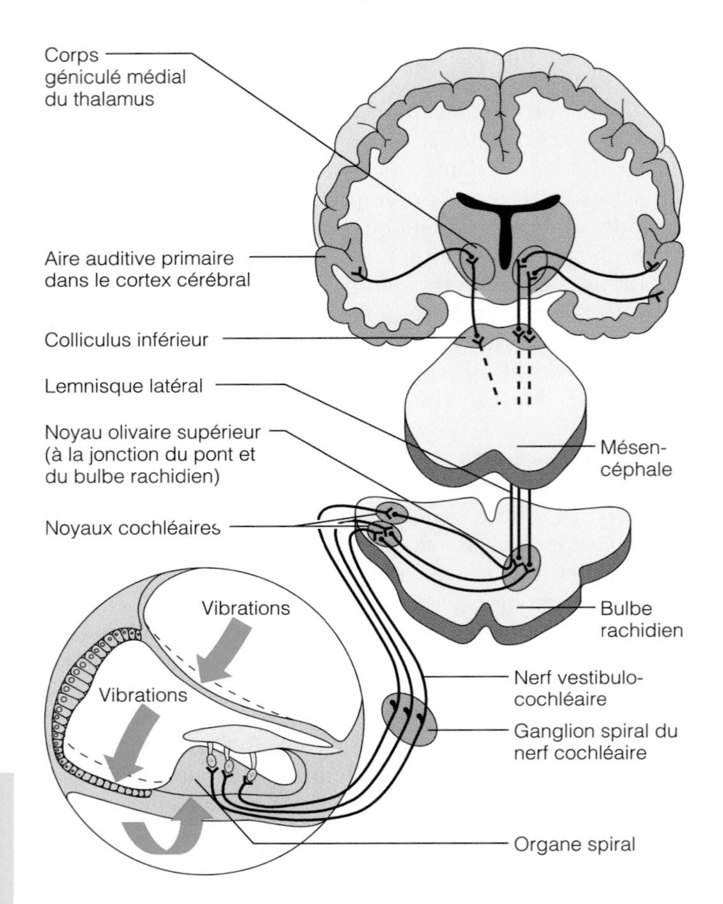

16

FIGURE 16.33
Schéma simplifié de la voie auditive menant de l'organe spiral à l'aire auditive, dans le lobe temporal. Pour simplifier, seule la voie issue de l'oreille droite est représentée.

et par le **corps géniculé médial** du thalamus, pour arriver enfin à l'**aire auditive,** dans le lobe temporal. Comme certaines des neurofibres issues de chaque oreille croisent la ligne médiane, chaque aire auditive reçoit des influx provenant des deux oreilles.

Traitement auditif

Lorsque vous assistez à une comédie musicale, le son des instruments, les voix des chanteurs et le bruissement des costumes se fondent en un tout. Pourtant, les aires auditives sont aptes à distinguer les divers éléments de ce mélange sonore. Le traitement auditif est analytique et en parallèle. Chaque fois que la différence entre les longueurs d'onde suffit à la discrimination, vous entendez deux sons distincts. En fait, la puissance analytique des aires auditives est telle que nous sommes capables de reconnaître les différents instruments dans un orchestre. En outre, il semble que l'information relative à l'intensité du son et l'information relative au moment de sa réception soient traitées par des réseaux différents.

Le traitement cortical des stimulus sonores semble très complexe. Par exemple, certaines cellules corticales se dépolarisent au début d'un son, tandis que d'autres se dépolarisent à la fin. Les sons purs semblent cependant constituer des stimulus moins importants que les combinaisons de sons pour les cellules corticales. Certaines cellules corticales se dépolarisent continuellement, tandis que d'autres semblent présenter des seuils d'excitation élevés (une faible sensibilité), etc. Nous nous attarderons ici aux aspects les plus simples de la détection corticale de la hauteur, de l'intensité et de la source des sons.

Perception de la hauteur Suivant la situation qu'elles occupent dans l'organe spiral, les cellules sensorielles ciliées réagissent à des fréquences particulières. Lorsque le son est composé de plusieurs fréquences, quelques populations de cellules sensorielles ciliées et de cellules corticales sont activées simultanément et en permettent la perception.

Les premiers chercheurs à s'intéresser à l'audition pensaient que les influx issus de cellules sensorielles ciliées particulières étaient interprétés comme des hauteurs distinctes. On sait aujourd'hui que le mécanisme de codage de la hauteur est très complexe et qu'il fait intervenir un traitement local dans les noyaux cochléaires et, probablement, dans d'autres régions aussi. Les noyaux cochléaires et l'aire auditive primaire comportent en effet des *cartes tonotopiques* où sont représentées des régions précises de l'organe spiral ainsi que des fréquences particulières.

Détection de l'intensité Le fait que nous percevions l'intensité des sons porte à croire que certaines cellules cochléaires sont moins sensibles que d'autres à une même fréquence. Par exemple, certains des récepteurs sensibles aux sons de 540 Hz peuvent être stimulés par une onde sonore de très faible intensité, alors que d'autres réagissent à des intensités plus fortes seulement. À mesure que l'intensité du son augmente, la vibration de la lame basilaire s'intensifie. Par conséquent, les aires auditives reçoivent un nombre accru d'influx et elles les interprètent comme un son de même hauteur mais d'intensité supérieure.

Localisation du son Lorsque les deux oreilles fonctionnent normalement, deux indices permettent à plusieurs noyaux du tronc cérébral (et particulièrement aux noyaux olivaires supérieurs) de situer l'origine d'un son dans l'espace: la *différence d'intensité* et l'*écart temporel* entre les ondes sonores atteignant chaque oreille. Si la source sonore se situe directement à l'avant, à l'arrière ou au-dessus de la tête, le son parvient aux deux oreilles simultanément et avec la même intensité. Si la source sonore est située d'un côté ou de l'autre de la tête, les récepteurs de l'oreille la plus proche sont activés un peu plus tôt et un peu plus vigoureusement que ceux de l'autre (à cause de la plus grande intensité des ondes sonores atteignant cette oreille).

Déséquilibres homéostatiques de l'audition

Surdité

Toute perte auditive, quel qu'en soit le degré, constitue une forme de **surdité.** Les pertes auditives peuvent varier de l'incapacité d'entendre les sons d'une hauteur ou d'une intensité donnée à l'incapacité totale de détecter les sons. Selon sa cause, la surdité est dite de transmission ou de perception.

La **surdité de transmission** résulte d'entraves à la propagation des vibrations jusqu'aux liquides de l'oreille interne. Il existe une variété presque infinie de ce type d'obstacles. Par exemple, un bouchon de cérumen qui obstrue le méat acoustique nuit à l'audition en gênant les vibrations du tympan. La *perforation* ou la *déchirure* du tympan empêchent la transmission des vibrations jusqu'aux osselets. Les causes les plus fréquentes de la surdité de transmission sont l'inflammation de l'oreille moyenne (l'otite moyenne) et l'**otospongiose,** un trouble fréquent lié au vieillissement. L'otospongiose est une fusion de la base du stapès et de la fenêtre du vestibule ou une fusion des osselets due à une prolifération de tissu osseux. Le son est alors envoyé aux récepteurs à travers les os du crâne et donc perçu moins clairement. Le traitement de l'otospongiose consiste à exciser chirurgicalement le tissu en excès ou à remplacer les osselets ou la fenêtre du vestibule.

La **surdité de perception** résulte de lésions des structures nerveuses situées entre les cellules sensorielles ciliées et les neurones des aires auditives du cortex inclusivement. Elle peut être partielle ou totale et elle est généralement due à la perte graduelle de cellules réceptrices de l'audition. Une détonation ou l'exposition prolongée à des sons très intenses, comme la musique rock amplifiée et le bruit qui règne aux environs d'un aéroport, peuvent détruire les cellules réceptrices bien avant l'âge mûr, car elles provoquent un durcissement ou une déchirure des cils. Les lésions dégénératives du nerf cochléaire, les accidents vasculaires cérébraux et les tumeurs touchant les aires auditives peuvent en faire autant. Pour traiter les lésions cochléaires liées à l'âge ou au bruit, on peut forer une cavité dans l'os temporal et y insérer un implant cochléaire. Cet appareil de transduction miniature convertit l'énergie sonore en stimulus électriques qui sont acheminés directement aux neurofibres du nerf cochléaire. Les implants cochléaires ne rétablissent pas l'audition normale, tant s'en faut; par exemple, ils donnent à la voix humaine un son métallique. Néanmoins, les personnes atteintes de surdité profonde préfèrent de loin une audition imparfaite au silence.

Acouphène

Un **acouphène** est un tintement ou un bourdonnement perçu dans l'oreille en l'absence de stimulus auditifs. Les acouphènes sont des symptômes plus que des troubles et ils sont parmi les premiers à se manifester dans les cas de dégénérescence du nerf cochléaire. Ils peuvent aussi résulter d'une inflammation de l'oreille moyenne ou de l'oreille interne et constituer un effet indésirable de certains médicaments, notamment de l'acide acétylsalicylique.

Syndrome de Ménière

Le **syndrome de Ménière** classique est un trouble du labyrinthe et plus particulièrement des conduits semi-circulaires et de la cochlée. Il entraîne des crises passagères mais répétées de vertiges, de nausées et de vomissements, de même que des acouphènes qui nuisent à l'audition et, finalement, l'abolissent. L'équilibre est perturbé au point que la station debout est presque impossible. La cause du syndrome est obscure, mais il peut s'agir d'une déformation du labyrinthe membraneux due à une accumulation excessive d'endolymphe; il peut aussi s'agir d'une rupture des membranes qui provoque un mélange de la périlymphe et de l'endolymphe et, par voie de conséquence, la production d'ototoxines (des substances chimiques toxiques pour l'oreille). On peut généralement traiter les cas légers au moyen de médicaments contre le mal des transports. Dans les cas les plus débilitants, on recommande un régime hyposodique et on prescrit des diurétiques pour diminuer le volume des liquides interstitiels et, partant, celui de l'endolymphe. Les cas graves peuvent nécessiter une intervention chirurgicale visant à drainer l'excès d'endolymphe de l'oreille interne. En dernier recours, c'est-à-dire lorsque la perte auditive est complète, on excise le labyrinthe atteint. ■

Mécanismes de l'équilibre et de l'orientation

Il est malaisé de décrire le sens de l'équilibre: il ne nous fournit pas de « sensations » à proprement parler mais réagit (souvent sans même que nous en soyons conscients) aux divers mouvements de la tête. De plus, ce sens repose sur des influx provenant non seulement de l'oreille interne mais aussi des yeux et des récepteurs de l'étirement situés dans les muscles et les tendons. Les récepteurs de l'équilibre sont situés dans les conduits semi-circulaires et dans le vestibule et ils constituent l'**appareil vestibulaire**; dans des conditions normales, les messages qu'ils envoient à l'encéphale déclenchent les réflexes nécessaires tant aux simples changements de position qu'à l'exécution d'un service précis au tennis. L'organisme peut s'adapter à une dysfonction de l'appareil vestibulaire. C'est pourquoi il est difficile d'attribuer à un ensemble de récepteurs le maintien de l'équilibre et de l'orientation dans l'espace. Nous savons néanmoins que les récepteurs de l'équilibre de l'oreille interne se divisent en deux groupes: ceux de l'**équilibre statique,** dans le vestibule, et ceux de l'**équilibre dynamique,** dans les conduits semi-circulaires.

Fonction des macules dans l'équilibre statique

Les récepteurs sensoriels servant à l'équilibre statique sont situés dans la paroi du saccule et dans la paroi de l'utricule, en des points appelés **macules** (*macula* = tache), un dans chaque paroi. Ces récepteurs détectent la position de la tête dans l'espace et jouent ainsi un rôle primordial dans la régulation de la posture. Ils réagissent aux variations *rectilignes* de la vitesse et de la direction, mais non pas à la rotation.

Anatomie des macules Les macules sont des plaques d'épithélium contenant des **cellules de soutien** et des cellules réceptrices éparses appelées **cellules sensorielles** (figure 16.34). Tout mouvement linéaire de la tête active les récepteurs situés soit dans les utricules, soit dans les saccules. Le sommet des cellules sensorielles (surface libre) porte de nombreux *stéréocils* (de longues microvillosités) et un unique *kinocil* (véritable cil avec un renflement terminal). Ces «cils» pénètrent dans la **membrane des statoconies,** ou membrane otolithique susjacente, une plaque gélatineuse parsemée de cristaux de carbonate de calcium appelés **statoconies,** ou otolithes. Bien que minuscules, les statoconies sont denses et elles ajoutent à la masse et à l'inertie (résistance au mouvement) de la membrane. Dans l'utricule, la macule est horizontale et les cils sont orientés verticalement lorsque la tête est droite. La macule de l'utricule réagit surtout à l'accélération dans le plan horizontal et à la flexion latérale de la tête, car les mouvements verticaux ne remuent pas sa membrane des statoconies. Dans le saccule, la macule est presque verticale, et les cils s'introduisent horizontalement dans la membrane des statoconies. La macule du saccule réagit surtout aux mouvements verticaux comme l'accélération soudaine d'un ascenseur. Les cellules réceptrices libèrent continuellement un neurotransmetteur, mais le mouvement de leurs cils modifient la quantité libérée. Il y a donc augmentation ou diminution de la fréquence des influx produits par les terminaisons du **nerf vestibulaire** enroulées autour de leurs bases. (Comme le nerf cochléaire, le nerf vestibulaire est une ramification du nerf vestibulo-cochléaire, ou nerf crânien VIII.) Les corps cellulaires des neurones sensitifs sont logés dans les **ganglions vestibulaires supérieur** et **inférieur,** situés à proximité des cellules réceptrices.

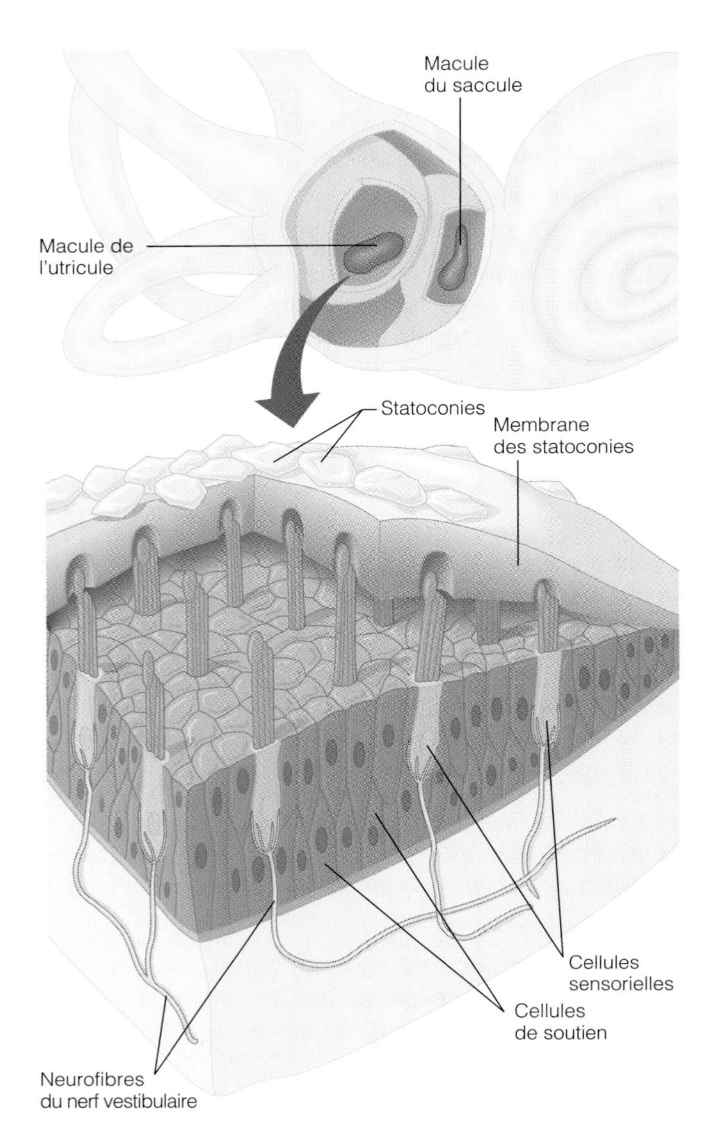

FIGURE 16.34
Structure et fonction d'une macule. Les «cils» des cellules réceptrices de la macule pénètrent dans la membrane des statoconies gélatineuse. Les neurofibres du nerf vestibulaire s'enroulent autour de la base des cellules sensorielles.

Transduction des stimulus reliés à la force gravitationnelle et à l'accélération linéaire

Examinons de plus près les phénomènes qui aboutissent à la transduction dans les macules. Lorsque la tête commence ou termine un mouvement linéaire, l'inertie fait glisser la membrane des statoconies vers l'arrière ou vers l'avant par-dessus les cellules sensorielles, ce qui courbe les cils. Lorsque vous courez, par exemple, les membranes des statoconies de vos macules de l'utricule reculent et fléchissent les cils vers l'arrière. Si vous arrêtez soudainement, vos membranes des statoconies sont brusquement projetées vers l'avant (comme un conducteur qui applique les freins), et les cils plient vers l'avant. De même, lorsque vous remuez la tête de haut en bas ou lorsque vous tombez, les statoconies de vos macules du saccule glissent vers le bas et plient les cils. Quand les cils s'inclinent *en direction du kinocil,* les cellules sensorielles se dépolarisent et libèrent une quantité accrue de neurotransmetteur. Par conséquent, la fréquence des influx nerveux envoyés à l'encéphale augmente (figure 16.35). Quand les cils s'inclinent dans le sens opposé, les cellules sensorielles sont hyperpolarisées, si bien que la libération de neurotransmetteur et la production d'influx diminuent. Dans les deux cas, l'encéphale est informé de la position de la tête dans l'espace. Il est important de se rappeler que les macules réagissent *seulement aux variations* de l'accélération ou de la vitesse des mouvements de la tête. Comme les cellules sensorielles s'adaptent rapidement (et recommencent à libérer une quantité basale de neurotransmetteur), elles n'informent pas l'encéphale des positions constantes de la tête.

Les macules ont donc pour fonction de conserver à la tête une position normale par rapport à la force gravitationnelle. Elles participent aussi à l'équilibre dynamique en réagissant aux variations de l'accélération linéaire.

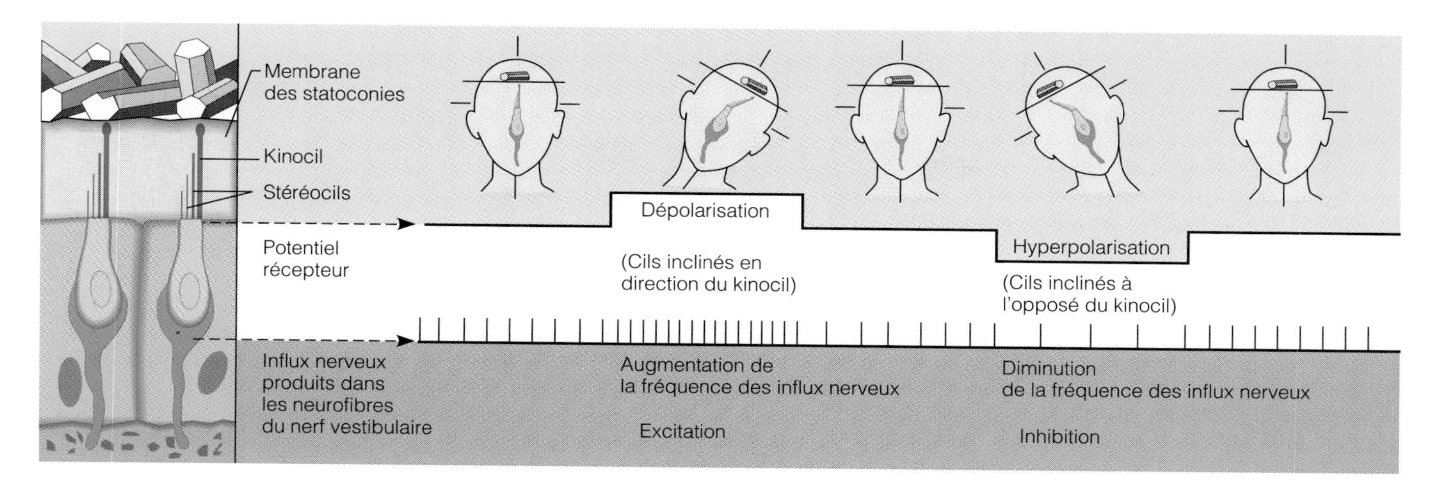

FIGURE 16.35
Effet de la force gravitationnelle sur une cellule sensorielle de la macule, dans l'utricule. Quand le mouvement de la membrane des statoconies (dont le sens est indiqué par la flèche) incline les cellules sensorielles en direction du kinocil, les neurofibres du nerf vestibulaire se dépolarisent et produisent des potentiels d'action plus fréquents. Quand les cils s'inclinent dans la direction opposée, les cellules sensorielles sont hyperpolarisées et les neurofibres produisent des potentiels d'action à une fréquence réduite (c'est-à-dire inférieure à la fréquence de repos).

Fonction de la crête ampullaire dans l'équilibre dynamique

Les récepteurs de l'équilibre dynamique, appelés **crêtes ampullaires,** sont de minuscules éminences situées dans les ampoules des conduits semi-circulaires (voir la figure 16.27). Comme les macules, les crêtes ampullaires sont excitées par les mouvements de la tête (accélération et décélération), et les principaux stimulus dans leur cas sont les mouvements rotatoires (angulaires). Lorsque vous virevoltez sur une piste de danse ou subissez le roulis d'un navire, vos crêtes ampullaires sont mises à rude épreuve. Comme les conduits semi-circulaires sont orientés dans les trois plans de l'espace, tous les mouvements rotatoires de la tête perturbent une *paire* de crêtes ampullaires (une crête dans chaque oreille).

Anatomie de la crête ampullaire

Chaque crête ampullaire est composée de cellules de soutien et de cellules sensorielles. Ses cellules sensorielles, comme celles des macules, portent des stéréocils et un kinocil qui se projettent dans la **cupule,** une masse gélatineuse semblable à un capuchon pointu (figure 16.36b et c). La cupule est un délicat réseau de filaments gélatineux qui rayonnent pour entrer en contact avec les cils des cellules sensorielles. Les dendrites des neurones du nerf vestibulaire entourent la base des cellules sensorielles de la crête ampullaire, comme pour les cellules sensorielles de la macule.

Transduction des stimulus reliés à la rotation

Les crêtes ampullaires réagissent aux *changements* de vitesse des mouvements rotatoires de la tête. À cause de l'inertie, l'endolymphe des conduits semi-circulaires membraneux se déplace brièvement dans la direction *opposée* à celle de la rotation du corps et déforme la crête ampullaire. À mesure que les cils se courbent, les cellules sensorielles se dépolarisent et les influx atteignent l'encéphale à un rythme accru. L'inclinaison des cils dans le sens contraire entraîne une hyperpolarisation et une réduction de la fréquence des influx. Comme les axes des cellules sensorielles sont opposés dans les conduits semi-circulaires des deux oreilles, la rotation dans une direction donnée provoque la dépolarisation des récepteurs d'une ampoule de la paire et l'hyperpolarisation des récepteurs de l'autre ampoule (figure 16.36d).

Si la rotation du corps se poursuit à un rythme constant, l'endolymphe finit par s'immobiliser (par se déplacer à la même vitesse que le corps) et la stimulation des cellules sensorielles cesse. Par conséquent, après les premières secondes d'une rotation continue effectuée les yeux bandés, nous ne pouvons déterminer si nous nous déplaçons à vitesse constante ou si nous sommes immobiles. Or, si nous nous arrêtons soudainement, le déplacement de l'endolymphe se poursuit, mais en sens inverse à l'intérieur du conduit. Cette inversion soudaine de la courbure des cils modifie le voltage membranaire dans les cellules réceptrices et modifie la fréquence des influx nerveux, ce qui indique au cerveau que nous avons ralenti ou que nous nous sommes arrêtés.

Le fonctionnement des récepteurs de l'équilibre statique et de l'équilibre dynamique tient essentiellement au fait que le labyrinthe osseux, rigide, se déplace avec le corps, tandis que les liquides (et les substances gélatineuses) contenus dans le labyrinthe membraneux sont libres de se mouvoir à différentes vitesses, selon les forces (force gravitationnelle, accélération, etc.) qui s'exercent sur eux.

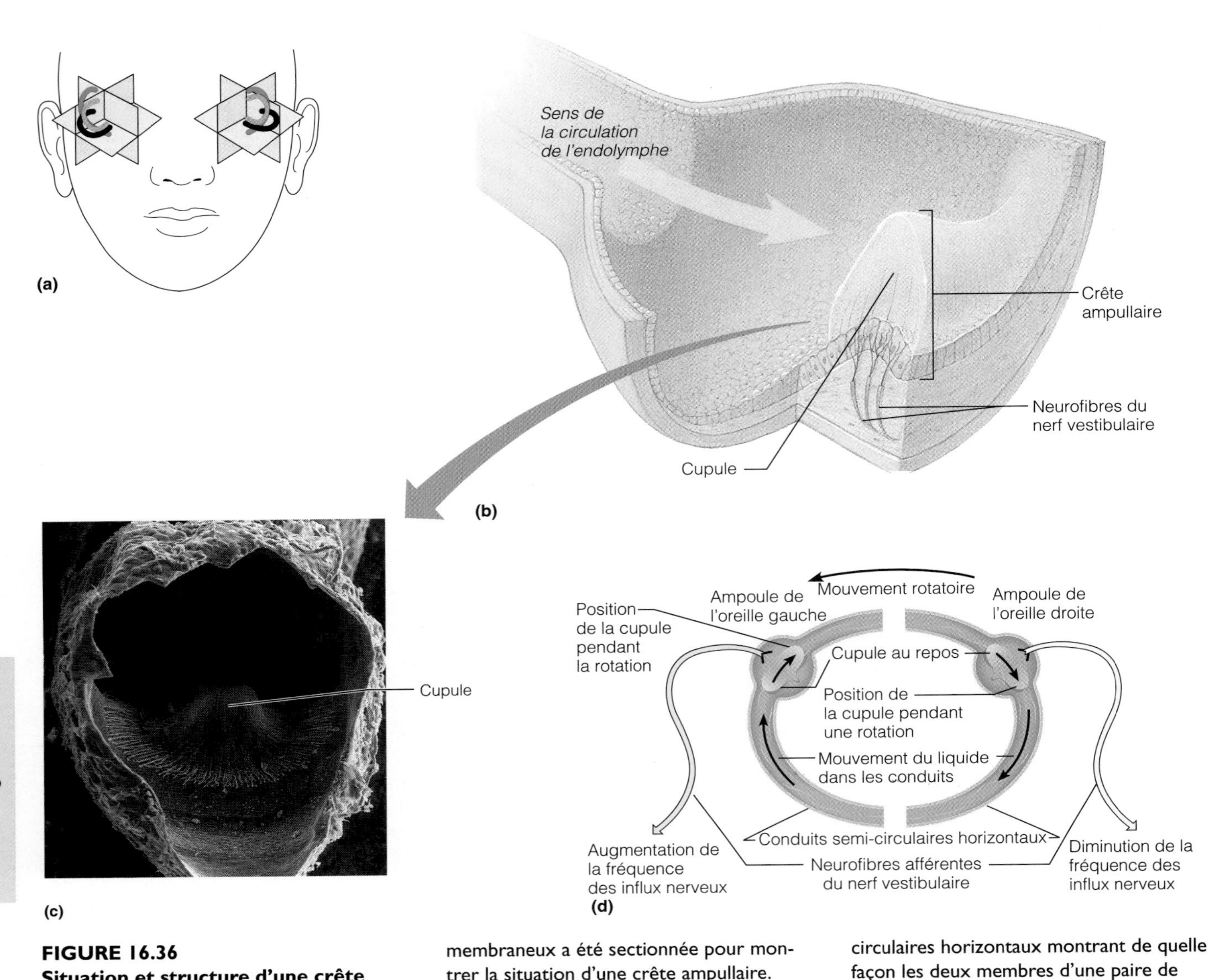

16

FIGURE 16.36
Situation et structure d'une crête ampullaire. (a) Situation des canaux semi-circulaires osseux dans l'os temporal. **(b)** L'ampoule d'un conduit semi-circulaire membraneux a été sectionnée pour montrer la situation d'une crête ampullaire. **(c)** Photomicrographie à balayage électronique d'une crête ampullaire (180 ×). **(d)** Vue supérieure des conduits semi-circulaires horizontaux montrant de quelle façon les deux membres d'une paire de canaux semi-circulaires interagissent pour fournir une information bilatérale sur les mouvements rotatoires de la tête.

Les influx provenant des conduits semi-circulaires jouent un rôle particulièrement important dans les mouvements réflexes des yeux. Le **nystagmus vestibulaire** est un ensemble de mouvements oculaires quelque peu singuliers qui se produisent pendant et immédiatement après un mouvement de rotation. Quand vous tournez, vos yeux glissent lentement dans la direction opposée à votre mouvement, comme s'ils étaient fixés sur un objet de votre environnement. Cette réaction est liée au reflux de l'endolymphe dans les conduits semi-circulaires. Puis, à cause des mécanismes de compensation de votre système nerveux central, vos yeux sautent rapidement dans la direction de la rotation pour trouver un nouveau point de fixation. Cette alternance de mouvements oculaires se poursuit jusqu'à ce que l'endolymphe s'immobilise. Lorsque vous arrêtez de tourner, vos yeux continuent de se déplacer dans la direction de votre dernière rotation, puis ils sautent brusquement dans la direction opposée. Ce changement soudain est causé par l'inversion de la courbure des crêtes ampullaires. Le nystagmus est souvent accompagné de vertige.

Voie de l'équilibre

Les réponses à la perte de l'équilibre doivent être rapides et automatiques. Si nous prenions le temps de réfléchir à la façon de nous rétablir, nous nous casserions le nez à chacune de nos chutes ! Par conséquent, les messages provenant des récepteurs de l'équilibre atteignent directement les centres réflexes du tronc cérébral, contrairement aux messages émis par les organes des autres sens, qui sont destinés aux aires du cortex cérébral. Toutefois, les voies nerveuses qui relient l'appareil vestibulaire à l'encéphale sont complexes et obscures. La transmission débute lorsque les cellules sensorielles des récepteurs de l'appareil vestibulaire sont activées. Comme le montre la figure 16.37, les influx se dirigent initialement vers les **noyaux vestibulaires,** dans le tronc cérébral, ou vers le **cervelet.** Les noyaux vestibulaires, le principal centre d'intégration de l'équilibre, reçoivent aussi des influx des récepteurs visuels et somatiques, et particulièrement des propriocepteurs situés dans les muscles du cou, qui détectent l'angle ou l'inclinaison de la tête. Les noyaux vestibulaires intègrent ces données puis envoient des ordres aux centres moteurs du tronc cérébral qui régissent les muscles du bulbe de l'œil (noyaux des nerfs crâniens III, IV et VI) et les mouvements réflexes des muscles du cou, des membres et du tronc (noyaux du nerf crânien XI et tractus vestibulo-spinaux). Les mouvements réflexes des yeux et du corps produits par ces muscles nous permettent de conserver un point de fixation et d'adapter rapidement notre position de manière à préserver ou à rétablir notre équilibre. Le cervelet intègre lui aussi les influx provenant des yeux et des récepteurs somatiques (de même que du cerveau). Il coordonne l'activité des muscles squelettiques et régit le tonus musculaire de manière à conserver la position de la tête, la posture et l'équilibre face, souvent, à des influx versatiles. Sa « spécialité » est la régulation des mouvements posturaux fins et la synchronisation. Quelques neurofibres vestibulaires atteignent le cortex cérébral, si bien que nous sommes conscients des changements de la position de la tête, de l'accélération du corps et de l'équilibre. Les influx provenant des yeux et des récepteurs somatiques sont aussi transmis aux noyaux réticulaires, mais leur fonction dans les mécanismes de l'équilibre n'est pas encore bien comprise.

Notez que l'appareil vestibulaire ne compense pas automatiquement les forces qui s'exercent sur le corps. Son rôle est plutôt d'émettre des avertissements au système nerveux central, qui effectue les rectifications nécessaires au maintien de l'équilibre, à la répartition de la masse corporelle et à la fixation des yeux.

Comme les réponses aux signaux relatifs à l'équilibre sont totalement réflexes, nous ne nous rendons compte du fonctionnement de l'appareil vestibulaire que lorsqu'il se dérègle. Les troubles de l'équilibre sont généralement évidents et désagréables. Ils se traduisent le plus souvent par des nausées, des vertiges et des pertes d'équilibre et, occasionnellement, par un nystagmus en l'absence de mouvement rotatoire.

Le **mal des transports,** un trouble de l'équilibre répandu, est resté longtemps mystérieux, mais on pense à présent qu'il est dû à une « dissonance » des influx sensoriels. Par exemple, si vous êtes à bord d'un navire pendant une tempête, les influx visuels indiquent que votre corps est immobile par rapport à un milieu stationnaire (votre cabine). Mais votre appareil vestibulaire détecte les mouvements que la houle imprime au navire, et il émet des influx qui « contredisent » l'information visuelle. Votre cerveau reçoit des messages contradictoires et sa « confusion » produit le mal des transports. Les signaux d'alarme, qui précèdent les nausées et les vomissements, sont une sécrétion salivaire exagérée (ptyalisme), la pâleur, une respiration rapide et profonde ainsi qu'une transpiration abondante (diaphorèse). La cessation du stimulus met habituellement fin aux symptômes. Les médicaments en vente libre contre le mal des transports, tels le chlorhydrate de méclizine (Bonamine) et le dimenhydrinate (Gravol), abaissent les influx vestibulaires et apportent un certain soulagement. Ils ont plus d'efficacité s'ils sont pris avant l'apparition des symptômes. Les timbres transdermiques libérant progressivement de la scopolamine soulagent aussi le mal des transports. ■

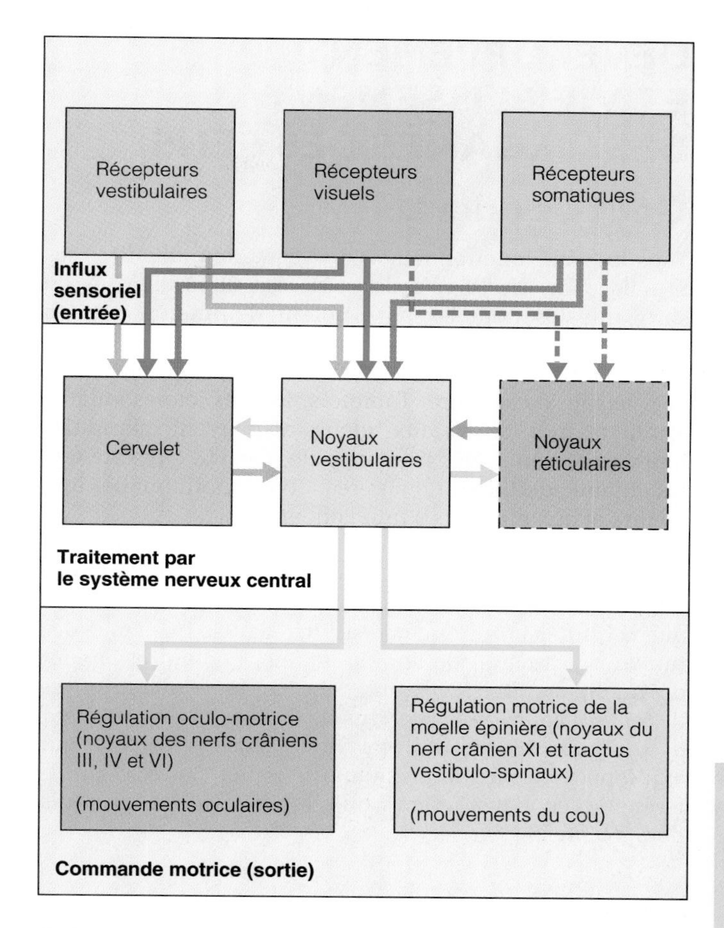

FIGURE 16.37
Voies du système de l'équilibre et de l'orientation. Les trois sources d'informations sensorielles — les récepteurs vestibulaires, visuels et somatiques (de la peau, des muscles et des articulations) — envoient des influx en direction de deux principaux centres de traitement, les noyaux vestibulaires du tronc cérébral et le cervelet. (On connaît mal les fonctions des noyaux réticulaires et les voies qui y mènent.) Après avoir été traités dans les noyaux vestibulaires, les influx sont envoyés pour transformation en commandes motrices soit vers les centres de régulation des mouvements oculaires (régulation oculo-motrice), soit vers les centres de régulation des muscles squelettiques du cou (régulation motrice de la moelle épinière).

DÉVELOPPEMENT ET VIEILLISSEMENT DES ORGANES DES SENS

Goût et odorat

Tous les sens fonctionnent, à un degré ou à un autre, dès la naissance. L'odorat et le goût sont alors aiguisés de sorte que les nourrissons raffolent d'aliments que les adultes trouvent insipides. Certains chercheurs affirment que l'odorat autant que le toucher guide le nourrisson vers le sein de sa mère. Toutefois, les très jeunes enfants semblent indifférents aux odeurs et peuvent manipuler leurs excréments avec beaucoup de plaisir. À mesure que les enfants vieillissent, leurs réactions émotionnelles aux odeurs et aux aliments s'intensifient.

L'acuité des sens chimiques varie peu au cours de l'enfance et au début de l'âge adulte. L'odorat des femmes est généralement plus fin que celui des hommes, de même que celui des non-fumeurs est plus aiguisé que celui des fumeurs. Au début de la quarantaine, l'odorat et le goût déclinent, car la régénération des récepteurs ralentit. Plus de 50 % des personnes de plus de 65 ans ont énormément de difficulté à détecter les saveurs et les odeurs, ce qui explique peut-être leur manque d'appétit et leur indifférence face à des odeurs qu'elles trouvaient autrefois désagréables.

Vision

À la quatrième semaine du développement embryonnaire, l'œil commence à s'élaborer dans la **vésicule optique** qui fait saillie sur le diencéphale (figure 16.38a à e). Bientôt, cette vésicule creuse s'enfonce et forme les deux couches de la **cupule optique**; la partie proximale de la proéminence, le **pédoncule optique,** forme la base du nerf optique. Une fois que la vésicule optique en voie de développement a rejoint l'ectoderme superficiel sus-jacent, celui-ci s'épaissit et forme la **placode cristallinienne,** qui s'invagine pour former la **vésicule cristallinienne.** Peu de temps après, la vésicule cristallinienne se détache et s'enfonce dans la cavité de la cupule optique, où elle forme le cristallin. La couche interne de la cupule optique produit la partie nerveuse de la rétine, et la couche externe de la cupule forme la partie pigmentaire de la rétine. La *fissure optique,* située sur la face inférieure de la cupule optique et du pédoncule optique, fournit aux vaisseaux sanguins un accès direct à l'intérieur de l'œil. Lorsque la fissure se ferme, le pédoncule optique, qui est désormais tubulaire, constitue un tunnel à travers lequel les neurofibres du nerf optique, issues de la partie nerveuse de la rétine, peuvent accéder au diencéphale, et les vaisseaux sanguins se placent au centre du nerf optique en voie de développement. Le reste des tissus oculaires et le corps vitré se forment à partir de cellules mésenchymateuses dérivées du mésoderme. L'intérieur du bulbe de l'œil est richement irrigué pendant le développement embryonnaire, mais presque tous les vaisseaux sanguins (sauf ceux qui desservent la tunique vasculaire et la rétine) dégénèrent avant la naissance.

Dans l'obscurité de l'utérus, le fœtus ne voit pas. Néanmoins, même avant que ne se développent les portions photosensibles des récepteurs, les connexions sont établies et opérantes dans l'encéphale. Pendant la première année de la vie, un grand nombre des synapses réalisées au cours du développement embryonnaire disparaissent à mesure que les connexions synaptiques se raffinent, et les champs typiques des aires corticales permettant la vision binoculaire sont définis.

Les affections congénitales de l'œil sont relativement rares, mais certaines infections maternelles, particulièrement la rubéole, survenant au cours des trois premiers mois de la grossesse augmentent considérablement leur fréquence. La cécité et les cataractes sont des séquelles fréquentes de la rubéole. ■

En règle générale, la vue est le seul sens qui ne soit pas pleinement opérant à la naissance. La plupart des bébés sont hypermétropes, car leurs bulbes de l'œil sont courts. Le nouveau-né ne voit que des nuances de gris, ne coordonne pas ses mouvements oculaires et n'utilise souvent qu'un œil à la fois. Comme les glandes lacrymales n'atteignent leur plein développement qu'environ deux semaines après la naissance, les nouveau-nés ne versent pas de larmes, même s'ils pleurent à fendre l'âme. À cinq mois, les nourrissons peuvent suivre des yeux les mouvements des objets, mais leur acuité visuelle est encore faible (20/200). À l'âge de cinq ans, l'enfant a une vision stéréoscopique, sa vision des couleurs est bien développée et son acuité visuelle atteint 20/30, ce qui le rend apte à l'apprentissage de la lecture. L'hypermétropie des premières années de vie a fait place à l'emmétropie, qui subsiste jusqu'à ce que, vers l'âge de 40 ans, le durcissement du cristallin cause la presbytie.

Au cours des années, le cristallin s'opacifie et se décolore. Le muscle dilatateur de la pupille se relâche et la pupille demeure partiellement contractée. Ces deux changements diminuent la quantité de lumière qui atteint la rétine, et l'acuité visuelle des personnes de plus de 70 ans est grandement affaiblie. De plus, les personnes âgées sont sujettes à des troubles qui entraînent la cécité, notamment la dégénérescence maculaire, le glaucome, les cataractes, l'artériosclérose et le diabète sucré.

Ouïe et équilibre

La formation de l'oreille débute au cours de la troisième semaine du développement embryonnaire (figure 16.38f à i). L'oreille interne commence à s'élaborer en premier, à partir d'un épaississement de l'ectoderme superficiel appelé **placode otique,** situé sur la face latérale du rhombencéphale. La placode otique s'invagine et forme la **fosse otique**; ensuite, les bords de la fosse otique se soudent et forment la **vésicule otique,** qui se détache de l'épithélium superficiel. La vésicule otique donne naissance au labyrinthe membraneux. Le mésenchyme environnant forme les parois du labyrinthe osseux.

Pendant que se développent les structures de l'oreille interne, celles de l'oreille moyenne apparaissent. Des évaginations latérales appelées **sacs pharyngiens** se forment à partir de l'endoderme qui tapisse le pharynx. La caisse du tympan et la trompe auditive naissent du premier sac

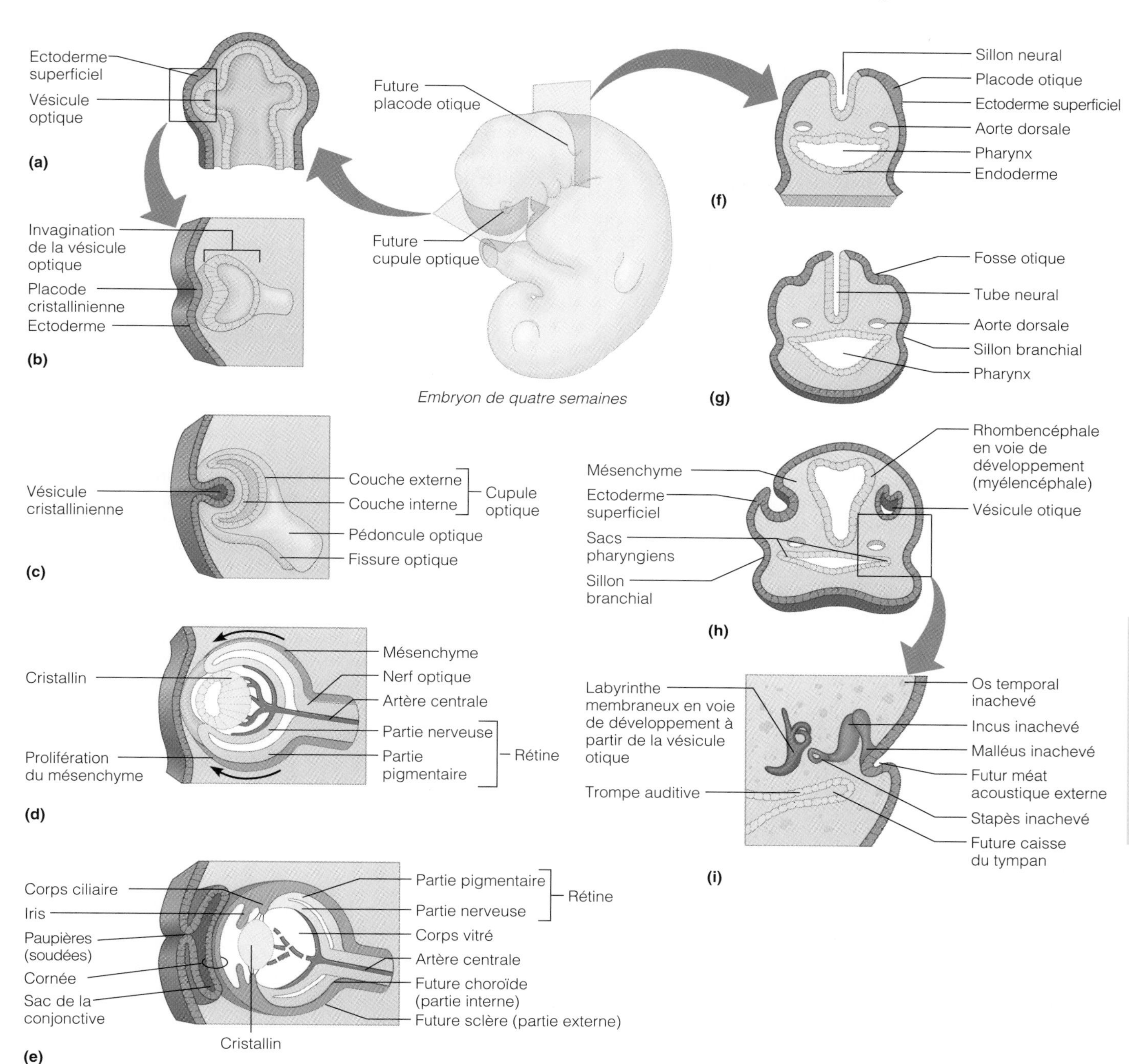

FIGURE 16.38
Développement embryonnaire de l'œil et de l'oreille. (a) à **(e)** Développement de l'œil. **(a)** Coupe transversale du diencéphale et de la vésicule optique au moment de la formation de la placode cristallinienne. (Le schéma de référence, à droite, indique le plan de la coupe.) **(b)** Le contact avec la vésicule optique amène la placode cristallinienne à s'invaginer. **(c)** La placode cristallinienne forme la vésicule cristallinienne, qui s'enferme dans la cupule optique puis se détache. **(d)** Les vaisseaux sanguins atteignent l'intérieur de l'œil en passant par la fissure optique, puis ils s'incorporent au pédoncule optique (qui devient le nerf optique). La cupule optique forme la partie nerveuse et la partie pigmentaire de la rétine, et le mésoderme forme les tuniques externes et le corps vitré. **(e)** La vésicule cristallinienne se différencie et forme le cristallin; les structures annexes avoisinantes se développent à partir de l'ectoderme superficiel. **(f)** à **(i)** Développement de l'oreille. (Le schéma de référence indique le plan de la coupe.) **(f)** Au 21e jour du développement environ, les placodes otiques se sont formées à partir d'épaississements de l'ectoderme superficiel, et le pharynx s'est développé à partir de l'endoderme. **(g)** Les placodes otiques s'invaginent et forment les fosses otiques; les deux sillons branchiaux commencent à se creuser dans l'ectoderme superficiel. **(h)** À environ 28 jours, les vésicules otiques se sont formées à partir des fosses otiques, et les sillons branchiaux se sont approfondis. **(i)** De la cinquième à la huitième semaine du développement, les structures de l'oreille interne se forment à partir des vésicules otiques, l'endoderme des sacs pharyngiens donne naissance aux trompes auditives et à la caisse du tympan, et les sillons branchiaux produisent les méats acoustiques externes. Le mésenchyme forme les structures osseuses environnantes.

pharyngien ; les osselets, qui enjambent la caisse du tympan, sont issus du cartilage des premier et deuxième sacs pharyngiens.

Dans l'oreille externe, par ailleurs, le méat acoustique externe et la face externe du tympan se différencient à partir du **sillon branchial,** une dépression de l'ectoderme superficiel. Le pavillon naît de renflements du tissu environnant.

Les nouveau-nés entendent, mais leurs réponses aux sons sont surtout réflexes. Par exemple, ils pleurent et plissent les paupières en réaction à un bruit soudain. À quatre mois, les nourrissons localisent les sons et tournent la tête en direction de voix familières. L'écoute attentive commence au stade du trottineur, au moment où le vocabulaire de l'enfant augmente. L'habileté à s'exprimer verbalement est liée de très près à une bonne audition.

Les anomalies congénitales des oreilles sont relativement fréquentes. Il peut s'agit notamment d'une malformation ou de l'absence des pavillons ou encore de l'obstruction ou de l'absence des méats acoustiques externes. La rubéole contractée pendant le premier trimestre de la grossesse entraîne fréquemment la surdité de perception chez l'enfant. ■

Exception faite des inflammations dues aux infections bactériennes ou aux allergies, peu de troubles atteignent les oreilles pendant l'enfance et l'âge adulte. Vers l'âge de 60 ans, toutefois, on assiste à une détérioration de l'organe spiral. À la naissance, les cellules sensorielles sont au nombre de 16 000 environ dans chaque oreille, mais elles ne se renouvellent pas si elles sont endommagées ou détruites par des bruits forts, des maladies ou des médicaments. On estime que si nous pouvions atteindre l'âge de 140 ans, nous aurions alors perdu tous nos récepteurs auditifs.

L'audition des sons aigus décline en premier. Cette affection, appelée **presbyacousie,** est une forme de surdité de perception. Bien que la presbyacousie soit considérée comme un trouble de la vieillesse, elle se répand parmi les jeunes, qui vivent dans un monde de plus en plus bruyant. À l'âge de 40 ans, l'homme moyen a perdu plus de 40 % des cellules sensorielles ciliées de la cochlée. Le bruit étant un facteur de stress, l'une de ses conséquences physiologiques est la vasoconstriction, et une irrigation inadéquate rend l'oreille encore plus sensible aux effets nocifs du bruit.

* * *

La vue, l'ouïe, le goût et l'odorat, ainsi que certaines réponses aux effets de la force gravitationnelle, relèvent principalement du fonctionnement de l'encéphale. Il n'en reste pas moins que les récepteurs sensoriels, avec leurs grandes dimensions et leurs structures élaborées, sont eux-mêmes de véritables œuvres d'art, comme nous l'avons vu dans ce dernier chapitre consacré au système nerveux.

Le dernier chapitre de cette partie décrit la façon dont les substances chimiques appelées hormones régissent les fonctions de l'organisme. Vous constaterez en l'étudiant que la régulation hormonale diffère grandement de la régulation nerveuse.

TERMES MÉDICAUX

Blépharite (*blepharon* = paupière; *ite* = inflammation) Inflammation du bord de la paupière (peau, conjonctive, glandes et, le plus souvent, cils).

Énucléation Ablation chirurgicale d'un bulbe de l'œil par suite d'un traumatisme ou d'une infection. Les muscles du bulbe de l'œil enlevé sont suturés à une prothèse qui peut alors se déplacer en suivant les mouvements de l'autre œil.

Épreuve de Weber Épreuve audiométrique consistant à faire résonner un diapason posé sur le front. Chez le sujet normal, l'audition du son est égale dans les deux oreilles (le son semble entendu au milieu de la tête). La sensation sonore est perçue dans l'oreille saine en cas de surdité de perception, et dans l'oreille atteinte en cas de surdité de transmission.

Exophtalmie (*exô* = au-dehors de; *ophthalmos* = œil) Saillie des bulbes de l'œil hors des orbites, quelquefois causée par l'hyperthyroïdie.

Œdème papillaire Saillie du disque du nerf optique dans le bulbe de l'œil révélée par l'ophtalmoscopie et due à un accroissement de la pression intracrânienne.

Ophtalmologie Branche de la médecine qui traite de l'œil et de ses maladies. Un **ophtalmologiste** est un médecin spécialisé dans le traitement des troubles de l'œil.

Optométriste Professionnel de la santé qui mesure la vision et prescrit des verres correcteurs.

Otalgie (*algia* = douleur) Douleur d'oreille.

Otite externe Inflammation et infection du méat acoustique externe causées par des bactéries ou des mycètes provenant de l'environnement et proliférant dans l'humidité.

Oto-rhino-laryngologie Branche de la médecine qui traite de l'oreille, du nez et du larynx ainsi que de leurs maladies.

Scotome (*skotôma* = obscurcissement) Lacune, ou îlot de non-perception, fixe dans une partie du champ visuel (centre ou périphérie); témoigne souvent de la présence d'une tumeur cérébrale comprimant les neurofibres des voies optiques (le plus souvent du nerf optique).

Trachome (*trakhôma* = aspérité) Infection très contagieuse de la conjonctive et de la cornée, provoquée par *Chlamydia trachomatis,* une bactérie transmise par contact direct ou indirect. Très répandu dans le monde et particulièrement dans les pays pauvres d'Afrique et d'Asie, le trachome fait des millions d'aveugles. On le traite à l'aide d'onguents oculaires antibiotiques.

RÉSUMÉ DU CHAPITRE

Sens chimiques: goût et odorat (p. 534-549)

Calicules gustatifs et gustation (p. 539-541)

1. Les calicules gustatifs sont situés dans la cavité orale et le pharynx, mais la plupart se trouvent sur les papilles linguales.

2. Les cellules gustatives, les cellules réceptrices des calicules gustatifs, présentent des microvillosités. La liaison de substances chimiques aux membranes de ces microvillosités stimule les cellules gustatives.

3. Les quatre saveurs fondamentales, le sucré, l'acide, le salé et l'amer, sont perçues dans différentes parties de la langue.

4. La gustation fait intervenir les nerfs crâniens VII, IX et X, qui envoient des influx au noyau solitaire du bulbe rachidien. De là, les influx sont transmis au thalamus et à l'aire gustative du cortex cérébral.

Épithélium de la région olfactive et odorat (p. 541-543)

5. L'épithélium de la région olfactive est situé dans le toit des cavités nasales. Les récepteurs olfactifs, ou cellules olfactives, sont des neurones bipolaires ciliés. Leurs axones forment les neurofibres du nerf olfactif (nerf crânien I).

6. Les différents neurones olfactifs sont plus ou moins sensibles aux diverses substances chimiques.

7. Les neurones olfactifs sont excités par des substances chimiques volatiles qui se lient aux différents récepteurs membranaires des cils olfactifs.

8. Les potentiels d'action du nerf olfactif sont transmis au bulbe olfactif puis à l'aire olfactive par l'intermédiaire du tractus olfactif. Les neurofibres qui acheminent les influx issus des récepteurs olfactifs se projettent aussi dans le système limbique.

Déséquilibres homéostatiques des sens chimiques (p. 543-544)

9. La plupart des dysfonctionnements des sens chimiques touchent l'odorat. Les causes les plus répandues sont les lésions ou l'obstruction des structures nasales ainsi que la carence en zinc.

Œil et vision (p. 544-565)

1. L'œil est inséré dans l'orbite et protégé par un coussin de graisse.

Structures annexes de l'œil (p. 544-547)

2. Le sourcil protège l'œil de la lumière et des gouttes de sueur coulant du front.

3. Les paupières protègent et lubrifient l'œil par leurs clignements réflexes. À l'intérieur des paupières se trouvent le muscle orbiculaire de l'œil, le muscle releveur de la paupière supérieure, des glandes sébacées modifiées et des glandes sudoripares.

4. La conjonctive est une muqueuse qui tapisse les paupières et recouvre la face antérieure du bulbe de l'œil. Son mucus lubrifie la surface du bulbe de l'œil.

5. L'appareil lacrymal est composé de la glande lacrymale (qui produit une solution saline contenant du mucus, du lysozyme et des anticorps), des canalicules lacrymaux, du sac lacrymal et du conduit lacrymo-nasal.

6. Les muscles du bulbe de l'œil (muscles droits supérieur, inférieur, latéral et médial et muscles obliques supérieur et inférieur) meuvent le bulbe de l'œil.

Structure du bulbe de l'œil (p. 547-553)

7. La paroi de l'œil comprend trois couches, ou tuniques. La tunique externe, ou tunique fibreuse du bulbe, est composée de la sclère et de la cornée. La sclère protège l'œil et lui donne sa forme; la cornée laisse entrer la lumière dans l'œil.

8. La tunique moyenne pigmentée, ou tunique vasculaire du bulbe, est composée de la choroïde, du corps ciliaire et de l'iris. La choroïde fournit des nutriments à l'œil et empêche la lumière de s'y diffuser. Le muscle ciliaire du corps ciliaire modifie la forme du cristallin; l'iris régit le diamètre de la pupille.

9. La tunique interne, ou rétine, est composée d'une partie pigmentaire et d'une partie nerveuse. La partie nerveuse contient des photorécepteurs (les cônes et les bâtonnets), des neurones bipolaires et des cellules ganglionnaires. Les axones des cellules ganglionnaires forment le nerf optique, qui sort de l'œil au niveau du disque du nerf optique («tache aveugle»).

10. Dans le segment externe des photorécepteurs, des disques entourés d'une membrane contiennent le pigment photosensible.

11. Le segment postérieur de l'œil, à l'arrière du cristallin, contient le corps vitré, qui donne sa forme au bulbe de l'œil et soutient la rétine. Le segment antérieur, à l'avant du cristallin, est rempli d'humeur aqueuse, un liquide formé par les capillaires des procès ciliaires et drainé par le sinus veineux de la sclère. L'humeur aqueuse contribue au maintien de la pression intra-oculaire.

12. Le cristallin est biconvexe et suspendu dans l'œil par le ligament suspenseur du cristallin, attaché au corps ciliaire. C'est la seule structure réfractrice dynamique (adaptable) de l'œil.

Physiologie de la vision (p. 553-565)

13. La lumière est composée des longueurs d'onde du spectre électromagnétique qui stimulent les photorécepteurs.

14. La lumière dévie quand elle passe d'un milieu transparent à un autre milieu transparent de densité différente ou quand elle frappe une surface courbe. Les lentilles concaves font diverger les rayons de lumière, tandis que les lentilles convexes les font converger en un point appelé foyer.

15. En traversant l'œil, la lumière est déviée par la cornée et le cristallin et focalisée sur la rétine. La cornée produit l'essentiel de la réfraction, mais le cristallin focalise activement la lumière en fonction de la distance la séparant de l'œil.

16. La convergence pour la vision éloignée ne demande aucun mouvement particulier aux structures de l'œil. La convergence pour la vision rapprochée fait intervenir l'accommodation (bombement du cristallin), la contraction de la pupille et la convergence des bulbes de l'œil. Ces trois réflexes sont régis par les neurofibres du nerf crânien III.

17. Les défauts de réfraction sont la myopie, l'hypermétropie et l'astigmatisme.

18. Les bâtonnets réagissent à la lumière faible et permettent la vision nocturne et la vision périphérique. Les cônes réagissent à la lumière intense et permettent la vision des couleurs et des détails. Toutes les images que l'on regarde attentivement se focalisent sur la fossette centrale riche en cônes.

16

19. Le rétinal, une molécule photosensible, se combine à diverses opsines dans les pigments visuels. Sous l'effet de la lumière, le rétinal change de forme (il passe de la forme 11-*cis* à la forme tout-*trans*-rétinal), et il libère l'opsine. L'opsine libérée active la transducine (une sous-unité d'une protéine G) et celle-ci active à son tour la PDE, une enzyme qui dégrade le GMPc, ce qui entraîne la fermeture des canaux du Na^+. Il s'ensuit une hyperpolarisation des cellules réceptrices et une inhibition de la libération du neurotransmetteur.

20. Le pigment visuel des bâtonnets, la rhodopsine, est une combinaison de rétinal et d'opsine. Les changements que la lumière provoque dans le rétinal entraînent l'hyperpolarisation des bâtonnets. Les photorécepteurs et les neurones bipolaires n'engendrent que des potentiels récepteurs ; ce sont les cellules ganglionnaires qui produisent les potentiels d'action.

21. Les trois types de cônes contiennent du rétinal mais des opsines différentes. Chaque type de cônes réagit plus particulièrement à une couleur de la lumière, soit le rouge, le bleu ou le vert. Du point de vue chimique, le fonctionnement des cônes est semblable à celui des bâtonnets.

22. Pendant l'adaptation à la lumière, les pigments photosensibles sont décolorés et les bâtonnets sont inactivés ; puis, à mesure que les cônes réagissent à la lumière intense, l'acuité de la vision augmente. Pendant l'adaptation à l'obscurité, les cônes cessent de fonctionner et l'acuité visuelle diminue ; les bâtonnets commencent à fonctionner lorsque la rhodopsine s'est accumulée en quantité suffisante.

23. La voie visuelle commence avec les neurofibres du nerf optique (les axones des cellules ganglionnaires), dans la rétine. Au niveau du chiasma optique, les neurofibres issues de la moitié médiane de chaque rétine croisent la ligne médiane, forment les tractus optiques et continuent jusqu'au thalamus. Les neurones thalamiques se projettent jusqu'aux aires visuelles du cortex occipital en passant par la radiation optique. Les neurofibres s'étendent aussi de la rétine aux noyaux prétectaux et aux colliculus supérieurs du mésencéphale ainsi qu'au noyau suprachiasmatique de l'hypothalamus.

24. La vision binoculaire consiste en la formation d'images légèrement dissemblables sur les deux rétines. Les aires visuelles fusionnent ces images et produisent la vision stéréoscopique.

25. Au cours du traitement rétinien, l'élimination sélective d'influx émis par les bâtonnets accentue les contrastes. (Les cellules horizontales et les cellules amacrines de la rétine assurent la modification et le traitement local des influx des bâtonnets dirigés vers les cellules ganglionnaires.) Le traitement thalamique favorise l'acuité visuelle et la vision stéréoscopique. Le traitement cortical fait intervenir les neurones corticaux simples de l'aire visuelle primaire, qui reçoivent des influx des cellules ganglionnaires de la rétine, et les neurones corticaux complexes des aires visuelles associatives, qui reçoivent des influx de neurones corticaux simples.

Oreille : ouïe et équilibre (p. 565-579)

Structure de l'oreille (p. 566-569)

1. L'oreille externe est composée du pavillon et du méat acoustique externe. La membrane du tympan, ou tympan, constitue la limite entre l'oreille externe et l'oreille moyenne et transmet les ondes sonores à cette dernière.

2. L'oreille moyenne est une petite cavité creusée dans l'os temporal ; elle est reliée au nasopharynx par la trompe auditive. Les osselets de l'ouïe sont logés dans l'oreille moyenne et transmettent les vibrations sonores du tympan à la fenêtre du vestibule.

3. L'oreille interne est composée du labyrinthe osseux, dans lequel le labyrinthe membraneux est suspendu. Les cavités du labyrinthe osseux contiennent la périlymphe ; les conduits et les vésicules du labyrinthe membraneux contiennent l'endolymphe.

4. Le vestibule contient le saccule et l'utricule. Les canaux semi-circulaires osseux sont situés à l'arrière du vestibule et ils sont orientés dans les trois plans de l'espace. Ils contiennent les conduits semi-circulaires membraneux.

5. La cochlée abrite le conduit cochléaire, qui contient l'organe spiral (le récepteur de l'audition). Dans le conduit cochléaire, les cellules sensorielles ciliées (réceptrices) reposent sur la lame basilaire de la cochlée, et leurs cils pénètrent dans la membrana tectoria du conduit cochléaire, à texture gélatineuse.

Son et mécanismes de l'audition (p. 569-574)

6. Le son naît d'un objet vibrant et se propage sous forme d'ondes où alternent des zones de compression et des zones de raréfaction.

7. La longueur d'onde d'un son est la distance entre deux crêtes de l'onde sinusoïdale. Plus la longueur d'onde est courte, plus la fréquence (mesurée en hertz) est élevée. La fréquence correspond à la hauteur du son.

8. L'amplitude d'un son est la hauteur des pics de l'onde sinusoïdale, et elle détermine l'intensité. L'intensité sonore se mesure en décibels et correspond à la force du son.

9. En traversant le méat acoustique externe, le son transmet ses vibrations au tympan. Les osselets amplifient les vibrations et les communiquent à la fenêtre du vestibule.

10. Les ondes de pression qui se propagent dans les liquides cochléaires produisent la résonance de certaines fibres de la lame basilaire. Aux endroits où les vibrations de la membrane atteignent un maximum, les cellules sensorielles ciliées de l'organe spiral sont dépolarisées et hyperpolarisées en alternance par le mouvement vibratoire. Les sons de haute fréquence excitent les cellules sensorielles ciliées situées près de la fenêtre du vestibule ; les sons de basse fréquence excitent les cellules sensorielles ciliées situées près du sommet. Ce sont les cellules sensorielles ciliées internes qui transmettent la plupart des influx auditifs au cerveau. Les cellules sensorielles ciliées externes augmentent la sensibilité des cellules sensorielles ciliées internes.

11. Les influx produits dans le nerf cochléaire passent par les noyaux cochléaires du bulbe rachidien et par plusieurs noyaux du tronc cérébral avant d'atteindre les aires auditives du cortex cérébral. Chaque aire auditive reçoit des influx des deux oreilles.

12. Le traitement auditif est analytique, c'est-à-dire que chaque son est perçu indépendamment. La perception de la hauteur est reliée à la situation des cellules sensorielles ciliées excitées sur la lame basilaire de la cochlée. La perception de l'intensité est reliée à un accroissement de la mobilité de la lame basilaire et de la fréquence des influx envoyés aux aires auditives. Les différences d'intensité et l'écart temporel entre les sons parvenant à chaque oreille permettent la localisation du son.

Déséquilibres homéostatiques de l'audition (p. 575)

13. La surdité de transmission résulte d'entraves à la propagation des vibrations sonores dans les liquides de l'oreille interne. La surdité de perception est due à des lésions des structures nerveuses.

14. L'acouphène est un signe annonciateur de la surdité de perception ; il peut aussi constituer un effet indésirable de certains médicaments.

15. Le syndrome de Ménière est un trouble du labyrinthe membraneux. Il se manifeste par des acouphènes, la surdité et des vertiges. On pense qu'il est causé par une accumulation d'endolymphe.

Mécanismes de l'équilibre et de l'orientation (p. 575-579)

16. Les récepteurs de l'équilibre, situés dans l'oreille interne, forment l'appareil vestibulaire.

17. Les récepteurs de l'équilibre statique sont les macules situées dans le saccule et dans l'utricule. Une macule est composée de cellules sensorielles dotées de stéréocils et d'un kinocil pénétrant dans la membrane des statoconies sus-jacente. Les mouvements linéaires entraînent la membrane des statoconies, et ce déplacement fléchit les cils des cellules sensorielles. Les mouvements en direction du kinocil dépolarisent les cellules sensorielles et augmentent la fréquence des influx produits dans les neurofibres du nerf vestibulaire. Les mouvements à l'opposé du kinocil ont l'effet contraire.

18. Les récepteurs de l'équilibre dynamique sont les crêtes ampullaires situées dans l'ampoule de chaque conduit semi-circulaire. Ils réagissent aux mouvements angulaires ou rotatoires dans un plan de l'espace. Une crête ampullaire est composée d'un groupe de cellules sensorielles dont les microvillosités pénètrent dans une cupule gélatineuse. Les rotations déplacent l'endolymphe dans la direction opposée à celle du mouvement, ce qui fait fléchir la cupule et stimule ou inhibe les cellules sensorielles.

19. Les influx provenant de l'appareil vestibulaire se propagent dans les neurofibres du nerf vestibulaire jusqu'au cervelet et aux noyaux vestibulaires du tronc cérébral. Ces centres activent les muscles qui concourent au maintien de l'équilibre et permettent aux yeux de fixer un objet.

Développement et vieillissement des organes des sens (p. 580-582)

Goût et odorat (p. 580)

1. Les sens chimiques ont une acuité maximale à la naissance, puis ils s'émoussent au cours des années, à mesure que ralentit la régénération des cellules réceptrices.

Vision (p. 580)

2. Les affections congénitales de l'œil sont rares, mais la rubéole contractée pendant la grossesse peut causer la cécité chez l'enfant.

3. L'œil se développe à partir de la vésicule optique, une saillie du diencéphale qui s'invagine pour former la cupule optique, puis la rétine. L'ectoderme sus-jacent se plie et forme la vésicule cristallinienne. En se déposant dans la cupule optique, la vésicule cristallinienne forme le cristallin. Les autres tissus de l'œil et les structures annexes sont formés par le mésenchyme.

4. Le bulbe de l'œil est court à la naissance et atteint sa taille adulte à l'âge de huit ou neuf ans. La vision stéréoscopique et la vision chromatique se développent pendant la petite enfance.

5. Au cours des années, le cristallin perd son élasticité et sa transparence, et la pupille perd sa capacité de se dilater. L'acuité visuelle diminue. Les personnes âgées sont prédisposées aux troubles oculaires dus à la maladie.

Ouïe et équilibre (p. 580-582)

6. Le labyrinthe membraneux se développe à partir de la placode otique, un épaississement de l'ectoderme situé sur la face latérale du rhombencéphale. Le mésenchyme forme les structures osseuses environnantes. L'endoderme des sacs pharyngiens, en conjonction avec le mésenchyme, forme les structures de l'oreille moyenne ; l'oreille externe provient en grande partie de l'ectoderme.

7. Les anomalies congénitales de l'oreille sont fréquentes. La rubéole contractée pendant la grossesse peut causer la surdité chez l'enfant.

8. Chez le nouveau-né, les réactions au son sont de nature réflexe. À l'âge de cinq mois, le nourrisson peut localiser les sons. L'écoute attentive se développe au stade du trottineur.

9. Le bruit, la maladie et les médicaments auxquels les cellules sensorielles ciliées de la cochlée sont exposées au cours de la vie causent la détérioration de l'organe spiral. La presbyacousie (perte auditive liée au vieillissement) apparaît autour de 60 ou 70 ans.

QUESTIONS DE RÉVISION

Choix multiples/associations

(Réponses à l'appendice G)

1. Les lésions du tractus olfactif nuisent à : (a) la vision ; (b) l'audition ; (c) la perception de la douleur ; (d) l'olfaction.

2. Les influx sensitifs transmis par les nerfs faciaux, glossopharyngiens et vagues donnent lieu : (a) aux sensations gustatives ; (b) aux sensations tactiles ; (c) à la sensation de l'équilibre ; (d) aux sensations olfactives.

3. Les calicules gustatifs sont situés : (a) sur la partie antérieure de la langue ; (b) sur la face interne des joues ; (c) sur le palais ; (d) toutes ces réponses.

4. Les cellules gustatives sont stimulées par : (a) le mouvement des statoconies ; (b) l'étirement ; (c) les substances en solution ; (d) les photons.

5. Les cellules du bulbe olfactif qui réalisent l'intégration locale des influx olfactifs sont : (a) les cellules sensorielles ciliées ; (b) les cellules granuleuses ; (c) les cellules basales ; (d) les cellules mitrales ; (e) les cellules de soutien.

6. Les neurofibres des nerfs olfactifs passent dans : (a) les bulbes olfactifs ; (b) la lame criblée de l'ethmoïde ; (c) les tractus olfactifs ; (d) les aires olfactives du cortex.

7. Les glandes annexes qui produisent une sécrétion huileuse sont : (a) la conjonctive ; (b) les glandes lacrymales ; (c) les glandes tarsales.

8. La portion blanche et opaque de la tunique fibreuse est : (a) la choroïde ; (b) la cornée ; (c) la rétine ; (d) la sclère.

9. Parmi les trajets suivants, lequel les larmes empruntent-elles pour passer du bulbe de l'œil à la cavité nasale ? (a) Canalicules lacrymaux, conduits lacrymo-nasaux, cavité nasale. (b) Ductules excréteurs, canalicules lacrymaux, conduits lacrymo-nasaux. (c) Conduits lacrymo-nasaux, canalicules lacrymaux, sacs lacrymaux.

10. Les milieux réfracteurs de l'œil sont, dans l'ordre où ils dévient la lumière : (a) le corps vitré, le cristallin, l'humeur aqueuse, la cornée ; (b) la cornée, l'humeur aqueuse, le cristallin, le corps vitré ; (c) la cornée, le corps vitré, le cristallin, l'humeur aqueuse ; (d) le cristallin, l'humeur aqueuse, la cornée, le corps vitré.

11. Une lésion du muscle droit médial de l'œil peut entraver : (a) l'accommodation ; (b) la réfraction ; (c) la convergence ; (d) la contraction de la pupille.

12. L'adaptation à la lumière s'explique par le fait que : (a) la rhodopsine ne fonctionne pas dans la pénombre ; (b) la rhodopsine se dégrade lentement ; (c) les bâtonnets exposés à la lumière intense produisent lentement la rhodopsine ; (d) les cônes sont stimulés par la lumière intense.

13. L'obstruction du sinus veineux de la sclère peut causer : (a) un orgelet ; (b) un glaucome ; (c) une conjonctivite ; (d) une cataracte.

14. La myopie est un problème de l'œil où : (a) le bulbe de l'œil est trop long ; (b) l'image se forme derrière la rétine ; (c) le cristallin a une courbure irrégulière.

15. Parmi les neurones de la rétine, quels sont ceux dont les axones forment le nerf optique ? (a) Les neurones bipolaires. (b) Les cellules ganglionnaires. (c) Les cônes. (d) Les cellules horizontales.

16. Quel enchaînement de réactions se produit lorsqu'une personne regarde un objet éloigné ? (a) Les pupilles se contractent, les ligaments suspenseurs du cristallin se relâchent, les cristallins s'aplatissent. (b) Les pupilles se dilatent, les ligaments suspenseurs se tendent, les cristallins s'aplatissent. (c) Les pupilles se dilatent, les ligaments suspenseurs se tendent, les cristallins bombent. (d) Les pupilles se contractent, les ligament suspenseurs se relâchent, les cristallins bombent.

17. Pendant le développement embryonnaire, le cristallin se forme à partir : (a) de la choroïde ; (b) de l'ectoderme superficiel sus-jacent à la cupule optique ; (c) de la sclère ; (d) du mésoderme.

18. Le disque du nerf optique est situé : (a) à l'endroit où les bâtonnets sont plus nombreux que les cônes ; (b) à la macula de la rétine ; (c) à l'endroit où il n'y a que des cônes ; (d) à l'endroit où le nerf optique sort de l'œil.

19. Le son est transmis de l'oreille moyenne à l'oreille interne par les vibrations : (a) du malléus contre la membrane du tympan ; (b) du stapès dans la fenêtre du vestibule ; (c) de l'incus dans la fenêtre de la cochlée ; (d) du stapès contre la membrane du tympan.

20. Les vibrations sonores sont transmises dans l'oreille interne principalement par : (a) des neurofibres ; (b) l'air ; (c) un liquide ; (d) l'os.

21. Parmi les énoncés suivants, lequel ne correspond pas à l'organe spiral ? (a) Les sons de haute fréquence stimulent les cellules sensorielles ciliées de la base de la lame basilaire. (b) Les « cils » des cellules réceptrices pénètrent dans la membrana tectoria du conduit cochléaire. (c) La lame basilaire joue le rôle de résonateur. (d) Les sons de haute fréquence stimulent les cellules situées au sommet de la lame basilaire.

22. La hauteur des sons est à la fréquence ce que la force est : (a) au timbre ; (b) à l'intensité ; (c) aux harmoniques ; (d) toutes ces réponses.

23. La structure qui rétablit l'équilibre entre la pression de l'oreille interne et la pression atmosphérique est : (a) le pavillon ; (b) la trompe auditive ; (c) la membrane du tympan ; (d) la membrane secondaire du tympan.

24. Parmi les éléments suivants, lequel (ou lesquels) contribue(nt) au maintien de l'équilibre ? (a) Les indices visuels. (b) Les conduits semi-circulaires. (c) Le saccule. (d) Les propriocepteurs. (e) Toutes ces réponses.

25. Les récepteurs de l'équilibre statique qui détectent la position de la tête par rapport à la force gravitationnelle sont : (a) les organes spiraux ; (b) les macules ; (c) les crêtes ampullaires.

26. Lequel des troubles suivants *ne* cause *pas* la surdité de transmission ? (a) Le bouchon de cérumen. (b) L'otite moyenne. (c) La dégénérescence du nerf cochléaire. (d) L'otospongiose.

27. Lesquels des muscles suivants sont des muscles qui se trouvent *à l'intérieur* du bulbe de l'œil ? (a) Le muscle droit supérieur. (b) Le muscle orbiculaire de l'œil. (c) Les muscles lisses de l'iris et du corps ciliaire. (d) Le muscle releveur de la paupière supérieure.

28. Lequel des éléments suivants est situé le plus près du pôle postérieur de l'œil ? (a) Le nerf optique. (b) Le disque du nerf optique. (c) La macula. (d) Le point d'entrée de l'artère centrale dans l'œil.

29. Les statoconies sont : (a) une cause de la surdité ; (b) un type d'appareils auditifs ; (c) des structures importantes dans l'équilibre ; (d) les os temporaux durs comme de la pierre.

Questions à court développement

30. Nommez les quatre saveurs fondamentales et indiquez la partie de la langue la plus sensible à chacune.

31. Où sont situées les cellules olfactives et pourquoi cette situation est-elle mal adaptée à leur fonction ?

32. Pourquoi a-t-on souvent besoin de se moucher après avoir pleuré ?

33. Quelles sont les différences fonctionnelles entre les cônes et les bâtonnets ?

34. Où la fossette centrale est-elle située et quelle est son importance ?

35. Décrivez la réaction de la rhodopsine aux stimulus lumineux. Quel est le résultat de cet enchaînement d'événements ?

36. Expliquez pourquoi nous voyons de très nombreuses couleurs en dépit du fait qu'il n'existe que trois types de cônes.

37. Expliquez l'effet du vieillissement sur les organes des sens.

RÉFLEXION ET APPLICATION

1. L'ophtalmoscopie révèle que Mme Julien souffre d'un œdème papillaire bilatéral. Un examen approfondi montre que son état est dû à une tumeur intracrânienne en croissance rapide. Définissez l'œdème papillaire, puis expliquez sa présence par rapport au diagnostic formulé à l'endroit de Mme Julien.

2. Sabrine, une petite fille de neuf ans, dit à son médecin « qu'elle a mal à la bosse de l'oreille, qu'elle est étourdie et qu'elle tombe souvent ». Tout en parlant, Sabrine montre son processus mastoïde. L'otoscopie du méat acoustique externe révèle une rougeur et un œdème du tympan ; il y a également une inflammation de la gorge. Le médecin diagnostique une mastoïdite doublée d'une labyrinthite (inflammation du labyrinthe) secondaire. Décrivez le trajet que l'infection a probablement suivi dans le cas de Sabrine et nommez les structures infectées. Expliquez aussi la cause de ses étourdissements et de ses chutes.

3. M. Joly se présente à l'hôpital en disant qu'il a un éclat de bois dans l'œil. On ne trouve aucun corps étranger dans son œil, mais on constate que la conjonctive est enflammée. Quel nom donne-t-on à cette inflammation ? Où chercheriez-vous un corps étranger qui a séjourné pendant un certain temps sur la surface de l'œil ?

4. Depuis quelque temps, Mme Bélanger perçoit des phosphènes et des corps flottants dans son champ visuel droit. Elle a pris rendez-vous avec son ophtalmologiste lorsqu'elle a commencé à voir un « voile » flotter devant son œil droit. Quel est votre diagnostic ? L'état de Mme Bélanger est-il grave ? Justifiez votre réponse.

5. Un étudiant en génie travaille dans une discothèque depuis environ huit mois pour payer ses études. Il remarque qu'il a de plus en plus de difficulté à entendre les sons aigus. Quelle est la relation de cause à effet dans son cas ?

6. Supposez qu'une personne présente une tumeur de l'hypophyse ou de l'hypothalamus qui comprime le chiasma optique. Quelles seraient les conséquences pour la vision de cette personne ?

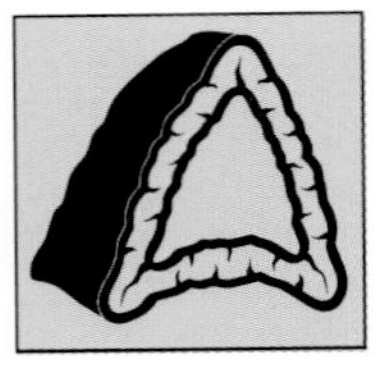

LE SYSTÈME ENDOCRINIEN

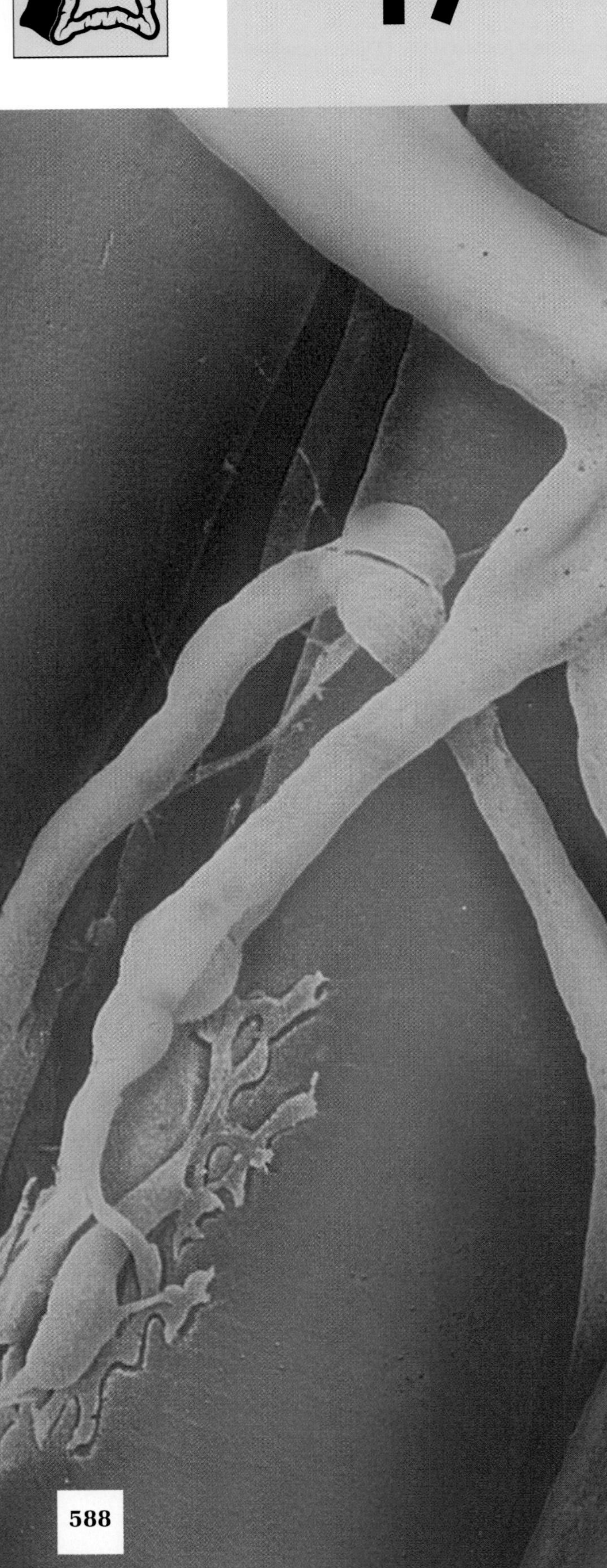

SOMMAIRE ET OBJECTIFS D'APPRENTISSAGE

1. Indiquer les principales différences entre la régulation hormonale et la régulation nerveuse.

Système endocrinien: caractéristiques générales (p. 589-590)

2. Énumérer et situer les principales glandes strictement endocrines et les glandes mixtes.
3. Citer les autres structures hormonopoïétiques.

Hormones (p. 590-595)

4. Définir le terme hormone ; expliquer la classification chimique des hormones; faire la distinction entre hormones circulantes et hormones locales.
5. Décrire les deux principaux mécanismes d'action des hormones.
6. Présenter les principaux facteurs pouvant stimuler la libération d'une hormone; expliquer comment une hormone est reconnue par une cellule cible; montrer comment son taux sanguin est régulé et comment son élimination du sang est effectuée.

Principales glandes endocrines (p. 595-620)

7. Décrire les relations structurales et fonctionnelles entre l'hypothalamus et l'hypophyse; définir les termes hormone de libération et hormone d'inhibition.
8. Énumérer les hormones de l'adénohypophyse et décrire leurs principaux effets; définir le terme stimulines.
9. Expliquer la structure de la neurohypophyse; nommer les deux hormones qu'elle libère et décrire leurs effets.
10. Nommer les deux groupes d'hormones produites par la glande thyroïde et décrire leurs principaux effets; expliquer la formation et la libération de la thyroxine.
11. Décrire l'effet général de la parathormone; indiquer ses trois organes cibles et expliquer son action sur ces organes.
12. Nommer les hormones produites par le cortex surrénal et la médulla surrénale et indiquer leurs effets physiologiques; présenter les principaux mécanismes de régulation de la sécrétion d'aldostérone.
13. Comparer les effets des deux principales hormones sécrétées par le pancréas; expliquer ce qu'est le diabète sucré, présenter ses deux principales formes et expliquer les causes de ses trois grands symptômes (polydipsie, polyurie, polyphagie).
14. Décrire les rôles des hormones produites par les testicules et les ovaires.
15. Discuter de la relation possible entre la mélatonine, la lumière et les processus physiologiques rythmiques.
16. Décrire brièvement l'importance des hormones sécrétées par le thymus pour le fonctionnement du système immunitaire.
17. Préciser l'effet d'une hyposécrétion ou d'une hypersécrétion des hormones suivantes: GH, ADH, T_3, T_4, PTH, aldostérone et glucocorticoïdes.

Autres structures hormonopoïétiques (p. 620-621)

18. Situer les endocrinocytes gastro-intestinaux; nommer quelques hormones qu'ils produisent ainsi que leurs effets.
19. Expliquer brièvement les fonctions hormonales du cœur, du placenta, des reins et de la peau.

Développement et vieillissement du système endocrinien (p. 621, 624)

20. Décrire les principaux effets du vieillissement sur le système endocrinien.

Pour vous plonger dans le drame et l'action, vous n'avez pas besoin de regarder des séries télévisées dont l'intrigue se déroule dans une salle d'urgence. À l'intérieur de votre corps, en effet, les molécules et les cellules participent à des aventures qui se nouent à l'échelle microscopique mais qui n'en sont pas moins palpitantes. Lorsque les molécules d'insuline, transportées passivement dans le sang, s'accrochent aux récepteurs protéiniques des cellules cibles, la réaction est spectaculaire : les molécules de glucose sont absorbées par la membrane plasmique et l'activité cellulaire s'intensifie. Le **système endocrinien,** le second système de régulation de l'organisme en importance, possède d'étonnantes capacités. Cependant, loin de fonctionner isolément, il travaille en synergie avec le système nerveux pour coordonner l'activité cellulaire dont dépend l'homéostasie. Or, les mécanismes et la vitesse d'action de ces deux systèmes diffèrent grandement. Le système nerveux régit l'activité des muscles et des glandes au moyen d'influx nerveux déclenchés par les neurones ; la réaction des organes effecteurs ne se fait pas attendre plus de quelques millisecondes. Le système endocrinien, quant à lui, influe sur les activités métaboliques des cellules par l'intermédiaire d'**hormones** (*hormân* = exciter), des messagers chimiques déversés dans le sang et transportés dans tout l'organisme. Les réactions des tissus ou des organes aux hormones surviennent généralement après une période de latence de quelques secondes ou même de quelques jours. Une fois amorcées, cependant, elles tendent à durer beaucoup plus longtemps que les réactions induites par le système nerveux.

Les hormones influent sur la plupart des cellules de l'organisme (et non exclusivement celles des muscles et des glandes), et elles ont des effets étendus et diversifiés. Les principaux processus qu'elles régissent et intègrent sont la reproduction, la croissance et le développement, la mobilisation des moyens de défense de l'organisme contre les facteurs de stress, le maintien de l'équilibre des électrolytes, de l'eau et des nutriments dans le sang ainsi que la régulation du métabolisme cellulaire et de l'équilibre énergétique. C'est dire que le système endocrinien coordonne des processus relativement longs, voire continuels. L'étude scientifique des hormones et des organes endocriniens est appelée **endocrinologie.**

SYSTÈME ENDOCRINIEN : CARACTÉRISTIQUES GÉNÉRALES

Comparativement aux autres organes, les glandes qui forment le système endocrinien sont de petites dimensions et d'apparence modeste. Pour recueillir 1 kg de tissu hormonopoïétique, il faudrait prélever *tous* les tissus endocriniens de huit ou neuf adultes ! En outre, les organes du système endocrinien ne présentent pas la continuité anatomique caractéristique de la plupart des autres systèmes. En effet, les glandes endocrines sont disséminées dans tout l'organisme (figure 17.1).

Quels organes pourrait-on ajouter dans cette figure pour représenter les groupes de cellules hormonopoïétiques situés en dehors des principales glandes endocrines ?

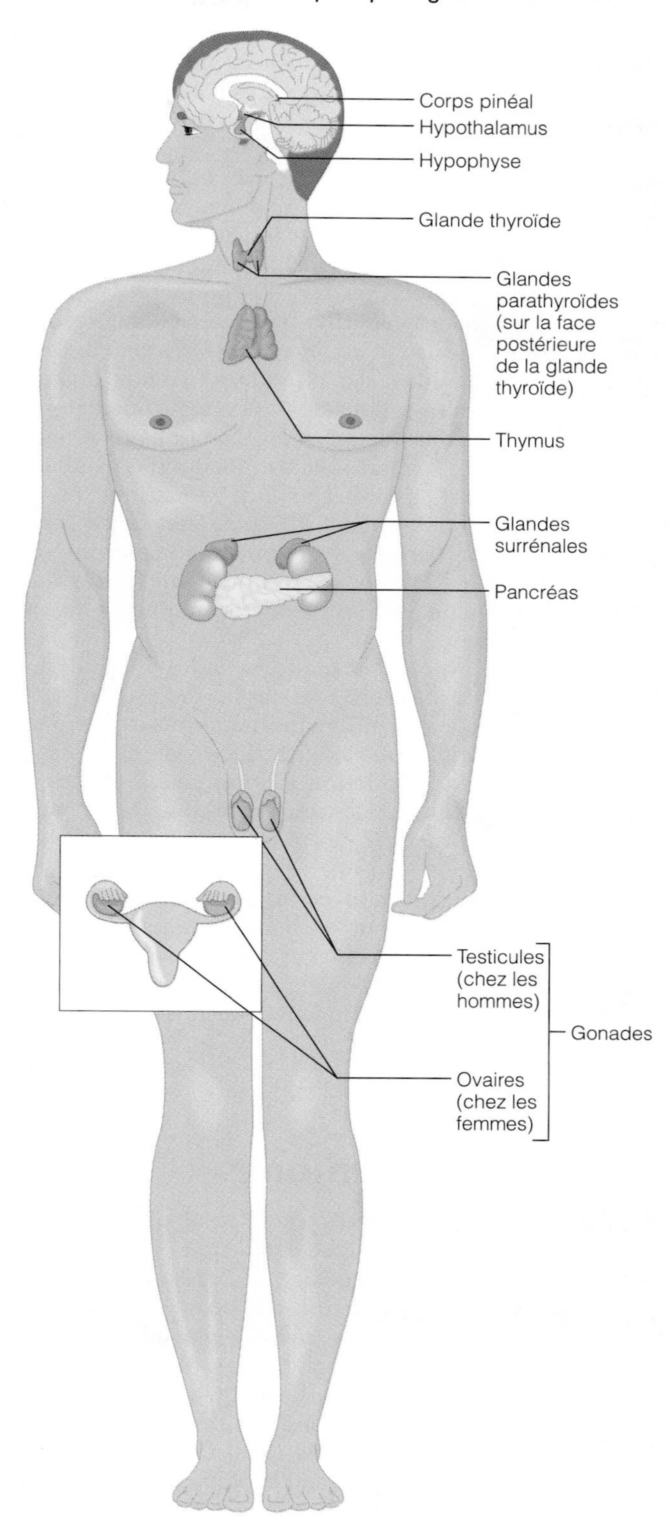

FIGURE 17.1
Situation des principales glandes endocrines.

Voir le tableau 17.4, p. 621.

17

Comme nous l'avons expliqué au chapitre 4, il existe deux types de glandes : les glandes endocrines et les glandes exocrines. Les glandes exocrines sont dotées de conduits au moyen desquels elles déversent leurs sécrétions non hormonales dans une structure tubulaire ou une cavité. Les glandes endocrines, aussi appelées *glandes à sécrétion interne,* sont dépourvues de conduits. Elles libèrent des hormones dans le liquide interstitiel environnant (*endo* = en dedans ; *krinein* = sécréter), et elles sont généralement pourvues d'un abondant drainage vasculaire et lymphatique. La disposition caractéristique des cellules hormonopoïétiques en chapelets et en réseaux multiplie leurs contacts avec les capillaires sanguins et lymphatiques.

Les **glandes endocrines** sont l'hypophyse, la glande thyroïde, les glandes parathyroïdes, les glandes surrénales, le corps pinéal et le thymus ; toutes ces glandes sont strictement endocrines. Par ailleurs, plusieurs organes renferment des incrustations de tissu endocrinien et produisent des hormones en plus de sécrétions exocrines. Ces organes, dont le pancréas et les gonades (les ovaires et les testicules), sont aussi des glandes endocrines : on les appelle parfois *glandes mixtes.* L'hypothalamus fait partie d'une catégorie particulière. Non seulement remplit-il des fonctions nerveuses, mais il produit et libère des hormones, si bien qu'on peut le considérer comme un **organe neuro-endocrinien.**

Outre les principales glandes endocrines, divers autres tissus et organes sécrètent des hormones. Ainsi, on trouve des poches de cellules hormonopoïétiques dans les parois d'organes dont les fonctions principales sont tout autres que la production d'hormones, notamment l'intestin grêle, l'estomac, les reins et le cœur. Nous décrirons ces autres structures hormonopoïétiques plus loin dans le chapitre.

17

De plus, certaines cellules tumorales, comme celles qui apparaissent dans certains cancers du poumon et du pancréas, synthétisent des hormones identiques à celles qu'élaborent les glandes endocrines normales, mais elles le font de manière excessive et anarchique. ■

HORMONES

Chimie des hormones

On peut définir les **hormones** comme des substances chimiques que des cellules sécrètent dans le liquide interstitiel (extracellulaire) et qui régissent le métabolisme d'autres cellules, la contraction des myocytes non striés ainsi que la sécrétion de certaines glandes. Bien que l'organisme produise des hormones très diverses, on peut presque toutes les classer en deux grands groupes : les **hormones dérivées d'acides aminés,** qui sont hydrosolubles, et les **hormones stéroïdes,** qui sont liposolubles.

Le premier groupe comprend la plupart des hormones. Des amines et de la thyroxine aux macromolécules protéiques (longs polymères d'acides aminés) en passant par les peptides (courtes chaînes d'acides aminés), la taille des molécules de ce groupe varie considérablement. Les hormones du deuxième groupe, les stéroïdes, sont synthétisées à partir du cholestérol. Parmi les hormones élaborées par les principales glandes endocrines, seules les hormones gonadiques et les hormones du cortex surrénal sont des stéroïdes.

Si nous tenons compte des **icosanoïdes,** qui comprennent les *leucotriènes* et les *prostaglandines,* nous devons ajouter un troisième groupe à la classification. Ces *hormones paracrines* ou *locales* sont des lipides biologiquement actifs (produits à partir de l'acide arachidonique, lui-même résultant de la transformation des phospholipides membranaires) ; elles sont libérées par presque toutes les membranes plasmiques. Les leucotriènes sont des signaux chimiques qui interviennent dans le déclenchement de la réaction inflammatoire et de certaines réactions allergiques. Les prostaglandines ont des cibles et des effets multiples ; ainsi, ce sont elles qui élèvent la pression artérielle, intensifient les contractions utérines pendant l'accouchement (en stimulant le muscle lisse de l'utérus) et favorisent la coagulation du sang et l'inflammation. Comme les icosanoïdes ont en général des effets très localisés, ils ne correspondent pas tout à fait à la définition des *hormones circulantes,* qui influent sur des cibles éloignées. Par conséquent, nous ne donnerons pas plus de détails ici sur ces substances analogues à des hormones, mais nous les décrirons lorsqu'il conviendra de le faire dans des chapitres ultérieurs.

Mécanismes de l'action hormonale

Les hormones agissent sur les cellules cibles en *modifiant* leur activité, c'est-à-dire en accélérant ou en ralentissant leurs processus normaux. La réponse particulière suscitée par l'hormone est fonction du type de cellule cible. Par exemple, les myocytes non striés des vaisseaux sanguins sont les *seules* cellules à se contracter à la suite de la liaison de l'adrénaline (l'adrénaline agit également sur d'autres types de cellules cibles, mais elle aura d'autres effets que la contraction).

En général, un stimulus hormonal produit au moins un des effets suivants :

1. Modification de la perméabilité ou du potentiel de repos de la membrane plasmique à la suite de l'ouverture ou de la fermeture de canaux ioniques.
2. Synthèse de protéines ou de molécules régulatrices (comme des enzymes) dans la cellule.
3. Activation ou désactivation d'enzymes.
4. Déclenchement de l'activité sécrétrice.
5. Stimulation de la mitose.

Deux grands types de mécanismes permettent aux hormones, une fois liées à leurs récepteurs, de déclencher les processus intracellulaires par lesquels leurs actions se traduisent. Le premier, caractéristique des hormones dérivées d'acides aminés, fait intervenir des molécules régulatrices appelées protéines G et au moins un second messager intracellulaire qui entraîne la réaction de la cellule cible à l'hormone. Le second mécanisme, caractéristique des hormones stéroïdes, est l'activation directe d'un gène (ADN) par l'hormone elle-même.

Quelle protéine membranaire sert de transducteur du signal dans ce mécanisme ? Pourquoi dit-on que les réactions déclenchées par les seconds messagers sont « en cascade » ?

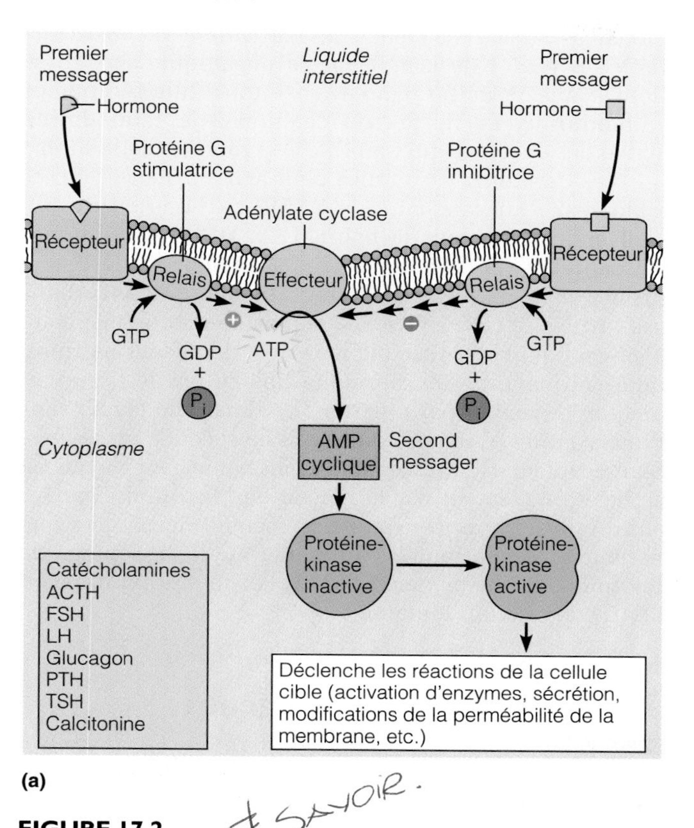

FIGURE 17.2
Représentation schématique des seconds messagers des hormones dérivées d'acides aminés. (a) L'activation de l'adénylate cyclase et la production d'AMP cyclique qui s'ensuit sont déclenchées par des protéines G. Ces protéines sont activées par la liaison de l'hormone (premier messager) aux récepteurs membranaires. Elles ont une activité GTPase qui catalyse la libération d'énergie par hydrolyse de la GTP. L'AMP cyclique (le second messager) agit à l'intérieur de la cellule de manière à activer des protéines-kinases qui induisent les réactions de la cellule à l'hormone.

Hormones dérivées d'acides aminés et seconds messagers

Les protéines et les peptides ne peuvent traverser la membrane plasmique des cellules car celle-ci est principalement composée d'une double couche de phospholipides ; presque toutes les hormones dérivées d'acides aminés (hydrosolubles) agissent donc par l'intermédiaire de **seconds messagers** intracellulaires produits par la liaison des hormones aux récepteurs de la membrane plasmique. Parmi les seconds messagers, l'**AMP cyclique,** qui induit aussi les effets de certains neurotransmetteurs, est de loin le mieux connu, et c'est sur lui que nous nous attarderons.

La (les) protéine(s) G. Parce que chaque étape a un effet d'amplification énorme et produit beaucoup plus de molécules que la précédente.

Mécanisme de l'AMP cyclique Trois éléments de la membrane plasmique interagissent pour déterminer la concentration intracellulaire d'AMP cyclique (figure 17.2a) ; il s'agit du récepteur de l'hormone, du transducteur du signal (une protéine G) et de l'enzyme effectrice (l'adénylate cyclase). Dans ce mécanisme, l'hormone, considérée comme le **premier messager,** se lie à son récepteur. La sous-unité catalytique de la **protéine G** joue ensuite le rôle d'intermédiaire afin d'activer l'**adénylate cyclase,** laquelle produira l'AMP cyclique à partir de l'ATP. L'énergie nécessaire à la conversion du premier message (hormonal) en un deuxième message (AMP cyclique) provient de l'hydrolyse de la **GTP,** un composé riche en énergie. (La protéine G possède une activité GTPase et détache le groupement phosphate terminal de la GTP, comme les enzymes ATPases hydrolysent l'ATP afin de libérer de l'énergie.)

Maintenant que nous avons vu comment se forme l'AMP cyclique, nous pouvons aborder la façon dont ce « messager », libre de diffuser dans la cellule, stimule les réponses d'une cellule cible à une hormone. L'AMP cyclique est surtout connue pour sa capacité de déclencher une série de réactions chimiques en cascade au cours desquelles une enzyme au moins, appelée **protéine-kinase,** est activée. Une cellule donnée peut posséder plusieurs types de protéines-kinases, chacune ayant des substrats distincts. Les protéines-kinases catalysent la *phosphorylation* de diverses protéines (c'est-à-dire leur ajoutent un groupement phosphate), dont beaucoup sont d'autres enzymes. Comme la phosphorylation active certaines de ces protéines et en inhibe d'autres, diverses réactions peuvent survenir simultanément dans la même cellule cible. Par exemple, une cellule hépatique réagit à la liaison de l'adrénaline à ses récepteurs en dégradant le glycogène et les triglycérides emmagasinés ; ces réactions sont produites par des enzymes différentes.

Une fois activées, les protéines G se détachent du récepteur pour accomplir leurs fonctions, ce qui explique l'effet amplificateur des réactions enzymatiques. Chaque molécule d'adénylate cyclase activée engendre un grand nombre de molécules d'AMP cyclique, et une seule protéine-kinase peut catalyser des centaines de réactions. Théoriquement, la liaison d'une seule molécule d'hormone à un récepteur peut produire des millions de molécules de produit final !

La succession des réactions biochimiques amorcées par l'AMP cyclique dépend du type de la cellule cible, des protéines-kinases qu'elle contient et des hormones servant de premiers messagers. Dans les cellules thyroïdiennes, par exemple, l'AMP cyclique produite en réaction à la liaison de la thyréotrophine (TSH) favorise la synthèse de la thyroxine ; dans les cellules osseuses et musculaires, l'AMP cyclique produite en réaction à la liaison de l'hormone de croissance (GH) provoque des réactions anabolisantes (de synthèse) au cours desquelles des acides aminés forment des protéines tissulaires. Notez que les protéines G ne sont pas toutes des activateurs de l'adénylate cyclase ; en effet, certaines l'inhibent (voir la figure 17.2a), réduisant ainsi la concentration cytoplasmique d'AMP cyclique. Ces effets opposés permettent à une cellule cible de réagir à d'infimes variations du taux des hormones antagonistes qui modulent son activité.

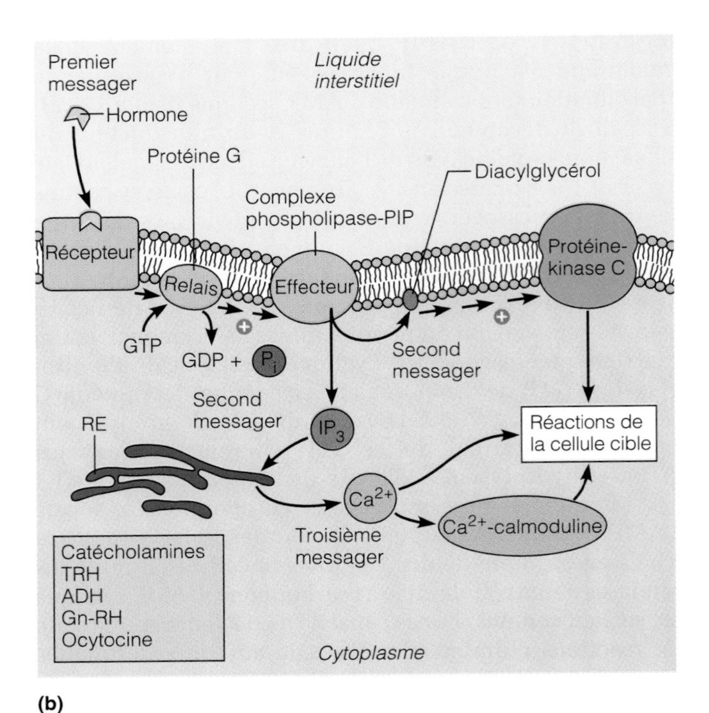

(b)

FIGURE 17.2 (suite)
Représentation schématique des seconds messagers des hormones dérivées d'acides aminés. (b) Certains mécanismes dans lesquels le Ca^{2+} sert de messager intracellulaire sont aussi induits par des protéines G. La protéine G active la phospholipase (une enzyme de la membrane plasmique), qui scinde le PIP en deux fragments, soit l'inositol triphosphate (IP_3) et le diacylglycérol ; tous deux agissent comme seconds messagers intracellulaires pour activer des protéines-kinases et augmenter la concentration cytoplasmique de Ca^{2+}. Le calcium ionique sert ensuite de troisième messager pour modifier l'activité de protéines cellulaires. La figure comprend une liste des hormones qui agissent au moyen de ces mécanismes.

17

Comme l'AMP cyclique est rapidement dégradée par la **phosphodiestérase,** une enzyme intracellulaire, sa durée d'action est brève. Cela pourrait sembler problématique à première vue, mais il n'en est rien. La plupart des hormones dérivées d'acides aminés provoquent les résultats désirés en très peu de temps grâce à l'effet amplificateur que nous avons expliqué plus haut. Une production hormonale continuelle entraîne une activité cellulaire continuelle ; aucune régulation extracellulaire n'est nécessaire à la cessation de l'activité.

Mécanisme du PIP et du calcium Dans certains tissus, l'AMP cyclique est le second messager activateur d'au moins 10 des hormones dérivées d'acides aminés, mais quelques-unes de ces mêmes hormones (l'adrénaline par exemple) agissent dans d'autres tissus par l'intermédiaire d'un second messager différent. Dans l'un de ces mécanismes, les ions calcium intracellulaires servent de dernier intermédiaire. En se fixant à ses récepteurs, l'hormone, au moyen d'une protéine G, active une **phospholipase** de la membrane plasmique qui scinde le **phosphatidyl-inositol diphosphate (PIP_2)** en **diacylglycérol** et en **inositol triphosphate (IP_3).** Ces deux molécules servent de seconds messagers : le diacylglycérol active une protéine-kinase spécifique, la protéine-kinase C, tandis que l'inositol triphosphate agit sur des canaux à calcium du réticulum endoplasmique (RE) et d'autres sites de stockage intracellulaires, qui libèrent des ions calcium (figure 17.2b). Le Ca^{2+} agit ensuite comme **troisième messager,** soit en modifiant directement l'activité d'enzymes particulières et de canaux ioniques (Ca^{2+}) de la membrane plasmique, soit en se liant à une protéine régulatrice intracellulaire appelée **calmoduline.** La liaison du calcium à la calmoduline active des enzymes qui amplifient la réponse cellulaire.

Les hormones reconnues pour agir sur leurs cellules cibles par l'intermédiaire de l'AMP cyclique ou du PIP sont énumérées dans la figure 17.2. D'autres hormones agissent sur leurs cellules cibles au moyen de mécanismes ou de messagers différents (inconnus dans certains cas). Ainsi, le *GMP cyclique* (guanosine monophosphate-3',5'-cyclique) est le second messager du facteur natriurétique auriculaire, une hormone libérée par le tissu cardiaque. Il semble par ailleurs que l'insuline agisse sans l'intervention d'une protéine G ni de seconds messagers. Son récepteur est une *tyrosine-kinase,* une enzyme qui est activée directement par la liaison de l'insuline. Il arrive enfin que n'importe lequel des seconds messagers que nous avons mentionnés, de même que le récepteur de l'hormone lui-même, modifient la concentration intracellulaire de calcium ionique.

Hormones stéroïdes et activation directe de gènes

Étant liposolubles, les hormones stéroïdes (et, curieusement, la thyroxine, une petite amine iodée) diffusent aisément dans leurs cellules cibles. Une fois parvenues à l'intérieur, les hormones se lient à des récepteurs qu'elles activent par le fait même. Ensuite, le complexe hormone-récepteur activé gagne la chromatine nucléaire, où l'hormone se fixe à une *protéine réceptrice* liée à l'ADN qui lui est spécifique. Cette interaction déclenche la transcription de gènes de l'ADN en molécules d'ARN messager (ARNm). Ces molécules sont ensuite traduites dans les ribosomes cytoplasmiques et produisent des molécules protéiques spécifiques. Il peut s'agir d'enzymes qui favorisent les activités métaboliques induites par l'hormone et, dans certains cas, la synthèse de protéines structurales, ou bien de protéines qui seront libérées par la cellule cible. Ce mécanisme d'activation des gènes par une hormone stéroïde est représenté à la figure 17.3.

En l'absence d'une hormone, les récepteurs nucléaires forment un complexe avec la chaperonine ; cette association semble inactiver le récepteur libre (c'est-à-dire l'empêcher de se lier à l'ADN) et, vraisemblablement, le protéger contre la protéolyse. (Relisez la page 54, au chapitre 2, à propos des protéines chaperons.) En présence d'une hormone, cependant, le complexe se dissocie et le récepteur subit une phosphorylation, ce qui lui permet de se lier à des domaines de fixation spécifiques de la molécule d'ADN et d'influer sur la transcription.

Spécificité des hormones et de leurs cellules cibles

Bien que les principales hormones atteignent la plupart des tissus, une hormone donnée agit sur certaines cellules

Quelle est la différence essentielle entre le mécanisme représenté ci-dessous et celui qui est représenté à la figure 17.2 ?

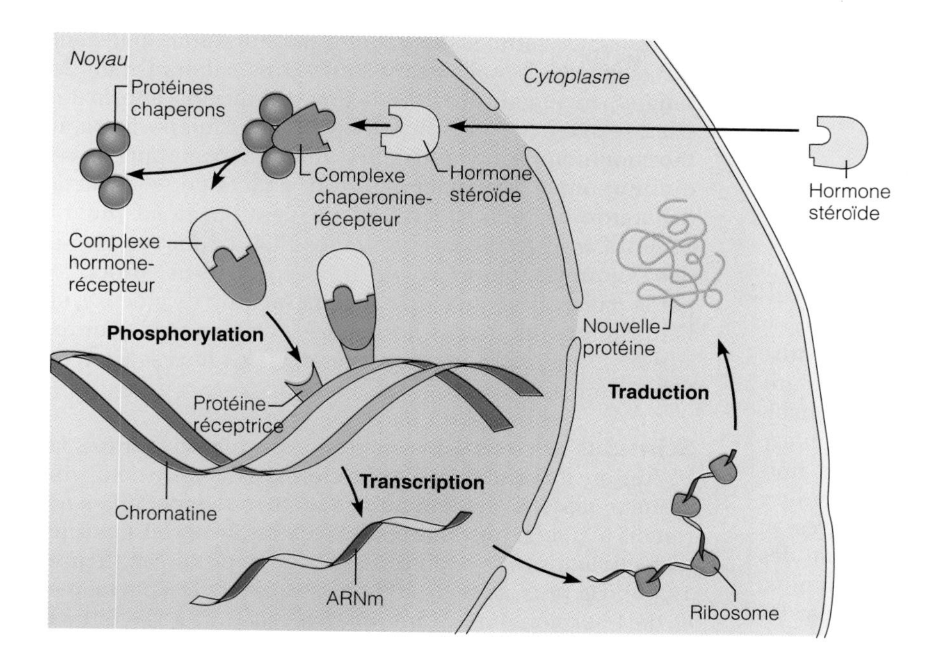

FIGURE 17.3
Activation directe d'un gène par une hormone stéroïde. L'hormone stéroïde liposoluble diffuse à travers la membrane plasmique de la cellule cible et se lie à un complexe intracellulaire chaperonine-récepteur situé dans le noyau. Après la liaison de l'hormone, la chaperonine se dissocie du récepteur ; le complexe hormone-récepteur est ensuite activé par phosphorylation et il se lie à des protéines réceptrices spécifiques de la chromatine, ce qui déclenche la transcription de certains gènes. L'ARNm ainsi formé migre dans le cytoplasme, où il dirige la synthèse de protéines particulières.

seulement, ses **cellules cibles.** Pour réagir à une hormone, une cellule cible doit posséder des **récepteurs** protéiniques auxquels l'hormone peut se lier de manière complémentaire. Ces récepteurs peuvent être situés sur la membrane plasmique ou à l'intérieur de la cellule. (Les récepteurs membranaires des hormones sont des protéines intégrées qui ont la même fonction que les récepteurs membranaires des neurotransmetteurs, c'est-à-dire capter une molécule ayant une structure tridimensionnelle complémentaire ; mais contrairement aux récepteurs des neurotransmetteurs, les récepteurs des hormones ne possèdent pas de canaux permettant la diffusion d'ions à travers la membrane plasmique.) Par exemple, on ne trouve normalement des récepteurs de la corticotrophine (ACTH) que sur certaines cellules du cortex surrénal. En revanche, presque toutes les cellules de l'organisme possèdent des récepteurs de la thyroxine, le principal stimulant hormonal du métabolisme cellulaire. On peut voir une analogie entre une glande endocrine et un poste émetteur d'une part, et entre une cellule cible et un poste récepteur d'autre part. Comme une radio ne captant qu'une seule station, les récepteurs ne réagissent qu'à un seul signal, même en présence de nombreux autres signaux. Un récepteur radiophonique réagit au signal en produisant un son, tandis que les récepteurs cellulaires répondent à la liaison des hormones en provoquant dans les cellules une réaction génétiquement déterminée, le plus souvent en relation avec la fonction de ces cellules. Bref, les hormones sont des « gâchettes » moléculaires et non pas des molécules messagères.

La liaison de l'hormone au récepteur constitue certes une étape primordiale, mais l'étendue de l'activation des cellules cibles repose sur trois facteurs d'importance égale : (1) la concentration sanguine de l'hormone ; (2) le nombre relatif de récepteurs de l'hormone sur la membrane plasmique ou à l'intérieur des cellules cibles ; (3) l'*affinité* entre l'hormone et le récepteur (c'est-à-dire la force de leur liaison). Or, ces trois facteurs varient rapidement sous l'effet des stimulus et des changements survenant dans l'organisme. En règle générale, un grand nombre de récepteurs à forte affinité entraînent un effet prononcé, tandis qu'un petit nombre de récepteurs à faible affinité produisent, pour la même concentration sanguine de l'hormone, une réaction faible, voire un dérèglement endocrinien. Qui plus est, les récepteurs sont des structures dynamiques. Dans certains cas, leur nombre augmente lorsque s'élèvent les taux des hormones auxquelles les cellules réagissent, un phénomène appelé **régulation positive.** Dans d'autres cas, les cellules cibles longuement exposées à de fortes concentrations hormonales se désensibilisent et réagissent de plus en plus faiblement à la stimulation hormonale. On pense que ce phénomène de **régulation négative** est dû à une diminution du nombre des récepteurs et qu'il prévient une réponse excessive. En outre, les hormones peuvent influer sur le nombre et sur l'affinité non seulement des récepteurs qui les captent, mais aussi des récepteurs d'autres hormones. Par exemple, la progestérone provoque une diminution des récepteurs des œstrogènes dans l'utérus, s'opposant ainsi à leur action. Les œstrogènes, au contraire, favorisent l'augmentation des récepteurs de la progestérone sur la membrane plasmique de ces cellules et accroissent ainsi leur sensibilité à la progestérone.

Dans le mécanisme représenté ici, l'hormone (premier messager) pénètre dans le noyau ; elle provoque directement son effet en agissant sur l'ADN et en déclenchant la transcription.

Demi-vie, apparition et durée de l'activité hormonale

Les hormones sont des substances puissantes et, même à de très faibles concentrations sanguines, elles exercent des effets marqués sur leurs organes cibles. À tout moment, la concentration sanguine d'une hormone circulante est liée à la vitesse de sa libération d'une part et à la vitesse de son inactivation et de son élimination de l'organisme d'autre part. Certaines hormones sont rapidement dégradées par des enzymes à l'intérieur de leurs cellules cibles ; cependant, la plupart sont éliminées du sang grâce à l'action de systèmes enzymatiques contenus dans les cellules des reins et du foie, et le produit de leur dégradation est bientôt excrété dans l'urine et, dans une moindre mesure, les matières fécales. Par conséquent, le séjour d'une hormone dans le sang, c'est-à-dire sa **demi-vie,** est habituellement bref (il varie de quelques secondes à 30 minutes).

Le temps nécessaire à l'apparition des effets hormonaux varie considérablement. Certaines hormones provoquent des réactions quasi immédiates ; d'autres, et particulièrement les hormones stéroïdes, mettent des heures, voire des jours, à faire sentir leurs effets. De plus, certaines hormones, dont la testostérone produite par les testicules, sont sécrétées sous une forme relativement inactive (sous forme de *prohormones*) et doivent être activées dans les cellules cibles.

La durée d'action des hormones est limitée et peut aller de 20 minutes à quelques heures, suivant l'hormone. Les effets peuvent disparaître aussi rapidement que s'abaisse le taux sanguin ou peuvent se prolonger pendant des heures après l'atteinte d'un taux très bas. Étant donné ces nombreuses variations, les taux sanguins d'hormones doivent être précisément et individuellement régis pour que soient satisfaits les besoins fluctuants de l'organisme.

Régulation de la libération des hormones

La synthèse et la libération de la plupart des hormones sont régies par **rétro-inhibition** (voir le chapitre 1, p. 9-10). Autrement dit, un stimulus interne ou externe déclenche la sécrétion d'une hormone, puis l'augmentation de sa concentration inhibe sa libération par la glande endocrine (tout en influant sur les organes cibles). Par conséquent, les taux sanguins de nombreuses hormones ne varient que très peu.

Stimulation des glandes endocrines

Trois principaux types de stimulus amènent les glandes endocrines à produire et à libérer des hormones : les *stimulus humoraux,* les *stimulus nerveux* et les *stimulus hormonaux.*

Stimulus humoraux Les variations des taux sanguins de certains ions et de certains nutriments entraînent la libération de certaines hormones. On qualifie ces variations de *stimulus humoraux* pour les distinguer des stimulus hormonaux, les hormones étant aussi des substances chimiques qui diffusent du sang vers le liquide interstitiel. L'adjectif *humoral* est dérivé du terme archaïque *humeur,* qui désignait les liquides organiques (le sang, la bile, etc.). La stimulation humorale constitue le plus simple des mécanismes de régulation endocrinienne. Par exemple, les cellules des glandes parathyroïdes détectent directement la concentration des ions calcium dans le sang et, lorsqu'elles décèlent une diminution anormale, elles sécrètent la parathormone (PTH). Comme la parathormone emprunte plusieurs voies pour stopper cette diminution, le taux sanguin de Ca^{2+} a tôt fait de s'élever et de mettre fin à la libération de parathormone (figure 17.4a). Parmi les autres hormones libérées en réaction à des stimulus humoraux, on trouve l'insuline, produite par le pancréas et qui réagit au taux sanguin de glucose, et l'aldostérone, l'une des hormones sécrétées par le cortex surrénal, qui réagit aux taux sanguins des ions sodium et potassium.

Stimulus nerveux Des neurofibres stimulent parfois la libération d'hormones. L'exemple classique est celui du système nerveux sympathique qui amène la médulla surrénale à libérer de l'adrénaline et de la noradrénaline (catécholamines) pendant les périodes de stress (figure 17.4b). De plus, la neurohypophyse libère de l'ocytocine et de l'hormone antidiurétique en réaction à des influx nerveux provenant de neurones hypothalamiques.

Stimulus hormonaux Enfin, de nombreuses glandes endocrines libèrent leurs hormones en réaction à des hormones produites par d'autres glandes endocrines. Par exemple, la libération de la plupart des hormones adénohypophysaires est régie par des hormones hypothalamiques de libération et d'inhibition ; à leur tour, de nombreuses hormones adénohypophysaires amènent d'autres glandes endocrines à libérer leurs hormones dans le sang (figure 17.4c). À mesure que les hormones produites par les dernières glandes cibles se concentrent dans le sang, elles inhibent la libération d'hormones adénohypophysaires et, en bout de ligne, leur propre libération. Cette boucle de rétro-inhibition entre l'hypothalamus, l'adénohypophyse et la glande endocrine cible est le fondement même de l'endocrinologie, et nous y reviendrons à plusieurs reprises dans ce chapitre. La stimulation hormonale favorise la rythmicité de la libération des hormones, les taux sanguins d'hormones s'élevant et s'abaissant dans un enchaînement précis.

Bien que ces trois types de stimulus soient représentatifs, ils ne constituent en rien une liste exhaustive des mécanismes régulateurs de la libération hormonale. Ils ne sont pas non plus mutuellement exclusifs, car certaines glandes endocrines réagissent à des stimulus multiples.

Modulation par le système nerveux

L'activité du système nerveux peut modifier ou moduler tant les facteurs stimulants (les stimulus hormonaux, humoraux et nerveux) que les facteurs inhibiteurs (la rétro-inhibition notamment). Sans cette influence, le système endocrinien aurait une activité strictement mécanique et fonctionnerait ni plus ni moins comme un thermostat. Un thermostat peut maintenir la température de votre maison à un certain degré, mais il ne peut sentir les

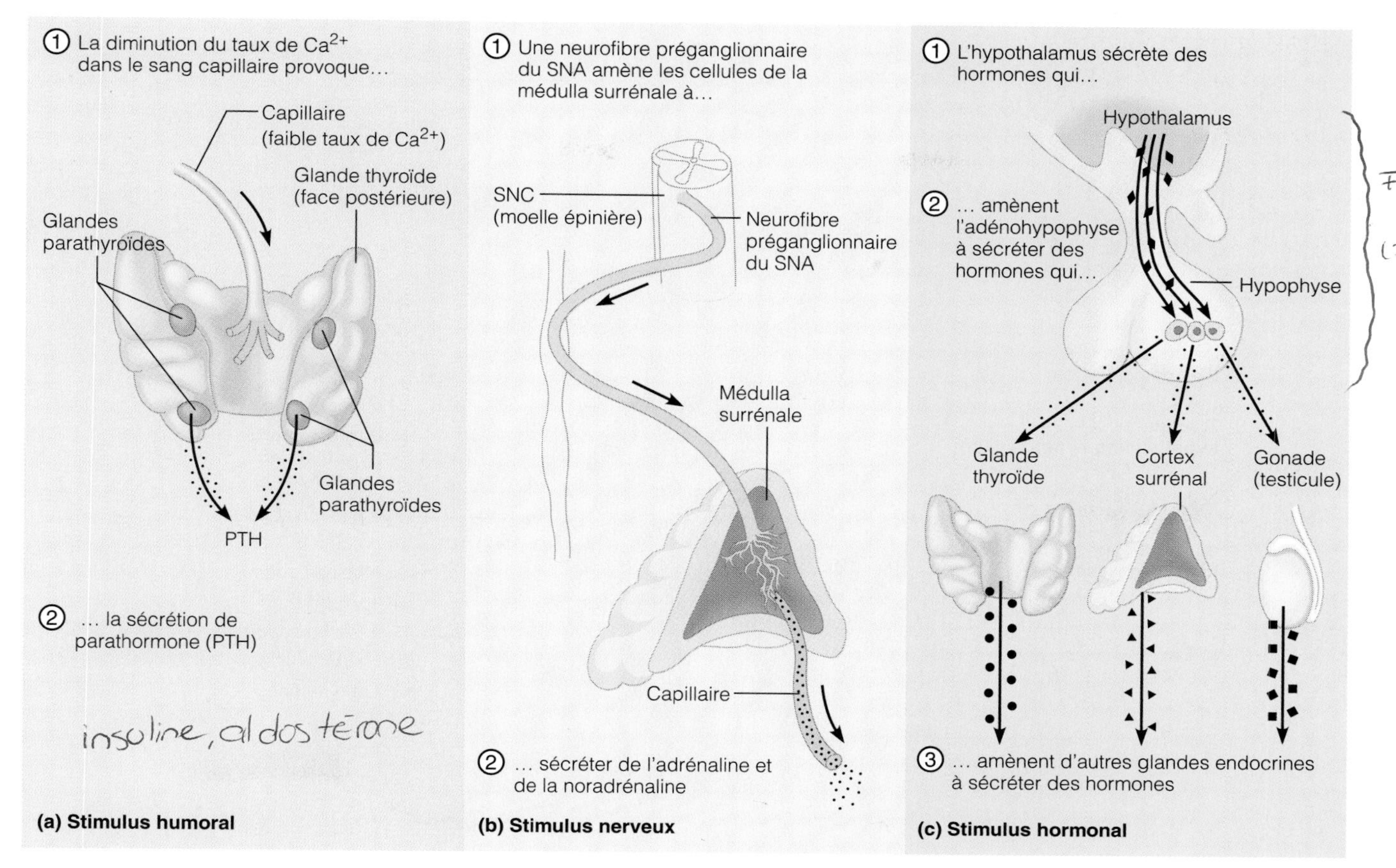

① La diminution du taux de Ca^{2+} dans le sang capillaire provoque...
Capillaire (faible taux de Ca^{2+})
Glande thyroïde (face postérieure)
Glandes parathyroïdes
Glandes parathyroïdes
PTH
② ... la sécrétion de parathormone (PTH)
insuline, aldostérone
(a) Stimulus humoral
① Une neurofibre préganglionnaire du SNA amène les cellules de la médulla surrénale à...
SNC (moelle épinière)
Neurofibre préganglionnaire du SNA
Médulla surrénale
Capillaire
② ... sécréter de l'adrénaline et de la noradrénaline
(b) Stimulus nerveux
① L'hypothalamus sécrète des hormones qui...
Hypothalamus
② ... amènent l'adénohypophyse à sécréter des hormones qui...
Hypophyse
Glande thyroïde
Cortex surrénal
Gonade (testicule)
③ ... amènent d'autres glandes endocrines à sécréter des hormones
(c) Stimulus hormonal
Fig. 17.5

FIGURE 17.4
Stimulation des glandes endocrines: trois mécanismes différents. (a) Stimulus humoral. La diminution du taux sanguin de calcium déclenche la libération de parathormone (PTH) par les glandes parathyroïdes. La parathormone élève le taux sanguin de calcium en stimulant, entre autres, la libération de Ca^{2+} des os, ce qui va mettre fin au stimulus provoquant la sécrétion de parathormone. **(b)** Stimulus nerveux. La stimulation des cellules de la médulla surrénale par la division sympathique du système nerveux autonome (SNA) déclenche la libération d'adrénaline et de noradrénaline (catécholamines) dans le sang. **(c)** Stimulus hormonal. Dans l'exemple représenté, les hormones libérées par l'hypothalamus stimulent l'adénohypophyse; celle-ci va libérer des hormones qui amènent d'autres glandes endocrines à sécréter des hormones. Ainsi, l'hypothalamus régit une grande partie de l'activité du système endocrinien.

frissons de votre grand-mère venue de la Floride et se régler en conséquence. *Vous* devez le faire. De même, le système nerveux peut, dans certains cas, prendre le pas sur les mécanismes de régulation endocriniens de manière à maintenir l'homéostasie. Par exemple, l'action de l'insuline et de diverses autres hormones maintient normalement la glycémie entre 4,4 et 6,7 mmol/L de sang. Mais lorsque l'organisme est soumis à un stress important, l'hypothalamus et les centres du système nerveux sympathique sont fortement activés et élèvent considérablement la glycémie. Ce mécanisme fait en sorte que les cellules reçoivent le carburant (c'est-à-dire le glucose) que requiert leur surcroît d'activité.

Rappelez-vous que l'hypothalamus est non seulement un centre autonome réglant l'équilibre hydrique et la température, mais aussi un centre d'intégration des émotions et des rythmes biologiques. C'est pourquoi un stimulus externe unique, comme une hémorragie, une perception visuelle ou un traumatisme grave, peut être suivi par des adaptations neuro-endocriniennes généralisées.

PRINCIPALES GLANDES ENDOCRINES

Hypophyse

L'**hypophyse** (littéralement, « croissance en dessous »), autrefois appelée glande pituitaire, est située dans la selle turcique du sphénoïde; elle sécrète au moins neuf hormones importantes. On dit volontiers qu'elle a la forme et la taille d'un pois, mais il serait plus juste de la comparer à un pois surmontant une tige. Cette tige en forme d'entonnoir, l'**infundibulum,** relie l'hypophyse à la partie inférieure de l'hypothalamus (figure 17.5). Chez l'être humain, l'hypophyse comprend deux lobes, l'un formé de tissu

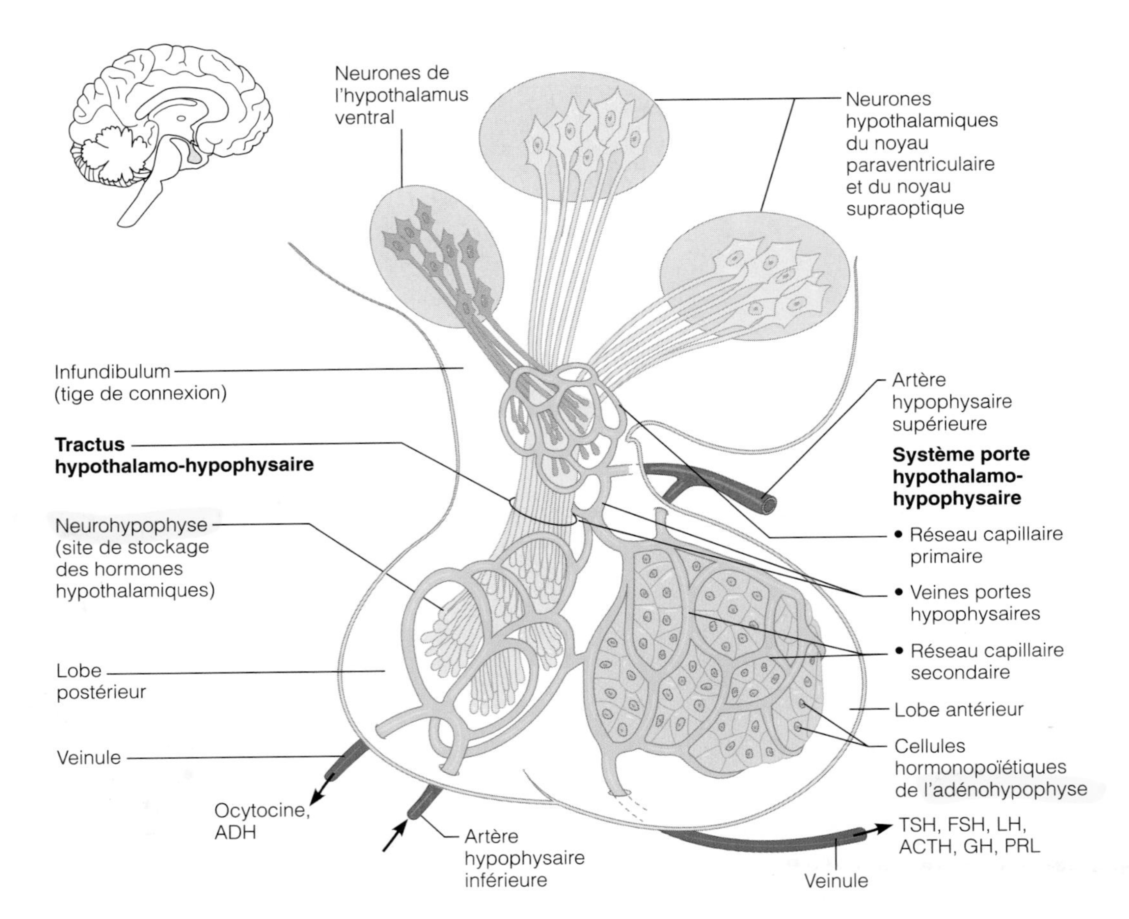

17

FIGURE 17.5
Relations structurales et fonctionnelles entre l'hypophyse et l'hypothalamus. Les neurones hypothalamiques du noyau supraoptique et du noyau paraventriculaire synthétisent l'ADH et l'ocytocine respectivement. Ces hormones sont transportées le long des axones (tractus hypothalamo-hypophysaire) jusqu'à la neurohypophyse, où elles sont emmagasinées. Certains neurones de l'hypothalamus ventral sont dotés d'axones très courts qui déversent des hormones de libération et d'inhibition dans les capillaires du système porte hypothalamo-hypophysaire, qui rejoint l'adénohypophyse. Ces facteurs amènent les cellules hormonopoïétiques de l'adénohypophyse à libérer (ou à retenir) leurs hormones. (Remarquez que la figure ne représente qu'une seule des artères hypophysaires et inférieure et supérieure.)

nerveux et l'autre, de tissu glandulaire. Le lobe postérieur, la **neurohypophyse,** est composé principalement de pituitocytes (un type de gliocytes) et de neurofibres. Il libère des neurohormones qu'il reçoit, préfabriquées, de l'hypothalamus. Par conséquent, la neurohypophyse est plus un site de stockage qu'une glande endocrine à proprement parler. Le lobe antérieur, l'**adénohypophyse,** est composé de cellules hormonopoïétiques; contrairement au lobe postérieur, il produit et libère plusieurs hormones (tableau 17.1, p. 600-601).

Le sang artériel est acheminé à l'hypophyse par des ramifications de l'artère carotide interne. Quelques *artères hypophysaires supérieures* desservent l'adénohypophyse et l'infundibulum, tandis que deux *artères hypophysaires inférieures* (une de chaque côté) irriguent la neurohypophyse. Les veines sortant de l'hypophyse se jettent dans le sinus caverneux et dans d'autres sinus de la dure-mère situés à proximité.

Relations entre l'hypophyse et l'hypothalamus

Les différences histologiques entre les deux lobes de l'hypophyse s'expliquent par la double origine de cette petite glande. En réalité, la neurohypophyse fait partie de l'encéphale. Elle se forme à partir d'une excroissance du tissu hypothalamique (nerveux), et elle reste unie à l'hypothalamus par les neurofibres du **tractus hypothalamo-hypophysaire** (figure 17.5), qui passe dans l'infundibulum. Ce tractus naît de neurones neurosécréteurs situés dans le **noyau supraoptique** et le **noyau paraventriculaire** de l'hypothalamus (voir la figure 12.15b, p. 420). Les neurones paraventriculaires synthétisent l'ocytocine, et les neurones supraoptiques élaborent l'hormone antidiurétique, ou ADH. Ces **neurohormones** sont transportées jusqu'aux terminaisons axonales, dans la neurohypophyse, où elles sont emmagasinées. Lorsque les neurones hypothalamiques produisent des potentiels d'action, les hormones sont déversées (par exocytose) dans le liquide interstitiel, à proximité d'un lit capillaire d'où elles seront distribuées dans l'organisme.

Par ailleurs, le lobe antérieur provient d'une évagination de la partie supérieure de la muqueuse orale (*saccule hypophysaire de l'embryon,* ou *diverticule de Rathke*) et il est dérivé du tissu épithélial. Après être entrée en contact avec le lobe postérieur, l'adénohypophyse perd son lien avec la muqueuse orale et adhère à la neurohypophyse. Les deux lobes forment l'hypophyse. La connexion entre l'adénohypophyse et l'hypothalamus n'est pas nerveuse mais vasculaire (donc indirecte). Plus précisément, la partie inférieure du **réseau capillaire primaire,** dans l'infundibulum, communique avec le **réseau capillaire secondaire,** dans l'adénohypophyse, au moyen des petites **veines portes hypophysaires.** Les réseaux capillaires primaire et secondaire ainsi que les veines portes hypophysaires forment le **système porte hypothalamo-hypophysaire*** (figure 17.5). Par l'intermédiaire du système porte, les **hormones de libération** et **d'inhibition** sécrétées par les neurones de l'hypothalamus ventral atteignent immédiatement (sans passer par le cœur) l'adénohypophyse, où elles régissent l'activité sécrétrice de ses cellules hormonopoïétiques. Toutes les hormones hypothalamiques régulatrices sont dérivées d'acides aminés mais, des amines aux polypeptides, leur taille varie considérablement.

Hormones adénohypophysaires

Comme l'adénohypophyse élabore de nombreuses hormones dont plusieurs régissent l'activité d'autres glandes endocrines, elle était autrefois considérée comme la « glande maîtresse ». Ce titre revient aujourd'hui à l'hypothalamus qui, on le sait maintenant, commande l'adénohypophyse. Néanmoins, on connaît six hormones adénohypophysaires ayant chacune des effets physiologiques distincts sur l'être humain. Toutes ces hormones sont des protéines. De plus, on a isolé de l'adénohypophyse une grosse glycoprotéine d'environ 285 acides aminés, appelée **pro-opiomélanocortine (POMC)**. Il s'agit d'une *prohormone,* c'est-à-dire d'un précurseur duquel se détachent d'autres molécules sous l'effet d'enzymes. De la proopiomélanocortine proviennent la corticotrophine, deux opiacés naturels (une enképhaline et une bêta-endorphine, décrites au chapitre 11) et l'*hormone mélanotrope* (MSH, « melanocyte-stimulating hormone »). La MSH accroît la synthèse de mélanine dans les mélanocytes des amphibiens, des reptiles et d'autres animaux. Chez l'être humain, cependant, la concentration plasmatique de MSH est insignifiante, et cette substance revêt probablement plus d'importance à titre de neurotransmetteur (neuropeptide) dans le SNC qu'à titre d'hormone. Du reste, la libération de MSH est inhibée par les neurones hypothalamiques libérant de la dopamine.

Lorsque l'adénohypophyse reçoit un stimulus chimique adéquat de l'hypothalamus, certaines de ses cellules libèrent une hormone ou plus. Bien que de nombreuses hormones de libération et d'inhibition passent de l'hypothalamus à l'adénohypophyse, les diverses cellules cibles de l'adénohypophyse distinguent les messages qui leur parviennent grâce à la présence de récepteurs spécifiques sélectifs, et elles réagissent de façon appropriée. Ainsi, elles synthétisent et sécrètent des hormones spécifiques en réaction à des hormones de libération particulières (RH, « releasing hormones »), et elles cessent de libérer des hormones spécifiques en réaction à des hormones d'inhibition particulières (IH, « inhibiting hormones »). Les hormones de libération constituent des facteurs régulateurs beaucoup plus importants que les hormones d'inhibition, car les cellules sécrétrices de l'adénohypophyse n'emmagasinent qu'une petite quantité d'hormones.

Quatre des six hormones adénohypophysaires, la thyréotrophine (TSH), la corticotrophine (ACTH), l'hormone folliculostimulante (FSH) et l'hormone lutéinisante (LH) sont des **stimulines,** c'est-à-dire qu'elles régissent l'action sécrétrice d'autres glandes endocrines. Trois types de cellules produisent des stimulines : les cellules *thyréotropes,* les cellules *gonadotropes* et les cellules *corticotropes.* Les deux autres hormones adénohypophysaires, l'hormone de croissance (GH) et la prolactine (PRL), produites respectivement par les cellules *somatotropes* et les cellules *lactotropes,* agissent principalement sur des cibles non endocriniennes. Le rôle des cellules *chromophobes* incolores fait encore l'objet d'une controverse parmi les chercheurs, mais certains spécialistes supposent qu'il s'agit de cellules glandulaires immatures.

> *Prenez des fiches de 7,5 cm sur 12,5 cm. Écrivez le nom d'une hormone au recto d'une fiche et sa glande productrice, son effet physiologique et ses activités régulatrices au verso. Exercez votre mémoire en notant tout ce que vous savez à propos d'une hormone donnée, puis vérifiez vos connaissances en consultant le verso de la fiche. Percez un trou dans le coin supérieur droit des fiches et reliez-les avec un anneau métallique. Conservez vos fiches et révisez-les entre les cours, pendant vos trajets à pied, dans les embouteillages, etc.*
>
> *Frank Saporito, étudiant en médecine*

Toutes les hormones adénohypophysaires agissent par l'intermédiaire d'un second messager, l'AMP cyclique. L'hormone de croissance et la prolactine, dont on n'a pas encore élucidé le mécanisme d'action, font peut-être exception à cette règle. (Le tableau 17.1 présente un résumé des hormones adénohypophysaires, de leurs effets et de leurs relations avec les facteurs de régulation hypothalamiques.)

Hormone de croissance (GH) L'**hormone de croissance** (**GH,** « growth hormone »), aussi appelée **somatotrophine,** est produite par les **cellules somatotropes.** Bien que la GH provoque la croissance et la division de la plupart des cellules de l'organisme, ses cibles principales sont les os et les muscles squelettiques. En effet, la GH entraîne la croissance des os longs en stimulant l'activité du cartilage épiphysaire, et elle favorise l'accroissement de la masse musculaire.

* Un *système porte* est un réseau de vaisseaux sanguins où un lit capillaire aboutit à des veines qui, à leur tour, se jettent dans un autre lit capillaire.

17

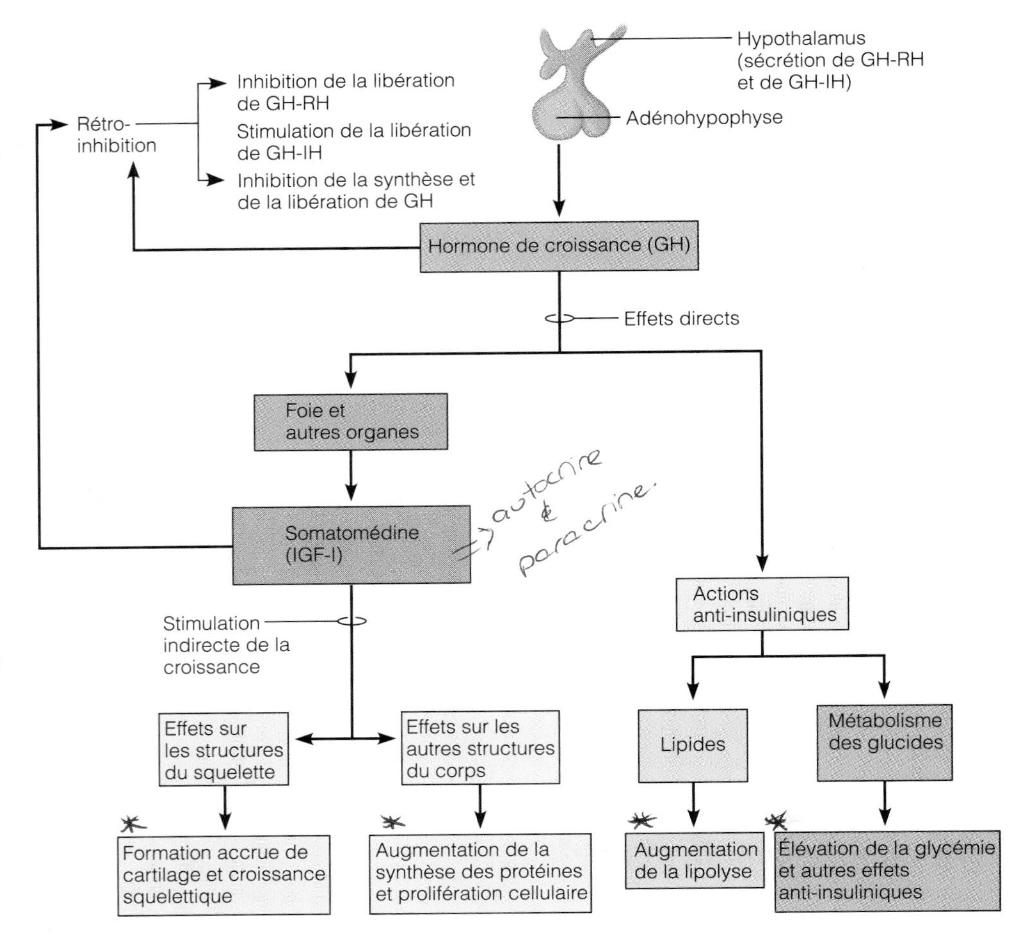

FIGURE 17.6
Essai de classification des effets métaboliques de l'hormone de croissance (GH). L'hormone de croissance stimule la production et la libération de somatomédine I (IGF-I) par les cellules du foie, des muscles squelettiques, des os et du cartilage; ce facteur est responsable des effets indirects et principalement anabolisants de la GH. Par ailleurs, la GH stimule la dégradation des triglycérides (lipolyse) et leur libération du tissu adipeux; de plus, elle diminue l'absorption du glucose sanguin par les cellules, lui conservant ainsi une forte concentration. (Comme ces actions s'opposent à celles de l'insuline, elles sont dites actions anti-insuliniques.) Par rétro-inhibition, l'élévation des concentrations de l'hormone de croissance et de la somatomédine I favorise la libération de GH-IH (et diminue la libération de GH-RH) par l'hypothalamus et inhibe la libération de GH par l'adénohypophyse.

17

De nature essentiellement anabolisante, l'hormone de croissance favorise la synthèse des protéines et facilite la conversion des triglycérides en acides gras (carburant), épargnant ainsi le glucose (figure 17.6). Les seconds messagers de l'hormone de croissance sont encore matière à controverse, mais on sait que les effets de cette hormone sur la croissance font intervenir les **somatomédines,** aussi appelées **facteurs de croissance analogues à l'insuline (IGF,** « insulin-like growth factor »). Ces protéines qui favorisent la croissance sont produites par le foie, les muscles et d'autres tissus. Plus précisément, la GH: (1) stimule l'absorption cellulaire des acides aminés du sang et la synthèse des protéines; (2) stimule l'absorption du soufre (nécessaire à la synthèse du chondroïtine-sulfate) par les cellules de la matrice du cartilage; (3) stimule la lipolyse des triglycérides dans les cellules adipeuses, élevant ainsi le taux sanguin d'acides gras; (4) ralentit l'absorption du glucose et son métabolisme. Dans le foie, la GH favorise la dégradation du glycogène et la libération du glucose dans le sang. L'élévation de la glycémie qui s'ensuit correspond à l'**effet diabétogène** de la GH, ainsi appelé parce qu'il reproduit l'hyperglycémie caractéristique du diabète sucré (voir p. 617-619).

Deux hormones hypothalamiques aux effets antagonistes régissent la sécrétion de l'hormone de croissance. La **somatocrinine (GH-RH,** « growth hormone-releasing hormone ») provoque la libération de GH, tandis que la **somatostatine (GH-IH,** « growth hormone-inhibiting hormone ») l'inhibe. Il semble que la libération de somatostatine soit amorcée par la rétroaction de la GH et des somatomédines. L'augmentation du taux de GH provoque également une rétro-inhibition qui ralentit sa propre libération. Ainsi que l'indique le tableau 17.1, un certain nombre de déclencheurs secondaires comme le stress, les facteurs nutritionnels et les habitudes de sommeil influent aussi sur la libération de GH. La sécrétion de GH suit en général un rythme diurne et culmine pendant le sommeil nocturne. La sécrétion quotidienne totale atteint son maximum pendant l'adolescence puis diminue au cours des années.

Les effets de la somatostatine sont si étendus qu'ils méritent qu'on s'y attarde. La somatostatine inhibe non seulement la sécrétion de GH, mais également la libération de plusieurs autres hormones adénohypophysaires (voir le tableau 17.1). En outre, elle inhibe la libération de presque toutes les sécrétions gastro-intestinales et pancréatiques, tant endocrines qu'exocrines.

L'hypersécrétion et l'hyposécrétion de l'hormone de croissance peuvent causer des anomalies. Chez l'enfant, l'hypersécrétion peut entraîner le **gigantisme,** un trouble caractérisé par une croissance exceptionnellement rapide et l'atteinte d'une taille exces-

FIGURE 17.7
Personne atteinte d'acromégalie. L'acromégalie est due à une hypersécrétion de GH chez l'adulte. Notez l'hypertrophie de la mâchoire, du nez et des mains. De gauche à droite, la même personne est photographiée à l'âge de 16 ans, de 33 ans et de 52 ans.

sive (jusqu'à 2,4 m), sans altération des proportions corporelles. La sécrétion de quantités excessives de GH après l'atteinte de la taille adulte et la soudure des cartilages épiphysaires cause l'**acromégalie** (*akron* = extrémité; *megas* = grand). Ce trouble se caractérise par l'hypertrophie et l'épaississement des régions osseuses encore sensibles à la GH, notamment les os des mains, des pieds et du visage (figure 17.7). L'épaississement des tissus mous peut provoquer une déformation des traits du visage et une hypertrophie de la langue. L'hypersécrétion de GH résulte généralement d'une tumeur de l'adénohypophyse, qui libère alors des quantités excessives de GH. Le traitement courant consiste à pratiquer l'ablation chirurgicale de la tumeur, mais les changements anatomiques déjà survenus sont irréversibles.

L'hyposécrétion de GH chez l'adulte demeure le plus souvent sans conséquence mais, dans de rares cas, le déficit est tel que la **progeria** apparaît; les tissus s'atrophient et les signes cliniques du vieillissement précoce se manifestent. Chez l'enfant, le déficit en GH ralentit la croissance des os longs et cause le **nanisme hypophysaire.** Les personnes atteintes de ce trouble ne dépassent pas 1,2 m mais présentent habituellement des proportions corporelles relativement normales. Le déficit en GH s'accompagne souvent d'autres déficits en hormones adénohypophysaires; une insuffisance de thyréotrophine (TSH) ou de gonadotrophines (FSH et LH) perturbe les proportions corporelles de même que le développement sexuel. Lorsque le nanisme hypophysaire est diagnostiqué avant la puberté, l'administration de GH humaine, par injection, peut rétablir une croissance presque normale. Fort heureusement, grâce au génie génétique, la GH est aujourd'hui produite commercialement. Mais la médaille a son revers: certains athlètes consomment maintenant de la GH, comme des stéroïdes anabolisants, pour améliorer leurs performances (voir l'encadré de la page 602). ■

Thyréotrophine (TSH) La **thyréotrophine** (**TSH,** « thyroid-stimulating hormone »), ou **hormone thyréotrope,** est une stimuline qui stimule le développement normal et l'activité sécrétrice de la thyroïde. La thyréotrophine est libérée par les **cellules thyréotropes** de l'adénohypophyse, sous l'effet d'un peptide hypothalamique appelé **thyréolibérine** (**TRH,** « thyrotropin-releasing hormone »). L'élévation des taux sanguins des hormones thyroïdiennes agissant tant sur l'hypophyse que sur l'hypothalamus inhibe la libération de thyréotrophine par rétro-inhibition. L'hypothalamus libère alors de la somatostatine (GH-IH), qui renforce l'inhibition de la libération de thyréotrophine par l'adénohypophyse. Certains facteurs externes, agissant par l'intermédiaire des mécanismes de régulation hypothalamiques, peuvent aussi influer sur la libération de la thyréotrophine. Nous y reviendrons dans la section consacrée aux hormones thyroïdiennes.

Corticotrophine (ACTH) La **corticotrophine** (**ACTH,** « adrenocorticotropic hormone »), ou **hormone corticotrope,** est sécrétée par les **cellules corticotropes** de l'adénohypophyse. Elle amène le cortex surrénal à libérer

TABLEAU 17.1	Régulation et effets des hormones hypophysaires		
Hormone (structure chimique et type de cellules)	**Libération**	**Cible/effets**	**Effets de l'hyposécrétion ↓ et de l'hypersécrétion ↑**
HORMONES ADÉNOHYPOPHYSAIRES			
Hormone de croissance (GH) (protéine ; cellules somatotropes)	**Stimulée** par la libération de GH-RH*, elle-même provoquée par la diminution du taux sanguin de GH ainsi que par des déclencheurs secondaires, dont les œstrogènes, l'hypoglycémie, l'élévation du taux sanguin d'acides aminés, la diminution du taux sanguin d'acides gras, l'exercice, etc. **Rétro-inhibition** par la GH et les somatomédines ainsi que par l'hyperglycémie, l'hyperlipidémie, l'obésité et les carences affectives, qui provoquent toutes la libération de GH-IH*	Foie, muscles, os, cartilage et autres tissus ; hormone anabolisante ; stimule la croissance somatique ; mobilise les triglycérides ; épargne le glucose. La plupart des effets sont reliés indirectement à l'action des IGF	↓ Nanisme hypophysaire chez l'enfant ↑ Gigantisme chez l'enfant ; acromégalie chez l'adulte
Thyréotrophine (TSH) (glycoprotéine ; cellules thyréotropes)	**Stimulée** par la TRH* et, indirectement, par la grossesse et le froid **Rétro-inhibition** par les hormones thyroïdiennes sur l'adénohypophyse et l'hypothalamus ainsi que par la GH-IH* (somatostatine)	Glande thyroïde ; stimule la libération des hormones thyroïdiennes	↓ Crétinisme chez l'enfant ; myxœdème chez l'adulte ↑ Maladie de Graves ; exophtalmie
Corticotrophine (ACTH) (polypeptide, 39 acides aminés ; cellules corticotropes)	**Stimulée** par le CRF* ; les stimulus qui favorisent la libération de CRF sont la fièvre, l'hypoglycémie et d'autres facteurs de stress **Rétro-inhibition** par les glucocorticoïdes	Cortex surrénal ; favorise la libération des glucocorticoïdes et des androgènes (et, dans une moindre mesure, des minéralocorticoïdes)	↓ Rare ↑ Maladie de Cushing
Hormone folliculo-stimulante (FSH) (glycoprotéine ; cellules gonadotropes)	**Stimulée** par la Gn-RH* **Rétro-inhibition** par les œstrogènes chez la femme et par la testostérone et l'inhibine chez l'homme	Ovaires et testicules ; chez la femme, stimule la maturation du follicule ovarique et la production d'œstrogènes ; chez l'homme, stimule la spermatogenèse	↓ Absence de maturation sexuelle ↑ Aucun effet important

les hormones corticostéroïdes, et plus particulièrement les hormones glucocorticoïdes qui aident l'organisme à résister aux facteurs de stress. La libération de la corticotrophine, provoquée par la **corticolibérine** (**CRF**, « corticotropin-releasing factor ») hypothalamique, suit un rythme fondamentalement diurne, les plus fortes concentrations étant atteintes le matin, peu après le lever. L'élévation de la concentration de glucocorticoïdes exerce une rétro-inhibition sur la sécrétion de CRF par l'hypothalamus et, par conséquent, sur la libération d'ACTH par l'adénohypophyse. La fièvre, l'hypoglycémie et les facteurs de stress en tout genre perturbent le rythme de sécrétion d'ACTH en déclenchant la libération de CRF. Comme le CRF est à la fois le régulateur de l'ACTH et un neurotrans-

Hormone (structure chimique et type de cellules)	Libération	Cible/effets	Effets de l'hyposécrétion ↓ et de l'hypersécrétion ↑
Hormone lutéinisante (LH) (glycoprotéine; cellules gonadotropes)	**Stimulée** par la Gn-RH* **Rétro-inhibition** par les œstrogènes et la progestérone chez la femme et par la testostérone chez l'homme	Ovaires et testicules; chez la femme, déclenche l'ovulation et stimule la production ovarienne d'œstrogènes et de progestérone; chez l'homme, favorise la production de testostérone	Mêmes que ceux de la FSH
Prolactine (PRL) (protéine; cellules lactotropes)	**Stimulée** par le PRF*; la libération de PRF est favorisée par les œstrogènes, les contraceptifs oraux, les opiacés et l'allaitement **Rétro-inhibition** par le PIF* (dopamine)	Tissu sécréteur des seins; stimule la lactation	↓ Insuffisance de la sécrétion lactée chez la femme qui allaite ↑ Galactorrhée; aménorrhée chez la femme; impuissance chez l'homme
HORMONES NEUROHYPOPHYSAIRES (produites par les neurones hypothalamiques et emmagasinées dans la neurohypophyse)			
Ocytocine (peptide; neurones du noyau paraventriculaire de l'hypothalamus)	**Stimulée** (rétroactivation) par des influx provenant des neurones hypothalamiques émis en réaction à la dilatation de l'utérus et du col et à la succion **Inhibée** par l'absence des stimulus nerveux appropriés	Utérus; stimule les contractions utérines; déclenche le travail; seins; provoque l'éjection du lait	Inconnus
Hormone antidiurétique (ADH), ou **vasopressine** (peptide; neurones du noyau supraoptique de l'hypothalamus)	**Stimulée** par des influx provenant des neurones hypothalamiques émis en réaction à une augmentation de l'osmolarité sanguine ou à une diminution du volume sanguin; aussi stimulée par la douleur, certains médicaments et l'hypotension artérielle **Inhibée** par une hydratation adéquate et par l'alcool	Reins; stimule la réabsorption de l'eau par les tubules rénaux	↓ Diabète insipide ↑ Syndrome de sécrétion inappropriée d'hormone antidiurétique

* Hormones hypothalamiques de libération ou d'inhibition: GH-RH = somatocrinine; GH-IH = somatostatine; PRF = facteur déclenchant la sécrétion de prolactine; PIF = facteur inhibant la sécrétion de prolactine; TRH = thyréolibérine; Gn-RH = gonadolibérine; CRF = corticolibérine.

metteur du système nerveux central, certains spécialistes estiment qu'il constitue l'intégrateur du stress.

Gonadotrophines Les gonadotrophines sont l'**hormone folliculostimulante (FSH,** « follicle-stimulating hormone ») et l'**hormone lutéinisante (LH,** « luteinizing hormone »); elles régissent le fonctionnement des gonades (les ovaires et les testicules). Chez les deux sexes, la FSH stimule la production des gamètes (spermatozoïdes et ovules), tandis que la LH favorise la production des hormones gonadiques. La FSH agit en synergie avec la LH pour provoquer la maturation du follicule ovarique chez les femmes; ensuite, la LH déclenche à elle seule l'ovulation (l'expulsion de l'ovule du follicule) et stimule la synthèse et la libération des hormones ovariennes (les œstrogènes et la progestérone). Chez les hommes, la LH stimule la production de la testostérone par les cellules interstitielles des testicules.

Avant la puberté, les gonadotrophines sont virtuellement absentes. Pendant la puberté, les **cellules gonadotropes** s'activent et les concentrations de FSH et de LH commencent à s'élever, ce qui entraîne la maturation des gonades. Chez les deux sexes, la libération des gonadotrophines par l'adénohypophyse est provoquée par la **gonadolibérine**

GROS PLAN

Les athlètes améliorent-ils leur apparence et leur force grâce aux stéroïdes anabolisants ?

La société nord-américaine adore les vainqueurs et récompense largement ses meilleurs athlètes, tant sur le plan social que sur le plan financier. Il n'est donc pas étonnant que certains d'entre eux n'hésitent pas à recourir à toutes les méthodes possibles pour améliorer leurs performances, voire à faire usage de stéroïdes anabolisants. Les stéroïdes anabolisants sont des dérivés de la testostérone, l'hormone sexuelle mâle, mis au point par l'industrie pharmaceutique ; ils sont apparus sur le marché dans les années 1950 pour soigner les victimes d'anémie et d'atrophie musculaire causée par certaines maladies ainsi que pour prévenir l'atrophie musculaire chez les patients immobilisés après une intervention chirurgicale. La testostérone entraîne l'augmentation de la masse musculaire et osseuse. Elle provoque aussi d'autres changements physiques qui surviennent au cours de la puberté et font apparaître les caractères sexuels secondaires chez les garçons. Persuadés que des mégadoses de stéroïdes pouvaient amplifier ces caractères chez l'homme adulte, un grand nombre d'athlètes et de culturistes se sont tournés vers l'usage des stéroïdes au début des années 1960, et cette pratique subsiste de nos jours. Du reste, les athlètes en quête de records ne sont plus les seuls à consommer des stéroïdes ; selon les estimations, en effet, environ 1 jeune homme sur 10 en a fait l'essai.

Il est difficile d'établir la fréquence d'utilisation des stéroïdes anabolisants par les athlètes, car les drogues ont été interdites dans la majorité des compétitions internationales, et les utilisateurs (ainsi que les médecins prescripteurs et les pourvoyeurs de drogues) sont, bien sûr, réticents à en parler. Toutefois, il fait peu de doute que de nombreux culturistes et athlètes qui participent à des compétitions exigeant une grande force musculaire (comme le lancer du poids ou du disque et l'haltérophilie) en sont de gros consommateurs. Des personnalités sportives telles que des joueurs de football ont aussi admis qu'elles faisaient usage de stéroïdes en guise de complément à l'entraînement, au régime alimentaire et à la préparation psychologique pour les matchs. Les athlètes mentionnent plusieurs avantages des stéroïdes anabolisants, notamment l'accroissement de la masse musculaire et de la force, l'augmentation de la capacité de transport d'oxygène due à un nombre accru de globules rouges et une intensification de l'agressivité.

Les culturistes qui font usage de stéroïdes associent le plus souvent des doses élevées (jusqu'à 200 mg par jour) à un programme intensif d'exercices contre résistance. L'usage intermittent commence plusieurs mois avant une compétition ; les doses orales et intramusculaires de stéroïdes sont augmentées graduellement à mesure que la compétition approche.

Mais ces drogues sont-elles aussi efficaces qu'on le prétend ? Des recherches ont signalé des augmentations de la force isométrique et une augmentation de la masse corporelle chez les usagers de stéroïdes. Bien qu'il s'agisse là des effets escomptés par les haltérophiles, il n'est pas du tout certain que cela améliore les performances dans d'autres sports (comme la course) où une coordination musculaire précise et l'endurance sont essentielles. La question fait encore l'objet d'une controverse, mais si vous la posez aux consommateurs de stéroïdes, il est plus que probable que leur réponse sera un oui retentissant.

Les prétendus avantages des stéroïdes l'emportent-ils sur les risques encourus ? Absolument pas. Les médecins affirment que ces drogues peuvent avoir de nombreux effets indésirables, tels que la bouffissure du visage (syndrome de Cushing dû à la surcharge en stéroïdes), l'atrophie des testicules et l'infertilité, des lésions du foie qui peuvent causer le cancer ainsi que des changements dans la cholestérolémie (ce qui peut prédisposer les consommateurs de longue durée à la maladie coronarienne). Les risques psychologiques liés à l'usage de stéroïdes anabolisants sont également élevés : des études récentes indiquent que le tiers des consommateurs souffrent de troubles mentaux. Ces personnes présentent fréquemment des dédoublements de la personnalité et des comportements maniaques, caractérisés par des sautes d'humeur et des accès de violence, ainsi que des symptômes de dépression et de délire.

Les raisons qui poussent certains athlètes à faire usage de ces drogues sont bien connues. Quelques-uns avouent être prêts à tout, sauf au suicide, pour gagner. Or, il est bien possible que la mort soit le résultat involontaire de leurs efforts.

(**Gn-RH,** « gonadotropin-releasing hormone ») que produit l'hypothalamus. Les hormones gonadiques, produites en réaction aux gonadotrophines, exercent une rétroinhibition sur la libération de FSH et de LH.

Prolactine (PRL) La **prolactine** (**PRL**) est une hormone protéique dont les 199 acides aminés présentent, sur une certaine séquence, des similitudes avec l'hormone de croissance. Élaborée par les **cellules lactotropes,**

elle stimule les ovaires de certains animaux, et des chercheurs la considèrent comme une gonadotrophine. Toutefois, son principal effet chez l'humain est la stimulation de la lactation (la fabrication de lait par les glandes mammaires) (*pro* = en faveur de; *lactus* = lait). Comme celle de la GH, la libération de la prolactine est régie par des hormones hypothalamiques de libération et d'inhibition. Le **PRF** (« prolactin-releasing factor ») provoque la synthèse et la libération de la prolactine; sa composition chimique exacte est inconnue, mais on pense qu'il s'agit de la sérotonine. Par contre, la dopamine inhibe la sécrétion de prolactine: lorsqu'elle joue ce rôle, elle est appelée **PIF** (« prolactin-inhibiting factor »). L'influence du PIF prédomine chez les hommes, mais le taux de prolactine fluctue en fonction du taux sanguin d'œstrogènes chez les femmes. L'élévation transitoire du taux de PRL avant les règles (lorsque le taux d'œstrogènes dans le sang est bas) est une des causes du gonflement et de la sensibilité des seins que certaines femmes éprouvent alors; cependant, le séjour de la PRL dans le sang est trop bref pour déclencher la lactation. En revanche, chez les femmes enceintes, l'action de la PRL est bloquée par le fort taux d'œstrogènes en circulation; à la fin de la grossesse, le taux de PRL s'élève énormément (après que le taux d'œstrogènes a subi une chute brusque) et il provoque cette fois la lactation. Après l'accouchement, la succion stimule la libération du PRF et prolonge la lactation.

L'hypersécrétion de prolactine est plus répandue que son hyposécrétion (qui n'est problématique que pour les femmes qui désirent allaiter). En fait, l'hyperprolactinémie est la plus fréquente des anomalies causées par les tumeurs de l'adénohypophyse, mais elle est le plus souvent causée par l'effet de médicaments sur l'hypothalamus. Les signes cliniques du trouble sont la galactorrhée, l'aménorrhée et l'infertilité chez les femmes, et l'impuissance et la gynécomastie chez les hommes. ■

Neurohypophyse et hormones hypothalamiques

La neurohypophyse, composée principalement de pituitocytes (des gliocytes possédant des prolongements qui enveloppent des axones amyélinisés), n'est pas une glande endocrine à proprement parler. Les corpuscules nerveux terminaux emmagasinent dans des granules l'ocytocine et l'hormone antidiurétique (ADH) synthétisées et libérées par les neurones hypothalamiques des noyaux supraoptiques et des noyaux paraventriculaires respectivement. Ces hormones, transportées jusqu'à la neurohypophyse grâce aux microtubules des 100 000 axones du tractus hypothalamo-hypophysaire, sont sécrétées « sur demande » lorsque les corpuscules nerveux terminaux sont stimulés par des influx nerveux.

L'ADH et l'ocytocine ne diffèrent que par deux des neuf acides aminés dont elles sont composées. Pourtant, elles ont sur leurs organes cibles des effets physiologiques fort dissemblables. L'ADH influe sur l'équilibre hydrique, tandis que l'ocytocine stimule la contraction du muscle lisse de l'utérus et celle des cellules myoépithéliales des glandes mammaires (voir le tableau 17.1). Ces deux hormones agissent par l'intermédiaire d'un second messager, le PIP.

Ocytocine L'**ocytocine** est un puissant stimulant des contractions utérines; elle est libérée en grande quantité pendant l'accouchement (*ôkus* = rapide; *tokos* = accouchement) et la lactation. Dans l'utérus, le nombre de récepteurs de l'ocytocine (situés sur la membrane plasmique des myocytes) augmente considérablement à la fin de la grossesse, et le muscle lisse devient alors de plus en plus sensible aux effets stimulants de l'ocytocine. La dilatation de l'utérus et du col observée à l'approche de l'accouchement provoque l'envoi d'influx nerveux à l'hypothalamus. Celui-ci réagit en synthétisant l'ocytocine et en stimulant sa libération par la neurohypophyse. À mesure que la concentration sanguine d'ocytocine augmente, les contractions utérines s'intensifient et provoquent l'expulsion du fœtus.

L'ocytocine stimule aussi l'éjection du lait (le réflexe de déclenchement de la sécrétion lactée) chez les femmes dont les seins produisent du lait en réaction à la prolactine. La succion cause la libération réflexe de l'ocytocine, laquelle atteint les cellules myoépithéliales spécialisées entourant les glandes mammaires. Ces cellules se contractent et éjectent le lait dans la bouche de l'enfant. Ces deux mécanismes constituent une *rétroactivation,* et nous y reviendrons plus en détail au chapitre 29.

On emploie des médicaments ocytociques naturels et synthétiques (Syntocinon et autres) pour provoquer le travail ou l'accélérer. Plus rarement, on administre des ocytociques pour combattre les hémorragies de la délivrance (ces médicaments entraînent la constriction des vaisseaux sanguins rompus au niveau de l'endomètre) et pour stimuler la sécrétion lactée.

Le rôle de l'ocytocine chez les hommes et chez les femmes qui ne sont pas enceintes et qui n'allaitent pas est resté obscur jusqu'à tout récemment. Mais des études viennent de révéler que ce puissant peptide joue un rôle dans l'excitation sexuelle et dans l'orgasme, au moment où les hormones sexuelles ont déjà préparé l'organisme à la reproduction. L'ocytocine serait donc à l'origine de la sensation de satisfaction ou de satiété éprouvée après une relation sexuelle. On pense qu'elle favorise aussi le comportement affectueux dans les interactions non sexuelles et qu'elle constitue en quelque sorte une « hormone de la tendresse ».

Hormone antidiurétique (ADH) La *diurèse* étant la production d'urine, un *antidiurétique* est une substance chimique qui inhibe ou empêche la formation d'urine. L'**hormone antidiurétique** (**ADH,** « antidiuretic hormone ») prévient les fluctuations excessives du bilan hydrique et, par conséquent, la déshydratation ou la surhydratation. Des neurones hypothalamiques hautement spécialisés, appelés *osmorécepteurs,* détectent constamment la concentration de solutés (et donc la concentration de l'eau) dans le sang. Lorsque les solutés deviennent trop concentrés (à cause de la diaphorèse ou d'un apport hydrique insuffisant), les osmorécepteurs émettent des influx excitateurs en direction des neurones hypothalamiques du noyau supraoptique qui synthétisent et libèrent l'ADH. Cette hormone, libérée dans le sang par la neurohypophyse, se lie aux cellules des tubules rénaux. Ceux-ci réagissent en réabsorbant un surcroît d'eau de l'urine en formation et en la renvoyant dans la circulation sanguine. Ainsi, la production d'urine diminue et le volume sanguin augmente. À l'opposé, lorsque la concentration des solutés diminue, les osmorécepteurs cessent d'émettre des influx nerveux et mettent ainsi fin à la libération d'ADH. La douleur, l'hypotension artérielle et certaines substances (tels la nicotine, la morphine et les barbituriques) déclenchent aussi la libération d'ADH.

L'ingestion d'alcool inhibe la sécrétion d'ADH et provoque une abondante diurèse. La xérostomie et la soif intense du « lendemain » sont dues à l'effet déshydratant de l'alcool. Comme vous pouviez vous y attendre, l'ingestion de quantités excessives d'eau inhibe aussi la libération d'ADH. Certains médicaments, appelés *diurétiques,* s'opposent aux effets de l'ADH et accroissent la diurèse. Ces médicaments servent à traiter certains cas d'hypertension artérielle ainsi que l'œdème (la rétention d'eau dans les tissus) caractéristique de l'insuffisance cardiaque.

Lorsque sa concentration sanguine est élevée, l'ADH cause une vasoconstriction, en particulier celle des vaisseaux sanguins des viscères. Dans certaines conditions, lors d'une hémorragie notamment, l'ADH est libérée en quantités exceptionnellement grandes. Ce phénomène entraîne une élévation de la pression artérielle systémique. C'est la raison pour laquelle l'ADH est aussi appelée **vasopressine.**

Le seul trouble important causé par l'hyposécrétion d'ADH est le *diabète insipide,* un syndrome caractérisé par l'excrétion de grandes quantités d'urine diluée (polyurie supérieure à 4 litres par jour) et par une soif intense. Jadis, les médecins goûtaient à l'urine pour déterminer la cause de la polyurie. Ils qualifièrent cette forme de diabète d'« insipide » pour la distinguer du diabète sucré, dans lequel l'insuffisance d'insuline cause la glycosurie par augmentation de la glycémie.

17

Le diabète insipide peut être causé par un traumatisme de l'hypothalamus ou de la neurohypophyse, comme peut en provoquer un coup à la tête, ou par des lésions d'origine interne. Quelle que soit la structure touchée (l'hypothalamus ou la neurohypophyse), il y a insuffisance d'ADH. Le trouble, bien qu'incommodant, est sans gravité si le centre de la soif fonctionne normalement et si la personne atteinte boit suffisamment pour prévenir la déshydratation. Toutefois, le diabète insipide peut constituer un danger mortel pour une personne inconsciente ou comateuse; c'est pourquoi il faut surveiller de près les victimes de traumatismes crâniens.

L'hypersécrétion d'hormone antidiurétique s'observe chez les enfants atteints de méningite, peut suivre une intervention de neurochirurgie ou un traumatisme crânien (lésion de l'hypothalamus) ou peut constituer une conséquence de la sécrétion ectopique d'ADH par des cellules cancéreuses (particulièrement des cellules engendrées par le cancer du poumon). Ce trouble peut aussi faire suite à une anesthésie générale ou à l'administration de certains médicaments (comme la mépéridine). Il provoque le *syndrome de sécrétion inappropriée d'ADH,* qui se caractérise par une rétention d'eau, une céphalée et une désorientation dues à l'œdème cérébral, un accroissement pondéral et une hypo-osmolarité sanguine. Le traitement du syndrome de sécrétion inappropriée d'ADH nécessite une limitation de la consommation de liquides et de fréquentes mesures de la concentration sanguine de sodium. ■

Glande thyroïde

Situation et structure

Organe en forme de papillon, la glande thyroïde est située dans la partie antérieure du cou; elle repose sur la trachée, juste au-dessous du larynx (figure 17.8a). Ses deux **lobes** latéraux sont reliés par une masse de tissu, l'**isthme.** La thyroïde est la plus grande des glandes purement endocrines et son irrigation (fournie par les *artères thyroïdiennes supérieure* et *inférieure*) est extrêmement abondante, ce qui complique énormément les interventions chirurgicales qui la touchent.

L'intérieur de la glande thyroïde est constitué de structures sphériques creuses appelées **follicules** (figure 17.8b). Les parois des follicules sont formées principalement de cellules épithéliales cuboïdes ou squameuses nommées *cellules folliculaires*, qui produisent la **thyroglobuline,** une glycoprotéine. La cavité centrale des follicules est remplie d'un **colloïde** ambré composé de molécules de thyroglobuline auxquelles s'attachent des atomes d'iode. Deux hormones appelées *hormones thyroïdiennes* sont dérivées de cette substance. Les follicules sont séparés les uns des autres par du tissu conjonctif contenant les *cellules parafolliculaires,* qui élaborent une hormone nommée *calcitonine* (dont la composition et l'action sont entièrement différentes de celles des hormones thyroïdiennes; voir p. 608).

Hormones thyroïdiennes (TH)

Les **hormones thyroïdiennes** (**TH,** « thyroid hormone »), que beaucoup considèrent comme les principales hormones métaboliques, contiennent toutes deux de l'iode. Il s'agit de la **thyroxine,** ou $\mathbf{T_4}$ (tétraiodothyronine), et de la **triiodothyronine,** ou $\mathbf{T_3}$. La thyroxine est sécrétée par les follicules thyroïdiens, tandis que la majeure partie de la triiodothyronine est formée dans les tissus cibles à partir de la thyroxine. Étant composées de deux tyrosines (des acides aminés), ces hormones sont fort semblables; mais alors que la thyroxine possède quatre atomes d'iode, la triiodothyronine n'en a que trois (d'où les abréviations T_4 et T_3).

À l'exception de certains organes adultes (l'encéphale, la rate, les testicules, l'utérus et la glande thyroïde elle-même), les hormones thyroïdiennes agissent sur les cellules de presque tous les tissus. En règle générale, elles stimulent les enzymes effectuant l'oxydation du glucose. Par voie de conséquence, elles accélèrent le métabolisme basal et augmentent la consommation d'oxygène ainsi que la production de chaleur; elles ont donc un **effet calorigène.** De plus, les hormones thyroïdiennes provoquent une augmentation du nombre de récepteurs adrénergiques dans les vaisseaux sanguins et jouent de ce fait un rôle important dans la stabilisation de la pression artérielle. Par ailleurs, les hormones thyroïdiennes influent sur la croissance et le développement des tissus; elles sont essentielles au développement du système osseux et du système nerveux ainsi qu'aux fonctions de reproduction. Le tableau 17.2, à la page 606, présente un résumé des nombreux effets des hormones thyroïdiennes.

Transport et régulation La majeure partie des hormones thyroïdiennes libérées se lie immédiatement aux protéines plasmatiques, dont la plus importante est la

Parmi les cellules qui apparaissent en (b), lesquelles produisent la calcitonine ?

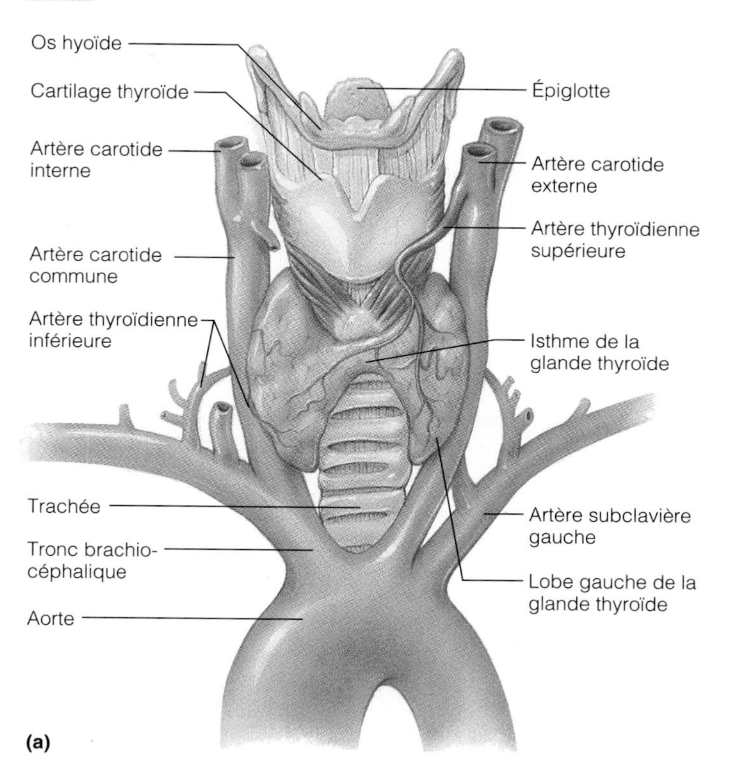

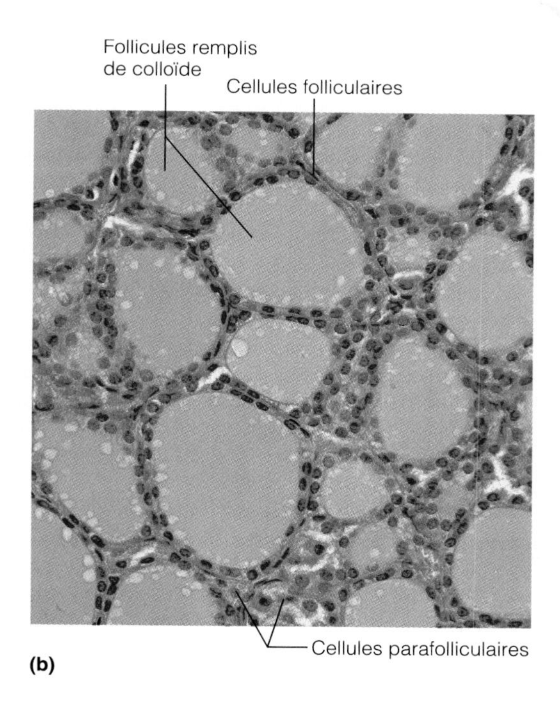

FIGURE 17.8
Anatomie macroscopique et microscopique de la glande thyroïde.
(a) Situation et irrigation de la face antérieure de la glande thyroïde.
(b) Microphotographie de la glande thyroïde (150 ×).

TBG (« thyroxine-binding globulin », c'est-à-dire la globuline liant la thyroxine), produite par le foie. La thyroxine et la triiodothyronine se lient aux récepteurs membranaires des cellules cibles ; la seconde est environ 10 fois plus active que la première et se lie aussi beaucoup plus facilement (son affinité est très grande). La plupart des tissus périphériques sont dotés des enzymes nécessaires à la conversion de la thyroxine en triiodothyronine, selon un processus qui passe par la séparation enzymatique d'un atome d'iode. Les modes d'action des hormones thyroïdiennes sont probablement nombreux et se réalisent en fonction des récepteurs des cellules cibles. Certaines recherches tendent à prouver que les récepteurs cellulaires et l'AMP cyclique participent aux réactions de certaines cellules cibles aux hormones thyroïdiennes. Chose certaine, la triiodothyronine, comme les hormones stéroïdes, pénètre dans la cellule cible et se fixe à des récepteurs situés dans le noyau, déclenchant ainsi la transcription de l'ADN.

La diminution du taux sanguin de thyroxine provoque la libération de *thyréotrophine* (*TSH*) par l'adénohypophyse et, en bout de ligne, la libération de thyroxine. En revanche, l'augmentation du taux sanguin de thyroxine exerce une rétro-inhibition sur l'axe hypothalamus-adénohypophyse, interrompant le stimulus déclencheur de la libération de TSH. L'accroissement des besoins énergétiques, causé notamment par la grossesse et le froid prolongé, stimule la sécrétion de *thyréolibérine* (*TRH*, « thyrotropin-releasing hormone ») par l'hypothalamus, laquelle entraîne la libération de TSH ; dans de telles conditions, la TRH surmonte la rétro-inhibition. La thyroïde libérant une quantité accrue d'hormones thyroïdiennes, le métabolisme s'accélère et la production de chaleur augmente. Parmi les facteurs qui inhibent la libération de TSH, on trouve la somatostatine, l'élévation des taux de glucocorticoïdes et d'hormones sexuelles (œstrogènes ou testostérone) ainsi qu'un taux sanguin d'iode excessivement élevé.

Tant l'hyperfonctionnement que l'hypofonctionnement de la glande thyroïde peuvent causer de graves troubles métaboliques (voir le tableau 17.2). Les hypothyroïdies peuvent résulter d'une anomalie de la glande thyroïde ou être secondaires à une déficience en TSH ou en TRH. Elles surviennent aussi à la suite de l'ablation chirurgicale de la glande thyroïde (*thyroïdectomie*) ou d'une carence alimentaire en iode.

Chez l'adulte, le syndrome hypothyroïdien complet est appelé **myxœdème** (*muxa* = mucus ; *oidêma* = gonflement). Il se manifeste par un métabolisme basal lent, des sensations de froid, la constipation, l'assèchement et

Les cellules parafolliculaires.

17

TABLEAU 17.2 Principaux effets des hormones thyroïdiennes (T_4 et T_3)

Processus ou système touché	Effets physiologiques normaux	Effets de l'hyposécrétion	Effets de l'hypersécrétion
Métabolisme basal/régulation de la température	Stimulent la consommation d'oxygène et accélèrent le métabolisme basal ; augmentent la production de chaleur ; facilitent les effets du système nerveux sympathique	Diminution du métabolisme basal ; diminution de la température corporelle ; intolérance au froid ; perte d'appétit ; gain pondéral ; diminution de la sensibilité aux catécholamines	Augmentation du métabolisme basal ; augmentation de la température corporelle ; intolérance à la chaleur ; augmentation de l'appétit ; perte pondérale ; augmentation de la sensibilité aux catécholamines pouvant causer l'hypertension artérielle
Métabolisme des glucides, des lipides et des protéines	Favorisent le catabolisme du glucose ; mobilisent les lipides ; essentielles à la production d'énergie pour la synthèse des protéines ; facilitent la synthèse hépatique de cholestérol	Diminution du métabolisme du glucose ; augmentation des taux sanguins de cholestérol et de triglycérides ; diminution de la synthèse des protéines ; œdème	Augmentation du catabolisme du glucose, des protéines et des lipides ; perte pondérale ; diminution de la masse musculaire
Système nerveux	Favorisent le développement du système nerveux chez le fœtus et le nourrisson ; nécessaires au fonctionnement du système nerveux chez l'adulte	Chez l'enfant, ralentissement ou déficience du développement cérébral, arriération mentale ; chez l'adulte, diminution des aptitudes mentales, dépression, paresthésies, troubles de la mémoire, diminution des réflexes	Irritabilité, agitation, insomnie, exophtalmie, changements de la personnalité
Système cardiovasculaire	Favorisent le fonctionnement normal du cœur	Diminution de l'efficacité de l'action de pompage du cœur ; diminution de la fréquence cardiaque et de la pression artérielle	Augmentation de la fréquence cardiaque et palpitations ; hypertension artérielle ; si prolongée, cause l'insuffisance cardiaque
Système musculaire	Favorisent le développement et le fonctionnement des muscles	Hypotonie ; crampes musculaires ; myalgie	Atrophie et faiblesse musculaires
Système osseux	Favorisent la croissance et la maturation du squelette	Chez l'enfant, retard de la croissance, arrêt de la croissance squelettique, proportions inadéquates du squelette ; chez l'adulte, douleurs articulaires	Chez l'enfant, croissance squelettique excessive au début, suivie par la soudure précoce des cartilages épiphysaires et l'atteinte d'une faible taille ; chez l'adulte, déminéralisation squelettique
Système digestif	Favorisent la motilité et le tonus gastro-intestinaux ; accroissent la sécrétion de sucs digestifs	Diminution de la motilité, de l'activité sécrétrice et du tonus gastro-intestinaux ; constipation	Motilité gastro-intestinale excessive ; diarrhée ; perte d'appétit
Système génital	Permettent le fonctionnement normal des organes génitaux et stimulent la lactation chez la femme	Diminution de la fonction ovarienne ; stérilité ; diminution de la lactation	Chez la femme, diminution de la fonction ovarienne ; chez l'homme, impuissance
Système tégumentaire	Favorisent l'hydratation de la peau et stimulent son activité sécrétrice	Peau pâle, épaisse et sèche ; œdème facial ; cheveux rudes et épais	Peau rouge, mince et humide ; cheveux fins et doux ; ongles mous et minces

l'épaississement cutanés, la bouffissure des yeux, l'œdème, la léthargie et la diminution des aptitudes mentales (mais non l'arriération). Si le myxœdème est causé par une carence en iode, la glande thyroïde s'hypertrophie, ce qui produit le **goitre endémique** ou **myxœdémateux.** Les cellules folliculaires élaborent la thyroglobuline du colloïde, mais elles ne peuvent l'ioder ni produire des hormones actives. L'hypophyse sécrète plus de TSH afin de stimuler la production d'hormones thyroïdiennes, mais cela ne parvient qu'à causer une accumulation de colloïde *inutilisable* dans les follicules. Laissées sans traitement, les cellules thyroïdiennes finissent par s'épuiser et la glande s'atrophie. Avant la mise en marché de sel iodé, le goitre était très répandu dans certaines régions centrales des États-Unis. En effet, le sol y est pauvre en iode et les habitants ne pouvaient pas se procurer d'aliments riches en iode comme des fruits de mer. Suivant la cause, on peut traiter le myxœdème au moyen de suppléments iodés ou d'une hormonothérapie de substitution.

Chez l'enfant, l'hypothyroïdie grave est appelée **crétinisme.** Ce trouble se manifeste par une petite taille et des proportions corporelles anormales, une langue et un cou

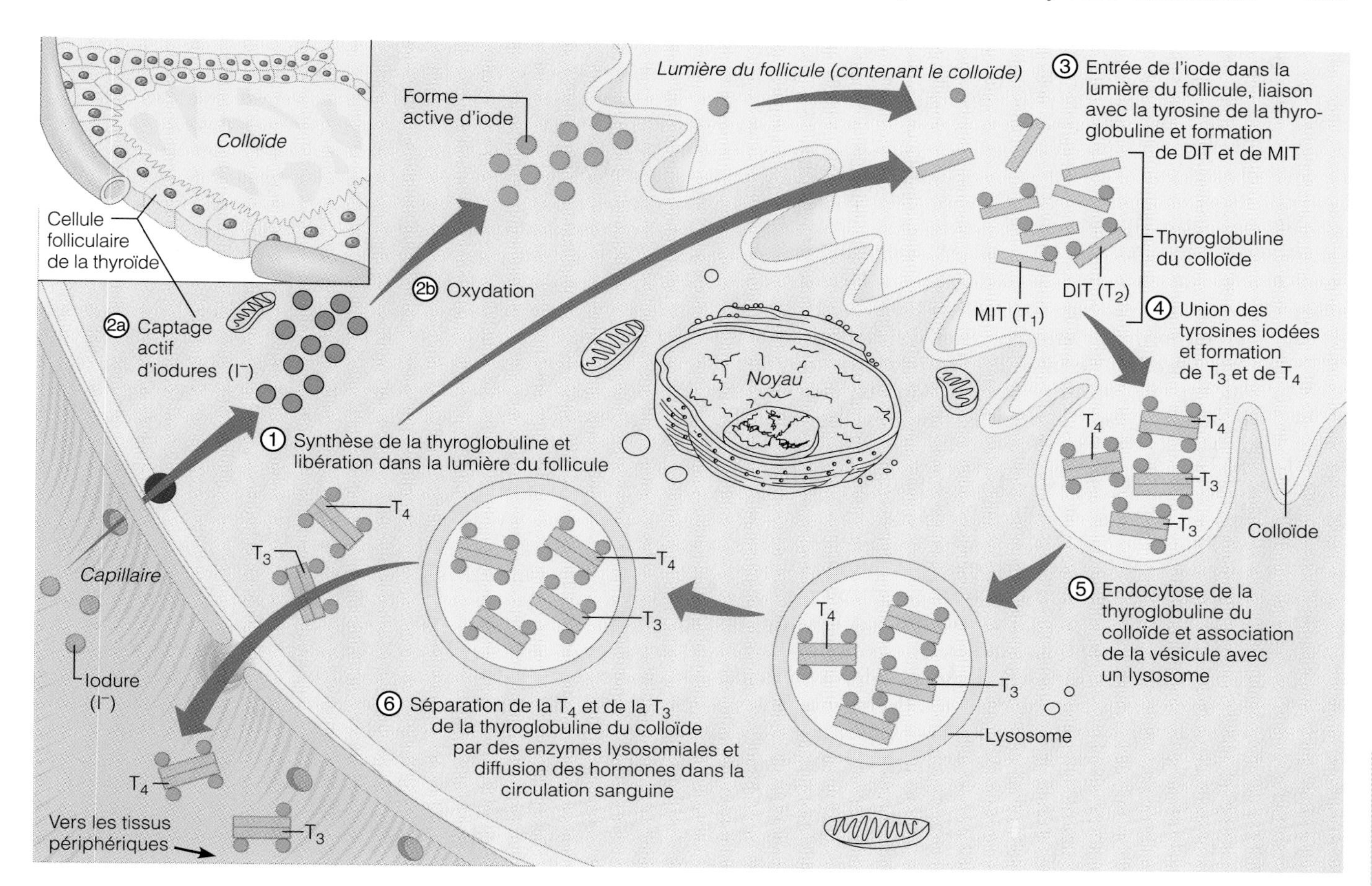

FIGURE 17.9
Biosynthèse des hormones thyroïdiennes. Étapes menant à la synthèse de la thyroxine (T_4) et de la triiodothyronine (T_3). La liaison de la TSH aux récepteurs des cellules folliculaires (non représentée) stimule la synthèse du colloïde, les étapes illustrées ci-dessus et la libération de thyroxine et de triiodothyronine. Ces événements sont décrits au long dans le texte. (Note : seules les tyrosines iodées du colloïde sont indiquées. Le reste du colloïde est représenté en jaune.)

épais ainsi qu'une arriération mentale. Le crétinisme peut résulter d'anomalies génétiques de la glande thyroïde fœtale ou encore de facteurs maternels, telle une carence alimentaire en iode. On peut prévenir le crétinisme par une hormonothérapie thyroïdienne de substitution mais, une fois apparues, les anomalies du développement et l'arriération mentale sont irréversibles.

Le trouble hyperthyroïdien le plus répandu (et le plus déroutant) est la **maladie de Graves,** ou maladie de Basedow. Comme le sérum de nombreuses personnes atteintes contient des autoanticorps appelés TSI (« thyroid-stimulating immunoglobulins »), on considère actuellement que cette maladie est auto-immune. L'anticorps reproduit les effets de la TSH : il stimule les récepteurs membranaires de cette hormone (situés sur les cellules folliculaires) et entraîne ainsi la synthèse et la sécrétion de T_3 et de T_4. Il en résulte une hypersécrétion des hormones thyroïdiennes mais cela ne cause pas l'inhibition de la production des anticorps (il n'y a pas de mécanisme de rétro-inhibition qui fonctionne ici). La thyroïde est donc hyperactive de façon continuelle, et ce malgré un faible taux de TSH. La maladie de Graves se manifeste le plus souvent par une accélération du métabolisme basal, la diaphorèse, des pulsations cardiaques rapides et irrégulières, une augmentation de la nervosité et une perte pondérale (en dépit d'un apport alimentaire adéquat). Une *exophtalmie,* ou saillie anormale des bulbes de l'œil, peut survenir si le tissu situé à l'arrière des yeux devient œdémateux puis fibreux. Le traitement consiste en l'ablation chirurgicale de la glande thyroïde ou en l'administration d'iode radioactif (^{131}I), qui se fixe dans la glande thyroïde et détruit sélectivement les cellules les plus actives. ■

Synthèse La synthèse des hormones thyroïdiennes repose sur six processus interdépendants qui débutent lorsque la thyréotrophine (TSH) sécrétée par l'adénohypophyse se lie aux récepteurs des cellules folliculaires. La numérotation des paragraphes suivants correspond à celle des étapes représentées dans la figure 17.9.

1. *Formation et stockage de la thyroglobuline.* La thyroglobuline est synthétisée dans les ribosomes, puis transportée dans le complexe golgien, où elle se lie à des résidus de sucre et s'entasse dans des vésicules de sécrétion. Celles-ci se déplacent vers le sommet des cellules folliculaires et déchargent leur contenu dans la lumière du follicule, puis la thyroglobuline s'intègre au colloïde.

2. *Captage et oxydation de l'iodure et transformation en iode.* Pour que soient produites les hormones thyroïdiennes, les cellules folliculaires doivent prélever des iodures (des anions d'iode) du sang. Le captage des iodures repose sur un transport actif, car leur concentration intracellulaire est plus de 30 fois supérieure à celle du sang. Une fois à l'intérieur des cellules, les iodures (I^-) sont oxydés (par retrait d'électrons) et convertis en iode (I_2).
3. *Iodation.* Une fois formé, l'iode se lie à la tyrosine de la thyroglobuline. Cette réaction d'iodation se produit à la jonction de la cellule folliculaire apicale et du colloïde et elle repose sur l'action de peroxydases (des enzymes faisant partie des protéines intégrées de la membrane).
4. *Union de la T_2 et de la T_1.* La liaison d'un iode à une tyrosine produit la **monoiodotyrosine** (**MIT** ou $\mathbf{T_1}$), tandis que la liaison de deux iodes produit la **diiodotyrosine** (**DIT** ou $\mathbf{T_2}$). Des enzymes du colloïde unissent ces molécules. Deux molécules de diiodotyrosine forment la thyroxine, et l'union d'une molécule de monoiodotyrosine et d'une molécule de diiodotyrosine forme la triiodothyronine (T_3). À ce stade, cependant, les hormones sont encore liées à la thyroglobuline.
5. *Endocytose du colloïde.* Pour que les hormones soient sécrétées, il faut que les cellules folliculaires absorbent la thyroglobuline iodée par endocytose (phagocytose et pinocytose) et que les vésicules qui en résultent s'associent à des lysosomes.
6. *Séparation des hormones.* À l'intérieur des lysosomes, des enzymes lysosomiales séparent les hormones du colloïde. Les hormones diffusent ensuite des cellules folliculaires jusque dans la circulation sanguine. La principale hormone sécrétée est la thyroxine. Une partie de la thyroxine est convertie en triiodothyronine avant que survienne la sécrétion, mais la majeure partie de la triiodothyronine est produite dans les tissus périphériques.

Il faut se rappeler que la *réaction initiale* à la liaison de la thyréotrophine (TSH) est la sécrétion des hormones thyroïdiennes. La synthèse de colloïde reprend ensuite pour «faire le plein» de la lumière des follicules. En règle générale, le taux de TSH est faible pendant le jour, culmine juste avant l'endormissement et reste élevé pendant la nuit.

La thyroïde est la seule des glandes endocrines à emmagasiner ses hormones à l'extérieur de ses cellules et en grande quantité. Dans une glande thyroïde saine, le volume de colloïde emmagasiné est relativement constant, et il suffit à produire des quantités normales d'hormones pendant une période de plusieurs mois.

Calcitonine

La **calcitonine** est une hormone polypeptidique produite par les **cellules parafolliculaires**, ou **cellules C**, de la glande thyroïde. Son effet le plus important est d'abaisser le taux sanguin de calcium. La calcitonine est donc un antagoniste direct de la parathormone élaborée par les glandes parathyroïdes. La calcitonine agit sur le squelette: d'une part, elle inhibe l'activité des ostéoclastes et, par conséquent, la résorption osseuse et la libération de calcium ionique de la matrice osseuse; d'autre part, elle stimule le captage du calcium et son incorporation à la matrice osseuse.

Un taux sanguin excessif de calcium ionique (de 20 % supérieur à la normale environ) constitue un stimulus humoral pour la libération de calcitonine; inversement, un taux sanguin insuffisant inhibe l'activité sécrétrice des cellules parafolliculaires. La régulation qu'exerce la calcitonine sur le taux sanguin de calcium est de courte durée mais extrêmement rapide.

La calcitonine ne semble revêtir une certaine importance que pendant l'enfance, période au cours de laquelle la masse, la taille et la forme des os changent de façon spectaculaire. Chez l'adulte, la calcitonine ne constitue tout au plus qu'un faible agent hypocalcémique.

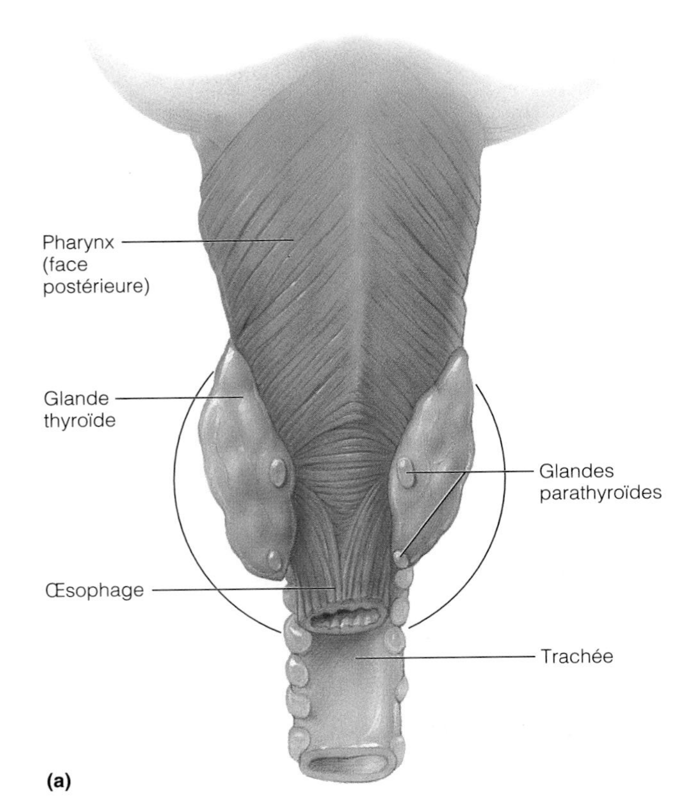

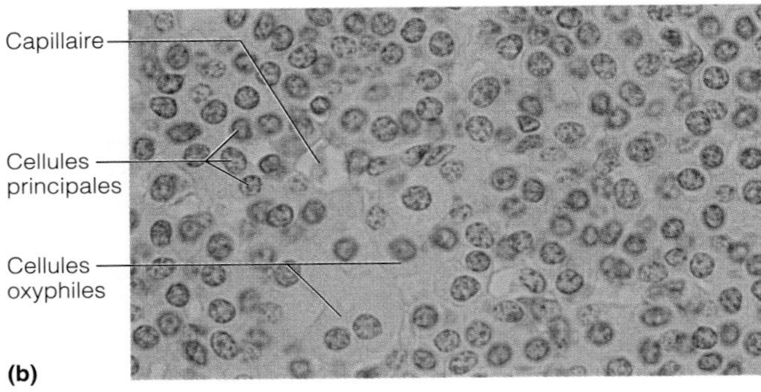

FIGURE 17.10
Glandes parathyroïdes. (a) Situation des glandes parathyroïdes sur la face postérieure de la glande thyroïde. Dans la réalité, les glandes parathyroïdes peuvent être encore moins visibles qu'elles ne le sont dans la figure. **(b)** Microphotographie d'une section d'une glande parathyroïde (783 ×).

Glandes parathyroïdes

Les petites **glandes parathyroïdes,** de couleur jaune brun, s'incrustent sur la face postérieure de la glande thyroïde, où elles sont à peine visibles (figure 17.10a). Leur nombre est variable et, s'il est habituellement de quatre, il peut atteindre huit. Chez certains sujets, on peut en trouver ailleurs que sur la thyroïde, et même dans le thorax. Les cellules glandulaires des glandes parathyroïdes sont disposées en d'épais cordons ramifiés contenant des *cellules oxyphiles* disséminées et un grand nombre de **cellules principales,** plus petites (figure 17.10b). Les cellules principales sécrètent la parathormone. La fonction des cellules oxyphiles est obscure.

La découverte des glandes parathyroïdes a été le fruit du hasard. Autrefois, les chirurgiens constataient, déroutés, que la majorité des patients se rétablissaient parfaitement après l'ablation partielle (voire totale) de la glande thyroïde, tandis que d'autres présentaient des spasmes musculaires incoercibles, souffraient de douleurs intenses et glissaient rapidement vers la mort. Ce n'est qu'après de nombreux décès qu'on décela l'existence des glandes parathyroïdes et de leurs hormones, fort différentes des hormones thyroïdiennes.

La **parathormone (PTH,** « parathyroid hormone »), ou **hormone parathyroïdienne,** est l'hormone protéique produite par les glandes parathyroïdes ; elle préside au maintien de l'équilibre calcique dans le sang et a un effet antagoniste à celui de la calcitonine. La diminution du taux sanguin de calcium provoque sa libération, et l'hypercalcémie l'inhibe. La PTH élève le taux sanguin de calcium ionique en stimulant trois organes cibles : le squelette (dont la matrice osseuse contient des quantités considérables de sel de calcium), les reins et l'intestin (figure 17.11).

Trois événements suivent la libération de la parathormone : (1) les ostéoclastes (les cellules effectuant la résorption osseuse) digèrent une partie de la matrice osseuse et libèrent du calcium ionique et des phosphates dans le sang ; (2) les cellules des tubules rénaux réabsorbent plus d'ions calcium (et retiennent moins de phosphates) ; (3) les cellules de la muqueuse intestinale absorbent plus de calcium. L'absorption intestinale du calcium est facilitée indirectement par l'action de la parathormone sur l'activation de la vitamine D. En effet, cette vitamine nécessaire à l'absorption du calcium alimentaire est ingérée ou produite par la peau sous une forme relativement inactive. Pour que la vitamine D exerce ses effets physiologiques, les reins doivent d'abord la convertir en sa forme active, le **calcitriol** (1,25-dihydroxycholécalciférol), une transformation que stimule la parathormone.

Comme l'équilibre des ions calcium plasmatiques est essentiel à de très nombreuses fonctions, y compris la transmission des influx nerveux, les contractions musculaires et la coagulation du sang, la régulation du taux de calcium ionique revêt une importance capitale.

L'*hyperparathyroïdie* est rare et résulte généralement d'une tumeur d'une glande parathyroïde. Comme elle entraîne le lessivage du calcium osseux, la substitution de tissu conjonctif aux sels minéraux cause le ramollissement et la déformation des os. Dans l'*ostéite fibro-kystique,* une forme grave de ce trouble, les os présentent un aspect criblé à la radiographie et ils ont tendance à se fracturer spontanément. L'élévation du taux sanguin de calcium (l'hypercalcémie) a de nombreuses conséquences, dont les deux plus notables sont (1) la réduction de l'activité nerveuse, qui se traduit par des réflexes anormaux et une faiblesse des muscles squelettiques, et (2) la formation de calculs rénaux résultant de la précipitation dans les tubules des sels calciques en excès. En outre, des dépôts de calcium peuvent se former dans les tissus mous et entraver le fonctionnement des organes vitaux.

L'*hypoparathyroïdie,* la déficience en parathormone, est le plus souvent secondaire aux lésions des glandes parathyroïdes ou à leur ablation lors d'une thyroïdectomie. L'hypocalcémie qu'elle provoque accroît l'excitabilité des neurones et explique les symptômes classiques de la *tétanie,* soit la paresthésie, les spasmes musculaires et les convulsions. Laissé sans traitement, le trouble cause des spasmes du larynx, la paralysie respiratoire et la mort. ■

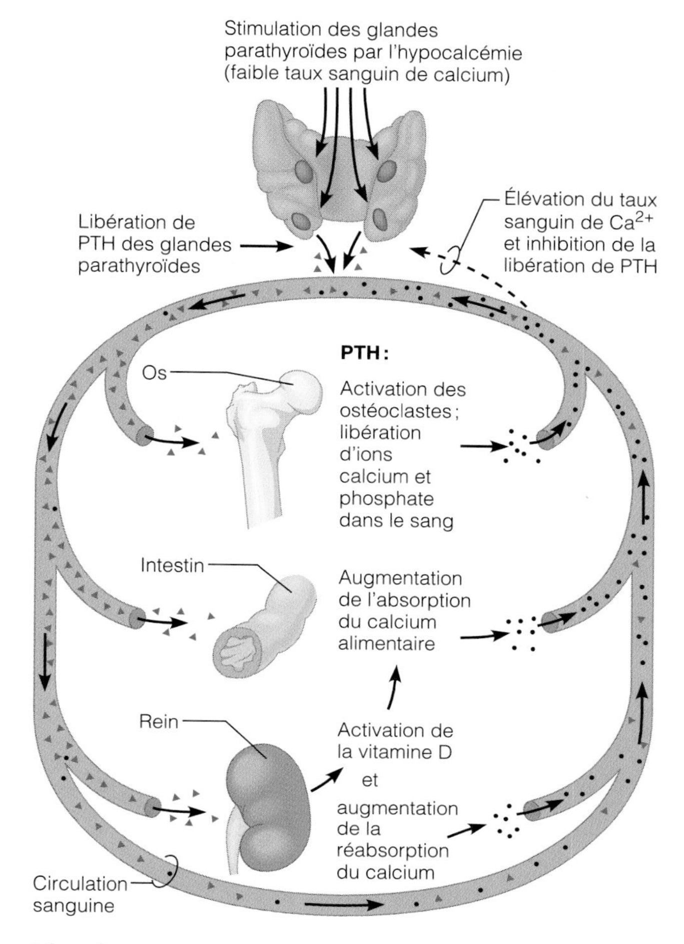
Stimulation des glandes parathyroïdes par l'hypocalcémie (faible taux sanguin de calcium)
Libération de PTH des glandes parathyroïdes
Élévation du taux sanguin de Ca^{2+} et inhibition de la libération de PTH
PTH :
Os
Activation des ostéoclastes ; libération d'ions calcium et phosphate dans le sang
Intestin
Augmentation de l'absorption du calcium alimentaire
Rein
Activation de la vitamine D
et
augmentation de la réabsorption du calcium
Circulation sanguine
Légende :
= Ions Ca^{2+}
= Molécules de PTH

FIGURE 17.11
Résumé des effets de la parathormone sur les os, les reins et l'intestin. (Notez que l'effet de la parathormone sur l'intestin s'exerce par l'intermédiaire de la forme active de la vitamine D.)

Supposez que votre professeur place sur la platine du microscope un échantillon de tissu de cortex surrénal et vous demande d'en identifier les cellules à l'improviste. Quelles caractéristiques de la disposition des cellules du cortex surrénal devriez-vous vous remémorer ?

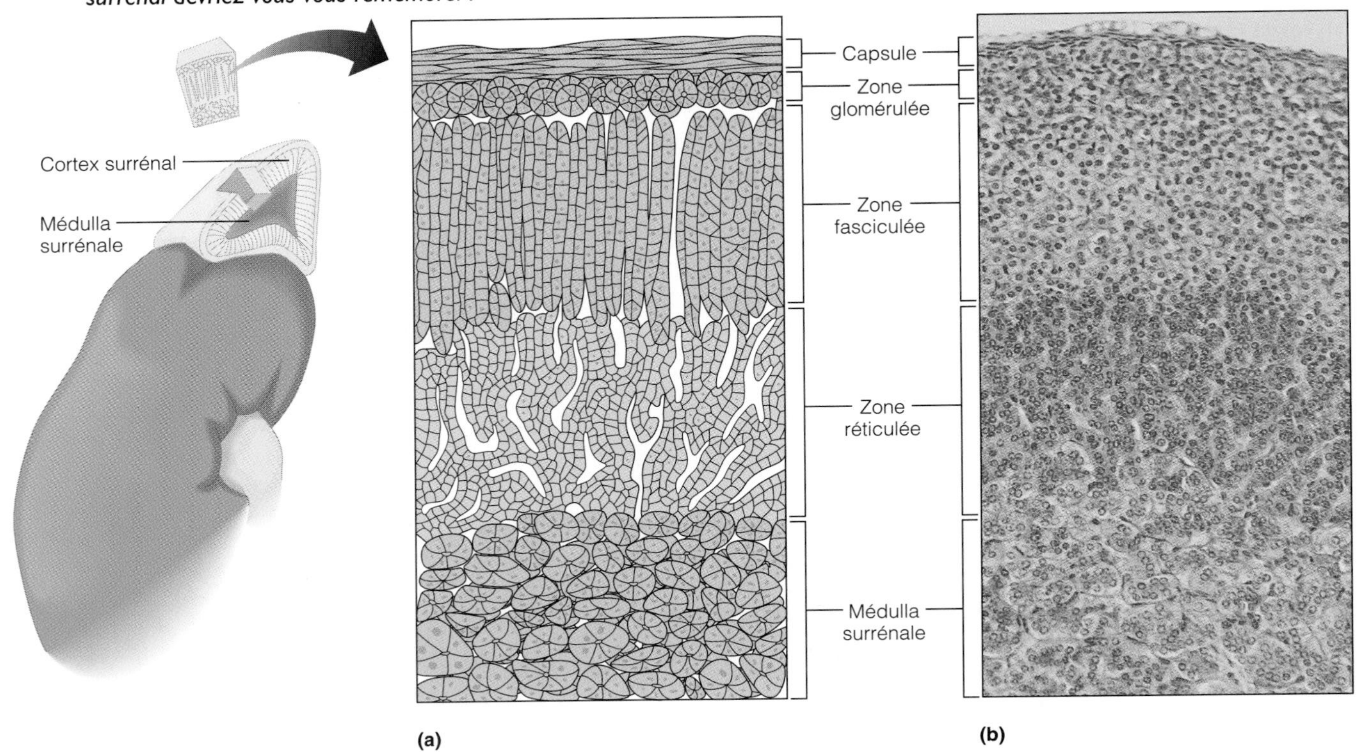

FIGURE 17.12
Structure microscopique de la glande surrénale. (a) Schéma. **(b)** Microphotographie de la zone glomérulée, de la zone fasciculée et de la zone réticulée du cortex surrénal (50 ×). (On aperçoit aussi une partie de la médulla surrénale.)

17

Glandes surrénales

Les deux **glandes surrénales** sont des organes en forme de pyramides perchés au-dessus des reins (d'où leur nom) et enveloppés d'une capsule fibreuse et d'une couche de graisse (voir la figure 17.1).

Chaque glande surrénale comprend deux portions qui diffèrent du point de vue structural comme du point de vue fonctionnel. La portion interne, appelée **médulla surrénale,** tient plus du « nœud » de tissu nerveux que de la glande, et elle dérive de la crête neurale ; elle appartient au système nerveux sympathique. La portion externe, appelée **cortex surrénal,** est la plus volumineuse, et elle recouvre la médulla ; elle provient du mésoderme embryonnaire. Chacune de ces portions produit ses hormones propres (tableau 17.3), mais la plupart des hormones surrénaliennes favorisent l'adaptation au stress.

Cortex surrénal

Le cortex surrénal synthétise une trentaine d'hormones *stéroïdes*, appelées **corticostéroïdes,** à partir du cholestérol. Le processus comprend de nombreuses étapes et fait intervenir divers intermédiaires, suivant l'hormone formée. Le tableau 17.3 présente la structure de quelques corticostéroïdes.

Les cellules corticales, de grandes dimensions et chargées de gouttelettes lipidiques contenant du cholestérol, sont disposées en trois zones concentriques (figure 17.12). Les amas de cellules formant la **zone glomérulée,** en surface, produisent principalement les minéralocorticoïdes, des hormones qui concourent à l'équilibre hydro-électrolytique du sang. Au milieu, les cellules de la **zone fasciculée** forment des cordons plus ou moins rectilignes et sécrètent les hormones métaboliques appelées glucocorticoïdes. Enfin, les cellules de la **zone réticulée,** la partie la plus interne, sont contiguës à la médulla surrénale et sont disposées en réseaux ; elles élaborent de petites quantités d'hormones sexuelles surrénaliennes, nommées gonadocorticoïdes. Bien que chaque zone ait sa « spécialité », les trois fabriquent l'ensemble des corticostéroïdes.

Minéralocorticoïdes La principale fonction des minéralocorticoïdes est la régulation des concentrations d'électrolytes (sels minéraux), et particulièrement celles des ions sodium et potassium, dans le sang et le liquide extracellulaire. Le sodium est l'ion positif (cation) le plus abondant

Les cellules de la zone glomérulée sont disposées en amas, celles de la zone fasciculée en cordons parallèles et celles de la zone réticulée en réseaux.

TABLEAU 17.3 Régulation et effets des hormones surrénaliennes

Hormone	Structure	Libération	Cible/effets	Effets de l'hyposécrétion ↓ et de l'hypersécrétion ↑
HORMONES CORTICOSURRÉNALES				
Minéralocorticoïdes (principalement l'aldostérone)	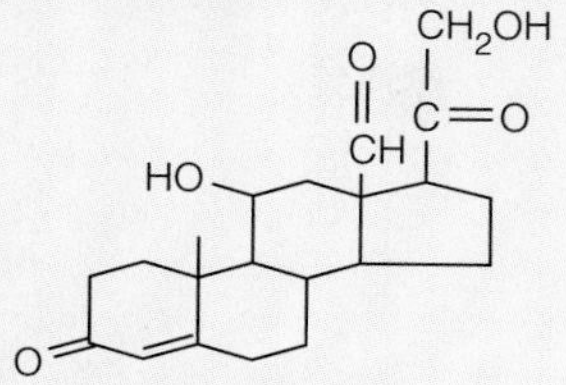 Aldostérone	Stimulée par le système rénine-angiotensine (lui-même activé par la diminution du volume sanguin ou de la pression artérielle), l'augmentation du taux sanguin de K^+ ou la diminution du taux sanguin de Na^+, et l'ACTH (influence minime); inhibée par l'augmentation du volume sanguin et de la pression artérielle, l'augmentation du taux sanguin de Na^+ et la diminution du taux sanguin de K^+	Reins; augmentation du taux sanguin de Na^+ et diminution du taux sanguin de K^+; comme la réabsorption d'eau accompagne la rétention de sodium, le volume sanguin et la pression artérielle augmentent	↑ Hyperaldostéronisme ↓ Maladie d'Addison
Glucocorticoïdes (principalement le cortisol)	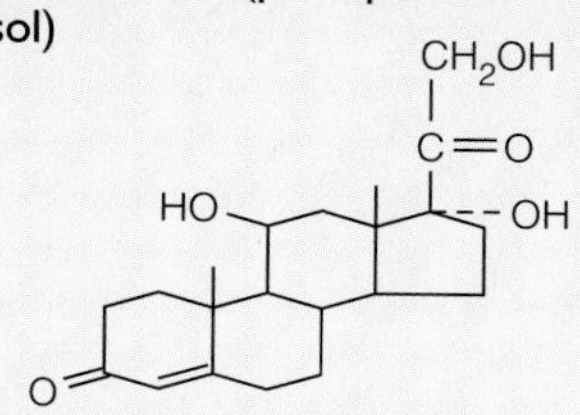 Cortisol	Stimulée par l'ACTH; inhibée par une rétro-inhibition déclenchée par le cortisol	Cellules de l'organisme; favorisent la néoglucogenèse et l'hyperglycémie; mobilisent les graisses en vue du métabolisme énergétique; stimulent le catabolisme des protéines; aident l'organisme à résister aux facteurs de stress; réduisent la réaction inflammatoire et la réponse immunitaire	↑ Maladie de Cushing ↓ Maladie d'Addison
Gonadocorticoïdes (principalement les androgènes comme la testostérone)	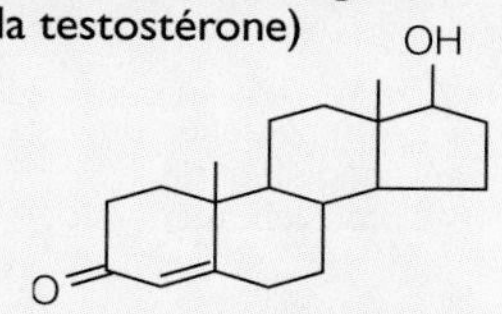 Testostérone	Stimulée par l'ACTH; le mécanisme d'inhibition demeure obscur, mais il ne semble pas comprendre de rétro-inhibition	Effets négligeables chez l'adulte; probablement associés à la libido féminine et source d'œstrogènes après la ménopause	↑ Virilisation chez la femme (syndrome androgénique) ↓ Aucun effet connu
HORMONES DE LA MÉDULLA SURRÉNALE				
Catécholamines (adrénaline et noradrénaline)	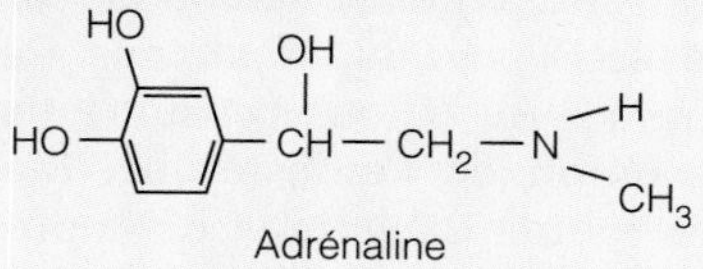 Adrénaline	Stimulée par les neurofibres préganglionnaires du système nerveux sympathique	Organes cibles du système nerveux sympathique; leurs effets imitent l'activation du système nerveux sympathique; augmentent la fréquence cardiaque, la mobilisation des acides gras et le métabolisme; augmentent la pression artérielle en favorisant la vasoconstriction	↑ Prolongation de la réaction de lutte ou de fuite; hypertension ↓ Effets négligeables

dans le liquide extracellulaire et, bien qu'il soit essentiel à l'homéostasie, un apport et une rétention excessifs peuvent causer une hypertension artérielle chez des individus prédisposés. Bien qu'il existe plusieurs minéralocorticoïdes, l'**aldostérone** est le plus puissant et le plus abondant : elle représente plus de 95 % de la production de minéralocorticoïdes (voir le tableau 17.3). Comme vous pouviez vous y attendre, le maintien de l'équilibre des ions sodium est le but premier de l'activité de l'aldostérone.

L'aldostérone réduit l'excrétion du sodium. Sa cible principale est la partie distale des tubules rénaux, où elle stimule la réabsorption des ions sodium de l'urine en formation et leur retour dans la circulation sanguine. L'aldostérone facilite aussi la réabsorption des ions sodium de la sueur, de la salive et des sucs gastriques. Le mode d'action de l'aldostérone semble faire intervenir la synthèse d'une enzyme nécessaire au transport du sodium.

La régulation de plusieurs autres ions (notamment le potassium, l'hydrogène, le bicarbonate et le chlorure) est associée à celle du sodium. En outre, la réabsorption de l'eau suit fidèlement celle du sodium, et ce phénomène modifie le volume sanguin et la pression artérielle. Par conséquent, la régulation de la concentration des ions sodium est essentielle au bon fonctionnement de l'organisme. En bref, l'action de l'aldostérone sur les tubules rénaux entraîne la rétention du sodium et de l'eau, l'élimination des ions potassium ainsi que, dans une certaine mesure, la régulation de l'équilibre acido-basique du sang (par l'excrétion d'ions H^+). Comme les effets régulateurs de l'aldostérone sont de courte durée (ils ne durent environ que 20 minutes), l'équilibre des électrolytes plasmatiques peut être très précisément mesuré et sans cesse modifié. Nous traitons de ces questions plus en détail au chapitre 27.

Un certain nombre de facteurs stimulent la sécrétion de l'aldostérone : l'élévation du taux sanguin d'ions potassium, la diminution du taux sanguin de sodium et la diminution du volume sanguin et de la pression artérielle. Les conditions opposées inhibent la sécrétion de l'aldostérone. Quatre mécanismes président à la sécrétion de l'aldostérone : le système rénine-angiotensine, les concentrations plasmatiques d'ions sodium et potassium, la régulation exercée par la corticotrophine (ACTH) et la concentration plasmatique du facteur natriurétique auriculaire (figure 17.13).

1. **Système rénine-angiotensine.** Le système rénine-angiotensine, le principal mécanisme de régulation de la libération de l'aldostérone, influe tant sur l'équilibre hydro-électrolytique du sang que sur la pression artérielle. Les cellules spécialisées de l'*appareil juxtaglomérulaire,* dans les reins, sont stimulées lorsque la pression artérielle (ou le volume sanguin) ou l'osmolarité plasmatique (la concentration de solutés) diminuent. Elles réagissent en libérant dans le sang la **rénine,** une enzyme, qui rompt une partie de l'**angiotensinogène,** une protéine plasmatique. L'enchaînement de réactions enzymatiques qui s'amorce alors aboutit à la formation d'**angiotensine II,** un puissant stimulant de la libération de l'aldostérone par les cellules glomérulées du cortex surrénal. Toutefois, le système rénine-angiotensine fait bien plus que déclencher la libération de l'aldostérone, et l'ensemble de ses effets concourt à élever la pression artérielle systémique. Nous traitons de ces effets en détail aux chapitres 26 et 27.
2. **Concentration plasmatique d'ions sodium et potassium.** Les variations des concentrations sanguines d'ions sodium et potassium peuvent influer directement sur les cellules de la zone glomérulée. L'augmentation de la concentration de potassium et la diminution de la concentration de sodium sont stimulantes ; les conditions inverses sont inhibitrices.
3. **Corticotrophine (ACTH).** Dans des conditions normales, l'ACTH libérée par l'adénohypophyse a peu d'effet ou n'en a aucun sur la libération de l'aldostérone. Cependant, un stress intense accroît la sécrétion de **corticolibérine (CRF)** par l'hypothalamus. L'élévation du taux sanguin d'ACTH qui s'ensuit intensifie légèrement la sécrétion de l'aldostérone. Ensuite, l'augmentation du volume sanguin et de la pression artérielle facilite la distribution des nutriments et des gaz respiratoires pendant la période de stress.
4. **Facteur natriurétique auriculaire (FNA).** Sous l'effet d'une augmentation de la pression artérielle, les oreillettes du cœur sécrètent le facteur natriurétique auriculaire (aussi appelé auriculine). Cette hormone ajuste la pression artérielle ainsi que l'équilibre de l'eau et du sodium en modifiant les effets du système rénine-angiotensine. Elle inhibe la sécrétion de rénine et d'aldostérone et s'oppose à d'autres mécanismes

Lequel des mécanismes représentés ci-dessous serait déclenché par une hémorragie importante ?

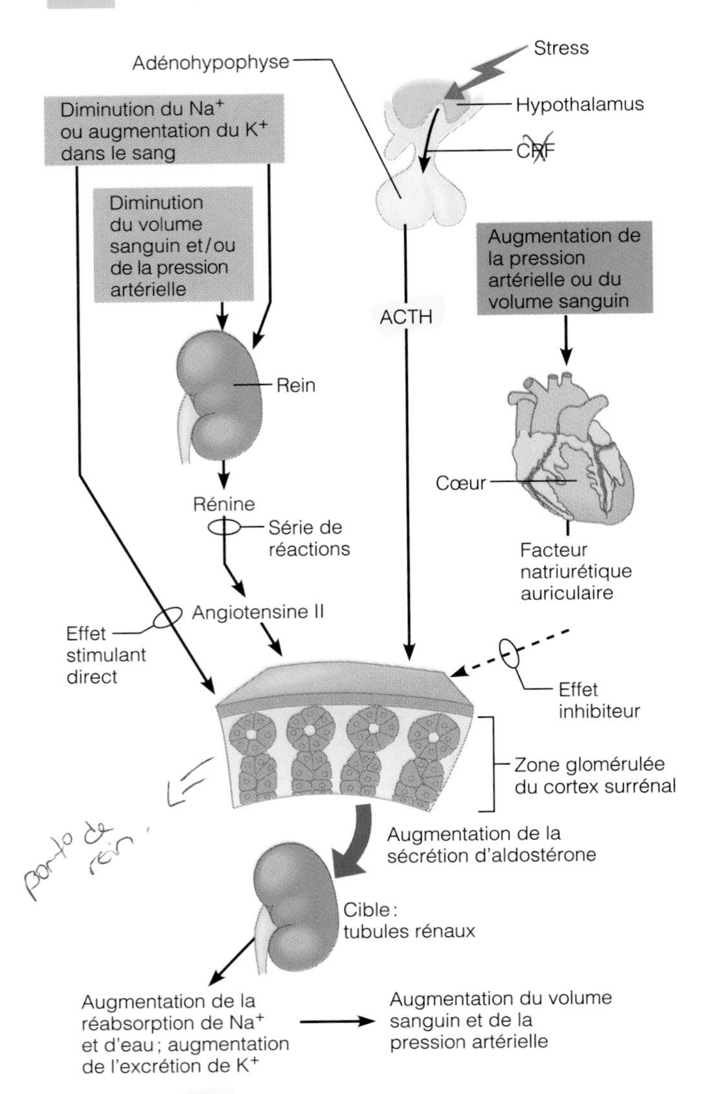

FIGURE 17.13
Principaux mécanismes de régulation de la libération de l'aldostérone.

Le système rénine-angiotensine.

qui, provoqués par l'angiotensine, facilitent la réabsorption de l'eau et du sodium. Le facteur natriurétique auriculaire a donc pour effet d'abaisser la pression artérielle en favorisant l'excrétion de Na^+ (et d'eau par conséquent) dans l'urine (*natriurétique* = « qui produit de l'urine salée »).

L'hypersécrétion d'aldostérone, l'*hyperaldostéronisme*, est généralement due à des néoplasmes bénins (adénomes) de la surrénale. Ce trouble entraîne deux types de conséquences importantes : d'une part, une hypertension et un œdème causés par la rétention excessive de sodium et d'eau ; d'autre part, une excrétion accélérée des ions potassium. Si la déperdition potassique est extrême, les neurones deviennent insensibles aux stimulus et les muscles s'affaiblissent (jusqu'à la paralysie). L'hyposécrétion du cortex surrénal se traduit généralement par une insuffisance en minéralocorticoïdes et en glucocorticoïdes. Nous décrivons brièvement ce syndrome, appelé *maladie d'Addison,* dans la section suivante. ■

Glucocorticoïdes Les **glucocorticoïdes** influent sur le métabolisme de la plupart des cellules de l'organisme et contribuent à leur résistance aux facteurs de stress. Ils sont absolument essentiels à la vie. Dans des conditions normales, ils permettent à l'organisme de s'adapter à l'intermittence de l'apport alimentaire en stabilisant la glycémie ; de plus, ils maintiennent l'équilibre du volume sanguin en empêchant l'eau de pénétrer dans les cellules. Tout stress important, qu'il soit causé par une hémorragie, une infection ou un traumatisme physique ou émotionnel, provoque une augmentation spectaculaire de la sécrétion de glucocorticoïdes, qui aide l'organisme à traverser la crise. Les glucocorticoïdes sont le **cortisol,** ou **hydrocortisone** (voir le tableau 17.3), la **cortisone** et la **corticostérone** ; parmi ces hormones, seul le cortisol est sécrété en quantité notable chez l'être humain. Comme toutes les hormones stéroïdes, les glucocorticoïdes agissent sur les cellules cibles en modifiant l'activité des gènes.

La régulation de la sécrétion des glucocorticoïdes répond à une rétro-inhibition typique. La libération du cortisol est déclenchée par l'ACTH (corticotrophine), qui est sécrétée sous l'effet du CRF (corticolibérine) hypothalamique. En agissant sur l'hypothalamus et sur l'adénohypophyse, l'élévation du taux de cortisol inhibe la libération du CRF et, par le fait même, la sécrétion d'ACTH et de cortisol. La sécrétion de cortisol est fonction de l'apport alimentaire et du degré d'activité, et elle s'échelonne de manière définie au cours d'une période de 24 heures. Le taux sanguin de cortisol atteint son maximum peu après le lever et son minimum, dans la soirée, avant et après l'endormissement. Tout stress aigu perturbe ce rythme, car le système nerveux sympathique surmonte les effets (habituellement) inhibiteurs du taux élevé de cortisol et provoque la libération de CRF. L'élévation du taux d'ACTH qui s'ensuit cause un « déversement » de cortisol du cortex surrénal.

Par l'intermédiaire du cortisol, le stress provoque une augmentation marquée des taux sanguins de glucose, d'acides gras et d'acides aminés. Le principal effet métabolique du cortisol est la *néoglucogenèse,* c'est-à-dire la formation de glucose à partir de molécules non glucidiques (comme les acides aminés des protéines et le glycérol des triglycérides). En outre, le cortisol mobilise les acides gras du tissu adipeux, favorisant leur utilisation à des fins énergétiques et « réservant » le glucose au système nerveux. Sous l'influence du cortisol, les protéines emmagasinées se dégradent puis sont affectées à la réparation ou à la fabrication d'enzymes destinées aux processus métaboliques. Par ailleurs, le cortisol intensifie les effets vasoconstricteurs de l'adrénaline. L'augmentation de la pression artérielle et de l'efficacité circulatoire assure ensuite aux cellules un apport rapide de nutriments et d'oxygène.

Des quantités normales de glucocorticoïdes favorisent le fonctionnement normal de l'organisme. Par contre, un excès de cortisol apporte des effets anti-inflammatoires et diminue de façon marquée la réponse immunitaire. Des taux excessivement élevés de glucocorticoïdes : (1) ralentissent la formation des os et du cartilage ; (2) inhibent la réaction inflammatoire en stabilisant les membranes lysosomiales et en empêchant la vasodilatation ; (3) affaiblissent l'activité du système immunitaire ; (4) modifient le fonctionnement des systèmes cardiovasculaire, nerveux et digestif. La découverte des effets de l'hypersécrétion de glucocorticoïdes a pavé la voie à l'utilisation de ces substances dans le traitement de nombreux troubles inflammatoires chroniques comme la polyarthrite rhumatoïde et les allergies. Le recours à ces puissantes substances (en concentration plus élevées que la normale) constitue toutefois une lame à double tranchant : si elles soulagent certains symptômes, elles causent aussi les mêmes effets indésirables que des taux excessifs des hormones naturelles (effet inhibiteur sur le système immunitaire, par exemple).

L'excès pathologique de cortisone, la **maladie** (ou **syndrome**) **de Cushing,** peut être causé par une tumeur de l'hypophyse libérant de l'ACTH, par une tumeur maligne des poumons, du pancréas ou des reins libérant de l'ACTH ou par une tumeur du cortex surrénal. La plupart du temps, cependant, la maladie de Cushing résulte de l'administration de fortes doses de glucocorticoïdes. Elle se caractérise par une hyperglycémie persistante (*diabète stéroïde*), par une perte marquée des protéines musculaires et osseuses ainsi que par une rétention d'eau et de sel, ce qui provoque de l'hypertension et un œdème. Les signes dits *cushingoïdes* sont l'arrondissement lunaire du visage, la redistribution de graisse dans l'abdomen et à l'arrière du cou (causant la « bosse de bison »), les vergetures, la fragilité cutanée aux traumatismes (tendance aux ecchymoses) et la lenteur de la cicatrisation. Comme la cortisone intensifie les effets anti-inflammatoires, les infections peuvent rester longtemps cachées et ne produire de symptômes reconnaissables qu'une fois devenues extrêmement virulentes. Avec le temps, la faiblesse musculaire et le risque de fractures spontanées confinent la personne atteinte au lit. Le seul traitement possible est l'élimination de la cause, c'est-à-dire l'ablation chirurgicale de la tumeur ou le retrait du médicament.

La **maladie d'Addison,** le principal trouble hyposécrétoire du cortex surrénal, se traduit généralement par des déficiences en glucocorticoïdes (cortisol) et en minéralocorticoïdes (aldostérone). Ce trouble entraîne souvent une perte pondérale, une diminution des taux plasmatiques de glucose et de sodium et une augmentation du taux de potassium. La déshydratation et l'hypotension graves sont fréquentes. Le traitement courant consiste à administrer des corticostéroïdes de substitution en doses physiologiques. ■

Gonadocorticoïdes (hormones sexuelles) Dans le groupe des **gonadocorticoïdes**, les **androgènes**, ou hormones sexuelles mâles, sont les plus abondants (voir le tableau 17.3). Les androgènes comprennent l'*androstènedione* et d'autres stéroïdes qui sont inactifs en eux-mêmes mais qui sont convertis en des formes actives comme la *testostérone* et la *dihydrotestostérone* dans les tissus périphériques. Le cortex surrénal élabore aussi de petites quantités d'hormones femelles (œstrogènes). La quantité d'hormones sexuelles fabriquée par le cortex surrénal est négligeable comparativement à celle que produisent les gonades à la fin de la puberté et à l'âge adulte. Le rôle précis des hormones sexuelles surrénaliennes demeure obscur, mais on pense que les androgènes surrénaliens contribuent au déclenchement de la puberté et à l'apparition des poils pubiens et axillaires pendant cette période. En effet, le taux d'androgènes surrénaliens augmente constamment entre 7 et 13 ans chez les garçons et chez les filles. On suppose aussi que les androgènes surrénaliens sont à l'origine de la libido chez la femme adulte. Il se peut que, après la ménopause, ils soient convertis en œstrogènes par les tissus périphériques, une fois que la production ovarienne d'œstrogènes a cessé. La régulation de la sécrétion des gonadocorticoïdes n'est pas mieux définie. Il semble que l'ACTH stimule la libération des gonadocorticoïdes, mais ceux-ci n'exerceraient pas de rétro-inhibition sur la libération d'ACTH.

Comme les androgènes prédominent, l'hypersécrétion de gonadocorticoïdes cause généralement la *virilisation*, ou *masculinisation*. Cet effet peut être dissimulé chez l'homme adulte, puisque la testostérone testiculaire s'est déjà acquittée de la virilisation. Avant la puberté, cependant, les conséquences peuvent être dramatiques. Chez l'homme, la maturation des organes génitaux, l'apparition des caractères sexuels secondaires et l'émergence de la libido sont précoces. La femme peut acquérir une pilosité masculine (barbe et répartition des poils), et son clitoris s'hypertrophier au point de ressembler à un petit pénis. ■

Médulla surrénale

Comme nous décrivons la **médulla surrénale** dans le chapitre consacré au système nerveux autonome (chapitre 14), nous n'en traiterons que brièvement ici. Les **cellules chromaffines** sphériques de la médulla surrénale s'entassent autour de capillaires et de sinusoïdes; ce sont des neurones sympathiques postganglionnaires modifiés: en culture, ils prennent d'ailleurs l'aspect de neurone (des prolongements apparaissent). Les cellules chromaffines peuvent emmagasiner de très grandes quantités de *catécholamines* (**adrénaline** et **noradrénaline**) et les sécréter dans le sang.

Lorsqu'un facteur de stress ou une urgence transitoires amorcent la réaction de lutte ou de fuite dans l'organisme, les neurofibres du système nerveux sympathique mettent en jeu plusieurs fonctions physiologiques. La glycémie s'élève, les vaisseaux sanguins se contractent et la fréquence cardiaque augmente (ce qui élève la pression artérielle); en outre, le sang est dérivé vers l'encéphale, le cœur et les muscles squelettiques. Simultanément, les terminaisons nerveuses sympathiques préganglionnaires qui parcourent la médulla surrénale stimulent la libération des catécholamines; celles-ci prolongent ou intensifient la réaction de lutte ou de fuite.

L'adrénaline représente environ 80 % de la quantité de catécholamines libérée. À quelques exceptions près, les deux hormones ont les mêmes effets (résumés dans le tableau 14.3, p. 506). L'adrénaline agit surtout sur le cœur et sur le métabolisme, tandis que la noradrénaline amène principalement la vasoconstriction périphérique et l'augmentation de la pression artérielle. L'adrénaline est employée à des fins médicales comme stimulant cardiaque et comme bronchodilatateur pendant les crises d'asthme aiguës.

Contrairement aux hormones corticosurrénales, qui suscitent des réponses prolongées aux facteurs de stress, les catécholamines provoquent des réactions brèves. La figure 17.14 présente les rapports entre les hormones surrénaliennes et l'hypothalamus, le «chef d'orchestre» de la réponse au stress.

Comme les hormones de la médulla surrénale ne font qu'intensifier les activités instaurées par les neurones du système nerveux sympathique, leur insuffisance est sans conséquence. Contrairement aux glucocorticoïdes, les catécholamines ne sont pas essentielles à la vie. Cependant, leur surabondance, quelquefois causée par une tumeur des cellules chromaffines appelée *phéochromocytome,* provoque les symptômes d'une activité sympathique massive et anarchique, soit l'hyperglycémie, l'accélération du métabolisme et de la fréquence cardiaque, les palpitations, l'hypertension, la nervosité et la diaphorèse. ■

Pancréas

Le **pancréas** est un organe mou, de forme triangulaire, situé en bonne partie à l'arrière de l'estomac. Il est à la fois une glande endocrine et une glande exocrine (figure 17.15). Comme la thyroïde et les parathyroïdes, il dérive d'une évagination de l'endoderme embryonnaire, qui forme l'enveloppe épithéliale (et les glandes) des voies gastro-intestinales et respiratoires. Les *cellules acineuses* (partie exocrine) forment l'essentiel de la masse du pancréas; elles produisent un suc riche en enzymes qu'un petit conduit déverse dans l'intestin grêle pendant la digestion. Nous traitons de cette substance exocrine au chapitre 24.

Disséminés entre les cellules acineuses, de minuscules amas de cellules appelés **îlots pancréatiques,** ou îlots de Langerhans, produisent les hormones pancréatiques. Au nombre d'environ un million (mais ne représentant que 1 % de la masse du pancréas), ces îlots contiennent deux grandes populations de cellules hormonopoïétiques: les **endocrinocytes alpha** (α), qui synthétisent le glucagon, et les **endocrinocytes bêta** (β), plus nombreux, qui élaborent l'insuline. Ces cellules jouent en

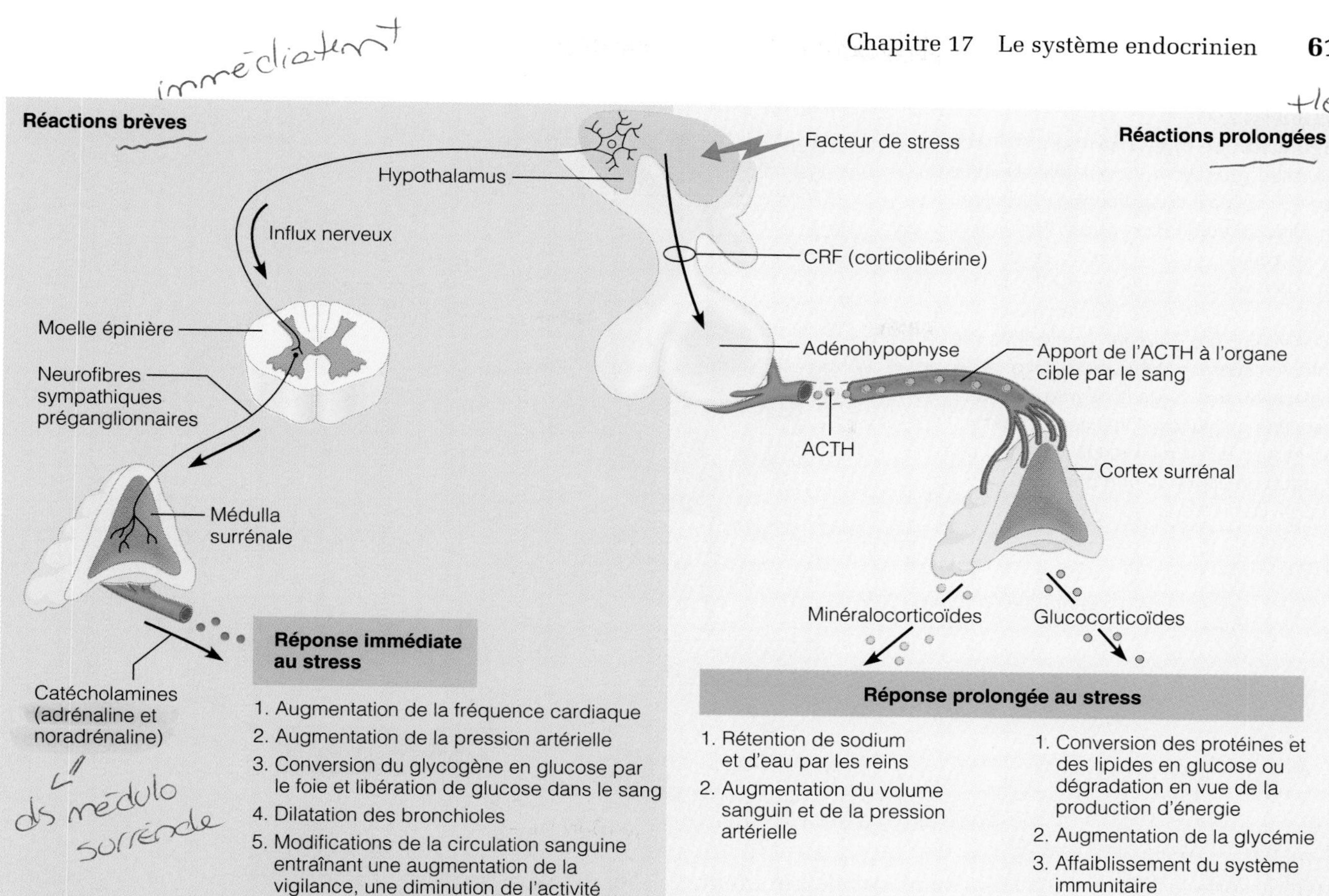
Réactions brèves
Réactions prolongées
Facteur de stress
Hypothalamus
Influx nerveux
CRF (corticolibérine)
Moelle épinière
Neurofibres sympathiques préganglionnaires
Adénohypophyse
Apport de l'ACTH à l'organe cible par le sang
ACTH
Cortex surrénal
Médulla surrénale
Minéralocorticoïdes
Glucocorticoïdes
Réponse immédiate au stress
Catécholamines (adrénaline et noradrénaline)
1. Augmentation de la fréquence cardiaque
2. Augmentation de la pression artérielle
3. Conversion du glycogène en glucose par le foie et libération de glucose dans le sang
4. Dilatation des bronchioles
5. Modifications de la circulation sanguine entraînant une augmentation de la vigilance, une diminution de l'activité gastro-intestinale et une diminution de la diurèse
6. Accélération du métabolisme
Réponse prolongée au stress
1. Rétention de sodium et d'eau par les reins
2. Augmentation du volume sanguin et de la pression artérielle
1. Conversion des protéines et des lipides en glucose ou dégradation en vue de la production d'énergie
2. Augmentation de la glycémie
3. Affaiblissement du système immunitaire

FIGURE 17.14
Stress et glande surrénale. Les facteurs de stress amènent l'hypothalamus à activer la médulla surrénale par l'intermédiaire d'influx nerveux sympathiques et le cortex surrénal par l'intermédiaire de signaux hormonaux. **(a)** La médulla surrénale produit des réactions brèves au stress en sécrétant des catécholamines (adrénaline et noradrénaline). **(b)** Le cortex surrénal provoque des réactions prolongées en sécrétant des hormones stéroïdes.

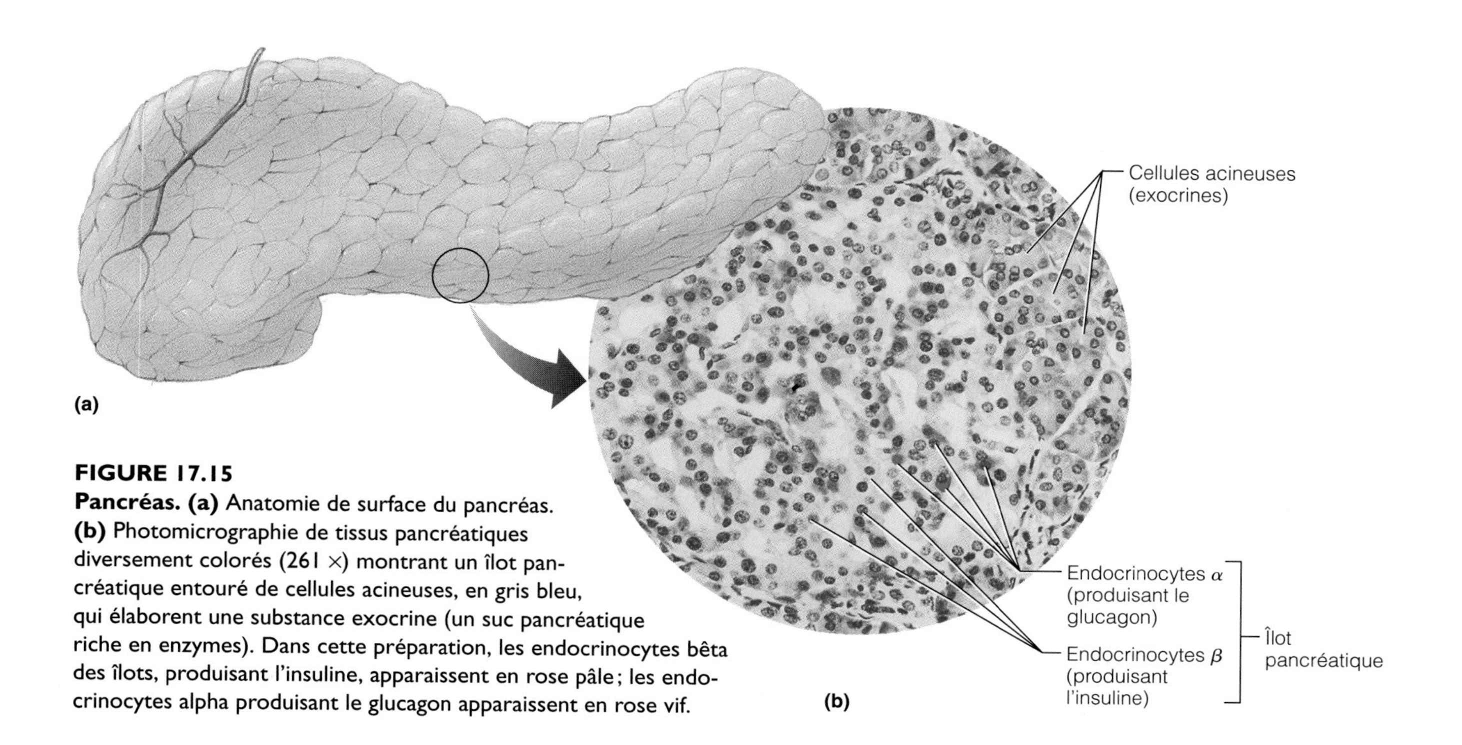
Cellules acineuses (exocrines)
(a)
Endocrinocytes α (produisant le glucagon)
Endocrinocytes β (produisant l'insuline)
Îlot pancréatique
(b)

FIGURE 17.15
Pancréas. (a) Anatomie de surface du pancréas. **(b)** Photomicrographie de tissus pancréatiques diversement colorés (261 ×) montrant un îlot pancréatique entouré de cellules acineuses, en gris bleu, qui élaborent une substance exocrine (un suc pancréatique riche en enzymes). Dans cette préparation, les endocrinocytes bêta des îlots, produisant l'insuline, apparaissent en rose pâle ; les endocrinocytes alpha produisant le glucagon apparaissent en rose vif.

FIGURE 17.16
Régulation de la glycémie par l'insuline et le glucagon. Lorsque la glycémie est élevée, le pancréas libère de l'insuline. L'insuline stimule l'absorption du glucose par les cellules et la formation de glycogène dans le foie, ce qui abaisse la glycémie. L'insuline est donc une hormone hypoglycémiante. Lorsque la glycémie est faible, le pancréas libère du glucagon. Le glucagon provoque la dégradation du glycogène en glucose ainsi que sa libération et, par le fait même, élève la glycémie. Le glucagon est donc une hormone hyperglycémiante.

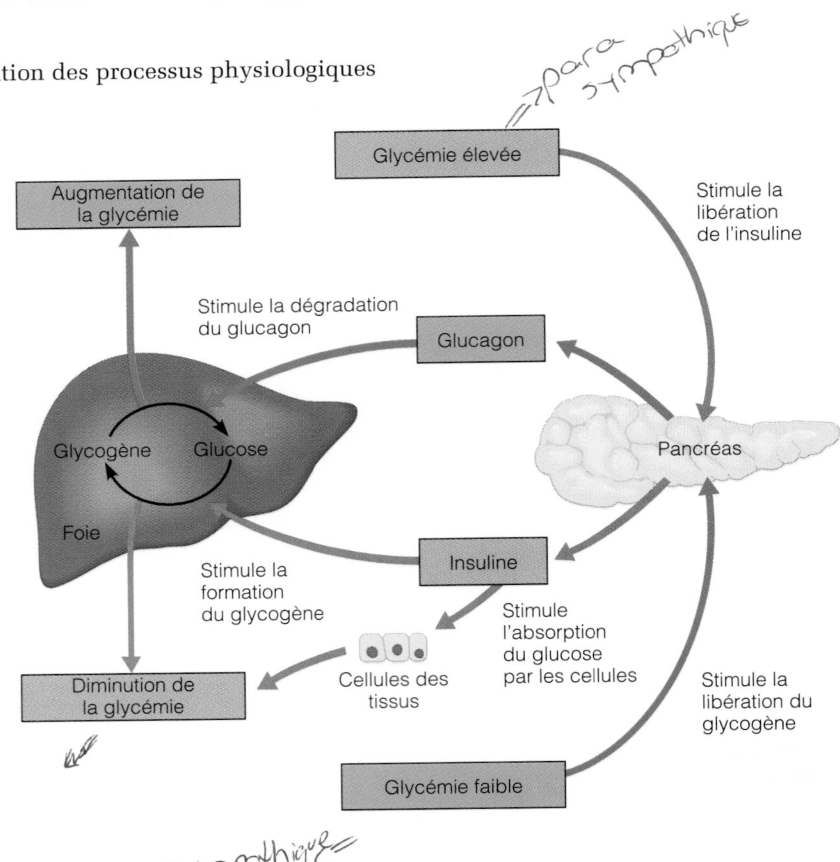

quelque sorte le rôle de détecteurs du niveau de carburant dans l'organisme, et elles sécrètent du glucagon ou de l'insuline selon que l'organisme reçoit ou non un apport nutritif. L'insuline et le glucagon interviennent différemment mais de manière tout aussi essentielle dans la régulation de la glycémie. Leurs effets sont opposés: l'insuline est une hormone *hypoglycémiante,* tandis que le glucagon est une hormone *hyperglycémiante* (figure 17.16). Certains endocrinocytes des îlots pancréatiques synthétisent aussi de petites quantités d'autres peptides. Parmi eux, on trouve la *somatostatine* (GH-IH) sécrétée par les *endocrinocytes delta* (δ), une hormone presque identique à celle que libère l'hypothalamus et qui inhibe la libération de l'hormone de croissance. La somatostatine pancréatique inhibe la libération d'insuline et de glucagon et ralentit l'activité gastro-intestinale. Le *polypeptide pancréatique* (*PP*), sécrété par les *endocrinocytes F,* intervient dans la régulation de la fonction exocrine (sécrétion d'enzymes) du pancréas et inhibe la libération de bile par la vésicule biliaire.

Glucagon

Le **glucagon**, un polypeptide composé de 29 acides aminés, est un agent hyperglycémiant extrêmement puissant. Une seule molécule de cette hormone peut susciter la libération de 100 millions de molécules de glucose dans le sang! La cible principale du glucagon est le foie, où il provoque: (1) la *glycogénolyse,* c'est-à-dire la conversion du glycogène en glucose; (2) la *néoglucogenèse,* c'est-à-dire la formation de glucose à partir d'acide lactique et de molécules non glucidiques comme les acides gras et les acides aminés; (3) la libération de glucose dans le sang par les cellules hépatiques, ce qui entraîne une augmentation de la glycémie. Le glucagon a aussi pour effet d'abaisser le taux sanguin d'acides aminés, car les cellules hépatiques prélèvent des acides aminés dans le sang pour synthétiser de nouvelles molécules de glucose.

Ce sont des stimulus humoraux qui provoquent la sécrétion du glucagon. Le principal stimulus est la diminution de la glycémie, mais il faut aussi mentionner l'augmentation du taux d'acides aminés (qui suit notamment un repas riche en protéines). L'élévation de la glycémie et la somatostatine suppriment la libération du glucagon. Étant donné l'importance du glucagon en tant qu'agent hyperglycémiant, certains spécialistes pensent que le syndrome hypoglycémique résulte d'une déficience en glucagon.

Insuline

L'**insuline** est une petite protéine dont les 51 acides aminés sont répartis en deux chaînes reliées par des ponts disulfure. Comme le montre la figure 17.17, l'insuline est d'abord synthétisée à l'intérieur d'une chaîne polypeptidique appelée **pro-insuline,** dont des enzymes rompent la portion médiane, libérant ainsi l'insuline. Cette rupture survient dans les vésicules sécrétrices, juste avant que l'endocrinocyte bêta sécrète l'insuline.

C'est après les repas que les effets de l'insuline sont les plus manifestes. En effet, l'insuline ne fait pas qu'abaisser la glycémie, elle influe aussi sur le métabolisme des protéines et des lipides. L'insuline circulante abaisse la glycémie en favorisant le transport membranaire du glucose (et d'autres glucides simples) dans les cellules, et particulièrement les myocytes. (L'insuline *n'*accélère *pas* l'entrée du glucose dans le foie, les reins et l'encéphale, dont les tissus sont abondamment pourvus en glucose sanguin quel que soit le taux d'insuline.) En outre, l'insuline inhibe la dégradation du glycogène en

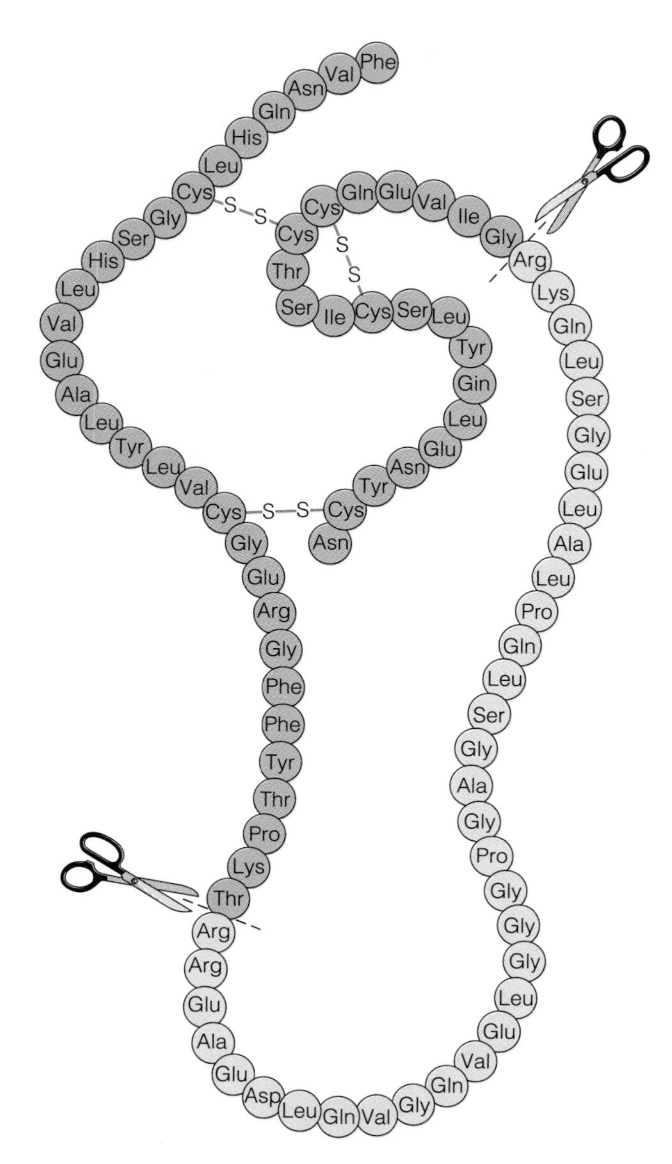

FIGURE 17.17
Structure de l'insuline. La pro-insuline, le polypeptide initialement synthétisé par les endocrinocytes bêta du pancréas, est une chaîne polypeptidique unique comprenant trois ponts disulfure (–S–S–). Ce produit inactif est converti en insuline (composée de deux chaînes peptidiques) lorsque des enzymes détachent sa partie médiane. Chacune des « billes » de ce modèle représente un acide aminé.

glucose et la conversion des acides aminés et du glycérol des triglycérides en glucose ; elle s'oppose ainsi à toute activité métabolique qui élèverait la concentration plasmatique du glucose. Le mécanisme d'action de l'insuline fait encore l'objet d'études mais, comme nous le mentionnions à la page 592, son récepteur est une tyrosine-kinase qui est activée lorsque l'insuline se lie à elle.

Après l'entrée du glucose dans les cellules cibles, la liaison de l'insuline suscite des réactions enzymatiques qui : (1) catalysent l'oxydation du glucose en vue de la production d'ATP ; (2) unissent des molécules de glucose de façon à former du glycogène ; (3) transforment le glucose en acides gras et en glycérol, les molécules nécessaires à la synthèse des triglycérides (particulièrement dans le tissu adipeux). En règle générale, les besoins énergétiques sont satisfaits en premier, après quoi il y a synthèse du glycogène. Enfin, s'il reste encore du glucose, il y a synthèse de triglycérides dans les cellules adipeuses et le foie. Par ailleurs, l'insuline induit le captage des acides aminés et la synthèse des protéines dans le tissu musculaire. En résumé, l'insuline retire le glucose du sang afin qu'il serve à la production d'énergie ou qu'il soit converti en glycogène ou en graisses (en vue du stockage), et elle favorise la synthèse des protéines.

Le principal stimulus de la sécrétion d'insuline par les endocrinocytes β est l'augmentation de la glycémie, mais l'augmentation des taux plasmatiques d'acides gras et d'acides aminés déclenche aussi sa libération. À mesure que les cellules absorbent du glucose et d'autres nutriments, les taux plasmatiques de ces substances s'abaissent et la sécrétion d'insuline diminue (par rétro-inhibition). D'autres hormones influent directement ou indirectement sur la libération de l'insuline. Ainsi, toute hormone hyperglycémiante (tels le glucagon, l'adrénaline, l'hormone de croissance, la thyroxine et les glucocorticoïdes) qui entre en jeu sous l'effet de la diminution de la glycémie, stimule indirectement la libération de l'insuline en favorisant l'entrée de glucose dans la circulation sanguine. La somatostatine (GH-IH) réduit la libération d'insuline. En somme, la glycémie repose sur un équilibre entre les influences humorales et les influences hormonales. L'insuline et, indirectement, la GH-IH (qui inhibe la GH et ses effets diabétogènes) sont les facteurs hypoglycémiants qui contrent et compensent les effets de nombreuses hormones hyperglycémiantes.

17

Le **diabète sucré** résulte de l'absence, de l'insuffisance ou de l'inefficacité de l'insuline. Étant donné que le glucose ne peut être absorbé par les cellules, le diabète sucré se traduit par une glycémie élevée après les repas (de 3 à 10 fois la valeur normale). Cependant, cette hyperglycémie laisse les cellules dans un état semblable à celui du jeûne, puisqu'elles ne peuvent utiliser le glucose en excès dans le sang. Il s'ensuit toutes les réactions que l'hypoglycémie (le jeûne) provoque normalement pour mettre du glucose en circulation, soit la glycogénolyse, la lipolyse et la néoglucogenèse. Par conséquent, la glycémie s'élève encore davantage et l'organisme commence à excréter l'excès de glucose dans l'urine (*glycosurie*).

Lorsque le glucose ne peut servir de combustible cellulaire, l'organisme mobilise une quantité accrue d'acides gras. Dans les cas graves de diabète sucré, les taux sanguins d'acides gras et de leurs métabolites (acide acétylacétique, acétone, etc.) s'élèvent de façon marquée. Les métabolites des acides gras, les **cétones,** ou **corps cétoniques,** sont des acides organiques relativement forts. S'ils s'accumulent plus rapidement que l'organisme ne peut les utiliser ou les éliminer, le pH sanguin chute, ce qui cause la **cétose,** ou **acidocétose** ; les corps cétoniques sont alors excrétés dans l'urine (*cétonurie*). L'acidocétose peut être mortelle. Le système nerveux y réagit en instaurant une respiration rapide et profonde afin que le gaz carbonique s'évacue du sang et que l'élimination des ions H^+ qui en découle produise une augmentation du pH sanguin. (Nous expliquons les fondements physiologiques de ce

Quel est le lien entre l'hyperglycémie et la lipidémie causées par une déficience en insuline ?

Organes ou tissus touchés	Réactions des organes ou des tissus à la déficience en insuline	Effets sur :		Signes et symptômes
		Sang	Urine	
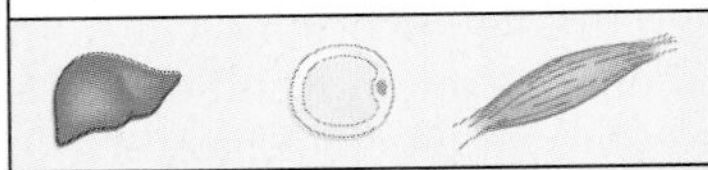	Diminution de l'absorption et de l'utilisation du glucose	Hyperglycémie	Glycosurie	**Polyurie** - déshydratation - ramollissement des bulbes de l'œil
	Glycogénolyse		Diurèse osmotique	**Polydipsie** Fatigue
	Catabolisme des protéines et néoglucogenèse			Perte pondérale **Polyphagie**
	Lipolyse et cétogenèse	Lipidémie et acidocétose	Cétonurie	Odeur acétonique de l'haleine Hyperpnée
			Perte de Na^+ et de K^+ ; déséquilibre électrolytique et acido-basique	Nausées, vomissements, douleurs abdominales Arythmies cardiaques Dysfonctionnement du système nerveux central ; coma

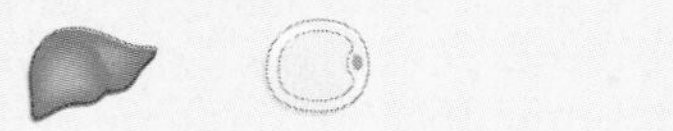

= Muscle  = Tissu adipeux 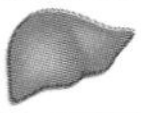 = Foie

FIGURE 17.18
Conséquences d'une déficience en insuline (diabète sucré).

mécanisme au chapitre 23.) Laissée sans traitement, l'acidocétose perturbe presque tous les processus physiologiques, y compris l'activité cardiaque et le transport de l'oxygène. L'affaiblissement de l'activité nerveuse amène le coma et, finalement, la mort.

Le diabète sucré présente trois signes majeurs. Le premier, la **polyurie,** est l'excrétion de quantités excessives d'urine. La polyurie est due à la présence dans le filtrat rénal d'un surcroît de glucose qui a les effets d'un diurétique osmotique, c'est-à-dire qu'il inhibe la réabsorption de l'eau par les tubules rénaux. La polyurie provoque la diminution du volume sanguin et la déshydratation. Cherchant à éliminer l'excès de corps cétoniques, l'organisme excrète aussi de grandes quantités d'électrolytes. En effet, les corps cétoniques ont une charge négative, et ils entraînent avec eux des ions positifs, notamment du sodium et du potassium. Le déséquilibre électrolytique cause des douleurs abdominales et des vomissements, et le stress continue de s'accentuer. Le deuxième signe du diabète sucré est la **polydipsie,** c'est-à-dire une soif excessive. La polydipsie est occasionnée par la déshydratation qui stimule les centres hypothalamiques de la soif. Enfin, le troisième signe est la **polyphagie,** une exagération de l'appétit et de la consommation d'aliments. La polyphagie indique que l'organisme ne peut utiliser le glucose dont il est pourtant abondamment pourvu et qu'il puise dans ses réserves de lipides et de protéines pour son métabolisme énergétique. La figure 17.18 présente un résumé des conséquences d'une déficience en insuline.

Les deux plus importantes formes de diabète sucré sont le diabète de type I et le diabète de type II. Le *diabète de type I,* ou *diabète insulinodépendant* (DID), était autrefois appelé *diabète juvénile.* Les symptômes se manifestent soudainement, généralement avant l'âge de 15 ans. L'apparition des symptômes est cependant précédée par une longue période asymptomatique pendant laquelle une réponse auto-immune détruit systématiquement les endocrinocytes bêta des îlots pancréatiques.

Les chercheurs ont localisé sur plusieurs chromosomes des gènes qui prédisposent au diabète insulinodépendant, ce qui laisse croire que cette maladie constitue une réponse auto-immune multigénique. Certains spécialistes pensent toutefois que la cause de l'affection réside au moins en partie dans le *mimétisme moléculaire.* Autrement dit, un corps étranger (un virus, par exemple) que l'organisme a reconnu comme un « ennemi » (et qui a provoqué une réponse immunitaire) est si semblable à certaines protéines des endocrinocytes bêta que le système immunitaire s'en prend à elles aussi.

De fait, de brillantes études menées sur des souris ont montré que les lymphocytes T ciblent spécifiquement une enzyme appelée *glutamate décarboxylase* (*GAD*) dans les

L'hyperglycémie apparaît quand les cellules ne peuvent pas absorber ni utiliser le glucose (à cause de la déficience en insuline). L'organisme doit alors dégrader des lipides pour produire de l'énergie, si bien qu'une quantité accrue d'acides gras entre dans la circulation sanguine pour atteindre les cellules (lipidémie).

endocrinocytes bêta. La GAD convertit le glutamate en GABA, un important messager entre les neurones et, dans une moindre mesure, entre les cellules pancréatiques. Étant donné que la majeure partie de la GAD contenue dans l'organisme se trouve dans l'encéphale, à l'abri du système immunitaire, les chercheurs avancent que le système immunitaire ne la reconnaît pas comme une protéine propre à l'organisme. Une partie de la GAD ressemble beaucoup à la protéine *p69* que les endocrinocytes bêta portent lorsqu'elles sont infectées par des virus. La GAD ne constitue probablement pas la solution définitive, mais l'hypothèse n'en demeure pas moins fort prometteuse. En effet, les souris prédisposées au diabète auxquelles on a injecté de la GAD avant que ne commence la réponse auto-immune dans le pancréas ont toutes été épargnées par la maladie, probablement parce que la GAD n'est alors plus considérée comme une protéine étrangère.

Le diabète de type I se traduit par l'absence totale d'activité insulinique et il est difficile à équilibrer. Étant donné que la maladie les frappe en bas âge, les personnes atteintes de diabète de type I présentent des complications de nature vasculaire et nerveuse à plus ou moins longue échéance. La lipidémie et l'hypercholestérolémie caractéristiques de la maladie entraînent des problèmes vasculaires comme l'athérosclérose, les accidents vasculaires cérébraux, les crises cardiaques, l'oligo-anurie, la gangrène et la cécité. La perte de sensibilité, les troubles vésicaux et l'impuissance découlent des neuropathies. Autrefois, les personnes atteintes devaient s'administrer quotidiennement une ou deux injections d'insuline afin de limiter l'acidocétose et, dans une moindre mesure, l'hyperglycémie. À l'heure actuelle, cependant, on recommande un traitement plus rigoureux pour prévenir les complications vasculaires et rénales. On prescrit ainsi jusqu'à quatre injections d'insuline par jour ou une perfusion continue d'insuline administrée au moyen d'une pompe externe. Les greffes de cellules des îlots pancréatiques ont donné des résultats encourageants pour les personnes atteintes de diabète de type I, mais elles nécessitent une immunosuppression qui se révèle problématique, particulièrement chez les jeunes patients. Certaines personnes diabétiques réussissent à retarder les lésions rénales en prenant des médicaments destinés à traiter l'hypertension artérielle. Pour les enfants, la manipulation du système immunitaire visant à prévenir la sensibilisation initiale au greffon semble plus prometteuse.

Le *diabète de type II,* ou *diabète non insulinodépendant* (DNID), était autrefois appelé *diabète de l'adulte*; en effet, il apparaît la plupart du temps après l'âge de 40 ans, et sa fréquence augmente au cours des années. L'hérédité est le facteur prédominant de cette maladie. On estime que de 25 à 30 % des Nord-Américains sont porteurs d'un gène qui les prédispose au diabète non insulinodépendant; la proportion est de beaucoup supérieure dans la population non blanche. Si un jumeau identique est atteint de diabète de type II, la probabilité que l'autre jumeau en souffre aussi est de 100 %. Le diabète de type II se caractérise par une insuffisance (et non une absence) de l'insuline ou par une insensibilité des récepteurs de l'insuline à cette hormone, un phénomène appelé **insulinorésistance.** La faute en incombe peut-être à une protéine membranaire, la PC-1, dont la concentration est plus élevée chez les personnes atteintes de diabète de type II que chez les individus sains. On sait que la PC-1 inhibe la kinase des récepteurs de l'insuline, mais on ne connaît pas encore son mécanisme d'action.

Le diabète de type II est presque toujours associé à l'obésité et il représente plus de 90 % des cas connus de diabète sucré. Les chercheurs viennent tout juste de comprendre le lien entre l'obésité et le diabète sucré. Les adipocytes des personnes obèses produisent un excès de *facteur nécrosant des tumeurs-alpha* (TNF α [« tumor necrosis factor »], ou cachectine). Cette substance analogue à une hormone diminue la synthèse d'une protéine, la glut4, qui permet au glucose de traverser la membrane plasmique déjà préparée par l'insuline. Les cellules ne peuvent donc pas absorber le glucose en son absence. Le diabète de type II entraîne rarement l'acidocétose et, souvent, l'exercice physique et un régime alimentaire approprié (visant une perte de poids) viennent à bout des symptômes. Dans les cas plus rebelles, les médicaments qui augmentent la production d'insuline (sulfonylurées), qui réduisent la production hépatique de glucose ou qui augmentent la sensibilité des récepteurs de l'insuline peuvent diminuer les besoins en injections d'insuline.

L'*hyperinsulinisme,* la sécrétion excessive d'insuline, cause l'**hypoglycémie.** Cet état provoque la libération d'hormones hyperglycémiantes et, par le fait même, l'anxiété, la nervosité, les tremblements et la sensation de faiblesse. Une insuffisance de l'apport de glucose à l'encéphale suscite la désorientation, les convulsions, l'inconscience et même la mort. Dans de rares cas, l'hyperinsulinisme est causé par une tumeur des îlots pancréatiques. La plupart du temps, il résulte de l'administration d'une dose excessive d'insuline chez une personne diabétique et il ne résiste pas à l'ingestion de sucre. ■

Gonades

Chez l'homme comme chez la femme, les hormones sexuelles que produisent les **gonades** (voir la figure 17.1) sont en tout point identiques à celles qu'élabore le cortex surrénal, sauf qu'elles sont plus abondantes. Les *ovaires* sont deux petits organes de forme ovale logés dans la cavité pelvienne de la femme. Les ovaires produisent les ovules et synthétisent les **œstrogènes** et la **progestérone.** Les premiers provoquent à eux seuls la maturation des organes génitaux et l'apparition des caractères sexuels secondaires féminins à la puberté. En conjonction avec la seconde, ils favorisent le développement des seins et les modifications cycliques de la muqueuse utérine (le cycle menstruel).

Les *testicules* sont enfermés dans une enveloppe cutanée externe attachée à la partie inférieure de l'abdomen, le scrotum. Ils produisent les spermatozoïdes et les hormones sexuelles mâles, en particulier la **testostérone.** Cette hormone suscite la maturation des organes génitaux, l'apparition des caractères sexuels secondaires masculins et l'émergence de la libido à la puberté. De plus, la testostérone est nécessaire à la production de spermatozoïdes ainsi qu'au fonctionnement des organes génitaux chez l'homme adulte.

La libération des hormones gonadiques est régie par les gonadotrophines (FHS et LH), comme nous l'avons mentionné plus haut. Nous traiterons des gonadotrophines, des hormones gonadiques et des hormones placentaires plus en détail aux chapitres 28 et 29, qui sont consacrés aux organes génitaux et à la grossesse.

Corps pinéal

Le **corps pinéal** est une petite glande de forme conique qui s'accroche au toit du troisième ventricule, dans le diencéphale (voir la figure 17.1). Ses cellules sécrétrices, appelées **pinéalocytes,** sont disposées en grappes et en cordons compacts. Chez l'adulte, on trouve entre les grappes de pinéalocytes des concrétions composées de sels de calcium (le « sable pinéal »). Comme ces sels sont radio-opaques, ils font du corps pinéal un point de repère commode pour déterminer l'orientation du cerveau dans les radiographies.

La fonction endocrine du corps pinéal est encore obscure. Bien qu'on ait isolé de nombreux peptides et de nombreuses amines (y compris la sérotonine, le neuropeptide Y, la noradrénaline, la dopamine et l'histamine) de cette glande minuscule, sa seule sécrétion importante reste la **mélatonine.** La concentration sanguine de mélatonine oscille suivant un cycle diurne. Elle atteint son maximum pendant la nuit, entraînant alors la somnolence, et son minimum, aux alentours de midi.

Le corps pinéal reçoit indirectement des voies visuelles des influx relatifs à l'intensité et à la durée de la lumière du jour (rétine → noyau suprachiasmatique de l'hypothalamus → ganglion cervical supérieur → corps pinéal). Chez certains animaux, le comportement sexuel et les dimensions des gonades varient selon la durée du jour et de la nuit, et c'est la mélatonine qui induit ces effets. Chez les enfants, la mélatonine semble avoir un effet antigonadotrope, c'est-à-dire qu'elle préviendrait une maturation sexuelle précoce et influerait ainsi sur le moment de l'apparition de la puberté.

Le *noyau suprachiasmatique* de l'hypothalamus, une région appelée « horloge biologique », contient un grand nombre de récepteurs de la mélatonine, et l'exposition à la lumière intense (qui supprime la sécrétion de mélatonine) peut régler cette horloge. Par conséquent, il se peut que les variations du taux de mélatonine soient le moyen qu'emprunte le cycle circadien pour influer sur des processus physiologiques rythmiques, tels la température corporelle, le sommeil, l'appétit et l'activité hypothalamique en général.

Thymus

Le **thymus** est composé de deux lobes et il est situé dans le thorax, à l'arrière du sternum. De grandes dimensions chez l'enfant, cette glande diminue de volume au cours de l'âge adulte. À la fin de la vie, il n'en reste à peu près plus que du tissu adipeux.

Les cellules épithéliales du thymus sécrètent principalement une famille d'hormones peptidiques, dont la **thymopoïétine** et la **thymosine,** qui semblent jouer un rôle essentiel dans le développement des lymphocytes T et dans l'établissement de la réponse immunitaire. Nous décrivons le rôle des hormones thymiques au chapitre 22, qui est consacré au système immunitaire.

17

AUTRES STRUCTURES HORMONOPOÏÉTIQUES

On trouve des cellules hormonopoïétiques dans des organes qui ne font pas partie du système endocrinien à proprement parler (voir le tableau 17.4).

1. **Cœur.** Les oreillettes contiennent quelques myocytes cardiaques spécialisés qui sécrètent le **facteur natriurétique auriculaire (FNA)** (littéralement, « facteur qui produit une urine salée »). Cette hormone peptidique abaisse le volume sanguin, la pression artérielle et la concentration sanguine de sodium lorsque ces paramètres s'élèvent trop. Le FNA accomplit cette fonction en signalant aux reins d'accroître leur production d'urine salée et en inhibant la libération d'aldostérone par le cortex surrénal (voir la figure 17.13).
2. **Voies gastro-intestinales.** Les *endocrinocytes gastro-intestinaux* sont des cellules hormonopoïétiques disséminées dans la muqueuse des organes des voies gastro-intestinales (tels que l'estomac et l'intestin grêle). Ils libèrent plusieurs amines et hormones peptidiques qui contribuent à régir diverses fonctions digestives, dont la motilité et l'activité sécrétrice des voies gastro-intestinales, la libération de bile par la vésicule biliaire et la régulation de l'irrigation sanguine locale. Les endocrinocytes gastro-intestinaux sont parfois appelés *paraneurones,* car ils présentent certaines ressemblances avec les neurones. Plusieurs de leurs hormones sont identiques sur le plan chimique aux neurotransmetteurs (la sérotonine et la cholécystokinine, par exemple) et, dans certains cas, elles diffusent dans les cellules cibles situées à proximité sans pénétrer d'abord dans la circulation sanguine. Elles jouent donc le rôle d'hormones locales ou *paracrines.* Le tableau 17.4 fournit quelques exemples d'hormones sécrétées par les endocrinocytes gastro-intestinaux ; nous reviendrons plus en détail sur le sujet au chapitre 24.
3. **Placenta.** Outre qu'il apporte de l'oxygène et des nutriments au fœtus, le placenta sécrète quelques hormones stéroïdes et protéiques qui influent sur le déroulement de la grossesse (chapitre 29). Les hormones placentaires comprennent notamment les œstrogènes et la progestérone (des hormones qu'on associe le plus souvent aux ovaires) ainsi que la gonadotrophine chorionique humaine (hCG, « human chorionic gonadotropin »).
4. **Reins.** Des cellules rénales non encore identifiées sécrètent l'**érythropoïétine** (*eruthros* = rouge ; *poêsis* = formation). Cette hormone protéique signale à la moelle osseuse rouge d'accroître sa production d'érythrocytes.
5. **Peau.** La peau produit le **cholécalciférol,** une forme inactive de vitamine D_3, lorsque des molécules modifiées de cholestérol contenues dans les cellules épidermiques sont exposées aux rayonnements ultraviolets. Ensuite, ce composé entre dans le sang par l'intermédiaire des capillaires du derme, est modifié dans le foie et devient pleinement actif dans les reins. La forme active de la vitamine D_3 (le 1,25-dihydroxycholécalciférol, ou $1,25(OH)D_3$) constitue un élément essentiel du système de transport que les cellules intestinales

TABLEAU 17.4 **Quelques hormones produites par des organes autres que les principales glandes endocrines**

Sources	Hormones	Composition chimique	Facteur déclenchant	Organes cibles/effets
Muqueuse gastro-intestinale				
• Estomac	Gastrine	Peptide	Sécrétion stimulée par les aliments	Estomac : déclenche la libération d'acide chlorhydrique (HCl)
• Estomac	Sérotonine	Peptide	Sécrétion stimulée par les aliments	Estomac : cause les contractions du muscle lisse de l'estomac
• Duodénum	Gastrine intestinale	Peptide	Sécrétion stimulée par les aliments, en particulier les matières grasses	Estomac : inhibe la sécrétion de HCl et la motilité gastro-intestinale
• Duodénum	Sécrétine	Peptide	Sécrétion stimulée par les aliments	Pancréas : stimule la libération de suc riche en bicarbonate ; foie : augmente la libération de bile ; estomac : inhibe l'activité sécrétrice
• Duodénum	Cholécystokinine (CCK)	Peptide	Sécrétion stimulée par les aliments	Pancréas : stimule la libération de suc riche en enzymes ; vésicule biliaire : stimule l'expulsion de la bile emmagasinée ; muscle sphincter de l'ampoule hépato-pancréatique : cause un relâchement qui permet à la bile et au suc pancréatique de se déverser dans le duodénum
Reins	Érythropoïétine (EPO)	Glycoprotéine	Sécrétion stimulée par l'hypoxie	Moelle osseuse : stimule la production d'érythrocytes
Peau (cellules épidermiques)	Cholécalciférol (provitamine D_3)	Stéroïde	Les reins transforment le cholécalciférol en vitamine D_3 active ($1,25(OH)D_3$) et la libèrent en réaction à la parathormone	Intestin : stimule le transport actif du calcium alimentaire à travers la membrane plasmique des cellules de l'intestin
Cœur (oreillettes)	Facteur natriurétique auriculaire	Peptide	Sécrétion stimulée par la dilatation des oreillettes (augmentation de la pression artérielle)	Reins : inhibe la résorption des ions sodium et la libération de rénine ; cortex surrénal : inhibe la sécrétion d'aldostérone ; abaisse la pression artérielle

utilisent pour absorber le Ca^{2+} alimentaire. Sans cette vitamine, les os s'affaiblissent et se ramollissent.

DÉVELOPPEMENT ET VIEILLISSEMENT DU SYSTÈME ENDOCRINIEN

Les glandes hormonopoïétiques dérivent des trois tissus embryonnaires. Les glandes endocrines issues du mésoderme produisent les hormones stéroïdes ; toutes les autres élaborent des hormones dérivées d'acides aminés (protéines et polypeptides).

Exception faite des troubles liés à leur hyposécrétion ou à leur hypersécrétion, la plupart des glandes endocrines fonctionnent sans heurt jusqu'à la fin de la vie. Le vieillissement peut faire varier la fréquence de la sécrétion hormonale, la sensibilité des récepteurs des cellules cibles aux hormones ou la vitesse de la dégradation et de l'excrétion des hormones. Cependant, il est difficile d'étudier le fonctionnement endocrinien des personnes âgées, car il est souvent perturbé par les maladies chroniques qui frappent ce groupe d'âge.

Le vieillissement modifie la structure de l'adénohypophyse ; la quantité de tissu conjonctif augmente, la vascularisation décroît et le nombre de cellules hormonopoïétiques diminue. Ces changements n'ont aucun effet sur la production et la libération de la corticotrophine (ACTH), tandis qu'ils font augmenter les taux de thyréotrophine (TSH) et de gonadotrophines (FSH et LH). Le taux de l'hormone de croissance (GH) diminue au cours des années, ce qui explique en partie l'atrophie musculaire. Récemment, des endocrinologues ont découvert un effet prometteur des suppléments de GH. Pendant six mois, ils ont administré des injections de GH synthétique à des personnes âgées. Ces dernières ont vu leurs muscles reprendre de la vigueur, leur graisse corporelle diminuer et leur apparence rajeunir de 20 ans !

Les surrénales présentent aussi des changements structuraux liés au vieillissement, mais la régulation du

SYNTHÈSE

Tous pour un, un pour tous :

relations entre le système endocrinien et les autres systèmes de l'organisme

Système tégumentaire

- Les androgènes stimulent les glandes sébacées ; les œstrogènes favorisent l'hydratation de la peau.
- La peau produit le cholécalciférol (provitamine D_3).

Système osseux

- La PTH et la calcitonine régissent le taux sanguin de calcium ; la GH, la T_3, la T_4 et les hormones sexuelles sont nécessaires au développement du squelette.
- Le squelette protège les glandes endocrines, particulièrement celles qui sont situées dans l'encéphale, dans le thorax et dans le bassin.

Système musculaire

- La GH est indispensable au développement musculaire ; d'autres hormones (la thyroxine et les catécholamines) influent sur le métabolisme des muscles.
- Le système musculaire protège de façon mécanique certaines glandes endocrines ; l'activité musculaire provoque la libération des catécholamines.

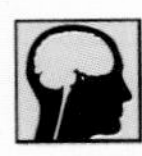

Système nerveux

- Plusieurs hormones (la GH, la T_4 et les hormones sexuelles) influent sur le développement et sur le fonctionnement du système nerveux.
- L'hypothalamus commande à l'adénohypophyse et produit lui-même deux hormones.

Système cardiovasculaire

- Plusieurs hormones influent sur le volume sanguin, la pression artérielle et la contractilité cardiaque ; l'érythropoïétine stimule la production d'érythrocytes.
- Le sang transporte les hormones ; le cœur produit le facteur natriurétique auriculaire.

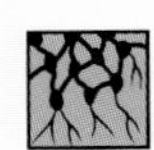

Système lymphatique et immunitaire

- Des lymphocytes « programmés » par les hormones thymiques parsèment les nœuds lymphatiques ; les glucocorticoïdes affaiblissent la réaction inflammatoire et la réponse immunitaire.
- La lymphe transporte les hormones vers le sang.

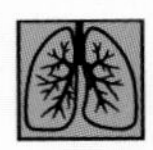

Système respiratoire

- L'adrénaline influe sur la ventilation (en dilatant les bronchioles).
- Le système respiratoire fournit de l'oxygène et élimine le gaz carbonique ; une enzyme pulmonaire convertit l'angiotensine I en angiotensine II.

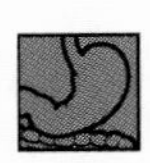

Système digestif

- Des hormones gastro-intestinales locales influent sur la digestion ; la vitamine D activée est nécessaire à l'absorption du calcium alimentaire ; les catécholamines influent sur la motilité et sur l'activité sécrétrice gastro-intestinales.
- Le système digestif fournit des nutriments aux glandes endocrines.

Système urinaire

- L'aldostérone et l'ADH influent sur le fonctionnement rénal.
- Les reins activent la vitamine D (considérée comme une hormone).

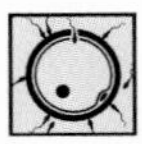

Système génital

- Les hormones hypothalamiques, adénohypophysaires et gonadiques régissent le développement et le fonctionnement du système génital ; l'ocytocine et la prolactine jouent un rôle pendant l'accouchement et l'allaitement.
- Les hormones gonadiques influent par rétroaction sur le fonctionnement du système endocrinien.

Liens particuliers: relations entre le système endocrinien et les systèmes nerveux et génital

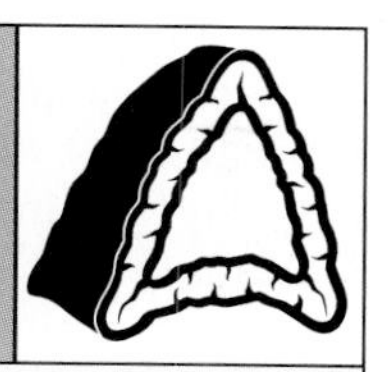

Comme la plupart des systèmes de l'organisme, le système endocrinien accomplit de nombreuses fonctions qui profitent au corps tout entier. Ainsi, sans l'insuline, la thyroxine et diverses autres hormones métaboliques, les cellules seraient incapables d'obtenir et d'utiliser le glucose et elles mourraient. De même, la croissance du corps repose entièrement sur le système endocrinien, qui coordonne les poussées de croissance avec les augmentations de la masse squelettique et de la masse musculaire, si bien que les proportions du corps sont harmonieuses pendant la majeure partie de la vie. Cependant, les interactions les plus remarquables et les plus importantes du système endocrinien sont celles qu'il a avec le système nerveux et le système génital. Ces relations s'établissent au demeurant avant même la naissance.

Système nerveux

Les hormones ont sur le comportement une influence frappante. Pendant que le fœtus flotte dans l'obscurité de l'utérus maternel, la testostérone (ou son absence) détermine le « sexe » de son cerveau. Si les minuscules testicules du fœtus mâle produisent de la testostérone, alors certaines régions du cerveau augmentent de volume et un grand nombre de récepteurs des androgènes y apparaissent; c'est ainsi que sont déterminés les aspects prétendus masculins du comportement (comme l'agressivité). En l'absence de testostérone, le cerveau se féminise. À la puberté, les « petits anges » de papa et de maman se transforment en étrangers sous l'effet des fluctuations hormonales. L'afflux d'androgènes (produits d'abord par le cortex surrénal puis par les gonades en voie de maturation) donne lieu à une agressivité souvent irréfléchie et à une libido impérieuse, et ce longtemps avant que les capacités cognitives du cerveau puissent les endiguer.

L'influence du système nerveux sur le fonctionnement hormonal n'est pas moins étonnante. Non seulement l'hypothalamus constitue-t-il une glande endocrine, mais il coordonne également l'essentiel de l'activité hormonale en régissant l'hypophyse ou la médulla surrénale par des mécanismes hormonaux ou nerveux. Et nous n'avons encore rien dit des situations exceptionnelles. En effet, les conséquences d'une lésion de l'axe hypothalamo-hypophysaire peuvent être graves. L'absence d'affection et de soins peut entraver la croissance d'un nouveau-né; un entraînement athlétique exceptionnellement vigoureux peut entraîner une déperdition osseuse et l'infertilité chez une jeune fille pubère; enfin, un stress émotionnel extrême et prolongé peut causer la maladie d'Addison (une déficience en corticostéroïdes due à un « épuisement » du cortex surrénal) chez à peu près tout le monde. C'est dire l'étendue de l'influence du système nerveux sur le système endocrinien.

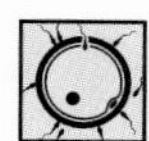

Système génital

L'apparition d'organes génitaux conformes au sexe génétique est tout entier assujetti aux hormones. La sécrétion de testostérone par les testicules de l'embryon mâle détermine la formation des voies génitales masculines et des organes génitaux externes masculins. Sans testostérone, ce sont des structures féminines qui se développent, quel que soit le sexe gonadique. La puberté constitue aussi une étape cruciale, car la production d'hormones sexuelles gonadiques provoque et oriente la maturation des organes génitaux, leur conférant leur structure et leur fonctionnement adultes. Sans ces signaux hormonaux, les organes génitaux conservent l'apparence qu'ils avaient pendant l'enfance et la personne est infertile. La grossesse occasionne une recrudescence des interactions du système endocrinien et du système génital. Le placenta est un organe endocrinien temporaire qui produit des œstrogènes et de la progestérone; ces hormones ainsi que plusieurs autres qui influent sur le métabolisme maternel, contribuent au maintien de la grossesse et préparent les seins de la femme à la lactation. Pendant et après l'accouchement, l'ocytocine et la prolactine occupent l'avant-scène: elles favorisent le travail et l'expulsion du fœtus, puis la production et l'éjection du lait. En dehors de la rétro-inhibition exercée par les hormones sexuelles sur l'axe hypothalamo-hypophysaire, l'influence des organes génitaux sur le système endocrinien est négligeable.

17

IMPLICATIONS CLINIQUES

Système endocrinien

Étude de cas: M. Gendron, âgé de 70 ans, est amené à la salle d'urgence dans un état comateux. Il a manifestement subi un grave traumatisme crânien: il présente des lacérations profondes au cuir chevelu et une fracture engrenée du crâne. Les résultats des premières épreuves de laboratoire (sang et urine) sont à l'intérieur des limites normales. Les médecins traitent la fracture et donnent, entre autres indications, les directives suivantes.

- Vérifier et noter les points suivants toutes les heures: comportement spontané, degré de réactivité à la stimulation, mouvements, diamètre des pupilles et réaction à la lumière, langage et signes vitaux.
- Changer le patient de position toutes les 4 heures; lui apporter des soins cutanés méticuleux et s'assurer que sa peau reste sèche.

1. Expliquez la raison d'être de ces directives.

Le lendemain de l'hospitalisation de M. Gendron, l'infirmière auxiliaire signale que le patient a une respiration irrégulière et que sa peau est sèche et flasque. L'infirmière auxiliaire mentionne aussi qu'elle a vidé le réservoir d'urine de M. Gendron plusieurs fois au cours de la journée. Après avoir pris connaissance de ces renseignements, le médecin donne les directives suivantes.

- Recherche de glucose et de corps cétoniques dans le sang et l'urine.
- Notation rigoureuse des ingesta et des excreta.

On note que M. Gendron excrète une grande quantité d'eau dans son urine et on lui administre une solution de remplissage vasculaire par perfusion intraveineuse. La recherche de glucose et de corps cétoniques dans le sang et l'urine donne des résultats négatifs.

Relativement à ces observations:

2. Selon vous, quel est le problème hormonal de M. Gendron et quelle est sa cause?
3. Le trouble dont souffre M. Gendron est-il mortel? (Justifiez votre réponse.)

(Réponses à l'appendice G)

cortisol semble demeurer intacte tant que la personne est en bonne santé. La concentration plasmatique d'aldostérone diminue de moitié chez la personne âgée, mais cela est peut-être imputable aux reins qui, devenus moins sensibles aux stimulus, libèrent moins de rénine. Enfin, les chercheurs n'ont trouvé aucune différence liée à l'âge dans la libération des catécholamines (adrénaline et noradrénaline) par la médulla surrénale.

Le vieillissement fait subir des changements marqués aux gonades, et particulièrement aux ovaires. À la fin de l'âge mûr, les ovaires deviennent insensibles aux gonadotrophines, et leur taille et leur masse diminuent. L'arrêt de la production des hormones femelles par les ovaires met fin à la capacité de reproduction; apparaissent alors les troubles associés à la déficience en œstrogènes, notamment l'artériosclérose et l'ostéoporose. Chez les représentants de l'autre sexe, la production de testostérone ne diminue pas avant un âge très avancé.

La tolérance au glucose (la capacité d'éliminer efficacement une charge en glucose) commence à se détériorer dès la quarantaine. La glycémie monte plus haut et revient plus lentement à la normale chez la personne âgée que chez le jeune adulte. L'*épreuve de l'hyperglycémie provoquée* a montré qu'une forte proportion de personnes âgées sont atteintes de *diabète chimique* ou *asymptomatique*. Comme les îlots pancréatiques continuent de sécréter des quantités d'insuline proches de la normale chez ces sujets, on pense que l'affaiblissement de la tolérance au glucose est dû à une diminution de la sensibilité des récepteurs de l'insuline (prédiabète de type II).

La synthèse et la libération des hormones thyroïdiennes diminuent quelque peu au cours des années. Les follicules thyroïdiens de la personne âgée sont le plus souvent surchargés de colloïde, et la fibrose envahit la glande. Le métabolisme basal ralentit, mais l'hypothyroïdie légère n'est pas le seul facteur en cause. L'augmentation des dépôts de graisse au détriment du muscle joue un rôle tout aussi important dans ce cas, car le tissu musculaire est beaucoup plus actif du point de vue métabolique (il utilise beaucoup plus d'oxygène) que le tissu adipeux.

Les glandes parathyroïdes changent peu au cours du vieillissement, et la parathormone conserve une concentration normale. Néanmoins, les femmes ménopausées, déjà menacées par l'ostéoporose, sont plus sensibles aux effets déminéralisants de la parathormone, que les œstrogènes ne sont plus là pour contrer (voir le chapitre 6, p. 181).

* * *

Nous avons présenté dans ce chapitre les grands mécanismes de l'action hormonale. Nous avons également passé en revue les principales glandes endocrines, leurs cibles et leurs effets physiologiques les plus importants (voir l'encadré intitulé *Synthèse*, p. 622). Soulignons toutefois que nous revenons sur chacune des hormones étudiées ici dans au moins un autre chapitre, lorsque nous considérons ses actions dans le contexte du fonctionnement d'un système en particulier. Par exemple, nous décrivons les effets qu'ont la parathormone et la calcitonine sur la déminéralisation osseuse au chapitre 6, en même temps que nous exposons le remaniement osseux. Par ailleurs, aux chapitres 28 et 29, nous accorderons une attention particulière aux hormones gonadiques, les agents de la maturation et du fonctionnement du système génital.

TERMES MÉDICAUX

Crise thyrotoxique Exacerbation soudaine et grave de tous les symptômes de l'hyperthyroïdie due à un excès d'hormones thyroïdiennes circulantes. Les symptômes de cet état hypermétabolique sont la fièvre, l'augmentation de la fréquence cardiaque, l'hypertension artérielle, la déshydratation, la nervosité et les tremblements. Les facteurs déclenchants sont les situations génératrices de stress, un apport excessif de suppléments d'hormones thyroïdiennes et les lésions de la glande thyroïde.

Hirsutisme Développement excessif du système pileux; le phénomène est considéré comme un trouble dans le cas des femmes, chez lesquelles il est lié à une hypersécrétion d'androgènes par le cortex surrénal.

Hypophysectomie Ablation chirurgicale de l'hypophyse.

Obésité Masse corporelle excessive due à un excès de tissu adipeux; parfois causée par un problème endocrinien (hormones de la thyroïde, des surrénales, du pancréas) ou métabolique.

Prolactinome Type le plus courant de tumeur de l'hypophyse (de 30 à 40 % ou plus des cas), se traduisant par une hypersécrétion de prolactine et des troubles menstruels chez la femme.

RÉSUMÉ DU CHAPITRE

1. Le système nerveux et le système endocrinien sont les principaux systèmes de régulation de l'organisme. Le système nerveux agit rapidement et brièvement par l'intermédiaire d'influx nerveux; le système endocrinien agit lentement et sur une plus longue durée par l'intermédiaire des hormones.

Système endocrinien: caractéristiques générales (p. 589-590)

1. Les glandes endocrines sont richement vascularisées; elles ne possèdent pas de conduits et déversent des hormones directement dans le sang ou dans la lymphe. Elles sont de petites dimensions et disséminées dans l'organisme.

2. Les principales glandes strictement endocrines sont l'hypophyse, la glande thyroïde, les glandes parathyroïdes, les glandes surrénales, le corps pinéal et le thymus; le pancréas et les gonades sont des glandes mixtes (à la fois exocrines et endocrines). L'hypothalamus est un organe neuro-endocrinien.

3. De nombreux processus physiologiques sont régis par des hormones: la reproduction, la croissance et le développement, la mobilisation des moyens de défense contre les facteurs de stress, l'équilibre des électrolytes, des liquides et des nutriments ainsi que la régulation du métabolisme cellulaire.

Hormones (p. 590-595)

Chimie des hormones (p. 590)

1. La plupart des hormones sont des hormones stéroïdes ou des hormones dérivées d'acides aminés.

Mécanismes de l'action hormonale (p. 590-592)

2. Les hormones agissent sur les cellules en stimulant ou en inhibant leurs processus caractéristiques.

3. Dans les cellules, les stimulus hormonaux provoquent, entre autres réponses, des modifications de la perméabilité membranaire, la synthèse, l'activation ou l'inhibition d'enzymes, le déclenchement de l'activité sécrétrice et l'activation de gènes.

4. Les hormones dérivées d'acides aminés interagissent avec leurs cellules cibles par l'intermédiaire de seconds messagers intracellulaires dont la transduction dépend de protéines G. Ainsi, certaines hormones se lient à un récepteur de la membrane plasmique associé à l'adénylate cyclase, laquelle catalyse la synthèse de l'AMP cyclique à partir de l'ATP. L'AMP cyclique déclenche des réactions au cours desquelles des protéines-kinases et d'autres enzymes sont activées, ce qui aboutit à la réponse cellulaire. D'autres hormones agissent par l'intermédiaire du phosphatidylinositol. On suppose enfin que le GMP cyclique et le calcium servent aussi de messagers.

5. Les hormones stéroïdes (et la thyroxine) pénètrent dans leurs cellules cibles, activent l'ADN, provoquent la formation d'ARN messager et entraînent ainsi la synthèse de protéines.

Spécificité des hormones et de leurs cellules cibles (p. 592-593)

6. La sensibilité d'une cellule cible à une hormone repose sur la présence, sur la membrane plasmique ou à l'intérieur de la cellule, de récepteurs auxquels l'hormone peut se lier.

7. Les récepteurs des hormones sont des structures dynamiques. Leur nombre et leur sensibilité peuvent varier suivant que les taux d'hormones stimulantes sont faibles ou élevés.

Demi-vie, apparition et durée de l'activité hormonale (p. 594)

8. Les concentrations sanguines des hormones reposent sur un équilibre entre la sécrétion d'une part et la dégradation et l'excrétion d'autre part. Les hormones sont dégradées principalement par le foie et les reins; le produit de la dégradation est excrété dans l'urine et les matières fécales.

9. La demi-vie et la durée de l'activité des hormones sont limitées et varient d'une hormone à l'autre.

Régulation de la libération des hormones (p. 594-595)

10. La libération des hormones est déclenchée par des stimulus humoraux, nerveux et hormonaux. La rétro-inhibition est un important mécanisme de régulation des concentrations sanguines des hormones.

11. Le système nerveux, par l'intermédiaire de mécanismes hypothalamiques, peut dans certains cas prendre le pas sur les effets hormonaux ou les moduler.

Principales glandes endocrines (p. 595-620)

Hypophyse (p. 595-604)

1. L'hypophyse s'attache à la base de l'encéphale par une tige et elle est entourée d'os. Elle comprend une portion glandulaire hormonopoïétique (adénohypophyse) et une portion nerveuse (neurohypophyse), qui constitue un prolongement de l'hypothalamus.

2. L'hypothalamus régit la sécrétion hormonale de l'adénohypophyse par l'intermédiaire d'hormones de libération et d'inhibition; par ailleurs, il synthétise deux hormones qui sont emmagasinées puis libérées par la neurohypophyse.

3. Quatre des six hormones adénohypophysaires sont des stimulines qui régissent le fonctionnement d'autres glandes endocrines. La plupart des hormones adénohypophysaires sont libérées suivant un rythme diurne subordonné à des stimulus qui agissent sur l'hypothalamus.

4. L'hormone de croissance (GH) est une hormone anabolisante qui stimule la croissance de tous les tissus, et particulièrement des muscles squelettiques et des os. Elle peut agir directement ou par l'intermédiaire des somatomédines. Elle mobilise les acides gras, stimule la synthèse des protéines et inhibe l'absorption du glucose et son métabolisme. Sa sécrétion est régie par la somatocrinine (GH-RH) et la somatostatine (GH-IH). L'hypersécrétion de GH cause le gigantisme chez l'enfant et l'acromégalie chez l'adulte; l'hyposécrétion chez l'enfant provoque le nanisme hypophysaire.

5. La thyréotrophine (TSH) favorise le développement normal et l'activité de la glande thyroïde. Sa libération est stimulée par la thyréolibérine (TRH) et inhibée par la rétro-inhibition des hormones thyroïdiennes.

6. La corticotrophine (ACTH) stimule la libération des corticostéroïdes par le cortex surrénal. Sa libération est stimulée par la corticolibérine (CRF) et inhibée (rétro-inhibition) par l'élévation de la concentration de glucocorticoïdes.

7. Les gonadotrophines, l'hormone folliculostimulante (FSH) et l'hormone lutéinisante (LH), régissent le fonctionnement des gonades chez les deux sexes. L'hormone folliculostimulante stimule la production de cellules sexuelles; l'hormone lutéinisante stimule la production d'hormones gonadiques. Le taux de gonadotrophines s'élève en réaction à la libération de gonadolibérine (Gn-RH). La rétro-inhibition des hormones gonadiques inhibe la libération des gonadotrophines.

8. La prolactine (PRL) stimule la lactation chez les humains. Sa sécrétion est provoquée par le facteur déclenchant la sécrétion de prolactine (PRF) et inhibée par le facteur inhibant la sécrétion de prolactine (PIF).

9. La neurohypophyse emmagasine et libère deux hormones hypothalamiques, l'ocytocine et l'hormone antidiurétique (ADH).

10. L'ocytocine stimule le muscle lisse de l'utérus (au cours du travail et de l'accouchement) et les cellules myoépithéliales des glandes mammaires (lactation). Elle semble aussi favoriser l'excitation sexuelle et le comportement affectueux. Sa libération est induite de manière réflexe par l'hypothalamus et obéit à une rétroactivation.

11. L'hormone antidiurétique (ADH) stimule la réabsorption de l'eau par les tubules rénaux; le volume sanguin et la pression artérielle s'élèvent à mesure que diminue la diurèse. La libération d'ADH est déclenchée par de fortes concentrations sanguines de solutés et inhibée par la situation inverse. L'hyposécrétion d'hormone antidiurétique cause le diabète insipide.

Glande thyroïde (p. 604-608)

12. La glande thyroïde est située dans la partie antérieure de la gorge. Les follicules thyroïdiens renferment la thyroglobuline, un colloïde dont les hormones thyroïdiennes sont dérivées.

13. Les hormones thyroïdiennes (TH) sont la thyroxine (T_4) et la triiodothyronine (T_3). Ces hormones accélèrent le métabolisme cellulaire et, par le fait même, favorisent la consommation d'oxygène et la production de chaleur.

14. Pour que les hormones thyroïdiennes soient sécrétées, sous l'effet de la thyréotrophine (TSH), les cellules folliculaires doivent absorber la thyroglobuline et les hormones doivent s'en détacher. L'augmentation du taux d'hormones thyroïdiennes exerce une rétro-inhibition qui inhibe l'hypophyse et l'hypothalamus.

15. La majeure partie de la thyroxine est convertie en triiodothyronine (plus active) dans les tissus cibles. Ces hormones semblent agir selon un mécanisme semblable à celui des hormones stéroïdes.

16. L'hypersécrétion des hormones thyroïdiennes cause principalement la maladie de Graves; l'hyposécrétion provoque le crétinisme chez l'enfant et le myxœdème chez l'adulte.

17. La calcitonine, produite par les cellules parafolliculaires de la glande thyroïde en réaction à l'augmentation du taux sanguin de calcium, abaisse celui-ci en inhibant la résorption de la matrice osseuse et en favorisant le dépôt du calcium dans les os.

Glandes parathyroïdes (p. 608-609)

18. Les glandes parathyroïdes sont situées sur la face postérieure de la glande thyroïde. Elles sécrètent la parathormone (PTH), qui élève le taux sanguin de calcium en agissant sur trois types d'organes cibles: les os, les intestins et les reins. La parathormone est l'antagoniste de la calcitonine.

19. La libération de la parathormone est stimulée par la diminution du taux sanguin de calcium et inhibée par la situation inverse.

20. L'hyperparathyroïdie cause l'hypercalcémie et une perte osseuse très importante. L'hypoparathyroïdie provoque l'hypocalcémie, qui se traduit par la tétanie et la paralysie respiratoire.

Glandes surrénales (p. 610-614)

21. Les deux glandes surrénales sont situées au-dessus des reins. Chacune comprend une portion corticale (le cortex surrénal) et une portion médullaire (la médulla surrénale).

22. Le cortex surrénal élabore trois groupes d'hormones stéroïdes à partir du cholestérol.

23. Les minéralocorticoïdes (principalement l'aldostérone) régissent la réabsorption des ions sodium par les reins et, indirectement, les concentrations d'autres électrolytes et d'eau associés au transport du sodium. La libération de l'aldostérone est stimulée par le système rénine-angiotensine, l'augmentation du taux sanguin d'ions potassium, la diminution du taux sanguin d'ions sodium et l'ACTH. Le facteur natriurétique auriculaire inhibe la libération de l'aldostérone.

24. Les glucocorticoïdes (principalement le cortisol) sont d'importantes hormones métaboliques qui aident l'organisme à résister aux facteurs de stress en augmentant les taux sanguins de glucose, d'acides gras et d'acides aminés et en élevant la pression artérielle. De fortes concentrations de glucocorticoïdes affaiblissent le système immunitaire et la réaction inflammatoire. L'ACTH est le principal stimulus de la libération des glucocorticoïdes.

25. Les gonadocorticoïdes (principalement les androgènes) sont produits en petites quantités tout au long de la vie.

26. L'hyposécrétion des hormones corticosurrénaliennes cause la maladie d'Addison. L'hypersécrétion provoque l'hyperaldostéronisme, la maladie de Cushing et/ou la virilisation.

27. Stimulée par des neurofibres sympathiques, la médulla surrénale libère les catécholamines (adrénaline et noradrénaline). Ces hormones intensifient et prolongent la réaction de lutte ou de fuite vis-à-vis de facteurs de stress passagers. L'hypersécrétion cause les symptômes caractéristiques de l'hyperactivité sympathique.

Pancréas (p. 614-619)

28. Le pancréas, situé près de l'estomac, est à la fois une glande endocrine et une glande exocrine. Sa portion endocrine (les îlots pancréatiques) libère l'insuline et le glucagon (ainsi que le polypeptide pancréatique et la somatostatine) dans le sang.

29. Le glucagon, libéré par les endocrinocytes alpha (α) lorsque la glycémie est faible, stimule la libération de glucose dans le sang par le foie.

30. L'insuline est libérée par les endocrinocytes bêta (β) lorsque les taux sanguins de glucose (et d'acides aminés) sont élevés. Elle accélère l'absorption du glucose et son métabolisme par la plupart des cellules. L'hyposécrétion d'insuline cause le diabète sucré, dont les signes majeurs sont la polyurie, la polydipsie et la polyphagie.

Gonades (p. 619)

31. Les ovaires, situés dans la cavité pelvienne de la femme, libèrent deux types d'hormones. La sécrétion des œstrogènes par les follicules ovariens commence à la puberté sous l'influence de la FSH. Les œstrogènes stimulent la maturation des organes génitaux et l'apparition des caractères sexuels secondaires. La progestérone est libérée sous l'effet de fortes concentrations de LH. En conjonction avec les œstrogènes, elle établit le cycle menstruel.

32. Chez l'homme, les testicules commencent à produire la testostérone à la puberté sous l'influence de la LH. La testostérone provoque la maturation des organes génitaux, l'apparition des caractères sexuels secondaires et la production de spermatozoïdes.

Corps pinéal (p. 620)

33. Le corps pinéal est situé dans le diencéphale. Il sécrète principalement la mélatonine, qui semble avoir un effet antigonadotrope chez l'être humain et qui influe sur les processus physiologiques rythmiques.

Thymus (p. 620)

34. Le thymus, situé dans la partie supérieure du thorax, diminue de volume au cours de la vie. Les hormones qu'il sécrète, la thymosine et la thymopoïétine, concourent à l'établissement de la réponse immunitaire.

Autres structures hormonopoïétiques (p. 620-621)

1. De nombreux organes qui ne font pas partie du système endocrinien proprement dit contiennent des amas isolés de cellules hormonopoïétiques. Il s'agit notamment du cœur (facteur natriurétique auriculaire), des organes des voies gastro-intestinales (gastrine, sécrétine, etc.), du placenta (œstrogènes, progestérone, etc.), des reins (érythropoïétine) et de la peau (cholécalciférol).

Développement et vieillissement du système endocrinien (p. 621, 624)

1. Les glandes endocrines dérivent des trois tissus embryonnaires. Celles qui sont issues du mésoderme produisent les hormones stéroïdes ; les autres élaborent les hormones dérivées d'acides aminés.

2. Le déclin naturel de l'activité ovarienne cause la ménopause.

3. L'efficacité de toutes les glandes endocrines semble décroître graduellement au cours des années. Par conséquent, le risque de diabète sucré augmente et le métabolisme ralentit.

QUESTIONS DE RÉVISION

Choix multiples/associations

(Réponses à l'appendice G)

1. La libération de la parathormone est déclenchée principalement par un stimulus : (a) hormonal ; (b) humoral ; (c) nerveux.

2. L'adénohypophyse ne sécrète pas : (a) l'hormone antidiurétique ; (b) l'hormone de croissance ; (c) les gonadotrophines ; (d) la thyréotrophine.

3. Parmi les hormones suivantes, laquelle *n'*intervient *pas* dans le métabolisme du glucose ? (a) Le glucagon. (b) La cortisone. (c) L'aldostérone. (d) L'insuline.

4. La parathormone : (a) favorise la formation des os et abaisse le taux sanguin de calcium ; (b) augmente l'excrétion du calcium ; (c) diminue l'absorption intestinale du calcium ; (d) déminéralise les os et élève le taux sanguin de calcium.

5. Associez les hormones suivantes aux descriptions.

Hormones : **(a)** aldostérone **(b)** hormone antidiurétique **(c)** hormone de croissance **(d)** hormone lutéinisante **(e)** ocytocine **(f)** prolactine **(g)** thyroxine et triiodothyronine **(h)** thyréotrophine

__________ **(1)** Importante hormone anabolisante dont plusieurs effets sont déclenchés par les somatomédines.

__________ **(2)** Concourt à l'équilibre hydrique et à la réabsorption de l'eau par les reins.

__________ **(3)** Stimule la lactation.

__________ **(4)** Stimuline qui provoque la sécrétion des hormones sexuelles par les gonades.

__________ **(5)** Intensifie les contractions utérines pendant l'accouchement.

__________ **(6)** Principale(s) hormone(s) métabolique(s).

__________ **(7)** Cause la réabsorption des ions sodium par les reins.

__________ **(8)** Stimuline qui déclenche la sécrétion des hormones thyroïdiennes.

__________ **(9)** Hormone sécrétée par la neurohypophyse (deux choix possibles).

__________ **(10)** Seule hormone stéroïde de la liste.

6. Une injection hypodermique d'adrénaline: (a) augmente la fréquence cardiaque, élève la pression artérielle, dilate les bronches et intensifie le péristaltisme; (b) diminue la fréquence cardiaque, abaisse la pression artérielle, contracte les bronches et intensifie le péristaltisme; (c) diminue la fréquence cardiaque, élève la pression artérielle, contracte les bronches et diminue le péristaltisme; (d) augmente la fréquence cardiaque, élève la pression artérielle, dilate les bronches et diminue le péristaltisme.

7. Parmi les hormones suivantes, laquelle est à la femme ce que la testostérone est à l'homme? (a) L'hormone lutéinisante. (b) La progestérone. (c) Les œstrogènes. (d) La prolactine.

8. Si la sécrétion des hormones adénohypophysaires est insuffisante chez un enfant, celui-ci: (a) sera atteint d'acromégalie; (b) sera atteint de nanisme mais conservera des proportions corporelles normales; (c) atteindra la maturité sexuelle précocement; (d) sera toujours vulnérable à la déshydratation.

9. Si l'apport glucidique est adéquat, la sécrétion d'insuline: (a) abaisse la glycémie; (b) favorise l'utilisation du glucose dans les cellules; (c) provoque le stockage du glycogène; (d) toutes ces réponses.

10. Les hormones: (a) sont produites par les glandes exocrines; (b) sont distribuées dans tout l'organisme par le sang; (c) sont en concentrations constantes dans le sang; (d) influent seulement sur des organes non hormonopoïétiques.

11. Certaines hormones agissent: (a) en accroissant la synthèse d'enzymes; (b) en convertissant une enzyme inactive en une enzyme active; (c) sur des organes cibles précis seulement; (d) toutes ces réponses.

12. L'absence de thyroxine cause: (a) une accélération de la fréquence cardiaque et une intensification des contractions cardiaques; (b) l'affaiblissement du système nerveux central et la léthargie; (c) l'exophtalmie; (d) une accélération du métabolisme.

13. Les cellules chromaffines se trouvent dans: (a) les glandes parathyroïdes; (b) l'adénohypophyse; (c) les glandes surrénales; (d) le corps pinéal.

14. Parmi les hormones suivantes, laquelle est sécrétée par la zone glomérulée et a des effets opposés à ceux du facteur natriurétique auriculaire? (a) L'hormone antidiurétique. (b) L'adrénaline. (c) La calcitonine. (d) L'aldostérone. (e) Les androgènes.

Questions à court développement

15. Définissez le terme hormone.

16. (a) Situez l'adénohypophyse, le corps pinéal, le pancréas, les ovaires, les testicules et les glandes surrénales. (b) Nommez les hormones que ces glandes endocrines produisent.

17. Nommez deux glandes (ou régions) endocrines qui interviennent dans le stress et expliquez leur importance (précisez les circonstances dans lesquelles elles sécrètent leurs hormones respectives).

18. L'adénohypophyse est souvent appelée la «glande maîtresse», mais elle aussi est subordonnée à un organe. Quel est-il?

19. La neurohypophyse n'est pas une glande endocrine à proprement parler. Pourquoi? Quelle est sa nature?

20. Le goitre endémique ne résulte pas véritablement d'un dysfonctionnement de la glande thyroïde. Par quoi est-il causé?

21. Énumérez quelques troubles que la diminution de la production hormonale peut causer chez les personnes âgées.

22. Nommez une hormone sécrétée par un myocyte et deux hormones sécrétées par des neurones.

RÉFLEXION ET APPLICATION

1. Richard Noël présentait les symptômes d'une hypersécrétion de parathormone (il avait notamment un fort taux sanguin de calcium). Ses médecins étaient persuadés qu'il était atteint d'une tumeur d'une des glandes parathyroïdes. Pourtant, pendant l'intervention pratiquée dans son cou, le chirurgien ne put trouver ces glandes. Où le chirurgien devrait-il alors chercher la glande parathyroïde tumorale?

2. Marie Bédard vient d'être admise à la salle d'urgence du centre hospitalier. Elle transpire abondamment et sa respiration est rapide et irrégulière. Son haleine a une odeur d'acétone (sucrée et fruitée) et sa glycémie est de 36 mmol/L. Elle est en état d'acidose. Quelle hormone faut-il lui administrer, et pourquoi?

3. Sébastien, un garçon de cinq ans, a grandi par à-coups. Sa taille est de 100 % supérieure à la normale pour son groupe d'âge. Il se plaint de maux de tête et de troubles de la vision. La tomodensitométrie révèle qu'il est atteint d'une tumeur importante de l'hypophyse. (a) Quelle hormone son organisme sécrète-t-il en excès? (b) Comment s'appelle le trouble que présentera Sébastien si son état reste sans traitement? (c) Quelle est la cause probable de ses maux de tête et de ses troubles visuels?

4. Un matin, Martine parcourait tranquillement le journal lorsqu'une manchette attira son attention: «Les stéroïdes anabolisants deviennent des médicaments contrôlés». «Intéressant, se dit-elle avant de tourner la page. Il est grand temps que l'on donne à ces substances la place qu'elles méritent à côté de l'héroïne.» Cette nuit-là, Martine fit un cauchemar dont elle s'éveilla en sueur. Elle rêva que des policiers arrêtaient tous ses amis masculins pour possession illégale d'un médicament contrôlé. Y a-t-il un lien entre la manchette du journal et le rêve de Martine? Si oui, quel est-il?

LE SANG

SOMMAIRE ET OBJECTIFS D'APPRENTISSAGE

Composition et fonctions du sang : caractéristiques générales (p. 629-630)

1. Décrire la composition et les caractéristiques physiques du sang total. Expliquer pourquoi le sang est considéré comme un tissu conjonctif.
2. Énumérer six fonctions du sang.

Plasma (p. 630-631)

3. Décrire la composition du plasma et énumérer les fonctions de ses différents composants.

Éléments figurés (p. 631-644)

4. Décrire la structure et la fonction des érythrocytes ; préciser la structure de l'hémoglobine en rapport avec cette fonction.
5. Donner les facteurs qui influent sur la production des érythrocytes ; décrire les différentes étapes de la vie de ces derniers (lieu de formation, longévité, sites de destruction) et ce qu'il advient des composants de l'hémoglobine.
6. Énumérer les classes, les caractéristiques structurales et les fonctions des différentes classes de leucocytes. Décrire les différents aspects de la formation des leucocytes (lieu de formation et cellules d'origine, longévité).
7. Décrire la structure des plaquettes ; préciser leur origine et leur fonction.
8. Donner des exemples de troubles causés par des anomalies de chacun des éléments figurés du sang. Expliquer le mécanisme de chaque trouble.

Hémostase (p. 644-650)

9. Donner un aperçu des trois phases de l'hémostase et expliquer plus en détail le mécanisme de coagulation du sang. Énumérer les facteurs qui limitent la croissance du caillot et ceux qui préviennent la coagulation dans les vaisseaux intacts.
10. Donner des exemples de troubles hémostatiques. Indiquer la cause de chacun de ces troubles.

Transfusion (p. 650-654)

11. Décrire les systèmes ABO et Rh. Expliquer comment peut survenir la réaction hémolytique et donner un aperçu de ses manifestations.
12. Donner quelques exemples de solutions de remplissage vasculaire. Décrire leurs fonctions et les circonstances dans lesquelles elles sont généralement administrées.

Analyses sanguines (p. 654)

13. Expliquer l'importance des analyses sanguines en tant qu'outils de diagnostic.

Développement et vieillissement du sang (p. 654)

14. Indiquer les organes hématopoïétiques aux différents stades de la vie et le type d'hémoglobine produit avant et après la naissance.
15. Citer quelques-uns des troubles sanguins qui accompagnent le vieillissement.

Lequel des pourcentages donnés dans la figure ci-dessous représente l'hématocrite ?

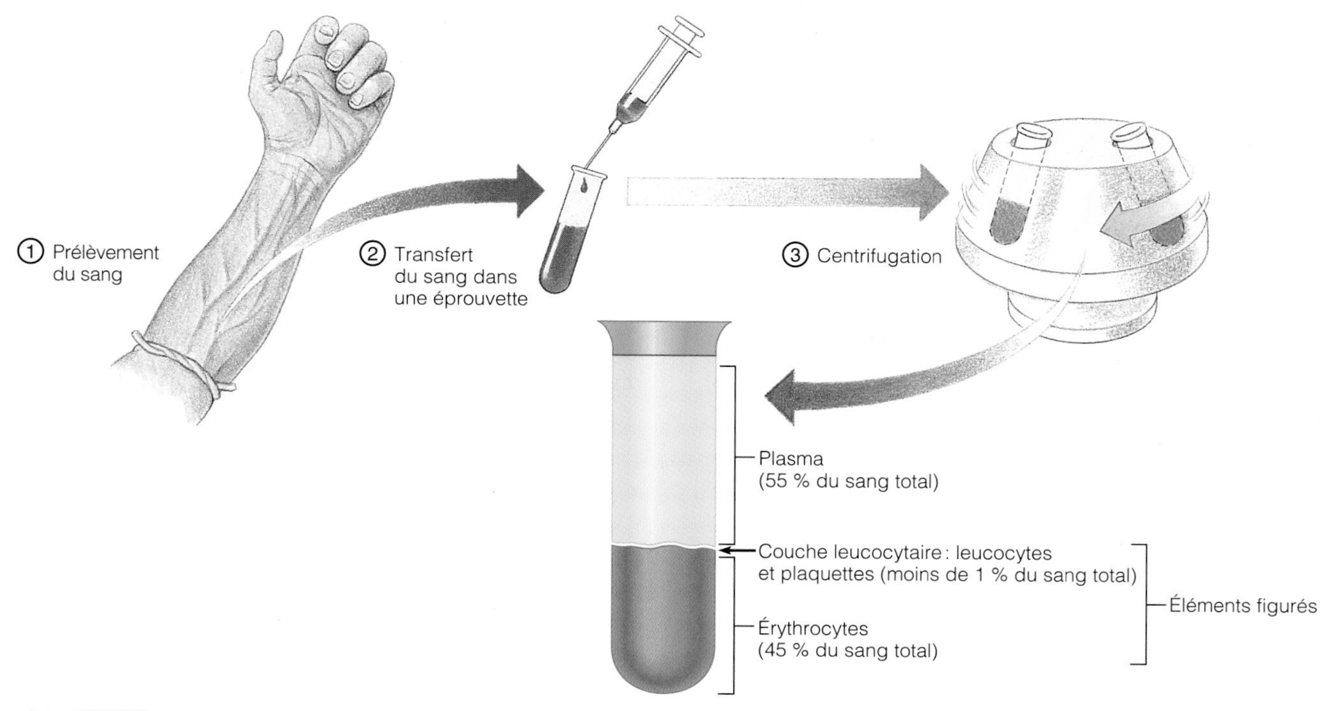

FIGURE 18.1
Principaux composants du sang total.

Comme un fleuve impétueux, le sang transporte dans l'organisme presque tout ce qui doit y circuler. Bien avant la naissance de la médecine moderne, nos ancêtres accordaient au sang des propriétés magiques, quasi mystiques. À leurs yeux, en effet, le sang était le principe vital, l'élixir qui, en s'écoulant du corps, emportait la vie avec lui. Les siècles ont passé, mais la médecine n'a pas perdu son intérêt à l'égard du sang. Plus que tout autre tissu, c'est le sang qu'on analyse pour tenter de déterminer la cause d'une maladie.

Dans ce chapitre, nous décrivons la composition et les fonctions du sang, ce liquide vital qui sert de « transporteur » au système cardiovasculaire. Nous allons dans un premier temps donner un aperçu de la circulation sanguine. Le sang sort du *cœur* par les *artères,* qui se ramifient pour former des *capillaires*. En traversant les minces parois de ces minuscules vaisseaux, l'oxygène et les nutriments se séparent du sang et pénètrent dans le liquide interstitiel des tissus ; en sens inverse, le gaz carbonique et les déchets passent du liquide interstitiel au sang. En quittant les capillaires, le sang pauvre en oxygène s'engage dans les *veines* et, par cette voie, atteint le cœur. De là, il entre dans les poumons, où il s'approvisionne en oxygène, puis il retourne au cœur, d'où il sera renvoyé dans tout l'organisme. Penchons-nous maintenant sur la nature du sang.

Le pourcentage des érythrocytes, soit 45 %.

COMPOSITION ET FONCTIONS DU SANG : CARACTÉRISTIQUES GÉNÉRALES

Composants

Le sang est unique car il est le seul tissu liquide de l'organisme. Bien qu'il semble épais et homogène, il contient des éléments solides et des éléments liquides visibles au microscope. Le sang est un tissu conjonctif spécialisé où des cellules vivantes, les **éléments figurés,** sont en suspension dans une matrice extracellulaire liquide appelée **plasma.** Contrairement à la plupart des autres tissus conjonctifs, le sang est dépourvu de fibres collagènes et élastiques, mais des protéines fibreuses dissoutes apparaissent sous forme de filaments de fibrine lorsque le sang coagule.

Si on centrifuge un échantillon de sang, les éléments figurés se déposent au fond de l'éprouvette tandis que le plasma, moins dense, flotte à la surface (figure 18.1). La majeure partie de la masse rougeâtre accumulée au fond de l'éprouvette est composée d'*érythrocytes* (*eruthros* = rouge), ou globules rouges, dont la fonction est de transporter l'oxygène. Une mince couche blanchâtre, la **couche leucocytaire,** se forme à la surface de séparation des érythrocytes et du plasma. Comme son nom l'indique, cette couche comprend les *leucocytes* (*leukos* = blanc), ou globules blancs, qui constituent un des moyens de défense de l'organisme, et les *plaquettes*, des fragments de cellules qui interviennent dans la coagulation. Normalement, le volume d'un échantillon de sang est composé d'environ 45 % d'érythrocytes (cette proportion est appelée **hématocrite,** c'est-à-dire sang séparé), de moins de 1 % de leucocytes et de plaquettes et de 55 % de plasma.

Caractéristiques physiques et volume

Le sang est un liquide visqueux et opaque. Dès notre plus tendre enfance, nous découvrons une autre de ses caractéristiques, son goût salé et métallique, lorsque nous portons à notre bouche un doigt coupé. Le sang riche en oxygène a une couleur écarlate, tandis que le sang pauvre en oxygène est d'un rouge sombre. Le sang est plus dense (plus lourd) que l'eau et environ cinq fois plus visqueux, surtout à cause de ses éléments figurés. Le pH du sang varie entre 7,35 et 7,45 : il est donc légèrement alcalin. Sa température est toujours un peu plus élevée que celle du corps (38 °C).

Le sang représente environ 8 % de la masse corporelle. Chez l'adulte sain, son volume moyen est de 5 à 6 L chez l'homme et de 4 à 5 L chez la femme.

Fonctions

Le sang assume de nombreuses fonctions qui sont toutes liées de près ou de loin au transport de substances, à la régulation de certaines caractéristiques physiques du milieu interne et à la protection de l'organisme. Ces fonctions se chevauchent et interagissent de manière à maintenir l'homéostasie.

Transport

Au point de vue du *transport,* les fonctions du sang sont les suivantes :

- Apport à toutes les cellules d'oxygène et de nutriments provenant respectivement des poumons et du système digestif.
- Transport des déchets du métabolisme cellulaire vers les sites d'élimination (les poumons pour le gaz carbonique et les reins pour les déchets azotés).
- Transport des hormones des glandes endocrines vers leurs organes cibles.

Régulation

Au point de vue de la *régulation,* les fonctions du sang sont les suivantes :

- Maintien d'une température corporelle appropriée au moyen de l'absorption de la chaleur, de sa répartition dans tout l'organisme et de la dissipation de tout excédent à la surface de la peau.
- Maintien d'un pH normal dans les tissus. De nombreuses protéines sanguines et d'autres solutés du sang servent de tampons et préviennent ainsi des variations brusques ou excessives du pH sanguin. De plus, le sang constitue un réservoir de bicarbonate (réserve alcaline).
- Maintien d'un volume adéquat de liquide dans le système circulatoire. Le chlorure de sodium et d'autres sels, en conjonction avec des protéines sanguines comme l'albumine, empêchent le transfert d'une quantité excessive de liquide dans l'espace interstitiel. Ainsi, le volume de liquide dans les vaisseaux sanguins reste suffisant pour assurer l'irrigation de toutes les parties de l'organisme.

Protection

Au point de vue de la *protection* de l'organisme, les fonctions du sang sont les suivantes :

- Prévention de l'hémorragie. Lorsqu'un vaisseau sanguin se rompt, les plaquettes et les protéines plasmatiques forment un caillot et arrêtent l'écoulement du sang.
- Prévention de l'infection. Le sang transporte des anticorps, des protéines du complément ainsi que des leucocytes qui, tous, défendent l'organisme contre des corps étrangers tels que les bactéries et les virus.

PLASMA

Le **plasma** est un liquide visqueux de couleur jaunâtre (voir la figure 18.1). Composé à 90 % d'eau, le plasma contient plus de 100 solutés, dont des nutriments, des gaz, des hormones, divers produits et déchets de l'activité cellulaire, des ions et des protéines. Le tableau 18.1 présente un résumé des principaux composants du plasma.

Les protéines plasmatiques, qui représentent environ 8 % (au poids) du volume plasmatique, sont les plus abondants des solutés du plasma. Exception faite des hormones circulant dans le sang et des gammaglobulines, la plupart des protéines plasmatiques sont produites par le foie. Bien que les protéines plasmatiques assument diverses fonctions, les cellules *ne* les utilisent *pas* à des fins énergétiques ou métaboliques comme elles le font avec la plupart des autres solutés plasmatiques, notamment le glucose, les acides gras et l'oxygène. L'**albumine,** qui constitue environ 60 % des protéines plasmatiques, sert de navette à certaines molécules dans la circulation et de tampon important pour le sang et elle contribue au maintien du pH sanguin. Parmi les protéines sanguines, c'est elle qui contribue le plus à la pression osmotique du plasma (la pression qui garde l'eau dans les vaisseaux), suivie par d'autres solutés, dont les ions sodium.

La composition du plasma varie continuellement, selon que les cellules captent ou libèrent des substances dans le sang. Toutefois, si le régime alimentaire est sain, divers mécanismes homéostatiques conservent au plasma une composition relativement constante. Par exemple, lorsque la concentration sanguine de protéines s'abaisse trop, le foie élabore plus de protéines ; lorsque le sang devient trop acide (acidose), le système respiratoire et les

TABLEAU 18.1 Composition du plasma

Composants	Description et importance
Eau	Représente 90 % du volume plasmatique ; milieu de dissolution et de suspension pour les solutés du sang ; absorbe la chaleur
Solutés	
Protéines	Représentent 8 % (au poids) du volume plasmatique
• Albumine	Représente 60 % des protéines plasmatiques ; produite par le foie ; exerce une pression osmotique qui préserve l'équilibre hydrique entre le plasma et le liquide interstitiel
• Globulines	Représentent 36 % des protéines plasmatiques
alpha et bêta	Produites par le foie ; protéines vectrices qui se lient aux lipides, aux ions des métaux et aux vitamines liposolubles
gamma	Anticorps libérés par les cellules plasmatiques pendant la réaction immunitaire
• Facteurs de coagulation	Représentent 4 % des protéines plasmatiques ; comprennent le fibrinogène et la prothrombine produits par le foie ; interviennent dans la coagulation
• Autres	Enzymes métaboliques, protéines antibactériennes (comme le complément), hormones
Substances azotées non protéiques	Sous-produits du métabolisme cellulaire comme l'acide lactique, l'urée, l'acide urique, la créatinine et les sels d'ammonium
Nutriments (organiques)	Matières absorbées par le tube digestif et transportées dans l'organisme entier ; comprennent le glucose et d'autres glucides simples, les acides aminés (produits de la digestion des protéines), les acides gras, le glycérol et les triglycérides (lipides), le cholestérol et les vitamines
Électrolytes	Cations dont le sodium, le potassium, le calcium, le fer et le magnésium ; anions dont le chlorure, le phosphate, le sulfate et le bicarbonate ; concourent à maintenir la pression osmotique du plasma et le pH sanguin
Gaz respiratoires	Oxygène et gaz carbonique ; un peu d'oxygène dissous (en majeure partie lié à l'hémoglobine dans les érythrocytes) ; le gaz carbonique est transporté par l'hémoglobine des érythrocytes et sous forme d'ions bicarbonate dissous dans le plasma

reins entrent en action pour rétablir le pH normal du plasma, légèrement alcalin. À tout moment, divers organes procèdent à des réajustements afin de maintenir les nombreux solutés plasmatiques aux concentrations physiologiques. Non seulement le plasma transporte-t-il différents solutés dans l'organisme, mais il contribue aussi à y répartir la chaleur (un sous-produit du métabolisme cellulaire).

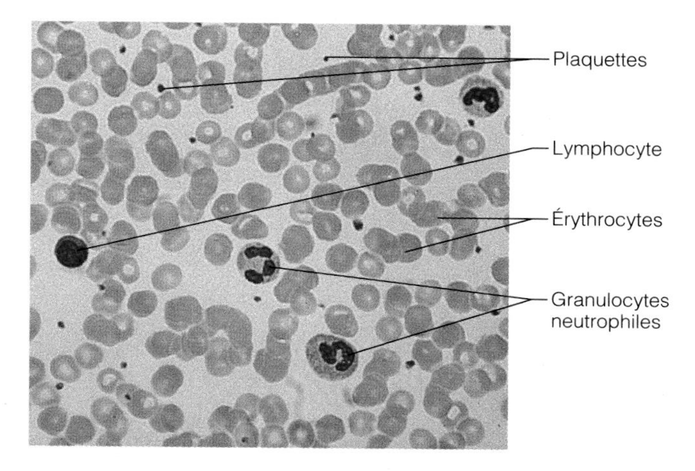

FIGURE 18.2
Photomicrographie d'un frottis de sang humain (coloration de Wright).

ÉLÉMENTS FIGURÉS

Les **éléments figurés du sang** comprennent les *érythrocytes,* les *leucocytes* et les *plaquettes.* Ils présentent certaines caractéristiques uniques. (1) Deux de ces types ne sont pas de véritables cellules ; les érythrocytes n'ont pas de noyau et à peu près pas d'organite, et les plaquettes ne sont que des fragments de cellules. Seuls les leucocytes sont des cellules complètes. (2) La plupart des éléments figurés survivent dans la circulation sanguine pendant quelques jours seulement. (3) La plupart des cellules sanguines ne se divisent pas. Elles sont plutôt continuellement renouvelées par division cellulaire dans la moelle osseuse, dont elles sont issues. Étant donné leur courte vie et leur renouvellement constant, on peut aisément les comparer aux innombrables produits jetables de notre société de consommation moderne.

Si vous examinez un frottis coloré de sang humain au microscope optique, vous y verrez des érythrocytes en forme de disques, des leucocytes multicolores et, çà et là, quelques plaquettes à l'allure de débris (figure 18.2). Les érythrocytes sont beaucoup plus nombreux que les autres éléments figurés. Le tableau 18.2, à la page 641, présente un résumé des principales caractéristiques structurales et fonctionnelles des divers éléments figurés.

Érythrocytes

Structure

Avec leur diamètre d'environ 7,5 μm, les **érythrocytes,** aussi appelés **globules rouges** ou **hématies,** sont de petites cellules. Ils ont la forme de disques biconcaves (figure 18.3)

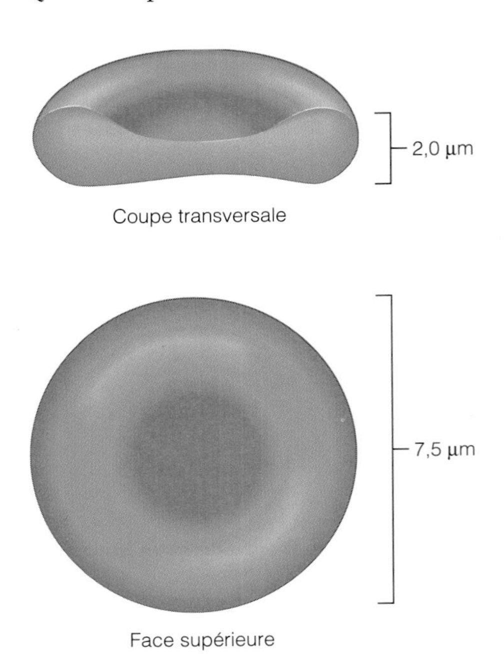

FIGURE 18.3
Structure des érythrocytes. Coupe transversale et face supérieure d'un érythrocyte. Notez la forme biconcave caractéristique.

dont le centre, mince, paraît plus pâle que la périphérie. Au microscope, ils ressemblent à de minuscules beignes. Les érythrocytes matures, circonscrits dans une membrane plasmique, sont *anucléés* (sans noyau) et ne possèdent que de rares organites. Ils ne sont à toutes fins utiles que des « sacs » de molécules d'*hémoglobine,* la protéine des érythrocytes active dans le transport des gaz. Les autres protéines que contiennent les érythrocytes ont surtout pour fonction de maintenir l'intégrité de leur membrane plasmique ou d'en modifier la forme au besoin. Par exemple, l'érythrocyte maintient sa forme biconcave grâce à un filet de protéines fibreuses, dont l'une des plus actives est la *spectrine* qui adhère à la face interne de sa membrane plasmique. Le filet de spectrine est déformable, ce qui procure aux érythrocytes la flexibilité nécessaire pour changer éventuellement de forme, c'est-à-dire pour se tordre, se plier et se creuser lorsqu'ils sont transportés dans la circulation sanguine et les capillaires (dont le diamètre est inférieur au leur) puis pour reprendre leur forme biconcave.

Les érythrocytes sont de merveilleux exemples d'adaptation de la structure à la fonction. Ils captent l'oxygène dans les lits capillaires des poumons et le distribuent aux cellules des tissus par le biais d'autres capillaires. Ils transportent également environ 20 % du gaz carbonique que les cellules des tissus libèrent dans la direction opposée, soit vers les poumons. Chacune des caractéristiques structurales des érythrocytes contribue à leurs fonctions respiratoires. (1) Du fait de leurs dimensions et de leur forme, les érythrocytes présentent une surface relativement étendue par rapport à leur volume (supérieure d'environ 30 % à celle de cellules sphériques comparables). Leur forme convient parfaitement aux échanges gazeux avec le liquide interstitiel des tissus, car aucun point du cytoplasme n'est loin de la membrane plasmique. (2) Si on exclut sa teneur en eau, un érythrocyte contient plus de 97 % d'hémoglobine, la molécule qui se lie aux gaz respiratoires et les transporte. (3) Comme les érythrocytes sont dépourvus de mitochondries et produisent de l'ATP par des mécanismes anaérobies, ils n'utilisent pas l'oxygène qu'ils transportent et constituent de ce fait des transporteurs hautement efficaces.

Les érythrocytes constituent les principaux facteurs de la viscosité du sang. Les femmes possèdent généralement moins d'érythrocytes que les hommes ($4,3$ à $5,2 \times 10^{12}$ par litre de sang et $5,1$ à $5,8 \times 10^{12}$ par litre de sang respectivement). Lorsque le nombre d'érythrocytes s'élève au-dessus de la normale, la viscosité du sang augmente et la circulation sanguine peut ralentir. Inversement, lorsque le nombre d'érythrocytes baisse sous la normale, le sang s'éclaircit et circule plus rapidement.

Fonction

Les érythrocytes se consacrent entièrement à leur tâche, qui est de transporter des gaz respiratoires (oxygène et gaz carbonique). L'hémoglobine qu'ils contiennent se lie facilement et de façon réversible à l'oxygène ; du reste, la majeure partie de l'oxygène transporté dans le sang est lié à l'hémoglobine. Normalement, la concentration de l'hémoglobine, en grammes par litre de sang, est de 140 à 200 chez l'enfant, de 130 à 180 chez l'homme adulte et de 120 à 160 chez la femme adulte.

La molécule d'hémoglobine est formée de quatre groupements prosthétiques d'un pigment rouge appelé **hème** et d'une protéine globulaire appelée **globine.** La globine est composée de quatre chaînes polypeptidiques, deux alpha (α) et deux bêta (β). Chaque hème, en forme d'anneau, porte en son centre un atome de fer (figure 18.4). Puisque chaque atome de fer peut se combiner de façon réversible avec une molécule d'oxygène (avec deux atomes), une molécule d'hémoglobine peut transporter quatre molécules d'oxygène (ou huit atomes). Comme un érythrocyte contient quelque 250 millions de molécules d'hémoglobine, il peut transporter environ un milliard de molécules d'oxygène !

Le fait que l'hémoglobine se trouve dans les érythrocytes plutôt qu'en circulation libre dans le plasma lui évite de se diviser en fragments qui se déverseraient hors de la circulation sanguine (par les membranes capillaires, qui sont plutôt poreuses) et d'accroître la viscosité et la pression osmotique du sang.

Le « chargement » de l'oxygène s'effectue dans les poumons et de là, il est transporté jusqu'aux cellules des tissus. Lorsque le sang pauvre en oxygène passe dans les poumons, l'oxygène diffuse des alvéoles vers le plasma sanguin puis traverse la membrane plasmique des érythrocytes et se lie aux molécules d'hémoglobine libre présentes dans leur cytoplasme. Au cours de la liaison de l'oxygène au fer, l'hémoglobine adopte une nouvelle structure tridimensionnelle ; elle prend alors le nom d'**oxyhémoglobine** et se colore en rouge vif. Dans les capillaires des tissus, le processus est inversé. L'oxygène se dissocie du fer, et l'hémoglobine reprend sa forme

Combien de molécules d'oxygène une molécule d'hémoglobine peut-elle transporter?

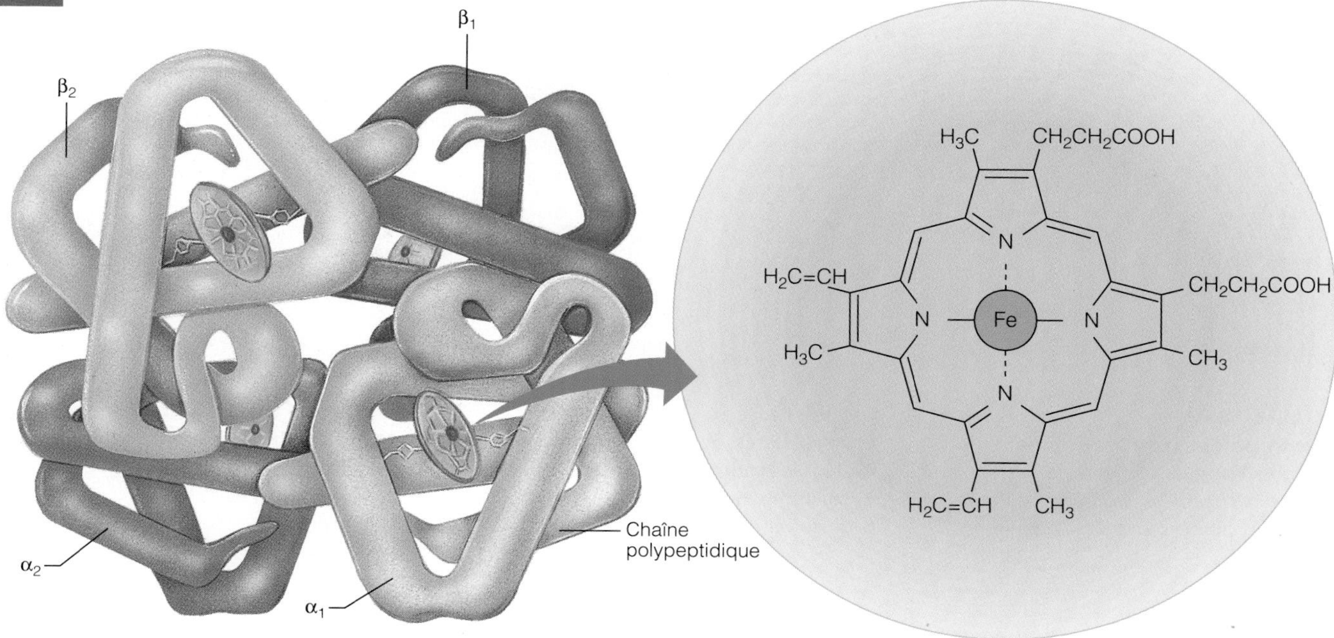

FIGURE 18.4
Structure de l'hémoglobine. (a) La molécule d'hémoglobine intacte est composée de globine et d'hèmes, pigments contenant du fer. La molécule de globine est formée de quatre chaînes polypeptidiques: deux alpha (α) et deux bêta (β). Chaque chaîne est associée à un groupement hème apparaissant dans l'illustration sous forme de disque vert. **(b)** Structure d'un groupement hème.

antérieure; elle porte alors le nom de **désoxyhémoglobine,** ou *hémoglobine réduite,* et se colore en rouge sombre. L'oxygène libéré diffuse du cytoplasme des érythrocytes vers le plasma, du plasma vers le liquide interstitiel et, enfin, du liquide interstitiel vers le cytoplasme des cellules.

Environ 20 % du gaz carbonique transporté dans le sang se lie à l'hémoglobine des érythrocytes pour former la **carbhémoglobine**; il se lie à un acide aminé (lysine) de la globine plutôt qu'aux atomes de fer des hèmes. La formation de carbhémoglobine est plus facile lorsque l'hémoglobine a libéré son oxygène (s'est réduite) dans les capillaires systémiques. Le sang transporte ensuite le gaz carbonique jusqu'aux poumons (capillaires pulmonaires) afin de l'éliminer et de se recharger en oxygène. Nous décrivons au chapitre 23 les mécanismes de liaison et de libération des gaz respiratoires.

Production des érythrocytes

La formation des cellules sanguines est appelée **hématopoïèse,** ou **hémopoïèse** (*haima, haimatos* = sang; *poiein* = faire). Ce processus se déroule dans la **moelle osseuse rouge,** composée principalement d'un réseau de tissu conjonctif réticulaire bordant de larges capillaires appelés *sinusoïdes.* Dans ce réseau se trouvent des globules immatures, des macrophagocytes, des cellules adipeuses et des *cellules réticulaires* (les fibroblastes qui sécrètent les fibres). Chez l'adulte, ce tissu est situé principalement dans les os plats du tronc et des ceintures ainsi que dans les épiphyses proximales de l'humérus et du fémur. Les divers types de cellules sont produits en nombre variable suivant les besoins de l'organisme et les différents facteurs de régulation. Au fur et à mesure de leur maturation les érythrocytes passent entre les cellules non jointives des sinusoïdes pour entrer dans le sang. En moyenne, la moelle osseuse produit environ 28 g de sang nouveau chaque jour.

En dépit de leurs fonctions différentes, les éléments figurés ont une origine commune. Tous naissent d'une même *cellule souche,* l'**hémocytoblaste** (*kutos* = cellule; *blastos* = germe), qui réside dans la moelle osseuse rouge. Certains chercheurs appellent cette cellule *cellule souche hématopoïétique totipente,* car elle donne naissance à plusieurs types de globules. (Nous emploierons quant à nous le terme « hémocytoblaste », plus général.) Cette cellule souche se divise par mitose pour donner différents types de *précurseurs* (ou cellules progénitrices organisées en clones); le potentiel de différenciation de ces dernières cellules étant restreint, chaque type de précurseur va produire une lignée particulière de globules. En effet, des récepteurs spécifiques apparaissent sur la membrane plasmique des précurseurs; ils réagissent à certaines hormones ou à certains facteurs de croissance qui orientent la spécialisation, ou différenciation, de la cellule.

18

De 1 à 4 molécules d'O_2.

Qu'est-ce qu'un « précurseur » ?

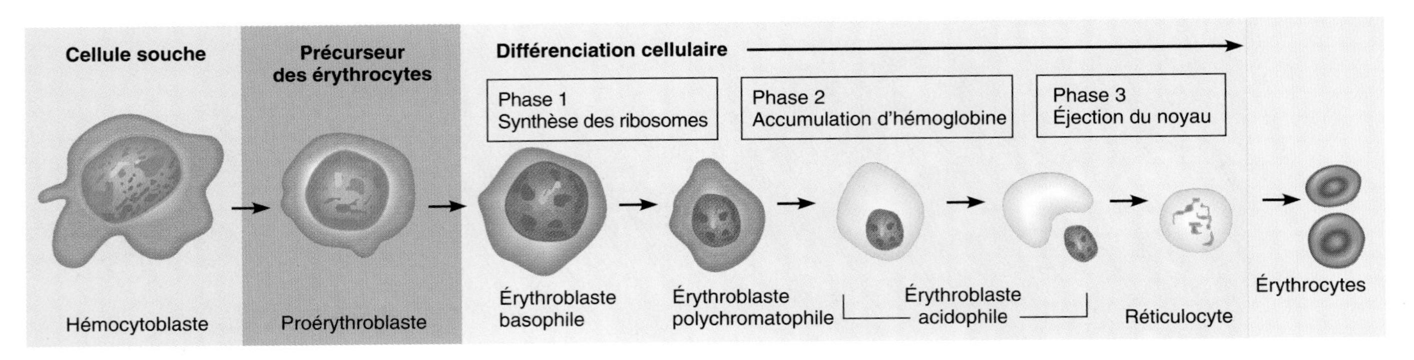

FIGURE 18.5
Érythropoïèse : production des globules rouges. L'érythropoïèse est un processus de prolifération et de différenciation des précurseurs de la moelle osseuse rouge au cours duquel des érythroblastes, en se transformant, produisent les réticulocytes libérés dans la circulation sanguine, qui deviennent à leur tour des érythrocytes. (La cellule souche myéloïde, la phase intermédiaire entre l'hémocytoblaste et le proérythroblaste, n'est pas représentée.)

La production des érythrocytes, ou **érythropoïèse,** s'effectue en trois phases distinctes (figure 18.5) :

1. L'érythrocyte immature se prépare à synthétiser l'hémoglobine en produisant un nombre gigantesque de ribosomes.
2. L'hémoglobine est synthétisée et s'accumule dans le cytoplasme de la cellule.
3. L'érythrocyte éjecte son noyau et la plupart de ses organites.

L'érythropoïèse débute lorsqu'un descendant de l'hémocytoblaste, la **cellule souche myéloïde,** se différencie en **proérythroblaste.** À son tour, celui-ci engendre un **érythroblaste basophile** contenant un grand nombre de ribosomes ; ceux-ci synthétisent les chaînes α et les chaînes β de la globine (tandis que les molécules d'hème sont assemblées dans les mitochondries). Pendant les deux premières phases, les cellules se divisent à de nombreuses reprises. La synthèse et l'accumulation de l'hémoglobine ont lieu au cours de la transformation de l'**érythroblaste basophile** en **érythroblaste polychromatophile,** puis en **érythroblaste acidophile** (ou normoblaste). La « couleur » du cytoplasme de la cellule change à mesure que la couleur bleue que prennent les ribosomes se mêle au rose de l'hémoglobine. Lorsqu'un érythroblaste acidophile présente une concentration d'hémoglobine d'environ 34 %, ses fonctions nucléaires cessent et son noyau dégénère. Le noyau est ensuite expulsé, ce qui cause l'affaissement de la cellule et lui donne sa forme biconcave. On a alors un **réticulocyte,** c'est-à-dire un jeune érythrocyte qui contient un réseau clairsemé de ribosomes et de réticulum endoplasmique rugueux. De l'hémocytoblaste au réticulocyte, la transformation dure de trois à cinq jours. Le réticulocyte, rempli à pleine capacité d'hémoglobine, entre dans la circulation sanguine et commence à y transporter l'oxygène. Deux jours après sa libération, il atteint sa pleine maturité à mesure que ses ribosomes sont détruits, dans le cytosol, par des enzymes intracellulaires. Au cours d'évaluations cliniques, la **numération des réticulocytes** donne une indication approximative de la *vitesse* de l'érythropoïèse.

Régulation et conditions de l'érythropoïèse

Le nombre d'érythrocytes circulant chez un individu est remarquablement constant. L'équilibre entre la production et la destruction des globules rouges revêt une importance capitale, car une insuffisance d'érythrocytes cause l'hypoxémie (manque d'oxygène dans le sang), tandis qu'un nombre excessif confère au sang une viscosité excessive. Pour que la teneur du sang en érythrocytes demeure à l'intérieur des limites de la normale, l'organisme d'un sujet sain engendre de nouvelles cellules au taux vertigineux de deux millions par seconde. Ce processus obéit à une régulation hormonale et il nécessite un apport adéquat de fer et de certaines vitamines du groupe B.

Régulation hormonale Le stimulus à l'origine de l'érythropoïèse est l'**érythropoïétine,** une hormone glycoprotéique. Normalement, une petite quantité d'érythropoïétine circule dans le sang en tout temps et maintient l'érythropoïèse à la vitesse basale (figure 18.6). L'érythropoïétine est produite par les reins et, dans une moindre mesure semble-t-il, par le foie. Lorsque les cellules rénales deviennent hypoxiques (ne reçoivent pas assez d'oxygène), elles libèrent de l'érythropoïétine. La diminution de la concentration d'oxygène peut résulter des facteurs suivants :

Un précurseur est une cellule sanguine dont le potentiel de différenciation est restreint. Par exemple, le proérythroblaste ne peut se différencier qu'en érythrocyte et ne deviendra jamais un leucocyte.

? *En quoi le dopage sanguin auquel s'adonnent certains athlètes (voir p. 638) affecte-t-il le cycle de rétro-inhibition représenté dans la figure ci-dessous ?*

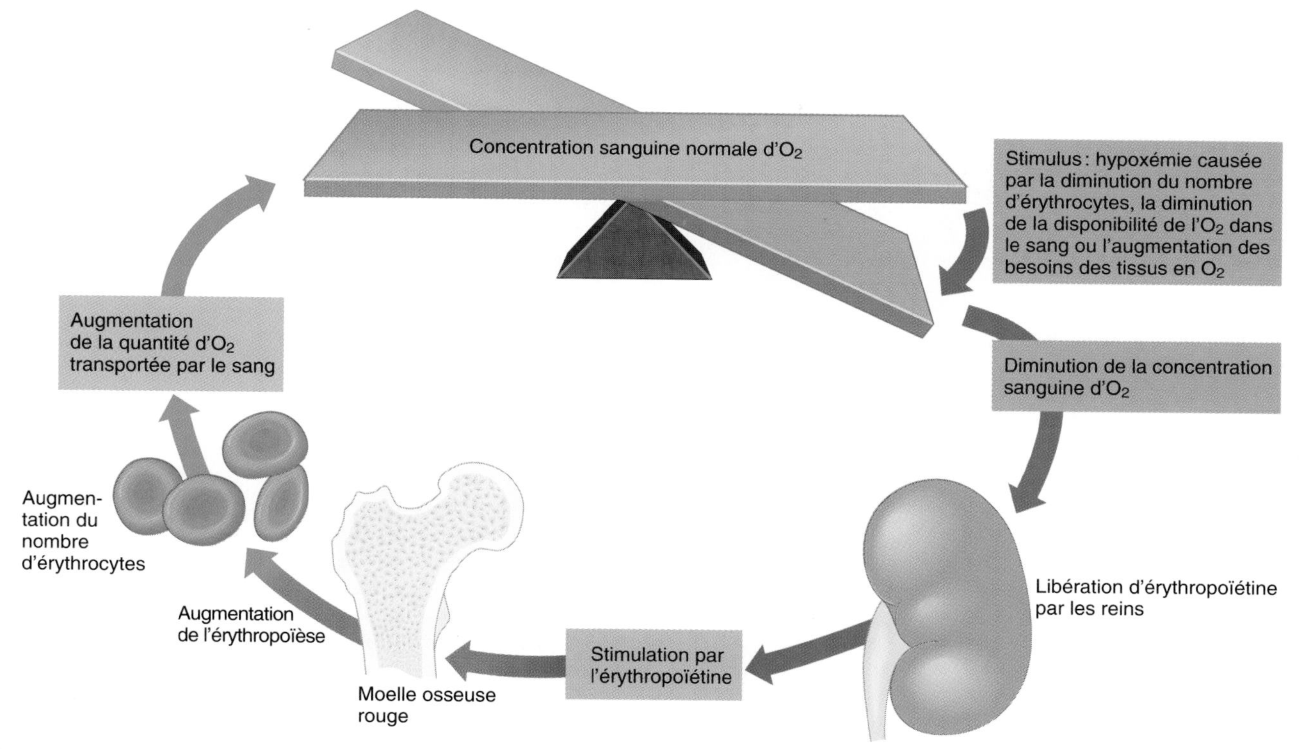

FIGURE 18.6
Régulation de la vitesse de l'érythropoïèse par l'érythropoïétine. L'érythropoïétine stimule l'érythropoïèse dans la moelle osseuse. Notez que les reins produisent une plus grande quantité de cette hormone lorsque, pour une raison quelconque, la concentration sanguine d'oxygène ne suffit plus aux besoins reliés à l'activité cellulaire.

1. Diminution du nombre d'érythrocytes causée par une hémorragie ou par une destruction excessive.
2. Diminution de la disponibilité de l'oxygène dans le sang causée notamment par l'altitude ou par des problèmes respiratoires ou cardiaques.
3. Augmentation des besoins en oxygène des tissus (fréquente chez les adeptes de l'exercice aérobique).

Inversement, une surabondance d'érythrocytes ou d'oxygène dans la circulation ralentit la production d'érythropoïétine. Il faut bien se rappeler que la vitesse de l'érythropoïèse repose sur la capacité des érythrocytes de transporter la quantité requise d'oxygène aux tissus et *non* sur leur concentration dans le sang.

L'érythropoïétine stimule la prolifération des *précurseurs* (proérythroblastes) et accélère les différentes étapes de leur différenciation en réticulocytes. La libération des réticulocytes (et, partant, leur nombre) augmente de façon notable un ou deux jours après l'augmentation de la concentration sanguine d'érythropoïétine.

Il est à noter que l'hypoxémie n'active pas directement la moelle osseuse. Elle stimule plutôt les reins qui, à leur tour, sécrètent l'hormone qui active les précurseurs de la moelle osseuse. Les personnes atteintes d'insuffisance rénale qui reçoivent des traitements par dialyse ne produisent pas suffisamment d'érythropoïétine pour avoir une érythropoïèse normale. Par conséquent, on dénombre habituellement chez eux deux fois moins d'érythrocytes que chez les individus sains. L'administration d'érythropoïétine synthétique (produite par génie génétique) améliore nettement l'état de ces patients. Cependant, certains athlètes, en particulier les cyclistes professionnels et les marathoniens, abusent de cette substance pour accroître leur endurance et leur performance. Ces abus peuvent avoir de graves conséquences et s'avérer mortels. L'injection d'érythropoïétine synthétique chez un athlète en bonne santé augmente son volume globulaire normal de 45 % jusqu'à un maximum de 65 %. Puis, dans une course de fond, l'athlète se déshydrate, de sorte que son sang se concentre au point de devenir une « boue » épaisse et visqueuse pouvant entraîner la formation de caillots, un accident vasculaire cérébral et parfois même une défaillance cardiaque. (Rappelez-vous que la viscosité du sang augmente avec la quantité d'érythrocytes.)

Le dopage sanguin augmente le nombre d'érythrocytes dans la circulation et donc la quantité d'oxygène transportée ; en l'absence du stimulus qu'est l'insuffisance d'oxygène, la libération d'érythropoïétine est inhibée.

18

Quels sont les changements prévisibles dans la concentration sanguine de bilirubine chez une personne atteinte d'une maladie du foie grave?

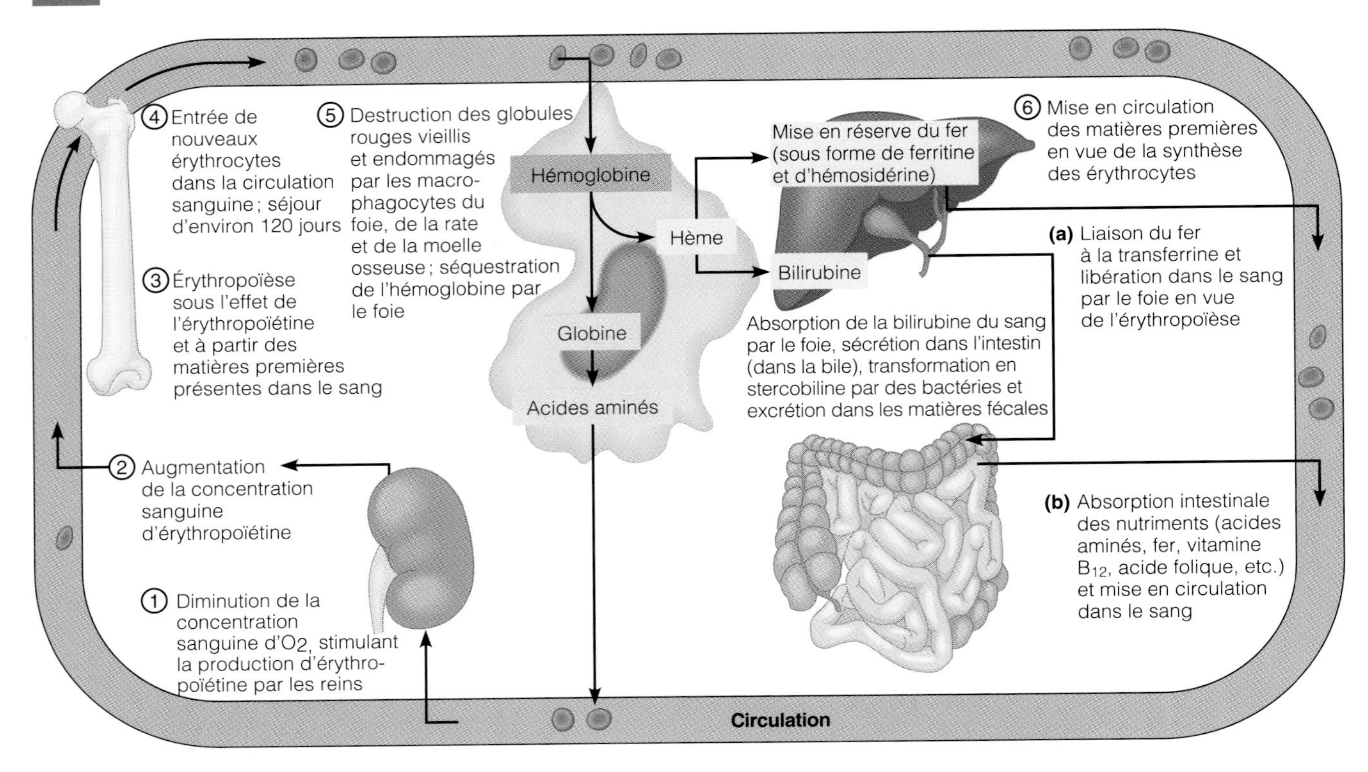

FIGURE 18.7
Cycle de vie des globules rouges.

L'hormone sexuelle mâle, la *testostérone,* favorise aussi la production d'érythropoïétine dans les reins. Comme les hormones sexuelles femelles n'ont pas cet effet stimulant, on peut supposer que la testostérone explique, en partie du moins, pourquoi le nombre d'érythrocytes et la concentration d'hémoglobine sont plus élevés chez les hommes que chez les femmes. Enfin, les différentes substances chimiques libérées par les leucocytes, les plaquettes et même les cellules réticulaires provoquent des accès d'érythropoïèse.

Besoins nutritionnels: fer et vitamines du groupe B Les matières premières de l'érythropoïèse sont les nutriments habituels, les protéines, les lipides et les glucides. En outre, le fer et les vitamines du groupe B sont essentiels à la synthèse de l'hémoglobine (figure 18.7). Le fer provient de l'alimentation et son absorption dans la circulation sanguine est régie de manière très précise par des cellules intestinales activées en réaction aux fluctuations des réserves de fer de l'organisme.

Environ 65 % des réserves de fer de l'organisme (soit approximativement 4 g) se trouvent dans l'hémoglobine. La majeure partie du reste est emmagasinée dans le foie, la rate et (dans une très faible mesure) la moelle osseuse. Comme le fer libre est cytotoxique, il est emmagasiné dans les cellules sous forme de complexes protéiques comme la **ferritine** et l'**hémosidérine.** Dans le sang, le fer est associé de manière lâche à une protéine vectrice appelée **transferrine** (ou sidérophiline), et les érythrocytes en voie de formation captent du fer au besoin pour élaborer des molécules d'hémoglobine fonctionnelles. Chaque jour, l'organisme excrète de petites quantités de fer dans les matières fécales, l'urine, la sueur et la desquamation des cellules des muqueuses. La déperdition quotidienne moyenne de fer est de 1,7 mg chez la femme et de 0,9 mg chez l'homme. La valeur plus élevée chez la femme est liée à la perte additionnelle lors des menstruations (une perte de 50 mL de sang équivaut à une perte de 25 mg de fer).

Deux vitamines du groupe B, la vitamine B_{12} et l'acide folique, sont nécessaires à la synthèse de l'ADN. Une carence, même légère, a tôt fait de mettre en danger les populations de cellules souches, qui se divisent rapidement, et notamment les hémocytoblastes qui donnent naissance aux érythrocytes.

Destinée et destruction des érythrocytes

L'absence de noyau pose aux érythrocytes un certain nombre de limites importantes. Les globules rouges ne peuvent ni synthétiser de protéines, ni croître, ni se diviser. À mesure qu'ils « vieillissent », leur membrane plasmique devient rigide et fragile, et l'hémoglobine qu'ils contiennent dégénère. Les globules rouges ont une durée

La concentration de bilirubine dans le sang augmenterait en raison de la déficience des fonctions d'élimination du foie.

de vie utile de 100 à 120 jours, après quoi ils sont pris au piège dans les petits vaisseaux, particulièrement ceux de la rate, où ils sont phagocytés et digérés par les macrophagocytes. Du reste, la rate est parfois appelée le « cimetière des globules rouges ». Par ailleurs, des macrophagocytes engloutissent et détruisent une partie des érythrocytes mourants avant qu'ils se fragmentent. L'hème de l'hémoglobine se sépare de la globine. Son noyau de fer est récupéré, associé à une protéine (comme la ferritine ou l'hémosidérine) et emmagasiné en vue d'une réutilisation ultérieure. Le reste du groupement hème est dégradé en **bilirubine,** un pigment jaune libéré dans la circulation sanguine (figure 18.7). La bilirubine est absorbée par les cellules du foie qui, à leur tour, la sécrète dans l'intestin (bile), où elle est transformée en *urobilinogène.* La majeure partie de ce pigment dégradé est excrétée dans les matières fécales sous la forme d'un pigment brun appelé *stercobiline.* La globine est dégradée en acides aminés, qui sont libérés dans la circulation et recyclés par les cellules (voir la figure 18.7).

Troubles érythrocytaires

La plupart des troubles érythrocytaires entrent dans la catégorie des anémies ou dans celle des polycythémies. Nous décrivons ci-dessous les variétés et les causes de ces troubles.

Anémies L'**anémie** (*an* = sans; *haima* = sang) est une réduction de la capacité du sang à transporter l'oxygène en quantité suffisante pour la production de l'énergie cellulaire (ATP). Il s'agit d'un *symptôme* plus que d'une maladie en soi. La personne anémique est pâle, facilement essoufflée et constamment fatiguée, et elle a souvent froid. Les causes les plus fréquentes de l'anémie sont les suivantes.

1. **Nombre insuffisant de globules rouges.** Les facteurs qui réduisent le nombre de globules rouges sont l'hémorragie, les mécanismes de destruction des globules rouges et l'incapacité de la moelle osseuse de produire des érythrocytes en nombre suffisant.

   Les *anémies hémorragiques* sont dues à des pertes de sang. Dans l'anémie hémorragique aiguë, résultant par exemple d'une grave plaie par arme blanche, la perte de sang est rapide; on la traite par transfusion. Les pertes de sang légères mais continuelles, comme celles qui sont causées par des hémorroïdes ou un ulcère hémorragique de l'estomac non diagnostiqué, entraînent une anémie hémorragique chronique. Une fois la cause traitée, les mécanismes érythropoïétiques normaux rétablissent le nombre adéquat de globules rouges.

   Les *anémies hémolytiques* sont dues à une lyse, ou destruction, précoce des érythrocytes. Elles peuvent être la conséquence d'anomalies de l'hémoglobine, d'une transfusion de sang incompatible, d'infections bactériennes ou parasitaires, ou encore d'anomalies congénitales de la membrane plasmique des érythrocytes (surtout du filet de spectrine qui la soutient).

   L'*anémie aplasique* est causée par la destruction ou l'inhibition des composants hématopoïétiques de la moelle rouge par des substances toxiques, certains médicaments et les rayonnements ionisants. Comme la destruction de la moelle entrave la formation de *tous* les éléments figurés, l'anémie n'en constitue qu'un des signes, à côté des hémorragies et d'une faible résistance à l'infection. En attendant de procéder à une greffe de moelle osseuse ou à la transfusion de sang de cordon ombilical contenant des cellules souches, on traite la personne atteinte par des transfusions de sang.

2. **Diminution de la teneur en hémoglobine.** En présence de molécules d'hémoglobine normales mais en nombre insuffisant dans les érythrocytes, on soupçonne toujours une anémie nutritionnelle.

   L'*anémie ferriprive* résulte d'un apport inadéquat d'aliments riches en fer, d'un défaut de l'absorption du fer ou, plus fréquemment, d'une anémie hémorragique. Les érythrocytes produits, appelés **microcytes,** sont petits et pâles. Le traitement consiste évidemment en l'administration de suppléments de fer. Si une hémorragie chronique est en cause, des transfusions peuvent aussi s'imposer.

   En période d'entraînement intensif, le volume sanguin des athlètes peut augmenter de 15 %. Comme les composants du sang peuvent s'en trouver dilués, une mesure de la teneur en fer du sang effectuée à ce moment porterait à formuler un diagnostic d'anémie ferriprive. Cette carence apparente, appelée **anémie des athlètes,** disparaît dès que les composants du sang retrouvent leurs concentrations physiologiques, soit un jour environ après la reprise des activités normales.

   L'*anémie pernicieuse* est due à une carence en vitamine B_{12}. La viande, la volaille et le poisson fournissent de grandes quantités de cette vitamine, si bien que le régime alimentaire constitue rarement un facteur de cette forme d'anémie, sauf chez les végétariens stricts. Une substance produite par la muqueuse gastrique, le **facteur intrinsèque,** est nécessaire à l'absorption de vitamine B_{12} par les cellules intestinales. Or, le facteur intrinsèque est insuffisant dans la plupart des cas d'anémie pernicieuse, en particulier chez les personnes âgées. Les érythrocytes en voie de formation croissent mais ne se divisent pas et donnent naissance à de grandes cellules pâles appelées **macrocytes.** Le traitement consiste en des injections intramusculaires de vitamine B_{12}.

3. **Anomalies de l'hémoglobine.** Les anomalies de la formation de l'hémoglobine ont généralement des causes héréditaires. Deux de ces affections, la thalassémie et l'anémie à hématies falciformes, sont des maladies graves, incurables et souvent mortelles. Dans les deux cas, la partie globine de la molécule d'hémoglobine est anormale et les érythrocytes produits, fragiles, se rompent prématurément.

   La **thalassémie** (littéralement, « sang de la mer ») existe sous plusieurs formes dont une (la thalassémie β) atteint typiquement des sujets d'ascendance méditerranéenne, comme les Grecs et les Italiens. Selon la forme, l'une des chaînes de globine est peu ou pas du tout synthétisée, ce qui produit des érythrocytes minces et délicats. Leur nombre est généralement inférieur à 2×10^{12} par litre de sang. Dans la

FIGURE 18.8
Comparaison entre (a) des érythrocytes normaux et (b) des érythrocytes falciformes.

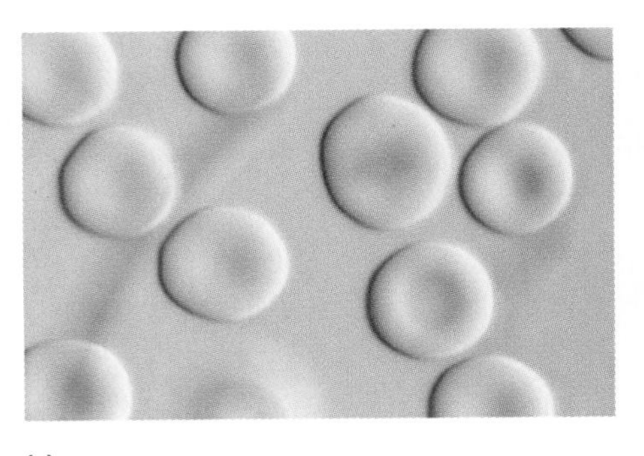

(a)

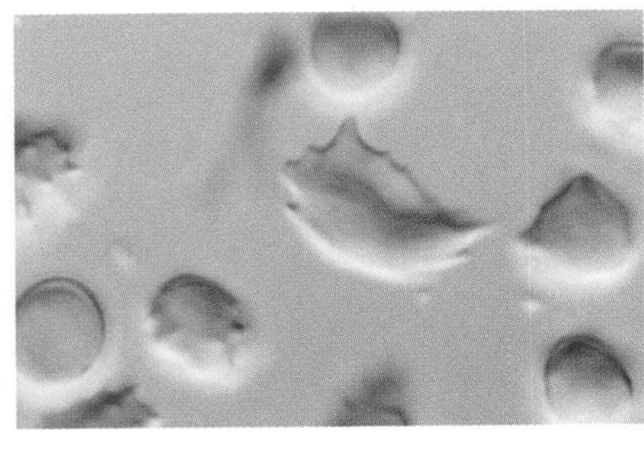

(b)

plupart des cas, ce nombre réduit ne pose pas de grave problème et aucun traitement n'est nécessaire.

Dans l'**anémie à hématies falciformes,** ou **drépanocytose,** les ravages dus à la formation d'hémoglobine anormale, appelée *hémoglobine S* (*HbS*), résultent de la substitution d'un seul des 287 acides aminés de la chaîne bêta de la molécule de globine (la valine prend la place de l'acide glutamique). Les chaînes bêta se regroupent et forment des tiges rigides, et les molécules d'hémoglobine S deviennent pointues et acérées lorsqu'elles ne regorgent pas d'oxygène. Par conséquent, les globules rouges prennent la forme de faucilles (figure 18.8) lorsqu'ils se délestent des molécules d'oxygène ou lorsque la concentration sanguine d'oxygène descend sous la normale, sous l'effet d'un exercice musculaire vigoureux ou d'autres activités accélérant le métabolisme. Les érythrocytes raidis et déformés se rompent facilement et ont tendance à s'entasser dans les petits vaisseaux sanguins. Ces phénomènes entravent la distribution de l'oxygène, ce qui cause la suffocation et de violentes douleurs chez les personnes qui en sont victimes. Le traitement habituel d'une crise aiguë est la transfusion de sang.

L'anémie à hématies falciformes atteint principalement les Noirs vivant dans la ceinture du paludisme située en Afrique et leurs descendants. Elle frappe près de 1 nouveau-né américain noir sur 400. Apparemment, le gène qui provoque la falciformation des globules rouges provoque également l'adhérence, aux parois des capillaires, des érythrocytes infectés par le parasite du paludisme. L'hypoxémie subséquente provoque chez les érythrocytes anormaux une perte de potassium, un ingrédient essentiel à la survie du parasite. Par conséquent, les porteurs de ce gène ont de meilleures chances de survie dans les régions où le paludisme est répandu. Seuls les individus homozygotes sont atteints d'anémie à hématies falciformes. Les sujets hétérozygotes sont dits porteurs du trait drépanocytaire ; bien qu'ils ne présentent pas les symptômes de la maladie, ils peuvent en transmettre le gène à leurs descendants. (Nous en reparlerons au chapitre 30.)

Puisque l'hémoglobine fœtale (HbF) ne se « falciforme » pas, même chez les sujets qui produiront l'hémoglobine S et présenteront l'anémie à hématies falciformes, les scientifiques cherchent des moyens de réactiver le gène de l'hémoglobine fœtale dans les cellules souches. L'*hydroxyurée,* un médicament employé dans le traitement de la leucémie chronique, semble apte à cette tâche. Il réduit de 50 % la douleur lancinante et les complications causées par l'anémie à hématies falciformes de même que son intensité, un résultat si probant que les essais cliniques amorcés en 1992 se sont terminés quatre mois plus tôt que prévu.

Polycythémie Dans la polycythémie (littéralement, « nombreux globules »), l'excès d'érythrocytes augmente la viscosité du sang et ralentit sa circulation. La *polycythémie primitive* (ou maladie de Vasquez), résultant le plus souvent du cancer de la moelle osseuse, est une maladie grave caractérisée par des étourdissements et une numération érythrocytaire exceptionnellement élevée (soit de 8 à 11 × 10^{12} par litre de sang). L'hématocrite peut atteindre 80 % et le volume sanguin peut doubler, ce qui engorge le système cardiovasculaire et fait obstacle à la circulation.

« *Les racines latines et grecques fournies dans ce manuel vous permettent de décomposer les termes employés. Par exemple, un hémocytoblaste (haima = sang ; kutos = cellule ; blastos = germe) est une cellule souche de la moelle osseuse dont sont issus tous les éléments figurés. Il s'agit donc véritablement d'un « germe de cellule de sang ». Vous retiendrez mieux ces termes si vous pouvez les décomposer d'après leurs racines.*

Lalique Metz, étudiant en sciences biologiques

Les *polycythémies secondaires* sont la conséquence d'une diminution de la disponibilité de l'oxygène ou d'une augmentation de la production d'érythropoïétine. La polycythémie secondaire qui apparaît chez les personnes vivant en altitude constitue une réaction physiologique normale qui compense la diminution de la pression atmosphérique et de la teneur en oxygène de l'air. Des numérations érythrocytaires de l'ordre de 6 à 8 × 10^{12} par litre de sang sont fréquentes chez ces sujets. ■

Le **dopage sanguin** auquel s'adonnent certains athlètes pratiquant des disciplines aérobiques est une polycythémie artificielle. Il consiste à prélever des érythrocytes de l'athlète et à les lui réinjecter quelques jours avant une compétition. Comme l'érythropoïétine entre en jeu après le prélèvement, l'organisme remplace rapidement les érythrocytes perdus. Puis, au moment où le sang est réinjecté, une polycythémie transitoire s'installe. Puisque les érythrocytes transportent l'oxygène, cette transfusion de nouveaux érythrocytes devrait se traduire par une plus grande capacité de transport de l'oxygène, par suite d'une élévation de l'hématocrite, et entraîner une augmentation de l'endurance et de la rapidité. (L'injection d'érythropoïétine synthétique donne des résultats semblables.) Malgré les problèmes causés par la plus grande viscosité du sang (hypertension temporaire ou perfusion réduite du sang dans les tissus corporels), le dopage sanguin semble fonctionner. Il ne faut toutefois pas oublier qu'il est contraire à l'esprit sportif et interdit aux Jeux olympiques.

Leucocytes

Structure et caractéristiques fonctionnelles

Les **leucocytes** (*leukos* = blanc), ou **globules blancs,** sont les seuls éléments figurés du sang à posséder un noyau et les organites habituels. Les leucocytes sont beaucoup moins nombreux que les globules rouges. En moyenne, ils sont au nombre de 4 à 11×10^9 par litre de sang et représentent moins de 1 % du volume sanguin.

Les leucocytes jouent un rôle crucial quand nous combattons une maladie. On peut les comparer à une armée sur le pied de guerre ; en effet, ils protègent l'organisme contre les bactéries, les virus, les parasites, les toxines et les cellules tumorales. Pour ce faire, ils sont dotés de caractéristiques fonctionnelles très particulières. Contrairement aux globules rouges, qui accomplissent leurs fonctions en demeurant à l'intérieur des vaisseaux sanguins, les globules blancs peuvent s'échapper des capillaires selon un processus appelé **diapédèse** (*dia* = à travers ; *pêdân* = jaillir). Ils n'empruntent les vaisseaux sanguins que pour cheminer jusqu'aux régions (principalement les tissus conjonctifs lâches et le tissu lymphoïde) où ils instaureront les réactions inflammatoire et immunitaire. Comme nous le verrons au chapitre 22, les signaux qui indiquent aux leucocytes de quitter la circulation sanguine à certains endroits sont des protéines CAM (*sélectines*) émises par les cellules endothéliales formant les parois des capillaires dans les régions enflammées. Une fois hors de la circulation sanguine, les leucocytes se déplacent dans le liquide interstitiel par des **mouvements amiboïdes,** c'est-à-dire en émettant des prolongements cytoplasmiques. Les leucocytes réagissent aux substances chimiques libérées par les cellules endommagées ou par d'autres leucocytes et repèrent ainsi le siège d'une lésion ou d'une infection. Ce phénomène, appelé **chimiotactisme positif,** les rassemble en grand nombre autour des particules étrangères ou des cellules mortes, dont ils entreprennent aussitôt la phagocytose et la destruction.

Chaque fois que les globules blancs se mobilisent, l'organisme accélère leur production et peut en doubler le nombre en quelques heures. L'**hyperleucocytose** indique un *nombre de globules blancs* supérieur à 11×10^9 par litre de sang. Cet état constitue une réponse homéostatique normale à une invasion bactérienne ou virale de l'organisme.

Suivant leurs caractéristiques structurales et chimiques, les leucocytes se divisent en deux grandes catégories : les *granulocytes* et les *agranulocytes*. Les premiers contiennent des granulations spécialisées délimitées par une membrane, tandis que les seconds en sont dépourvus. Nous décrivons ci-après les divers types de leucocytes, et

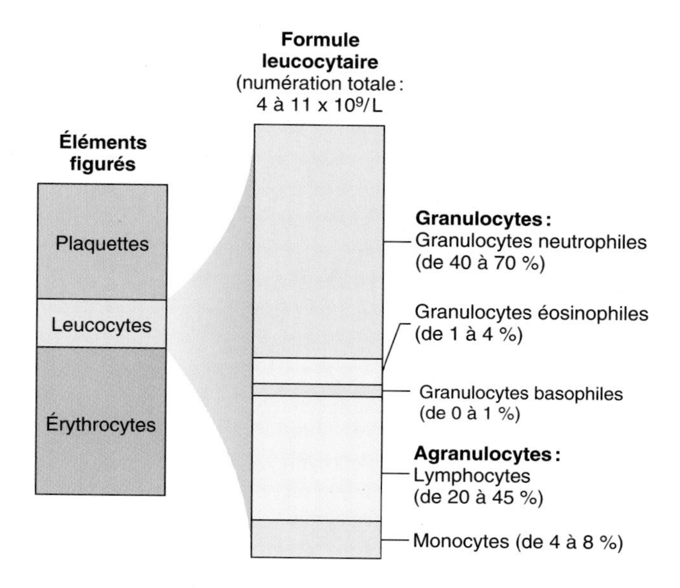

FIGURE 18.9
Types de leucocytes et pourcentage de chacun dans la population des globules blancs. (Notez que, dans la colonne de gauche, les proportions ne sont pas à l'échelle. En effet, les érythrocytes représentent presque 98 % des éléments figurés, tandis que les leucocytes et les plaquettes forment les quelque 2 % restants.)

nous présentons leurs diamètres, leurs concentrations dans le sang et leurs pourcentages dans la figure 18.9 et le tableau 18.2 (p. 641).

La phrase suivante peut vous aider à mémoriser les noms des différents types de leucocytes, classés par ordre décroissant d'abondance dans le sang : « **N**ature, **l**e **m**onde **e**st **b**eau » ; la première lettre de chaque mot est la première lettre du nom des différents types de globules blancs : (granulocytes) **n**eutrophiles, **l**ymphocytes, **m**onocytes, (granulocytes) **é**osinophiles, (granulocytes) **b**asophiles.

Granulocytes

Les **granulocytes,** qu'ils soient neutrophiles, basophiles ou éosinophiles, sont tous de forme sphérique et plus grands que les érythrocytes. Ils sont typiquement dotés d'un noyau présentant plusieurs lobes reliés entre eux par de très fins ponts, et la coloration de Wright donne à leurs granulations cytoplasmiques une teinte caractéristique. Au point de vue fonctionnel, tous les granulocytes sont des phagocytes.

Granulocytes neutrophiles Les **granulocytes neutrophiles** forment habituellement la moitié au moins de la population des globules blancs. Ils sont environ deux fois plus gros que les érythrocytes.

Le cytoplasme des granulocytes neutrophiles se colore en lilas et il contient deux types de granulations très fines difficiles à discerner (voir le tableau 18.2 et la figure 18.10a). L'adjectif « neutrophile » (littéralement, « qui aime le neutre ») indique qu'un type de granulation absorbe le *colorant basique* (bleu) et l'autre, le *colorant acide* (rouge). La réunion des deux types donne au cytoplasme

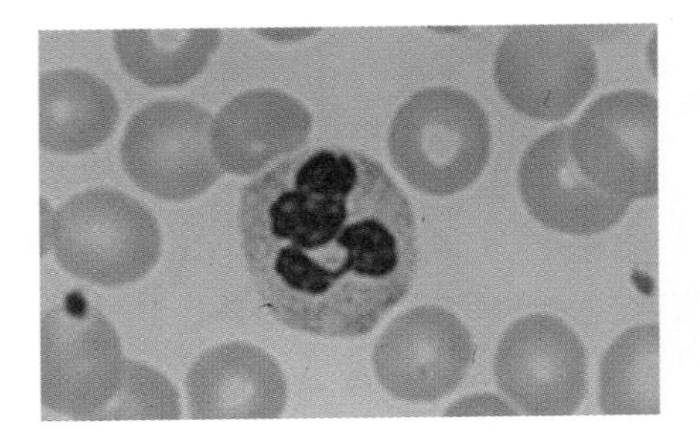

(a)

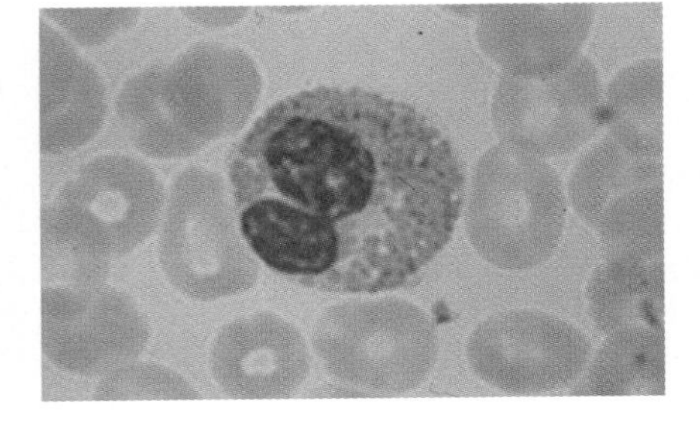

(b)

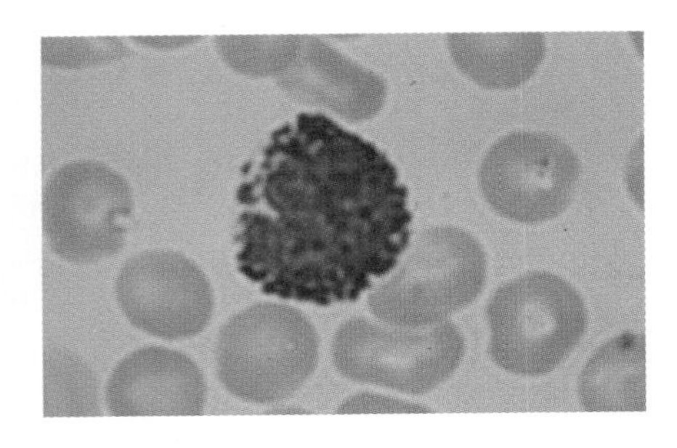

(c)

FIGURE 18.10
Leucocytes (1375 ×). (a) Granulocyte neutrophile. **(b)** Granulocyte éosinophile. **(c)** Granulocyte basophile. **(d)** Petit lymphocyte. **(e)** Monocyte. Dans chaque cas, le leucocyte est entouré d'érythrocytes.

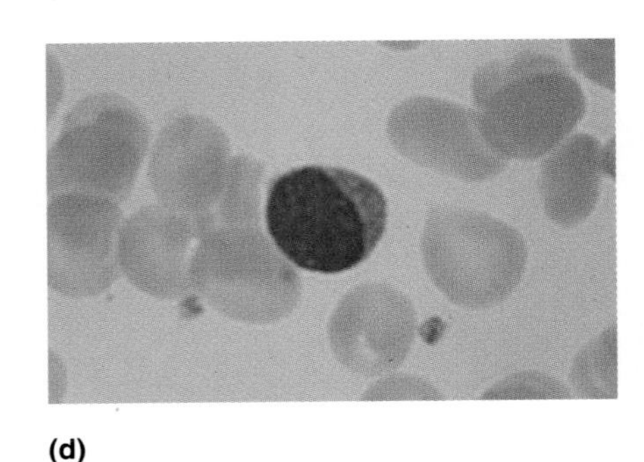

(d)

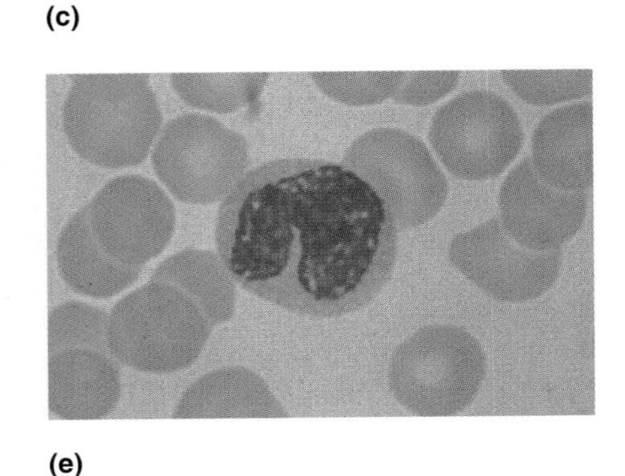

(e)

une couleur lilas intermédiaire. Certaines granulations contiennent des peroxydases et d'autres enzymes hydrolytiques (dont le lysozyme), et elles sont considérées comme des lysosomes. D'autres, particulièrement les plus petites, renferment un puissant mélange de protéines à caractère antibiotique, appelées collectivement **défensines.** Les granulocytes neutrophiles possèdent des noyaux composés de trois à six lobes; de ce fait, on les appelle aussi **polynucléaires.** (Certains scientifiques emploient ce terme pour désigner tous les granulocytes, bien qu'ils ne possèdent qu'un seul noyau.)

Les granulocytes neutrophiles sont chimiquement attirés vers les sièges d'inflammation où ils accomplissent de manière active leur mission de phagocytes. Ils s'acharnent particulièrement sur les bactéries et sur certains mycètes, qu'ils ont le pouvoir de phagocyter et de digérer. Les granulations (lysosomes) se fixent au phagosome et y déversent le lysozyme; cette protéine enzymatique peut perforer la membrane plasmique de l'« ennemi » ingéré. Par ailleurs, l'**explosion oxydative** utilise l'oxygène absorbé par les granulocytes neutrophiles et produit du peroxyde d'hydrogène (H_2O_2), du superoxyde (O_2^-) et des hypochlorites (ClO^-), de puissants germicides oxydants déversés aussi bien dans le phagosome qu'à l'extérieur de la cellule. Les granulocytes neutrophiles sont les « bourreaux de bactéries » de notre organisme et leur nombre augmente de façon spectaculaire au cours d'infections bactériennes aiguës comme la méningite et l'appendicite.

Granulocytes éosinophiles Les **granulocytes éosinophiles** représentent de 1 à 4 % des leucocytes et ont à peu près les mêmes dimensions que les granulocytes neutrophiles. Leur noyau violacé rappelle la forme des anciens combinés de téléphone: il comprend deux lobes reliés par une large bande de matériau nucléaire (voir le tableau 18.2 et la figure 18.10b). Leur cytoplasme est rempli de grosses granulations rugueuses que les colorants acides (éosines) teintent du rouge brique au cramoisi. Ces granulations sont des lysosomes élaborés contenant une variété unique d'enzymes digestives. Cependant, elles sont dépourvues des enzymes digérant les bactéries que possèdent les lysosomes typiques.

Les granulocytes éosinophiles assument plusieurs fonctions, dont la plus importante consiste sans doute à mener l'attaque contre les vers parasites comme les plathelminthes (ténias, douves et schistosomes) et les némathelmintes (oxyures et ankylostomes), trop gros pour être phagocytés. Ces vers pénètrent dans l'organisme par l'intermédiaire des aliments (surtout le poisson cru) ou à travers la peau et se logent le plus souvent dans la muqueuse intestinale ou respiratoire. Or, c'est dans les tissus conjonctifs lâches de ces endroits que résident les granulocytes éosinophiles. Lorsqu'ils rencontrent un ver parasite, un grand nombre d'entre eux l'encerclent et libèrent à sa surface les enzymes de leurs granulations cytoplasmiques qui vont permettre sa digestion. Les deux enzymes les plus actives dans cette digestion sont la *protéine cationique spécifique des éosinophiles* et la *protéine basique majeure* (*MBP*). Par ailleurs, les granulocytes éosinophiles atténuent les allergies en phagocytant les protéines étrangères et les complexes antigène-anticorps immuns causant les allergies. Enfin, ils inactivent certains médiateurs de la réaction inflammatoire libérés au cours des réactions allergiques.

Granulocytes basophiles Les **granulocytes basophiles** sont les moins nombreux des globules blancs, dont ils représentent seulement 0,5 % de la population (1 sur 200). Leurs dimensions sont égales ou légèrement inférieures à celles des granulocytes neutrophiles (voir le tableau 18.2 et la figure 18.10c). On trouve dans leur cytoplasme de grosses granulations contenant de l'histamine qui ont une affinité pour les colorants basiques (*basophile* = qui aime la base) et qui se teintent à leur contact en violet sombre.

TABLEAU 18.2 Résumé des éléments figurés du sang

Cellule	Illustration	Description*	Nombre de cellules par litre de sang	Durée du développement (D) et de la vie (V)	Fonction
ÉRYTHROCYTES (globules rouges)		Disques biconcaves, anucléés ; couleur saumon ; 7 à 8 μm de diamètre	De 4 à 6 × 10^{12}	D : de 5 à 7 jours V : de 100 à 120 jours	Transport de l'oxygène et du gaz carbonique
LEUCOCYTES (globules blancs)		Cellules sphériques nucléées	De 4 à 11 × 10^9		
Granulocytes					
• Granulocytes neutrophiles		Noyau plurilobé ; granulations cytoplasmiques difficilement visibles ; 10 à 14 μm de diamètre	De 3 à 7 × 10^9	D : de 6 à 9 jours V : de 6 h à quelques jours	Phagocytose des bactéries
• Granulocytes éosinophiles		Noyau bilobé ; granulations cytoplasmiques rouges difficilement visibles ; 10 à 14 μm de diamètre	De 0,1 à 0,4 × 10^9	D : de 6 à 9 jours V : de 8 à 12 jours	Destruction des vers parasites et des complexes antigène-anticorps ; inactivation de certaines substances chimiques allergènes associées à la réaction inflammatoire
• Granulocytes basophiles		Noyau lobé ; grosses granulations cytoplasmiques bleu violet ; 10 à 12 μm de diamètre	De 0,02 à 0,05 × 10^9	D : de 3 à 7 jours V : ? (de quelques heures à quelques jours)	Libération de l'histamine et d'autres médiateurs chimiques associés à la réaction inflammatoire ; contient de l'héparine, un anticoagulant
Agranulocytes					
• Lymphocytes		Noyau sphérique ou échancré ; cytoplasme bleu pâle ; 5 à 17 μm de diamètre	De 1,5 à 3,0 × 10^9	D : de quelques jours à quelques semaines V : de quelques heures à quelques années	Défense de l'organisme par l'attaque directe de cellules ou par l'entremise d'anticorps
• Monocytes		Noyau en forme de U ou de haricot ; cytoplasme gris bleu ; 14 à 24 μm de diamètre	De 0,1 à 0,7 × 10^9	D : de 2 à 3 jours V : plusieurs mois	Phagocytose ; transformation en macrophagocytes dans les tissus
PLAQUETTES		Fragments cytoplasmiques discoïdes contenant des granulations violettes ; 2 à 4 μm de diamètre	De 250 à 500 × 10^9	D : de 4 à 5 jours V : de 5 à 10 jours	Réparation des petites déchirures des vaisseaux sanguins ; coagulation

* Apparence à la coloration de Wright.

L'*histamine* est un médiateur sécrété au cours de la réaction inflammatoire. Elle est à l'origine de la vasodilatation et de l'augmentation de la perméabilité des capillaires, et attire les autres globules blancs dans la région enflammée (chimiotactisme). Le noyau pourpre des granulocytes basophiles a généralement la forme d'un U ou d'un S et présente deux ou trois étranglements bien visibles.

On trouve dans les tissus conjonctifs des cellules granulées semblables aux granulocytes basophiles, les *mastocytes*. Bien que son noyau soit ovale plutôt que lobé, il est presque impossible de discerner un granulocyte basophile d'un mastocyte au microscope, et les deux se lient à un anticorps (l'immunoglobuline E) qui provoque la libération de l'histamine.

Agranulocytes

Les **agranulocytes** comprennent les lymphocytes et les monocytes, qui sont tous dépourvus de granulations cytoplasmiques *visibles*. Bien que semblables du point de vue structural, ils sont différents du point de vue fonctionnel et n'ont aucune parenté. Leurs noyaux ont généralement la forme de sphères ou de haricots.

Lymphocytes Parmi les leucocytes, les **lymphocytes** sont les plus nombreux dans le sang après les granulocytes neutrophiles. À la coloration, un lymphocyte typique présente un gros noyau violet qui occupe l'essentiel du volume de la cellule. Le noyau est généralement sphérique, mais il peut être légèrement échancré; il est entouré d'un mince anneau de cytoplasme bleu pâle (voir le tableau 18.2 et la figure 18.10d). Le diamètre des lymphocytes varie de 5 à 17 μm; de 5 à 8 μm, on parle de petits lymphocytes, de 10 à 12 μm, de lymphocytes moyens et de 14 à 17 μm, de gros lymphocytes.

Malgré cette abondance, une faible proportion seulement de leur population se trouve dans la circulation sanguine (principalement les petits lymphocytes). D'ailleurs, le nom de ces leucocytes témoigne de leur étroite association avec le tissu lymphoïde (nœuds lymphatiques, rate, etc.), où ils jouent un rôle prépondérant dans l'immunité. Les **lymphocytes T** participent à la réaction immunitaire en combattant activement les cellules infectées par un virus et les cellules tumorales. Les **lymphocytes B** (cellules B) donnent naissance aux *plasmocytes* qui produisent les **anticorps** (immunoglobulines) libérés dans le sang. (Nous décrivons plus en détail au chapitre 22 les fonctions des lymphocytes B et T.)

Monocytes Avec un diamètre moyen de 18 µm, les **monocytes** sont les plus gros des leucocytes. Ils sont pourvus d'un abondant cytoplasme bleu pâle et d'un noyau violet en forme de U ou de haricot caractéristique (voir le tableau 18.2 et la figure 18.10e). Une fois parvenus dans les tissus par diapédèse, les monocytes se transforment en **macrophagocytes** dont la mobilité et le potentiel phagocytaire sont remarquables. Les macrophagocytes se multiplient et s'activent à l'occasion d'infections *chroniques* telles que la tuberculose; ils sont essentiels à la lutte contre les virus et contre certains parasites bactériens intracellulaires. Comme nous l'expliquons au chapitre 22, ils concourent également à lancer les lymphocytes dans la réponse immunitaire.

Production et durée de vie des leucocytes

De même que l'érythropoïèse, la **leucopoïèse,** ou production de globules blancs, repose sur une stimulation hormonale. Les hormones qui interviennent sont des glycoprotéines, appelées couramment *cytokines*, que l'on classe dans deux familles de facteurs hématopoïétiques: les **interleukines** et les **facteurs de croissance des colonies** (CSF, «colony-stimulating factors»). Les interleukines portent des numéros (IL-3, IL-5, etc.), tandis que la plupart des facteurs de croissance des colonies prennent le nom des leucocytes qu'ils stimulent; ainsi, le *facteur de croissance des granulocytes* (*G-CSF*) stimule la production des granulocytes. Les facteurs hématopoïétiques provoquent non seulement la division et la différenciation des précurseurs des différentes lignées leucocytaires, mais ils accroissent également la force défensive des leucocytes matures. Parmi les cellules productrices de facteurs de croissance des colonies, les macrophagocytes et les lymphocytes T sont les plus importants.

Apparemment, les hormones stimulatrices sont libérées lorsqu'elles reçoivent certains signaux chimiques du milieu interne. Le réseau d'interactions chimiques qui soulève une armée de leucocytes est fort complexe et s'associe de près à la réaction immunitaire. Bon nombre des hormones hématopoïétiques (l'érythropoïétine et plusieurs CSF) servent à stimuler la moelle osseuse des patients atteints de cancer qui subissent une chimiothérapie (un traitement qui supprime l'action de la moelle) ou ont reçu une greffe de moelle, ainsi qu'à renforcer les réactions immunitaires des sidatiques.

La figure 18.11 représente le processus de différenciation des leucocytes. Dès le début, les **cellules souches lymphoïdes,** qui donnent naissance aux lymphocytes, se séparent des **cellules souches myéloïdes,** qui engendrent tous les autres éléments figurés (les autres leucocytes, les érythrocytes et les plaquettes). Dans la lignée des granulocytes, le précurseur est appelé **myéloblaste** et accumule des lysosomes pour devenir un **promyélocyte.** Au stade des **myélocytes** apparaissent les granulations caractéristiques qui vont différencier les trois types de granulocytes. Ensuite, la division cellulaire s'arrête. Au stade suivant, celui des **métamyélocytes,** les noyaux se déforment et s'incurvent pour former des **cellules non segmentées.** Juste avant que la moelle ne déverse les granulocytes dans la circulation sanguine, les noyaux se compriment et commencent à se segmenter. La moelle osseuse emmagasine les granulocytes (mais non les érythrocytes) matures, et elle contient généralement de 10 à 20 fois plus de granulocytes que le sang. Le rapport normal entre les granulocytes et les érythrocytes produits est de 3 pour 1 environ, étant donné que les premiers ont une durée de vie beaucoup plus brève (de 0,5 à 9,0 jours) que les seconds. Il semble que la plupart des granulocytes «périssent» en combattant des microorganismes.

En dépit de leurs similitudes physiques, les deux types d'agranulocytes ont des origines très dissemblables. Les monocytes ont la même ancêtre que les granulocytes, la cellule souche myéloïde; ensuite, leur évolution suit une branche différente, depuis le **monoblaste** jusqu'au **promonocyte** (voir la figure 18.11). Les lymphocytes, pour leur part, dérivent de la cellule souche lymphoïde et passent par les stades du **lymphoblaste** et du **prolymphocyte.** Après avoir quitté la moelle osseuse, les promonocytes et les prolymphocytes cheminent jusqu'au tissu lymphoïde, où leur différenciation se poursuit (voir le chapitre 22). Les monocytes peuvent vivre plusieurs mois, tandis que les lymphocytes ont une durée de vie de quelques heures à quelques dizaines d'années.

Troubles leucocytaires

La leucémie et la mononucléose infectieuse se caractérisent par une production excessive de leucocytes anormaux. À l'opposé, la **leucopénie** (*penia* = pauvreté) se définit comme une réduction prononcée du nombre des globules blancs. Elle est fréquemment

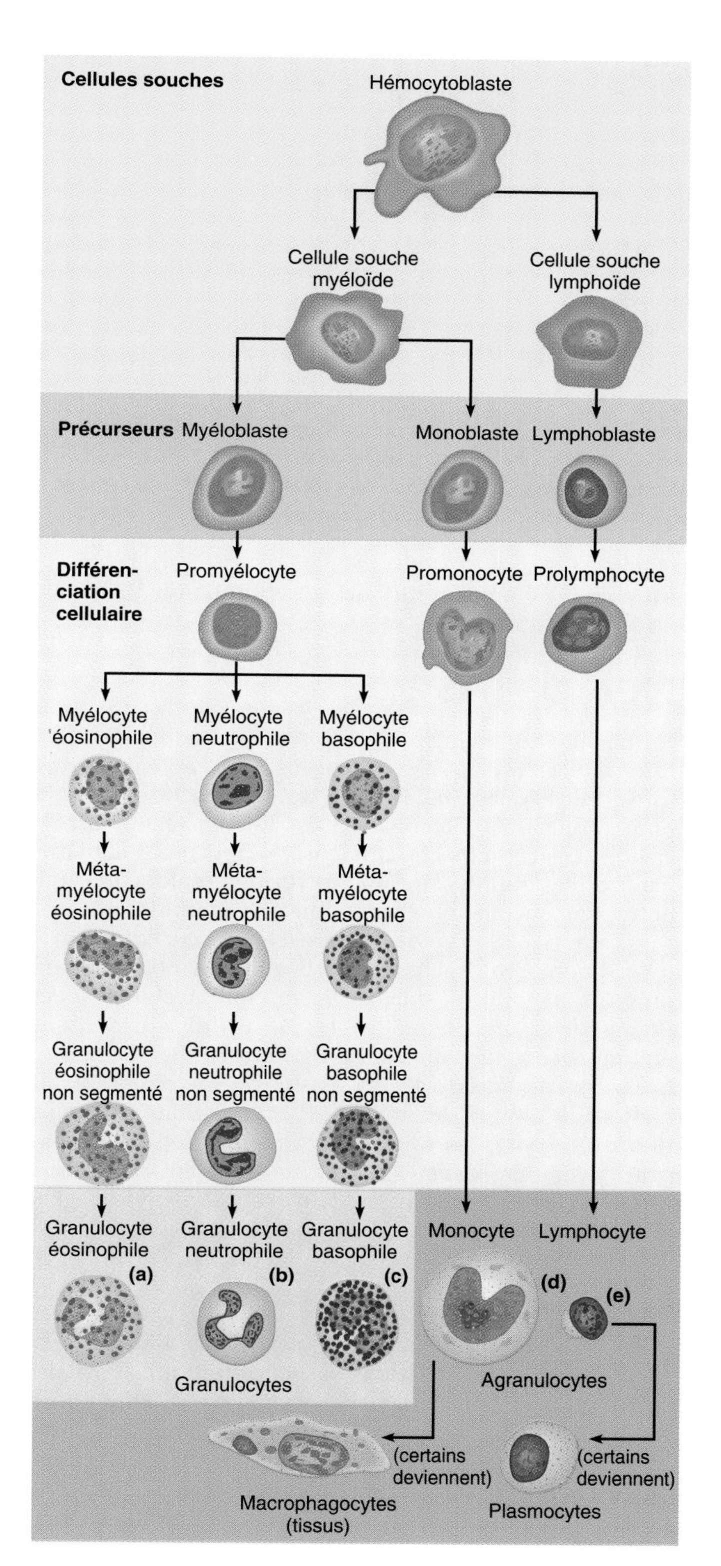

FIGURE 18.11
Formation des leucocytes. Les leucocytes sont issus de cellules souches appelées hémocytoblastes. **(a-c)** Les granulocytes descendent d'une lignée commencée par les myéloblastes. Ils connaissent une même évolution jusqu'à l'apparition de leurs granulations caractéristiques. **(d-e)** Les agranulocytes proviennent de monoblastes et de lymphoblastes. Les monocytes, comme les granulocytes, sont engendrés par la cellule souche myéloïde. Seuls les lymphocytes naissent de la lignée lymphoïde. Ceux que la moelle osseuse libère sont immatures et poursuivent leur différenciation dans les organes lymphoïdes.

causée par des médicaments, surtout les glucocorticoïdes et les agents anticancéreux.

Leucémie Le terme *leucémie* (littéralement, « sang blanc ») désigne un groupe d'états cancéreux des globules blancs. En règle générale, les leucocytes anormaux appartiennent à un même *clone* (descendent d'un seul précurseur) ; ils ne se différencient pas et se divisent constamment par mitose. Ces cellules cancéreuses entravent et suppriment progressivement la fonction hématopoïétique de la moelle osseuse rouge. Les formes de leucémie sont nommées d'après le type de cellules anormales produites. Ainsi, la *leucémie myéloïde* concerne les descendants des myéloblastes (les granulocytes), tandis que la *leucémie lymphoïde* concerne les descendants des lymphoblastes (les lymphocytes). La leucémie est *aiguë* (à évolution rapide) si elle touche des cellules blastiques comme les lymphoblastes, et *chronique* (à évolution lente) si elle fait intervenir la prolifération de cellules plus matures comme les myélocytes. Les formes aiguës sont plus graves et atteignent principalement les enfants, alors que les formes chroniques s'observent le plus souvent chez les personnes âgées. Laissées sans traitement, toutes les formes de leucémie sont mortelles, à plus ou moins long terme.

Dans les leucémies aiguës, les leucocytes anormaux finissent par occuper presque toute la moelle osseuse. Le nombre de cellules souches et de précurseurs des autres éléments figurés diminue au point qu'une anémie grave s'installe (par manque de globules rouges) et que des hémorragies se déclarent (par manque de plaquettes). Les autres symptômes de la maladie sont la fièvre, la perte pondérale et les douleurs osseuses. En dépit de leur nombre prodigieux, les leucocytes ne sont pas en mesure de remplir leur fonction de défense contre les microorganismes provenant de l'environnement. Le plus souvent, ce sont des hémorragies internes et des infections foudroyantes qui entraînent la mort.

On traite la leucémie par la radiothérapie et la chimiothérapie ; cette dernière méthode consiste à administrer des médicaments antileucémiques visant à détruire les cellules anarchiques, tant de la tumeur d'origine (tumeur primaire) que des métastases (tumeurs secondaires). Ce traitement permet d'obtenir des rémissions (des disparitions provisoires des symptômes) allant de quelques mois à quelques années. Certains patients peuvent également subir une greffe de moelle osseuse provenant d'un donneur compatible.

Mononucléose infectieuse Surnommée la « maladie du baiser », la *mononucléose infectieuse* est une affection virale hautement contagieuse qui atteint la plupart du temps des enfants et de jeunes adultes. Elle est causée par le virus Epstein-Barr et se caractérise par un nombre excessif d'un type particulier de lymphocytes (ces cellules étaient autrefois appelées « mononucléaires », ce qui explique l'origine du nom de cette maladie). Elle occasionne de la fatigue, des douleurs, un mal de gorge chronique et une légère élévation de la température. Il n'existe aucun médicament contre la mononucléose infectieuse mais, avec du repos, elle guérit habituellement en quelques semaines. (Voir aussi la section intitulée « Termes médicaux » au chapitre 21.) ■

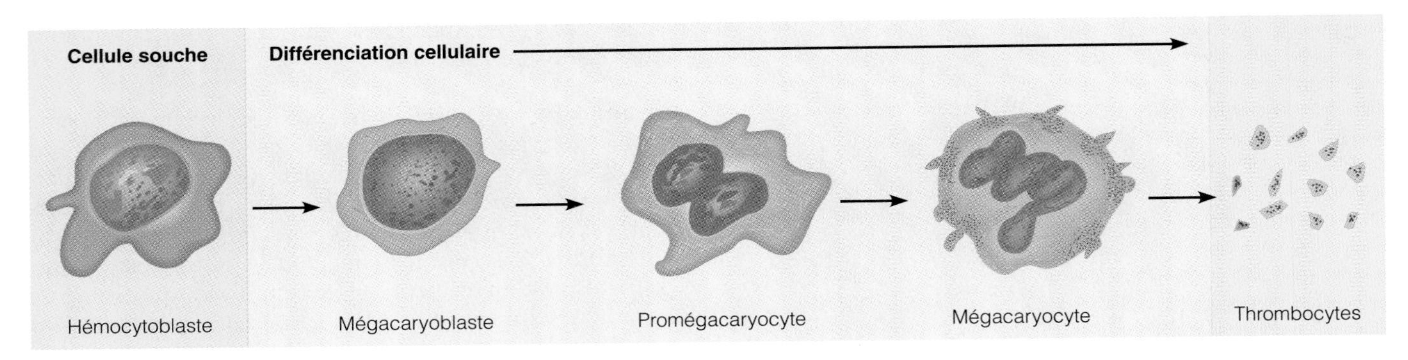

FIGURE 18.12
Genèse des plaquettes. La cellule souche (l'hémocytoblaste) engendre des cellules qui, après plusieurs mitoses sans division du cytoplasme, deviennent des mégacaryocytes. Des membranes compartimentent le cytoplasme du mégacaryocyte, puis la membrane plasmique se fragmente, libérant les plaquettes, ou thrombocytes. (Les stades intermédiaires entre l'hémocytoblaste et le mégacaryoblaste ne sont pas représentés.)

Plaquettes

Les **plaquettes** ne sont pas des cellules à proprement parler. Ce sont des fragments cytoplasmiques de cellules extraordinairement grosses (mesurant jusqu'à 60 μm de diamètre) appelées **mégacaryocytes.** Sur les frottis sanguins, chaque plaquette présente un contour bleu à l'intérieur duquel se trouvent des granules qui prennent une teinte pourpre à la coloration. Ces granules contiennent une variété étonnante de substances chimiques actives dans le processus de coagulation, dont la sérotonine, des ions calcium, diverses enzymes, de l'adénosine diphosphate et le facteur de croissance dérivé des plaquettes (PDGF). Les plaquettes sont parfois appelées **thrombocytes** (*thrombos* = caillot), mais la plupart des anatomistes préfèrent utiliser ce terme pour désigner les *cellules nucléées* des vertébrés autres que les mammifères, qui sont comparables du point de vue fonctionnel.

Les plaquettes jouent un rôle essentiel dans la coagulation qui prend place dans le plasma à la suite d'une rupture des vaisseaux sanguins ou d'une lésion de leur endothélium. En adhérant à l'endroit endommagé, les plaquettes forment un bouchon temporaire qui contribue à colmater la brèche. (Nous décrivons plus loin ce mécanisme.) Comme les plaquettes sont anucléées, elles vieillissent rapidement et dégénèrent en 10 jours environ si elles ne servent pas à la coagulation.

18

La formation des plaquettes est régie par une hormone appelée **thrombopoïétine.** Les cellules dont les plaquettes descendent directement, les mégacaryocytes, sont issues de l'hémocytoblaste et de la cellule souche myéloïde, mais leur formation est quelque peu singulière (figure 18.12). Dans cette lignée, il se produit des mitoses répétées du **mégacaryoblaste,** mais aucune cytocinèse. Le mégacaryocyte (littéralement, « grosse cellule nucléée ») qui en résulte est une cellule bizarre dotée d'un énorme noyau plurilobé et d'une grande masse cytoplasmique. Une fois ce stade atteint, la membrane plasmique forme dans le cytoplasme un réseau d'invaginations qui le divisent en milliers de compartiments. Enfin, la cellule se rompt, libérant les fragments de plaquettes comme on déchire des timbres d'une feuille de timbres. Rapidement, les membranes plasmiques liées aux fragments se referment autour du cytoplasme et forment les plaquettes, granuleuses et discoïdes (voir le tableau 18.2), dont le diamètre varie de 2 à 4 μm. Un litre de sang contient de 250 à 500 $\times 10^9$ plaquettes.

HÉMOSTASE

Normalement, le sang circule librement contre l'endothélium intact des vaisseaux sanguins. Mais en cas de rupture d'un vaisseau sanguin, une série de réactions s'établit pour arrêter le saignement : c'est l'**hémostase** (*stasis* = arrêt). Sans cette réaction défensive rappelant l'endiguement d'un cours d'eau, nous perdrions rapidement tout notre sang, même après une minuscule coupure.

Cette réponse rapide, localisée et précise fait intervenir de nombreux facteurs de coagulation normalement présents dans le plasma, de même que des substances libérées par les plaquettes et les cellules des tissus endommagés (tableau 18.3). L'hémostase s'effectue en trois phases successives : (1) spasmes vasculaires ; (2) formation du clou plaquettaire ; (3) coagulation, ou formation du caillot. Une fois que des filaments de fibrine se sont développés dans le caillot, ils comblent l'ouverture présente dans le vaisseau sanguin et empêchent le saignement à cet endroit.

Spasmes vasculaires

La première réaction que provoque la lésion d'un vaisseau sanguin est sa constriction (vasoconstriction). Plusieurs facteurs favorisent ce **spasme vasculaire** : l'atteinte du muscle lisse du vaisseau, les substances chimiques libérées par les cellules endothéliales et les plaquettes ainsi que les réflexes amorcés par l'activation des nocicepteurs de la région. Le mécanisme du spasme vasculaire augmente en efficacité proportionnellement à la gravité de la lésion. Cette réaction comporte un avantage évident : l'intense contraction d'une artère peut endiguer une hémorragie pendant 20 à 30 minutes, soit le temps nécessaire à la formation du clou plaquettaire et du caillot.

Formation du clou plaquettaire

Le rôle des plaquettes dans l'hémostase est capital : il consiste à former un bouchon qui obture temporairement l'ouverture dans le vaisseau sanguin. En outre, les plaquettes interviennent dans la coordination des phases subséquentes

TABLEAU 18.3 **Facteurs de coagulation**

N° du facteur	Nom du facteur	Nature/origine	Fonction ou voie
I	Fibrinogène	Protéine plasmatique ; synthétisée par le foie	Voie commune ; converti en fibrine insoluble dont les filaments formeront le caillot
II	Prothrombine	Protéine plasmatique ; synthétisée par le foie ; la vitamine K est nécessaire à sa formation	Voie commune ; convertie en thrombine, qui transforme le fibrinogène en fibrine par des mécanismes enzymatiques
III	Facteur tissulaire (FT), ou thromboplastine tissulaire	Complexe lipoprotéique libéré par les tissus endommagés	Active la voie extrinsèque
IV	Ions calcium (Ca^{2+})	Ion inorganique présent dans le plasma ; ingéré dans les aliments ou libéré par les os	Nécessaire à presque toutes les étapes de la coagulation
V	Proaccélérine, ou facteur A labile	Protéine plasmatique ; synthétisée par le foie ; libérée aussi par les plaquettes	Voies extrinsèque et intrinsèque
VI	Ce numéro n'est plus usité ; cette substance serait identique au facteur V		
VII	Proconvertine	Protéine plasmatique ; synthétisée par le foie au cours d'un processus nécessitant de la vitamine K	Voies extrinsèque et intrinsèque
VIII	Facteur antihémophilique A, ou thromboplastinogène	Globuline synthétisée par le foie ; un déficit cause l'hémophilie A	Voie intrinsèque
IX	Facteur antihémophilique B, ou facteur Christmas	Protéine plasmatique ; synthétisée par le foie ; un déficit cause l'hémophilie B ; la vitamine K est nécessaire à sa synthèse	Voie intrinsèque
X	Facteur Stuart, ou facteur Stuart-Prower, ou thrombokinase	Protéine plasmatique ; synthétisée par le foie ; la vitamine K est nécessaire à sa synthèse	Voies extrinsèque et intrinsèque
XI	Facteur prothromboplastique plasmatique C	Protéine plasmatique ; synthétisée par le foie ; un déficit cause l'hémophilie C (ou maladie de Rosenthal)	Voie intrinsèque
XII	Facteur Hageman	Protéine plasmatique ; enzyme protéolytique ; synthétisée dans le foie	Voie intrinsèque ; active la plasmine ; activé par le contact avec le verre et déclenche peut-être la coagulation *in vitro*
XIII	Facteur de stabilisation de la fibrine (FSF)	Protéine plasmatique ; synthétisée par le foie et présente dans les plaquettes	Stabilise les monomères de fibrine dans les filaments

de la formation du caillot. La figure 18.13a présente, sous une forme schématique, le déroulement de ces événements.

En règle générale, les plaquettes n'adhèrent ni les unes aux autres ni à l'endothélium lisse des vaisseaux sanguins. Mais dès que cet endothélium est endommagé et que les fibres collagènes sous-jacentes sont exposées, les plaquettes subissent des changements étonnants. Elles gonflent, forment des prolongements acérés, deviennent collantes et s'amarrent fermement au collagène exposé. À ce moment, les granulations des plaquettes commencent à se dégrader et à libérer des substances chimiques. Certaines de ces substances, telle la **sérotonine,** favorisent le spasme vasculaire ; d'autres, comme l'**adénosine diphosphate (ADP)**, sont de puissants agents d'agrégation qui attirent un surcroît de plaquettes et leur font libérer leur contenu. Ces deux événements sont provoqués par la production et la libération de la **thromboxane A_2** (un dérivé des phospholipides de la membrane des plaquettes dont la demi-vie est très courte). D'autres phospholipides sont aussi libérés au cours de la dégranulation. Il s'établit ainsi une boucle d'attraction et de rétroactivation entraînant l'agrégation d'un nombre croissant de plaquettes et, en moins d'une minute, un clou plaquettaire se forme, qui endigue généralement le saignement. La prostaglandine appelée **PGI_2**, ou **prostacycline,** un puissant inhibiteur de l'agrégation plaquettaire produit par les cellules endothéliales, circonscrit le clou plaquettaire à la région immédiate de la lésion. Les clous plaquettaires sont lâchement tissés, mais lorsqu'ils sont renforcés par des filaments de fibrine, une substance qui sert en quelque sorte de « colle moléculaire » pour les plaquettes agrégées, ils suffisent à fermer les petites déchirures que subissent les vaisseaux sanguins dans le

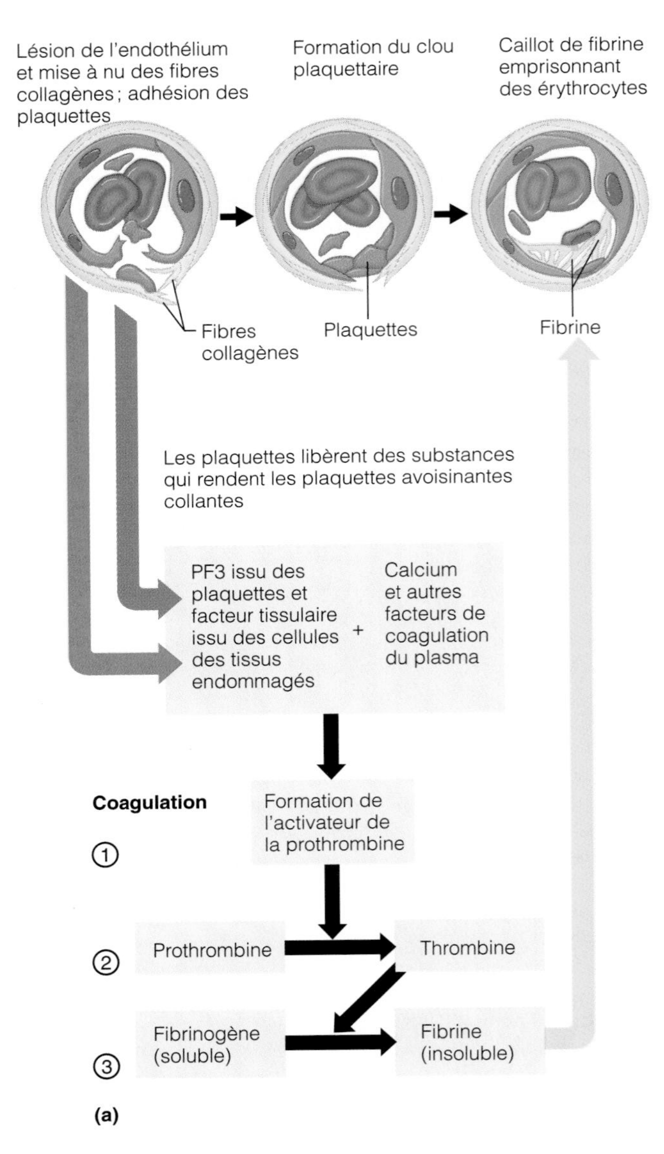

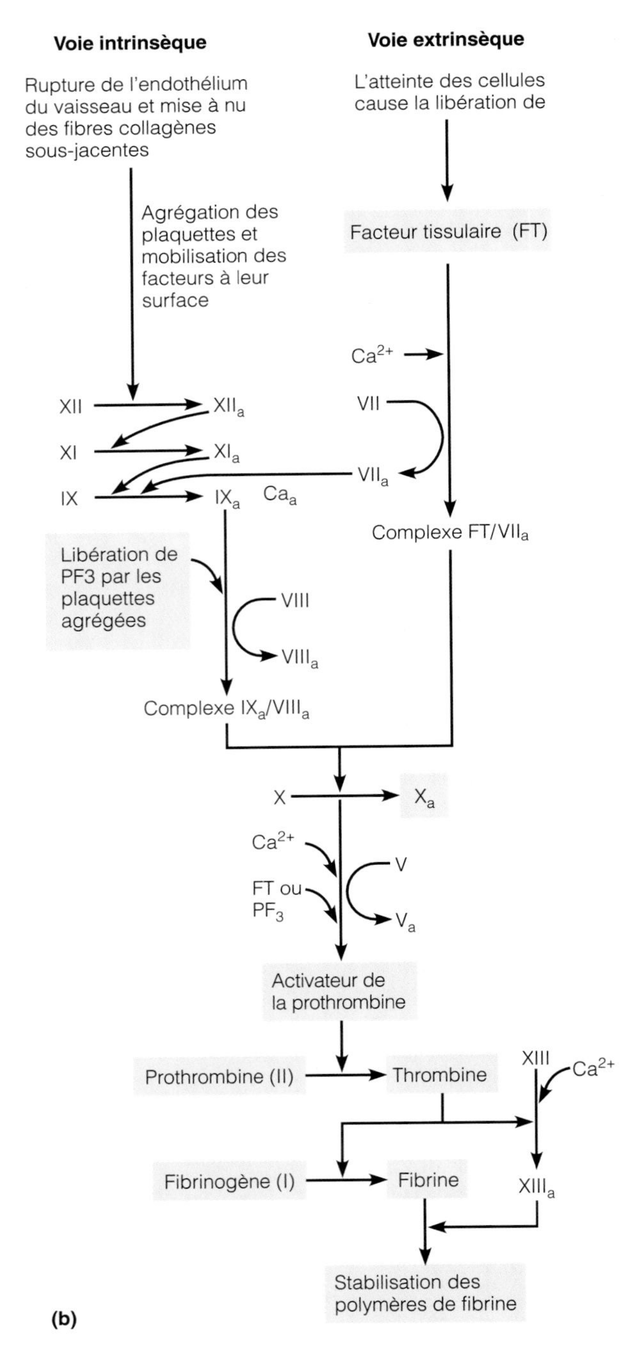

FIGURE 18.13
Déroulement de la formation du clou plaquettaire et de la coagulation. (a) Représentation schématique simplifiée. Les étapes numérotées de 1 à 3 correspondent aux principaux jalons de la coagulation. La couleur des flèches indique la source ou la destination: la flèche rouge indique que les substances proviennent des tissus, la flèche pourpre indique qu'elles proviennent des plaquettes, et la flèche jaune indique qu'elles sont destinées à la formation de la fibrine. **(b)** Diagramme détaillé montrant les phases de la formation du clou plaquettaire et celles des voies intrinsèque et extrinsèque de la coagulation. Dès que l'activateur de la prothrombine est présent, les étapes subséquentes sont les mêmes pour les voies extrinsèque et intrinsèque. (La lettre «a» en indice indique le facteur de coagulation activé.)

cadre de l'activité normale. La formation du clou plaquettaire déclenche le stade suivant, celui de la coagulation.

Coagulation

La **coagulation,** ou **formation du caillot** (figure 18.13a), est la transformation du sang en masse gélatineuse. Elle s'effectue en trois étapes capitales.

1. Une substance complexe appelée *activateur de la prothrombine* se forme.
2. L'activateur de la prothrombine convertit une protéine plasmatique, la *prothrombine,* en une enzyme, la *thrombine.*
3. La thrombine catalyse la transformation des molécules de *fibrinogène* présentes dans le plasma en *filaments de fibrine,* qui emprisonnent les globules sanguins; le

caillot ainsi formé colmate le vaisseau jusqu'à sa guérison définitive.

En réalité, le processus de coagulation est beaucoup plus complexe que la description que nous venons d'en faire, car il fait intervenir plus de 30 substances. Les facteurs qui favorisent la formation du caillot sont appelés **facteurs de coagulation.** Bien que la vitamine K n'intervienne pas directement dans le processus de coagulation, cette substance liposoluble est nécessaire à la synthèse de quatre facteurs de coagulation par le foie (voir le tableau 18.3). Les facteurs qui inhibent la coagulation sont appelés **facteurs anticoagulants.** L'efficacité de la coagulation repose sur un fragile équilibre entre ces deux types de facteurs. En situation normale, les anticoagulants prédominent et inhibent la coagulation ; mais en cas de rupture d'un vaisseau, l'activité des facteurs de coagulation s'intensifie aux alentours de la lésion et un caillot commence à se former. Les facteurs de coagulation sont numérotés de I à XIII (tableau 18.3) suivant l'ordre dans lequel ils ont été découverts et non pas celui dans lequel ils interviennent. On désigne généralement la thromboplastine et le Ca^{2+} par leurs noms usuels plutôt que par leurs numéros (III et IV respectivement). La plupart des facteurs de coagulation sont des protéines plasmatiques, élaborées par le foie, qui circulent sous forme inactive dans le sang jusqu'à ce qu'elles soient utilisées dans le processus de coagulation.

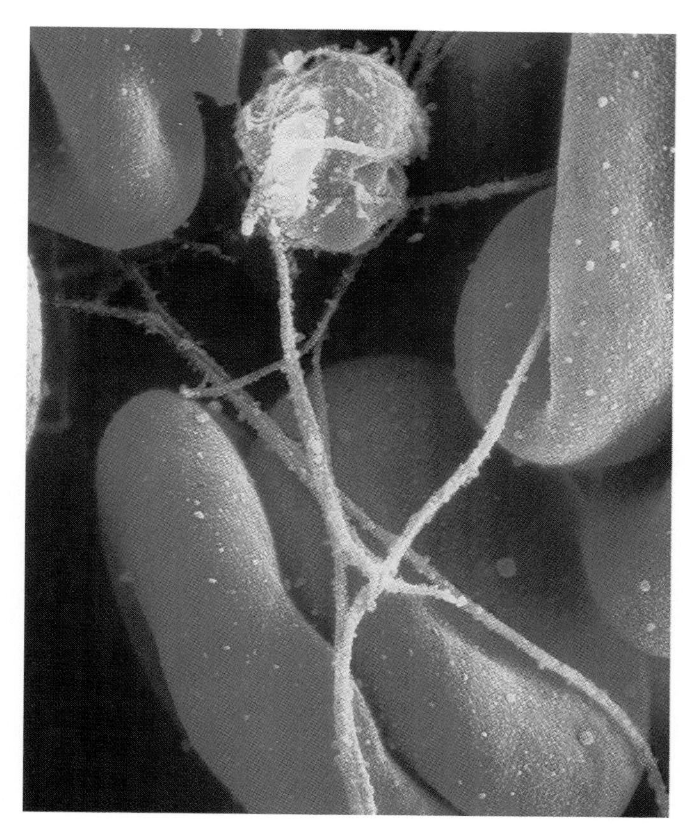

FIGURE 18.14
Micrographie au microscope électronique à balayage d'érythrocytes emprisonnés dans un réseau de fibrine. L'objet gris plus ou moins sphérique apparaissant au haut du cliché est une plaquette (15 000 ×).

Phase 1 : Deux voies vers l'activateur de la prothrombine

La coagulation peut emprunter la **voie intrinsèque** ou la **voie extrinsèque** dans l'organisme (figure 18.13b), toutes deux étant déclenchées par des lésions aux tissus. La coagulation *in vitro* (à l'extérieur de l'organisme, dans une éprouvette par exemple) n'est amenée *que* par la voie intrinsèque, tandis que la coagulation du sang qui s'est infiltré dans les tissus est établie par la voie extrinsèque. Examinons maintenant les raisons de cette différence.

Les deux mécanismes font jouer une molécule clé, un phospholipide appelé **facteur plaquettaire 3 (PF_3)**, qui est lié à la surface des plaquettes agrégées. Il semble que de nombreux facteurs de coagulation relevant des deux voies ne puissent être activés qu'en présence du facteur plaquettaire. Dans la voie intrinsèque, plus lente, tous les facteurs nécessaires à la coagulation sont présents dans le sang (d'où le terme « intrinsèque »). En revanche, lorsque le sang est exposé à un autre facteur libéré par les cellules abîmées, la **thromboplastine tissulaire,** ou **facteur tissulaire (FT)**, le mécanisme extrinsèque se déclenche. Ce mécanisme « saute » complètement plusieurs étapes de la voie intrinsèque.

Chaque voie nécessite du calcium ionique et passe par l'activation d'une *série* de facteurs de coagulation ; chacun d'entre eux fonctionne comme une enzyme et active celui qui le suit dans l'enchaînement. Les étapes intermédiaires de chaque voie se déroulent en *cascade* vers un facteur commun, le facteur X, qu'elles activent (figure 18.13b). Après l'activation du facteur X, ce dernier forme un complexe avec la thromboplastine tissulaire ou avec le PF_3, le facteur V et les ions calcium, et donne naissance à l'**activateur de la prothrombine.** Cette étape est généralement la plus lente de la coagulation, mais elle est suivie de la formation du caillot après moins de 15 secondes.

Phase 2 : Voie commune vers la thrombine

L'activateur de la prothrombine catalyse la transformation de la protéine plasmatique appelée **prothrombine** en une enzyme appelée **thrombine.**

Phase 3 : Voie commune vers les filaments de fibrine

La thrombine enlève sélectivement certains peptides des molécules de **fibrinogène** (une autre protéine plasmatique produite par le foie) et les transforme en monomères de fibrine (une protéine d'abord soluble) dont la polymérisation donne les filaments de **fibrine** (polymères insolubles). Ces filaments s'attachent aux plaquettes et s'entremêlent de façon à former la charpente du caillot, lequel emprisonne les éléments figurés présents (figure 18.14).

En présence d'ions calcium, la thrombine active aussi le **facteur XIII** (ou **facteur de stabilisation de la fibrine**), l'enzyme qui catalyse la formation de liaisons entre les monomères de fibrine et qui stabilise le caillot. La formation du caillot s'achève normalement en trois à six minutes après la rupture du vaisseau sanguin. Comme la voie extrinsèque comporte moins d'étapes que la voie intrinsèque, elle est plus rapide et, en cas de traumatisme grave, elle peut mener à la coagulation en moins de 15 secondes.

Rétraction et réfection du caillot

En 30 à 60 minutes, la **rétraction du caillot,** un processus provoqué par les plaquettes, complète la stabilisation du caillot. Les plaquettes contiennent en effet des protéines contractiles (actine et myosine) qui leur permettent de se contracter à la façon des cellules musculaires. Ce faisant, elles exercent une traction sur les filaments de fibrine et expulsent le **sérum** (le plasma moins les protéines de coagulation) de la masse. Le caillot se resserre et les lèvres de la lésion se rapprochent. La cicatrisation a déjà débuté. Le **facteur de croissance dérivé des plaquettes** (PDGF, «platelet-derived growth factor»), libéré pendant la dégranulation, stimule la division des cellules musculaires lisses et des fibroblastes et favorise ainsi la reconstruction de la paroi vasculaire. En même temps que les fibroblastes forment une «pièce» de tissu conjonctif, les cellules endothéliales se multiplient et réparent l'endothélium du vaisseau.

Fibrinolyse

Le caillot est une solution temporaire aux lésions des vaisseaux sanguins. Un processus appelé **fibrinolyse** l'élimine dès que la cicatrisation est achevée. Comme il se forme continuellement de petits caillots dans les vaisseaux sanguins, ce processus revêt une importance cruciale. Sans la fibrinolyse, l'obstruction complète guetterait tous les vaisseaux sanguins.

La fibrinolyse résulte de l'action d'une enzyme protéolytique appelée **plasmine** (ou fibrinolysine), qui est capable de dégrader la fibrine; elle est le produit de l'activation du **plasminogène.** Cette protéine sanguine est incorporée en grande quantité au caillot en cours de formation, où elle demeure inactive jusqu'à ce qu'elle reçoive les signaux appropriés. La présence d'un caillot à l'intérieur ou autour d'un vaisseau sanguin amène les cellules endothéliales intactes à sécréter l'**activateur tissulaire du plasminogène.** Le facteur XII activé et la thrombine libérée pendant la coagulation jouent aussi le rôle d'activateurs du plasminogène. Par conséquent, la plasmine agit presque exclusivement sur le caillot et, s'il s'en échappe dans le plasma, les enzymes circulantes ont tôt fait de la détruire. La fibrinolyse débute dans les deux jours qui suivent la lésion et se poursuit lentement pendant quelques jours jusqu'à ce que le caillot soit dissous.

Limitation de la croissance du caillot et prévention de la coagulation

Limitation de la croissance du caillot

Une fois déclenchée, la coagulation suit son cours jusqu'à la formation d'un caillot. Normalement, deux importants mécanismes homéostatiques empêchent les caillots d'atteindre des dimensions excessives: (1) le retrait rapide des facteurs de coagulation; (2) l'inhibition des facteurs de coagulation activés. Pour que la coagulation se produise, les concentrations de facteurs de coagulation activés doivent atteindre des niveaux précis. Toute amorce de coagulation échoue dans le sang circulant, car les facteurs de coagulation activés sont dilués et entraînés dans la circulation sanguine. Pour les mêmes raisons, le contact avec le sang circulant limite la croissance d'un caillot en formation.

D'autres mécanismes entravent l'étape finale, celle de la polymérisation des monomères de fibrine, en cantonnant la thrombine au caillot ou encore en l'inactivant si cette dernière réussit à s'échapper dans la circulation. Quand un caillot se forme, presque toute la thrombine produite est adsorbée (fixée) par les filaments de fibrine. Il s'agit là d'une réaction de protection importante, car la thrombine exerce également des effets rétroactifs positifs sur le processus de coagulation avant que la voie commune s'active. Non seulement accélère-t-elle la production de l'activateur de la prothrombine par l'action indirecte du facteur V, mais elle précipite aussi les étapes antérieures de la voie intrinsèque en activant les plaquettes. La fibrine joue donc également le rôle d'un anticoagulant: elle prévient l'augmentation du volume du caillot en empêchant la thrombine d'amorcer la transformation d'autres molécules de fibrinogène en monomères de fibrine. La thrombine qui n'est pas adsorbée par la fibrine est rapidement inactivée par l'**antithrombine III,** une alphaglobuline présente dans le plasma. L'antithrombine III et la **protéine C,** une autre protéine produite par les cellules du foie, inhibent également l'activité d'autres facteurs de coagulation de la voie intrinsèque.

L'**héparine,** l'anticoagulant contenu dans les granulations des granulocytes basophiles et des mastocytes et produit par les cellules endothéliales, est ordinairement sécrétée en petite quantité dans le plasma. Elle joue le rôle d'inhibiteur de la thrombine en favorisant l'activité de l'antithrombine III. Comme la plupart des inhibiteurs de la coagulation, l'héparine inhibe aussi la voie intrinsèque.

Prévention de la coagulation

La prévention de la coagulation dans les vaisseaux intacts relève de caractéristiques structurales et moléculaires de l'endothélium des vaisseaux sanguins. Tant que l'endothélium est lisse et intact, les plaquettes ne peuvent ni s'y attacher ni s'accumuler. De même, les substances antithrombiques sécrétées par les cellules endothéliales, l'héparine, la prostacycline et le monoxyde d'azote (NO), préviennent normalement l'agrégation plaquettaire. Plus précisément, la prostacycline sécrétée par la surface de l'endothélium repousse activement les plaquettes présentes dans la circulation. De plus, on a découvert que la quinone de la vitamine E, une molécule formée dans l'organisme lorsque la vitamine E entre en contact avec l'oxygène, est un puissant anticoagulant.

Anomalies de l'hémostase

Bien que la coagulation soit l'un des mécanismes les plus raffinés que nous offre la nature, elle a parfois des ratés qui perturbent l'homéostasie. Les deux principales catégories d'anomalies de l'hémostase sont diamétralement opposées. Les **affections thrombo-emboliques** résultent de la formation inopportune d'un caillot, tandis que les **affections hémorragiques** découlent de phénomènes empêchant la coagulation.

Affections thrombo-emboliques

En dépit des nombreux mécanismes qui s'y opposent, il arrive parfois que des caillots se forment à l'intérieur des vaisseaux sanguins. Un caillot qui se développe dans un vaisseau sanguin *intact* et qui y demeure est un **thrombus.** Un thrombus de grandes dimensions peut faire obstacle à l'irrigation des cellules situées en aval et causer la nécrose des tissus. Par exemple, une obstruction de la circulation coronarienne (thrombose coronaire) peut provoquer la mort des fibres musculaires cardiaques au cours d'un infarctus du myocarde, qui pourrait être fatal. Par ailleurs, un caillot qui se détache de la paroi du vaisseau et flotte librement dans la circulation est appelé **embole** (littéralement, « insertion »). Habituellement, un embole ne cause aucun dégât tant qu'il circule dans des vaisseaux dont le calibre est assez grand pour le laisser passer. Mais il peut entraver l'apport d'oxygène aux tissus s'il reste bloqué dans les poumons (embolie pulmonaire) et causer un accident vasculaire cérébral s'il se loge dans l'encéphale (embolie cérébrale). Nous présentons dans l'encadré des pages 696 et 697 du chapitre 20, de nouveaux médicaments fibrinolytiques (l'activateur tissulaire du plasminogène et la streptokinase, par exemple) ainsi que des techniques innovatrices de retrait des caillots.

La rugosité persistante de l'endothélium vasculaire, causée notamment par l'artériosclérose, les brûlures graves et l'inflammation, prédispose aux affections thrombo-emboliques, car elle offre des points d'attache aux plaquettes. La lenteur de la circulation et la stase sanguine accroissent les risques de thrombo-embolie, particulièrement chez les patients immobilisés et ceux qui font un long vol aérien en classe économique. Dans un tel cas, les facteurs de coagulation *ne* se dissipent *pas* normalement et ils s'accumulent au point de permettre la formation d'un caillot.

Bon nombre de médicaments, principalement l'acide acétylsalicylique, l'héparine et le dicoumarol, préviennent la coagulation chez les patients prédisposés aux crises cardiaques et aux accidents vasculaires cérébraux. L'**acide acétylsalicylique,** ou AAS (plus connu sous l'un de ses noms commerciaux, Aspirin), s'oppose à l'action des prostaglandines et inhibe la formation de thromboxane A_2 (et, par voie de conséquence, l'agrégation plaquettaire et l'élaboration du clou plaquettaire). Des études cliniques ont montré que l'incidence (prévue) des crises cardiaques diminuait de 50 % chez des hommes prenant de faibles doses d'AAS (un comprimé tous les deux jours) pendant plusieurs années. De même, l'héparine (voir ci-dessus), qui potentialise l'action de l'antithrombine III, est prescrite comme agent anticoagulant, tout comme la warfarine, un ingrédient des raticides. Administrée par voie intraveineuse, l'héparine est l'anticoagulant le plus couramment utilisé chez les patients cardiaques avant ou après une intervention chirurgicale et chez les receveurs d'une transfusion de sang. Administrée par voie orale, la **warfarine** (Coumadin) est la substance de base utilisée dans le traitement des personnes prédisposées à la fibrillation auriculaire, une affection dans laquelle le sang s'accumule dans le cœur; elle réduit les risques d'accident vasculaire cérébral. Elle exerce ses effets suivant un mécanisme différent de l'héparine, soit en entravant l'action de la vitamine K (voir ci-dessous la section intitulée « Perturbation de la fonction hépatique »). Par ailleurs, les flavonoïdes présents dans le thé, le vin rouge et le jus de raisin sont des anticoagulants naturels.

Affections hémorragiques

Tout ce qui fait obstacle à la coagulation peut causer des hémorragies. Il s'agit le plus souvent d'un déficit en plaquettes (thrombopénie) et de déficits en certains facteurs de coagulation provoqués par une perturbation de la fonction hépatique ou par certaines maladies héréditaires (comme l'hémophilie).

Thrombopénie

La **thrombopénie** (ou thrombocytopénie), c'est-à-dire l'insuffisance du nombre de plaquettes circulantes, se traduit par des saignements spontanés des petits vaisseaux sanguins. Les mouvements les plus banals causent des hémorragies étendues révélées par l'apparition sur la peau de marques violacées appelés *pétéchies.* La thrombopénie est causée par des facteurs qui s'attaquent à la moelle osseuse, par exemple le cancer de la moelle osseuse, l'exposition aux rayonnements ionisants et certains médicaments. Une numération plaquettaire inférieure à 50×10^9 plaquettes par litre de sang permet généralement de poser le diagnostic de cette maladie. On pallie temporairement les hémorragies qu'elle entraîne par des transfusions de sang total.

Perturbation de la fonction hépatique

Lorsque le foie est incapable de synthétiser les quantités normales de facteurs de coagulation, des saignements anormaux et souvent graves se produisent. À l'origine de cette insuffisance, on trouve les maladies hépatiques graves comme l'hépatite et la cirrhose, mais aussi les carences en vitamine K, fréquentes chez les nouveau-nés. L'administration d'antibiotiques à large spectre peut aussi provoquer une carence en vitamine K en tuant les bactéries intestinales qui la produisent. La synthèse hépatique des facteurs de coagulation requiert de la vitamine K. Cette vitamine étant produite par la flore bactérienne intestinale, l'alimentation est rarement en cause. Les carences en vitamine K sont surtout dues à une malabsorption des lipides, car la vitamine K est liposoluble et absorbée par le sang avec les lipides. Circonstance aggravante, les maladies du foie entravent non seulement la production des facteurs de coagulation mais aussi celle de la bile, qui est nécessaire à la digestion des lipides, dont dépend à son tour l'absorption de la vitamine K.

Hémophilie

Le terme **hémophilie** désigne des affections hémorragiques héréditaires qui se manifestent de façon semblable. L'*hémophilie A* résulte d'un déficit en **facteur VIII** (ou **facteur antihémophilique**). Représentant 83 % des cas, c'est la forme d'hémophilie la plus répandue. L'*hémophilie B* est due à un déficit en facteur IX. Les deux formes de la maladie sont liées au sexe et affectent des hommes. L'*hémophilie C,* une forme moins grave d'hémophilie touchant les deux sexes, est causée par une carence en facteur XI. Elle est relativement moins grave que les formes A et B car le facteur de coagulation (facteur IX) activé par le facteur XI peut également être activé par le facteur VII (voir la figure 18.13b). De plus, certains cas d'hémophilie que l'on croyait auparavant liés à un déficit en facteur XI sont en fait causés par des modifications du facteur VII.

Les symptômes de l'hémophilie apparaissent dans les premières années de la vie ; la moindre blessure provoque un saignement prolongé dans les tissus qui peut mettre en danger la vie de la personne atteinte. L'exercice physique et les traumatismes provoquent des hémarthroses si fréquentes que les articulations perdent leur mobilité et deviennent douloureuses. On traite toutes les formes d'hémophilie par des transfusions de plasma frais ou par des injections du facteur de coagulation approprié, sous forme purifiée. Beaucoup d'hémophiles ont contracté par cette voie le virus de l'hépatite et, depuis le début des années 1980, le VIH, qui cause le SIDA en affaiblissant le système immunitaire (voir le chapitre 22). Fort heureusement, le facteur VIII synthétique (produit par génie génétique) mis depuis peu sur le marché et les nouveaux modes de dépistage du VIH dans le sang protègent maintenant les hémophiles contre ce risque. ■

TRANSFUSION

Transfusion de sang total

Le système cardiovasculaire de l'être humain pare les effets d'une perte de sang (1) en réduisant le volume des vaisseaux sanguins, ce qui contribue au maintien d'une circulation adéquate, et (2) en accélérant l'érythropoïèse. Cependant, ces mécanismes de compensation ont leurs limites. Les pertes de 15 à 30 % du volume sanguin causent la pâleur et la faiblesse. Les pertes supérieures à 30 % entraînent un état de choc grave, voire fatal.

Les **transfusions de sang total** visent généralement à compenser les pertes de sang importantes et à traiter la thrombopénie. Les injections de **globules rouges concentrés** (c'est-à-dire de sang total dont la majeure partie du plasma a été retirée) sont courantes dans le traitement de l'anémie. Habituellement, la banque de sang prélève le sang d'un donneur puis le mélange à un anticoagulant (un sel de citrate ou d'oxalate, par exemple) qui, en se liant aux ions calcium, empêche ces derniers de participer au processus de la coagulation. La durée de conservation à 4 °C du sang recueilli est d'environ 35 jours. Lorsqu'on transfuse du sang fraîchement prélevé, on emploie de l'héparine comme anticoagulant.

18

Groupes sanguins humains

La membrane plasmique de toutes les cellules porte, sur sa face externe, des glycoprotéines hautement spécifiques (des antigènes) qui font de chaque individu un être unique. Dans le cas des érythrocytes, ces antigènes sont appelés **agglutinogènes** car ils provoquent l'agglutination des globules rouges dans certaines conditions. La transfusion de sang incompatible (c'est-à-dire de sang dont les globules rouges portent des agglutinogènes différents de ceux du receveur) peut être fatale. En effet, l'organisme du receveur ne reconnaît pas les antigènes étrangers, et des anticorps spécifiques de son plasma causent l'agglutination des cellules du donneur, qui sont alors détruites.

On compte au moins 30 variétés d'agglutinogènes dans la population humaine. Qui plus est, on en dénombre quelque 100 autres chez certaines familles (des antigènes « privés »). La présence ou l'absence de chaque antigène permet de classer les globules sanguins de tout individu. Les antigènes déterminant les systèmes ABO et Rh causent d'importantes réactions hémolytiques (au cours desquelles les érythrocytes étrangers sont détruits) s'ils sont transfusés à un receveur incompatible. C'est pourquoi l'on procède *toujours* à la détermination du groupe sanguin avant de transfuser du sang. Les autres antigènes (les systèmes M, N, Duffy, Kell et Lewis) ont été moins étudiés ; ils ont surtout une importance sur le plan judiciaire ou sur le plan de la recherche. Comme ces facteurs entraînent des réactions hémolytiques faibles ou nulles, il est rare qu'on recherche leur présence, à moins qu'on ne prévoie administrer plusieurs transfusions à la même personne, auquel cas les différentes réactions hémolytiques faibles pourraient s'additionner et causer des problèmes. Nous ne décrivons ci-dessous que les systèmes ABO et Rh.

Système ABO Comme le montre le tableau 18.4, le **système ABO** est fondé sur la présence ou sur l'absence de l'agglutinogène A et de l'agglutinogène B. Le groupe O, caractérisé par l'absence d'agglutinogènes, est le plus répandu des groupes du système ABO chez les Américains de race blanche, de race noire et d'origine asiatique ; le groupe AB, caractérisé par la présence des deux agglutinogènes, est le moins fréquent. La présence de l'agglutinogène A ou de l'agglutinogène B donne lieu respectivement au groupe A et au groupe B. L'hérédité des groupes du système ABO est une forme d'hérédité polygénique ; nous en décrivons le mécanisme génétique au chapitre 30.

Les groupes du système ABO se distinguent par la présence dans le plasma d'*anticorps naturels* appelés **agglutinines.** Les agglutinines s'attaquent aux antigènes qui *ne* sont *pas* présents sur les érythrocytes d'un individu. Elles sont absentes à la naissance, mais elles apparaissent dans le plasma au cours des deux premiers mois de la vie. Elles atteignent leur concentration maximale entre l'âge de 8 et 10 ans, après quoi elles diminuent lentement. Comme l'indique le tableau 18.4, un bébé qui ne possède ni l'antigène A ni l'antigène B (groupe O) forme les anticorps anti-A et anti-B, également appelés respectivement *agglutinines anti-A* et *agglutinines anti-B.* Les sujets de groupe A forment des agglutinines anti-B, tandis que les sujets de groupe B forment des agglutinines anti-A. Les sujets de groupe AB ne forment aucune agglutinine.

Système Rh Il existe au moins huit agglutinogènes Rh, ou **facteurs Rh.** Trois d'entre eux seulement, les agglutinogènes C, D et E, sont répandus. La dénomination « Rh » vient du fait qu'on a identifié un des agglutinogènes du système Rh (l'agglutinogène D) chez le singe *rhésus* avant de le découvrir chez l'être humain. La plupart des Américains (soit environ 85 %) sont Rh positif (Rh^+), c'est-à-dire que leurs érythrocytes portent l'agglutinogène D.

Contrairement aux agglutinines du système ABO, les agglutinines anti-Rh ne se forment pas spontanément

TABLEAU 18.4 Système ABO

Groupe sanguin	Fréquence (% de la population des États-Unis) Blancs	Noirs	Asiatiques	Autochtones	Antigènes des érythrocytes (agglutinogènes)	Illustration	Anticorps du plasma (agglutinines)	Sang compatible
AB	4	4	5	<1	A B	A, B	Aucun	A, B, AB, O
B	11	20	27	4	B	Anti-A, B	Anti-A (a)	B, O
A	40	27	28	16	A	Anti-B, A	Anti-B (b)	A, O
O	45	49	40	79	Aucun	Anti-B, Anti-A	Anti-A (a) Anti-B (b)	O

dans le sang des individus Rh négatif (Rh⁻). Toutefois, si une personne Rh négatif reçoit du sang Rh positif, son système immunitaire se sensibilise et, peu après la transfusion, commence à produire des agglutinines anti-D pour combattre l'agglutinogène D des globules rouges étrangers. La première transfusion de sang incompatible ne provoque pas l'hémolyse, car le système immunitaire met un certain temps à réagir et à produire des agglutinines. Mais toutes les transfusions subséquentes occasionnent une réaction au cours de laquelle les agglutinines anti-D du receveur attaquent et détruisent les érythrocytes du donneur.

Un grave problème est associé au facteur Rh chez les femmes enceintes Rh^- qui portent des fœtus Rh^+. Les femmes enceintes pour la première fois donnent habituellement naissance à des bébés bien portants. Cependant, lors de l'accouchement ou du décollement du placenta, il arrive qu'un certain volume de sang du bébé entre en contact avec le sang maternel. (La même chose peut également se produire au cours d'un avortement ou d'une fausse couche.) Dans ces conditions, le système immunitaire de la mère réagit et forme des agglutinines anti-D, à moins d'avoir reçu un sérum contenant des agglutinines anti-D (sérum RhoGAM) avant ou juste après l'accouchement; en se fixant aux agglutinogènes D des globules rouges du fœtus, les agglutinines anti-D injectées empêchent l'apparition d'une réponse immunitaire dans le sang de la mère. Si cette précaution n'a pas été prise, au cours d'une seconde grossesse, les agglutinines anti-D de la mère traversent la barrière placentaire et détruisent les globules rouges du fœtus (Rh^+), qui portent l'agglutinogène D. Le fœtus sera atteint de la **maladie hémolytique du nouveau-né**, ou **érythroblastose fœtale,** et souffrira d'anémie et d'hypoxémie, ce qui pourra causer des dommages à l'encéphale et même la mort. Certaines situations nécessitent des transfusions intra-utérines (*avant* la naissance) afin de remplacer les érythrocytes détruits. Ce traitement permet d'assurer le transport d'oxygène nécessaire à la survie et au développement normal du fœtus. En outre, on effectue une ou plusieurs *transfusions d'échange* (voir la section intitulée « Termes médicaux », p. 655). On retire du sang Rh^+ du bébé et on lui substitue du sang Rh^-. En six semaines environ, l'organisme du bébé dégrade les érythrocytes Rh^- transfusés et les remplace par des globules Rh^+. ■

18

Réaction hémolytique : agglutination et hémolyse

L'injection de sang incompatible entraîne une **réaction hémolytique** au cours de laquelle les agglutinines (anticorps) du receveur se fixent aux agglutinogènes (antigènes) des érythrocytes du donneur. (Il est à noter que les anticorps du donneur agglutinent *aussi* les érythrocytes du receveur, mais ils sont tellement dilués dans la circulation sanguine qu'ils ne causent habituellement aucun problème grave.)

L'événement initial, l'agglutination des globules rouges étrangers, obstrue les petits vaisseaux sanguins de l'organisme entier. Au cours des heures qui suivent, les

GROS PLAN

Pour du sang neuf: à la recherche de substituts artificiels

Aucun substitut ne peut véritablement remplacer le sang, car ses multiples composants jouent une grande variété de rôles, de la lutte contre les infections au transport de l'oxygène. Cependant, il existe des liquides de remplacement n'entraînant aucune réaction hémolytique qui peuvent assurer le transport de l'oxygène des poumons vers le reste de l'organisme et servir ainsi de solution temporaire lorsque les réserves de sang sont limitées. Les substituts du sang présentent un énorme avantage pour le receveur, car le risque de transmission de facteurs de maladies à diffusion hématogène est nul. Nous décrivons brièvement ici quatre de ces substances de transport de l'oxygène: Fluosol, l'hémoglobine modifiée chimiquement, les globules rouges artificiels (néohémocytes) et Hemopure.

Fluosol

Le principal ingrédient de *Fluosol,* un substitut de sang artificiel à l'aspect laiteux, est une substance chimique apparentée au revêtement anti-adhésif des batteries de cuisine. Conçu au Japon, ce produit a été mis à l'essai pour la première fois aux États-Unis en 1982. Les premiers receveurs étaient principalement des patients ayant besoin d'une intervention chirurgicale, mais qui refusaient les transfusions de sang pour des motifs religieux.

Fluosol joue le rôle d'un milieu où l'oxygène se dissout. Pour lui permettre d'emmagasiner suffisamment d'oxygène, les patients inhalent de l'oxygène pur au moyen d'un masque ou prennent place dans un caisson hyperbare (à haute pression). Les créateurs de ce produit pensent que les tissus utilisent plus facilement l'oxygène transporté par Fluosol, car ses particules fluides étant beaucoup plus petites que les érythrocytes, elles peuvent traverser les capillaires plus rapidement. Fluosol a été mis au point au départ pour traiter les crises cardiaques, l'intoxication par le monoxyde de carbone et la drépanocytose; cependant, il a fallu renoncer à cette utilisation car des recherches ont montré que ce médicament pouvait inhiber le système immunitaire. Il reste que Fluosol pourrait permettre de maintenir l'oxygénation des organes d'un donneur jusqu'à la greffe et de prévenir l'ischémie du muscle cardiaque lors d'une crise cardiaque.

Hémoglobine modifiée chimiquement

À la recherche d'un substitut qui stimulerait l'apport d'oxygène, les scientifiques ont modifié chimiquement l'hémoglobine en créant un pont chimique entre deux de ses quatre chaînes polypeptidiques et en liant plusieurs molécules d'hémoglobine entre elles. L'hémoglobine ainsi modifiée fournit plus d'oxygène aux tissus que l'hémoglobine normale, même dans des conditions de basse température (10 °C). Ainsi, lorsque la température corporelle est abaissée pendant une chirurgie cardiaque, l'usage de l'hémoglobine modifiée permettrait de stimuler l'apport d'oxygène vers les tissus. Qui plus est, l'aspect réticulé de cette substance prévient sa fragmentation dans le sang (comme l'hémoglobine normale), de sorte qu'il n'est plus nécessaire de recourir au «récipient» que constitue la membrane plasmique.

Même si les essais semblent prometteurs, d'importants problèmes subsistent. Par exemple, certaines substances toxiques puissantes (endotoxines) d'origine bactérienne ont tendance à adhérer à l'hémoglobine modifiée, et il semble que l'hémoglobine circulant librement provoque une constriction généralisée des vaisseaux sanguins, ce qui rend le transport de l'oxygène plus difficile.

Néohémocytes

Des chercheurs de l'université de Californie à San Francisco ont fabriqué des érythrocytes artificiels, appelés *néohémocytes,* en emprisonnant des molécules d'hémoglobine naturelle dans des bulles faites de phospholipides et de cholestérol. Les «globules rouges» ainsi créés ont une taille correspondant à un douzième de celle des érythrocytes humains. Bien que les néohémocytes soient détruits et éliminés plus rapidement de la circulation sanguine que les érythrocytes, leur durée de conservation est de six mois (comparativement à 35 jours pour le sang total). Par conséquent, la transfusion de néohémocytes pourrait s'avérer un choix viable pour les patients traumatisés qui ont besoin de sang immédiatement; cependant, les essais cliniques sur des êtres humains ne sont pas près de débuter.

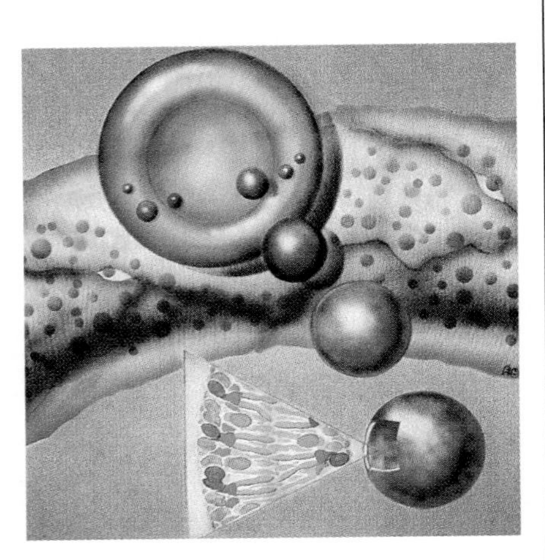

Globule rouge normal et globules rouges artificiels plus petits transportant de l'hémoglobine (néohémocytes), devant un capillaire.

Hemopure

Hemopure est un substitut naturel mais non humain approuvé récemment par la Fédération américaine des aliments et drogues (FDA). Il contient de l'hémoglobine purifiée extraite de sang de bœuf. L'absence de membrane plasmique élimine le risque de réaction croisée.

Bien que la FDA encourage depuis plus de 20 ans la recherche sur le sang artificiel, aucun produit commercialisable, y compris ceux décrits ci-dessus, n'a été approuvé pour un usage autre qu'expérimental sur des êtres humains. Mais cela pourrait changer. En effet, au début de 1997, des chercheurs de l'Albany Medical Center ont annoncé qu'ils avaient trouvé un procédé permettant d'enrober les érythrocytes d'un polymère inoffensif, le polyéthylène glycol, qui rendrait le sang de tous les patients compatible. Cependant, le sang demeure sans prix et la technologie moderne a encore beaucoup à faire pour imiter son admirable complexité.

érythrocytes agglutinés se décomposent ou sont phagocytés par les macrophagocytes, et leur hémoglobine est libérée dans la circulation sanguine. (Lorsque la réaction hémolytique est exceptionnellement grave, la lyse des érythrocytes est quasi immédiate.) Ces événements engendrent deux problèmes manifestes : (1) les érythrocytes agglutinés perdent leur capacité de transporter l'oxygène ; (2) l'agglutination des érythrocytes dans les petits vaisseaux entrave l'irrigation des tissus situés en aval. Les conséquences de la libération de l'hémoglobine dans la circulation sont moins évidentes mais plus néfastes encore. L'hémoglobine circulante pénètre librement dans les tubules rénaux et, si sa concentration est élevée, elle y précipite et obstrue les tubules, causant l'oligo-anurie, voire l'anurie totale (insuffisance rénale aiguë) qui peut être mortelle.

Une réaction hémolytique peut se manifester par de la fièvre, des frissons, des nausées, des vomissements et une intoxication générale ; en l'absence d'oligo-anurie, toutefois, la réaction est rarement mortelle. Pour prévenir l'atteinte rénale, on procède à des injections de liquides alcalins qui, en diluant et en dissolvant l'hémoglobine, facilitent son élimination de l'organisme. À cette fin, on administre également des diurétiques. ■

Ainsi que l'indique le tableau 18.4, les érythrocytes du groupe O ne portent ni l'antigène A ni l'antigène B. C'est pourquoi on a longtemps considéré les personnes de ce groupe sanguin comme des **donneurs universels.** De fait, certains centres médicaux s'occupent activement de la conversion enzymatique du sang de groupe B en sang de groupe O par l'élimination des résidus de sucre excédentaires (spécifiques au groupe B). Selon le même raisonnement, on appelait autrefois **receveurs universels** les sujets du groupe AB, dépourvus des anticorps qui attaquent les antigènes A et B. Ces deux notions ont toutefois été abandonnées, car elles ne tenaient pas compte des autres agglutinogènes du sang susceptibles de causer des réactions hémolytiques.

Les transfusions homologues (sang provenant d'un groupe de donneurs) présentent des risques de réaction hémolytique et de transmission d'infections potentiellement mortelles (en particulier le VIH) ; c'est pourquoi l'intérêt pour les **autotransfusions** va en s'accroissant. Les patients en attente d'une intervention chirurgicale élective et dont la vie n'est pas en danger privilégient cette option, qui consiste à *donner d'avance* de son propre sang pour qu'il soit mis en réserve et disponible en cas de besoin pendant ou après l'intervention. Des suppléments de fer sont administrés, et tant que l'hématocrite du patient est d'au moins 30 %, on peut prélever une unité (400 à 500 mL) de sang tous les 4 jours, la dernière étant prélevée 72 heures avant l'intervention.

Détermination du groupe sanguin

Il va de soi que la détermination du groupe sanguin du donneur et du receveur *avant* la transfusion est d'une importance capitale. La figure 18.15 présente succinctement la marche à suivre. Pour plus de sûreté, on effectue également une *épreuve de compatibilité croisée.* Le procédé consiste à vérifier si le sérum du receveur provoque l'agglutination des érythrocytes du donneur et si le sérum du donneur provoque l'agglutination des érythrocytes du receveur. On détermine les groupes du système Rh de la même façon que les groupes du système ABO.

L'agglutinine est-elle une glycoprotéine de la membrane plasmique ou un anticorps du plasma ?

Sang de l'échantillon **Sérum**

Anti-A Anti-B

Groupe AB (contient les agglutinogènes A et B)

Érythrocytes

Groupe B (contient l'agglutinogène B)

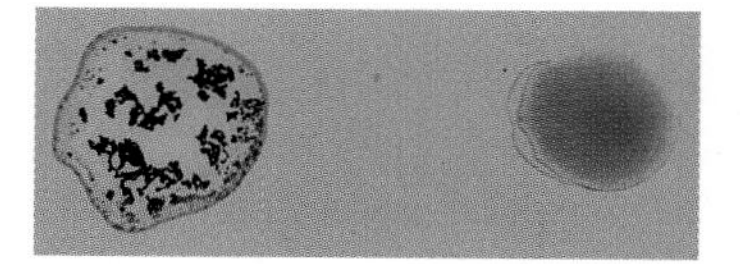

Groupe A (contient l'agglutinogène A)

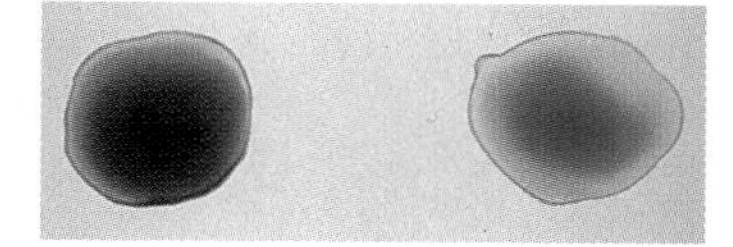

Groupe O (ne contient aucun agglutinogène)

FIGURE 18.15
Détermination des groupes sanguins dans le système ABO. On place deux gouttes de sang, dilué avec une solution saline, sur une lame de verre et on ajoute du sérum contenant soit de l'agglutinine anti-A, soit de l'agglutinine anti-B. Les agglutinines se fixent aux agglutinogènes correspondants (A ou B). L'agglutination se produit avec les deux sérums dans le groupe AB, avec le sérum anti-B dans le groupe B et avec le sérum anti-A dans le groupe A. Aucun des deux sérums ne cause l'agglutination dans le groupe O.

Plasma et solutions de remplissage vasculaire

Lorsque le volume sanguin d'un patient est diminué au point qu'un état de choc menace sa vie, l'équipe médicale n'a pas toujours le temps de procéder à une détermination du groupe sanguin ou de trouver le sang total approprié. Une telle situation d'urgence exige que l'on rétablisse le *volume* sanguin sans délai afin de restaurer la circulation dans tout l'organisme. Bien qu'il n'existe encore aucun substitut satisfaisant du sang total, les recherches se poursuivent (voir l'encadré de la page 652).

Un anticorps du plasma.

On peut administrer du *plasma* sans crainte, car les anticorps qu'il contient se diluent dans le sang du receveur et ne peuvent avoir d'effets nocifs. À l'exception des érythrocytes, le plasma comprend tout ce qu'il faut pour se substituer au sang. Faute de plasma, on peut injecter diverses solutions colloïdales appelées **solutions de remplissage vasculaire,** comme l'*albumine sérique humaine purifiée,* le *plasmanate* et le *dextran.* Toutes ces substances ont des propriétés osmotiques qui accroissent directement le volume liquidien du sang. L'injection de solutions salines isotoniques constitue un autre recours. Ainsi, il est courant d'employer une *solution physiologique salée* ou une *solution d'électrolytes* reproduisant la composition électrolytique du plasma (la *solution de Ringer,* par exemple).

ANALYSES SANGUINES

L'analyse du sang en laboratoire fournit des renseignements qui peuvent servir à évaluer l'état de santé d'une personne. Par exemple, un sang pâle et un hématocrite faible sont des signes d'anémie. Un sang laiteux contient une forte concentration de lipides (*hyperlipémie*), un état qui devrait alerter les personnes atteintes d'une cardiopathie. De même, la mesure de la glycémie indique si le diabète est bien contrôlé. Les infections se manifestent par l'hyperleucocytose et par l'épaississement de la couche leucocytaire dans l'hématocrite. Dans certaines formes de leucémie, la couche leucocytaire peut dépasser en épaisseur la couche érythrocytaire.

En dévoilant des variations de la taille et de la forme des érythrocytes, les analyses microscopiques du sang peuvent révéler une carence en fer ou l'anémie pernicieuse. En outre, la détermination des proportions des divers leucocytes, ou **formule leucocytaire,** constitue un instrument diagnostique appréciable; ainsi, un nombre élevé de granulocytes éosinophiles peut indiquer une infection parasitaire ou une réaction allergique.

Diverses épreuves donnent des indications sur le fonctionnement des mécanismes hémostatiques. On évalue par exemple la quantité de prothrombine présente dans le sang en déterminant le **temps de prothrombine,** et on procède à une **numération plaquettaire** en cas de possibilité de thrombopénie.

On réalise couramment deux batteries d'épreuves — celles réalisées au moyen de l'autoanalyseur SMAC et une **numération globulaire,** ou **hémogramme** — dans le cadre d'un bilan de santé ou à l'occasion d'une hospitalisation. L'autoanalyseur SMAC donne un profil *chimique* du sang. L'hémogramme fournit une numération des différents éléments figurés, un hématocrite, différentes valeurs permettant d'évaluer les mécanismes de l'hémostase et plusieurs autres indicateurs. En comparant les résultats de ces deux batteries d'épreuves aux valeurs normales, on obtient un tableau général de l'état de santé.

L'appendice F présente une liste des valeurs normales pour certaines analyses sanguines.

DÉVELOPPEMENT ET VIEILLISSEMENT DU SANG

Avant la naissance, dès la sixième semaine, la vésicule ombilicale, le foie et la rate, entre autres, jouent le rôle d'organes hématopoïétiques. Mais au septième mois de la vie fœtale, la moelle rouge devient le siège principal de l'hématopoïèse, et elle le demeure jusqu'à la mort, sauf en cas de maladie grave. Cependant, lorsque la production de globules sanguins doit être stimulée d'urgence, le foie et la rate peuvent reprendre le rôle hématopoïétique qu'ils assumaient pendant la vie fœtale. De plus, la moelle osseuse jaune (essentiellement composée de graisse) peut se convertir en moelle rouge active.

Les globules sanguins sont issus de cellules mésenchymateuses dérivées du mésoderme embryonnaire, les *îlots sanguins.* Le fœtus possède une hémoglobine spéciale, l'**hémoglobine F,** qui a plus d'affinité pour l'oxygène que l'hémoglobine adulte (hémoglobine A). La molécule d'hémoglobine F contient deux chaînes polypeptidiques alpha et deux chaînes polypeptidiques gamma (γ) au lieu des paires de chaînes alpha et de chaînes bêta de l'hémoglobine A typique. Après la naissance, le foie détruit rapidement les érythrocytes fœtaux portant l'hémoglobine F, et les érythrocytes du nouveau-né commencent à produire de l'hémoglobine A.

Les troubles hématologiques les plus souvent associés au vieillissement sont les formes chroniques de la leucémie, l'anémie et les affections thrombo-emboliques. Il faut cependant préciser que la plupart des troubles hématologiques liés au vieillissement sont généralement déclenchés par des affections cardiaques, vasculaires ou immunitaires. Par exemple, on pense que l'apparition de la leucémie est due à l'affaiblissement du système immunitaire, tandis que les thrombus et les emboles résulteraient de l'athérosclérose qui durcit les parois des vaisseaux sanguins. Les anémies qui touchent les personnes âgées sont souvent secondaires à des carences alimentaires, à des traitements médicamenteux ou à des maladies comme le cancer et la leucémie. Les personnes âgées sont particulièrement prédisposées à l'anémie pernicieuse, car la muqueuse gastrique (qui produit le facteur intrinsèque) s'atrophie au cours des années.

* * *

Compte tenu de la fonction de transporteur assurée par le sang, on peut le considérer comme le serviteur du système cardiovasculaire. Mais sachant que les fonctions du cœur et des vaisseaux ne sauraient s'accomplir sans lui, on pourrait tout aussi bien affirmer que ces organes, présentés aux chapitres 19 et 20, lui sont subordonnés. Quoi qu'il en soit, le sang et les organes du système cardiovasculaire sont indissociablement liés par leurs fonctions: apporter les nutriments, l'oxygène et les autres substances vitales à toutes les cellules de l'organisme et, par la même occasion, les débarrasser de leurs déchets.

TERMES MÉDICAUX

Analyses biochimiques du sang Analyses portant sur la concentration des diverses molécules du plasma sanguin, des ions H^+ (pH) et sur la teneur en glucose, en fer, en calcium, en protéines et en bilirubine.

Biopsie de la moelle osseuse Prélèvement par aspiration d'un échantillon de moelle osseuse rouge (habituellement du sternum ou de la crête iliaque). L'examen des cellules permet de diagnostiquer les anomalies de l'hématopoïèse, la leucémie, diverses infections médullaires et l'anémie résultant d'une lésion ou d'une insuffisance de la moelle osseuse.

Fraction du sang Tout composant du sang total, comme les plaquettes ou les facteurs de coagulation, qui a été isolé des autres.

Hématologie Étude du sang.

Hématome Accumulation de sang coagulé dans les tissus, résultant généralement d'un traumatisme ; se manifeste par des ecchymoses ou des meurtrissures. Un hématome est graduellement absorbé, sauf en cas d'infection.

Hémochromatose Trouble lié à une surcharge en fer dans l'organisme, particulièrement dans le foie.

Plasmaphérèse Technique de filtration servant à débarrasser le plasma de composants comme les protéines et les toxines. Il semble que sa principale indication soit le retrait d'anticorps ou de complexes immuns dans des cas de maladies auto-immunes (sclérose en plaques, myasthénie grave, etc.).

Septicémie (*sêpein* = pourrir) État d'infection générale grave causé par une décharge importante de bactéries (ou de leurs toxines) dans le sang ; communément appelée « empoisonnement du sang ».

Transfusion d'échange Technique consistant à prélever le sang d'un sujet et à le remplacer à mesure par le sang d'un donneur. Ce type de transfusion est employé dans le traitement des intoxications et de certaines incompatibilités (comme la maladie hémolytique du nouveau-né).

RÉSUMÉ DU CHAPITRE

Composition et fonctions du sang : caractéristiques générales (p. 629-630)

Composants (p. 629-630)

1. Le sang est composé d'éléments figurés et de plasma.

Caractéristiques physiques et volume (p. 630)

2. Le sang est un liquide visqueux et légèrement alcalin représentant environ 8 % de la masse corporelle. Le volume sanguin d'un adulte sain est d'environ 5 L.

Fonctions (p. 630)

3. Au point de vue du transport, les fonctions du sang sont l'apport d'oxygène et de nutriments aux tissus, l'élimination des déchets du métabolisme et la distribution des hormones.

4. Au point de vue de la régulation, les fonctions du sang sont le maintien de la température corporelle, du pH et d'un volume liquidien adéquat.

5. Au point de vue de la protection de l'organisme, les fonctions du sang sont l'hémostase et la prévention de l'infection.

Plasma (p. 630-631)

1. Le plasma est un liquide visqueux de couleur jaunâtre composé à 90 % d'eau et à 10 % de solutés, tels des nutriments, des gaz respiratoires, des sels, des hormones et des protéines. Le plasma représente 55 % du sang total.

2. Les protéines plasmatiques, pour la plupart élaborées par le foie, comprennent l'albumine, les globulines et les facteurs de coagulation. L'albumine est un important tampon du sang et contribue à sa pression osmotique.

Éléments figurés (p. 631-644)

1. Les éléments figurés sont les érythrocytes, les leucocytes et les plaquettes. Ils représentent 45 % du sang total. Ils dérivent tous des hémocytoblastes situés dans la moelle osseuse rouge.

Érythrocytes (p. 631-639)

2. Les érythrocytes (aussi appelés globules rouges ou hématies) sont de petites cellules biconcaves renfermant de grandes quantités d'hémoglobine. Ils sont dépourvus de noyau et ne possèdent à peu près pas d'organites. Grâce à la spectrine qu'ils contiennent, ils peuvent changer de forme pour passer dans les capillaires.

3. La principale fonction des érythrocytes est le transport de l'oxygène. Dans les poumons, l'oxygène se lie aux atomes de fer des molécules d'hémoglobine, ce qui produit l'oxyhémoglobine. Dans les tissus, l'oxygène se sépare du fer, ce qui produit la désoxyhémoglobine.

4. Les érythrocytes sont issus des hémocytoblastes. Au cours de l'érythropoïèse, ils passent par le stade du proérythroblaste (précurseur), de l'érythroblaste (basophile, polychromatophile et acidophile) et du réticulocyte. Pendant ce processus, l'hémoglobine s'accumule dans la cellule, et le noyau et les organites en sont expulsés. La différenciation des réticulocytes en globules rouges matures s'achève dans la circulation sanguine.

5. L'érythropoïétine et la testostérone favorisent l'érythropoïèse.

6. Le fer, la vitamine B_{12} et l'acide folique sont essentiels à la production de l'hémoglobine.

7. Les érythrocytes ont une durée de vie d'environ 120 jours. Les macrophagocytes du foie et de la rate éliminent les érythrocytes vieillis et endommagés de la circulation. Le fer libéré de l'hémoglobine est emmagasiné sous forme de ferritine ou d'hémosidérine, puis réutilisé. Le reste du groupement hème est dégradé en bilirubine et sécrété dans la bile. Les acides aminés de la globine sont métabolisés ou recyclés.

8. Les troubles érythrocytaires comprennent les anémies et la polycythémie.

Leucocytes (p. 639-643)

9. Les leucocytes (ou globules blancs) sont tous nucléés. Ils jouent une rôle capital dans la lutte de l'organisme contre les maladies (infectieuses en particulier). Il en existe deux grandes catégories : les granulocytes et les agranulocytes.

10. Les granulocytes comprennent les granulocytes neutrophiles, les granulocytes basophiles et les granulocytes éosinophiles. Les granulocytes basophiles contiennent de l'histamine, une substance qui favorise la vasodilatation et la migration des leucocytes vers les sièges d'infection. Les granulocytes neutrophiles sont des phagocytes actifs. Les granulocytes éosinophiles combattent les vers parasites et leur nombre s'accroît pendant les réactions allergiques.

11. Les agranulocytes jouent un rôle fondamental dans l'immunité. Ils comprennent les lymphocytes (les « cellules immunitaires ») et les monocytes (qui se différencient en macrophagocytes dans les tissus).

12. La leucopoïèse dépend des facteurs de croissance des colonies (CSF) et des interleukines libérés principalement par les lymphocytes et les macrophagocytes.

13. Les troubles leucocytaires comprennent la leucémie et la mononucléose infectieuse.

Plaquettes (p. 644)

14. Les plaquettes sont des fragments détachés des mégacaryocytes, de grandes cellules au noyau plurilobé formées dans la moelle rouge. Lorsqu'un vaisseau sanguin se rompt, les plaquettes forment un bouchon appelé clou plaquettaire qui empêche l'effusion de sang ; elles jouent un rôle essentiel dans la coagulation.

Hémostase (p. 644-650)

1. L'hémostase est la prévention et l'arrêt des hémorragies. Les trois principales phases de ce processus sont les spasmes vasculaires, la formation du clou plaquettaire et la coagulation.

Coagulation (p. 646-648)

2. La coagulation peut suivre la voie intrinsèque ou la voie extrinsèque. Les deux font intervenir un phospholipide appelé facteur plaquettaire 3 (PF_3). Le facteur tissulaire (thromboplastine) produit par les cellules endommagées permet à la voie extrinsèque de « sauter » de nombreuses étapes de la voie intrinsèque. Les étapes intermédiaires de chaque voie sont déterminées par l'activation en cascade d'une série de facteurs de coagulation. Les deux voies convergent lorsque la prothrombine est convertie en thrombine.

Rétraction et réfection du caillot (p. 648)

3. Après sa formation, le caillot se rétracte. Le sérum en est expulsé et les lèvres de la lésion du vaisseau se rapprochent. La prolifération et la migration des cellules musculaires lisses, de l'endothélium et du tissu conjonctif réparent le vaisseau.

Fibrinolyse (p. 648)

4. Une fois la guérison achevée, le caillot est décomposé (fibrinolyse).

Limitation de la croissance du caillot et prévention de la coagulation (p. 648)

5. Le retrait des facteurs de coagulation au contact de la circulation sanguine et l'inhibition des facteurs activés empêchent le caillot d'atteindre des dimensions excessives. La prostacycline (PGI_2) sécrétée par les cellules endothéliales prévient la coagulation dans les vaisseaux intacts.

Anomalies de l'hémostase (p. 648-650)

6. Les affections thrombo-emboliques résultent de la formation d'un caillot dans un vaisseau intact. Un thrombus ou un embole peuvent obstruer un vaisseau sanguin.

7. La thrombopénie, le déficit en plaquettes, provoque des saignements spontanés dans les petits vaisseaux sanguins. L'hémophilie est causée par l'absence d'un facteur de coagulation dans le sang que l'on attribue à une anomalie génétique. Les maladies hépatiques peuvent aussi entraîner des troubles hémorragiques, car la grande majorité des facteurs protéiques de la coagulation sont synthétisés par les cellules hépatiques.

Transfusion (p. 650-654)

Transfusion de sang total (p. 650-653)

1. Les transfusions de sang total visent à compenser les pertes de sang importantes ainsi qu'à traiter l'anémie et la thrombopénie.

2. Les groupes sanguins sont déterminés par les agglutinogènes (antigènes) présents sur la membrane des érythrocytes.

3. À la suite d'une transfusion de sang incompatible, les agglutinines (anticorps du plasma) du receveur entraînent l'agglutination des érythrocytes étrangers et provoquent ainsi leur lyse. Les érythrocytes agglutinés peuvent obstruer les vaisseaux sanguins ; l'hémoglobine libérée durant l'hémolyse peut précipiter dans les tubules rénaux et causer l'oligo-anurie.

4. Avant de procéder à une transfusion de sang total, il faut effectuer une détermination du groupe sanguin (systèmes ABO et Rh en particulier) ainsi qu'une épreuve de compatibilité croisée, de manière à éviter une réaction hémolytique.

Plasma et solutions de remplissage vasculaire (p. 653-654)

5. L'administration de plasma ou de solutions de remplissage vasculaire vise à rétablir rapidement le volume sanguin.

Analyses sanguines (p. 654)

1. Les analyses sanguines diagnostiques peuvent fournir de nombreux renseignements sur le sang et sur l'état de santé en général.

Développement et vieillissement du sang (p. 654)

1. Avant la naissance, la vésicule ombilicale, le foie et la rate font partie des nombreux organes hématopoïétiques. Au septième mois de la vie fœtale, la moelle rouge devient le siège principal de l'hématopoïèse.

2. Les globules sanguins sont issus d'îlots sanguins dérivés du mésoderme. Le sang fœtal contient l'hémoglobine F, qui a une plus grande affinité pour l'oxygène que l'hémoglobine A qui la remplace après la naissance.

3. Les principaux troubles hématologiques associés au vieillissement sont la leucémie, l'anémie et les affections thrombo-emboliques.

QUESTIONS DE RÉVISION

Choix multiples/associations

(Réponses à l'appendice G)

1. En moyenne, le volume sanguin d'un adulte est d'environ : (a) 1 L ; (b) 3 L ; (c) 5 L ; (d) 7 L.

2. L'hormone qui déclenche la formation des globules rouges est : (a) la sérotonine ; (b) l'héparine ; (c) l'érythropoïétine ; (d) la thrombopoïétine.

3. Parmi les caractéristiques suivantes, laquelle ne s'applique pas aux érythrocytes matures ? (a) Ils ont la forme de disques concaves. (b) Ils ont une durée de vie d'environ 120 jours. (c) Ils contiennent de l'hémoglobine. (d) Ils possèdent un noyau.

4. Les globules blancs les plus nombreux sont les : (a) granulocytes éosinophiles ; (b) granulocytes neutrophiles ; (c) monocytes ; (d) lymphocytes.

5. Les protéines sanguines jouent un rôle important dans : (a) la coagulation ; (b) l'immunité ; (c) le maintien du volume sanguin ; (d) toutes ces réponses.

6. Les globules blancs qui libèrent de l'histamine et d'autres substances intervenant dans la réaction inflammatoire sont les : (a) granulocytes basophiles ; (b) granulocytes neutrophiles ; (c) monocytes ; (d) granulocytes éosinophiles.

7. Le globule sanguin qui possède une compétence immunologique est le : (a) lymphocyte ; (b) mégacaryocyte ; (c) granulocyte neutrophile ; (d) granulocyte basophile.

8. Le nombre d'érythrocytes (par litre de sang) normal chez l'adulte est de : (a) 3 à 4 $\times 10^{12}$; (b) 4,5 à 5 $\times 10^{12}$; (c) 8 $\times 10^{12}$; (d) 500 $\times 10^{9}$.

9. Le pH normal du sang est d'environ : (a) 8,4 ; (b) 7,8 ; (c) 7,4 ; (d) 4,7.

10. Supposez que votre sang est AB positif. Cela signifie que : (a) vos globules rouges présentent les agglutinogènes A et B ; (b) votre plasma ne contient ni agglutinines anti-A ni agglutinines anti-B ; (c) votre sang est du groupe Rh^+ ; (d) toutes ces réponses.

Questions à court développement

11. (a) Définissez les éléments figurés et énumérez-en les trois principales catégories. (b) Lesquels sont les moins nombreux? (c) Lesquels forment la couche leucocytaire dans un hématocrite?

12. Indiquez la structure chimique de l'hémoglobine, sa fonction et les changements de couleur qu'elle subit lorsqu'elle se charge et se décharge d'oxygène.

13. Si votre hématocrite est élevé, est-ce que la teneur en hémoglobine de votre sang est forte ou faible? Justifiez votre réponse.

14. Quels nutriments sont nécessaires à l'érythropoïèse?

15. (a) Décrivez le processus de l'érythropoïèse. (b) Quel nom donne-t-on aux globules immatures libérés dans la circulation? (c) En quoi diffèrent-ils des érythrocytes matures?

16. Outre les mouvements amiboïdes, quelles caractéristiques physiologiques permettent aux globules blancs de remplir leurs fonctions?

17. (a) Si vous êtes atteint d'une infection grave, est-ce que votre numération leucocytaire est de l'ordre de 5,10 ou 15×10^9 par litre? (b) Comment s'appelle cet état?

18. (a) Décrivez l'apparence des plaquettes et indiquez leur principale fonction. (b) Pourquoi ne devrait-on pas qualifier les plaquettes de «cellules»?

19. (a) Définissez l'hémostase. (b) Énumérez et décrivez les trois principales étapes de la coagulation. (c) Quelles sont les différences fondamentales entre la voie intrinsèque et la voie extrinsèque? (d) Quel ion est essentiel à presque toutes les étapes de la coagulation?

20. (a) Définissez la fibrinolyse. (b) Quelle est l'importance de ce processus?

21. (a) Qu'est-ce qui limite habituellement la croissance du caillot? (b) Indiquez deux troubles qui peuvent provoquer la formation indésirable d'un caillot dans un vaisseau intact.

22. Indiquez l'origine et la fonction des substances suivantes qui interviennent dans l'hémostase: activateur de la prothrombine, activateur tissulaire du plasminogène, antithrombine III, facteur plaquettaire 3, héparine, plasmine, prostacycline, protéine C, sérotonine, thromboplastine tissulaire, thromboxane A_2.

23. Pourquoi les maladies du foie peuvent-elles causer des troubles hémorragiques?

24. (a) Qu'est-ce qu'une réaction hémolytique et par quoi est-elle causée? (b) Quelles sont ses conséquences possibles?

25. Comment une alimentation inadéquate peut-elle entraîner une anémie?

26. Quels sont les problèmes hématologiques les plus répandus chez les personnes âgées?

RÉFLEXION ET APPLICATION

1. Les médicaments antinéoplasiques détruisent les cellules à division rapide. Pourquoi procède-t-on à de fréquentes numérations érythrocytaires et leucocytaires chez les personnes atteintes du cancer qui reçoivent de tels médicaments?

2. Marie Landry, une jeune femme présentant des saignements vaginaux importants, est admise à la salle d'urgence. Elle est enceinte de trois mois et le volume de sang qu'elle perd inquiète le médecin. (a) Quel type de transfusion cette jeune femme est-elle susceptible de recevoir? (b) Quelles analyses sanguines réalisera-t-on avant de procéder à la transfusion?

3. Un homme d'âge mûr, professeur dans une université, compte passer son année sabbatique dans les Alpes suisses à étudier l'astronomie. Deux jours après son arrivée, il remarque qu'il s'essouffle facilement et que toute activité physique le fatigue indûment. Mais ses symptômes disparaissent graduellement et, au bout de deux mois, il retrouve une bonne forme physique. À son retour au Canada, il subit un examen physique complet et son médecin lui indique que sa numération érythrocytaire est supérieure à la normale. (a) Expliquez ce résultat. (b) Est-ce que la numération érythrocytaire de cet homme restera supérieure à la normale? Justifiez votre réponse.

4. On diagnostique une leucémie aiguë lymphoblastique chez une fillette prénommée Mylène. Ses parents ne comprennent pas pourquoi toute infection présente des risques particuliers pour elle, étant donné que sa numération leucocytaire est exceptionnellement élevée. Pouvez-vous donner une explication aux parents de Mylène?

5. Mme Lafontaine, une femme d'âge mûr, présente de nombreuses ecchymoses de petites dimensions et des saignements de nez abondants. Elle se rend à la clinique, et le médecin apprend au cours de l'anamnèse que Mme Lafontaine prend un certain somnifère pour combattre ses insomnies. Or, ce médicament est toxique pour la moelle osseuse rouge. En faisant appel à vos connaissances en physiologie, expliquez le lien entre le trouble hémorragique de Mme Lafontaine et l'usage de ce somnifère.

6. Les analyses sanguines de Thomas révèlent une polycythémie, une numérotation des réticulocytes de 5 % et un hématocrite de 65 %. Expliquez le lien entre ces trois résultats.

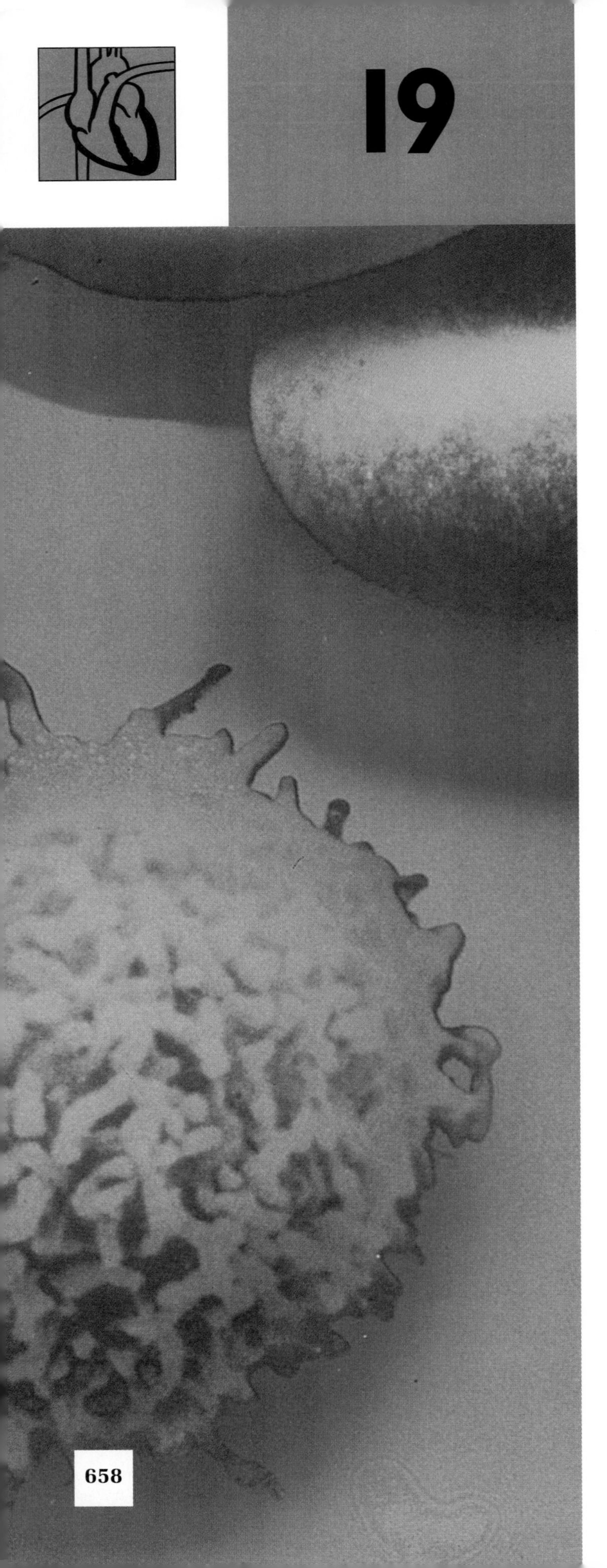

SYSTÈME CARDIOVASCULAIRE : LE CŒUR

SOMMAIRE ET OBJECTIFS D'APPRENTISSAGE

Anatomie du cœur (p. 659-668)

1. Indiquer les dimensions et la forme du cœur et donner sa situation et son orientation dans le thorax.
2. Décrire l'enveloppe du cœur ; définir la péricardite et la tamponnade cardiaque.
3. Décrire la structure et la fonction des trois tuniques de la paroi du cœur.
4. Nommer et situer les quatre cavités du cœur et décrire leur structure et leurs fonctions ; nommer les gros vaisseaux associés à chaque cavité.
5. Expliquer le trajet du sang dans le cœur.
6. Décrire la circulation pulmonaire et la circulation systémique et les distinguer l'une de l'autre.
7. Nommer les valves cardiaques et décrire leur structure ; indiquer leur situation, leur rôle et deux troubles associés à leur dysfonctionnement.

Apport sanguin au cœur : circulation coronarienne (p. 668-669)

8. Expliquer la raison d'être de la circulation coronarienne ; nommer les principales ramifications des artères coronaires et des veines du cœur, et leur distribution.

Propriétés des fibres musculaires cardiaques (p. 669-672)

9. Indiquer les propriétés structurales et fonctionnelles du tissu musculaire cardiaque et expliquer ce qui le distingue du tissu musculaire squelettique.
10. Décrire brièvement la contraction des cellules du muscle cardiaque et expliquer le rôle joué par les canaux lents à calcium.

Physiologie du cœur (p. 672-686)

11. Nommer et situer les éléments du système de conduction du cœur et décrire le trajet de l'onde de dépolarisation dans le cœur ; définir le foyer ectopique, l'extrasystole, le bloc cardiaque et la fibrillation.
12. Dessiner un électrocardiogramme normal ; nommer les ondes et les intervalles et indiquer ce qu'ils représentent. Décrire quelques-unes des anomalies que l'électrocardiogramme permet de détecter, et relier ces anomalies au tracé obtenu.
13. Définir le débit cardiaque, la fréquence cardiaque et le volume systolique ; donner la formule qui permet de calculer le débit cardiaque.
14. Définir ce qu'on entend par réserve cardiaque et comparer la réserve cardiaque d'un athlète et celle d'un sédentaire.
15. Définir la révolution cardiaque et décrire les différents phénomènes qui l'accompagnent à chaque étape.
16. Décrire les bruits normaux du cœur, expliquer leur origine et dire ce qui les distingue des souffles cardiaques.
17. Nommer les divers facteurs intervenant dans la régulation du volume systolique et de la fréquence cardiaque, et expliquer leurs effets sur le débit cardiaque.

Comme l'indique le titre de cette figure, le cœur se situe dans le médiastin. Qu'est-ce que le médiastin ?

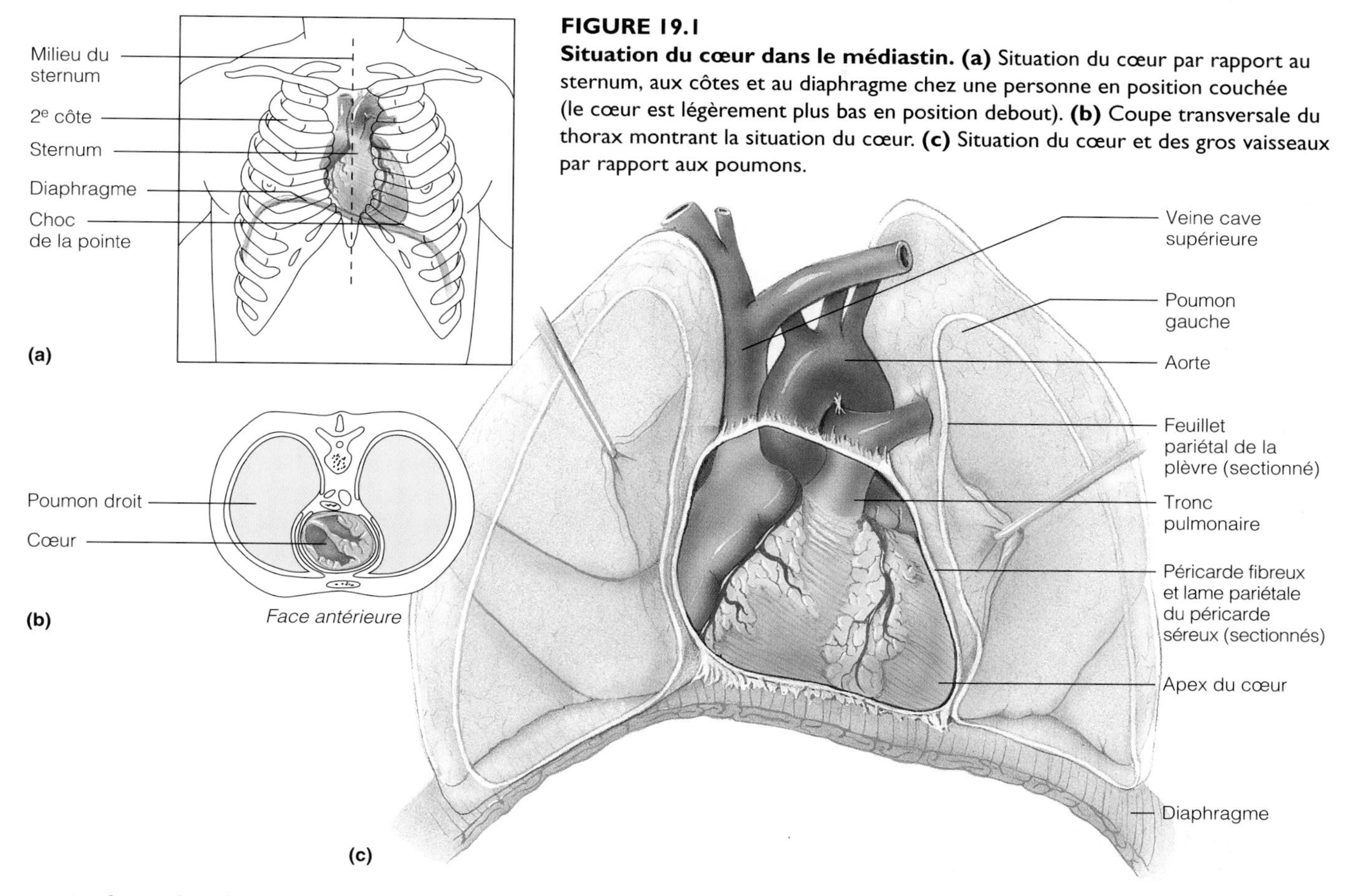

FIGURE 19.1
Situation du cœur dans le médiastin. (a) Situation du cœur par rapport au sternum, aux côtes et au diaphragme chez une personne en position couchée (le cœur est légèrement plus bas en position debout). **(b)** Coupe transversale du thorax montrant la situation du cœur. **(c)** Situation du cœur et des gros vaisseaux par rapport aux poumons.

18. Expliquer le rôle du système nerveux autonome dans la régulation du débit cardiaque.

Développement et vieillissement du cœur (p. 686-688)

19. Décrire la formation du cœur fœtal et indiquer ce qui distingue ce dernier du cœur adulte.
20. Énumérer quelques effets du vieillissement sur le fonctionnement du cœur.

Depuis des siècles, l'être humain s'interroge sur l'organe qui bat sans cesse au creux de sa poitrine. Les Grecs de l'Antiquité croyaient que le cœur était le siège de l'intelligence ; d'autres y ont vu la source des émotions. Ces théories sont depuis longtemps tombées en désuétude, mais il est vrai que les émotions se répercutent sur la fréquence cardiaque. Lorsque votre cœur s'emballe, vous prenez brusquement conscience que votre vie tout entière dépend des battements de cet organe.

Plus prosaïquement, on peut comparer les vaisseaux sanguins à un réseau routier, et les cellules de l'organisme, aux habitants de la ville desservie par le réseau. Jour et nuit, ces « habitants » absorbent de l'oxygène et des nutriments et ils excrètent des déchets. Or, les cellules n'ont aucun moyen de se déplacer et, pour échapper à la disette et à la pollution, elles dépendent des allées et venues d'un transporteur, le sang.

Ce transporteur ne peut se mouvoir par lui-même. Une pompe doit le propulser à travers le réseau de vaisseaux. Cette pompe, c'est le **cœur.** Sa structure et son fonctionnement font l'objet de ce chapitre. Les autres éléments du « système de transport », le sang et les vaisseaux sanguins, sont traités respectivement aux chapitres 18 et 20.

ANATOMIE DU CŒUR

Dimensions, situation et orientation

La taille et le poids du cœur ne laissent deviner ni sa force ni son endurance. En effet, le cœur n'est pas plus gros qu'un poing fermé, et son poids varie entre 250 et 350 g. Entre cet organe de forme conique et son image populaire existent des ressemblances vagues mais suffisantes pour contenter les plus romantiques (figure 19.1).

Le cœur est logé à l'intérieur du **médiastin,** la cavité centrale du thorax. Il s'étend obliquement de la deuxième

La cavité médiane du thorax où logent le cœur, les gros vaisseaux et la trachée.

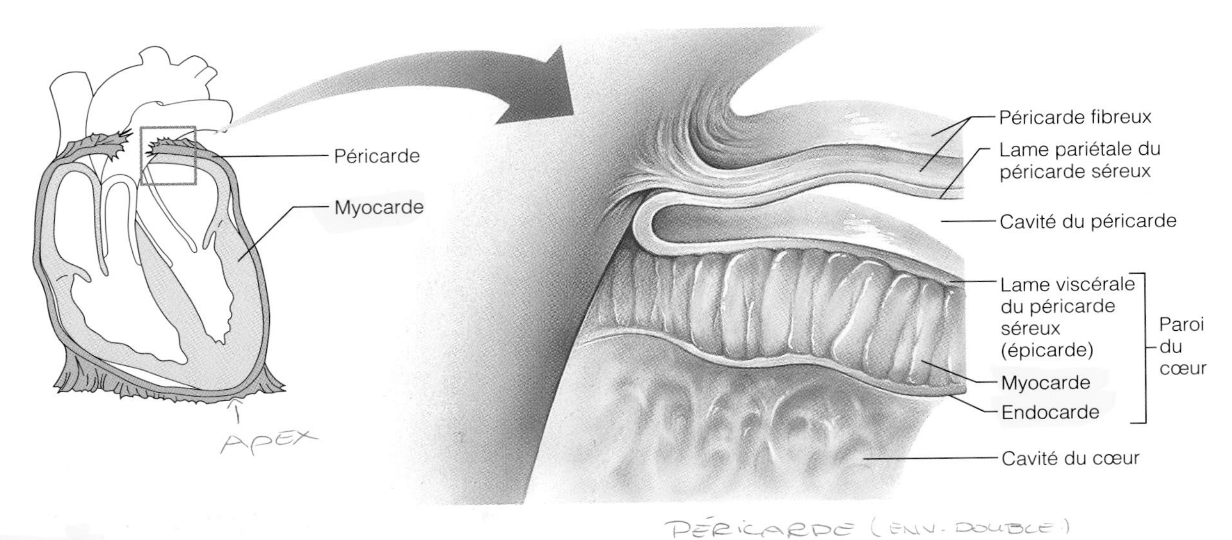

FIGURE 19.2
Péricarde et tuniques de la paroi du cœur.

côte au cinquième espace intercostal, et mesure de 12 à 14 cm (figure 19.1a). Il repose sur la face supérieure du diaphragme, à l'avant de la colonne vertébrale et à l'arrière du sternum; latéralement, il est bordé et partiellement recouvert par les poumons. Les deux tiers environ de sa masse se trouvent à gauche de l'axe médian du sternum, et l'autre tiers, à droite. Sa **base** plate, ou face postérieure, mesure environ 9 cm de large et elle fait face à l'épaule droite. Son **apex** pointe vers le bas en direction de la hanche gauche. Si vous posez vos doigts sous votre mamelon gauche, entre la cinquième et la sixième côte, vous percevrez facilement les battements de votre cœur. Là, en effet, l'apex du cœur touche à la paroi thoracique; ce que vous ressentez est appelé **choc de la pointe** du cœur.

Enveloppe du cœur

Le cœur est enveloppé dans un sac à double paroi appelé **péricarde** (*peri* = autour; *kardia* = cœur) (figure 19.2). La couche superficielle du péricarde, le **péricarde fibreux,** est lâche et composée de tissu conjonctif dense. Résistant, le péricarde fibreux protège le cœur, l'amarre au diaphragme et aux gros vaisseaux et lui évite toute accumulation excessive de sang.

Le péricarde fibreux recouvre le **péricarde séreux,** une séreuse formée de deux lames. La **lame pariétale du péricarde séreux** tapisse la face interne du péricarde fibreux. Sur le bord supérieur du cœur, la lame pariétale se rattache aux grandes artères qui émergent du cœur, tourne vers le bas et se prolonge sur la face externe du cœur pour constituer la **lame viscérale du péricarde séreux,** aussi appelée **épicarde** (littéralement, « sur le cœur »). L'épicarde fait partie intégrante de la paroi du cœur.

Les deux lames du péricarde séreux délimitent la très mince **cavité du péricarde,** qui renferme un film de sérosité. Ce liquide lubrifie les lames et élimine une bonne part de la friction créée entre elles par les battements du cœur.

L'inflammation du péricarde, la *péricardite,* peut résulter d'une infection bactérienne comme la pneumonie. Elle entrave la formation de la sérosité et abrase les lames. En battant contre le péricarde, le cœur produit alors un bruissement audible au stéthoscope, le *frottement péricardique.* La péricardite peut mener à la formation de douloureuses adhérences qui réunissent les lames et gênent l'activité du cœur. Dans les cas graves, la péricardite provoque un épanchement dans la cavité du péricarde. L'excédent de liquide comprime le cœur et limite sa capacité à pomper du sang. Cette compression du cœur par un épanchement est appelée *tamponnade cardiaque.* Le traitement consiste à insérer une seringue dans la cavité du péricarde pour en évacuer le liquide. ■

Tuniques de la paroi du cœur

La paroi du cœur est formée de trois tuniques, soit de l'extérieur vers l'intérieur : l'épicarde, le myocarde et l'endocarde (figure 19.2). Ces trois tuniques sont riches en vaisseaux sanguins.

L'**épicarde** est la lame viscérale du péricarde séreux dont nous avons déjà parlé. Il est souvent infiltré par de la graisse, surtout chez les personnes âgées.

Le **myocarde** (littéralement, « muscle du cœur »), la tunique intermédiaire, est composé principalement de cellules musculaires cardiaques, et il constitue l'essentiel de la masse du cœur. C'est la tunique dotée de la capacité de se contracter. À l'intérieur du myocarde, les cellules ramifiées du muscle cardiaque sont rattachées par des fibres de tissu conjonctif enchevêtrées et elles forment des *faisceaux* spiralés ou circulaires (figure 19.3). Ces faisceaux entrelacés relient toutes les parties du cœur. Les

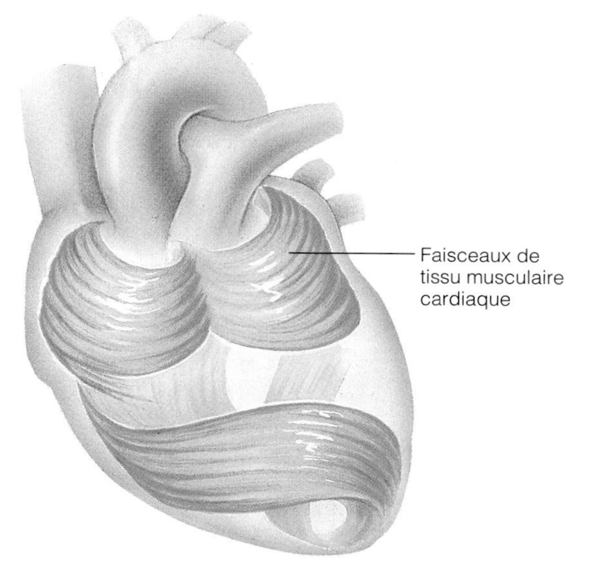

FIGURE 19.3
Disposition du muscle cardiaque dans le cœur. Vue longitudinale du cœur montrant les spirales et les cercles formés par les faisceaux de tissu musculaire cardiaque.

fibres collagènes et élastiques de tissu conjonctif tissent un réseau dense, le **squelette fibreux du cœur,** qui renforce le myocarde. Par endroits, le réseau s'épaissit et forme des anneaux de tissu fibreux qui soutiennent les points d'émergence des gros vaisseaux et le pourtour des valves (voir aussi la figure 19.7, p. 666), lesquelles pourraient autrement trop se dilater (s'étirer) du fait de la pression continuelle exercée par le sang qui les traverse. De plus, étant donné que le tissu conjonctif ne peut transmettre les potentiels d'action (phénomène électrique) nécessaires à la contraction des cellules musculaires cardiaques, il restreint la propagation des influx à travers le cœur sur certains parcours et certaines structures. (Nous traiterons plus loin dans le chapitre de l'importance de cette caractéristique.)

L'**endocarde** (littéralement, « intérieur du cœur ») est un endothélium (épithélium simple squameux) d'un blanc brillant posé sur une mince couche de tissu conjonctif lâche. Accolé à la face interne du myocarde, il tapisse les cavités du cœur et recouvre le squelette de tissu conjonctif des valves. L'endocarde est en continuité avec l'endothélium des vaisseaux sanguins qui aboutissent au cœur (veines) ou qui en émergent (artères). Il constitue un revêtement parfaitement lisse qui diminue la friction du sang contre les parois cardiaques.

Cavités et gros vaisseaux du cœur

Le cœur renferme quatre cavités (figure 19.4, p. 661-664) : deux **oreillettes** dans sa partie supérieure et deux **ventricules** dans sa partie inférieure. La cloison qui divise longitudinalement l'intérieur du cœur est appelée soit **septum interauriculaire,** soit **septum interventriculaire** (figure 19.4c), selon les cavités qu'elle sépare. Le ventricule droit constitue la majeure partie de la face antérieure du cœur. Le ventricule gauche domine la partie postéro-inférieure du cœur et forme l'apex du cœur. Deux sillons visibles à la surface du cœur indiquent les limites des quatre cavités et portent les vaisseaux sanguins qui irriguent le myocarde. Le **sillon coronaire,** ou sillon auriculo-ventriculaire (figure 19.4a et d), encercle la jonction des oreillettes et des ventricules à la manière d'une couronne. Le **sillon interventriculaire antérieur** (figure 19.4a), qui abrite le rameau interventriculaire antérieur, marque, sur la face antérieure du cœur, la situation du septum interventriculaire séparant les ventricules droit et gauche. Sur la face postéro-inférieure du cœur, le **sillon interventriculaire postérieur** (figure 19.4d) fournit un repère équivalent.

Oreillettes : points d'arrivée du sang

Les oreillettes droite et gauche sont remarquablement dépourvues de signes distinctifs, si l'on fait exception de leurs **auricules** (*auricula* = oreille), ces petits appendices ridés qui font saillie et augmentent quelque peu leur volume. À l'intérieur, les parois postérieures des oreillettes sont lisses, mais leurs parois antérieures sont tapissées de faisceaux de tissu musculaire. Étant donné l'aspect qu'ils donnent à la paroi, ces faisceaux musculaires sont appelés **muscles pectinés** (*pecten* = peigne). Le septum interauriculaire est creusé d'une légère dépression, la **fosse ovale** (figure 19.4c), qui constitue un vestige du *foramen ovale*, un orifice du cœur fœtal (voir la figure 19.23, p. 687).

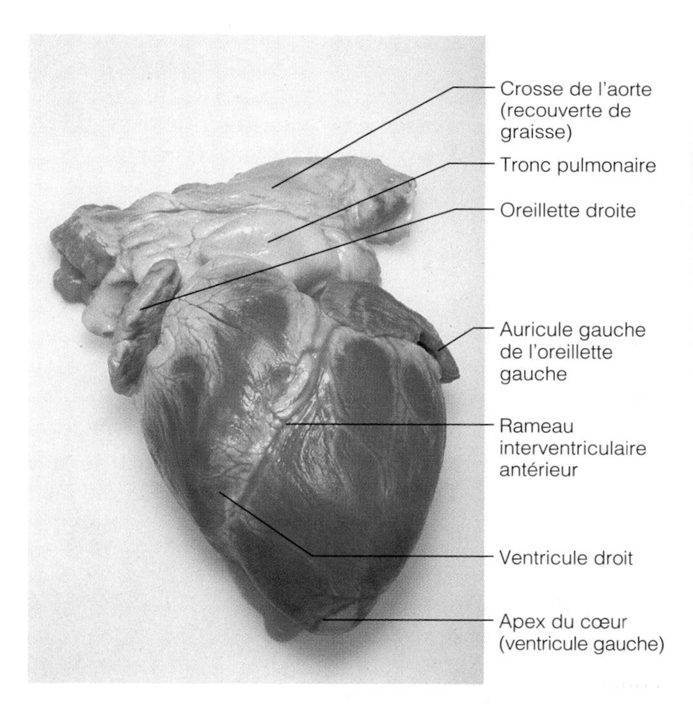

(a)

FIGURE 19.4
Anatomie macroscopique du cœur. (a) Photographie de la face antérieure du cœur (péricarde retiré).

Quelle cavité du cœur a les parois les plus épaisses ? Que signifie cette différence structurale ?

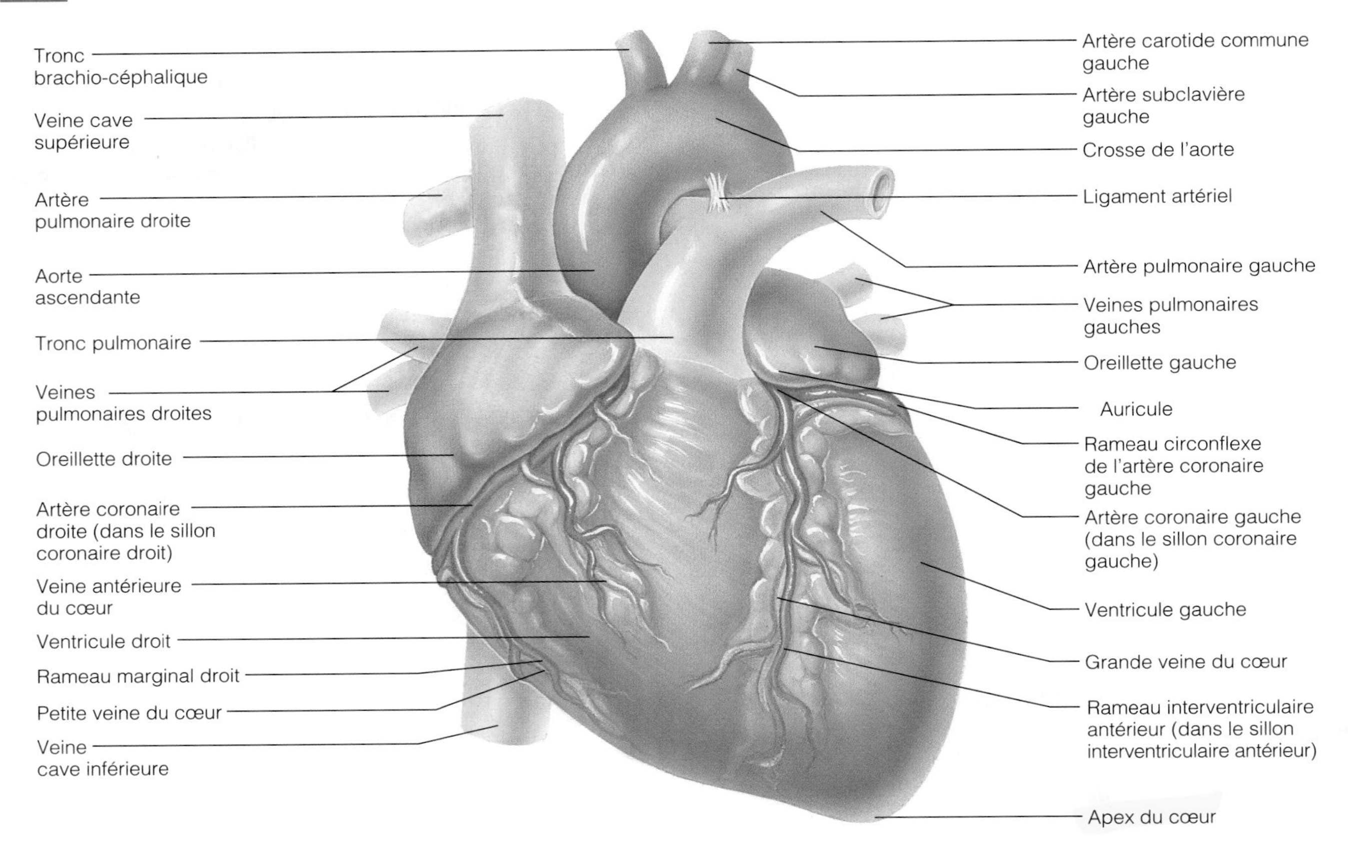

FIGURE 19.4 (suite)
Anatomie macroscopique du cœur. (b) Face antérieure. **(c)** Coupe frontale montrant les cavités et les valves. **(d)** Face postérieure.

Au point de vue fonctionnel, les oreillettes constituent le point d'arrivée du sang en provenance de la circulation. Comme elles n'ont pas à se contracter fortement pour faire passer le sang dans les ventricules juste en dessous d'elles, les oreillettes sont de petite taille et leurs parois sont relativement minces ; elles contribuent peu au remplissage des ventricules et à l'action de pompage du cœur.

Trois veines entrent dans l'*oreillette droite* : (1) la **veine cave supérieure** déverse le sang provenant des régions situées au-dessus du diaphragme ; (2) la **veine cave inférieure** transporte le sang provenant des régions situées en dessous du diaphragme ; (3) le **sinus coronaire** recueille le sang drainé du myocarde lui-même. Quatre **veines pulmonaires** pénètrent dans l'*oreillette gauche,* qui forme la majeure partie de la base du cœur. Ces veines ramènent le sang des poumons au cœur. Elles s'observent mieux sur la face postérieure du cœur (figure 19.4d).

Ventricules : points de départ du sang

Les ventricules constituent presque toute la masse du cœur. Comme nous l'avons vu, le ventricule droit occupe la majorité de la face antérieure du cœur tandis que le ventricule gauche domine sur la face inférieure. Des saillies musculaires irrégulières appelées **trabécules charnues** (figure 19.4c) sillonnent les parois internes des ventricules. D'autres faisceaux musculaires, les **muscles papillaires,** épousent la forme de cônes et pénètrent dans la cavité ventriculaire. Nous décrirons plus loin le rôle que jouent ces muscles dans le fonctionnement des valves cardiaques.

Les ventricules (littéralement, « petits ventres ») sont les points de départ de la circulation du sang, les pompes proprement dites du cœur (leurs parois sont d'ailleurs beaucoup plus épaisses que celles des oreillettes). En se contractant, les ventricules projettent le sang hors du

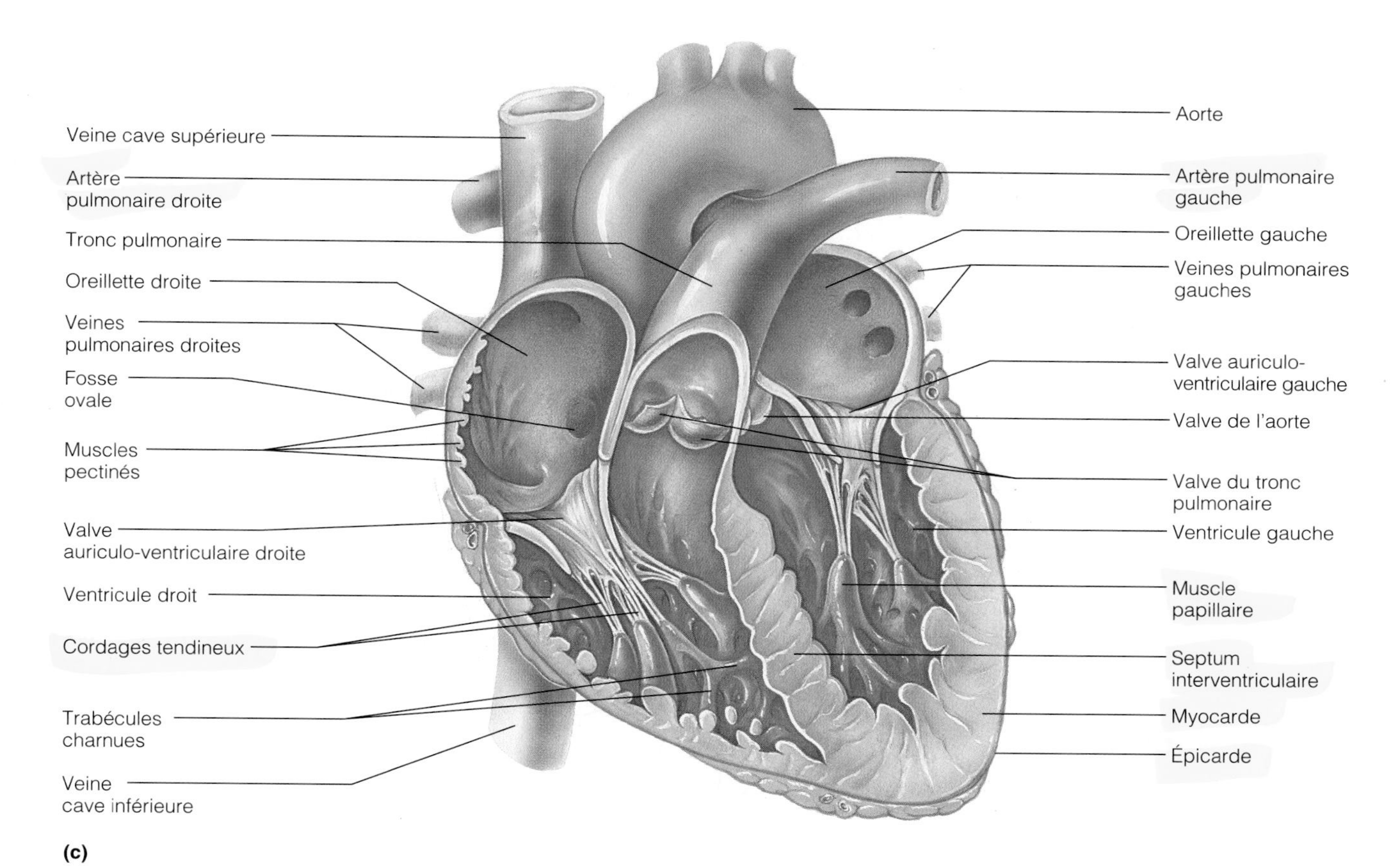
Veine cave supérieure
Artère pulmonaire droite
Tronc pulmonaire
Oreillette droite
Veines pulmonaires droites
Fosse ovale
Muscles pectinés
Valve auriculo-ventriculaire droite
Ventricule droit
Cordages tendineux
Trabécules charnues
Veine cave inférieure
Aorte
Artère pulmonaire gauche
Oreillette gauche
Veines pulmonaires gauches
Valve auriculo-ventriculaire gauche
Valve de l'aorte
Valve du tronc pulmonaire
Ventricule gauche
Muscle papillaire
Septum interventriculaire
Myocarde
Épicarde

(c)

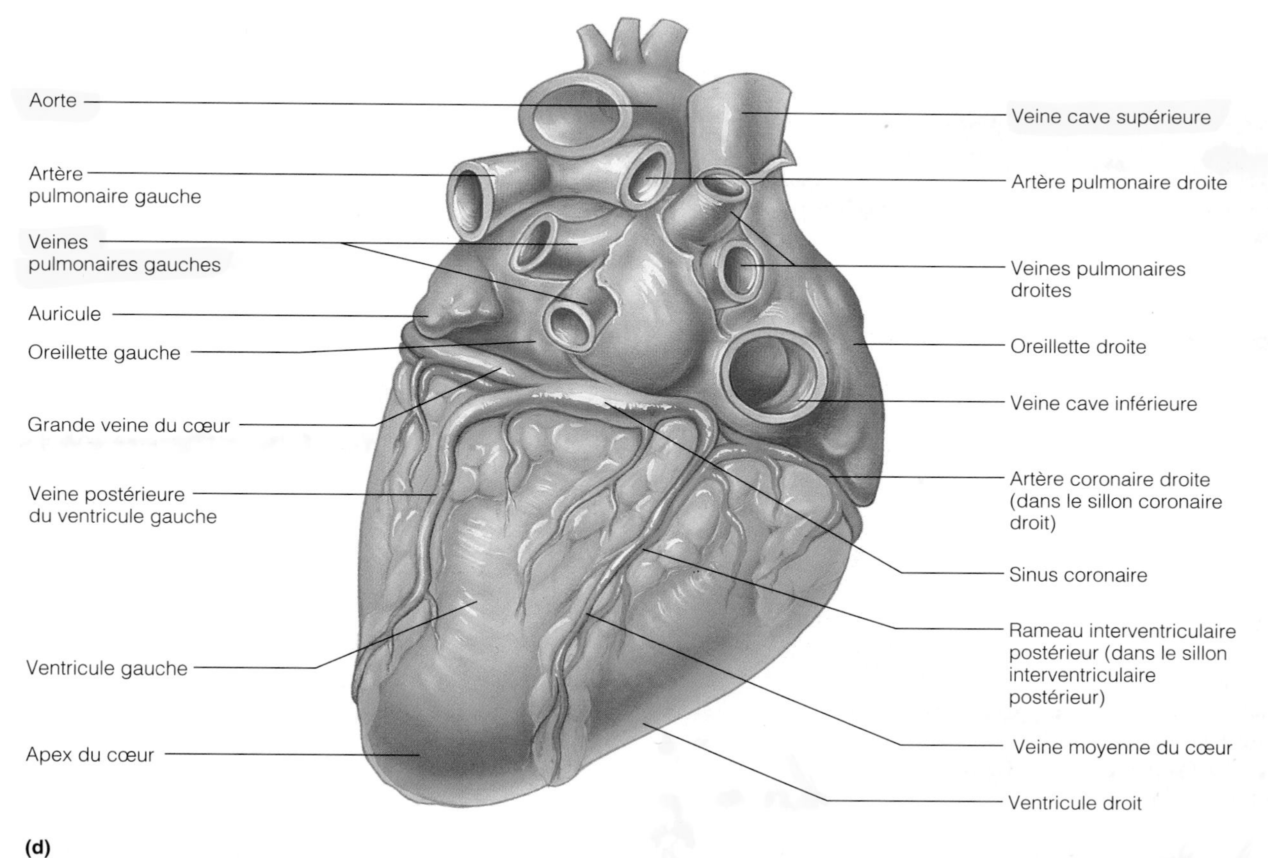
Aorte
Artère pulmonaire gauche
Veines pulmonaires gauches
Auricule
Oreillette gauche
Grande veine du cœur
Veine postérieure du ventricule gauche
Ventricule gauche
Apex du cœur
Veine cave supérieure
Artère pulmonaire droite
Veines pulmonaires droites
Oreillette droite
Veine cave inférieure
Artère coronaire droite (dans le sillon coronaire droit)
Sinus coronaire
Rameau interventriculaire postérieur (dans le sillon interventriculaire postérieur)
Veine moyenne du cœur
Ventricule droit

(d)

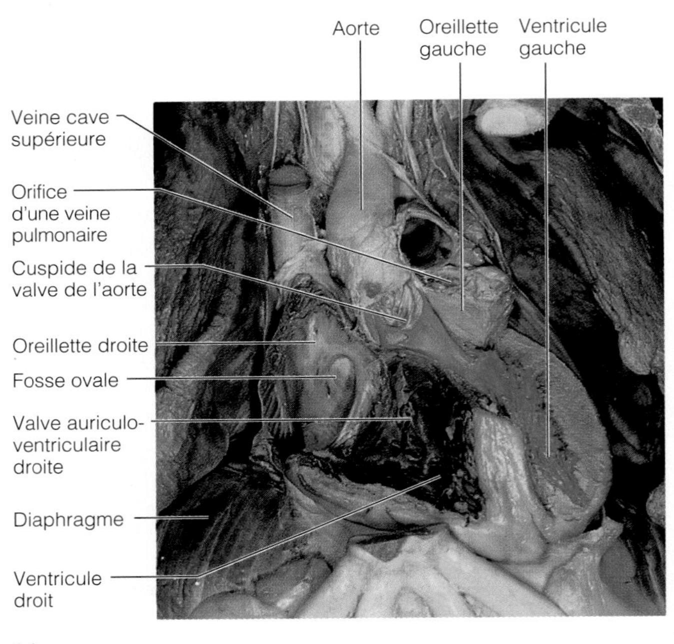

FIGURE 19.4 (suite)
Anatomie macroscopique du cœur. (e) Photographie de la coupe frontale du cœur d'un cadavre (comparable au schéma de la figure 19.4c).

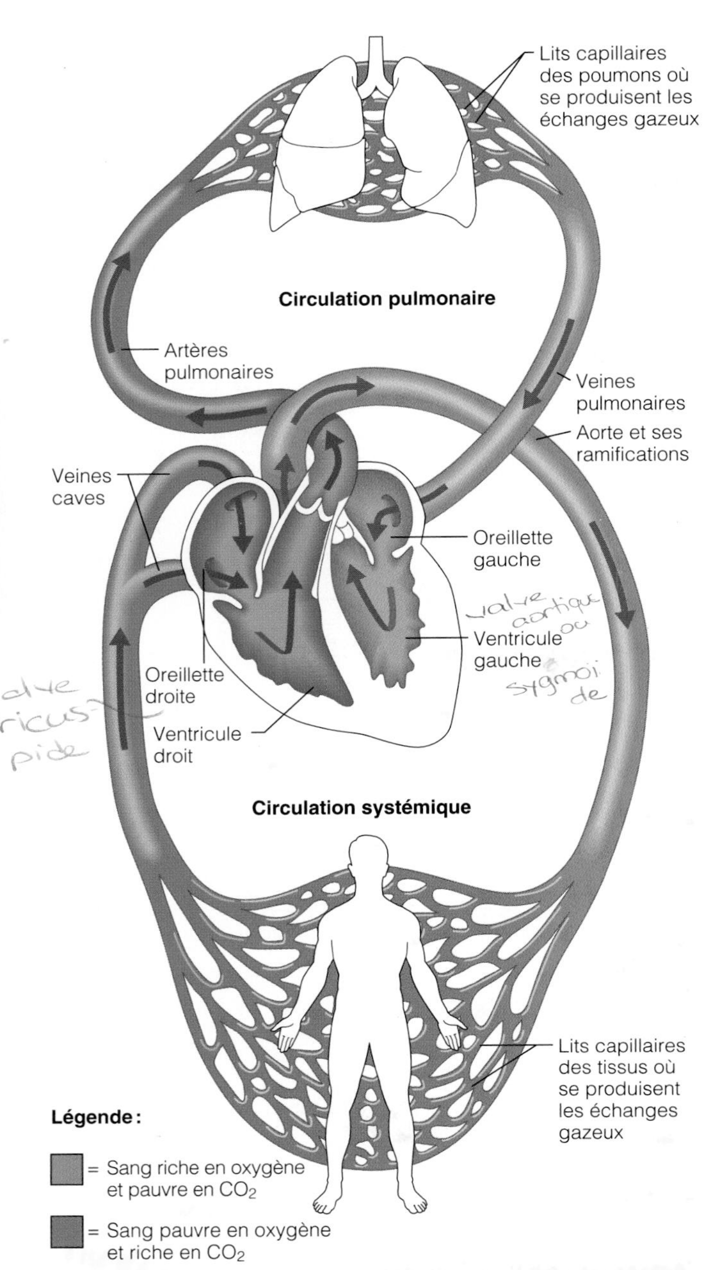

FIGURE 19.5
Circulation pulmonaire et circulation systémique. Le cœur est une double pompe qui dessert deux circulations. Le côté droit du cœur est la pompe de la circulation pulmonaire* (qui va aux poumons, puis revient au côté gauche du cœur). Le côté gauche emprunte la circulation systémique pour transporter le sang vers les tissus de l'organisme et le rapporter ensuite au cœur. Le sang qui passe dans la circulation pulmonaire absorbe de l'oxygène et se débarrasse de son gaz carbonique (ce phénomène est représenté par le passage du bleu au rouge). Quant au sang de la circulation systémique, il abandonne son oxygène et absorbe du gaz carbonique (passage du rouge au bleu).

* Bien qu'il existe deux artères pulmonaires et quatre veines pulmonaires, le schéma ne montre qu'une artère et une veine pour plus de simplicité.

cœur, dans les vaisseaux. Le ventricule droit éjecte le sang dans le **tronc pulmonaire,** qui achemine le sang dans les poumons en vue des échanges gazeux. Le ventricule gauche propulse le sang dans l'**aorte,** la plus grosse des artères, dont les ramifications successives alimentent tous les organes.

19

Trajet du sang dans le cœur

Jusqu'au XVIe siècle, on croyait que le sang circulait d'un côté à l'autre du cœur en s'écoulant par des pores de sa paroi médiane, le septum auriculo-ventriculaire. Nous savons aujourd'hui que les passages du cœur ne sont pas horizontaux mais bien verticaux. En fait, le cœur est composé de deux pompes placées côte à côte qui desservent chacune un circuit distinct (figure 19.5). Les vaisseaux qui apportent le sang dans les poumons et l'en retirent forment la **circulation pulmonaire,** ou **petite circulation** ; la seule fonction de cette circulation est d'assurer les échanges gazeux. Les vaisseaux qui transportent le sang vers les tissus de l'organisme et le rapportent au cœur constituent la **circulation systémique,** ou **grande circulation.**

Le côté droit du cœur est la *pompe de la circulation pulmonaire.* Le sang qui vient de l'organisme, pauvre en oxygène et riche en gaz carbonique, entre dans l'oreillette droite puis descend vers le ventricule droit, d'où partent les deux artères pulmonaires qui transportent le sang vers les poumons (figure 19.4a et b). Dans les poumons, le sang se débarrasse du gaz carbonique et absorbe de l'oxygène. Il emprunte ensuite les veines pulmonaires pour retourner au cœur dans l'oreillette gauche. Cette circulation est unique en son genre, car habituellement les veines transportent un sang relativement pauvre en oxygène vers le cœur et les artères convoient un sang riche en oxygène du cœur dans l'ensemble de l'organisme. Dans la circulation pulmonaire, la situation est inversée.

Le côté gauche du cœur est la *pompe de la circulation systémique*. À sa sortie des poumons, le sang fraîchement oxygéné entre dans l'oreillette gauche puis dans le ventricule gauche, qui l'expulse dans l'aorte. De là, les petites artères systémiques transportent le sang jusqu'aux tissus, où gaz et nutriments sont échangés à travers les parois des capillaires. Le sang, encore une fois chargé de gaz carbonique et délesté de son oxygène, retourne au côté droit du cœur par les veines systémiques ; il entre dans l'oreillette droite par les veines caves supérieure et inférieure. Ce cycle se répète continuellement.

Bien que des quantités égales de sang soient poussées par les deux ventricules vers les circulations pulmonaire et systémique en tout temps, les ventricules sont loin de travailler aussi fort l'un que l'autre. En effet, la circulation pulmonaire, desservie par le ventricule droit, est peu étendue et la pression y est faible. À l'opposé, la circulation systémique, associée au ventricule gauche, couvre l'organisme entier et la résistance opposée à l'écoulement du sang y est environ cinq fois plus grande que dans la circulation pulmonaire. L'anatomie comparative des deux ventricules révèle cette différence fonctionnelle (figure 19.6). Les parois du ventricule gauche sont trois fois plus épaisses que celles du ventricule droit, et sa cavité est presque circulaire. Le ventricule droit s'aplatit en forme de croissant et entoure partiellement le ventricule gauche, un peu à la manière d'une main posée autour d'un poing fermé. Par conséquent, le ventricule gauche déploie beaucoup plus de puissance que le ventricule droit au cours de sa contraction, ce qui en fait une pompe nettement plus efficace.

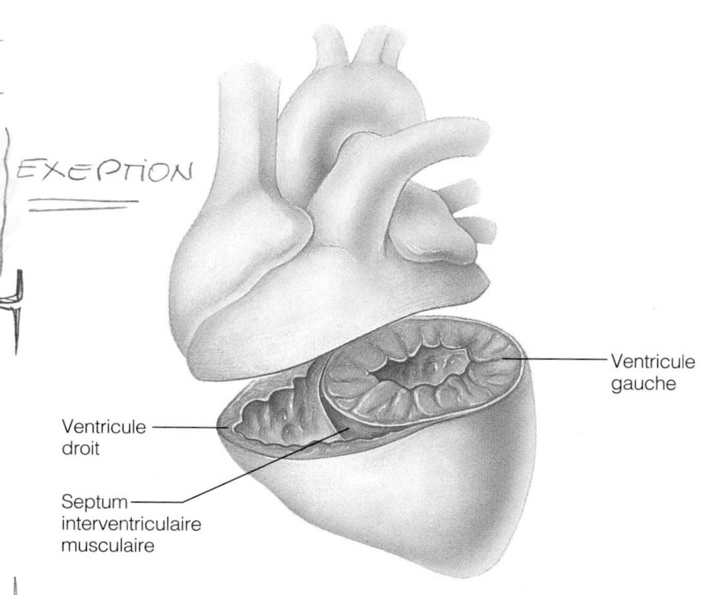

FIGURE 19.6
Différences anatomiques entre le ventricule gauche et le ventricule droit. La paroi du ventricule gauche est plus épaisse et sa cavité est presque circulaire ; la cavité du ventricule droit a la forme d'un croissant et entoure le ventricule gauche.

Valves cardiaques

Le sang circule à sens unique dans le cœur : il passe des oreillettes aux ventricules, puis il s'engage dans les grosses artères qui émergent de la partie supérieure du cœur. Quatre valves assurent l'immuabilité de ce trajet : les deux valves auriculo-ventriculaires, la valve du tronc pulmonaire et la valve de l'aorte (figures 19.4c et 19.7). Ces valves s'ouvrent et se ferment en réaction aux variations de la pression sanguine appliquée sur leurs surfaces.

Valves auriculo-ventriculaires

Les deux **valves auriculo-ventriculaires,** situées à la jonction des oreillettes et de leurs ventricules correspondants, empêchent le sang de refluer dans les oreillettes lorsque les ventricules se contractent. La valve auriculo-ventriculaire droite, ou **valve tricuspide,** est composée de trois cuspides (lames d'endocarde renforcées par du tissu conjonctif). La valve auriculo-ventriculaire gauche, appelée aussi **valve bicuspide** ou encore **valve mitrale** (à cause de sa ressemblance avec la mitre d'un évêque), comprend deux cuspides. De fins cordons de collagène blanc nommés **cordages tendineux** sont attachés à chacune des valves auriculo-ventriculaires. Ils ancrent leurs cuspides aux muscles papillaires qui jaillissent des parois internes des ventricules.

Lorsque le cœur est complètement relâché, les valves auriculo-ventriculaires pendent, inertes, dans la partie supérieure des ventricules ; le sang s'écoule dans les oreillettes, traverse passivement les valves ouvertes et entre dans les ventricules. Ensuite, les ventricules se contractent à partir de l'apex et la pression intraventriculaire s'élève, ce qui pousse le sang vers le haut, contre les cuspides des valves auriculo-ventriculaires. En conséquence, les bords des cuspides se touchent et les valves se ferment (figure 19.8). Les cordages tendineux et les

Selon vous, quel rôle précis jouent les muscles papillaires dans le fonctionnement des valves ?

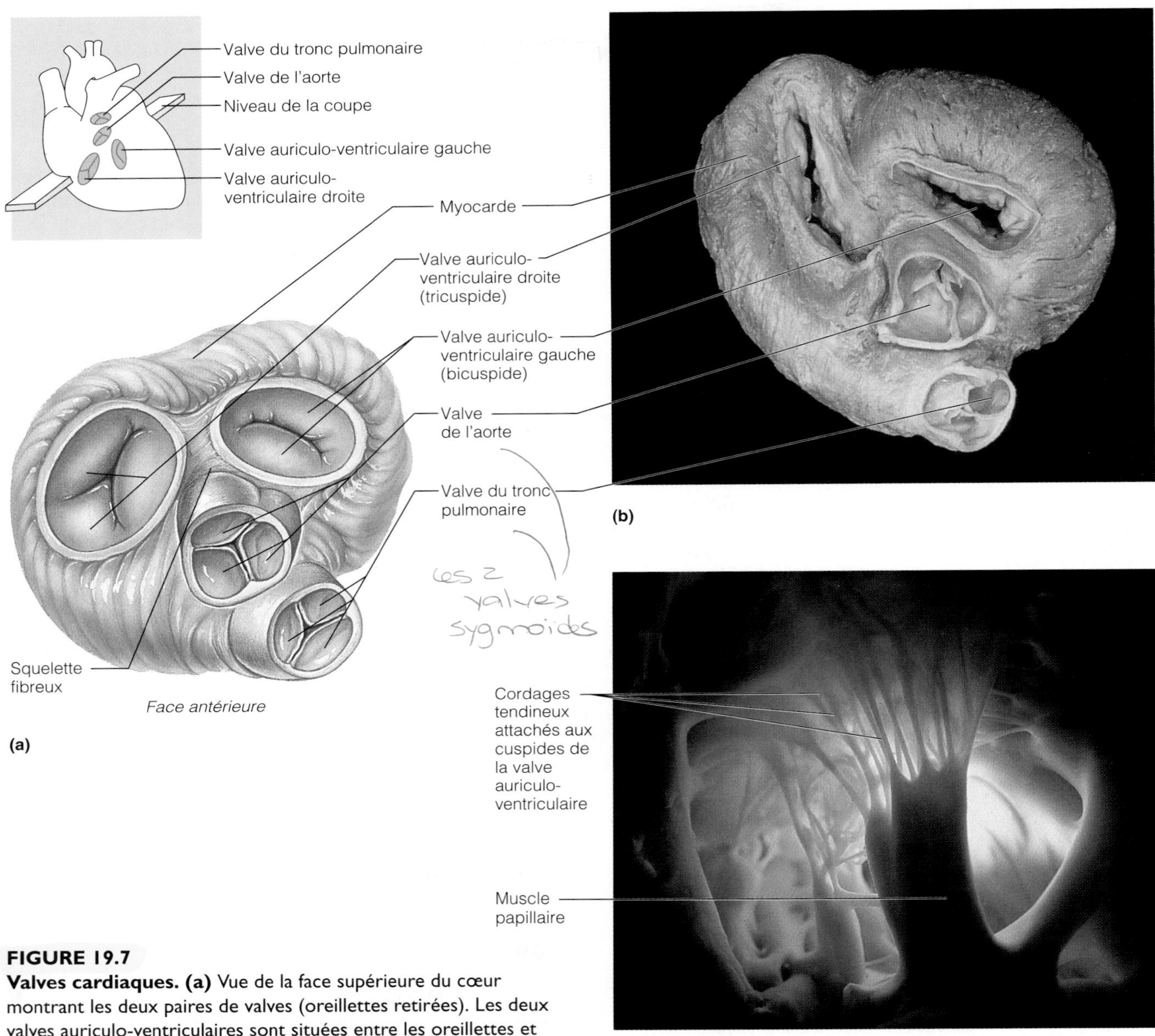

FIGURE 19.7
Valves cardiaques. (a) Vue de la face supérieure du cœur montrant les deux paires de valves (oreillettes retirées). Les deux valves auriculo-ventriculaires sont situées entre les oreillettes et les ventricules ; les valves du tronc pulmonaire et de l'aorte sont situées à la jonction des ventricules et des artères qui en émergent. **(b)** Photographie de la face supérieure du cœur montrant les valves. **(c)** Photographie de la valve auriculo-ventriculaire droite. La vue est en contre-plongée et montre le passage du ventricule droit à l'oreillette droite.

Ils maintiennent les cuspides des valves auriculo-ventriculaires en position fermée.

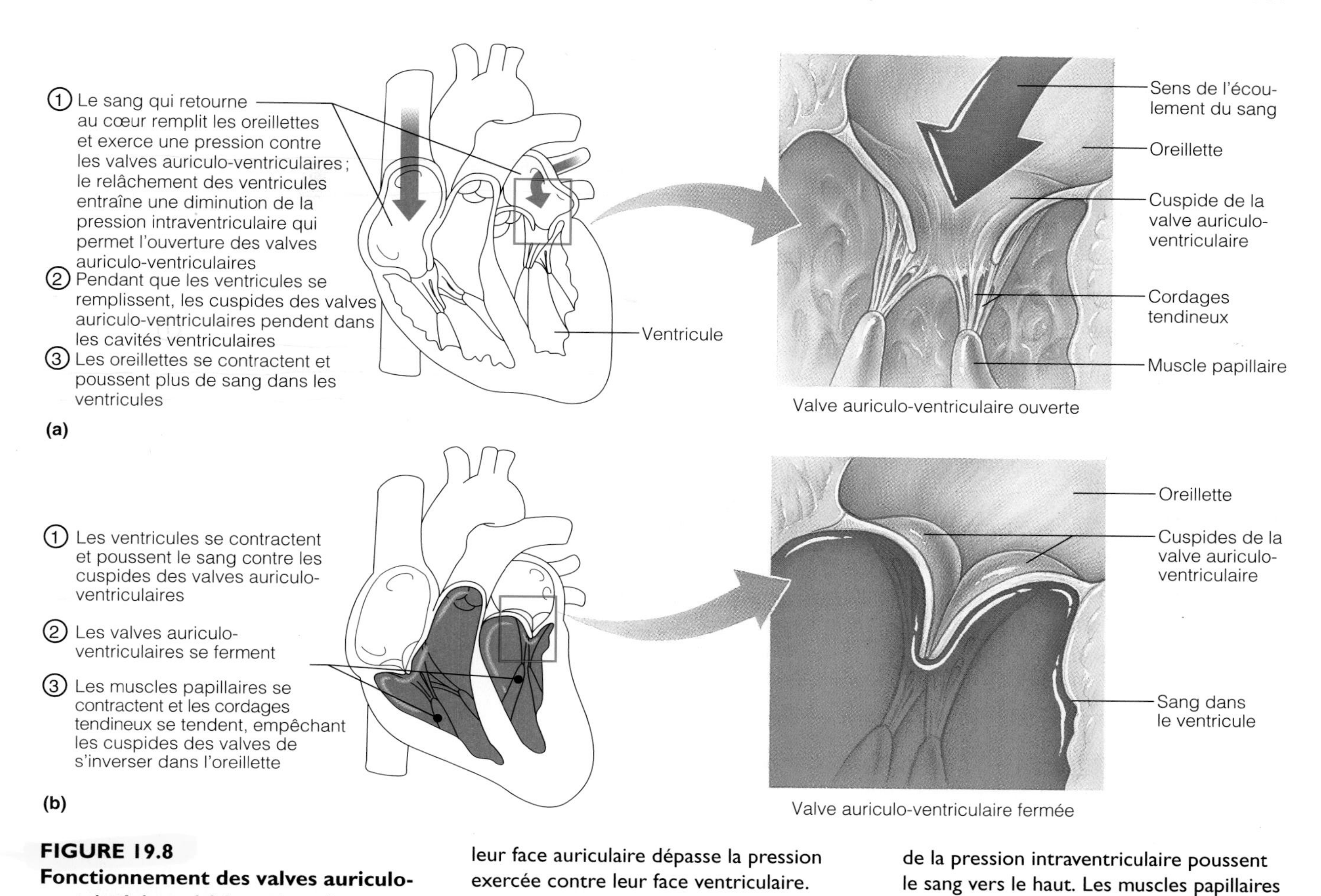
① Le sang qui retourne au cœur remplit les oreillettes et exerce une pression contre les valves auriculo-ventriculaires ; le relâchement des ventricules entraîne une diminution de la pression intraventriculaire qui permet l'ouverture des valves auriculo-ventriculaires
② Pendant que les ventricules se remplissent, les cuspides des valves auriculo-ventriculaires pendent dans les cavités ventriculaires
③ Les oreillettes se contractent et poussent plus de sang dans les ventricules
Ventricule
Sens de l'écoulement du sang
Oreillette
Cuspide de la valve auriculo-ventriculaire
Cordages tendineux
Muscle papillaire
Valve auriculo-ventriculaire ouverte
(a)
① Les ventricules se contractent et poussent le sang contre les cuspides des valves auriculo-ventriculaires
② Les valves auriculo-ventriculaires se ferment
③ Les muscles papillaires se contractent et les cordages tendineux se tendent, empêchant les cuspides des valves de s'inverser dans l'oreillette
Oreillette
Cuspides de la valve auriculo-ventriculaire
Sang dans le ventricule
Valve auriculo-ventriculaire fermée
(b)

FIGURE 19.8
Fonctionnement des valves auriculo-ventriculaires. (a) Les valves s'ouvrent lorsque la pression artérielle exercée contre leur face auriculaire dépasse la pression exercée contre leur face ventriculaire. **(b)** Les valves se ferment lorsque les contractions des ventricules et l'élévation de la pression intraventriculaire poussent le sang vers le haut. Les muscles papillaires et les cordages tendineux maintiennent les cuspides en position fermée.

muscles papillaires, à la manière de haubans, maintiennent les cuspides des valves en position *fermée.* Sans cet ancrage, les cuspides seraient repoussées dans l'oreillette, comme un parapluie qu'une rafale tourne à l'envers.

Valves de l'aorte et du tronc pulmonaire

Les **valves de l'aorte** et **du tronc pulmonaire** sont situées à la base de l'aorte et du tronc pulmonaire, respectivement, et elles empêchent le sang de refluer dans les ventricules. Chacune de ces valves (aussi appelées sigmoïdes) est formée de trois valvules semi-lunaires en forme de pochette ou de croissant de lune. Leur fonctionnement diffère de celui des valves auriculo-ventriculaires. Lorsque les ventricules se contractent, la pression intraventriculaire *dépasse* la pression régnant dans l'aorte et dans le tronc pulmonaire. En conséquence, les valves du tronc pulmonaire et de l'aorte s'ouvrent et le passage du sang aplatit les valvules contre leurs parois (figure 19.9). Lorsque les ventricules se relâchent, la pression intraventriculaire diminue et le sang commence à se retirer en direction du cœur. Il remplit alors les valvules semi-lunaires et ferme les valves.

FONCTIONMT

Notre description des valves serait incomplète si nous omettions le fait qu'aucune valve ne garde l'entrée des veines caves et pulmonaires, situées dans les oreillettes droite et gauche, respectivement. De petites quantités de sang rejaillissent dans ces vaisseaux pendant la contraction auriculaire, mais ce reflux est considérablement limité par le myocarde auriculaire qui, en se contractant, comprime ces points d'entrée veineux et provoque leur affaissement.

Les valves cardiaques sont des dispositifs assez simples. Comme n'importe quelle pompe mécanique, le cœur peut fonctionner en dépit de « fuites » mineures de ses valves. Toutefois, certaines malformations graves des valves (ou leurs altérations par suite d'endocardite ou de rhumatisme articulaire aigu) peuvent gêner considérablement le fonctionnement du cœur. Ainsi, l'*insuffisance valvulaire,* qui correspond à un défaut de fermeture d'une valve et au reflux du sang, oblige le cœur à pomper sans cesse le même sang. Dans le *rétrécissement valvulaire,* aussi appelé *sténose,* les valves durcissent et obstruent l'orifice. Cette rigidité force le cœur à se contracter plus fortement qu'il ne le devrait. Dans les deux cas, le cœur fournit un surcroît de travail et, avec le temps, s'affaiblit. Ces troubles dictent un remplacement

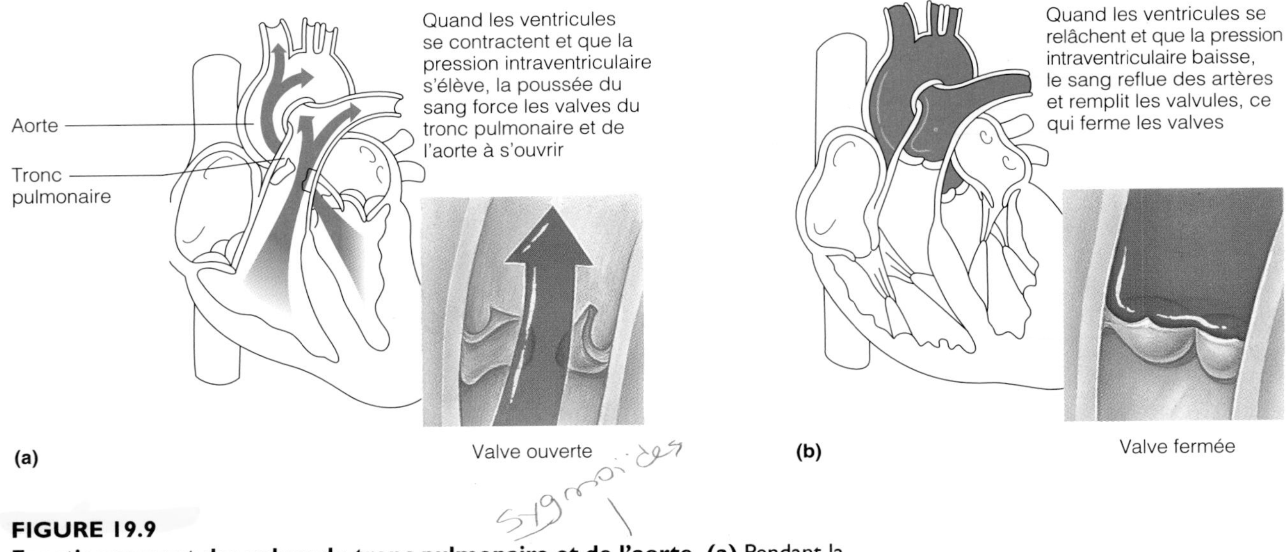
Quand les ventricules se contractent et que la pression intraventriculaire s'élève, la poussée du sang force les valves du tronc pulmonaire et de l'aorte à s'ouvrir
Aorte
Tronc pulmonaire
(a)
Valve ouverte
Quand les ventricules se relâchent et que la pression intraventriculaire baisse, le sang reflue des artères et remplit les valvules, ce qui ferme les valves
(b)
Valve fermée

FIGURE 19.9
Fonctionnement des valves du tronc pulmonaire et de l'aorte. (a) Pendant la contraction des ventricules, les valves sont ouvertes et leurs valvules sont aplaties contre les parois artérielles. **(b)** Lorsque les ventricules se relâchent, le reflux du sang remplit les valvules et ferme ainsi les valves.

de la valve défectueuse (la valve auriculo-ventriculaire gauche, le plus souvent) par une valve artificielle ou une valve provenant d'un cœur de porc (traitée chimiquement pour prévenir les risques de rejet). ■

APPORT SANGUIN AU CŒUR : CIRCULATION CORONARIENNE

Le sang qui circule presque continuellement dans les cavités du cœur nourrit très peu les tissus cardiaques. (Le myocarde est trop épais pour que la diffusion des nutriments et des gaz puisse répondre aux besoins de toutes ses cellules.) L'irrigation fonctionnelle du cœur relève de la **circulation coronarienne,** la moins étendue des circulations de l'organisme. La contribution artérielle à la circulation coronarienne est assurée par les *artères coronaires droite* et *gauche*. Ces artères naissent de la base de l'aorte et encerclent le cœur dans le sillon coronaire (figure 19.10a). L'**artère coronaire gauche** se dirige du côté gauche du cœur puis elle donne le **rameau interventriculaire antérieur** et le **rameau circonflexe de l'artère coronaire gauche.** Le premier rameau suit le sillon interventriculaire antérieur et il irrigue le septum interventriculaire et les parois antérieures des deux ventricules ; le second rameau dessert l'oreillette gauche et la paroi postérieure du ventricule gauche.

L'**artère coronaire droite** s'étend vers le côté droit du cœur, où elle émet deux ramifications. Le **rameau marginal droit** irrigue le myocarde de la partie latérale du côté droit du cœur. Le **rameau interventriculaire postérieur,** plus important, atteint l'apex du cœur et dessert les parois postérieures des ventricules. Les ramifications des rameaux interventriculaires antérieur et postérieur se rejoignent (s'anastomosent) près de l'apex du cœur. Globalement, les rameaux de l'artère coronaire droite irriguent l'oreillette droite et presque tout le ventricule droit.

La constitution du réseau artériel du cœur est fort variable. Chez 15 % des gens, par exemple, l'artère coronaire gauche donne naissance aux *deux* rameaux interventriculaires ; chez 4 %, une seule artère coronaire irrigue tout le cœur. De plus, les ramifications des artères coronaires forment de nombreuses anastomoses fournissant des voies supplémentaires (*collatérales*) pour l'irrigation du muscle cardiaque. C'est pourquoi l'obstruction partielle d'une artère coronaire ne suffit généralement pas à arrêter la circulation de sang oxygéné dans le cœur. Une occlusion complète, cependant, entraîne la nécrose tissulaire (mort des cellules cardiaques) et un infarctus du myocarde (voir plus loin).

Les artères coronaires fournissent au myocarde un apport sanguin intermittent et rythmique. Ces vaisseaux et leurs principales ramifications sont logés dans l'épicarde et leurs branches pénètrent dans le myocarde pour le nourrir. Ils transportent du sang lorsque le muscle cardiaque est relâché, mais ils sont virtuellement inefficaces au cours de la contraction ventriculaire. En effet : (1) ils sont alors comprimés par le myocarde contracté ; (2) leurs entrées sont partiellement obstruées par la valve de l'aorte, qui est ouverte à ce moment. Bien que le cœur ne représente qu'environ 1/200 de la masse corporelle, il utilise 1/20 du sang. Il va sans dire que le ventricule gauche reçoit la majeure partie de cet apport.

Après son passage dans les lits capillaires du myocarde, le sang veineux est recueilli par les **veines du cœur,** dont les trajets sont plus ou moins jumelés à ceux des

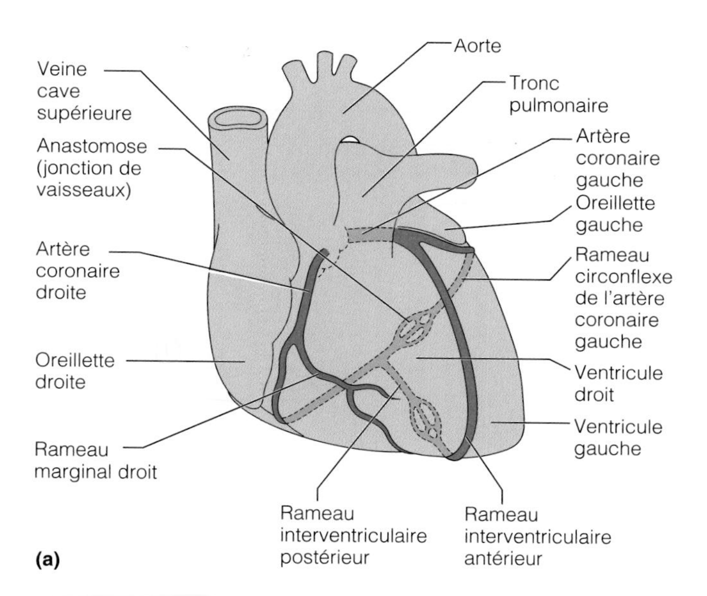

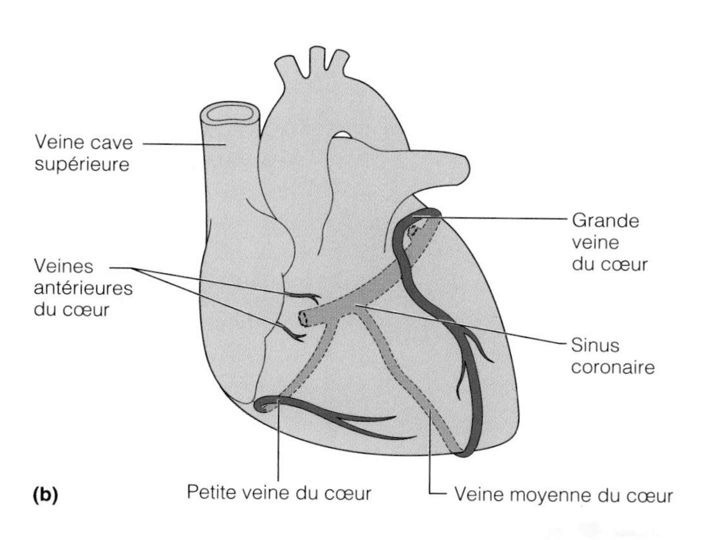

FIGURE 19.10
Circulation coronarienne. (a) Irrigation artérielle. **(b)** Irrigation veineuse. (Les vaisseaux de couleur plus claire sont situés dans la partie postérieure du cœur.)

artères coronaires. Ces veines se réunissent en un gros vaisseau, le **sinus coronaire,** qui déverse le sang dans l'oreillette droite. Le sinus coronaire est bien visible sur la face postérieure du cœur (figure 19.10b). Il a quatre grands tributaires : la **grande veine du cœur** (à gauche de l'artère coronaire gauche), dans le sillon interventriculaire antérieur, la **petite veine du cœur** (satellite de l'artère coronaire droite), dans le sillon coronaire droit, la **veine moyenne du cœur,** dans le sillon interventriculaire postérieur, et la **veine postérieure du ventricule gauche,** qui draine la face diaphragmatique du ventricule gauche. De plus, quelques **veines antérieures du cœur** se jettent directement dans la partie antérieure de l'oreillette droite.

Toute entrave à la circulation artérielle coronarienne peut avoir des conséquences graves, voire fatales. L'**angine de poitrine** est une douleur siégeant au niveau du sternum et causée par une diminution momentanée de l'irrigation du myocarde. Elle peut résulter de spasmes des artères coronaires dus au stress ou encore d'un surcroît de travail imposé à un cœur dont le réseau artériel est partiellement obstrué. Le manque temporaire d'oxygène affaiblit les cellules myocardiques mais ne les détruit pas. L'obstruction ou le spasme prolongés d'une artère coronaire sont plus inquiétants, car ils peuvent provoquer un **infarctus du myocarde,** communément appelé **crise cardiaque** (voir l'encadré des pages 682-683). Comme les cellules du muscle cardiaque adulte sont amitotiques, un tissu cicatriciel non contractile se développe dans les régions nécrosées. Les chances de survivre à un infarctus du myocarde sont liées au siège et à l'étendue des lésions. Compte tenu du rôle du ventricule gauche dans la circulation systémique, les lésions de cette région sont plus graves. ■

PROPRIÉTÉS DU TISSU MUSCULAIRE CARDIAQUE

Avant d'examiner en détail la physiologie du cœur, nous allons étudier la structure et le fonctionnement des cellules musculaires cardiaques. Bien que le tissu musculaire cardiaque présente de nombreuses similitudes avec le tissu musculaire squelettique, il est doté de caractéristiques anatomiques propres à son rôle de pompe. Nous avons traité du muscle squelettique au chapitre 9, et nous pouvons maintenant comparer les deux types de muscle.

Anatomie microscopique

Le **muscle cardiaque,** comme le muscle squelettique, est strié, et ses contractions s'effectuent suivant le même mécanisme de glissement des myofilaments. Mais tandis que les fibres musculaires squelettiques sont longues, cylindriques et multinucléées, les fibres musculaires cardiaques sont courtes, épaisses, ramifiées et anastomosées. Chacune porte en son centre un ou, au plus, deux gros noyaux pâles (figure 19.11a). Les espaces intercellulaires sont remplis d'une trame de tissu conjonctif lâche (l'*endomysium*) qui renferme de nombreux capillaires. À son tour, cette trame délicate est rattachée au squelette fibreux du cœur qui, comme nous l'avons déjà mentionné, relie les cellules cardiaques en faisceaux spiralés et renforce les parois du cœur (voir les figures 19.3 et 19.7a). Ce « squelette » joue le double rôle de tendon et de point d'insertion, et c'est sur lui que les cellules cardiaques peuvent exercer leur force lorsqu'elles se contractent.

Contrairement aux fibres musculaires squelettiques, qui sont indépendantes tant du point de vue structural

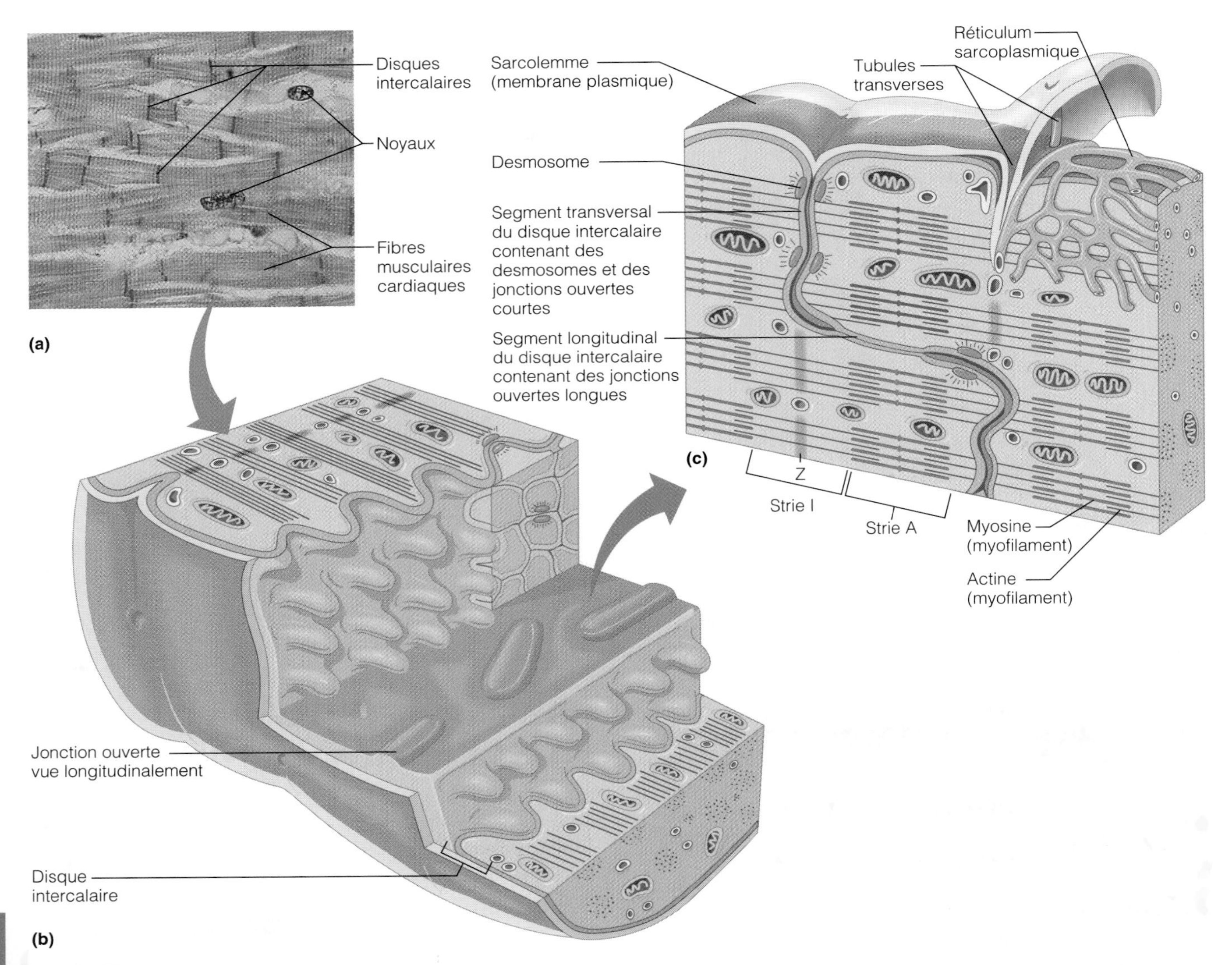

FIGURE 19.11
Anatomie microscopique du muscle cardiaque. (a) Photomicrographie du muscle cardiaque (372 ×). Notez que les fibres musculaires cardiaques sont courtes, ramifiées et striées. Remarquez aussi les disques intercalaires sombres entre les fibres musculaires adjacentes. **(b)** Schéma en trois dimensions montrant les fibres cardiaques au niveau des disques intercalaires. **(c)** Représentation schématique de cellules musculaires cardiaques en coupe montrant les stries formées par les myofilaments d'actine et de myosine. Le schéma montre également des segments du réticulum sarcoplasmique et des tubules transverses, de même que la situation des desmosomes et des jonctions ouvertes au niveau du disque intercalaire reliant deux cellules.

que du point de vue fonctionnel, les membranes plasmiques des cellules cardiaques sont rattachées tels des «filets» par des jonctions appelées **disques intercalaires** (figure 19.11b). Ces disques, qui prennent une teinte foncée à la coloration, contiennent des *desmosomes* et des *jonctions ouvertes* (des jonctions cellulaires spécialisées dont nous avons traité au chapitre 3). Les desmosomes jouent un rôle mécanique et empêchent les cellules cardiaques de se séparer pendant la contraction. Les jonctions ouvertes, quant à elles, laissent passer librement les ions d'une cellule à une autre et permettent la transmission directe du courant dépolarisant dans tout le tissu cardiaque. Comme les jonctions ouvertes couplent électriquement toutes les fibres cardiaques, le myocarde fonctionne d'un bloc: il *se comporte* comme un **syncytium fonctionnel.**

De grosses mitochondries occupent environ 25 % du volume des fibres musculaires cardiaques (contre 2 % seulement dans le muscle squelettique); la majeure partie de l'espace restant est comblée par des gouttelettes lipidiques et des myofibrilles composées de sarcomères typiques. Les sarcomères présentent des lignes Z et des stries A et I, formées de filaments de myosine (épais) et d'actine (minces) (figure 19.11c). Toutefois, contrairement à celles du muscle squelettique, les myofibrilles du muscle cardiaque ont un diamètre variable et tendent à se ramifier étant donné l'abondance des mitochondries. Les stries sont donc moins bien définies que dans le muscle squelettique.

Dans les fibres musculaires cardiaques, le système de transport du Ca^{2+} est moins complexe. Les tubules transverses sont plus larges et moins nombreux que ceux du muscle squelettique (il n'y en a qu'un par sarcomère). Ils pénètrent dans les fibres musculaires au niveau des disques intercalaires, au-dessus des lignes Z. (Rappelez-vous que les tubules transverses sont des invaginations du sarcolemme. Dans le muscle squelettique, ils se replient aux jonctions des stries A et I.) Le réticulum sarcoplasmique cardiaque est moins développé que celui du muscle squelettique, et il est dépourvu des grandes citernes terminales propres à ce dernier. Par conséquent, il n'y a pas de *triades* dans les fibres musculaires cardiaques.

Besoins énergétiques

L'abondance de mitochondries dans le muscle cardiaque révèle que ce dernier a besoin, plus que le muscle squelettique, d'un apport continuel d'oxygène pour son métabolisme énergétique. Comme nous l'avons décrit au chapitre 9, le muscle squelettique peut se contracter pendant de longues périodes, même si l'oxygène est insuffisant, grâce à la respiration cellulaire anaérobie et à la dette d'oxygène. Par contre, le muscle cardiaque a une respiration cellulaire presque exclusivement aérobie, et il ne peut fonctionner de manière efficace avec une lourde dette d'oxygène.

Les deux types de tissu musculaire peuvent utiliser de nombreuses molécules afin de produire les molécules d'ATP nécessaires à leur contraction, notamment le glucose et les acides gras. Cependant, le muscle cardiaque s'adapte plus facilement que le muscle squelettique car il peut utiliser plusieurs voies métaboliques selon la disponibilité des molécules, y compris l'acide lactique produit par l'activité du muscle squelettique. Le myocarde est donc beaucoup plus sensible au manque d'oxygène qu'au manque de nutriments.

Mécanisme et déroulement de la contraction

Bien que le muscle cardiaque et le muscle squelettique soient tous deux des tissus contractiles, ils présentent quelques différences fondamentales :

1. **Loi du tout ou rien.** Dans le muscle squelettique, la *loi du tout ou rien* s'applique à l'activité contractile cellulaire ; les influx ne se propagent pas d'une cellule à une autre. Dans le muscle cardiaque, en revanche, la loi s'applique à l'organe entier : le cœur se contracte d'un bloc ou il ne se contracte pas du tout. En effet, la transmission de l'onde de dépolarisation d'une cellule cardiaque à une autre s'effectue par le passage d'ions dans les jonctions ouvertes, qui rassemblent toutes les cellules en une seule entité contractile (le syncytium fonctionnel).
2. **Moyens de stimulation.** Pour se contracter, chaque cellule musculaire squelettique doit être stimulée individuellement par une terminaison nerveuse. Or, certaines cellules musculaires cardiaques sont auto-excitables ; elles peuvent produire elles-mêmes leur dépolarisation et la propager au reste du cœur, de manière spontanée et rythmique. Nous décrivons cette propriété, appelée **automatisme cardiaque,** dans la section suivante.
3. **Longueur de la période réfractaire absolue.** Dans les fibres musculaires squelettiques, la période réfractaire absolue (la période d'inexcitabilité au cours de laquelle les canaux à sodium sont encore ouverts) dure de 1 à 2 ms et la contraction, de 20 à 100 ms. Dans les cellules musculaires cardiaques, en revanche, la période réfractaire absolue dure environ 250 ms, soit presque aussi longtemps que la contraction (voir la figure 19.12a). Normalement, cette longue période réfractaire empêche les contractions tétaniques (contractions prolongées) qui mettraient fin à l'action de pompage du cœur.

Après avoir examiné les principales différences entre le muscle cardiaque et le muscle squelettique, penchons-nous maintenant sur les similitudes de leur mécanisme de contraction. Comme dans le muscle squelettique, la contraction du cœur est déclenchée par des potentiels d'action qui se propagent dans les membranes des cellules myocardiques. Environ 1 % des fibres cardiaques sont *cardionectrices,* c'est-à-dire qu'elles ont la capacité de se dépolariser spontanément et, partant, d'amorcer la contraction du cœur. Mis à part un certain nombre de cellules qui ont une fonction endocrine, le reste du muscle cardiaque est essentiellement composé de *fibres musculaires contractiles* responsables de l'action de pompage. L'enchaînement des phénomènes électriques dans ces cellules *contractiles* est semblable à celui qui se déroule dans les fibres musculaires squelettiques :

1. Un changement du potentiel de repos de la membrane sarcoplasmique engendre l'ouverture des **canaux rapides à sodium voltage-dépendants** (figure 19.12) et la diffusion rapide des ions sodium du liquide interstitiel vers le sarcoplasme. L'entrée des ions sodium a pour effet, par un mécanisme de rétroactivation, d'inverser le potentiel de membrane de −90 mV à près de +30 mV, ce qui détermine la phase ascendante du potentiel d'action. La période de perméabilité accrue au sodium est très brève car, à la suite de l'inactivation presque instantanée de leurs vannes, les canaux à sodium se referment.
2. La transmission de l'onde de dépolarisation dans les tubules transverses amène le réticulum sarcoplasmique à libérer du calcium dans le sarcoplasme.
3. Le couplage excitation-contraction se produit lorsque le calcium ionique (Ca^{2+}) émet un signal (par l'entremise de sa liaison à la troponine) pour l'activation des têtes de myosine et couple l'onde de dépolarisation au glissement des filaments d'actine et de myosine.

Environ 20 % du calcium nécessaire à l'impulsion qui déclenche la contraction provient du liquide interstitiel ; une fois à l'intérieur de la cellule, il stimule la libération de quantités beaucoup plus importantes de Ca^{2+} (les 80 % restants) du réticulum sarcoplasmique. Le calcium ionique ne peut pénétrer dans les fibres cardiaques non stimulées, mais lorsque, sous l'effet de l'entrée d'ions sodium, la dépolarisation de la membrane sarcoplasmique se produit, le changement de voltage entraîne *aussi* l'ouverture des canaux à calcium qui permettent l'entrée de Ca^{2+} du liquide interstitiel. Ces canaux sont appelés **canaux lents à calcium,** car leur ouverture est légèrement retardée (figure 19.12b). Bien que la perméabilité au sodium ait chuté jusqu'à son niveau de repos et qu'à partir de ce moment, la repolarisation ait déjà débuté, l'afflux de calcium dans la cellule prolonge un peu le potentiel de dépolarisation, dessinant un **plateau** dans le tracé du potentiel d'action (figure 19.12a). Simultanément, la perméabilité de la membrane sarcoplasmique au potassium diminue, ce qui prolonge aussi le plateau et prévient une repolarisation rapide. Ultérieurement (soit après quelque 200 ms), le tracé du potentiel d'action s'infléchit abruptement. Cette chute est causée par la fermeture des canaux à calcium et à sodium et par l'ouverture des canaux à K^+, qui donnent lieu à une brusque diffusion des ions potassium du sarcoplasme vers le liquide interstitiel et au rétablissement du potentiel de repos de la membrane. Pendant la repolarisation, les ions calcium sont ramenés activement dans le réticulum sarcoplasmique et dans le liquide interstitiel.

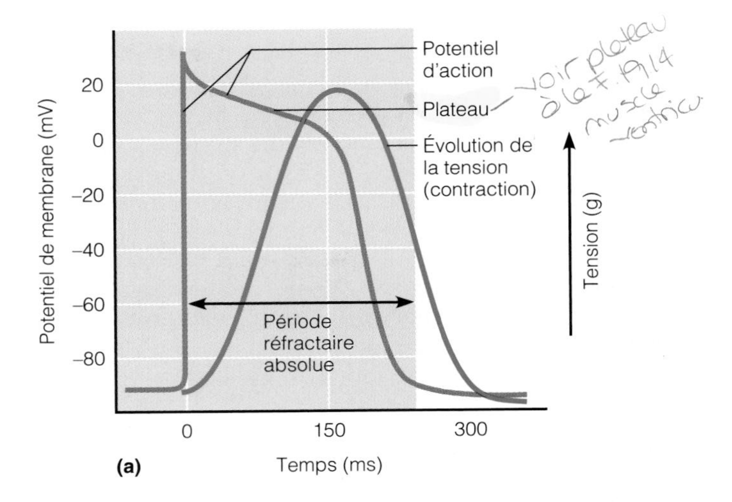

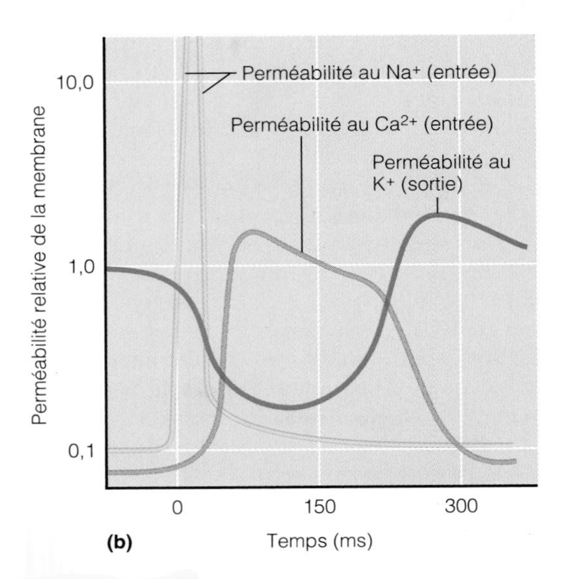

FIGURE 19.12
Changements du potentiel de membrane et de la perméabilité de la membrane pendant les potentiels d'action des cellules contractiles du muscle cardiaque. (a) Relation entre le potentiel d'action (changements du potentiel de membrane), la période de contraction (évolution de la tension) et la période réfractaire absolue dans une cellule ventriculaire. (Le tracé est semblable pour une cellule des oreillettes, mais la phase de plateau est plus courte.) **(b)** Changements de la perméabilité de la membrane pendant le potentiel d'action d'une cellule cardiaque contractile. (La perméabilité au Na^+, qui permet le flux rapide du sodium dans la cellule, s'élève au-delà de l'échelle utilisée, pendant le pic du potentiel d'action.)

PHYSIOLOGIE DU CŒUR

Phénomènes électriques

Normalement, la capacité de dépolarisation et de contraction du muscle cardiaque est intrinsèque, c'est-à-dire qu'elle ne repose pas sur le système nerveux. En effet, même détaché de toutes ses connexions nerveuses, le cœur continue de battre régulièrement, comme on peut le constater au cours des greffes du cœur. Il n'en demeure pas moins que le cœur sain est largement alimenté par des neurofibres qui peuvent modifier le rythme de l'activité du cœur régi par des facteurs intrinsèques. Nous allons examiner maintenant ces deux systèmes de régulation.

Régulation du rythme de base : système de conduction du cœur

L'activité indépendante, mais coordonnée, du cœur est due à deux facteurs : (1) la présence de jonctions ouvertes (décrites ci-dessus) et (2) le système de commande « intégré » du cœur. Ce système, appelé **système de conduction du cœur** ou **système cardionecteur,** est composé de cellules cardiaques non contractiles nommées cellules cardionectrices. La fonction de ces cellules consiste à produire des potentiels d'actions (influx) et à les propager dans le cœur afin que les cellules musculaires se dépolarisent et se contractent systématiquement des oreillettes aux ventricules. Par conséquent, le cœur bat comme s'il n'était formé que d'une seule cellule. Voyons comment ce système fonctionne.

Production des potentiels d'action par les cellules cardionectrices Au cours de la dépolarisation des cellules contractiles du cœur, le potentiel de la membrane plasmique passe rapidement de son potentiel de repos au potentiel d'action (phase ascendante rapide de la dépolarisation). La dépolarisation des **cellules cardionectrices** se déroule différemment. Immédiatement après avoir atteint leur *potentiel de repos,* ces cellules amorcent une dépolarisation lente (**potentiel de « pacemaker »**) qui élève le potentiel de membrane vers le seuil d'excitation, lequel permet le déclenchement d'un potentiel d'action (figure 19.13). Ce sont les potentiels d'action qui, en se propageant dans le cœur, produisent ses contractions

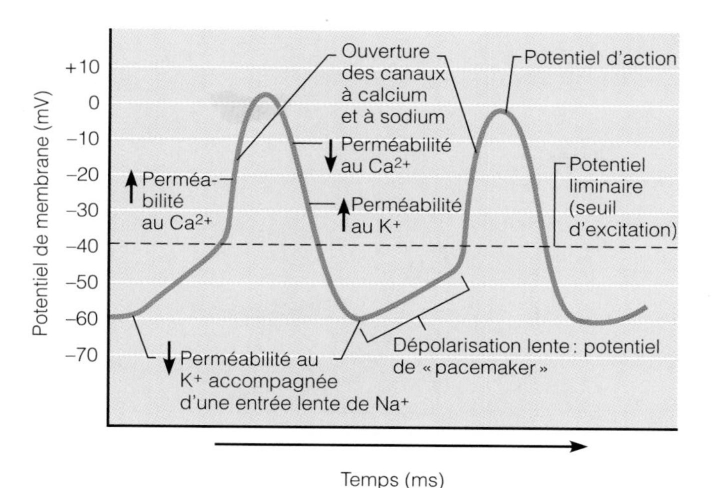

FIGURE 19.13
Potentiel de « pacemaker » et potentiel d'action des cellules cardionectrices.

rythmiques. Le mécanisme à la base de ce type de dépolarisation demeure obscur. La théorie la plus largement acceptée en ce moment veut qu'il soit dû à une réduction de la perméabilité de la membrane au K^+ ; par conséquent, comme la perméabilité au Na^+ ne change pas et que le Na^+ continue de diffuser lentement dans la cellule, l'équilibre entre la perte de K^+ et l'influx de Na^+ est perturbé et l'intérieur de la membrane devient de moins en moins négatif. Lorsque le seuil d'excitation (−40 mV) est atteint, les **canaux rapides à calcium** et **à sodium** s'ouvrent et permettent l'entrée du Ca^{2+} et du Na^+. Dans les cellules cardionectrices, la diffusion du calcium et du sodium vers le sarcoplasme est donc à l'origine de l'inversion du potentiel de membrane et de la phase ascendante du potentiel d'action. Comme dans d'autres cellules excitables, la phase descendante du potentiel d'action et la repolarisation traduisent l'accroissement de la perméabilité aux ions K^+ et leur diffusion vers le liquide interstitiel. Lorsque la repolarisation est complète, les canaux à K^+ se ferment, la perméabilité au K^+ diminue, et la membrane sarcoplasmique revient à son potentiel de repos avant que ne débute une autre dépolarisation lente.

Déroulement de l'excitation Les cellules cardionectrices sont situées dans les régions suivantes (figure 19.14) : (1) le nœud sinusal, (2) le nœud auriculo-ventriculaire , (3) le faisceau auriculo-ventriculaire (ou faisceau de His), (4) les branches droite et gauche du faisceau auriculo-ventriculaire et (5) les myofibres de conduction cardiaque des parois ventriculaires. Les influx parcourent le cœur dans l'ordre de cette énumération.

1. Nœud sinusal. Le **nœud sinusal** se trouve dans la paroi de l'oreillette droite, au-dessous de l'entrée de la veine cave supérieure. En tant que **centre rythmogène,** ou « pacemaker », ce minuscule amas de cellules en forme de croissant accomplit une tâche herculéenne. Typiquement, le nœud sinusal se dépolarise spontanément environ 75 fois par minute. (Toutefois, sa fréquence intrinsèque de dépolarisation, en l'absence de facteurs hormonaux et d'influx nerveux inhibiteur, est d'environ 100 fois par minute.) Comme cette fréquence de dépolarisation dépasse celle des autres éléments du système de conduction du cœur, le nœud sinusal marque la cadence de toutes les cellules contractiles cardiaques. Le rythme caractéristique du nœud sinusal, le **rythme sinusal,** détermine donc la fréquence cardiaque.
2. Nœud auriculo-ventriculaire. Du nœud sinusal, l'onde de dépolarisation (potentiel d'action) se propage dans les oreillettes par les jonctions ouvertes des cellules contractiles. Elle emprunte ensuite les *tractus internodaux* qui relient le nœud sinusal au **nœud auriculo-ventriculaire** situé dans la partie inférieure du septum interauriculaire, juste au-dessus de la valve auriculo-ventriculaire droite (ce trajet prend 0,04 s). Au nœud auriculo-ventriculaire, l'influx est retardé pendant environ 0,1 s, ce qui permet aux oreillettes de réagir et d'achever leur contraction avant que les ventricules amorcent la leur. Ce retard est en grande partie lié au fait que les fibres ont à cet endroit un petit diamètre et propagent le potentiel d'action plus lentement que ne le font les autres éléments du système de conduction, tout comme la circulation ralentit lorsqu'une autoroute passe de quatre voies à deux voies. Ensuite, l'influx parcourt rapidement le reste du système de conduction (voir les points 3 à 5).
3. Faisceau auriculo-ventriculaire. Du nœud auriculo-ventriculaire, l'influx rejoint le **faisceau auriculo-ventriculaire** (ou **faisceau de His**), situé au bas du septum interauriculaire. Bien que les oreillettes et les ventricules soient adjacents, ils ne sont pas reliés par des jonctions ouvertes. Le faisceau auriculo-ventriculaire est le *seul* lien électrique qui les unit. Quant au reste de la jonction auriculo-ventriculaire, il est isolé par le squelette fibreux non conducteur du cœur, que nous avons décrit précédemment.
4. Branches du faisceau auriculo-ventriculaire. Le faisceau auriculo-ventriculaire se divise rapidement en deux voies distinctes, les **branches droite** et **gauche du faisceau auriculo-ventriculaire.** Celles-ci parcourent le septum interventriculaire jusqu'à l'apex du cœur.
5. Myofibres de conduction cardiaque. Les **myofibres de conduction cardiaque,** ou fibres de Purkinje, terminent le trajet à travers le septum interventriculaire, pénètrent dans l'apex du cœur puis remontent dans les parois des ventricules. Les branches du faisceau auriculo-ventriculaire assurent l'excitation des cellules du septum, mais l'essentiel de la dépolarisation ventriculaire relève des grosses myofibres de conduction cardiaque et, en dernière analyse, de la transmission de l'influx d'une cellule musculaire à l'autre. Comme le ventricule gauche est beaucoup plus volumineux que le droit, le réseau des myofibres de conduction cardiaque est plus élaboré dans cette partie du myocarde.

Quel phénomène ionique produit le plateau dans le potentiel d'action des cellules musculaires contractiles ?

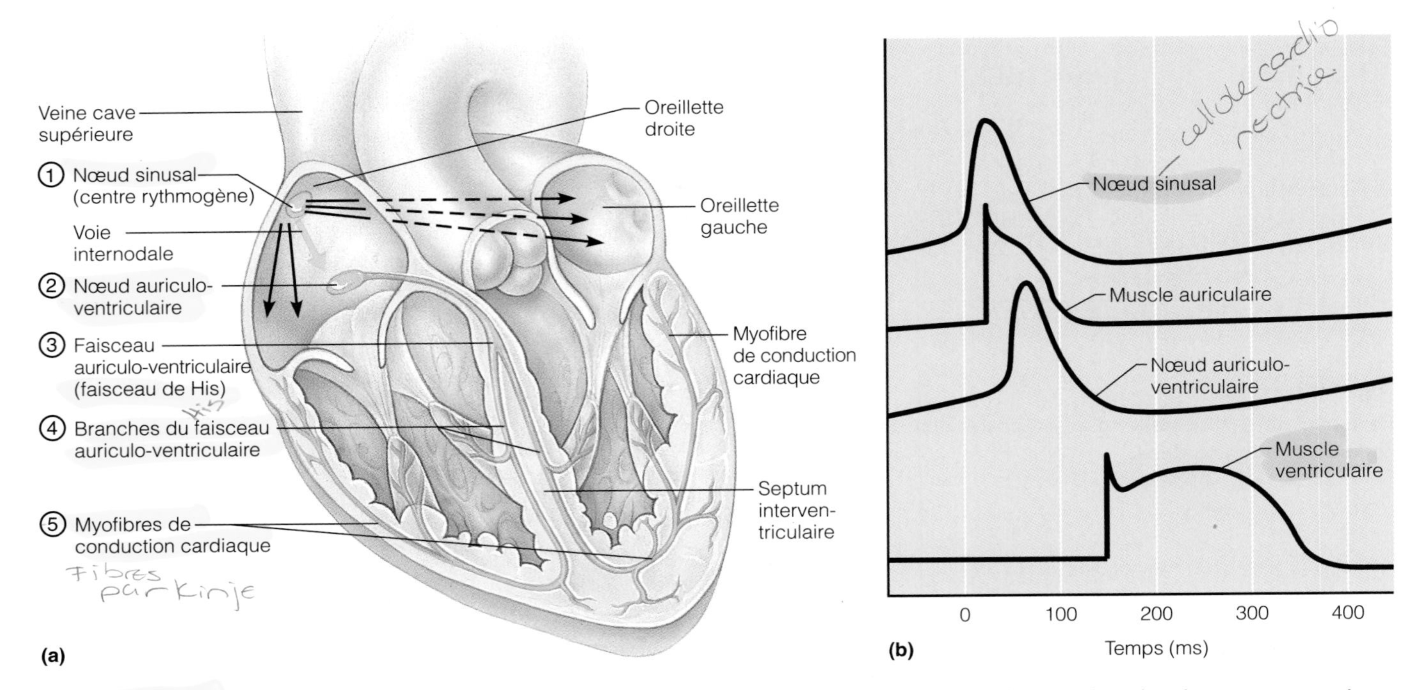

FIGURE 19.14
Système de conduction du cœur et succession des potentiels d'action dans quelques parties du cœur pendant un battement. (a) L'onde de dépolarisation trouve son origine dans les cellules du nœud sinusal, après quoi elle traverse le myocarde auriculaire pour atteindre le nœud auriculo-ventriculaire, le faisceau auriculo-ventriculaire, les branches gauche et droite du faisceau auriculo-ventriculaire et les myofibres de conduction cardiaque, dans le myocarde ventriculaire. **(b)** La succession des potentiels engendrés dans le cœur est représentée de haut en bas, du potentiel de « pacemaker » produit par les cellules du nœud sinusal jusqu'au potentiel d'action (au plateau étendu) typique des cellules contractiles des ventricules.

Fait intéressant, les myofibres de conduction cardiaque alimentent les muscles papillaires *avant* les parois latérales des ventricules. Les muscles papillaires peuvent ainsi se contracter et tendre les cordages tendineux avant que la force de la contraction ventriculaire projette le sang de plein fouet contre les cuspides des valves auriculo-ventriculaires. De la production de l'influx par le nœud sinusal à la dépolarisation des dernières cellules musculaires des ventricules, il s'écoule approximativement 0,22 s (220 ms) dans un cœur humain sain.

La contraction ventriculaire suit presque immédiatement l'onde de dépolarisation ventriculaire. Elle naît à l'apex du cœur et se propage en direction des oreillettes, suivant la direction de l'onde d'excitation dans les ventricules. Elle engendre l'ouverture des valves de l'aorte et du tronc pulmonaire et éjecte *vers le haut* un certain volume de sang dans ces vaisseaux.

Bien que l'on trouve des cellules cardionectrices dans presque toutes les parties du cœur, leurs fréquences de dépolarisation spontanée diffèrent. Par exemple, tandis que le nœud sinusal impose normalement au cœur une cadence de 75 battements par minute, le nœud auriculo-ventriculaire se dépolarise environ 50 fois par minute, et le faisceau auriculo-ventriculaire et les myofibres de conduction cardiaque, en dépit de leur conduction très rapide, 30 fois par minute seulement. Toutefois, ces autres centres rythmogènes ne peuvent prendre le dessus qu'en cas de défaillance des centres plus rapides qu'eux.

Le système cardionecteur ne fait pas que coordonner et synchroniser l'activité cardiaque, il force aussi le cœur à battre plus vite. Sans lui, l'influx se propagerait beaucoup plus lentement dans le myocarde, soit à la vitesse de 0,3 à 0,5 m/s, comparativement aux quelques mètres par seconde qu'il parcourt dans la plupart des éléments du système cardionecteur. Certaines fibres musculaires se contracteraient alors bien avant d'autres, ce qui nuirait à l'action de pompage.

Les anomalies du système de conduction du cœur peuvent causer des irrégularités du rythme cardiaque, ou **arythmies,** des désynchronisations des contractions auriculaires et ventriculaires, et même la fibrillation. La **fibrillation** correspond à des contractions rapides et irrégulières (voir la figure 19.18d, p. 677) de plusieurs régions du myocarde, ce qui revient à dire que le cœur ne travaille plus comme un syncytium fonctionnel et que la loi du tout ou rien ne s'applique plus. La fibrillation ventricu-

---

L'arrivée du calcium.

Remarquez que le tracé obtenu par électrocardiographie est un reflet de l'activité électrique *totale* du cœur; il ne représente pas un potentiel d'action isolé.

L'intervalle **PR** (**PQ**) représente le temps qui s'écoule (environ 0,16 s) entre le début de la dépolarisation auriculaire et celui de la dépolarisation ventriculaire. Il couvre donc la dépolarisation et la contraction des oreillettes ainsi que le passage de l'onde de dépolarisation dans le reste du système de conduction du cœur. L'**intervalle QT,** d'une durée d'environ 0,36 s, est la période qui s'étend entre le début de la dépolarisation des ventricules et leur repolarisation, et il couvre le temps de contraction ventriculaire. La figure 19.17 montre les correspondances entre les parties de l'électrocardiogramme et le mouvement du potentiel d'action dans le cœur.

> *Lorsque vous étudiez un ensemble d'organes, pensez à l'apparence de ces organes. En anatomie, la forme révèle la fonction. Quand vous observez un organe, demandez-vous: « Pourquoi a-t-il cette apparence? En quoi cette forme contribue-t-elle au fonctionnement du système? Quelles sont les caractéristiques extérieures qui le distinguent et en quoi servent-elles la position ou la forme de l'organe?» Faites ensuite un examen détaillé de l'intérieur de l'organe en vous posant les mêmes questions. Enfin, cherchez le rôle précis de l'organe dans le fonctionnement global de l'organisme. Cette technique de visualisation vous permettra d'établir un lien entre la forme et la fonction d'un organe et de mieux retenir ce que vous étudiez.*
>
> *John Atchinson,*
> *étudiant en sciences infirmières*

Dans un cœur sain, la durée et la succession des ondes sont assez constantes. Par conséquent, toute irrégularité peut révéler une anomalie du système de conduction du cœur ou une cardiopathie. Par exemple, une onde R grossie indique une hypertrophie des ventricules, une onde T aplatie une ischémie cardiaque et un intervalle QT prolongé une anomalie de la repolarisation du cœur qui accroît le risque d'arythmie ventriculaire. La figure 19.18 donne quelques exemples d'anomalies que l'électrocardiogramme permet de dépister.

Phénomènes mécaniques: la révolution cardiaque

Le cœur est sans cesse animé de mouvements vigoureux: le tissu musculaire formant la paroi des oreillettes et des ventricules se contracte pour éjecter le sang, puis il se relâche afin que ces cavités se remplissent. Les termes **systole** et **diastole** désignent respectivement les phases successives de *contraction* et de *relâchement* du muscle cardiaque (*sustolê* = contraction; *diastolê* = dilatation). La systole et la diastole auriculaires suivies de la systole et de la diastole ventriculaires correspondent à la **révolution cardiaque.** Comme le veut la tradition, nous décrirons ce cycle sous l'angle du *cœur gauche* (figure 19.19).

La révolution cardiaque est marquée par des variations successives de la pression et du volume sanguins à l'intérieur du cœur. Bien que les variations de la pression soient cinq fois plus grandes dans le ventricule gauche

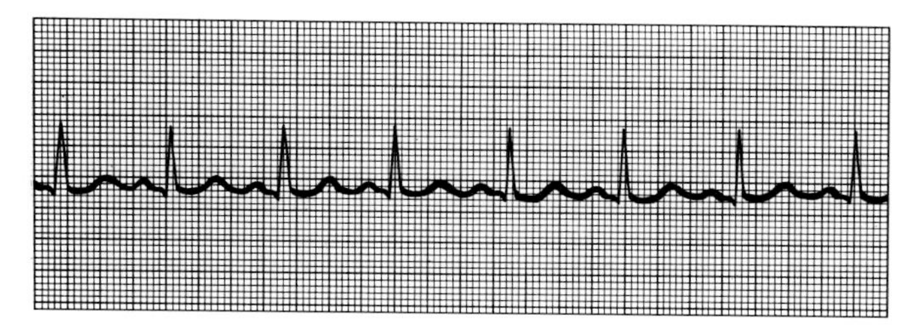

(a)

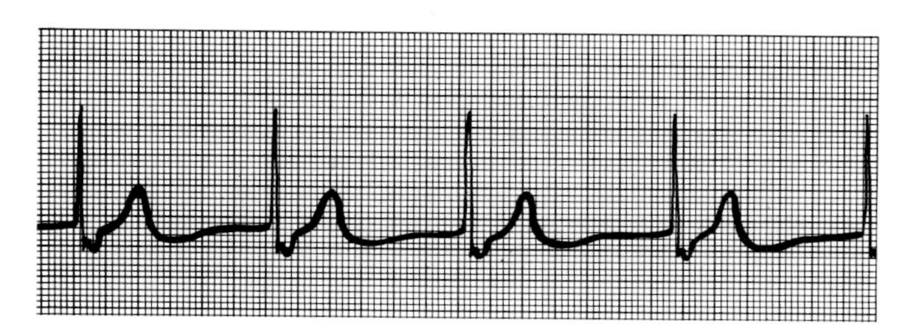

(b)

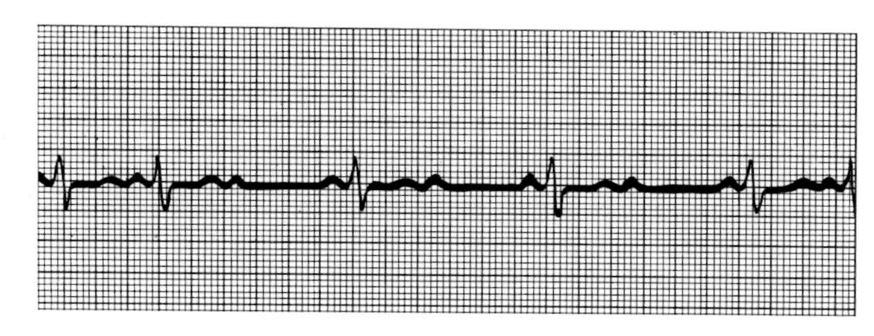

(c)

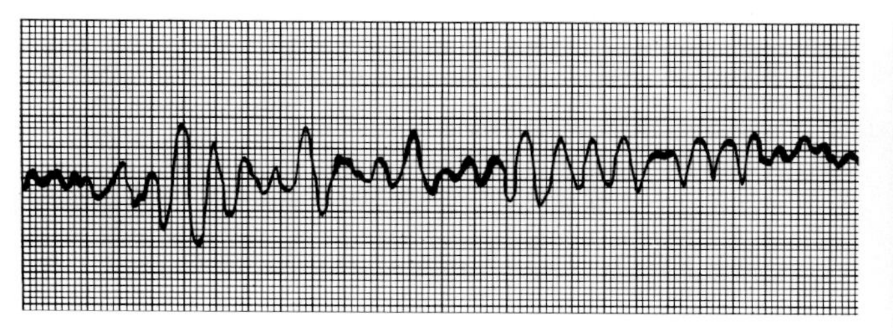

(d)

FIGURE 19.18
Électrocardiogramme normal et électrocardiogrammes anormaux. (a) Rythme sinusal normal. **(b)** Rythme jonctionnel. Le nœud sinusal ne fonctionne pas, les ondes P sont absentes et le nœud auriculo-ventriculaire fixe la fréquence cardiaque entre 40 et 60 battements par minute. **(c)** Bloc auriculo-ventriculaire du deuxième degré. Les ondes P ne sont pas toutes conduites dans le nœud auriculo-ventriculaire; par conséquent, on enregistre plus d'ondes P que de complexes QRS. Lorsque les ondes P sont conduites normalement, le rapport entre les ondes P et les complexes QRS est de 1 pour 1. Dans le bloc auriculo-ventriculaire complet, le rapport entre les ondes P et les complexes QRS n'est pas exprimé par un nombre entier, et le nœud sinusal n'entraîne pas la dépolarisation des ventricules. **(d)** Fibrillation ventriculaire. La dépolarisation des fibres musculaires est anarchique, les ondes sont irrégulières et bizarres. On obtient un tel tracé dans les cas de crise cardiaque aiguë et de choc électrique.

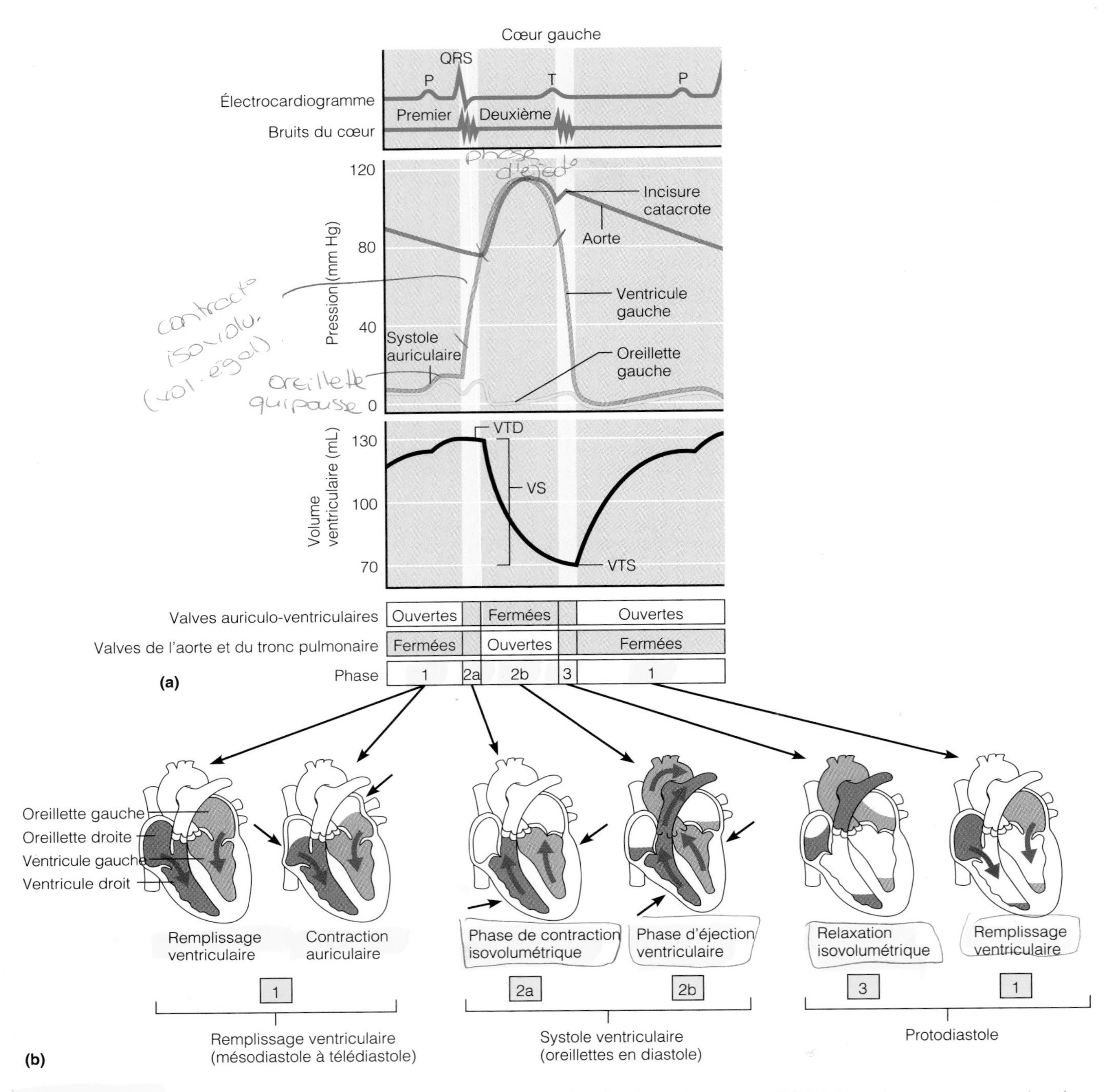

FIGURE 19.19
Révolution cardiaque. (a) Événements survenant dans le côté gauche du cœur. L'électrocardiogramme reproduit au haut du graphique permet de relier les variations de pression et de volume aux phénomènes électriques. Les bruits du cœur sont aussi indiqués en fonction du temps. **(b)** Schémas du cœur montrant les phases 1 à 3 de la révolution cardiaque.

que dans le ventricule droit, les deux ventricules pompent le même volume de sang par battement et ces deux cavités ont le même rapport d'éjection. Comme le sang circule sans interruption, il nous faut, pour expliquer son trajet dans le cœur, choisir arbitrairement un point de départ. Admettons donc qu'il se situe entre la mésodiastole (milieu de la diastole) et la télédiastole (fin de la diastole). Le cœur est complètement décontracté, et les oreillettes et les ventricules sont au repos.

1. **Phase de remplissage ventriculaire : de la mésodiastole à la télédiastole.** La pression est basse à l'intérieur des cavités cardiaques et le sang provenant de la circulation s'écoule passivement dans les oreillettes et, par les valves auriculo-ventriculaires ouvertes, dans les ventricules. Les valves de l'aorte et du tronc pulmonaire sont fermées. Cette phase est représentée par la phase 1 dans la figure 19.19. Les ventricules se remplissent à environ 70 % pendant cette période, et

les cuspides des valves auriculo-ventriculaires commencent à monter vers la position fermée. Tout est alors prêt pour la systole auriculaire. Suivant la dépolarisation des parois auriculaires (onde P de l'électrocardiogramme), les oreillettes se contractent et compriment le sang qu'elles contiennent. La pression auriculaire s'élève faiblement mais soudainement, et le sang résiduel (les 30 % manquants) est éjecté dans les ventricules. Ensuite, les oreillettes se relâchent et les ventricules se dépolarisent (complexe QRS de l'électrocardiogramme). La diastole auriculaire se maintient jusqu'à la fin de la révolution cardiaque.

2. **Systole ventriculaire.** Au moment où les oreillettes se relâchent, les ventricules commencent à se contracter. Leurs parois compriment le sang qu'ils renferment, et la pression ventriculaire s'élève abruptement, fermant les valves auriculo-ventriculaires. Pendant une fraction de seconde, toutes les issues des ventricules sont fermées, et le volume du sang y reste constant ; c'est la **phase de contraction isovolumétrique,** qui correspond à la phase 2a dans la figure 19.19. La pression ventriculaire continue de monter et elle finit par dépasser la pression qui règne dans les grosses artères émergeant des ventricules. Les valves de l'aorte et du tronc pulmonaire s'ouvrent et le sang est expulsé dans l'aorte et le tronc pulmonaire. Pendant cette **phase d'éjection ventriculaire** (phase 2b dans la figure 19.19), la pression atteint normalement 120 mm Hg dans l'aorte.
3. **Relaxation isovolumétrique : protodiastole** (début de la diastole). Durant la protodiastole, la courte phase suivant l'onde T, les ventricules se relâchent. Comme le sang qui y est demeuré n'est plus comprimé, la pression ventriculaire chute, et le sang contenu dans l'aorte et dans le tronc pulmonaire commence à refluer vers les ventricules, fermant les valves de l'aorte et du tronc pulmonaire. La fermeture de la valve de l'aorte cause une brève élévation de la pression aortique puisque le sang refluant rebondit contre les cuspides de la valve ; il s'agit de l'**incisure catacrote** illustrée dans la figure 19.19. Une fois de plus, les ventricules sont entièrement clos. Cette **phase de relaxation isovolumétrique** correspond à la phase 3 dans la figure 19.19.

Pendant toute la systole ventriculaire, les oreillettes sont en diastole. Elles se remplissent de sang et la pression s'y élève. Lorsque la pression exercée sur la face auriculaire des valves auriculo-ventriculaires dépasse celle qui règne dans les ventricules, les valves auriculo-ventriculaires s'ouvrent et le remplissage ventriculaire, la phase 1, recommence. La pression auriculaire atteint son point le plus bas et la pression ventriculaire commence à s'élever, ce qui complète la révolution.

En supposant que le cœur bat environ 75 fois par minute, la durée de la révolution cardiaque est d'environ 0,8 s, soit 0,1 s pour la systole auriculaire, 0,3 s pour la systole ventriculaire et 0,4 s pour la période de relaxation complète, ou **phase de quiescence.**

Deux points importants sont à retenir : (1) la circulation du sang dans le cœur est entièrement régie par des variations de pression ; (2) le sang suit un gradient de pression, c'est-à-dire qu'il s'écoule toujours des régions de haute pression vers les régions de basse pression, empruntant pour ce faire n'importe quelle ouverture disponible. D'autre part, les variations de pression résultent de l'alternance des contractions et des relâchements du myocarde ; elles provoquent l'ouverture des valves cardiaques, qui orientent la circulation du sang.

Bruits du cœur

Pendant chaque révolution cardiaque, l'auscultation du thorax au stéthoscope révèle deux bruits. Souvent évoqués par l'onomatopée toc-tac, les **bruits du cœur** sont émis par la fermeture des valves cardiaques. La figure 19.19 montre leur succession dans la révolution cardiaque.

Le rythme fondamental des bruits du cœur est toc-tac, pause, toc-tac, pause, et ainsi de suite. La pause correspond à la période de quiescence. Le premier bruit est fort, long et résonant ; associé à la fermeture des valves auriculo-ventriculaires, il indique le début de la systole ventriculaire, le moment où la pression ventriculaire dépasse la pression auriculaire. Le second bruit est bref et sec ; il traduit la fermeture soudaine des valves de l'aorte et du tronc pulmonaire, au début de la diastole ventriculaire. Comme la valve auriculo-ventriculaire gauche se ferme avant la valve auriculo-ventriculaire droite et que la fermeture de la valve de l'aorte précède généralement celle de la valve du tronc pulmonaire, il est possible de distinguer le bruit de chaque valve en auscultant quatre points précis du thorax (figure 19.20). Bien que ces points ne soient pas situés directement au-dessus des valves, ils définissent tout de même les quatre coins du cœur normal. Pour dépister une hypertrophie (agrandissement souvent pathologique) du cœur, il est essentiel de connaître la situation et les dimensions normales de cet organe.

Les bruits anormaux ou inusités du cœur sont appelés **souffles.** Le sang circule tant que son écoulement est continu. Mais si le sang rencontre des obstacles, son écoulement devient turbulent et produit des bruits audibles au stéthoscope. Beaucoup de jeunes enfants (et de personnes âgées) au cœur parfaitement sain présentent des souffles cardiaques ; on pense que ces souffles sont dus aux vibrations que le passage du sang imprime aux parois plus minces de leur cœur. La plupart du temps, néanmoins, les souffles signalent des troubles des valves cardiaques. Dans l'*insuffisance valvulaire,* par exemple, le reflux, ou régurgitation, du sang produit un sifflement *après* la fermeture (incomplète) de la valve atteinte. Le *rétrécissement valvulaire* rend le passage du sang plus difficile ; s'il touche une valve sténosée de l'aorte, par exemple, il crée un son aigu que l'on peut détecter au moment où la valve devrait être grande ouverte, soit pendant la systole ventriculaire. ■

Débit cardiaque

Le **débit cardiaque (DC)** est la quantité de sang éjectée par *chaque* ventricule en une minute. On le calcule en multipliant la fréquence cardiaque (FC) par le volume systolique (VS). Le **volume systolique** est le volume de sang éjecté par un ventricule à chaque battement. En général,

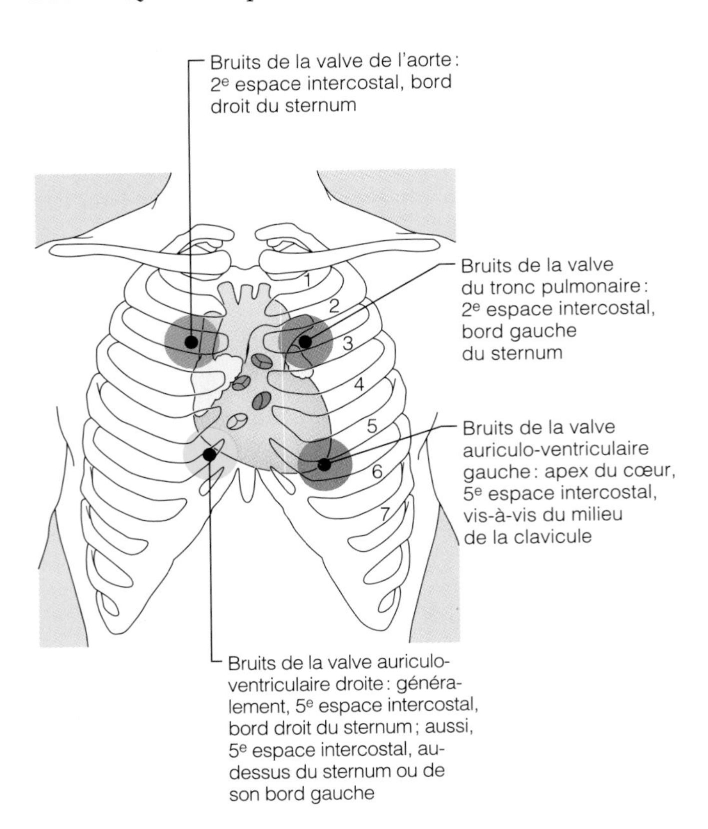

FIGURE 19.20
Points de la surface du thorax où l'on peut entendre les bruits du cœur.

le volume systolique est directement proportionnel à la force de contraction des parois ventriculaires.

Étant donné les valeurs normales de la fréquence cardiaque au repos (75 battements par minute) et du volume systolique (70 mL par battement), il est facile de calculer le débit cardiaque moyen de l'adulte:

$$\text{DC (mL/min)} = \text{FC (75 battements/min)} \times \text{VS (70 mL/battement)}$$

$$\text{Donc} \quad \text{DC} = 5250 \text{ mL/min (5,25 L/min)}$$

Le volume sanguin normal de l'adulte est d'environ 5 L. Par conséquent, la totalité du sang passe dans les deux côtés du cœur en une minute. Remarquez que le débit cardiaque est directement proportionnel au volume systolique et à la fréquence cardiaque, c'est-à-dire qu'il s'élève lorsque le volume systolique et/ou la fréquence cardiaque augmentent et baisse lorsque ces paramètres diminuent.

Le débit cardiaque est très variable et peut s'élever considérablement dans des circonstances particulières, notamment à l'occasion d'un effort physique soudain (par exemple, se mettre à courir après son autobus). La différence entre le débit cardiaque au repos et le débit cardiaque à l'effort est appelée **réserve cardiaque.** Chez le commun des mortels, le débit cardiaque maximal est environ quatre à cinq fois plus grand que le débit cardiaque au repos (20 à 25 L/min); chez les athlètes en compétition, cependant, le débit cardiaque peut atteindre 35 L par minute (sept fois plus que le débit au repos). Pour comprendre ce qui donne au cœur une telle capacité, voyons ce qui régit le volume systolique et la fréquence cardiaque.

Régulation du volume systolique

Au repos, un cœur sain éjecte environ 60 % du sang contenu dans ses cavités (voir la figure 19.19a). Le volume systolique (VS) représente la différence entre le **volume télédiastolique (VTD)**, le volume de sang présent dans un ventricule à la fin de la diastole ventriculaire, et le **volume télésystolique (VTS)**, le volume de sang qui reste dans un ventricule à la *fin* de sa contraction. Le volume télédiastolique, déterminé par la durée de la diastole ventriculaire et la pression veineuse (l'augmentation de l'une ou de l'autre *élève* le volume télédiastolique), est normalement de 120 mL environ. Le volume télésystolique, déterminé par la force de la contraction ventriculaire, est d'environ 50 mL. Une augmentation du volume systolique entraîne toujours une augmentation de la pression artérielle et une diminution du volume télésystolique. Pour calculer le volume systolique normal, il suffit de résoudre l'équation suivante:

$$\text{VS (mL/battement)} = \text{VTD (120 mL)} - \text{VTS (50 mL)}$$

$$\text{VS} = 70 \text{ mL/battement}$$

Par conséquent, chaque ventricule éjecte environ 70 mL de sang à chaque battement.

Mais, direz-vous, à quoi veut-on en venir ici? Que faut-il tirer de cette avalanche de sigles? Bien que plusieurs facteurs influent sur le volume systolique en modifiant le volume télédiastolique ou le volume télésystolique, les trois plus importants sont la *précharge* (tension dans les ventricules lorsqu'ils se remplissent de sang), la *contractilité* (force de contraction de la fibre cardiaque modulée par des facteurs autres que le volume télédiastolique) et la *postcharge* (pression exercée par le sang dans les grandes artères lorsqu'il quitte le cœur). Nous allons décrire maintenant comment la précharge influe sur le volume télédiastolique et comment la contractilité et la postcharge influent sur le volume télésystolique.

Précharge: degré d'étirement du muscle cardiaque Selon la **loi de Starling,** le facteur déterminant du volume systolique est le *degré d'étirement que présentent les cellules myocardiques juste avant leur contraction*; ce degré d'étirement, appelé **précharge ventriculaire** (figure 19.21a), est la tension passive qui se développe dans les parois ventriculaires à la suite de l'accumulation de sang dans les ventricules. Rappelez-vous que: (1) l'étirement des fibres musculaires (et des sarcomères) accroît le nombre de ponts d'union actifs qui peuvent se créer entre l'actine et la myosine; (2) plus les fibres musculaires sont étirées, à l'intérieur des limites physiologiques, plus la contraction est forte. Il y a dans le muscle cardiaque, comme dans le muscle squelettique, une *relation entre l'étirement des filaments, la tension développée et la force de contraction.* Cependant, tandis que les fibres musculaires squelettiques au repos conservent la longueur permettant une tension maximale, les fibres cardiaques au repos ont une longueur *moindre* que leur longueur optimale. Par conséquent, tout étirement augmente formidablement leur force contractile. Le principal facteur de l'étirement du muscle cardiaque est la quantité de sang qui retourne au cœur par les veines (retour veineux) et qui distend ses ventricules (volume télédiastolique).

Tout ce qui accroît le volume ou la vitesse du retour veineux, notamment la diminution de la fréquence cardiaque ou l'exercice physique, augmente aussi le volume télédiastolique et, par le fait même, la force de la contraction et le volume systolique. Une fréquence cardiaque basse laisse plus de temps pour le remplissage ventriculaire. L'exercice accélère le retour veineux, car il élève la fréquence cardiaque et provoque une compression des veines par les muscles squelettiques. Ces effets peuvent doubler le volume systolique. Inversement, un faible retour veineux, résultant par exemple d'une hémorragie grave ou de la tachycardie, réduit l'étirement des fibres musculaires. La diminution de la précharge ventriculaire qui s'ensuit diminue la force de contraction des ventricules ainsi que le volume systolique (voir la figure 19.22, p. 684).

Comme la circulation pulmonaire et la circulation systémique sont « en série », ce mécanisme intrinsèque égalise les débits des ventricules et répartit le sang entre les deux circulations. Si un côté du cœur se met soudainement à pomper plus de sang que l'autre, l'augmentation du retour veineux dans le ventricule opposé force celui-ci à pomper un volume égal, prévenant ainsi l'immobilisation ou l'accumulation du sang dans la circulation correspondante.

Contractilité Bien que le volume télédiastolique soit le principal *facteur intrinsèque* influant sur le volume systolique, des *facteurs extrinsèques* peuvent aussi augmenter la contractilité du myocarde. La **contractilité** est une intensification de la force de contraction du myocarde, et elle est indépendante de l'étirement musculaire et du volume télédiastolique. Ces contractions plus vigoureuses sont une conséquence directe de la plus grande quantité de calcium passant du liquide interstitiel et du réticulum sarcoplasmique dans le cytoplasme. L'augmentation de la contractilité permet une éjection plus complète du sang du cœur, ce qui abaisse le volume télésystolique et accroît le volume systolique. C'est exactement ce que provoque l'augmentation de la stimulation sympathique (figure 19.22). Comme nous l'avons mentionné plus haut, les neurofibres sympathiques innervent non seulement le système cardionecteur intrinsèque mais aussi l'ensemble du muscle cardiaque. La libération de noradrénaline et d'adrénaline a, entre autres effets, celui d'accroître l'entrée de Ca^{2+} dans le sarcoplasme ; cet afflux favorise la liaison des têtes de myosine et intensifie la force de contraction des ventricules. De plus, toute une variété de substances chimiques influent sur la contractilité. Par exemple, la contractilité augmente sous l'effet de certaines hormones (glucagon, thyroxine et adrénaline), certains ions (Ca^{2+}) et certains médicaments (digitaline). Les facteurs qui augmentent la contractilité sont appelés *agents inotropes positifs* (*inos* = fibre). Les facteurs ou agents qui inhibent ou diminuent la contractilité (*agents inotropes négatifs*) comprennent l'acidose (excès de H^+), une élévation des taux de K^+ dans le liquide interstitiel et les antagonistes du calcium (le vérapamil, par exemple).

En quoi le débit cardiaque sera-t-il affecté si le cœur bat beaucoup trop rapidement pendant une longue période, c'est-à-dire en cas de tachycardie ? Pourquoi ?

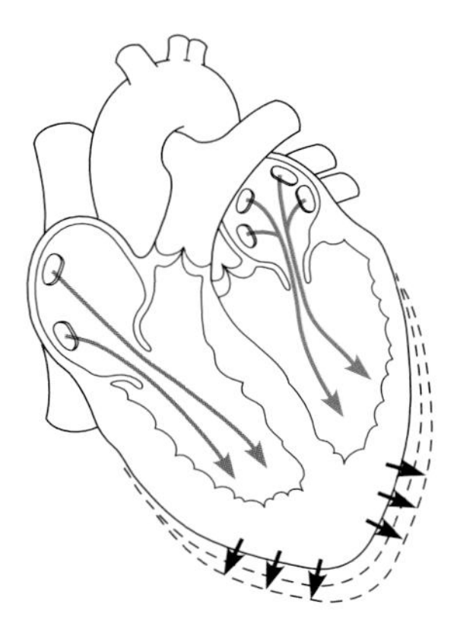

(a) Précharge

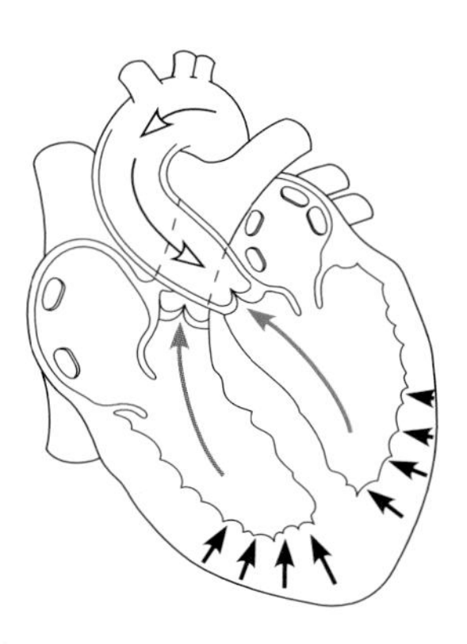

(b) Postcharge

FIGURE 19.21
Influence de la précharge et de la postcharge sur le volume systolique. (a) La précharge correspond à la quantité de sang qui étire les fibres ventriculaires juste avant la systole. **(b)** La postcharge est la pression qui s'oppose à celle que produisent les ventricules lorsqu'ils ouvrent les valves de l'aorte et du tronc pulmonaire.

Postcharge : contre-pression exercée par le sang artériel La **postcharge** est la pression qui s'oppose à celle que produisent les ventricules lorsqu'ils éjectent le sang du cœur. Il s'agit essentiellement de la contre-pression exercée sur les valves de l'aorte et du tronc pulmonaire par le sang artériel (figure 19.21b). Chez les personnes en bonne santé, la postcharge (environ 80 mm Hg dans l'aorte et 10 mm Hg dans le tronc pulmonaire) n'influe pas beaucoup sur le volume systolique car elle est relativement constante. Cependant, dans les cas d'hypertension artérielle, la postcharge revêt une certaine importance car elle réduit la capacité des ventricules à éjecter du sang. Par conséquent, une plus grande quantité de sang demeure dans le cœur après la systole, ce qui augmente le volume télésystolique et réduit le volume systolique.

Une augmentation pathologique de la fréquence cardiaque raccourcira le temps de remplissage ventriculaire. Par conséquent, le débit cardiaque diminuera et le cœur battra faiblement.

GROS PLAN

Cœur sur le carreau: quand il faut sortir de nouvelles cartes

Se lever le matin peut s'avérer une expérience périlleuse! Même si vous êtes un lève-tôt, les risques de succomber à un infarctus du myocarde sont deux fois plus élevés pendant les deux premières heures de la matinée qu'à tout autre moment de la journée. Vos plaquettes sont plus épaisses, les substances naturelles qui inhibent l'activateur tissulaire du plasminogène (qui dissout la fibrine) atteignent des sommets dans le sang et les concentrations plasmatiques des hormones du stress (noradrénaline et autres) augmentent aussitôt après le lever.

Subir un infarctus du myocarde, c'est un peu comme être frappé par la foudre. Peu d'événements sont plus terrifiants. Une douleur atroce vous tord la poitrine. Couvert de sueurs froides, nauséeux, vous êtes submergé par un sentiment de mort imminente. De un à deux millions d'Américains connaîtront cette expérience cette année, un tiers d'entre eux mourront presque aussitôt après et la moitié ne survivront pas plus d'un an.

Mais qu'est-ce au juste qu'un infarctus du myocarde ou, plus couramment, une crise cardiaque? Il s'agit essentiellement d'une interruption complète de l'apport d'oxygène dans une partie du myocarde, qui provoque la mort des cellules touchées et leur remplacement par du tissu cicatriciel. Contrairement à ce que l'on pensait jusqu'à une date récente, ce n'est pas le manque d'oxygène qui endommage les cellules myocardiques. Les problèmes commencent lorsque la région ischémique est reperfusée avec du sang et donc envahie par des lymphocytes et autres cellules causant de l'inflammation. Ces « immigrants » libèrent des cytokines (substances messagères) qui incitent les macrophagocytes et les granulocytes neutrophiles (voir le chapitre 18) à libérer en abondance des radicaux libres, dont le monoxyde d'azote. Ces substances toxiques dépriment la contractilité du cœur (« sidération du myocarde ») et causent vraisemblablement la plupart des lésions tissulaires locales. Si ce déluge de substances toxiques ne provoque pas la fibrillation et si les lésions du myocarde ne sont pas trop étendues, la personne survit. La cause la plus fréquente de l'infarctus du myocarde est l'obstruction, par un thrombus ou un embole, d'une artère coronaire (surtout si sa lumière est rétrécie par l'athérosclérose), mais des spasmes irréguliers et inexplicables des vaisseaux coronaires sont encore à craindre après la crise.

Les premiers signes de la cardiopathie ischémique ne sont pas les mêmes chez les hommes que chez les femmes. Chez presque les deux tiers des hommes, le premier symptôme est l'infarctus du myocarde, voire la mort subite. Chez 56 % des femmes, en revanche, le premier signe est l'angine de poitrine, c'est-à-dire des douleurs thoraciques aiguës et passagères. À l'heure actuelle, les victimes de crise cardiaque qui ont la chance d'atteindre un centre hospitalier à temps reçoivent de l'activateur tissulaire du plasminogène ou d'autres agents fibrinolytiques (urokinase, streptokinase). Ces médicaments ont la propriété d'arrêter l'évolution d'un infarctus du myocarde en dissolvant le caillot qui obstrue le vaisseau bloqué et en prévenant la perte de muscle cardiaque viable.

L'angine de poitrine et un infarctus du myocarde auquel on survit sont en quelque sorte des signes du destin. En effet, ces troubles avertissent leurs victimes qu'il est grand temps de modifier leur régime alimentaire, de prendre des médicaments cardiovasculaires ou de subir des pontages coronariens. Ce dernier procédé consiste à créer, au moyen de vaisseaux sanguins prélevés d'un siège intact, de nouvelles voies pour la circulation coronarienne. Malheureusement, il arrive que l'ischémie cardiaque soit asymptomatique (même si le myocarde est privé d'oxygène, le sujet ne ressent pas de douleur). Elle peut alors se répéter impunément, jusqu'à causer un infarctus du myocarde. Et cette crise, si elle n'est pas mortelle, laisse des lésions permanentes au myocarde. Les causes de l'*ischémie myocardique silencieuse* sont encore mal connues; certains chercheurs pensent qu'elle est due à des anomalies des mécanismes de la douleur. Quoi qu'il en soit, l'état d'un cœur gravement endommagé ne s'améliore jamais, bien au contraire: il dérive vers l'insuffisance cardiaque et la mort.

En matière de cardiopathie, la clé de la prévention est le dépistage rapide des sujets prédisposés au moyen de techniques d'imagerie perfectionnées, notamment la tomodensitométrie et la remnographie (voir l'encadré des pages 18-19). La présence d'un type spécifique de lipoprotéine de basse densité (LDL), appelé *lipoprotéine (a)*, est un signe particulièrement révélateur. (Les LDL constituent la forme de transport du cholestérol lorsqu'il circule dans le sang vers les tissus.) Environ un quart de toutes les crises cardiaques frappant des hommes de moins de 60 ans sont attribuables à des taux élevés de lipoprotéine (a) dans le plasma. Contrairement aux autres lipoprotéines (de haute ou de basse densité) dont les taux varient considérablement en fonction des changements dans le régime alimentaire, le degré d'exercice et la prise de médicaments, le taux de lipoprotéine (a) demeure stable et directement proportionnel à l'incidence accrue des caillots et des spasmes vasculaires et à l'évolution de l'athérosclérose (voir l'encadré des pages 696-697), un facteur de risque important des cardiopathies.

Une fois que la possibilité d'un infarctus du myocarde a été détectée, il faut bien sûr s'efforcer de l'éviter. Tous les facteurs de risque susceptibles d'être éliminés par les personnes prédisposées (excès de poids, surconsommation de cholestérol et de graisses saturées, tabagisme, stress) doivent être réduits sans tarder. On suggère également de prendre des vitamines aux propriétés antioxydantes (vitamines E et C) qui peuvent contrer les effets néfastes des radicaux libres sur le cœur. Ensuite, seulement, on aura recours aux médicaments.

L'usage des médicaments cardiovasculaires traditionnels, tels que la nitroglycérine (qui dilate les vaisseaux coronaires) et la digitaline (qui, en ralentissant la fréquence cardiaque, favorise le retour veineux et repose le cœur), est encore répandu; l'acide acétylsalicylique, ou AAS (Aspirin, par exemple), qui réduit l'agrégation plaquettaire, est indiqué, à raison d'un comprimé tous les deux jours, surtout chez les personnes qui ont déjà été victimes d'un infarctus du myocarde ou d'un accident vasculaire cérébral. D'apparition plus récente, quelques médicaments « miracles », dont

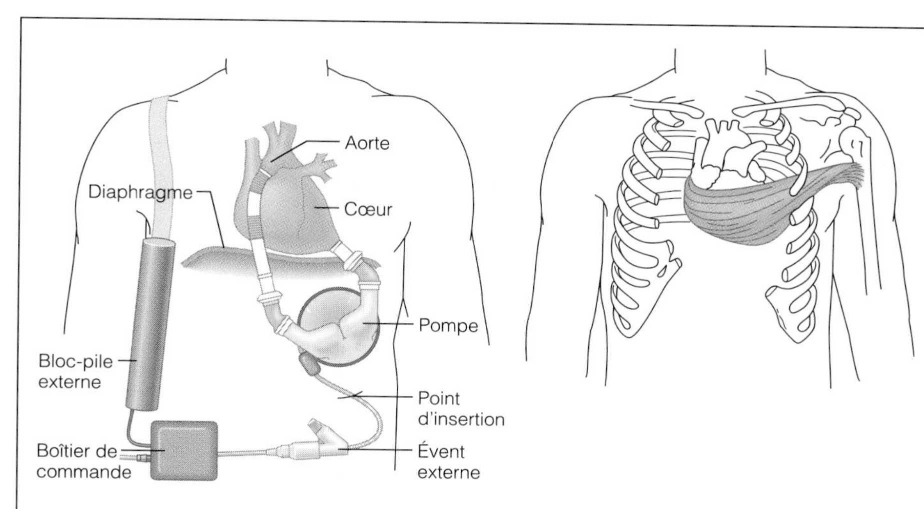

(a) Dispositif d'assistance ventriculaire gauche HeartMate

(b) Représentation schématique de la technique d'autotransplantation cardiaque

les bêtabloqueurs et les inhibiteurs calciques, ont transformé la cardiologie. Lorsque la noradrénaline ou l'adrénaline se lient aux récepteurs bêta de la membrane plasmique des cellules cardiaques, la force et la fréquence cardiaques augmentent. Parce que les bêtabloqueurs inhibent cette activation par les neurofibres sympathiques et empêchent l'augmentation de la pression artérielle, ils atténuent l'effort imposé au cœur. Quant aux inhibiteurs calciques comme le vérapamil, ils préviennent les spasmes des artères coronaires qui sont souvent à l'origine des infarctus du myocarde.

Mais quels choix s'offrent à la personne dont le cœur est si mal en point que toutes ces mesures sont inutiles ? Jusqu'à une date récente, la transplantation cardiaque représentait leur seul espoir. Or, ce procédé n'a rien de simple. Premièrement, il faut trouver un donneur compatible. Deuxièmement, l'intervention est complexe et traumatisante. Enfin, le receveur doit prendre des immunosuppresseurs pour prévenir le rejet du greffon. Après la première année de survie, un autre type de rejet est possible, car des anticorps peuvent attaquer la tunique interne des vaisseaux coronariens ; pour contrer ce rejet, qui peut causer un infarctus du myocarde fatal, on ne connaît encore aucun traitement immunosuppresseur. Malgré ces complications, le taux de réussite des transplantations cardiaques croît sans cesse. Plus des trois quarts des patients survivent pendant deux ans et la moitié vivent plus de douze ans.

Les cœurs artificiels et les dispositifs mécaniques d'assistance cardiaque sont d'invention plus récente encore. En décembre 1982, Barney Clark fut le premier être humain à recevoir un cœur artificiel permanent. M. Clark ne survécut que 10 jours à l'implantation du cœur Jarvik-7 (d'après le nom de son inventeur) et depuis lors, les quatre autres personnes qui ont subi la même intervention ont succombé à des accidents vasculaires cérébraux, à des infections massives et à une insuffisance rénale. Devant des résultats aussi décevants, le gouvernement américain a restreint l'usage du cœur artificiel aux situations où, dans l'attente d'un cœur compatible, il représente la *seule* mesure salvatrice.

D'indication plus large mais ne pouvant servir que temporairement, certains appareils portatifs (dispositifs d'assistance ventriculaire gauche, comme le HeartMate) délestent le cœur malade d'une partie de sa charge de travail. Ces pompes mécaniques implantées dans l'abdomen et reliées au ventricule gauche sont alimentées par une pile externe se rangeant dans un sac à dos ou un étui d'épaule (voir l'illustration a). Fait de matériaux biocompatibles, le HeartMate peut fonctionner pendant plus d'un an dans le corps humain sans causer de problèmes. Plusieurs personnes gravement atteintes ont même si bien réagi à ce traitement qu'elles peuvent maintenant s'en passer. Étant donné ces résultats, on croit que 20 % environ des patients souffrant d'insuffisance cardiaque (surtout ceux qui sont trop âgés pour recevoir une transplantation) pourraient recevoir des dispositifs d'assistance ventriculaire gauche permanents. L'*hémopompe* est un autre petit appareil qui ne peut toutefois servir que de 1 à 2 semaines ; il s'agit d'une pompe de la taille d'un crayon que l'on introduit par l'intermédiaire d'une artère dans le ventricule gauche. Ses pales en forme d'hélice tournent environ 25 000 fois par minute pour éjecter le sang dans l'aorte.

La *cardiomyoplastie* est une nouvelle et prometteuse technique chirurgicale ; cette technique d'autotransplantation consiste à réparer la paroi du cœur ou à augmenter son action de pompage au moyen de tissu musculaire squelettique prélevé sur le patient lui-même. Les principales étapes de l'intervention sont l'excision de la portion endommagée de la paroi cardiaque et le renforcement de cette paroi avec du muscle « emprunté » au grand dorsal (voir l'illustration b). Ce fragment de muscle demeure rattaché au muscle grand dorsal même et continue d'être vascularisé et innervé. Ensuite, le chirurgien attache un stimulateur au greffon et il en accélère graduellement la fréquence pour la synchroniser avec celle du cœur. Le procédé ne comporte évidemment aucun risque de rejet. La principale difficulté consiste à amener le muscle squelettique à se contracter comme le muscle cardiaque, c'est-à-dire de manière constante plutôt que sporadique. Les chercheurs pensent qu'en stimulant électriquement le muscle squelettique, ils pourront accroître le pourcentage de fibres oxydatives à contraction lente, et résistantes à la fatigue.

Le dernier procédé que nous décrivons ici est nouveau et peu orthodoxe. Il s'agit de la *ventriculectomie partielle gauche,* introduite aux États-Unis en 1996 mais mise au point en 1994 dans un hôpital primitif de la jungle du Brésil par le docteur Randas Batista. Étonnamment simple, cette technique chirurgicale consiste à renforcer le ventricule gauche d'un cœur hypertrophié en pratiquant une excision dans ce ventricule. Ramené à ses dimensions normales, le cœur recommence à battre de façon efficace, la tension sur la paroi ventriculaire étant réduite. Bien des chirurgiens croient que cette technique pourrait s'avérer efficace pour le traitement des patients dont le cœur est hypertrophié et affaibli.

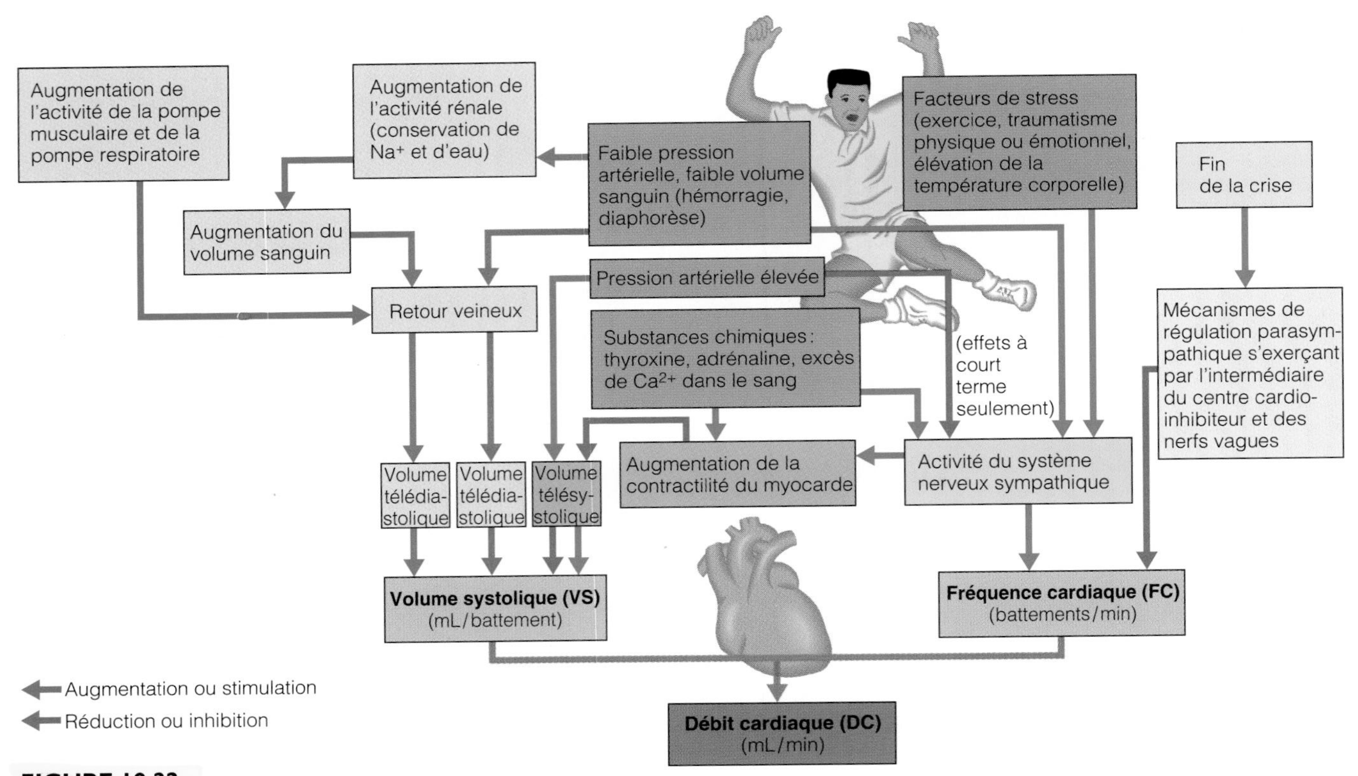

FIGURE 19.22
Facteurs influant sur la régulation du débit cardiaque.

Régulation de la fréquence cardiaque

Dans un système cardiovasculaire sain, le volume systolique est relativement constant. Mais si le volume sanguin diminue abruptement ou que le cœur est gravement affaibli, le volume systolique diminue ; la fréquence cardiaque doit s'accélérer et la contractilité augmenter pour pallier cette diminution. Par ailleurs, des facteurs de stress passagers peuvent influer sur la fréquence cardiaque et, partant, sur le débit cardiaque, par le biais de mécanismes nerveux, chimiques et physiques que nous décrivons ci-dessous.

Régulation nerveuse par le système nerveux autonome Parmi les mécanismes extrinsèques de régulation de la fréquence cardiaque, le système nerveux autonome est, de loin, le plus important. Lorsque des facteurs de stress émotionnel ou physique tels que la peur, l'anxiété, l'excitation ou l'exercice activent le système nerveux sympathique (figure 19.22), les neurofibres sympathiques libèrent de la noradrénaline à leurs synapses cardiaques. Comme ce neurotransmetteur (de même que l'adrénaline) se lie aux récepteurs β_1-adrénergiques, le seuil d'excitation du nœud sinusal diminue ; le nœud sinusal augmente alors la fréquence de ses potentiels d'action et le cœur bat plus vite. La stimulation sympathique augmente aussi la contractilité en favorisant la pénétration de Ca^{2+} dans les cellules contractiles, comme nous l'avons décrit précédemment. Puisque le volume télésystolique diminue, le volume systolique ne diminue pas comme ce serait le cas s'il ne se produisait qu'une augmentation de la *fréquence* cardiaque.

Le système nerveux parasympathique a un effet contraire (antagoniste) à celui du système sympathique, et il réduit la fréquence cardiaque une fois passée la situation génératrice de stress. Toutefois, certains états émotionnels, tels le chagrin et la dépression grave, peuvent activer le système nerveux parasympathique pendant de longues périodes. Les réponses cardiaques à la stimulation parasympathique dépendent alors de la libération d'acétylcholine, qui hyperpolarise les membranes plasmiques en *ouvrant* les canaux à potassium des cellules musculaires. Puisque l'innervation vagale des ventricules est clairsemée, l'activité du système nerveux parasympathique a des effets négligeables ou nuls sur la contractilité cardiaque.

Au repos, le système nerveux sympathique et le système nerveux parasympathique envoient sans cesse des influx au nœud sinusal, mais l'influence *prédominante* est l'inhibition provenant de la stimulation du nœud sinusal par les neurofibres motrices des nerfs vagues (nerfs crâniens X). Le muscle cardiaque a donc un **tonus vagal,** et la sécrétion d'acétylcholine par les neurofibres des nerfs vagues ralentit la fréquence de ses battements. Ainsi, le sectionnement de ces nerfs a pour effet presque immédiat d'accélérer la fréquence cardiaque d'environ 25 battements par minute (autrement dit, elle passe de 75 à 100 battements/min), soit la cadence déterminée par le nœud sinusal .

Lorsque les influx sensoriels provenant des diverses parties du système cardiovasculaire stimulent inégalement les deux parties du système nerveux autonome, celui qui est le plus faiblement excité est temporairement inhibé. La plupart de ces influx sont issus de *barorécepteurs,* des récepteurs qui réagissent aux variations de la pression artérielle systémique. Par exemple, le **réflexe de Bainbridge** est un réflexe sympathique déclenché par une hausse du retour veineux et une congestion sanguine dans les oreillettes. L'étirement des parois auriculaires accroît la fréquence et la force cardiaques (1) en stimulant directement le nœud sinusal et (2) en stimulant les barorécepteurs des oreillettes ; le réflexe se déclenche alors et provoque une stimulation accrue du cœur par le système nerveux sympathique.

Comme une augmentation du débit cardiaque entraîne une élévation de la pression artérielle systémique, et vice versa, la régulation de la pression artérielle fait souvent intervenir des mécanismes de régulation réflexes de la fréquence cardiaque. Nous revenons plus en détail sur les mécanismes de régulation nerveuse de la pression artérielle au chapitre 20.

Régulation chimique Les substances chimiques normalement présentes dans le sang et dans les autres liquides organiques peuvent influer sur la fréquence cardiaque, particulièrement si elles deviennent excessives ou insuffisantes. Nous décrivons ci-dessous quelques-uns de ces facteurs chimiques.

1. **Hormones.** L'*adrénaline,* une hormone libérée par la médulla surrénale durant les périodes d'activation du système nerveux sympathique, a sur le cœur le même effet que la noradrénaline libérée par les neurofibres sympathiques : elle augmente sa force de contraction et la fréquence de ses battements. La *thyroxine,* une hormone thyroïdienne qui accélère le métabolisme, cause une augmentation plus lente mais plus durable de la fréquence cardiaque lorsqu'elle est libérée en grande quantité. Puisqu'elle potentialise aussi l'action de l'adrénaline et de la noradrénaline, les personnes atteintes d'hyperthyroïdie chronique peuvent voir leur cœur s'affaiblir.
2. **Ions.** Pour que le cœur fonctionne normalement, les rapports de concentration entre les ions intracellulaires et les ions du liquide interstitiel doivent demeurer à l'intérieur des limites physiologiques. Les déséquilibres des électrolytes plasmatiques et, par conséquent, du liquide interstitiel peuvent entraîner des dysfonctionnements importants de la pompe cardiaque.

La diminution de la concentration sanguine de calcium ionique (*hypocalcémie*) déprime l'activité cardiaque. Inversement, l'*hypercalcémie* resserre le couplage excitation-contraction et prolonge le plateau du potentiel d'action. Ces phénomènes augmentent l'irritabilité du cœur au point que ses contractions peuvent devenir spastiques et exténuantes. Beaucoup de médicaments cardiovasculaires agissent sur le transport du calcium dans les cellules cardiaques (voir l'encadré des pages 682-683).

Les excès de sodium et de potassium ioniques ne sont pas moins inquiétants. Un excès de sodium (*hypernatrémie*) inhibe le transport du calcium ionique dans les cellules cardiaques et entrave la contraction. Un excès de potassium (*hyperkaliémie*) gêne le mécanisme de dépolarisation en abaissant le potentiel de repos, ce qui peut mener au bloc et à l'arrêt cardiaques. Un taux anormalement bas de potassium (*hypokaliémie*) est également dangereux, car il affaiblit les battements du cœur et provoque l'apparition d'arythmies. ■

Autres facteurs L'âge, le sexe, l'exercice et la température corporelle, bien qu'ils soient moins importants que les facteurs nerveux, influent aussi sur la fréquence cardiaque. De 140 à 160 battements par minute chez le fœtus, la fréquence cardiaque diminue graduellement au cours de la vie. La fréquence cardiaque moyenne est de 72 à 80 battements par minute chez les femmes et de 64 à 72 battements par minute chez les hommes.

Par l'intermédiaire du système nerveux sympathique, l'exercice accélère la fréquence cardiaque, augmente la pression artérielle systémique et améliore l'irrigation des muscles (voir la figure 19.22). Toutefois, la fréquence cardiaque au repos est beaucoup plus basse chez les personnes en bonne forme physique que chez les sédentaires, et elle peut même se situer entre 40 et 60 battements par minute chez les athlètes. Nous expliquons ci-dessous cet apparent paradoxe.

La chaleur augmente la vitesse du métabolisme des cellules cardiaques et, par le fait même, la fréquence cardiaque. C'est pourquoi une forte fièvre et l'exercice (pendant lequel les muscles produisent de la chaleur) accélèrent la fréquence cardiaque. Le froid a l'effet opposé.

La fréquence cardiaque varie suivant le degré d'activité. Cependant, des variations marquées et persistantes traduisent généralement une maladie cardiovasculaire. La **tachycardie** (littéralement, « cœur rapide ») est une fréquence cardiaque anormalement élevée (supérieure à 100 battements par minute) ; elle peut être causée par une température corporelle excessive, le stress, certains médicaments ou une cardiopathie. Comme elle est propice à la fibrillation, la tachycardie persistante est considérée comme pathologique.

La **bradycardie** (*bradus* = lent) est une fréquence cardiaque inférieure à 60 battements par minute. Elle peut être provoquée par une température corporelle basse, certains médicaments ou l'activation du système nerveux parasympathique. C'est aussi une conséquence bien connue et désirable de l'entraînement axé sur l'endurance. À mesure que la condition physique et cardiovasculaire s'améliore, le cœur s'hypertrophie et son volume systolique augmente. Par conséquent, la fréquence cardiaque au repos, même faible, suffit à produire un débit cardiaque adéquat. Chez les personnes sédentaires, toutefois, la bradycardie persistante peut priver les tissus d'une irrigation adéquate. Enfin, elle constitue un signe fréquent de l'œdème cérébral consécutif à un traumatisme crânien. ■

Déséquilibres homéostatiques du débit cardiaque

En temps normal, l'action de pompage du cœur maintient l'équilibre entre le débit cardiaque et le retour veineux. Si tel n'était pas le cas, le sang s'accumulerait (congestion) dans les veines qui le renvoient au cœur.

L'**insuffisance cardiaque** désigne une faiblesse de l'action de pompage telle que la circulation ne suffit pas à satisfaire les besoins des tissus. L'insuffisance cardiaque a généralement une évolution défavorable liée à l'affaiblissement du myocarde par l'athérosclérose des artères coronaires, l'hypertension artérielle, les infarctus du myocarde répétés ou une myocardie. Ces divers facteurs ont sur le myocarde des effets différents mais tout aussi néfastes. Nous les examinons ci-dessous.

1. L'athérosclérose des artères coronaires, qui se définit essentiellement comme une obstruction des vaisseaux coronaires par des dépôts lipidiques (athérome artériel), entrave l'apport de sang et d'oxygène aux cellules cardiaques. Le cœur devient de plus en plus hypoxique et ses contractions perdent leur efficacité.
2. Normalement, la pression dans l'aorte est de 80 mm Hg à la fin de la diastole (pression diastolique) ; le ventricule gauche exerce une force à peine supérieure pour expulser le sang qu'il contient. Mais si la pression dans l'aorte dépasse 90 mm Hg à la fin de la diastole, le myocarde doit forcer davantage pour faire ouvrir la valve de l'aorte et pour chasser le sang du ventricule. Si cette situation de postcharge accrue se prolonge, le volume télésystolique augmente. Le myocarde s'hypertrophie et, peu à peu, s'affaiblit.
3. Des infarctus du myocarde répétés affaiblissent l'action de pompage car un tissu fibreux non contractile (cicatriciel) se substitue aux cellules cardiaques mortes.
4. On ignore souvent ce qui cause la myocardie ; les ventricules s'étirent et se ramollissent et le myocarde dégénère. Certaines substances toxiques (alcool, cocaïne, excès de catécholamines, agents chimiothérapeutiques), l'hyperthyroïdie et l'inflammation du cœur sont parfois en cause. La contractilité ventriculaire est amoindrie, le débit cardiaque faiblit et l'état du patient se détériore progressivement.

Le cœur étant une double pompe, l'insuffisance cardiaque peut toucher un de ses côtés avant l'autre. Si elle atteint le côté gauche, elle cause la **congestion pulmonaire.** Le ventricule droit continue de propulser le même volume de sang vers les poumons, mais le ventricule gauche n'est plus en mesure d'éjecter le volume de sang qui en revient dans la circulation systémique. Le ventricule droit éjectant plus de sang que le ventricule gauche, les vaisseaux sanguins des poumons s'engorgent, la pression s'y élève et le plasma sanguin diffuse dans le tissu pulmonaire, causant l'œdème pulmonaire. Laissé sans traitement, l'œdème pulmonaire entraîne la suffocation et la mort de l'individu.

L'insuffisance cardiaque du côté droit provoque la **congestion périphérique.** Le sang stagne dans les organes et l'accumulation de liquides dans les espaces interstitiels gêne l'apport d'oxygène et de nutriments aux cellules, de même que l'élimination de leurs déchets. L'œdème se remarque surtout dans les extrémités (pieds, chevilles et doigts), et la peau peut garder quelque temps l'empreinte des doigts (godet).

L'insuffisance d'un côté du cœur impose un surcroît de travail au côté opposé et finit par s'installer dans le cœur entier, ce qui cause un affaiblissement extrême et incurable du cœur (insuffisance cardiaque *décompensée*). Le traitement vise principalement (1) à ménager l'énergie du cœur avec des dérivés digitaliques comme la digoxine (dérivé de la digitaline qui fait battre le cœur plus lentement), (2) à faire excréter de l'eau en administrant un *diurétique* (médicament qui augmente l'excrétion de Na^+ et d'eau par les reins) et (3) à réduire la postcharge cardiaque par des médicaments qui abaissent la pression artérielle (par exemple, des inhibiteurs de l'enzyme de conversion, enzyme qui catalyse la formation d'angiotensine II, un puissant vasoconstricteur). Depuis peu, les transplantations cardiaques, les interventions chirurgicales et les dispositifs mécaniques donnent une lueur d'espoir à certains patients (voir l'encadré des pages 682-683). ■

DÉVELOPPEMENT ET VIEILLISSEMENT DU CŒUR

Dérivé du mésoderme, le cœur humain commence à s'élaborer sous forme de deux tubes, les cœurs primordiaux. La fusion de ces deux tubes crée une cavité simple qui pompe le sang dès le 23e jour de la gestation (figure 19.23). Un à deux jours plus tard, cette cavité montre quatre petites bosses qui représentent les futures cavités cardiaques. De l'extrémité caudale à l'extrémité crânienne, dans le sens de la circulation sanguine, ces quatre cavités sont les suivantes :

1. **Sinus veineux.** Cette cavité reçoit d'abord tout le sang veineux de l'embryon. Elle devient ensuite la portion à paroi lisse de l'oreillette droite et le sinus coronaire, et donne naissance au nœud sinusal. Le sinus veineux est en quelque sorte le « chef d'orchestre » qui règle la fréquence cardiaque dès le début du développement embryonnaire.
2. **Oreillette primitive.** Cette cavité embryonnaire se transforme pour former les muscles pectinés des oreillettes.
3. **Ventricule primitif.** Cette cavité, la plus forte des cavités de pompage du cœur embryonnaire, donne le ventricule *gauche* adulte.
4. **Bulbe primitif du cœur.** Cette cavité ainsi que son extension crânienne, le *tronc artériel,* sont à l'origine du tronc pulmonaire, du vestibule de l'aorte et de la majeure partie du ventricule *droit.*

Au cours des trois semaines qui suivent, la « cavité » cardiaque subit des contorsions spectaculaires (elle forme une boucle vers la droite). D'importants changements structuraux la transforment en un organe à quatre cavités qui, dès lors, fonctionne comme une double pompe fiable et régulière. Pour assumer leurs positions définitives, le ventricule primitif amorce sa descente et l'oreillette monte. Le cœur se divise en quatre cavités (en suivant un certain nombre d'étapes), les septums interauriculaire et interventriculaire se forment et le bulbe primitif se sépare

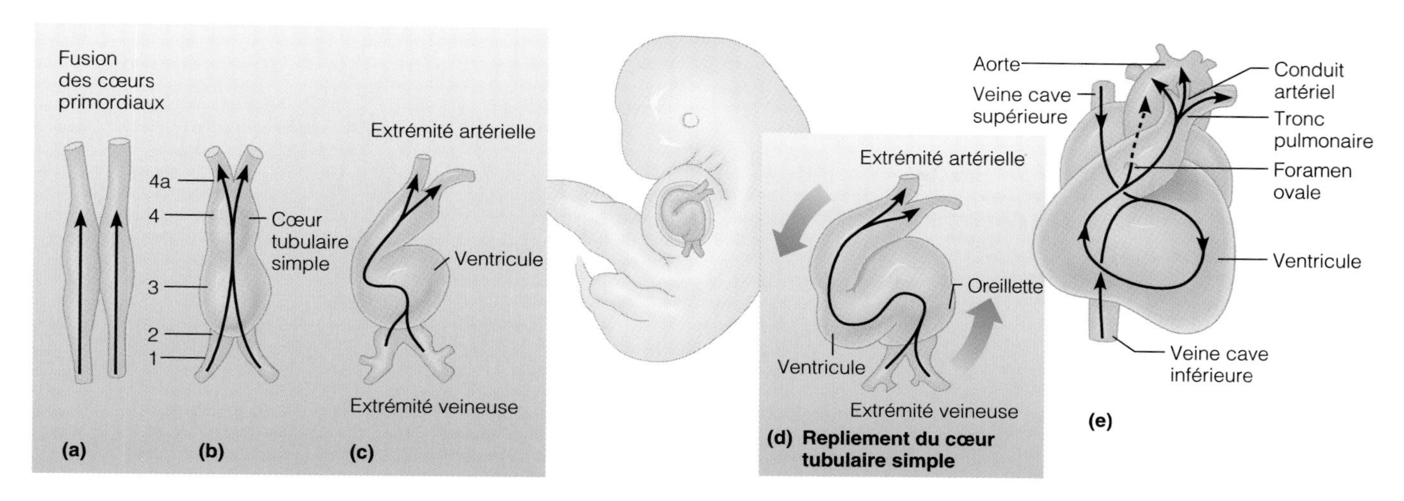

FIGURE 19.23
Développement du cœur humain pendant la quatrième semaine. Vue antérieure, extrémité crânienne orientée vers le haut des figures. **(a)** Aux environs du 21e jour. **(b)** 22e jour. **(c)** 23e jour. **(d)** 24e jour. **(e)** 28e jour. Dans (b), le numéro 1 correspond au sinus veineux, le 2 à l'oreillette primitive, le 3 au ventricule primitif, le 4 au bulbe primitif du cœur et le 4a au tronc artériel. Les flèches indiquent le sens de la circulation sanguine.

en deux sections : le tronc pulmonaire et l'aorte ascendante. Après le deuxième mois, le cœur ne fait que croître jusqu'à la naissance.

Le septum interauriculaire du cœur fœtal est percé par le **foramen ovale** (littéralement, « trou ovale ») ; grâce à cet orifice, le sang qui entre dans le cœur droit contourne les poumons, affaissés et inactifs. Une autre voie de contournement des poumons, le **conduit artériel,** relie le tronc pulmonaire et l'aorte. (Nous revenons plus en détail sur la circulation fœtale au chapitre 29.) À la naissance ou peu après, la fermeture de ces dérivations achève la séparation des deux côtés du cœur. Dans le cœur adulte, le foramen ovale et le conduit artériel laissent deux vestiges, la fosse ovale et le **ligament artériel,** respectivement (voir la figure 19.4b et c).

Chez les nouveau-nés, les **cardiopathies congénitales** causent près de la moitié des décès attribuables à une anomalie congénitale. Les anomalies les plus courantes causent deux types de troubles : (1) elles font entrer en contact le sang systémique pauvre en oxygène et le sang oxygéné provenant des poumons (ce qui procure aux tissus un sang mal oxygéné) ou (2) elles produisent des valves ou des vaisseaux rétrécis qui augmentent considérablement l'effort demandé au cœur. Parmi les anomalies du premier type, mentionnons la *communication interauriculaire* et la *communication interventriculaire* (figure 19.24a) ainsi que la *persistance du conduit artériel,* dans laquelle l'aorte reste en contact avec le tronc pulmonaire. La *coarctation de l'aorte* (figure 19.24b) est un exemple du deuxième type de trouble, tandis que la *tétralogie de Fallot,* une affection grave caractérisée par une cyanose apparaissant quelques minutes après la naissance, relève des deux types d'anomalies (figure 19.24c). La plupart de ces malformations nécessitent un traitement chirurgical et sont dues à des facteurs environnementaux ou maternels (infection maternelle, absorption de drogues, etc.) qui atteignent l'embryon au cours du deuxième mois de grossesse, pendant lequel le cœur se forme. ■

En revanche, un cœur bien constitué est admirablement résistant et peut fonctionner pendant de très nombreuses années. Normalement, les mécanismes homéostatiques sont si efficaces que le cœur, même quand il travaille plus fort, le fait sans se faire remarquer. Chez les gens qui pratiquent régulièrement un exercice intense, le cœur s'adapte graduellement à l'effort : il grossit et gagne en puissance et en efficacité. Par conséquent, le volume systolique augmente et la fréquence cardiaque au repos diminue. Les chercheurs ont découvert que l'exercice aérobique concourt également à éliminer les dépôts lipidiques des vaisseaux sanguins et, de ce fait, qu'il prévient l'athérosclérose et la cardiopathie. En l'absence de maladies chroniques, ces bienfaits de l'exercice peuvent se faire sentir jusqu'à un âge très avancé.

Cependant, l'exercice n'est bénéfique que s'il est *régulier.* En effet, c'est à cette condition seulement qu'il améliore l'endurance et la force du myocarde. Par exemple, des séances d'exercice modérément vigoureux à raison de 30 minutes par jour (marche rapide, bicyclette ou travaux d'entretien extérieur) sont bénéfiques pour la plupart des adultes. Toutefois, l'exercice vigoureux occasionnel, celui que pratiquent les « athlètes du dimanche », peut imposer au cœur un effort qu'il est incapable de fournir et provoquer un infarctus du myocarde.

Étant donné l'incroyable quantité de travail qu'accomplit le cœur en une vie, le vieillissement lui fait subir des changements anatomiques inévitables :

1. **Sclérose et épaississement des valves.** Comme l'écoulement du sang atteint sa force maximale dans le ventricule gauche, ce sont surtout les cuspides de la valve auriculo-ventriculaire gauche qui durcissent

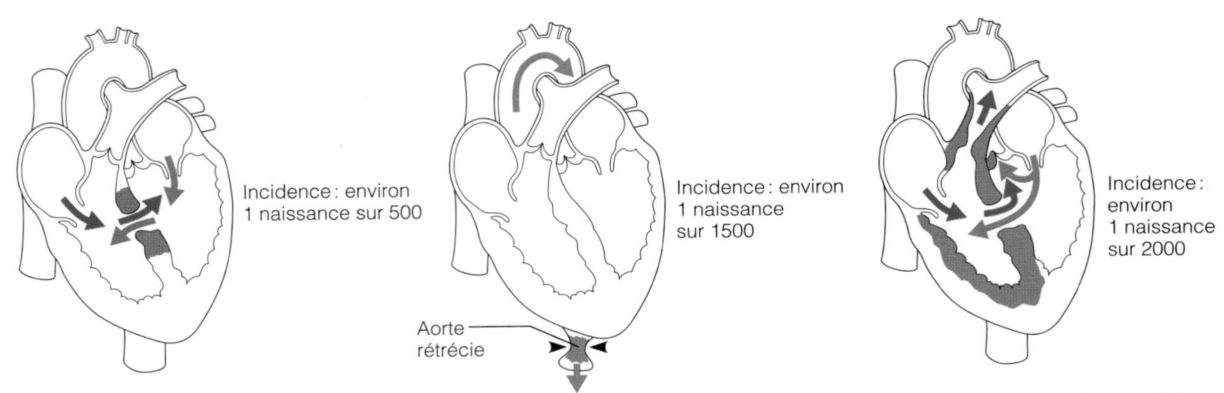

(a) **Communication interventriculaire.** La partie supérieure du septum interventriculaire ne se forme pas; le sang circule donc entre les deux ventricules.

(b) **Coarctation de l'aorte.** Une partie de l'aorte se rétrécit, ce qui augmente la charge de travail du ventricule gauche.

(c) **Tétralogie de Fallot.** Malformations multiples (*tetra* = quatre). Tronc pulmonaire trop étroit et valve pulmonaire sténosée; communication interventriculaire; aorte ouverte sur les deux ventricules; paroi du ventricule droit épaissie par un surcroît de travail.

FIGURE 19.24
Exemples d'anomalies congénitales. Les sections en violet indiquent les régions du cœur atteintes par les malformations.

et épaississent. Les souffles cardiaques sont relativement répandus chez les personnes âgées.

2. **Diminution de la réserve cardiaque.** Les années modifient peu la fréquence cardiaque au repos. Au fil des ans, toutefois, le cœur réagit de moins en moins vigoureusement aux facteurs de stress, soudains ou prolongés, qui exigent un accroissement de son débit. Les mécanismes de régulation sympathiques perdent de leur efficacité (probablement parce que le nombre de canaux à calcium dans les terminaisons nerveuses sympathiques diminue avec l'âge), et la fréquence cardiaque devient de plus en plus variable. La fréquence maximale diminue, mais d'une manière moins prononcée chez les personnes âgées physiquement actives.
3. **Fibrose du myocarde.** Avec l'âge, les nœuds sinusal et auriculo-ventriculaire du système de conduction du cœur deviennent parfois fibreux. Ce phénomène augmente l'incidence des arythmies et des autres problèmes de conduction.
4. **Athérosclérose.** Bien que l'athérosclérose commence dès l'enfance ses insidieux ravages, l'inactivité, le tabagisme et le stress accélèrent sa progression. Ses conséquences les plus graves sur le cœur sont la cardiopathie due à l'hypertension et l'occlusion des artères coronaires. Ces troubles, à leur tour, prédisposent à l'infarctus du myocarde et à l'accident vasculaire cérébral. Bien que le vieillissement lui-même altère les parois des vaisseaux, bon nombre de chercheurs estiment que le régime alimentaire est le plus important facteur causal des maladies cardiovasculaires. On convient généralement qu'un régime alimentaire pauvre en graisses animales, en cholestérol et en sel réduit les risques de maladie cardiovasculaire.

* * *

La structure du cœur est remarquable de finesse et d'efficacité. Fiable et précise, cette double pompe propulse le sang dans les grosses artères qui s'y abouchent. Or, le fonctionnement de ce mécanisme repose essentiellement sur les variations de la pression dans les vaisseaux sanguins. Au chapitre suivant, nous étudions la structure et la fonction des vaisseaux sanguins, et nous faisons le lien entre ces données et le travail du cœur. À la fin du chapitre 20, nous aurons brossé un tableau complet du système cardiovasculaire.

TERMES MÉDICAUX

Asystole Disparition des contractions cardiaques ; le cœur reste en diastole par suite d'absence complète de stimulations.

Cathétérisme cardiaque Procédé diagnostique qui consiste à introduire un fin cathéter (tube) dans le cœur en passant par un vaisseau sanguin. Les résultats de l'analyse des échantillons de sang, la mesure de la pression intracardiaque ainsi que la mesure de la vitesse de la circulation sanguine permettent le dépistage de troubles valvulaires, de malformations et d'autres cardiopathies.

Cœur pulmonaire Dans sa forme aiguë, insuffisance cardiaque droite consécutive à l'élévation soudaine de la pression artérielle dans la circulation pulmonaire (hypertension pulmonaire) ; l'embolie pulmonaire en est souvent la cause. Sa forme chronique correspond à une hypertrophie du ventricule droit qui peut mener à une insuffisance de ce dernier ; elle est généralement associée à un trouble pulmonaire chronique tel que l'emphysème ou l'asthme.

Endocardite Inflammation de l'endocarde généralement localisée au niveau des valves cardiaques ; souvent causée par une infection bactérienne du sang, mais parfois aussi par une infection fongique ou une réaction auto-immune. Les toxicomanes peuvent contracter une endocardite en utilisant une aiguille contaminée.

Myocardite Nom générique des inflammations du myocarde ; elle peut être aiguë et résulter d'une infection streptococcique ou virale laissée sans traitement chez l'enfant. La myocardite peut affaiblir le cœur et entraver son action de pompage.

Palpitation Battement fort, rapide ou irrégulier au point d'être incommodant. Les palpitations peuvent être causées par des médicaments, des drogues, la nervosité ou une cardiopathie.

Prolapsus mitral Anomalie d'au moins une cuspide de la valve auriculo-ventriculaire gauche (mitrale), qui ballonne dans l'oreillette gauche au moment de la systole ventriculaire et laisse refluer le sang. Atteignant jusqu'à 5 % de la population, le plus souvent des jeunes femmes, l'anomalie semble due à une dégénérescence du tissu conjonctif et serait d'origine génétique (on observe un allongement ou même une rupture des cordages tendineux de même qu'un dysfonctionnement des muscles papillaires). Le traitement courant est le remplacement de la valve.

RÉSUMÉ DU CHAPITRE

Anatomie du cœur (p. 659-668)

Dimensions, situation et orientation (p. 659-660)

1. Le cœur humain a la taille d'un poing fermé. Il est placé obliquement dans le médiastin.

Enveloppe du cœur (p. 660)

2. Le cœur est enveloppé dans un sac à double paroi formé du péricarde fibreux externe et du péricarde séreux interne (lames pariétale et viscérale). La cavité du péricarde, entre les lames de la séreuse, contient la sérosité, un liquide lubrifiant.

Tuniques de la paroi du cœur (p. 660-661)

3. Les tuniques du cœur sont, de l'intérieur vers l'extérieur, l'endocarde, le myocarde (renforcé par un squelette fibreux) et l'épicarde (lame viscérale du péricarde séreux).

Cavités et gros vaisseaux du cœur (p. 661-664)

4. Le cœur renferme deux oreillettes dans sa partie supérieure et deux ventricules dans sa partie inférieure. Du point de vue fonctionnel, le cœur est une double pompe.

5. La veine cave supérieure, la veine cave inférieure et le sinus coronaire entrent dans l'oreillette droite. Quatre veines pulmonaires pénètrent dans l'oreillette gauche.

6. Le ventricule droit expulse le sang dans les artères du tronc pulmonaire ; le ventricule gauche propulse le sang dans l'aorte.

Trajet du sang dans le cœur (p. 664-665)

7. Le cœur droit est la pompe de la circulation pulmonaire. Le sang des veines systémiques, pauvre en oxygène, entre dans l'oreillette droite, passe dans le ventricule droit, emprunte le tronc pulmonaire pour se rendre aux poumons et revient, oxygéné, dans l'oreillette gauche par les veines pulmonaires.

8. Le cœur gauche est la pompe de la circulation systémique. Le sang riche en oxygène provenant des poumons entre dans l'oreillette gauche, s'écoule dans le ventricule gauche et emprunte l'aorte, dont les ramifications le distribuent dans tout l'organisme. Les veines systémiques rapportent le sang pauvre en oxygène dans l'oreillette droite.

Valves cardiaques (p. 665-668)

9. Les valves auriculo-ventriculaires droite et gauche (tricuspide et bicuspide) empêchent le reflux du sang dans les oreillettes au moment de la contraction ventriculaire. Les valves de l'aorte et du tronc pulmonaire empêchent le reflux du sang dans les ventricules au moment du relâchement du muscle cardiaque.

Apport sanguin au cœur : circulation coronarienne (p. 668-669)

1. Les artères coronaires gauche et droite, nées de l'aorte, émettent des ramifications (rameaux interventriculaires antérieur et postérieur, rameau marginal droit et rameau circonflexe de l'artère coronaire gauche) qui irriguent le cœur lui-même. Le sang veineux, recueilli par les veines du cœur (grande, moyenne et petite), se jette dans le sinus coronaire.

2. Le myocarde est irrigué pendant le relâchement du cœur.

Propriétés du tissu musculaire cardiaque (p. 669-672)

Anatomie microscopique (p. 669-671)

1. Les cellules musculaires cardiaques sont ramifiées, striées et généralement mononucléées. Elles contiennent des myofibrilles composées de sarcomères typiques.

2. Les cellules cardiaques adjacentes sont rattachées par des disques intercalaires contenant des desmosomes et des jonctions ouvertes. Étant donné le couplage électrique fourni par ces dernières, le myocarde se comporte comme un syncytium fonctionnel.

Besoins énergétiques (p. 671)

3. Les cellules du muscle cardiaque contiennent d'abondantes mitochondries. Leur production d'ATP repose presque exclusivement sur la respiration aérobie.

Mécanisme et déroulement de la contraction (p. 671-672)

4. Dans les cellules contractiles du muscle cardiaque, les potentiels d'action sont produits de la même façon que dans les cellules musculaires squelettiques. La dépolarisation de la membrane ouvre les canaux à sodium voltage-dépendants. L'entrée du sodium détermine la phase ascendante de la courbe du potentiel d'action. En outre, la dépolarisation ouvre les canaux lents à calcium et à sodium ; l'entrée du Ca^{2+} prolonge la période de dépolarisation (ce qui crée le plateau). Le calcium ionique libéré par le réticulum sarcoplasmique (ainsi que le calcium qui diffuse du liquide

interstitiel) permet de coupler le potentiel d'action au glissement des filaments d'actine et de myosine. La période réfractaire est plus longue dans le muscle cardiaque que dans le muscle squelettique, ce qui prévient la contraction tétanique.

Physiologie du cœur (p. 672-686)

Phénomènes électriques (p. 672-677)

1. Certaines cellules non contractiles du muscle cardiaque présentent un automatisme qui leur permet de déclencher d'elles-mêmes des potentiels d'action. Ces cellules cardionectrices amorcent une lente dépolarisation, appelée potentiel de « pacemaker », immédiatement après avoir atteint leur potentiel de repos. Cette forme de dépolarisation explique pourquoi le potentiel de membrane tend lentement vers le seuil d'excitation, lequel permet le déclenchement d'un potentiel d'action. Ces cellules forment le système de conduction du cœur.

2. Le système de conduction du cœur, ou système cardionecteur, est composé du nœud sinusal, du nœud auriculo-ventriculaire, du faisceau auriculo-ventriculaire et de ses branches ainsi que des myofibres de conduction cardiaque. Ce système coordonne la dépolarisation et les battements du cœur. Étant donné que le nœud sinusal a la fréquence de dépolarisation spontanée la plus rapide, il constitue le centre rythmogène; il détermine le rythme sinusal.

3. Les anomalies du système de conduction du cœur peuvent causer des arythmies, la fibrillation et le bloc cardiaque.

4. Le cœur est innervé par le système nerveux autonome. Les centres cardiaques autonomes sont situés dans le bulbe rachidien. Les neurones du centre cardioaccélérateur sympathique émettent des prolongements jusqu'aux neurones du segment T_1 à T_5 de la moelle épinière. À leur tour, ces neurones sont reliés aux ganglions cervicaux et thoraciques supérieurs. Les neurofibres postganglionnaires innervent les nœuds sinusal et auriculo-ventriculaire ainsi que les cellules du muscle cardiaque. Le centre cardio-inhibiteur parasympathique exerce son influence par l'intermédiaire des nerfs vagues (X), qui s'étendent jusqu'à la paroi du cœur. La plupart des neurofibres parasympathiques desservent les nœuds sinusal et auriculo-ventriculaire.

5. Un électrocardiogramme est une représentation graphique des phénomènes électriques survenant dans le muscle cardiaque. L'onde P est associée à la dépolarisation auriculaire, le complexe QRS, à la dépolarisation ventriculaire et l'onde T, à la repolarisation ventriculaire.

19

Phénomènes mécaniques: la révolution cardiaque (p. 677-679)

6. La révolution cardiaque est l'ensemble des événements qui se produisent pendant un battement. De la mésodiastole à la télédiastole, les ventricules se remplissent et les oreillettes se contractent. La systole ventriculaire recouvre la phase de contraction isovolumétrique et la phase d'éjection ventriculaire. Pendant la protodiastole, les ventricules sont relâchés et complètement clos. Ensuite, la pression auriculaire étant supérieure à la pression ventriculaire, les valves auriculo-ventriculaires s'ouvrent, ce qui marque le début d'une autre révolution. À la fréquence normale de 75 battements par minute, une révolution cardiaque dure 0,8 s.

7. Les variations de la pression font circuler le sang à l'intérieur du cœur, et elles entraînent l'ouverture et la fermeture des valves.

Bruits du cœur (p. 679)

8. Les bruits normaux du cœur proviennent essentiellement de la fermeture des valves. Les bruits anormaux, appelés souffles, traduisent généralement des troubles valvulaires.

Débit cardiaque (p. 679-681, 684-686)

9. Le débit cardiaque est typiquement de 5 L/min. Il correspond à la quantité de sang éjectée par chaque ventricule en 1 minute. Le volume systolique est la quantité de sang expulsée par un ventricule à chaque contraction. On calcule le débit cardiaque en multipliant la fréquence cardiaque par le volume systolique.

10. Le volume systolique repose dans une grande mesure sur le degré d'étirement que le sang veineux imprime aux fibres musculaires des ventricules. D'environ 70 mL, il représente la différence entre le volume télédiastolique et le volume télésystolique. Tout ce qui influe sur la fréquence cardiaque et sur le volume sanguin influe aussi sur le retour veineux et, par conséquent, sur le volume systolique.

11. L'activation du système nerveux sympathique accroît la fréquence et la force de contraction du muscle cardiaque. L'activation du système nerveux parasympathique a les effets opposés. Le cœur présente ordinairement un tonus vagal.

12. La régulation chimique de la fréquence cardiaque est due à des hormones (l'adrénaline et la thyroxine) et à des ions (sodium, potassium et calcium). Les déséquilibres ioniques entravent considérablement l'activité de la pompe cardiaque.

13. L'âge, le sexe, l'exercice et la température corporelle influent sur la fréquence cardiaque.

14. L'insuffisance cardiaque désigne une faiblesse de l'action de pompage telle que la circulation ne suffit pas à satisfaire les besoins des tissus. L'insuffisance cardiaque du côté droit cause la congestion périphérique, l'insuffisance cardiaque du côté gauche entraîne la congestion pulmonaire.

Développement et vieillissement du cœur (p. 686-688)

1. Le cœur se forme à partir des cœurs primordiaux et, dès la quatrième semaine de gestation, présente une action de pompage. Le cœur fœtal contient deux dérivations pulmonaires: le foramen ovale et le conduit artériel.

2. Les cardiopathies congénitales causent plus de la moitié des décès de nouveau-nés. Les plus répandues provoquent une oxygénation inadéquate du sang ou une augmentation de la charge de travail du cœur.

3. Le vieillissement cause la sclérose et l'épaississement des valves, la diminution de la réserve cardiaque, la fibrose du myocarde et l'athérosclérose.

4. La consommation de graisses animales et de sel, le stress excessif, l'usage du tabac et le manque d'exercice exposent aux maladies cardiovasculaires.

QUESTIONS DE RÉVISION

Choix multiples/associations

(Réponses à l'appendice G)

1. Qu'arrive-t-il lorsque les valves de l'aorte et du tronc pulmonaire sont ouvertes? (a) 2, 3, 5, 6; (b) 1, 2, 3, 7; (c) 1, 3, 5, 6; (d) 2, 4, 5, 7.

(1) Les artères coronaires se remplissent.
(2) Les valves auriculo-ventriculaires sont fermées.
(3) Les ventricules se contractent.
(4) Les ventricules se dilatent.
(5) Le sang entre dans l'aorte.
(6) Le sang entre dans le tronc pulmonaire.
(7) Les oreillettes se contractent.

2. La partie du système de conduction du cœur qui est située dans le septum interventriculaire est: (a) le nœud auriculo-ventriculaire; (b) le nœud sinusal; (c) le faisceau auriculo-ventriculaire; (d) les myofibres de conduction cardiaque.

3. Un électrocardiogramme révèle: (a) le débit cardiaque; (b) le mouvement de l'onde de dépolarisation dans le cœur; (c) l'état de la circulation coronarienne; (d) l'insuffisance valvulaire.

4. Dans les cavités du cœur, la contraction se propage : (a) de manière aléatoire ; (b) des cavités gauches aux cavités droites ; (c) des deux oreillettes aux deux ventricules ; (d) de l'oreillette droite au ventricule droit à l'oreillette gauche et au ventricule gauche.

5. La paroi du ventricule gauche est plus épaisse que celle du ventricule droit parce qu'elle : (a) expulse un plus grand volume de sang ; (b) doit surmonter plus de résistance ; (c) dilate la cage thoracique ; (d) expulse le sang à travers une valve plus petite.

6. Les cordages tendineux : (a) ferment les valves auriculo-ventriculaires ; (b) empêchent les cuspides des valves auriculo-ventriculaires de s'inverser ; (c) contractent les muscles papillaires ; (d) ouvrent les valves de l'aorte et du tronc pulmonaire.

7. Dans le cœur : (1) les potentiels d'action sont transmis d'une cellule du myocarde à l'autre par l'intermédiaire de jonctions ouvertes ; (2) le nœud sinusal détermine la fréquence des battements ; (3) les cellules peuvent se dépolariser spontanément en l'absence de stimulation nerveuse ; (4) le muscle peut se contracter longtemps sans oxygène. (a) Toutes ces réponses ; (b) 1, 3, 4 ; (c) 1, 2, 3 ; (d) 2, 3.

8. L'activité du cœur repose sur les propriétés intrinsèques du myocarde et sur des facteurs nerveux. Par conséquent : (a) les nerfs vagues stimulent le nœud sinusal et provoquent un ralentissement de la fréquence cardiaque ; (b) la stimulation sympathique du cœur raccourcit la période permettant le remplissage ventriculaire ; (c) la stimulation sympathique du cœur accroît la force de contraction des ventricules ; (d) toutes ces réponses.

9. Le sang riche en oxygène entre d'abord dans : (a) l'oreillette droite ; (b) l'oreillette gauche ; (c) le ventricule droit ; (d) le ventricule gauche.

Questions à court développement

10. Décrivez la situation et la position du cœur dans l'organisme.

11. Décrivez le péricarde et distinguez le péricarde fibreux du péricarde séreux du point de vue de leur situation et de leur structure histologique.

12. Montrez les différences structurales entre les valves auriculo-ventriculaires d'une part et les valves de l'aorte et du tronc pulmonaire d'autre part ; reliez ces différences de structure à la fonction de ces deux types de valves cardiaques.

13. Expliquez le cheminement d'une goutte de sang de son entrée dans l'oreillette droite à son entrée dans l'oreillette gauche. Comment appelle-t-on ce trajet ?

14. (a) Expliquez l'influence de la contraction et du relâchement du muscle cardiaque sur le débit coronarien. (b) Nommez les principales ramifications des artères coronaires et indiquez les parties du cœur que chacune irrigue.

15. La période réfractaire du muscle cardiaque est beaucoup plus longue que celle du muscle squelettique. Pourquoi s'agit-il là d'une propriété fonctionnelle opportune ?

16. (a) Nommez les éléments du système de conduction du cœur dans l'ordre, en commençant par le centre rythmogène. (b) Quelle est l'importante fonction du système de conduction du cœur ?

17. Dessinez un électrocardiogramme normal. Nommez les ondes et expliquez leur signification.

18. Définissez la révolution cardiaque et énumérez ses étapes.

19. Qu'est-ce que le débit cardiaque et comment le calcule-t-on ?

20. Comment la loi de Starling explique-t-elle l'influence du retour veineux sur le volume systolique ?

21. (a) Décrivez la fonction commune du foramen ovale et du conduit artériel chez le fœtus. (b) Quels troubles résultent de la persistance de ces dérivations après la naissance ?

RÉFLEXION ET APPLICATION

1. Un jeune homme est poignardé à la poitrine pendant une rixe. À son arrivée au centre hospitalier, il est cyanosé et, du fait de l'ischémie cérébrale, inconscient. L'équipe médicale diagnostique une tamponnade cardiaque. Définissez cet état et expliquez comment il cause les symptômes présentés par le patient.

2. On vous demande de faire la démonstration de la technique d'auscultation des bruits du cœur. (a) Où placeriez-vous votre stéthoscope pour détecter : (1) l'insuffisance grave de la valve de l'aorte ? (2) le rétrécissement de la valve auriculo-ventriculaire gauche ? (b) À quel(s) moment(s) êtes-vous susceptible d'entendre le plus clairement les souffles produits par ces anomalies (pendant la diastole auriculaire, la systole ventriculaire, la diastole ventriculaire ou la systole auriculaire) ? (c) Sur quels indices vous baseriez-vous pour distinguer l'insuffisance valvulaire du rétrécissement d'une valve ?

3. Une femme d'âge mur, Florence Sauvé, est admise à l'unité de soins coronariens pour une insuffisance du ventricule gauche résultant d'un infarctus du myocarde. L'anamnèse révèle que des douleurs thoraciques aiguës ont réveillé la patiente au milieu de la nuit. Sa peau est pâle et froide, et on entend des râles humides dans la partie inférieure de ses poumons. Expliquez comment l'insuffisance du ventricule gauche peut causer ces symptômes.

4. Hortense, une nouveau-née, doit subir une intervention chirurgicale parce qu'elle présente une transposition totale des gros vaisseaux ; en effet, son aorte émerge du ventricule droit et son tronc pulmonaire du ventricule gauche. Quelles sont les conséquences physiologiques de cette anomalie ?

5. Gabriel, un héroïnomane, se sent fatigué, faible et fiévreux et il ressent des douleurs diffuses. Craignant d'être atteint du SIDA, il consulte un médecin, qui lui apprend qu'il souffre d'un souffle cardiaque accompagné d'une endocardite. Quelle est la cause la plus probable de l'endocardite de Gabriel ?

6. Tandis qu'elle procède à une dissection, Karine songe avec irritation au fait que plusieurs structures qu'elle étudie portent plus d'un nom courant. Donnez un synonyme pour chacune des structures suivantes : (a) sillon coronaire ; (b) valve tricuspide ; (c) valve bicuspide (donnez deux synonymes) et (d) faisceau auriculo-ventriculaire.

20

SYSTÈME CARDIOVASCULAIRE : LES VAISSEAUX SANGUINS

SOMMAIRE ET OBJECTIFS D'APPRENTISSAGE

Structure et fonction des vaisseaux sanguins : caractéristiques générales (p. 693-700)

1. Décrire les trois tuniques qui forment la paroi d'un vaisseau sanguin typique et indiquer la fonction de chacune.
2. Définir la vasoconstriction et la vasodilatation ; préciser quels types de vaisseaux et quelles composantes de leur paroi sont responsables de ces phénomènes.
3. Comparer la structure et la fonction des trois types d'artères.
4. Décrire la structure de la paroi des trois types de capillaires ; présenter l'anatomie et la fonction d'un lit capillaire.
5. Décrire la structure et la fonction des veinules et des veines ; préciser ce qui distingue les veines des artères ; expliquer ce que sont les varices.

Physiologie de la circulation (p. 700-718)

6. Définir le débit sanguin, la pression sanguine et la résistance, et expliquer leur relation ; citer les facteurs qui influent sur la résistance périphérique et préciser leurs effets.
7. Définir la pression différentielle et la pression artérielle moyenne ; citer et expliquer les facteurs qui influent sur la pression sanguine ; décrire les mécanismes de régulation à long terme et à court terme de la pression artérielle.
8. Décrire et expliquer les variations de la pression sanguine aux divers niveaux du réseau vasculaire systémique.
9. Expliquer le fonctionnement de la pompe respiratoire et de la pompe musculaire.
10. Définir le pouls et les points de compression.
11. Définir l'hypertension. Indiquer ses symptômes, ses conséquences et les facteurs favorisants.
12. Expliquer la régulation du débit sanguin dans l'organisme et les divers organes ; montrer la relation entre la vitesse de l'écoulement sanguin et le diamètre des différents vaisseaux.
13. Énumérer les forces en présence en ce qui concerne les échanges liquidiens au niveau des capillaires ; indiquer la direction dans laquelle chacune s'exerce et expliquer comment se calcule la pression de filtration nette.
14. Définir l'état de choc et indiquer les causes de chacun des types d'état de choc suivants : hypovolémique, vasculaire, cardiaque.

Voies de la circulation : anatomie du système cardiovasculaire (p. 718-719, 722-742)

15. Décrire la circulation pulmonaire et expliquer son importance.
16. Expliquer les grandes fonctions de la circulation systémique. Nommer et situer les principales artères et veines de la circulation systémique. Énumérer les principales différences anatomiques entre le réseau artériel et le réseau veineux.
17. Expliquer la structure et la fonction particulière du système porte hépatique.

Développement et vieillissement des vaisseaux sanguins (p. 719)

18. Expliquer le développement des vaisseaux sanguins chez le fœtus ; présenter les principaux effets du vieillissement sur le réseau vasculaire.

Comme toute analogie, celle qui compare les vaisseaux sanguins à des tuyaux de plomberie ne peut servir que de point de départ. En effet, les vaisseaux sanguins ne sont ni rigides ni statiques. Ce sont des structures dynamiques qui se contractent, se relâchent et, même, qui prolifèrent suivant les besoins de l'organisme. Ce chapitre porte sur la structure et la fonction de ces importantes voies de circulation.

Les **vaisseaux sanguins** forment un réseau qui commence et finit au cœur. La découverte de la circulation sanguine a été effectuée dans les années 1620 par William Harvey, un médecin anglais. De Galien (médecin grec du IIe siècle) jusqu'à cette époque, on croyait que le sang allait et venait dans l'organisme comme une marée, partant du cœur et y retournant par les mêmes vaisseaux.

STRUCTURE ET FONCTION DES VAISSEAUX SANGUINS: CARACTÉRISTIQUES GÉNÉRALES

Les vaisseaux sanguins se divisent en trois grandes catégories: les *artères,* les *capillaires* et les *veines.* Les contractions du cœur chassent le sang dans les grosses artères issues des ventricules. Ensuite, le sang parcourt les ramifications des artères, jusqu'aux plus petites, les *artérioles* (littéralement, «petites artères»). Il aboutit ainsi dans les lits capillaires des organes et des tissus. À sa sortie des capillaires, le sang emprunte les *veinules,* les veines et, enfin, les grosses veines qui convergent au cœur. Le voyage est long: mis bout à bout, les vaisseaux sanguins d'un humain adulte mesureraient quelque 100 000 km!

Les artères et les veines servent simplement de conduits pour le sang. Puisque les artères transportent le sang *en provenance* du cœur, elles «se ramifient» ou «se divisent» en vaisseaux de plus en plus petits. Quant aux veines, qui convoient le sang *vers* le cœur, elles «fusionnent» ou «convergent» pour former les vaisseaux de plus en plus gros qui irriguent cet organe. Seuls les capillaires sont en contact étroit avec les cellules. Leurs parois extrêmement fines permettent les échanges entre le sang et le liquide interstitiel dans lequel baignent les cellules. Ces échanges fournissent aux cellules ce qui est nécessaire à leur physiologie normale.

Structure des parois vasculaires

Les parois des artères et des veines, sauf celles des plus petites, sont composées de trois couches, ou *tuniques,* entourant un espace central rempli de sang, la **lumière** (figure 20.1).

La **tunique interne,** ou intima, est formée d'*endothélium,* un épithélium simple squameux qui tapisse la lumière de tous les vaisseaux. L'endothélium est en continuité avec l'endocarde; ses cellules plates s'imbriquent les unes dans les autres et constituent une surface lisse qui réduit au minimum la friction entre le sang et la surface interne des vaisseaux. Dans les vaisseaux dont le diamètre est supérieur à 1 mm, l'endothélium repose sur une *couche sous-endothéliale* faite de tissu conjonctif lâche.

La **tunique moyenne,** ou média, comprend principalement des cellules musculaires lisses disposées en anneaux et des feuillets d'élastine continus. L'activité du muscle lisse vasculaire est régie par les *neurofibres vasomotrices* du système nerveux sympathique. Suivant les besoins de l'organisme, ces neurofibres peuvent causer la **vasoconstriction** (une réduction du calibre due à la contraction du muscle lisse) ou la **vasodilatation** (une augmentation du calibre due au relâchement du muscle lisse). Comme de légères variations du diamètre des vaisseaux sanguins ont des effets marqués sur le débit et sur la pression du sang, la tunique moyenne joue un rôle prépondérant dans la régulation de la circulation. Généralement, la tunique moyenne est la couche la plus épaisse dans les artères.

La **tunique externe,** aussi appelée externa ou adventice, est composée principalement de fibres collagènes lâchement entrelacées qui protègent les vaisseaux et les ancrent aux structures environnantes. Elle est parcourue de neurofibres et de vaisseaux lymphatiques ainsi que, dans les gros vaisseaux, de minuscules vaisseaux sanguins. Ces vaisseaux, nommés **vasa vasorum** (littéralement, «vaisseaux des vaisseaux»), nourrissent les tissus externes de la paroi des gros vaisseaux. La partie interne est nourrie directement par le sang qui coule dans la lumière.

Les trois types de vaisseaux diffèrent par leur longueur, par leur diamètre ainsi que par l'épaisseur et la composition de leurs parois. Nous décrivons ces différences ci-après. Les relations des multiples générations de canaux vasculaires sanguins entre elles et avec les vaisseaux du système lymphatique (décrits au chapitre 22) sont résumées dans la figure 20.4.

Réseau artériel

Les **artères** sont les vaisseaux qui transportent le sang *sortant* des ventricules du cœur. Bien que les artères systémiques acheminent toujours du sang oxygéné et que les veines systémiques véhiculent toujours du sang pauvre en oxygène, cette règle générale ne vaut ni pour les vaisseaux de la circulation pulmonaire (voir la figure 20.16) ni pour les vaisseaux ombilicaux du fœtus (voir la figure 29.13a, p. 1103).

Selon leur taille et leur fonction, les artères se divisent en trois groupes: les artères élastiques, les artères musculaires et les artérioles.

Artères élastiques (conductrices)

Les **artères élastiques** sont les grosses artères à la paroi épaisse situées près du cœur, telles l'aorte et ses principales ramifications. Ces artères sont celles qui possèdent le plus grand diamètre et la plus grande élasticité. Étant donné leur gros calibre, elles servent de conduits à faible résistance pour le sang qui va du cœur aux artères de taille moyenne; c'est pourquoi on les appelle parfois **artères conductrices.** Les artères élastiques contiennent plus d'élastine que tous les autres vaisseaux. On trouve de l'élastine dans leurs trois tuniques, mais surtout dans leur tunique moyenne. Dans cette dernière, l'élastine forme des feuillets épais, «troués» et concentriques de tissu conjonctif, appelés lames élastiques fenestrées, qui ressemblent à des tranches de gruyère et entre lesquels

Quel est l'avantage fonctionnel d'avoir des capillaires qui se composent d'une seule couche de cellules squameuses recouvrant du tissu conjonctif lâche ?

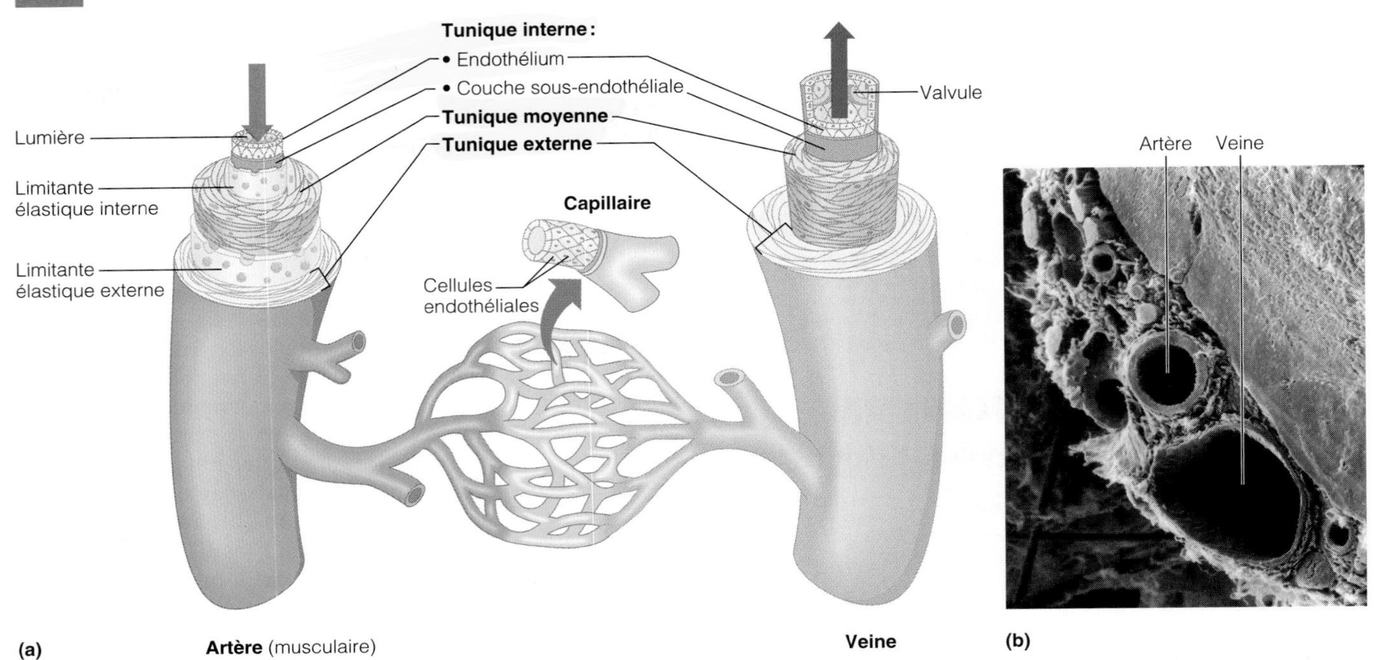

FIGURE 20.1
Structure des artères, des veines et des capillaires. (a) Les parois des artères et des veines sont composées de trois tuniques : la tunique interne (un endothélium reposant sur une couche sous-endothéliale formée de tissu conjonctif lâche), la tunique moyenne (constituée de cellules musculaires lisses et de fibres élastiques et collagènes) et la tunique externe (formée principalement de fibres collagènes). Les capillaires, intermédiaires entre les artères et les veines dans la circulation, ne sont composés que d'endothélium et d'une lame basale qui peut être continue ou discontinue. Notez que la tunique moyenne est épaisse dans les artères et relativement mince dans les veines, tandis que la tunique externe est mince dans les artères et relativement épaisse dans les veines. **(b)** Micrographie au microscope électronique à balayage montrant une artère musculaire et la veine correspondante en coupe transversale (120 ×). (Tirée de R. G. Kessel et R. H. Kardon, *Tissues and Organs,* © W. H. Freeman, 1979.)

s'insèrent des cellules musculaires lisses ; par les fenestrations des lames élastiques, des substances régulatrices peuvent passer des cellules de l'endothélium aux cellules musculaires lisses. Grâce à l'abondance de l'élastine, les artères élastiques peuvent supporter et compenser de grandes fluctuations de pression : durant la systole ventriculaire, les fibres élastiques s'étirent (les artères se dilatent) sous l'effet de l'arrivée du sang sous pression ; durant la diastole ventriculaire, elles tendent à revenir à leur degré d'étirement initial (c'est ainsi que le sang continue à circuler pendant cette période de repos du muscle cardiaque). Bien que les artères élastiques contiennent aussi des quantités substantielles de muscle lisse, elles ont un rôle peu actif dans la vasoconstriction. Au point de vue fonctionnel, elles s'assimilent à de simples tubes élastiques.

Étant donné que les parois des artères élastiques se dilatent et se resserrent passivement selon le volume sanguin éjecté, le sang y reste toujours sous pression. Par conséquent, il s'écoule de manière continue et non par à-coups, au gré des contractions cardiaques. Mais si les vaisseaux sanguins durcissent et raidissent, comme c'est le cas dans l'artériosclérose, le sang s'y écoule par intermittence, un peu comme l'eau s'écoule d'un boyau d'arrosage rigide. Lorsqu'on ouvre le robinet, la pression chasse l'eau à l'extérieur du boyau. Mais lorsqu'on ferme le robinet, le flux diminue puis s'arrête, car les parois du boyau ne peuvent se resserrer pour maintenir la pression. Qui plus est, si les artères élastiques n'exercent pas cette régulation de la pression, les parois de toutes les artères sont soumises à une plus forte pression ; les artères s'affaiblissent graduellement et peuvent se gonfler, voire éclater. (Nous décrivons ces problèmes plus en détail dans l'encadré des pages 696-697.)

Artères musculaires (distributrices)

Les artères élastiques donnent naissance aux **artères musculaires,** ou **distributrices** (voir la figure 20.4). Ces artères apportent le sang aux divers organes et ce sont surtout elles que l'anatomie nomme et étudie. Leur diamètre va de celui du petit doigt (1 cm) à celui d'une mine de crayon (0,3 mm). Toutes proportions gardées, leur tunique moyenne dépasse en épaisseur celle de tous les autres vaisseaux. En outre, elle contient plus de muscle lisse et moins de tissu élastique que celle des artères élastiques ; par conséquent, les artères musculaires ont un rôle plus actif que les artères élastiques dans la vasoconstriction,

Les capillaires sont des lieux d'échange. Leurs parois faisant obstacle aux échanges, plus elles sont minces, plus les échanges sont rapides et efficaces.

mais elles sont moins extensibles. On remarque toutefois que chacune des faces de leur tunique moyenne porte un feuillet élastique (*limitante élastique externe* et *limitante élastique interne*).

Artérioles

Avec leur calibre se situant entre 0,3 mm et 10 µm, les **artérioles** sont les plus petites artères. Les plus grosses artérioles sont dotées de trois tuniques, mais leur tunique moyenne est composée principalement de muscle lisse et de quelques fibres élastiques clairsemées. Les plus petites artérioles, qui se jettent dans les lits capillaires, ne sont constituées que d'une seule couche de cellules musculaires lisses enroulées en spirale autour de l'endothélium.

L'écoulement du sang dans les lits capillaires est déterminé par des variations du diamètre des artérioles (vasomotricité). Ces variations font suite à des stimulus nerveux et à des influences chimiques locales sur le muscle lisse de leur paroi. Lorsque les artérioles se contractent (vasoconstriction), le sang contourne les tissus qu'elles desservent. Mais lorsqu'elles se dilatent (vasodilatation), le débit sanguin augmente de façon marquée dans les capillaires locaux.

Capillaires

Les **capillaires** sont les plus petits vaisseaux sanguins. Leurs parois, extrêmement minces, ne sont formées que de cellules endothéliales ; les capillaires n'ont donc qu'une tunique interne (voir la figure 20.1a). Dans certains cas, une seule cellule endothéliale constitue l'entière circonférence de la paroi. Les capillaires mesurent en moyenne 1 mm de long et leur calibre moyen n'est que de 8 à 10 µm, soit juste ce qu'il faut pour laisser passer les globules rouges à la file. La plupart des tissus sont riches en capillaires. Il y a cependant des exceptions notables. Les tendons et les ligaments sont peu vascularisés ; le cartilage et les épithéliums sont dépourvus de capillaires, mais ils reçoivent leurs nutriments des vaisseaux des tissus conjonctifs environnants ; enfin, la cornée et le cristallin de l'œil ne sont aucunement irrigués et reçoivent leurs nutriments de l'humeur aqueuse.

Si l'on compare les vaisseaux sanguins à un réseau routier, alors les capillaires en sont les ruelles et les allées, car ils fournissent un accès à presque toutes les cellules. Compte tenu de leurs situations et de la minceur de leurs parois, les capillaires sont admirablement bien adaptés à leur rôle, c'est-à-dire à l'échange de substances (gaz, nutriments, hormones, etc.) entre le sang et le liquide interstitiel. Nous décrivons plus loin les mécanismes de ces échanges ; nous allons dans un premier temps examiner la structure des capillaires.

Types de capillaires

Au point de vue structural, les capillaires se divisent en trois types : les *capillaires continus*, les *capillaires fenestrés* et les *capillaires sinusoïdes*. Les **capillaires continus**, abondants dans la peau et dans les muscles, sont les plus répandus. Ils sont continus dans la mesure où leurs cellules endothéliales forment un revêtement ininterrompu. Les cellules adjacentes sont réunies latéralement par des *jonctions serrées*. Cependant, ces jonctions sont incomplètes dans la plupart des cas et laissent entre les membranes des espaces disjoints appelés **fentes intercellulaires.** Ces fentes sont juste assez larges pour permettre le passage de quantités limitées de liquides et de petites molécules de solutés. Typiquement, le cytoplasme des cellules endothéliales contient de nombreuses vésicules qui, semble-t-il, transportent les liquides et diverses molécules à travers la paroi capillaire par *transcytose* (mécanisme d'échange particulier qui permet aux substances de traverser la cellule de part en part). Les capillaires de l'encéphale sont uniques en ce qui concerne les jonctions serrées : l'intégrité de ces dernières constitue le fondement structural de la *barrière hémato-encéphalique* décrite au chapitre 12.

Les **capillaires fenestrés** sont semblables aux capillaires continus, sauf en un point : certaines de leurs cellules endothéliales sont percées de *pores* ovales (aussi appelés *fenestrations*) généralement recouverts par une membrane, ou diaphragme, très mince (7 nm environ) (figure 20.2). En

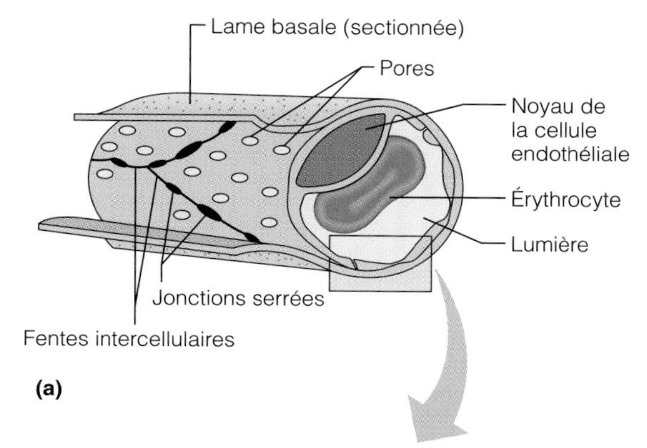

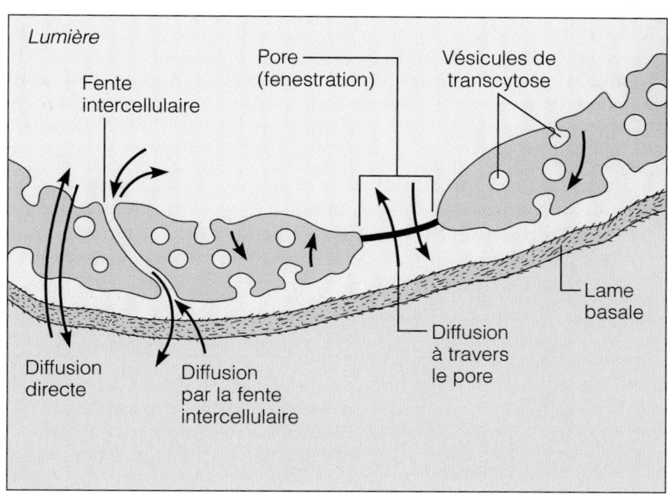

(b)

FIGURE 20.2
Structure des capillaires et mécanismes de transport.
(a) Structure d'un capillaire fenestré. Les capillaires continus sont semblables aux capillaires fenestrés, mais ils sont dépourvus de pores. **(b)** Les quatre voies de passage possibles à travers la paroi endothéliale (montrée en coupe transversale).

GROS PLAN

Comment traiter l'artériosclérose : sortez vos débouchoirs !

Lorsque l'eau s'écoule trop lentement d'un évier de cuisine, on s'empare d'un débouchoir et on élimine les débris d'aliments qui obstruent le tuyau. Et le tour est joué. L'entretien de la plomberie vasculaire n'est pas si simple. En effet, les parois des artères peuvent épaissir. Il suffit ensuite d'un caillot vagabond ou de spasmes artériels pour obstruer complètement la lumière déjà rétrécie d'une artère. Un infarctus du myocarde ou un accident vasculaire cérébral peuvent alors survenir.

Si tous les vaisseaux sanguins peuvent être touchés par l'**athérosclérose,** l'aorte et les artères coronaires sont les plus vulnérables. Bien des stades précèdent celui de la rigidité vasculaire, mais même les premiers comportent des risques mortels.

Quel est le facteur à l'origine de ce fléau, cause indirecte de la moitié des décès dans le monde occidental ? Certains chercheurs pensent qu'il s'agit d'une lésion de la tunique interne des vaisseaux causée par des substances qui circulent dans le sang, par des virus, ou par des facteurs physiques comme un coup ou l'hypertension. *Chlamydia pneumoniæ,* une bactérie causant une atteinte respiratoire pseudo-grippale qui peut se transformer en pneumonie, est peut-être à l'origine de l'inflammation initiale, du moins dans certains cas. Il semble que cette bactérie atteint les vaisseaux sanguins en proliférant dans des macrophagocytes capables de la phagocyter mais pas de la digérer. Les cellules endothéliales endommagées libèrent des agents chimiotactiques et des facteurs de croissance (qui stimulent la mitose), et elles commencent à absorber et à modifier des quantités accrues de lipides sanguins, en particulier les lipoprotéines de basse densité (LDL) qui procurent du cholestérol aux cellules des tissus en circulant dans le sang. Lorsque la lipoprotéine séquestrée s'oxyde (un phénomène apparemment fréquent), elle ne fait pas qu'endommager les cellules avoisinantes, elle attire également des monocytes dans la région par chimiotactisme. Ces monocytes s'accrochent aux lésions, puis ils migrent sous la tunique interne où ils se transforment en macrophagocytes. Normalement, les macrophagocytes assument un rôle de protection car ils ingèrent les microorganismes et les substances toxiques envahissant l'organisme, y compris les protéines oxydées et les lipides. Cependant, en s'abreuvant ainsi de LDL oxydées, ils se transforment en *cellules spumeuses* regorgeant de lipides et perdent leur propriété nettoyante. On croit aussi que c'est à ce moment qu'ils « larguent » leurs passagers, les bactéries responsables de la pneumonie à *Chlamydia,* sur les cellules artérielles adjacentes. Bientôt, les macrophagocytes sont rejoints par des cellules musculaires lisses en provenance de la tunique moyenne, qui accumulent aussi des lipides les transformant en cellules spumeuses ; on dit alors de ces dernières cellules qu'elles ont atteint le **stade des stries lipidiques.** Les cellules musculaires lisses sécrètent également du collagène et de l'élastine, ce qui épaissit la tunique interne. Par la suite, des lésions fibreuses apparaissent; elles comportent un noyau de cellules spumeuses mortes ou en décomposition appelées **athéromes,** ou **plaques athéroscléreuses.** Lorsque ces dépôts lipidiques de cellules musculaires lisses et de fibres commencent à faire saillie dans la lumière du vaisseau, l'athérosclérose est pleinement installée (voir la photographie).

On attribue également certains cas de spasmes artériels coronaires à un dysfonctionnement de l'endothélium. Dans des conditions normales, les cellules endothéliales libèrent du monoxyde d'azote et de la prostacycline, deux substances chimiques qui favorisent la vasodilatation et inhibent l'agrégation plaquettaire. L'athérosclérose, ou même la présence très précoce de lipoprotéines de basse densité oxydées, peut perturber la libération de ces agents vasodilatateurs et antiagrégants. Il se pourrait même que ce phénomène accélère la formation de caillots chez les personnes atteintes d'athérosclérose.

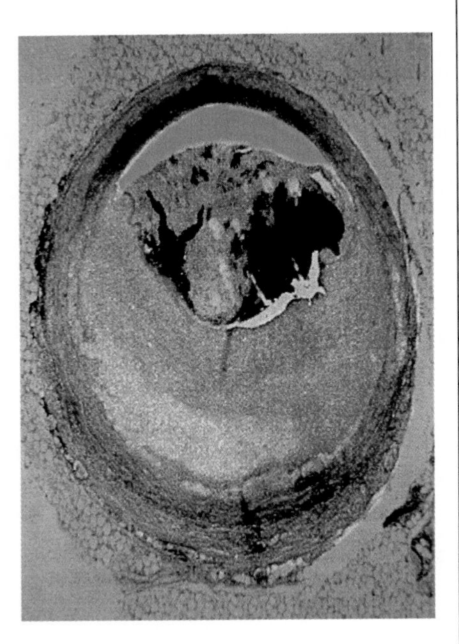

Plaques athéroscléreuses tapissant un vaisseau sanguin humain.

En présence d'une autre substance chimique, appelée *lipoprotéine (a),* la maladie s'aggrave rapidement. La lipoprotéine (a) est une lipoprotéine de basse densité spéciale que l'on ne retrouve que chez certaines personnes ; elle se charge principalement de fournir du cholestérol

dépit de ce diaphragme, la perméabilité des capillaires fenestrés aux liquides et aux solutés demeure nettement supérieure à celle des capillaires continus. On trouve des capillaires fenestrés dans les organes où se produit une absorption capillaire importante ou la formation de filtrats. Par exemple, les capillaires fenestrés de l'intestin grêle reçoivent les nutriments absorbés par la muqueuse intestinale, et ceux des glandes endocrines permettent aux hormones d'entrer rapidement dans le sang. Il y a dans les reins des capillaires fenestrés dont les pores sont entièrement ouverts (non recouverts d'un diaphragme), car il est essentiel que la filtration du plasma sanguin s'y fasse rapidement.

Un type particulier de capillaires, les **sinusoïdes** (ou **capillaires discontinus**) relient les artérioles et les veinules dans le foie, la moelle osseuse, le tissu lymphoïde et certaines glandes endocrines. Les sinusoïdes possèdent de grandes lumières irrégulières, et ils sont généralement aux régions où des tissus, par exemple l'endothélium, doivent être réparés. Malgré le rôle qu'elle joue dans le processus de cicatrisation, la lipoprotéine (a) peut être nocive lorsqu'elle est trop abondante. En effet, elle se lie aux tissus sous-endothéliaux plus avidement que toute autre lipoprotéine de basse densité. Similaire à un facteur de croissance, elle favorise la mitose des cellules de la paroi vasculaire. Sa ressemblance avec le plasminogène lui permet de le remplacer dans les régions où des caillots se sont formés, mais pas de dissoudre ces caillots ; par conséquent, lorsqu'elle se substitue au plasminogène, elle peut *empêcher* l'élimination de caillots indésirables.

L'**artériosclérose** est le dernier stade de la maladie. Les plaques gênent la diffusion des nutriments dans les tissus profonds de la paroi artérielle, les cellules musculaires lisses de la tunique moyenne meurent, et les fibres élastiques se détériorent. Ces éléments sont remplacés par du tissu cicatriciel non élastique, et des sels de calcium se déposent dans les athéromes. Les parois artérielles s'usent et s'ulcèrent, ce qui favorise l'adhésion plaquettaire et la formation de caillots. La rigidité des parois vasculaires, normalement élastiques, cause l'hypertension. L'ensemble de ces phénomènes accroît les risques d'infarctus du myocarde, d'accident vasculaire cérébral et d'anévrisme. (Toutefois, un régime alimentaire riche en acides gras omega-3, que l'on trouve dans la chair de certains poissons, peut abaisser la concentration sanguine de cholestérol.)

Quelles mesures peut-on prendre lorsque l'athérosclérose coronarienne représente un danger pour le cœur ? Autrefois, on effectuait un *pontage coronarien,* c'est-à-dire que l'on greffait dans le cœur des segments de veines prélevés dans les jambes (grandes veines saphènes) ou de petites artères prélevés dans la cavité thoracique. Actuellement, on pratique 40 000 pontages coronariens chaque année aux États-Unis. Depuis peu, cependant, les chirurgiens emploient des instruments intravasculaires pour désobstruer les vaisseaux. Ainsi, l'*angioplastie transluminale percutanée,* une intervention que subissent annuellement quelque 260 000 Américains, se pratique au moyen d'une sonde munie d'un ballonnet. Lorsque la sonde atteint le siège de l'obstruction, le chirurgien gonfle le ballonnet et la masse lipidique est comprimée contre la paroi du vaisseau. Ce procédé a toutefois l'inconvénient de n'éliminer que quelques obstructions très localisées.

Bien que l'angioplastie soit plus rapide, moins coûteuse et beaucoup moins risquée que le pontage, elle a la même limite : elle n'élimine pas la maladie sous-jacente. Avec le temps, il se produit des *resténoses* (de nouvelles obstructions) dans 30 à 50 % des cas. En fait, des études récentes ont montré que certaines resténoses sont dues, en partie du moins, à l'érosion de l'endothélium au cours de l'intervention et à la prolifération subséquente du tissu cicatriciel dans les vaisseaux endommagés. L'insertion de *tuteurs* (courts tubes en treillis métallique ressemblant à de très gros macaronis) dans les vaisseaux nouvellement dilatés peut aider à prévenir la resténose. Autre technique prometteuse, l'application d'un gel sur la région traitée permet la formation d'une pellicule translucide sur la paroi du vaisseau. Composé de substances chimiques appelées *agents antisens,* ce gel bloque l'activité d'un gène (*c-myb*) essentiel à la prolifération de muscle lisse. On effectue présentement des essais sur un médicament qui stimule l'activité du monoxyde d'azote. Ce dernier inhibe la prolifération et la migration des cellules nécessaires à la formation des plaques athéroscléreuses.

Une autre technique à l'essai pourrait aider les patients trop malades pour subir une intervention chirurgicale. Sur une période d'environ sept semaines, on place des ceintures gonflables pendant une heure par jour autour des membres inférieurs du patient. Ces ceintures se gonflent et se dégonflent au rythme des battements cardiaques, ce qui force le sang dans les membres inférieurs à monter dans la poitrine pendant la diastole. Théoriquement, cette procédure agrandit les vaisseaux rétrécis par l'athérosclérose et favorise la formation de voies collatérales qui remplacent les vaisseaux endommagés.

Les médicaments hypocholestérolémiants comme la cholestyramine et la lovastatine avaient suscité beaucoup d'espoir. Malheureusement, leurs effets indésirables (nausées, ballonnement et constipation) sont si gênants que la plupart des gens cessent tout simplement de les prendre. Lorsque l'obstruction est causée par un caillot, les médecins prescrivent des *agents thrombolytiques* (qui dissolvent les caillots). Au nombre de ces médicaments révolutionnaires, on trouve la *streptokinase* (une enzyme) et l'*activateur tissulaire du plasminogène,* une substance naturelle produite grâce au génie génétique. L'injection directe d'activateur tissulaire du plasminogène dans le cœur au moyen d'un cathéter rétablit rapidement le débit sanguin et interrompt le cours de nombreuses crises cardiaques. En outre, la fréquence de la tachycardie ventriculaire et de la mort subite consécutives à un infarctus du myocarde semble diminuer chez les sujets qui reçoivent ce type de médicaments.

Outre ces interventions, la prévention reste de mise. Pour freiner l'évolution de l'athérosclérose, il est recommandé de cesser de fumer, de perdre du poids en vue de réduire la concentration sanguine de lipides (triglycérides), de consommer moins de cholestérol et de graisses saturées en vue de réduire le taux de LDL et de prendre des vitamines antioxydantes (E et C) ; pour résorber certains dommages, il est recommandé de faire de l'exercice en vue d'accroître le taux sanguin de lipoprotéines de haute densité (HDL), qui absorbent les dépôts de cholestérol dans les parois vasculaires et les transportent vers le foie afin qu'ils soient éliminés. Cependant, il est extrêmement difficile de modifier ses habitudes. Comment convaincre les Nord-Américains de renoncer au beurre et aux « hamburgers » ? Pourtant, si l'on parvient un jour à prévenir la cardiopathie en guérissant l'artériosclérose, bien des gens accepteront de troquer leurs vieilles habitudes contre une vieillesse heureuse !

« troués ». Leur endothélium est différent : les jonctions serrées sont moins nombreuses, les fentes intercellulaires sont plus larges que celles des capillaires ordinaires et la lame basale est absente ou discontinue. Les grosses molécules (comme les protéines) et même les globules sanguins peuvent donc passer du sang aux tissus environnants, et vice versa. Dans le foie, l'endothélium des sinusoïdes est discontinu (les « trous » dans l'endothélium ne sont pas recouverts d'un diaphragme) et leur paroi est formée en partie de gros macrophagocytes mobiles appelés **macrophagocytes stellaires,** ou cellules de Kupffer. Dans d'autres organes, telle la rate, des phagocytes situés juste à la surface des sinusoïdes enfoncent leurs prolongements cytoplasmiques dans les fentes intercellulaires, jusqu'à la lumière des sinusoïdes, pour capturer leurs « proies ». Le sang s'écoule lentement dans les méandres des sinusoïdes, ce qui laisse aux organes qu'il traverse le temps de le transformer. Par exemple, le foie absorbe les nutriments contenus dans le sang veineux provenant du système digestif, et les macrophagocytes stellaires détruisent les bactéries que ce sang renferme.

Lits capillaires

Les capillaires ont tendance à se regrouper en réseaux appelés **lits capillaires.** La circulation du sang d'une artériole à une veinule, qui se fait par l'entremise d'un lit capillaire, est appelée **microcirculation.** Dans la plupart des régions de l'organisme, les lits capillaires sont composés de deux types de vaisseaux : (1) une *dérivation vasculaire* (constituée d'une *métartériole* et d'un *canal de passage*) qui relie directement l'artériole et la veinule situées de part et d'autre du lit ; (2) des *capillaires vrais,* où s'effectuent les échanges entre le sang et le liquide interstitiel (figure 20.3). L'**artériole terminale** s'anastomose avec une **métartériole** (un court vaisseau intermédiaire, du point de vue structural, entre une artère et un capillaire). Le **canal de passage,** à son tour, se draine dans la **veinule postcapillaire.**

On compte généralement de 10 à 100 **capillaires vrais** dans un lit capillaire, suivant l'organe ou le tissu irrigués. Ils se ramifient habituellement à partir de l'extrémité proximale de la métartériole et la majorité s'anastomosent à son extrémité distale. À l'occasion, ils naissent de l'artériole terminale et se jettent directement dans la veinule. Un manchon de muscle lisse appelé **sphincter précapillaire** entoure la racine de chaque capillaire vrai qui se détache de la métartériole. Son rôle est de régir, comme une valvule, l'écoulement du sang dans le capillaire. À partir d'une artériole terminale, le sang peut prendre deux voies : il peut soit emprunter la dérivation et passer dans les capillaires vrais, soit s'écouler dans la dérivation seulement. Si les sphincters précapillaires sont dilatés (ouverts), le sang s'écoule dans les capillaires vrais et participe aux échanges avec les cellules du tissu. S'ils sont contractés (fermés), le sang s'écoule dans la métartériole et le canal de passage et contourne les capillaires vrais et les cellules.

La quantité de sang qui s'écoule dans un lit capillaire est régie par des neurofibres vasomotrices et par les conditions chimiques locales. Le sang peut inonder un lit capillaire ou le contourner presque complètement, selon les conditions qui règnent dans l'organisme ou dans un organe donné. Imaginez par exemple qu'après un bon repas vous écoutez tranquillement votre musique préférée. Vous digérez, et le sang circule librement dans les capillaires vrais de votre système digestif, où il reçoit les produits de la digestion. Entre les repas, cependant, la plupart de ces capillaires sont fermés. Qui plus est, lorsque vous vous livrez à un exercice intense, le sang est dérivé de votre système digestif (que vous ayez mangé ou non) vers les lits capillaires de vos muscles squelettiques, qui en ont davantage besoin. C'est l'une des raisons pour lesquelles l'exercice peut causer une indigestion ou des crampes abdominales s'il est pratiqué immédiatement après un repas.

20

Réseau veineux

Les veines apportent le sang des lits capillaires au cœur. Le long du trajet, le diamètre des veines augmente, et leurs parois épaississent graduellement.

Supposons que le lit capillaire représenté est situé dans le muscle de votre mollet. Vos sphincters précapillaires seront-ils ouverts ou fermés lorsque vous faites des élévations du mollet au centre sportif ?

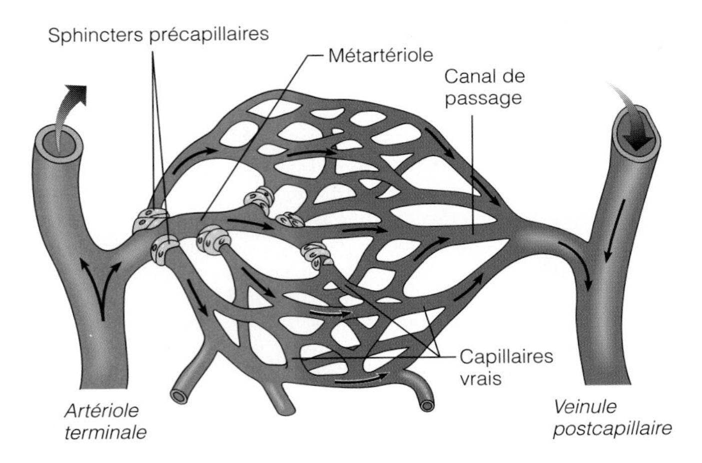

(a) Sphincters ouverts

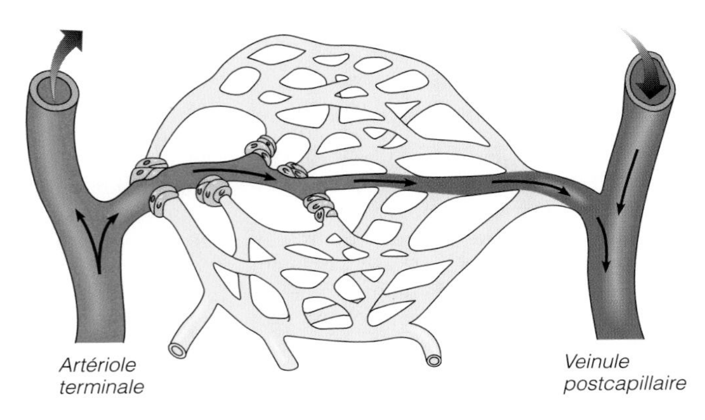

(b) Sphincters fermés

FIGURE 20.3
Anatomie d'un lit capillaire. La dérivation formée par la métartériole et le canal de passage permet au sang de contourner les capillaires vrais lorsque les sphincters précapillaires sont fermés.

Veinules

Les **veinules,** dont le diamètre varie entre 8 et 100 μm, sont formées par l'union des capillaires. Les plus petites, les **veinules postcapillaires,** sont entièrement composées d'endothélium entouré de quelques fibroblastes agglomérés. Les veinules sont extrêmement poreuses (ce qui les fait ressembler davantage aux capillaires qu'aux veines) ; le plasma et les globules blancs traversent aisément leurs parois. De fait, pour déterminer le siège d'une inflammation, il suffit de trouver à quel endroit les globules blancs adhèrent à l'endothélium des veinules postcapillaires avant de traverser leur paroi pour migrer vers le tissu

(a) Les capillaires vrais se rempliront de sang pour assurer au muscle du mollet en pleine activité l'apport des nutriments dont il a besoin et veiller à l'élimination de ses déchets métaboliques.

enflammé. Les plus grosses veinules comprennent une tunique moyenne clairsemée, contenant des *péricytes* (cellules conjonctives) plutôt que des cellules musculaires, et une mince tunique externe.

Veines

Les **veines** sont généralement constituées de trois tuniques, mais leurs parois sont toujours plus minces et leurs lumières, plus grandes que celles des artères correspondantes (voir la figure 20.1). En conséquence, dans les préparations histologiques courantes, les veines sont habituellement affaissées, et leur lumière réduite à l'état de fente. La tunique moyenne des veines est mince, même celle des plus grosses veines, et elle contient peu de muscle lisse et d'élastine. La tunique externe est la plus robuste, et elle est souvent bien plus épaisse que la tunique moyenne. Dans les plus grosses veines — les veines caves (qui déversent le sang dans l'oreillette droite) —, des bandes longitudinales de muscle lisse ajoutent encore à l'épaisseur de la tunique externe.

Grâce à leur grande lumière et à leurs parois minces, les veines peuvent contenir un volume de sang substantiel. Les veines renferment à tout moment jusqu'à 65 % du sang, et elles constituent un réservoir de sang (voir la figure 20.4). Néanmoins, les veines ne sont que partiellement remplies.

En dépit de la minceur de leurs parois, les veines ne sont pas menacées d'éclater car la pression du sang y est basse. Pour renvoyer le sang au cœur au même rythme qu'il a été propulsé dans le réseau artériel, les veines sont donc dotées d'adaptations structurales. Ainsi, le grand diamètre de leur lumière offre peu de résistance à l'écoulement du sang. En outre, les veines contiennent des valvules qui empêchent le reflux du sang. Les **valvules veineuses** sont des replis de la tunique interne (figure 20.1) et, tant par leur structure que par leur fonction, elles ressemblent aux valvules semi-lunaires de la valve du tronc pulmonaire. Elles sont particulièrement abondantes dans les veines des membres, où la force gravitationnelle s'oppose à la remontée du sang. Il n'y a pas de valvules dans les veines de la cavité abdominale.

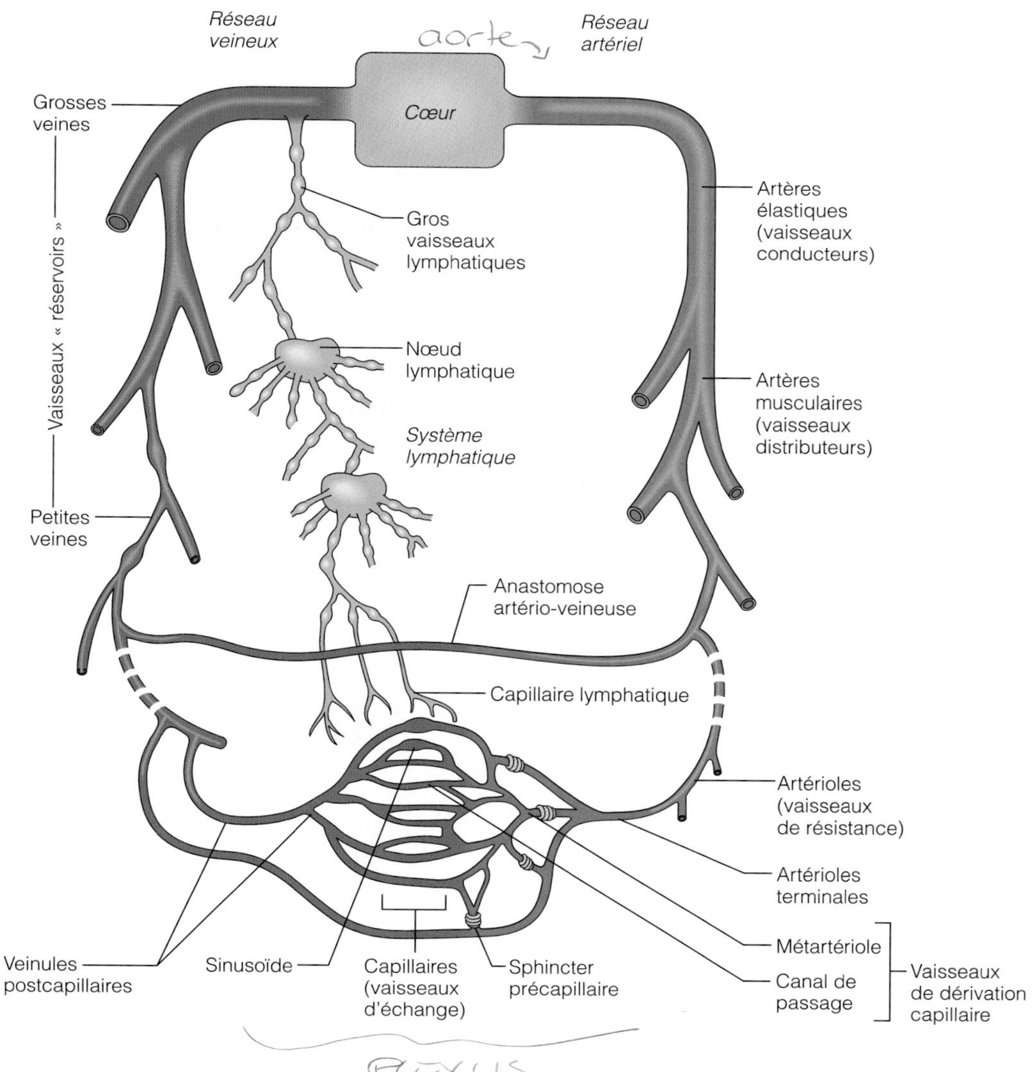

FIGURE 20.4
Schéma de la relation des vaisseaux du système cardiovasculaire entre eux et avec les vaisseaux du système lymphatique.

Une expérience simple vous démontrera l'efficacité de ces valvules. Laissez pendre une de vos mains le long de votre corps jusqu'à ce que les vaisseaux de sa face dorsale se gorgent de sang. Ensuite, placez le bout de deux doigts sur l'une des veines distendues et, en appuyant fermement, déplacez le doigt supérieur vers votre poignet, puis relevez ce doigt. La veine demeurera aplatie, en dépit de la force gravitationnelle. Enfin, relevez le doigt inférieur. La veine aura tôt fait de se remplir à nouveau.

Les **varices** sont des veines dilatées et tortueuses du fait de l'insuffisance de leurs valvules. Elles ont plusieurs causes, notamment l'hérédité et les facteurs qui entravent le retour veineux, comme la position debout prolongée, l'obésité et la grossesse. La «brioche» d'une personne obèse et l'utérus distendu d'une femme enceinte compriment les vaisseaux des aines et réduisent le retour veineux. Le sang tend à stagner dans les membres inférieurs et, peu à peu, les valvules s'affaiblissent et les parois des veines se distendent. Les veines superficielles, mal soutenues par les tissus environnants, sont particulièrement fragiles. Les varices peuvent aussi être provoquées par une forte pression veineuse. Par exemple, les efforts déployés pendant l'accouchement ou la défécation élèvent la pression intra-abdominale et empêchent le sang de se drainer du canal anal. Les varices des veines anales sont appelées *hémorroïdes.* ■

Les **sinus veineux,** comme le *sinus coronaire* et les *sinus de la dure-mère,* sont des veines aplaties hautement spécialisées dont les parois extrêmement minces ne sont composées que d'endothélium. Ils ne sont soutenus que par les tissus qui les entourent, et non par une autre tunique. Les sinus de la dure-mère, qui reçoivent le sang de l'encéphale et réabsorbent le liquide cérébro-spinal, sont renforcés par la dure-mère (voir la figure 12.22, p. 431 et la figure 12.24, p. 432).

Anastomoses vasculaires

Les **anastomoses,** ou **shunts**, **vasculaires** (*anastomôsis* = embouchure) sont des abouchements de vaisseaux sanguins. La plupart des organes sont irrigués par plus d'une branche artérielle, et il arrive souvent que les artères qui desservent le même territoire se réunissent et forment des **anastomoses artérielles.** Les anastomoses artérielles fournissent des voies supplémentaires, appelées **vaisseaux collatéraux,** au sang destiné à une région donnée. Si une branche artérielle est obstruée par un caillot ou sectionnée, le vaisseau collatéral peut suffire à l'irrigation de la région. Les anastomoses artérielles sont abondantes dans les organes abdominaux et autour des articulations, où les mouvements sont susceptibles d'interdire l'accès du sang à un vaisseau. Les artères qui irriguent la rétine, les reins et la rate ne s'anastomosent pas ou forment des anastomoses peu élaborées. Si la circulation est interrompue dans ces artères, les cellules qu'elles alimentent meurent.

Les connexions vasculaires constituées par les métartérioles et les canaux de passage des lits capillaires sont des exemples d'**anastomoses artério-veineuses.** Les veines s'unissent davantage que les artères, et les **anastomoses veineuses** sont nombreuses dans l'organisme. (Il est possible de voir ces anastomoses à travers la peau du dos de la main.) Par conséquent, il est rare que l'occlusion d'une veine interrompe l'écoulement du sang et cause une nécrose tissulaire.

PHYSIOLOGIE DE LA CIRCULATION

Avez-vous déjà escaladé une montagne? Préparez-vous à une telle aventure lorsque vous étudierez la dynamique de la circulation. Se familiariser avec la régulation de la pression sanguine et les différents concepts de la physiologie cardiovasculaire est certes une tâche considérable, mais ne vaut-il pas la peine de faire un effort pour atteindre le sommet? Commençons donc notre ascension.

Le rôle vital de la circulation sanguine est une notion facilement compréhensible, mais le mécanisme même de cette circulation l'est beaucoup moins. Vous savez maintenant que le cœur s'assimile à une pompe, les artères à des conduits, les artérioles à des conduits de résistance, les capillaires à des lieux d'échange et les veines à des réservoirs. Il convient maintenant de définir trois facteurs importants, le débit sanguin, la pression sanguine et la résistance, et d'étudier leur rôle dans la physiologie de la circulation sanguine.

DÉBIT SANGUIN, PRESSION SANGUINE ET RÉSISTANCE

Définitions

1. Le **débit sanguin** est le volume de sang qui s'écoule dans un vaisseau, dans un organe ou dans le système cardiovasculaire entier en une période donnée (mL/min). À l'échelle du système cardiovasculaire, le débit sanguin équivaut au débit cardiaque et, au repos, il est relativement constant. À tout instant, néanmoins, le débit sanguin dans *un organe déterminé* peut varier considérablement, suivant les besoins immédiats de l'organe.
2. La **pression sanguine** est la force par unité de surface que le sang exerce sur la paroi d'un vaisseau. Elle s'exprime en millimètres de mercure (mm Hg). Par exemple, une pression artérielle de 120 mm Hg est égale à la pression exercée par une colonne de mercure de 120 mm de haut. Dans le langage clinique, l'expression «pression artérielle» désigne la pression sanguine dans la circulation systémique, en particulier dans les gros vaisseaux près du cœur. Des mécanismes d'autorégulation régissent la *pression artérielle,* dont dépend la *pression veineuse.* Les *différences* de pression (gradient de pression) dans le système cardiovasculaire fournissent la force propulsive nécessaire à la circulation du sang dans l'organisme.
3. La **résistance** est la force qui s'oppose à l'écoulement du sang, et elle résulte de la friction du sang sur la paroi

des vaisseaux. Comme la friction est surtout manifeste dans la circulation périphérique (systémique), loin du cœur, on parle généralement de **résistance périphérique.**

Trois facteurs importants peuvent influer sur la résistance : la viscosité du sang, la longueur des vaisseaux et le diamètre des vaisseaux.

- **Viscosité du sang.** La *viscosité* est la résistance inhérente d'un liquide à l'écoulement et elle varie selon que le liquide est fluide ou épais. Plus le frottement entre les molécules est important, plus la viscosité est grande, et plus le déplacement du liquide est difficile à amorcer et à maintenir. Le sang est beaucoup plus visqueux que l'eau car il contient des éléments figurés et des protéines plasmatiques ; dans les mêmes conditions il s'écoule donc beaucoup plus lentement que l'eau. La viscosité du sang est relativement constante, mais des phénomènes rares comme une polycythémie (augmentation du nombre de globules rouges) peuvent l'augmenter, et augmenter par le fait même la pression sanguine. Par ailleurs, lorsque la numération érythrocytaire est basse, comme c'est le cas dans certaines anémies, le sang devient moins visqueux et la résistance périphérique diminue.
- **Longueur totale des vaisseaux sanguins.** Entre la longueur totale des vaisseaux et la résistance, il existe une relation directement proportionnelle : plus le vaisseau est long, plus la résistance est grande. Pour irriguer 1 kg d'embonpoint, il faut des kilomètres de petits vaisseaux ; par conséquent, la résistance périphérique doit augmenter considérablement.
- **Diamètre des vaisseaux sanguins.** Comme la viscosité du sang et la longueur des vaisseaux sont normalement invariables, on peut estimer que l'influence de ces facteurs est constante chez un sujet en bonne santé. Le diamètre des vaisseaux sanguins, quant à lui, change fréquemment et il constitue un facteur capital de la résistance périphérique. En quoi ? La réponse réside dans les principes de l'écoulement des liquides. Près des parois d'un tube ou d'un conduit, l'écoulement des liquides est ralenti par la friction tandis qu'au centre, l'écoulement est libre et rapide. Pour vérifier ce principe, observez le courant de l'eau dans une rivière. Près des berges, l'eau semble presque immobile, tandis qu'elle coule rapidement au milieu. Suivant cette observation, on constate que dans un tube d'un diamètre donné, la vitesse et la position relatives du liquide circulant à divers endroits de sa lumière demeurent constantes, un phénomène appelé *écoulement laminaire.* En outre, la friction est plus forte dans un petit conduit que dans un gros, car la proportion de liquide en contact avec les parois est plus grande, ce qui gêne le mouvement. La résistance est *inversement* proportionnelle à la *quatrième puissance* du rayon du vaisseau (la moitié de son diamètre). Ainsi, si on double le rayon d'un vaisseau, la résistance à l'intérieur correspondra à un seizième de sa valeur initiale ($r^4 = 2 \times 2 \times 2 \times 2 = 16$ et $1/r^4 = 1/16$). On peut en déduire que les grosses artères situées près du cœur contribuent peu à la résistance périphérique, tandis que les artérioles, qui ont un petit diamètre et peuvent se dilater ou se contracter en réaction à des mécanismes de régulation nerveux ou chimique, sont les principaux déterminants de la résistance périphérique.

  Lorsque le sang circule dans un vaisseau qui change brusquement de diamètre ou dont les parois sont couvertes de rugosités ou de saillies (par exemple les dépôts lipidiques de l'athérosclérose), l'écoulement laminaire cède le pas à un flux irrégulier. Ce phénomène, appelé *turbulence,* augmente nettement la résistance.

Relation entre le débit sanguin, la pression sanguine et la résistance périphérique

Maintenant que nous avons défini ces facteurs, résumons leurs relations. Le débit sanguin (D) est *directement* proportionnel à la différence de pression sanguine (gradient de pression ou ΔP) entre deux points du système cardiovasculaire ; autrement dit, si ΔP augmente, D augmente, et si ΔP diminue, D diminue. Par ailleurs, le débit sanguin est *inversement* proportionnel à la résistance périphérique (R) ; autrement dit, si R augmente, D diminue. La formule suivante exprime ces relations :

$$\text{Débit sanguin (D)} = \frac{\text{différence de pression sanguine } (\Delta P)}{\text{résistance périphérique (R)}}$$

Des deux facteurs influant sur le débit sanguin, la résistance est beaucoup plus importante que la différence de pression. En effet, si les artérioles desservant un tissu se dilatent (diminuant ainsi la résistance), le débit sanguin dans ce tissu augmente, même si la pression systémique demeure constante ou diminue.

PRESSION SANGUINE SYSTÉMIQUE

Tout liquide propulsé par une pompe dans un circuit de conduits fermés circule sous pression ; plus le liquide est près de la pompe, plus sa pression est grande. L'écoulement du sang dans les vaisseaux ne fait pas exception à la règle, et il s'effectue suivant un gradient de pression. En d'autres termes, le sang se déplace toujours des zones de haute pression vers les zones de basse pression. On peut dire que *l'action de pompage du cœur provoque l'écoulement du sang. La pression sanguine est une conséquence de la contraction du ventricule gauche, qui tente de comprimer le sang alors que celui-ci est, comme tous les liquides, incompressible.*

Comme le montre la figure 20.5, la pression systémique atteint son niveau le plus élevé dans l'aorte, puis elle diminue peu à peu pour atteindre 0 mm Hg dans l'oreillette droite. La baisse la plus abrupte de la pression sanguine se produit dans les artérioles, qui offrent la résistance maximale à l'écoulement du sang. Toutefois, tant que le gradient de pression subsiste, le sang continue de s'écouler des zones de haute pression vers les zones de basse pression jusqu'à ce qu'il revienne au cœur droit.

Pression artérielle

La pression sanguine dans les artères est généralement appelée pression artérielle, ou tension artérielle. La pression artérielle dans les artères élastiques est essentiellement liée à deux facteurs, soit leur *élasticité* et le volume de sang propulsé. Si le volume de sang qui pénètre dans les artères élastiques était égal au volume de sang qui en sort à un moment quelconque, la pression artérielle serait constante. Mais, comme vous pouvez le voir à la figure 20.5, la pression artérielle varie sans cesse dans les artères élastiques proches du cœur, et l'écoulement du sang y est manifestement *pulsatile.*

Lorsque le ventricule gauche se contracte et expulse le sang dans l'aorte (systole ventriculaire), il confère de l'énergie cinétique au sang. Le sang étire les parois élastiques de l'aorte, et la pression aortique atteint son point maximal. Si l'on ouvrait l'aorte à ce moment, le sang jaillirait à une hauteur d'environ 2 m ! Cette pression maximale, appelée **pression artérielle systolique,** se situe en moyenne à 120 mm Hg chez l'adulte en bonne santé. Le sang avance dans le lit artériel parce que la pression est plus élevée dans l'aorte que dans les vaisseaux en aval. Pendant la diastole ventriculaire, la fermeture de la valve de l'aorte empêche le sang de refluer dans le ventricule gauche, et les parois de l'aorte (comme celles des autres artères élastiques) reprennent leur position initiale ; elles maintiennent ainsi une certaine pression sur le sang qui s'écoule vers les plus petits vaisseaux. L'évacuation du sang de l'aorte explique pourquoi la pression aortique atteint alors son point minimal (de 70 à 80 mm Hg chez l'adulte en bonne santé), appelé **pression artérielle diastolique** (voir la figure 20.5). On peut comparer les artères élastiques à des pompes auxiliaires passives et à des réservoirs de pression qui, après avoir accumulé du sang et de l'énergie cinétique pendant la systole, peuvent maintenir l'écoulement du sang et la pression sanguine dans le réseau vasculaire durant la diastole.

La différence entre la pression systolique et la pression diastolique est appelée **pression différentielle.** Lorsqu'on touche une artère, on peut sentir une palpitation (le *pouls*) pendant la systole, au moment où les artères élastiques sont distendues à la suite de l'afflux de sang déclenché par la contraction ventriculaire. La hausse du volume systolique et l'accélération de l'éjection du sang par le cœur (dont la contractilité s'est accrue) provoquent un accroissement *temporaire* de la pression différentielle. Notons que l'artériosclérose provoque une pression différentielle élevée chronique (par suite d'une augmentation de la pression systolique) car les artères élastiques s'étirent moins. Puisque la pression aortique monte et descend à chaque battement du cœur, la valeur à retenir est la **pression artérielle moyenne,** car c'est cette pression qui propulse le sang dans les tissus tout au long de la révolution cardiaque. Comme la diastole dure généralement plus longtemps que la systole, la pression moyenne ne correspond pas simplement à la valeur intermédiaire entre la pression systolique et la pression diastolique. Elle est approximativement égale à la pression diastolique additionnée au tiers de la **pression différentielle.** Sous forme d'équation, on a ainsi :

$$\text{Pression artérielle moyenne} = \text{pression diastolique} + \frac{\text{pression différentielle}}{3}$$

Quel rôle joue l'anatomie des grosses artères dans les changements de pression différentielle représentés du côté gauche du graphique ?

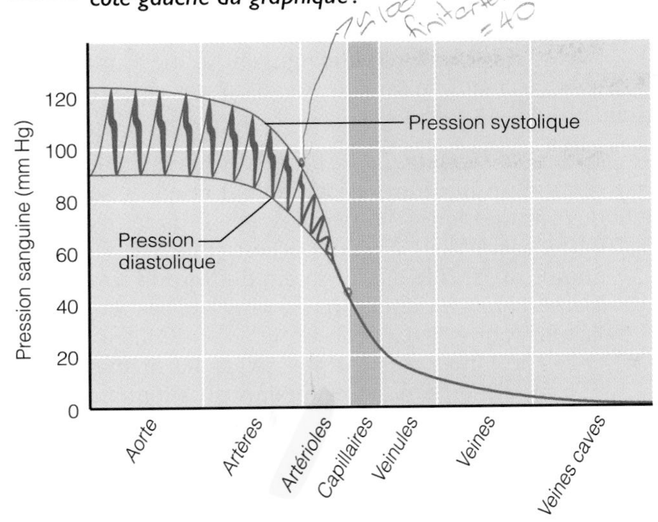

FIGURE 20.5
Pression sanguine dans divers vaisseaux de la circulation systémique.

Par conséquent, une pression systolique de 120 mm Hg et une pression diastolique de 80 mm Hg donnent une pression artérielle moyenne d'environ 93 mm Hg, soit :

$$\text{Pression artérielle moyenne} = 80 + (1/3 \times 40)$$

La pression artérielle moyenne et la pression différentielle diminuent à mesure qu'on s'éloigne du cœur. La pression artérielle moyenne baisse lorsque le sang se frotte aux parois des vaisseaux, et la pression différentielle diminue graduellement dans les artères musculaires, qui sont moins élastiques. À la fin de son parcours dans les artères, le sang coule à un débit constant et la pression différentielle est nulle.

Pression capillaire

Comme le montre la figure 20.5, lorsque le sang atteint les capillaires, la pression sanguine est d'environ 40 mm Hg, et lorsqu'il a franchi les lits capillaires, elle se situe à 20 mm Hg ou moins. Ces basses pressions sont utiles pour deux raisons particulières : (1) les capillaires sont fragiles et une forte pression pourrait les rompre, et (2) la plupart des capillaires sont extrêmement perméables et même une faible pression sanguine peut forcer les liquides contenant des solutés (filtrats) à quitter la circulation sanguine pour pénétrer dans l'espace interstitiel. Comme nous le décrivons plus loin, ces flux de liquides contribuent aux échanges de nutriments, de gaz et d'hormones entre le sang et les cellules des tissus et renouvellent constamment le liquide interstitiel.

Les grosses artères sont élastiques ; elles s'étirent lorsque le sang propulsé du cœur les pénètre et se rétractent en poussant le sang vers les artères distributrices.

Pression veineuse

Contrairement à la pression artérielle, qui oscille à chaque contraction du ventricule gauche, la pression veineuse fluctue très peu au cours de la révolution cardiaque. Le gradient de pression n'est que d'environ 20 mm Hg dans les veines, des veinules aux extrémités terminales des veines caves, tandis qu'il se situe en moyenne à 60 mm Hg dans les artères, de l'aorte aux extrémités des artérioles. Cette différence entre la pression artérielle et la pression veineuse est particulièrement évidente quand on observe des vaisseaux endommagés. En effet, le sang s'écoule uniformément d'une veine blessée ; en revanche, il jaillit par à-coups d'une artère lacérée. La très faible pression du réseau veineux résulte des effets cumulatifs de la résistance périphérique, qui dissipe la majeure partie de l'énergie de la pression artérielle (sous forme de chaleur) au cours de chaque « tour de circuit ».

Facteurs favorisant le retour veineux

En dépit des modifications structurales des veines (grandes lumières et valvules), la pression veineuse est habituellement trop basse pour provoquer le retour veineux. Par conséquent, des adaptations fonctionnelles des « pompes » respiratoire et musculaire doivent y pourvoir.

1. **Pompe respiratoire.** Les changements de pression qui se produisent dans la cavité abdominale durant la respiration créent une **pompe respiratoire** qui aspire le sang vers le cœur. À l'inspiration, la compression des organes de l'abdomen par le diaphragme comprime les veines locales ; comme les valvules veineuses empêchent le reflux, le sang est chassé en direction du cœur. Simultanément, la pression diminue dans la cage thoracique et la dilatation des veines thoraciques accélère l'entrée du sang dans l'oreillette droite.
2. **Pompe musculaire.** Une autre adaptation, la **pompe musculaire,** se révèle encore plus importante. Les contractions et les relâchements des muscles squelettiques entourant les veines profondes propulsent le sang en direction du cœur, de valvule en valvule (figure 20.6). Les gens qui travaillent debout, comme les coiffeuses et les dentistes, présentent souvent un œdème aux chevilles, car l'inactivité de leurs muscles squelettiques fait stagner le sang dans leurs membres inférieurs.

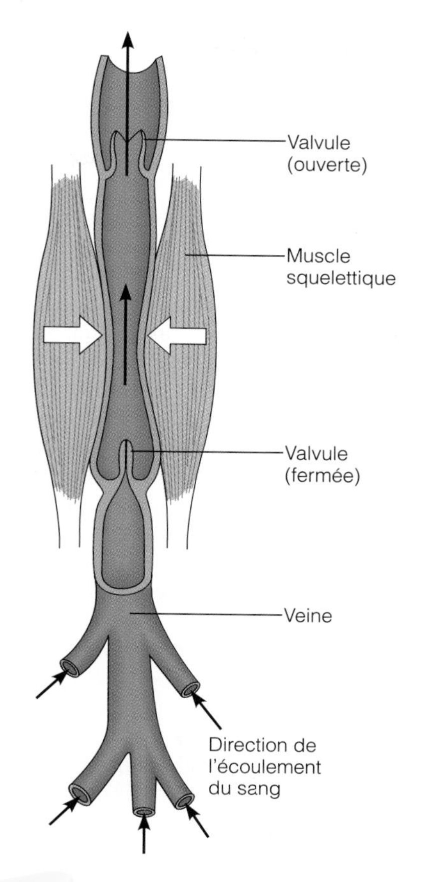

FIGURE 20.6
Fonctionnement de la pompe musculaire. En se contractant, les muscles squelettiques compriment les veines flexibles. Les valvules situées en aval du point de compression s'ouvrent et le sang est propulsé vers le cœur. Le reflux du sang ferme les valvules situées en amont du point de compression.

MAINTIEN DE LA PRESSION ARTÉRIELLE

Le sang doit circuler uniformément de la tête aux pieds afin d'assurer le bon fonctionnement des organes. Pour éviter l'évanouissement à la personne qui bondit hors du lit le matin, le cœur, les vaisseaux sanguins et les reins doivent interagir de façon précise, sous la surveillance étroite de l'encéphale. Parmi les mécanismes homéostatiques qui régissent la dynamique cardiovasculaire, ceux qui maintiennent la pression sanguine sont d'une grande importance. (Notez que, comme le veut l'usage, nous parlons de pression artérielle dans l'ensemble du réseau vasculaire.) Examinons rapidement les variables qui influent sur la pression artérielle avant d'expliquer comment elles fluctuent pour maintenir la pression artérielle dans les limites normales de l'homéostasie.

Le *débit cardiaque,* la *résistance périphérique* et le *volume sanguin* sont les principaux facteurs agissant sur la pression artérielle. Inspirée de la formule du débit sanguin (p. 701), une formule simple montre la relation entre le débit cardiaque (débit sanguin total), la résistance périphérique et la pression artérielle :

$$\text{Pression artérielle} = \text{débit cardiaque} \times \text{résistance périphérique}$$

Puisque le débit cardiaque dépend du volume sanguin (le cœur ne pouvant expulser que le sang qui entre dans ses cavités), le pression artérielle est *directement* proportionnelle au débit cardiaque, à la résistance périphérique et au volume sanguin. Théoriquement, toute augmentation ou diminution de l'une ou l'autre de ces variables causerait un changement équivalent de la pression artérielle. Mais en réalité, les changements qui touchent ces variables et qui risqueraient de perturber l'homéostasie de la pression artérielle sont rapidement compensés par des ajustements des autres variables.

Nous avons vu au chapitre 19 que le débit cardiaque est égal au *volume systolique* (mL/battement) multiplié par la *fréquence cardiaque* (battements/min) ; le débit cardiaque normal se situe entre 5,0 et 5,5 L/min. La figure 20.7 devrait vous aider à mémoriser les principaux facteurs qui déterminent le débit cardiaque, soit le retour veineux et les mécanismes de régulation nerveux et hormonaux (voir aussi la figure 19.22, p. 684.) Bien que les centres cardiaques du bulbe rachidien ne soient pas nommés dans cette figure, il est bon de se rappeler que c'est le centre cardio-inhibiteur parasympathique qui, la plupart du temps, « se charge » de la fréquence cardiaque ; en effet, il agit par l'entremise des neurofibres des nerfs vagues pour maintenir la *fréquence cardiaque au repos.* Lors de ces périodes de repos, le volume systolique est régi principalement par le retour veineux (volume télédiastolique). Sous l'influence d'un stress, le centre cardioaccélérateur sympathique prend le relais et augmente à la fois la fréquence cardiaque (en agissant sur le nœud sinusal et le muscle cardiaque) et le volume systolique (en actionnant les mécanismes qui augmentent la contractilité du muscle cardiaque, lesquels font chuter le volume télésystolique). L'augmentation du débit cardiaque qui s'ensuit provoque une hausse de la pression artérielle moyenne.

Examinons maintenant les facteurs qui régissent la pression artérielle en modifiant la résistance périphérique et le volume sanguin. Un diagramme illustrant l'influence de la grande majorité de ces facteurs est fourni à la figure 20.10 (p. 709). Les *mécanismes de régulation à court terme* de la pression artérielle, qui sont activés par le système nerveux et certaines substances chimiques hématogènes, contrent les fluctuations ponctuelles de la pression artérielle en modifiant la résistance périphérique. Les mécanismes de régulation rénaux à action lente qui régissent la pression artérielle sont, quant à eux, des *mécanismes de régulation à long terme.*

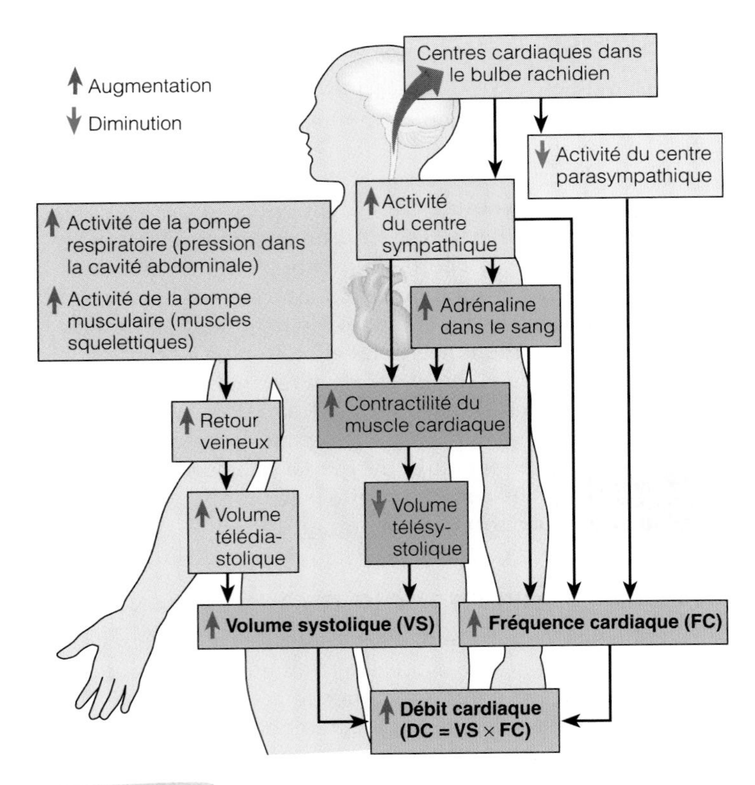

FIGURE 20.7
Résumé des principaux facteurs augmentant le débit cardiaque. (Remarque : les influx efférents des centres cardiaques sont transmis par les neurofibres autonomes.)

Mécanismes de régulation à court terme : mécanismes nerveux

Les mécanismes nerveux de la résistance périphérique visent principalement deux objectifs. (1) Distribuer le sang de manière à répondre à des besoins précis. Pendant l'exercice, par exemple, un certain volume de sang est dérouté des organes du système digestif vers les muscles squelettiques ; la dilatation des vaisseaux cutanés, qui se remplissent de sang chaud, favorise la dissipation de la chaleur qui résulte de la contraction des muscles squelettiques. (2) Maintenir une pression artérielle moyenne adéquate en modifiant le diamètre des vaisseaux sanguins. (Petit rappel : même les plus infimes changements de diamètre des vaisseaux sanguins peuvent occasionner des changements majeurs de la pression artérielle systémique.) En état d'hypovolémie, les artérioles, sauf celles qui desservent le cœur et l'encéphale, se contractent afin que ces organes vitaux reçoivent le plus de sang possible.

La plupart des mécanismes nerveux de régulation agissent par l'intermédiaire d'arcs réflexes composés des barorécepteurs et des neurofibres afférentes associées, du centre vasomoteur du bulbe rachidien, des neurofibres vasomotrices et de muscle lisse vasculaire. Il arrive aussi que des influx provenant des chimiorécepteurs et des centres cérébraux supérieurs influent sur les mécanismes nerveux.

Rôle du centre vasomoteur

Le centre nerveux qui régit les changements de diamètre des vaisseaux sanguins est le **centre vasomoteur,** un amas de neurones sympathiques situé dans le bulbe rachidien. Jumelé aux centres cardiaques décrits précédemment, il forme le **centre cardiovasculaire** qui assure la régulation de la pression artérielle en altérant le débit cardiaque et le diamètre des vaisseaux sanguins. Le centre vasomoteur transmet des influx à un rythme constant le long de neurofibres efférentes du système nerveux sympathique appelées **neurofibres vasomotrices,** qui courent de T_1 à L_2 dans la moelle épinière pour innerver la couche de muscle lisse des vaisseaux sanguins, celle des artérioles plus particulièrement. Par conséquent, les artérioles sont presque toujours partiellement contractées, un état appelé **tonus vasomoteur.** Cependant, le degré de vasoconstriction tonique varie d'un organe à l'autre. En règle générale, les artérioles de la peau et du système digestif reçoivent des influx vasomoteurs plus souvent et se contractent habituellement davantage que celles des muscles squelettiques. Toute augmentation de l'activité sympathique produit une vasoconstriction généralisée des artérioles et une élévation de la pression artérielle. La diminution de l'activité sympathique provoque un certain relâchement du muscle lisse des artérioles et une baisse de la pression artérielle. La plupart des neurofibres vasomotrices libèrent de la noradrénaline (un puissant vasoconstricteur) comme neurotransmetteur. Dans le muscle squelettique, en revanche, certaines neurofibres vasomotrices peuvent libérer de l'acétylcholine et causer ainsi la vasodilatation. Ces neurofibres vasodilatatrices sont importantes à l'échelle locale, mais *non pas* à l'échelle de la pression artérielle systémique.

> *Pour vérifier si vous comprenez bien le fonctionnement de la circulation, choisissez un point particulier du système cardiovasculaire et tracez le parcours qu'il doit suivre pour arriver au cœur, puis son trajet de retour vers son point de départ. Par exemple, pour l'artère radiale, tracez le chemin parcouru par le sang à partir de l'extrémité du bras jusqu'au cœur en passant par le système veineux ; tracez ensuite son parcours dans les poumons, de nouveau dans le cœur et enfin dans le bras. Le long du trajet, nommez les principaux vaisseaux rencontrés ainsi que les cavités cardiaques. Aidez-vous d'un diagramme, ou fiez-vous simplement à votre mémoire et dessinez le trajet sur une feuille.*
>
> *Kathleen McGuire, étudiante en médecine*

L'activité du centre vasomoteur est modifiée par des influx sensitifs provenant (1) des barorécepteurs (mécanorécepteurs sensibles qui s'étirent pour réagir aux fluctuations de la pression artérielle), (2) des chimiorécepteurs (récepteurs réagissant aux variations des concentrations d'oxygène, de gaz carbonique et d'ions hydrogène dans le sang) et (3) des centres cérébraux supérieurs (hypothalamus et hémisphères cérébraux) ainsi que des hormones et d'autres substances chimiques qui diffusent du sang. Voyons maintenant comment chacun de ces facteurs agit.

Réflexes déclenchés par les barorécepteurs

Les barorécepteurs sont situés non seulement dans les *sinus carotidiens* (dilatations des artères carotides internes qui fournissent la majeure partie de l'apport sanguin à l'encéphale) et le *sinus de l'aorte* (dilatation de la crosse de l'aorte), mais également dans les parois de presque toutes les grosses artères (élastiques) du cou et du thorax. Lorsque la pression artérielle s'élève, ces récepteurs s'étirent et ils transmettent des influx plus fréquents au centre vasomoteur. Le centre vasomoteur s'en trouve inhibé, ce qui entraîne la vasodilatation des artérioles et des veines et la diminution de la pression artérielle (figure 20.8). La dilatation des artérioles réduit considérablement la résistance périphérique et la dilatation des veines attire le sang dans les réservoirs veineux, ce qui cause une baisse du retour veineux et du débit cardiaque. Les influx afférents des barorécepteurs atteignent aussi les centres cardiaques, où ils stimulent l'activité parasympathique et inhibent le centre sympathique (cardioaccélérateur), ce qui réduit la fréquence cardiaque et la force de contraction du cœur. Inversement, une diminution de la pression artérielle moyenne suscite une vasoconstriction réflexe et une augmentation du débit cardiaque, et la pression artérielle s'élève. On voit donc que la résistance périphérique et le débit cardiaque sont régis conjointement en fonction des influx provenant des barorécepteurs de façon à réduire les variations de pression artérielle.

La fonction des barorécepteurs à action rapide est d'empêcher les variations transitoires (aiguës) de la pression artérielle, celles qui se produisent à l'occasion de changements de position par exemple. Ainsi, la pression artérielle chute (surtout dans la tête) lorsqu'on passe de la position couchée à la position debout. Le **réflexe sinucarotidien** protège l'apport sanguin à l'encéphale, tandis que le **réflexe aortique** se consacre davantage au maintien d'une pression artérielle adéquate dans l'ensemble de la circulation systémique. Les barorécepteurs sont relativement *inefficaces* face aux changements de pression prolongés, comme en témoigne l'existence de l'hypertension chronique. Il semble alors que le « réglage » des barorécepteurs soit modifié de telle façon qu'ils ne détectent que des changements de pression plus marqués encore.

Réflexes déclenchés par les chimiorécepteurs

Lorsque la teneur en oxygène ou le pH du sang diminuent brusquement ou que les concentrations de gaz carbonique montent, les chimiorécepteurs de la crosse de l'aorte et les glomus carotidiens transmettent des influx au centre vasomoteur, provoquant la vasoconstriction réflexe. L'élévation de la pression artérielle qui s'ensuit accélère le retour veineux au cœur puis aux poumons. Les plus importants chimiorécepteurs sont ceux de la *crosse de l'aorte* et les *glomus carotidiens* situés près des barorécepteurs dans la crosse de l'aorte et les sinus carotidiens. Comme ils sont plus importants pour la régulation de la fréquence et de l'amplitude respiratoires que pour celle de la pression artérielle, nous y revenons plus en détail au chapitre 23.

Influence des centres cérébraux supérieurs

Les réflexes qui régissent la pression artérielle sont intégrés dans le bulbe rachidien. Bien que le cortex cérébral et l'hypothalamus n'interviennent pas de façon courante dans la régulation de la pression artérielle, ces centres cérébraux supérieurs peuvent modifier la pression artérielle par l'intermédiaire de relais avec les centres du

Quel événement de cette boucle de rétroaction se produit lorsqu'on passe de la position assise à la position debout?

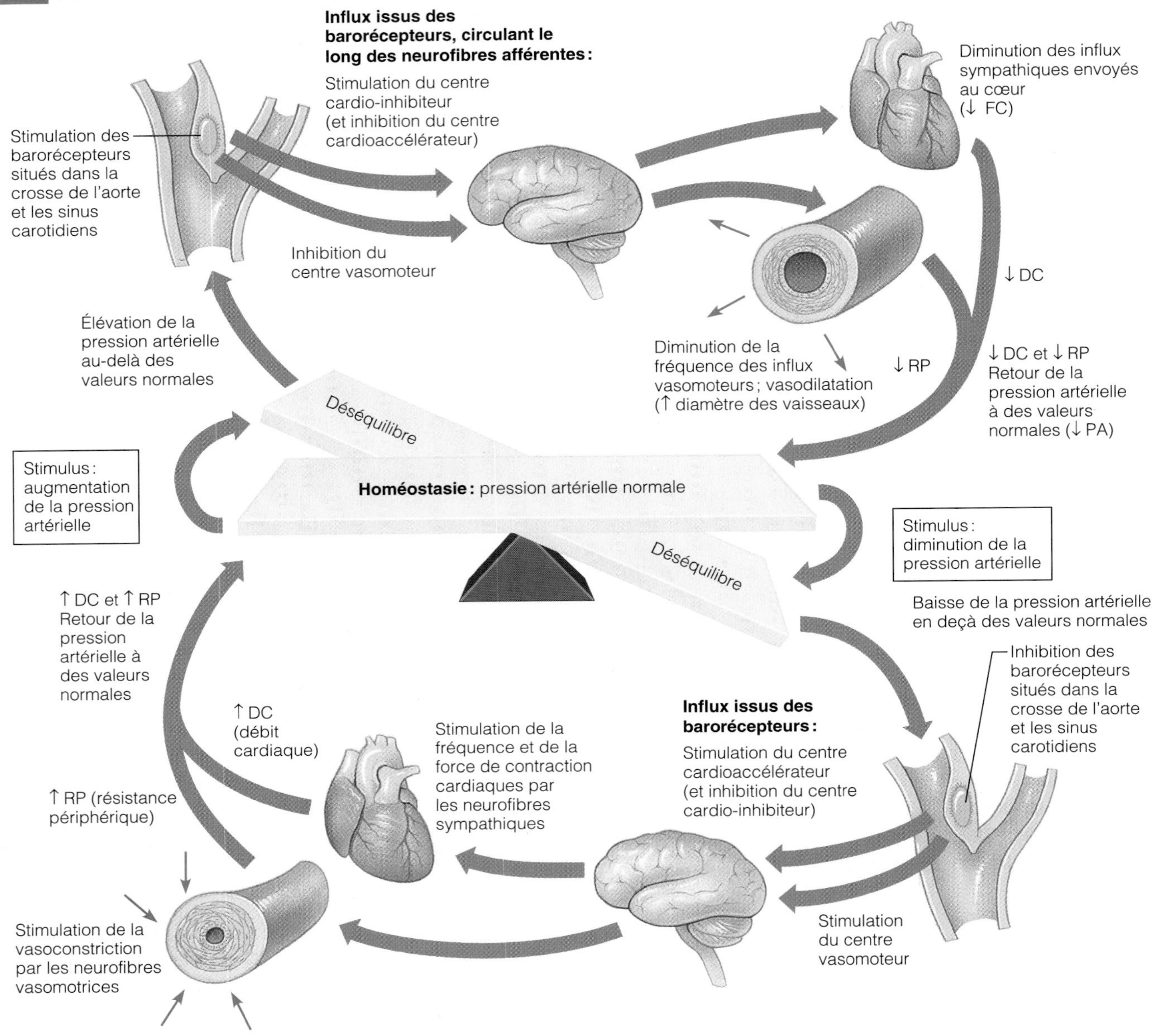

Influx issus des barorécepteurs, circulant le long des neurofibres afférentes:
Stimulation du centre cardio-inhibiteur (et inhibition du centre cardioaccélérateur)
Stimulation des barorécepteurs situés dans la crosse de l'aorte et les sinus carotidiens
Inhibition du centre vasomoteur
Diminution des influx sympathiques envoyés au cœur (↓ FC)
↓ DC
Diminution de la fréquence des influx vasomoteurs; vasodilatation (↑ diamètre des vaisseaux)
↓ RP
↓ DC et ↓ RP Retour de la pression artérielle à des valeurs normales (↓ PA)
Élévation de la pression artérielle au-delà des valeurs normales
Déséquilibre
Stimulus: augmentation de la pression artérielle
Homéostasie: pression artérielle normale
Déséquilibre
Stimulus: diminution de la pression artérielle
Baisse de la pression artérielle en deçà des valeurs normales
Inhibition des barorécepteurs situés dans la crosse de l'aorte et les sinus carotidiens
Influx issus des barorécepteurs:
Stimulation du centre cardioaccélérateur (et inhibition du centre cardio-inhibiteur)
Stimulation du centre vasomoteur
↑ DC et ↑ RP Retour de la pression artérielle à des valeurs normales
↑ DC (débit cardiaque)
Stimulation de la fréquence et de la force de contraction cardiaques par les neurofibres sympathiques
↑ RP (résistance périphérique)
Stimulation de la vasoconstriction par les neurofibres vasomotrices

FIGURE 20.8
Réflexes déclenchés par les barorécepteurs qui concourent à maintenir la pression artérielle à des valeurs normales. (DC = débit cardiaque; RP = résistance périphérique; FC = fréquence cardiaque; PA = pression artérielle.)

bulbe rachidien. Par exemple, la réaction de lutte ou de fuite commandée par l'hypothalamus a des effets marqués sur la pression artérielle. (Même le simple fait de parler peut faire monter la pression artérielle si votre interlocuteur vous rend anxieux.) L'hypothalamus règle aussi la redistribution du débit sanguin, de même que d'autres réactions cardiovasculaires se produisant pendant les périodes d'exercice physique et à l'occasion de changements de la température corporelle.

La pression artérielle diminue, ce qui stimule l'activité des centres vasomoteur et cardioaccélérateur. Il s'ensuit une élévation de la fréquence cardiaque et une vasoconstriction, ce qui augmente la pression artérielle et rétablit l'homéostasie.

20

TABLEAU 20.1 Influence de certaines hormones sur les variables modifiant la pression artérielle

Variable modifiant la PA	Effet sur la variable	Hormone(s)	Lieu de l'action	Résultat
Débit cardiaque	↑ (↑ FC et force de contraction)	Adrénaline et noradrénaline	Cœur (récepteurs β_1)	↑ PA
Résistance périphérique	↑ (par vasoconstriction)	Angiotensine II	Artérioles	↑ PA
		Hormone antidiurétique	Artérioles	
		Adrénaline et noradrénaline	Artérioles (récepteurs α)	
	↓ (par vasodilation)	Adrénaline et noradrénaline	Grosses veines (récepteurs β_2)	↓ PA
		Facteur natriurétique auriculaire	Artérioles	
Volume sanguin	↓ (perte de sodium et d'eau)	Facteur natriurétique auriculaire	Cellules des tubules rénaux	↓ PA
	↑ (rétention de sodium et d'eau	Aldostérone Cortisol	Cellules des tubules rénaux	↑ PA
	↑ (rétention d'eau)	Hormone antidiurétique		

Mécanismes de régulation à court terme : mécanismes chimiques

Les variations de concentrations d'oxygène et de gaz carbonique concourent à la régulation de la pression artérielle par l'intermédiaire de réflexes issus des chimiorécepteurs. Or, de nombreuses autres substances véhiculées par le sang (décrites ci-après) influent sur la pression artérielle en agissant *directement* sur le muscle lisse vasculaire ou sur le centre vasomoteur. Parmi ces agents, les plus importants sont les hormones (voir le tableau 20.1).

- **Hormones de la médulla surrénale.** En période de stress, la glande surrénale libère dans le sang de la noradrénaline et de l'adrénaline, deux substances qui intensifient la réaction de lutte ou de fuite (voir la figure 20.10). La noradrénaline a un effet vasoconstricteur, comme nous l'avons vu plus haut ; l'adrénaline accroît le débit cardiaque et provoque une vasoconstriction généralisée (sauf dans les muscles squelettiques et cardiaque, où elle cause généralement la vasodilatation). Fait intéressant, la *nicotine,* une substance chimique présente en grande quantité dans le tabac et l'une des toxines connues les plus puissantes, a les mêmes effets que les catécholamines. Elle cause une vasoconstriction intense non seulement en stimulant directement les neurones postganglionnaires sympathiques, mais aussi en activant la libération de grandes quantités d'adrénaline et de noradrénaline.
- **Facteur natriurétique auriculaire.** Les oreillettes produisent une hormone peptidique, le facteur natriurétique auriculaire, qui est libéré sous l'influence de la distension des oreillettes créée par l'augmentation de la pression artérielle. Comme nous l'avons mentionné au chapitre 17, ce peptide stimule l'excrétion du sodium et de l'eau, ce qui entraîne une diminution du volume sanguin et, par conséquent, de la pression artérielle. Son action s'oppose également à celle de l'aldostérone, qui stimule la réabsorption du sodium et de l'eau au niveau des reins. Enfin, le facteur natriurétique auriculaire produit une vasodilatation généralisée et diminue la formation de liquide cérébro-spinal dans l'encéphale.
- **Hormone antidiurétique (ADH).** L'hormone antidiurétique est sécrétée par l'hypothalamus et elle réduit la diurèse. Dans des circonstances normales, elle joue un rôle minime dans le régulation à court terme de la pression artérielle. Cependant, elle est libérée en quantité accrue lorsque la pression artérielle baisse

de manière dangereuse (comme lors d'une hémorragie). Elle concourt alors au rétablissement de la pression artérielle en provoquant une intense vasoconstriction.

- **Angiotensine II.** L'angiotensine II est produite lorsque les reins libèrent de la rénine pour contrer une perfusion rénale inadéquate (figure 20.9). Elle cause une intense vasoconstriction, qui provoque à son tour une élévation rapide de la pression artérielle systémique. Elle stimule également la libération d'aldostérone et d'hormone antidiurétique, lesquelles agissent sur la régulation à long terme de la pression artérielle en augmentant le volume sanguin (voir plus loin).
- **Facteurs endothéliaux.** L'endothélium est source de quelques substances chimiques qui influent sur le muscle lisse vasculaire (de même que sur la coagulation). Ainsi, un peptide appelé **endothéline** constitue l'un des plus puissants vasoconstricteurs connus. Libérée lorsque le débit sanguin diminue, l'endothéline semble provoquer ses effets durables en favorisant l'entrée du calcium dans le muscle lisse vasculaire. Par ailleurs, le facteur de croissance dérivé des plaquettes (PDGF, «platelet-derived growth factor») et qui, malgré son nom, est aussi sécrété par les cellules endothéliales, est une autre substance chimique provoquant la vasoconstriction.

  Le **monoxyde d'azote** (**NO**), que l'on appelait autrefois *facteur de dilatation provenant de l'endothélium artériel* (*EDRF*, «endothelium-derived relaxing factor»), est une autre substance vasoactive sécrétée par les cellules endothéliales. Libéré lorsque le débit sanguin s'accélère et en réponse aux signaux constitués par des molécules comme l'acétylcholine et la bradykinine (ainsi que la nitroglycérine vasodilatatrice), le monoxyde d'azote agit, par l'intermédiaire du GMP cyclique (second messager), pour favoriser une vasodilatation à la fois réflexe (systémique) et très localisée. Cependant, le monoxyde d'azote est rapidement détruit et ses effets vasodilatateurs sont très brefs. Il a toujours été admis que c'était l'activité du système nerveux sympathique qui «faisait la loi» en ce qui concerne le diamètre des vaisseaux sanguins. Bien que l'on ait encore beaucoup à apprendre sur le monoxyde d'azote, on sait qu'il joue un rôle *majeur* dans la vasodilatation, car lorsque sa synthèse est inhibée, la pression artérielle monte en flèche!
- **Substances chimiques inflammatoires.** L'histamine, la prostacycline, les kinines et autres substances chimiques libérées pendant une réaction inflammatoire et lors de certaines allergies sont de puissants vasodilatateurs. Toutes provoquent également une perte de liquides de la circulation sanguine car elles augmentent la perméabilité des capillaires.
- **Alcool.** L'alcool provoque une baisse de la pression artérielle, car il inhibe la libération de l'hormone antidiurétique, déprime le centre vasomoteur et favorise la vasodilatation, particulièrement dans la peau. C'est la dilatation des vaisseaux cutanés qui explique les rougeurs que présentent certaines personnes après l'ingestion d'une grande quantité d'alcool.

20

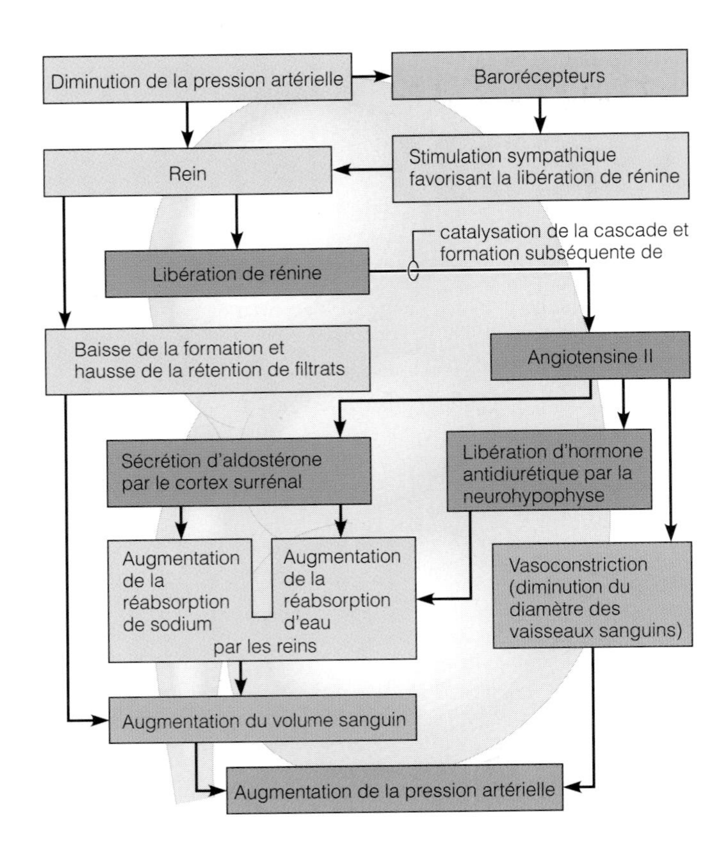

FIGURE 20.9
Mécanismes de régulation de la pression artérielle rénaux et hormonaux à action lente. Remarquez que la stimulation et l'action du système nerveux sympathique (qui contribue au mécanisme de régulation à court terme, plus rapide) participent également à l'activité de ce système en déclenchant la libération de rénine.

Mécanismes de régulation à long terme: mécanismes rénaux

Bien que les barorécepteurs réagissent aux variations transitoires de la pression artérielle, ils s'adaptent rapidement à des états prolongés ou chroniques de haute ou de basse pression. Les reins, en régissant le volume sanguin, servent alors à maintenir les valeurs normales de la pression artérielle. Le volume sanguin peut certes varier en fonction de l'âge et du sexe, mais les mécanismes rénaux le maintiennent habituellement à environ 5 L.

Comme nous l'avons vu, le volume sanguin est un déterminant important du débit cardiaque, car il influe sur la pression veineuse, le retour veineux, le volume télédiastolique et le volume systolique. L'augmentation du volume sanguin est suivie d'une hausse de la pression artérielle, et tout événement provoquant l'augmentation du volume sanguin (telle une consommation excessive de sel provoquant une rétention d'eau) augmente aussi la pression artérielle moyenne étant donné la plus grande quantité de liquide présente dans les vaisseaux. Suivant la même logique, la diminution du volume sanguin se traduit par une baisse de la pression artérielle. Les hémorra-

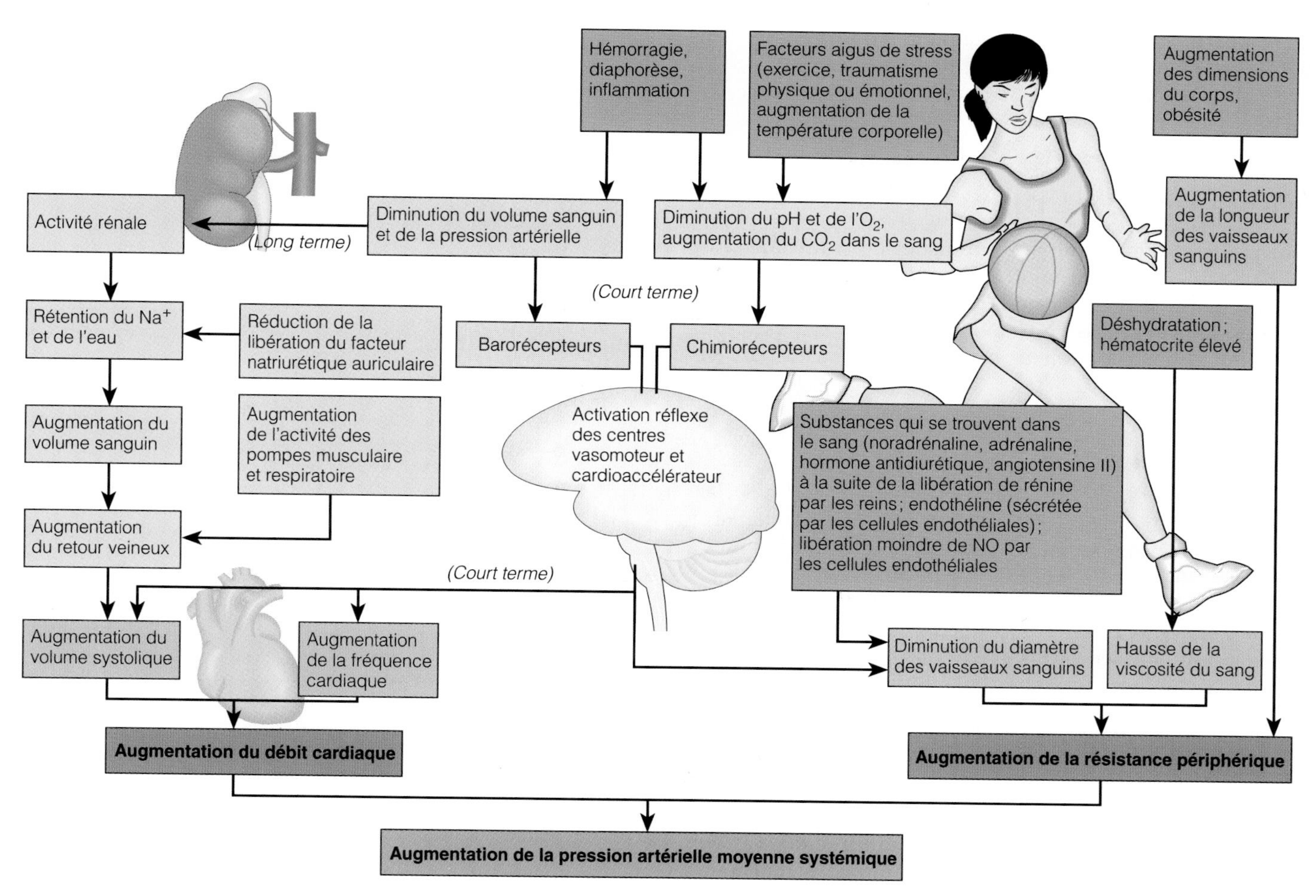

FIGURE 20.10
Résumé des facteurs causant l'augmentation de la pression artérielle moyenne systémique.

gies et la déshydratation qui survient habituellement lors d'un exercice vigoureux sont des causes fréquentes de réduction du volume sanguin. Une diminution soudaine de la pression artérielle est souvent un signe d'hémorragie interne et d'un volume sanguin trop bas pour maintenir une circulation normale. Cependant, ces deux facteurs (augmentation du volume sanguin conduisant à une hausse de la pression artérielle et baisse du volume sanguin produisant une chute de la pression artérielle) ne sont pas les seuls qu'il faille considérer dans un système dynamique. En effet, la hausse du volume sanguin amène également les reins à éliminer de l'eau, ce qui réduit le volume sanguin et, par conséquent, la pression artérielle. De même, la chute du volume sanguin déclenche certains mécanismes rénaux qui augmentent le volume sanguin et la pression artérielle. Il est donc clair que la pression artérielle peut être stabilisée ou maintenue dans les limites de la normale seulement lorsque le volume sanguin est stable.

Les mécanismes rénaux, l'un direct et l'autre indirect, sont les principales influences régulatrices durables à s'exercer sur la pression artérielle. Le mécanisme *direct* modifie le volume sanguin. Lorsque le volume sanguin ou la pression artérielle augmente, la vitesse à laquelle les liquides passent de la circulation sanguine aux tubules rénaux augmente. Dans de tels cas, les reins sont incapables de traiter le filtrat assez rapidement et une plus grande quantité de liquide passe dans l'urine pour être éliminée. Par conséquent, le volume sanguin diminue et la pression baisse. Inversement, lorsque la pression ou le volume du sang est faible, les reins retiennent l'eau et la renvoient dans la circulation, de sorte que la pression artérielle augmente (voir les figures 20.9 et 20.10). La pression artérielle est donc dépendante du volume sanguin.

Le mécanisme rénal *indirect* fait intervenir le **système rénine-angiotensine.** Lorsque la pression artérielle diminue, les cellules spécialisées de l'appareil juxta-glomérulaire des reins libèrent une enzyme appelée *rénine* dans le sang. La rénine déclenche une série de réactions enzymatiques qui se soldent par la formation d'**angiotensine II,** un puissant vasoconstricteur qui, en provoquant l'augmentation de la pression artérielle systémique, accroît la vitesse à laquelle le sang atteint les reins ainsi que la perfusion rénale. L'angiotensine II stimule aussi la libération d'**aldostérone,** une hormone produite par le cortex surrénal qui favorise la réabsorption rénale du sodium et amène la neurohypophyse à libérer l'hormone antidiurétique, laquelle stimule la réabsorption d'eau (figure 20.9). La réabsorption de l'eau étant proportionnelle à celle du sodium, le volume sanguin augmente et la pression artérielle s'élève. Nous donnons plus de précisions sur le mécanisme rénal indirect au chapitre 26.

Vérification de l'efficacité de la circulation

Le pouls et la pression artérielle sont des indicateurs de l'efficacité de la circulation. En milieu clinique, ces mesures constituent, avec la fréquence respiratoire et la température corporelle, les **signes vitaux.** Nous allons voir maintenant comment on détermine ou mesure les deux premiers signes vitaux.

Mesure du pouls

L'expansion et la rétractation successives des artères élastiques lors de chaque révolution cardiaque créent une onde de pression, le **pouls,** transmise à toutes les artères à chaque battement de cœur. On peut sentir le pouls de toutes les artères situées près de la surface de la peau en appuyant sur le tissu les recouvrant et en pressant l'artère contre une surface ferme (l'os) ; il s'agit là d'un moyen facile de calculer la fréquence cardiaque. Le point de rencontre entre l'artère radiale et la surface de la peau du poignet, c'est-à-dire le *pouls radial,* est le plus accessible et donc celui qui sert le plus souvent à la mesure du pouls, bien que d'autres points du pouls artériel aient également de l'importance d'un point de vue clinique (figure 20.11). Ce sont ces mêmes points que l'on comprime pour arrêter l'afflux de sang vers les tissus plus éloignés lors d'une hémorragie ; c'est pourquoi on les appelle également **points de compression.** Par exemple, en cas de lacération profonde de la main, il est possible de ralentir ou d'arrêter l'écoulement du sang en comprimant l'artère radiale ou brachiale.

La mesure du pouls artériel permet d'évaluer aisément les effets de l'activité physique, des changements de position et des émotions sur la fréquence cardiaque. Ainsi, le pouls d'un homme en bonne santé se situe à environ 66 battements par minute en position couchée, 70 battements par minute en position assise et 80 battements par minute lors d'un passage brusque à la position debout. Lors d'un exercice vigoureux ou d'un choc émotionnel, la fréquence du pouls peut facilement grimper à des valeurs de 140 à 180 battements par minute en raison des effets directs du système nerveux sympathique sur le cœur.

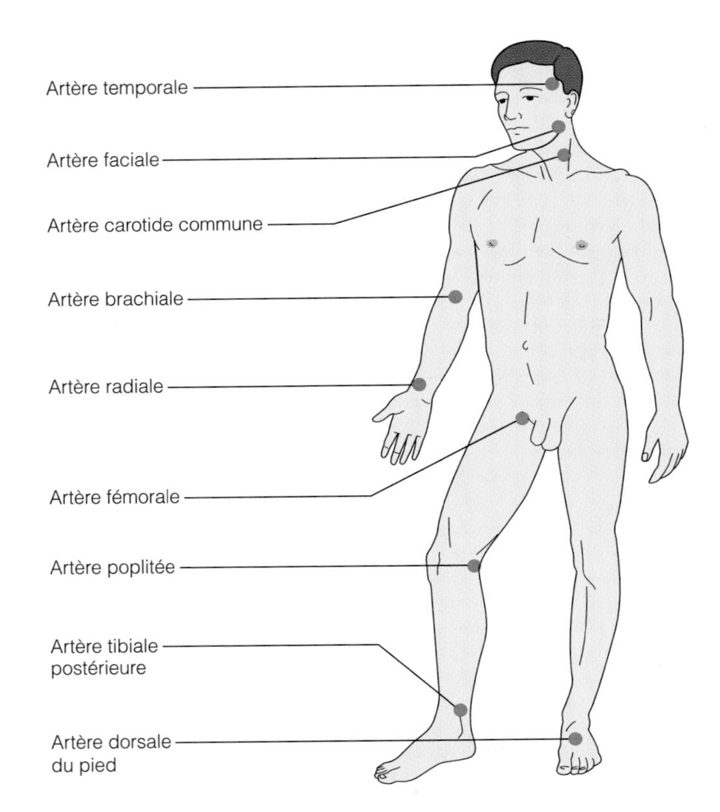

FIGURE 20.11
Points du corps où le pouls est le plus aisément palpable. (Les artères nommées sont décrites aux pages 724-733.)

Mesure de la pression artérielle

Généralement, on mesure la pression artérielle systémique indirectement, soit par la **méthode auscultatoire.** Le procédé consiste à prendre la pression artérielle dans l'artère brachiale. On enroule le brassard gonflable du *sphygmomanomètre* (*sphugmos* = pulsation) autour du bras, juste au-dessus du coude, et on le gonfle jusqu'à ce que la pression qui règne à l'intérieur du brassard dépasse la pression artérielle systolique. À ce moment, le sang cesse de s'écouler dans le bras, et on ne peut plus entendre ni sentir le pouls brachial. On réduit graduellement la pression à l'intérieur du brassard tout en auscultant l'artère brachiale à l'aide d'un stéthoscope. La valeur indiquée par le manomètre au moment où on entend les premiers bruits (indiquant qu'une petite quantité de sang jaillit dans l'artère comprimée) représente la pression systolique. À mesure que la pression continue de baisser dans le brassard, ces bruits, appelés *bruits de Korotkoff,* se font plus forts et plus distincts. Ils s'évanouissent lorsque cesse la compression de l'artère et que le sang s'écoule librement. La valeur indiquée au moment où les bruits s'éteignent représente la pression artérielle diastolique.

Chez l'adulte normal au repos, la pression systolique varie entre 110 et 140 mm Hg et la pression diastolique, entre 75 et 80 mm Hg. Cependant, il faut se rappeler que la pression artérielle varie en fonction de l'âge, du sexe, du poids, de la race et de la situation socioéconomique du sujet. Votre pression « normale » n'est peut-être pas celle de votre grand-père ou de votre voisine. La pression artérielle est aussi liée à l'humeur, à l'activité physique et à la position. Presque toutes les variations sont dues aux facteurs dont nous venons de traiter.

Variations de la pression artérielle

Hypotension

L'**hypotension,** ou basse pression artérielle, correspond à une pression systolique inférieure à 100 mm Hg. Dans bien des cas, l'hypotension résulte simplement de variations individuelles et ne porte pas à conséquence. En fait, l'hypotension est souvent associée à la longévité et à une bonne santé.

Les personnes âgées sont sujettes à l'*hypotension orthostatique,* un état qui se caractérise par des étourdissements lors du passage de la position couchée à la position debout ou assise. Comme le système nerveux sympathique des personnes âgées réagit lentement aux changements de position, le sang stagne dans les extrémités inférieures. La pression artérielle baisse et l'irrigation de l'encéphale diminue. Pour empêcher ce désagrément, on conseille généralement aux gens de changer lentement de position pour laisser à leur système nerveux le temps de procéder aux ajustements nécessaires.

L'*hypotension artérielle chronique* est parfois un signe d'anémie et d'hypoprotéinémie consécutives à une mauvaise alimentation, car ces états réduisent la viscosité du sang. L'hypotension artérielle chronique peut aussi être un symptôme de la maladie d'Addison (dysfonctionnement du cortex surrénal), de l'hypothyroïdie ou de l'atrophie tissulaire grave. L'*hypotension artérielle aiguë* est l'un des signes majeurs de l'état de choc ; elle met en danger les personnes subissant une intervention chirurgicale ou recevant des soins intensifs. ■

Hypertension

Les élévations transitoires de la pression artérielle systolique sont des adaptations normales à la fièvre, à l'effort physique et aux bouleversements émotionnels comme la colère et la peur. Mais l'**hypertension** persistante, ou haute pression, est fréquente parmi les personnes obèses, chez lesquelles la longueur totale des vaisseaux sanguins est plus grande que chez les personnes minces.

L'hypertension chronique est une maladie grave et répandue qui traduit un accroissement de la résistance périphérique. On estime que 30 % des personnes de plus de 50 ans sont hypertendues. Bien que l'hypertension soit généralement asymptomatique pendant les 10 à 20 premières années de son évolution, elle fatigue le cœur et endommage les artères. L'hypertension prolongée est la principale cause de l'insuffisance cardiaque, des maladies vasculaires, de l'insuffisance rénale et de l'accident vasculaire cérébral. Comme le cœur doit surmonter une résistance accrue, il travaille plus fort qu'il ne le devrait et, au fil des années, le myocarde s'hypertrophie. Lorsque le cœur finit par outrepasser ses capacités, il s'affaiblit et ses parois deviennent flasques. L'hypertension cause aussi dans l'endothélium des vaisseaux sanguins de petites déchirures qui accélèrent les ravages de l'athérosclérose et provoquent l'artériosclérose (voir l'encadré des pages 696-697). À mesure que les vaisseaux s'obstruent, l'irrigation des tissus diminue, et des complications cérébrales, oculaires, cardiaques et rénales apparaissent.

Bien qu'hypertension et athérosclérose soient souvent liées, il est difficile d'attribuer l'hypertension à une quelconque anomalie. Au point de vue physiologique, l'hypertension se définit comme la persistance d'une pression artérielle de 140/90 ou plus ; plus la pression artérielle est élevée, plus les risques de problèmes cardiovasculaires et cérébraux sont grands. En règle générale, l'élévation de la pression diastolique est plus inquiétante, parce qu'elle indique toujours une occlusion et/ou un durcissement progressifs du réseau artériel.

Dans environ 90 % des cas, l'hypertension est **essentielle,** c'est-à-dire qu'elle n'a pas de cause organique précise. Toutefois, les facteurs suivants peuvent y contribuer :

1. Régime alimentaire. Le sodium, les graisses saturées, le cholestérol et les carences en certains ions de métaux (potassium, calcium et magnésium) font partie des facteurs alimentaires de l'hypertension.
2. Obésité.
3. Âge. Les signes cliniques de la maladie apparaissent habituellement après l'âge de 40 ans.
4. Race. On trouve plus d'hypertendus de race noire que de race blanche et l'évolution de la maladie varie selon le groupe de population.
5. Hérédité. L'hypertension est héréditaire : l'enfant d'un parent hypertendu court deux fois plus de risques d'être atteint de la maladie que l'enfant né de parents normotendus.
6. Stress. Les personnes les plus à risque sont celles dont la pression artérielle monte en flèche à chaque événement générateur de stress.
7. Tabagisme. La nicotine aggrave les effets vasoconstricteurs du système nerveux sympathique.

L'hypertension essentielle est incurable, mais elle peut être maîtrisée par un régime alimentaire faible en sel, en gras et en cholestérol, la perte pondérale, l'abandon du tabagisme, la maîtrise du stress et les médicaments antihypertenseurs. Dans cette catégorie, on trouve notamment les diurétiques, les bêtabloqueurs, les inhibiteurs calciques et les inhibiteurs de l'enzyme de conversion (qui inhibent le mécanisme de la rénine-angiotensine en inhibant l'enzyme de conversion de l'angiotensine).

Dans 10 % des cas, l'hypertension est **secondaire,** c'est-à-dire qu'elle est due à des troubles identifiables, dont l'hypersécrétion de rénine, l'artériosclérose et des troubles endocriniens telles l'hyperthyroïdie et la maladie de Cushing. Le traitement de l'hypertension vise à éliminer le facteur causal. ■

DÉBIT SANGUIN DANS LES TISSUS

Le débit sanguin dans les tissus, ou **irrigation des tissus,** détermine : (1) l'apport d'oxygène et de nutriments aux cellules des tissus et l'élimination de leurs déchets ; (2) les échanges gazeux dans les poumons ; (3) l'absorption des nutriments contenus dans le système digestif ; (4) la formation de l'urine par les reins. Le débit sanguin est très précisément ajusté au fonctionnement adéquat de chaque tissu et de chaque organe (ni plus, ni moins). Lorsque l'organisme est au repos, le cerveau reçoit environ 13 % du débit sanguin total, le cœur, 4 %, les reins, 20 % et les organes abdominaux, 24 %. Les muscles squelettiques, qui constituent près de la moitié de la masse corporelle, reçoivent normalement 20 % du débit sanguin. Pendant

Pourquoi l'apport sanguin aux vaisseaux cutanés augmente-t-il pendant un exercice intense?

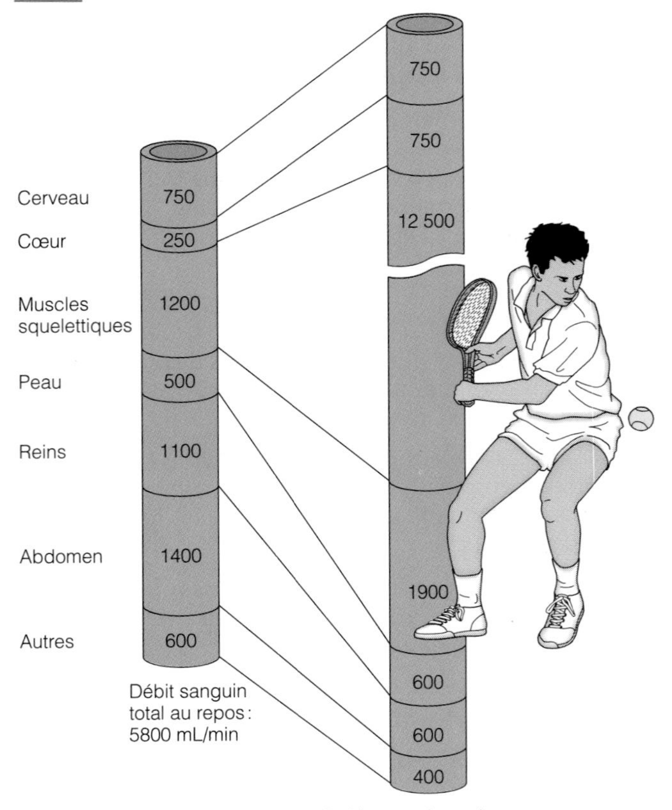

FIGURE 20.12
Débit sanguin dans certains organes, au repos et pendant l'exercice.

20

l'exercice, cependant, c'est à eux que profite l'augmentation du débit cardiaque; en effet, le débit sanguin dans les reins et les organes de la digestion est alors réduit (figure 20.12).

Vitesse de l'écoulement sanguin

Comme le montre la figure 20.13, la vitesse de l'écoulement sanguin (en cm/s) varie dans les différents vaisseaux de la circulation systémique. Lorsque tous les autres facteurs sont constants, elle est rapide dans l'aorte et dans les autres grosses artères, elle diminue dans les capillaires, puis elle augmente quelque peu dans les veines caves.

La vitesse de l'écoulement sanguin dans un type de vaisseaux est *inversement* proportionnelle à l'*aire de la section transversale* totale de ces vaisseaux (somme des aires de la section transversale). Autrement dit, elle atteint son maximum dans les vaisseaux dont la section transversale totale est la moindre (les plus grosses artères). En effet, d'une ramification du réseau artériel à l'autre, le nombre de vaisseaux augmente: le nombre des capillaires est plus élevé que celui des artérioles, lequel est supérieur à celui des artères, et la vitesse diminue proportionnellement. Même si les branches successives ont un calibre décroissant par rapport à celui de l'aorte, le volume de sang qu'elles peuvent contenir est beaucoup plus grand. Par exemple, l'aire de la section transversale totale de l'aorte est de 2,5 cm^2, et la vitesse moyenne de l'écoulement sanguin y est de 40 à 50 cm/s. En revanche, l'aire de la section transversale totale des capillaires est de 4500 cm^2, et la vitesse de l'écoulement sanguin y est d'environ 0,03 cm/s. Les échanges entre le sang et les cellules ont donc amplement le temps de se dérouler.

Le même principe s'applique aux veines. En effet, des capillaires aux veinules puis aux veines, l'aire de la section transversale totale diminue, et la vitesse de l'écoulement sanguin augmente. L'aire de la section transversale des veines caves est de 8 cm^2, et la vitesse de l'écoulement sanguin y varie de 10 à 30 cm/s, selon le degré d'activité des muscles squelettiques (pompe musculaire qui influe sur le retour veineux).

Autorégulation du débit sanguin

L'**autorégulation** est l'adaptation automatique du débit sanguin aux besoins de chaque tissu. Ce processus repose sur des conditions locales et il est peu influencé par les facteurs systémiques. La pression artérielle moyenne est constante dans l'organisme et les mécanismes homéostatiques ajustent le débit cardiaque au besoin pour qu'il en soit ainsi. Les variations du débit sanguin dans les organes relèvent d'un mécanisme *intrinsèque,* soit la modification du diamètre des artérioles locales alimentant les capillaires. On peut comparer l'autorégulation du débit sanguin à l'utilisation domestique de l'eau. Pour faire couler de l'eau dans un évier ou par un tuyau d'arrosage, il faut ouvrir un robinet. Quel que soit le nombre de robinets ouverts, la pression dans la conduite d'eau principale de la rue reste relativement constante, tout comme dans les grandes canalisations situées plus près du poste de pompage. De même, les événements qui surviennent dans les artérioles nourrissant les lits capillaires d'un organe ont peu d'effets sur la pression des artères musculaires irriguant ce même organe ou sur celle des grandes artères élastiques. Le cœur nous sert de poste de pompage. Ce système est formidable car tant que la compagnie des eaux (mécanismes de rétroaction circulatoires) maintient l'eau à une pression relativement constante (pression artérielle moyenne), la demande locale régit la quantité de liquide (sang) s'écoulant à chaque endroit.

Les organes régissent donc le débit sanguin qui les traverse en modifiant la résistance de leurs artérioles. Comme nous allons le voir maintenant, ces mécanismes de régulation intrinsèques peuvent être soit *métaboliques* soit *myogènes*.

L'activité musculaire produit de la chaleur et celle-ci doit se dissiper pour que l'homéostasie soit maintenue. La peau est le siège des échanges de chaleur dans l'organisme.

La vitesse de l'écoulement sanguin est-elle directement ou inversement proportionnelle à l'aire de la section transversale totale du lit vasculaire ?

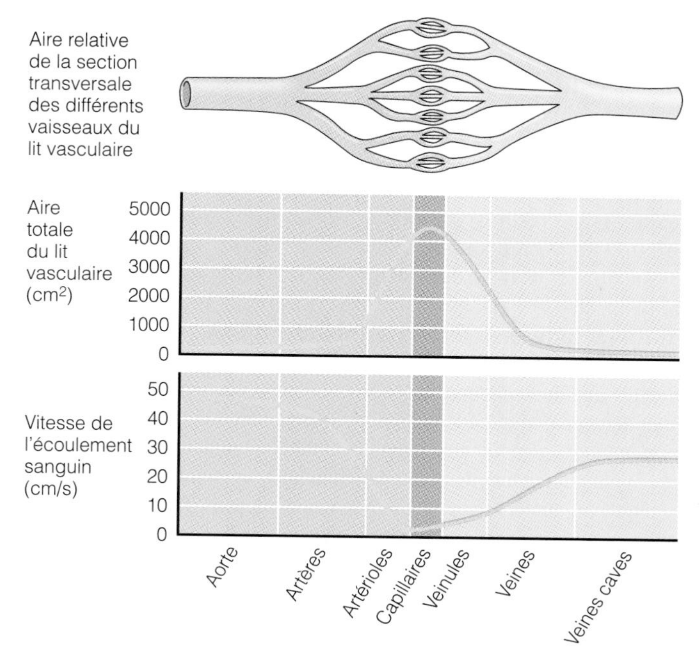

FIGURE 20.13
Relation entre la vitesse de l'écoulement sanguin et l'aire de la section transversale totale des divers vaisseaux de la circulation systémique.

Mécanismes de régulation métaboliques

Dans la plupart des tissus, la diminution des concentrations de nutriments, en particulier de l'oxygène, est le principal stimulus de l'autorégulation. On a récemment découvert que la vasodilatation induite par le monoxyde d'azote favorise considérablement l'apport d'oxygène aux cellules des tissus. En effet, l'hémoglobine contenue dans les érythrocytes « dépose » le monoxyde d'azote là où il est nécessaire. Lorsque l'hémoglobine se remplit d'oxygène dans les poumons, elle capte également du monoxyde d'azote. Lorsqu'il atteint les capillaires des tissus, le monoxyde d'azote quitte l'hémoglobine en même temps que l'oxygène, ce qui cause une vasodilatation. Parmi les autres stimulus de l'autorégulation, on trouve des substances libérées par les cellules des tissus dont l'activité métabolique est importante (comme les ions potassium et hydrogène, l'adénosine et l'acide lactique), les prostaglandines et les substances sécrétées durant la réaction inflammatoire (histamine et kinines). Mais quel que soit le stimulus à son origine, l'autorégulation entraîne une dilatation immédiate des artérioles desservant les lits capillaires des tissus « en manque » et, par voie de conséquence, une augmentation temporaire du débit sanguin dans la région. Cela s'accompagne d'un relâchement des sphincters précapillaires (voir la figure 20.3) qui permet au sang de jaillir dans les capillaires vrais et d'atteindre les cellules.

Mécanismes de régulation myogènes

Lorsque l'irrigation sanguine dans un organe est inadéquate, la vitesse du métabolisme chute rapidement et provoque, à long terme, la mort de l'organe. De même, une pression artérielle et une irrigation des tissus trop élevées peuvent être dangereuses pour les vaisseaux sanguins plus fragiles, qui risquent de se rompre. Les variations locales de la pression artérielle et du volume sanguin dans les artérioles sont importantes dans l'autorégulation car elles stimulent directement le muscle lisse vasculaire et provoquent des **réponses myogènes** (*myo* = muscle ; *genês* = origine). Le muscle lisse vasculaire réagit à l'étirement passif par une augmentation de son tonus, laquelle cause la vasoconstriction. Inversement, la diminution de l'étirement provoque la vasodilatation et augmente le débit sanguin dans les tissus. Le mécanisme de régulation myogène maintient l'irrigation des tissus à un degré relativement constant malgré les changements de pression systémique.

En général, des facteurs tant chimiques (métaboliques) que physiques (myogènes) déterminent la réponse autorégulatrice finale d'un tissu. Par exemple, l'**hyperémie passive** est une augmentation marquée du débit sanguin dans un tissu à la suite d'un blocage temporaire de son irrigation. Elle résulte à la fois de la réponse myogène et de l'accumulation de déchets métaboliques survenue pendant l'occlusion.

Autorégulation à long terme

Si les besoins d'un tissu sont tels que le mécanisme d'autorégulation à court terme ne suffit pas à les combler, un mécanisme à long terme peut s'établir en quelques semaines ou quelques mois de manière à augmenter le débit sanguin local. Le nombre de vaisseaux s'accroît dans le tissu et les vaisseaux existants grossissent. Ce phénomène se produit notamment dans le cœur en cas d'occlusion partielle d'un vaisseau coronaire ; il survient également dans l'ensemble de l'organisme des gens qui vivent en altitude, où l'air contient moins d'oxygène qu'au niveau de la mer.

Débit sanguin dans certains organes

Chaque organe a des fonctions et des besoins dont la spécificité transparaît dans ses mécanismes d'autorégulation. Dans l'encéphale, le cœur et les reins, l'autorégulation est remarquablement efficace, et l'irrigation reste adéquate même lorsque la pression artérielle moyenne fluctue.

Elle est inversement proportionnelle. Plus l'aire de la section transversale totale du lit vasculaire est grande, plus l'écoulement sanguin ralentit.

Muscles squelettiques

Dans les muscles squelettiques, le débit sanguin est extrêmement variable, et il est lié au degré d'activité. Au repos, les muscles squelettiques reçoivent environ 1 L de sang par minute, et environ 25 % seulement de leurs capillaires sont ouverts. Le débit sanguin y est alors régi par les mécanismes myogènes et nerveux habituels. Quand les muscles s'activent, le débit sanguin augmente (*hyperémie*) proportionnellement à l'activité *métabolique*, un phénomène appelé **hyperémie active.**

Dans les muscles squelettiques, les cellules musculaires lisses des artérioles sont dotées de récepteurs cholinergiques et de récepteurs alpha- et bêta-adrénergiques (α, β) auxquels l'adrénaline se lie. Lorsqu'une faible quantité d'adrénaline est présente, elle se lie aux récepteurs bêta-adrénergiques et cause la vasodilatation. De même, on croit que les récepteurs cholinergiques, lorsqu'ils sont « occupés », favorisent aussi la vasodilatation. Par conséquent, le débit sanguin peut décupler pendant l'activité physique (voir la figure 20.12) et presque tous les capillaires des muscles actifs s'ouvrent pour admettre ce surcroît de sang. Par contre, notons que les fortes concentrations d'adrénaline qui accompagnent habituellement une activation intense du système nerveux sympathique (et un exercice vigoureux sollicitant un grand nombre de muscles squelettiques) causent une vasoconstriction intense déclenchée par les récepteurs alpha-adrénergiques. Ce mécanisme de défense, que l'on croit provoqué par des chimioréflexes musculaires réagissant à un apport d'oxygène insuffisant, fait en sorte que le débit sanguin nécessaire aux muscles ne dépasse pas la capacité de la pompe cardiaque et que les organes vitaux continuent à recevoir un apport sanguin adéquat. L'activité physique intense est incontestablement l'une des situations les plus exigeantes pour le système cardiovasculaire.

L'autorégulation musculaire est presque entièrement due à une diminution de la concentration d'oxygène (accompagnée par une augmentation locale de la concentration de gaz carbonique, d'acide lactique et d'autres métabolites) résultant de l'accélération du métabolisme des muscles actifs. Cependant, l'irrigation des muscles requiert également des adaptations systémiques générées par le centre vasomoteur. L'intense vasoconstriction des vaisseaux jouant le rôle de réservoirs sanguins, ceux du système digestif et de la peau notamment, chasse temporairement le sang de ces régions afin d'assurer une augmentation du débit sanguin dans les muscles squelettiques. En dernière analyse, ce sont les capacités du système cardiovasculaire à fournir les nutriments et l'oxygène nécessaires qui déterminent le temps que les muscles peuvent passer à se contracter vigoureusement.

Encéphale

Le débit sanguin total dans l'encéphale est d'environ 750 mL/min, et il est relativement constant. Étant donné que l'encéphale est enfermé à l'intérieur du crâne et que les neurones ne peuvent tolérer l'ischémie, cette constance revêt une importance capitale.

Même si l'encéphale est l'organe au métabolisme le plus actif dans tout l'organisme, il est le moins apte à emmagasiner des nutriments essentiels. Le débit sanguin cérébral est régi par l'un des mécanismes autorégulateurs les plus précis de l'organisme, et il s'adapte aux besoins locaux des neurones. Ainsi, lorsque vous fermez le poing droit, les neurones qui déterminent ce mouvement, situés dans votre cortex moteur gauche, reçoivent plus de sang que leurs voisins. Le tissu cérébral est exceptionnellement sensible aux diminutions du pH (lesquelles sont provoquées par une augmentation de la concentration de gaz carbonique) qui causent une vasodilatation marquée ; cette réaction permet d'éliminer le gaz carbonique en excès et de rétablir la valeur normale du pH dans l'encéphale. Le déficit en oxygène est un stimulus bien moins puissant de l'autorégulation. Cependant, une concentration excessive de gaz carbonique abolit les mécanismes autorégulateurs et déprime gravement l'activité cérébrale.

Outre la régulation métabolique, l'encéphale présente un mécanisme myogène qui le protège contre les variations potentiellement nuisibles de la pression artérielle. Lorsque la pression artérielle moyenne diminue, les vaisseaux cérébraux se dilatent, assurant ainsi une irrigation suffisante à l'encéphale. Lorsque la pression artérielle augmente, en revanche, les vaisseaux cérébraux se contractent afin d'éviter la rupture des petits vaisseaux fragiles situés en aval. Dans certaines circonstances, comme dans l'ischémie cérébrale causée par une augmentation de la pression intracrânienne (résultant par exemple de la compression des vaisseaux par une tumeur), l'encéphale régit son débit sanguin en déclenchant une augmentation de la pression artérielle systémique (par l'intermédiaire des centres cardiovasculaires du bulbe rachidien). Or, les variations extrêmes de la pression systémique rendent l'encéphale vulnérable. L'évanouissement (la *syncope*) survient lorsque la pression artérielle moyenne tombe sous 60 mm Hg ; un œdème cérébral résulte généralement de pressions supérieures à 160 mm Hg, qui accroissent considérablement la perméabilité des capillaires cérébraux.

Peau

Dans la peau, le sang : (1) apporte des nutriments aux cellules, (2) concourt à la thermorégulation et (3) s'accumule dans les vaisseaux cutanés. La première fonction est assurée par l'autorégulation en réaction aux besoins en oxygène. La deuxième et la troisième font intervenir des mécanismes nerveux. Nous nous attarderons ici à la fonction thermorégulatrice de la peau.

La peau recouvre des plexus veineux étendus dans lesquels le débit sanguin peut varier entre 50 et 2500 mL/min, suivant la température corporelle. Cette variabilité est due aux adaptations nerveuses autonomes survenant dans des anastomoses artério-veineuses spiralées et dans les artérioles. Ces minuscules dérivations sont situées principalement dans le bout des doigts, la paume des mains, les orteils, la plante des pieds, les oreilles, le nez et les lèvres. Elles sont pourvues d'un grand nombre de terminaisons nerveuses sympathiques (une caractéristique qui les distingue des dérivations de la plupart des autres lits capillaires), et elles sont régies par des réflexes que déclenchent les récepteurs de la température ou les signaux issus des centres supérieurs du système nerveux central. Les artérioles, pour leur part, sont sensibles à des stimulus autorégulateurs locaux et métaboliques.

Lorsque la surface de la peau est exposée à la chaleur ou que la température corporelle s'élève pour d'autres raisons (pendant un exercice intense, par exemple), le « thermostat » hypothalamique fait diminuer la stimulation vasomotrice des artérioles de la peau et cause une vasodilatation. Le sang chaud jaillit dans les lits capillaires et la chaleur irradie de la surface de la peau. La transpiration favorise encore plus la dilatation des artérioles, car la sueur contient une enzyme qui agit sur une protéine du liquide interstitiel et qui produit de la *bradykinine.* À son tour, la bradykinine stimule la libération de monoxyde d'azote (un puissant vasodilatateur) par les cellules endothéliales des vaisseaux.

Lorsque la température ambiante est basse et que la température corporelle diminue, les artérioles superficielles de la peau se contractent fermement. Par conséquent, le sang contourne presque entièrement les capillaires associés aux anastomoses artério-veineuses. Il est ainsi dérivé vers les organes profonds afin d'en maintenir la température normale. Paradoxalement, la peau peut conserver une coloration rosée, car un peu de sang reste « emprisonné » dans les capillaires superficiels lorsque le sang passe dans les anastomoses artério-veineuses.

Poumons

Dans la circulation pulmonaire, le débit sanguin présente plus d'une particularité. Toutes proportions gardées, le trajet est court. Les artères et les artérioles pulmonaires ont une structure semblable à celle des veines et des veinules, c'est-à-dire qu'elles ont des parois minces et de grandes lumières. Comme elles opposent peu de résistance à l'écoulement, il faut moins de pression pour propulser le sang dans le réseau artériel pulmonaire. Par conséquent, la pression artérielle est beaucoup plus basse dans la circulation pulmonaire que dans la circulation systémique (25/10 contre 120/80).

En outre, le mécanisme autorégulateur est inversé dans la circulation pulmonaire : une faible concentration d'oxygène cause la vasoconstriction des artérioles tandis qu'une forte concentration provoque la vasodilatation. Ce phénomène en apparence singulier est pourtant parfaitement conforme à la fonction d'échange gazeux de la circulation pulmonaire. Quand les sacs alvéolaires sont remplis d'air riche en oxygène, les capillaires pulmonaires se gorgent de sang et sont prêts à recevoir l'oxygène. Si les sacs alvéolaires sont affaissés ou obstrués par du mucus, la concentration d'oxygène baisse dans la région et le sang la contourne.

Cœur

Le mouvement du sang dans les petits vaisseaux de la circulation coronarienne est influencé par la pression aortique et par l'action de pompage des ventricules. La contraction des ventricules comprime les vaisseaux coronaires, et le sang cesse de s'écouler dans le myocarde. Au cours de la diastole, la forte pression qui règne dans l'aorte pousse le sang dans la circulation coronarienne. En temps normal, la myoglobine des cellules cardiaques contient suffisamment d'oxygène pour alimenter leurs mitochondries pendant la systole. Cependant, une fréquence cardiaque anormalement rapide, qui réduit la longueur de la diastole, peut réduire considérablement l'apport d'oxygène et de nutriments au myocarde durant cette phase du cycle cardiaque.

Au repos, le débit sanguin est d'environ 250 mL/min dans le cœur ; on le croit régi par un mécanisme myogène. Pendant l'exercice intense, les artérioles du muscle cardiaque se dilatent en réaction à une accumulation locale de gaz carbonique (provoquant une acidose), et le débit sanguin peut tripler ou quadrupler (voir la figure 20.12). Par conséquent, la disponibilité en oxygène demeure constante malgré les fortes variations de la pression coronarienne (de 50 à 140 mm Hg). Cette augmentation du débit sanguin en période d'activité est importante car, au repos, les cellules cardiaques utilisent jusqu'à 65 % de l'oxygène qui leur parvient. (La plupart des autres cellules ne consomment que 25 % environ de l'oxygène qui leur est livré à chaque tour de circuit.) Par conséquent, l'augmentation du débit sanguin constitue le seul moyen d'apporter au cœur le surcroît d'oxygène dont il a besoin en période d'activité intense.

Débit sanguin dans les capillaires et échanges capillaires

L'écoulement du sang dans les réseaux de capillaires est lent et intermittent plutôt que régulier. Ce phénomène est lié à l'ouverture et à la fermeture des sphincters précapillaires sous l'effet des mécanismes autorégulateurs locaux.

Échanges des gaz respiratoires et des nutriments

L'oxygène, le gaz carbonique, la plupart des nutriments (acides aminés, glucose et lipides) et les déchets métaboliques passent du sang au liquide interstitiel, ou vice versa, par **diffusion.** La diffusion se fait toujours selon un gradient de concentration, c'est-à-dire que les substances vont toujours des régions où elles sont plus concentrées aux régions où elles le sont moins. L'oxygène et les nutriments sortent donc du sang, où leur concentration est élevée, ils traversent le liquide interstitiel puis ils atteignent les cellules des tissus. Le gaz carbonique et les déchets métaboliques sortent des cellules, où leur concentration est élevée, et ils entrent dans le sang capillaire. En général, les solutés hydrosolubles, tels les acides aminés et les glucides, empruntent les fentes intercellulaires remplies de liquides (et parfois les pores), tandis que les molécules liposolubles, comme les gaz respiratoires, diffusent directement à travers la double couche de phospholipides de la membrane plasmique des cellules endothéliales (voir la figure 20.2). Des vésicules cytoplasmiques assurent le transport de quelques grosses molécules, comme les petites protéines. Ainsi que nous l'avons mentionné, les capillaires n'ont pas tous la même perméabilité. Les cellules endothéliales des sinusoïdes du foie sont disjointes et laissent passer même les protéines, tandis que les capillaires continus de l'encéphale sont imperméables à la plupart des substances.

Échanges liquidiens

Pendant que les échanges de nutriments et de gaz s'effectuent, par diffusion, à travers les parois des capillaires, la filtration des liquides se produit aussi. Ces liquides sont expulsés des capillaires dans les fentes situées à l'extrémité artérielle du lit, mais ils retournent en majeure partie dans la circulation à l'extrémité veineuse du lit. Il s'agit d'un écoulement relativement peu important dans le processus des échanges capillaires; il sert surtout à déterminer les volumes liquidiens relatifs de la circulation sanguine et du compartiment interstitiel. Nous allons voir maintenant comment la *direction* et la *quantité* de liquide qui traverse les parois capillaires sont déterminées par les forces opposées de la pression hydrostatique et de la pression osmotique.

Pressions hydrostatiques La **pression hydrostatique** est la force exercée par un liquide contre une paroi. Dans les capillaires, la pression hydrostatique correspond à la **pression hydrostatique capillaire (PH_c)**, c'est-à-dire à la pression du sang contre les parois des capillaires. La pression capillaire est aussi appelée pression de filtration, car elle pousse les liquides entre les cellules de la paroi des capillaires. Comme la pression sanguine diminue à mesure que le sang avance dans un lit capillaire, la pression capillaire est plus élevée à l'extrémité artérielle du lit (environ 35 mm Hg) qu'à son extrémité veineuse (environ 17 mm Hg).

En théorie, la pression sanguine, qui pousse les liquides hors des capillaires, s'oppose à la **pression hydrostatique du liquide interstitiel (PH_{li})** agissant à l'extérieur des capillaires pour y introduire des liquides. Pour déterminer la pression hydrostatique *nette* agissant sur un point quelconque des capillaires, il faut trouver la différence entre la pression hydrostatique qui pousse les liquides *hors* du capillaire (pression sanguine) et la pression hydrostatique qui pousse les liquides *dans* le capillaire (pression du liquide interstitiel). Toutefois, on trouve très peu de liquides dans le compartiment interstitiel, car les vaisseaux lymphatiques les drainent constamment (voir le chapitre 21). Bien que la pression hydrostatique dans le compartiment interstitiel varie d'une valeur légèrement positive à une valeur légèrement négative, on a coutume de supposer qu'elle est d'environ zéro, et nous endosserons ce point de vue dans un souci de simplification. Les *pressions hydrostatiques nettes* aux extrémités artérielle et veineuse du lit capillaire sont essentiellement égales à la pression hydrostatique capillaire (pression sanguine) à ces endroits. La figure 20.14 présente un résumé de ces pressions.

Quel effet une augmentation marquée de la pression osmotique dans le liquide interstitiel (à la suite par exemple d'une infection bactérienne grave dans les tissus avoisinants) aurait-elle sur les échanges liquidiens?

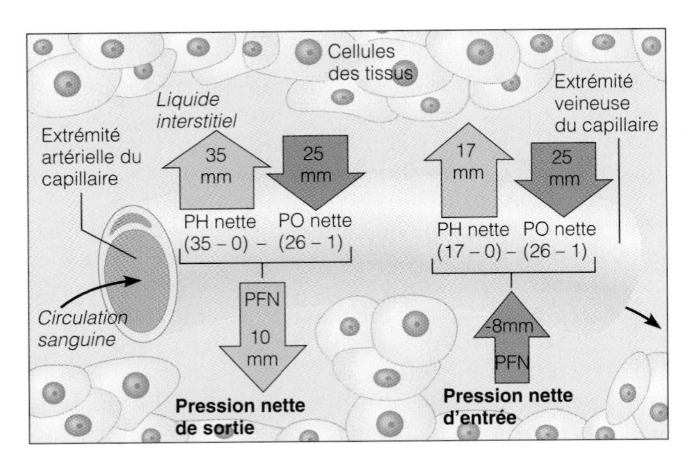

FIGURE 20.14
Forces déterminant les échanges liquidiens dans les capillaires. La direction de l'écoulement des liquides dépend de la différence entre deux forces opposées: la pression hydrostatique (PH) et la pression osmotique (PO). La PH nette est la force qui tend à pousser les liquides hors du capillaire. La PH nette ($PH_c - PH_{li}$) est égale à la pression hydrostatique du sang, qui varie tout le long du capillaire. La PO nette est la force qui attire les liquides à l'intérieur du capillaire. La PO nette ($PO_c - PO_{li}$) est une valeur constante, car le sang contient une concentration beaucoup plus élevée de solutés non diffusibles (protéines) que le liquide interstitiel. À l'extrémité artérielle, la PH nette forçant les liquides à sortir dépasse la PO les attirant vers l'intérieur; le résultat est une pression de filtration nette (PFN) qui favorise une perte de liquides nette hors du capillaire (PFN = 10 mm Hg). À l'extrémité veineuse, la PH est inférieure à la PO (PFN = −8 mm Hg), ce qui ramène les liquides dans la circulation sanguine.

Pressions osmotiques La **pression osmotique** naît de la présence dans un liquide de grosses molécules non diffusibles, telles les protéines plasmatiques. Ces substances attirent l'eau; autrement dit, elles favorisent l'osmose (voir le chapitre 3) chaque fois que la concentration d'eau est plus faible autour d'elles que du côté opposé de la membrane capillaire. Les protéines plasmatiques contenues en abondance dans le sang capillaire (principale-

Les liquides qui retournent habituellement dans la circulation sanguine par l'extrémité veineuse du lit capillaire resteraient dans le compartiment interstitiel, retenus par la pression osmotique élevée du liquide interstitiel (ils seraient plus tard recueillis par les vaisseaux du système lymphatique).

ment des molécules d'albumine) exercent une **pression osmotique capillaire** (PO_c), ou *pression oncotique*, d'environ 26 mm Hg. Comme le liquide interstitiel contient peu de protéines, sa pression osmotique (PO_{li}) est de beaucoup inférieure : elle varie entre 0,1 et 5 mm Hg. Dans la figure 20.14, la PO_{li} est de 1 mm Hg. Contrairement à la pression hydrostatique, la pression osmotique ne varie pas d'une extrémité à l'autre du lit capillaire. Dans notre exemple, la *pression osmotique nette* (force nette) qui attire les liquides dans le sang capillaire se monte donc à 25 mm Hg.

Interactions entre la pression hydrostatique et la pression osmotique Pour déterminer s'il y a un gain net ou une perte nette des liquides dans le sang, il faut calculer la **pression de filtration nette (PFN)**, qui tient compte de toutes les forces agissant sur le lit capillaire. Tout le long d'un capillaire, les liquides s'échappent du capillaire si la pression hydrostatique nette dépasse la pression osmotique nette. Inversement, les liquides entrent dans le capillaire si la pression osmotique nette est supérieure à la pression hydrostatique nette. Comme le montre la figure 20.14, la pression hydrostatique domine à l'extrémité artérielle :

$$PFN = (PH_c - PH_{li}) - (PO_c - PO_{li})$$
$$PFN = (35 - 0) - (26 - 1)$$
$$PFN = (35 - 25) = 10 \text{ mm Hg}$$

Dans notre exemple, la pression de 10 mm Hg (excès net de PH) force les liquides à sortir du capillaire, tandis que la pression osmotique domine à l'extrémité veineuse :

$$PFN = (17 - 0) - (26 - 1)$$
$$PFN = 17 - 25 = -8 \text{ mm Hg}$$

La valeur négative de la pression indique que la PFN (causée par l'excès net de PO) force les liquides à revenir dans le lit capillaire. Par conséquent, les liquides *sortent* de la circulation à l'extrémité artérielle du lit capillaire, et ils *pénètrent* dans la circulation à son extrémité veineuse. Toutefois, la quantité de liquide qui entre dans le compartiment interstitiel est supérieure à celle qui retourne dans la circulation sanguine, ce qui se solde par une perte de liquide de l'ordre de 1,5 mL/min. Les vaisseaux lymphatiques captent ces liquides ainsi que les petites protéines et ils les renvoient dans le réseau vasculaire de la circulation sanguine. C'est pour cette raison que les concentrations de liquides et de protéines sont relativement faibles dans le compartiment interstitiel. Sans l'action des vaisseaux lymphatiques, ces pertes « insignifiantes » de liquides suffiraient à vider les vaisseaux sanguins de leur plasma en 24 heures environ !

État de choc

L'**état de choc** désigne toute situation dans laquelle les vaisseaux sanguins ne contiennent pas suffisamment de sang, ce qui entraîne une mauvaise irrigation des tissus. Si cette situation persiste, elle cause la mort cellulaire et des lésions des organes.

La forme la plus répandue de l'état de choc, le **choc hypovolémique** (*hypo* = bas ; *volémie* = volume sanguin total), résulte d'une diminution considérable du volume sanguin, à la suite notamment d'une hémorragie aiguë, de vomissements ou de diarrhée graves ou de brûlures étendues. Si le volume sanguin diminue brusquement, la fréquence cardiaque accélère pour rectifier la situation. Un pouls faible et filant est souvent le premier signe de choc hypovolémique. On observe également une intense vasoconstriction, qui chasse le sang des divers réservoirs sanguins dans les vaisseaux principaux et favorise le retour veineux. La pression artérielle est stable au début, mais elle finit par baisser si le volume sanguin continue de décroître ; par conséquent, une baisse marquée de la pression artérielle est un signe tardif et alarmant du choc hypovolémique. Le traitement de cet état consiste à administrer des solutions de remplissage vasculaire dans les meilleurs délais.

Bien que les réactions de plusieurs systèmes de l'organisme au choc hypovolémique soient encore mal comprises, l'hémorragie aiguë est tellement grave qu'il nous a semblé bon de présenter ses signes, de même que les mécanismes que l'organisme met en action pour rétablir l'homéostasie. Nous le faisons sous forme de diagramme à la figure 20.15. Lisez-le dès maintenant, et étudiez-le à nouveau lorsque vous aurez terminé l'étude des autres systèmes de l'organisme.

Dans le **choc d'origine vasculaire**, le volume sanguin est normal et constant. L'entrave à la circulation provient d'une expansion anormale du volume interne du réseau vasculaire consécutive à une vasodilatation extrême des artérioles. La baisse rapide de la pression artérielle révèle la chute de la résistance périphérique. Le plus souvent, ce type de choc est causé (1) par la perte du tonus vasomoteur due à l'anaphylaxie, c'est-à-dire à une réaction allergique systémique pendant laquelle la libération massive d'histamine déclenche une vasodilatation généralisée ; (2) par l'insuffisance de la régulation autonome (également appelée *choc neurogène*) ; (3) par une septicémie. La *septicémie* (ou *choc septique*) est une infection bactérienne systémique grave ; les toxines bactériennes sont réputées pour leurs effets vasodilatateurs.

Les bains de soleil prolongés peuvent entraîner une forme transitoire du choc vasculaire. La chaleur du soleil sur la peau provoque la dilatation des vaisseaux cutanés et, lors du passage soudain à la position debout, le sang stagne pendant un moment dans les membres inférieurs plutôt que de retourner au cœur. Par voie de conséquence, la pression artérielle baisse. Un étourdissement indique alors que l'encéphale ne reçoit pas suffisamment d'oxygène.

Le **choc cardiogénique**, c'est-à-dire la défaillance de la pompe cardiaque, survient lorsque le cœur est faible au point de ne plus faire circuler le sang de façon adéquate. Ce choc est habituellement causé par des lésions myocardiques, comme celles que laissent des infarctus répétés. ■

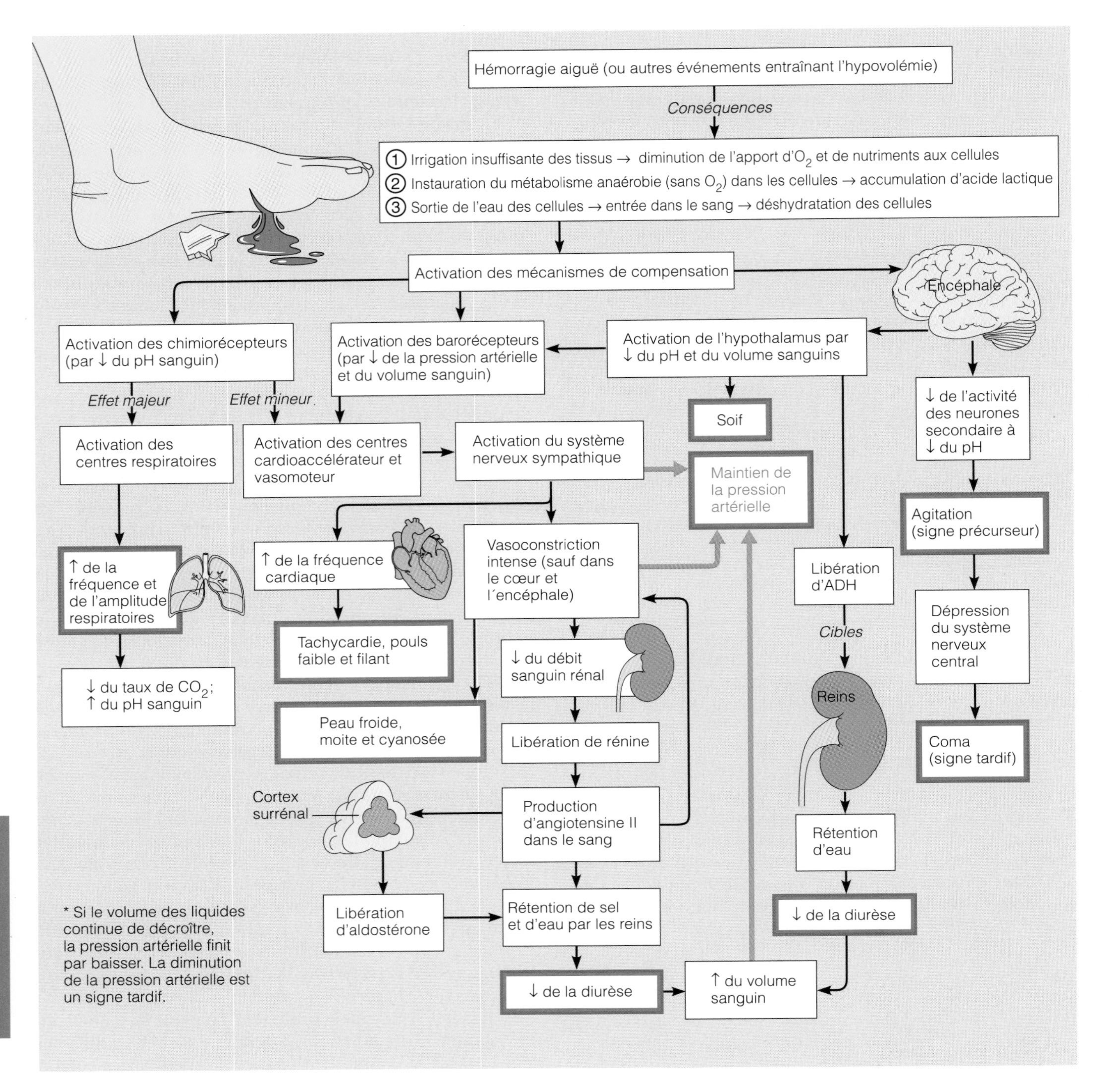

FIGURE 20.15
Signes et conséquences du choc hypovolémique compensé (sans aggravation).
(Les signes cliniques reconnaissables sont indiqués dans un *cadre rouge*.)

VOIES DE LA CIRCULATION: ANATOMIE DU SYSTÈME CARDIOVASCULAIRE

Le **système cardiovasculaire** comprend deux circulations distinctes, chacune possédant son réseau d'artères, de capillaires et de veines. La *circulation pulmonaire* est la courte boucle qui part du cœur, parcourt les poumons puis revient au cœur. La *circulation systémique* est la longue boucle qui apporte le sang dans toutes les parties du corps et qui se termine là où elle a commencé, au cœur également. Le tableau 20.2 (p. 722-723) présente des diagrammes des deux circulations.

Les tableaux 20.3 à 20.12 présentent les artères et les veines principales de la circulation systémique, exception faite des dérivations et des vaisseaux particuliers du fœtus (traités au chapitre 29). Notez que, suivant la convention, le sang riche en oxygène est représenté en rouge et le sang pauvre en oxygène, en bleu, quel que soit le type de vaisseau. De plus, dans les diagrammes de chaque tableau, les vaisseaux les plus éloignés de la surface corporelle sont représentés par une couleur claire, tandis que ceux qui en sont le plus près sont représentés par une couleur foncée; par exemple, les veines représentées en bleu foncé sont plus superficielles que celles représentées en bleu clair dans la région montrée.

DÉVELOPPEMENT ET VIEILLISSEMENT DES VAISSEAUX SANGUINS

Dans l'embryon microscopique, l'endothélium des vaisseaux sanguins est formé de cellules mésodermiques qui se transforment en angioblastes et se regroupent en petits amas appelés **îlots sanguins.** Ces îlots forment ensuite les esquisses des tubes vasculaires en convergeant les uns vers les autres et vers le cœur en voie de formation. Simultanément, les cellules mésenchymateuses adjacentes entourent les tubes endothéliaux et constituent les couches musculaires et fibreuses des parois vasculaires. Comme nous l'avons mentionné au chapitre 19, le cœur commence à propulser le sang dans le système cardiovasculaire dès la quatrième semaine de gestation.

Les dérivations qui contournent les poumons, le *foramen ovale* et le *conduit artériel,* ne sont pas les seules particularités du système cardiovasculaire fœtal. En effet, un vaisseau spécial appelé *conduit veineux,* ou canal d'Arantius, permet au sang de contourner en grande partie le foie; de plus, la *veine* et les *artères ombilicales* assurent le transfert du sang entre la circulation fœtale et le placenta, où se produisent les échanges de gaz et de nutriments avec le sang de la mère (voir le chapitre 29, p. 1102 et la figure 29.13, p. 1103). Une fois que la circulation fœtale est établie, le système cardiovasculaire subit peu de changements jusqu'à la naissance, moment où se ferment les vaisseaux ombilicaux et les dérivations de la circulation fœtale.

Contrairement aux malformations cardiaques, les anomalies vasculaires congénitales sont rares. Jusqu'à la puberté, filles et garçons sont exemptés de problèmes vasculaires. « On a l'âge de ses artères », dit le dicton. Effectivement, le vieillissement apporte son lot de problèmes. Chez certains, les valvules veineuses s'affaiblissent et dessinent à fleur de peau des varices violacées et tortueuses. Chez d'autres, l'inefficacité de la circulation se manifeste de manière plus insidieuse, par des picotements dans les extrémités et par des crampes.

Bien que l'athérosclérose commence ses ravages pendant la jeunesse, ses conséquences ne se révèlent qu'à l'âge mûr ou à la vieillesse, par un infarctus du myocarde ou un accident vasculaire cérébral. Jusqu'à l'âge de 45 ans, la fréquence de l'athérosclérose est beaucoup moins élevée chez les femmes que chez les hommes, phénomène qui s'explique probablement par l'effet protecteur des œstrogènes. Les effets bénéfiques des œstrogènes ont fait l'objet de nombreuses études. On sait par exemple que les œstrogènes réduisent la résistance que les vaisseaux opposent au débit sanguin, et ce en stimulant la production de monoxyde d'azote, en inhibant la libération d'endothéline et en bloquant les canaux à calcium voltage-dépendants. Ils stimulent également le foie à produire des enzymes qui accélèrent le catabolisme des lipoprotéines de basse densité et augmentent la production de lipoprotéines de haute densité, réduisant par le fait même les risques d'athérosclérose (voir l'encadré des pages 696-697). Entre l'âge de 45 et 65 ans, la production d'œstrogènes diminue chez la femme; l'écart entre les deux sexes disparaît et les femmes deviennent aussi prédisposées que les hommes aux maladies cardiovasculaires.

La pression artérielle change au cours des années. D'environ 90/55 chez le nouveau-né, elle augmente régulièrement pendant l'enfance avant d'atteindre la valeur typique de l'âge adulte, soit 120/80. Tard dans la vie, la pression artérielle s'élève en moyenne à 150/90, ce qui serait considéré comme excessif chez une personne jeune. La fréquence de l'hypertension augmente brusquement chez les sujets de plus de 40 ans. Contrairement à l'athérosclérose, qui frappe surtout des personnes âgées, l'hypertension fait beaucoup de victimes jeunes. Parmi les maladies cardiovasculaires, c'est celle qui cause le plus de morts soudaines chez les hommes de 40 à 50 ans.

Certaines maladies vasculaires sont pour une bonne part des conséquences du mode de vie occidental. Avec notre régime alimentaire riche en protéines et en lipides, nos collations sucrées, nos voitures et notre stress, nous devenons sensibles à ces troubles de plus en plus tôt. Pourtant, nous pouvons les prévenir en améliorant notre alimentation, en pratiquant régulièrement un exercice aérobique et en cessant de fumer. On peut presque affirmer qu'une mauvaise alimentation, le manque d'exercice et l'usage du tabac font plus de tort aux vaisseaux sanguins que le vieillissement!

* * *

Maintenant que nous avons décrit la structure et la fonction des vaisseaux sanguins, notre étude du système cardiovasculaire touche à sa fin. Le cœur, les vaisseaux sanguins et le sang forment un système dynamique qui concourt au bon fonctionnement de tous les autres, comme le montre l'encadré intitulé *Synthèse*. Cependant, notre étude de la *circulation* serait incomplète si nous ne traitions pas du système lymphatique. Au chapitre 21, nous verrons que le système lymphatique participe au maintien de la circulation et qu'il fournit aux lymphocytes les places fortes depuis lesquelles ils assurent la défense de l'organisme et l'immunité.

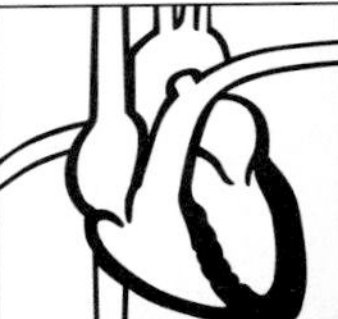

SYNTHÈSE

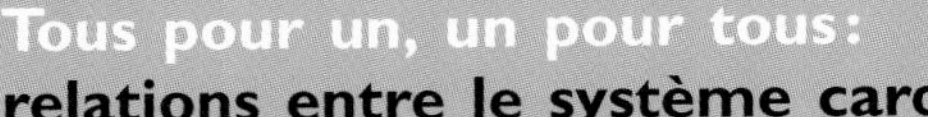
Tous pour un, un pour tous :

relations entre le système cardiovasculaire et les autres systèmes de l'organisme

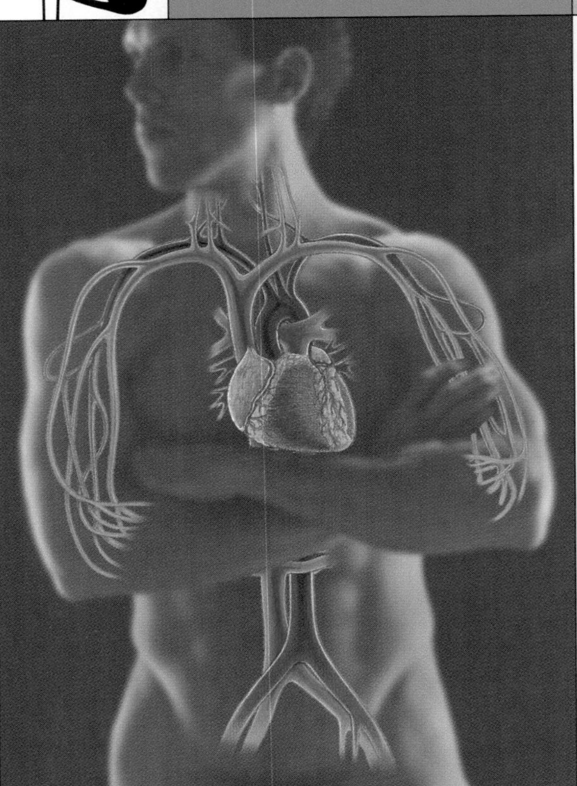

Système tégumentaire

- Le système cardiovasculaire apporte de l'oxygène et des nutriments ; il débarrasse des déchets.
- Les vaisseaux cutanés sont d'importants réservoirs de sang et ils concourent à la thermorégulation.

Système osseux

- Le système cardiovasculaire apporte de l'oxygène et des nutriments ; il débarrasse des déchets.
- Les os sont le siège de l'hématopoïèse ; ils protègent le système cardiovasculaire et sont des réserves de calcium.

Système musculaire

- Le système cardiovasculaire apporte de l'oxygène et des nutriments ; il débarrasse des déchets.
- L'exercice aérobique améliore l'efficacité cardiovasculaire et prévient l'athérosclérose ; la pompe musculaire favorise le retour veineux.

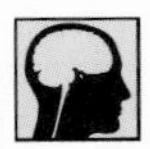

Système nerveux

- Le système cardiovasculaire apporte de l'oxygène et des nutriments ; il débarrasse des déchets.
- Le SNA régit la force et la fréquence des battements cardiaques ; par son action sur les vaisseaux sanguins, le système nerveux sympathique régit la pression artérielle et adapte la distribution du sang aux besoins de l'organisme.

Système endocrinien

- Le système cardiovasculaire apporte de l'oxygène et des nutriments ; il débarrasse des déchets ; le sang est le véhicule des hormones.
- Diverses hormones (adrénaline, FNA, T_4, ADH) influent sur la pression artérielle ; les œstrogènes favorisent l'intégrité des structures vasculaires chez la femme.

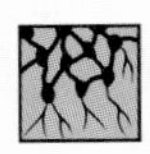

Système lymphatique et immunitaire

- Le système cardiovasculaire apporte de l'oxygène et des nutriments aux organes lymphatiques, qui abritent les cellules immunitaires ; il fournit un véhicule aux lymphocytes et aux anticorps ; il débarrasse des déchets.
- Le système lymphatique recueille les liquides et les protéines plasmatiques échappés des capillaires, et il les renvoie dans le système cardiovasculaire ; ses cellules immunitaires protègent les organes cardiovasculaires des agents pathogènes.

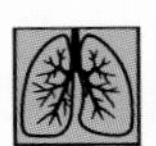

Système respiratoire

- Le système cardiovasculaire apporte de l'oxygène et des nutriments ; il débarrasse des déchets.
- Le système respiratoire effectue les échanges gazeux ; il charge le sang en oxygène et le débarrasse du gaz carbonique ; la pompe respiratoire favorise le retour veineux.

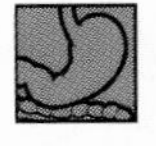

Système digestif

- Le système cardiovasculaire apporte de l'oxygène et des nutriments ; il débarrasse des déchets.
- Le système digestif fournit au sang des nutriments, y compris le fer et les vitamines du groupe B, essentiels à la formation des érythrocytes (et de l'hémoglobine).

Système urinaire

- Le système cardiovasculaire apporte de l'oxygène et des nutriments ; il débarrasse des déchets ; la pression artérielle maintient la fonction rénale.
- Le système urinaire concourt à la régulation de la pression artérielle en modifiant la diurèse et en libérant de la rénine.

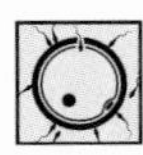

Système génital

- Le système cardiovasculaire apporte de l'oxygène et des nutriments ; il débarrasse des déchets.
- Les œstrogènes favorisent l'intégrité des structures vasculaires chez la femme.

Liens particuliers : relations entre le système cardiovasculaire et les systèmes musculaire, nerveux et urinaire

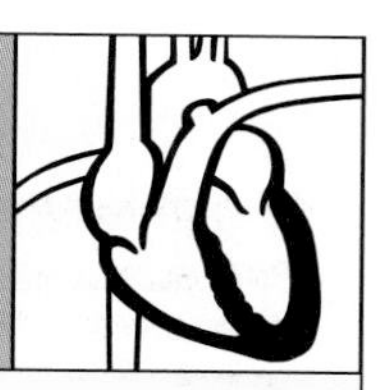

Le système cardiovasculaire est le « roi de l'organisme ». En effet, aucun autre système ne peut survivre si le sang cesse d'affluer dans les voies cardiovasculaires. Cependant, pratiquement tous les systèmes du corps humain influent d'une façon ou d'une autre sur le système cardiovasculaire. Les systèmes respiratoire et digestif enrichissent le sang d'oxygène et de nutriments, respectivement, et reçoivent en retour les multiples bienfaits du sang. En retournant le liquide plasmatique qui a fui vers le système cardiovasculaire, le système lymphatique aide les vaisseaux à rester remplis de sang pour que la circulation se poursuive. Nous nous attardons ci-dessous aux interactions du système cardiovasculaire avec les systèmes musculaire, nerveux et urinaire.

Système musculaire

L'entraide est à la base de l'interaction entre le système cardiovasculaire et le système musculaire. Les muscles se raidissent et cessent de fonctionner s'ils ne reçoivent pas suffisamment de sang oxygéné, et leurs capillaires grossissent (ou s'atrophient) au gré des fluctuations de la masse musculaire. Les artérioles du muscle squelettique ont même des récepteurs bêta adrénergiques et des récepteurs d'acétylcholine spéciaux leur permettant de se dilater sous l'effet de réflexes nerveux lorsque toutes les autres artérioles de l'organisme sont soumises à une stimulation vasoconstrictrice. Quand les muscles sont actifs et sains, le système cardiovasculaire l'est aussi. Privé d'exercice, le cœur faiblit et sa masse diminue ; mais grâce à l'exercice aérobique, il augmente de taille et devient plus fort. La fréquence cardiaque diminue lorsque le volume systolique augmente ; le cœur est donc plus détendu et bat des centaines de milliers de fois moins au cours de la vie. L'exercice aérobique augmente également les concentrations de lipoprotéines de haute densité du sang et diminue les taux de lipoprotéines de basse densité, ce qui favorise l'élimination des dépôts lipidiques sur les parois vasculaires et retarde l'athérosclérose, l'hypertension et les maladies cardiovasculaires. Les muscles et le cœur forment donc une équipe du tonnerre !

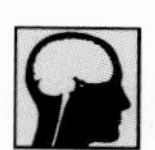

Système nerveux

Le fonctionnement de l'encéphale dépend grandement d'un apport continu en oxygène et en glucose. Il n'est donc pas surprenant que cet organe dispose du mécanisme d'autorégulation circulatoire le plus précis de tout l'organisme. Agissant sur les artérioles les plus sensibles, ce mécanisme protège l'encéphale de la plupart des déficiences ; il nous est indispensable, car lorsque nos neurones meurent, c'est une partie importante de nous-mêmes qui meurt aussi. Le système cardiovasculaire est également tributaire du système nerveux. Bien qu'un système de conduction intrinsèque régisse le rythme sinusal, il n'est pas en mesure de s'adapter aux stimulus qui mobilisent le système cardiovasculaire afin qu'il maintienne la pression artérielle lors des changements de position et accélère le débit sanguin lors de périodes de stress. Le système nerveux autonome prend le relais en déclenchant les réflexes qui accroissent ou réduisent le débit cardiaque et la résistance périphérique, redirigent le sang vers d'autres organes pour combler leurs besoins précis et protègent les organes vitaux.

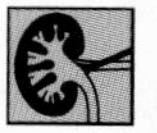

Système urinaire

À l'instar du système lymphatique, le système urinaire (surtout les reins) concourt au maintien du volume sanguin et de la dynamique circulatoire, mais de façon beaucoup plus complexe. Les reins utilisent la pression sanguine (créée par le système cardiovasculaire) pour former le filtrat que les cellules des tubules rénaux traitent. Ce traitement consiste essentiellement à soutirer les nutriments et l'eau nécessaires tout en permettant l'élimination des déchets métaboliques et des ions excédentaires (y compris les ions H^+) dans l'urine. C'est ainsi que le sang ne se « gâte » jamais et que sa composition et son volume sont étroitement régulés. Les reins sont si utiles à la préservation du volume sanguin que la diurèse cesse complètement lorsque ce dernier chute brutalement. Par ailleurs, les reins peuvent accroître la pression artérielle systémique en libérant de la rénine en réaction à une pression sanguine inadéquate.

IMPLICATIONS CLINIQUES

Système cardiovasculaire

Étude de cas : M. Hubert est une autre victime de la collision survenue entre un train routier et un autobus, dont nous avons parlé au chapitre 5. Cet homme d'âge moyen arrive au centre hospitalier inconscient, un garrot installé sur une cuisse. L'ambulancier raconte que le membre inférieur droit du patient a été coincé sous l'autobus pendant *au moins 30 minutes.* On décide de procéder immédiatement à une intervention chirurgicale. Le dossier de M. Hubert comporte les commentaires suivants :

- Contusions multiples aux membres inférieurs
- Fracture ouverte du tibia droit ; extrémités de l'os recouvertes de gaze stérile
- Jambe droite blanchie et froide, absence de pouls
- Pression artérielle de 90/48 ; pouls de 140 battements/min (filant) ; diaphorèse

1. Selon ce que vous avez appris sur les besoins en oxygène des tissus, dans quel état se trouvent les tissus du membre inférieur droit ?
2. S'occupera-t-on d'abord de la fracture, ou rétablira-t-on plutôt l'homéostasie de l'organisme ? Expliquez votre réponse et décrivez l'intervention chirurgicale que M. Hubert subira.
3. Quelles conclusions tirez-vous des signes vitaux mesurés chez M. Hubert (pouls et pression artérielle) ? Selon vous, quelle mesures seront adoptées pour remédier à la situation avant l'intervention chirurgicale ?

(Réponses à l'appendice G)

TABLEAU 20.2 Circulations pulmonaire et systémique

Circulation pulmonaire

Le circulation pulmonaire (figure 20.16a) a pour seul rôle de faire entrer le sang en contact étroit avec les alvéoles des poumons de manière que puissent se produire les échanges gazeux ; elle ne sert pas directement les besoins métaboliques du tissu pulmonaire.

Le ventricule droit propulse le sang pauvre en oxygène, d'un rouge sombre, dans le **tronc pulmonaire** (figure 20.16b). Le tronc pulmonaire monte en diagonale sur une distance d'environ 8 cm, puis il donne les **artères pulmonaires droite** et **gauche**. Dans les poumons, les artères pulmonaires émettent les **artères lobaires** (trois dans le poumon droit et deux dans le poumon gauche), dont chacune dessert un lobe pulmonaire. Après avoir suivi les bronches principales, les artères lobaires se ramifient, forment de très nombreuses artérioles et, enfin, produisent les réseaux denses des **capillaires pulmonaires** qui entourent les alvéoles. C'est là que l'échange d'oxygène et de gaz carbonique s'effectue entre le sang et l'air alvéolaire. À mesure que s'élève la concentration d'oxygène dans les globules rouges, le sang prend une couleur rouge clair. Les lits capillaires pulmonaires s'écoulent dans des veinules, qui se réunissent pour former les deux **veines pulmonaires** de chaque poumon. Les quatre veines pulmonaires bouclent le circuit en déversant leur contenu dans l'oreillette gauche. Rappelez-vous qu'un vaisseau désigné par un terme comprenant le mot *pulmonaire* fait nécessairement partie de la circulation pulmonaire. Tous les autres vaisseaux appartiennent à la circulation systémique.

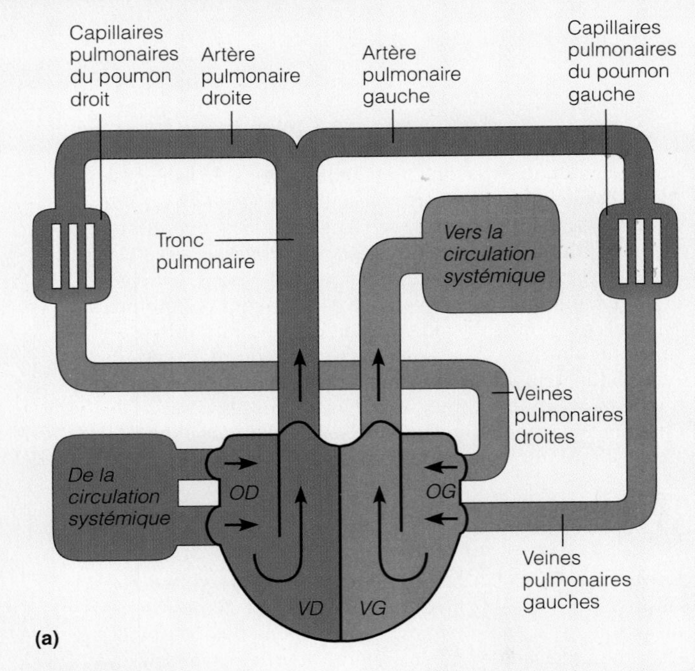

FIGURE 20.16
Circulation pulmonaire. (a) Diagramme. **(b)** Illustration. Le réseau artériel est représenté en bleu pour indiquer que le sang qu'il transporte est pauvre en oxygène ; le réseau veineux est représenté en rouge pour indiquer que le sang qu'il transporte est riche en oxygène.

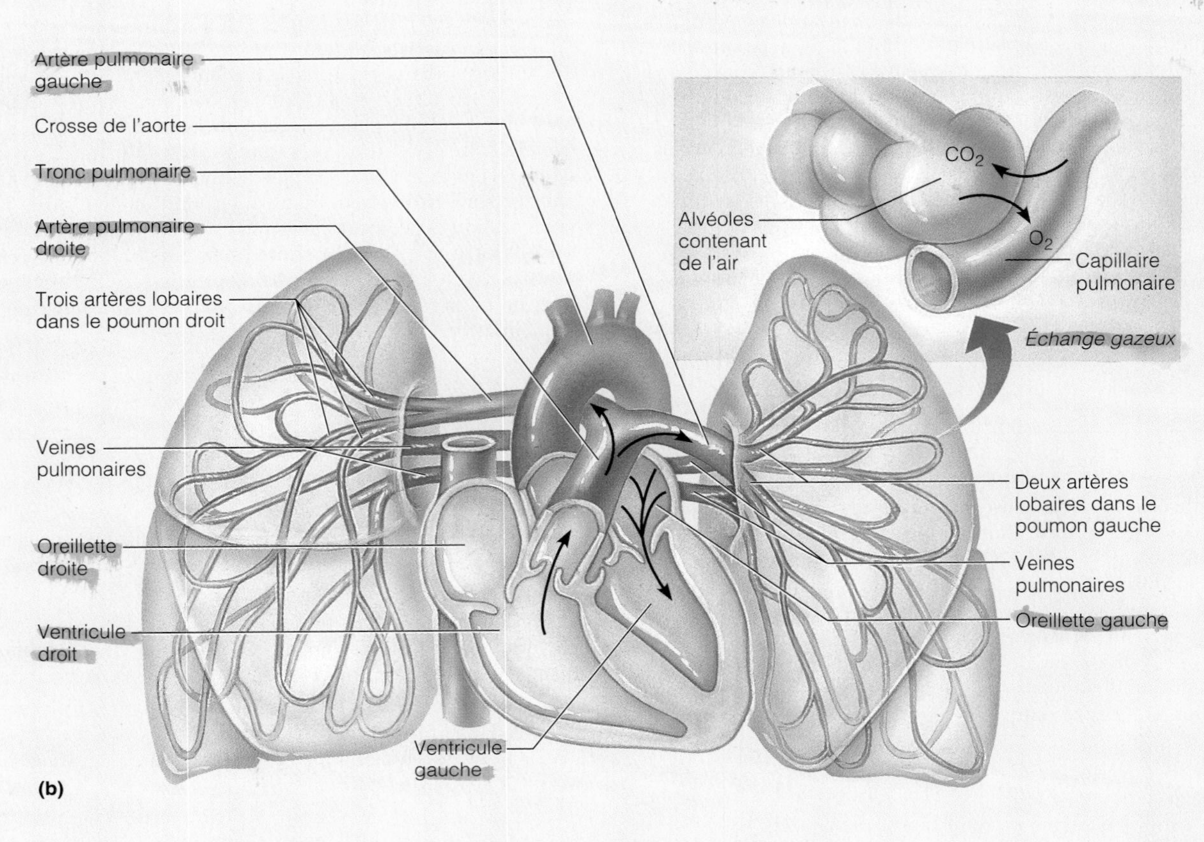

20

Les artères pulmonaires transportent du sang pauvre en oxygène et riche en gaz carbonique, et les veines pulmonaires conduisent du sang riche en oxygène*. La situation est inversée dans la circulation systémique.

Circulation systémique

La circulation systémique fournit à tous les tissus de l'organisme leur *irrigation fonctionnelle* ; autrement dit, elle leur apporte de l'oxygène, des nutriments et d'autres substances essentielles, et elle les débarrasse du gaz carbonique et des autres déchets métaboliques. Après sa sortie des poumons, le sang fraîchement oxygéné* est propulsé dans l'aorte par le ventricule gauche (figure 20.17). Le sang peut s'engager dans différentes voies à partir de l'aorte, puisque c'est d'elle que la plupart des artères systémiques prennent naissance. L'aorte décrit une courbe vers le haut, puis elle s'infléchit et descend le long de l'axe médian du corps. Dans le bassin, elle se divise pour former les deux grosses artères desservant les membres inférieurs. Les ramifications de l'aorte se subdivisent, produisent les artérioles et, enfin, les innombrables lits capillaires qui parcourent les organes. Le sang veineux qui s'écoule des organes situés au-dessous du diaphragme pénètre dans la veine cave inférieure. Exception faite du sang veineux du thorax (qui entre dans les veines azygos), le sang veineux des régions situées au-dessus du diaphragme emprunte la veine cave supérieure. Les veines caves déversent leur sang riche en gaz carbonique dans l'oreillette droite.

Il convient d'insister sur deux points : (1) le sang ne passe des veines systémiques aux artères systémiques qu'après avoir traversé la circulation pulmonaire (figure 20.16a) ; (2) bien que tout le débit du ventricule droit passe dans la circulation pulmonaire, une petite fraction seulement du débit du ventricule gauche s'écoule à travers un organe déterminé (figure 20.17). On peut comparer la circulation systémique à un réseau de conduits parallèles distribuant le sang à tous les organes.

Dans votre étude des tableaux qui suivent, soyez à l'affût d'indices propres à faciliter la mémorisation. Dans bien des cas, le nom d'une veine ou d'une artère indique la région que le vaisseau traverse (axillaire, fémorale, brachiale, etc.), l'organe qu'il dessert (rénale, hépatique, ovarique, etc.) ou l'os qu'il suit (vertébrale, radiale, tibiale, etc.). Notez également que les artères et les veines ont tendance à cheminer côte à côte et qu'en plusieurs endroits elles suivent le même trajet que les nerfs. Enfin, rappelez-vous que si la plupart des vaisseaux de la tête et des membres présentent une symétrie latérale, ce n'est pas le cas de tous les vaisseaux systémiques. Ainsi, quelques-uns des gros vaisseaux profonds du tronc sont asymétriques ou non appariés (leur symétrie originelle disparaît au cours du développement embryonnaire).

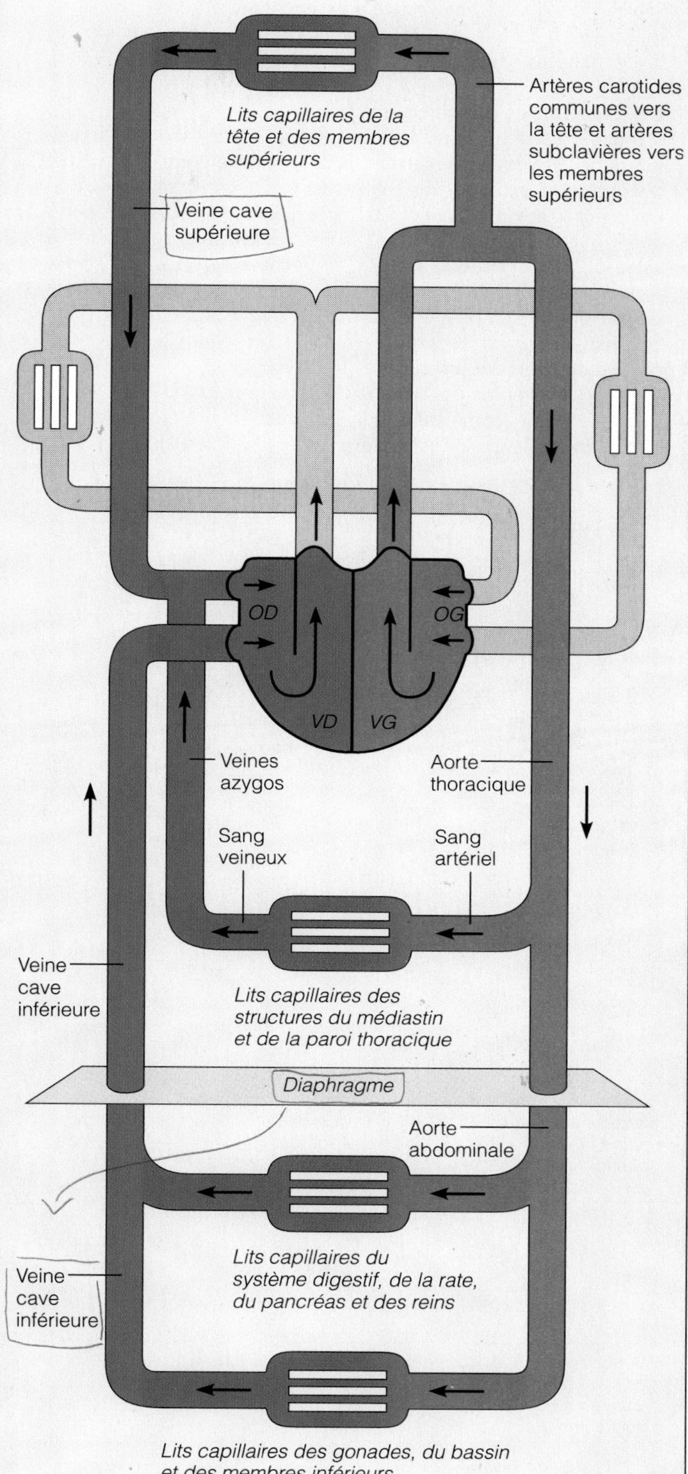

FIGURE 20.17
Diagramme de la circulation systémique. La circulation pulmonaire est représentée en gris à titre indicatif.

20

* Le sang riche en oxygène est représenté en *rouge* et le sang pauvre en oxygène, en *bleu*.

TABLEAU 20.3 Aorte et principales artères de la circulation systémique

La figure 20.18 présente un diagramme (a) et une illustration (b) des principales artères de la circulation systémique. Notez que seule la distribution de l'aorte y est indiquée en détail. En effet, les tableaux 20.4 à 20.7 fournissent plus de précisions sur les divers vaisseaux issus de l'aorte.

Description et distribution

Aorte. L'aorte est la plus grosse artère. Chez l'adulte, elle a, à sa sortie du ventricule gauche, approximativement le diamètre d'un boyau d'arrosage. Son calibre est de 2,5 cm et sa paroi a une épaisseur d'environ 2 mm. Les dimensions de l'aorte ne diminuent que légèrement en allant vers son extrémité terminale. La valve de l'aorte, située à sa base, empêche le reflux du sang pendant la diastole. Face à chacune des valvules semi-lunaires se trouve une dilatation de la paroi aortique (*sinus de l'aorte*) qui contient les barorécepteurs intervenant dans la régulation réflexe de la pression artérielle (voir p. 705).

Les différentes portions de l'aorte sont nommées conformément à leur forme ou à leur situation. La première, l'**aorte ascendante,** chemine à l'arrière et vers la droite du tronc pulmonaire. Au bout d'environ 5 cm, elle se courbe vers la gauche et forme la crosse de l'aorte. Les seules ramifications de l'aorte ascendante sont les **artères coronaires droite** et **gauche,** qui irriguent le myocarde (voir p. 668). La **crosse de l'aorte,** située sous le sternum, commence et finit à l'angle sternal (à la hauteur de T_4). Ses trois principales branches sont, de gauche à droite : (1) le **tronc brachio-céphalique** (« relatif au bras et à la tête »), qui passe sous la clavicule droite et donne l'**artère carotide commune droite** et l'**artère subclavière droite** ; (2) l'**artère carotide commune gauche** ; (3) l'**artère subclavière gauche.** Ces trois vaisseaux irriguent la tête, le cou, les membres supérieurs et une partie de la paroi thoracique. L'**aorte thoracique,** ou **descendante,** suit la face antérieure de la colonne vertébrale de T_5 à T_{12}, et elle émet de nombreuses ramifications vers la paroi thoracique et les viscères avant de traverser le diaphragme. En entrant dans la cavité abdominale, elle prend le nom d'**aorte abdominale.** Cette portion de l'aorte dessert les parois abdominales et les viscères, et elle se termine à la hauteur de L_4 en donnant naissance aux **artères iliaques communes droite** et **gauche,** qui alimentent le bassin et les membres inférieurs.

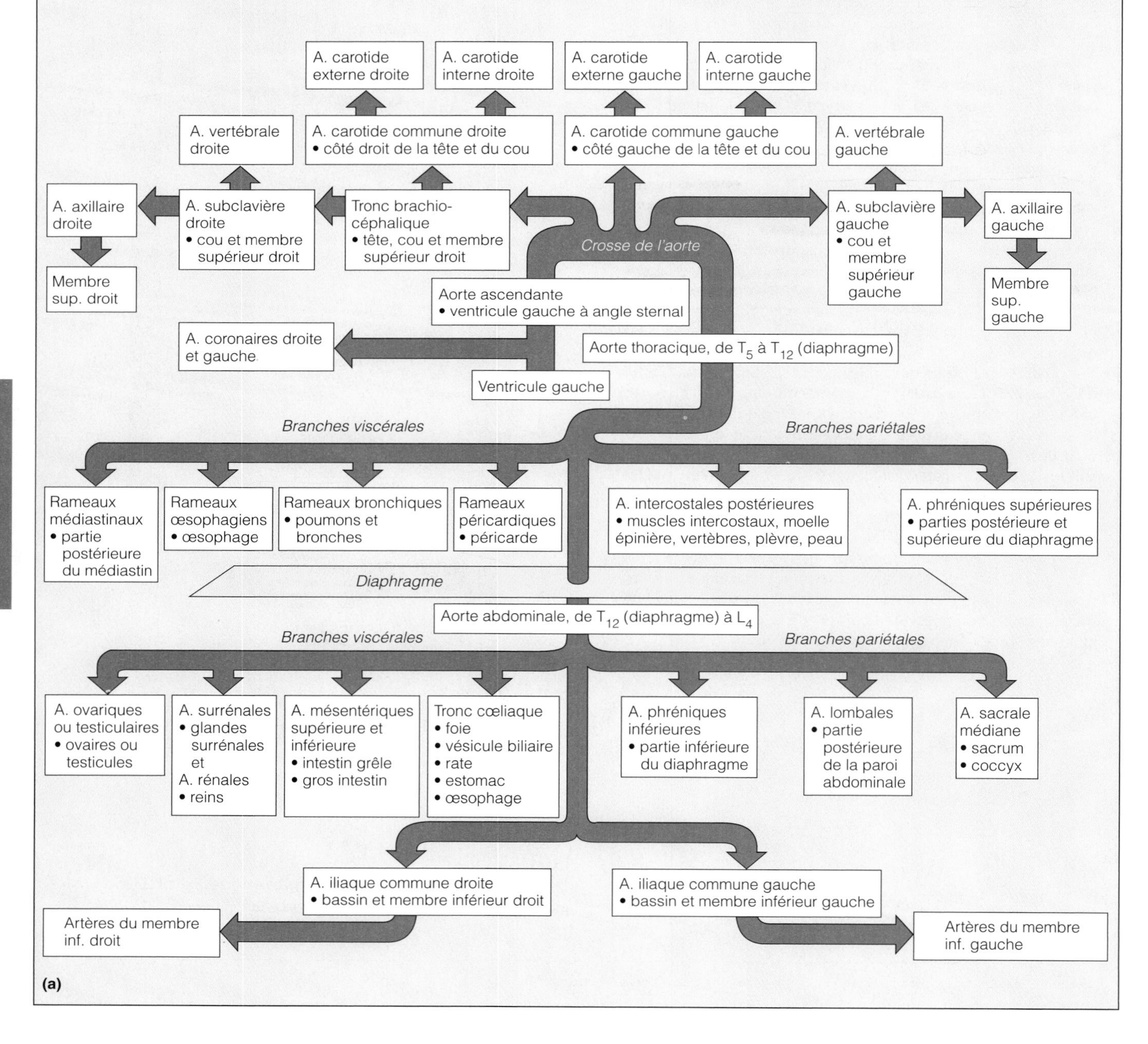

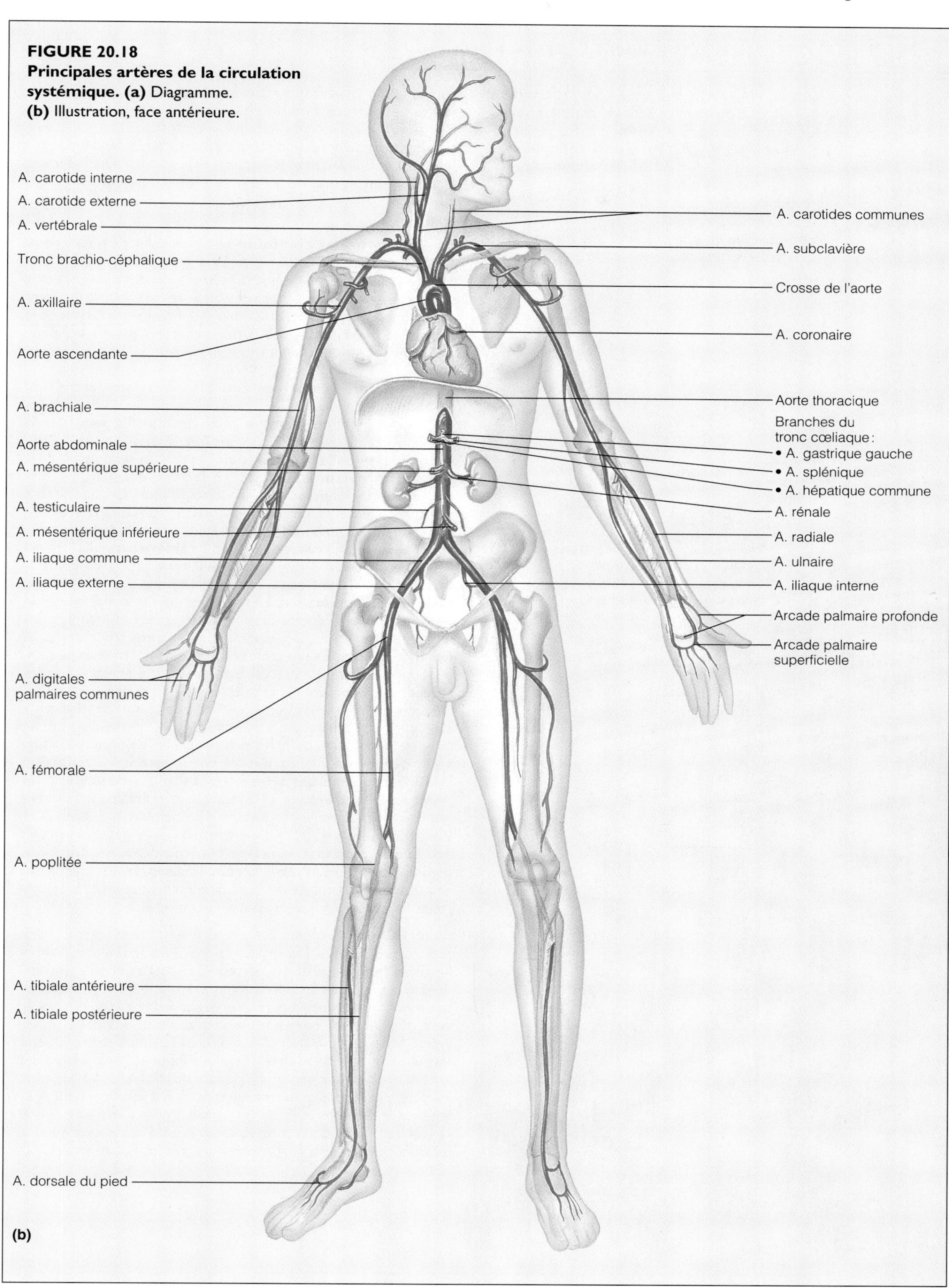

FIGURE 20.18
Principales artères de la circulation systémique. (a) Diagramme. **(b)** Illustration, face antérieure.

TABLEAU 20.4 Artères de la tête et du cou

Quatre paires d'artères irriguent la tête et le cou: les artères carotides communes et les trois ramifications de chaque artère subclavière, soit les artères vertébrales, le tronc thyro-cervical et le tronc costo-cervical (figure 20.19b). Parmi ces artères, les carotides communes ont la plus vaste distribution (figure 20.19a).

Chaque artère carotide commune se divise en deux grandes branches, les artères carotides interne et externe. À la bifurcation, chaque artère carotide interne présente une légère dilatation, le **sinus carotidien,** qui contient les barorécepteurs concourant à la régulation réflexe de la pression artérielle systémique. Les **glomus carotidiens,** des chimiorécepteurs intervenant dans la régulation de la fréquence respiratoire, sont situés à proximité. La compression du cou dans la région des sinus carotidiens peut causer l'évanouissement (*karoûn* = assoupir), car elle provoque, comme l'hypertension artérielle, une vasodilatation qui entrave l'irrigation de l'encéphale.

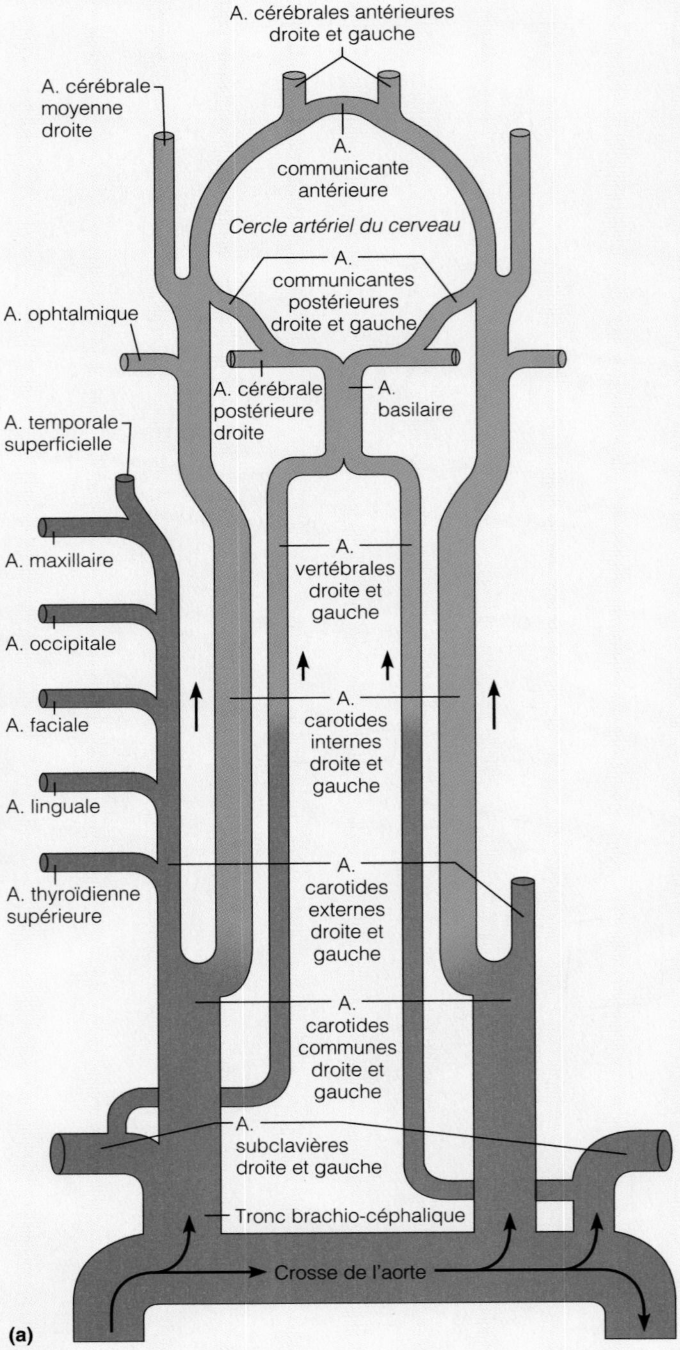

Description et distribution

Artères carotides communes. Les artères carotides communes n'ont pas la même origine. En effet, la droite naît du tronc brachio-céphalique, tandis que la gauche est la deuxième branche de la crosse de l'aorte. Les artères carotides communes montent sur les côtés du cou et, à la limite supérieure du larynx (à la hauteur de la «pomme d'Adam»), chacune donne ses deux branches principales, l'*artère carotide externe* et l'*artère carotide interne*.

Les **artères carotides externes** desservent la majeure partie des tissus de la tête, à l'exception de l'encéphale et des orbites. En montant, chacune émet des ramifications vers la glande thyroïde et le larynx (**artère thyroïdienne supérieure**), la langue (**artère linguale**), la peau et les muscles de la partie antérieure du visage (**artère faciale**) et la partie postérieure du cuir chevelu (**artère occipitale**). Chaque artère carotide externe se termine en donnant naissance à l'**artère temporale superficielle,** qui irrigue la glande parotide et la majeure partie du cuir chevelu, et à l'**artère maxillaire,** qui irrigue les mâchoires, les muscles de la mastication, les dents et la cavité nasale. L'une des branches importantes (sur le plan clinique) de l'artère maxillaire est l'*artère méningée moyenne* (non représentée), qui pénètre dans le crâne par le foramen épineux du sphénoïde et irrigue la surface interne de l'os pariétal, la région squameuse de l'os temporal et la dure-mère sous-jacente.

Les **artères carotides internes,** plus grosses que les précédentes, irriguent les orbites et 80% du cerveau. Elles cheminent profondément et pénètrent dans le crâne par les canaux carotidiens des os temporaux. Une fois à l'intérieur du crâne, chacune émet une branche principale, l'artère ophtalmique, après quoi elle donne l'artère cérébrale antérieure et l'artère cérébrale moyenne. Les **artères ophtalmiques** desservent les yeux, les orbites, le front et le nez. Chaque **artère cérébrale antérieure** irrigue la face interne d'un hémisphère cérébral et s'anastomose avec l'artère cérébrale antérieure opposée, en une courte dérivation appelée **artère communicante antérieure** (figure 20.19d). Les **artères cérébrales moyennes** cheminent dans la scissure latérale de leurs hémisphères respectifs et irriguent les côtés des lobes temporal et pariétal.

Artères vertébrales. Les artères vertébrales naissent des artères subclavières à la racine du cou, elles montent à travers les trous transversaires des vertèbres cervicales et elles entrent dans le crâne par le foramen magnum. En chemin, elles émettent des ramifications vers la partie cervicale de la moelle épinière et vers quelques structures profondes du cou. À l'intérieur du crâne, les artères vertébrales droite et gauche s'unissent pour former l'**artère basilaire.** Celle-ci monte le long de la face antérieure du tronc cérébral, donnant des branches au cervelet, au pont et à l'oreille interne (voir la figure 20.19b et d). À la limite entre le pont et le mésencéphale, l'artère basilaire donne les deux **artères cérébrales postérieures,** qui desservent les lobes occipitaux et la partie inférieure des lobes temporaux.

(a)

Des dérivations artérielles appelées **artères communicantes postérieures** relient les artères cérébrales postérieures aux artères cérébrales moyennes. Les deux artères communicantes postérieures et l'unique artère communicante antérieure complètent une anastomose appelée **cercle artériel du cerveau,** ou cercle de Willis. Le cercle artériel du cerveau entoure l'hypophyse et le chiasma optique, et il unit les vaisseaux antérieurs et postérieurs de l'encéphale. Il sert aussi à équilibrer la pression artérielle dans les deux hémisphères du cerveau et donne au sang un accès supplémentaire au tissu cérébral en cas d'occlusion d'une artère carotide ou vertébrale.

Troncs thyro-cervical et costo-cervical. Ces courts vaisseaux naissent de l'artère subclavière, en aval des artères vertébrales (figures 20.19b et 20.20). Le tronc thyro-cervical dessert principalement la glande thyroïde et quelques muscles scapulaires. Le tronc costo-cervical irrigue les structures profondes du cou et les muscles intercostaux supérieurs.

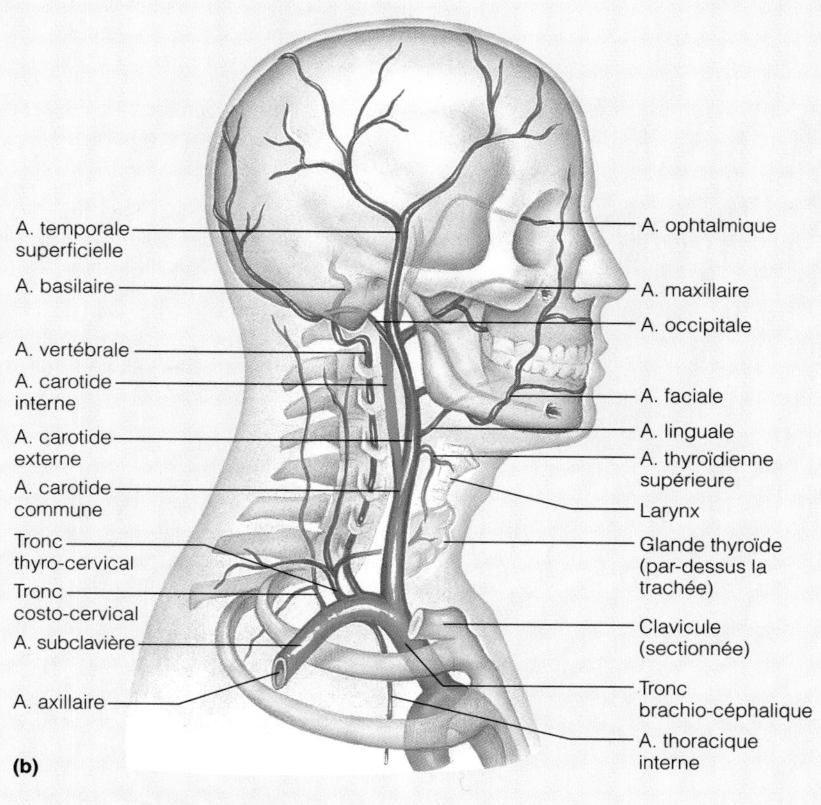

FIGURE 20.19
Artères de la tête, du cou et de l'encéphale. (a) Diagramme. **(b)** Artères de la tête et du cou, profil droit. **(c)** Artériographie de l'encéphale. **(d)** Principales artères desservant l'encéphale et le cercle artériel du cerveau. Dans cette vue inférieure de l'encéphale, le côté droit du cervelet et une partie du lobe temporal droit ont été retirés pour montrer la distribution des artères cérébrales moyenne et postérieure.

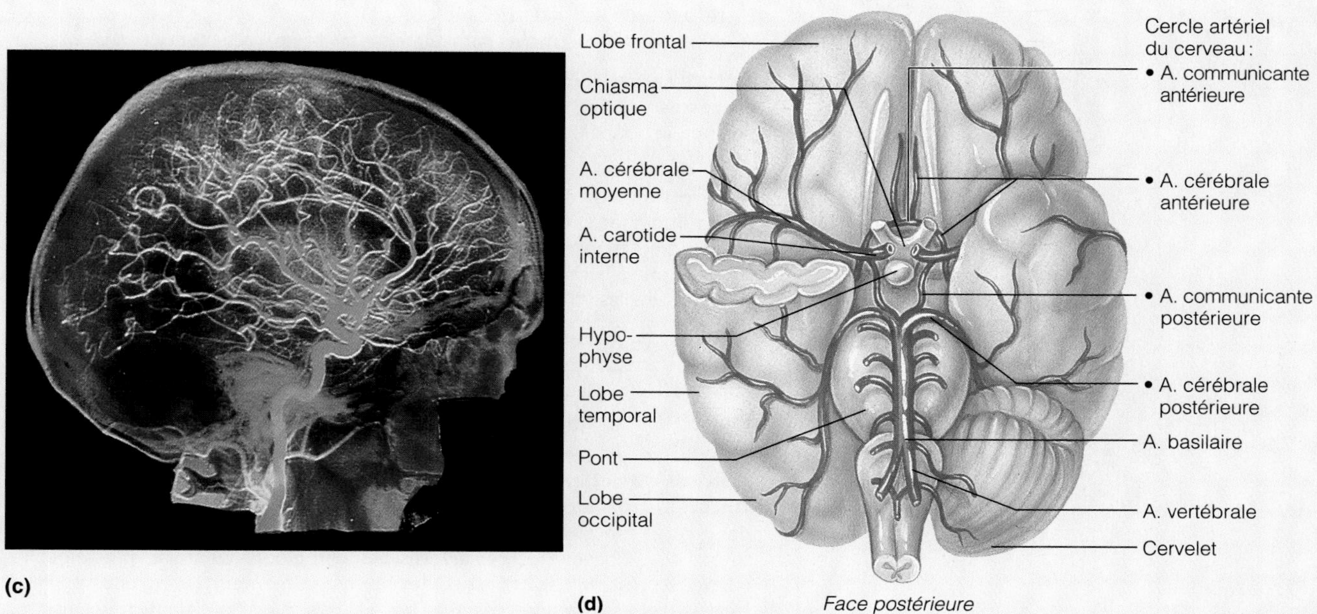

TABLEAU 20.5 Artères des membres supérieurs et du thorax

Les membres supérieurs sont entièrement desservis par des artères issues des **artères subclavières** (voir la figure 20.20a). Après avoir donné des branches au cou, chaque artère subclavière chemine vers le côté, entre la clavicule et la première côte, puis elle entre dans l'aisselle, où elle prend le nom d'artère axillaire. La paroi thoracique est irriguée par une trame de vaisseaux qui naissent soit de l'aorte thoracique directement, soit des ramifications des artères subclavières. La plupart des viscères du thorax reçoivent leur apport sanguin de petites branches de l'aorte thoracique. Comme ces vaisseaux sont très petits et que leur nombre varie (à l'exception des rameaux bronchiques), ils ne sont pas représentés dans la figure 20.20a et b. En revanche, certains d'entre eux sont énumérés à la fin du présent tableau.

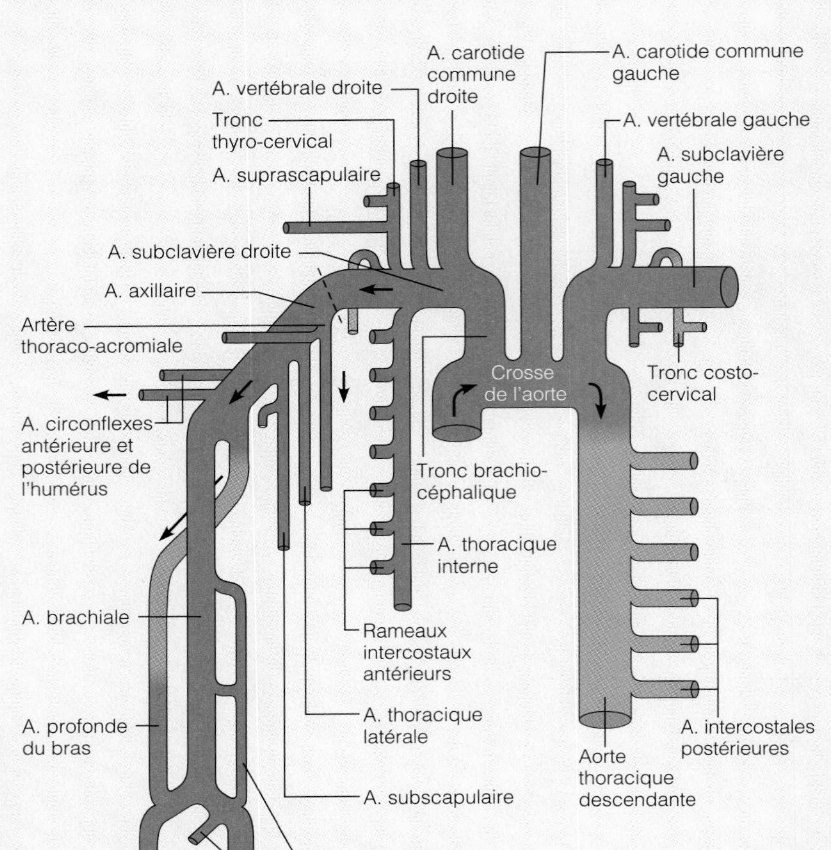

Description et distribution

Artères du membre supérieur

Artère axillaire. Dans sa course à travers l'aisselle, où l'accompagnent des faisceaux du plexus brachial, chaque artère axillaire émet des branches vers les structures de l'aisselle, de la paroi thoracique et de la ceinture scapulaire. Parmi ces branches, on trouve l'**artère thoraco-acromiale,** qui dessert la partie supérieure de l'épaule (le muscle deltoïde) et la région pectorale; l'**artère thoracique latérale,** qui irrigue la partie latérale de la paroi thoracique et la poitrine; l'**artère subscapulaire,** destinée à la scapula, à la partie dorsale de la paroi thoracique et au muscle grand dorsal; les **artères circonflexes antérieure et postérieure de l'humérus,** qui s'enroulent autour du col chirurgical de l'humérus et concourent à l'irrigation de l'articulation de l'épaule et du muscle deltoïde. À sa sortie de l'aisselle, l'artère axillaire prend le nom d'artère brachiale.

Artère brachiale. L'artère brachiale descend le long de la face interne de l'humérus et elle irrigue les muscles fléchisseurs antérieurs du bras. Une de ses principales branches, l'**artère profonde du bras,** dessert la partie postérieure du triceps brachial. À l'approche du coude, l'artère brachiale émet quelques petites branches; ces branches contribuent à une anastomose desservant l'articulation du coude et relient l'artère brachiale aux artères de l'avant-bras. Au milieu du pli du coude, l'artère brachiale fournit un point où palper le pouls (pouls brachial) (voir la figure 20.11). Juste sous le coude, l'artère brachiale se divise et forme l'artère radiale et l'artère ulnaire, lesquelles parcourent la face antérieure de l'avant-bras, plus ou moins parallèlement aux os pareillement nommés.

Artère radiale. L'artère radiale, qui chemine de l'incisure radiale de l'ulna au processus styloïde du radius, irrigue les muscles latéraux de l'avant-bras, le poignet, le pouce et l'index. On peut aisément palper le pouls radial à la racine du pouce.

Artère ulnaire. L'artère ulnaire dessert la face interne de l'avant-bras, les doigts III à V et la face interne de l'index. Dans sa partie proximale, l'artère ulnaire émet une courte branche, l'**artère interosseuse commune,** qui chemine entre le radius et l'ulna pour irriguer les fléchisseurs et les extenseurs profonds de l'avant-bras.

Arcades palmaires. Dans la paume, les branches des artères radiale et ulnaire s'anastomosent et forment les **arcades palmaires profonde** et **superficielle.** Les **artères métacarpiennes palmaires** et les **artères digitales palmaires communes** qui irriguent les doigts naissent de ces arcades.

Artères de la paroi thoracique

Artères thoraciques internes. Les artères thoraciques internes, issues des artères subclavières, irriguent l'essentiel de la partie antérieure de la paroi thoracique. Chacune de ces artères descend à côté du sternum et émet les **rameaux intercostaux antérieurs,** qui alimentent les structures antérieures des espaces intercostaux. Les artères thoraciques internes émettent

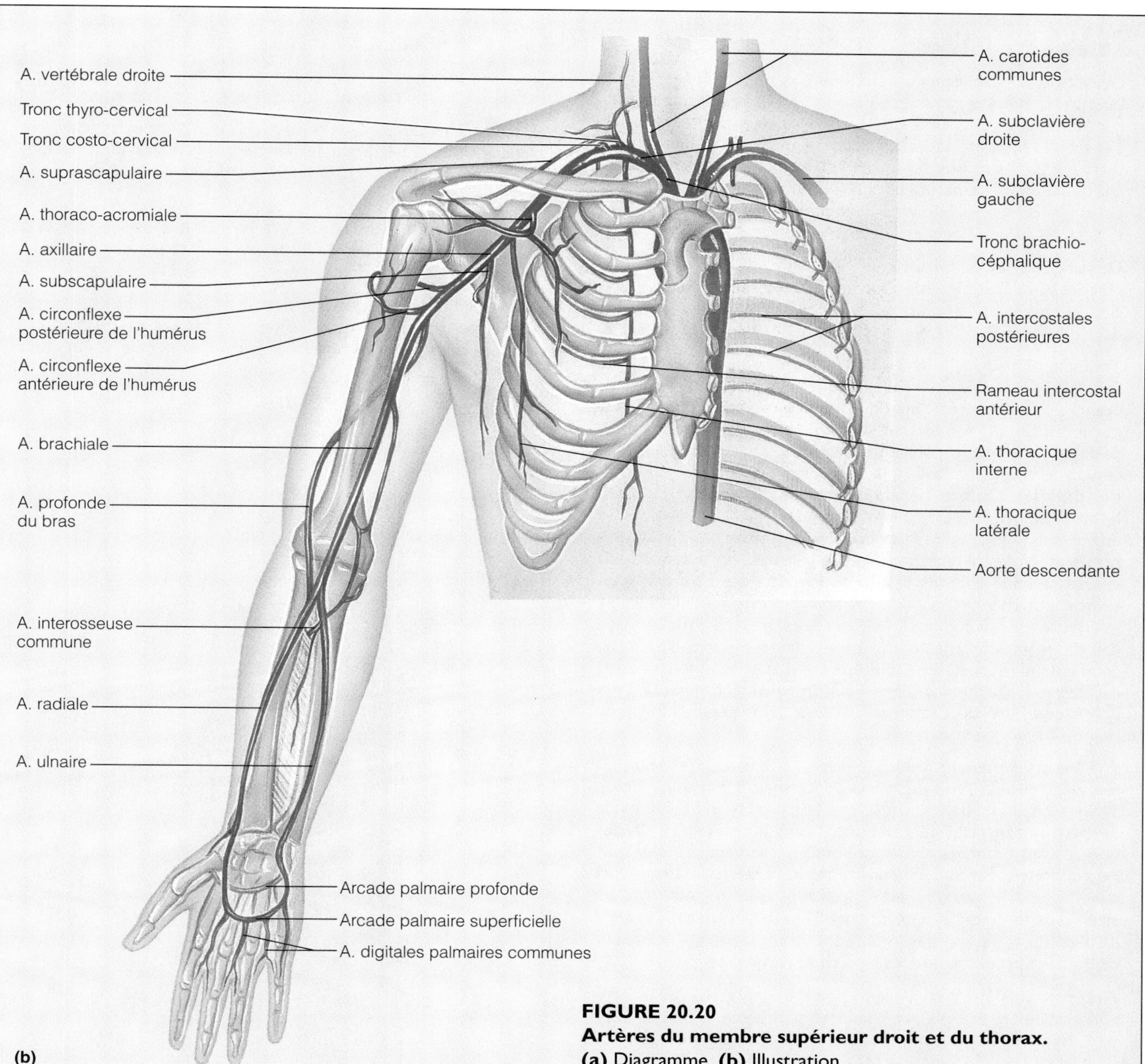

FIGURE 20.20
Artères du membre supérieur droit et du thorax.
(a) Diagramme. **(b)** Illustration.

aussi des branches vers les glandes mammaires et elles se terminent par de fins rameaux destinés à l'avant de la paroi abdominale et au diaphragme.

Artères intercostales postérieures. Les deux premières paires d'*artères intercostales postérieures* sont dérivées du **tronc costo-cervical.** Puis, neuf paires d'*artères intercostales postérieures* naissent de l'aorte thoracique et encerclent la cage thoracique pour s'anastomoser, à l'avant, avec les *rameaux intercostaux antérieurs*. Sous la douzième côte, une paire d'**artères subcostales** (non représentées) émerge de l'aorte thoracique. Les artères intercostales postérieures irriguent les espaces intercostaux postérieurs, les muscles profonds du dos, les vertèbres et la moelle épinière. Les artères intercostales postérieures et les rameaux intercostaux antérieurs alimentent les muscles intercostaux.

Artères phréniques supérieures. Les artères phréniques supérieures (au moins une paire) vascularisent la partie postéro-supérieure du diaphragme.

Artères des viscères thoraciques

Rameaux péricardiques. Plusieurs branches de petites dimensions desservent la partie postérieure du péricarde.

Rameaux bronchiques. Les rameaux bronchiques, deux à gauche et un à droite, apportent le sang systémique (riche en oxygène) aux poumons, aux bronches et à la plèvre.

Rameaux œsophagiens. Les rameaux œsophagiens (de deux à quatre) qui irriguent l'œsophage sont des branches collatérales de l'aorte, de l'artère gastrique gauche et de l'artère thyroïdienne inférieure.

Rameaux médiastinaux. De nombreuses branches collatérales de l'aorte thoracique vascularisent les structures postérieures du médiastin et le péricarde fibreux.

TABLEAU 20.6 Artères de l'abdomen

Les artères de l'abdomen naissent de l'aorte abdominale (figure 20.21a). Quand l'organisme est au repos, elles renferment environ la moitié du sang artériel. Exception faite du tronc cœliaque, des artères mésentériques inférieure et supérieure et de l'artère sacrale médiane, toutes les artères de l'abdomen sont appariées. Elles alimentent la paroi abdominale, le diaphragme et les viscères de la cavité abdomino-pelvienne. Elles sont présentées ci-dessous suivant l'ordre de leur émergence.

Description et distribution

Artères phréniques inférieures. Les artères phréniques inférieures émergent de l'aorte à la hauteur de T_{12}, juste au-dessous du diaphragme. Elles alimentent la face inférieure du diaphragme.

Tronc cœliaque. Le tronc cœliaque, une grosse branche de l'aorte abdominale, se divise presque immédiatement en trois branches : les artères hépatique commune, splénique et gastrique gauche (figure 20.21b). L'**artère hépatique commune** se dirige vers le haut, donnant des branches à l'estomac, au duodénum et au pancréas. À la naissance de l'**artère gastro-duodénale,** l'artère hépatique commune devient l'**artère hépatique propre,** qui émet une branche gauche et une branche droite vers le foie. En passant derrière l'estomac, l'**artère splénique** émet des ramifications vers le pancréas et l'estomac, puis elle se termine par des branches dans la rate. L'**artère gastrique gauche** dessert une portion de l'estomac et la partie inférieure de l'œsophage. Les **artères gastro-épiploïques droite** et **gauche,** des branches des artères gastro-duodénale et splénique respectivement, nourrissent la grande courbure de l'estomac, à gauche. L'**artère gastrique droite** desservant la petite courbure de l'estomac, à droite, naît généralement de l'artère hépatique commune.

Artère mésentérique supérieure. L'unique artère mésentérique supérieure naît de l'aorte abdominale à la hauteur de L_1, au-dessous du tronc cœliaque (voir la figure 20.21d). Elle passe derrière le pancréas, puis elle entre dans le mésentère ; là, ses nombreuses branches anastomotiques desservent presque tout l'intestin grêle par l'intermédiaire des **artères intestinales,** la majeure partie du gros intestin (l'appendice vermiforme, le cæcum et le côlon ascendant) par l'intermédiaire de l'**artère iléo-colique,** et une partie du côlon transverse par l'intermédiaire des **artères coliques droite** et **moyenne.**

Artères surrénales. À leur point d'émergence de l'aorte abdominale, les artères surrénales sont situées de chaque côté de l'origine de l'artère mésentérique supérieure (figure 20.21c). Elles irriguent les glandes surrénales qui surmontent les reins.

Artères rénales. Les artères rénales droite et gauche sont courtes mais larges. Elles émergent des côtés de l'aorte, un peu au-dessous de l'artère mésentérique supérieure (entre L_1 et L_2). Chacune dessert un rein.

Artères ovariques ou testiculaires. Chez la femme, les **artères ovariques** s'étendent dans le bassin, et elles irriguent les ovaires et une partie des trompes utérines. Les **artères testiculaires** de l'homme sont beaucoup plus longues que les artères ovariques ; elles parcourent le bassin et le canal inguinal, puis elles entrent dans le scrotum, où elles desservent les testicules.

Artère mésentérique inférieure. La dernière branche de l'aorte abdominale est unique et elle naît de la partie antérieure de l'aorte à la hauteur de L_3. Elle assure l'irrigation de la partie distale du gros intestin (du milieu du côlon transverse au milieu du rectum) par l'intermédiaire de ses branches, l'**artère colique gauche,** les **artères sigmoïdiennes** et les **artères rectales supérieure, moyenne** et **inférieure.** Des anastomoses en forme de boucles situées entre les artères mésentériques supérieure et inférieure assurent l'irrigation du système digestif en cas de lésions de l'une ou l'autre de ces artères abdominales.

Artères lombales. Quatre paires d'artères lombales émergent de la face postéro-latérale de l'aorte dans la région lombale. Ces artères segmentaires desservent la partie postérieure de la paroi abdominale.

Artère sacrale médiane. L'artère sacrale médiane naît de la face postérieure de l'extrémité terminale de l'aorte abdominale. Cette minuscule artère alimente le sacrum et le coccyx.

Artères iliaques communes. À la hauteur de L_4, l'aorte donne les artères iliaques communes droite et gauche, qui irriguent la partie inférieure de la paroi abdominale, les organes du bassin et les membres inférieurs (voir la figure 20.22).

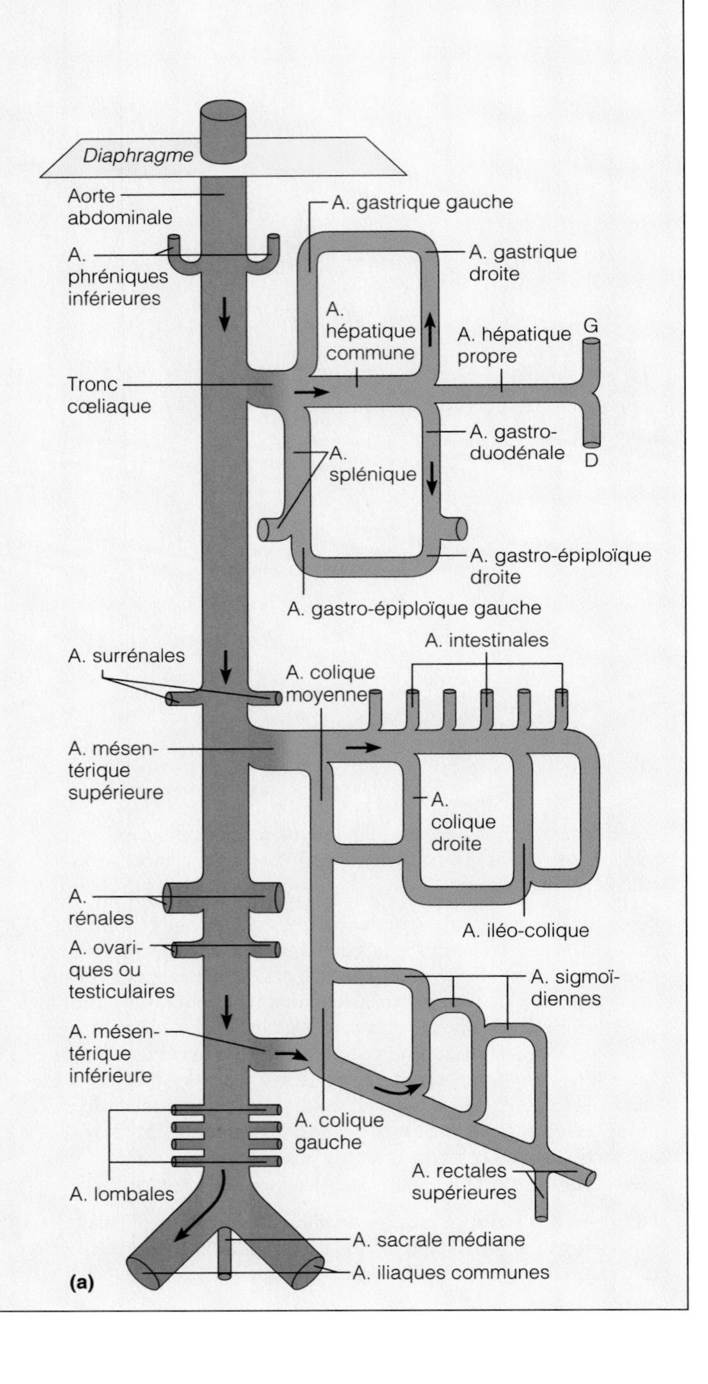

(a)

20

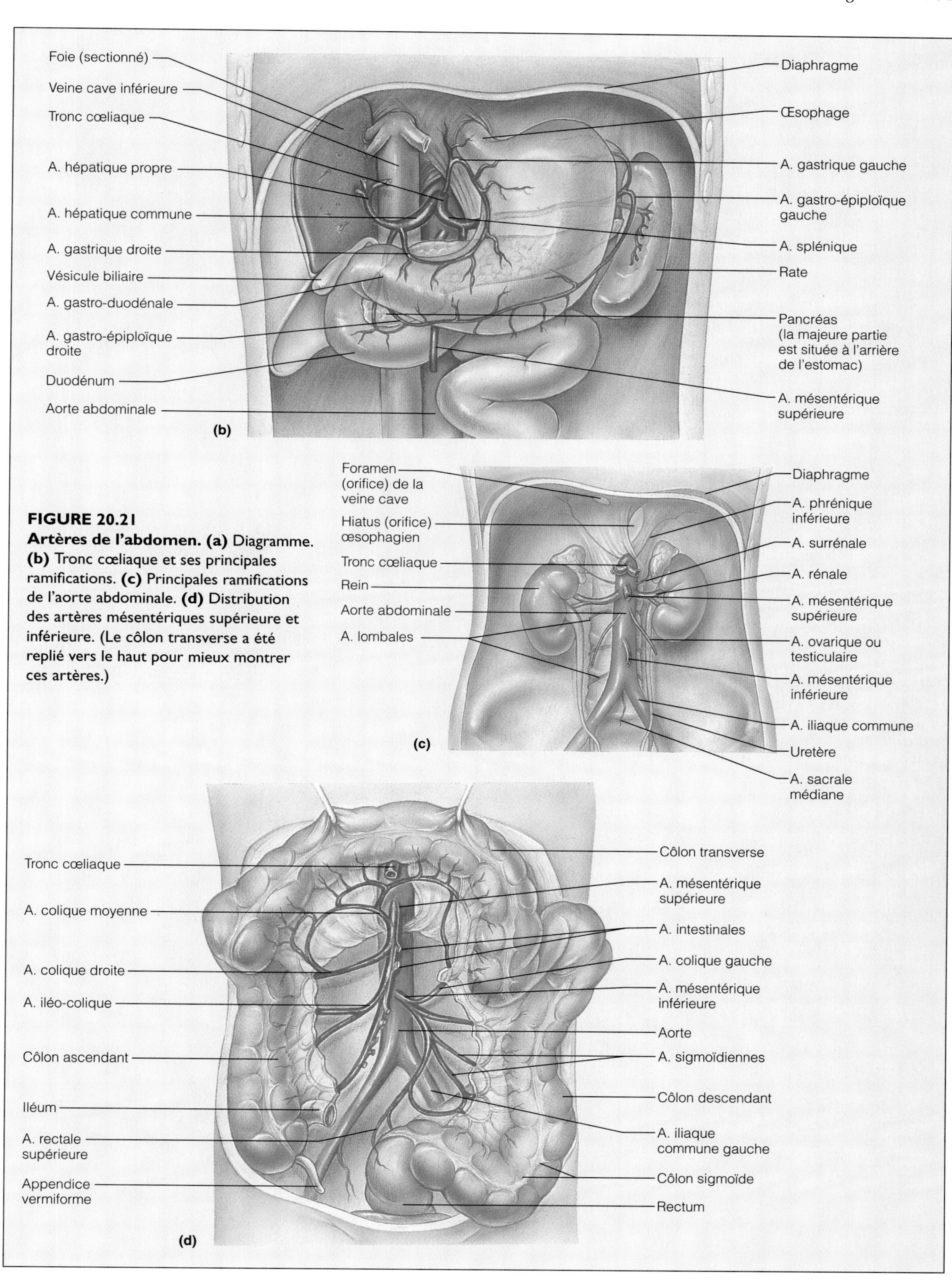

FIGURE 20.21
Artères de l'abdomen. (a) Diagramme. **(b)** Tronc cœliaque et ses principales ramifications. **(c)** Principales ramifications de l'aorte abdominale. **(d)** Distribution des artères mésentériques supérieure et inférieure. (Le côlon transverse a été replié vers le haut pour mieux montrer ces artères.)

TABLEAU 20.7 Artères du bassin et des membres inférieurs

À la hauteur des articulations sacro-iliaques, chaque **artère iliaque commune** se divise en deux grandes branches, les artères iliaques interne et externe (figure 20.22a). La première distribue le sang dans la région du bassin principalement. La seconde émet quelques ramifications dans la paroi abdominale, mais elle irrigue surtout le membre inférieur.

Description et distribution

Artère iliaque interne. L'artère iliaque interne descend dans le bassin et assure l'irrigation des parois et des viscères (vessie, rectum, utérus, vagin, prostate et conduits déférents). En outre, elle nourrit les muscles glutéaux par l'intermédiaire des **artères glutéales supérieure** et **inférieure,** les muscles adducteurs de la loge médiane de la cuisse par l'intermédiaire de l'**artère obturatrice,** ainsi que les organes génitaux externes et le périnée par l'intermédiaire de l'**artère honteuse interne** (non représentée).

Artère iliaque externe. L'artère iliaque externe irrigue le membre inférieur (figure 20.22b). Dans le bassin, elle donne des ramifications à la partie antérieure de la paroi abdominale. Après être entrée dans la cuisse en passant sous le ligament inguinal, elle prend le nom d'artère fémorale.

Artère fémorale. En descendant dans la partie antéro-interne de la cuisse, l'artère fémorale émet des ramifications dans les muscles de la cuisse. Sa plus grosse branche profonde est l'**artère profonde de la cuisse,** qui dessert les muscles postérieurs de la cuisse (fléchisseurs du genou). Les branches proximales de l'artère profonde de la cuisse, les **artères circonflexes latérale** et **médiale de la cuisse,** encerclent le col du fémur. L'artère circonflexe médiale de la cuisse irrigue la tête et le col du fémur. Les branches descendantes des deux artères circonflexes alimentent les muscles de la loge postérieure de la cuisse. Au niveau du genou, l'artère fémorale passe dans un orifice appelé *hiatus tendineux de l'adducteur,* poursuit sa course derrière le genou et entre dans le creux poplité, où elle prend le nom d'artère poplitée.

Artère poplitée. L'artère poplitée chemine sur la face postérieure du membre inférieur; elle contribue à une anastomose artérielle qui irrigue la région du genou. Elle donne ensuite les artères tibiales antérieure et postérieure.

Artère tibiale antérieure. L'artère tibiale antérieure descend dans la loge antérieure de la jambe, où elle alimente les muscles extenseurs. À la cheville, elle devient l'**artère dorsale du pied,** qui irrigue la cheville et le dos du pied. L'artère dorsale du pied donne l'**artère arquée du pied,** qui émet les artères métatarsiennes dorsales dans le métatarse. L'artère dorsale du pied est le siège du pouls pédieux (voir la figure 20.11). Si le pouls pédieux est bien perceptible, on peut en conclure que l'irrigation de la jambe est adéquate.

Artère tibiale postérieure. L'artère tibiale postérieure parcourt la partie postéro-interne de la jambe et irrigue les muscles fléchisseurs. Dans sa partie proximale, elle émet l'**artère fibulaire,** qui irrigue les muscles long et court fibulaires. À la cheville, l'artère tibiale postérieure donne les **artères plantaires médiale** et **latérale,** lesquelles desservent la plante du pied. L'artère plantaire latérale donne naissance à l'arcade plantaire où les **artères digitales communes plantaires,** qui assurent l'irrigation des orteils, prennent leur origine.

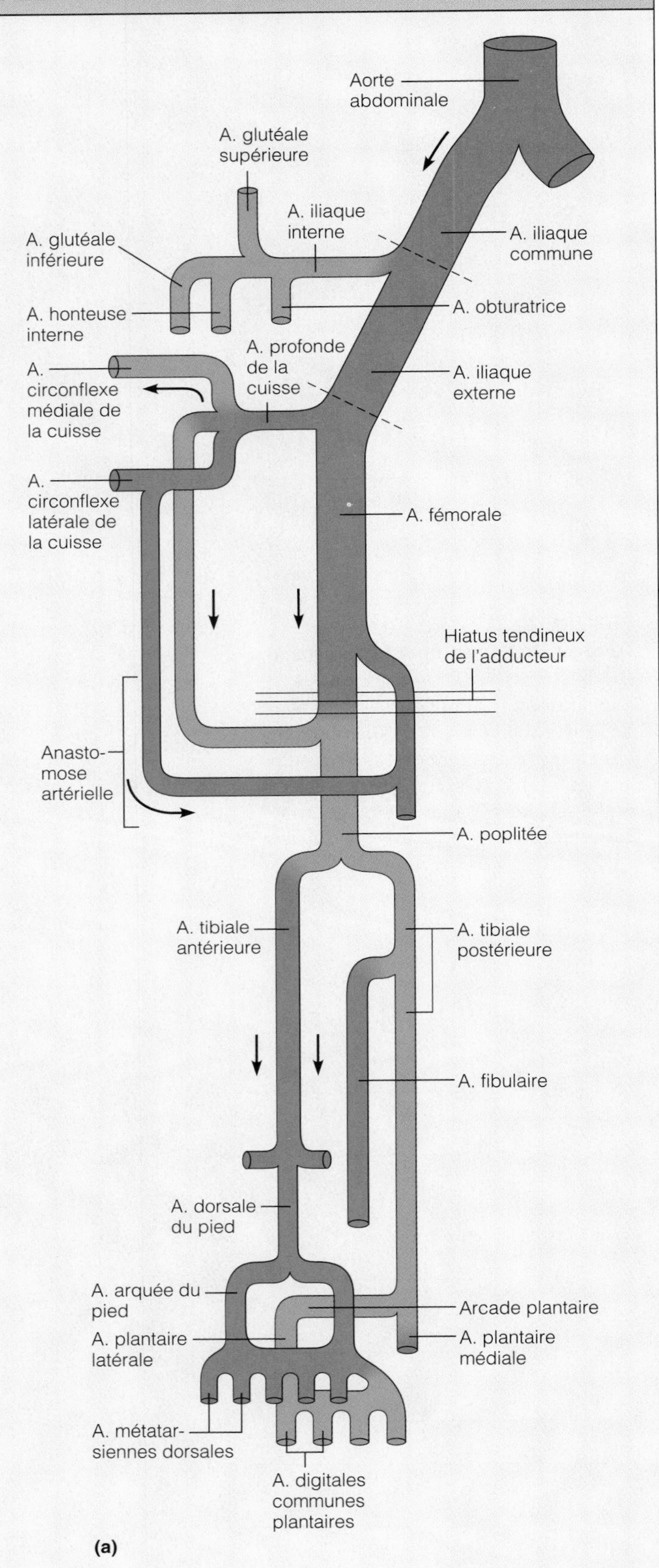

(a)

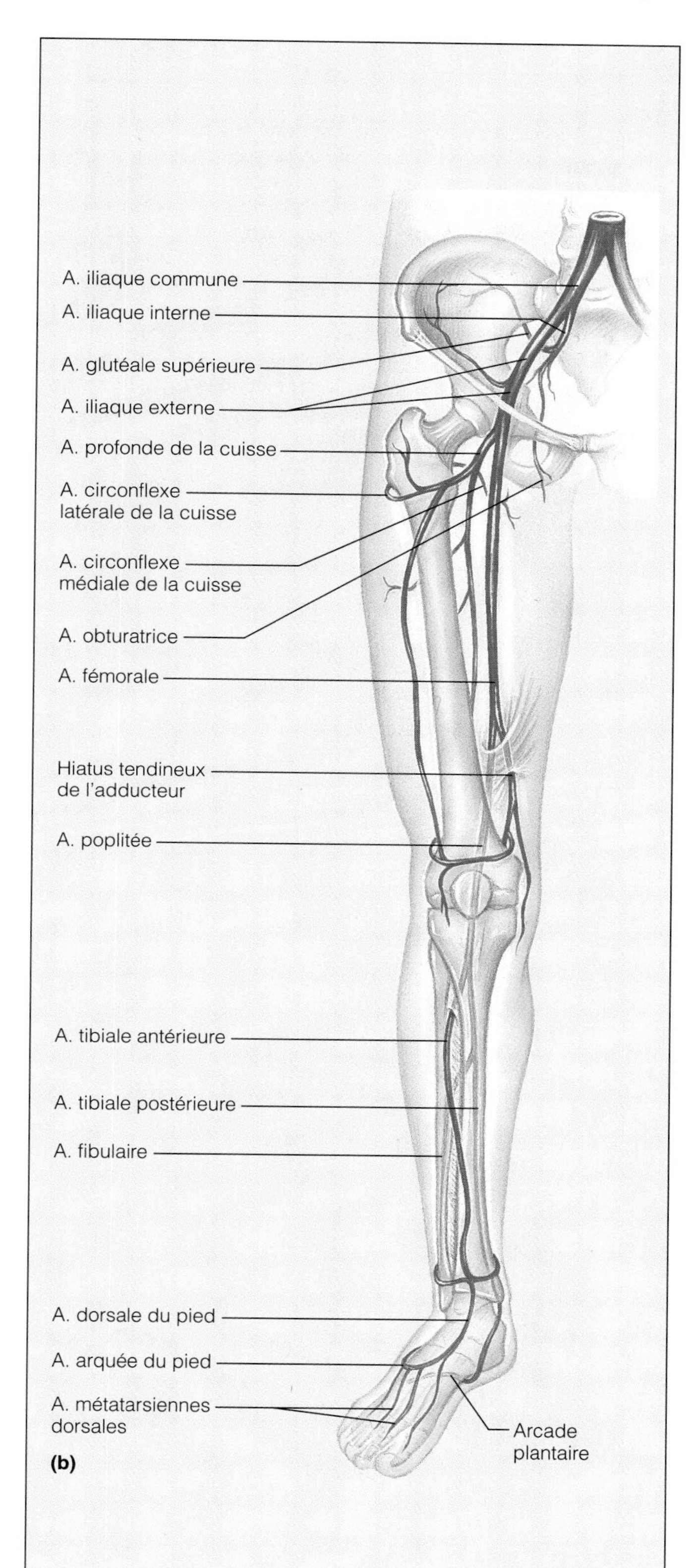

FIGURE 20.22
Artères du bassin et des membres inférieurs.
(a) Diagramme. **(b)** Illustration.

TABLEAU 20.8 Veines caves et principales veines de la circulation systémique

Les veines et les artères systémiques présentent de nombreuses similitudes, mais aussi d'importantes différences.

1. Tandis que le sang sort du cœur par une seule artère systémique, l'aorte, il rentre dans le cœur par deux veines terminales, les veines caves supérieure et inférieure. Une seule exception à cette règle : le sang qui se draine du myocarde est recueilli par quatre veines rattachées au sinus coronaire, qui se déversent dans l'oreillette droite (voir p. 668).

2. Alors que toutes les artères sont profondes et protégées par des tissus sur la majeure partie de leur trajet, les veines sont profondes ou superficielles. Les veines profondes sont parallèles aux artères systémiques et, à quelques exceptions près, ces vaisseaux portent les mêmes noms. Les veines superficielles cheminent tout près de la peau et elles sont bien visibles, particulièrement dans les membres, le visage et le cou. Comme il n'y a pas d'artères superficielles, les noms des veines superficielles ne correspondent pas à des noms d'artères.

3. Contrairement aux voies artérielles, les voies veineuses tendent à former de nombreuses anastomoses, et plusieurs veines se dédoublent. Les voies veineuses sont donc plus difficiles à suivre que les voies artérielles.

4. Dans la majeure partie de l'organisme, l'irrigation artérielle et le drainage veineux se correspondent de manière prévisible. Cependant, l'agencement du drainage veineux se distingue dans au moins deux régions importantes. Premièrement, le sang veineux de l'encéphale se draine dans les *sinus de la dure-mère* et non dans des veines typiques. Deuxièmement, le sang issu du système digestif entre dans une structure vasculaire spéciale, le *système porte hépatique,* et il parcourt le foie avant de réintégrer la circulation générale dans la veine cave inférieure.

Notre étude des veines systémiques portera d'abord sur les principaux tributaires des veines caves ; nous décrirons ensuite, dans les tableaux 20.9 à 20.12, les veines des diverses régions de l'organisme. Les veines voyageant en direction du cœur, notre énumération procédera du distal au proximal. Comme les veines profondes drainent des régions qu'irriguent des artères déjà décrites, nous nous contenterons de les nommer. La figure 20.23 présente une vue d'ensemble des veines systémiques.

TABLEAU 20.8 Veines caves et principales veines de la circulation systémique (suite)

Description et régions drainées

Veine cave supérieure. La veine cave supérieure reçoit le sang issu de toutes les régions situées au-dessus du diaphragme, exception faite des poumons (veines pulmonaires). Elle est formée par l'union des **veines brachio-céphaliques droite** et **gauche,** et elle aboutit dans la partie supérieure de l'oreillette droite (figure 20.23b). Notez qu'il existe deux veines brachio-céphaliques mais un seul tronc artériel du même nom. Chaque veine brachio-céphalique est constituée par la fusion des **veines jugulaire interne** et **subclavière.** Le diagramme qui suit présente seulement les vaisseaux drainant le côté droit de l'organisme (il mentionne toutefois le réseau azygos du thorax).

Veine cave inférieure. La veine cave inférieure, le vaisseau sanguin le plus large de l'organisme, est beaucoup plus longue que la veine cave supérieure. Elle rapporte au cœur le sang provenant des régions situées sous le diaphragme, et elle correspond très étroitement à l'aorte abdominale placée immédiatement à sa gauche. L'extrémité distale de la veine cave inférieure est formée par la jonction des deux **veines iliaques communes,** à la hauteur de L_5. À partir de ce point, la veine cave inférieure monte le long de la face antérieure de la colonne vertébrale, recevant le sang de la paroi abdominale, des gonades et des reins. Juste avant de pénétrer dans le diaphragme, elle est rejointe par les veines hépatiques, qui drainent le sang du foie. La veine cave inférieure se termine juste au-dessus du diaphragme, en entrant dans la partie inférieure de l'oreillette droite.

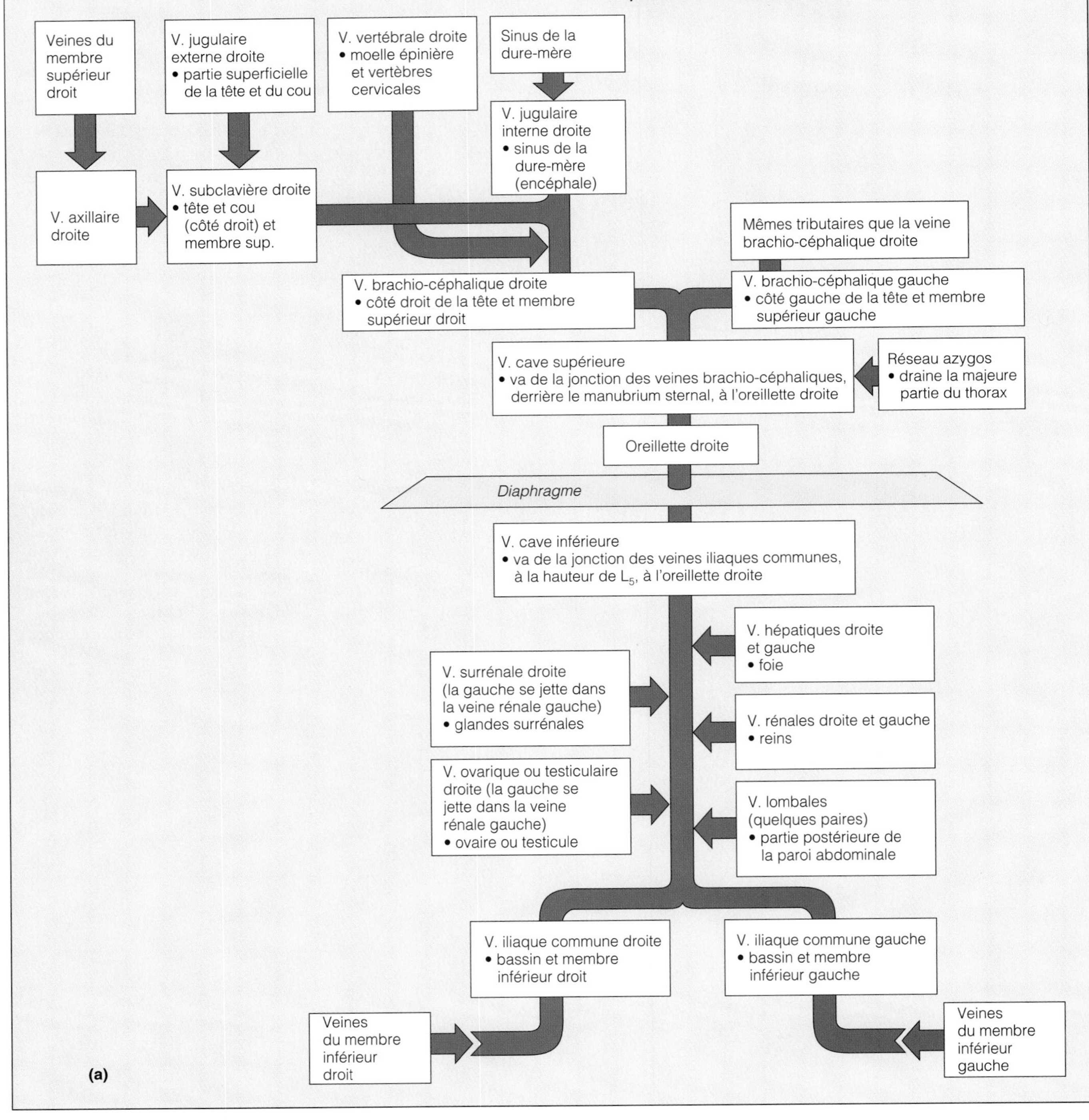

(a)

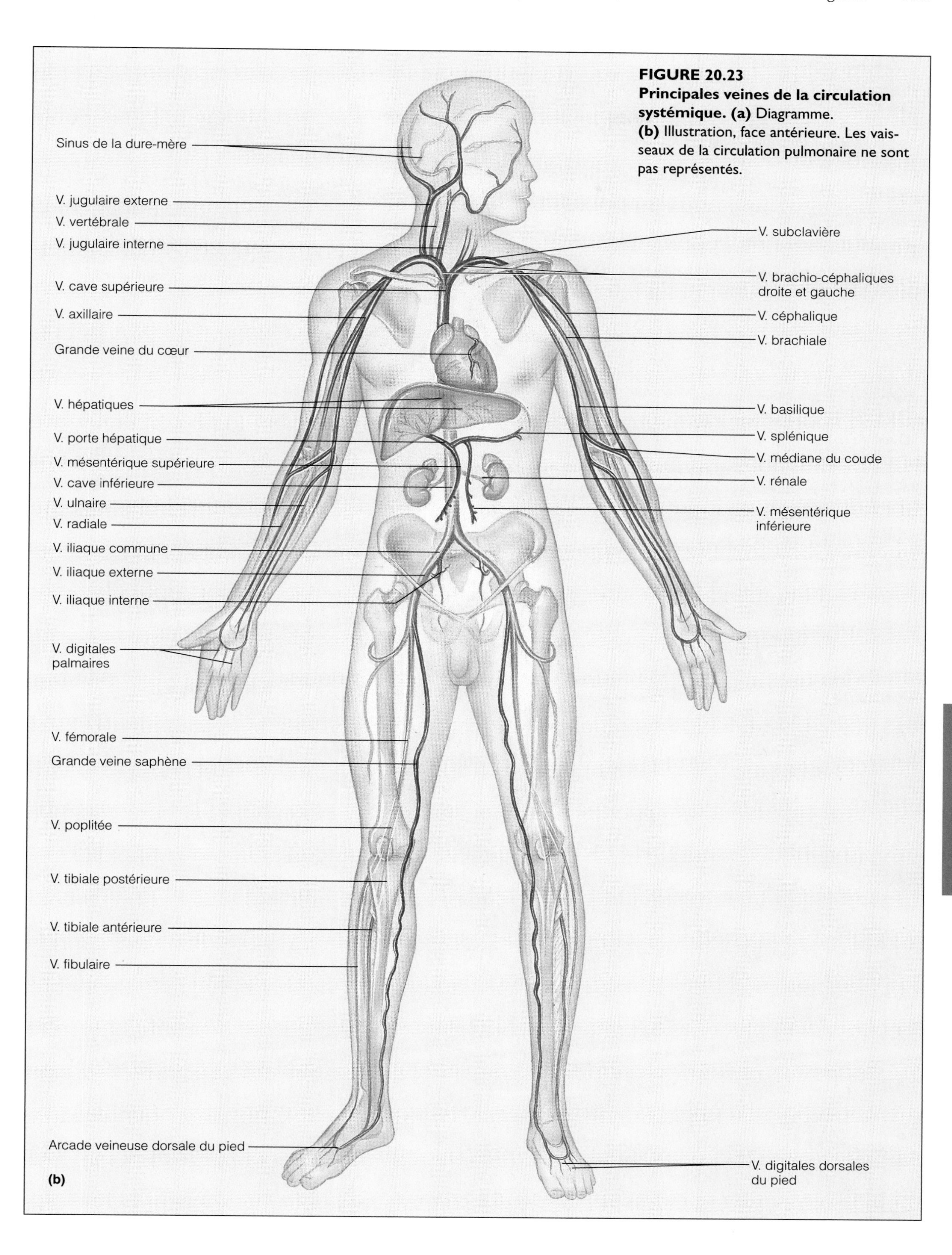

FIGURE 20.23
Principales veines de la circulation systémique. (a) Diagramme.
(b) Illustration, face antérieure. Les vaisseaux de la circulation pulmonaire ne sont pas représentés.

TABLEAU 20.9 Veines de la tête et du cou

Trois paires de veines recueillent la majeure partie du sang de la tête et du cou : les veines jugulaires externes, qui se vident dans les veines subclavières, les veines jugulaires internes et les veines vertébrales, qui se jettent dans la veine brachio-céphalique (voir la figure 20.24a). Bien que la plupart des veines et des artères extra-crâniennes portent les mêmes noms (faciale, ophtalmique, occipitale, temporale superficielle, etc.), leurs anastomoses et leurs trajets respectifs diffèrent considérablement.

La plupart des veines de l'encéphale se déversent dans les **sinus de la dure-mère,** une série de cavités communicantes situées dans l'épaisseur de la dure-mère. Les plus importants de ces sinus veineux sont les **sinus sagittaux supérieur** et **inférieur** de la faux du cerveau, laquelle s'enfonce entre les hémisphères cérébraux, et les **sinus caverneux,** qui bordent le corps de l'os sphénoïde (voir la figure 20.24c). Le sinus caverneux reçoit de la **veine ophtalmique** le sang de l'orbite et de la veine faciale, qui draine le sang du nez et de la lèvre supérieure. L'artère carotide interne et les nerfs crâniens III, IV, VI et, en partie, V *traversent* tous le sinus caverneux sur leur trajet vers l'orbite et le visage.

Description et région drainée

Veines jugulaires externes. Les veines jugulaires externes droite et gauche drainent les structures superficielles de la tête (le cuir chevelu et le visage) desservies par les artères carotides externes. Toutefois, leurs tributaires s'anastomosent abondamment, et une partie du sang de ces structures emprunte aussi les veines jugulaires internes. En descendant dans les côtés du cou, les veines jugulaires externes obliquent au-dessus des muscles sterno-cléido-mastoïdiens, puis elles se vident dans les veines subclavières.

Veines vertébrales. Contrairement aux artères vertébrales, les veines vertébrales ont peu à voir avec l'encéphale. En effet, elles ne drainent que les vertèbres cervicales, la moelle épinière et quelques petits muscles du cou. Les veines vertébrales descendent dans le trou transversaire des vertèbres cervicales et elles rejoignent les veines brachio-céphaliques à la racine du cou.

Veines jugulaires internes. Les deux veines jugulaires internes, qui reçoivent l'essentiel du sang de l'encéphale, sont les plus grosses veines appariées drainant la tête et le cou. Elles naissent des sinus de la dure-mère, sortent du crâne par les *foramens jugulaires* puis descendent dans le cou le long des artères carotides internes. Ce faisant, elles reçoivent le sang de quelques veines profondes du visage et du cou — des branches des **veines temporales superficielles** et **faciale** (voir la figure 20.24b). À la base du cou, chaque veine jugulaire interne s'unit à la veine subclavière située du même côté et forme une veine brachio-céphalique. Les veines brachio-céphaliques droite et gauche s'unissent pour constituer la veine cave supérieure.

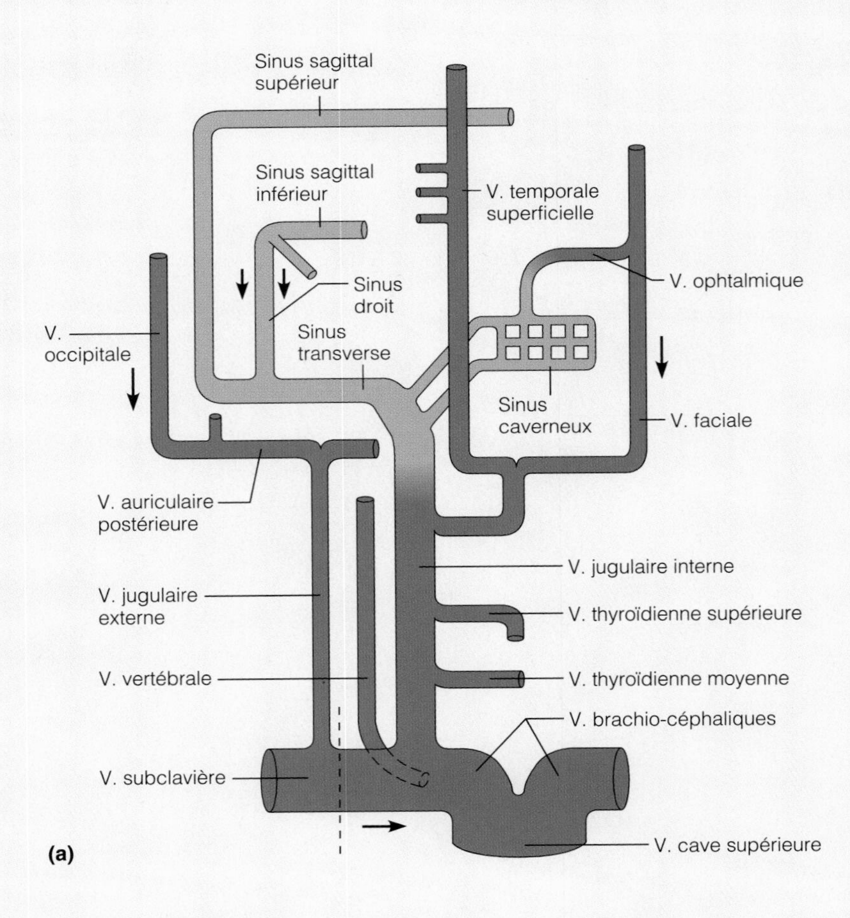

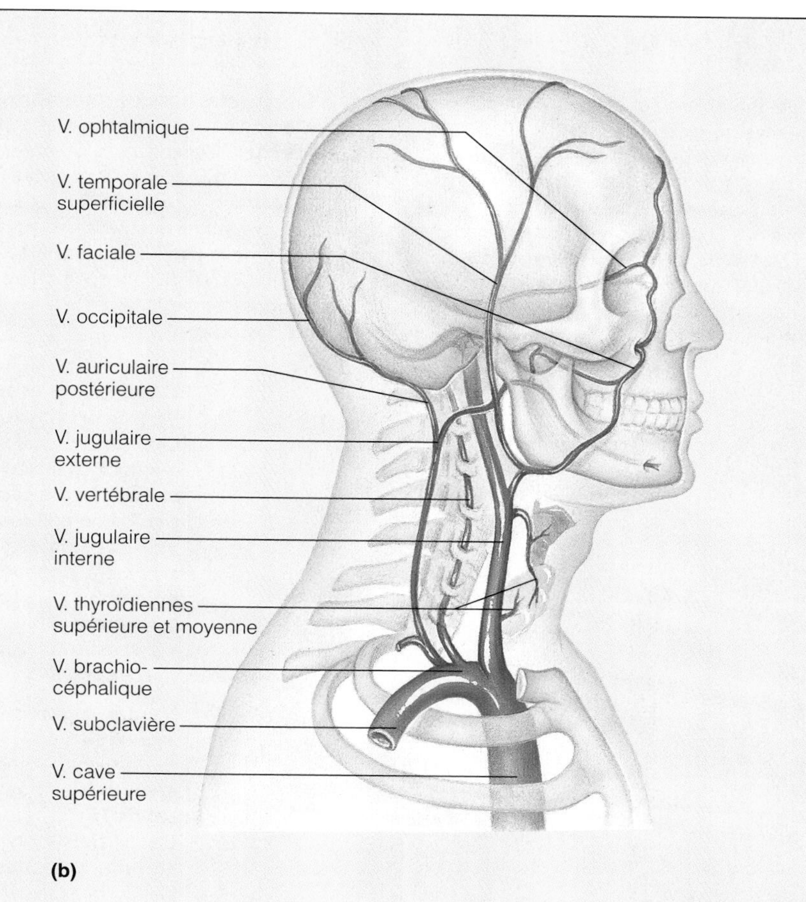

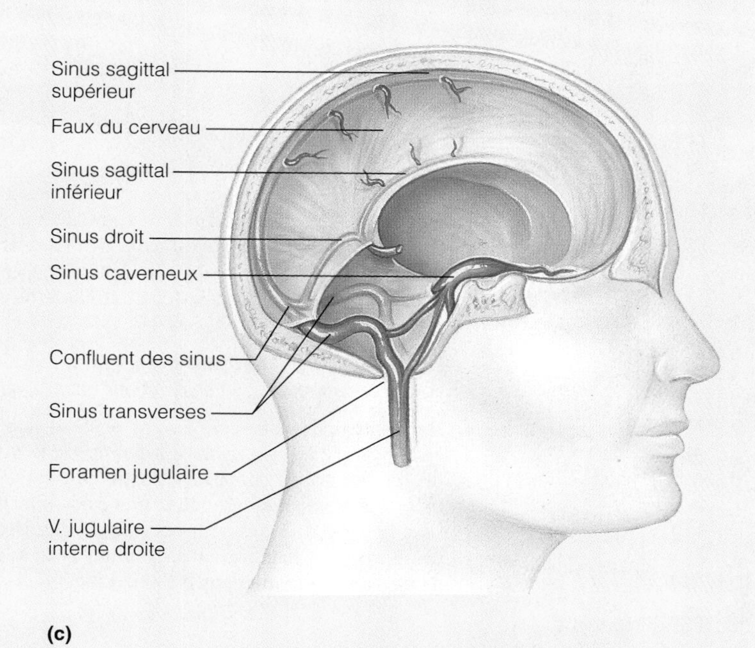

FIGURE 20.24
Drainage veineux de la tête, du cou et de l'encéphale. (a) Diagramme. **(b)** Veines superficielles de la tête et du cou, profil droit. **(c)** Sinus de la dure-mère, profil droit.

TABLEAU 20.10 Veines des membres supérieurs et du thorax

Les veines profondes des membres supérieurs suivent des artères qui portent les mêmes noms qu'elles (figure 20.25a). À l'exception des plus grosses, toutefois, la plupart de ces veines sont paires et cheminent de part et d'autre des artères correspondantes. Les veines superficielles des membres supérieurs sont plus grosses que les veines profondes et on peut les apercevoir à travers la peau. C'est dans la veine médiane du coude, qui passe devant le coude, que l'on prélève habituellement les échantillons de sang et que l'on administre les médicaments intraveineux et les transfusions.

Le sang des glandes mammaires et des deux ou trois premiers espaces intercostaux entre dans les **veines brachio-céphaliques.** Cependant, la majeure partie des tissus thoraciques et de la paroi thoracique est drainée par le réseau complexe des veines formant le **réseau azygos.** Les nombreuses ramifications de ces veines forment des voies collatérales pour le sang provenant de la paroi abdominale et d'autres régions desservies par la veine cave inférieure ; en outre, on trouve de nombreuses anastomoses entre la veine azygos et la veine cave inférieure (anastomoses azygo-caves).

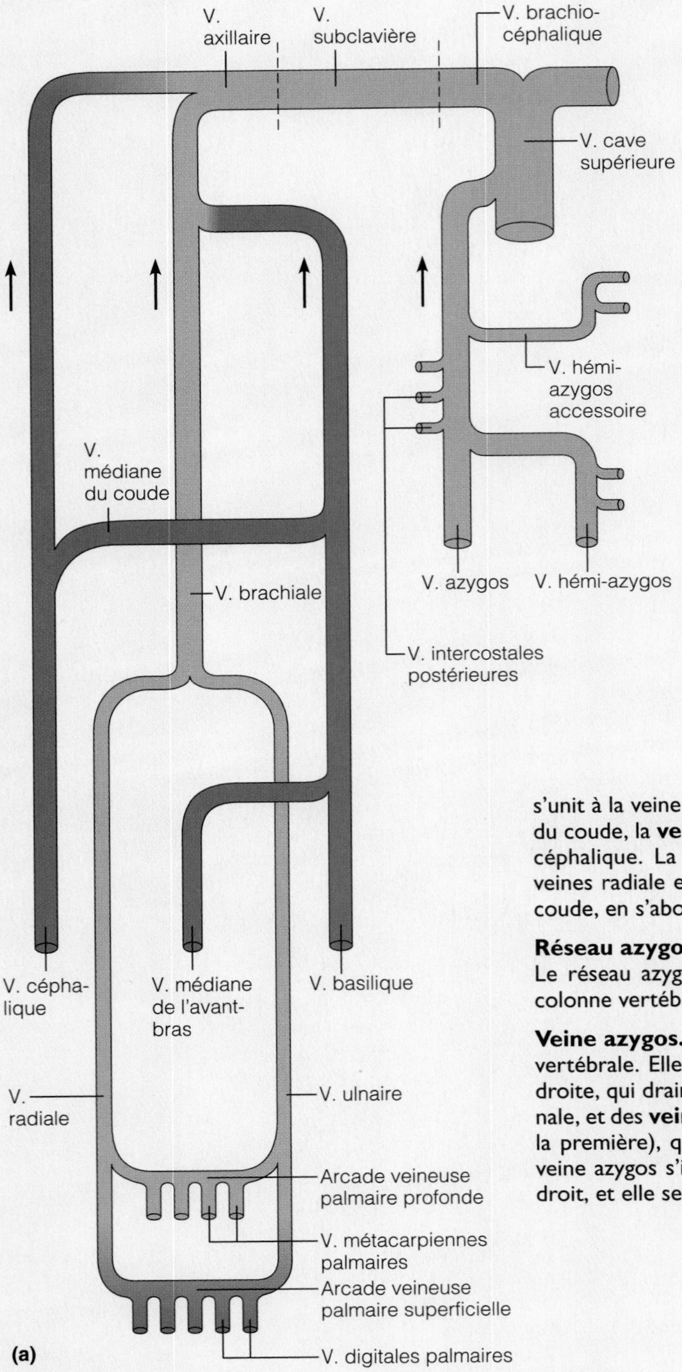

Description et régions drainées

Veines profondes du membre supérieur
Les veines profondes les plus distales du membre supérieur sont les veines radiale et ulnaire. Les **arcades veineuses palmaires profonde** et **superficielle** se jettent dans les **veines radiale** et **ulnaire** de l'avant-bras, qui s'unissent pour former la **veine brachiale.** En entrant dans l'aisselle, cette veine devient la **veine axillaire,** qui devient elle-même la **veine subclavière** à la hauteur de la première côte.

Veines superficielles du membre supérieur
Le système veineux superficiel commence avec un plexus appelé **réseau veineux dorsal de la main** (non représenté). Dans la partie distale de l'avant-bras, ce réseau veineux se jette dans deux grandes veines superficielles, la veine céphalique et la veine basilique, qui s'anastomosent abondamment au cours de leur montée (voir la figure 20.25b). La **veine céphalique** s'enroule autour du radius, après quoi elle monte le long de la face externe du bras, jusqu'à l'épaule, où elle suit le sillon creusé entre les muscles deltoïde et pectoral avant de rejoindre la veine axillaire. La **veine basilique** chemine le long de la face postéro-interne de l'avant-bras, passe devant le coude puis s'enfonce. Dans l'aisselle, elle s'unit à la veine brachiale et forme la veine axillaire. Sur la face antérieure du coude, la **veine médiane du coude** relie la veine basilique et la veine céphalique. La **veine médiane de l'avant-bras** est située entre les veines radiale et ulnaire et elle se termine généralement à la hauteur du coude, en s'abouchant à la veine basilique ou à la veine céphalique.

Réseau azygos
Le réseau azygos est formé de veines, situées de part et d'autre de la colonne vertébrale, qui se drainent dans la veine azygos.

Veine azygos. La veine azygos n'existe que du côté droit de la colonne vertébrale. Elle naît dans l'abdomen, de la **veine lombale ascendante** droite, qui draine la majeure partie de la partie droite de la paroi abdominale, et des **veines intercostales postérieures** droites (à l'exception de la première), qui drainent les muscles du thorax. À la hauteur de T_4, la veine azygos s'incurve au-dessus des gros vaisseaux destinés au poumon droit, et elle se vide dans la veine cave supérieure.

Veine hémi-azygos. La veine hémi-azygos monte du côté gauche de la colonne vertébrale. Ses sources, la **veine lombale ascendante** gauche et les **veines intercostales postérieures** inférieures (de la neuvième à la onzième), sont symétriques à celles de la veine azygos. Au milieu du thorax, la veine hémi-azygos passe devant la colonne vertébrale et se jette dans la veine azygos.

Veine hémi-azygos accessoire. La veine hémi-azygos accessoire complète le drainage du côté gauche (et de la partie médiane) du thorax et on peut la considérer comme un prolongement de la veine hémi-azygos vers le haut. Elle reçoit le sang de la quatrième à la huitième veine intercostale postérieure, puis elle passe à droite pour se vider dans la veine azygos. Comme cette dernière, elle reçoit le sang veineux des poumons (veines bronchiques).

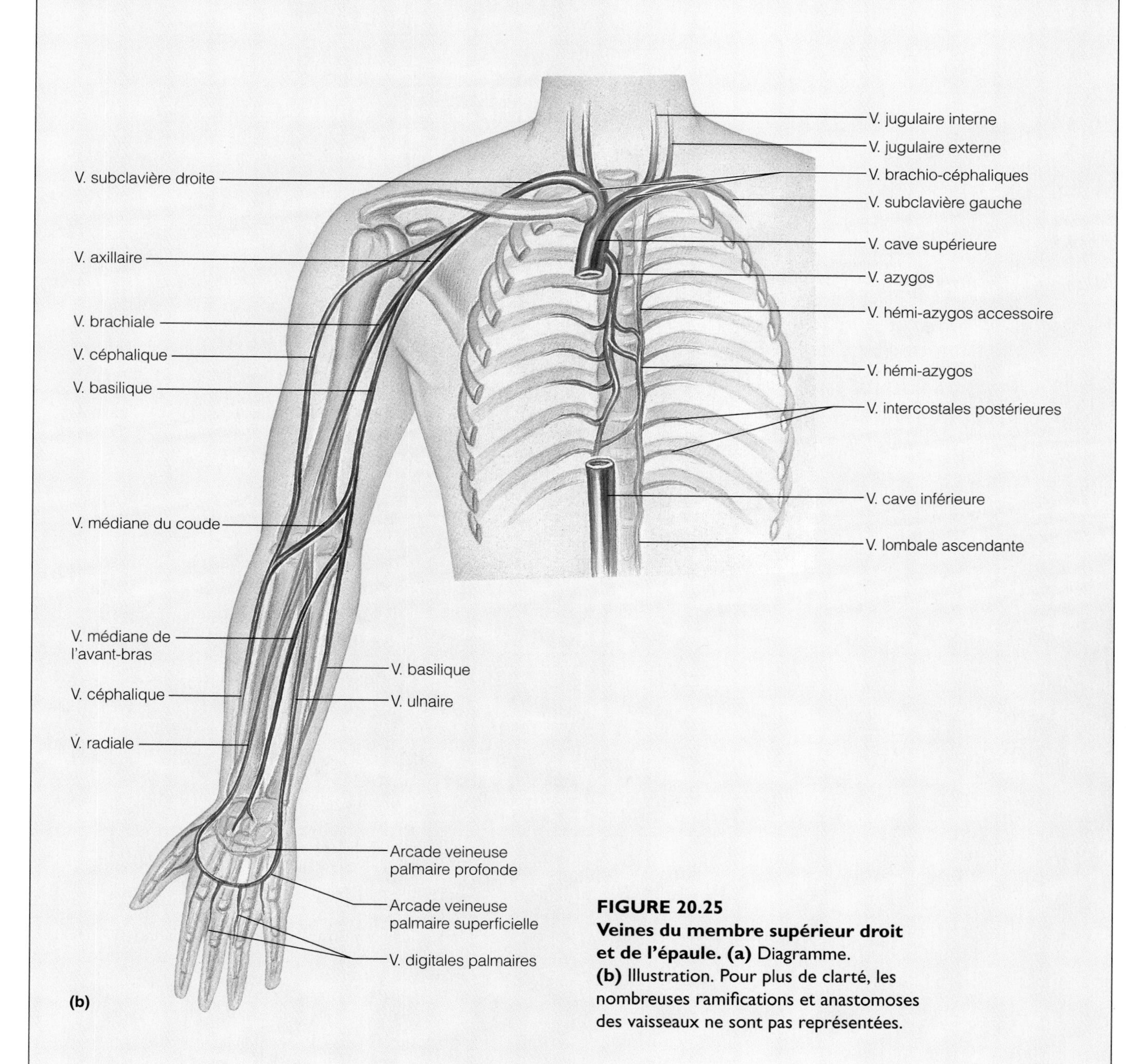

FIGURE 20.25
Veines du membre supérieur droit et de l'épaule. (a) Diagramme.
(b) Illustration. Pour plus de clarté, les nombreuses ramifications et anastomoses des vaisseaux ne sont pas représentées.

20

TABLEAU 20.11 Veines de l'abdomen

Le sang des viscères abdomino-pelviens et de la paroi abdominale retourne au cœur par la **veine cave inférieure** (figure 20.26a). Les noms des tributaires de cette veine correspondent en majorité à ceux des artères qui alimentent les organes abdominaux.

Le sang provenant du système digestif (veines mésentériques) est recueilli par la **veine porte hépatique** et transporté à travers le foie avant d'être réintroduit dans la circulation systémique par les veines hépatiques (figure 20.26b). Un tel système, formé de sinusoïdes interposés entre des veines, est un *système porte*. Tous les systèmes portes pourvoient à des besoins tissulaires spécifiques. Le système porte hépatique apporte au foie le sang provenant du système digestif. Ce sang passe lentement dans les sinusoïdes du foie, et les cellules parenchymateuses hépatiques en retirent les nutriments nécessaires à leurs diverses fonctions métaboliques. En même temps, les macrophagocytes stellaires tapissant les sinusoïdes débarrassent prestement le sang des bactéries et des autres substances étrangères qui ont pénétré dans la muqueuse intestinale. Nous décrivons au chapitre 25 le rôle que joue le foie dans le traitement des nutriments et dans le métabolisme. Nous énumérons ci-après les veines de l'abdomen, de bas en haut.

Description et régions drainées

Veines lombales. Quelques paires de veines lombales drainent la partie postérieure de la paroi abdominale. Elles se vident directement dans la veine cave inférieure ainsi que dans les veines lombales ascendantes du réseau azygos du thorax.

Veines ovariques ou testiculaires. La veine ovarique ou testiculaire droite draine l'ovaire ou le testicule droits et elle se vide dans la veine cave inférieure. La veine ovarique ou testiculaire gauche se jette plus haut dans la veine rénale gauche.

Veines rénales. Les veines rénales droite et gauche drainent les reins.

Veines surrénales. La veine surrénale droite draine la glande surrénale droite et elle se jette dans la veine cave inférieure. La veine surrénale gauche s'abouche à la veine rénale gauche.

Système porte hépatique. La **veine porte hépatique** est un court vaisseau d'environ 8 cm de long qui naît à la hauteur de L_2. De nombreuses veines issues de l'estomac et du pancréas contribuent au système porte hépatique (voir la figure 20.26c), mais ses principaux tributaires sont les suivants.

- **Veine mésentérique supérieure.** La veine mésentérique supérieure draine tout l'intestin grêle, une partie du gros intestin (segments ascendant et transverse) et l'estomac.
- **Veine splénique.** La veine splénique recueille le sang de la rate, d'une partie de l'estomac et du pancréas. Elle s'unit à la veine mésentérique supérieure pour former la veine porte hépatique.
- **Veine mésentérique inférieure.** La veine mésentérique inférieure draine les segments distaux du gros intestin et le rectum. Elle fusionne avec la veine splénique juste avant l'union de ce vaisseau avec la veine mésentérique supérieure.

Veines hépatiques. Les veines hépatiques droite et gauche transportent le sang veineux du foie à la veine cave inférieure.

Veines cystiques. Les veines cystiques drainent la vésicule biliaire et s'unissent aux veines hépatiques.

Veines phréniques inférieures. Les veines phréniques inférieures drainent la face inférieure du diaphragme.

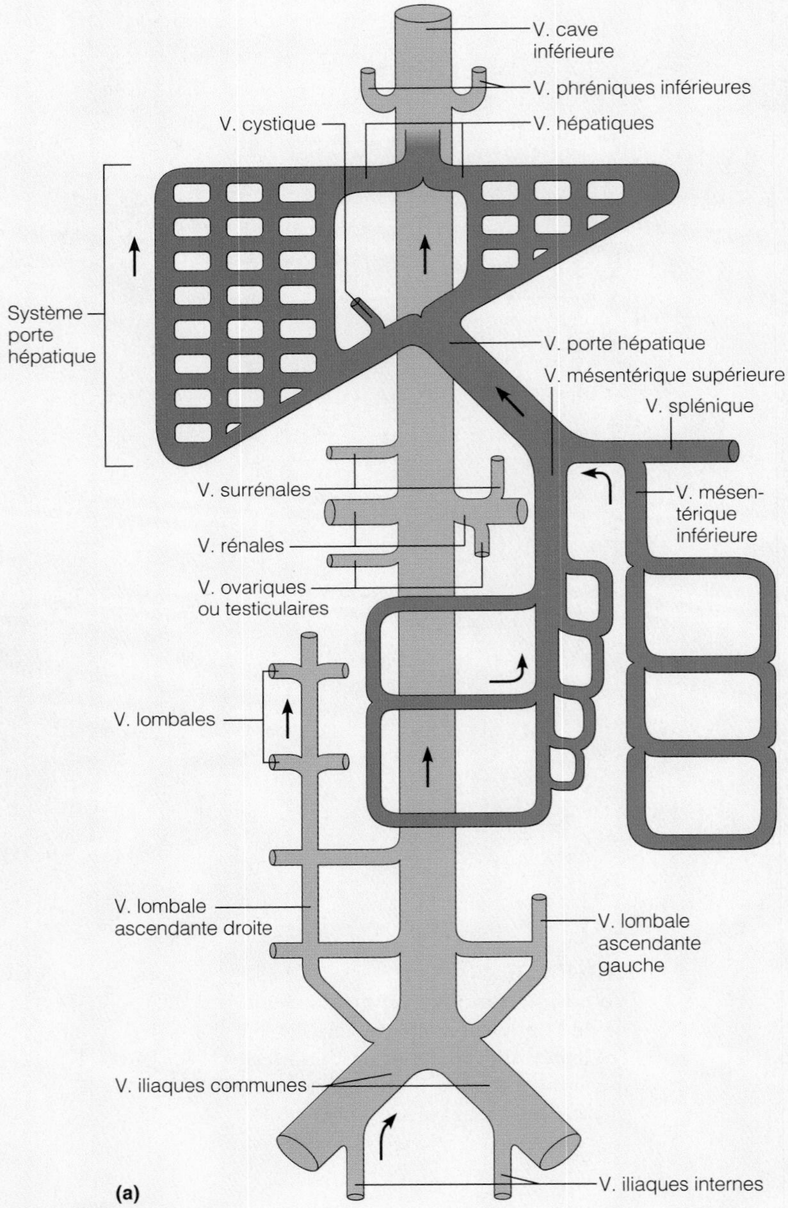

FIGURE 20.26
Veines de l'abdomen. (a) Diagramme. **(b)** Tributaires de la veine cave inférieure. Veines des organes abdominaux que ne draine pas la veine porte hépatique. **(c)** Système porte hépatique.

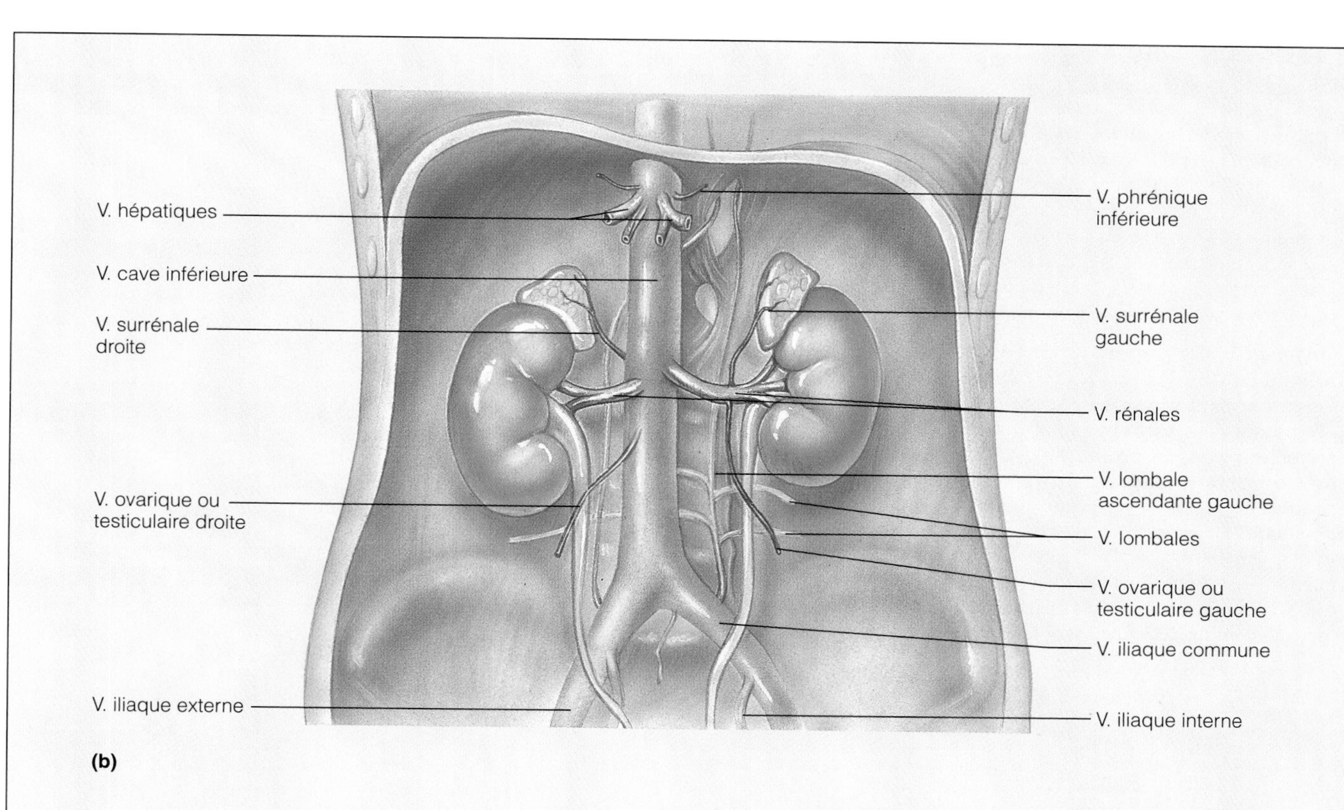
V. hépatiques
V. cave inférieure
V. surrénale droite
V. ovarique ou testiculaire droite
V. iliaque externe
V. phrénique inférieure
V. surrénale gauche
V. rénales
V. lombale ascendante gauche
V. lombales
V. ovarique ou testiculaire gauche
V. iliaque commune
V. iliaque interne

(b)

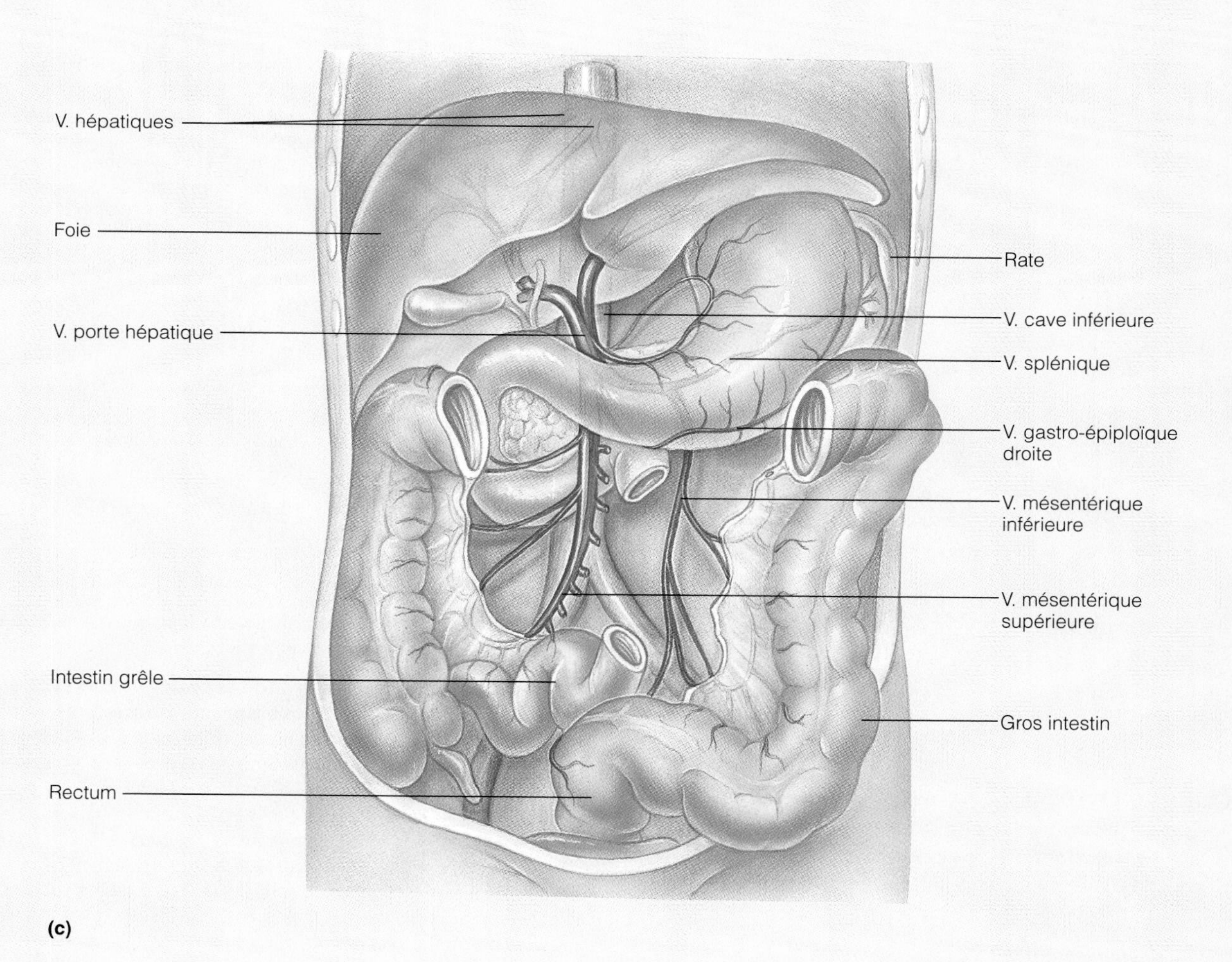
V. hépatiques
Foie
V. porte hépatique
Intestin grêle
Rectum
Rate
V. cave inférieure
V. splénique
V. gastro-épiploïque droite
V. mésentérique inférieure
V. mésentérique supérieure
Gros intestin

(c)

20

TABLEAU 20.12 Veines du bassin et des membres inférieurs

Dans les membres inférieurs comme dans les membres supérieurs, la plupart des veines profondes portent les mêmes noms que les artères qu'elles accompagnent. En outre, plusieurs sont appariées. Les deux veines saphènes, la grande et la petite, sont fréquemment le siège de varices, car elles sont superficielles et mal soutenues par les tissus environnants. Par ailleurs, c'est la grande veine saphène (*saphênes* = apparent) dont on prélève des segments pour réaliser des pontages coronariens.

Description et régions drainées

Veines profondes. La **veine tibiale postérieure** naît de la fusion des petites **veines plantaires latérale** et **médiale,** et elle monte dans le triceps sural (figure 20.27). La **veine tibiale antérieure** est le prolongement supérieur de l'**arcade veineuse dorsale du pied.** Au genou, elle s'unit à la veine tibiale postérieure et forme la **veine poplitée,** qui parcourt l'arrière du genou. En émergeant du genou, la veine poplitée devient la **veine fémorale** et elle draine les structures profondes de la cuisse. La veine fémorale prend le nom de **veine iliaque externe** en entrant dans le bassin. Là, la veine iliaque externe se joint à la **veine iliaque interne** et constitue la **veine iliaque commune.** La distribution des veines iliaques internes est parallèle à celle des artères iliaques internes.

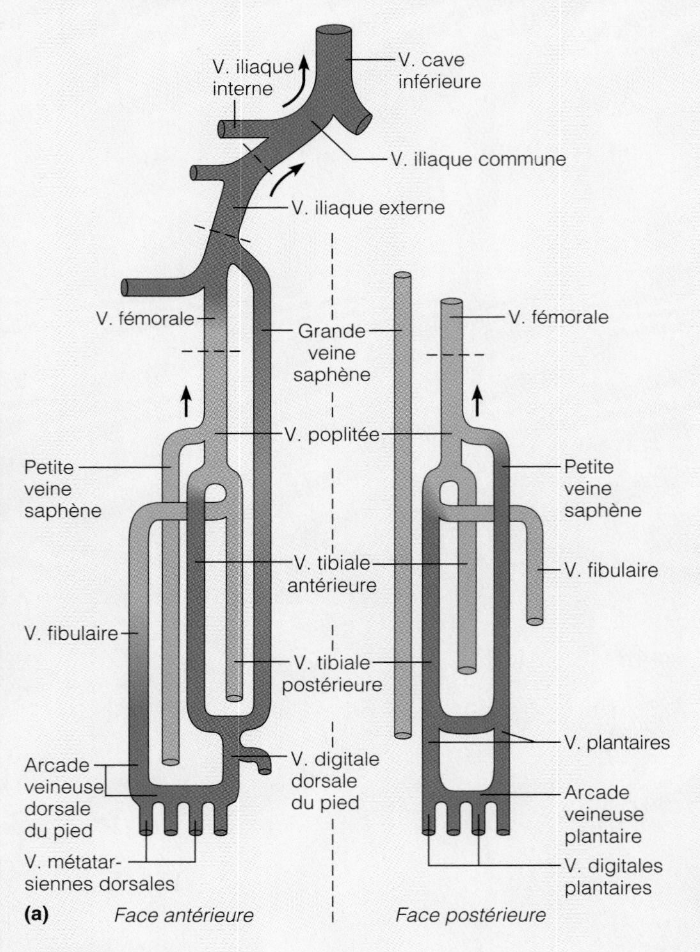

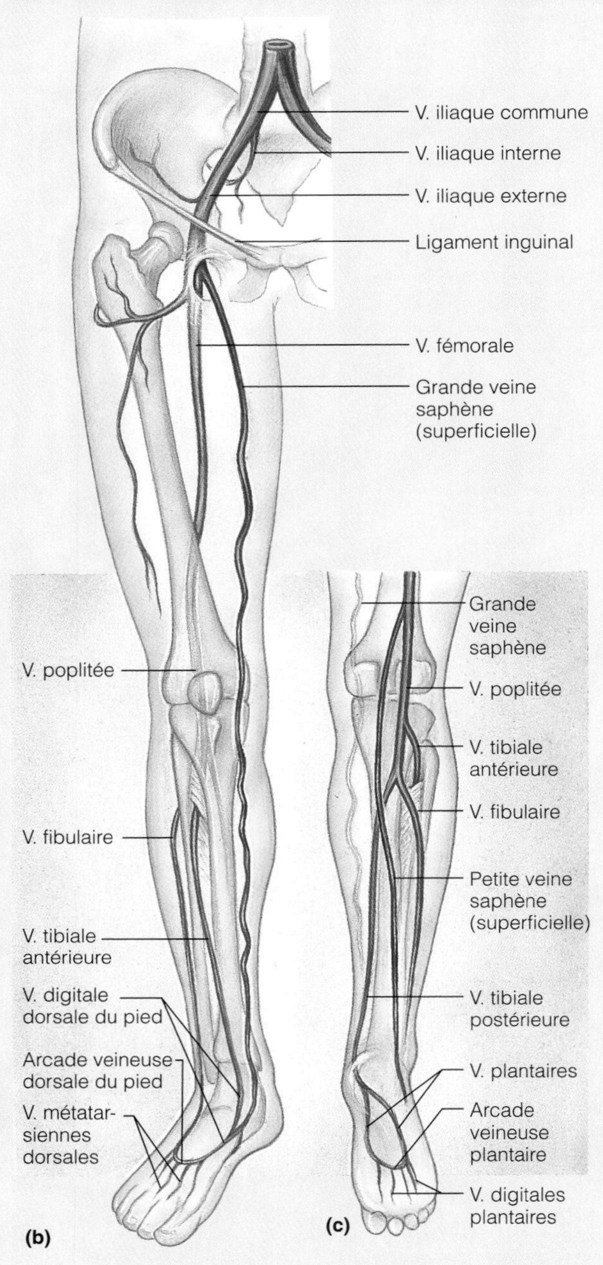

FIGURE 20.27
Veines du membre inférieur droit. (a) Diagramme des vaisseaux de la face antérieure et de la face postérieure. **(b)** Face antérieure du membre inférieur. **(c)** Face postérieure de la jambe et du pied.

Veines superficielles. Les **grande** et **petite veines saphènes** émergent de l'**arcade veineuse dorsale du pied** (extrémités médiale et latérale, respectivement) (figure 20.27b). Ces veines forment de nombreuses anastomoses entre elles et avec les veines profondes qu'elles rencontrent sur leur trajet. La grande veine saphène est la plus longue de l'organisme. Elle monte le long de la face interne de la jambe jusqu'à la cuisse; là, elle s'ouvre dans la veine fémorale, juste au-dessous du ligament inguinal. La petite veine saphène court le long de la face externe du pied et elle pénètre pour les drainer dans les fascias profonds des muscles du mollet. Au genou, elle se jette dans la veine poplitée.

TERMES MÉDICAUX

Anévrisme (*aneurusma* = dilatation) Poche formée dans une paroi artérielle à la suite d'une faiblesse congénitale ou, le plus souvent, de l'usure graduelle causée par l'hypertension chronique ou l'artériosclérose ; cette déformation crée des risques de rupture de la paroi du vaisseau. Les sièges les plus fréquents d'un anévrisme sont l'aorte abdominale et les artères de l'encéphale et des reins.

Angiographie (*aggeion* = vaisseau ; *graphein* = écriture) Examen radiologique des vaisseaux sanguins réalisé après injection d'une substance radio-opaque.

Diurétique (*diourêtikos* = qui fait uriner) Substance chimique favorisant l'excrétion d'urine et réduisant par le fait même le volume sanguin ; les diurétiques sont fréquemment utilisés dans le traitement de l'hypertension.

Phlébite (*phlebos* = veine ; *ite* = inflammation) Inflammation d'une veine accompagnée d'un rougissement et d'une sensibilité de la peau sus-jacente ; les causes les plus fréquentes de la phlébite sont l'infection bactérienne et les traumatismes locaux.

Phlébotomie (*tomê* = section) Incision pratiquée dans une veine à des fins de prélèvement sanguin ou de saignée, ou encore pour introduire un cathéter ou extraire un caillot.

Thrombophlébite Formation d'un caillot dans une veine (fréquemment des membres inférieurs) à la suite de l'abrasion de sa paroi, souvent consécutive à une phlébite grave. Sa complication, la formation d'un embole, est toujours à redouter.

RÉSUMÉ DU CHAPITRE

Structure et fonction des vaisseaux sanguins : caractéristiques générales (p. 693-700)

1. Le sang est transporté dans l'organisme par un réseau de vaisseaux sanguins. Les artères expédient le sang hors du cœur et les veines l'y ramènent. Les capillaires apportent le sang aux cellules et constituent des lieux d'échange.

Structure des parois vasculaires (p. 693)

2. Les artères et les veines sont composées de trois couches : la tunique interne, la tunique moyenne et la tunique externe. Les parois des capillaires ne sont formées que de cellules endothéliales (tunique interne).

Réseau artériel (p. 693-695)

3. Les artères élastiques (ou conductrices) sont les grosses artères situées près du cœur qui se dilatent et se resserrent suivant les variations du volume sanguin. Les artères musculaires (ou distributrices) apportent le sang aux divers organes ; elles sont moins extensibles que les artères élastiques. Les artérioles régissent l'écoulement du sang dans les lits capillaires.

4. L'athérosclérose est une maladie vasculaire dégénérative. Déclenchée par des lésions endothéliales, la maladie passe par le stade des stries lipidiques et par celui des plaques athéroscléreuses avant de se muer en artériosclérose.

Capillaires (p. 695-698)

5. Les capillaires sont des vaisseaux microscopiques aux parois très minces. Leurs cellules sont séparées par des fentes qui facilitent les échanges entre le sang et le liquide interstitiel. Aux endroits d'absorption active, les capillaires présentent des pores qui favorisent leur perméabilité.

6. Une dérivation vasculaire, formée par une métartériole et un canal de passage, relie l'artériole terminale et la veinule postcapillaire situées de part et d'autre d'un lit capillaire. La plupart des capillaires vrais naissent de la dérivation et s'y terminent. La quantité de sang qui s'écoule dans les capillaires vrais est régie par les sphincters précapillaires.

Réseau veineux (p. 698-700)

7. Dans les veines, la lumière est plus grande que dans les artères, et des valvules empêchent le reflux du sang. Les pompes musculaire et respiratoire facilitent le retour veineux.

8. Normalement, la plupart des veines ne sont que partiellement remplies ; elles peuvent ainsi servir de réservoirs sanguins.

Anastomoses vasculaires (p. 700)

9. Une anastomose artérielle est l'abouchement d'artères desservant un même organe ; elle fournit des voies supplémentaires au sang destiné à cet organe. Des anastomoses vasculaires se forment aussi entre les veines et entre les artérioles et les veinules.

PHYSIOLOGIE DE LA CIRCULATION (p. 700-718)

Débit sanguin, pression sanguine et résistance (p. 700-701)

1. Le débit sanguin est le volume de sang qui s'écoule dans un vaisseau, dans un organe ou dans l'ensemble du réseau vasculaire en une période donnée. La pression sanguine est la force par unité de surface que le sang exerce sur la paroi d'un vaisseau. La résistance est la force qui s'oppose à l'écoulement du sang ; ses facteurs sont la viscosité du sang, la longueur des vaisseaux et le diamètre des vaisseaux.

2. Le débit sanguin est directement proportionnel à la pression sanguine et inversement proportionnel à la résistance.

Pression sanguine systémique (p. 701-703)

1. La pression sanguine systémique atteint son maximum dans l'aorte et son minimum dans les veines caves. La chute la plus abrupte de la pression sanguine systémique se produit dans les artérioles, où la résistance est la plus forte.

2. La pression artérielle dans les artères élastiques est liée à leur élasticité et au volume de sang propulsé. La pression artérielle est pulsatile et atteint son apogée durant la systole (pression systolique). Durant la diastole, le sang est forcé dans la circulation par les artères élastiques rétractables, et la pression artérielle atteint son niveau le plus bas (pression diastolique).

3. La différence entre la pression systolique et la pression diastolique est appelée pression différentielle. La pression artérielle moyenne propulse le sang dans les tissus tout au long de la révolution cardiaque. Elle est approximativement égale à la pression diastolique additionnée au tiers de la pression différentielle.

4. La faible pression capillaire (40 à 15 mm Hg) protège les fragiles capillaires de la rupture tout en permettant des échanges adéquats par leurs parois.

5. La pression veineuse est faible (tend vers zéro) en raison des effets cumulatifs de la résistance ; elle est également non pulsatile. Les valvules et les grandes lumières des veines ainsi que certaines adaptations fonctionnelles (pompes musculaire et respiratoire) favorisent le retour veineux.

Maintien de la pression artérielle (p. 703-711)

1. La pression artérielle est directement proportionnelle au débit cardiaque, à la résistance périphérique et au volume sanguin. Le diamètre des vaisseaux est le principal facteur agissant sur la résistance périphérique, de sorte que les plus infimes variations du diamètre vasculaire (en particulier des artérioles) influent considérablement sur la pression artérielle.

Mécanismes de régulation à court terme : mécanismes nerveux (p. 704-706)

2. La pression artérielle est régie par des réflexes autonomes faisant intervenir des barorécepteurs ou des chimiorécepteurs, le centre vasomoteur (un centre sympathique régissant le diamètre des vaisseaux sanguins) et les neurofibres vasomotrices reliées au muscle lisse vasculaire.

3. L'activation des récepteurs par une baisse de la pression artérielle (et, dans une moindre mesure, par une augmentation de la concentration de gaz carbonique ou une baisse de la teneur en oxygène ou du pH dans le sang) stimule le centre vasomoteur à augmenter la vasoconstriction et le centre cardio-accélérateur à accroître la fréquence et la contractilité cardiaques. L'augmentation de la pression artérielle inhibe le centre vasomoteur (ce qui provoque une vasodilatation) et active le centre cardio-inhibiteur.

4. Les centres cérébraux supérieurs (cortex cérébral et hypothalamus) peuvent modifier la pression artérielle par l'intermédiaire de relais avec les centres du bulbe rachidien.

Mécanismes de régulation à court terme : mécanismes chimiques (p. 707-708)

5. Les substances chimiques véhiculées par le sang qui augmentent la pression artérielle en favorisant la vasoconstriction comprennent l'adrénaline et la noradrénaline (lesquelles accroissent aussi la fréquence et la contractilité cardiaques), l'hormone antidiurétique, l'angiotensine II (produite lorsque les cellules rénales libèrent de la rénine) de même que le facteur de croissance dérivé des plaquettes (PDGF) et l'endothéline libérés par les cellules endothéliales vasculaires.

6. Les substances chimiques qui réduisent la pression artérielle en favorisant la vasodilatation comprennent le facteur natriurétique auriculaire (qui cause également une chute du volume sanguin), le monoxyde d'azote libéré par les cellules endothéliales vasculaires, les substances chimiques inflammatoires et l'alcool.

Mécanismes de régulation à long terme : mécanismes rénaux (p. 708-710)

7. Les reins, en régissant le volume sanguin, servent à maintenir l'homéostasie de la pression artérielle. L'augmentation de la pression artérielle stimule la formation de filtrat et l'élimination de liquide dans l'urine ; lorsque la pression artérielle baisse, les reins retiennent l'eau, ce qui augmente le volume sanguin.

8. Le mécanisme rénal indirect fait intervenir le système rénine-angiotensine, un mécanisme hormonal. Lorsque la pression artérielle diminue, les reins libèrent de la rénine, laquelle déclenche la formation d'angiotensine II (un vasoconstricteur), la libération d'aldostérone et la réabsorption d'eau et de sodium.

Vérification de l'efficacité de la circulation (p. 710)

9. Le pouls et la pression artérielle sont des indicateurs de l'efficacité de la circulation.

10. L'expansion et la rétractation successives des artères élastiques lors de chaque révolution cardiaque créent le pouls. Les points de mesure du pouls sont également appelés points de compression.

11. Généralement, on mesure la pression artérielle par la méthode auscultatoire. Chez l'adulte, la pression artérielle normale est de 120/80 (systolique/diastolique). L'hypotension porte rarement à conséquence. L'hypertension, au contraire, est la principale cause de l'infarctus du myocarde, des accidents vasculaires cérébraux et de l'insuffisance rénale.

Variations de la pression artérielle (p. 710-711)

12. L'hypotension, ou basse pression, artérielle correspond à une pression systolique inférieure à 100 mm Hg. Elle est souvent associée à la longévité et à une bonne santé, mais peut parfois être un signe de mauvaise alimentation, de maladie ou de choc circulatoire.

13. L'hypertension chronique se définit comme la persistance d'une pression artérielle de 140/90 ou plus. Elle traduit un accroissement de la résistance périphérique. Le cœur doit surmonter cette résistance accrue et la vascularisation de certains organes, surtout les yeux et les reins, est compromise. Les facteurs de risque sont un régime alimentaire à haute teneur en gras et en sodium, l'obésité, l'âge, le stress, l'hérédité ; l'incidence est aussi plus grande chez les personnes de race noire.

Débit sanguin dans les tissus (p. 711-718)

1. Le débit sanguin détermine l'apport de nutriments aux cellules des tissus et l'élimination de leurs déchets, ainsi que les échanges gazeux, l'absorption de nutriments et la formation de l'urine.

Vitesse de l'écoulement sanguin (p. 712)

2. La vitesse de l'écoulement du sang est inversement proportionnelle à l'aire de la section transversale totale des vaisseaux. Dans les capillaires, la lenteur de l'écoulement sanguin permet le déroulement des échanges nutriments-déchets.

Autorégulation du débit sanguin (p. 712-713)

3. L'autorégulation est l'adaptation locale automatique du débit sanguin aux besoins immédiats des divers organes. Elle repose sur des facteurs chimiques locaux qui causent la dilatation des artérioles et qui ouvrent les sphincters précapillaires. Les mécanismes de régulation myogènes sont déclenchés par les variations de la pression artérielle.

Débit sanguin dans certains organes (p. 713-715)

4. Dans la plupart des cas, l'autorégulation est régie par les variations des concentrations d'oxygène et par l'accumulation locale de métabolites. Dans l'encéphale, toutefois, l'autorégulation dépend principalement d'une baisse du pH ainsi que de la réponse myogène ; la dilatation des vaisseaux pulmonaires est causée par de fortes concentrations d'oxygène.

Débit sanguin dans les capillaires et échanges capillaires (p. 715-717)

5. Les nutriments, les gaz et les autres solutés plus petits que les protéines plasmatiques franchissent la paroi capillaire par diffusion. Les substances hydrosolubles passent par les fentes ou les pores ; les substances liposolubles traversent la portion lipidique de la membrane plasmique des cellules endothéliales.

6. Dans les lits capillaires, les échanges liquidiens sont reliés au jeu de la pression hydrostatique nette (mouvement vers l'extérieur) et de la pression osmotique nette (mouvement vers l'intérieur). En général, les liquides s'écoulent du lit capillaire à l'extrémité artérielle et réintègrent le sang capillaire à l'extrémité veineuse.

7. La petite quantité de liquides et de protéines qui s'écoule dans le compartiment interstitiel est recueillie par les vaisseaux lymphatiques et renvoyée dans le réseau vasculaire de la circulation sanguine.

État de choc (p. 717-718)

8. L'état de choc est l'état où le débit sanguin dans les vaisseaux est insuffisant. Il peut être dû à l'hypovolémie (choc hypovolémique), à une dilatation excessive des vaisseaux (choc d'origine vasculaire) ou à une défaillance de la pompe cardiaque (choc cardiogénique).

Voies de la circulation : anatomie du système cardiovasculaire (p. 718-719, 722-742)

1. Le ventricule droit propulse le sang pauvre en oxygène et riche en gaz carbonique dans le tronc pulmonaire, les artères pulmonaires droite et gauche, les branches pulmonaires et les capillaires pulmonaires. Dans les poumons, le sang se débarrasse du gaz carbonique et se charge en oxygène. Les veines pulmonaires déversent dans l'oreillette gauche le sang qui sort des poumons (voir le tableau 20.2 et la figure 20.16).

2. La circulation systémique transporte le sang oxygéné du ventricule gauche à tous les tissus de l'organisme, par l'intermédiaire de l'aorte et de ses ramifications. Les veines caves inférieure et supérieure déversent dans l'oreillette droite le sang veineux provenant de la circulation systémique.

3. Les tableaux 20.2 à 20.12 ainsi que les figures 20.17 à 20.27 présentent les artères et les veines de la circulation systémique.

Développement et vieillissement des vaisseaux sanguins (p. 719)

1. Le système cardiovasculaire fœtal émerge des îlots sanguins et du mésenchyme ; il commence à transporter du sang dès la quatrième semaine de gestation.

2. La circulation fœtale se caractérise par la présence de dérivations pulmonaire et hépatique et de vaisseaux ombilicaux. Normalement, ces vaisseaux se ferment peu de temps après la naissance.

3. La pression artérielle est faible chez le nourrisson et elle s'élève graduellement au cours de la jeunesse. Les troubles vasculaires dus au vieillissement comprennent les varices, l'hypertension et surtout l'artériosclérose. L'hypertension est la maladie cardiovasculaire qui provoque le plus de morts soudaines chez les hommes d'âge mûr.

QUESTIONS DE RÉVISION

Choix multiples/associations

(Réponses à l'appendice G)

1. Lequel des énoncés suivants est faux ? (a) Les veines contiennent moins de tissu élastique et de muscle lisse que les artères. (b) Les veines contiennent plus de tissu fibreux que les artères. (c) La plupart des veines des extrémités contiennent des valvules. (d) Les veines transportent toujours du sang pauvre en oxygène.

2. Lequel des tissus suivants est le principal agent de la vasoconstriction ? (a) Le tissu élastique. (b) Le muscle lisse. (c) Le tissu conjonctif. (d) Le tissu adipeux.

3. La résistance périphérique : (a) est inversement proportionnelle au diamètre des artérioles ; (b) tend à s'accroître si la viscosité du sang augmente ; (c) est directement proportionnelle à la longueur du lit vasculaire ; (d) toutes ces réponses.

4. Lequel des facteurs suivants entrave le retour veineux ? (a) L'augmentation du volume sanguin. (b) L'augmentation de la pression veineuse. (c) Les lésions des valvules veineuses. (d) L'augmentation de l'activité musculaire.

5. La pression artérielle augmente en présence : (a) d'une augmentation du volume systolique ; (b) d'une augmentation de la fréquence cardiaque ; (c) de l'artériosclérose ; (d) d'une augmentation du volume sanguin ; (e) toutes ces réponses.

6. Lequel des événements suivants ne provoque *pas* la dilatation des artérioles nourricières ni l'ouverture des sphincters précapillaires dans les lits capillaires ? (a) Une diminution de la concentration d'oxygène dans le sang. (b) Une augmentation de la teneur en gaz carbonique du sang. (c) Une augmentation locale du taux d'histamine. (d) Une augmentation locale du pH.

7. La structure d'une paroi capillaire se distingue de celle d'une paroi veineuse ou artérielle par : (a) la présence de deux tuniques au lieu de trois ; (b) la moindre quantité de muscle lisse ; (c) la présence d'une seule tunique ; (d) aucune de ces réponses.

8. Les barorécepteurs des sinus carotidiens et de la crosse de l'aorte sont sensibles : (a) à la diminution de la concentration de gaz carbonique ; (b) aux variations de la pression artérielle ; (c) à la diminution de la concentration d'oxygène ; (d) toutes ces réponses.

9. Le myocarde reçoit son irrigation directement : (a) de l'aorte ; (b) des artères coronaires ; (c) du sinus coronaire ; (d) des artères pulmonaires.

10. En dépit de l'action de pompage rythmique du cœur, l'écoulement du sang dans les capillaires est constant à cause : (a) de l'élasticité des grosses artères ; (b) du faible diamètre des capillaires ; (c) de la minceur des parois veineuses ; (d) des valvules veineuses.

11. Du cœur à la main droite, le sang emprunte l'aorte ascendante, l'artère subclavière droite, l'artère axillaire, l'artère brachiale puis l'artère radiale ou l'artère ulnaire. Quelle artère manque dans cette énumération ? (a) L'artère coronaire. (b) Le tronc brachio-céphalique. (c) L'artère céphalique. (d) L'artère carotide commune droite.

12. Laquelle ou lesquelles des veines suivantes ne se jettent pas directement dans la veine cave inférieure ? (a) Les veines lombales. (b) Les veines hépatiques. (c) La veine mésentérique inférieure. (d) Les veines rénales.

Questions à court développement

13. Pourquoi peut-on dire que l'anatomie des capillaires et des lits capillaires est bien adaptée à leur fonction ?

14. Comparez les artères élastiques, les artères musculaires et les artérioles du point de vue de la situation, de l'histologie et des adaptations fonctionnelles.

15. Écrivez une équation qui traduit la relation entre la résistance périphérique, le débit sanguin et la pression sanguine.

16. (a) Définissez la pression artérielle. Faites la distinction entre la pression artérielle systolique et la pression artérielle diastolique. (b) Quelle est la pression artérielle normale chez le jeune adulte ? (Donnez les limites supérieures et inférieures de chacune des deux valeurs.)

17. Décrivez les mécanismes nerveux qui régissent la pression artérielle et précisez leurs deux grandes fonctions.

18. Expliquez pourquoi la vitesse de l'écoulement sanguin varie dans les différentes régions du système cardiovasculaire.

19. Dans la peau, en quoi la régulation du débit sanguin diffère-t-elle suivant que la fonction visée est la thermorégulation ou l'apport de nutriments aux cellules ?

20. Décrivez les influences nerveuses et chimiques (tant systémiques que locales) qui s'exercent sur les vaisseaux sanguins d'une personne qui fuit un assaillant. (Prenez garde, la question n'est pas si simple qu'il y paraît !)

21. Par quel mécanisme d'échange les nutriments, les déchets et les gaz respiratoires sont-ils transportés entre le sang et le compartiment interstitiel ?

22. (a) Quels vaisseaux sanguins forment le système porte hépatique ? (b) Quelle est la fonction de ce système ? (c) Qu'est-ce qu'un système porte a de singulier ?

23. Les physiologistes étudient souvent ensemble les capillaires et les veinules postcapillaires. (a) Quelles fonctions ces vaisseaux ont-ils en commun ? (b) Structurellement, en quoi sont-ils différents ?

RÉFLEXION ET APPLICATION

1. Mme Dumouchel est admise à la salle d'urgence après un accident de la route. Elle perd beaucoup de sang et son pouls est rapide et filant ; cependant, sa pression artérielle est normale. Décrivez les mécanismes de compensation grâce auxquels la pression artérielle de la patiente reste stable en dépit de l'hémorragie.

2. Un homme de 60 ans est incapable de parcourir plus de 100 m sans éprouver une douleur intense dans la jambe gauche. Après un repos de 5 à 10 minutes, la douleur disparaît. Son médecin lui annonce que les artères de sa jambe sont obstruées par des matières grasses. Elle lui conseille de subir une neurotomie des nerfs sympathiques de sa jambe. Expliquez pourquoi cette intervention peut soulager le patient.

3. Votre ami, qui n'est pas très versé dans les sciences, lit dans une revue l'histoire d'un homme dont « l'anévrisme à la base de l'encéphale s'est subitement mis à grossir ». Le chirurgien a d'abord tenté d'« empêcher la rupture de l'anévrisme », puis a « réduit la pression dans le tronc cérébral et les nerfs crâniens ». Il a ensuite « remplacé l'anévrisme par un morceau de tube en plastique », et le patient s'est rétabli. Votre ami vous demande ce que tout cela signifie. Expliquez-lui.

LE SYSTÈME LYMPHATIQUE

SOMMAIRE ET OBJECTIFS D'APPRENTISSAGE

Vaisseaux lymphatiques (p. 747-749)

1. Décrire la structure, la distribution et les principales fonctions des vaisseaux lymphatiques.
2. Expliquer les caractéristiques responsables de la grande perméabilité des capillaires lymphatiques.
3. Décrire l'origine et le transport de la lymphe.

Cellules, tissu et organes lymphatiques: vue d'ensemble (p. 749-750)

4. Décrire la composition du tissu lymphatique (structure de base et populations cellulaires) et nommer les principaux organes lymphatiques.

Nœuds lymphatiques (p. 750-752)

5. Décrire la situation, la structure histologique et les fonctions des nœuds lymphatiques.

Autres organes lymphatiques (p. 752-755)

6. Nommer, décrire et situer les organes lymphatiques autres que les vaisseaux et les nœuds lymphatiques. Comparer la structure et les fonctions de ces organes à celles des nœuds lymphatiques.

Développement du système lymphatique (p. 755)

7. Expliquer le développement du système lymphatique.

Lorsqu'on nous demande de nommer les différents systèmes de l'organisme, nous constatons qu'il y a quelques laissés-pour-compte. Ainsi, il est rare que le système lymphatique nous vienne à l'esprit en premier. Sans lui, pourtant, notre système cardiovasculaire cesserait de fonctionner et notre système immunitaire perdrait toute efficacité. Le **système lymphatique** comprend deux parties plus ou moins indépendantes: (1) un réseau sinueux de *vaisseaux lymphatiques*; (2) divers *organes* et *tissus lymphatiques* disséminés à des endroits stratégiques dans l'organisme. Les vaisseaux lymphatiques rapportent dans la circulation sanguine le surplus de liquide interstitiel résultant de la filtration des capillaires. Les organes lymphatiques abritent les phagocytes et les lymphocytes, agents essentiels de la défense de l'organisme et de la résistance aux maladies (principalement aux infections bactériennes et virales).

Quels vaisseaux de transport du système cardiovasculaire sont absents du système lymphatique ? Pourquoi leur absence ne représente-t-elle pas un problème ?

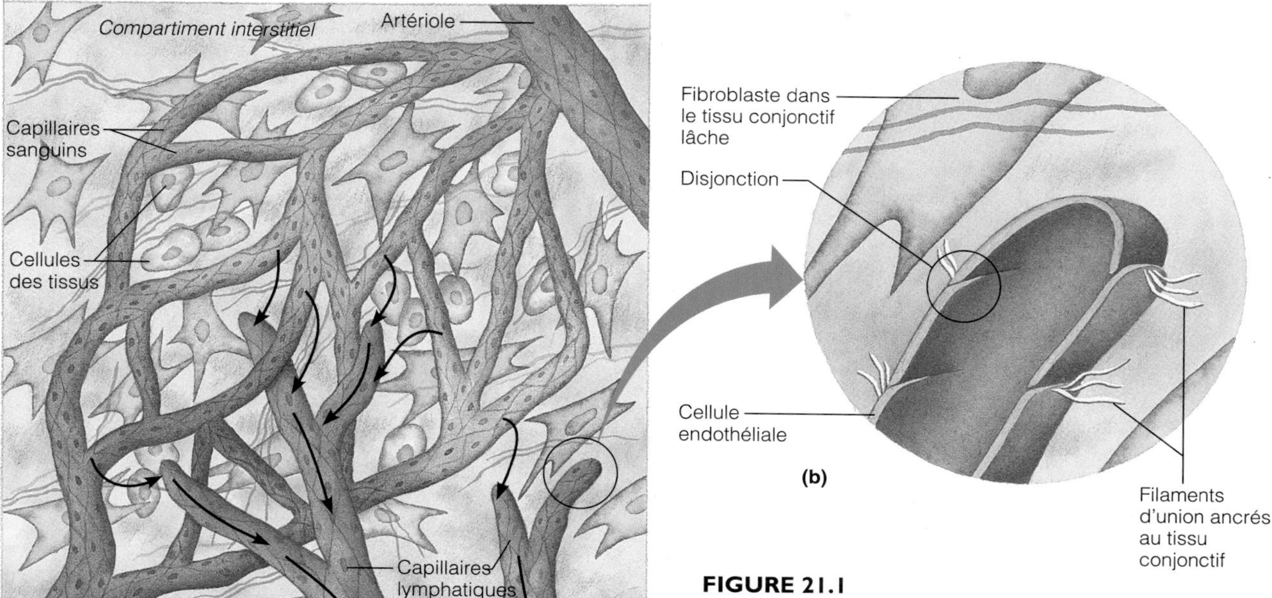

FIGURE 21.1
Distribution et caractéristiques structurales des capillaires lymphatiques. (a) Relations structurales entre un lit capillaire du système cardiovasculaire et les capillaires lymphatiques. Les flèches indiquent la direction dans laquelle circule le liquide. **(b)** Les capillaires lymphatiques naissent sous forme de culs-de-sac. Les cellules endothéliales de leurs parois se chevauchent et forment des disjonctions.

VAISSEAUX LYMPHATIQUES

Les échanges de nutriments, de déchets et de gaz se déroulent entre le liquide interstitiel et le sang qui circule dans l'organisme. Comme nous l'avons expliqué au chapitre 20, les pressions hydrostatique et osmotique qui s'exercent dans les lits capillaires chassent le liquide hors du sang aux extrémités artérielles des capillaires (« en amont ») et provoquent sa réabsorption partielle à leurs extrémités veineuses (« en aval »). Rappelez-vous que les protéines plasmatiques produisent une force osmotique considérable qui est essentielle au maintien de l'eau dans la circulation sanguine. Le liquide non réabsorbé (3 L par jour) s'intègre au liquide interstitiel. Le liquide interstitiel et les protéines plasmatiques qui s'échappent de la circulation sanguine doivent retourner dans le sang pour que le volume sanguin (volémie) reste normal et maintienne la pression artérielle nécessaire au bon fonctionnement du système cardiovasculaire. Les **vaisseaux lymphatiques** s'acquittent de cette tâche. Ils constituent un réseau élaboré qui draine le liquide interstitiel et son contenu en protéines et le retourne au sang. Lorsque le liquide interstitiel est entré dans les vaisseaux lymphatiques, il prend le nom de **lymphe** (*lympha* = eau).

Les artères. L'absence d'artères ne représente pas un problème parce que le liquide lymphatique est formé par les lits capillaires sanguins et circule dans une seule direction, c'est-à-dire vers le cœur.

Distribution et structure des vaisseaux lymphatiques

Dans les vaisseaux lymphatiques, la lymphe circule à sens unique vers le cœur. Les premières structures de ce réseau sont les **capillaires lymphatiques,** de microscopiques vaisseaux en culs-de-sac (figure 21.1a) qui s'insinuent entre les cellules et les capillaires sanguins des tissus conjonctifs lâches de l'organisme. Très répandus, les capillaires lymphatiques sont présents presque partout où on trouve des capillaires sanguins. Ils sont toutefois absents des os et des dents, de la moelle osseuse et de tout le système nerveux central (dans ce système, le liquide interstitiel se jette dans le liquide cérébro-spinal).

Bien que semblables aux capillaires sanguins, les capillaires lymphatiques sont si perméables qu'on les croyait autrefois ouverts à une de leurs extrémités. On sait aujourd'hui que leur perméabilité est due à deux spécialisations structurales :

1. Les cellules endothéliales qui forment les parois des capillaires lymphatiques ne sont pas solidement attachées ; leurs bords se chevauchent lâchement et constituent des *disjonctions* en forme de rabats, qui s'ouvrent facilement (figure 21.1b).

2. Des faisceaux de filaments d'union ancrent les cellules endothéliales aux fibres collagènes du tissu conjonctif, de telle façon que toute augmentation du volume du liquide interstitiel exerce une traction sur les disjonctions; le liquide interstitiel pénètre dans le capillaire lymphatique plutôt que de l'écraser.

Comme dans les portes battantes qui s'ouvrent dans un seul sens, les disjonctions entre les cellules endothéliales s'ouvrent lorsque la pression du liquide est plus élevée dans le compartiment interstitiel que dans le capillaire lymphatique. Inversement, les disjonctions se ferment lorsque la pression est plus grande dans le capillaire lymphatique qu'à l'extérieur; la lymphe ne peut refluer dans le compartiment interstitiel et elle est poussée dans le vaisseau.

Normalement, les protéines contenues dans le compartiment interstitiel ne peuvent entrer dans les capillaires sanguins, mais elles s'introduisent facilement dans les capillaires lymphatiques. Lorsque les tissus présentent une inflammation, les capillaires lymphatiques se percent d'orifices qui permettent le captage de particules encore plus grosses que les protéines, notamment des débris cellulaires, des agents pathogènes (bactéries et virus) et des cellules cancéreuses. Les agents pathogènes et les cellules cancéreuses peuvent rejoindre la circulation sanguine et ensuite se répandre dans l'organisme en utilisant les vaisseaux lymphatiques. En revanche, la lymphe fait des «détours» par les nœuds lymphatiques, dans lesquels elle est «examinée» et épurée par les cellules du système immunitaire. Nous y reviendrons plus loin.

On trouve dans les villosités de la muqueuse intestinale des capillaires lymphatiques hautement spécialisés appelés **vaisseaux chylifères.** Ces vaisseaux transportent le **chyle,** la lymphe issue des intestins, vers le sang. Comme les vaisseaux chylifères reçoivent également les graisses digérées dans l'intestin grêle, le chyle est d'un blanc laiteux.

Des capillaires lymphatiques, la lymphe s'écoule dans des vaisseaux dont l'épaisseur des parois et le diamètre vont croissant: d'abord les vaisseaux collecteurs, puis les troncs et finalement les conduits, qui sont les plus gros de tous (figure 21.2). Les **vaisseaux lymphatiques** sont analogues aux veines, mais ils s'en distinguent par la minceur de leurs trois tuniques ainsi que par leur plus grand nombre de valvules (situées sur leur tunique interne) et d'anastomoses. En général, les vaisseaux lymphatiques superficiels sont parallèles aux *veines* superficielles du système cardiovasculaire, tandis que les vaisseaux lymphatiques profonds du tronc et des viscères digestifs suivent les *artères* profondes et forment des anastomoses autour d'elles. De même que les grosses veines, les gros vaisseaux lymphatiques reçoivent leur irrigation de vasa vasorum ramifiés.

Lorsque les vaisseaux lymphatiques sont gravement enflammés, les vasa vasorum qui leur sont associés se congestionnent; il en résulte que le trajet des vaisseaux lymphatiques superficiels apparaît à travers la peau sous forme de lignes rouges sensibles. Cet état incommodant est appelé *lymphangite* (*aggeion* = vaisseau). ■

Les **troncs lymphatiques** sont formés par l'union des plus gros vaisseaux collecteurs et ils drainent des régions étendues de l'organisme. Les principaux troncs, nommés pour la plupart d'après les régions dont ils recueillent la lymphe, sont les **troncs lombal, broncho-médiastinal, subclavier** et **jugulaire,** qui sont des troncs pairs, ainsi que le tronc unique appelé **tronc intestinal** (figure 21.2b).

La lymphe atteint enfin deux gros *conduits* situés dans le thorax. Le **conduit lymphatique droit** draine la lymphe du bras droit et du côté droit de la tête et du thorax (figure 21.2a). Le **conduit thoracique,** beaucoup plus gros, reçoit la lymphe provenant du reste de l'organisme; il naît à l'avant des deux premières vertèbres lombales sous la forme d'un sac, la **citerne du chyle,** ou citerne de Pecquet. La citerne du chyle recueille la lymphe qui vient des membres inférieurs par les deux gros troncs lombaux et celle qui vient du système digestif par le tronc intestinal. Au cours de sa montée, le conduit thoracique reçoit le drainage lymphatique du côté gauche du thorax, du membre supérieur gauche et de la tête. Le conduit lymphatique droit et le conduit thoracique déversent la lymphe dans la circulation veineuse à la jonction de la veine jugulaire interne et de la veine subclavière, chacun de leur côté (figure 21.2b).

Transport de la lymphe

Contrairement au système cardiovasculaire, le système lymphatique fonctionne sans l'aide d'une pompe et, dans les conditions normales, la pression est très faible dans les vaisseaux lymphatiques. La lymphe y circule grâce à des mécanismes analogues à ceux du retour veineux, soit l'effet de propulsion dû à la contraction des muscles squelettiques, l'action des valvules lymphatiques (qui empêchent le reflux) et les variations de pression créées dans la cavité thoracique pendant l'inspiration. En outre, la pulsation des artères favorise l'écoulement de la lymphe, puisque les mêmes gaines de tissu conjonctif enveloppent les vaisseaux sanguins et les vaisseaux lymphatiques. Enfin, il faut ajouter à cette liste de mécanismes les contractions rythmiques du muscle lisse des parois des troncs lymphatiques et du conduit thoracique. Malgré tout, le transport de la lymphe demeure sporadique, et il est beaucoup plus lent que celui du sang veineux. Les 3 L de lymphe qui entrent dans la circulation sanguine toutes les 24 heures correspondent presque exactement au volume de liquide qui s'en échappe vers le compartiment interstitiel au cours de la même période. On ne saurait trop insister sur l'importance des mouvements des tissus adjacents pour la propulsion de la lymphe. Lorsque l'activité physique ou les mouvements passifs s'intensifient, l'écoulement de la lymphe accélère considérablement de façon à compenser l'accroissement des fuites de liquides à partir des capillaires sanguins qui se produit alors. Par conséquent, lorsqu'une partie de l'organisme est très infectée, il est indiqué de l'immobiliser pour entraver le drainage des substances inflammatoires de la région infectée.

Tout ce qui nuit au retour de la lymphe dans le sang, notamment les tumeurs ou l'ablation chirurgicale de vaisseaux lymphatiques (au cours d'une mastectomie radicale, par exemple), cause un important œdème localisé (*lymphœdème*). Toutefois, la régénération des vaisseaux restants finit généralement par rétablir le drainage d'une région où des vaisseaux lymphatiques ont été enlevés. ■

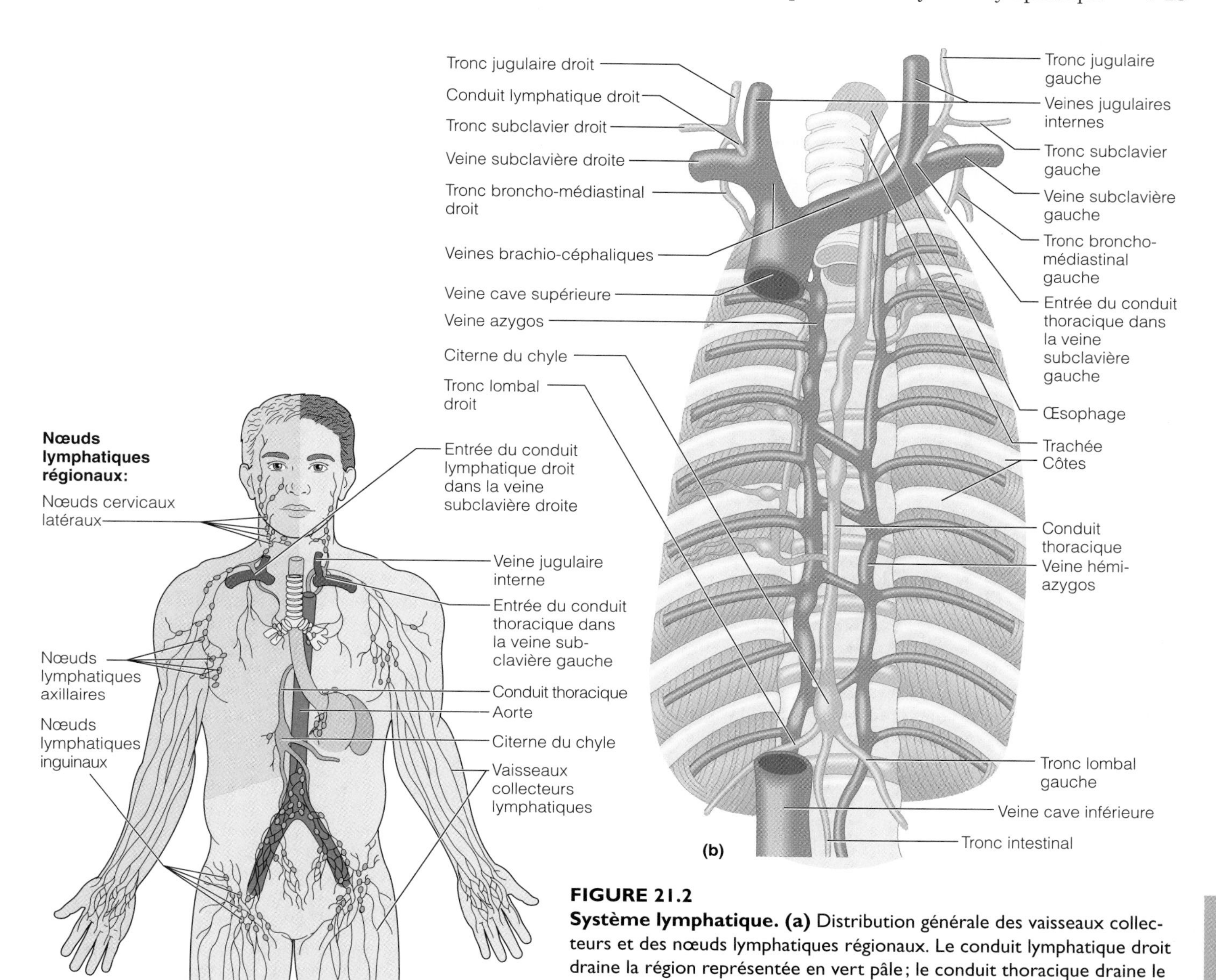

FIGURE 21.2
Système lymphatique. (a) Distribution générale des vaisseaux collecteurs et des nœuds lymphatiques régionaux. Le conduit lymphatique droit draine la région représentée en vert pâle; le conduit thoracique draine le reste de l'organisme (en beige). **(b)** Agrandissement des principales veines de la partie supérieure du thorax et points d'entrée du conduit lymphatique droit et du conduit thoracique. Les principaux troncs lymphatiques sont aussi indiqués.

CELLULES, TISSU ET ORGANES LYMPHATIQUES: VUE D'ENSEMBLE

Pour comprendre quelques-uns des principaux aspects du rôle du système lymphatique dans la protection et la défense de l'organisme, nous allons d'abord examiner les composantes des organes lymphatiques, soit les cellules et le tissu lymphatiques. Puis nous étudierons les organes lymphatiques proprement dits.

Cellules lymphatiques

Les microorganismes infectieux qui réussissent à franchir les barrières épithéliales de l'organisme (tels les bactéries et les virus) se multiplient rapidement dans les tissus conjonctifs lâches sous-jacents. Ces envahisseurs se butent toutefois à la réaction inflammatoire, aux phagocytes (macrophagocytes) et aux lymphocytes (variété de globules blancs décrite au chapitre 18).

Soldats d'élite du système immunitaire, les **lymphocytes** prennent naissance dans la moelle osseuse rouge (en même temps que d'autres éléments figurés). Leur maturation les fait ensuite se transformer en cellules immunocompétentes dont il existe deux variétés: les **lymphocytes T** et les **lymphocytes B.** Le rôle de ces lymphocytes consiste à défendre l'organisme contre des antigènes. (De façon générale, les *antigènes* sont toutes les particules que l'organisme perçoit comme étrangères, par exemple des bactéries et leurs toxines, des virus, des globules rouges incompatibles ou des cellules cancéreuses.) Les lymphocytes T activés dirigent la réaction inflammatoire, et certains d'entre eux attaquent directement les

À quelle sous-classe de tissu appartient le tissu conjonctif réticulaire ?

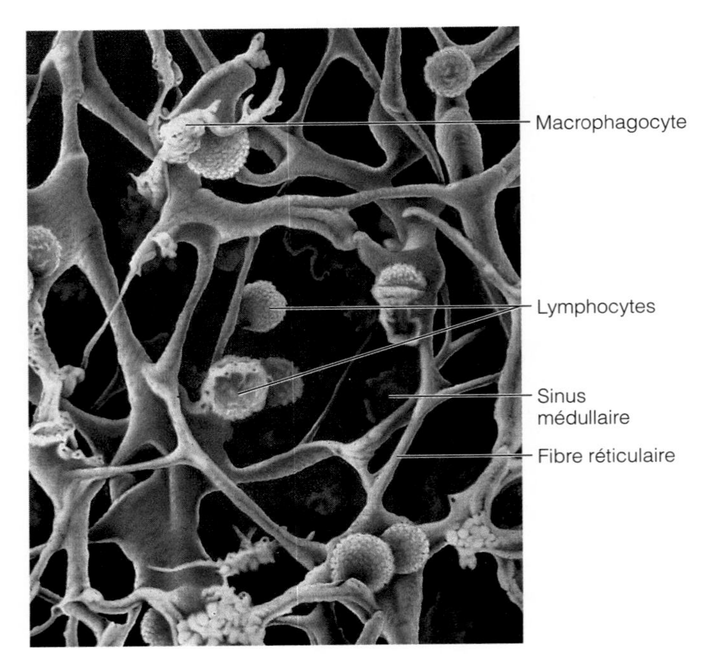

FIGURE 21.3
Micrographie au microscope électronique à balayage du tissu réticulaire d'un nœud lymphatique humain (850 ×).

cellules étrangères pour les détruire. Les lymphocytes B protègent l'organisme en produisant des **plasmocytes,** c'est-à-dire des cellules filles qui sécrètent des anticorps dans le sang (ou d'autres liquides organiques). Ces anticorps immobilisent les antigènes jusqu'à ce que ceux-ci soient détruits par des phagocytes ou par d'autres moyens. Les rôles des lymphocytes et les mécanismes de l'immunité sont décrits plus en détail au chapitre 22.

Les **macrophagocytes,** ou macrophages, du système lymphatique jouent un rôle capital dans la protection de l'organisme et dans la réponse immunitaire : ils phagocytent les cellules étrangères et contribuent à l'activation des lymphocytes T. En forme d'épines, les **cellules dendritiques** du tissu lymphatique jouent le même rôle. Enfin, les **cellules réticulaires,** semblables à des fibroblastes, produisent le **stroma** (charpente) de fibres réticulaires qui soutient les autres variétés de cellules des organes lymphatiques (voir la figure 21.3).

Tissu lymphatique

Le **tissu lymphatique (lymphoïde)** est une composante importante du système immunitaire, principalement pour les deux raisons suivantes : (1) il abrite les lymphocytes et leur fournit un site de prolifération ; (2) il offre aux lymphocytes et aux macrophagocytes une position stratégiquement idéale pour surveiller l'organisme. Le tissu lymphatique est une variété de tissu conjonctif lâche appelé **tissu conjonctif réticulaire.** Il prédomine dans tous les organes lymphatiques, sauf dans le thymus. Les macrophagocytes vivent accrochés aux fibres du tissu lymphatique. Dans les espaces libres du réseau se trouvent aussi d'innombrables lymphocytes qui se faufilent entre les parois des capillaires et des veinules ; ils y demeurent temporairement (figure 21.3) avant de repartir faire leurs rondes de surveillance dans l'organisme. Cette circulation continuelle des lymphocytes entre les vaisseaux, le tissu lymphatique et le tissu conjonctif lâche leur permet de se rendre rapidement dans des régions infectées ou lésées.

Il existe plusieurs formes de tissu lymphatique. Le **tissu lymphatique diffus** se compose de quelques éléments réticulaires dispersés et est présent dans presque tous les organes de l'organisme, mais on le trouve en plus grande quantité dans la lamina propria des muqueuses (couche de tissu conjonctif aréolaire situé sous l'épithélium) et à l'intérieur des organes lymphatiques. Les **follicules,** ou **nodules, lymphatiques** ne sont pas encapsulés, tout comme le tissu lymphatique diffus, mais ce sont habituellement des corps sphériques durs composés d'éléments et cellules réticulaires très entassés. Les follicules présentent souvent un centre, qui prend une teinte pâle à la coloration, le **centre germinatif.** Étant donné qu'ils renferment surtout des cellules dendritiques et des lymphocytes B, les centres germinatifs grossissent considérablement lorsque les lymphocytes B en cours de division rapide produisent des plasmocytes. Souvent, les follicules constituent une partie des organes lymphatiques plus gros, tels les nœuds lymphatiques. Cependant, on trouve des amas isolés de follicules lymphatiques dans la paroi intestinale, où ils portent le nom de follicules lymphatiques agrégés (voir la figure 21.5). On en trouve aussi dans l'appendice vermiforme.

Organes lymphatiques

Les **organes lymphatiques,** tels que les nœuds lymphatiques, la rate et le thymus (figure 21.5), sont des amas de tissu lymphatique diffus bien délimités et encapsulés. L'arrangement exact du tissu lymphatique n'est pas le même d'un organe lymphatique à l'autre, comme nous allons le voir ci-dessous.

NŒUDS LYMPHATIQUES

Avant de retourner dans la circulation sanguine, la lymphe est filtrée dans les **nœuds lymphatiques,** ou ganglions lymphatiques, groupés le long des vaisseaux lymphatiques. Bien qu'ils se comptent par centaines, les nœuds lymphatiques sont généralement invisibles, car ils sont enchâssés dans du tissu conjonctif. On trouve des groupes étendus de nœuds lymphatiques près de la surface des régions de l'aine, de l'aisselle et du cou ainsi que dans la cavité abdominale, c'est-à-dire aux endroits où la convergence des vaisseaux lymphatiques forme des troncs (voir la figure 21.2a).

Les nœuds lymphatiques ont deux fonctions principales, reliées à la défense de l'organisme. Premièrement, grâce aux macrophagocytes qu'ils abritent, les nœuds lymphatiques jouent le rôle de filtres qui épurent la lymphe.

Au tissu conjonctif lâche.

Les nœuds lymphatiques possèdent moins de vaisseaux efférents que de vaisseaux afférents. Quel avantage cela représente-t-il?

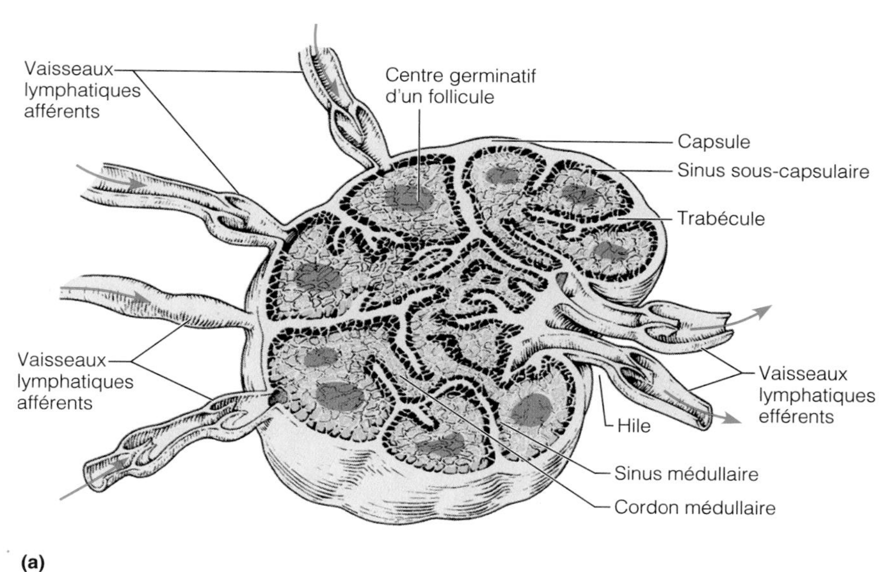

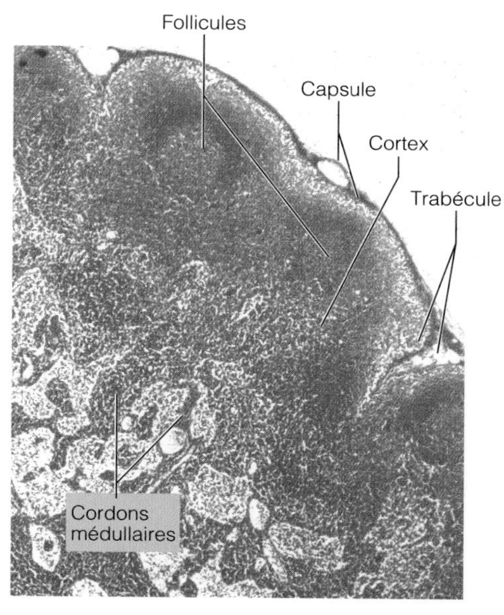

FIGURE 21.4
Structure d'un nœud lymphatique. (a) Coupe longitudinale d'un nœud lymphatique et des vaisseaux lymphatiques associés. Notez que les vaisseaux lymphatiques efférents qui sortent du nœud au hile sont moins nombreux que les vaisseaux lymphatiques afférents qui pénètrent dans le nœud du côté convexe. Les flèches indiquent le sens de l'écoulement de la lymphe. **(b)** Photomicrographie d'une partie d'un nœud lymphatique (25 ×).

Les macrophagocytes éliminent et détruisent les microorganismes et autres débris qui pénètrent dans la lymphe à partir du tissu conjonctif lâche. De cette façon, ils empêchent les particules étrangères d'entrer dans le sang et de se disséminer dans l'organisme. Deuxièmement, les nœuds lymphatiques contribuent à l'activation du système immunitaire. Les lymphocytes, qui occupent eux aussi une position stratégique dans les nœuds lymphatiques, surveillent le courant lymphatique pour détecter des *antigènes* et lancer une attaque contre eux. Examinons comment la structure d'un nœud lymphatique contribue à ces fonctions de défense.

Structure d'un nœud lymphatique

Les nœuds lymphatiques présentent des formes et des dimensions variées, mais la plupart sont réniformes (en forme de haricot) et mesurent entre 1 et 25 mm de longueur. Chaque nœud lymphatique est entouré d'une **capsule** de tissu conjonctif dense; les travées incomplètes de tissu conjonctif que projette la capsule, appelées **trabécules,** divisent le nœud en lobules (figure 21.4). La charpente interne du nœud, ou **stroma** de fibres réticulaires, soutient la population fluctuante de lymphocytes.

Le nœud lymphatique comprend deux régions distinctes au point de vue histologique: le **cortex** et la **médulla.** Le cortex contient des amas très denses de follicules; un grand nombre de ces follicules possèdent un centre germinatif où les lymphocytes B en division prédominent. Les cellules dendritiques encapsulent en partie les follicules et sont en contact avec le reste du cortex, qui renferme surtout des lymphocytes T en transit. Les lymphocytes T circulent continuellement entre le sang, les nœuds lymphatiques et le courant lymphatique pour effectuer leur surveillance. Les **cordons médullaires** sont des prolongements minces et profonds du cortex; ils abritent des lymphocytes et des plasmocytes et donnent à la médulla sa forme. Le nœud est parcouru de **sinus lymphatiques,** de gros capillaires lymphatiques traversés par des fibres réticulaires. Sur ces fibres se trouvent de nombreux macrophagocytes qui phagocytent les particules étrangères lorsque la lymphe passe dans les sinus. En outre, une partie des antigènes ainsi transportés par la lymphe dans les sinus s'échappent dans le tissu réticulaire adjacent et incitent les lymphocytes qui y font la surveillance à déclencher une réaction immunitaire contre eux.

> *Pour vous aider dans votre étude de la matière, constituez un groupe de travail avec d'autres étudiants. Chacun à votre tour, dessinez une région du corps au tableau et demandez à vos camarades d'en trouver le nom et d'en décrire la physiologie.*
>
> *Brooke Bott, étudiante en sciences infirmières*

Cela fait stagner la lymphe dans le nœud lymphatique, d'où un laps de temps plus considérable pour son épuration.

21

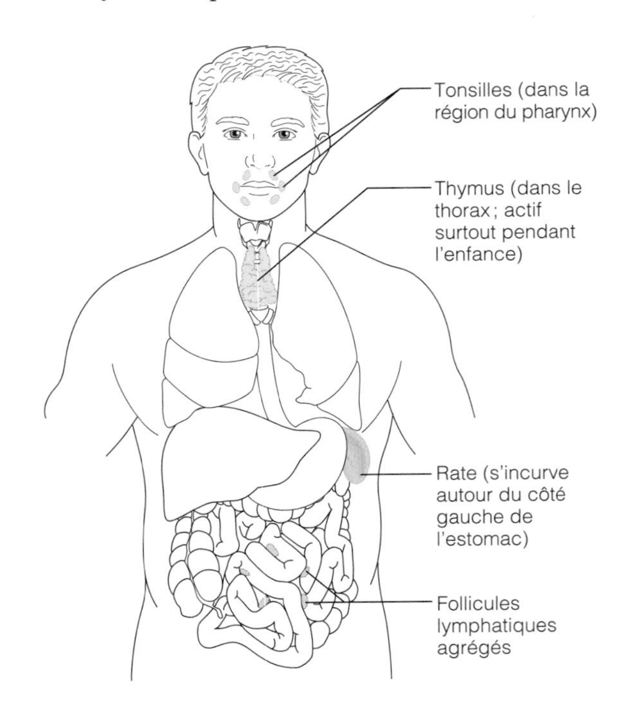

FIGURE 21.5
Organes lymphatiques. Situation des tonsilles, de la rate, du thymus et des follicules lymphatiques agrégés.

Circulation dans les nœuds lymphatiques

La lymphe entre par des **vaisseaux lymphatiques afférents** dans le côté convexe du nœud lymphatique. Elle passe ensuite dans un gros sinus en forme de sac, le **sinus sous-capsulaire.** De là, elle s'écoule dans les sinus corticaux, des sinus de moindres dimensions creusés dans le cortex, puis elle pénètre dans les sinus médullaires (médulla). Après y avoir décrit un trajet sinueux, elle sort au **hile,** la partie concave du côté opposé au nœud, par les **vaisseaux lymphatiques efférents.** (Le hile est aussi la porte d'entrée d'une artère et la porte de sortie d'une veine du système cardiovasculaire.) Comme les vaisseaux efférents sont moins nombreux que les vaisseaux afférents, la lymphe stagne quelque peu dans le nœud, ce qui laisse aux lymphocytes et aux macrophagocytes le temps d'agir. En général, la lymphe doit traverser plusieurs nœuds pour être complètement purifiée.

Il arrive que les nœuds lymphatiques soient envahis par les particules étrangères qu'ils sont censés éliminer de la lymphe. La présence d'un grand nombre de bactéries ou de virus dans un nœud cause son inflammation et le rend douloureux. Le nœud ainsi infecté est appelé *bubon.* (Les bubons constituent le symptôme le plus évident de la peste bubonique, qui a tué 25 % de la population européenne vers la fin du Moyen Âge.) Par ailleurs, les nœuds lymphatiques peuvent devenir des foyers cancéreux secondaires, particulièrement dans les métastases cancéreuses lorsque les cellules cancéreuses pénètrent dans les vaisseaux lymphatiques et y restent emprisonnées (le cancer du sein atteint souvent les nœuds lymphatiques axillaires). Contrairement aux nœuds infectés par des microorganismes, les nœuds cancéreux ne sont pas douloureux. ■

AUTRES ORGANES LYMPHATIQUES

Outre les nœuds lymphatiques, les **organes lymphatiques** sont la rate, le thymus, les tonsilles et les follicules lymphatiques agrégés (voir la figure 21.5). On trouve aussi des parcelles de tissu lymphatique çà et là dans les tissus conjonctifs. Tous ces organes et amas de tissu lymphatiques possèdent une même composition histologique : ils sont formés de *tissu conjonctif réticulaire.* Bien que tous les organes lymphatiques concourent à la protection de l'organisme, les nœuds lymphatiques sont les seuls à filtrer la lymphe. Les autres organes et tissus lymphatiques portent des vaisseaux lymphatiques efférents, mais aucun vaisseau lymphatique afférent. Nous présentons ci-dessous les caractéristiques de ces organes et amas de tissu lymphatiques.

Rate

La **rate** est un organe mou et richement irrigué. De la taille d'un poing, c'est le plus gros des organes lymphatiques. La rate est située du côté gauche de la cavité abdominale, juste au-dessous du diaphragme, et elle s'incurve autour de la partie antérieure de l'estomac (voir les figures 21.5 et 21.6c). Elle est desservie par un gros vaisseau, *l'artère splénique*, et par la *veine splénique,* lesquelles entrent et sortent du *hile* sur sa face antérieure légèrement concave.

La rate est un site de prolifération des lymphocytes et un site d'élaboration de la réaction immunitaire. De plus, la rate a pour fonction de purifier le sang. Non seulement en extrait-elle les globules et les plaquettes détériorées, mais elle en retire aussi à travers ses sinus les débris, les corps étrangers, les virus, les toxines, etc. La rate assume également trois autres fonctions apparentées.

1. Elle emmagasine une partie des produits de la dégradation des globules rouges en vue d'une réutilisation ultérieure, et elle en libère une autre partie dans le sang, à destination du foie. Par exemple, le fer est récupéré et emmagasiné dans les macrophagocytes de la rate avant d'être réutilisé par la moelle osseuse pour la production de l'hémoglobine.
2. La rate est le siège de l'érythropoïèse chez le fœtus. En temps normal, cette fonction cesse à la naissance mais dans certaines situations (anémie hémolytique, par exemple), elle peut réapparaître chez l'adulte.
3. La rate emmagasine des plaquettes (30 % des plaquettes de tout l'organisme en temps normal).

Comme les nœuds lymphatiques, la rate est entourée par une capsule fibreuse (comprenant des fibres musculaires lisses), qui se prolonge vers l'intérieur par les trabécules de la rate (figure 21.6), et elle renferme elle aussi des lymphocytes et des macrophagocytes. La rate contient également une énorme quantité d'érythrocytes, caractéristique reliée à ses fonctions d'épuration du sang. Les régions composées principalement de lymphocytes T et B suspendus à des fibres réticulaires constituent la **pulpe blanche.** La pulpe blanche forme des manchons autour des *artères centrales* (petites ramifications de l'artère splénique) et elle dessine des îlots dans la pulpe rouge. La **pulpe rouge** est essentiellement constituée de tout le tissu splénique restant, soit les sinus veineux (des sinusoïdes,

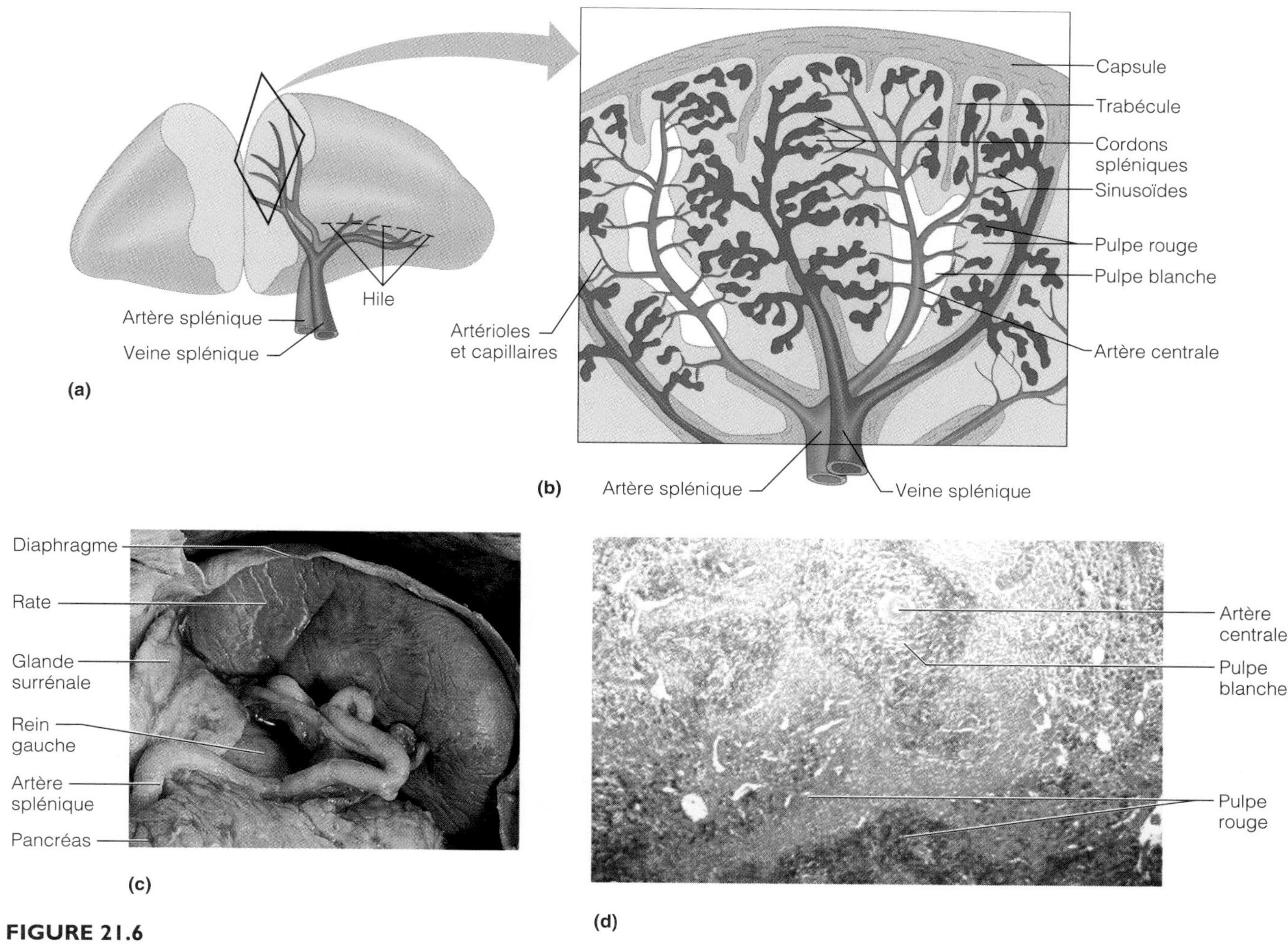

FIGURE 21.6
Structure de la rate. (a) Structure macroscopique (vue schématique). **(b)** Représentation schématique de la structure histologique d'une partie de la rate. **(c)** Photographie d'une rate en position normale dans la cavité abdominale; vue antérieure. **(d)** Photomicrographie de la rate montrant la pulpe blanche et la pulpe rouge (94 ×). La pulpe blanche est composée principalement de lymphocytes entourant les ramifications de l'artère splénique; la pulpe rouge, autour de la pulpe blanche, contient des érythrocytes et des sinusoïdes.

capillaires d'un type particulier; voir le chapitre 20) et les **cordons spléniques,** des régions de tissu conjonctif réticulaire qui contiennent des érythrocytes et un très grand nombre de macrophagocytes. Les artères centrales apportent une partie du sang dans des capillaires qui *s'ouvrent* dans les cordons spléniques (le circuit n'est plus fermé comme il l'est ailleurs dans l'organisme), ce qui permet aux macrophagocytes de la pulpe rouge d'intervenir dans la destruction des vieux érythrocytes, des vieilles plaquettes et des agents pathogènes présents dans le sang. La pulpe blanche quant à elle assure surtout une fonction immunitaire. Il est à noter que les adjectifs «rouge» et «blanche» dénotent l'apparence de la pulpe splénique fraîche, et non pas ses réactions à la coloration. En fait, comme le montre la photomicrographie de la figure 21.6d, la pulpe blanche prend une teinte plutôt violacée et semble plus foncée que la pulpe rouge.

La minceur relative de sa capsule expose la rate à la rupture et à l'hémorragie interne en cas de coup direct ou d'infection grave. De tels événements dictent l'ablation de la rate (une intervention appelée *splénectomie*) et la cautérisation de l'artère splénique, en raison des risques très graves d'hémorragie et de choc. En dépit de la taille imposante et des fonctions importantes de cet organe, son ablation chirurgicale entraîne peu de problèmes, car le foie et la moelle osseuse suppléent à son absence. Après une splénectomie, cependant, le patient court plus de risques de contracter certaines infections bactériennes. Chez les enfants de moins de 12 ans qui subissent une splénectomie, la rate se régénérera si on en laisse une petite partie en place. ■

Thymus

Le **thymus** est une glande bilobée qui ne joue un rôle important que pendant les premières années de la vie. Chez le nourrisson, le thymus est situé au bas du cou et il s'étend, sous le sternum, jusque dans le médiastin, où il recouvre partiellement le cœur (voir les figures 21.5 et 21.7a). Grâce aux hormones qu'il sécrète (thymosine et

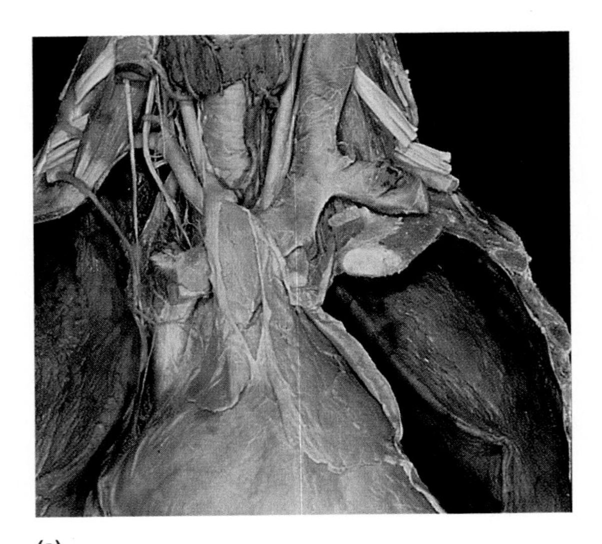

(a)

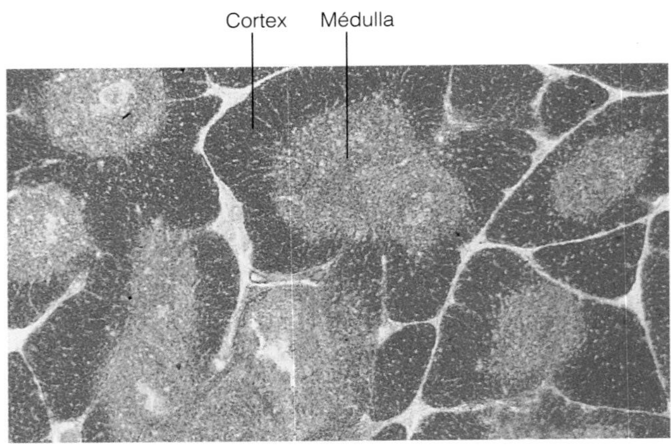

(b)

FIGURE 21.7
Situation et structure histologique du thymus.
(a) Photographie montrant la situation du thymus dans l'organisme. **(b)** Photomicrographie d'une partie du thymus montrant le cortex et la médulla des lobules (25 ×).

thymopoïétine), le thymus rend les lymphocytes T immunocompétents, c'est-à-dire aptes à agir contre des agents pathogènes précis dans le cadre de la réaction immunitaire (voir le chapitre 22). Cet organe produit, par prolifération, différenciation et sélection, une telle diversité de lymphocytes T que chaque antigène étranger qui sera rencontré au cours de la vie aura « son » lymphocyte qui pourra le reconnaître. Par ailleurs, le thymus confère aussi à ces lymphocytes le pouvoir de distinguer ce qui appartient à l'organisme (le « soi ») de ce qui provient de l'environnement. La taille du thymus varie au cours des années. Déjà étendu chez le nouveau-né, il se développe pendant l'enfance, période au cours de laquelle il est le plus actif. Il cesse de croître à l'adolescence, après quoi il s'atrophie graduellement. Chez la personne âgée, il est presque entièrement remplacé par une masse de tissu conjonctif et adipeux, et on peut difficilement le distinguer du tissu conjonctif environnant.

Pour mieux comprendre l'histologie du thymus, on peut le comparer à un chou-fleur ; chacun de ses deux lobes est divisé en lobules par des cloisons et ces *lobules du thymus* ressemblent aux bouquets d'un chou-fleur, chaque bouquet comprenant une portion périphérique (le cortex) et une portion centrale (la médulla) (figure 21.7b). Lorsque le thymus commence à s'atrophier après l'adolescence, la zone corticale disparaît plus vite que la zone médullaire, dont il peut subsister quelques fragments (involution). La très grande majorité des cellules du thymus sont des lymphocytes. Dans la région corticale, les lymphocytes en division rapide sont densément entassés, et on trouve quelques macrophagocytes éparpillés parmi eux. La région médullaire, de teinte plus pâle à la coloration, contient également des lymphocytes plus matures et moins nombreux que ceux de la région corticale, ainsi que de curieuses structures sphériques appelées **corpuscules thymiques,** ou corpuscules de Hassall ; ces structures semblent constituées de cellules épithéliales en train de dégénérer, mais leur rôle est encore mal connu.

Deux éléments importants distinguent le thymus des autres organes lymphatiques. Premièrement, le thymus sert strictement à la maturation des lymphocytes T ; il est donc le seul organe lymphatique qui ne combat pas *directement* les antigènes. En fait, la *barrière hémato-thymique* empêche les antigènes transportés par le sang d'entrer dans les régions corticales et d'activer ainsi prématurément les lymphocytes encore immatures. Deuxièmement, le stroma du thymus, c'est-à-dire sa charpente, est constitué de cellules épithéliales étoilées plutôt que de fibres réticulaires. Ces cellules, appelées **thymocytes,** secrètent les hormones qui rendent les lymphocytes immunocompétents.

Tonsilles

Les **tonsilles,** ou amygdales, sont probablement les organes lymphatiques les plus simples. Elles forment un anneau de tissu lymphatique autour de l'entrée du pharynx, où elles apparaissent comme des « renflements » de la muqueuse (figure 21.5, et figure 23.3, p. 805). Elles sont nommées d'après leur localisation. Les **tonsilles palatines** sont situées de part et d'autre de l'extrémité postérieure de la cavité orale. Ce sont les tonsilles les plus grosses et les plus fréquemment infectées. Les **tonsilles linguales** sont logées à la base de la langue, et les **tonsilles pharyngiennes** (*végétations adénoïdes*) se trouvent dans la paroi postérieure du nasopharynx. Les petites **tonsilles tubaires** entourent les ouvertures des trompes auditives dans le pharynx. Les tonsilles recueillent et détruisent la majeure partie des agents pathogènes qui, portés par l'air ou par les aliments, pénètrent dans le pharynx.

Le tissu lymphatique des tonsilles comprend des follicules dont les centres germinatifs apparents sont entourés de lymphocytes clairsemés. La masse des tonsilles n'est pas complètement encapsulée, et l'épithélium qui les recouvre s'invagine profondément, formant des culs-de-sac appelés **cryptes tonsillaires** (figure 21.8). Les bactéries et les particules qu'emprisonnent les cryptes tonsillaires traversent l'épithélium muqueux et parviennent au tissu lymphatique, où la plupart sont détruites. De prime abord, la stratégie qui consiste à « attirer » l'infection de la sorte semble assez dangereuse. Cependant, la grande variété de cellules immunitaires qui sont produites de cette façon garde le « souvenir » des agents pathogènes rencontrés (mémoire immunitaire). L'organisme prend

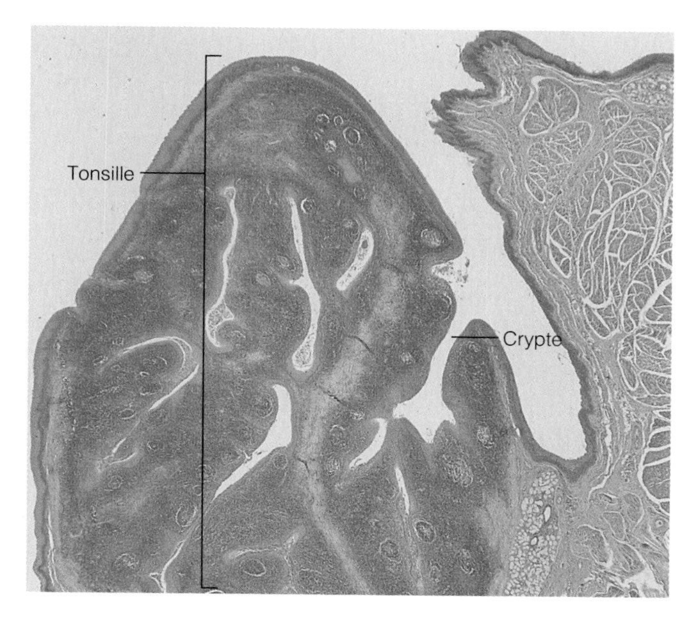

FIGURE 21.8
Structure histologique d'une tonsille palatine. La surface de la tonsille est recouverte d'un épithélium squameux qui s'invagine profondément. Les structures sphériques sont des follicules (10 ×).

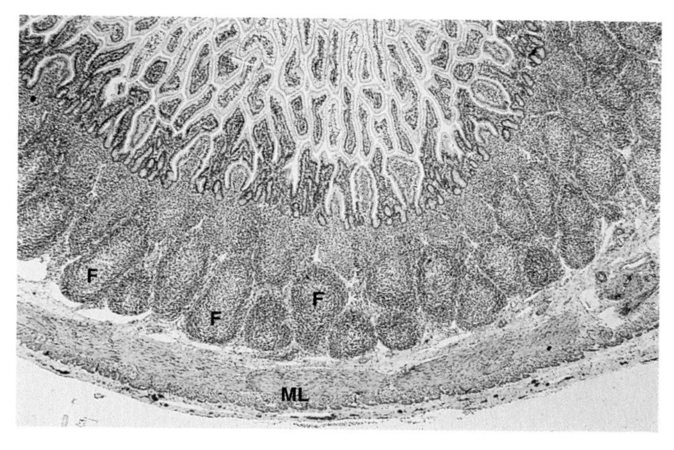

FIGURE 21.9
Structure histologique des follicules lymphatiques agrégés dans la paroi de l'iléum de l'intestin grêle (20 ×).
(F = follicules lymphatiques agrégés ; ML = muscle lisse.)

donc pendant l'enfance un risque calculé dont il retire les bénéfices ultérieurement, à savoir une plus grande immunité et une meilleure santé.

Amas de nodules lymphatiques

Les **follicules lymphatiques agrégés,** ou plaques de Peyer, sont situés dans la paroi de l'iléum, la partie distale de l'intestin grêle (figures 21.5 et 21.9) ; il s'agit de gros amas isolés de nodules lymphatiques dont la structure est semblable à celle des tonsilles. D'autres nodules lymphatiques se trouvent aussi en forte concentration dans la paroi de l'**appendice vermiforme,** une ramification tubulaire du segment initial (cæcum) du gros intestin. Les follicules lymphatiques agrégés et l'appendice vermiforme occupent une position idéale pour jouer deux rôles : (1) détruire les bactéries (nombreuses dans l'intestin) avant que celles-ci ne franchissent la paroi intestinale ; (2) produire un grand nombre de lymphocytes doués de « mémoire » et destinés à l'immunité à long terme. Les follicules lymphatiques agrégés, les nodules de l'appendice vermiforme et les tonsilles, tous situés dans les voies digestives, ainsi que les nodules lymphatiques des parois des bronches (organes de la respiration) font partie d'un ensemble de petites masses tissulaires appelées **formations lymphatiques associées aux muqueuses (MALT)**, dont le rôle est de protéger les voies respiratoires et digestives contre les assauts répétés des corps étrangers qui y pénètrent.

DÉVELOPPEMENT DU SYSTÈME LYMPHATIQUE

Dès la cinquième semaine du développement embryonnaire, les ébauches des vaisseaux lymphatiques et les principaux groupes de nœuds lymphatiques apparaissent. Ils naissent des **sacs lymphatiques** qui se développent à partir des veines en voie de formation. Les premiers de ces sacs, les *sacs lymphatiques jugulaires,* émergent aux jonctions des veines jugulaires internes primitives et des veines subclavières primitives, et ils forment un réseau de vaisseaux lymphatiques dans le thorax, les extrémités supérieures et la tête. Les deux principales connexions entre les sacs lymphatiques jugulaires et le réseau veineux subsistent et donnent naissance au conduit lymphatique droit et, sur la gauche, à la partie supérieure du conduit thoracique. À l'extrémité caudale de l'embryon, le réseau élaboré des vaisseaux lymphatiques abdominaux se développe surtout à partir de la veine cave inférieure primitive. Les vaisseaux lymphatiques du bassin et des extrémités inférieures naissent de sacs formés au niveau des veines iliaques primitives.

À l'exception du thymus, d'origine endodermique, les organes du système lymphatique proviennent du mésoderme. Les cellules mésenchymateuses du mésoderme migrent vers des sites caractéristiques, où elles se transforment en tissu réticulaire. Le thymus est le premier organe lymphatique à apparaître. D'abord constitué par une excroissance de revêtement du pharynx primitif, il se détache et migre en direction de l'extrémité caudale jusque dans le thorax, où il est infiltré par des lymphocytes immatures dérivés de tissus hématopoïétiques situés ailleurs dans l'organisme. À l'exception de la rate, tous les organes lymphatiques sont imparfaitement développés chez le fœtus. Peu de temps après la naissance, cependant, ils se peuplent d'un très grand nombre de lymphocytes, et leur développement se poursuit parallèlement à celui du système immunitaire (voir le chapitre 22). Il semble que le thymus embryonnaire produise des hormones qui régissent le développement des autres organes lymphatiques.

* * *

SYNTHÈSE

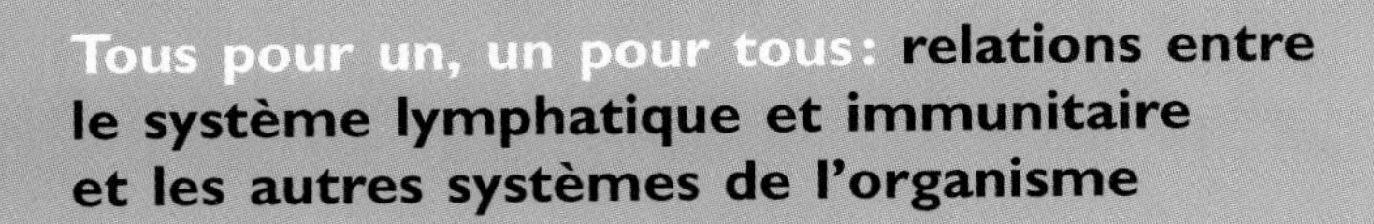

Tous pour un, un pour tous : relations entre le système lymphatique et immunitaire et les autres systèmes de l'organisme

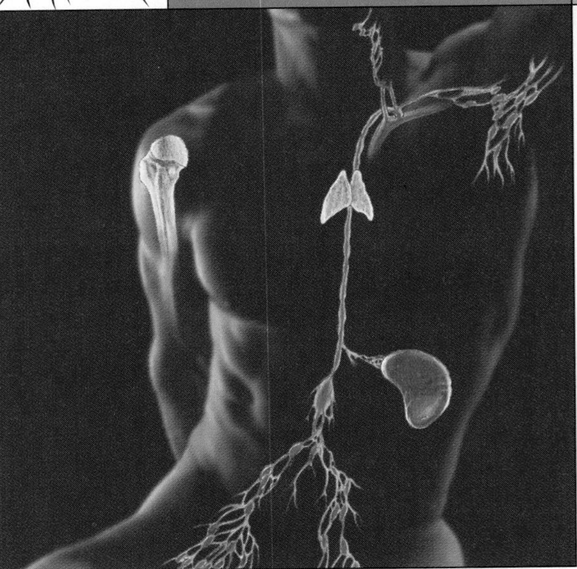

Système tégumentaire

- Les vaisseaux lymphatiques captent les liquides et les protéines plasmatiques échappés des capillaires du derme ; les lymphocytes présents dans la lymphe combattent des agents pathogènes spécifiques par l'intermédiaire de la réponse immunitaire, renforçant ainsi le rôle de protection de la peau.
- L'épithélium kératinisé de la peau est une barrière mécanique qui constitue une protection contre les antigènes ; les macrophagocytes intraépidermiques et les macrophagocytes du derme se chargent de la présentation des antigènes lors de la réponse immunitaire ; le pH acide des sécrétions de la peau inhibe la croissance des bactéries sur la peau.

Système osseux

- Les vaisseaux lymphatiques captent les liquides et les protéines plasmatiques échappés des capillaires du périoste ; les cellules immunitaires protègent les os contre les agents pathogènes.
- Les os renferment le tissu hématopoïétique (moelle rouge) ; ce tissu produit les lymphocytes (et les macrophagocytes) qui « patrouillent » les organes lymphatiques et contribuent à l'immunité de l'organisme.

Système musculaire

- Les vaisseaux lymphatiques captent les liquides et les protéines plasmatiques échappés des capillaires du tissu musculaire squelettique ; les cellules immunitaires protègent les muscles contre les agents pathogènes.
- La « pompe » musculaire favorise l'écoulement de la lymphe ; la chaleur produite au cours de l'activité musculaire cause des effets semblables à ceux de la fièvre ; les muscles protègent les nœuds lymphatiques superficiels.

Système nerveux

- Les vaisseaux lymphatiques captent les liquides et les protéines plasmatiques échappés des capillaires des structures du système nerveux périphérique ; les cellules immunitaires protègent le système nerveux périphérique contre des agents pathogènes spécifiques.
- Le système nerveux innerve les gros vaisseaux lymphatiques ; les neuropeptides opiacés exercent une influence sur les fonctions immunitaires ; l'encéphale participe à la régulation de la réponse immunitaire ; les émotions influent sur l'activité des lymphocytes T.

Système endocrinien

- Les vaisseaux lymphatiques captent les liquides et les protéines plasmatiques échappés des capillaires des tissus endocriniens ; la lymphe permet la circulation des hormones ; les cellules immunitaires protègent les organes endocriniens.
- Le thymus produit des hormones qui favorisent la croissance des organes lymphatiques et « programment » les lymphocytes T ; les hormones libérées en période de stress dépriment l'activité immunitaire.

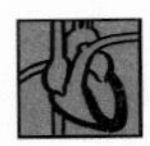

Système cardiovasculaire

- Les vaisseaux lymphatiques captent les liquides et les protéines plasmatiques échappés des capillaires du cœur et des vaisseaux sanguins ; la rate détruit les vieux globules rouges, emmagasine le fer et les plaquettes, et débarrasse le sang de ses débris ; les cellules immunitaires protègent les organes cardiovasculaires contre des agents pathogènes spécifiques.
- Le sang est la source de la lymphe ; les vaisseaux lymphatiques se développent à partir de veines ; le sang fournit un trajet à la circulation d'éléments immuns, et apporte de l'oxygène et des nutriments aux organes lymphatiques.

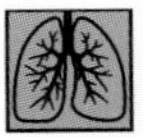

Système respiratoire

- Les vaisseaux lymphatiques captent les liquides et les protéines plasmatiques échappés des capillaires des organes respiratoires ; les cellules immunitaires protègent les organes respiratoires contre des agents pathogènes spécifiques ; les tonsilles et les plasmocytes de la muqueuse respiratoire (qui sécrètent des anticorps de type IgA) empêchent les agents pathogènes d'envahir l'organisme.
- Les poumons fournissent l'oxygène dont les cellules lymphatiques et immunitaires ont besoin et ils éliminent le gaz carbonique ; le pharynx abrite les tonsilles ; l'action de la « pompe » respiratoire facilite l'écoulement de la lymphe.

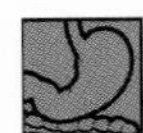

Système digestif

- Les vaisseaux lymphatiques captent les liquides et les protéines échappés des capillaires des organes digestifs ; la lymphe transporte certains produits de la digestion des graisses et les achemine vers le sang ; les nodules lymphatiques situés dans la paroi de l'intestin empêchent les agents pathogènes d'envahir l'organisme.
- Le système digestif produit, par digestion, des nutriments nécessaires aux cellules des organes lymphatiques et il les absorbe ; l'acidité de l'estomac empêche les agents pathogènes de pénétrer dans le sang.

Système urinaire

- Les vaisseaux lymphatiques captent les liquides et les protéines plasmatiques échappés des capillaires des organes du système urinaire ; les cellules immunitaires protègent le système urinaire contre des agents pathogènes spécifiques.
- Le système urinaire excrète les déchets métaboliques et maintient l'équilibre hydro-électrolytique et acido-basique du sang afin d'assurer le fonctionnement des cellules lymphatiques et immunitaires ; l'urine débarrasse l'organisme de certains agents pathogènes.

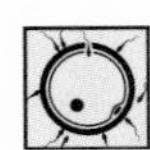

Système génital

- Les vaisseaux lymphatiques captent les liquides et les protéines plasmatiques échappés des capillaires des organes du système génital ; les cellules immunitaires protègent le système génital contre les agents pathogènes.
- Les hormones sexuelles peuvent influer sur la fonction immunitaire ; les sécrétions vaginales ont un pH acide au pouvoir bactériostatique ; le sperme contient une substance antibiotique qui détruit certaines bactéries.

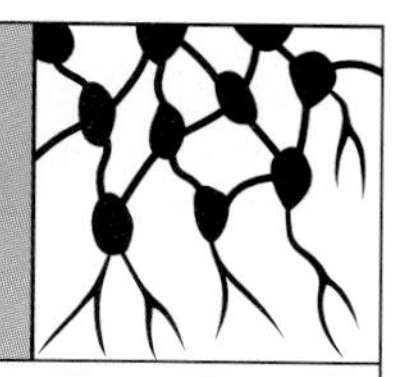

Liens particuliers : relations entre le système lymphatique et immunitaire et le système cardiovasculaire

Toutes les cellules vivantes de l'organisme baignent dans la lymphe. Pourtant, il est difficile de visualiser le système lymphatique, car ses vaisseaux, ses organes et son tissu sont (pour la plupart) bien cachés. Comme pour la taupe qui se fraye un chemin sous la terre dans votre jardin, on sait que le système lymphatique existe, mais on ne voit jamais ce qu'il fait. Étant donné que les hormones produites par les organes endocriniens sont libérées dans le compartiment interstitiel et que les vaisseaux lymphatiques mettent en circulation le liquide qui contient ces hormones, il ne fait aucun doute que la lymphe joue un rôle important dans la distribution d'hormones partout dans l'organisme. La lymphe exerce une fonction semblable lorsqu'elle distribue les graisses absorbées par les organes digestifs. Chargé de protéger l'organisme contre des agents pathogènes spécifiques, le système immunitaire est souvent considéré comme un système qui fonctionne de façon séparée et indépendante. Il est toutefois impossible de séparer le système immunitaire du système lymphatique, d'une part parce que les organes lymphatiques sont les sites de programmation et de prolifération des cellules immunitaires, d'autre part parce que ces organes occupent une position stratégique pour détecter la présence de corps étrangers dans le sang et la lymphe. On comprend moins bien les liens précis qui existent entre les cellules immunitaires du tissu lymphatique et les systèmes nerveux et endocrinien — nous abordons ce sujet plus en détail au chapitre 22 (voir l'encadré des pages 770-771). Par ailleurs, bien que le système lymphatique desserve l'organisme tout entier, il dépend du système cardiovasculaire. C'est le lien entre ces deux systèmes que nous allons examiner ici.

Système cardiovasculaire

Vous savez maintenant que le système lymphatique capte les liquides et les protéines plasmatiques échappés et les retourne au système cardiovasculaire. Vous vous demandez peut-être ce que cela a d'extraordinaire : comme presque tout ce que nous buvons et mangeons contient de l'eau, l'eau que nous perdons est facilement et rapidement remplaçable, n'est-ce pas ? Oui, c'est un fait. Mais cette eau ne compense pas la fuite de protéines. Or, la production des protéines plasmatiques (la plupart élaborées par le foie) prend du temps et de l'énergie. Sans les protéines plasmatiques, qui contribuent de façon importante à garder le liquide dans les vaisseaux sanguins (ou à l'y faire retourner), les vaisseaux sanguins ne contiendraient pas suffisamment de liquide pour soutenir la circulation du sang. Et sans circulation sanguine, l'organisme mourrait du manque d'oxygène et de nutriments, noyé dans ses propres déchets. En plus de capter les liquides et les protéines échappés, le système lymphatique contribue à préserver l'intégrité et la pureté du sang : les nœuds lymphatiques débarrassent la lymphe des microorganismes et autres débris avant qu'elle atteigne le sang, tandis que la rate épure le sang et détruit les érythrocytes inefficaces, déformés ou trop vieux.

Cependant, la relation entre le système lymphatique et le système cardiovasculaire est réciproque. Ainsi, les vaisseaux lymphatiques se jettent dans des veines du système cardiovasculaire, et le sang fournit de l'oxygène et des nutriments à tous les organes, y compris les organes lymphatiques. Le sang permet également (1) de transporter rapidement les lymphocytes (cellules immunitaires) qui patrouillent continuellement l'organisme et (2) de distribuer partout des anticorps (fabriqués par les lymphocytes B et les plasmocytes) qui se lient aux corps étrangers et les immobilisent jusqu'à ce qu'ils soient détruits par phagocytose ou d'autres moyens. En outre, les cellules endothéliales des capillaires présentent à leur surface des « signaux » protéiques (sélectines) que des molécules particulières de la membrane des granulocytes neutrophiles (intégrines) peuvent reconnaître lorsque la région environnante est infectée ou lésée. Les capillaires aident ainsi les cellules immunitaires à se rendre dans les régions de l'organisme qui ont besoin d'elles, et les parois extrêmement perméables des veinules post-capillaires permettent aux cellules immunitaires de traverser la paroi des vaisseaux pour s'y rendre.

IMPLICATIONS CLINIQUES

Système lymphatique et immunitaire

Étude de cas : Le suivi de l'état de santé de M. Hubert, apporte deux informations : la numération globulaire effectuée au moment de l'admission indique un nombre dangereusement faible de leucocytes ; des examens de laboratoire plus poussés montrent une déficience en lymphocytes.

Vingt-quatre heures après son intervention chirurgicale, M. Hubert se plaint d'une douleur à l'annulaire droit (il a eu un syndrome d'écrasement à la main droite). À l'examen, on note que l'annulaire et le dos de la main droite sont œdémateux, et que la partie supérieure de l'avant-bras droit porte des stries rouges. Le médecin prescrit des doses élevées d'antibiotiques et l'immobilisation du bras droit au moyen d'une écharpe. Par ailleurs, on demande aux infirmières de M. Hubert de porter gants et masque lorsqu'elles lui prodiguent des soins.

Relativement à ces observations :

1. Qu'indiquent les stries rouges irradiant du doigt contusionné de M. Hubert ? S'il n'y avait pas de stries rouges mais que le bras droit était très œdémateux, à quel problème concluriez-vous ?
2. Pourquoi est-il important que M. Hubert bouge le moins possible son bras droit (autrement dit, pourquoi lui fait-on porter une écharpe) ?
3. Quel lien peut-il exister entre une déficience en lymphocytes, de fortes doses d'antibiotiques et le port de gants et d'un masque par le personnel infirmier ?
4. À votre avis, le rétablissement de M. Hubert s'annonce-t-il facile ou problématique ? Pourquoi ?

(Réponses à l'appendice G)

Bien que les fonctions des vaisseaux lymphatiques et des organes lymphatiques se chevauchent, ces deux types de structures concourent chacun à leur façon au maintien de l'homéostasie (l'encadré intitulé *Synthèse* en présente un résumé). Les vaisseaux lymphatiques contribuent au maintien du volume sanguin. Les macrophagocytes des organes lymphatiques détruisent les corps étrangers qu'ils retirent du courant lymphatique et du sang. En outre, les organes et vaisseaux lymphatiques tiennent lieu de « quartiers généraux » à partir desquels le système immunitaire peut se mobiliser. Au chapitre 22, nous continuons l'étude des réactions inflammatoire et immunitaire qui nous permettent de résister aux attaques incessantes des agents pathogènes.

TERMES MÉDICAUX

Adénopathie (*adên* = glande; *pathos* = maladie) État pathologique des nœuds lymphatiques d'origine le plus souvent inflammatoire ou tumorale.

Amygdalite (*itis* = inflammation) Inflammation aiguë ou chronique des tonsilles palatines, généralement causée par des bactéries infectieuses et accompagnée de rougeur, d'œdème et de sensibilité.

Éléphantiasis des pays chauds Maladie tropicale dans laquelle les vaisseaux lymphatiques (particulièrement ceux des membres inférieurs et du scrotum chez l'homme) sont obstrués par des vers parasites (filaires dont les larves sont transmises par la piqûre d'un moustique); elle se caractérise par un œdème très prononcé. Le gonflement excessif des jambes qui peut en résulter a donné son nom à cette maladie.

Lymphographie Examen radiologique des vaisseaux lymphatiques réalisé après injection d'une substance radio-opaque.

Lymphome Néoplasme (tumeur) du tissu lymphatique, bénin ou malin.

Maladie de Hodgkin Cancer des nœuds lymphatiques se traduisant par un œdème indolore des nœuds lymphatiques (les cervicaux d'abord), de la fatigue et, souvent, une fièvre persistante et des sueurs nocturnes. La rate peut aussi être affectée (splénomégalie). L'étiologie est inconnue. Le traitement courant, la radiothérapie, permet d'obtenir un fort taux de guérison.

Mononucléose infectieuse Affection virale fréquente chez les adolescents et les jeunes adultes. Les symptômes sont la fatigue, la fièvre, l'angine et l'enflure des nœuds lymphatiques (et, souvent, celle de la rate et des tonsilles linguales). La mononucléose infectieuse est causée par le virus d'Epstein-Barr qui se transmet par la salive (« maladie du baiser ») et attaque de façon spécifique les lymphocytes B. Cette attaque entraîne l'activation massive des lymphocytes T qui, à leur tour, attaquent les lymphocytes B infectés par le virus. Un grand nombre de lymphocytes T hypertrophiés circulent dans le sang. (On croyait auparavant que ces lymphocytes étaient des monocytes: *mononucléose* = affection des monocytes.) La maladie dure de 4 à 6 semaines.

Splénomégalie (*splên* = rate; *megas* = grand) Augmentation du volume de la rate due à l'accumulation de microorganismes infectieux; typiquement causée par la septicémie, la mononucléose infectieuse et la leucémie.

RÉSUMÉ DU CHAPITRE

1. Le système lymphatique est composé des vaisseaux lymphatiques, des nœuds lymphatiques et des autres organes et amas de tissu lymphatiques. Ce système renvoie dans la circulation sanguine les liquides et les protéines qui s'en sont échappés, élimine les corps étrangers de la lymphe et participe à la fonction immunitaire.

Vaisseaux lymphatiques (p. 747-749)

Distribution et structure des vaisseaux lymphatiques (p. 747-748)

1. Dans les vaisseaux lymphatiques (capillaires lymphatiques, vaisseaux collecteurs, troncs lymphatiques, conduit lymphatique droit et conduit thoracique), le liquide s'écoule en direction du cœur uniquement. Le conduit lymphatique droit draine la lymphe du bras droit et du côté droit de la partie supérieure du corps; le conduit thoracique reçoit la lymphe provenant du reste de l'organisme. Ces vaisseaux se jettent dans le système cardiovasculaire à la jonction de la veine jugulaire interne et de la veine subclavière, dans le cou.

Transport de la lymphe (p. 748-749)

2. L'écoulement de la lymphe est lent; il est maintenu par la contraction des muscles squelettiques, les variations de pression dans le thorax et (probablement) la contraction des vaisseaux lymphatiques. Des valvules empêchent le reflux.

3. Les capillaires lymphatiques sont exceptionnellement perméables; ils admettent les protéines et les particules provenant du compartiment interstitiel.

4. Les agents pathogènes et les cellules cancéreuses peuvent se propager dans l'organisme par la circulation lymphatique.

Cellules, tissu et organes lymphatiques: vue d'ensemble (p.749-750)

Cellules lymphatiques (p. 749-750)

1. Les cellules du tissu lymphatique sont les lymphocytes (cellules immunocompétentes appelées lymphocytes T et lymphocytes B), les plasmocytes (issus de lymphocytes B et producteurs d'anticorps), les macrophagocytes (phagocytes qui jouent un rôle dans la réponse immunitaire) et les cellules réticulaires qui forment le stroma du tissu lymphatique.

Tissu lymphatique (p. 750)

2. Le tissu lymphatique est un tissu conjonctif réticulaire. Il abrite des macrophagocytes et une population sans cesse changeante de lymphocytes. Il constitue un élément important du système immunitaire.

3. Le tissu lymphatique existe sous forme diffuse ou en amas denses de follicules (nodules). Les follicules présentent souvent des centres germinatifs (sites de prolifération des lymphocytes B).

Organes lymphatiques (p. 750)

4. Les organes lymphatiques sont des structures encapsulées bien distinctes qui contiennent du tissu réticulaire dense et du tissu réticulaire diffus. Les principaux organes lymphatiques sont les nœuds lymphatiques, la rate, le thymus, les tonsilles et les amas de follicules.

Nœuds lymphatiques (p. 750-752)

Structure d'un nœud lymphatique (p. 751)

1. Les nœuds lymphatiques, regroupés le long des vaisseaux lymphatiques, filtrent la lymphe. Un nœud lymphatique est composé d'une capsule fibreuse, d'un cortex et d'une médulla. Le cortex contient principalement des lymphocytes, qui interviennent dans la réaction immunitaire. La médulla renferme des lymphocytes, des plasmocytes et des macrophagocytes ; ces derniers englobent et détruisent les virus, les bactéries et les autres corps étrangers.

Circulation dans les nœuds lymphatiques (p. 752)

2. La lymphe entre dans les nœuds lymphatiques par les vaisseaux lymphatiques afférents, et elle en sort par les vaisseaux lymphatiques efférents. Comme les vaisseaux efférents sont moins nombreux que les vaisseaux afférents, la lymphe stagne dans les nœuds lymphatiques et peut ainsi être purifiée.

Autres organes lymphatiques (p. 752-755)

1. Contrairement aux nœuds lymphatiques, la rate, le thymus, les tonsilles et les follicules lymphatiques agrégés ne filtrent pas la lymphe. Par contre, la plupart des organes lymphatiques contiennent des macrophagocytes et des lymphocytes.

Rate (p. 752-753)

2. La rate est un siège de prolifération des lymphocytes ainsi que de destruction des vieux érythrocytes et des agents pathogènes circulant dans le sang. En outre, la rate accumule et libère les produits de la dégradation de l'hémoglobine, emmagasine les plaquettes et produit les érythrocytes chez le fœtus.

Thymus (p. 753-754)

3. Le thymus est actif surtout pendant la jeunesse. Ses hormones (thymosine et thymopoïétine) rendent les lymphocytes T immunocompétents.

Tonsilles et amas de nodules lymphatiques (p. 754-755)

4. Les follicules lymphatiques agrégés de la paroi intestinale et de l'appendice vermiforme, les tonsilles et les nodules des parois bronchiques des voies respiratoires font partie des formations lymphatiques associées aux muqueuses (MALT). Ces tissus empêchent les agents pathogènes de franchir les muqueuses des voies respiratoires et digestives.

Développement du système lymphatique (p. 755)

1. Les vaisseaux lymphatiques naissent de renflements des veines en voie de formation. Le thymus provient de l'endoderme ; les autres organes lymphatiques dérivent des cellules mésenchymateuses du mésoderme.

2. Le thymus est le premier organe lymphatique à apparaître. Il joue un rôle important dans le développement des autres organes lymphatiques.

3. Les organes lymphatiques contiennent des lymphocytes issus du tissu hématopoïétique.

QUESTIONS DE RÉVISION

Choix multiples/associations

(Réponses à l'appendice G)

1. Les vaisseaux lymphatiques : (a) sont le siège de la surveillance immunitaire ; (b) filtrent la lymphe ; (c) renvoient les liquides et les protéines plasmatiques dans le système cardiovasculaire ; (d) forment un ensemble de structures qui ressemblent à des artères, à des capillaires et à des veines.

2. La partie initiale du conduit thoracique, en forme de sac, est : (a) le vaisseau chylifère ; (b) le conduit lymphatique droit ; (c) la citerne du chyle ; (d) le sac lymphatique.

3. Qu'est-ce qui favorise l'entrée de la lymphe dans les capillaires lymphatiques ? (Il peut y avoir plus d'un élément.) (a) Des disjonctions formées par le chevauchement de cellules endothéliales. (b) La pompe respiratoire. (c) La pompe musculaire. (d) Une pression plus élevée du liquide dans le compartiment interstitiel.

4. La charpente des organes lymphatiques est formée de : (a) tissu conjonctif lâche ; (b) tissu hématopoïétique ; (c) tissu réticulaire ; (d) tissu adipeux.

5. Les nœuds lymphatiques sont nombreux dans toutes les régions suivantes *sauf* : (a) l'encéphale ; (b) les aisselles ; (c) les aines ; (d) le cou.

6. Les centres germinatifs du follicule des nœuds lymphatiques abritent surtout : (a) des macrophagocytes ; (b) des lymphocytes B en voie de prolifération ; (c) des lymphocytes T ; (d) toutes ces réponses.

7. La pulpe rouge de la rate contient : (a) des sinus veineux, des macrophagocytes et des érythrocytes ; (b) des groupes de lymphocytes ; (c) des cloisons de tissu conjonctif.

8. L'organe lymphatique surtout actif pendant l'enfance et qui s'atrophie au cours de la vie est : (a) la rate ; (b) le thymus ; (c) les tonsilles palatines ; (d) la moelle osseuse.

9. Les formations lymphatiques associées aux muqueuses (MALT) comprennent toutes les structures suivantes *sauf* : (a) les nodules lymphatiques des parois des bronches ; (b) les tonsilles ; (c) les follicules lymphatiques agrégés ; (d) le thymus.

Questions à court développement

10. Comparez le sang, le liquide interstitiel et la lymphe.

11. Comparez la structure et les fonctions des nœuds lymphatiques et celles de la rate.

12. (a) Quelle caractéristique anatomique ralentit l'écoulement de la lymphe dans les nœuds lymphatiques ? (b) Pourquoi cette caractéristique est-elle opportune ?

13. Résumez, en quelques mots, la fonction de chacun des types de cellules suivants : lymphocytes T, lymphocytes B, macrophagocytes, cellules dendritiques, cellules réticulaires.

14. Décrire trois caractéristiques qui distinguent le thymus des autres organes lymphatiques.

RÉFLEXION ET APPLICATION

1. Mme Bertrand, une femme âgée de 59 ans, a subi une mastectomie radicale gauche (ablation du sein gauche ainsi que des vaisseaux et des nœuds lymphatiques axillaires gauches). Son bras gauche, douloureux, présente un œdème, et elle ne peut lever le bras plus haut que l'épaule. (a) Expliquez les symptômes de Mme Bertrand. (b) Peut-elle espérer que ces symptômes disparaîtront ? Justifiez votre réponse.

2. Une amie vous dit qu'elle a des « ganglions » enflés et sensibles sur la face antérieure gauche du cou. Vous remarquez qu'elle porte sur sa joue gauche un pansement qui laisse entrevoir une grosse coupure infectée. Lorsque cette amie parle de « ganglions », à quoi fait-elle référence exactement ? Pourquoi ces derniers sont-ils enflés ?

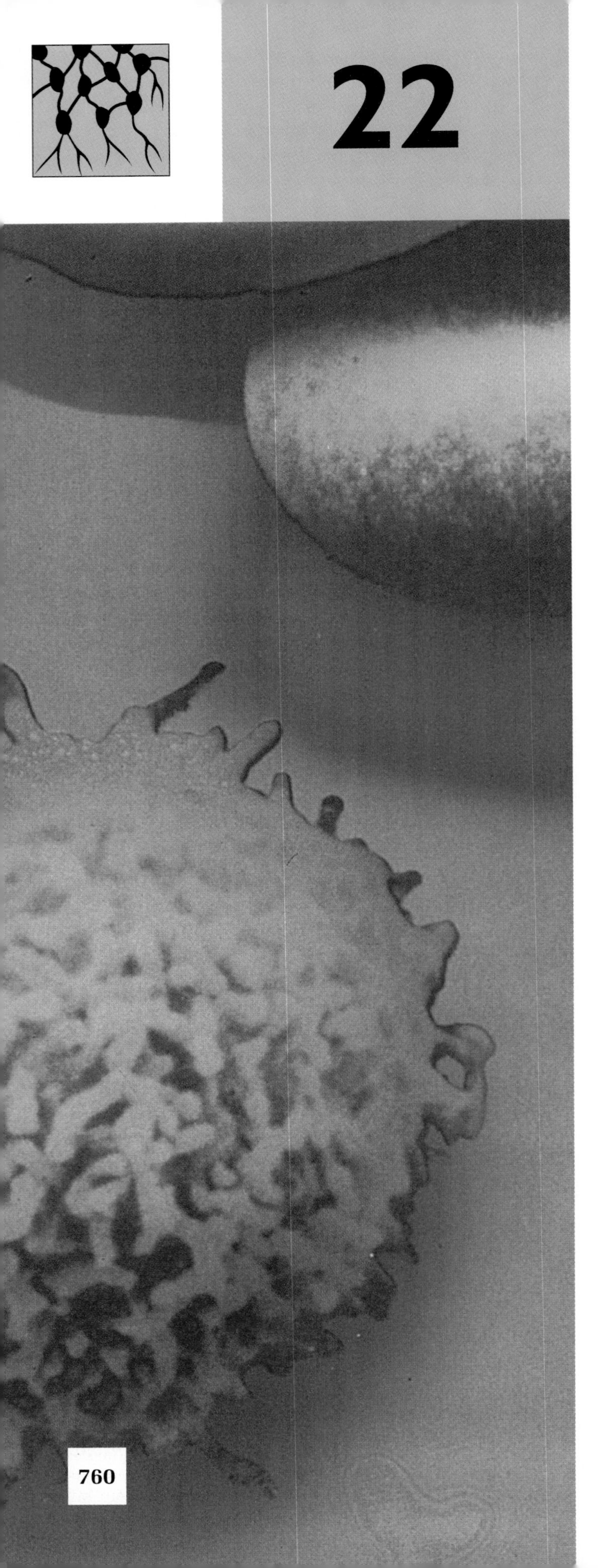

22

DÉFENSES NON SPÉCIFIQUES DE L'ORGANISME ET IMMUNITÉ

SOMMAIRE ET OBJECTIFS D'APPRENTISSAGE

Défenses non spécifiques de l'organisme *(p. 761-769)*

Barrières superficielles : la peau et les muqueuses (p. 761-762)

1. Décrire les barrières superficielles que constituent la peau et les muqueuses par rapport à leurs fonctions de protection.

Défenses cellulaires et chimiques non spécifiques (p. 762-769)

2. Expliquer l'importance de la phagocytose et des cellules tueuses naturelles dans la défense non spécifique de l'organisme.
3. Établir le lien entre les événements de la réaction inflammatoire. Identifier les principaux médiateurs chimiques libérés durant la réaction inflammatoire et décrire leurs rôles spécifiques.
4. Nommer les protéines antimicrobiennes de l'organisme et décrire leur fonction ; expliquer le mode d'action du complément.
5. Expliquer comment la fièvre aide l'organisme à se protéger contre les agents pathogènes qui l'envahissent.

Défenses spécifiques de l'organisme : l'immunité *(p. 769-797)*

Antigènes (p. 772-774)

6. Expliquer les trois grandes caractéristiques de la réaction immunitaire.
7. Expliquer ce qu'est un antigène et quels sont ses effets sur le système immunitaire.
8. Expliquer ce que sont un antigène complet, un haptène, un déterminant antigénique et un auto-antigène.

Cellules du système immunitaire : caractéristiques générales (p. 774-776)

9. Comparer l'origine, le processus de maturation et la fonction générale des lymphocytes B et T. Décrire le rôle des macrophagocytes et autres phagocytes dans l'immunité. Décrire le rôle des cellules présentatrices d'antigènes.
10. Définir l'immunocompétence et l'autotolérance.

Réaction immunitaire humorale (p. 776-783)

11. Définir l'immunité humorale.
12. Décrire le processus de sélection clonale d'une cellule B.
13. Expliquer les rôles des plasmocytes et des cellules mémoires dans l'immunité humorale ; montrer les différences entre la réaction humorale primaire et la réaction humorale secondaire.
14. Comparer l'immunité humorale active et l'immunité humorale passive.
15. Décrire la structure d'un anticorps monomère ; nommer les cinq classes d'anticorps et décrire les fonctions particulières de chacune.
16. Expliquer les mécanismes d'action des anticorps.
17. Décrire le développement des anticorps monoclonaux et leurs usages cliniques.

Réaction immunitaire à médiation cellulaire (p. 784-793)

18. Définir l'immunité à médiation cellulaire et décrire le processus d'activation et de sélection clonale des lymphocytes T.

19. Décrire les rôles fonctionnels des lymphocytes T dans l'organisme; distinguer l'action des lymphocytes T auxiliaires et celle des lymphocytes T cytotoxiques.
20. Indiquer les tests prescrits avant une greffe d'organe, et énumérer les méthodes utilisées pour prévenir le rejet du greffon.

Déséquilibres homéostatiques de l'immunité (p. 793-797)

21. Donner des exemples de déficits immunitaires et d'états d'hypersensibilité; citer les principales caractéristiques des quatre grands types d'hypersensibilité.
22. Expliquer en quoi consiste une maladie auto-immune; énumérer les facteurs qui interviennent dans ce genre de maladie.

Développement et vieillissement du système immunitaire (p. 797-798)

23. Décrire les changements qui se produisent dans l'immunité au cours du vieillissement.
24. Décrire brièvement le rôle du système nerveux dans la régulation de la réaction immunitaire.

Il est étonnant de constater à quel point nous sommes presque toujours bien portants malgré les microorganismes qui pullulent sur notre peau et malgré les bactéries et virus ravageurs qui grouillent dans l'air que nous respirons. L'organisme semble réagir de manière plutôt catégorique aux corps étrangers: si vous n'êtes pas avec moi, vous êtes contre moi. Et pour donner suite à cette position, il compte essentiellement sur deux systèmes de défense intrinsèques qui fonctionnent à la fois individuellement et de façon coopérative.

L'un de ces systèmes, le **système de défense non spécifique** (ou **inné**) est toujours prêt, c'est-à-dire qu'il réagit promptement pour protéger l'organisme contre toute substance étrangère. Le système de défense non spécifique érige deux «barricades»: la *première ligne de défense,* assurée par une peau et des muqueuses intactes, empêche les microorganismes de pénétrer dans l'organisme; la *deuxième ligne de défense,* mobilisée par des signaux chimiques lorsque les défenses externes ont été enfreintes, fait intervenir des protéines antimicrobiennes ainsi que des phagocytes et d'autres cellules pour empêcher les envahisseurs de se répandre dans tout l'organisme. Le mécanisme le plus important de la deuxième ligne de défense est l'inflammation.

Le second système de protection de l'organisme, soit le **système de défense spécifique,** est communément appelé **système immunitaire.** Le système immunitaire attaque des substances étrangères *spécifiques* et constitue la *troisième ligne de défense* de l'organisme. Nous allons étudier séparément les défenses spécifiques et les défenses non spécifiques, mais il ne faut pas oublier qu'elles travaillent toujours en étroite collaboration dans un but commun: la protection de l'organisme.

Même si certaines structures (en particulier les organes lymphatiques) participent de près à la réaction immunitaire, le système immunitaire est un *système fonctionnel* plutôt qu'un système au sens anatomique du terme. Ses «structures» sont les billions de cellules immunitaires individuelles (lymphocytes) logées dans le tissu lymphatique et circulant dans les liquides de l'organisme, ainsi qu'un ensemble impressionnant de molécules diverses.

Lorsque le système immunitaire fonctionne de manière efficace, il assume parfaitement sa fonction de protection de l'organisme contre la plupart des microorganismes infectieux, certaines cellules cancéreuses, ainsi que les tissus et les organes transplantés. Il arrive à ce résultat de façon directe, en attaquant les cellules, et de façon indirecte, en libérant des substances chimiques mobilisatrices et des molécules d'anticorps protecteurs. La résistance extrêmement spécifique à la maladie qui en résulte est appelée **immunité** (*immunis* = exempt de mal). Notez que dans ce livre, le système immunitaire fait référence au système de défense spécifique. Dans certains ouvrages, toutefois, le système immunitaire comprend à la fois les défenses spécifiques et les défenses non spécifiques; lorsque tel est le cas, les défenses non spécifiques sont souvent appelées *immunité innée* et les défenses spécifiques, *immunité adaptative.*

DÉFENSES NON SPÉCIFIQUES DE L'ORGANISME

On pourrait dire que le corps humain arrive au monde «parfaitement équipé» de défenses non spécifiques, étant donné que ces défenses font partie de notre anatomie. Les barrières mécaniques qui recouvrent la surface de l'organisme ainsi que les diverses cellules et substances chimiques qui combattent à l'avant-garde sont en place dès la naissance, prêtes à protéger l'organisme contre l'invasion des **agents pathogènes** (microorganismes nocifs ou responsables de maladies). Dans de nombreux cas, nos défenses non spécifiques sont capables à elles seules de détruire les agents pathogènes et d'éviter ainsi l'infection. Dans d'autres cas, cependant, le système immunitaire doit se déployer pour prêter main-forte aux mécanismes non spécifiques. Dans tous les cas, les défenses non spécifiques réduisent de manière efficace la charge de travail du système immunitaire en empêchant l'entrée et la propagation des microorganismes à l'intérieur du corps. Le tableau 22.2 (p. 768) présente un résumé des défenses non spécifiques les plus importantes que nous allons maintenant étudier en détail.

BARRIÈRES SUPERFICIELLES: LA PEAU ET LES MUQUEUSES

La première ligne de défense de l'organisme contre l'invasion des microorganismes responsables de maladies est constituée par la *peau* et les *muqueuses* ainsi que par les sécrétions que ces dernières produisent. Cette première ligne de défense est hautement efficace. Tant que l'épithélium kératinisé de l'épiderme est intact, il constitue une barrière physique redoutable bloquant l'entrée à la plupart des microorganismes qui fourmillent sur la peau. La kératine résiste aussi à la plupart des acides et des bases faibles ainsi qu'aux enzymes bactériennes et aux toxines. Les muqueuses en bon état fournissent une protection semblable à l'intérieur du corps. Il faut se rappeler que les muqueuses tapissent toutes les cavités corporelles qui s'ouvrent sur l'extérieur: le tube digestif, les voies respiratoires et urinaires ainsi que le système génital. Outre leur fonction de barrières physiques, ces épithéliums produisent diverses substances chimiques protectrices énumérées ci-après.

1. L'acidité des sécrétions cutanées (pH de 3 à 5) inhibe la croissance bactérienne, et les substances chimiques contenues dans le sébum sont toxiques pour les bactéries. Les sécrétions vaginales chez la femme adulte sont aussi très acides.
2. La muqueuse gastrique sécrète une solution concentrée d'acide chlorhydrique et des enzymes qui hydrolysent les protéines. Ces deux types de substances tuent les agents pathogènes.
3. La salive, qui nettoie la cavité orale et les dents, et les larmes, qui lavent la surface externe de l'œil, contiennent du **lysozyme,** une enzyme qui détruit les bactéries.
4. Le mucus, une sécrétion collante, emprisonne un grand nombre de microorganismes qui pénètrent dans les voies digestives et respiratoires.

Les muqueuses des voies respiratoires présentent également des modifications structurales qui neutralisent les agresseurs potentiels. Le réseau de petits poils recouverts de mucus à l'intérieur du nez retient les particules inhalées ; les cils qui tapissent la muqueuse des voies respiratoires supérieures font remonter vers la bouche le mucus chargé de poussières et de bactéries, empêchant ainsi ces dernières de pénétrer dans la partie inférieure des voies respiratoires où le milieu chaud et humide constitue un endroit idéal pour la croissance bactérienne.

Par ailleurs, la peau et les muqueuses abritent une flore bactérienne commensale qui empêche normalement les bactéries étrangères de s'y installer.

Même si les barrières superficielles sont tout à fait efficaces, elles sont parfois percées de petites entailles et de coupures causées, par exemple, par le brossage des dents ou le rasage de la barbe. Lorsque cela se produit, les mécanismes non spécifiques *internes* (la deuxième ligne de défense) entrent en jeu.

DÉFENSES CELLULAIRES ET CHIMIQUES NON SPÉCIFIQUES

L'organisme a recours à un grand nombre de moyens de défense cellulaires et chimiques non spécifiques pour assurer sa protection. Certains d'entre eux reposent sur le pouvoir destructeur des phagocytes et des cellules tueuses naturelles ou font intervenir des protéines antimicrobiennes (complément et interféron) présentes dans le sang ou le liquide interstitiel. Divers éléments de l'organisme participent à la réaction inflammatoire : les macrophagocytes, les mastocytes et tous les types de leucocytes, de même que des douzaines de substances chimiques qui tuent les agents pathogènes et contribuent à réparer les tissus. Tous ces stratagèmes de protection repèrent les substances potentiellement dangereuses en reconnaissant les glucides spécifiques qui se trouvent à la surface des organismes infectieux (bactéries, virus et mycètes, entre autres). La fièvre peut aussi être considérée comme une réaction de protection non spécifique. Ces quelques exemples de mécanismes représentent les réactions de protection les plus importantes.

Phagocytes

Les agents pathogènes qui pénètrent dans le tissu conjonctif sous-jacent à la peau et aux muqueuses font face aux *phagocytes* (*phagein* = manger). Les principaux phagocytes sont les **macrophagocytes** (« gros mangeurs »), dont les précurseurs sont les **monocytes,** des globules blancs en circulation dans le sang. Les monocytes qui quittent la circulation sanguine et pénètrent dans les tissus grossissent et se transforment en macrophagocytes. Les *macrophagocytes libres* font « leur ronde » dans l'espace interstitiel de tous les tissus à la recherche de débris cellulaires ou d'« envahisseurs étrangers ». D'autres macrophagocytes, comme les *macrophagocytes stellaires* dans le foie et les *macrophagocytes à poussière* dans les alvéoles pulmonaires, sont des *macrophagocytes fixes* (résidents permanents d'organes particuliers). Tous les macrophagocytes, qu'ils soient fixes ou libres, présentent la même structure et assument la même fonction. Les **granulocytes neutrophiles,** qui sont les leucocytes les plus abondants, deviennent aussi phagocytaires lorsqu'ils rencontrent des agents infectieux dans les tissus. Les *granulocytes éosinophiles,* un autre type de globule blanc, ne sont que légèrement phagocytaires. Cependant, ils exercent un rôle très important dans la défense de l'organisme contre les vers parasitaires (les schistosomes, par exemple). Lorsque les granulocytes éosinophiles rencontrent ces parasites, ils se mettent en position et les enrobent du contenu destructeur de leurs grosses granulations cytoplasmiques (protéine basique majeure, entre autres).

Un phagocyte englobe une particule à la manière d'une amibe qui ingère une particule de nourriture. Des prolongements cytoplasmiques s'étendent et se fixent à la particule (figure 22.1), l'attirent à l'intérieur de la cellule et l'englobent dans un sac membraneux. Le **phagosome** ainsi constitué fusionne ensuite avec un *lysosome* pour donner un **phagolysosome** (voir la figure 22.8, étapes 1 à 3, p. 776).

Parfois, la façon dont les granulocytes neutrophiles et les macrophagocytes détruisent la proie ingérée est bien plus complexe qu'une simple digestion du microorganisme par les enzymes lysosomiales. Par exemple, certains agents pathogènes, comme le bacille de la tuberculose et certains parasites, résistent aux enzymes lysosomiales et peuvent même proliférer à l'intérieur d'une vacuole située dans un macrophagocyte. Toutefois, les cellules du système immunitaire libèrent des substances chimiques qui stimulent le macrophagocyte et entraînent l'activation d'autres enzymes qui, elles, produisent l'**explosion oxydative.** Lors de cette explosion, du monoxyde d'azote (NO) et un déluge de radicaux libres sont libérés (dont l'anion superoxyde [O_2^-]). Ces substances possèdent une grande capacité de destruction des cellules. Les granulocytes neutrophiles sécrètent également le *lysozyme,* la *lactoferrine* et des substances chimiques semblables à des antibiotiques, les *défensines* (voir p. 640). Les granulocytes neutrophiles produisent un effet destructeur plus étendu que celui des macrophagocytes en libérant des oxydants et une substance identique à l'eau de Javel (l'anion hypochlorite [OCl^-]) dans l'espace interstitiel. Malheureusement, les granulocytes neutrophiles se détruisent eux-mêmes dans le même temps alors que les macrophagocytes, qui ne procèdent qu'à

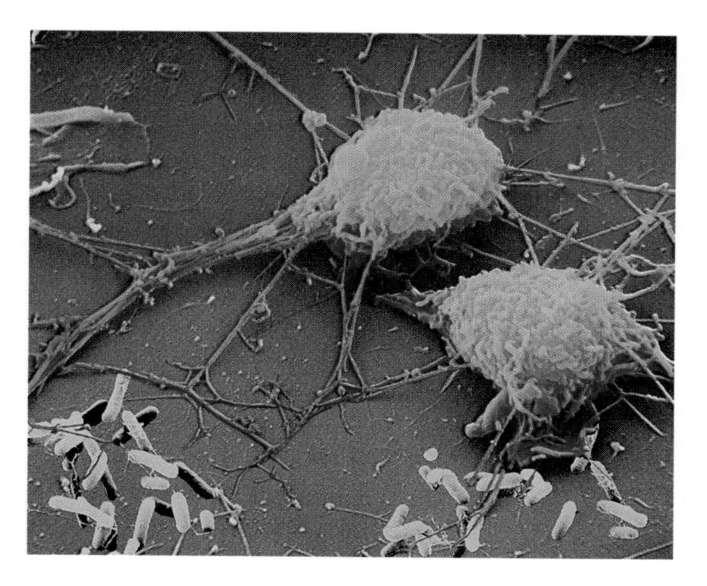

FIGURE 22.1
Phagocytose par des macrophagocytes. Micrographie au microscope électronique à balayage (4300 ×) de deux macrophagocytes attirant vers eux des bactéries *E. coli* en forme de saucisse, à l'aide de leurs longs prolongements cytoplasmiques. Plusieurs bactéries à la surface des macrophagocytes sont sur le point d'être englobées.

une destruction intracellulaire, peuvent continuer leur tâche. (Une activité excessive et prolongée des granulocytes neutrophiles peut transformer des tissus normaux en tissus cancéreux ou provoquer d'autres types de lésions.)

L'activité phagocytaire n'est pas toujours couronnée de succès. Afin d'accomplir l'ingestion, les phagocytes doivent d'abord *adhérer* à la particule, une prouesse qu'ils réussissent à condition de reconnaître la « signature » glucidique de la particule. Cette tâche est particulièrement difficile à accomplir en présence de microorganismes comme les *pneumocoques,* qui possèdent une capsule externe composée de glucides complexes. Les agents pathogènes de ce type sont parfois capables d'échapper à la destruction, car les phagocytes sont incapables de se lier aux polysaccharides de leur capsule. L'adhérence a de meilleures chances de se produire, et est aussi plus efficace, lorsque les corps étrangers sont recouverts de protéines du complément et d'anticorps, car ces derniers forment des sites auxquels les récepteurs de la membrane plasmique des phagocytes peuvent se fixer; ce processus est appelé **opsonisation** (littéralement, « rendre appétissant »).

Cellules tueuses naturelles

Les **cellules tueuses naturelles,** ou **cellules NK** (NK, « natural killer »), nettoient le sang et la lymphe de l'organisme; elles forment un groupe particulier de cellules de défense qui peuvent provoquer la lyse de la membrane plasmique. Parfois appelées les « pitbulls » du système immunitaire, elles sont capables de tuer les cellules cancéreuses et les cellules infectées par des virus avant que le système immunitaire entre en action. Les cellules tueuses naturelles font partie d'un petit groupe distinct de *grands lymphocytes granuleux* (*LGL,* « large granular lymphocytes »). Contrairement aux lymphocytes du système immunitaire, qui ont la capacité de reconnaître des cellules infectées par des virus ou des cellules tumorales *spécifiques* et de ne réagir qu'avec elles, les cellules tueuses naturelles sont capables d'agir spontanément contre *n'importe laquelle* de ces cibles, apparemment grâce à la reconnaissance de certains glucides se trouvant sur la membrane plasmique de cellules tumorales et de cellules infectées par des virus. Le terme cellules tueuses « naturelles » indique la non-spécificité de leur action destructrice. Les cellules tueuses naturelles ne sont pas phagocytaires. Leur façon de tuer consiste à attaquer la membrane de la cellule cible et à libérer plusieurs substances cytolytiques. Peu après, il se forme des canaux dans la membrane de la cellule cible et son noyau se désintègre rapidement. Les cellules tueuses naturelles sécrètent également des substances chimiques puissantes qui accentuent la réaction inflammatoire.

Inflammation : réaction des tissus à une lésion

La **réaction inflammatoire** est déclenchée dès que les tissus sont touchés. Elle peut se mettre en place à la suite d'un traumatisme physique (un coup), d'une chaleur intense ou d'une irritation due à des substances chimiques de même qu'à la suite d'une infection causée par des virus, des bactéries ou des mycètes par exemple. L'inflammation :

1. empêche la propagation des agents toxiques dans les tissus environnants;
2. élimine les débris cellulaires et les agents pathogènes;
3. amorce les premières étapes du processus de réparation.

Les quatre *signes majeurs* de l'inflammation aiguë (à court terme) sont la *rougeur,* la *chaleur,* la *tuméfaction* et la *douleur.* Si l'endroit enflé et douloureux est une articulation, les mouvements de cette articulation peuvent être temporairement gênés. La partie lésée se trouve donc au repos forcé, ce qui contribue à la guérison. Certains spécialistes considèrent la *perte de fonction* comme le cinquième signe majeur de l'inflammation aiguë. Nous allons voir comment chacun de ces effets se produit en examinant les principales étapes de la réaction inflammatoire qui sont représentées à la figure 22.2.

Vasodilatation et accroissement de la perméabilité vasculaire

La réaction inflammatoire débute par une « alerte » chimique, c'est-à-dire qu'un certain nombre de substances chimiques sont libérées dans le liquide interstitiel. Ces médiateurs de la réaction inflammatoire, dont les plus importants sont l'**histamine,** les **kinines,** les **prostaglandines** et **leucotriènes,** les **protéines du complément** et les **lymphokines,** peuvent provenir des cellules des tissus lésés, des phagocytes, des lymphocytes, des mastocytes et des protéines plasmatiques. Bien que quelques-uns de ces médiateurs jouent également un rôle individuel dans l'inflammation (voir le tableau 22.1, p. 766), ils

Pourquoi est-il important que les capillaires deviennent plus perméables durant la réaction inflammatoire ?

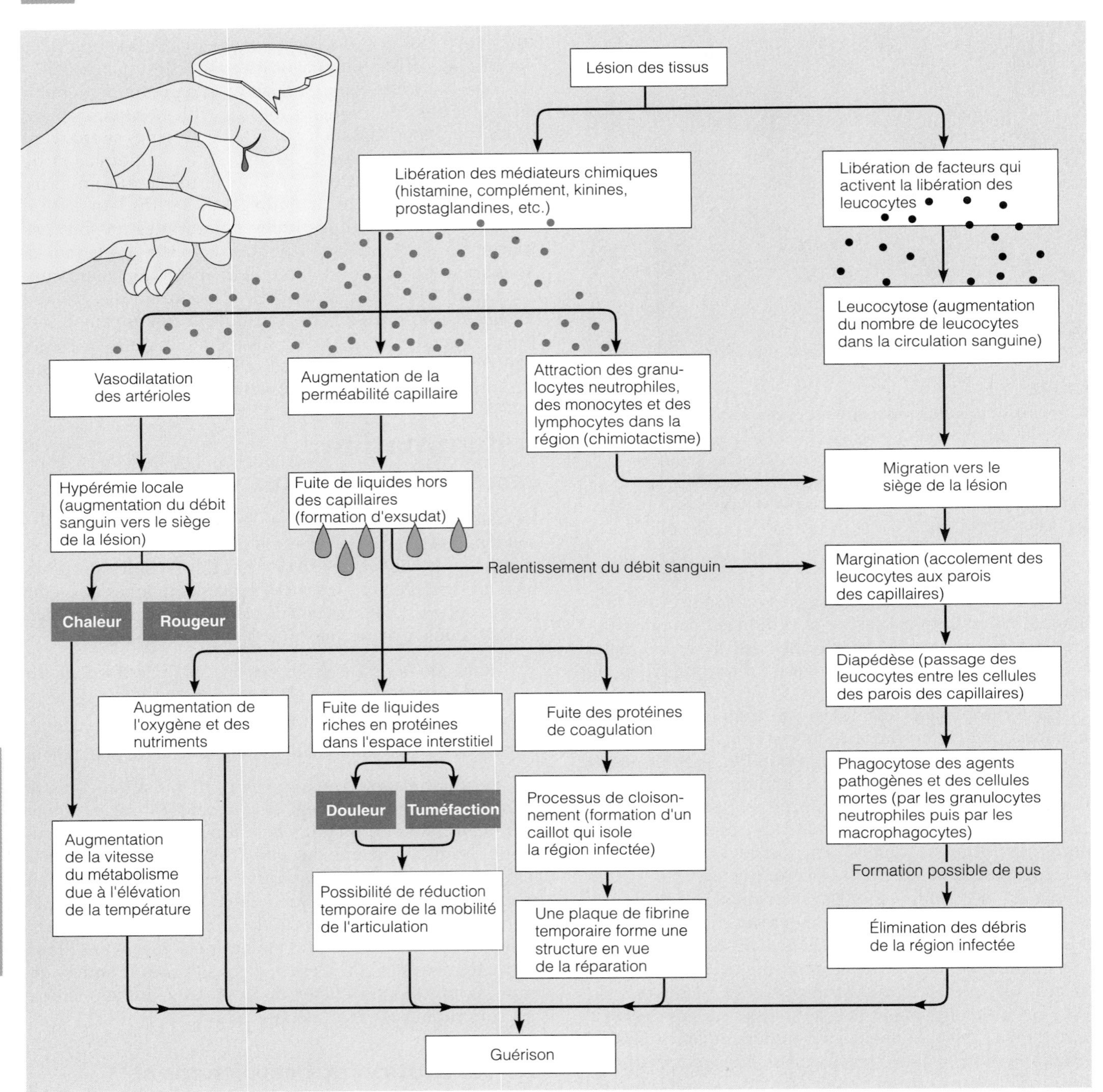

FIGURE 22.2
Étapes de la réaction inflammatoire. Les quatre signes majeurs de l'inflammation aiguë apparaissent dans les carrés rouges. Certains considèrent la diminution de l'amplitude du mouvement (perte de fonction) comme le cinquième signe majeur de l'inflammation aiguë (rectangle avec le liséré rouge).

Cette perméabilité accrue permet une plus grande infiltration d'oxygène, de nutriments, de protéines de coagulation et d'anticorps dans la région enflammée.

contribuent tous à la dilatation des artérioles situées près du siège de la lésion. L'augmentation du débit sanguin vers cette région est accompagnée d'**hypérémie** locale (congestion), d'où la *rougeur* et la *chaleur* des tissus enflammés.

Les médiateurs augmentent aussi la perméabilité des capillaires de la région. En conséquence, l'**exsudat,** un liquide contenant des protéines telles que les facteurs de coagulation et les anticorps, s'échappe de la circulation sanguine vers l'espace interstitiel. L'exsudat est la cause d'un œdème localisé, ou *tuméfaction,* qui à son tour comprime les terminaisons nerveuses et détermine ainsi une sensation de *douleur.* La douleur résulte également de la libération de toxines bactériennes, du manque de nutriment des cellules dans la région touchée par l'œdème et des effets sensibilisants des prostaglandines et de la bradykinine. L'AAS (Aspirin) et quelques autres anti-inflammatoires produisent leurs effets analgésiques (qui calment la douleur) en inhibant la synthèse des prostaglandines.

De prime abord, l'œdème peut sembler nuisible, mais tel n'est pas le cas. En effet, l'afflux de liquides riches en protéines dans l'espace interstitiel (1) contribue à la dilution des substances toxiques éventuellement présentes; (2) il apporte les grandes quantités d'oxygène et de nutriments nécessaires au processus de réparation; enfin, (3) il permet l'entrée de protéines de coagulation dans l'espace interstitiel (figure 22.2). Les protéines de coagulation élaborent un réseau de fibrine (caillot) semblable à de la gelée, qui isole de façon efficace le siège de la lésion (y compris les capillaires lymphatiques) et empêche ainsi la propagation des bactéries et autres agents pathogènes dans les tissus environnants. Ce réseau forme aussi la structure qui permettra la réparation de la lésion.

Dans les régions enflammées où une barrière épithéliale a été percée, une autre substance chimique entre en jeu: les bêta-défensines. Ces antibiotiques à large spectre, présents en petites quantités mais en tout temps dans les cellules épithéliales des muqueuses, contribuent à préserver l'environnement stérile des voies internes de l'organisme (voies urinaires, bronches, etc.). Cependant, quand la surface muqueuse est lésée et que le tissu conjonctif sous-jacent s'enflamme, la sécrétion de bêta-défensines augmente considérablement, ce qui contribue à circonscrire la colonisation bactérienne et fongique dans la région exposée.

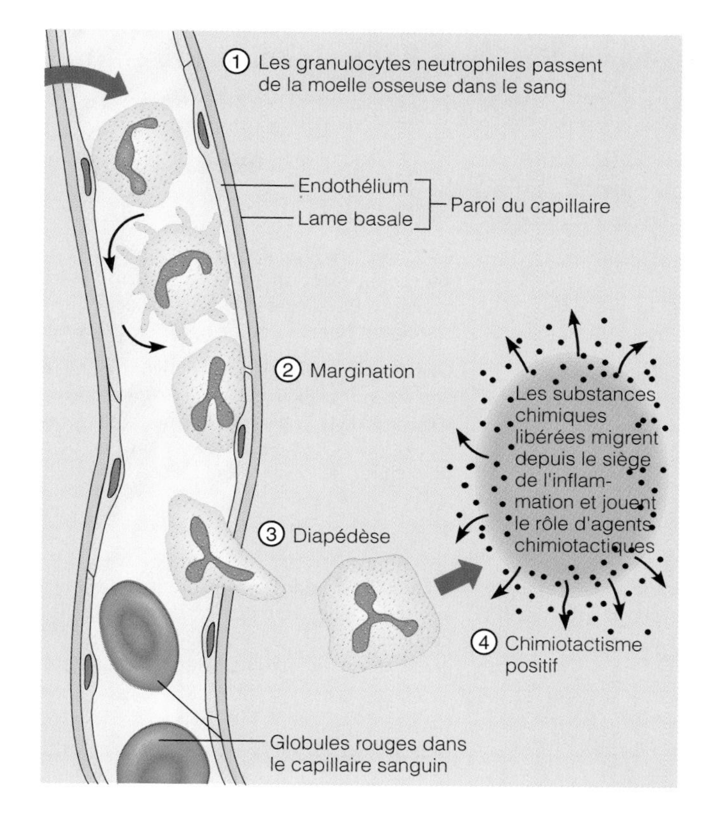

FIGURE 22.3
Phases de la mobilisation des phagocytes. Lorsque les cellules lésées du foyer d'inflammation libèrent des facteurs qui activent la libération des leucocytes, (1) les granulocytes neutrophiles, dans cet exemple, passent rapidement de la moelle osseuse vers le sang. Comme la circulation sanguine perd du liquide au siège de l'inflammation, le débit sanguin local ralentit et les granulocytes neutrophiles commencent à s'accoler à l'endothélium vasculaire. (2) La margination se met en place quand les CAM des granulocytes neutrophiles s'accrochent aux CAM des parois des capillaires; ensuite, (3) la diapédèse est déclenchée lorsque les granulocytes neutrophiles traversent les parois des capillaires. (4) Le chimiotactisme positif a lieu, soit la migration continue des leucocytes vers le foyer d'inflammation où les substances chimiques sont libérées. Une fois dans la région touchée, les phagocytes aident l'organisme à éliminer les agents pathogènes et les débris cellulaires.

Mobilisation phagocytaire

Dès le début de l'inflammation, le siège de la lésion est envahi par de nombreux phagocytes (granulocytes neutrophiles et macrophagocytes) (figure 22.3). Lorsque l'inflammation est provoquée par des agents pathogènes, un groupe de protéines plasmatiques appelé complément (décrit un peu plus loin) est activé et des composantes immunitaires (lymphocytes et anticorps) gagnent aussi la région lésée et organisent une réaction immunitaire.

Des substances chimiques provenant des cellules lésées favorisent la libération rapide de granulocytes neutrophiles par la moelle osseuse rouge et, en quelques heures, le nombre de granulocytes neutrophiles dans la circulation sanguine peut quadrupler ou quintupler. Cette **leucocytose** est un signe caractéristique de l'inflammation. Habituellement les granulocytes neutrophiles migrent au hasard, mais les substances chimiques sécrétées au cours de l'inflammation semblent jouer le rôle **d'agents chimiotactiques** (figure 22.3), qui les attirent, ainsi que d'autres leucocytes, vers le foyer inflammatoire. L'énorme quantité de liquide qui s'écoule du sang vers le siège de la lésion entraîne un ralentissement de la circulation sanguine dans cette région; les granulocytes neutrophiles (puis les monocytes) commencent alors à s'accoler à la face interne des parois capillaires, comme s'ils « goûtaient » l'environnement local. Dans les régions enflammées, les cellules endothéliales produisent des molécules d'adhérence cellulaire (CAM) spécifiques appelées sélectines. Ces protéines donnent à d'autres CAM (intégrines) se trouvant à la surface des granulocytes neutrophiles le signal indiquant qu'il s'agit bien de la région touchée. Lorsque les CAM complémentaires entrent en contact et se lient entre elles, les granulocytes neutrophiles s'accrochent

TABLEAU 22.1 Médiateurs chimiques libérés au cours de la réaction inflammatoire

Médiateur chimique	Source	Effets physiologiques
Histamine	Granules des granulocytes basophiles et des mastocytes ; libérée en réaction à un traumatisme mécanique, à la présence de certains microorganismes et de substances chimiques libérées par les granulocytes neutrophiles	Facilite la vasodilatation locale des artérioles ; augmente localement la perméabilité des capillaires, ce qui favorise la formation d'exsudat
Kinines (bradykinine et autres)	Une protéine plasmatique, le kininogène, est clivée par une enzyme, la kallicréine, et d'autres protéases qui se trouvent dans le plasma, l'urine, la salive et les lysosomes des granulocytes neutrophiles ainsi que d'autres types de cellules ; le clivage libère des kinines actives	Même action locale que l'histamine sur les artérioles et les capillaires ; déclenche en outre le chimiotactisme des leucocytes et stimule la libération d'enzymes lysosomiales par les granulocytes neutrophiles, favorisant de la sorte l'apparition d'autres kinines ; la bradykinine provoque l'œdème et la douleur en agissant sur les neurofibres sensitives
Eicosanoïdes : prostaglandines (PG) et leucotriènes (LT)	Molécules d'acides gras produites à partir de l'acide arachidonique ; se trouvent dans toutes les membranes cellulaires ; synthétisées par les enzymes lysosomiales des granulocytes neutrophiles et d'autres types de cellules	Sensibilisent les vaisseaux sanguins aux effets d'autres médiateurs de la réaction inflammatoire : une des étapes intermédiaires de la formation des prostaglandines produit des radicaux libres qui peuvent eux-mêmes causer l'inflammation ; provoquent la douleur
Complément	Voir le tableau 22.2 (p. 768)	
Lymphokines	Voir le tableau 22.4 (p. 790-791)	

aux parois internes des capillaires et des veinules postcapillaires qui les terminent. Ce phénomène est connu sous le nom de **margination.** Les déformations de la membrane plasmique des granulocytes neutrophiles (mouvement amiboïde) leur permettent de s'insinuer entre les cellules endothéliales des capillaires pour passer du sang vers le liquide interstitiel ; ce processus est appelé **diapédèse.** Moins d'une heure après le début de la réaction inflammatoire, les granulocytes neutrophiles sont accumulés au siège de la lésion et dévorent activement les bactéries, les toxines et les cellules mortes.

22

La contre-attaque ne s'arrête pas là : des monocytes se joignent aux granulocytes neutrophiles dans la région de l'inflammation. La capacité phagocytaire des monocytes est assez faible, mais huit à douze heures après avoir quitté la circulation sanguine, ils se gonflent, déversent le contenu d'un grand nombre de lysosomes et se transforment en macrophagocytes dotés d'un appétit dévorant. Ces nouveaux macrophagocytes remplacent les granulocytes neutrophiles sur le champ de bataille et continuent le combat. Ils sont les principaux agents de l'élimination finale des débris cellulaires au cours d'une inflammation aiguë. Ils prédominent également au siège d'une inflammation prolongée, ou *chronique.* L'objectif final de la réaction inflammatoire est de débarrasser la région lésée des agents pathogènes et des cellules mortes en vue de la réparation des tissus. Une fois cette tâche accomplie, la guérison a lieu habituellement très vite.

Dans les endroits gravement infectés, le combat fait de nombreuses victimes dans chaque camp et un *pus* jaunâtre de consistance crémeuse peut s'accumuler dans la plaie. Le **pus** est un mélange de granulocytes neutrophiles morts ou affaiblis, de cellules nécrosées et d'agents pathogènes morts ou vivants. Si le mécanisme de l'inflammation ne réussit pas à éliminer complètement les débris de la région lésée, le sac de pus peut se tapisser de fibres collagènes et former un *abcès.* Un drainage chirurgical est souvent nécessaire pour permettre la guérison.

Certains agents infectieux qui résistent à la digestion des macrophagocytes échappent aux effets des antibiotiques en demeurant cloîtrés dans les macrophagocytes qui les ont englobés (par exemple les bactéries à l'origine de la tuberculose et de la lèpre ou encore les œufs de certains vers parasites). Dans de tels cas, des *granulomes infectieux* se forment. Ces excroissances semblables à des tumeurs renferment une région centrale de macrophagocytes infectés entourés de macrophagocytes non infectés et d'une capsule fibreuse. Une personne peut héberger des agents pathogènes emmurés dans des granulomes pendant des années sans présenter le moindre symptôme de maladie. Toutefois, si sa résistance à l'infection diminue, les bactéries encapsulées peuvent être réactivées et sortir des granulomes, donnant lieu, du même coup, aux symptômes cliniques de la maladie. ■

Protéines antimicrobiennes

Diverses **protéines antimicrobiennes** accentuent les défenses non spécifiques de l'organisme en attaquant directement les microorganismes ou en les empêchant de se reproduire. Les protéines antimicrobiennes les plus importantes sont les protéines du complément et l'interféron (tableau 22.2, p. 768).

Quelle voie est déclenchée sans qu'une réaction immunitaire soit nécessaire?

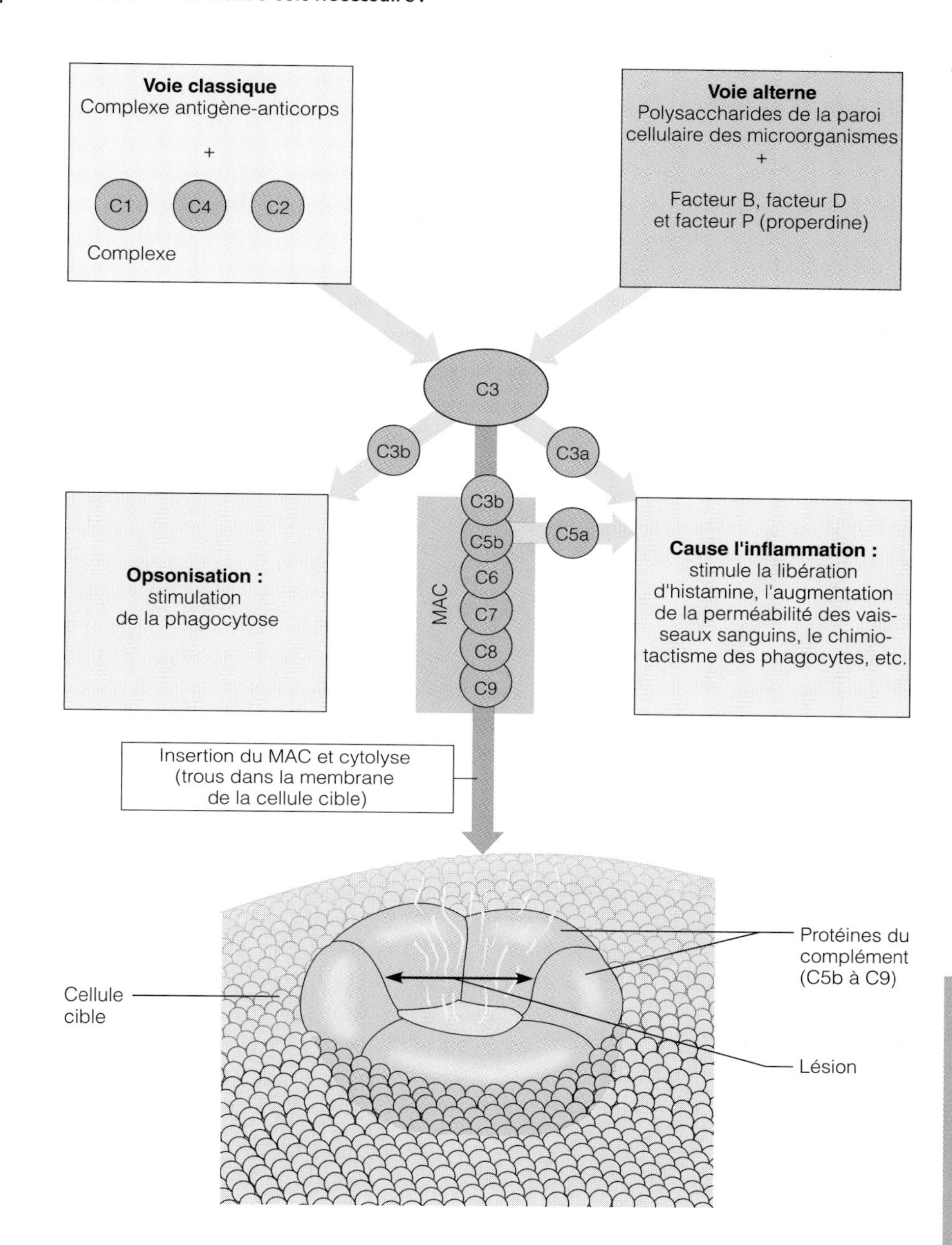

FIGURE 22.4
Phases d'activation des facteurs du complément et leurs résultats. Le facteur C3 du complément peut être activé soit par la voie classique, soit par la voie alterne. L'activation de la voie classique, avec comme médiateurs onze protéines du complément appelées C1 à C9 (le complexe C1 est constitué de trois de ces protéines), requiert la stimulation d'un complexe antigène-anticorps. La voie alterne se met en place lorsque les protéines plasmatiques, nommées B, D et P, entrent en interaction avec les polysaccharides des parois cellulaires de certains mycètes et bactéries. Les deux voies convergent pour activer le facteur C3 (par clivage en C3a et en C3b), ce qui amorce une séquence terminale commune responsable de la majeure partie des activités biologiques du complément. Une fois que le C3b s'est fixé à la surface de la cellule cible, il met en marche, à l'aide d'enzymes, les étapes subséquentes de l'activation du complément. Ces étapes aboutissent à l'incorporation, dans la membrane de la cellule cible, du MAC, le complexe d'attaque membranaire (facteurs C5b et C6 à C9); il se crée alors une lésion en forme d'entonnoir qui induit la cytolyse. Le C3b fixé stimule aussi la phagocytose (une fonction appelée opsonisation). Le C3a et le C5a libérés ainsi que les autres produits de l'activation du complément favorisent les événements bien connus de l'inflammation (libération d'histamine, augmentation de la perméabilité vasculaire, etc.).

Complément

Le **complément,** ou système du complément, est un groupe d'au moins vingt protéines plasmatiques (ou facteurs) normalement présentes dans le sang sous forme inactive. Il comprend les protéines C1 à C9 (C1 est en fait constitué de trois protéines), les facteurs B, D et P, ainsi que quelques protéines régulatrices. Le complément constitue l'un des principaux mécanismes de destruction des substances étrangères dans l'organisme. Lorsqu'il est activé, il libère des médiateurs chimiques qui accentuent presque tous les aspects de la réaction inflammatoire. Le complément élimine aussi les bactéries et certains autres types de cellules par cytolyse. (Heureusement, nos propres cellules sont dotées de protéines qui inactivent le complément.) Bien que le complément soit lui-même un mécanisme de défense non spécifique, il « complète » les *deux* systèmes de défense, spécifique et non spécifique, ou accroît leur efficacité.

Le facteur C3 du complément peut être activé par l'une ou l'autre des deux voies schématisées à la figure 22.4, soit la voie classique ou la voie alterne. La **voie classique** est reliée au système immunitaire, car elle est déclenchée par la fixation des anticorps sur les agents pathogènes envahisseurs et la fixation subséquente du facteur C1 aux complexes antigène-anticorps; cette étape, appelée **fixation du complément,** est décrite dans la prochaine section. La **voie alterne** est habituellement amorcée par l'interaction entre les facteurs B, D et P (le facteur P est

La voie alterne.

TABLEAU 22.2 Résumé des défenses non spécifiques de l'organisme

Catégorie/éléments associés	Mécanisme de protection
PREMIÈRE LIGNE DE DÉFENSE : BARRIÈRES SUPERFICIELLES (PEAU ET MUQUEUSES)	
Épiderme de la peau intacte	Forme une barrière mécanique qui empêche l'infiltration d'agents pathogènes et d'autres substances nocives dans l'organisme
• Acidité de la peau	Les sécrétions de la peau (sueur et sébum) rendent la surface de l'épiderme acide, ce qui inhibe la croissance des bactéries ; le sébum contient aussi des agents chimiques bactéricides
• Kératine	Assure la résistance contre les acides, les alcalis et les enzymes bactériennes
Muqueuses intactes	Forment une barrière mécanique qui empêche l'infiltration d'agents pathogènes
• Mucus	Emprisonne les microorganismes dans les voies respiratoires et digestives
• Poils des cavités nasales	Filtrent et emprisonnent les microorganismes dans les cavités nasales
• Cils	Font remonter le mucus chargé de débris vers la partie supérieure des voies respiratoires
• Suc gastrique	Contient de l'acide chlorhydrique concentré et des enzymes qui hydrolysent les protéines et détruisent les agents pathogènes dans l'estomac
• Acidité de la muqueuse vaginale	Inhibe la croissance des bactéries et des mycètes dans les voies génitales de la femme
• Sécrétion lacrymale (larmes) ; salive	Lubrifient et nettoient constamment les yeux (larmes) et la cavité orale (salive) ; contiennent du lysozyme, une enzyme qui détruit les microorganismes
• Urine	Le pH normalement acide inhibe la croissance bactérienne ; nettoie les voies urinaires inférieures lorsqu'elle est éliminée de l'organisme
DEUXIÈME LIGNE DE DÉFENSE : DÉFENSES CELLULAIRES ET CHIMIQUES NON SPÉCIFIQUES	
Phagocytes	Ingèrent et détruisent les agents pathogènes qui percent les barrières superficielles ; les macrophagocytes contribuent aussi à la réaction immunitaire
Cellules tueuses naturelles (NK)	Attaquent directement les cellules infectées par des virus ou les cellules cancéreuses et provoquent leur lyse ; leur action ne repose pas sur la reconnaissance d'un antigène spécifique
Réaction inflammatoire	Empêche les agents nocifs de se propager aux tissus adjacents, élimine les agents pathogènes et les cellules mortes, et permet la réparation des tissus ; les médiateurs chimiques libérés attirent les phagocytes (et les cellules immunocompétentes) au siège de la lésion
Protéines antimicrobiennes	
• Interférons	Protéines que libèrent les cellules infectées par des virus et qui protègent les cellules des tissus non infectés de l'envahissement par des virus ; stimulent le système immunitaire
• Complément	Provoque la lyse des microorganismes, favorise la phagocytose par opsonisation, intensifie la réaction inflammatoire et immunitaire
Fièvre	Réaction systémique déclenchée par des substances pyrogènes : la température corporelle élevée inhibe la multiplication microbienne et favorise le processus de réparation de l'organisme

22

aussi appelé properdine) et les molécules de polysaccharides présentes à la surface de certains microorganismes.

Dans chacune des voies intervient une cascade de réactions conduisant à l'activation séquentielle des facteurs protéiques du complément, c'est-à-dire que chaque composant catalyse l'étape suivante. Les voies classique et alterne agissent toutes deux sur le facteur C3 pour le cliver en deux fragments protéiques, les facteurs C3a et C3b. Cette étape amorce une voie terminale commune qui provoque la cytolyse, favorise la phagocytose et accentue la réaction inflammatoire.

Cette séquence finale d'événements débute avec la fixation du C3b sur la surface de la cellule cible, ce qui entraîne l'insertion, dans la membrane plasmique de cette cellule, d'un groupe de protéines du complément dénommé **complexe d'attaque membranaire** (**MAC,** « membrane attack complex »). Puis, le MAC forme un trou dans la membrane de la cellule cible et le maintient ouvert afin d'assurer la lyse en entravant la capacité de la cellule de laisser s'échapper le Ca^{2+}. Les molécules du C3b qui recouvrent le microorganisme ou se fixent à la molécule étrangère deviennent des « sites de fixation » auxquels les récepteurs de la membrane plasmique des macrophagocytes et des granulocytes neutrophiles peuvent adhérer (immunoadhérence), ce qui leur permet d'englober l'élément étranger plus rapidement. Comme nous l'avons mentionné précédemment, ce processus très important est appelé *opsonisation*. Le C3a et les autres produits de

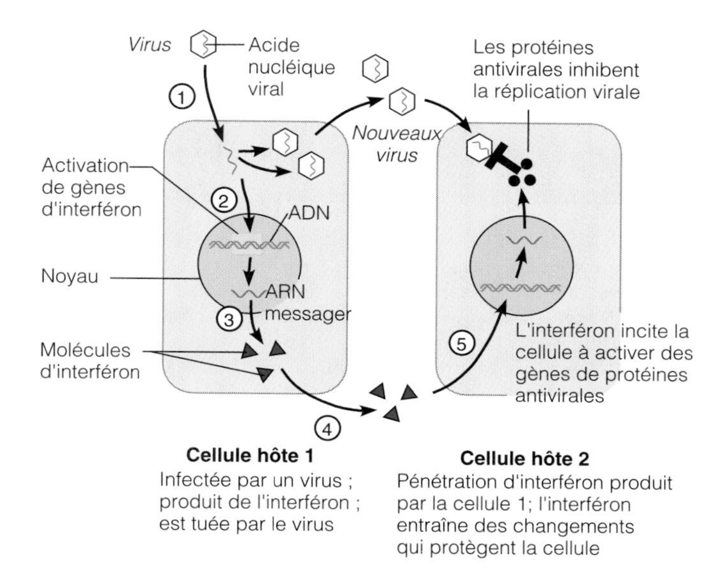

FIGURE 22.5
Mécanisme de l'interféron contre les virus.

clivage élaborés au cours de la fixation du complément accentuent la réaction inflammatoire en stimulant la libération d'histamine par les mastocytes et les granulocytes basophiles (vasodilatation et augmentation de la perméabilité capillaire) et en attirant les granulocytes neutrophiles et d'autres cellules inflammatoires vers le siège de l'infection (chimiotactisme).

Interféron

Les virus, pour l'essentiel des acides nucléiques recouverts d'une enveloppe protéique, ne possèdent pas la machinerie cellulaire requise pour la production d'ATP ou la synthèse de protéines. Ils accomplissent leur « sale boulot », c'est-à-dire les dommages à l'organisme, en envahissant les cellules et en détournant à leur profit la machinerie cellulaire nécessaire à leur reproduction; ce sont des parasites au vrai sens du terme. Bien que les cellules infectées par les virus soient impuissantes à se protéger, elles peuvent contribuer à la défense des cellules qui n'ont pas encore été touchées en élaborant de petites protéines appelées **interférons.** Les molécules d'interféron diffusent vers les cellules voisines pour y stimuler la synthèse d'une protéine-kinase qui, elle, « interfère » avec la réplication virale dans ces cellules en inhibant la synthèse de protéines dans les ribosomes (figure 22.5). La protection assurée par l'interféron n'a pas de *spécificité virale*; par conséquent, l'interféron fabriqué pour lutter contre un virus en particulier nous protège contre d'autres virus.

L'interféron est en fait une famille de protéines apparentées fabriquées par plusieurs types de cellules et dont les effets physiologiques diffèrent légèrement. Les lymphocytes T activés et les cellules NK sécrètent l'interféron de type II (gamma [γ] ou immun), mais la plupart des autres leucocytes et fibroblastes fabriquent l'interféron de type I (alpha ou bêta). Outre leurs effets antiviraux, les interférons activent les macrophagocytes et mobilisent les cellules tueuses naturelles. À cause de l'action directe des macrophagocytes et des cellules tueuses naturelles sur les cellules malignes, on attribue aux interférons un certain rôle dans la protection contre le cancer.

Lors de la découverte des interférons en 1957, les chercheurs fondèrent de grands espoirs sur la possibilité de les utiliser dans le traitement du cancer et des maladies virales humaines. Malheureusement, l'utilisation des interférons comme agents anticancéreux n'a obtenu que des succès limités, observés surtout dans le traitement d'une forme rare de leucémie et dans celui de la maladie de Kaposi, un cancer qui touche principalement les personnes atteintes du SIDA (voir p. 793). Toutefois, l'interféron se révèle utile comme agent antiviral. L'*IFN alpha* (interféron alpha), récemment approuvé par la Fédération américaine des aliments et drogues (FDA), est maintenant utilisé pour traiter les condylomes vénériens (causés par le virus de l'herpès), et il est le premier médicament à combattre l'hépatite C (transmise par voie sanguine). On utilise également l'interféron pour lutter contre les infections virales foudroyantes chez les personnes ayant subi une greffe d'organe.

Fièvre

L'organisme peut présenter une réaction localisée telle que l'inflammation pour se défendre contre l'invasion de microorganismes, mais il peut aussi réagir de manière généralisée. La **fièvre,** c'est-à-dire une température corporelle anormalement élevée, constitue une réaction systémique aux microorganismes envahisseurs. Décrite plus en détail au chapitre 25, la température de l'organisme est régie par un groupe de neurones dans l'hypothalamus, communément considéré comme le thermostat de l'organisme. Normalement, le thermostat est réglé à environ 37 °C. Cependant, il passe à une température supérieure sous l'effet de substances chimiques appelées **pyrogènes** (*puro* = feu), qui sont sécrétées par les leucocytes et les macrophagocytes exposés à des bactéries et à d'autres substances étrangères dans l'organisme.

Une forte fièvre constitue un danger pour l'organisme, car la chaleur excessive désactive (dénature) les enzymes. En revanche, une fièvre légère ou modérée est une réaction d'adaptation qui semble bénéfique à l'organisme. En effet, les bactéries ont besoin de grandes quantités de fer et de zinc pour se multiplier; or, pendant un accès de fièvre, le foie et la rate séquestrent ces nutriments et diminuent leur disponibilité. La fièvre augmente aussi, globalement, la vitesse du métabolisme cellulaire; les réactions de défense et le processus de réparation s'en trouvent ainsi accélérés.

DÉFENSES SPÉCIFIQUES DE L'ORGANISME : L'IMMUNITÉ

La plupart d'entre nous seraient ravis de pouvoir entrer dans une seule boutique de vêtements et d'y trouver tout ce qu'il nous faut pour repartir habillé de pied en cap malgré les particularités de notre morphologie. Nous

GROS PLAN

Le pouvoir de l'esprit sur le corps

La capacité de notre système immunitaire de reconnaître les substances étrangères est déterminée par nos gènes. Néanmoins, le pouvoir qu'a l'esprit sur notre organisme en général et sur notre santé en particulier est étonnant et mérite d'être examiné de plus près. On sait que le stress (causé par une période de surmenage, un deuil, une dépression, etc.) peut déprimer le système immunitaire. Des scientifiques ont même confirmé que des sorciers peuvent causer la mort simplement en disant à ceux de leur tribu *qui croient en leurs pouvoirs* qu'ils vont mourir. (Troublant, n'est-ce pas ?) Par ailleurs, certains sont convaincus que l'utilisation de l'humour à des fins thérapeutiques peut amener l'esprit à guérir ce qui laisse le médecin impuissant.

Pouvons-nous réellement, par la pensée seulement, nous rendre malades ou bien portants ? Ou s'agit-il de la toute dernière idée lancée par les adeptes du Nouvel Âge ? En fait, comme le cerveau coordonne presque la moitié des systèmes de l'organisme, il n'est pas saugrenu de vouloir l'utiliser pour combattre la maladie. Penchons-nous donc sur cette théorie. On sait depuis longtemps que les organes lymphatiques (thymus, nœuds lymphatiques et moelle osseuse) possèdent des neurofibres intimement liées aux neurofibres du système nerveux autonome. Toutefois, c'est seulement à la fin des années 1970 que la recherche en psycho-neuro-immunologie a commencé à montrer à quel point le cerveau et le système immunitaire sont liés. Bien que les systèmes nerveux et immunitaire aient des « langages » différents, ils semblent avoir quelques mots en commun, à savoir certains neurotransmetteurs, neuropeptides, hormones et cytokines. À l'instar des neurones, un grand nombre de cellules immunitaires possèdent des récepteurs auxquels une partie (ou la totalité ?) des neurotransmetteurs et des neuropeptides peuvent se fixer. Et une fois liés aux récepteurs, ces neurotransmetteurs influent sur la capacité des cellules immunitaires de se multiplier, de migrer ou de détruire les envahisseurs. On a aussi découvert que les hormones adénohypophysaires (soumises à la régulation de l'hypothalamus) pouvaient elles aussi accroître ou inhiber la capacité des cellules immunitaires de lutter contre la maladie. On ne sait toujours pas exactement ce que ces neurotransmetteurs et ces hormones « disent » aux cellules immunitaires, mais on croit que les émotions peuvent effectivement modifier notre résistance à la maladie puisque ces substances chimiques sont libérées lors d'une réaction émotionnelle intense, en période de dépression ou durant l'excitation sexuelle. Les macrophagocytes, par exemple, deviennent très paresseux lorsque nous sommes déprimés, des concentrations élevées d'endorphines (et d'héroïne) suppriment l'activité des cellules tueuses naturelles, et certaines hormones libérées en grandes quantités en période de stress (comme le cortisol et l'adrénaline) affaiblissent l'activité des lymphocytes T.

Examinons de plus près les phénomènes qui ont donné lieu à certaines de ces observations. Tout d'abord, les « conversations » entre le système nerveux et le système immunitaire semblent se dérouler en circuit fermé, le cerveau devenant alors partie intégrante du réseau immunologique. Le « grand patron » de cette communication réciproque est l'hypothalamus, lequel est influencé par les voies corticales et les voies limbiques durant les périodes de stress. Lorsque nous sommes stressés, l'hypothalamus libère une substance libératrice de la corticotrophine (CRF, « corticotropin-releasing factor ») qui, à son tour, active l'axe hypothalamo-hypophyso-surrénalien. En réaction au CRF, l'adénohypophyse libère de la corticotrophine et une bêta-endorphine. La bêta-endorphine agit comme un analgésique (elle atténue la douleur), tandis que la corticotrophine stimule le cortex surrénal, qui libère alors des corticostéroïdes à la demande. Au même moment, le CRF se lie aux récepteurs des neurones situés dans le locus céruleus du tronc cérébral, où se trouvent environ la moitié des neurones sympathiques qui libèrent la noradrénaline. Ces neurones stimulent leurs organes effecteurs, notamment la médulla surrénale qui libère des catécholamines (noradrénaline et adrénaline) et des endorphines emmagasinées. Ensemble, les hormones surrénales déclenchent une série de réactions dans tout l'organisme, ce qui entraîne la réaction de lutte ou de fuite (voir p. 615) et la désactivation de la réaction immunitaire.

En véritables magiciens, les corticostéroïdes inhibent plusieurs des fonctions des lymphocytes et des macrophagocytes, notamment la production de cytokines et d'autres médiateurs de la réaction inflammatoire. Bien que l'hormone de croissance (GH, « growth hormone ») et la prolactine soient présentes en concentrations élevées au début d'une période de stress et qu'elles contribuent à accentuer la réaction immunitaire, elles diminuent toutes les deux à mesure que le CRF précipite la libération de somatostatine et de dopamine, lesquelles inhibent la libération de l'hormone de croissance et de la prolactine, respectivement.

Les cytokines produites par les cellules immunitaires (notamment IL-1, IL-6 et TNF α, libérées par les macrophagocytes lors de l'activation de la réaction immunitaire) ont deux effets principaux sur le système nerveux. Premièrement, elles entraînent un syndrome appelé *état morbide,* caractérisé par de la fièvre (qui favorise les réactions immunitaire et inflammatoire), la léthargie et la fatigue. Deuxièmement, elles stimulent la libération de CRF, qui désactive la réaction immunitaire comme nous l'avons décrit.

Non seulement les cellules immunitaires produisent-elles ces cytokines, mais elles peuvent également synthétiser des endorphines et de l'ACTH. Si elles reçoivent un certain stimulus, elles peuvent aussi produire l'hormone de croissance, la thyréotrophine et des hormones sexuelles (comme si elles étaient de minuscules hypophyses flottantes). On ne sait pas encore si ces hormones sont produites en quantités suffisamment importantes pour influer sur le système immunitaire. Si tel est le cas, cependant, les possibilités sont très intéressantes. Cela voudrait dire que, lors d'une infection par exemple, les endorphines des cellules immunitaires contribueraient à atténuer la douleur et à améliorer l'humeur, alors que la thyréotrophine serait à l'origine de l'accélération de la fréquence cardiaque et de la vitesse du métabolisme, accélération caractéristique de nombreux états infectieux. Le schéma ci-contre présente un résumé de cette possible coopération entre les systèmes nerveux et immunitaire.

Il ne fait presque aucun doute que le stress et la maladie sont reliés. Par exemple, il se produit une réactivation importante de virus latents (comme le virus de l'herpès [HSV] et le virus varicelle-zona [VZV]) chez les étudiants qui préparent un examen important, chez les personnes qui viennent de divorcer et chez les aidants naturels qui s'occupent d'un proche atteint de la

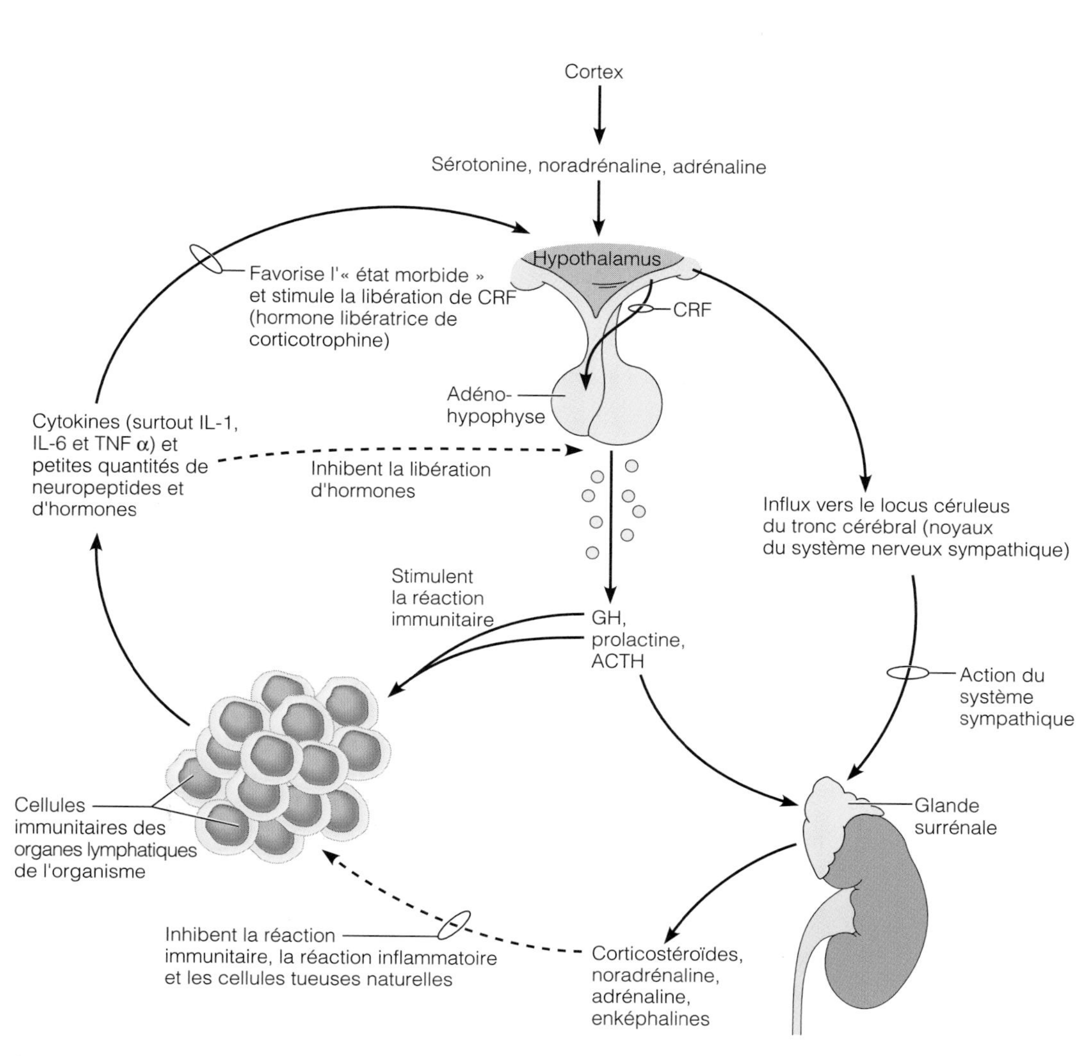

Schéma hypothétique de la communication et de la coopération entre le système nerveux et le système immunitaire.

22

maladie d'Alzheimer. Ces personnes ont également plus d'infections des voies respiratoires supérieures et beaucoup plus d'infections bactériennes que les personnes non stressées. Par ailleurs, le stress semble être un facteur dans l'évolution de certaines maladies inflammatoires comme la polyarthrite rhumatoïde. De fait, des antagonistes de l'IL-2 sont présentement utilisés pour traiter les symptômes de cette forme d'arthrite. Il peut nous sembler illogique que le système immunitaire fasse défaut au moment où nous en avons le plus besoin, mais certains croient que sans ces limites, les réactions immunitaire et inflammatoire pourraient s'emballer au-delà de toute mesure.

Il est donc presque certain que le stress favorise la maladie, mais les pensées heureuses peuvent-elles guérir? Notre état d'esprit influe-t-il sur notre santé? La réponse est... peut-être. David Siegel, un psychologue à l'université de Stanford, a découvert que les femmes qui font face au diagnostic de cancer du sein avec une attitude combative vivent plus longtemps que celles qui l'acceptent passivement. De même, des chercheurs de l'université de Californie à San Francisco ont montré que lorsque les patients atteints d'un mélanome se joignent à un groupe de soutien, ils augmentent considérablement leurs chances de survie.

De la même façon que la coopération entre le système nerveux et le système immunitaire semble se poursuivre durant toute la vie, leur « mémoire » s'efface simultanément. Autrement dit, au moment où la mémoire à court terme d'une personne commence à baisser, la capacité de son système immunitaire à reconnaître ses propres tissus se met elle aussi à décliner. Il en résulte que le taux de cancers et de maladies auto-immunes augmente avec l'âge.

Une bonne partie de ce que nous venons de décrire suscite encore des controverses dans le milieu médical, mais les preuves commencent à affluer. Les chirurgiens convaincus du pouvoir de l'esprit sur la maladie attendent au moins six mois (de préférence un an, même) avant d'opérer un patient qui vient de vivre une épreuve difficile. La médecine holistique, qui reconnaît le pouvoir du cerveau, fait de plus en plus d'adeptes.

savons qu'il est à peu près impossible d'avoir accès à un tel service. Et pourtant, il nous paraît naturel de posséder un **système immunitaire,** c'est-à-dire un *système de défense spécifique* intégré, capable de traquer et d'éliminer, toujours avec la même précision, à peu près n'importe quel type d'agents pathogènes qui s'introduit dans notre organisme.

Le système immunitaire est essentiellement un *système fonctionnel* dont les cellules reconnaissent des substances étrangères spécifiques et entrent en action afin de les immobiliser, de les neutraliser et de les détruire. Quand il fonctionne de manière efficace, le système immunitaire nous protège contre un grande variété d'agents infectieux (bactéries, virus, mycètes, protozoaires, vers parasites) et de cellules anormales de l'organisme. Lorsqu'il échoue, se dérègle ou cesse de fonctionner, certaines maladies très graves, comme le cancer, la polyarthrite rhumatoïde et le SIDA, peuvent survenir. L'activité du système immunitaire, appelée **réaction immunitaire,** accentue considérablement la réaction inflammatoire et est presque entièrement responsable de l'activation du complément. À première vue, le système immunitaire semble présenter un défaut majeur: contrairement aux défenses non spécifiques qui sont toujours prêtes à réagir et capables de le faire, le système immunitaire doit d'abord «rencontrer» une substance étrangère (antigène) ou être sensibilisé par une exposition initiale avant de pouvoir protéger l'organisme contre cette substance. Toutefois, comme l'élaboration d'une réaction immunitaire «coûte cher» sur le plan métabolique, sa spécificité s'avère la solution à une dépense d'énergie excessive.

> *Pour vous rappeler plus facilement le fonctionnement des anticorps, souvenez-vous que les anticorps ont un* ***PLAN*** *d'action.*
> ***P****récipitation: les anticorps rendent les antigènes insolubles.*
> ***L****yse: ils lysent la membrane plasmique des cellules portant des antigènes.*
> ***A****gglutination: ils rassemblent les antigènes en amas.*
> ***N****eutralisation: ils neutralisent les antigènes en se liant à eux de façon qu'ils ne puissent pas se fixer aux cellules des tissus. Ainsi, les antigènes perdent leur effet toxique.*
>
> *Carol Joyce Cowser, étudiante en sciences infirmières*

L'*immunologie* est une science relativement jeune, mais il y a quelque 2500 ans déjà, les Grecs de l'Antiquité savaient que, si une personne avait souffert d'une maladie infectieuse quelconque, il était peu probable qu'elle fût de nouveau frappée par cette maladie. Les fondements de l'immunité ont été découverts vers la fin du XIXe siècle; des chercheurs ont pu démontrer que des animaux ayant survécu à une grave infection bactérienne possèdent dans leur sang des facteurs de protection qui les défendent en cas de nouvelles attaques par le même agent pathogène. On sait maintenant que ces facteurs sont des protéines uniques en leur genre et très réactives appelées *anticorps.* Par ailleurs, il fut montré que, dans le cas d'une infection particulière, l'immunité pouvait être transférée à un animal non immunisé en procédant à une injection de sérum (*immunosérum*) contenant les anticorps d'un animal qui avait survécu à cette maladie infectieuse. Ces expériences présentent un grand intérêt car elles ont fait connaître trois aspects importants de la réaction immunitaire:

1. **Elle est spécifique à un antigène**: le système immunitaire reconnaît des antigènes *particuliers* et dirige son attaque contre eux, c'est-à-dire contre des substances étrangères ou des agents pathogènes qui stimulent la réaction immunitaire.
2. **Elle est systémique**: l'immunité n'est pas restreinte au siège initial de l'infection.
3. **Elle possède une «mémoire»**: après une première exposition, le système immunitaire reconnaît les agents pathogènes déjà rencontrés et il élabore contre eux des attaques encore plus énergiques.

On crut d'abord que les anticorps constituaient la seule artillerie du système immunitaire mais, au milieu du XXe siècle, les chercheurs découvrirent que l'inoculation de sérum contenant des anticorps *ne protégeait pas toujours* le receveur contre les maladies auxquelles le donneur avait survécu; dans de tels cas, cependant, l'injection de lymphocytes du donneur assurait l'immunité. À mesure que les morceaux du casse-tête s'assemblaient, il apparut que l'immunité se divise en deux branches différentes mais qui possèdent des points communs et utilisent des mécanismes d'attaque variant selon le genre d'intrus.

L'**immunité humorale,** aussi appelée **immunité à médiation humorale,** est assurée par les anticorps présents dans les «humeurs», ou liquides de l'organisme (sang, lymphe, etc.). Bien que les anticorps soient élaborés par les lymphocytes et les plasmocytes, ils circulent librement dans le sang et la lymphe où ils se fixent principalement aux bactéries et à leurs toxines ainsi qu'aux virus libres, qu'ils inactivent temporairement et qu'ils marquent pour favoriser leur destruction par les phagocytes ou le complément. Lorsque les lymphocytes eux-mêmes défendent l'organisme, l'immunité est appelée **immunité cellulaire,** ou **à médiation cellulaire,** parce que les facteurs de protection sont des cellules vivantes. La voie cellulaire a aussi des cibles cellulaires: les cellules des tissus infectés par des virus ou des parasites, les cellules cancéreuses et les cellules des greffons étrangers. Les lymphocytes agissent contre de telles cibles soit *directement,* en effectuant la lyse des cellules étrangères, soit *indirectement,* en libérant les médiateurs chimiques qui accentuent la réaction inflammatoire ou activent d'autres lymphocytes ou macrophagocytes. Comme vous pouvez le constater, donc, les deux branches du système immunitaire réagissent aux mêmes antigènes, mais elles ne le font pas du tout de la même manière.

Avant de décrire séparément les réactions humorale et à médiation cellulaire, nous allons examiner les *antigènes* qui déclenchent l'activité de ces cellules très particulières qui interviennent dans les réactions immunitaires.

ANTIGÈNES

Les **antigènes,** ou **Ag,** sont des substances capables de mobiliser le système immunitaire et de provoquer une réaction immunitaire. En tant que tels, ils représentent la cible ultime de toute réaction immunitaire. La plupart des antigènes forment de grosses molécules complexes (naturelles ou fabriquées par l'homme) que l'on ne trouve pas normalement dans l'organisme. En conséquence, notre système immunitaire les considère comme des intrus, ou molécules du **non-soi.**

Antigènes complets et haptènes

Les **antigènes complets** présentent deux propriétés fonctionnelles importantes: (1) l'**immunogénicité,** c'est-à-dire la capacité de stimuler la prolifération de lymphocytes spécifiques et la formation d'anticorps spécifiques (le terme *antigène* vient de « en*gendrer* des *anti*corps », ce qui fait référence à cette propriété antigénique particulière); et (2) la **réactivité,** c'est-à-dire la capacité de réagir uniquement avec les lymphocytes activés et les anticorps libérés en réponse à leur présence.

Une variété quasi infinie de molécules étrangères peuvent jouer le rôle d'antigènes complets; elles comprennent à peu près toutes les protéines étrangères, les acides nucléiques, certains lipides et de nombreux polysaccharides de grande taille. Parmi toutes ces substances, ce sont les protéines qui constituent les antigènes les plus puissants. Les grains de pollens et les microorganismes sont immunogènes parce que leur membrane superficielle (enveloppe ou capside dans le cas de virus) portent de nombreuses macromolécules étrangères différentes. En effet, un même microorganisme peut porter plusieurs antigènes différents; par exemple, les antigènes de la capsule d'une bactérie sont différents des antigènes de sa paroi ou de ses flagelles.

En général, les petites molécules, telles que les peptides, les nucléotides et de nombreuses hormones, ne sont pas immunogènes, mais si elles se lient aux propres protéines de l'organisme, le système immunitaire peut reconnaître l'association comme étrangère et déclencher une attaque dont les effets sont plus dommageables que protecteurs. (Ces réactions, appelées *allergies,* seront décrites plus loin dans ce chapitre.) Dans de tels cas, la petite molécule « fautrice du trouble » est appelée **haptène** (*haptein* = saisir), ou **antigène incomplet.** Les haptènes possèdent la propriété de réactivité mais non celle d'immunogénicité, à moins d'être couplés à des protéines vectrices. Outre certains médicaments (en particulier la pénicilline), des substances chimiques peuvent se comporter comme des haptènes; on en trouve dans le sumac vénéneux (herbe à puce), les phanères des animaux et même dans certains cosmétiques et autres produits domestiques et industriels courants.

Déterminants antigéniques

La capacité d'une molécule de se comporter comme un antigène repose à la fois sur sa taille et sur la complexité de sa structure. Seules certaines parties d'un antigène complet, appelées **déterminants antigéniques,** ou **épitopes,** sont antigéniques. Les anticorps libres ou bien les lymphocytes activés peuvent se lier à ces sites d'une façon assez semblable à celle d'une enzyme avec un substrat, c'est-à-dire par complémentarité de la structure tridimensionnelle des molécules, mais sans formation de liaison covalente.

La majorité des antigènes naturels présentent à leur surface plusieurs déterminants antigéniques différents (figure 22.6), certains plus aptes que d'autres à provoquer une réaction immunitaire. Étant donné que des déterminants antigéniques différents sont « reconnus » par des lymphocytes différents, un seul antigène peut mobiliser contre lui plusieurs lymphocytes différents et stimuler la formation d'une grande variété de types d'anticorps. Les grosses protéines portent des centaines de déterminants antigéniques différents, ce qui explique leur haut degré d'immunogénicité et de réactivité. Cependant, les grosses molécules de structure simple, comme les plastiques, qui possèdent de nombreuses unités identiques régulièrement répétées (et qui, par conséquent, ne sont pas chimiquement complexes) ont peu ou pas d'immunogénicité. De telles substances servent à la fabrication d'implants artificiels (prothèses de hanche et autres) parce qu'elles ne sont pas rejetées par l'organisme.

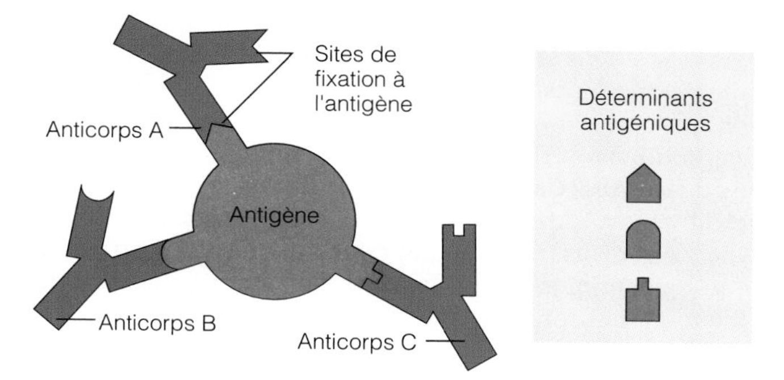

FIGURE 22.6
Déterminants antigéniques. Les anticorps se lient aux déterminants antigéniques (molécules spécifiques) à la surface des antigènes. La plupart des antigènes portent plusieurs déterminants antigéniques différents; ainsi, des anticorps différents peuvent se lier au même antigène complexe. Dans l'exemple illustré, trois types spécifiques d'anticorps réagissent avec trois déterminants antigéniques différents de la même molécule d'antigène. (Notez que chaque déterminant antigénique devrait être représenté de nombreuses fois.)

Auto-antigènes: protéines du CMH

La surface de toutes nos cellules est parsemée d'une immense variété de molécules protéiques. Quand notre système immunitaire est « programmé » adéquatement, ces **auto-antigènes,** ou **marqueurs du soi,** ne sont pas étrangers ou antigéniques pour notre organisme, mais ils le sont fortement pour l'organisme d'une autre personne. (C'est ce phénomène qui est à l'origine des réactions indésirables causées par une transfusion ou un greffon.) Parmi ces protéines de surface des cellules se trouve un groupe spécifique de glycoprotéines qui marquent une cellule comme faisant partie du *soi.* Ces protéines, appelées **protéines du CMH,** sont codées par les gènes du **complexe majeur d'histocompatibilité (CMH)**, ou **HLA** (« human leucocyte antigen »). Étant donné que des millions de combinaisons différentes de ces gènes sont possibles — il existe une vingtaine de gènes, dont certains ont plus de cinquante formes (allèles) différentes —, il est peu probable que deux individus, sauf les vrais jumeaux, possèdent des protéines du CMH identiques. Il existe deux grandes catégories de protéines du CMH, que l'on distingue par leurs sites. Les protéines du CMH de classe I se trouvent sur presque *toutes* les cellules de l'organisme, alors que les protéines du CMH de classe II sont présentes seulement sur les cellules qui interviennent dans la réaction immunitaire.

Chaque molécule du CMH possède un sillon profond qui présente habituellement un peptide. Dans les cellules saines, tous les peptides sont issus de la dégradation protéinique cellulaire qui se produit lors du recyclage normal des protéines, et ils sont habituellement très différents les uns des autres. Dans les cellules infectées, cependant, les protéines du CMH se lient aussi à des fragments d'antigènes (étrangers) ; or, comme nous l'expliquerons bientôt, cette liaison joue un rôle crucial dans la mobilisation du système immunitaire.

CELLULES DU SYSTÈME IMMUNITAIRE : CARACTÉRISTIQUES GÉNÉRALES

Les trois principaux types de cellules du système immunitaire sont constitués par deux populations distinctes de lymphocytes ainsi que par les **cellules présentatrices d'antigènes (CPA)**. Les **lymphocytes B,** ou **cellules B,** produisent des anticorps et sont responsables de l'immunité humorale ; les **lymphocytes T,** ou **cellules T,** ne produisent pas d'anticorps et sont chargés des réactions immunitaires à médiation cellulaire. Contrairement aux deux types de lymphocytes, les CPA ne répondent pas à des antigènes spécifiques mais jouent plutôt des rôles auxiliaires essentiels. Les mécanismes de défense non spécifique et spécifique sont donc en interaction fonctionnelle constante.

Lymphocytes

Comme tous les globules sanguins, les lymphocytes sont issus des hémocytoblastes présents dans la moelle osseuse rouge. Lorsqu'ils sont libérés par la moelle osseuse, les lymphocytes immatures sont essentiellement identiques (figure 22.7). La maturation d'un lymphocyte en lymphocyte B ou en lymphocyte T dépend de la région de l'organisme où il acquiert son **immunocompétence,** c'est-à-dire sa capacité de reconnaître un antigène spécifique en se liant à lui. Les lymphocytes T (T pour thymus) sont issus des lymphocytes immatures qui migrent de la moelle osseuse rouge vers le thymus (organe lymphatique), où ils subissent un processus de maturation pendant deux ou trois jours, stimulé par les hormones thymiques (dont la *thymosine* et la *thymopoïétine*). Dans le thymus, les lymphocytes immatures se divisent rapidement et leur nombre s'accroît de manière considérable, mais seuls survivent ceux qui acquièrent la meilleure capacité de distinguer les antigènes *étrangers*. La vaste majorité des lymphocytes — ceux qui ont le pouvoir de se lier fortement aux *auto-antigènes* (peptides provenant de la dégradation des protéines du soi) et de lancer une attaque contre eux — sont détruits. Ce phénomène est appelé *sélection négative*. (Il a été précédé d'une *sélection positive* où seules les cellules capables de reconnaître la partie CMH d'un complexe CMH-antigène survivent.) Les lymphocytes qui restent — ceux qui réagissent faiblement aux auto-antigènes et qui peuvent donc s'y lier sans produire de signal d'activation important — continuent de se développer. De cette façon, le développement de l'**autotolérance,** c'est-à-dire l'absence relative de réaction aux auto-antigènes, constitue un élément essentiel de l'« éducation » des lymphocytes durant la vie fœtale. Les lymphocytes B (B pour **b**ourse de Fabricius, organe de maturation de ces lymphocytes chez les oiseaux) acquièrent leur immunocompétence dans la moelle osseuse, mais les facteurs qui régissent leur maturation chez les êtres humains sont encore mal connus. On sait toutefois que certains lymphocytes B sont inactivés (un phénomène appelé *anergie*), tandis que d'autres sont systématiquement détruits.

Lorsque les lymphocytes B ou T deviennent immunocompétents, ils présentent à leur surface un type de récepteur unique en son genre. Ces récepteurs (environ 10^4 à 10^5 par cellule) confèrent aux lymphocytes la capacité de reconnaître un antigène spécifique et de s'y lier. Après l'apparition de ces récepteurs, le lymphocyte est contraint de ne réagir qu'à un seul antigène, car *tous* ses récepteurs d'antigènes sont identiques. Par exemple, les récepteurs d'un lymphocyte donné ne peuvent reconnaître qu'un seul déterminant antigénique du virus de l'hépatite A, ceux d'un autre lymphocyte donné ne se lient qu'à un déterminant antigénique de telle espèce de bactérie, et ainsi de suite. Malgré leur différence de structure globale, les récepteurs d'antigènes des lymphocytes T et B peuvent, dans la plupart des cas, répondre à la même variété d'antigène.

De nombreux aspects de la transformation des lymphocytes restent encore à élucider, mais on sait que ces cellules acquièrent l'immunocompétence *avant* la rencontre avec des antigènes qu'elles attaqueront peut-être plus tard. (Le système immunitaire élaborerait au hasard une très grande variété de lymphocytes permettant de protéger l'organisme contre un grand nombre d'antigènes potentiels.) En conséquence, *ce sont nos gènes, et non les antigènes, qui déterminent quelles substances étrangères spécifiques notre système immunitaire aura la possibilité de reconnaître et auxquelles il pourra résister.* Un antigène détermine seulement lequel des lymphocytes T et B déjà existants va proliférer et élaborer une attaque contre lui. Parmi tous les antigènes possibles contre lesquels la résistance de nos lymphocytes a été programmée, seuls quelques-uns pénétreront dans notre organisme. En conséquence, une partie seulement de notre armée de cellules immunocompétentes sont mobilisées au cours de notre vie ; les autres demeurent inactives.

Après être devenus immunocompétents, les lymphocytes T et B se dispersent dans les nœuds lymphatiques, la rate et les autres organes lymphatiques où auront lieu leurs rencontres avec les antigènes (figure 22.7). Puis, lorsque les lymphocytes se lient aux antigènes reconnus, ils achèvent leur différenciation en lymphocytes T et B complètement fonctionnels.

Cellules présentatrices d'antigènes

La principale fonction des **cellules présentatrices d'antigènes (CPA)** dans l'immunité consiste à digérer des antigènes étrangers et à présenter des fragments de ces antigènes, tels des panneaux de signalisation, sur leur membrane plasmique afin que les lymphocytes T puissent les reconnaître (figure 22.8). En d'autres termes, les CPA servent à *présenter les antigènes*. (Nous décrivons cette fonction en détail un peu plus loin.) Les principaux types de cellules qui jouent le rôle de présentatrices d'antigènes sont les

Quel est l'avantage d'avoir des lymphocytes qui sont mobiles (libres de circuler) plutôt que des lymphocytes fixés dans les organes lymphatiques ?

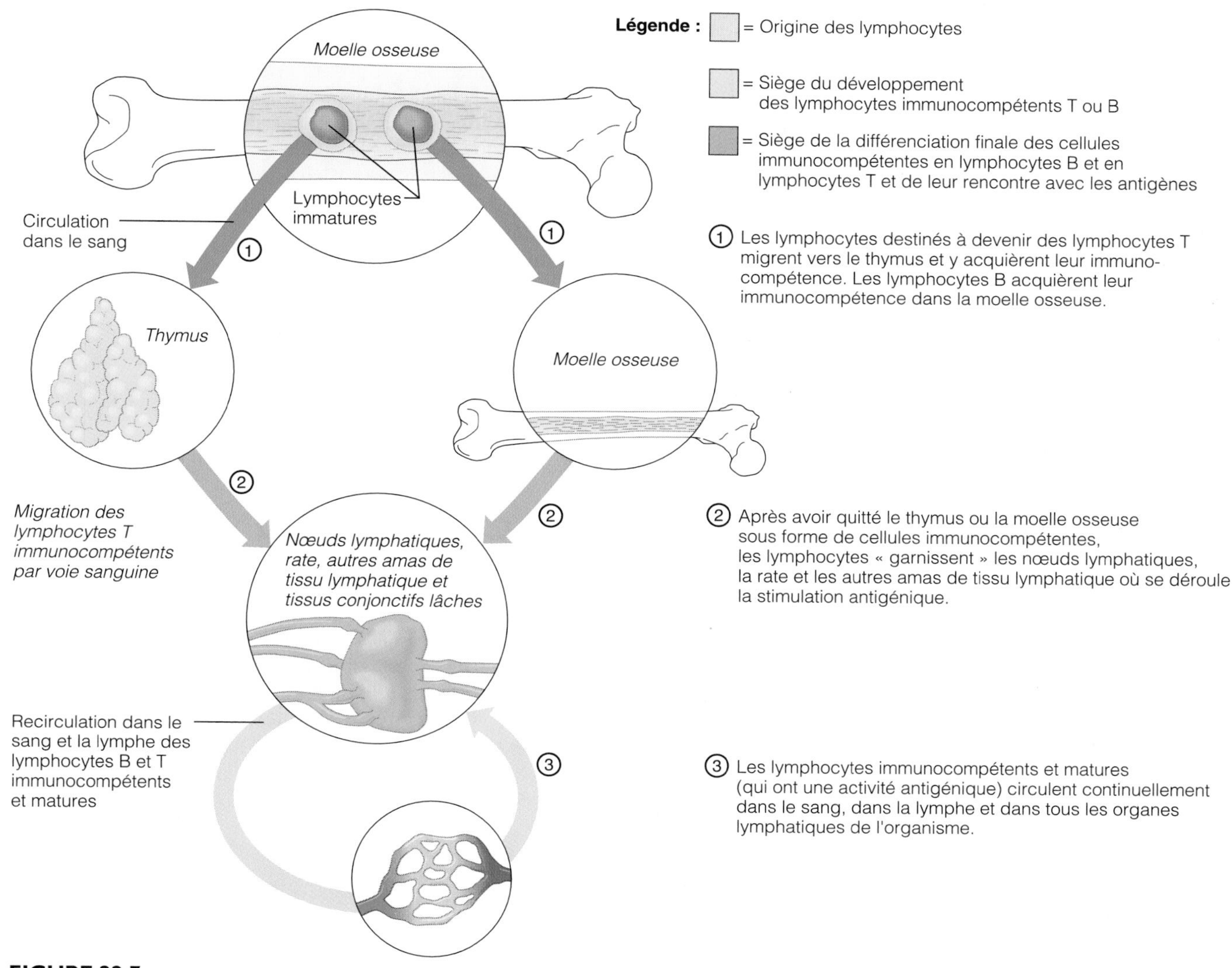
Légende :
= Origine des lymphocytes
= Siège du développement des lymphocytes immunocompétents T ou B
= Siège de la différenciation finale des cellules immunocompétentes en lymphocytes B et en lymphocytes T et de leur rencontre avec les antigènes
Moelle osseuse
Lymphocytes immatures
Circulation dans le sang
① Les lymphocytes destinés à devenir des lymphocytes T migrent vers le thymus et y acquièrent leur immunocompétence. Les lymphocytes B acquièrent leur immunocompétence dans la moelle osseuse.
Thymus
Moelle osseuse
Migration des lymphocytes T immunocompétents par voie sanguine
Nœuds lymphatiques, rate, autres amas de tissu lymphatique et tissus conjonctifs lâches
② Après avoir quitté le thymus ou la moelle osseuse sous forme de cellules immunocompétentes, les lymphocytes « garnissent » les nœuds lymphatiques, la rate et les autres amas de tissu lymphatique où se déroule la stimulation antigénique.
Recirculation dans le sang et la lymphe des lymphocytes B et T immunocompétents et matures
③ Les lymphocytes immunocompétents et matures (qui ont une activité antigénique) circulent continuellement dans le sang, dans la lymphe et dans tous les organes lymphatiques de l'organisme.

FIGURE 22.7
Circulation des lymphocytes. Les lymphocytes immatures sont issus de la moelle osseuse rouge. (Notez qu'il n'y a pas de moelle rouge dans la cavité médullaire de la diaphyse des os longs chez l'adulte. Voir la situation de la moelle osseuse rouge chez l'adulte à la page 633.)

22

cellules dendritiques, les *macrophagocytes* et les *lymphocytes B activés*. Les *macrophagocytes intraépidermiques* de l'épiderme exercent aussi un certain rôle dans la présentation de l'antigène.

Remarquez que tous ces types de cellules sont stratégiquement bien placés dans l'organisme pour rencontrer les antigènes et y réagir. Les macrophagocytes, très répandus dans les organes lymphatiques et les tissus conjonctifs, proviennent des monocytes élaborés dans la moelle osseuse rouge. En plus de leur rôle dans la présentation de l'antigène, les macrophagocytes sécrètent des protéines solubles qui activent les lymphocytes T. Les lymphocytes T activés libèrent à leur tour des substances chimiques qui poussent les macrophagocytes à se transformer en *macrophagocytes activés*. Ces derniers deviennent alors de véritables « tueurs » : leur pouvoir phagocytaire se trouve accentué et ils sont insatiables ; ils sécrètent aussi des agents chimiques bactéricides. Comme vous le verrez ultérieurement, une coopération entre les différents types de lymphocytes, ainsi qu'entre les lymphocytes et les macrophagocytes, est à l'œuvre dans presque toutes les phases de la réaction immunitaire.

Bien que l'on trouve des CPA et des lymphocytes dans chacun des organes lymphatiques, des cellules spécifiques vont se concentrer en plus grand nombre dans

Cela leur permet de rencontrer une plus grande variété d'antigènes et d'autres cellules de l'organisme.

Quels types de cellules participent à la présentation de l'antigène ?

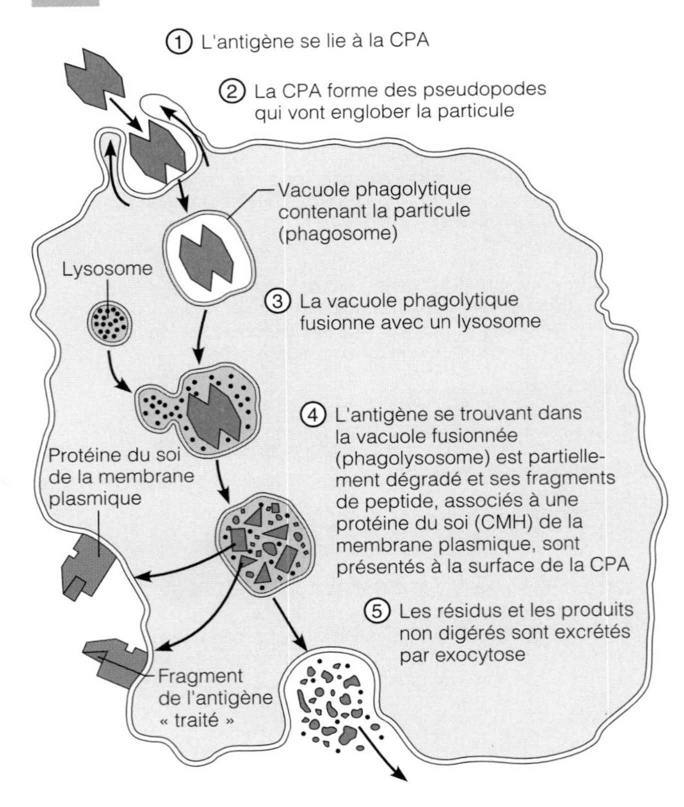

① L'antigène se lie à la CPA
② La CPA forme des pseudopodes qui vont englober la particule
Vacuole phagolytique contenant la particule (phagosome)
Lysosome
③ La vacuole phagolytique fusionne avec un lysosome
④ L'antigène se trouvant dans la vacuole fusionnée (phagolysosome) est partiellement dégradé et ses fragments de peptide, associés à une protéine du soi (CMH) de la membrane plasmique, sont présentés à la surface de la CPA
Protéine du soi de la membrane plasmique
⑤ Les résidus et les produits non digérés sont excrétés par exocytose
Fragment de l'antigène « traité »

FIGURE 22.8
Rôle des cellules présentatrices d'antigènes dans l'immunité : phagocytose ou endocytose par récepteurs interposés (assimilation de l'antigène), transformation et présentation de l'antigène.

certaines régions. Par exemple, les lymphocytes T se trouvent surtout dans les follicules du cortex des nœuds lymphatiques, les cellules dendritiques et les lymphocytes B ont tendance à peupler les *centres germinatifs* (voir la figure 21.4, p. 751), et une population relativement plus dense de macrophagocytes se regroupe autour des sinus médullaires. Les macrophagocytes tendent à demeurer immobiles dans les organes lymphatiques, comme s'ils attendaient que les antigènes viennent à eux ; par contre, les lymphocytes, en particulier les lymphocytes T (qui représentent de 65 à 85 % des lymphocytes transportés par voie sanguine), patrouillent sans cesse l'organisme (voir la figure 22.7). Cette particularité augmente considérablement la possibilité qu'un lymphocyte entre en contact avec des antigènes logés dans différentes parties de l'organisme, de même qu'avec un très grand nombre de macrophagocytes et d'autres lymphocytes. La circulation des lymphocytes peut sembler aléatoire, mais leur émigration vers les tissus qui ont besoin de leurs services de protection est hautement spécifique et soumise aux signaux de guidage (molécules d'adhérence cellulaire) qui se trouvent sur les cellules endothéliales des vaisseaux (voir p. 765).

Du fait que les capillaires lymphatiques recueillent des protéines et des agents pathogènes dans presque tous les tissus de l'organisme, les cellules immunitaires logées dans les nœuds lymphatiques occupent une position stratégique pour rencontrer une grande variété d'antigènes. Ainsi, dans les tonsilles, les lymphocytes et les CPA agissent surtout contre les microorganismes qui envahissent la cavité orale et la cavité nasale ; la rate, pour sa part, joue un rôle de filtre qui capte les antigènes transportés par voie sanguine.

En résumé, on peut dire que le système immunitaire est un système défensif à deux volets qui utilise des lymphocytes, des CPA et des molécules spécifiques en vue de l'identification et de la destruction de toute substance dans l'organisme, vivante ou non vivante, qui est identifiée comme non-soi, autrement dit comme ne faisant pas partie de l'organisme. La réaction du système immunitaire à de telles menaces dépend de la capacité de ses cellules (1) de reconnaître les substances étrangères (antigènes) en se liant à celles-ci et (2) de communiquer entre elles de telle sorte que le système immunitaire dans son ensemble organise une réponse spécifique à ces antigènes.

RÉACTION IMMUNITAIRE HUMORALE

La **stimulation antigénique,** c'est-à-dire la stimulation d'un lymphocyte immunocompétent par un antigène envahisseur, a lieu habituellement dans la rate ou dans un nœud lymphatique, mais elle peut aussi survenir dans n'importe lequel des amas de tissu lymphatique. La stimulation antigénique du lymphocyte B provoque la *réaction immunitaire humorale,* soit la synthèse et la sécrétion d'anticorps réagissant spécifiquement avec l'antigène rencontré.

Sélection clonale et différenciation des lymphocytes B

Un lymphocyte B immunocompétent qui n'est pas encore pleinement fonctionnel est *activé* (stimulé pour se différencier) lorsque des antigènes se lient aux récepteurs de sa membrane et effectuent des liaisons avec les récepteurs adjacents. La liaison de l'antigène est immédiatement suivie de l'endocytose par récepteurs interposés des complexes antigène-récepteur. Ces événements (ainsi que des interactions avec les lymphocytes T qui seront décrites plus loin) déclenchent le processus de **sélection clonale,** c'est-à-dire qu'ils stimulent la croissance et la mitose rapide du lymphocyte B afin de former une armée de cellules identiques possédant les mêmes récepteurs spécifiques pour l'antigène qui a déclenché le processus (figure 22.9). Il en résulte un **clone,** soit une famille de cellules identiques qui sont toutes issues de la *même* cellule souche. Dans la sélection clonale, c'est l'antigène qui « choisit » un lymphocyte B portant des récepteurs membranaires complémentaires.

La plupart des cellules du clone deviennent des **plasmocytes,** les cellules effectrices de la réaction humorale qui sécrètent les anticorps. Même si les lymphocytes B ne sécrètent que des quantités limitées d'anticorps, les plasmocytes élaborent la machinerie interne complexe (en grande partie constituée de réticulum endoplasmique rugueux)

Les macrophagocytes, les macrophagocytes intraépidermiques, les cellules dendritiques, entre autres.

22

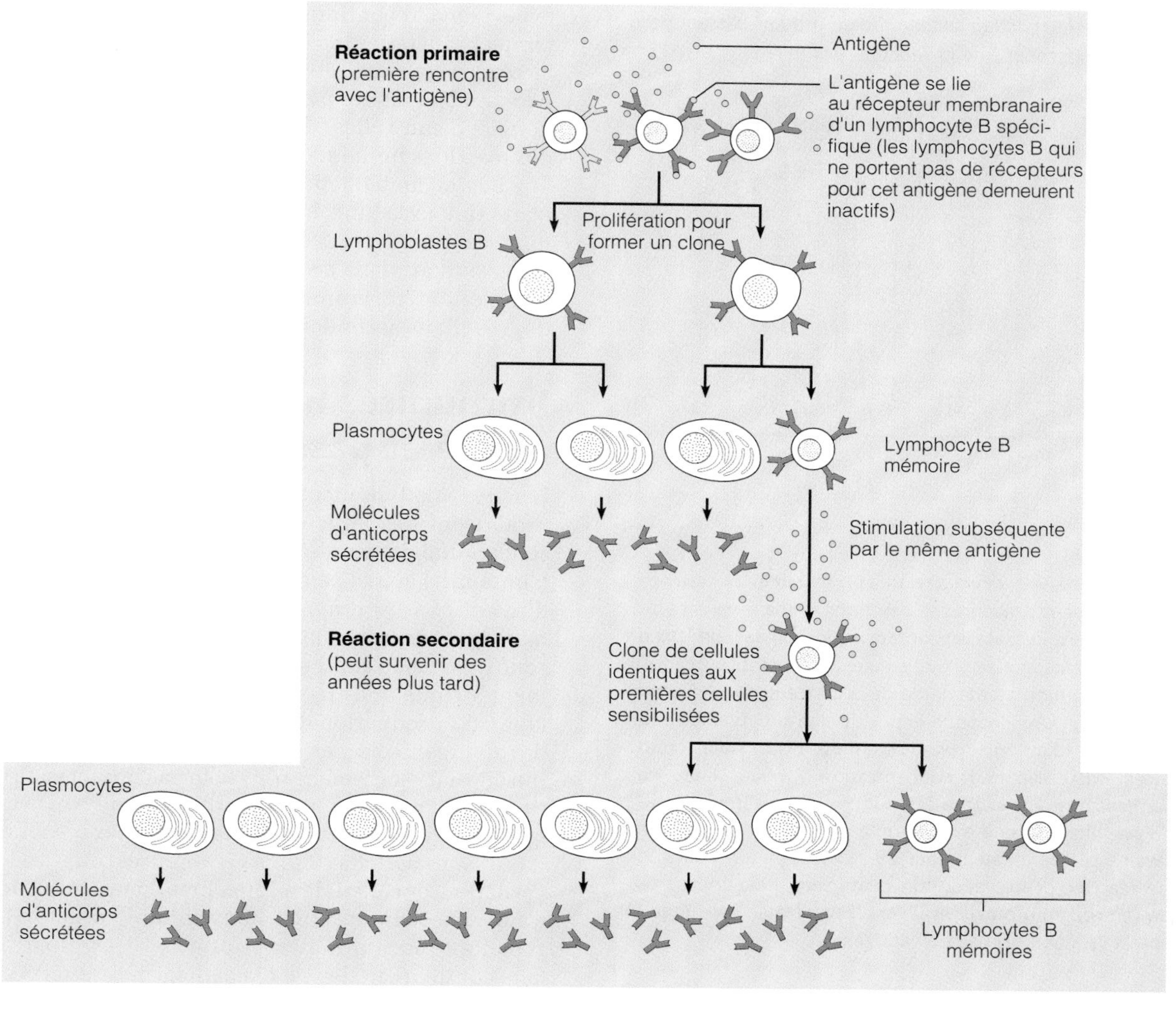

FIGURE 22.9
Version simplifiée de la sélection clonale d'un lymphocyte B stimulé par la liaison avec un antigène. La rencontre initiale stimule la réaction primaire au cours de laquelle la prolifération rapide des lymphocytes B entraîne la formation d'un clone de cellules identiques; la plupart de ces cellules se transforment en plasmocytes producteurs d'anticorps. (La production de plasmocytes matures n'est pas représentée sur la figure; elle se déroule en cinq jours environ et sur huit générations de cellules.) Les cellules qui ne se différencient pas en plasmocytes deviennent des cellules mémoires, qui sont déjà sensibilisées pour répondre à des expositions subséquentes au même antigène. Si une telle rencontre survient, les cellules mémoires produisent rapidement d'autres cellules mémoires et un grand nombre de plasmocytes effecteurs ayant la même spécificité antigénique. Les réactions induites par les cellules mémoires sont appelées réactions secondaires.

nécessaire à la synthèse des anticorps au rythme extraordinaire d'environ 2000 molécules par seconde. Chacun des plasmocytes fonctionne à cette allure pendant quatre à cinq jours, puis il meurt. Les anticorps sécrétés, dont chacun possède les mêmes propriétés de liaison à l'antigène que les récepteurs membranaires de la cellule souche, circulent dans le sang ou la lymphe, où ils se lient aux antigènes libres pour former le complexe antigène-anticorps. Les antigènes ainsi marqués sont détruits grâce à d'autres mécanismes spécifiques ou non spécifiques. Certains lymphocytes du clone ne se transforment pas en plasmocytes et deviennent des **cellules mémoires** à durée de vie prolongée qui peuvent provoquer une réaction humorale quasi immédiate si elles rencontrent de nouveau le même antigène (voir la figure 22.9).

Mémoire immunitaire

La prolifération et la différenciation cellulaires décrites à la figure 22.9 constituent la **réaction immunitaire primaire**; cette réponse se met en place lors de la toute première exposition à un antigène particulier. La réaction primaire comporte habituellement une phase de latence de plusieurs jours (de trois à six) après la stimulation antigénique. Cette phase représente le temps nécessaire pour la prolifération des quelques lymphocytes B spécifiques à cet antigène et pour la différenciation de leurs descendants en plasmocytes (usines de synthèse d'anticorps fonctionnels). Après cette phase, la concentration plasmatique d'anticorps augmente et atteint une concentration maximale vers le dixième jour: c'est la phase de croissance. La

Pourquoi la réaction secondaire se produit-elle beaucoup plus rapidement que la réaction primaire ?

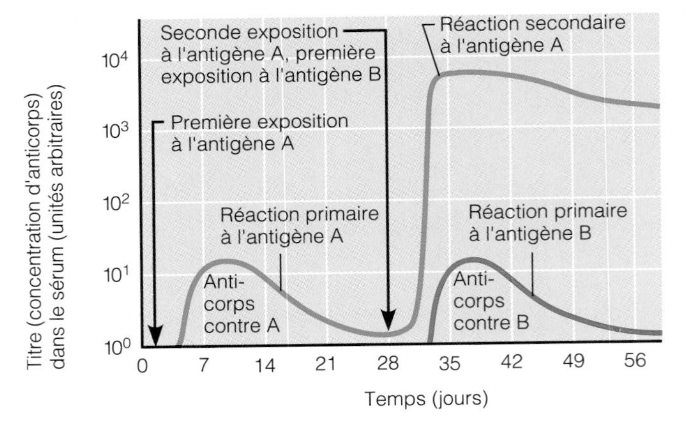

FIGURE 22.10
Réactions humorales primaire et secondaire. La courbe bleue du graphique représente les réactions primaire et secondaire à l'antigène A. Dans la réaction primaire, un certain laps de temps s'écoule avant que se produise une augmentation graduelle suivie d'une diminution assez rapide de la concentration des anticorps dans le sang. Une seconde exposition à l'antigène A au jour 28 provoque une réaction secondaire qui est à la fois plus rapide et plus intense. Par ailleurs, la concentration d'anticorps demeure élevée pendant une plus longue période, même si elle n'apparaît pas sur le graphique. Si une exposition à un autre antigène, l'antigène B, avait également lieu au jour 28, la réaction à cet antigène serait une réaction primaire, et non secondaire, et la courbe du graphique (en rouge) montrerait un tracé semblable à celui qui représente la réaction primaire à l'antigène A.

phase de décroissance intervient lorsque la synthèse des anticorps commence à diminuer (figure 22.10).

Une nouvelle exposition au même antigène, que ce soit pour une deuxième ou une vingt-deuxième fois, provoque une **réaction immunitaire secondaire.** Ce type de réaction est plus rapide, plus efficace et plus prolongé que la réponse initiale parce que le système immunitaire a déjà été sensibilisé à l'antigène et que les cellules mémoires sont en place et « en état d'alerte ». Ces cellules mémoires assurent ce qui est communément appelé la **mémoire immunitaire.**

Moins de quelques heures après la reconnaissance de l'antigène comme un « ancien ennemi », une nouvelle armée de plasmocytes se constitue. En deux ou trois jours, la concentration d'anticorps dans le sang grimpe et atteint un niveau beaucoup plus élevé que lors de la réponse primaire. Les anticorps fabriqués au cours d'une réaction secondaire se lient plus facilement (plus solidement) et leur concentration dans le sang demeure élevée pendant des semaines, voire des mois. (C'est ainsi qu'en présence des signaux chimiques appropriés, les plasmocytes peuvent continuer à fonctionner pendant un laps de temps beaucoup plus long que les quatre ou cinq jours de la réaction primaire.) Les cellules mémoires subsistent pendant de longues périodes chez les humains et un grand nombre d'entre elles conservent leur capacité de provoquer des réactions humorales secondaires tout au long de la vie.

Les mêmes phénomènes généraux se produisent au cours de la réaction immunitaire à médiation cellulaire : une réaction primaire mobilise un groupe de lymphocytes activés (dans ce cas, des lymphocytes T) et produit des cellules mémoires qui peuvent ensuite déclencher des réactions secondaires.

Immunités humorales active et passive

Lorsque vos lymphocytes B rencontrent des antigènes et produisent des anticorps contre ces derniers, vous présentez une **immunité humorale active** (figure 22.11). L'immunité active peut être (1) *acquise naturellement* lors d'infections bactériennes et virales pendant lesquelles nous pouvons présenter les symptômes de la maladie et souffrir un peu (ou beaucoup), et (2) *acquise artificiellement* lorsque nous recevons des **vaccins.** Quel que soit le mode d'introduction de l'antigène (que l'antigène pénètre dans l'organisme par ses propres moyens ou qu'il y soit introduit délibérément sous la forme d'un vaccin), la réaction du système immunitaire ne varie guère. De fait, après que les chercheurs eurent constaté que les réactions secondaires sont nettement plus vigoureuses, on a assisté à une véritable course au développement de vaccins de façon à « amorcer » une réaction immunitaire en permettant une première rencontre avec l'antigène. La plupart des vaccins contiennent des agents pathogènes morts ou *atténués* (vivants, mais extrêmement affaiblis). Les vaccins sont doublement bénéfiques : (1) ils nous épargnent la plupart des symptômes de la maladie qui nous affecteraient au cours de la réaction primaire, et (2) leurs antigènes affaiblis fournissent des déterminants antigéniques fonctionnels qui stimulent la production d'anticorps et assurent la mémoire immunitaire. Des chercheurs ont également mis au point ce qu'il est convenu d'appeler des *injections de rappel* capables d'intensifier la réaction immunitaire au moment de rencontres ultérieures avec le même antigène.

Les vaccins ont littéralement éradiqué la variole et ont presque éliminé de nombreuses maladies infantiles potentiellement graves comme la coqueluche, la diphtérie, la poliomyélite et la rougeole. Chez les adultes, ils ont considérablement réduit les cas d'hépatite, de tétanos et de méningite. Les vaccins conventionnels présentent toutefois quelques inconvénients. Dans certains cas, ils contiennent un antigène atténué qui n'est pas suffisamment affaibli et ils causent alors la maladie qu'ils sont censés prévenir (une conséquence rare du vaccin contre la polio). Dans d'autres cas, les vaccins déclenchent une réaction allergique. On étudie actuellement de nouveaux vaccins antiviraux à « ADN nu », injectés dans la peau au moyen d'un fusil génétique, qui permettraient de prévenir ces problèmes.

L'**immunité humorale passive** se distingue de l'immunité active par le degré de protection qu'elle procure et par la source de ses anticorps (voir la figure 22.11).

La sensibilisation et la préparation sont déjà faites. Par conséquent, les cellules mémoires n'ont plus qu'à proliférer pour augmenter leur nombre.

Au lieu d'être élaborés par vos plasmocytes, les anticorps sont récoltés (ou obtenus) à partir du sérum d'un donneur humain ou animal immunisé. En conséquence, vos lymphocytes B ne sont *pas* stimulés, la mémoire immunitaire ne s'établit *pas* et la protection fournie par les anticorps « empruntés » cesse dès que ces derniers se sont naturellement dégradés dans l'organisme. L'immunité passive est communiquée *naturellement* au fœtus lorsque les anticorps de la mère traversent le placenta et entrent dans la circulation fœtale. Pendant plusieurs mois après la naissance, le bébé est protégé contre tous les antigènes auxquels la mère a été exposée.

L'immunité passive est *artificiellement* conférée par injection d'un sérum comme la *gammaglobuline* (fraction gamma du sérum sanguin contenant les anticorps d'un individu). La gammaglobuline est administrée de façon courante après une exposition au virus de l'hépatite. On fabrique aussi certains immunosérums spécifiques en laboratoire pour traiter les intoxications dues aux morsures de serpents venimeux (sérum antivenimeux), les infections causées par le botulisme et le tétanos (antitoxines) ainsi que la rage, car ces intoxications et maladies potentiellement foudroyantes pourraient tuer une personne avant que l'immunité active ait eu le temps de se constituer. Les anticorps administrés assurent une protection immédiate, mais leur effet est de courte durée (de deux à trois semaines).

Pourquoi les formes passives d'immunité n'établissent-elles pas de mémoire immunitaire ?

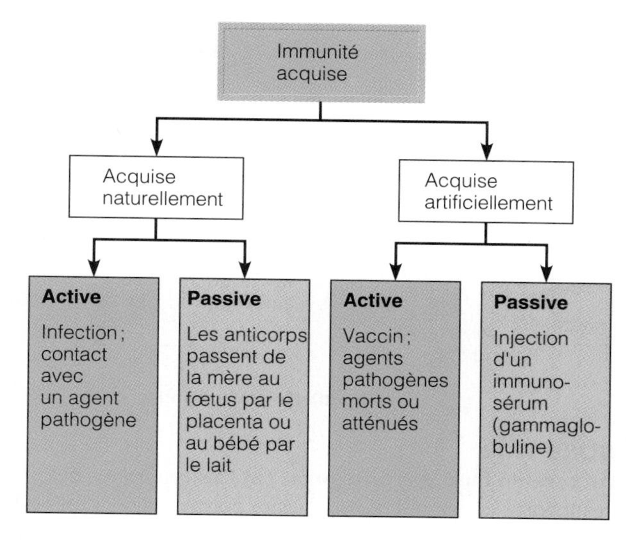

FIGURE 22.11
Types d'immunité acquise. Les rectangles verts représentent les types actifs d'immunité dans lesquels s'établit la mémoire immunitaire. Les rectangles orangés représentent les types passifs d'immunité de courte durée ; aucune mémoire immunitaire ne se constitue.

Anticorps

Les **anticorps,** aussi appelés **immunoglobulines (Ig)**, constituent le groupe des **gammaglobulines** des protéines sériques. Comme nous l'avons mentionné, les anticorps sont des protéines solubles sécrétées par les lymphocytes B activés ou par des plasmocytes en réponse à un antigène, et ils sont capables de se combiner de façon spécifique avec cet antigène.

Les anticorps sont élaborés en réaction à un nombre impressionnant d'antigènes différents. Malgré leur variété, tous les anticorps appartiennent à l'une des cinq classes d'Ig établies selon leur structure et leur fonction. Nous verrons ultérieurement en quoi ces classes d'Ig diffèrent ; pour l'instant, nous allons nous pencher sur les caractéristiques communes des anticorps.

Structure de base des anticorps

Indépendamment de sa classe, chaque anticorps possède une structure de base formée de quatre chaînes polypeptidiques reliées par des ponts disulfure (liaisons soufre-soufre) (figure 22.12). Deux de ces chaînes, les **chaînes lourdes** ou **H** (H, *heavy* = lourd), sont identiques et comportent chacune approximativement 400 acides aminés. Les deux autres chaînes, les **chaînes légères** ou **L** (L, *light* = léger), sont identiques entre elles aussi, mais elles sont environ deux fois plus courtes que les chaînes lourdes. Il existe deux types possibles de chaînes L : le type kappa (κ) et le type lambda (λ). Les chaînes lourdes présentent une région *charnière* flexible située à peu près en leur milieu. Remarquez que les ponts disulfure relient également des acides aminés entre eux dans la même chaîne lourde ou dans la même chaîne légère (voir la figure 22.12). Comme les acides aminés ainsi regroupés sont à environ 110 acides aminés les uns des autres, les parties intermédiaires des chaînes polypeptidiques forment des anneaux caractéristiques, ou domaines. Lorsque les quatre chaînes sont combinées, elles forment une molécule appelée **monomère d'anticorps** qui comprend deux moitiés identiques composées chacune d'une chaîne lourde et d'une chaîne légère. La molécule toute entière est en forme de **T** ou de **Y.**

Chacune des quatre chaînes d'un anticorps possède une **région variable (V)** à une extrémité et une **région constante (C)**, beaucoup plus grosse, à l'autre extrémité. Les régions variables présentent des différences importantes dans les anticorps qui réagissent à des antigènes différents, mais leurs régions constantes sont identiques (ou presque) dans tous les anticorps d'une classe donnée. Les régions variables des chaînes lourdes et légères de chaque moitié s'associent pour constituer un **site de fixation à l'antigène** (voir la figure 22.12) dont la forme permet de « s'ajuster » à un déterminant antigénique spécifique d'un antigène. Par conséquent, chaque monomère d'anticorps possède deux sites de fixation à l'antigène.

Les régions constantes qui forment la *tige* du monomère d'anticorps déterminent la classe de l'anticorps et assurent des fonctions communes à tous les membres de cette classe : ce sont les *régions effectrices* de l'anticorps qui dictent (1) à quelles cellules et substances chimiques l'anticorps peut se lier et (2) comment la classe d'anticorps va fonctionner en vue d'éliminer l'antigène. Par exemple, certains anticorps ont la capacité de fixer le complément

Parce que la sensibilisation n'a pas lieu et qu'aucune cellule mémoire n'est produite. La protection des Ig fournie par l'immunité passive est gratuite et temporaire.

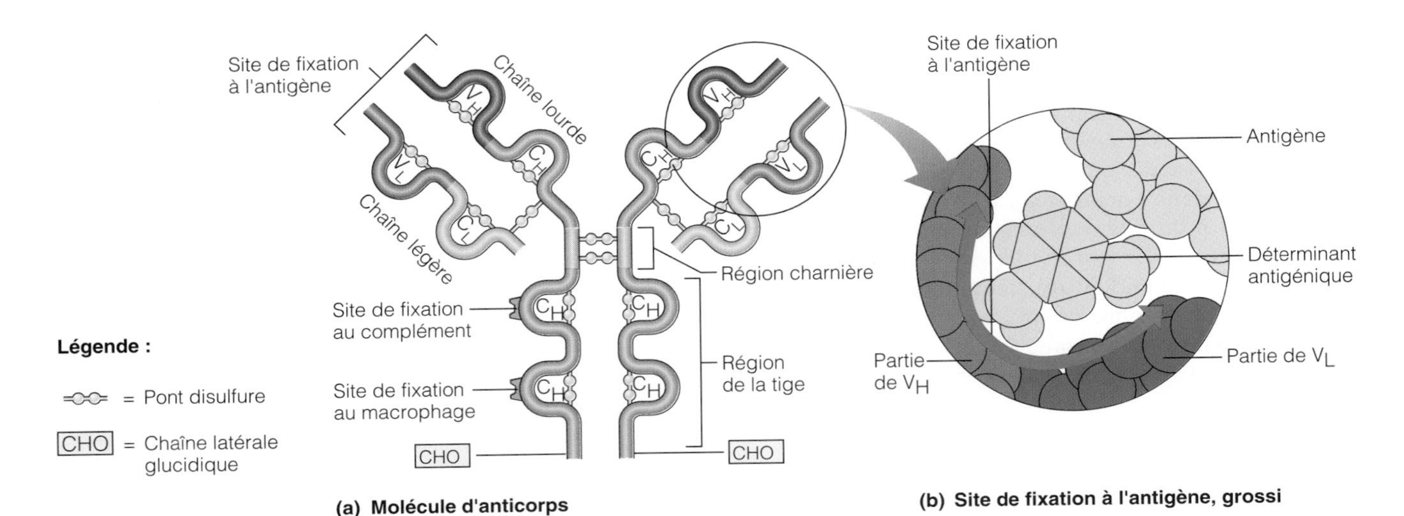

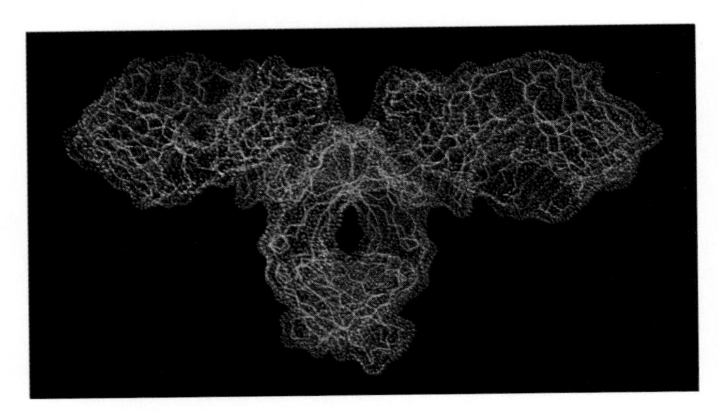
(c)

FIGURE 22.12
Structure de base des anticorps. (a) La structure de base d'un anticorps comprend quatre chaînes polypeptidiques reliées par des ponts disulfure (S—S). Deux des chaînes sont des *chaînes légères* courtes ; les deux autres sont des *chaînes lourdes* longues. Chaque chaîne possède une région variable (V) (qui diffère d'un anticorps à l'autre) et une région constante (C) (essentiellement identique dans différents anticorps de la même classe). Les régions variables constituent les sites de fixation à l'antigène ; chaque monomère d'anticorps possède donc deux sites de fixation à l'antigène. **(b)** Grossissement d'un déterminant antigénique lié à un site de fixation à l'antigène. **(c)** Image générée par ordinateur de la structure d'un anticorps. Chaque petit point (sphère) de couleur représente un des acides aminés des chaînes polypeptidiques.

ou de circuler dans le sang, alors que d'autres se trouvent principalement dans les sécrétions organiques ou possèdent la capacité de traverser la barrière placentaire, et ainsi de suite.

Classes d'anticorps

Les cinq principales classes d'immunoglobulines sont désignées par les abréviations IgM, IgA, IgD, IgG et IgE, selon la structure des régions C (constantes) de leurs chaînes lourdes. Comme vous pouvez le constater dans le tableau 22.3, l'IgD, l'IgG et l'IgE ont la même structure de base en Y et sont donc des *monomères.* L'IgA existe à la fois sous forme de monomère et sous forme de *dimère* (deux monomères liés). (Seule la forme dimère est illustrée dans le tableau.) En comparaison avec les autres anticorps, l'IgM est un énorme anticorps, un *pentamère* (*penta* = cinq) formé de cinq monomères réunis.

Les anticorps de chaque classe assument des rôles biologiques légèrement différents dans la réaction immunitaire et ne se trouvent pas tous au même endroit dans l'organisme. Par exemple, l'IgM est la première classe d'anticorps libérée dans le sang par les plasmocytes. L'IgG est l'anticorps le plus abondant dans le sérum et le seul à traverser la barrière placentaire ; c'est ainsi que l'immunité passive est transmise par la mère au fœtus. *Seules* l'IgM et l'IgG ont la capacité de fixer le complément. L'IgA sous forme de dimère, aussi appelée **IgA sécrétoire,** se trouve surtout dans le mucus et les autres sécrétions qui humectent les surfaces corporelles. Cet anticorps joue un rôle de premier plan en empêchant les agents pathogènes de pénétrer dans l'organisme. L'IgD est toujours liée à la surface des lymphocytes B ; elle agit donc comme récepteur antigénique de ces cellules. Les IgE ne se trouvent presque jamais dans le sérum et elles sont les « fautrices de troubles » responsables de certaines allergies. Toutes ces caractéristiques, spécifiques de chacune des classes d'immunoglobulines, sont résumées dans le tableau 22.3. Mémorisez le mot MADGE pour vous souvenir des cinq types d'Ig : **M** pour **m**acro (gros pentamère) ou **m**atinal (les premiers arrivés), **A** pour **a**vant-poste (ils sont au premier plan en étant sécrétés sur les surfaces corporelles), **D** pour **d**essus (ils sont liés à la face externe des lymphocytes B), **G** pour **g**énéral (les plus abondants) et **g**rossesse (ils passent à travers le placenta) et enfin **E** pour **e**nnuis, **é**ternuements (ils sont responsables de certaines allergies).

Mécanismes de la diversité des anticorps

Nos divers plasmocytes peuvent fabriquer plus de un milliard de types d'anticorps différents. Étant donné que les anticorps, comme toutes les protéines, sont spécifiés par les gènes, on pourrait croire qu'un individu possède des milliards de gènes. Or, il n'en est rien; chaque cellule de l'organisme contient environ 100 000 gènes qui codent pour toutes les protéines que doivent élaborer les cellules.

Comment un nombre limité de gènes peut-il générer un nombre apparemment sans limite d'anticorps différents? Des études portant sur la recombinaison génétique de segments d'ADN ont montré que les gènes qui codent pour les protéines de chaque anticorps ne sont pas présents comme tels dans les cellules embryonnaires et les cellules souches d'un individu. Plutôt que d'héberger une série complète de «gènes d'anticorps», les cellules souches des lymphocytes B contiennent quelques centaines de pièces détachées (segments d'ADN) que l'on peut se représenter comme un «jeu de construction pour des gènes d'anticorps». Ces segments d'ADN sont réarrangés, mis bout à bout, et constituent le gène de l'anticorps pour un lymphocyte B lorsque ce dernier se transforme en plasmocyte et devient immunocompétent; ce processus est appelé **recombinaison somatique.** Ce gène peut alors s'exprimer pour la synthèse d'un anticorps qui forme soit les récepteurs de la membrane plasmique des lymphocytes B, soit les anticorps qui sont libérés plus tard (par les plasmocytes issus de ces derniers) à la suite de la stimulation par l'antigène.

Dans un lymphocyte B immature, les segments de gènes qui codent pour les chaînes légères et lourdes (exons) sont physiquement séparés par des segments d'ADN (introns) qui ne possèdent pas de fonctions de codage pour la synthèse d'une protéine, mais qui sont situés sur le même chromosome. (Consultez le chapitre 3 au besoin pour vous rappeler cette terminologie.) Les chaînes légères et lourdes sont fabriquées séparément et par la suite réunies pour former la molécule d'anticorps. Une version simplifiée du processus de recombinaison somatique utilisé dans la production d'un type de chaîne légère d'anticorps (chaîne de type kappa) est décrite et représentée à la figure 22.13. Les événements qui contribuent à la formation des chaînes lourdes sont semblables, mais le processus est beaucoup plus complexe à cause de la plus grande variété de segments de gène (ADN) qui codent pour les régions constantes des chaînes lourdes. (Rappelez-vous que ce sont les régions C des chaînes lourdes qui déterminent la classe d'un anticorps.)

Un seul plasmocyte peut fabriquer plusieurs types de chaînes lourdes, produisant deux classes d'anticorps (ou plus) pour le même antigène. Par exemple, les premiers anticorps libérés lors de la réponse immunitaire primaire sont des IgM; plus tard, les plasmocytes sécréteront des IgG. Lors de la réponse secondaire, presque tous les anticorps seront de type IgG.

Cibles et fonctions des anticorps

Les anticorps ne possèdent pas la capacité de détruire directement les «envahisseurs» porteurs d'antigènes, mais ils peuvent les inactiver et les marquer afin qu'ils soient

TABLEAU 22.3	**Classes d'immunoglobulines**
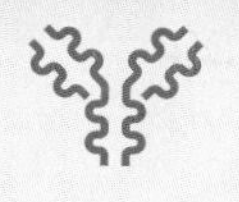 *IgD (monomère)*	L'IgD est presque toujours attachée à la surface d'un lymphocyte B, où elle joue le rôle de récepteur d'antigènes du lymphocyte B; joue un rôle important dans l'activation des lymphocytes B.
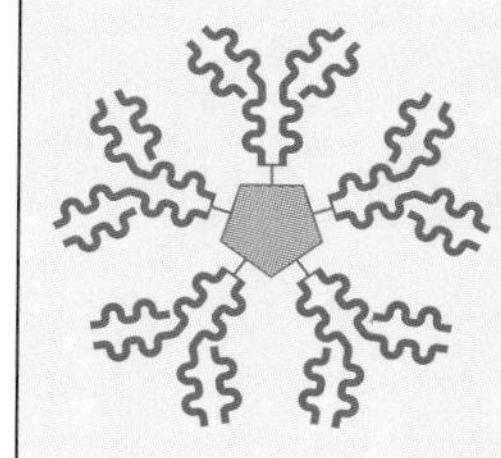 *IgM (pentamère)*	L'IgM existe sous forme de monomère et de pentamère (cinq monomères réunis). Sous la forme de monomère, elle est attachée à la surface du lymphocyte B et sert de récepteur d'antigènes. Sous la forme de pentamère (illustrée ci-contre), elle circule dans le plasma sanguin et est la première classe de Ig libérée par les plasmocytes au cours de la réaction primaire. (Ce fait est utile sur le plan diagnostique, car la présence d'IgM dans le plasma indique habituellement une infection en cours due à l'agent pathogène qui a stimulé la formation d'IgM.) En raison de ses nombreux sites de fixation à l'antigène, l'IgM est un puissant agent agglutinant qui fixe et active rapidement le complément.
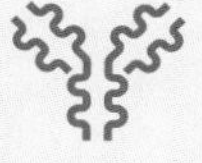 *IgG (monomère)*	L'IgG est l'anticorps majoritaire dans le sérum: elle représente de 75 à 85 % des anticorps circulants. Elle protège contre les bactéries, les virus et les toxines qui circulent dans le sang et la lymphe, elle fixe rapidement le complément et constitue le principal anticorps des réactions primaire et secondaire. Elle traverse le placenta et produit une immunité passive chez le fœtus.
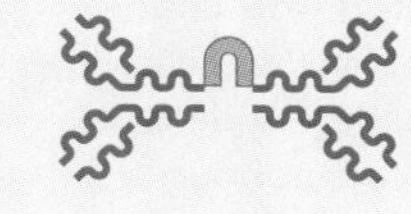 *IgA (dimère)*	L'IgA sous forme de monomère est présente en quantité limitée dans le plasma. Sous forme de dimère (illustrée ci-contre), elle est appelée IgA sécrétoire et se trouve dans les sécrétions comme la salive, la sueur, le suc intestinal et le lait maternel. Elle contribue à empêcher les agents pathogènes de s'attacher à la surface des cellules épithéliales (y compris des muqueuses et de l'épiderme).
IgE (monomère)	L'IgE est un peu plus grosse que l'IgG. Elle est sécrétée par les plasmocytes dans la peau, les muqueuses des voies gastro-intestinales et respiratoires et, les tonsilles. Sa tige se lie aux mastocytes et aux granulocytes basophiles et, lorsque les extrémités de son récepteur sont activées par un antigène, elle déclenche la libération d'histamine et d'autres substances chimiques qui participent à l'inflammation et à certaines réactions allergiques. Habituellement, elle existe à l'état de traces dans le plasma, mais ses concentrations augmentent dans les cas d'allergies graves ou de parasitoses chroniques du tube digestif.

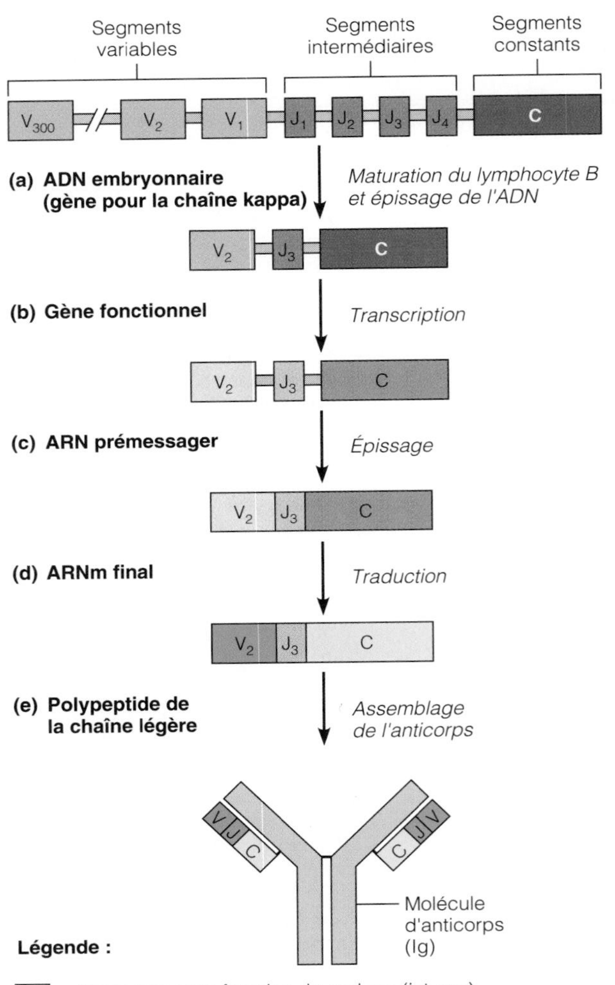

FIGURE 22.13
Recombinaison somatique et formation d'une chaîne légère d'anticorps (de type kappa). (a) Dans les cellules embryonnaires, le gène codant pour la chaîne légère de type kappa a 1 région constante (C), 4 segments codant pour la chaîne J (J) et de 200 à 300 segments codant pour les régions variables (V); ces segments d'ADN sont séparés par des segments d'ADN ne possédant pas de fonctions de codage (gris). **(b)** Au cours de la maturation des lymphocytes B, un segment V choisi au hasard est recombiné avec un des segments J et avec le segment C afin de former le gène actif pour la chaîne légère. Les segments intermédiaires sont éliminés (épissage). **(c)** Transcription du nouveau gène en ARN prémessager. **(d)** Épissage des segments sans fonction de codage (introns) pour former l'ARN messager final. **(e)** Traduction de l'ARNm final en protéine, formant la chaîne légère avec les régions variables, constante et J (jonction). (Notez que la région J du polypeptide est considérée comme une partie de la région variable [V_L à la figure 22.12].) Les régions V, J et C des chaînes lourdes ne sont pas indiquées dans la molécule d'anticorps illustrée afin de simplifier la figure.

détruits par les macrophagocytes (figure 22.14). L'événement commun à toutes les interactions entre un anticorps et un antigène est la formation des **complexes antigène-anticorps,** ou **complexes immuns.** Les mécanismes de défense employés par les anticorps sont la neutralisation, l'agglutination, la précipitation ainsi que la fixation du complément. Parmi ces mécanismes, la fixation du complément et la neutralisation sont les plus importants.

La **fixation et l'activation du complément** constituent l'arme principale des anticorps contre les antigènes cellulaires tels que les bactéries ou les globules rouges incompatibles. Lorsque les anticorps se fixent à des cellules, ils changent de forme pour exposer les sites de fixation du complément sur leurs régions constantes (voir la figure 22.12a). Ce phénomène déclenche la fixation de certains facteurs du complément sur la surface de la cellule portant l'antigène, suivie de la lyse de sa membrane plasmique. De plus, comme nous l'avons vu précédemment, les molécules libérées au cours de l'activation du complément amplifient de beaucoup la réaction inflammatoire et déclenchent le processus d'opsonisation, lequel favorise la phagocytose par les macrophagocytes et les granulocytes neutrophiles. Se met alors en place un cycle de rétroactivation qui fait intervenir un nombre de plus en plus grand d'éléments voués à la défense de l'organisme.

La **neutralisation,** le mécanisme effecteur le plus simple, est mise en œuvre lorsque l'anticorps bloque les sites spécifiques situés sur les virus ou les exotoxines bactériennes (substances chimiques toxiques sécrétées par les bactéries). Le virus ou l'exotoxine ne peuvent alors plus se fixer sur les récepteurs de la membrane plasmique de nos cellules et causer le dysfonctionnement ou la mort de ces dernières. Les complexes antigène-anticorps finissent par être détruits par les phagocytes.

Les anticorps possèdent au moins deux sites de fixation à l'antigène; en conséquence, un anticorps peut s'attacher à des déterminants antigéniques identiques portés par plusieurs molécules d'antigène et former ainsi des assemblages en treillis. Quand les antigènes de plusieurs cellules sont réunis par des anticorps, les liens établis entre les antigènes provoquent l'apparition d'amas de cellules étrangères, ou **agglutination.** L'IgM, qui est un pentamère et est donc munie de dix sites de fixation à l'antigène (voir le tableau 22.3), est un agent agglutinant particulièrement puissant. Il faut se rappeler que c'est ce type de réaction qui se produit lorsque du sang incompatible est transfusé (les globules rouges étrangers s'agglutinent) et qui est utilisé dans les épreuves de détermination des groupes sanguins (voir p. 653). La **précipitation** est un mécanisme similaire dans lequel des molécules solubles (plutôt que des cellules) sont réunies pour former de gros complexes qui se déposent et ne font plus partie de la solution. Comme les bactéries agglutinées, ces molécules d'antigène précipitées (immobilisées) sont beaucoup plus facilement capturées et englobées par les phagocytes que ne le sont les antigènes libres.

Anticorps monoclonaux

Outre leur rôle dans l'immunité passive, des anticorps préparés à des fins commerciales sont utilisés dans la recherche fondamentale, dans la recherche clinique et dans le traitement de certains cancers. Les **anticorps**

La fixation du complément et l'agglutination contribuent toutes deux à la phagocytose, mais leurs mécanismes d'action ne sont pas les mêmes. En quoi diffèrent-ils ?

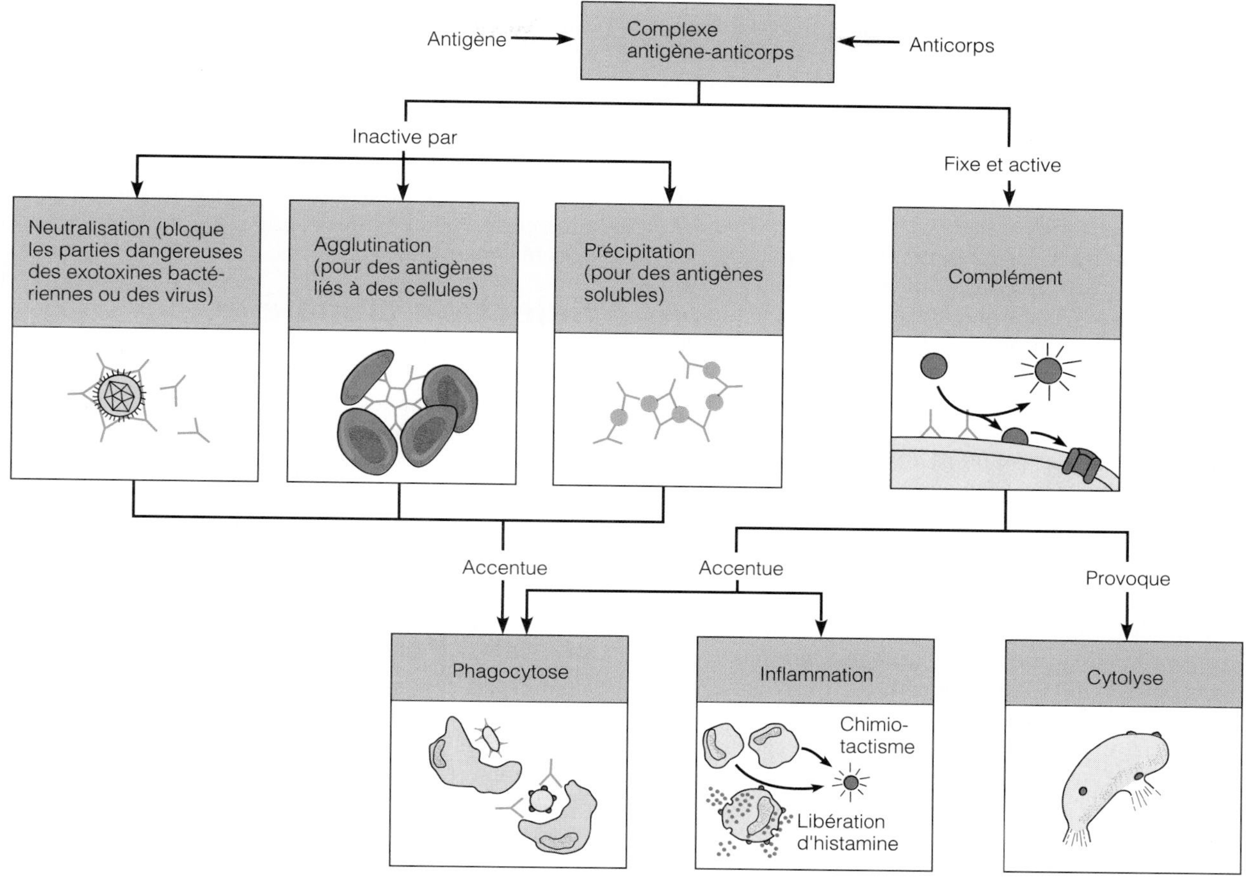

FIGURE 22.14
Mécanismes d'action des anticorps. Les anticorps agissent contre les virus libres, les antigènes de globules rouges, les toxines bactériennes et les bactéries intactes.

monoclonaux, auxquels on a recours dans ces cas, sont synthétisés par les descendants d'une seule cellule ; il s'agit de préparations d'anticorps purs qui sont spécifiques pour un déterminant antigénique unique.

La technique actuelle pour fabriquer des anticorps monoclonaux fait intervenir la fusion de cellules de tumeurs (myélomes) mutantes et de lymphocytes B. Les cellules hybrides qui en résultent, appelées **hybridomes,** possèdent les caractéristiques recherchées des deux lignées parentales. Elles prolifèrent indéfiniment en culture de tissu (comme le font les cellules de myélomes) et elles élaborent un type d'anticorps hautement spécifique pour un antigène donné (comme le font les lymphocytes B).

On utilise les anticorps monoclonaux pour confirmer un diagnostic de grossesse (les anticorps reconnaissent l'hormone de grossesse [hCG] dans l'urine d'une femme enceinte), de certaines maladies transmissibles sexuellement, de quelques formes de cancer (dont le cancer du côlon), de l'hépatite et de la rage. Dans chacun de ces derniers cas, les épreuves d'anticorps monoclonaux sont beaucoup plus spécifiques, sensibles et rapides que les épreuves diagnostiques traditionnelles. Les anticorps monoclonaux sont également utilisés pour traiter la leucémie et les lymphomes, des cancers qui se manifestent dans la circulation sanguine et qui sont ainsi facilement accessibles par les anticorps injectés. De nombreux cas de rémission partielle ont été signalés dans des situations qui semblaient sans espoir. Dans le traitement de certains cancers, les anticorps monoclonaux sont également couplés à des médicaments anticancéreux (comme des « missiles à tête chercheuse ») afin de diriger un médicament toxique vers des cellules cancéreuses disséminées dans l'organisme. Cette approche ne donne toutefois pas toujours les résultats escomptés.

À la suite de la fixation du complément, des molécules C3b sont libérées et enveloppent les antigènes cellulaires. En rendant la surface moins lisse, ces molécules servent de « sites de fixation » auxquels le phagocyte peut adhérer plus facilement, ce qui l'aide à englober sa proie. L'agglutination forme de gros amas de molécules d'antigène qui précipitent et s'immobilisent alors, facilitant ainsi leur capture par le phagocyte.

22

RÉACTION IMMUNITAIRE À MÉDIATION CELLULAIRE

Malgré leur immense polyvalence, les anticorps fournissent seulement une immunité partielle. Ils nous sont très utiles dans les cas où la proie est bien évidente, mais ils s'avèrent plutôt désarmés devant des microorganismes infectieux comme le bacille de la tuberculose, qui s'insinue rapidement dans les cellules pour s'y multiplier. Dans de tels cas, c'est la réaction immunitaire à médiation cellulaire qui doit intervenir.

Les lymphocytes T, les médiateurs de l'immunité cellulaire, forment un groupe de cellules diverses, beaucoup plus complexes que les lymphocytes B tant sur le plan de leur classification que sur le plan de leur fonction. Il existe deux populations principales de lymphocytes T effecteurs. Cette classification distingue les lymphocytes T4, ou CD4, exprimant l'antigène (ou marqueur de surface) CD4 et les lymphocytes T8, ou CD8, exprimant l'antigène CD8, selon les récepteurs (glycoprotéines) présents sur la membrane plasmique des lymphocytes matures (récepteurs CD4 ou CD8; CD, «classe de différenciation»). Ces récepteurs de la membrane plasmique sont différents des récepteurs d'antigène des lymphocytes T, mais ils jouent un rôle dans les interactions qui s'établissent entre les cellules ou entre une cellule et des antigènes étrangers. Les **lymphocytes CD4,** aussi appelés cellules T4, sont surtout des **lymphocytes T auxiliaires** (T_H, ou lymphocytes T «helper»), alors que les **lymphocytes CD8,** ou cellules T8, sont des **lymphocytes T cytotoxiques** (T_C). Outre ces deux grandes catégories de lymphocytes T, il existe les lymphocytes T de l'hypersensibilité retardée (T_{DH}, un type particulier de cellule T_H), les lymphocytes T suppresseurs (T_S) (qu'on croit dérivés de cellules T8) et les lymphocytes T mémoires. Nous reviendrons sur les rôles de ces cellules un peu plus loin.

Avant d'aborder en détail la réaction immunitaire à médiation cellulaire, nous allons résumer quelques informations préliminaires et comparer l'importance des réactions humorale et cellulaire dans le plan d'ensemble de l'immunité. Les anticorps solubles, produits par les plasmocytes (lignée des lymphocytes B), constituent sous plusieurs aspects l'arme la plus simple de la réaction immunitaire. La spécialité des anticorps consiste à réagir aux bactéries intactes et aux molécules étrangères solubles *dans l'environnement extracellulaire,* c'est-à-dire libres dans les sécrétions corporelles et les liquides tissulaires, ainsi que dans le sang et la lymphe circulants. Les anticorps n'envahissent jamais les tissus solides, à moins que ceux-ci présentent une lésion. Fondamentalement, les anticorps et les agents pathogènes font une course contre la montre, les uns pour se mobiliser, les autres pour se multiplier, et cette guerre ne fera pas de quartiers. Il faut se rappeler, toutefois, que la formation des complexes anticorps-antigène ne détruit *pas* les antigènes; elle prépare plutôt l'antigène pour la destruction par les mécanismes de défense non spécifiques et par les lymphocytes T activés.

Contrairement aux lymphocytes B et aux anticorps, les lymphocytes T sont incapables de «voir» les antigènes libres ou les antigènes qui sont à l'état naturel. La majorité des récepteurs membranaires des lymphocytes T reconnaissent seulement les fragments *transformés* d'antigènes protéiniques (les séquences d'acides aminés plutôt que la structure tridimensionnelle) disposés à la surface de certaines cellules de l'organisme. La présentation des antigènes doit se faire dans des circonstances précises. En conséquence, les lymphocytes T sont mieux adaptés aux interactions intercellulaires, et la plupart des attaques directes sur les antigènes (dont les lymphocytes T cytotoxiques sont les médiateurs) visent les cellules de l'organisme infectées par des virus, certaines bactéries ou autres parasites intracellulaires, les cellules de l'organisme anormales ou cancéreuses ainsi que les cellules de tissus injectés ou greffés.

Sélection clonale et différenciation des lymphocytes T

Le facteur déclencheur de la sélection clonale et de la différenciation est le même pour les lymphocytes B et T: il s'agit de la fixation à l'antigène. Cependant, ainsi que nous allons le voir bientôt, le mécanisme par lequel les lymphocytes T reconnaissent «leur» antigène est très différent et comporte certaines restrictions propres à ces cellules.

Reconnaissance de l'antigène et restriction du CMH

Comme les lymphocytes B, les lymphocytes T immunocompétents sont activés lorsque les régions variables de leurs récepteurs membranaires se lient à un antigène «reconnu». Cependant, les lymphocytes T doivent accomplir une *double reconnaissance,* c'est-à-dire une reconnaissance simultanée du non-soi (l'antigène) et du soi (protéine du CMH d'une cellule de l'organisme).

Deux types de protéines du CMH jouent un rôle important dans l'activation des lymphocytes T. Les **protéines du CMH de classe I** sont présentes sur presque toutes les cellules nucléées de l'organisme (ce qui exclut les globules rouges). Après avoir été synthétisées dans le réticulum endoplasmique, les protéines du CMH de classe I se lient à un fragment de peptide de 8 ou 9 acides aminés de long transporté dans le réticulum endoplasmique depuis le cytosol par des protéines de transport spéciales appelées TAP («transporter associated with antigen processing»). Ainsi «chargées», les protéines du CMH de classe I migrent ensuite vers la membrane plasmique pour présenter le fragment protéique auquel elles sont liées. Les protéines du CMH de classe I montrent des fragments de protéines synthétisées *dans la cellule* — soit des morceaux de protéines cellulaires (du soi), soit des peptides provenant d'antigènes endogènes. Les **antigènes endogènes** sont des protéines étrangères qui sont synthétisées dans une cellule de l'organisme, comme les protéines virales produites par des cellules infectées par un virus ou des protéines étrangères fabriquées par une cellule cancéreuse.

Contrairement aux protéines de classe I qui sont répandues un peu partout dans l'organisme, les protéines du CMH de classe II apparaissent seulement à la surface des lymphocytes B matures, de certains lymphocytes T et des cellules présentatrices d'antigène, où elles confèrent aux cellules du système immunitaire la capacité de se reconnaître. Comme les protéines de classe I, elles sont synthétisées dans le réticulum endoplasmique et se lient à des fragments de peptides. Toutefois, les fragments auxquels elles se lient sont plus longs (12 à 17 acides aminés) et elles proviennent aussi bien de protéines cellulaires que d'**antigènes exogènes** (antigènes étrangers) qui ont été phagocytés et dégradés dans la vacuole phagolytique. Les protéines du CMH de classe II vont du réticulum endoplasmique au complexe golgien puis dans les phagosomes où elles se lient à des fragments de protéines dégradées. Les vacuoles sont alors recyclées à la surface de la cellule où les protéines du CMH de classe II présentent leur butin.

Le rôle des protéines du CMH dans la réaction immunitaire est essentiel: elles fournissent le moyen de signaler aux cellules du système immunitaire que des microorganismes infectieux se cachent dans les cellules de l'organisme. Sans ce mécanisme, les virus et certaines bactéries qui se développent bien dans les cellules se multiplieraient sans se faire déranger ni remarquer. Lorsque des protéines du CMH sont associées à des fragments de nos propres protéines (celles du soi), les lymphocytes T qui passent par là reçoivent le signal «Laisse cette cellule tranquille, elle est à nous!» et ne tiennent donc pas compte de cette cellule. En revanche, lorsque des protéines du CMH sont associées à des peptides antigéniques (exogènes ou endogènes), elles trahissent leurs envahisseurs et «sonnent l'alarme» de deux façons: (1) en servant de «sites de fixation» pour l'antigène et (2) en formant la partie «soi» des complexes soi–non-soi que les lymphocytes T doivent reconnaître pour être activés.

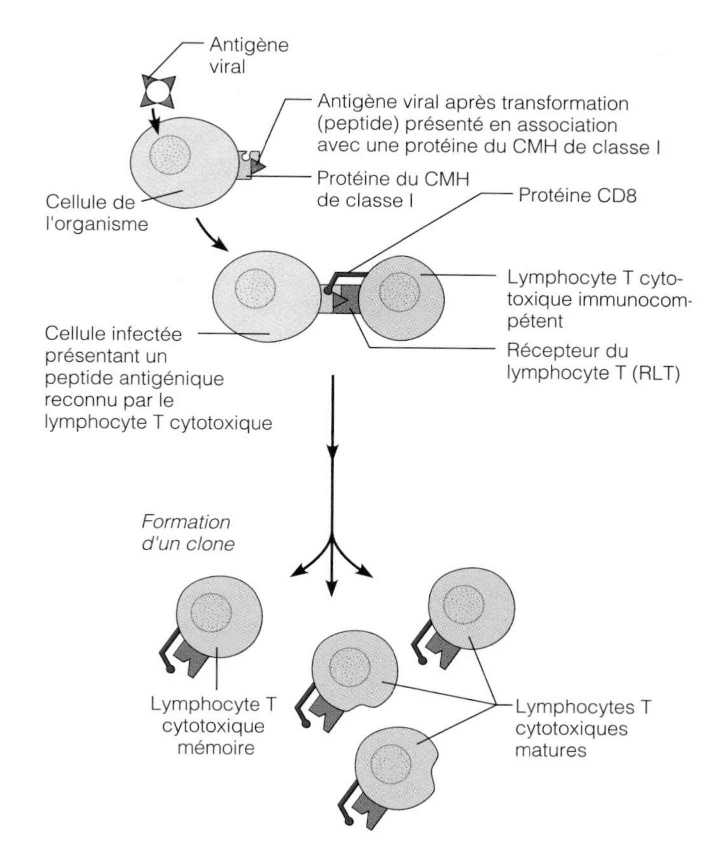

FIGURE 22.15
La sélection clonale des lymphocytes T cytotoxiques (T_C) et auxiliaires (T_H) fait intervenir la reconnaissance simultanée du soi et du non-soi. Les lymphocytes T cytotoxiques et auxiliaires reçoivent la stimulation nécessaire à leur prolifération et se différencient lorsqu'ils se lient à des fragments d'antigènes étrangers fixés aux protéines du CMH (complexe majeur d'histocompatibilité). Les lymphocytes T cytotoxiques immunocompétents sont activés lorsqu'ils se fixent aux antigènes endogènes (non-soi) — dans le présent exemple, une partie d'un virus — associés à une protéine du CMH de classe I. (Les protéines de classe I sont disposées sur la surface de toutes les cellules nucléées de l'organisme; elles permettent ainsi aux lymphocytes T cytotoxiques de réagir aux cellules infectées ou cancéreuses de l'organisme.) L'activation des lymphocytes T auxiliaires est semblable, sauf que l'antigène traité est associé à une protéine du CMH de classe II qui ne se trouve ordinairement que sur les cellules présentatrices d'antigènes comme les macrophagocytes et les cellules dendritiques.

Activation des lymphocytes T

L'activation des lymphocytes T est en réalité un processus à deux étapes qui fait intervenir la liaison à l'antigène et la costimulation.

Étape 1: liaison à l'antigène La première étape comporte essentiellement ce que nous avons déjà décrit: les récepteurs d'antigènes du lymphocyte T se lient à un complexe protéine du CMH-antigène à la surface d'une cellule de l'organisme. Comme les récepteurs du lymphocyte B, les récepteurs antigéniques du lymphocyte T ont des régions variable et constante, mais ils ont deux chaînes polypeptidiques (habituellement alpha et bêta) plutôt que quatre.

Les lymphocytes T auxiliaires et cytotoxiques ont des affinités différentes pour la classe de protéines du CMH qui contribue à donner le signal d'activation. Cette contrainte, acquise durant le processus d'«éducation» thymique, est appelée **restriction du CMH.** Les lymphocytes T auxiliaires n'ont la capacité de se fixer qu'aux antigènes liés aux protéines du CMH de classe II qui sont habituellement disposées à la surface des **cellules présentatrices d'antigènes** (CPA). Les cellules dendritiques sont les CPA les plus puissantes pour les lymphocytes T auxiliaires. Comme nous l'avons décrit précédemment (figure 22.8, p. 776), les CPA attachent de très petites parties d'antigène aux protéines du CMH de classe II. De plus, les CPA mobiles comme les macrophagocytes intraépidermiques migrent dans les nœuds lymphatiques et d'autres amas de tissu lymphatique pour procéder à la présentation de l'antigène. Grâce à cette alarme rapide, l'organisme évite les dommages tissulaires importants qu'il subirait s'il devait attendre que les antigènes pénètrent dans le sang et soient transportés aux nœuds lymphatiques pour être reconnus.

Les lymphocytes T cytotoxiques, quant à eux, sont activés par des fragments d'antigène associés aux protéines du CMH de classe I (figure 22.15). Comme toutes les cellules nucléées de l'organisme portent des protéines du CMH de classe I, les lymphocytes T cytotoxiques n'ont pas besoin de cellules *spéciales* présentatrices d'antigènes: toute cellule de l'organisme (cellule cible) qui porte un marqueur du soi (CMH I-fragment d'antigène) sur sa membrane plasmique fera l'affaire. Néanmoins, les cellules qui présentent ainsi l'antigène produisent des molécules de costimulation qui sont *nécessaires* à l'activation des lymphocytes T cytotoxiques. Il s'ensuit que le processus de présentation de l'antigène est essentiellement le même, qu'il s'agisse d'un lymphocyte T auxiliaire ou d'un lymphocyte T cytotoxique: seuls le type de cellules de présentation et la classe de protéines du CMH diffèrent. Cependant, de très petites variations dans les peptides antigéniques exposés peuvent donner lieu, au bout du compte, à des degrés très différents d'activation des lymphocytes T. Le processus au cours duquel les lymphocytes T adhèrent et glissent à la surface d'autres cellules à la recherche d'antigènes qu'ils pourraient reconnaître est appelé **surveillance immunitaire.** (Notez que ce terme est habituellement utilisé pour indiquer *uniquement* la surveillance constante des cellules de l'organisme par les cellules tueuses naturelles et les lymphocytes T cytotoxiques dans le but de détecter les antigènes de virus ou de cellules anormales issues de mutations [cancer].)

Le récepteur d'antigènes d'un lymphocyte T (RLT) responsable de la reconnaissance du complexe soi–non-soi est relié à plusieurs voies de signalisation intracellulaires. En plus de ce récepteur, d'autres protéines de surface du lymphocyte T interviennent au cours de cette première étape. Par exemple, les protéines CD4 et CD8 utilisées pour identifier les deux principaux groupes de lymphocytes T sont des molécules d'adhérence qui contribuent à maintenir la liaison lors de la reconnaissance de l'antigène. En outre, les protéines CD4 et CD8 sont associées, à l'intérieur du lymphocyte T, à des kinases (enzymes) qui provoquent la phosphorylation des protéines cellulaires, en activant certaines et en désactivant d'autres lorsque la liaison de l'antigène a lieu. Une fois la liaison à l'antigène effectuée, le lymphocyte T est stimulé mais il est encore « au neutre », comme lorsqu'on démarre une voiture mais qu'on n'embraye pas.

Étape 2: costimulation L'histoire n'est pas encore terminée. Avant qu'un lymphocyte T puisse proliférer et former un clone, il doit reconnaître un ou plusieurs **signaux de costimulation.** Parfois, il faut aussi que le lymphocyte T se lie à un autre récepteur de surface d'une CPA. Par exemple, les macrophagocytes commencent à présenter des *protéines B7* (les plus puissants agents de costimulation) à la surface de leur membrane lorsque les défenses non spécifiques sont mobilisées pour lutter contre des microorganismes. La liaison de B7 au récepteur CD28 d'un lymphocyte est un signal de costimulation crucial, surtout pour les lymphocytes T auxiliaires. Les cytokines libérées par les macrophagocytes ou les lymphocytes T sont également des agents de costimulation; les interleukines 1 et 2 (décrites un peu plus loin) sont des exemples importants. Comme vous l'avez peut-être deviné, il existe plusieurs types d'agents de costimulation, et ils ne produisent pas tous la même réaction dans les lymphocytes activés. Ce qu'il faut retenir, c'est que les agents de costimulation, selon les récepteurs auxquels ils se lient, incitent les lymphocytes T soit à poursuivre leur activation, soit à l'interrompre complètement. Ou, pour reprendre l'analogie de la voiture, ils peuvent (1) embrayer et appuyer sur l'accélérateur ou (2) mettre un frein à l'activité des lymphocytes T.

Un lymphocyte T qui se lie à un antigène sans recevoir de signal de costimulation devient tolérant à cet antigène et est incapable de se diviser ou de sécréter des cytokines. Cet « assoupissement » face à l'antigène est appelé **anergie.** On ne sait pas vraiment pourquoi cela se produit, mais on croit que la séquence à deux signaux est un mécanisme de protection qui empêche le système immunitaire de détruire les cellules saines appartenant à l'organisme.

Une fois qu'un lymphocyte T a été activé, il grossit et prolifère pour former un clone de cellules qui se différencient et remplissent les fonctions réservées à leur classe de lymphocytes T. Cette réaction primaire atteint un maximum moins d'une semaine après une seule exposition. Une période de destruction se déroule ensuite entre les 7e et 30e jours; les lymphocytes T activés meurent les uns après les autres et l'activité effectrice disparaît à mesure que la quantité d'antigènes diminue. Cette destruction des cellules effectrices activées joue un rôle de protection essentiel. Les lymphocytes T activés sont en effet potentiellement dangereux. Ils produisent d'énormes quantités de cytokines inflammatoires, lesquelles contribuent à l'hyperplasie (stimulée par l'infection) des nœuds lymphatiques (un signe avant-coureur important de tumeur maligne dans le tissu lymphatique). De plus, une fois leur travail accompli, les lymphocytes T effecteurs, n'étant plus nécessaires, peuvent être détruits. Dans chaque cas, des milliers de descendants du clone deviennent des cellules mémoires. La mémoire est telle qu'elle peut persister longtemps, voire le restant de la vie; il se constitue ainsi un réservoir de lymphocytes T ayant le pouvoir de déclencher, en cas de nécessité, les réactions secondaires au même antigène. Étant donné que les cellules mémoires possèdent plus de molécules d'adhérence, elles peuvent adhérer aux CPA avec plus d'efficacité que ne le font les lymphocytes T effecteurs de la réaction primaire.

Cytokines

Comme dans la réaction inflammatoire, des médiateurs chimiques renforcent la réaction immunitaire. Les **cytokines,** médiateurs que l'on trouve dans l'immunité cellulaire, comprennent des substances semblables aux hormones, soit les **lymphokines,** des glycoprotéines libérées par les lymphocytes T activés, et les **monokines,** sécrétées par les macrophagocytes. Comme nous l'avons déjà mentionné, certaines cytokines sont des agents de costimulation des lymphocytes T. Par exemple, la prolifération des lymphocytes T est facilitée par deux cytokines qui jouent le rôle d'agents de costimulation: les interleukines 1 et 2 (voir la figure 22.16). L'**interleukine 1 (IL-1)**, libérée par les macrophagocytes, « costimule » les lymphocytes T pour les inciter à sécréter de l'**interleukine 2 (IL-2)** et à synthétiser d'autres récepteurs d'IL-2 qui migrent vers la membrane plasmique du lymphocyte. L'interleukine 2 est un facteur de croissance clé. Telle une hormone locale, elle met en place un cycle de rétroactivation qui pousse les lymphocytes T activés à se diviser encore et plus rapidement. (L'interleukine 2 obtenue par des techniques de génie génétique accentue l'activité des lymphocytes T cytotoxiques de l'organisme contre le cancer.)

En outre, tous les lymphocytes T activés sécrètent une ou plusieurs lymphokines qui contribuent à l'accrois-

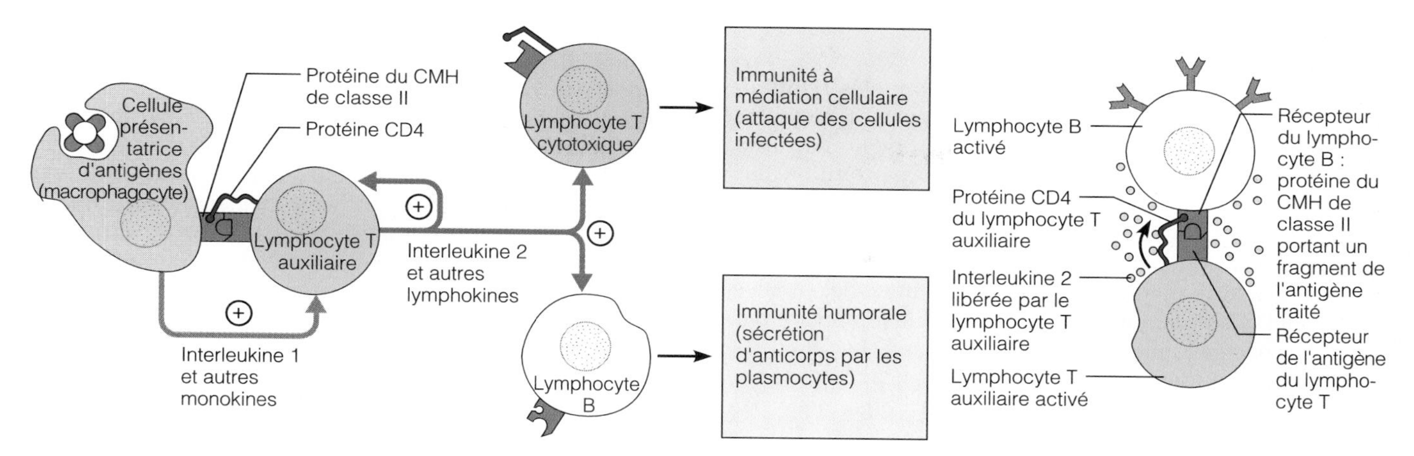

FIGURE 22.16
Rôle majeur des lymphocytes T auxiliaires. Les lymphocytes T auxiliaires mobilisent les deux voies (cellulaire et humorale) de la réaction immunitaire. Après s'être lié à la cellule présentatrice d'antigènes (CPA), par exemple un macrophagocyte, et après avoir reconnu la protéine du CMH de classe II portant un fragment du même antigène, un lymphocyte T auxiliaire immunocompétent produit un clone de lymphocytes T auxiliaires (non illustré ici). Tous ces lymphocytes portent des récepteurs membranaires identiques qui peuvent se fixer au complexe CMH-antigène. De plus, le macrophagocyte libère l'interleukine 1, un agent de costimulation qui accroît l'activation des lymphocytes T. **(a)** Les lymphocytes T auxiliaires activés libèrent l'interleukine 2, un agent de costimulation qui accentue la prolifération et l'activité d'autres lymphocytes T auxiliaires (spécifiques pour le même déterminant antigénique). L'interleukine 2 contribue aussi à l'activation des lymphocytes T cytotoxiques et des lymphocytes B. **(b)** Les lymphocytes T auxiliaires et les lymphocytes B doivent quelquefois coopérer de façon directe afin que se produise l'activation complète des lymphocytes B. Dans de tels cas, les lymphocytes T auxiliaires se lient aux protéines du CMH de classe II portant un fragment de l'antigène traité par le lymphocyte B (ce complexe est situé sur la membrane plasmique du lymphocyte B activé), puis libèrent de l'interleukine comme signal de costimulation.

sement et à la régulation de la réaction immunitaire et des défenses non spécifiques. Certaines cytokines (perforine et lymphotoxine) sont des toxines cellulaires ; d'autres (l'interféron gamma, par exemple) augmentent l'activité phagocytaire des macrophagocytes ; d'autres encore sont des facteurs de l'inflammation. Nous présentons un résumé des lymphokines et de leurs effets sur les cellules cibles au tableau 22.4, p. 790-791).

Rôles des lymphocytes T spécifiques

Lymphocytes T auxiliaires

Les **lymphocytes T auxiliaires** sont des cellules de régulation qui jouent un rôle central dans la réaction immunitaire. Une fois sensibilisés grâce à la présentation de l'antigène par la CPA, leur principale fonction consiste à stimuler chimiquement ou directement la prolifération d'autres lymphocytes T et des lymphocytes B qui sont déjà liés à l'antigène (figure 22.16). En fait, sans le rôle de « chef d'orchestre » joué par les lymphocytes T auxiliaires, il n'y a *pas* de réaction immunitaire. Des lymphokines apportent l'assistance chimique nécessaire au recrutement d'autres cellules immunitaires pour combattre les envahisseurs (figure 22.16a).

Les lymphocytes T auxiliaires entrent aussi en interaction directe avec les lymphocytes B qui portent sur leur surface des fragments d'antigènes liés aux récepteurs du CMH de classe II (figure 22.16b) ; dans ce cas, ce sont les lymphocytes B qui présentent l'antigène aux lymphocytes T auxiliaires. Chaque fois qu'un lymphocyte T auxiliaire se fixe à un lymphocyte B activé, le lymphocyte T libère l'interleukine 2 (et d'autres lymphokines). Les lymphocytes B peuvent être activés uniquement en se liant à certains antigènes (**antigènes T indépendants**) — comme les polysaccharides que l'on trouve dans les capsules et les flagelles des bactéries ou d'autres antigènes à déterminants antigéniques répétitifs —, mais la plupart des antigènes requièrent l'« aide » (la costimulation) des lymphocytes T pour activer les lymphocytes B sur lesquels ils se sont fixés. Cette variété plus fréquente d'antigènes est appelée **antigènes T dépendants.** En général, les réactions de l'antigène T indépendant sont faibles et de très courte durée. Le processus de division des lymphocytes B se poursuit tant qu'il est stimulé par les lymphocytes T auxiliaires. Les lymphocytes T auxiliaires contribuent donc à activer le potentiel protecteur des lymphocytes B.

Les lymphokines libérées par les lymphocytes T auxiliaires mobilisent les cellules immunitaires et les macrophagocytes ; elles attirent également d'autres types de globules blancs dans la région de l'invasion et accentuent considérablement les défenses non spécifiques. Tandis que les substances chimiques font venir de plus de plus de cellules dans la bataille, la réaction immunitaire s'accélère, et les antigènes sont submergés par le nombre même des éléments immunitaires qui luttent contre eux.

Lymphocytes T cytotoxiques

Les **lymphocytes T cytotoxiques**, aussi appelés **lymphocytes T tueurs**, sont les seuls lymphocytes T capables d'attaquer directement d'autres cellules et de les détruire. Les lymphocytes T cytotoxiques activés patrouillent les circulations sanguine et lymphatique et parcourent les organes lymphatiques à la recherche d'autres cellules qui portent des antigènes auxquels ils ont été sensibilisés. Leurs cibles principales sont les cellules infectées par des virus, mais ils s'attaquent aussi aux cellules infectées par certaines bactéries intracellulaires (comme le bacille de la tuberculose) ou des parasites, des cellules cancéreuses et des cellules étrangères introduites dans l'organisme par transfusion sanguine ou greffe d'organe.

Il faut se rappeler que toutes les cellules nucléées de l'organisme portent des protéines du CMH de classe I sur leur membrane plasmique et que, par conséquent, toute cellule anormale ou infectée peut être détruite par les lymphocytes T cytotoxiques; il suffit que l'antigène et les agents de costimulation (habituellement l'IL-2 libérée par les lymphocytes T auxiliaires) soient présents. Au début de l'attaque, le lymphocyte T cytotoxique doit « s'arrimer » à une protéine du CMH de classe I de la cellule cible qui présente un fragment de l'antigène. L'attaque contre des cellules humaines étrangères, comme celles d'un greffon, est plus difficile à expliquer parce que les protéines du CMH de classe I sont identifiées au non-soi ou considérées comme des antigènes, même si elles ne sont pas associés à un antigène. Dans ce cas, il semble que les lymphocytes T cytotoxiques du receveur « voient » parfois les protéines du CMH de classe I comme une association d'une protéine du CMH de classe I avec un antigène.

La relation entre les protéines du CMH de classe I et les lymphocytes T cytotoxiques est aussi illustrée par la relation entre les protéines du CMH de classe I et les cellules tueuses naturelles, lesquelles portent également des récepteurs qui se lient aux antigènes du CMH de classe I. Bien que les antigènes du CMH activent la cytolyse par les lymphocytes T cytotoxiques, ils mettent en garde les cellules tueuses naturelles. De fait, les cellules tueuses naturelles « recherchent » l'absence d'antigène du soi de classe I, laquelle s'observe fréquemment lors d'une infection virale ou d'une transformation maligne, de même qu'après une greffe d'organe ou de tissu. Les cellules tueuses naturelles traquent donc les cellules anormales ou étrangères que les lymphocytes T cytotoxiques sont incapables de « voir ».

Le mécanisme du **coup mortel** porté par les lymphocytes cytotoxiques, qui conduit à la cytolyse, est mal connu, mais on sait que les événements suivants se déroulent dans certains cas au moins: (1) le lymphocyte T cytotoxique se lie fermement à la cellule cible et, durant cette période, les granules du lymphocyte T libèrent une substance chimique cytotoxique, la **perforine,** qui s'insère dans la membrane plasmique de la cellule cible (figure 22.17); (2) puis le lymphocyte cytotoxique se détache et se met à la recherche d'autres proies. Un peu plus tard, les molécules de perforine se polymérisent dans la membrane de la cellule cible et provoquent la lyse de la cellule en formant des pores transmembranaires tout à fait semblables à ceux qui sont fabriqués par le système du complément. En raison de leur capacité d'induire la lyse de la cellule cible, les lymphocytes T cytotoxiques sont parfois appelés *lymphocytes T cytolytiques* (*LTC*). La perforine facilite également l'entrée de protéines des lymphocytes T cytotoxiques qui viennent entraver la capacité de la cellule cible de réparer son ADN. Il semble que d'autres lymphocytes T cytotoxiques utilisent des signaux différents ou supplémentaires pour induire la lyse de la cellule cible. Par exemple, certains sécrètent la **lymphotoxine,** une substance qui entraîne la fragmentation de l'ADN de la cellule cible. D'autres libèrent le **facteur nécrosant des tumeurs** (TNF, « tumor necrosis factor »), qui tue lentement les cellules cibles en l'espace de 48 à 72 heures (par un mécanisme encore inconnu). D'autres encore sécrètent l'**interféron gamma,** qui stimule le pouvoir de destruction des macrophagocytes et accentue indirectement le processus de destruction.

Autres lymphocytes T

À l'instar des lymphocytes T auxiliaires, les **lymphocytes T suppresseurs** matures sont des cellules de régulation. Étant donné qu'ils libèrent des lymphokines qui suppriment l'activité des lymphocytes T et B, on croit que les lymphocytes T suppresseurs sont essentiels pour diminuer et finalement arrêter la réaction immunitaire à la suite de l'inactivation et de la destruction de l'antigène. Ils empêchent ainsi une activité non maîtrisée ou inutile du système immunitaire. En raison de leur action inhibitrice, il semble que les lymphocytes suppresseurs jouent un rôle important dans la prévention des réactions auto-immunes. Ces lymphocytes sont toutefois très difficiles à étudier. Leur activation demeure un processus obscur et controversé, et la majeure partie de ce que l'on en connaît est encore au stade hypothétique.

Les **lymphocytes T de l'hypersensibilité retardée** (T_{DH}, « delayed-type hypersensitivity »), que l'on considérait comme une sous-catégorie particulière de lymphocytes T4, compteraient en fait parmi leurs membres quelques lymphocytes porteurs de récepteurs CD8. Sur le plan fonctionnel, ces lymphocytes semblent jouer un rôle décisif dans le déclenchement des réactions allergiques appelées réactions d'hypersensibilité retardée (voir p. 797). En sécrétant de l'interféron gamma et peut-être aussi d'autres cytokines, ces lymphocytes mobilisent les macrophagocytes et leur confèrent une activité phagocytaire. Les macrophagocytes activés sont alors chargés d'éliminer l'antigène.

Résumé des rôles des lymphocytes T

Les différents types de lymphocytes T jouent chacun un rôle unique dans la réaction immunitaire, mais ils coopèrent étroitement avec d'autres cellules immunitaires, comme le résume la figure 22.18 (p. 792). (1) Pour empêcher les microorganismes infectieux de faire leur « sale boulot », les *lymphocytes T cytotoxiques* tuent les cellules hôtes dans lesquelles ces microorganismes se cachent pour échapper à la surveillance des anticorps. (2) Les *lymphocytes T auxiliaires* participent à la costimulation d'autres lymphocytes B et T et mobilisent les défenses non spécifiques. (3) Les *lymphocytes T suppresseurs*

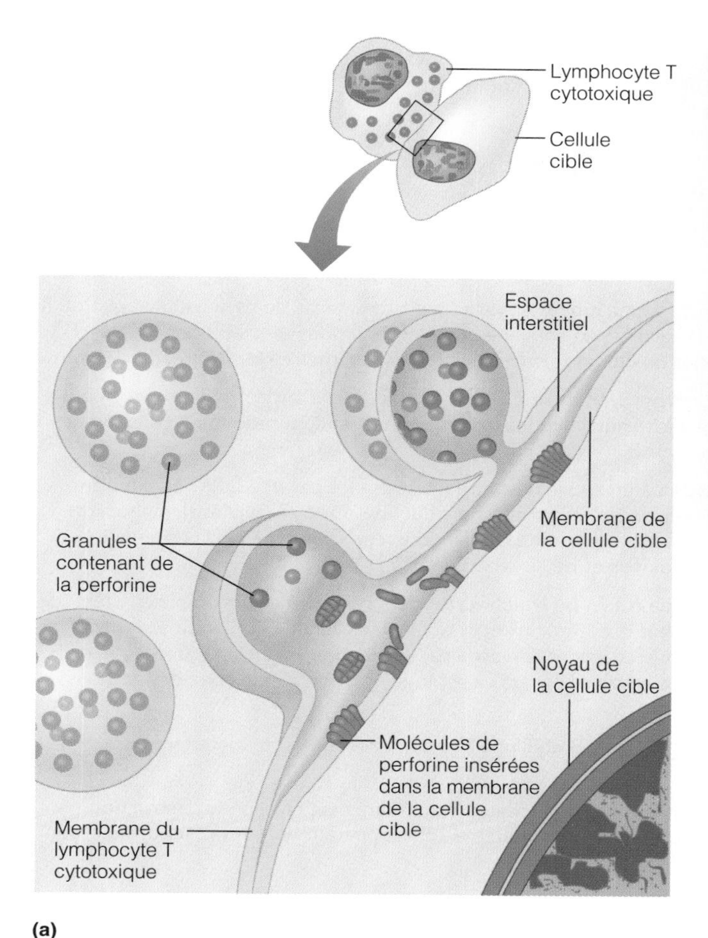

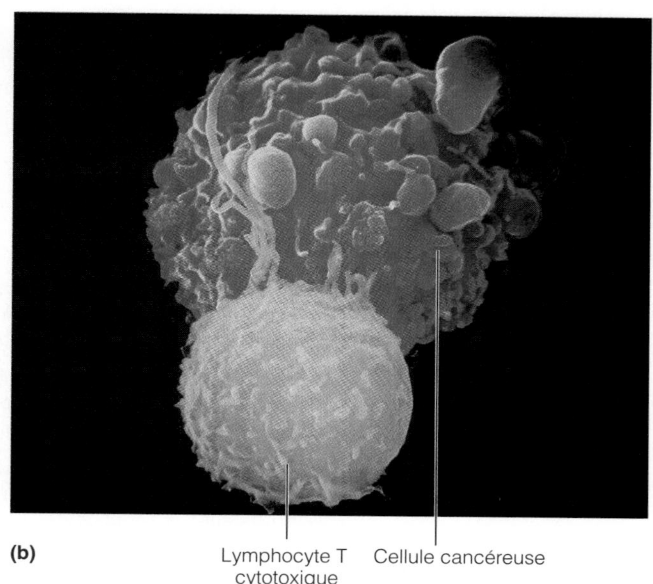

FIGURE 22.17
Attaque de cellules infectées ou cancéreuses par des lymphocytes T cytotoxiques. (a) Mécanisme proposé pour la lyse des cellules cibles par les lymphocytes T cytotoxiques. L'événement initial est la liaison solide du lymphocyte T cytotoxique à la cellule cible. Pendant ce temps, les granules à l'intérieur du lymphocyte T cytotoxique se soudent à sa membrane plasmique et libèrent, par exocytose, la perforine qu'ils contiennent. Les molécules de perforine s'insèrent dans la membrane de la cellule cible et, en présence de calcium ionique, se polymérisent; la formation de trous cylindriques qui s'ensuit permet le libre échange des ions et de l'eau. La lyse des cellules cibles survient longtemps après que le lymphocyte T cytotoxique s'est détaché. **(b)** Micrographie au microscope électronique à balayage d'une cellule cancéreuse qui a été lysée par un lymphocyte T cytotoxique (1250 ×).

empêchent le système immunitaire de s'emballer ou d'entraîner des réactions immunitaires indésirables. (4) Les *lymphocytes T de l'hypersensibilité retardée* (non illustrés à la figure 22.18) accentuent l'activité phagocytaire des macrophagocytes dans certains états allergiques. Il faut retenir une chose: sans les lymphocytes T auxiliaires, *il n'y aurait pas de réaction immunitaire* puisque ce sont eux qui dirigent ou stimulent l'activation de *toutes* les autres cellules immunitaires. Le rôle crucial des lymphocytes T auxiliaires dans l'immunité devient d'ailleurs cruellement évident lorsqu'ils sont détruits dans le processus de certaines maladies comme le SIDA (voir la section intitulée Déficits immunitaires, p. 793).

Greffes d'organes et prévention du rejet

Les greffes d'organes constituent le seul traitement efficace pour de nombreux patients en phase terminale d'une maladie cardiaque ou rénale; elles sont pratiquées depuis plus de 30 ans avec un succès inégal. C'est le rejet par le système immunitaire qui pose un problème particulier quand il faut doter ces patients d'organes fonctionnels prélevés sur un donneur vivant ou mort depuis peu. Il existe quatre principales variétés de greffes:

1. Les **autogreffes** sont des greffes de tissus prélevés dans une région de l'organisme puis transplantés dans une autre sur la même personne.
2. Les **isogreffes** sont des greffes dans lesquelles les donneurs sont des individus génétiquement identiques (vrais jumeaux).
3. Les **allogreffes** sont des greffes effectuées sur des individus qui ne sont pas génétiquement identiques mais qui appartiennent à la même espèce.
4. Les **xénogreffes** sont des greffes dans lesquelles les donneurs et les receveurs n'appartiennent pas à la même espèce (la transplantation d'un cœur de babouin à un être humain, par exemple).

TABLEAU 22.4 Résumé des fonctions des cellules et des molécules jouant un rôle dans la réaction immunitaire

Élément	Fonction dans la réaction immunitaire
CELLULES	
Lymphocyte B	Lymphocyte présent dans les nœuds lymphatiques, la rate ou d'autres amas de tissu lymphatique où il est amené à se répliquer grâce à la liaison à un antigène et aux interactions avec les lymphocytes T auxiliaires; ses descendants (cellules du clone) forment des cellules mémoires et des plasmocytes
Plasmocyte	«Machinerie» qui produit les anticorps; synthétise d'énormes quantités d'anticorps (immunoglobulines) qui présentent la même spécificité antigénique; représente une spécialisation plus poussée des descendants d'un clone du lymphocyte B
Lymphocyte T auxiliaire (T_H)	Lymphocyte T de régulation qui se lie à un antigène spécifique présenté par une CPA; en circulant dans la rate et dans les nœuds lymphatiques, il stimule la production d'autres cellules (lymphocytes T cytotoxiques et lymphocytes B) pour aider à combattre l'envahisseur; agit à la fois directement et indirectement en libérant des lymphokines et de l'interleukine 2
Lymphocyte T cytotoxique (T_C)	Aussi appelé lymphocyte T cytolytique (LTC) ou lymphocyte tueur; activé par un complexe CMH (de classe I)-antigène (du non-soi) que peut présenter n'importe quelle cellule de l'organisme: les lymphocytes T auxiliaires le recrutent et accroissent son activité; sa fonction spécifique consiste à tuer les cellules cancéreuses et les cellules envahies par un virus; joue un rôle dans le rejet des greffons de tissus étrangers
Lymphocyte T suppresseur (T_S)	Atténue ou arrête l'activité des lymphocytes B et T une fois que l'infection (ou une attaque par des cellules étrangères) a été maîtrisée
Lymphocyte T de l'hypersensibilité retardée (T_{DH})	Probablement un sous-groupe spécifique de lymphocytes T auxiliaires qui favorise la destruction cellulaire non spécifique par les macrophagocytes; joue un rôle important dans les réactions d'hypersensibilité retardée
Cellule mémoire	Cellule de la lignée d'un lymphocyte B activé ou de n'importe quelle catégorie de lymphocyte T; générée au cours de la réaction immunitaire primaire; peut demeurer dans l'organisme pendant des années, le rendant ainsi capable de réagir de façon rapide et efficace à une nouvelle stimulation par un antigène déjà rencontré
Cellule présentatrice d'antigènes (CPA)	Un des différents types de cellules (cellules dendritiques, macrophagocytes intraépidermiques, macrophagocytes, lymphocytes B activés) qui englobent et digèrent les antigènes rencontrés; elle présente des fragments de l'antigène rencontré sur sa membrane plasmique (liés à une protéine du CMH) afin que les lymphocytes T porteurs des récepteurs de cet antigène reconnaissent l'antigène; cette fonction, appelée présentation de l'antigène, est essentielle au fonctionnement normal des réactions à médiation cellulaire; les macrophagocytes libèrent aussi des substances chimiques (monokines) qui activent les lymphocytes T et empêchent la multiplication virale

La réussite de la transplantation dépend de la compatibilité des tissus, car les lymphocytes T cytotoxiques (et les anticorps) réagissent fortement pour détruire tout tissu étranger à l'organisme. Dans le cas des autogreffes et des isogreffes, les tissus proviennent d'un donneur idéal. Pourvu que l'apport sanguin soit suffisant et qu'il n'y ait pas d'infection, ces greffes sont toujours réussies car les protéines du CMH sont identiques. Quant aux xénogreffes, elles ne sont jamais couronnées de succès*. En conséquence, le type de greffe qui pose le plus de problèmes, et qui est aussi le plus fréquemment pratiqué, est l'allogreffe, dans laquelle le greffon est prélevé sur un donneur humain qui vient de mourir.

Avant de tenter une allogreffe, il faut d'abord déterminer les antigènes des groupes sanguins (ceux du système ABO et ceux des autres systèmes du donneur et du receveur), car ces antigènes sont aussi présents sur la plupart des cellules de l'organisme. Ensuite, il faut déterminer la compatibilité des antigènes du CMH du receveur et du donneur. À cause de la variété considérable de CMH dans les tissus humains, une bonne compatibilité entre les tissus d'individus sans lien de parenté est difficile à obtenir. La compatibilité doit cependant être d'au moins 75 %.

Après l'intervention chirurgicale, le patient doit suivre un *traitement immunosuppresseur* qui fait intervenir un

* Cette situation était encore vraie au moment de la publication de cet ouvrage, mais elle est sur le point de changer. En faisant une micro-injection de gènes humains dans des œufs d'animaux (porcs) fécondés, les chercheurs ont été capables de neutraliser l'attaque du complément et d'inhiber le rejet suraigu provoqué par la xénogreffe. On élève actuellement des porcs génétiquement modifiés dans l'espoir de procéder à des essais de transplantation, sur des humains, d'organes provenant de ces animaux.

Élément	Fonction dans la réaction immunitaire
MOLÉCULES	
Anticorps (immunoglobuline)	Protéine produite par un lymphocyte B ou par un plasmocyte; les anticorps générés par les plasmocytes sont libérés dans les liquides de l'organisme (sang, lymphe, salive, mucus, etc.) où ils s'attachent aux antigènes, provoquant la fixation du complément, la neutralisation, la précipitation ou l'agglutination, ce qui «marque» les antigènes pour qu'ils soient détruits par le complément ou par les phagocytes
Cytokines	Lymphokines (substances chimiques libérées par les lymphocytes T sensibilisés): • *Facteur d'inhibition de la migration des macrophagocytes (MIF)*: inhibe la migration des macrophagocytes et provoque leur accumulation dans la région où les antigènes ont été introduits • *Interleukine 2 (IL-2)*: sécrétée par les lymphocytes T auxiliaires; stimule la prolifération des lymphocytes T et B; active les cellules tueuses naturelles; également appelée facteur de croissance des lymphocytes T • *Interleukine 4 (IL-4)*: sécrétée par les lymphocytes T auxiliaires; agent de costimulation des lymphocytes B activés; stimule les plasmocytes à sécréter des anticorps IgE • *Interleukine 5 (IL-5)*: sécrétée par certains lymphocytes T auxiliaires; agent de costimulation des lymphocytes B; stimule les plasmocytes à sécréter des anticorps IgA • *Interféron gamma (IFN γ)*: rend les cellules des tissus résistantes à l'infection virale; stimule la synthèse et l'expression d'un plus grand nombre de protéines du CMH des classes I et II; active les cellules tueuses naturelles; accentue l'activité des lymphocytes B et la différenciation des lymphocytes T cytotoxiques; déclenche l'activité phagocytaire des macrophagocytes (anciennement appelé facteur d'activation des macrophagocytes, terme qui rendait compte de cette dernière fonction) • *Facteur de croissance transformant bêta (TGF β)*: inhibe l'activation et la prolifération des lymphocytes T et B; suppresseur de la réaction immunitaire • *Lymphotoxine (LT)*: toxine cellulaire libérée par les lymphocytes T cytotoxiques; provoque la fragmentation de l'ADN • *Perforine*: toxine cellulaire libérée par les lymphocytes T cytotoxiques; provoque la lyse de la cellule • *Facteur nécrosant des tumeurs (TNF)*: produit en grandes quantités par les macrophagocytes; voir Monokines Monokines (substances chimiques libérées par les macrophagocytes activés): • *Interleukine 1 (IL-1)*: agent de costimulation de la prolifération des lymphocytes T et B et cause la fièvre (elle pourrait être le pyrogène qui remonte le thermostat de l'hypothalamus) • *Facteur nécrosant des tumeurs*: accentue la mort cellulaire non spécifique; cause des dommages sélectifs aux vaisseaux sanguins; accroît le chimiotactisme des granulocytes; contribue à l'activation des lymphocytes T, des phagocytes et des granulocytes éosinophiles • *Interleukine 6 (IL-6)*: induit la différenciation des lymphocytes B en plasmocytes; accentue la prolifération et l'activité des lymphocytes T; incite le foie à sécréter la protéine de liaison au mannose (glucide), lequel se lie au mannose de la capsule des bactéries et déclenche la fixation du complément à ces bactéries
Complément	Ensemble de protéines sériques activées après leur liaison aux complexes antigène-anticorps; provoque la lyse du microorganisme et accentue la réaction immunitaire
Antigène	Substance capable de provoquer une réaction immunitaire; est habituellement une grosse molécule complexe (protéines et protéines modifiées, par exemple) qui ne se trouve pas dans l'organisme en temps normal

ou plusieurs des éléments suivants: (1) les corticostéroïdes, comme la prednisone, pour éliminer l'inflammation, (2) les médicaments cytotoxiques, (3) les rayonnements ionisants (rayons X), (4) les globulines antilymphocytaires (GAL) et (5) les médicaments immunosuppresseurs comme la cyclosporine (qui ne détruit que les cellules de l'immunité cellulaire). Nombre de ces médicaments détruisent les cellules qui se divisent rapidement (comme les lymphocytes activés), et tous provoquent des effets indésirables prononcés.

Lorsque le système immunitaire du patient n'est plus en mesure de protéger l'organisme contre d'autres agents étrangers, on parle d'**immunosuppression**: il s'agit là du problème majeur relié au traitement immunosuppresseur. L'infection bactérienne et virale fulminante demeure la cause de décès la plus fréquente chez ces patients. Pour

Il existe plusieurs agents de costimulation. Quelles sont les conséquences possibles d'une costimulation dans laquelle interviennent différents agents de costimulation ?

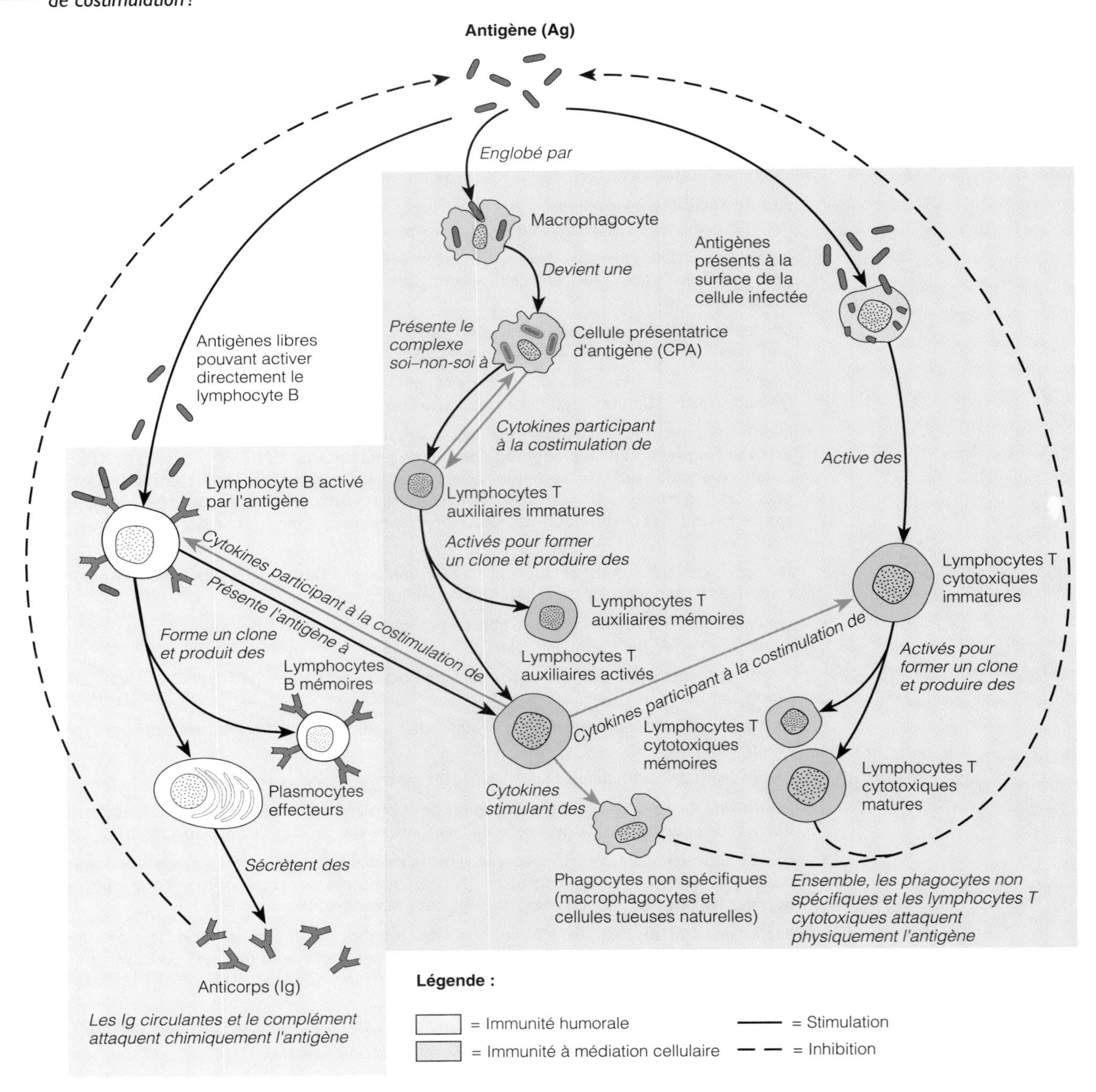

FIGURE 22.18
Résumé de la réaction immunitaire primaire. Dans ce schéma simple, les actions des branches cellulaire et humorale du système immunitaire sont présentées sur un fond de couleur différente. Les événements qui se produisent par costimulation des cytokines sont indiqués. Cependant, d'autres agents de costimulation interviennent dans nombre de ces événements. Le complément, les cellules tueuses naturelles et les phagocytes sont des défenses non spécifiques, mais ils participent à la bataille que livrent les cytokines libérées par les cellules immunitaires. (Afin de simplifier le schéma, les récepteurs des cellules immunitaires ne sont pas illustrés.)

22

Le processus d'activation des lymphocytes T est exécuté ou interrompu.

assurer le succès de la greffe et la survie du patient, il faut que l'immunosuppression soit suffisante pour empêcher le rejet du greffon, sans toutefois être toxique, et il est nécessaire d'avoir recours aux antibiotiques afin de maîtriser les infections.

DÉSÉQUILIBRES HOMÉOSTATIQUES DE L'IMMUNITÉ

Dans certaines circonstances, le système immunitaire se trouve en état d'immunosuppression ou bien agit de façon à porter atteinte à l'organisme lui-même. La plupart de ces problèmes relèvent de déficits immunitaires, d'hypersensibilités ou de maladies auto-immunes.

Déficits immunitaires

Les **déficits immunitaires** comprennent les affections congénitales et acquises dans lesquelles la production et la fonction des cellules immunitaires, des phagocytes ou du complément sont anormales. L'*affection congénitale* la plus néfaste est le **déficit immunitaire combiné sévère (SCID,** « severe combined immunodeficiency disease »), dû à diverses anomalies génétiques qui causent un déficit marqué en lymphocytes B et T. Une de ces anomalies génétiques entraîne une « malformation » des récepteurs des cytokines pour plusieurs interleukines. Une autre de ces anomalies provoque le dysfonctionnement de l'*adénosine désaminase* (*ADA*), une enzyme; or, en l'absence d'ADA, les métabolites s'accumulent et atteignent une concentration toxique pour les lymphocytes T. Les enfants atteints du SCID ne possèdent qu'une faible protection, voire aucune, contre les agents pathogènes en tout genre. Des infections mineures dont la plupart des enfants se débarrassent facilement finissent par causer un affaiblissement considérable chez les victimes de cette maladie. Laissée sans traitement, cette affection est mortelle, mais des greffes de moelle osseuse augmentent les chances de survie des enfants atteints du SCID: pour obtenir des cellules souches normales, on utilise des cellules de moelle osseuse ou des cellules cultivées à partir de cellules souches provenant du sang de cordons ombilicaux. Sans ce traitement, le seul espoir de survie des enfants atteints du SCID consiste à passer le restant de leurs jours dans une enceinte stérile (« bulle ») qui ne laisse pénétrer aucun agent infectieux. Cependant, des techniques récentes de génie génétique, utilisant des virus comme vecteurs pour transférer les minigènes d'ADA aux lymphocytes T de la victime, se sont montrées prometteuses.

Il existe divers *déficits immunitaires acquis.* Par exemple, la *maladie de Hodgkin,* un cancer des nœuds lymphatiques, peut conduire à un déficit immunitaire en s'attaquant aux cellules de ces nœuds. Par ailleurs, certains médicaments utilisés dans le traitement du cancer visent l'immunosuppression. De nos jours, cependant, le plus important et le plus néfaste des déficits immunitaires acquis est le **syndrome d'immunodéficience acquise (SIDA)**. Cette maladie affaiblit le système immunitaire en détruisant les lymphocytes T auxiliaires.

Le SIDA, détecté pour la première fois en 1981 en Amérique du Nord chez des hommes homosexuels et des toxicomanes des deux sexes utilisant des produits injectables, se caractérise par une importante perte pondérale, des sueurs nocturnes et des nœuds lymphatiques gonflés; dans sa forme complète, le SIDA présente les mêmes symptômes accompagnés d'infections opportunistes dont la fréquence va en augmentant, et qui comprennent une forme rare de pneumonie (appelée *pneumocystose*) due à un protozoaire, *Pneumocystis carinii,* ainsi qu'une affection maligne bizarre, le *sarcome de Kaposi,* une maladie vasculaire de type cancéreux se manifestant par des lésions violacées de la peau. Certaines victimes du SIDA finissent par être atteints d'une démence profonde. La progression du SIDA est cruelle; la maladie évolue vers un affaiblissement extrême et la mort provoquée par le cancer ou par une infection contre laquelle le système immunitaire est impuissant.

Le SIDA est causé par un virus transmis par le sang et les sécrétions de l'organisme: le sperme et les sécrétions vaginales. Le virus pénètre dans l'organisme par l'intermédiaire de transfusions sanguines ou d'aiguilles contaminées par le sang, ainsi qu'au cours de contacts sexuels dans lesquels la muqueuse est déchirée ou présente des lésions actives causées par des maladies transmises sexuellement. Le virus du SIDA se trouve également dans la salive et les larmes, et on sait maintenant que le virus peut se transmettre au cours de rapports sexuels bucco-génitaux.

Le virus, appelé **VIH (virus de l'immunodéficience humaine)**, détruit les lymphocytes T auxiliaires et, par le fait même, provoque un déficit de l'immunité à médiation cellulaire. Bien que, dans un premier temps, le nombre de lymphocytes B et de lymphocytes T cytotoxiques augmente considérablement en réponse à l'exposition virale, un important déficit d'anticorps normaux s'installe peu à peu, et les lymphocytes cytotoxiques ne réagissent plus aux signaux du virus. Tout le système immunitaire est complètement bouleversé. On sait aujourd'hui que le virus se multiplie de façon régulière dans les nœuds lymphatiques pendant la majeure partie de la période asymptomatique. Le SIDA symptomatique apparaît graduellement, de quelques mois à plus de dix ans plus tard, lorsque les nœuds lymphatiques sont détruits et qu'ils ne peuvent plus contenir le virus. Le virus envahit aussi le cerveau, ce qui explique la démence de certains patients. Malgré quelques exceptions, la plupart des victimes du SIDA meurent en l'espace de quelques mois à huit ans après le diagnostic.

La spécificité infectieuse du VIH souligne le fait que les protéines CD4 (grâce auxquelles les cellules immunitaires échangent des informations) constituent un élément important dans l'attaque du VIH. Semblable à un harpon, une glycoprotéine particulière de l'enveloppe virale du VIH s'insère dans le récepteur du lymphocyte CD4 comme le culot d'une ampoule dans une douille. Le VIH a toutefois besoin d'un « corécepteur » pour pénétrer dans le lymphocyte, et il semble que ce corécepteur soit différent selon le stade de l'infection. La protéine associée au CD4 au début de l'infection n'est pas la même que celle qui aide le VIH à entrer dans la cellule au cours des derniers stades. Une fois à l'intérieur, le VIH « s'installe et fait comme chez lui »; il utilise la *transcriptase inverse,* une enzyme, pour produire de l'ADN à partir des informations encodées dans son ARN (viral). Cette copie d'ADN, dès lors appelée *provirus,* s'insère ensuite dans l'ADN de la cellule hôte et oblige celle-ci à fabriquer de nouvelles copies de l'ARN viral (et des protéines), si bien que le virus peut se multiplier et infecter d'autres cellules. Les lymphocytes T auxiliaires sont les principales cibles du VIH, mais d'autres cellules de l'organisme porteuses du récepteur CD4 (comme les macrophagocytes, les monocytes et les cellules dendritiques) sont également exposées à l'infection par le VIH. Étant donné que la transcriptase inverse du VIH ne fonctionne pas de façon très exacte et qu'elle fait assez souvent des erreurs, le VIH présente un taux de mutation relativement élevé et une résistance adaptative aux médicaments.

Depuis 1981, une épidémie de SIDA fait rage dans de nombreux pays du monde. Environ 20 millions de personnes sont actuellement porteuses du virus. L'Organisation mondiale de la santé (OMS) prévoit qu'il y aura plus de 40 millions de personnes infectées par le virus d'ici l'an 2000 ; la moitié de ce nombre seront des femmes et le quart, des enfants. Cette distribution rend compte du fait que dans les pays populeux durement touchés de l'Extrême-Orient (Inde et Thaïlande) et de l'Afrique (au sud du Sahara), le VIH se transmet le plus souvent par contacts hétérosexuels plutôt que par rapports homosexuels ou seringues contaminées comme c'est le cas aux États-Unis et en Europe de l'Ouest. Au début de l'épidémie, les hémophiles ont été particulièrement frappés car les facteurs de coagulation sanguine (principalement le facteur VIII) dont ils ont besoin provenaient de réservoirs de donneurs. À partir de 1984, les fabricants ont commencé à prendre des mesures pour éliminer le virus, mais 60 % des hémophiles aux États-Unis avaient déjà été infectés à cette époque selon les estimations. En 1996, on estimait à un million le nombre d'Américains infectés par le VIH. Bien que des anticorps anti-VIH puissent apparaître dans le sang deux semaines après l'infection, il y a, après contamination, une « fenêtre » de six mois durant laquelle des anticorps peuvent se développer. Par conséquent, pour chaque cas diagnostiqué, il y a probablement de nombreux porteurs asymptomatiques. De plus, la maladie a une longue période d'incubation (de quelques mois à plus de dix ans) entre l'exposition au virus et l'apparition de symptômes cliniques. Non seulement le nombre de cas détectés aux États-Unis a-t-il grimpé de façon exponentielle dans les populations à risque, mais le « profil du SIDA » évolue aussi. On dénombre maintenant des victimes qui ne font pas partie des groupes considérés, auparavant, comme à risque élevé. Même si ce sont encore les hommes homosexuels qui forment le contingent le plus important de cas transmis sexuellement, de plus en plus d'hétérosexuels sont victimes de la maladie. L'augmentation quasi épidémique des cas diagnostiqués chez les adolescents et les jeunes adultes est particulièrement inquiétante.

Les épreuves de détection des porteurs du VIH sont de plus en plus perfectionnées. Par exemple, outre l'épreuve dans laquelle on prélève par grattage du tissu de la muqueuse orale, on dispose maintenant d'une analyse d'urine qui s'avère encore plus simple et qui représente une autre solution de rechange indolore aux analyses sanguines habituelles. Aucun remède sûr n'a encore été trouvé pour combattre le SIDA. Toutefois, une centaine de médicaments sont actuellement évalués par la Fédération américaine des aliments et drogues (FDA). On fait aussi des essais cliniques sur des vaccins, mais il est peu probable qu'un vaccin soit approuvé dans un proche avenir en raison de la très grande variabilité que présentent les antigènes du VIH. En 1998, on a réussi à stimuler chez la souris la production d'anticorps qui inhibent la réplication d'une vingtaine de types différents de VIH prélevés chez l'humain. Plusieurs médicaments antiviraux qui inhibent les enzymes dont le VIH a besoin pour se multiplier sont présentement disponibles. Les *inhibiteurs de la transcriptase inverse,* comme l'AZT, sont utilisés depuis plusieurs années déjà et ont été suivis par d'autres, dont la ddI, la ddC, le d4T, le 3TC et la névirafine. À la fin de 1995 et au début de 1996, des *inhibiteurs de la protéase* (saquinavir, ritonavir et autres) ont été approuvés. À l'heure actuelle, il semble qu'une association médicamenteuse comprenant des médicaments de chaque classe affaiblit le virus du VIH. Plus précisément, le traitement par association médicamenteuse retarde la résistance aux médicaments (c'est le problème que pose l'utilisation exclusive d'AZT) et réduit la *charge virale* (quantité de VIH par millimètre cube dans le sang d'une personne infectée), tout en augmentant le nombre de lymphocytes T auxiliaires. La question de savoir si l'on devrait ou non commencer un traitement avant que les patients infectés présentent des symptômes du SIDA dans sa forme complète est encore controversée, mais on se tourne de plus en plus vers les porteurs asymptomatiques dont le nombre de lymphocytes T auxiliaires est bas. Les médecins encouragent les gens à subir des analyses pour vérifier s'ils sont porteurs du VIH, ce qui leur permettrait de commencer le plus tôt possible un traitement comprenant deux ou trois médicaments. En intervenant de façon précoce, on espère prévenir les immenses dégâts qui sont déjà causés au système immunitaire au moment où l'on diagnostique le SIDA chez une personne.

Maladies auto-immunes

Il arrive que le système immunitaire perde sa capacité de distinguer le soi du non-soi (antigènes étrangers). Lorsque tel est le cas, l'organisme sécrète des anticorps (*auto-anticorps*) et des lymphocytes T cytotoxiques sensibilisés qui détruisent ses propres tissus. Ce curieux phénomène est appelé **maladie auto-immune.**

En Amérique du Nord, environ 5 % des adultes (dont les deux tiers sont des femmes) souffrent d'une maladie auto-immune. Voici les plus courantes :

- la *sclérose en plaques*, qui détruit la substance blanche de l'encéphale et de la moelle épinière (voir p. 382) ;
- la *myasténie grave*, qui entrave la communication entre les nerfs et les muscles squelettiques ;
- la *maladie de Graves,* ou maladie de Basedow, dans laquelle la glande thyroïde produit des quantités excessives de thyroxine (voir p. 607) ;
- le *diabète de type I* (ou insulinodépendant), qui détruit les endocrinocytes bêta du pancréas, ce qui entraîne un déficit d'insuline et une incapacité de métaboliser le glucose (voir p. 617) ;

- le *lupus érythémateux aigu disséminé*, une maladie systémique qui touche particulièrement les reins, le cœur, les poumons et la peau (voir p. 798);
- la *glomérulonéphrite*, un dysfonctionnement grave des reins;
- la *polyarthrite rhumatoïde*, qui détruit systématiquement les articulations (voir p. 255).

Les traitements actuels comprennent notamment des médicaments qui inhibent certains aspects de la réaction immunitaire. Par exemple, les injections d'anticorps aux récepteurs CD4 des lymphocytes T auxiliaires (anticorps produits par des techniques de génie génétique) semblent stabiliser l'évolution de la maladie chez les victimes de la sclérose en plaques.

Comment l'autotolérance normale de l'organisme peut-elle faire défaut? Il semble qu'un ou plusieurs des événements suivants puissent être des facteurs de déclenchement.

1. **Programmation inefficace des lymphocytes.** Les lymphocytes T ou B qui se lient aux auto-antigènes s'échappent dans le reste de l'organisme plutôt que d'être désactivés ou éliminés durant la phase de programmation dans le thymus et la moelle osseuse. On croit que c'est ce phénomène qui cause la sclérose en plaques.
2. **Apparition, dans la circulation, de protéines du soi qui n'ont pas déjà été exposées au système immunitaire.** De « nouveaux antigènes du soi » peuvent être générés (1) par des mutations génétiques qui font apparaître de nouvelles protéines sur la face externe des cellules et (2) par des changements dans la structure des antigènes du soi, dus à l'attachement d'haptènes ou aux dommages causés par une infection. Ces nouvelles substances deviennent alors des cibles pour le système immunitaire.
3. **Réaction croisée des anticorps produits contre les antigènes étrangers avec les auto-antigènes.** Les anticorps produits contre un antigène étranger effectuent parfois une réaction croisée avec un auto-antigène qui possède des sites très semblables. Par exemple, on sait que les anticorps générés lors d'une infection streptococcique opèrent une réaction croisée avec les antigènes du cœur, d'où des lésions permanentes au muscle et aux valves cardiaques ainsi qu'aux articulations et aux reins. Cette maladie est connue sous le nom de *rhumatisme articulaire aigu*. ■

Hypersensibilités

On a pensé pendant un certain temps que la réaction immunitaire était toujours bénéfique. Les dangers qu'elle sous-tend furent cependant rapidement découverts. Les **hypersensibilités,** ou **allergies** (*allos* = autre; *ergon* = réaction), sont des réactions immunitaires anormalement vigoureuses au cours desquelles le système immunitaire cause des lésions tissulaires en combattant ce qu'il perçoit comme une « menace » (tels le pollen ou les phanères animaux) mais qui ne représenterait par ailleurs aucun danger pour l'organisme. Le terme **allergène** établit la distinction entre ce type d'antigènes et les antigènes qui déclenchent des réactions protectrices normales.

Il existe différents types de réactions d'hypersensibilité qui se distinguent (1) par le temps d'apparition de leurs symptômes et (2) par la nature des principaux éléments immunitaires en jeu, soit les anticorps ou les lymphocytes T. Dans la classification des réactions d'hypersensibilité établie selon leur mécanisme immunologique par Coombs et Gell, ces réactions appartiennent à quatre types (I, II, III et IV). Les *hypersensibilités de type I* (*anaphylactiques*) et *de type II* (*cytotoxiques*) sont des allergies provoquées par des anticorps. Les complexes antigène-anticorps sont en cause dans les *hypersensibilités de type III* (*semi-retardées*), tandis que les lymphocytes T interviennent dans les *hypersensibilités de type IV* (*retardées*).

Hypersensibilités de type I

Les effets des **hypersensibilités de type I (anaphylactiques)** commencent à se faire sentir quelques secondes après le contact avec l'allergène (c'est pour cette raison qu'on les appelle aussi hypersensibilités immédiates). La libération des médiateurs chimiques de l'inflammation est responsable des signes cliniques de l'allergie. Ces derniers disparaissent habituellement au bout d'une demi-heure environ.

Anaphylaxie L'**anaphylaxie** (littéralement, « protection à rebours ») constitue le type le plus courant d'hypersensibilité de type I. La toute première exposition à un allergène ne produit aucun symptôme mais sensibilise la personne. Les CPA digèrent l'allergène et présentent ses fragments aux lymphocytes T, comme d'habitude. On ne sait pas exactement ce qui a lieu lors des étapes subséquentes, mais il semble qu'elles fassent intervenir l'interleukine 4 (IL-4) sécrétée par les lymphocytes T. L'IL-4 incite les lymphocytes B à se transformer en plasmocytes producteurs d'IgE, qui se mettent alors à sécréter d'énormes quantités de cet anticorps. Lorsque les molécules d'IgE se fixent (par leur région effectrice) à la membrane plasmique des **mastocytes** et des **granulocytes basophiles,** la sensibilisation est complète. L'anaphylaxie se déclenche lors d'une exposition ultérieure au même antigène, qui se lie alors aussitôt aux anticorps IgE attachés à la membrane plasmique des mastocytes et des granulocytes basophiles. Cet événement génère une série de réactions enzymatiques qui stimulent la dégranulation des mastocytes et des granulocytes basophiles, faisant ainsi se libérer un flot d'**histamine** et d'autres substances chimiques inflammatoires (facteurs chimiotactiques, prostaglandines et diverses cytokines). Ensemble, ces substances chimiques provoquent la réaction inflammatoire caractéristique de l'anaphylaxie (figure 22.19).

Les réactions anaphylactiques sont soit locales, soit générales (systémiques). Les mastocytes sont particulièrement abondants dans les tissus conjonctifs de la peau et sous la muqueuse des voies respiratoires et gastro-intestinales. Aussi ces régions sont-elles fréquemment le siège de réactions allergiques localisées. L'histamine libérée rend les vaisseaux sanguins dilatés et perméables, et elle est largement responsable des symptômes les plus

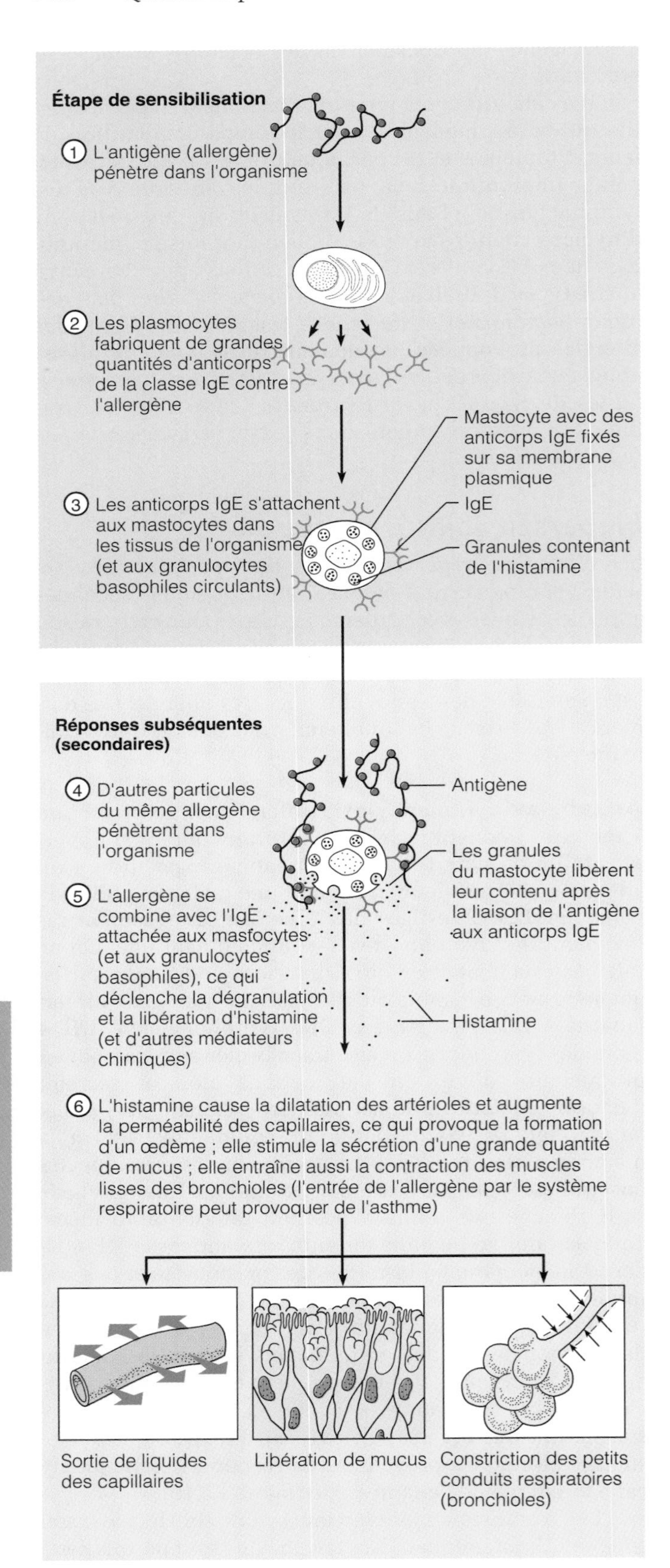
Étape de sensibilisation
① L'antigène (allergène) pénètre dans l'organisme
② Les plasmocytes fabriquent de grandes quantités d'anticorps de la classe IgE contre l'allergène
Mastocyte avec des anticorps IgE fixés sur sa membrane plasmique
③ Les anticorps IgE s'attachent aux mastocytes dans les tissus de l'organisme (et aux granulocytes basophiles circulants)
IgE
Granules contenant de l'histamine
Réponses subséquentes (secondaires)
④ D'autres particules du même allergène pénètrent dans l'organisme
Antigène
Les granules du mastocyte libèrent leur contenu après la liaison de l'antigène aux anticorps IgE
⑤ L'allergène se combine avec l'IgE attachée aux mastocytes (et aux granulocytes basophiles), ce qui déclenche la dégranulation et la libération d'histamine (et d'autres médiateurs chimiques)
Histamine
⑥ L'histamine cause la dilatation des artérioles et augmente la perméabilité des capillaires, ce qui provoque la formation d'un œdème ; elle stimule la sécrétion d'une grande quantité de mucus ; elle entraîne aussi la contraction des muscles lisses des bronchioles (l'entrée de l'allergène par le système respiratoire peut provoquer de l'asthme)
Sortie de liquides des capillaires
Libération de mucus
Constriction des petits conduits respiratoires (bronchioles)

FIGURE 22.19
Mécanisme d'une réponse allergique de type I.

connus de l'anaphylaxie: l'écoulement nasal, le larmoiement et les démangeaisons et rougeurs de la peau (urticaire). Lorsque l'allergène est inhalé, les symptômes de l'*asthme* apparaissent parce que les muscles lisses des parois des bronchioles se contractent, ce qui réduit le diamètre de ces petits conduits et réduit l'écoulement de l'air. Lorsque l'allergène est ingéré (dans les aliments ou par l'intermédiaire de médicaments), des malaises gastro-intestinaux (crampes, vomissements ou diarrhée) surviennent. Les médicaments anti-allergiques vendus sans ordonnance et contenant des antihistaminiques neutralisent ces effets.

Fort heureusement, le **choc anaphylactique**, c'est-à-dire la réaction systémique (qui affecte l'organisme dans son ensemble), est assez rare. Le choc anaphylactique survient habituellement lorsque l'allergène est introduit directement dans le sang et circule rapidement dans tout l'organisme, comme cela peut arriver dans certains cas de piqûres d'abeilles ou d'araignées. Il peut se déclencher aussi chez des individus sensibles, à la suite de l'injection d'une substance étrangère (tels la pénicilline ou d'autres médicaments qui jouent le rôle d'haptènes). Le mécanisme du choc anaphylactique est essentiellement le même que celui des réponses locales; toutefois, lorsqu'un très grand nombre de mastocytes et de granulocytes basophiles libèrent de l'histamine dans toutes les régions de l'organisme, le résultat peut être mortel. Les bronchioles se resserrent (et la langue peut enfler), ce qui rend la respiration difficile; de plus, la vasodilatation soudaine et la perte de liquides de la circulation sanguine peuvent provoquer un état de choc, dont l'un des symptômes est une chute marquée de la pression artérielle. Le choc anaphylactique peut entraîner la mort en quelques minutes. L'adrénaline, un vasoconstricteur et un bronchodilatateur, est le médicament le plus efficace pour contrer ces effets de l'histamine.

Atopie Bien que le terme *anaphylaxie* englobe la plupart des hypersensibilités de type I, il n'inclut pas un cas assez fréquent appelé **atopie** (*a* = sans; *topos* = lieu). Environ 10 % de la population des États-Unis ont une prédisposition héréditaire à avoir spontanément (sans étape préalable de sensibilisation) des allergies de type I à certains antigènes environnementaux (comme les pollens de plantes ou les acariens de la poussière). En conséquence, lorsque ces personnes se trouvent en présence de quantités, même infimes, de l'allergène approprié, elles manifestent rapidement des symptômes d'urticaire, de rhume des foins ou d'asthme.

Hypersensibilités de type II

Les **hypersensibilités de type II (cytotoxiques)**, tout comme les hypersensibilités de type I, sont causées par des anticorps (dans ce cas, les IgG et les IgM plutôt que les IgE) et sont transmissibles par l'intermédiaire du plasma ou du sérum. Toutefois, leur apparition est plus lente (de une à trois heures après l'exposition à l'antigène au lieu de quelques minutes) et la durée de la réaction est plus longue (de dix à quinze heures au lieu de moins d'une heure).

Les **réactions de type II** se déclenchent lorsque les anticorps se lient aux antigènes de la membrane plasmique de cellules spécifiques de l'organisme et que, par la suite, ils stimulent la phagocytose et la lyse, en présence du complément. L'hypersensibilité de type II peut se produire lors d'une réaction à une transfusion de sang incompatible où les globules rouges sont lysés (par le complément).

Hypersensibilités de type III

Les **hypersensibilités de type III (semi-retardées)** surviennent lorsque les antigènes sont répartis dans le sang et dans l'organisme, et que les complexes immuns insolubles (antigène-anticorps) formés ne peuvent pas être éliminés d'une région précise. (Cette situation peut être la manifestation d'une infection prolongée ou encore d'une situation où une énorme quantité de complexes antigène-anticorps est formée.) Il se produit une réaction inflammatoire intense, accompagnée de cytolyse en présence du complément et de phagocytose par les granulocytes neutrophiles, ce qui provoque localement de graves lésions des tissus. Les hypersensibilités de type III comprennent les affections pulmonaires comme la *maladie du poumon du fermier* (due à l'inhalation de foin moisi) et la *maladie des champignonnistes* (causée par l'inhalation de spores de champignons). De plus, de nombreuses réactions allergiques de type III accompagnent des affections auto-immunes comme la glomérulonéphrite, le lupus érythémateux aigu disséminé et la polyarthrite rhumatoïde.

Hypersensibilités de type IV

Les **hypersensibilités de type IV (retardées)** regroupent les réactions qui apparaissent plus de 12 heures après le contact avec l'antigène et qui persistent plus longtemps (de un à trois jours) que toutes les formes d'hypersensibilité liées à la présence d'anticorps. Ce type d'hypersensibilités repose sur l'interaction entre un antigène et les lymphocytes T. Leur mécanisme est fondamentalement celui de la réaction immunitaire à médiation cellulaire. La réaction *normale* à la plupart des agents pathogènes cellulaires est fonction des lymphocytes T cytotoxiques dirigés contre des antigènes spécifiques. Toutefois, les réactions d'hypersensibilité retardée font intervenir à la fois des lymphocytes cytotoxiques et des lymphocytes T de l'hypersensibilité retardée, et elles reposent en grande partie sur la stimulation de l'activité des macrophagocytes par des lymphokines et sur des mécanismes destructeurs non spécifiques. L'hypersensibilité retardée aux antigènes peut être transmise de façon passive d'une personne à une autre par des transfusions de sang total contenant les lymphocytes T qui déclenchent cette réaction.

Les lymphokines (*facteur nécrosant des tumeurs* et autres) libérées par les lymphocytes T activés sont les principaux médiateurs de ces réactions inflammatoires; les antihistaminiques ne sont donc d'aucun secours contre les réactions d'hypersensibilité retardée. Les corticostéroïdes procurent un certain soulagement.

Les exemples les plus connus de réactions d'hypersensibilité retardée sont les cas d'**eczémas de contact** qui apparaissent après un contact de la peau avec le sumac vénéneux, avec des métaux lourds (plomb, mercure et autres) et avec certains produits chimiques (cosmétiques et déodorants). Tous ces agents agissent comme haptènes, et après avoir diffusé à travers la peau et s'être attachés aux protéines du soi, ils sont perçus comme étrangers et attaqués par les cellules immunitaires. Le *test de Mantoux* et le *test à la tuberculine,* des épreuves cutanées destinées à détecter la tuberculose, reposent sur des réactions d'hypersensibilité retardée. Dans le test de Mantoux, la tuberculine introduite par injection intradermique provoque la formation d'une petite lésion (induration), qui peut persister pendant des jours si la personne a été sensibilisée à l'antigène.

Les réactions d'hypersensibilité retardée comportent également un grand nombre de réactions de protection, notamment (1) la protection contre les virus, les bactéries, les mycètes et les protozoaires, (2) la résistance au cancer et (3) le rejet de greffons étrangers ou d'organes transplantés. Elles sont particulièrement efficaces contre certains **agents pathogènes intracellulaires facultatifs** comme les salmonelles (bactéries) et certaines levures. Ces agents pathogènes sont facilement phagocytés par les macrophagocytes, mais ils ne sont pas tués. Ils peuvent même se multiplier à l'intérieur de leurs hôtes à moins que les macrophagocytes ne soient activés par l'interféron gamma et certaines autres lymphokines pour tuer les microorganismes. Ainsi, la libération d'une grande quantité de lymphokines au cours des réactions d'hypersensibilité retardée joue un rôle de protection important.

DÉVELOPPEMENT ET VIEILLISSEMENT DU SYSTÈME IMMUNITAIRE

L'apparition de l'immunité est liée au développement ordonné des organes et des cellules lymphatiques. Comme le développement des organes du système lymphatique a déjà été décrit au chapitre 21, nous allons nous pencher ici sur les cellules du système immunitaire. Les cellules souches du système immunitaire prennent naissance dans le foie et la rate très tôt au cours du développement embryonnaire (vers la neuvième semaine). Plus tard, au cours du développement fœtal, la moelle osseuse devient la source principale des cellules souches (hémocytoblastes), et elle continue à jouer ce rôle tout au long de la vie adulte. Vers la fin de la vie fœtale et peu après la naissance, les jeunes lymphocytes deviennent autotolérants et immunocompétents au sein des organes qui les « programment » (thymus et moelle osseuse), et ils migrent ensuite vers les autres tissus lymphatiques. Après la stimulation antigénique, les populations de lymphocytes T et B complètent leur développement pour achever leur maturation en cellules effectrices.

La capacité du système immunitaire de reconnaître les substances étrangères est déterminée génétiquement. Cependant, le système nerveux joue également un certain rôle en participant à la fois à la régulation et à l'activité de la réaction immunitaire. D'ailleurs, la recherche en psycho-neuro-immunologie (un terme un peu compliqué désignant l'étude de la relation entre le cerveau et le système immunitaire) a commencé à apporter des réponses. Ainsi, on sait maintenant que la réaction immunitaire est effectivement affaiblie chez les personnes déprimées ou très stressées, par exemple chez celles qui vivent un deuil important. Cette découverte fascinante est décrite plus en détail dans l'encadré de la page 770.

En temps normal, notre système immunitaire nous sert très bien jusqu'à un âge avancé. À partir d'un certain âge, toutefois, son efficacité commence à décroître et sa capacité de lutter contre l'infection diminue. La vieillesse s'accompagne d'une plus grande sensibilité aux maladies auto-immunes et aux déficits immunitaires. La fréquence plus élevée de cancers chez les personnes âgées est considérée comme un autre exemple de la diminution graduelle de l'efficacité du système immunitaire. La véritable cause de cette perte d'efficacité n'est pas connue, mais il se pourrait que le « vieillissement génétique » et ses conséquences en soient partiellement responsables.

* * *

Le système immunitaire fournit à l'organisme des moyens de défense remarquables contre la maladie. Dotées d'une extraordinaire diversité, ces défenses sont régies de manière très précise par une quantité considérable de médiateurs chimiques et par l'interaction fonctionnelle entre les cellules. Les lymphocytes T et les anticorps forment une paire d'associés idéale: les anticorps réagissent rapidement aux toxines et molécules qui se trouvent à la surface des microorganismes, alors que les lymphocytes T détruisent les antigènes cachés dans les cellules de même que nos propres cellules devenues rebelles (cancéreuses). Les mécanismes de défense non spécifiques font appel à un arsenal différent pour assurer la défense de l'organisme. Cependant, les défenses spécifique et non spécifique coopèrent étroitement, chacune accentuant les effets de l'autre et procurant ce qu'elle ne peut apporter. L'action protectrice du système immunitaire contre les envahisseurs étrangers est nécessaire parce que l'organisme, nous l'avons vu, est en interaction constante avec l'environnement pour répondre à ses besoins vitaux. C'est avec l'environnement, entre autres, que l'organisme entretient ses échanges gazeux (O_2, CO_2). Nous étudierons ces derniers dans le prochain chapitre, qui porte sur la structure et le fonctionnement du système respiratoire.

TERMES MÉDICAUX

Athymie congénitale Déficit immunitaire dans lequel le thymus ne se développe pas. Les personnes souffrant de cette maladie n'ont pas de lymphocytes T et n'ont donc pratiquement aucune protection immunitaire; les greffes de thymus fœtal et de moelle osseuse peuvent améliorer l'état de ces personnes.

Eczéma Lésions cutanées « suintantes » et démangeaisons intenses dues à une hypersensibilité immédiate. Ces lésions apparaissent au cours des cinq premières années de la vie dans 90 % des cas. L'allergène n'est pas connu, mais les antécédents familiaux semblent jouer un rôle important.

Immunisation Processus par lequel l'immunité est conférée au sujet, soit par vaccination soit par injection d'immunosérum.

Immunopathologie Maladie associée au système immunitaire.

Lupus érythémateux disséminé (LED) Affection auto-immune systémique frappant surtout la jeune femme. La présence d'anticorps antinucléaires (anti-ADN) dans le sérum de la patiente permet de confirmer le diagnostic de cette maladie. Des complexes ADN–anti-ADN sont localisés dans les reins (les filtres capillaires, ou glomérules), dans les vaisseaux sanguins et dans les membranes synoviales des articulations, et peuvent provoquer la glomérulonéphrite, des troubles vasculaires et une arthrite douloureuse. On observe fréquemment des éruptions cutanées rougeâtres sur le visage.

Thyroïdite chronique de Hashimoto Maladie auto-immune causée par une attaque à médiation cellulaire sur la glande thyroïde. Normalement, la thyroglobuline (forme de réserve colloïdale des hormones thyroïdiennes) demeure à l'intérieur des follicules de la thyroïde. Cependant, une affection de la glande peut causer la libération de la thyroglobuline dans la circulation sanguine, où elle sera reconnue comme étrangère et provoquera une attaque immune sur la thyroïde.

RÉSUMÉ DU CHAPITRE

Défenses non spécifiques de l'organisme (p. 761-769)

Barrières superficielles : la peau et les muqueuses (p. 761-762)

1. La peau et les muqueuses constituent la première ligne de défense de l'organisme. Leur rôle consiste à empêcher l'entrée d'agents pathogènes dans l'organisme. Des membranes protectrices (épithéliums) tapissent toutes les cavités corporelles et les organes qui s'ouvrent sur l'environnement.

2. Les épithéliums constituent des barrières mécaniques contre les agents pathogènes. Certains épithéliums subissent des modifications structurales et fabriquent des sécrétions qui stimulent leurs actions défensives : l'acidité de la peau, le lysozyme, le mucus, la kératine et les cils en sont des exemples.

Défenses cellulaires et chimiques non spécifiques (p. 762-769)

1. Les défenses cellulaires et chimiques non spécifiques constituent la deuxième ligne de défense de l'organisme.

Phagocytes (p. 762-763)

2. Les phagocytes (macrophagocytes et granulocytes neutrophiles) englobent et détruisent les agents pathogènes qui percent les barrières épithéliales. Ce processus est facilité lorsque la surface de l'agent pathogène est modifiée par la fixation d'anticorps et/ou de protéines du complément auxquels les récepteurs du phagocyte peuvent se lier. La destruction des cellules est favorisée par l'explosion oxydative.

Cellules tueuses naturelles (p. 763)

3. Les cellules tueuses naturelles (ou cellules NK) sont de grands lymphocytes granuleux dont l'action non spécifique consiste à tuer les cellules cancéreuses et les cellules infectées par des virus.

Inflammation : réaction des tissus à une lésion (p. 763-766)

4. La réaction inflammatoire empêche la propagation des substances nocives, élimine les agents pathogènes et les cellules mortes, et favorise la guérison. Il se forme un exsudat ; les leucocytes protecteurs pénètrent dans la région ; le foyer de l'infection est isolé par un réseau de fibrine ; et la réparation du tissu s'effectue.

5. Les signes majeurs de l'inflammation sont la tuméfaction, la rougeur, la chaleur et la douleur. Ils résultent de la vasodilatation et de l'augmentation de la perméabilité des vaisseaux sanguins, lesquelles sont provoquées par des médiateurs chimiques de la réaction inflammatoire. Si la région enflammée est une articulation, les mouvements de cette articulation seront limités.

Protéines antimicrobiennes (p. 766-769)

6. Lorsque le complément (un ensemble de protéines plasmatiques) est fixé à la membrane d'une cellule étrangère, la lyse de la cellule cible s'effectue. Le complément stimule aussi la phagocytose et les réactions inflammatoires et immunitaires.

7. L'interféron est un ensemble de protéines apparentées que synthétisent les cellules infectées par des virus et certaines cellules immunitaires ; il empêche la prolifération des virus dans d'autres cellules de l'organisme.

Fièvre (p. 769)

8. La fièvre active la lutte de l'organisme contre les agents pathogènes de deux façons : en stimulant le métabolisme, ce qui déclenche les actions défensives et les processus de réparation, et en forçant le foie et la rate à séquestrer le fer et le zinc nécessaires à la multiplication bactérienne.

Défenses spécifiques de l'organisme : l'immunité (p. 769-797)

1. Le système immunitaire reconnaît un élément étranger et son action consiste à l'immobiliser, à le neutraliser ou à l'éliminer. La réaction immunitaire est spécifique à un antigène ; elle est également systémique et possède une mémoire. Les défenses spécifiques constituent la troisième ligne de défense de l'organisme.

Antigènes (p. 772-774)

1. Les antigènes sont des substances qui ont le pouvoir de générer une réaction immunitaire.

Antigènes complets et haptènes (p. 773)

2. Les antigènes complets possèdent deux propriétés : l'immunogénécité et la réactivité. Les antigènes incomplets, ou haptènes, doivent se combiner avec une protéine de l'organisme avant de devenir immunogènes.

Déterminants antigéniques (p. 773)

3. Les déterminants antigéniques sont les fragments de l'antigène qui sont reconnus comme étrangers. La plupart des antigènes possèdent de nombreux déterminants antigéniques.

Auto-antigènes : protéines du CMH (p. 773-774)

4. Les protéines du complexe majeur d'histocompatibilité (CMH) sont des glycoprotéines membranaires qui sont les marqueurs du soi de nos cellules. Les protéines du CMH de classe I se trouvent sur toutes les cellules de l'organisme (sauf sur les globules rouges), alors que les protéines de classe II sont présentes à la surface des cellules qui participent à la réaction immunitaire.

Cellules du système immunitaire : caractéristiques générales (p. 774-776)

1. Les lymphocytes prennent naissance dans les hémocytoblastes de la moelle osseuse. Les lymphocytes T acquièrent leur immunocompétence dans le thymus et confèrent l'immunité à médiation cellulaire. Les lymphocytes B acquièrent leur immunocompétence dans la moelle osseuse et assurent l'immunité humorale. Les lymphocytes immunocompétents « garnissent » les organes lymphatiques où se produit la stimulation antigénique, et ils circulent entre le sang, la lymphe et les organes lymphatiques.

2. L'immunocompétence se manifeste par l'apparition de récepteurs spécifiques d'antigènes sur la membrane plasmique des lymphocytes.

3. Les cellules présentatrices d'antigènes (CPA) comprennent les cellules dendritiques, les macrophagocytes, les macrophagocytes intraépidermiques et les lymphocytes B activés. Elles captent les agents pathogènes et en présentent les déterminants antigéniques à leur surface pour la reconnaissance par les lymphocytes T.

Réaction immunitaire humorale (p. 776-783)

Sélection clonale et différenciation des lymphocytes B (p. 776-777)

1. La sélection clonale et la différenciation des lymphocytes B surviennent lorsque les antigènes se fixent aux récepteurs de leur membrane plasmique, causant leur prolifération. La plupart des cellules du clone deviennent des plasmocytes qui sécrètent les anticorps. C'est la réaction immunitaire primaire.

Mémoire immunitaire (p. 777-778)

2. D'autres cellules du clone deviennent des lymphocytes B mémoires dotés de la capacité de déclencher une attaque rapide contre le même antigène au moment de rencontres subséquentes (réactions immunitaires secondaires). Les lymphocytes B mémoires assurent la mémoire immunitaire humorale.

Immunités humorales active et passive (p. 778-779)

3. L'immunité humorale active est acquise lors d'une infection ou par l'intermédiaire d'une vaccination, et elle établit une mémoire immunitaire. L'immunité humorale passive est conférée lorsque les anticorps d'un donneur sont injectés dans la circulation sanguine, ou lorsque les anticorps de la mère traversent le placenta. La protection qu'elle procure est de courte durée ; aucune mémoire immunitaire n'est établie.

Anticorps (p. 779-783)

4. Le monomère d'anticorps est constitué de quatre chaînes polypeptidiques, deux lourdes et deux légères, reliées par des ponts disulfure. Chaque chaîne possède une région constante et une région variable. Les régions constantes déterminent la fonction et la classe de l'anticorps. Les régions variables donnent à l'anticorps la capacité de reconnaître son antigène approprié.

5. Il existe cinq classes d'anticorps : IgM, IgA, IgD, IgG et IgE. Elles diffèrent par leur structure et par leur fonction.

6. Les fonctions des anticorps comprennent la fixation du complément et la neutralisation, la précipitation et l'agglutination de l'antigène.

7. Les anticorps monoclonaux sont des préparations pures d'un seul type d'anticorps, qui se révèlent particulièrement utiles dans les épreuves diagnostiques et le traitement de certains types de cancer. On les prépare en injectant un antigène à un animal de laboratoire ; après avoir recueilli ses lymphocytes B, on les fusionne avec des cellules de myélomes.

Réaction immunitaire à médiation cellulaire (p. 784-793)

Sélection clonale et différenciation des lymphocytes T (p. 784-787)

1. Les lymphocytes T auxiliaires (T_H) et cytotoxiques (T_C) immunocompétents sont activés en se liant simultanément à un antigène et à une protéine du CMH disposés à la surface d'une CPA. Un signal de « costimulation » (physique ou chimique) est également essentiel. La sélection clonale se produit et les cellules du clone se différencient en lymphocytes T effecteurs appropriés qui induisent la réaction immunitaire primaire. Quelques cellules du clone deviennent des lymphocytes T mémoires.

Rôles des lymphocytes T spécifiques (p. 787-789)

2. Les lymphocytes T auxiliaires libèrent des lymphokines qui contribuent à l'activation d'autres cellules immunitaires et qui coopèrent directement avec les lymphocytes B liés à l'antigène. Les lymphocytes T cytotoxiques attaquent directement les cellules infectées et les cellules cancéreuses, puis les lysent. Les lymphocytes T suppresseurs mettent fin aux réactions immunitaires normales en libérant des lymphokines qui diminuent l'activité des lymphocytes T auxiliaires et des lymphocytes B. Les lymphocytes T de l'hypersensibilité retardée libèrent des cytokines qui mobilisent des macrophagocytes dans la destruction cellulaire (non spécifique).

3. La réaction immunitaire est accentuée par l'interleukine 1 et par d'autres monokines libérées par les macrophagocytes, ainsi que par les lymphokines (interleukines 2, MIF, interféron gamma, etc.), lesquelles sont libérées par les lymphocytes T activés. Les monokines et les lymphokines constituent un groupe appelé cytokines.

Greffes d'organes et prévention du rejet (p. 789-793)

4. Les greffons et les organes transplantés sont rejetés par des réactions à médiation cellulaire à moins que le système immunitaire du patient ne soit en état d'immunosuppression. Les infections sont des complications majeures chez ces patients.

Déséquilibres homéostatiques de l'immunité (p. 793-797)

Déficits immunitaires (p. 793-794)

1. Les maladies immunitaires comprennent notamment le déficit immunitaire combiné sévère (SCID) et le syndrome d'immunodéficience acquise (SIDA). Des infections fulminantes causent la mort parce que le système immunitaire est incapable de les combattre.

Maladies auto-immunes (p. 794-795)

2. La maladie auto-immune survient lorsque l'organisme perçoit ses propres tissus comme étrangers et déclenche une attaque immunitaire contre eux. La polyarthrite rhumatoïde et la sclérose en plaques en sont des exemples.

Hypersensibilités (p. 795-797)

3. L'hypersensibilité, ou allergie, est une réaction anormalement intense à un allergène à la suite de la réaction immunitaire initiale. Les hypersensibilités de type I déclenchées par les anticorps comprennent l'anaphylaxie et l'atopie. Les hypersensibilités de type II mettent en jeu les anticorps et le complément. Les hypersensibilités de type III comprennent les maladies des complexes immuns. Les hypersensibilités de type IV sont à médiation cellulaire.

Développement et vieillissement du système immunitaire (p. 797-798)

1. Le développement de la réaction immunitaire s'effectue un peu avant ou après la naissance. La capacité du système immunitaire à reconnaître les substances étrangères est déterminée génétiquement.

2. Le système nerveux joue un rôle important dans la régulation des réactions immunitaires, probablement par l'intermédiaire de médiateurs communs (neuropeptides). La dépression affaiblit le système immunitaire.

3. Au fil des années, le système immunitaire réagit moins bien. Les personnes âgées souffrent plus souvent de déficit immunitaire, de maladies auto-immunes et de cancer.

QUESTIONS DE RÉVISION

Choix multiples/associations

(Réponses à l'appendice G)

1. Tous les éléments suivants font partie des défenses non spécifiques de l'organisme *sauf*: (a) le complément ; (b) la phagocytose ; (c) les anticorps ; (d) le lysozyme ; (e) l'inflammation.

2. Le processus par lequel les granulocytes neutrophiles traversent les parois des capillaires en réponse aux signaux inflammatoires est appelé : (a) diapédèse ; (b) chimiotactisme ; (c) margination ; (d) opsonisation.

3. Les anticorps libérés par les plasmocytes interviennent dans : (a) l'immunité humorale ; (b) les réactions d'hypersensibilité de type I ; (c) les maladies auto-immunes ; (d) toutes ces réponses.

4. Lesquels de ces anticorps peuvent fixer le complément ? (a) IgA ; (b) IgD ; (c) IgE ; (d) IgG ; (e) IgM.

5. Quelle classe d'anticorps se trouve en quantité abondante dans les sécrétions ? (Utilisez les choix de la question 4.)

6. Les petites molécules qui doivent s'associer à de grosses protéines afin de devenir immunogènes sont appelées : (a) antigènes complets ; (b) allergènes ; (c) globulines ; (d) haptènes.

7. Les lymphocytes qui acquièrent leur immunocompétence dans le thymus sont: (a) les lymphocytes B; (b) les lymphocytes T; (c) les cellules tueuses naturelles.

8. Les cellules qui peuvent attaquer directement des cellules cibles sont toutes celles qui suivent, *sauf* une. Laquelle? (a) Macrophagocytes; (b) lymphocytes T cytotoxiques; (c) lymphocytes T auxiliaires; (d) cellules tueuses naturelles.

9. Parmi les éléments suivants, lequel participe à l'activation d'un lymphocyte B? (a) Un antigène; (b) un lymphocyte T auxiliaire; (c) une lymphokine; (d) toutes ces réponses.

Questions à court développement

10. En plus d'agir comme barrières mécaniques, l'épiderme de la peau et les muqueuses de l'organisme possèdent d'autres qualités qui facilitent leur rôle protecteur. Citez les régions de l'organisme où se trouvent normalement le mucus, le lysozyme, la kératine, un pH acide et les cils, et expliquez la fonction de chacun.

11. Expliquez pourquoi les tentatives de phagocytose ne réussissent pas toujours; énumérez les facteurs qui augmentent ses chances de succès.

12. Qu'est-ce que le complément? Comment provoque-t-il la lyse bactérienne? Citez quelques-uns des autres rôles du complément.

13. Citez les trois lignes de défense de l'organisme et comparez-les.

14. Les interférons sont aussi appelés protéines antimicrobiennes. Qu'est-ce qui stimule leur production et comment protègent-ils les cellules non infectées? Quelles cellules de l'organisme sécrètent des interférons?

15. Faites la distinction entre immunité humorale et immunité à médiation cellulaire.

16. La réaction immunitaire est un système à deux voies; expliquez alors l'affirmation selon laquelle «il n'y a pas d'immunité sans lymphocytes T».

17. Définissez l'immunocompétence. Quel événement (ou observation) donne le signal qu'un lymphocyte B ou T est devenu immunocompétent?

18. Expliquez en quoi consiste la costimulation et citez quelques facteurs qui en sont responsables.

19. Décrivez le processus d'activation d'un lymphocyte T auxiliaire.

20. Faites la distinction entre une réaction immunitaire primaire et une réaction immunitaire secondaire. Laquelle est la plus rapide, et pourquoi?

21. Définissez un anticorps. À l'aide d'un schéma contenant les termes appropriés, décrivez la structure d'un monomère d'anticorps. Indiquez et marquez les régions variable et constante, ainsi que les chaînes lourdes et légères.

22. Quel est le rôle des régions variables d'un anticorps? des régions constantes?

23. Nommez les cinq classes d'anticorps et dites dans quelle région de l'organisme il est le plus probable de trouver chacune d'entre elles.

24. Énumérez les mécanismes utilisés par les anticorps pour réaliser leur fonction de défense de l'organisme. Quels sont les mécanismes les plus importants?

25. Les vaccins confèrent-ils une immunité humorale active ou passive? Justifiez votre réponse. Pourquoi l'immunité passive est-elle moins satisfaisante?

26. Décrivez les rôles caractéristiques des lymphocytes T auxiliaires, suppresseurs et cytotoxiques dans l'immunité à médiation cellulaire normale.

27. Nommez quelques lymphokines et décrivez leur rôle dans la réaction immunitaire.

28. Définissez l'hypersensibilité. Nommez trois types de réactions d'hypersensibilité. Dans chacun des cas, mentionnez si des anticorps ou des lymphocytes T sont en jeu, et donnez deux exemples.

29. Quels événements peuvent conduire à des maladies auto-immunes?

30. Qu'est-ce qui explique la diminution, au fil des années, de l'efficacité du système immunitaire?

RÉFLEXION ET APPLICATION

1. Julie, une fillette de six ans qui a été élevée depuis sa naissance dans un environnement sans germes, est victime d'un des cas les plus graves d'anomalie du système immunitaire. Julie est aussi atteinte d'un cancer causé par le virus d'Epstein-Barr. Répondez aux questions suivantes se rapportant à ce cas. (a) Qu'arrive-t-il aux enfants qui souffrent de la même affection que Julie, dans des circonstances semblables, si aucun traitement n'est tenté? (b) Pourquoi a-t-on choisi le frère de Julie comme donneur de moelle osseuse? (c) Pourquoi le médecin de Julie prévoit-il utiliser des cellules souches provenant d'un cordon ombilical pour faire la greffe de moelle osseuse si la greffe de la moelle du frère de Julie se solde par un échec (quels sont les résultats escomptés)? (d) Essayez d'expliquer le cancer de Julie. (e) Quels sont les points communs et les différences entre la maladie de Julie et le SIDA?

2. Certaines personnes ayant un déficit en IgA présentent des infections récurrentes des voies respiratoires. Expliquez ces symptômes.

3. Expliquez les mécanismes responsables des signes majeurs de l'inflammation aiguë: chaleur, douleur, rougeur, tuméfaction. Montrez comment ces signes sont liés entre eux.

23

LE SYSTÈME RESPIRATOIRE

SOMMAIRE ET OBJECTIFS D'APPRENTISSAGE

Anatomie fonctionnelle du système respiratoire (p. 803-816)

1. Énumérer et décrire les quatre processus de base qui soustendent la respiration.
2. Nommer, situer et décrire les organes qui forment le système respiratoire, du nez aux alvéoles. Distinguer la zone de conduction de la zone respiratoire.
3. Énumérer et décrire quelques mécanismes de protection du système respiratoire.
4. Décrire la composition de la membrane alvéolo-capillaire et établir le rapport entre sa structure et sa fonction.
5. Décrire la structure et la fonction des poumons et des feuillets de la plèvre.

Mécanique de la respiration (p. 816-824)

6. Établir le rapport entre la loi de Boyle-Mariotte et le déroulement de l'inspiration et de l'expiration.
7. Expliquer les rôles des muscles respiratoires et de l'élasticité pulmonaire dans les variations de volume entraînant l'écoulement de l'air dans les poumons.
8. Expliquer l'importance fonctionnelle du vide partiel dans la cavité pleurale.
9. Décrire l'effet de quelques facteurs physiques sur la ventilation pulmonaire.
10. Expliquer et comparer les divers volumes et capacités pulmonaires. Énoncer les renseignements révélés par les épreuves fonctionnelles respiratoires.
11. Définir l'espace mort anatomique.

Échanges gazeux (p. 824-828)

12. Décrire globalement et expliquer les différences de composition entre l'air atmosphérique et l'air alvéolaire.
13. Énoncer la loi des pressions partielles de Dalton et la loi de Henry; établir le rapport entre ces lois et la respiration interne et externe.

Transport des gaz respiratoires dans le sang (p. 829-834)

14. Décrire comment l'oxygène est transporté dans le sang; expliquer l'effet de la température, du pH, du 2,3-DPG et de la pression partielle du gaz carbonique sur la liaison et la dissociation de l'oxygène.
15. Décrire le transport du gaz carbonique dans le sang.

Régulation de la respiration (p. 834-839)

16. Décrire la régulation nerveuse de la respiration.
17. Comparer l'influence des réflexes pulmonaires, de la volition, des émotions, du pH du sang artériel et des pressions partielles de l'oxygène et du gaz carbonique dans le sang artériel sur la fréquence et l'amplitude respiratoires.

Adaptation à l'exercice et à l'altitude (p. 839-841)

18. Comparer l'hyperpnée provoquée par l'exercice et l'hyperventilation involontaire.
19. Décrire l'acclimatation à l'altitude et ses effets.

Déséquilibres homéostatiques du système respiratoire (p. 841-845)

20. Comparer les causes et les conséquences de la bronchite chronique, de l'emphysème pulmonaire et du cancer du poumon.

Développement et vieillissement du système respiratoire (p. 845-847)

21. Expliquer le développement embryonnaire du système respiratoire.
22. Décrire les changements que subit le système respiratoire au cours de la vie.

« Nul n'est une île », disait John Donne au XVIIe siècle. La métaphore du poète renvoie à l'esprit, mais il n'est pas faux de l'appliquer à l'organisme. Loin d'être autonome, en effet, l'organisme est prodigieusement influencé par l'environnement, dont il tire les substances essentielles à sa survie et où il déverse ses déchets.

Les milliers de milliards de cellules de l'organisme ont besoin d'un apport continuel d'oxygène pour accomplir leurs fonctions vitales. Nous pouvons survivre quelque temps sans nourriture et sans eau, mais nous ne pouvons absolument pas nous passer d'oxygène. À mesure que les cellules consomment de l'oxygène, elles doivent libérer le gaz carbonique qui est produit. Elles génèrent également de dangereux radicaux libres, sous-produits qui constituent le tribut inévitable à payer pour vivre dans un milieu riche en oxygène. Mais revenons au sujet du présent chapitre, soit le système respiratoire.

La principale fonction du **système respiratoire** est de fournir de l'oxygène à l'organisme et de le débarrasser du gaz carbonique. Cette fonction fait intervenir au moins quatre processus, qui sous-tendent la **respiration** :

1. **Ventilation pulmonaire.** L'air doit circuler dans les poumons afin de renouveler sans cesse les gaz contenus dans les alvéoles des sacs alvéolaires. Ce processus est appelé communément **ventilation,** ou respiration.
2. **Respiration externe.** Il doit y avoir échange gazeux entre le sang et les cavités aériennes des poumons, c'est-à-dire diffusion de l'oxygène vers le sang et diffusion du gaz carbonique vers les cavités aériennes.
3. **Transport des gaz respiratoires.** L'oxygène et le gaz carbonique doivent être transportés des poumons aux cellules, et vice versa. Tel est le rôle du système cardiovasculaire et du sang.
4. **Respiration interne.** Il doit y avoir échange gazeux entre le sang des capillaires systémiques et les cellules, c'est-à-dire diffusion de l'oxygène vers les cellules et diffusion du gaz carbonique vers les capillaires*.

* L'utilisation d'oxygène et la production de gaz carbonique par les cellules, c'est-à-dire la *respiration cellulaire*, est la pierre angulaire de toutes les réactions chimiques qui produisent de l'énergie (ATP) dans l'organisme. La respiration cellulaire, qui a lieu dans toutes les cellules de l'organisme, est expliquée en détail au chapitre 25.

Lequel des organes illustrés constitue à la fois une zone de conduction et une zone respiratoire ?

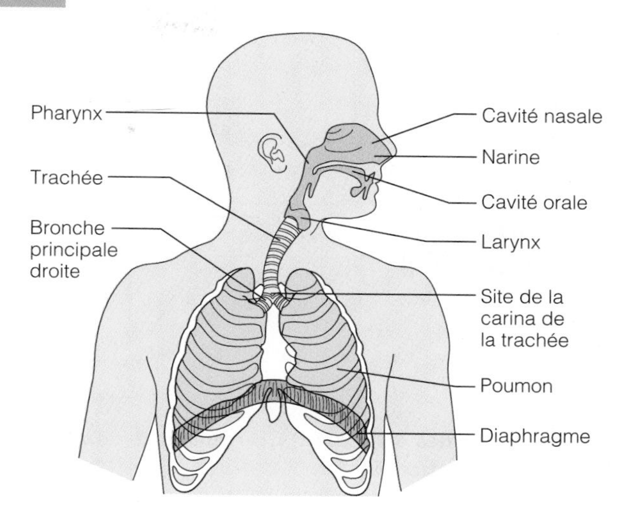

FIGURE 23.1
Les principaux organes du système respiratoire par rapport aux structures environnantes.

Nous abordons tous ces processus dans ce chapitre. Bien que seuls les deux premiers relèvent directement du système respiratoire, ils sont impensables sans les deux autres. Le système respiratoire et le système cardiovasculaire sont donc étroitement liés, tant et si bien que si l'un des deux défaille, le manque d'oxygène fait mourir les cellules.

ANATOMIE FONCTIONNELLE DU SYSTÈME RESPIRATOIRE

Les organes du système respiratoire sont le *nez* et les *cavités nasales,* le *pharynx,* le *larynx,* la *trachée,* les *bronches* et leurs ramifications ainsi que les *poumons,* qui contiennent les sacs alvéolaires où s'ouvrent les *alvéoles pulmonaires* (figure 23.1). Au point de vue fonctionnel, le système respiratoire est constitué d'une zone de conduction et d'une zone respiratoire. La **zone de conduction** comprend toutes les voies respiratoires, des conduits relativement rigides qui acheminent l'air à la zone respiratoire. Les organes de la zone de conduction ont aussi pour rôle de purifier, d'humidifier et de réchauffer l'air inspiré. Parvenu dans les poumons, l'air contient beaucoup moins d'agents irritants (poussière, bactéries, etc.) qu'à son entrée dans le système, et il est comparable à l'air chaud et humide des climats tropicaux. La **zone respiratoire,** le siège des échanges gazeux, est composée exclusivement de structures microscopiques, soit les bronchioles respiratoires, les conduits alvéolaires et les alvéoles. Le tableau 23.1, p. 807, résume les fonctions des principaux organes du système respiratoire.

Les poumons.

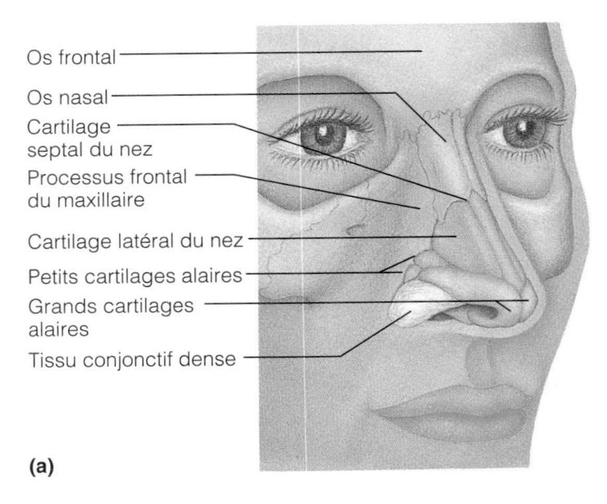

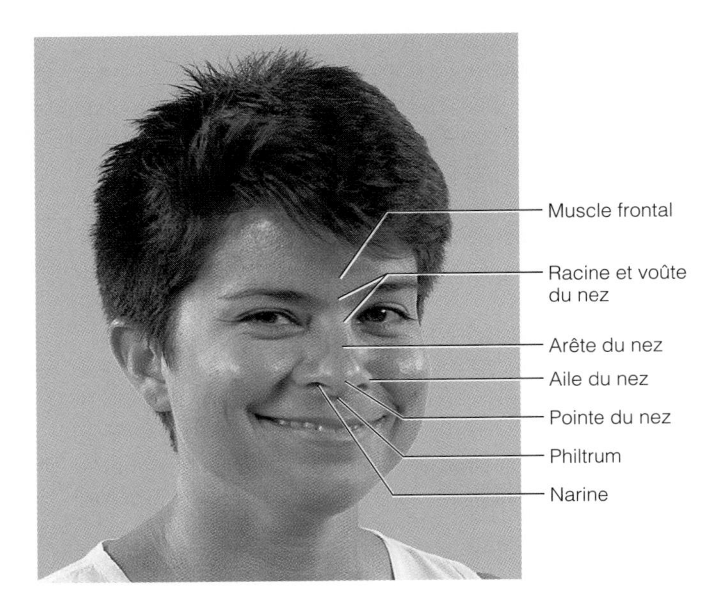

FIGURE 23.2
Structures externes du nez. (a) Charpente externe du nez. **(b)** Anatomie de surface du nez.

À ces organes strictement associés au système respiratoire, certains auteurs ajoutent les muscles respiratoires (diaphragme, entre autres). Nous traiterons du rôle des muscles squelettiques dans la modification des volumes thoraciques qui favorisent la ventilation, mais nous continuerons de les classer dans le *système musculaire.*

Nez et sinus paranasaux

Nez

Le nez est la seule partie du système respiratoire qui soit visible extérieurement. Parmi les traits du visage, le nez fait figure de parent pauvre: on nous enjoint de le baisser et de ne pas le mettre dans les affaires des autres. Pourtant, étant donné ses importantes fonctions, le nez mériterait plus d'estime. En effet, le nez (1) fournit un passage pour les gaz respiratoires, (2) humidifie et réchauffe l'air inspiré, (3) filtre l'air inspiré et le débarrasse des corps étrangers, (4) sert de caisse de résonance à la voix et (5) abrite les récepteurs olfactifs.

Pour plus de commodité, nous regrouperons les structures du nez en deux catégories: les *structures externes* et les *cavités nasales.* Les structures externes du nez (figure 23.2b) comprennent la *racine du nez* (zone située entre les sourcils), la *voûte* et l'*arête du nez* (le bord antérieur) qui s'étend jusqu'à la *pointe du nez.* Immédiatement sous la pointe se trouve un creux vertical peu profond appelé *philtrum,* ou *sillon sous-nasal.* Les ouvertures externes du nez, les *narines,* sont délimitées de chaque côté par les *ailes du nez.* La charpente des structures externes du nez est fournie par l'os nasal et l'os frontal en haut (qui forment respectivement la voûte et la racine du nez), par les maxillaires latéralement et par des plaques flexibles de cartilage hyalin (cartilages latéraux du nez, cartilage septal du nez et cartilages alaires) dans la partie inférieure (figure 23.2a). Les cartilages du nez déterminent les variations considérables de la taille et de la forme du nez. La peau qui recouvre le dessus et les côtés du nez est mince et renferme de nombreuses glandes sébacées.

Les structures externes du nez abritent les **cavités nasales,** où l'air pénètre par les **narines** (figure 23.2b et 23.3b). Les cavités nasales sont séparées par le **septum nasal,** composé à l'avant par du cartilage hyalin (cartilage septal du nez) et à l'arrière par le vomer et par la lame perpendiculaire de l'ethmoïde (voir la figure 7.10b, p. 201). L'arrière des cavités nasales communique avec le nasopharynx par les **choanes** (« entonnoirs »).

Le toit des cavités nasales est formé par les os ethmoïde et sphénoïde, tandis que leur plancher, qui les sépare de la cavité orale, est constitué par le *palais.* Dans sa partie antérieure, le palais est supporté par les processus palatins des maxillaires et les os palatins, et il est appelé **palais osseux.** La partie postérieure du palais, sans soutien et de composition musculaire, est appelée **palais mou.**

La partie des cavités nasales située au-dessus des narines, le **vestibule nasal,** est tapissée de peau contenant des glandes sébacées et sudoripares ainsi que de nombreux follicules pileux. Les poils, ou **vibrisses,** filtrent les grosses particules (fibres, poussière, pollen) en suspension dans l'air inspiré. Le reste des cavités nasales est recouvert par la **muqueuse nasale,** qui présente deux aspects selon sa situation. La **région olfactive de la muqueuse du nez** recouvre la région supérieure des cavités nasales et contient les récepteurs olfactifs. Le reste de la muqueuse nasale, la **muqueuse respiratoire** est formée d'un épithélium pseudostratifié prismatique cilié qui comprend des *cellules caliciformes* éparses; elle repose sur une lamina propria riche en *glandes muqueuses* et *séreuses.* (Par définition, les cellules muqueuses sécrètent du mucus, et les cellules séreuses sécrètent un liquide aqueux contenant des enzymes.) Chaque jour, ces glandes sécrètent environ 1 L d'un mucus collant contenant du *lysozyme* et des *antiprotéases.* Ces enzymes antibactériennes détruisent chimiquement les bactéries que le mucus a emprisonnées, en même temps que la poussière

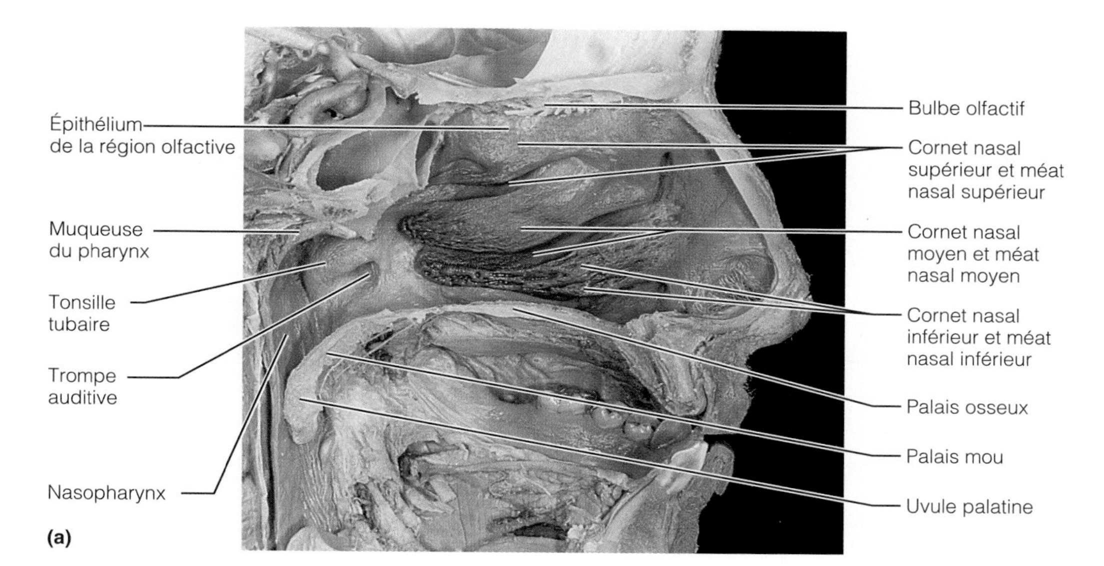

FIGURE 23.3
Anatomie des voies respiratoires supérieures.
Coupe sagittale médiane de la tête et du cou : **(a)** photographie.

et les débris. Les cellules épithéliales de la muqueuse respiratoire sécrètent également des *défensines,* antibiotiques naturels qui permettent de détruire les microbes envahissants.

Les cellules ciliées de la muqueuse respiratoire créent un léger courant qui, à une vitesse pouvant aller jusqu'à une dizaine de mm par minute, achemine le mucus contaminé vers la gorge (oropharynx), où il est avalé et digéré par les sucs gastriques. Cet important mécanisme passe habituellement inaperçu. Lorsqu'il fait froid, cependant, l'action des cils ralentit ; le mucus s'accumule dans les cavités nasales et il dégoutte des narines.

Un riche plexus de veines aux parois minces s'étend sous le tissu épithélial de la muqueuse nasale et réchauffe l'air qui s'écoule auprès de la muqueuse. Lorsque la température de l'air inspiré s'abaisse, ce plexus se gorge de sang et intensifie le réchauffement. L'abondance et la situation superficielle de ces vaisseaux expliquent la fréquence et l'abondance des saignements de nez.

Les parois latérales des cavités nasales portent trois projections osseuses médianes recourbées et recouvertes de la muqueuse nasale, les *cornets nasal supérieur, moyen* et *inférieur.* Chaque cornet délimite un sillon inférieur appelé *méat* ; ces méats donnent accès aux cellules de certains sinus paranasaux. Les cornets accroissent notablement la turbulence de l'air dans les cavités nasales, et leur présence augmente la surface de la muqueuse exposée à l'air. L'air inspiré tourbillonne dans les anfractuosités des cavités nasales, tandis que les particules non gazeuses, plus lourdes, sont déviées vers les surfaces recouvertes de mucus qui les captent. De la sorte, peu de particules dépassant 4 μm pénètrent plus loin que les cavités nasales. La muqueuse nasale contient de nombreuses terminaisons nerveuses qui, au contact de particules irritantes, provoquent le réflexe d'éternuement (voir le tableau 23.3).

Sinus paranasaux

Les cavités nasales sont entourées par un anneau de cavités, les **sinus paranasaux,** creusées dans les os frontal, sphénoïde, ethmoïde et maxillaire (voir la figure 7.11, p. 204). Les sinus allègent la tête. Avec les cavités nasales, les sinus paranasaux réchauffent et humidifient l'air. Le mucus qu'ils produisent aboutit dans les cavités nasales, et l'effet de succion créé par le mouchage contribue à vider les sinus.

Les virus du rhume, les streptocoques et divers allergènes causent la *rhinite,* une inflammation de la muqueuse nasale accompagnée par une production excessive de mucus provoquant la congestion nasale. Comme la muqueuse nasale communique avec le reste des voies respiratoires et s'étend jusque dans les conduits lacrymo-nasaux et les sinus paranasaux, les infections des cavités nasales peuvent se propager à ces structures. La **sinusite,** l'inflammation des sinus, est difficile à traiter et elle peut altérer considérablement la qualité de la voix. Lorsque du mucus ou des matières infectieuses obstruent les voies qui relient les cavités nasales aux sinus, l'air que ceux-ci contiennent est absorbé. Le vide partiel qui en résulte cause la céphalée typique de la sinusite aiguë. ■

Pharynx

Le **pharynx,** en forme d'entonnoir, relie les cavités nasales et la bouche au larynx et à l'œsophage. L'air comme les aliments empruntent donc ce passage. Communément appelé *gorge,* le pharynx s'étend sur une longueur d'environ 13 cm, de la base du crâne à la sixième vertèbre cervicale (voir les figures 23.1 et 23.3b).

De haut en bas, le pharynx se divise en trois sections : le *nasopharynx* (ou partie nasale du pharynx), l'*oropharynx*

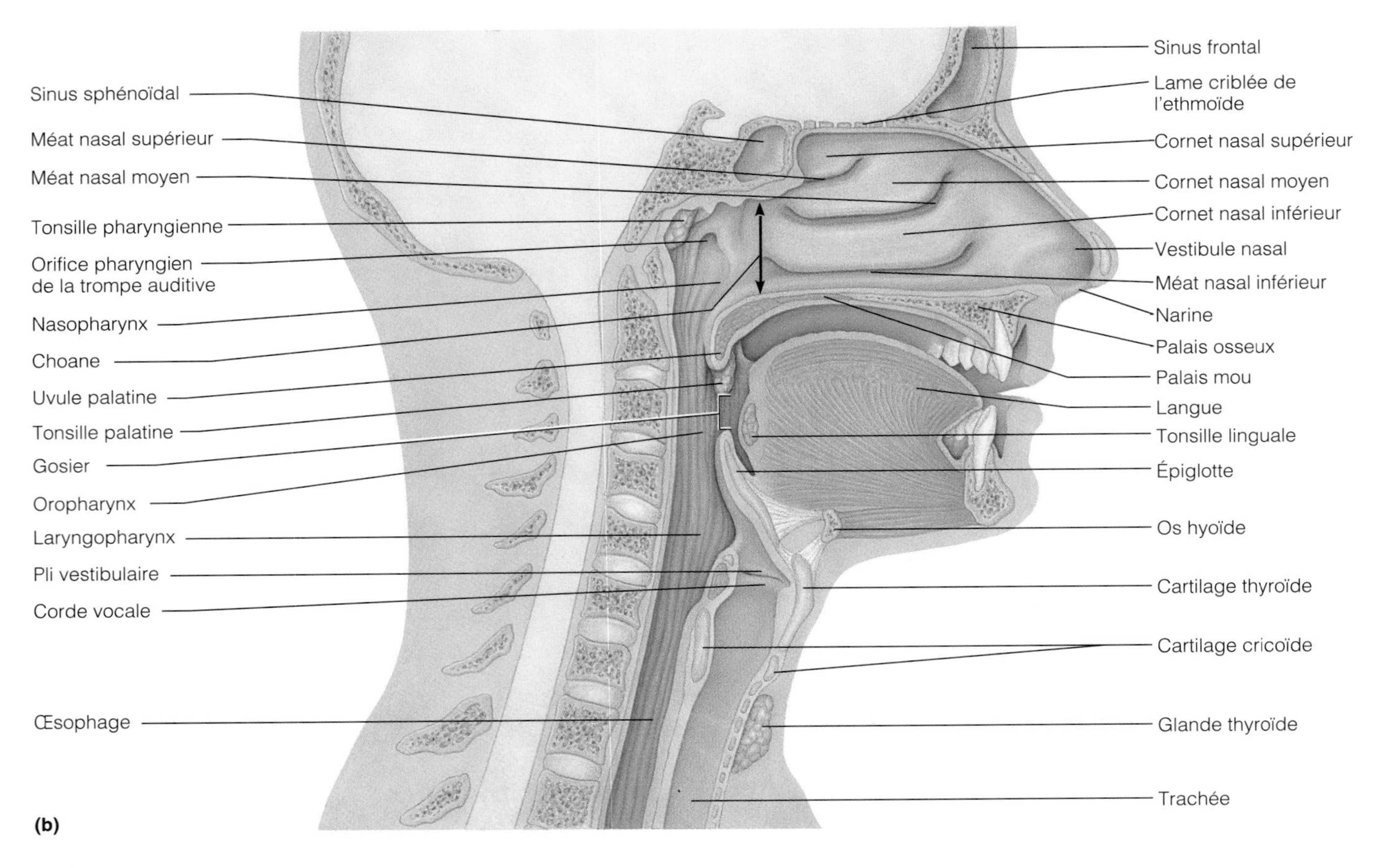

FIGURE 23.3 (suite)
Anatomie des voies respiratoires supérieures. Coupe sagittale médiane de la tête et du cou: **(b)** illustration.

(ou partie orale du pharynx) et le *laryngopharynx* (ou partie laryngée du pharynx). La paroi musculaire du pharynx est entièrement composée de tissu musculaire squelettique (voir le tableau 10.3, p. 316-317), mais la composition cellulaire de sa muqueuse varie d'une section à l'autre.

Nasopharynx

Le **nasopharynx** est situé à l'arrière des cavités nasales, sous l'os sphénoïde et au-dessus du niveau du palais mou. Comme le nasopharynx se trouve au-dessus du point d'entrée des aliments dans l'organisme, il ne reçoit que de l'*air.* Pendant la déglutition, le palais mou et l'*uvule palatine* (ou luette) s'élèvent, fermant le nasopharynx et empêchant les aliments d'accéder aux cavités nasales. (Lorsque nous rions, cette action est abolie, et les liquides que nous sommes en train d'avaler peuvent être projetés hors du nez.)

Le nasopharynx communique avec les cavités nasales par l'intermédiaire des choanes (voir la figure 23.3b), et son épithélium pseudostratifié cilié poursuit la propulsion du mucus amorcée par la muqueuse nasale. La muqueuse de la partie supérieure de sa paroi postérieure contient des masses de tissu lymphatique, les **tonsilles pharyngiennes,** ou **végétations adénoïdes,** qui emprisonnent et détruisent les agents pathogènes de l'air. (Nous avons décrit au chapitre 21 la fonction protectrice des tonsilles.)

L'infection et l'œdème des végétations adénoïdes obstruent le passage de l'air dans le nasopharynx. Cet état nécessite le passage à la respiration buccale, si bien que l'air atteint les poumons sans avoir été adéquatement humidifié, réchauffé ou filtré. ■

Les *trompes auditives,* ou trompes d'Eustache, qui drainent les cavités de l'oreille moyenne et qui y équilibrent la pression de l'air avec la pression atmosphérique, s'ouvrent dans les parois latérales du nasopharynx (voir la figure 23.3a). Une crête constituée d'une muqueuse pharyngée, la *tonsille tubaire,* surmonte chaque ouverture et protège l'oreille moyenne contre les infections qui pourraient s'y propager à partir des bactéries présentes dans le nasopharynx.

Oropharynx

L'**oropharynx** est situé à l'arrière de la cavité orale, et il communique avec elle par un passage arqué appelé **gosier** (voir la figure 23.3b). L'oropharynx s'étend du palais mou à l'épiglotte. Étant donné sa situation, les aliments avalés et l'air inspiré le traversent.

Au point de rencontre du nasopharynx et de l'oropharynx, l'épithélium, de pseudostratifié qu'il était, de-

TABLEAU 23.1 Principaux organes du système respiratoire

Structure	Description, caractéristiques générales et spécifiques	Fonctions
Nez	La partie externe, proéminente, est soutenue par des os et des cartilages; les cavités nasales sont séparées par le septum nasal et revêtues d'une muqueuse	Produit du mucus; filtre, réchauffe et humidifie l'air inspiré; caisse de résonance pour la voix
	Le toit des cavités nasales contient l'épithélium olfactif	Récepteurs olfactifs
	Les sinus paranasaux entourent les cavités nasales	Mêmes que celles des cavités nasales; allègent la tête
Pharynx	Conduit reliant les cavités nasales au larynx et la cavité orale à l'œsophage; trois segments: le nasopharynx, l'oropharynx et le laryngopharynx	Conduit pour l'air et les aliments
	Abrite les tonsilles	Facilite l'exposition des antigènes inspirés aux cellules immunitaires
Larynx	Relie le pharynx à la trachée; charpente de cartilage et de tissu conjonctif dense; son ouverture (la glotte) est fermée par l'épiglotte ou par les cordes vocales	Conduit aérien; empêche les aliments d'entrer dans les voies respiratoires inférieures
	Abrite les cordes vocales	Phonation
Trachée	Tube flexible naissant dans le larynx et se divisant en deux bronches principales; ses parois contiennent des cartilages en forme d'anneaux qui, dans leur partie postérieure, sont ouverts et reliés par le muscle trachéal	Conduit aérien; purifie, réchauffe et humidifie l'air inspiré
Arbre bronchique	Composé des bronches principales droite et gauche, qui se subdivisent dans les poumons en bronches lobaires, en bronches segmentaires et en bronchioles; les parois des bronchioles sont entièrement entourées de muscle lisse, dont les contractions augmentent la résistance au passage de l'air lors de l'expiration	Ensemble de conduits aériens reliant la trachée aux alvéoles; réchauffe et humidifie l'air inspiré
Alvéoles	Cavités microscopiques marquant l'aboutissement de l'arbre bronchique; leurs parois sont composées d'un épithélium simple squameux reposant sur une fine lame basale; leurs surfaces externes sont intimement associées aux cellules endothéliales des capillaires pulmonaires	Principaux sièges des échanges gazeux
	Des cellules alvéolaires spéciales (grands épithéliocytes) sécrètent le surfactant	Réduit la tension superficielle et préviennent l'affaissement des poumons
Poumons	Organes situés dans les cavités pleurales; composés principalement des alvéoles et des conduits respiratoires; le stroma est un tissu conjonctif élastique et fibreux qui permet aux poumons de se rétracter passivement pendant l'expiration	Abritent les conduits aériens plus petits que les bronches principales ainsi que les alvéoles et les membranes respiratoires
Plèvre	Séreuse; la plèvre pariétale tapisse la cavité thoracique, tandis que la plèvre viscérale recouvre les surfaces externes des poumons	Produit un liquide lubrifiant et enveloppe séparément les poumons

vient squameux et stratifié. Cette adaptation structurale protège l'oropharynx contre la friction et l'irritation chimique qui accompagnent le passage des aliments.

Trois tonsilles sont enchâssées dans la muqueuse de l'oropharynx. Les **tonsilles palatines** sont logées dans les parois latérales du gosier; la **tonsille linguale** couvre la base de la langue.

Laryngopharynx

Comme l'oropharynx qui le surmonte, le **laryngopharynx** livre passage aux aliments et à l'air, et il est tapissé d'un épithélium stratifié squameux. Le laryngopharynx est situé juste à l'arrière de l'épiglotte, et il s'étend jusqu'au larynx, où les voies respiratoires et digestives divergent. Là, le laryngopharynx s'unit à l'œsophage, le conduit qui, situé derrière la trachée, transporte les aliments et les liquides dans l'estomac. Au cours de la déglutition, les aliments ont la priorité, et le passage de l'air est temporairement interrompu.

Larynx

Anatomie

Le **larynx** est une structure hautement spécialisée qui s'étend sur une longueur d'environ 5 cm de la quatrième à la sixième vertèbre cervicale. Dans sa partie supérieure, il est relié à l'os hyoïde et il s'ouvre dans le laryngopharynx. Dans sa partie inférieure, il communique avec la trachée (voir la figure 23.3b).

Le larynx assume trois importantes fonctions. Les deux principales consistent à fournir un passage à l'air et à aiguiller l'air et les aliments dans les conduits appropriés. Comme il abrite les cordes vocales, la troisième fonction du larynx est la phonation.

La charpente du larynx est constituée de neuf cartilages reliés par des membranes et des ligaments (figure 23.4). Tous les cartilages du larynx, sauf l'épiglotte, sont des cartilages hyalins. Le grand **cartilage thyroïde,** en forme de bouclier, est formé par l'union de deux lames de cartilage dont la fusion médiane forme une saillie visible extérieurement, la **proéminence laryngée,** ou *pomme d'Adam.* À cause de l'influence des hormones sexuelles mâles qui stimulent sa croissance pendant la puberté, le cartilage thyroïde est normalement plus développé chez l'homme que chez la femme. Sous le cartilage thyroïde se trouve le **cartilage cricoïde,** en forme d'anneau, dont la partie inférieure est ancrée à la trachée.

Trois paires de petits cartilages, les **cartilages aryténoïdes, cunéiformes** et **corniculés** (figure 23.4b et c), constituent une partie des parois latérales et postérieure du larynx. Les plus importants de ces cartilages sont les cartilages aryténoïdes en forme de pyramides qui ancrent les cordes vocales au larynx.

Le neuvième cartilage, l'**épiglotte,** est élastique, et il a la forme d'une cuiller. Il est presque entièrement recouvert par une muqueuse contenant des calicules gustatifs. La partie supérieure de l'épiglotte est située à l'arrière de la langue, et sa tige s'ancre à la face antérieure du cartilage thyroïde (voir la figure 23.4b et c). À l'inspiration, l'entrée du larynx est grande ouverte et le bord libre de l'épiglotte se soulève. Pendant la déglutition, en revanche, le larynx se soulève et l'épiglotte s'incline: elle ferme le larynx et dirige les aliments et les liquides dans l'œsophage. Si une substance autre que l'air pénètre dans le larynx, le réflexe de la toux se déclenche afin de l'expulser. Puisque ce réflexe est aboli en état d'inconscience, il faut éviter d'administrer des liquides à une personne que l'on tente de ranimer.

Sous la muqueuse laryngée se trouvent les ligaments vocaux, qui attachent les cartilages aryténoïdes au cartilage thyroïde. Ces ligaments, principalement composés de fibres élastiques, soutiennent une paire de replis muqueux horizontaux, situés latéralement l'un par rapport à l'autre, appelés **cordes vocales,** ou **plis vocaux.** Comme elles ne sont pas vascularisées, les cordes vocales paraissent blanches (figure 23.4b). Les cordes vocales vibrent et émettent des sons sous l'impulsion de l'air provenant des poumons. L'ouverture qu'emprunte l'air entre les cordes vocales est appelée **glotte.** Au-dessus des cordes vocales est située une paire de replis muqueux semblables, les **plis vestibulaires,** ou fausses cordes vocales. Ces structures n'interviennent pas dans la phonation.

L'épithélium qui tapisse la portion supérieure du larynx, une région exposée aux aliments, est squameux et stratifié. En dessous des cordes vocales, cependant, l'épithélium devient pseudostratifié, prismatique et cilié. La poussée des cils s'exerce en direction du pharynx (exactement à l'opposé de la poussée des cils du nasopharynx), de sorte que le mucus est toujours *éloigné* des poumons. « S'éclaircir la gorge » équivaut à faciliter la montée du mucus dans le larynx et son expulsion hors de ce dernier.

Phonation

La phonation correspond à l'expulsion intermittente d'air accompagnée de l'ouverture et de la fermeture de la glotte. Les muscles intrinsèques du larynx, dont la plupart servent à mouvoir les cartilages aryténoïdes, modifient la longueur des cordes vocales et les dimensions de la glotte. Les variations de la longueur et de la tension des cordes vocales déterminent la hauteur des sons. En règle générale, plus les cordes vocales sont tendues, plus leurs vibrations sont rapides et plus le son est aigu. La glotte s'ouvre largement lorsque nous produisons des sons graves, et elle se referme lorsque nous produisons des sons aigus. À la puberté, le larynx du garçon croît, et ses cordes vocales gagnent en longueur et en épaisseur. Comme elles vibrent alors lentement, la voix de l'adolescent devient grave.

Le volume de la voix dépend de la force avec laquelle l'air est expulsé. Plus cette force est grande, plus les vibrations des cordes vocales sont prononcées et plus le son est intense. Les cordes vocales ne se meuvent pas lorsque nous murmurons, mais elles vibrent vigoureusement quand nous crions.

Les cordes vocales produisent en fait des sons vibratoires. La qualité perçue de la voix dépend de l'action coordonnée de plusieurs autres structures situées au-dessus de la glotte. Par exemple, le pharynx, comme une caisse de résonance, amplifie et rehausse le timbre. La cavité orale, les cavités nasales et les sinus contribuent aussi à cette fonction. En outre, la parole et l'élocution impliquent que nous « façonnions » les sons en des consonnes et des voyelles reconnaissables au moyen des muscles du pharynx, de la langue, du palais mou et des lèvres.

L'inflammation de la muqueuse laryngée et en particulier des cordes vocales, la **laryngite,** est causée par l'usage excessif de la voix, l'exposition à de l'air très sec, une infection bactérienne ou l'inhalation de substances irritantes. Indépendamment de sa cause, l'œdème provoqué par l'irritation des tissus laryngés empêche les cordes vocales de se mouvoir librement et entraîne une raucité de la voix ou même une aphonie temporaire. ■

Fonctions de sphincter du larynx

L'action musculaire peut provoquer la fermeture du larynx en deux points. Comme nous l'avons mentionné plus haut, l'épiglotte clôt le larynx pendant la déglutition. Outre qu'elles ouvrent et ferment la glotte pour l'émission de la voix, les cordes vocales jouent le rôle d'un sphincter pendant la toux, l'éternuement et l'effort de défécation. Le tableau 23.3, p. 825, résume les mécanismes qui interviennent pendant la toux et l'éternuement. Durant l'effort abdominal associé à la défécation et à la miction, la fermeture de la glotte retient temporairement l'air inspiré dans les voies respiratoires inférieures. La contraction du diaphragme (associée à l'inspiration) et celle des muscles abdominaux qui s'ensuit contribuent à l'augmentation de

Quelle structure ferme le larynx quand on avale?

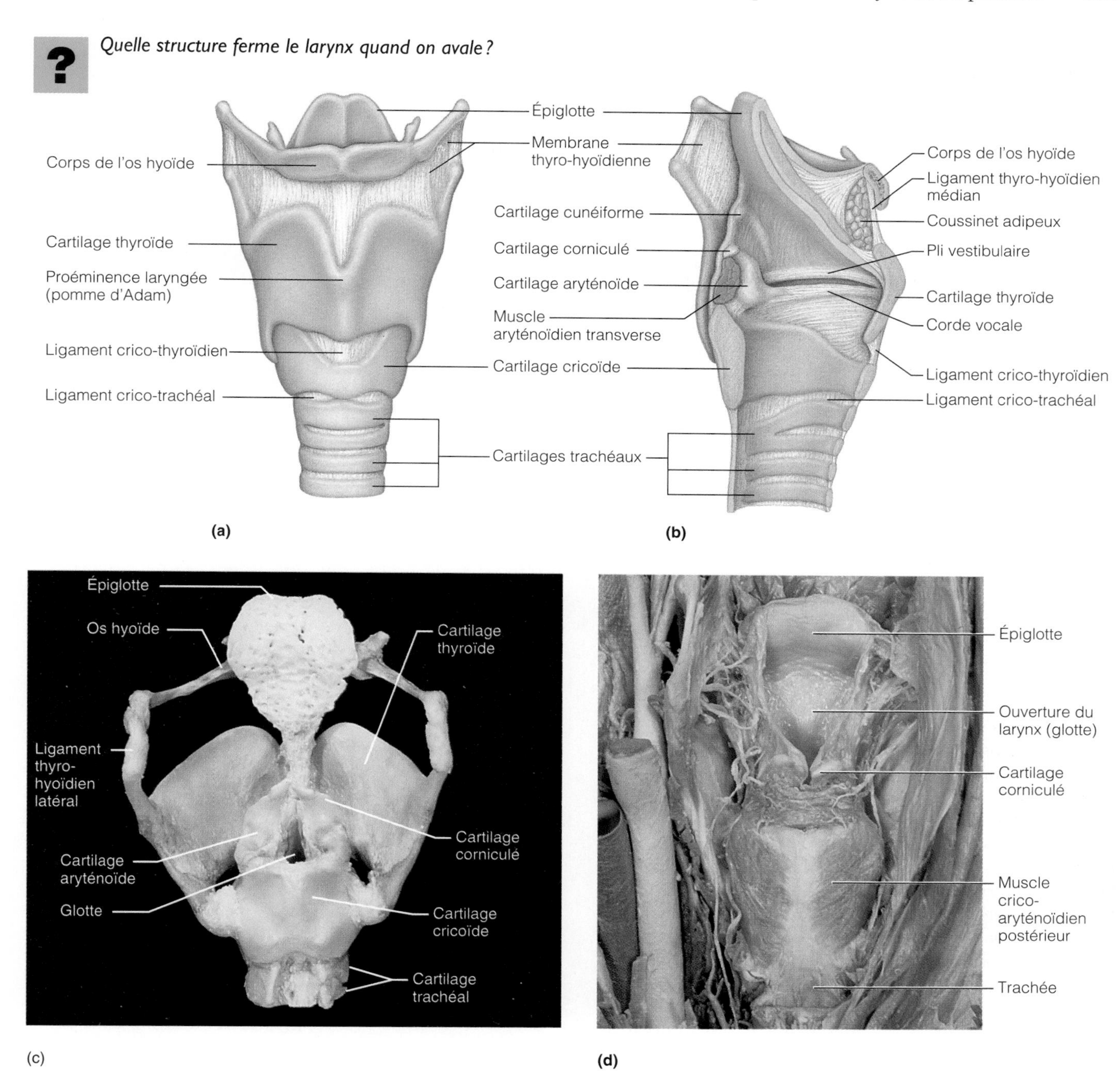

FIGURE 23.4
Anatomie du larynx. (a) Face antérieure du larynx. **(b)** Coupe sagittale; partie antérieure à droite. **(c)** Photographie de la charpente cartilagineuse du larynx; vue postérieure. **(d)** Photographie de la face postérieure du larynx.

la pression intra-abdominale, ce qui facilite la vidange du rectum ou de la vessie. Ces phénomènes, qui constituent la **manœuvre de Valsalva,** peuvent aussi stabiliser le tronc lorsqu'on soulève un objet lourd.

Trachée

La **trachée** s'étend à travers le cou, du larynx au médiastin. Elle se termine au milieu du thorax en donnant naissance aux deux bronches principales, ou bronches souches (voir la figure 23.1). Chez l'être humain, la trachée mesure de 10 à 12 cm de longueur et son diamètre est de 2,5 cm. Contrairement à la plupart des autres organes du cou, la trachée est mobile et très flexible.

La paroi de la trachée est composée de couches communes à de nombreux organes tubulaires, soit, de l'intérieur vers l'extérieur, une *muqueuse, une sous-muqueuse*

L'épiglotte.

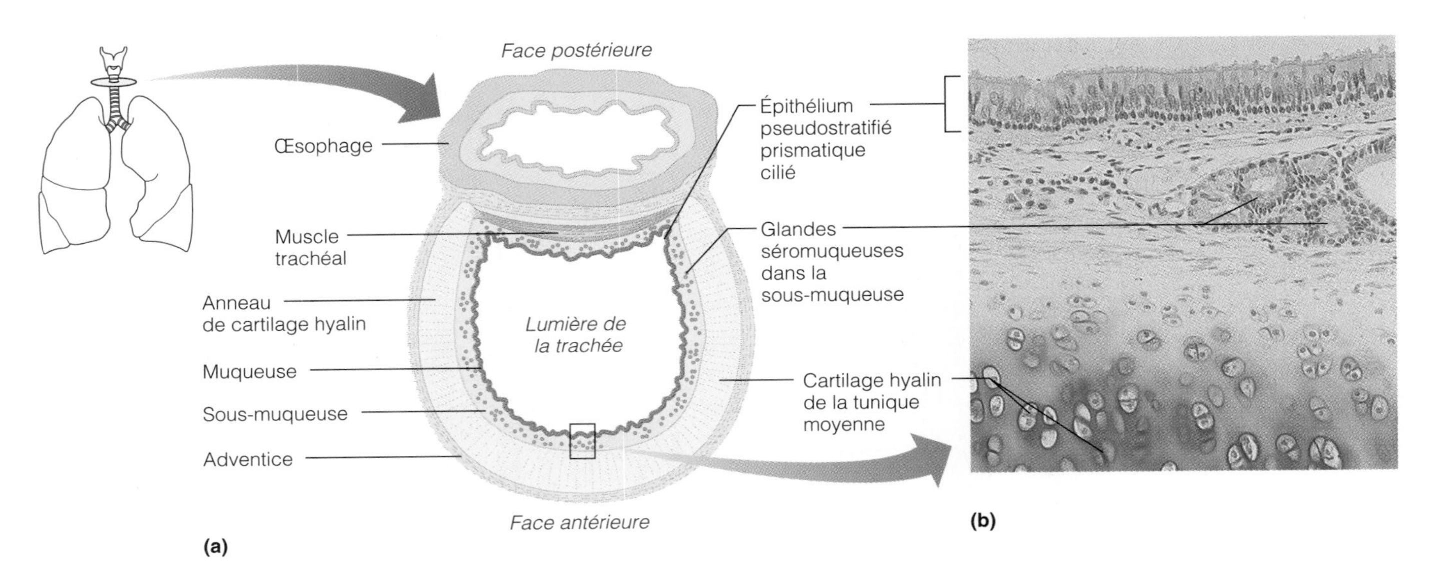

FIGURE 23.5
Composition histologique de la paroi de la trachée. (a) Coupe transversale montrant la situation de la trachée par rapport à l'œsophage, la situation des anneaux de cartilage hyalin et le muscle trachéal reliant les bords libres des anneaux. **(b)** Photomicrographie d'une partie de la paroi de la trachée en coupe transversale (159 ×).

et une *adventice* (figure 23.5). L'épithélium de sa **muqueuse,** comme celui qui recouvre la majeure partie des voies respiratoires, est prismatique, pseudostratifié et cilié et contient des cellules caliciformes. Ses cils (figure 23.6) propulsent continuellement le mucus chargé de poussières et de débris en direction du pharynx. Sa lamina propria est riche en fibres élastiques.

L'usage du tabac inhibe le mouvement des cils de la trachée et finit par les détruire. La toux devient alors le seul moyen d'empêcher l'accumulation de mucus dans les poumons. C'est la raison pour laquelle il faudrait éviter d'administrer à des fumeurs atteints de congestion respiratoire des médicaments qui inhibent le réflexe de la toux. ■

La **sous-muqueuse,** une couche de tissu conjonctif sur laquelle repose la muqueuse, contient des glandes séromuqueuses qui contribuent à la production du mucus qui tapisse la trachée. L'**adventice** est la couche superficielle; du côté interne, elle est renforcée par 16 à 20 anneaux incomplets (en forme de fer à cheval) de cartilage hyalin (figure 23.5); du côté externe, elle est constituée de tissu conjonctif lâche renfermant des vaisseaux sanguins et les nerfs de la trachée. Étant donné ses éléments élastiques, la trachée est assez flexible pour s'étirer et s'abaisser durant l'inspiration et pour raccourcir pendant l'expiration. Cependant, les anneaux cartilagineux l'empêchent de s'affaisser au gré des variations de pression provoquées par la respiration. Dans la paroi postérieure de la trachée, les deux bords libres de chacun des anneaux sont attachés à l'œsophage par les fibres musculaires lisses du **muscle trachéal** et par du tissu con-

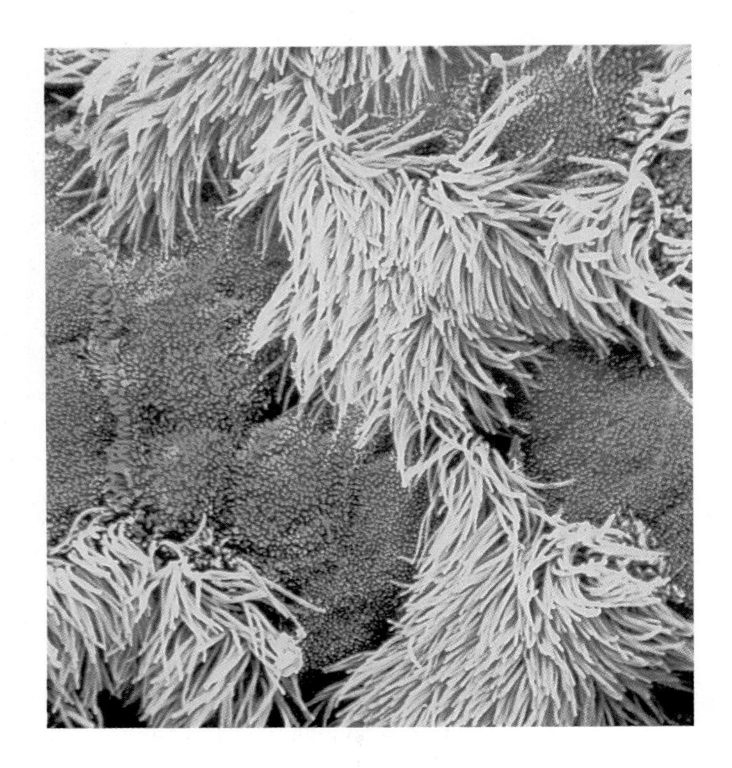

FIGURE 23.6
Cils. Micrographie au microscope électronique à balayage montrant les cils de la trachée (221 000 ×). Les cils sont les filaments de couleur jaune. Des cellules caliciformes sécrétant du mucus (en orangé) et dotées de courtes microvillosités sont disséminées entre les cellules ciliées.

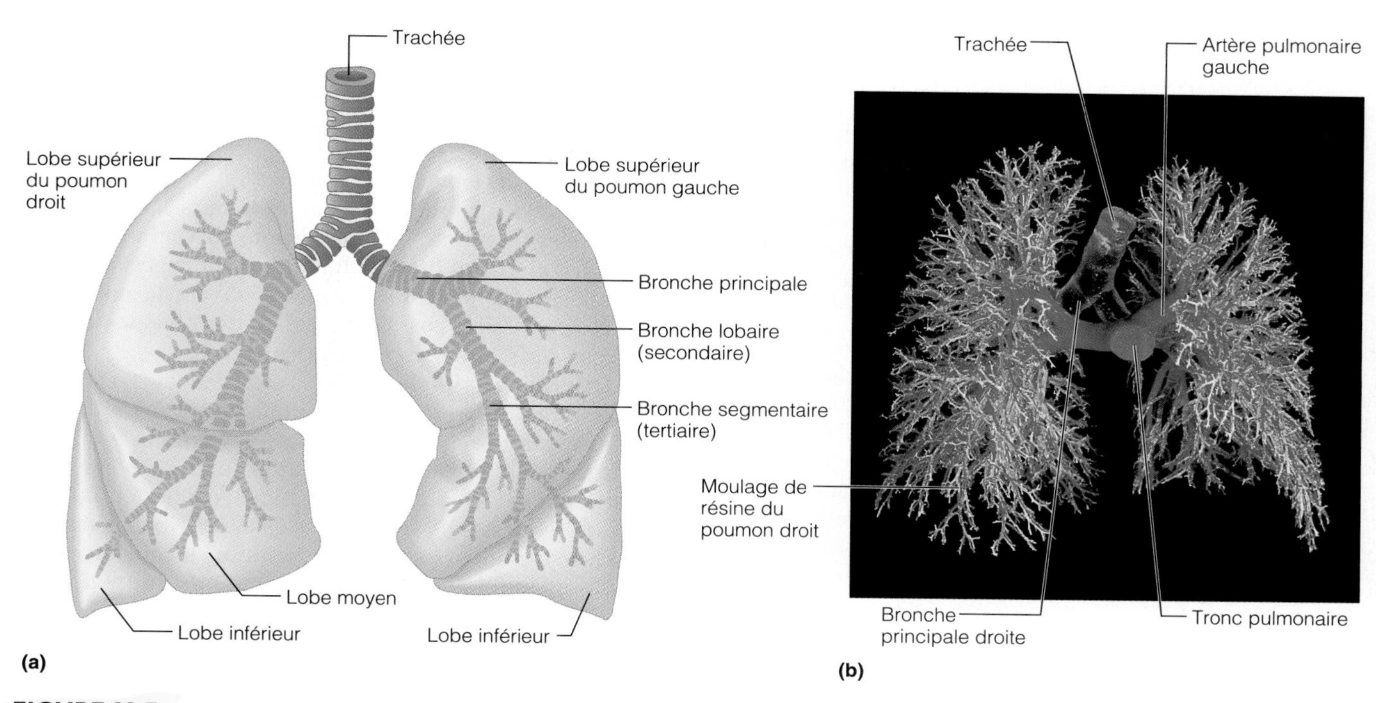

FIGURE 23.7
Structures de la zone de conduction. **(a)** Sous le larynx, les voies respiratoires sont composées de la trachée ainsi que des bronches principales, lobaires et segmentaires, qui se ramifient en bronches de plus en plus fines puis en bronchioles et en bronchioles terminales. **(b)** Face antérieure d'un moulage de résine de l'arbre bronchique et artériel des poumons. Les conduits aériens sont remplis de résine transparente, tandis que les artères pulmonaires et leurs ramifications sont remplies de résine rouge.

jonctif (voir la figure 23.5a). Comme cette portion de la paroi trachéale n'est pas rigide, l'œsophage peut se dilater vers l'avant pendant la déglutition. La contraction du muscle trachéal diminue le diamètre de la trachée et accroît la poussée imprimée à l'air expiré. De même, la contraction de ce muscle pendant la toux contribue à expulser le mucus de la trachée en poussant à 160 km/h la vitesse de l'air expiré! Le dernier cartilage de la trachée est élargi (voir la figure 23.1), et une pointe appelée **carina de la trachée,** ou éperon trachéal, fait saillie sur sa face interne, marquant la bifurcation de la trachée. La muqueuse de l'éperon trachéal est extrêmement sensible, et tout contact avec un corps étranger déclenche une toux violente.

L'obstruction de la trachée (ou de la glotte) par un morceau d'aliment est une situation extrêmement grave qui cause chaque année de nombreux décès. La **manœuvre de Heimlich,** qui permet d'expulser le morceau d'aliment au moyen de l'air contenu dans les poumons de la personne atteinte, permet de sauver bien des vies. Le procédé est simple, mais il vaut mieux l'apprendre *de visu,* car une application malhabile peut causer des fractures des côtes. ■

Arbre bronchique

Structures de la zone de conduction

Les **bronches principales droite** et **gauche,** ou bronches souches, sont formées par la division de la trachée à la hauteur environ de la vertèbre T_5 (figure 23.7a). Chacune chemine obliquement dans le médiastin avant de s'enfoncer dans le hile d'un poumon. La bronche principale droite est plus large, plus courte et plus verticale que la gauche, et c'est généralement en elle que se logent les corps étrangers inspirés. Quand l'air atteint les bronches, il est réchauffé, débarrassé de la plupart des impuretés et saturé de vapeur d'eau.

Une fois entrées dans les poumons, les bronches principales se subdivisent en **bronches lobaires,** ou **secondaires,** trois à droite et deux à gauche, une pour chaque lobe pulmonaire. Les bronches lobaires donnent naissance aux **bronches segmentaires,** ou **tertiaires,** qui émettent des bronches de plus en plus petites (de quatrième ordre, de cinquième ordre et ainsi de suite). Les conduits aériens mesurant moins de 1 mm de diamètre, appelés **bronchioles,** pénètrent dans les lobules pulmonaires. Les bronchioles se subdivisent en **bronchioles terminales,** qui mesurent moins de 0,5 mm de diamètre. Il y a en tout 23 ordres de conduits aériens dans les poumons, et l'on désigne souvent l'ensemble par le terme **arbre bronchique,** ou **respiratoire.** La figure 23.7b montre un moulage de résine de l'arbre bronchique et de l'irrigation artérielle pulmonaire.

La composition histologique des parois des bronches principales est analogue à celle de la trachée mais, au fil des ramifications, on observe un certain nombre de changements structuraux :

1. **Modification du cartilage de soutien.** Les anneaux cartilagineux sont remplacés par des *plaques* irrégulières de cartilage et, à la hauteur des bronchioles, le

cartilage de soutien est disparu des parois. Toutefois, on trouve des fibres élastiques dans toutes les parois de l'arbre bronchique.

2. **Modification du type d'épithélium.** L'épithélium de la muqueuse amincit en passant de prismatique pseudostratifié à prismatique puis à cuboïde dans les bronchioles terminales. Il n'y a ni cils ni cellules muqueuses dans les bronchioles ; par conséquent, les débris logés dans les bronchioles ou plus bas sont normalement détruits par les macrophagocytes situés dans les alvéoles.
3. **Accroissement de la proportion de muscle lisse.** La proportion relative de muscle lisse dans les parois s'accroît à mesure que rapetissent les conduits. Comme les bronchioles sont entièrement entourées de muscle lisse circulaire et sont exemptes de cartilage de soutien qui nuirait à la constriction, elles offrent, dans certaines conditions, une résistance appréciable au passage de l'air (voir plus loin).

> *Durant votre étude de la circulation pulmonaire, il est utile d'intégrer d'autres facteurs d'origine cardiaque (taux sanguins d'O_2 et de CO_2, ouverture et fermeture des valvules) qui entrent en jeu au moment du passage du sang en certains points précis. Dessinez un schéma illustrant les facteurs qui interviennent en différents points de passage du sang dans la circulation pulmonaire. Ce schéma vous aidera à mieux comprendre le rôle complémentaire des systèmes cardiovasculaire et respiratoire, l'agencement des différentes parties et la manière dont les différents constituants s'ajustent aux fonctions qu'ils servent.*
>
> *John Schlechter, étudiant en sciences infirmières*

Structures de la zone respiratoire

La zone respiratoire commence à l'endroit où les bronchioles terminales se jettent dans les **bronchioles respiratoires** à l'intérieur des poumons (figure 23.8). Ces bronchioles, les plus fines de toutes les ramifications bronchiques, donnent naissance aux **alvéoles** (*alveolus* = petite cavité). Les bronchioles respiratoires se prolongent par les **conduits alvéolaires,** des conduits sinueux dont les parois sont constituées d'anneaux diffus de cellules musculaires lisses, de fibres élastiques et collagènes ainsi que d'alvéoles faisant saillie. Les conduits alvéolaires mènent ensuite à des grappes d'alvéoles terminales appelées **saccules alvéolaires,** ou sacs alvéolaires. On assimile souvent à tort les alvéoles, le véritable siège des échanges gazeux, aux saccules alvéolaires, bien qu'il s'agisse de deux entités bien distinctes. Les saccules alvéolaires peuvent être comparés à des grappes de raisins dans lesquelles chaque raisin représenterait une alvéole. Les quelque 300 millions d'alvéoles constituent la majeure partie du volume des poumons et offrent une aire extrêmement étendue aux échanges gazeux.

Membrane alvéolo-capillaire Les parois des alvéoles sont principalement composées d'une couche unique de cellules squameuses appelées **épithéliocytes respiratoires,** ou pneumocytes de type I, apposée sur une fine lame basale. Ces parois sont si minces qu'un mouchoir de papier semble épais à côté d'elles. Une trame dense de capillaires pulmonaires recouvre les alvéoles, tandis que quelques fibres élastiques, sécrétées par des fibroblastes, entourent leurs ouvertures (figure 23.9a). Les parois des alvéoles et des capillaires ainsi que leurs lames basales fusionnées forment la **membrane alvéolo-capillaire (barrière air-sang)** (figure 23.9c). Les échanges gazeux se produisent par diffusion simple à travers la membrane alvéolo-capillaire, l'oxygène passant des alvéoles au sang et le gaz carbonique du sang aux alvéoles.

De **grands épithéliocytes,** ou pneumocytes de type II, de forme cubique, sont disséminés entre les épithéliocytes respiratoires (figure 23.9b). Les grands épithéliocytes sécrètent un surfactant liquide qui tapisse la surface interne de l'alvéole exposée à l'air alvéolaire et qui contribue à l'efficacité des échanges gazeux. (Nous décrivons plus loin comment le surfactant diminue la tension superficielle du liquide alvéolaire.) Les grands épithéliocytes peuvent aussi se multiplier et se transformer en épithéliocytes respiratoires quand ces derniers meurent.

Les alvéoles pulmonaires possèdent trois autres particularités importantes : (1) elles sont entourées de fibres élastiques fines du même type que celles qui recouvrent l'ensemble de l'arbre respiratoire. (2) Des pores relient les alvéoles adjacentes entre elles (figure 23.9b). Ces **pores du septum inter-alvéolaire,** ou pores alvéolaires, permettent de régulariser la pression de l'air dans les poumons et fournissent des voies de rechange aux alvéoles dont les bronches se sont affaissées en raison d'une maladie. (3) Les **macrophagocytes alvéolaires** en provenance des capillaires circulent librement à la surface interne des alvéoles. Communément appelés **cellules à poussières,** ces macrophagocytes libres possèdent une efficacité remarquable. En effet, les surfaces alvéolaires sont le plus souvent stériles en dépit du très grand nombre de microorganismes infectieux transportés dans les alvéoles. Comme les alvéoles sont des culs-de-sac, il est important que les macrophagocytes morts ne s'y accumulent pas. Ils sont donc emportés par le courant ciliaire et transportés passivement vers le pharynx. Ce mécanisme débarrasse les poumons de plus de deux millions de « cellules à poussières » par heure ! En plus de leur fonction de nettoyage, les macrophagocytes alvéolaires peuvent synthétiser les protéines nécessaires à la réparation de la structure pulmonaire.

Poumons et plèvre

Anatomie macroscopique des poumons

Les deux **poumons** occupent la partie de la cavité thoracique laissée libre par le *médiastin,* l'espace abritant le cœur, les gros vaisseaux sanguins, les bronches, l'œsophage et d'autres organes (figure 23.10). Chaque poumon est suspendu dans sa cavité pleurale et est rattaché au médiastin par des liens vasculaires et bronchiques formant la **racine du poumon.** Les faces antérieure, latérale et postérieure des poumons sont en contact étroit avec les côtes et déterminent un plan courbé appelé **face costale du poumon.** L'extrémité supérieure du poumon, en

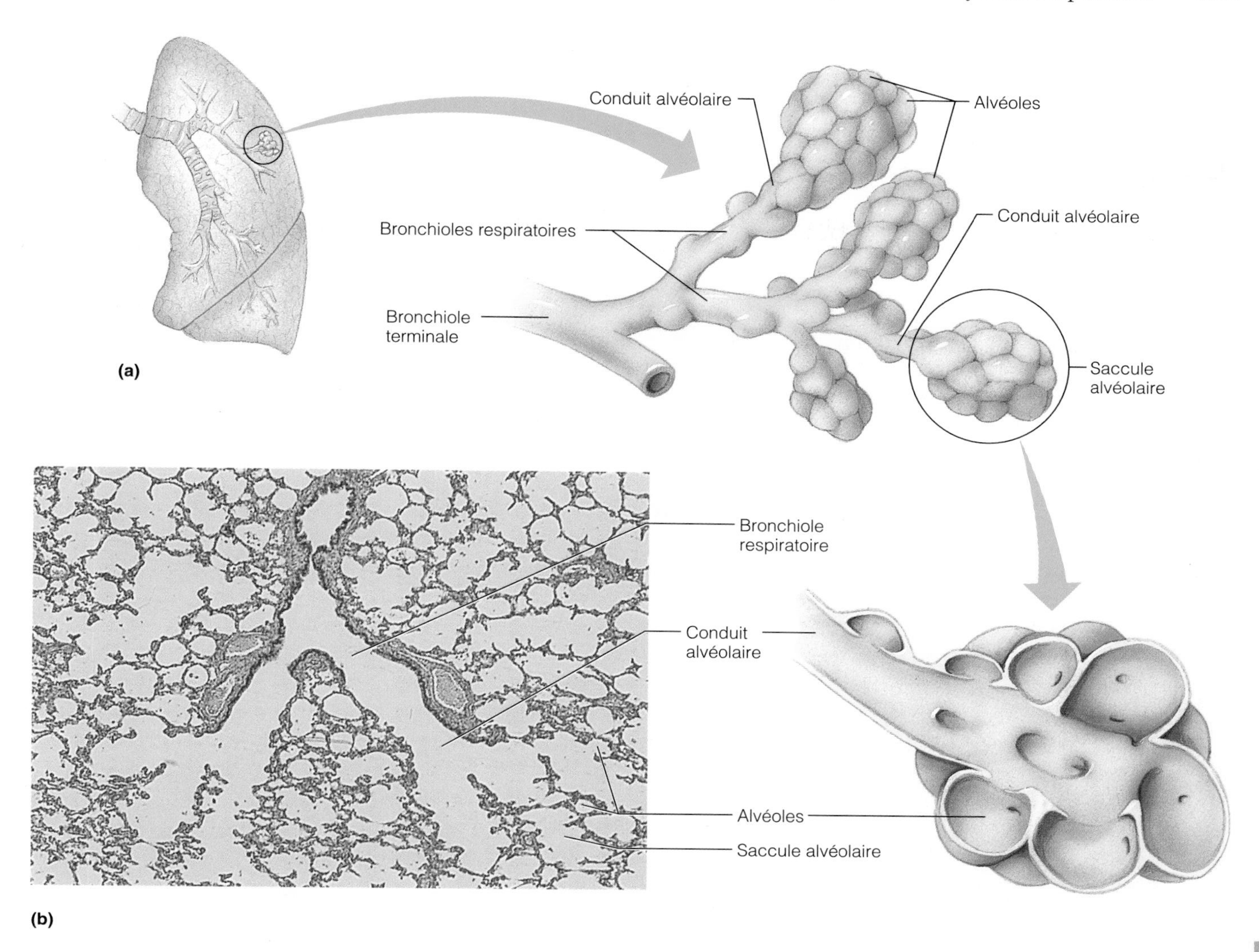

FIGURE 23.8
Structures de la zone respiratoire. (a) Vue schématique de l'unité fonctionnelle des poumons (bronchiole respiratoire, conduits alvéolaires, saccules alvéolaires et alvéoles). **(b)** Photomicrographie d'une coupe de poumon humain montrant les structures respiratoires qui forment l'aboutissement de l'arbre bronchique (30 ×). Notez la minceur des parois des alvéoles.

pointe, est appelée **apex du poumon,** et elle est située à l'arrière de la clavicule; la face inférieure, concave, est appelée **base du poumon,** et elle repose sur le diaphragme, un muscle squelettique. La face interne (médiastinale) de chaque poumon porte une dépression, le **hile du poumon,** où pénètrent les vaisseaux sanguins des circulations pulmonaire et systémique, des vaisseaux lymphatiques, des nerfs ainsi que la bronche principale. Toutes les subdivisions des bronches principales sont enfouies dans la substance des poumons.

Comme l'apex du cœur est légèrement incliné vers la gauche par rapport à l'axe médian, les deux poumons n'ont pas tout à fait la même forme ni les mêmes dimensions. Le poumon gauche est plus petit, en largeur, que le droit (mais ce dernier est un peu plus court que le gauche), et sa face interne est creusée d'une concavité appelée **incisure cardiaque du poumon gauche,** qui épouse la forme du cœur (voir la figure 23.10a). Le poumon gauche est divisé en deux **lobes** (supérieur et inférieur) par une *scissure oblique,* tandis que le poumon droit est divisé en trois lobes (supérieur, moyen et inférieur) par une *scissure oblique* et la *scissure horizontale.* Les lobes pulmonaires se subdivisent à leur tour en **segments pulmonaires** possédant chacun leur artère, leur veine et leur bronche segmentaire propres. Les segments, au nombre de 10 dans le poumon droit et de 8 dans le poumon gauche, sont disposés de façon analogue mais non pas identique dans les deux poumons. Les cloisons de tissu conjonctif qui séparent les segments permettent de procéder à l'ablation chirurgicale d'un segment malade sans endommager les segments sains ni leurs vaisseaux sanguins. Comme les maladies pulmonaires sont

Quel est le rôle du surfactant sécrété par les grands épithéliocytes ?

FIGURE 23.9
Anatomie de la membrane alvéolo-capillaire. (a) Micrographie au microscope électronique à balayage d'un moulage d'alvéoles et des capillaires pulmonaires associés (255 ×). Tiré de *Tissues and Organs,* de R. G. Kessel et R. H. Kardon, © 1979, W. H. Freeman. **(b)** et **(c)** Détails de l'anatomie de la membrane alvéolo-capillaire : cellules squameuses (épithéliocytes respiratoires), endothélium capillaire et membrane basale (lames basales fusionnées) située entre les deux couches de cellules. Les grands épithéliocytes (sécrétant le surfactant) sont aussi représentés, de même que les pores du septum inter-alvéolaire reliant les alvéoles adjacentes. Les macrophagocytes alvéolaires libres phagocytent les débris. L'oxygène diffuse de l'air alvéolaire au sang des capillaires pulmonaires ; le gaz carbonique diffuse du sang pulmonaire aux alvéoles.

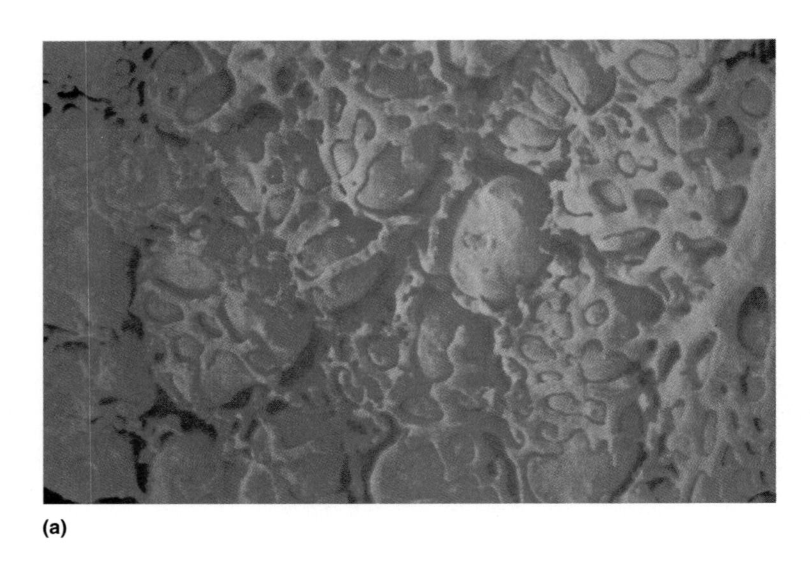

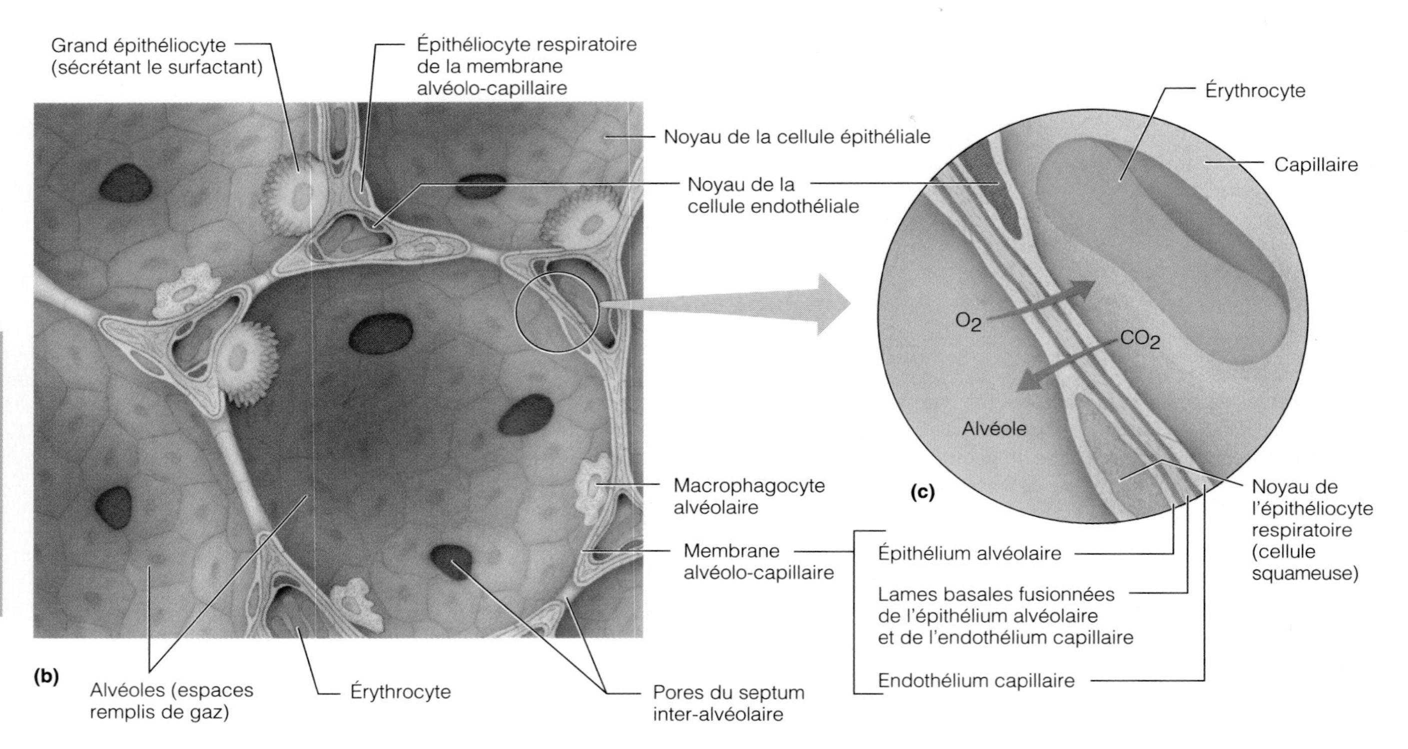

souvent circonscrites à un segment pulmonaire (ou, au plus, à quelques-uns), les segments revêtent une importance certaine au point de vue clinique.

La plus petite subdivision du poumon observable à l'œil nu est le **lobule.** Les lobules apparaissent à la surface du poumon sous forme d'hexagones dont la taille varie de la grosseur d'une gomme de crayon à celle d'une pièce d'un cent (figure 23.10b). Chaque lobule est approvisionné par une bronchiole de gros calibre et ses ramifications. Chez la plupart des citadins et chez les fumeurs, le tissu conjonctif qui sépare les lobules est noirci par le carbone.

La partie des poumons qui n'est pas occupée par les alvéoles est constituée par le **stroma** (littéralement, « tapis »), un tissu conjonctif élastique. Les poumons sont par conséquent des organes mous, spongieux et élastiques dont la masse dépasse à peine 1 kg. L'élasticité des poumons sains facilite la respiration, comme nous allons le voir plus loin.

Il réduit la tension superficielle du liquide alvéolaire.

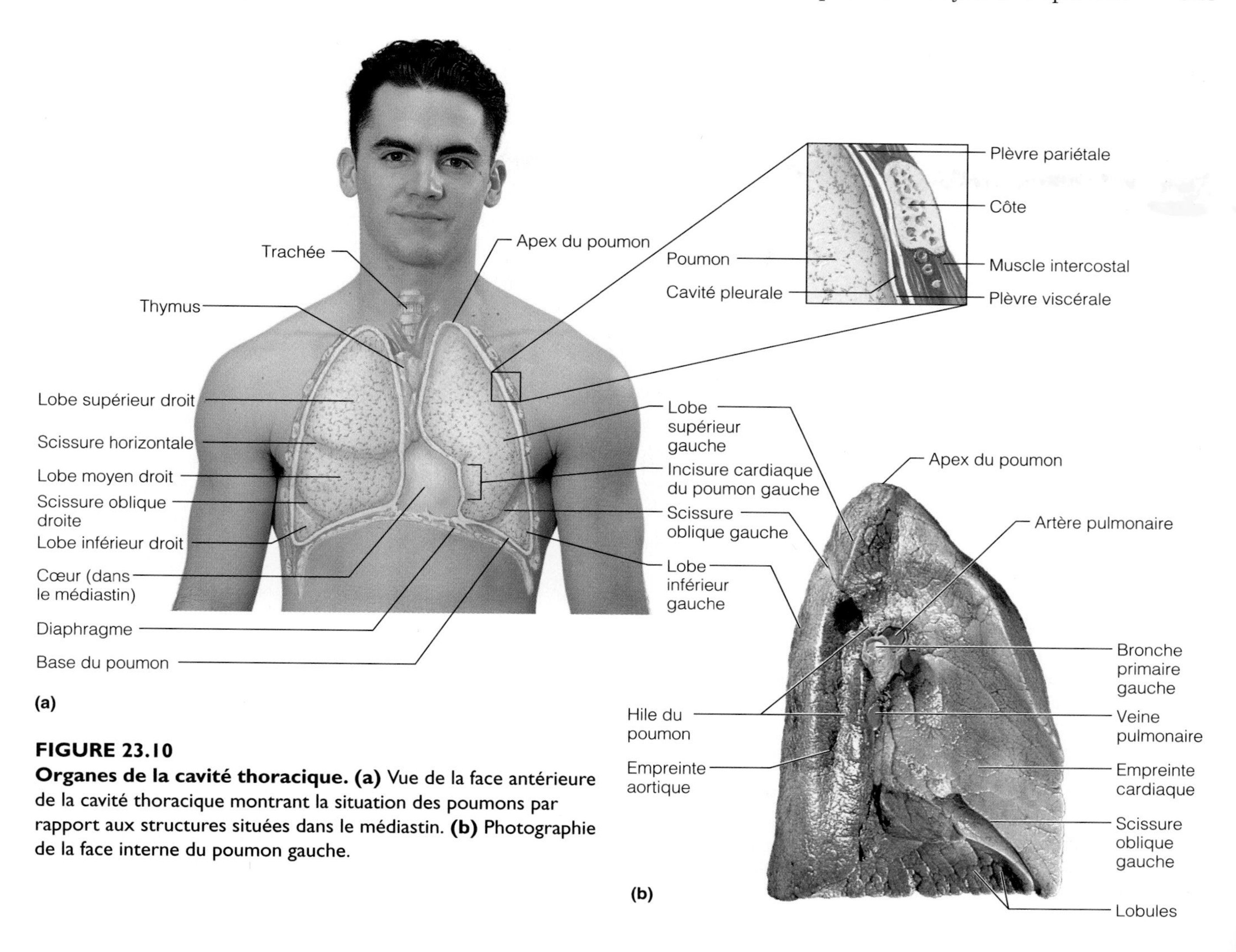

FIGURE 23.10
Organes de la cavité thoracique. (a) Vue de la face antérieure de la cavité thoracique montrant la situation des poumons par rapport aux structures situées dans le médiastin. **(b)** Photographie de la face interne du poumon gauche.

Vascularisation et innervation des poumons

Le sang est apporté aux poumons par deux types de circulation: la circulation pulmonaire et la circulation bronchique, qui diffèrent par leur taille, leur origine et leur fonction. Le sang veineux est transporté par les **artères pulmonaires,** situées devant les bronches principales et cheminant parallèlement à celles-ci (figures 23.7b et 23.10c). Une fois à l'intérieur des poumons, les artères pulmonaires se ramifient abondamment avant de donner naissance aux **réseaux capillaires pulmonaires** entourant les alvéoles (voir la figure 23.9a). Le sang fraîchement oxygéné est transporté de la zone respiratoire des poumons au cœur par les **veines pulmonaires,** qui rejoignent le hile du poumon en traversant les cloisons de tissu conjonctif qui séparent les segments pulmonaires.

Le volume important et la faible pression du sang veineux dans les artères pulmonaires contrastent avec le faible volume et la pression élevée du sang dans les artères bronchiques. Les **artères bronchiques,** qui acheminent le sang de la circulation générale aux tissus pulmonaires, sortent de l'aorte et entrent dans les poumons au niveau du hile. Elles cheminent parallèlement aux ramifications bronchiques à l'intérieur du poumon, irriguant tous les tissus pulmonaires à l'exception des alvéoles, lesquelles sont irriguées par la circulation pulmonaire. Une certaine partie du sang veineux de la circulation générale est drainée hors des poumons par les petites veines bronchiques mais, en raison des multiples anastomoses entre les deux circulations, la majeure partie du sang retourne au cœur par les veines pulmonaires.

Les poumons sont innervés par des neurofibres motrices parasympathiques et par de rares neurofibres motrices sympathiques ainsi que par des neurofibres viscérosensitives. Ces neurofibres entrent dans chaque poumon par le **plexus pulmonaire** à la racine du poumon et cheminent le long des conduits bronchiques et des vaisseaux sanguins à l'intérieur des poumons. Les neurofibres parasympathiques provoquent la constriction des conduits aériens, tandis que les neurofibres sympathiques les dilatent.

Plèvre

La **plèvre** est une fine séreuse composée de deux feuillets; chacun de ces feuillets recouvre un poumon et délimite une étroite cavité appelée **cavité pleurale** (voir la figure

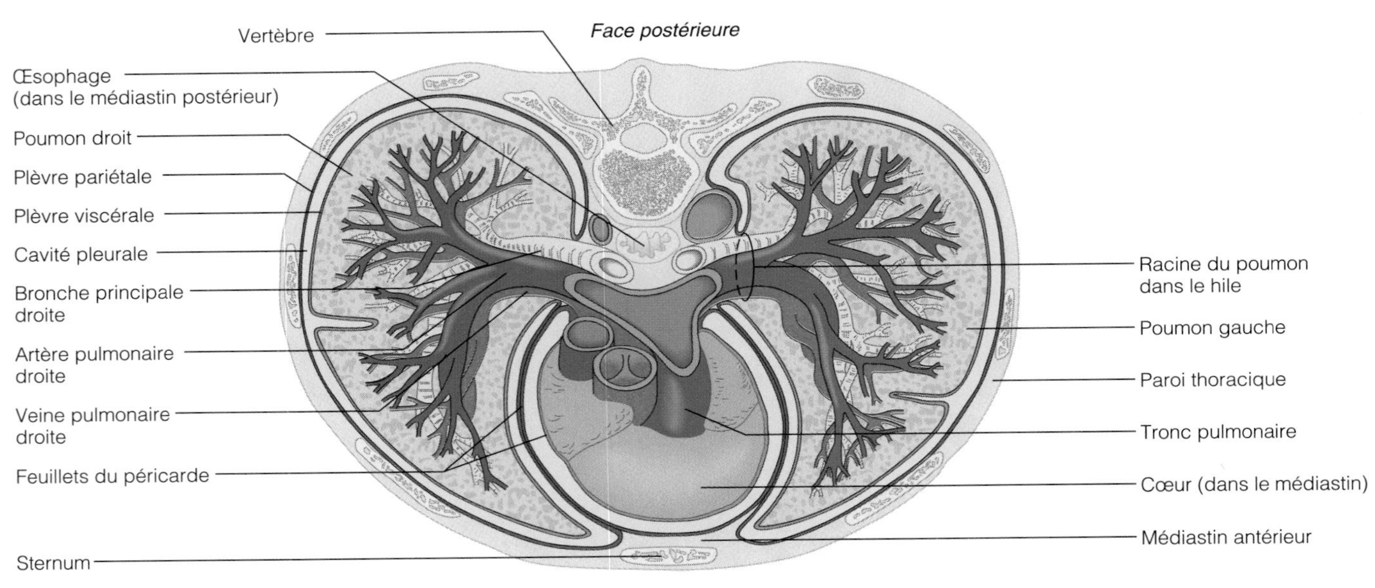

FIGURE 23.10 (suite)
Organes de la cavité thoracique. (c) Coupe transversale du thorax montrant les poumons, les feuillets de la plèvre et les principaux organes du médiastin. (Le thymus a été enlevé pour plus de clarté.)

23.10). La **plèvre pariétale** tapisse la paroi thoracique et la face supérieure du diaphragme. Elle se poursuit latéralement entre le poumon et le cœur et enveloppe la racine du poumon. De là, la plèvre pariétale adhère à la surface externe du poumon et forme la **plèvre viscérale,** qui s'enfonce dans les scissures.

Les feuillets de la plèvre produisent le **liquide pleural,** une sécrétion séreuse lubrifiante qui remplit l'étroite cavité pleurale et qui réduit la friction des poumons contre la paroi thoracique pendant la respiration. Les feuillets de la plèvre peuvent glisser l'un contre l'autre, mais la tension superficielle du liquide pleural qu'ils enferment résiste fortement à leur séparation. Par conséquent, chaque poumon adhère fermement à la paroi thoracique, et il se dilate et se rétracte suivant les variations du volume de la cavité thoracique, lequel augmente durant l'inspiration et diminue durant l'expiration.

La plèvre divise la cavité thoracique en trois parties : le médiastin au centre et, de part et d'autre, les deux compartiments pleuraux contenant chacun un poumon. Cette compartimentation prévient les contacts entre les organes mobiles. De plus, elle limite la propagation des infections locales et l'étendue des traumatismes.

La **pleurésie,** l'inflammation de la plèvre, est souvent causée par une pneumonie. L'inflammation des feuillets de la plèvre entraîne une diminution de la sécrétion de liquide pleural. Dans ce cas, les feuillets s'assèchent et s'abrasent, causant une friction douloureuse à chaque respiration. Inversement, la pleurésie peut résulter d'un excès de liquide pleural. Bien que le liquide gêne la respiration en exerçant une pression sur les poumons, cette forme de pleurésie est beaucoup moins douloureuse que la forme sèche. ■

MÉCANIQUE DE LA RESPIRATION

La **respiration,** ou **ventilation pulmonaire,** comprend deux phases : l'**inspiration,** la période pendant laquelle l'air entre dans les poumons, et l'**expiration,** la période pendant laquelle les gaz sortent des poumons. La présente section porte sur les facteurs mécaniques qui facilitent l'écoulement des gaz.

Pression dans la cavité thoracique

Avant d'entreprendre la description de la respiration, il est important de rappeler que *les pressions respiratoires sont toujours exprimées par rapport à la pression atmosphérique.* La **pression atmosphérique** est la pression exercée par l'air (un mélange de gaz) entourant l'organisme ; au niveau de la mer, la pression atmosphérique est de 760 mm Hg (soit la pression exercée par une colonne de mercure de 760 mm de hauteur). Par conséquent, une pression respiratoire de − 4 mm Hg est inférieure de

4 mm Hg à la pression atmosphérique (soit 760 − 4 = 756 mm Hg). De même, une pression respiratoire positive est supérieure à la pression atmosphérique, et une pression respiratoire de 0 est égale à la pression atmosphérique. Examinons maintenant les variations de la pression qui se produisent normalement dans la cavité thoracique.

Pression intra-alvéolaire

La **pression intra-alvéolaire,** ou **intrapulmonaire,** la pression qui règne à l'intérieur des alvéoles, monte et descend suivant les deux phases de la respiration, mais elle deviendra *toujours* égale à la pression atmosphérique (figure 23.11).

Pression intrapleurale

La **pression intrapleurale,** la pression qui règne à l'intérieur de la cavité pleurale, fluctue aussi selon les phases de la respiration. Toutefois, elle est toujours inférieure d'environ 4 mm Hg à la pression intra-alvéolaire. Par conséquent, on dit qu'elle est négative par rapport à la pression intra-alvéolaire et à la pression atmosphérique.

On s'interroge souvent sur la manière dont cette pression négative s'établit, ou sur sa cause. Examinons certaines des forces en présence dans le thorax pour voir s'il est possible de répondre à cette question. Deux forces tendent à éloigner les poumons (plèvre viscérale) de la paroi thoracique (plèvre pariétale), et donc à affaisser les poumons:

- **La tendance naturelle des poumons à se rétracter.** Étant donné la grande élasticité que leur confèrent les fibres élastiques, les poumons ont toujours tendance à prendre les plus petites dimensions possibles.
- **La tension superficielle de la pellicule de liquide dans les alvéoles.** Cette tension fait prendre aux alvéoles les plus petites dimensions possibles.

Cependant, à ces forces s'oppose:

- **La capacité d'expansion de la paroi thoracique.** La capacité naturelle d'expansion de la cage thoracique tend à pousser le thorax vers l'extérieur, ce qui entraîne une augmentation du volume des poumons.

Quelles sont donc les forces qui l'emportent? Aucune chez une personne en bonne santé, en raison de la tension superficielle créée par la mince couche de liquide pleural dans la cavité pleurale. Le liquide pleural, en effet, unit les feuillets de la plèvre comme une goutte d'eau retient deux lames de verre l'une contre l'autre. Il est facile de faire glisser les lames l'une sur l'autre, mais il faut exercer une très grande force pour les séparer. La pression intrapleurale négative résulte de l'interaction dynamique entre ces forces.

On doit également tenir compte d'un autre facteur: la quantité de liquide dans la cavité pleurale doit être minimale pour maintenir la pression intrapleurale négative. Le liquide pleural est constamment pompé hors de la cavité pleurale dans les vaisseaux lymphatiques. L'absence d'un tel mécanisme entraînerait une accumulation excessive de liquide dans l'espace intrapleural (rappelez-vous que les liquides se déplacent des milieux où la pression est la plus élevée vers les milieux où la pression est la plus faible), ce qui ferait apparaître une pression positive dans la cavité pleurale.

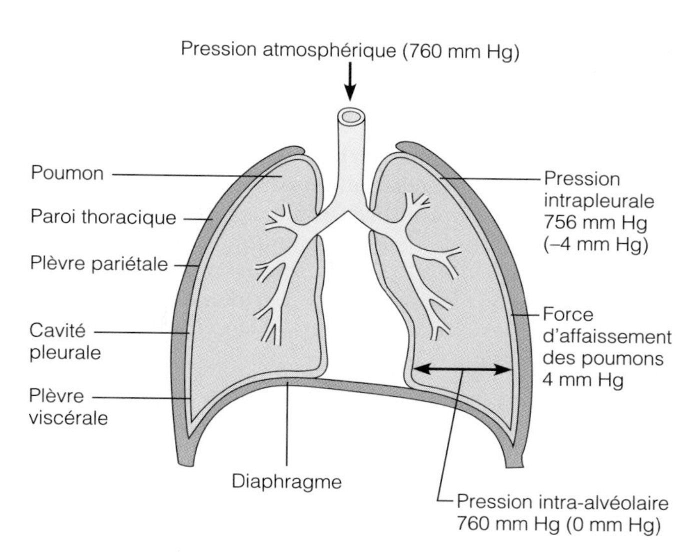

FIGURE 23.11
Relations entre la pression intra-alvéolaire et la pression intrapleurale. Pression intra-alvéolaire et pression intrapleurale en position de repos. Les différences par rapport à la pression atmosphérique sont indiquées entre parenthèses.

On ne saurait trop insister sur l'importance de la pression négative dans la cavité pleurale, non plus que sur l'adhérence entre les feuillets de la plèvre de chaque poumon. *Tout état qui amène la pression intrapleurale à égalité avec la pression intra-alvéolaire (ou atmosphérique) entraîne un affaissement immédiat des poumons.* C'est la **pression transpulmonaire** — soit la différence entre les pressions intrapulmonaire et intrapleurale ($P_{alv} - P_{ip}$) — qui assure l'ouverture des espaces aériens des poumons, autrement dit, qui empêche les poumons de s'affaisser.

L'**atélectasie,** ou affaissement des alvéoles pulmonaires, rend les poumons inaptes à la ventilation lorsque le sang circule dans les capillaires alvéolaires. Ce phénomène est fréquemment provoqué par l'entrée d'air dans la cavité pleurale à la suite d'une blessure au thorax occasionnant la rupture de la plèvre pariétale, mais il peut aussi résulter d'une rupture de la plèvre viscérale, auquel cas l'air pénètre dans la cavité pleurale par le tissu pulmonaire.

La présence d'air dans la cavité pleurale est appelée **pneumothorax.** Pour remédier au pneumothorax, on obture l'orifice et on aspire l'air de la cavité pleurale, ce qui permet aux poumons de se gonfler à nouveau et de retrouver leur fonctionnement normal. Notez qu'un poumon peut être affaissé sans nuire à l'autre, car chaque poumon est enfermé dans sa propre cavité pleurale. ■

Ventilation pulmonaire: inspiration et expiration

La ventilation pulmonaire, ou respiration, est un processus entièrement mécanique qui repose sur des variations de volume se produisant dans la cavité thoracique. Au fil de votre étude, gardez toujours à l'esprit la règle suivante: *Les variations de volume engendrent des variations de pression, les variations de pression provoquent l'écoulement des gaz, et les gaz s'écoulent de manière à égaliser la pression.*

$$\Delta V \rightarrow \Delta P \rightarrow E \text{ (écoulement des gaz)}$$

La relation entre la pression et le volume des gaz est exprimée par la **loi de Boyle-Mariotte,** aussi appelée *loi des gaz parfaits,* qui veut que, à température constante, la pression d'un gaz soit inversement proportionnelle à son volume. Autrement dit, $P_1V_1 = P_2V_2$, où P représente la pression du gaz en millimètres de mercure, V son volume en millimètres cubes, et les chiffres 1 et 2 en indice inférieur, les conditions initiales et résultantes, respectivement. Les gaz, comme les liquides, prennent la forme du récipient qui les contient. Contrairement aux liquides, toutefois, les gaz *remplissent* toujours entièrement le récipient qui les contient. Par conséquent, plus le volume est grand, plus les molécules de gaz sont éloignées les unes des autres, et plus la pression est faible. Inversement, plus le volume est faible, plus les molécules de gaz sont comprimées et plus la pression est forte. Les pneus d'automobile illustrent bien ce principe. Lorsqu'ils sont gonflés, les pneus sont durs et suffisamment résistants pour supporter le poids de la voiture, car l'air y est comprimé à raison du tiers de son volume atmosphérique, d'où la forte pression. Voyons maintenant comment tout cela s'applique à l'inspiration et à l'expiration.

Inspiration

Pour comprendre le processus de l'**inspiration** (ou inhalation), imaginez que la cavité thoracique est une boîte percée dans sa face supérieure d'une ouverture unique, la trachée. Le volume de la boîte peut s'accroître par suite de l'augmentation des distances entre ses parois, ce qui abaisse la pression qui y règne. La diminution de la pression fait pénétrer l'air dans la boîte, puisque les gaz s'écoulent toujours dans le sens des gradients de pression (vers une région de plus basse pression).

Les mêmes relations président à l'inspiration calme normale, sous l'action des **muscles inspiratoires,** soit le diaphragme et les muscles intercostaux externes. Voici comment fonctionne l'inspiration calme:

1. **Action du diaphragme.** En se contractant, le diaphragme (convexe) s'abaisse et s'aplatit (figure 23.12, haut). Par le fait même, la hauteur de la cavité thoracique augmente.
2. **Action des muscles intercostaux.** La contraction des muscles intercostaux externes élève la cage thoracique et pousse le sternum vers l'avant (figure 23.12, haut). Comme les côtes sont incurvées vers l'avant et vers le bas, les dimensions les plus grandes — en termes de largeur et de profondeur — de la cage thoracique sont normalement (au repos) celles qui sont dirigées dans un plan oblique descendant. Mais lorsque les côtes s'élèvent et se rapprochent, elles font aussi saillie vers l'extérieur, ce qui augmente le diamètre du thorax tant en largeur qu'en profondeur. La même chose se produit quand on soulève la poignée incurvée d'un seau.

Même si les dimensions du thorax n'augmentent que de quelques millimètres dans chaque plan, cela suffit à accroître le volume de la cavité thoracique d'environ 500 mL, soit le volume d'air qui entre dans les poumons au cours d'une inspiration calme normale. Dans les changements de volume associés à l'inspiration calme normale, l'action du diaphragme a beaucoup plus d'influence que celle des muscles intercostaux.

L'augmentation des dimensions du thorax durant l'inspiration étire les poumons et entraîne un accroissement du volume intrapulmonaire. Par le fait même, la pression intra-alvéolaire diminue d'environ 1 mm Hg par rapport à la pression atmosphérique, et l'air s'écoule dans les poumons dans le sens de ce gradient jusqu'à ce que les pressions intra-alvéolaire et atmosphérique s'égalisent. Pendant la même période, la pression intrapleurale passe à environ −7 mm Hg par rapport à la pression atmosphérique (figure 23.13).

Pendant les *inspirations profondes* ou *forcées* accompagnant l'exercice intense et certaines pneumopathies obstructives (voir p. 841 et 844), l'activation de muscles accessoires de la respiration augmente encore la capacité du thorax. Différents muscles, dont les scalènes, les sterno-cléïdo-mastoïdiens et le petit pectoral, élèvent les côtes plus haut encore que pendant l'inspiration calme. Le redressement de la courbure thoracique par les muscles érecteurs du rachis contribue également à accroître le volume de la cage thoracique.

Expiration

L'**expiration,** ou exhalation, calme chez l'individu sain est un processus passif qui repose plus sur l'élasticité naturelle des poumons que sur la contraction musculaire. À mesure que les muscles inspiratoires se relâchent et retrouvent leur longueur initiale, la cage thoracique s'abaisse et les poumons se rétractent. Par conséquent, le volume thoracique et le volume intrapulmonaire diminuent. Les alvéoles sont alors comprimées, et la pression intra-alvéolaire dépasse d'environ 1 mm Hg la pression atmosphérique (voir la figure 23. 13), ce qui force les gaz à s'écouler hors des poumons.

Par ailleurs, l'*expiration forcée* est un processus actif provoqué par la contraction des muscles de la paroi abdominale, principalement l'oblique externe et l'oblique interne de l'abdomen ainsi que le transverse de l'abdomen. Cette contraction (1) accroît la pression intra-abdominale, ce qui pousse les organes abdominaux contre le diaphragme, et (2) abaisse la cage thoracique. Les muscles intercostaux internes, grand dorsal et carré des lombes peuvent aussi contribuer à abaisser la cage thoracique et à

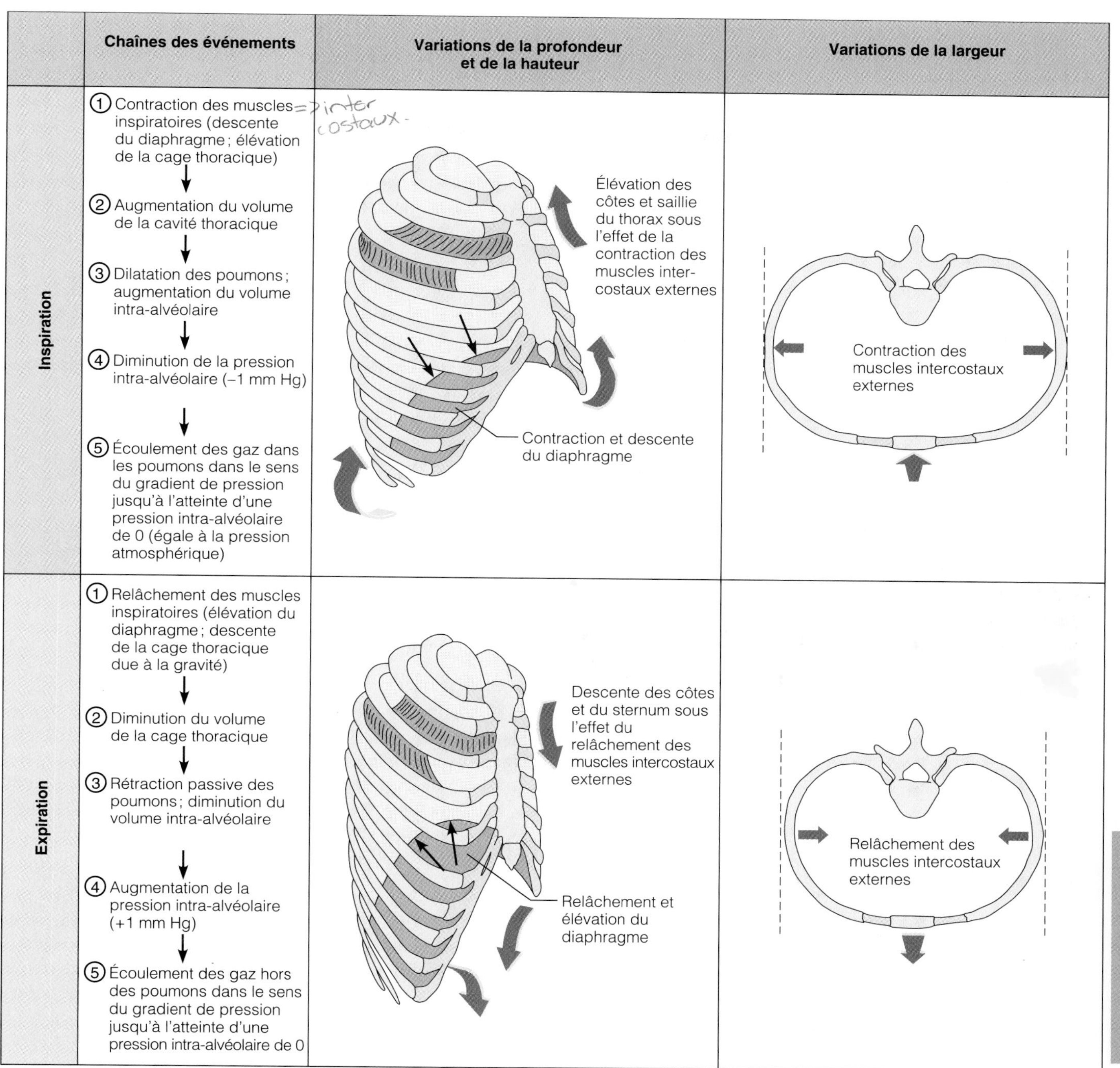

Chaînes des événements
Variations de la profondeur et de la hauteur
Variations de la largeur
Inspiration
① Contraction des muscles inspiratoires (descente du diaphragme ; élévation de la cage thoracique)
② Augmentation du volume de la cavité thoracique
③ Dilatation des poumons ; augmentation du volume intra-alvéolaire
④ Diminution de la pression intra-alvéolaire (–1 mm Hg)
⑤ Écoulement des gaz dans les poumons dans le sens du gradient de pression jusqu'à l'atteinte d'une pression intra-alvéolaire de 0 (égale à la pression atmosphérique)
Élévation des côtes et saillie du thorax sous l'effet de la contraction des muscles inter-costaux externes
Contraction et descente du diaphragme
Contraction des muscles intercostaux externes
Expiration
① Relâchement des muscles inspiratoires (élévation du diaphragme ; descente de la cage thoracique due à la gravité)
② Diminution du volume de la cage thoracique
③ Rétraction passive des poumons ; diminution du volume intra-alvéolaire
④ Augmentation de la pression intra-alvéolaire (+1 mm Hg)
⑤ Écoulement des gaz hors des poumons dans le sens du gradient de pression jusqu'à l'atteinte d'une pression intra-alvéolaire de 0
Descente des côtes et du sternum sous l'effet du relâchement des muscles intercostaux externes
Relâchement et élévation du diaphragme
Relâchement des muscles intercostaux externes

FIGURE 23.12
Variations du volume thoracique entraînant l'écoulement des gaz pendant l'inspiration (haut) et l'expiration (bas). À gauche, profils du thorax pendant l'inspiration et l'expiration montrant les variations de la hauteur (dues à la contraction et au relâchement du diaphragme) et de la profondeur (dues à la contraction et au relâchement des muscles intercostaux externes). À droite, vues supérieures de coupes transversales du thorax montrant les variations de la largeur dues à la contraction et au relâchement des muscles intercostaux externes pendant l'inspiration et l'expiration. Nous présentons à gauche des schémas le déroulement des variations de volume correspondantes.

? *Lorsque le volume thoracique augmente, comment se comportent la pression intra-alvéolaire et la pression intrapleurale ?*

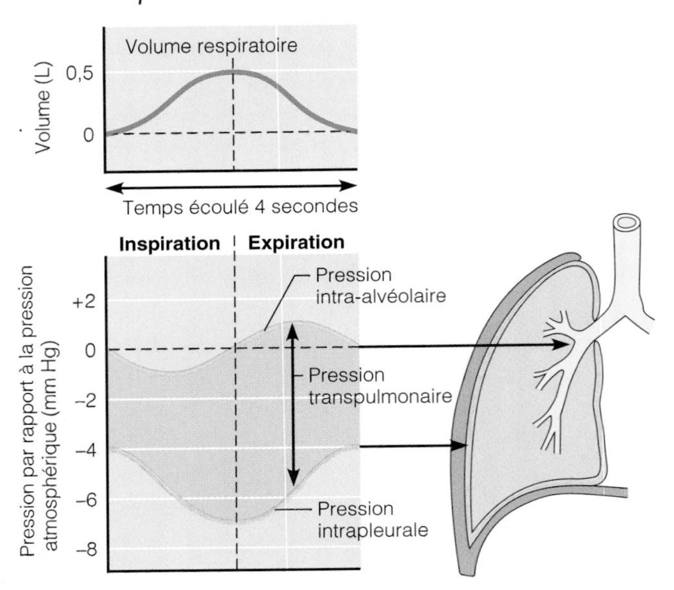

FIGURE 23.13
Modifications de la pression intra-alvéolaire et de la pression intrapleurale durant l'inspiration et l'expiration. Notez que la pression atmosphérique normale (760 mm Hg) a une valeur de 0 sur l'échelle.

diminuer le volume thoracique. La capacité de soutenir une note repose chez le bon chanteur sur l'activité coordonnée de plusieurs muscles normalement utilisés dans l'expiration forcée. Il est très important de maîtriser les muscles accessoires de l'expiration lorsqu'on désire régler avec précision l'écoulement de l'air hors des poumons.

Facteurs physiques influant sur la ventilation pulmonaire

Les poumons s'étirent pendant l'inspiration et se rétractent passivement pendant l'expiration. Les muscles inspiratoires consomment de l'énergie pour augmenter le volume interne de la cage thoracique. Il faut aussi de l'énergie pour surmonter les diverses résistances qui s'opposent au passage de l'air et à la ventilation pulmonaire. La résistance des conduits aériens (voies aériennes), la compliance pulmonaire et la tension superficielle alvéolaire font l'objet des sections qui suivent.

Les deux diminuent.

Résistance des conduits aériens

La principale source de résistance *non élastique* à l'écoulement gazeux est la *friction,* ou frottement, entre l'air et la surface des conduits aériens. L'équation suivante exprime la relation entre l'écoulement gazeux (E), la pression (P) et la résistance (R) :

$$E = \frac{\Delta P}{R}$$

Notez que l'écoulement du sang dans le système cardiovasculaire et celui des gaz dans les conduits aériens sont déterminés par des facteurs équivalents. Le volume de gaz circulant dans les alvéoles est directement proportionnel à ΔP, la *différence* de pression ou gradient de pression entre l'atmosphère extérieure (P_{atm}) et les alvéoles (P_{alv}), soit ($P_{atm} - P_{alv}$). Normalement, de très faibles différences de pression suffisent à modifier considérablement le volume de l'écoulement gazeux. Le gradient de pression moyen pendant la respiration calme normale est de 2 mm Hg ou moins, et pourtant il fait entrer et sortir 500 mL d'air à chaque respiration.

L'équation indique aussi que l'écoulement gazeux est inversement proportionnel à la résistance ; autrement dit, l'écoulement des gaz diminue à mesure qu'augmente la résistance. Comme dans le système cardiovasculaire, la résistance dépend principalement du diamètre des conduits. En règle générale, la résistance des conduits aériens est insignifiante pour deux raisons : (1) le diamètre des conduits aériens est, toutes proportions gardées, énorme dans la partie initiale de la zone de conduction ; (2) l'écoulement des gaz s'arrête dans les bronchioles terminales (avant que la faiblesse du diamètre commence à poser problème) et cède le pas à la diffusion. Par conséquent, comme le montre la figure 23.14, la plus grande résistance à l'écoulement gazeux se rencontre dans les bronches de dimensions moyennes.

Cependant, le muscle lisse des parois des bronchioles est extrêmement sensible aux commandes motrices et à certains produits chimiques. Par exemple, le réflexe de stimulation du système nerveux parasympathique déclenché par l'inhalation d'agents irritants et de substances inflammatoires comme l'histamine cause une vigoureuse contraction des bronchioles et une diminution marquée de l'écoulement des gaz. De fait, l'intense bronchoconstriction qui accompagne une *crise d'asthme aiguë* peut faire cesser presque complètement la ventilation pulmonaire, quel que soit le gradient de pression. Inversement, l'adrénaline libérée à la suite de l'activation du système nerveux sympathique ou administrée à des fins thérapeutiques dilate les bronchioles et réduit la résistance. Les accumulations locales de mucus, les matières infectieuses et les tumeurs obstruant les conduits aériens constituent d'importantes sources de résistance dans les maladies respiratoires.

Dès que la résistance des conduits aériens augmente, les mouvements de la respiration ne se font plus qu'au prix d'efforts considérables. Or, de tels efforts ont une portée limitée : en cas de constriction ou d'obstruction des bronchioles, même les efforts respiratoires les plus acharnés ne suffisent pas à rétablir une ventilation adéquate des alvéoles.

Compliance pulmonaire

L'élasticité des poumons sains est extraordinaire. L'aptitude des poumons à se dilater, leur extensibilité, est appelée **compliance pulmonaire.** Plus précisément, la compliance pulmonaire (C_L) mesure la variation du volume pulmonaire (ΔV) en fonction de la variation de la pression transpulmonaire ($\Delta\ [P_{alv} - P_{ip}]$), et elle s'exprime par l'équation suivante:

$$C_L = \frac{\Delta V}{\Delta\ (P_{alv} - P_{ip})}$$

Plus l'expansion pulmonaire est grande à la suite d'une augmentation de la pression transpulmonaire, plus la compliance est élevée. Autrement dit, plus la compliance pulmonaire est grande, plus l'expansion des poumons est facile à une pression transpulmonaire donnée.

La compliance pulmonaire dépend non seulement de l'élasticité du tissu pulmonaire proprement dit et de celle de la cage thoracique, mais également de la tension superficielle dans les alvéoles. Étant donné que l'élasticité des poumons (et de la cage thoracique) est généralement élevée et que la tension superficielle dans les alvéoles est basse grâce au surfactant, les poumons des personnes en bonne santé présentent généralement une compliance élevée, ce qui favorise la ventilation.

La compliance est réduite par tout facteur qui (1) diminue l'élasticité naturelle des poumons, notamment la fibrose (les tissus cicatriciels observés dans la tuberculose par exemple), (2) obstrue les bronches ou les bronchioles (par la présence de liquide ou de mucus épais que l'on observe dans la pneumonie ou la bronchite chronique, respectivement), (3) réduit la production de surfactant, ou (4) diminue la flexibilité de la cage thoracique ou sa capacité d'expansion. Plus la compliance pulmonaire est faible, plus il faut dépenser d'énergie pour respirer.

Les malformations du thorax, l'ossification des cartilages costaux (due au vieillissement) et la paralysie des muscles intercostaux sont autant de facteurs qui réduisent la compliance pulmonaire en gênant l'expansion thoracique. ■

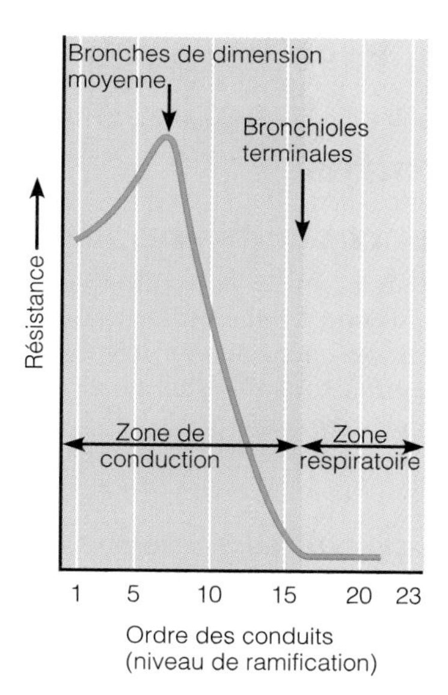

FIGURE 23.14
Résistance des divers conduits aériens. La résistance atteint un maximum dans les bronches de dimensions moyennes, puis elle diminue brusquement au moment de l'accroissement rapide de l'aire de la section transversale totale des conduits.

Tension superficielle dans les alvéoles

À la surface de séparation entre un gaz et un liquide, les molécules du liquide sont plus fortement attirées les unes par les autres que par celles du gaz. Cette inégalité dans l'attraction crée à la surface du liquide un état appelé **tension superficielle** qui (1) attire toujours plus les molécules du liquide les unes vers les autres et réduit leurs contacts avec les molécules du gaz et (2) résiste à toute force qui tend à accroître l'aire de la surface.

L'eau est composée de molécules hautement polaires, et elle présente une très forte tension superficielle. L'eau étant le principal constituant de la pellicule de liquide qui recouvre les parois internes des alvéoles, son action ramène perpétuellement les alvéoles à leurs plus petites dimensions possibles (et contribue également à la rétraction naturelle des poumons pendant l'expiration). Si la pellicule alvéolaire n'était composée que d'eau pure, les alvéoles s'affaisseraient entre les respirations. Or, la pellicule alvéolaire contient du **surfactant,** un complexe de lipides et de protéines (90 % de phospholipides et 10 % de glycoprotéines) produit par les grands épithéliocytes. Le surfactant est libéré par exocytose et se dépose sur les cellules alvéolaires en formant une seule couche de molécules orientées de la même façon que les molécules de phospholipides dans l'épaisseur de la membrane plasmique. L'action du surfactant rappelle celle d'un détergent. Il réduit la cohésion des molécules d'eau entre elles, tout comme le détergent diminue la force d'attraction d'une molécule d'eau pour une autre, ce qui permet à ces molécules d'interagir avec les molécules du tissu à nettoyer. C'est ce qui explique que la tension superficielle du liquide alvéolaire diminue et qu'il faille moins d'énergie pour dilater les poumons et empêcher l'affaissement des alvéoles. Selon certains spécialistes, les respirations plus profondes que la normale stimulent les grands épithéliocytes, qui synthétisent et sécrètent alors plus de surfactant; il y aurait donc un renouvellement continuel du surfactant, sa production et son élimination suivant le rythme inspiration-expiration.

Lorsque la quantité de surfactant est insuffisante, les alvéoles peuvent s'affaisser sous l'effet de la tension superficielle. Elles doivent se gonfler complètement à chaque inspiration, ce qui consomme énormément d'énergie. Tel est le problème auquel font face les enfants atteints du **syndrome de détresse respiratoire du nouveau-né,** un trouble qui menace particulièrement les bébés prématurés, car le surfactant pulmonaire n'est élaboré qu'à la fin du développement fœtal (deux derniers mois). On traite la détresse respiratoire du nouveau-né au moyen de respirateurs à pression positive qui poussent de l'air dans les alvéoles et les maintiennent ouvertes entre les respirations. De plus, on pulvérise du surfactant (synthétique ou naturel) dans les conduits aériens de l'enfant. ■

Volumes respiratoires et épreuves fonctionnelles respiratoires

Volumes et capacités respiratoires

La quantité d'air inspirée et expirée varie substantiellement suivant les conditions qui entourent la respiration. Par conséquent, on peut mesurer divers volumes respiratoires. Les combinaisons (les sommes) des volumes respiratoires, appelées *capacités respiratoires,* révèlent l'état respiratoire. L'appareil utilisé pour mesurer les volumes respiratoires, appelé *spiromètre,* est décrit ci-dessous.

Volumes respiratoires Les **volumes respiratoires,** ou **pulmonaires,** sont le volume courant, le volume de réserve inspiratoire, le volume de réserve expiratoire et le volume résiduel. La figure 23.15 en indique les valeurs normales pour un homme de 20 ans en bonne santé pesant environ 70 kg.

Normalement, à peu près 500 mL d'air entrent dans les poumons et en sortent à chaque respiration. Ce volume respiratoire est appelé **volume courant (VC)**. La quantité d'air qui peut être inspirée en plus avec un effort (de 2100 à 3200 mL) constitue le **volume de réserve inspiratoire (VRI)**.

Le **volume de réserve expiratoire (VRE)** est la quantité d'air (normalement de 1000 à 1200 mL) qui peut être évacuée des poumons après une expiration courante. Même après l'expiration la plus vigoureuse (qui nécessite la contraction des muscles abdominaux), il reste encore quelque 1200 mL d'air dans les poumons, une quantité appelée **volume résiduel (VR)**. Le volume résiduel contribue à maintenir les alvéoles libres (ouvertes) et à prévenir l'affaissement des poumons.

Capacités respiratoires Les **capacités respiratoires** sont la capacité inspiratoire, la capacité résiduelle fonctionnelle, la capacité vitale et la capacité pulmonaire totale (voir la figure 23.15). Comme nous l'avons indiqué plus haut, les capacités respiratoires correspondent toutes à la somme d'au moins deux volumes respiratoires.

La **capacité inspiratoire (CI)** est la quantité totale d'air qui peut être inspirée après une expiration courante; par conséquent, elle équivaut à la somme du volume courant et du volume de réserve inspiratoire. La **capacité résiduelle fonctionnelle (CRF)** est la somme du volume résiduel et du volume de réserve expiratoire, et elle représente la quantité d'air qui demeure dans les poumons après une expiration courante.

La **capacité vitale (CV)** est la quantité totale d'air échangeable. Elle correspond à la somme du volume courant, du volume de réserve inspiratoire et du volume de réserve expiratoire. Chez un jeune homme en bonne santé, la capacité vitale se monte à environ 4800 mL. La **capacité pulmonaire totale (CPT)** est la somme de tous les volumes pulmonaires, et elle atteint normalement 6000 mL chez les hommes. Les volumes et les capacités pulmonaires (à l'exception peut-être du volume courant) ont tendance à être un peu plus faibles chez les femmes que chez les hommes, étant donné les différences de taille entre les sexes.

Espaces morts

Une partie de l'air inspiré remplit les conduits de la zone de conduction et ne participe jamais aux échanges gazeux dans les alvéoles. Le volume de ces conduits, qui constitue l'**espace mort anatomique,** se situe généralement à environ 150 mL. Cela signifie que si le volume courant est de 500 mL, 350 mL seulement sont consacrés à la ventilation alvéolaire. Les 150 mL restants se trouvent dans l'espace mort anatomique.

Si certaines des alvéoles cessent de participer aux échanges gazeux (parce qu'affaissées ou obstruées par du mucus, par exemple), on ajoute l'**espace mort alvéolaire** à l'espace mort anatomique, et on appelle **espace mort total** la somme des volumes ne participant pas aux échanges alvéolaires.

Épreuves fonctionnelles respiratoires

Comme une pneumopathie se traduit souvent par une altération des divers volumes et capacités pulmonaires, on procède souvent à leur évaluation. Un **spirographe** est un instrument simple composé d'un embout buccal relié à une cloche vide renversée sur de l'eau. La respiration du sujet déplace la cloche, et les résultats sont enregistrés sur un cylindre rotatif. La spirographie permet d'évaluer les pertes fonctionnelles respiratoires et de suivre l'évolution de certaines maladies respiratoires. Bien que la spirographie ne puisse conduire à un diagnostic précis, elle permet d'établir si une pneumopathie est *obstructive* ou *restrictive.* Dans le premier cas, il y a augmentation de la résistance des conduits aériens (comme dans la bronchite chronique et l'asthme); dans le second cas, il y a diminution de la capacité pulmonaire totale à la suite d'atteintes structurales ou fonctionnelles des poumons (comme dans la tuberculose et la poliomyélite). Ainsi, une augmentation de la capacité pulmonaire totale, de la capacité résiduelle fonctionnelle et du volume résiduel peut indiquer une distension des poumons due à une maladie obstructive, tandis qu'une diminution de la capacité vitale, de la capacité pulmonaire totale, de la capacité résiduelle fonctionnelle et du volume résiduel signale qu'un trouble ventilatoire restrictif limite l'expansion des poumons.

L'évaluation de la vitesse des mouvements gazeux fournit beaucoup plus d'information que la spirographie sur la fonction respiratoire. La **ventilation-minute** est la quantité totale de gaz (exprimée en litres) inspirés et expirés en une minute, au cours de mouvements respiratoires d'amplitude normale. On obtient ce volume en multipliant le volume courant par le nombre de respirations par minute. Pendant la respiration calme normale, la ventilation-minute chez un sujet sain est d'environ 6 L/min (500 mL par respiration multipliés par 12 respirations par minute). Pendant l'exercice intense, la ventilation-minute peut atteindre 200 L/min, à cause de l'augmentation de la fréquence et de l'amplitude respiratoires.

L'épreuve appelée **capacité vitale forcée (CVF)** mesure la quantité de gaz expulsée lorsqu'une personne fait une inspiration forcée (maximale) suivie d'une expiration forcée aussi complète et rapide que possible; le volume total expiré correspond à la capacité vitale (CV)

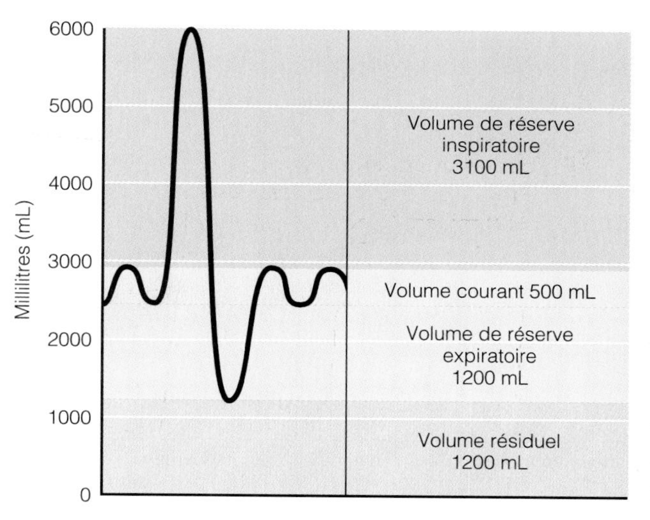

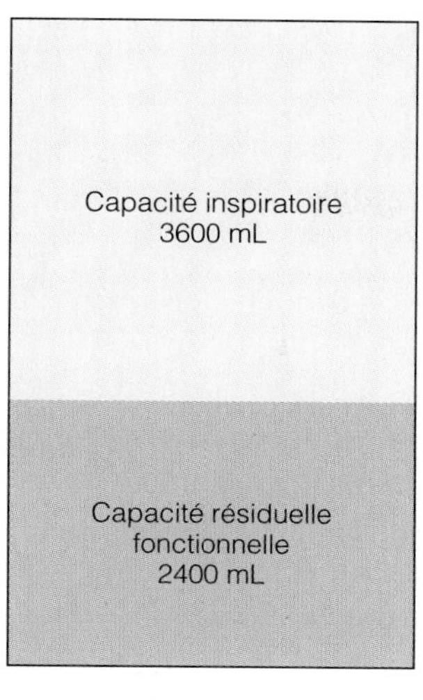

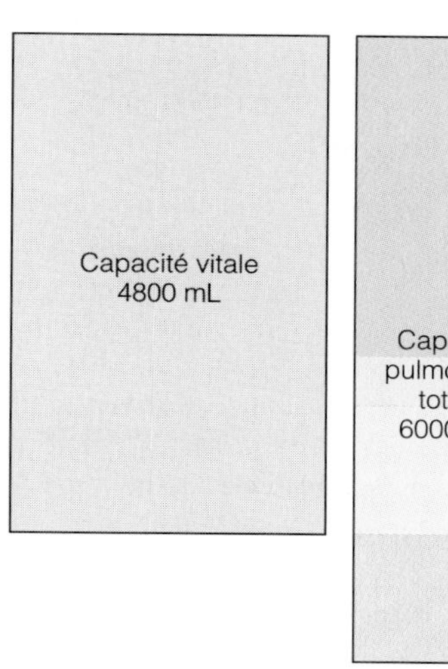

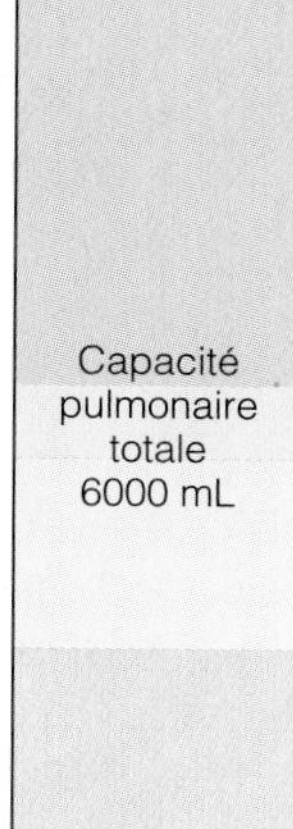

(a) Spirogramme

	Mesures	Valeurs moyennes chez l'homme adulte	Description
Volumes respiratoires	Volume courant (VC)	500 mL	Quantité d'air inspirée ou expirée à chaque respiration, au repos
	Volume de réserve inspiratoire (VRI)	3100 mL	Quantité d'air qui peut être inspirée avec un effort après une inspiration courante
	Volume de réserve expiratoire (VRE)	1200 mL	Quantité d'air qui peut être expirée avec un effort après une expiration courante
	Volume résiduel (VR)	1200 mL	Quantité d'air qui reste dans les poumons après une expiration forcée
Capacités respiratoires	Capacité pulmonaire totale (CPT)	6000 mL	Quantité maximale d'air contenue dans les poumons après un effort inspiratoire maximal : CPT = VC + VRI + VRE + VR
	Capacité vitale (CV)	4800 mL	Quantité maximale d'air qui peut être expirée après un effort inspiratoire maximal : CV = VC + VRI + VRE (devrait être égale à 80 % de la CPT)
	Capacité inspiratoire (CI)	3600 mL	Quantité maximale d'air qui peut être inspirée après une expiration normale : CI = VC + VRI
	Capacité résiduelle fonctionnelle (CRF)	2400 mL	Volume d'air qui reste dans les poumons après une expiration courante : CRF = VRE + VR

(b) Résumé des volumes et des capacités respiratoires

FIGURE 23.15
Volumes et capacités respiratoires. (a) Spirogramme idéalisé des volumes respiratoires. **(b)** Résumé des volumes et des capacités respiratoires chez un jeune homme en bonne santé pesant environ 70 kg.

du sujet. L'épreuve appelée **volume expiratoire maximal-seconde (VEMS)** détermine la quantité d'air expulsée au cours d'intervalles précis de la capacité vitale forcée. Par exemple, le volume d'air expiré durant la première seconde de l'épreuve correspond au $VEMS_1$. Les sujets dont les poumons sont sains peuvent expirer en une seconde environ 80 % de leur capacité vitale forcée. À la suite de cette épreuve, on établit le rapport entre $VEMS_1$ et VC. Dans les maladies restrictives, ces deux valeurs sont sous la normale, mais le rapport VEMS/VC est normal ; dans les pneumopathies obstructives, la baisse affecte surtout le VEMS, et le rapport VEMS/VC est sous la normale.

Ventilation alvéolaire

Alors que la ventilation-minute permet d'évaluer grossièrement l'efficacité respiratoire, la **ventilation alvéolaire (VA)** représente la fraction du volume d'air inspiré qui participe aux échanges gazeux. En effet, cette mesure tient compte du volume d'air inutilisé dans les espaces morts et elle indique la concentration de gaz frais dans les alvéoles à un moment donné. On calcule la ventilation alvéolaire à l'aide de l'équation suivante :

$$\underset{\text{(mL/min)}}{\text{VA}} = \underset{\text{(respirations/minute)}}{\text{fréquence}} \times \underset{\text{(mL/respiration)}}{(\text{VC} - \text{volume de l'espace mort})}$$

TABLEAU 23.2 Effets de la fréquence et de l'amplitude respiratoires sur la ventilation alvéolaire chez trois sujets hypothétiques

Respiration du sujet hypothétique	Espace mort anatomique	Volume courant (VC)	Fréquence respiratoire*	Ventilation-minute	Ventilation alvéolaire	% du VC = volume de l'espace mort
I – Fréquence et amplitude normales	150 mL	500 mL	20/min	10 000 mL/min	7000 mL/min	30 %
II – Lente et profonde	150 mL	1000 mL	10/min	10 000 mL/min	8500 mL/min	15 %
III – Rapide et superficielle	150 mL	250 mL	40/min	10 000 mL/min	4000 mL/min	60 %

* Les valeurs de la fréquence respiratoire ont été ajustées, afin d'obtenir la même ventilation-minute et de pouvoir comparer les ventilations alvéolaires.

Chez les sujets sains, la ventilation alvéolaire est d'environ 12 respirations par minute multipliées par la différence entre 500 mL (VC) et 150 mL (espace mort anatomique) par respiration, soit 4200 mL/min.

L'augmentation du volume de chaque inspiration réussit mieux que l'augmentation de la fréquence respiratoire à améliorer la ventilation alvéolaire et l'échange gazeux, car l'espace mort anatomique est constant chez un sujet donné. Lorsque la respiration est rapide et superficielle, la ventilation alvéolaire diminue radicalement, car la majeure partie de l'air inspiré n'atteint jamais les sites de l'échange gazeux. En outre, plus le volume courant diminue et se rapproche du volume de l'espace mort, plus la ventilation réelle tend vers zéro, quelle que soit la rapidité de la respiration. Le tableau 23.2 présente un résumé des effets de la fréquence et de l'amplitude respiratoires sur la ventilation alvéolaire réelle chez trois sujets hypothétiques.

Mouvements non respiratoires de l'air

De nombreux processus autres que la respiration font circuler de l'air dans les poumons et peuvent ainsi modifier le rythme respiratoire normal. Tel est le cas de la toux et de l'éternuement, qui libèrent les conduits aériens des débris et du mucus, ainsi que du rire et des pleurs, qui sont reliés aux émotions. La plupart de ces **mouvements non respiratoires de l'air** relèvent de l'activité réflexe, mais certains sont volontairement reproductibles. Le tableau 23.3 donne des exemples très courants de ces mouvements.

ÉCHANGES GAZEUX

Propriétés fondamentales des gaz

Les échanges gazeux dans l'organisme reposent sur l'écoulement des gaz (et des solutions de gaz) et sur leur diffusion à travers les tissus. Pour bien comprendre ces processus, il faut se rappeler quelques propriétés physiques des gaz ainsi que leur comportement dans les liquides. Deux autres *lois des gaz parfaits*, la *loi des pressions partielles de Dalton* et la *loi de Henry*, nous fourniront les éléments nécessaires.

Loi des pressions partielles de Dalton

Selon la **loi des pressions partielles de Dalton,** la pression totale exercée par un mélange de gaz est égale à la somme des pressions exercées par chacun des gaz constituants. En outre, la pression exercée par chaque gaz, sa **pression partielle,** est directement proportionnelle au pourcentage du gaz dans le mélange.

La pression atmosphérique est d'environ 760 mm Hg au niveau de la mer. L'air est un mélange de plusieurs gaz : comme l'indique le tableau 23.4, il est composé d'azote à 78,6 % ; la pression partielle de l'azote (P_{N_2}) équivaut donc à 78,6 % × 760 mm Hg, soit 597 mm Hg. L'oxygène (O_2), qui représente près de 21 % de l'atmosphère, a une pression partielle (P_{O_2}) de 159 mm Hg (20,9 % × 760 mm Hg). On constate que l'azote et l'oxygène fournissent près de 99 % de la pression atmosphérique totale. L'air contient aussi 0,04 % de gaz carbonique (CO_2), jusqu'à 0,5 % de vapeur d'eau et des proportions négligeables de gaz inertes tels l'argon et l'hélium.

En altitude, où les effets de la gravité sont moindres, toutes les pressions partielles sont directement proportionnelles à la diminution de la pression atmosphérique. Par exemple, à 3000 m au-dessus du niveau de la mer, la pression atmosphérique est de 563 mm Hg, et la P_{O_2} est de 110 mm Hg (au lieu de 159 au niveau de la mer). De la même manière, au-dessous du niveau de la mer, la pression atmosphérique augmente de 1 atmosphère (760 mm Hg) tous les 10 m. Par conséquent, à 30 m au-dessous du niveau de la mer, la pression totale exercée sur l'organisme équivaut à 4 atmosphères, ou 3040 mm Hg, et la pression partielle exercée par chaque gaz constituant est quadruplée.

Loi de Henry

Selon la **loi de Henry,** quand un mélange de gaz est en contact avec un liquide, chaque gaz se dissout dans le liquide en proportion de sa pression partielle. Plus un gaz est concentré dans le mélange gazeux, plus il se dissout

TABLEAU 23.3 **Mouvements non respiratoires de l'air**

Mouvement	Mécanisme et résultat
Toux	Inspiration profonde, fermeture de la glotte et poussée de l'air des poumons contre la glotte ; ouverture subite de la glotte et expulsion rapide de l'air ; peut déloger des particules étrangères ou du mucus des voies respiratoires inférieures et propulser ces substances vers les voies supérieures
Éternuement	Semblable à la toux, sauf que l'air est expulsé par les cavités nasales et la cavité orale ; l'abaissement de l'uvule palatine sépare la cavité orale du pharynx et dirige l'air vers les cavités nasales ; libère les voies respiratoires supérieures
Pleurs	Inspiration suivie de l'expulsion d'air en de courtes expirations ; réaction émotionnelle
Rire	Essentiellement les mêmes que ceux des pleurs au point de vue des mouvements de l'air ; réaction émotionnelle
Hoquet	Inspirations soudaines dues à des spasmes du diaphragme ; probablement déclenché par l'irritation du diaphragme ou des nerfs phréniques ; le son est émis par le heurt de l'air inspiré contre les cordes vocales de la glotte fermée
Bâillement	Inspiration très profonde prise la bouche grande ouverte ; autrefois attribué au besoin d'augmenter la concentration sanguine d'oxygène, mais cette hypothèse est aujourd'hui remise en question ; ventile toutes les alvéoles (ce qui n'est pas le cas de la respiration calme normale)

TABLEAU 23.4 **Comparaison des pressions partielles et des pourcentages approximatifs des gaz dans l'atmosphère et dans les alvéoles**

	Atmosphère (au niveau de la mer)		Alvéoles	
Gaz	Pourcentage approximatif	Pression partielle (mm Hg)	Pourcentage approximatif	Pression partielle (mm Hg)
N_2	78,6	597	74,9	569
O_2	20,9	159	13,7	104
CO_2	0,04	0,3	5,2	40
H_2O	0,46	3,7	6,2	47
	100 %	760	100 %	760

en grande quantité et rapidement dans le liquide. Au point d'équilibre, les pressions partielles des gaz sont les mêmes dans les deux phases. Toutefois, si la pression partielle d'un gaz est plus forte dans le liquide que dans le mélange gazeux adjacent, une partie des molécules de gaz dissoutes réintègrent la phase gazeuse. La direction et le volume des mouvements des gaz sont donc déterminés par leurs pressions partielles (concentrations relatives) dans les deux phases. Telle est, exactement, la propriété qui préside aux échanges gazeux dans les poumons et les tissus.

Le volume d'un gaz qui se dissout dans un liquide à une pression partielle donnée dépend aussi de la solubilité du gaz dans le liquide et de la température du liquide. Les divers gaz de l'air ont des solubilités dans l'eau (ou dans le plasma) très différentes. Le gaz carbonique est le plus soluble, l'oxygène est peu soluble (20 fois moins que le gaz carbonique) et l'azote, deux fois moins soluble que l'oxygène, est pratiquement insoluble. Pour une pression partielle donnée, par conséquent, il se dissoudra beaucoup plus de gaz carbonique que d'oxygène, et il se dissoudra très peu d'azote. Au-delà de cette condition précise, la solubilité de *tout* gaz dans l'eau diminue avec l'augmentation de la température. Pour comprendre ce concept, pensez à l'eau gazéifiée, que l'on produit en injectant du gaz carbonique à haute pression dans l'eau. Si vous décapsulez une bouteille d'eau gazéifiée réfrigérée et la laissez reposer à la température ambiante, l'eau devient plate au bout de quelques minutes. Tout le gaz carbonique s'échappe.

Les *caissons hyperbares* constituent des applications médicales de la loi de Henry. Ces caissons contiennent de l'oxygène à des pressions dépassant 1 atmosphère, et ils servent à faire entrer des quantités d'oxygène supérieures à la normale dans le sang d'un sujet atteint d'oxycarbonisme (intoxication par le monoxyde de carbone), d'état de choc et d'asphyxie. Ces dispositifs servent également à traiter les personnes atteintes de gangrène gazeuse ou de tétanos, car les bactéries anaérobies qui causent ces infections ne peuvent vivre en présence de fortes concentrations d'oxygène. Enfin, la loi de Henry trouve des applications dans le domaine de la plongée sous-marine (voir l'encadré des pages 834-835).

Bien que l'inhalation d'oxygène à 2 atmosphères soit inoffensive si elle est de courte durée, la **toxicité de l'oxygène** est particulièrement élevée à une pression partielle supérieure à 2,5 ou 3 atmosphères. Les concentrations excessives d'oxygène produisent en effet de grandes quantités de radicaux libres nocifs, qui causent au système nerveux central de graves atteintes conduisant au coma et à la mort. ■

Composition du gaz alvéolaire

Comme le montre le tableau 23.4, la composition de l'atmosphère est bien différente de celle du gaz alvéolaire. Les alvéoles contiennent plus de gaz carbonique et de vapeur d'eau et beaucoup moins d'oxygène que l'atmosphère, laquelle est composée presque uniquement d'oxygène et d'azote. Ces différences s'expliquent par les processus suivants : (1) les échanges gazeux qui se produisent dans les poumons (diffusion de l'oxygène des alvéoles au sang pulmonaire et diffusion du gaz carbonique dans le sens inverse) ; (2) l'humidification de l'air qui s'effectue dans les zones de conduction ; (3) le mélange de gaz alvéolaires (entre le volume de gaz occupant l'espace mort anatomique et l'air qui entre dans les poumons) qui survient à chaque respiration. Comme 500 mL d'air seulement entrent dans les conduits aériens à chaque inspiration courante, le gaz alvéolaire est en fait un mélange de gaz fraîchement inspirés et de gaz demeurés dans les conduits entre les respirations.

Les pressions partielles de l'oxygène et du gaz carbonique sont fortement influencées par la fréquence et par l'amplitude de la respiration. Une forte ventilation alvéolaire apporte une grande quantité d'oxygène aux alvéoles, y augmente la pression partielle de l'oxygène et élimine rapidement le gaz carbonique des poumons.

Échanges gazeux entre le sang, les poumons et les tissus

Pendant la *respiration externe,* dans les poumons, l'oxygène entre dans le sang, et le gaz carbonique en sort grâce au mécanisme de la diffusion. Ces gaz font, par le même mécanisme, le trajet inverse dans les tissus, où le processus est appelé *respiration interne.* Nous allons étudier la respiration externe et la respiration interne l'une à la suite de l'autre pour en faire ressortir les similitudes, mais rappelez-vous que les gaz doivent être transportés aux sites d'échange par le sang.

Respiration externe : échanges gazeux dans les poumons

Pendant la respiration externe, le sang rouge sombre qui s'écoule dans la circulation pulmonaire prend une couleur écarlate, puis il retourne au cœur gauche d'où il est distribué à tous les tissus par les artères systémiques. Bien que le changement de couleur soit causé par la captation d'oxygène et sa fixation à l'hémoglobine des érythrocytes, l'échange de gaz carbonique (libération) est tout aussi rapide que celui de l'oxygène.

Plusieurs facteurs influent sur le mouvement de l'oxygène et du gaz carbonique à travers la membrane alvéolo-capillaire : (1) les gradients de pression partielle et les solubilités des gaz ; (2) les caractéristiques structurales de la membrane alvéolo-capillaire ; (3) les aspects fonctionnels tels que la concordance entre la ventilation alvéolaire et la perfusion sanguine dans les capillaires alvéolaires.

Gradients de pression partielle et solubilités des gaz Puisque la P_{O_2} n'est que de 40 mm Hg environ dans le sang veineux des artères pulmonaires mais de 104 mm Hg dans les alvéoles, le gradient de pression partielle est élevé (64 mm Hg), et l'oxygène diffuse rapidement des alvéoles au sang des capillaires pulmonaires (figure 23.16). L'équilibre, soit une pression partielle d'oxygène de 104 mm Hg de part et d'autre de la membrane alvéolo-capillaire, s'établit habituellement en 0,25 seconde, soit environ le tiers du temps qu'un érythrocyte passe dans un capillaire pulmonaire (figure 23.17). On en déduit que la durée de l'écoulement sanguin dans les capillaires pulmonaires peut diminuer des deux tiers sans que l'oxygénation s'en trouve diminuée. Le gaz carbonique se déplace en sens inverse suivant un gradient de pression partielle d'environ 5 mm Hg (de 45 à 40 mm Hg) jusqu'à ce que soit atteint l'équilibre, à 40 mm Hg (voir la figure 23.16). Ensuite, le gaz carbonique est expulsé graduellement des alvéoles pendant l'expiration. Bien que le gradient de pression de l'oxygène soit beaucoup plus élevé que celui du gaz carbonique, ces gaz sont échangés en quantités égales, car la solubilité du gaz carbonique dans le plasma et dans le liquide alvéolaire est 20 fois plus grande que celle de l'oxygène.

Épaisseur de la membrane alvéolo-capillaire Dans des poumons sains, la membrane alvéolo-capillaire ne mesure que de 0,5 à 1 μm d'épaisseur, et l'échange gazeux est généralement très efficace. L'efficacité des échanges gazeux est également favorisée par le fait que l'oxygène et le gaz carbonique sont liposolubles et que, par conséquent, ils diffusent rapidement à travers la membrane plasmique des épithéliocytes respiratoires et des cellules endothéliales des capillaires.

En cas d'œdème pulmonaire (notamment dans la pneumonie), l'épaisseur de la membrane alvéolo-capillaire augmente de manière considérable. Dans une telle situation, même la durée totale (0,75 s) du transit des érythrocytes dans les capillaires pulmonaires peut être insuffisante pour assurer un échange gazeux adéquat, et les tissus commencent à manquer d'oxygène. ■

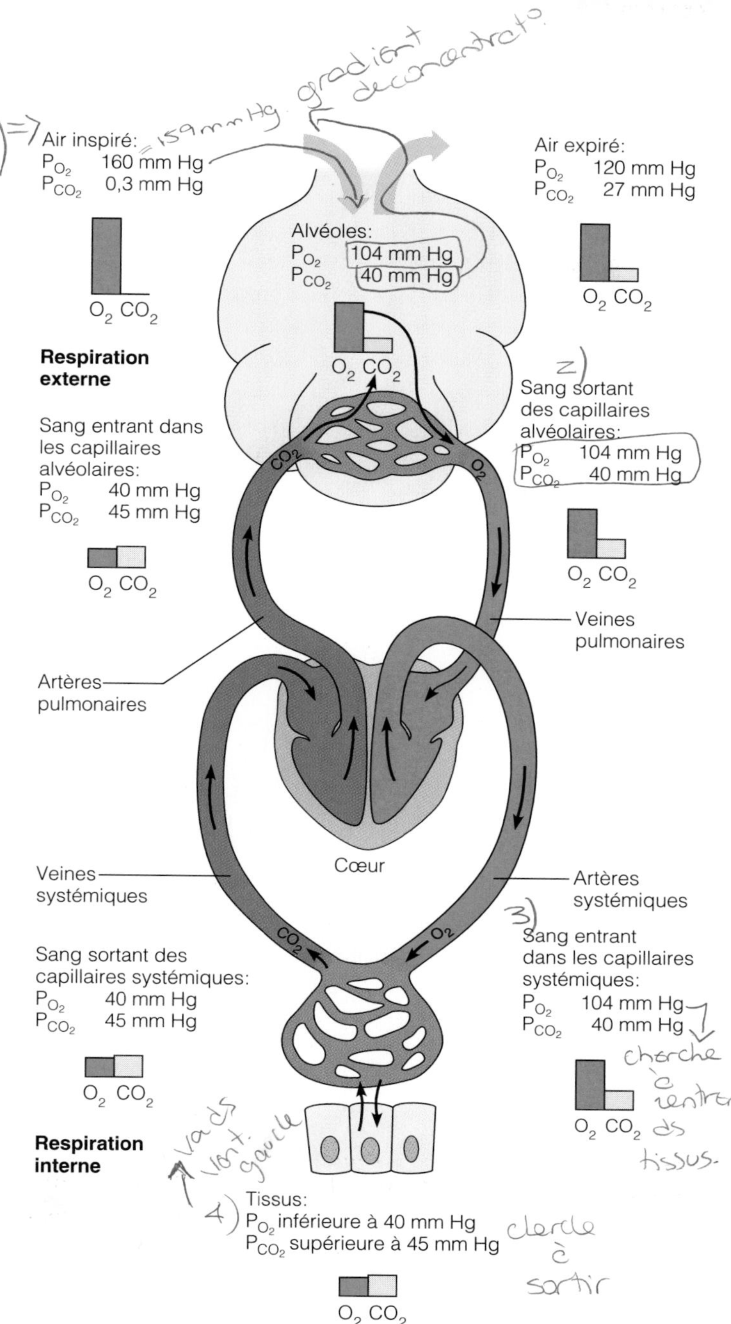

FIGURE 23.16
Gradients de pression partielle favorisant les mouvements des gaz dans l'organisme. Les gradients qui favorisent les échanges d'oxygène et de gaz carbonique à travers la membrane alvéolo-capillaire (respiration externe) sont représentés au haut de la figure. Les gradients qui favorisent les mouvements des gaz à travers les membranes des capillaires systémiques dans les tissus (respiration interne) sont indiqués au bas de la figure. Les gradients sont exprimés en mm Hg. (Notez que la composition gazeuse de l'air alvéolaire diffère de celle de l'air expiré, phénomène attribuable au mélange d'air provenant de l'espace mort à l'air expiré.)

Aire consacrée aux échanges gazeux Plus l'aire de la membrane alvéolo-capillaire est étendue, plus grande est la quantité de gaz qui peut diffuser à travers elle en un laps de temps donné. L'aire des alvéoles, qui sont pourtant microscopiques (chaque alvéole ne mesure que 0,3 mm de diamètre), est immense dans des poumons sains. Elle atteint 140 m^2 chez un homme en bonne santé, soit approximativement 40 fois l'aire de sa peau!

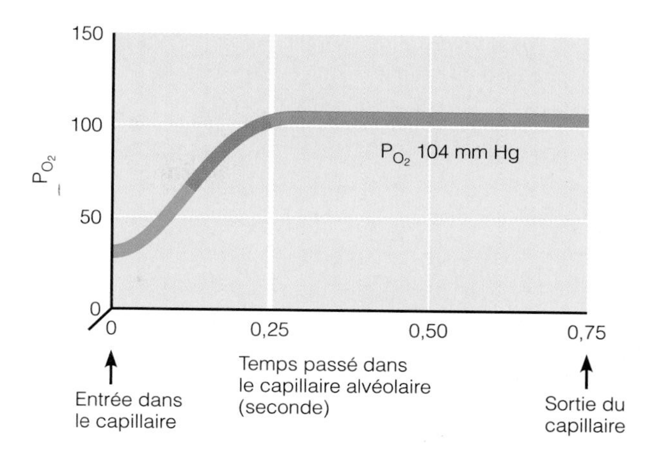

FIGURE 23.17
Oxygénation du sang dans les capillaires alvéolaires. Notez que le temps écoulé entre le moment où le sang entre dans les capillaires alvéolaires (indiqué par 0) et celui où la pression partielle de l'oxygène atteint 104 mm Hg est d'environ 0,25 s.

Certaines pneumopathies réduisent considérablement l'aire effectivement consacrée aux échanges gazeux. Tel est le cas de l'emphysème pulmonaire, qui cause la rupture des parois d'alvéoles adjacentes, agrandissant ainsi les cavités alvéolaires. De même, les tumeurs, le mucus et les substances inflammatoires entravent l'écoulement gazeux dans les alvéoles. ■

Couplage ventilation-perfusion Pour que l'échange gazeux présente un maximum d'efficacité, il doit y avoir concordance, ou couplage, entre la *ventilation* (la quantité de gaz atteignant les alvéoles) et la *perfusion* (l'écoulement sanguin dans les capillaires irriguant les alvéoles). Ainsi que nous l'avons expliqué au chapitre 20, des mécanismes autorégulateurs locaux adaptent continuellement les conditions qui règnent dans les alvéoles (figure 23.18). Quand la ventilation alvéolaire est inadéquate, la pression partielle de l'oxygène est faible; les artérioles pulmonaires se contractent, et le sang est dévié vers les parties de la membrane alvéolo-capillaire où le captage de l'oxygène peut s'effectuer de manière plus efficace. Inversement, lorsque la ventilation alvéolaire est maximale, les artérioles pulmonaires se dilatent, et l'écoulement sanguin augmente dans les capillaires alvéolaires correspondants. Notez que le mécanisme autorégulateur qui commande au muscle des artérioles pulmonaires est l'inverse de celui qui régit la plupart des artérioles de la circulation systémique.

Les variations de la pression partielle du CO_2 dans les alvéoles modifient le diamètre des *bronchioles*. Les conduits desservant les régions où la concentration alvéolaire de gaz carbonique est élevée se dilatent, et le gaz carbonique peut ainsi s'éliminer rapidement; inversement, les conduits desservant les régions où la pression du gaz carbonique est faible se contractent.

Si l'on administre de l'oxygène à un patient à l'aide d'un masque, que se produit-il au niveau des artérioles menant aux alvéoles riches en oxygène ? Quel est l'avantage de cette réponse ?

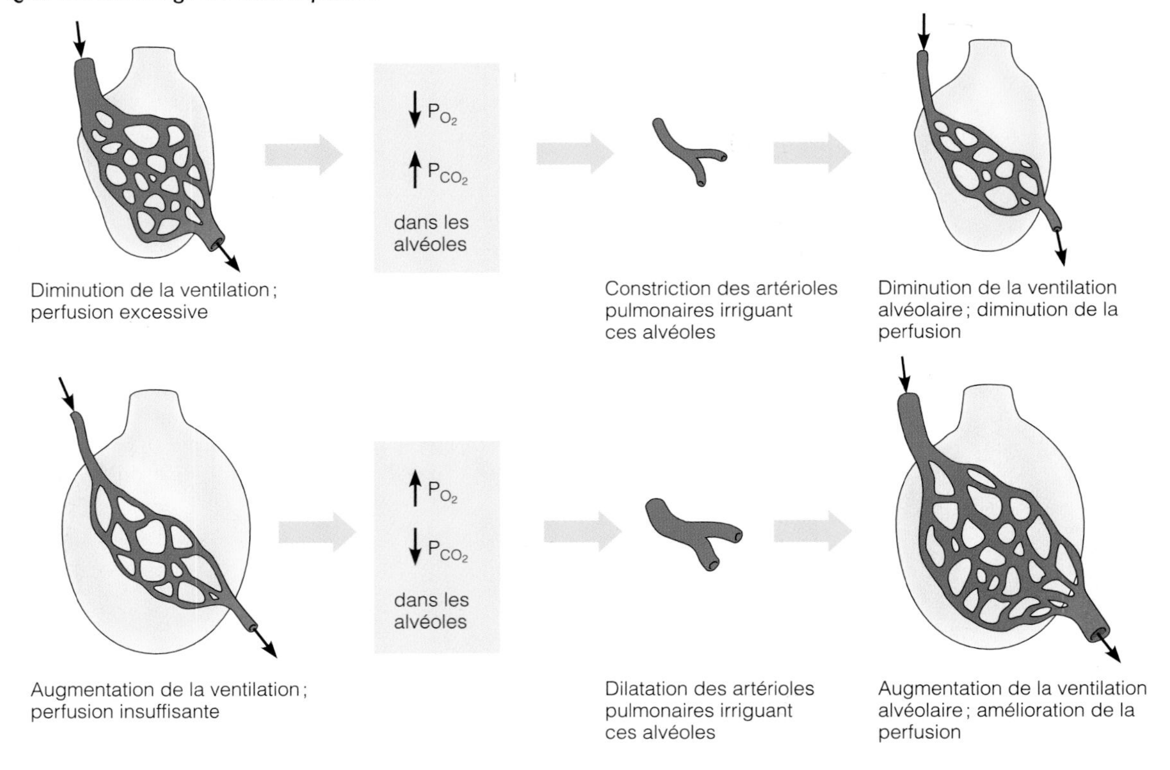

FIGURE 23.18
Couplage ventilation-perfusion. Le schéma représente les phénomènes autorégulateurs qui se soldent par une concordance locale entre l'écoulement sanguin (perfusion) dans les capillaires alvéolaires et l'état actuel de la ventilation alvéolaire.

23

Ces deux systèmes font en sorte que la ventilation alvéolaire et la perfusion pulmonaire soient toujours synchronisées. Une ventilation alvéolaire insuffisante fait diminuer la concentration de l'oxygène et augmenter celle du gaz carbonique dans les alvéoles. Par voie de conséquence, les capillaires alvéolaires se contractent et les conduits aériens se dilatent, favorisant ainsi la synchronisation entre l'écoulement de l'air et celui du sang. L'augmentation de la P_{O_2} et la diminution de la P_{CO_2} causent la constriction des conduits aériens et favorisent l'afflux de sang dans les capillaires alvéolaires. Bien que ces mécanismes homéostatiques établissent les meilleures conditions possible pour les échanges gazeux, ils ne parviennent jamais à équilibrer complètement la ventilation et la perfusion dans chaque alvéole en raison des effets de la gravité et de la présence occasionnelle de mucus qui bloque le conduit alvéolaire. Par conséquent, le sang dans les veines pulmonaires montre une P_{O_2} (100 mm Hg) légèrement inférieure à celle de l'air alvéolaire (104 mm Hg), contrairement à l'équilibre parfait illustré à la figure 23.16.

Respiration interne : échanges gazeux dans les tissus

Bien que les gradients de pression partielle et de diffusion soient inversés, les facteurs favorisant les échanges gazeux entre les capillaires systémiques et les différentes cellules de l'organisme sont identiques à ceux qui prévalent dans les poumons (voir la figure 23.16). Au cours de leurs activités métaboliques, les cellules produisent une quantité de gaz carbonique égale à la quantité d'oxygène qu'elles consomment. La pression partielle de l'oxygène est toujours plus faible dans le liquide interstitiel des tissus que dans le sang artériel systémique (40 mm Hg contre 104 mm Hg). L'oxygène passe donc rapidement du sang aux tissus jusqu'à ce que l'équilibre soit atteint, et le gaz carbonique parcourt le trajet inverse dans le sens de son gradient de pression partielle. Par conséquent, la pression partielle de l'oxygène est de 40 mm Hg et celle du gaz carbonique de 45 mm Hg dans le sang veineux issu des lits capillaires des tissus.

En résumé, les échanges gazeux entre le sang et les alvéoles et entre le sang et les cellules de l'organisme reposent sur la diffusion simple déterminée par les gradients de pression partielle de l'oxygène et du gaz carbonique régnant de part et d'autre des membranes à travers lesquelles se font les échanges.

Les artérioles se dilatent. Cette réponse permet la concordance de l'écoulement sanguin et de la disponibilité de l'oxygène.

TRANSPORT DES GAZ RESPIRATOIRES DANS LE SANG

Transport de l'oxygène

L'oxygène moléculaire est transporté dans le sang de deux façons: lié à l'hémoglobine à l'intérieur des érythrocytes et dissous dans le plasma (voir la figure 23.21, p. 833). Étant donné sa faible solubilité dans l'eau, l'oxygène n'est transporté qu'à 1,5 % environ sous forme de soluté. Du reste, si tel était le *seul* moyen de transport de l'oxygène, il faudrait une pression partielle de 3 atmosphères ou un débit cardiaque 15 fois plus grand que la normale pour fournir aux tissus la concentration physiologique d'oxygène! Bien entendu, l'hémoglobine surmonte cette contrainte: 98,5 % de l'oxygène acheminé des poumons aux tissus est transporté sous forme de combinaison chimique instable avec l'hémoglobine.

Association et dissociation de l'oxygène et de l'hémoglobine

Ainsi que nous l'avons décrit au chapitre 18, l'hémoglobine (Hb) est composée de quatre chaînes polypeptidiques, dont chacune est liée à un groupement hème contenant un atome de fer (voir la figure 18.4, p. 633). Comme l'oxygène se lie aux atomes de fer, chaque molécule d'hémoglobine peut se combiner à quatre molécules d'oxygène, en un processus rapide et réversible.

On représente la combinaison oxygène-hémoglobine, appelée **oxyhémoglobine,** par le symbole $\mathbf{HbO_2}$ et l'hémoglobine qui a libéré l'oxygène, appelée **désoxyhémoglobine** (ou hémoglobine réduite), par le symbole **HHb.** On peut exprimer la liaison et la dissociation de l'oxygène par l'équation suivante:

$$\text{HHb} + \text{O}_2 \underset{\text{Tissus}}{\overset{\text{Poumons}}{\rightleftharpoons}} \text{HbO}_2 + \text{H}^+$$

Une forme de *coopération* s'établit entre les quatre polypeptides de la molécule d'hémoglobine. Après la liaison de la première molécule d'oxygène au fer, la molécule d'hémoglobine change de forme par suite de l'interaction entre le fer et les groupements latéraux des acides aminés de la globine. Sa nouvelle configuration lui permet de capter la deuxième molécule d'oxygène plus aisément que la première et ainsi de suite jusqu'à la quatrième. De même, la dissociation d'une molécule d'oxygène facilite encore davantage la dissociation de la suivante. Lorsque une, deux ou trois molécules d'oxygène sont liées à ses groupements hème, la molécule d'hémoglobine est dite *partiellement saturée*; lorsque quatre molécules d'oxygène sont liées, la molécule d'hémoglobine est dite *pleinement saturée.* L'*affinité* de l'hémoglobine pour l'oxygène varie donc suivant le degré de saturation de l'hémoglobine, ce qui rend l'opération liaison et dissociation de l'oxygène très efficace.

La vitesse à laquelle l'hémoglobine capte ou libère l'oxygène dépend de plusieurs facteurs: les pressions partielles de l'oxygène et du gaz carbonique, la température, le pH sanguin et la concentration de 2,3-DPG dans les érythrocytes. L'interaction de ces facteurs assure aux cellules un approvisionnement suffisant en oxygène.

Influence de la P_{O_2} sur la saturation de l'hémoglobine En raison de la coopération que nous venons de décrire, la relation entre la quantité d'O_2 lié à l'hémoglobine (% de saturation de l'Hb) et la P_{O_2} sanguine n'est pas linéaire. Lorsqu'on trace le graphique de la saturation de l'hémoglobine en fonction de la pression partielle de l'oxygène, la courbe de dissociation de l'oxyhémoglobine, en forme de S, présente une pente abrupte entre 10 et 50 mm Hg, puis elle forme un plateau entre 70 et 100 mm Hg (figure 23.19).

Au repos, dans des conditions normales (P_{O_2} = 104 mm Hg), le sang artériel est saturé à 98 %, et chaque 100 mL de sang artériel systémique contient environ 20 mL d'oxygène. La *teneur en oxygène* du sang artériel est de 20 % par volume. Au cours du trajet du sang artériel dans les capillaires systémiques, environ 5 mL d'oxygène par 100 mL de sang sont libérés, ce qui abaisse la saturation de l'hémoglobine à 75 % (et la teneur en oxygène à 15 % par volume) dans le sang veineux.

Comme l'hémoglobine est presque complètement saturée dans le sang artériel, une respiration profonde (qui amène la pression partielle de l'oxygène tant dans les alvéoles que dans le sang artériel au-delà de 104 mm Hg) augmente *peu* sa saturation. Rappelez-vous que les mesures de la pression partielle de l'oxygène n'indiquent que la quantité d'oxygène dissoute dans le plasma, et non pas la quantité liée à l'hémoglobine. Toutefois, les mesures de la P_{O_2} fournissent de bons indices de la fonction pulmonaire, et une P_{O_2} dans le sang artériel inférieure à la P_{O_2} dans les alvéoles indique un certain degré de trouble respiratoire.

La courbe de saturation de l'hémoglobine donne deux renseignements importants. Premièrement, l'hémoglobine est presque complètement saturée à une pression partielle d'oxygène de 70 mm Hg, et les accroissements subséquents de cette pression n'augmentent que faiblement la liaison de l'oxygène. De la sorte, la liaison de l'oxygène et son acheminement aux tissus peuvent demeurer adéquats lorsque la pression partielle de l'oxygène dans l'air inspiré est de beaucoup inférieure aux valeurs habituelles, notamment en altitude et en cas de maladie cardiopulmonaire. Qui plus est, comme la *dissociation* de l'oxygène se produit principalement dans la partie abrupte de la courbe, où la pression partielle varie très peu, de 20 à 25 % seulement de l'oxygène lié se dissocie pendant un tour de circuit systémique (voir la figure 23.19), et des quantités substantielles d'oxygène demeurent disponibles dans le sang veineux (*réserve veineuse*). Par conséquent, si la pression partielle de l'oxygène atteint de très bas niveaux dans les tissus, comme elle le fait pendant l'activité musculaire intense, une grande quantité d'oxygène peut se dissocier de l'hémoglobine et servir aux cellules pour la production d'ATP.

Nous n'avons considéré ici que l'hémoglobine A, celle que l'on trouve chez l'adulte. Le fœtus possède une hémoglobine F qui a une affinité plus grande pour l'oxygène que l'hémoglobine de la mère (voir le chapitre 18, p. 654).

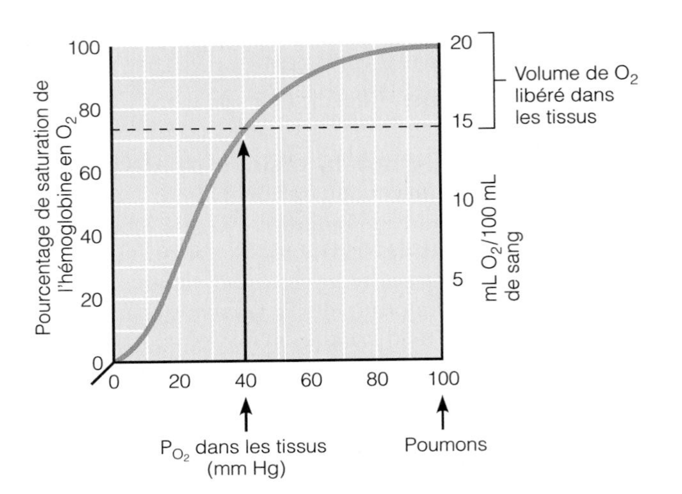

FIGURE 23.19
Courbe de dissociation de l'oxyhémoglobine. Le pourcentage de saturation de l'hémoglobine en O_2 et la concentration sanguine de l'oxygène sont indiqués à différentes pressions partielles de l'oxygène (P_{O_2}). Notez que l'hémoglobine est presque complètement saturée à une pression partielle d'oxygène de 70 mm Hg. La liaison et la dissociation rapides de l'oxygène se produisent aux pressions partielles d'oxygène correspondant à la partie fortement inclinée de la courbe. Dans la circulation systémique, 25 % environ de l'oxygène lié à l'hémoglobine est libéré dans les tissus (autrement dit, approximativement 5 mL sur les 20 mL d'oxygène par 100 mL de sang artériel sont libérés). Par conséquent, l'hémoglobine du sang veineux demeure saturée en O_2 à 75 % après un parcours complet dans l'organisme.

Influence de la température, du pH, de la P_{CO_2} et du 2,3-DPG sur la saturation de l'hémoglobine

Un certain nombre de facteurs, dont les plus importants sont la température, la concentration d'ions hydrogène (H^+), la P_{CO_2} et la quantité de 2,3-DPG dans le sang, influent sur la saturation de l'hémoglobine à une P_{O_2} donnée. Le 2,3-DPG (2,3-diphosphoglycérate) est un composé unique qui forme des liaisons réversibles avec l'hémoglobine. Il est produit par les érythrocytes au moment de la dégradation du glucose par un procédé anaérobie appelé *glycolyse.*

Tous ces facteurs influent sur la saturation de l'hémoglobine en modifiant sa structure tridimensionnelle et, par conséquent, son affinité pour l'oxygène. En règle générale, une *augmentation* de la température (figure 23.20a), de la P_{CO_2}, de la concentration sanguine d'ions H^+ (figure 23.20b) ou des taux sanguins de 2,3-DPG réduit l'affinité de l'hémoglobine pour l'O_2 et entraîne un déplacement vers la droite de la courbe de dissociation de l'oxyhémoglobine, ce qui favorise la dissociation de l'oxygène du sang. Inversement, une *diminution* de l'un de ces facteurs accroît l'affinité de l'hémoglobine pour l'oxygène et entraîne un déplacement de la courbe de dissociation de l'oxyhémoglobine vers la gauche.

Si l'on réfléchit aux liens possibles entre ces facteurs, on remarque qu'ils atteignent tous leur point culminant dans les capillaires systémiques, où l'objectif premier est la dissociation de l'oxygène. À mesure que les cellules métabolisent le glucose et utilisent l'oxygène, elles libèrent du gaz carbonique, ce qui accroît la P_{CO_2} et la concentration sanguine d'ions H^+ dans les capillaires. Comme la baisse du pH sanguin (acidose) affaiblit la liaison entre l'hémoglobine et l'oxygène, un phénomène appelé **effet Bohr,** cela accélère l'apport d'oxygène aux tissus qui en ont le plus besoin. En outre, la chaleur est l'un des sous-produits du métabolisme cellulaire, et les tissus actifs sont généralement plus chauds que les tissus inactifs. L'augmentation de la température a une incidence directe et indirecte sur l'affinité de l'hémoglobine pour l'oxygène (par son influence sur le métabolisme des érythrocytes et la synthèse du 2,3-DPG). Collectivement, ces facteurs veillent à ce qu'une plus grande quantité d'oxygène se dissocie de l'hémoglobine au voisinage des tissus actifs.

Certaines hormones, telles la thyroxine, la testostérone, les hormones de croissance et les catécholamines (adrénaline et noradrénaline), accroissent la vitesse du métabolisme des érythrocytes et la formation de 2,3-DPG. Par le fait même, ces hormones favorisent directement l'apport d'oxygène aux tissus.

Association de l'hémoglobine au monoxyde d'azote dans les échanges gazeux

Le monoxyde d'azote (NO), sécrété par des cellules pulmonaires et des cellules de l'endothélium vasculaire, est un vasodilatateur bien connu qui joue un rôle important dans la régulation de la tension artérielle. À l'opposé, l'hémoglobine a une réputation formidable comme vasoconstricteur, car son groupement hème contenant du fer détruit le NO. Paradoxalement, les vaisseaux locaux se dilatent aux sites des échanges gazeux.

Des recherches récentes proposant un second cycle (non respiratoire) de l'hémoglobine, dans lequel le NO jouerait un rôle actif dans les échanges des gaz respiratoires, semblent résoudre en partie ce mystère. Dans les poumons, lorsque l'oxygène se lie aux groupements hème de l'hémoglobine, celle-ci change de forme. Ces changements permettent au NO de se fixer à la cystéine, un acide aminé. Cette liaison donne lieu à la formation d'un groupement thiol qui protège le NO de la dégradation par le fer contenu dans l'hémoglobine. À mesure que l'hémoglobine enrichie se dissocie de l'oxygène, elle libère également du NO, qui dilate les vaisseaux sanguins locaux et favorise la libération de l'oxygène. Par la suite, l'hémoglobine désoxygénée capte à la fois le gaz carbonique (processus que nous décrirons sous peu) et le NO en circulation, et elle achemine ces gaz aux poumons où ils s'en dissocient. Il semble donc que nous soyons en présence d'hémoglobine transportant son propre vasodilatateur !

Altérations du transport de l'oxygène

Quelle qu'en soit la cause, toute diminution de l'apport d'oxygène aux tissus est appelée **hypoxie.** Cet état est facilement détectable chez les personnes au teint pâle, car leur peau et leurs muqueuses prennent une teinte bleuâtre (deviennent cyanosées)

L'augmentation de la température et celle de la P_{CO_2} affectent-elles la dissociation de l'O_2 de la même façon ou de façon contraire ?

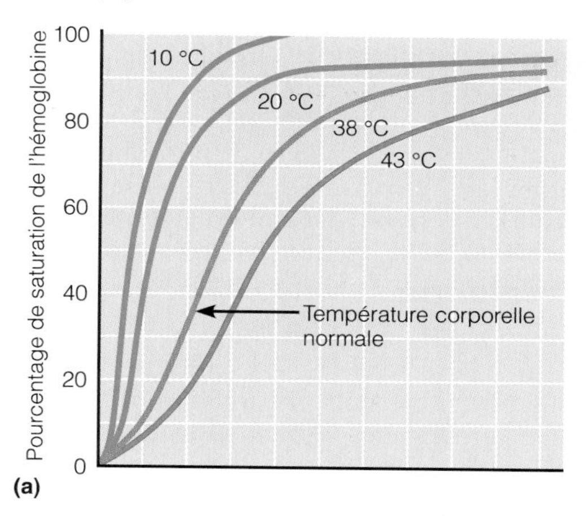

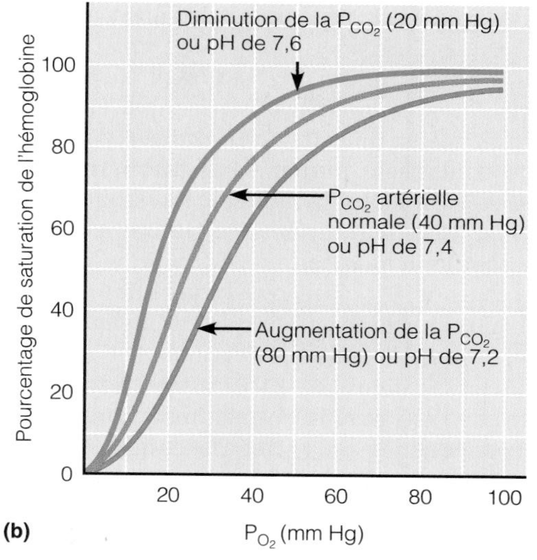

FIGURE 23.20
Effets de la température, de la pression partielle du gaz carbonique et du pH sanguin sur la courbe de dissociation de l'oxyhémoglobine. La dissociation de l'oxygène est accélérée par : **(a)** l'élévation de la température ; **(b)** l'augmentation de la pression partielle du gaz carbonique et/ou la diminution du pH, ce qui incline la courbe de dissociation vers la droite. Cet effet de la diminution du pH est appelé effet Bohr.

lorsque la saturation en hémoglobine tombe sous la barre des 75 % ; chez les individus à la peau foncée, le changement de couleur ne s'observe que sur les muqueuses et le lit des ongles. En fonction de sa cause, l'hypoxie peut être classée de la manière suivante :

1. L'*hypoxie des anémies* reflète un apport insuffisant d'oxygène dû à un nombre peu élevé d'érythrocytes ou à une teneur anormale d'hémoglobine dans les érythrocytes.
2. L'*hypoxie d'origine circulatoire* traduit un ralentissement ou un arrêt de la circulation sanguine. L'insuffisance cardiaque peut causer une hypoxie généralisée, tandis que les emboles et les thrombus n'entravent l'apport d'oxygène que dans les tissus situés en aval.
3. L'*hypoxie histotoxique* survient lorsque les cellules de l'organisme sont incapables d'utiliser l'oxygène, même lorsqu'il est fourni en quantité suffisante. Cette variété d'hypoxie est attribuable à l'absorption de poisons métaboliques, comme le cyanure.
4. L'*hypoxie d'origine respiratoire* se manifeste par une baisse de la P_{O_2} artérielle. Ses causes possibles comprennent les déséquilibres du mécanisme de couplage ventilation-perfusion, les pneumopathies qui altèrent la ventilation et l'inhalation d'air pauvre en oxygène. L'**oxycarbonisme,** l'intoxication par le monoxyde de carbone, est une forme particulière d'hypoxie d'origine respiratoire, et elle constitue la principale cause de décès en cas d'incendie. Le monoxyde de carbone (CO), qui se retrouve aussi dans les gaz d'échappement des moteurs d'automobiles et dans la fumée de cigarettes, est un gaz incolore et inodore qui dispute âprement à l'oxygène les sites de liaison de l'hème. En outre, comme l'hémoglobine a 200 fois plus d'affinité pour le monoxyde de carbone que pour l'oxygène, la concurrence est déloyale : même à des pressions partielles infimes, le monoxyde de carbone parvient à déloger l'oxygène.

L'oxycarbonisme a ceci d'insidieux qu'il ne produit pas les signes caractéristiques de l'hypoxie, soit la cyanose et la détresse respiratoire. Il se traduit plutôt par la désorientation et par une céphalée lancinante. Dans de rares cas, la peau pâle prend une couleur écarlate (celle du complexe hémoglobine-monoxyde de carbone), qui peut facilement passer pour le signe d'une bonne santé. Le traitement de l'oxycarbonisme vise l'élimination complète du monoxyde de carbone. Il consiste à administrer de l'oxygène hyperbare (si possible) ou à 100 % puisque, en augmentant la concentration de l'oxygène dans le sang, on parvient à déloger progressivement le monoxyde de carbone des molécules d'hémoglobine. ■

Transport du gaz carbonique

Dans des conditions normales, les cellules produisent environ 200 mL de gaz carbonique par minute, soit exactement le volume que les poumons éliminent dans la même période. Le gaz carbonique présent dans le sang est transporté des cellules aux poumons sous trois formes (énumérées ici en ordre croissant d'importance) : sous forme de gaz dissous dans le plasma, sous forme de complexe avec l'hémoglobine et sous forme d'ions bicarbonate dans le plasma (figure 23.21).

1. **Gaz dissous dans le plasma.** De 7 à 10 % du gaz carbonique transporté est simplement dissous dans le plasma (comparativement à 1,5 % pour l'oxygène). Toutefois, la plupart des autres molécules de gaz carbonique entrant dans le plasma passent rapidement dans les érythrocytes, où se produit la majeure partie des réactions chimiques qui préparent le gaz carbonique au transport.

De la même façon.

2. **Complexe avec l'hémoglobine dans les érythrocytes.** De 20 à 30 % du gaz carbonique transporté est contenu dans les érythrocytes sous forme de **carbhémoglobine**:

$$CO_2 + \text{hémoglobine} \rightleftharpoons HbCO_2$$
(carbhémoglobine)

Cette réaction est rapide et ne nécessite pas de catalyseur. Puisque le gaz carbonique se lie directement aux groupements amine des acides aminés de la *globine* (et non pas aux atomes de fer de l'hème), son transport dans les érythrocytes n'entre pas en concurrence avec celui de l'oxygène (ni avec la liaison du NO).

La liaison et la dissociation du gaz carbonique sont directement influencées par (1) sa pression partielle et (2) le degré d'oxygénation de l'hémoglobine. Le gaz carbonique se dissocie rapidement de l'hémoglobine dans les poumons, car sa pression partielle est moindre dans l'air alvéolaire que dans le sang; le gaz carbonique se lie à l'hémoglobine dans les tissus, où sa pression partielle est plus élevée que dans le sang. La désoxyhémoglobine se combine plus facilement au gaz carbonique que l'oxyhémoglobine (voir plus loin la section portant sur l'effet Haldane).

3. **Ions bicarbonate dans le plasma.** De 60 à 70 % du gaz carbonique est converti en **ions bicarbonate (HCO_3^-)** et transporté dans le plasma. Comme le montre la figure 23.21a, le gaz carbonique se combine à l'eau en diffusant dans les érythrocytes, et il forme de l'acide carbonique instable (H_2CO_3), lequel se dissocie rapidement en ions hydrogène et en ions bicarbonate:

$$\underset{\text{Gaz carbonique}}{CO_2} + \underset{\text{Eau}}{H_2O} \rightleftharpoons \underset{\text{Acide carbonique}}{H_2CO_3} \rightleftharpoons \underset{\text{Ion hydrogène}}{H^+} + \underset{\text{Ion bicarbonate}}{HCO_3^-}$$

Bien que cette réaction se déroule aussi dans le plasma, elle est des milliers de fois plus rapide dans les érythrocytes, car ceux-ci (contrairement au plasma) contiennent de l'**anhydrase carbonique,** une enzyme qui catalyse de manière réversible la conversion du gaz carbonique et de l'eau en acide carbonique. Les ions hydrogène libérés par la dissociation de l'acide carbonique abaissent le pH du cytoplasme des érythrocytes et diminuent l'affinité de l'oxygène pour l'hémoglobine, provoquant ainsi la libération des molécules d'oxygène (effet Bohr). Étant donné l'effet tampon de l'hémoglobine (sa capacité de capter momentanément les ions H^+), les ions hydrogène libérés influent peu sur le pH, et le sang devient à peine plus acide (le pH passe de 7,4 à 7,34) en passant dans les tissus.

Une fois produits, les ions bicarbonate ont tôt fait de diffuser des érythrocytes au plasma, qui les transporte aux poumons. Pour compenser l'efflux soudain d'ions bicarbonate négatifs des érythrocytes, des ions chlorure (Cl^-) passent du plasma aux érythrocytes. Cet échange d'ions est appelé **phénomène de Hamburger** (voir la figure 23.21).

Dans les poumons, le processus est inversé (voir la figure 23.21b). Au cours du passage du sang dans la circulation pulmonaire, la pression partielle du gaz carbonique passe de 45 à 40 mm Hg (et de 54 à 49 % par volume). Pour que cela puisse avoir lieu, les ions HCO_3^- et H^+ doivent s'unir à nouveau pour former du gaz carbonique. Les ions bicarbonate réintègrent les érythrocytes, et ils se lient aux ions hydrogène pour donner de l'acide carbonique; les ions chlorure retournent au plasma. À son tour, l'acide carbonique est retransformé par l'anhydrase carbonique en gaz carbonique et en eau. Ensuite, ce gaz carbonique, de même que celui libéré par l'hémoglobine et celui en solution dans le plasma, diffuse du sang aux alvéoles dans le sens de son gradient de pression partielle.

Effet Haldane

Nous avons vu plus haut l'effet de la concentration du gaz carbonique et des ions H^+ sur l'affinité des molécules d'oxygène pour l'hémoglobine (effet Bohr). Inversement, la pression partielle de l'oxygène dans les poumons ou les tissus influe sur l'affinité des molécules de gaz carbonique pour l'hémoglobine: c'est l'**effet Haldane.** La quantité de gaz carbonique transportée dans le sang est fonction du degré d'oxygénation du sang. Plus la pression partielle de l'oxygène et la saturation de l'hémoglobine est faible, plus le sang peut transporter de gaz carbonique. Ce phénomène, l'effet Haldane, est lié au fait que la désoxyhémoglobine a une forte tendance à former de la carbhémoglobine et à tamponner les ions hydrogène en se liant à eux (voir la figure 23.21a). En entrant dans la circulation systémique, le gaz carbonique abaisse le pH et facilite la dissociation de l'oxygène de l'oxyhémoglobine (effet Bohr), ce qui favorise en retour la formation de carbhémoglobine (effet Haldane), d'ions H^+ et d'ions bicarbonate. Dans la circulation pulmonaire (figure 23.21b), la situation est inversée: le captage de l'oxygène facilite la libération du gaz carbonique (conséquence de l'effet Haldane). À mesure que l'hémoglobine se sature en oxygène, les ions hydrogène libérés se combinent aux ions bicarbonate pour former de l'acide carbonique et, finalement, du gaz carbonique, ce qui concourt à la diffusion du gaz carbonique vers les alvéoles. L'effet Haldane favorise donc l'échange de gaz carbonique tant dans les tissus que dans les poumons.

Influence du gaz carbonique sur le pH sanguin

Typiquement, les ions hydrogène libérés au cours de la dissociation de l'acide carbonique sont tamponnés par l'hémoglobine ou par d'autres protéines contenues dans les érythrocytes ou dans le plasma. Les ions bicarbonate engendrés dans les érythrocytes diffusent dans le plasma, où ils servent de *réserve alcaline* dans le **système tampon acide carbonique-bicarbonate** du sang. Ce système revêt une grande importance pour l'équilibre du pH sanguin (voir l'équation au point 3 ci-dessus concernant le transport du CO_2). Si, par exemple, la concentration sanguine des ions hydrogène commence à s'élever, les ions H^+ en excès se combinent à des ions HCO_3^- et forment de l'acide carbonique (un acide faible qui ne se dissocie ni sous l'effet d'un pH physiologique ni sous celui d'un pH acide). Si la concentration des ions hydrogène dans le sang baisse sous les valeurs adéquates, l'acide carbonique se dissocie, libérant des ions hydrogène et augmentant leur concentration.

*Dans le schéma **(a)**, lorsque l'hémoglobine se dissocie de l'O_2, elle se défait également d'une certaine quantité de monoxyde d'azote. Quel rôle probable le NO joue-t-il dans cet échange gazeux?*

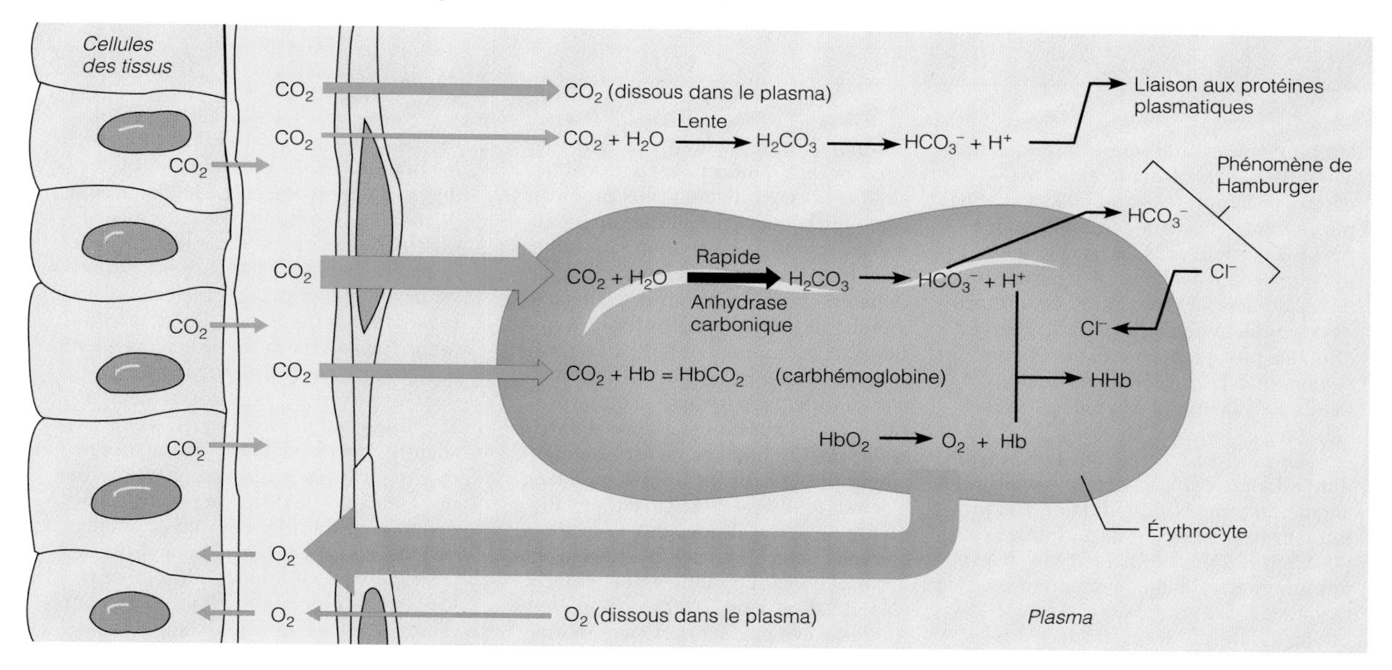

(a) Libération d'oxygène et absorption de gaz carbonique au niveau tissulaire

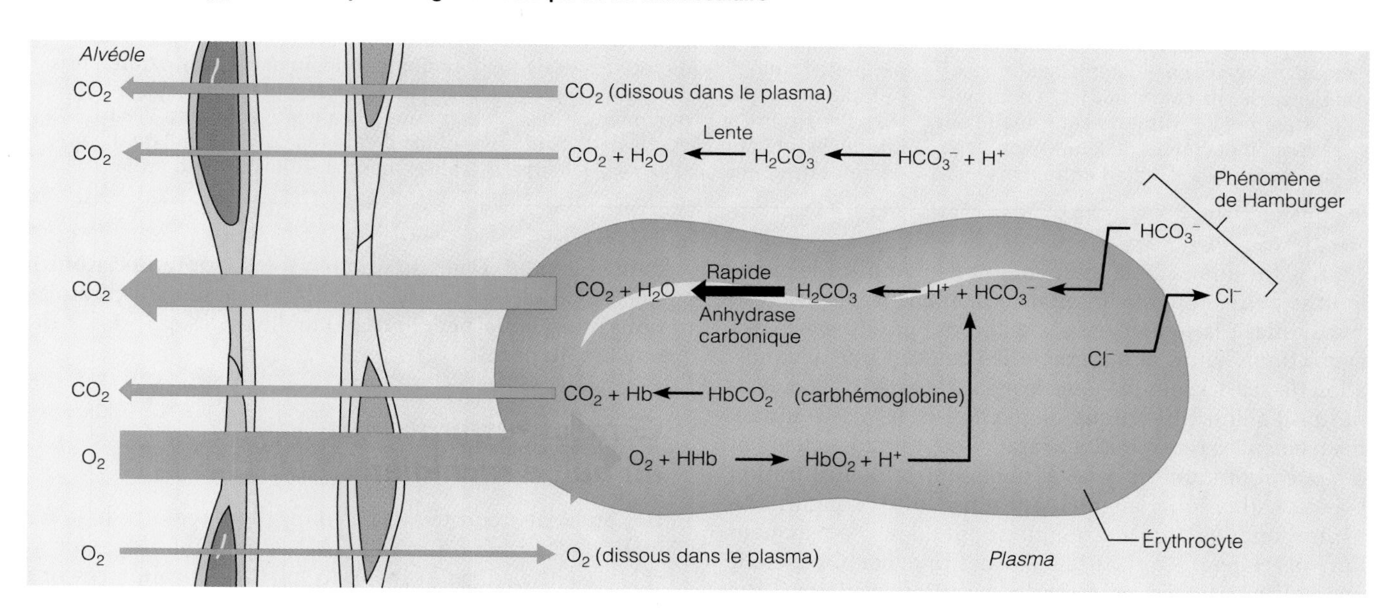

(b) Absorption d'oxygène et libération de gaz carbonique au niveau des poumons

FIGURE 23.21
Transport et échange du gaz carbonique et de l'oxygène. Échanges gazeux se produisant **(a)** dans les tissus et **(b)** dans les poumons. Le gaz carbonique est transporté principalement sous forme d'ions bicarbonate (HCO_3^-) dans le plasma (70 %) ; une moindre quantité est transportée sous forme de complexe avec l'hémoglobine ($HbCO_2$) dans les érythrocytes (22 %) ou en solution physique dans le plasma (7 %). Presque tout l'oxygène transporté dans le sang est lié à l'hémoglobine et forme de l'oxyhémoglobine (HbO_2) dans les érythrocytes. Une très petite quantité (environ 1,5 %) est transportée en solution dans le plasma. (La désoxyhémoglobine est représentée par le symbole HHb.) Notez que la grosseur des flèches indique les quantités relatives d'oxygène et de gaz carbonique transportées de chacune des façons.

Il cause la vasodilatation des vaisseaux sanguins locaux, ce qui favorise l'apport d'oxygène aux tissus et l'absorption de CO_2 dans le sang.

GROS PLAN

L'ivresse au fond de l'eau, c'est mortel

Un plongeur évolue sans effort dans une eau d'un bleu étincelant, entouré de coraux multicolores et de poissons phosphorescents. La scène fait rêver même les plus pantouflards. Mais cette chatoyante beauté cache un danger mortel qui n'attend que l'inexpérience, l'imprudence ou la malchance pour frapper. En effet, les plongeurs sont exposés non seulement à la noyade, mais aussi à l'embolie gazeuse et à la maladie des caissons.

La pression exercée sur l'organisme d'un adepte de la plongée sous-marine augmente proportionnellement à la profondeur (une pression de 1 atmosphère [760 mm Hg] pour tous les 10 m de profondeur, par suite de l'augmentation de la masse d'eau au-dessus). Autrefois, les plongeurs devaient revêtir de lourds scaphandres pressurisés alimentés en air par des tubes reliés à la surface. Aujourd'hui, la plupart des plongeurs utilisent des **scaphandres légers autonomes** munis de bonbonnes remplies d'un mélange de gaz comprimés. Cet équipement permet l'égalisation continuelle de la pression de l'air et de la pression de l'eau ; autrement dit, l'air entre dans les poumons du plongeur à une pression supérieure à la normale. La descente s'effectue généralement sans problème, sauf si le plongeur séjourne longuement à des profondeurs supérieures à 30 m. L'azote a très peu d'effets physiologiques dans des conditions normales, mais il en va tout autrement en conditions hyperbares. À mesure que le séjour en profondeur se prolonge, l'azote se dissout et s'accumule dans le sang en quantités telles qu'il cause un état appelé *narcose à l'azote.* Comme l'azote est beaucoup plus soluble dans les lipides que dans l'eau, il tend à se concentrer dans les tissus riches en lipides tels le système nerveux central, la moelle osseuse et le tissu adipeux. Le plongeur est étourdi, désorienté et semble ivre, d'où le terme « ivresse des profondeurs » communément employé pour désigner cet état.

Si le plongeur a pris soin d'éviter ce risque de narcose et qu'il remonte graduellement à la surface (voir le graphique), l'azote dissous sort des tissus et s'élimine sans problème par la respiration. Par contre, si la remontée est rapide, la pression partielle de l'azote décroît brusquement ; l'azote s'échappe des tissus en bouillonnant et entre dans les liquides de l'organisme. Les bulles de gaz dans le sang représentent autant d'emboles potentiellement mortels, et celles qui se forment dans les articulations, les os et les muscles sont responsables de douleurs localisées associées à la *maladie des caissons.* Outre ces douleurs, la maladie cause des changements d'humeur, des crises convulsives, des démangeaisons, l'engourdissement, des éruptions cutanées migratrices et une surpression pulmonaire (forme de pneumatose). Ce syndrome se traduit par une douleur sous-sternale, de la toux, une dyspnée et, dans les cas graves, un état de choc causé par la présence de bulles d'air dans les capillaires pulmonaires. Ces signes apparaissent habituellement dans un délai d'une heure suivant la remontée, mais ils peuvent aussi se manifester 36 heures plus tard.

Une embolie gazeuse peut également se produire chez le plongeur qui remonte soudainement sans expirer, pris de panique à la suite d'un laryngospasme causé par l'aspiration d'eau, d'une défaillance du matériel ou d'autres aléas propres à l'hostilité du milieu

23

Les variations de la fréquence et de l'amplitude respiratoires peuvent avoir un effet radical sur le pH sanguin en modifiant la teneur en acide carbonique du sang. Des respirations lentes et superficielles causent une accumulation de gaz carbonique dans le sang. De ce fait, la concentration d'acide carbonique augmente, et le pH diminue. Inversement, des respirations rapides et profondes chassent le gaz carbonique du sang et abaissent la concentration d'acide carbonique, augmentant ainsi le pH sanguin. La respiration joue donc un rôle important dans l'ajustement d'un pH sanguin qui aurait été modifié par un facteur métabolique ainsi que dans le maintien de l'équilibre acido-basique du sang, comme nous le verrons en détail au chapitre 27.

RÉGULATION DE LA RESPIRATION

Mécanismes nerveux et établissement du rythme respiratoire

La respiration n'est pas un acte aussi simple qu'il y paraît. Fondamentalement, la respiration repose sur l'activité de neurones de la formation réticulaire, dans le bulbe rachidien et le pont. Dans un premier temps, nous décrirons le rôle du bulbe rachidien, qui établit le rythme respiratoire, puis nous nous pencherons sur les rôles présumés des noyaux du pont.

Centres respiratoires du bulbe rachidien

Des amas de neurones situés dans deux régions de la formation réticulaire du bulbe rachidien semblent jouer un rôle essentiel dans la respiration: (1) le **groupe respiratoire dorsal (GRD)**, un amas de neurones situé sur la portion dorsale, à la racine du nerf crânien IX, et (2) le **groupe respiratoire ventral** (**GRV**), un réseau de neurones situé sur la portion ventrale du tronc cérébral et qui s'étend de la moelle épinière jusqu'à la jonction du bulbe rachidien et du pont. Le GRD semble être le centre de la régulation du rythme respiratoire, c'est pourquoi on l'a appelé **centre inspiratoire.** Les influx émis par ces neurones parcourent les **nerfs phréniques** et les **nerfs intercostaux,** qui stimulent respectivement le diaphragme et les muscles intercostaux externes (figure 23.22). Le thorax se dilate (les poumons augmentent de volume et la pression intra-alvéolaire diminue) et l'air s'engouffre dans les poumons. Ensuite, le GRD devient inactif. Le relâchement des muscles inspiratoires a pour conséquence une diminution du

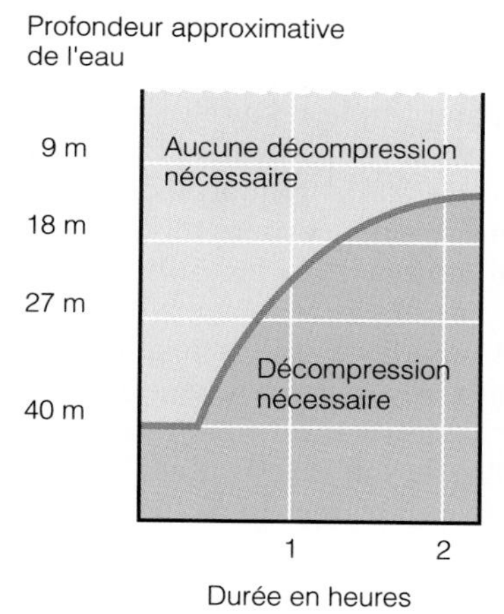

Même avec les scaphandres autonomes modernes, les plongeurs doivent savoir s'ajuster lorsqu'ils passent des pressions sous-marines élevées aux pressions plus faibles de la surface.

aquatique. Les alvéoles sont alors susceptibles de se rompre. S'il s'établit une communication entre les alvéoles et la circulation pulmonaire, l'inspiration de la première bouffée d'air, à la surface, produit une embolie gazeuse dont les signes se manifestent dans les deux minutes qui suivent. Comme le plongeur remonte habituellement la tête la première, les emboles se logent le plus souvent dans les vaisseaux de l'encéphale et peuvent occasionner des crises convulsives, des atteintes motrices et sensorielles localisées et l'inconscience. De fait, de nombreuses noyades reliées à la plongée sous-marine semblent consécutives à l'évanouissement causé par l'embolie gazeuse.

Le traitement de la maladie des caissons est la thérapie hyperbare, qui consiste en une recompression et en une décompression lente. Lorsqu'on soupçonne une embolie gazeuse, on administre de l'oxygène et des médicaments jusqu'à ce qu'on puisse entreprendre la thérapie hyperbare. Mais il n'y a rien de tel qu'un séjour dans un caisson de décompression pour gâcher des vacances. Alors, dans ce cas comme dans bien d'autres, il vaut mieux prévenir que guérir, et la meilleure prévention passe encore par la formation et l'information.

volume de la cage thoracique; la compression des poumons et l'augmentation de la pression intra-alvéolaire fait sortir l'air des poumons: c'est l'expiration. Cette activité cyclique des neurones inspiratoires est incessante et produit de 12 à 15 respirations par minute. Les phases d'inspiration durent environ 2 secondes, et les phases d'expiration, environ 3 secondes. Cette fréquence respiratoire normale est appelée **eupnée** (*eu* = bien; *pnein* = respirer). Dans l'hypoxie grave, les neurones du GRD provoque des halètements (peut-être dans une ultime tentative pour apporter de l'oxygène à l'encéphale). L'inhibition complète des neurones inspiratoires du bulbe rachidien, causée notamment par une dose excessive de somnifères, de morphine ou d'alcool, abolit la respiration.

Contrairement au GRD, composé presque exclusivement de neurones régulant l'inspiration, le GRV se compose d'un nombre plus équilibré de neurones inspiratoires et expiratoires. Les deux réseaux de neurones semblent régir l'activité des muscles respiratoires, mais la contribution du GRV est moins claire. Certains croient qu'il intervient essentiellement durant l'expiration forcée, lorsque des mouvements respiratoires plus vigoureux sont nécessaires.

Centres respiratoires du pont

Bien que le centre inspiratoire du bulbe rachidien engendre le rythme respiratoire fondamental, les centres du pont influent sur l'activité des neurones du bulbe rachidien. Par exemple, les centres du pont semblent adoucir les transitions de l'inspiration à l'expiration, et vice versa; en présence de lésions du centre pneumotaxique, les inspirations deviennent très longues.

Le **centre pneumotaxique**, situé dans la partie supérieure du pont (voir la figure 23.22), semble essentiellement inhiber les centres respiratoires du bulbe rachidien. Le second centre présumé du pont est le *centre apneustique*. Bien que l'existence du centre pneumotaxique ait été maintes fois prouvée, la présence du centre apneustique dans la partie inférieure du pont reste à démontrer. Longtemps perçu comme l'instigateur de l'inspiration (il stimulerait constamment le GRD sauf en cas d'inhibition), le centre apneustique est, au mieux, un concept fonctionnel utile.

Genèse du rythme respiratoire

Bien qu'il soit généralement admis que la respiration est un phénomène rythmique, on ne peut toujours pas expliquer l'origine de ce rythme. Une théorie suggère que les neurones inspiratoires sont des *neurones régulateurs* dotés de propriétés d'automatisation et de régulation intrinsèques du rythme respiratoire. Les neurones du GRV antérieur ont montré une certaine activité de régulation du rythme respiratoire chez les nouveau-nés, mais cette activité n'a jamais été observée chez l'adulte.

Une autre hypothèse suggère que des signaux provenant des mécanorécepteurs musculaires des poumons aident à régulariser le rythme respiratoire (voir plus loin la section intitulée *Réflexe de distension pulmonaire*). Toutefois, ces influences semblent être relativement peu importantes au repos. La théorie la plus populaire veut que le rythme respiratoire normal résulte de l'inhibition réciproque de réseaux de neurones interconnectés dans le bulbe rachidien. Quelles que soient les influences que le bulbe rachidien peut subir, une chose est certaine : les centres du bulbe rachidien sont en mesure d'assurer eux-mêmes le maintien du rythme respiratoire normal.

FIGURE 23.22
Voies nerveuses intervenant dans la régulation du rythme respiratoire. Pendant la respiration calme normale, les neurones du groupe respiratoire dorsal (GRD), ou centre inspiratoire du bulbe rachidien, établissent le rythme : (1) en se dépolarisant et en envoyant des influx nerveux aux muscles inspiratoires ; (2) en devenant inactifs, ce qui donne lieu à l'expiration passive. Les neurones du groupe respiratoire ventral (GRV) semblent inactifs pendant la respiration calme normale. Lorsque la respiration doit gagner en vigueur, le centre inspiratoire déclenche l'activité des muscles respiratoires accessoires et stimule les neurones expiratoires du GRV, lesquels activent les muscles de l'expiration forcée. Les centres du pont interagissent avec ceux du bulbe rachidien de manière à rendre la respiration régulière. Normalement, le centre pneumotaxique limite la phase d'inspiration et adoucit les transitions entre inspiration et expiration. Les interactions hypothétiques du centre apneustique, dont l'existence reste à prouver, sont indiquées par des flèches pointillées. (Notez que les voies efférentes sont incomplètes. Les neurones du bulbe rachidien communiquent avec les neurones moteurs inférieurs de la moelle épinière. Ces neurones, qui innervent les muscles respiratoires, ne sont pas illustrés afin de simplifier la figure.)

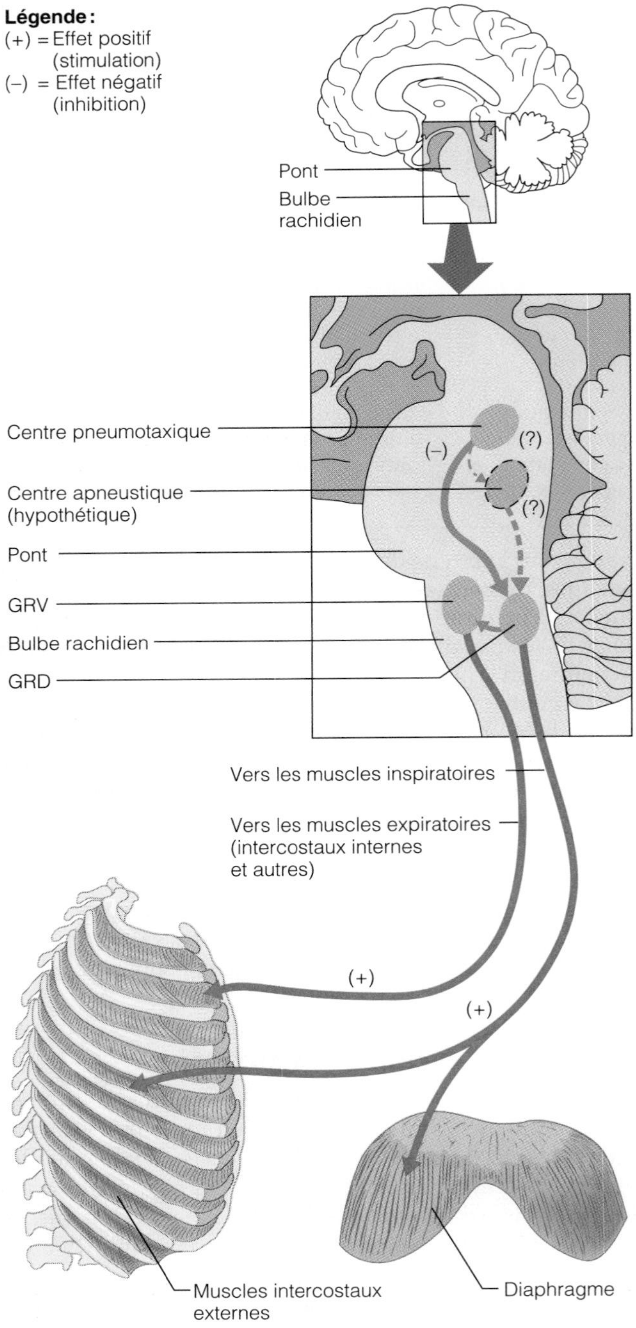

Facteurs influant sur la fréquence et l'amplitude respiratoires

La fréquence et l'amplitude respiratoires peuvent varier suivant les besoins de l'organisme. L'amplitude respiratoire est déterminée par la fréquence des influx envoyés du centre respiratoire aux neurones moteurs qui régissent les muscles respiratoires. Plus les influx sont fréquents, plus le nombre d'unités motrices excitées est grand et plus les contractions des muscles respiratoires sont intenses. La fréquence respiratoire, quant à elle, dépend de la durée de l'action du centre inspiratoire ou, inversement, de la rapidité de son inactivation.

Les centres respiratoires du bulbe rachidien et du pont sont sensibles à des stimulus excitateurs et inhibiteurs. Nous décrivons ci-après ces stimulus, dont la figure 23.23 présente un aperçu.

Réflexes déclenchés par les agents irritants pulmonaires

Les poumons contiennent des récepteurs qui réagissent à une très grande variété d'agents irritants. Une fois activés, ces récepteurs communiquent avec les centres respiratoires par l'intermédiaire de neurones afférents du nerf vague. Le mucus accumulé, la poussière, la fumée de cigarette et les vapeurs nocives stimulent, dans les bronchioles, des récepteurs qui en provoquent la constriction réflexe. Les mêmes agents irritants engendrent la toux lorsqu'ils se logent dans la trachée et dans les bronches, et ils déclenchent l'éternuement s'ils envahissent les cavités nasales.

Réflexe de distension pulmonaire

La plèvre viscérale et les conduits des poumons contiennent de nombreux mécanorécepteurs (barorécepteurs) que la

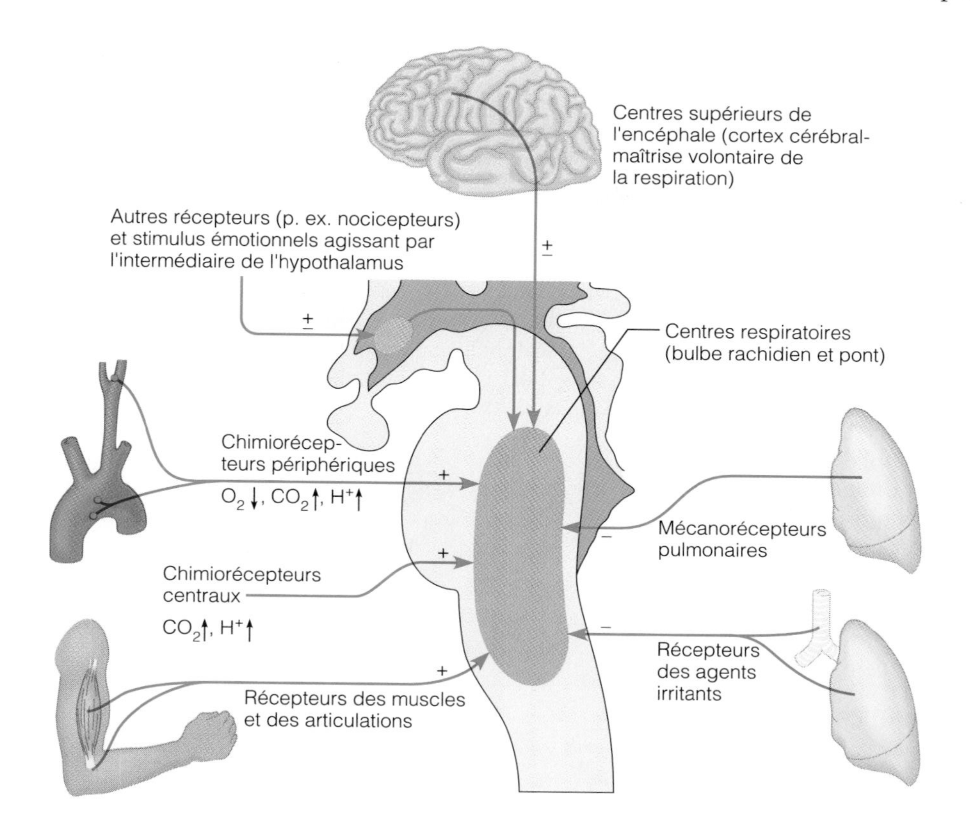

FIGURE 23.23
Influences nerveuses et chimiques s'exerçant sur les centres respiratoires du bulbe rachidien. Les influences excitatrices (+) accroissent la fréquence des influx nerveux envoyés aux muscles de la respiration et produisent une respiration profonde et rapide. L'inhibition du centre bulbaire (–) a l'effet opposé. Dans certains cas, les influx peuvent être soit excitateurs soit inhibiteurs (±), suivant les récepteurs ou les régions de l'encéphale activés.

distension pulmonaire stimule vigoureusement. Les influx inhibiteurs alors acheminés par des neurofibres afférentes au centre inspiratoire du bulbe rachidien mettent fin à l'inspiration et induisent l'expiration. À mesure que les poumons se rétractent, les mécanorécepteurs n'envoient plus d'influx nerveux, et l'inspiration reprend. On pense que ce réflexe, appelé **réflexe de distension pulmonaire,** ou **réflexe de Hering-Breuer,** constitue davantage un mécanisme de protection (pour prévenir la distension excessive des poumons) qu'un mécanisme de régulation normal, car le seuil de ces récepteurs est très élevé chez l'humain.

Influence des centres cérébraux supérieurs

Mécanismes hypothalamiques Les émotions fortes et la douleur activent, par l'intermédiaire du système limbique, les centres sympathiques de l'hypothalamus. Ces centres peuvent moduler la fréquence et l'amplitude respiratoires en envoyant des signaux aux centres respiratoires. Avez-vous déjà eu le souffle coupé en touchant un objet froid et visqueux? Cette réaction a été commandée par l'hypothalamus. Il en va de même lorsque nous retenons notre respiration dans un moment de colère ou lorsque notre rythme respiratoire s'accélère durant un événement excitant. L'élévation de la température corporelle augmente la fréquence respiratoire, tandis qu'une baisse de température produit l'effet inverse; le refroidissement soudain du corps (une baignade dans l'Atlantique nord à la fin octobre) peut causer un arrêt respiratoire (apnée) ou risque à tout le moins de couper le souffle.

Mécanismes corticaux (volition) Bien que la respiration soit normalement un acte involontaire régi par les centres respiratoires du tronc cérébral, il nous possible de modifier la fréquence et l'amplitude de notre respiration, par exemple en choisissant de retenir notre respiration ou de prendre une profonde inspiration. Dans ces circonstances, les centres corticaux communiquent directement avec les neurones moteurs commandant aux muscles respiratoires, et les centres du bulbe rachidien n'interviennent pas. Notre capacité de retenir volontairement notre respiration est toutefois limitée, car les centres respiratoires du tronc cérébral la rétablissent lorsque la concentration de gaz carbonique atteint un niveau critique dans le sang. C'est pourquoi on trouve toujours de l'eau dans les poumons des victimes de noyade.

Facteurs chimiques

Parmi les nombreux facteurs qui peuvent modifier la fréquence et l'amplitude respiratoires établies par le centre inspiratoire du bulbe rachidien, les plus importants sont les variations des concentrations de gaz carbonique, d'oxygène et d'ions hydrogène dans le sang artériel. Les récepteurs qui réagissent à ces fluctuations chimiques, les **chimiorécepteurs,** se divisent en deux grands groupes: les **chimiorécepteurs centraux,** situés de part et d'autre du bulbe rachidien, et les **chimiorécepteurs périphériques,** logés dans la crosse de l'aorte ainsi que dans les corpuscules carotidiens, lesquels se trouvent à la bifurcation des artères carotides communes.

Influence de la P_{CO_2} Le CO_2 est le plus puissant et le plus étroitement contrôlé des facteurs chimiques influant sur la respiration. Normalement, la pression partielle de ce gaz dans le sang artériel est de 40 mm Hg et, grâce aux mécanismes homéostatiques, elle ne varie que de 3 mm Hg.

Comment la respiration s'ajuste-t-elle aux variations de cette pression partielle ? Étant donné que les chimiorécepteurs périphériques sont peu sensibles à la P_{CO_2} dans le sang artériel, le mécanisme de régulation repose essentiellement sur les effets du gaz carbonique sur les chimiorécepteurs centraux du tronc cérébral (figure 23.24). Le gaz carbonique diffuse aisément du sang au liquide cérébro-spinal, où il réagit avec l'eau pour former de l'acide carbonique. En se dissociant, l'acide carbonique libère des ions hydrogène. (La même réaction se produit lorsque le gaz carbonique entre dans les érythrocytes, comme nous l'avons vu à la page 832.) Toutefois, contrairement aux érythrocytes et au plasma, le liquide cérébro-spinal ne contient presque pas de protéines qui puissent capter ou tamponner les ions hydrogène. Par conséquent, à mesure que s'élève la P_{CO_2}, un état appelé **hypercapnie,** le pH du liquide cérébro-spinal diminue. Les ions hydrogène stimulent les chimiorécepteurs centraux, qui font d'abondantes synapses avec les centres de régulation de la respiration. L'amplitude, voire la fréquence, de la respiration augmente. Cet état, appelé **hyperventilation,** augmente la ventilation alvéolaire et chasse le gaz carbonique hors du sang, ce qui augmente le pH. Une augmentation de 5 mm Hg seulement de la pression partielle du gaz carbonique dans le sang artériel double la ventilation alvéolaire, même lorsque la concentration artérielle de l'oxygène et le pH restent inchangés. Quand la pression partielle de l'oxygène et le pH sont inférieurs à la normale, la réaction à l'augmentation de la pression partielle du gaz carbonique est encore plus marquée. L'hyperventilation cesse normalement d'elle-même, au moment où la pression partielle du gaz carbonique dans le sang revient à des niveaux homéostatiques.

Notons que si le stimulus initial est l'augmentation de la concentration du gaz carbonique, c'est la hausse de la concentration d'ions hydrogène qui déclenche l'activité des chimiorécepteurs *centraux*. En dernière analyse, *la régulation de la respiration au repos vise principalement à maintenir la concentration des ions hydrogène dans l'encéphale.*

L'hyperventilation involontaire accompagne souvent les crises d'anxiété, et elle peut alors causer des étourdissements et l'évanouissement. En effet, la diminution de la concentration sanguine du gaz carbonique (**hypocapnie**) cause la constriction des vaisseaux cérébraux et provoque ainsi une ischémie cérébrale. On recommande aux personnes qui connaissent de telles crises de respirer dans un sac de papier. Le fait d'inspirer à nouveau l'air expiré augmente la concentration sanguine de gaz carbonique, ce qui a pour effet de diminuer le pH du liquide cérébro-spinal. ■

Lorsque la pression partielle du gaz carbonique est anormalement basse, la respiration est inhibée, et elle devient lente et superficielle, un état appelé **hypoventilation.** En fait, des périodes d'**apnée** (arrêt de la respiration) peuvent survenir jusqu'à ce que la pression partielle du gaz carbonique dans le sang artériel et la concentration des ions hydrogène dans le sang artériel et le liquide cérébro-spinal s'élèvent et fassent reprendre la respiration.

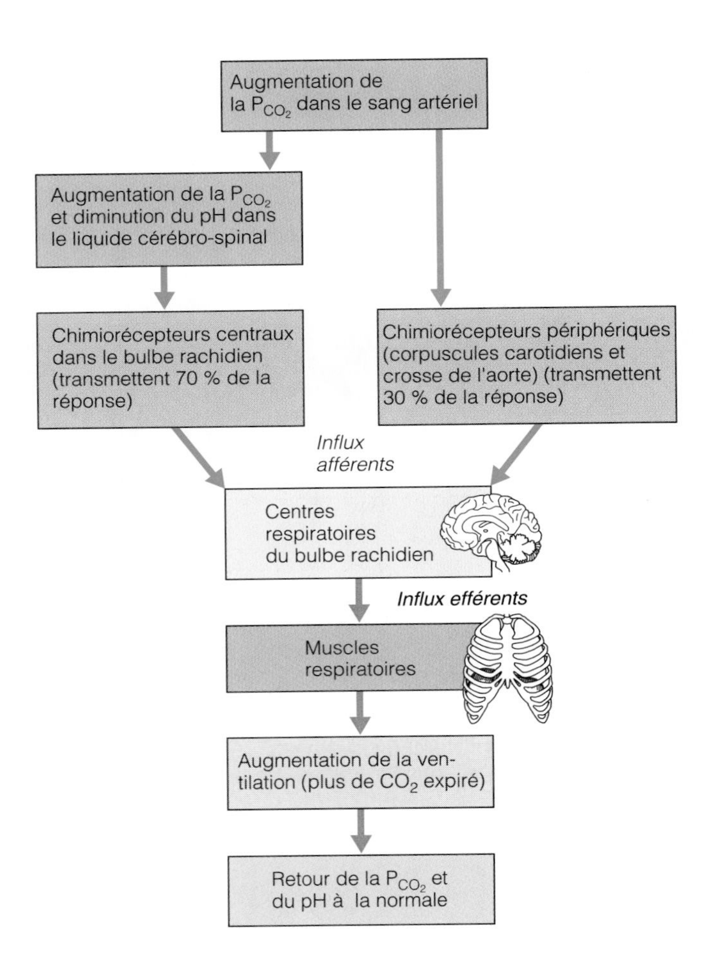

FIGURE 23.24
Mécanisme de rétro-inhibition par lequel les modifications de la P_{CO_2} et de la concentration des ions H^+ régulent la ventilation.

Au cours de compétitions, certains nageurs pratiquent l'hyperventilation afin de pouvoir retenir leur souffle plus longuement. Il s'agit d'une pratique extrêmement dangereuse. En temps ordinaire, le fait de retenir son souffle abaisse rarement la concentration sanguine de l'oxygène à moins de 60 % de la normale car, à mesure que diminue la pression partielle de l'oxygène, la concentration du gaz carbonique s'élève suffisamment pour rendre la respiration irrépressible. Or, l'hyperventilation systématique peut abaisser la pression partielle du gaz carbonique à un point tel qu'une phase de latence précède son retour à des niveaux propres à restaurer la respiration. Au cours de cette phase de latence, la pression de l'oxygène peut descendre sous les 50 mm Hg, et le nageur peut s'évanouir (risquant ainsi la noyade) avant d'éprouver le besoin de respirer.

Influence de la P_{O_2} Les cellules sensibles à la concentration artérielle d'oxygène se trouvent dans les chimiorécepteurs périphériques, c'est-à-dire dans la **crosse de l'aorte** et dans les **corpuscules carotidiens.** Les chimiorécepteurs des corpuscules carotidiens sont les principaux détecteurs de l'oxygène. Dans des conditions normales, l'effet de la diminution de la pression partielle de l'oxygène sur la ventilation est faible et se limite à une augmentation de la sensibilité des récepteurs centraux à l'élévation de la pression partielle du gaz carbonique. La pression partielle de l'oxygène dans le sang artériel doit diminuer *substantiellement,* soit à au moins 60 mm Hg, pour influer sur la ventilation. Le phénomène n'est pas aussi paradoxal qu'il y paraît. Rappelez-vous en effet que d'énormes réserves d'oxygène sont liées à l'hémoglobine et que celle-ci reste presque complètement saturée (à 75 %) tant que la pression partielle de l'oxygène dans le gaz alvéolaire et dans le sang artériel reste au-dessus de 60 mm Hg. En deçà de cette mesure, un individu est en hypoxémie, les chimiorécepteurs centraux commencent à souffrir du manque d'oxygène, et leur activité ralentit. Simultanément, les chimiorécepteurs périphériques sont excités et stimulent les centres respiratoires, qui déclenchent une augmentation de la ventilation, même si la pression partielle du gaz carbonique est normale. Le système réflexe des chimiorécepteurs périphériques peut donc maintenir la ventilation alvéolaire en présence de faibles concentrations alvéolaires d'oxygène, même si les centres du tronc cérébral sont inactivés par l'hypoxie (conséquence de l'hypoxémie).

Chez les individus qu'une pneumopathie (comme l'emphysème pulmonaire et la bronchite chronique) empêche d'éliminer le gaz carbonique, la pression partielle de ce gaz dans le sang artériel est toujours élevée, et les chimiorécepteurs deviennent insensibles à ce stimulus chimique. Dans leur cas, l'effet de la diminution de la pression partielle de l'oxygène (ou hypoxémie) sur les chimiorécepteurs périphériques constitue le principal stimulus respiratoire. Les mélanges de gaz administrés à ces personnes en cas de détresse respiratoire ne sont que faiblement enrichis en oxygène. Si on leur donnait de l'oxygène pur, elles cesseraient de respirer, car elles perdraient leur stimulus respiratoire (une faible pression partielle de l'oxygène). ■

Influence du pH artériel Les variations du pH artériel peuvent modifier la fréquence et le rythme respiratoires, même si les concentrations de gaz carbonique et d'oxygène sont normales. Contrairement au CO_2, les ions hydrogène diffusent plutôt mal du sang au liquide cérébro-spinal ; l'effet direct de la concentration artérielle d'ions H^+ sur les chimiorécepteurs centraux est donc insignifiant comparativement à celui des ions hydrogène engendrés par l'élévation de la pression partielle du gaz carbonique dans le liquide cérébro-spinal. L'accroissement de la ventilation qui survient en réaction à la diminution du pH artériel prend son origine dans les chimiorécepteurs périphériques.

Bien que les variations de la pression partielle du gaz carbonique et celles de la concentration d'ions hydrogène soient reliées, la concentration de H^+ peut être modifiée par d'autres facteurs. Une baisse du pH sanguin (acidose) peut être attribuable à la rétention du gaz carbonique, mais elle peut aussi résulter de la production d'acides par le métabolisme cellulaire. Parmi ces causes, on trouve l'accumulation d'acide lactique pendant l'exercice ou celle d'acides gras (ou d'autres acides organiques) chez les patients dont le diabète sucré est mal équilibré. Quelle que soit la cause de la diminution du pH artériel, les mécanismes de régulation de la respiration tentent de la compenser en éliminant l'acide carbonique du sang sous forme de CO_2 et de H_2O. Par conséquent, la fréquence et l'amplitude respiratoires augmentent.

Résumé des interactions entre la P_{CO_2}, la P_{O_2} et le pH artériel Bien que chacune des cellules de l'organisme ait besoin d'oxygène, la nécessité d'éliminer le gaz carbonique est le principal stimulus de la respiration chez le sujet sain. Le système respiratoire est « suréquipé » pour obtenir l'oxygène, mais il parvient tout juste à éliminer le gaz carbonique. Cependant, nous l'avons vu, le gaz carbonique n'agit pas isolément, et divers facteurs chimiques renforcent ou inhibent mutuellement leurs effets. Voici un résumé de ces interactions.

1. L'accroissement de la concentration de gaz carbonique est le plus puissant stimulus respiratoire. À mesure que le gaz carbonique est transformé en acide carbonique dans le liquide cérébro-spinal, les ions hydrogène libérés stimulent directement les chimiorécepteurs centraux, causant une augmentation réflexe de la fréquence et l'amplitude respiratoires. De faibles pressions partielles du gaz carbonique ralentissent la respiration.
2. Dans des conditions normales, la pression partielle de l'oxygène dans le sang n'influe qu'indirectement sur la respiration, soit en modifiant la sensibilité des chimiorécepteurs aux variations de la pression partielle du gaz carbonique. De faibles pressions partielles de l'oxygène augmentent les effets de la pression partielle du gaz carbonique ; de fortes pressions partielles de l'oxygène affaiblissent l'efficacité de la stimulation par le gaz carbonique.
3. Lorsque la pression partielle de l'oxygène descend sous 60 mm Hg dans le sang artériel (hypoxémie), elle devient le principal stimulus de la respiration, et la ventilation augmente par le biais des réflexes déclenchés par les chimiorécepteurs périphériques. Ce phénomène peut accroître le captage de l'oxygène dans le sang, mais il cause aussi une hausse du pH sanguin relative à la diminution du CO_2 (hypocapnie) ; ce facteur inhibe la respiration.
4. Les variations du pH artériel résultant de la rétention de gaz carbonique ou de la production d'acides par le métabolisme cellulaire modifient la ventilation par l'intermédiaire des chimiorécepteurs périphériques ; la ventilation, à son tour, modifie la pression partielle du gaz carbonique et le pH dans le sang artériel. Le pH du sang artériel n'a pas d'effet direct sur les chimiorécepteurs centraux.

ADAPTATION À L'EXERCICE ET À L'ALTITUDE

Effets de l'exercice

Pendant l'exercice physique, la respiration s'adapte tant à l'intensité qu'à la durée de l'effort. Les muscles actifs consomment de prodigieuses quantités d'oxygène et produisent aussi beaucoup de gaz carbonique. Ainsi, la ventilation est de 10 à 20 fois supérieure à la normale pendant l'exercice intense. La respiration devient plus profonde et plus rapide, et on l'appelle **hyperpnée** pour bien marquer que, contrairement à l'hyperventilation, sa fréquence n'augmente pas de façon marquée. En outre, les changements respiratoires associés à l'hyperpnée correspondent à des besoins d'oxygène et d'excrétion de gaz carbonique et, de ce fait, n'ont pas grande influence sur la concentration de l'oxygène et du gaz carbonique dans le sang. L'hyperventilation, par contre, peut provoquer l'hypocapnie et l'alcalose parce que la sortie plus élevée de CO_2 n'est pas accompagnée par une augmentation de sa production.

L'accroissement de la ventilation en période d'exercice *ne* semble *pas* lié à l'élévation de la pression partielle du gaz carbonique, à la diminution de la pression partielle de l'oxygène ou à la baisse du pH dans le sang, et ce pour deux raisons. Premièrement, la ventilation s'intensifie brusquement au début de la période d'exercice, après quoi elle augmente graduellement puis se stabilise. De même, la ventilation diminue soudainement à la fin de la période d'exercice, après quoi elle revient peu à peu à son état habituel. Deuxièmement, pendant l'exercice, les pressions partielles de l'oxygène et du gaz carbonique changent dans le sang veineux, mais elles restent constantes dans le sang artériel. En fait, la pression partielle du gaz carbonique peut tomber en deçà des valeurs artérielles normales, tandis que la pression partielle de l'oxygène peut s'élever très légèrement, par suite de l'efficacité des adaptations respiratoires. Les raisons de ce phénomène sont mal connues, mais il est généralement accepté qu'elles s'énoncent comme suit.

L'augmentation soudaine de la ventilation observée au début de la période d'exercice est liée à l'interaction des facteurs nerveux suivants: (1) les stimulus psychiques (la préparation mentale à l'exercice); (2) l'activation simultanée des muscles squelettiques et des centres respiratoires par le cortex moteur; (3) les propriocepteurs des muscles, des tendons et des articulations, qui envoient des influx nerveux excitateurs aux centres respiratoires. L'augmentation graduelle et la stabilisation qui se produisent par la suite reflètent probablement le débit du CO_2 dans les poumons (le «flux de CO_2»).

La diminution brusque de la ventilation, à la fin de la période d'exercice, traduit la cessation des mécanismes de régulation nerveux. Le déclin graduel de la ventilation (vers la valeur de repos) qui s'ensuit est probablement attribuable à la baisse du flux de CO_2 qui survient lorsque la dette d'oxygène est remboursée. L'augmentation de la concentration d'acide lactique qui contribue à la dette d'oxygène *n'est pas* due à une insuffisance de la fonction respiratoire, car la ventilation alvéolaire et la perfusion pulmonaire concordent tout aussi bien pendant l'exercice qu'au repos. Elle résulte plutôt des limites du débit cardiaque ou de l'incapacité des muscles squelettiques d'augmenter leur consommation d'oxygène (voir le chapitre 9). Les athlètes qui, tels les joueurs de football, inhalent de l'oxygène pur pour hâter le ravitaillement de leur organisme se leurrent. L'athlète essoufflé *manque* effectivement d'oxygène, mais le supplément ne lui est d'aucun secours, car le déficit est d'origine musculaire et non pulmonaire.

Effets de l'altitude

La majeure partie de la population nord-américaine vit entre le niveau de la mer et une altitude de 2400 m. Les variations de la pression atmosphérique dans cette plage ne sont pas assez marquées pour incommoder les individus en bonne santé qui séjournent en altitude pendant de courtes périodes. Toutefois, si une personne se déplace rapidement d'une région située au niveau de la mer vers une région située à plus de 2400 m d'altitude, où la densité de l'air et la pression partielle de l'oxygène sont plus faibles, son organisme présente initialement des symptômes du *mal d'altitude,* caractérisé par des céphalées, de l'essoufflement, des nausées et des étourdissements. Cette affection est courante chez les voyageurs qui fréquentent les stations de ski, comme les stations Vail, au Colorado (2475 m), ou Brian Head, dans l'Utah (à une altitude vertigineuse de plus de 2900 m). Dans les cas graves, le mal d'altitude peut causer un œdème pulmonaire ou cérébral mortel.

Toutefois, si une personne originaire d'une région située au niveau de la mer s'établit en montagne *de façon prolongée,* son organisme — bien qu'incommodé par les symptômes du mal d'altitude — procède à des adaptations respiratoires et hématopoïétiques, un processus appelé **acclimatation.** Ainsi que nous l'avons expliqué précédemment, la diminution de la pression partielle de l'oxygène dans le sang artériel accroît la sensibilité des chimiorécepteurs centraux aux augmentations de la pression partielle du gaz carbonique et, si la baisse est substantielle, elle stimule directement les chimiorécepteurs périphériques. Les centres respiratoires tentent alors de ramener les échanges gazeux aux valeurs habituelles, et la ventilation s'accroît. Au bout de quelques jours, la ventilation-minute se stabilise à environ 3 L/min de plus qu'au niveau de la mer. Comme l'augmentation de la ventilation alvéolaire abaisse la concentration de gaz carbonique, la pression partielle de ce gaz est typiquement inférieure à 40 mm Hg (sa valeur au niveau de la mer) chez les individus vivant en altitude.

Comme la quantité d'oxygène à capter est moindre en altitude qu'au niveau de la mer, le degré de saturation de l'hémoglobine est toujours inférieur à la normale. À 6000 m, par exemple, le sang artériel n'est saturé qu'à 67 % (contre 98 % au niveau de la mer). Mais comme l'hémoglobine ne libère que de 20 à 25 % de son oxygène au niveau de la mer, sa faible saturation en altitude ne compromet en rien l'apport d'oxygène aux tissus au repos. En outre, l'affinité de l'hémoglobine pour l'oxygène diminue en altitude, et une quantité accrue d'oxygène est libérée dans les tissus.

Si les tissus reçoivent suffisamment d'oxygène dans des conditions normales, il en va tout autrement lorsque les systèmes cardiovasculaire et respiratoire sont astreints à des efforts extrêmes. (Les athlètes qui ont participé aux Jeux olympiques de Mexico en ont fait la pénible expérience.) Faute d'une acclimatation complète, l'hypoxie est presque inéluctable. ■

Enfin, l'acclimatation à long terme comporte une phase lente au cours de laquelle les reins, à la suite de la diminution de la pression partielle de l'oxygène dans le sang, accélèrent la production d'érythropoïétine, une hormone qui stimule la production des érythrocytes dans la moelle osseuse (voir le chapitre 18).

DÉSÉQUILIBRES HOMÉOSTATIQUES DU SYSTÈME RESPIRATOIRE

Le système respiratoire étant exposé aux agents pathogènes de l'air, il est particulièrement vulnérable aux maladies infectieuses. Nous avons déjà traité d'affections inflammatoires telles la rhinite et la laryngite, et nous nous pencherons ici sur les troubles respiratoires les plus invalidants : les *bronchopneumopathies chroniques obstructives* (*BPCO*), l'*asthme,* la *tuberculose* et le *cancer du poumon.* Les BPCO et le cancer du poumon sont au nombre des conséquences les plus dévastatrices de l'usage du tabac. Reconnu de longue date comme un facteur des maladies cardiovasculaires, le tabac s'attaque aux poumons avec encore plus d'opiniâtreté qu'au cœur et aux vaisseaux sanguins.

Bronchopneumopathies chroniques obstructives (BPCO)

Les **bronchopneumopathies chroniques obstructives,** c'est-à-dire la bronchite chronique et l'emphysème pulmonaire, sont parmi les principales causes de décès et d'invalidité aux États-Unis, et leur prévalence est en progression. Ces maladies ont certaines caractéristiques en commun (figure 23.25) : (1) elles touchent presque invariablement des fumeurs ou d'anciens fumeurs ; (2) elles provoquent la **dyspnée,** une respiration dont la difficulté va croissant ; (3) elles s'accompagnent de toux et de fréquentes infections pulmonaires ; (4) elles dégénèrent la plupart du temps en insuffisance respiratoire (accompagnée d'hypoxémie, de rétention du gaz carbonique et d'acidose respiratoire).

L'**emphysème pulmonaire** se caractérise par une distension permanente des alvéoles associée à une détérioration des parois alvéolaires. L'inflammation chronique conduit à la fibrose pulmonaire et, immanquablement, à la perte de l'élasticité pulmonaire. Les concentrations artérielles d'oxygène et de gaz carbonique restent normales jusqu'aux stades avancés de la maladie. Les poumons perdant leur élasticité, les conduits aériens s'affaissent pendant l'expiration et entravent l'expulsion de l'air. Cet affaissement a deux importantes conséquences pour les personnes atteintes. (1) Elles doivent utiliser des muscles de l'expiration forcée pour expirer, ce qui leur vaut d'être constamment épuisées, car la respiration accapare chez elles de 15 à 20 % des réserves d'énergie (contre 5 % chez les individus sain). (2) Pour des raisons complexes, les bronchioles s'ouvrent durant l'inspiration mais s'affaissent pendant l'expiration, emprisonnant de grandes quantités d'air dans les alvéoles. La distension alvéolaire cause une dilatation permanente du thorax, qui prend un aspect en tonneau. Malgré une respiration difficile, la cyanose ne s'établit que dans les derniers stades de la maladie, car les échanges gazeux demeurent jusqu'alors étonnamment adéquats. Outre l'usage du tabac, des facteurs héréditaires (par exemple carence en alpha-1-antitrypsine) prédisposent dans certains cas à l'emphysème pulmonaire.

Dans la **bronchite chronique,** l'inhalation d'agents irritants cause une production excessive de mucus dans la muqueuse des voies respiratoires inférieures ainsi que l'inflammation et la fibrose du tissu. Il s'ensuit une obstruction des conduits aériens de même qu'une altération de la ventilation pulmonaire et des échanges gazeux. Comme les accumulations de mucus constituent un milieu propice à la prolifération bactérienne, les infections pulmonaires sont fréquentes. Les personnes atteintes de bronchite chronique sont souvent cyanosées, car l'hypoxie et la rétention du gaz carbonique surviennent tôt au cours de la maladie. En revanche, la dyspnée est moins marquée chez elles que chez les personnes atteintes d'emphysème pulmonaire. Les facteurs qui prédisposent à la bronchite chronique sont l'usage du tabac et, à un moindre degré, la pollution atmosphérique.

Les BPCO sont habituellement traitées par des agonistes des récepteurs bêta (bronchodilatateurs) et par des corticostéroïdes en aérosol (inhalateurs). La dyspnée grave et l'hypoxie nécessitent presque systématiquement l'administration d'oxygène. Un nouveau traitement chirurgical très controversé mis au point en 1994, appelé *chirurgie de réduction du volume pulmonaire,* a été réalisé chez certains patients atteints d'emphysème. Cette intervention consiste à faire l'ablation d'une partie des poumons ayant subi une forte augmentation de volume afin de donner de l'espace aux tissus pulmonaires restants. À court terme, l'intervention rétablit la capacité respiratoire et permet aux patients de mener une vie presque normale (l'amélioration moyenne de la fonction pulmonaire est de l'ordre de 55 %).

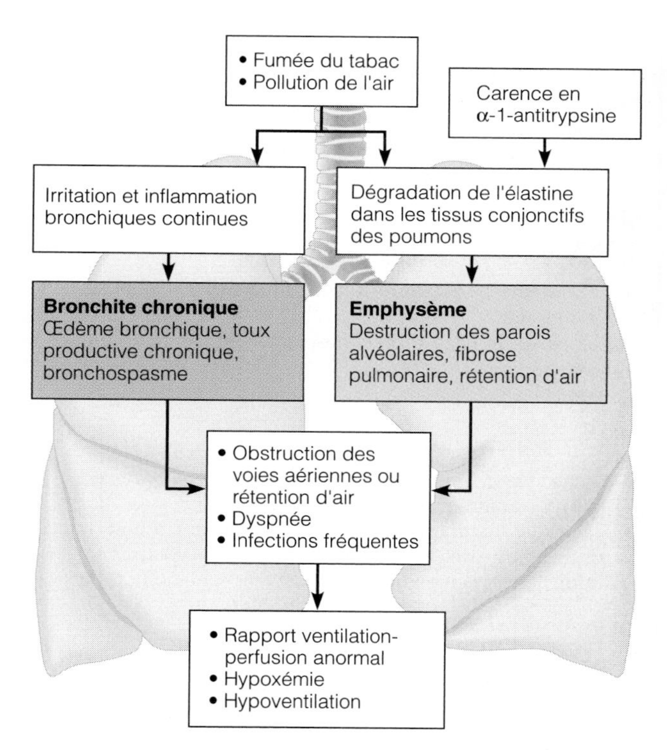

FIGURE 23.25
Pathogenèse des BPCO.

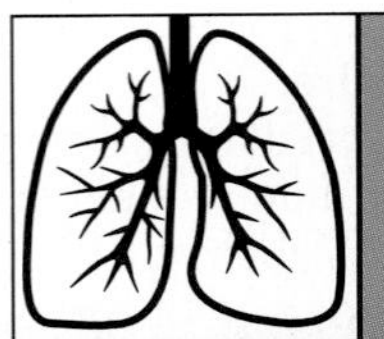

SYNTHÈSE

Tous pour un, un pour tous:

relations entre le système respiratoire et les autres systèmes de l'organisme

Système tégumentaire

- Le système respiratoire fournit l'oxygène; il élimine le gaz carbonique.
- La peau protège les organes du système respiratoire en formant des barrières superficielles.

Système osseux

- Le système respiratoire fournit l'oxygène; il élimine le gaz carbonique.
- Les os de la cage thoracique protègent les poumons et les bronches.

Système musculaire

- Le système respiratoire fournit l'oxygène nécessaire à l'activité musculaire; il élimine le gaz carbonique.
- L'activité du diaphragme et des muscles intercostaux est essentielle aux changements de volume nécessaires à la ventilation; l'exercice régulier accroît l'efficacité de la respiration.

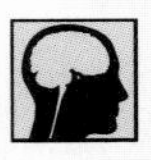

Système nerveux

- Le système respiratoire fournit l'oxygène nécessaire à l'activité des neurones; il élimine le gaz carbonique.
- Les centres du bulbe rachidien et du pont règlent la fréquence et l'amplitude respiratoires; les mécanorécepteurs pulmonaires et les chimiorécepteurs centraux et périphériques fournissent les informations nécessaires à une rétroaction.

Système endocrinien

- Le système respiratoire fournit l'oxygène; il élimine le gaz carbonique.
- L'adrénaline dilate les bronchioles.

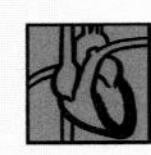

Système cardiovasculaire

- Le système respiratoire fournit l'oxygène; il élimine le gaz carbonique; le gaz carbonique présent dans le sang sous forme de HCO_3^- et de H_2CO_3 contribue à l'équilibre acido-basique.
- Le sang est le véhicule des gaz respiratoires.

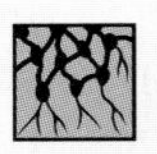

Système lymphatique et immunitaire

- Le système respiratoire fournit l'oxygène; il élimine le gaz carbonique; les tonsilles du pharynx abritent des cellules immunitaires.
- Le système lymphatique contribue à maintenir le volume sanguin nécessaire au transport des gaz respiratoires; le système immunitaire protège les organes respiratoires contre les bactéries, les toxines bactériennes, les virus et le cancer.

Système digestif

- Le système respiratoire fournit l'oxygène; il élimine le gaz carbonique.
- Le système digestif fournit les nutriments nécessaires aux organes du système respiratoire.

Système urinaire

- Le système respiratoire fournit l'oxygène; il élimine le gaz carbonique.
- Les reins excrètent les déchets métaboliques (autres que le gaz carbonique) des organes du système respiratoire.

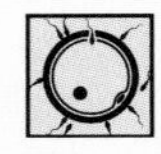

Système génital

- Le système respiratoire fournit l'oxygène; il élimine le gaz carbonique.
- La testostérone active le développement du larynx chez les garçons à la puberté.

Liens particuliers: relations entre le système respiratoire et les systèmes cardiovasculaire, lymphatique et musculaire

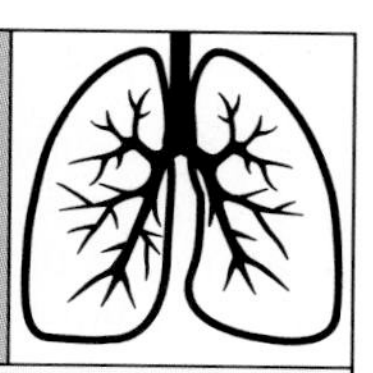

Nous inspirons et expirons chaque jour près de 20 000 litres d'air. Cette activité permet de fournir à l'organisme l'oxygène dont il a besoin pour oxyder les aliments et en libérer de l'énergie et d'expulser le gaz carbonique, principal déchet produit durant le processus. Bien que la respiration soit essentielle, nous pensons rarement à son importance dans notre vie quotidienne. Il en va tout autrement des athlètes. En effet, la fréquence respiratoire d'un nageur de compétition peut dépasser 40 respirations par minute, et la quantité d'air inhalée à chaque inspiration peut passer des 500 mL habituels à 6 ou 7 litres.

Le système respiratoire est superbement conçu. Ses alvéoles reçoivent de l'air frais plus de 15 000 fois par jour, et les parois alvéolaires sont si minces que les érythrocytes qui défilent dans les capillaires pulmonaires peuvent procéder à un échange gazeux avec les alvéoles remplies d'air en une fraction de seconde. Bien que les besoins en oxygène de toutes les cellules de l'organisme dépendent de ce système, nous ne traiterons ici que des interactions entre le système respiratoire et les systèmes cardiovasculaire, lymphatique et musculaire.

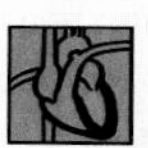

Système cardiovasculaire

À tous égards, les relations entre les systèmes respiratoire et cardiovasculaire sont si étroites que ces deux systèmes sont, pour ainsi dire, inséparables. Les organes du système respiratoire, tout importants qu'ils soient, ne peuvent que procéder à l'échange gazeux dans les poumons. Bien que les besoins en oxygène de toutes les cellules de l'organisme dépendent du système respiratoire, ce ne sont pas les poumons qui approvisionnent ces cellules, mais le sang. Ainsi, sans le rôle intermédiaire du cœur et des vaisseaux sanguins, qui permettent au sang de circuler dans l'organisme, tous les efforts du système respiratoire seraient vains.

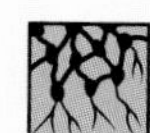

Système lymphatique et immunitaire

De tous les systèmes de l'organisme, seul le système respiratoire est totalement exposé à l'environnement extérieur (il est vrai que la peau l'est également, mais sa surface exposée à l'air est morte). Comme l'air contient un mélange potentiellement dangereux de particules et de microorganismes (bactéries, virus, champignons microscopiques, fibres d'amiante, pollen, etc.), le système respiratoire est constamment exposé au risque d'infections ou de lésions par des agents extérieurs. Les avant-postes du système lymphatique aident à protéger les voies respiratoires et renforcent les défenses (cils, mucus) propres au système respiratoire. Les tonsilles palatines, pharyngiennes, linguale et tubaire jouissent d'une position privilégiée pour appréhender les envahisseurs à la jonction oronasopharyngienne. Leurs macrophagocytes emprisonnent les antigènes étrangers et offrent des sites qui permettent aux lymphocytes de se sensibiliser à ces agents afin de produire une réponse immunitaire. Leur efficacité se révèle par le fait que les infections des voies respiratoires sont beaucoup plus fréquentes chez les personnes ayant subi l'ablation des tonsilles.

Système musculaire

Les cellules des muscles squelettiques, comme toutes les autres cellules de l'organisme, ont besoin d'oxygène pour vivre. Cette interaction est caractérisée par le fait que la majeure partie des compensations respiratoires servent à accroître l'activité musculaire (il est difficile de trouver un exemple invalidant cette affirmation, sauf peut-être dans le cas de certaines maladies). Au repos, le système respiratoire fonctionne à son niveau de base, mais dès que l'activité physique s'intensifie, la fréquence respiratoire augmente pour ajuster l'apport d'oxygène à la demande et pour maintenir l'équilibre acido-basique du sang.

IMPLICATIONS CLINIQUES

Système respiratoire

Étude de cas: Sonia Joly se trouvait dans l'autobus qui a été touché de plein fouet par le train routier. Après l'avoir dégagée du véhicule, les ambulanciers ont constaté qu'elle était fortement cyanosée et qu'elle ne respirait plus. Son cœur battait toujours, mais son pouls était rapide et filant. Les ambulanciers ont également noté que, lorsqu'ils ont découvert Sonia, sa tête formait un angle anormal et qu'elle semblait présenter une fracture au niveau de la vertèbre C_2. Les questions suivantes se rapportent à ces observations:

1. Comment la position anormale de la tête de Sonia peut-elle expliquer son arrêt respiratoire?
2. Selon vous, quelles mesures l'équipe de premiers soins aurait-elle dû prendre immédiatement?
3. Pourquoi Sonia est-elle cyanosée? Expliquez ce qu'est la cyanose.
4. En supposant que Sonia survive, quelles seront les répercussions de l'accident sur son mode de vie?

Sonia a survécu à son transport à l'hôpital, et les notes prises lors de son admission comprennent les observations suivantes:

- Compression du thorax droit; fracture des côtes 7 à 9
- Atélectasie du poumon droit

Relativement à ces observations:

5. Qu'est-ce que l'atélectasie, et pourquoi seul le poumon droit est-il atteint?
6. En quoi les blessures notées sont-elles indicatives d'une atélectasie?
7. Quel sera le traitement instauré pour traiter l'atélectasie? Qu'est-ce qui justifie ce traitement?

(Réponses à l'appendice G)

Asthme

L'**asthme** se caractérise par des épisodes de toux, de dyspnée, de respiration sifflante et de sensation de gêne respiratoire, seuls ou combinés. La plupart des crises aiguës s'accompagnent également d'un sentiment de panique chez la victime. Aux États-Unis, les BPCO touchent plus de 10 millions de personnes ; l'asthme, également appelé **asthme bronchique,** en afflige 10 autres millions. Souvent classé comme une BPCO en raison de sa nature obstructive, l'asthme se caractérise par une alternance de périodes d'exacerbations aiguës et de périodes asymptomatiques. En outre, contrairement aux BPCO, l'asthme n'est pas une maladie évolutive.

Les causes de l'asthme sont difficiles à identifier. On a cru pendant longtemps qu'il s'agissait d'une maladie causée par des bronchospasmes déclenchés par l'air froid, le pollen ou d'autres types d'allergènes. Toutefois, lorsque les chercheurs ont constaté que la bronchoconstriction a relativement peu d'effet sur l'écoulement de l'air dans les poumons, ils ont poussé les recherches plus à fond pour découvrir que la maladie commence d'abord par une inflammation active des voies aériennes. L'inflammation des voies aériennes est une réponse immunitaire régie par un sous-ensemble de lymphocytes T spécialisés qui, en sécrétant certaines interleukines (IL-4 et IL-5), stimulent la production d'immunoglobuline E et mobilisent des cellules inflammatoires (notamment les granulocytes éosinophiles). Chez une personne souffrant d'asthme allergique, l'inflammation persiste même durant les périodes asymptomatiques et entraîne un état d'hypersensibilité des voies aériennes. (Cependant, il semble maintenant établi que les agents irritants domestiques sont les principaux déclencheurs de l'asthme, soit les allergènes provenant des mites, des blattes, des chats, des chiens et des champignons microscopiques.) L'épaississement des parois des voies aériennes par l'exsudat inflammatoire amplifie grandement l'effet du bronchospasme et peut réduire considérablement l'écoulement de l'air.

Le nombre de cas d'asthme est en progression depuis 1980 et, durant la décennie de 1979 à 1989, le nombre de décès dus à l'asthme a doublé. Malheureusement, cette hausse de la morbidité et de la mortalité s'est manifestée en dépit des modifications qui ont été apportées à la pharmacothérapie grâce à notre meilleure compréhension de la maladie. Ces changements ont principalement consisté à cesser de privilégier les agonistes des récepteurs bêta (bronchodilatateurs inhalés qui procurent un soulagement en quelques minutes) pour favoriser les corticostéroïdes inhalés (dont l'action est plus lente, mais qui réduisent la réponse inflammatoire et la fréquences des épisodes).

Tuberculose

La **tuberculose,** maladie infectieuse causée par *Mycobacterium tuberculosis,* se contracte par l'exposition répétée à la bactérie en suspension dans l'air, généralement par la toux d'une personne infectée. La tuberculose atteint principalement les poumons mais peut aussi se répandre à d'autres organes par les vaisseaux lymphatiques. Bien que l'on estime que le tiers de la population mondiale en soit porteur, la plupart des gens ne présenteront jamais de tuberculose active, car une réaction inflammatoire et immunitaire massive combat l'infection primaire en la confinant à l'intérieur de nodules fibreux ou calcifiés dans les poumons (follicules tuberculeux). Cependant, les bactéries survivent dans les nodules et, si le système immunitaire d'une personne s'affaiblit, elles peuvent se détacher et causer une tuberculose symptomatique. Ses principaux symptômes sont la fièvre, les sueurs nocturnes, la perte de poids, la toux sévère et l'hémoptysie.

Au tournant du siècle, la tuberculose était la cause du tiers de tous les décès chez les adultes âgés de 20 à 45 ans aux États-Unis. Avec l'avènement des antibiotiques dans les années 1940, la maladie a battu en retraite, et sa prévalence a diminué si radicalement qu'elle a cessé d'être considérée comme une menace pour la santé. Cependant, depuis 1985, on observe une augmentation alarmante de cas de tuberculose, qui est devenue la première cause de décès d'origine infectieuse. Cette hausse touche principalement les personnes infectés par le VIH, en particulier les utilisateurs de drogues intraveineuses vivant dans des centres d'hébergement pour sans-abris. La bactérie à l'origine de la tuberculose croît très lentement, et la pharmacothérapie comprend l'administration d'antibiotiques pendant une période de 12 mois. La plupart des personnes infectées par le VIH et la tuberculose obtiennent des résultats négatifs aux tests de dépistage de la tuberculose en raison de l'affaiblissement de leur système immunitaire. Puis, une fois atteints de tuberculose symptomatique, nombre d'entre eux ne terminent pas leur traitement et transmettent l'infection à d'autres personnes. Plus inquiétant encore, de nouvelles souches de tuberculose mortelle résistant aux médicaments émergent chez les patients qui cessent de prendre leurs médicaments (environ 20 % des patients traités). La menace d'une épidémie de tuberculose est si réelle que les centres de soins de santé de certaines villes ont commencé à placer ces patients contre leur gré dans des sanatoriums jusqu'à leur guérison.

Cancer du poumon

Aux États-Unis, un cancer mortel sur trois est un cancer du poumon. Chez les deux sexes, c'est l'affection maligne la plus répandue. Et sa fréquence, en corrélation avec l'usage du tabac (plus de 90 % des individus atteints sont des fumeurs ou d'anciens fumeurs), augmente de jour en jour. Ses taux de guérison sont notoirement faibles. La plupart des personnes atteintes de cancer du poumon meurent durant l'année qui suit le diagnostic ; le taux de survie après cinq ans ne se monte qu'à 7 %. Comme le cancer du poumon est prodigieusement agressif et qu'il produit rapidement des métastases étendues, la plupart des cas ne sont diagnostiqués qu'à un stade très avancé.

Le cancer du poumon semble suivre les étapes d'activation des oncogènes décrites dans l'encadré du chapitre 3, p. 94-95. L'usage du tabac abolit peu à peu les défenses que les poils du nez, le mucus et les cils des voies respiratoires dressent contre les agents irritants chimiques et biologiques. L'irritation continuelle intensifie la production de mucus, mais la fumée de cigarette paralyse les cils qui l'évacuent et elle inhibe les macrophagocytes alvéolaires. Par conséquent, les infections pulmonaires, dont la pneumonie et les bronchopneumopathies chroniques obstructives, sont fréquentes. Cependant, ce sont les effets irritants des quelque 15 agents cancérogènes et des radicaux libres présents dans la fumée du tabac qui, à la longue, induisent le cancer du poumon en causant la prolifération de cellules muqueuses dénuées de leur structure histologique caractéristique.

Les trois principales formes du cancer du poumon sont: (1) l'**épithélioma épidermoïde bronchique** (de 30 à 32 % des cas), qui apparaît dans l'épithélium des grosses bronches et qui tend à former des masses térébrantes et hémorragiques; (2) l'**épithélioma glandulaire,** ou **adénocarcinome** (de 33 à 35 % des cas), qui débute en périphérie des poumons sous forme de nodules solitaires émergeant des glandes bronchiques et des cellules alvéolaires; (3) l'**épithélioma à petites cellules du poumon,** ou **épithélioma à cellules en grains d'avoine** (de 20 à 25 % des cas), qui se compose de cellules semblables à des lymphocytes prenant naissance dans les bronches principales et s'étendant agressivement dans le médiastin sous forme de chapelets ou de grappes. Certains cancers pulmonaires à petites cellules ont des conséquences métaboliques en plus de leurs effets immédiats sur les poumons, car ils deviennent des sites ectopiques de production hormonale. Ainsi, certains sécrètent de la corticotrophine (et causent la maladie de Cushing) ou de la calcitonine (provoquant l'hypocalcémie).

La résection complète du tissu atteint est le traitement du cancer du poumon qui comporte le plus de chances de guérison. Toutefois, ce choix ne s'offre qu'à de très rares patients et, dans la plupart des cas, la radiothérapie et la chimiothérapie sont les seuls recours possibles. Toutefois, ce tableau pourrait changer très bientôt. La plupart des cancers du poumon, exception faite de l'épithélioma à petites cellules du poumon, résultent d'une part de l'absence du gène suppresseur de tumeur *p53* ou de sa mutation ou d'autre part de l'action du k-*ras,* un oncogène. En injectant des rétrovirus porteurs de gènes *p53* fonctionnels ou d'inhibiteurs du gène k-*ras* dans les cellules tumorales, les chercheurs ont atteint un taux de guérison de 80 % chez la souris et ils sont confiants de pouvoir obtenir des résultats similaires dans les essais de thérapie génique chez l'être humain. ■

DÉVELOPPEMENT ET VIEILLISSEMENT DU SYSTÈME RESPIRATOIRE

Comme le développement embryonnaire se déroule dans le sens céphalo-caudal, les structures respiratoires supérieures sont les premières à apparaître. Dès la quatrième semaine de la gestation, deux épaississements de l'ectoderme, les **placodes olfactives,** apparaissent sur la face antérieure de la tête (figure 23.26). Presque immédiatement après leur formation, les placodes olfactives s'invaginent: elles forment les **fossettes olfactives primaires** qui donneront les cavités nasales, et elles se prolongent vers la face postérieure pour s'unir à l'intestin antérieur, lequel émerge simultanément de l'endoderme.

L'épithélium des voies respiratoires inférieures provient d'une évagination de l'endoderme de l'intestin antérieur, qui se différencie pour former la muqueuse du pharynx. Ce prolongement, appelé **bourgeon laryngotrachéal,** est présent dès la cinquième semaine du développement. La partie proximale du bourgeon forme la muqueuse de la trachée, tandis que la partie distale se divise et donne les muqueuses des bronches et de ses ramifications et (ultérieurement) des alvéoles. À la huitième semaine du développement, le mésoderme entoure ces tissus d'origine ectodermique et endodermique, et il constitue les parois des voies respiratoires et le stroma des poumons. À la 28e semaine de la gestation, le système respiratoire est assez développé pour permettre à un prématuré de respirer de façon autonome comme nous l'avons expliqué plus haut. Les bébés nés avant la 28e semaine de la grossesse sont sujets au syndrome de détresse respiratoire du nouveau-né, car leurs alvéoles ne produisent pas suffisamment de surfactant.

Les poumons du fœtus sont remplis de liquide, et tous les échanges respiratoires s'effectuent dans le placenta. Les dérivations vasculaires (le conduit artériel et le foramen ovale) détournent le sang des poumons (voir le chapitre 29, p. 1102). À la naissance, les voies respiratoires se vident de leur liquide et elles se remplissent d'air; le bébé doit dès lors respirer par lui-même car il ne reçoit plus de sang oxygéné par le cordon ombilical. La pression partielle du gaz carbonique s'élève dans le sang du nouveau-né, le centre inspiratoire est stimulé, et le bébé prend sa première respiration. Les alvéoles se gonflent et les échanges gazeux s'y amorcent. Les poumons ne se dilatent pleinement que deux semaines plus tard.

La **fibrose kystique du pancréas,** ou mucoviscidose, est une affection héréditaire grave du système respiratoire. Il s'agit de la maladie héréditaire mortelle la plus courante aux États-Unis, frappant un enfant blanc sur 2400, et deux enfants en meurent chaque jour. La fibrose kystique du pancréas se caractérise par l'hypersécrétion d'un mucus très visqueux qui bloque les conduits des organes atteints et prédispose l'enfant aux infections respiratoires mortelles que seule une transplantation pulmonaire pourrait prévenir. Elle affecte également les processus sécrétoires d'autres systèmes de l'organisme. Principalement, elle altère la digestion des aliments en bloquant les canaux qui transportent les enzymes pancréatiques et la bile à l'intestin grêle, et les glandes sudoripares produisent une sueur extrêmement salée. La fibrose kystique du pancréas est causée par un gène défectueux qui code pour une protéine, la *CFTR* (« cystic fibrosis transmembrane conductance regulator »). La CFTR normale sert de canal à chlorure qui régularise le flux d'ions Cl^- entrant et sortant des cellules. Chez les personnes qui possèdent les gènes mutants, la CFTR est dépourvue d'un acide aminé essentiel et reste emprisonnée dans le réticulum endoplasmique, incapable d'atteindre la membrane pour jouer son rôle normal. Conséquemment, une quantité moindre d'ions Cl^- est sécrétée, ce qui réduit l'apport hydrique et entraîne la production du mucus épais qui caractérise la fibrose kystique. Fait intéressant à noter, à l'instar du gène qui cause la drépanocytose, ce gène mutant a des effets positifs chez les enfants porteurs d'*un seul* des gènes mutants. Il semble fournir une protection contre les effets mortels de la diarrhée dans les régions touchées par le choléra.

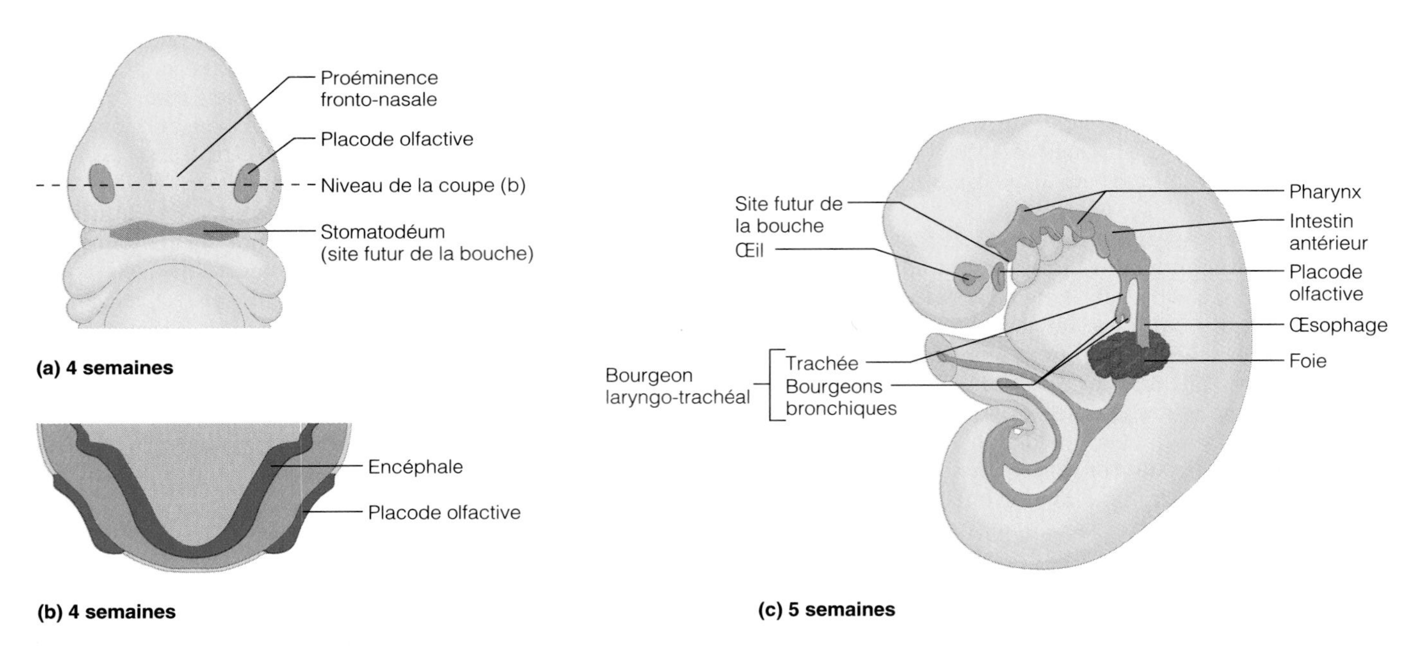

FIGURE 23.26
Développement embryonnaire du système respiratoire. (a) Vue superficielle de la face antérieure de la tête de l'embryon montrant les placodes olfactives. **(b)** Coupe transversale de la tête d'un embryon de quatre ou cinq semaines montrant la situation des placodes olfactives [le niveau de la coupe est indiqué en (**a**)]. **(c)** Développement des muqueuses des voies respiratoires inférieures. Le bourgeon laryngo-trachéal émerge de la muqueuse de l'intestin antérieur (endoderme).

Une nouvelle étude sur la fibrose kystique du pancréas appuie les premières observations : elle indique que d'autres forces en jeu dans les poumons déclenchent la spirale dégénérative qui caractérise la maladie. Il semble que l'infection pulmonaire à *Pseudomonas æruginosa* (une bactérie) chez les victimes de la fibrose kystique du pancréas déclenche une nouvelle mutation génétique qui stimule les cellules dysfonctionnelles à produire une quantité phénoménale de mucine anormale (le principal constituant du mucus). Les bactéries se nourrissent ensuite de ces masses de mucus stagnantes et envoient continuellement des messages aux cellules pour qu'elles en produisent davantage, établissant ainsi une boucle de rétroactivation. Les toxines libérées par les bactéries et la réaction inflammatoire locale déclenchée par le système immunitaire endommagent les poumons. Incapables d'atteindre les bactéries noyées dans l'épais mucus, les cellules immunitaires attaquent les tissus pulmonaires, transformant les sacs alvéolaires en kystes boursouflés.

Le traitement classique de la fibrose kystique du pancréas comprend des médicaments pour dissoudre le mucus, des percussions thoraciques en vue de dégager le mucus épais et des antibiotiques afin de prévenir l'infection. La recherche actuelle étudie l'emploi des inhibiteurs de la tyrosine-kinase pour contrer la cascade de messages découlant de l'infection à *Pseudomonas æruginosa* et pour ralentir la production de mucine. En outre, les chercheurs explorent présentement trois nouvelles voies pour tenter de compenser la déficience de la CFTR : (1) le recours à des adénovirus (virus du rhume) inactivés comme véhicule pour transporter des gènes normaux de la CFTR dans les cellules qui tapissent les voies respiratoires, (2) la recherche d'une autre protéine qui pourrait prendre en charge le transport des ions Cl^- et (3) la mise au point de techniques permettant de libérer la CFTR du réticulum endoplasmique de manière à ce qu'elle joue son rôle normal dans la membrane plasmique de la cellule. ■

La fréquence respiratoire est de 40 à 80 respirations par minute chez le nouveau-né, d'environ 30 respirations par minute chez le nourrisson, d'environ 25 respirations par minute chez l'enfant de 5 ans et de 12 à 18 respirations par minute chez l'adulte. Chez la personne âgée, la fréquence respiratoire a souvent tendance à augmenter. De la naissance au début de l'âge adulte, les poumons continuent de se développer et le nombre d'alvéoles est multiplié par six. Or, l'usage du tabac au début de l'adolescence empêche le développement complet des poumons, et les alvéoles qui restaient à apparaître sont à tout jamais perdues.

Les côtes du nourrisson sont presque horizontales. Chez lui, l'accroissement du volume thoracique, à l'inspiration, repose presque entièrement sur la descente du diaphragme. À deux ans, les côtes ont pris une position oblique, et la respiration adulte est établie.

La plupart des troubles du système respiratoire sont dus à des facteurs externes, notamment à des infections virales ou bactériennes et à l'obstruction de la trachée par un morceau d'aliment. Autrefois, la pneumonie bactérienne était la principale cause de décès aux États-Unis. Les antibiotiques ont grandement diminué la létalité de cette maladie, mais elle demeure une affection dangereuse, en particulier chez les personnes âgées. Enfin, les bronchopneumopathies chroniques obstructives, l'asthme, le cancer du poumon et les nouveaux cas de tuberculose observés chez les patients atteint du SIDA constituent *actuellement* les maladies les plus préoccupantes. ■

La quantité maximale d'oxygène que nous pouvons utiliser durant le métabolisme aérobie, le $\dot{V}O_{2\ max}$ ($\dot{V}$= débit), décline d'environ 9 % par décennie chez les personnes sédentaires dès le milieu de la vingtaine. Chez les personnes actives (qui font régulièrement de l'exercice), le $\dot{V}O_{2\ max}$ diminue également, mais de façon moins marquée ; il équivaut à celui des personnes sédentaires de 20 ans plus jeunes. Au fil des ans, la paroi thoracique devient de plus en plus rigide, et les poumons perdent graduellement leur élasticité. La ventilation diminue. À l'âge de 70 ans, la capacité vitale est réduite d'environ un tiers. En outre, la concentration sanguine d'oxygène diminue, et la sensibilité au gaz carbonique s'émousse, particulièrement en décubitus dorsal. Beaucoup de personnes âgées sont sujettes à l'hypoxie pendant leur sommeil et présentent des *apnées* du sommeil (arrêt temporaire de la respiration durant le sommeil).

De nombreux mécanismes de protection du système respiratoire perdent de leur efficacité avec le temps. L'activité des cils de la muqueuse ralentit, et les macrophagocytes pulmonaires s'affaiblissent. C'est ce qui explique pourquoi les personnes âgées sont sujettes aux infections des voies respiratoires, particulièrement à la pneumonie et à la grippe.

* * *

Les poumons, l'arbre bronchique, le cœur et les vaisseaux sanguins qui les relient forment un remarquable système qui assure l'oxygénation du sang et l'expulsion du gaz carbonique. L'interaction des systèmes cardiovasculaire et respiratoire est manifeste ; il n'en reste pas moins que tous les autres organes ne sauraient fonctionner sans le système respiratoire, comme le montre l'encadré intitulé *Synthèse*, p. 842-843.

TERMES MÉDICAUX

Aspiration (1) Acte d'attirer de l'air ou une autre substance dans les voies respiratoires ou les poumons. Pour éviter l'aspiration de vomissures ou de mucus chez le sujet inconscient ou sous anesthésie, on tourne sa tête sur le côté. (2) Retrait de sang ou d'autres liquides par succion (à l'aide d'un aspirateur) réalisé pendant une intervention chirurgicale. On aspire le mucus de la trachée des personnes ayant subi une trachéotomie.

Bégaiement Trouble de la maîtrise des cordes vocales occasionnant la répétition saccadée de la première syllabe des mots. Sa cause est indéterminée, mais on tend à l'attribuer à un manque de maîtrise neuromusculaire du larynx et à des facteurs émotionnels. Beaucoup de personnes bègues murmurent et chantent normalement, deux actions qui impliquent une modification de la phonation.

Bronchoscopie (*skopein* = examiner) Utilisation d'un cathéter inséré par le nez ou la bouche pour examiner la surface interne des bronches principales dans les poumons. Des pinces fixées au bout du cathéter peuvent être utilisées pour retirer des objets emprisonnés ou prélever des échantillons de mucus aux fins d'analyse.

Déviation du septum nasal Situation oblique du septum nasal pouvant entraver la respiration ; répandue chez les personnes âgées, mais peut aussi résulter de blessures au nez.

Embolie pulmonaire Obstruction d'une artère pulmonaire ou de l'une de ses ramifications par un embole (le plus souvent constitué par un caillot provenant des membres inférieurs par l'intermédiaire du cœur droit). Les symptômes sont la douleur thoracique, la toux productive, l'hémoptysie, la tachycardie et la respiration rapide et superficielle. Peut causer la mort soudaine faute d'un traitement immédiat, qui consiste généralement à administrer de l'oxygène, de la morphine pour soulager la douleur et l'anxiété ainsi que des anticoagulants pour dissoudre le caillot.

Épistaxis (*staxis* = écoulement goutte à goutte) Aussi appelée saignement de nez et hémorragie nasale. Fréquente après un traumatisme au nez ou un mouchage excessivement vigoureux. L'hémorragie provient la plupart du temps de la partie antérieure de la cloison, fortement vascularisée, et on l'interrompt en pinçant les narines ou en les remplissant d'ouate.

Mort subite du nourrisson Décès imprévisible d'un nourrisson apparemment sain pendant son sommeil ; c'est l'une des principales causes de mortalité avant l'âge de un an. La cause est inconnue, mais on la croit liée à l'immaturité des centres respiratoires. La plupart des cas surviennent chez des nourrissons que l'on avait couchés sur le ventre, une position qui conduit à l'hypoxie causée par l'inspiration de l'air expiré (riche en CO_2). Il est donc recommandé de coucher les nourrissons sur le dos pour dormir.

Orthopnée (*orthos* = droit) Incapacité de respirer en décubitus dorsal ; oblige la personne atteinte à s'asseoir ou à rester debout.

Oto-rhino-laryngologie (*oto* = oreille ; *rhino* = nez) Branche de la médecine spécialisée dans le diagnostic et le traitement des maladies des oreilles, du nez et de la gorge.

Pneumonie Maladie infectieuse des poumons induisant une accumulation de liquide dans les alvéoles ; elle constitue la sixième cause de décès aux États-Unis. On connaît plus de 50 formes de la maladie, la plupart d'origine virale ou bactérienne.

Respiration de Cheyne-Stokes Respiration anormale parfois observée juste avant la mort (le « râle de l'agonie ») et chez les sujets atteints de troubles neurologiques et cardiaques concomitants. La respiration se compose des phases successives d'augmentation et de diminution du volume courant alternant avec des phases d'apnée ; on la croit due à l'hypoxie des centres respiratoires du tronc cérébral ainsi qu'à des déséquilibres entre les pressions partielles du gaz carbonique dans le sang artériel et dans le liquide cérébro-spinal.

Sonde endotrachéale Mince tube de plastique que l'on insère dans la trachée par la bouche ou par le nez afin de fournir de l'oxygène aux patients comateux, sous anesthésie ou atteints de maladies respiratoires.

Syndrome pulmonaire à hantavirus Syndrome de détresse respiratoire aiguë causé par l'inhalation d'hantavirus. Le syndrome provoque rapidement la mort dans la plupart des cas ; après l'apparition de symptômes rappelant ceux de la grippe, les patients sont atteints d'un œdème pulmonaire mortel et se noient littéralement dans leur plasma en 24 heures. Le virus est transporté par les rongeurs (souris sylvestre et autres) qui l'éliminent par les selles et l'urine. La perturbation des terriers de ces rongeurs provoque l'apparition du virus en suspension dans l'air.

Trachéotomie Ouverture chirurgicale de la trachée visant à acheminer l'air aux poumons en cas d'obstruction des voies respiratoires supérieures (par un morceau d'aliment ou un écrasement du larynx).

RÉSUMÉ DU CHAPITRE

1. La respiration comprend la ventilation pulmonaire, la respiration externe, la respiration interne et le transport des gaz respiratoires dans le sang. Le système respiratoire et le système cardiovasculaire interviennent tous deux dans la respiration.

Anatomie fonctionnelle du système respiratoire (p. 803-816)

2. Au point de vue fonctionnel, les organes du système respiratoire se répartissent en une zone de conduction (du nez aux bronchioles), où l'air inspiré est filtré, réchauffé et humidifié, et en une zone respiratoire (des bronchioles respiratoires aux alvéoles), où ont lieu les échanges gazeux.

Nez et sinus paranasaux (p. 804-805)

3. Le nez réchauffe, humidifie et purifie l'air inspiré, et il abrite les récepteurs olfactifs.

4. Les structures externes du nez ont une charpente formée d'os et de cartilages. Les cavités nasales, qui s'ouvrent sur l'environnement, sont séparées par le septum nasal. Les sinus paranasaux et les conduits lacrymo-nasaux communiquent avec les cavités nasales.

Pharynx (p. 805-807)

5. Le pharynx s'étend de la base du crâne à la sixième vertèbre cervicale. Le nasopharynx est un conduit aérien; l'oropharynx et le laryngopharynx livrent passage aux aliments et à l'air. On trouve des paires de tonsilles dans l'oropharynx et dans le nasopharynx.

Larynx (p. 807-809)

6. Le larynx renferme les cordes vocales. Il fournit un passage à l'air, et il sert de mécanisme d'aiguillage pour diriger l'air et les aliments dans les conduits appropriés.

7. L'épiglotte empêche les aliments et les liquides d'entrer dans les conduits aériens au cours de la déglutition.

Trachée (p. 809-811)

8. La trachée s'étend du larynx aux bronches principales. Elle est renforcée et maintenue ouverte par des cartilages en forme d'anneaux, et sa muqueuse est ciliée.

Arbre bronchique (p. 811-812)

9. Les bronches principales droite et gauche entrent dans les poumons et s'y subdivisent.

10. Les bronchioles terminales mènent aux structures de la zone respiratoire: les conduits alvéolaires, les saccules alvéolaires et les alvéoles. Les échanges gazeux s'effectuent dans les alvéoles, à travers la membrane alvéolo-capillaire.

11. Le long des subdivisions des bronches, le cartilage disparaît peu à peu, la muqueuse amincit et la quantité de muscle lisse augmente dans les parois.

Poumons et plèvre (p. 812-816)

12. Les poumons, les deux organes de l'échange gazeux, sont situés dans la cavité thoracique, de part et d'autre du médiastin. Chacun a une racine qui l'ancre à la cavité pleurale, une base, un apex ainsi qu'une face interne et une face costale. Le poumon droit se divise en trois lobes, le gauche, en deux.

13. Les poumons sont essentiellement formés de cavités et de conduits aériens soutenus par un stroma fait de tissu conjonctif élastique.

14. Les artères pulmonaires transportent aux poumons le sang provenant de la circulation systémique. Les veines pulmonaires renvoient au cœur le sang oxygéné d'où il est distribué dans l'organisme. Les poumons eux-mêmes sont irrigués par les artères bronchiques.

15. La plèvre pariétale tapisse la paroi thoracique et la face supérieure du diaphragme; la plèvre viscérale recouvre la surface des poumons. Le liquide pleural (dans la cavité pleurale) réduit la friction produite par les mouvements de la respiration.

Mécanique de la respiration (p. 816-824)

Pression dans la cavité thoracique (p. 816-817)

1. La pression intra-alvéolaire est la pression qui règne dans les alvéoles. La pression intrapleurale est la pression qui règne dans la cavité pleurale; elle est toujours négative par rapport aux pressions intra-alvéolaire et atmosphérique.

Ventilation pulmonaire: inspiration et expiration (p. 818-820)

2. Les gaz s'écoulent des régions de haute pression aux régions de basse pression.

3. L'inspiration est due à la contraction du diaphragme et des muscles intercostaux externes, qui accroît les dimensions (et le volume) du thorax. À la suite de la diminution de la pression intra-alvéolaire, l'air s'engouffre dans les poumons jusqu'à ce que la pression intra-alvéolaire et la pression atmosphérique s'équilibrent.

4. L'expiration est essentiellement un mouvement passif consécutif au relâchement des muscles inspiratoires et à la rétraction des poumons. Les gaz s'écoulent hors des poumons quand la pression intra-alvéolaire excède la pression atmosphérique.

Facteurs physiques influant sur la ventilation pulmonaire (p. 820-821)

5. La résistance causée par la friction dans les conduits aériens entrave le passage de l'air et fait obstacle à la respiration. Les bronches de dimensions moyennes sont les conduits qui opposent le plus de résistance à l'écoulement de l'air.

6. La compliance pulmonaire dépend de l'élasticité du tissu pulmonaire et de la flexibilité du thorax. Lorsque l'une ou l'autre diminue, l'expiration devient un processus actif et nécessite une dépense d'énergie.

7. La tension superficielle du liquide alvéolaire tend à réduire la taille des alvéoles, ce à quoi s'oppose le surfactant.

Volumes respiratoires et épreuves fonctionnelles respiratoires (p. 822-824)

8. Les quatre volumes respiratoires sont le volume courant, le volume de réserve inspiratoire, le volume de réserve expiratoire et le volume résiduel. Les quatre capacités respiratoires sont la capacité vitale, la capacité résiduelle fonctionnelle, la capacité inspiratoire et la capacité pulmonaire totale. La spirographie mesure les volumes et les capacités respiratoires.

9. L'espace mort anatomique correspond au volume d'air (environ 150 mL) contenu dans la zone de conduction. Si des alvéoles cessent de participer aux échanges gazeux, on ajoute leur volume à l'espace mort anatomique, et on obtient l'espace mort total.

10. La ventilation alvéolaire est le meilleur indice de l'efficacité de la ventilation, car elle tient compte de l'espace mort anatomique.

$$VA = \left(\frac{\text{VC} - \text{Espace mort anatomique}}{\text{(mL/respiration)}} \right) \times \text{Fréquence respiratoire}$$

11. La capacité vitale forcée et le volume expiratoire maximal-seconde, qui déterminent la vitesse d'expulsion de la capacité vitale, sont des épreuves qui permettent de faire la distinction entre une pneumopathie obstructive et un trouble restrictif.

Mouvements non respiratoires de l'air (p. 824)

12. Les mouvements non respiratoires de l'air sont des actes réflexes ou volontaires qui libèrent les voies respiratoires ou traduisent des émotions.

Échanges gazeux (p. 824-828)

Propriétés fondamentales des gaz (p. 824-826)

1. Dans l'organisme, les échanges gazeux reposent sur l'écoulement et sur la diffusion des gaz.

2. Selon la loi de Dalton, la pression exercée par chacun des constituants d'un mélange de gaz est proportionnelle au pourcentage du gaz dans le mélange.

3. Selon la loi de Henry, la quantité d'un gaz qui se dissout dans un liquide est proportionnelle à sa pression partielle et dépend de la solubilité du gaz dans le liquide ainsi que de la température du liquide.

Composition du gaz alvéolaire (p. 826)

4. Le gaz alvéolaire contient plus de gaz carbonique et de vapeur d'eau et moins d'oxygène que l'air atmosphérique.

Échanges gazeux entre le sang, les poumons et les tissus (p. 826-828)

5. La respiration externe correspond aux échanges gazeux dans les poumons. L'oxygène entre dans les capillaires pulmonaires ; le gaz carbonique se sépare du sang et entre dans les alvéoles. Les gradients de pression partielle, l'épaisseur de la membrane alvéolo-capillaire, l'aire disponible et la concordance entre la ventilation alvéolaire et la perfusion pulmonaire influent sur la respiration externe.

6. La respiration interne correspond aux échanges gazeux entre les capillaires systémiques et les tissus. Le gaz carbonique entre dans le sang, et l'oxygène en sort puis pénètre dans les tissus.

Transport des gaz respiratoires dans le sang (p. 829-834)

Transport de l'oxygène (p. 829-831)

1. L'oxygène moléculaire est transporté par les érythrocytes sous forme de complexe avec l'hémoglobine. La quantité d'oxygène liée à l'hémoglobine dépend de la pression partielle de l'oxygène, de la pression partielle du gaz carbonique, du pH sanguin, de la présence de 2,3-DPG ainsi que de la température. Le plasma transporte une très petite quantité d'oxygène dissous. Le monoxyde d'azote transporté par l'hémoglobine aide à la diffusion de l'O_2 vers les tissus et à la diffusion du CO_2 dans le sang en provoquant une vasodilatation.

2. L'hypoxie est un apport insuffisant d'oxygène aux tissus, et elle provoque la cyanose de la peau et des muqueuses.

Transport du gaz carbonique (p. 831-834)

3. Le gaz carbonique est transporté sous forme de gaz dissous dans le plasma, sous forme de complexe avec l'hémoglobine et (principalement) sous forme d'ions bicarbonate dans le plasma. La liaison et la dissociation de l'oxygène et du gaz carbonique se facilitent mutuellement (effet Bohr et effet Haldane).

4. L'accumulation de gaz carbonique provoque l'acidose respiratoire, tandis que le manque de gaz carbonique cause l'alcalose respiratoire.

Régulation de la respiration (p. 834-839)

Mécanismes nerveux et établissement du rythme respiratoire (p. 834-836)

1. Les centres respiratoires du bulbe rachidien sont le centre inspiratoire et le centre expiratoire. Le centre inspiratoire produit le rythme de la respiration.

2. Les centres respiratoires du pont, le centre pneumotaxique et le centre apneustique influent sur l'activité du centre inspiratoire bulbaire.

Facteurs influant sur la fréquence et l'amplitude respiratoires (p. 836-839)

3. La poussière, le mucus, les vapeurs et les polluants sont des agents irritants qui déclenchent des réflexes pulmonaires.

4. Le réflexe de distension pulmonaire (Hering-Breuer) est une réaction de protection déclenchée par la distension pulmonaire extrême ; il provoque l'expiration.

5. Les émotions, la douleur et d'autres facteurs de stress peuvent influer sur la respiration par l'intermédiaire des centres hypothalamiques. La respiration peut aussi être modifiée volontairement pendant de courtes périodes.

6. Les concentrations artérielles de gaz carbonique, d'ions hydrogène et d'oxygène sont d'importants facteurs chimiques qui influent sur la fréquence et l'amplitude respiratoires.

7. L'élévation de la concentration de gaz carbonique est le principal stimulus de la respiration. Elle excite (par l'intermédiaire de la libération d'ions hydrogène dans le liquide cérébro-spinal) les chimiorécepteurs centraux qui provoquent une augmentation réflexe de la fréquence et de l'amplitude respiratoires. L'hypocapnie déprime la respiration et cause l'hypoventilation, voire l'apnée.

8. L'acidose et la diminution de la pression partielle de l'oxygène dans le sang stimulent les chimiorécepteurs périphériques et accentuent la réaction au gaz carbonique.

9. L'hypoxémie correspond à une pression partielle d'oxygène inférieure à 60 mm Hg dans le sang artériel.

Adaptation à l'exercice et à l'altitude (p. 839-841)

Effets de l'exercice (p. 839-840)

1. La ventilation s'accroît brusquement au début de la période d'exercice (hyperpnée), après quoi elle augmente plus graduellement. À la fin de la période d'exercice, la ventilation diminue soudainement, après quoi elle revient peu à peu à la normale.

2. La pression partielle de l'oxygène, la pression partielle du gaz carbonique et le pH sanguin restent constants pendant l'exercice et ne semblent pas influer sur la ventilation. On attribue plutôt les variations de la ventilation à des facteurs psychologiques et à la proprioception.

Effets de l'altitude (p. 840-841)

3. En altitude, la pression partielle de l'oxygène dans le sang artériel et la saturation de l'hémoglobine diminuent, car la pression atmosphérique est moindre qu'au niveau de la mer. L'hyperventilation contribue à ramener les échanges gazeux aux valeurs physiologiques.

4. L'acclimatation à long terme fait intervenir une augmentation de l'érythropoïèse.

Déséquilibres homéostatiques du système respiratoire (p. 841-845)

1. Les principales maladies respiratoires sont les bronchopneumopathies chroniques obstructives (l'emphysème pulmonaire et la bronchite chronique) et le cancer du poumon, et leur facteur prédominant est l'usage du tabac. La troisième maladie en importance est l'asthme. La tuberculose est en voie de redevenir un problème de santé majeur.

Bronchopneumopathies chroniques obstructives (BPCO) (p. 841)

2. L'emphysème pulmonaire se caractérise par la distension permanente et la destruction des alvéoles. Les poumons perdent leur élasticité, et l'expiration devient un processus actif.

3. La bronchite chronique se caractérise par une production excessive de mucus dans les voies respiratoires inférieures ainsi que par une diminution marquée de la ventilation et des échanges gazeux. L'hypoxie chronique peut provoquer la cyanose.

Asthme (p. 844)

4. Maladie obstructive attribuable à une réaction immunitaire qui provoque une respiration sifflante et des halètements chez les personnes atteintes par suite de la constriction de leurs voies respiratoires enflammées. Marquée par des périodes d'exacerbation et de retrait des symptômes.

Tuberculose (p. 844)

5. La tuberculose, maladie infectieuse causée par une bactérie en suspension dans l'air, touche principalement les poumons. Bien que la majorité des personnes infectées demeurent asymptomatiques, la bactérie étant confinée dans des follicules tuberculeux, les symptômes apparaissent lorsque le système immunitaire s'affaiblit. L'augmentation récente du nombre de cas de tuberculose chez les patients atteints du SIDA et l'abandon de leur médication par certains patients ont provoqué l'apparition de nouvelles souches de tuberculose résistantes à de nombreux médicaments.

Cancer du poumon (p. 844-845)

6. Le cancer du poumon, favorisé par les radicaux libres et autres agents cancérogènes, est extrêmement agressif et il produit rapidement des métastases.

Développement et vieillissement du système respiratoire (p. 845-847)

1. La muqueuse des voies respiratoires supérieures provient de l'invagination des placodes olfactives ectodermiques ; la muqueuse des voies respiratoires inférieures naît d'une évagination de l'endoderme de l'intestin antérieur. Le mésoderme forme les parois des voies respiratoires et le stroma des poumons.

2. Chez les prématurés, le manque de surfactant dans les alvéoles tend à provoquer l'affaissement des poumons et à causer le syndrome de détresse respiratoire du nouveau-né. Le surfactant se forme à la fin du développement fœtal.

3. La fibrose kystique du pancréas, la maladie héréditaire mortelle la plus courante, résulte d'une anomalie de la CFTR (une protéine), qui est incapable de former un canal à chlorure, ce qui entraîne la production d'un mucus épais qui bouche les voies respiratoires et qui favorise l'infection.

4. Au fil des années, le thorax devient rigide, les poumons perdent leur élasticité et la capacité vitale diminue. En outre, la stimulation exercée par l'augmentation de la concentration artérielle de gaz carbonique s'émousse, et les mécanismes de protection du système respiratoire s'affaiblissent.

23

QUESTIONS DE RÉVISION

Choix multiples/associations

(Réponses à l'appendice G)

1. Le sectionnement des nerfs phréniques : (a) fait entrer de l'air dans la cavité pleurale ; (b) cause la paralysie du diaphragme ; (c) stimule le réflexe diaphragmatique ; (d) cause la paralysie de l'épiglotte.

2. L'ablation du larynx rend : (a) la parole impossible ; (b) la toux impossible ; (c) la déglutition difficile ; (d) la respiration difficile ou impossible.

3. Ordinairement, le réflexe de Hering-Breuer est déclenché par : (a) le centre inspiratoire ; (b) le centre apneustique ; (c) la distension des alvéoles et des bronchioles ; (d) le centre pneumotaxique.

4. La molécule semblable à du détergent qui empêche les alvéoles de s'affaisser entre les respirations en réduisant la tension superficielle du liquide alvéolaire est appelée : (a) lécithine ; (b) bile ; (c) surfactant ; (d) décapant.

5. Qu'est-ce qui détermine la *direction* de l'écoulement d'un gaz ? (a) La solubilité du gaz dans l'eau ; (b) le gradient de pression partielle ; (c) la température ; (d) la masse et la taille de la molécule du gaz.

6. Quand les muscles inspiratoires se contractent : (a) le diamètre de la cavité thoracique augmente ; (b) la longueur de la cavité thoracique augmente ; (c) le volume de la cavité thoracique diminue ; (d) la longueur et le diamètre de la cavité thoracique augmentent.

7. L'irrigation des poumons est assurée par : (a) les artères pulmonaires ; (b) l'aorte ; (c) les veines pulmonaires ; (d) les artères bronchiques.

8. Dans les poumons et dans toutes les membranes cellulaires, l'échange gazeux repose sur : (a) le transport actif ; (b) la diffusion ; (c) la filtration ; (d) l'osmose.

9. Parmi les troubles suivants, lesquels ne sont *pas* traités par l'administration d'oxygène à 100 % ? (Donnez tous les choix qui s'appliquent.) (a) L'hypoxie ; (b) l'oxycarbonisme ; (c) la crise respiratoire de l'emphysème pulmonaire ; (d) l'eupnée.

10. Dans le sang, la majeure partie de l'oxygène est transportée sous forme de : (a) soluté dans le plasma ; (b) complexe avec les protéines plasmatiques ; (c) complexe avec l'hème des érythrocytes ; (d) en solution dans les érythrocytes.

11. Parmi les éléments suivants, lequel exerce le plus de stimulation sur le centre respiratoire de l'encéphale ? (a) L'oxygène ; (b) le gaz carbonique ; (c) le calcium ; (d) la volonté.

12. Pour effectuer la réanimation par la méthode du bouche-à-bouche, le sauveteur insuffle de l'air provenant de son propre système respiratoire dans celui de la victime. Parmi les énoncés suivants, lesquels sont vrais ?
   1. L'expansion des poumons de la victime est causée par l'entrée d'air dont la pression est supérieure à la pression atmosphérique (respiration à pression positive).
   2. La pression intrapleurale augmente à mesure que les poumons se dilatent.
   3. La technique est inefficace si la paroi thoracique de la victime est perforée, même si les poumons sont intacts.
   4. L'expiration pendant l'intervention dépend de l'élasticité des parois des alvéoles et du thorax.

   (a) 1, 2, 3, 4 ; (b) 1, 2, 4 ; (c) 1, 2, 3 ; (d) 2, 4.

13. Un bébé qui retient sa respiration : (a) subit des lésions cérébrales dues au manque d'oxygène ; (b) recommence automatiquement à respirer quand sa concentration sanguine de gaz carbonique atteint le point critique ; (c) s'inflige des lésions cardiaques dues à l'augmentation de la pression dans le sinus carotidien et dans la crosse de l'aorte ; (d) est appelé « bébé bleu ».

14. Dans des circonstances normales, lequel des constituants du sang suivants n'a aucune signification physiologique ? (a) Les ions bicarbonate ; (b) la carbhémoglobine ; (c) l'azote ; (d) les ions chlorure.

15. Parmi les lésions suivantes, lesquelles causent l'arrêt respiratoire ? (a) Les lésions du centre pneumotaxique ; (b) les lésions du bulbe rachidien ; (c) les lésions des mécanorécepteurs pulmonaires ; (d) les lésions du centre apneustique.

16. Le gaz carbonique est en majeure partie transporté sous forme : (a) de complexe avec les acides aminés de l'hémoglobine des érythrocytes (carbhémoglobine) ; (b) d'ions HCO_3^- dans le plasma après son entrée dans les érythrocytes ; (c) d'acide carbonique dans le plasma ; (d) de complexe avec l'hème de l'hémoglobine.

Questions à court développement

17. Retracez le trajet de l'air des narines à une alvéole. Nommez les subdivisions des organes traversés, s'il y a lieu, et faites la distinction entre la zone de conduction et la zone respiratoire.

18. (a) Pourquoi est-il important que la trachée soit renforcée par des anneaux de cartilage ? (b) Pourquoi la partie postérieure des anneaux est-elle ouverte ?

19. Expliquez brièvement, du point de vue anatomique, pourquoi les hommes ont une voix plus grave que les garçons et les femmes.

20. Les poumons sont essentiellement composés de conduits aériens et de tissu élastique. (a) Quel est le rôle du tissu élastique ? (b) Quel est le rôle des conduits aériens ?

21. Décrivez les relations fonctionnelles entre les variations du volume et l'écoulement des gaz dans les poumons et hors des poumons.

22. Quelle caractéristique de la membrane alvéolo-capillaire fait des alvéoles un site idéal pour les échanges gazeux ?

23. Expliquez l'influence qu'ont sur la ventilation pulmonaire la résistance des conduits aériens, la compliance et l'élasticité pulmonaires ainsi que la tension superficielle dans les alvéoles.

24. (a) Distinguez clairement la ventilation-minute et la ventilation alvéolaire. (b) Quelle mesure fournit le meilleur indice de l'efficacité de la ventilation ? Justifiez votre réponse.

25. Énoncez la loi de Dalton et la loi de Henry et montrez comment elles s'appliquent aux échanges gazeux au niveau alvéolaire.

26. (a) Définissez l'hyperventilation. (b) Si vous êtes en état d'hyperventilation, est-ce que vous retenez ou expulsez une plus grande quantité de gaz carbonique ? (c) Quel est l'effet de l'hyperventilation sur le pH sanguin ?

27. Décrivez les changements que le vieillissement fait subir à la fonction respiratoire.

RÉFLEXION ET APPLICATION

1. Hervé, le nageur le plus rapide de l'équipe de natation du collège, pratique l'hyperventilation avant les compétitions afin, dit-il, « de nager plus longtemps sans avoir à respirer ». Premièrement, quel aspect fondamental de la liaison de l'oxygène Hervé a-t-il oublié (un trou de mémoire qui fausse son raisonnement) ? Deuxièmement, quels risques Hervé court-il, non seulement quant à ses performances, mais aussi quant à sa sécurité ?

2. Un jeune homme est admis à la salle d'urgence après avoir reçu un coup de couteau dans le côté gauche du thorax. L'équipe médicale diagnostique un pneumothorax et l'affaissement du poumon gauche. Expliquez exactement : (a) pourquoi le poumon s'est affaissé ; (b) pourquoi un seul poumon s'est affaissé.

3. Un chirurgien fait l'ablation de trois segments bronchopulmonaires adjacents du poumon gauche d'un patient atteint de tuberculose. Bien que presque la moitié du poumon ait été enlevée, il n'y a pas eu d'hémorragie grave et très peu de vaisseaux sanguins ont dû être cautérisés (fermés). Pourquoi l'intervention chirurgicale a-t-elle été si facile à réaliser ?

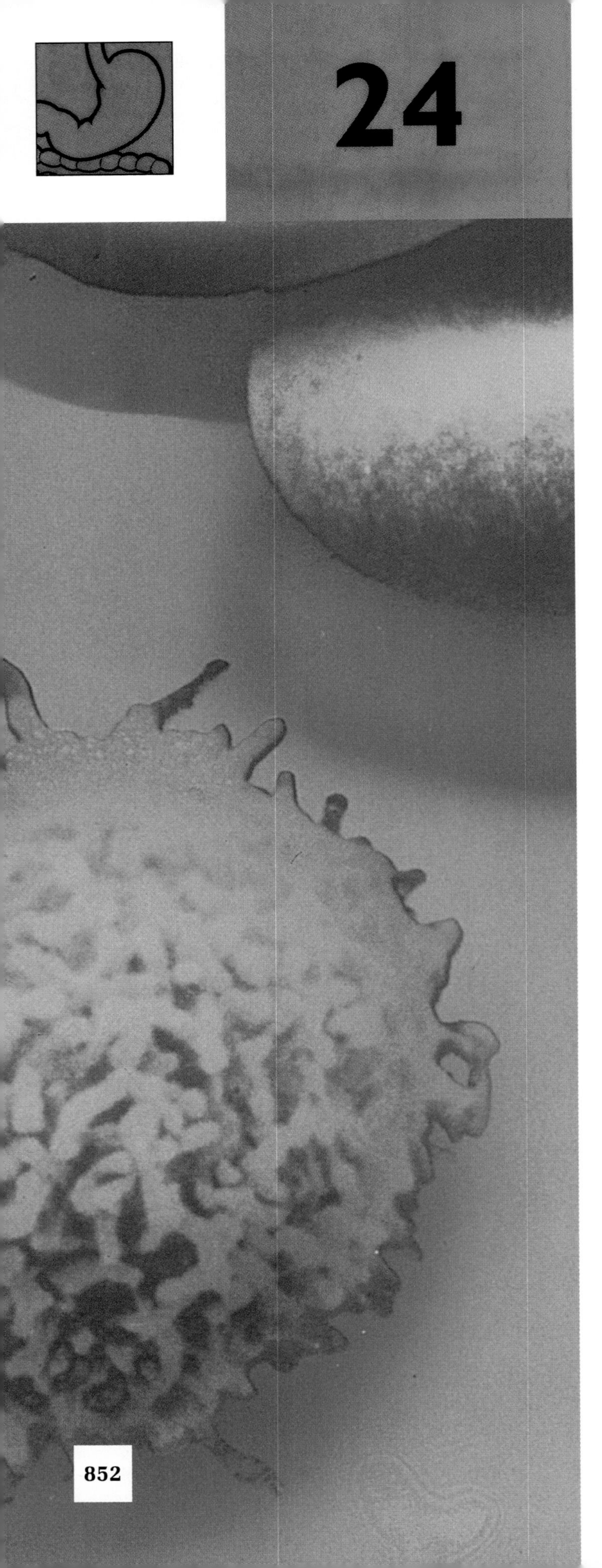

LE SYSTÈME DIGESTIF

SOMMAIRE ET OBJECTIFS D'APPRENTISSAGE

Système digestif: caractéristiques générales (p. 853-859)

1. Décrire le fonctionnement général du système digestif et faire la distinction entre les organes du tube digestif et les organes annexes du système digestif.
2. Énumérer et définir brièvement les six principaux processus impliqués dans l'activité du système digestif.
3. Présenter les particularités des mécanismes régulateurs du système digestif (fonction, stimulus, situation des centres de régulation).
4. Décrire la structure, l'emplacement et la fonction du péritoine et de la cavité péritonéale. Définir le terme rétropéritonéal et nommer les organes rétropéritonéaux.
5. Décrire la composition histologique fondamentale de la paroi du tube digestif; mettre en évidence les caractéristiques structurales et fonctionnelles de chacune des quatre tuniques.

Anatomie fonctionnelle du système digestif (p. 859-895)

6. Situer précisément chaque organe du tube digestif et chaque organe annexe; décrire leur anatomie, leur histologie et leurs fonctions particulières.
7. Décrire la composition et les fonctions de la salive, et expliquer le mécanisme de régulation de la salivation.
8. Expliquer la formule dentaire et faire la distinction entre dents temporaires et dents permanentes.
9. Décrire les fonctions et les différentes étapes des processus de mastication et de déglutition; expliquer leurs mécanismes de régulation.
10. Identifier les modifications structurales de la paroi de l'estomac et de l'intestin grêle correspondant aux aspects particuliers de la digestion qui a lieu dans ces régions.
11. Décrire la composition du suc gastrique; nommer et situer les types de cellules qui sécrètent ses diverses composantes; décrire le rôle joué par chacune de ces composantes dans l'activité gastrique.
12. Expliquer ce qu'est un ulcère gastrique (causes, symptômes, traitements).
13. Expliquer la régulation de la sécrétion, de la motilité et de l'évacuation gastriques; décrire le phénomène du vomissement.
14. Préciser le stimulus de production des différentes hormones locales sécrétées par l'intestin grêle et décrire leur fonction.
15. Décrire la composition de la bile, du suc pancréatique et du suc intestinal; expliquer les fonctions de leurs composantes dans la digestion.
16. Décrire le processus de régulation de la sécrétion du suc pancréatique et de la bile dans l'intestin grêle.
17. Définir les termes segmentation et péristaltisme; décrire les principales fonctions du gros intestin et expliquer la régulation de la motilité de cet organe et de la défécation.
18. Définir, de façon comparative, la diarrhée et la constipation; préciser ce qu'est une appendicite (causes, symptômes, conséquences possibles).

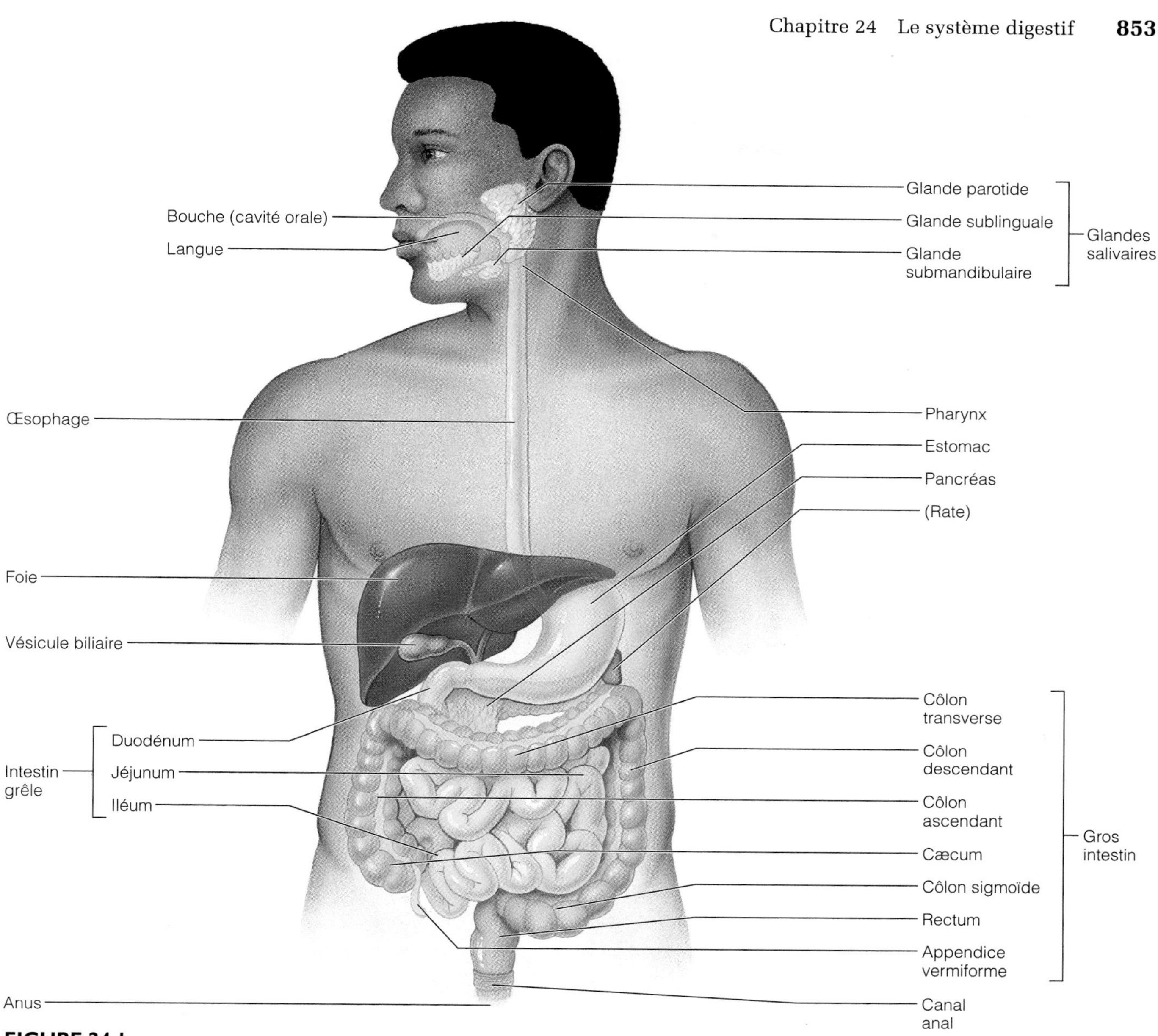

FIGURE 24.1
Organes du tube digestif et organes digestifs annexes.

Physiologie de la digestion chimique et de l'absorption (p. 896-903)

19. Énumérer les enzymes qui interviennent dans la digestion chimique; préciser leur provenance et nommer les aliments sur lesquels elles agissent; nommer le produit final de la digestion des protéines, des lipides, des glucides et des acides nucléiques.
20. Décrire le processus d'absorption des divers types de nutriments qui se produit dans l'intestin grêle.

Développement et vieillissement du système digestif (p. 903, 906)

21. Décrire le développement embryonnaire du système digestif.
22. Exposer les principales anomalies du système digestif qui peuvent survenir à différentes étapes de la vie.

Le fonctionnement du système digestif exerce une fascination particulière sur les enfants: ils raffolent des chips, s'amusent à se dessiner des moustaches avec du lait et sont au comble de la joie lorsque leur estomac gargouille. Les adultes savent qu'un système digestif en bonne santé est essentiel au maintien de la vie parce que c'est lui qui, à partir des aliments bruts, fabrique les matières premières qui joueront le rôle de matériaux structuraux et de source d'énergie de notre organisme. Plus précisément, le système digestif reçoit la nourriture, la dégrade en molécules de nutriments, assure l'absorption de ces derniers dans la circulation sanguine et élimine les résidus non digestibles ou qui n'ont pas été absorbés.

SYSTÈME DIGESTIF: CARACTÉRISTIQUES GÉNÉRALES

On divise les organes du système digestif (figure 24.1) en deux grands groupes: (1) les *organes du tube digestif* et (2) les *organes digestifs annexes.*

Le **tube digestif,** aussi appelé **canal alimentaire,** est un tube musculeux continu qui parcourt l'ensemble de l'organisme. Il **digère** la nourriture, c'est-à-dire qu'il la dégrade en fragments plus petits (*digerere* = distribuer), et **absorbe** des fragments digérés dans le sang ou la lymphe en leur faisant traverser sa muqueuse. Les organes du tube digestif sont la *bouche,* le *pharynx,* l'*œsophage,* l'*estomac,* l'*intestin grêle* et le *gros intestin* qui se termine par un orifice, l'*anus.* Dans un cadavre, le tube digestif a une longueur d'environ neuf mètres, mais chez une personne vivante il est rendu beaucoup plus court par un tonus musculaire relativement constant. Techniquement, on considère que la nourriture présente dans ce tube se trouve à l'extérieur de l'organisme parce que le tube digestif s'ouvre sur l'environnement à ses deux extrémités.

Les **organes annexes** sont les *dents,* la *langue,* la *vésicule biliaire* et un certain nombre de grosses glandes digestives (les *glandes salivaires,* le *foie* et le *pancréas*). Les dents et la langue se trouvent dans la bouche, ou cavité orale, alors que les glandes digestives et la vésicule biliaire sont extérieures au tube digestif et sont reliées à lui par des conduits. Les glandes digestives annexes produisent la salive, la bile et les enzymes digestives (des sécrétions qui assurent la dégradation des aliments).

Processus digestifs

On peut considérer le tube digestif comme une «chaîne de démontage» à chaque étape de laquelle la nourriture devient de moins en moins complexe et où les nutriments sont rendus disponibles à l'organisme. Cette transformation de la nourriture par le système digestif se résume à six activités essentielles qui sont l'ingestion, la propulsion, la digestion mécanique, la digestion chimique, l'absorption et la défécation (figure 24.2).

1. L'**ingestion** est tout simplement l'introduction de nourriture dans le tube digestif, habituellement par la bouche.
2. La **propulsion** mécanique est le processus par lequel la nourriture se déplace dans le tube digestif. Elle comprend la *déglutition,* un processus en partie volontaire, et le *péristaltisme,* qui est involontaire. Le **péristaltisme** (*peri* = autour; *stellein* = resserrer), le principal moyen de propulsion, met en jeu des ondes successives de contraction et de relâchement des muscles des parois des organes du tube digestif (figure 24.3a). Il a principalement pour effet de pousser la nourriture d'un organe à l'autre tout en produisant un certain brassage. Dès que la nourriture a pénétré dans le pharynx, son mouvement dépend entièrement de réflexes. Les ondes péristaltiques sont si puissantes que la nourriture et les liquides parviennent à l'estomac même si vous vous tenez la tête en bas.
3. La **digestion mécanique** prépare physiquement la nourriture à la digestion chimique par les enzymes. Les processus mécaniques comprennent la mastication, c'est-à-dire le mélange de la nourriture et de la salive par la langue, le pétrissage de la nourriture dans l'estomac et la **segmentation,** c'est-à-dire des contractions rythmiques et locales de l'intestin (figure 24.3b). La segmentation a pour effet de mélanger la nourriture avec les sucs digestifs et fait augmenter le taux d'absorption en mettant différentes parties du bol alimentaire en contact avec la paroi intestinale.
4. La **digestion chimique** est une série de processus cataboliques par lesquels les grosses molécules de nourriture sont dégradées en monomères (unités de base). La digestion chimique est effectuée par des enzymes qui sont sécrétées par diverses glandes et déversées dans la lumière du tube intestinal. La dégradation enzymatique des aliments commence dans la bouche et est pratiquement terminée lorsqu'ils arrivent dans l'intestin grêle.
5. L'**absorption** est le passage des produits de la digestion (avec les vitamines, les minéraux et l'eau) de la

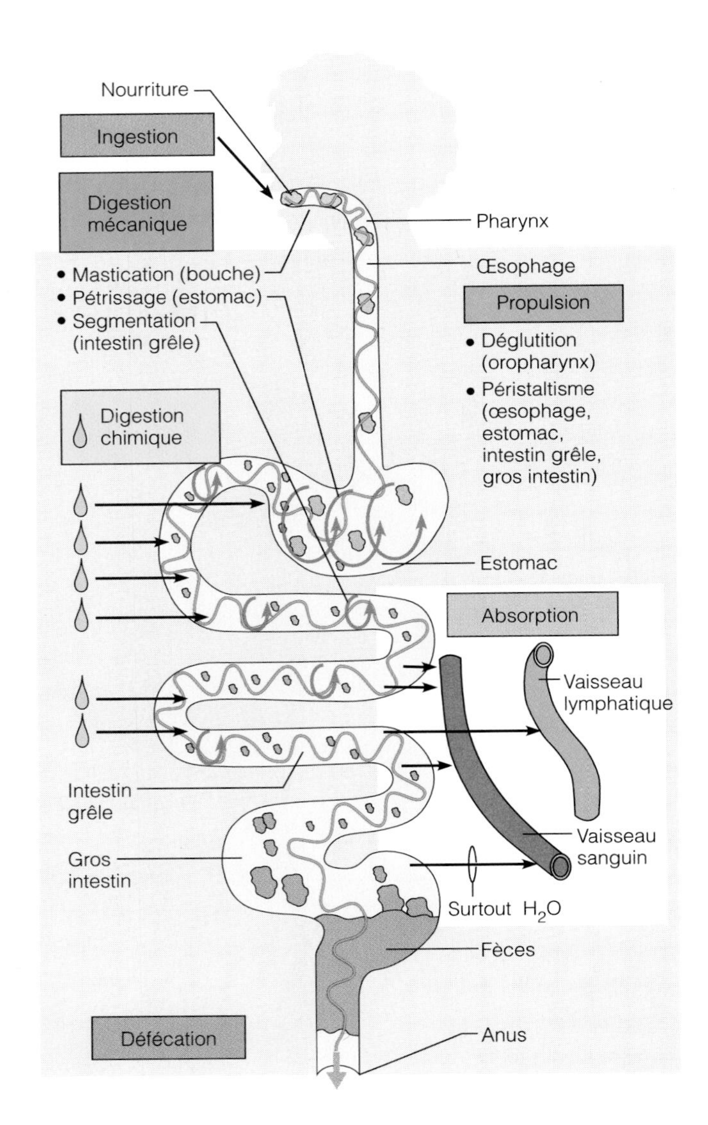

FIGURE 24.2
Représentation schématique des fonctions du tube digestif. Les fonctions du tube digestif sont l'ingestion, la digestion mécanique, la digestion chimique (enzymatique), la propulsion, l'absorption et la défécation. Les sites de la digestion chimique sont également les sites qui produisent des enzymes ou qui reçoivent des enzymes et d'autres sécrétions élaborées par les organes annexes (extérieurs au tube digestif). La muqueuse du tube digestif sécrète un mucus lubrifiant et protecteur.

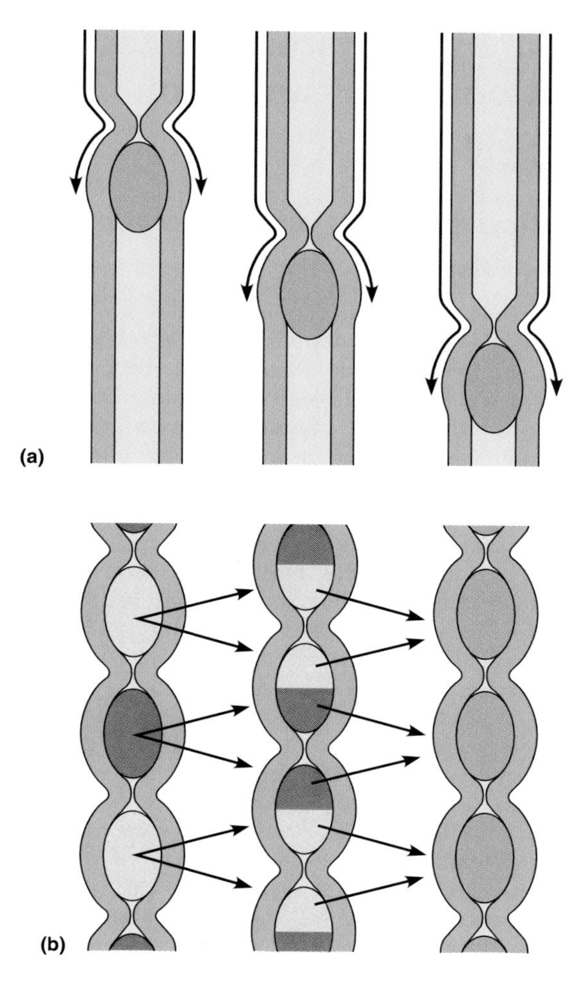

FIGURE 24.3
Péristaltisme et segmentation. (a) Dans le péristaltisme, les régions adjacentes de l'intestin (ou d'autres organes du tube digestif) se contractent et se relâchent tour à tour en poussant la nourriture vers l'extrémité distale du tube. **(b)** Dans la segmentation, des segments non adjacents de l'intestin se contractent et se relâchent tour à tour. Comme les segments actifs sont séparés par des régions inactives, la nourriture se déplace vers l'avant puis vers l'arrière, ce qui produit un brassage plutôt qu'une propulsion.

lumière du tube digestif au sang ou à la lymphe. Avant d'atteindre les capillaires sanguins ou lymphatiques, les substances doivent d'abord pénétrer dans les cellules de la muqueuse digestive par des mécanismes de transport actif ou passif. Le principal site d'absorption est l'intestin grêle.

6. La **défécation** est l'évacuation hors de l'organisme, par l'anus, des substances non digestibles ou qui n'ont pu être absorbées, sous forme de fèces.

Certains de ces processus sont assurés par un seul organe ; par exemple, l'ingestion n'est effectuée que par la bouche et la défécation, par l'anus. Mais la plupart des mécanismes qui constituent la digestion résultent de l'action conjointe de plusieurs organes et se déroulent par étapes au fur et à mesure que la nourriture parcourt le tube digestif. Plus loin, lorsque nous étudierons le fonctionnement des organes du tube digestif, nous verrons quels processus sont effectués par chacun d'eux (le tableau 24.1, p. 869, résume ces informations) ainsi que les facteurs nerveux ou hormonaux qui en assurent la régulation et l'intégration.

Concepts fonctionnels fondamentaux

Tout au long de ce manuel, nous avons souligné l'importance de l'homéostasie, c'est-à-dire de l'effort fourni par l'organisme pour maintenir l'équilibre de son milieu interne, et en particulier du sang. La plupart des systèmes de l'organisme réagissent aux fluctuations de ce milieu soit en favorisant le retour d'une certaine variable plasmatique à un niveau antérieur, soit en modifiant leur propre fonctionnement. Par contre, le système digestif crée un milieu optimal pour son propre fonctionnement dans la lumière (cavité) du tube digestif, qui se trouve en fait, comme nous l'avons déjà dit, *à l'extérieur* de l'organisme ; essentiellement, tous les mécanismes régulateurs de la digestion agissent sur les conditions présentes dans la lumière pour rendre la digestion et l'absorption aussi efficaces que possible.

1. **La digestion est déclenchée par un ensemble de stimulus mécaniques et chimiques.** Les récepteurs (divers types de mécanorécepteurs et chimiorécepteurs) assurant la régulation de la digestion se trouvent dans les parois des organes du tube digestif (figure 24.4). Ils répondent à divers stimulus dont les plus importants sont l'étirement de la paroi de l'organe en question par la présence de nourriture dans la lumière, l'osmolarité (concentration des solutés) et le pH du contenu, ainsi que la présence de substrats et

24

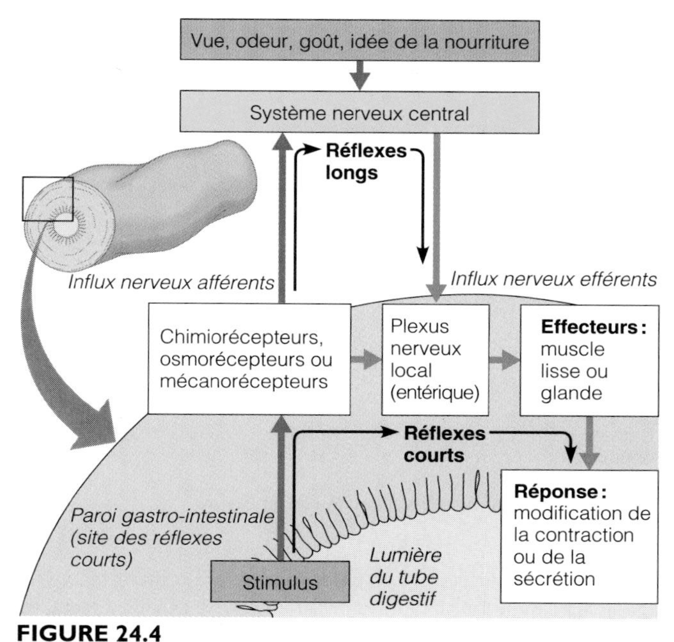

FIGURE 24.4
Représentation schématique des voies réflexes nerveuses longue et courte activées par les stimulus qui s'exercent sur le tube digestif.

de produits finaux de la digestion. Lorsqu'ils reçoivent les stimulus appropriés, ces récepteurs déclenchent des réflexes qui (1) activent ou inhibent les glandes qui libèrent des sucs digestifs dans la lumière ou des hormones dans le sang, ou bien (2) stimulent les muscles lisses des parois du tube digestif, ce qui a pour effet de mélanger le contenu de la lumière et de le déplacer.

2. **La digestion est régie par des mécanismes à la fois extrinsèques et intrinsèques.** Le tube digestif possède une autre particularité : bon nombre de ses systèmes de régulation sont eux-mêmes intrinsèques, c'est-à-dire qu'ils résultent de l'action de plexus nerveux locaux ou de cellules productrices d'hormones locales. Comme nous allons le voir, la paroi du tube digestif contient des plexus nerveux ; ceux-ci longent le tube digestif sur presque toute sa longueur et s'influencent mutuellement à la fois à l'intérieur d'un même organe et entre organes différents. Il en résulte deux types d'activité réflexe : les *réflexes courts,* qui dépendent entièrement de l'activité des plexus locaux (*entériques*) en réponse aux stimulus agissant sur le tube digestif ; les *réflexes longs,* qui sont déclenchés par des stimulus provenant de l'intérieur ou de l'extérieur du tube digestif et font intervenir les centres du système nerveux central ainsi que les neurofibres extrinsèques du système nerveux autonome (figure 24.4).

   L'estomac et l'intestin grêle contiennent aussi des cellules qui élaborent des hormones et les libèrent dans l'espace extracellulaire lorsqu'elles sont stimulées par certaines substances chimiques, des neurofibres ou un étirement local de l'organe. Ces hormones circulent dans le sang et atteignent leurs cellules cibles, qui peuvent se trouver dans le même organe ou dans un autre organe du système digestif et dont elles déclenchent l'activité de sécrétion ou de contraction.

Organes du système digestif : relations et organisation structurale

Relation entre les organes digestifs et le péritoine

La plupart des organes du système digestif se trouvent dans la cavité abdomino-pelvienne, qui est la plus grande des cavités ventrales. Comme nous l'avons vu au chapitre 1, toutes les cavités ventrales de l'organisme contiennent des *séreuses* lubrifiantes. Le **péritoine** de la cavité abdomino-pelvienne est la plus étendue de ces membranes (figure 24.5a). Le **péritoine viscéral** recouvre les surfaces externes de la plupart des organes digestifs et se prolonge par le **péritoine pariétal** qui couvre les parois de la cavité abdomino-pelvienne. Entre les deux péritoines se trouve la **cavité péritonéale,** un très mince espace contenant le liquide sécrété par les séreuses. Cette sérosité lubrifie les organes digestifs mobiles et leur permet de glisser facilement les uns contre les autres au cours de leur fonctionnement.

Un **mésentère** est une double couche de péritoine (deux séreuses accolées dos à dos) qui s'étend des organes digestifs à la paroi de la cavité. Les mésentères permettent le passage des vaisseaux sanguins et lymphatiques ainsi que des neurofibres qui desservent les viscères digestifs. Ils maintiennent également les organes en place et emmagasinent les lipides. Dans la plupart des cas, le mésentère est en position *dorsale* et relié à la paroi abdominale postérieure, mais il existe aussi des mésentères *ventraux* (figure 24.5a). Certains mésentères, ou replis péritonéaux, ont reçu des noms spécifiques (comme les *omentums*). Nous aurons l'occasion de les décrire de façon plus précise.

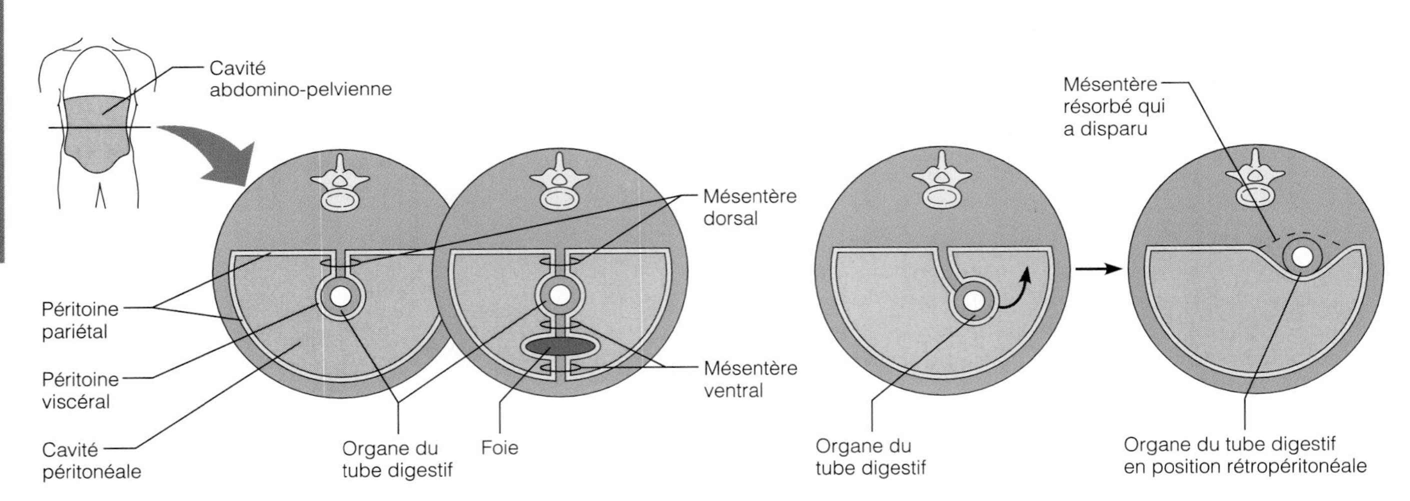

FIGURE 24.5
Péritoine et cavité péritonéale. (a) Coupes transversales simplifiées de la cavité abdominale montrant la position relative des péritoines viscéral et pariétal ainsi que les mésentères dorsal (gauche) et ventral (droite). Notez que la cavité péritonéale est beaucoup plus petite qu'elle ne semble l'être sur cette illustration, parce qu'elle est presque entièrement occupée par les organes qu'elle contient. **(b)** Au cours du développement, certains organes du tube digestif perdent leur mésentère et deviennent rétropéritonéaux.

Tous les organes du tube digestif ne sont pas nécessairement suspendus dans la cavité péritonéale par un mésentère. Certaines parties de l'intestin grêle, par exemple, se forment dans cette cavité mais adhèrent ensuite à la paroi dorsale de la cavité abdominale (figure 24.5b). Elles perdent alors leur mésentère et deviennent postérieures au péritoine. Ces organes, qui comprennent aussi la plus grande partie du pancréas et certaines parties du gros intestin, sont appelés **organes rétropéritonéaux** (*retro* = derrière). D'autre part, les organes digestifs (comme l'estomac) qui gardent leur mésentère et restent dans la cavité péritonéale sont appelés **organes intrapéritonéaux,** ou **péritonéaux.** On ne sait pas pour quelle raison certains organes digestifs deviennent rétropéritonéaux alors que d'autres sont suspendus dans la cavité. Selon l'une des explications avancées, le fait que certaines de ses parties soient fixées à la paroi postérieure de l'abdomen empêcherait le tube digestif de s'enrouler ou de se tordre sous l'effet des mouvements péristaltiques. (La torsion ou l'obstruction du tube digestif entraîneraient une nécrose tissulaire et la mort.)

La *péritonite,* ou inflammation du péritoine, peut résulter d'une blessure perforante de l'abdomen, d'un ulcère perforant qui laisse passer les sucs gastriques dans la cavité péritonéale ou de l'éclatement de l'appendice vermiforme (qui répand des fèces chargées de bactéries dans tout le péritoine). Dans ce cas, les membranes du péritoine ont tendance à s'accoler ensemble au voisinage du site de l'infection, ce qui a pour effet de confiner celle-ci et de laisser le temps aux macrophagocytes d'entrer en action pour empêcher sa propagation. Si une péritonite se *généralise* (se répand dans toute la cavité péritonéale), elle devient très dangereuse et est souvent mortelle. Le traitement consiste à débarrasser la cavité péritonéale de la plus grande quantité possible de débris infectieux et à administrer des doses massives d'antibiotiques. ■

Irrigation sanguine : la circulation splanchnique

La **circulation splanchnique** comprend les ramifications de l'aorte abdominale qui irriguent les organes digestifs, ainsi que le *système porte hépatique.* Ces artères, c'est-à-dire d'une part les artères hépatique, splénique et gastrique gauche du tronc cœliaque, qui irriguent la rate, le foie et l'estomac, et d'autre part les artères mésentériques (supérieure et inférieure), qui alimentent l'intestin grêle et le gros intestin (voir le tableau 20.6, p. 730), reçoivent normalement le quart du débit cardiaque, et cette proportion (volume sanguin) augmente après un repas. Le système porte hépatique (décrit aux pages 740-741) recueille le sang veineux chargé de nutriments provenant des viscères digestifs et l'apporte au foie. Le foie retient les nutriments absorbés pour en assurer le traitement métabolique ou pour les emmagasiner ; plus tard, il les libère de nouveau dans la circulation sanguine pour alimenter le métabolisme cellulaire général.

Histologie du tube digestif

La plupart des organes digestifs n'assurent qu'une partie du travail global que représente la digestion. Avant de tenter de décrire l'anatomie fonctionnelle du système digestif de façon cohésive, il est donc utile d'étudier les structures qui assurent des fonctions semblables dans presque toutes les parties du tube digestif.

De l'œsophage au canal anal, les parois de tous les organes du tube digestif sont formées des quatre mêmes couches principales appelées *tuniques* (figure 24.6). De la lumière vers l'extérieur, ces couches sont la *muqueuse,* la *sous-muqueuse,* la *musculeuse* et la *séreuse* (ou l'*adventice* selon le cas). Chaque tunique comprend un type de tissu prépondérant qui joue un rôle précis dans la digestion.

Muqueuse La **muqueuse,** ou **tunique muqueuse,** est un épithélium humide qui tapisse la lumière du tube digestif de la cavité orale à l'anus. Ses principales fonctions sont (1) la *sécrétion* de mucus, d'enzymes digestives et d'hormones, (2) l'*absorption* des produits de la digestion dans le sang et (3) la *protection* contre les maladies infectieuses. Dans une région donnée du tube digestif, la muqueuse peut n'exercer qu'une seule de ces fonctions ou les trois simultanément.

La muqueuse digestive, qui est plus complexe que les autres muqueuses, comporte généralement trois sous-couches : (1) un épithélium de revêtement, (2) une lamina propria et (3) une muscularis mucosæ. L'**épithélium** de la muqueuse est généralement un *épithélium simple prismatique,* riche en *cellules caliciformes* qui sécrètent du mucus. Ce mucus lubrifiant empêche la digestion de certains organes par les enzymes en activité dans leur propre cavité et facilite le mouvement de la nourriture dans le tube digestif. Dans certains organes digestifs comme l'estomac et l'intestin grêle, la muqueuse contient des cellules qui libèrent des enzymes et d'autres qui sécrètent des hormones. La muqueuse est donc, dans ces régions, une sorte de glande endocrine diffuse en même temps qu'elle fait partie de l'organe digestif.

La **lamina propria,** sous l'épithélium, est formée de tissu conjonctif lâche aréolaire. Elle est parcourue de capillaires qui nourrissent l'épithélium et absorbent les nutriments digérés. Ses follicules lymphatiques épars, qui font partie des **MALT** (**formations lymphatiques associées aux muqueuses**) décrites à la page 755, jouent un rôle important dans la défense contre les bactéries et autres agents pathogènes qui ont libre accès au tube digestif. Des groupes particulièrement importants de follicules lymphatiques sont situés à des endroits stratégiques comme le pharynx (les tonsilles par exemple) et l'appendice vermiforme.

À l'extérieur de la lamina propria se trouve la **muscularis mucosæ,** une fine couche de cellules musculaires lisses qui produit les mouvements locaux de la muqueuse. Ainsi, les soubresauts de cette couche musculaire délogent les particules de nourriture qui adhèrent à la muqueuse. Dans la muqueuse de l'intestin grêle, elle forme une série de petits replis qui accroissent considérablement sa surface.

Sous-muqueuse La **sous-muqueuse**, située juste à l'extérieur de la muqueuse, est un tissu conjonctif lâche qui renferme des vaisseaux sanguins et lymphatiques, des follicules lymphatiques et des neurofibres. Ses fibres élastiques abondantes permettent à l'estomac de reprendre sa

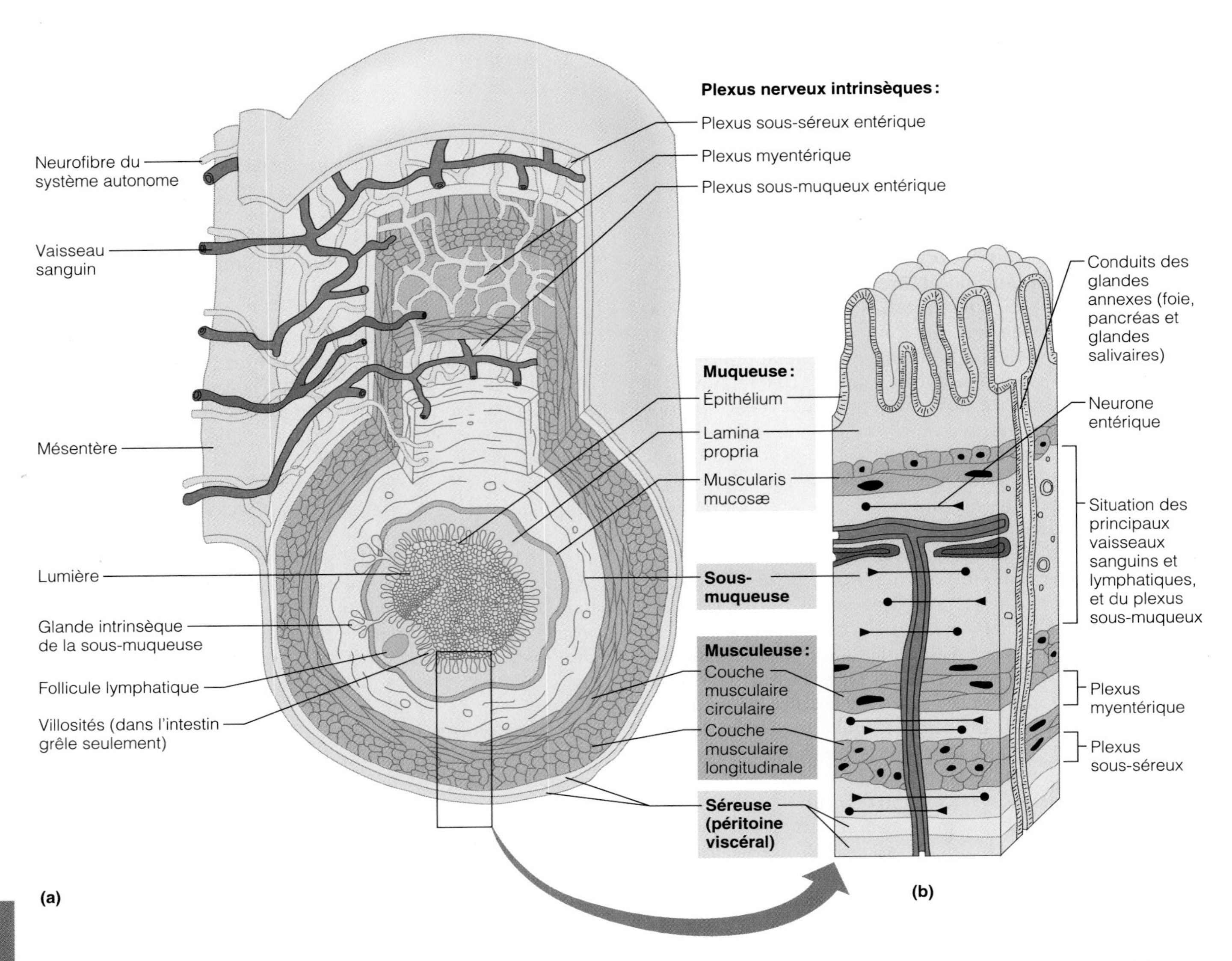

FIGURE 24.6
La structure fondamentale de la paroi du tube digestif se compose de quatre couches: la muqueuse, la sous-muqueuse, la musculeuse et la séreuse. (a) Coupe transversale du tube digestif avec une partie de la paroi enlevée pour montrer les plexus nerveux intrinsèques. **(b)** Représentation schématique d'une partie de la coupe transversale de la paroi montrant ses principales parties et leur disposition.

24

forme après avoir contenu un repas copieux. Son riche réseau vasculaire alimente les autres tissus de la paroi du tube digestif.

Musculeuse La **musculeuse** produit la segmentation et le péristaltisme, c'est-à-dire qu'elle mélange les aliments et les déplace le long du tube digestif. Cette épaisse tunique musculeuse comporte généralement une *couche circulaire* interne et une *couche longitudinale* externe formées de cellules musculaires lisses (figure 24.6). À plusieurs endroits le long du tube digestif, la couche circulaire s'épaissit et forme des *sphincters* qui agissent comme des valves empêchant l'inversion du mouvement et régissant le passage de la nourriture d'un organe à l'autre.

Séreuse La **séreuse,** la couche la plus externe des organes intrapéritonéaux, a un rôle protecteur et est formée par le *péritoine viscéral.* Elle se compose de tissu conjonctif lâche aréolaire recouvert de *mésothélium,* une couche unique de cellules épithéliales squameuses.

Dans l'œsophage, situé dans la cavité thoracique et non dans la cavité abdomino-pelvienne, la séreuse est remplacée par une **adventice.** L'adventice est une enveloppe fibreuse ordinaire qui relie l'œsophage aux structures voisines. Les organes rétropéritonéaux ont *à la fois* une séreuse (sur la face située du côté de la cavité péritonéale) et une adventice (sur la face adjacente à la paroi abdominale postérieure).

Système nerveux entérique du tube digestif

Le tube digestif possède son propre réseau nerveux interne formé par les **neurones entériques** (*enteron* = intestin) entre lesquels il existe une communication intense et qui assurent ainsi la régulation de l'activité du système digestif. Les deux principaux *plexus nerveux intrinsèques* des parois du tube digestif, soit le plexus sous-muqueux et le plexus myentérique (figure 24.6), sont constitués en majeure partie de neurones entériques. Un troisième plexus plus petit, le **plexus sous-séreux,** se trouve à l'intérieur de la séreuse.

Le **plexus sous-muqueux** fait partie de la sous-muqueuse et régit principalement l'activité des glandes et des muscles lisses de la tunique muqueuse. Le **plexus myentérique** («muscle intestinal»), ou plexus de Auerbach, de grande taille, se trouve entre les couches circulaire et longitudinale de la musculeuse. Les neurones du plexus myentérique forment le principal réseau nerveux de la paroi du tube digestif; ils régissent la motilité de ce dernier en communiquant entre eux, avec les couches longitudinales et circulaires de muscles lisses ainsi qu'avec le plexus sous-muqueux. La régulation de la segmentation et du péristaltisme se fait en bonne partie automatiquement et fait intervenir des arcs réflexes locaux entre les neurones entériques du même plexus, de plexus différents, voire d'organes différents.

> *Étudiez chaque système de l'organisme comme s'il s'agissait d'une carte routière ou d'une liste d'instructions. Essayez d'imaginer l'anatomie du système comme une autoroute. Vous pouvez alors vous représenter sa physiologie comme une série de points d'arrêt situés le long de l'autoroute de l'anatomie et où il faut accomplir certaines «tâches». Ça fonctionne très bien dans le cas du système digestif.*
>
> *Jeff McCreadie,*
> *étudiant en sciences infirmières*

Le système nerveux entérique est aussi relié au système nerveux central par des neurofibres viscérales afférentes et par des branches sympathiques et parasympathiques (neurofibres motrices) du système nerveux autonome qui pénètrent dans la paroi de l'intestin et forment des synapses avec les neurones des plexus intrinsèques. Comme nous l'avons dit plus haut, les neurofibres du système autonome exercent également une régulation extrinsèque sur la digestion par l'intermédiaire d'arcs réflexes longs. De façon générale, l'action du système parasympathique accroît la sécrétion et la motilité, alors que celle du système sympathique inhibe l'activité digestive. Mais il ne faut pas oublier que les ganglions entériques, qui sont largement indépendants, sont bien plus que de simples relais du système nerveux autonome comme c'est le cas dans les autres systèmes.

ANATOMIE FONCTIONNELLE DU SYSTÈME DIGESTIF

Maintenant que nous avons résumé certains points communs au fonctionnement des diverses parties du système digestif et que nous avons passé en revue le «paysage anatomique» qui en résulte, nous sommes prêts à étudier les particularités structurales et fonctionnelles de chacun des organes de ce système. Le tableau 24.1, p. 869, résume les fonctions des différents organes digestifs. La figure 24.1 montre la plupart des organes de la digestion dans leur position normale; il vous sera peut-être utile de vous reporter à cette illustration de temps à autre au cours de l'étude de la partie qui suit.

BOUCHE, PHARYNX ET ŒSOPHAGE

La bouche est la seule partie du tube digestif qui assure l'ingestion des aliments. Cependant la plupart des fonctions digestives associées à la bouche résultent de l'activité d'organes annexes comme les dents, les glandes salivaires et la langue. En effet, c'est dans la bouche que la nourriture est mastiquée, mélangée et humectée avec la salive contenant les enzymes qui commencent le processus de digestion chimique. La bouche amorce également le mécanisme de déglutition qui assure le passage de la nourriture dans le pharynx, l'œsophage et l'estomac.

Bouche et organes associés

Bouche

La **bouche,** aussi appelée **cavité orale,** ou cavité buccale, est une cavité tapissée de muqueuse. Elle est délimitée à l'avant par les lèvres, sur les côtés par les joues, en haut par le palais et en bas par la langue (figure 24.7). La **fente orale** constitue son ouverture antérieure. À l'arrière, la cavité orale communique avec l'*oropharynx.* Les parois de la bouche, qui sont exposées à une friction considérable, sont tapissées d'un épithélium stratifié squameux au lieu de l'épithélium simple prismatique qui est plus répandu. L'épithélium des gencives, du palais osseux et du dos de la langue est légèrement kératinisé, ce qui offre une meilleure protection contre l'abrasion produite par la mastication. La muqueuse orale, comme tous les revêtements humides, réagit aux lésions en produisant des peptides antimicrobiens appelés *défensines.* Cela explique peut-être en partie pourquoi la bouche reste remarquablement saine bien qu'elle grouille de microorganismes pathogènes.

Lèvres et joues Les **lèvres** et les **joues** comportent une partie centrale constituée de muscles squelettiques recouverts de peau. Le *muscle orbiculaire de la bouche* forme l'essentiel de la partie charnue des lèvres. Les joues sont composées en grande partie par les *muscles buccinateurs.* Les lèvres et les joues contribuent à garder la nourriture entre les dents pendant la mastication et elles jouent aussi un rôle mineur dans l'élocution. L'espace limité à l'extérieur par les lèvres et les joues et à l'intérieur par les gencives et les dents est appelé **vestibule de la bouche**; la région située derrière les dents et les gencives est nommée **cavité propre de la bouche.**

Les lèvres sont beaucoup plus étendues que la plupart des gens ne le pensent: en effet, du point de vue anatomique, elles s'étendent du bord inférieur du nez à la limite supérieure du menton. Le bord libre des lèvres où l'on applique éventuellement du rouge à lèvres et où l'on pose un baiser est une région de transition entre la peau

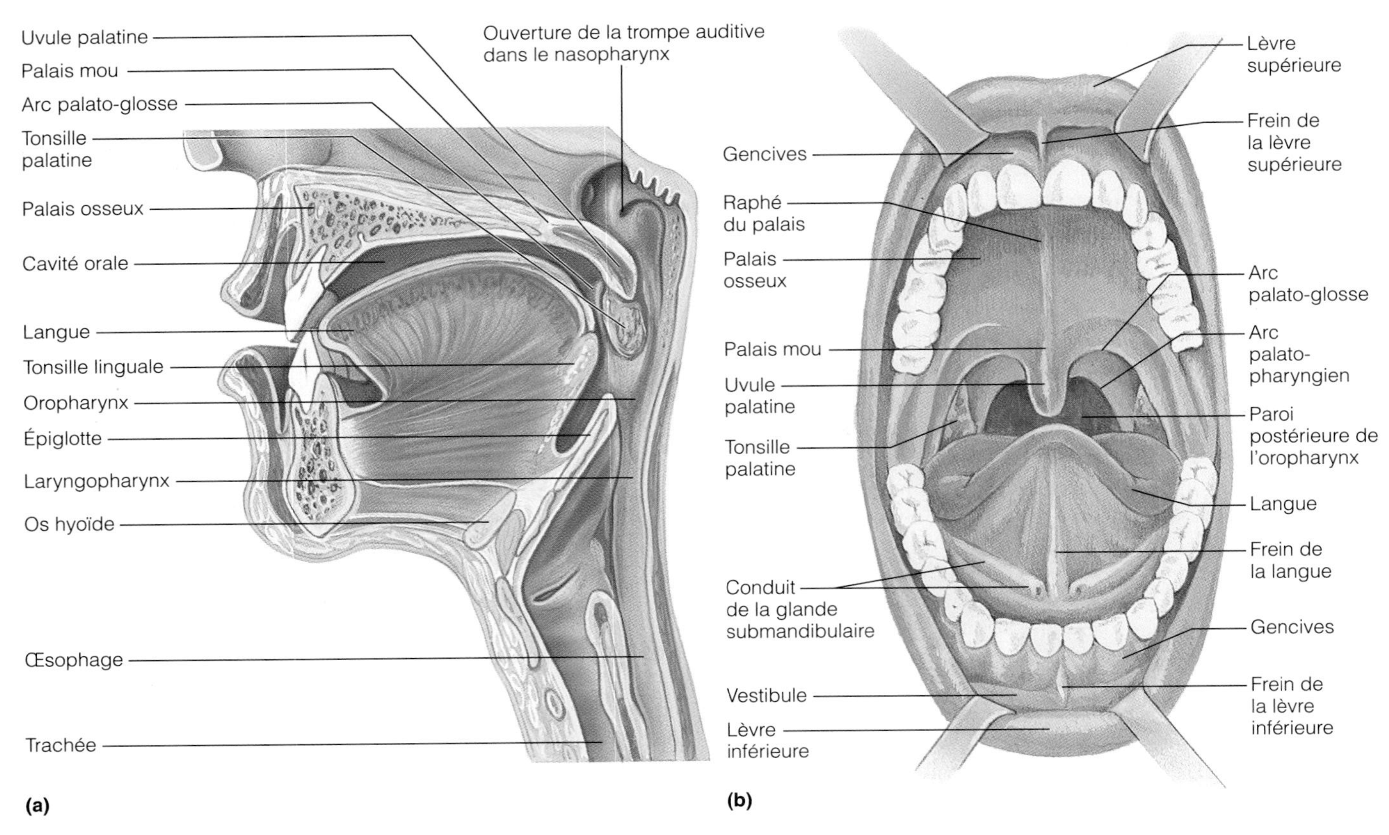

FIGURE 24.7
Anatomie de la cavité orale (bouche). (a) Coupe sagittale médiane de la cavité orale et du pharynx. **(b)** Vue antérieure de la cavité orale.

très kératinisée et la muqueuse orale. Le bord libre est peu kératinisé et translucide et il laisse transparaître la couleur rouge du sang des capillaires sous-jacents. Il n'y a pas de glandes sudoripares ou sébacées dans le bord libre des lèvres, de sorte qu'il faut régulièrement l'humecter avec de la salive pour empêcher la déshydratation et les gerçures. Le **frein des lèvres** est un repli médian qui relie la face interne de chaque lèvre à la gencive (figure 24.8b).

Palais Le **palais,** qui forme le plafond de la bouche, se divise en deux parties: le palais osseux à l'avant et le palais mou à l'arrière (voir la figure 24.7). Le **palais osseux,** ou palais dur, est sous-tendu par des os (os palatins et processus palatins des maxillaires), et il constitue une surface rigide contre laquelle la langue peut écraser la nourriture pendant la mastication. La muqueuse située de chaque côté du *raphé du palais,* une saillie longitudinale médiane, est légèrement plissée, ce qui accentue la friction.

Le **palais mou** est un repli mobile composé surtout de muscles squelettiques. Un prolongement en forme de doigt orienté vers le bas et appelé **uvule palatine,** ou luette, est suspendu à son bord libre. Lorsque nous avalons, le palais mou se relève par réflexe pour fermer le nasopharynx.

- Pour démontrer cette action, essayez de respirer et d'avaler en même temps.

Latéralement, le palais mou est relié à la langue par les **arcs palato-glosses** et à la paroi de l'oropharynx par les **arcs palato-pharyngiens** situés plus à l'arrière. Ces deux paires de replis forment les limites du **gosier,** la région voûtée de l'oropharynx qui abrite les tonsilles palatines.

Langue

La **langue** est située sur le plancher de la bouche et occupe la majeure partie de la cavité orale lorsque la bouche est fermée (voir la figure 24.7). La langue porte la plupart de nos calicules gustatifs ainsi que quelques glandes muqueuses et séreuses, mais elle est surtout formée de masses entrelacées de muscles squelettiques. Au cours de la mastication, la langue malaxe la nourriture et la replace constamment entre les dents. Ses mouvements ont aussi pour effet de mélanger les aliments avec la salive et de les transformer en une masse compacte appelée **bol alimentaire** (*bolos* = morceau); la langue amorce la déglutition en poussant le bol alimentaire vers l'arrière dans le pharynx. Lorsque nous parlons, sa souplesse nous permet de prononcer les consonnes (k, d, t, etc.).

La langue comprend des fibres musculaires squelettiques à la fois intrinsèques et extrinsèques. Les **muscles intrinsèques** sont confinés à la langue et ne sont pas fixés à des os. Leurs fibres sont disposées sur différents plans et permettent donc à la langue de changer de forme (mais non de position), la rendant plus épaisse, plus fine, plus longue ou plus courte selon les besoins au cours de l'élocution et de la mastication. Comme nous l'avons expliqué au chapitre 10, les **muscles extrinsèques** se terminent dans la langue et ont leurs points d'origine sur les os du crâne ou sur le palais mou (voir le tableau 10.2, p. 314 et la figure 10.7, p. 315). Les muscles extrinsèques modifient la position de la langue: ils permettent de la tirer, de la rentrer et de la déplacer latéralement. La langue est divisée par une cloison médiane composée de tissu conjonctif, et chaque moitié contient des groupes de muscles identiques.

Un repli de muqueuse appelé **frein de la langue** relie la langue au plancher de la bouche (voir la figure 24.7b) et limite son mouvement vers l'arrière.

On dit souvent que les enfants nés avec un frein de la langue extrêmement court ont la « langue liée » parce que les mouvements de la langue sont limités, ce qui perturbe l'élocution. Cette anomalie congénitale nommée *ankyloglosse* (langue fusionnée) peut être corrigée chirurgicalement en sectionnant le frein. ■

La face supérieure de la langue est couverte de papilles, des excroissances en forme de piquets venant de la muqueuse sous-jacente. La figure 24.8 illustre les trois types de papilles: filiformes, fungiformes et circumvallées. Les **papilles filiformes** sont coniques et confèrent à la surface de la langue une certaine rugosité qui permet de lécher les aliments semi-solides (comme la crème glacée) et crée la friction nécessaire pour déplacer les aliments dans la bouche. Ces papilles, les plus petites et les plus nombreuses, sont alignées en rangées parallèles sur le dos de la langue. Elles contiennent de la kératine, ce qui les rend plus rigides et donne à la langue sa teinte blanchâtre.

Les **papilles fungiformes** (en forme de champignon) sont disséminées sur la surface de la langue. Chacune d'entre elles comporte un centre vasculaire qui lui donne une teinte rougeâtre.

À l'arrière de la langue, 10 à 12 grosses **papilles circumvallées,** ou papilles caliciformes, sont alignées en forme de V. Elles ressemblent aux papilles fungiformes mais sont entourées d'un sillon. Comme nous l'avons vu au chapitre 16, les papilles fungiformes et circumvallées contiennent des calicules gustatifs.

Juste à l'arrière des papilles circumvallées se trouve le **sillon terminal de la langue** qui sépare les deux tiers antérieurs de la langue, situés dans la cavité orale, du tiers postérieur qui occupe l'oropharynx. La muqueuse qui recouvre la surface postérieure et la racine de la langue est dépourvue de papilles, mais elle est couverte de bosses formées par les *tonsilles linguales* nodulaires qui se trouvent juste au-dessous (voir la figure 24.8).

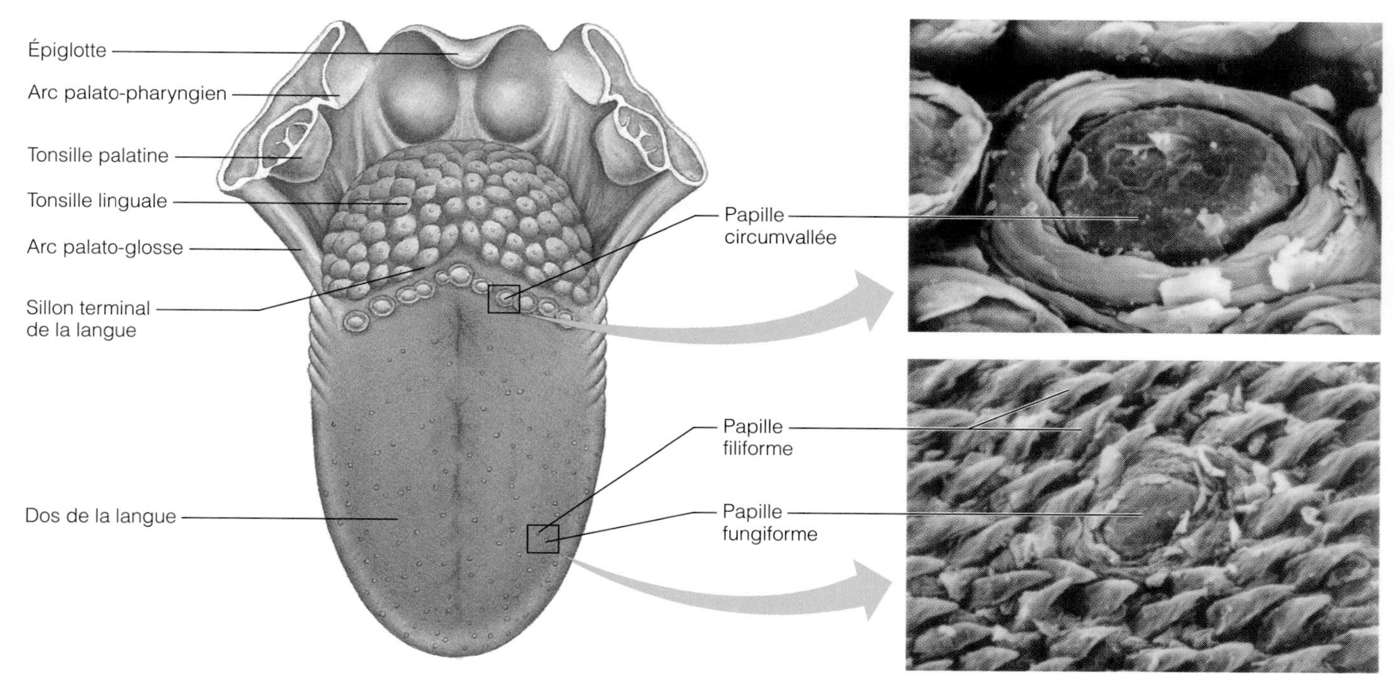

FIGURE 24.8
Vue superficielle de la face dorsale de la langue. Les situations et les structures détaillées des papilles circumvallées, fungiformes et filiformes sont aussi représentées, de même que les tonsilles étroitement associées à la cavité orale. (En haut à droite, 300 ×; en bas à droite, 140 ×.) Tiré de *Tissues and Organs*, R. G. Kessel et R. H. Kardon, © 1979, W. H. Freeman.

Glandes salivaires

Un certain nombre de glandes situées à l'intérieur et à l'extérieur de la cavité orale produisent et sécrètent la **salive,** qui assure plusieurs fonctions: (1) elle nettoie la bouche, (2) elle dissout les constituants chimiques présents dans la nourriture pour qu'ils puissent être goûtés, (3) elle humecte les aliments et permet leur compression en bol alimentaire, et (4) elle contient des enzymes qui amorcent la digestion des féculents.

La plus grande partie de la salive est produite par trois paires de **glandes salivaires majeures,** ou extrinsèques, situées à l'extérieur de la cavité orale mais qui y déversent leurs sécrétions. Leur débit est légèrement augmenté par les **glandes salivaires mineures,** ou intrinsèques, aussi appelées **glandes orales,** qui sont disséminées sur l'ensemble de la muqueuse de la cavité orale.

Les glandes salivaires majeures comprennent les glandes parotides, submandibulaires et sublinguales (figure 24.9); ce sont des paires de glandes tubulo-acineuses composées qui se développent à partir de la muqueuse de la cavité orale et lui restent reliées par des conduits. La grosse **glande parotide** (*para* = près de; *ous* = oreille) est située devant l'oreille, entre le muscle masséter et la peau. Un conduit important, le **conduit parotidien,** suit l'arcade zygomatique, traverse le muscle buccinateur et débouche dans le vestibule en face de la deuxième dent molaire supérieure. Des ramifications du nerf facial traversent la glande parotide avant d'atteindre les muscles servant à l'expression faciale; c'est la raison pour laquelle une opération chirurgicale de cette glande peut entraîner la paralysie faciale.

Les *oreillons,* une maladie fréquente chez l'enfant, sont une inflammation des glandes parotides causée par un virus (*Myxovirus*) qui se transmet d'une personne à une autre par la salive. Si vous vérifiez la situation des glandes parotides à la figure 24.9a, vous comprendrez facilement que les personnes atteintes des oreillons se plaignent de douleurs lorsqu'elles mâchent ou ouvrent la bouche. En plus de la gêne occasionnée par l'enflure évidente des glandes parotides, les signes et symptômes des oreillons sont une légère fièvre et de la douleur lorsqu'on avale des aliments acides (légumes au vinaigre, jus de pamplemousse, etc.). Chez l'homme adulte, les testicules sont également atteints dans 25 % des cas, ce qui entraîne la stérilité. ■

De la taille d'une noisette, la **glande submandibulaire** se trouve le long de la face médiane du corps de la mandibule. Son conduit passe sous la muqueuse du plancher de la cavité orale et débouche à la base du frein de la langue (voir aussi la figure 24.7). La petite **glande sublinguale** est située devant la glande submandibulaire, sous la langue. Ses 10 ou 12 conduits s'ouvrent dans le plancher de la bouche.

Les glandes salivaires sont composées, dans des proportions variables, de deux types de cellules sécrétrices: les cellules muqueuses et les cellules séreuses. Les **cellules séreuses** produisent une sécrétion aqueuse contenant des enzymes et les ions de la salive, alors que les **cellules muqueuses** sécrètent du **mucus,** c'est-à-dire une solution

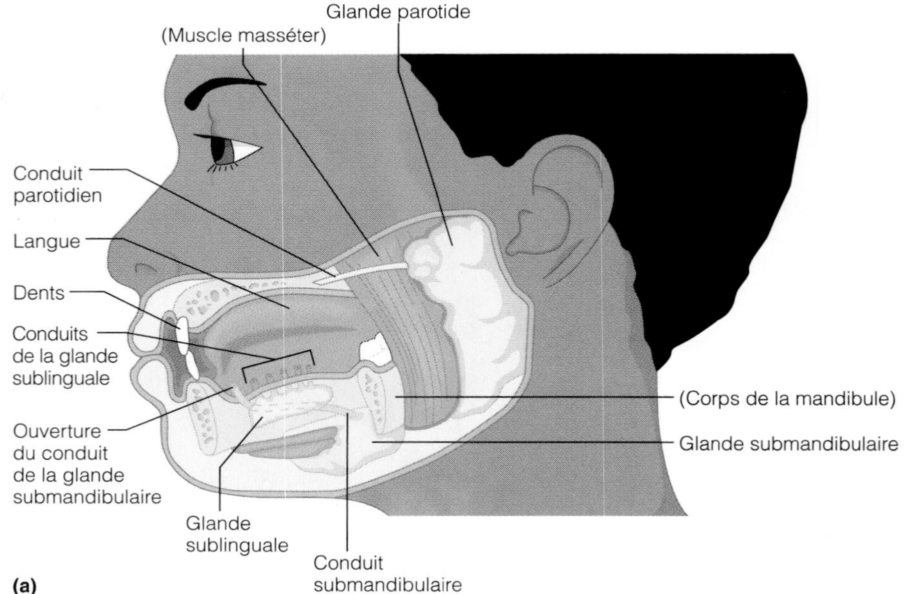

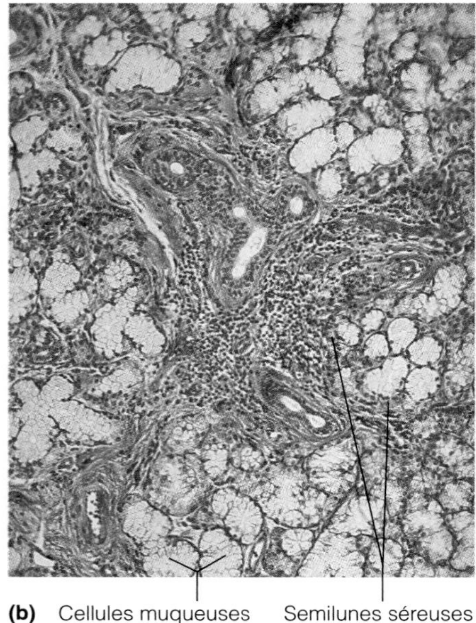

FIGURE 24.9
Principales glandes salivaires. (a) Les glandes salivaires parotide, submandibulaire et sublinguale associées à la face gauche de la cavité orale. **(b)** Photomicrographie de la glande salivaire sublinguale (752 ×), une glande salivaire mixte composée principalement de cellules muqueuses (en bleu clair) et de quelques unités produisant un liquide séreux (en violet). Les cellules séreuses forment parfois des demi-lunes (appelées semilunes séreuses) autour de la base des glandes muqueuses.

filandreuse et visqueuse. Les glandes parotides ne contiennent que des cellules séreuses, les glandes submandibulaires et les glandes salivaires mineures sont constituées d'un nombre à peu près égal de cellules séreuses et muqueuses, et les glandes sublinguales (voir la figure 24.9b) contiennent surtout des cellules muqueuses.

Plusieurs des substances présentes dans la salive remplissent des fonctions physiologiques importantes, par exemple l'augmentation de l'activité enzymatique ou la protection de la cavité orale. Nous allons donc étudier plus en détail la composition de la salive.

Composition de la salive La salive se compose en grande partie d'eau (de 97 à 99,5 %) ; elle est donc hypo-osmotique. Son osmolarité varie selon les glandes qui sont en activité, selon la nature du stimulus ayant déclenché la salivation et selon la vitesse à laquelle la salive est sécrétée (plus elle est élevée, plus la salive contient d'ions sodium). La salive est en général légèrement acide (pH de 6,75 à 7,00) mais son pH est variable. Ses solutés comprennent des électrolytes (ions sodium, chlorure, phosphate, bicarbonate et potassium), des substances organiques (l'amylase salivaire, une enzyme digestive, la mucine, le lysozyme et les IgA, des protéines) ainsi que des déchets métaboliques (urée et acide urique). La salive est la sécrétion digestive qui contient le taux le plus élevé de potassium. Lorsqu'elle est dissoute dans l'eau, la *mucine* (une glycoprotéine) forme un épais mucus qui lubrifie la cavité orale et humecte les aliments. La protection contre les microorganismes est assurée par (1) les *anticorps IgA*, (2) le *lysozyme*, une enzyme bactériostatique qui inhibe la croissance bactérienne dans la bouche et contribue peut-être à prévenir la carie, et (3) les *défensines* (voir le chapitre 18, p. 640) qui sont produites en plus grande quantité lorsque la muqueuse orale est entaillée ou qu'elle porte des lésions. En plus de jouer le rôle d'antibiotiques locaux, les défensines agissent comme des cytokines et attirent les cellules de défense de l'organisme (lymphocytes, granulocytes neutrophiles, etc.) dans la bouche en cas d'agression. Outre ces trois formes de protection, les bactéries bénéfiques qui vivent sur le dos de la langue transforment les nitrates des aliments et de la salive en nitrites qui, à leur tour, sont convertis en *monoxyde d'azote* (*NO*) en milieu acide. Cette transformation se produit au voisinage des gencives, où les bactéries acidifiantes ont tendance à se regrouper, ainsi que dans les sécrétions riches en HCl de l'estomac. On pense que le monoxyde d'azote, qui est très toxique, agit comme agent bactéricide à ces endroits.

Régulation de la salivation Les glandes salivaires mineures sécrètent continuellement de la salive en quantité juste suffisante pour maintenir l'humidité de la bouche. Mais l'arrivée d'aliments dans la bouche active les glandes salivaires majeures, qui y déversent alors d'importantes quantités de salive. La production moyenne est de 1000 à 1500 mL par jour.

La salivation est essentiellement régie par la division parasympathique du système nerveux autonome. Lorsque nous ingérons de la nourriture, les chimiorécepteurs et les barorécepteurs de la bouche envoient des signaux aux **noyaux salivaires** du tronc cérébral (pont et bulbe rachidien). Il en résulte un accroissement de l'activité du système nerveux parasympathique ; les neurofibres des *nerfs faciaux* (*VII*) et *glosso-pharyngiens* (*IX*) déclenchent alors une augmentation spectaculaire de la production d'une salive aqueuse (séreuse) et riche en enzymes. Ce sont les substances acides comme le vinaigre et les jus d'agrumes qui activent le plus les chimiorécepteurs. Les barorécepteurs peuvent être activés par à peu près n'importe quel stimulus (même un élastique).

La simple vue ou l'odeur de nourriture suffit parfois à entraîner une forte sécrétion de salive ; la seule pensée d'une crème glacée nappée de chocolat chaud fait saliver plus d'une personne ! L'irritation des régions inférieures du tube digestif par des toxines bactériennes, des aliments épicés ou l'hyperacidité gastrique fait également augmenter la salivation (surtout lorsque cette irritation s'accompagne de nausée). Il est possible que cette réaction contribue à diluer ou à neutraliser les substances irritantes.

Contrairement à la régulation exercée par la division parasympathique, l'action de la division sympathique provoque la libération d'une salive épaisse riche en mucine. En cas de très forte stimulation de la division sympathique, les vaisseaux sanguins irriguant les glandes salivaires se contractent, ce qui fait presque cesser la production de salive, et la bouche devient alors sèche. La déshydratation inhibe également la salivation parce qu'un faible volume sanguin s'accompagne d'une pression de filtration réduite dans les lits capillaires.

Toute affection qui inhibe la sécrétion de salive entraîne des difficultés à parler, à avaler et à manger. Comme il peut se produire une accumulation de particules de nourriture en décomposition et une prolifération des bactéries, il peut en résulter une mauvaise haleine. ■

Dents

Les **dents** sont logées dans les alvéoles des bords de la mandibule et du maxillaire, qui sont recouvertes par les gencives. Le rôle des dents dans la transformation de la nourriture est évident. Nous **mastiquons,** ou mâchons, en ouvrant et en fermant les mâchoires tout en les déplaçant latéralement et en replaçant continuellement les aliments entre nos dents à l'aide de notre langue. Au cours de ce processus, les dents déchirent et broient la nourriture et la découpent en morceaux plus petits.

Denture et formule dentaire Ordinairement, vers l'âge de 21 ans, deux séries de dents se sont formées : la **denture primaire** et la **denture permanente** (figure 24.10). La denture primaire est constituée de dents temporaires appelées **dents déciduales** (*deciduus* = qui tombe), ou dents de lait. Les premières dents qui apparaissent vers l'âge de 6 mois sont les dents incisives centrales inférieures. D'autres paires de dents viennent s'ajouter à des intervalles de 1 à 2 mois jusqu'à l'âge de 24 mois environ, soit l'âge auquel les 20 dents de lait sont sorties.

À mesure que les **dents permanentes** poussent et se développent, les racines des dents de lait se résorbent par dessous, ce qui les rend moins solides et les fait tomber entre 6 et 12 ans. Généralement, toutes les dents de la denture permanente sauf les troisièmes dents molaires

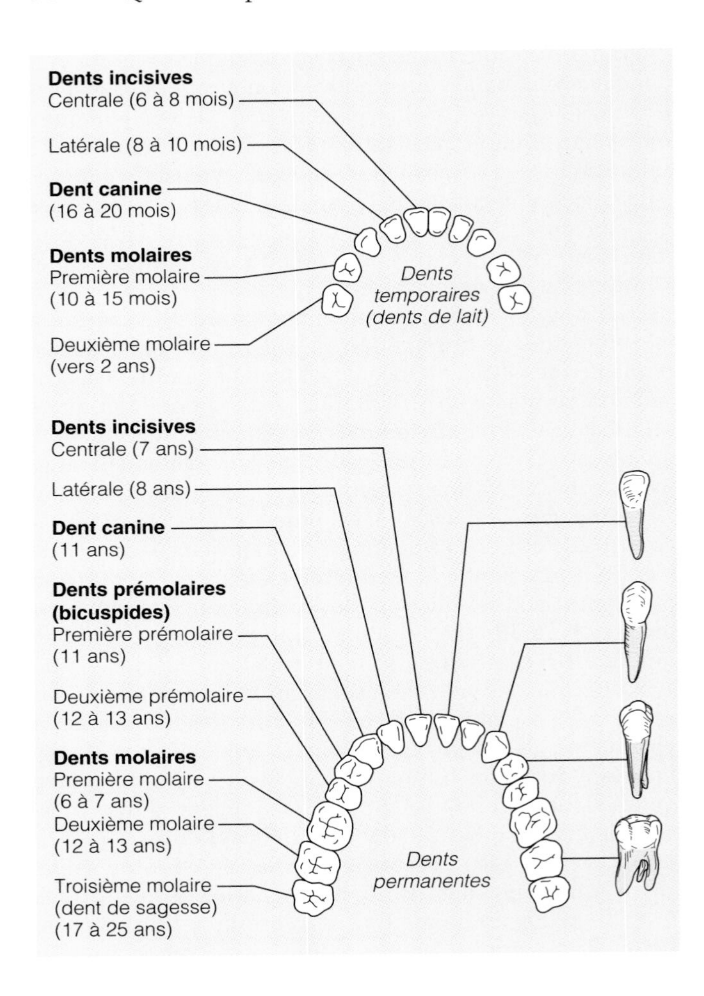

FIGURE 24.10
Dents temporaires et permanentes chez l'humain. L'âge approximatif de l'apparition des dents est indiqué entre parenthèses. Comme les mâchoires supérieure et inférieure portent le même nombre de dents disposées de la même façon, seule la mâchoire inférieure est représentée dans chaque cas. La forme de chaque type de dents est montrée à droite.

sont déjà en place à la fin de l'adolescence. Les troisièmes dents molaires, aussi appelées *dents de sagesse,* apparaissent plus tard, entre 17 et 25 ans. On compte habituellement 32 dents dans une série complète, mais il peut arriver que les dents de sagesse ne sortent jamais ou soient absentes.

Lorqu'une dent reste enchâssée dans le maxillaire, on dit qu'elle est *incluse.* Les dents incluses peuvent causer beaucoup de pression et de douleur et on doit les extraire chirurgicalement. Les dents de sagesse sont souvent incluses. ■

On classe les dents selon leur forme et leur fonction en dents incisives, canines, prémolaires et molaires (voir la figure 24.10). Les **dents incisives,** en forme de ciseau, servent à couper ou à pincer des morceaux de nourriture. Les **dents canines,** coniques et semblables à des crocs, déchirent et transpercent. Les **dents prémolaires** (bicuspides) et les **dents molaires** ont des couronnes larges munies de tubercules arrondis et sont bien adaptées pour écraser et broyer. Les dents molaires (littéralement, « meules à aiguiser »), qui comportent quatre ou cinq tubercules, sont particulièrement aptes à broyer. Au cours de la mastication, les dents molaires supérieures et inférieures s'emboîtent les unes dans les autres de façon répétée, les tubercules des unes s'imbriquant dans les creux des autres, ce qui crée des forces d'écrasement énormes.

La **formule dentaire** permet d'indiquer de façon abrégée le nombre et la position relative des divers types de dents dans la bouche. Cette formule s'exprime sous la forme d'un rapport entre les dents du haut et celles du bas pour *la moitié* de la bouche. Comme l'autre côté est une image miroir, on obtient la denture totale en multipliant la formule dentaire par deux. La denture primaire comporte deux dents incisives (I), une dent canine (C) et deux dents molaires (M) sur le côté de chaque mâchoire ; on écrit donc la formule dentaire comme suit :

$$\frac{\text{2I, 1C, 2M (mâchoire supérieure)}}{\text{2I, 1C, 2M (mâchoire inférieure)}} \times 2 \text{ (20 dents)}$$

De la même façon, la denture permanente (deux dents incisives, une dent canine, deux dents prémolaires (PM) et trois dents molaires) s'écrit :

$$\frac{\text{2I, 1C, 2PM, 3M}}{\text{2I, 1C, 2PM, 3M}} \times 2 \text{ (32 dents)}$$

Structure des dents

Chaque dent comporte deux parties principales : la couronne et la racine (figure 24.11). La **couronne** recouverte d'émail est la partie de la dent visible au-dessus des **gencives,** qui l'entourent comme un col serré. L'**émail,** un matériau acellulaire cassant qui doit supporter la force de la mastication, est la substance la plus dure de l'organisme. Il est fortement minéralisé par des sels de calcium et ses cristaux denses d'hydroxyapatite (un minéral) sont orientés en colonnes perpendiculaires à la surface de la dent. Les cellules qui élaborent l'émail dégénèrent au moment de l'apparition de la dent, de sorte qu'il n'en reste plus pour effectuer les réparations. Par conséquent, les brèches produites dans l'émail par une carie ou une fissure ne guérissent jamais et doivent être obturées de façon artificielle.

La **racine** est la partie de la dent qui est enchâssée dans le maxillaire. Les dents canines, incisives et prémolaires ont une seule racine, bien que les premières dents prémolaires supérieures en aient souvent deux. Les deux premières dents molaires supérieures ont trois racines et les dents molaires inférieures correspondantes en ont deux. Le nombre de racines de la troisième dent molaire est variable, mais on trouve le plus souvent une racine unique fusionnée.

La couronne et la racine sont reliées par une partie rétrécie appelée **collet de la dent.** La surface externe de la racine est recouverte d'un tissu conjonctif calcifié, le **cément,** qui fixe la dent au **desmodonte,** ou **ligament alvéolo-dentaire.** Ce fin ligament ancre lui-même la dent dans l'alvéole osseuse de la mâchoire ; il forme une articulation fibreuse nommée *gomphose* (voir p. 236). À l'endroit où la gencive entoure la dent, elle s'affaisse pour former un sillon peu profond appelé *sillon gingival.* Chez l'enfant, le bord de la gencive adhère fermement à l'émail qui recouvre la couronne ; mais au fil des années, les gencives

24

se rétractent et adhèrent au cément plus sensible qui recouvre la partie supérieure de la racine, de sorte que les dents *semblent* s'allonger avec l'âge.

La **dentine,** ou ivoire, est une substance semblable au tissu osseux; elle est située sous l'émail et forme la plus grande partie de la dent. Elle entoure le **cavum de la dent,** ou chambre pulpaire, qui contient un certain nombre de structures tissulaires molles (tissu conjonctif, vaisseaux sanguins et neurofibres) dont l'ensemble est appelé **pulpe de la dent.** La pulpe de la dent alimente les tissus dentaires en nutriments et assure la sensibilité de la dent. La partie du cavum de la dent qui s'étend dans la racine devient le **canal de la racine de la dent.** À l'extrémité proximale du canal se trouve le **foramen de l'apex dentaire** qui permet le passage des vaisseaux sanguins, neurofibres et autres structures qui pénètrent dans le cavum de la dent. Les dents sont desservies par les nerfs alvéolaires supérieurs et le nerf alvéolaire inférieur, des ramifications du nerf trijumeau (voir le tableau 13.2, p. 470), et par l'artère alvéolaire supéro-antérieure, l'artère alvéolaire supéro-postérieure et l'artère alvéolaire inférieure (les deux dernières étant des ramifications de l'artère maxillaire) (voir la figure 20.19, p. 727).

La dentine contient des stries radiales caractéristiques appelées *tubules dentinaires* (figure 24.11). Chaque tubule est occupé par le prolongement cellulaire allongé d'un **odontoblaste** (littéralement, «germe de dent»), un type de cellule qui sécrète et entretient la dentine. Les corps cellulaires sphériques des odontoblastes tapissent le cavum de la dent situé immédiatement au-dessous de la dentine. La dentine est produite pendant toute la vie adulte et envahit peu à peu le cavum de la dent. La dentine peut aussi se déposer assez rapidement pour compenser les dommages infligés à la dent ou la dégradation de celle-ci.

La mort du nerf d'une dent et le noircissement qui s'ensuit sont souvent causés par un coup porté à la mâchoire. L'enflure de la région empêche l'arrivée du sang à la dent et le nerf meurt. Généralement, la pulpe de la dent est infectée par des bactéries peu de temps après et doit être enlevée par *traitement radiculaire* («traitement de canal»). Après stérilisation de la cavité et remplissage avec un matériau inerte, la dent est obturée. ■

L'émail, la dentine et le cément sont calcifiés et ressemblent au tissu osseux, si ce n'est qu'ils sont avasculaires. L'émail diffère du cément et de la dentine par le fait que le collagène n'en est pas le principal composant organique.

Quel matériau forme la plus grande partie de la dent?

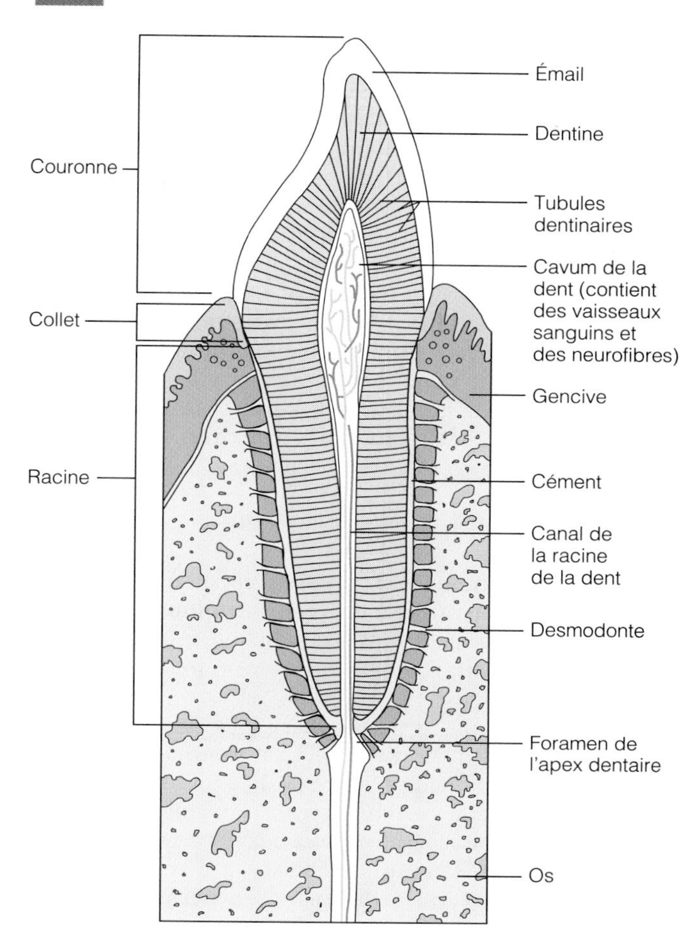

FIGURE 24.11
Coupe longitudinale d'une dent canine dans son alvéole osseuse.

Lésions des dents et des gencives Les **caries dentaires** (*caries* = pourriture) sont dues à une déminéralisation graduelle de l'émail et de la dentine sous-jacente, sous l'action de bactéries. Cette dégradation commence lorsque la **plaque dentaire** (pellicule de sucre, de bactéries et d'autres débris de la cavité orale) adhère aux dents. Les bactéries métabolisent les sucres emprisonnés et produisent des acides (en particulier de l'acide lactique) qui dissolvent les sels de calcium des dents. Une fois les sels disparus, seule subsiste la matrice organique de la dent qui est alors facilement digérée par les enzymes protéolytiques que libèrent les bactéries. De fréquents brossages et l'utilisation quotidienne de la soie dentaire permettent d'éliminer la plaque et contribuent ainsi à prévenir les dommages.

La plaque qui n'est pas enlevée provoque sur les gencives des effets encore plus graves que la carie dentaire. Au fur et à mesure qu'elle s'accumule, elle se calcifie et forme le **tartre dentaire.** Lorsque cela se produit dans le sillon gingival, les joints entre les gencives et les dents peuvent s'ouvrir, exposant ainsi les gencives à l'infection. Aux premiers stades d'une telle infection, appelée *gingivite,* les gencives deviennent rouges, endolories et enflées, et elles peuvent saigner. La gingivite est réversible si le tartre est enlevé; si on la néglige cependant, les bactéries finissent par envahir l'os qui entoure les dents, par former des poches d'infection et par dissoudre l'os. Cette affection plus grave est appelée **périodontite.** La périodontite atteint jusqu'à 95 % des personnes âgées de plus de 35 ans

24

La dentine.

et est la cause de 80 à 90 % des pertes de dents chez les adultes. Pourtant la perte de dents n'est pas inéluctable. Même les cas avancés de périodontite peuvent être traités par un détartrage des dents, le nettoyage des poches infectées, puis par une incision des gencives en vue de réduire les poches infectées suivie d'une antibiothérapie. Ensemble, ces traitements atténuent les attaques bactériennes et favorisent l'adhérence des tissus voisins aux dents et aux os. Une stratégie non chirurgicale et beaucoup moins douloureuse est en cours d'essais cliniques; elle consiste à coller temporairement une pellicule imprégnée d'antibiotique sur la surface exposée de la racine. Parmi les personnes qui ont reçu un traitement local de cette nature, 81 % ont pu éviter l'intervention chirurgicale ou l'extraction de la dent. Chez soi, le traitement clinique est suivi de mesures visant à éliminer la plaque; elles consistent à brosser les dents régulièrement, à passer la soie dentaire fréquemment et à effectuer des rinçages au peroxyde d'hydrogène. ■

Pharynx

À partir de la bouche, la nourriture passe à l'arrière dans l'**oropharynx,** puis dans le **laryngopharynx** (voir la figure 24.7), deux passages communs pour la nourriture, les liquides et l'air. (Le nasopharynx ne joue aucun rôle dans la digestion.)

L'histologie de la paroi pharyngienne ressemble à celle de la cavité orale. La muqueuse contient un épithélium stratifié squameux résistant à la friction et garni de nombreuses glandes productrices de mucus. La musculeuse externe est formée de deux couches de *muscle squelettique.* Les fibres de la couche interne sont orientées longitudinalement; celles de la couche externe, qui constituent les *muscles constricteurs du pharynx*, encerclent le pharynx comme trois poings placés les uns par-dessus les autres (voir la figure 10.8, p. 317). Ces muscles propulsent la nourriture vers le bas et vers l'œsophage par des contractions successives.

Œsophage

L'**œsophage** (*oisophagos* = qui porte ce qu'on mange) est un tube musculeux d'environ 25 cm de longueur qui s'affaisse lorsqu'il ne propulse pas d'aliments. La nourriture qui est passée dans le laryngopharynx est acheminée vers l'œsophage situé à l'arrière pendant que l'épiglotte ferme l'entrée du larynx.

Comme le montre la figure 24.1, l'œsophage traverse le médiastin du thorax à peu près en ligne droite, traverse le diaphragme par le **foramen de l'œsophage,** puis entre dans l'abdomen où il débouche dans l'estomac par l'**orifice du cardia.** L'orifice du cardia est entouré par le **sphincter œsophagien inférieur** (voir la figure 24.13), qui est un sphincter *physiologique,* c'est-à-dire qu'il fonctionne comme une valve mais que la seule trace structurale de sa présence est un léger renflement du muscle lisse circulaire à cet endroit. Le diaphragme, le muscle qui entoure ce sphincter, contribue à le maintenir fermé lorsqu'il n'y a pas de déglutition.

Contrairement à la bouche et au pharynx, la paroi de l'œsophage comporte les quatre couches principales du tube digestif que nous avons décrites aux pages 857-858. Elles présentent les caractéristiques suivantes:

1. La muqueuse de l'œsophage contient un épithélium stratifié squameux non kératinisé. À la jonction œsophage-estomac, l'épithélium œsophagien résistant à l'abrasion se transforme brusquement en épithélium simple prismatique de l'estomac spécialisé dans la sécrétion (figure 24.12b).
2. Lorsque l'œsophage est vide, sa muqueuse et sa sous-muqueuse forment des replis longitudinaux qui s'effacent au passage de la nourriture (figure 24.12a).
3. La sous-muqueuse contient des *glandes œsophagiennes* qui sécrètent du mucus. Lorsque le bol alimentaire descend le long de l'œsophage, il comprime ces glandes; celles-ci libèrent alors un mucus qui « lubrifie » les parois de l'œsophage pour faciliter le passage de la nourriture.
4. La musculeuse est formée de muscle squelettique dans son tiers supérieur, d'un mélange de muscles squelettiques et lisses dans son tiers central et uniquement de muscle lisse dans son tiers inférieur.
5. Au lieu d'une séreuse, l'œsophage comporte une adventice fibreuse entièrement constituée de tissu conjonctif et qui se fond avec les structures voisines sur son chemin.

La **brûlure d'estomac** (pyrosis) est une douleur rétrosternale rayonnante accompagnée d'une sensation de brûlure qui se produit lorsque le suc gastrique (qui est extrêmement acide) reflue dans l'œsophage et fait ainsi descendre le pH au-dessous de 4 à cet endroit. Les symptômes ressemblent tellement à ceux d'une crise cardiaque que les personnes qui souffrent pour la première fois de brûlures d'estomac se retrouvent parfois à la salle d'urgence de l'hôpital. Les brûlures d'estomac se produisent le plus souvent lorsqu'on a trop mangé ou trop bu, ou lorsque les organes abdominaux sont poussés vers le haut comme chez les personnes très obèses et les femmes enceintes, ou bien lorsqu'on court, ce qui fait refluer le contenu stomacal vers le haut à chaque pas. Il est également commun chez les personnes qui ont une **hernie hiatale,** une anomalie structurale caractérisée par une légère saillie de l'estomac dans la cage thoracique, au-dessus du diaphragme. Comme ce dernier ne renforce plus le sphincter œsophagien inférieur, le suc gastrique peut refluer dans l'œsophage, surtout lorsque le sujet est couché. En cas de crises fréquentes et prolongées, il peut se produire une *œsophagite* (inflammation de l'œsophage) et des *ulcères œsophagiens.* Cependant, il est généralement possible d'éviter ces conséquences en s'abstenant de prendre des repas, même légers, tard le soir ou en prenant des préparations antiacides. ■

Processus digestifs qui se déroulent dans la bouche, le pharynx et l'œsophage

La bouche et ses organes annexes contribuent à la plupart des processus digestifs (voir le tableau 24.1). La cavité orale (1) assure l'ingestion, (2) comme nous le verrons

Quelle est la signification fonctionnelle de la modification épithéliale illustrée dans la partie (b)?

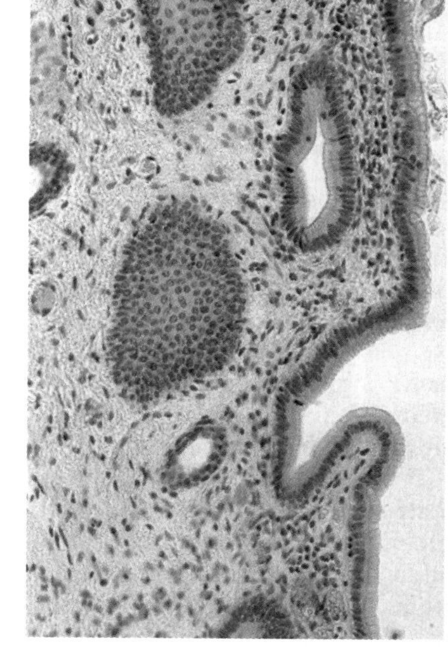

FIGURE 24.12
Structure microscopique de la paroi de l'œsophage. (a) Coupe transversale de l'œsophage montrant les quatre tuniques (5 ×). Cette coupe représente la région située près de la jonction avec l'estomac, où la musculeuse est formée de muscle lisse. (Dans la partie supérieure, près de la jonction avec le pharynx, la musculeuse est composée de muscle squelettique.) **(b)** Coupe longitudinale de la jonction œsophage-estomac (132 ×). La flèche montre la transition abrupte entre l'épithélium stratifié squameux de l'œsophage (haut) et l'épithélium simple prismatique de l'estomac (en bas).

plus loin, elle amorce la digestion mécanique par la mastication et (3) elle effectue la déglutition, qui marque le début de la propulsion. L'amylase salivaire (enzyme de la salive) amorce la dégradation chimique des polysaccharides (amidon et glycogène) en fragments plus petits de molécules de glucose liées. (Si vous mâchez un morceau de pain pendant quelques minutes, vous lui trouverez un goût sucré parce que des sucres seront libérés.) À l'exception de quelques médicaments qui sont absorbés à travers la muqueuse orale (par exemple la nitroglycérine), il ne se produit pratiquement pas d'absorption dans la bouche. Contrairement à la bouche, qui assume de nombreuses fonctions, le pharynx et l'œsophage ne sont guère que des conduits servant à acheminer la nourriture de la bouche à l'estomac. Cette unique fonction digestive de propulsion est accomplie lors de la déglutition.

Nous étudierons la digestion chimique plus loin dans ce chapitre, dans la partie consacrée à la physiologie; nous ne traiterons donc ici que des processus mécaniques de mastication et de déglutition.

La présence de l'épithélium stratifié squameux indique que l'œsophage constitue avant tout un conduit qui doit supporter de fortes frictions, alors que l'estomac possède un épithélium simple prismatique qui reflète sa fonction de sécrétion dans la digestion chimique.

24

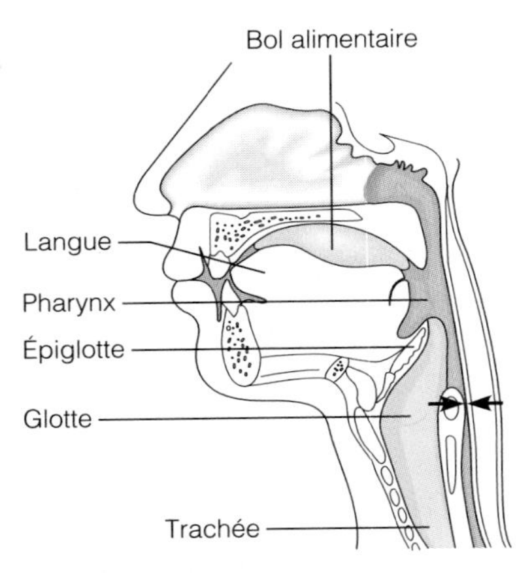

(a) **Sphincter œsophagien supérieur contracté**

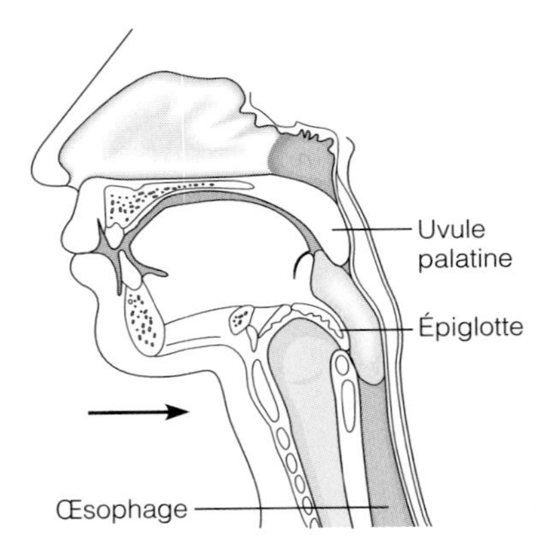

(b) **Sphincter œsophagien supérieur relâché**

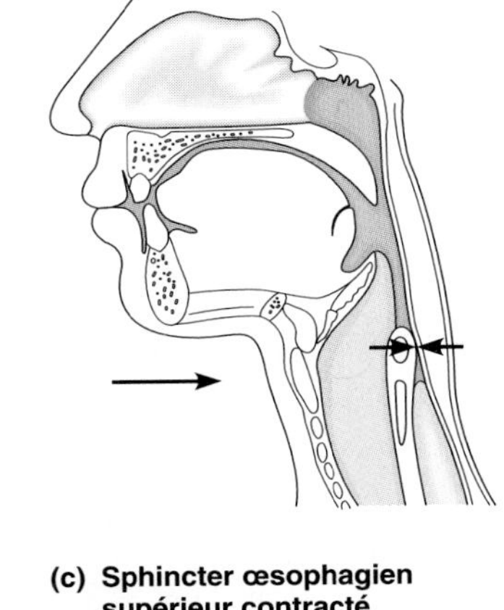

(c) **Sphincter œsophagien supérieur contracté**

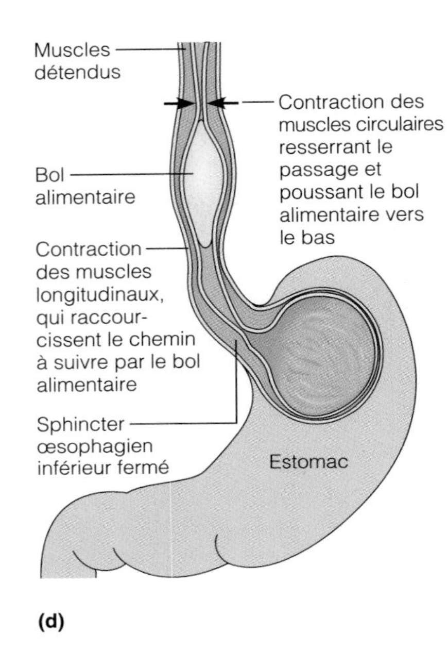

(d)

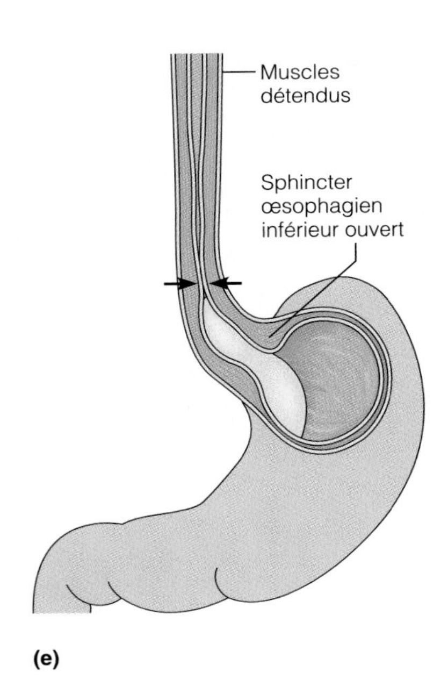

(e)

FIGURE 24.13
Déglutition. Le processus de déglutition comporte une étape volontaire (orale) **(a)** et des étapes involontaires (pharyngo-œsophagiennes) **(b – e)**. **(a)** Au cours de l'étape orale, la langue s'élève et pousse contre le palais osseux ; ce faisant, elle pousse le bol alimentaire vers l'oropharynx, où la phase involontaire de la déglutition commence. **(b)** Le passage de la nourriture dans les voies respiratoires est empêché par l'élévation de l'uvule palatine et du larynx ; le relâchement du sphincter œsophagien supérieur permet aux aliments de pénétrer dans l'œsophage. **(c)** Les muscles constricteurs du pharynx se resserrent et poussent les aliments vers l'œsophage situé au-dessous ; le sphincter œsophagien supérieur se contracte après l'entrée des aliments. **(d)** La nourriture est poussée tout le long de l'œsophage et jusqu'à l'estomac par des ondes de contractions péristaltiques. **(e)** Le sphincter œsophagien inférieur s'ouvre et les aliments entrent dans l'estomac.

Mastication

Lorsque la nourriture pénètre dans la bouche, sa digestion mécanique est amorcée par la **mastication.** Les joues et les lèvres closes maintiennent les aliments entre les dents, la langue les mélange avec la salive pour les amollir et les dents les coupent et les broient en morceaux plus petits. La mastication est partiellement volontaire et partiellement due à des réflexes. Nous la faisons commencer en plaçant volontairement de la nourriture dans notre bouche et en contractant les muscles qui ferment nos mâchoires. Les mouvements continus des mâchoires sont commandés par des réflexes d'étirement et par réaction à la pression qui stimule des mécanorécepteurs situés dans les joues, les gencives et la langue ; mais ces mouvements peuvent aussi être volontaires.

Déglutition

Avant que la nourriture passe de la bouche aux autres organes, elle doit être compactée en un bol alimentaire par la langue, puis avalée. La **déglutition** est un processus complexe résultant de l'activité coordonnée de la langue, du palais mou, du pharynx, de l'œsophage et de 22 groupes musculaires différents. Elle se produit en deux étapes : l'étape orale et l'étape pharyngo-œsophagienne (figure 24.13).

L'**étape orale** est volontaire et se déroule dans la bouche. À ce stade, nous plaçons le bout de la langue contre le palais osseux et nous la contractons pour pousser le bol alimentaire dans l'oropharynx (figure 24.13a). Lorsque la nourriture parvient dans le pharynx, elle stimule des récepteurs tactiles et échappe à notre

TABLEAU 24.1 Vue d'ensemble des fonctions des organes gastro-intestinaux

Organe	Fonctions principales*	Commentaires/autres fonctions
Bouche et organes annexes associés	■ Ingestion : la nourriture est volontairement introduite dans la cavité orale ■ Propulsion : l'étape de déglutition volontaire (orale) est amorcée par la langue ; pousse la nourriture vers le pharynx ■ Digestion mécanique : la mastication est effectuée par les dents et le mélange, par la langue ■ Digestion chimique : la dégradation chimique de l'amidon est amorcée par l'amylase salivaire présente dans la salive, qui est sécrétée par les glandes salivaires	La bouche sert de réceptacle ; la plupart des fonctions sont assurées par les organes annexes associés ; le mucus de la salive contribue à dissoudre les aliments pour que leur goût puisse être perçu, et il les humidifie pour que la langue puisse former un bol alimentaire qui peut être avalé ; la cavité orale et les dents sont nettoyées et lubrifiées par la salive
Pharynx et œsophage	■ Propulsion : les ondes péristaltiques poussent le bol alimentaire vers l'estomac, ce qui constitue l'étape involontaire de la déglutition (pharyngo-œsophagienne)	Principalement des passages pour la nourriture ; lubrifiés par le mucus
Estomac	■ Digestion mécanique et propulsion : les ondes péristaltiques mélangent la nourriture au suc gastrique et la poussent vers le duodénum ■ Digestion chimique : la pepsine commence la digestion des protéines ■ Absorption : absorbe certaines substances liposolubles (AAS, alcool, certains médicaments)	Sert également à emmagasiner la nourriture jusqu'à ce qu'elle puisse passer dans le duodénum ; l'acide chlorhydrique qu'il produit est un agent bactériostatique et active les enzymes protéolytiques ; le mucus sécrété par l'estomac le lubrifie et l'empêche de digérer ses propres tissus ; le facteur intrinsèque qu'il élabore est essentiel à l'absorption intestinale de la vitamine B_{12}
Intestin grêle et organes annexes associés (foie, vésicule biliaire, pancréas)	■ Digestion mécanique et propulsion : la segmentation par le muscle lisse de l'intestin grêle a pour effet de mélanger continuellement le contenu intestinal avec les sucs digestifs, de déplacer lentement la nourriture le long du tube digestif et de la faire passer par la valve iléo-cæcale, ce qui laisse assez de temps pour permettre la digestion et l'absorption ■ Digestion chimique : les enzymes digestives provenant du pancréas et les enzymes fixées aux membranes de la bordure en brosse achèvent la digestion de tous les types de nutriments ■ Absorption : produits de la dégradation des glucides, des lipides, des protéines, et des acides nucléiques ; les vitamines, l'eau et les électrolytes sont absorbés par des mécanismes actifs et passifs	L'intestin grêle présente de nombreuses adaptations qui facilitent la digestion et l'absorption (plis circulaires, villosités et microvillosités) ; le mucus alcalin élaboré par les glandes intestinales et le suc riche en bicarbonate provenant du pancréas neutralisent le chyme acide et créent un milieu propice à l'activité enzymatique ; la bile produite par le foie émulsionne les graisses et facilite (1) la digestion des lipides et (2) l'absorption des acides gras, des monoglycérides, du cholestérol, des phospholipides et des vitamines liposolubles ; la vésicule biliaire emmagasine et concentre la bile ; la bile est relâchée dans l'intestin grêle sous l'effet de certains signaux hormonaux
Gros intestin	■ Digestion chimique : certains résidus alimentaires sont digérés par des bactéries intestinales (qui élaborent aussi la vitamine K et certaines vitamines B) ■ Absorption : absorbe la plus grande partie de l'eau résiduelle et des électrolytes (surtout NaCl) ainsi que les vitamines élaborées par les bactéries ■ Propulsion : pousse les fèces vers le rectum par péristaltisme, pétrissage haustral et mouvements de masse ■ Défécation : réflexe déclenché par l'étirement du rectum ; évacue les déchets de l'organisme	Emmagasine temporairement et concentre les résidus jusqu'au moment de la défécation ; un mucus abondant produit par les cellules caliciformes facilite le passage des fèces dans le côlon

* Les carrés colorés figurant en face de chacune des fonctions correspondent au code de couleurs des fonctions digestives qui est présenté à la figure 24.2.

maîtrise ; son mouvement dépend alors uniquement de l'activité réflexe involontaire.

L'**étape pharyngo-œsophagienne** de la déglutition est réglée par le centre de la déglutition situé dans le bulbe rachidien et la partie inférieure du pont. Ce centre transmet des influx moteurs aux muscles du pharynx et de l'œsophage par l'intermédiaire de divers nerfs crâniens, en particulier les nerfs vagues. Comme le montre la figure 24.13b, une fois que les aliments ont pénétré dans le pharynx, tous les passages sont fermés sauf la voie à suivre, c'est-à-dire le tube digestif :

- La langue ferme la bouche.
- Le palais mou s'élève pour clore le nasopharynx.
- Le larynx s'élève de sorte que l'épiglotte couvre son ouverture, qui constitue l'entrée des voies respiratoires.

La nourriture est poussée le long du pharynx en direction de l'œsophage par des ondes de contractions péristaltiques (figure 24.13c à e). Les aliments solides passent de l'oropharynx à l'estomac en quatre à huit secondes et les liquides en moins de une à deux secondes. Juste avant que l'onde péristaltique (et la nourriture)

Quelle modification structurale d'une des tuniques permet à l'estomac d'effectuer la digestion mécanique ?

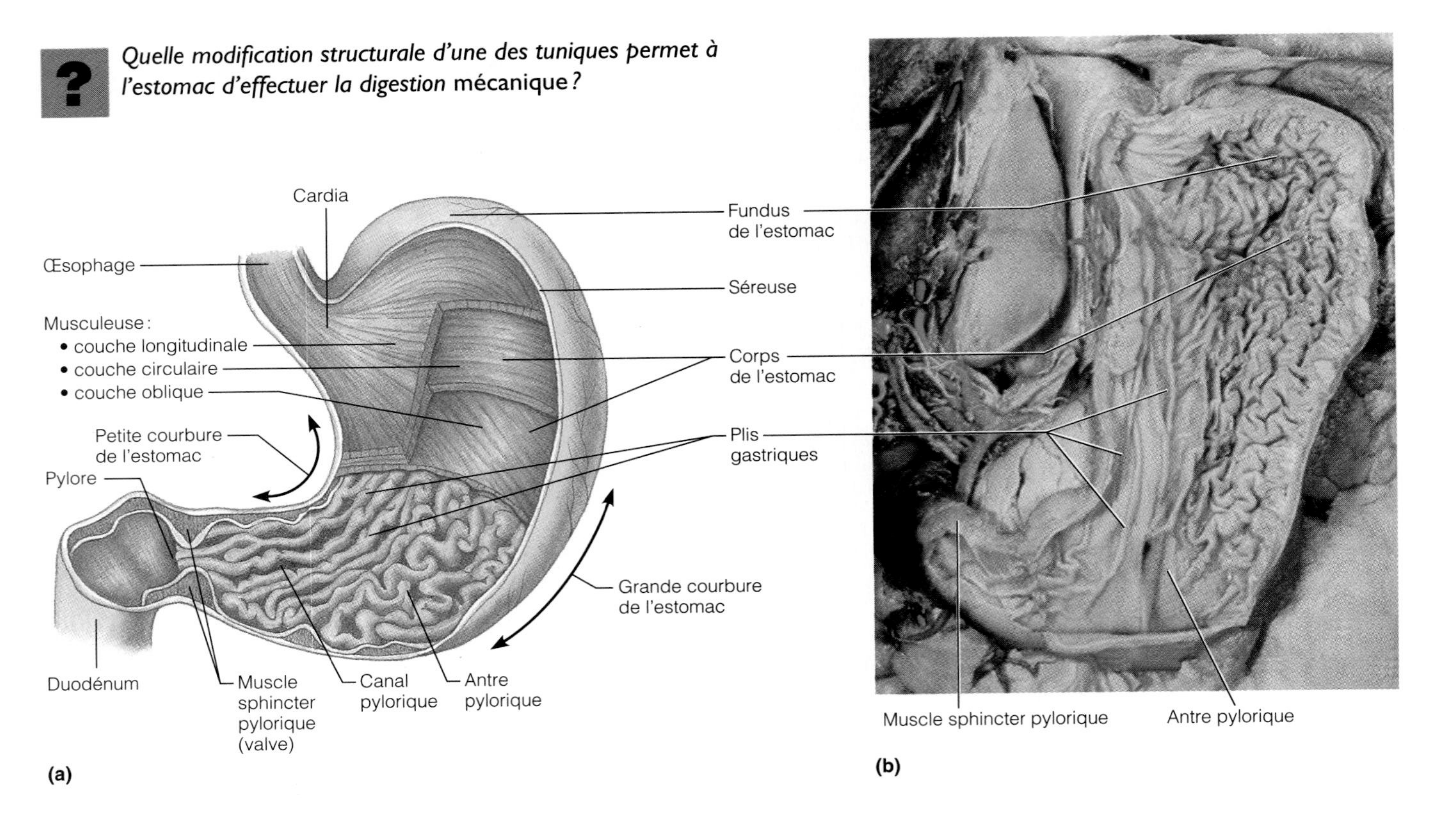

FIGURE 24.14
Anatomie de l'estomac. (a) Anatomie macroscopique interne (coupe frontale). **(b)** Photographie de la surface interne de l'estomac ; remarquez les nombreux plis gastriques.

atteigne l'extrémité de l'œsophage, le sphincter œsophagien inférieur se détend par réflexe pour permettre l'entrée des aliments dans l'estomac.

Si nous essayons de parler ou d'inhaler tout en avalant, il peut arriver que les divers mécanismes de protection soient court-circuités et que de la nourriture pénètre dans les voies respiratoires. Cet événement déclenche habituellement le réflexe de toux pour tenter d'expulser la nourriture. ■

ESTOMAC

Au-dessous de l'œsophage, le tube digestif se dilate pour former l'**estomac** (voir la figure 24.1) ; il s'agit d'un réservoir temporaire où la dégradation chimique des protéines commence et où les aliments sont transformés en une bouillie crémeuse appelée **chyme** (*khumos* = suc). L'estomac se trouve dans le quadrant supérieur gauche de la cavité abdominale, presque caché par le foie et le diaphragme. Bien qu'il soit retenu aux extrémités (œsophage et intestin grêle), il est assez mobile entre les deux. Chez les personnes petites et corpulentes, il a tendance à être placé haut et à l'horizontale (estomac en corne de taureau) ; chez les personnes grandes et minces, il est souvent allongé à la verticale (estomac en forme de J).

Anatomie macroscopique

Chez l'adulte, l'estomac a une longueur de 15 à 25 cm, mais son diamètre et son volume varient selon la quantité de nourriture qu'il contient. Lorsqu'il est vide, l'estomac a un volume d'environ 50 mL et un diamètre à peine supérieur à celui du gros intestin, mais il peut contenir quelque 4 L de nourriture quand il est vraiment dilaté et s'étendre presque jusqu'au bassin ! Lorsqu'il est vide, l'estomac s'affaisse sur lui-même, sa muqueuse et sa sous-muqueuse formant de grands plis longitudinaux appelés **plis gastriques** (figure 24.14).

Les principales régions de l'estomac sont présentées à la figure 24.14a. Le **cardia** (« près du cœur »), de petite taille, est la région entourant l'orifice du cardia par lequel la nourriture provenant de l'œsophage pénètre dans l'estomac. Le **fundus de l'estomac,** ou grosse tubérosité de l'estomac, est la région en forme de dôme qui se niche sous le diaphragme et fait saillie au-dessus et à côté du cardia. Le **corps de l'estomac** est la portion moyenne qui se prolonge vers le bas par la **partie pylorique** en forme d'entonnoir. La partie pylorique est formée de l'**antre**

L'estomac possède une troisième couche de muscle lisse dans sa musculeuse ; les fibres musculaires y sont disposées obliquement, ce qui permet des mouvements de brassage qui brisent physiquement les aliments.

pylorique (*antrum* = caverne), sa portion supérieure large qui se rétrécit pour former le **canal pylorique** ; celui-ci se termine par le **pylore** qui communique avec le duodénum (portion initiale de l'intestin grêle) et est fermé par le **muscle sphincter pylorique** (*pulôros* = portier) qui régit l'évacuation gastrique.

L'ensemble de la face latérale convexe de l'estomac est nommé **grande courbure de l'estomac** et sa face médiane concave, **petite courbure de l'estomac** (figure 24.14a). Deux mésentères appelés *omentums,* ou épiploons, partent de ces courbures et ancrent l'estomac aux autres organes digestifs ainsi qu'à la paroi de l'abdomen (voir la figure 24.30, p. 892). Le **petit omentum** s'étend du foie à la petite courbure de l'estomac, où il se prolonge par le péritoine viscéral qui recouvre l'estomac. Le **grand omentum** part de la grande courbure de l'estomac et s'étend vers le bas où il couvre les spirales de l'intestin grêle. Il s'étend ensuite dorsalement et vers le haut (en recouvrant au passage la rate) et enveloppe la portion transverse du gros intestin ; puis il se confond avec le *mésocôlon,* un mésentère dorsal qui relie le gros intestin au péritoine pariétal de la paroi abdominale postérieure. Le grand omentum est parsemé de dépôts graisseux qui lui donnent son apparence de tablier de dentelle recouvrant et protégeant le contenu de l'abdomen. Il comprend également un grand nombre de nœuds lymphatiques ; les cellules immunitaires et les macrophagocytes de ces nœuds exercent une « surveillance » dans la cavité péritonéale et les organes intrapéritonéaux.

L'estomac est desservi par le système nerveux autonome. Les neurofibres sympathiques provenant des nerfs splanchniques du thorax sont relayées par le plexus cœliaque. Les neurofibres parasympathiques proviennent du nerf vague. L'irrigation artérielle de l'estomac est assurée par les ramifications (gastrique et splénique) du tronc cœliaque (voir la figure 20.21, p. 731). Les veines correspondantes font partie du système porte hépatique (voir la figure 20.26c, p. 741) et se déversent dans la veine porte hépatique.

Anatomie microscopique

La paroi de l'estomac est formée des quatre tuniques qui caractérisent la majeure partie du tube digestif, mais la musculeuse et la muqueuse gastriques sont modifiées pour que l'estomac puisse remplir ses fonctions. En plus des couches circulaire et longitudinale que l'on observe habituellement, la musculeuse comporte une couche de muscle lisse plus profonde dont les fibres sont disposées *obliquement* (figure 24.14a et figure 24.15). Cette disposition permet à l'estomac non seulement de déplacer la nourriture le long du tube digestif, mais aussi de remuer, brasser et pétrir les aliments en les brisant physiquement en fragments plus petits.

Le revêtement épithélial de la muqueuse de l'estomac est un épithélium simple prismatique entièrement composé de cellules caliciformes qui produisent un mucus protecteur. Ce revêtement lisse est parsemé de millions de profondes invaginations appelées **cryptes de l'estomac** (figure 24.15) ; celles-ci se prolongent jusqu'aux **glandes gastriques** qui sécrètent le **suc gastrique.** Les cellules qui tapissent les parois des cryptes de l'estomac sont généralement semblables à celles de la muqueuse, mais les cellules qui forment les glandes gastriques varient selon les régions de l'estomac. Par exemple, les cellules des glandes du cardia sécrètent surtout du mucus, alors que celles de l'antre pylorique produisent surtout l'hormone de stimulation appelée gastrine. Les glandes du corps de l'estomac, où se passe la plus grande partie de la digestion chimique, sont beaucoup plus grosses et élaborent la majorité des sécrétions gastriques. Les glandes de ces régions renferment divers types de cellules sécrétrices, dont les quatre types décrits ci-dessous :

1. Les **cellules à mucus du collet,** qui se trouvent dans la partie supérieure, ou « collet », des glandes, produisent un type de mucus différent de celui qui est sécrété par les cellules de l'épithélium superficiel. La fonction précise de ce mucus n'est pas encore connue.
2. Les **cellules pariétales,** ou **cellules bordantes,** disséminées à travers les cellules principales, sécrètent de l'*acide chlorhydrique* et le *facteur intrinsèque.* Bien qu'elles semblent sphériques au microscope optique, les cellules pariétales possèdent en fait trois pointes portant des microvillosités denses (elles ressemblent à des fourches floues). Cette structure présente donc une surface énorme qui facilite la sécrétion de H^+ et de Cl^- dans la lumière de l'estomac. Le HCl rend le contenu stomacal extrêmement acide (pH de 1,5 à 3,5), une condition qui est nécessaire à l'activation de la pepsine et lui permet d'agir dans des conditions optimales, et qui suffit aussi à tuer de nombreuses bactéries ingérées avec les aliments. Le facteur intrinsèque est une glycoprotéine qui rend possible, en se liant à elle, l'absorption de la vitamine B_{12} dans l'intestin grêle.
3. Les **cellules principales** produisent le *pepsinogène,* qui est la forme inactive de la **pepsine,** une enzyme protéolytique. Les cellules principales se trouvent surtout dans les régions basales des glandes gastriques. Lorsque ces cellules sont stimulées, les premières molécules de pepsinogène qu'elles libèrent sont activées par le HCl qui se trouve dans la région apicale de la glande (figure 24.15c). Cependant, dès que la pepsine est présente, elle catalyse elle-même la conversion du pepsinogène en pepsine. Ce phénomène de rétroactivation n'est limité que par la quantité de pepsinogène. Le processus d'activation se fait par libération d'un petit fragment peptidique de la molécule de pepsinogène, ce qui modifie sa forme et expose ainsi son site actif. Les cellules principales semblent également sécréter des quantités relativement insignifiantes de lipases (enzymes digérant les graisses).
4. Les **endocrinocytes gastro-intestinaux** libèrent directement dans la lamina propria diverses hormones et d'autres substances semblables à des hormones. Ces substances, parmi lesquelles la **gastrine,** l'**histamine,** les **endorphines** (opiacés naturels), la **sérotonine,** la **cholécystokinine** et la **somatostatine,** diffusent ensuite dans les capillaires sanguins d'où elles exercent une action physiologique sur plusieurs organes cibles du système digestif (tableau 24.2, p. 878). Comme nous le verrons un peu plus loin, la gastrine, en

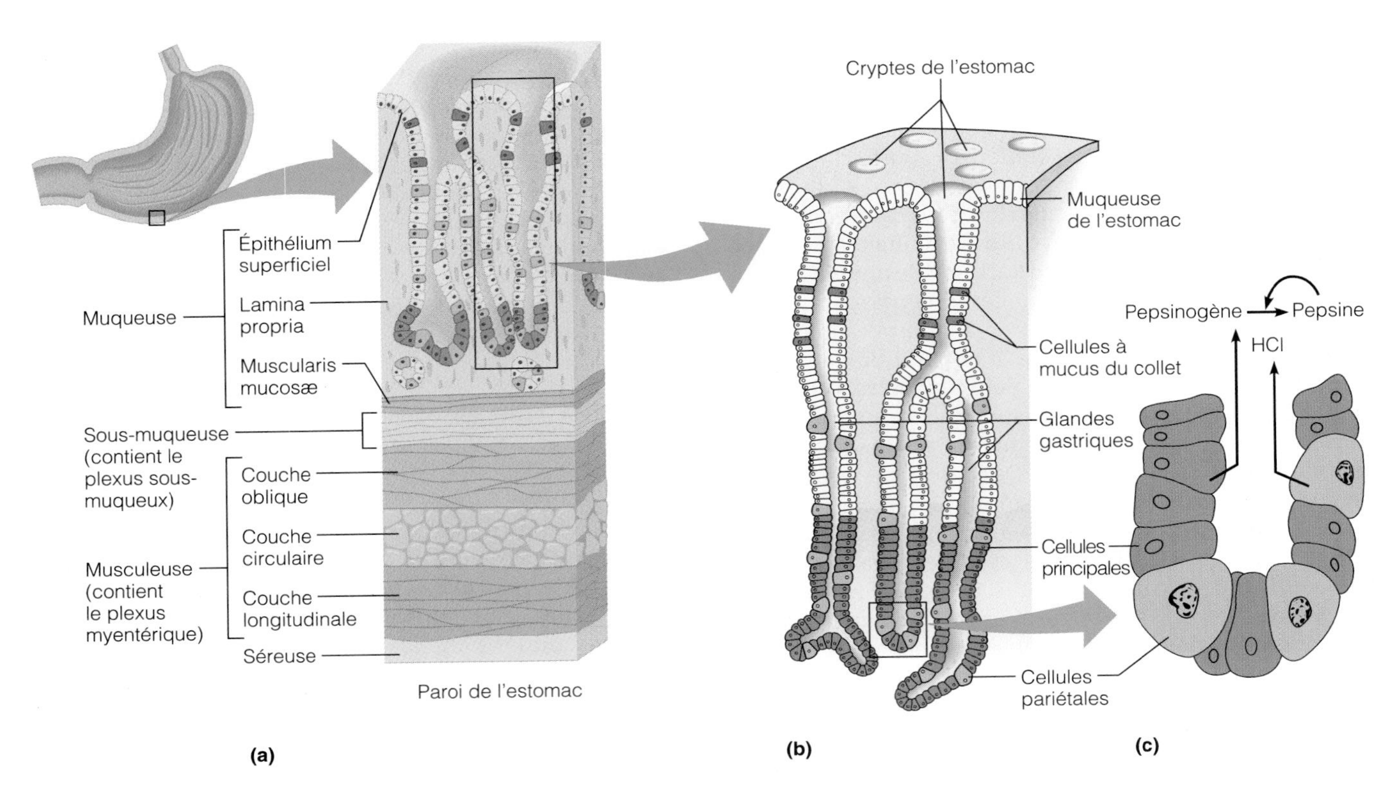

FIGURE 24.15
Anatomie microscopique de l'estomac. (a) Tuniques de la paroi de l'estomac (coupe longitudinale). **(b)** Agrandissement des cryptes de l'estomac. **(c)** Emplacement des cellules pariétales productrices de HCl et des cellules principales sécrétrices de pepsine dans les cryptes de l'estomac.

particulier, joue un rôle essentiel dans la régulation de la sécrétion et de la motilité gastriques.

De tout le tube digestif, la muqueuse de l'estomac est exposée à des conditions qui comptent parmi les plus sévères dans tout le tube digestif. En effet, le suc gastrique est un acide corrosif (la concentration des ions H^+ dans l'estomac peut être 100 000 fois supérieure à ce qu'elle est dans le sang) et ses enzymes protéolytiques pourraient digérer l'estomac lui-même. Cependant l'estomac n'est pas une simple victime passive d'un environnement aussi hostile. Il réagit vigoureusement pour se protéger en produisant la **barrière muqueuse.** Quatre facteurs contribuent à la création de cette barrière:

1. Une épaisse couche de mucus riche en bicarbonate se forme sur la paroi de l'estomac.
2. Les cellules épithéliales de la muqueuse sont reliées par des jonctions serrées qui empêchent le suc gastrique de se répandre dans les couches de tissus sous-jacents.
3. Au fond des glandes gastriques, où il n'y a pas de mucus protecteur, la face externe de la membrane plasmique des cellules glandulaires est imperméable au HCl.
4. Les cellules épithéliales de la muqueuse qui sont endommagées sont rapidement éliminées et remplacées par la division de *cellules épithéliales indifférenciées* présentes à l'endroit où les cryptes de l'estomac rejoignent les glandes gastriques. L'épithélium superficiel de l'estomac se renouvelle complètement tous les trois à six jours. (Cependant les cellules glandulaires situées au fond des glandes gastriques ont une durée de vie beaucoup plus longue.)

Tout agent qui brise la continuité de la barrière gélatineuse formée par la muqueuse provoque une inflammation des couches sous-jacentes de la paroi de l'estomac; cette affection est appelée *gastrite.* Une lésion persistante des tissus sous-jacents peut entraîner des **ulcères gastriques,** c'est-à-dire des érosions de la paroi de l'estomac dont le symptôme le plus douloureux est la sensation (projetée dans la région épigastrique) que l'estomac est percé et rongé. Cette douleur survient habituellement une à trois heures après un repas et s'apaise souvent si l'on mange de nouveau. Les ulcères peuvent entraîner une perforation de la paroi de l'estomac suivie de péritonite et, éventuellement, d'une hémorragie massive.

Parmi les facteurs courants pouvant amener une prédisposition aux ulcères, on trouve l'hypersécrétion d'acide chlorhydrique et l'hyposécrétion de mucus. Pendant des années, on a attribué les ulcères à des facteurs qui font augmenter la production de HCl ou diminuer la production de mucus, comme l'AAS (Aspirin), les médicaments anti-inflammatoires non stéroïdiens (ibuprofène), le tabagisme, l'alcool, le café et le stress. Bien que l'acidité soit effectivement nécessaire à la formation d'ulcères, cette condition n'est pas suffisante à elle seule. Il est maintenant clair que la plupart des ulcères récurrents (90 %) sont dus à l'activité de *Helicobacter pylori*, une bactérie en forme de tire-bouchon résistante à l'acidité qui traverse le mucus pour se fixer sur l'épithélium en détruisant la couche protectrice et en laissant ainsi des zones découvertes. Il semble que ces bactéries font leur « sale travail » en libérant plusieurs substances chimiques parmi lesquelles on trouve (1) l'*uréase*, une enzyme qui dégrade l'urée en CO_2 et en ammoniac (qui agit alors comme une base et neutralise certains des acides gastriques là où ils se trouvent), (2) une *cytotoxine* qui produit des lésions de l'épithélium de l'estomac et (3) plusieurs protéines qui agissent comme des agents chimiotactiques et attirent des macrophagocytes et d'autres cellules du système immunitaire dans la région. Il a été difficile de démontrer cette théorie voulant que les causes soient bactériennes parce que la bactérie en question est omniprésente : elle se trouve non seulement chez quelque 70 à 90 % des patients souffrant d'ulcère ou de gastrite, mais également chez un nombre important (plus de 40 %) de personnes saines. Chose encore plus inquiétante, des études récentes ont permis de faire un lien entre cette bactérie et certains types de cancer de l'estomac. Selon cette hypothèse, la présence de la bactérie déclenche une réponse immunitaire pouvant mener à l'apparition de tumeurs lymphoïdes dans l'estomac.

Dans les cas d'ulcères colonisés par *H. pylori*, on cherche à tuer les bactéries qui sont enchâssées. Un traitement d'une à deux semaines aux antibiotiques (si possible avec deux antibiotiques aux effets complémentaires) combiné à la prise d'un composé riche en bismuth favorise efficacement la guérison et empêche les rechutes. (Le bismuth est l'ingrédient actif du Pepto-Bismol.) Dans certains cas d'ulcères actifs, on prescrit aussi une substance bloquant les récepteurs H_2 de l'histamine. Dans les cas non infectieux, les inhibiteurs des récepteurs H_2 représentent la meilleure option. Ces médicaments inhibent la sécrétion de HCl en empêchant l'histamine d'agir ; on utilise la cimétidine (Tagamet) ou la ranitidine (Zantac). ■

Processus digestifs qui se déroulent dans l'estomac

L'estomac contribue à toutes les activités digestives à l'exception de l'ingestion et de la défécation. En plus de servir de zone de « stockage » des aliments ingérés, il poursuit le travail de démolition entrepris dans la cavité orale et dégrade encore plus les aliments, à la fois physiquement et chimiquement. Il déverse ensuite le chyme, qui est le produit de son activité, dans l'intestin grêle selon un rythme approprié.

La digestion des protéines, amorcée dans l'estomac, est pratiquement le seul type de digestion enzymatique qui a lieu dans cet organe. La pepsine est la principale enzyme protéolytique à être élaborée par la muqueuse de l'estomac. Chez l'enfant, cependant, les glandes gastriques sécrètent aussi du **lab-ferment,** une enzyme qui agit sur la protéine du lait (caséine) et la transforme en une substance coagulée semblable à du lait caillé. Deux substances liposolubles courantes, l'alcool et l'AAS (Aspirin), ainsi que certains autres médicaments liposolubles, traversent facilement la muqueuse de l'estomac pour passer dans le sang. Le passage d'AAS ou de grandes quantités d'alcool à travers la muqueuse peut provoquer des saignements ; les personnes souffrant d'ulcères gastriques devraient donc éviter ces substances.

Bien que la préparation des aliments avant leur arrivée dans l'intestin présente des avantages indéniables, l'estomac n'a qu'une seule fonction vraiment vitale : la sécrétion du facteur intrinsèque. Le **facteur intrinsèque** rend possible l'absorption par l'intestin de la vitamine B_{12}, elle-même nécessaire à la production d'érythrocytes mûrs. Son absence provoque l'apparition de l'*anémie pernicieuse*. Ainsi, les personnes qui ont subi une gastrectomie totale (ablation de l'estomac) peuvent mener une vie normale, à part des troubles digestifs mineurs, si on leur injecte de la vitamine B_{12}. (Le tableau 24.1, p. 869, résume les activités de l'estomac.)

La digestion chimique et l'absorption seront traitées plus loin ; nous allons donc compléter ici notre présentation des fonctions digestives de l'estomac en nous penchant sur les événements qui (1) régissent l'activité de sécrétion des glandes gastriques et (2) règlent la motilité et l'évacuation gastriques.

Régulation de la sécrétion gastrique

La sécrétion gastrique est régie par des mécanismes à la fois nerveux et hormonaux. Dans des conditions normales, la muqueuse de l'estomac produit jusqu'à 3 L de suc gastrique par jour — un mélange acide si fort qu'il peut dissoudre des clous. La régulation nerveuse est assurée par les réflexes longs (médiation par les nerfs vagues) et courts (réflexes entériques locaux). La stimulation de l'estomac par les nerfs vagues fait augmenter la sécrétion de presque toutes ses glandes. (À l'inverse, l'activation par les nerfs sympathiques inhibe la sécrétion.) La régulation hormonale de la sécrétion gastrique est en grande partie assurée par la gastrine, qui stimule la sécrétion d'enzymes et d'acide chlorhydrique ; elle dépend aussi des hormones produites par l'intestin grêle qui sont surtout des antagonistes de la gastrine.

Les stimulus qui ont pour effet d'accroître ou d'inhiber la sécrétion gastrique proviennent de trois sites — l'encéphale, l'estomac et l'intestin grêle ; c'est pourquoi les trois phases de la sécrétion gastrique sont appelées *phases céphalique, gastrique* et *intestinale* (figure 24.16). Cependant les effecteurs sont toujours situés dans l'estomac et, une fois amorcées, ces trois phases peuvent se dérouler une à la fois ou toutes simultanément.

1. **Phase céphalique (réflexe).** La phase céphalique, ou réflexe, de la sécrétion gastrique commence *avant* que les aliments pénètrent dans l'estomac ; elle est déclenchée par l'arôme, le goût ou l'idée de la nourriture. Au cours de cette phase, l'encéphale prépare l'estomac à la tâche qu'il devra accomplir. Les influx nerveux partent des récepteurs olfactifs et des calicules gustatifs activés et sont envoyés à l'hypothalamus qui, à son tour, stimule les noyaux des nerfs vagues situés dans le bulbe rachidien ; des influx moteurs sont alors transmis par l'intermédiaire des nerfs vagues aux ganglions entériques parasympathiques.

L'étirement de l'estomac et celui des parois du duodénum n'ont pas les mêmes effets sur l'activité de sécrétion de l'estomac. Quels sont ces effets?

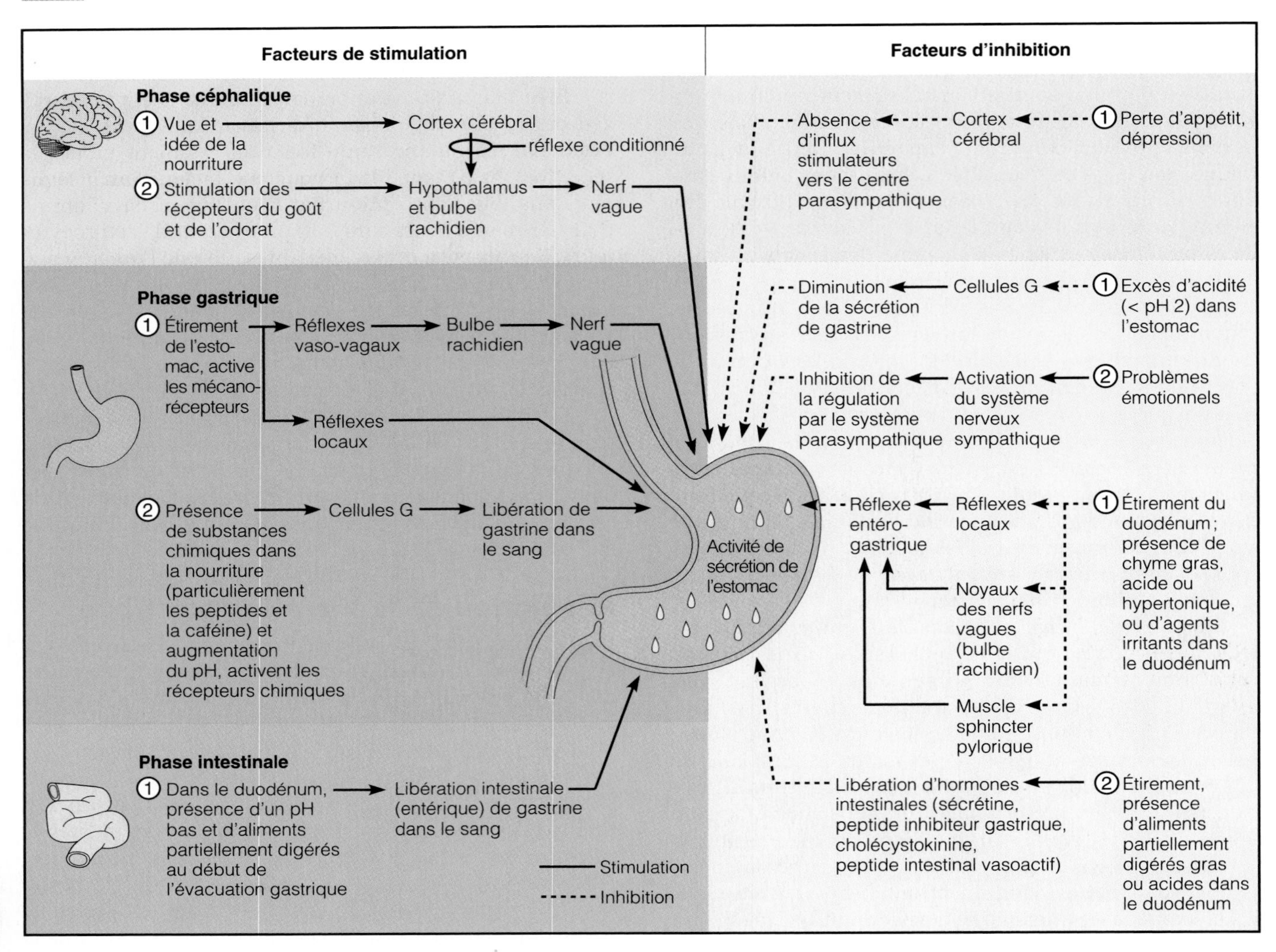

FIGURE 24.16
Mécanismes nerveux et hormonaux réglant la libération de suc gastrique.
Les facteurs de stimulation figurent à gauche et les facteurs d'inhibition, à droite.

Les neurones entériques postganglionnaires stimulent à leur tour les glandes gastriques. L'augmentation de la sécrétion provoquée par la vue ou l'idée de la nourriture ne se produit que si nous aimons ou désirons cette nourriture, et il s'agit donc d'un *réflexe conditionné*. Lorsque nous sommes déprimés ou manquons d'appétit, cette partie du réflexe céphalique est amoindrie.

2. **Phase gastrique.** Lorsque la nourriture atteint l'estomac, les mécanismes nerveux et hormonaux locaux amorcent la phase gastrique pendant laquelle environ les deux tiers du suc gastrique libéré sont produits. Les stimulus les plus importants sont l'étirement, la présence de peptides et la faible acidité. L'étirement de l'estomac active les mécanorécepteurs de sa paroi et déclenche les réflexes locaux (myentériques) et les réflexes longs vaso-vagaux. Dans ce dernier type de réflexe, les influx se rendent au bulbe rachidien, puis reviennent à l'estomac par les neurofibres des nerfs vagues. Les deux types de réflexes déclenchent la libération d'acétylcholine (ACh), qui accroît encore la libération de suc gastrique par les cellules sécrétrices.

Il est certain que les mécanismes nerveux déclenchés par l'étirement de l'estomac jouent un rôle important; au cours de la phase gastrique cependant, la stimulation de l'activité de sécrétion des glandes de l'estomac dépend probablement encore plus de la gastrine, une hormone. Les stimulus chimiques produits par les protéines partiellement digérées (peptides), la caféine (présente dans les boissons à base de cola, le café et le thé) et l'augmentation du pH activent directement les cellules sécrétrices de gastrine (**cel-**

L'étirement de l'estomac accroît l'activité de sécrétion, alors que l'étirement de la paroi du duodénum entraîne la libération d'hormones qui inhibent cette activité de sécrétion gastrique.

lules G). Bien que la gastrine déclenche également la libération d'enzymes, ses cibles principales sont les cellules pariétales sécrétrices d'acide chlorhydrique, qui augmentent leur production lorsqu'elles sont ainsi stimulées. La présence d'un contenu gastrique extrêmement acide (pH inférieur à 2) *inhibe* la sécrétion de gastrine.

Lorsque des aliments riches en protéines se trouvent dans l'estomac, le pH du contenu gastrique augmente généralement parce que les protéines agissent comme des tampons qui retiennent les ions H^+. Cet accroissement du pH stimule la production de gastrine, puis la libération de HCl, ce qui crée alors les conditions d'acidité rendant possible la digestion des protéines. Plus le repas est riche en protéines, plus la sécrétion de gastrine et de HCl est importante. Au cours de la digestion des protéines, le contenu stomacal devient de plus en plus acide, ce qui finit par inhiber l'action des cellules sécrétrices de gastrine. Ce mécanisme de rétro-inhibition contribue au maintien d'un pH optimal pour l'action des enzymes gastriques.

Les cellules G sont aussi activées par les réflexes nerveux que nous avons déjà décrits. Les émotions, la peur, l'anxiété et tout ce qui déclenche la réaction de lutte ou de fuite inhibent la sécrétion gastrique parce que la division sympathique du SNA neutralise alors l'action de la division parasympathique sur la digestion (figure 24.16).

La régulation des cellules pariétales sécrétrices de HCl est très particulière et présente de nombreuses facettes. Fondamentalement, la sécrétion de HCl est stimulée par trois substances chimiques qui agissent toutes par l'intermédiaire de systèmes de seconds messagers (figure 24.17). L'*ACh* libérée par les neurofibres parasympathiques et la *gastrine* sécrétée par les cellules G agissent toutes deux en faisant augmenter le taux intracellulaire de Ca^{2+}. L'*histamine,* qui est libérée par des cellules de la muqueuse de l'estomac (*histaminocytes*), agit par l'intermédiaire de l'AMP cyclique (AMPc). Quand une seule des trois substances chimiques se lie à la membrane plasmique des cellules pariétales, la sécrétion d'acide chlorhydrique est peu abondante, mais lorsque les trois se fixent simultanément sur les récepteurs correspondants, la quantité de HCl déversée augmente beaucoup. (Comme nous l'avons déjà mentionné, pour traiter les ulcères gastriques dus à l'hyperacidité, on se sert d'antihistaminiques telle la cimétidine qui se lient aux récepteurs H_2 des cellules pariétales.) Le processus de formation de HCl dans les cellules pariétales est complexe et jusqu'à présent mal connu. Actuellement, il y a consensus sur le fait que les ions H^+ sont activement pompés en direction de la lumière de l'estomac contre un très fort gradient de concentration. Les ions chlorure (Cl^-) sont aussi envoyés dans la lumière en même temps que les ions hydrogène, ce qui maintient l'équilibre électrique à l'intérieur de l'estomac. Les ions Cl^- viennent du plasma sanguin, alors que les ions H^+ semblent être produits par la dégradation de l'acide carbonique (lui-même formé par la combinaison de gaz carbonique et d'eau)

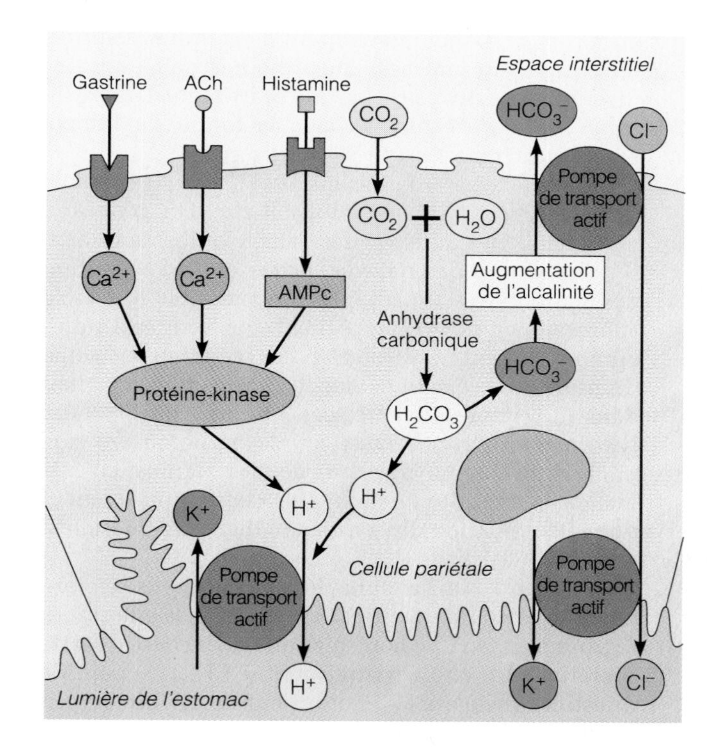

FIGURE 24.17
Régulation et mécanisme de sécrétion de HCl. La liaison de l'histamine, de la gastrine et de l'acétylcholine (ACh) aux récepteurs membranaires de la cellule pariétale déclenche une série de mécanismes intracellulaires (par l'intermédiaire de systèmes de seconds messagers) qui aboutissent à la sécrétion de HCl dans la lumière de l'estomac. Des ions H^+ et HCO_3^- (bicarbonate) sont produits par la dissociation de l'acide carbonique (H_2CO_3). Au fur et à mesure que les ions H^+ et Cl^- sont pompés vers la lumière, le pompage du HCO_3^- se fait vers l'espace interstitiel en échange d'ions chlorure (Cl^-).

à l'intérieur de la cellule pariétale (figure 24.17), c'est-à-dire :

$$CO_2 + H_2O \rightarrow H_2CO_3 \rightarrow H^+ + HCO_3^-$$

Au fur et à mesure que H^+ est pompé vers l'extérieur de la cellule et que HCO_3^- (ion bicarbonate) s'accumule dans celle-ci, HCO_3^- est éjecté à travers la membrane plasmique du pôle basal de la cellule dans le sang des capillaires. Par conséquent, le sang qui provient de l'estomac est plus alcalin que celui qui l'irrigue ; ce phénomène est appelé **augmentation de l'alcalinité.**

3. **Phase intestinale.** La phase intestinale de la sécrétion gastrique a deux composantes, l'une excitatrice et l'autre inhibitrice (figure 24.16). La partie *excitatrice* est mise en action lorsque les aliments partiellement digérés commencent à entrer dans la partie supérieure de l'intestin grêle (duodénum). Cet événement stimule la libération par les cellules de la muqueuse intestinale d'une hormone qui maintient l'activité de sécrétion des glandes gastriques. Comme cette hormone a les mêmes effets que la gastrine, on l'a nommée **gastrine intestinale** (**entérique**). Cependant, les mécanismes intestinaux ne stimulent la sécrétion gastrique que brièvement. Lorsque l'intestin se trouve

étiré par le chyme (qui contient de grandes quantités d'ions H^+, de graisses, de protéines partiellement digérées et de diverses substances irritantes), la partie *inhibitrice* se déclenche sous la forme du **réflexe entéro-gastrique.**

Le réflexe entéro-gastrique est en fait un ensemble de trois réflexes qui se traduisent par (1) l'inhibition des noyaux des nerfs vagues dans le bulbe rachidien, (2) l'inhibition des réflexes locaux et (3) l'activation des neurofibres sympathiques qui resserrent le muscle sphincter pylorique et empêchent ainsi l'entrée d'autres aliments dans l'intestin grêle. La sécrétion gastrique diminue donc. Comme nous le verrons plus en détail dans la section suivante, ces « freins » de l'activité gastrique protègent l'intestin grêle des dommages que pourrait causer une trop forte acidité ; ils ajustent également la quantité de chyme présente à un moment donné en fonction de la capacité digestive de l'intestin grêle.

De plus, les facteurs décrits ci-dessus déclenchent la libération de plusieurs hormones entériques regroupées sous le nom d'**entérogastrones,** dont la **sécrétine,** la **cholécystokinine** (**CKK**), le **peptide intestinal vasoactif** (**VIP**) et le **peptide inhibiteur gastrique** (**GIP**). Toutes ces hormones inhibent la sécrétion gastrique lorsque l'estomac est très actif. Elles ont aussi d'autres fonctions qui sont résumées au tableau 24.2 (p. 878).

Motilité et évacuation gastriques

La musculeuse, qui est constituée de trois couches, produit les contractions de l'estomac qui assurent son évacuation ; ces contractions ont aussi pour effet de compresser, pétrir, déformer et mélanger continuellement les aliments avec le suc gastrique pour former le chyme. Dans l'estomac, les mouvements de brassage sont effectués par un type de péristaltisme particulier (dans le pylore, par exemple, il est bidirectionnel et non unidirectionnel) ; les processus de digestion mécanique et de propulsion se produisent donc simultanément.

24

Réaction de l'estomac au remplissage Bien que l'estomac s'étire lorsque de la nourriture y pénètre, la pression interne reste constante jusqu'à ce que le volume ingéré atteigne environ 1 L, puis elle s'élève. La stabilité relative de la pression dans un estomac qui se remplit résulte de deux facteurs : (1) le relâchement de la musculature gastrique sous l'effet d'un réflexe et (2) la plasticité des muscles lisses viscéraux.

Le relâchement par réflexe du muscle lisse du fundus et du corps de l'estomac se produit aussi bien par anticipation que par réaction à l'arrivée de nourriture dans l'estomac. Le muscle gastrique se détend pendant que la nourriture descend dans l'œsophage. Ce **relâchement réceptif** est coordonné par le centre de la déglutition du tronc cérébral, dont les signaux sont transmis par les nerfs vagues. L'estomac se relâche également quand il est étiré par l'arrivée des aliments, qui active des mécanorécepteurs situés dans la paroi. Ce phénomène, appelé **relâchement d'adaptation,** semble résulter de réflexes locaux faisant intervenir des neurones sécréteurs de *monoxyde d'azote* (NO).

La **plasticité** est la capacité intrinsèque du muscle lisse viscéral de produire une réponse contraction-relâchement, c'est-à-dire de s'étirer sans augmentation marquée de sa tension et sans contraction d'expulsion. Comme nous l'avons vu au chapitre 9 (p. 291), la plasticité joue un rôle important dans les organes creux tels que l'estomac qui doivent servir de réservoirs temporaires.

Contraction gastrique Après un repas, le péristaltisme commence près du sphincter œsophagien inférieur, où il ne provoque que de légères ondulations de la paroi gastrique. Mais lorsque les contractions péristaltiques s'approchent du pylore, où la musculature stomacale est plus épaisse, elles deviennent beaucoup plus puissantes. Par conséquent, le contenu du fundus de l'estomac subit peu de changements mais les aliments qui se trouvent au voisinage du pylore sont vigoureusement pétris et mélangés.

La partie pylorique contient environ 30 mL de chyme et agit comme un « filtre dynamique » ; au cours de la digestion, elle ne laisse passer que les liquides et les petites particules par l'orifice pylorique, qui est alors entrouvert. En général, chaque onde péristaltique qui atteint la musculature du pylore « éjecte » ou fait gicler au maximum 3 mL de chyme dans l'intestin grêle. Étant donné que la contraction *ferme* le muscle sphincter pylorique, qui est normalement partiellement relâché, le reste du chyme (environ 27 mL) reflue dans l'estomac où il est encore mélangé (figure 24.18). Cette action de va-et-vient a pour effet de dissocier les solides présents dans le contenu gastrique.

L'intensité des ondes péristaltiques de l'estomac peut varier considérablement, mais leur fréquence se situe toujours aux environs de trois par minute. Cette fréquence de contraction est déterminée par l'activité spontanée de *cellules rythmogènes* situées au bord de la couche longitudinale de muscle lisse. On pense que ces cellules, peut-être des cellules non contractiles et semblables à des cellules musculaires appelées *cellules interstitielles de Cajal,* se dépolarisent et se repolarisent trois fois par minute en produisant les *ondes cycliques lentes* caractéristiques du **rythme électrique de base** de l'estomac. Comme les cellules rythmogènes sont couplées électriquement au reste du feuillet de muscle lisse par des jonctions ouvertes, leur « battement » se propage rapidement et efficacement à toute la musculeuse. Les cellules rythmogènes déterminent la fréquence maximale de la contraction, mais elles n'amorcent pas les contractions proprement dites et ne règlent pas leur intensité. Au lieu de cela, elles génèrent des ondes de dépolarisation inférieures au seuil d'excitation (infraliminaires), que des facteurs nerveux ou hormonaux peuvent amplifier (la dépolarisation atteint alors le seuil d'excitation).

Les facteurs qui accroissent la force des contractions gastriques sont aussi ceux qui font augmenter l'activité de sécrétion de l'estomac. La déformation de la paroi gastrique par les aliments active les mécanorécepteurs sensibles à l'étirement ainsi que les cellules sécrétrices de gastrine, qui ensemble stimulent le muscle lisse de la paroi et font ainsi augmenter la motilité gastrique. Par conséquent, plus l'estomac contient de nourriture, plus les mouvements de mélange et d'évacuation sont

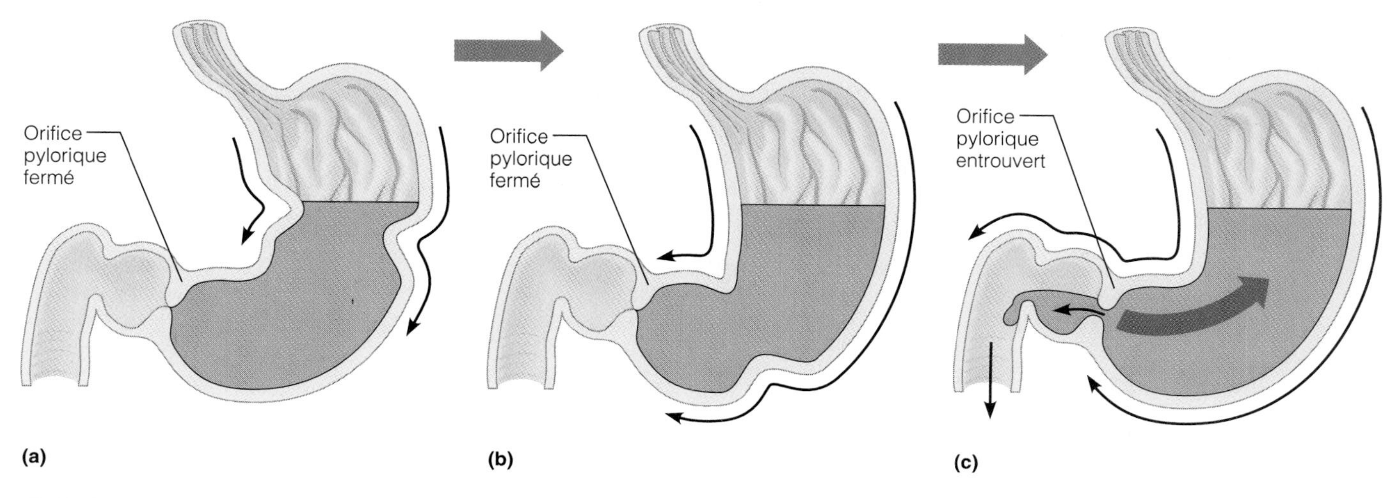

FIGURE 24.18
Les ondes péristaltiques agissent surtout sur la partie inférieure de l'estomac, où elles brassent le chyme et le font passer dans l'orifice pylorique. **(a)** Les ondes péristaltiques se déplacent vers le pylore. **(b)** Les mouvements de péristaltisme les plus forts et le brassage le plus vigoureux se produisent près du pylore. **(c)** L'extrémité pylorique de l'estomac agit comme une pompe qui déverse de petites quantités de chyme dans le duodénum tout en faisant refluer la plus grande partie de son contenu dans l'estomac, où le brassage se poursuit.

vigoureux (dans une certaine limite), comme nous allons le voir ci-dessous.

Régulation de l'évacuation gastrique En général, l'estomac se vide complètement en moins de quatre heures après un repas. Cependant, plus le repas est copieux (plus l'estomac est étiré) et plus il est liquide, plus l'estomac se vide rapidement. Les liquides le traversent rapidement; les solides y restent plus longtemps, jusqu'à ce qu'ils soient bien mélangés avec le suc gastrique et liquéfiés.

La vitesse d'évacuation de l'estomac dépend autant, sinon plus, du contenu du duodénum que de ce qui se passe dans l'estomac lui-même. L'estomac et le duodénum agissent en tandem de façon à fonctionner en deçà de leur capacité maximale. Lorsque le chyme pénètre dans le duodénum, les récepteurs de la paroi duodénale réagissent aux signaux chimiques et à l'étirement; ils déclenchent alors le réflexe entérogastrique et les mécanismes hormonaux (entérogastrones) décrits plus haut. Ces mécanismes réduisent la force des contractions du pylore, ce qui empêche le duodénum de se remplir encore plus, et ils inhibent la sécrétion gastrique (figure 24.19).

En général, un repas riche en glucides passe rapidement dans le duodénum, alors que les graisses forment une couche huileuse sur le chyme et sont digérées plus lentement par les enzymes intestinales. Lorsque le chyme qui pénètre dans le duodénum est riche en graisses, la nourriture peut demeurer dans l'estomac pendant six heures ou plus.

Le **vomissement** est une expérience désagréable due à l'évacuation du contenu gastrique par une voie autre que la voie normale. De nombreux facteurs peuvent contribuer à ce phénomène, mais il est le plus souvent provoqué par un étirement extrême de l'estomac ou de l'intestin, ou bien par la présence dans ces organes d'agents irritants comme des toxines bactériennes, une quantité excessive d'alcool, des aliments épicés ou

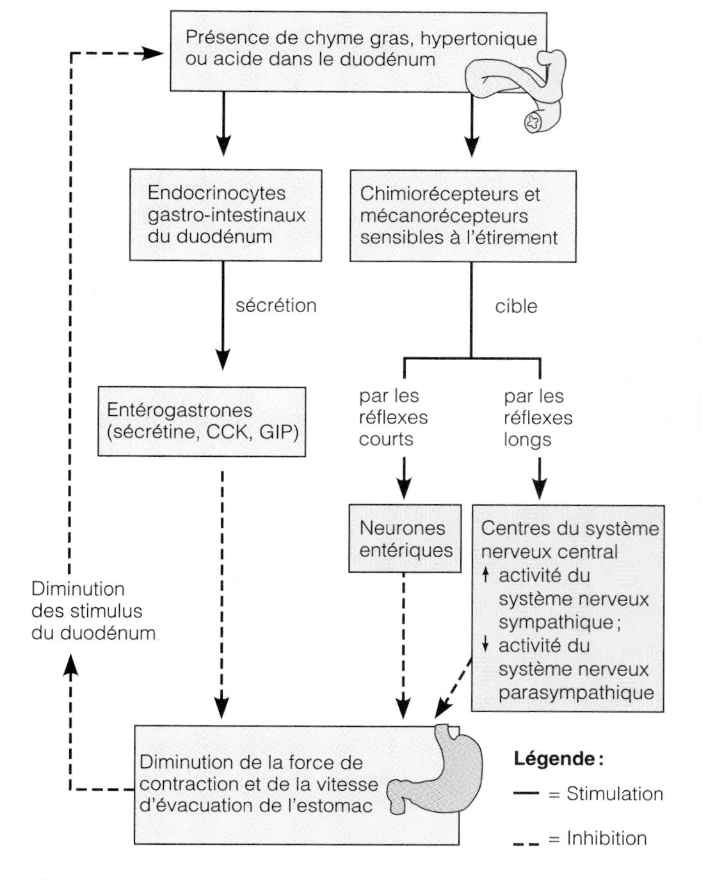

FIGURE 24.19
Facteurs nerveux et hormonaux inhibant l'évacuation gastrique. Ces mécanismes de régulation font en sorte que la nourriture sera bien liquéfiée dans l'estomac, et ils empêchent la surcharge de l'intestin grêle.

TABLEAU 24.2 Hormones et substances semblables aux hormones qui jouent un rôle dans la digestion*

Hormone	Site de production	Stimulus de la production	Organe cible	Activité
Gastrine	Muqueuse de l'estomac	Aliments (en particulier les protéines partiellement digérées) présents dans l'estomac (stimulation chimique) ; acétylcholine libérée par les neurofibres	Estomac	• Stimule la sécrétion des glandes gastriques ; les effets les plus marqués concernent la sécrétion de HCl • Stimule l'évacuation de l'estomac
			Intestin grêle	• Stimule la contraction des muscles lisses de l'intestin
			Valve iléo-cæcale	• Détend la valve iléo-cæcale
			Gros intestin	• Stimule les mouvements de masse
Sérotonine	Muqueuse de l'estomac	Aliments dans l'estomac	Estomac	• Déclenche la contraction des muscles lisses de l'estomac
Histamine	Muqueuse de l'estomac	Aliments dans l'estomac	Estomac	• Stimule la libération de HCl par les cellules pariétales
Somatostatine	Muqueuse de l'estomac ; muqueuse du duodénum	Aliments dans l'estomac ; stimulation par les neurofibres du système nerveux sympathique	Estomac	• Inhibe la sécrétion gastrique de toutes les substances ; inhibe la motilité et l'évacuation gastriques
			Pancréas	• Inhibe la sécrétion
			Intestin grêle	• Diminue la circulation sanguine dans le tube digestif et inhibe ainsi l'absorption intestinale
			Vésicule biliaire	• Inhibe la contraction de l'organe et la libération de la bile
Gastrine entérique	Muqueuse du duodénum	Aliments acides partiellement digérés dans le duodénum	Estomac	• Stimule les glandes et la motilité gastriques
Sécrétine	Muqueuse du duodénum	Chyme acide (aussi protéines partiellement digérées, graisses, liquides hypertoniques et hypotoniques, agents irritants présents dans le chyme)	Estomac	• Inhibe la sécrétion et la motilité gastriques au cours de la phase gastrique de la sécrétion
			Pancréas	• Accroît la sécrétion du suc pancréatique riche en ions bicarbonate ; potentialise l'action de la CCK
			Foie	• Accroît la production de bile
Cholécystokinine (CCK)	Muqueuse du duodénum	Chyme gras en particulier, mais aussi protéines partiellement digérées	Foie, pancréas	• Potentialise l'action de la sécrétine sur ces organes
			Pancréas	• Accroît la production de suc pancréatique riche en enzymes
			Vésicule biliaire	• Stimule la contraction de l'organe et l'expulsion de la bile qui y est emmagasinée
			Muscle sphincter de l'ampoule hépato-pancréatique	• Relâche le sphincter pour permettre l'entrée de la bile et du suc pancréatique dans le duodénum
Peptide inhibiteur gastrique (GIP)†	Muqueuse du duodénum	Chyme gras ou contenant du glucose	Estomac	• Inhibe la sécrétion et la motilité de l'estomac au cours de la phase gastrique
Peptide intestinal vasoactif	Muqueuse du duodénum	Chyme contenant des aliments partiellement digérés	Duodénum	• Stimule la sécrétion de tampons ; dilate les capillaires intestinaux
			Estomac	• Inhibe la production de HCl • Détend les muscles lisses de l'intestin

* À l'exception de la somatostatine, tous ces polypeptides stimulent aussi la croissance des organes sur lesquels ils agissent (particulièrement de la muqueuse).

† Aussi appelé « peptide insulinotropique gastrique » parce qu'il stimule la libération d'insuline à partir des îlots pancréatiques.

certains médicaments. Les influx sensoriels provenant des zones irritées atteignent le **centre du vomissement** situé dans le bulbe rachidien, où ils déclenchent un certain nombre de réponses motrices. Les muscles squelettiques de la paroi abdominale et le diaphragme se contractent et font augmenter la pression intra-abdominale, le sphincter œsophagien inférieur se détend et le palais mou s'élève pour fermer les voies nasales. Le contenu de l'estomac (et parfois du duodénum) est alors poussé vers le haut, passe par l'œsophage et le pharynx et sort par la bouche. Avant de vomir, la personne est habituellement pâle, est prise de nausée et salive. Des vomissements excessifs peuvent provoquer une déshydratation et risquent d'affecter gravement l'équilibre électrolytique et acido-basique de l'organisme. Les vomissements font perdre de grandes quantités d'acide chlorhydrique que l'estomac tend à remplacer, ce qui rend le sang alcalin. ■

INTESTIN GRÊLE ET STRUCTURES ANNEXES

C'est dans l'intestin grêle que les nutriments sont finalement préparés en vue de leur transport vers les cellules de l'organisme. Cette fonction vitale ne peut toutefois s'accomplir sans les sécrétions du foie (bile) et du pancréas (enzymes digestives). Nous étudierons donc aussi ces organes essentiels dans la présente section.

Intestin grêle

L'**intestin grêle** est le principal organe de la digestion. C'est dans ses méandres que se termine la digestion et que se produit pratiquement toute l'absorption.

Anatomie macroscopique

L'intestin grêle est un tube aux formes compliquées qui va du muscle sphincter pylorique, dans la région épigastrique, à la **valve iléo-cæcale** située dans la région iliaque droite, où il rejoint le gros intestin (voir la figure 24.1). C'est la partie la plus longue du tube digestif mais son diamètre n'est que de 2,5 cm environ. Il mesure de 6 à 7 m de long dans un cadavre mais sa longueur n'est que de 2 m chez une personne vivante à cause du tonus musculaire.

L'intestin grêle comprend trois segments: le duodénum, qui est surtout rétropéritonéal, puis le jéjunum et l'iléum, des organes intrapéritonéaux. Ces trois segments se distinguent entre eux par la structure histologique de leur muqueuse. Le **duodénum** (littéralement, « d'une longueur de douze doigts »), qui s'incurve autour de la tête du pancréas (voir la figure 24.20), a une longueur de 25 cm environ. Bien que ce soit le segment le plus court de l'intestin, c'est aussi celui qui a les caractéristiques les plus intéressantes. Les conduits qui apportent la bile du foie et le suc pancréatique en provenance du pancréas se rejoignent près du duodénum, où ils forment un bulbe appelé **ampoule hépato-pancréatique,** ou ampoule de Vater; celle-ci s'ouvre dans le duodénum par la **papille duodénale majeure,** ou grande caroncule, en forme de volcan (voir la figure 24.20). L'écoulement de la bile et du suc pancréatique est réglé par le **muscle sphincter de l'ampoule hépato-pancréatique,** ou sphincter d'Oddi.

Le **jéjunum** (littéralement, « à jeun ») mesure environ 2,5 m de long et s'étend du duodénum à l'iléum. L'**iléum,** ou iléon (*eilein* = enrouler), d'une longueur d'environ 3,6 m, débouche dans le gros intestin à la hauteur de la valve iléo-cæcale. Le jéjunum et l'iléum sont accrochés comme des chapelets de saucisses dans la partie inférieure et moyenne de la cavité abdominale, et ils sont suspendus à

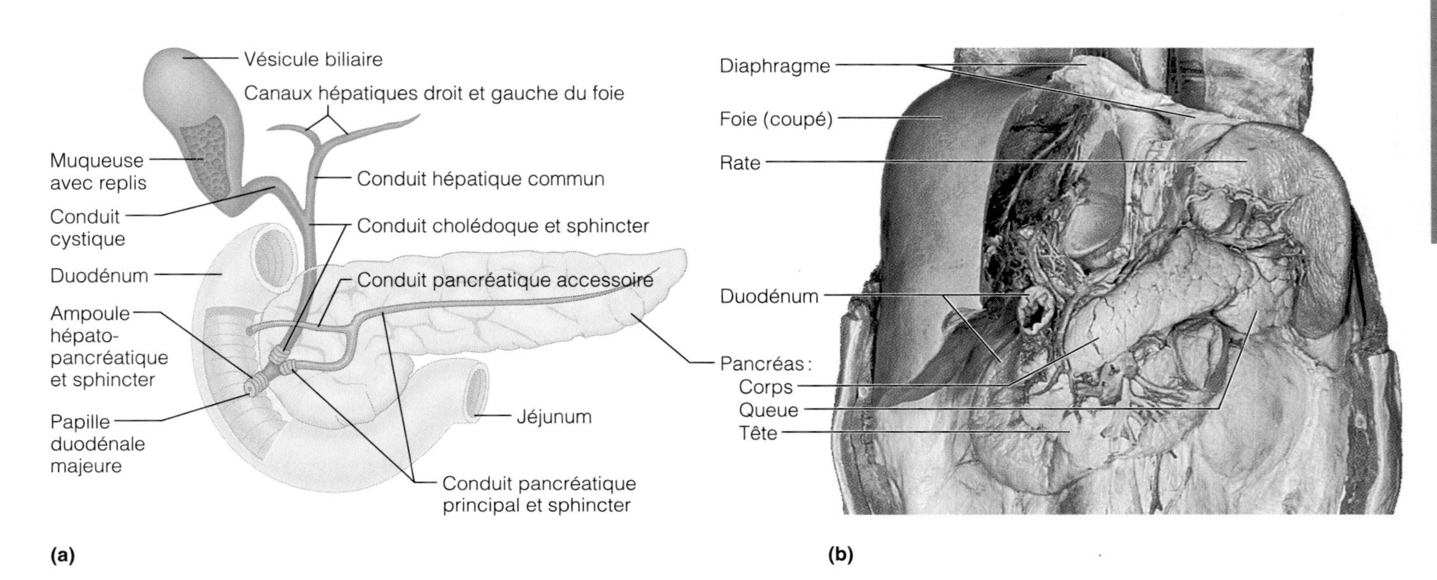

FIGURE 24.20
Duodénum de l'intestin grêle et organes connexes. (a) Plusieurs conduits en provenance du pancréas, de la vésicule biliaire et du foie convergent vers le duodénum et se déversent dans celui-ci. À l'exception des conduits biliaires, ces structures sont toutes inférieures à l'estomac. **(b)** Photographie du duodénum, du pancréas et de certains organes adjacents situés dans la partie postérieure de l'abdomen. (L'estomac et une grande partie du foie ont été enlevés.)

Qu'est-ce qu'un vaisseau chylifère et quelle est sa fonction ?

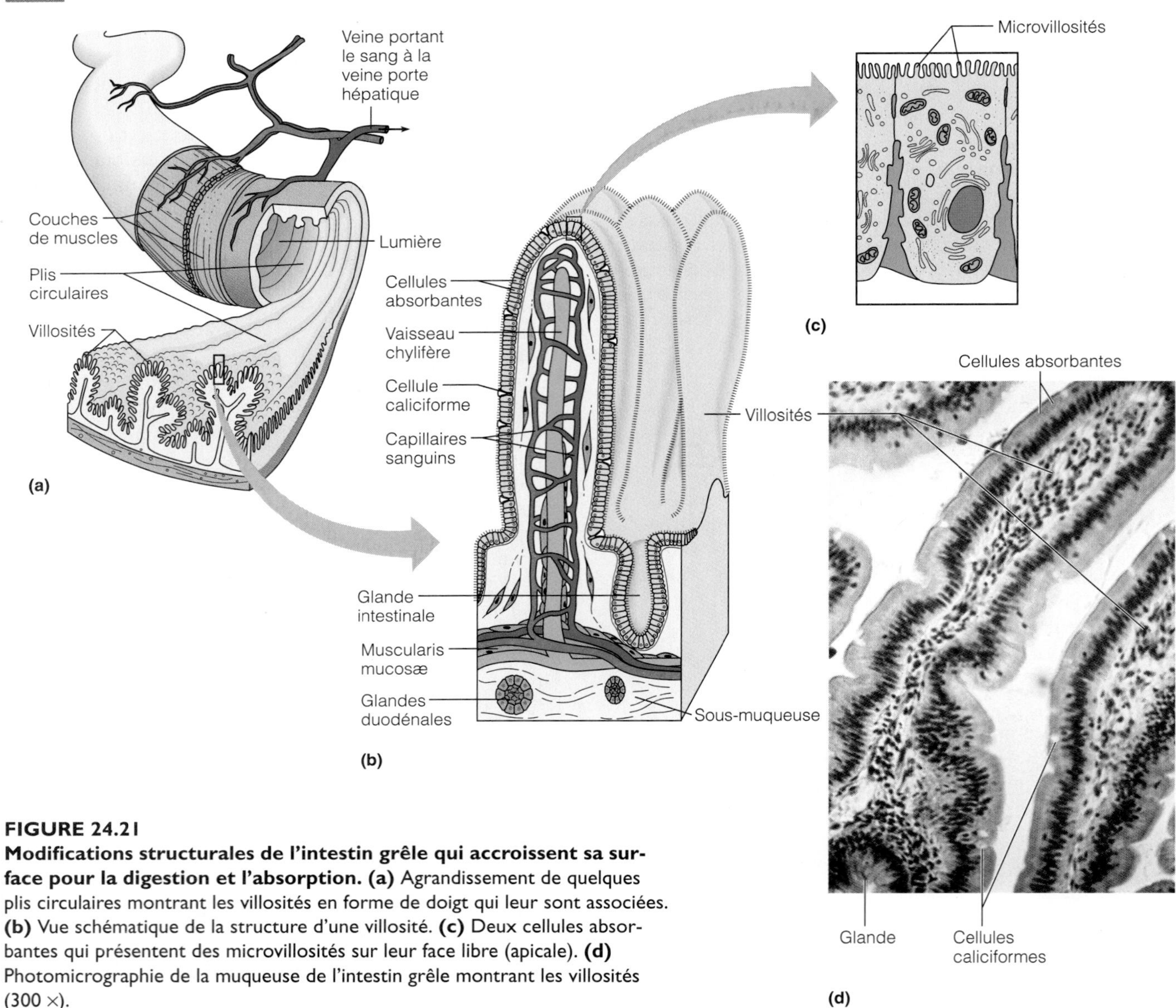

FIGURE 24.21
Modifications structurales de l'intestin grêle qui accroissent sa surface pour la digestion et l'absorption. (a) Agrandissement de quelques plis circulaires montrant les villosités en forme de doigt qui leur sont associées. **(b)** Vue schématique de la structure d'une villosité. **(c)** Deux cellules absorbantes qui présentent des microvillosités sur leur face libre (apicale). **(d)** Photomicrographie de la muqueuse de l'intestin grêle montrant les villosités (300 ×).

la paroi abdominale postérieure par un **mésentère** en forme d'éventail (voir la figure 24.30). Les parties les plus distales de l'intestin grêle sont entourées par le gros intestin.

Les neurofibres qui desservent l'intestin grêle sont les neurofibres parasympathiques issues des nerfs vagues et les neurofibres sympathiques issues des nerfs splanchniques du thorax, qui sont toutes relayées par le plexus mésentérique supérieur (et solaire). L'irrigation artérielle provient essentiellement de l'artère mésentérique supérieure (voir p. 731). Les veines suivent un trajet parallèle à celui des artères, et la plupart d'entre elles se déversent dans la veine mésentérique supérieure, d'où le sang riche en nutriments provenant de l'intestin grêle passe dans la veine porte hépatique (voir p. 741) qui l'apporte au foie.

C'est un vaisseau lymphatique qui reçoit une partie des graisses absorbées par l'intestin.

Anatomie microscopique

Modifications facilitant l'absorption L'intestin grêle est parfaitement adapté à sa fonction d'absorption des nutriments. Sa seule longueur lui donne déjà une très grande surface d'absorption, et ses parois possèdent trois types de modifications structurales qui accroissent énormément cette surface : les **plis circulaires,** les **villosités intestinales** et les **microvillosités.** On a évalué la surface de l'intestin à environ 200 m^2 (l'équivalent de la superficie totale des planchers d'une maison de deux étages) ! La majeure partie de l'absorption se passe dans la portion proximale de l'intestin grêle, et ces modifications sont moins accentuées vers l'extrémité distale de cet organe.

Les **plis circulaires,** ou valvules conniventes, sont des replis profonds et permanents de la muqueuse et de la sous-muqueuse (figure 24.21a). Ils sont hauts de près d'un centimètre et forcent le chyme à tourner sur lui-même à l'intérieur de la lumière; cela a pour effet de mélanger continuellement le chyme avec le suc intestinal et de ralentir son mouvement tout en permettant l'absorption complète des nutriments.

La muqueuse présente des saillies digitiformes d'une hauteur de plus d'un millimètre, les **villosités intestinales,** qui lui confèrent son aspect duveteux rappelant celui d'une serviette éponge (figures 24.21b et 24.22). Les cellules épithéliales des villosités sont surtout des cellules prismatiques absorbantes. Au cœur de chaque villosité se trouvent un réseau dense de capillaires sanguins et un capillaire lymphatique modifié (élargi) appelé **vaisseau chylifère.** Les nutriments digérés diffusent à travers les cellules épithéliales et passent dans les vaisseaux sanguins et le vaisseau chylifère. Dans le duodénum (portion de l'intestin où l'absorption est la plus intense), les villosités sont de grande taille et en forme de feuille, puis elles deviennent plus étroites et plus courtes le long de l'intestin grêle. Chaque villosité contient une « bande » de muscle lisse qui lui permet de se contracter et de s'allonger alternativement. Ces pulsations (1) accroissent le contact entre la surface de la villosité et le « bouillon » de nutriments contenu dans la lumière intestinale (ce qui rend l'absorption plus efficace) et (2) font circuler la lymphe dans les vaisseaux chylifères.

Les **microvillosités** sont de minuscules saillies formées par la membrane plasmique des cellules absorbantes de la muqueuse; elles donnent à la surface de la muqueuse une apparence duveteuse et on les appelle collectivement **bordure en brosse** (figures 24.21c et 24.22b). En plus d'augmenter la surface d'absorption, la membrane plasmique des microvillosités porte des enzymes nommées **enzymes de la bordure en brosse,** qui effectuent les dernières étapes de la digestion des glucides et des protéines dans l'intestin grêle.

Histologie de la paroi Bien que, à première vue, les divers segments de l'intestin grêle se ressemblent beaucoup, ils sont très différents par leur anatomie interne et microscopique. On y retrouve les quatre tuniques qui caractérisent le tube digestif, mais la muqueuse et la sous-muqueuse sont modifiées en fonction de la position relative de l'intestin dans les voies digestives (voir la figure 24.21b).

L'épithélium de la muqueuse est un épithélium simple prismatique composé en grande partie de *cellules absorbantes* liées entre elles par des jonctions serrées et pourvues de très nombreuses villosités. Il présente aussi de nombreuses *cellules caliciformes* sécrétrices de mucus et, dispersées parmi les autres cellules, des *endocrinocytes gastro-intestinaux* (sécréteurs d'entérogastrones).

Entre les villosités, la muqueuse est parsemée de *dépressions* (ouvertures) qui conduisent à des glandes intestinales tubulaires appelées **glandes intestinales de l'intestin grêle,** ou glandes de Lieberkühn. Les cellules épithéliales qui garnissent ces glandes sécrètent le *suc intestinal,* un mélange aqueux de mucus qui sert à transporter les nutriments du chyme en vue de leur absorption. Au fond de ces glandes se trouvent des cellules sécrétrices spécialisées, les *cellules de Paneth.* Ces cellules libèrent le *lysozyme,* une enzyme antibactérienne qui protège l'intestin grêle contre certaines bactéries. Le nombre de glandes diminue le long de l'intestin grêle, mais celui des cellules caliciformes augmente.

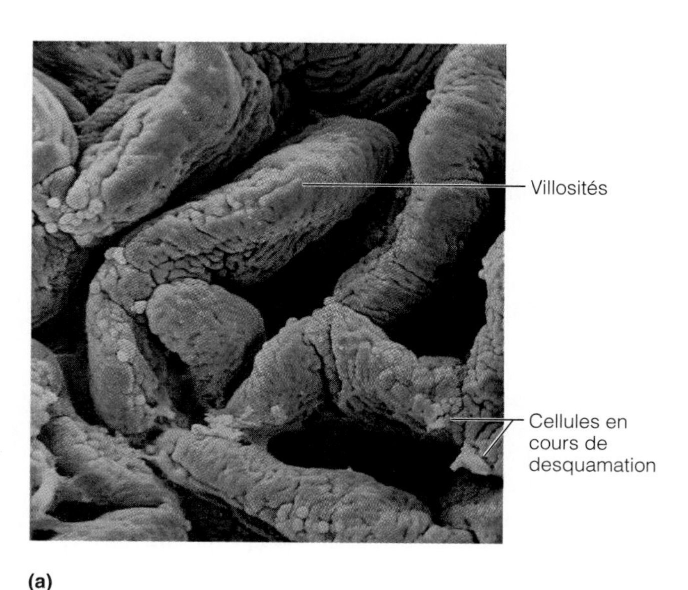

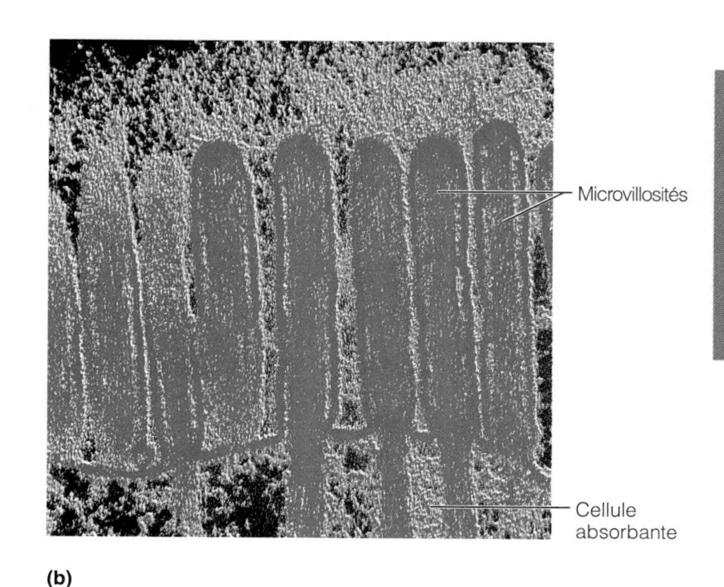

FIGURE 24.22
Photographies en fausses couleurs des villosités et des microvillosités de l'intestin grêle prises au microscope électronique à balayage. (a) Villosités (110 ×). Sur les crêtes des villosités, on aperçoit des cellules mortes en cours de desquamation qui sont colorées en jaune et en orange. **(b)** Microvillosités des cellules absorbantes. Les microvillosités apparaissent comme des projections rouges formées par la surface des cellules absorbantes. Les taches jaunes sont des granules de mucus (26 000 ×).

Il semble que les divers types de cellules épithéliales prennent naissance à partir de cellules souches à division rapide situées au fond des glandes et qu'elles migrent graduellement le long des villosités, au sommet desquelles elles sont éliminées. C'est ainsi que l'épithélium des villosités se renouvelle tous les trois à six jours. Ce renouvellement rapide des cellules épithéliales intestinales (et gastriques) revêt une certaine importance tant sur le plan clinique que sur le plan physiologique. Les traitements anticancéreux comme la radiothérapie et la chimiothérapie s'attaquent aux cellules de l'organisme qui se divisent le plus rapidement. Ils tuent les cellules cancéreuses, mais détruisent aussi presque entièrement l'épithélium du tube digestif, ce qui provoque des nausées, des vomissements et de la diarrhée.

La sous-muqueuse se caractérise par la présence de tissu conjonctif lâche aréolaire, et elle contient à la fois des follicules lymphatiques individuels et des *follicules lymphatiques agrégés,* ou plaques de Peyer. Le nombre de follicules lymphatiques agrégés augmente vers l'extrémité de l'intestin grêle parce que le gros intestin contient une quantité énorme de bactéries qui ne doivent pas avoir accès à la circulation sanguine. Une série de glandes muqueuses complexes, les **glandes duodénales,** ou glandes de Brunner, se retrouvent uniquement dans la sous-muqueuse duodénale. Ces glandes (voir la figure 24.21b) produisent un mucus alcalin (riche en bicarbonate) qui neutralise le chyme acide provenant de l'estomac. Lorsque cette barrière muqueuse est insuffisante, la paroi intestinale s'érode et il en résulte des *ulcères duodénaux.*

La musculeuse est typique et formée de deux couches. À l'exception de la plus grande partie du duodénum, qui est rétropéritonéale et possède une adventice, la surface externe de l'intestin est recouverte du péritoine viscéral (séreuse).

Suc intestinal : composition et régulation

Les glandes intestinales sécrètent normalement de 1 à 2 L de **suc intestinal** par jour. Le principal stimulus qui déclenche la production de ce liquide est l'étirement ou l'irritation de la muqueuse de l'intestin grêle par un chyme hypertonique ou acide. Normalement, le suc intestinal est légèrement alcalin (son pH se situe entre 7,4 et 7,8) et isotonique avec le plasma sanguin. Il est surtout composé d'eau mais contient également un mucus sécrété par les glandes duodénales et les cellules caliciformes de la muqueuse. Le suc intestinal est relativement pauvre en enzymes parce que la majeure partie des enzymes intestinales sont liées aux membranes des microvillosités (bordure en brosse).

Foie et vésicule biliaire

Le *foie* et la *vésicule biliaire* sont des organes annexes associés à l'intestin grêle. Le foie, l'un des organes les plus importants de l'organisme, assure de nombreuses fonctions métaboliques et régulatrices. Cependant, sa seule fonction *digestive* est la production de bile, qui est acheminée au duodénum. La bile est un agent émulsifiant des graisses ; elle les dissipe en fines gouttelettes, facilitant ainsi l'action des enzymes digestives. Nous donnerons une description de la bile et du processus d'émulsification lorsque nous aborderons la digestion et l'absorption des lipides plus loin dans ce chapitre. Le foie transforme aussi le sang veineux chargé de nutriments qui vient des organes digestifs, mais il s'agit là d'une fonction métabolique plutôt que digestive. (Les fonctions métaboliques du foie sont décrites au chapitre 25.) La vésicule biliaire est un organe qui sert principalement à emmagasiner la bile.

Anatomie macroscopique du foie

Le **foie,** un organe rougeâtre et riche en sang, est la plus grosse glande de l'organisme, et sa masse s'élève à environ 1,4 kg chez l'adulte moyen. Il occupe la plus grande partie des régions hypochondriaque droite et épigastrique et s'étend plus loin à droite qu'à gauche de la ligne médiane du corps. Il est placé sous le diaphragme et se trouve presque entièrement derrière les os formant la paroi de la cavité thoracique, qui le protège dans une certaine mesure (voir les figures 24.1 et 24.23c).

On divise généralement le foie en quatre lobes. Le *lobe droit,* le plus grand, est visible sur toutes les faces du foie ; il est séparé du *lobe gauche,* plus petit, par une profonde fissure (figure 24.23a). Le *lobe caudé,* le plus postérieur, et le *lobe carré,* situé sous le lobe gauche, sont visibles lorsqu'on examine le foie de dessous (figure 24.23b). Le **ligament falciforme du foie,** un mésentère, sépare les lobes droit et gauche et suspend le foie au diaphragme et à la paroi abdominale antérieure (voir aussi la figure 24.30a et d, p. 892). Le **ligament rond du foie,** qui est un vestige fibreux de la veine ombilicale du fœtus, suit le bord inférieur libre du ligament falciforme (figures 24.23 et 24.30a). À l'exception de sa partie supérieure (la *face nue*), qui est fusionnée avec le diaphragme, le foie est complètement enfermé dans une séreuse (le péritoine viscéral). Comme nous l'avons déjà mentionné, le petit omentum, un mésentère dorsal (voir la figure 24.30b), relie le foie à la petite courbure de l'estomac. L'**artère hépatique** et la **veine porte hépatique,** qui pénètrent dans le foie à la hauteur du **hile du foie,** ainsi que le conduit hépatique commun, qui s'oriente vers le bas en sortant du foie, passent tous dans le petit omentum. La vésicule biliaire est située dans une fossette sur la face inférieure du lobe droit du foie (figure 24.23).

La façon traditionnelle de diviser le foie en lobes (exposée ci-dessus) a été critiquée parce qu'elle se fonde sur des caractéristiques superficielles de cet organe, comme la position du ligament rond et du ligament falciforme. Certains anatomistes pensent qu'on devrait définir les lobes du foie selon les secteurs desservis par les conduits hépatiques gauche et droit. Ces deux secteurs sont délimités par un plan passant par le sillon de la veine cave inférieure et par l'emplacement de la vésicule biliaire (voir la figure 24.23b). La région située à droite de ce plan constitue le lobe droit et celle située à gauche constitue le lobe gauche. Selon cette perspective, les lobes carré et caudé, de petite taille, font partie du lobe gauche.

La bile quitte le foie par plusieurs conduits biliaires qui convergent pour former le volumineux **conduit hépatique commun** ; celui-ci descend en direction du duodénum. Sur son parcours, il s'unit au **conduit cystique** par lequel

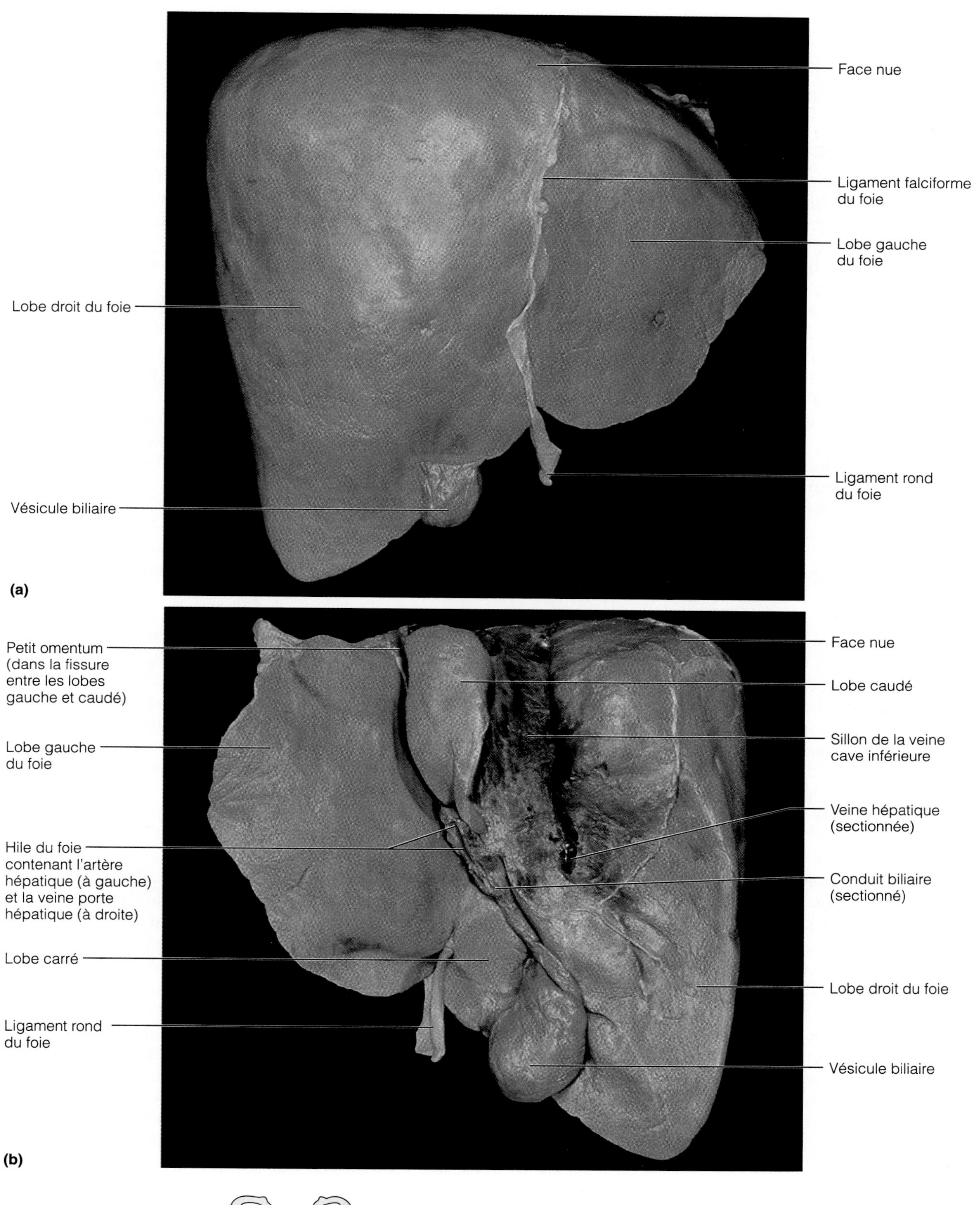

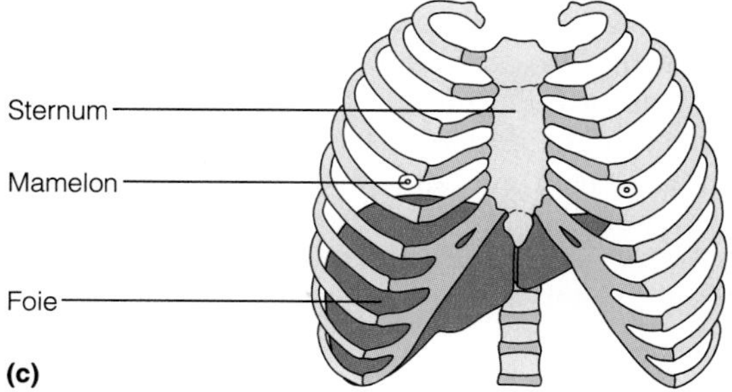

FIGURE 24.23
Anatomie macroscopique du foie humain. (a) Vue antérieure du foie. **(b)** Face postéro-inférieure (viscérale) du foie. Ici, les quatre lobes sont séparés par un groupe de sillons formant un H. La barre transversale du H représente le hile du foie, un sillon profond qui contient la veine porte hépatique, l'artère hépatique, le conduit hépatique et des vaisseaux lymphatiques. (Remarque : Selon une autre façon de diviser, les lobes caudé et carré font partie du lobe gauche du foie.) **(c)** Schéma montrant la situation du foie dans le corps.

se vide la vésicule biliaire ; l'union des deux conduits forme le **conduit cholédoque** (figure 24.20).

Anatomie microscopique du foie

Le foie est formé d'unités structurales et fonctionnelles de la grosseur d'un grain de sésame et appelées **lobules hépatiques** (figure 24.24). Chaque lobule est une structure à peu près hexagonale (six côtés) constituée de travées de cellules, les **hépatocytes,** qui sont placées comme des briques dans un mur. Les travées d'hépatocytes sont orientées radialement vers l'extérieur et partent d'une **veine centrale du foie** qui suit l'axe longitudinal du lobule. Pour obtenir un « modèle » grossier d'un lobule hépatique, ouvrez un livre de poche épais jusqu'à ce que les deux couvertures se touchent dos à dos : les pages représentent les travées d'hépatocytes et le cylindre creux formé par le dos du livre représente la veine centrale du foie.

Si vous gardez à l'esprit que la principale fonction du foie est de filtrer et de traiter le sang chargé de nutriments qui lui parvient, la description de son anatomie qui est faite ci-dessous ne devrait poser aucune difficulté. À chacun des six coins du lobule se trouve un **espace interlobulaire** (*espace porte*) composé de trois structures fondamentales toujours présentes : une branche de l'*artère hépatique* (artériole porte qui achemine au foie un sang artériel riche en oxygène), une branche de la *veine porte hépatique* (veinule porte qui achemine un sang veineux chargé de nutriments en provenance des viscères digestifs) et un **conduit biliaire interlobulaire.** Les **sinusoïdes du foie,** des capillaires sanguins dilatés et peu étanches, passent entre les travées d'hépatocytes. Le sang de la veine porte hépatique et de l'artère hépatique traverse les sinusoïdes à partir de l'espace interlobulaire et se déverse dans les veines centrales du foie. De là, il est acheminé aux veines hépatiques qui drainent le foie et se déversent dans la veine cave inférieure.

L'intérieur des sinusoïdes du foie renferme des **macrophagocytes stellaires,** ou cellules de Kupffer, en forme d'étoile (voir la figure 24.24d) ; sur le passage du sang, ces cellules le débarrassent des débris tels que les bactéries et les globules sanguins usés. Les hépatocytes sont des cellules polyvalentes ; en effet, en plus de produire la bile, (1) ils font subir diverses transformations aux nutriments transportés par le sang (par exemple, ils emmagasinent le glucose sous forme de glycogène et utilisent les acides aminés pour synthétiser les protéines plasmatiques) ; (2) ils emmagasinent les vitamines liposolubles ; et (3) ils jouent un rôle important dans la détoxification : par exemple ils débarrassent le sang de l'ammoniac, qu'ils convertissent en urée (voir le chapitre 25). Grâce à l'action des hépatocytes, le sang contient moins de nutriments quand il sort du foie que quand il y entre.

La bile sécrétée par les hépatocytes circule dans de minuscules conduits, les **canalicules biliaires,** qui passent entre les hépatocytes adjacents en direction des conduits biliaires situés dans les espaces interlobulaires (voir la figure 24.24d). Notez que le sang et la bile circulent en sens opposé dans le lobule hépatique. La bile qui entre dans les conduits biliaires finit par quitter le foie par le conduit hépatique commun, qui l'apporte au duodénum.

24

L'**hépatite,** ou inflammation du foie, est le plus souvent causée par une infection virale. Jusqu'à présent, on a recensé six virus de l'hépatite (désignés par les lettres A à F). Deux d'entre eux (A et E) sont transmis par voie entérique et produisent des infections généralement limitées. Les virus transmis par le sang (notamment B, C et D) sont liés à l'hépatite chronique et à la cirrhose du foie (voir plus loin). Le virus de l'hépatite D est un mutant qui a besoin du virus B pour devenir infectieux. À l'heure actuelle, on ne sait pas grand-chose du virus F.

Aux États-Unis, plus de 40 % des cas d'hépatite sont dus au virus B qui peut se transmettre par les transfusions sanguines, les aiguilles contaminées et les relations sexuelles. L'hépatite B est une maladie grave en soi, mais elle représente une menace encore plus grave, à savoir un risque élevé de cancer du foie. L'hépatite A, qui compte pour environ 32 % des cas, est une forme plus bénigne de la maladie que l'on observe souvent dans les garderies. Elle se transmet par les aliments contaminés par les eaux usées, les coquillages crus et l'eau, ainsi que par les objets qui sont portés à la bouche après avoir été contaminés par des excréments ; c'est la raison pour laquelle on demande aux employés de restaurant de se récurer les mains après être allés aux toilettes. L'hépatite C, qui se transmet de la même façon, donne lieu à des épidémies causées par l'eau, surtout dans les pays en voie de développement. Elle est relativement rare aux États-Unis. Les vaccins produits à l'aide de levures permettent de prévenir ou de traiter l'hépatite A et B de façon très efficace. L'hépatite C, qui est parfois mortelle, peut être traitée avec succès à l'aide d'une association médicamenteuse (la prednisone, un corticostéroïde immunodépresseur, et l'interféron, obtenu par génie génétique).

Les causes non virales de l'hépatite aiguë comprennent les médicaments toxiques et l'empoisonnement par des champignons sauvages.

La **cirrhose** (*kirros* = roux) est une inflammation chronique diffuse et progressive du foie habituellement causée par l'alcoolisme ou une hépatite chronique grave. Les hépatocytes affectés par l'alcool ou endommagés se régénèrent (à un rythme plus rapide pour les hépatocytes voisins des espaces interlobulaires d'où vient le sang que pour ceux situés près de la veine centrale) ; cependant la régénération du tissu conjonctif (cicatriciel) est encore plus rapide. Le foie devient alors fibreux et son activité ralentit. Le tissu cicatriciel finit par rétrécir, ce qui gêne le débit sanguin dans l'ensemble du système porte hépatique et entraîne une **hypertension portale.** Heureusement, certaines veines du système porte forment des anastomoses avec celles qui se déversent dans les veines caves (*anastomose porto-cave*), mais les veines ainsi constituées sont de petite taille et ont tendance à éclater lorsqu'elles doivent transporter d'importants volumes sanguins. Parmi les symptômes de cette défaillance, on note des vomissements de sang et la présence d'un réseau enchevêtré de veines distendues autour du nombril. Ce réseau a été appelé *tête de Méduse*, d'après le monstre de la mythologie grecque dont la chevelure était composée d'une masse de serpents entremêlés. ■

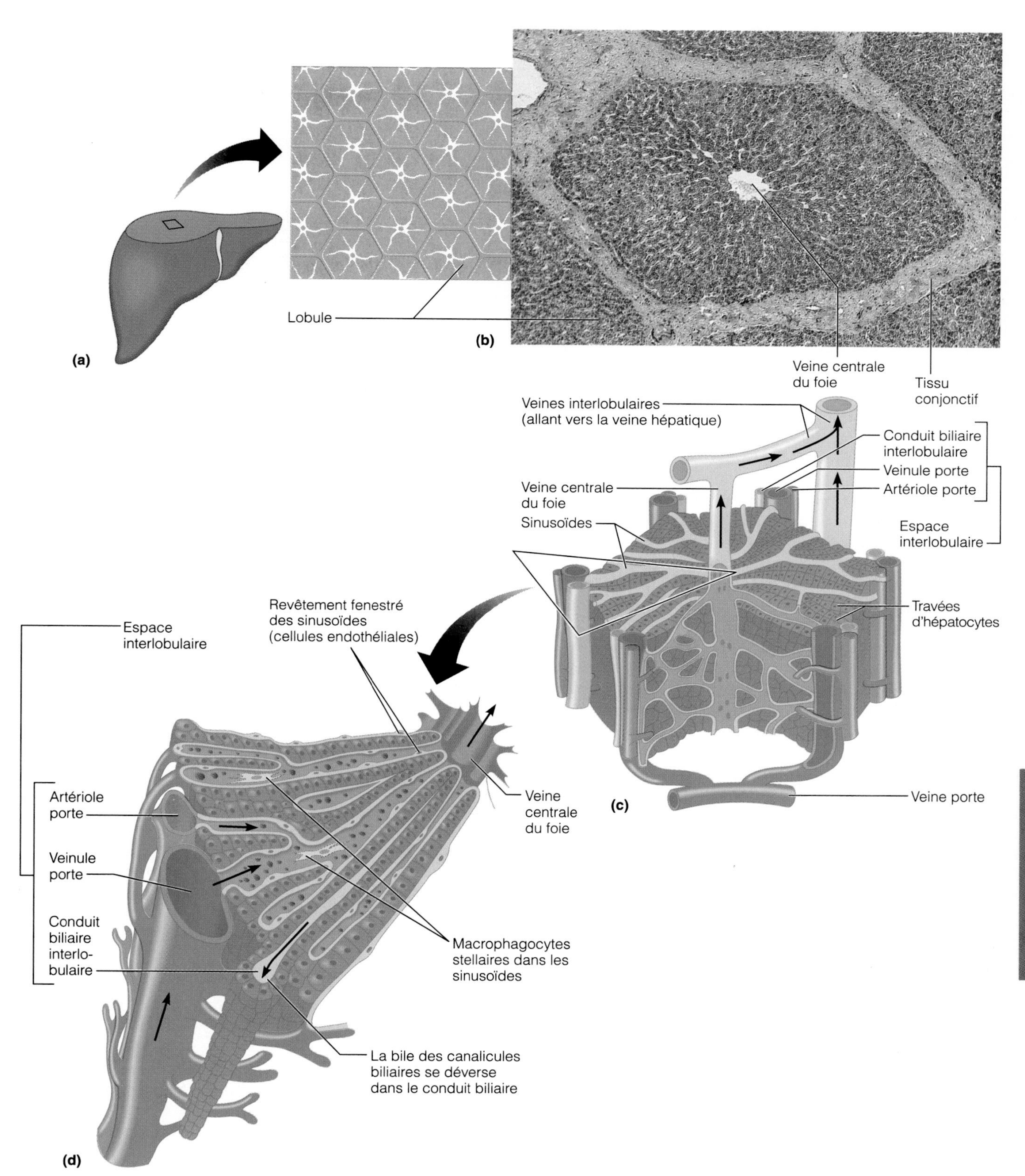

FIGURE 24.24
Anatomie microscopique du foie.
(a) Schéma d'une coupe du foie montrant la structure hexagonale des lobules. **(b)** Photomicrographie d'un lobule hépatique (62 ×). **(c)** Schéma tridimensionnel d'un lobule hépatique montrant l'irrigation sanguine et la disposition des hépatocytes en travées. (Les flèches indiquent le sens de la circulation sanguine.) **(d)** Schéma agrandi d'une petite partie d'un lobule hépatique montrant les composantes de l'espace interlobulaire (espace porte), la position des canalicules biliaires et les macrophagocytes stellaires dans les sinusoïdes. Le sens de l'écoulement du sang et de la bile est aussi indiqué.

Composition de la bile La bile est une solution alcaline vert jaunâtre contenant des sels biliaires, des pigments biliaires, du cholestérol, des graisses neutres, des phospholipides (lécithine et autres) et divers électrolytes. De tous ces composés, *seuls* les sels biliaires et les phospholipides contribuent au processus de la digestion.

Les **sels biliaires,** principalement l'acide cholique et les acides chénodésoxycholiques (sous leur forme d'anions) sont des dérivés du cholestérol. Ils ont pour fonction d'*émulsionner* les graisses, c'est-à-dire de les disperser dans l'eau contenue dans l'intestin. (L'homogénéisation, qui consiste à disperser la crème dans la phase aqueuse du lait, est un autre exemple d'émulsification.) Les sels biliaires divisent donc les gros amas de matières grasses qui entrent dans l'intestin grêle en millions de fines gouttelettes, exposant ainsi une surface importante à l'action des enzymes digestives qui s'attaquent aux lipides. Les sels biliaires facilitent également l'absorption des lipides et du cholestérol (dont il sera question plus loin) ainsi que la mise en solution du cholestérol, que ce dernier provienne de la bile ou des aliments qui pénètrent dans l'intestin grêle. Parmi les substances sécrétées dans la bile, beaucoup quittent l'organisme dans les fèces; cependant les sels biliaires sont recyclés par un mécanisme appelé **cycle entéro-hépatique.** Au cours de ce processus, les sels biliaires sont (1) réabsorbés dans le sang par la partie distale de l'intestin grêle (iléum), (2) renvoyés au foie par l'intermédiaire de la circulation porte hépatique et (3) sécrétés de nouveau dans la bile.

Le principal pigment biliaire est la **bilirubine,** un résidu de la partie hème de l'hémoglobine qui apparaît pendant la dégradation des érythrocytes usés. La globine et le fer de l'hémoglobine sont conservés et recyclés, mais la bilirubine présente dans le sang est absorbée par les hépatocytes et sécrétée activement dans la bile. La plus grande partie de la bilirubine de la bile est métabolisée dans l'intestin grêle par des bactéries résidentes, et l'un de ses produits de dégradation, l'*urobilinogène,* confère aux fèces leur couleur brune. En l'absence de bile, les fèces sont d'un blanc grisâtre et présentent des bandes de graisses (parce que, dans ces conditions, les graisses ne sont presque pas digérées ni absorbées).

Au total, les hépatocytes produisent de 500 à 1000 mL de bile par jour, et cette production s'accroît lorsque le tube digestif contient un chyme gras. Les sels biliaires eux-mêmes constituent le principal stimulus faisant augmenter la sécrétion biliaire (figure 24.25); lorsque le cycle entéro-hépatique retourne de grandes quantités de sels biliaires au foie, le taux de sécrétion biliaire de ce dernier s'élève de façon marquée. La *sécrétine,* synthétisée par les cellules intestinales en présence de chyme acide, fait libérer, à son tour, une sécrétion aqueuse riche en bicarbonate et dépourvue de sels biliaires, par les cellules tapissant les conduits biliaires du foie.

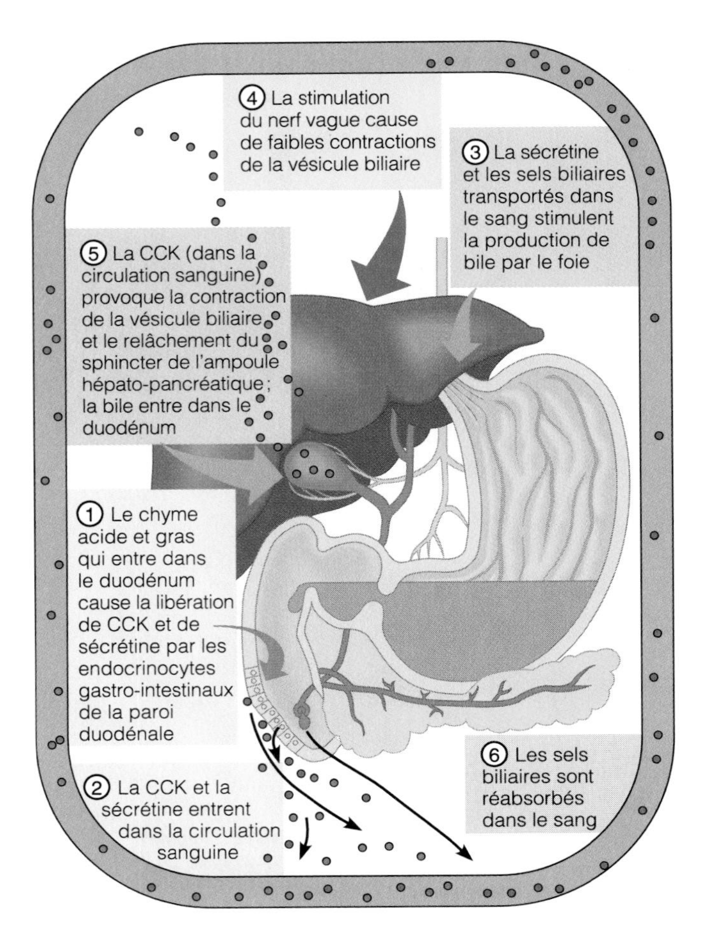

FIGURE 24.25
Mécanismes favorisant la sécrétion de la bile et son arrivée dans le duodénum. En l'absence de digestion, la bile est emmagasinée et concentrée dans la vésicule biliaire. L'arrivée d'un chyme acide dans l'intestin grêle déclenche un certain nombre de mécanismes qui accroissent le taux de sécrétion biliaire par le foie et provoquent la contraction de la vésicule biliaire ainsi que le relâchement du muscle sphincter de l'ampoule hépato-pancréatique, ce qui permet à la bile (et au suc pancréatique) d'entrer dans l'intestin grêle où elle joue un rôle important dans l'émulsification des graisses. La sécrétion de bile par les hépatocytes est principalement stimulée par l'augmentation de la concentration des sels biliaires dans le cycle entéro-hépatique.

Vésicule biliaire

La **vésicule biliaire** est une poche musculeuse verte à paroi mince, d'une longueur d'environ 10 cm, logée dans une fossette peu profonde sur la face inférieure du foie (voir les figures 24.1 et 24.23). Son extrémité arrondie dépasse du bord inférieur du foie. La vésicule biliaire emmagasine la bile qui n'est pas immédiatement nécessaire à la digestion et la concentre en absorbant une partie de son eau et de ses ions. (Dans certains cas, la bile qui est libérée par la vésicule biliaire est dix fois plus concentrée que celle qui y entre.) Lorsqu'elle est vide ou qu'elle ne contient que de faibles quantités de bile, sa muqueuse forme des replis en nids d'abeille qui, comme les plis gastriques, permettent à l'organe de prendre du volume en se remplissant. Lorsque les muscles de sa paroi se contractent, la bile s'écoule par le **conduit cystique,** puis par le conduit cholédoque. La vésicule biliaire, comme la plus grande partie du foie, est recouverte de péritoine viscéral.

Régulation de l'arrivée de la bile dans l'intestin grêle

Lorsqu'il n'y a pas de digestion en cours, le muscle sphincter de l'ampoule hépato-pancréatique (qui régit l'arrivée de la bile et du suc pancréatique dans le duodénum) est hermétiquement fermé; la bile produite reflue dans le conduit cystique et dans la vésicule biliaire, où elle est emmagasinée jusqu'à ce qu'elle devienne nécessaire. Le foie produit de la bile de façon continue, mais celle-ci n'entre généralement dans l'intestin grêle que lorsque la vésicule biliaire se contracte. Le principal stimulus entraînant la contraction de la vésicule biliaire est la *cholécystokinine* (*CCK*), une hormone intestinale (figure 24.25). La CCK est libérée dans le sang quand un chyme acide et gras entre dans le duodénum. En plus de stimuler les contractions de la vésicule biliaire, la CCK a deux autres effets importants: (1) elle stimule la sécrétion de suc pancréatique et (2) elle détend le muscle sphincter de l'ampoule hépato-pancréatique pour permettre à la bile et au suc pancréatique d'entrer dans le duodénum. Le tableau 24.2, p. 878, résume les caractéristiques de la CCK et des autres hormones digestives. Les influx du système parasympathique provenant des nerfs vagues exercent une stimulation peu importante sur la contraction de la vésicule biliaire.

La bile est le principal véhicule d'excrétion du cholestérol de l'organisme, et ce sont les sels biliaires qui maintiennent le cholestérol en solution dans la bile. Lorsque le cholestérol se trouve en trop grande quantité ou les sels biliaires en quantité insuffisante, le cholestérol peut se cristalliser et former des **calculs biliaires** qui empêchent la bile de sortir de la vésicule biliaire. Quand la vésicule biliaire ou son conduit se contracte, ces cristaux pointus provoquent une douleur intense (qui irradie vers la région thoracique droite). À l'heure actuelle, on peut traiter les calculs à l'aide de médicaments qui dissolvent les cristaux, les réduire en poudre au moyen d'ultrasons (lithotritie), les désintégrer à l'aide de rayons laser ou recourir à l'ablation chirurgicale de la vésicule biliaire, qui est le traitement classique. On peut enlever la vésicule biliaire sans entraver les fonctions digestives parce que, dans ce cas, le conduit cholédoque s'élargit tout simplement pour jouer le rôle de réservoir de bile. Il est facile de diagnostiquer des calculs biliaires parce qu'ils sont parfaitement visibles par ultrasonographie (cette technique est décrite dans l'encadré des pages 18-19).

L'obstruction du conduit cholédoque empêche l'arrivée et des sels et des pigments biliaires dans l'intestin. Les pigments biliaires s'accumulent alors dans le sang, puis dans la peau, qui prend une coloration jaune; cet état est appelé *ictère*. Il peut être dû à l'obstruction des conduits (*ictère par obstruction*), mais il peut aussi être le signe d'une maladie du foie (celui-ci n'étant plus en mesure d'assumer ses fonctions métaboliques normales). ■

Pancréas

Le **pancréas** est une glande mixte, à texture lisse et en forme de têtard, qui s'étend d'un côté à l'autre de l'abdomen, de la *queue* (appuyée sur la rate) à la *tête* entourée par le duodénum en forme de C (voir les figures 24.1 et 24.20). La plus grande partie du pancréas est rétropéritonéale et se trouve derrière la grande courbure de l'estomac.

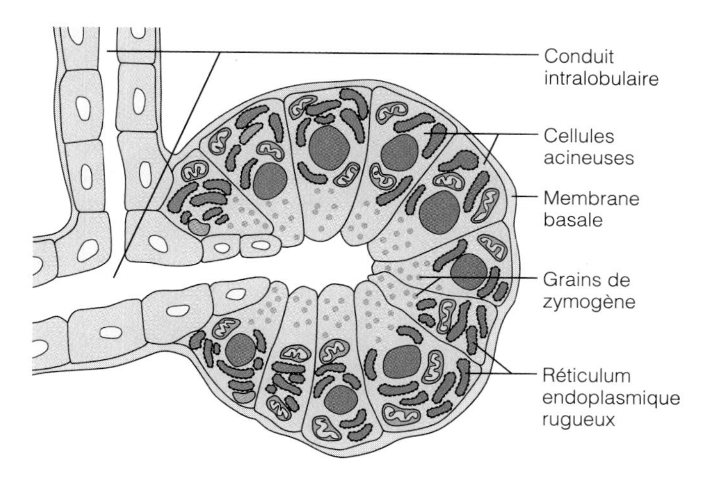

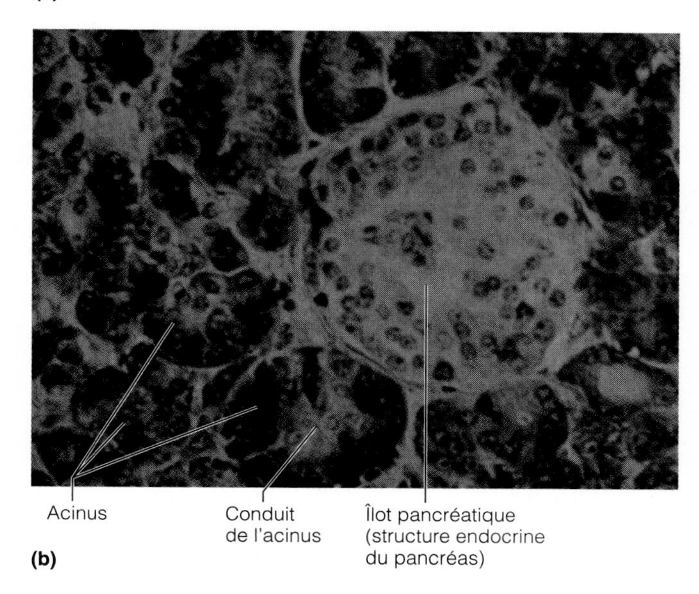

FIGURE 24.26
Structure du tissu acineux (producteur d'enzymes) du pancréas. (a) Un acinus (unité sécrétrice). Les cellules acineuses ont de grandes quantités de réticulum endoplasmique rugueux dans leur région basale (ce qui indique un taux élevé de synthèse protéique). Les régions apicales des cellules sont abondamment pourvues en grains de zymogène (contenant des enzymes). **(b)** Photomicrographie de tissu acineux pancréatique (7200 ×).

Le pancréas est un organe digestif annexe et il joue un rôle important dans la digestion parce qu'il sécrète et déverse dans le duodénum un large éventail d'enzymes (une vingtaine) qui dégradent tous les types de substances présentes dans les aliments. Le **suc pancréatique,** produit de l'activité exocrine du pancréas, s'écoule par le **conduit pancréatique** situé au centre de cet organe. Le conduit pancréatique fusionne généralement avec le *conduit cholédoque* (qui transporte la bile en provenance du foie et de la vésicule biliaire) juste avant le duodénum (à la hauteur de l'ampoule hépato-pancréatique). Un *conduit pancréatique accessoire,* plus petit, se déverse directement dans le duodénum.

Le pancréas abrite des **acinus,** des amas de cellules sécrétrices entourant des conduits (figure 24.26). Ces cellules regorgent de réticulum endoplasmique rugueux et renferment des **grains de zymogène** (*zumê* = ferment; *genos* = naissance), qui prennent une teinte foncée à la coloration et contiennent les enzymes digestives qu'elles fabriquent.

Le pancréas a également une fonction endocrine. Les *îlots pancréatiques,* ou îlots de Langerhans, se trouvent dispersés parmi les acinus et se colorent plus légèrement; ces glandes endocrines miniatures libèrent l'insuline et le glucagon, des hormones qui jouent un rôle essentiel dans le métabolisme des glucides, ainsi que plusieurs autres hormones (voir le chapitre 17).

Composition du suc pancréatique

Le pancréas produit chaque jour de 1200 à 1500 mL de suc pancréatique clair principalement constitué d'eau et contenant des enzymes et des électrolytes (surtout des ions bicarbonate). Les cellules acineuses élaborent la fraction du suc pancréatique riche en enzymes; les cellules épithéliales tapissant les conduits pancréatiques les plus petits libèrent les ions bicarbonate qui rendent le suc alcalin (pH voisin de 8). Ce pH élevé permet au suc pancréatique de neutraliser le chyme acide qui arrive dans le duodénum et il crée un milieu optimal pour l'activité des enzymes intestinales et pancréatiques. Tout comme la pepsine dans l'estomac, les protéases pancréatiques (enzymes protéolytiques) sont produites et libérées sous forme inactive (précurseurs) et sont ensuite activées dans le duodénum où elles doivent agir. Ce mécanisme protège le pancréas de l'autodigestion. Par exemple, dans le duodénum, le *trypsinogène* est activé en **trypsine** par l'**entérokinase,** une enzyme de la bordure en brosse des cellules absorbantes de l'intestin. La trypsine active à son tour deux autres protéases pancréatiques, la *procarboxypeptidase* et le *chymotrypsinogène,* qu'elle transforme respectivement en **carboxypeptidase** et en **chymotrypsine** (figure 24.27). D'autres enzymes pancréatiques (**amylase, lipases** et **nucléases**) sont sécrétées sous leur forme active, mais elles nécessitent la présence d'ions ou de bile dans la lumière intestinale pour avoir une activité optimale.

Régulation de la sécrétion pancréatique

La sécrétion du suc pancréatique est réglée à la fois par des hormones locales et par le système nerveux parasympathique (figure 24.28). La régulation hormonale, qui est la plus importante, est effectuée par deux hormones intestinales: (1) la *sécrétine,* libérée en réponse à la présence de HCl dans l'intestin, et (2) la *cholécystokinine,* libérée en réponse à l'arrivée des protéines et des graisses. Ces deux hormones agissent sur le pancréas; la sécrétine a pour cible les cellules des conduits, qu'elle stimule à sécréter un suc pancréatique aqueux et *riche en bicarbonate,* alors que la CCK stimule les acinus à sécréter un suc pancréatique *riche en enzymes.* La stimulation par le nerf vague provoque la libération de suc pancréatique, notamment au cours des phases céphalique et gastrique de la sécrétion gastrique.

Normalement, la quantité de HCl produite dans l'estomac est exactement équilibrée par la quantité de bicarbonate (HCO_3^-) sécrétée activement par le pancréas; au fur et à mesure que le HCO_3^- s'ajoute au suc pancréatique, des ions H^+ entrent dans le sang. Par conséquent, le pH du sang veineux qui retourne au cœur reste relativement inchangé car le sang alcalin provenant de l'estomac est neutralisé par le sang acide qui vient du pancréas.

Pourquoi les enzymes pancréatiques sont-elles activées dans l'intestin grêle?

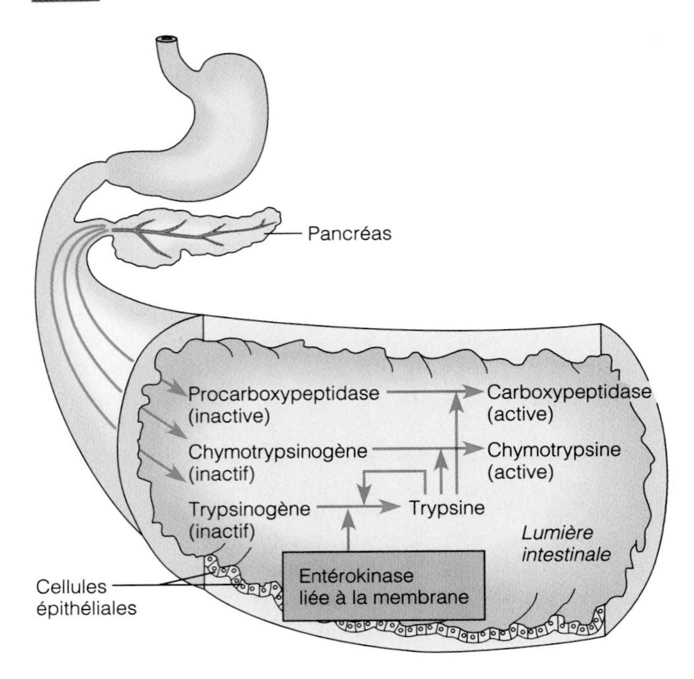

FIGURE 24.27
Activation des protéases pancréatiques dans l'intestin grêle. Les protéases pancréatiques sont sécrétées sous forme inactive, puis activées dans le duodénum. L'entérokinase, une enzyme intestinale liée à la membrane (de la bordure en brosse) active le trypsinogène en trypsine. La trypsine, une enzyme protéolytique, active ensuite la procarboxypeptidase et le chymotrypsinogène.

Processus digestifs qui se déroulent dans l'intestin grêle

Bien que la nourriture qui atteint l'intestin grêle soit méconnaissable, sa digestion chimique est loin d'être achevée. Les glucides et les protéines sont en partie dégradés, mais les lipides n'ont encore subi à peu près aucune digestion. Le processus de digestion des aliments s'intensifie pendant les trois à six heures que dure le cheminement tortueux du chyme dans l'intestin grêle; c'est aussi à cet endroit que se produit pratiquement toute l'absorption des nutriments. Tout comme l'estomac, l'intestin grêle n'intervient ni dans l'ingestion, ni dans la défécation.

Elles sont activées dans l'intestin grêle où elles agissent et où les cellules qui sont exposées à leur action sont protégées par du mucus. Cette forme de protection n'existe pas dans le pancréas.

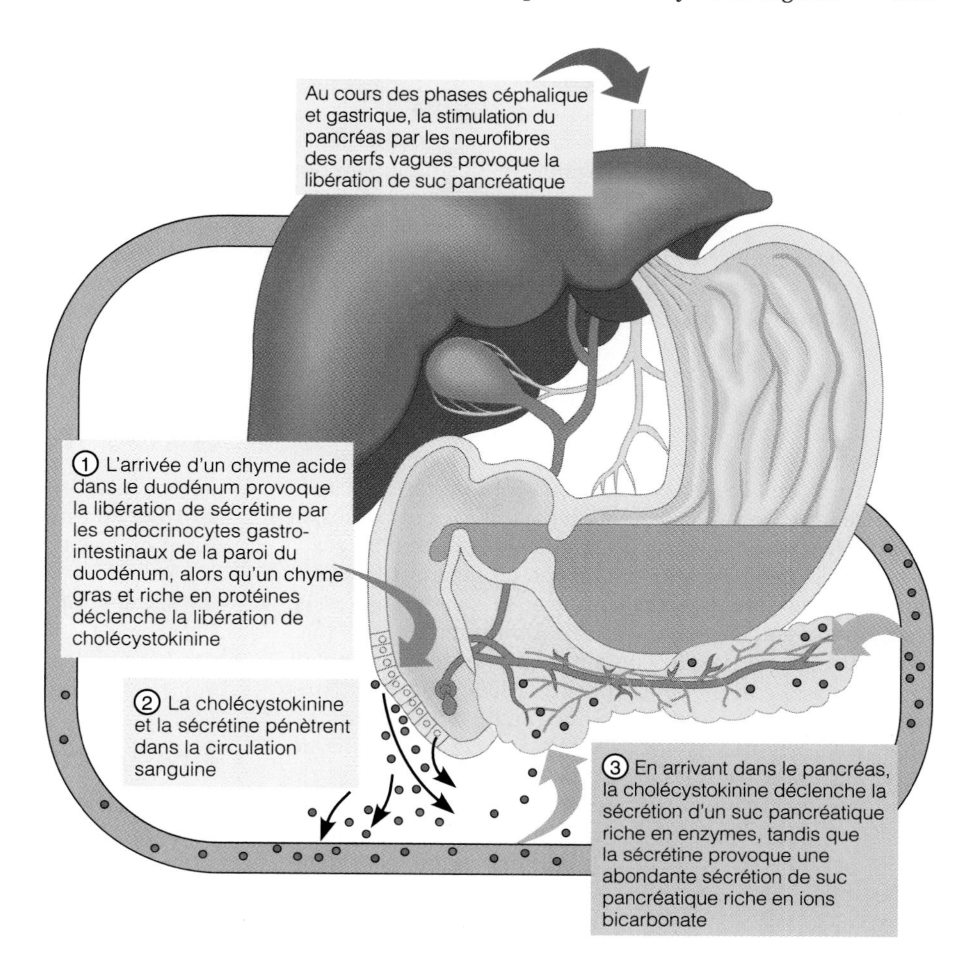
Au cours des phases céphalique et gastrique, la stimulation du pancréas par les neurofibres des nerfs vagues provoque la libération de suc pancréatique
① L'arrivée d'un chyme acide dans le duodénum provoque la libération de sécrétine par les endocrinocytes gastro-intestinaux de la paroi du duodénum, alors qu'un chyme gras et riche en protéines déclenche la libération de cholécystokinine
② La cholécystokinine et la sécrétine pénètrent dans la circulation sanguine
③ En arrivant dans le pancréas, la cholécystokinine déclenche la sécrétion d'un suc pancréatique riche en enzymes, tandis que la sécrétine provoque une abondante sécrétion de suc pancréatique riche en ions bicarbonate

FIGURE 24.28
Régulation de la sécrétion du suc pancréatique par les facteurs hormonaux et nerveux. La régulation hormonale exercée par la sécrétine et la cholécystokinine (étapes 1 à 3) constitue le facteur le plus important. La régulation nerveuse est assurée par les neurofibres parasympathiques des nerfs vagues, notamment pendant les phases céphalique et gastrique de la sécrétion gastrique.

Conditions nécessaires à une activité digestive optimale dans l'intestin

Bien que les fonctions principales de l'intestin grêle soient la digestion et l'absorption, le suc intestinal y contribue peu. La plupart des substances nécessaires à la digestion chimique, c'est-à-dire la bile, les enzymes digestives (à l'exception des enzymes de la bordure en brosse) et les ions bicarbonate (qui créent un pH approprié pour la catalyse enzymatique), sont *importées* du foie et du pancréas. Par conséquent, tout ce qui nuit au fonctionnement du foie ou du pancréas ou qui empêche l'arrivée de leurs sécrétions dans l'intestin grêle perturbe considérablement la digestion des aliments et l'absorption des nutriments.

L'activité digestive optimale dans l'intestin grêle nécessite aussi un écoulement lent et mesuré du chyme provenant de l'estomac. Comme nous l'avons dit plus haut, l'intestin grêle ne peut traiter que de petites quantités de chyme à la fois. Pourquoi en est-il ainsi ? Lorsqu'il arrive dans l'intestin grêle, le chyme est habituellement hypertonique. Si l'intestin grêle recevait d'un coup de grandes quantités de chyme, la quantité d'eau qui passerait par osmose du sang à la lumière intestinale serait telle qu'elle provoquerait une diminution dangereuse du volume sanguin. De plus, l'acidité du nouveau chyme doit être neutralisée; avant que la digestion se poursuive, il faut donc qu'il soit bien mélangé à la bile et au suc pancréatique, ce qui prend un certain temps. C'est pour cette raison que l'écoulement des aliments dans l'intestin grêle est régi avec précision par l'action de pompage de la partie pylorique de l'estomac (voir p. 876-877), qui empêche toute surcharge du duodénum. Comme les processus chimiques de la digestion et de l'absorption sont étudiés en détail plus loin, nous allons nous pencher maintenant sur la façon dont l'intestin grêle mélange et déplace la nourriture sur son parcours et sur les mécanismes de régulation qui agissent sur sa motilité.

Motilité de l'intestin grêle

Le muscle lisse intestinal mélange complètement le chyme avec la bile et les sucs pancréatique et intestinal, et il fait passer les résidus dans le gros intestin par la valve iléo-cæcale. Contrairement à ce qui se passe dans l'estomac, où les ondes péristaltiques mélangent et déplacent la nourriture, c'est la *segmentation* qui est le mouvement le plus fréquent de l'intestin grêle.

L'examen de l'intestin grêle par radioscopie après un repas révèle que son contenu est déplacé de quelques centimètres à la fois d'avant en arrière par les contractions et les relâchements successifs des anneaux de muscle lisse. Ces mouvements de segmentation de l'intestin (voir la figure 24.3b), tout comme le péristaltisme de l'estomac, sont déclenchés par des cellules rythmogènes intrinsèques (peut-être des cellules interstitielles de Cajal) situées dans la couche longitudinale de muscle lisse. Toutefois, contrairement aux cellules rythmogènes de l'estomac qui ont toutes le même rythme, celles du duodénum se dépolarisent à une fréquence plus élevée (14 contractions par minute) que celles de l'iléum (8 ou 9 contractions par minute). La segmentation déplace donc le contenu intestinal lentement et régulièrement vers la valve iléo-cæcale, à une vitesse qui permet le déroulement complet de la digestion et de l'absorption. L'intensité de la segmentation est modifiée par des réflexes longs et courts (l'activité du système parasymphathique la fait augmenter et celle du système sympathique la fait diminuer) ainsi que par des hormones. Plus les contractions sont intenses, plus le mélange est complet ; cependant les rythmes contractiles de base des diverses régions intestinales restent inchangés.

Le véritable péristaltisme n'apparaît qu'après l'absorption de la plus grande partie des nutriments. À ce moment-là, les mouvements de segmentation diminuent et les ondes péristaltiques parties du duodénum parcourent lentement l'intestin à raison de 10 à 70 cm à la fois avant de disparaître. Chaque onde prend naissance en un point de plus en plus distal ; cette activité péristaltique est appelée **complexe de mobilité migrante.** Un « voyage » complet du duodénum à l'iléum dure environ deux heures. Le processus se répète ensuite, récupérant les restes de nourriture ainsi que les bactéries, les cellules muqueuses détachées et d'autres débris pour les emporter dans le gros intestin. Cette fonction d'« entretien » est essentielle parce qu'elle empêche la prolifération des bactéries qui passent du gros intestin à l'intestin grêle. Au moment du repas suivant, lorsque la nourriture arrive dans l'estomac, la segmentation remplace à nouveau le péristaltisme.

Les neurones entériques locaux du tube digestif coordonnent ces mouvements intestinaux. La diversité physiologique des neurones entériques rend possible toute une gamme d'effets selon le type de neurone qui est activé ou inhibé. Par exemple, un neurone sensitif sécréteur d'ACh (cholinergique) de l'intestin grêle, lorsqu'il est activé, peut envoyer simultanément plusieurs messages à différents interneurones du plexus myentérique qui régissent le péristaltisme :

24

- Les influx envoyés dans le sens proximal par les neurones cholinergiques provoquent une contraction et un raccourcissement de la couche circulaire de muscles.
- Les influx envoyés dans le sens distal à certains interneurones produisent un raccourcissement de la couche longitudinale de muscles de l'intestin et un relâchement de celui-ci en réponse aux neurones cholinergiques.
- D'autres influx envoyés dans le sens distal par des neurones entériques sécréteurs de peptide intestinal vasoactif ou de NO provoquent le relâchement de la couche circulaire de muscles.

Par conséquent, lorsque la partie proximale de l'intestin se contracte et pousse le chyme le long du parcours, la lumière de la partie distale s'élargit pour recevoir celui-ci.

La plupart du temps, le sphincter iléo-cæcal est contracté et fermé. Néanmoins, pendant les périodes de mobilité iléale accrue, deux mécanismes, l'un nerveux et l'autre hormonal, provoquent son relâchement, permettant ainsi aux résidus de nourriture de passer dans le cæcum. L'augmentation de l'activité gastrique déclenche le **réflexe gastro-iléal,** un réflexe long qui accroît la force de la segmentation dans l'iléum. De plus, la gastrine libérée par l'estomac fait augmenter la motilité de l'iléum et détend le sphincter iléo-cæcal. Lorsque le chyme est passé, il exerce une pression qui referme les replis de la valve et empêche le reflux vers l'iléum.

GROS INTESTIN

Le **gros intestin** (voir la figure 24.1) entoure l'intestin grêle sur trois côtés et s'étend de la valve iléo-cæcale à l'anus. Son diamètre est supérieur à celui de l'intestin grêle (d'où le terme de *gros* intestin), mais sa longueur est moindre (de 1,5 m contre 2 m). Il a principalement pour fonction d'absorber l'eau provenant des résidus alimentaires indigestibles (qui arrivent sous forme liquide) et de les évacuer de l'organisme sous forme de **fèces** semi-solides.

Anatomie macroscopique

Sur la plus grande partie de sa longueur, le gros intestin a des caractéristiques qu'on ne retrouve nulle part ailleurs : les bandelettes du côlon, les haustrations du côlon et les appendices épiploïques. À l'exception de sa portion terminale, la couche longitudinale de la musculeuse est réduite à trois bandes de muscle lisse appelées **bandelettes du côlon.** Leur tonus forme dans la paroi du gros intestin des poches nommées **haustrations** (« remonter ») **du côlon.** La dernière particularité, très visible, qui caractérise le gros intestin est la présence d'**appendices épiploïques** (figure 24.29a), de petits sacs de péritoine viscéral remplis de graisse et accrochés à sa surface. On ne connaît pas leur fonction.

Les segments du gros intestin sont les suivants : le cæcum, l'appendice vermiforme, le côlon, le rectum et le canal anal. Le **cæcum** (« poche aveugle »), situé au-dessous de la valve iléo-cæcale dans la fosse iliaque droite, est la première portion du gros intestin (figure 24.29a). L'**appendice vermiforme** est un petit prolongement en cul-de-sac ressemblant à un ver et attaché à la face postéro-médiane du cæcum. L'appendice vermiforme contient des amas de tissu lymphatique et, comme il fait partie des formations lymphatiques associées aux muqueuses (voir p. 755), il joue un rôle important dans l'immunité. Cependant il présente un grand désavantage structural puisque sa forme entortillée en fait un endroit idéal pour l'accumulation et la prolifération des bactéries intestinales.

L'inflammation de l'appendice vermiforme, ou **appendicite,** peut entraîner l'ischémie et la gangrène (nécrose et dégradation) de cet organe. En cas de rupture de l'appendice, les fèces chargées de bactéries se répandent dans la cavité abdominale, provoquant une *péritonite.* Bien que les symptômes de l'appendicite soient très variables, le premier qui se manifeste est habituellement une douleur dans la région ombilicale, suivie d'une perte d'appétit, de nausées, de vomissements et

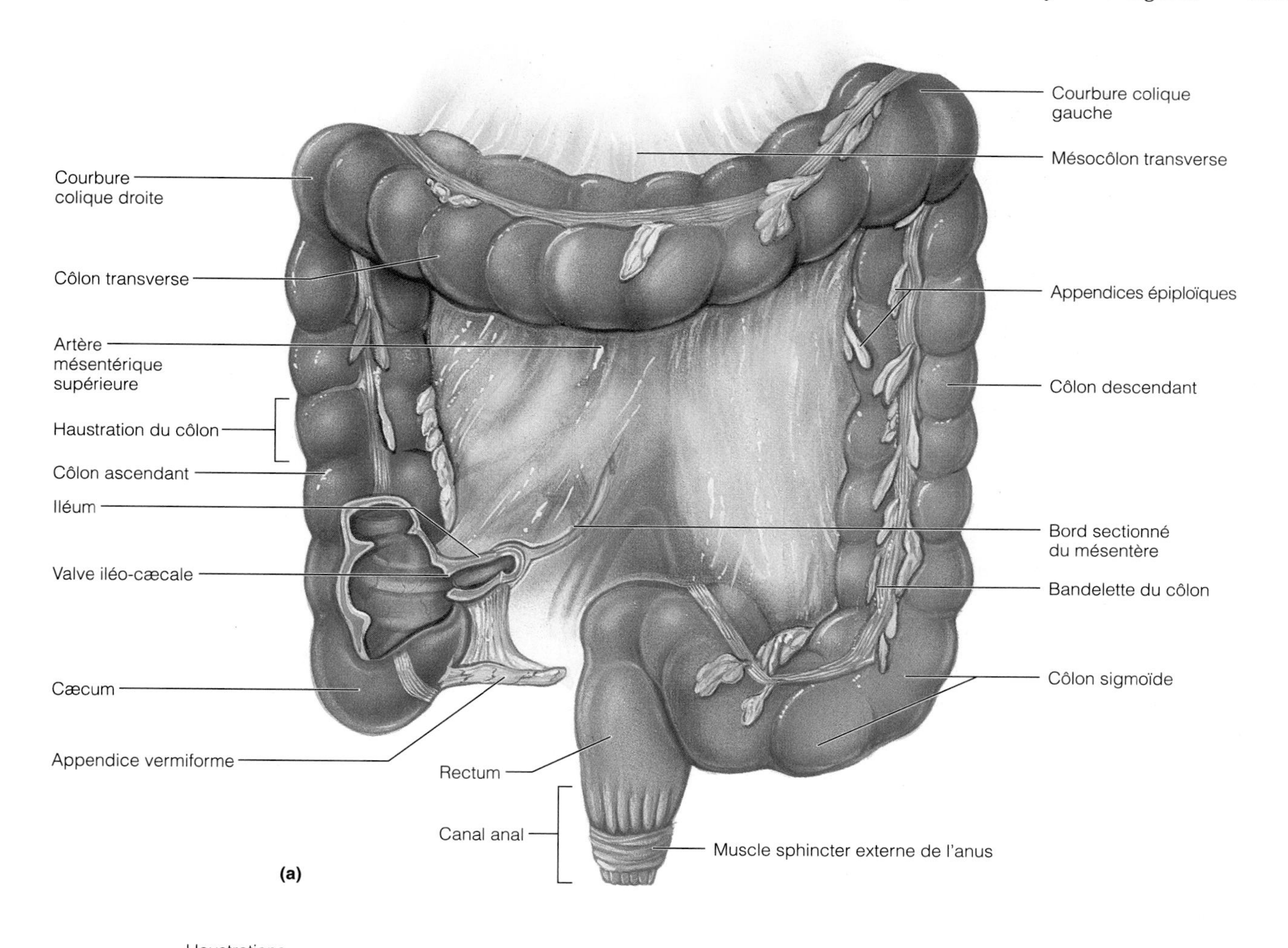

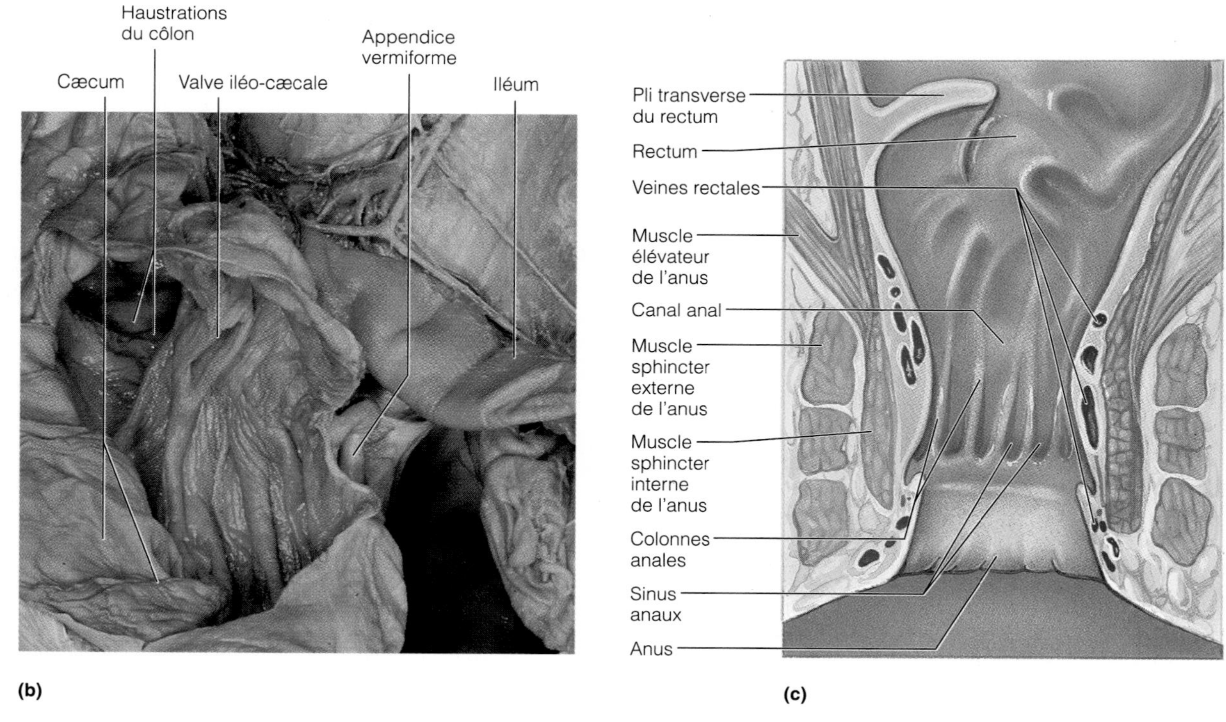

FIGURE 24.29
Anatomie macroscopique du gros intestin. (a) Vue schématique. **(b)** Photographie de l'intérieur du cæcum montrant l'ouverture de la valve iléo-cæcale et les haustrations du côlon ascendant. **(c)** Structure du canal anal.

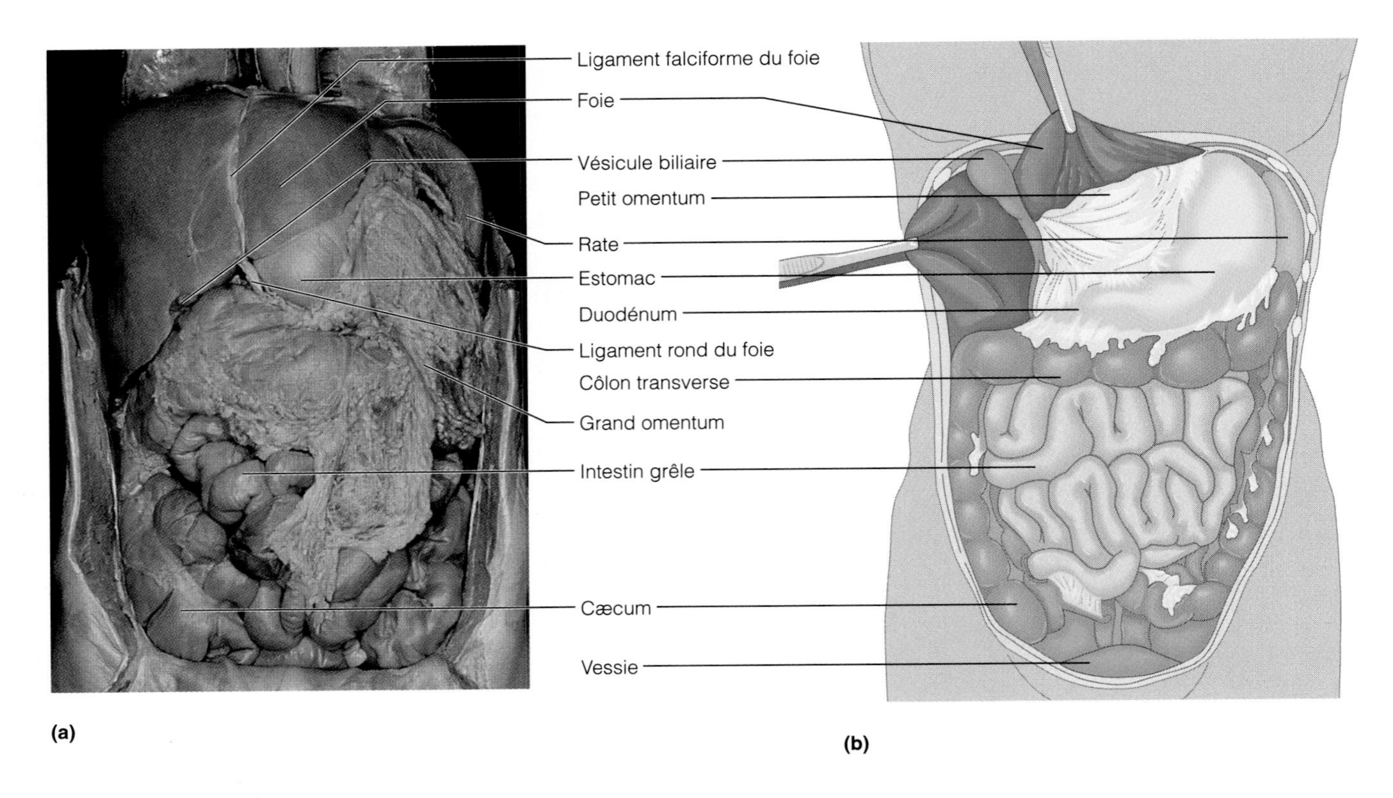

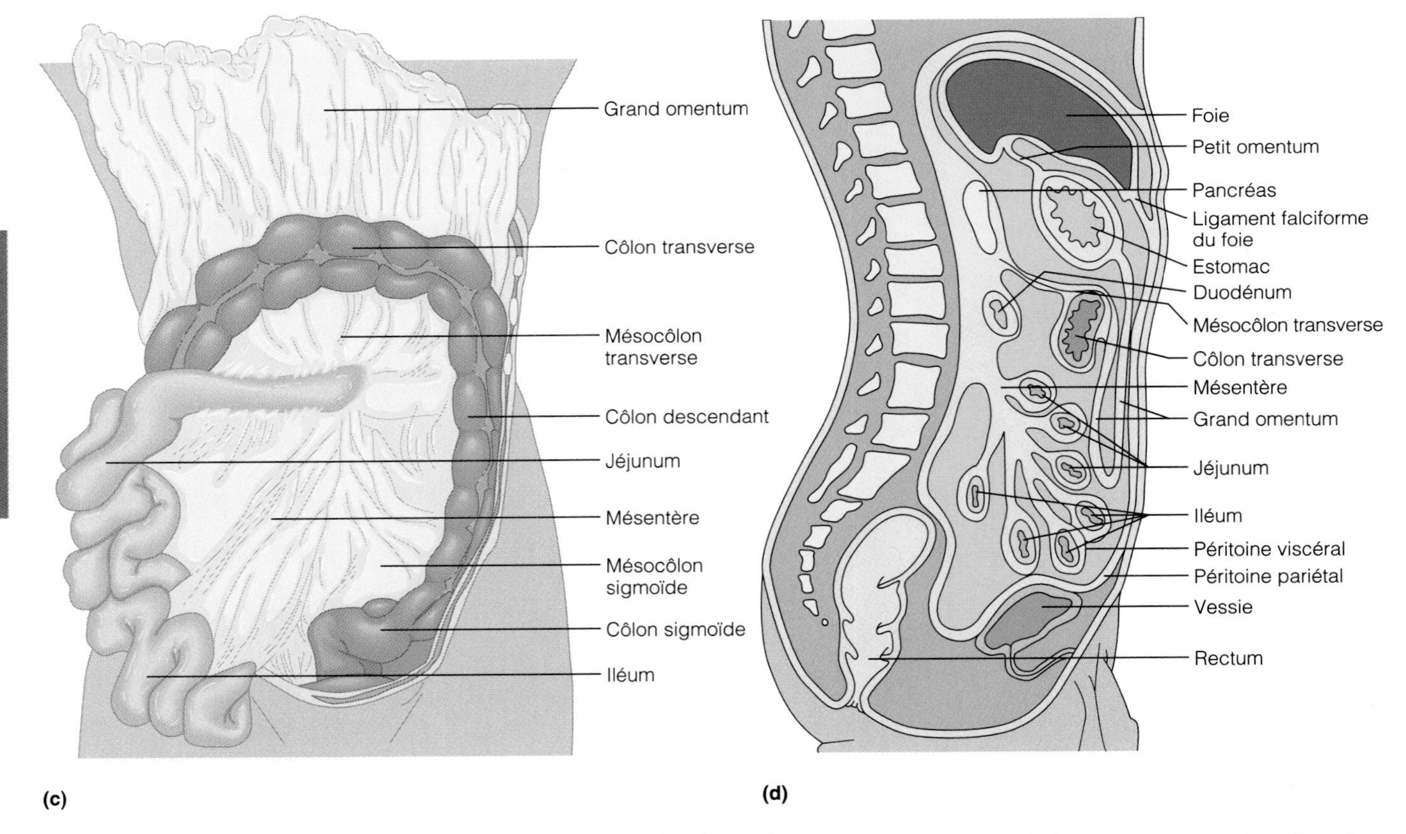

FIGURE 24.30
Mésentères des organes digestifs abdominaux. (a) Le grand omentum est un mésentère dorsal reliant la grande courbure de l'estomac à la paroi dorsale de l'abdomen ; il est représenté dans sa position normale, c'est-à-dire recouvrant les viscères abdominaux. **(b)** Le petit omentum est un mésentère ventral reliant le foie à la petite courbure de l'estomac (le foie et la vésicule biliaire ont été soulevés). **(c)** Le grand omentum a été relevé vers le haut pour montrer les mésentères qui retiennent l'intestin grêle et le gros intestin. **(d)** Cette coupe sagittale de la cavité abdomino-pelvienne d'un homme montre les relations entre les points d'attache péritonéaux.

d'un déplacement de la douleur dans le quadrant abdominal inférieur droit. Le traitement recommandé lorsqu'on suspecte une appendicite est l'ablation chirurgicale immédiate de l'appendice vermiforme (appendicectomie). L'appendicite est plus fréquente à l'adolescence parce que c'est à cet âge que l'ouverture de l'appendice vermiforme est la plus large.

On a relevé des cas de douleurs abdominales intenses qu'on croyait causées par une appendicite, mais qui étaient en fait dues à la perforation de la muqueuse intestinale par des vers parasites. Bien qu'elles soient encore rares aux États-Unis, ces affections sont devenues plus fréquentes depuis qu'un nombre croissant de consommateurs recherchent les plats de poisson cru comme le sushi et le sashimi. ■

Le côlon comprend plusieurs portions distinctes. Le **côlon ascendant** monte le long du côté droit de la cavité abdominale jusqu'à la hauteur du rein droit. Il fait ensuite un angle droit (**courbure colique droite,** ou **angle colique droit**) pour former le **côlon transverse** qui traverse la cavité abdominale horizontalement. Juste devant la rate, il tourne brusquement (**courbure colique gauche,** ou **angle colique gauche**) pour former le **côlon descendant** qui descend le long du côté gauche. Puis il devient le **côlon sigmoïde** (en forme de S) lorsqu'il arrive dans le bassin. Le côlon est un organe rétropéritonéal à l'exception des portions transverse et sigmoïde, qui sont ancrées à la paroi abdominale postérieure par des feuillets mésentériques appelés **mésocôlons** (voir la figure 24.30c et d).

Dans le bassin, à la hauteur de la troisième vertèbre sacrale, le côlon sigmoïde s'ouvre sur le **rectum** dirigé vers l'arrière et vers le bas devant le sacrum. L'orientation naturelle du rectum permet le **toucher rectal,** c'est-à-dire l'examen à l'aide d'un doigt d'un certain nombre d'organes pelviens à travers la paroi rectale antérieure. Malgré son nom (*rectum* = droit), le rectum présente trois courbures latérales qui forment intérieurement trois replis appelés **plis transverses du rectum** (figure 24.29c). Ces plis séparent les fèces des flatuosités (c'est-à-dire qu'ils empêchent les fèces de passer avec les gaz intestinaux).

Le **canal anal,** la dernier segment du gros intestin, se trouve entièrement à l'extérieur de la cavité abdomino-pelvienne. D'une longueur de trois centimètres environ, il commence à l'endroit où le rectum pénètre dans le muscle élévateur de l'anus, situé dans le plancher pelvien, et s'ouvre par l'**anus.** Le canal anal est muni de deux sphincters (figure 24.29c), un **muscle sphincter interne de l'anus,** involontaire et formé de fibres musculaires lisses (faisant partie de la musculeuse), et un **muscle sphincter externe de l'anus,** volontaire et constitué de fibres musculaires squelettiques. Ces sphincters, qui agissent comme le cordon d'une bourse que l'on tire, sont habituellement fermés sauf pendant la défécation.

Anatomie microscopique

La paroi du gros intestin (figure 24.31) diffère par plusieurs aspects de celle de l'intestin grêle. La *muqueuse* du côlon est un épithélium simple prismatique, sauf dans le canal anal. Comme la plus grande partie de la nourriture est absorbée avant d'atteindre le gros intestin, celui-ci ne possède pas de plis circulaires ni de villosités et pratiquement pas de cellules sécrétrices d'enzymes digestives. En revanche, la muqueuse du gros intestin est plus épaisse, ses glandes sont nombreuses et plus profondes et on y trouve une multitude de cellules caliciformes (figure 24.31). Le mucus lubrifiant produit par les cellules caliciformes facilite le passage des fèces et protège la paroi intestinale des acides irritants et des gaz libérés par les bactéries résidentes du côlon.

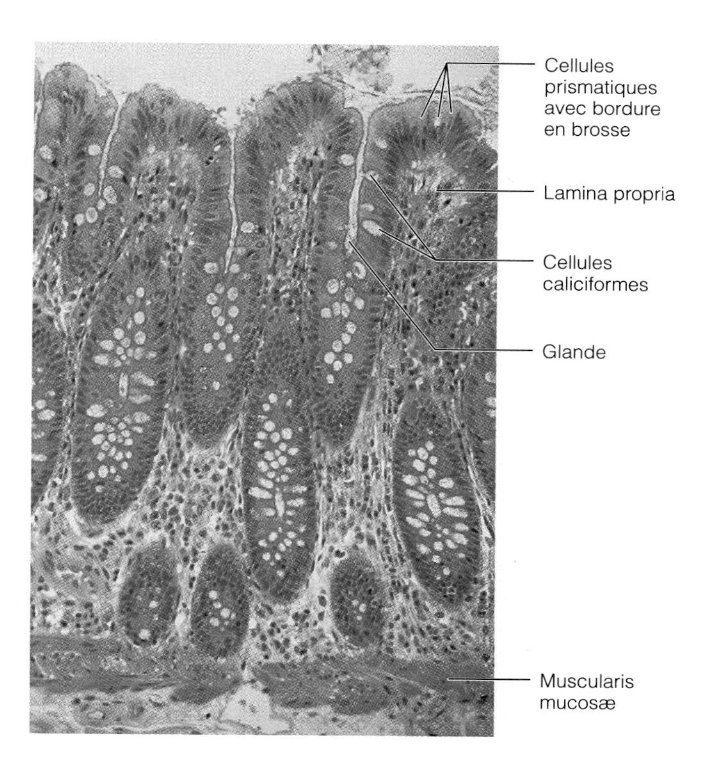

FIGURE 24.31
Muqueuse du gros intestin. Photomicrographie de la muqueuse du gros intestin. Remarquez l'abondance des cellules caliciformes sécrétrices de mucus (550 ×).

La muqueuse du canal anal est très différente du fait qu'elle est soumise à des frictions plus intenses. Elle forme de longues crêtes ou replis appelés **colonnes anales** et contient un épithélium stratifié squameux. Les **sinus anaux** (figure 24.29c), des sillons compris entre les colonnes anales, exsudent un mucus lorsqu'ils sont comprimés par les fèces, ce qui facilite la vidange du canal anal. La ligne horizontale parallèle aux bords inférieurs des sinus anaux est appelée *ligne ano-cutanée.* Au-dessus de cette ligne, la muqueuse est innervée par des neurofibres sensitives viscérales et est donc relativement insensible à la douleur. La partie inférieure à la ligne ano-cutanée est très sensible à la douleur parce qu'elle est innervée par des neurofibres sensitives somatiques. Deux plexus veineux superficiels sont associés au canal anal, l'un avec les colonnes anales et l'autre avec l'anus proprement dit. L'inflammation de ces veines (rectales) cause des varices accompagnées de démangeaisons et appelées *hémorroïdes.*

Contrairement aux régions plus proximales du gros intestin, le rectum et le canal anal ne comportent pas d'haustrations. Le rectum doit pouvoir se contracter fortement pour jouer son rôle dans la défécation, et sa musculeuse est donc dotée de couches de muscles complètes et bien développées.

Flore bactérienne

Si la plupart des bactéries qui pénètrent dans le cæcum en provenance de l'intestin grêle sont mortes (tuées par le lysozyme, les défensines, l'acide chlorhydrique et les enzymes protéolytiques), certaines d'entre elles sont encore vivantes et on peut affirmer qu'elles « se portent bien ». Avec les bactéries qui s'introduisent dans le tube digestif par l'anus, elles forment la **flore bactérienne** du gros intestin. Ces bactéries colonisent le gros intestin et assurent la fermentation de divers glucides indigestibles (cellulose et autres) tout en produisant des acides irritants et un mélange de gaz (sulfure de diméthyle, H_2, N_2, CH_4 et CO_2). Certains de ces gaz (comme le sulfure de diméthyle) sont très odorants. Environ 500 mL de gaz (flatuosités) sont produits chaque jour, et parfois beaucoup plus lorsque les aliments ingérés (comme les haricots) sont riches en glucides. La flore bactérienne synthétise aussi les vitamines du groupe B et la plus grande partie de la vitamine K dont le foie a besoin pour synthétiser certains facteurs de coagulation.

Processus digestifs qui se déroulent dans le gros intestin

Les matières qui parviennent au gros intestin contiennent peu de nutriments, mais elles y séjournent encore de 12 à 24 heures. La dégradation des aliments ne se poursuit pas dans le gros intestin, si ce n'est une digestion limitée de ces résidus par les bactéries intestinales.

Le gros intestin absorbe les vitamines synthétisées par la flore bactérienne et presque toute l'eau résiduelle ainsi que certains électrolytes (en particulier les ions sodium et chlorure) ; cependant, l'absorption n'est pas sa fonction *principale.* Comme nous le verrons dans la section suivante, la fonction primordiale du gros intestin est de pousser les matières fécales vers l'anus et de les éliminer de l'organisme (défécation).

Le gros intestin est un organe indispensable à notre bien-être, mais il n'est pourtant pas essentiel à la vie. Il est parfois nécessaire de procéder à l'ablation du côlon, notamment en cas de cancer de cet organe ; l'extrémité de l'iléum est alors abouchée à la paroi abdominale par une intervention appelée *iléostomie,* et les résidus de nourriture tombent dans un sac fixé à la paroi abdominale. Une nouvelle technique chirurgicale permet de joindre l'iléum directement au canal anal (*jonction iléo-anale*).

Motilité du gros intestin

La musculature du gros intestin est inactive la plupart du temps ; lorsqu'elle est active, ses contractions sont lentes ou de très courte durée. Les mouvements les plus fréquents du côlon sont les **contractions haustrales,** des mouvements de segmentation lents qui se produisent toutes les 30 minutes environ. Ces contractions résultent d'une régulation locale du muscle lisse à l'intérieur des parois de chacune des haustrations. Lorsqu'une haustration se remplit de résidus de nourriture, son étirement provoque la contraction du muscle correspondant, qui pousse son contenu dans l'haustration suivante. Ces mouvements ont aussi pour effet de mélanger les résidus, ce qui favorise l'absorption de l'eau.

Les **mouvements de masse** du côlon (péristaltisme de masse) sont des ondes de contraction longues et lentes mais puissantes ; ils parcourent de grandes sections du côlon trois ou quatre fois par jour et poussent son contenu vers le rectum. Ces mouvements se produisent le plus souvent au cours d'un repas ou juste après ; la présence de nourriture dans l'estomac active donc non seulement le réflexe gastro-iléal dans l'intestin grêle, mais également le **réflexe gastro-colique** qui assure le déplacement du contenu du côlon. La présence de fibres dans l'alimentation amollit les selles et fait augmenter la force des contractions du côlon, ce qui permet à celui-ci de fonctionner de manière plus efficace.

Si la nourriture ingérée n'a pas assez de fibres et qu'il y a peu de résidus dans le côlon, celui-ci rétrécit et la contraction de ses muscles circulaires devient plus puissante, ce qui fait augmenter la pression exercée sur les parois. Ce phénomène favorise la formation de *diverticules,* de petites hernies de la muqueuse qui traversent la paroi. Cette affection, appelée **diverticulose,** survient le plus souvent dans le côlon sigmoïde. La **diverticulite** est l'inflammation des diverticules ; elle peut être mortelle en cas de rupture de ces derniers. ■

Les produits semi-solides qui parviennent au rectum, c'est-à-dire les fèces (ou selles), contiennent des résidus alimentaires non digérés, du mucus, des débris de cellules épithéliales, des millions de bactéries et juste assez d'eau pour permettre une évacuation en douceur. À peu près 150 des quelque 500 mL de résidus alimentaires qui entrent dans le cæcum chaque jour deviennent des fèces.

Défécation

Le rectum est habituellement vide, mais lorsque les fèces y sont amenées par les mouvements de masse, l'étirement de la paroi rectale déclenche le **réflexe d'évacuation** (figure 24.32). Il s'agit d'un réflexe du système nerveux parasympathique (dont le centre se trouve dans la région sacrale de la moelle épinière) qui provoque la contraction des parois du côlon sigmoïde et du rectum ainsi que le relâchement des sphincters anaux. Lorsque les fèces parviennent dans le canal anal, des influx nerveux atteignent l'encéphale ; nous pouvons alors décider de relâcher le muscle sphincter externe de l'anus (volontaire) ou bien de le resserrer pour retarder l'évacuation des fèces. Si la défécation est retardée, les contractions réflexes s'arrêtent en quelques secondes et les parois du rectum se relâchent. Le réflexe d'évacuation reprend alors avec le prochain mouvement de masse, et ainsi de suite jusqu'à ce qu'il y ait défécation volontaire ou que cette action devienne inévitable.

Pendant la défécation, les muscles du rectum se contractent pour expulser les fèces. Nous contribuons à ce processus de façon volontaire en fermant la glotte et en

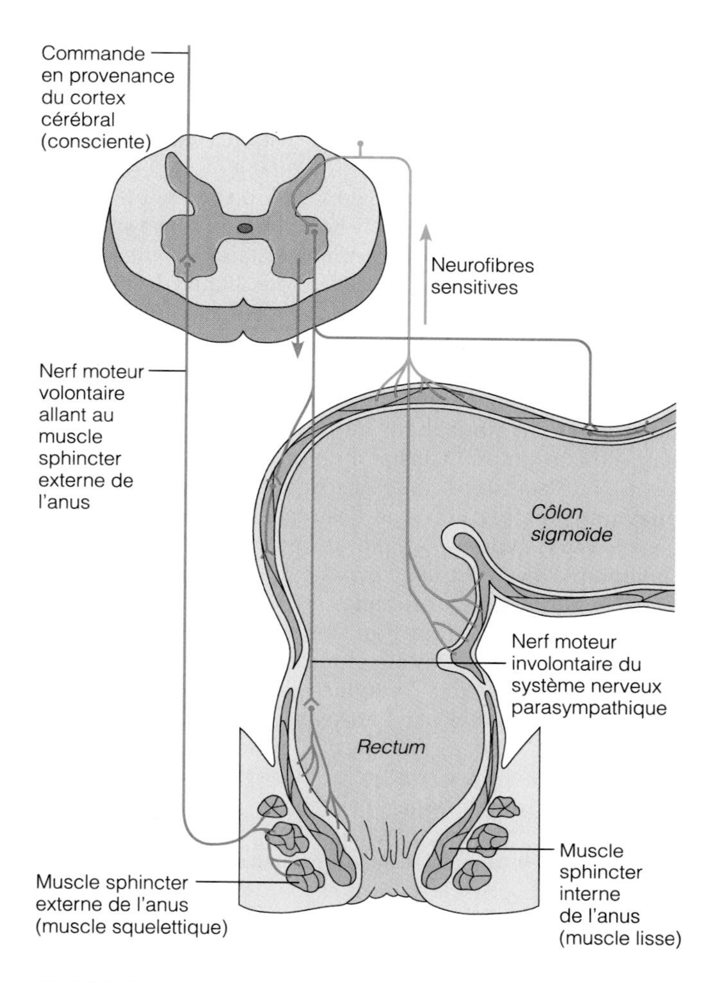

FIGURE 24.32
Réflexe d'évacuation. L'étirement des parois du rectum par l'arrivée des résidus d'aliments entraîne la dépolarisation des neurofibres afférentes qui forment des synapses avec les neurones de la moelle épinière. Les neurofibres efférentes du système parasympathique stimulent à leur tour la contraction des parois rectales et la défécation. Celle-ci peut être retardée par des commandes conscientes (corticales) entraînant la constriction volontaire du muscle sphincter externe de l'anus.

contractant le diaphragme et les muscles de la paroi abdominale pour faire augmenter la pression intra-abdominale (*manœuvre de Valsalva*). Nous contractons aussi le muscle élévateur de l'anus (voir p. 326-327) qui tire le canal anal vers le haut. Ce mouvement a pour effet d'expulser les fèces par l'anus. La défécation involontaire ou automatique (incontinence des fèces) est normale chez les jeunes enfants parce qu'ils n'ont pas encore acquis la maîtrise du muscle sphincter externe de l'anus. Elle se produit également chez les personnes qui ont subi une section transversale de la moelle épinière.

Les selles liquides, ou **diarrhée,** sont provoquées par le passage rapide des résidus de nourriture dans le gros intestin sans que ce dernier ait eu le temps d'absorber l'eau résiduelle (lorsque le côlon est irrité par des bactéries, par exemple). Une diarrhée persistante peut entraîner la déshydratation et un déséquilibre électrolytique. À l'inverse, lorsque les résidus restent trop longtemps dans le côlon, une quantité excessive d'eau est absorbée et les selles deviennent dures, ce qui rend leur évacuation difficile. Cet état, appelé **constipation,** peut être dû à un régime alimentaire pauvre en fibres, à de mauvaises habitudes de défécation (répression de l'« envie »), au manque d'exercice physique, à des états émotionnels ou à l'abus de laxatifs. ■

Empoisonnement alimentaire

Le type le plus commun d'**empoisonnement alimentaire** est dû à l'infection à *Salmonella,* une bactérie qui envahit la paroi intestinale. Ces bactéries causent également la fièvre typhoïde. Leur propagation se fait essentiellement par trois voies: (1) les œufs et les dérivés des œufs contaminés, (2) les employés qui manipulent la nourriture et dont les mains sont contaminées par des fèces et (3) la marijuana contaminée par des *Salmonella.*

Les *Salmonella* envahissent les cellules de l'intestin en se collant à leurs microvillosités; peu après, celles-ci disparaissent et sont remplacées par de petites ampoules qui englobent les bactéries. (On croit que ce phénomène est déclenché par la liaison des bactéries aux récepteurs du facteur de croissance épidermique [EGF « epidermal growth factor »] à la surface des cellules de l'intestin.) Moins de deux heures plus tard, les cellules intestinales *paraissent* normales mais les *Salmonella* se reproduisent à l'intérieur des nœuds lymphatiques locaux. Lorsqu'elles ne sont pas circonscrites par les défenses locales, elles se propagent à la circulation générale en produisant une bactériémie. Cette phase dure de quatre à sept jours et s'accompagne des symptômes de la gastro-entérite (nausées et vomissements suivis, au bout de quelques heures, de crampes abdominales souvent localisées au quadrant inférieur droit); on note aussi une diarrhée (dont la sévérité peut aller de une ou deux selles par jour à l'évacuation fréquente de fèces sanguinolentes et gluantes comme dans les cas de dysenterie). La détection de *Salmonella* dans les cultures de selles permet d'établir le diagnostic. La bactériémie peut entraîner des conséquences graves telles que l'endocardite et l'apparition de thrombus ainsi que l'infection osseuse, l'arthrite et la méningite.

On traite cette affection de façon symptomatique à l'aide de médicaments antinauséeux, d'analgésiques et de liquides pour remplacer les liquides et les électrolytes perdus. Il n'existe actuellement aucun traitement permettant d'atténuer les symptômes de la gastro-entérite. Si ces symptômes sont sévères, il peut être nécessaire de recourir aux antibiotiques, mais ce traitement ne donne pas toujours les résultats espérés. Bien que les échantillons de selles donnent habituellement des résultats négatifs au bout de quelques jours, l'infection chronique des conduits biliaires se propage continuellement à l'intestin; la disparition des symptômes est alors suivie de l'état de porteur qui peut se prolonger cinq ou six mois, voire plus longtemps encore. ■

PHYSIOLOGIE DE LA DIGESTION CHIMIQUE ET DE L'ABSORPTION

Nous avons étudié jusqu'ici la structure et la fonction globale des organes qui constituent le système digestif. Nous allons maintenant examiner l'ensemble de la transformation chimique (dégradation enzymatique et absorption) de chaque classe d'aliments tout au long de son déplacement dans le tube digestif. La figure 24.33 résume ces mécanismes, que nous décrivons en détail ci-dessous.

DIGESTION CHIMIQUE

Après un séjour, même bref, dans l'estomac, les aliments sont méconnaissables. Et pourtant, ce sont toujours en bonne partie les féculents, les protéines des viandes, le beurre, etc. qui ont été ingérés. Seul leur aspect a changé sous l'effet de la digestion mécanique. Par contre, la digestion chimique transforme les aliments ingérés en leurs unités de base, c'est-à-dire en molécules très différentes du produit de départ. Examinons de plus près le processus de la digestion chimique.

Mécanisme de la digestion chimique : hydrolyse enzymatique

La **digestion chimique** est le processus catabolique par lequel de grosses molécules chimiques sont dissociées en *monomères* (unités de base) suffisamment petits pour permettre leur absorption par la muqueuse du système digestif. La digestion chimique est effectuée par des enzymes que les glandes intrinsèques et les glandes annexes sécrètent dans la lumière du tube digestif. La dégradation enzymatique de tous les types de molécules de nourriture est appelée **hydrolyse** parce que chaque liaison est rompue (lyse) par l'addition d'une molécule d'eau.

Digestion chimique des divers groupes d'aliments

Glucides

Selon nos goûts, nous pouvons ingérer de 200 à 600 g de glucides par jour. Les monomères de glucides sont des *monosaccharides,* qui sont aussitôt absorbés sans transformation. Trois d'entre eux seulement se retrouvent habituellement dans notre régime alimentaire : le *glucose,* le *fructose* et le *galactose.* Notre système digestif peut dégrader des glucides plus complexes qu'il transforme en monosaccharides, par exemple le *sucrose* (sucre alimentaire, ou saccharose), le *lactose* (sucre du lait) et le *maltose* (sucre de certaines céréales), qui sont des disaccharides, ainsi que le *glycogène* et l'*amidon,* deux polysaccharides. Les glucides présents dans notre alimentation courante se trouvent sous forme d'amidon, avec des quantités moins importantes de disaccharides et de monosaccharides. Les humains ne possèdent pas les enzymes nécessaires à la dégradation de la plupart des autres polysaccharides comme la cellulose. Les polysaccharides indigestibles ne peuvent donc pas nous nourrir, mais ils forment les fibres qui facilitent le mouvement des aliments dans le tube digestif.

La digestion chimique de l'amidon (et peut-être du glycogène) commence dans la bouche. L'**amylase salivaire** dégrade l'amidon en *oligosaccharides,* des fragments plus petits constitués de deux à huit monosaccharides liés (des molécules de glucose dans ce cas). L'efficacité de l'amylase salivaire est optimale dans un milieu légèrement acide ou neutre (pH de 6,75 à 7,00) comme celui qui est maintenu dans la bouche par le pouvoir tampon des ions bicarbonate et phosphate de la salive. La digestion de l'amidon se poursuit jusqu'à ce que l'amylase soit inactivée par l'acidité du suc gastrique et dégradée par les enzymes protéolytiques de l'estomac. De façon générale, plus le repas était copieux, plus l'amylase continue d'agir longtemps dans l'estomac parce que les aliments présents dans le fundus de l'estomac, qui est relativement peu mobile, se mélangent peu au suc gastrique.

Les féculents et autres glucides digestibles qui n'ont pas été dégradés par l'amylase salivaire sont attaqués dans l'intestin grêle par l'**amylase pancréatique** (voir la figure 24.33a). En moins de dix minutes environ après être entré dans l'intestin grêle, l'amidon est entièrement converti en divers oligosaccharides, principalement en maltose. Les enzymes intestinales de la bordure en brosse poursuivent la dégradation de ces produits en monosaccharides. Les plus importantes de ces enzymes sont la **dextrinase** et la **glucoamylase,** qui agissent sur les oligosaccharides formés de plus de trois sucres simples, ainsi que la **maltase,** la **sucrase** et la **lactase,** des disaccharidases (enzymes) qui hydrolysent respectivement le maltose, le sucrose et le lactose en leurs monosaccharides constitutifs. Comme le côlon ne sécrète pas d'enzymes digestives, la digestion chimique se termine *en principe* dans l'intestin grêle. Cependant, comme nous l'avons déjà dit, les bactéries résidentes du côlon continuent de dégrader et de métaboliser les glucides complexes qui restent, ce qui contribue beaucoup plus à leur nutrition qu'à la nôtre.

Chez certains individus, la lactase intestinale est présente à la naissance mais devient par la suite insuffisante, probablement à cause de facteurs génétiques. Dans ce cas, la personne devient intolérante aux produits laitiers (qui contiennent du lactose), ce qui entraîne plusieurs types de conséquences. Le lactose non digéré crée un gradient osmotique qui, en plus d'empêcher l'absorption de l'eau par l'intestin grêle et le gros intestin, attire l'eau de l'espace interstitiel dans la lumière intestinale, ce qui provoque une diarrhée. Le métabolisme bactérien des solutés non digérés produit de grandes quantités de gaz qui provoquent un ballonnement, des flatulences et des crampes douloureuses. La solution est simple : il suffit d'ajouter des « gouttes » de lactase au lait que l'on consomme ou de prendre des comprimés de lactase avant tout repas contenant des produits laitiers. ■

Protéines

Les protéines digérées dans le tube digestif comprennent non seulement les protéines des aliments (habituellement

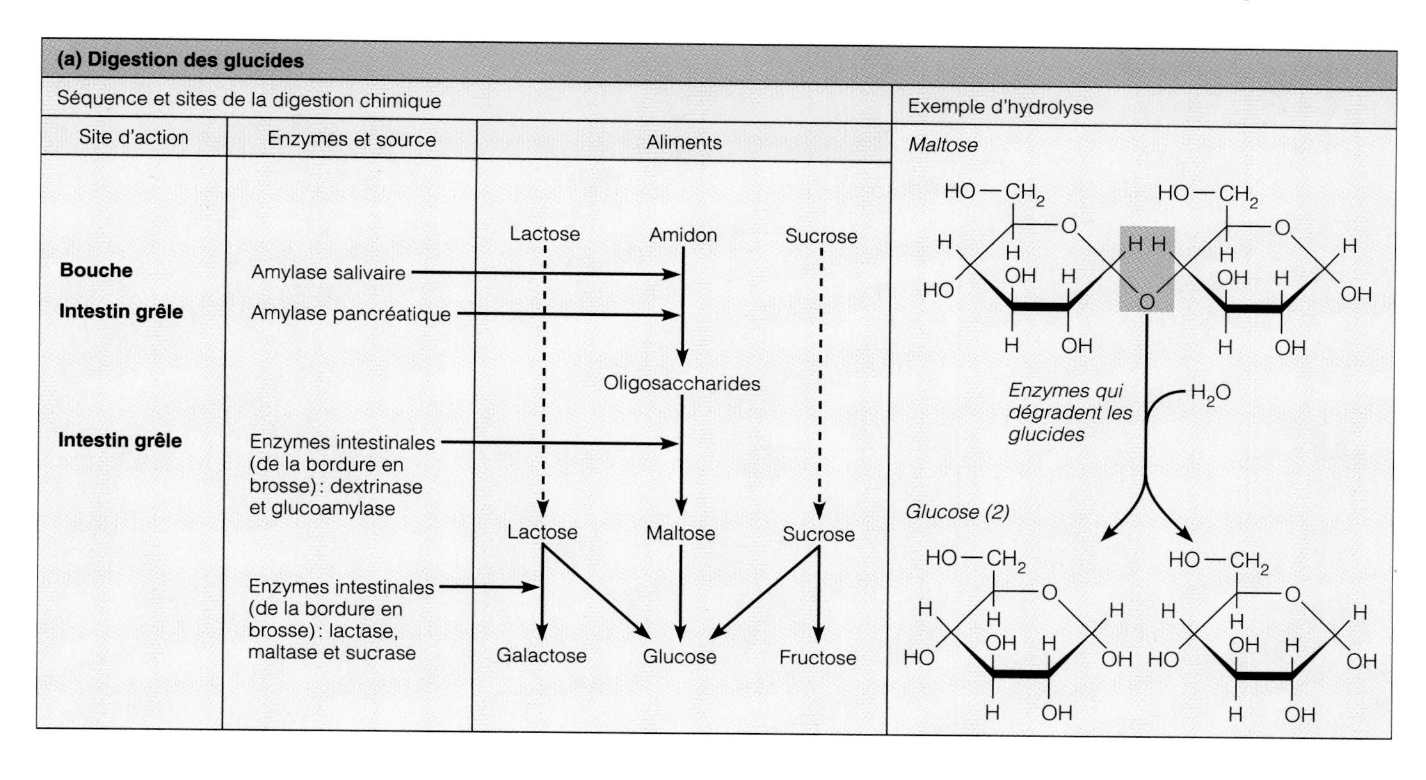

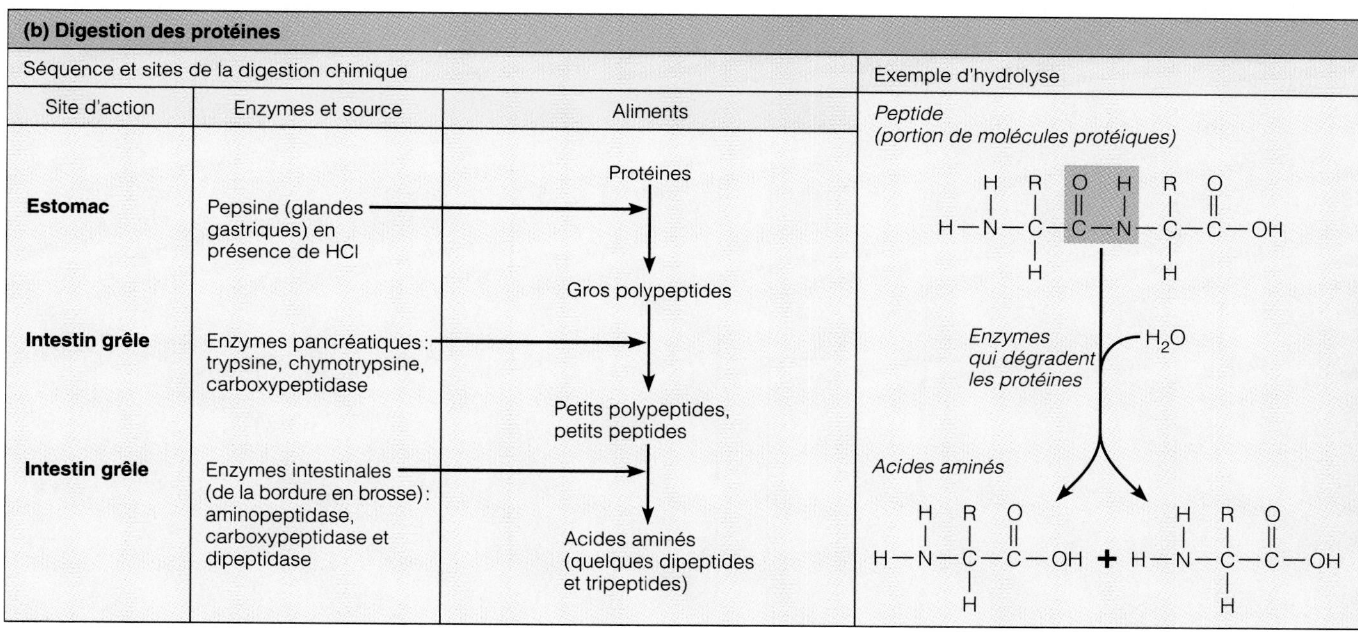

FIGURE 24.33

Digestion chimique des glucides, des protéines, des lipides et des acides nucléiques. Dans la majorité des cas, la digestion chimique (enzymatique) des aliments dans le tube digestif se fait par hydrolyse des molécules en leurs monomères.
(Suite à la page suivante.)

(c) Digestion des lipides

Séquence et sites de la digestion chimique			Exemple d'hydrolyse
Site d'action	**Enzymes et source**	**Aliments**	
		Graisses non émulsionnées	*Triglycéride*
Intestin grêle	Émulsionnées par l'action détersive des sels biliaires du foie		$C_{17}H_{35}$ C(=O)—O—CH (×3)
Intestin grêle	Lipase pancréatique	Monoglycérides et acides gras; Glycérol et acides gras	*Enzyme qui dégrade les lipides* ($3\ H_2O$) → *Acides gras* 3 $C_{17}H_{35}$C(=O)—OH + *Glycérol* HO—C—H (×3)

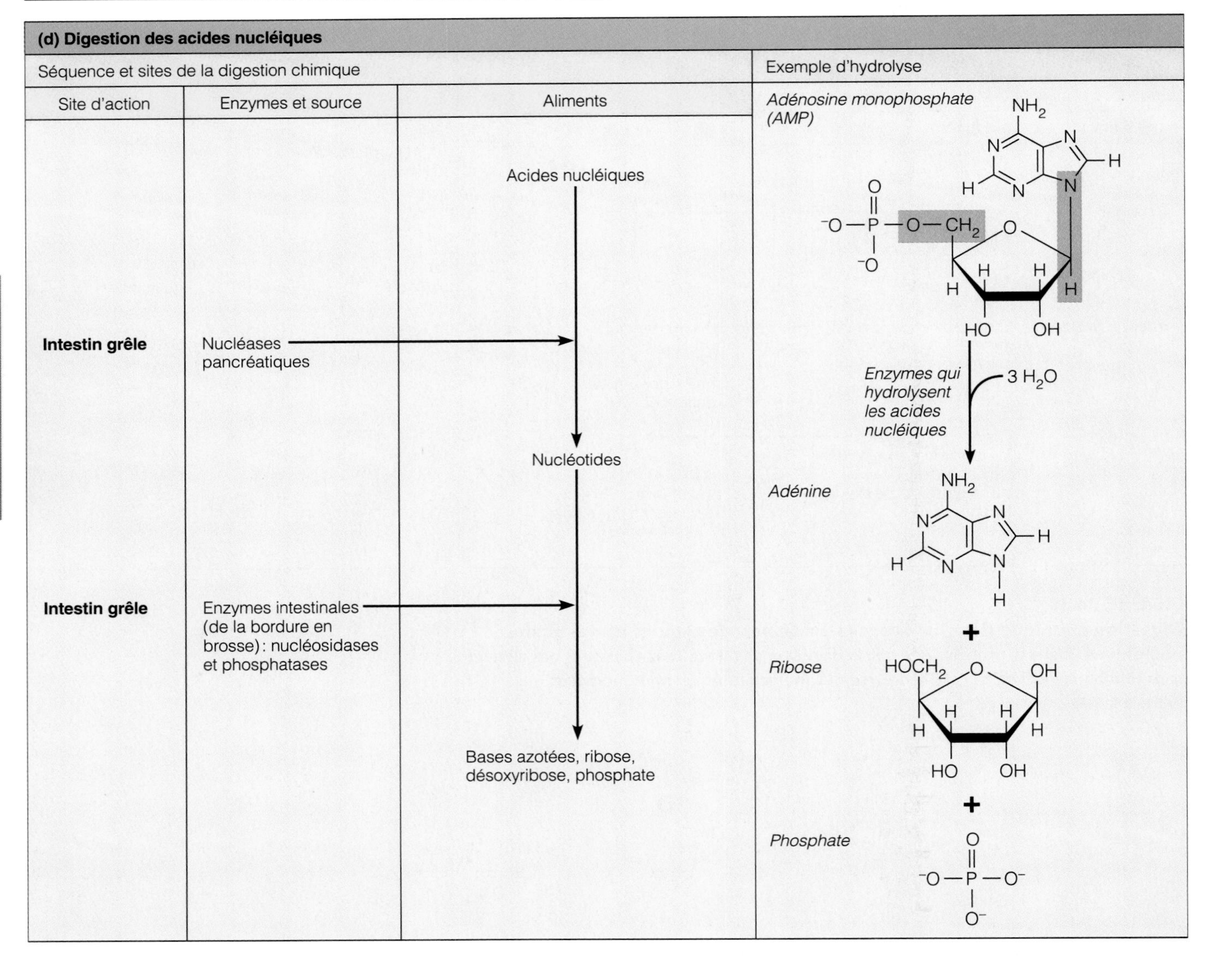

(d) Digestion des acides nucléiques
Séquence et sites de la digestion chimique
Exemple d'hydrolyse
Site d'action
Enzymes et source
Aliments
Acides nucléiques
Intestin grêle
Nucléases pancréatiques
Nucléotides
Intestin grêle
Enzymes intestinales (de la bordure en brosse) : nucléosidases et phosphatases
Bases azotées, ribose, désoxyribose, phosphate
Adénosine monophosphate (AMP)
Enzymes qui hydrolysent les acides nucléiques
3 H2O
Adénine
Ribose
Phosphate

125 g par jour environ), mais aussi de 15 à 25 g de protéines enzymatiques sécrétées dans la lumière du tube digestif par les nombreuses glandes de ce dernier, et une quantité probablement égale de protéines provenant des cellules muqueuses détachées et partiellement désintégrées. Chez les personnes en bonne santé, pratiquement toutes ces protéines sont entièrement dégradées en **acides aminés** (monomères).

La digestion des protéines s'amorce dans l'estomac lorsque le pepsinogène sécrété par les cellules principales est activé en **pepsine** (en fait un groupe d'enzymes protéolytiques). La pepsine atteint son efficacité maximale dans le milieu très acide présent dans l'estomac, où le pH varie de 1,5 à 3,5. Elle scinde de préférence les liaisons faisant intervenir la tyrosine et la phénylalanine, et dissocie ainsi les protéines en polypeptides et en une petite quantité d'acides aminés libres (voir la figure 24.34). La pepsine, qui hydrolyse de 10 à 15 % des protéines ingérées, est inactivée par le pH élevé du duodénum, de sorte que son activité protéolytique est restreinte à l'estomac. Il ne semble pas y avoir de sécrétion de **lab-ferment** (l'enzyme qui favorise la coagulation du lait) chez les adultes.

Les fragments de protéines qui arrivent dans l'intestin grêle se trouvent aussitôt en présence de nombreuses enzymes protéolytiques (figure 24.33b). La **trypsine** et la **chymotrypsine,** sécrétées par le pancréas, scindent les protéines en peptides plus petits, et ces derniers sont à leur tour attaqués par d'autres enzymes. La **carboxypeptidase,** une enzyme du pancréas et de la bordure en brosse, libère un à un les acides aminés de l'extrémité carboxylique de la chaîne polypeptidique. D'autres enzymes de la bordure en brosse comme l'**aminopeptidase** et la **dipeptidase** détachent les autres acides aminés terminaux (figure 24.34). L'aminopeptidase dégrade la protéine en libérant un acide aminé à la fois à l'extrémité aminée de la chaîne. La carboxypeptidase et l'aminopeptidase peuvent démanteler une molécule de protéine chacune de leur côté, mais le processus de dégradation est beaucoup plus rapide lorsque ces enzymes travaillent de concert avec la trypsine et la chymotrypsine, qui s'attaquent aux liaisons peptidiques situées au milieu de la chaîne.

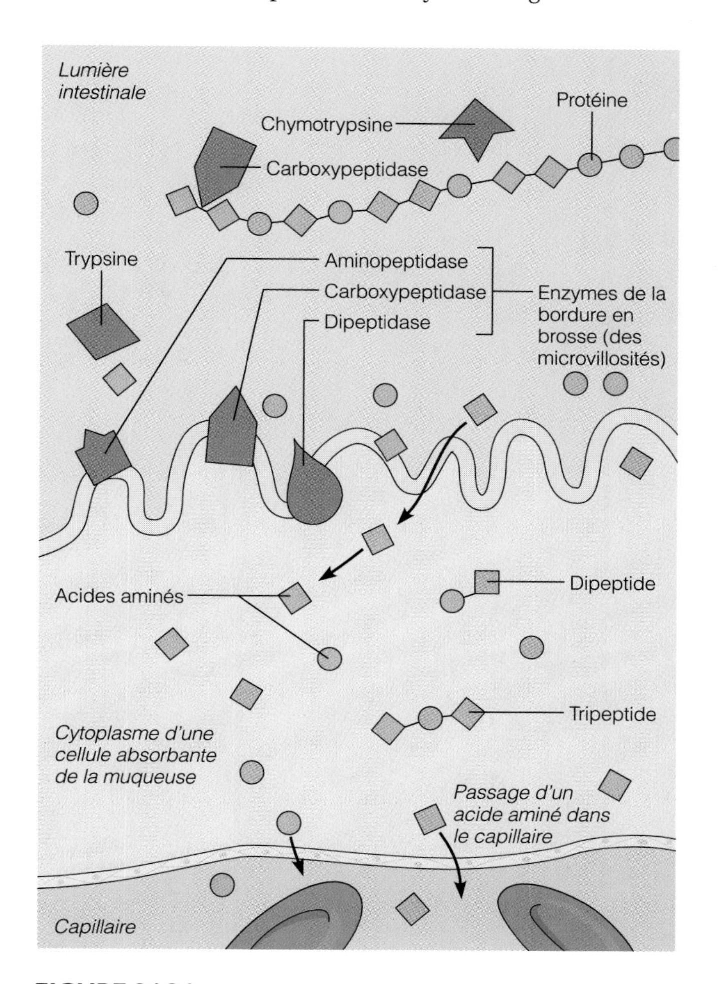

FIGURE 24.34
Digestion des protéines et absorption des acides aminés dans l'intestin grêle. Les protéines et les fragments de protéines sont dégradés en acides aminés par les protéases pancréatiques (trypsine, chymotrypsine et carboxypeptidase) et par les enzymes de la bordure en brosse des cellules de la muqueuse intestinale. Les acides aminés sont ensuite absorbés par transport actif dans le sang des capillaires des villosités.

Lipides

Malgré les recommandations de l'American Heart Association, qui préconise un régime pauvre en graisses (lipides), la quantité de matières grasses ingérées chaque jour varie énormément chez les Américains adultes (de 30 à 150 g ou plus). L'intestin grêle est pratiquement le seul site de digestion des lipides parce que le pancréas est essentiellement la seule source d'enzymes lipolytiques, ou **lipases** (figure 24.33c). Les graisses neutres (triglycérides ou triacylglycérols) sont les lipides les plus abondants de notre alimentation.

Comme les triglycérides et leurs produits de dégradation sont insolubles dans l'eau, la digestion et l'absorption des lipides dans l'environnement aqueux de l'intestin grêle exigent un traitement préalable par les sels biliaires. Dans les solutions aqueuses, les triglycérides s'agglomèrent en formant de gros agrégats de matière grasse, et seules les quelques molécules situées à la surface de ces agrégats sont exposées aux lipases hydrosolubles. Ce problème est toutefois rapidement résolu car, dès qu'ils arrivent dans le duodénum, les agrégats de graisse sont enrobés de sels biliaires aux effets détersifs (figure 24.35). Les sels biliaires comportent à la fois une région polaire et une région non polaire. Leurs parties non polaires (hydrophobes) adhèrent aux molécules de lipides et leurs parties polaires (ionisées et hydrophiles) exercent une répulsion mutuelle ainsi qu'une interaction avec l'eau. Les gouttelettes de graisse sont ainsi détachées des gros agrégats et il se forme une *émulsion* stable, c'est-à-dire une suspension aqueuse de gouttelettes de graisse d'un diamètre d'environ 1 μm. Ce mécanisme *ne détruit pas* les liaisons chimiques, il réduit simplement l'attraction des molécules de lipides entre elles et les disperse, ce qui accroît énormément le nombre de molécules de triglycérides exposées aux lipases pancréatiques. Sans la bile, la digestion des lipides n'aurait pas le temps de se faire de façon complète pendant le passage de la nourriture dans l'intestin grêle.

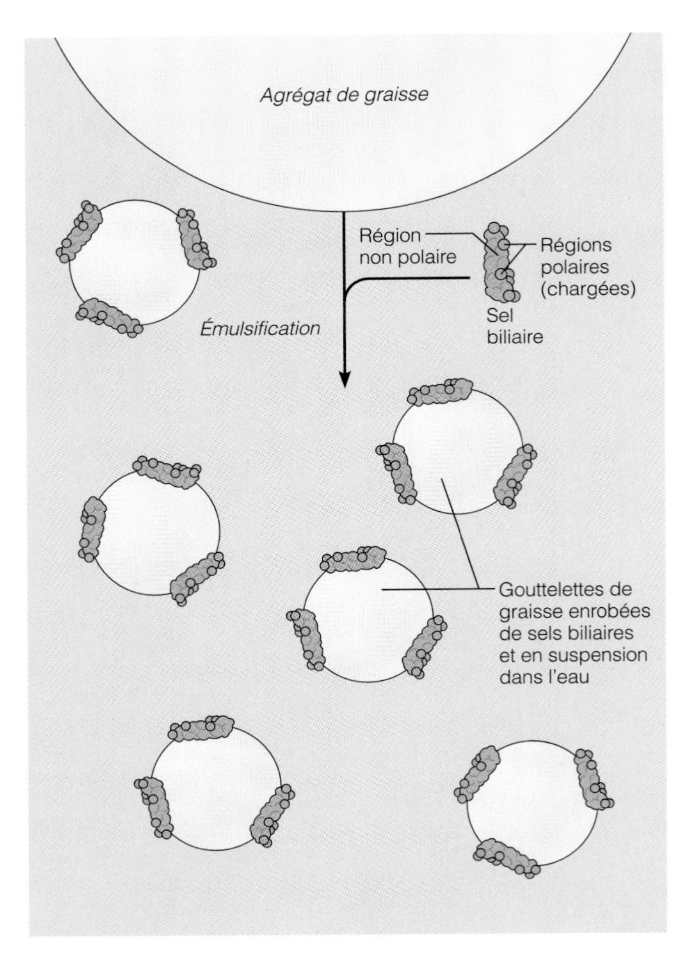

FIGURE 24.35
Rôle des sels biliaires dans l'émulsification des graisses. Lorsque de gros agrégats de graisse entrent dans l'intestin grêle, les sels biliaires adhèrent aux molécules lipidiques par leurs parties non polaires. Leurs parties polaires, tournées vers la phase aqueuse, interagissent avec l'eau et se repoussent mutuellement, ce qui divise l'agrégat en gouttelettes plus fines et forme une émulsion stable.

Les lipases pancréatiques catalysent la dégradation des lipides en détachant deux des chaînes d'acides gras, produisant ainsi d'une part des **acides gras** libres et d'autre part des **monoglycérides** (glycérol auquel n'est fixée qu'une seule chaîne d'acide gras). Les vitamines liposolubles transportées avec les lipides ne requièrent aucune digestion.

Acides nucléiques

L'ADN et l'ARN, présents en petites quantités dans notre alimentation, sont hydrolysés en **nucléotides** (monomères) par les **nucléases pancréatiques** du suc pancréatique. Les enzymes de la bordure en brosse (**nucléosidases** et **phosphatases**) scindent ensuite les nucléotides, libérant ainsi leurs bases azotées, les pentoses (des sucres) et des ions phosphate (voir la figure 24.33d).

ABSORPTION

Le système digestif reçoit tous les jours jusqu'à 10 L de nourriture, de liquides et de sécrétions provenant du tube digestif lui-même, mais il n'en parvient qu'un litre ou moins au gros intestin. Pratiquement tous les nutriments, 80 % des électrolytes et la plus grande partie de l'eau sont absorbés dans l'intestin grêle. L'absorption se produit tout le long de l'intestin grêle, mais elle est déjà en grande partie terminée lorsque la nourriture atteint l'iléum. La fonction principale de l'iléum dans l'absorption consiste donc à récupérer les sels biliaires pour les renvoyer au foie d'où ils seront sécrétés de nouveau. À la sortie de l'iléum, il ne reste qu'un peu d'eau, des matières alimentaires impossibles à digérer (surtout des fibres végétales comme la cellulose) et des millions de bactéries; ces débris passent ensuite dans le gros intestin.

La plupart des nutriments sont absorbés à travers la muqueuse des villosités intestinales par des mécanismes de *transport actif* dont l'énergie provient directement ou indirectement (secondairement) de l'énergie métabolique (ATP). Ils pénètrent ensuite dans le sang capillaire des villosités et sont acheminés au foie par la veine porte hépatique. Certains produits de la digestion des lipides constituent une exception: ils sont absorbés passivement par diffusion et entrent dans le vaisseau chylifère de la villosité, puis sont transportés au sang par l'intermédiaire de la lymphe. Comme les faces apicales de toutes les cellules épithéliales de la muqueuse sont unies par des jonctions serrées, aucune substance ne peut passer *entre* elles. Avant d'entrer dans les capillaires, toutes les substances doivent donc passer *à travers* les cellules épithéliales et dans le liquide interstitiel contigu à leurs membranes basales. Ce mécanisme d'absorption est appelé **transport transépithélial.** Nous allons examiner ci-dessous l'absorption de chaque classe de nutriments.

Absorption des divers types de nutriments

Glucides

Le glucose et le galactose (des monosaccharides) résultant de la dégradation de l'amidon et des disaccharides pénètrent dans les cellules de l'épithélium grâce à des transporteurs protéiques de la membrane plasmique, puis ils passent dans le sang des capillaires par diffusion facilitée. Les transporteurs, situés très près des disaccharidases (enzymes) sur les microvillosités, se combinent aux monosaccharides dès que les disaccharides sont dégradés. Le transport de ces glucides est couplé à celui des ions sodium par transport actif secondaire (cotransport). Par contre, l'absorption du fructose est indépendante de l'ATP et se fait *entièrement* par diffusion facilitée.

Protéines

Les différents acides aminés produits par la digestion des protéines sont pris en charge par divers types de transporteurs. Comme dans le cas du glucose et du galactose, il y a un couplage avec le transport actif du sodium. Les chaînes courtes de deux ou trois acides aminés (dipeptides et tripeptides respectivement) sont aussi absorbées activement, mais elles sont ensuite dégradées en acides aminés individuels dans les cellules épithéliales avant d'entrer dans le sang capillaire par diffusion.

Les protéines *entières* ne sont habituellement pas absorbées telles quelles; dans de rares cas cependant, elles peuvent être captées par endocytose, puis libérées du côté opposé de la cellule épithéliale par exocytose. Ce processus très commun chez les nouveau-nés reflète l'immaturité de la muqueuse intestinale et il explique de nombreuses allergies alimentaires précoces. Le système immunitaire perçoit les protéines intactes comme des antigènes et les attaque. Ces allergies alimentaires disparaissent généralement lorsque la muqueuse parvient à l'état de maturité. Par ailleurs, ce mécanisme permet peut-être aux IgA présents dans le lait maternel d'avoir accès à la circulation sanguine du nourrisson. Ces anticorps confèrent une certaine immunité passive à l'enfant (protection temporaire contre les antigènes auxquels la mère a été sensibilisée). ■

Lipides

Les sels biliaires accélèrent la digestion des lipides, et ils sont également essentiels à l'absorption des produits de leur dégradation. Dès que les produits de la digestion des lipides (les monoglycérides et les acides gras libres), insolubles dans l'eau, sont libérés par l'activité des lipases, ils s'associent aux sels biliaires et à la *lécithine* (un phospholipide présent dans la bile) pour former des micelles. Les **micelles** sont des agrégats de lipides associés à des sels biliaires; les extrémités polaires (hydrophiles) des sels se trouvent du côté de l'eau et leurs portions non polaires forment la partie centrale de la micelle. Le cœur hydrophobe de celle-ci contient également des molécules de cholestérol et des vitamines liposolubles. Les micelles ressemblent à des gouttelettes d'émulsion, mais elles sont des « vecteurs » beaucoup plus petits qui diffusent facilement entre les microvillosités pour entrer en contact avec la membrane plasmique des cellules absorbantes (figure 24.36). Les substances grasses, le cholestérol et les vitamines liposolubles quittent ensuite les micelles et, grâce à leur fort degré de liposolubilité, ils traversent la phase lipidique de la membrane plasmique par diffusion simple. Les micelles assurent un apport constant de produits de dégradation des lipides en solution, qui peuvent être libérés et absorbés pendant que la digestion des lipides se poursuit. Sans formation de micelles, les lipides ne feraient que flotter à la surface du chyme (comme de l'huile sur l'eau) et ne pourraient entrer en contact avec la surface absorbante des cellules épithéliales. De façon générale, l'absorption des lipides se termine dans l'iléum; cependant, en l'absence de bile (comme lorsqu'un calcul biliaire obstrue le conduit cystique), elle se fait si lentement que la plupart des lipides passent dans le gros intestin et sont perdus dans les fèces.

Après avoir pénétré dans les cellules absorbantes, les acides gras libres et les monoglycérides sont regroupés en triglycérides. Ceux-ci se combinent ensuite à de petites quantités de phospholipides et de cholestérol et sont recouverts d'une « pellicule » de protéines; c'est ainsi que sont formés des **chylomicrons,** qui sont des gouttelettes hydrosolubles de lipoprotéines. Ces derniers sont ensuite traités par le complexe golgien et expulsés de la cellule. Cette suite d'événements est très différente de l'absorption des acides aminés et des monosaccharides, qui traversent les cellules épithéliales sans subir de transformation.

Quelques acides gras libres pénètrent dans le sang capillaire, mais les chylomicrons, d'un blanc laiteux, sont trop gros pour pouvoir traverser les membranes basales des vaisseaux sanguins; ils pénètrent plutôt dans les vaisseaux chylifères, qui sont plus perméables. La plupart des lipides entrent donc dans la circulation lymphatique, suivent le conduit thoracique qui draine les viscères digestifs et rejoignent finalement le sang veineux dans la

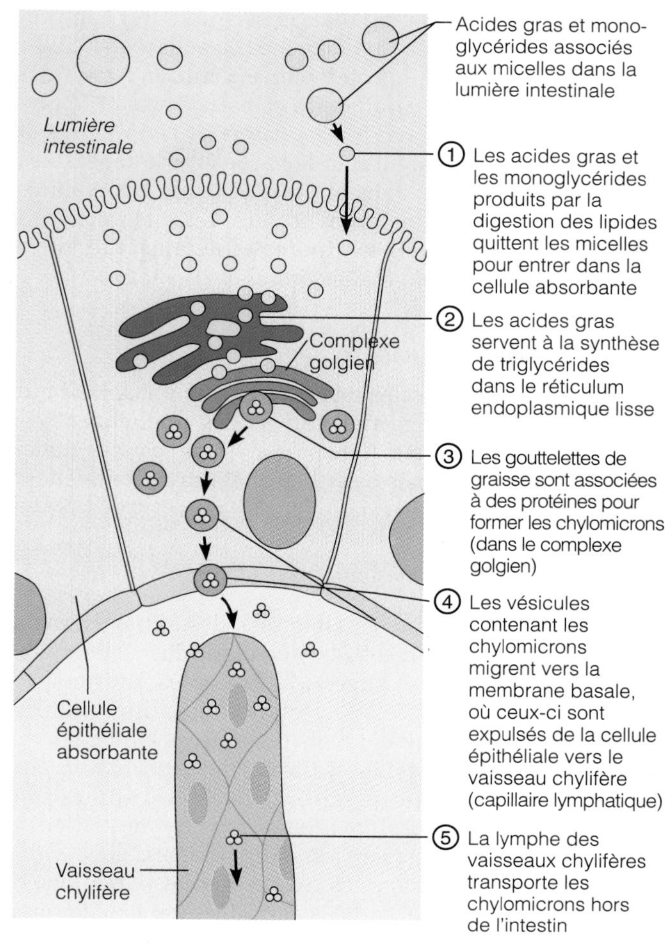

FIGURE 24.36
Absorption des acides gras. Les produits de la digestion des lipides comprennent le glycérol, les acides gras et les monoglycérides. Les monoglycérides, les acides gras libres, les phospholipides et le cholestérol s'associent aux micelles formées par les sels biliaires, qui les transportent vers la muqueuse intestinale. Puis ils se dissocient et pénètrent dans les cellules de la muqueuse par diffusion. Dans ces cellules, ils sont recombinés en lipides et associés à d'autres substances lipoïques (phospholipides et cholestérol) et à des protéines sous forme de chylomicrons. Les chylomicrons sont expulsés des cellules épithéliales vers le vaisseau chylifère, d'où ils se dispersent dans la lymphe. Les acides gras libres et les monoglycérides passent dans le lit capillaire (qui n'est pas représenté).

région du cou. Dans la circulation sanguine, les triglycérides des chylomicrons sont dégradés en acides gras libres et en glycérol par la **lipoprotéine lipase,** une enzyme associée à l'endothélium capillaire. Les acides gras et le glycérol peuvent alors traverser les parois des capillaires et servir de source d'énergie cellulaire, ou être emmagasinés sous forme de lipides dans le tissu adipeux. Les cellules hépatiques ajoutent des protéines aux résidus de chylomicrons, et les « nouvelles » lipoprotéines ainsi produites servent au transport du cholestérol dans le sang.

Acides nucléiques

Les pentoses, les bases azotées et les ions phosphate qui proviennent de la digestion des acides nucléiques traversent l'épithélium par transport actif grâce à des transporteurs spéciaux situés dans l'épithélium des villosités ; puis ils passent dans le sang.

Vitamines

L'intestin grêle absorbe les vitamines des aliments, mais c'est le gros intestin qui absorbe une partie des vitamines K et B élaborées par ses « hôtes », les bactéries intestinales. Comme nous l'avons déjà vu, les vitamines liposolubles (A, D, E et K) se dissolvent dans les graisses alimentaires, s'incorporent aux micelles et traversent l'épithélium des villosités par diffusion passive. C'est pour cette raison que les vitamines liposolubles en comprimés ne sont bien absorbées que si l'on ingère aussi des aliments gras.

La plupart des vitamines hydrosolubles (vitamines B et C) sont facilement absorbées par diffusion. La vitamine B_{12} est une exception parce que c'est une molécule très grosse et chargée. Elle se lie au *facteur intrinsèque* produit par l'estomac ; puis le complexe vitamine B_{12}-facteur intrinsèque se fixe aux sites spécifiques situés sur la muqueuse de l'extrémité de l'iléum, ce qui provoque son endocytose.

Électrolytes

Les électrolytes absorbés proviennent à la fois des aliments ingérés et des sécrétions gastro-intestinales. La plupart des ions sont absorbés activement tout le long de l'intestin grêle ; toutefois, l'absorption du fer et du calcium est en bonne partie restreinte au duodénum.

Comme nous l'avons mentionné, l'absorption des ions sodium dans l'intestin grêle est associée à l'absorption active du glucose et des acides aminés. La plupart des anions suivent passivement le gradient électrochimique créé par le transport du sodium. Après être entré dans les cellules épithéliales par diffusion, le Na^+ est transporté activement vers l'extérieur de celles-ci par la pompe à Na^+-K^+. Les ions chlorure sont aussi transportés activement et, à l'extrémité de l'intestin grêle, les ions HCO_3^- sont sécrétés activement dans la lumière en échange d'ions Cl^-.

Les ions potassium traversent la muqueuse intestinale par diffusion simple sous l'effet du gradient osmotique. Au fur et à mesure que l'eau de la lumière est absorbée, la concentration de potassium dans le chyme augmente, ce qui crée un gradient de concentration entraînant son absorption. Par conséquent, tout ce qui entrave l'absorption de l'eau (comme la diarrhée), en plus de réduire l'absorption du potassium, « attire » les ions K^+ de l'espace interstitiel vers la lumière intestinale.

De façon générale, la quantité de nutriments qui est absorbée est celle qui a *atteint* l'intestin, quel que soit l'état nutritionnel de l'organisme. En revanche, l'absorption du fer et du calcium dépend beaucoup des besoins immédiats.

Le fer ionique, essentiel à la production d'hémoglobine, est transporté activement vers l'intérieur des cellules de la muqueuse où il se lie à la **ferritine,** une protéine (*barrière muqueuse-fer*). Les complexes fer-ferritine forment alors une réserve de fer à l'intérieur de la cellule. Lorsque l'organisme contient du fer en quantité suffisante, de très petites quantités passent dans le sang du système porte, et la plus grande partie de cette réserve finit par être perdue quand les cellules épithéliales se détachent de la muqueuse. Cependant, lorsque l'organisme manque de fer (par exemple en cas d'hémorragie aiguë ou chronique), l'absorption des quantités présentes dans l'intestin s'accélère. Chez la femme, les pertes menstruelles entraînent une forte diminution des réserves de fer et les cellules épithéliales de l'intestin contiennent environ quatre fois plus de protéines de transport du fer que chez l'homme. Dans le sang, le fer se lie à la **transferrine,** une protéine plasmatique qui le transporte dans le système cardiovasculaire.

L'absorption du calcium est étroitement associée à la concentration sanguine de calcium ionique. Elle est localement réglée par la forme active de la **vitamine D,** qui agit comme un cofacteur facilitant l'absorption du calcium. Toute diminution de la concentration sanguine de calcium ionique déclenche la libération de *parathormone* (*PTH*) par les glandes parathyroïdes. En plus de faciliter la libération des ions calcium de la trame osseuse et de stimuler la réabsorption du calcium par les reins, la parathormone stimule l'activation par les reins de la vitamine D qui, à son tour, accélère l'absorption des ions calcium par l'intestin grêle.

Eau

L'intestin grêle reçoit tous les jours environ 9 L d'eau provenant surtout des sécrétions du tube digestif. C'est la substance la plus abondante du chyme, et l'intestin grêle en absorbe 95 % par osmose. Le taux normal d'absorption est de 300 à 400 mL par heure. L'eau traverse librement la muqueuse intestinale dans les deux sens, mais une *osmose nette* se produit chaque fois que le transport actif de solutés (et notamment de Na^+) vers les cellules de la muqueuse crée un gradient de concentration. Par conséquent, l'absorption de l'eau est étroitement couplée à celle des solutés, et elle influe elle-même sur le taux d'absorption des substances qui passent normalement par diffusion. À mesure que l'eau pénètre dans les cellules de la muqueuse, ces substances suivent leur gradient de concentration.

Malabsorption

La **malabsorption** est une perturbation de l'absorption des nutriments dont les causes peuvent être multiples et diverses. Elle peut résulter, par exemple, de toute entrave à l'écoulement de

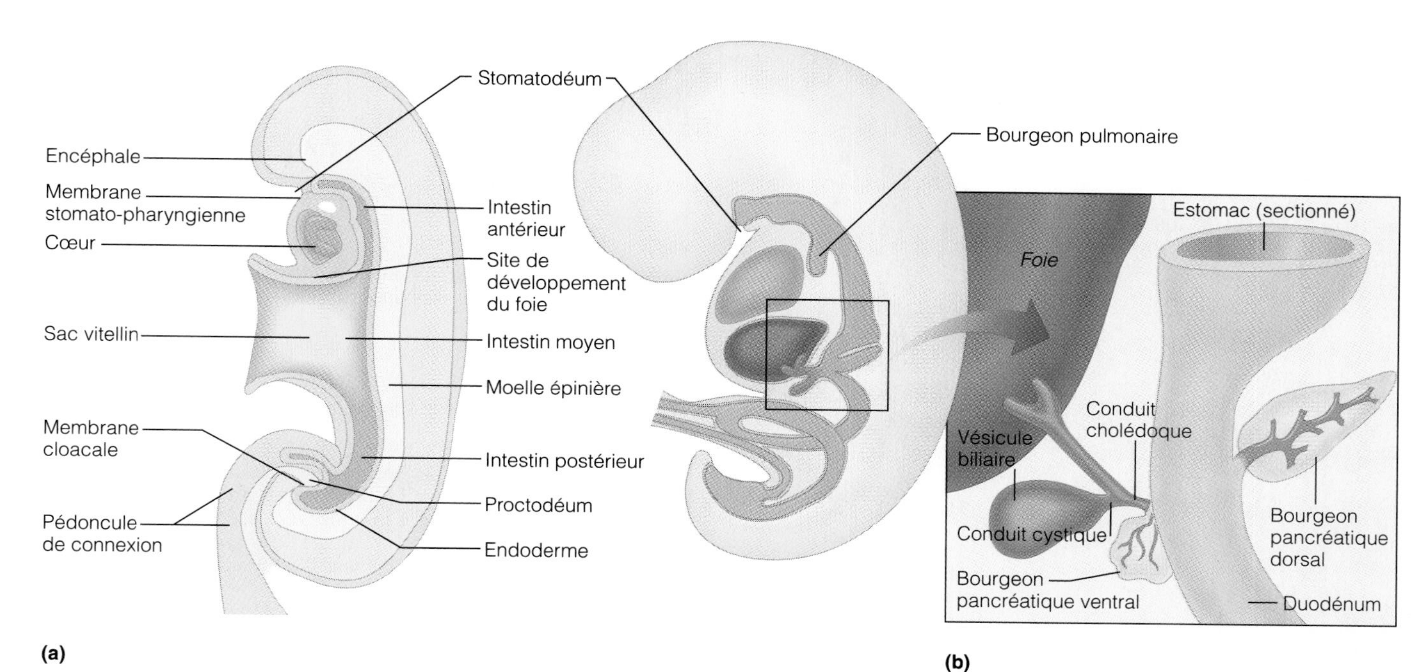

FIGURE 24.37
Développement embryonnaire du système digestif. (a) Embryon de trois semaines. L'endoderme s'est replié, l'intestin antérieur et l'intestin postérieur sont formés. (L'intestin moyen est encore ouvert et se prolonge par le sac vitellin.) Les points antérieurs et postérieurs de fusion ectoderme-endoderme (les membranes stomato-pharyngienne et cloacale respectivement) vont bientôt se rompre pour former la bouche et l'anus. **(b)** Vers la huitième semaine de développement, les organes annexes se forment à partir de bourgeons situés sur la couche d'endoderme, comme le montre l'agrandissement.

la bile ou du suc pancréatique vers l'intestin grêle ; la malabsorption peut aussi être causée par des lésions de la muqueuse intestinale (infections bactériennes sévères et antibiothérapie à la néomycine) ou par une réduction de sa surface d'absorption. La *maladie cœliaque,* aussi appelée *maladie de Gee,* est un syndrome de malabsorption assez répandu mais mal compris. Dans cette affection, le gluten, une protéine présente en abondance dans certaines céréales (blé, seigle, orge, avoine), endommage les villosités intestinales et réduit la longueur des microvillosités de la bordure en brosse. On peut habituellement enrayer la diarrhée et la malnutrition qui en résultent en excluant du régime alimentaire les céréales contenant du gluten (toutes sauf le riz et le maïs). ■

DÉVELOPPEMENT ET VIEILLISSEMENT DU SYSTÈME DIGESTIF

Comme nous l'avons déjà dit à plusieurs reprises, le très jeune embryon est plat et composé de trois feuillets embryonnaires primitifs qui sont, de haut en bas, l'ectoderme, le mésoderme et l'endoderme. Assez tôt toutefois, cette masse cellulaire aplatie se replie pour constituer un corps cylindrique creux dont le centre devient la cavité du tube digestif; au départ, celle-ci est fermée aux deux extrémités. L'épithélium du tube alimentaire en formation, ou **intestin primitif,** se forme à partir de l'endoderme (figure 24.37a) et le reste de la paroi provient du mésoderme. La partie la plus antérieure de l'endoderme (à la hauteur de l'intestin antérieur) se prolonge jusqu'à une dépression de la surface de l'ectoderme appelée **stomatodéum** (littéralement, « en train de devenir la bouche »). Les deux membranes fusionnent à cet endroit pour former la **membrane stomato-pharyngienne,** qui se rompt peu après pour constituer l'ouverture de la bouche. De la même façon, l'extrémité de l'intestin postérieur s'unit à une dépression ectodermale appelée **proctodéum** (*procto* = anus) pour former la **membrane cloacale** (*cloaca* = égout), qui se rompt pour donner l'anus. Vers la huitième semaine, le tube digestif s'étend de la bouche à l'anus et est ouvert aux deux extrémités. Peu après, les organes glandulaires (glandes salivaires, foie et vésicule biliaire, pancréas) se développent à partir de bourgeons situés en divers endroits le long de la muqueuse (figure 24.37b). Les liens entre ces glandes et le tube digestif sont conservés et deviennent des conduits.

Le système digestif peut présenter de nombreuses malformations qui entravent l'alimentation. Les défauts les plus répandus sont la *fissure palatine* (les os palatins ou les processus palatins des maxillaires, ou les deux, ne se rejoignent pas) et le *bec-de-lièvre,* qui sont souvent associés. La fissure palatine est de loin la plus grave des deux anomalies parce que l'enfant affecté ne peut pas téter correctement. Une autre malformation commune est la *fistule trachéo-œsophagienne,* qui se caractérise par la présence d'une ouverture entre l'œsophage et la trachée, et souvent, par l'absence de communication entre l'œsophage et l'estomac. Le bébé suffoque et devient cyanosé au cours de l'alimentation parce que la nourriture pénètre dans les voies respiratoires. On corrige habituellement ces anomalies par voie chirurgicale.

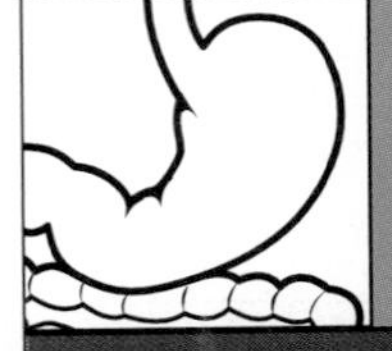

SYNTHÈSE

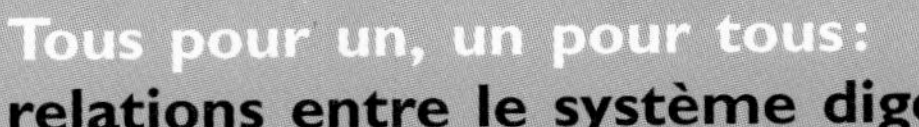

Tous pour un, un pour tous : relations entre le système digestif et les autres systèmes de l'organisme

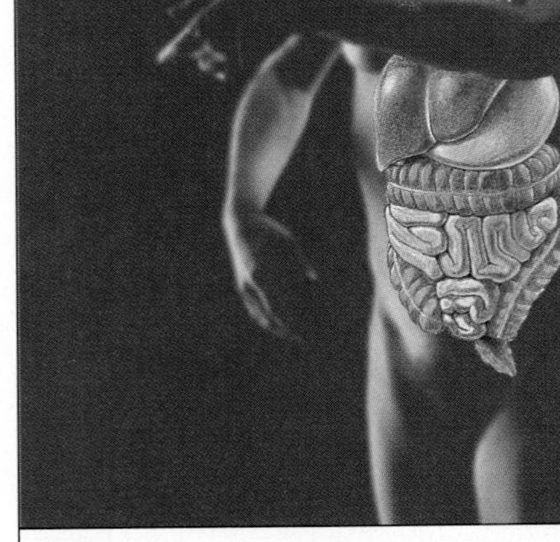

Système tégumentaire

- Le système digestif fournit les nutriments nécessaires aux besoins énergétiques, à la croissance et à l'entretien ; il fournit les graisses qui isolent le derme et le tissu sous-cutané.
- La peau synthétise la vitamine D qui rend possible l'absorption du calcium à partir de l'intestin ; elle forme une enveloppe protectrice.

Système osseux

- Le système digestif fournit les nutriments nécessaires aux besoins énergétiques, à la croissance et à l'entretien ; il absorbe le calcium qui constitue les sels des os.
- Le squelette protège certains organes digestifs, qui sont entourés d'os ; les os des mâchoires participent à la mastication et certains cartilages du larynx interviennent dans la déglutition.

Système musculaire

- Le système digestif fournit les nutriments nécessaires aux besoins énergétiques, à la croissance et à l'entretien ; le foie élimine du sang l'acide lactique produit par l'activité musculaire.
- Les muscles squelettiques permettent la mastication et ils interviennent dans la déglutition et la défécation ; leur activité accroît la motilité du tube digestif.

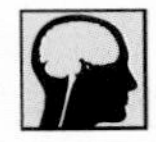

Système nerveux

- Le système digestif fournit les nutriments nécessaires au fonctionnement normal des neurones ; la régulation nerveuse de la satiété est assurée par l'intermédiaire des signaux signalant la présence de nutriments.
- Le fonctionnement du système digestif répond à des mécanismes de régulation nerveuse ; de façon générale, les neurofibres du système parasympathique accroissent l'activité digestive et les neurofibres du système sympathiques l'inhibent ; le système nerveux assure la régulation volontaire et réflexe de l'évacuation.

Système endocrinien

- Le foie retire du sang les hormones, mettant ainsi fin à leur activité ; le système digestif fournit les nutriments nécessaires aux besoins énergétiques, à la croissance et à l'entretien ; certaines cellules du pancréas produisent des hormones.
- Les hormones locales contribuent à la régulation des fonctions digestives

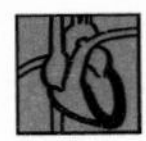

Système cardiovasculaire

- Le système digestif fournit des nutriments au cœur et aux vaisseaux sanguins ; il absorbe le fer nécessaire à la synthèse de l'hémoglobine ; il absorbe l'eau assurant un volume de plasma normal ; le foie sécrète dans la bile la bilirubine résultant de la dégradation de l'hémoglobine et il emmagasine le fer, qui pourra ensuite être réutilisé.
- Le système cardiovasculaire apporte à tous les tissus les nutriments absorbés par le tube digestif ; il distribue les hormones du tube digestif.

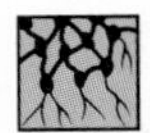

Système lymphatique et immunitaire

- Le système digestif fournit les nutriments nécessaires au fonctionnement normal ; le lysozyme de la salive et le HCl produit par l'estomac apportent une protection non spécifique contre les bactéries.
- Les vaisseaux chylifères acheminent la lymphe grasse des organes du tube digestif au sang ; les follicules lymphatiques agrégés et le tissu lymphoïde du mésentère abritent les macrophagocytes et les cellules immunitaires qui protègent les organes digestifs de l'infection ; les plasmocytes produisent les IgA de la salive.

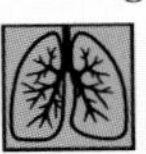

Système respiratoire

- Le système digestif fournit les nutriments nécessaires au métabolisme énergétique, à la croissance et à l'entretien.
- Le système respiratoire fournit l'oxygène et élimine le gaz carbonique produit par les organes du système digestif ; les anneaux cartilagineux de la paroi de la trachée sont ouverts du côté dorsal pour permettre au bol alimentaire de descendre dans l'œsophage lors de la déglutition.

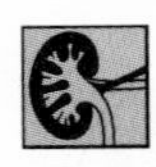

Système urinaire

- Le système digestif fournit les nutriments nécessaires aux besoins énergétiques, à la croissance et à l'entretien ; il excrète une partie de la bilirubine produite par le foie.
- Les reins transforment la vitamine D en sa forme active, qui rend possible l'absorption du calcium.

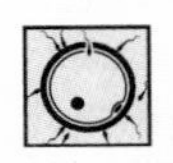

Système génital

- Le système digestif fournit les nutriments nécessaires aux besoins énergétiques, à la croissance et à l'entretien ; il fournit le supplément nutritionnel qui permet le développement du fœtus.

Liens particuliers : relations entre le système digestif et les systèmes cardiovasculaire, lymphatique et endocrinien

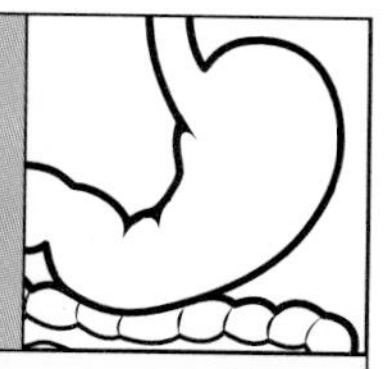

En comparaison avec les autres systèmes de l'organisme, le système digestif jouit d'une grande autonomie. Bien que le système nerveux central puisse influer sur son activité, et qu'il le fasse effectivement, cela n'est pas absolument nécessaire ; en effet, la plupart des activités digestives peuvent être entièrement régies par des mécanismes locaux. Par exemple : (1) les muscles de l'estomac et de l'intestin ont leur propre rythme de contraction, (2) par l'activité réflexe de leurs neurones entériques, les plexus nerveux intrinsèques du tube digestif assurent la régulation non seulement de l'organe dans lequel ils se trouvent, mais aussi des organes digestifs voisins ou plus éloignés, et (3) la régulation de la digestion dépend probablement plus des endocrinocytes gastro-intestinaux du système digestif lui-même que de l'activité nerveuse. Le système digestif présente une autre propriété remarquable : le milieu où se déroule son fonctionnement, et dont il assure la régulation, se situe en fait à l'extérieur de l'organisme. Cette régulation présente de grandes difficultés étant donné la rapidité à laquelle ce milieu peut être modifié, que ce soit par l'arrivée d'aliments (pizza et bière) ou l'écoulement du contenu intestinal (diarrhée).

Toutes les cellules de notre corps ont besoin de nutriments pour se maintenir en bonne santé et croître, ce qui ne laisse aucun doute quant à l'importance du système digestif pour pratiquement tous les systèmes de l'organisme. Mais quels sont les systèmes qui sont indispensables au système digestif lui-même ? Si l'on ne tient pas compte des fonctions d'ordre général comme les échanges gazeux et la régulation des liquides par les reins, les interactions les plus essentielles se font avec les systèmes cardiovasculaire, lymphatique et endocrinien. Voyons cela de plus près.

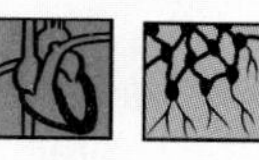

Systèmes cardiovasculaire et lymphatique

Les éléments les plus importants de cette interaction sont les vaisseaux qui assurent le transport. En effet, toute activité digestive serait inutile si les produits finaux de la digestion n'étaient pas absorbés dans les capillaires sanguins et les vaisseaux chylifères qui les acheminent à toutes les cellules de l'organisme. En plus d'effectuer le transport, le système lymphatique offre aussi une protection par l'intermédiaire des tonsilles, des follicules lymphatiques agrégés et des follicules lymphatiques disséminés le long du tube digestif. Comme nous l'avons mentionné, le fait que le tube digestif soit ouvert aux deux extrémités l'expose aux bactéries et mycètes pathogènes et opportunistes.

Système endocrinien

Non seulement le système digestif a des interactions importantes avec le système endocrinien, mais il constitue également l'organe endocrinien le plus étendu et le plus complexe de l'organisme. En effet, il produit des hormones qui règlent la motilité du tube digestif et l'activité de sécrétion de l'estomac, de l'intestin grêle, du foie et du pancréas (par exemple la sécrétine, la CCK, le GIP, la sérotonine) ; de plus, ces mêmes hormones provoquent la dilatation des vaisseaux sanguins locaux devant recevoir les produits de la digestion (VIP). Certaines hormones des organes digestifs (par exemple CCK et glucagon) sont aussi des médiateurs de la faim et de la satiété, et les hormones pancréatiques (insuline et glucagon) contribuent à la régulation du métabolisme des glucides, des graisses et des acides aminés dans tout l'organisme.

IMPLICATIONS CLINIQUES

Système digestif

Étude de cas : Vous vous souvenez certainement de M. Gendron, qui souffrait de déshydratation. Il semble que sa très grande production d'urine n'était pas le seul problème qui l'affectait. Aujourd'hui, il se plaint d'avoir mal à la tête, d'être ballonné et d'avoir la diarrhée. Pour tenter de poser un diagnostic, on lui a posé les questions suivantes :

- Avez-vous déjà ressenti ces symptômes dans le passé ? (Réponse : « Oui, mais rarement. »)
- Êtes-vous allergique à certains aliments ? (Réponse : « Les coquillages ne me réussissent pas et le lait me donne la diarrhée. »)

En conséquence, on recommande à M. Gendron de suivre un nouveau régime, sans lactose.

1. Pourquoi lui a-t-on prescrit ce nouveau régime ? (Quel type d'affection soupçonne-t-on ?)

Les symptômes de M. Gendron persistent en dépit des modifications apportées à son régime alimentaire. Sa diarrhée a même augmenté en intensité et, le lendemain soir, il se plaint de fortes douleurs dans la région inférieure droite de l'abdomen ; ses selles contiennent de grandes quantités de mucus sanguinolent. On l'interroge à nouveau pour tenter de mieux cerner le problème. On lui demande, entre autres, s'il a récemment fait un voyage à l'étranger, ce qui n'est pas le cas. Il est donc improbable qu'il souffre d'une infection à *Shigella,* une bactérie associée à de mauvaises conditions sanitaires. On lui pose aussi les questions suivantes :

- Buvez-vous de l'alcool, et en quelle quantité ? (Réponse : « Peu ou pas du tout. »)
- Avez-vous récemment mangé des œufs crus ou de la salade contenant de la mayonnaise chez des amis ? (Réponse : « Non. »)
- Avez-vous récemment mangé dans un « nouveau » restaurant ? (Réponse : « Oui, le jour de l'accident. »)

2. À la lumière de ces réponses, quelles sont selon vous les causes de la diarrhée de M. Gendron ? Comment fera-t-on le diagnostic et quel sera le traitement ?
3. À votre avis, pourquoi doit-on signaler les cas de ce type aux autorités sanitaires ?

(Réponses à l'appendice G)

La *fibrose kystique du pancréas,* ou *mucoviscidose* (décrite plus en détail au chapitre 23, p. 845-846), affecte surtout les poumons, mais elle entrave aussi sérieusement le fonctionnement du pancréas. Dans cette maladie héréditaire, les glandes muqueuses produisent des quantités énormes d'un mucus visqueux qui obstrue les conduits des organes touchés. L'occlusion du conduit pancréatique empêche le suc pancréatique d'atteindre l'intestin grêle. Par conséquent, la plupart des vitamines liposolubles et des lipides ne sont ni digérés ni absorbés, et les selles sont volumineuses et grasses. On peut résoudre ces problèmes de pancréas en administrant des enzymes pancréatiques avec les repas. ■

Le fœtus en cours de développement reçoit tous ses nutriments par l'intermédiaire du placenta; l'approvisionnement en nutriments et leur transformation ne posent aucun problème si la mère se nourrit de façon adéquate. Néanmoins, dans l'utérus, le tube digestif « apprend » à digérer de la nourriture, ce qu'il devra faire plus tard, parce que le fœtus avale naturellement un peu du liquide amniotique qui l'entoure. Ce liquide contient plusieurs substances chimiques qui stimulent la maturation du tube digestif, dont la gastrine et le facteur de croissance épidermique. En revanche, l'activité la plus importante du nouveau-né consiste à se nourrir, et plusieurs réflexes facilitent cette fonction: le *réflexe des points cardinaux* permet au nourrisson de trouver le mamelon maternel et le *réflexe de succion* lui permet de bien le tenir et d'avaler. En général, les nouveau-nés doublent de poids entre la naissance et l'âge de six mois; leur capacité de consommer des calories et de transformer les aliments est extraordinaire. Par exemple, un nourrisson de six semaines pesant 4 kg boit environ 600 mL de lait par jour. Pour boire un volume correspondant, un adulte de 65 kg devrait avaler 10 L de lait! Cependant, l'estomac d'un nourrisson est très petit et les tétées doivent donc être fréquentes (toutes les 3 à 4 h). Le péristaltisme est inefficace et les vomissements, fréquents. Lorsque les dents percent les gencives, le nourrisson passe à des aliments solides et, dès l'âge de deux ans, son régime alimentaire est le même que celui d'un adulte.

À moins d'une anomalie, le système digestif fonctionne relativement bien au cours de l'enfance et de l'âge adulte. Cependant, les aliments contaminés, très épicés ou irritants peuvent causer une inflammation du tube digestif appelée **gastro-entérite.** Les personnes d'âge mûr peuvent souffrir d'ulcères ou de problèmes touchant la vésicule biliaire (inflammation, ou **cholécystite,** et calculs biliaires).

Au cours de la vieillesse, l'activité du tube digestif diminue. La sécrétion des sucs digestifs est moins abondante, l'absorption est moins efficace et le péristaltisme ralentit, ce qui entraîne des selles moins fréquentes et, souvent, de la constipation. Le goût et l'odorat perdent de leur acuité et la périodontite est un problème courant. Beaucoup de personnes âgées vivent seules ou ne disposent que d'un revenu modeste. Ces facteurs, ajoutés au déclin des capacités physiques, font que la nourriture devient moins attrayante, et de nombreuses personnes âgées s'alimentent de façon inadéquate.

La diverticulose, l'incontinence des fèces et le cancer du tube digestif sont des affections relativement communes chez les personnes âgées. En général, les symptômes des cancers de l'estomac et du côlon apparaissent tardivement, de sorte qu'il y a souvent des métastases (rendant toute opération inutile) avant même que la personne consulte un médecin. En présence de métastases, il est presque certain que le « détour » du sang veineux splanchnique par la circulation porte hépatique et le foie provoquera un cancer secondaire du foie. Ces cancers peuvent toutefois être traités s'ils sont détectés à un stade précoce. C'est pourquoi on recommande à chacun de subir régulièrement des examens médicaux ainsi que des examens dentaires. La plupart des cancers de la bouche sont détectés au cours d'examens dentaires de routine, 50 % de tous les cancers du rectum peuvent être décelés par toucher rectal et près de 80 % des cancers du côlon peuvent être vus et retirés par coloscopie.

À l'heure actuelle, aux États-Unis, le cancer du côlon occupe la deuxième place parmi les cancers les plus meurtriers chez les hommes (après celui du poumon). Étant donné que la plupart des cancers colo-rectaux se forment à partir de tumeurs bénignes des muqueuses appelées **polypes** et que la fréquence des polypes s'accroît avec l'âge, l'examen annuel du côlon devrait être une priorité chez les personnes âgées de plus de 50 ans. Comme nous l'avons expliqué dans l'encadré des pages 94-95, l'apparition du cancer du côlon est un processus graduel résultant de la mutation de plusieurs gènes régulateurs. Des études récentes ont permis d'identifier le gène dont la mutation produit près de 50 % des cancers du côlon. Ce gène, appelé *p53,* constitue normalement une protection et fait en sorte que les erreurs de l'ADN ne puissent pas être transmises sans avoir été corrigées. Lorsque le gène *p53* est endommagé ou inhibé, il perd son effet de suppresseur de tumeur et l'ADN endommagé peut s'accumuler, ce qui est la cause de la carcinogenèse.

* * *

Comme nous l'avons résumé dans l'encadré intitulé *Synthèse,* le système digestif apporte au sang les nutriments à partir desquels tous les tissus de l'organisme peuvent répondre à leurs besoins énergétiques et synthétiser de nouvelles protéines pour assurer leur croissance et se maintenir en bon état. Nous sommes maintenant en mesure d'aborder le chapitre 25 qui traite de l'utilisation de ces nutriments par les cellules de l'organisme.

TERMES MÉDICAUX

Aptyalisme (*a* = sans; *ptualon* = salive) Sécheresse extrême de la bouche par diminution ou arrêt complet de la salivation; peut être due au blocage des glandes salivaires par des kystes ou à l'invasion auto-immune des glandes ou des conduits salivaires (syndrome de Sjögren). Aussi appelé *xérostomie*.

Ascite (*askos* = outre) Accumulation anormale de liquide dans la cavité péritonéale pouvant même causer un gonflement visible de l'abdomen. Peut résulter d'une hypertension portale due à une cirrhose du foie, à une cardiopathie ou à une maladie rénale.

Boulimie (*bous* = bœuf; *limos* = faim) Comportement faisant alterner l'ingestion de quantités énormes de nourriture et une forme de purge (par exemple vomissements provoqués, prise de laxatifs ou de diurétiques, exercice physique excessif). S'observe le plus souvent chez les jeunes femmes à l'école secondaire ou au collège ainsi que chez les garçons à l'école secondaire et pratiquant certains types d'activités sportives (lutte). Découle d'une peur maladive de grossir et d'un besoin de se maîtriser; constitue une façon de faire face au stress et à la dépression. Parmi les conséquences, on observe une érosion de l'émail des dents, des lésions de l'estomac ou la rupture de ce dernier (due aux vomissements) ainsi que des déséquilibres électrolytiques graves nuisant à l'activité cardiaque. Peut être liée à une déficience de la sécrétion de CCK, une hormone sécrétée par la muqueuse duodénale et qui joue un rôle dans la satiété. Les traitements peuvent comprendre l'hospitalisation en vue de réguler le comportement et des conseils en matière de nutrition.

Colite (*itis* = inflammation) Inflammation du gros intestin, ou côlon.

Colite ulcéreuse Maladie inflammatoire du rectum et du côlon, de gravité variable, progressant du rectum en direction proximale et touchant la muqueuse et la sous-muqueuse; l'ulcération de la muqueuse s'accompagne de douleurs et de diarrhée, et les selles sont chargées de mucus; les causes ne sont pas connues mais font intervenir des facteurs génétiques et des réponses auto-immunes; comme cette maladie accroît les risques de cancer du côlon, on procède habituellement à l'ablation chirurgicale du côlon dans les cas chroniques ayant persisté 10 ans ou plus. Aussi appelée *rectocolite hémorragique*.

Dysphagie (*dus* = difficile, anormal; *phagein* = manger) Difficulté liée à l'action de manger et plus particulièrement à celle d'avaler, généralement due à l'obstruction ou à une lésion de l'œsophage.

Endoscopie (*endon* = dedans; *skopein* = examiner) Méthode d'exploration visuelle de la cavité ventrale du corps ou de l'intérieur d'un organe viscéral tubulaire ou à orifice étroit, à l'aide d'un endoscope; cet instrument tubulaire flexible comprend une source lumineuse et une lentille; terme générique désignant la coloscopie (examen du côlon), la sigmoïdoscopie (examen du côlon sigmoïde), etc.

Entérite (*enteron* = intestin) Inflammation de la muqueuse intestinale, en particulier de celle de l'intestin grêle.

Hémochromatose familiale (*haïma* = sang; *khrôma* = couleur) Syndrome causé par un trouble du métabolisme du fer, dû à un apport excessif ou prolongé de fer, ou à la disparition partielle de la barrière muqueuse-fer; l'excès de fer se dépose dans les tissus, provoquant une augmentation de la pigmentation cutanée; on note alors une augmentation de la fréquence du cancer hépatique et de la cirrhose du foie; aussi appelée *diabète bronzé*.

Iléus Nom donné à toute forme d'occlusion intestinale. L'*iléus paralytique* est une affection dans laquelle tout mouvement du tube digestif cesse et l'intestin semble paralysé; peut être dû à des déséquilibres électrolytiques ou à un blocage des influx nerveux parasympathiques par des médicaments (comme ceux couramment utilisés pendant les interventions chirurgicales à l'abdomen); prend habituellement fin lorsque les causes disparaissent; le rétablissement de la motilité est indiqué par la réapparition de bruits intestinaux (gargouillis, par exemple).

Muguet Infection de la muqueuse orale par un mycète, *Candida albicans*, et se manifestant par des plaques blanches; touche surtout les nouveau-nés et les individus traités avec des doses élevées d'antibiotiques.

Œsophage de Barrett Modification pathologique de l'épithélium de l'œsophage inférieur qui, de stratifié squameux, devient prismatique et métaplasique. Peut constituer une séquelle d'un reflux gastro-œsophagien chronique non traité dû à une hernie hiatale et peut prédisposer la personne affectée à un cancer œsophagien agressif (adénocarcinome).

Orthodontie (*ortho* = droit) Branche de la médecine dentaire ayant pour objet la prévention et la correction des difformités touchant les dents.

Pancréatite Inflammation aiguë ou chronique du pancréas; peut être due à une concentration excessive de lipides dans le sang, mais résulte le plus souvent de l'activation des enzymes dans le conduit pancréatique entraînant la digestion du tissu pancréatique et du conduit; cette affection douloureuse peut produire des carences alimentaires graves parce que les enzymes pancréatiques sont essentielles à la digestion des aliments dans l'intestin grêle.

Proctologie (*proktos* = anus; *logos* = discours) Branche de la médecine traitant des maladies du côlon, du rectum et de l'anus.

Sténose pylorique du nourrisson (*stenos* = étroit) Rétrécissement anormal du muscle sphincter pylorique par épaississement de la couche musculaire (malformation congénitale); les premiers symptômes apparaissent généralement lorsque l'enfant commence à consommer des aliments solides; on observe alors des vomissements en jet; se corrige habituellement par voie chirurgicale.

Ulcères gastro-duodénaux Terme collectif désignant les ulcères de l'estomac et de la première partie du duodénum.

RÉSUMÉ DU CHAPITRE

Système digestif: caractéristiques générales (p. 853-859)

1. Le système digestif comprend les organes du tube digestif (bouche, pharynx, œsophage, estomac, intestin grêle et gros intestin) et ses organes annexes (dents, langue, glandes salivaires, foie, vésicule biliaire et pancréas).

Processus digestifs (p. 854-855)

2. L'activité du système digestif comporte six processus fonctionnels: l'ingestion, ou entrée de la nourriture; la propulsion, ou déplacement des aliments dans le tube digestif; la digestion mécanique, qui assure le mélange de la nourriture et son fractionnement; la digestion chimique, ou dégradation enzymatique; l'absorption, ou transport des produits de la digestion à travers la muqueuse intestinale en direction du sang; et la défécation, ou évacuation des résidus non digérés (fèces).

Concepts fonctionnels fondamentaux (p. 855-856)

3. Le système digestif régit le milieu existant dans la lumière, où il crée les conditions optimales pour la digestion et l'absorption des aliments.

4. Dans le tube digestif, des récepteurs et des cellules sécrétrices d'hormones répondent à des signaux d'étirement et à des signaux chimiques qui stimulent ou inhibent l'activité ou la motilité du tube digestif. Le tube digestif comprend un réseau de plexus nerveux locaux (intrinsèques).

Organes du système digestif: relations et organisation structurale (p. 856-859)

5. Le péritoine pariétal et le péritoine viscéral communiquent entre eux par l'intermédiaire de plusieurs prolongements (mésentère, ligament falciforme du foie, petit et grand omentums); ils sont séparés par un mince espace contenant la sérosité, qui réduit la friction pendant le fonctionnement des organes.

6. Les viscères digestifs sont irrigués par la circulation splanchnique, qui comporte plusieurs ramifications artérielles du tronc cœliaque et de l'aorte, ainsi que par le système porte hépatique.

7. Les parois de tous les organes du tube digestif sont formées des quatre mêmes couches de tissus, ou tuniques: la muqueuse, la sous-muqueuse, la musculeuse et la séreuse (ou adventice selon le cas). La paroi comporte également des plexus nerveux intrinsèques (système nerveux entérique).

ANATOMIE FONCTIONNELLE DU SYSTÈME DIGESTIF (p. 859-895)

Bouche, pharynx et œsophage (p. 859-870)

1. La nourriture entre dans le tube digestif par la bouche, qui communique à l'arrière avec l'oropharynx. La bouche est délimitée par les lèvres, les joues, le palais et la langue.

2. La muqueuse orale est un épithélium stratifié squameux, ce qui représente une adaptation des endroits sujets à l'abrasion.

3. La langue est constituée de muscles squelettiques recouverts de muqueuse. Les muscles intrinsèques lui permettent de changer de forme; les muscles extrinsèques lui permettent de changer de position.

4. La salive est sécrétée par un grand nombre de petites glandes orales et par trois paires de grosses glandes salivaires (parotides, submandibulaires et sublinguales) dont le produit s'écoule dans la bouche par des conduits. La salive est en grande partie composée d'eau, mais elle contient aussi des ions, des protéines, des déchets métaboliques, du lysozyme, des défensines, des IgA, de l'amylase salivaire et de la mucine.

5. La salive humidifie et nettoie la cavité orale; elle humecte les aliments, ce qui facilite leur compression; elle dissout les substances chimiques pour permettre leur perception par le goût; et elle amorce la digestion chimique de l'amidon (amylase salivaire). La production de salive est accrue par des réflexes conditionnés ainsi que par des réflexes parasympathiques répondant à l'activation de chimiorécepteurs et de barorécepteurs situés dans la bouche. L'action du système nerveux sympathique réduit la salivation.

6. Les 20 dents temporaires tombent à partir de l'âge de six ans et sont graduellement remplacées au cours de l'enfance et de l'adolescence par les 32 dents permanentes.

7. Les dents sont classées en incisives, canines, prémolaires et molaires. Chaque dent comprend une couronne couverte d'émail et une racine couverte de cément. La dentine, qui entoure le cavum de la dent, constitue le corps de la dent. Le desmodonte ancre la dent dans l'alvéole osseuse.

8. La nourriture venant de la bouche passe dans l'oropharynx et le laryngopharynx. La muqueuse du pharynx est constituée d'épithélium stratifié squameux; les muscles squelettiques (constricteurs) de sa paroi poussent les aliments vers l'œsophage.

9. L'œsophage part du laryngopharynx et débouche dans l'estomac par l'orifice du cardia, qui est entouré par le sphincter œsophagien inférieur.

10. La muqueuse de l'œsophage est formée d'épithélium stratifié squameux. Sa musculeuse est constituée de muscle squelettique dans la partie supérieure et devient progressivement du muscle lisse dans la partie inférieure. L'œsophage est recouvert d'une adventice et non d'une séreuse.

11. La bouche et les organes qui lui sont associés assurent l'ingestion de la nourriture et la digestion mécanique (mastication et mélange), amorcent la digestion chimique de l'amidon (amylase salivaire) et poussent la nourriture dans le pharynx (étape orale de la déglutition).

12. Les dents servent à la mastication, un processus qui est amorcé volontairement et régi par la suite par des réflexes.

13. La langue mélange la nourriture avec la salive, la comprime en un bol alimentaire et amorce la déglutition (étape volontaire). Le pharynx et l'œsophage sont principalement des voies qui acheminent la nourriture à l'estomac par péristaltisme. Le centre de la déglutition, situé dans le bulbe rachidien et le pont, régit cette étape par l'intermédiaire de réflexes. Lorsque l'onde péristaltique approche du sphincter œsophagien inférieur, celui-ci se relâche pour permettre à la nourriture de pénétrer dans l'estomac.

Estomac (p. 870-879)

1. L'estomac, en forme de C, se situe dans le quadrant supérieur gauche de la cavité abdominale. Ses principales régions sont le cardia, le fundus de l'estomac, le corps de l'estomac et la partie pylorique. Lorsqu'il est vide, sa face interne forme les plis gastriques.

2. La muqueuse de l'estomac est constituée d'épithélium simple prismatique parsemé de cryptes conduisant aux glandes gastriques. Les cellules sécrétrices des glandes gastriques comprennent les cellules principales, qui produisent le pepsinogène; les cellules pariétales, qui sécrètent l'acide chlorhydrique et le facteur intrinsèque; les cellules à mucus du collet, qui produisent du mucus; et les endocrinocytes gastro-intestinaux, qui sécrètent diverses hormones.

3. La barrière muqueuse protège l'estomac de l'autodigestion et des effets du HCl, et elle est créée par les cellules de la muqueuse; en effet, celles-ci sont reliées entre elles par des jonctions serrées, elles sécrètent un mucus épais et sont rapidement remplacées lorsqu'elles sont endommagées.

4. La musculeuse de l'estomac comporte une troisième couche de muscle lisse orienté obliquement et permettant le malaxage et le pétrissage de la nourriture.

5. Dans l'estomac, la pepsine activée amorce la digestion des protéines, qui nécessite un milieu acide (créé par le HCl). Peu de substances sont absorbées à cet endroit.

6. La sécrétion gastrique est réglée par des facteurs nerveux et hormonaux. Elle comprend les phases céphalique, gastrique et intestinale. La plupart des stimulus céphaliques et gastriques font augmenter la sécrétion gastrique; la plupart des stimulus agissant sur l'intestin grêle déclenchent le réflexe entéro-gastrique et provoquent la libération de sécrétine, de CCK et de GIP, qui inhibent la sécrétion gastrique. L'activité du système sympathique inhibe aussi la sécrétion gastrique.

7. Dans l'estomac, la digestion mécanique est amorcée par l'étirement des parois et couplée aux déplacements de la nourriture ainsi qu'à l'évacuation gastrique. L'arrivée des aliments dans le duodénum est régie par le pylore et par des signaux de rétroaction provenant de l'intestin grêle. Des cellules rythmogènes situées dans la couche de muscle lisse déterminent la fréquence maximale des contractions péristaltiques.

Intestin grêle et structures annexes (p. 879-890)

1. L'intestin grêle s'étend du muscle sphincter pylorique à la valve iléo-cæcale. Ses trois segments sont le duodénum, le jéjunum et l'iléum. Le conduit cholédoque et le conduit pancréatique se rejoignent pour former l'ampoule hépato-pancréatique et ils déversent leurs sécrétions dans le duodénum par le muscle sphincter de l'ampoule hépato-pancréatique (sphincter d'Oddi).

2. La sous-muqueuse duodénale contient des glandes muqueuses complexes (glandes duodénales); celle de l'iléum contient des follicules lymphatiques agrégés (plaques de Peyer). Le duodénum est recouvert d'une adventice et non d'une séreuse.

3. Les plis circulaires, les villosités et les microvillosités ont pour effet d'accroître la surface intestinale pour la digestion et l'absorption.

4. L'intestin grêle est le principal organe de la digestion et de l'absorption. Le suc intestinal, qui contient relativement peu d'enzymes, se compose en grande partie d'eau. Les principaux stimulus provoquant la sécrétion de ce liquide sont l'étirement et les substances chimiques.

5. Le foie est un organe lobé superposé à l'estomac. Son rôle dans la digestion consiste à produire de la bile, qu'il déverse dans le conduit hépatique commun.

6. Les lobules hépatiques sont les unités structurales et fonctionnelles du foie. Le sang qui se rend au foie par l'artère hépatique et la veine porte hépatique passe dans les sinusoïdes du foie, où les macrophagocytes stellaires en retirent les débris et où les hépatocytes y prélèvent les nutriments. Les hépatocytes emmagasinent le glucose sous forme de glycogène, synthétisent les protéines plasmatiques à partir des acides aminés et effectuent la détoxication des déchets métaboliques et des médicaments.

7. La bile est continuellement élaborée par les hépatocytes. Les sels biliaires, la sécrétine et l'action des nerfs vagues stimulent la production de bile.

8. La vésicule biliaire est une poche musculeuse située sous le lobe droit du foie ; elle emmagasine la bile et la concentre.

9. La bile est un milieu aqueux contenant des électrolytes, diverses substances grasses, des sels biliaires et des pigments biliaires. Les sels biliaires sont des agents émulsifiants ; ils dispersent les graisses et forment des micelles solubles dans l'eau, ce qui met les produits de la digestion des graisses en solution.

10. La cholécystokinine libérée par l'intestin grêle stimule les contractions de la vésicule biliaire et le relâchement du sphincter de l'ampoule hépato-pancréatique, ce qui permet à la bile (et au suc pancréatique) de pénétrer dans le duodénum.

11. Le pancréas est rétropéritonéal et se situe entre la rate et l'intestin grêle. Son produit exocrine, le suc pancréatique, est acheminé au duodénum par le conduit pancréatique.

12. Le suc pancréatique est un liquide riche en HCO_3^- ; il contient des enzymes qui digèrent tous les types de nutriments. La sécrétion du suc pancréatique est régie par des hormones intestinales et par les nerfs vagues.

13. Dans l'intestin grêle, la digestion mécanique et la propulsion ont pour effet de mélanger le chyme avec les sucs digestifs et la bile ; elles font aussi passer les résidus à travers la valve iléo-cæcale, surtout par l'intermédiaire de la segmentation. Des cellules rythmogènes établissent le rythme de la segmentation. L'ouverture de la valve iléo-cæcale est régie par le réflexe gastro-iléal et par la gastrine.

Gros intestin (p. 890-895)

1. Les segments du gros intestin sont le cæcum (et l'appendice vermiforme), le côlon (ascendant, transverse, descendant et sigmoïde), le rectum et le canal anal. Il s'ouvre par l'anus.

2. La muqueuse de la plus grande partie du gros intestin est un épithélium simple prismatique contenant un grand nombre de cellules caliciformes. Le muscle longitudinal de la musculeuse est réduit à trois bandes (bandelettes du côlon) qui plissent la paroi du côlon, formant ainsi les haustrations du côlon.

3. Les principales fonctions du gros intestin sont l'absorption de l'eau et de certains électrolytes (et des vitamines produites par les bactéries intestinales) ainsi que la défécation (évacuation des résidus alimentaires).

4. Le réflexe d'évacuation est déclenché par l'arrivée des fèces dans le rectum. Il met en jeu des réflexes parasympathiques provoquant la contraction des parois rectales et est aidé par la manœuvre de Valsalva.

PHYSIOLOGIE DE LA DIGESTION CHIMIQUE ET DE L'ABSORPTION (p. 896-903)

Digestion chimique (p. 896-900)

1. La digestion chimique s'accomplit par hydrolyse, une réaction qui est catalysée par des enzymes.

2. La plus grande partie de la digestion chimique est effectuée dans l'intestin grêle par les enzymes intestinales (de la bordure en brosse) et surtout par les enzymes pancréatiques. Le suc pancréatique alcalin neutralise le chyme acide et crée un milieu propice à l'action des enzymes. Le suc pancréatique (principale source de lipases) et la bile sont nécessaires à une dégradation normale des lipides.

Absorption (p. 900-903)

1. Pratiquement tous les aliments et la plus grande partie de l'eau et des électrolytes sont absorbés par l'intestin grêle. À l'exception des produits de digestion des lipides, des vitamines liposolubles et de la majorité des vitamines hydrosolubles (qui sont absorbés par diffusion), la plupart des nutriments sont absorbés par des mécanismes de transport actif.

2. Les produits de dégradation des lipides sont solubilisés par les sels biliaires (dans les micelles) ; puis, après avoir pénétré dans les cellules absorbantes de la muqueuse intestinale, ils entrent dans la synthèse de nouveaux triglycérides ; ceux-ci sont eux-mêmes combinés à d'autres lipides et à des protéines et forment des chylomicrons qui pénètrent dans les vaisseaux chylifères. Les autres substances absorbées pénètrent dans les capillaires sanguins des villosités et sont acheminées au foie par la veine porte hépatique.

Développement et vieillissement du système digestif (p. 903, 906)

1. La muqueuse du tube digestif se développe à partir de l'endoderme, qui se replie en formant un tube. Les organes annexes glandulaires (glandes salivaires, foie, pancréas et vésicule biliaire) apparaissent par évagination de l'endoderme de l'intestin antérieur. Les trois autres couches du tube digestif se forment à partir du mésoderme.

2. Les anomalies importantes du tube digestif comprennent la fissure palatine et le bec-de-lièvre, la fibrose kystique du pancréas et la fistule trachéo-œsophagienne. Ces anomalies empêchent une alimentation normale.

3. Au cours de la vie, diverses inflammations peuvent affecter le système digestif. L'appendicite est commune chez les adolescents, la gastro-entérite et l'empoisonnement alimentaire peuvent se manifester en tout temps (en présence de certains facteurs irritants), la fréquence des ulcères et des problèmes de vésicule biliaire augmente chez les personnes d'âge mûr.

4. Chez les personnes âgées, toutes les fonctions du système digestif perdent de leur efficacité et les maladies périodontiques sont communes. La diverticulose, l'incontinence des fèces et les cancers du tube digestif comme ceux de l'estomac et du côlon sont de plus en plus fréquents lorsque la population vieillit.

QUESTIONS DE RÉVISION

Choix multiples/associations

(Réponses à l'appendice G)

1. L'obstruction du muscle sphincter de l'ampoule hépato-pancréatique nuit à la digestion parce qu'elle réduit la quantité disponible : (a) de bile et de HCl ; (b) de HCl et de suc intestinal ; (c) de suc pancréatique et de suc intestinal ; (d) de suc pancréatique et de bile.

2. L'action d'une enzyme est influencée par : (a) le milieu chimique ; (b) la présence de son substrat ; (c) la présence des cofacteurs ou coenzymes nécessaires à la réaction ; (d) tous ces facteurs.

3. La conversion des glucides est effectuée par : (a) les peptidases, la trypsine et la chymotrypsine ; (b) l'amylase, la maltase et la sucrase ; (c) les lipases ; (d) les peptidases, les lipases et la galactase.

4. Le système nerveux parasympathique agit sur la digestion : (a) en provoquant le relâchement des muscles lisses ; (b) en stimulant le péristaltisme et l'activité de sécrétion ; (c) en resserrant les sphincters ; (d) aucune de ces actions.

5. Le suc digestif qui contient des enzymes pouvant digérer les quatre principales catégories d'aliments est le suc : (a) pancréatique ; (b) gastrique ; (c) salivaire ; (d) biliaire.

6. La vitamine associée à l'absorption de calcium est la vitamine : (a) A ; (b) K ; (c) C ; (d) D.

7. Une personne a pris un repas composé de pain beurré, de crème et d'œufs. Parmi les événements suivants, lequel se produira selon vous ? (a) Si on les compare à l'instant qui suit le repas, la motilité gastrique et la sécrétion d'acide chlorhydrique diminuent au moment où la nourriture atteint le duodénum ; (b) la motilité gastrique augmente au moment même où la personne mastique les aliments (avant la déglutition) ; (c) les graisses seront émulsionnées dans le duodénum sous l'action de la bile ; (d) toutes ces réponses.

8. Le siège de la production du GIP et de la cholécystokinine est : (a) l'estomac ; (b) l'intestin grêle ; (c) le pancréas ; (d) le gros intestin.

9. Laquelle des affirmations suivantes ne s'applique pas au gros intestin ? (a) Il se divise en segments ascendant, transverse et descendant ; (b) il contient un très grand nombre de bactéries dont certaines synthétisent des vitamines ; (c) c'est le principal site d'absorption ; (d) il absorbe une grande partie de l'eau et des sels qui restent dans les déchets.

10. La vésicule biliaire : (a) produit la bile ; (b) est reliée au pancréas ; (c) emmagasine et concentre la bile ; (d) produit la sécrétine.

11. Le sphincter situé entre l'estomac et le duodénum est : (a) le sphincter pylorique ; (b) le sphincter œsophagien inférieur ; (c) le sphincter de l'ampoule hépato-pancréatique ; (d) le sphincter iléo-cæcal.

Dans les questions 12 à 16, suivez le parcours d'une molécule de protéine qui a été ingérée.

12. Les enzymes qui digéreront la molécule de protéine sont sécrétées par : (a) la bouche, l'estomac et le côlon ; (b) l'estomac, le foie et l'intestin grêle ; (c) l'intestin grêle, la bouche et le foie ; (d) l'estomac, le pancréas et l'intestin grêle.

13. La molécule de protéine doit être digérée avant d'être acheminée aux cellules et utilisée par celles-ci parce que : (a) la protéine ne peut être utilisée que de façon directe ; (b) le pH de la protéine est bas ; (c) dans la circulation sanguine, les protéines créent une pression osmotique nuisible ; (d) la molécule de protéine est trop grosse pour pouvoir être absorbée facilement.

14. Les produits de la digestion de la protéine pénètrent dans la circulation sanguine en bonne partie en traversant les cellules qui recouvrent : (a) l'estomac ; (b) l'intestin grêle ; (c) le gros intestin ; (d) le conduit biliaire.

15. Avant de passer par le cœur, le sang qui transporte les produits de la digestion des protéines traverse d'abord des réseaux capillaires situés dans : (a) la rate ; (b) les poumons ; (c) le foie ; (d) le cerveau.

16. Après leur passage dans l'organe de régulation choisi ci-dessus, les produits de la digestion des protéines circulent dans l'ensemble de l'organisme. Ils pénétreront dans les cellules de l'organisme par un processus : (a) de transport actif ; (b) de diffusion ; (c) d'osmose ; (d) de pinocytose.

Questions à court développement

17. Faites un schéma simplifié des organes du tube digestif et identifiez chacun d'eux. Puis, à l'aide de flèches, indiquez sur votre dessin dans quelle région du tube digestif les glandes salivaires, le foie et le pancréas déversent respectivement leurs sécrétions.

18. Nommez les tuniques de la paroi du tube digestif. Indiquez la composition des tissus et la fonction principale de chacune de ces tuniques.

19. Qu'est-ce qu'un mésentère ? Le mésocôlon ? Le grand omentum ?

20. Nommez six grandes fonctions du système digestif et associez chacune aux régions du tube digestif où elle s'effectue.

21. Comparez le péristaltisme, la segmentation et les mouvements de masse (sur le plan du type de contractions, des effets sur le contenu intestinal et de la région du tube digestif où chaque activité se produit).

22. Résumez, en quelques mots, la fonction du plexus sous-muqueux et celle du plexus myentérique ainsi que l'effet général du système nerveux sympathique et du système nerveux parasympathique sur l'activité digestive.

23. (a) Décrivez les limites de la cavité orale. (b) Selon vous, à cet endroit, pourquoi la muqueuse est-elle composée d'épithélium stratifié squameux et non d'un épithélium simple prismatique, qui est plus commun ?

24. (a) Quel est le nombre normal de dents permanentes ? de dents temporaires ? (b) Quelle est la substance qui recouvre la couronne de la dent ? sa racine ? (c) Quelle substance constitue la plus grande partie de la dent ? (d) Qu'est-ce que la pulpe et où se trouve-t-elle ?

25. Expliquez comment se forment les caries dentaires.

26. Décrivez les deux étapes de la déglutition en énumérant les organes qui y contribuent et les événements auxquels elle donne lieu.

27. Expliquez le rôle des types de cellules suivants, qu'on trouve dans les glandes gastriques : cellules pariétales, cellules principales, cellules à mucus du collet et endocrinocytes gastro-intestinaux.

28. Montrez comment l'estomac se protège contre l'acidité excessive du suc gastrique ; expliquez la formation d'un ulcère gastrique.

29. Expliquez la régulation des phases céphalique, gastrique et intestinale de la sécrétion gastrique.

30. Expliquez le mécanisme de régulation de l'évacuation gastrique ; donnez deux raisons pour lesquelles l'intestin grêle ne doit recevoir que de petites quantités de chyme à la fois.

31. (a) Quelle est la relation entre les conduits cystique, hépatique commun, cholédoque et pancréatique ? (b) Comment nomme-t-on l'endroit où les conduits cholédoque et pancréatique se rejoignent ?

32. Expliquez pourquoi l'absence de bile ou de suc pancréatique, ou des deux, s'accompagne de selles grasses.

33. Expliquez la fonction des macrophagocytes stellaires et des hépatocytes du foie.

34. Décrivez les trois types d'adaptations structurales de l'intestin grêle reliées à sa fonction d'absorption.

35. Définissez (a) les enzymes de la bordure en brosse; (b) les chylomicrons.

36. Décrivez le travail de la flore bactérienne du gros intestin; énumérez les différentes composantes normales des fèces.

37. Comparez la diarrhée et la constipation sur le plan des causes, de l'absorption de l'eau et du transit du contenu intestinal.

38. Nommez un type d'inflammation du tube digestif particulièrement commun chez les adolescents, deux types communs chez les personnes d'âge mûr et un type commun chez les personnes âgées.

39. Quels sont les effets du vieillissement sur l'activité du système digestif?

RÉFLEXION ET APPLICATION

1. Vous êtes un jeune assistant de recherche dans une société pharmaceutique. Votre groupe s'est vu confier la tâche de synthétiser un laxatif efficace (1) qui fournisse des fibres et (2) qui n'irrite pas la muqueuse intestinale. Expliquez l'importance de ces exigences en expliquant ce qui se produirait si les conditions étaient exactement l'inverse de celles énoncées ici.

2. Après un copieux repas riche en aliments frits, Diane Collin, une femme de 45 ans qui a une tendance à l'embonpoint, arrive au service des urgences; elle se plaint de douleurs spasmodiques dans la région épigastrique qui irradient du côté droit de la cage thoracique. Elle explique que l'attaque est survenue d'un seul coup, et on constate que son abdomen est sensible au toucher et un peu rigide. Selon vous, de quelle affection souffre cette patiente et pourquoi la douleur est-elle discontinue (crampes)? Quels sont les traitements possibles et que risquerait-il de se passer en l'absence de traitement?

3. Un nourrisson est amené à l'hôpital; pendant les trois derniers jours, il a eu la diarrhée et ses selles étaient aqueuses. Ses fontanelles sont enfoncées, ce qui est le signe d'une déshydratation extrême. Les épreuves diagnostiques montrent qu'il souffre d'une colite bactérienne, et on lui prescrit des antibiotiques. Étant donné la perte de sucs intestinaux chez ce nourrisson, pensez-vous que son pH sanguin montrerait une acidose ou une alcalose? Expliquez votre raisonnement.

4. Gérard Lefrançois, un représentant d'âge mûr, se plaint d'une sensation de brûlure « au creux de l'estomac » qui commence habituellement environ deux heures après un repas et qui s'estompe lorsqu'il boit un verre de lait. Lorsqu'on lui demande d'indiquer le siège de la douleur, il montre la région épigastrique. L'équipe médicale procède à un examen du tube digestif par radioscopie et découvre un ulcère gastrique; on prescrit un traitement aux antibiotiques et au subsalicylate de bismuth. (a) Pourquoi a-t-on recommandé un tel traitement? (b) Que risquerait-il de se produire en l'absence de traitement?

NUTRITION, MÉTABOLISME ET THERMORÉGULATION

SOMMAIRE ET OBJECTIFS D'APPRENTISSAGE

Nutrition (p. 913-920, 921-929)

1. Définir les termes nutriment, nutriment essentiel et joule.
2. Énumérer les six principaux types de nutriments. Indiquer les sources alimentaires importantes de chacun et les principaux rôles de ces nutriments dans les cellules.
3. Distinguer, sur le plan nutritionnel, les protéines complètes et les protéines incomplètes; expliquer les précautions que doivent prendre les végétariens stricts dans l'établissement de leur régime alimentaire.
4. Énumérer les différents facteurs qui déterminent si les acides aminés serviront à l'anabolisme ou au catabolisme, et expliquer les effets de ces facteurs.
5. Définir le bilan azoté et indiquer les causes possibles des bilans azotés positif et négatif.
6. Présenter les principales caractéristiques des vitamines; distinguer les vitamines liposolubles et les vitamines hydrosolubles et énumérer celles qui appartiennent à chaque groupe.
7. Pour chacune des plus importantes vitamines, citer ses principales sources, indiquer ses fonctions dans l'organisme et décrire les conséquences d'une carence ou d'un excès.
8. Énumérer les minéraux essentiels à l'homéostasie; nommer les sources alimentaires importantes pour chacun, expliquer comment il est utilisé dans l'organisme et décrire les conséquences d'une carence ou d'un excès.

Métabolisme (p. 920, 930-954, 956-957)

9. Définir le métabolisme. Expliquer les différences entre le catabolisme et l'anabolisme. Définir en quelques mots la respiration cellulaire.
10. Définir l'oxydation et la réduction et expliquer l'importance de ces réactions dans le métabolisme. Expliquer le rôle des coenzymes qui interviennent dans les réactions cellulaires d'oxydation.
11. Définir la phosphorylation et montrer son utilité; expliquer la différence entre la phosphorylation au niveau du substrat et la phosphorylation oxydative.
12. Situer les différentes étapes de l'oxydation complète du glucose dans une cellule de l'organisme. Résumer les étapes importantes et les produits de la glycolyse, du cycle de Krebs et de la chaîne de transport des électrons.
13. Dresser le bilan, en termes de molécules d'ATP, de l'oxydation complète d'une molécule de glucose; préciser comment et où chaque molécule d'ATP a été produite.
14. Définir la glycogenèse, la glycogénolyse et la néoglucogenèse; citer les tissus et organes où ces différents processus peuvent s'effectuer.
15. Préciser le traitement que subit le glycérol lors du catabolisme des triglycérides et décrire le processus de production d'énergie par dégradation des acides gras.
16. Expliquer la lipogenèse et la lipolyse.
17. Définir les corps cétoniques et nommer le facteur qui stimule leur formation; expliquer ce qu'est la cétose et décrire ses conséquences.

18. Définir la transamination; expliquer comment les acides aminés sont préparés à leur dégradation pour la production d'énergie; montrer comment se forme l'urée.

19. Expliquer pourquoi la synthèse protéique est nécessaire dans les cellules et relier les conditions de cette synthèse aux notions d'acides aminés essentiels et non essentiels.

20. Expliquer la notion de pool des acides aminés et de pool des glucides et des lipides (graisses), et présenter les voies par lesquelles les substances de ces pools peuvent être interconverties.

21. Énumérer les fonctions, les événements importants et les principales voies métaboliques de l'état postprandial et de l'état de jeûne, et expliquer comment ces événements et voies sont réglés.

22. Énumérer et résumer les principales fonctions métaboliques du foie.

23. Établir la différence entre les LDL et les HDL pour ce qui est de leur structure et de leurs principaux rôles dans l'organisme; présenter les liens qui semblent exister entre les taux de LDL et de HDL et la santé.

Équilibre énergétique (p. 955, 958-965)

24. Définir ce que signifie l'expression équilibre énergétique de l'organisme et expliquer les termes de l'équation qui exprime cet équilibre.

25. Décrire les principales théories actuelles sur la régulation de l'apport alimentaire; présenter le modèle hypothétique qui fait le lien entre ces différentes théories.

26. Définir le métabolisme basal et le métabolisme total. Nommer les principaux facteurs qui influent sur la vitesse du métabolisme et expliquer leurs effets.

27. Expliquer les mécanismes de thermorégulation (thermogenèse et thermolyse); définir l'hypothermie, l'épuisement dû à la chaleur, le coup de chaleur et la fièvre.

Nutrition et métabolisme au cours du développement et du vieillissement (p. 965-966)

28. Décrire les effets d'un apport protéique insuffisant sur le système nerveux du fœtus.

29. Présenter quelques-unes des principales carences enzymatiques qui peuvent avoir des conséquences sur le métabolisme.

30. Décrire la cause et les conséquences du ralentissement du métabolisme qu'on observe chez les personnes âgées.

31. Expliquer les effets que les médicaments couramment employés par les personnes âgées peuvent avoir sur leur état nutritionnel et leur santé.

Aimez-vous les bons repas? Faites-vous partie de ceux qui vivent pour manger ou de ceux qui mangent pour vivre? Quel que soit le groupe auquel nous appartenons, nous reconnaissons tous que la nourriture est essentielle à la vie. On dit parfois que l'on est ce que l'on mange, ce qui est vrai puisqu'une partie des aliments que nous absorbons servent à construire nos structures cellulaires, à remplacer les éléments usés et à synthétiser des molécules fonctionnelles. Cependant la plus grande partie de nos aliments deviennent une source d'énergie métabolique, c'est-à-dire qu'ils sont oxydés et transformés en **ATP,** la forme d'énergie chimique qui alimente les nombreuses activités de la cellule. Dans le système international, l'unité d'énergie et de chaleur est le joule (J); c'est le travail produit par une force de un newton qui déplace son point d'application de un mètre dans sa propre direction. Pour des considérations pratiques, la valeur énergétique des aliments se mesure en unités appelées **kilojoules** (kJ); l'unité utilisée par les personnes au régime est la calorie et plus précisément la kilocalorie (kcal), qui équivaut à 4,185 kJ.

Au chapitre 24, nous avons étudié les processus de digestion et d'absorption des aliments. Mais qu'arrive-t-il aux aliments une fois qu'ils sont entrés dans le sang? Pourquoi avons-nous besoin de pain, de viande et de légumes frais? Pourquoi tout ce que nous mangeons semble-t-il se transformer en graisse? Dans le présent chapitre, nous tenterons de répondre à ces questions en décrivant la nature des nutriments et leurs divers rôles métaboliques dans l'organisme.

NUTRITION

Un **nutriment** est une substance qui nous est procurée par nos aliments (après digestion) et qui est utilisée par l'organisme pour assurer la croissance, l'entretien et la réparation des tissus. Les nutriments essentiels à une bonne santé se divisent en six groupes bien définis. Trois d'entre eux sont appelés **nutriments majeurs** (glucides, lipides et protéines) et constituent la plus grande partie de ce que nous consommons. Les vitamines et les minéraux sont également essentiels à l'homéostasie, mais ils ne sont nécessaires qu'en très petites quantités. Au sens strict, l'eau, qui compose environ 60 % du volume de nos aliments, est aussi un nutriment majeur. Cependant, nous avons parlé au chapitre 2 (p. 39-40) du rôle primordial de l'eau comme milieu de dissolution (solvant) et comme réactif dans de nombreuses réactions chimiques ainsi que de son importance dans une multitude d'autres aspects du fonctionnement de l'organisme; nous nous limiterons donc ici à l'étude des cinq autres classes de nutriments que nous venons d'énumérer.

La plupart des aliments apportent une variété de nutriments à l'organisme. Par exemple, un bol de crème de champignons contient tous les nutriments majeurs ainsi que quelques vitamines et des minéraux. Une alimentation comprenant des éléments de chaque groupe alimentaire (céréales, fruits, légumes, viande-poisson, produits laitiers) fournit en principe tous les nutriments nécessaires en quantité suffisante. La figure 25.1 présente de façon plus détaillée les conditions auxquelles doit répondre une alimentation saine.

Les cellules, surtout celles du foie, ont une aptitude tout à fait remarquable à convertir un type de molécules en un autre. Ces interconversions permettent à l'organisme d'utiliser toute la gamme des substances présentes dans les divers aliments et de s'ajuster aux fluctuations des apports nutritionnels. Mais cette capacité de créer de nouvelles molécules à partir d'autres molécules a ses limites: au moins 45 et peut-être même 50 molécules ne peuvent être produites par de telles transformations et doivent être fournies par le régime alimentaire; on les appelle **nutriments essentiels.** Tant que nous consommons tous les

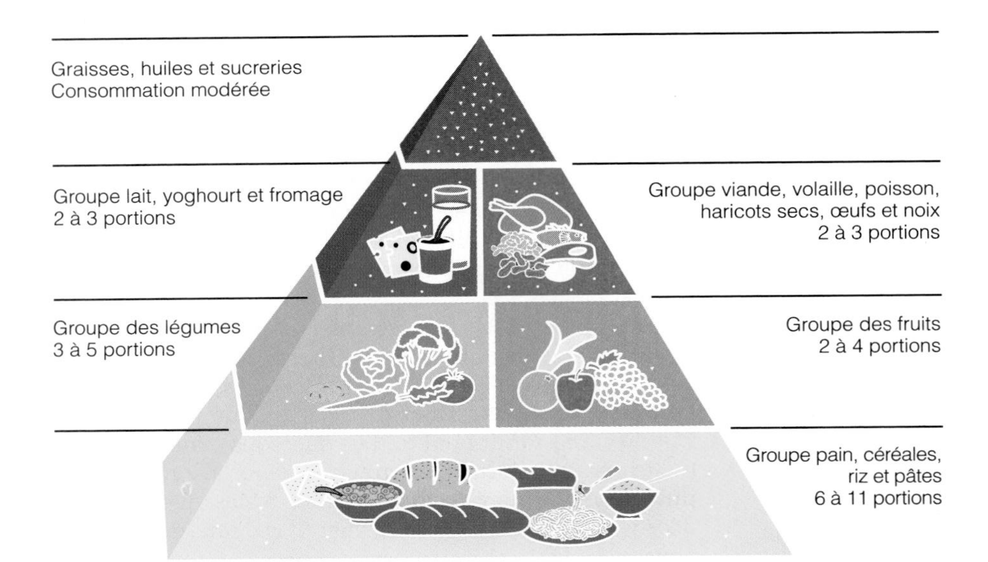

FIGURE 25.1
Pyramide du guide alimentaire. Cette pyramide nutritionnelle, publiée par le ministère américain de l'Agriculture en 1992, montre qu'il faut consommer une grande variété d'aliments (surtout des fruits, des légumes et des féculents) pour rester en bonne santé. Dans un régime alimentaire de ce type, la plus grande partie des graisses provient des produits laitiers et du groupe viande-volaille-œufs.

nutriments essentiels, notre organisme peut synthétiser les centaines d'autres molécules nécessaires au maintien de notre bonne santé. Le choix du terme « essentiel » pour désigner les substances chimiques qui doivent provenir de sources extérieures n'est pas très heureux et il prête même à confusion ; en effet, tous les nutriments (essentiels et non essentiels) sont tout aussi indispensables au bon fonctionnement de l'organisme.

Dans cette première section, nous allons passer en revue les sources des diverses catégories de nutriments ainsi que les apports quotidiens recommandés ; nous parlerons également de l'importance globale de chacun d'eux et de leur rôle dans l'organisme. La figure 25.2 présente de façon abrégée la destinée des nutriments majeurs.

25

Glucides

Sources alimentaires

À l'exception du sucre du lait (lactose) et des petites quantités de glycogène présentes dans les viandes, tous les glucides que nous ingérons sont d'origine végétale. Les sucres (monosaccharides et disaccharides) proviennent des fruits, de la canne à sucre, de la betterave à sucre, du miel et du lait ; l'amidon, un polysaccharide, se trouve dans les céréales, les légumineuses et les racines comestibles. La cellulose, un autre polysaccharide très abondant dans de nombreux végétaux, n'est pas digérée par les humains, mais elle fournit les fibres alimentaires qui font augmenter le volume des selles et facilitent la défécation.

Utilisation par l'organisme

Le **glucose** est la molécule de monosaccharide qui finit par être acheminée aux cellules et qui est utilisée par celles-ci. La digestion des glucides produit également du fructose et du galactose, mais le foie convertit ces monosaccharides en glucose qu'il libère ensuite dans la circulation systémique. Le glucose est l'un des principaux combustibles de l'organisme et il peut facilement servir à la synthèse de l'ATP (figure 25.2a). Bien que de nombreuses cellules de l'organisme utilisent les lipides comme source d'énergie, les neurones et les globules rouges dépendent presque exclusivement du glucose pour satisfaire leurs besoins énergétiques. L'organisme assure une surveillance et une régulation très précises de la glycémie (concentration sanguine de glucose), car une diminution de la quantité de glucose dans le sang, même de courte durée, peut affecter gravement le fonctionnement de l'encéphale et provoquer la mort des neurones.

Les monosaccharides ont peu d'autres fonctions. De petites quantités de pentoses entrent dans la synthèse des acides nucléiques, et divers sucres sont liés aux protéines et aux lipides de la face externe de la membrane plasmique. Lorsque la concentration sanguine de glucose excède la quantité nécessaire à la synthèse de l'ATP, le glucose est converti en glycogène dans les muscles squelettiques, le cœur et le foie, ou bien en graisses dans les adipocytes.

Besoins et apport alimentaire

Les Inuit ont un régime alimentaire pauvre en glucides alors que celui des Asiatiques en contient beaucoup, ce qui montre que les humains peuvent vivre en bonne santé même si les quantités de glucides ingérés fluctuent largement ; ce fait reflète sans aucun doute la capacité de l'organisme d'utiliser les lipides et les acides aminés comme sources d'énergie. La consommation minimale de glucides n'a pas été établie, mais on estime que la plus petite quantité permettant le maintien d'une glycémie adéquate est d'environ 100 g par jour. On recommande actuellement un apport quotidien de 125 à 175 g de glucides, et on insiste sur l'importance des glucides *complexes*. L'idée selon laquelle nous devrions consommer cinq portions de fruits ou de légumes par jour est excellente. Si la consommation de glucides est inférieure à 50 g par jour, l'énergie est produite par dégradation des protéines tissulaires et des lipides.

En moyenne, l'adulte nord-américain consomme de 200 à 300 g de glucides par jour, ce qui représente environ 46 % de l'énergie fournie par les aliments. Étant donné que les féculents sont généralement moins coûteux que la

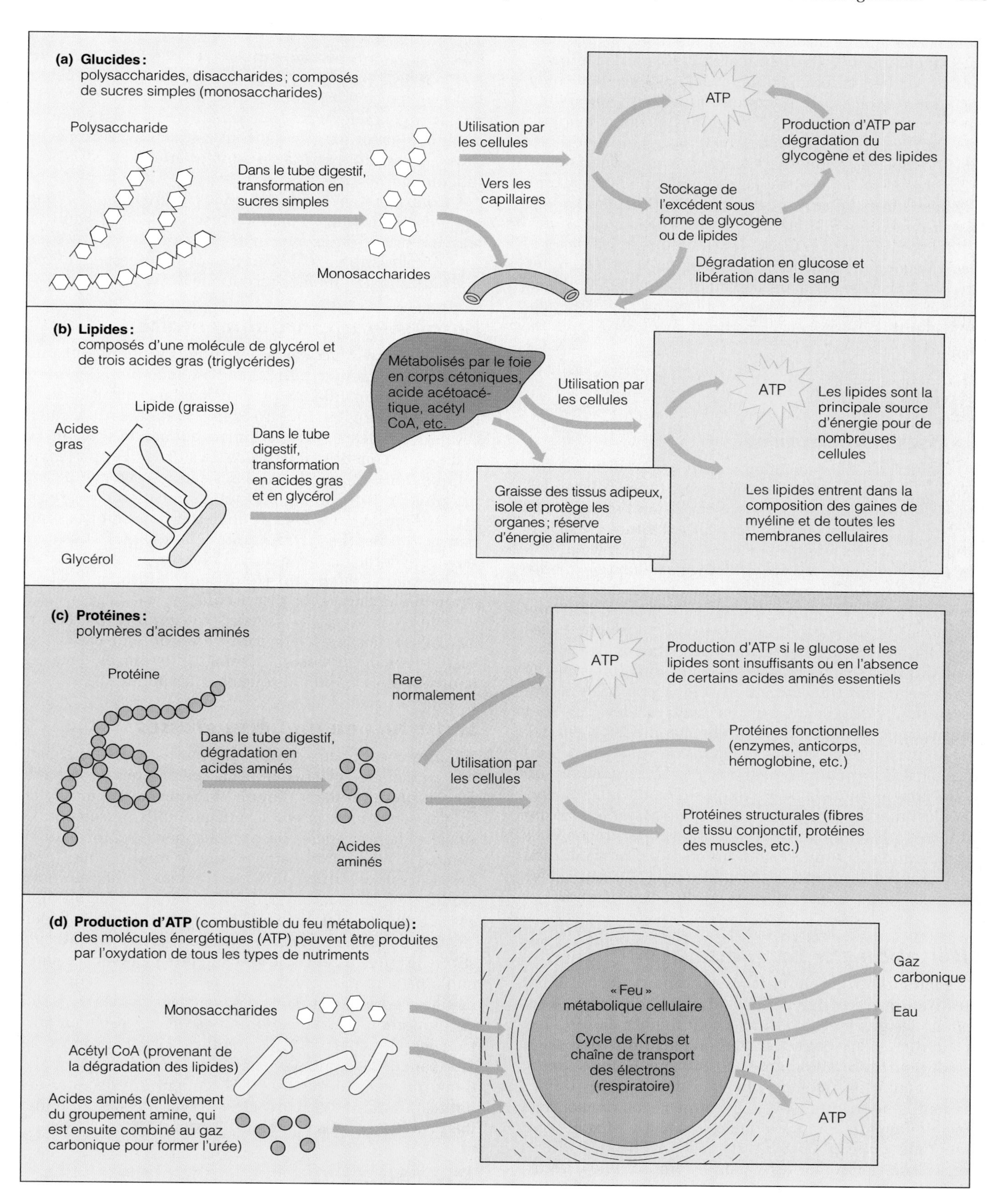
(a) Glucides :
polysaccharides, disaccharides ; composés de sucres simples (monosaccharides)
Polysaccharide
Dans le tube digestif, transformation en sucres simples
Monosaccharides
Utilisation par les cellules
Vers les capillaires
ATP
Production d'ATP par dégradation du glycogène et des lipides
Stockage de l'excédent sous forme de glycogène ou de lipides
Dégradation en glucose et libération dans le sang
(b) Lipides :
composés d'une molécule de glycérol et de trois acides gras (triglycérides)
Lipide (graisse)
Acides gras
Glycérol
Dans le tube digestif, transformation en acides gras et en glycérol
Métabolisés par le foie en corps cétoniques, acide acétoacétique, acétyl CoA, etc.
Utilisation par les cellules
ATP
Les lipides sont la principale source d'énergie pour de nombreuses cellules
Graisse des tissus adipeux, isole et protège les organes ; réserve d'énergie alimentaire
Les lipides entrent dans la composition des gaines de myéline et de toutes les membranes cellulaires
(c) Protéines :
polymères d'acides aminés
Protéine
Dans le tube digestif, dégradation en acides aminés
Acides aminés
Rare normalement
Utilisation par les cellules
ATP
Production d'ATP si le glucose et les lipides sont insuffisants ou en l'absence de certains acides aminés essentiels
Protéines fonctionnelles (enzymes, anticorps, hémoglobine, etc.)
Protéines structurales (fibres de tissu conjonctif, protéines des muscles, etc.)
(d) Production d'ATP (combustible du feu métabolique) :
des molécules énergétiques (ATP) peuvent être produites par l'oxydation de tous les types de nutriments
Monosaccharides
Acétyl CoA (provenant de la dégradation des lipides)
Acides aminés (enlèvement du groupement amine, qui est ensuite combiné au gaz carbonique pour former l'urée)
« Feu » métabolique cellulaire
Cycle de Krebs et chaîne de transport des électrons (respiratoire)
Gaz carbonique
Eau
ATP

FIGURE 25.2
Vue d'ensemble de l'utilisation des nutriments par les cellules de l'organisme. (a) Glucides. **(b)** Lipides. **(c)** Protéines. **(d)** Production d'ATP.

viande et les aliments riches en protéines, les glucides constituent un pourcentage encore plus élevé de l'alimentation chez les groupes à faible revenu. Les féculents et le lait apportent aussi de nombreux nutriments de grande valeur nutritive comme des vitamines et des minéraux. En revanche, les aliments contenant des glucides très raffinés comme les bonbons et les boissons gazeuses sont uniquement des sources d'énergie (on les qualifie souvent d'aliments sans valeur nutritive ou d'« aliments vides »). La consommation d'aliments composés de sucres raffinés au lieu de glucides complexes (par exemple le fait de remplacer le lait par des boissons gazeuses ou le pain complet par des biscuits) peut causer aussi bien des carences nutritionnelles que l'obésité. Le tableau 25.1, p. 918, présente d'autres conséquences pouvant découler d'un excès de glucides simples.

Lipides

Sources alimentaires

Les lipides les plus abondants dans notre alimentation sont les graisses neutres (triglycérides, ou triacylglycérols), mais nous consommons aussi du cholestérol et des phospholipides. Nous trouvons des lipides saturés dans les produits animaux comme la viande et les produits laitiers ainsi que dans quelques produits végétaux comme la noix de coco. Les lipides insaturés proviennent des graines, des noix et de la plupart des huiles végétales. Le jaune d'œuf, la viande (surtout les abats comme le foie) et les produits laitiers sont les principales sources de cholestérol. Au cours de la digestion, les lipides (mais pas le cholestérol) sont transformés en acides gras et en monoglycérides, puis reconvertis en triglycérides qui sont transportés dans la lymphe (voir le chapitre 24, p. 901).

Même s'il transforme facilement un acide gras en un autre, le foie ne peut pas synthétiser l'*acide linoléique,* un acide gras entrant dans la composition de la *lécithine.* L'acide linoléique est donc un *acide gras essentiel* qui doit être présent dans l'alimentation. Des recherches récentes indiquent que l'acide linolénique pourrait bien être essentiel lui aussi. Heureusement, ces deux acides gras se trouvent dans la plupart des huiles végétales.

25

Utilisation par l'organisme

Ce sont surtout le foie et le tissu adipeux qui régissent l'utilisation des triglycérides et du cholestérol. Tout comme les glucides, les lipides sont tombés en disgrâce, particulièrement chez les gens à l'aise qui disposent d'une nourriture abondante et pour qui la lutte contre l'embonpoint est un souci constant. Pourtant les lipides rendent la nourriture tendre, floconneuse ou crémeuse et nous donnent une impression de satiété. De plus, ils *sont* essentiels pour plusieurs raisons. Les lipides aident l'organisme à absorber les vitamines liposolubles, les triglycérides constituent la principale source d'énergie des hépatocytes et des muscles squelettiques, et les phospholipides sont une composante essentielle des gaines de myéline et de *toutes* les membranes cellulaires (voir la figure 25.2b). Les dépôts de graisse contenus dans le tissu adipeux forment (1) un coussin protecteur autour des organes tels que les reins et les bulbes des yeux, (2) une couche isolante sous la peau et (3) une réserve d'énergie concentrée et facile à emmagasiner. Les molécules régulatrices appelées *prostaglandines,* qui sont formées à partir de l'acide linoléique par l'intermédiaire de l'acide arachidonique, jouent un rôle dans la contraction des muscles lisses, la régulation de la pression artérielle et la réaction inflammatoire.

Contrairement aux triglycérides, le cholestérol ne sert pas à la production d'énergie. C'est un élément stabilisateur important de la membrane plasmique et le précurseur des sels biliaires, des hormones stéroïdes et d'autres molécules fonctionnelles essentielles.

Besoins et apport alimentaire

Chez les Nord-Américains, les lipides représentent plus de 40 % de l'énergie fournie par l'alimentation. Il n'existe aucune recommandation précise quant à la quantité ou au type de lipides à inclure dans l'alimentation, mais l'American Heart Association recommande (1) que les graisses ne constituent pas plus de 30 % de l'apport énergétique total, (2) que les graisses saturées ne composent pas plus de 10 % de l'apport total de matières grasses et (3) que l'apport quotidien de cholestérol ne soit pas supérieur à 200 mg (l'équivalent d'un jaune d'œuf). Ces conseils sont judicieux, car un régime alimentaire riche en lipides saturés et en cholestérol peut contribuer à l'apparition de maladies cardiovasculaires. Le tableau 25.1 résume les sources des diverses catégories de lipides et les conséquences de leur carence ou de leur excès. Les besoins en lipides sont toutefois plus élevés chez les nourrissons et les enfants que chez les adultes.

Substituts de matières grasses

Nombreux sont ceux qui se sont tournés vers les substituts de matières grasses ou les aliments préparés à l'aide de ces produits dans l'espoir de consommer moins de lipides sans renoncer aux avantages qu'ils présentent. Le substitut le plus ancien est probablement l'air (on aère un aliment à l'aide d'un batteur pour le rendre plus léger). Les autres substituts sont les gommes et les amidons modifiés et, plus récemment, la protéine de lactosérum ; ces substances sont métabolisées et produisent de l'énergie. Cependant les polyesters de sucrose, qui sont les substituts les plus récents, ne peuvent être métabolisés parce qu'ils ne sont pas absorbés. La plupart des substituts de matières grasses ont deux désavantages évidents : (1) ils ne supportent pas la chaleur intense nécessaire pour faire frire les aliments et (2) en dépit de ce qu'affirment les fabricants, ils n'ont pas aussi bon goût que « le vrai ». Ceux qui ne sont pas absorbés tendent à provoquer des flatuosités (gaz) et peuvent entraver l'absorption des médicaments et des vitamines liposolubles.

Protéines

Sources alimentaires

Ce sont les produits d'origine animale qui contiennent les protéines de meilleure qualité, c'est-à-dire celles qui sont présentes en plus grande quantité et où l'on trouve les

Jean « vit » de sandwiches aux haricots cuits. Ce régime alimentaire plutôt limité lui apporte-t-il tous les acides aminés essentiels ?

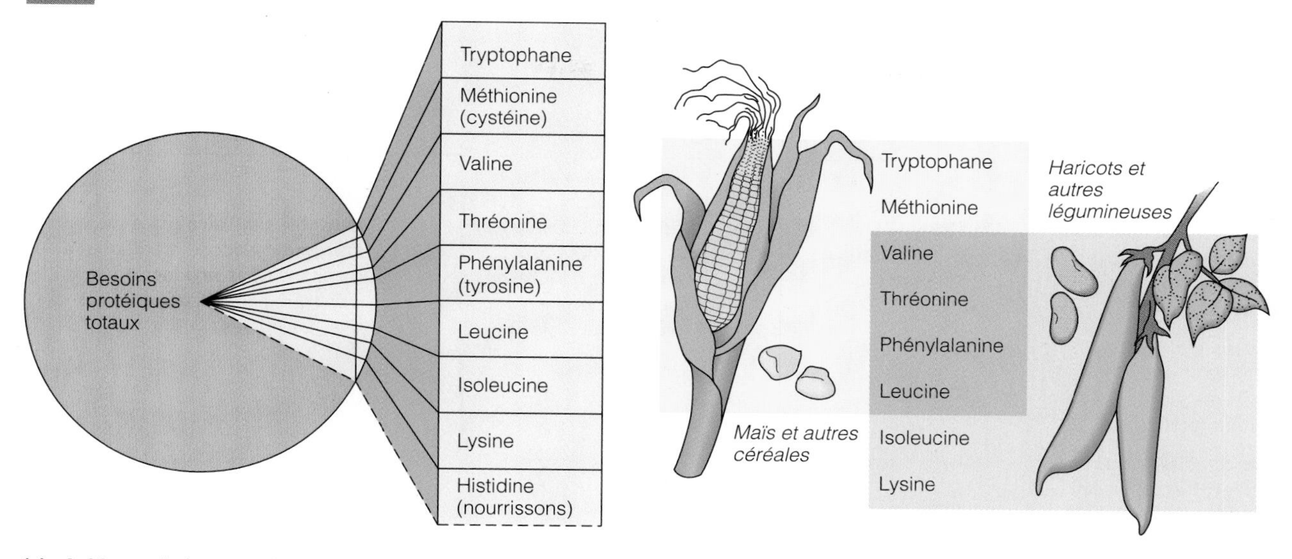

(a) Acides aminés essentiels

(b) Régimes alimentaires végétariens apportant les huit acides aminés essentiels pour les humains

FIGURE 25.3
Acides aminés essentiels. Pour que la synthèse des protéines soit possible, huit acides aminés doivent être présents simultanément et dans des proportions adéquates. (L'histidine est un neuvième acide aminé essentiel chez les nourrissons mais non chez les adultes.) **(a)** Proportions d'acides aminés essentiels et quantités totales de protéines requises chez les adultes. Notez que les acides aminés essentiels ne représentent qu'une faible partie de l'apport recommandé d'acides aminés (protéines). L'histidine est représentée par une ligne pointillée parce qu'il n'a pas été démontré que sa présence était nécessaire chez les adultes. Les acides aminés figurant entre parenthèses ne sont *pas* essentiels mais peuvent se substituer en partie à la méthionine et à la phénylalanine. **(b)** Les régimes alimentaires végétariens doivent être planifiés avec soin pour fournir tous les acides aminés essentiels. Comme on peut le voir, le maïs contient peu d'isoleucine et de lysine ; les haricots renferment beaucoup d'isoleucine et de lysine, mais peu de tryptophane et de méthionine. On peut s'assurer d'obtenir tous les acides aminés essentiels si l'on consomme un repas composé de maïs et de haricots.

plus forts pourcentages d'acides aminés essentiels (figure 25.3). Les protéines des œufs, du lait et de la plupart des viandes (tableau 25.1) sont des **protéines complètes** qui apportent à l'organisme tous les acides aminés dont il a besoin pour l'entretien et la croissance de ses tissus. Les légumineuses (haricots et pois), les noix et les céréales sont très riches en protéines, mais ces protéines sont incomplètes du point de vue nutritionnel parce qu'elles contiennent un ou plusieurs acides aminés essentiels en trop petite quantité. Les céréales sont généralement pauvres en lysine alors que les légumineuses, qui sont une bonne source de lysine, renferment peu de méthionine. Les légumes verts à feuilles contiennent tous les acides aminés essentiels en quantité équilibrée à l'exception de la méthionine, mais ils n'apportent que de petites quantités de protéines. Comme vous pouvez le voir, les végétariens stricts doivent planifier leur régime alimentaire avec soin afin d'obtenir tous les acides aminés essentiels et éviter des carences en protéines. Les céréales et les légumineuses, lorsqu'on les consomme ensemble, fournissent tous les acides aminés essentiels (figure 25.3b), et toutes les cultures combinent ces aliments d'une façon ou d'une autre dans la cuisine (par exemple on trouve du riz et des haricots dans presque tous les plats que servent les restaurants mexicains). Pour les non-végétariens, les céréales et les légumineuses peuvent servir de substituts partiels aux protéines d'origine animale, qui sont plus coûteuses.

Utilisation par l'organisme

Les protéines sont des éléments structuraux importants de l'organisme ; pensez par exemple à la kératine de la peau, au collagène et à l'élastine des tissus conjonctifs ainsi qu'aux protéines des muscles (voir la figure 25.2c). De plus, les protéines fonctionnelles comme les enzymes, l'hémoglobine et certaines hormones règlent une variété incroyable de fonctions physiologiques. Cependant, il existe un certain nombre de facteurs qui déterminent si les acides aminés serviront à la synthèse de nouvelles protéines ou seront brûlés pour fournir de l'énergie :

1. **Loi du tout ou rien.** *Tous* les acides aminés nécessaires à l'élaboration d'une protéine donnée doivent être présents au même moment et en quantité suffisante dans la même cellule. S'il en manque un, la synthèse de la protéine devient impossible. Comme les acides aminés essentiels ne peuvent pas être emmagasinés, ceux qui n'entrent pas immédiatement dans

Oui. Il consomme à la fois des céréales et des haricots qui, ensemble, contiennent tous les acides aminés essentiels.

TABLEAU 25.1 Glucides, lipides et protéines

Sources	Apport quotidien recommandé (AQR) pour les adultes	Problèmes: Excès	Problèmes: Carences
Glucides			
• *Glucides complexes (amidon) :* pain, céréales, craquelins, farine, pâtes, noix, riz et pommes de terre • *Glucides simples (sucres) :* boissons gazeuses, bonbons, fruits, crème glacée, pouding et légumes jeunes • *Glucides complexes et simples :* pâtisseries (tartes, biscuits, gâteaux)	De 125 à 175 g de 55 à 60 % de l'apport énergétique total	Obésité ; déficits nutritionnels ; caries dentaires ; irritation gastro-intestinale ; concentration plasmatique de triglycérides élevée	Atrophie tissulaire (carence extrême) ; acidose métabolique résultant de la production d'énergie par utilisation excessive des lipides
Lipides			
• *Sources d'origine animale :* saindoux, viande, volaille, œufs, lait et produits laitiers • *Sources d'origine végétale :* chocolat ; huiles de maïs, de soja, de coton et d'olive ; noix de coco, maïs et arachides.	De 80 à 100 g 30 % ou moins de l'apport énergétique total	Obésité et risque accru de maladie cardiovasculaire (surtout en cas d'excès de lipides saturés)	Perte pondérale ; production d'énergie métabolique par dégradation des réserves de lipides et des protéines tissulaires ; problèmes de déperdition de chaleur (dus à la perte de graisse sous-cutanée)
• *Acides gras essentiels :* huiles de maïs, de coton et de soja ; germes de blé et shortening végétal	6000 mg	Aucun problème connu	Croissance médiocre ; lésions cutanées (eczémateuses)
• *Cholestérol :* abats (foie, reins, cervelle), jaune d'œuf et œufs de poissons ; concentrations moins élevées dans les produits laitiers et la viande	250 mg ou moins	Augmentation de la concentration de cholestérol dans le plasma et des lipoprotéines LDL ; corrélation avec un risque accru de maladie cardiovasculaire	Augmentation du risque d'accident vasculaire cérébral chez les personnes prédisposées
Protéines			
• *Protéines complètes :* œufs, lait, produits laitiers et viande (poisson, volailles, porc, bœuf, agneau) • *Protéines incomplètes :* légumineuses (germes de soja, haricots de lima, haricots, lentilles) ; noix et graines ; céréales ; légumes	0,8 g/kg de masse corporelle	Obésité, aggravation possible de maladies chroniques	Perte pondérale très marquée et atrophie tissulaire ; retard de croissance chez l'enfant ; anémie ; œdème (dû à une carence en protéines plasmatiques). Pendant la grossesse : fausse couche ou accouchement prématuré

la synthèse des protéines sont soit oxydés pour la production d'énergie, soit convertis en glucides ou en lipides.

2. **Apport énergétique suffisant.** Pour que la synthèse de protéines se fasse dans des conditions optimales, les glucides ou les lipides présents dans le régime alimentaire doivent fournir assez d'énergie pour assurer la production d'ATP. Dans le cas contraire, l'énergie nécessaire provient des protéines alimentaires et tissulaires.
3. **Bilan azoté de l'organisme.** Chez l'adulte en bonne santé, le taux de synthèse des protéines égale leur taux

de dégradation et de déperdition. Le **bilan azoté** de l'organisme permet de vérifier cet état homéostatique; il s'agit d'une analyse chimique qui se fonde sur le fait que les protéines contiennent en moyenne 16 % d'azote. L'équilibre est atteint lorsque les quantités d'azote ingérées dans les protéines sont égales aux quantités éliminées dans l'urine et les selles.

On parle de *bilan azoté positif* lorsque le taux de synthèse des protéines est plus élevé que leur taux de dégradation et de déperdition (ce qui est normal chez les enfants en croissance et les femmes enceintes). Le bilan est également positif lorsque les tissus se reforment ou cicatrisent à la suite d'une maladie ou d'une blessure. Un bilan azoté positif indique toujours que la quantité de protéines entrant dans les tissus est plus élevée que la quantité qui est dégradée ou qui sert à produire de l'énergie.

Dans un *bilan azoté négatif,* la dégradation des protéines excède leur synthèse pour la production de molécules structurales ou fonctionnelles. C'est ce qui se passe lors d'un stress physique ou émotionnel (infection, blessure, brûlure, dépression ou anxiété par exemple) lorsque les protéines alimentaires sont incomplètes, ou en cas de sous-alimentation. Les protéines des tissus se perdent alors plus vite qu'elles ne sont remplacées, ce qui n'est pas souhaitable.

4. **Régulation hormonale.** Certaines hormones appelées **hormones anabolisantes** accélèrent la synthèse des protéines et la croissance. Les effets de ces hormones varient continuellement au cours de la vie. Par exemple, l'*hormone de croissance* produite par l'adénohypophyse stimule la croissance des tissus pendant l'enfance et préserve les protéines chez l'adulte; les *hormones sexuelles* déclenchent la poussée de croissance au cours de l'adolescence. D'autres hormones, comme les *glucocorticoïdes* produits par les glandes surrénales en cas de stress, favorisent la dégradation des protéines et la conversion des acides aminés en glucose.

Besoins et apport alimentaire

Outre les acides aminés essentiels, les protéines alimentaires fournissent les matières premières nécessaires à la synthèse des acides aminés non essentiels et de diverses substances azotées non protéiques. La quantité de protéines nécessaire à une personne donnée varie selon son âge, sa taille, la vitesse de son métabolisme et son bilan azoté. De façon générale, cependant, les nutritionnistes recommandent un apport protéique quotidien de 0,8 g par kg de masse corporelle (environ 56 g pour un homme de 70 kg et 48 g pour une femme de 58 kg). Une petite portion de poisson et un verre de lait fournissent environ 30 g de protéines; la plupart des Nord-Américains consomment beaucoup plus de protéines que nécessaire.

Vitamines

Les **vitamines** (*vita* = vie) sont des composés organiques aux effets très marqués qui doivent être présents en quantité infime pour assurer la croissance et garder l'organisme en bonne santé. Contrairement aux autres nutriments organiques, les vitamines ne sont pas des sources d'énergie et ne deviennent pas des unités structurales, mais c'est grâce à elles que les cellules peuvent utiliser les nutriments qui ont ces fonctions. En l'absence de vitamines, les glucides, les protéines et les lipides que nous consommons seraient inutilisables.

La plupart des vitamines jouent le rôle de **coenzymes** (ou de parties de coenzymes), c'est-à-dire qu'elles agissent conjointement avec une enzyme pour assurer un certain type de catalyse. Par exemple, la riboflavine et la niacine, deux vitamines B, agissent comme des coenzymes (FAD et NAD^+, respectivement) dans la production d'énergie par oxydation du glucose. Nous décrirons le rôle joué par certaines vitamines lorsque nous parlerons du métabolisme.

La plupart des vitamines ne sont pas élaborées dans l'organisme et doivent donc provenir de l'alimentation ou de suppléments vitaminiques. Les exceptions à cette règle sont la vitamine D, qui est fabriquée dans la peau, et les vitamines B et K, qui sont synthétisées par les bactéries du gros intestin. En outre, l'organisme peut convertir le *β-carotène,* qui est le pigment orange des carottes et d'autres aliments, en vitamine A. (C'est pour cette raison que le β-carotène et les substances semblables sont appelés *provitamines.*)

À l'origine, on désignait les vitamines par une lettre qui indiquait l'ordre de leur découverte. Par exemple, l'acide ascorbique a été nommé vitamine C. Bien qu'on leur ait aujourd'hui donné des noms plus descriptifs du point de vue chimique, cette terminologie plus ancienne est toujours en usage.

On distingue les vitamines **liposolubles** et les vitamines **hydrosolubles.** Les vitamines hydrosolubles, qui comprennent les vitamines du groupe B et la vitamine C, sont absorbées avec l'eau dans le tube digestif. (La vitamine B_{12} est une exception puisqu'elle doit se lier au facteur intrinsèque de l'estomac pour être absorbée.) L'organisme n'emmagasine que des quantités négligeables de ces vitamines, qui sont excrétées dans l'urine si elles ne sont pas utilisées. Par conséquent, on connaît peu de troubles dus à un excès de vitamines hydrosolubles (*hypervitaminose*).

Les vitamines liposolubles (vitamines A, D, E et K) se lient aux lipides ingérés et sont absorbées en même temps que les produits de leur digestion. Tout ce qui entrave l'absorption des lipides nuit également à l'assimilation des vitamines liposolubles. À l'exception de la vitamine K, les vitamines liposolubles s'accumulent dans l'organisme et les troubles physiologiques dus à la toxicité des vitamines liposolubles, en particulier l'hypervitaminose causée par la vitamine A, sont bien documentées cliniquement.

On trouve des vitamines dans tous les principaux types d'aliments, mais aucun aliment ne les contient toutes. La meilleure façon de s'assurer d'un apport suffisant en vitamines est donc d'avoir une alimentation équilibrée. Certaines vitamines (A, C et E) sont des *anti-oxydants* aux effets anticancéreux parce qu'elles neutralisent les radicaux libres qui sont toxiques pour les tissus. Une alimentation riche en brocoli, choux et choux de Bruxelles (tous de bonnes sources de vitamines A et C) semble diminuer les risques de cancer. On ne comprend pas encore exactement le mode d'action des anti-oxydants dans l'organisme, mais les chimistes pensent qu'ils agissent peut-être comme des relais faisant passer les substances dangereuses d'une molécule à une autre. En premier lieu, la vitamine E réagit avec les radicaux libres pour les ramener à un état moins toxique ; la vitamine E se trouve elle-même transformée en radical libre qui est à son tour inactivé par les caroténoïdes (bases de la vitamine A) ; les radicaux de caroténoïdes ainsi produits sont inactivés par la vitamine C, et les radicaux hydrosolubles formés pendant cette réaction sont finalement évacués de l'organisme dans l'urine.

Cependant, les vertus merveilleuses qu'on attribue aux vitamines sont très controversées ; on a avancé, par exemple, qu'on pouvait prévenir le rhume à l'aide de doses massives de vitamine C. L'hypothèse voulant que des doses massives de suppléments vitaminiques ouvrent la voie à la jeunesse éternelle et à une santé resplendissante est au mieux futile ; au pire, elle peut mener à de graves problèmes de santé, notamment dans le cas des vitamines liposolubles. Le tableau 25.2 donne la liste des vitamines, leurs sources, leur importance dans l'organisme et les conséquences pouvant découler d'une carence ou d'un excès. (Remarquez qu'on mesure la plupart des vitamines en mg ou en µg, mais que pour certaines d'entre elles on se sert encore de l'ancien système d'unités internationales, UI.)

Minéraux

L'organisme a besoin de sept **minéraux** en quantité modérée (calcium, phosphore, potassium, soufre, sodium, chlore et magnésium) et d'une quantité infime d'une douzaine d'autres appelés oligoéléments (tableau 25.3, p. 925). Les minéraux constituent environ 4 % de la masse corporelle, le calcium et le phosphore (sels présents dans les os) comptant pour les trois quarts de cette quantité.

Les minéraux, comme les vitamines, ne servent pas de source d'énergie mais, en association avec d'autres nutriments, ils assurent le bon fonctionnement de l'organisme. Plusieurs minéraux ont pour fonction de renforcer certaines structures. Par exemple, les sels de calcium, de phosphore et de magnésium confèrent aux dents leur dureté et renforcent le squelette. Cependant, la plupart des minéraux se trouvent sous forme ionique dans les liquides de l'organisme ou liés à des composés organiques, entrant ainsi dans la composition de molécules comme les phospholipides, les hormones, les enzymes et d'autres protéines fonctionnelles. Par exemple, le fer est essentiel au fonctionnement de l'hème, la partie de l'hémoglobine qui fixe l'oxygène. Les ions sodium et chlorure, les principaux électrolytes du sang, contribuent à maintenir (1) l'osmolarité et l'équilibre hydrique des liquides de l'organisme, ainsi que (2) l'excitabilité des neurones et des cellules musculaires. La quantité d'un certain minéral dans l'organisme ne reflète pas l'importance du rôle qu'il joue. Par exemple, quelques milligrammes d'iode peuvent faire toute la différence entre la santé et la maladie.

Pour retenir les quantités nécessaires de minéraux tout en évitant une surcharge toxique, l'organisme doit maintenir un équilibre délicat entre l'assimilation et l'excrétion. Par exemple, la consommation excessive de sodium, qui est présent dans presque tous les aliments naturels (et ajouté en grande quantité dans les aliments transformés), peut être une cause d'hypertension artérielle.

Les matières grasses et les glucides sont pratiquement dépourvus de minéraux, et les céréales très raffinées en contiennent peu. Les aliments les plus riches en minéraux sont les légumes, les légumineuses, le lait et certaines viandes. Le tableau 25.3 présente certains minéraux et résume leur fonction dans l'organisme.

MÉTABOLISME

Vue d'ensemble des processus métaboliques

Une fois à l'intérieur des cellules de l'organisme, les nutriments passent par une gamme incroyable de réactions biochimiques. L'ensemble de ces réactions est nécessaire au maintien de la vie et est appelé **métabolisme** (*metabolê* = changement). Au cours du métabolisme, des substances sont continuellement élaborées et dégradées. Les cellules consomment de l'énergie pour pouvoir extraire des nutriments une plus grande quantité d'énergie, puis elles utilisent cette énergie pour subvenir à leurs besoins. Même au repos, l'organisme dépense beaucoup d'énergie.

Anabolisme et catabolisme

Les processus métaboliques sont soit *anaboliques* (synthèse), soit *cataboliques* (dégradation). L'**anabolisme** est l'ensemble des réactions de synthèse de grosses molécules ou structures à partir de molécules plus petites ; par exemple, des acides aminés se lient pour fabriquer les protéines, et les protéines et les lipides s'associent pour former les membranes cellulaires. Le **catabolisme** est l'ensemble des processus de dégradation de structures complexes en substances plus simples. L'hydrolyse des aliments dans le tube digestif est une forme de catabolisme. C'est également le cas de la **respiration cellulaire,** un ensemble de réactions au cours desquelles des combustibles alimentaires (notamment le glucose) sont dégradés à l'intérieur des cellules ; une partie de l'énergie ainsi libérée est transformée en ATP, qui est l'unité énergétique de la cellule. L'ATP est donc l'« arbre de transmission chimique » reliant les réactions cataboliques productrices d'énergie et le travail cellulaire. Nous avons vu au chapitre 2 que les réactions alimentées par l'ATP sont couplées. L'ATP n'est jamais hydrolysé directement ; au lieu de cela, des enzymes transfèrent ses groupements phosphate riches en énergie à d'autres molécules, dont on dit qu'elles sont **phosphorylées.** La phosphorylation de la molécule est un apport d'énergie qui a pour effet de faire augmenter son activité, de produire un mouvement ou d'effectuer un travail. Par exemple, de nombreuses enzymes régulatrices qui catalysent des étapes cruciales des voies métaboliques sont activées par phosphorylation.

Suite du texte page 930

TABLEAU 25.2 Vitamines

Vitamine	Description, commentaires	Sources, apport quotidien recommandé (AQR) pour les adultes	Importance dans l'organisme	Problèmes	
				Excès	Carence
Vitamines liposolubles					
• A (rétinol)	Groupe de composés comprenant le rétinol et le rétinal; une proportion de 90 % est stockée dans le foie et peut répondre aux besoins de l'organisme pendant un ou deux ans; résistante à la chaleur, aux acides et aux alcalis; facilement oxydée; rapidement détruite par la lumière	Formée à partir du β-carotène, une provitamine, dans l'intestin, le foie et les reins; le carotène se trouve dans les légumes à feuilles jaune foncé et vert foncé; la vitamine A est présente dans les huiles de foie de poisson, le jaune d'œuf, le foie et les aliments enrichis (lait, margarine) AQR: hommes, 5000 UI (1,5 mg); femmes, 4000 UI	Nécessaire à la synthèse des pigments photorécepteurs des bâtonnets et des cônes, à l'intégrité de la peau et des muqueuses, à la croissance normale des dents et des os et à des capacités de reproduction normales; antioxydant important (d'où des effets protecteurs contre le cancer et l'athérosclérose)	Toxique lorsqu'elle est ingérée à raison de plus de 50 000 UI par jour pendant des mois; symptômes: nausées, vomissements, anorexie, maux de tête, perte des cheveux, douleurs aux os et aux articulations, fragilité osseuse, hypertrophie du foie et de la rate; chez les fumeurs, pourrait accroître les risques de cancer du poumon	Cécité nocturne, modifications de l'épithélium; peau et cheveux secs, lésions cutanées; augmentation des infections respiratoires, digestives et urogénitales; assèchement de la conjonctive; opacification de la cornée; chez la femme enceinte, anomalies du développement de l'embryon
• D (facteur antirachitique)	Groupe de stérols chimiquement distincts; concentrée dans le foie et, dans une moindre mesure, dans la peau, les reins, la rate et d'autres tissus; résistante à la chaleur, à la lumière, aux acides, aux alcalis et à l'oxydation	La vitamine D_3 est la principale forme présente dans les cellules de l'organisme; produite dans la peau par l'irradiation du 7-déshydrocholestérol par les rayons UV; la forme active (1,25-dihydroxycholécalciférol) est produite par modification chimique de la vitamine D_3 dans le foie, puis dans les reins; principales sources alimentaires: huiles de foie de poisson, jaune d'œuf, lait enrichi AQR: 400 UI	Du point de vue fonctionnel est une hormone; accroît la concentration sanguine de calcium en stimulant l'absorption de calcium; conjointement avec la PTH, mobilise le calcium des os; les deux mécanismes servent au maintien de l'homéostasie de la calcémie (essentielle au fonctionnement neuromusculaire, à la coagulation sanguine et à la formation des os et des dents)	Des doses de 1800 UI par jour pourraient être toxiques chez les enfants; les doses massives sont toxiques chez les adultes; symptômes: vomissements, diarrhée, épuisement, perte pondérale, hypercalcémie et calcification des tissus mous, lésions irréversibles du cœur et des reins	Défauts de minéralisation des os et des dents; rachitisme chez les enfants, ostéomalacie chez les adultes; tonus musculaire réduit, agitation et irritabilité
• E (facteur de la fécondité)	Groupe de composés apparentés appelés tocophérols, de structure chimique semblable à celle des hormones sexuelles; stockée surtout dans le muscle et le tissu adipeux; résistante à la chaleur, à la lumière et aux acides; instable en présence d'oxygène	Germe de blé et huiles végétales, noix, céréales entières, légumes à feuilles vert foncé AQR: hommes, 15 UI; femmes, 12 UI (l'AQR dépend en fait du régime alimentaire; un AQR plus élevé est nécessaire en cas de régime alimentaire riche en graisses)	Antioxydant qui neutralise les radicaux libres; contribue à ralentir l'oxydation des acides gras insaturés et du cholestérol, empêchant ainsi les dommages dus à l'oxydation des membranes cellulaires et à l'athérosclérose	Peu d'effets même en présence de doses massives; cicatrisation lente; ralentissement de l'adhésion des plaquettes et augmentation du temps de coagulation	Extrêmement rare, effets précis incertains: possibilité de réduction de la durée de vie et d'hémolyse des globules rouges, fragilité des capillaires; dégénérescence spinocérébelleuse

➤

TABLEAU 25.2 Vitamines (suite)

Vitamine	Description, commentaires	Sources, apport quotidien recommandé (AQR) pour les adultes	Importance dans l'organisme	Problèmes Excès	Problèmes Carence
• K (vitamine de la coagulation)	Plusieurs composés chimiques apparentés appelés quinones ; petite quantité stockée dans le foie ; résistante à la chaleur ; détruite par les acides, les alcalis, la lumière et les agents oxydants ; activité inhibée par certains anticoagulants et antibiotiques qui entravent l'activité de synthèse des bactéries intestinales	La plus grande partie est synthétisée par les bactéries du gros intestin ; sources alimentaires : légumes à feuilles vertes, brocoli, chou, chou-fleur, foie de porc AQR : hommes, 70 µg ; femmes, 55 µg ; ces quantités sont obtenues sans difficulté	Essentielle à la formation des protéines de coagulation et de certaines autres protéines produites par le foie ; comme intermédiaire dans la chaîne de transport des électrons, contribue à la phosphorylation oxydative dans toutes les cellules	Aucun problème connu, n'est pas emmagasinée en quantité significative	Tendance aux ecchymoses et aux hémorragies (allongement du temps de coagulation)
Vitamines hydrosolubles					
• C (acide ascorbique)	Composé cristallin simple à six atomes de carbone, dérivé du glucose ; rapidement détruite par la chaleur, la lumière et les alcalis ; environ 1500 mg sont stockés dans l'organisme, notamment dans les glandes surrénales, la rétine, l'intestin et l'hypophyse ; lorsque les tissus sont saturés, l'excédent est excrété par les reins	Fruits et légumes, notamment les agrumes, le cantaloup, les fraises, les tomates, les pommes de terre fraîches et les légumes verts feuillus AQR : 60 mg ; 100 mg pour les fumeurs (mais la dose optimale semble être de 200 mg par jour chez la plupart des hommes)	Antioxydant ; joue un rôle dans les réactions d'hydroxylation pour la formation de presque tous les tissus conjonctifs, dans la conversion du tryptophane en sérotonine (vasoconstricteur) et dans la conversion du cholestérol en sels biliaires ; favorise l'absorption et l'utilisation du fer ; nécessaire à la conversion de l'acide folique (une vitamine B) en sa forme active	Causés par des doses massives (10 fois l'AQR ou plus) ; diarrhée ; accroissement de la mobilisation des minéraux des os et de la coagulation ; concentration élevée d'acide urique et accès de goutte, formation de calculs rénaux	Défauts de formation du cément intercellulaire ; douleurs dans les articulations, mauvaise croissance des dents et des os ; mauvaise cicatrisation ; plus grande sensibilité aux infections ; une carence extrême provoque le scorbut (saignement des gencives, anémie, dégénérescence des muscles et des cartilages, perte pondérale)
• B_1 (thiamine)	Rapidement détruite par la chaleur ; emmagasinée dans l'organisme en très petite quantité ; l'excédent est éliminé dans l'urine	Viandes maigres, foie, poisson, œufs, céréales complètes, légumes verts feuillus, légumineuses AQR : 1,5 mg	Partie de la cocarboxylase, une coenzyme qui intervient dans le métabolisme des glucides ; nécessaire à la transformation de l'acide pyruvique en acétyl CoA, à la synthèse des pentoses et de l'acétylcholine ainsi qu'à l'oxydation de l'alcool	Aucun problème connu	Béribéri ; perte d'appétit, troubles de la vue ; manque de stabilité pendant la station debout ou la marche, confusion, perte de mémoire ; épuisement extrême ; hypertrophie cardiaque et tachycardie

25

Vitamine	Description, commentaires	Sources, apport quotidien recommandé (AQR) pour les adultes	Importance dans l'organisme	Problèmes Excès	 Carence
• B_2 (riboflavine)	Ainsi nommée en raison de sa ressemblance avec le ribose : produit une fluorescence jaune-vert ; rapidement décomposée par les rayons UV, la lumière visible et les alcalis ; les réserves de l'organisme sont bien protégées ; l'excédent est éliminé dans l'urine	Sources très variées : foie, levure, blanc d'œuf, céréales complètes, viande, volaille, poisson et légumineuses ; la principale source est le lait AQR : 1,7 mg	Présente dans l'organisme sous forme des coenzymes FAD et FMN (flavine-mononucléotide), qui agissent toutes deux comme accepteurs d'hydrogène dans l'organisme ; également un composant des oxydases des acides aminés	Aucun problème connu	Dermatite ; fissures aux commissures des lèvres (chéilite) ; les lèvres et la langue deviennent rouge violacé et brillantes ; troubles oculaires : sensibilité à la lumière, vision embrouillée ; l'une des carences vitaminiques les plus courantes
• Niacine (nicotinamide)	Composés organiques simples résistants aux acides, aux alcalis, à la chaleur, à la lumière et à l'oxydation (même l'ébullition ne fait pas diminuer son activité) ; emmagasinée dans l'organisme en très petite quantité ; un apport quotidien est souhaitable ; l'excédent est sécrété dans l'urine	Un régime alimentaire qui fournit suffisamment de protéines assure habituellement un apport adéquat de niacine parce que le tryptophane (un acide aminé) est facilement converti en niacine ; la volaille, la viande et le poisson sont des sources de niacine déjà formée ; sources moins importantes : foie, levures, arachides, pommes de terre et légumes verts feuillus AQR : 20 mg	Composant du NAD^+ (nicotinamide adénine dinucléotide), une coenzyme intervenant dans la glycolyse, la phosphorylation oxydative et la dégradation des lipides ; inhibe la synthèse de cholestérol ; vasodilatateur des vaisseaux périphériques	Causés par des doses massives ; hyperglycémie ; vasodilatation provoquant rougeurs de la peau, picotements ; possibilité de lésions au foie ; goutte	Pellagre après des mois de carence (rare au Canada) ; les premiers symptômes sont imprécis : apathie, maux de tête, perte pondérale et perte d'appétit ; évolue vers un endolorissement et une rougeur de la langue et des lèvres ; nausées, vomissements, diarrhée et photosensibilité ; la peau devient rugueuse et fissurée, sujette à des ulcérations ; aussi, présence de symptômes neurologiques : maladie des « quatre D », dermatite, diarrhée, démence et décès (en l'absence de traitement)
• B_6 (pyridoxine)	Groupe de trois pyridines présentes dans l'organisme sous forme libre et sous forme phosphorylée ; résistante à la chaleur et aux acides ; détruite par les alcalis et la lumière ; emmagasinée dans l'organisme en quantité très limitée	Viande, volaille et poisson ; sources moins importantes : pommes de terre, patates douces, tomates, épinards AQR : 2 mg	Sa forme active est le phosphate de pyridoxal, une coenzyme qui joue un rôle dans plusieurs systèmes enzymatiques liés au métabolisme des acides aminés ; également nécessaire à la conversion du tryptophane en niacine, à la glycogénolyse, à la formation d'anticorps et de l'hémoglobine	Réflexes tendineux réduits, engourdissement et perte de sensibilité des extrémités ; difficulté à marcher ; lésions du système nerveux	Nourrissons : irritabilité nerveuse, convulsions, anémie, vomissements, faiblesse et douleurs abdominales ; adultes : lésions séborrhéiques autour des yeux et de la bouche

TABLEAU 25.2 Vitamines (suite)

Vitamine	Description, commentaires	Sources, apport quotidien recommandé (AQR) pour les adultes	Importance dans l'organisme	Problèmes	
				Excès	Carence
• Acide pantothénique	Très stable ; la cuisson des aliments réduit peu son activité, sauf si elle se fait dans des solutions acides ou alcalines ; les tissus du foie, des reins, de l'encéphale, des glandes surrénales et du cœur en contiennent de grandes quantités	Nom dérivé du grec *pantothen,* qui signifie « de toutes parts » ; abondant dans les aliments d'origine animale, les céréales entières et les légumineuses ; le foie, les levures, le jaune d'œuf et la viande sont des sources particulièrement riches ; les bactéries intestinales en produisent une certaine quantité AQR : 10 mg	Agit sous la forme de la coenzyme A, qui intervient dans les réactions d'élimination ou de transfert d'un groupement acétyle, comme la formation de l'acétyl CoA à partir de l'acide pyruvique, l'oxydation et la synthèse des acides gras ; également associé à la synthèse des stéroïdes et de l'hème de l'hémoglobine	Aucun problème connu	Symptômes imprécis : perte d'appétit, douleurs abdominales, dépression, douleurs dans les bras et les jambes, spasmes musculaires, dégénérescence neuromusculaire (on soupçonne que la neuropathie des alcooliques est associée à une telle carence)
• Biotine	Dérivé de l'urée contenant du soufre ; cristalline sous sa forme libre ; résistante à la chaleur, à la lumière et aux acides ; dans les tissus, habituellement combinée à une protéine ; emmagasinée en très petite quantité, surtout dans le foie, les reins, l'encéphale et les glandes surrénales	Foie, jaune d'œuf, légumineuses, noix ; les bactéries du tube digestif en synthétisent une certaine quantité AQR : non établi, probablement environ 0,3 mg (on suppose que la production des bactéries intestinales dépasse largement les besoins de l'organisme)	Joue le rôle de coenzyme pour de nombreuses enzymes qui catalysent des réactions de carboxylation, de décarboxylation et de désamination ; nécessaire aux réactions du cycle de Krebs, à la formation des purines et des acides aminés non essentiels ainsi qu'à la production d'énergie à partir des acides aminés	Aucun problème connu	Peau écaillée, douleurs musculaires, pâleur, anorexie, nausées et épuisement ; taux élevé de cholestérol dans le sang
• B_{12} (cyanocobalamine)	La vitamine la plus complexe ; contient du cobalt ; résistante à la chaleur, inactivée par la lumière et les solutions fortement acides ou basiques ; facteur intrinsèque nécessaire au transport à travers la membrane de l'intestin ; emmagasinée surtout dans le foie qui en contient de 2000 à 3000 μg, assez pour répondre aux besoins de l'organisme pendant 3 à 5 ans	Foie, viande, volaille, poisson, produits laitiers sauf le beurre ; œufs ; ne se trouve pas dans les aliments d'origine végétale AQR : 3 à 6 μg	Agit sous la forme de coenzyme dans toutes les cellules, notamment dans celles du tube digestif, du système nerveux et de la moelle osseuse ; dans la moelle osseuse, intervient dans la synthèse de l'ADN ; en son absence, les érythrocytes ne se divisent pas mais continuent de grossir ; essentielle à la synthèse de la méthionine et de la choline	Aucun problème connu	Anémie pernicieuse, qui se manifeste par la pâleur, l'anorexie, la dyspnée, la perte pondérale et des troubles neurologiques ; la plupart des cas sont causés par une absorption insuffisante plutôt que par une carence réelle

Vitamine	Description, commentaires	Sources, apport quotidien recommandé (AQR) pour les adultes	Importance dans l'organisme	Problèmes	
				Excès	Carence
• Acide folique (folacine)	À l'état pur, cette vitamine est un composé cristallin jaune vif; résistante à la chaleur; facilement oxydée en solution acide et à la lumière; emmagasinée surtout dans le foie	Foie, légumes vert foncé, levures, bœuf maigre, œufs, veau et céréales complètes; synthétisée par les bactéries intestinales AQR: 0,4 mg	Composant de base des coenzymes qui interviennent dans la synthèse de la méthionine et de certains autres acides aminés, de la choline et de l'ADN; essentiel à la formation des globules rouges et au développement normal du tube neural chez l'embryon	Aucun problème connu	Anémie macrocytaire ou mégaloblastique; troubles gastro-intestinaux; diarrhée; risque de spina bifida chez le nouveau-né; poids peu élevé à la naissance et anomalies neurologiques incapacitantes

Notes

1. Chaque vitamine a des fonctions précises, et aucune ne peut se substituer à une autre. Dans l'organisme, de nombreuses réactions nécessitent la présence de plusieurs vitamines et l'insuffisance de l'une d'elles peut entraver le fonctionnement des autres.
2. Un régime qui contient les cinq groupes alimentaires dans les proportions recommandées fournit toutes les vitamines en quantité suffisante, sauf la vitamine D. Certaines vitamines se trouvent plus précisément dans certains groupes alimentaires déterminés; par exemple les fruits et les légumes sont les principales sources de vitamine C; les légumes à feuilles vert foncé ainsi que les fruits et légumes jaune foncé sont les principales sources de vitamine A (carotène); le lait constitue la principale source de riboflavine; la viande, la volaille et le poisson sont d'excellentes sources de niacine, de thiamine et de vitamines B_6 et B_{12}. Les céréales complètes sont d'importantes sources de niacine et de thiamine.
3. La vitamine D n'est présente dans les aliments naturels qu'en très petite quantité; par conséquent les nourrissons, les femmes enceintes et celles qui allaitent ainsi que les gens qui s'exposent peu à la lumière du soleil devraient prendre des suppléments de vitamine D (ou des aliments enrichis, comme le lait).
4. Les vitamines A et D sont toxiques lorsqu'elles sont prises en excès et on ne devrait prendre des suppléments que sur ordonnance. Pour ce qui est des vitamines hydrosolubles, comme la plupart sont excrétées dans l'urine lorsqu'elles sont prises en excès, on peut douter de l'efficacité des suppléments.
5. De nombreuses carences vitaminiques sont causées par des maladies (notamment en cas d'anorexie, de vomissements, de diarrhée ou de malabsorption) ou reflètent un accroissement des besoins métaboliques dû à la fièvre ou au stress. Des carences vitaminiques spécifiques exigent un traitement à l'aide des vitamines qui font défaut.

TABLEAU 25.3 Minéraux

Minéral	Distribution dans l'organisme, commentaires	Sources, apport quotidien recommandé (AQR) pour les adultes	Importance dans l'organisme	Problèmes	
				Excès	Carence
Calcium (Ca)	La majeure partie est emmagasinée sous forme de sels dans les os; le cation le plus abondant dans l'organisme; absorbé dans l'intestin en présence de vitamine D; excédent excrété dans les fèces; régulation de la concentration sanguine par la PTH et la calcitonine	Lait, produits laitiers, légumes verts à feuilles, jaune d'œuf, fruits de mer AQR: 1200 à 1500 mg, puis 800 à 1000 mg après l'âge de 25 ans	Sous forme de sels, nécessaire à la dureté des os et des dents; les ions calcium présents dans le sang et les cellules assurent la perméabilité des membranes, la transmission des influx nerveux, la contraction musculaire, un rythme cardiaque normal et la coagulation sanguine; active certaines enzymes et prévient l'hypertension	Fonction nerveuse réduite; léthargie et confusion; douleurs et faiblesse musculaires; dépôts de sels de calcium dans les tissus mous; calculs rénaux	Tétanie musculaire; ostéomalacie, ostéoporose; retard de croissance et rachitisme chez les enfants

TABLEAU 25.3 Minéraux (suite)

Minéral	Distribution dans l'organisme, commentaires	Sources, apport quotidien recommandé (AQR) pour les adultes	Importance dans l'organisme	Problèmes	
				Excès	Carence
Chlore (Cl)	Dans l'organisme, existe presque exclusivement sous forme d'ions chlorure ; principal anion du liquide extracellulaire ; les concentrations les plus élevées se trouvent dans le liquide cérébrospinal et dans le suc gastrique ; excrété dans l'urine	Sel de table (comme pour le sodium) ; habituellement ingéré en excès AQR : non établi ; un régime normal en contient de 3 à 9 g	Avec le sodium, contribue au maintien de la pression osmotique et du pH du liquide extracellulaire ; essentiel à la production de HCl par les glandes gastriques ; active l'amylase salivaire ; contribue au transport du CO_2 dans le sang (phénomène de Hamburger)	Vomissements	Les vomissements fréquents et la diarrhée provoquent une perte de Cl et une alcalose ; crampes musculaires ; apathie
Soufre (S)	Présent dans tout l'organisme, notamment dans les cheveux, la peau et les ongles ; excrété dans l'urine	Viande, lait, œufs et légumineuses (tous riches en acides aminés contenant du soufre) AQR : non établi ; un régime qui apporte assez de protéines répond aux besoins de l'organisme	Composant essentiel de nombreuses protéines (insuline), de certaines vitamines (thiamine et biotine) ; se trouve dans les mucopolysaccharides des cartilages, des tendons et des os	Aucun problème connu	Aucun problème connu
Potassium (K)	Le principal cation intracellulaire ; une proportion de 97 % se trouve à l'intérieur des cellules ; une proportion constante est fixée à des protéines, et la mesure de la quantité de K sert à déterminer la masse maigre de l'organisme ; le K^+ sort des cellules pendant le catabolisme des protéines, la déshydratation et la glycogénolyse ; la plus grande partie est excrétée dans l'urine	Présent dans de nombreux aliments ; un régime normal fournit de 2 à 6 g par jour ; avocats, abricots secs, viande, poisson, volaille, céréales AQR : non établi ; un régime apportant assez d'énergie fournit une quantité plus que suffisante (2500 mg)	Contribue au maintien de la pression osmotique intracellulaire ; essentiel à une transmission et à une propagation normales de l'influx nerveux, à la contraction musculaire, à la glycogenèse et à la synthèse des protéines	Habituellement des complications dues à une insuffisance rénale ou à une déshydratation sévère, mais peuvent aussi être causées par l'alcoolisme grave ; paresthésie, faiblesse musculaire et anomalies cardiaques	Rares, mais peuvent résulter d'une diarrhée grave ou de forts vomissements ; faiblesse musculaire, paralysie, nausées, vomissements, tachycardie et insuffisance cardiaque

Minéral	Distribution dans l'organisme, commentaires	Sources, apport quotidien recommandé (AQR) pour les adultes	Importance dans l'organisme	Problèmes	
				Excès	Carence
Sodium (Na)	Présent dans tout l'organisme : 50 % dans le liquide extracellulaire, 40 % dans les sels des os, 10 % à l'intérieur des cellules ; l'absorption est rapide et presque complète ; excrétion surtout dans l'urine, régie par l'aldostérone	Sel de table (15 mL = 2000 mg) ; viandes salées (jambon, p. ex.), choucroute et fromage ; l'alimentation fournit un excédent important AQR : non établi ; probablement environ 2500 mg	Le cation le plus abondant dans le liquide extracellulaire ; principal électrolyte maintenant la pression osmotique du liquide extracellulaire et l'équilibre hydrique ; en tant que partie du système tampon bicarbonate, contribue à l'équilibre acido-basique du sang ; essentiel au fonctionnement neuromusculaire normal ; fait partie de la pompe assurant le transport du glucose et d'autres nutriments	Hypertension, œdème	Rares mais peuvent apparaître en cas de vomissements excessifs, de diarrhée, de sudation ou d'alimentation inadéquate ; nausées, crampes abdominales et musculaires, convulsions
Magnésium (Mg)	Dans toutes les cellules, particulièrement abondant dans les os ; l'absorption est analogue à celle du calcium ; principalement excrété dans l'urine	Lait, produits laitiers, céréales complètes, noix, légumineuses et légumes verts à feuilles AQR : 350 mg	Composant de nombreuses coenzymes qui interviennent dans la conversion de l'ATP en ADP ; nécessaire à la réponse musculaire et nerveuse normale	Diarrhée	Troubles neuromusculaires, tremblements, faiblesse musculaire, rythme cardiaque irrégulier ; spasmes vasculaires et hypertension ; mort subite par arrêt cardiaque ; carence observée dans les cas d'alcoolisme, de maladie rénale grave et de diarrhée prolongée, ou lors de la prise de diurétiques
Phosphore (P)	Environ 80 % sous forme de sels inorganiques dans les os et les dents ; le reste se trouve dans les muscles, le tissu nerveux et le sang ; l'absorption est facilitée par la vitamine D ; environ le tiers de l'apport alimentaire est excrété dans les fèces ; les sous-produits métaboliques sont excrétés dans l'urine	Les régimes riches en protéines sont habituellement riches en phosphore ; abondant dans le lait, les œufs, la viande, le poisson, la volaille, les légumineuses, les noix et les céréales entières AQR : 800 mg	Composant des os et des dents, des acides nucléiques, des protéines, des phospholipides, de l'ATP et des phosphates (tampons) des liquides de l'organisme ; par conséquent, important pour le stockage et le transfert d'énergie, l'activité musculaire et nerveuse et la perméabilité cellulaire	Pas de problèmes connus, mais il est possible que la présence d'un excédent dans le régime alimentaire inhibe l'absorption de fer et de manganèse	Rachitisme, croissance ralentie

➤

TABLEAU 25.3 Minéraux (suite)

Minéral	Distribution dans l'organisme, commentaires	Sources, apport quotidien recommandé (AQR) pour les adultes	Importance dans l'organisme	Problèmes	
				Excès	Carence
Oligoéléments*					
Fluor (F)	Composant des os, des dents et d'autres tissus ; excrété dans l'urine	Eau fluorée AQR : 1,5 à 4 mg	Important pour la structure des dents ; contribue peut-être à prévenir la carie dentaire (notamment chez les enfants) et l'ostéoporose chez les adultes	Dents tachetées	Aucun problème connu
Cobalt (Co)	Présent dans toutes les cellules ; plus abondant dans la moelle osseuse	Foie, viande maigre, volaille, poisson, lait AQR : non établi	Composant de la vitamine B_{12}, qui est nécessaire à la maturation normale des globules rouges	Goitre, polycythémie ; cardiopathie	Voir carences en vitamine B_{12} (tableau 25.2)
Chrome (Cr)	Présent dans tout l'organisme	Foie, viande, fromage, céréales entières, levure de bière, vin AQR : 0,05 à 2 mg	Nécessaire à la synthèse du facteur de tolérance au glucose (GTF), sans lequel le glucose ne peut être métabolisé de façon adéquate ; accroît l'effet de l'insuline sur le métabolisme des glucides ; accroît peut-être la concentration sanguine des HDL en faisant diminuer celle des LDL	Aucun problème connu	Entrave l'action de l'insuline ; par conséquent, fait augmenter la sécrétion d'insuline et accroît les risques d'apparition du diabète sucré chez l'adulte
Cuivre (Cu)	Concentré dans le foie, le cœur, l'encéphale et la rate ; excrété dans les fèces	Foie, fruits de mer, céréales entières, légumineuses, viande ; un régime normal fournit de 2 à 5 mg par jour AQR : 2 à 3 mg	Nécessaire à la synthèse de l'hémoglobine ; essentiel à la production de mélanine, de myéline et de certains intermédiaires de la chaîne de transport des électrons	Rares ; la maladie de Wilson est due à un stockage anormal	Rare
Iode (I)	Présent dans tous les tissus, mais ne se trouve très concentré que dans la glande thyroïde ; absorption régie par la concentration sanguine d'iode lié aux protéines ; excrété dans l'urine	Huile de foie de morue, sel iodé, fruits de mer, légumes cultivés dans un sol riche en iode AQR : 0,15 mg	Nécessaire à la production des hormones thyroïdiennes (T_3 et T_4) qui jouent un rôle important dans la régulation du métabolisme cellulaire	Inhibe la synthèse des hormones thyroïdiennes	Hypothyroïdie ; crétinisme chez les nourrissons, myxœdème chez les adultes (dans les cas moins graves, goitre simple) ; difficultés d'apprentissage et de motivation chez les enfants

* Ensemble, les oligoéléments représentent moins de 0,005 % de la masse corporelle.

Minéral	Distribution dans l'organisme, commentaires	Sources, apport quotidien recommandé (AQR) pour les adultes	Importance dans l'organisme	Problèmes	
				Excès	Carence
Fer (Fe)	Une proportion de 60 à 70 % se trouve dans l'hémoglobine; le reste est lié à la ferritine dans les muscles squelettiques, le foie, la rate et la moelle osseuse; seulement 2 à 10 % du fer alimentaire est absorbé à cause de la barrière muqueuse de l'intestin; éliminé dans l'urine, la transpiration et l'écoulement menstruel; également dans les cheveux ainsi que dans les cellules des muqueuses et de la peau qui se détachent	Les meilleures sources: viande, foie, aussi fruits de mer, jaune d'œuf, fruits séchés, noix, légumineuses et mélasse AQR: hommes, 10 mg; femmes, 15 mg	Constituant de l'hème de l'hémoglobine, qui se lie à la majeure partie de l'oxygène transporté dans le sang; composant des cytochromes qui participent à la phosphorylation oxydative	Hémochromatose (maladie héréditaire causant un excès de fer); lésions au foie (cirrhose et cancer), au cœur et au pancréas (provoquant le diabète)	Anémie ferriprive; pâleur, léthargie, flatulence, anorexie, paresthésie et diminution des fonctions cognitives chez les enfants; troubles de la thermorégulation; diminution des attaques par les phagocytes (à cause de l'impossibilité de produire l'explosion oxydative)
Manganèse (Mn)	Surtout concentré dans le foie, les reins et la rate; excrété en bonne partie dans les fèces	Noix, légumineuses, céréales entières, légumes verts à feuilles, fruits AQR: 2,5 à 5 mg	Conjointement avec les enzymes, catalyse la synthèse des acides gras, du cholestérol, de l'urée et de l'hémoglobine; nécessaire au fonctionnement normal des neurones, à la lactation, à l'oxydation des glucides et à l'hydrolyse des protéines	Semble favoriser un comportement obsessionnel et violent ainsi que des hallucinations	Aucun problème connu
Sélénium (Se)	Emmagasiné dans le foie et les reins	Viande, fruits de mer, céréales AQR: 0,05 à 2 mg	Antioxydant; composant de certaines enzymes; permet d'économiser la vitamine E	Nausées, vomissements, irritabilité, épuisement, perte pondérale et perte des cheveux	Aucun problème connu
Zinc (Zn)	Concentré dans le foie, les reins et l'encéphale; excrété dans les fèces	Crustacés, viande, céréales, légumineuses, noix, germe de blé, levures AQR: 15 mg	Composant de plusieurs enzymes (p. ex. anhydrase carbonique); joue un rôle structural dans diverses protéines (p. ex. facteurs de transcription, doigts à zinc, gène suppresseur de tumeur *p53*); nécessaire à une croissance normale, à la cicatrisation, au goût, à l'odorat et à la production de spermatozoïdes	Difficulté à marcher; trouble de l'élocution; tremblements; empêche l'absorption du cuivre par l'organisme, ce qui peut mener à une diminution de l'immunité	Perte du goût et de l'odorat; retards de croissance; difficultés d'apprentissage; diminution de l'immunité

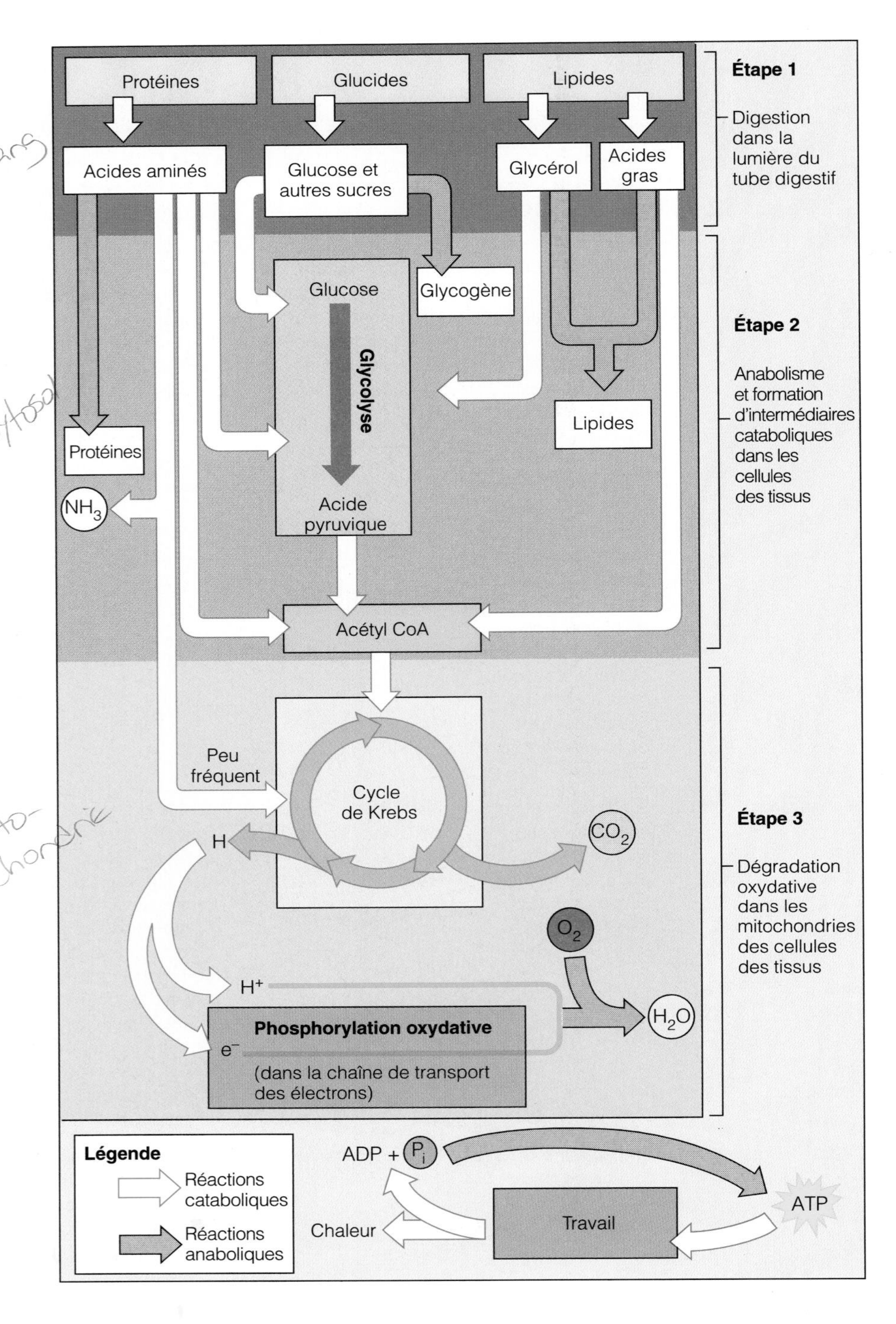

FIGURE 25.4
Les trois étapes du métabolisme des nutriments contenant de l'énergie. À l'étape 1, les enzymes dégradent les aliments en rendant possible leur absorption par la muqueuse digestive. À l'étape 2, les nutriments absorbés sont transportés par le sang vers les cellules, où ils sont soit incorporés à des molécules des cellules (anabolisme), soit dégradés en acide pyruvique ou en acétyl CoA par glycolyse ou par d'autres réactions ; ces produits suivent ensuite les voies cataboliques de l'étape 3. L'étape 3 regroupe la voie catabolique du cycle du Krebs et la phosphorylation oxydative, qui se déroulent dans les mitochondries. Au cours du cycle de Krebs, l'acétyl CoA est dégradé : ses atomes de carbone sont libérés sous forme de gaz carbonique (CO_2), et les atomes d'hydrogène qui sont prélevés passent par une chaîne de récepteurs (la chaîne de transport des électrons, ou chaîne respiratoire) ; ils finissent par être associés (sous forme de protons et d'électrons libres) à l'oxygène moléculaire pour former de l'eau. Une partie de l'énergie libérée par les réactions de la chaîne de transport des électrons sert à former les liens très énergétiques des molécules d'ATP. Après avoir été produit, l'ATP fournit l'énergie nécessaire au fonctionnement des cellules. La respiration cellulaire regroupe les réactions de glycolyse (étape 2), du cycle de Krebs et de la phosphorylation oxydative (étape 3).

La figure 25.4 présente un diagramme de la transformation dans l'organisme des nutriments contenant de l'énergie. Comme vous pouvez le constater, le métabolisme comprend trois étapes principales.

- L'étape 1 est la digestion, qui se produit dans le tube digestif comme nous l'avons vu au chapitre 24. Le sang apporte les nutriments absorbés aux cellules des tissus.
- À l'étape 2, qui se passe dans le cytoplasme des cellules, les nutriments récemment arrivés sont (1) inclus dans la synthèse de molécules cellulaires (lipides, protéines et glycogène) par des voies anaboliques ou (2) dégradés en *acide pyruvique* et en *acétyl CoA* par des voies cataboliques.
- L'étape 3, qui est presque entièrement catabolique, se déroule dans les mitochondries des cellules. Elle nécessite de l'oxygène et correspond à la fin de la dégradation des nutriments nouvellement absorbés ou emmagasinés ; elle produit de grandes quantités d'ATP tout en libérant du gaz carbonique (CO_2) et de l'eau.

La *respiration cellulaire* regroupe la glycolyse de l'étape 2 et toutes les phases de l'étape 3 ; sa principale fonction est la production de l'ATP dont les liaisons chimiques (riches en énergie) représentent une partie de l'énergie chimique provenant des molécules de nutriments. Ainsi les combustibles que sont le glycogène et les graisses constituent des *réserves* d'énergie qui seront ultérieurement *mobilisées pour produire de l'ATP destiné aux cellules.* Pour l'instant, il n'est pas nécessaire que vous appreniez ce schéma par cœur mais, comme nous le verrons bientôt, il résume assez bien les transformations subies par les nutriments ainsi que leur métabolisme.

Réactions d'oxydoréduction et rôle des coenzymes

À l'intérieur des cellules, les réactions qui produisent de l'énergie (sous forme d'ATP) sont des **réactions d'oxydation.** À l'origine, on définissait l'*oxydation* comme une réaction au cours de laquelle l'oxygène se combinait à d'autres éléments. Citons par exemple la formation de la rouille (formation lente d'oxyde de fer) ainsi que la combustion du bois et d'autres combustibles. Au cours de la combustion, l'oxygène se combine rapidement au carbone en produisant (en plus du gaz carbonique et de l'eau) de grandes quantités d'énergie qui se dégagent sous forme de lumière et de chaleur. Comme on l'a découvert plus tard, l'oxydation peut *également* se produire lorsque des atomes d'hydrogène sont *retirés* des composés ; la définition a donc été élargie et est devenue celle que nous connaissons actuellement : *l'oxydation est la réaction qui résulte d'un gain d'oxygène ou de la perte d'hydrogène.* Ainsi que nous l'avons vu au chapitre 2, quelle que soit la forme que revêt l'oxydation, la substance oxydée *perd* toujours (ou perd presque) des électrons ; ceux-ci passent alors à (ou vers) une autre substance qui les attire plus fortement.

Tous les atomes n'attirent pas les électrons avec la même force, ce qui permet d'expliquer le mécanisme en question (voir p. 35). Comme l'hydrogène est très électropositif, son unique électron passe habituellement plus de temps au voisinage des autres atomes de la molécule où se trouve l'hydrogène qu'autour de l'atome d'hydrogène lui-même. Cependant, lorsqu'on enlève un *atome* d'hydrogène, son électron s'en va avec lui et l'ensemble de la molécule perd un électron. À l'inverse, l'oxygène est très électrophile (électronégatif), de sorte que lorsque l'oxygène se lie à d'autres atomes, les électrons partagés passent plus de temps au voisinage de l'oxygène. Dans ce cas aussi l'ensemble de la molécule perd des électrons. Comme nous le verrons bientôt, dans presque tous les cas l'oxydation des combustibles alimentaires se fait par la perte successive de paires d'atomes d'hydrogène (et donc de paires d'électrons) en provenance des molécules de substrat, jusqu'à ce qu'il ne reste que du gaz carbonique (CO_2). L'oxygène moléculaire (O_2) est l'accepteur *final* d'électrons ; à la toute fin du processus, il se combine avec les atomes d'hydrogène pour former de l'eau (H_2O).

Chaque fois qu'une substance perd des électrons (est oxydée), une autre les gagne (est réduite). Les réactions d'oxydation et de réduction sont donc couplées, c'est pourquoi on parle de **réactions d'oxydoréduction,** ou **réactions redox.** Il importe avant tout de comprendre que la substance « oxydée » *perd* de l'énergie et que celle qui est « réduite » en *gagne* lorsque les électrons, qui sont chargés d'énergie, passent de la première à la seconde. Par conséquent, lorsque les combustibles alimentaires sont oxydés, leur énergie est transmise successivement à une « chaîne » d'autres molécules et finit par aboutir à l'ADP, permettant ainsi la formation de molécules d'ATP riches en énergie.

Comme toutes les autres réactions chimiques de notre organisme, les réactions d'oxydoréduction sont catalysées par des enzymes. Les enzymes sont étudiées en détail au chapitre 2 (p. 52-54). Les enzymes qui catalysent les réactions d'oxydoréduction par enlèvement d'un atome d'hydrogène sont appelées **déshydrogénases,** alors que celles qui catalysent le transfert d'oxygène sont des **oxydases.** La plupart des enzymes nécessitent la présence d'une coenzyme habituellement dérivée d'une vitamine du groupe B. Bien que les enzymes catalysent l'oxydation d'une substance par élimination d'atomes d'hydrogène, ce ne sont pas des *accepteurs* d'hydrogène (elles ne retiennent pas ces atomes). Par contre, leurs **coenzymes** agissent comme des accepteurs d'hydrogène (ou d'électrons) réversibles, c'est-à-dire qu'elles sont réduites chaque fois qu'un substrat est oxydé. Le **nicotinamide adénine dinucléotide (NAD^+)**, dérivé de la *niacine,* et la **flavine adénine dinucléotide (FAD)**, dérivée de la *riboflavine,* sont deux coenzymes très importantes des voies oxydatives. L'oxydation de l'acide succinique en acide fumarique et la réduction simultanée de la FAD en $FADH_2$, un exemple de réactions couplées d'oxydoréduction, se déroulent comme suit :

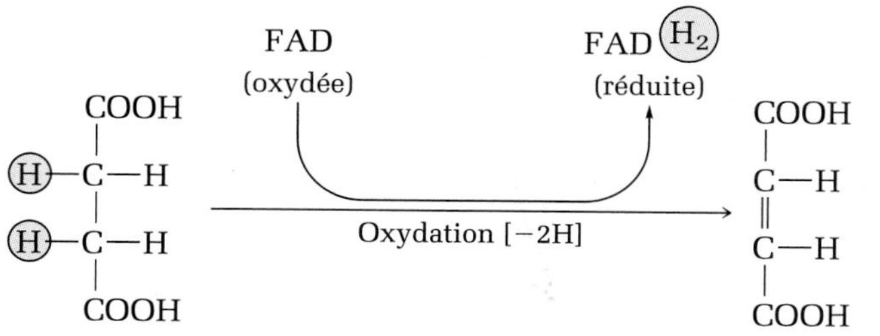

FAD (oxydée) → $FAD(H_2)$ (réduite)

Acide succinique (COOH–CH(H)–CH(H)–COOH) —Oxydation [−2H]→ Acide fumarique (COOH–CH=CH–COOH)

Mécanismes de synthèse de l'ATP

Comment nos cellules captent-elles une partie de l'énergie produite par la respiration cellulaire pour fabriquer des molécules d'ATP ? Il semble exister deux mécanismes : la phosphorylation au niveau du substrat et la phosphorylation oxydative.

La **phosphorylation au niveau du substrat** est le transfert direct de groupements phosphate riches en énergie de substrats phosphorylés (intermédiaires métaboliques) à l'ADP (figure 25.5a). Elle se produit essentiellement parce que les liaisons riches en énergie qui unissent les groupements phosphate aux substrats sont moins stables que celles de l'ATP. L'ATP est synthétisé par cette voie au cours d'une des étapes de la glycolyse et une fois à chaque tour du cycle de Krebs (figure 25.6). Les enzymes qui catalysent la phosphorylation au niveau du substrat sont présentes à la fois dans le cytoplasme et dans le milieu aqueux qui constitue la matrice mitochondriale.

La **phosphorylation oxydative** est beaucoup plus complexe, mais elle produit la plus grande partie de l'énergie qui est finalement transformée en liaisons d'ATP au cours de la respiration cellulaire. Ce processus s'effectue grâce aux protéines de transport d'électrons qui font

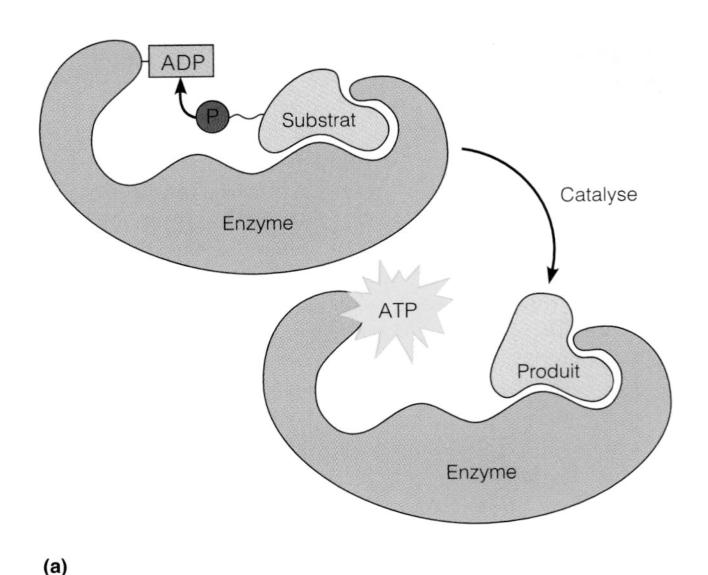

(a)

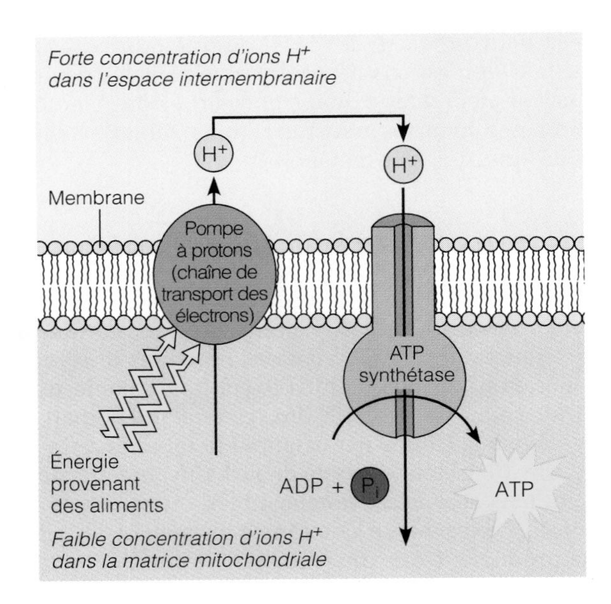

(b)

FIGURE 25.5
Mécanismes de phosphorylation. (a) La phosphorylation au niveau du substrat se produit lorsqu'un groupement phosphate riche en énergie est transféré directement, grâce à des enzymes, du substrat à l'ADP pour former l'ATP. La phosphorylation au niveau du substrat se déroule à la fois dans le cytoplasme et dans la matrice mitochondriale. **(b)** La phosphorylation oxydative, qui a lieu dans les mitochondries, reflète l'activité des protéines de transport d'électrons; celles-ci jouent le rôle de «pompes», créant ainsi un gradient de protons de part et d'autre de la membrane des crêtes. L'énergie qui alimente cette pompe est celle qui est libérée par l'oxydation des combustibles alimentaires. Lorsque les ions H^+ refluent passivement vers la matrice liquide de la mitochondrie (en passant par les ATP synthétases), l'énergie de leur gradient de diffusion sert à lier les groupements phosphate à l'ADP.

partie de la membrane des crêtes mitochondriales, et c'est un exemple de **processus chimiosmotique.** Les processus chimiosmotiques couplent le mouvement de substances à travers une membrane à des réactions chimiques. Dans ce cas, une partie de l'énergie libérée par l'oxydation des combustibles (la partie «chimio» du terme) sert à actionner une pompe (*ôsmos* = pousser) qui conduit les ions hydrogène, ou protons (H^+), de l'autre côté de la membrane mitochondriale interne (crête), c'est-à-dire dans l'espace intermembranaire (figure 25.5b). Cela crée un important gradient de diffusion des protons à travers la membrane; lorsque les protons refluent à travers cette membrane (en passant par un canal protéique appelé *ATP synthétase*), une partie de l'énergie de ce gradient est captée et sert à lier des groupements phosphate à l'ADP.

Métabolisme des glucides

Comme tous les glucides alimentaires finissent par être transformés en glucose, le métabolisme des glucides est en fait celui du glucose. Le glucose pénètre dans les cellules des tissus par diffusion facilitée, un processus qui est largement stimulé par l'insuline. Au moment de son entrée dans la cellule, le glucose est phosphorylé en *glucose-6-phosphate* par addition d'un groupement phosphate (PO_4^{3-}) sur son sixième atome de carbone; cette réaction est couplée à l'ATP:

$$\text{Glucose} + \text{ATP} \rightarrow \text{glucose-6-}PO_4 + \text{ADP}$$

Comme les enzymes qui permettent l'inversion de cette réaction sont absentes de la plupart des cellules de l'organisme, le glucose est ainsi piégé à l'intérieur des cellules. Comme le glucose-6-phosphate est une molécule *différente* du glucose simple, cette réaction maintient également une faible concentration de glucose à l'intérieur de la cellule et entretient ainsi un gradient de diffusion qui favorise l'entrée du glucose. Seules les cellules de la muqueuse intestinale, des tubules rénaux et du foie possèdent les enzymes permettant la réaction de phosphorylation inverse, ce qui explique que ces cellules puissent jouer un rôle particulier dans l'accumulation *et* la libération du glucose. Toutes les voies anaboliques et cataboliques des glucides commencent par le glucose-6-phosphate.

Oxydation du glucose

Le glucose est la principale molécule de combustible des voies oxydatives (productrices d'ATP). Le catabolisme complet du glucose se fait par la réaction globale suivante:

$$\underset{\text{(glucose)}}{C_6H_{12}O_6} + \underset{\text{(oxygène)}}{6O_2} \rightarrow \underset{\text{(eau)}}{6H_2O} + \underset{\text{(gaz carbonique)}}{6CO_2} + 36\ \text{ATP} + \text{chaleur}$$

Cette équation ne montre pas toute la complexité du processus de dégradation du glucose ni le fait que ce processus fait intervenir trois des voies mentionnées à la figure 25.4 et représentées à la figure 25.6:

1. Glycolyse (codée en rose dans tout le chapitre);
2. Cycle de Krebs (codé en vert pâle), et

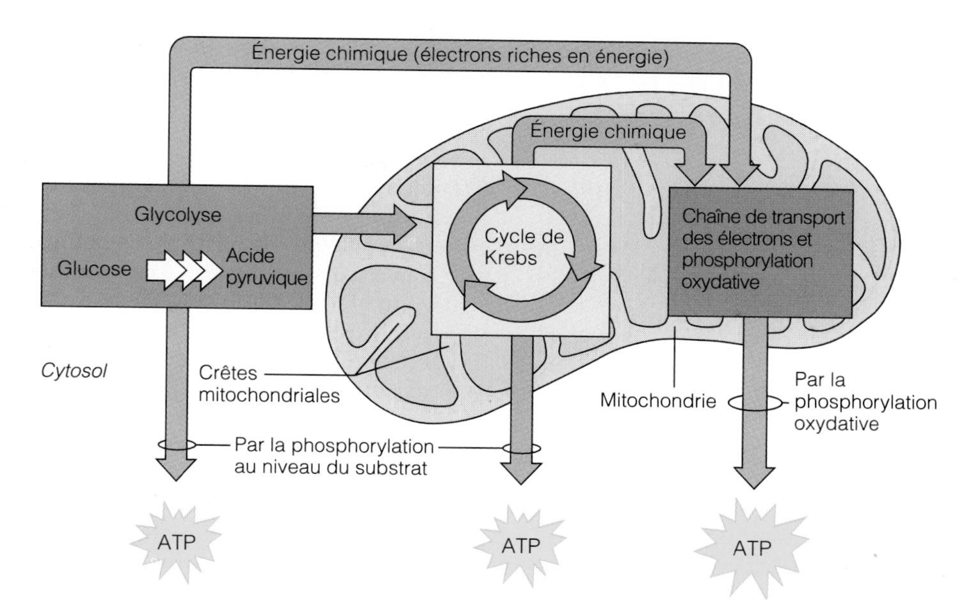

FIGURE 25.6
Vue d'ensemble des sites de formation de l'ATP au cours de la respiration cellulaire. La glycolyse a lieu à l'extérieur de la mitochondrie, dans le cytosol. Le cycle de Krebs et les réactions de la chaîne de transport des électrons se déroulent à l'intérieur de la mitochondrie. Au cours de la glycolyse, chaque molécule de glucose est dégradée en deux molécules d'acide pyruvique. Celles-ci pénètrent dans la matrice mitochondriale, où le cycle de Krebs les décompose en gaz carbonique. Pendant la glycolyse et le cycle de Krebs, de petites quantités d'ATP sont produites par phosphorylation au niveau du substrat. L'énergie chimique provenant de la glycolyse et du cycle de Krebs, sous forme d'électrons riches en énergie, est alors transférée à la chaîne de transport des électrons (ou chaîne respiratoire), qui est intégrée à la membrane des crêtes. La chaîne de transport des électrons effectue la phosphorylation oxydative, qui produit la plus grande partie de l'ATP résultant de la respiration cellulaire.

3. Chaîne de transport des électrons et phosphorylation oxydative (codées en violet).

Comme ces voies métaboliques se suivent dans un ordre défini, nous allons les étudier l'une après l'autre.

Glycolyse La **glycolyse** (littéralement, « dégradation d'un sucre ») est une suite de dix étapes chimiques par lesquelles le glucose est converti en deux molécules d'*acide pyruvique,* avec la production nette de deux ATP par molécule de glucose. La glycolyse se déroule dans le cytosol des cellules, où ses diverses étapes sont catalysées par des enzymes solubles spécifiques. À l'exception de la première étape pendant laquelle le glucose qui pénètre dans la cellule est phosphorylé en glucose-6-phosphate, toutes les étapes sont entièrement *réversibles.* La glycolyse est un *processus anaérobie* (*a* = sans ; *aeros* = air). À la suite d'une interprétation erronée du terme, on pense parfois à tort que ce processus se déroule *en l'absence* d'oxygène, ce qui est *faux.* En fait, la glycolyse *ne fait pas intervenir l'oxygène et se déroule qu'il y ait de l'oxygène ou non.* La figure 25.7 résume la voie glycolytique et illustre ses trois phases principales. L'appendice D montre la totalité de la voie glycolytique, les noms et les structures chimiques de tous les intermédiaires ainsi qu'une description de tous les événements qui se déroulent à chaque étape.

1. **Activation du glucose.** À la phase 1, le glucose est phosphorylé en fructose-6-phosphate, qui est phosphorylé à nouveau. Ces trois étapes produisent le fructose-1,6-diphosphate et consomment deux molécules d'ATP. Les deux réactions du sucre avec l'ATP fournissent l'*énergie d'activation* servant à amorcer les étapes ultérieures de la voie ; cette phase est donc considérée comme la *phase d'apport d'énergie.* (Le rôle de l'énergie d'activation est présenté au chapitre 2.)
2. **Scission du glucide.** Au cours de la phase 2, le fructose-1,6-diphosphate est scindé en deux fragments de trois atomes de carbone existant sous forme de deux isomères interconvertibles : le glycéraldéhyde-3-phosphate et le dihydroxyacétone phosphate.
3. **Oxydation et formation d'ATP.** Durant la phase 3, qui comporte six étapes, deux phénomènes importants se produisent. Premièrement, les deux fragments à trois atomes de carbone sont oxydés par retrait de l'hydrogène, qui est capté par le NAD^+. Une partie de l'énergie du glucose est donc transférée au NAD^+. Deuxièmement, un groupement phosphate inorganique (P_i) est uni par des liaisons riches en énergie à chacun des fragments oxydés. Par la suite, ces groupements phosphate terminaux sont coupés, ce qui libère assez d'énergie pour produire quatre molécules d'ATP au total. Comme nous l'avons déjà dit, la formation d'ATP par cette voie est appelée *phosphorylation au niveau du substrat.*

Les produits finaux de la glycolyse sont deux molécules d'**acide pyruvique** et deux molécules réduites de NAD^+ ($NADH + H^+$)*, avec un gain net de deux molécules

* Le NAD porte une charge positive (NAD^+) ; par conséquent, lorsqu'il accepte deux atomes d'hydrogène, le produit réduit ainsi créé est $NADH + H^+$.

25

Dans cette voie biochimique, que se passerait-il **(1)** *s'il n'y avait pas d'oxygène et* **(2)** *si NADH + H^+ ne pouvait pas transférer à l'acide pyruvique les atomes d'hydrogène « prélevés » ?*

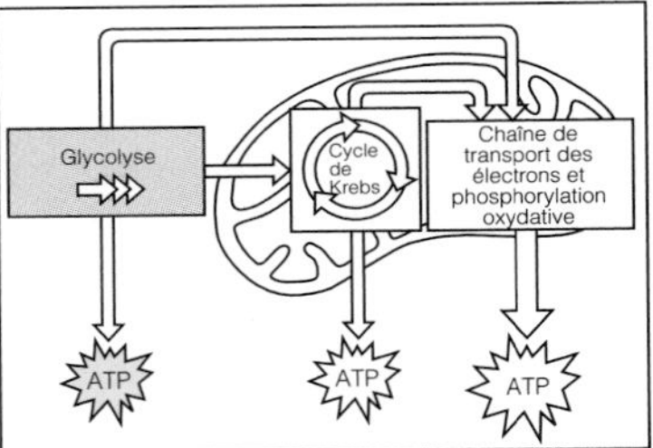

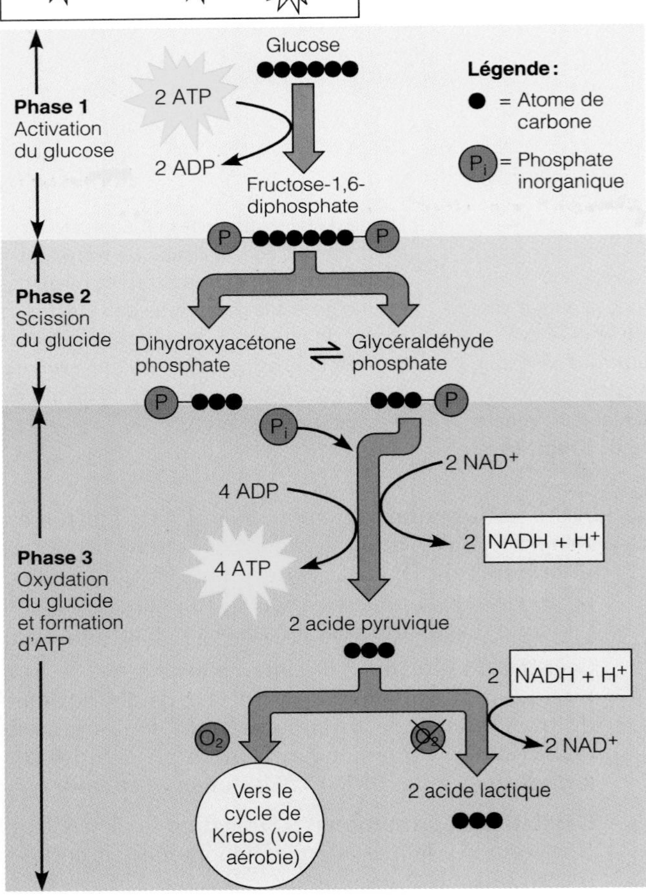

FIGURE 25.7
Les trois principales phases de la glycolyse. Au cours de la phase 1, le glucose est activé par phosphorylation et converti en fructose-1,6-diphosphate. À la phase 2, le fructose-1,6-diphosphate est scindé en deux fragments de trois atomes de carbone (isomères interconvertibles). Au cours de la phase 3, les fragments à trois atomes de carbone sont oxydés (par retrait d'hydrogène) et quatre molécules d'ATP sont ainsi formées. La destinée de l'acide pyruvique dépend de la présence ou de l'absence de O_2 moléculaire.

d'ATP par molécule de glucose. Il y a formation de quatre ATP, mais il ne faut pas oublier que l'« amorce de la pompe », à la phase 1, en a consommé deux. Chacune des deux molécules d'acide pyruvique a pour formule $C_3H_4O_3$, et celle du glucose est $C_6H_{12}O_6$. Ensemble, les deux molécules d'acide pyruvique signifient qu'il y a eu perte de quatre atomes d'hydrogène qui sont maintenant liés à deux molécules de NAD^+. Une petite quantité d'ATP a été formée, mais les deux autres produits finaux de l'oxydation du glucose (H_2O et CO_2) ne sont pas encore apparus.

La destinée de l'acide pyruvique, qui contient encore la plus grande partie de l'énergie chimique provenant du glucose, dépend de la disponibilité de l'oxygène au moment où il est produit. Pour que la glycolyse se poursuive et que l'acide pyruvique entre dans le cycle de Krebs, qui est la prochaine phase de transformation, les coenzymes réduites (NADH + H^+) formées pendant la glycolyse doivent être débarrassées de l'hydrogène qu'elles ont accepté ; elles pourront ainsi agir à nouveau comme accepteurs d'hydrogène. Lorsque l'oxygène est présent en quantité suffisante, cela se fait sans difficulté. Le NADH + H^+ cède simplement les atomes d'hydrogène qu'il porte aux enzymes de la chaîne de transport d'électrons de la mitochondrie, qui les cèdent à leur tour à l'oxygène moléculaire pour former de l'eau. Cependant, si la quantité d'oxygène présente n'est pas suffisante, comme cela peut arriver au cours d'une activité physique intense, le NADH + H^+ produit par la glycolyse redonne son bagage d'hydrogène à l'*acide pyruvique* en réduisant celui-ci. Cet ajout de deux atomes d'hydrogène à l'acide pyruvique produit l'**acide lactique** (voir en bas à droite de la figure 25.7). Une partie de l'acide lactique ainsi formé sort de la cellule par diffusion et est transportée au foie. Lorsque l'oxygène redevient disponible, l'acide lactique est à nouveau oxydé en acide pyruvique et suit les **voies aérobies** (cycle de Krebs exigeant de l'oxygène et chaîne de transport des électrons dans les mitochondries). Il est alors complètement oxydé en eau et en gaz carbonique. Le foie peut aussi reconvertir l'acide lactique en glucose-6-phosphate (glycolyse inversée), puis l'emmagasiner sous forme de glycogène, ou bien lui enlever son groupement phosphate et le libérer dans le sang si la glycémie est basse.

La glycolyse produit de l'ATP très rapidement, mais à elle seule elle ne fournit que deux ATP par molécule de glucose, alors que l'oxydation complète du glucose en donne 36. La poursuite du métabolisme dans des conditions anaérobies prolongées finit par entraîner un déséquilibre acido-basique sauf dans les globules rouges (qui, habituellement, effectuent *uniquement* la glycolyse). La production d'acide lactique, dans des conditions totalement anaérobies, n'est donc qu'une méthode transitoire (ou d'urgence) de production rapide d'ATP lorsque les quantités d'oxygène présentes sont insuffisantes. Les muscles squelettiques sont les organes où ces conditions peuvent persister le plus longtemps sans endommager les tissus ; cette période est beaucoup plus courte dans le muscle cardiaque et presque inexistante dans l'encéphale.

Cycle de Krebs

Le **cycle de Krebs,** nommé en l'honneur de Hans Krebs, son découvreur, est l'étape suivante de l'oxydation du glucose. Il se déroule dans le milieu aqueux de la matrice mitochondriale et est alimenté en grande partie par l'acide pyruvique produit pendant la

(1) En l'absence d'oxygène, les coenzymes réduites (NADH + H^+) transféreraient les H^+ à l'acide pyruvique pour former de l'acide lactique. (2) La glycolyse s'arrêterait parce que l'oxydase, une enzyme, ne peut pas retenir les H^+ prélevés pendant l'oxydation du substrat. Si toutes les coenzymes sont déjà réduites et ne peuvent pas libérer leur hydrogène, l'oxydase ne peut pas continuer de jouer son rôle.

glycolyse et par les acides gras résultant de la dégradation des lipides.

Après être entré dans la mitochondrie, l'acide pyruvique est d'abord converti en *acétyl CoA*. Ce processus se déroule en plusieurs étapes et constitue la transition entre la glycolyse et le cycle de Krebs ; il fait intervenir trois phénomènes :

1. La **décarboxylation,** pendant laquelle un atome de carbone de l'acide pyruvique est enlevé et libéré sous forme de gaz carbonique (l'un des déchets du métabolisme), qui passe des cellules dans le sang par diffusion et est expulsé par les poumons.
2. L'**oxydation,** par retrait d'atomes d'hydrogène. Les atomes d'hydrogène en question sont captés par le NAD^+.
3. La combinaison de l'acide acétique ainsi produit avec la *coenzyme A*, qui donne le produit final, l'**acétyl coenzyme A,** ou plus simplement **acétyl CoA.** La coenzyme A (CoA-SH) contient du soufre et est dérivée de l'acide pantothénique, une vitamine du groupe B.

L'acétyl CoA est alors prêt à entrer dans le cycle de Krebs et à être entièrement dégradé par les enzymes mitochondriales. La coenzyme A transporte l'acide acétique, qui a deux atomes de carbone, jusqu'à l'enzyme qui peut le condenser avec un acide à quatre atomes de carbone appelé **acide oxaloacétique,** produisant ainsi l'**acide citrique** qui contient six atomes de carbone. L'acide citrique est le premier substrat du cycle, et c'est pourquoi les biochimistes, en particulier, préfèrent appeler le cycle de Krebs **cycle de l'acide citrique.** La figure 25.8 résume les principaux événements du cycle de Krebs.

Le cycle passe alors par ses huit étapes successives et les atomes d'acide citrique sont remaniés pour former diverses molécules intermédiaires, la plupart de celles-ci étant appelées **acides cétoniques.** L'acide acétique qui entre dans le cycle est dégradé un atome de carbone à la fois (décarboxylé) et oxydé, ce qui produit simultanément le NADH + H^+ et la $FADH_2$. À la fin du cycle, l'acide acétique a complètement disparu et l'acide oxaloacétique, ou *molécule d'amorçage* du cycle, est régénéré. Étant donné qu'il se produit deux réactions de *décarboxylation* et quatre réactions d'*oxydation,* les produits du cycle de Krebs sont deux molécules de gaz carbonique et quatre molécules de coenzymes réduites (3 NADH + H^+ et 1 $FADH_2$). L'ajout d'eau à certaines étapes explique la perte d'une partie de l'hydrogène. Une molécule d'ATP est formée (par phosphorylation au niveau du substrat) à chaque tour du cycle. L'appendice D explique en détail chacune des huit étapes du cycle de Krebs.

Expliquons maintenant ce qu'il advient des molécules d'acide pyruvique qui pénètrent dans la mitochondrie. Au total, pour chaque molécule d'acide pyruvique, il apparaît trois molécules de gaz carbonique et cinq de coenzymes réduites (1 $FADH_2$ et 4 NADH + H^+, ce qui équivaut à la perte de dix atomes d'hydrogène). L'oxydation du glucose dans le cycle de Krebs produit donc le double de ces quantités (n'oublions pas qu'une molécule de glucose donne deux molécules d'acide pyruvique), soit six CO_2, dix molécules de coenzymes réduites et deux molécules d'ATP. Remarquez que ce sont ces réactions du cycle de Krebs qui produisent le CO_2 dégagé pendant l'oxydation du glucose. Pour que le cycle de Krebs puisse se poursuivre, il faut que les coenzymes réduites qui portent leurs « électrons supplémentaires » dans des liaisons riches en énergie soient oxydées.

La voie glycolytique ne concerne que l'oxydation des glucides, mais le cycle de Krebs peut produire de l'énergie par l'oxydation des produits de dégradation des glucides, des lipides et des protéines. De la même façon, certains intermédiaires du cycle de Krebs peuvent être détournés et servir à la synthèse d'acides gras et d'acides aminés non essentiels, comme nous allons le voir bientôt. Le cycle de Krebs, en plus d'être la voie commune finale de dégradation des combustibles alimentaires, est donc également une source de matériaux structuraux pour les réactions anaboliques (de biosynthèse).

Chaîne de transport des électrons et phosphorylation oxydative Comme la glycolyse, aucune des réactions du cycle de Krebs n'utilise directement l'oxygène. Cette fonction ne se retrouve que dans la **chaîne de transport des électrons,** ou chaîne respiratoire, qui se charge des dernières réactions cataboliques se produisant sur les membranes internes des mitochondries. Cependant, étant donné que les coenzymes réduites qui apparaissent au cours du cycle de Krebs sont la substance (substrat) qui alimente le « moulin » de la chaîne de transport des électrons, ces deux voies sont couplées et on considère que les deux phases nécessitent de l'oxygène (sont aérobies).

Dans la chaîne de transport des électrons, les atomes d'hydrogène enlevés au cours de l'oxydation des combustibles finissent par être combinés à l'oxygène moléculaire, et l'énergie libérée par ces réactions sert à lier des groupements phosphate inorganique (P_i) à l'ADP. Ainsi que nous l'avons déjà dit, ce type de phosphorylation est appelé *phosphorylation oxydative.* Examinons de plus près ce processus complexe.

La plupart des éléments de la chaîne de transport des électrons sont des protéines liées à des atomes métalliques (*cofacteurs*). Ces protéines, qui font partie de la membrane mitochondriale interne (crêtes), sont de composition très variée. Certaines d'entre elles par exemple, les **flavines,** contiennent de la flavine mononucléotide (FMN) dérivée de la riboflavine, une vitamine ; d'autres contiennent à la fois du soufre (S) et du fer (Fe), mais la plupart sont des pigments aux couleurs vives contenant du fer, appelés **cytochromes** (*kutos* = cellule ; *khrôma* = couleur). Les transporteurs adjacents sont regroupés, formant trois **complexes enzymatiques** de la chaîne de transport des électrons qui sont alternativement réduits et oxydés par ajout d'un électron et transfert au complexe qui suit dans la séquence. Comme le montre la figure 25.9, le premier de ces complexes accepte les atomes d'hydrogène provenant du NADH + H^+, oxydant celui-ci en NAD^+. La $FADH_2$ passe son « chargement » d'atomes d'hydrogène un peu plus loin dans la chaîne. Les atomes d'hydrogène livrés à la chaîne respiratoire par les coenzymes réduites sont rapidement séparés en ions H^+ (protons) et en électrons ; dans la membrane, les électrons passent tour à tour d'un accepteur à l'autre ; les protons s'échappent dans la matrice aqueuse, où l'un des trois complexes enzymatiques les capture et les apporte de l'autre côté de la membrane, dans l'espace intermembranaire (« pompage »).

Quels sont les deux principaux types de réactions chimiques de ce cycle et comment les représente-t-on symboliquement ?

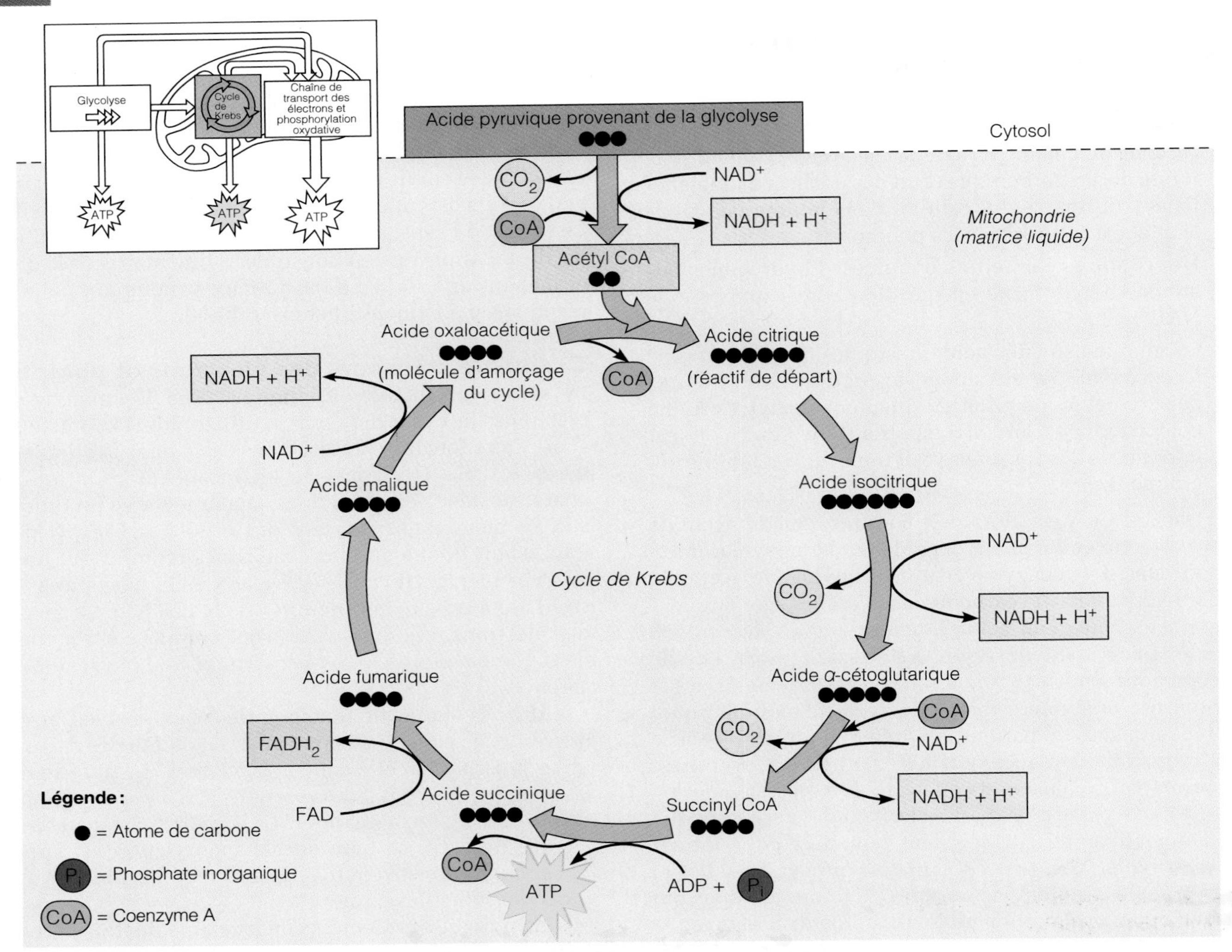

FIGURE 25.8
Représentation simplifiée du cycle de Krebs. À chaque tour du cycle, deux atomes de carbone sont retirés des substrats sous forme de CO_2 (réactions de décarboxylation) ; il se produit quatre réactions d'oxydation par perte d'atomes d'hydrogène, qui donnent quatre molécules de coenzymes réduites (3 NADH + H^+ et 1 $FADH_2$) ; une molécule d'ATP est synthétisée par phosphorylation au niveau du substrat. Une autre réaction de décarboxylation et une réaction d'oxydation convertissent l'acide pyruvique, qui est le produit de la glycolyse, en acétyl CoA, la molécule qui entre effectivement dans le cycle de Krebs.

L'hydrogène finit par être transféré à l'*oxygène moléculaire* pour former de l'eau, comme le montre la réaction suivante :

$$2H\ (2H^+ + 2e^-) + \tfrac{1}{2}\ O_2 \rightarrow H_2O$$

La presque totalité de l'eau qui provient de l'oxydation du glucose est produite par la phosphorylation oxydative. Le NADH + H^+ et la $FADH_2$ sont oxydés lorsqu'ils libèrent leur charge d'atomes d'hydrogène, et la réaction globale de la chaîne de transport des électrons est donc :

$$\underset{\text{(coenzyme réduite)}}{\text{Coenzyme-2H}} + \tfrac{1}{2}\ O_2 \rightarrow \underset{\text{(coenzyme oxydée)}}{\text{coenzyme}} + H_2O$$

Le transfert d'électrons du NADH + H^+ à l'oxygène libère de grandes quantités d'énergie (réaction exothermique) ; si l'hydrogène se combinait directement à l'oxygène moléculaire, l'énergie serait libérée d'un seul coup et perdue en grande partie sous forme de chaleur. Au lieu de cela, l'énergie est libérée graduellement en de nombreuses petites étapes au fur et à mesure que les électrons passent d'un accepteur à l'autre. Chaque transporteur possède une affinité pour les électrons plus grande que

La décarboxylation, qu'on représente comme le retrait de CO_2, et l'oxydation, qu'on représente comme la réduction d'une coenzyme, par exemple NAD$^+$ → NADH + H^+.

En quoi ce mécanisme de synthèse de l'ATP diffère-t-il de la phosphorylation au niveau du substrat?

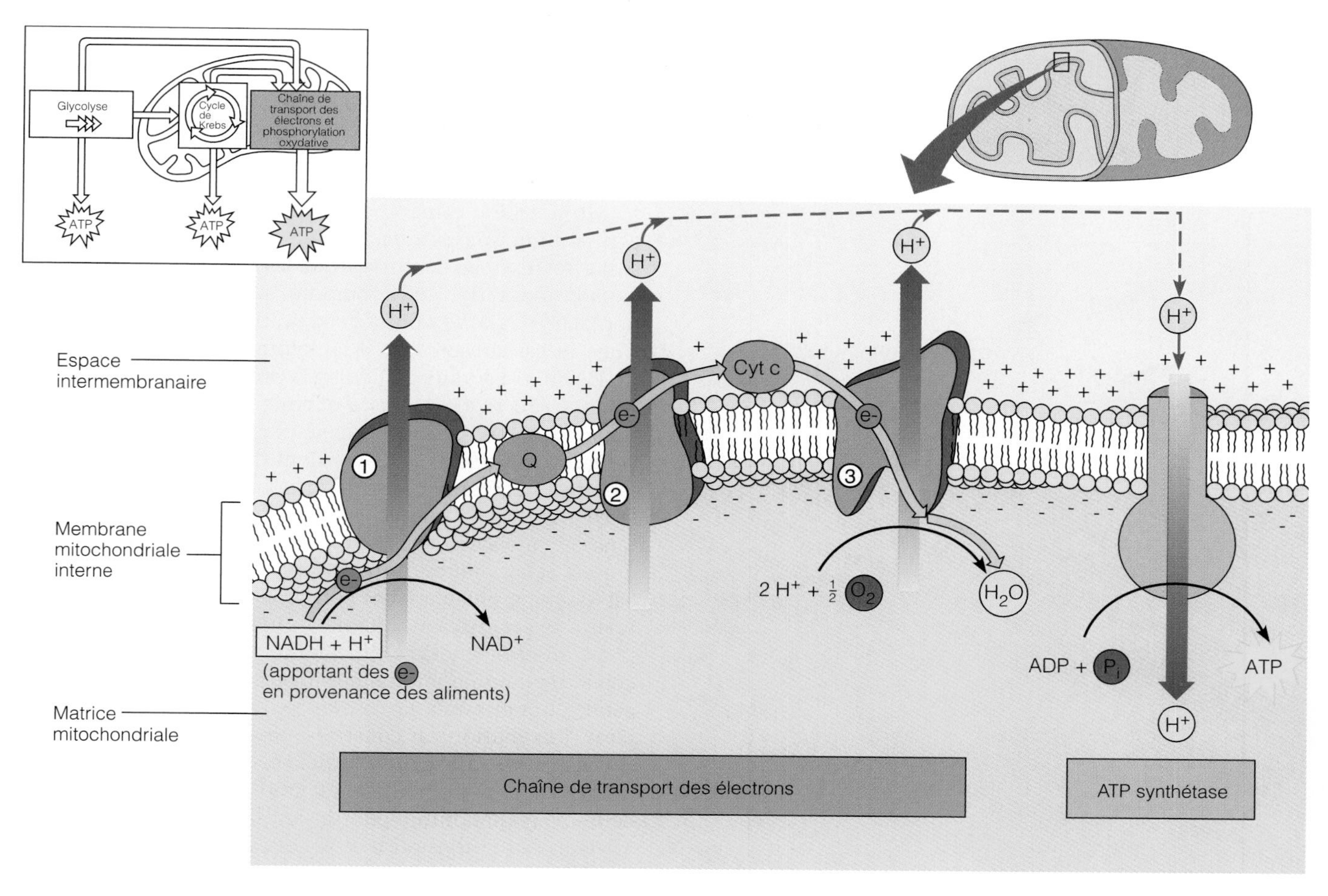

FIGURE 25.9
Mécanisme hypothétique de la phosphorylation oxydative. Schéma montrant le courant d'électrons dans les trois principaux complexes enzymatiques de la chaîne de transport des d'électrons pendant le transfert de deux électrons du NAD^+ réduit à l'oxygène: (1) complexe NADH déshydrogénase (FMN, Fe-S), (2) complexe cytochrome b et c_1, et (3) complexe cytochrome oxydase (a et a_3). La coenzyme Q et le cytochrome c sont mobiles et agissent comme transporteurs entre les trois complexes principaux.

La chaîne de transport des électrons est un convertisseur d'énergie; elle transforme l'énergie chimique en gradient de H^+. Quand les électrons d'énergie élevée suivent leur gradient énergétique, une partie de leur énergie active chacun des complexes, qui agit comme une pompe et apporte les protons de la matrice mitochondriale à l'espace intermembranaire. Il se crée un gradient électrochimique de protons, et ces derniers ont donc tendance à retraverser la membrane en passant par le complexe ATP synthétase. Ce complexe utilise l'énergie du flux de protons (énergie électrique) pour synthétiser de l'ATP à partir de l'ADP et du P_i présents dans la matrice. L'oxydation de chaque NADH + H^+ en NAD^+ donne trois ATP. Comme la $FADH_2$ se débarrasse de ses atomes d'hydrogène après le premier complexe enzymatique, son oxydation permet de capter une quantité moindre d'énergie (deux ATP).

ceux qui le précèdent dans la série. Par conséquent, les électrons descendent «en cascade», passant du NADH + H^+ à des niveaux d'énergie de plus en plus bas, et ils finissent par être transférés à l'oxygène, qui possède la plus grande affinité électronique de tous les intermédiaires (figure 25.10). On pourrait dire que l'oxygène «tire» les électrons vers le bas de la chaîne.

La chaîne de transport des électrons libère l'énergie électronique par étapes pour faire passer les protons du liquide de la matrice à l'espace intermembranaire («pompage»), et elle agit donc comme une machine de conversion de l'énergie. Comme la membrane des crêtes est presque imperméable aux ions H^+, ce processus chimiosmotique crée un **gradient électrochimique de protons** (H^+) entre les deux faces de la membrane interne; une énergie potentielle est donc emmagasinée temporairement (gradient d'énergie). On désigne cette source d'énergie

Dans la phosphorylation au niveau du substrat, l'ATP est formé par transfert direct d'un groupement phosphate du substrat à l'ADP. Dans la phosphorylation oxydative, les substrats sont oxydés par retrait de l'hydrogène, qui finit par être transféré à l'oxygène moléculaire. Les atomes d'hydrogène ainsi retirés contiennent l'énergie qui, en fin de compte, sert à générer le gradient de protons, c'est-à-dire la source d'énergie à partir de laquelle le phosphate est lié à l'ADP pour produire l'ATP.

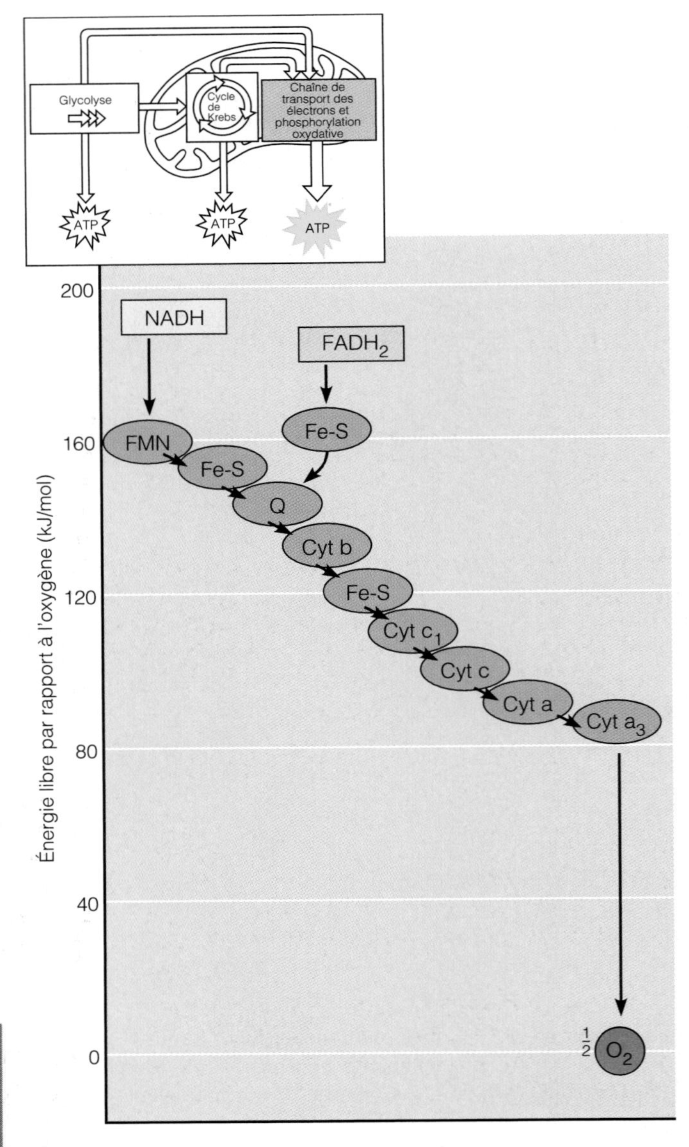

FIGURE 25.10
Gradient d'énergie électronique dans la chaîne de transport des électrons. Chaque élément de la chaîne oscille entre un état réduit et un état oxydé. Un composant est réduit lorsqu'il accepte des électrons de son voisin « du haut » (qui a une affinité électronique plus faible). Il revient ensuite à son état oxydé lorsqu'il transfère ces électrons à son voisin « du bas » (qui a une affinité électronique plus élevée). L'oxygène, qui est *très* électronégatif, se trouve au « bas » de la chaîne. La perte totale d'énergie des électrons entre le NADH et l'oxygène est de 220 kJ/mol, mais cette perte d'énergie est dégagée en une série de petites étapes dans la chaîne respiratoire.

sous le nom de *force protonique motrice* pour bien indiquer que ce gradient peut produire un travail.

Le gradient de protons présente deux caractéristiques importantes : (1) il crée un gradient de pH, la concentration d'ions hydrogène étant beaucoup plus faible à l'intérieur de la matrice que dans l'espace intermembranaire ; et (2) il génère un voltage entre les deux côtés de la membrane, le côté de la matrice étant négatif (–) et la partie située entre les deux membranes de la mitochondrie étant positive (+). Ces deux phénomènes s'additionnent pour attirer fortement les ions H^+ en direction de la matrice. Cependant les seules parties de la membrane par où les ions H^+ peuvent passer sont de gros complexes enzyme-protéine appelés **ATP synthétases.** En empruntant cette « voie », les protons créent un courant électrique dont l'ATP synthétase recueille l'énergie pour catalyser la formation d'ATP par liaison d'un groupement phosphate à l'ADP (figure 25.9), ce qui constitue la dernière étape du processus de phosphorylation oxydative.

Il faut bien remarquer ce qui suit. L'ATP synthétase agit comme une pompe ionique fonctionnant à l'envers. Nous avons vu au chapitre 3 que les pompes à ions (soluté) consomment de l'ATP comme source d'énergie pour déplacer des ions contre leur gradient électrochimique. Dans le cas présent, les ATP synthétases, pour produire de l'ATP, consomment l'énergie provenant d'un gradient ionique (de protons) ; cette énergie est captée lorsque les ions H^+ s'écoulent par les canaux de l'ATP synthétase en suivant leur gradient. Le gradient de protons fournit également l'énergie nécessaire au pompage des métabolites (ADP, acide pyruvique, phosphate inorganique) et des ions calcium à travers la membrane mitochondriale interne, qui est relativement imperméable. La membrane externe est assez perméable à ces substances, de sorte que la diffusion se produit sans aucune « aide ». En effet, la réincorporation et le stockage du calcium par les mitochondries constituent un important mécanisme d'appoint en cas d'urgence pour éliminer l'excédent de Ca^{2+} du cytosol. Cependant, l'oxydation ne constitue pas une source d'énergie illimitée ; par conséquent, plus ces mécanismes de transport consomment l'énergie du gradient de protons, moins celle-ci est disponible pour la synthèse de l'ATP.

Des études portant sur des poisons métaboliques, dont certains très meurtriers, confirment la théorie chimiosmotique de la phosphorylation oxydative. Par exemple, le cyanure interrompt le processus en bloquant le passage des électrons entre le cytochrome a_3 et l'oxygène. D'autres poisons appelés « agents découplants » éliminent le gradient de protons en rendant la membrane des crêtes perméable aux ions H^+. Par conséquent, il n'y a pas de synthèse d'ATP, bien que la chaîne de transport des électrons continue de fournir des électrons à l'oxygène à une vitesse vertigineuse et que la consommation d'oxygène s'élève. ■

Le stimulus qui déclenche la production d'ATP est l'entrée de l'*ADP* dans la matrice mitochondriale. Au fur et à mesure que l'ADP arrive à l'intérieur, l'ATP est emporté vers l'extérieur par un mécanisme de transport couplé.

Résumé de la production d'ATP En présence d'oxygène, la respiration cellulaire est remarquablement efficace. Des 2900 kJ d'énergie présents dans 1 mole de glucose, jusqu'à 1100 peuvent être captés dans les liaisons des molécules d'ATP. Le reste est dissipé sous forme de chaleur. (Aux pages 30-31, nous expliquons ce qu'est une mole.) Le processus a donc une efficacité énergétique d'environ 38 %, ce qui dépasse de loin toutes les machines inventées par l'homme, qui n'utilisent que de 10 à 30 % de l'énergie disponible.

Au cours de la respiration cellulaire, la plus grande partie de l'énergie suit la séquence suivante : glucose →

NADH + H^+ → chaîne de transport des électrons → force protonique motrice → ATP. À l'aide de quelques chiffres, essayons de résumer le gain net d'énergie provenant d'une molécule de glucose. Après avoir comptabilisé le gain net de quatre molécules d'ATP par molécule de glucose résultant directement de la phosphorylation au niveau du substrat (deux pendant la glycolyse et deux pendant le cycle de Krebs), il nous reste à calculer le nombre de molécules d'ATP produites par phosphorylation oxydative (figure 25.11).

Chaque NADH + H^+ qui cède une paire d'électrons de niveau d'énergie élevé à la chaîne de transport des électrons apporte assez d'énergie au gradient de protons pour générer 2 ou 3 molécules d'ATP. (Nous en compterons 3 pour simplifier nos calculs.) L'oxydation de la $FADH_2$ est un peu moins efficace que celle du NADH + H^+, parce qu'elle ne cède pas d'électron au « sommet » de la chaîne de transport des électrons, mais à un niveau d'énergie plus faible. Ainsi, pour 2 atomes d'hydrogène cédés par la $FADH_2$, il n'y a production que de 2 ATP (au lieu de 3). Par conséquent, les 8 NADH + H^+ et les 2 $FADH_2$ produits par le cycle de Krebs « valent » respectivement 24 et 4 ATP. Les 2 NADH + H^+ créés par la glycolyse produisent 4 (ou 6) molécules d'ATP. Au total, l'oxydation complète d'une molécule de glucose en gaz carbonique et en eau donne 38 ou 36 molécules d'ATP (figure 25.11). La marge entre les valeurs indiquées ici représente l'incertitude relative au rendement énergétique du NAD^+ réduit produit *à l'extérieur* de la mitochondrie par la glycolyse. La membrane interne de la mitochondrie n'est *pas* perméable au NAD^+ réduit produit dans le cytosol ; celui qui est produit par la glycolyse doit donc faire intervenir une « *navette moléculaire* » pour céder sa paire d'électrons supplémentaires à la chaîne respiratoire. Or on sait que les passages sur une navette coûtent de l'argent, et la monnaie utilisée pour emprunter ce type de navette est l'ATP. Actuellement, on s'entend pour dire que le gain énergétique net de la réoxydation de ces NAD^+ réduits est probablement le même que celui de la $FADH_2$, c'est-à-dire 2 ATP par paire d'électrons. Par conséquent, il faut soustraire 2 ATP pour couvrir le prix du « passage » sur la navette (voir la figure 25.11), et notre total général nous donne un rendement énergétique maximal de 36 ATP par molécule de glucose. En fait, nos chiffres sont probablement trop élevés parce que, comme nous l'avons déjà dit, la force protonique motrice sert également à produire d'autres types de travail.

Glycogenèse et glycogénolyse

La majeure partie du glucose sert à générer des molécules d'ATP, mais même en présence de quantités illimitées de glucose, la synthèse d'ATP *ne serait pas* illimitée parce que nos cellules ne peuvent pas stocker de grandes quantités d'ATP. Si la quantité de glucose disponible dépasse celle qui peut être oxydée immédiatement, l'augmentation de la concentration intracellulaire d'ATP finit par inhiber le catabolisme du glucose et par amorcer des mécanismes de stockage du glucose sous forme de glycogène ou de matières grasses. Comme l'organisme peut emmagasiner beaucoup plus de graisses que de glycogène, les graisses constituent de 80 à 85 % de l'énergie stockée. (La synthèse des graisses est abordée dans la partie sur le métabolisme des lipides.)

Lorsque la glycolyse est interrompue sous l'effet d'une concentration élevée d'ATP, les molécules de glucose sont assemblées en de longues chaînes de glycogène ; c'est sous cette forme que les glucides sont stockés chez les animaux. Ce processus, appelé **glycogenèse** (*glukus* =

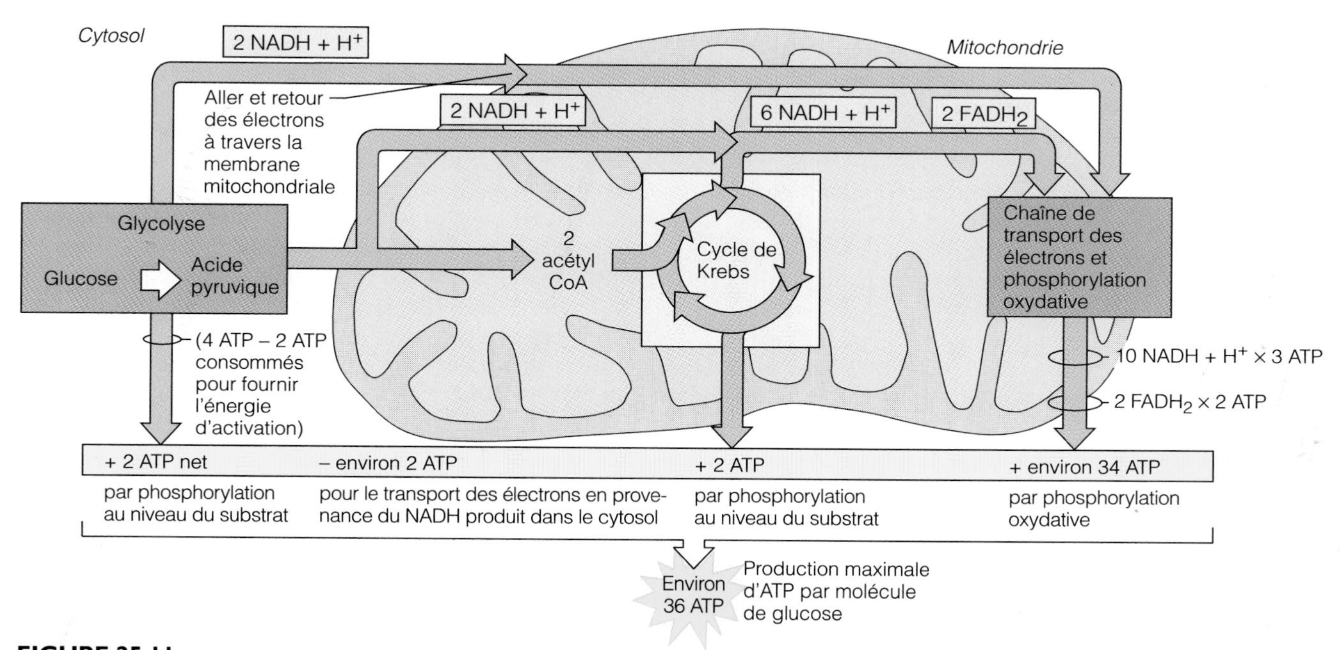

FIGURE 25.11
Résumé des mécanismes de production d'énergie : pendant la respiration cellulaire, chaque molécule de glucose fournit un grand nombre de molécules d'ATP. Le texte explique pourquoi on évalue le rendement maximal à 36 ATP par molécule de glucose.

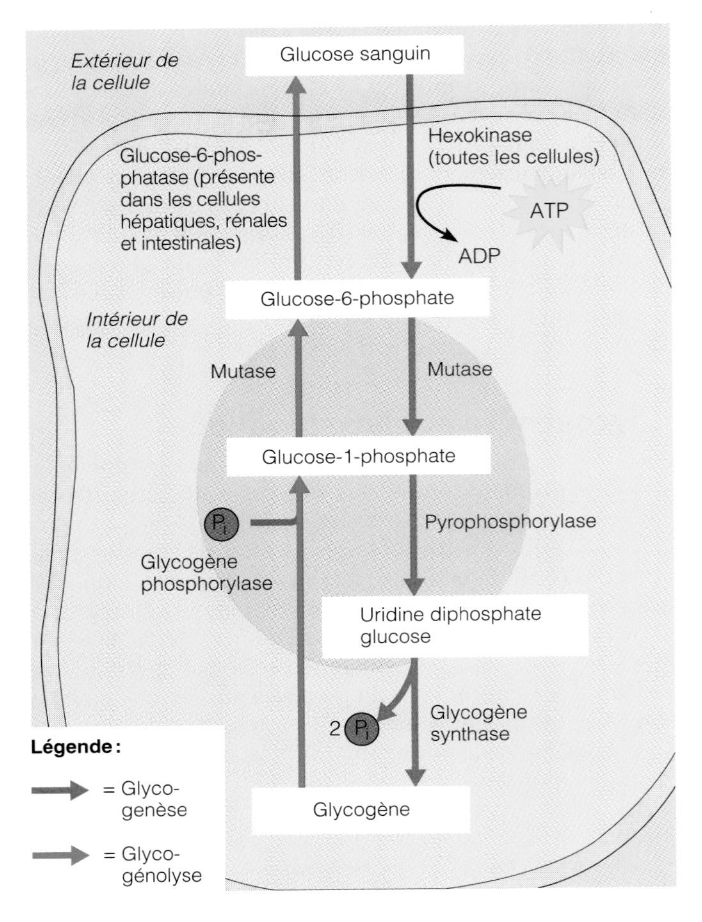

FIGURE 25.12
Glycogenèse et glycogénolyse. Lorsque l'apport de glucose excède les besoins cellulaires pour la synthèse d'ATP, la glycogenèse commence (conversion du glucose en glycogène avant son stockage). La glycogénolyse, ou libération du glucose par dégradation du glycogène, est stimulée par la diminution de la concentration de glucose dans le sang. Remarquez que la synthèse du glycogène ne suit pas la même voie enzymatique que sa dégradation.

doux ; *gennan* = engendrer), commence dès l'entrée du glucose dans les cellules et sa phosphorylation en glucose-6-phosphate, qui est ensuite converti en son isomère, le *glucose-1-phosphate*. Le groupement phosphate terminal est enlevé lorsque la *glycogène synthase* (une enzyme) catalyse la liaison avec la chaîne de glycogène en formation (figure 25.12). Les cellules dans lesquelles la mise en réserve du glycogène est la plus intense sont celles du foie et des muscles squelettiques.

Lorsque la concentration sanguine de glucose diminue, la lyse (ou dégradation) du glycogène commence ; ce phénomène est appelé **glycogénolyse.** La *glycogène phosphorylase* (une enzyme) assure la phosphorylation et la dégradation du glycogène en glucose-1-phosphate, qui est ensuite converti en glucose-6-phosphate, une forme qui peut entrer dans la voie glycolytique où sa dégradation produit de l'énergie.

Dans les cellules musculaires et la plupart des autres cellules, le glucose-6-phosphate provenant de la glycogénolyse reste captif parce qu'il ne peut pas traverser la membrane cellulaire. Cependant, les hépatocytes (ainsi que certaines cellules rénales et intestinales) contiennent une enzyme particulière, la *glucose-6-phosphatase,* qui enlève le groupement phosphate terminal pour produire du glucose libre. Le glucose sort facilement de la cellule pour passer dans le sang par diffusion ; lorsque la concentration sanguine de glucose diminue, le foie puise donc dans ses réserves de glycogène et produit du glucose qu'il libère dans le sang, le rendant ainsi disponible aux autres organes. Le glycogène du foie constitue également une importante source d'énergie pour les muscles squelettiques qui ont épuisé leur propre réserve de glycogène.

On entend souvent dire que les sportifs doivent consommer plus de protéines pour améliorer leurs performances et maintenir leur masse musculaire. En fait, un régime alimentaire riche en glucides complexes, qui sont emmagasinés dans le glycogène musculaire, est beaucoup plus efficace que les repas riches en protéines lorsqu'il faut soutenir une activité musculaire intense. Remarquez qu'on parle ici de glucides *complexes.* Le fait de manger une tablette de chocolat avant une compétition sportive pour disposer d'énergie « immédiate » fait plus de mal que de bien parce que la sécrétion d'insuline est ainsi stimulée, ce qui favorise l'utilisation du glucose ; la consommation des graisses est donc retardée au moment où elle devrait être à son maximum. Pour synthétiser des protéines musculaires ou éviter leur perte, on a besoin non seulement de protéines supplémentaires mais aussi d'un supplément énergétique (permettant d'économiser les protéines) qui répondra aux besoins énergétiques accrus des muscles dont la masse a augmenté.

Les coureurs de fond connaissent bien la pratique appelée surcharge glucidique, ou surcompensation glycogénique, pour la préparation aux épreuves d'endurance. La surcharge glucidique vise à « tromper » les muscles en leur faisant emmagasiner plus de glycogène que ne le permettrait leur capacité normale ; elle consiste (1) à consommer des repas riches en protéines et en graisses tout en effectuant des exercices physiques intenses pendant plusieurs jours (ce qui épuise les réserves de glycogène musculaire) et (2) deux ou trois jours avant la compétition, à réduire l'intensité de l'exercice (pour atteindre environ 40 % de la normale) et passer brusquement à un régime riche en glucides. L'organisme réagit en constituant des réserves de glycogène musculaire de deux à quatre fois supérieures à la normale. Cependant le glycogène retient l'eau et le gain pondéral qui en résulte ainsi que la rétention des liquides peuvent entraver l'oxygénation du muscle. Certains athlètes ayant eu recours à cette procédure se sont plaints de douleurs aux muscles cardiaque et squelettiques. Son emploi est donc déconseillé.

Néoglucogenèse

Lorsque le glucose qui alimente le « feu métabolique » commence à manquer, le glycérol et les acides aminés sont convertis en glucose. La **néoglucogenèse** se déroule dans le foie ; c'est le processus de formation de nouveau (*néo*) sucre à partir de molécules *autres que les glucides.* Elle se produit lorsque les sources alimentaires de glucose et les réserves de glucose sont insuffisantes et que la glycémie diminue. La néoglucogenèse permet à la synthèse d'ATP de se poursuivre et protège ainsi l'organisme, notamment le système nerveux, contre les effets néfastes de la baisse de la concentration de glucose dans le sang (*hypoglycémie*). Lorsque nous étudierons le métabolisme des lipides et des protéines, nous verrons comment les hormones déclenchent ce processus et comment les protéines et les lipides sont acheminés à ces voies.

Métabolisme des lipides

Les lipides constituent la source d'énergie la plus concentrée de notre organisme. Ils contiennent très peu d'eau et leur catabolisme permet un rendement énergétique à peu près deux fois plus élevé que celui du glucose ou des protéines, soit 38 kJ par gramme de lipides contre 17 kJ par gramme de glucides ou de protéines. La plupart des produits de la digestion des lipides sont transportés dans la lymphe sous forme de *chylomicrons,* des gouttelettes constituées de lipides et de protéines (voir le chapitre 24). Les lipides des chylomicrons finissent par être hydrolysés par les enzymes de l'endothélium des capillaires sanguins; le glycérol et les acides gras ainsi produits sont alors captés par les cellules, dans lesquelles ils subissent diverses transformations. Dans la présente section, nous nous intéresserons plus précisément à la production d'énergie par oxydation des lipides et à certaines fonctions anaboliques de ces derniers.

Oxydation du glycérol et des acides gras

Parmi les divers types de lipides, seules les graisses neutres, ou triglycérides, sont habituellement oxydées pour produire de l'énergie. Le catabolisme des graisses neutres met en jeu la dégradation séparée de deux unités de base différentes, soit le glycérol et les chaînes d'acide gras. La plupart des cellules de l'organisme convertissent facilement le glycérol en glycéraldéhyde phosphate, un intermédiaire de la glycolyse qui suit ensuite le cycle de Krebs. Le glycéraldéhyde équivaut à la moitié d'une molécule de glucose, et l'énergie mise sous forme d'ATP par son oxydation complète est approximativement la moitié de celle produite par une molécule de glucose (18 molécules d'ATP par molécule de glycérol).

La **β-oxydation,** qui est la première phase de l'oxydation des acides gras, se déroule dans les mitochondries. Bien qu'elle fasse intervenir de nombreux types de réactions (oxydation, déshydratation et autres), son *résultat net* est la dégradation des chaînes d'acide gras en fragments d'*acide acétique* comprenant deux atomes de carbone et la production de coenzymes réduites (figure 25.13). Chaque molécule d'acide acétique fusionne avec la coenzyme A, formant ainsi l'acétyl CoA. Le terme « β-oxydation » signifie que c'est le carbone situé en position β (troisième) qui est oxydé et que dans chaque cas le clivage de l'acide gras se produit entre les carbones α et β. L'acétyl CoA est ensuite lié à l'acide oxaloacétique et entre dans les voies aérobies; il finit par être complètement oxydé en gaz carbonique et en eau.

Remarquez que, contrairement au glycérol, qui entre dans la voie glycolytique, l'acétyl CoA provenant de la dégradation des acides gras *ne peut pas* servir à la néoglucogenèse parce que la voie métabolique devient irréversible au-delà de l'acide pyruvique.

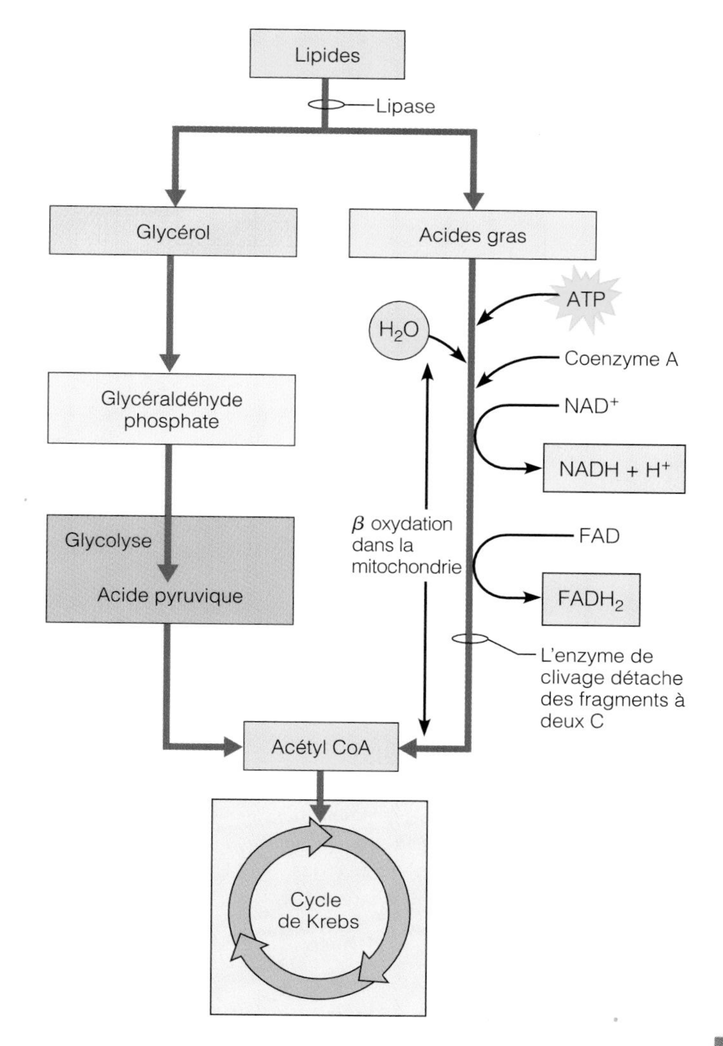

FIGURE 25.13
Première phase de l'oxydation des lipides. Les unités de base des lipides sont catabolisées par des voies différentes. Le glycérol est converti en glycéraldéhyde phosphate, un intermédiaire de la glycolyse, et suit le reste de la voie glycolytique en passant par l'acide pyruvique et l'acétyl CoA. Les acides gras subissent un processus appelé β-oxydation; ils sont d'abord activés par une réaction couplée avec l'ATP et combinés à la coenzyme A. Après une double oxydation (réduction d'un NAD^+ et d'une FAD), l'acétyl CoA est détaché et le processus se répète. L'acétyl CoA entre dans le cycle de Krebs en suivant les étapes décrites à la page 935.

Lipogenèse et lipolyse

Les triglycérides du tissu adipeux sont continuellement renouvelés. Les graisses déjà stockées sont dégradées et libérées dans la circulation sanguine alors que de nouvelles molécules sont entreposées et seront utilisées plus tard. Le bourrelet de tissu adipeux que vous voyez aujourd'hui *ne contient pas* les mêmes molécules de lipides qu'il y a un mois.

Lorsque le glycérol et les acides gras des lipides alimentaires ne sont pas immédiatement nécessaires pour la production d'ATP, ils sont réassemblés en triglycérides et emmagasinés. Environ 50 % sont stockés dans le tissu

Quelle est la molécule qui joue un rôle crucial dans le métabolisme des lipides?

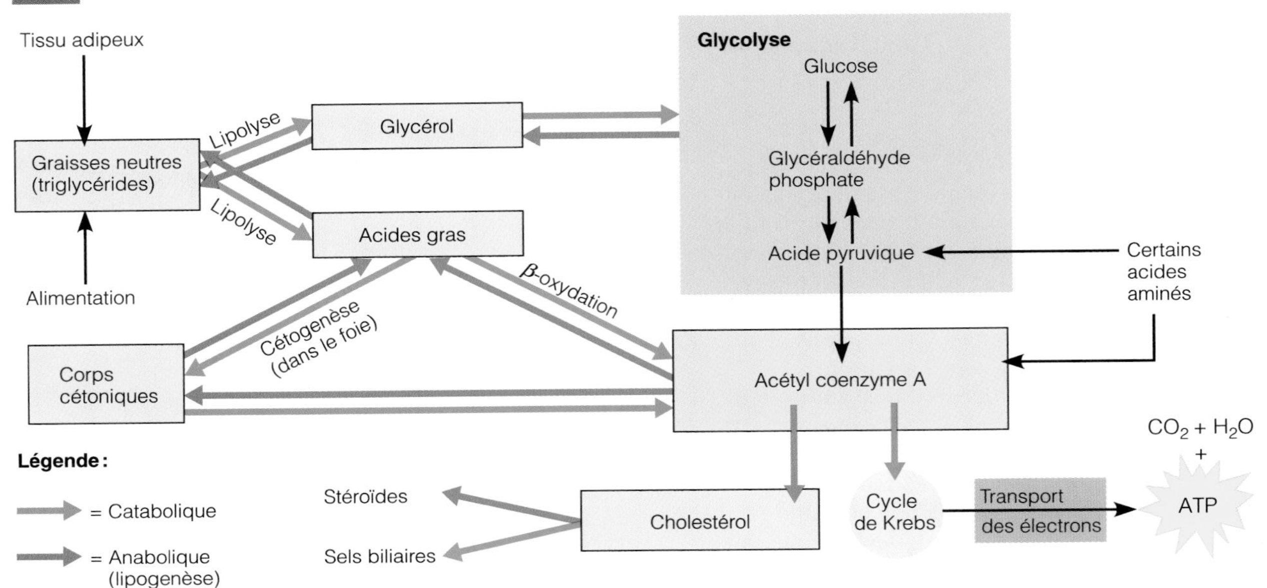

FIGURE 25.14
Métabolisme des triglycérides.
Lorsqu'un besoin énergétique apparaît, les lipides alimentaires ou ceux provenant des réserves entrent dans les voies cataboliques. Le glycérol suit la voie glycolytique (sous forme de glycéraldéhyde phosphate) et les acides gras sont dégradés par β-oxydation en acétyl CoA, qui entre alors dans le cycle de Krebs. Pour la synthèse des lipides (lipogenèse) et leur mise en réserve, les intermédiaires proviennent de la glycolyse et du cycle de Krebs par une inversion des processus décrits ci-dessus. De la même façon, les lipides alimentaires excédentaires sont emmagasinés dans le tissu adipeux. Lorsque les triglycérides sont en excès ou constituent la principale source d'énergie, le foie libère leurs produits de dégradation (acides gras → acétyl CoA) sous forme de corps cétoniques. Les glucides et les acides aminés excédentaires sont également convertis en triglycérides (lipogenèse).

adipeux sous-cutané et le reste se retrouve dans d'autres réserves graisseuses. La synthèse des triglycérides, ou **lipogenèse** (voir la figure 25.14), se produit lorsque les concentrations d'ATP dans les cellules et de glucose dans le sang sont élevées. L'excès d'ATP entraîne une accumulation des intermédiaires du métabolisme du glucose, y compris l'acétyl CoA et le glycéraldéhyde phosphate qui, autrement, entreraient dans le cycle de Krebs. Mais s'ils sont présents en excès, ces deux intermédiaires métaboliques sont acheminés vers les voies de synthèse des triglycérides. Les molécules d'acétyl CoA s'assemblent en chaînes d'acides gras qui s'allongent de deux atomes de carbone à la fois (ce qui explique que presque tous les acides gras de notre organisme comptent un nombre pair d'atomes de carbone). Comme l'acétyl CoA, un intermédiaire du catabolisme du glucose, est également un *point de départ* pour la synthèse des acides gras (voir la figure 25.14), le glucose peut facilement être converti en lipides. Le glycéraldéhyde phosphate est converti en glycérol, qui est assemblé avec les acides gras pour former des triglycérides. C'est pourquoi, même avec un régime pauvre en lipides, un apport excessif de glucides fournit *toutes les matières premières* nécessaires à la formation des triglycérides. Lorsque la glycémie est élevée, la lipogenèse devient l'activité principale du tissu adipeux et représente également une fonction importante du foie.

La **lipolyse,** ou dégradation des réserves de lipides en glycérol et en acides gras, est essentiellement l'inverse de la lipogenèse. Les acides gras et le glycérol sont libérés dans la circulation sanguine, de sorte que les organes disposent continuellement de lipides pour les besoins de la respiration aérobie. (Le foie, le muscle cardiaque et les muscles squelettiques au repos utilisent de préférence des acides gras comme source d'énergie.) Lorsque les apports de glucides sont insuffisants, on peut donc affirmer que ce sont les graisses qui brûlent à leur place. L'organisme tend alors à compenser le manque de combustible en accélérant la lipolyse. Cependant, l'acétyl CoA ne peut entrer dans le cycle de Krebs qu'en présence d'une molécule d'acide oxaloacétique pouvant agir comme molécule d'amorçage. En cas de manque de glucides, l'acide oxaloacétique est converti en glucose (qui sert de source d'énergie à l'encéphale). Dans ces conditions, l'oxydation des lipides est incomplète, les molécules d'acétyl CoA s'accumulent et le foie les convertit en **corps cétoniques,** ou **cétones,** qu'il relâche dans la circulation sanguine; ce processus de conversion est appelé **cétogenèse** (figure 25.14). Les corps cétoniques comprennent l'acide acétoacétique, l'acide β-hydroxybutyrique et l'acétone, qui sont tous formés à partir de l'acide acétique. (Les *acides cétoniques* du cycle de Krebs et les *corps cétoniques* qui proviennent du métabolisme des lipides sont très différents et il ne faut pas les confondre.)

L'acétyl CoA.

La *cétose* apparaît lorsque les corps cétoniques s'accumulent dans le sang plus vite qu'ils ne sont consommés comme combustible par les cellules; de grandes quantités de ces produits sont alors éliminées dans l'urine. La cétose est une conséquence commune du jeûne, des régimes alimentaires mal équilibrés (dont le contenu en glucides est inadéquat) et du diabète sucré. Puisque les corps cétoniques (comme les acides gras) sont des acides organiques, la cétose mène à l'*acidose métabolique.* Les systèmes tampons de l'organisme ne peuvent pas piéger les acides assez vite et le pH sanguin descend à des valeurs dangereusement basses. Les poumons dégagent des vapeurs d'acétone, ce qui donne à l'haleine une odeur fruitée, la respiration s'accélère parce que le système respiratoire tend à faire remonter le pH sanguin en éliminant l'acide carbonique sous forme de gaz carbonique. Dans les cas non traités d'acidose métabolique grave, le pH a parfois de tels effets sur le système nerveux que le sujet peut tomber dans le coma ou même mourir (voir le chapitre 27). ■

Synthèse des matériaux structuraux

Toutes les cellules de l'organisme forment leur membrane à partir de phospholipides et de cholestérol. Les phospholipides sont également un composant important des gaines de myéline des neurones. De plus, le foie (1) synthétise des lipoprotéines qui servent au transport du cholestérol, des lipides et d'autres substances dans le sang, (2) fabrique la thromboplastine tissulaire, un complexe phospholipide-protéine qui est un facteur de coagulation, (3) synthétise le cholestérol à partir de l'acétyl CoA et (4) fabrique les sels biliaires à partir du cholestérol. Certains organes endocriniens (ovaires, testicules et cortex surrénal) produisent des hormones stéroïdes à partir du cholestérol.

Métabolisme des protéines

Comme toutes les molécules biologiques, les protéines ont une durée de vie limitée; elles doivent être dégradées en acides aminés et remplacées avant de commencer à se détériorer. Les acides aminés récemment apportés par l'alimentation et transportés dans le sang sont captés par les cellules grâce à des mécanismes de transport actif et servent au *remplacement* des protéines des tissus à raison de 100 g par jour environ. Lorsque la quantité de protéines ingérée dépasse ces besoins structuraux (anaboliques), les acides aminés sont oxydés et produisent de l'énergie ou sont convertis en graisses.

Oxydation des acides aminés

Avant que de l'énergie puisse être produite par oxydation des acides aminés, ces derniers doivent subir une désamination, c'est-à-dire perdre leur groupement amine (NH_2). La molécule ainsi formée est ensuite convertie en acide pyruvique ou en l'un des acides cétoniques du cycle de Krebs. L'*acide glutamique,* un acide aminé non essentiel commun, est la molécule clé de ces interconversions. La figure 25.15 représente de façon simplifiée le déroulement de ce processus, qui semble comporter les étapes suivantes:

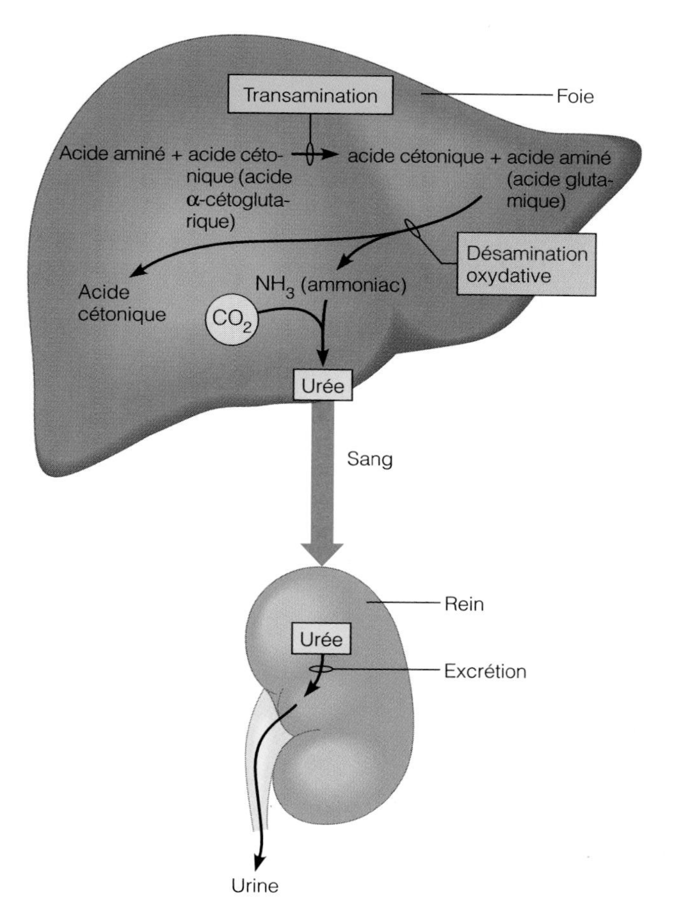

FIGURE 25.15
Représentation simplifiée des processus de transamination et d'oxydation conduisant à la production d'énergie par oxydation des acides aminés. Comme on peut le voir dans la partie supérieure de la figure, la transamination est le transfert d'un groupement amine d'un acide aminé à un acide cétonique (un intermédiaire du cycle de Krebs, habituellement l'acide α-cétoglutarique). L'acide aminé devient ainsi un acide cétonique (qui porte un atome d'oxygène à la place du groupement amine, NH_2) et l'acide cétonique devient un acide aminé, généralement l'acide glutamique. La désamination oxydative est le mécanisme par lequel le groupement amine de l'acide glutamique est libéré sous forme d'ammoniac, puis combiné au gaz carbonique par les hépatocytes pour former l'urée. (L'urée est ensuite libérée dans le sang et excrétée par les reins dans l'urine.)

25

1. **Transamination.** Un certain nombre d'acides aminés peuvent transférer leur groupement amine à l'acide α-cétoglutarique (un acide cétonique du cycle de Krebs), formant ainsi l'acide glutamique. L'acide aminé qui perd son groupement fonctionnel amine devient un acide cétonique (c'est-à-dire qu'il a un atome d'oxygène à l'endroit où se trouvait le groupement amine), et l'acide cétonique (acide α-cétoglutarique) devient un acide aminé (acide glutamique). Cette réaction est entièrement réversible.
2. **Désamination oxydative.** Dans le foie, le groupement amine de l'acide glutamique est éliminé sous forme d'**ammoniac** (**NH_3**) et l'acide α-cétoglutarique est régénéré. Les molécules d'ammoniac qui sont libérées se

lient au gaz carbonique, formant ainsi de l'**urée** et de l'eau. L'urée est libérée dans le sang et éliminée dans l'urine. Comme l'ammoniac a un effet toxique sur les cellules, la facilité avec laquelle l'acide glutamique achemine les groupements amine vers le **cycle de l'urée** revêt une importance extrême. Ce mécanisme débarrasse l'organisme non seulement de l'ammoniac produit par la désamination oxydative, mais également de celui qui est produit par les bactéries intestinales et qui se trouve dans la circulation sanguine.

3. **Modification des acides cétoniques.** La fonction de la dégradation des acides aminés est de produire des molécules qui peuvent être oxydées dans le cycle de Krebs ou converties en glucose. Les acides cétoniques résultant de la transamination subissent donc des transformations qui en font des métabolites pouvant entrer dans le cycle de Krebs. Les plus importants de ces métabolites sont l'acide pyruvique (qui est en fait un intermédiaire antérieur au cycle de Krebs), l'acétyl CoA, l'acide α-cétoglutarique et l'acide oxaloacétique (voir la figure 25.8). Comme les réactions de la glycolyse sont réversibles, les acides aminés ayant perdu leur groupement amine et convertis en acide pyruvique peuvent également être transformés en glucose et contribuer à la néoglucogenèse.

Synthèse des protéines

Les acides aminés sont les nutriments anaboliques les plus importants. Non seulement ils forment toutes les structures protéiques, mais ils constituent également la majorité des molécules fonctionnelles de l'organisme. Comme nous l'avons expliqué au chapitre 3, la synthèse des protéines (dirigée par les molécules d'ARN messager) se produit sur les ribosomes, où les enzymes cytoplasmiques assurent la formation des liaisons peptidiques entre les acides aminés devant constituer les polymères (protéines). Des hormones (hormone de croissance, thyroxine, hormones sexuelles, etc.) déterminent avec précision la quantité et le type des protéines synthétisées de sorte que l'anabolisme des protéines reflète l'équilibre hormonal qui prévaut à chaque période de la vie.

Au cours de notre vie, nos cellules synthétisent de 225 à 450 kg de protéines, selon notre taille. Toutefois, nous ne sommes pas obligés d'en consommer une telle quantité parce que l'organisme peut facilement produire lui-même les acides aminés non essentiels ; pour ce faire, il prélève des acides cétoniques du cycle de Krebs et leur ajoute des groupements amine par transamination. La plupart de ces transformations ont lieu dans le foie ; celui-ci fournit également presque tous les acides aminés non essentiels dont l'organisme a besoin pour assurer sa production quotidienne de protéines, qui est d'ailleurs assez restreinte. Cependant, pour que la synthèse des protéines puisse se faire, tous les acides aminés doivent être présents, et les acides aminés essentiels doivent donc provenir de l'alimentation. Lorsque certains acides aminés sont absents, les autres sont oxydés même s'ils sont nécessaires à l'anabolisme. Dans ce cas, on observe toujours un bilan azoté négatif parce que les acides aminés essentiels proviennent alors de la dégradation des protéines de l'organisme.

État d'équilibre entre le catabolisme et l'anabolisme

Tout organisme en homéostasie se trouve dans un *état d'équilibre dynamique catabolique-anabolique.* À quelques exceptions près (notamment de l'ADN), les molécules organiques sont continuellement dégradées et reconstituées, souvent à un rythme effréné.

Le sang constitue le milieu de transport commun à toutes les cellules, et il contient de nombreux types de nutriments : glucose, corps cétoniques, acides gras, glycérol et acide lactique. Certains organes tirent souvent du sang des sources d'énergie autres que le glucose, réservant ce dernier aux cellules qui en dépendent plus étroitement.

L'apport total de nutriments constitue les **pools de nutriments** (réserves d'acides aminés, de glucides et de lipides) dans lesquels l'organisme peut puiser pour répondre à ses besoins (figure 25.16a). Ces pools sont interconvertibles parce que leurs voies ont en commun des intermédiaires clés (voir la figure 25.16b). Le foie, le tissu adipeux et les muscles squelettiques sont les principaux organes effecteurs qui déterminent le sens des conversions représentées par la figure et les quantités correspondantes.

Le **pool des acides aminés** (figure 25.16a) est formé de l'ensemble des acides aminés libres de l'organisme. Une petite quantité d'acides aminés et de protéines est perdue chaque jour dans l'urine, dans les cheveux tombés et les cellules cutanées. Le régime alimentaire permet habituellement de les remplacer ; dans le cas contraire, les acides aminés provenant de la dégradation des tissus retournent au pool. Ce pool est la source des acides aminés destinés à la synthèse de nouvelles protéines et à la production de plusieurs dérivés. De plus, comme nous l'avons dit plus haut, les acides aminés ayant subi une désamination peuvent servir à la néoglucogenèse. Toutes les étapes du métabolisme des acides aminés ne se déroulent pas nécessairement dans toutes les cellules. Par exemple, la formation de l'urée a lieu *uniquement* dans le foie et l'excrétion de l'urée est l'une des principales fonctions des reins (et, dans une moindre mesure, de la peau). Néanmoins, on peut parler d'un pool commun des acides aminés parce que les cellules sont reliées entre elles par le sang.

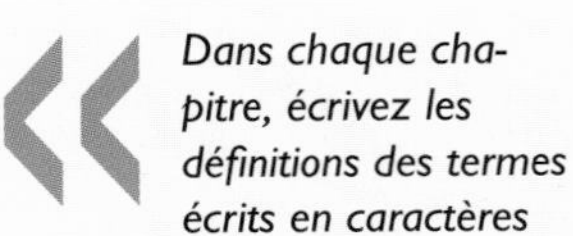

Dans chaque chapitre, écrivez les définitions des termes écrits en caractères gras. Si certaines définitions vous posent des difficultés, pensez au fonctionnement de l'ensemble du système ; vous pourrez alors définir la notion en question en cherchant quelle est sa place dans le système.

Lara Kain, étudiante en techniques de diététique

Comme les glucides sont facilement et fréquemment convertis en lipides, les **pools de glucides et de lipides** sont généralement étudiés ensemble (figure 25.16). Il existe deux différences principales entre ce pool et celui des acides aminés : (1) la production d'énergie se fait directement à partir de l'oxydation des lipides et des glucides, alors que les acides aminés ne peuvent servir à la production d'énergie *qu'après avoir été convertis en un*

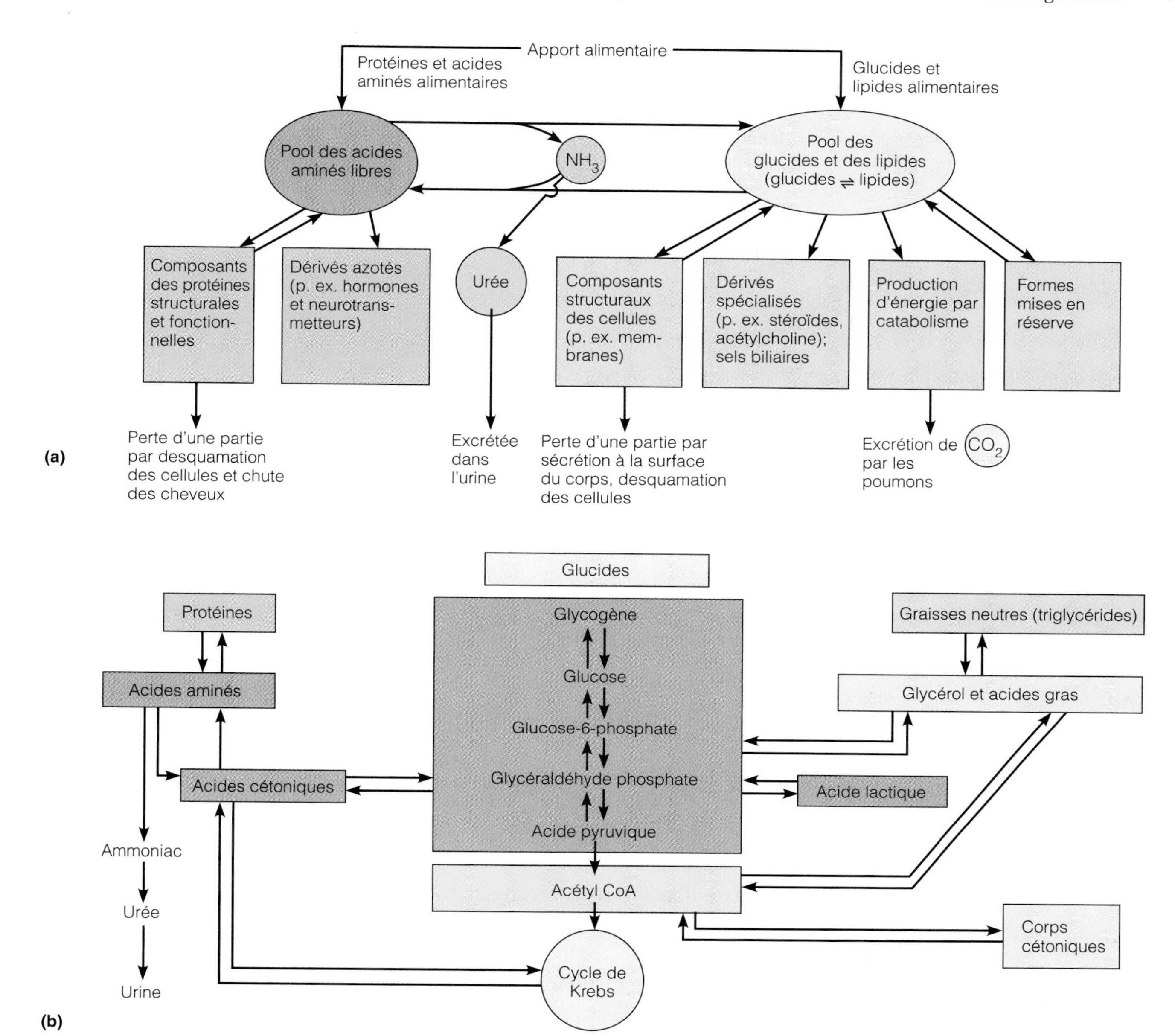

FIGURE 25.16
Pools des glucides, des lipides et des acides aminés et voies d'interconversion.
(a) Pool des glucides et des lipides, et pool des acides aminés. Les sources qui alimentent les pools et les destinées des intermédiaires qui en proviennent sont également représentés. **(b)** Diagramme simplifié montrant les intermédiaires par lesquels les glucides, les lipides et les protéines peuvent être interconvertis.

glucide intermédiaire. (2) L'excédent de glucides et de lipides peut être stocké tel quel alors que les acides aminés *ne sont pas* stockés sous forme de protéines; au lieu de cela, ils peuvent être oxydés et servir à la production d'énergie, ou bien être stockés après avoir été convertis en lipides ou en glycogène.

Malheureusement, même la consommation de grandes quantités de protéines ne saurait accroître la quantité de protéines tissulaires de façon significative ni faire augmenter le diamètre de vos biceps! Comme nous l'avons expliqué au chapitre 9, la seule façon d'accroître la masse musculaire est la pratique d'exercices physiques contre résistance.

État postprandial et état de jeûne: mécanismes et régulation

Les mécanismes de régulation du métabolisme équilibrent les concentrations sanguines de nutriments entre les deux états nutritionnels. L'**état postprandial** est celui qui prévaut durant un repas et immédiatement après, lorsque les nutriments passent du tube digestif vers la circulation sanguine. L'**état de jeûne** est la période pendant laquelle le tube digestif est vide; les combustibles proviennent alors de la dégradation des réserves de l'organisme. Les personnes qui prennent trois bons repas par jour sont en

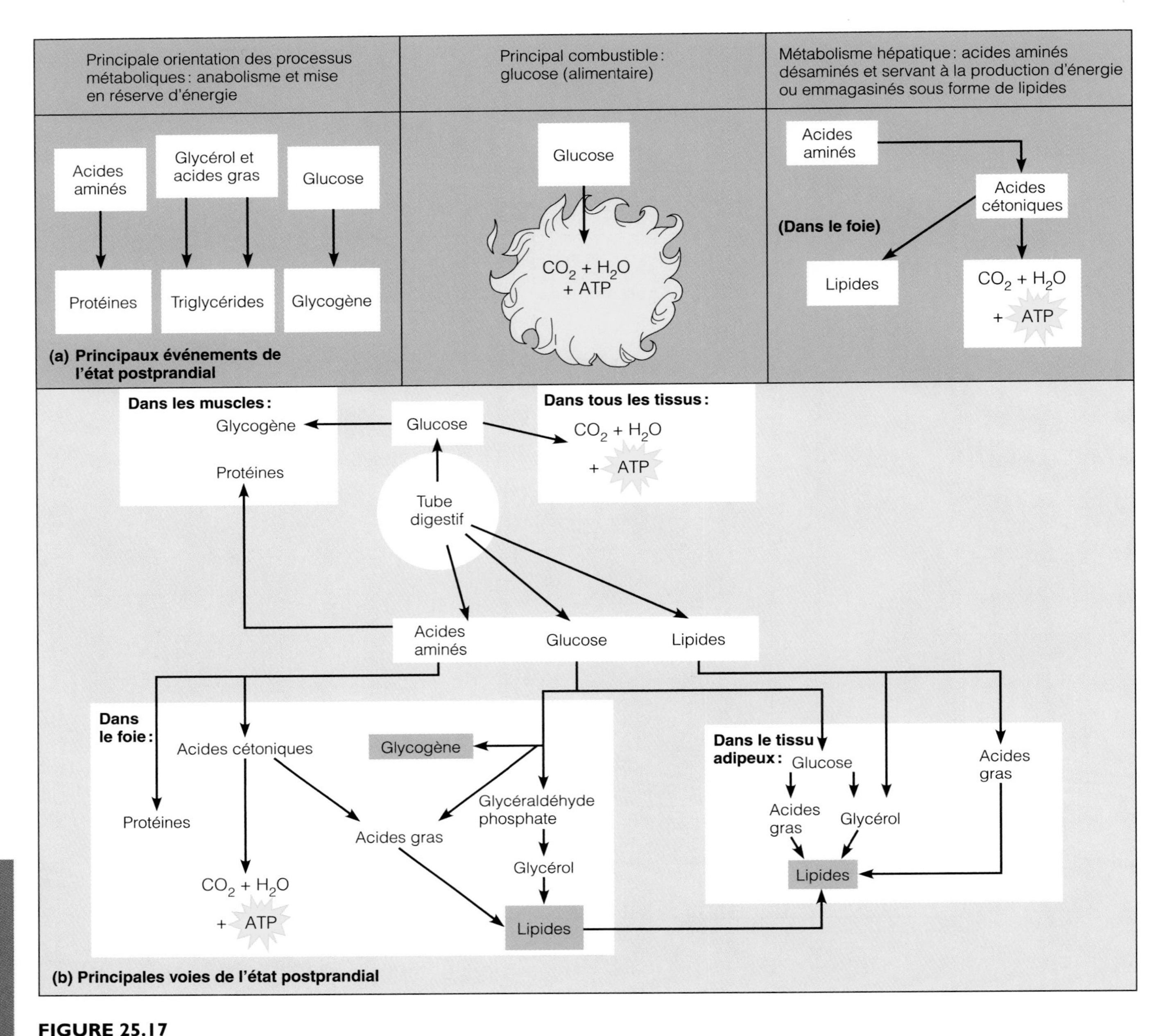

FIGURE 25.17
Résumé des événements importants et des principales voies métaboliques de l'état postprandial. (Bien que cela n'apparaisse pas dans la partie **(b),** les acides aminés sont aussi captés par les cellules des tissus et entrent dans la synthèse des protéines; les lipides sont aussi la principale source d'énergie des cellules musculaires et hépatiques ainsi que des cellules adipeuses.)

état postprandial pendant quatre heures durant et après chaque repas et en état de jeûne à la fin de la matinée, à la fin de l'après-midi et durant toute la nuit. Cependant, les mécanismes qui caractérisent l'état de jeûne peuvent subvenir aux besoins de l'organisme beaucoup plus longtemps si nécessaire (il est possible de jeûner pendant des semaines pourvu que l'on boive de l'eau).

État postprandial

Pendant l'état postprandial (figure 25.17), les processus anaboliques l'emportent sur les processus cataboliques. Le glucose constitue la principale source d'énergie, les acides aminés et les lipides provenant de l'alimentation servent à remplacer les protéines ou les lipides qui ont été dégradés, et de petites quantités sont oxydées pour assurer la production d'ATP. Les métabolites excédentaires, quelle que soit leur source, sont transformés en lipides s'ils ne servent pas à l'anabolisme. Nous allons étudier la destinée de chacun des groupes de nutriments au cours de cette phase ainsi que les mécanismes de régulation hormonale qui agissent sur ses voies de transformation.

Glucides Les monosaccharides qui ont été absorbés sont acheminés directement au foie, où le fructose et le galactose sont convertis en glucose. Le glucose est à son

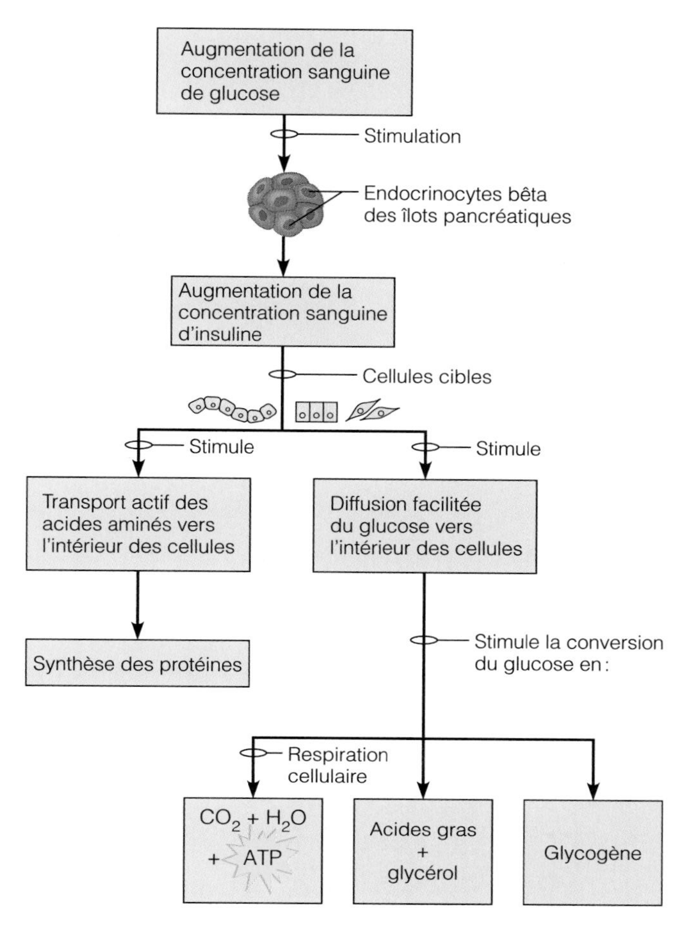

FIGURE 25.18
Effets de l'insuline sur le métabolisme. (Remarquez que tous les effets indiqués ne se produisent pas nécessairement dans toutes les cellules.) Lorsque la concentration d'insuline est faible (par exemple à l'état de jeûne), les effets normaux de l'insuline sont inhibés et remplacés par la glycogénolyse et la néoglucogenèse, c'est-à-dire que les réactions intracellulaires stimulées par l'insuline sont inversées.

tour libéré dans la circulation sanguine ou converti en glycogène et en lipides. Le glycogène formé dans le foie est emmagasiné à cet endroit, mais la plus grande partie des lipides synthétisés par les hépatocytes est libérée dans le sang et captée par le tissu adipeux, où elle est emmagasinée. Le glucose présent dans la circulation sanguine et qui n'est pas retenu par le foie entre dans les cellules de l'organisme où son métabolisme assure la production d'énergie; tout excédent est stocké sous forme de glycogène dans les cellules des muscles squelettiques ou sous forme de lipides dans les cellules du tissu adipeux.

Triglycérides Presque tous les produits de la digestion des lipides passent dans la lymphe sous forme de chylomicrons (voir p. 901); ceux-ci sont ensuite hydrolysés en glycérol et en acides gras, qui traversent les parois des capillaires. La *lipoprotéine lipase,* l'enzyme qui catalyse l'hydrolyse des lipides dans ce cas, est particulièrement active dans les capillaires des tissus musculaires et adipeux. Les triglycérides (triacylglycérols) sont la principale source d'ATP des cellules du tissu adipeux et des muscles squelettiques ainsi que des cellules du foie; si les glucides alimentaires deviennent moins abondants, d'autres cellules produisent leur énergie en oxydant une plus grande quantité de lipides. Bien qu'une certaine quantité d'acides gras et de glycérol soit utilisée à des fins anaboliques par la grande majorité des cellules, la plupart de ces molécules entrent dans le tissu adipeux où elles sont reconverties en triglycérides et emmagasinées sous cette forme.

Acides aminés Après avoir été absorbés, les acides aminés sont acheminés au foie qui en désamine une partie pour les transformer en acides cétoniques. Les acides cétoniques peuvent entrer dans le cycle de Krebs et servir à la synthèse de l'ATP, ou bien ils peuvent être convertis en lipides qui seront emmagasinés dans le foie. À partir de certains acides aminés, le foie synthétise également des protéines plasmatiques, y compris l'albumine, les protéines de coagulation et les protéines de transport. Cependant, la plus grande partie des acides aminés qui passent dans les sinusoïdes du foie restent dans la circulation sanguine et sont ensuite captés par d'autres cellules de l'organisme, où ils serviront à la synthèse des protéines.

Régulation hormonale L'**insuline** assure la régulation de pratiquement tous les mécanismes de l'état postprandial (figure 25.18). Après un repas riche en glucides, l'accroissement de la glycémie (supérieure à 5,6 mmol/L de sang) constitue un stimulus humoral qui accélère la sécrétion d'insuline par les endocrinocytes bêta des îlots pancréatiques. (Cette stimulation de la libération d'insuline, qui est déclenchée par le glucose, est accentuée par plusieurs hormones du tube digestif dont la gastrine, la CCK et la sécrétine.) Les concentrations élevées d'acides aminés dans le sang constituent un deuxième stimulus important qui mène à une plus forte sécrétion d'insuline. Lorsque l'insuline se lie aux récepteurs membranaires des cellules cibles, elle active la diffusion facilitée du glucose vers l'intérieur des cellules. En quelques secondes ou minutes, le taux d'entrée du glucose dans les cellules tissulaires se trouve multiplié par 15 ou 20. (Les cellules de l'encéphale sont l'exception, puisqu'elles captent le glucose activement, que l'insuline soit présente ou non.) L'insuline accélère aussi la production d'énergie par l'oxydation du glucose qui vient de pénétrer dans les cellules ainsi que la conversion du glucose en glycogène et, dans le tissu adipeux, en triglycérides. L'insuline stimule également le transport actif des acides aminés vers l'intérieur des cellules, elle facilite la synthèse protéique et inhibe pratiquement toutes les enzymes hépatiques qui catalysent la néoglucogenèse.

Comme vous pouvez le constater, l'insuline est une **hormone hypoglycémiante**: elle fait passer le glucose du sang aux cellules des tissus, faisant ainsi diminuer la glycémie. De plus, elle facilite l'oxydation ou le stockage du glucose tout en inhibant les mécanismes qui pourraient faire augmenter la concentration sanguine de glucose.

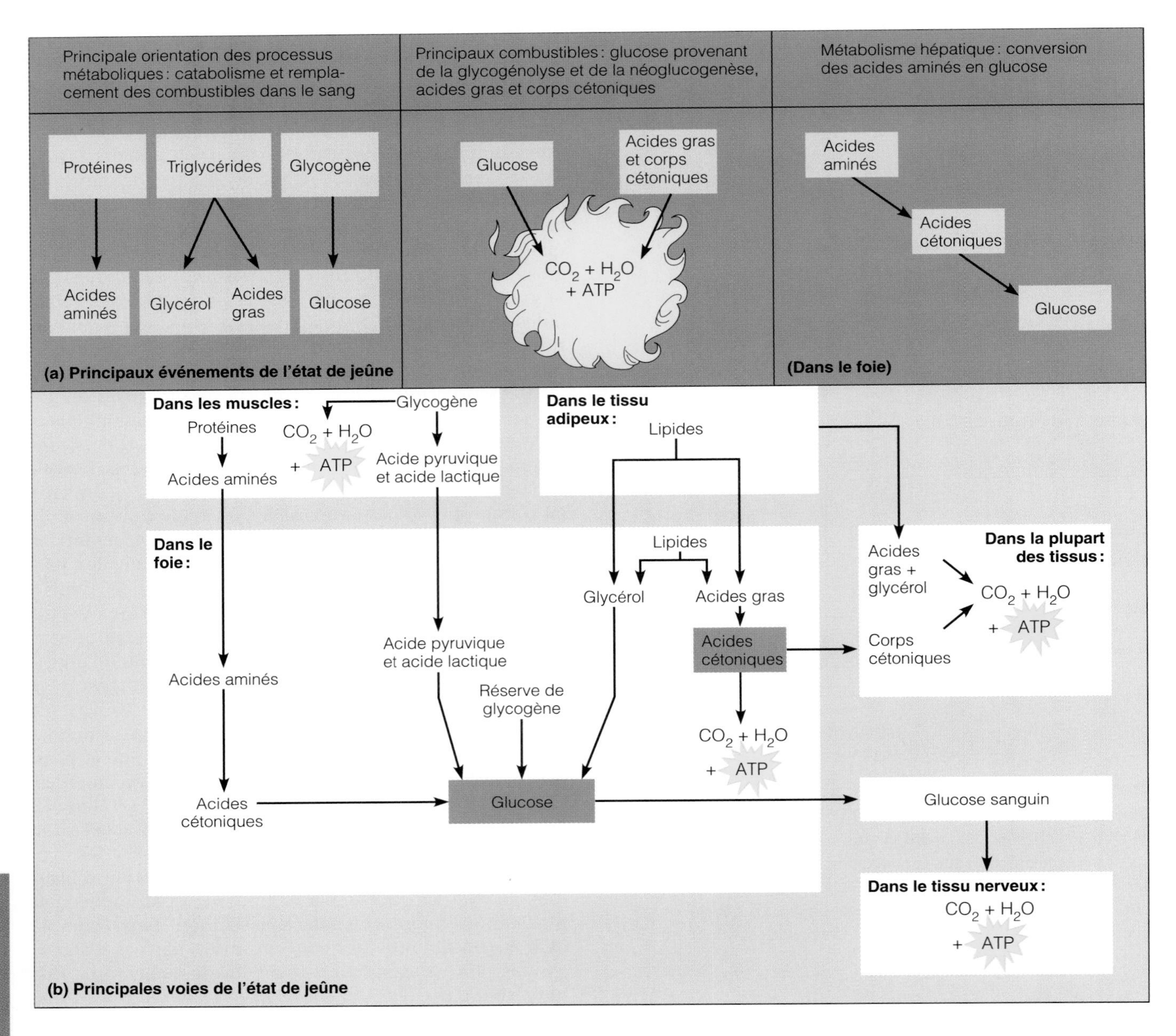

FIGURE 25.19
Résumé des principaux événements et des principales voies métaboliques de l'état de jeûne.

Le *diabète sucré* est un trouble métabolique qui résulte d'une insuffisance de la production d'insuline ou de l'existence de récepteurs de l'insuline anormaux, et ses conséquences sont considérables. En l'absence d'insuline ou de récepteurs pouvant la « reconnaître », la plupart des cellules n'ont plus accès au glucose. Par conséquent, la glycémie reste élevée et une grande quantité de glucose est excrétée dans l'urine. Comme de grandes quantités de graisses et de protéines tissulaires sont consommées pour la production d'énergie, on observe une acidose métabolique, une perte de protéines et une perte pondérale. (Nous décrivons le diabète sucré plus en détail au chapitre 17.) ■

État de jeûne

À l'état de jeûne, c'est-à-dire entre les repas, lorsque la quantité de sucre dans le sang diminue, la fonction la plus importante est le maintien de la glycémie à une valeur homéostatique (de 3,9 à 5,6 mmol/L). Nous avons déjà expliqué l'importance que revêt une glycémie constante. Le glucose est presque toujours la seule source d'énergie de l'encéphale. La plupart des événements qui se produisent pendant l'état de jeûne ont pour effet soit de rendre le glucose disponible en le faisant passer dans le sang, soit d'économiser le glucose pour les organes qui en ont le plus besoin (figure 25.19).

Sources de glucose sanguin Le glucose peut provenir des réserves de glycogène, des protéines des tissus et, en quantité moindre, des lipides, par plusieurs voies.

1. **Glycogénolyse dans le foie.** Les réserves de glycogène du foie (environ 100 g) sont les premières utilisées. Elles sont mobilisées rapidement et efficacement et peuvent maintenir la glycémie durant quatre heures environ au cours de l'état de jeûne.
2. **Glycogénolyse dans les muscles squelettiques.** Les réserves de glycogène des muscles squelettiques sont à peu près équivalentes à celles du foie. Avant que le glycogène du foie soit épuisé, la glycogénolyse commence dans les muscles squelettiques et, dans une moindre mesure, dans d'autres tissus. Cependant, le glucose ainsi produit n'est pas libéré dans le sang car, contrairement au foie, les muscles squelettiques ne possèdent pas les enzymes de déphosphorylation du glucose phosphate. Le glucose est donc partiellement oxydé en acide pyruvique (ou, dans les conditions anaérobies, en acide lactique); l'acide pyruvique entre dans la circulation sanguine, est reconverti en glucose par le foie et libéré à nouveau dans le sang. Les muscles squelettiques contribuent donc indirectement à l'homéostasie de la glycémie par l'intermédiaire des mécanismes hépatiques.
3. **Lipolyse dans le tissu adipeux et le foie.** Les adipocytes et les hépatocytes produisent du glycérol par lipolyse, et le foie convertit celui-ci en glucose (néoglucogenèse), qu'il libère dans le sang. Comme l'acétyl CoA, qui est produit par la β-oxydation des acides gras, représente une étape postérieure aux étapes *réversibles* de la glycolyse, les acides gras *ne peuvent pas* servir à rétablir la concentration sanguine de glucose.
4. **Catabolisme des protéines cellulaires.** Les protéines tissulaires deviennent la principale source de glucose sanguin lorsque le jeûne se prolonge et que les réserves de glycogène et de lipides sont presque épuisées (et lors d'un effort accompagné d'une importante sécrétion de glucocorticoïdes). Les acides aminés des cellules (provenant surtout des muscles) sont désaminés et convertis en glucose dans le foie. Au cours d'un jeûne très long (plusieurs semaines), les reins effectuent également la néoglucogenèse et peuvent apporter au sang autant de glucose que le foie.

Même durant un jeûne prolongé, l'organisme réagit conformément à certaines priorités. Les protéines des muscles sont les premières à disparaître (par catabolisme). Le mouvement n'est pas moins important que la cicatrisation ou la réponse immunitaire. Mais tant que l'organisme est vivant, la production d'ATP doit continuer d'alimenter les processus vitaux. De toute évidence, il y a une limite à la quantité de protéines tissulaires qui peuvent être dégradées sans empêcher l'organisme de fonctionner. Le cœur est presque entièrement constitué de protéines musculaires et, lorsqu'une grande partie d'entre elles ont disparu, la mort devient inévitable.

Épargne du glucose Les mécanismes mis en œuvre pour faire augmenter la quantité de glucose sanguin, même tous ensemble, ne suffisent pas à combler les besoins énergétiques pendant les périodes de jeûne prolongé. Heureusement, l'organisme est en mesure de s'adapter et de brûler plus de graisses et de protéines, qui entrent dans le cycle de Krebs en même temps que les produits de dégradation du glucose. L'accroissement de la consommation de molécules de combustibles autres que les glucides (surtout des triglycérides) pour économiser le glucose est appelé **épargne du glucose.**

Lorsque l'organisme passe de l'état postprandial à l'état de jeûne, l'encéphale continue de prélever sa « part » de glucose sanguin, mais presque tous les autres organes commencent à consommer des acides gras comme principale source d'énergie et épargnent ainsi le glucose au profit de l'encéphale. Au cours de cette phase de transition, la lipolyse s'amorce dans le tissu adipeux et les acides gras libérés sont captés par les cellules des tissus, qui les oxydent pour produire de l'énergie. De plus, le foie oxyde les lipides en corps cétoniques qu'il libère dans la circulation sanguine, les mettant ainsi à la disposition des cellules des tissus. Si le jeûne se prolonge plus de quatre ou cinq jours, l'encéphale lui aussi commence à consommer des quantités importantes de corps cétoniques ainsi que du glucose pour produire de l'énergie. La capacité de l'encéphale à utiliser une source d'énergie de remplacement a une grande importance pour la survie; en effet, dans ce cas, beaucoup moins de protéines tissulaires devront être dégradées pour produire du glucose.

Régulation hormonale et nerveuse Le système nerveux sympathique et plusieurs hormones interagissent pour régler les phénomènes qui caractérisent l'état de jeûne. La régulation de cet état est donc beaucoup plus complexe que celle de l'état postprandial, pendant lequel l'insuline est la seule à exercer son effet.

La diminution de la sécrétion d'insuline qui est associée à la baisse de la glycémie constitue un facteur déclenchant important des phénomènes propres à l'état de jeûne. Lorsque la concentration d'insuline diminue, toutes les réponses cellulaires produites par l'insuline sont aussi inhibées.

La diminution de la glycémie stimule également la libération de **glucagon,** l'antagoniste de l'insuline, par les endocrinocytes alpha des îlots pancréatiques. Comme d'autres hormones qui agissent au cours de l'état de jeûne, le glucagon est une *hormone hyperglycémiante,* c'est-à-dire qu'il fait augmenter la concentration sanguine de glucose. Les organes cibles du glucagon sont le foie et le tissu adipeux (figure 25.20). Les hépatocytes réagissent en accélérant la glycogénolyse et la néoglucogenèse; les adipocytes mobilisent leurs réserves de lipides (lipolyse) et libèrent les acides gras et le glycérol dans le sang. Le glucagon a donc pour effet de « reconstituer » les quantités de combustibles présentes dans le sang en faisant augmenter à la fois la concentration de glucose et la concentration d'acides gras. La libération de glucagon est inhibée après le repas suivant ou lorsque la glycémie s'élève et que la sécrétion d'insuline est à nouveau stimulée.

Jusqu'ici, la situation semble relativement claire: toute augmentation de la concentration de glucose dans le sang déclenche la libération d'insuline, qui « force » le glucose à entrer dans les cellules, ce qui a pour effet de

Quelle hormone est le principal antagoniste du glucagon ?

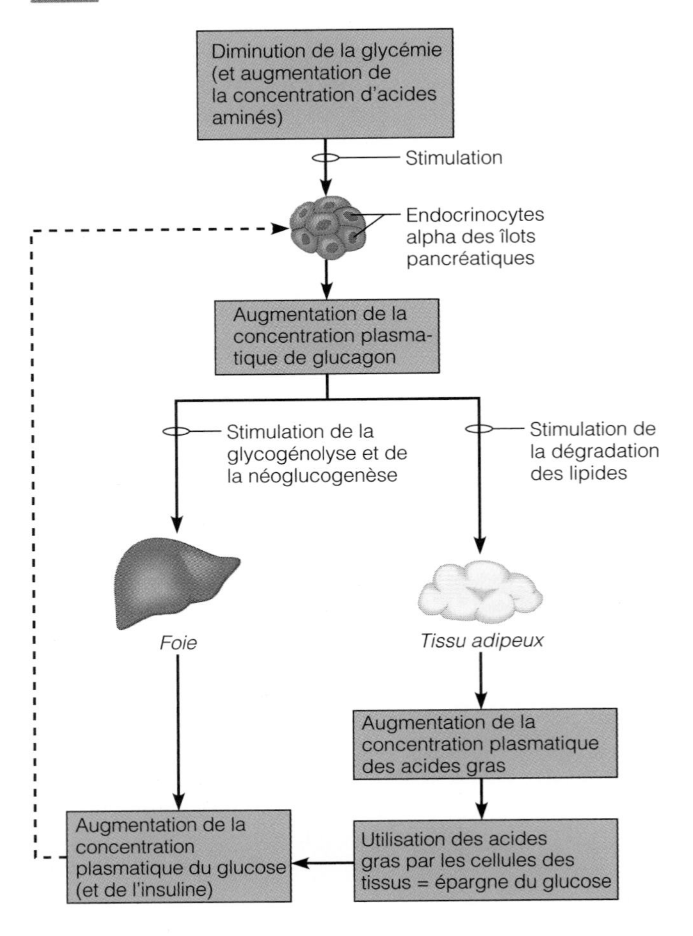

FIGURE 25.20
Influence du glucagon sur la concentration plasmatique de glucose. On a également indiqué la rétro-inhibition produite par l'augmentation de la concentration plasmatique de glucose sur la sécrétion de glucagon (flèche en traits interrompus).

faire diminuer la glycémie. La sécrétion de glucagon est alors stimulée à son tour ; cette hormone « force » le glucose à passer de l'intérieur des cellules à la circulation sanguine. Cependant il ne s'agit pas d'un simple mécanisme de va-et-vient ; en effet, l'augmentation de la concentration d'acides aminés dans le sang stimule *à la fois* la sécrétion d'insuline et celle de glucagon. Cet effet est négligeable lorsque nous consommons un repas équilibré, mais il joue un rôle adaptatif important lorsque notre repas est riche en protéines et pauvre en glucides. Dans ce cas, le stimulus déclenchant la libération d'insuline est très marqué ; s'il n'était pas contrebalancé, le glucose sortirait rapidement de la circulation sanguine pour entrer dans les cellules et il s'ensuivrait un état d'hypoglycémie soudain qui risquerait d'endommager l'encéphale. La sécrétion simultanée de glucagon compense donc les effets de l'insuline et contribue à stabiliser la glycémie.

L'insuline.

Le système nerveux sympathique joue un rôle crucial en fournissant rapidement du combustible lorsque la glycémie baisse de façon soudaine (figure 25.21). Le tissu adipeux est pourvu d'un grand nombre de neurofibres sympathiques, et l'adrénaline libérée par la médulla surrénale sous l'effet de l'activation sympathique agit sur le foie, les muscles squelettiques et le tissu adipeux. Tous ces stimulus mobilisent les lipides et facilitent la glycogénolyse, et ils ont essentiellement les mêmes effets que le glucagon. Les traumatismes physiques, l'anxiété, la colère ou tout autre facteur de stress faisant intervenir la réaction de lutte ou de fuite, ainsi que la baisse de glycémie qui agit sur les récepteurs centraux du glucose dans l'hypothalamus, déclenchent cette voie de régulation.

En plus du glucagon et de l'adrénaline, plusieurs autres hormones (notamment l'hormone de croissance, la thyroxine, les hormones sexuelles et les corticostéroïdes) influent sur le métabolisme et sur la circulation des nutriments. La sécrétion de l'hormone de croissance est stimulée par un jeûne prolongé ou par une baisse rapide de la glycémie, et elle a des effets anti-insuliniques importants (voir le chapitre 17, p. 598). Cependant, la libération et l'activité de la plupart de ces hormones ne sont pas reliées de façon spécifique à l'état postprandial ou à l'état de jeûne. Le tableau 25.4 (p. 953) présente une liste des effets caractéristiques de diverses hormones sur le métabolisme.

Rôle du foie dans le métabolisme

Au chapitre 24, nous avons présenté l'anatomie du foie et son rôle dans la formation de la bile et dans la digestion. Dans le présent chapitre, nous nous intéresserons plus précisément aux fonctions métaboliques du foie. Du point de vue biochimique, le foie est l'un des organes les plus complexes. Il transforme presque toutes les catégories de nutriments et joue un rôle prépondérant dans la régulation de la concentration de cholestérol dans le plasma. Certains dispositifs mécaniques peuvent pallier les défaillances d'un cœur, d'un poumon ou d'un rein, mais il n'y a que les hépatocytes qui puissent assurer le fonctionnement du foie.

Fonctions métaboliques générales

Les hépatocytes assurent environ 500 processus métaboliques complexes, peut-être plus. Une description détaillée de toutes les fonctions du foie dépasserait le cadre de ce manuel, mais la section qui suit en donne un aperçu.

Le foie (1) emballe les acides gras de façon à rendre possibles leur transport et leur stockage, (2) synthétise les protéines plasmatiques, (3) synthétise les acides aminés non essentiels et convertit l'ammoniac produit par leur désamination en urée, un produit d'excrétion dont la toxicité est réduite, (4) emmagasine le glucose sous forme de glycogène et assure la régulation de la glycémie. En plus de toutes ces fonctions relevant du métabolisme des lipides, des protéines et du glucose, les hépatocytes du foie (5) emmagasinent certaines vitamines, (6) préservent le fer provenant des globules rouges usés, (7) dégradent les hormones et (8) détoxifient certaines substances telles que l'alcool et les médicaments. Le tableau 25.5 (p. 954) présente ces principales fonctions métaboliques plus en détail.

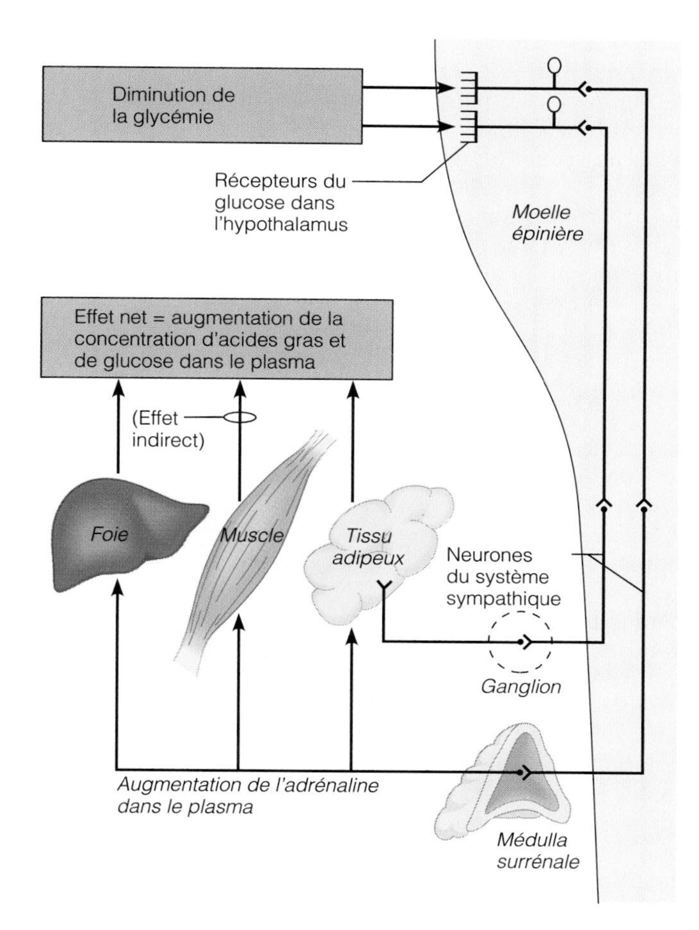

FIGURE 25.21
Maintien de la glycémie pendant l'état de jeûne par l'interaction entre le système nerveux sympathique et l'adrénaline. La diminution de la glycémie stimule les récepteurs du glucose de l'hypothalamus; elle fait intervenir un mécanisme de réflexe (dont le mode de fonctionnement semble être celui qui est illustré ici) produisant une augmentation des concentrations sanguines de glucose et d'acides gras.

Métabolisme du cholestérol et régulation de la concentration plasmatique de cholestérol

Jusqu'à maintenant, nous avons accordé peu d'attention au **cholestérol,** surtout parce qu'il n'est pas utilisé comme combustible; cependant il joue un rôle très important comme lipide alimentaire. Il sert de composant structural des sels biliaires, des hormones stéroïdes et de la vitamine D et constitue un élément très important des membranes plasmiques. En outre, le cholestérol entre dans la structure d'une molécule signal essentielle (la *protéine hedgehog* [*Hh*]) qui contribue à orienter le développement embryonnaire. Environ 15 % du cholestérol sanguin provient de l'alimentation; le reste (85 %) est produit à partir de l'acétyl CoA par le foie et, dans une moindre mesure, par les autres cellules de l'organisme, notamment celles de l'intestin. Le cholestérol sort de l'organisme lorsqu'il est catabolisé et sécrété sous forme de sels biliaires, qui finissent par être éliminés dans les selles.

Lipoprotéines et transport du cholestérol Les triglycérides et le cholestérol ne circulent pas librement dans le sang parce qu'ils sont complètement insolubles dans l'eau. Au lieu de cela, lorsqu'ils sont transportés vers les cellules et en provenance de celles-ci dans les liquides de l'organisme, ils sont liés à de petits complexes lipides-protéines appelés **lipoprotéines.** Ces complexes solubilisent les lipides, qui sont hydrophobes, et leur partie protéique contient des signaux qui règlent l'entrée et la sortie de lipides particuliers dans des cellules cibles spécifiques.

La quantité relative de lipides et de protéines dans les lipoprotéines est extrêmement variable, mais toutes les lipoprotéines contiennent des triglycérides, des phospholipides et du cholestérol en plus de protéines (figure 25.22). De façon générale, plus une lipoprotéine contient un pourcentage élevé de lipides, plus sa densité est faible, et plus la proportion de protéines est importante, plus la densité de la lipoprotéine est élevée. On distingue donc les **lipoprotéines de haute densité** (**HDL,** « high-density lipoproteins »), les **lipoprotéines de basse densité** (**LDL,** « low-density lipoproteins ») et les **lipoprotéines de très basse densité** (**VLDL,** « very low density lipoproteins »). Les *chylomicrons,* qui transportent les lipides absorbés provenant du tube digestif, constituent une classe à part et ont la densité la plus faible de toutes les lipoprotéines.

Le foie est la principale source de VLDL; ces dernières transportent vers les tissus périphériques, mais surtout *vers le tissu adipeux,* les triglycérides qui ont été fabriqués ou transformés dans le foie. Lorsque tous ces triglycérides ont été conduits à leur point de destination, les résidus des VLDL sont convertis en LDL, qui sont riches en cholestérol. La fonction des LDL est de transporter le cholestérol *vers les tissus périphériques,* où les cellules des tissus peuvent s'en servir pour la synthèse des membranes ou des hormones ou les mettre en réserve en attendant une utilisation ultérieure. Les LDL règlent également la synthèse du cholestérol dans les cellules. L'amarrage de la LDL au récepteur de LDL provoque l'endocytose de toute la particule.

La fonction principale des HDL, qui sont particulièrement riches en phospholipides et en cholestérol, est de transporter l'excédent de cholestérol *des tissus périphériques* (qui ne peuvent pas dégrader ni excréter les HDL) *vers le foie,* où il est dégradé et devient un composant de la bile. Le foie fabrique les enveloppes protéiques des particules de HDL et les déverse dans la circulation sanguine sous une forme affaissée qui rappelle un ballon dégonflé. Une fois dans la circulation, ces particules de HDL encore incomplètes s'emplissent de cholestérol prélevé sur les cellules des tissus et les parois des artères. Les HDL apportent aussi les matières premières (cholestérol) aux organes producteurs de stéroïdes comme les ovaires et les glandes surrénales. Ces organes ont la capacité de prélever le cholestérol des particules de HDL de façon sélective et sans englober ces dernières.

Les concentrations plasmatiques élevées de cholestérol (plus de 6 mmol/L de sang) ont été liées aux risques

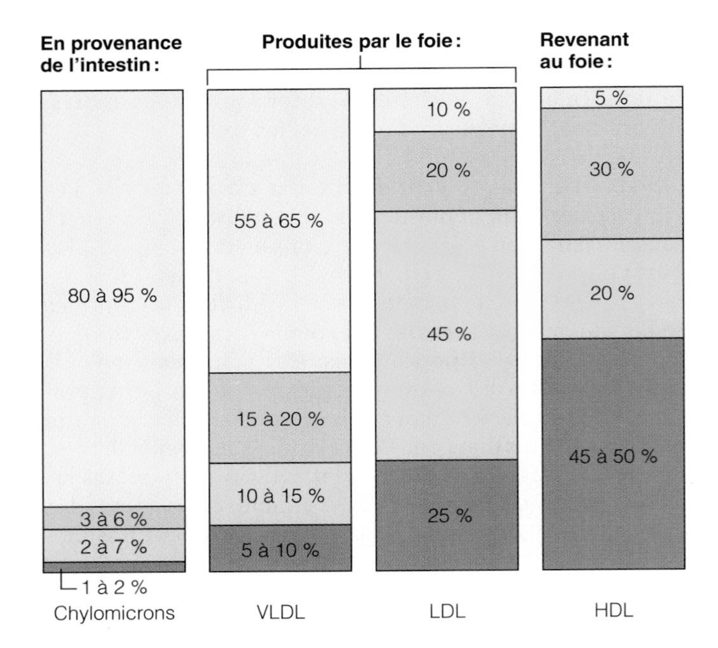

FIGURE 25.22
Composition approximative des lipoprotéines qui transportent les lipides dans les liquides de l'organisme. VLDL = lipoprotéine de très basse densité; LDL = lipoprotéine de basse densité; HDL = lipoprotéine de haute densité.

d'athérosclérose; cette affection provoque une obstruction des artères et cause des accidents vasculaires cérébraux et des crises cardiaques. Cependant, il ne suffit pas de mesurer le cholestérol total; du point de vue clinique, la forme sous laquelle le cholestérol est transporté dans le sang revêt encore plus d'importance. En général, des taux élevés de HDL sont considérés comme *souhaitables* parce que le cholestérol ainsi transporté est destiné à être dégradé. Une concentration de HDL située entre 35 et 60 est jugée acceptable; des concentrations élevées (supérieures à 60) pourraient offrir une protection contre les maladies cardiaques. Les concentrations élevées de LDL (160 ou plus) sont considérées comme *néfastes* parce qu'un excès de LDL provoque sur les parois artérielles la formation de dépôts de cholestérol dont les effets peuvent être mortels.

Si les LDL constituent le « mauvais » cholestérol, il existe aussi un type de LDL, la lipoprotéine (a), dont les effets sont « redoutables ». Il semble que ce lipide facilite la formation d'une plaque qui épaissit et rend plus rigides les parois des vaisseaux sanguins. Chez l'homme, les taux élevés de lipoprotéine (a) dans le sang peuvent faire doubler le risque de crise cardiaque avant l'âge de 55 ans. On estime que la concentration sanguine de cette lipoprotéine est élevée chez une personne sur cinq. (Pour avoir plus de renseignements, voir les encadrés des chapitres 19 et 20, p. 682-683 et p. 696-697, respectivement.)

Facteurs de régulation de la concentration plasmatique de cholestérol Une boucle de rétro-inhibition ajuste partiellement la quantité de cholestérol produit par le foie en fonction de l'apport de cholestérol dans le régime alimentaire. Un apport élevé de cholestérol dans l'alimentation inhibe la synthèse de cette molécule par le foie, mais pas dans un rapport de un pour un parce que le foie en produit une certaine quantité minimale même lorsque l'apport alimentaire est très élevé. C'est pour cette raison qu'une diminution importante du cholestérol alimentaire, bien qu'utile, ne conduit pas à une baisse soudaine de la concentration plasmatique (cholestérolémie).

Les proportions d'acides gras saturés et insaturés présents dans le régime ont un effet important sur la cholestérolémie. Les acides gras saturés *stimulent la synthèse du cholestérol par le foie* et *inhibent son excrétion*. Par conséquent, une diminution modérée de l'apport en lipides saturés (qui se trouvent principalement dans les graisses d'origine animale et dans l'huile de noix de coco) peut entraîner une diminution de la cholestérolémie pouvant atteindre 15 ou 20 %. À l'inverse, les acides gras insaturés (présents dans la plupart des huiles végétales) *accroissent l'excrétion* du cholestérol ainsi que son catabolisme et sa transformation en sels biliaires, réduisant d'autant la cholestérolémie. Malheureusement, parmi toutes ces bonnes nouvelles concernant les lipides insaturés, il faut retenir une exception: les huiles « bonnes pour la santé » qui ont été rendues plus solides par hydrogénation. Le procédé d'hydrogénation transforme les acides gras en acides gras *trans*, qui ont sur le sang des effets encore plus néfastes que les acides saturés; en effet, ils causent une augmentation encore plus marquée des LDL et une diminution encore plus forte des HDL, produisant ainsi le pire rapport de cholestérol total sur HDL qui soit.

De plus, certains acides gras insaturés (acides gras omega-3), qui sont particulièrement abondants dans certains poissons des mers froides et dans les huiles de soja, de colza et de lin, font diminuer la proportion d'acides gras et de cholestérol. Les acides gras omega-3 ont un puissant effet anti-arythmique sur le cœur et rendent les plaquettes du sang moins adhérentes, ce qui contribue à empêcher la coagulation spontanée qui peut obstruer les vaisseaux sanguins; il en résulte également une baisse de la pression artérielle (même chez les individus dont la pression n'est pas trop élevée). Chez les personnes présentant un taux de cholestérol modéré à élevé, le fait de remplacer la moitié des protéines animales présentes dans le régime alimentaire par des protéines de soja semble entraîner une diminution significative de la cholestérolémie (de 10 à 25 %).

Certains facteurs autres que le régime alimentaire influent également sur la cholestérolémie. Par exemple, l'usage du tabac, le café et le stress ont été mis en cause dans l'augmentation des taux de LDL, alors qu'une activité aérobique régulière produit une diminution des LDL et une augmentation des taux de HDL. On a également remarqué que la silhouette, c'est-à-dire la répartition des graisses dans l'organisme, est un bon indicateur de l'existence de concentrations dangereuses de cholestérol et de lipides dans le sang. Chez les « pommes » (graisses dans le

TABLEAU 25.4 Résumé des effets normaux des hormones sur le métabolisme

Effets de l'hormone	Insuline	Glucagon	Adrénaline	Hormone de croissance	Thyroxine	Cortisol	Testostérone
Stimule l'absorption du glucose par les cellules	✓				✓		
Stimule l'absorption des acides aminés par les cellules	✓			✓			
Stimule la production d'énergie par catabolisme du glucose	✓				✓		
Stimule la glycogenèse	✓						
Stimule la lipogenèse et le stockage des lipides	✓						
Inhibe la néoglucogenèse	✓						
Stimule la synthèse des protéines (anabolisme)	✓			✓	✓		✓
Stimule la glycogénolyse		✓	✓				
Stimule la lipolyse et la mobilisation des lipides			✓	✓	✓	✓	
Stimule la néoglucogenèse		✓	✓	✓		✓	
Stimule la dégradation des protéines (catabolisme)						✓	

haut du corps et au niveau de l'abdomen, le cas le plus fréquent chez les hommes), les concentrations de cholestérol et de LDL sont généralement plus élevées que chez les «poires» (graisses sur les hanches et les cuisses, ce que l'on observe plus souvent chez les femmes).

La plupart des cellules autres que celles du foie et de l'intestin tirent du plasma la majeure partie du cholestérol à partir duquel elles synthétisent leurs membranes. Lorsqu'une cellule a besoin de cholestérol, elle fabrique des récepteurs protéiques de LDL et les insère dans sa membrane plasmique. Les LDL se fixent aux récepteurs et pénètrent dans la cellule à l'intérieur d'une vésicule tapissée (endocytose par récepteurs interposés). En moins de 10 à 15 minutes, les vésicules d'endocytose fusionnent avec des lysosomes; le cholestérol est alors libéré et se trouve prêt à être utilisé. Lorsqu'un excès de cholestérol s'accumule dans une cellule, il inhibe la synthèse par la cellule de cholestérol proprement dit et de récepteurs de LDL.

Une forte concentration plasmatique de cholestérol constitue un facteur de risque élevé en ce qui concerne les maladies cardiovasculaires et les crises cardiaques; on prescrit couramment aux cardiaques ayant un taux élevé de cholestérol des médicaments comme les *statines* (lovastatine et pravastatine), qui abaissent la cholestérolémie. Des études ont cependant

TABLEAU 25.5 **Résumé des fonctions métaboliques du foie**

Processus métaboliques visés	Fonctions
MÉTABOLISME DES GLUCIDES Particulièrement important pour le maintien de la glycémie	**1.** Conversion du galactose et du fructose en glucose **2.** Fonction de mise en réserve du glucose : stockage du glucose sous forme de glycogène lorsque la glycémie est élevée ; sous l'influence des hormones, glycogénolyse et libération du glucose dans le sang **3.** Néoglucogenèse : conversion des acides aminés et du glycérol en glucose lorsque les réserves de glycogène sont épuisées et que la glycémie diminue **4.** Conversion du glucose en lipides avant le stockage
MÉTABOLISME DES LIPIDES Le foie est l'organe principal du métabolisme des lipides, bien que la plupart des cellules puissent métaboliser ceux-ci dans une certaine mesure	**1.** Siège principal de la β-oxydation (dégradation des acides gras en acétyl CoA) **2.** Conversion de l'excédent d'acétyl CoA en corps cétoniques avant la libération à destination des cellules des tissus **3.** Stockage des lipides **4.** Formation des lipoprotéines devant servir au transport des acides gras, des lipides et du cholestérol en direction des tissus et en provenance de ceux-ci **5.** Synthèse du cholestérol à partir de l'acétyl CoA ; transformation du cholestérol en sels biliaires, qui sont sécrétés dans la bile
MÉTABOLISME DES PROTÉINES L'organisme pourrait se passer des autres fonctions métaboliques du foie et survivre ; cependant, sans le métabolisme des protéines par le foie, de graves problèmes s'ensuivraient : par exemple, de nombreuses protéines de coagulation indispensables ne seraient pas produites et l'ammoniac ne serait pas éliminé	**1.** Désamination des acides aminés (rendant possible leur conversion en glucose ou leur utilisation dans la synthèse de l'ATP) ; la quantité de désamination qui est effectuée à l'extérieur du foie est négligeable **2.** Formation de l'urée avant son élimination de l'organisme ; si cette fonction ne peut être accomplie (cirrhose ou hépatite), accumulation d'ammoniac dans le sang **3.** Formation de la plupart des protéines plasmatiques (à l'exception des gammaglobulines et de certaines hormones et enzymes) ; en cas d'épuisement des protéines plasmatiques : mitose rapide des hépatocytes et augmentation du volume du foie, couplée à un accroissement de la synthèse des protéines plasmatiques jusqu'à ce que les concentrations sanguines redeviennent normales **4.** Transamination : interconversion des acides aminés non essentiels ; la partie qui s'effectue à l'extérieur du foie est minime
STOCKAGE DES VITAMINES ET DES MINÉRAUX	**1.** Stockage de la vitamine A (réserve pour 1 ou 2 ans) **2.** Stockage de quantités appréciables de vitamines D et B_{12} (réserve pour 3 à 5 ans) **3.** Stockage du fer ; la majeure partie du fer, à part celui qui est lié à l'hémoglobine, emmagasinée dans le foie sous forme de ferritine jusqu'à ce que l'organisme en ait besoin ; libération du fer dans le sang lorsque la concentration sanguine baisse
FONCTIONS DE BIOTRANSFORMATION	**1.** Métabolisme des médicaments : réactions de synthèse donnant des produits inactifs qui peuvent être sécrétés par les reins, et réactions non synthétiques pouvant donner des produits plus actifs, ou moins actifs, ou dont l'activité est modifiée **2.** Transformation de la bilirubine provenant de la dégradation des globules rouges et excrétion de ce pigment biliaire dans la bile **3.** Métabolisme des hormones transportées par le sang en formes pouvant être excrétées dans l'urine

indiqué qu'une cholestérolémie inférieure à 190 pour les hommes et à 178 pour les femmes peut avoir des effets tout aussi dévastateurs parce qu'elle peut accroître le risque d'accidents vasculaires cérébraux avec hémorragie et la mort par hémorragie cérébrale. Une réduction de l'apport de lipides saturés et de cholestérol est probablement souhaitable chez la plupart des Américains ; cependant, au moins pour le moment, il est préférable de faire preuve de prudence en matière de lutte contre le cholestérol. ■

ÉQUILIBRE ÉNERGÉTIQUE

Quand un combustible brûle, il consomme de l'oxygène et dégage de la chaleur. La « combustion » des sources d'énergie alimentaires dans nos cellules ne fait pas exception. Comme nous l'avons expliqué au chapitre 2, l'énergie ne peut être ni créée ni détruite ; elle ne peut être que convertie d'une forme en une autre. Si nous appliquons ce principe (le *premier principe de la thermodynamique*) au métabolisme cellulaire, cela signifie que l'énergie de liaison libérée lorsque les aliments sont catabolisés est en équilibre parfait avec la dépense énergétique totale de l'organisme. Il y a donc un équilibre dynamique entre l'apport et la dépense d'énergie :

Apport énergétique = dépense énergétique totale (chaleur + travail + mise en réserve de l'énergie)

On considère que l'**apport énergétique** est égal à l'énergie dégagée par l'oxydation des nutriments. Les aliments non digérés n'entrent pas dans l'équation parce que leur contribution énergétique est nulle. La **dépense énergétique** comprend l'énergie (1) immédiatement perdue sous forme de chaleur (environ 60 % du total), (2) utilisée sous forme d'ATP pour effectuer un travail et (3) emmagasinée sous forme de lipides ou de glycogène. (On ne tient habituellement pas compte des pertes de molécules organiques dans l'urine, les selles et la transpiration car, chez les personnes en bonne santé, elles sont négligeables.) Un examen attentif révèle que *presque toute l'énergie tirée des aliments finit par être convertie en chaleur.* Toutes les activités cellulaires donnent lieu à une déperdition de chaleur : la formation des liaisons d'ATP et la production d'un travail par leur clivage pendant la contraction musculaire tout comme la friction du sang passant dans les vaisseaux sanguins. Les cellules ne peuvent pas mettre cette énergie à profit pour effectuer un travail, mais les tissus sont ainsi réchauffés, ce qui rend possible le maintien de la température corporelle par homéostasie et permet aux réactions métaboliques de se dérouler de façon efficace. La mise en réserve de l'énergie ne devient une partie importante de l'équation qu'au cours des périodes de croissance et de dépôt net de lipides.

Régulation de l'apport alimentaire

Lorsque l'apport énergétique et l'énergie réellement dépensée sont en équilibre, la masse corporelle demeure stable ; dans le cas contraire, il y a gain ou perte pondérale. Mais le poids de la plupart des gens est étonnamment stable ; il doit donc exister des mécanismes physiologiques qui régissent l'apport alimentaire (et donc la quantité de nutriments oxydés) ou la production de chaleur, ou les deux.

La régulation de l'apport alimentaire pose des problèmes difficiles aux chercheurs. On sait que l'hypothalamus libère plusieurs peptides qui influent sur le comportement nutritionnel. Par exemple, le *neuropeptide Y* nous donne envie de manger du sucre et la *galanine* nous pousse à consommer des matières grasses ; le *GLP-1* (« *glucagon-like peptide* ») et la *sérotonine* nous donnent une impression de satiété. Par exemple, quel type de récepteur pourrait évaluer le contenu énergétique total de l'organisme et nous donner le signal de commencer ou de nous arrêter de manger ? Malgré d'importantes recherches menées sur ce sujet, aucune espèce de signal ou de récepteur de ce type n'a été découvert. Les théories actuelles sur la régulation du comportement nutritionnel et de la faim portent sur un ou plusieurs des cinq facteurs suivants : signaux nerveux provenant du tube digestif, signaux transportés par le sang et relatifs aux réserves d'énergie de l'organisme, hormones, température corporelle et facteurs psychologiques. Tous ces facteurs semblent exercer une rétroaction sur les centres de la faim situés dans l'encéphale. Les récepteurs de l'encéphale comprennent les thermorécepteurs, certains chimiorécepteurs (pour le glucose, l'insuline et d'autres substances) et des récepteurs qui répondent à certains peptides (leptine, neuropeptide Y et autres). Bien que les noyaux de l'hypothalamus jouent un rôle essentiel dans la régulation de la faim et de la satiété, des régions du tronc cérébral interviennent aussi. Il est également possible que les récepteurs périphériques aient une certaine influence, notamment ceux du foie et du tube digestif proprement dit.

Signaux nerveux provenant du tube digestif

On a découvert récemment que des neurofibres du nerf vague transmettaient des signaux dans les deux directions entre le tube digestif et l'encéphale, et que ce dernier pouvait ainsi évaluer le contenu du tube digestif. Les neurofibres afférentes du nerf vague transmettent des influx différents en présence de glucides et de protéines dans le tube digestif ; ces influx paraissent également refléter l'activité de contraction des muscles des voies digestives. De plus, il semble que les peptides produits par le tube digestif en réponse à la présence de protéines ont pour effet d'amplifier les signaux déclenchés par l'activité de contraction. Par exemple, des épreuves cliniques ont permis de montrer que, en présence d'une quantité de protéines représentant 8,4 kJ, la réponse des neurofibres afférentes du nerf vague était de 30 à 40 % plus intense et plus longue que pour une quantité équivalente de glucose. Les scientifiques pensent qu'au moins une partie de cet effet est dû aux mastocytes. Comme elles se trouvent pratiquement partout dans le tube digestif, ces cellules pourraient être des récepteurs presque parfaits pouvant transformer les stimulus mécaniques, thermiques ou chimiques en influx nerveux. Par le décodage de ces signaux et d'autres (voir plus loin), le cerveau peut avoir une image de ce qui est mangé et des quantités consommées.

Stimulus nutritionnels reliés aux réserves d'énergie

À tout moment, les concentrations plasmatiques de glucose, d'acides aminés et d'acides gras fournissent à l'encéphale des renseignements qui permettent d'ajuster l'apport ou la dépense d'énergie. Par exemple :

GROS PLAN

Obésité : à la recherche de solutions magiques

À partir de quel moment est-on trop gras ? Quelle est la différence entre une personne obèse et une autre qui est simplement rondelette ? Le pèse-personne est un guide bien imprécis parce qu'il n'indique pas la composition de l'organisme. Un danseur expérimenté dont l'ossature est dense et la musculature bien développée peut peser plusieurs kilogrammes de plus qu'une personne sédentaire de même taille. La plupart des experts s'entendent pour dire qu'une personne est obèse lorsque son poids dépasse de 20 % son « poids idéal » ; ce dernier figure dans les tableaux publiés par les compagnies d'assurances (il est trop bas, soit dit en passant). Ce qui est vraiment utile, c'est une mesure de la quantité de graisse corporelle, puisqu'on considère habituellement que l'obésité résulte du stockage de triglycérides en quantité excessive. Nous nous plaignons toujours de ne pas pouvoir nous débarrasser de notre graisse, mais nous continuons d'approvisionner ces réserves par un apport énergétique trop élevé. Chez les adultes, on considère comme normale une proportion de graisses de 18 ou 22 % de la masse corporelle (chez les hommes et les femmes respectivement) ; toute valeur dépassant ces chiffres correspond à un état d'obésité.

Quelle que soit la définition qu'on en donne, l'obésité est une maladie déroutante et mal comprise. C'est à dessein que nous employons ici le terme de « maladie » parce que toutes les formes d'obésité résultent d'un déséquilibre des mécanismes de régulation de l'apport alimentaire. Bien que ses effets néfastes sur la santé soient bien connus (l'artériosclérose, l'hypertension, les maladies coronariennes et le diabète sucré sont plus fréquents chez les obèses), il s'agit du problème médical le plus répandu aux États-Unis. Trente-cinq pour cent des Américains et 14 % des Canadiens sont obèses ; non seulement les enfants deviennent plus gros, mais comme ils préfèrent grignoter devant un jeu vidéo que d'aller jouer dehors, leur état de santé cardiovasculaire se dégrade également. En plus d'être confrontés aux problèmes de santé que nous avons déjà mentionnés, les obèses peuvent emmagasiner dans leur organisme des quantités excessives de substances liposolubles toxiques comme le DDT (un insecticide) et le PCB (substance chimique cancérogène). Comme le DDT entrave les mécanismes d'élimination des autres toxines par le foie, sa présence peut avoir des conséquences graves.

Comme si cela n'était pas suffisant, le discrédit social et les désavantages économiques rattachés à l'obésité sont notoires. Les personnes obèses paient des primes d'assurance plus élevées, sont victimes de discrimination sur le marché de l'emploi, ont un choix de vêtements limité et font souvent l'objet d'humiliations pendant leur enfance et leur vie adulte. Compte tenu de tous ces problèmes, il est peu probable que beaucoup de personnes choisissent délibérément d'en arriver là. Quelles sont donc les causes de l'obésité ? Examinons trois des hypothèses les plus récentes.

(1) Certains croient que la consommation excessive d'aliments est une habitude qui apparaît tôt au cours de la vie (le syndrome du « vide ton assiette ») et qui mène à la formation d'un plus grand nombre de cellules adipeuses pendant l'enfance, préparant ainsi le terrain pour un état d'obésité à l'âge adulte. Dès le début de l'âge adulte, l'accroissement de la masse du tissu adipeux se fait par l'accumulation de matières grasses dans les cellules existantes. Par conséquent, plus ces cellules sont nombreuses, plus la quantité de lipides pouvant être stockée est importante.

Les signaux produits par les nutriments présents dans la circulation sanguine ou par les molécules de la satiété (hormones et autres) devraient empêcher le dépôt excessif de graisses, mais il semble que les mécanismes de régulation de la faim et de la satiété répondent plus vite aux glucides et aux protéines qu'aux lipides (et trop lentement pour mettre fin à un repas riche en lipides avant que l'apport soit excessif). Des chercheurs ont trouvé des indices permettant de croire que les cellules adipeuses elles-mêmes peuvent amener le sujet à trop manger. À l'appui de cette idée, on observe que, chez une personne qui suit des régimes à répétition, le métabolisme ralentit brusquement lorsqu'elle perd du poids. Mais lorsqu'elle reprend du poids, son métabolisme s'accélère comme une fournaise qu'on vient de remplir. À chaque régime ultérieur, la perte de poids est plus lente et la reprise de poids est beaucoup plus rapide. Chez les humains comme chez les animaux de laboratoire soumis à des alternances de « festins » et de jeûnes, il semble donc que la transformation des aliments soit de plus en plus efficace et que le métabolisme s'ajuste pour contrebalancer toute déviation du poids par rapport à une valeur prédéterminée. L'idée d'une *valeur de référence*, récemment apparue, permet de penser que certains facteurs environnementaux peuvent déterminer le moment où le gain de poids prend fin en fonction du régime alimentaire habituel.

(2) Les obèses utilisent les combustibles alimentaires et emmagasinent les lipides avec plus d'efficacité. On pense souvent que ces personnes mangent plus que les autres, mais ce n'est pas toujours vrai ; beaucoup mangent même moins que les personnes de poids normal.

Les matières grasses présentes dans l'alimentation sont les pires ennemies des obèses. Pour une même valeur énergétique, elles font grossir plus que les protéines et les glucides en raison de leur mode de transformation par l'organisme. Par exemple, lorsqu'une personne ingère un excès de 1000 kJ de glucides, l'organisme consomme 230 kJ pour effectuer des transformations métaboliques et emmagasine 770 kJ. En revanche, si l'excédent de 1000 kJ provient de lipides, seulement 30 kJ sont « brûlés » et les 970 kJ qui restent sont emmagasinés. En outre, comme les glucides sont les combustibles de prédilection de la plupart des cellules, l'organisme ne puise dans ses réserves de lipides que lorsque celles de glucides sont presque épuisées. Pire encore, des chercheurs ont récemment trouvé que le simple fait de *goûter* des graisses sans les avaler faisait augmenter et les quantités de triglycérides présents dans le sang et la durée de cette augmentation. (Cette nouvelle est particulièrement inquiétante pour les personnes exposées à des maladies coronariennes.)

Ces constatations s'appliquent à tout le monde, mais le sort des obèses est encore plus préoccupant. Par exemple, chez ces personnes, les cellules adipeuses produisent un nombre plus élevé de récepteurs alpha (qui facilitent l'accumulation de graisses) ; de plus, la lipoprotéine lipase (une enzyme qui retire les lipides du sang, habituellement pour les acheminer vers les cellules adipeuses) est exceptionnellement efficace et il s'en forme de plus grandes quantités. En fait, les recherches sur l'obésité entreprises à la Harvard Medical School

n'ont mis en lumière aucune corrélation entre l'apport énergétique et la masse corporelle; elles ont cependant montré que les personnes dont l'alimentation contenait le plus de lipides (particulièrement de lipides saturés) étaient celles qui affichaient le plus d'embonpoint, quelle que soit la quantité d'énergie consommée.

(3) L'obésité pathologique est le sort qui est réservé aux personnes ayant hérité de deux gènes de l'obésité. Cependant, il semble que la véritable prédisposition génétique à l'embonpoint (conférée par des gènes récessifs récemment découverts) ne permette d'expliquer que 5 % environ des cas d'obésité aux États-Unis. L'apport d'énergie excédentaire absorbé par ces personnes se dépose toujours sous forme de graisse, alors que les autres sujets en transforment une partie en tissu musculaire.

En matière d'obésité, on entend beaucoup de rumeurs et il existe de nombreux choix malheureux. Nous énumérerons ici quelques-unes des pires stratégies à adopter pour lutter contre l'obésité.

1. **Diurétiques.** Pour perdre du poids, on se sert parfois de diurétiques qui forcent les reins à excréter de plus grandes quantités d'eau. Au mieux, les diurétiques peuvent faire perdre quelques kilogrammes pendant quelques heures; au pire, ils peuvent produire un déséquilibre électrolytique et une déshydratation graves.

2. **Régimes alimentaires à la mode.** De nombreux magazines publient au moins un nouveau régime alimentaire par année, et les produits de régime se vendent bien. Cependant, beaucoup de ces régimes sont nuisibles à la santé, surtout s'ils limitent l'apport de certains groupes de nutriments. Certains régimes liquides riches en protéines qui sont en vogue fournissent un apport protéique tellement mauvais (incomplet) qu'ils sont même dangereux. Les pires sont ceux qui contiennent du collagène (une protéine) au lieu d'une source protéique venant du lait ou du soja.

3. **Chirurgie.** Parfois, en désespoir de cause, le recours à la chirurgie semble offrir une solution: immobilisation de la mâchoire, baguage gastrique, pontage intestinal, dérivation biliopancréatique et liposuccion (ablation de tissu adipeux par succion). La dérivation biliopancréatique est un « réaménagement » du tube digestif: les deux tiers de l'estomac sont enlevés, l'intestin grêle est coupé de moitié et une portion de 2,5 m est abouchée à l'ouverture de l'estomac. Comme le suc pancréatique et la bile ne passent pas dans ce « nouvel intestin », beaucoup moins de nutriments sont digérés et absorbés (et aucun lipide). Les patients peuvent manger tout ce qu'ils veulent sans gagner de poids, mais la dérivation biliopancréatique est une opération importante qui comporte des risques.

4. **Anorexigènes.** Les anorexigènes ont acquis une mauvaise réputation durant les années 1970, lorsque des médecins prescrivaient la Dexédrine pour faire diminuer l'appétit et accroître le métabolisme. Malheureusement, de nombreux patients se sont accoutumés à ces amphétamines, un épisode dont l'ensemble du monde médical a gardé un très mauvais souvenir.

Au cours des dernières années, sont apparus de nouveaux médicaments coupe-faim qui semblaient prometteurs. Par exemple, des essais cliniques sur le *programme fen-phen* ont connu un certain succès; il s'agit d'un traitement faisant appel à une association de médicaments. La fenfluramine (« fen ») fait augmenter la concentration de sérotonine, qui donne une sensation de satiété; la phentermine (« phen ») est un stimulant (amphétamine) qui accroît le métabolisme. En mai 1996, la *dexfenfluramine* (*Redux*),version purifiée de la fenfluramine a été approuvé aux États-Unis (et au début de 1997 au Canada); il s'agissait du premier médicament contre l'obésité à avoir reçu une approbation en 23 ans aux États-Unis. Comme la fenfluramine, il fait augmenter la concentration de sérotonine et représente le même risque (minime mais bien réel) de contribuer à l'hypertension pulmonaire primaire (HPP), qui a des conséquences souvent mortelles. Or, la fenfluramine et la dexfenfluramine ont dû être retirées du marché en septembre 1997 quand des études ont trouvé une relation entre leur utilisation et l'apparition de valvulopathies.

Bien que la leptine produise une perte pondérale chez les rats obèses, les humains obèses semblent avoir des concentrations de leptine normales ou même élevées (au moins pour le moment). Il se pourrait donc que le problème soit dû à l'insensibilité des récepteurs de leptine ou à un blocage ailleurs dans la voie de régulation.

À la lumière des dernières découvertes sur l'obésité, on met actuellement au point de nouveaux médicaments, dont les inhibiteurs de NPY et le Bta-243; celui-ci se lie aux récepteurs adrénergiques β_3 des cellules adipeuses, ce qui fait augmenter les quantités de lipides libérés dans le sang et consommés pour produire de l'énergie. L'orlistat (Xénical), une substance qui gêne l'action de la lipase pancréatique de sorte qu'une partie des lipides ingérés (jusqu'à 30 %) n'est pas absorbée, a été approuvé en 1997. Cependant, la vente de ce médicament a dû elle aussi être arrêtée en 1998, en attendant les résultats d'études sur ses effets possiblement cancérogènes.

Malheureusement donc, il n'existe pas de solution magique à l'obésité et, à en croire les hypothèses actuelles sur les facteurs qui déterminent le poids, il n'y a pas beaucoup d'espoir du côté de la maîtrise volontaire. Soit vos peptides régulateurs interagissent avec des récepteurs qui répondent de façon adéquate, soit ce mécanisme ne fonctionne pas comme il le devrait. Néanmoins, si on choisit de ne pas recourir aux médicaments, la seule façon de perdre du poids est de réduire l'apport énergétique sous forme de graisses et de pratiquer plus d'activité physique pour faire augmenter la masse musculaire (au repos, le muscle consomme plus d'énergie que la graisse). Ce simple conseil nous rappelle le traitement particulier que subit la graisse dans l'organisme et met en lumière un fait souvent oublié: l'équation de l'équilibre énergétique comporte deux éléments, soit l'apport énergétique et la dépense d'énergie. De plus, un taux d'activité faible porte à manger davantage, alors que l'exercice physique a pour effet de diminuer l'apport de nourriture et d'accroître la vitesse du métabolisme non seulement pendant l'activité elle-même, mais aussi pendant un certain temps après celle-ci. La seule façon d'éviter de prendre du poids est de modifier le régime alimentaire, de faire de l'exercice et de garder ces habitudes tout au long de la vie.

1. Lorsque nous mangeons, la glycémie s'accroît et le métabolisme cellulaire du glucose augmente. L'activation subséquente des récepteurs de glucose de l'encéphale envoie des signaux aux régions appropriées de l'encéphale et inhibe la faim. En cas de jeûne ce signal est absent, ce qui provoque la faim et déclenche un comportement de recherche d'aliments.
2. Une concentration plasmatique élevée d'acides aminés inhibe la faim, alors qu'une concentration faible la stimule, mais on ne sait pas quel est exactement le mécanisme qui produit ces effets. Il est possible que le signal soit dû à l'insuline, dont la quantité fluctue avec la concentration d'acides aminés (et de glucose) dans le sang.
3. Les concentrations sanguines d'acides gras et de *leptine* (« mince ») sont des indicateurs des réserves totales d'énergie de l'organisme (dans le tissu adipeux) et constituent un mécanisme de régulation de la faim ; la leptine est un peptide libéré par les adipocytes et dont la concentration sanguine reflète l'importance des réserves de graisses. Selon cette théorie, plus les réserves de lipides sont importantes, plus les quantités de base d'acides gras et de leptine libérées dans le sang sont importantes et plus le comportement nutritionnel est inhibé.

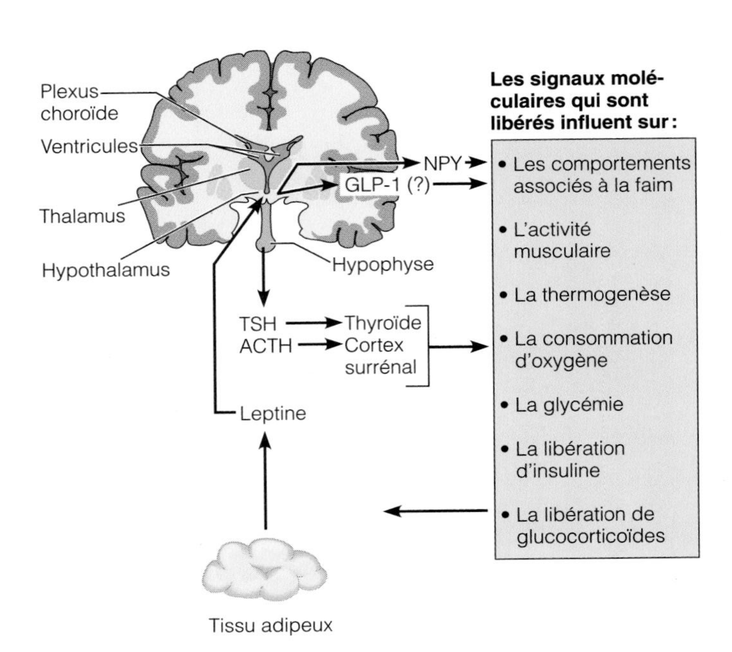

FIGURE 25.23
Modèle hypothétique des mécanismes de régulation de la faim et de la satiété.

Hormones

Les concentrations sanguines des diverses hormones qui règlent le taux plasmatique des différents nutriments à l'état postprandial et à l'état de jeûne peuvent également constituer des signaux de rétro-inhibition pour l'encéphale. L'insuline qui est libérée au cours de l'absorption de nourriture réduit la faim, et on suppose qu'elle constitue un important signal de satiété. En revanche, la concentration de glucagon augmente en cas de jeûne et stimule la faim. Les autres mécanismes de régulation hormonale font intervenir l'adrénaline (libérée au cours du jeûne) et la cholécystokinine, une hormone intestinale sécrétée pendant la digestion des aliments. L'adrénaline déclenche la faim alors que la cholécystokinine l'inhibe.

Température corporelle

L'accroissement de la température corporelle peut inhiber la faim. Le fonctionnement d'un signal thermique de ce type permettrait d'expliquer pourquoi les habitants des régions froides mangent normalement plus que ceux qui vivent dans des pays plus tempérés ou chauds.

Facteurs psychologiques

Tous les mécanismes décrits jusqu'ici reposent entièrement sur des réflexes, mais leur résultat final peut être amplifié ou réduit par des facteurs psychologiques ayant peu de chose à voir avec l'équilibre énergétique, comme l'idée de la nourriture. On pense que les facteurs psychologiques jouent un rôle très important chez les obèses. Cependant, même lorsque les facteurs psychologiques sont la cause de l'obésité, les individus ne continuent *pas* de gagner du poids indéfiniment. Leurs mécanismes de régulation de la faim fonctionnent encore, mais ils ont une valeur de référence qui est plus élevée que la normale, de sorte que leur contenu énergétique total est supérieur à la normale.

Modèle hypothétique : relations mutuelles entre les divers facteurs de régulation de la faim

Quels liens faut-il faire entre tous ces éléments d'information ? La figure 25.23 illustre la meilleure hypothèse qui prévaut actuellement.

Le signal général de satiété semble être la **leptine,** qui est sécrétée en quelques heures et exclusivement par le tissu adipeux en réponse à une augmentation de la quantité de graisse présente dans l'organisme. Les concentrations sanguines de glucocorticoïdes et d'insuline influent sur la libération de leptine (qu'ils inhibent), mais on n'a pas encore exactement déterminé par quel mécanisme.

La leptine se lie aux récepteurs des plexus choroïdes des ventricules ; de là, elle pénètre dans le diencéphale où elle agit sur l'hypothalamus pour ajuster la quantité de graisse corporelle par l'intermédiaire de mécanismes de régulation de l'appétit et de la dépense énergétique. Sa principale cible est le noyau hypothalamique ventromedial où elle inhibe la sécrétion du neuropeptide Y, qui est le stimulateur de l'appétit le plus puissant que l'on connaisse. La leptine fait donc diminuer la quantité d'aliments consommés et augmenter l'activité et la production de chaleur. On ne sait pas si les récepteurs du neuropeptide Y sont les cibles finales de la leptine. L'hypothalamus comporte également des récepteurs de GLP-1, un puissant inhibiteur de la faim ; certains chercheurs pensent que la leptine agit peut-être aussi par l'intermédiaire du GLP-1.

Vitesse du métabolisme et production de chaleur corporelle

On appelle **vitesse du métabolisme** la dépense énergétique de l'organisme par unité de temps (généralement exprimée par heure). C'est la quantité totale de chaleur dégagée par l'ensemble des réactions chimiques de l'organisme et du travail mécanique effectué par celui-ci ; on peut la mesurer directement ou indirectement. Pour la mesure par la *méthode directe,* le sujet entre dans un caisson appelé **calorimètre** et la chaleur dégagée par le corps est absorbée par de l'eau qui circule autour du caisson. L'échauffement de l'eau est directement proportionnel à la quantité de chaleur provenant du corps du sujet. La détermination par la *méthode indirecte* se fait à l'aide d'un appareil appelé **respiromètre** (figure 25.24) qui mesure la consommation d'oxygène, celle-ci étant directement proportionnelle à la quantité de chaleur produite. L'organisme dégage environ 20 kJ de chaleur par litre d'oxygène.

Comme la vitesse du métabolisme peut être influencée par de nombreux facteurs, on la mesure habituellement dans des conditions normalisées. Le sujet doit être à jeun (il n'a pas mangé depuis au moins 12 heures), couché et mentalement et physiquement détendu ; la température ambiante est maintenue entre 20 et 25 °C. La valeur obtenue dans ces conditions est appelée **métabolisme basal** ; c'est l'énergie dépensée par l'organisme pour assurer uniquement ses fonctions essentielles comme la respiration et l'activité des organes au repos. Le métabolisme basal, souvent considéré comme le « coût de la vie en énergie », est exprimé en kilojoules par mètre carré de surface corporelle par heure (kJ/m^2/h).

Un adulte moyen pesant 70 kg a un métabolisme basal d'environ 250 à 300 kJ/h. On peut calculer approximativement cette valeur en multipliant sa masse corporelle en kilogrammes par le facteur 4 pour les hommes et 3,6 pour les femmes. Bien qu'on parle de métabolisme *basal,* ce n'est pas le métabolisme le plus bas qui soit possible pour l'organisme. On observe cette dernière valeur pendant le sommeil, lorsque les muscles squelettiques sont complètement détendus.

Les facteurs qui ont une influence sur le métabolisme basal comprennent la surface corporelle, l'âge, le sexe, le stress et les hormones. Bien que le métabolisme basal soit relié à la masse corporelle et à la taille, le facteur déterminant est la surface corporelle plutôt que la masse elle-même. En effet, la déperdition de chaleur augmente comme le rapport entre la surface et le volume du corps ; lorsque la surface est plus importante, le métabolisme doit donc être plus rapide pour remplacer la chaleur perdue. Entre deux personnes de même poids, celle qui est la plus grande et la plus mince aura un métabolisme basal plus élevé que celle qui est plus petite et trapue.

En général, plus une personne est jeune, plus son métabolisme basal est élevé. Les enfants et les adolescents ont besoin de beaucoup d'énergie pour assurer leur croissance. Au cours de la vieillesse, le métabolisme basal diminue de façon très marquée lorsque les muscles commencent à s'atrophier. (Ce qui explique en partie pourquoi les personnes âgées prennent du poids si elles ne réduisent pas leur apport énergétique.) Le sexe joue aussi un rôle : les hommes ont généralement un métabolisme basal beaucoup plus élevé que les femmes parce qu'ils possèdent plus de tissu musculaire, dont le métabolisme est très actif même au repos. Le tissu adipeux, dont l'abondance relative est plus grande chez les femmes, a un métabolisme beaucoup plus lent que le tissu musculaire.

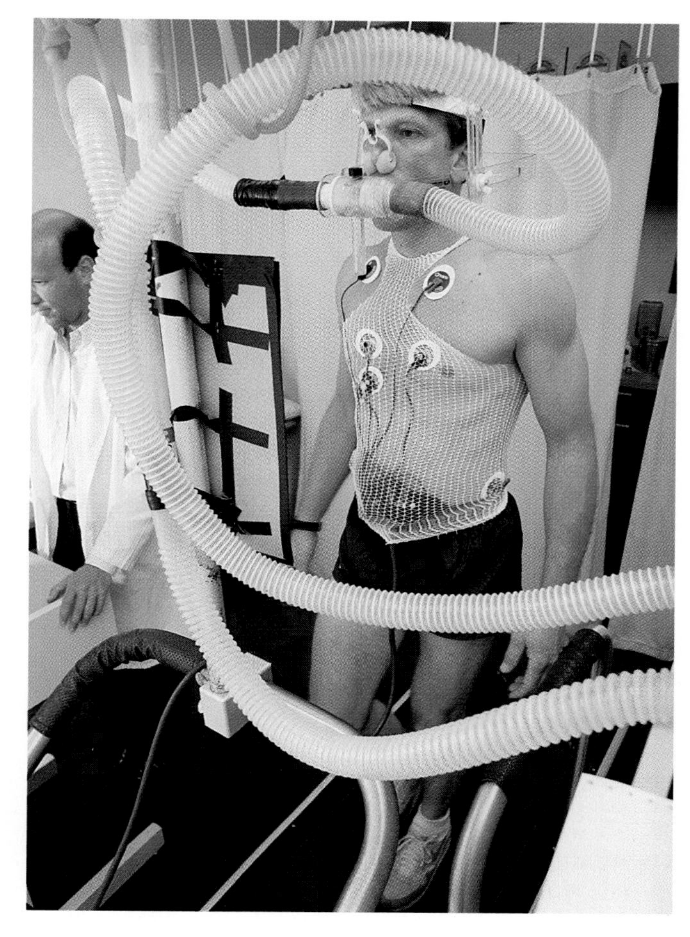

FIGURE 25.24
Mesure indirecte de la vitesse du métabolisme par respirométrie. La méthode indirecte de mesure de la vitesse du métabolisme se fonde sur le fait que la consommation d'oxygène est directement proportionnelle à la production de chaleur par l'oxydation des nutriments. Le sujet respire dans un appareil (respiromètre) qui mesure la consommation totale d'oxygène pendant le test (ici, marche sur un tapis roulant). Pour calculer la vitesse du métabolisme, on multiplie la consommation moyenne d'oxygène par heure (L/h) par 20 (énergie libérée lors de la consommation d'un litre d'oxygène pour l'oxydation de protéines, de glucides ou de lipides). Par exemple, si la consommation d'oxygène est de 16 L/h, la vitesse du métabolisme est de 320 kJ (16 L/h × 20 kJ/L).

La température corporelle tend à fluctuer en même temps que le métabolisme. La fièvre (hyperthermie), qu'elle soit causée par des infections ou d'autres facteurs, accroît sensiblement la vitesse du métabolisme. Le stress de nature physique ou émotionnelle fait augmenter la vitesse du métabolisme en mobilisant le système nerveux sympathique. La noradrénaline et l'adrénaline (libérées par les cellules de la médulla surrénale), qui sont transportées par la circulation sanguine, produisent une augmentation du métabolisme surtout par stimulation du catabolisme des lipides.

La quantité de **thyroxine** produite par la glande thyroïde est probablement le facteur hormonal qui a le plus d'influence sur le métabolisme basal, et c'est pour cette raison qu'on a surnommé la thyroxine l'« hormone métabolique ». Son effet direct sur la majorité des cellules (sauf celles de l'encéphale) est de faire augmenter la consommation d'oxygène, sans doute en accélérant le fonctionnement de la pompe à sodium et à potassium par une utilisation accrue de l'ATP. À mesure que les réserves d'ATP décroissent, la respiration cellulaire s'accroît; par conséquent, plus la glande thyroïde produit de thyroxine, plus le métabolisme basal est élevé. Autrefois, la plupart des évaluations du métabolisme basal qui étaient effectuées visaient à déterminer si la production de thyroxine était suffisante. De nos jours, il est plus facile d'évaluer l'activité thyroïdienne par des tests sanguins.

L'*hyperthyroïdie* produit une augmentation du métabolisme, ce qui entraîne une foule de problèmes. L'organisme catabolise les lipides emmagasinés et les protéines tissulaires et, dans de nombreux cas, le sujet continue de perdre du poids bien qu'il ait souvent faim et mange davantage. Les os s'affaiblissent et les muscles, y compris le cœur, commencent à s'atrophier. À l'inverse, l'*hypothyroïdie* provoque un ralentissement du métabolisme, l'obésité et un ralentissement des processus de pensée. ■

Le terme **métabolisme total** désigne la consommation totale d'énergie par *toutes* les activités de l'organisme, involontaires et volontaires. Le métabolisme basal représente une partie étonnamment importante du métabolisme total. Par exemple, chez une femme dont les besoins énergétiques quotidiens s'élèvent à 8400 kJ, plus de la moitié de cette énergie (environ 5900 kJ) peut servir à assurer les activités vitales de l'organisme. C'est l'activité des muscles squelettiques qui, sur une courte période, produit les changements les plus spectaculaires du métabolisme total, ce qui reflète le fait que ces organes constituent près de la moitié de la masse corporelle. Même de légères augmentations du travail musculaire peuvent provoquer les bonds très marqués du métabolisme total et de la production de chaleur. Chez un athlète bien entraîné, lors d'une activité physique intense maintenue durant plusieurs minutes, le métabolisme peut atteindre une valeur de 15 à 20 fois supérieure à la normale et rester élevé pendant plusieurs heures par la suite. Chose qui peut sembler étonnante, l'entraînement a peu d'effet sur le métabolisme basal. On pourrait croire que les athlètes, notamment ceux dont la masse musculaire est la plus importante, ont un métabolisme basal beaucoup plus élevé que les non-athlètes; mais il y a en fait très peu de différence entre le métabolisme basal mesuré chez les personnes de même sexe et de même surface corporelle. L'ingestion d'aliments entraîne également une augmentation rapide du métabolisme total. Cet effet, appelé **thermogenèse d'origine alimentaire,** est plus marqué lorsqu'on consomme des protéines. L'activité métabolique du foie, qui s'accroît à l'état postprandial, représente probablement une part importante de cette dépense énergétique supplémentaire. À l'inverse, l'état de jeûne ou la présence d'un apport énergétique très faible ralentit le métabolisme ainsi que la dégradation des réserves de l'organisme.

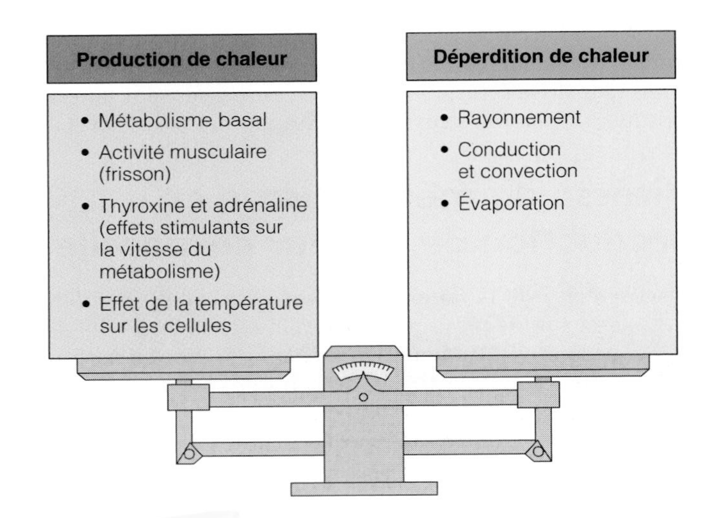

FIGURE 25.25
Tant que la production et la déperdition de chaleur sont équilibrées, la température corporelle reste constante. Les facteurs qui contribuent à la production de chaleur (et à l'échauffement) figurent du côté gauche de la balance; ceux qui contribuent à la déperdition de chaleur (et au refroidissement) figurent du côté droit de la balance.

Thermorégulation

Comme le montre la figure 25.25, la température corporelle résulte de l'équilibre entre la production et les déperditions de chaleur. Tous les tissus produisent de la chaleur, mais ce sont les plus actifs du point de vue métabolique qui en produisent le plus. Dans un organisme au repos, la plus grande partie de la chaleur provient du foie, du cœur, de l'encéphale et des glandes endocrines. Les muscles squelettiques au repos fournissent de 20 à 30 % de la chaleur corporelle. Mais cette situation change totalement en présence de modifications même légères du tonus musculaire; au cours d'une activité intense, la quantité de chaleur produite par les muscles squelettiques peut être de 30 à 40 fois supérieure à celle qui provient du reste de l'organisme. Il est donc évident que l'activité musculaire est l'un des meilleurs moyens de modifier la température corporelle.

La température corporelle moyenne est de 36,8 °C et elle se maintient habituellement dans un intervalle étroit allant de 35,6 à 37,8 °C, même en présence de fluctuations considérables de la température ambiante (de l'air). La température d'un individu en bonne santé varie d'environ 1 °C en 24 heures, le minimum se produisant au début de la matinée et le maximum à la fin de l'après-midi ou au début de la soirée.

On comprend la valeur adaptative de cette homéostasie précise de la température lorsqu'on connaît l'effet de celle-ci sur les réactions biochimiques, et particulièrement sur l'activité enzymatique. À la température corporelle normale, les conditions sont optimales pour l'activité enzymatique. En cas d'échauffement, la catalyse s'intensifie: pour chaque augmentation de 1 °C, les réactions chimiques s'accélèrent d'environ 10 %. Au-dessus de la limite supérieure normale, l'activité des neurones ralentit et les protéines commencent à se dénaturer (à se dégrader). La plupart des adultes sont pris de convulsions lorsque la température atteint 41 °C, et toute survie semble impossible au-delà de 43 °C. En revanche, la plupart des tissus peuvent résister à des baisses marquées de la température si les autres conditions restent parfaitement contrôlées. C'est ce phénomène qui permet de recourir à l'hypothermie, ou refroidissement corporel, lors d'interventions chirurgicales pendant lesquelles le cœur doit être arrêté. L'hypothermie permet de réduire la vitesse du métabolisme (et donc les besoins en nutriments des tissus et du cœur), ce qui laisse au chirurgien le temps d'opérer sans que les tissus soient endommagés.

Température centrale et température de surface

Au repos, les différentes régions du corps n'ont pas la même température. La **température centrale** (celle des organes situés dans le crâne et les cavités thoracique et abdominale) est la plus élevée. La plupart du temps, c'est la **surface,** c'est-à-dire essentiellement la peau (par où la chaleur se dissipe), qui est la moins chaude. En situation clinique, on mesure habituellement la température en deux régions du corps; celle du rectum est généralement supérieure de 0,4 °C à celle de la cavité orale, et c'est celle qui indique le mieux la température centrale.

C'est la température centrale qui est réglée avec précision. Le sang est le principal *agent de transfert,* ou *transporteur de chaleur,* entre l'intérieur du corps et sa surface. Lorsque la surface est plus chaude que l'environnement, il y a toujours une déperdition de chaleur. Par conséquent, chaque fois que de la chaleur doit être dissipée, l'organisme laisse le sang chaud passer dans les capillaires de la peau. Par contre, lorsque la chaleur doit être conservée, le sang évite en grande partie le réseau capillaire de la peau, ce qui réduit les pertes de chaleur tout en permettant à la température de surface de s'abaisser et de se rapprocher de celle du milieu ambiant. Par conséquent, la température centrale reste relativement constante mais la surface peut connaître d'importantes fluctuations thermiques (elle peut passer par exemple de 20 à 40 °C) parce que son « épaisseur » varie en fonction de l'activité corporelle et de la température externe. (Il est vraiment possible d'avoir les mains froides et le cœur chaud.)

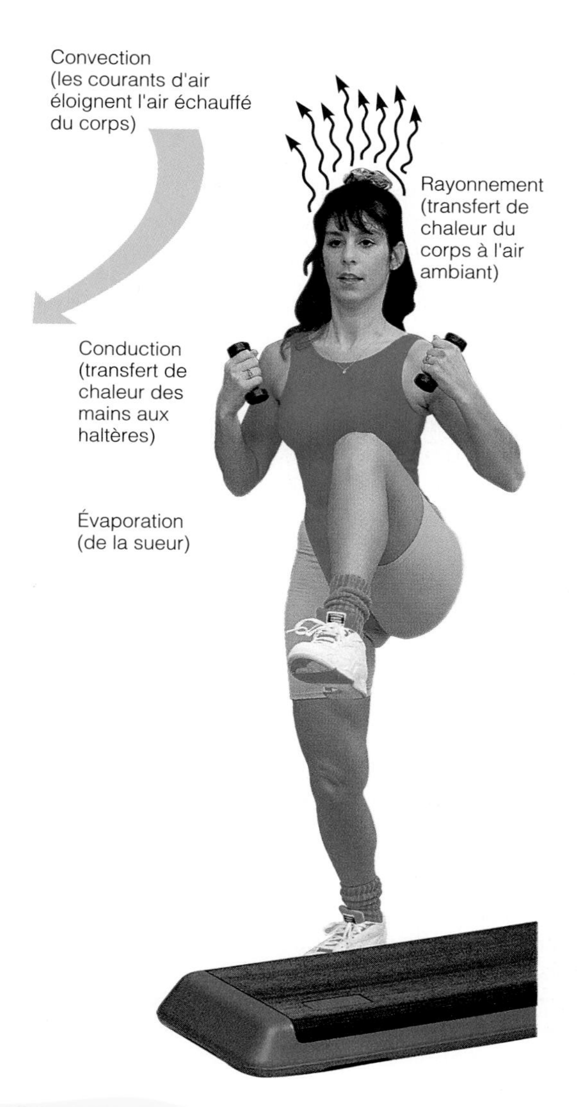

FIGURE 25.26
Mécanismes d'échange de chaleur entre le corps et l'environnement.

25

Mécanismes d'échange de chaleur

Les mécanismes physiques qui déterminent les transferts de chaleur entre notre peau et l'environnement sont les mêmes que ceux qui règlent les échanges de chaleur entre les objets inanimés. On peut se représenter la température d'un objet (qu'il s'agisse de la peau ou d'un radiateur) comme une indication de son contenu thermique (ou comme une « concentration de chaleur »). Puis il suffit de ne pas oublier que la chaleur suit son gradient de concentration, c'est-à-dire qu'elle va des régions chaudes aux régions froides. Les échanges de chaleur de notre organisme se font par quatre mécanismes: le rayonnement, la conduction, la convection et l'évaporation (figure 25.26).

Rayonnement Le **rayonnement** est la perte de chaleur sous forme d'ondes infrarouges (énergie thermique). Tout objet dense plus chaud que les objets de son voisinage (par exemple un radiateur et, habituellement, le corps) cède de la chaleur à ces objets. Dans des conditions normales, près de la moitié de la déperdition de chaleur de l'organisme est due au rayonnement.

Étant donné que l'énergie radiante s'écoule toujours de l'endroit le plus chaud vers l'endroit le plus froid, le rayonnement permet d'expliquer pourquoi une pièce froide au départ se réchauffe en peu de temps quand plusieurs personnes s'y trouvent (grâce à la « chaleur corporelle »). Le corps peut aussi capter de la chaleur par rayonnement, comme on le remarque quand on s'expose au soleil.

Conduction et convection La **conduction** est le transfert de chaleur entre des objets qui sont directement en contact l'un avec l'autre. Par exemple, quand nous entrons dans un bain chaud, l'eau cède une partie de sa chaleur à notre peau par conduction, tout comme des fesses chaudes cèdent de la chaleur à une chaise. Contrairement au rayonnement, la conduction exige un *contact* entre les molécules des objets en question, c'est-à-dire que l'énergie thermique doit passer par un milieu matériel.

Lorsque la surface du corps transfère de la chaleur à l'air environnant, il se produit également une convection. Les gaz chauds ont tendance à se dilater et à s'élever, et les gaz plus froids (donc plus denses) à descendre ; l'air chauffé par le corps est donc continuellement remplacé par des molécules d'air plus frais. Ce phénomène, appelé **convection,** accroît considérablement les échanges thermiques entre la surface du corps et l'air parce que l'air froid absorbe la chaleur plus rapidement que celui qui est déjà réchauffé. Ensemble, la conduction et la convection comptent pour 15 à 20 % de la déperdition totale de chaleur. Ces phénomènes sont amplifiés par tout ce qui accélère le mouvement de l'air à la surface de la peau, comme le vent ou un ventilateur ; on parle alors de *convection forcée.*

25

Évaporation L'eau s'évapore parce que ses molécules absorbent de la chaleur et acquièrent assez d'énergie (vibrent assez vite) pour s'échapper sous forme de gaz (vapeur d'eau). La chaleur absorbée par l'eau lorsqu'elle se transforme en vapeur est appelée **chaleur de vaporisation.** L'eau absorbe une grande quantité de chaleur corporelle en s'évaporant à la surface de la peau, et elle contribue donc largement à refroidir l'organisme. Chaque gramme d'eau qui s'évapore à la surface du corps consomme 2,43 kJ de chaleur.

Il existe un taux minimal de déperdition de chaleur corporelle dû à l'évaporation continue de l'eau provenant des poumons, de la muqueuse de la bouche et de la peau. On appelle **perte insensible d'eau** l'ensemble de ces sorties d'eau, qui passent souvent inaperçues, et **déperdition insensible de chaleur** le dégagement de chaleur qui l'accompagne. La déperdition insensible de chaleur représente environ 10 % de la production minimale de chaleur corporelle et reste constante, c'est-à-dire qu'elle n'est pas assujettie aux phénomènes de thermorégulation. Cependant il existe des mécanismes régulateurs qui déclenchent la production de chaleur pour équilibrer cette perte lorsque cela est nécessaire.

La déperdition de chaleur par évaporation devient un processus actif (sensible) lorsque la température corporelle s'élève et que la transpiration permet l'évaporation de quantités d'eau supplémentaires. Les états émotionnels extrêmes activent le système nerveux sympathique, qui élève la température corporelle d'environ 1 °C, et une activité physique intense peut provoquer un brusque échauffement de 2 à 3 °C. Au cours d'une activité musculaire intense, l'organisme peut produire par heure de 1 à 2 L de sueur dont l'évaporation consomme de 2500 à 5000 kJ, c'est-à-dire plus de 30 fois la déperdition insensible de chaleur !

Lorsque la transpiration est abondante, surtout chez les personnes non entraînées, la perte d'eau et de sel (NaCl) peut provoquer des spasmes douloureux des muscles squelettiques appelés *crampes de chaleur.* Pour corriger cette situation, il suffit de boire des liquides. ■

Rôle de l'hypothalamus

L'hypothalamus, et notamment le noyau préoptique, forme le principal centre d'intégration de la thermorégulation, bien que d'autres régions de l'encéphale y contribuent également. Ensemble, le **centre de la thermolyse** (situé antérieurement) et le **centre de la thermogenèse** constituent les **centres thermorégulateurs.**

L'hypothalamus reçoit des influx afférents provenant (1) des **thermorécepteurs périphériques** qui se trouvent à la surface de l'organisme (dans la peau) et (2) des **récepteurs centraux** (qui mesurent la température du sang) situés plus profondément, y compris dans la portion antérieure de l'hypothamalus lui-même. Tout comme un thermostat, l'hypothalamus réagit à ces influx en déclenchant les mécanismes appropriés de thermogenèse ou de thermolyse au moyen de réflexes et par l'intermédiaire de voies effectrices autonomes. Les thermorécepteurs centraux sont situés à des endroits plus stratégiques que les récepteurs périphériques, mais les influx provenant de la surface permettent probablement à l'hypothalamus d'anticiper sur les changements qui pourraient se produire et de réagir avant même que la température centrale change.

Mécanismes de thermogenèse

Lorsque la température du milieu ambiant est basse (ou que celle de la circulation sanguine s'abaisse), le centre hypothalamique de la thermogenèse est activé. Il maintient ou accroît alors la température centrale en déclenchant un ou plusieurs des mécanismes suivants (figure 25.27) :

1. **Vasoconstriction des vaisseaux sanguins cutanés.** L'activation des neurofibres du système sympathique qui desservent les vaisseaux sanguins cutanés provoque une forte constriction. Le sang reste ainsi dans les régions profondes du corps et évite en bonne partie la peau. Étant donné que la peau est isolée des organes profonds par une couche de tissu sous-cutané adipeux, la perte de chaleur par la surface est considérablement diminuée et la température superficielle tend à s'abaisser pour atteindre celle de l'environnement.

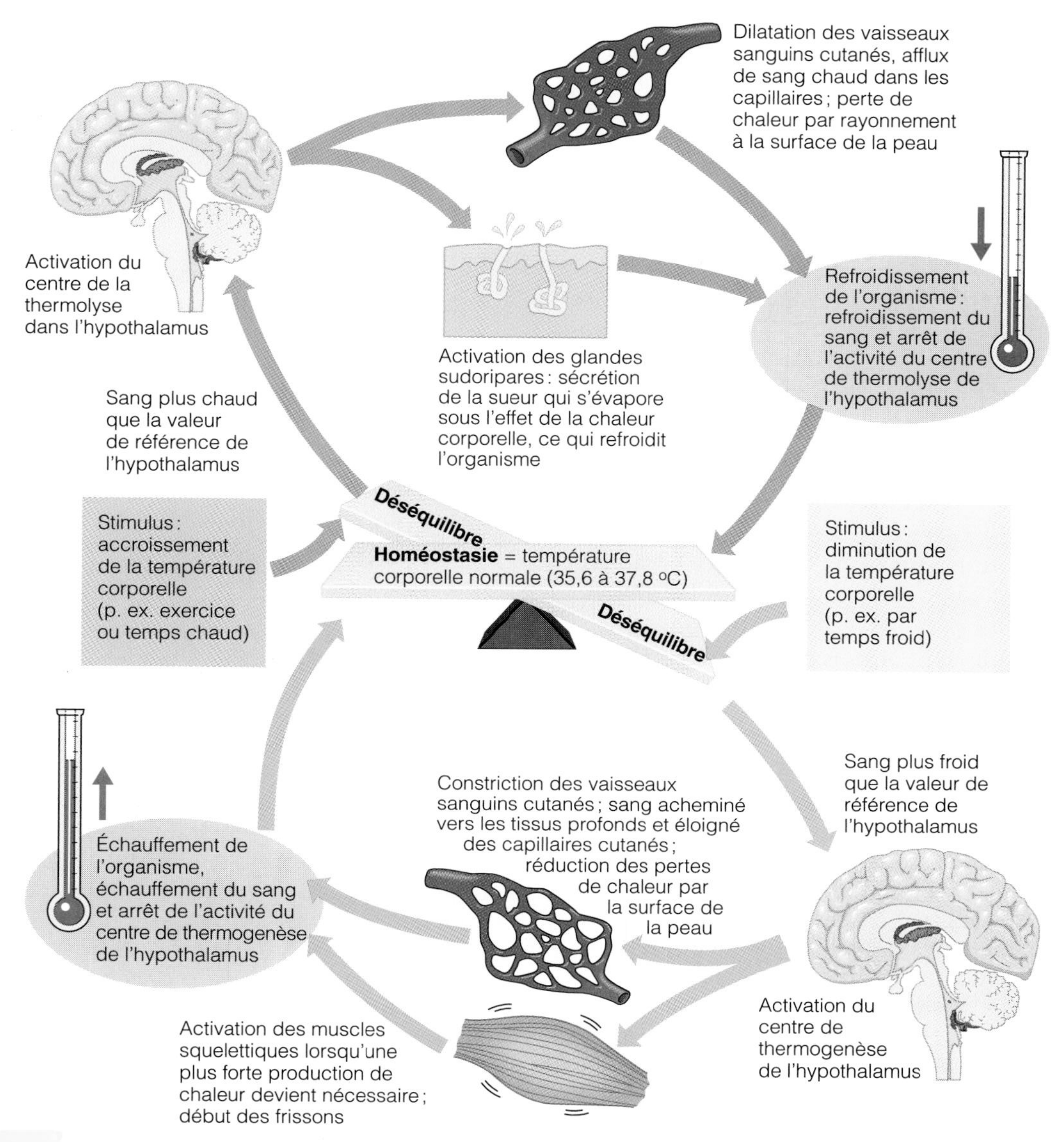

FIGURE 25.27
Mécanismes de thermorégulation.

La restriction de la circulation sanguine dans la peau ne pose pas de problème tant qu'elle est d'une durée limitée, mais si elle est trop longue (comme lors d'une exposition prolongée à un froid intense) les cellules cutanées privées d'oxygène et de nutriments commencent à mourir. Ce phénomène extrêmement grave est appelé *gelure.* ■

2. **Augmentation de la vitesse du métabolisme.** Le froid stimule la libération de noradrénaline par les neurofibres du système nerveux sympathique. La noradrénaline accroît la vitesse du métabolisme, ce qui fait augmenter la production de chaleur. Ce mécanisme est appelé **thermogenèse chimique.**

3. **Frisson.** Si les mécanismes décrits jusqu'ici ne suffisent pas, les frissons commencent. Les centres de l'encéphale qui règlent le tonus musculaire s'activent, et lorsque le tonus devient suffisant pour stimuler alternativement les mécanorécepteurs des muscles antagonistes, on observe des contractions involontaires des muscles squelettiques. Le frisson accroît la température corporelle de façon très efficace parce que l'activité musculaire dégage de grandes quantités de chaleur.

4. **Augmentation de la libération de thyroxine.** Quand la température environnante diminue graduellement, comme lors de la transition d'une saison chaude à

une saison froide, l'hypothalamus produit la *thyréolibérine* (TRH), qui active la sécrétion de *thyréotrophine* (TSH) par l'adénohypophyse. Cette hormone stimule à son tour la glande thyroïde, qui libère une plus grande quantité d'hormones thyroïdiennes (T_3 et T_4) dans le sang. Celles-ci accroissent la vitesse du métabolisme et donc la production de chaleur, ce qui permet à l'organisme de maintenir une température constante lorsqu'il fait froid.

En plus de ces adaptations involontaires, nous, les humains, faisons souvent appel à des *modifications comportementales* pour empêcher tout abaissement excessif de notre température centrale. Nous pouvons en effet:

- mettre plus de vêtements ou des vêtements plus chauds pour limiter les pertes de chaleur (chapeau, gants, vêtements « isolants »);
- boire des liquides chauds;
- changer de posture pour réduire la surface corporelle exposée (se recroqueviller ou croiser les bras autour de la poitrine);
- augmenter notre activité musculaire pour produire plus de chaleur (sauter sur place, taper des mains).

Mécanismes de thermolyse

Les mécanismes de thermolyse protègent l'organisme des températures trop élevées, qui peuvent être extrêmement néfastes. La plus grande partie de la déperdition de chaleur se fait par la peau par l'intermédiaire des mécanismes physiques décrits aux pages 961-962 (rayonnement, conduction, convection et évaporation). Comment les mécanismes d'échange de température interviennent-ils dans le système de régulation par thermolyse? La réponse est très simple: lorsque la température centrale du corps s'élève au-dessus de la normale, le centre hypothalamique de thermogenèse est inhibé et, simultanément, le centre de thermolyse est activé et déclenche l'une des réactions suivantes, ou les deux à la fois (figure 25.27):

1. **Vasodilatation des vaisseaux sanguins cutanés.** L'inhibition des neurofibres vasomotrices des vaisseaux sanguins cutanés permet à ces derniers de se dilater. Dès que les vaisseaux de la peau sont gorgés de sang chaud, la chaleur se dissipe à la surface de la peau par rayonnement, conduction et convection.
2. **Augmentation de la transpiration.** Si le corps est très surchauffé ou si la température du milieu ambiant est telle (plus de 33 °C) qu'aucune autre forme de refroidissement n'est possible, une augmentation de l'évaporation devient nécessaire. Les neurofibres du système sympathique stimulent fortement les glandes sudoripares, qui excrètent de grandes quantités de sueur. L'évaporation de la sueur est une forme de refroidissement efficace si l'air est sec. Lorsque l'humidité relative est élevée, cependant, l'évaporation est beaucoup plus lente; dans ce cas, les mécanismes de refroidissement ne fonctionnent pas bien et nous nous sentons mal à l'aise et irritables.

Pour réduire notre température corporelle, nous adoptons souvent des mesures volontaires; par exemple, nous pouvons:

- réduire notre activité;
- rechercher un endroit plus frais (ombragé), augmenter la convection à l'aide d'un ventilateur ou mettre en marche un climatiseur;
- porter des vêtements amples de couleur claire qui réfléchissent l'énergie de rayonnement et réduisent les apports de chaleur (on a moins chaud dans ce type de tenue que sans vêtements parce que la peau nue absorbe la plus grande partie de l'énergie de rayonnement qui l'atteint).

Lorsque les processus normaux de refroidissement deviennent inefficaces, il s'ensuit une **hyperthermie,** ou élévation de la chaleur corporelle, qui inhibe l'hypothalamus. Tous les mécanismes de thermorégulation sont donc interrompus, ce qui crée une boucle de rétroactivation néfaste: l'échauffement rapide de l'organisme accroît la vitesse du métabolisme qui, à son tour, fait augmenter la production de chaleur. La peau devient chaude et sèche, et comme la température continue de grimper, divers organes (dont le cerveau) risquent de plus en plus de subir des lésions. Ce phénomène appelé **coup de chaleur** peut être fatal à moins qu'on prenne immédiatement des mesures correctives (refroidissement efficace de l'organisme par immersion dans de l'eau fraîche et ingestion de liquides).

On parle souvent d'*épuisement dû à la chaleur* pour désigner l'effondrement d'une personne sous l'effet d'une température élevée au cours d'une activité physique intense ou après. Ce phénomène se manifeste par une élévation de la température corporelle et une confusion mentale ou l'évanouissement, et il est dû à la déshydratation et à la chute de tension artérielle qui s'ensuit. En cas d'épuisement dû à la chaleur, et contrairement à ce qui se passe lors d'un coup de chaleur, les mécanismes de thermolyse restent actifs; en fait ces symptômes sont même produits par ces mécanismes. Cependant, si l'organisme n'est pas refroidi et réhydraté sans tarder, l'épuisement dû à la chaleur peut évoluer rapidement vers un coup de chaleur. ■

Fièvre

La **fièvre** est une *hyperthermie contrôlée.* Elle est généralement causée par l'infection d'une région de l'organisme mais elle peut aussi être provoquée par d'autres troubles (cancer, réaction allergique, traumatismes du système nerveux central). Les globules blancs, les cellules des tissus atteints et les macrophagocytes libèrent des *pyrogènes* (« matières servant à allumer un feu »); ces substances, dont on sait maintenant qu'elles sont des cytokines, agissent directement sur l'hypothalamus pour stimuler la libération de prostaglandines par les neurones. Les prostaglandines remontent la valeur de référence du thermostat hypothalamique et déclenchent ainsi dans l'organisme les mécanismes de thermogenèse. Il apparaît une vasoconstriction, les déperditions de chaleur à la surface du corps diminuent, la peau devient fraîche et le frisson dégage de la chaleur. Les frissons sont un signe certain d'échauffement de l'organisme ; la température s'élève jusqu'à la nouvelle valeur de référence, puis elle se maintient à ce niveau jusqu'à ce que les défenses naturelles de l'organisme ou des antibiotiques inversent le processus morbide en cause. Le thermostat revient alors à une valeur plus basse (ou normale), ce qui met en marche les mécanismes de thermolyse ; il y a transpiration, la peau rougit et s'échauffe. Les médecins savent depuis longtemps que ces signes indiquent que la température du corps descend.

Comme nous l'avons vu au chapitre 22, la fièvre accroît le taux métabolique, ce qui accélère les divers processus de guérison et semble inhiber la croissance bactérienne. La fièvre présente un danger lorsque le thermostat de l'organisme est réglé trop haut ; dans ce cas, les protéines peuvent être dénaturées et le cerveau risque de subir des dommages permanents.

NUTRITION ET MÉTABOLISME AU COURS DU DÉVELOPPEMENT ET DU VIEILLISSEMENT

Une bonne nutrition est essentielle aussi bien *in utero* que pendant tout le reste de la vie. Si la mère s'alimente mal, le développement de son enfant s'en ressentira. La carence la plus grave est celle des protéines nécessaires à la croissance des tissus fœtaux, notamment du cerveau. De plus, comme la croissance du cerveau se poursuit pendant les trois premières années après la naissance, un apport énergétique et protéique inadéquat pendant cette période peut entraîner des déficits intellectuels et des troubles d'apprentissage. Les protéines sont nécessaires à la croissance musculaire et osseuse, et il faut du calcium pour assurer la solidité des os. Les processus anaboliques deviennent moins primordiaux lorsque la croissance est terminée, mais il faut un apport suffisant de tous les types de nutriments pour permettre le remplacement des tissus et un métabolisme normal.

Il existe de nombreux dérèglements innés du métabolisme (ou affections héréditaires), mais les deux plus fréquents sont probablement la *fibrose kystique du pancréas* (mucoviscidose) et la *phénylcétonurie*. La fibrose kystique du pancréas est décrite au chapitre 23. Dans les cas de phénylcétonurie, les cellules des tissus ne peuvent pas utiliser la phénylalanine, un acide aminé qui est présent dans toutes les protéines alimentaires. Cette anomalie est due à une carence en phénylalanine hydroxylase (PAH), une enzyme qui convertit la phénylalanine en tyrosine. Comme la phénylalanine ne peut pas être métabolisée, cet acide aminé et ses produits de désamination s'accumulent dans le sang ; ces substances agissent comme des neurotoxines et entraînent des lésions cérébrales ainsi qu'un retard mental au bout de quelques mois. Ces symptômes sont rares aujourd'hui parce que la plupart des États américains (et le Québec) ont rendu obligatoire un simple test de dépistage urinaire ou sanguin pour les nouveau-nés ; à ceux qui sont atteints, on prescrit un régime spécial pauvre en phénylalanine. On ne s'entend pas sur le moment où ce régime devrait prendre fin. Certains spécialistes pensent qu'on devrait le poursuivre pendant toute l'adolescence ; d'autres recommandent de l'abandonner lorsque l'enfant atteint l'âge de six ans. Comme la mélanine est un dérivé de la tyrosine, tous ces enfants sont très blonds et ont la peau pâle.

Il existe un certain nombre d'autres carences enzymatiques qu'on classe en troubles du métabolisme des glucides, des lipides ou des minéraux. Par exemple, la galactosémie et la glycogénose (ou maladie glysogénique) sont deux troubles du métabolisme des glucides. La *galactosémie* est causée par une anomalie ou l'absence des enzymes hépatiques permettant la transformation du galactose en glucose. Le galactose s'accumule dans le sang et entraîne une déficience mentale. Dans la *glycogénose,* le glycogène est synthétisé normalement mais l'une des enzymes nécessaires à sa reconversion en glucose est absente. Comme il y a une accumulation excessive de glycogène, les organes où il est emmagasiné (foie et muscles squelettiques) deviennent surchargés et s'hypertrophient.

Les troubles endocriniens et du métabolisme sont souvent intimement reliés, ce qui donne une idée de l'influence des hormones sur le métabolisme. Il naît parfois des enfants souffrant d'hypothyroïdie. Si cette affection n'est pas détectée et traitée par hormonothérapie substitutive, l'enfant finit par être atteint de *crétinisme.* Ce trouble se caractérise par un métabolisme basal réduit, un nanisme accompagné de malformations osseuses, un épaississement de la langue, une intolérance au froid et un retard mental. ■

À l'exception du *diabète insulinodépendant,* les enfants n'ayant aucune maladie génétique sont rarement atteints de troubles métaboliques. Cependant, vers le milieu de la vie, et plus particulièrement pendant la vieillesse, le *diabète non insulinodépendant* devient un problème important, surtout chez les personnes obèses. (Le diabète sucré est décrit au chapitre 17.)

La vitesse du métabolisme diminue progressivement au cours de la vie. Pendant la vieillesse, on remarque une atrophie musculaire et osseuse ainsi qu'une diminution de l'efficacité du système endocrinien. Comme beaucoup de personnes âgées sont aussi moins actives, leur métabolisme peut devenir si lent dans certains cas qu'il leur est à peu près impossible de s'alimenter adéquatement sans prendre du poids. Les personnes âgées absorbent aussi plus de médicaments que tous les autres groupes d'âge, alors que la détoxification par le foie a perdu de son efficacité. Par conséquent, de nombreux agents thérapeutiques devant pallier des problèmes de santé ont des répercussions sur la nutrition. Par exemple :

- Certains diurétiques prescrits contre l'insuffisance cardiaque congestive ou l'hypertension (pour éliminer les liquides de l'organisme) peuvent provoquer une perte excessive de potassium et causer ainsi une hypokaliémie grave.
- Certains antibiotiques entravent l'absorption des nutriments. Par exemple, les sulfamides, la tétracycline

et la pénicilline ralentissent la digestion et l'absorption des aliments. Ils peuvent aussi provoquer la diarrhée, qui gêne encore plus l'absorption.

- L'huile minérale, un laxatif très employé par les personnes âgées, empêche l'absorption des vitamines liposolubles, et les régimes alimentaires riches en fibres, qui favorisent l'évacuation, inhibent l'absorption de calcium.
- Environ la moitié des Nord-Américains âgés consomment de l'alcool. Lorsque l'alcool remplace les aliments, les réserves de nutriments peuvent s'épuiser. La consommation excessive d'alcool entraîne des problèmes de malabsorption, des carences vitaminiques et minérales, des troubles du métabolisme et des lésions du foie et du pancréas.

En résumé, les personnes âgées sont exposées non seulement à la perte d'efficacité des processus métaboliques, mais aussi à un très grand nombre d'autres facteurs liés à leur mode de vie et aux médicaments, ces facteurs ayant aussi un effet sur leur alimentation.

Bien que la malnutrition et le ralentissement du métabolisme causent parfois des problèmes chez les personnes âgées, certains nutriments (notamment le glucose) semblent contribuer au vieillissement chez les gens de tout âge. On sait depuis longtemps que les réactions non enzymatiques (appelées *réactions de brunissement*) qui se produisent entre le glucose et les protéines causent une décoloration et un durcissement des aliments ; ce sont ces réactions qui sont responsables du brunissement des viandes lors de la cuisson. Il est possible qu'elles aient des effets néfastes sur les protéines de l'organisme. Lorsque les enzymes lient les sucres aux protéines, elles le font sur un site bien déterminé et les molécules de protéine ainsi glycosylées ont une fonction bien précise dans l'organisme. Par contre, la liaison non enzymatique du glucose aux protéines (un phénomène qui s'accentue avec l'âge) se fait au hasard et finit par produire des liaisons transversales (ponts) entre les protéines, qui aboutissent à la formation de composés appelés AGE (« advanced glycosylation end products »). L'accumulation de ces AGE contribue probablement à l'opacification du cristallin, à la formation de plaques dans l'athérosclérose ainsi qu'au durcissement général et à la perte de souplesse des tissus qu'on observe souvent chez les personnes âgées.

* * *

La nutrition est l'un des domaines les plus négligés de la médecine clinique. Pourtant notre alimentation a une influence sur presque toutes les étapes de notre métabolisme et joue un rôle important dans notre état de santé général. Maintenant que nous avons examiné la destinée des nutriments dans nos cellules, nous sommes prêts à étudier le système urinaire, dont le fonctionnement ininterrompu permet d'éliminer de notre organisme les déchets azotés produits par le métabolisme et de maintenir la pureté des liquides internes.

TERMES MÉDICAUX

Anorexie Perte ou diminution de l'appétit. L'anorexie mentale, qui s'observe surtout chez les jeunes filles, se caractérise par une volonté obsessionnelle de perdre du poids. Elle peut entraîner l'aménorrhée et causer des dommages aux organes.

Appétit Désir de nourriture. Phénomène psychologique dépendant de la mémoire et des associations, par opposition à la faim qui est un besoin physiologique de nourriture.

Hypercholestérolémie primitive Trouble héréditaire dans lequel les récepteurs des LDL sont absents ou anormaux, l'assimilation de cholestérol par les cellules des tissus est bloquée et la concentration sanguine totale du cholestérol (et des LDL) est extrêmement élevée (elle peut atteindre 17,5 mmol/L). Les personnes atteintes font de l'athérosclérose à un jeune âge et la plupart d'entre elles meurent de maladie coronarienne pendant l'enfance ou l'adolescence. À l'heure actuelle, le seul traitement ayant connu un succès relatif est la transplantation du foie.

Hypothermie Basse température corporelle (au-dessous de 35 °C) résultant d'une exposition prolongée au froid. Les signes vitaux (fréquence respiratoire, pression artérielle et fréquence cardiaque) diminuent tandis que l'activité enzymatique des cellules ralentit. La somnolence s'installe et, chose curieuse, la victime se sent bien alors qu'auparavant elle avait extrêmement froid. Le frisson prend fin quand la température centrale atteint 30 à 32 °C, lorsque l'organisme a épuisé ses capacités de thermogenèse. En l'absence d'intervention, la situation évolue vers le coma et finalement vers la mort (par arrêt cardiaque) quand la température corporelle approche de 21 °C. L'hypothermie peut être provoquée à des fins chirurgicales.

Kwashiorkor Carence protéique grave chez les enfants, provoquant une arriération mentale et l'arrêt de la croissance, conséquence de la malnutrition ou de la famine. Se caractérise par un gonflement de l'abdomen (œdème qui peut atteindre de 10 à 30 % de la masse corporelle) parce que la concentration de protéines plasmatiques ne suffit plus à retenir les liquides dans la circulation sanguine. Maladie surtout répandue en Afrique tropicale où elle apparaît lorsque le nourrisson est sevré.

Marasme Maigreur extrême résultant d'une malnutrition protéique et énergétique ou apparaissant au cours d'une longue maladie.

Masse corporelle idéale Expression qui prête à confusion. Masse corporelle moyenne (mais pas nécessairement la plus souhaitable) figurant dans les tableaux des compagnies d'assurances pour une personne d'une taille donnée selon son sexe.

Mesure de l'épaisseur du pli cutané Épreuve clinique visant à évaluer la quantité de graisses corporelles. Consiste à mesurer, à l'aide d'un adipomètre, l'épaisseur d'un repli de peau derrière le bras ou sous la scapula. Tout pli ayant une épaisseur de plus de 2,5 cm indique un excès de graisse.

Pica Tendance à manger des substances habituellement considérées comme non comestibles, par exemple de la terre (géophagie)

RÉSUMÉ DU CHAPITRE

Nutrition (p. 913-920, 921-929)

1. Les nutriments sont l'eau, les glucides, les lipides, les protéines, les vitamines et les minéraux. La plus grande partie des nutriments organiques sert de combustible pour produire l'énergie cellulaire (ATP). La valeur énergétique des aliments se mesure en kilojoules (kJ).

2. Les nutriments essentiels sont ceux qui ne peuvent pas être synthétisés par les cellules de l'organisme et qui doivent être présents dans l'alimentation.

Glucides (p. 914-916)

3. Les glucides proviennent principalement des produits végétaux. Les monosaccharides absorbés, autres que le glucose, sont convertis en glucose par le foie.

4. Les monosaccharides servent surtout de combustible cellulaire. De petites quantités entrent dans la synthèse des acides nucléiques et servent à la glycosylation des membranes plasmiques.

5. L'apport minimal de glucides est de 100 g par jour pour un adulte.

Lipides (p. 916)

6. La plupart des lipides alimentaires sont des triglycérides. Les principales sources de lipides saturés sont les produits d'origine animale; les lipides insaturés se trouvent dans les produits d'origine végétale. La principale source de cholestérol est le jaune d'œuf.

7. Les acides linoléique et linolénique sont des acides gras essentiels.

8. Les triglycérides (graisses neutres) constituent les réserves d'énergie, protègent les organes et jouent le rôle d'isolant. Les phospholipides entrent dans la synthèse des membranes plasmiques et de la myéline. Le cholestérol sert à élaborer la membrane plasmique et constitue le précurseur de la vitamine D, des hormones stéroïdes et des sels biliaires.

9. Les lipides ne devraient pas représenter plus de 30 % de l'apport énergétique, et on doit remplacer les lipides saturés par des lipides insaturés dans la mesure du possible. L'apport de cholestérol ne devrait pas dépasser 250 mg par jour.

Protéines (p. 916-919)

10. Les produits d'origine animale fournissent des protéines de haute valeur alimentaire et contiennent les huit acides aminés essentiels. Dans la plupart des produits d'origine végétale, il manque un ou plusieurs acides aminés essentiels.

11. Les acides aminés sont les unités structurales de l'organisme et de certaines molécules de régulation importantes.

12. La synthèse des protéines n'est possible que si tous les acides aminés essentiels sont présents et si les glucides (ou les lipides) fournissent assez d'énergie pour produire de l'ATP. Dans le cas contraire, de l'énergie sera produite par combustion des acides aminés.

13. Le bilan azoté est équilibré lorsque la synthèse de protéines équivaut aux pertes de protéines.

14. Pour les adultes, on recommande un apport alimentaire de 0,8 g de protéines par kilogramme de masse corporelle par jour.

Vitamines (p. 919-920, 921-925)

15. Les vitamines sont des composés organiques nécessaires en quantités infimes. La plupart sont des coenzymes.

16. À l'exception des vitamines K et B qui sont élaborées par les bactéries intestinales et de la vitamine D, l'organisme ne produit aucune vitamine.

17. Aucun excédent de vitamines hydrosolubles (B et C) ne peut être emmagasiné dans l'organisme. Les vitamines liposolubles sont les vitamines A, D, E et K; toutes, sauf la vitamine K, sont mises en réserve par l'organisme et peuvent s'accumuler en quantités toxiques.

Minéraux (p. 920, 925-929)

18. En plus du calcium, du phosphore, du potassium, du soufre, du sodium, du chlore et du magnésium, l'organisme a besoin d'au moins une douzaine d'autres minéraux en quantité infime (oligoéléments).

19. Aucune énergie ne peut être produite à partir des minéraux. Certains servent à la minéralisation des os, d'autres sont liés à des composés organiques ou existent sous forme ionique dans les liquides de l'organisme, et ils assurent diverses fonctions dans les processus cellulaires et le métabolisme.

20. L'assimilation et l'excrétion des minéraux sont réglés avec précision, ce qui empêche les accumulations toxiques. Les sources les plus riches en minéraux sont les produits d'origine animale, les légumineuses et les autres légumes.

Métabolisme (p. 920, 930-954, 956-957)

Vue d'ensemble des processus métaboliques (p. 920, 930-932)

1. Le métabolisme englobe toutes les réactions chimiques nécessaires au maintien de la vie. Les processus métaboliques sont soit anaboliques, soit cataboliques.

2. La respiration cellulaire est un processus catabolique de production d'énergie; une partie de l'énergie est captée sous forme de liaisons d'ATP.

3. L'énergie est produite par oxydation de composés organiques. L'oxydation cellulaire se fait surtout par élimination d'hydrogène (électrons). Lorsque des molécules sont oxydées, d'autres sont simultanément réduites par adjonction d'hydrogène (ou d'électrons).

4. La plupart des enzymes qui catalysent les réactions d'oxydoréduction nécessitent la présence de coenzymes agissant comme accepteurs d'hydrogène. Dans ce type de réactions, le NAD^+ et la FAD sont deux coenzymes importantes.

5. Dans les cellules animales, les deux mécanismes de synthèse de l'ATP sont la phosphorylation au niveau du substrat et la phosphorylation oxydative.

Métabolisme des glucides (p. 932-941)

6. Le métabolisme des glucides est essentiellement le métabolisme du glucose.

7. Dès son entrée dans les cellules, le glucose est phosphorylé, ce qui a pour effet de l'emprisonner dans les cellules de la plupart des tissus.

8. Le glucose est complètement oxydé en gaz carbonique et en eau par trois voies successives : la glycolyse, le cycle de Krebs et la chaîne de transport des électrons (ou chaîne respiratoire). Chacune des voies produit de l'ATP, mais la plus grande partie de celle-ci provient de la chaîne de transport des électrons.

9. La glycolyse est une voie réversible de conversion du glucose en deux molécules d'acide pyruvique ; deux molécules de NAD^+ réduit sont alors formées, et il y a production nette de deux ATP. Dans des conditions aérobies, l'acide pyruvique entre dans le cycle de Krebs ; dans des conditions anaérobies, il est réduit en acide lactique.

10. Le cycle de Krebs est alimenté par l'acide pyruvique (et les acides gras). Avant d'entrer dans le cycle, l'acide pyruvique est converti en acétyl CoA, qui est ensuite oxydé et décarboxylé. L'oxydation complète de deux molécules d'acide pyruvique produit six CO_2, huit NADH + H^+, deux $FADH_2$ et un gain net de deux ATP. Une grande partie de l'énergie présente au départ dans les liaisons de l'acide pyruvique se retrouve alors sous forme de coenzymes réduites.

11. Dans la chaîne de transport des électrons (chaîne respiratoire), (a) les coenzymes réduites sont oxydées par transfert d'hydrogène à une série d'accepteurs alternant entre l'oxydation et la réduction ; (b) les atomes d'hydrogène sont scindés en ions hydrogène et en électrons (les électrons descendent le long de la chaîne d'accepteurs ; l'énergie ainsi produite alimente des pompes qui apportent les ions H^+ dans l'espace intermembranaire de la mitochondrie, créant ainsi un gradient électrochimique de protons) ; (c) les ions H^+ suivent ce gradient électrochimique et passent par l'ATP synthétase, qui produit de l'ATP à partir de cette énergie ; (d) les ions H^+ et les électrons se combinent à l'oxygène, formant ainsi de l'eau.

12. Pour chaque molécule de glucose qui est oxydée en gaz carbonique et en eau, il y a un gain net de 36 ATP ; 4 de ces ATP proviennent de la phosphorylation au niveau du substrat et 34 de la phosphorylation oxydative. La navette qui assure le transport du NAD^+ produit dans le cytosol consomme 2 ATP de cette quantité.

13. Lorsque les réserves cellulaires d'ATP sont élevées, le catabolisme du glucose est inhibé et le glucose est converti en glycogène (glycogenèse) ou en lipides (lipogenèse). L'organisme entrepose beaucoup plus de lipides que de glycogène.

14. La néoglucogenèse est la formation de glucose à partir de molécules autres que des glucides (lipides ou protéines). Elle se produit dans le foie lorsque la concentration de glucose diminue.

Métabolisme des lipides (p. 941-943)

15. La lymphe transporte vers le sang les produits finaux de la digestion des lipides (et du cholestérol) sous forme de chylomicrons.

16. Le glycérol est converti en glycéraldéhyde phosphate et entre dans le cycle de Krebs, ou bien il est converti en glucose.

17. Les acides gras sont oxydés par β-oxydation en fragments d'acide acétique. Ceux-ci sont liés à la coenzyme A et entrent dans le cycle de Krebs sous forme d'acétyl CoA. Les lipides alimentaires qui ne sont pas nécessaires à la production d'énergie ou à la synthèse de matériaux structuraux sont emmagasinés dans le tissu adipeux.

18. Il y a un renouvellement continu des lipides dans les dépôts de graisse. La lipolyse est la dégradation des lipides en acides gras et en glycérol.

19. Lorsque des quantités excessives de lipides sont utilisées, le foie convertit l'acétyl CoA en corps cétoniques et libère ceux-ci dans le sang. Une concentration excessive de corps cétoniques (cétose) provoque l'acidose métabolique.

20. Toutes les cellules construisent leurs membranes plasmiques à partir de phospholipides et de cholestérol. Le foie synthétise de nombreuses molécules fonctionnelles (lipoprotéines, thromboplastine tissulaire, etc.) à partir des lipides.

Métabolisme des protéines (p. 943-944)

21. Avant d'être oxydés pour fournir de l'énergie, les acides aminés sont convertis en acides cétoniques qui peuvent entrer dans le cycle de Krebs. Ce processus comprend la transamination, la désamination oxydative et la modification des acides cétoniques.

22. Les groupements amine enlevés au cours de la désamination (sous forme d'ammoniac) sont liés au gaz carbonique par le foie pour former l'urée, qui est excrétée dans l'urine.

23. Les acides aminés désaminés peuvent aussi être convertis en acides gras et en glucose.

24. Les acides aminés sont les unités de base les plus importantes de l'organisme. Les acides aminés non essentiels sont produits dans le foie par transamination.

25. Chez les adultes, la plus grande partie de la synthèse des protéines sert au remplacement des protéines tissulaires et au maintien de l'équilibre azoté.

26. La synthèse des protéines ne peut se faire qu'en présence des acides aminés essentiels. Si certains d'entre eux manquent, les acides aminés servent de source d'énergie.

État d'équilibre entre le catabolisme et l'anabolisme (p. 944-945)

27. Le pool des acides aminés fournit les molécules devant servir à la synthèse des protéines et des dérivés des acides aminés, à la synthèse de l'ATP et au stockage d'énergie. Avant d'être emmagasinés, les acides aminés doivent être convertis en lipides ou en glycogène.

28. Le pool des glucides et des lipides fournit surtout des combustibles pour la synthèse de l'ATP et d'autres molécules qui peuvent constituer des réserves d'énergie.

29. Les pools de nutriments sont reliés par l'intermédiaire de la circulation sanguine ; les lipides, les protéines et les glucides peuvent êtres interconvertis grâce à l'existence d'intermédiaires communs.

État postprandial et état de jeûne : mécanismes et régulation (p. 945-950)

30. Au cours de l'état postprandial (pendant et immédiatement après un repas), le glucose est la principale source d'énergie ; des molécules structurales et fonctionnelles sont synthétisées ; l'excédent de glucides, de lipides et d'acides aminés est emmagasiné sous forme de glycogène et de lipides.

31. Les mécanismes de l'état postprandial sont réglés par l'insuline, qui stimule l'entrée du glucose (et des acides aminés) dans les cellules et accélère sa consommation pour la synthèse d'ATP ou son stockage sous forme de glycogène ou de lipides.

32. Pendant l'état de jeûne, les combustibles transportés par la circulation sanguine proviennent de la dégradation des réserves d'énergie. Le glucose devant être libéré dans la circulation sanguine est produit par glycogénolyse, lipolyse et néoglucogenèse. L'épargne du glucose s'amorce et, si le jeûne se prolonge (quatre à cinq jours), l'encéphale commence également à métaboliser des corps cétoniques.

33. Les mécanismes de l'état de jeûne sont largement déterminés par le glucagon et le système nerveux sympathique, qui mobilisent le glycogène et les réserves de lipides et déclenchent la néoglucogenèse.

Rôle du foie dans le métabolisme (p. 950-954)

34. Le foie est le principal organe du métabolisme et il joue un rôle essentiel dans la transformation (et la mise en réserve) de pratiquement tous les groupes de nutriments. Il contribue au maintien des sources d'énergie dans le sang, il métabolise les hormones et il détoxifie les médicaments ainsi que d'autres substances.

35. Le foie synthétise le cholestérol, le catabolise et le sécrète sous forme de sels biliaires; il synthétise également les lipoprotéines.

36. Les LDL transportent les triglycérides et le cholestérol du foie aux tissus, alors que les HDL transportent le cholestérol des tissus au foie (où il est catabolisé et éliminé).

37. Les concentrations trop élevées de LDL sont liées à l'athérosclérose, aux maladies cardiovasculaires et aux accidents vasculaires cérébraux.

Équilibre énergétique (p. 955, 958-965)

1. L'apport énergétique de l'organisme (provenant de la dégradation des nutriments) est parfaitement équilibré avec la dépense d'énergie (chaleur, travail et mise en réserve d'énergie). Tout apport énergétique finit par être converti en chaleur.

2. Lorsque l'équilibre énergétique est maintenu, la masse corporelle reste stable. L'obésité survient lorsque des quantités excessives d'énergie sont stockées (mise en réserve d'un excès de graisses dépassant la normale de 20 % ou plus).

Régulation de l'apport alimentaire (p. 955, 958-959)

3. L'hypothalamus et d'autres centres encéphaliques assurent la régulation du comportement alimentaire.

4. On pense que les facteurs suivants contribuent à la régulation de l'apport alimentaire: (a) signaux nerveux allant de l'intestin à l'encéphale; (b) signaux concernant les nutriments et liés aux quantités totales d'énergie emmagasinée (par exemple la présence d'importantes réserves de lipides et de fortes concentrations plasmatiques de glucose et d'acides aminés inhibent la faim et la prise de nourriture); (c) concentrations plasmatiques d'hormones qui régissent les mécanismes des états postprandial et de jeûne, et qui envoient un signal de rétroaction aux centres encéphaliques de l'alimentation; (d) température corporelle; (e) facteurs psychologiques.

Vitesse du métabolisme et production de chaleur corporelle (p. 959-960)

5. La vitesse du métabolisme de l'organisme est la quantité d'énergie utilisée par heure.

6. Le métabolisme basal se mesure en $kJ/m^2/h$; c'est la valeur obtenue dans des conditions minimales, c'est-à-dire chez une personne placée à une température ambiante agréable, couchée, détendue et en état de jeûne. Le métabolisme basal est une mesure de la quantité d'énergie consommée par l'organisme au repos.

7. Les facteurs qui déterminent la vitesse du métabolisme sont l'âge, le sexe, la taille, la surface corporelle, le taux de thyroxine, l'effet dynamique spécifique des aliments et l'activité musculaire.

Thermorégulation (p. 960-965)

8. La température corporelle reflète l'équilibre entre la production de chaleur et les déperditions de chaleur; elle se situe normalement entre 35,6 °C et 37,8 °C, ce qui constitue une température optimale pour les activités physiologiques.

9. Au repos, la plus grande partie de la chaleur corporelle est produite par le foie, le cœur, l'encéphale, les reins et les organes endocriniens. L'action des muscles squelettiques amène une augmentation spectaculaire de la production de chaleur corporelle.

10. Les régions centrales de l'organisme (organes situés dans le crâne et la cavité ventrale) sont généralement celles où la température est la plus élevée. La surface (peau) est la zone où se produisent les échanges de chaleur, et elle est généralement plus froide.

11. Le sang constitue le principal transporteur de chaleur entre les régions centrales et la surface. Lorsque les capillaires sanguins de la peau sont gorgés de sang et que la peau est plus chaude que l'environnement, il y a une déperdition de chaleur en provenance de l'organisme. Lorsque le sang est restreint aux organes profonds, les pertes de chaleur superficielles sont réduites.

12. Les mécanismes d'échange de chaleur sont le rayonnement, la conduction, la convection et l'évaporation. L'évaporation, ou transformation de l'eau en vapeur d'eau, nécessite l'absorption de chaleur. Chaque gramme d'eau qui se transforme en vapeur absorbe environ 2,4 kJ d'énergie thermique.

13. L'hypothalamus joue le rôle de thermostat de l'organisme. Ses centres de thermogenèse et de thermolyse reçoivent des influx envoyés par les thermorécepteurs périphériques et centraux, les intègrent et déclenchent des réponses qui provoquent la déperdition ou la production de chaleur.

14. Les mécanismes de thermogenèse comprennent la vasoconstriction des vaisseaux cutanés, l'augmentation de la vitesse du métabolisme (par l'intermédiaire de la libération de la noradrénaline) et le frisson. Si l'environnement reste froid pendant une période prolongée, la glande thyroïde est stimulée et produit de la thyroxine.

15. Lorsque l'organisme doit se refroidir, les vaisseaux cutanés se dilatent et favorisent ainsi la déperdition de chaleur par rayonnement, conduction et convection. La transpiration commence lorsqu'une déperdition de chaleur encore plus importante devient nécessaire (ou lorsque la température ambiante est si élevée que le rayonnement et la conduction ont perdu leur efficacité). L'évaporation de la sueur est un mécanisme de refroidissement efficace tant que l'humidité ambiante est faible.

16. Une transpiration abondante peut mener à l'épuisement dû à la chaleur, qui se manifeste par une augmentation de la température, une chute de la pression artérielle et un effondrement. Dans les cas où l'organisme ne peut pas se débarrasser de sa chaleur excédentaire, sa température augmente tellement que tous les mécanismes de thermorégulation deviennent inefficaces; ce phénomène, appelé coup de chaleur, peut être mortel.

17. La fièvre est une hyperthermie contrôlée qui résulte d'un réajustement du thermostat à une température plus élevée; elle est causée par les prostaglandines et la mise en marche des mécanismes de thermogenèse, comme l'indique la présence de frissons. Lorsque le processus morbide prend fin, les mécanismes de thermolyse se mettent en marche.

Nutrition et métabolisme au cours du développement et du vieillissement (p. 965-966)

1. Une bonne alimentation est essentielle au développement normal du fœtus et à la croissance pendant l'enfance.

2. Les erreurs innées du métabolisme sont la fibrose kystique du pancréas, la phénylcétonurie, le glycogénose et la galactosémie, ainsi que de nombreuses autres affections. Les troubles hormonaux tels que l'absence d'insuline ou d'hormones thyroïdiennes peuvent provoquer des anomalies du métabolisme. Le diabète sucré est le trouble métabolique le plus important chez les jeunes et les personnes âgées.

3. Au cours de la vieillesse, la vitesse du métabolisme diminue, les systèmes enzymatiques et endocriniens perdent leur efficacité et les muscles squelettiques s'atrophient. Les besoins énergétiques réduits font qu'il est difficile d'obtenir une alimentation adéquate sans prendre un excès de poids.

4. Les personnes âgées consomment plus de médicaments que tous les autres groupes d'âge, et beaucoup de ces substances ont un effet néfaste sur leur nutrition.

QUESTIONS DE RÉVISION

Choix multiples/associations

(Réponses à l'appendice G)

1. Laquelle des réactions suivantes libère la plus grande quantité d'énergie? (a) Oxydation complète d'une molécule de sucrose en CO_2 et en eau; (b) conversion d'une molécule d'ADP en ATP; (c) dégradation d'une molécule de glucose en acide lactique par respiration cellulaire; (d) conversion d'une molécule de glucose en gaz carbonique et en eau.

2. La formation du glucose à partir du glycogène s'appelle: (a) néoglucogenèse; (b) glycogenèse; (c) glycogénolyse; (d) glycolyse.

3. La production nette d'ATP à partir du métabolisme complet (aérobie) du glucose est voisine de: (a) 2; (b) 30; (c) 36; (d) 4.

4. Parmi les définitions suivantes, laquelle décrit *le mieux* la respiration cellulaire? (a) Entrée de gaz carbonique dans les cellules et libération d'oxygène en provenance de celles-ci; (b) excrétion de déchets; (c) inhalation d'oxygène et rejet de gaz carbonique; (d) oxydation de substances produisant de l'énergie sous une forme qui peut être utilisée par les cellules.

5. Pendant la respiration aérobie, les électrons descendent la chaîne respiratoire et il y a production: (a) d'oxygène; (b) d'eau; (c) de glucose; (d) de $NADH + H^+$.

6. La vitesse du métabolisme est relativement basse: (a) chez les jeunes; (b) pendant un exercice physique; (c) chez les personnes âgées; (d) en cas de fièvre.

7. Sous un climat tempéré et dans des conditions normales, la plus grande partie de la perte de chaleur se fait par: (a) rayonnement; (b) conduction; (c) évaporation; (d) aucun des phénomènes cités.

8. Laquelle des fonctions suivantes *ne dépend pas* du foie? (a) Glycogénolyse et néoglucogenèse; (b) synthèse du cholestérol; (c) détoxification de l'alcool et des médicaments; (d) synthèse du glucagon; (e) désamination des acides aminés.

9. Les acides aminés sont essentiels à toutes les fonctions suivantes *sauf*: (a) la synthèse de certaines hormones; (b) la production d'anticorps; (c) la synthèse de la plupart des matériaux structuraux; (d) la production d'énergie immédiate.

10. Une personne fait la grève de la faim depuis sept jours. Par rapport à la normale, elle présente: (a) une augmentation de la quantité d'acides gras libérée par le tissu adipeux, une cétose et une cétonurie; (b) une augmentation de la concentration sanguine de glucose; (c) une augmentation de la concentration plasmatique d'insuline; (d) une augmentation de l'activité de la glycogène synthase (une enzyme) dans le foie.

11. La transamination est un processus chimique: (a) de synthèse des protéines; (b) de transfert d'un groupement amine d'un acide aminé à un acide cétonique; (c) de détachement d'un groupement amine provenant d'un acide aminé; (d) de production d'énergie par dégradation des acides aminés.

12. Trois jours après l'ablation du pancréas d'un animal, un chercheur constate une augmentation durable: (a) de la concentration sanguine d'acide acétoacétique; (b) du volume d'urine; (c) de la concentration de glucose sanguin; (d) toutes ces réponses.

13. La faim, l'appétit, l'obésité et l'activité physique sont interreliés. Par conséquent: (a) la sensation de faim résulte *avant tout* de la stimulation de récepteurs de l'estomac et de l'intestin en réponse à l'absence de nourriture dans ces organes; (b) l'obésité, dans la plupart des cas, résulte de l'activité anormalement élevée des enzymes de synthèse des lipides des tissus adipeux; (c) dans tous les cas d'obésité, le contenu énergétique de la nourriture ingérée excède la dépense d'énergie de l'organisme; (d) chez un individu normal, l'augmentation de la concentration de glucose dans le sang accroît la sensation de faim.

14. La thermorégulation est: (a) influencée par les thermorécepteurs de la peau; (b) influencée par la température du sang qui traverse les centres de la thermorégulation situés dans l'encéphale; (c) assurée par des mécanismes nerveux et hormonaux; (d) toutes ces réponses.

15. Parmi ces groupes de substances, lequel produit la plus grande quantité d'énergie par gramme? (a) Les lipides; (b) les protéines; (c) les glucides; (d) tous les groupes ont la même valeur énergétique par gramme.

Questions à court développement

16. Faites la distinction entre les aliments et les nutriments; quels sont les nutriments majeurs?

17. Quelles sont les deux grandes classes de vitamines? Laquelle de ces deux classes peut donner lieu à des hypervitaminoses, et pourquoi?

18. Qu'est-ce que la respiration cellulaire? Quel est le rôle commun de la FAD et du NAD^+ dans la respiration cellulaire?

19. Indiquez les principaux événements et les résultats de la glycolyse ainsi que l'endroit où elle a lieu.

20. Le produit de la glycolyse est l'acide pyruvique, mais ce n'est pas cette substance qui entre dans le cycle de Krebs. Quelle est cette substance et que doit-il se produire pour que l'acide pyruvique soit converti en cette molécule?

21. Définissez la glycogenèse, la glycogénolyse, la néoglucogenèse et la lipogenèse. Lequel de ces processus est le plus susceptible (ou lesquels sont les plus susceptibles) de se produire (a) peu après un repas riche en glucides, (b) le matin, juste avant le réveil?

22. Quel effet nuisible résulte de la production d'énergie par la combustion de quantités excessives de lipides? Nommez deux états qui pourraient conduire à ce résultat.

23. Sur un diagramme, indiquez les intermédiaires cruciaux grâce auxquels le glucose peut être converti en graisse.

24. Expliquez pourquoi une alimentation déficiente en acides aminés essentiels provoquera un bilan azoté négatif.

25. Comparez les fonctions de l'insuline lors de l'état postprandial et celles du glucagon lors de l'état de jeûne.

26. Expliquez la différence entre le rôle des HDL et celui des LDL.

27. Énumérez certains facteurs qui ont un effet sur la concentration plasmatique de cholestérol. Énumérez également les sources et les destinées du cholestérol dans l'organisme.

28. Qu'est-ce que l'« équilibre énergétique » et que se passe-t-il lorsque cet équilibre n'est pas maintenu?

29. Expliquez l'effet des facteurs suivants sur la vitesse du métabolisme: taux de thyroxine, prise d'un repas, surface corporelle, exercice musculaire, choc émotionnel et jeûne.

30. Expliquez les termes « température centrale » et « température de surface » du point de vue de l'équilibre thermique. Quel est l'agent de transport de la chaleur entre ces deux régions?

31. Comparez les mécanismes de thermolyse et de thermogenèse et expliquez les différences entre eux; dites comment ces processus déterminent la température du corps.

RÉFLEXION ET APPLICATION

1. Calculez le nombre de molécules d'ATP qui peuvent être produites par l'oxydation complète d'un acide gras de 18 atomes de carbone. (Prenez le temps de réfléchir, *ce calcul est à votre portée.*)

2. Chaque année, on trouve des douzaines de personnes âgées mortes dans leur logis non chauffé et on les considère comme des victimes d'hypothermie. Qu'est-ce que l'hypothermie et comment tue-t-elle? Donnez deux raisons d'ordre anatomique ou physiologique pour lesquelles les personnes âgées sont plus exposées à l'hypothermie que les jeunes.

3. François Moreau présente une athérosclérose grave et une forte concentration de cholestérol sanguin. On lui a annoncé qu'il risquait d'être victime d'un accident vasculaire cérébral ou d'une crise cardiaque. Premièrement, quels aliments lui conseilleriez-vous d'éviter à tout prix? Quels aliments lui suggéreriez-vous d'ajouter à son régime ou d'utiliser comme substituts? Quel type d'activité lui recommanderiez-vous?

4. Pendant les années 1940, certains médecins prescrivaient de faibles doses d'une substance chimique appelée dinitrophénol (DNP) aux patients qui devaient perdre du poids. Ce type de traitement a été abandonné parce qu'un certain nombre de patients en sont morts. Le DNP a pour effet de découpler les mécanismes chimiosmotiques. Expliquez comment ce phénomène peut amener une perte pondérale.

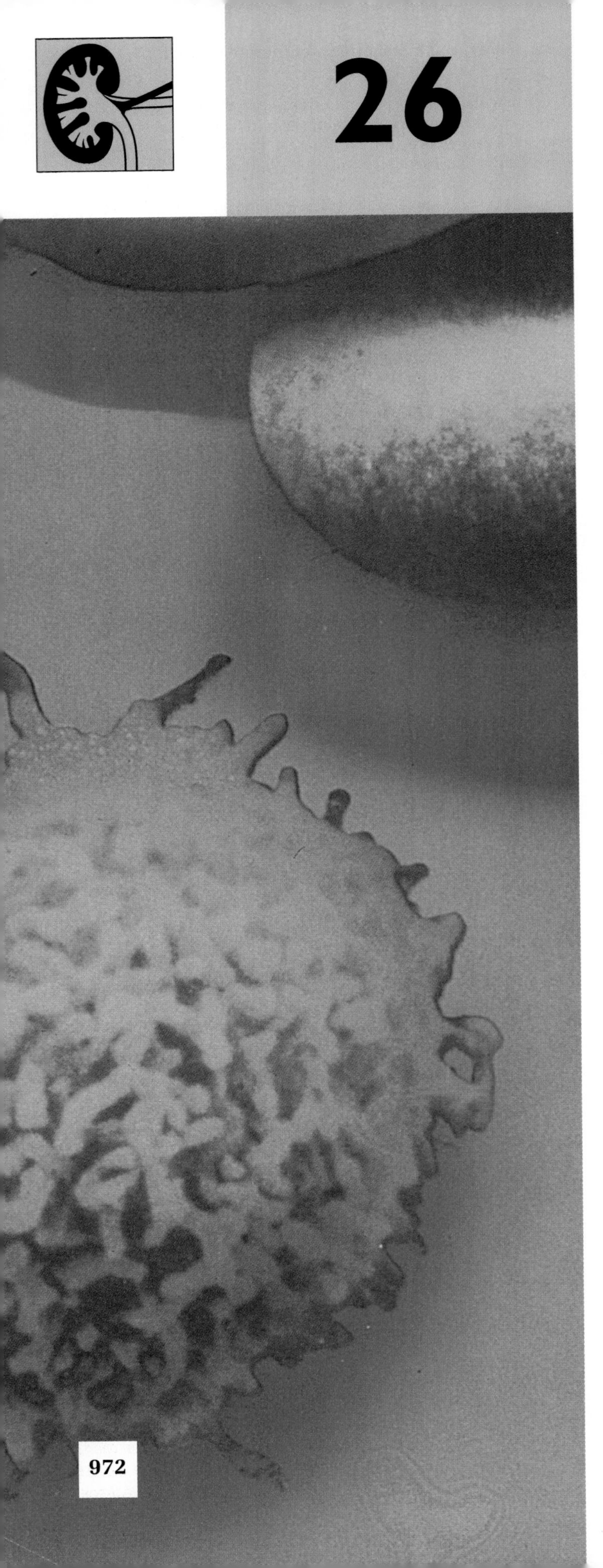

26

LE SYSTÈME URINAIRE

SOMMAIRE ET OBJECTIFS D'APPRENTISSAGE

Anatomie des reins (p. 973-980)

1. Nommer et situer les organes du système urinaire ; décrire l'anatomie macroscopique des reins et de leurs enveloppes.
2. Décrire l'anatomie interne du rein.
3. Décrire l'irrigation sanguine des reins.
4. Expliquer la structure d'un néphron et situer les différentes parties des deux types de néphrons dans le rein.
5. Décrire les caractéristiques des deux types de lits capillaires associés au néphron.
6. Décrire la composition de la membrane de filtration et donner les propriétés de ses différentes composantes.

Physiologie des reins : formation de l'urine (p. 980-997)

7. Énumérer quelques-unes des fonctions rénales concourant au maintien de l'homéostasie.
8. Citer les trois grands processus de formation de l'urine ; préciser dans quelle direction chacun fait passer les substances et situer chacun dans les différentes parties du néphron ; donner des exemples de substances impliquées dans chaque processus.
9. Décrire les mécanismes d'échanges qui sous-tendent chacun des trois grands processus de formation de l'urine.
10. Définir la pression nette de filtration et expliquer comment on la calcule ; définir le débit de filtration glomérulaire et expliquer les mécanismes responsables de sa régulation.
11. Expliquer le rôle que jouent l'aldostérone et le facteur natriurétique auriculaire dans l'équilibre du sodium et de l'eau.
12. Décrire le mécanisme qui maintient le gradient osmotique dans la médulla rénale et montrer l'importance de ce gradient.
13. Expliquer ce qui distingue la formation d'urine diluée et celle d'urine concentrée ; préciser le rôle et le mode d'action de l'hormone antidiurétique.
14. Définir la clairance rénale et montrer l'utilité de cette valeur.
15. Décrire les propriétés physiques et chimiques de l'urine normale.
16. Énumérer quelques constituants anormaux de l'urine et indiquer les circonstances dans lesquelles chacun est présent en quantités détectables.

Uretères (p. 997)

17. Décrire la structure et la fonction des uretères ; expliquer ce que sont les calculs rénaux (formation et conséquences).

Vessie (p. 998-999)

18. Décrire la structure et la fonction de la vessie.

Urètre (p. 999)

19. Décrire la structure et la fonction de l'urètre.
20. Comparer le trajet, la longueur et les fonctions de l'urètre masculin à ceux de l'urètre féminin.

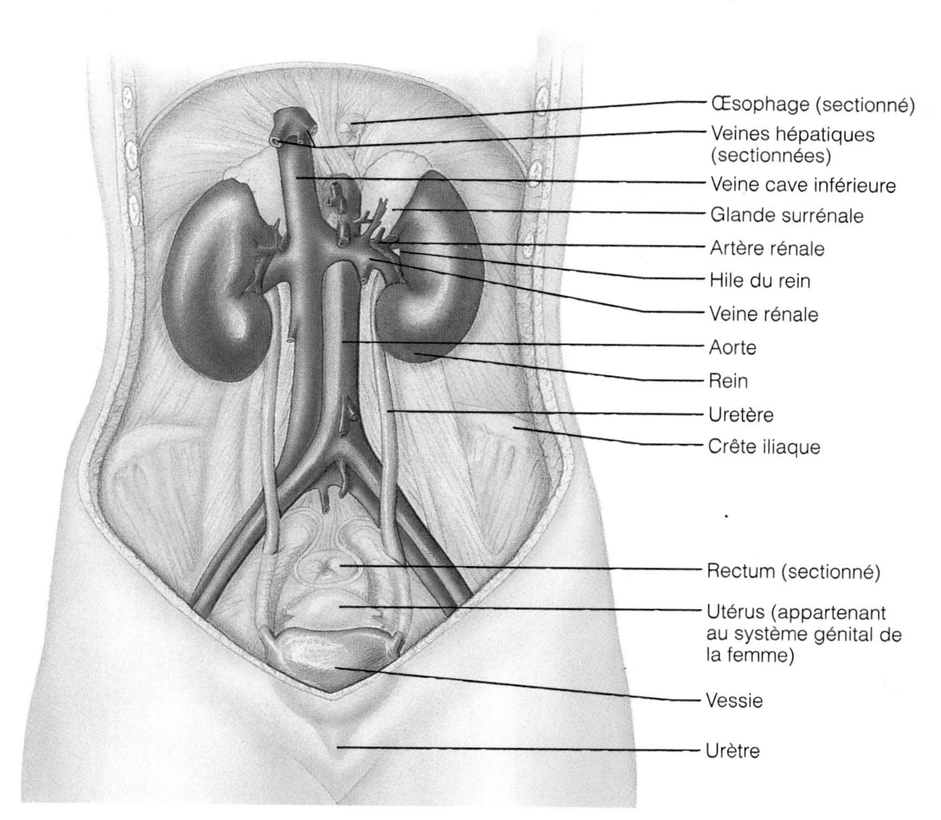

FIGURE 26.1
Organes du système urinaire. Système urinaire de la femme, face antérieure. (La plupart des autres organes abdominaux ne sont pas représentés.)

Miction (p. 999-1000)

21. Définir la miction et décrire le réflexe de miction.

Développement et vieillissement du système urinaire (p. 1000-1003)

22. Décrire le développement embryonnaire des organes du système urinaire.
23. Énumérer quelques-uns des changements que le vieillissement fait subir à l'anatomie et à la physiologie du système urinaire.

Les reins, qui équilibrent les liquides du milieu interne, ont une fonction essentielle au maintien de l'homéostasie. Ils jouent, dans l'organisme, le même rôle qu'une usine d'épuration qui, dans une ville, filtre les eaux usées. Nous pensons rarement à nos reins, sauf si une défaillance entraîne une accumulation de déchets internes dans les liquides de notre organisme. Sans relâche, les reins filtrent le plasma, excrètent dans l'urine des toxines en provenance du foie de même que des déchets métaboliques comme l'urée et des ions en excès, et ils renvoient les substances nécessaires dans le sang. Bien que les poumons et la peau concourent aussi à l'excrétion, la tâche relève principalement des reins.

En plus d'excréter les déchets de l'organisme, les reins règlent le volume et la composition chimique du sang en conservant le juste équilibre entre l'eau et les électrolytes d'une part, et entre les acides et les bases d'autre part. La tâche confondrait un ingénieur chimiste, mais les reins s'en acquittent efficacement la plupart du temps.

Les fonctions régulatrices des reins ne s'arrêtent pas là. En effet, ils produisent la rénine, une enzyme qui règle la pression artérielle et la fonction rénale, et l'*érythropoïétine*, une hormone qui stimule la formation des globules rouges dans la moelle rouge des os (voir le chapitre 18). Enfin, les cellules rénales transforment la vitamine D en sa forme active (voir le chapitre 17).

En plus des reins, le **système urinaire** comprend la *vessie*, le réservoir où l'urine est temporairement emmagasinée, et des organes tubulaires, c'est-à-dire les deux *uretères* et l'*urètre*, conduits de transport de l'urine (figure 26.1).

ANATOMIE DES REINS

Situation et anatomie externe

Les reins, en forme de haricots, occupent une position rétropéritonéale dans la région lombale *supérieure* (figure 26.2); autrement dit, ils sont situés entre la paroi dorsale et le péritoine pariétal. Comme ils s'étendent à peu près de la douzième vertèbre thoracique à la troisième vertèbre lombale, ils sont protégés dans une certaine mesure par la partie inférieure de la cage thoracique (voir la figure 26.2b). Comprimé par le foie, le rein droit est un peu plus bas que le gauche. Un rein adulte pèse environ 150 g, et il mesure en moyenne 12 cm de longueur, 6 cm de largeur et 3 cm d'épaisseur, soit à peu de chose près les dimensions d'un gros savon. La face externe du rein est convexe, tandis que sa face interne est concave et porte une fente verticale appelée **hile rénal**; le hile conduit à une cavité appelée *sinus rénal*. Diverses structures, dont les uretères,

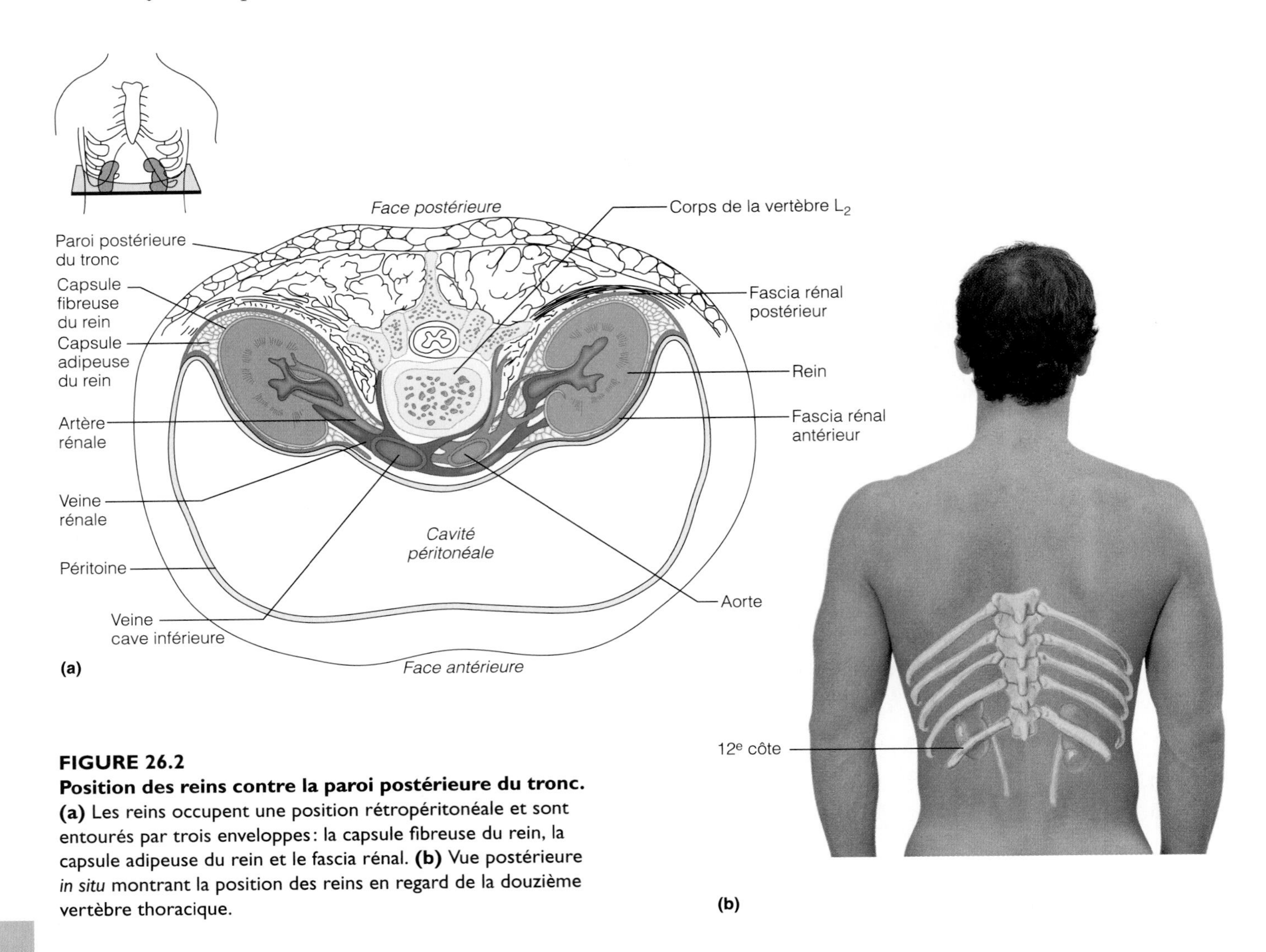

FIGURE 26.2
Position des reins contre la paroi postérieure du tronc. **(a)** Les reins occupent une position rétropéritonéale et sont entourés par trois enveloppes : la capsule fibreuse du rein, la capsule adipeuse du rein et le fascia rénal. **(b)** Vue postérieure *in situ* montrant la position des reins en regard de la douzième vertèbre thoracique.

les vaisseaux sanguins rénaux, des vaisseaux lymphatiques et des nerfs, entrent dans les reins ou en sortent au hile et sont regroupés dans le sinus. Chaque rein est surmonté d'une *glande surrénale*, un organe totalement distinct du point de vue fonctionnel car il sécrète des hormones et appartient de ce fait au système endocrinien (voir la figure 26.1).

Trois couches de tissu entourent et soutiennent chaque rein (figure 26.2a). La **capsule fibreuse du rein** est directement accolée à la surface du tissu rénal. Transparente, cette capsule constitue une barrière étanche qui refoule les infections provenant des régions avoisinantes. La couche intermédiaire est une masse adipeuse appelée **capsule adipeuse du rein** ; elle fixe le rein à la paroi postérieure du tronc et le protège contre les coups. La couche la plus externe, le **fascia rénal,** est formée de tissu conjonctif dense. Elle entoure non seulement le rein et ses membranes, mais aussi la glande surrénale, et elle ancre ces organes aux structures voisines.

L'enveloppe adipeuse des reins joue un rôle extrêmement important, car elle maintient les reins dans leur position normale. La perte de tissu adipeux (due notamment à une émaciation extrême et à une perte pondérale rapide) peut entraîner une *néphroptose,* ou descente des reins. Si la néphroptose cause la torsion d'un uretère, l'urine, ne pouvant pas se drainer, peut refouler dans le rein et exercer une pression sur les tissus. Ce trouble, appelé *hydronéphrose,* peut provoquer de graves lésions, voire la nécrose et l'insuffisance rénale. ■

Anatomie interne

Une coupe frontale du rein révèle trois parties distinctes : le *cortex*, la *médulla* et le *pelvis* (figure 26.3). La partie la plus externe, le **cortex rénal,** est pâle et granuleuse. Elle recouvre la **médulla rénale,** de couleur rouge brun, qui présente des masses de tissu coniques appelées **pyramides rénales,** ou pyramides de Malpighi. La *base* de chaque pyramide est orientée vers le cortex, tandis que sa pointe, ou *papille rénale*, est tournée vers l'intérieur du rein. Les pyramides semblent parcourues de rayures, car elles sont presque entièrement formées de faisceaux de tubules microscopiques à peu près parallèles. Les **colonnes rénales,** des zones de tissu prenant une teinte pâle à la coloration, sont des prolongements du tissu cor-

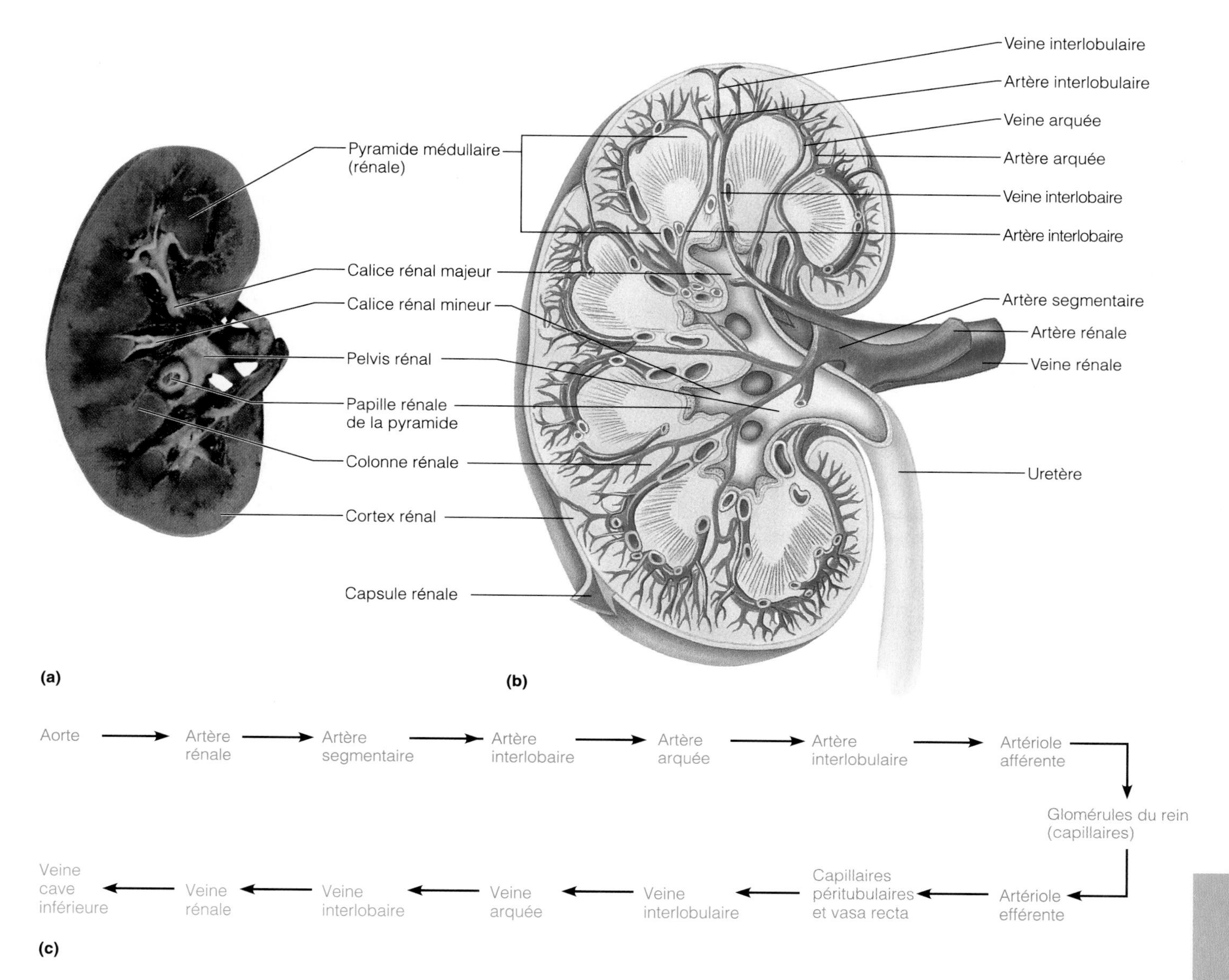

FIGURE 26.3
Anatomie interne du rein. (a) Photographie d'une coupe frontale des reins. **(b)** Schéma d'un rein en coupe frontale montrant les principaux vaisseaux sanguins. **(c)** Résumé de la vascularisation rénale.

tical qui séparent les pyramides. Chaque pyramide rénale constitue, avec son capuchon de tissu cortical, un **lobe rénal** (les lobes rénaux sont au nombre de huit environ).

En position latérale par rapport au hile, dans le sinus rénal, se trouve un tube plat en forme d'entonnoir, le **pelvis rénal** (ou bassinet), qui communique avec l'uretère. Le pelvis rénal se prolonge vers l'intérieur du rein par deux ou trois **calices rénaux majeurs,** qui se ramifient à leur tour en **calices rénaux mineurs,** les cavités où débouchent les papilles des pyramides. (Imaginez un papier-filtre de forme conique — une pyramide — posé dans un entonnoir — un calice.) Les calices reçoivent l'urine qui se draine continuellement par les orifices papillaires, et ils se déversent dans le pelvis rénal. L'uretère transporte ensuite l'urine jusqu'à la vessie, où elle est emmagasinée. Les parois des calices, du pelvis et de l'uretère contiennent du tissu musculaire lisse qui se contracte rythmiquement et dont le péristaltisme propulse l'urine.

L'infection du pelvis et des calices est appelée *pyélite*. L'infection et l'inflammation du rein entier est appelée *pyélonéphrite*. Chez la femme, les infections du rein sont généralement causées par des bactéries fécales (*E. coli*) qui se propagent de la région anale aux voies urinaires. Il arrive aussi que les infections du rein soient dues à des bactéries que le sang apporte d'autres régions. La pyélonéphrite grave cause l'œdème du rein, la formation d'abcès et l'accumulation de pus dans le pelvis. Laissée sans traitement, la pyélonéphrite peut causer de graves lésions des reins, mais l'antibiothérapie permet habituellement une rémission complète. ■

Vascularisation et innervation

Étant donné que les reins purifient le sang et équilibrent sa composition, ils sont dotés de très nombreux vaisseaux sanguins (figure 26.3). Au repos, les grosses **artères rénales** acheminent aux reins le quart environ du débit cardiaque total (soit approximativement 1200 mL de sang par minute). Les artères rénales émergent à angle droit de l'aorte abdominale, entre la première et la deuxième vertèbre lombale. Comme l'aorte chemine à gauche de l'axe médian, l'artère rénale droite est généralement plus longue que la gauche. À l'approche des reins, chaque artère rénale donne naissance à cinq **artères segmentaires du rein,** lesquelles entrent dans le hile. À l'intérieur du sinus rénal, chaque artère segmentaire du rein se divise pour donner les **artères interlobaires du rein,** lesquelles rejoignent le cortex en passant dans les colonnes rénales, c'est-à-dire entre les pyramides rénales.

À la jonction de la médulla et du cortex, les artères interlobaires donnent des branches appelées **artères arquées du rein,** qui s'incurvent au-dessus des bases des pyramides rénales. Les petites **artères interlobulaires du rein** rayonnent des artères arquées et alimentent le tissu cortical (voir la figure 26.5a). Plus de 90 % du sang entrant dans les reins irrigue le cortex, qui contient la majeure partie des *néphrons*, les unités structurales et fonctionnelles des reins.

Les veines qui sortent du rein suivent à peu de chose près le même trajet que les artères. Le sang qui s'écoule du cortex emprunte successivement les **veines interlobulaires du rein,** les **veines arquées,** les **veines interlobaires du rein** et les **veines rénales.** (Il n'y a pas de veines segmentaires.) Les veines rénales se déversent dans la veine cave inférieure. Comme la veine cave inférieure est située à droite de la colonne vertébrale, la veine rénale gauche est environ deux fois plus longue que la droite.

L'innervation du rein et de l'uretère est fournie par le **plexus rénal,** un réseau variable de neurofibres et de ganglions du système nerveux sympathique. Le plexus rénal est une branche du plexus cœliaque. Il est principalement constitué de neurofibres provenant des nerfs splanchniques inférieurs et de la première paire de nerfs splanchniques lombaux, qui cheminent jusqu'au rein parallèlement à l'artère rénale. Ces neurofibres vasomotrices régissent le débit sanguin rénal en ajustant le diamètre des artérioles rénales.

26

Néphrons

Chaque rein contient plus de un million de **néphrons,** de minuscules unités de filtration du sang où se déroulent les processus menant à la formation de l'urine (figure 26.4). De plus, on trouve des milliers de *tubules rénaux collecteurs* qui, chacun, recueille l'urine de plusieurs néphrons et l'achemine au pelvis rénal.

Chaque néphron est formé d'un **corpuscule rénal** associé à un **tubule rénal.** Le corpuscule rénal est une vésicule constituée de la **capsule glomérulaire rénale,** ou capsule de Bowman, et d'un bouquet de capillaires artériels appelé **glomérule du rein** (*glomus* = peloton). La capsule glomérulaire entoure complètement le glomérule, comme un gant de base-ball entoure une balle. Elle est formée de deux feuillets séparés par une cavité, la *chambre glomérulaire* (ou lumière de la capsule), qui se prolonge par le tubule rénal. Le *feuillet pariétal* externe de la capsule glomérulaire rénale, composé d'un épithélium simple squameux, a un rôle strictement structural et ne participe aucunement à la formation du filtrat. Le *feuillet viscéral*, qui s'attache aux capillaires du glomérule (figure 26.4b), est composé de cellules épithéliales modifiées et ramifiées appelées **podocytes** ; ces cellules en forme de pieuvres constituent une partie de la membrane de filtration. Les prolongements cytoplasmiques des podocytes (ou cytotrabécules) se terminent en **pédicelles** (littéralement, « petits pieds »), ou cytopodiums, des formations enchevêtrées qui s'attachent à la lame basale des capillaires glomérulaires. Dans les espaces délimités par les pédicelles, espaces appelés **fentes de filtration** (voir la figure 26.7, p. 981), s'étend le diaphragme de la fente de filtration qui permet au filtrat de passer dans la chambre glomérulaire. L'endothélium des capillaires glomérulaires est *fenestré* (percé de pores de 75 nm), ce qui rend ces capillaires exceptionnellement poreux. Grâce à cette adaptation, ils peuvent laisser passer de grandes quantités de liquide riche en solutés et pratiquement dénué de protéines plasmatiques vers la chambre glomérulaire du corpuscule rénal. Ce liquide dérivé du plasma est appelé **filtrat glomérulaire,** et il constitue la matière première à partir de laquelle les tubules rénaux produisent l'urine.

Le reste du tubule rénal (figure 26.4b) mesure approximativement 3 cm de long et possède trois parties. Après la capsule glomérulaire rénale, le tubule devient sinueux et forme le **tubule contourné proximal (TCP)** ; il décrit ensuite un virage en épingle à cheveux appelé **anse du néphron,** ou anse de Henlé. Enfin, il redevient sinueux et prend le nom de **tubule contourné distal (TCD)** avant de se jeter dans un tubule rénal collecteur. La longueur conférée au tubule rénal par ses méandres favorise le traitement du filtrat glomérulaire. (Lorsqu'on utilise les termes distal ou proximal en parlant des tubules contournés du néphron, on fait référence à leur proximité relative du glomérule ; le tubule contourné proximal en est plus proche.)

Le **tubule rénal collecteur,** qui reçoit l'urine provenant de nombreux néphrons, parcourt la pyramide vers la papille rénale. À l'approche du pelvis, il fusionne avec d'autres tubules rénaux collecteurs et devient plus large ; il forme alors le **conduit papillaire,** qui déverse l'urine dans le calice mineur par l'entremise des orifices papillaires. L'ensemble des tubules rénaux collecteurs donne aux pyramides rénales leurs rayures longitudinales.

Chaque segment du tubule rénal ayant une fonction particulière, il diffère aussi des autres par son histologie. Les parois du *tubule contourné proximal* sont constituées de cellules épithéliales cuboïdes, qui réabsorbent activement les substances du filtrat glomérulaire et contribuent à y sécréter d'autres substances. Ces cellules sont pour-

Quel trajet emprunterait une molécule d'urée du sang glomérulaire pour se rendre au pelvis rénal?

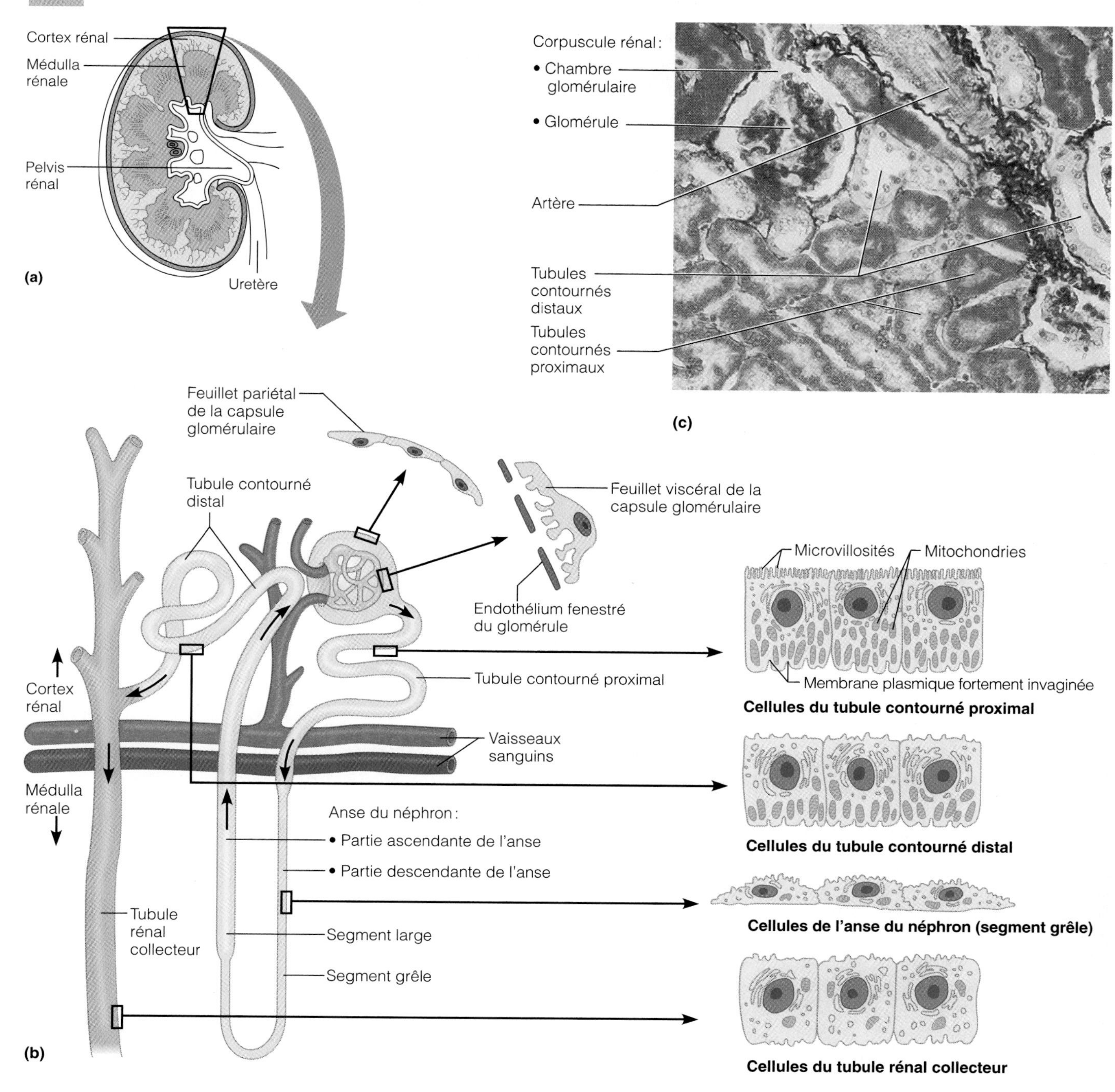

FIGURE 26.4
Situation et structure des néphrons. **(a)** Schéma montrant la situation des néphrons dans le rein. **(b)** Vue schématique d'un néphron montrant les caractéristiques structurales des cellules épithéliales formant ses diverses parties. **(c)** Photomicrographie du tissu cortical rénal. Remarquez les corpuscules rénaux et les coupes des différents tubules. Dans les tubules contournés proximaux, la lumière semble obstruée parce qu'elle est tapissée des longues microvillosités des cellules épithéliales qui composent les parois du tubule. Dans les tubules contournés distaux, par contre, la lumière semble dégagée (400 ×).

Du sang glomérulaire, elle traverserait la membrane de filtration pour se retrouver dans la capsule glomérulaire rénale, puis elle traverserait le tubule rénal (tubule contourné proximal → anse du néphron → tubule contourné distal), puis elle se retrouverait dans le tube rénal collecteur qui achemine l'urine dans le cortex et la médulla, puis dans le calice mineur, puis dans le calice majeur, puis dans le pelvis rénal.

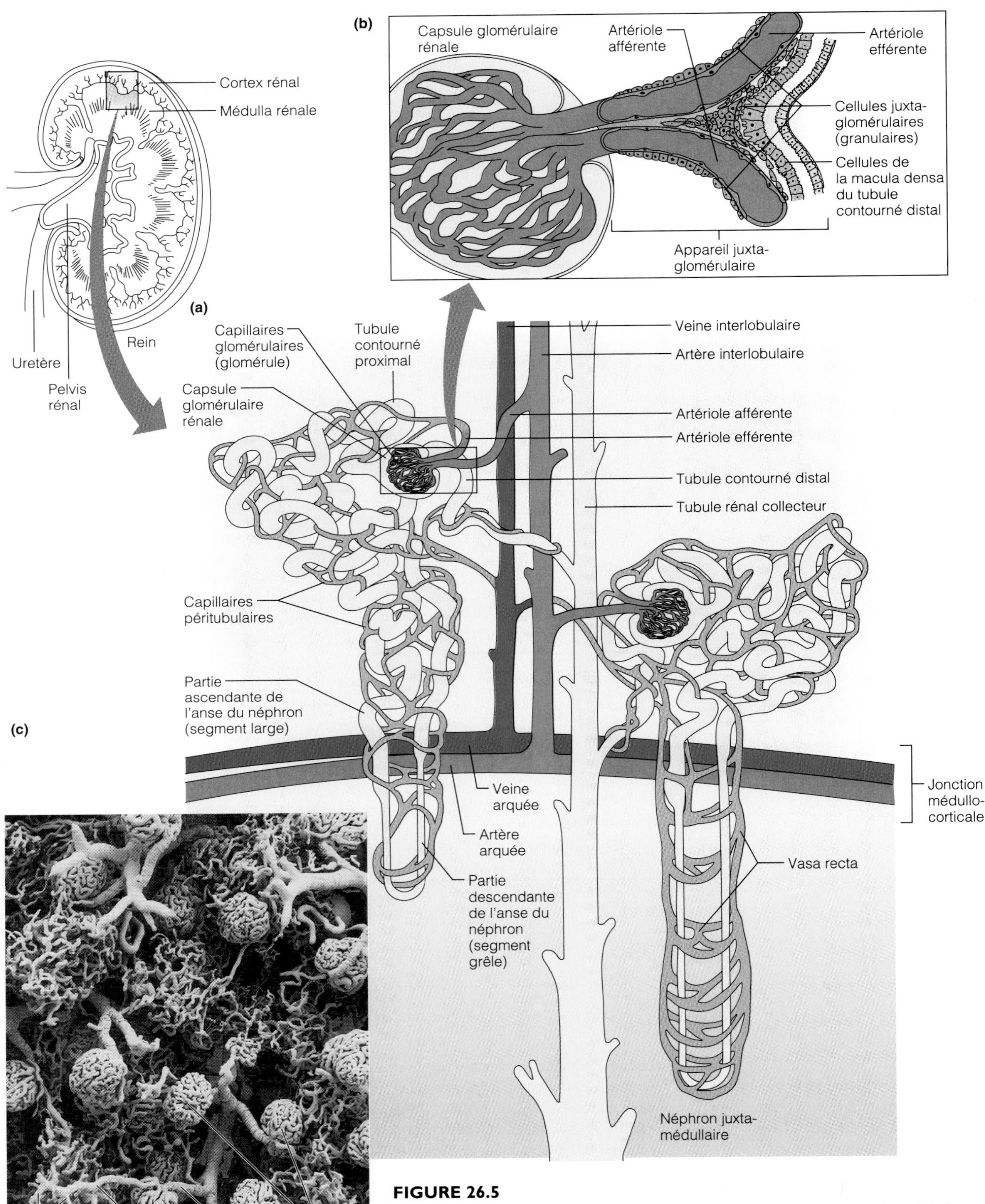

FIGURE 26.5
Anatomie détaillée de néphrons et de leurs vaisseaux sanguins. (a) Comparaison entre les structures tubulaires et les vaisseaux sanguins d'un néphron cortical et ceux d'un néphron juxta-médullaire dessinés à la même échelle. **(b)** Anatomie détaillée de l'appareil juxta-glomérulaire d'un néphron. **(c)** Photomicrographie au microscope électronique à balayage d'un moulage de vaisseaux sanguins associés à des néphrons (80 ×). (Source: R. Kessel et R. Kardon, *Tissues and Organs*, © 1979, W. H. Freeman.)

26

vues de grosses mitochondries et de microvillosités denses (figure 26.4b et c). Les microvillosités, qui forment une *bordure en brosse*, accroissent énormément la surface de contact des cellules avec le filtrat glomérulaire et augmentent considérablement leur aptitude à réabsorber l'eau et les solutés du filtrat.

L'*anse du néphron*, en forme de U, comprend une partie descendante et une partie ascendante. Le segment proximal de la partie descendante communique avec le tubule contourné proximal, et ses cellules sont semblables à celles de cette structure. Le reste de la partie descendante, appelé **segment grêle,** est composé d'un épithélium simple squameux perméable à l'eau. L'épithélium devient cuboïde ou même prismatique dans la partie ascendante de l'anse du néphron, qui prend le nom de **segment large.** Dans certains néphrons, le segment grêle ne se trouve que dans la partie descendante de l'anse du néphron; dans d'autres néphrons, il s'étend aussi jusque dans la partie ascendante.

Les cellules épithéliales du *tubule contourné distal*, comme celles du tubule contourné proximal, sont cuboïdes et confinées au cortex, mais elles sont plus minces et presque entièrement dépourvues de microvillosités. Ces particularités structurales révèlent que le rôle des tubules distaux consiste davantage à sécréter des solutés dans le filtrat qu'à en réabsorber des substances. Plus loin dans le tubule contourné distal, les cellules commencent à devenir hétérogènes. Dans cette région et dans les tubules rénaux collecteurs qui suivent, les deux principaux types de cellules sont les *cellules intercalaires*, des cellules cuboïdes très fournies en microvillosités, et les *cellules principales*, plus nombreuses et dépourvues de microvillosités. Comme nous l'expliquons plus loin, les cellules intercalaires jouent un rôle important dans le maintien de l'équilibre acido-basique du sang. Les cellules principales, elles, contribuent à maintenir l'équilibre eau-Na^+ (sel) de l'organisme.

Les **néphrons corticaux** constituent 85 % des néphrons dans les reins. À part une petite portion de leurs anses qui s'enfonce dans la médulla rénale externe, ces néphrons sont entièrement situés dans le cortex. Les autres néphrons, les **néphrons juxta-médullaires,** ont une structure quelque peu différente. Les corpuscules rénaux de ces néphrons sont situés très près de la jonction du cortex et de la médulla. Leurs anses s'enfoncent profondément dans la médulla rénale, et leurs segments grêles sont beaucoup plus longs que ceux des néphrons corticaux (figure 26.5). Les néphrons juxta-médullaires jouent un rôle important dans la capacité des reins de produire de l'urine concentrée.

Lits capillaires du néphron

Chaque néphron est étroitement associé à deux lits capillaires: le *glomérule* et le *lit capillaire péritubulaire* (figure 26.5). Le glomérule, spécialisé dans la filtration, diffère de tous les autres lits capillaires en ceci qu'il est à la fois alimenté et drainé par des artérioles, l'**artériole glomérulaire afférente** et l'**artériole glomérulaire efférente** respectivement. (Comme ces capillaires unissent deux artérioles et non une artériole à une veinule, on peut les qualifier d'« artériels ».) Les artérioles afférentes naissent des *artères interlobulaires* qui parcourent le cortex rénal (voir aussi la figure 26.3b). Étant donné que (1) les artérioles sont des vaisseaux à forte résistance et que (2) l'artériole glomérulaire afférente a un plus grand diamètre que l'artériole glomérulaire efférente, la pression sanguine est beaucoup plus élevée dans les capillaires glomérulaires que dans n'importe quel autre lit capillaire. Par conséquent, la pression hydrostatique pousse facilement le liquide et les solutés du sang dans la chambre glomérulaire sur toute la surface des capillaires du glomérule. La majeure partie du filtrat glomérulaire (99 %) est ultérieurement réabsorbée par les cellules du tubule rénal et renvoyée dans le sang par l'intermédiaire des lits capillaires péritubulaires.

Les **capillaires péritubulaires** sont issus de l'artériole glomérulaire efférente qui draine le glomérule. Ces capillaires sont intimement liés au tubule rénal, et ils se jettent dans les veinules du réseau veineux rénal. Les capillaires péritubulaires sont adaptés à l'absorption plutôt qu'à la filtration: la pression sanguine y est faible, ils sont poreux, et ils captent facilement les solutés et l'eau à mesure que les cellules tubulaires réabsorbent ces substances du filtrat, c'est-à-dire de la lumière du tubule vers le liquide interstitiel. De plus, une grande partie des substances sécrétées par les néphrons le sont à partir du sang des capillaires péritubulaires.

« *Si vous n'avez pas accès à un laboratoire de dissection animale, voici quelques suggestions pour améliorer votre connaissance de l'anatomie macroscopique. Regardez les émissions médicales diffusées par les chaînes de télévision spécialisées. On y présente parfois des interventions chirurgicales sur des humains. Vous pouvez également demander à un vétérinaire l'autorisation d'assister à une de ses interventions sur un animal: l'anatomie du chien et du chat ressemble à celle de l'être humain.*

Jean Hansen, étudiant en sciences biologiques

Dans la partie la plus profonde du cortex rénal, les artérioles afférentes qui desservent les néphrons juxta-médullaires se prolongent en de longs vaisseaux à paroi mince appelés **vasa recta** (littéralement, vaisseaux droits). Ces vaisseaux en épingles sont parallèles à l'anse du néphron qui s'enfonce jusque dans la médulla rénale (voir la figure 26.5). En résumé, la vascularisation du néphron comprend deux lits capillaires séparés par une artériole efférente. Le premier lit (le glomérule) produit le filtrat, tandis que le second (les capillaires péritubulaires) en récupère la majeure partie.

Résistance vasculaire dans le rein En s'écoulant dans les reins, le sang rencontre une forte résistance, d'abord dans les artérioles glomérulaires afférentes, puis dans les artérioles glomérulaires efférentes. Par conséquent, la pression sanguine rénale, d'environ 95 mm Hg dans les artères rénales, chute à 8 mm Hg ou moins dans les veines rénales (figure 26.6). La résistance des artérioles glomérulaires afférentes protège les glomérules contre les fluctuations extrêmes de la pression artérielle systémique. La résistance rencontrée dans les artérioles glomérulaires efférentes augmente la pression hydrostatique dans les capillaires glomérulaires et la réduit dans les capillaires péritubulaires.

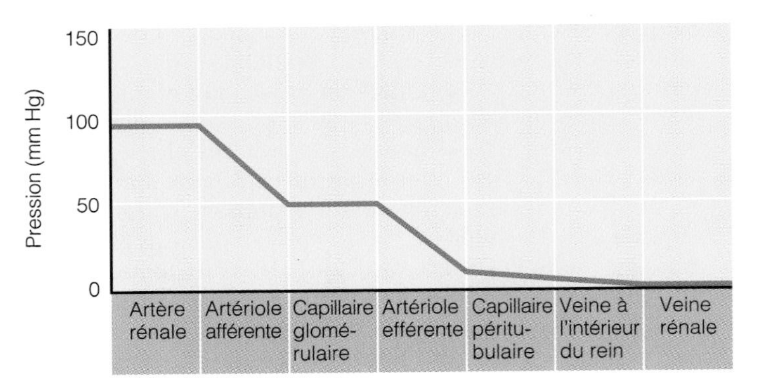

FIGURE 26.6
Pressions sanguines dans la circulation rénale. Les deux points où la résistance est la plus forte (et qui marquent des diminutions importantes de la pression sanguine) sont l'artériole afférente qui alimente le glomérule et l'artériole efférente qui le draine.

Appareil juxta-glomérulaire

Chaque néphron comprend une partie appelée **appareil juxta-glomérulaire,** où la portion initiale du tubule contourné distal s'appuie contre l'artériole afférente et l'artériole efférente qui, chacune respectivement, alimente et draine le glomérule (figure 26.5b). À leur point de contact, toutes ces structures sont modifiées.

Dans les parois des artérioles se trouvent des **cellules juxta-glomérulaires,** des cellules musculaires lisses dilatées dont les gros granules contiennent de la rénine. Ces cellules jouent le rôle de mécanorécepteurs qui détectent directement la pression artérielle. La **macula densa** (« tache dense »), dans la paroi du tubule, est un amas de grandes cellules accolé aux cellules juxta-glomérulaires des artérioles. Les cellules de la macula densa sont des chimiorécepteurs (ou des osmorécepteurs) qui réagissent aux variations du contenu en solutés du filtrat. Ces deux populations cellulaires jouent un rôle important dans la régulation du volume du filtrat glomérulaire et de la pression artérielle systémique. Nous y reviendrons plus loin.

Membrane de filtration

La **membrane de filtration** est le filtre interposé entre le sang et la capsule glomérulaire du néphron. C'est une membrane poreuse qui laisse librement passer l'eau et les solutés plus petits que les protéines plasmatiques. Elle est composée de trois couches :

1. l'endothélium capillaire fenestré (glomérulaire) ;
2. le feuillet viscéral de la capsule glomérulaire rénale formé de podocytes ;
3. la membrane basale constituée par la fusion des lames basales des deux couches précédentes (figure 26.7).

Les pores des capillaires (fenestrations) ne laissent pas passer les globules sanguins. La membrane basale, elle, bloque le passage à toutes les protéines (sauf les très petites) ; elle laisse passer les autres solutés. À cause de sa composition, la membrane basale présente une certaine sélectivité sur le plan des charges électriques. La plupart de ses protéines sont des glycoprotéines anioniques (chargées négativement) qui repoussent les autres anions et gênent leur passage dans le tubule. Comme la plupart des protéines plasmatiques sont aussi des polyanions, cette répulsion électrique renforce le blocage des protéines plasmatiques déjà imposé par la taille des molécules. Les macromolécules qui réussissent à traverser la membrane basale peuvent être bloquées par les membranes minces (*diaphragmes*) qui s'étendent dans les fentes de filtration. On ne sait pas exactement ce qui arrive aux macromolécules qui restent coincées dans la membrane de filtration, mais on pense qu'elles sont englobées par les podocytes puis dégradées.

PHYSIOLOGIE DES REINS : FORMATION DE L'URINE

Sur les 1000 à 1200 mL de sang qui traversent les glomérules chaque minute, on compte environ 650 mL de plasma, dont le cinquième (120 à 125 mL) passe à travers le filtre glomérulaire. Cela équivaut à filtrer le volume plasmatique entier d'un individu plus de 60 fois par jour ! Considérant l'ampleur de leur tâche, il n'est pas étonnant que les reins (qui ne représentent qu'environ 1 % de la masse corporelle) utilisent de 20 à 25 % de l'oxygène consommé par l'organisme au repos afin de produire l'ATP nécessaire à leur fonction.

Le filtrat glomérulaire et l'urine sont bien différents. Le filtrat glomérulaire contient les mêmes éléments que le plasma sanguin, sauf les protéines. Or, une fois rendu dans les tubules rénaux collecteurs, le filtrat glomérulaire a perdu la plus grande partie de l'eau, des nutriments et des ions essentiels qu'il contenait à l'origine. Ce qui reste, l'**urine**, est composé principalement de déchets métaboliques et de substances inutiles pour l'organisme. Les reins traitent quotidiennement environ 180 L de liquide dérivé du sang. Ils n'excrètent sous forme d'urine qu'environ 1 % de cette quantité, soit 1,5 L, renvoyant le reste dans la circulation.

L'élaboration de l'urine et l'ajustement simultané de la composition du sang se divisent essentiellement en trois processus (figure 26.8). La *filtration glomérulaire* s'effectue dans les glomérules. La *réabsorption tubulaire* et la *sécrétion tubulaire*, soumises à des mécanismes de régulation rénaux et hormonaux précis, relèvent des tubules rénaux. En outre, les tubules rénaux collecteurs travaillent conjointement avec les néphrons pour concentrer ou diluer l'urine.

Filtration glomérulaire

La formation de l'urine commence par la **filtration glomérulaire.** Essentiellement, il s'agit d'un processus passif et non sélectif au cours duquel les liquides et les solutés sont poussés à travers une membrane par la pression

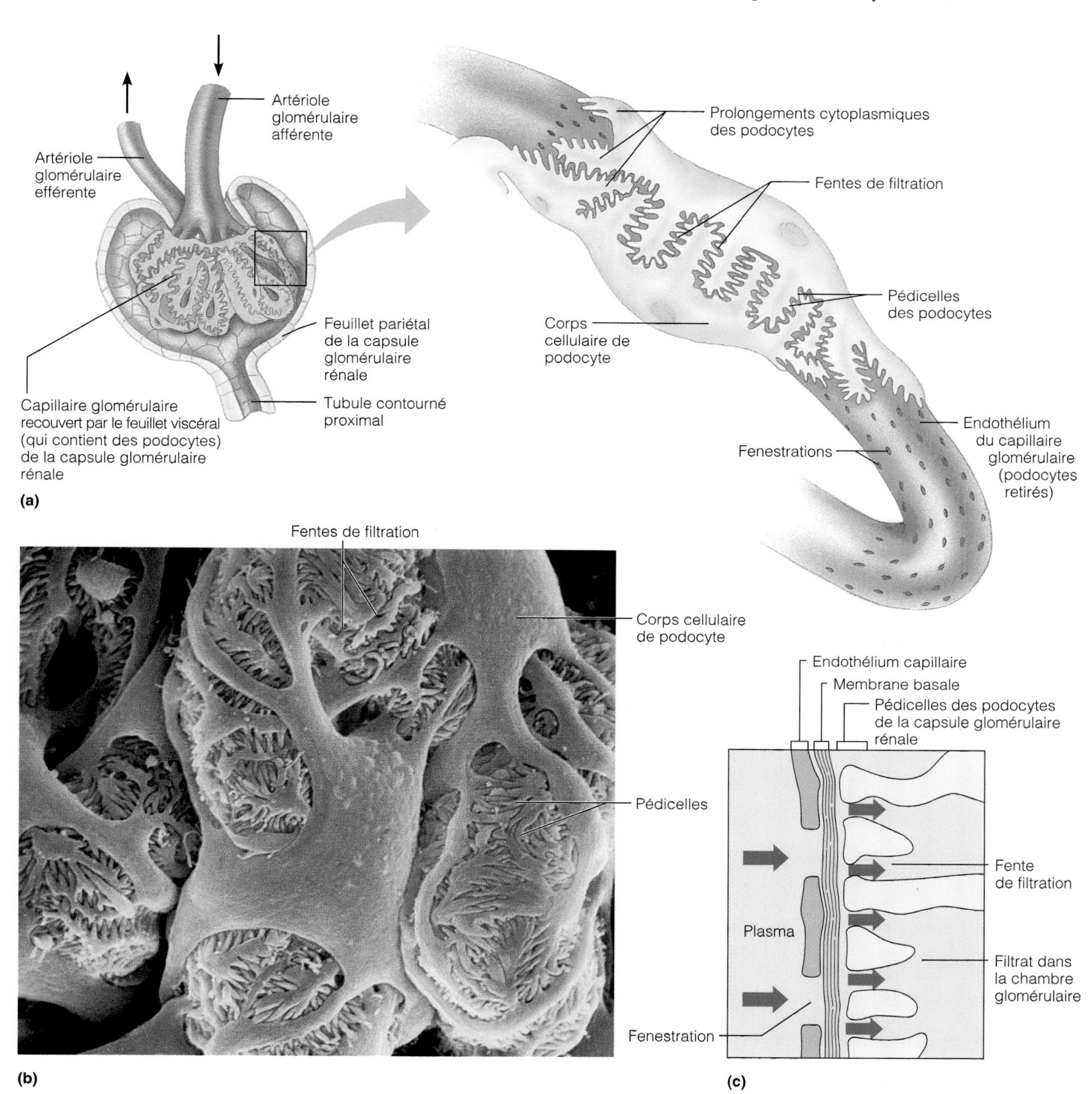

FIGURE 26.7
Membrane de filtration. La membrane de filtration est composée de trois couches : l'endothélium glomérulaire fenestré, le feuillet viscéral de la capsule glomérulaire, contenant des podocytes, et, entre les deux premières couches, la membrane basale. **(a)** Vue schématique tridimensionnelle montrant la relation entre le feuillet viscéral de la capsule glomérulaire rénale et les capillaires glomérulaires. Le dessin de l'épithélium viscéral est interrompu pour montrer les fenestrations de la paroi capillaire sous-jacente. **(b)** Micrographie au microscope électronique à balayage du feuillet viscéral. Les fentes de filtration entre les pédicelles des podocytes apparaissent clairement (385 790 ×). **(c)** Diagramme d'une coupe de la membrane de filtration montrant les trois éléments structuraux.

26

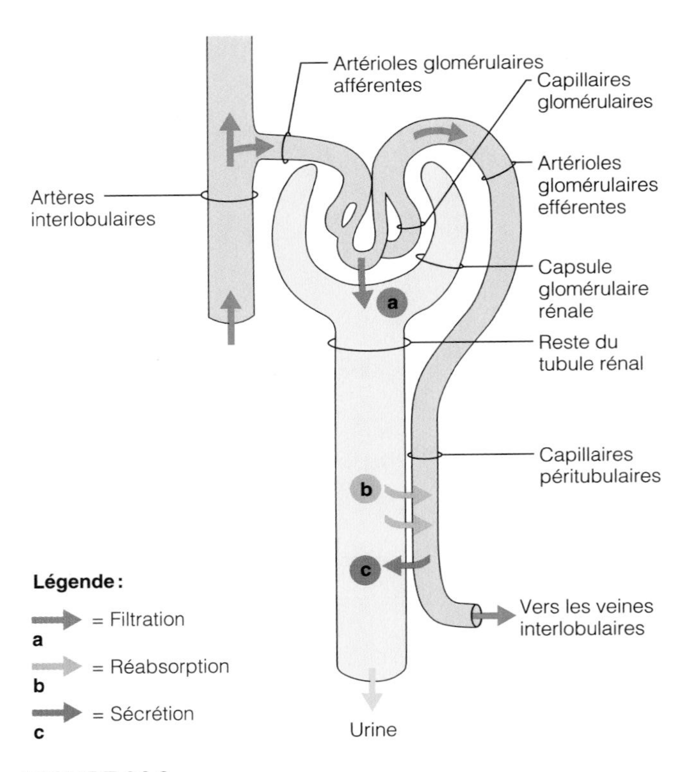

FIGURE 26.8
Rein représenté sous la forme d'un néphron unique.
Un rein contient en réalité plus d'un million de néphrons agissant en parallèle. Les trois principaux processus par lesquels les reins ajustent la composition du plasma sont: **(a)** la filtration glomérulaire; **(b)** la réabsorption tubulaire; **(c)** la sécrétion tubulaire.

hydrostatique (voir le chapitre 3). Le filtrat glomérulaire ainsi formé se retrouve dans la chambre glomérulaire, qui s'abouche au tubule contourné proximal. Comme la formation du filtrat ne nécessite pas d'énergie métabolique, on peut considérer les glomérules comme de simples filtres mécaniques. Les principes de la dynamique des fluides présidant à la formation du liquide interstitiel dans tous les lits capillaires (voir le chapitre 20) s'appliquent également à la formation du filtrat dans les glomérules. Toutefois, le glomérule constitue un filtre beaucoup plus efficace que les autres lits capillaires. Il y a deux raisons à cela: (a) la *membrane de filtration* est infiniment plus perméable à l'eau et aux solutés que ne le sont les autres membranes capillaires; (2) la pression sanguine est beaucoup plus élevée dans le glomérule que dans les autres lits capillaires (55 mm Hg plutôt que 18 mm Hg ou moins), et elle produit une *pression nette de filtration* beaucoup plus forte. Par suite de ces différences, les reins produisent environ 180 L de filtrat quotidiennement, tandis que tous les autres lits capillaires de l'organisme n'en produisent collectivement que de 3 à 4 L.

En général, le membrane de filtration laisse librement passer vers le tubule rénal les molécules présentes dans le sang dont le diamètre est inférieur à 3 nm, soit l'eau, le glucose, les acides aminés et les déchets azotés. Par conséquent, ces substances sont habituellement aussi concentrées dans le sang que dans le filtrat glomérulaire. Les molécules plus grosses traversent la membrane avec difficulté, et celles dont le diamètre dépasse les 7 ou 9 nm n'ont aucun accès à la chambre glomérulaire. La concentration des protéines plasmatiques, principalement de l'albumine, engendre *dans* les capillaires glomérulaires une pression osmotique appelée **pression oncotique.** La pression oncotique est suffisante pour empêcher l'eau du plasma de filtrer totalement dans la chambre glomérulaire. La présence de protéines ou de globules sanguins dans l'urine traduit généralement une atteinte de la membrane de filtration.

Pression nette de filtration

Pour déterminer la **pression nette de filtration (PNF)** à l'origine de la formation du filtrat glomérulaire, il faut examiner les forces à l'œuvre dans les capillaires du glomérule et dans la chambre glomérulaire (figure 26.9). La **pression hydrostatique glomérulaire (PH_g)**, qui correspond essentiellement à la pression sanguine glomérulaire, est la principale force qui pousse l'eau et les solutés hors du sang à travers la membrane de filtration. Bien que, théoriquement, la pression oncotique régnant dans la chambre glomérulaire y attire le filtrat, elle est en réalité de zéro, car aucune protéine ou presque n'entre dans la capsule. La pression hydrostatique glomérulaire (55 mm Hg) s'oppose à deux forces qui tentent de rapporter les liquides dans les capillaires glomérulaires. Ces forces qui s'opposent à la filtration sont: (1) la **pression osmotique glomérulaire (PO_g)**, ou pression oncotique due à la présence des protéines plasmatiques dans le sang glomérulaire (de 28 à 30 mm Hg), et (2) la **pression hydrostatique capsulaire (PH_c)** exercée par les liquides dans la chambre glomérulaire (environ 15 mm Hg). Par conséquent, la pression nette de filtration à l'origine de la formation du filtrat à partir du plasma est de 10 mm Hg:

$$PNF = PH_g - (PO_g + PH_c)$$

$$PNF = 55 \text{ mm Hg} - (30 \text{ mm Hg} + 15 \text{ mm Hg})$$
$$PNF = 55 \text{ mm Hg} - (45 \text{ mm Hg})$$
$$PNF = 10 \text{ mm Hg}$$

Débit de filtration glomérulaire

Le **débit de filtration glomérulaire (DFG)** est la quantité totale de filtrat formé par les reins en une minute. Trois facteurs déterminent ce débit dans les lits capillaires: (1) l'aire totale disponible pour la filtration; (2) la perméabilité de la membrane de filtration; (3) la pression nette de filtration. Chez l'adulte, le débit de filtration glomérulaire normal dans les deux reins est de 120 à 125 mL/min (7,5 L/h ou 180 L/24h). Comme les capillaires glomérulaires ont une perméabilité exceptionnelle et une aire très étendue (équivalente à celle de la peau), les modestes 10 mm Hg de pression nette de filtration peuvent produire d'énormes quantités de filtrat glomérulaire. Il y a malheureusement un revers à cette médaille: une baisse de la pression artérielle entraînant une diminution de 15 % seulement de la pression artérielle dans les capillaires glomérulaires suffit à faire cesser la filtration.

Quel serait l'effet d'une affection du foie sur le processus représenté ci-dessous ?

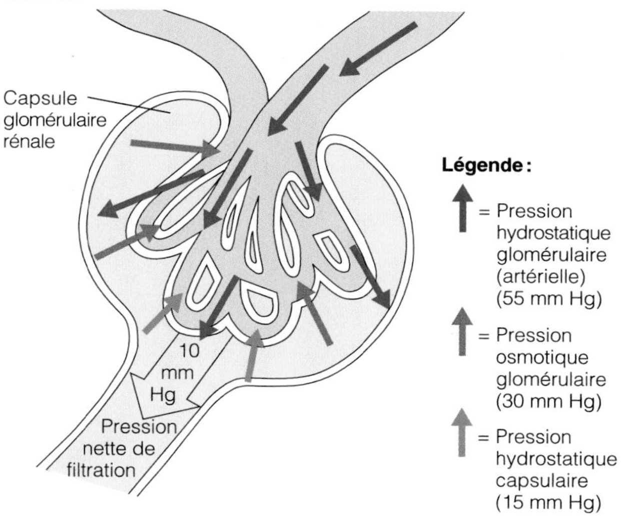

FIGURE 26.9
Forces déterminant la filtration glomérulaire et la pression nette de filtration. La pression hydrostatique glomérulaire (artérielle) est la principale force qui pousse les liquides et les solutés hors du sang des capillaires glomérulaires. Elle est contrée par la pression osmotique glomérulaire et par la pression hydrostatique régnant dans la chambre glomérulaire rénale. Les valeurs indiquées dans le schéma sont approximatives.

Le débit de filtration glomérulaire est *directement proportionnel* à la pression nette de filtration. Par conséquent, une variation d'une des pressions agissant au niveau de la membrane de filtration (voir la figure 26.9) modifie la pression nette de filtration et, par le fait même, le débit de filtration glomérulaire. L'élévation de la pression artérielle systémique et de la pression artérielle dans les capillaires artériels du glomérule accroît donc le débit de filtration glomérulaire, tandis que la déshydratation (qui augmente la pression osmotique glomérulaire) diminue considérablement la formation du filtrat. Bien que certains états pathologiques puissent modifier ces pressions, les variations du débit de filtration glomérulaire résultent *normalement* de fluctuations de la pression artérielle glomérulaire, qui est soumise à des mécanismes de régulation intrinsèques et extrinsèques.

Régulation de la filtration glomérulaire

L'importance de l'**autorégulation rénale** saute aux yeux lorsqu'on considère que la réabsorption de l'eau et des autres substances du filtrat dépend dans une certaine mesure du *débit* du filtrat dans les tubules rénaux. La formation de grandes quantités de filtrat s'écoulant rapidement entrave la réabsorption des substances nécessaires et provoque leur élimination dans l'urine. Si, d'un autre côté, le filtrat est peu abondant et s'écoule lentement, il est presque complètement réabsorbé, et avec lui la majeure partie des déchets qui devraient être éliminés. Pour assurer un traitement adéquat du filtrat, le débit de filtration glomérulaire doit donc être réglé de façon précise.

Dans l'organisme humain, le débit de filtration glomérulaire est maintenu relativement constant grâce à au moins trois mécanismes importants qui assurent la régulation du flux sanguin dans les reins : l'*autorégulation rénale* (les mécanismes intrinsèques), les *mécanismes nerveux* et le *système rénine-angiotensine* (essentiellement un mécanisme hormonal). Nous allons examiner ces mécanismes ainsi que d'autres facteurs moins bien définis.

Mécanismes intrinsèques : autorégulation rénale

Dans des conditions normales, la pression sanguine glomérulaire est régie par le système autorégulateur des reins. En ajustant leur propre résistance au débit sanguin, un processus appelé **autorégulation rénale,** les reins peuvent maintenir un débit de filtration glomérulaire presque constant malgré les fluctuations de la pression artérielle systémique. Pour ce faire, ils régissent directement le diamètre des artérioles afférentes et, dans une moindre mesure, celui des artérioles efférentes. L'autorégulation rénale repose sur deux mécanismes : (1) un *mécanisme autorégulateur vasculaire myogène* qui réagit aux variations de la pression dans le réseau artériel des reins ; et (2) un *mécanisme de rétroaction tubulo-glomérulaire* qui s'amorce avec les changements détectés par l'appareil juxta-glomérulaire (figure 26.10). En outre, le *système rénine-angiotensine*, dont la principale fonction est de maintenir l'homéostasie en ce qui concerne la pression artérielle systémique, contribue indirectement au maintien du débit de filtration glomérulaire des reins, comme nous le verrons plus loin.

Le **mécanisme autorégulateur vasculaire myogène** reflète la tendance du muscle lisse vasculaire à se contracter sous l'effet de l'étirement. L'élévation de la pression artérielle systémique cause donc la constriction des artérioles glomérulaires afférentes, ce qui réduit le débit sanguin dans les capillaires glomérulaires (et abaisse la pression artérielle en aval) et empêche la pression artérielle glomérulaire de s'élever au niveau de la pression artérielle systémique. Par ailleurs, la diminution de la pression artérielle systémique provoque la dilatation des artérioles glomérulaires afférentes, ce qui augmente le débit sanguin dans les capillaires artériels glomérulaires et, par conséquent, la pression artérielle, ou hydrostatique, dans ces capillaires. Les deux réactions contribuent à maintenir un débit de filtration glomérulaire normal.

Le **mécanisme de rétroaction tubulo-glomérulaire** est dirigé par les *cellules de la macula densa* de l'**appareil juxta-glomérulaire.** Ces cellules, situées dans les parois des tubules contournés distaux, réagissent à l'écoulement du filtrat et aux signaux osmotiques en libérant ou non des substances chimiques qui causent une intense vasoconstriction des artérioles glomérulaires afférentes. Lorsque les cellules de la macula densa sont exposées au

26

Une affection du foie s'accompagnerait probablement d'une diminution des protéines plasmatiques. La formation de filtrat serait augmentée en raison de la baisse de pression osmotique dans le sang.

Pourquoi le mécanisme autorégulateur vasculaire myogène et le mécanisme de rétroaction tubulo-glomérulaire sont-ils appelés mécanismes d'autorégulation ?

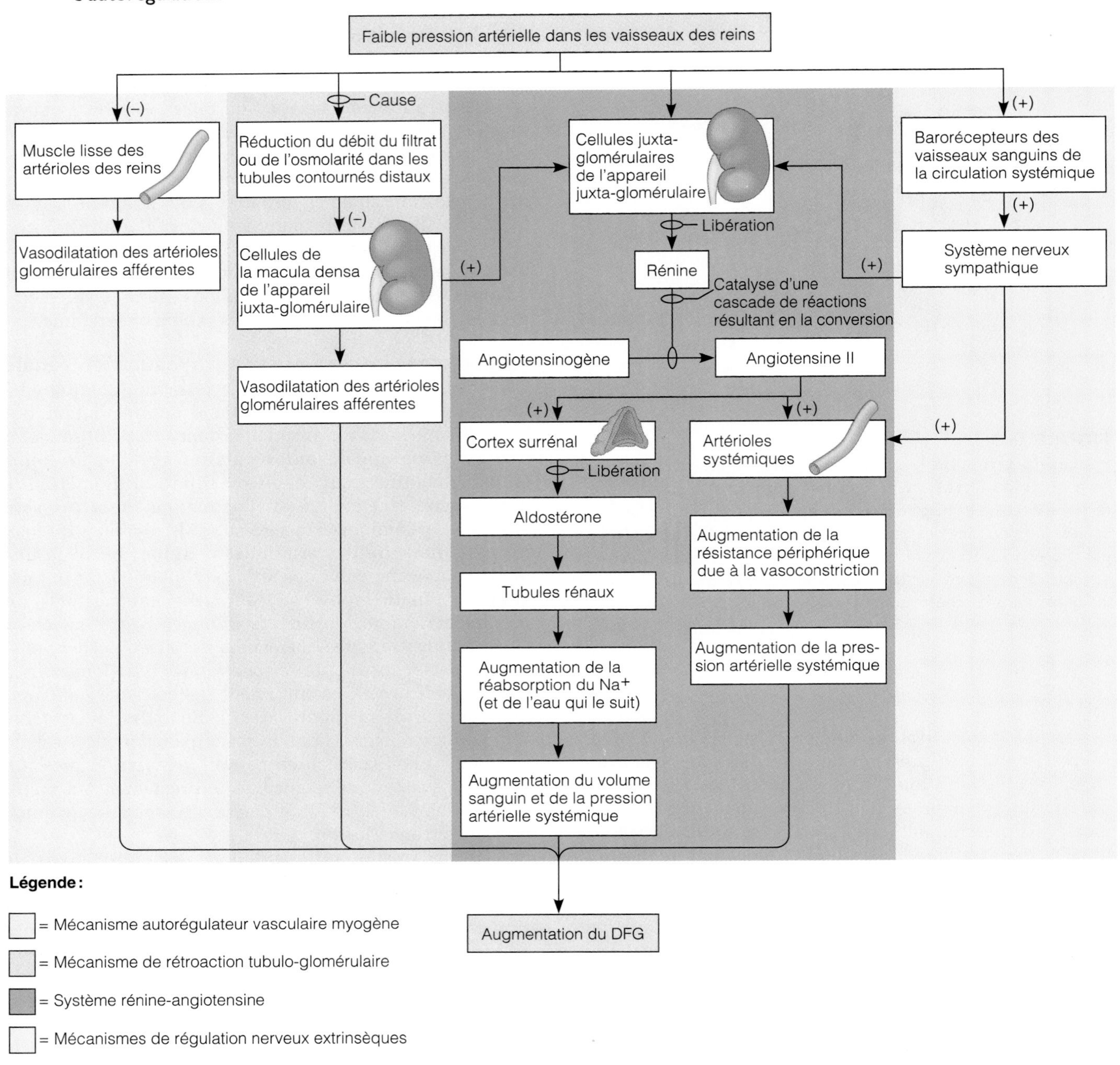

FIGURE 26.10
Diagramme des mécanismes de régulation du débit de filtration glomérulaire (DFG). (Notez que le symbole [+] représente une stimulation et que le symbole [–] représente une inhibition.)

Parce qu'ils sont déclenchés par et dans les reins et qu'ils permettent aux reins de régir eux-mêmes leur débit sanguin et leur débit de filtration glomérulaire.

ralentissement de l'écoulement du filtrat ou à une faible osmolarité (figure 26.10), elles causent la vasodilatation des artérioles afférentes. Cette vasodilatation permet à une plus grande quantité de sang de s'écouler dans le glomérule, augmentant ainsi la pression nette de filtration et le débit de filtration glomérulaire. En revanche, lorsque le filtrat s'écoule rapidement ou possède une forte teneur en ions sodium ou en ions chlorure (ou encore une forte osmolarité en général), les cellules de la macula densa libèrent des substances chimiques (peut-être l'endothéline entre autres) qui provoquent la vasoconstriction des artérioles afférentes. Cette vasoconstriction gêne le passage du sang dans le glomérule, abaisse le débit de filtration glomérulaire et prolonge la durée de traitement du filtrat glomérulaire. Les cellules de la macula densa envoient aussi des messages aux cellules juxta-glomérulaires qui déclenchent le mécanisme rénine-angiotensine. Ce mécanisme est un important facteur de l'équilibre entre la filtration et la réabsorption tubulaires.

Tant que la pression artérielle systémique se maintient entre 80 et 180 mm Hg, les mécanismes d'autorégulation rénale compensent ses fluctuations : en modifiant la résistance des *artérioles afférentes*, ils gardent au débit sanguin rénal une constance relative. Ils préviennent ainsi des variations marquées dans l'excrétion de l'eau et des ions sodium. Toutefois, ils deviennent inopérants lorsque la pression artérielle systémique atteint des niveaux extrêmement faibles, à la suite notamment d'une hémorragie grave (*choc hypovolémique*). Une fois que la pression artérielle systémique est descendue sous les 45 mm Hg (le point à partir duquel la pression de filtration glomérulaire est presque égale à la pression qui s'y oppose), la filtration s'arrête.

Stimulation du système nerveux sympathique

Les mécanismes de régulation nerveux pourvoient aux besoins globaux de l'organisme, et ils peuvent prendre le pas sur les mécanismes d'autorégulation rénale en période de stress extrême ou en situation d'urgence, quand il est nécessaire de détourner le sang vers le cœur, l'encéphale et les muscles squelettiques aux dépens des reins. En de telles circonstances, la stimulation exercée par les neurofibres sympathiques et par l'adrénaline libérée par la médulla surrénale agit sur les récepteurs adrénergiques alpha situés sur les muscles lisses des vaisseaux; il s'ensuit une forte constriction des artérioles afférentes et une inhibition de la formation de filtrat. Ce phénomène, à son tour, déclenche indirectement le système rénine-angiotensine en stimulant les cellules de la macula densa. Le système nerveux sympathique conduit aussi les cellules juxta-glomérulaires de l'artériole afférente (par le truchement de la liaison de la noradrénaline aux récepteurs adrénergiques bêta) à libérer de la rénine, provoquant ainsi une élévation de la pression artérielle systémique par le biais du système rénine-angiotensine. Quand l'activité du système nerveux sympathique est au repos, les vaisseaux sanguins rénaux sont dilatés au maximum. Quand l'activité du système nerveux sympathique est modérée, les artérioles afférentes subissent une constriction à peu près semblable à la constriction des artérioles efférentes. Comme l'entrée du sang dans le glomérule et sa sortie du glomérule sont ralenties dans des proportions équivalentes, le débit de filtration glomérulaire ne diminue que légèrement.

Système rénine-angiotensine Le **système rénine-angiotensine** se met en branle lorsque les *cellules juxta-glomérulaires* de l'artériole glomérulaire afférente libèrent de la rénine en réaction à divers stimulus. La **rénine** a sur l'*angiotensinogène*, une globuline plasmatique produite par le foie, une action enzymatique qui la transforme en **angiotensine I.** Celle-ci est à son tour convertie en **angiotensine II** par l'*enzyme de conversion de l'angiotensine* associée à l'endothélium capillaire de divers tissus, et particulièrement des poumons. L'angiotensine II, un puissant vasoconstricteur, active les muscles lisses des artérioles de l'organisme entier et cause une élévation de la pression artérielle moyenne. Elle stimule aussi dans le cortex surrénal la production d'aldostérone, qui amène les tubules rénaux à réabsorber plus d'ions sodium (Na^+) du filtrat. Comme l'eau suit les ions Na^+ par osmose, le volume sanguin s'élève et, par conséquent, la pression artérielle systémique augmente (voir la figure 26.10). Les artérioles afférentes portent un moins grand nombre de récepteurs d'angiotensine que les artérioles efférentes; par conséquent, les artérioles efférentes se contractent plus que les artérioles afférentes sous l'effet de l'angiotensine, augmentant par le fait même la pression artérielle dans les capillaires glomérulaires (pression hydrostatique). Ce mécanisme de défense rétablit en partie le débit de filtration glomérulaire.

La libération de rénine est déclenchée par les facteurs suivants qui agissent indépendamment ou collectivement :

1. La diminution de l'étirement des cellules juxta-glomérulaires granulaires de l'artériole afférente. Une baisse de la pression artérielle systémique sous les 80 mm Hg (due, par exemple, à une hémorragie, à une déplétion de sodium, à la déshydratation, etc.) cause un étirement moindre des cellules juxta-glomérulaires et stimule directement la libération d'une plus grande quantité de rénine.
2. La stimulation des cellules juxta-glomérulaires de l'artériole afférente par les cellules activées de la macula densa (figure 26.10). Quand les cellules de la macula densa provoquent une libération *réduite* de la substance vasoconstrictrice (stimulant la vasodilatation de l'artériole afférente), elles provoquent aussi la libération de rénine par les cellules juxta-glomérulaires.
3. La stimulation directe des cellules juxta-glomérulaires de l'artériole afférente par le système nerveux sympathique.

Bien que le système rénine-angiotensine contribue à l'autorégulation rénale, sa principale fonction est de stabiliser la pression artérielle systémique et le volume du liquide extracellulaire. Pour ce faire, l'angiotensine II, une fois produite, stimule également la libération de l'hormone antidiurétique par l'hypothalamus et active le centre de la soif de l'hypothalamus. Nous étudierons ces processus plus en détail au chapitre 27.

Autres facteurs Les cellules rénales produisent toute une gamme de substances chimiques dont plusieurs agissent localement comme molécules de signalisation (paracrines). En voici quelques-unes.

1. Les prostaglandines (eicosanoïdes) : des vasodilatateurs (PGE_2, PGI_2) et des vasoconstricteurs (TXA_2) sont produits. On croit que les vasodilatateurs neutralisent l'effet de l'angiotensine II sur les reins. Quant aux vasoconstricteurs, on ne connaît pas encore leurs rôles précis.
2. Monoxyde d'azote : vasodilatateur puissant.
3. Kallicréine : enzyme rénale qui agit sur une globuline plasmatique (bradykininogène) et produit de la bradykinine, un vasodilatateur puissant.
4. Adénosine : bien qu'elle soit un vasodilatateur dans tout l'organisme, elle cause la constriction des vaisseaux des reins.
5. Endothéline : une des molécules de signalisation locales les plus intéressantes, elle cause la vasoconstriction des vaisseaux sanguins rénaux (entraînant une diminution du débit de filtration glomérulaire) et inhibe la libération de rénine. Elle pourrait être la substance responsable de la vasoconstriction locale qui intervient dans l'autorégulation, et elle est peut-être le signal par lequel l'augmentation de NaCl au niveau de la macula densa inhibe la libération de rénine. Sa sécrétion est favorisée par la hausse de la pression sanguine et par l'adrénaline, tandis qu'elle est inhibée par le facteur natriurétique auriculaire.

Un débit urinaire anormalement faible (inférieur à 50 mL par jour) est appelé *anurie*. Cet état peut indiquer que la pression artérielle glomérulaire est trop basse pour assurer la filtration. Cependant, l'insuffisance rénale et l'anurie résultent habituellement de situations où les néphrons cessent de fonctionner à cause, par exemple, d'une néphrite aiguë, d'une réaction hémolytique ou d'un syndrome d'écrasement (aussi appelé syndrome de Bywaters et correspondant à une insuffisance rénale aiguë chez des blessés par écrasement qui ont subi des contusions musculaires étendues). ■

Réabsorption tubulaire

Comme le volume sanguin total passe dans les tubules rénaux toutes les 45 minutes environ, le plasma serait complètement éliminé sous forme d'urine en moins d'une heure si le gros du filtrat glomérulaire n'était pas récupéré et renvoyé dans le sang par les tubules rénaux. Cette récupération, appelée **réabsorption tubulaire,** est un *mécanisme de transport transépithélial* qui débute aussitôt que le filtrat pénètre dans les tubules contournés proximaux. Comme les cellules des tubules sont reliées par des jonctions serrées, le mouvement des substances (la réabsorption) entre ces cellules est limité, mais quelques ions importants (K^+ et quelques Na^+) utilisent la *voie paracellulaire* (passage à travers l'espace entre les cellules) dans certains cas. Les substances qui empruntent la *voie transcellulaire* (passage à travers les cellules elles-mêmes) doivent franchir trois barrières avant d'atteindre le sang. Elles traversent la membrane plasmique de la face apicale, entrent dans le cytoplasme de la cellule tubulaire et atteignent la membrane plasmique de la face basolatérale. En traversant cette dernière, les substances pénètrent dans l'espace interstitiel (ou interstitium). Elles diffusent ensuite dans cet espace pour atteindre et franchir l'*endothélium* des capillaires péritubulaires, la dernière des barrières qu'elles doivent traverser pour rejoindre le sang.

Des reins sains réabsorbent complètement presque tous les nutriments organiques tels le glucose et les acides aminés afin d'en maintenir ou d'en rétablir les concentrations plasmatiques normales. Par ailleurs, les reins ajustent la vitesse et le degré de la réabsorption de l'eau et de nombreux ions en réaction à des signaux hormonaux. Suivant les substances transportées, la réabsorption est *passive* (aucune de ses étapes de transport ne nécessite d'ATP) ou *active* (au moins une de ses étapes de transport nécessite directement ou indirectement la présence d'ATP).

Réabsorption du sodium : transport actif primaire

Les ions Na^+ sont les cations les plus abondants dans le filtrat, et l'essentiel (80 %) de l'énergie consommée par le transport actif est consacré à leur réabsorption. La réabsorption du sodium est toujours active. En général, dans chaque segment tubulaire le long du néphron, il se produit deux processus de base qui stimulent la réabsorption du Na^+ : (1) en provenance du filtrat, le sodium pénètre dans la cellule tubulaire au niveau de la membrane apicale, surtout par diffusion facilitée, puis (2) il est activement transporté hors de la cellule tubulaire par une pompe à sodium, l'ATPase Na^+-K^+, présente dans la membrane basolatérale (figure 26.11). De là, le sodium entre passivement par diffusion dans les capillaires péritubulaires adjacents. Le mouvement du Na^+ et des autres substances absorbées dans le sang des capillaires péritubulaires est rapide, car le sang de ces capillaires a une faible pression hydrostatique.

Le transport actif des ions Na^+ provenant de la cellule tubulaire crée un gradient électrochimique élevé qui facilite l'entrée *passive* du Na^+ au niveau de la membrane apicale par diffusion facilitée activée par un transporteur. Cela se produit (1) parce que la pompe maintient la concentration intracellulaire de Na^+ à un faible niveau et (2) parce que les ions K^+ pompés dans la cellule tubulaire en ressortent presque immédiatement pour entrer dans l'espace interstitiel par des canaux ioniques (canaux de fuite), laissant l'intérieur de la cellule tubulaire (et la lumière du tubule) avec une charge négative nette.

Comme chacun des segments du tubule rénal joue un rôle légèrement différent dans la réabsorption, le mécanisme précis par lequel les ions Na^+ sont réabsorbés au niveau de la membrane apicale varie (voir la figure 26.13, p. 989). Toutefois, dans tous les cas, la réabsorption du Na^+ par transport actif primaire fournit l'énergie et les moyens nécessaires à la réabsorption de la plupart des autres solutés.

Réabsorption de l'eau, des ions et des nutriments : transport passif et transport actif secondaire

Dans la **réabsorption tubulaire passive,** que sous-tendent la diffusion, la diffusion facilitée et l'osmose, les substances diffusent du milieu où elles sont le plus concen-

En quoi le transport actif primaire et le transport actif secondaire (représentés ci-dessous) diffèrent-ils ?

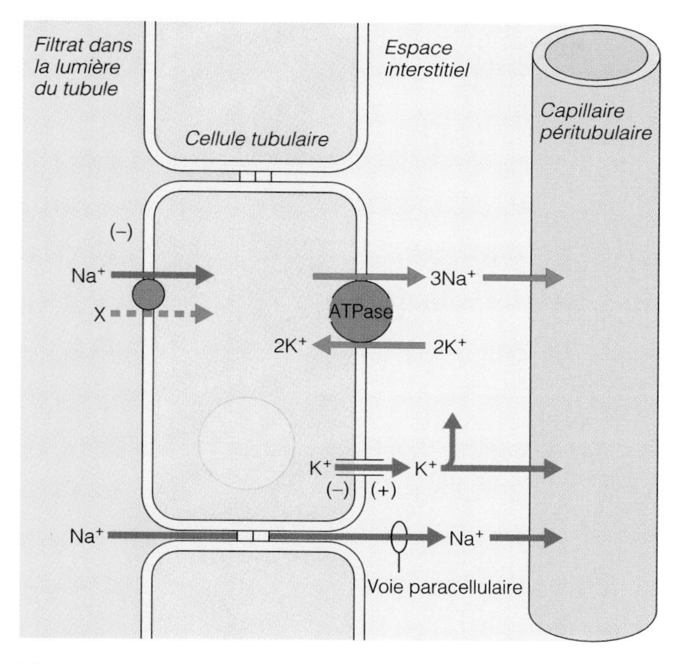

Légende :

FIGURE 26.11
Schéma du mécanisme général de réabsorption du Na^+ par les cellules des tubules rénaux. La plupart du temps, les ions Na^+ traversent la membrane apicale par diffusion facilitée, et leur transport est couplé au transport d'un autre soluté (un mécanisme de cotransport appelé transport actif secondaire). Une fois à l'intérieur, les ions Na^+ diffusent jusqu'à la membrane basolatérale ; de là, ils sont pompés dans l'espace interstitiel par une pompe à sodium (ATPase Na^+-K^+). Ensuite, ils diffusent dans le capillaire péritubulaire. (Le trajet paracellulaire de la réabsorption du Na^+, également montré, a relativement peu d'importance.)

trées vers le milieu où elles sont le moins concentrées sans utiliser l'ATP (voir le chapitre 3). En passant des cellules tubulaires au sang du capillaire péritubulaire, les ions Na^+ chargés positivement instaurent un gradient électrique qui favorise la diffusion passive des anions (HCO_3^- ou Cl^- par exemple) dans les capillaires péritubulaires pour équilibrer les charges électriques du filtrat et du plasma. L'absorption de tel ou tel anion dépend du pH sanguin du moment, un sujet que nous aborderons au chapitre 27.

La réabsorption du sodium détermine un fort gradient osmotique, et l'eau passe par osmose dans les capillaires péritubulaires. Comme l'eau suit fatalement le sel, cet écoulement est appelé *réabsorption obligatoire de l'eau*.

À mesure que l'eau sort des tubules, les concentrations relatives des substances encore présentes dans le filtrat augmentent considérablement, et ces substances, si elles le peuvent, commencent elles aussi à se déplacer dans le sens de leurs gradients de concentration et à diffuser dans le cytoplasme des cellules tubulaires (figure 26.12) ; autrement dit, elles vont aussi du milieu où la concentration est plus élevée (lumière tubulaire) vers le milieu où la concentration est plus faible (cytoplasme des cellules). Ce phénomène de diffusion est à l'origine de la réabsorption passive d'une partie de l'urée ainsi que de celle d'autres substances liposolubles présentes dans le filtrat, notamment les acides gras. Rappelez-vous cependant que la taille moléculaire des solutés et leur plus ou moins grande solubilité dans les lipides peuvent freiner l'impulsion fournie par le gradient de concentration. Enfin, la réabsorption de l'eau de la lumière tubulaire vers le cytoplasme des cellules crée aussi un gradient de concentration pour les médicaments liposolubles et les toxines environnementales. C'est ce qui explique en partie pourquoi ces substances sont réabsorbées et difficiles à excréter.

Parmi les substances qui sont réabsorbées par **transport actif secondaire** (l'impulsion vient du gradient instauré par la pompe Na^+-K^+ au niveau de la membrane basolatérale), on trouve le glucose, les acides aminés, le lactate, les vitamines et la plupart des cations. Le transport de presque toutes ces substances est lié au transport du Na^+. Un transporteur commun déplace les ions Na^+ dans le sens de leur gradient de concentration par diffusion facilitée en même temps qu'il cotransporte (symporte) un autre soluté (figure 26.12). Les solutés cotransportés traversent par diffusion la membrane basolatérale et entrent dans l'espace interstitiel et, par la suite, dans les capillaires péritubulaires.

Dans une certaine mesure, les transporteurs protéiques peuvent être polyvalents ; ainsi, le fructose et le galactose sont en concurrence avec le glucose pour le récepteur du transporteur associé au transport des ions Na^+ (inhibition compétitive). Il n'en reste pas moins que les systèmes de transport des divers solutés sont relativement spécifiques et *limités*.

Il existe un **taux maximal de réabsorption (T_m)**, exprimé en millimoles par minute, pour presque toutes les substances activement réabsorbées (sauf les ions sodium) ; cette limite reflète le nombre de transporteurs protéiques disponibles sur les membranes basolatérales des cellules tubulaires. En général, les substances qui doivent être réabsorbées trouvent suffisamment de transporteurs protéiques, et leur taux maximal de réabsorption est élevé. Inversement, les transporteurs protéiques sont rares ou inexistants pour les substances qui ne doivent pas être réabsorbées. Quand les transporteurs sont saturés (quand ils sont tous liés aux substances qu'ils véhiculent), les substances en excès sont excrétées dans l'urine. Le meilleur exemple de ce phénomène est celui de la glycosurie associée au diabète sucré non équilibré. Quand le glucose approche une concentration de 22 mmol par litre de plasma, son taux maximal de réabsorption de 20 mmol/min est dépassé, et le surplus s'échappe en

Dans le transport actif primaire, l'énergie nécessaire est fournie directement par l'hydrolyse de l'ATP. Dans le transport actif secondaire, la substance se déplace par diffusion facilitée (habituellement en cotransport avec des ions Na^+) et le gradient d'énergie est fourni par la pompe à sodium qui fonctionne ailleurs dans la cellule.

26

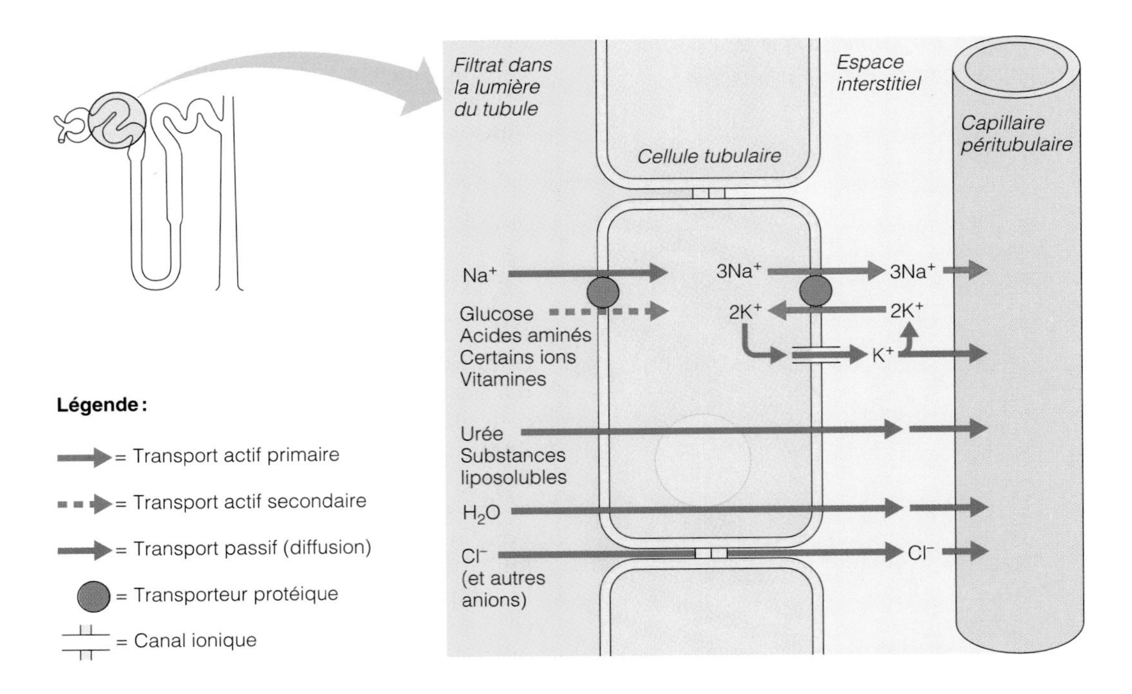

FIGURE 26.12
Réabsorption par les cellules du tubule contourné proximal. Le transport actif des ions Na^+ à la membrane basolatérale crée un gradient de concentration et un gradient osmotique qui permettent la réabsorption de l'eau par osmose, des anions et des substances liposolubles par diffusion, ainsi que des nutriments organiques et de certains cations par transport actif secondaire (symport avec le Na^+ à la membrane apicale). La plupart des nutriments organiques sont réabsorbés dans le tubule contourné proximal.

grandes quantités dans l'urine, même si les tubules rénaux continuent de fonctionner normalement.

Toutes les protéines plasmatiques qui se fraient un chemin à travers la membrane de filtration sont éliminées du filtrat dans le tubule contourné proximal par pinocytose, un autre mécanisme de transport actif qui nécessite de l'ATP. Les cellules tubulaires dégradent les protéines en monomères d'acides aminés, qui sont excrétés vers le sang.

Substances non réabsorbées

Certains substances ne sont pas réabsorbées ou sont réabsorbées incomplètement pour l'une des trois raisons suivantes : (1) elles n'ont pas de transporteurs protéiques ; (2) elles ne sont pas liposolubles ; (3) leurs molécules sont trop grosses pour traverser les pores de la membrane plasmique des cellules tubulaires. Les plus importantes de ces substances sont les produits azotés du métabolisme des protéines et des acides nucléiques, soit l'**urée,** l'**acide urique** et la **créatinine** (qui provient du métabolisme musculaire). Les molécules d'urée sont assez petites pour traverser les pores membranaires, et de 50 à 60 % de celles qui sont présentes dans le filtrat sont réabsorbées. La créatinine, une grosse molécule non liposoluble, est sécrétée en faible quantité et n'est aucunement réabsorbée. Sa concentration plasmatique reste stable tant que la masse musculaire le demeure, ce qui la rend utile pour mesurer le débit de filtration glomérulaire et évaluer la fonction glomérulaire.

Capacités d'absorption des différentes parties du tubule rénal

Tubule contourné proximal Bien que toutes les parties du tubule rénal participent à un degré ou à un autre à la réabsorption (tableau 26.1), les cellules du tubule contourné proximal sont de loin les plus actives, et les phénomènes que nous venons de décrire (voir la figure 26.12) s'y déroulent en grande partie. Normalement, le glucose, le lactate et les acides aminés sont entièrement réabsorbés dans le tubule proximal. De 65 à 70 % du sodium (et, par conséquent, de l'eau) présent dans le filtrat est réabsorbé dans le tubule contourné proximal par cotransport avec d'autres solutés ou par échange Na^+-H^+ (figure 26.13a). De plus, 90 % du bicarbonate filtré (HCO^{3-}), 50 % du chlore (Cl^-) et plus de 90 % du potassium (K^+) sont réabsorbés dans le tubule contourné proximal. De même, l'essentiel de la réabsorption des électrolytes dépendant d'un mécanisme de transport actif ou *sélectif* a déjà eu lieu lorsque le filtrat atteint l'anse du néphron. La réabsorption des électrolytes comme le calcium, le phosphate et le magnésium obéit en grande partie à des mécanismes hormonaux, et elle vise essentiellement à en régler les concentrations plasmatiques. (Nous expliquons ces mécanismes de régulation au chapitre 27.) Les molécules d'acide urique sont presque toutes réabsorbées dans le tubule contourné proximal, mais elles sont ultérieurement renvoyées dans le filtrat (sécrétion). Sur les 125 mL de liquide qui sont filtrés en une minute dans les tubules rénaux, environ 40 mL/min y demeurent une fois que les mécanismes de réabsorption ont eu lieu dans le tubule contourné proximal.

Anse du néphron Au-delà du tubule contourné proximal, la perméabilité de l'épithélium tubulaire change du tout au tout (voir la figure 26.15, p. 995). Ici, pour la première fois, la réabsorption de l'eau n'est pas couplée à la réabsorption de solutés. L'eau peut sortir de la partie descendante de l'anse du néphron mais non pas de la partie ascendante. Pour des raisons que nous exposerons plus loin, les différences de perméabilité entre les parties de l'anse du néphron fondent la capacité des reins de former de l'urine concentrée ou de l'urine diluée. De 20 à 25 % du Na^+ filtré, de 20 à 25 % de l'eau, 35 % du Cl^- filtré et 40 % du K^+ sont réabsorbés dans l'anse du néphron. Toutefois, le potassium se recycle, c'est-à-dire qu'il est sécrété par la partie descendante et réabsorbé dans la partie ascendante. Un symporteur Na^+-K^+-$2Cl^-$ est le moyen qu'utilisent les ions Na^+ pour traverser la membrane apicale (figure 26.13b).

Tubule contourné distal et tubule rénal collecteur
Une fois arrivés au tubule contourné distal, environ 10 % seulement du NaCl filtré à l'origine et 20 % de l'eau demeurent dans le tubule ; le débit du liquide dans le tubule contourné distal est d'environ 25 mL/min. Les symporteurs Na^+-Cl^- absorbent les ions Na^+ et Cl^-, mais le gros de la réabsorption, à présent, est lié aux besoins ponctuels de l'organisme et régi par des hormones. Si besoin est, l'eau et les ions Na^+ atteignant ces parties peuvent être presque complètement réabsorbés. En l'absence d'hormones de régulation, le tubule contourné distal et le tubule rénal collecteur sont relativement imperméables à l'eau et aux ions Na^+. La réabsorption d'une quantité accrue d'eau repose sur la présence de l'hormone antidiurétique (ADH), qui accroît la perméabilité à l'eau du tubule rénal collecteur. Nous étudierons ce mécanisme plus loin.

La réabsorption des ions Na^+ restants est assujettie à l'aldostérone. Divers états (dont l'hypovolémie et l'hypotension ainsi que l'hyponatrémie — faible concentration de Na^+ — et l'hyperkaliémie — forte concentration de K^+ — dans le liquide extracellulaire) entraînent la libération d'aldostérone par le cortex surrénal. Tous ces états, à l'exception de l'hyperkaliémie (qui stimule directement la libération d'aldostérone par le cortex surrénal), déclenchent le système rénine-angiotensine, qui provoque à son tour la libération d'aldostérone (voir la figure 26.10). L'aldostérone amène les cellules principales du tubule rénal collecteur à ouvrir plus de canaux à sodium (voies par lesquelles les ions Na^+ traversent passivement la membrane apicale) et à synthétiser plus de transporteurs du sodium et de canaux à potassium. Il en résulte qu'une très faible quantité d'ions Na^+ est excrétée dans l'urine. En l'absence d'aldostérone, le tubule contourné distal et le tubule rénal collecteur n'absorbent pratiquement pas les ions Na^+ ; les énormes pertes de Na^+ qui s'ensuivent, soit environ 3 % des ions Na^+ filtrés quotidiennement, mettent la vie en danger.

L'aldostérone a aussi pour effet (indirect) d'accroître l'absorption de l'eau, car l'eau suit les ions Na^+ réabsorbés dans le sang (si la chose est possible). Enfin, l'aldostérone

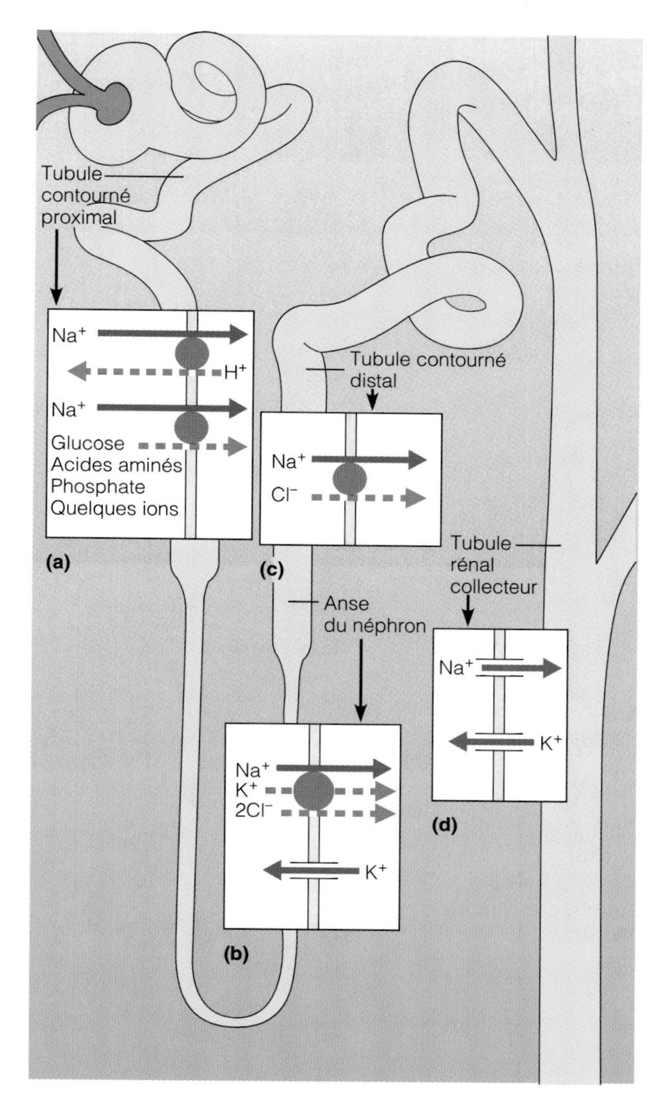

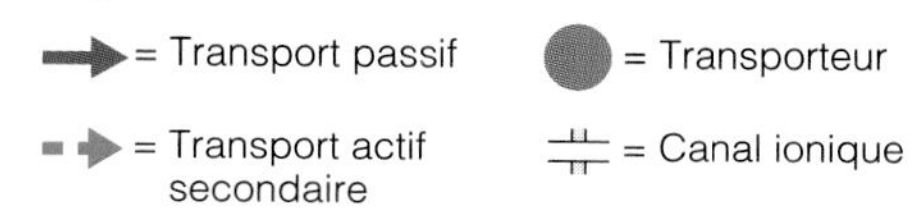

FIGURE 26.13
Quelques-uns des mécanismes qui permettent aux ions Na^+ de traverser la membrane apicale des cellules tubulaires. Dans chaque partie du tubule, le gradient du transport passif du Na^+ est fourni par une ATPase Na^+-K^+ au niveau de la membrane basolatérale (non illustré). **(a)** Dans le tubule contourné proximal, l'entrée des ions Na^+ par diffusion facilitée fait intervenir à la fois un système symport (glucose et autres nutriments cotransportés) et un système antiport (par exemple, échange H^+-Na^+). **(b)** La diffusion facilitée des ions Na^+ fait intervenir un système symport Na^+-K^+-$2Cl^-$ dans le segment large de la partie ascendante de l'anse du néphron. **(c)** L'entrée des ions Na^+ se fait par l'intermédiaire d'un symporteur Na^+-Cl^- dans le tubule contourné distal. **(d)** Les ions Na^+ entrent dans les cellules du tubule rénal collecteur par diffusion à travers les pores membranaires. (Les ions K^+ sont sécrétés à mesure que les ions Na^+ sont réabsorbés.)

26

TABLEAU 26.1 **Capacités de réabsorption des différentes parties du tubule rénal**

Partie du tubule	Substances réabsorbées	Mécanisme
Tubule contourné proximal	Ions Na^+	Transport actif primaire par un transporteur protéique Na^+-K^+ ATP-dépendant ; établit un gradient électrochimique pour la diffusion passive des solutés et l'osmose ; transport actif secondaire (cotransport) avec le Na^+
	Presque tous les nutriments (glucose, acides aminés, vitamines)	Transport actif ; cotransport avec le Na^+
	Cations (K^+, Mg^{2+}, Ca^{2+}, etc.)	Transport actif ; cotransport avec le Na^+
	Anions (Cl^-, HCO_3^-)	Transport passif ; diffusion paracellulaire dans le sens d'un gradient électrochimique
	Eau	Osmose ; réabsorption obligatoire à la suite de la réabsorption des solutés
	Urée et solutés liposolubles	Diffusion passive à la suite du mouvement osmotique de l'eau
	Petites protéines	Pinocytose par les cellules tubulaires et dégradation en acides aminés par ces mêmes cellules
Anse du néphron		
Partie descendante	Eau	Osmose
Partie ascendante	Na^+, Cl^-, K^+	Transport actif du Cl^-, du Na^+ et du K^+ par l'intermédiaire d'un cotransporteur Na^+-K^+-$2Cl^-$
	Ca^{2+}, Mg^{2+}	Transport passif dans le sens d'un gradient électrochimique ; voie paracellulaire
Tubule contourné distal	Na^+	Transport actif primaire ; nécessite l'aldostérone
	Ca^{2+}	Transport actif primaire stimulé par l'hormone parathyroïdienne par l'intermédiaire d'un transporteur Ca^{2+} ATP-dépendant
	Cl^-	Diffusion ; dans le sens du gradient électrochimique créé par la réabsorption active du Na^+ ; aussi, cotransport avec Na^+
	Eau	Osmose ; réabsorption facultative de l'eau ; l'hormone antidiurétique accroît la porosité de l'épithélium tubulaire dans la partie la plus distale
Tubule rénal collecteur	Na^+, H^+, K^+, HCO_3^- et Cl^-	Le transport actif primaire des ions Na^+, stimulé par l'aldostérone, et le gradient médullaire créent les conditions du transport passif de quelques ions HCO_3^- et Cl^- (aussi, cotransport de H^+, K^+, Cl^- et HCO_3^-)
	Eau	Osmose ; réabsorption facultative de l'eau ; l'hormone antidiurétique accroît la porosité de l'épithélium tubulaire
	Urée	Diffusion dans le sens du gradient de concentration dans la partie profonde de la médulla ; la majeure partie demeure dans l'espace interstitiel de la médulla

règle (en la réduisant) la concentration sanguine d'ions potassium car la réabsorption des ions Na^+ qu'elle provoque est couplée à la sécrétion dans les cellules principales d'ions K^+, c'est-à-dire que les ions K^+ diffusent dans la lumière du tube à mesure que les ions Na^+ entrent dans les cellules du tube (figure 26.13d).

Alors que l'aldostérone stimule la réabsorption des ions Na^+, le *facteur natriurétique auriculaire*, une hormone libérée par les cellules des oreillettes à la suite d'une élévation de la pression ou du volume sanguin, inhibe cette réabsorption en fermant des canaux à sodium. Par conséquent, le facteur natriurétique auriculaire réduit la réabsorption de l'eau et le volume sanguin.

Sécrétion tubulaire

L'incapacité des cellules tubulaires de réabsorber en tout ou en partie certains solutés filtrés est l'un des principaux facteurs de l'élimination des substances indésirables du plasma. La **sécrétion tubulaire** (en quelque sorte l'inverse de la réabsorption) en est un autre. Les substances telles que les ions H^+, les ions K^-, la créatinine, les ions ammonium et certains acides organiques passent des capillaires péritubulaires au filtrat en traversant les cellules tubulaires ou passent directement des cellules tubulaires au filtrat. Par conséquent, l'urine est composée *à la fois de substances filtrées et de substances sécrétées.* La sécrétion (surtout des ions H^+) a lieu non seulement dans le tubule contourné proximal (voir la figure 26.13), mais aussi dans la partie corticale du tubule rénal collecteur et dans les extrémités du tubule contourné distal et du tubule rénal collecteur (voir la figure 26.15, p. 995).

La sécrétion tubulaire a pour fonctions :

1. d'éliminer des substances qui ne se trouvent pas déjà dans le filtrat, et notamment certains médicaments comme la pénicilline et le phénobarbital ;
2. d'éliminer les substances nuisibles qui ont été réabsorbées passivement, tels l'urée et l'acide urique ;
3. de débarrasser l'organisme des ions K^+ en excès ;
4. de régler le pH sanguin.

Presque tous les ions K^+ contenus dans l'urine ont été activement sécrétés dans les tubules rénaux collecteurs sous l'influence de l'aldostérone, car ceux qui se trouvent dans le filtrat sont réabsorbés dans les tubules contournés proximaux et dans la partie ascendante de l'anse du néphron. Quand le pH sanguin diminue, les cellules tubulaires sécrètent activement des ions H^+ dans le filtrat et elles retiennent plus d'ions HCO_3^- et d'ions K^+ qu'à l'ordinaire. Alors, le pH sanguin s'élève et l'urine draine l'excès d'acidité. Inversement, quand le pH sanguin s'élève, les cellules tubulaires réabsorbent des ions Cl^- plutôt que des ions HCO_3^- et ceux-ci sont excrétés dans l'urine alors que les ions H^+ sont réabsorbés. Nous reviendrons plus en détail sur les mécanismes rénaux qui régissent l'équilibre acido-basique du sang au chapitre 27, p. 1026-1029.

Régulation de la concentration et du volume de l'urine

Nous emploierons fréquemment le terme *osmolalité* dans les paragraphes qui suivent, et il convient de bien le définir. L'**osmolalité** d'une solution est le nombre de particules de soluté dissoutes dans 1 kg d'eau*, et elle se traduit par la capacité de la solution de causer l'osmose (et d'altérer certaines propriétés physiques du solvant, comme les points d'ébullition et de congélation). Cette capacité, appelée *activité osmotique*, est déterminée uniquement par le nombre de particules de soluté non diffusibles, et non pas par leur type ni par leur nature. Dans un même volume de solution, 10 ions Na^+ ont la même activité osmotique que 10 molécules de glucose ou que 10 molécules d'acides aminés. L'osmolalité (concentration en solutés) des liquides de l'organisme est exprimée en millimoles par kilogramme (mmol/kg). Par exemple, l'osmolalité du plasma sanguin se situe entre 280 et 300 mmol/kg.

* Par opposition au terme *osmolarité* qui fait référence au nombre de particules dissoutes dans un litre de *solution.*

L'une des fonctions capitales des reins est de maintenir la concentration de solutés dans les liquides de l'organisme autour de 300 mmol/kg, soit la concentration osmotique approximative du plasma sanguin, en réglant la concentration et le volume de l'urine. Les reins s'acquittent de cette tâche par un mécanisme appelé **mécanisme à contre-courant,** terme qui fait référence à l'interaction entre le filtrat dans l'anse du néphron juxta-médullaire (*multiplicateur à contre-courant*) et le sang dans les vaisseaux sanguins adjacents (*échangeur à contre-courant*). Chacun des deux liquides s'écoule dans des directions opposées à l'intérieur de conduits adjacents, d'où le terme *contre-courant.* Cette relation établit et maintient un gradient osmotique qui s'étend du cortex rénal aux profondeurs de la médulla rénale et qui permet aux reins de varier la concentration de l'urine. Voyons comment fonctionne ce mécanisme couplé.

Mécanisme à contre-courant et gradient osmotique de la médulla rénale

L'osmolalité du filtrat qui entre dans le tubule contourné proximal est égale à celle du plasma, soit environ 300 mmol/kg. Comme nous l'avons mentionné plus haut, les cellules du tubule contourné proximal réabsorbent de grandes quantités d'eau et d'ions ; et bien que le filtrat ait diminué d'environ 65 % au moment où il atteint l'anse du néphron, il est encore iso-osmotique.

Du cortex aux profondeurs de la médulla, la concentration du liquide interstitiel augmente, ce qui prépare le terrain pour la conservation de l'eau dans l'organisme et l'élimination d'urine concentrée. En effet, la concentration de solutés, ou osmolalité, passe de 300 mmol/kg dans le cortex rénal à environ 1200 mmol/kg dans la partie la plus profonde de la médulla rénale (figure 26.14). Comment s'explique cette prodigieuse augmentation de l'osmolalité du liquide interstitiel de la médulla ? La réponse réside dans le fonctionnement des anses des néphrons juxta-médullaires, qui s'enfoncent profondément dans la médulla rénale, et celui des vasa recta. Notez que le filtrat et le sang descendent puis montent dans des conduits parallèles. Nous suivrons d'abord le traitement du filtrat dans l'anse du néphron (figure 26.14a) afin de voir comment il sert de **multiplicateur à contre-courant** du gradient osmotique.

1. **La partie descendante de l'anse du néphron permet la réabsorption de l'eau mais non celle des solutés.** Comme l'osmolalité du liquide interstitiel de la médulla augmente graduellement le long de la partie descendante (nous décrirons plus loin le mécanisme de cette augmentation), l'eau passe du filtrat vers le liquide interstitiel (réabsorption) sur toute la longueur de la partie descendante de l'anse. Par conséquent, l'osmolalité du filtrat (particulièrement sa teneur en ions) atteint son point maximal (1200 mmol) au coude de l'anse du néphron.
2. **La partie ascendante de l'anse du néphron ne peut réabsorber l'eau, mais elle transporte activement les ions Na^+ et Cl^- vers l'espace interstitiel.** Au début de la partie ascendante, le tubule devient imperméable à l'eau et sélectivement perméable aux ions. La concentration en ions Na^+ et en ions Cl^- du filtrat qui

Quelle portion du néphron est le multiplicateur à contre-courant ? l'échangeur à contre-courant ?

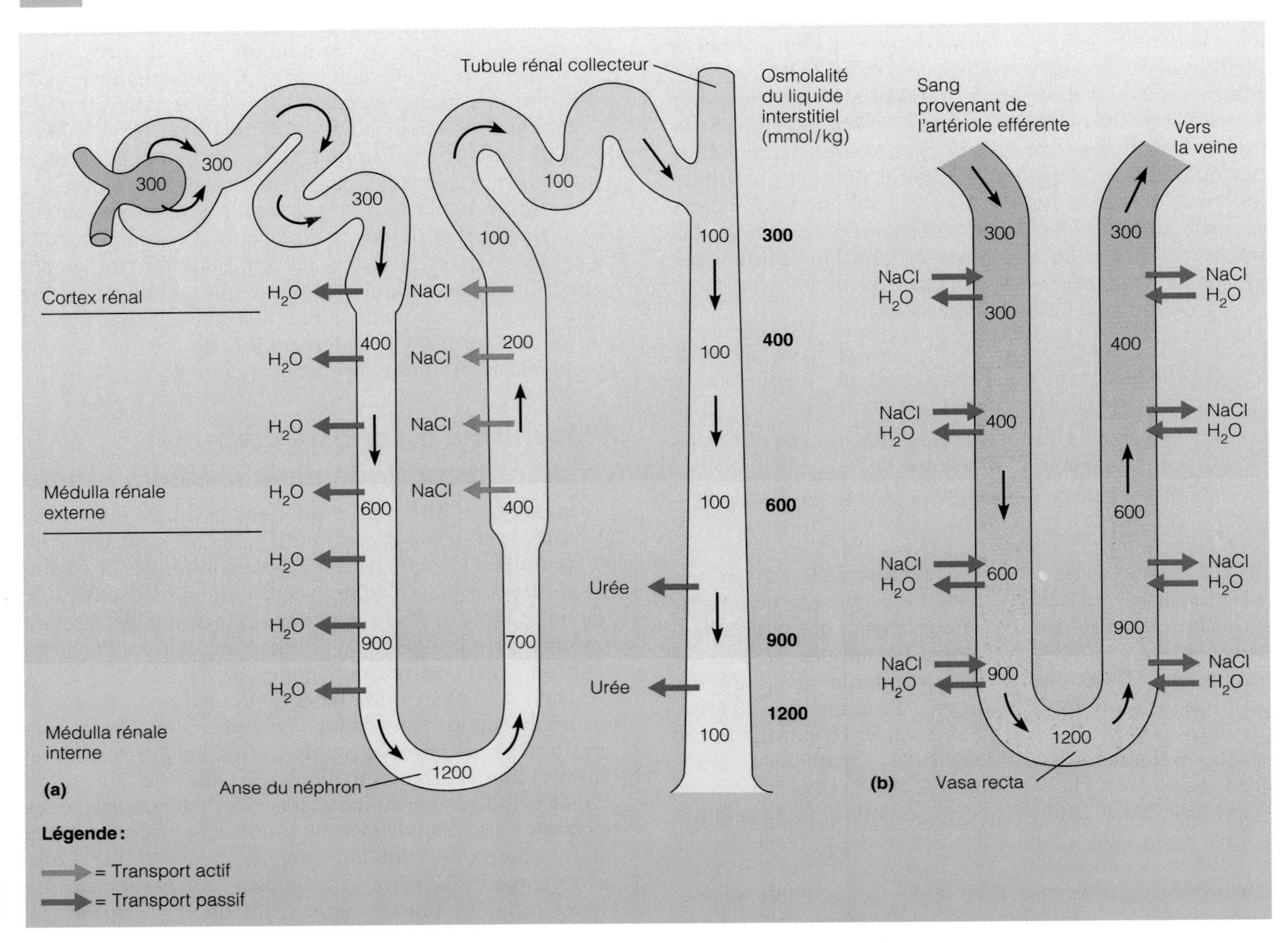

FIGURE 26.14
Mécanisme à contre-courant réalisant et maintenant le gradient osmotique de la médulla. La figure montre la formation d'urine diluée. **(a)** Le filtrat qui entre dans la partie descendante de l'anse du néphron est iso-osmotique (isotonique) par rapport au plasma et au liquide interstitiel environnant (cortical). À mesure que le filtrat s'écoule dans la partie descendante, c'est-à-dire du cortex rénal vers la médulla rénale, l'eau sort du tubule par osmose, et la teneur en solutés (osmolalité) du filtrat passe de 300 à 1200 mmol/kg. Après le virage dans la partie ascendante de l'anse du néphron, la perméabilité s'inverse : de perméable à l'eau et imperméable aux ions (dans la direction tubule → interstitium), l'épithélium tubulaire devient imperméable à l'eau et perméable aux ions (dans cette même direction). Par conséquent, les ions sont réabsorbés par les cellules de la partie ascendante, et le filtrat se dilue à l'approche du cortex. Les différences de perméabilité entre les deux parties de l'anse du néphron établissent le gradient osmotique dans le liquide interstitiel de la médulla : la partie descendante produit un filtrat de plus en plus concentré, et la partie ascendante utilise cette forte concentration ionique pour maintenir la forte osmolalité du liquide interstitiel de la médulla. L'urée qui diffuse de la partie inférieure du tubule rénal collecteur contribue aussi à la forte osmolalité de la médulla. **(b)** La médulla maintient son gradient osmotique, car le sang des vasa recta s'équilibre continuellement avec le liquide interstitiel et devient iso-osmotique par rapport à lui. La concentration ionique du sang augmente le long de la partie descendante et diminue à l'approche du cortex. Cette variation est due à la forte porosité des vasa recta et à la lenteur de l'écoulement du sang dans leur lumière.

Le multiplicateur à contre-courant est l'anse du néphron. Les vasa recta constituent l'échangeur à contre-courant.

entre dans la partie ascendante est très élevée (supérieure à celle du liquide interstitiel). Le segment large de la partie ascendante, en particulier, réabsorbe activement les ions Na^+ (ainsi que les ions K^+ et Cl^-) par l'intermédiaire du cotransporteur Na^+-K^+-$2Cl^-$ et, à mesure que ces ions sont expulsés dans l'espace interstitiel de la médulla, ils contribuent à l'augmentation de son osmolalité.

Le mouvement des ions Na^+ et Cl^- hors du filtrat dans la partie ascendante établit un fort gradient osmotique pour la réabsorption de l'eau. Toutefois, la partie ascendante de l'anse du néphron est quasi imperméable à l'eau qui, par conséquent, demeure dans le filtrat. Donc, la quantité de filtrat/minute qui se rend au tubule contourné distal est la même que celle qui se trouvait dans le coude de l'anse du néphron, soit 19 ml/min. Étant donné que le filtrat perd des ions mais non de l'eau, il se dilue jusqu'à devenir hypo-osmotique, ou hypotonique, par rapport au plasma sanguin et aux liquides corticaux, soit 100 mmol/kg au tubule contourné distal. Comme le montre la figure 26.14, il existe une différence plutôt constante entre la concentration de filtrat dans la partie descendante de l'anse et celle dans la partie ascendante. Étant donné que la partie descendante est perméable aux ions Na^+ et Cl^-, (dans la direction interstitium → tubule), certains ions ont tendance à revenir par diffusion dans le filtrat de cette partie du tubule, une fois qu'ils ont été activement réabsorbés par la partie ascendante de l'anse. Par conséquent, la concentration de solutés dans le filtrat de la partie ascendante est toujours légèrement inférieure d'environ 200 mmol à celle du filtrat de la partie descendante et à celle du liquide interstitiel environnant. Cependant, en raison du mouvement à contre-courant, l'anse du néphron est capable de multiplier les petites variations de la concentration de solutés et de créer, du cortex vers le fond de la médulla, un gradient approchant les 900 mmol.

Bien que les parties ascendante et descendante de l'anse ne soient pas en contact direct, elles sont assez rapprochées pour influer sur leurs échanges respectifs avec le liquide interstitiel qu'elles se partagent. Par conséquent, la diffusion de l'eau dans l'espace interstitiel (hors de la partie descendante) produit le filtrat de plus en plus concentré que la partie ascendante utilise pour augmenter l'osmolalité du liquide interstitiel de la médulla en y transportant activement des ions. L'augmentation de l'osmolalité du liquide interstitiel crée le gradient de concentration nécessaire à la réabsorption de l'eau par la partie descendante et, par conséquent, le filtrat devient hypertonique dans la partie descendante. La réabsorption de l'eau par la partie descendante est donc tributaire de la réabsorption des ions par la partie ascendante. L'interaction fonctionnelle entre les deux parties de l'anse du néphron établit un mécanisme de rétroactivation, car plus la partie ascendante réabsorbe activement les ions vers l'espace interstitiel, plus la partie descendante réabsorbe d'eau vers l'espace interstitiel également. L'énergie nécessaire à l'établissement du gradient osmotique du liquide interstitiel de la médulla provient principalement du transport actif du sodium dans la partie ascendante.

3. **Les tubules rénaux collecteurs situés profondément dans la médulla rénale peuvent réabsorber de l'urée.** Chez un individu normalement hydraté, l'urine diluée passe dans le tubule contourné distal et la partie supérieure du tubule rénal collecteur sans subir de modifications. La quantité d'urée dans le filtrat demeure élevée parce que les tubules du cortex sont imperméables à l'urée. Toutefois, quand l'urine entre dans les parties profondes de la médulla rénale, là où les tubules rénaux collecteurs sont très perméables à l'urée, une partie de l'urée diffuse hors des tubules rénaux collecteurs vers l'espace interstitiel et contribue à y maintenir une forte osmolalité. L'urée continue de se déplacer passivement jusqu'à ce que sa concentration à l'intérieur et à l'extérieur du tubule soit la même. Même si la partie ascendante de l'anse du néphron est peu perméable à l'urée, une certaine quantité d'urée y pénètre quand sa concentration est très élevée dans l'espace interstitiel de la médulla. Toutefois, l'urée est simplement renvoyée dans le tubule rénal collecteur, d'où elle diffuse à nouveau vers l'espace interstitiel.
4. **Les vasa recta servent d'échangeurs à contre-courant pour maintenir le gradient osmotique tout en irriguant les cellules.** Si c'était des vaisseaux ordinaires qui longeaient les anses du néphron, le gradient de la médulla serait rapidement détruit, car à mesure que de grandes quantités de Na^+ seraient absorbées par la médulla, des quantités aussi grandes d'eau seraient perdues dans le liquide interstitiel de la médulla. Les vasa recta jouent donc un rôle important dans le maintien du gradient osmotique établi par le transport cyclique des ions entre les parties descendante et ascendante de l'anse du néphron. Comme ces capillaires ne reçoivent que 10 % environ de l'apport sanguin rénal, le sang s'y écoule très lentement. En outre, ils sont perméables à l'eau et aux ions, et le sang des vasa recta effectue des échanges passifs avec le liquide interstitiel et atteint l'équilibre au cours de son trajet. Par conséquent, en entrant dans les parties profondes de la médulla rénale, le sang perd de l'eau et gagne des ions (il devient hypertonique). Puis, en émergeant dans le cortex rénal, le processus est inversé; le sang gagne de l'eau et perd des ions (voir la figure 26.14b). Comme le sang revenant en direction du cortex par les vasa recta n'a une concentration de solutés que très légèrement supérieure à celle du sang qui pénètre dans la médulla, les vasa recta jouent le rôle d'**échangeurs à contre-courant.** Ce mécanisme ne crée pas le gradient médullaire (celui-ci est établi par l'anse du néphron), mais il empêche une élimination rapide des ions de l'espace interstitiel de la médulla.

Maintenant que nous avons décrit les mécanismes fondamentaux de l'établissement du gradient de la médulla, nous pouvons expliquer la formation d'urine diluée et d'urine concentrée.

Formation d'urine diluée

Comme le filtrat se dilue au cours de son trajet dans la partie ascendante de l'anse du néphron, les reins n'ont qu'à le laisser poursuivre son chemin dans les pelvis rénaux pour sécréter de l'urine diluée (hypo-osmotique). Dans ces conditions, de 15 à 19 mL de liquide par minute entrent dans le pelvis. Et c'est fondamentalement ce qui se produit quand la neurohypophyse ne sécrète pas d'hormone antidiurétique. Les tubules rénaux collecteurs demeurent essentiellement imperméables à l'eau et ne la réabsorbent pas. En outre, les cellules des tubules contournés distaux et des tubules rénaux collecteurs peuvent réabsorber (vers l'espace interstitiel) du sodium et d'autres ions du filtrat par des mécanismes actifs ou passifs, de sorte que l'urine peut atteindre des valeurs aussi faibles que 65 mmol/kg, soit moins de un cinquième de la concentration du filtrat glomérulaire ou du plasma sanguin.

Formation d'urine concentrée

Comme son nom l'indique, l'**hormone antidiurétique (ADH)** inhibe la *diurèse*, c'est-à-dire l'excrétion d'urine. Cette hormone augmente le nombre des canaux de l'eau situés dans les cellules principales des tubules contournés distaux et des tubules rénaux collecteurs de telle manière que l'eau passe aisément des cellules à l'espace interstitiel. Par conséquent, l'osmolalité du filtrat tend à égaler celle du liquide interstitiel. L'osmolalité du filtrat est d'environ 100 mmol/kg dans les parties initiales des tubules contournés distaux, dans le cortex rénal ; mais à mesure que le filtrat s'écoule dans les tubules rénaux collecteurs, il est exposé, en chaque point de son trajet, à l'osmolalité légèrement supérieure de la médulla ; l'eau trouve donc, en tout point de son trajet dans le tubule rénal collecteur, un gradient qui l'attire dans l'espace interstitiel de la médulla (figure 26.15e). Selon la quantité d'hormone antidiurétique libérée (quantité adaptée au degré d'hydratation de l'organisme), la concentration de l'urine peut atteindre 1200 mmol/kg, une concentration égale à celle du liquide interstitiel des parties profondes de la médulla et quatre fois supérieure à celle du plasma. En présence d'une sécrétion active d'hormone antidiurétique, 99 % de l'eau contenue dans le filtrat est réabsorbée et renvoyée dans le sang, et seule une très petite quantité d'urine fortement concentrée est excrétée (environ 1 mL/min). La capacité des reins de produire une urine aussi concentrée est intimement liée à notre capacité de survivre sans eau. On appelle **réabsorption facultative de l'eau** la réabsorption fondée sur la présence d'hormone antidiurétique.

La neurohypophyse libère l'hormone antidiurétique plus ou moins continuellement, sauf si l'osmolalité du sang atteint des taux excessivement bas. Tout phénomène qui occasionne une perte d'eau et élève l'osmolalité du plasma au-dessus de 300 mmol/kg, notamment la diaphorèse, la diarrhée, l'hypovolémie et l'hypotension (par suite d'hémorragie), augmente la libération d'hormone antidiurétique. Nous traitons de ces mécanismes au chapitre 27.

Bien que l'hormone antidiurétique déclenche la production d'urine concentrée, ce qui permet la réabsorption de l'eau, la sensibilité des reins à ce signal dépend du fort gradient osmotique de la médulla. Ainsi que nous l'avons vu, les mouvements des ions sont un important facteur de ce gradient, mais le rôle de l'urée n'est pas moins capital, comme l'illustre l'exemple suivant. L'organisme des personnes mal nourries et dont l'apport protéique est insuffisant produit peu d'urée. Chez ces personnes, la capacité des reins de réabsorber l'eau est considérablement diminuée, car le gradient de concentration de la médulla est anormalement faible. Ces individus doivent boire de grandes quantités d'eau pour éviter la déshydratation.

Diurétiques

Les **diurétiques** sont des substances chimiques qui favorisent la diurèse. Toute substance filtrée qui n'est pas réabsorbée par les tubules rénaux, ou dont la concentration dépasse ses capacités de réabsorption, augmente l'osmolalité du filtrat, retient l'eau dans la lumière tubulaire et tient lieu de *diurétique osmotique*. Par exemple, la glycémie élevée des personnes atteintes de diabète sucré non équilibré agit comme un diurétique osmotique. L'alcool, essentiellement un sédatif, favorise la libération d'opiacés endogènes qui accentuent la diurèse en inhibant la libération d'hormone antidiurétique. La caféine (contenue dans le café, le thé et les colas), ainsi que la plupart des médicaments diurétiques prescrits dans le traitement de l'hypertension ou de l'œdème causé par l'insuffisance cardiaque, accroît la diurèse en inhibant la réabsorption des ions Na^+ et, par le fait même, la réabsorption obligatoire de l'eau qui s'ensuit normalement. Par exemple, le furosémide (Lasix) inhibe les symporteurs Na^+-K^+-$2Cl^-$ dans la région épaisse de la partie ascendante de l'anse du néphron, tandis que les diurétiques thiazidiques (Diuril et autres) inhibent le transport des ions Na^+-Cl^- dans le tubule contourné distal en leur faisant concurrence pour les sites du Cl^- du symporteur.

Clairance rénale

Le terme **clairance rénale** désigne le volume de plasma que les reins débarrassent complètement d'une substance en un temps donné, habituellement en 1 minute. Les épreuves de la clairance rénale servent à déterminer le débit de filtration glomérulaire, lequel renseigne sur la quantité de tissu rénal sain. Les épreuves de la clairance rénale permettent également de détecter des atteintes glomérulaires et de suivre l'évolution d'une maladie rénale.

La clairance rénale (CR) d'une substance quelconque, exprimée en millilitres par minute, se calcule à l'aide de l'équation suivante :

$$CR = UV/P$$

où :

U correspond à la concentration (mg/mL) de la substance dans l'urine ;

V correspond au taux de formation de l'urine (mL/min) ;

P correspond à la concentration de la même substance dans le plasma.

On utilise souvent l'*inuline*, un polysaccharide dont la masse moléculaire est d'environ 5000, comme étalon pour déterminer le débit de filtration glomérulaire au moyen de la clairance rénale, car cette substance n'est ni

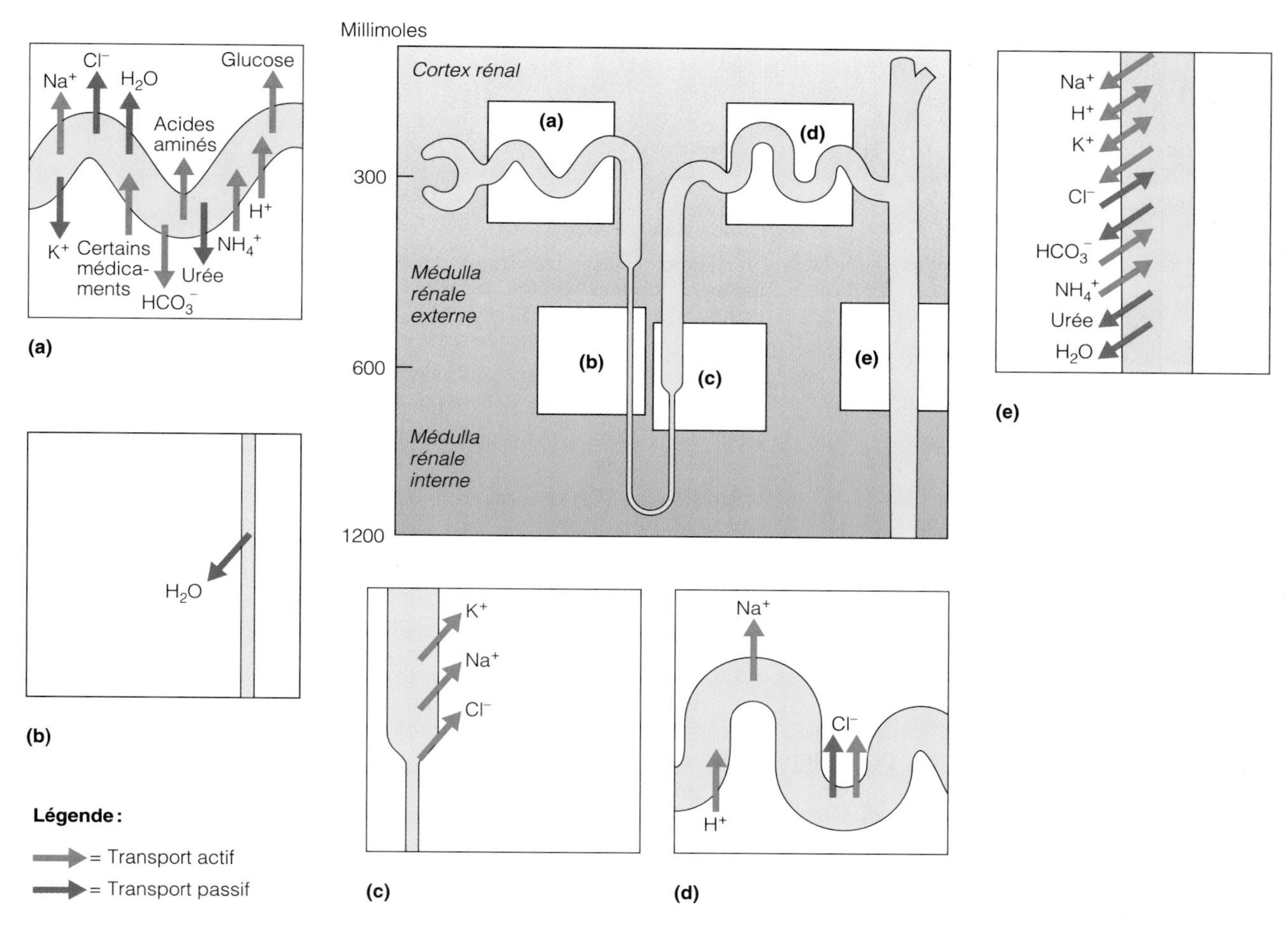

FIGURE 26.15

Résumé des fonctions du néphron. Le glomérule produit le filtrat que traite le tubule rénal. Les différentes parties du tubule rénal effectuent la réabsorption et la sécrétion et maintiennent un gradient osmotique dans le liquide interstitiel de la médulla. Les variations de l'osmolalité dans le tubule et dans le liquide interstitiel sont représentées par un dégradé de couleur dans la figure centrale. Les médaillons qui entourent la figure centrale décrivent les principales fonctions de transport des quatre parties du tubule du néphron et du tubule rénal collecteur. Les flèches bleues symbolisent un mécanisme de transport passif, tandis que les flèches rouges symbolisent un mécanisme de transport actif primaire ou secondaire. Les vaisseaux sanguins ne sont pas représentés. **(a) Tubule contourné proximal.** Le filtrat qui sort de la chambre de la capsule glomérulaire rénale et qui entre dans le tubule contourné proximal a à peu près la même osmolalité que le plasma sanguin. La principale activité de l'épithélium du tubule contourné proximal est de rapporter dans le sang certains solutés du filtrat. Presque tous les nutriments (comme le glucose et les acides aminés) et environ 65 % des ions Na^+ sont activement transportés hors du tubule dans les capillaires péritubulaires; les ions Cl^- et l'eau suivent passivement. Les cellules du tubule contourné proximal sécrètent aussi dans le filtrat des substances telles que des ions ammonium et d'autres déchets azotés, et elles concourent à maintenir le pH du sang et du liquide interstitiel en régissant la sécrétion des ions H^+ et en réabsorbant les ions HCO_3^-. À l'extrémité du tubule contourné proximal, le volume du filtrat a diminué de 65 %. **(b) Partie descendante.** La partie descendante de l'anse du néphron est perméable à l'eau, mais ne réabsorbe pas les ions. À mesure que le filtrat approche de la médulla, l'eau est réabsorbée par osmose et se retrouve dans le liquide interstitiel, qui devient de plus en plus hypertonique dans cette direction. Par conséquent, les ions et les autres solutés deviennent plus concentrés dans le filtrat. **(c) Partie ascendante.** Le filtrat entre dans la partie ascendante de l'anse du néphron, qui est imperméable à l'eau mais non aux ions Na^+ et Cl^-. Ces ions, dont la concentration a augmenté dans la partie descendante, sont transportés activement hors de la partie ascendante et contribuent à la forte osmolalité du liquide interstitiel de la médulla rénale interne. Les ions K^+ sont cotransportés avec les ions Na^+ et Cl^-. Comme l'épithélium tubulaire est imperméable à l'eau à ce niveau, le filtrat se dilue à mesure que les ions sont transportés vers le liquide interstitiel. **(d) Tubule contourné distal.** Le tubule contourné distal, comme le tubule contourné proximal, est spécialisé dans la sécrétion et la réabsorption sélectives, c'est-à-dire soumis à des mécanismes régulateurs. Les ions Na^+ et Cl^- sont cotransportés, les ions H^+ peuvent être sécrétés et, en présence d'aldostérone, une quantité accrue d'ions Na^+ est réabsorbée. La perméabilité à l'eau du tubule contourné distal est extrêmement faible et la réabsorption d'eau y est presque absente. **(e) Tubule rénal collecteur.** Le tubule rénal collecteur rapporte l'urine diluée sortant du tubule contourné distal jusque dans la médulla, où le gradient osmotique va croissant. Les cellules de la partie corticale du tubule rénal collecteur peuvent réabsorber ou sécréter des ions K^+, H^+ et HCO_3^-, suivant le pH sanguin. La paroi de la région médullaire du tubule rénal collecteur est perméable à l'urée et l'est encore plus en présence d'hormone antidiurétique. Une certaine quantité d'urée diffuse hors du tubule rénal collecteur et contribue à la forte osmolarité de la médulla rénale interne. En l'absence d'hormone antidiurétique, le tubule rénal collecteur est quasi imperméable à l'eau, et le rein excrète de l'urine diluée. En présence d'hormone antidiurétique, les canaux de l'eau du tubule rénal collecteur se dilatent, et le filtrat perd de l'eau par osmose en traversant les régions de la médulla dont l'osmolalité est croissante. Par conséquent, l'eau est conservée et le rein excrète de l'urine concentrée.

TABLEAU 26.2 Constituants anormaux de l'urine

Substance	État	Causes possibles
Glucose	Glycosurie	Non pathologique : apport excessif d'aliments sucrés Pathologique : diabète sucré
Protéines	Protéinurie, albuminurie	Non pathologiques : exercice physique excessif ; grossesse ; régime alimentaire riche en protéines Pathologiques (plus de 250 mg/24 h) : insuffisance cardiaque, hypertension grave ; glomérulonéphrite ; souvent le signe initial d'une maladie rénale asymptomatique
Corps cétoniques	Cétonurie	Formation excessive et accumulation de corps cétoniques, causées notamment par l'inanition et le diabète sucré non traité
Hémoglobine	Hémoglobinurie	Diverses : réaction hémolytique, anémie hémolytique, brûlures graves, syndrome d'écrasement, etc.
Pigments biliaires	Bilirubinurie	Maladie du foie (hépatite, cirrhose) ou obstruction des conduits du foie ou de la vésicule biliaire
Érythrocytes	Hématurie	Saignement des voies urinaires (dû à un traumatisme, à des calculs rénaux, à une infection ou à un néoplasme)
Leucocytes (pus)	Pyurie	Infection des voies urinaires

réabsorbée, ni emmagasinée, ni sécrétée par les reins. Comme l'inuline injectée est éliminée dans l'urine, sa clairance rénale est égale au débit de filtration glomérulaire. On mesure les valeurs suivantes : U = 125 mg/mL, V = 1 mL/min et P = 1 mg/mL. Par conséquent, la clairance rénale de l'inuline est CR = (125 × 1)/1 = 125 mL/min ; en clair, les reins ont éliminé en 1 minute toute l'inuline présente dans 125 mL de plasma.

Une clairance rénale inférieure à celle de l'inuline indique que la substance mesurée est partiellement réabsorbée. Par exemple, la clairance rénale de l'urée est de 70 mL/min, ce qui signifie que 70 des 125 mL de filtrat glomérulaire formés chaque minute sont complètement débarrassés de l'urée, tandis que l'urée contenue dans les 55 mL restants est récupérée et renvoyée dans le plasma. Si la clairance rénale est de zéro, la réabsorption est complète. Ainsi, la clairance rénale du glucose est de zéro chez les individus en bonne santé, et celle des ions HCO^{3-}, Na^+, Cl^- et Ca^{2+} est proche de zéro (inférieure à 2 mL/min). Si la clairance rénale d'une substance est supérieure à celle de l'inuline, c'est que les cellules tubulaires sécrètent cette substance dans le filtrat ; tel est le cas de la créatinine, dont la clairance rénale est de 140 mL/min ainsi que des métabolites de la plupart des médicaments.

26

Caractéristiques et composition de l'urine

Caractéristiques physiques

Couleur et transparence L'urine fraîchement émise est généralement claire, et sa couleur jaune va du pâle à l'intense. La couleur jaune de l'urine est due à la présence d'**urochrome,** un pigment qui résulte de la transformation de la bilirubine provenant de la destruction de l'hémoglobine des érythrocytes. L'intensité de la couleur est proportionnelle à la concentration de l'urine. L'apparition d'une couleur anormale, comme le rose, le brun et le gris, peut être due à l'ingestion de certains aliments (betterave, rhubarbe) ou à la présence de pigments biliaires (jaune) ou de sang (rouge). En outre, certains médicaments couramment prescrits et certains suppléments vitaminiques altèrent la couleur de l'urine. L'urine qui sort de la vessie est normalement stérile, c'est-à-dire qu'elle ne contient pas de bactéries. Une urine trouble peut traduire une infection bactérienne des voies urinaires (mais aussi d'autres affections).

Odeur L'urine fraîche est légèrement aromatique, alors que l'urine qu'on laisse reposer dégage une odeur d'ammoniac attribuable à la décomposition ou à la transformation des substances azotées par les bactéries qui contaminent l'urine à sa sortie de l'organisme. Certains médicaments, certains légumes (les asperges) et quelques maladies modifient l'odeur de l'urine. En cas de diabète sucré, par exemple, l'urine prend une odeur fruitée caractéristique de la présence d'acétone. (On retrouve cette odeur fruitée dans l'haleine.)

pH Ordinairement, le pH de l'urine est d'environ 6, mais il peut varier entre 4,5 et 8,0 selon le métabolisme et le régime alimentaire. Un régime alimentaire qui comprend beaucoup de protéines et de produits à grains entiers produit une urine acide. Le végétarisme, les vomissements prolongés et les infections urinaires rendent l'urine alcaline.

Densité Comme l'urine est composée d'eau et de solutés, sa densité est plus grande que celle de l'eau distillée. La densité de l'eau distillée est de 1,0 tandis que celle de l'urine varie de 1,001 à 1,035, suivant sa concentration. Quand l'urine devient extrêmement concentrée, les solutés commencent à précipiter.

Composition chimique

L'urine est composée à 95 % d'eau et à 5 % de solutés. Après l'eau, son constituant le plus abondant, au poids, est l'*urée*, qui dérive de la dégradation des acides aminés. Les autres **déchets azotés** présents dans l'urine sont l'*acide urique* (un produit final du métabolisme des acides nucléiques) et la *créatinine* (un métabolite de la créatine phosphate qui se trouve en grandes quantités dans le tissu musculaire squelettique). Les solutés normalement présents dans l'urine sont, par ordre décroissant de concentration, l'urée, les ions Na^+, K^+, HPO_4^{2-} et SO_4^{2-} ainsi que la créatinine et l'acide urique. On trouve aussi dans l'urine des quantités très faibles mais fortement variables d'ions calcium, magnésium et bicarbonate. Des concentrations anormalement élevées de ces constituants peuvent traduire un état pathologique. (Les valeurs normales sont données à l'appendice F.)

Certaines maladies modifient considérablement la composition de l'urine et font qu'elle contient, par exemple, du glucose, des protéines sanguines, des érythrocytes, de l'hémoglobine, des leucocytes (du pus) ou des pigments biliaires comme la bilirubine. La présence de ces substances dans l'urine est un signe important de maladie et peut faciliter la formulation d'un diagnostic (tableau 26.2).

URETÈRES

Les **uretères** sont de minces conduits qui transportent l'urine des reins à la vessie (voir la figure 26.1). Chaque uretère naît à la hauteur de L_2, sous forme de prolongement du pelvis rénal. Ensuite, il descend derrière le péritoine jusqu'à la base de la vessie, tourne en direction de l'axe médian et entre obliquement dans la paroi postérieure de la vessie. La conformation des uretères empêche l'urine d'y refouler pendant que la vessie se remplit ; en ces occasions, en effet, toute augmentation de la pression dans la vessie comprime les extrémités distales des uretères.

La paroi de l'uretère est formée de trois couches. L'épithélium transitionnel de sa *muqueuse*, sa couche interne, est en continuité avec celui du pelvis rénal, en amont, et avec celui de la vessie, en aval. La couche intermédiaire, la *musculeuse*, est composée principalement de deux couches de muscle lisse, l'intérieure étant longitudinale et l'extérieure, circulaire. Une autre couche de muscle lisse, une couche longitudinale externe, se trouve dans le tiers inférieur de l'uretère. L'*adventice* recouvrant l'uretère est faite de tissu conjonctif lâche (figure 26.16).

Les uretères jouent un rôle actif dans le transport de l'urine. La distension de l'uretère provoquée par l'arrivée d'urine fait se contracter la musculeuse, ce qui propulse l'urine dans la vessie. (L'urine ne descend *pas* dans la vessie par la seule force de la gravité.) La vigueur et la fréquence des ondes péristaltiques sont adaptées à la vitesse de la formation de l'urine. Bien que les uretères soient innervés par des neurofibres tant sympathiques que parasympathiques, la régulation nerveuse de leur péristaltisme semble insignifiante comparativement à la réaction de leur muscle lisse à l'étirement.

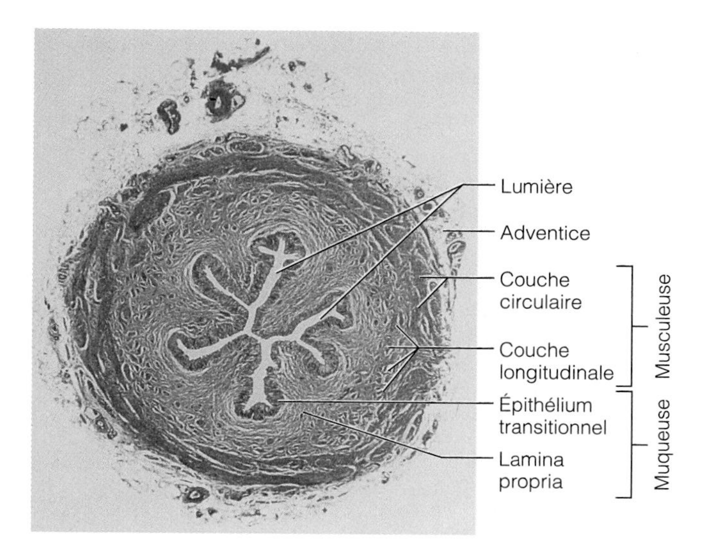

FIGURE 26.16
Structure de la paroi de l'uretère (en coupe transversale 10 ×). La musculeuse de l'uretère contient deux couches de muscle lisse : une couche externe circulaire et une couche interne longitudinale. La lumière de l'uretère est tapissée par une muqueuse faite d'un épithélium transitionnel. La surface de l'uretère est recouverte par une adventice de tissu conjonctif lâche.

Il arrive que le calcium, le magnésium et les sels d'acide urique contenus dans l'urine se cristallisent et précipitent dans le pelvis rénal, formant des **calculs rénaux** (*calculus* = caillou), communément appelés « pierres ». La plupart des calculs rénaux sont assez petits (moins de 5 mm de diamètre) pour passer dans les voies urinaires sans causer de problème. Toutefois, les calculs rénaux plus gros peuvent obstruer un uretère et entraver le passage de l'urine. La pression accrue qui se crée à l'intérieur du rein provoque une douleur extrême qui se projette jusque dans la paroi abdominale postérieure du même côté. La contraction des parois de l'uretère autour des calculs acérés mus par le péristaltisme cause également de la douleur.

Les infections fréquentes des voies urinaires, la rétention urinaire, une concentration élevée de calcium dans le sang et l'alcalinité de l'urine prédisposent à la formation de calculs rénaux. Jusqu'à récemment, la chirurgie constituait le traitement d'élection des calculs rénaux. Or, on tend aujourd'hui à lui préférer la *lithotripsie extracorporelle*, un nouveau procédé non invasif qui consiste à pulvériser les calculs au moyen d'ultrasons. Les fragments des calculs sont ensuite éliminés dans l'urine. On recommande aux personnes qui ont déjà eu des calculs rénaux d'acidifier leur urine en buvant du jus de canneberge ou de boire de grandes quantités d'eau pour garder leur urine diluée. ■

En quoi les sphincters de l'urètre (interne et externe) diffèrent-ils sur les plans structural et fonctionnel ?

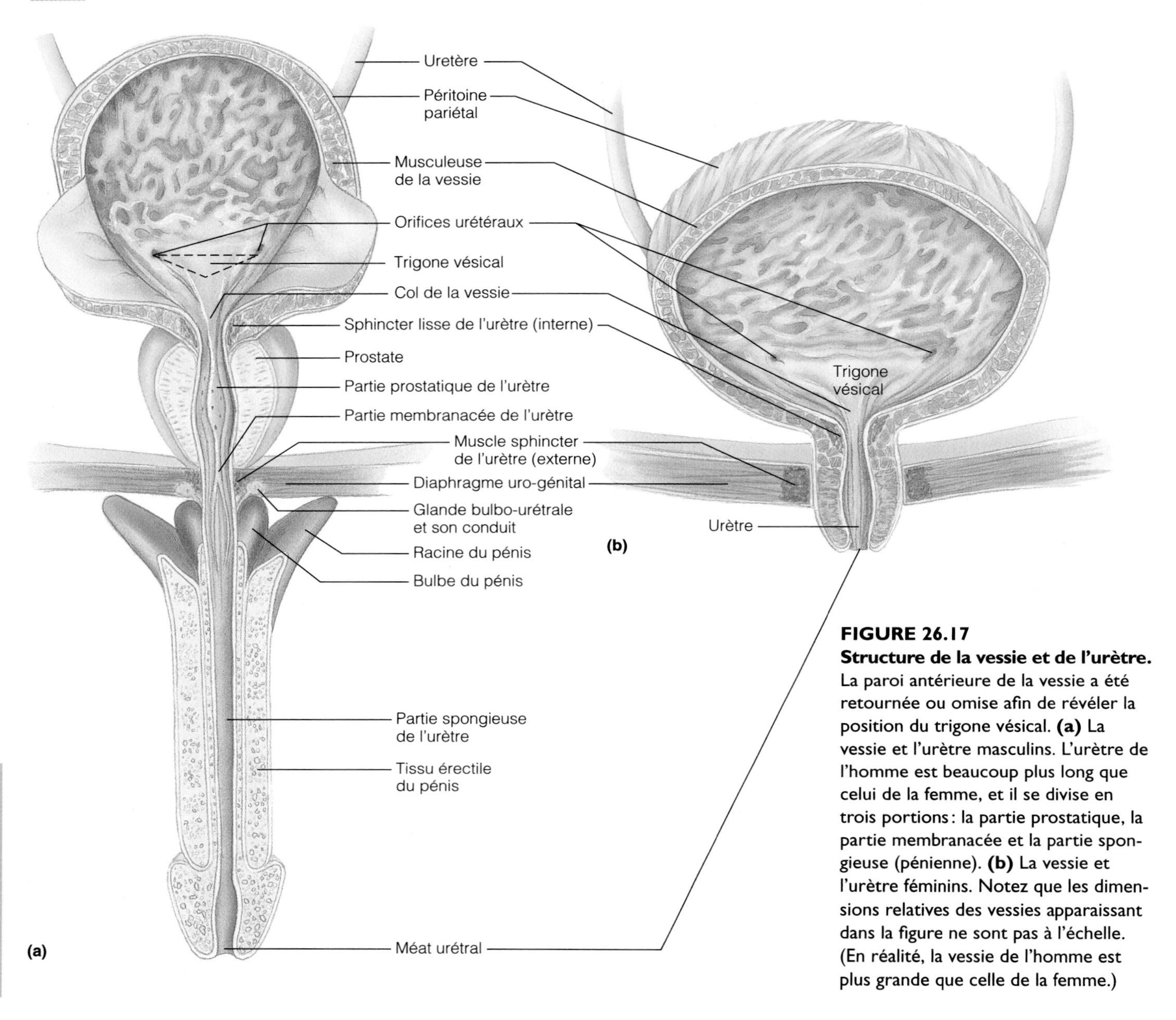

FIGURE 26.17
Structure de la vessie et de l'urètre. La paroi antérieure de la vessie a été retournée ou omise afin de révéler la position du trigone vésical. **(a)** La vessie et l'urètre masculins. L'urètre de l'homme est beaucoup plus long que celui de la femme, et il se divise en trois portions : la partie prostatique, la partie membranacée et la partie spongieuse (pénienne). **(b)** La vessie et l'urètre féminins. Notez que les dimensions relatives des vessies apparaissant dans la figure ne sont pas à l'échelle. (En réalité, la vessie de l'homme est plus grande que celle de la femme.)

VESSIE

La **vessie** est un sac musculaire lisse et rétractile qui emmagasine temporairement l'urine. Elle occupe une position rétropéritonéale sur le plancher pelvien, immédiatement derrière la symphyse pubienne. Chez l'homme, la vessie est située devant le rectum ; la prostate (appartenant au système génital) entoure le col de la vessie, au point de jonction avec l'urètre. Chez la femme, la vessie est située devant le vagin et l'utérus.

L'intérieur de la vessie est percé d'orifices pour les deux uretères et pour l'urètre (figure 26.17). La base lisse et triangulaire de la vessie, délimitée par ces trois orifices, est appelée **trigone vésical.** Le trigone est important au point de vue clinique, car les infections tendent à y persister.

La paroi de la vessie comprend trois couches : une muqueuse formée d'un épithélium transitionnel, une couche musculaire et une adventice de tissu conjonctif (absente de la face supérieure, où elle est remplacée par le péritoine pariétal). La couche musculaire, appelée **musculeuse de la vessie,** est constituée par trois épaisseurs de fibres lisses enchevêtrées ; les couches externe et interne sont longitudinales, et la couche moyenne est circulaire.

Le sphincter interne est composé de tissu musculaire lisse et n'est pas dépendant de la volonté ; le sphincter externe est composé de tissu musculaire squelettique et est dépendant de la volonté.

Très extensible, la vessie est remarquablement bien adaptée à sa fonction de réservoir. Lorsqu'elle est vide ou qu'elle contient peu d'urine, elle est contractée et de forme pyramidale. Ses parois sont épaisses et parcourues de *plis vésicaux transverses.* Quand l'urine s'accumule, toutefois, la vessie se dilate et prend la forme d'une poire en s'élevant dans la cavité abdominale (figure 26.18); la paroi musculaire s'étire et s'amincit, et les plis disparaissent. La vessie peut ainsi emmagasiner de grandes quantités d'urine (jusqu'à 300 mL) sans que sa pression interne s'élève de façon marquée. Une vessie partiellement remplie mesure approximativement 12,5 cm de long et a une capacité d'environ 500 mL. Cette quantité peut cependant doubler si besoin est. On peut palper une vessie distendue par l'urine bien au-dessus de la symphyse pubienne. Une distension extrême peut causer la rupture de la vessie. Bien que sa formation par les reins soit continue, l'urine s'accumule dans la vessie jusqu'au moment approprié pour son excrétion.

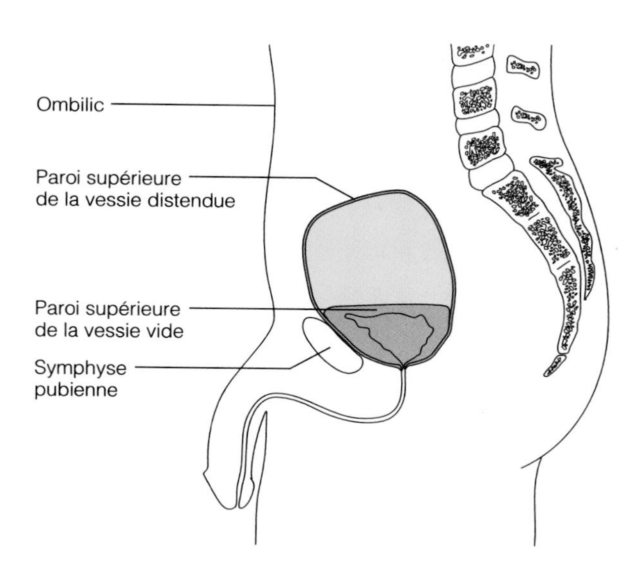

FIGURE 26.18
Position et forme relative de la vessie distendue et de la vessie vide chez l'homme adulte.

URÈTRE

L'**urètre** est un conduit musculaire aux parois minces qui s'abouche au plancher de la vessie et qui transporte l'urine hors de l'organisme. L'épithélium de sa muqueuse est en grande partie pseudostratifié prismatique. Il se transforme en épithélium transitionnel près de la vessie, et en épithélium stratifié squameux non kératinisé près du méat urétral.

À la jonction de l'urètre et de la vessie, un épaississement de la musculeuse de la vessie forme le **sphincter lisse de l'urètre (interne)**. Ce sphincter ferme l'urètre et empêche l'écoulement d'urine entre les mictions. Le relâchement de ce sphincter est indépendant de la volonté. Un second sphincter, le **muscle sphincter de l'urètre (externe)**, encercle l'urètre au point où il traverse le *diaphragme uro-génital,* dans le périnée. Ce sphincter est formé de muscle squelettique et sa maîtrise est volontaire. Le *muscle élévateur de l'anus*, dans le plancher pelvien, sert aussi de constricteur volontaire de l'urètre (voir le tableau 10.7, p. 326).

La longueur et les fonctions de l'urètre ne sont pas les mêmes chez l'homme et chez la femme (voir la figure 26.17). L'urètre féminin mesure de 3 à 4 cm de long, et il est fermement attaché à la paroi antérieure du vagin par du tissu conjonctif. Son orifice externe, le **méat urétral** est situé entre l'ouverture du vagin et le clitoris (voir la figure 28.16, p. 1060).

Étant donné que l'urètre féminin est très court et que son orifice est proche de l'anus, les bactéries fécales y ont aisément accès. (C'est pourquoi les femmes doivent éviter de s'essuyer de l'arrière vers l'avant après la défécation.) La muqueuse de l'urètre étant en continuité avec celle du reste des voies urinaires, une inflammation de l'urètre (*urétrite*) peut se propager à la vessie (*cystite*), voire aux reins (*pyélite* ou *pyélonéphrite*). Les symptômes de l'infection des voies urinaires sont les mictions douloureuses, impérieuses et fréquentes, la fièvre et, parfois, l'émission d'urine trouble ou sanglante. L'atteinte rénale se traduit en plus par des douleurs lombales et des céphalées intenses. ■

L'urètre masculin mesure environ 20 cm de long et se divise en trois parties. La **partie prostatique de l'urètre,** d'environ 2,5 cm de long, passe à l'intérieur de la prostate. La **partie membranacée de l'urètre,** qui traverse le diaphragme uro-génital, s'étend sur une longueur d'environ 2 cm, de la prostate à la racine du pénis. Enfin, la **partie spongieuse de l'urètre,** d'environ 15 cm de long, parcourt le pénis et s'ouvre à son extrémité par le **méat urétral.** L'urètre de l'homme a une double fonction : transporter l'urine ou le sperme hors de l'organisme. Nous traitons de la fonction de reproduction de l'urètre masculin au chapitre 28.

MICTION

La **miction** (*mingere* = uriner) est l'émission d'urine. Ordinairement, la distension de la vessie consécutive à l'accumulation d'environ 200 mL d'urine active les mécanorécepteurs et déclenche un arc réflexe viscéral. Les influx afférents (sensoriels) sont transmis à la région sacrale de la moelle épinière, et les influx efférents retournent à la vessie par l'intermédiaire de nerfs parasympathiques appelés **nerfs splanchniques pelviens.** La musculeuse de la vessie se contracte, et le sphincter lisse de l'urètre se relâche (figure 26.19). À mesure que les contractions s'intensifient, elles poussent l'urine à travers le sphincter lisse de l'urètre (muscle lisse involontaire), dans la partie supérieure de l'urètre. Des influx afférents parviennent aussi à l'encéphale, de sorte que la personne ressent le besoin d'uriner. Comme le muscle sphincter de l'urètre (externe) et le muscle élévateur de l'anus sont volontaires (muscles squelettiques), la personne peut choisir de les garder contractés et de retarder la miction. Si le moment est opportun, en revanche, la personne relâche le muscle sphincter de l'urètre, ce qui permet à l'urine de s'écouler de la vessie.

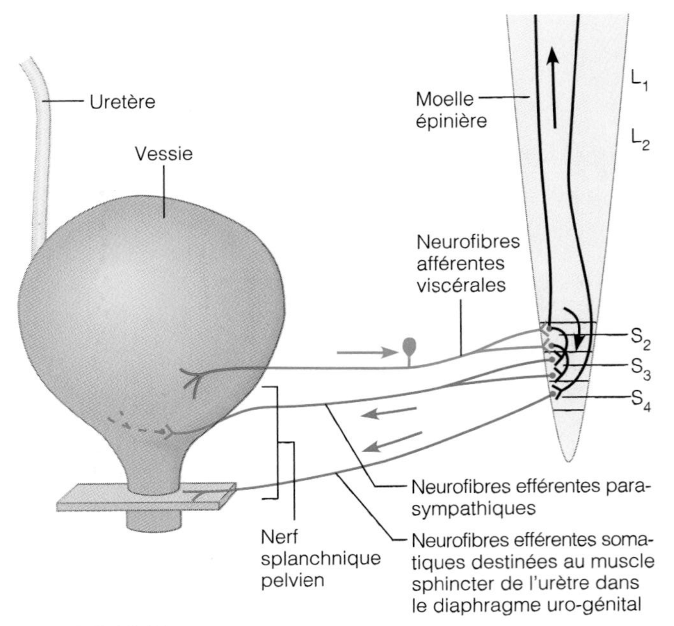

FIGURE 26.19
Arc réflexe de la miction. L'étirement de la paroi de la vessie transmet des influx nerveux afférents à la région sacrale de la moelle épinière. Les influx efférents sont envoyés à la musculeuse de la vessie et au sphincter lisse de l'urètre par l'intermédiaire de neurofibres parasympathiques des nerfs splanchniques pelviens. Ces nerfs desservent aussi les fibres du muscle sphincter de l'urètre (principalement dans le diaphragme uro-génital). Le rôle des efférents sympathiques est controversé. (Les neurofibres afférentes [sensitives] sont représentées en bleu et les neurofibres efférentes [motrices], en rouge.)

26

Lorsque la miction est retardée, les contractions réflexes de la vessie cessent pendant environ une minute, et l'urine continue de s'accumuler. Après l'accumulation de 200 à 300 mL supplémentaires, le réflexe de miction survient à nouveau ; il est amorti encore une fois si la miction est retardée. Le besoin d'uriner finit par devenir irrépressible, puis la miction a lieu forcément.

L'**incontinence,** c'est-à-dire l'incapacité de maîtriser la miction, est normale chez les bébés, car la maîtrise du muscle sphincter de l'urètre est un apprentissage. Une miction réflexe se produit chaque fois que la vessie d'un bébé se remplit suffisamment pour activer les mécanorécepteurs, mais le sphincter lisse de l'urètre empêche l'urine de s'écouler goutte à goutte entre les mictions, comme il le fait chez l'adulte. Après l'âge de deux ou trois ans (et l'apprentissage de la propreté), l'incontinence résulte généralement de problèmes émotionnels, d'une pression physique exercée sur la vessie pendant une grossesse ou de troubles du système nerveux (accident vasculaire cérébral ou lésions de la moelle épinière). Dans l'*incontinence à l'effort*, une augmentation soudaine de la pression intra-abdominale (consécutive au rire ou à la toux) pousse l'urine au-delà du muscle sphincter de l'urètre. Ce type d'incontinence est une conséquence répandue de la grossesse, pendant laquelle l'utérus alourdi étire les muscles du périnée et du diaphragme uro-génital supportant le muscle sphincter de l'urètre. Ce problème peut être corrigé par des exercices visant à améliorer le tonus des muscles relâchés.

La **rétention urinaire** correspond à l'incapacité d'expulser l'urine. La rétention urinaire est normale après une anesthésie générale (il semble que la musculeuse de la vessie mette un certain temps à redevenir active). Chez l'homme, la rétention urinaire traduit souvent l'hypertrophie de la prostate ; en comprimant la partie prostatique de l'urètre, la glande rend la miction difficile. En cas de rétention urinaire prolongée, il faut insérer un mince tube de plastique appelé *cathéter* dans l'urètre afin de drainer l'urine et d'éviter des lésions de la vessie. ■

DÉVELOPPEMENT ET VIEILLISSEMENT DU SYSTÈME URINAIRE

Le développement embryonnaire des reins est quelque peu déroutant. Comme le montre la figure 26.20, trois types de systèmes rénaux émergent des *crêtes uro-génitales*, deux épaississements du mésoderme intermédiaire dorsal d'où dérivent les organes des systèmes urinaire et génital. Seul le dernier système persiste et donne naissance aux reins adultes. Le premier système de tubules, le **pronéphros** (« rein primitif »), se forme au cours de la quatrième semaine du développement, puis il dégénère pour laisser place au deuxième, plus bas. Bien que le pronéphros ne fonctionne jamais et disparaisse à la sixième semaine, le **conduit pronéphrique** qui le relie au cloaque demeure, et il est utilisé par les reins qui se développent ultérieurement. (Le cloaque est la partie terminale de l'intestin, ouverte sur l'extérieur.) Au moment où le conduit pronéphrique est accaparé par le deuxième système rénal, le **mésonéphros** (« rein intermédiaire »), il prend le nom de **conduit mésonéphrique.** Le mésonéphros dégénère à son tour lorsque le troisième rein, le **métanéphros** (« rein final ») fait son apparition.

Le métanéphros commence à se développer pendant la cinquième semaine, sous forme de **diverticules métanéphriques,** ou bourgeons urétéraux, creux qui émergent du conduit mésonéphrique et montent plus haut dans le corps de l'embryon. Les extrémités distales des diverticules métanéphriques forment les pelvis rénaux et les tubules rénaux collecteurs ; leurs portions proximales, rudimentaires, prennent alors le nom d'**uretères.** Les néphrons émergent d'une masse de mésoderme intermédiaire qui se constitue autour du sommet de chaque diverticule métanéphrique. Comme les reins se développent dans le bassin puis montent jusqu'à leur position définitive dans l'abdomen, ils reçoivent leur irrigation de sources de plus en plus élevées. Bien que les vaisseaux sanguins inférieurs dégénèrent habituellement à mesure que les vaisseaux supérieurs apparaissent, il arrive qu'ils persistent et produisent des artères rénales multiples. Le

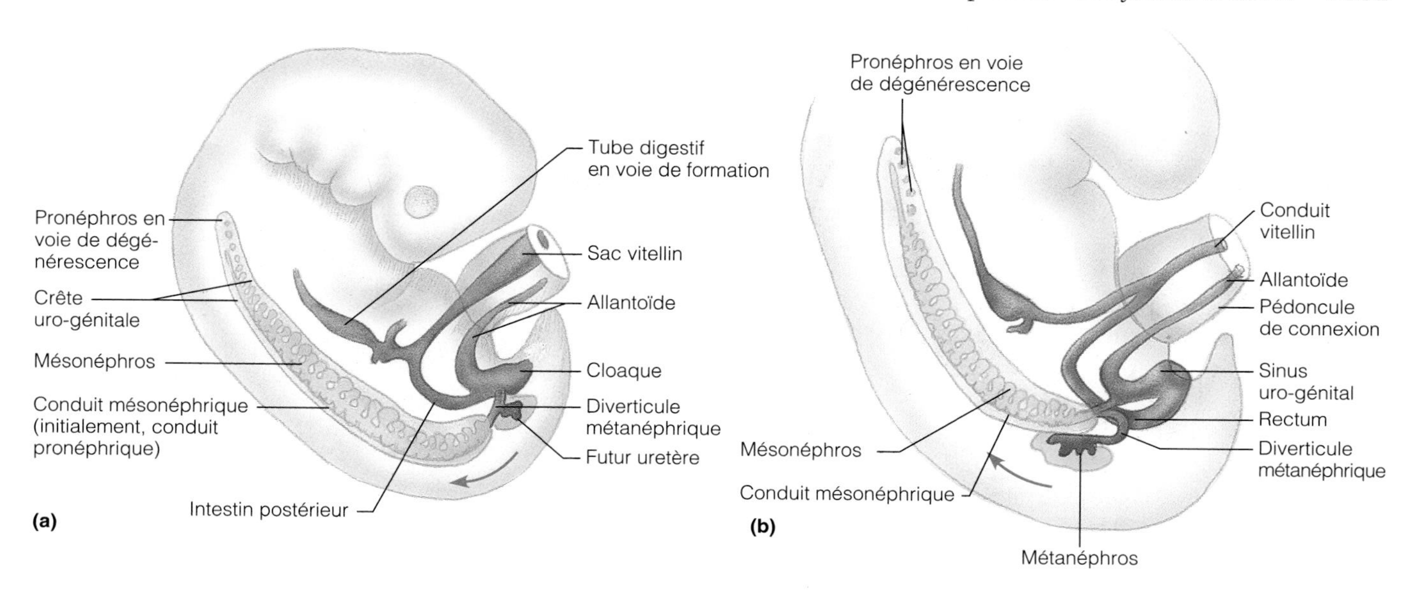

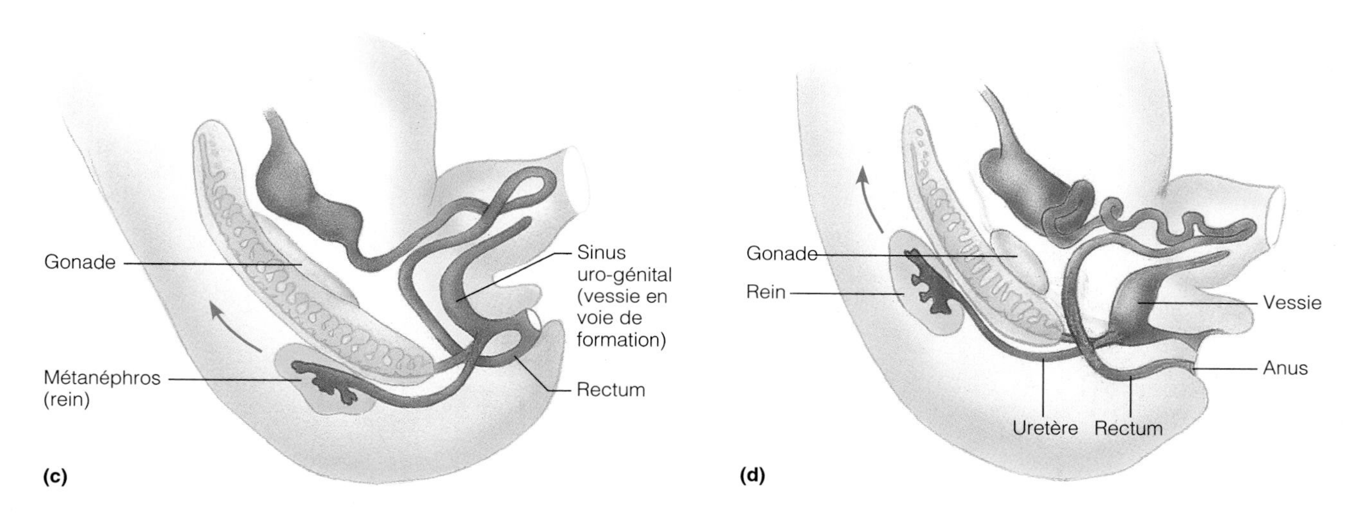

FIGURE 26.20
Développement embryonnaire du système urinaire. (a) Cinquième semaine. **(b)** Sixième semaine. **(c)** Septième semaine. **(d)** Huitième semaine. (Les flèches rouges indiquent la direction de la migration du métanéphros au cours de son développement.)

métanéphros excrète de l'urine dès le troisième mois de gestation, et le liquide amniotique est en grande partie composé d'urine fœtale. Néanmoins, les reins du fœtus sont loin de travailler à pleine capacité, car le système urinaire de la mère, par l'intermédiaire du placenta, débarrasse le sang fœtal de la plupart des substances indésirables.

À mesure que se forme le métanéphros, le cloaque se subdivise et forme le **sinus uro-génital définitif,** où se jettent les conduits urinaires et génitaux, ainsi que le rectum et le canal anal. La vessie et l'urètre émergent ensuite du sinus uro-génital définitif.

Les anomalies congénitales du système urinaire sont nombreuses, mais les trois plus fréquentes sont le rein en fer à cheval, l'hypospadias et la polykystose rénale.

Au moment de leur ascension dans l'abdomen, les reins sont très rapprochés et, 1 fois sur 600, ils fusionnent par leurs parties inférieures. L'anomalie, appelée *rein en fer à cheval*, est généralement asymptomatique, mais elle

GROS PLAN

L'insuffisance rénale et le rein artificiel

L'insuffisance rénale, un état heureusement peu répandu, survient lorsque le nombre de néphrons sains diminue au point que la fonction rénale ne peut plus maintenir l'homéostasie de l'organisme. Les causes de l'insuffisance rénale sont les suivantes :

1. Des infections rénales répétées.
2. Des traumatismes aux reins ou à d'autres parties du corps (écrasement).
3. Une compression prolongée des muscles squelettiques (cela cause la libération de myoglobine, qui peut boucher les tubules rénaux).
4. Une intoxication chimique des cellules tubulaires par des métaux lourds (mercure ou plomb) ou par des solvants organiques comme le perchloroéthylène (solvant utilisé pour le nettoyage à sec), le diluant à peinture, l'acétone, etc.
5. Une insuffisance de l'irrigation des cellules tubulaires (due notamment à l'artériosclérose).

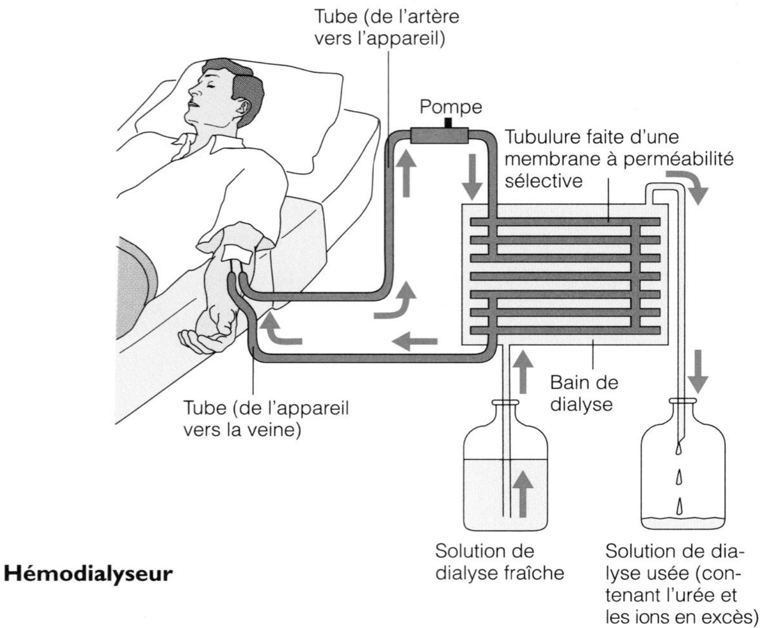

Hémodialyseur

L'insuffisance rénale est associée à une diminution ou à un arrêt de la formation du filtrat glomérulaire. Les déchets azotés ont tôt fait de s'accumuler dans le sang (*hyperazotémie*) et le pH sanguin diminue. L'*urémie* et un déséquilibre électrolytique suivent peu de temps après et perturbent complètement les processus physiologiques vitaux. L'urémie non contrôlée cause de la diarrhée, des vomissements, un œdème (dû à la rétention de sodium), une gêne respiratoire, des arythmies cardiaques (dues à l'hyperkaliémie), des convulsions, le coma et la mort.

Pour prévenir l'urémie, il faut débarrasser le sang des déchets métaboliques et corriger sa composition ionique au moyen de la dialyse (*dialusis* = séparation). L'*hémodialyse*, qui s'effectue à l'aide d'un « rein artificiel », consiste à faire passer le sang du patient à travers une tubulure dont la membrane (voir le schéma) n'est perméable qu'à certaines substances. La tubulure est immergée dans une solution dont la composition diffère légèrement de celle du plasma purifié normal et où les solutés engendrent un gradient osmotique par rapport à ce dernier. À mesure que le sang circule dans la tubulure, les déchets azotés et le potassium qu'il contient diffusent dans la solution (qui n'en contient pas). Les substances à ajouter au sang, principalement des molécules tampons pour éliminer les ions H^+ (et du glucose pour les patients souffrant de malnutrition), passent de la solution au sang. Les substances nécessaires sont ainsi conservées ou ajoutées dans le sang, tandis que les déchets et les ions en excès sont éliminés. Il faut généralement procéder à trois séances d'hémodialyse par semaine, à raison de quatre à huit heures par séance. L'hémodialyse comporte certains risques, telles la thrombose, l'infection et l'ischémie dans l'extrémité portant le pontage artério-veineux. En outre, l'héparine administrée aux patients pour prévenir la coagulation du sang à l'intérieur du rein artificiel peut causer des hémorragies.

Certains patients peuvent bénéficier d'un traitement moins efficace mais plus commode, la *dialyse péritonéale continue ambulatoire* (*DPCA*). Dans ce procédé, c'est la membrane péritonéale (mésentère de l'intestin) du patient qui sert de membrane de dialyse. La DPCA consiste à introduire dans la cavité péritonéale, au moyen d'un cathéter, un liquide iso-osmotique dont la composition chimique est la même que celle du plasma et du liquide interstitiel normaux. Après une période de 15 à 60 minutes, durant laquelle les échanges s'effectuent entre le sang et la solution, on retire le dialysat de la cavité péritonéale et on répète l'opération avec du liquide frais jusqu'à ce que la chimie sanguine du patient revienne à la normale. Comme certains patients négligent de consulter leur médecin quand le dialysat est trouble ou sanguinolent, les infections sont plus fréquentes avec la DPCA qu'avec l'hémodialyse.

Quand les reins sont irréparablement endommagés, ils deviennent totalement inaptes à filtrer le plasma et à concentrer l'urine, et la transplantation constitue la seule solution permanente. Malheureusement, les signes et les symptômes de ce trouble n'apparaissent que lorsque la fonction rénale a diminué de 75 %. (Cette étonnante proportion est due au fait que certains néphrons s'hypertrophient et gagnent en efficacité à mesure que d'autres cessent de fonctionner.) La filtration glomérulaire diminue. L'hyperazotémie s'installe ; les reins perdent leur capacité de former de l'urine concentrée et de l'urine diluée, si bien que l'urine devient isotonique par rapport au plasma sanguin. Le dernier stade de l'insuffisance rénale est atteint lorsque 90 % des néphrons ont cessé de fonctionner.

peut s'accompagner de troubles rénaux, telle l'obstruction, qui prédisposent aux infections des reins.

L'*hypospadias* est la plus fréquente des anomalies congénitales de l'urètre. Il s'agit de l'ouverture de l'urètre sur la face ventrale du pénis. On la corrige chirurgicalement lorsque l'enfant atteint l'âge de 12 mois environ.

La *maladie polykystique des reins du nouveau-né* est une maladie héréditaire qui se caractérise par la présence dans le rein du bébé de nombreux kystes remplis d'urine. Elle résulte d'une anomalie du développement des tubules rénaux collecteurs : ceux-ci entravent le drainage de l'urine de certains néphrons, de sorte que l'urine s'accumule à l'intérieur de kystes. La maladie cause presque invariablement l'insuffisance rénale pendant l'enfance, mais les greffes de rein ont augmenté les chances de survie des enfants atteints.

La *maladie polykystique des reins de l'adulte*, également héréditaire, est différente de la polykystose rénale qui touche les bébés. Les kystes, qui sont une dilatation des néphrons, se développent progressivement si bien qu'ils n'entraînent aucun symptôme jusqu'à l'âge d'environ 40 ans. À ce moment, les deux reins commencent à grossir en raison de l'accumulation de kystes, qui ressemblent à des ampoules et qui contiennent du sang, du mucus ou de l'urine. L'atteinte rénale causée par ces kystes évolue lentement, et de nombreuses personnes souffrant de cette maladie vivent sans problème jusqu'à la soixantaine. À la longue, cependant, les reins deviennent noueux et beaucoup plus gros que la normale ; ils peuvent atteindre une masse allant jusqu'à 14 kg chacun. La plupart des victimes de cette maladie meurent par suite d'insuffisance rénale ou d'hypertension. Relativement fréquente, la maladie polykystique de l'adulte touche 1 personne sur 500. ■

Comme sa vessie est très petite et que ses reins sont inaptes à la formation d'urine concentrée jusqu'au troisième mois de la vie, un nouveau-né urine de 5 à 40 fois par jour, suivant le volume des liquides ingérés. À l'âge de deux mois, le nourrisson excrète environ 400 mL d'urine par jour, et cette quantité augmente constamment jusqu'à l'adolescence, moment où le débit urinaire adulte (environ 1500 mL par jour) est atteint.

La maîtrise du muscle sphincter de l'urètre (externe) va de pair avec le développement du système nerveux. À l'âge de 15 mois, la plupart des enfants sont conscients de leurs mictions. À 18 mois, ils peuvent généralement se retenir pendant environ deux heures, ce qui indique qu'ils sont prêts à l'apprentissage de la propreté. La continence diurne précède habituellement la continence nocturne. En règle générale, il est irréaliste de demander à un enfant de moins de quatre ans une continence nocturne totale.

De l'enfance à la fin de l'âge mur, la plupart des troubles du système urinaire sont de nature infectieuse. *Escherichia coli*, une bactérie qui prolifère dans les voies digestives sans y causer de problèmes, est responsable de 80 % des infections urinaires. Les *maladies transmissibles sexuellement* (*MTS*), qui sont en majorité des infections du système génital (voir le chapitre 28), peuvent aussi causer des inflammations et des obstructions des voies urinaires. Les infections streptococciques comme celles de la gorge et la scarlatine peuvent causer, faute d'un traitement immédiat, des lésions inflammatoires chroniques des reins.

Trois pour cent seulement des personnes âgées ont des reins histologiquement normaux. Avec l'âge, les reins rétrécissent, les néphrons diminuent en taille et en nombre, et les cellules tubulaires perdent leur efficacité. Le débit de filtration glomérulaire d'une personne de 70 ans est deux fois moindre que celui d'une personne d'âge moyen. On pense que ce ralentissement est dû au rétrécissement des artères rénales consécutif à l'artériosclérose. Les personnes diabétiques sont particulièrement prédisposées aux maladies rénales, et plus de 50 % de celles qui ont présenté un diabète sucré pendant 20 ans (quel que soit leur âge) sont atteintes d'une insuffisance rénale attribuable à des atteintes vasculaires.

La vessie d'une personne âgée est rétrécie, et sa capacité est deux fois moins grande que celle d'un jeune adulte (250 mL par opposition à 600 mL). La perte du tonus vésical cause de fréquentes mictions. La *nycturie*, c'est-à-dire la nécessité de se lever la nuit pour uriner, atteint presque les deux tiers des personnes âgées. L'incontinence finit par se manifester chez beaucoup de gens, non sans porter un coup terrible à l'estime de soi.

* * *

Les uretères, la vessie et l'urètre jouent un rôle important dans le transport, l'entreposage et l'élimination de l'urine, mais le terme « système urinaire » évoque principalement les reins, qui produisent l'urine. Comme le résume l'encadré intitulé *Synthèse* au chapitre 27, p. 1032-1033, les autres systèmes de l'organisme contribuent de bien des façons au maintien dans un bon état du système urinaire. Sans les reins, cependant, les liquides de l'organisme seraient vite contaminés par les déchets azotés, et l'équilibre des électrolytes dans le sang serait dangereusement perturbé. Or, aucune cellule ne pourrait échapper aux dommages causés par un tel déséquilibre.

Maintenant que nous avons décrit le fonctionnement des reins, nous sommes prêts à l'intégrer au sujet plus vaste de l'équilibre des liquides et des électrolytes dans l'organisme. Tel sera le sujet du chapitre 27.

TERMES MÉDICAUX

Cancer de la vessie Le cancer de la vessie cause environ 3 % des décès reliés au cancer. Il correspond généralement à des néoplasmes de l'épithélium vésical, et il peut être causé par des agents cancérogènes présents dans l'environnement ou le milieu de travail et se retrouvant dans l'urine. Le tabagisme, l'exposition à des produits chimiques industriels et l'usage de certains édulcorants artificiels semblent aussi liés au cancer de la vessie. La présence de sang dans l'urine est un signe fréquent de la maladie.

Cystocèle (*kustis* = vessie ; *kêlê* = tumeur) Saillie de la vessie (hernie) dans le vagin, fréquemment causée par le déchirement des muscles du périnée pendant l'accouchement.

Cystoscopie (*kustis* = vessie ; *skopein* = observer) Examen visuel de la muqueuse vésicale au moyen d'un tube inséré dans l'urètre.

Diabète insipide État caractérisé par l'élimination de grandes quantités (jusqu'à 40 L par jour) d'urine diluée (polyurie) et par une soif intense (polydipsie). La forme dite *centrale* est causée par l'insuffisance ou l'absence de sécrétion d'hormone antidiurétique, à la suite d'une lésion ou d'une tumeur de l'hypothalamus ou de la neurohypophyse. Peut provoquer une déshydratation et un déséquilibre électrolytique graves si la personne atteinte ne boit pas de grandes quantités de liquide. Le traitement consiste en l'administration d'hormone antidiurétique.

Énurésie Incapacité de maîtriser la miction pendant le sommeil. Fréquente surtout chez les enfants dont le sommeil est profond et chez les personnes dont la capacité vésicale est faible (enfants et personnes âgées), mais elle peut aussi être due à des facteurs émotionnels plutôt que physiques.

Examen des urines Analyse des urines qui permet de poser certains diagnostics. La présence de protéines, de glucose, d'acétone, de sang ou de pus dans les urines est signe d'un état pathologique.

Glomérulonéphrite Terme qui regroupe diverses affections de type aigu ou chronique qui se manifestent par une inflammation des glomérules souvent consécutive à une infection et/ou à une réaction immunitaire. Dans certains cas, des complexes immuns circulants (anticorps liés à des substances étrangères telles que des streptocoques) se déposent dans les membranes basales des glomérules. Dans d'autres cas, des réactions immunitaires s'organisent contre le tissu rénal et causent des lésions glomérulaires (maladie auto-immune). Dans tous les cas, la réaction inflammatoire qui s'ensuit endommage la membrane de filtration et accroît sa perméabilité. Des protéines sanguines et même des globules sanguins entrent alors dans les tubules rénaux et sont éliminés dans l'urine. À mesure que diminue la pression osmotique du sang, le liquide s'échappe dans les espaces interstitiels et cause un œdème généralisé. L'oligo-anurie (nécessitant la dialyse ; voir l'encadré de la page 1002) peut apparaître temporairement, mais le fonctionnement des reins se rétablit en quelques mois. Les lésions glomérulaires permanentes peuvent provoquer la glomérulonéphrite chronique et, finalement, l'insuffisance rénale.

Infarctus rénal Zone de tissu rénal nécrosé. Peut résulter de l'inflammation, de l'hydronéphrose (distension des structures rénales par l'urine dont l'écoulement est bloqué) ou d'un arrêt de l'irrigation du rein. L'obstruction d'une artère interlobaire du rein est une cause fréquente de l'infarctus rénal localisé. Comme les artères interlobaires du rein sont terminales (elles ne s'anastomosent pas), leur obstruction provoque une ischémie et la nécrose des portions du rein qu'elles irriguent.

Néphrolysine Substance (métal lourd, solvant organique ou toxine bactérienne) toxique pour les reins.

Urographie intraveineuse (*oûron* = urine ; *graphein* = écriture) Examen radiologique du rein et de l'uretère réalisé après l'injection intraveineuse d'une substance de contraste. Permet de détecter les obstructions des vaisseaux sanguins rénaux, d'observer l'anatomie du rein (pelvis et calices rénaux) et de déterminer le taux d'excrétion (clairance) de la substance de contraste.

Urologue Médecin spécialisé dans les affections du système urinaire de l'homme et de la femme et dans les affections du système génital de l'homme.

RÉSUMÉ DU CHAPITRE

Anatomie des reins (p. 973-980)

Situation et anatomie externe (p. 973-974)

1. Les reins occupent une position rétropéritonéale dans la région lombale supérieure.

2. Chaque rein est entouré par trois enveloppes : la capsule fibreuse du rein, la capsule adipeuse du rein et le fascia rénal. La capsule adipeuse maintient les reins dans leur position normale.

Anatomie interne (p. 974-975)

3. De l'extérieur vers l'intérieur, le rein est constitué du cortex rénal, de la médulla rénale (composée principalement des pyramides rénales) et du pelvis rénal. Les calices rénaux recueillent l'urine qui s'écoule des sommets des pyramides (papilles rénales) par les orifices papillaires et la déversent dans le pelvis rénal.

Vascularisation et innervation (p. 975)

4. Les reins reçoivent 25 % du débit cardiaque total.

5. Le sang suit le trajet suivant dans le rein : artère rénale → artères segmentaires → artères interlobaires → artères arquées → artères interlobulaires → artérioles afférentes → glomérules → artérioles efférentes → lits capillaires péritubulaires → veines interlobulaires → veines arquées → veines interlobaires → veine rénale.

6. L'innervation des reins provient du plexus rénal.

Néphrons (p. 976-980)

7. Les néphrons sont les unités structurales et fonctionnelles des reins.

8. Chaque néphron comprend un glomérule (un lit capillaire où la pression est élevée) et une capsule glomérulaire rénale qui se prolonge par un tubule rénal. Le tubule rénal s'abouche au glomérule et donne le tubule contourné proximal, l'anse du néphron et le tubule contourné distal. Un lit capillaire à faible pression, le lit capillaire péritubulaire, est étroitement associé au tubule rénal.

9. Les néphrons corticaux, les plus nombreux, sont presque entièrement compris dans le cortex rénal ; une petite portion seulement de leurs anses s'enfonce dans la médulla rénale. Les néphrons juxta-médullaires sont situés à la jonction du cortex rénal et de la médulla rénale, et leurs anses pénètrent profondément dans la médulla rénale. Les néphrons juxta-médullaires jouent un rôle important dans l'établissement du gradient osmotique de la médulla.

10. Les tubules rénaux collecteurs reçoivent l'urine de nombreux néphrons et contribuent à concentrer l'urine. Ils forment les pyramides rénales.

11. L'appareil juxta-glomérulaire est situé au point de contact entre les artérioles afférente et efférente et la première portion du tubule contourné distal. Il est formé des cellules juxta-glomérulaires de l'artériole afférente et des cellules de la paroi du tube contourné distal constituant la macula densa.

Physiologie des reins : formation de l'urine (p. 980-997)

1. Les fonctions du néphron sont la filtration, la réabsorption tubulaire et la sécrétion tubulaire. Par ces processus, les reins éliminent les déchets métaboliques azotés, et ils règlent le volume, la composition et le pH du sang.

Filtration glomérulaire (p. 980-986)

2. Les glomérules font office de filtres. La pression sanguine y est élevée (55 mm Hg), parce que les glomérules sont alimentés et drainés par des artérioles et parce que le diamètre des artérioles afférentes est plus grand que celui des artérioles efférentes.

3. Environ un cinquième du plasma qui passe par les glomérules traverse le filtre glomérulaire et s'écoule dans les tubules rénaux.

4. La membrane de filtration est composée d'un endothélium fenestré, d'une membrane basale et du feuillet viscéral de la capsule glomérulaire rénale formé de podocytes. Elle laisse librement passer les substances plus petites que les protéines plasmatiques.

5. La pression nette de filtration (habituellement d'environ 10 mm Hg) est déterminée par l'interaction des forces favorisant la filtration (pression hydrostatique glomérulaire) et des forces s'y opposant (pression hydrostatique capsulaire et pression osmotique glomérulaire, ou pression oncotique).

6. Le débit de filtration glomérulaire est directement proportionnel à la pression nette de filtration et il se chiffre à environ 125 mL/min (180 L/24h).

7. L'autorégulation rénale permet aux reins de conserver un débit sanguin et un débit de filtration glomérulaire relativement constants. L'autorégulation fait intervenir un mécanisme autorégulateur vasculaire myogène et un mécanisme de rétroaction tubuloglomérulaire régi par la macula densa.

8. L'activation du système nerveux sympathique cause la constriction des artérioles afférentes et, par le fait même, diminue la formation du filtrat et stimule la libération de rénine par les cellules juxta-glomérulaires de l'artériole afférente.

9. Le système rénine-angiotensine, qui met à contribution les cellules juxta-glomérulaires de l'artériole afférente, fait augmenter la pression artérielle systémique en produisant l'angiotensine II, laquelle stimule la sécrétion d'aldostérone.

Réabsorption tubulaire (p. 986-990)

10. Pendant la réabsorption tubulaire, les cellules tubulaires retirent les substances nécessaires du filtrat et les renvoient dans le sang des capillaires péritubulaires. Le transport actif primaire des ions Na^+ par une ATPase Na^+-K^+ au niveau de la membrane basolatérale donne lieu à la réabsorption des ions Na^+ et établit le gradient électrochimique qui régit la réabsorption de l'eau et de la plupart des autres solutés. Les ions Na^+ traversent la membrane apicale de la cellule tubulaire par diffusion facilitée ou par diffusion à travers un canal.

11. La réabsorption tubulaire passive repose sur des gradients électrochimiques établis par la réabsorption active des ions Na^+. L'eau, de nombreux anions et diverses autres substances (dont l'urée) sont réabsorbés passivement par diffusion dans les voies transcellulaires ou paracellulaires.

12. La réabsorption tubulaire active secondaire s'effectue par cotransport avec des ions Na^+ à l'aide de transporteurs protéiques. Le transport de ces substances est limité par le nombre de transporteurs disponibles. Les substances réabsorbées activement incluent les nutriments et certains ions.

13. Certaines substances (la créatinine, les métabolites, des médicaments, etc.) ne sont pas réabsorbées ou sont réabsorbées partiellement parce qu'elles n'ont pas de transporteurs protéiques, parce qu'elles ne sont pas liposolubles ou parce que leurs molécules sont trop volumineuses.

14. Les cellules du tubule contourné proximal sont les plus actives dans la réabsorption. La plupart des nutriments, 65 % de l'eau et des ions Na^+ et l'essentiel des ions activement transportés sont réabsorbés dans les tubules contournés proximaux.

15. La réabsorption d'un surcroît d'ions Na^+ et d'eau s'effectue dans le tubule contourné distal et dans le tubule rénal collecteur, et elle est régie par des hormones. L'aldostérone accroît la réabsorption du sodium (et la réabsorption obligatoire de l'eau) ; l'hormone antidiurétique favorise la réabsorption de l'eau dans le tubule rénal collecteur.

Sécrétion tubulaire (p. 990-991)

16. La sécrétion tubulaire est un moyen d'ajouter des substances (provenant du sang ou des cellules tubulaires) au filtrat. Il s'agit d'un processus actif qui joue un rôle important dans l'élimination des médicaments, de l'urée et des ions en excès ainsi que dans le maintien de l'équilibre acido-basique du sang.

Régulation de la concentration et du volume de l'urine (p. 991-994)

17. L'hyperosmolalité graduée des liquides de la médulla (principalement due aux mouvements du NaCl et de l'urée) fait en sorte que le filtrat atteignant le tubule contourné distal est dilué (hypo-osmolaire). Elle permet la formation d'urine dont l'osmolalité varie entre 65 et 1200 mmol/kg.

- La partie descendante de l'anse du néphron est perméable à l'eau ; l'eau diffuse du filtrat vers l'interstitium médullaire. Au niveau du coude de l'anse du néphron, le filtrat et le liquide de la médulla sont hyper-osmolaires.
- La partie ascendante, épaisse, est imperméable à l'eau, mais les ions Na^+ et Cl^- présents dans le filtrat sont activement transportés dans l'espace interstitiel. Le filtrat se dilue à mesure qu'il perd des ions.
- À mesure que le filtrat contenu dans le tubule rénal collecteur s'écoule dans la médulla rénale interne, l'urée diffuse dans l'espace interstitiel. Une partie de l'urée entre dans la partie ascendante et est recyclée.
- Le sang s'écoule lentement dans les vasa recta, et son osmolalité s'équilibre avec celle du liquide interstitiel de la médulla. Par conséquent, le sang qui entre dans la médulla rénale et qui en sort par les vasa recta est isotonique par rapport au liquide interstitiel, et la forte concentration des solutés est ainsi maintenue dans la médulla.

18. En l'absence d'hormone antidiurétique, les reins forment de l'urine diluée, car le filtrat dilué atteignant le tubule contourné distal est excrété sans que l'eau soit réabsorbée vers l'espace interstitiel.

19. Quand la concentration sanguine d'hormone antidiurétique s'élève, les tubules rénaux collecteurs deviennent plus perméables à l'eau, et l'eau diffuse vers l'espace interstitiel, c'est-à-dire dans les parties hyperosmotiques de la médulla rénale. Par conséquent, de petites quantités d'urine concentrée sont produites.

Clairance rénale (p. 994-996)

20. La clairance rénale est le volume de plasma que les reins débarrassent complètement d'une substance en une minute. Les épreuves de la clairance rénale renseignent sur la fonction rénale et sur l'évolution des maladies rénales.

Caractéristiques et composition de l'urine (p. 996-997)

21. Normalement, l'urine est claire, jaune, aromatique et légèrement acide. Sa densité varie entre 1,001 et 1,035.

22. L'urine est composée à 95 % d'eau ; ses solutés sont les déchets azotés (l'urée, l'acide urique et la créatinine) et divers ions (toujours des ions Na^+, K^+, SO_4^{2-} et HPO_4^{2-}).

23. Le glucose, les protéines, les érythrocytes, le pus, l'hémoglobine et les pigments biliaires sont des constituants anormaux de l'urine.

24. Le débit urinaire quotidien varie entre 1,5 et 1,8 L environ, et il dépend du degré d'hydratation de l'organisme.

Uretères (p. 997)

1. Les uretères sont de minces conduits qui s'étendent des reins à la vessie en position rétropéritonéale. Ils transportent l'urine par péristaltisme des pelvis rénaux à la vessie.

Vessie (p. 997-999)

1. La vessie, où s'accumule l'urine, est un sac musculaire contractile situé derrière la symphyse pubienne. La vessie est percée de trois orifices (ceux des uretères et celui de l'urètre) délimitant le trigone vésical. Chez l'homme, la prostate entoure la portion supérieure de l'urètre.
2. La paroi de la vessie est composée d'une muqueuse formée d'un épithélium transitionnel, des trois épaisseurs de la musculeuse de la vessie et d'une adventice.

Urètre (p. 999)

1. L'urètre est un conduit musculaire qui transporte l'urine de la vessie vers l'extérieur de l'organisme.
2. À l'endroit où l'urètre s'abouche à la vessie, il est entouré par le sphincter lisse de l'urètre (interne et involontaire), formé de muscle lisse. Le muscle sphincter de l'urètre (externe et volontaire), formé de muscle squelettique, entoure l'urètre à l'endroit où il traverse le diaphragme uro-génital.
3. Chez la femme, l'urètre mesure de 3 à 4 cm de long, et il ne transporte que l'urine. Chez l'homme, l'urètre mesure 20 cm de long, et il transporte l'urine ou le sperme.

Miction (p. 999-1000)

1. La miction est l'émission d'urine.
2. L'accumulation d'urine étire la paroi de la vessie et déclenche le réflexe de miction. Ce réflexe cause la contraction de la musculeuse de la vessie et le relâchement du sphincter lisse de l'urètre (interne).
3. Comme le muscle sphincter de l'urètre (externe) est volontaire, la miction peut généralement être retardée.

Développement et vieillissement du système urinaire (p. 1000-1003)

1. Trois types de systèmes rénaux (pronéphros, mésonéphros et métanéphros) émergent du mésoderme intermédiaire. Le métanéphros excrète de l'urine dès le troisième mois de gestation.
2. Le rein en fer à cheval, la polykystose rénale et l'hypospadias sont des anomalies congénitales fréquentes.
3. Comme sa vessie est petite et que ses reins sont inaptes à la formation d'urine concentrée, le nouveau-né urine fréquemment. Le développement des fonctions neuromusculaires permet généralement l'apprentissage de la propreté à partir de l'âge de 18 mois.
4. Les infections bactériennes sont les troubles du système urinaire les plus fréquents de l'enfance à l'âge mûr.
5. L'insuffisance rénale est rare mais très grave. La concentration de l'urine est impossible, les déchets azotés s'accumulent dans le sang, et l'équilibre acido-basique et électrolytique est rompu.
6. Avec l'âge, le nombre de néphrons diminue, la filtration ralentit, et les cellules tubulaires concentrent l'urine moins efficacement. La rétention urinaire est répandue chez les hommes âgés.
7. La capacité et le tonus vésicaux diminuent avec l'âge, causant des mictions fréquentes et, souvent, l'incontinence.

QUESTIONS DE RÉVISION

Choix multiples/associations

(Réponses à l'appendice G)

1. Les déchets azotés atteignent leur plus faible concentration sanguine dans: (a) la veine hépatique; (b) la veine cave inférieure; (c) l'artère rénale; (d) la veine rénale.
2. Les capillaires glomérulaires diffèrent des autres capillaires parce qu'ils: (a) ont des anastomoses plus étendues; (b) proviennent d'artérioles et se jettent dans des artérioles; (c) ne sont pas formés d'endothélium; (d) sont les sites de la formation du filtrat.
3. Une lésion de la médulla rénale entraverait *d'abord* le fonctionnement: (a) des capsules glomérulaires rénales; (b) des tubules contournés distaux; (c) des tubules rénaux collecteurs; (d) des tubules contournés proximaux.
4. Laquelle des substances suivantes est réabsorbée par le tubule contourné proximal? (a) Le sodium. (b) Le potassium. (c) Les acides aminés. (d) Toutes ces substances.
5. Généralement, il n'y a pas de glucose dans l'urine parce que: (a) il ne traverse pas les parois des glomérules; (b) il est maintenu dans le sang par la pression oncotique; (c) il est réabsorbé par les cellules tubulaires; (d) il est absorbé par les cellules avant que le sang atteigne les reins.
6. Dans le glomérule, la filtration est directement reliée à: (a) la réabsorption de l'eau; (b) la pression artérielle; (c) la pression hydrostatique capsulaire; (d) l'acidité de l'urine.
7. La réabsorption rénale: (a) du glucose et de nombreuses autres substances est un processus actif limité par le taux maximal de réabsorption; (b) des ions chlorure est toujours liée au transport passif des ions sodium; (c) est le mouvement des substances du sang au néphron; (d) des ions sodium ne s'effectue que dans le tubule contourné proximal.
8. Si un échantillon d'urine fraîche contient des quantités excessives d'urochrome, il présente: (a) une odeur d'ammoniac; (b) un pH inférieur à la normale; (c) une couleur jaune foncé; (d) un pH supérieur à la normale.
9. Le diabète sucré, l'inanition et un régime alimentaire pauvre en glucides sont reliés à: (a) la cétonurie; (b) la pyurie; (c) l'albuminurie; (d) l'hématurie.

Questions à court développement

10. Quelle est l'importance de la capsule adipeuse entourant le rein?
11. Décrivez le trajet d'une molécule de créatinine d'un glomérule à l'urètre. Nommez toutes les structures microscopiques et macroscopiques qu'elle traverse en chemin.
12. Expliquez les différences importantes entre le plasma sanguin et le filtrat rénal. Mettez ces différences en rapport avec la structure de la membrane de filtration.
13. Décrivez les mécanismes qui contribuent à l'autorégulation rénale.
14. Décrivez la réabsorption tubulaire active et passive.
15. Expliquez en quoi les capillaires péritubulaires sont adaptés à la réception des substances réabsorbées.

16. Expliquez le déroulement et l'utilité de la sécrétion tubulaire.

17. Comment l'aldostérone modifie-t-elle la composition chimique de l'urine ?

18. Expliquez pourquoi le filtrat est hypertonique quand il atteint le coude de l'anse du néphron (et le liquide interstitiel des parties profondes de la médulla rénale). Expliquez aussi pourquoi le filtrat devient hypotonique en s'écoulant dans la partie ascendante de l'anse du néphron.

19. En quoi l'anatomie de la vessie est-elle adaptée à sa fonction de réservoir ? Expliquez le rôle de l'épithélium transitionnel.

20. Définissez la miction et décrivez le réflexe de miction.

21. Décrivez les changements que le vieillissement fait subir à l'anatomie et à la physiologie des reins et de la vessie.

RÉFLEXION ET APPLICATION

1. Mme Bigda, une femme de 60 ans, est amenée au centre hospitalier par des policiers qui l'ont trouvée étendue sur le trottoir. L'équipe médicale détermine qu'elle est atteinte d'une hépatite alcoolique. On lui donne un régime pauvre en sel et en protéines, et on lui prescrit des diurétiques pour éliminer son ascite (accumulation de liquides dans la cavité péritonéale). Comment les diurétiques faciliteront-ils l'élimination des liquides en excès ? Nommez et décrivez le mécanisme d'action de trois types de diurétiques. Pourquoi recommande-t-on à Mme Bigda un régime hyposodique ?

2. M. Hudon, un réparateur de ligne de transport d'électricité, fait une chute. L'examen révèle une fracture de la partie inférieure de la colonne vertébrale et un sectionnement de la moelle épinière de la région lombale. Dorénavant, M. Hudon aura-t-il la maîtrise de ses mictions ? Éprouvera-t-il encore le besoin d'uriner ? Y aura-t-il écoulement goutte à goutte d'urine entre les mictions ? Justifiez vos réponses.

3. Qu'est-ce que la cystite ? Pourquoi les femmes en sont-elles atteintes plus fréquemment que les hommes ?

4. Mme Desjardins, une femme de 55 ans, est réveillée par une douleur atroce qui irradie du côté droit de son abdomen jusqu'à l'aine et à la région lombale du même côté. La douleur est intermittente et revient toutes les 3 à 4 minutes. Identifiez le problème et énumérez quelques-uns des facteurs qui pourraient y avoir prédisposé Mme Desjardins. Expliquez aussi pourquoi la douleur de Mme Desjardins est intermittente.

27

ÉQUILIBRE HYDRIQUE, ÉLECTROLYTIQUE ET ACIDO-BASIQUE

SOMMAIRE ET OBJECTIFS D'APPRENTISSAGE

Liquides de l'organisme (p. 1009-1012)

1. Énumérer les facteurs qui déterminent le poids hydrique de l'organisme et décrire les effets de chacun.
2. Préciser le volume hydrique des différents compartiments hydriques de l'organisme et comparer leur composition en solutés.
3. Comparer les effets osmotiques globaux des électrolytes et ceux des non-électrolytes.
4. Décrire les facteurs qui déterminent les échanges hydriques entre les différents compartiments de l'organisme.

Équilibre hydrique (p. 1013-1015)

5. Énumérer les voies d'entrée et de sortie de l'eau dans l'organisme.
6. Décrire les mécanismes de rétroaction qui régissent l'apport hydrique (la soif) et les mécanismes hormonaux qui régissent l'excrétion d'eau dans l'urine.
7. Expliquer l'importance des pertes d'eau obligatoires.
8. Décrire les causes et les conséquences possibles de la déshydratation, de l'hydratation hypotonique et de l'œdème.

Équilibre électrolytique (p. 1015-1023)

9. Indiquer les voies d'entrée et de sortie des électrolytes dans l'organisme.
10. Expliquer l'importance du sodium ionique dans l'équilibre hydrique et électrolytique de l'organisme; énoncer les rapports du sodium ionique avec le fonctionnement du système cardiovasculaire.
11. Décrire succinctement les mécanismes hormonaux et nerveux intervenant dans la régulation de l'équilibre des ions sodium et de l'eau.
12. Expliquer la régulation de l'équilibre plasmatique des ions potassium, calcium et magnésium et celle des anions.

Équilibre acido-basique (p. 1023-1031)

13. Expliquer l'importance du maintien de l'équilibre acido-basique pour l'organisme.
14. Définir l'acidose et l'alcalose; expliquer l'expression acidose physiologique.
15. Énumérer les principales sources d'acides de l'organisme.
16. Nommer les trois principaux systèmes tampons chimiques de l'organisme et expliquer comment ils résistent aux variations du pH.
17. Expliquer l'influence du système respiratoire sur l'équilibre acido-basique.
18. Expliquer comment les reins règlent les concentrations sanguines des ions hydrogène (H^+) et bicarbonate (HCO_3^-).
19. Faire la distinction entre l'acidose et l'alcalose respiratoires et entre l'acidose et l'alcalose métaboliques. Expliquer l'importance des mécanismes de compensation respiratoires et rénaux pour l'équilibre acido-basique.
20. Citer quelques-unes des principales causes d'acidose ou d'alcalose métaboliques et d'acidose ou d'alcalose respiratoires.

Équilibre hydrique, électrolytique et acido-basique au cours du développement et du vieillissement (p. 1031, 1034)

21. Expliquer pourquoi les nourrissons et les personnes âgées sont plus exposés que les jeunes adultes aux déséquilibres hydriques et électrolytiques.

Vous êtes-vous déjà demandé pourquoi il vous arrive de passer des heures sans uriner, tandis qu'en d'autres occasions vous urinez abondamment et fréquemment? Savez-vous pourquoi votre soif semble parfois inextinguible? Ces phénomènes traduisent l'une des principales fonctions de l'organisme: le maintien de l'équilibre hydrique, électrolytique et acido-basique.

Le fonctionnement cellulaire dépend non seulement d'un apport continuel de nutriments et de l'excrétion des déchets métaboliques, mais aussi de l'homéostasie en ce qui a trait aux conditions physiques et à la composition chimique des liquides qui entourent les cellules. Le principe fondamental de l'homéostasie fut énoncé en 1857 par le physiologiste français Claude Bernard, qui affirmait que l'équilibre dynamique du milieu interne est la condition essentielle d'une vie autonome de l'organisme. Dans ce chapitre, nous allons étudier la composition et la distribution des liquides du milieu interne; puis nous reviendrons en quelque sorte en arrière, et nous considérerons le rôle des divers organes et fonctions physiologiques dans la régulation et le maintien de l'état d'équilibre dynamique ainsi que dans les processus pouvant engendrer un déséquilibre.

LIQUIDES DE L'ORGANISME

Poids hydrique de l'organisme

L'eau constitue environ la moitié de la masse corporelle d'un jeune adulte en bonne santé. Cependant, le poids hydrique varie d'une personne à une autre, et l'eau corporelle totale est fonction non seulement de la masse corporelle, de l'âge et du sexe, mais aussi de la quantité relative de tissu adipeux. Comme les nourrissons ont peu de tissu adipeux et que la masse de leurs os est faible, leur organisme est composé à 73 % ou plus d'eau; ce haut degré d'hydratation explique le velouté de leur peau. Le poids hydrique diminue au cours de la vie, et l'eau ne constitue plus que 45 % environ de la masse corporelle d'une personne âgée. L'organisme d'un jeune homme en bonne santé est composé d'environ 60 % d'eau, et celui d'une jeune femme, d'environ 50 %; cette différence substantielle est reliée au fait que les femmes ont plus de tissu adipeux et moins de muscle squelettique que les hommes. Le tissu adipeux est le *moins* hydraté des tissus (il ne peut contenir que 20 % d'eau, alors que le muscle squelettique peut en contenir jusqu'à 65 %); même l'os renferme plus d'eau que la graisse. Par conséquent, l'organisme des personnes qui possèdent une plus grande masse musculaire comprend une plus grande proportion d'eau. Malgré la relativement faible teneur en eau chez la femme, l'hydratation de sa peau est favorisée par les œstrogènes.

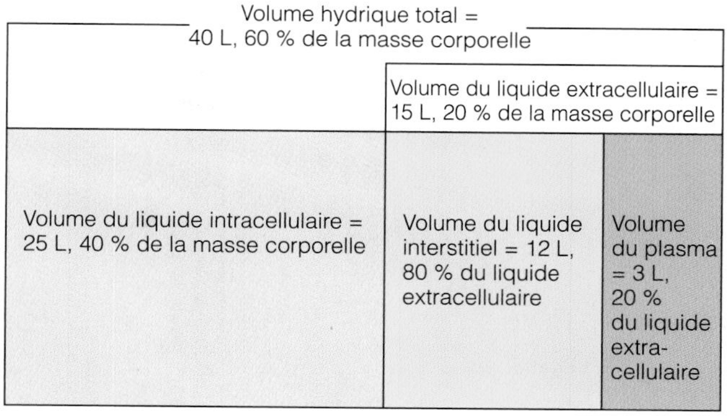

Volume hydrique total = 40 L, 60 % de la masse corporelle

Volume du liquide extracellulaire = 15 L, 20 % de la masse corporelle

Volume du liquide intracellulaire = 25 L, 40 % de la masse corporelle

Volume du liquide interstitiel = 12 L, 80 % du liquide extracellulaire

Volume du plasma = 3 L, 20 % du liquide extracellulaire

FIGURE 27.1
Principaux compartiments hydriques de l'organisme. Les volumes et les pourcentages sont approximatifs et ont été mesurés chez un homme de 70 kg.

Compartiments hydriques de l'organisme

Dans l'organisme, l'eau se répartit essentiellement en deux **compartiments hydriques** (figure 27.1). Un peu moins des deux tiers du volume total se trouvent dans le **compartiment intracellulaire,** qui est en fait composé de billions de compartiments, les cellules. Chez un homme adulte de stature moyenne (70 kg), le compartiment intracellulaire contient 25 L sur les 40 L totaux. Le tiers restant se trouve à l'extérieur des cellules, dans le **compartiment extracellulaire.** Le compartiment extracellulaire constitue à la fois le « milieu interne » auquel Claude Bernard faisait référence et le milieu externe des cellules. En fait, le compartiment extracellulaire comprend deux sous-compartiments: le **compartiment intravasculaire** (**plasmatique**) et le **compartiment interstitiel.** C'est ce qui explique que le plasma sanguin et le liquide interstitiel constituent le liquide extracellulaire. Le compartiment extracellulaire comporte de nombreux autres sous-compartiments, soit la lymphe, le liquide cérébrospinal, l'humeur aqueuse et le corps vitré de l'œil, le liquide synovial, les sérosités et les sécrétions gastro-intestinales. La plupart de ces liquides, toutefois, sont analogues au liquide interstitiel, et on estime généralement qu'ils en font partie. Chez l'homme adulte de 70 kg, le volume de liquide interstitiel se chiffre à 12 L et celui du plasma, à 3 L (figure 27.1).

Composition des liquides de l'organisme

Solutés: électrolytes et non-électrolytes

L'eau est parfois appelée *solvant universel*, car elle peut dissoudre des substances très diverses. Les solutés se divisent principalement en *électrolytes* et en *non-électrolytes*. Les **non-électrolytes** ont des liaisons (généralement covalentes) qui empêchent leur dissociation et, par conséquent, ils ne portent pas de charge électrique. La plupart des non-électrolytes sont des molécules organiques; tel est le cas du glucose, des lipides, de la créatinine et de l'urée. Les

Quel est le principal cation dans le liquide extracellulaire ? dans le liquide intracellulaire ? Quel est l'anion intracellulaire équivalant aux ions chlorure du liquide extracellulaire ?

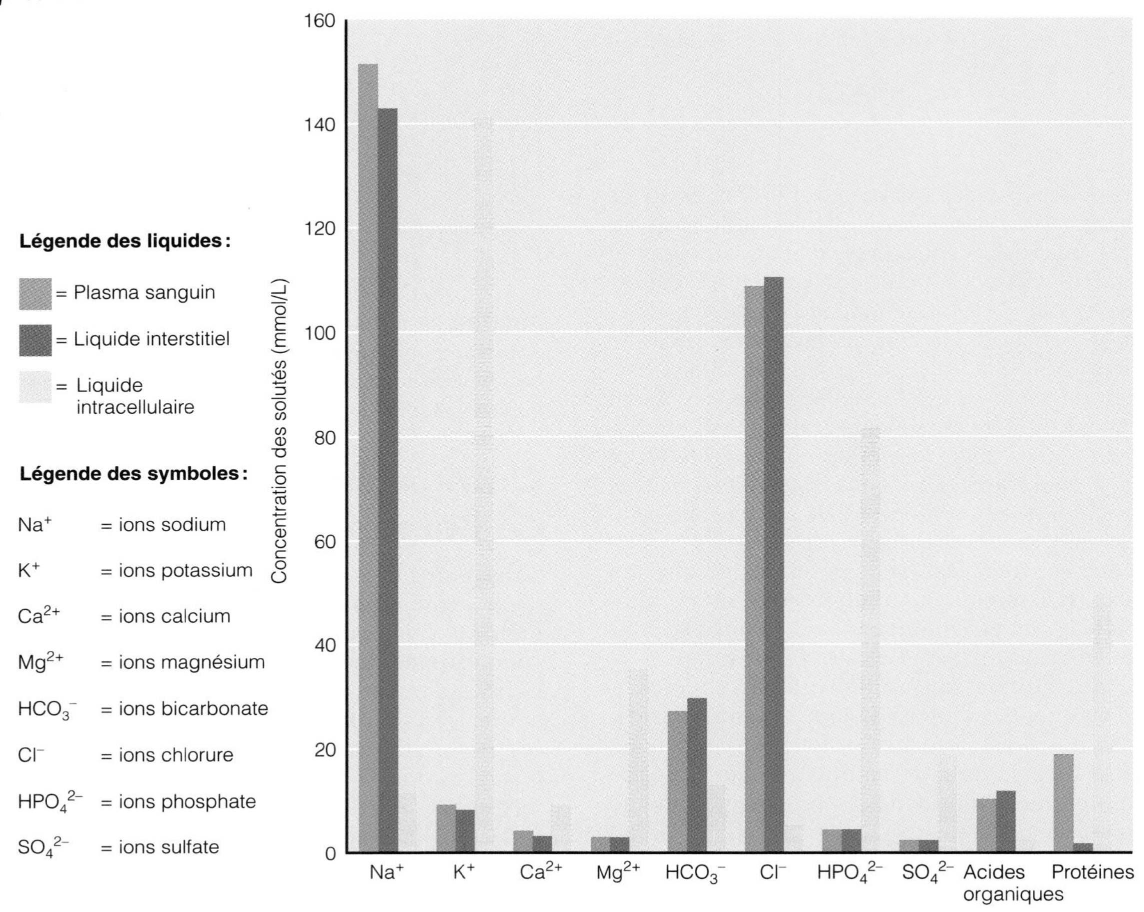

FIGURE 27.2
Comparaison entre la composition électrolytique du plasma sanguin, celle du liquide interstitiel et celle du liquide intracellulaire.

électrolytes, au contraire, sont des composés chimiques qui se dissocient en ions (qui s'ionisent) dans l'eau. (Voir le chapitre 2, au besoin, pour réviser ces notions de chimie.) Comme les ions sont des particules chargées, ils peuvent conduire le courant électrique, d'où leur nom d'**électrolytes.** Typiquement, les électrolytes comprennent des sels inorganiques, des acides et des bases tant inorganiques qu'organiques ainsi que certaines protéines.

Bien que toutes les molécules et tous les solutés contribuent à l'activité osmotique d'un liquide, la puissance osmotique des électrolytes est beaucoup plus grande que celle des molécules qui ne s'ionisent pas, car chaque molécule d'un électrolyte se dissocie en au moins deux ions. Par exemple, une molécule de chlorure de sodium (NaCl) fournit deux fois plus de particules qu'une molécule de glucose (dont les atomes restent unis) ; de même, une molécule de chlorure de magnésium ($MgCl_2$) en fournit trois fois plus :

$NaCl \rightarrow Na^+ + Cl^-$	(deux particules)
$MgCl_2 \rightarrow Mg^{2+} + Cl^- + Cl^-$	(trois particules)
glucose → glucose	(une particule)

L'eau se déplace ou diffuse toujours dans le sens du gradient osmotique, c'est-à-dire du compartiment de faible osmolalité (où le nombre des ions et des molécules est faible) vers le compartiment de plus forte osmolalité (où le nombre des ions et des molécules est élevé). Comme leur dissociation donne plusieurs ions, les électrolytes sont beaucoup plus aptes à causer des échanges hydriques (par osmose) que les molécules qui ne s'ionisent pas. Ce processus physiologique explique le mécanisme de réabsorption de l'eau engendré par la réabsorption des ions sodium (Na^+) dans le tubule contourné proximal des reins (voir le chapitre 26).

Na^+ ; K^+ ; anions protéiques.

Comparaison entre le liquide extracellulaire et le liquide intracellulaire

Un simple coup d'œil au graphique de la figure 27.2 révèle que chaque compartiment hydrique de l'organisme a une composition électrolytique distinctive. Cependant, exception faite de la teneur relativement élevée en protéines du plasma, les liquides extracellulaires sont fort semblables: leur principal cation est l'ion sodium (Na^+), et leur principal anion est l'ion chlorure (Cl^-). Toutefois, le plasma contient un peu moins d'ions chlorure que le liquide interstitiel étant donné qu'il est électriquement neutre et que ses protéines qui ne diffusent pas dans le liquide interstitiel se présentent normalement sous forme d'anions.

Contrairement aux liquides extracellulaires, le liquide intracellulaire ne contient que de petites quantités d'ions sodium et chlorure. Son cation le plus abondant est l'ion potassium (K^+), et son principal anion est l'ion phosphate (HPO_4^{2-}). Les cellules contiennent en outre des quantités modérées d'ions magnésium (Mg^{2+}) et des quantités substantielles de protéines solubles (environ trois fois la concentration présente dans le plasma).

Notez que les concentrations des ions Na^+ et des ions K^+ dans les liquides extracellulaires et le liquide intracellulaire sont presque inverses (figure 27.2). La distribution caractéristique de ces ions de part et d'autre des membranes cellulaires traduit l'activité des pompes à Na^+-K^+ de la membrane plasmique, qui maintiennent la faible concentration intracellulaire des ions Na^+ tout en conservant la forte concentration intracellulaire des ions K^+ (voir le chapitre 3); le fonctionnement de ces pompes présuppose la production d'ATP par les mitochondries. Les mécanismes rénaux peuvent maintenir ces distributions en sécrétant des ions K^+ à mesure que les ions Na^+ sont réabsorbés du filtrat.

Les électrolytes sont les solutés les plus abondants dans les divers liquides de l'organisme et ils déterminent la plupart de leurs caractéristiques chimiques et physiques, mais ils ne contribuent pas de façon proportionnelle à la *masse* de ces liquides. En effet, les molécules de protéines et celles de certains autres non-électrolytes, comme les phospholipides, le cholestérol et les triglycérides (graisses neutres), sont beaucoup plus volumineuses que les ions, et elles constituent environ 90 %, 60 % et 97 % de la masse des solutés dissous dans le plasma, dans le liquide interstitiel et dans le liquide intracellulaire respectivement.

Mouvement des liquides entre les compartiments

Les échanges et mélanges continuels des liquides des compartiments sont déterminés par la pression hydrostatique et par la pression osmotique (figure 27.3). L'inégalité de la distribution des solutés dans les différents compartiments est attribuable à leur taille moléculaire, à leur charge électrique ou au fait qu'ils doivent être transportés activement à travers la membrane plasmique des cellules. Contrairement aux solutés, l'eau diffuse librement selon

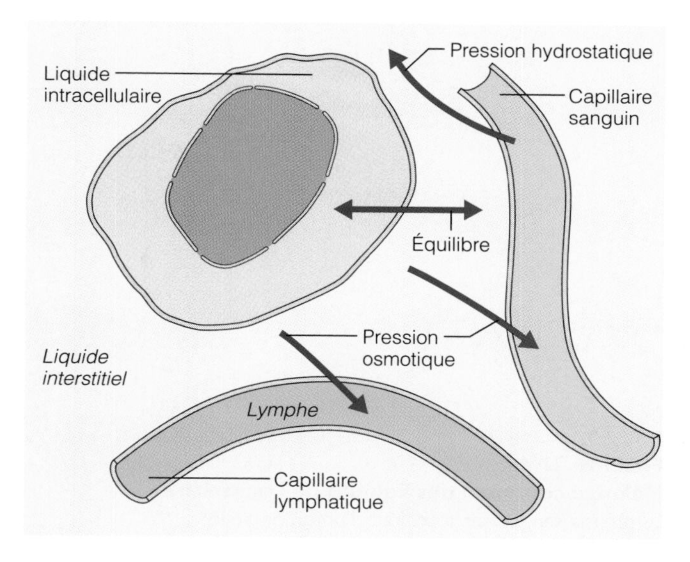

FIGURE 27.3
Le mouvement des liquides entre les compartiments suit des gradients de pression hydrostatique et osmotique.

la concentration totale des solutés dans ces mêmes compartiments ou selon les gradients osmotiques. C'est ce qui explique que tout ce qui modifie la concentration des solutés dans un compartiment engendre obligatoirement un mouvement de l'eau.

Les échanges entre le plasma et le liquide interstitiel s'effectuent à travers les membranes capillaires. Nous donnons une explication détaillée des pressions déterminant ces mouvements au chapitre 20, p. 715-717, et de la filtration glomérulaire au chapitre 26, p. 980-983. Nous nous contenterons ici d'indiquer le résultat des mécanismes en jeu. Pratiquement exempt de protéines, le plasma sort de la circulation sanguine sous l'effet de la pression hydrostatique du sang et filtre dans le liquide interstitiel. Ce liquide filtré est presque complètement réabsorbé dans la circulation sanguine sous l'effet de la pression oncotique, c'est-à-dire de la pression osmotique exercée par les protéines plasmatiques (principalement l'albumine). Normalement, les petites quantités non réabsorbées qui demeurent dans l'espace interstitiel sont captées par les vaisseaux lymphatiques et renvoyées dans la circulation sanguine; ce mécanisme contribue à maintenir la concentration normale des protéines plasmatiques et la pression oncotique du plasma sanguin.

Étant donné la perméabilité sélective des membranes cellulaires, les échanges entre les liquides interstitiel et intracellulaire sont plus complexes. En effet, la double couche de phospholipides de la membrane plasmique empêche la diffusion des substances hydrosolubles et de l'eau. En règle générale, les mouvements osmotiques de l'eau sont substantiels dans les *deux directions*. Au contraire, les mouvements des ions sont limités et, dans la plupart des cas, déterminés par le transport actif. Les mouvements des nutriments, des gaz respiratoires et des

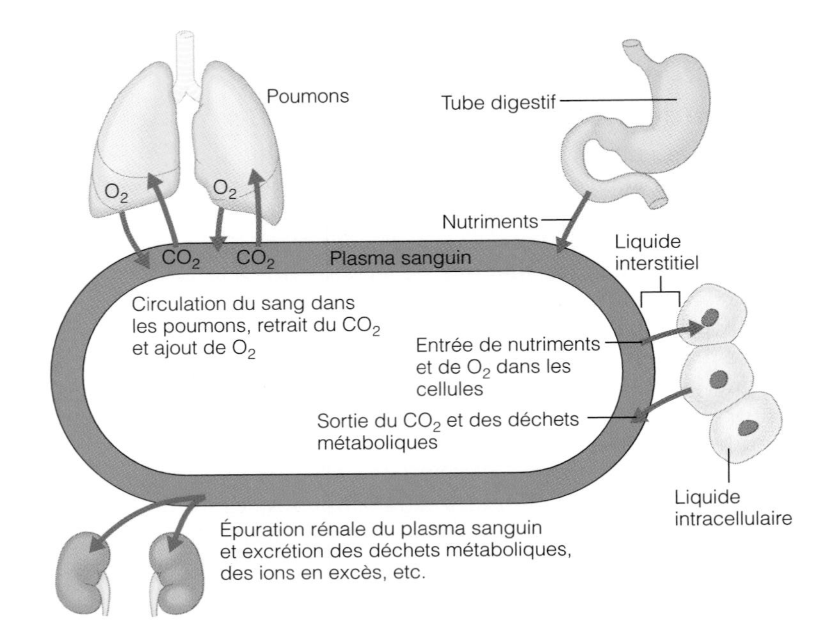

FIGURE 27.4
Mélange continuel des liquides de l'organisme. Le plasma sanguin sert de trait d'union entre le milieu interne et l'environnement. Les échanges entre le plasma et les cellules (liquide intracellulaire) s'effectuent à travers l'espace interstitiel.

déchets sont habituellement *unidirectionnels*. Ainsi, le glucose et l'oxygène passent du liquide interstitiel au cytoplasme, alors que le gaz carbonique et les autres déchets métaboliques passent du cytoplasme au liquide interstitiel.

Le plasma est le seul des liquides de l'organisme à circuler dans l'organisme entier, et il sert de trait d'union entre le milieu interne et l'environnement (figure 27.4). Des échanges se déroulent presque continuellement dans les poumons, le tube digestif et les reins. Bien que ces échanges modifient la composition et le volume du plasma, ils sont rapidement compensés par les échanges entre le plasma sanguin et les deux autres compartiments. L'équilibre dynamique, ou homéostasie, dépend de l'interaction fonctionnelle entre les compartiments hydriques ; ces échanges permettent de maintenir la composition du milieu interne malgré les multiples changements occasionnés par les situations de la vie courante.

27

De nombreux facteurs peuvent modifier sensiblement le volume du liquide extracellulaire et celui du liquide intracellulaire. Cependant, comme l'eau circule librement entre les compartiments, tous les liquides de l'organisme ont la même osmolalité, sauf pendant les quelques minutes qui suivent la modification de l'un d'entre eux. On peut s'attendre à ce que l'augmentation de la teneur en solutés du liquide extracellulaire (et particulièrement de la teneur en NaCl) provoque une sortie d'eau des cellules et, par conséquent, modifie l'osmolalité du liquide intracellulaire. Inversement, la diminution de l'osmolalité du liquide extracellulaire suscite une entrée d'eau dans les cellules et engendre aussi une modification de l'osmolalité du liquide intracellulaire. Par conséquent, le volume du liquide intracellulaire est déterminé par la concentration des solutés dans le liquide extracellulaire. Ces concepts sous-tendent tous les phénomènes qui

Quel effet sur les valeurs ci-dessous aurait ***(a)*** *la consommation de six bières ?* ***(b)*** *un jeûne pendant lequel de l'eau seulement serait ingérée ?*

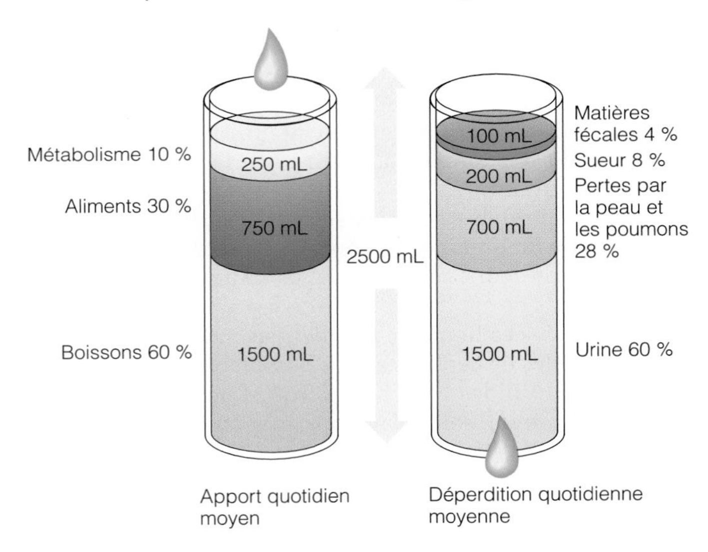

FIGURE 27.5
Sources de l'apport hydrique et voies de la déperdition hydrique. Lorsque l'apport et la déperdition sont équilibrés, l'organisme est bien hydraté.

(a) *Augmentation importante de l'apport hydrique sous forme de boissons ; augmentation importante de la déperdition sous forme d'urine (et, si la quantité d'alcool ingérée est trop grande, sous forme de vomissures, une voie de déperdition qui n'est pas illustrée ici).* ***(b)*** *L'apport hydrique sous forme de boissons représenterait un pourcentage plus élevé ; l'apport hydrique sous forme d'aliments et par voie métabolique chuterait considérablement. Les reins formeraient moins d'urine.*

Quel effet aurait l'ingestion de pretzels sur le mécanisme ci-dessous ?

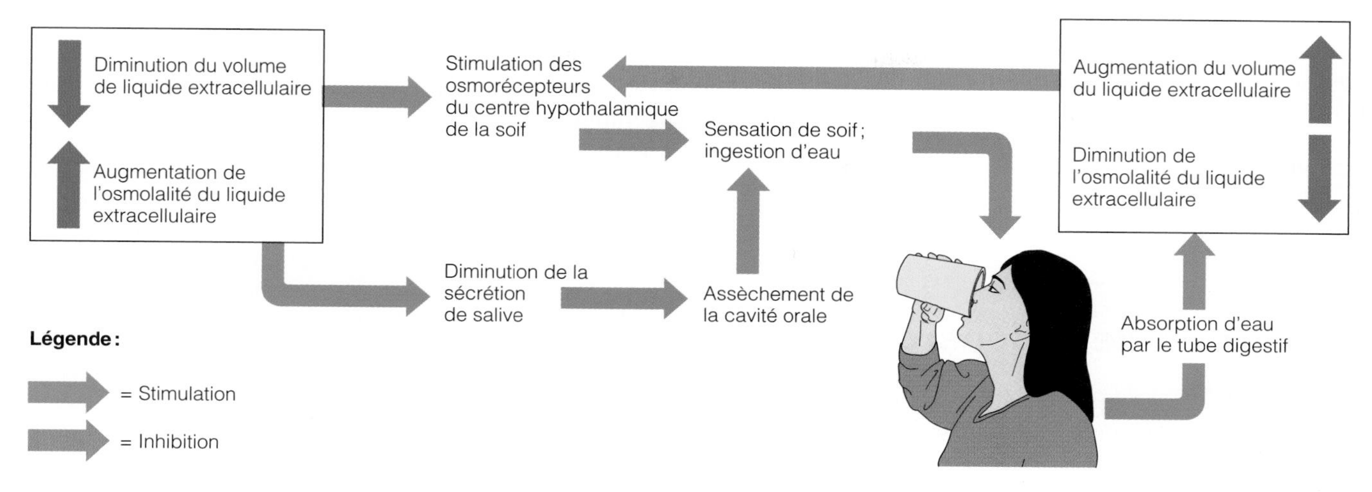

FIGURE 27.6
Mécanisme de la soif et régulation de l'apport hydrique.

régissent l'équilibre hydrique dans l'organisme, et il convient de bien les comprendre.

ÉQUILIBRE HYDRIQUE

Pour conserver l'hydratation de l'organisme, l'apport d'eau doit être égal à la déperdition d'eau. L'*apport hydrique* varie considérablement d'un individu à l'autre, et il est fortement influencé par les habitudes personnelles ; en moyenne, cependant, il se chiffre à environ 2500 mL par jour chez l'adulte (figure 27.5). La majeure partie de l'eau corporelle vient des liquides ingérés (60 %) et des aliments solides (30 %). Le reste, soit environ 10 %, est produit par le métabolisme cellulaire ; c'est l'**eau métabolique,** ou **eau d'oxydation.**

La *déperdition hydrique* emprunte plusieurs voies. Une certaine quantité d'eau (28 %) s'évapore des poumons dans l'air expiré ou diffuse directement à travers la peau ; ce phénomène est appelé **perspiration insensible.** Un peu d'eau se perd dans la transpiration (8 %) et les matières fécales (4 %). Le reste (60 %) est excrété par les reins dans l'urine.

Chez les personnes en bonne santé, l'osmolalité des liquides de l'organisme se maintient à l'intérieur de limites très étroites (entre 285 et 300 mmol/kg). L'augmentation de l'osmolalité du plasma déclenche : (1) la soif, qui incite à l'ingestion d'eau ; (2) la libération de l'hormone antidiurétique (ADH), qui provoque la réabsorption d'eau au niveau des reins et l'excrétion d'urine concentrée. Inversement, la diminution de l'osmolalité inhibe à la fois la soif et la libération d'hormone antidiurétique et entraîne l'excrétion de grandes quantités d'urine diluée.

L'ingestion de pretzels augmenterait la soif car les liquides de l'organisme deviendraient plus concentrés.

Régulation de l'apport hydrique : mécanisme de la soif

Le **mécanisme de la soif** est encore mal connu. On pense qu'une diminution du volume plasmatique de l'ordre de 10 % (ou plus, en cas d'hémorragie par exemple) et qu'une augmentation de l'osmolalité du plasma de l'ordre de 1 à 2 % causent l'état de sécheresse de la cavité orale (xérostomie) et stimulent le *centre de la soif* localisé dans l'hypothalamus. L'assèchement de la cavité orale est dû au fait qu'une moindre quantité de liquide filtre de la circulation sanguine vers le liquide interstitiel quand la pression osmotique du plasma augmente. Comme les cellules des glandes salivaires tirent l'eau dont elles ont besoin du liquide interstitiel, la production de salive diminue. Le centre de la soif est stimulé lorsque ses *osmorécepteurs* perdent de l'eau par osmose au profit du liquide extracellulaire hypertonique, un phénomène qui les rend excitables et provoque leur dépolarisation. Le mécanisme de la soif a donc pour point de départ la déshydratation de certaines cellules spécialisées de l'hypothalamus (osmorécepteurs). L'ensemble de ces phénomènes amène une sensation subjective de soif et pousse l'individu à boire (figure 27.6). Ce mécanisme explique la soif brûlante du patient qui a perdu, par hémorragie, plus de 800 mL de sang et, dans un ordre d'idées plus léger, la présence d'amuse-gueule *salés* sur les tables de bar.

Curieusement, la soif s'étanche presque aussitôt que nous commençons à boire de l'eau, même si l'eau n'est pas encore absorbée dans le sang. En effet, la soif s'atténue dès que la muqueuse de la bouche et de la gorge est humectée ; elle se calme à mesure que les mécanorécepteurs de l'estomac et de l'intestin sont activés et émettent des signaux de rétro-inhibition vers le centre de la soif. La rapidité de l'étanchement de la soif prévient un apport hydrique excessif et une surdilution des liquides de l'organisme, laissant aux changements osmotiques le temps de jouer leur rôle de régulation.

Même si elle est efficace, la sensation de soif ne constitue pas nécessairement un indicateur fiable du besoin physiologique d'eau. Cela est tout particulièrement vrai, par exemple, dans le cas d'une personne qui participe à une compétition sportive et dont la soif peut s'étancher bien avant qu'elle ait bu suffisamment de liquide pour maintenir l'hydratation optimale de son organisme. Par ailleurs, certaines personnes âgées ou désorientées ne reconnaissent pas la sensation de soif ou y passent outre, tandis que les personnes atteintes de maladies cardiaques ou rénales peuvent se sentir assoiffées en dépit de leur surcharge hydrique.

Régulation de la déperdition hydrique

Certaines pertes d'eau sont inévitables. Ces **pertes d'eau obligatoires** sont une des raisons pour lesquelles nous ne pouvons survivre longtemps sans boire. Aussi efficaces soient-ils, les mécanismes rénaux ne peuvent compenser un apport hydrique nul. Les pertes d'eau obligatoires comprennent la perte d'eau par les poumons et la peau, les quantités d'eau qui accompagnent les résidus alimentaires non digérés dans les matières fécales et une déperdition minimale de 500 mL dans l'urine. La perte d'eau obligatoire dans l'urine est liée au fait que (1) en présence d'un régime alimentaire adéquat, les reins doivent excréter de 900 à 1200 mmol/kg de solutés pour maintenir la composition ou l'osmolalité du plasma et (2) les reins humains doivent sécréter les solutés dans un volume d'eau assez important.

En plus des pertes d'eau obligatoires, l'apport hydrique, le régime alimentaire et les autres pertes d'eau influent sur la concentration de solutés et sur le volume de l'urine excrétée. Par exemple, une personne qui fait de la course à pied par une journée chaude et qui transpire abondamment excrète beaucoup moins d'urine qu'à l'habitude pour conserver son équilibre hydrique. Normalement, les reins commencent à éliminer l'excès d'eau environ 30 minutes après l'ingestion. Ce délai est lié au temps nécessaire pour inhiber la libération de l'hormone antidiurétique. La diurèse atteint son maximum une heure après l'ingestion et son minimum trois heures après.

Le volume hydrique de l'organisme est étroitement lié à l'ion Na^+ qui agit comme un puissant aimant qui attirerait l'eau. D'ailleurs, la capacité de l'organisme de maintenir l'équilibre hydrique par le truchement de la diurèse se ramène en fait à une question d'équilibre des ions sodium *et* de l'eau, car ces deux substances sont toujours réglées conjointement par des mécanismes influant sur la fonction cardiovasculaire et la pression artérielle.

Déséquilibres hydriques

Peu de gens apprécient à sa juste valeur le rôle important de l'eau dans le fonctionnement optimal de l'organisme humain. Les principales anomalies de l'équilibre hydrique sont la déshydratation, l'hydratation hypotonique et l'œdème. Chacune de ces anomalies entraîne une série de problèmes particuliers.

Déshydratation

La **déshydratation** survient lorsque la déperdition hydrique est supérieure à l'apport hydrique pendant un certain temps, ce qui établit un bilan hydrique négatif. La déshydratation apparaît souvent après une hémorragie, des brûlures graves, des vomissements et de la diarrhée prolongés, de la diaphorèse, une période où l'apport hydrique a été insuffisant, ou un usage excessif de diurétiques. Les troubles endocriniens comme le diabète sucré et le diabète insipide peuvent aussi causer la déshydratation (voir le chapitre 17). Les premiers symptômes de la déshydratation sont l'aspect cotonneux de la muqueuse orale, la soif, la sécheresse et la rougeur de la peau, ainsi qu'une diminution de la quantité d'urine émise (*oligurie*). La déshydratation prolongée peut provoquer une perte pondérale, de la fièvre et la confusion mentale. Une autre conséquence très grave de la perte de liquide extracellulaire plasmatique est le *choc hypovolémique* (voir p. 717) qui survient lorsque le volume sanguin ne suffit plus au maintien d'une circulation normale.

Dans tous les cas, la déperdition se fait d'abord aux dépens du liquide extracellulaire (figure 27.7a). Par la suite, l'eau passe, par osmose, des cellules au liquide extracellulaire ; ce mouvement garde aux liquides extracellulaire et intracellulaire la même osmolalité, même si le volume hydrique total a été réduit. Quoique l'effet global soit appelé déshydratation, il est rare qu'il implique uniquement un déficit en eau. En effet, il se perd habituellement des électrolytes en même temps que de l'eau.

Hydratation hypotonique

Lorsque l'osmolalité du liquide extracellulaire commence à baisser (habituellement en raison d'un déficit en ions Na^+), certains mécanismes de compensation sont déclenchés. L'un de ces mécanismes est l'inhibition de la libération d'hormone antidiurétique, qui fait en sorte que l'eau en excès soit rapidement éliminée de l'organisme par l'urine. Cependant, lorsqu'une personne souffre d'insuffisance rénale ou ingère en très peu de temps une quantité d'eau démesurée, il s'ensuit une sorte d'*hyperhydratation* appelée **hydratation hypotonique,** ou **hypotonie osmotique du plasma,** ou encore **intoxication par l'eau.** Dans les deux cas (insuffisance rénale ou ingestion excessive d'eau), le liquide extracellulaire se dilue : sa teneur en sodium est normale, mais la quantité d'eau est excessive. La caractéristique distinctive de cet état est l'**hyponatrémie** (faible concentration d'ions sodium dans le plasma). La dilution des ions Na^+ ou la diminution de leur concentration dans le liquide interstitiel favorise une osmose nette vers les cellules, qui gonflent à mesure que leur hydratation devient anormale (figure 27.7b). Il est alors impérieux d'intervenir en administrant, par exemple, du mannitol hypertonique par voie intraveineuse afin d'inverser le gradient osmotique et d'« extraire » l'eau des cellules. Autrement, la dilution des électrolytes causerait de graves troubles métaboliques qui se manifesteraient par des nausées, des vomissements, des crampes musculaires et l'œdème cérébral. L'intoxication par l'eau est particulièrement nocive pour les neurones, et l'œdème cérébral non corrigé provoque la désorientation, les convulsions, le coma et la mort.

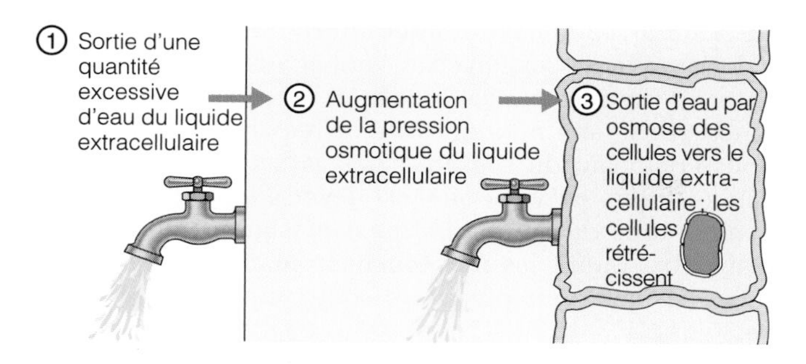

(a) Mécanisme de la déshydratation

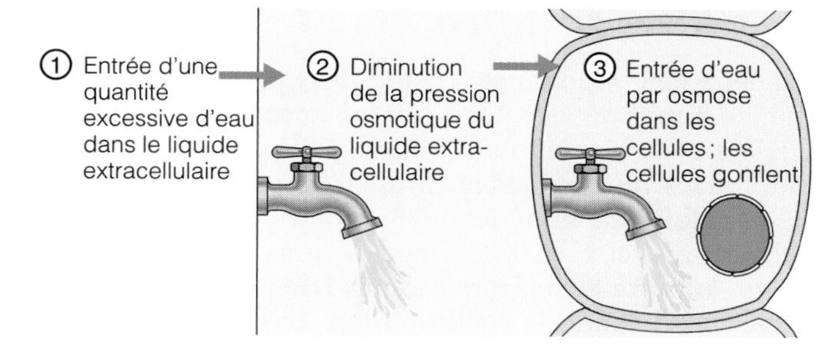

(b) Mécanisme de l'hydratation hypotonique

FIGURE 27.7
Déséquilibres hydriques.

Œdème

L'**œdème** (*oidêma* = « grosseur ») est une accumulation atypique de liquide dans l'espace interstitiel, et il entraîne le gonflement des tissus. Il peut être causé par tout phénomène qui favorise l'écoulement des liquides hors de la circulation sanguine ou, au contraire, qui entrave leur retour dans la circulation par l'intermédiaire des capillaires sanguins et lymphatiques.

Parmi les facteurs qui accélèrent l'écoulement des liquides hors de la circulation sanguine, on trouve l'augmentation de la pression sanguine et celle de la perméabilité capillaire. L'augmentation de la pression sanguine (hydrostatique capillaire) peut résulter de l'insuffisance des valvules veineuses, de l'obstruction localisée d'un vaisseau sanguin, de l'insuffisance cardiaque (cœur droit), de l'hypertension ou de l'hypervolémie associée à la grossesse ou à la rétention des ions Na^+ (favorisant la rétention de l'eau). Quelle que soit sa cause, l'augmentation de la pression du sang accélère la filtration des lits capillaires.

L'augmentation de la perméabilité capillaire est généralement consécutive à une réaction inflammatoire. Rappelez-vous que certains facteurs chimiques libérés par les cellules, comme l'histamine, rendent les capillaires locaux très poreux et causent la formation de grandes quantités d'exsudat (contenant des protéines de coagulation, des nutriments et des anticorps).

L'œdème causé par l'insuffisance du retour des liquides dans la circulation sanguine traduit habituellement un déséquilibre des pressions oncotiques régnant de part et d'autre des membranes des capillaires. Par exemple, l'**hypoprotéinémie,** c'est-à-dire une faible concentration plasmatique de protéines, principalement de l'albumine, provoque l'œdème parce que le plasma pauvre en protéines a une pression oncotique excessivement faible. Comme cela se produit normalement, une partie des liquides est expulsée aux extrémités artérielles des lits capillaires sous l'effet de la pression sanguine (pression hydrostatique), mais elle ne réintègre pas la circulation aux extrémités veineuses (pression nette de filtration trop faible). Par conséquent, les espaces interstitiels se remplissent de liquides. L'hypoprotéinémie peut résulter de carences en protéines, de maladies hépatiques (réduisant la production de protéines plasmatiques) ou de la *glomérulonéphrite* (dans laquelle les protéines plasmatiques se fraient un chemin à travers la membrane de filtration du glomérule et sont excrétées dans l'urine; voir la section Termes médicaux du chapitre 26). L'obstruction, par une tumeur ou des vers parasites, ainsi que l'excision chirurgicale des vaisseaux lymphatiques ont le même résultat. Les petites quantités de protéines plasmatiques qui s'échappent normalement de la circulation sanguine ne retournent pas dans le sang comme elles le devraient. En s'accumulant dans le liquide interstitiel, les protéines plasmatiques exercent une pression oncotique toujours croissante, qui attire le liquide hors du sang et le maintient dans l'espace interstitiel.

L'œdème peut gêner le fonctionnement des tissus, car l'excès de liquide dans l'espace interstitiel accroît la distance que les nutriments et l'oxygène doivent parcourir pendant leur diffusion du sang aux cellules. Toutefois, les répercussions les plus inquiétantes de l'œdème touchent le système cardiovasculaire. Comme nous l'expliquons au chapitre 20, l'accumulation de liquide dans l'espace interstitiel abaisse le volume sanguin et la pression artérielle, et elle entrave considérablement l'irrigation des tissus. ■

ÉQUILIBRE ÉLECTROLYTIQUE

Les électrolytes comprennent des sels, des acides et des bases, mais le terme **équilibre électrolytique** désigne généralement l'équilibre des ions inorganiques, issus des sels, dans l'organisme. Les sels, sous forme ionique, fournissent les minéraux essentiels à l'excitabilité neuromusculaire, à l'activité sécrétoire, à la perméabilité membranaire et à plusieurs autres fonctions cellulaires. En outre, les ions sont des facteurs importants dans la régulation des mouvements hydriques. Bien que de nombreux électrolytes soient nécessaires à l'activité cellulaire, nous nous limiterons ici à l'étude des ions sodium, potassium, calcium et magnésium. Les acides et les bases, qui déterminent de façon plus immédiate le pH des liquides de l'organisme, font l'objet de la section suivante.

Les sels pénètrent dans l'organisme par l'intermédiaire des aliments et de l'eau, c'est-à-dire sous forme ionique. De plus, l'activité métabolique engendre de petites quantités d'ions. Par exemple, le catabolisme des acides nucléiques et de la matrice osseuse libère des ions phosphate (HPO_4^{2-}). En règle générale, l'obtention de quantités adéquates d'électrolytes n'a rien de malaisé, d'autant que bien des gens ont pour le sel (NaCl) un appétit qui leur assure un apport plus que suffisant. Nous saupoudrons nos mets de sel en dépit du fait que les aliments naturels en contiennent suffisamment et que les aliments transformés en renferment une quantité exorbitante. Le goût pour les aliments très salés est acquis, mais notre prédilection pour le sel pourrait avoir une part d'inné qui nous assure un apport adéquat d'ions essentiels.

L'organisme perd des électrolytes dans la transpiration, les matières fécales et l'urine. En cas de déficit, notre sueur est plus diluée que d'ordinaire. Néanmoins, la diaphorèse, la diarrhée et les vomissements causent d'importantes pertes d'électrolytes. L'adaptabilité des mécanismes rénaux réglant l'équilibre électrolytique du plasma sanguin constitue donc un atout essentiel. Le tableau 27.1 présente quelques-unes des causes et des conséquences des surcharges et des carences en électrolytes.

Dans de rares cas, les carences graves en électrolytes poussent à l'ingestion d'aliments salés ou marinés. La tendance est répandue chez les personnes atteintes de la *maladie d'Addison*, un trouble du cortex surrénal caractérisé par l'insuffisance de la production des minéralocorticoïdes (hormones) et, en particulier, de l'aldostérone. Les personnes atteintes d'une carence en électrolytes autres que le sel (NaCl) sont portées à manger des substances non comestibles telles que la craie, l'argile, l'amidon et les bouts d'allumettes consumés. Ce comportement est appelé *pica*. ■

Rôle des ions sodium dans l'équilibre hydrique et électrolytique

L'ion sodium joue un rôle central dans l'équilibre hydrique et électrolytique en particulier et dans l'homéostasie en général. Le maintien de l'équilibre entre les gains et les pertes d'ions sodium est l'une des principales fonctions des reins. Les sels de sodium ($NaHCO_3$ et NaCl), sous leur forme ionisée, constituent de 90 à 95 % des solutés présents dans le liquide extracellulaire, et ils comptent pour environ 280 des 300 mmol/L de sa teneur totale en soluté. À sa concentration plasmatique normale d'environ 142 mmol/L, l'ion Na^+ est le cation le plus abondant dans le liquide extracellulaire, et c'est le seul à exercer une pression osmotique *notable*. En outre, les membranes cellulaires sont relativement imperméables aux ions Na^+, mais une certaine quantité d'ions Na^+ réussissent à diffuser dans les cellules et ils doivent en être extraits, par transport actif, contre leur gradient électrochimique. Ces deux propriétés confèrent aux ions sodium un rôle prépondérant dans la régulation du volume d'eau réparti dans les compartiments intracellulaire et extracellulaire de l'organisme.

Il est important de comprendre que, *bien que la quantité d'ions Na^+ puisse varier, leur concentration dans le liquide extracellulaire reste stable grâce à des ajustements immédiats du volume d'eau.* Rappelez-vous que *l'eau suit les mouvements des ions Na^+.* Qui plus est, comme tous les liquides de l'organisme sont en équilibre osmotique, un changement de la concentration plasmatique des ions Na^+ se répercute non seulement sur le volume plasmatique et sur la pression artérielle, mais aussi sur le volume des liquides intracellulaire et interstitiel. Par ailleurs, les ions Na^+ vont et viennent sans cesse entre le liquide extracellulaire et les sécrétions corporelles. Ainsi, un important volume (environ 8 L) de sécrétions contenant du sodium (sucs gastrique, intestinal et pancréatique, salive et bile) est déversé quotidiennement dans le tube digestif, mais il est presque complètement réabsorbé. Enfin, les mécanismes rénaux de régulation acido-basique (voir plus loin) sont couplés au transport des ions Na^+.

Régulation de l'équilibre des ions sodium

En dépit de l'importance cruciale des ions Na^+, on n'a pas encore trouvé de récepteurs qui lui soient spécifiquement sensibles. La régulation de l'équilibre de l'eau et des ions sodium est indissociablement liée à la pression artérielle et au volume sanguin, et elle fait intervenir divers mécanismes nerveux et hormonaux. Nous commencerons notre étude de l'équilibre des ions Na^+ par un survol des effets régulateurs de l'aldostérone. Ensuite, nous nous pencherons sur les diverses boucles de rétroaction qui régissent l'équilibre de l'eau et des ions sodium ainsi que la pression artérielle.

Influence et régulation de l'aldostérone

L'**aldostérone** est le principal facteur de la régulation rénale de la concentration d'ions Na^+ dans le liquide extracellulaire. Mais que cette hormone soit présente ou non, environ 65 % des ions Na^+ du filtrat rénal sont réabsorbés dans les tubules contournés proximaux, et de 20 à 25 % le sont dans les anses des néphrons (voir le chapitre 26).

Lorsque la concentration d'aldostérone est élevée, presque tous les ions Na^+ restants (en fait, du chlorure de sodium, car les ions Cl^- sont cotransportés) sont activement réabsorbés dans les tubules contournés distaux et dans les tubules rénaux collecteurs. L'eau suit si la chose est possible, c'est-à-dire si l'hormone antidiurétique a augmenté la perméabilité de ces tubules. Par conséquent, l'effet de l'aldostérone sur les reins est habituellement de favoriser la rétention des ions sodium et de l'eau. Toutefois, si la libération de l'aldostérone est inhibée, la réabsorption des ions Na^+ est pratiquement nulle au-delà des tubules contournés distaux. Bref, l'excrétion urinaire de grandes quantités d'ions Na^+ entraîne *toujours* l'excrétion de

> *Essayez de faire le lien entre la matière étudiée dans le présent manuel et des situations réelles, vous comprendrez plus aisément les différents aspects de la physiologie et de l'anatomie et vous les mémoriserez plus facilement. Faites montre de curiosité ! Ne vous contentez pas de lire ce manuel : lisez aussi des revues et des ouvrages qui traitent de sujets connexes. Si vous vous intéressez à des situations médicales réelles, la matière que vous étudiez prendra tout son sens.*
>
> *Deborah Zimmerman, étudiante en sciences biologiques*

27

TABLEAU 27.1 Causes et conséquences des déséquilibres électrolytiques

Ions	Anomalie/ concentration sérique	Causes possibles	Conséquences
Sodium	Hypernatrémie (excès de Na^+ dans le plasma : > 145 mmol/L)	Déshydratation ; rare chez les individus en bonne santé ; peut survenir chez les nourrissons ou les personnes âgées désorientées (incapacité de signaler la sensation de soif) ou peut résulter de l'administration excessive d'une solution de NaCl par voie intraveineuse	Soif : déshydratation du SNC entraînant la confusion et la léthargie et évoluant vers le coma ; peut causer la rupture de vaisseaux sanguins cérébraux ; excitabilité neuromusculaire accrue se manifestant par des secousses musculaires et des convulsions
	Hyponatrémie (carence en Na^+ dans le plasma : < 130 mmol/L)	Perte de soluté, rétention d'eau ou les deux (par exemple, perte importante de Na^+ due à des brûlures, à la diaphorèse, aux vomissements, à la diarrhée, au drainage gastrique et à l'usage abusif de diurétiques) ; déficience en aldostérone (maladie d'Addison) ; maladie rénale ; libération excessive d'ADH	Les signes les plus courants sont ceux d'un dysfonctionnement neurologique dû à l'œdème cérébral. Si les quantités de sodium sont normales mais qu'il y a excès d'eau, les symptômes sont les mêmes que ceux de l'hypotonie osmotique du plasma : confusion mentale ; sensation d'ébriété ; coma si le problème évolue lentement ; secousses musculaires, excitabilité et convulsions si le problème évolue rapidement ; œdème généralisé ; insuffisance cardiaque chez les cardiaques. Dans l'hyponatrémie accompagnée de perte d'eau, les principaux signes sont la diminution du volume sanguin et la baisse de la pression artérielle (choc hypovolémique)
Potassium	Hyperkaliémie (excès de K^+ dans le plasma : > 5,5 mmol/L)	Insuffisance rénale ; déficience en aldostérone ; injection intraveineuse rapide de KCl ; brûlures ou blessures graves causant une sortie de K^+ des cellules	Bradycardie ; arythmie, diminution de la force des contractions cardiaques et arrêt cardiaque ; faiblesse musculaire ; paralysie flasque
	Hypokaliémie (carence en K^+ dans le plasma : < 3,5 mmol/L)	Troubles gastro-intestinaux (vomissements, diarrhée), aspiration gastrique ; stress chronique ; maladie de Cushing ; apport alimentaire insuffisant (inanition) ; hyperaldostéronisme ; administration de diurétiques	Arythmie cardiaque, arrêt cardiaque possible ; faiblesse musculaire ; alcalose ; hypoventilation
Magnésium	Hypermagnésémie (excès de Mg^{2+} dans le plasma : > 1,2 mmol/L)	Rare (consécutive à une anomalie de l'excrétion du Mg) ; déficience en aldostérone ; ingestion excessive d'antiacides contenant du Mg^{2+}	Léthargie ; troubles du SNC, coma, dépression respiratoire
	Hypomagnésémie (carence de Mg^{2+} dans le plasma : < 0,8 mmol/L)	Alcoolisme ; perte du contenu intestinal, malnutrition grave ; administration de diurétiques	Tremblements, excitabilité neuromusculaire accrue, convulsions
Chlorure	Hyperchlorémie (excès de Cl^- dans le plasma : > 105 mmol/L)	Rétention ou apport excessif ; hyperkaliémie	Acidose métabolique due à la perte d'ions bicarbonate ; stupeur ; respiration rapide et profonde ; inconscience
	Hypochlorémie (carence en Cl^- dans le plasma : < 95 mmol/L)	Vomissements ; hypokaliémie ; ingestion excessive de substances alcalines	Alcalose métabolique due à la rétention des ions bicarbonate
Calcium	Hypercalcémie (excès de Ca^{2+} dans le plasma : > 1,15 mmol/L)	Hyperparathyroïdie ; excès de vitamine D ; immobilisation prolongée ; maladie rénale (diminution de l'excrétion) ; tumeur cancéreuse ; maladie de Paget ; maladie de Cushing accompagnée d'ostéoporose	Perte de masse osseuse, fractures pathologiques ; douleurs au flanc et à la cuisse ; calculs rénaux, nausées, vomissements, arythmie et arrêt cardiaques ; troubles respiratoires, coma
	Hypocalcémie (carence en Ca^{2+} dans le plasma : < 1,00 mmol/L)	Brûlures (séquestration du calcium dans les tissus endommagés) ; accroissement de l'excrétion rénale consécutive au stress et à un apport protéique important ; diarrhée ; carence en vitamine D ; alcalose	Picotements dans les doigts, tremblements, tétanos, convulsions ; diminution de l'excitabilité du cœur, hémorragies

grandes quantités d'eau, mais la réciproque *n'est pas* vraie. L'organisme peut éliminer des quantités substantielles d'urine quasi dénuée d'ions Na^+ afin de maintenir l'équilibre hydrique.

Rappelez-vous que l'aldostérone est produite par le cortex surrénal. Le principal déclencheur de la libération d'aldostérone est le système rénine-angiotensine mis en branle par l'appareil juxta-glomérulaire (voir la figure 27.10, p. 1020). Les cellules juxta-glomérulaires libèrent de la rénine quand l'appareil juxta-glomérulaire réagit (1) à la stimulation du système nerveux sympathique, (2) à la diminution de l'osmolalité du filtrat qui passe dans le tubule contourné distal ou (3) à la diminution de l'étirement de la paroi artériolaire (consécutive à la diminution de la pression artérielle). La rénine catalyse la série de réactions qui produisent l'angiotensine II, laquelle, à son tour, provoque la libération d'aldostérone. Inversement, une pression artérielle rénale élevée et une forte osmolalité du filtrat inhibent la libération de rénine, d'angiotensine et d'aldostérone. De fortes concentrations d'ions K^+ dans le liquide extracellulaire incitent également les cellules du cortex surrénal à libérer de l'aldostérone (figure 27.8).

Les personnes atteintes de la maladie d'Addison (hypoaldostéronisme) excrètent d'énormes quantités d'ions Na^+, d'ions Cl^- et d'eau parce que leur cortex surrénal ne sécrète pas suffisamment d'aldostérone pour maintenir leur équilibre électrolytique et, par conséquent, leur équilibre hydrique. Tant qu'elles ingèrent suffisamment de sel et de liquides, elles ne présentent aucun symptôme, mais elles sont perpétuellement au bord de l'hypovolémie et de la déshydratation. ■

L'aldostérone agit lentement, soit en quelques heures ou quelques jours, et elle modifie considérablement la réabsorption tubulaire des ions Na^+. La réabsorption tubulaire des ions Na^+ sous l'action de l'aldostérone entraîne la réabsorption de l'eau, l'augmentation du volume sanguin et la diminution de la diurèse. Cependant, avant que ces changements deviennent notables (augmentation du volume sanguin de 1 à 2 %), des mécanismes fondamentaux de rétroaction s'établissent afin d'éviter l'hypervolémie. Même chez les personnes atteintes de la maladie de Cushing (hyperaldostéronisme), le volume du liquide extracellulaire et du sang ne dépasse la normale que de 5 à 10 %.

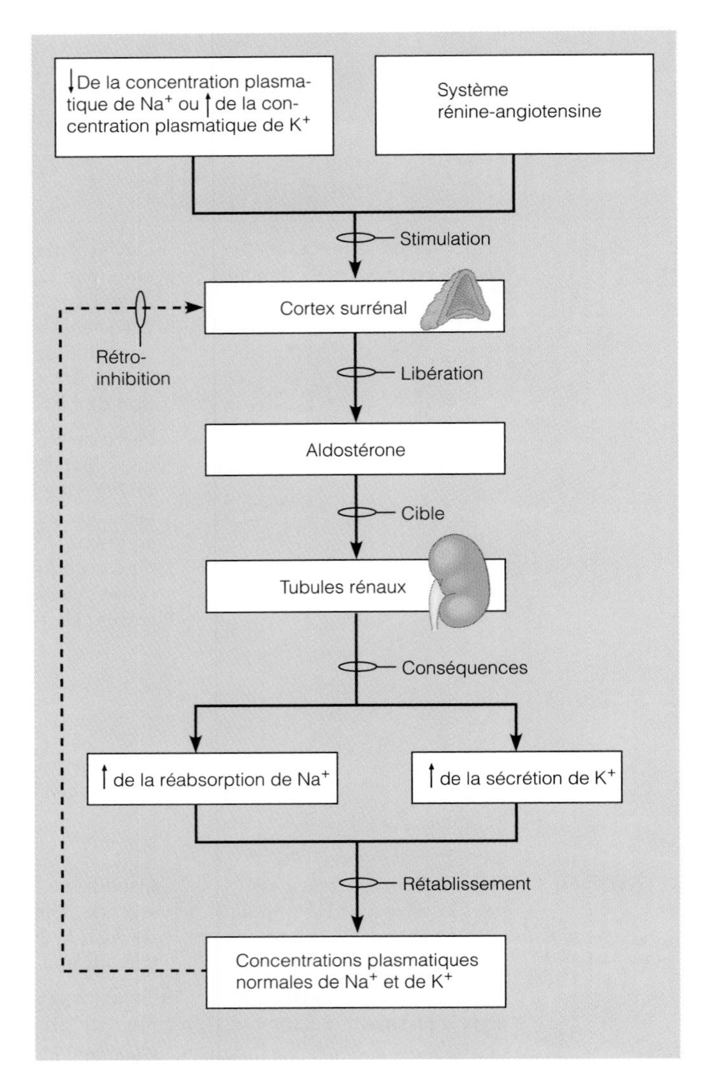

FIGURE 27.8
Mécanismes et conséquences de la libération d'aldostérone.

Barorécepteurs du système cardiovasculaire

La régulation du volume sanguin est essentielle au maintien de la pression artérielle et au bon fonctionnement du système cardiovasculaire. Quand le volume sanguin (et, par le fait même, la pression artérielle) augmente, les barorécepteurs du cœur et des gros vaisseaux du cou et du thorax (artères carotides et aorte) alertent l'hypothalamus. Peu après, le système nerveux sympathique envoie moins d'influx aux reins, et les artérioles afférentes se dilatent. Le débit de filtration glomérulaire ainsi que l'excrétion d'eau et d'ions Na^+ augmentent. La diurèse réduit le volume sanguin et, par voie de conséquence, la pression artérielle. Inversement, la diminution de la pression artérielle provoque la constriction des artérioles afférentes, ce qui réduit la formation du filtrat et la diurèse et maintient la pression artérielle systémique (voir la figure 27.10). En résumé, les barorécepteurs « mesurent » le volume de sang en circulation, un élément essentiel au maintien de la pression artérielle par le système cardiovasculaire. Comme la concentration d'ions sodium détermine le volume liquidien, les barorécepteurs pourraient être considérés comme des « récepteurs du sodium ». Cependant, notez que la répercussion directe des fluctuations de la pression sanguine sur le débit de filtration glomérulaire a relativement peu d'importance puisque les mécanismes d'autorégulation sont rapidement déclenchés (voir le chapitre 26).

Influence et régulation de l'hormone antidiurétique

La quantité d'eau réabsorbée dans les tubules rénaux collecteurs est proportionnelle à la quantité d'hormone antidiurétique (ADH) libérée. Quand la concentration

À quelle étape du processus décrit ci-dessous l'osmolalité du plasma change-t-elle de façon radicale ?

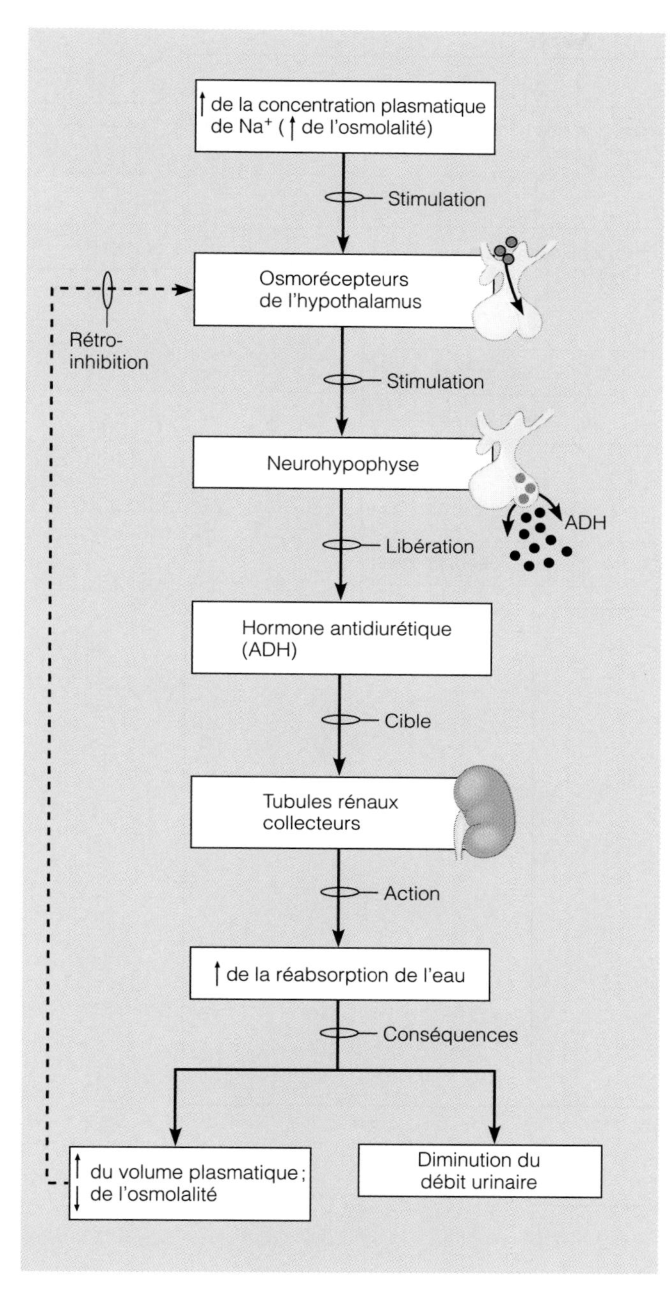

FIGURE 27.9
Mécanismes et conséquences de la libération d'hormone antidiurétique.

d'hormone antidiurétique est faible, les tubules rénaux collecteurs laissent passer la majeure partie de l'eau qui leur parvient. Il en résulte que l'urine est diluée et que le volume des liquides de l'organisme diminue. Quand la concentration d'hormone antidiurétique est élevée, les tubules rénaux collecteurs réabsorbent presque toute l'eau filtrée, et les reins excrètent un petit volume d'urine fortement concentrée (voir les sections intitulées Formation d'urine diluée et Formation d'urine concentrée, p. 994).

Les osmorécepteurs de l'hypothalamus détectent la concentration de solutés dans le liquide extracellulaire, et ils déclenchent ou inhibent la libération d'hormone antidiurétique par la neurohypophyse (figure 27.9). Une augmentation de la concentration des ions Na^+ (à la suite d'une diminution du volume sanguin par exemple) stimule la libération d'hormone antidiurétique à la fois directement, en activant les osmorécepteurs hypothalamiques, et indirectement, par le biais du système rénine-angiotensine. (Ce dernier stimulus n'est pas illustré à la figure 27.9, mais il l'est à la figure 27.10.) La fièvre, la diaphorèse, les vomissements, la diarrhée, l'hémorragie et les brûlures graves sont autant de facteurs qui réduisent le volume sanguin et déclenchent spécifiquement la libération d'hormone antidiurétique. Une diminution de la concentration des ions Na^+ (qui peut notamment être due à l'augmentation du volume sanguin accompagnant l'ingestion de grandes quantités de liquides) inhibe la libération d'hormone antidiurétique ; l'excrétion d'eau augmente, et la concentration sanguine de sodium revient à la normale. La figure 27.10 présente un résumé des interactions entre les mécanismes rénaux faisant intervenir l'aldostérone, l'angiotensine II et l'hormone antidiurétique, et elle les met en rapport avec la régulation globale de la pression artérielle et du volume sanguin.

Influence et régulation du facteur natriurétique auriculaire

L'influence du **facteur natriurétique auriculaire** (**FNA,** aussi appelé auriculine) peut se résumer en une phrase : le facteur natriurétique auriculaire abaisse la pression artérielle et le volume sanguin en inhibant pratiquement tous les phénomènes qui favorisent la vasoconstriction ainsi que la rétention d'ions sodium et d'eau. Le facteur natriurétique auriculaire est une hormone que libèrent certaines cellules des oreillettes lorsque la pression sanguine les étire ; il a de puissants effets diurétiques et natriurétiques (élimination d'ions Na^+ dans l'urine). Bien que son mécanisme d'action ne soit pas bien connu, on croit que le facteur natriurétique auriculaire inhibe directement la réabsorption des ions Na^+ dans les tubules rénaux collecteurs et supprime la libération d'hormone antidiurétique, de rénine et d'aldostérone. De plus, le facteur natriurétique auriculaire relâche les muscles lisses des vaisseaux (vasodilatation) directement et indirectement (en inhibant la production d'angiotensine II entraînée par la rénine). Quelle que soit la façon dont il est amené, le résultat est clair : la pression artérielle diminue.

27

À l'étape où la réabsorption de l'eau augmente.

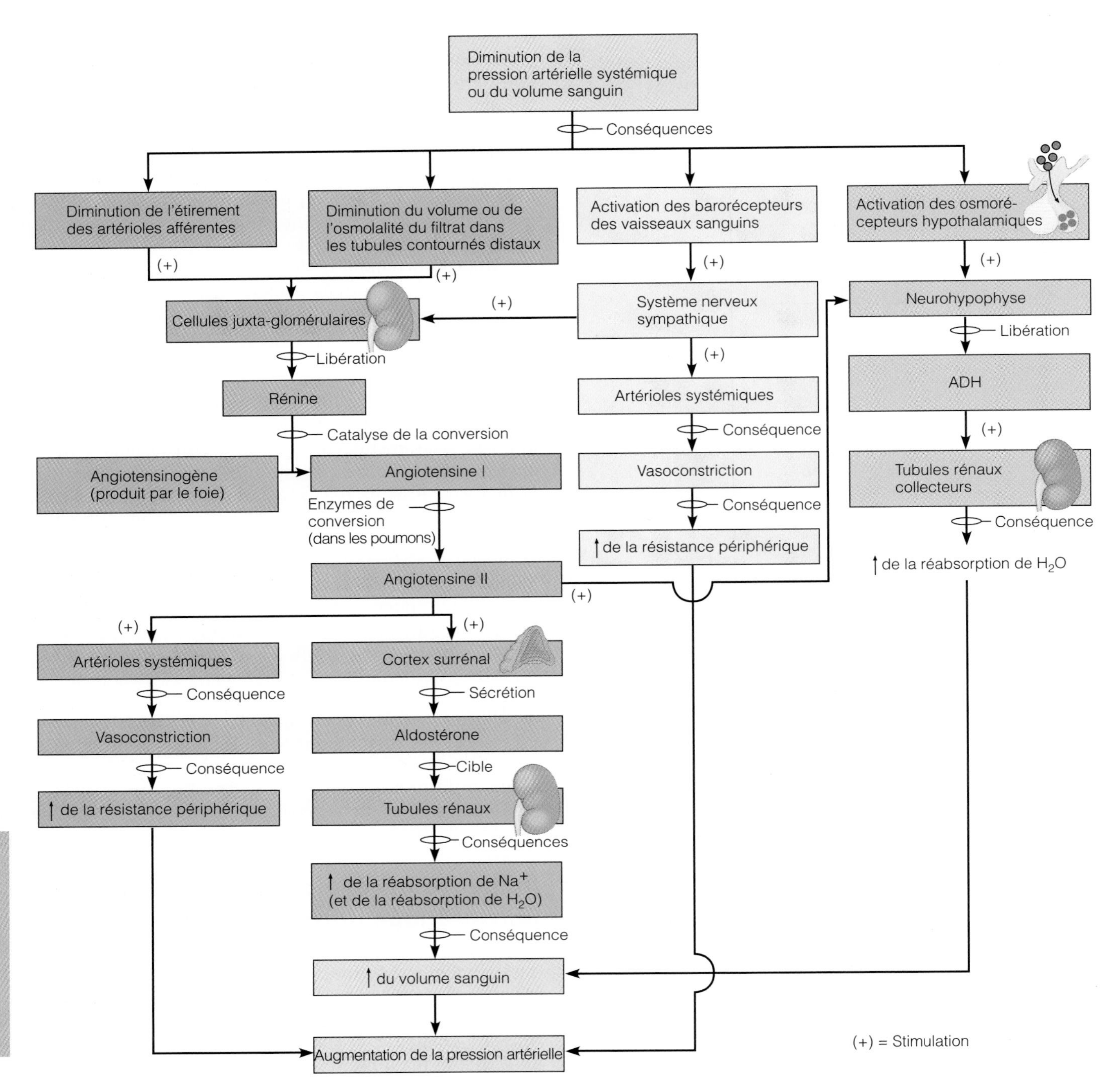

FIGURE 27.10
Diagramme résumant comment les mécanismes qui régissent l'équilibre du sodium et de l'eau aident à maintenir la pression sanguine.

Influence d'autres hormones

Hormones sexuelles femelles Les **œstrogènes** sont chimiquement analogues à l'aldostérone et, comme celle-ci, elles favorisent la réabsorption des ions Na^+ par les tubules rénaux. Comme l'eau suit les ions Na^+, l'augmentation des concentrations d'œstrogènes au cours du cycle menstruel cause la rétention d'eau chez beaucoup de femmes. De même, l'œdème que présentent de nombreuses femmes enceintes est largement dû à l'effet des œstrogènes. La **progestérone,** au contraire, semble réduire la réabsorption des ions Na^+ et de l'eau en bloquant l'action de l'aldostérone sur les tubules rénaux. La progestérone a donc un effet diurétique.

Glucocorticoïdes Habituellement, les **glucocorticoïdes** comme le cortisol favorisent la réabsorption tubulaire des ions Na^+. Ils ont cependant un second effet qui peut masquer le premier: ils accélèrent la filtration glomérulaire. Néanmoins, en concentrations plasmatiques élevées, les glucocorticoïdes ont une action semblable à celle de l'aldostérone, et ils provoquent l'œdème (voir le chapitre 17, p. 613).

Régulation de l'équilibre des ions potassium

L'ion potassium (K^+), le principal cation intracellulaire, est nécessaire au fonctionnement des cellules nerveuses et musculaires ainsi qu'à plusieurs activités métaboliques essentielles, dont la synthèse des protéines. Pourtant, il peut être extrêmement toxique. Comme la répartition inégale des ions K^+ de part et d'autre de la membrane plasmique détermine le potentiel de repos, la moindre variation de la concentration des ions K^+ d'un côté ou de l'autre de la membrane (donc, dans le liquide intracellulaire ou dans le liquide extracellulaire) a de profonds effets sur les neurones et sur les fibres musculaires. Un excès d'ions K^+ dans le liquide extracellulaire réduit le potentiel de membrane des neurones et des fibres musculaires, causant leur dépolarisation, laquelle est souvent suivie d'une baisse d'excitabilité. Un déficit en ions K^+ dans le liquide extracellulaire provoque l'hyperpolarisation et diminue l'excitabilité des cellules. Le cœur est particulièrement sensible à la concentration d'ions K^+. Une concentration anormale d'ions K^+, qu'elle soit excessive ou insuffisante (hyperkaliémie et hypokaliémie, respectivement), peut perturber la conduction électrique dans le cœur et entraîner la mort soudaine (voir le tableau 27.1).

Les ions K^+ font aussi partie du système tampon de l'organisme, qui compense les variations du pH des liquides de l'organisme. Les allées et venues des ions hydrogène (H^+) dans les cellules sont compensées par des mouvements opposés des ions potassium qui maintiennent l'équilibre des cations de part et d'autre de la membrane plasmique. Par conséquent, la concentration extracellulaire d'ions K^+ s'élève en cas d'acidose, à mesure que les ions K^+ sortent des cellules et que les ions H^+ y entrent, et elle chute en cas d'alcalose, à mesure que les ions K^+ entrent dans les cellules et que les ions H^+ en sortent pour aller vers le liquide extracellulaire. Bien que ces échanges liés au pH ne modifient pas la quantité totale d'ions K^+ dans l'organisme, ils peuvent entraver sérieusement l'activité des cellules musculaires et nerveuses.

Siège de la régulation: la partie corticale du tubule rénal collecteur

Comme celui des ions sodium, l'équilibre des ions potassium relève principalement de mécanismes rénaux. Cependant, il y a d'importantes différences entre les mécanismes qui permettent de maintenir l'équilibre de ces deux types d'ions. La quantité d'ions Na^+ réabsorbée dans les tubules est précisément adaptée aux besoins, et il n'y a *jamais* de sécrétion d'ions Na^+ dans le filtrat.

En revanche, les tubules rénaux réabsorbent systématiquement plus de 90 % des ions K^+ du filtrat, laissant moins de 10 % s'éliminer dans l'urine, quels que soient les besoins. L'équilibre des ions potassium est essentiellement régi par la partie corticale des tubules rénaux collecteurs et repose principalement sur les variations de la quantité de potassium *sécrétée* dans le filtrat.

En règle générale, la concentration relative d'ions K^+ dans le liquide extracellulaire est excessive, et la sécrétion d'ions K^+ par les cellules principales de la partie corticale des tubules rénaux collecteurs excède le taux de base. À l'occasion, la quantité d'ions K^+ excrétée dépasse la quantité filtrée. Toutefois, lorsque la concentration extracellulaire de potassium est anormalement basse, les ions K^+ sortent des cellules, et les cellules principales des reins l'épargnent en réduisant au minimum la sécrétion et l'excrétion dans les tubules. En outre, les *cellules intercalaires* disséminées le long des tubules rénaux collecteurs peuvent réabsorber une partie des ions K^+ restant dans le filtrat, contribuant par le fait même à rétablir l'équilibre des ions K^+. Rappelez-vous cependant que le principal objectif de la régulation rénale des ions K^+ est leur *excrétion*. Étant donné que l'aptitude des reins à conserver le potassium est très limitée, les ions K^+ peuvent être évacués dans l'urine même en cas de déficit. Par conséquent, l'insuffisance de l'apport alimentaire de potassium engendre une carence grave.

Essentiellement, deux facteurs déterminent la vitesse et l'étendue de la sécrétion de potassium: la concentration plasmatique des ions K^+ et la concentration d'aldostérone.

Influence de la concentration plasmatique de potassium

Le facteur le plus important dans la sécrétion de potassium est la concentration d'ions K^+ dans le plasma sanguin. Un régime alimentaire riche en potassium augmente la concentration des ions K^+ dans le liquide extracellulaire. Cette élévation favorise l'entrée des ions K^+ dans les cellules principales des tubules rénaux collecteurs et incite ces cellules à sécréter des ions K^+ dans le filtrat de façon à accroître l'excrétion de ces ions. Inversement, un régime alimentaire pauvre en potassium ou une perte rapide d'ions K^+ réduit la sécrétion de potassium (et favorise dans une certaine mesure sa réabsorption) par les tubules rénaux collecteurs.

Influence de la concentration d'aldostérone

Comme l'aldostérone stimule la réabsorption des ions Na^+ par les cellules principales, elle augmente simultanément la sécrétion des ions K^+ (voir la figure 27.8). Afin que soit maintenu l'équilibre électrolytique, la partie des tubules rénaux collecteurs située dans le cortex rénal sécrète un ion K^+ chaque fois qu'elle réabsorbe un ion Na^+. La concentration plasmatique d'ions K^+ diminue donc à mesure que s'élève celle des ions Na^+.

Les cellules du cortex surrénal sont *directement* sensibles à la concentration des ions K^+ dans le liquide extracellulaire où elles baignent. La moindre augmentation de la concentration d'ions K^+ dans le liquide extracellulaire stimule fortement la libération d'aldostérone, laquelle accroît la sécrétion d'ions K^+ en stimulant la réabsorption d'ions Na^+. Par conséquent, la régulation par rétroaction de la libération d'aldostérone constitue pour le potassium extracellulaire un efficace système d'autorégulation. L'aldostérone est également sécrétée en réaction au système rénine-angiotensine que nous avons décrit un peu plus haut (voir p. 1016).

En vue de réduire leur apport de sel, beaucoup de gens emploient des succédanés riches en potassium. Or, la consommation de fortes quantités de ces succédanés n'est inoffensive que si la sécrétion d'aldostérone est normale. En l'absence d'aldostérone, l'hyperkaliémie est foudroyante et mortelle, quel que soit l'apport de potassium (voir le tableau 27.1). Inversement, la présence d'une tumeur du cortex surrénal libérant d'énormes quantités d'aldostérone abaisse la concentration extracellulaire d'ions K^+ (hypokaliémie) au point de causer l'hyperpolarisation de tous les neurones et la paralysie. ■

Régulation de l'équilibre des ions calcium

Environ 99 % du calcium présent dans l'organisme se trouve dans les os, sous forme de sels de phosphate de calcium, et ce sont ces sels qui donnent au squelette sa résistance et sa rigidité. Le calcium ionique (Ca^{2+}) du liquide extracellulaire est nécessaire à la coagulation, à la perméabilité membranaire et à l'activité sécrétoire des cellules (exocytose). Comme les ions Na^+ et K^+, les ions Ca^{2+} ont de puissants effets sur l'excitabilité neuromusculaire et la contraction musculaire. L'hypocalcémie accroît l'excitabilité et cause le tétanos. L'hypercalcémie n'est pas moins dangereuse, car elle inhibe les neurones et les cellules musculaires et peut engendrer des arythmies cardiaques graves (voir le tableau 27.1).

Les ions calcium sont précisément équilibrés, et leur concentration sort rarement des limites normales. L'équilibre des ions Ca^{2+} est régi principalement par l'interaction de deux hormones, la parathormone et la calcitonine; dans des conditions normales, environ 98 % des ions Ca^{2+} filtrés sont réabsorbés. Le squelette constitue un réservoir dynamique de sels de phosphate de calcium où l'organisme peut puiser ou emmagasiner des ions calcium et des ions phosphate au besoin.

Influence de la parathormone

Le principal facteur de régulation du calcium est la **parathormone (PTH)** que libèrent les minuscules glandes parathyroïdes situées derrière la glande thyroïde. La diminution de la concentration plasmatique d'ions Ca^{2+} stimule directement la libération de parathormone, et celle-ci augmente la concentration de calcium en ciblant les organes suivants (voir la figure 17.11, p. 609):

1. **Os.** La parathormone active les ostéoclastes qui décomposent la matrice osseuse, ce qui entraîne la libération d'ions calcium et phosphate (PO_4^{3-}) dans le sang.
2. **Intestin grêle.** La parathormone favorise indirectement l'absorption intestinale d'ions Ca^{2+}, en amenant les reins à transformer la vitamine D en calcitriol (1,25-dihydroxycholécalciférol), une de ses formes actives qui joue le rôle de cofacteur dans l'absorption des ions Ca^{2+} par l'intestin grêle.
3. **Reins.** La parathormone accroît la réabsorption des ions Ca^{2+} par les tubules rénaux tout en réduisant la réabsorption des ions PO_4^{3-}. La conservation des ions calcium et l'excrétion des ions phosphate sont donc reliées. Cet effet a une valeur adaptative, dans la mesure où le *produit* des ions Ca^{2+} et PO_4^{3-} dans le liquide extracellulaire reste constant, ce qui prévient le dépôt de sels de calcium et de phosphate dans les os ou dans les tissus mous (voir le chapitre 6, p. 176).

Une partie du calcium est réabsorbée passivement dans le tubule contourné proximal par diffusion dans la voie paracellulaire (un processus établi par le gradient électrochimique). Cependant, la réabsorption parathormone-dépendante des ions Ca^{2+} a lieu principalement dans le tubule contourné distal au moyen d'une pompe à Ca^{2+}-ATPase.

En règle générale, la majeure partie (75 %) des ions phosphate (y compris les ions $H_2PO_4^-$, HPO_4^{2-} et PO_4^{3-}) est réabsorbée dans les tubules contournés proximaux par transport actif. Le taux maximal de réabsorption (T_m) des ions PO_4^{3-} permet la réabsorption d'une certaine quantité de ces ions, et les quantités excédant ce maximum s'écoulent simplement dans l'urine. En l'absence de parathormone, la réabsorption des ions PO_4^{3-} est donc régie par ce mécanisme de trop-plein. Mais quand la concentration de parathormone s'élève, le transport actif du phosphate est inhibé.

Lorsque la concentration d'ions Ca^{2+} dans le liquide extracellulaire est normale (soit entre 1,00 et 1,15 mmol/L de calcium ionisé) ou élevée, la sécrétion de parathormone est inhibée. Par voie de conséquence, la libération d'ions Ca^{2+} par les os est inhibée, des quantités accrues d'ions Ca^{2+} sont excrétées dans les matières fécales et dans l'urine, et une quantité accrue d'ions PO_4^{3-} est réabsorbée.

Influence de la calcitonine

La **calcitonine,** une hormone produite par les cellules parafolliculaires de la glande thyroïde, est libérée en réaction à l'élévation de la concentration sanguine d'ions Ca^{2+}. La calcitonine cible les os, où elle favorise le dépôt de sels de calcium et de phosphate et inhibe la résorption osseuse (dégradation de la matrice osseuse par les ostéoclastes); elle inhibe aussi la réabsorption des ions Ca^{2+} par le tubule contourné distal. La calcitonine est un antagoniste de la parathormone, mais elle contribue beaucoup moins que cette dernière à l'équilibre des ions calcium.

Régulation de l'équilibre des ions magnésium

L'ion magnésium (Mg^{2+}), le deuxième cation le plus abondant dans le liquide intracellulaire, active les coenzymes nécessaires au métabolisme des glucides et des protéines, et il joue un rôle essentiel dans le fonctionnement du myocarde, dans la neurotransmission et dans l'activité neuromusculaire. La moitié des ions Mg^{2+} présents dans l'organisme se trouvent dans la matrice osseuse; le reste est en majeure partie contenu dans les cellules.

La régulation de l'équilibre des ions Mg^{2+} est mal comprise, mais l'on sait qu'il existe un taux maximal de réabsorption dans les tubules rénaux. Normalement, de 3 à 5 % seulement du magnésium filtré est excrété; les excès et les déficits sont rapidement corrigés. La parathormone et l'adénosine monophosphate inhibent toutes deux la réabsorption des ions magnésium dans le tubule contourné proximal.

Régulation des anions

L'ion chlorure est le principal anion à accompagner l'ion sodium dans le liquide extracellulaire et, comme celui-ci, il concourt au maintien de la pression osmotique du sang. Quand le pH sanguin est normal ou légèrement alcalin, 99 % environ des ions Cl^- filtrés sont réabsorbés. Dans le tubule contourné proximal, ils se déplacent passivement et suivent simplement les ions Na^+ hors du filtrat et dans le sang des capillaires péritubulaires. Dans presque toutes les autres parties du tubule, le transport des ions Na^+ et Cl^- est couplé (voir la figure 26.13, p. 989). En cas d'acidose, peu d'ions Cl^- accompagnent les ions Na^+, car la réabsorption des ions HCO_3^- s'accroît afin que le pH sanguin revienne à la normale. Par conséquent, le choix entre les ions Cl^- et HCO_3^- permet de maintenir l'équilibre acido-basique. La plupart des autres anions, tels les ions sulfate (SO_4^{2-}) et les ions nitrate (NO_3^-) ont un taux maximal de réabsorption défini. Et quand leurs concentrations dans le filtrat excèdent leurs seuils de réabsorption rénale, l'excès est éliminé dans l'urine.

ÉQUILIBRE ACIDO-BASIQUE

Étant donné que toutes les protéines fonctionnelles (enzymes, hémoglobine, cytochromes, etc.) sont influencées par la concentration des ions H^+, presque toutes les réactions biochimiques sont aussi influencées par le pH du milieu où elles se déroulent. L'équilibre acido-basique des liquides de l'organisme est donc essentiel à l'homéostasie, et sa régulation est extrêmement précise. (Voir le chapitre 2, p. 41-43, pour une révision des principes fondamentaux des réactions acido-basiques et du pH.)

Le pH optimal des divers liquides de l'organisme varie, mais de peu. Le pH du sang artériel est normalement de 7,4, celui du sang veineux et du liquide interstitiel, de 7,35 et celui du liquide intracellulaire, de 7,0 en moyenne. Le liquide intracellulaire et le sang veineux ont un pH plus faible que celui du sang artériel, car ils contiennent plus de métabolites acides (tel l'acide lactique) et de gaz carbonique, lequel se combine à l'eau pour former de l'acide carbonique (H_2CO_3) pouvant libérer des ions H^+.

Un pH du sang artériel supérieur à 7,45 détermine l'**alcalose,** tandis qu'un pH du sang artériel inférieur à 7,35 détermine l'**acidose.** Comme la neutralité se situe à 7,0, un pH de 7,35 n'est pas, chimiquement parlant, acide. Toutefois, il indique une concentration d'ions H^+ un peu trop élevée pour le bon fonctionnement normal de la majorité des cellules. Par conséquent, un pH du sang artériel se chiffrant entre 7,35 et 7,0 correspond à une **acidose physiologique.**

Bien que de petites quantités de substances acides pénètrent dans l'organisme par l'intermédiaire des aliments, la plupart des ions H^+ sont des produits ou des sous-produits du métabolisme cellulaire. Par exemple, (1) le catabolisme des acides aminés contenant du soufre (cystéine et méthionine) libère de l'acide sulfurique dans le liquide extracellulaire, tandis que le catabolisme des phospholipides produit de l'acide phosphorique (ces deux substances sont des *acides fixes*); (2) la dégradation anaérobie du glucose produit de l'*acide lactique*; (3) la lipolyse des triglycérides engendre des acides gras libres (acides inorganiques), dont le catabolisme dans le système enzymatique de la bêta-oxydation entraîne la formation de *corps cétoniques* (voir le chapitre 25); et (4), comme nous l'avons expliqué au chapitre 23, la liaison du gaz carbonique dans le sang et son transport sous forme de bicarbonate libèrent des ions H^+. Enfin, bien que l'acide chlorhydrique produit par l'estomac n'appartienne pas à proprement parler au milieu interne, il constitue une source d'ions H^+ qui doivent être tamponnés pour que la digestion s'effectue normalement dans l'intestin grêle.

La concentration sanguine des ions H^+ est réglée, dans l'ordre, par (1) les systèmes tampons chimiques, (2) le centre respiratoire du tronc cérébral et (3) les mécanismes rénaux. Les tampons chimiques résistent en une fraction de seconde aux variations du pH, et ils se situent en quelque sorte en première ligne. Les adaptations de la fréquence et de l'amplitude respiratoires compensent l'acidose et l'alcalose en 1 à 3 minutes. Et bien que les reins constituent le plus puissant des systèmes régulateurs, leur action sur le pH sanguin s'étale sur des heures, voire sur un jour entier ou plus.

Systèmes tampons chimiques

Avant d'étudier les systèmes tampons chimiques de l'organisme, révisons les définitions des acides et des bases faibles ainsi que des acides et des bases forts. Les acides sont des *donneurs de protons* (ils libèrent des ions H^+), et l'acidité d'une solution découle des ions H^+ *libres*, et non de ceux qui sont liés à des anions. Les *acides forts*, qui se dissocient complètement en libérant tous les ions H^+ dans l'eau (figure 27.11a), peuvent modifier du tout au tout le pH d'une solution. À l'opposé, les *acides faibles* comme l'acide carbonique et l'acide acétique ne se

Pour empêcher la variation de pH de la situation (a) de se produire, serait-il préférable d'ajouter une base forte ou une base faible ? Pourquoi ?

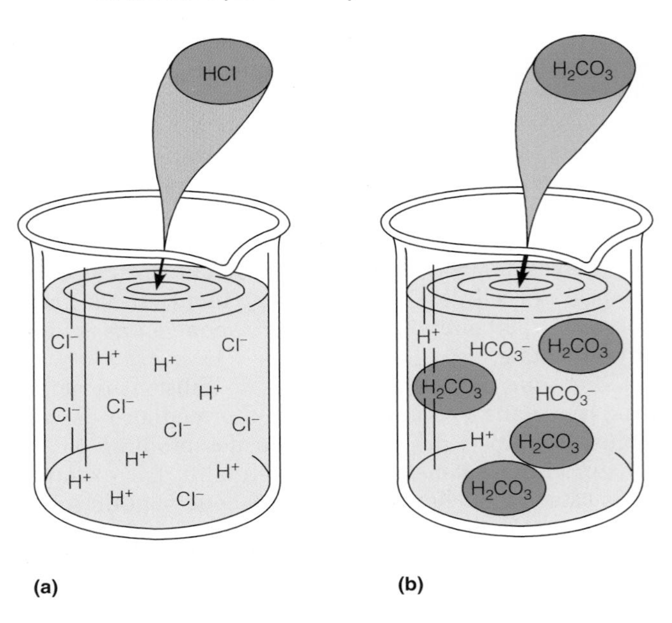

FIGURE 27.11
Comparaison entre la dissociation d'un acide fort et celle d'un acide faible. (a) Quand l'acide chlorhydrique (HCl), un acide fort, est mêlé à de l'eau, il se dissocie complètement en ions (H^+ et Cl^-). **(b)** La dissociation de l'acide carbonique (H_2CO_3), un acide faible, est au contraire incomplète, et une grande proportion de ses molécules restent non dissociées (en vert) dans la solution.

dissocient que partiellement (figure 27.11b), et ils ont donc un effet minime sur le pH. Toutefois, les acides faibles préviennent efficacement les variations du pH, et cette propriété leur fait jouer un rôle primordial dans les systèmes tampons chimiques de l'organisme.

Quant aux bases, rappelez-vous qu'elles sont des *accepteurs de protons* (elles captent des ions H^+). Les bases fortes sont celles qui, comme les hydroxydes, se dissocient facilement dans l'eau et captent rapidement les ions H^+. Les bases faibles, dont les ions HCO_3^- et l'ammoniac (NH_3), sont plus lentes à accepter des ions H^+.

27

Les **tampons chimiques** sont des systèmes formés d'une ou de deux molécules qui préviennent les variations marquées de la concentration des ions H^+ au moment de l'addition d'un acide fort ou d'une base forte. Pour ce faire, ils se lient aux ions H^+ chaque fois que le pH des liquides de l'organisme diminue, et ils s'en dissocient quand le pH s'élève. Les trois principaux tampons chimiques sont le *système tampon acide carbonique-bicarbonate,* le *système tampon phosphate disodique-phosphate monosodique* et le *système tampon protéinate-protéines.* Chacun est nécessaire au maintien du pH dans au moins un compartiment hydrique. Les trois systèmes sont en interaction : tout ce qui modifie la concentration d'ions H^+ dans un compartiment modifie simultanément celle des autres. Il en résulte que les systèmes tampons se tamponnent réciproquement, de telle manière que toute variation du pH est contrée par le système tampon *dans son ensemble.*

Système tampon acide carbonique-bicarbonate

Le **système tampon acide carbonique-bicarbonate** est composé de l'acide carbonique (H_2CO_3) et de son sel, le bicarbonate de sodium ($NaHCO_3$), dans une même solution. Bien qu'il soit aussi un système tampon dans le liquide intracellulaire, il est le *seul* système tampon important du *liquide extracellulaire.*

L'acide carbonique, un acide faible, ne se dissocie que très peu dans les solutions neutres ou acides. Par conséquent, quand un acide fort comme l'acide chlorhydrique (HCl) est ajouté au système, la très grande majorité des molécules d'acide carbonique déjà présentes ne se dissocient pas. Toutefois, les ions HCO_3^- du sel agissent comme des bases faibles et captent les ions H^+ libérés par l'acide fort, formant ainsi *plus* d'acide carbonique.

$$\underset{\text{acide fort}}{HCl} + \underset{\text{base faible}}{NaHCO_3} \rightarrow \underset{\text{acide faible}}{H_2CO_3} + \underset{\text{sel}}{NaCl}$$

Comme l'ion H^+ libéré par l'acide fort (HCl) est capté par l'ion HCO_3^- pour former l'acide faible (H_2CO_3), l'ajout de cet acide fort n'abaisse que légèrement le pH de la solution.

De même, si une base forte comme l'hydroxyde de sodium (NaOH) est ajoutée à la même solution tamponnée, l'alcalinité est telle qu'une base faible comme le bicarbonate de sodium ($NaHCO_3$) ne se dissocie pas et n'élève pas le pH. Par ailleurs, la présence de la base forte (et l'élévation du pH) force l'acide carbonique à se dissocier davantage et à libérer des ions H^+ qui vont se lier aux ions hydroxyde libérés par la base forte et former des molécules d'eau :

$$\underset{\text{base forte}}{NaOH} + \underset{\text{acide faible}}{H_2CO_3} \rightarrow \underset{\text{base faible}}{NaHCO_3} + \underset{\text{eau}}{H_2O}$$

Le résultat est le remplacement d'une base forte (NaOH), qui se dissocie beaucoup, par une base faible ($NaHCO_3$), qui se dissocie très peu, de telle façon que le pH de la solution s'élève très peu.

Bien que le sel de bicarbonate dans cet exemple soit le bicarbonate de sodium, le type de cation du sel n'a pas d'importance ; d'autres sels de bicarbonate fonctionnent de façon identique. À l'intérieur des cellules, où l'ion sodium est peu abondant, le bicarbonate de potassium et le bicarbonate de magnésium font partie du système tampon acide carbonique-bicarbonate.

La capacité tampon de ce genre de système est directement reliée à la concentration des substances tampons. Par conséquent, si des acides sont déversés dans le sang à une vitesse telle que les ions HCO_3^- disponibles (constituant la **réserve alcaline**) ont accepté des ions H^+, le système tampon perd tout effet face aux variations du pH. La concentration des ions HCO_3^- dans le liquide extracellulaire est normalement de 25 mmol/L environ, et elle est maintenue par les reins. L'acide carbonique est vingt fois moins concentré que les ions HCO_3^-, mais la respiration

Une base faible, parce que la base faible agirait comme tampon pour capter les ions H^+ libérés.

cellulaire peut en fournir des quantités quasi illimitées. La concentration d'acide carbonique du sang est assujettie à des mécanismes de régulation respiratoires.

Système tampon phosphate disodique-phosphate monosodique

Le **système tampon phosphate disodique-phosphate monosodique** fonctionne presque exactement comme le système tampon acide carbonique-bicarbonate. Ses constituants sont les sels de sodium du dihydrogénophosphate ($H_2PO_4^-$) et du monohydrogénophosphate (HPO_4^{2-}). Le phosphate monosodique (NaH_2PO_4) agit comme un acide faible, tandis que le phosphate disodique (Na_2HPO_4), qui comporte un atome d'hydrogène de moins, agit comme une base faible.

Encore une fois, les ions H^+ libérés par les acides forts se lient à des bases faibles pour former un acide faible et un sel :

$$\underset{\text{acide fort}}{HCl} + \underset{\text{base faible}}{Na_2HPO_4} \rightarrow \underset{\text{acide faible}}{NaH_2PO_4} + \underset{\text{sel}}{NaCl}$$

et les bases fortes se lient à des acides faibles pour former une base faible et de l'eau :

$$\underset{\text{base forte}}{NaOH} + \underset{\text{acide faible}}{NaH_2PO_4} \rightarrow \underset{\text{base faible}}{Na_2HPO_4} + \underset{\text{eau}}{H_2O}$$

Comme le système tampon phosphate disodique-phosphate monosodique est présent en faible concentration dans le liquide extracellulaire (environ six fois moindre que celle du système tampon acide carbonique-bicarbonate), il a relativement peu d'importance dans le tamponnage du plasma sanguin. Toutefois, il constitue un tampon très efficace dans l'urine et dans le liquide intracellulaire, où la concentration d'ions phosphate est généralement plus élevée.

Système tampon protéinate-protéines

Les protéines contenues dans le plasma et dans les cellules constituent la plus abondante et la plus puissante des sources de tampons, et elles forment le **système tampon protéinate-protéines.** En fait, le tamponnage des liquides de l'organisme repose aux trois quarts sur l'action des protéines intracellulaires.

Comme nous l'avons expliqué au chapitre 2, les protéines sont des polymères d'acides aminés. Le groupement *carboxyle* (*—COOH*) terminal de l'une des extrémités de la protéine, de même que les groupements —COOH des chaînes latérales (groupement R) de certains acides aminés se dissocient et libèrent des ions H^+ quand le pH s'élève (ou devient moins acide) :

$$R^*\text{—}COOH \rightarrow R\text{—}COO^- + H^+$$

De même, le groupement *amine* (—NH_2) terminal de la protéine et les groupements —NH_2 des chaînes latérales (groupement R) de certains acides aminés peuvent agir comme des bases et accepter des ions H^+. Par exemple, un groupement —NH_2 libre peut se lier à des ions H^+ et devenir un groupement —NH_3^+ :

$$R\text{—}NH_2 + H^+ \rightarrow R\text{—}NH_3^+$$

* R représente le reste de la molécule organique, formé de nombreux atomes.

Comme cette réaction retire des ions H^+ libres de la solution, elle prévient une acidification excessive. En conséquence, les mêmes molécules peuvent jouer le rôle de bases ou d'acides suivant le pH du milieu. Les molécules dotées de cette capacité sont appelées **molécules amphotères.**

L'hémoglobine des érythrocytes constitue un excellent exemple de protéine agissant comme tampon intracellulaire. Comme nous l'avons vu plus haut, le gaz carbonique libéré des tissus forme de l'acide carbonique, lequel se dissocie en ions H^+ et en ions HCO_3^- dans le sang. Entre-temps, l'hémoglobine libère l'oxygène et devient de l'hémoglobine réduite porteuse d'une charge négative. Comme les ions H^+ se lient rapidement aux anions hémoglobine (Hb^-), les variations du pH sont réduites dans les globules rouges (voir le chapitre 23). Dans ce cas, l'acide carbonique, un acide faible, est tamponné par un acide encore plus faible, l'hémoglobine.

Régulation respiratoire de la concentration des ions hydrogène

Comme nous l'avons exposé au chapitre 23, le système respiratoire débarrasse le sang du gaz carbonique tout en le ravitaillant en oxygène. Le gaz carbonique produit par le catabolisme cellulaire se lie à l'hémoglobine des érythrocytes, et il est converti en ions HCO_3^- pour son transport dans le plasma :

$$CO_2 + H_2O \xrightleftharpoons[]{\text{anhydrase carbonique}} \underset{\text{acide carbonique}}{H_2CO_3} \rightleftharpoons \underset{\text{ion bicarbonate}}{H^+ + HCO_3^-}$$

Il existe un équilibre réversible entre le gaz carbonique dissous et l'eau d'une part, et l'acide carbonique d'autre part ; de même, il y a un équilibre entre l'acide carbonique d'un côté et les ions H^+ et les ions HCO_3^- de l'autre côté. Par conséquent, l'augmentation d'une des substances pousse la réaction en sens opposé. Il faut aussi noter que l'équation de droite équivaut au système tampon acide carbonique-bicarbonate.

Chez les individus en bonne santé, le gaz carbonique est expulsé des poumons à mesure qu'il se forme dans les tissus. Lors de la libération du CO_2 au niveau des alvéoles pulmonaires, la réaction tend vers la gauche. Les ions H^+ libérés s'associent aux ions HCO_3^- pour former de l'acide carbonique, qui se transforme immédiatement en gaz carbonique et en eau. Les ions H^+ libérés servent à la formation des molécules d'eau. Par conséquent, les ions H^+ produits par le transport du gaz carbonique n'ont pas l'occasion de s'accumuler, et ils ont peu d'effet, si tant est qu'ils en aient, sur le pH sanguin. L'hypercapnie, toutefois, active les chimiorécepteurs du bulbe rachidien (par le truchement de l'acidose du liquide cérébro-spinal amenée par une accumulation de gaz carbonique), de sorte que l'équation se déplace vers la droite. Les chimiorécepteurs du bulbe rachidien stimulent les centres respiratoires du tronc cérébral, qui augmentent la fréquence et l'amplitude respiratoires (voir la figure 23.24, p. 838). De plus, l'augmentation de la concentration plasmatique des ions H^+ résultant d'un processus métabolique quelconque excite indirectement (par l'intermédiaire des chimiorécepteurs périphériques) le centre respiratoire et provoque des respirations profondes et rapides. À mesure que s'accroît la ventilation, une quantité accrue de CO_2 et d'eau est éliminée du sang, ce qui explique que la réaction se déplace vers la gauche et réduise la concentration des ions H^+. Par ailleurs, l'augmentation du pH sanguin (alcalose) diminue l'activité du centre respiratoire. La fréquence respiratoire ralentit, les respirations deviennent superficielles, et le gaz carbonique s'accumule; la réaction tend vers la droite, et la concentration d'ions H^+ augmente afin de compenser l'alcalose. De nouveau, le pH sanguin revient à la normale. Ces corrections respiratoires du pH sanguin (s'effectuant par le biais de la régulation de la concentration sanguine du gaz carbonique) s'accomplissent en une minute environ.

La régulation respiratoire de l'équilibre acido-basique constitue un *système tampon physiologique,* ou *fonctionnel*. Elle agit plus lentement que les tampons chimiques que nous venons de décrire, mais sa capacité tampon est jusqu'à deux fois plus grande que celle de tous les tampons chimiques combinés. Les variations de la ventilation alvéolaire peuvent modifier considérablement le pH sanguin, beaucoup plus même qu'il ne le faut. Par exemple, le doublement de la ventilation alvéolaire peut élever le pH sanguin de 0,2, et sa réduction de moitié peut abaisser le pH sanguin de 0,2. Comme le pH du sang artériel normal est de 7,4, un changement de 0,2 conduit le pH à 7,6 ou 7,2, deux valeurs bien au-delà des limites normales. De fait, la ventilation alvéolaire peut être multipliée par 15 ou réduite à 0. (L'arrêt complet de la respiration pendant 1 minute fait descendre le pH sanguin à 7,1; à l'inverse, une ventilation alvéolaire excessive peut l'élever jusqu'à 7,7). La régulation respiratoire du pH sanguin peut donc jouer un rôle important dans l'équilibre acido-basique.

Tout ce qui gêne le fonctionnement du système respiratoire perturbe l'équilibre acido-basique. Par exemple, la rétention du gaz carbonique cause l'acidose, tandis que l'hyperventilation, qui entraîne une élimination nette de CO_2, peut provoquer l'alcalose. Quand la cause du déséquilibre acido-basique est un trouble respiratoire, l'état résultant est soit l'**acidose respiratoire,** soit l'**alcalose respiratoire** (voir le tableau 27.2, p. 1029).

27

Mécanismes rénaux de l'équilibre acido-basique

Les tampons chimiques se lient temporairement aux acides et aux bases en excès, mais ils ne peuvent pas les éliminer de l'organisme. Et bien que les poumons évacuent l'acide carbonique en éliminant le gaz carbonique et l'eau, seuls les reins peuvent débarrasser l'organisme des autres acides engendrés par le métabolisme cellulaire: l'acide sulfurique, l'acide phosphorique, l'acide urique, l'acide lactique et les corps cétoniques. L'acidose résultant de l'accumulation de ces métabolites acides est appelée **acidose métabolique.** Notons que cette appellation est, d'une certaine manière, incorrecte car le gaz carbonique (et donc l'acide carbonique) est aussi un produit du métabolisme.

Seuls les reins ont la capacité de régler les concentrations sanguines des substances alcalines et de renouveler les réserves de tampons chimiques comme les bicarbonates et les phosphates consommés pour la régulation de la concentration d'ions H^+ dans le liquide extracellulaire. Une certaine proportion des ions HCO_3^- se lie aux ions H^+ et forme de l'acide carbonique; cet acide se transforme ensuite en gaz carbonique et en eau et est expulsé par les poumons; ces ions HCO_3^- sont donc perdus lorsque le gaz carbonique est expiré. En dernière analyse, les principaux organes de la régulation acido-basique sont donc les reins qui, lentement mais sûrement, compensent les déséquilibres acido-basique dus aux fluctuations de l'apport alimentaire et du métabolisme ainsi qu'aux états pathologiques.

Les plus importants des mécanismes rénaux de régulation acido-basique sont:

1. l'excrétion des ions bicarbonate;
2. la conservation (réabsorption) ou la production d'ions bicarbonate.

Si nous revenons à la réaction expliquant le fonctionnement du système tampon acide carbonique-bicarbonate du sang (voir p. 1024), il devient évident que la perte d'ions HCO_3^- produit le même effet net que l'ajout d'ions H^+, car les deux déplacent l'équation vers la droite. De même, la production ou la réabsorption d'ions HCO_3^- donne le même résultat que la perte d'ions H^+: l'équation se déplace vers la gauche. Par conséquent, pour réabsorber le bicarbonate, des ions H^+ doivent être sécrétés, et lorsqu'un excès d'ions HCO_3^- est excrété, il y a rétention d'ions H^+ (ils ne sont pas sécrétés).

Comme les mécanismes de régulation de l'équilibre acido-basique reposent sur la sécrétion d'ions H^+ dans le filtrat, nous étudierons d'abord ce processus. Les cellules du tubule contourné proximal (et celles du tubule rénal collecteur) réagissent directement au pH du liquide extracellulaire et modifient en conséquence leur sécrétion d'ions H^+. Les ions H^+ sécrétés proviennent de la dissociation de l'acide carbonique qui vient de la combinaison du gaz carbonique et de l'eau dans les cellules tubulaires (figure 27.12). Pour chaque ion hydrogène activement sécrété dans la lumière du tubule, un ion Na^+ est réabsorbé du filtrat, ce qui maintient l'équilibre électrochimique de part et d'autre de la paroi des tubules.

La sécrétion des ions H^+ augmente et diminue suivant la concentration de gaz carbonique dans le liquide extracellulaire. Plus le sang des capillaires péritubulaires est riche en gaz carbonique, plus la sécrétion d'ions H^+ est rapide. Comme la concentration sanguine du gaz carbonique est directement reliée au pH sanguin, ce système peut réagir tant à l'augmentation qu'à la diminution de la concentration des ions H^+. Notons aussi que les ions H^+ sécrétés peuvent se combiner à des ions HCO_3^- dans le filtrat et produire du gaz carbonique et de l'eau dans la lumière du tubule. Dans ce cas, les ions H^+ font partie intégrante de la molécule d'eau. La concentration croissante du gaz carbonique dans le filtrat crée un fort gradient de diffusion pour son entrée dans la cellule tubulaire, où il accroît encore la sécrétion d'ions H^+.

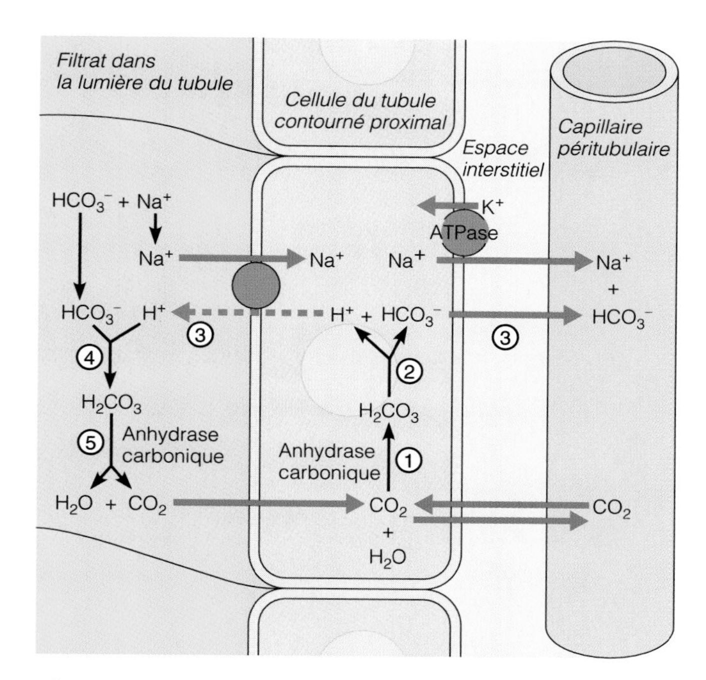

FIGURE 27.12
La réabsorption des ions HCO_3^- filtrés est couplée à la sécrétion des ions H^+. Pour chaque ion H^+ sécrété dans le filtrat, un ion Na^+ et un ion HCO_3^- sont réabsorbés par les cellules du tubule contourné proximal. Les ions H^+ sécrétés peuvent se lier aux ions HCO_3^- présents dans le filtrat tubulaire et former de l'acide carbonique (H_2CO_3). Par conséquent, des ions HCO_3^- disparaissent du filtrat à mesure que d'autres (formés dans les cellules tubulaires) entrent dans le sang du capillaire péritubulaire. L'acide carbonique formé dans le filtrat se dissocie et libère du gaz carbonique et de l'eau. Ensuite, le gaz carbonique diffuse dans les cellules tubulaires, et il y accroît la sécrétion d'ions H^+. Les mécanismes de transport actif sont représentés par des flèches rouges ; les mécanismes de transport passif (diffusion simple et diffusion facilitée) sont représentés par des flèches bleues. (La réabsorption des ions HCO_3^- dans les cellules intercalaires des tubules rénaux collecteurs repose sur la sécrétion d'ions H^+ par une pompe à H^+-ATPase au niveau de la membrane apicale et sur l'échange HCO_3^--Cl^- à la membrane basolatérale pour maintenir la neutralité électrique dans les cellules tubulaires pendant que les ions bicarbonate se déplacent vers les capillaires péritubulaires.) (Les numéros indiquent la succession des événements.)

Conservation des ions bicarbonate filtrés : réabsorption des ions bicarbonate

Les ions HCO_3^- sont un constituant important du système tampon acide carbonique-bicarbonate, le principal tampon inorganique du sang. Afin que subsiste ce réservoir de bases, appelé *réserve alcaline*, les reins doivent faire davantage qu'éliminer les ions H^+ pour contrer l'élévation de leur concentration sanguine. En effet, les réserves d'ions HCO_3^- doivent être reconstituées. La chose est plus complexe qu'il n'y paraît, car les cellules tubulaires sont presque complètement imperméables aux ions HCO_3^- présents dans le filtrat, et elles ne peuvent pas les réabsorber. Toutefois, les reins peuvent conserver le bicarbonate filtré au moyen d'un mécanisme quelque peu détourné (également représenté à la figure 27.12). Comme vous pouvez le constater, la dissociation de l'acide carbonique, dans la cellule tubulaire libère des ions HCO_3^- aussi bien que des ions H^+. Quoique les cellules tubulaires ne puissent pas récupérer le bicarbonate directement du filtrat, elles peuvent envoyer vers le sang des capillaires péritubulaires les ions HCO_3^- produits dans leur cytoplasme. (Les ions Na^+ qui entrent dans les cellules tubulaires à mesure qu'en sortent les ions H^+ s'acheminent également vers le sang.) La réabsorption du bicarbonate dépend donc de la sécrétion des ions H^+ dans le filtrat et de leur combinaison aux ions HCO_3^- filtrés. Pour chaque ion HCO_3^- filtré qui « disparaît », un ion HCO_3^- produit dans les cellules tubulaires entre dans le sang. Quand de grandes quantités d'ions H^+ sont sécrétées, des quantités équivalentes d'ions HCO_3^- entrent dans le sang péritubulaire.

Production d'ions bicarbonate

En règle générale, les *nouveaux* ions HCO_3^- qui peuvent s'ajouter au plasma sont produits par deux mécanismes rénaux habituellement régis par les cellules intercalaires des tubules rénaux collecteurs. Ces mécanismes font intervenir l'excrétion rénale des acides *par le truchement de la sécrétion et de l'excrétion* des ions hydrogène ou des ions ammonium dans l'urine. Examinons en quoi ces deux mécanismes diffèrent l'un de l'autre.

Excrétion des ions H^+ tamponnés Notez que tout au long de la récupération du *bicarbonate filtré* (figure 27.12), les ions H^+ sécrétés ne sont pas *excrétés* dans l'urine. Ils sont plutôt tamponnés par les ions HCO_3^- dans le filtrat, et ils servent à former des molécules d'eau (qui sont réabsorbées selon les besoins).

Néanmoins, une fois que les ions HCO_3^- filtrés sont utilisés pour tamponner les ions H^+, tout nouvel ion H^+ sécrété commence à être excrété dans l'urine. Plus souvent qu'autrement, c'est ce qui se produit. La récupération des ions HCO_3^- ne fait que rétablir la concentration plasmatique des ions bicarbonate. Toutefois, un régime alimentaire normal introduit de nouveaux ions H^+ dans l'organisme qui doivent être compensés par la production et l'ajout dans le sang de *nouveaux* ions HCO_3^- (qui ne sont pas filtrés), afin de prévenir l'acidose. Ces ions H^+ excrétés doivent aussi se lier à des tampons dans le filtrat. Dans le cas contraire, le pH de l'urine atteindrait environ 1,4, ce qui serait incompatible avec la vie. (La sécrétion d'ions H^+ cesse quand le pH de l'urine chute à 4,5.) Le principal tampon urinaire des ions H^+ excrétés est le *système tampon phosphate disodique-phosphate monosodique.*

Bien que les ions phosphate (HPO_4^{2-}) filtrent à travers le glomérule, leur réabsorption est inhibée lorsque l'organisme est en état d'acidose. De plus, la réabsorption de l'eau contribue aussi à la concentration des deux substances constituant le système tampon phosphate à mesure que le filtrat avance dans les tubules rénaux. Comme le montre la figure 27.13a, les cellules intercalaires

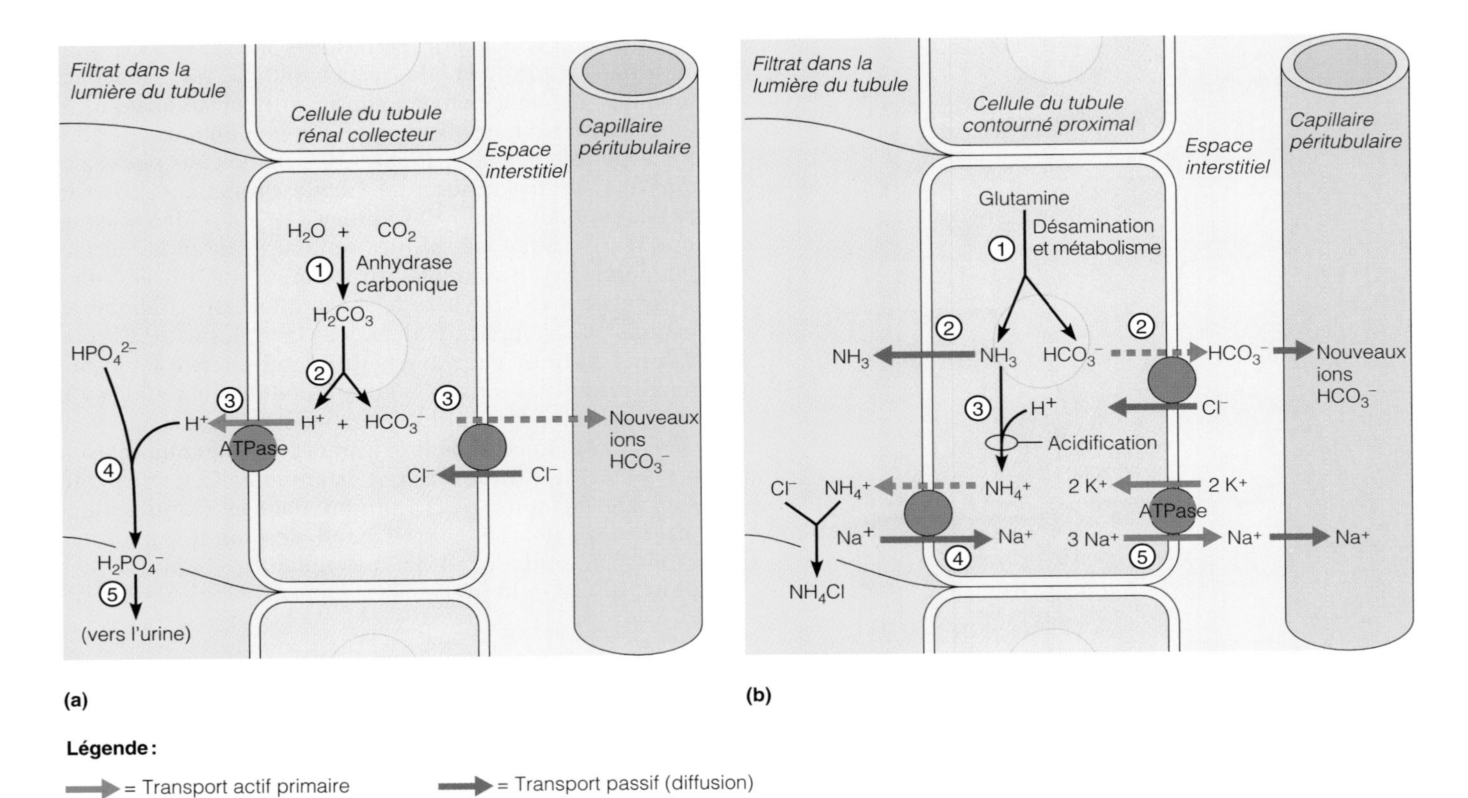

FIGURE 27.13
Tamponnage dans l'urine des ions H^+ excrétés. (a) Tamponnage des ions H^+ par le monohydrogénophosphate (HPO_4^{2-}). Les ions H^+ provenant de la dissociation du H_2CO_3 sont sécrétés activement par une pompe à H^+-ATPase et se combinent avec les ions HPO_4^{2-} dans la lumière du tubule. Les ions HCO_3^- qui sont produits en même temps quittent la membrane basolatérale au moyen d'un transporteur antiport au cours d'un processus d'échange HCO_3^--Cl^-. **(b)** Tamponnage par l'ammoniac des ions H^+ excrétés. Les cellules du tubule contourné proximal produisent, à partir de la glutamine, du NH_3 et des ions HCO_3^-. Les molécules de NH_3 peuvent tout simplement diffuser hors des cellules pour servir de tampons aux cellules intercalaires des tubules rénaux collecteurs, ou alors ils peuvent s'acidifier (se combiner avec des ions H^+) dans la cellule du tubule contourné proximal pour former des ions ammonium. Ces ions NH_4^+ sont alors activement sécrétés en occupant le site du H^+ sur le cotransporteur H^+-Na^+. Les ions NH_4^+ se combinent avec les ions Cl^- dans la lumière du tubule. Les nouveaux ions HCO_3^- se dirigent vers le sang des capillaires péritubulaires.

sécrètent activement des ions H^+ (au moyen d'une pompe à H^+-APTase) et les ions H^+ sécrétés se combinent aux ions HPO_4^{2-} et forment des ions $H_2PO_4^-$ qui s'écoulent ensuite dans l'urine. Les ions bicarbonate produits dans les cellules pendant cette réaction entrent dans l'espace interstitiel par cotransport (antiport HCO_3-Cl^-) puis se déplacent passivement dans le sang des capillaires péritubulaires. Notons encore une fois que, pendant l'excrétion des ions H^+, de nouveaux ions HCO_3^- sont ajoutés au sang, en plus de ceux qui sont récupérés du filtrat. Donc, en réaction à l'acidose, les reins produisent des ions bicarbonate et les ajoutent au sang (alcalinisation du sang), tout en ajoutant une quantité égale d'ions H^+ au filtrat (acidification du filtrat).

Excrétion des ions NH_4^+ Le second mécanisme, qui intervient lors d'une acidose marquée, utilise l'ammoniac (NH_3) produit par le métabolisme de la glutamine dans les cellules du tubule contourné proximal. Le bicarbonate produit durant la réaction traverse la membrane basolatérale et entre dans le sang. L'ammoniac formé peut simplement diffuser hors des cellules pour servir de tampon en aval, dans le tubule rénal collecteur, ou alors il peut s'acidifier, c'est-à-dire se combiner avec des ions H^+ sécrétés pour former des ions ammonium (NH_4^+). Les ions ammonium sont des acides faibles qui cèdent peu d'ions H^+ lorsque le pH est à sa valeur normale. Ceux-ci sont excrétés dans l'urine en combinaison avec les ions Cl^- (figure 27.13b). Comme dans le cas du système tampon phosphate disodique-phosphate monosodique, la production de bicarbonate et la réabsorption du bicarbonate de sodium accompagnent le mécanisme tampon ammoniac-ammonium, reconstituant ainsi la réserve alcaline du sang.

TABLEAU 27.2 Causes et conséquences des déséquilibres acido-basiques

États et signes cardinaux	Causes possibles*; commentaires
Acidose métabolique non compensée (HCO_3^- < 22 mmol/L; pH < 7,4)	**Diarrhée grave:** les sécrétions intestinales (et pancréatiques), riches en bicarbonate, sont excrétées par le tube digestif avant que leurs solutés puissent être réabsorbés; les ions HCO_3^- perdus sont remplacés par retrait du plasma
	Maladie rénale: incapacité des reins d'éliminer les acides formés par les processus métaboliques normaux
	Diabète sucré en état d'hyperglycémie: déficit insulinique ou absence de réaction cellulaire à l'insuline, d'où une incapacité d'utiliser le glucose; les lipides deviennent la principale source d'énergie et l'acidocétose apparaît
	Inanition: insuffisance de nutriments pour alimenter les cellules; les protéines et les réserves lipidiques deviennent des sources d'énergie: elles produisent des métabolites acides lors de leur dégradation
	Ingestion excessive d'alcool: produit un excès d'acides dans le sang
	Forte concentration d'ions potassium dans le liquide extracellulaire: les ions K^+ font concurrence aux ions H^+ pour la sécrétion dans les tubules rénaux; quand la concentration d'ions K^+ est élevée dans le liquide extracellulaire, la sécrétion des ions K^+ empêche celle des ions H^+ (inhibition compétitive)
	Insuffisance d'aldostérone: cause une sécrétion trop faible d'ions K^+ et H^+
Alcalose métabolique non compensée (HCO_3^- > 26 mmol/L; pH > 7,4)	**Vomissement ou aspiration gastrique de l'acide chlorhydrique gastrique:** les ions H^+ doivent être prélevés du sang pour remplacer l'acide gastrique; leur concentration diminue et celle des ions HCO_3^- augmente en proportion
	Certains diurétiques: causent la déplétion des ions K^+ et une perte d'eau. La perte d'ions K^+ stimule directement la sécrétion des ions H^+ par les cellules tubulaires. La réduction du volume sanguin déclenche le système rénine-angiotensine, lequel stimule la réabsorption des ions Na^+ et la sécrétion des ions H^+
	Ingestion excessive de bicarbonate de sodium ou de médicaments alcalins: le bicarbonate passe facilement dans le liquide extracellulaire, où il accroît la réserve alcaline naturelle
	Constipation: la rétention prolongée des matières fécales accroît la réabsorption d'ions HCO_3^-
	Excès d'aldostérone (p. ex. tumeurs des surrénales): favorise une réabsorption excessive de sodium, ce qui explique l'excrétion démesurée d'ions H^+ dans l'urine. L'hypovolémie produit le même effet relatif parce que la sécrétion d'aldostérone est augmentée pour favoriser la réabsorption des ions Na^+ (et de l'eau)
Acidose respiratoire non compensée (P_{CO_2} > 45 mm Hg; pH < 7,4)	**Tout état qui entrave les échanges gazeux ou la ventilation pulmonaire (bronchite chronique, fibrose kystique du pancréas, emphysème):** l'augmentation de la résistance des voies aériennes et l'inefficacité de l'expiration provoquent la rétention du gaz carbonique et l'augmentation des ions H^+
	Respiration rapide et superficielle: réduction marquée du volume courant
	Dose excessive de narcotiques ou de barbituriques ou lésion du tronc cérébral: l'inhibition des centres respiratoires entraîne l'hypoventilation et l'arrêt respiratoire
Alcalose respiratoire non compensée (P_{CO_2} < 35 mm Hg; pH > 7,4)	**La cause directe est toujours l'hyperventilation:** l'hyperventilation observée dans l'asthme, la pneumonie, l'anxiété et en altitude vise à élever la pression partielle de l'oxygène au prix d'une excrétion excessive de gaz carbonique et d'ions H^+
	Tumeur ou lésion cérébrale: atteinte des centres respiratoires

* Ce sont les causes les plus fréquentes.

Sécrétion des ions bicarbonate

Lorsque l'organisme est en état d'alcalose, certaines cellules intercalaires des tubules rénaux collecteurs présentent une sécrétion nette d'ions HCO_3^- (plutôt qu'une réabsorption nette d'ions HCO_3^-) pendant qu'elles récupèrent des ions H^+ pour acidifier le sang. Dans l'ensemble, on peut voir ce processus comme étant contraire à celui qu'illustre la figure 27.12. Toutefois, le processus qui prédomine dans les néphrons et dans les tubules rénaux collecteurs est celui de la réabsorption des ions HCO_3^- et, même pendant l'alcalose, il y a beaucoup moins d'ions HCO_3^- excrétés que conservés.

Déséquilibres acido-basiques

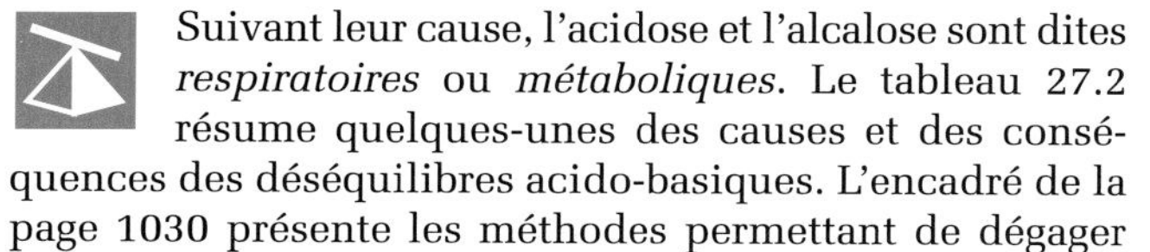

Suivant leur cause, l'acidose et l'alcalose sont dites *respiratoires* ou *métaboliques*. Le tableau 27.2 résume quelques-unes des causes et des conséquences des déséquilibres acido-basiques. L'encadré de la page 1030 présente les méthodes permettant de dégager

GROS PLAN

Détermination de la cause de l'acidose ou de l'alcalose à l'aide des dosages sanguins

Il arrive souvent qu'on fournisse aux étudiants (particulièrement à ceux qui se destinent aux soins infirmiers) des dosages sanguins et qu'on leur demande de déterminer : (1) si le patient est en état d'acidose ou d'alcalose ; (2) la cause de l'état (d'origine respiratoire ou métabolique) ; (3) si l'état est compensé ou non. La tâche est beaucoup plus facile qu'il n'y paraît, à condition qu'on l'aborde de manière systématique. En effet, il faut analyser les dosages sanguins dans l'ordre suivant :

1. Notez le pH. Cette donnée indique si le patient est en état d'alcalose (pH > 7,45) ou d'acidose (pH < 7,35), mais elle *ne* révèle *pas* la cause de l'état.
2. Ensuite, vérifiez la pression partielle du gaz carbonique afin de déceler s'il s'agit de la cause du déséquilibre. Comme le système respiratoire agit rapidement, une pression partielle excessivement haute ou faible peut révéler soit que le trouble est d'origine respiratoire, soit que le système respiratoire est en voie de le compenser. Par exemple, si le pH indique une acidose et que :
   a. la pression partielle du gaz carbonique est supérieure à 45 mm Hg, le système respiratoire *est en cause* et le trouble est l'acidose respiratoire ;
   b. la pression partielle du gaz carbonique est inférieure à 35 mm Hg, le système respiratoire *n'est pas en cause mais il est en train de compenser ;*
   c. la pression partielle du gaz carbonique est normale, le trouble n'est *ni causé ni compensé* par le système respiratoire.
3. Vérifiez la concentration d'ions HCO_3^-. Si l'étape 2 a prouvé que le système respiratoire n'est pas à l'origine du déséquilibre, alors le trouble est métabolique, et il devrait se traduire par des valeurs anormales de la concentration du bicarbonate. L'acidose métabolique se signale par une concentration inférieure à 22 mmol/L, et l'alcalose métabolique, par une concentration supérieure à 26 mmol/L. Alors que la pression partielle du gaz carbonique est inversement proportionnelle au pH sanguin (elle s'élève à mesure que le pH diminue), la concentration de bicarbonate est proportionnelle au pH sanguin (elle augmente à mesure que le pH s'élève).

Voici deux applications de la méthode.

Problème n° 1
Dosages fournis : pH 7,5 ; P_{CO_2} 24 mm Hg ; HCO_3^- 24 mmol/L.
Analyse :
1. Le pH est élevé = alcalose.
2. La pression partielle du gaz carbonique est très faible = cause de l'alcalose.
3. La concentration des ions HCO_3^- est normale.

Conclusion : Il s'agit d'une alcalose respiratoire sans compensation rénale, telle qu'on peut l'observer au cours de l'hyperventilation passagère.

Problème n° 2
Dosages fournis : pH 7,48 ; P_{CO_2} 46 mm Hg ; HCO_3^- 32 mmol/L.
Analyse :
1. Le pH est élevé = alcalose.
2. La pression partielle du gaz carbonique est élevée = cause de l'*acidose* et non de l'alcalose ; par conséquent, le système respiratoire est en train de compenser l'acidose et n'en est pas la cause.
3. La concentration des ions HCO_3^- est élevée = cause de l'alcalose.

Conclusion : Il s'agit d'une alcalose métabolique compensée par une acidose respiratoire (rétention de gaz carbonique visant le rétablissement du pH sanguin).

Vous trouverez ci-dessous un tableau simple qui facilitera vos déterminations.

Valeurs plasmatiques normales	pH 7,35 à 7,45	P_{CO_2} 35 à 45 mm Hg	HCO_3^- 22 à 26 mmol/L
Déséquilibre acido-basique			
Acidose respiratoire	↓	↑	↑ s'il y a compensation
Alcalose respiratoire	↑	↓	↓ s'il y a compensation
Acidose métabolique	↓	↓ s'il y a compensation	↓
Alcalose métabolique	↑	↑ s'il y a compensation	↑

27

les causes des déséquilibres et de déterminer s'ils sont compensés (si les poumons ou les reins interviennent pour les corriger).

Acidose et alcalose respiratoires

Les déséquilibres acido-basiques respiratoires résultent de l'incapacité du système respiratoire de maintenir le pH. La pression partielle du gaz carbonique (P_{CO_2}) dans le sang artériel est le principal indice du fonctionnement du système respiratoire. Quand ce fonctionnement est normal, la pression partielle du gaz carbonique varie entre 35 et 45 mm Hg dans le sang artériel. En règle générale, une pression supérieure à 45 mm Hg traduit l'acidose respiratoire, tandis qu'une pression inférieure à 35 mm Hg signale l'alcalose respiratoire.

L'**acidose respiratoire** survient le plus souvent lorsque la respiration est superficielle ou lorsque des maladies comme la pneumonie, la fibrose kystique du pancréas (mucoviscidose) ou l'emphysème entravent l'échange gazeux dans les alvéoles. Dans de telles conditions, le gaz carbonique s'accumule dans le sang, et il peut être transformé en acide carbonique qui libère des ions H^+. On peut donc soupçonner une acidose respiratoire en présence d'une chute du pH et d'une élévation de la pression partielle du gaz carbonique au-dessus de 45 mm Hg.

L'**alcalose respiratoire** s'établit lorsque le gaz carbonique est éliminé plus rapidement qu'il n'est produit, c'est-à-dire lorsque l'alcalinité du sang augmente. Cet état est une conséquence fréquente de l'hyperventilation. Contrairement à l'acidose respiratoire, l'alcalose respiratoire est rarement associée à un état pathologique.

Acidose et alcalose métaboliques

Les déséquilibres acido-basiques métaboliques recouvrent toutes les anomalies de l'équilibre acido-basique, *à l'exception* de celles qui sont causées par un excès ou par un déficit en gaz carbonique dans le sang. Une concentration d'ions HCO_3^- inférieure à 22 mmol/L ou supérieure à 26 mmol/L indique un déséquilibre acido-basique métabolique.

Les causes les plus fréquentes de l'**acidose métabolique** sont l'ingestion d'une grande quantité d'alcool (qui est transformé en acétaldéhyde puis en acide acétique) et la perte importante de HCO_3^- consécutive à une diarrhée persistante (le bicarbonate provient du suc pancréatique et intestinal). L'acidose métabolique peut aussi être causée par une accumulation d'acide lactique pendant l'exercice ou à l'occasion d'un choc ainsi que par la cétose due à l'inanition ou au catabolisme des acides gras chez un diabétique en état d'hyperglycémie. L'insuffisance rénale, dans laquelle les ions H^+ en excès ne sont pas éliminés dans l'urine, est une cause peu répandue d'acidose. On reconnaît l'acidose métabolique à un pH sanguin et à une concentration de HCO_3^- inférieurs aux valeurs normales.

L'**alcalose métabolique,** révélée par une augmentation du pH sanguin et de la concentration des ions HCO_3^- est beaucoup moins fréquente que l'acidose métabolique. Ses causes typiques sont l'évacuation du suc acide de l'estomac (ou la perte de ces sécrétions lors d'une aspiration gastrique), l'ingestion d'un excès de substances basiques (des antiacides par exemple) et la constipation, dans laquelle une quantité d'ions HCO_3^- plus grande qu'à l'ordinaire est réabsorbée par le côlon.

Effets de l'acidose et de l'alcalose

Les limites absolues du pH compatibles avec la vie sont 7,0 et 7,8. En deçà de 7,0, l'activité du système nerveux central est si réduite que le coma survient et que la mort suit peu après. À l'opposé, l'alcalose cause une surexcitation du système nerveux qui se traduit par le tétanos, la nervosité extrême et les convulsions. La mort est souvent consécutive à l'arrêt respiratoire.

Compensations rénale et respiratoire

Lorsqu'un déséquilibre acido-basique survient à la suite du fonctionnement inefficace d'un des systèmes tampons physiologiques (reins ou poumons), l'autre système tente de compenser. Le système respiratoire cherche à compenser les déséquilibres métaboliques, tandis que les reins tentent, quoique beaucoup plus lentement, de corriger les déséquilibres causés par une maladie respiratoire. On reconnaît l'établissement de **compensations respiratoires** et **rénales** aux changements de la pression partielle du gaz carbonique (CO_2) et de la concentration des ions HCO_3^- (voir l'encadré intitulé *Gros plan*).

Compensations respiratoires En règle générale, la fréquence et l'amplitude respiratoires changent lorsque le système respiratoire tente de compenser les déséquilibres acido-basiques métaboliques. En cas d'acidose métabolique, la fréquence et l'amplitude respiratoires sont habituellement augmentées, ce qui indique qu'une forte concentration d'ions H^+ stimule les centres respiratoires. Le pH sanguin est bas (inférieur à 7,35) et la concentration d'ions HCO_3^- est faible (inférieure à 22 mmol/L); en outre, la pression partielle du CO_2 passe sous les 35 mm Hg, du fait que le système respiratoire expulse ce gaz pour éliminer l'excès d'acide du sang. Dans l'acidose respiratoire, par contre, la fréquence respiratoire est basse, et *cette faiblesse constitue la cause immédiate de l'acidose* (sauf dans les cas de bronchopneumopathie chronique obstructive).

L'alcalose métabolique, par ailleurs, est compensée par une respiration lente et superficielle qui laisse le gaz carbonique s'accumuler dans le sang. Une alcalose métabolique compensée par des mécanismes respiratoires se traduit par un pH élevé (supérieur à 7,45), par une forte concentration des ions HCO_3^- (supérieure à 26 mmol/L) et par une augmentation de la pression partielle du CO_2 (au-dessus de 45 mm Hg).

Compensations rénales Si le déséquilibre est d'origine respiratoire, les mécanismes rénaux entrent en jeu pour le compenser. Par exemple, une personne en état d'hypoventilation va présenter une acidose. S'il y a compensation rénale, la pression partielle du gaz carbonique et la concentration de bicarbonate sont élevées. L'augmentation de la pression partielle de CO_2 est la cause de l'acidose. La forte concentration de bicarbonate indique que les reins retiennent le bicarbonate pour contrer l'acidose. Inversement, l'alcalose respiratoire compensée par des mécanismes rénaux se traduit par un pH sanguin élevé et par une faible pression partielle du CO_2. La concentration d'ions HCO_3^- diminue à mesure que les reins éliminent ces ions, soit en ne les réabsorbant pas, soit en les sécrétant activement. ■

ÉQUILIBRE HYDRIQUE, ÉLECTROLYTIQUE ET ACIDO-BASIQUE AU COURS DU DÉVELOPPEMENT ET DU VIEILLISSEMENT

L'organisme de l'embryon et du très jeune fœtus est composé à plus de 90 % d'eau. Or, les solides s'accumulent au cours du développement fœtal, si bien que l'organisme du nouveau-né ne contient plus que de 70 à 80 % d'eau. (La valeur moyenne chez l'adulte est de 58 %.) Toutes proportions gardées, l'organisme du nourrisson renferme plus de liquide extracellulaire que celui de l'adulte et, par le fait même, beaucoup plus de NaCl que d'ions K^+, Mg^{2+} et HPO_4^{2-}. L'eau corporelle commence à se redistribuer deux mois environ après la naissance, et elle se stabilise

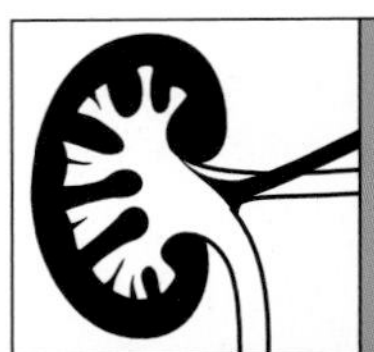

SYNTHÈSE

Tous pour un, un pour tous : relations entre le système urinaire et les autres systèmes de l'organisme

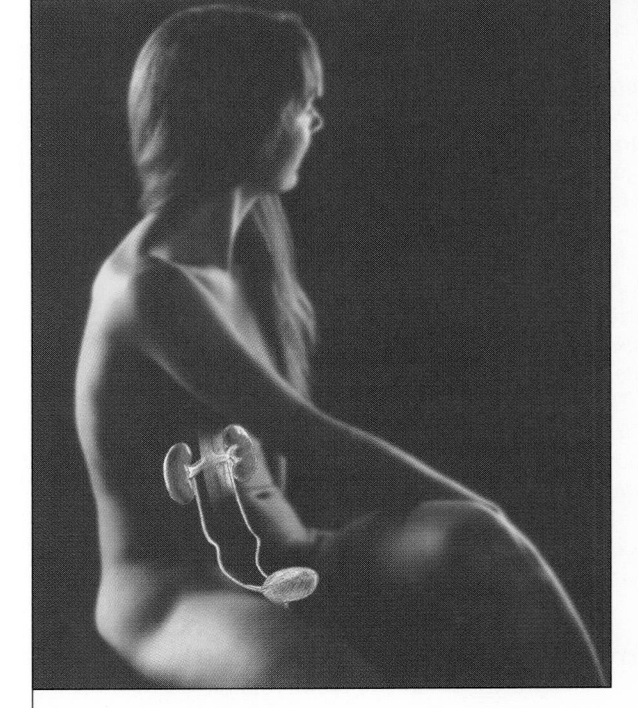

Système tégumentaire

- Les reins éliminent les déchets azotés ; ils maintiennent l'équilibre hydrique, électrolytique et acido-basique du sang.
- La peau est une barrière protectrice externe ; elle sert à l'élimination de l'eau (par la transpiration).

Système osseux

- Les reins éliminent les déchets azotés ; ils maintiennent l'équilibre hydrique, électrolytique et acido-basique du sang.
- Les os de la cage thoracique protègent en partie les reins.

Système musculaire

- Les reins éliminent les déchets azotés (dont la créatinine provenant du métabolisme musculaire) ; ils maintiennent l'équilibre hydrique, électrolytique et acido-basique du sang ; la régulation rénale des concentrations extracellulaires des ions Na^+, K^+ et Ca^{2+} est essentielle à l'excitabilité et à la contractilité des muscles.
- Le muscle élévateur de l'anus et le muscle sphincter de l'urètre (externe) interviennent dans la maîtrise volontaire de la miction.

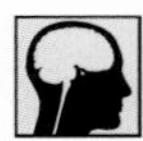

Système nerveux

- Les reins éliminent les déchets azotés ; ils maintiennent l'équilibre hydrique, électrolytique et acido-basique du sang ; la régulation rénale des concentrations extracellulaires des ions Na^+, K^+ et Ca^{2+} est essentielle au bon fonctionnement du système nerveux.
- Les mécanismes de régulation nerveuse interviennent dans la miction ; l'activité du système nerveux sympathique déclenche le système rénine-angiotensine.

Système endocrinien

- Les reins éliminent les déchets azotés ; ils maintiennent l'équilibre hydrique, électrolytique et acido-basique du sang ; ils produisent l'érythropoïétine ; la régulation rénale de l'équilibre sodium-eau est essentielle au maintien de la pression sanguine et au transport des hormones dans le sang.
- L'hormone antidiurétique, l'aldostérone, le facteur natriurétique auriculaire et d'autres hormones contribuent à la régulation de la réabsorption rénale de l'eau et des électrolytes.

Système cardiovasculaire

- Les reins éliminent les déchets azotés ; ils maintiennent l'équilibre hydrique, électrolytique et acido-basique du sang ; la régulation rénale de l'équilibre sodium-eau est essentielle au maintien de la pression sanguine ; la régulation des ions Na^+, K^+ et Ca^{2+} maintient l'excitabilité du cœur.
- La pression artérielle systémique est l'élément moteur de la filtration glomérulaire ; le cœur sécrète le facteur natriurétique auriculaire ; le sang transporte les nutriments, l'oxygène, etc. vers le système urinaire.

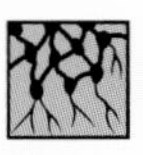

Système lymphatique et immunitaire

- Les reins éliminent les déchets azotés ; ils maintiennent l'équilibre hydrique, électrolytique et acido-basique du sang.
- En renvoyant dans le système cardiovasculaire les protéines et le liquide plasmatique qui ont filtré au niveau des capillaires tissulaires mais qui n'ont pas été repris par ces derniers, les vaisseaux lymphatiques contribuent à maintenir la pression artérielle systémique dont les reins ont besoin pour bien fonctionner ; les cellules immunitaires protègent les organes du système urinaire contre l'infection, le cancer et d'autres antigènes.

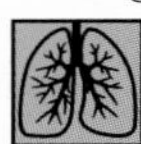

Système respiratoire

- Les reins éliminent les déchets azotés ; ils maintiennent l'équilibre hydrique, électrolytique et acido-basique du sang.
- Le système respiratoire fournit aux cellules rénales l'oxygène dont elles ont besoin pour leur forte activité métabolique ; il élimine le gaz carbonique ; les cellules des poumons convertissent l'angiotensine I en angiotensine II.

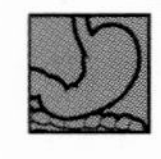

Système digestif

- Les reins éliminent les déchets azotés (dont l'urée synthétisée surtout par le foie) ; ils maintiennent l'équilibre hydrique, électrolytique et acido-basique du sang ; aussi, ils métabolisent la vitamine D sous sa forme active pour favoriser l'absorption du calcium.
- Les organes du système digestif fournissent les nutriments nécessaires au maintien des cellules rénales.

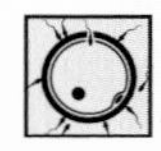

Système génital

- Les reins éliminent les déchets azotés ; ils maintiennent l'équilibre hydrique, électrolytique et acido-basique du sang.
- Les œstrogènes et la progestérone agissent sur la réabsorption du sodium et de l'eau par les reins.

Liens particuliers: relations entre le système urinaire et les systèmes cardiovasculaire, endocrinien et nerveux

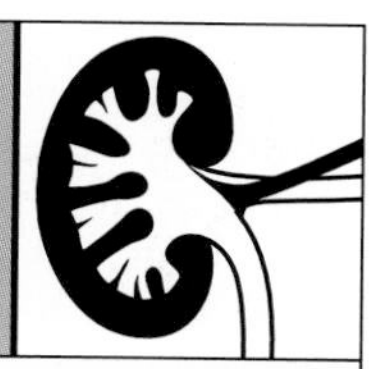

Boire de l'eau est une chose si simple. L'eau étanche la soif, certes, mais son rôle ne se limite pas à cela. Une hydratation insuffisante est une cause importante de dysfonctionnement (tant mental que physique), de fatigue et, même, de mort (s'il y a déshydratation lors d'une activité physique intense). L'organisme a également besoin d'eau pour maintenir sa température par la transpiration, pour éliminer par l'urine les déchets et les toxines, pour maintenir un volume sanguin et une pression sanguine adéquats, et pour hydrater suffisamment les muscles squelettiques (autrement, ils s'affaiblissent et s'épuisent rapidement, et ils peuvent même cesser complètement de fonctionner). Lorsque nous buvons de l'eau, nous fournissons à notre organisme l'eau dont il a besoin, mais encore faut-il que les reins gardent à cette eau sa pureté pour assurer les activités physiologiques vitales. Les minuscules néphrons des reins semblent « savoir » quels solutés du sang ils doivent conserver et lesquels ils doivent éliminer, que l'alcool et la caféine, par exemple, sont diurétiques et provoquent la perte d'eau. Il est évident que les reins sont absolument essentiels à l'organisme, à tous ses systèmes et à toutes ses cellules. Les systèmes de l'organisme qui influent le plus sur la capacité des reins d'accomplir leurs tâches vitales sont les systèmes cardiovasculaire, endocrinien et nerveux. Nous allons aborder chacun d'eux.

Système cardiovasculaire

Les reins sont indispensables et leur fonctionnement, complexe, mais ils ne peuvent pas faire leur travail s'ils n'ont pas de sang à traiter et s'ils ne sont pas aidés par la pression sanguine qui propulse le filtrat dans les filtres glomérulaires. Lors d'une hémorragie abondante, le débit de filtration glomérulaire chute et les reins cessent de fonctionner complètement. Quand la pression sanguine est normale, grâce aux mécanismes d'autorégulation et aux mécanismes systémiques, elle fournit la force de propulsion qui permet aux néphrons d'accomplir leur travail. D'un autre côté, comme les reins permettent à l'organisme d'excréter et de retenir l'eau, ils sont indispensables au maintien du volume sanguin qui assure la pression de filtration.

Système endocrinien et système nerveux

Bien que les reins disposent de toute une panoplie de moyens pour s'assurer que leur propre pression sanguine demeure normale, leur autorégulation peut être renforcée par des mécanismes hormonaux (le système rénine-angiotensine qui fait intervenir l'aldostérone et l'hormone antidiurétique, ainsi que la libération du facteur natriurétique auriculaire par les oreillettes du cœur). En outre, le système nerveux sympathique fait en sorte que la pression sanguine soit maintenue dans tout l'organisme; mais dans certains cas, il tiendra compte de besoins autres que ceux des reins pour s'assurer que le cœur et le cerveau soient suffisamment irrigués lorsque la pression sanguine baisse dangereusement. Voilà ce que l'on peut appeler de la souplesse!

IMPLICATIONS CLINIQUES

Étude de cas: M. Hardi, un homme de 72 ans assez trapu, est amené à la salle d'urgence. Le personnel ambulancier fait son rapport: le bras gauche de M. Hardi et le côté gauche de son tronc sont restés coincés sous les débris; lorsqu'on a libéré M. Hardi, les régions pubienne et lombale semblaient comprimées, et le bras gauche était très blanc et insensible. Au moment de son admission, M. Hardi est éveillé et légèrement cyanosé, et il se plaint de douleur au côté gauche. Peu après, il perd conscience. On prend ses signes vitaux, on effectue un prélèvement de sang pour analyses en laboratoire, on l'intube et on le prépare pour une scanographie de la région abdominale gauche.

Analysez les données qu'on a consignées au dossier de M. Hardi:

- Signes vitaux: température de 39 °C; pression artérielle: 90/50 mm Hg et en baisse; fréquence cardiaque: 116 battements par minute, pouls filant; fréquence respiratoire: 30 respirations par minute.

1. Selon les données ci-dessus et compte tenu de la cyanose de M. Hardi, de quel problème immédiat croyez-vous que M. Hardi souffre? Expliquez votre raisonnement.

- Scanographie: La scanographie révèle une rupture de la rate et un gros hématome dans le quadrant supérieur gauche. On prépare immédiatement M. Hardi pour une splénectomie.

2. La rupture de la rate cause une hémorragie beaucoup plus importante que la rupture de la plupart des autres organes. Expliquez cette observation. De quels problèmes M. Hardi risque-t-il de souffrir après l'ablation de la rate?

- Données hématologiques: La plupart des valeurs sont normales. Toutefois, les concentrations de rénine, d'aldostérone et d'hormone antidiurétique sont élevées.

3. Expliquez la cause et la conséquence de chaque résultat anormal.

- Analyse d'urine: Présence de quelques cylindres granuleux (débris cellulaires particuliers); urine de couleur brun-rouge; les autres valeurs sont normales, mais le débit urinaire est très faible; on prescrit des liquides intraveineux.

4. Qu'est-ce qui pourrait expliquer le faible débit urinaire? (Nommez au moins deux causes possibles.) Qu'est-ce qui pourrait expliquer la présence de cylindres granuleux et la couleur anormale de l'urine? Voyez-vous un quelconque lien entre le syndrome d'écrasement et ces données?

Le lendemain, M. Hardi est éveillé et vigilant. Il dit qu'il a maintenant des sensations dans son bras, mais il se plaint encore de douleur. Cependant, la douleur semble s'être déplacée du quadrant supérieur gauche à la région lombale. Son débit urinaire est encore faible. M. Hardi doit passer une autre scanographie, cette fois de la région lombale. On continue de lui fournir des liquides intraveineux et on prescrit des analyses sanguines plus poussées. Nous rendrons une autre visite à M. Hardi; entre-temps, pensons à ce que ces nouvelles données peuvent révéler.

(Réponses à l'appendice G)

définitivement quand l'enfant atteint l'âge de deux ans. Les concentrations plasmatiques des électrolytes sont semblables chez l'enfant et chez l'adulte; cependant, la concentration de potassium est à son maximum, et celles du magnésium, du bicarbonate et du calcium, à leur minimum durant les premiers mois de la vie. À la puberté, la teneur en eau de l'organisme change selon le sexe, les hommes présentant davantage de tissu musculaire squelettique et donc un plus grand pourcentage d'eau.

Les facteurs suivants expliquent pourquoi les déséquilibres hydriques, électrolytiques et acido-basiques sont beaucoup plus fréquents pendant la petite enfance qu'à l'âge adulte:

1. Le très faible volume résiduel des poumons du nourrisson (deux fois moindre que celui de l'adulte par rapport à la masse corporelle). Les perturbations de la respiration peuvent modifier la pression partielle du gaz carbonique de façon importante.
2. L'apport hydrique et le débit urinaire élevés du nourrisson (environ sept fois plus grands que ceux de l'adulte). Le nourrisson peut échanger la moitié de son liquide extracellulaire en une journée. Bien que l'organisme du nourrisson contienne, toutes proportions gardées, plus d'eau que celui de l'adulte, il ne s'en trouve pas pour autant protégé contre les échanges hydriques excessifs. Même de légères modifications de l'équilibre hydrique peuvent entraîner des troubles graves chez lui. En outre, si l'adulte peut se passer d'eau pendant une dizaine de jours, le nourrisson ne peut survivre plus de trois ou quatre jours sans eau.
3. La vitesse du métabolisme du nourrisson (deux fois plus grande que celle de l'adulte). Le métabolisme rapide du nourrisson produit de nombreux déchets et acides qui doivent être excrétés par les reins. Et comme les systèmes tampons du nourrisson ne sont pas pleinement efficaces, l'enfant présente une tendance à l'acidose.
4. Les fortes pertes d'eau dues à un rapport surface-volume élevé (trois fois plus grand que chez l'adulte). Le nourrisson perd des quantités substantielles d'eau par la peau.
5. L'inefficacité des reins du nourrisson. Les reins du nouveau-né sont immatures et leur capacité de concentrer l'urine est deux fois moins grande que celle des reins de l'adulte. De même, l'excrétion rénale des acides est déficiente chez le nourrisson.

Tous ces facteurs rendent le nouveau-né vulnérable à la déshydratation et à l'acidose, au moins jusqu'à la fin du premier mois de la vie, moment où les reins acquièrent une certaine efficacité. Les vomissements et la diarrhée prolongée accroissent grandement ce risque. Avec de telles variations du milieu interne, il n'est pas étonnant que le taux de mortalité soit si élevé parmi les prématurés.

Pendant la vieillesse, il est fréquent que l'eau corporelle totale soit réduite (le compartiment intracellulaire est celui qui subit les pertes les plus importantes), car la masse musculaire diminue et la quantité de tissu adipeux augmente. Bien que les concentrations des solutés changent peu, l'équilibre du milieu interne se rétablit plus lentement à mesure que l'individu vieillit. Par ailleurs, les personnes âgées peuvent passer outre à la sensation de soif, s'exposant ainsi à la déshydratation. Les personnes âgées forment aussi le groupe le plus prédisposé aux troubles qui, tels l'insuffisance cardiaque (et l'œdème qui l'accompagne) et le diabète sucré, causent de graves déséquilibres hydriques, électrolytiques et acido-basiques. Comme la plupart de ces déséquilibres surviennent au moment où l'eau corporelle totale atteint un maximum ou un minimum, ils touchent principalement les très jeunes et les très âgés.

* * *

Dans ce chapitre, nous avons étudié les mécanismes chimiques et physiologiques qui établissent dans le milieu interne les conditions les plus propices à l'homéostasie. Bien que les reins soient les principaux artisans de l'équilibre hydrique, électrolytique et acido-basique, ils ne peuvent s'acquitter seuls de sa régulation. En effet, leur activité est rendue possible par une pléiade d'hormones et facilitée par deux éléments: des substances tampons qui leur donnent le temps de réagir et le système respiratoire qui assume une bonne part de l'équilibre acido-basique du sang. À présent que nous avons examiné le fonctionnement rénal, nous sommes prêts à nous pencher sur les interactions qui existent entre le système urinaire et les autres systèmes de l'organisme dans l'encadré intitulé *Synthèse*.

TERMES MÉDICAUX

Acidémie Diminution du pH du sang artériel au-dessous de 7,35 (valeur normale).

Acidose tubulaire rénale Acidose métabolique héréditaire résultant d'une insuffisance tubulaire rénale, proximale ou distale; caractérisée dans le premier cas par une sécrétion insuffisante de H^+ et par une diminution du bicarbonate plasmatique, dans le second cas, par une élévation de la chlorémie.

Alcalémie Augmentation du pH du sang artériel au-dessus de 7,45 (valeur normale).

Antiacide Agent qui neutralise l'acidité (gastrique). Le bicarbonate de sodium, le gel d'hydroxyde d'aluminium et le trisilicate de magnésium sont communément utilisés dans le traitement des brûlures d'estomac.

Syndrome de Conn Aussi appelé hyperaldostéronisme primaire; hypersécrétion d'aldostérone par les cellules du cortex surrénal, accompagnée d'une perte excessive d'ions potassium, une faiblesse musculaire généralisée, l'hypernatrémie, l'hypertension permanente et la polyurie. La cause est généralement une tumeur de la zone glomérulée de la surrénale. Le traitement usuel consiste à administrer des agents inhibiteurs de la fonction surrénale avant de pratiquer l'ablation de la tumeur.

Syndrome de sécrétion inappropriée d'ADH Groupe de troubles associés à une hypersécrétion de l'hormone antidiurétique en l'absence de stimulus appropriés (osmotiques ou non osmotiques). Le syndrome se caractérise par l'hyponatrémie, une urine concentrée, la rétention hydrique et le gain pondéral. Les causes les plus fréquentes sont la sécrétion ectopique d'hormone antidiurétique par des cellules cancéreuses (comme celles d'une tumeur broncho-pulmonaire), les troubles ou les traumatismes cérébraux touchant les neurones hypothalamiques sécréteurs d'hormone antidiurétique ou un dysfonctionnement des osmorécepteurs. Le traitement temporaire consiste à restreindre l'apport hydrique.

RÉSUMÉ DU CHAPITRE

Liquides de l'organisme (p. 1009-1012)

Poids hydrique de l'organisme (p. 1009)

1. L'eau constitue de 45 à 75 % de la masse corporelle, suivant l'âge, le sexe et la quantité de tissu adipeux.

Compartiments hydriques de l'organisme (p. 1009)

2. Environ les deux tiers (25 L) de l'eau corporelle se trouvent dans le compartiment intracellulaire, c'est-à-dire à l'intérieur des cellules; le reste (15 L) se trouve dans le compartiment extracellulaire, c'est-à-dire dans le plasma et dans le liquide interstitiel.

Composition des liquides de l'organisme (p. 1009-1011)

3. Les solutés dissous dans les liquides de l'organisme comprennent des électrolytes et des non-électrolytes. La concentration des électrolytes s'exprime en millimoles par litre (mmol/L).

4. Le plasma contient plus de protéines que le liquide interstitiel; autrement, les liquides extracellulaires sont semblables. Les électrolytes les plus abondants dans le compartiment extracellulaire sont les ions Na^+, les ions Cl^- et les ions HCO_3^-.

5. Le liquide intracellulaire contient de grandes quantités d'anions protéiques ainsi que d'ions K^+, Mg^{2+} et PO_4^{3-}.

Mouvements des liquides entre les compartiments (p. 1011-1012)

6. Les échanges hydriques entre les compartiments sont régis par la pression osmotique et par la pression hydrostatique. (a) Le filtrat est expulsé des capillaires par la pression hydrostatique et il y est retourné par la pression oncotique. (b) L'eau se déplace librement entre le compartiment extracellulaire et le compartiment intracellulaire; la taille et la charge des molécules ainsi que les exigences du transport actif limitent les mouvements des solutés. (c) Les variations de l'osmolalité du liquide extracellulaire provoquent toujours des mouvements de l'eau.

7. Le plasma est le trait d'union entre le milieu interne et l'environnement.

Équilibre hydrique (p. 1013-1015)

1. L'eau corporelle vient des aliments et des liquides ingérés de même que du métabolisme cellulaire.

2. L'organisme perd de l'eau par les poumons, la peau, le tube digestif et les reins.

Régulation de l'apport hydrique: mécanisme de la soif (p. 1013-1014)

3. L'augmentation de l'osmolalité du plasma ou la diminution du volume plasmatique stimule les osmorécepteurs de l'hypothalamus, qui déclenchent le mécanisme de la soif. Inhibée en premier lieu par la distension du tube digestif sous l'effet de l'eau ingérée, et ensuite par des signaux osmotiques, la soif peut être étanchée avant même que les besoins en eau de l'organisme soient comblés.

Régulation de la déperdition hydrique (p. 1014)

4. Les pertes d'eau obligatoires comprennent la perte d'eau par les poumons et la peau, les quantités d'eau contenues dans les matières fécales et les quantités d'eau excrétées dans l'urine.

5. Le volume de l'urine excrétée dépend des pertes d'eau obligatoires, de l'apport hydrique et des pertes autres qu'urinaires; il est soumis à l'influence de l'hormone antidiurétique et de l'aldostérone dans les tubules rénaux.

Déséquilibres hydriques (p. 1014-1015)

6. La déshydratation apparaît lorsque la déperdition hydrique est supérieure à l'apport hydrique pendant un certain temps. Elle se manifeste par la soif, la sécheresse de la peau et l'oligurie. Le choc hypovolémique est une conséquence grave de la déshydratation.

7. L'hydratation hypotonique résulte d'une dilution excessive des liquides de l'organisme et d'une accumulation d'eau dans les cellules. Sa conséquence la plus grave est l'œdème cérébral.

8. L'œdème est une accumulation anormale de liquide dans l'espace interstitiel, et il peut entraver la circulation sanguine.

Équilibre électrolytique (p. 1015-1023)

1. La plupart des électrolytes proviennent des sels contenus dans les aliments et les liquides ingérés. L'apport de sels, et particulièrement de chlorure de sodium, est fréquemment supérieur aux besoins.

2. L'organisme perd des électrolytes dans la transpiration, les matières fécales et l'urine. La régulation de l'équilibre électrolytique repose principalement sur les reins.

Rôle des ions sodium dans l'équilibre hydrique et électrolytique (p. 1016)

3. Les sels de sodium sont les solutés les plus abondants dans le liquide extracellulaire. Ils y exercent l'essentiel de la pression osmotique, et ils déterminent le volume et la distribution de l'eau dans l'organisme.

4. Le transport actif des ions Na^+ par les cellules tubulaires contribue à la régulation des concentrations d'ions K^+, Cl^-, HCO_3^- et H^+ dans le liquide extracellulaire.

Régulation de l'équilibre des ions sodium (p. 1016-1021)

5. L'équilibre des ions Na^+ est lié à l'équilibre hydrique et à la pression artérielle, et sa régulation fait intervenir des mécanismes nerveux et hormonaux.

6. La diminution de la pression artérielle et de l'osmolalité du filtrat stimule la libération de rénine par les cellules juxta-glomérulaires. La rénine, par l'intermédiaire de l'angiotensine II, élève la pression artérielle systémique et accroît la sécrétion d'aldostérone.

7. Les barorécepteurs du système cardiovasculaire détectent les variations de la pression artérielle, et ils modifient l'activité vasomotrice sympathique. L'augmentation de la pression artérielle cause la vasodilatation des artérioles afférentes et favorise l'excrétion d'ions sodium et d'eau dans l'urine. La diminution de la pression artérielle provoque la vasoconstriction des artérioles afférentes et épargne les ions sodium et l'eau.

8. Le facteur natriurétique auriculaire, libéré par certaines cellules de la paroi des oreillettes en réaction à l'augmentation de la pression sanguine (ou de l'augmentation du volume sanguin), cause une vasodilatation systémique et inhibe la libération de rénine, d'aldostérone et d'hormone antidiurétique. Par conséquent, il favorise l'excrétion d'ions sodium et d'eau, et il réduit la pression artérielle et le volume sanguin.

9. Les œstrogènes et les glucocorticoïdes augmentent la rétention des ions Na^+ et donc aussi la rétention d'eau. La progestérone favorise l'excrétion d'eau et d'ions sodium.

Régulation de l'équilibre des ions potassium (p. 1021-1022)

10. Environ 90 % des ions K^+ sont réabsorbés dans les régions proximales des néphrons.

11. La régulation rénale des ions K^+ vise surtout leur excrétion. La sécrétion d'ions K^+ par les cellules principales de la partie corticale des tubules rénaux collecteurs est favorisée par l'augmentation de la concentration plasmatique d'ions K^+ et par l'aldostérone. Les cellules des tubules rénaux collecteurs réabsorbent de petites quantités d'ions K^+ en présence d'un déficit d'ions K^+.

Régulation de l'équilibre des ions calcium (p. 1022-1023)

12. L'équilibre des ions calcium est réglé principalement par la parathormone qui, en agissant sur les os, l'intestin et les reins, augmente la concentration sanguine d'ions Ca^{2+}. La réabsorption active a lieu principalement dans le tubule contourné distal.

13. La calcitonine accélère le dépôt des ions Ca^{2+} dans les os et inhibe sa libération de la matrice osseuse. Elle a toutefois peu d'influence sur les reins.

Régulation de l'équilibre des ions magnésium (p. 1023)

14. L'équilibre des ions magnésium vise à neutraliser les excès ou les déficits dans le liquide extracellulaire. On ne comprend pas encore très bien le mécanisme de régulation qui en est responsable.

Régulation des anions (p. 1023)

15. Quand le pH sanguin est normal ou légèrement alcalin, des ions Cl^- accompagnent les ions Na^+ réabsorbés. En cas d'acidose, les ions Cl^- sont remplacés par des ions HCO_3^-.

16. La réabsorption de la plupart des autres anions semblent régie par des mécanismes rénaux fondés sur le taux maximal de réabsorption (T_m).

Équilibre acido-basique (p. 1023-1031)

1. Les acides sont des donneurs de protons (ils libèrent des ions H^+) et les bases sont des accepteurs de protons (elles captent des ions H^+). Les acides qui se dissocient complètement sont forts; ceux qui se dissocient partiellement sont faibles. Les bases fortes captent plus efficacement les ions H^+ que les bases faibles.

2. Le pH du sang artériel se situe normalement entre 7,35 et 7,45. Un pH supérieur à 7,45 correspond à l'alcalose et un pH inférieur à 7,35, à l'acidose.

3. Certains acides proviennent des aliments, mais la plupart sont engendrés par la dégradation des protéines contenant du soufre ou celle des phospholipides contenant du phosphore, par les corps cétoniques et par l'acide lactique (provenant de la dégradation incomplète des acides gras et du glucose respectivement) ainsi que par la liaison et le transport du gaz carbonique dans le sang.

4. L'équilibre acido-basique repose sur les systèmes tampons, sur l'activité des centres respiratoires et, principalement, sur la régulation rénale de la concentration des ions H^+ dans les liquides de l'organisme.

Systèmes tampons chimiques (p. 1023-1025)

5. Les tampons chimiques sont des systèmes formés d'une ou de deux molécules (un acide faible et son sel) qui résistent rapidement aux variations excessives du pH en libérant ou en captant des ions H^+.

6. Les principaux tampons chimiques de l'organisme sont le système tampon acide carbonique-bicarbonate, le système tampon phosphate disodique-phosphate monosodique et le système tampon protéinate-protéines.

Régulation respiratoire de la concentration des ions hydrogène (p. 1025-1026)

7. La régulation respiratoire de l'équilibre acido-basique du sang fait intervenir le système tampon acide carbonique-bicarbonate; elle repose aussi sur l'équilibre de la réaction réversible du gaz carbonique et de l'eau formant l'acide carbonique.

8. L'acidose active les centres respiratoires et accroît la fréquence et l'amplitude respiratoires: le gaz carbonique est éliminé en quantités accrues et le pH s'élève. L'alcalose inhibe les centres respiratoires: le gaz carbonique est retenu et le pH diminue.

Mécanismes rénaux de l'équilibre acido-basique (p. 1026-1029)

9. Les reins sont les principaux agents de la régulation de l'équilibre acido-basique, car ils stabilisent les concentrations d'ions HCO_3^- dans le liquide extracellulaire. Seuls les reins peuvent éliminer les acides produits par la dégradation des nutriments (les acides organiques autres que l'acide carbonique).

10. Les ions H^+ sécrétés proviennent de la dissociation de l'acide carbonique produit dans les cellules tubulaires.

11. Les cellules tubulaires sont imperméables au bicarbonate contenu dans le filtrat, mais elles peuvent conserver indirectement les ions HCO_3^- filtrés en absorbant les ions HCO_3^- qu'elles produisent (par dissociation de l'acide carbonique en ions HCO_3^- et en ions H^+). Pour chaque ion HCO_3^- (et Na^+) réabsorbé, un ion H^+ est sécrété dans le filtrat où il se combine avec le HCO_3^-.

12. Pour produire de nouveaux ions HCO_3^- et les ajouter au plasma afin de contrer l'acidose, l'un des deux mécanismes suivants se met en branle:

- Les ions H^+ sécrétés, tamponnés par des bases autres que le bicarbonate, sont excrétés dans l'urine. Le principal tampon urinaire est le système tampon phosphate disodique-phosphate monosodique.
- Les ions NH_4^+ (provenant de la combinaison des ions H^+ sécrétés et de l'ammoniac produit par le catabolisme de la glutamine) sont excrétés dans l'urine. La dégradation de la glutamine produit aussi des ions bicarbonate qui sont réabsorbés.

13. Pour remédier à l'alcalose, les ions bicarbonate sont sécrétés dans le filtrat et les ions H^+ sont réabsorbés.

Déséquilibres acido-basiques (p. 1029-1031)

14. Suivant leur cause, l'alcalose et l'acidose sont dites respiratoires ou métaboliques.

15. L'acidose respiratoire est due à la rétention du gaz carbonique; l'alcalose respiratoire apparaît lorsque l'élimination du gaz carbonique est plus rapide que sa production.

16. L'acidose métabolique est due à l'accumulation d'acides provenant de la dégradation des nutriments (acide lactique, corps cétoniques, etc.) dans le sang ou à des pertes de bicarbonate. L'alcalose métabolique est liée à une concentration excessive de bicarbonate.

17. Les limites absolues du pH dans l'organisme sont 7,0 et 7,8.

18. Les reins et les poumons sont en interaction fonctionnelle pour maintenir l'équilibre acido-basique. Quand l'un des deux cause un déséquilibre acido-basique, l'autre compense. Les compensations respiratoires correspondent à des modifications de la fréquence et de l'amplitude respiratoires. Les compensations rénales modifient la concentration sanguine et urinaire d'ions HCO_3^- et H^+.

Équilibre hydrique, électrolytique et acido-basique au cours du développement et du vieillissement (p. 1031, 1034)

1. Le faible volume résiduel des poumons, l'importance de l'apport et de la déperdition hydriques, la rapidité du métabolisme, la valeur élevée du rapport surface-volume et l'immaturité fonctionnelle des reins sont des facteurs qui prédisposent le nourrisson à la déshydratation et à l'acidose.

2. Les personnes âgées sont prédisposées à la déshydratation parce qu'elles risquent de ne pas tenir compte de la sensation de soif et que leur organisme contient un faible pourcentage d'eau. En outre, elles sont sujettes aux maladies prédisposant aux déséquilibres hydriques et acido-basiques (maladie cardiovasculaires, diabète sucré, etc.).

QUESTIONS DE RÉVISION

Choix multiples/associations

(Réponses à l'appendice G)

1. L'eau corporelle totale atteint son maximum: (a) pendant la petite enfance; (b) au début de l'âge adulte; (c) à l'âge avancé.

2. Les ions K^+, Mg^{2+} et HPO_4^{2-} sont les principaux électrolytes du: (a) plasma; (b) liquide interstitiel; (c) liquide intracellulaire.

3. L'équilibre des ions Na^+ est influencé principalement par les quantités d'ions Na^+: (a) ingérées; (b) excrétées dans l'urine; (c) perdues dans la sueur; (d) perdues dans les matières fécales.

4. L'équilibre hydrique est influencé principalement par les quantités d'eau: (utilisez les choix de la question 3).

5 à 10 Choisissez les réponses aux questions 5 à 10 parmi la liste suivante:

(a)	NH_3	**(e)**	ions H^+	**(h)**	ions K^+
(b)	ions HCO_3^-	**(f)**	ions Mg^{2+}	**(i)**	ions Na^+
(c)	ions Ca^{2+}	**(g)**	ions HPO_4^{2-}	**(j)**	H_2O
(d)	ions Cl^-				

5. Nommez trois substances régies (en partie du moins) par l'influence de l'aldostérone sur les tubules rénaux.

6. Nommez deux ions régis par la parathormone.

7. Nommez deux ions sécrétés dans les tubules contournés proximaux en échange des ions Na^+.

8. Nommez une substance qui fait partie d'un important système tampon dans le plasma.

9. Lorsqu'elle est sécrétée par les cellules tubulaires, une certaine substance se combine aux ions H^+; elle forme alors un composé qui ne peut être réabsorbé et qui est excrété dans l'urine. Quelle est cette substance?

10. Nommez la substance régie par les effets de l'hormone antidiurétique sur les tubules rénaux.

11. Lesquels des facteurs suivants favorisent la libération d'hormone antidiurétique? (a) L'augmentation du volume du liquide extracellulaire. (b) La diminution du volume du liquide extracellulaire. (c) La diminution de l'osmolalité du liquide extracellulaire. (d) L'augmentation de l'osmolalité du liquide extracellulaire. (e) L'augmentation de la pression artérielle. (f) La diminution de la pression artérielle.

12. Le pH sanguin est directement proportionnel à: (a) la concentration des ions HCO_3^-; (b) la pression partielle du gaz carbonique; (c) la concentration des ions H^+; (d) aucune de ces réponses.

13. Chez une personne en état d'acidose métabolique, la compensation respiratoire est révélée par: (a) une forte concentration d'ions HCO_3^-; (b) une faible concentration d'ions HCO_3^-; (c) une respiration rapide et profonde; (d) une respiration lente et superficielle.

Questions à court développement

14. Nommez les compartiments hydriques de l'organisme, situez-les et indiquez le volume de liquide qu'ils contiennent.

15. Décrivez le mécanisme de la soif. Mentionnez ce qui le déclenche et ce qui y met fin.

16. Expliquez pourquoi et comment l'équilibre de l'eau et celui des ions sodium vont de pair.

17. Décrivez le rôle du système respiratoire dans la régulation de l'équilibre acido-basique.

18. Expliquez comment les systèmes tampons chimiques résistent aux variations du pH.

19. Expliquez le rapport entre les facteurs suivants et la sécrétion et l'excrétion rénales d'ions H^+: (a) la concentration plasmatique de gaz carbonique; (b) le phosphate; (c) la réabsorption du bicarbonate de sodium.

20. Indiquez quelques-uns des facteurs qui rendent le nouveau-né vulnérable aux déséquilibres acido-basiques.

RÉFLEXION ET APPLICATION

1. Un mois après avoir subi l'ablation d'une tumeur au cerveau, M. Landry, âgé de 55 ans, se plaint à son médecin d'une soif excessive. Il dit qu'il a bu environ 20 L d'eau par jour au cours de la semaine écoulée et qu'il a uriné presque continuellement. L'analyse d'un échantillon d'urine révèle une densité de 1,001. Quel est votre diagnostic? Quel lien peut-il exister entre l'intervention et le problème actuel?

2. Pour chacun des dosages sanguins suivants, nommez le déséquilibre acido-basique (acidose ou alcalose), indiquez-en l'origine (respiratoire ou métabolique), déterminez si l'état est compensé et donnez au moins une cause possible de cet état. *Problème n° 1:* pH 7,63; P_{CO_2} 19 mm Hg; HCO_3^- 19,5 mmol/L. *Problème n° 2:* pH 7,22; P_{CO_2} 30 mm Hg; HCO_3^- 12,0 mmol/L.

3. Expliquez comment l'emphysème et l'insuffisance cardiaque peuvent causer un déséquilibre acido-basique.

4. Mme Bouchard, une femme de 70 ans, est admise dans un centre hospitalier. Elle souffre de diarrhée depuis trois semaines. Elle se plaint d'une fatigue extrême et de faiblesse musculaire. Les analyses biochimiques de son sang fournissent les renseignements suivants: Na^+, 142 mmol/L; K^+, 1,5 mmol/L; Cl^-, 92 mmol/L; P_{CO_2}, 32 mm Hg. Quelles valeurs sont normales? Lesquelles sont anormales au point de placer la patiente en situation d'urgence? Lequel des états suivants représente le plus grand risque pour Mme Bouchard? (a) Une chute due à sa faiblesse musculaire. (b) L'œdème. (c) L'arythmie cardiaque et l'arrêt cardiaque.

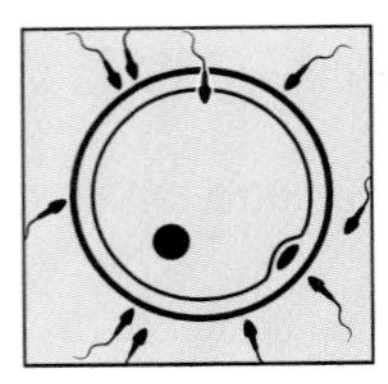

28 LE SYSTÈME GÉNITAL

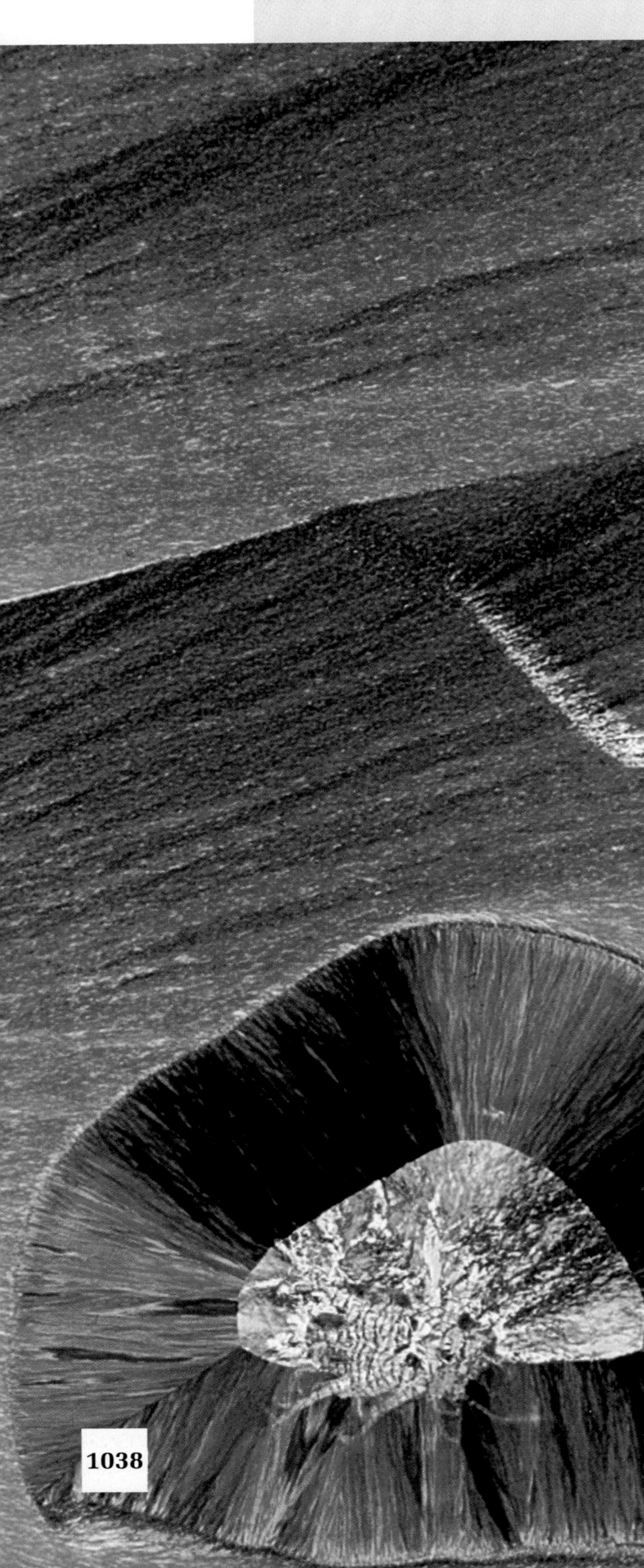

SOMMAIRE ET OBJECTIFS D'APPRENTISSAGE

1. Décrire la fonction commune des organes génitaux de l'homme et de la femme.

Anatomie du système génital de l'homme
(p. 1039-1044)

2. Décrire la structure et les fonctions des testicules, et expliquer l'importance de leur localisation dans le scrotum; décrire les réactions du scrotum aux variations de température.
3. Décrire la situation, la structure et la fonction des conduits des organes génitaux de l'homme; préciser le trajet des spermatozoïdes de leur lieu d'origine à leur sortie de l'organisme.
4. Décrire la situation, la structure et la fonction des glandes annexes des organes génitaux de l'homme; expliquer deux troubles fréquemment associés à la prostate.
5. Décrire le pénis et indiquer son rôle dans la reproduction.
6. Préciser les sources du sperme; énumérer ses différents constituants et donner la fonction de chacun.

Physiologie du système génital de l'homme
(p. 1044-1053)

7. Définir la méiose. Comparer la méiose et la mitose; montrer pourquoi la méiose convient à la formation des gamètes et non la mitose.
8. Résumer sommairement le processus de la spermatogenèse; décrire la structure d'un spermatozoïde et donner les fonctions de ses principales parties.
9. Expliquer les mécanismes de l'érection et de l'éjaculation; citer les différentes étapes de ces deux activités réflexes.
10. Discuter de la régulation hormonale de la fonction testiculaire et énumérer les effets physiologiques de la testostérone sur les tissus et organes cibles.

Anatomie du système génital de la femme
(p. 1053-1062)

11. Décrire la situation, la structure et la fonction des ovaires.
12. Décrire la situation, la structure et les fonctions de chacun des organes des voies génitales de la femme.
13. Expliquer la structure de la paroi de l'utérus; décrire les deux couches de l'endomètre et montrer comment celui-ci est irrigué.
14. Énumérer et situer les organes composant la vulve; préciser la structure et les fonctions de chacun.
15. Présenter la structure et la fonction des glandes mammaires; expliquer les causes possibles et les différents traitements du cancer du sein.

Physiologie du système génital de la femme
(p. 1062-1070)

16. Décrire le processus de l'ovogenèse et le comparer à la spermatogenèse; situer dans le temps les différentes phases de l'ovogenèse.
17. Décrire les phases du cycle ovarien et les associer au déroulement de l'ovogenèse.
18. Décrire les modifications de la paroi de l'utérus au cours de chacune des phases du cycle menstruel; situer le moment de l'ovulation dans ce cycle.
19. Expliquer la régulation hormonale du cycle ovarien et du cycle menstruel.
20. Expliquer les effets physiologiques des œstrogènes et de la progestérone sur les tissus et organes cibles.

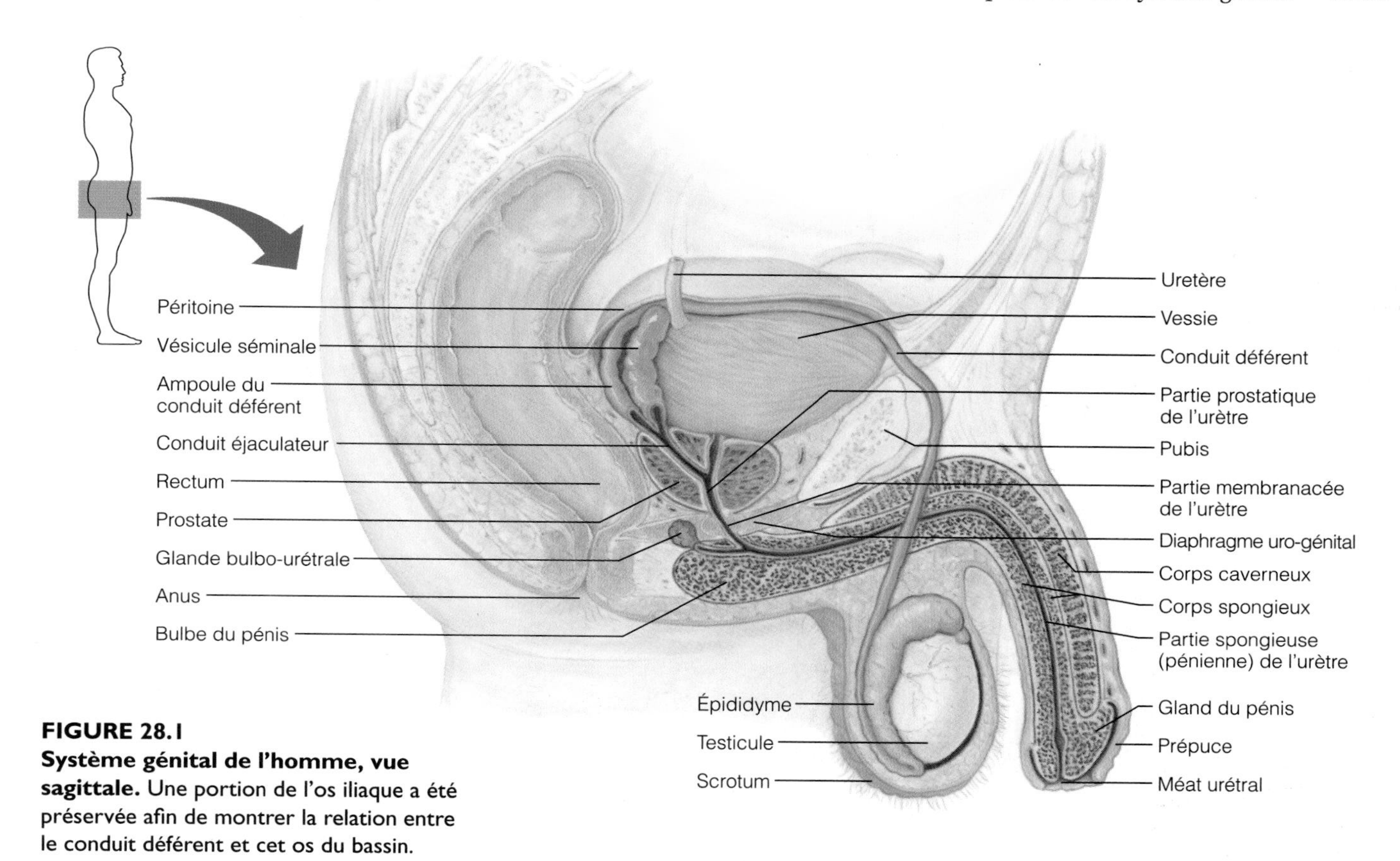

FIGURE 28.1
Système génital de l'homme, vue sagittale. Une portion de l'os iliaque a été préservée afin de montrer la relation entre le conduit déférent et cet os du bassin.

21. Décrire les phases de la réponse sexuelle de la femme et comparer celle-ci à la réponse sexuelle de l'homme.

Maladies transmissibles sexuellement
(p. 1070-1071)

22. Préciser l'agent causal, les principaux symptômes et les modes de transmission de la gonorrhée, de la syphilis, de l'infection à *Chlamydia,* de la vaginite, des condylomes acuminés et de l'herpès génital ; donner un aperçu du mode de traitement de chacune de ces affections.

Développement et vieillissement des organes génitaux : chronologie du développement sexuel
(p. 1072-1080)

23. Discuter de la détermination du sexe génétique ; expliquer en les comparant le développement prénatal des organes génitaux masculins et celui des organes génitaux féminins.
24. Énumérer les événements marquants de la puberté chez l'homme et la femme ; décrire la ménopause et discuter de l'emploi de l'hormonothérapie chez la femme ménopausée.
25. Présenter les principaux moyens de contraception ; préciser leur mode d'action et leur taux d'efficacité ou d'échec.

La plupart des systèmes de l'organisme doivent fonctionner sans arrêt pour maintenir l'homéostasie. La seule exception est le **système génital,** qui semble « dormir » jusqu'à la puberté. Les **gonades** (*gonê* = semence) sont les *testicules* chez l'homme et les *ovaires* chez la femme. Les gonades produisent des cellules sexuelles, ou **gamètes** (*gametês* = époux), et sécrètent des **hormones sexuelles.** Les autres structures qui contribuent à la reproduction (conduits, glandes et organes génitaux externes) sont appelées **organes génitaux annexes.** Bien que les organes génitaux de l'homme et de la femme soient très différents, ils partagent la même fonction : la production d'une descendance.

La fonction génitale de l'homme est d'élaborer les gamètes mâles, appelés *spermatozoïdes,* et de les introduire dans les voies génitales de la femme, où la fécondation est possible. La fonction génitale de la femme est de produire les gamètes femelles, appelés *ovules.* Lorsque ces événements ont lieu au moment approprié, l'ovule et un spermatozoïde s'unissent pour former le zygote, c'est-à-dire la toute première cellule d'un nouvel individu, qui donnera naissance à toutes les autres cellules de cet individu. Le système génital de l'homme et celui de la femme jouent des rôles équivalents et mutuellement complémentaires dans les événements qui conduisent à la fécondation. Quand celle-ci se produit, c'est l'utérus de la femme qui constitue l'environnement protecteur de l'embryon en voie de développement, jusqu'à ce qu'il naisse.

Les hormones sexuelles (les androgènes chez l'homme, les œstrogènes et la progestérone chez la femme) jouent un rôle vital dans le développement et dans le fonctionnement des organes génitaux, de même que dans les pulsions et le comportement sexuel. Les hormones gonadiques influent également sur la croissance et le développement de nombreux autres organes et tissus de l'organisme.

ANATOMIE DU SYSTÈME GÉNITAL DE L'HOMME

Les organes génitaux de l'homme sont illustrés à la figure 28.1. Les hommes sont des hommes parce qu'ils possèdent des testicules. Les **testicules,** gonades mâles productrices de spermatozoïdes, sont localisés dans le *scrotum.* Pour

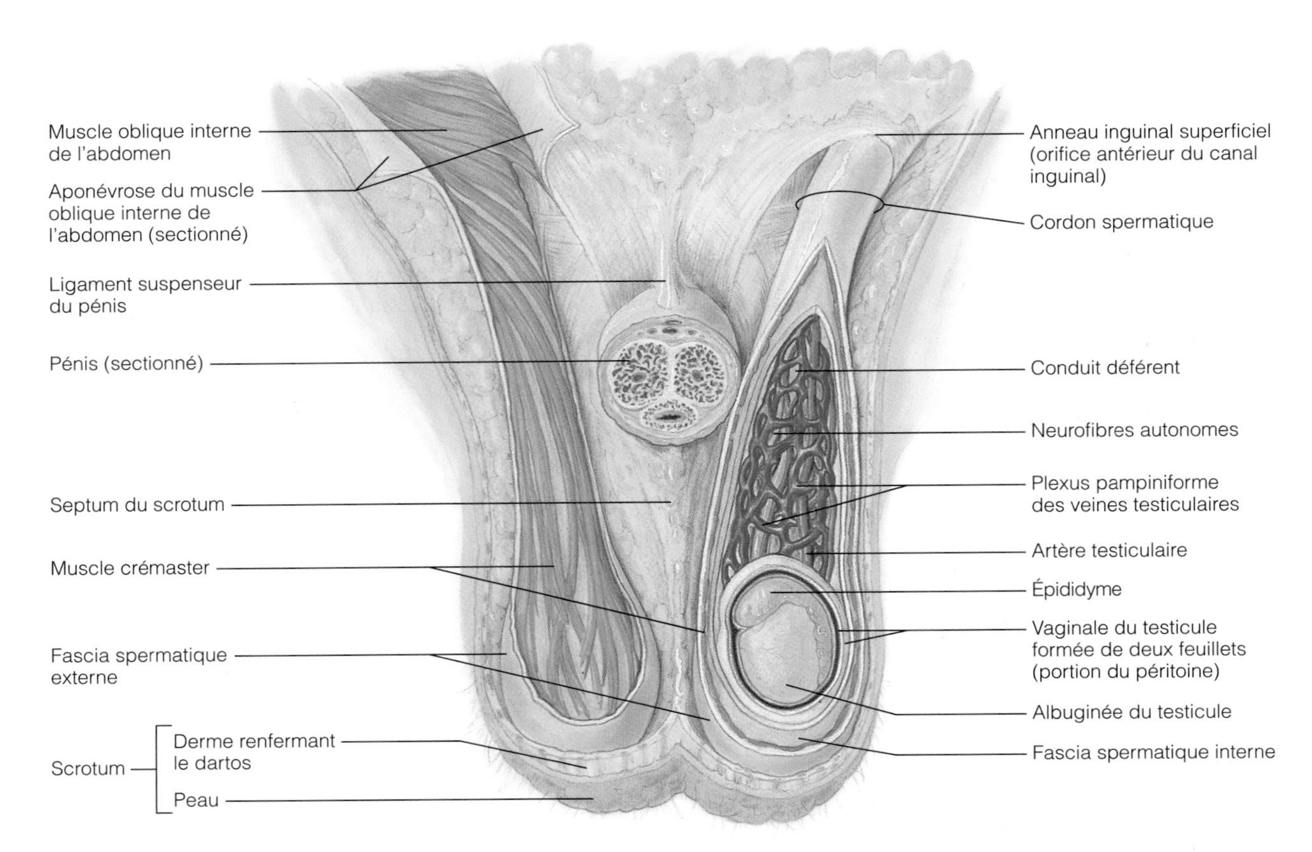

FIGURE 28.2
Relations du testicule avec le scrotum et le cordon spermatique. Le scrotum est ouvert et sa partie antérieure a été retirée.

sortir du corps, les spermatozoïdes partent des testicules et suivent un réseau de conduits qui inclut, dans l'ordre, l'*épididyme*, le *conduit déférent* et, enfin, l'*urètre*, qui débouche sur l'extérieur à l'extrémité du pénis. Les glandes sexuelles annexes, qui déversent leurs sécrétions dans ces conduits durant l'éjaculation, sont les *vésicules séminales*, la *prostate* et les *glandes bulbo-urétrales*. Avant de poursuivre votre lecture, prenez un moment pour suivre du doigt le réseau de conduits et repérer les glandes annexes.

Scrotum

Le **scrotum** est un sac de peau et de fascia superficiel suspendu à l'extérieur de la cavité abdomino-pelvienne au niveau de la racine du pénis (figure 28.2). Le scrotum présente des poils clairsemés et une peau plus pigmentée que le reste du corps. Les *testicules*, organes pairs de forme ovale, sont localisés dans le scrotum. Une cloison médiane, le *septum du scrotum*, divise le scrotum en deux moitiés, la droite et la gauche, chacune logeant un testicule. Le scrotum est un endroit vulnérable qui ne paraît pas constituer une localisation idéale pour les testicules, étant donné leur rôle capital dans la reproduction humaine. Cependant, les testicules ne peuvent pas produire de spermatozoïdes viables à la température profonde du corps (36,2 °C), et la localisation superficielle du scrotum, qui leur donne une température inférieure d'environ 3 °C, représente une adaptation essentielle. Par ailleurs, le scrotum réagit aux variations de température. Ainsi, par temps froid, le scrotum se rétrécit et se plisse pour réduire la perte de chaleur, et les testicules sont ainsi rapprochés de la chaleur du corps. Quand il fait chaud, la peau du scrotum se relâche pour augmenter la surface de refroidissement, et les testicules sont plus bas. Ces modifications de la surface du scrotum, qui contribuent à maintenir une température intrascrotale relativement stable, sont permises par deux groupes de muscles. Le **dartos,** une couche de muscle lisse située dans le derme, plisse la peau du scrotum. Le **muscle crémaster** (*kremaster* = suspendeur), formé de bandes de tissu musculaire squelettique qui prennent naissance dans le muscle oblique interne de l'abdomen, permet l'ascension des testicules.

Testicules

Les testicules ont la grosseur d'olives et mesurent environ 4 cm de long et 2,5 cm de diamètre. Ils sont recouverts de deux tuniques. La tunique superficielle est la **vaginale du testicule,** ou tunique vaginale, formée de deux feuillets et dérivée du péritoine (voir les figures 28.2 et 28.3). La tunique plus profonde est l'**albuginée** (*albus* = blanc), la capsule fibreuse du testicule. Des projections de l'albuginée forment les *cloisons du testicule*, qui divisent celui-ci en 250 à 300 compartiments en forme de coin appelés

Lesquelles des structures tubulaires illustrées ci-dessous fabriquent les spermatozoïdes ?

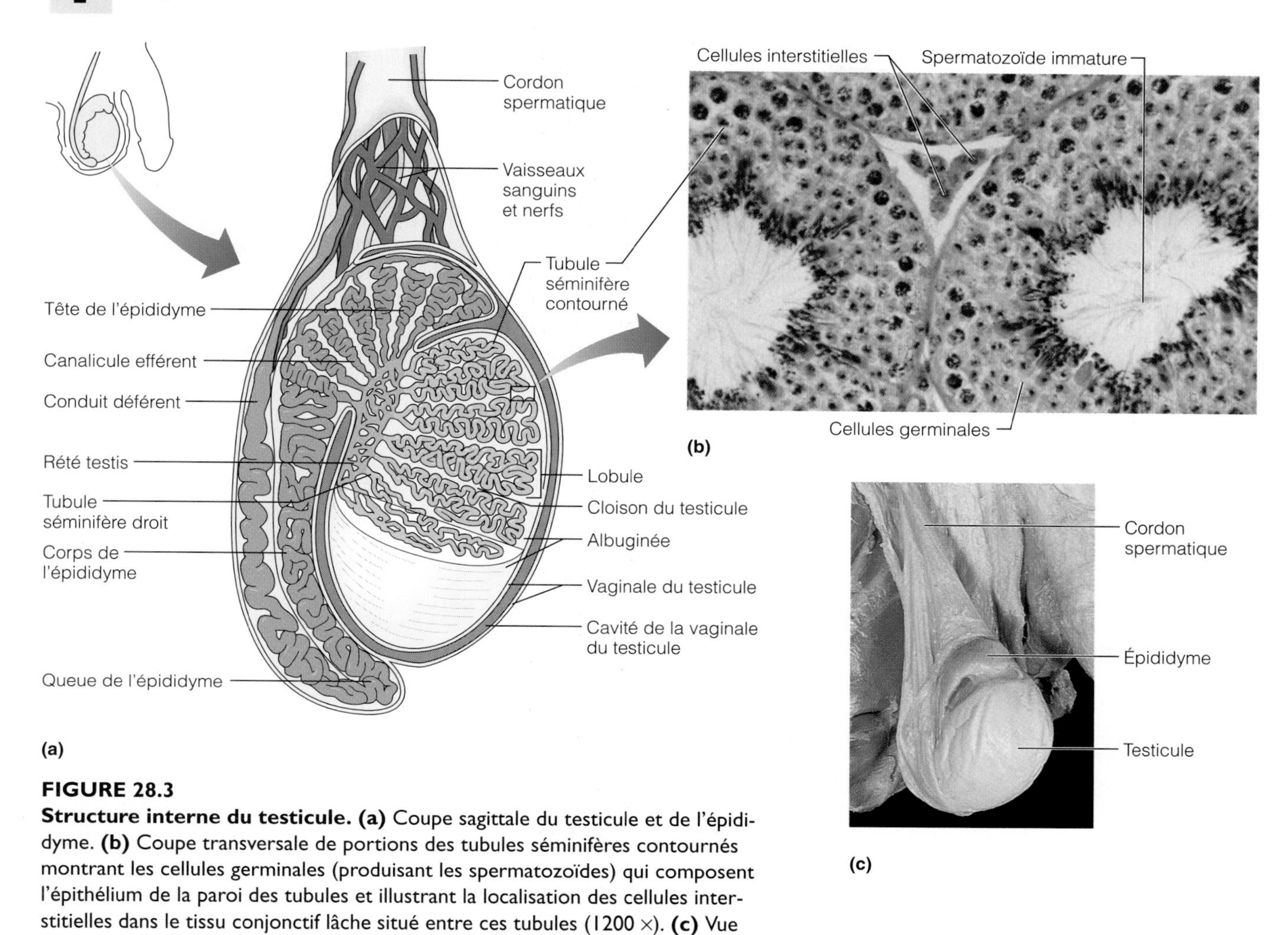

FIGURE 28.3
Structure interne du testicule. (a) Coupe sagittale du testicule et de l'épididyme. **(b)** Coupe transversale de portions des tubules séminifères contournés montrant les cellules germinales (produisant les spermatozoïdes) qui composent l'épithélium de la paroi des tubules et illustrant la localisation des cellules interstitielles dans le tissu conjonctif lâche situé entre ces tubules (1200 ×). **(c)** Vue externe d'un des testicules d'un cadavre ; même orientation qu'en (a).

lobules (figure 28.3). Chaque lobule renferme de un à quatre **tubules séminifères contournés.** Ce sont ces tubules qui fabriquent les spermatozoïdes.

Les tubules séminifères contournés de chaque lobule convergent vers un **tubule séminifère droit** qui transporte les spermatozoïdes jusqu'au **rété testis,** un réseau de canaux situé dans la partie postérieure du testicule. À partir du rété testis, les spermatozoïdes quittent le testicule par les *canalicules efférents* et pénètrent dans l'*épididyme*, qui épouse la surface du testicule.

Le tissu conjonctif lâche qui recouvre les tubules séminifères contournés renferme les **cellules interstitielles,** ou cellules de Leydig. Ces cellules synthétisent les androgènes (en particulier la *testostérone*) et les libèrent dans le liquide interstitiel où elles baignent. Ce sont donc deux populations cellulaires tout à fait distinctes qui produisent les spermatozoïdes et les hormones dans le testicule.

Les testicules sont irrigués par les **artères testiculaires,** qui naissent de l'aorte abdominale (voir la figure 20.21c, p. 731). Les **veines testiculaires** drainent les testicules. Elles constituent une ramification d'un réseau appelé **plexus pampiniforme** (un pampre est une branche de vigne) autour de l'artère testiculaire (voir la figure 28.2). Ce plexus absorbe la chaleur du sang artériel afin de le rafraîchir avant son entrée dans le testicule. Il s'agit donc d'un autre moyen de maintenir la basse température nécessaire à la physiologie normale des testicules. Les testicules sont desservis par des neurofibres sympathiques et parasympathiques du système nerveux autonome ; des neurofibres sensitives transmettent les influx qui provoquent une douleur atroce et la nausée quand les testicules sont heurtés avec force. Les neurofibres ainsi que les vaisseaux sanguins et lymphatiques entourés d'une tunique de tissu conjonctif forment une structure appelée **cordon spermatique** (voir la figure 28.2).

Bien que le *cancer du testicule* soit relativement rare (il touche 1 homme sur 20 000), il s'agit du cancer le plus fréquent chez les hommes de 15 à 35 ans. Des antécédents d'oreillons ou d'orchite (inflammation du testicule) augmentent le risque de ce cancer, mais le facteur de risque le plus important est la *cryptorchidie* (descente incomplète du testicule, voir p. 1080).

Les tubules séminifères contournés.

Comme le signe le plus courant de cancer du testicule est l'apparition d'une masse solide et indolore dans le testicule, tous les hommes devraient pratiquer l'autoexamen des testicules. Lorsque le cancer est détecté au stade précoce, le taux de guérison est très élevé. Plus de 90 % des cancers du testicule sont guéris après l'ablation chirurgicale du testicule atteint (*orchidectomie*) suivie de séances de radiothérapie et de chimiothérapie. ■

Voies génitales de l'homme

Comme nous l'avons vu, les voies génitales de l'homme, ou voies spermatiques, sont les conduits qui transportent les spermatozoïdes depuis les testicules jusqu'à l'extérieur du corps. Dans l'ordre (du plus proximal au plus distal), les **voies génitales de l'homme** sont l'épididyme, le conduit déférent et l'urètre.

Épididyme

L'**épididyme,** une structure en forme de virgule, mesure environ 3,8 cm de long (voir les figures 28.1 et 28.3a et c). Sa *tête*, qui contient et reçoit les spermatozoïdes des canalicules efférents, recouvre la face supérieure du testicule. Son *corps* et sa *queue*, qui reposent sur la face postérolatérale du testicule, renferment la partie très pelotonnée de l'épididyme, appelée *canal épididymaire* (qui, déroulé, mesure environ 6 m de long). Les cellules principales de l'épithélium pseudostratifié prismatique de sa muqueuse possèdent de longues microvillosités immobiles appelées *stéréocils*, qui absorbent le liquide testiculaire en excès et apportent des nutriments aux spermatozoïdes se trouvant dans la lumière de l'épididyme.

Les spermatozoïdes immatures et pratiquement immobiles qui quittent le testicule se déplacent lentement dans le canal épididymaire. Au cours de leur transport dans ce conduit sinueux (un parcours qui prend 20 jours environ), les spermatozoïdes acquièrent la capacité de nager et de se fixer à l'ovule grâce à l'action des sécrétions provenant des cellules de l'épithélium de l'épididyme. Quand la stimulation sexuelle conduit à l'éjaculation, le muscle lisse des parois de l'épididyme se contracte vigoureusement, ce qui expulse les spermatozoïdes présents dans la queue de l'épididyme vers un autre segment des voies génitales de l'homme, le conduit déférent. Les spermatozoïdes peuvent cependant séjourner dans l'épididyme durant plusieurs mois, après quoi ils sont phagocytés par les cellules épithéliales de l'épididyme.

Conduit déférent

Le **conduit déférent** (*deferre* = porter) mesure 45 cm de long. À partir de l'épididyme, il s'étend vers le haut, faisant corps avec le cordon spermatique, et passe dans le canal inguinal pour entrer dans la cavité pelvienne (voir la figure 28.1). Il se palpe facilement à l'endroit où il passe devant l'os pubien. Le conduit déférent se courbe ensuite au-dessus de l'urètre, avant de redescendre le long de la face postérieure de la vessie. Son extrémité terminale s'élargit pour former l'**ampoule du conduit déférent,** qui s'unit au conduit excréteur de la vésicule séminale (une glande) pour former le court **conduit éjaculateur.** Les deux conduits éjaculateurs pénètrent dans la prostate, où ils déversent leur contenu dans l'urètre. Le conduit déférent achemine les spermatozoïdes vivants depuis leurs sites de stockage, c'est-à-dire l'épididyme et la portion distale du conduit déférent, jusqu'à l'urètre. Au moment de l'éjaculation, les épaisses couches de muscle lisse de ses parois créent de fortes ondes péristaltiques qui poussent rapidement les spermatozoïdes vers l'urètre.

Comme vous le voyez à la figure 28.3, la première partie du conduit déférent est localisée dans le sac scrotal. Certains hommes qui désirent assumer la responsabilité de la contraception subissent une **vasectomie.** Au cours de cette petite intervention chirurgicale, le chirurgien pratique une incision dans le scrotum, sectionne le conduit déférent, puis le ligature (noue un fil autour de lui afin de l'obstruer). Des spermatozoïdes seront produits pendant plusieurs années encore, mais ils ne pourront plus atteindre l'extérieur du corps. Les spermatozoïdes finissent par se détériorer et sont phagocytés. La vasectomie est une intervention simple qui constitue une méthode de contraception très efficace (à presque 100 %).

Urètre

L'**urètre** est la portion terminale des voies génitales de l'homme (voir les figures 28.1 et 28.4). Comme il transporte l'urine et le sperme (à des moments différents), l'urètre fait partie à la fois du système urinaire et du système génital. Il se divise en trois parties : (1) la *partie prostatique de l'urètre*, qui est enveloppée par la prostate ; (2) la *partie membranacée de l'urètre*, qui se trouve dans le diaphragme uro-génital ; (3) la *partie spongieuse de l'urètre* (*partie pénienne*), qui passe dans le pénis et s'ouvre sur l'extérieur par le *méat urétral*. La partie spongieuse de l'urètre mesure à peu près 15 cm ; elle compte pour environ 75 % de la longueur totale de l'urètre.

Glandes annexes

Les glandes annexes sont les deux vésicules séminales, les deux glandes bulbo-urétrales et la prostate (figure 28.1). Ces glandes produisent la majeure partie du *sperme* (qui se compose des spermatozoïdes et des sécrétions des glandes annexes).

Vésicules séminales

Les **vésicules séminales** reposent sur la paroi postérieure de la vessie. Ce sont d'assez grosses glandes, chacune ayant approximativement la forme et la longueur du petit doigt (5 à 7 cm). Leur sécrétion, qui compte pour environ 60 % du volume du sperme, est un liquide alcalin visqueux et jaunâtre renfermant du fructose (un sucre), de l'acide ascorbique, des protéines de coagulation (notamment de la séminogéline) et des prostaglandines. Comme nous l'avons déjà dit, le canal de chaque vésicule séminale rejoint celui du conduit déférent du même côté pour former le conduit éjaculateur. Les spermatozoïdes et le liquide séminal se mélangent dans le conduit éjaculateur et pénètrent ensemble dans la partie prostatique de l'urètre au moment de l'éjaculation.

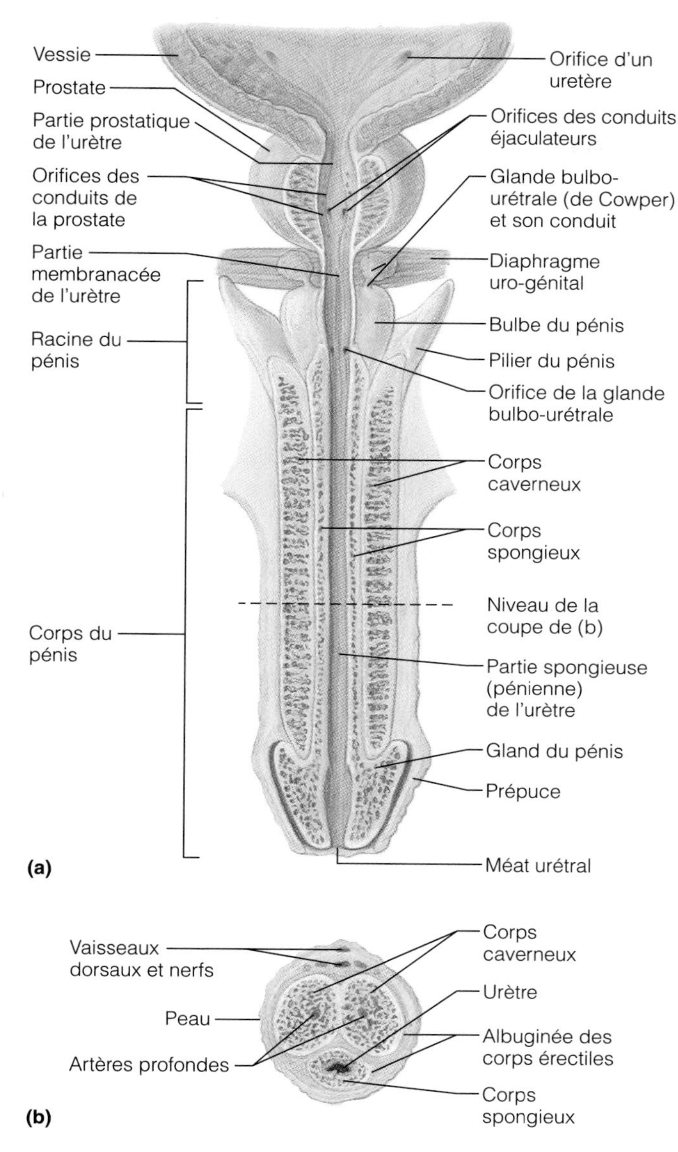

FIGURE 28.4
Structure du pénis. (a) Coupe longitudinale du pénis. **(b)** Coupe transversale du pénis.

Prostate

La **prostate** est une glande unique de la grosseur et de la forme d'un marron (voir les figures 28.1 et 28.4); elle entoure la partie de l'urètre qui est située directement sous la vessie. Enveloppée par une épaisse capsule de tissu conjonctif, la prostate renferme de 20 à 30 glandes tubulo-alvéolaires composées, ancrées dans une masse (stroma) de muscle lisse et de tissu conjonctif dense. La sécrétion de la prostate, qui forme jusqu'à un tiers du volume du sperme, joue un rôle dans l'activation des spermatozoïdes. Ce liquide laiteux et légèrement acide contient du citrate (un nutriment) et plusieurs enzymes (fibrinolysine et phosphatase acide). Il entre dans la partie prostatique de l'urètre par plusieurs conduits quand le muscle lisse de la prostate se contracte au moment de l'éjaculation.

Beaucoup de gens considèrent la prostate comme une source de problèmes. L'hypertrophie de la prostate, qui touche presque tous les hommes âgés, entraîne la constriction de la partie prostatique de l'urètre. Plus l'homme fait des efforts pour uriner, plus la masse de la prostate, à la manière d'une valve, bloque l'ouverture de l'urètre. Par ailleurs, l'hypertrophie de la prostate augmente le risque d'infection de la vessie (cystite) et des reins. Il existe un traitement chirurgical classique pour ce trouble, mais de nouveaux traitements sont de plus en plus populaires:

1. l'administration de médicaments comme la finastéride, qui fait rétrécir la prostate dans certains cas;
2. le traitement par micro-ondes pour faire diminuer le volume de la prostate;
3. l'ablation transurétrale à l'aiguille, une intervention qui consiste à appliquer, au moyen d'un cathéter muni d'une fine aiguille guidé par l'urologue, un rayonnement de basse fréquence ou un rayonnement laser qui produit une chaleur de plus de 100 °C et qui incinère le tissu prostatique en excès sans toucher les nerfs ou les muscles avoisinants;
4. le traitement au ballonnet, qui consiste à insérer un ballonnet dans la partie prostatique de l'urètre et à le gonfler pour repousser la prostate.

La *prostatite*, ou inflammation de la prostate, est le principal motif pour lequel les hommes consultent un urologue. Le cancer de la prostate est le troisième cancer le plus fréquent chez les hommes. Le dépistage du cancer de la prostate consiste habituellement à palper la prostate à travers la paroi antérieure du rectum au moyen d'un doigt introduit dans le rectum (toucher rectal), pour évaluer le volume et la texture de la prostate. On peut également procéder au dosage sanguin d'une glycoprotéine sécrétée par la prostate, l'*antigène prostatique spécifique* (*APS*). L'APS est un marqueur tumoral: l'augmentation de sa concentration sérique traduit l'évolution clinique du cancer de la prostate. Par ailleurs, une concentration sanguine élevée de phosphatase acide permet généralement de confirmer le diagnostic de cancer de la prostate. Lorsque cela est possible, le cancer de la prostate est traité chirurgicalement. Parmi les autres traitements utilisés pour les cancers qui ont commencé à produire des métastases, on compte la castration et l'administration de médicaments antiandrogènes (flutamide), qui inhibent les récepteurs des androgènes, ou de médicaments analogues à la Gn-RH* (comme le leuprolide), qui inhibent la libération de gonadotrophines. Privé des effets stimulants des androgènes, le tissu prostatique régresse et les symptômes urinaires s'atténuent. ■

Glandes bulbo-urétrales

Les **glandes bulbo-urétrales,** ou glandes de Cowper, sont des glandes de la grosseur d'un pois situées sous la prostate (voir les figures 28.1 et 28.4). Elles produisent un épais mucus translucide qui s'écoule dans la partie spongieuse

* La LH-RH, ou hormone régulatrice de l'hormone lutéinisante, est analogue à la Gn-RH, ou gonadolibérine. Voir la description des effets de la gonadolibérine aux pages 1051-1052.

de l'urètre. Cette sécrétion est libérée avant l'éjaculation ; elle neutralise l'acidité des traces d'urine encore présentes dans l'urètre.

Pénis

Le **pénis** est l'organe de la copulation, destiné à déposer les spermatozoïdes dans les voies génitales de la femme (voir la figure 28.4). Le pénis et le scrotum composent les **organes génitaux externes** de l'homme. Le **périnée de l'homme** (*perineos* = autour de l'anus) est la région en forme de losange située entre la symphyse pubienne, le coccyx et les deux tubérosités ischiatiques. Le plancher pelvien est formé des muscles décrits au chapitre 10 (p. 326-327).

Le pénis comprend une *racine* fixe et un *corps* mobile se terminant par une extrémité renflée, le **gland du pénis.** La peau du pénis est lâche et glisse vers l'extrémité distale pour former autour du gland un repli de peau appelé **prépuce.** L'ablation du prépuce, appelée *circoncision* (*circumcidere* = couper autour), est parfois effectuée peu après la naissance.

Le pénis renferme la partie spongieuse de l'urètre et trois longs corps cylindriques de tissu érectile entourés d'une tunique albuginée. Le *tissu érectile* est constitué d'un réseau de tissu conjonctif et de tissu musculaire lisse criblé d'espaces vasculaires. Au cours de l'excitation sexuelle, les espaces vasculaires se remplissent de sang : le pénis augmente de volume et devient rigide. Ce phénomène, appelé *érection*, permet la pénétration du pénis dans le vagin. Le corps érectile médian, le **corps spongieux,** entoure l'urètre et s'étend vers l'extrémité distale du pénis pour former le gland. Son extrémité proximale renflée forme la partie de la racine appelée **bulbe du pénis.** Le bulbe du pénis est recouvert par le muscle bulbo-spongieux et fixé au diaphragme uro-génital. Les deux corps érectiles dorsaux du pénis, appelés **corps caverneux,** constituent la plus grande partie du pénis. Leurs extrémités proximales forment chacune un **pilier du pénis.** Chacun des piliers est enveloppé par un muscle ischio-caverneux et attaché à l'arc pubien du bassin.

Sperme

Le **sperme,** ou liquide séminal, est le liquide blanchâtre légèrement collant qui renferme les spermatozoïdes et les sécrétions des glandes annexes. Ce liquide est le milieu de transport des spermatozoïdes ; il contient des nutriments ainsi que des substances chimiques qui protègent et activent les spermatozoïdes, en plus de faciliter leurs mouvements. Les spermatozoïdes mûrs sont de petits « missiles » profilés qui possèdent peu de cytoplasme et peu de nutriments en réserve. Le fructose présent dans la sécrétion des vésicules séminales constitue pratiquement leur seul combustible. Par ailleurs, les prostaglandines contenues dans le sperme réduisent la viscosité du mucus gardant l'entrée (col) de l'utérus et provoquent un antipéristaltisme de l'utérus et des parties médianes des trompes utérines, ce qui facilite la progression des spermatozoïdes dans les voies génitales de la femme vers les trompes utérines. La présence de *relaxine* (une hormone) et de certaines enzymes dans le sperme accroît la motilité des spermatozoïdes. L'alcalinité relative du sperme (pH de 7,2 à 7,6), due à la présence de bases (spermine et autres), neutralise l'acidité du vagin de la femme (pH de 3,5 à 4), ce qui protège les spermatozoïdes et améliore leur motilité, puisqu'ils sont très « paresseux » en milieu acide (pH inférieur à 6). Le sperme renferme en outre une substance chimique antibiotique appelée **séminalplasmine,** qui détruit certaines bactéries. Les facteurs de coagulation présents dans le sperme provoquent sa coagulation peu après l'éjaculation. La fibrinolysine du sperme liquéfie ensuite cette masse visqueuse, ce qui permet aux spermatozoïdes de s'en échapper pour commencer leur voyage dans les voies génitales de la femme.

La quantité de sperme projetée à l'extérieur de l'urètre au cours d'une éjaculation est relativement petite (de 2 à 5 mL), mais chaque millilitre contient entre 50 et 130 millions de spermatozoïdes.

PHYSIOLOGIE DU SYSTÈME GÉNITAL DE L'HOMME

Réponse sexuelle de l'homme

Les deux phases principales de la réponse sexuelle de l'homme sont l'*érection* du pénis, permettant la pénétration dans le vagin de la femme, et l'*éjaculation*, assurant le dépôt du sperme dans le vagin.

Érection

L'**érection,** durant laquelle le pénis grossit et se raidit, se produit quand les corps érectiles du pénis s'engorgent de sang. En temps ordinaire, les artères irriguant le tissu érectile sont contractées et le pénis est flaccide. L'excitation sexuelle déclenche un réflexe parasympathique qui provoque la libération locale de monoxyde d'azote. Le monoxyde d'azote augmente la production de GMP cyclique, qui cause le relâchement des muscles lisses des vaisseaux et entraîne leur dilatation. Les espaces vasculaires (cavernes) des corps caverneux se remplissent alors de sang, de sorte que le pénis grossit, s'allonge et se raidit. L'augmentation du volume du pénis comprime les veines qui le drainent, ce qui ralentit la sortie du sang et maintient l'engorgement. L'érection du pénis constitue un des rares exemples de régulation parasympathique des artères. Le système parasympathique stimule également les glandes bulbo-urétrales, dont les sécrétions lubrifient le gland du pénis.

L'érection est déclenchée par une variété de stimulus sexuels, notamment les caresses sur la peau du pénis, la stimulation mécanique des barorécepteurs de la tête du pénis, ainsi que les spectacles, odeurs ou sons à caractère érotique. Le SNC réagit à cette stimulation en envoyant des influx efférents (moteur) du deuxième au quatrième segment sacral de la moelle épinière. Ces influx activent les neurones parasympathiques innervant les artères profondes du pénis, qui desservent les corps caverneux, et les artères hélicines, situées dans les corps caverneux eux-mêmes. Parfois, l'érection peut être déclenchée par l'activité strictement émotionnelle ou mentale (la pensée d'une rencontre sexuelle). Les émotions et les pensées

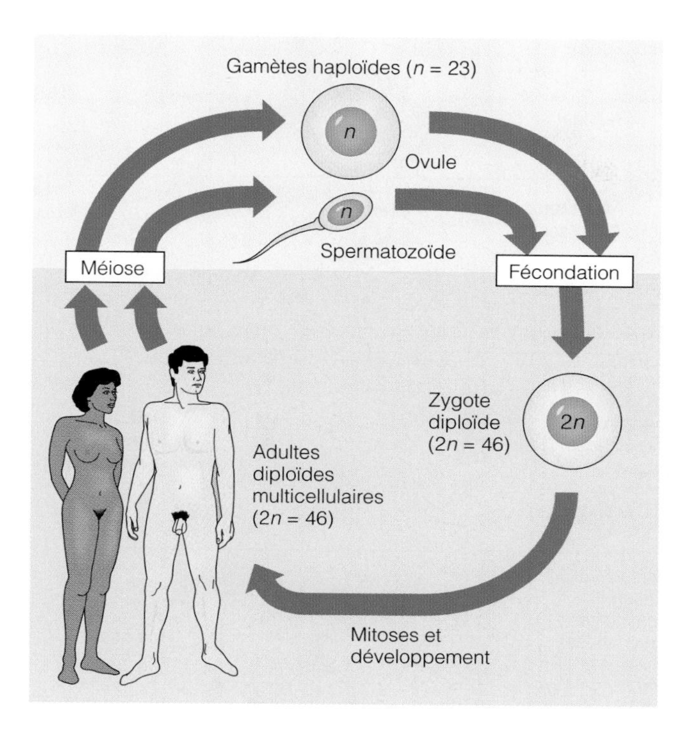

FIGURE 28.5
Le cycle de la vie humaine.

peuvent aussi inhiber l'érection, ce qui provoque la vasoconstriction et le retour du pénis à l'état de flaccidité.

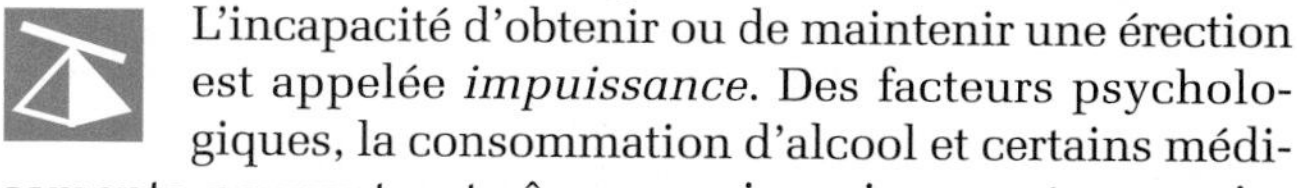

L'incapacité d'obtenir ou de maintenir une érection est appelée *impuissance*. Des facteurs psychologiques, la consommation d'alcool et certains médicaments peuvent entraîner une impuissance temporaire chez les hommes en bonne santé. Dans certains cas, l'impuissance résulte de problèmes vasculaires ou de troubles du système nerveux. Des médicaments (injectables et oraux) et des implants péniens peuvent rendre la possibilité de rapports sexuels aux hommes atteints d'impuissance irréversible. Récemment, on a beaucoup parlé d'un médicament commercialisé sous le nom de Viagra, qui favorise l'érection en inhibant l'enzyme PDE5 (phosphodiestérase) qui dégrade le GMP cyclique. ■

Éjaculation

L'**éjaculation** (*ejicio* = j'expulse) est la projection de sperme à l'extérieur des voies génitales de l'homme. Alors que l'érection est régie par le système parasympathique, l'*éjaculation* est placée sous la régulation sympathique. Lorsque les influx responsables de l'érection atteignent un certain seuil critique, un réflexe spinal est déclenché et une décharge massive d'influx nerveux traverse les nerfs sympathiques qui desservent les organes génitaux (principalement au niveau de L_1 et de L_2). Ces influx provoquent les réactions suivantes :

1. Les voies génitales de l'homme et les glandes annexes se contractent et déversent leur contenu dans l'urètre.
2. Le sphincter lisse de l'urètre se contracte, ce qui empêche l'expulsion d'urine et le reflux de sperme dans la vessie.
3. Il se produit une série de contractions rapides du muscle bulbo-spongieux du pénis, qui projettent le sperme à l'extérieur de l'urètre à une vitesse pouvant atteindre cinq mètres par seconde. Ces contractions musculaires rythmiques sont accompagnées d'une sensation de plaisir intense et de nombreux phénomènes systémiques, tels qu'une contraction musculaire généralisée, une fréquence cardiaque rapide et une pression artérielle élevée.

Cette série de réactions est appelée **orgasme.** L'orgasme est rapidement suivi d'une relaxation musculaire et psychologique et de la vasoconstriction des artères du pénis, qui retourne alors à l'état de flaccidité. Après l'éjaculation commence une période de latence d'une durée de quelques minutes à plusieurs heures, au cours de laquelle l'homme est incapable d'obtenir un autre orgasme. La durée de cette période de latence augmente avec l'âge.

Spermatogenèse

La **spermatogenèse** (littéralement, « génération des spermatozoïdes ») est la série d'événements qui se déroulent dans les tubules séminifères contournés et qui mènent à la production des gamètes mâles, les **spermatozoïdes.** Ce processus débute chez les garçons au moment de la puberté, vers 14 ans, et se poursuit durant toute la vie. L'organisme de l'homme adulte fabriquera ensuite environ 400 millions de spermatozoïdes chaque jour. La nature semble s'être ainsi assurée que l'espèce humaine ne pourrait s'éteindre par manque de spermatozoïdes.

Avant de nous lancer dans la description du processus de la spermatogenèse, prenons le temps de définir quelques termes qu'il convient de connaître. Tout d'abord, l'être humain doit posséder deux jeux de chromosomes, c'est-à-dire un de chaque parent (figure 28.5). La plupart des cellules de l'organisme renferment le **nombre diploïde de chromosomes,** ou **$2n$ chromosomes.** Chez les humains, ce nombre est de 46, et les cellules diploïdes contiennent 23 paires de chromosomes semblables appelés **chromosomes homologues.** Chaque paire se compose d'un membre qui provient du père (*chromosome paternel*) et d'un membre qui provient de la mère (*chromosome maternel*). Les deux chromosomes d'une même paire se ressemblent et portent des gènes qui codent pour les mêmes traits, mais pas nécessairement pour la même expression de ces traits. (Prenons pour exemple les gènes homologues qui déterminent l'expression des taches de rousseur : le gène porté par le chromosome paternel peut coder pour la présence d'un grand nombre de taches de rousseur, alors que le gène porté par le chromosome maternel peut coder pour leur absence totale.) Au chapitre 30, nous étudions comment les gènes maternels et paternels interagissent et produisent les traits visibles.

Les gamètes, quant à eux, renferment seulement 23 chromosomes, c'est-à-dire le **nombre haploïde de chromosomes,** ou **n chromosomes** ; ils ne possèdent qu'un seul membre de chaque paire de chromosomes homologues. Lorsqu'un spermatozoïde et un ovule s'unissent, ils forment un ovule fécondé qui rétablit le nombre diploïde de chromosomes (46), caractéristique des cellules somatiques du corps humain.

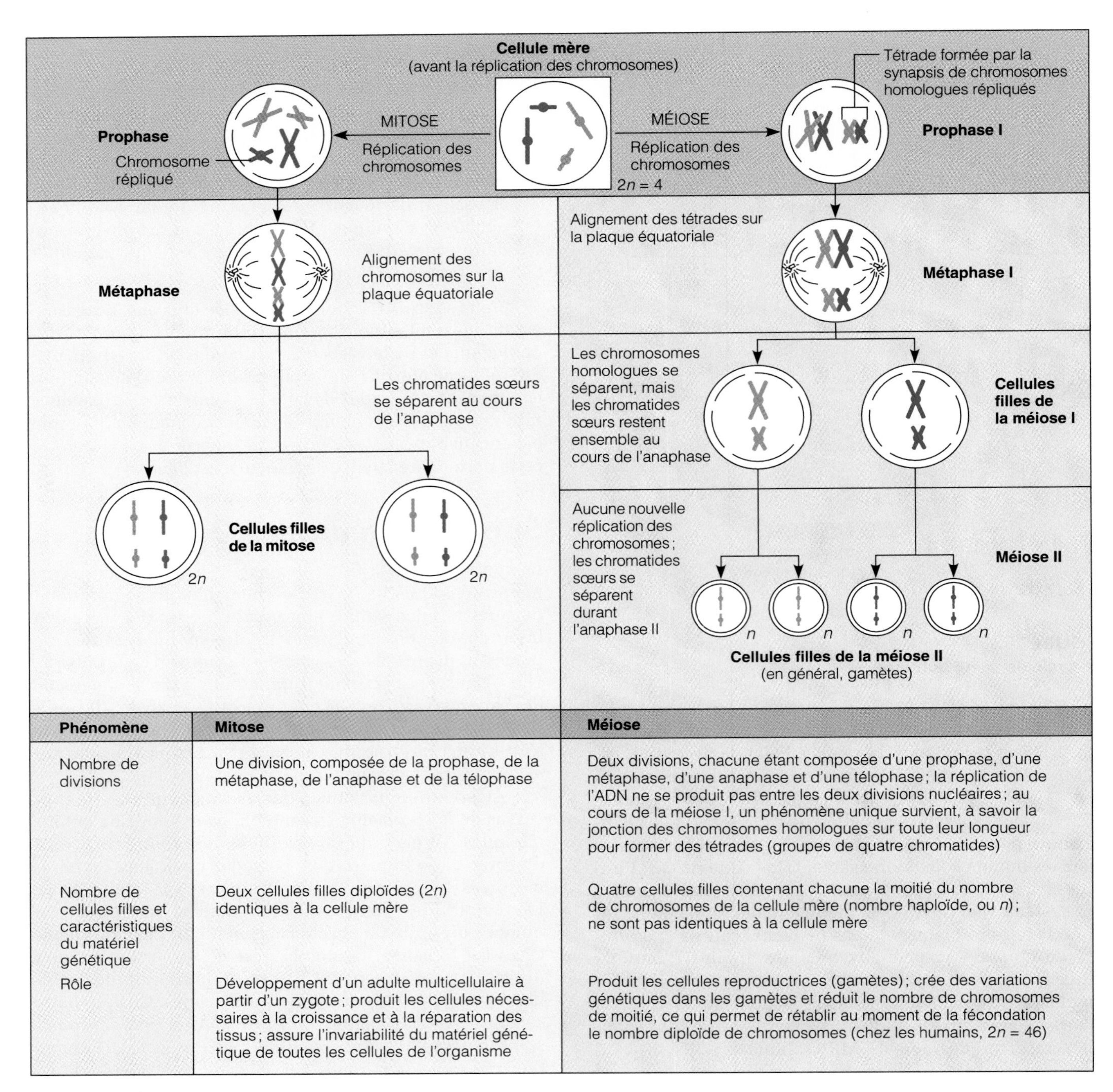

Phénomène	Mitose	Méiose
Nombre de divisions	Une division, composée de la prophase, de la métaphase, de l'anaphase et de la télophase	Deux divisions, chacune étant composée d'une prophase, d'une métaphase, d'une anaphase et d'une télophase ; la réplication de l'ADN ne se produit pas entre les deux divisions nucléaires ; au cours de la méiose I, un phénomène unique survient, à savoir la jonction des chromosomes homologues sur toute leur longueur pour former des tétrades (groupes de quatre chromatides)
Nombre de cellules filles et caractéristiques du matériel génétique	Deux cellules filles diploïdes ($2n$) identiques à la cellule mère	Quatre cellules filles contenant chacune la moitié du nombre de chromosomes de la cellule mère (nombre haploïde, ou n) ; ne sont pas identiques à la cellule mère
Rôle	Développement d'un adulte multicellulaire à partir d'un zygote ; produit les cellules nécessaires à la croissance et à la réparation des tissus ; assure l'invariabilité du matériel génétique de toutes les cellules de l'organisme	Produit les cellules reproductrices (gamètes) ; crée des variations génétiques dans les gamètes et réduit le nombre de chromosomes de moitié, ce qui permet de rétablir au moment de la fécondation le nombre diploïde de chromosomes (chez les humains, $2n = 46$)

FIGURE 28.6
Comparaison de la mitose et de la méiose chez une cellule mère ayant un nombre diploïde ($2n$) de 4. La mitose est illustrée à gauche, la méiose à droite. Les phases de la mitose et de la méiose ne sont pas toutes représentées.

La formation de gamètes chez l'homme et la femme fait intervenir la **méiose,** un type de division nucléaire particulier qui, essentiellement, se produit seulement dans les gonades. Dans la *mitose* (le processus de division des autres cellules de l'organisme), les chromosomes répliqués sont distribués également aux deux cellules filles. Chacune des cellules filles reçoit donc un jeu de chromosomes identique à celui de la cellule mère. La méiose se compose quant à elle de deux divisions nucléaires successives qui produisent quatre cellules filles plutôt que deux. Chacune de ces cellules filles possède la moitié moins de chromosomes qu'une cellule ordinaire. Ainsi, la méiose est le *moyen* par lequel le nombre de chromosomes est réduit de moitié (de $2n$ à n) dans les gamètes. La figure 28.6 présente une comparaison de la mitose et de la méiose.

Méiose

Les deux divisions nucléaires qui composent la méiose, soit la *méiose I* et la *méiose II*, sont décomposées en phases afin d'en faciliter l'étude. Bien que ces phases portent les mêmes noms que les phases de la mitose (prophase, métaphase, anaphase et télophase), les événements de la méiose I diffèrent considérablement de ceux de la mitose, comme vous le verrez dans les paragraphes suivants et dans la figure 28.7.

FIGURE 28.7
Division méiotique. Cette série de schémas montre la division méiotique d'une cellule animale possédant un nombre diploïde de chromosomes (2*n*) de 4. On a mis en évidence les phénomènes relatifs aux chromosomes.

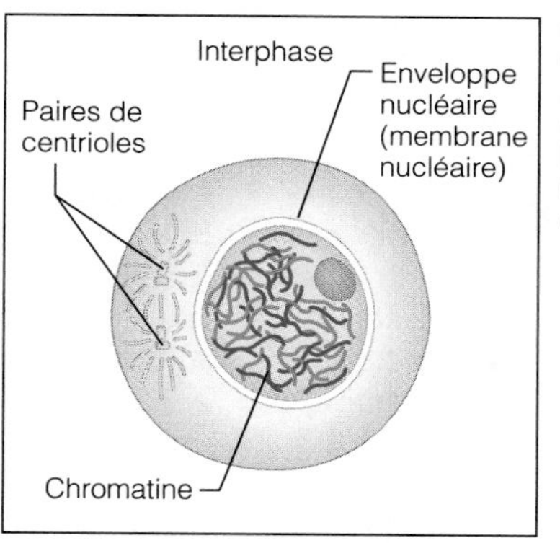

Interphase
Comme la mitose, la méiose est précédée des phénomènes de l'interphase qui mènent à la réplication de l'ADN et des autres préparatifs de la division cellulaire. Les chromatides répliquées, unies par un centromère, sont prêtes pour la division juste avant le début de la méiose.

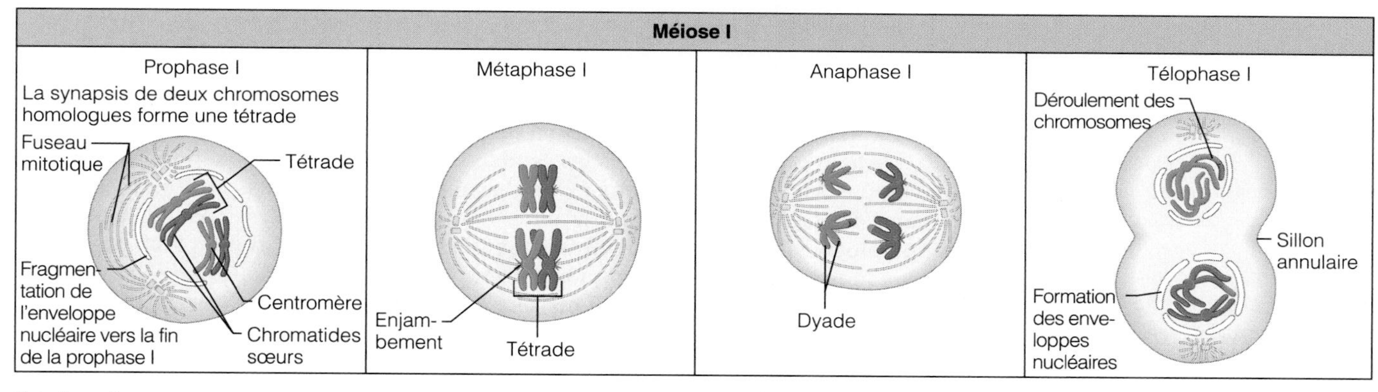

Prophase I
Comme dans la prophase de la mitose, les chromosomes s'enroulent et se condensent, l'enveloppe nucléaire et le nucléole se fragmentent et disparaissent, le fuseau mitotique se forme. La prophase de la méiose est toutefois marquée par un événement unique : la synapsis. La synapsis est l'union des chromosomes homologues, qui donne les tétrades, des groupes de quatre chromatides. Durant la synapsis, les bras des chromatides homologues adjacentes subissent l'enjambement, ce qui crée des points d'échange, ou chiasmas. En général, plus les chromatides sont longues, plus les chiasmas sont nombreux. (Dans l'illustration de la métaphase I, ci-dessus, on peut voir l'enjambement d'une tétrade ; le résultat de ce processus d'enjambement pour cette tétrade est représenté jusqu'à la méiose II.) La prophase I est la plus longue période de la méiose : elle compte pour environ 90 % du temps de division. À la fin de cette période, les tétrades se sont attachées au fuseau et se déplacent vers le plan médian de la cellule.

Métaphase I
Au cours de la métaphase, les tétrades s'alignent sur la plaque équatoriale du fuseau mitotique, en préparation pour l'anaphase.

Anaphase I
Au contraire de ce qui se produit durant la mitose, les centromères ne se divisent pas au cours de l'anaphase I de la méiose, de sorte que les chromatides sœurs (dyades) restent unies solidement. Les chromosomes homologues (tétrades) se séparent toutefois l'un de l'autre, en se détachant aux points d'enjambement et en échangeant des portions de chromosomes, et les dyades se déplacent vers les pôles opposés de la cellule.

Télophase I
Les enveloppes nucléaires se reforment autour des masses de chromosomes, le fuseau mitotique se dégrade et la chromatine réapparaît. À la fin de la télophase et de la cytocinèse, deux cellules filles se sont formées. Les cellules filles (des cellules maintenant haploïdes) entrent dans une sorte d'interphase appelée intercinèse, avant le début de la méiose II. Il n'y a pas de nouvelle réplication de l'ADN durant l'intercinèse.

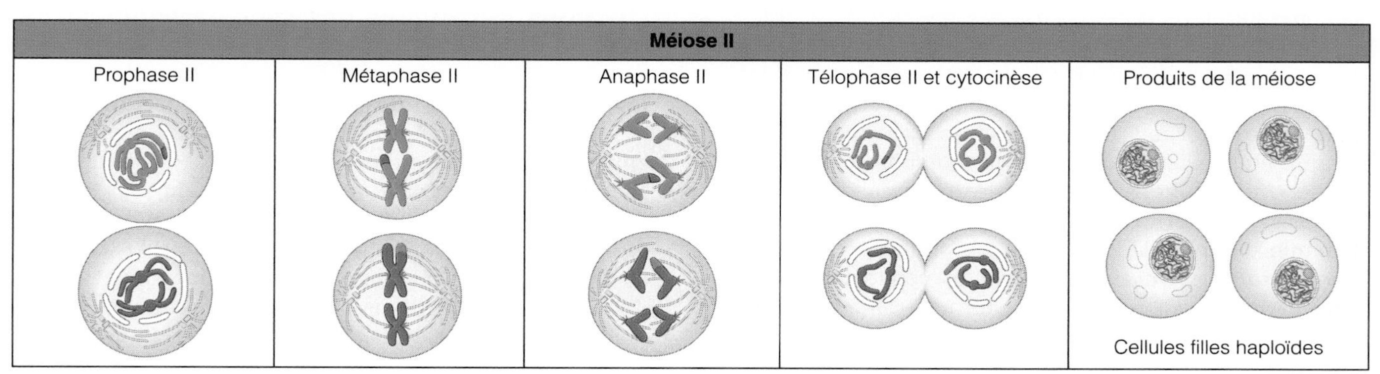

La méiose II commence avec les produits de la méiose I (deux cellules filles haploïdes). Elle comprend une division nucléaire semblable à celle de la mitose, qu'on appelle division équationnelle de la méiose. Après la prophase, la métaphase, l'anaphase et la télophase, suivie de la cytocinèse, on a quatre cellules filles haploïdes qui sont chacune génétiquement différentes de la cellule mère. Au cours de la spermatogenèse humaine, les cellules filles restent liées entre elles par des prolongements cytoplasmiques.

Rappelez-vous qu'avant la mitose, tous les chromosomes sont répliqués. Puis, les copies identiques restent ensemble, sous forme de *chromatides sœurs* unies par un centromère durant toute la prophase et jusqu'à leur alignement au cours de la métaphase. Au moment de l'anaphase, les centromères se divisent et les chromatides se séparent afin de migrer vers les pôles opposés de la cellule. Chaque cellule fille hérite donc d'une copie de *chacun* des chromosomes de la cellule mère (voir la figure 28.6). Voyons maintenant en quoi la méiose se distingue de la mitose.

Méiose I Comme dans la mitose, les chromosomes se répliquent avant le début de la méiose. La prophase de la méiose I est toutefois marquée par un phénomène absent au cours de la mitose: les chromosomes répliqués recherchent leurs chromosomes homologues et s'apparient avec eux sur toute leur longueur (voir la figure 28.7). Cet accolement des chromosomes homologues se fait en plusieurs points le long des homologues (et fait penser davantage à des boutonnières qu'à une fermeture à glissière). De ce processus, appelé **synapsis,** sont issus de petits groupes de quatre chromatides appelés **tétrades.** La synapsis est marquée par un autre phénomène unique au sein des tétrades, l'**enjambement,** ou « crossing-over ». L'enjambement est le croisement, à un ou plusieurs endroits, d'une chromatide maternelle et d'une chromatide paternelle. Les points de croisement sont appelés *chiasmas.* L'enjambement permet l'échange de matériel génétique entre les chromosomes maternels et paternels appariés; il contribue ainsi au « brassage » du matériel génétique (voir la figure 28.7).

> *Jeu de cartes pour groupe d'étude: Dans un chapeau, déposez des cartes portant le nom d'une structure, d'un système ou d'un processus. Un membre du groupe tire une carte et essaie de représenter ou de repérer sur une illustration le terme inscrit sur la carte. Les autres membres du groupe indiquent si sa réponse est bonne ou non. Si la réponse est incorrecte, ils la corrigent.*
>
> Brooke Bott,
> étudiante en sciences infirmières

Au cours de la métaphase I, les tétrades s'alignent sur la plaque équatoriale du fuseau mitotique. Cet alignement se fait au hasard, c'est-à-dire qu'on peut trouver des chromosomes maternels et paternels de chaque côté de la plaque équatoriale. Au cours de l'anaphase I, les deux chromatides sœurs de chacun des chromosomes homologues se comportent comme si elles formaient une unité (comme si la réplication n'avait pas eu lieu) et ce sont les *chromosomes homologues* (chacun constitué de deux chromatides sœurs réunies par un centromère) qui sont distribués aux pôles opposés de la cellule.

28

À la fin de la méiose I, on se trouve donc devant la situation suivante: chaque cellule fille possède *deux* copies d'un membre de chaque paire de chromosomes homologues (le chromosome maternel ou le chromosome paternel) et aucune copie de l'autre membre; chaque cellule fille possède la quantité diploïde d'ADN mais le nombre *haploïde* de chromosomes, puisque les chromatides sœurs unies sont considérées comme un seul chromosome. Étant donné que la méiose I diminue le nombre de chromosomes de $2n$ à n, on l'appelle aussi **division réductionnelle de la méiose.**

Méiose II La deuxième division méiotique, ou méiose II, est identique à la mitose, sauf que les chromosomes *ne se répliquent pas* avant qu'elle commence. Les chromatides présentes dans les deux cellules filles de la méiose I sont simplement partagées entre les quatre cellules grâce à la division des centromères. Étant donné que les chromatides sont réparties également dans les cellules filles (comme dans la mitose), le méiose II est aussi appelée **division équationnelle de la méiose** (figure 28.7).

La méiose remplit donc deux fonctions importantes: (1) elle divise le nombre de chromosomes par deux et (2) elle crée des variations génétiques. Le fait que les paires de chromosomes homologues s'orientent au hasard pendant la méiose I permet des variations considérables dans les gamètes, car les caractères génétiques hérités des deux parents se mélangent alors en de multiples combinaisons. D'autres variations sont produites par l'enjambement, car au moment de leur séparation, durant l'anaphase I, les chromosomes se brisent aux chiasmas et échangent des segments chromosomiques (gènes) (voir la figure 28.7). (Ce processus est décrit en détail au chapitre 30.) La méiose garantit donc qu'il n'existe pas deux gamètes identiques et que tous les gamètes sont différents de leur cellule mère.

Résumé des phénomènes se produisant dans les tubules séminifères contournés

Après cette description de la méiose, passons à l'étude des phénomènes particuliers à la spermatogenèse, qui se produit dans les tubules séminifères contournés. Une coupe histologique d'un testicule adulte montre que la majorité des cellules de la paroi épithéliale des tubules séminifères contournés se trouvent à différentes phases de division (figure 28.8). Ces cellules, appelées **cellules germinales,** élaborent les spermatozoïdes au cours d'une série de divisions et de transformations cellulaires.

Divisions mitotiques des spermatogonies: formation de spermatocytes Les cellules tubulaires les plus externes et les moins différenciées des tubules séminifères contournés, qui se trouvent en contact direct avec la lame basale de l'épithélium, sont les cellules souches appelées **spermatogonies** (littéralement, « génératrice de sperme »). Les spermatogonies subissent des *mitoses* presque sans arrêt. Jusqu'à la puberté, ces mitoses ne produisent toujours que d'autres spermatogonies. Au moment de la puberté, la spermatogenèse commence, et chaque division mitotique d'une spermatogonie donne dès lors naissance à deux cellules filles différentes (voir la figure 28.8): la *spermatogonie de type A* et la *spermatogonie de type B.* La **spermatogonie A** reste près de la lame basale pour perpétuer la lignée des cellules germinales. La **spermatogonie B** est poussée vers la lumière du tubule, où elle se transforme en un **spermatocyte de premier ordre,** destiné à produire quatre spermatozoïdes. (Pour faciliter la mémorisation, pensez à cette analogie: tout comme la lettre *A* est au début de notre alphabet, la spermatogonie A

? *Quel type de cellules résulte de la méiose ?*

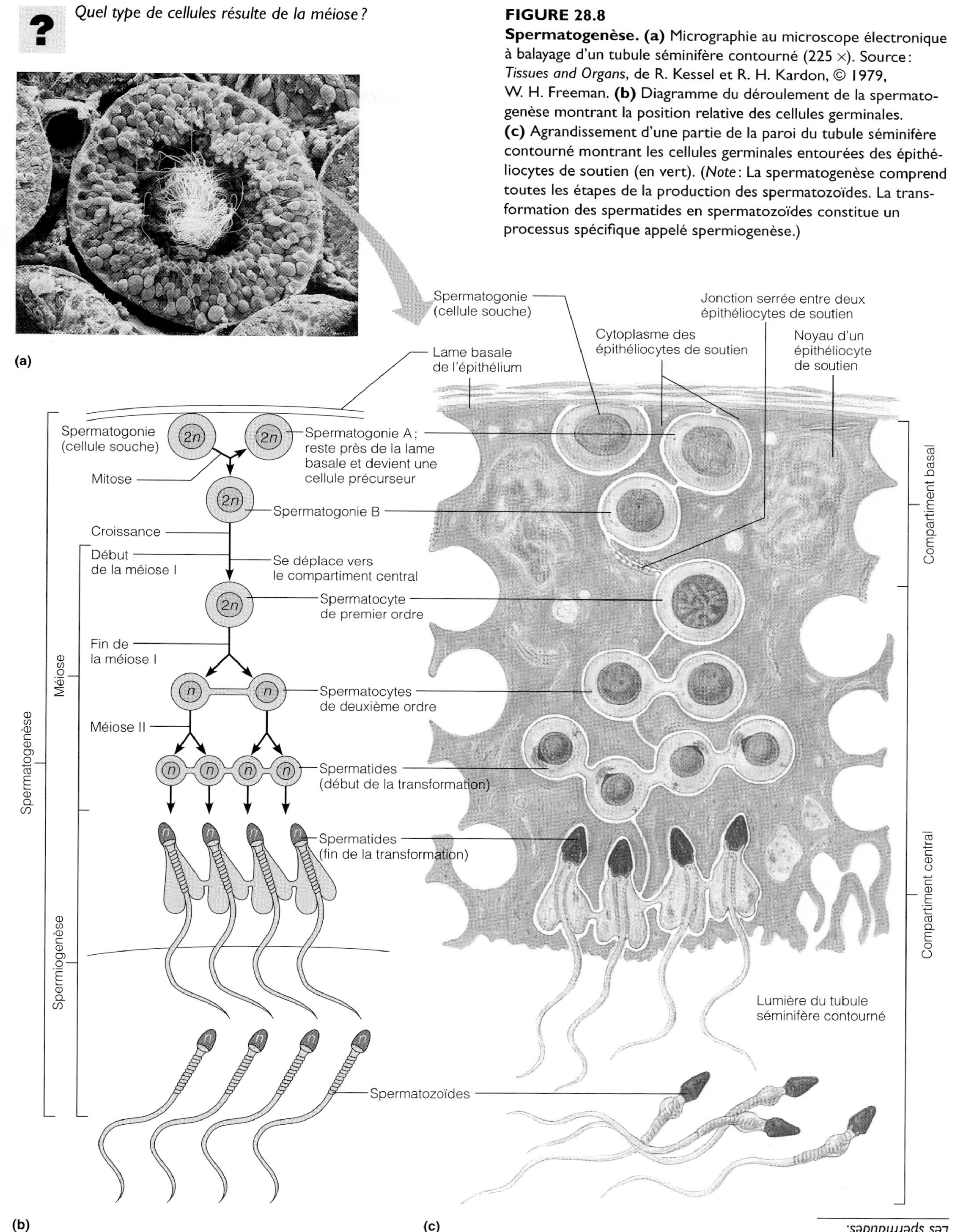

FIGURE 28.8

Spermatogenèse. (a) Micrographie au microscope électronique à balayage d'un tubule séminifère contourné (225 ×). Source : *Tissues and Organs*, de R. Kessel et R. H. Kardon, © 1979, W. H. Freeman. **(b)** Diagramme du déroulement de la spermatogenèse montrant la position relative des cellules germinales. **(c)** Agrandissement d'une partie de la paroi du tubule séminifère contourné montrant les cellules germinales entourées des épithéliocytes de soutien (en vert). (*Note* : La spermatogenèse comprend toutes les étapes de la production des spermatozoïdes. La transformation des spermatides en spermatozoïdes constitue un processus spécifique appelé spermiogenèse.)

Les spermatides.

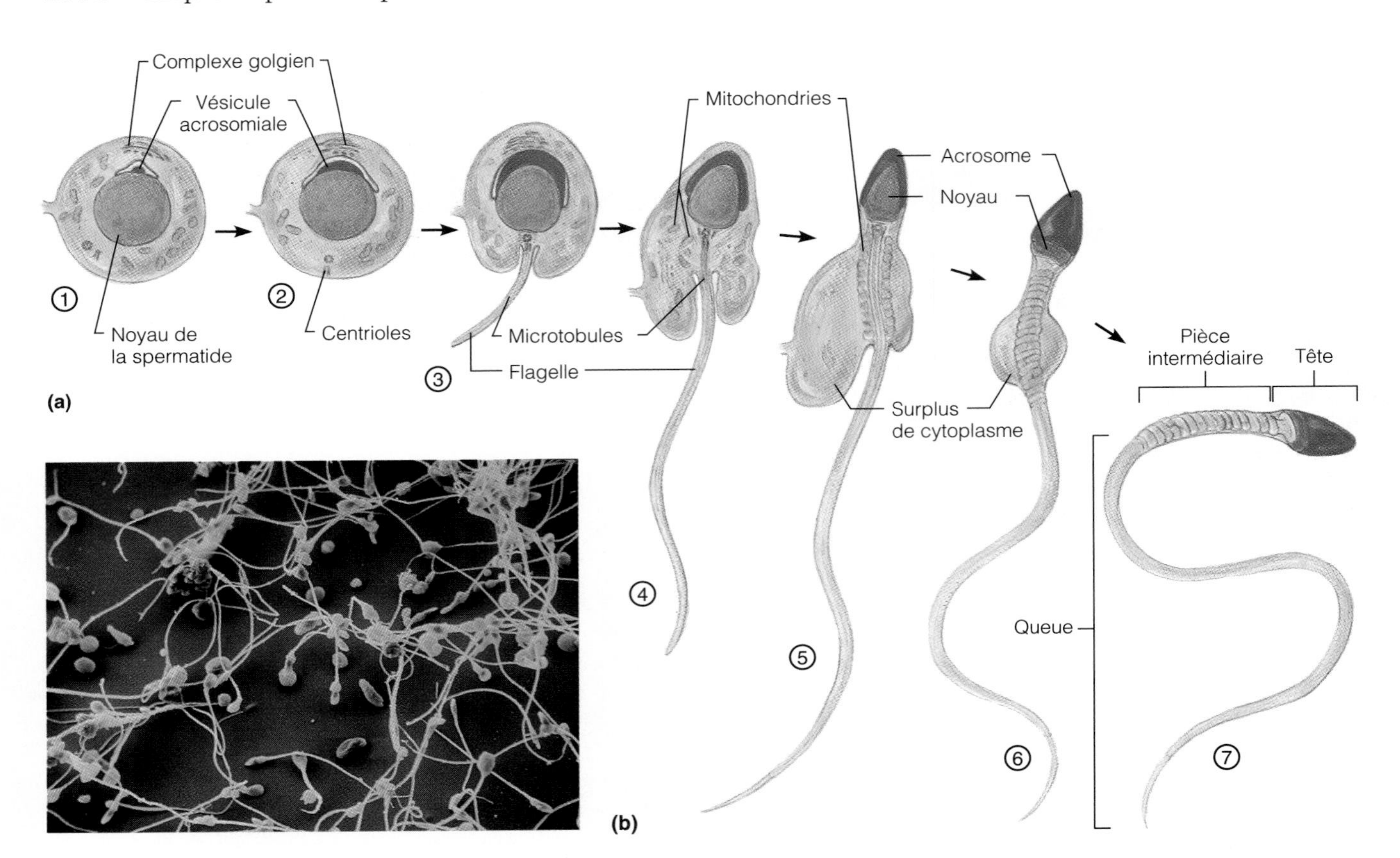

FIGURE 28.9
Spermiogenèse : transformation d'une spermatide en spermatozoïde fonctionnel. (a) La spermiogenèse est un processus en plusieurs étapes : **(1)** emballage des enzymes acrosomiales par le complexe golgien ; **(2)** déplacement de l'acrosome à l'extrémité antérieure du noyau et des centrioles à son extrémité opposée ; **(3)** élaboration de microtubules, qui formeront le flagelle de la queue ; **(4)** multiplication des mitochondries, qui se placent autour de la partie proximale du flagelle ; **(5)** évacuation du cytoplasme superflu. **(6)** Structure d'un spermatozoïde immature qui vient d'être libéré d'un épithéliocyte de soutien. **(7)** Structure d'un spermatozoïde mature. **(b)** Micrographie au microscope électronique à balayage de spermatozoïdes matures (430 ×).

reste toujours près de la lame basale du tubule, prête à fournir une nouvelle génération de gamètes.)

Méiose : des spermatocytes de premier ordre aux spermatides Chaque spermatocyte de premier ordre, produit au cours de la première phase, subit la méiose I, pour former deux cellules haploïdes plus petites, appelées **spermatocytes de deuxième ordre.** Les spermatocytes de deuxième ordre subissent rapidement la méiose II, et leurs cellules filles, les **spermatides,** sont visibles sous forme de petites cellules rondes au gros noyau sphérique situées près de la lumière du tubule.

Spermiogenèse : des spermatides aux spermatozoïdes Chaque spermatide possède le nombre de chromosomes adéquat pour la fécondation (n), mais elle n'est pas motile. Elle doit encore subir un processus de « profilage » appelé *spermiogenèse* (figure 28.9a), qui lui fera perdre son cytoplasme superflu et la dotera d'une queue. Le **spermatozoïde** (littéralement, « semence d'animal ») ainsi constitué se divise en trois régions, la tête, la pièce intermédiaire et la queue, qui sont respectivement ses *régions génétique, métabolique* et *locomotrice.* La **tête** du spermatozoïde est composée presque entièrement de son noyau aplati, qui contient de l'ADN compact. Le noyau est coiffé de l'**acrosome,** une formation adhésive semblable au lysosome et élaborée par le complexe golgien. L'acrosome renferme des enzymes hydrolytiques (notamment de l'hyaluronidase), qui permettront au spermatozoïde de pénétrer dans l'ovule. La **pièce intermédiaire** du spermatozoïde contient des mitochondries enroulées en spirale serrée autour des filaments contractiles de la queue. La **queue** est un flagelle typique fabriqué par un centriole ; elle contient des filaments intermédiaires d'un type particulier qui participent aux mouvements des spermatozoïdes. Les mitochondries fournissent l'énergie métabolique (ATP) nécessaire pour produire les mouvements en coup de fouet de la queue, qui propulseront le spermatozoïde dans les voies génitales de la femme.

Rôle des épithéliocytes de soutien Tout au long de la spermatogenèse, les descendantes d'une même spermatogonie demeurent jointes les unes aux autres par des ponts cytoplasmiques (voir la figure 28.8) et se développent de façon synchronisée. Certaines substances peuvent passer d'une cellule à l'autre par les ponts cytoplasmiques et conférer des caractéristiques communes à l'ensemble des cellules ainsi unies. Elles sont en outre entourées et reliées par des cellules spécialisées appelées **épithéliocytes de soutien,** ou **cellules de Sertoli,** qui s'étendent de la lame basale de l'épithélium du tubule séminifère contourné jusqu'à sa lumière (voir la figure 28.8c). Les épithéliocytes de soutien, unis par des jonctions serrées, forment un revêtement ininterrompu à l'intérieur des tubules et cloisonnent celui-ci en deux compartiments. Le **compartiment basal,** qui s'étend de la lame basale aux jonctions serrées, renferme les spermatogonies et les premiers spermatocytes de premier ordre. Le **compartiment central,** qui se trouve vers l'intérieur par rapport aux jonctions serrées, comprend les cellules se divisant activement par méiose et la lumière du tubule.

Les jonctions serrées qui unissent les épithéliocytes de soutien forment la **barrière hémato-testiculaire.** Cette barrière empêche les antigènes de la membrane plasmique des spermatozoïdes en voie de différenciation de traverser la lame basale pour passer dans la circulation sanguine. Étant donné que les spermatozoïdes ne se forment pas avant la puberté, ils sont absents lorsque le système immunitaire apprend à reconnaître les tissus de l'individu, au début de la vie. Les spermatogonies, que l'organisme reconnaît comme « soi », sont situées à l'extérieur de la barrière hémato-testiculaire. Elles peuvent donc répondre aux signaux des messagers chimiques circulant dans le sang et déclenchant la spermatogenèse. Après la mitose des spermatogonies, les jonctions serrées des épithéliocytes de soutien s'ouvrent afin de permettre aux spermatocytes de premier ordre de passer entre elles pour pénétrer dans le compartiment central, un peu comme on ouvre les écluses d'un canal pour permettre aux bateaux de passer.

À l'intérieur du compartiment central, les spermatocytes et les spermatides sont presque enfouis dans des cavités des épithéliocytes de soutien (voir la figure 28.8). Les épithéliocytes de soutien fournissent des nutriments aux cellules en train de se diviser, les acheminent le long de la lumière du tubule séminifère contourné, sécrètent le **liquide testiculaire** (riche en protéines porteuses d'androgènes et en acides métaboliques), qui permet le transport du sperme dans la lumière du tubule, et éliminent le cytoplasme évacué par les spermatides au cours de la spermiogenèse. Comme nous l'avons déjà dit, les épithéliocytes de soutien produisent également des médiateurs chimiques qui contribuent à la régulation de la spermatogenèse.

La spermatogenèse, depuis la formation d'un spermatocyte de premier ordre jusqu'à la libération de spermatozoïdes immatures dans la lumière du tubule, prend de 64 à 72 jours. À ce stade, les spermatozoïdes sont incapables de « nager » et de féconder un ovule. Grâce à la pression qu'exerce le liquide testiculaire, ils sont poussés dans le réseau de conduits du testicule et se rendent dans l'épididyme. Les spermatozoïdes séjournent ensuite dans l'épididyme, où leur maturation se poursuit : leur motilité et leur pouvoir de fécondation augmentent.

Selon certaines études, la fertilité masculine connaît un déclin inquiétant depuis 50 ans. (Ce déclin ne semble cependant pas uniforme sur le plan géographique.) Non seulement le volume moyen de l'éjaculat a-t-il diminué de 20 % (soit d'environ 3,50 à 2,75 mL), mais le nombre de spermatozoïdes par millilitre a baissé de plus de 50 %. La qualité des spermatozoïdes décline également, le pourcentage de spermatozoïdes déformés et paresseux allant croissant. Quand le nombre de spermatozoïdes tombe sous les 20 millions/mL, les chances de devenir père diminuent. Certains attribuent la baisse de la fertilité masculine à la présence de toxines environnementales, et tout particulièrement aux composés présents aujourd'hui dans les viandes et dans l'air, composés qui ont des effets œstrogéniques. Par ailleurs, il est possible que quelques antibiotiques courants, notamment les tétracyclines, inhibent la formation de spermatozoïdes. Les radiations, le plomb, certains pesticides, la marijuana et l'alcool consommé en quantité excessive peuvent quant à eux provoquer la formation de spermatozoïdes anormaux (à deux têtes, à plusieurs queues, etc.).

L'infertilité masculine peut également être causée par des obstructions anatomiques ou des déséquilibres hormonaux. Quand un couple est incapable de concevoir, l'un des premiers tests qu'on effectue est le *spermogramme*, qui consiste à déterminer le nombre, la motilité et la morphologie (forme et maturité) des spermatozoïdes, ainsi que le volume, le pH et le contenu en fructose du sperme. Une faible numération de spermatozoïdes accompagnée d'un fort pourcentage de spermatozoïdes immatures peut indiquer une *varicocèle*. Cette affection réduit le drainage de la veine testiculaire ; il s'ensuit une augmentation de la température intrascrotale qui entrave le développement de spermatozoïdes normaux. ■

Régulation hormonale de la fonction de reproduction chez l'homme

Axe cérébro-testiculaire

La régulation hormonale de la spermatogenèse et de la production d'androgènes testiculaires fait intervenir des interactions entre l'hypothalamus, l'adénohypophyse et les testicules. Ces interactions constituent ce qu'on appelle parfois l'**axe cérébro-testiculaire.** La figure 28.10 représente la succession des phénomènes qui forment cet axe.

1. L'hypothalamus sécrète la **gonadolibérine (Gn-RH,** « gonadotropin-releasing hormone »), qui régit la libération par l'adénohypophyse des gonadotrophines, l'**hormone folliculostimulante (FSH,** « follicle-stimulating hormone ») et l'**hormone lutéinisante (LH,** « luteinizing hormone »). (Comme nous l'avons dit au chapitre 17, la FSH et la LH ont été nommées d'après leurs effets sur les gonades femelles.) La Gn-RH est transportée jusqu'à l'adénohypophyse par le sang circulant dans le système porte hypophysaire.
2. La liaison de la Gn-RH aux cellules hypophysaires entraîne la libération de FSH et de LH dans le sang.
3. La FSH stimule indirectement la spermatogenèse dans les testicules en déclenchant la sécrétion d'**ABP** (« androgen-binding protein ») par les épithéliocytes de soutien. L'ABP permet aux cellules des tubules séminifères contournés de fixer et de concentrer la testostérone. Le complexe ABP-testostérone agit sur les cellules germinales et les spermatocytes de manière à favoriser la poursuite de la méiose et de la spermatogenèse. La FSH rend donc les cellules réceptives aux effets stimulateurs de la testostérone.

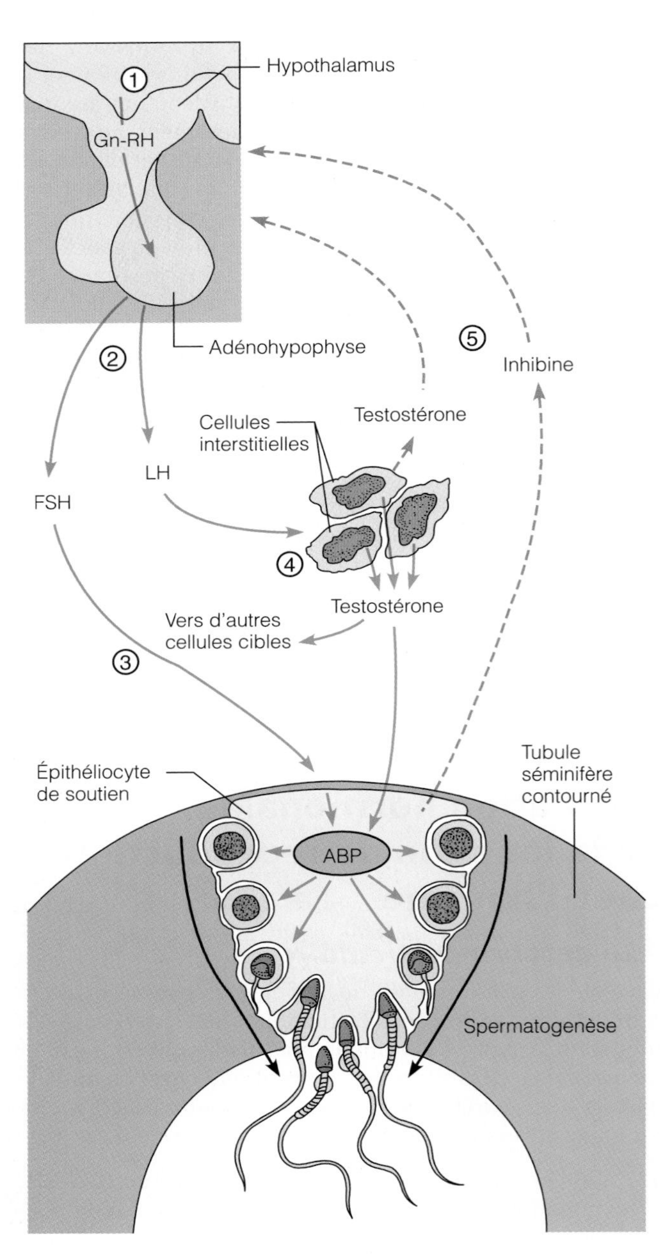

FIGURE 28.10

Régulation hormonale de la fonction testiculaire par l'axe cérébro-testiculaire. (1) L'hypothalamus sécrète la gonadolibérine (Gn-RH). **(2)** La Gn-RH stimule l'adénohypophyse, qui libère l'hormone folliculostimulante (FSH) et l'hormone lutéinisante (LH). **(3)** La FSH agit sur les épithéliocytes de soutien, qui libèrent alors l'ABP. **(4)** La LH stimule les cellules interstitielles pour qu'elles secrètent la testostérone. La liaison de l'ABP à la testostérone intensifie la spermatogenèse. **(5)** L'augmentation des concentrations de testostérone et d'inhibine (libérée par les épithéliocytes de soutien) exerce une rétro-inhibition sur l'hypothalamus et l'hypophyse.

4. La LH se lie aux cellules interstitielles et les stimule pour qu'elles sécrètent la testostérone. (C'est pourquoi on l'appelle parfois ICSH, pour « interstitial cell-stimulating hormone ».) Les cellules interstitielles sécrètent aussi un peu d'œstrogènes. La testostérone locale est le facteur qui déclenche finalement la spermatogenèse ; la testostérone qui entre dans la circulation sanguine produit plusieurs effets dans d'autres régions de l'organisme.
5. L'hypothalamus et l'adénohypophyse peuvent subir l'action inhibitrice de certaines hormones présentes dans le sang. La testostérone inhibe la sécrétion de gonadolibérine (Gn-RH) par l'hypothalamus et on pense qu'elle pourrait agir directement sur l'adénohypophyse pour inhiber la libération des gonadotrophines (FSH et LH). L'**inhibine** est une hormone protéique sécrétée par les épithéliocytes de soutien. La concentration de cette hormone constitue un indicateur de l'état de la spermatogenèse. Lorsque la numération des spermatozoïdes est élevée, la sécrétion d'inhibine augmente, ce qui inhibe directement la libération de FSH par l'adénohypophyse et de Gn-RH par l'hypothalamus. Quand la numération des spermatozoïdes devient inférieure à 20 millions par millilitre, la sécrétion d'inhibine baisse fortement et la spermatogenèse reprend.

Comme vous pouvez le constater, la quantité de testostérone et le nombre de spermatozoïdes produits par les testicules reflètent un équilibre entre trois groupes d'hormones : (1) la Gn-RH, qui stimule indirectement les testicules par l'intermédiaire de son influence sur la libération de FSH et de LH ; (2) la FSH et la LH, qui stimulent directement les testicules ; (3) les hormones testiculaires (testostérone et inhibine), qui exercent une rétro-inhibition sur l'hypothalamus et l'adénohypophyse. Puisque l'hypothalamus est également influencé par d'autres régions du cerveau, tout l'axe cérébro-testiculaire est régi par le SNC. En l'absence de la Gn-RH, de la FSH et de la LH, les testicules s'atrophient et la production de spermatozoïdes et de testostérone s'arrête pratiquement.

Le développement des organes génitaux de l'homme (étudié plus loin dans ce chapitre) dépend de la sécrétion prénatale des hormones mâles. Durant quelques mois après sa naissance, le bébé de sexe masculin présente des concentrations plasmiques de FSH, de LH et de testostérone presque égales à celles du garçon qui est au milieu de la puberté. Peu après, la concentration sanguine de ces hormones diminue ; elle demeurera basse pendant toute l'enfance. À l'approche de la puberté, le seuil d'inhibition de l'hypothalamus augmente, et il faut des concentrations de testostérone beaucoup plus élevées pour réprimer la sécrétion de Gn-RH par l'hypothalamus. Plus la sécrétion de Gn-RH augmente, plus les testicules sécrètent de testostérone, mais le seuil d'inhibition de l'hypothalamus continue d'augmenter jusqu'à ce que le mode d'interaction hormonale de l'adulte soit atteint. La maturation de l'axe cérébro-testiculaire prend environ trois ans, et l'équilibre hormonal qui s'établit alors demeure relativement constant par la suite. C'est pourquoi la production de spermatozoïdes et de testostérone demeure relativement constante chez l'homme adulte. La femme adulte, elle, connaît des changements cycliques des concentrations de FSH, de LH et d'hormones sexuelles femelles.

Activité de la testostérone : mécanisme et effets

Comme tous les stéroïdes, la testostérone est synthétisée à partir du cholestérol. Elle produit ses effets en activant des gènes spécifiques qui transcriront des molécules d'ARN messager, ce qui fait augmenter la synthèse de certaines protéines dans les cellules cibles. (Voir le chapitre 17.)

Dans certaines cellules cibles, la testostérone doit être transformée en un autre stéroïde avant de pouvoir exercer son action. Par exemple, dans la prostate, la testostérone doit être transformée en *dihydrotestostérone* avant de pouvoir se lier à l'intérieur du noyau. Dans certains neurones du cerveau, la testostérone est convertie en *œstrogène* afin de produire ses effets stimulants. Dans ce cas, on peut dire que l'hormone « mâle » est transformée en hormone « femelle » pour exercer ses effets masculinisants.

À la puberté, la testostérone provoque le début de la spermatogenèse, mais elle a également de nombreux effets anabolisants dans tout l'organisme (voir le tableau 28.1). Elle cible tous les organes sexuels annexes — les conduits, les glandes et le pénis —, qui croissent et assument leurs fonctions adultes. Chez l'homme adulte, la concentration normale de testostérone entretient ces organes : si la testostérone est absente ou pas assez abondante, les organes annexes s'atrophient, le volume du sperme diminue fortement, et l'érection et l'éjaculation deviennent impossibles. Cette situation peut toutefois être corrigée par l'administration de testostérone.

Les **caractères sexuels secondaires** masculins, que les hormones sexuelles mâles (principalement la testostérone) font apparaître dans les organes *non reproducteurs* au moment de la puberté, comprennent l'apparition des poils pubiens, axillaires et faciaux, l'augmentation de la croissance des poils de la poitrine (et d'autres régions du corps chez certains hommes), ainsi que l'abaissement de la voix (résultant de l'augmentation du volume du larynx). La peau épaissit et devient plus grasse (ce qui prédispose le jeune homme à l'acné), les os croissent et leur densité augmente, et les muscles squelettiques sont plus gros et plus lourds. Ces deux derniers effets sont souvent appelés *effets somatiques* de la testostérone (*sôma* = corps).

La testostérone accélère la vitesse du métabolisme basal et influe sur le comportement. Elle constitue la base de la pulsion sexuelle (libido) chez les hommes et les femmes, qu'ils soient hétérosexuels ou homosexuels. Ainsi, cette hormone qu'on dit « mâle » ne doit pas être considérée spécifiquement comme un promoteur de l'activité sexuelle masculine. Dans l'encadré de la page 437 au chapitre 12, nous traitons de la masculinisation de l'anatomie du cerveau par la testostérone.

Les testicules ne sont pas la seule source d'androgènes : les glandes surrénales des hommes et des femmes sécrètent des androgènes. Cependant, les quantités relativement petites d'androgènes surrénaliens ne peuvent soutenir les fonctions dépendant de la testostérone si les testicules cessent de produire des androgènes. On peut donc dire que c'est la production de testostérone par les testicules qui soutient les fonctions de la reproduction chez l'homme.

ANATOMIE DU SYSTÈME GÉNITAL DE LA FEMME

La femme joue un rôle beaucoup plus complexe que l'homme dans la reproduction. Non seulement son organisme doit-il produire des gamètes, mais il doit se préparer à soutenir un embryon en voie de développement pendant une période d'environ neuf mois. Les **ovaires** sont les *gonades femelles*. Comme les testicules, ils ont deux fonctions : en plus de produire des gamètes, ils sécrètent les hormones sexuelles femelles, les **œstrogènes*** et la **progestérone.** Les voies génitales (trompes utérines, utérus et vagin) transportent les cellules germinales et/ou le fœtus en voie de développement, ou répondent à leurs besoins.

Comme le montre la figure 28.11, les ovaires et les voies génitales de la femme, qui constituent les **organes génitaux internes,** sont situés à l'intérieur de la cavité pelvienne. Les voies annexes de la femme, depuis les ovaires jusqu'à l'extérieur du corps, sont les *trompes utérines*, l'*utérus* et le *vagin*. Les autres organes génitaux de la femme sont les **organes génitaux externes.**

Ovaires

Les ovaires sont des organes pairs situés de part et d'autre de l'utérus (voir la figure 28.11a). Ils ont la forme d'amandes, mais sont deux fois plus gros. Chaque ovaire est maintenu en place dans la cavité péritonéale par plusieurs ligaments : le **ligament propre de l'ovaire** fixe l'ovaire à l'utérus ; le **ligament suspenseur de l'ovaire** fixe l'ovaire à la paroi du bassin ; le **mésovarium** suspend l'ovaire entre l'utérus et la paroi du bassin. Le ligament suspenseur de l'ovaire et le mésovarium font partie du **ligament large de l'utérus,** un repli du péritoine qui recouvre l'utérus et soutient les trompes, l'utérus et le vagin. Le ligament propre de l'ovaire, composé surtout de fibres, est situé à l'intérieur du ligament large.

Les ovaires sont irrigués par les **artères ovariques,** qui sont des branches de l'aorte abdominale (voir la figure 20.21c, p. 731), et par une *branche des artères utérines*. Les vaisseaux ovariens passent dans les ligaments suspenseurs et dans les mésovariums pour atteindre les ovaires.

Comme celle du testicule, la face externe de l'ovaire est entourée d'une **albuginée** fibreuse (figure 28.12). L'albuginée est elle-même recouverte d'une couche de cellules épithéliales cuboïdes appelée *épithélium germinatif*, qui se continue avec l'épithélium péritonéal composant le mésovarium. En réalité, le terme *épithélium germinatif* n'est pas approprié, puisque cette couche de cellules ne donne pas naissance aux ovules. L'ovaire est également constitué d'un cortex, qui renferme les gamètes en voie de formation, et d'une région médullaire plus profonde, qui contient les nerfs et vaisseaux sanguins principaux, mais les limites de ces deux régions sont mal définies.

Les **follicules ovariques** sont de petites structures sacciformes enfouies dans le tissu conjonctif très vascularisé du cortex de l'ovaire. Chaque follicule est formé d'un

* Les ovaires produisent plusieurs types d'œstrogènes, dont l'*œstradiol*, l'*œstrone* et l'*œstriol*. L'œstradiol est le plus abondant, et c'est lui qui produit la majorité des effets œstrogéniques.

TABLEAU 28.1 Résumé des effets des œstrogènes, de la progestérone et de la testostérone produits par les gonades

Source, stimulus et effets	Œstrogènes	Progestérone	Testostérone
Principale source	Ovaire : follicules en voie de développement et corps jaune	Ovaire : surtout le corps jaune	Testicule : cellules interstitielles du testicule
Stimulus provoquant la sécrétion	FSH (et LH)	LH	LH et diminution du taux d'inhibine sécrétée par les épithéliocytes de soutien
Rétroaction exercée	Exercent une rétro-inhibition et une rétroactivation sur la libération de FSH et de LH par l'adénohypophyse	Exerce une rétro-inhibition sur la libération de FSH et de LH par l'adénohypophyse	Rétro-inhibition qui supprime la libération de LH par l'adénohypophyse (et peut-être la libération de Gn-RH par l'hypothalamus)
Effets sur les organes génitaux	Stimulent la croissance et la maturation des organes reproducteurs et des seins au moment de la puberté et maintiennent leur fonctionnement et leurs dimensions adultes. Activent la phase proliférative du cycle menstruel ; stimulent la production de glaire cervicale aqueuse (cristalline), de même que les mouvements de l'infundibulum et des franges des trompes utérines Activent l'ovogenèse et l'ovulation en stimulant l'élaboration de récepteurs de la FSH sur les cellules folliculaires ; interagissent avec la FSH pour amener la formation de récepteurs de la LH sur les cellules folliculaires. Stimulent la capacitation du spermatozoïde dans les voies génitales de la femme grâce à leurs effets sur les sécrétions vaginales, utérines et tubaires Au cours de la grossesse, stimulent les mitoses des cellules myométriales, la croissance de l'utérus ainsi que l'augmentation du volume des organes génitaux externes et des glandes mammaires	Agit de concert avec les œstrogènes pour stimuler le développement des seins et pour régler le cycle menstruel (active la phase sécrétoire) ; stimule la production de glaire cervicale visqueuse Au cours de la grossesse, contribue à maintenir et à calmer le myomètre et agit avec les œstrogènes pour faire atteindre aux glandes mammaires leur état de glandes sécrétrices de lait (stimule la formation des alvéoles)	Stimule la formation des conduits et des glandes du système génital et des organes génitaux externes. Favorise la descente des testicules. Stimule la croissance et la maturation des organes génitaux internes et externes à la puberté ; entretient leur volume et leur fonctionnement adultes Essentiel à la spermatogenèse à cause des effets sur les spermatogonies produits par sa liaison à l'ABP ; inhibe le développement des glandes mammaires
Effets sur les caractères sexuels secondaires et effets somatiques	Stimulent l'allongement des os longs et la féminisation du squelette (en particulier du bassin) ; inhibent la résorption osseuse et stimulent ensuite la soudure des cartilages épiphysaires ; favorisent l'hydratation de la peau ; entraînent la disposition féminine des dépôts adipeux et l'apparition des poils pubiens et axillaires Au cours de la grossesse, interagissent avec la relaxine (une hormone placentaire) pour produire le ramollissement et le relâchement des ligaments pelviens et de la symphyse pubienne		Produit la poussée de croissance de l'adolescence ; assure l'augmentation de la masse osseuse et squelettique de même que la soudure des cartilages épiphysaires à la fin de l'adolescence ; stimule la croissance du larynx et des cordes vocales et l'abaissement de la voix ; augmente le sécrétion de sébum et la croissance des poils, notamment au visage, aux aisselles, dans la région génitale et sur la poitrine
Effets métaboliques	Effets anabolisants généraux ; stimulent la réabsorption de Na^+ par les tubules rénaux, et inhibent ainsi la diurèse ; augmentent le taux sanguin des HDL et diminuent celui des LDL (effet d'épargne cardiovasculaire)	Stimule la diurèse (effet anti-œstrogénique) ; augmente la température corporelle	Effets anabolisants généraux ; stimule l'hématopoïèse ; accroît le métabolisme basal
Effets sur le cerveau	Féminisent le cerveau		Responsable de la libido chez les deux sexes ; masculinise le cerveau ; contribue à l'agressivité

Laquelle des structures représentées en ***(b)*** *est l'homologue du pénis de l'homme ? du scrotum ?*

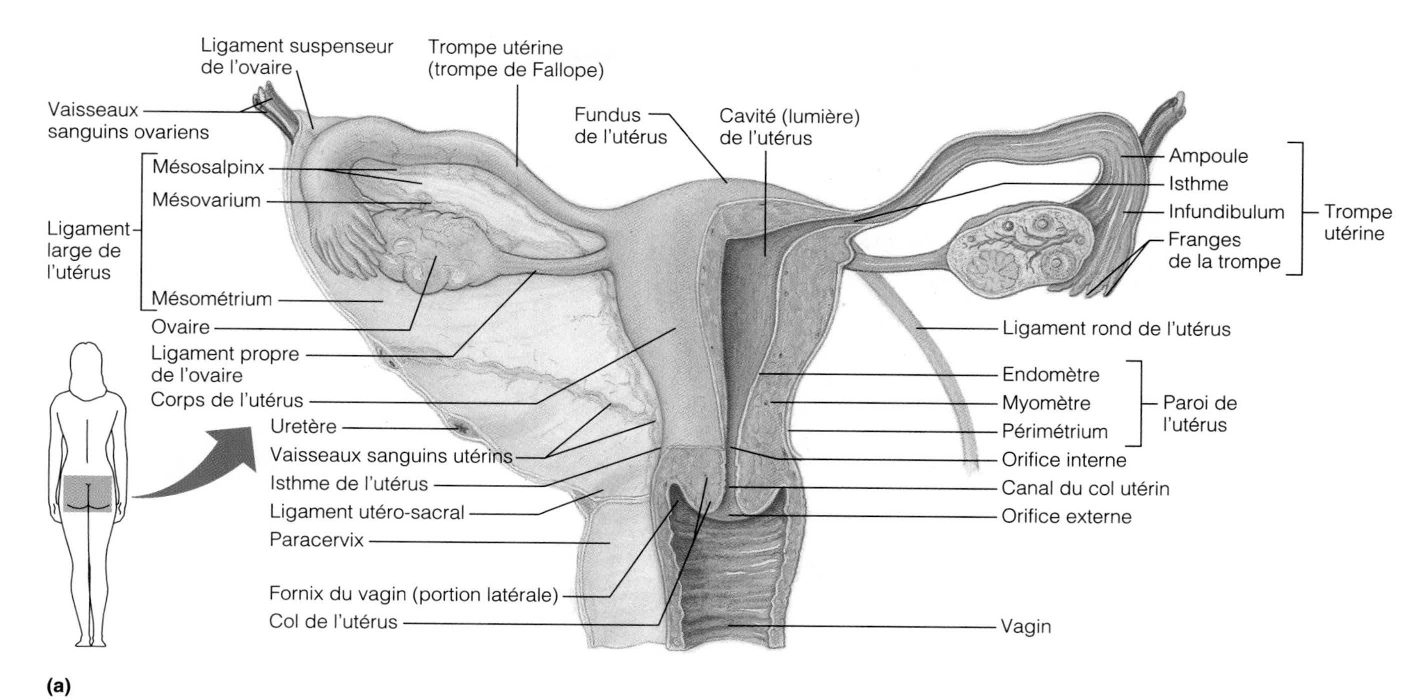

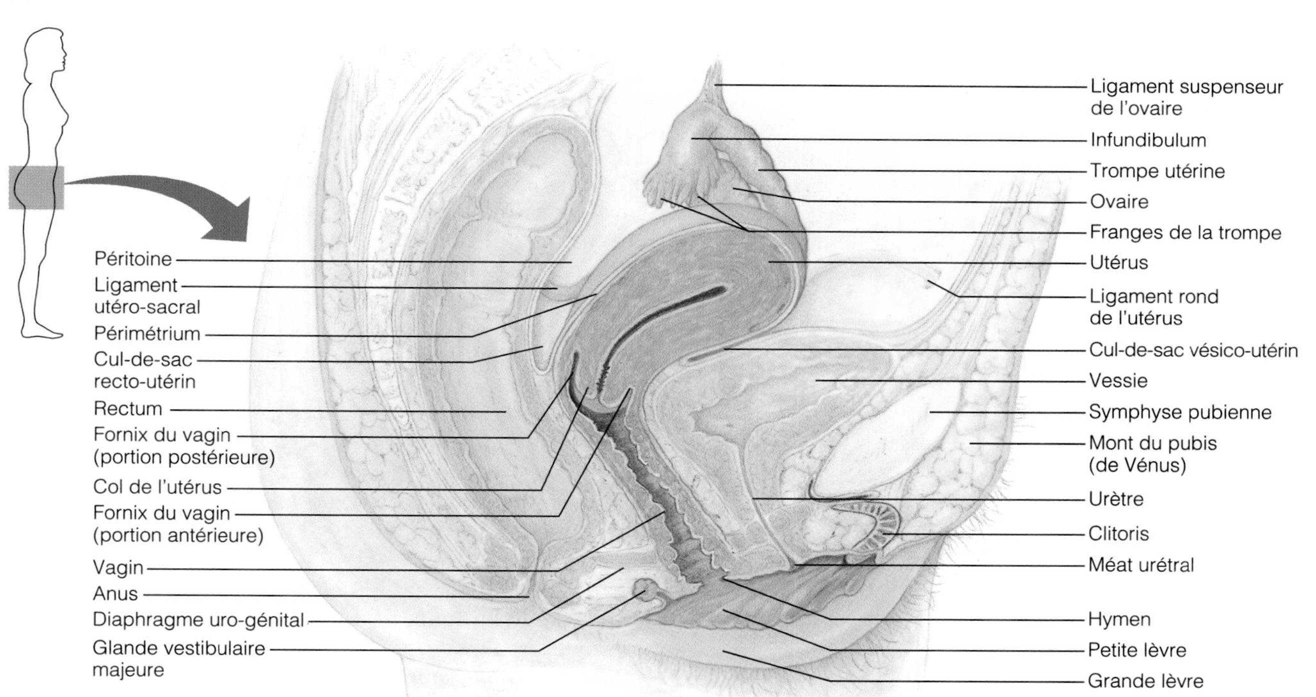

FIGURE 28.11

Organes génitaux internes de la femme. (a) Vue postérieure des organes génitaux de la femme. Les parois postérieures du vagin, de l'utérus et des trompes utérines ainsi que le ligament large ont été retirés du côté droit pour montrer la forme de la lumière de ces organes. **(b)** Coupe sagittale médiane du bassin de la femme.

Le clitoris. Les grandes lèvres.

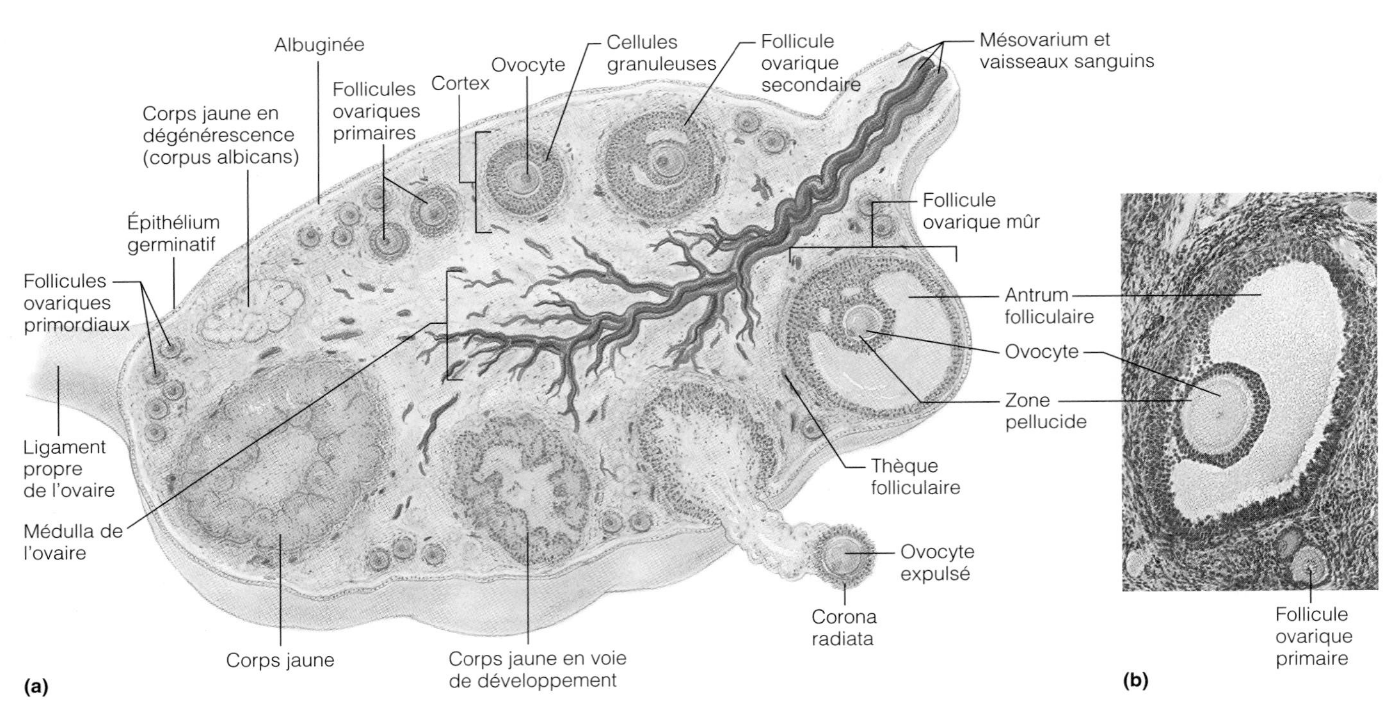

FIGURE 28.12
Structure d'un ovaire. (a) L'ovaire a été sectionné pour montrer les follicules situés à l'intérieur. Prenez note que l'ovaire ne renferme pas toutes ces structures au même moment. **(b)** Photomicrographie d'un follicule ovarique mûr (250 ×).

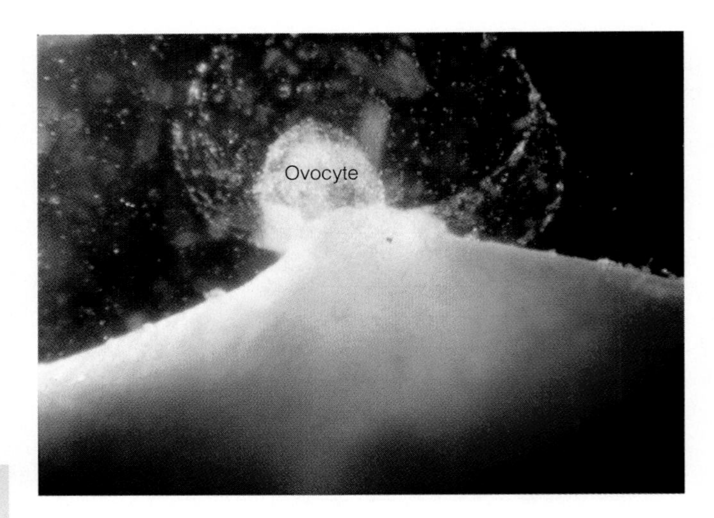

FIGURE 28.13
Ovulation. Un ovocyte est libéré par un follicule à la surface de l'ovaire. (La masse orange qui se trouve sous l'ovocyte éjecté fait partie de l'ovaire.)

œuf immature, appelé **ovocyte** (*ovum* = œuf), enveloppé dans une ou plusieurs couches de cellules bien différentes. Ces cellules sont appelées **cellules folliculaires** s'il n'y en a qu'une couche et **cellules granuleuses** s'il en existe plusieurs (elles forment alors le **stratum granulosum du follicule ovarique**). La structure du follicule change à mesure que sa maturation progresse. Dans un **follicule ovarique primordial,** une seule couche de cellules folliculaires squameuses entoure l'ovocyte. Le **follicule ovarique primaire** présente deux ou plusieurs couches de cellules granuleuses cuboïdes ou prismatiques autour de son ovocyte. Il se transforme en **follicule ovarique secondaire** lorsque des espaces remplis de liquide apparaissent entre les cellules granuleuses, puis se fondent pour former une cavité centrale remplie de liquide, l'*antrum folliculaire.* Le liquide de l'antrum contient des protéines synthétisées par les cellules granuleuses et diverses substances issues des capillaires de la thèque interne (dont certaines hormones comme les œstrogènes). Lorsqu'il est parvenu à maturité, le follicule, alors appelé **follicule ovarique mûr,** fait saillie à la surface de l'ovaire. L'ovocyte du follicule ovarique mûr est « assis » sur une tige de cellules granuleuses située d'un côté de l'antrum folliculaire. Chaque mois, chez la femme adulte, un des follicules mûrs éjecte son ovocyte de l'ovaire: c'est l'**ovulation** (figure 28.13). Après l'ovulation, les cellules granuleuses et celles de la thèque interne du follicule rompu se transforment et le follicule devient une structure d'aspect très différent appelée **corps jaune,** qui finit par dégénérer. En général, on peut observer la plupart de ces structures à l'intérieur du même ovaire. Chez la femme plus âgée, la surface des ovaires porte des cicatrices qui montrent que de nombreux ovocytes ont été libérés.

Voies génitales de la femme

Trompes utérines

Les **trompes utérines,** aussi appelées **trompes de Fallope,** constituent la portion initiale des voies génitales de la femme (figure 28.11a). Une trompe utérine capte l'ovocyte après l'ovulation; elle constituera généralement le siège de la fécondation. Chaque trompe mesure environ 10 cm de long et s'étend vers le plan médian à partir de la région de l'ovaire. Un segment aminci, l'**isthme de la trompe utérine,** s'ouvre dans la région supéro-latérale de l'utérus. La partie distale de chaque trompe s'élargit et s'enroule autour de l'ovaire, ce qui forme l'**ampoule de la trompe utérine**; la fécondation se produit habituellement dans cette région. L'ampoule se termine à l'**infundibulum de la trompe utérine,** une structure ouverte en forme d'entonnoir qui porte des projections ciliées digitiformes appelées **franges de la trompe,** qui s'étendent vers l'ovaire. Au contraire des voies génitales de l'homme, qui s'abouchent directement aux tubules séminifères contournés des testicules, les trompes utérines entrent peu ou pas du tout en contact avec les ovaires. Au moment de l'ovulation, l'ovocyte est éjecté dans la cavité péritonéale, où beaucoup d'ovocytes se perdent définitivement. Cependant, la trompe utérine exécute une séquence complexe de mouvements pour capturer les ovocytes. Plus précisément, l'infundibulum s'incline pour couvrir l'ovaire pendant que les franges se déploient et balaient la surface de l'ovaire. Les cils situés sur les franges créent alors dans le liquide péritonéal des courants qui poussent l'ovocyte vers la trompe. L'ovocyte peut à ce moment commencer son voyage vers l'utérus.

La trompe utérine contribue à la progression de l'ovocyte. Sa paroi est formée de couches de tissu musculaire lisse, et sa muqueuse, pleine de replis, est constituée d'un épithélium simple prismatique dont certaines cellules sont ciliées. L'ovocyte peut avancer vers l'utérus grâce au péristaltisme et aux battements rythmiques des cils. Les cellules non ciliées de la muqueuse possèdent beaucoup de microvillosités et produisent une sécrétion qui humidifie et nourrit l'ovocyte (et les spermatozoïdes, le cas échéant).

Les trompes utérines sont recouvertes par le péritoine viscéral et soutenues sur toute leur longueur par un court méso* (faisant partie du ligament large) appelé **mésosalpinx.** Ce mot signifie littéralement « méso de la trompette », une allusion à la forme de la trompe utérine qu'il supporte (voir la figure 28.11a).

Le fait que les trompes utérines ne sont pas reliées directement aux ovaires expose la femme à certains risques. D'une part, il crée un risque de *grossesse ectopique.* Lors d'une telle grossesse, un ovule fécondé dans la cavité péritonéale s'y implante et s'y développe, plutôt que dans l'utérus. Habituellement, la grossesse ectopique se termine par un avortement spontané qui s'accompagne d'une hémorragie abondante. D'autre part, l'existence d'un espace entre les trompes et les ovaires contribue au risque de propagation des infections des voies génitales dans la cavité péritonéale. Le gonocoque et les bactéries responsables d'autres maladies transmissibles sexuellement atteignent parfois la cavité péritonéale par cette voie. Ils causent alors une inflammation extrêmement grave, et parfois même mortelle, appelée **pelvipéritonite.** Cette maladie doit être traitée sans délai, notamment afin d'éviter la formation de cicatrices dans les trompes et sur les ovaires et de prévenir ainsi la stérilité. En fait, les cicatrices et le rétrécissement des trompes utérines, qui ont à certains endroits un diamètre interne de l'épaisseur d'un cheveu, constituent une des principales causes de l'infertilité féminine. ■

* Un méso est une structure conjonctive (repli du péritoine) qui unit un organe à la paroi du corps.

Utérus

L'**utérus** est situé dans le bassin, entre le rectum et la base de la vessie (voir la figure 28.11b). Il s'agit d'un organe creux aux parois épaisses, destiné à accueillir, à héberger et à nourrir l'ovule fécondé. Chez la femme préménauposée qui n'a jamais été enceinte, il a à peu près la forme et la grosseur d'une poire renversée; il est toutefois un peu plus gros chez les femmes qui ont eu des enfants. L'utérus est normalement fléchi vers l'avant à l'endroit où il s'unit au vagin; on dit qu'il est en *antéversion.* Chez les femmes d'un certain âge, il est souvent fléchi vers l'arrière, c'est-à-dire en *rétroversion.*

La partie la plus volumineuse de l'utérus est son **corps** (voir les figures 28.11a et 28.14). La partie arrondie située au-dessus du point d'insertion des trompes est le **fundus de l'utérus,** et la partie légèrement rétrécie entre le col et le corps est l'**isthme de l'utérus.** Le **col de l'utérus,** plus étroit, constitue l'orifice de l'utérus. Il fait saillie dans le vagin, localisé plus bas. La cavité du col est le **canal du col utérin** (ou canal endocervical), qui communique avec le vagin par l'*orifice externe* et avec le corps de l'utérus par l'*orifice interne.* La muqueuse du canal du col utérin contient les *glandes cervicales de l'utérus.* Ces glandes sécrètent un mucus qui remplit le canal du col utérin et recouvre l'orifice externe du col, probablement pour empêcher les bactéries présentes dans le vagin de monter jusqu'à l'utérus. Le mucus cervical bloque également la pénétration des spermatozoïdes, sauf au milieu du cycle menstruel où sa consistance moins visqueuse permet aux spermatozoïdes d'entrer.

Le cancer du col de l'utérus touche surtout les femmes de 30 à 50 ans. Les facteurs de risque sont les inflammations du col à répétition, les maladies transmissibles sexuellement (y compris le condylome acuminé) et les grossesses répétées. Les cellules cancéreuses apparaissent dans l'épithélium qui recouvre l'extrémité du col. La *cytologie vaginale* (aussi appelée test de Papanicolaou, ou « test Pap »), qui consiste à examiner des cellules prélevées à la surface du col, est le meilleur moyen de dépister ce cancer d'évolution lente. On conseille aux femmes de subir une cytologie vaginale chaque année. ■

Soutiens de l'utérus L'utérus est soutenu latéralement par le **mésométrium** du ligament large (figure 28.11). Plus bas, le **paracervix,** ou ligament cervical transverse, s'étend du col et du haut du vagin jusqu'à la paroi latérale du bassin, et les **ligaments utéro-sacraux** attachent l'utérus au sacrum. L'utérus est fixé à la paroi antérieure du corps par des ligaments fibreux, les **ligaments ronds de l'utérus,** qui passent dans les canaux inguinaux pour s'ancrer dans les tissus sous-cutanés des grandes lèvres (structures faisant partie de la vulve). L'ensemble de ces ligaments laisse une assez grande mobilité à l'utérus, dont la position change chaque fois que le rectum et la vessie se remplissent et se vident.

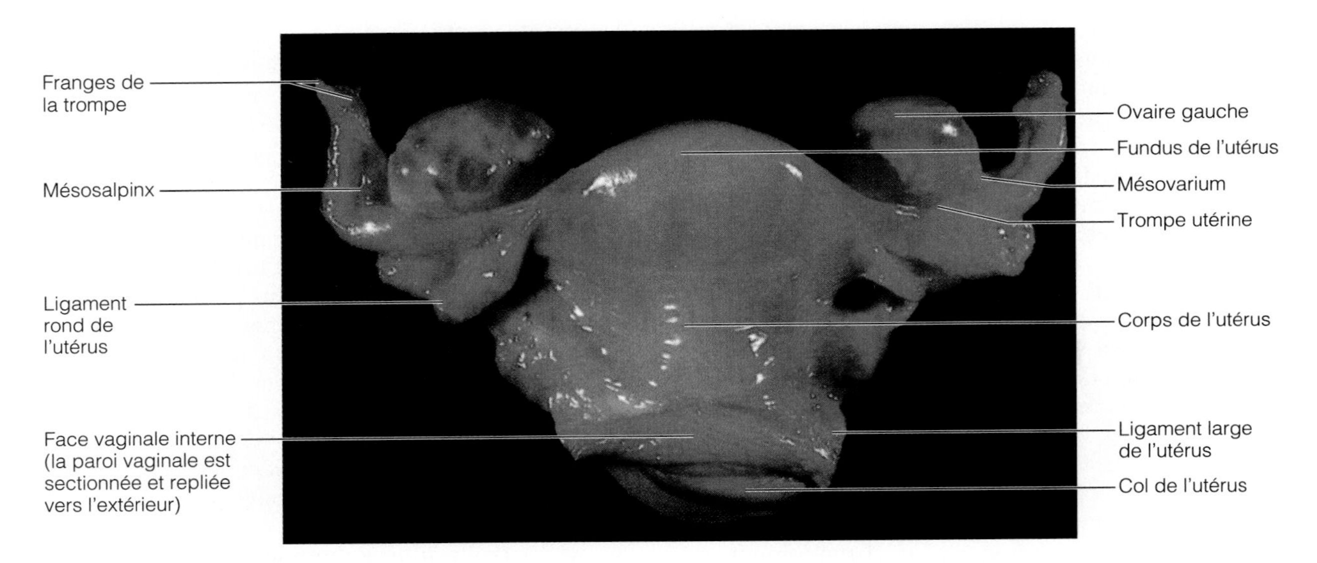

FIGURE 28.14
Vue antérieure des organes génitaux internes d'un cadavre de sexe féminin.
Comparez cette vue à la vue postérieure des mêmes organes à la figure 28.11a.

L'utérus est supporté par ces nombreux ligaments, mais ce sont surtout les muscles du plancher pelvien qui le soutiennent, c'est-à-dire les muscles du diaphragme uro-génital et du diaphragme pelvien (tableau 10.7, p. 326-327). Ces muscles subissent parfois des déchirures lors de l'accouchement. Lorsque cela se produit, l'utérus, faute de soutien, peut descendre dans le bassin jusqu'à ce que le bout du col utérin fasse saillie dans l'orifice vaginal externe. Ce problème est appelé **prolapsus utérin.** ■

Les ondulations du péritoine autour et au-dessus des structures pelviennes forment des diverticules appelés culs-de-sac. Les deux culs-de-sac les plus importants sont le *cul-de-sac vésico-utérin*, situé entre la vessie et l'utérus, et le *cul-de-sac recto-utérin*, localisé entre le rectum et l'utérus (voir la figure 28.11b).

Paroi utérine La paroi de l'utérus se compose de trois couches de tissus (voir la figure 28.11a) : le périmétrium, le myomètre et l'endomètre. Le **périmétrium,** la tunique séreuse, est une portion du péritoine viscéral. Le **myomètre** (littéralement, « muscle de l'utérus ») est l'épaisse couche moyenne composée de faisceaux entrecroisés de tissu musculaire lisse. Le myomètre se contracte de façon rythmique durant l'accouchement pour expulser le bébé du corps de la mère. La tunique muqueuse de la cavité utérine est l'**endomètre** (figure 28.15), constitué d'un épithélium simple prismatique uni à un épais stroma de tissu conjonctif contenant une forte proportion de cellules. Quand il y a fécondation, le jeune embryon s'enfouit dans l'endomètre (s'implante). L'endomètre se compose de deux couches. La **couche fonctionnelle** subit des modifications cycliques en réponse aux concentrations sanguines d'hormones ovariennes ; c'est elle qui se desquame au cours de la menstruation (tous les 28 jours environ.) La **couche basale,** plus mince et plus profonde, élabore une nouvelle couche fonctionnelle après la fin de la menstruation. Elle n'est pas influencée par les hormones ovariennes. L'endomètre possède un grand nombre de *glandes utérines* dont la longueur change selon les variations de son épaisseur au cours du cycle menstruel.

Pour comprendre les modifications cycliques de l'endomètre (détaillées plus loin dans ce chapitre), il est essentiel de bien connaître l'irrigation sanguine de l'utérus. Les **artères utérines** naissent des *artères iliaques internes* dans le bassin, remontent en longeant les côtés du corps de l'utérus et se ramifient dans la paroi de l'utérus (figure 28.11a). Ces ramifications se divisent pour former la *couche vasculaire du myomètre*. Certaines des branches qui émanent de ces artères irriguent le myomètre et d'autres se rendent dans l'endomètre, où elles donnent naissance aux artères droites et aux artères spiralées. Les **artères droites** irriguent la couche basale ; les **artères spiralées** irriguent les lits capillaires de la couche fonctionnelle (voir la figure 28.15b). Les artères spiralées subissent des dégénérescences et régénérations répétées, et ce sont en fait leurs spasmes qui provoquent la desquamation de la couche fonctionnelle au cours de la menstruation. Les veines de l'endomètre ont des parois minces et forment un réseau étendu doté de quelques sinus.

Vagin

Le **vagin** est un tube à paroi mince mesurant de 8 à 10 cm de long. Il est localisé entre la vessie et le rectum et s'étend du col de l'utérus jusqu'à l'extérieur du corps au niveau de la vulve (voir la figure 28.11). L'urètre est ancré dans sa paroi antérieure. Le vagin permet la sortie du bébé pendant l'accouchement ainsi que l'écoulement du flux menstruel. Il constitue également l'*organe de la copulation* chez la femme, puisqu'il reçoit le pénis (et le sperme) au cours des rapports sexuels.

La paroi très extensible du vagin se compose de trois couches : l'*adventice*, la couche fibroélastique externe ; la *musculeuse*, formée de muscle lisse ; et la *muqueuse*, dotée de plis transversaux appelés *rides du vagin,* ou crêtes vaginales, qui stimulent le pénis au cours des rapports sexuels. L'épithélium de la muqueuse est un épithé-

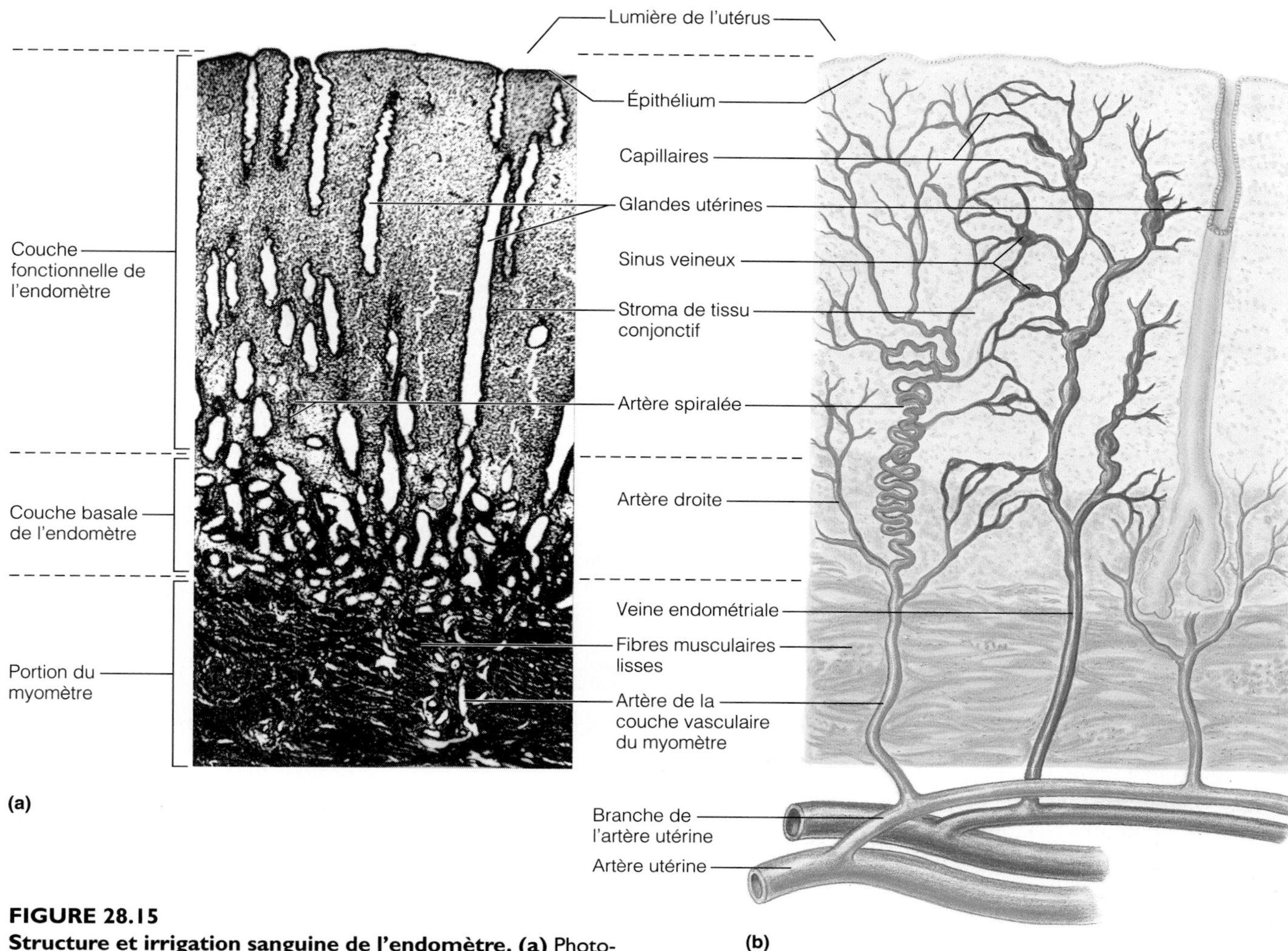

FIGURE 28.15
Structure et irrigation sanguine de l'endomètre. (a) Photomicrographie de l'endomètre en coupe longitudinale, montrant sa couche fonctionnelle et sa couche basale (3 ×). **(b)** Représentation schématique de l'endomètre, montrant les artères droites qui irriguent la couche basale et les artères spiralées qui irriguent la couche fonctionnelle. Les veines aux parois minces et les sinus veineux sont également représentés.

lium stratifié squameux non kératinisé capable de supporter la friction. Certaines des cellules de cette muqueuse (*cellules dendritiques*) agissent comme cellules présentatrices d'antigènes, et on pense qu'elles constituent une voie de transmission du VIH lors de rapports sexuels avec un homme séropositif. (Le SIDA, le syndrome d'immunodéficience acquise causé par le virus de l'immunodéficience humaine, est décrit à la page 793.) La muqueuse vaginale ne possède pas de glandes; elle est lubrifiée par les glandes vestibulaires. Ses cellules épithéliales libèrent de grandes quantités de glycogène, que les bactéries résidentes du vagin transforment en acide lactique au cours d'un métabolisme anaérobie. C'est pourquoi le pH du vagin est normalement assez acide. Cette acidité protège le vagin contre les infections, mais elle est également nocive pour les spermatozoïdes. (Les sécrétions des glandes bulbo-urétrales contribuent cependant à neutraliser l'acidité du vagin au moment des rapports sexuels.) Les sécrétions vaginales de la femme *adulte* sont acides, mais celles de l'adolescente ont tendance à être alcalines, ce qui prédispose celle-ci aux maladies transmissibles sexuellement.

Près de l'**orifice vaginal,** la muqueuse forme une cloison incomplète appelée **hymen** (figure 28.16). L'hymen est très vascularisé et saigne souvent lorsqu'il est rompu au cours du tout premier coït (rapport sexuel). La résistance de l'hymen varie: il se rompt parfois au cours de la pratique d'un sport, lors de l'insertion d'un tampon périodique ou durant un examen des organes pelviens. Par contre, l'hymen peut être si épais qu'il rend le coït impossible; on doit alors l'inciser au cours d'une intervention chirurgicale.

La partie supérieure du vagin entoure lâchement le col de l'utérus, ce qui forme un repli vaginal appelé **fornix du vagin.** La partie postérieure de ce repli est beaucoup plus profonde que les parties antérieure et latérale (voir la figure 28.11a et b). En général, la lumière du vagin est très petite et, sauf à l'endroit où le col les écarte, ses parois antérieure et postérieure se touchent. Le vagin s'étire considérablement au cours du coït et de l'accouchement, mais

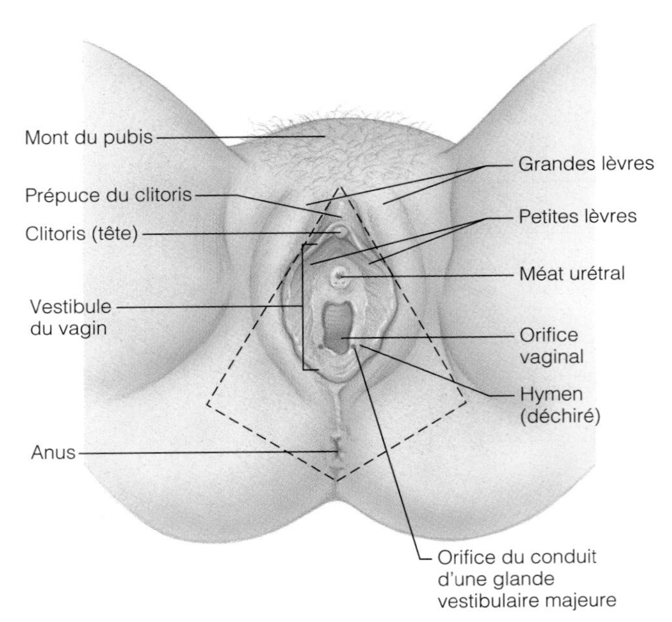

FIGURE 28.16
Organes génitaux externes (vulve) de la femme. Les lignes pointillées limitent le périnée.

son étirement latéral est limité par les épines ischiatiques et les ligaments sacro-épineux.

L'utérus est incliné par rapport au vagin. Par conséquent, une personne inexpérimentée qui tenterait de provoquer un avortement en introduisant un instrument chirurgical dans l'utérus risquerait de percer la paroi postérieure du vagin, ce qui causerait une hémorragie et, si l'instrument n'est pas stérile, une péritonite. ■

Organes génitaux externes

Comme nous l'avons déjà mentionné, les organes génitaux situés à l'extérieur du vagin sont appelés *organes génitaux externes*, ou **vulve** (voir la figure 28.16). La vulve se compose du mont du pubis, des lèvres, du clitoris et des structures du vestibule.

Le **mont du pubis,** ou mont de Vénus, est une région adipeuse arrondie qui recouvre la symphyse pubienne. Après la puberté, cette région est recouverte de poils. Deux replis de peau adipeuse portant également des poils s'étendent vers l'arrière à partir du mont du pubis: ce sont les **grandes lèvres.** Les grandes lèvres sont les homologues du scrotum de l'homme (c'est-à-dire qu'elles dérivent du même tissu embryonnaire). Les grandes lèvres entourent les **petites lèvres,** deux replis de peau mince, délicate et dépourvue de poils. Homologues de la face antérieure du pénis, les petites lèvres limitent une fossette appelée **vestibule,** qui contient le méat urétral à l'avant et l'orifice vaginal vers l'arrière. De part et d'autre de l'orifice vaginal, on trouve des glandes de la grosseur d'un pois, les **glandes vestibulaires majeures,** ou **glandes de Bartholin** (voir aussi la figure 28.11b), les homologues des glandes bulbo-urétrales de l'homme. Ces glandes sécrètent dans le vestibule un mucus qui l'humidifie et le lubrifie, ce qui facilite le coït.

28

Le **clitoris** est situé juste devant le vestibule. Le clitoris est une petite structure saillante, composée essentiellement de tissu érectile et homologue du pénis de l'homme. Il est recouvert du **prépuce du clitoris,** formé par l'union des petites lèvres. Le clitoris est richement innervé par des terminaisons sensitives sensibles au toucher, et la stimulation tactile le fait gonfler de sang et entrer en érection; ce phénomène contribue à l'excitation sexuelle chez la femme. Comme le pénis, le clitoris possède des corps érectiles postérieurs (corps caverneux), mais il n'a pas de corps spongieux. Chez l'homme, l'urètre transporte l'urine et le sperme et passe à l'intérieur du pénis. Les voies urinaires et génitales de la femme sont au contraire complètement séparées, et ne passent pas dans le clitoris.

Le **périnée** de la femme est une région en forme de losange située entre l'arcade pubienne à l'avant, le coccyx à l'arrière et les tubérosités ischiatiques de chaque côté. Les tissus mous du périnée sont sus-jacents aux muscles du détroit inférieur du bassin; les extrémités postérieures des grandes lèvres sont sus-jacentes au *centre tendineux du périnée*, où s'insèrent la majorité des muscles qui soutiennent le plancher pelvien (voir le tableau 10.7, p. 326-327).

Glandes mammaires

Les **glandes mammaires** sont présentes chez les deux sexes, mais elles fonctionnent seulement chez les femmes (figure 28.17). Comme le rôle biologique des glandes mammaires est de produire du lait pour nourrir le bébé, leur rôle commence en fait quand la reproduction a déjà été accomplie.

Au point de vue du développement, les glandes mammaires sont des glandes exocrines apparentées aux glandes sudoripares et elles font en réalité partie de la *peau*, ou *système tégumentaire*. Chaque glande mammaire est localisée dans un sein, structure arrondie recouverte de peau située devant les muscles pectoraux du thorax. Légèrement au-dessous du centre de chaque sein, on retrouve un cercle de peau pigmentée appelé **aréole mammaire,** qui entoure une protubérance centrale, le **mamelon.** La surface de l'aréole est bosselée à cause de la présence de grosses glandes sébacées, qui sécrètent du sébum pour prévenir l'apparition de gerçures sur l'aréole et le mamelon au cours de l'allaitement. Le système nerveux autonome régit les fibres musculaires lisses de l'aréole et du mamelon: il provoque l'érection du mamelon lorsque celui-ci reçoit des stimulus tactiles ou sexuels ou qu'il est exposé au froid.

Chaque glande mammaire se compose de 15 à 25 **lobes** disposés en rayons autour de l'aréole et débouchant dans le mamelon. Les lobes sont coussinés et séparés les uns des autres par du tissu conjonctif dense et du tissu adipeux. Le tissu conjonctif interlobaire forme les **ligaments suspenseurs du sein,** qui fixent le sein au fascia musculaire sous-jacent et au derme sus-jacent. Les ligaments suspenseurs du sein constituent une sorte de soutien-gorge naturel. Les lobes se divisent en unités plus petites appelées **lobules,** qui renferment les **alvéoles** de tissu glandulaire produisant le lait chez la femme qui allaite. Ces glandes alvéolaires composées sécrètent le lait dans les **conduits lactifères** qui s'ouvrent par un pore à la

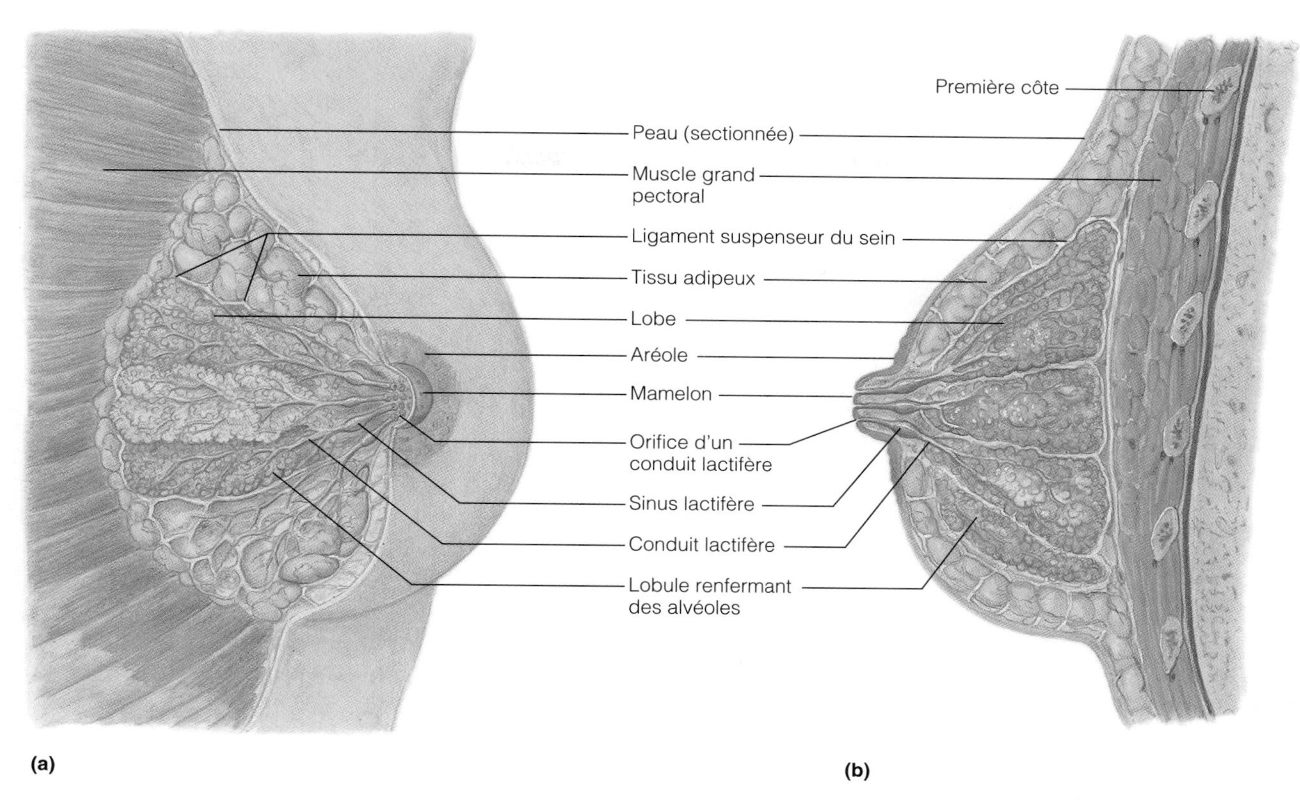

FIGURE 28.17
Structure de la glande mammaire en période de lactation. (a) Vue antérieure d'un sein partiellement disséqué. **(b)** Coupe sagittale d'un sein.

surface du mamelon. Juste avant d'arriver à l'aréole, chaque conduit lactifère se dilate pour former un **sinus lactifère.** Le lait s'accumule dans ces sinus entre les tétées. Le mécanisme et la régulation de la lactation sont décrits au chapitre 29.

Cette description des glandes mammaires ne s'applique qu'aux femmes qui allaitent ou qui sont au dernier trimestre de la grossesse. Chez la femme non enceinte, les structures glandulaires ne sont pas développées et le réseau de conduits est rudimentaire. Ainsi, le volume des seins dépend surtout de la quantité de tissu adipeux qu'ils contiennent.

Cancer du sein

Le cancer du sein est le cancer le plus fréquent chez les femmes en Amérique du Nord ; il a touché environ 185 000 Américaines en 1996. Une femme sur huit souffrira un jour de cette maladie (qui aura fait plus de 500 000 victimes durant la dernière décennie du siècle en Amérique du Nord). Le cancer du sein prend habituellement naissance dans les cellules épithéliales des conduits, et non dans les alvéoles. Un petit amas de cellules cancéreuses grossit et vient à former dans le sein une masse qui peut produire des métastases.

Les facteurs de risque connus du cancer du sein sont les suivants : (1) apparition de la menstruation à un jeune âge et ménopause tardive ; (2) absence de grossesse ou première grossesse à un âge avancé ; (3) antécédents personnels de cancer du sein ; et (4) antécédents familiaux de cancer du sein (en particulier chez une sœur ou la mère). Parmi les autres facteurs de risque suspectés mais non démontrés, on trouve les implants mammaires au silicone ; l'exposition à de fortes concentrations d'œstrogènes, le tabagisme et la consommation excessive d'alcool. Environ 10 % des cancers du sein sont associés à des anomalies héréditaires, et la moitié de ces cas ont pour origine des mutations dangereuses, notamment dans une paire de gènes appelés *BRCA1* (« breast cancer 1 ») et *BRCA2* ; les femmes porteuses de cette anomalie sont presque assurées d'avoir un jour le cancer du sein. Cependant, plus de 70 % des femmes touchées par ce cancer ne présentent aucun facteur de risque connu.

Le cancer du sein se manifeste souvent par une modification de la texture de la peau, un plissement de la peau ou un écoulement du mamelon. Le dépistage précoce au moyen de l'autoexamen des seins et de la mammographie est sans aucun doute le meilleur moyen d'augmenter ses chances de survivre au cancer du sein. Étant donné que la majorité des masses sont découvertes par la femme au cours d'un autoexamen des seins, la pratique mensuelle de cet examen devrait faire partie des habitudes de vie de toutes les femmes. Actuellement, la Société américaine du cancer recommande aux femmes de subir une **mammographie** tous les deux ans entre l'âge de 40 et 49 ans, puis tous les ans par la suite. La mammographie est un

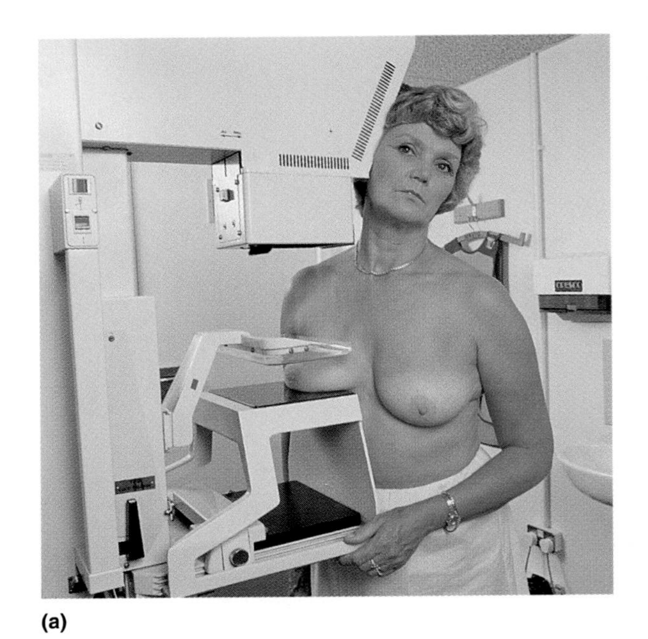
(a)

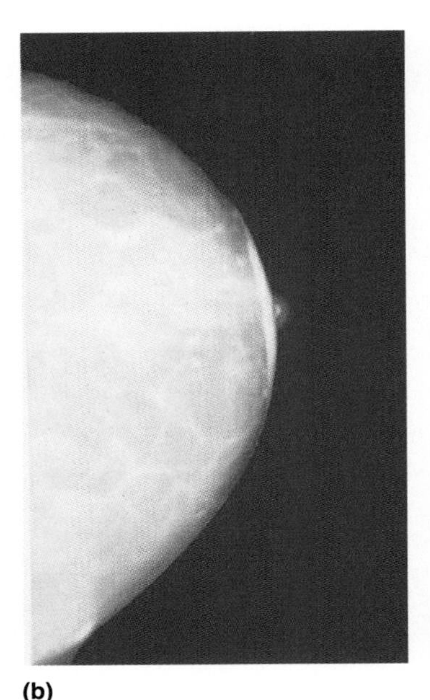
(b)

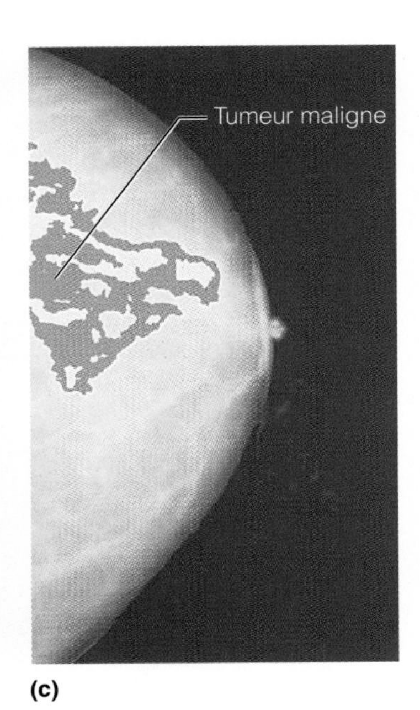

(c)

FIGURE 28.18
Mammographie. (a) Photographie d'une femme subissant une mammographie. **(b)** Sein normal. **(c)** Sein présentant une tumeur.

examen radiographique qui peut dépister les tumeurs cancéreuses encore trop petites pour être palpables (moins de 1 cm de diamètre) (figure 28.18).

Le cancer du sein se traite par différents moyens, selon les caractéristiques de la lésion. Les traitements actuels sont (1) la radiothérapie, (2) la chimiothérapie et (3) l'intervention chirurgicale, souvent suivie de séances de radiothérapie ou de chimiothérapie pour détruire les cellules cancéreuses isolées. Jusque dans les années 1970, le traitement courant était la **mastectomie radicale,** c'est-à-dire l'ablation de la totalité du sein touché, en plus de tous les muscles sous-jacents, des fascia et des nœuds lymphatiques associés. On sait aujourd'hui que cette intervention douloureuse et aux résultats très inesthétiques ne freine pas le cancer plus efficacement qu'une intervention moins radicale. Par conséquent, la plupart des médecins recommandent maintenant la **tumorectomie,** ou **exérèse locale de la tumeur,** qui consiste à enlever seulement la partie cancéreuse (la masse), ou la **mastectomie simple,** qui consiste à exciser le tissu mammaire seulement (et parfois quelques-uns des nœuds lymphatiques axillaires).

De nombreuses femmes touchées par le cancer du sein choisissent la reconstruction mammaire (**mastoplastie**) pour remplacer le tissu excisé. Il y a quelques années, les implants mammaires en silicone semblaient la solution idéale, mais leur utilisation a été interdite par la Fédération américaine des aliments et drogues en 1991, lorsqu'on s'est aperçu qu'un implant fissuré laissait s'écouler du silicone dans l'organisme, ce qui pouvait causer des maladies auto-immunes et des cancers (ces données sont encore controversées). Les greffes de tissus musculaire, adipeux et cutané prélevés dans l'abdomen ou le dos de la patiente demeurent toutefois une solution acceptable pour reconstruire un sein d'apparence naturelle. ■

PHYSIOLOGIE DU SYSTÈME GÉNITAL DE LA FEMME

Ovogenèse

Chez l'homme, la production des gamètes commence à la puberté et se poursuit durant toute la vie. La situation est très différente chez la femme. En effet, tous les ovocytes d'une femme sont déjà formés au moment de sa naissance, et elle en libérera un certain nombre entre la puberté et la ménopause (qui a lieu vers 50 ans).

La méiose, la division nucléaire spécialisée qui se produit dans les testicules, a également lieu dans les ovaires. La méiose produit les cellules sexuelles femelles pendant un processus appelé **ovogenèse** (littéralement, «génération d'un œuf»). Le processus de l'ovogenèse (figure 28.19) s'échelonne sur plusieurs années. Tout d'abord, durant la période fœtale, les **ovogonies,** cellules germinales diploïdes des ovaires, se multiplient rapidement par mitose puis entrent en période de croissance et emmagasinent des nutriments. Des *follicules ovariques primordiaux* (figure 28.19) commencent ensuite à se développer, à mesure que les ovogonies se transforment en **ovocytes de premier ordre** et s'entourent d'une couche unique de cellules folliculaires plates. Les ovocytes commencent leur première division méiotique, mais celle-ci se bloque vers la fin de la prophase I. À sa naissance, la femme possède déjà tous ses ovocytes de premier ordre (environ 400 000), chacun situé dans la région corticale d'un ovaire immature. Étant donné qu'ils demeurent dans cette sorte d'hibernation pendant toute l'enfance, leur attente est très longue: au moins 10 à 14 ans!

À partir de la puberté, un petit nombre d'ovocytes de premier ordre sont activés chaque mois. Un seul sera

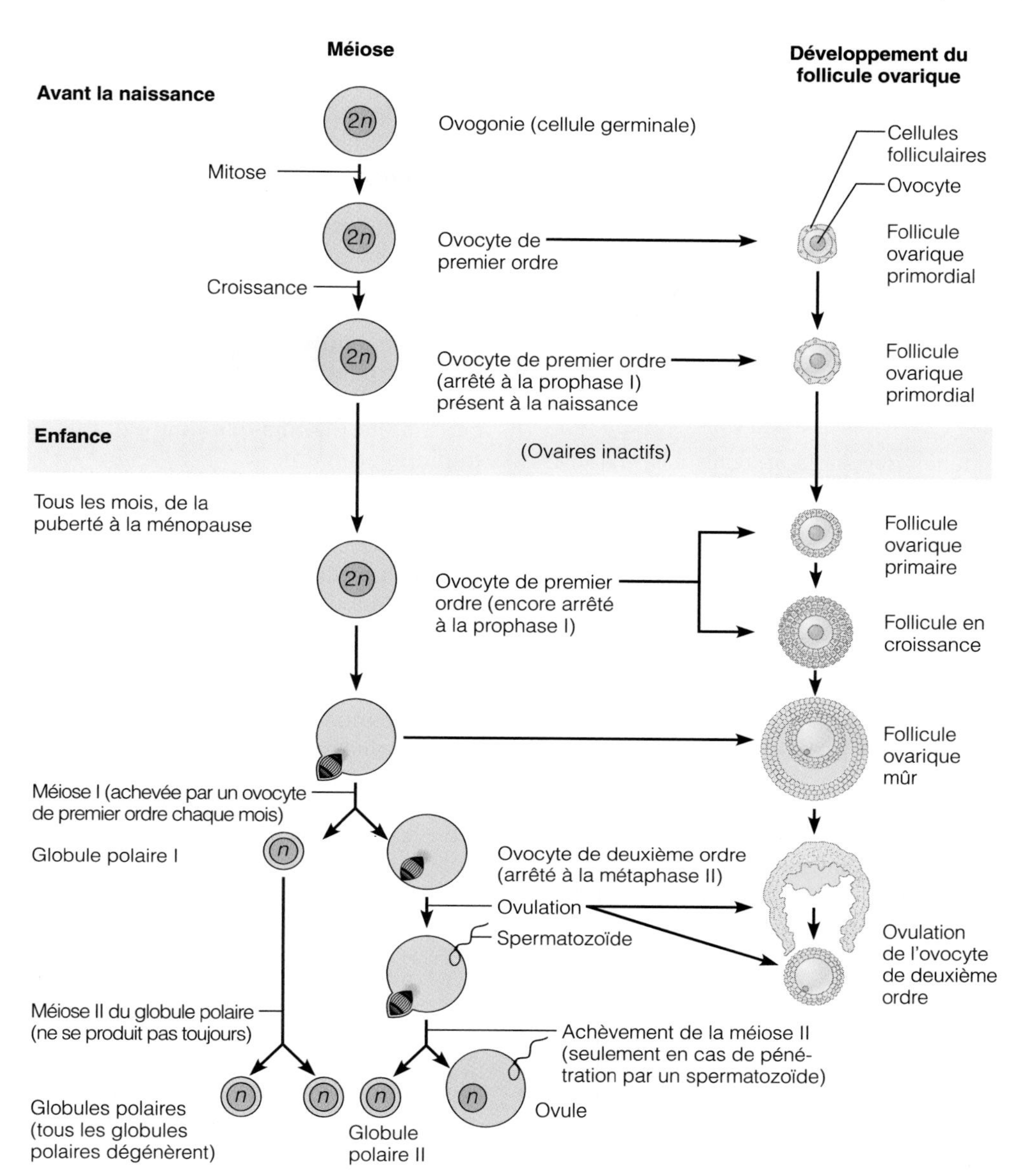

FIGURE 28.19
Ovogenèse. À gauche, schéma de la méiose. À droite, corrélation avec le développement du follicule ovarique et l'ovulation.

« choisi » pour poursuivre la méiose I. Il donnera finalement deux cellules haploïdes (possédant chacune 23 chromosomes répliqués) de volume très inégal. La plus petite de ces cellules est appelée **globule polaire I**; la plus grosse, qui contient tout le cytoplasme, est l'**ovocyte de deuxième ordre.** Le processus de cette première division méiotique est intéressant. Un fuseau mitotique se forme à l'extrême bord de l'ovocyte (voir la figure 28.19 à gauche) et une petite saillie dans laquelle les chromosomes du globule polaire seront expulsés apparaît à cette extrémité. Ce mécanisme établit la polarité de l'ovocyte et assure que le globule polaire ne reçoit pratiquement pas d'organites ni de cytoplasme.

Le globule polaire I subit habituellement la méiose II, ce qui produit deux globules polaires encore plus petits que lui. Quant à l'ovocyte de deuxième ordre, il s'arrête chez les humains en métaphase II; c'est lui (et non un ovule fonctionnel) qui est expulsé au moment de l'ovulation. Si aucun spermatozoïde ne pénètre dans l'ovocyte de deuxième ordre, celui-ci dégénère. Par contre, en cas de pénétration par un spermatozoïde, l'ovocyte de deuxième ordre termine la méiose II, ce qui donne un gros **ovule** et un minuscule **globule polaire II** (voir la figure 28.19). La fin de la méiose II et l'union de l'ovocyte et du noyau du spermatozoïde sont décrits au chapitre 29. Ce que vous devez retenir dès maintenant, c'est que l'ovogenèse produit en général trois minuscules globules polaires ne possédant presque pas de cytoplasme ainsi qu'un gros ovule. Toutes ces cellules sont haploïdes, mais seul l'ovule est un *gamète fonctionnel.* L'ovogenèse est donc bien différente de la spermatogenèse, qui produit quatre gamètes viables (spermatozoïdes).

Grâce aux divisions inégales du cytoplasme au cours de l'ovogenèse, l'ovule fécondé possède des réserves de nutriments suffisantes pour son trajet de sept jours depuis l'ovaire jusqu'à l'utérus. Privés de cytoplasme (et donc de nutriments), les globules polaires dégénèrent et meurent. Puisque la femme est en âge de procréer pendant un maximum de 40 ans (en moyenne de 11 ans à 51 ans) et qu'elle n'a normalement qu'une ovulation par mois, moins de 500 de ses 400 000 ovocytes seront libérés au cours de sa vie. La nature a donc prévu une réserve plus que suffisante de cellules sexuelles.

Cycle ovarien

La série de phénomènes mensuels associés à la maturation d'un ovule est appelée **cycle ovarien.** Aux fins de notre exposé, nous diviserons le cycle ovarien en deux phases. La **phase folliculaire** est la période de croissance du follicule, qui s'étend habituellement du jour 1 au jour 14 du cycle; la **phase lutéale** est la période d'activité du corps jaune, s'étendant des jours 14 à 28. Le cycle ovarien typique recommence à intervalles de 28 jours, et l'ovulation se produit au milieu du cycle. Cependant, des cycles aussi longs que 40 jours et aussi courts que 21 jours sont assez courants. Dans ces cycles, la longueur de la phase folliculaire et le moment de l'ovulation varient, mais la phase lutéale reste la même, c'est-à-dire qu'il y a toujours 14 jours entre l'ovulation et la fin du cycle. Nous décrirons plus loin la régulation hormonale de ces phénomènes. Étudions maintenant le processus qui se déroule chaque mois dans l'ovaire (figure 28.20).

Phase folliculaire

La maturation du follicule ovarique primordial se déroule durant la première moitié du cycle ovarien. Elle comporte plusieurs étapes, représentées à la figure 28.20 et numérotées de 1 à 6.

Un follicule primordial se transforme en follicule primaire Quand la maturation du follicule primordial (1) est déclenchée, les cellules de type squameux qui entourent l'ovocyte de premier ordre croissent, devenant cuboïdes, et l'ovocyte grossit. Le follicule s'appelle maintenant follicule primaire (2).

Un follicule primaire se transforme en follicule secondaire Ensuite, les cellules folliculaires prolifèrent jusqu'à ce qu'elles forment un épithélium stratifié autour de l'ovocyte (3). Aussitôt qu'il y en a plus d'une couche, les cellules folliculaires prennent le nom de *cellules granuleuses*. Les cellules granuleuses sont liées à l'ovocyte en cours de développement par des jonctions ouvertes que peuvent traverser des ions, des métabolites et des molécules de signalisation. Un des signaux transmis des cellules granuleuses à l'ovocyte déclenche la maturation de celui-ci.

À l'étape suivante (4), une couche de tissu conjonctif commence à se condenser autour du follicule, ce qui forme la **thèque folliculaire** (*thêkê* = boîte), constitué de la thèque interne et de la thèque externe. Pendant que les cellules granuleuses continuent de se diviser et que le follicule grossit, les cellules thécales et les cellules granuleuses collaborent pour produire des œstrogènes (les cellules de la thèque interne sécrètent des androgènes, que les cellules granuleuses convertissent en œstrogènes). Au même moment, les cellules granuleuses sécrètent une substance riche en glycoprotéines (dont certaines joueront le rôle de récepteurs des spermatozoïdes) qui forme une épaisse membrane transparente appelée **zone pellucide** autour de l'ovocyte.

Au cours de l'étape suivante (5), du liquide translucide s'accumule entre les cellules granuleuses et finit par confluer pour constituer une cavité remplie de liquide appelée **antrum folliculaire.** C'est la présence de cet antrum qui distingue le nouveau follicule secondaire du follicule primaire.

Un follicule secondaire se transforme en follicule ovarique mûr L'antrum continue à se gonfler de liquide jusqu'à ce qu'il isole l'ovocyte, entouré de sa capsule granuleuse, appelée **corona radiata,** sur un pédicule situé à un pôle du follicule. Quand le follicule a atteint ses dimensions maximales (environ 2,5 cm de diamètre), il s'appelle follicule ovarique mûr (6). À ce stade, il fait saillie comme un furoncle à la surface externe de l'ovaire; ce phénomène se produit habituellement vers le jour 14.

L'ovocyte de premier ordre termine la méïose I, ce qui donne l'ovocyte de deuxième ordre et le globule polaire I (voir la figure 28.19); cet événement fait partie des étapes finales de la maturation du follicule. Une fois qu'il s'est produit (étape 6 dans la figure 28.20), tout est prêt pour l'ovulation. À ce moment, les cellules granuleuses envoient à l'ovocyte un signal important qui lui dit en substance: « Attends, ne termine pas ta méïose tout de suite! »

Ovulation

L'**ovulation** se produit quand la paroi de l'ovaire se rompt à l'endroit de la saillie formée par le follicule ovarique mûr et qu'elle expulse dans la cavité péritonéale l'ovocyte de deuxième ordre encore entouré de sa *corona radiata* (7). Certaines femmes souffrent d'un élancement au basventre lorsque l'ovulation a lieu. Cette douleur est causée par l'étirement prononcé de la paroi ovarienne au moment de l'ovulation.

Les ovaires d'une femme adulte contiennent toujours plusieurs follicules à différents stades de maturation. En général, un des follicules surpasse les autres et devient le *follicule dominant*. Il sera le seul à être tout à fait mûr au moment où le stimulus de l'ovulation est émis (par l'hormone lutéinisante). On ne sait pas comment ce follicule est choisi, ou comment il parvient à l'emporter sur les autres follicules. Ces derniers (les follicules atrétiques) subissent alors une dégénérescence.

Dans 1 ou 2 % de toutes les ovulations, plus d'un ovocyte est expulsé. Ce phénomène, qui devient plus fréquent avec l'âge, peut mener à une grossesse multiple. Puisque des ovocytes différents sont fécondés par des spermatozoïdes différents, les bébés sont de faux jumeaux, ou jumeaux dizygotes. Les jumeaux identiques, ou jumeaux monozygotes, proviennent d'un seul ovocyte fécondé par un seul spermatozoïde, les cellules filles de l'ovule fécondé s'étant séparées au début du développement.

À quelle(s) étape(s) le follicule contient-il un ovocyte de premier ordre ? un ovocyte de deuxième ordre ?

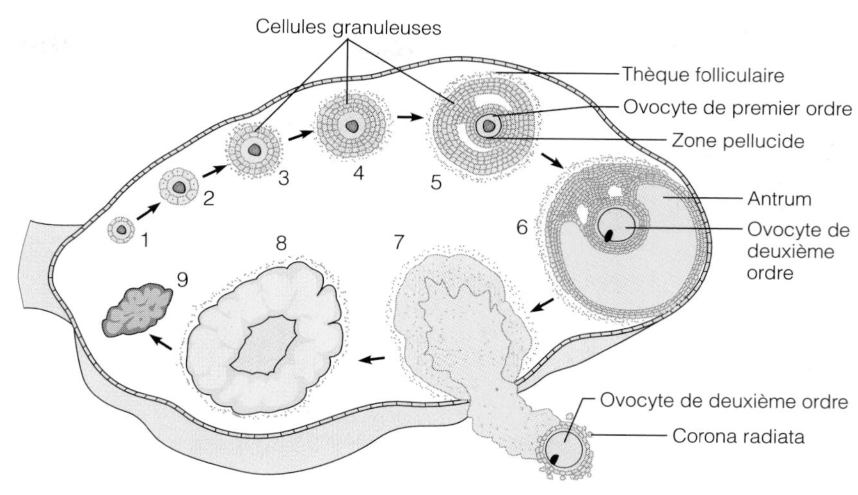

FIGURE 28.20
Cycle ovarien : développement des follicules ovariques. Les nombres sur le schéma indiquent le déroulement du développement folliculaire, et *non* les mouvements du follicule dans l'ovaire. **(1)** Follicule primordial renfermant un ovocyte de premier ordre entouré de cellules aplaties. **(2)** Follicule primaire renfermant un ovocyte de premier ordre entouré de cellules folliculaires cuboïdes. **(3-4)** Follicule primaire en cours de développement. Ce follicule sécrète des œstrogènes pendant son processus de maturation. **(5)** Follicule secondaire pendant la formation de l'antrum. **(6)** Follicule ovarique mûr, prêt à l'ovulation. La méiose I, qui donne l'ovocyte de deuxième ordre et le globule polaire I, se produit dans le follicule ovarique mûr. **(7)** Follicule rompu et ovocyte de deuxième ordre après l'ovulation. L'ovocyte est entouré de sa corona radiata de cellules granuleuses. **(8)** Corps jaune, formé sous l'influence de la LH à partir du follicule rompu, produisant de la progestérone (et des œstrogènes). **(9)** Corpus albicans.

Phase lutéale

Après l'ovulation et l'évacuation du liquide de l'antrum, le follicule rompu s'affaisse et l'antrum se remplit de sang coagulé, qui finit par se résorber. Les cellules granuleuses augmentent de volume et, avec les cellules de la thèque interne, elles composent une nouvelle glande endocrine bien particulière, le *corps jaune* (voir la figure 28.20, étape 8). Dès sa formation, le corps jaune se met à sécréter de la progestérone et un peu d'œstrogènes. S'il n'y a pas de grossesse, le corps jaune commence à dégénérer après 10 jours environ et cesse alors de produire des hormones. Il n'en restera qu'une cicatrice (9), appelée *corpus albicans* (qui signifie littéralement « corps blanc »). Quand l'ovocyte est fécondé et qu'il y a grossesse, le corps jaune persiste jusqu'à ce que le placenta soit prêt à élaborer des hormones à sa place, c'est-à-dire au bout de trois mois environ.

Régulation hormonale du cycle ovarien

Le fonctionnement des ovaires est beaucoup plus complexe que celui des testicules, mais la régulation hormonale qui s'établit au moment de la puberté est semblable chez les deux sexes. La gonadolibérine (Gn-RH), les gonadotrophines hypophysaires (FSH et LH) et, chez la femme, les œstrogènes et la progestérone interagissent afin de produire les phénomènes cycliques qui ont lieu dans les ovaires.

Apparition du cycle ovarien

Pendant toute l'enfance, les ovaires croissent et sécrètent continuellement un peu d'œstrogènes, qui inhibent la libération de Gn-RH par l'hypothalamus. À l'approche de la puberté, l'hypothalamus devient moins sensible aux œstrogènes et commence à sécréter de la Gn-RH selon un mode cyclique. La Gn-RH stimule la libération de FSH et de LH par l'adénohypophyse. Ce sont ces deux hormones qui agissent sur les ovaires.

Pendant environ quatre ans, le taux de gonadotrophines augmente graduellement, mais la fille n'ovule pas et ne peut pas devenir enceinte. À un moment donné, le cycle de sécrétion de l'adulte est atteint, et les interactions hormonales se stabilisent. C'est alors que la jeune femme a sa première menstruation, aussi appelée **ménarche.** Généralement, ce n'est que la troisième année après la première menstruation que les cycles deviennent réguliers et qu'ils sont tous ovulatoires.

Interactions hormonales au cours du cycle ovarien

Voici les variations des hormones adénohypophysaires et des hormones ovariennes ainsi que les rétro-inhibitions et rétroactivations qui règlent la fonction ovarienne. Les paragraphes 1 à 8 correspondent aux étapes numérotées de 1 à 8 dans la figure 28.21. Nous avons tenu pour acquis que le cycle dure 28 jours.

1. Le jour 1 du cycle, l'augmentation du taux de Gn-RH sécrétée par l'hypothalamus stimule la sécrétion et la libération d'hormone folliculostimulante (FSH) et d'hormone lutéinisante (LH) par l'adénohypophyse.

Le follicule des étapes 1 à 5 contient un ovocyte de premier ordre, alors que le follicule de l'étape 6 contient un ovocyte de deuxième ordre.

? *Lequel des phénomènes illustrés ci-dessous est un exemple de rétroactivation ?*

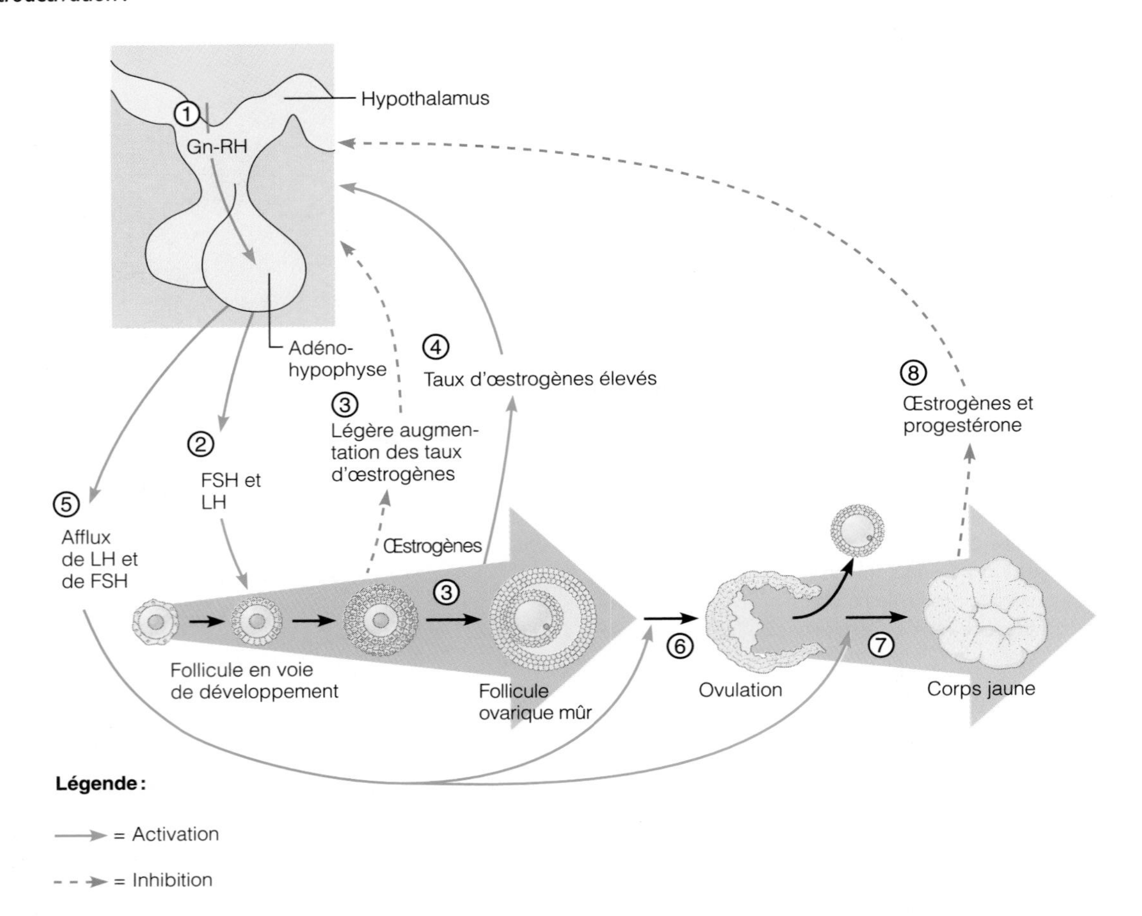

FIGURE 28.21
Enchaînement des rétroactions réglant la fonction ovarienne. Les nombres renvoient aux phénomènes décrits dans le texte. Les phénomènes postérieurs à l'étape 8 (rétro-inhibition de l'hypothalamus et de l'adénohypophyse par la progestérone et les œstrogènes) ne sont pas représentés ; ils entraînent une dégénérescence progressive du corps jaune et, par conséquent, une baisse de la production d'hormones ovariennes. Les hormones ovariennes tombent à leurs niveaux sanguins les plus faibles vers le jour 28.

2. La FSH et la LH stimulent la croissance et la maturation du follicule ainsi que la sécrétion des œstrogènes. La FSH agit surtout sur les cellules folliculaires, alors que la LH agit plus spécifiquement sur les cellules thécales (du moins au début). (On n'a pas encore réussi à élucider pourquoi seuls *certains* follicules réagissent à ces stimulus hormonaux. Cependant, il est à peu près certain que l'augmentation de leur réponse est liée à l'augmentation du nombre de récepteurs des gonadotrophines.) Quand le follicule a grossi, il commence à sécréter des œstrogènes. La LH stimule les cellules thécales, qui sécrètent alors des androgènes. Ces androgènes diffusent à travers la membrane basale, où ils sont transformés en œstrogènes par les cellules granuleuses sensibilisées par la FSH. Seule une infime quantité d'androgènes pénètre dans la circulation sanguine, car ils sont presque totalement transformés en œstrogènes dans les ovaires.

3. La concentration plasmatique croissante d'œstrogènes exerce une *rétro-inhibition* sur l'adénohypophyse, ce qui inhibe sa libération de FSH et de LH,

L'augmentation des œstrogènes stimule l'afflux de LH (et de FSH), étapes 4 et 5.

tout en la poussant à synthétiser et à accumuler ces gonadotrophines. Dans l'ovaire, les œstrogènes renforcent l'effet de la FSH sur la croissance et la maturation du follicule et contribuent ainsi à faire augmenter la sécrétion d'œstrogènes. *L'inhibine*, sécrétée par les cellules granuleuses, exercerait aussi une rétro-inhibition sur la libération de FSH au cours de cette période.

4. La petite augmentation initiale du taux sanguin d'œstrogènes inhibe l'axe hypothalamo-hypophysaire (comme nous l'avons mentionné au paragraphe précédent), mais le taux élevé d'œstrogènes a l'effet contraire. Lorsque la concentration d'œstrogènes atteint un certain seuil, elle exerce une *rétroactivation* sur l'hypothalamus et l'adénohypophyse.
5. La concentration élevée d'œstrogènes déclenche une cascade d'événements. Elle provoque la brusque libération de la LH (et, dans une certaine mesure, de la FSH) accumulée par l'adénohypophyse. Ce phénomène se produit à peu près au milieu du cycle (voir également la figure 28.22a).
6. L'afflux de LH incite l'ovocyte de premier ordre du follicule ovarique mûr à terminer la première division méiotique. L'ovocyte de deuxième ordre qui en résulte se rend jusqu'à la métaphase II. La LH déclenche également l'ovulation au jour 14 ou à peu près. La LH entraîne peut-être la synthèse d'enzymes protéolytiques, mais, quel que soit le mécanisme de l'ovulation, le sang cesse de circuler dans la région saillante du follicule. En moins de cinq minutes, cette région renfle, s'amincit, suinte et se rompt ensuite brusquement. On ne connaît pas le rôle de la FSH dans ce processus (si elle en a un). Peu après l'ovulation, le taux d'œstrogènes commence à descendre. Cette baisse traduit probablement les dommages subis par le follicule dominant (qui sécrète des œstrogènes) pendant l'ovulation.
7. La LH transforme le follicule rompu en corps jaune et incite cette glande endocrine nouvellement formée à produire de la progestérone et une petite quantité d'œstrogènes presque aussitôt après sa formation.
8. L'augmentation des concentrations sanguines de progestérone et d'œstrogènes exerce une puissante rétro-inhibition sur la libération de la LH et de la FSH par l'adénohypophyse. La baisse de la LH et de la FSH empêche le développement de nouveaux follicules. La baisse de la LH prévient en outre la libération d'autres ovocytes.
9. La diminution graduelle du taux sanguin de LH supprime le stimulus de l'activité du corps jaune, qui commence alors à dégénérer. L'arrêt de l'activité du corps jaune s'accompagne de l'arrêt de la sécrétion d'hormones ovariennes, et les concentrations sanguines d'œstrogènes et de progestérone diminuent brusquement. (Si un embryon s'est implanté dans l'utérus, l'activité du corps jaune est maintenue par une hormone semblable à la LH, sécrétée par l'embryon.)
10. Une diminution prononcée des hormones ovariennes à la fin du cycle (jours 26 à 28) met fin à l'inhibition de la sécrétion de FSH et de LH, et un nouveau cycle peut commencer.

Cycle menstruel

Même si l'utérus est une cavité destinée à l'implantation et au développement de l'embryon, il n'est réceptif à l'embryon que pendant une très courte période chaque mois. Il n'est pas étonnant que ce bref intervalle soit exactement celui où l'embryon en voie de développement s'implante normalement dans l'utérus, environ sept jours après l'ovulation. Le **cycle menstruel** est la série de modifications cycliques subies par l'endomètre chaque mois en réponse aux variations des concentrations sanguines des hormones ovariennes. En effet, les modifications de l'endomètre sont coordonnées avec les phases du cycle ovarien, lesquelles sont régies par les gonadotrophines libérées par l'adénohypophyse.

Les trois étapes des modifications utérines au cours du cycle menstruel, illustrées à la figure 28.22d, sont les suivantes.

1. **Jours 1 à 5, phase menstruelle.** Au cours de cette phase, il y a desquamation de tout l'endomètre, sauf sa couche profonde. (Au début de cette phase, les gonadotrophines et les hormones ovariennes sont à leurs plus bas niveaux. Puis le taux de FSH commence à augmenter.) L'épaisse couche fonctionnelle de l'endomètre se détache de la paroi utérine, un processus provoquant des saignements qui durent de trois à cinq jours. Le sang et les tissus qui se détachent s'écoulent dans le vagin et constituent l'écoulement menstruel. Au jour 5, les follicules ovariques commencent à sécréter plus d'œstrogènes ; voir la figure 28.22b.
2. **Jours 6 à 14, phase proliférative.** Au cours de cette phase, l'endomètre se reconstitue. Sous l'influence du taux accru d'œstrogènes, la couche basale de l'endomètre génère une nouvelle couche fonctionnelle. Pendant que cette nouvelle couche épaissit, ses glandes grossissent et ses artères spiralées deviennent plus nombreuses (voir également la figure 28.15). Par conséquent, l'endomètre redevient velouté, épais et bien vascularisé. Au cours de la phase proliférative, les œstrogènes provoquent aussi la synthèse de récepteurs de la progestérone dans les cellules endométriales, ce qui les prépare à interagir avec la progestérone sécrétée par le corps jaune.

   La glaire cervicale est normalement épaisse et collante, mais les œstrogènes la rendent claire et cristalline. Elle forme alors des canaux facilitant le passage des spermatozoïdes jusqu'à l'utérus. L'**ovulation** se produit dans l'ovaire à la fin de cette phase (jour 14), en réponse à la brusque libération de LH par l'adénohypophyse. La LH convertit aussi le follicule rompu en corps jaune.
3. **Jours 15 à 28, phase sécrétoire.** Au cours de cette phase, l'endomètre se prépare à l'implantation d'un embryon. L'augmentation du taux de progestérone, sécrétée par le corps jaune, agit sur l'endomètre sensibilisé par les œstrogènes : les artères spiralées se développent et s'enroulent plus étroitement, et la couche fonctionnelle se transforme en muqueuse sécrétrice. Les glandes utérines grossissent, s'enroulent et commencent à sécréter du glycogène, riche en nutriments,

(a) Fluctuation des taux de gonadotrophines

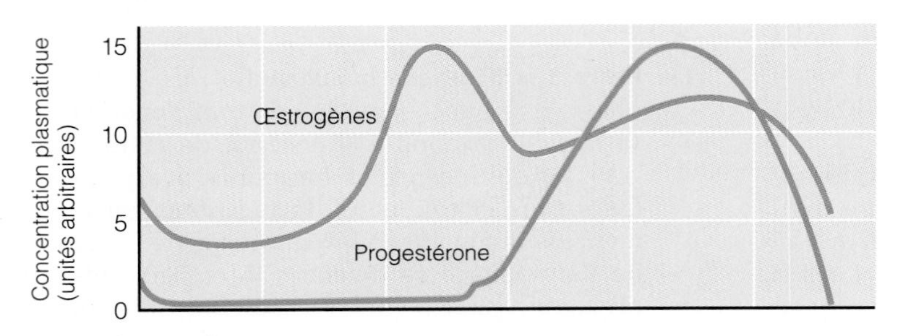

(b) Fluctuation des taux d'hormones ovariennes

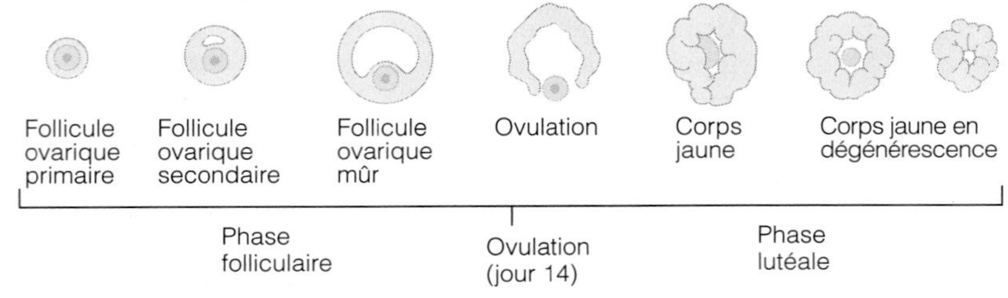

(c) Cycle ovarien

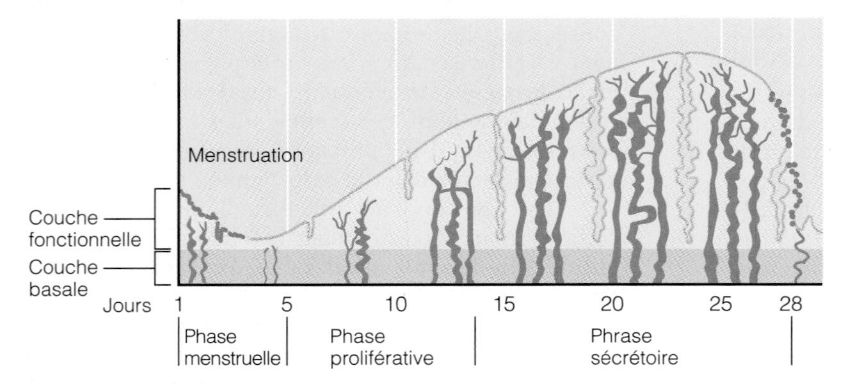

(d) Cycle menstruel

FIGURE 28.22
L'adénohypophyse et les hormones ovariennes, en relation avec les modifications structurales des cycles menstruel et ovarien. L'axe des jours 1 à 28, au bas de la figure, s'applique aux quatre parties de la figure. **(a)** Fluctuations des taux sanguins des gonadotrophines sécrétées par l'hypophyse (FSH = hormone folliculostimulante, LH = hormone lutéinisante). Ces hormones règlent les phénomènes du cycle ovarien. **(b)** Fluctuations des taux d'hormones ovariennes (œstrogènes et progestérone), qui provoquent les modifications de l'endomètre au cours du cycle menstruel. **(c)** Les modifications structurales dans les follicules ovariques au cours du cycle ovarien de 28 jours sont en relation avec (d) les changements qui se produisent dans l'endomètre durant le cycle menstruel. **(d)** Les trois phases du cycle menstruel : la phase menstruelle, ou menstruation, la phase proliférative et la phase sécrétoire. En résumé, la phase menstruelle est la desquamation de l'endomètre et la phase proliférative, sa reconstitution. Ces deux phénomènes se produisent avant l'ovulation. La phase sécrétoire, qui commence immédiatement après l'ovulation, enrichit l'apport sanguin de l'endomètre et lui fournit les nutriments le préparant à accueillir l'embryon.

dans la cavité utérine. Ces nutriments soutiennent l'embryon jusqu'à ce qu'il se soit implanté dans la muqueuse très vascularisée. Tous les phénomènes de la phase sécrétoire sont produits par la progestérone.

Le taux de progestérone accru redonne également à la glaire cervicale sa consistance visqueuse ; elle formera un *bouchon muqueux* qui empêche l'entrée des spermatozoïdes et fait de l'utérus un endroit plus « intime » pour l'embryon qui commence à s'y implanter, le cas échéant. Le taux accru de progestérone (et d'œstrogènes) inhibe la libération de LH par l'adénohypophyse.

S'il n'y pas eu fécondation, le corps jaune commence à dégénérer vers la fin de la phase sécrétoire, quand le taux sanguin de LH diminue. La chute du taux de progestérone prive l'endomètre de son soutien hormonal, et les artères spiralées deviennent tortueuses et présentent des spasmes. Les cellules endométriales privées d'oxygène et de nutriments commencent alors à mourir. Au moment où leurs lysosomes se rompent, la couche fonctionnelle commence à s'autodigérer et la menstruation peut commencer, au jour 28. Les artères spiralées se contractent une dernière fois, puis elles se relâchent brusquement, irriguant généreusement l'endomètre. Le sang jaillit alors dans les lits capillaires affaiblis, fragmentant ceux-ci et entraînant la desquamation de la couche fonctionnelle. On se retrouve alors au premier jour d'un nouveau cycle menstruel.

La figure 28.22 montre aussi comment sont coordonnés les cycles ovarien et menstruel. Remarquez que la phase menstruelle et la phase proliférative du cycle menstruel correspondent à la phase folliculaire et à l'ovulation du cycle ovarien, alors que la phase sécrétoire correspond à la phase lutéale.

L'activité physique très intense peut retarder la ménarche chez la jeune fille ou perturber le cycle menstruel chez la femme adulte. Elle peut même être une cause d'*aménorrhée*, ou absence de menstruation. Ce problème semble provoqué, d'une part, par le faible pourcentage de tissu adipeux chez les athlètes, car les graisses contribuent à la transformation des androgènes surrénaliens en œstrogènes. D'autre part, les programmes d'entraînement très rigoureux semblent bloquer la régulation hypothalamique. On pense que ces effets sont habituellement tout à fait réversibles une fois que l'entraînement est abandonné. Malheureusement, les périodes d'aménorrhée provoquent chez de jeunes femmes en bonne santé la perte de masse osseuse qu'on observe normalement chez les femmes âgées. La perte de matière osseuse commence dès la baisse du taux d'œstrogènes et l'arrêt du cycle menstruel (quelle qu'en soit la cause). C'est pourquoi on conseille actuellement aux athlètes de porter leur apport quotidien de calcium à 1,5 g, la quantité approximative de calcium dans un litre de lait.

La menstruation est souvent perçue comme un moyen plutôt incommodant d'éliminer un revêtement utérin « épaissi » en préparation d'un bébé qui finalement n'est pas conçu. Cependant, on s'est récemment interrogé sur la valeur adaptative de la menstruation et sur les pertes de tissu, de sang et de nutriments (particulièrement le fer) qu'elles occasionnent. Pourquoi l'organisme de la femme ne conserve-t-il pas tout simplement pour le cycle suivant l'endomètre préparé ? Maggie Profit, de l'université de Californie à Berkeley, propose un point de vue radicalement nouveau et controversé qui donne matière à réfléchir et à débattre. L'utérus est un réceptacle accueillant pour les bactéries et les virus dont le pénis de l'homme et le sperme sont porteurs. À partir de ce constat, Profit émet l'hypothèse que la menstruation constitue un moyen énergique que l'organisme utilise pour nettoyer l'utérus. Non seulement le sang menstruel élimine-t-il un endomètre potentiellement contaminé par des agents pathogènes, mais il est chargé de macrophagocytes qui jouent un rôle protecteur. En outre, comme le sang menstruel est dépourvu de facteurs de coagulation, le nettoyage de l'utérus serait le but de la menstruation plutôt qu'un résultat secondaire.

Effets extra-utérins des œstrogènes et de la progestérone

Les œstrogènes sont les analogues de la testostérone, c'est-à-dire qu'ils sont responsables de l'activité sexuelle chez la femme. L'augmentation du taux d'œstrogènes au cours de la puberté (1) stimule l'ovogenèse et la croissance des follicules ovariques, et (2) exerce des effets anabolisants sur les organes génitaux de la femme (voir le tableau 28.1). Les trompes utérines, l'utérus et le vagin deviennent plus gros et fonctionnels, c'est-à-dire capables de soutenir une grossesse. La motilité des trompes et de l'utérus augmente ; la muqueuse du vagin s'épaissit ; les organes génitaux acquièrent leur apparence adulte.

Les œstrogènes produisent en outre la poussée de croissance de la puberté, qui fait que les filles de 12 et 13 ans grandissent beaucoup plus vite que les garçons du même âge. Cette poussée de croissance est assez courte, parce que les œstrogènes provoquent aussi la soudure des cartilages épiphysaires des os longs, de sorte que les femmes atteignent leur taille adulte entre 15 et 17 ans. La croissance des garçons, elle, se poursuit jusqu'à l'âge de 19 à 21 ans.

Les caractères sexuels secondaires féminins sont produits par les œstrogènes. Ces caractères comprennent : (1) le développement des seins ; (2) l'augmentation des dépôts de tissu adipeux, principalement aux hanches et aux seins ; (3) l'élargissement et l'allégement du bassin (en préparation à la grossesse) ; (4) l'apparition des poils axillaires et pubiens ; (5) l'apparition de plusieurs effets métaboliques, comme l'entretien d'un taux peu élevé de cholestérol sanguin (et d'un taux élevé de lipoprotéines de haute densité) et la facilitation de la capture du calcium, qui contribuent à maintenir la densité du squelette. (Même s'ils se déclenchent sous l'action des œstrogènes au moment de la puberté, ces effets métaboliques ne sont pas de véritables caractères sexuels secondaires.)

La progestérone agit de concert avec les œstrogènes dans l'établissement et la régulation du cycle menstruel (voir la figure 28.22d). Elle provoque en outre les modifications de la glaire cervicale. La progestérone exerce ses autres effets importants au cours de la grossesse : elle inhibe la motilité de l'utérus et prend la relève des œstrogènes dans la préparation des seins à la lactation. En fait, elle tire son nom de ces effets (*pro* = en faveur de ; *gestare* = porter). Durant la majeure partie de la grossesse, c'est le placenta et non le corps jaune qui sécrète la progestérone et les œstrogènes.

Réponse sexuelle de la femme

La **réponse sexuelle de la femme** est très semblable à celle de l'homme. Lors de l'excitation sexuelle, le clitoris, la muqueuse vaginale et les seins deviennent engorgés de sang, les mamelons sont en érection et l'augmentation de l'activité sécrétoire des glandes vestibulaires majeures lubrifie le vestibule et facilite la pénétration du pénis. Bien qu'ils soient plus dispersés, ces phénomènes sont analogues à l'*érection* chez l'homme. L'excitation sexuelle est produite par les caresses et les stimulus de nature psychique, et elle est transmise le long des mêmes voies nerveuses autonomes que chez l'homme.

Chez la femme, la dernière phase de la réponse sexuelle, l'*orgasme*, n'est pas associée à une éjaculation, mais elle cause un accroissement de la tension musculaire dans tout le corps, une augmentation de la fréquence du pouls et de la pression artérielle, ainsi que des contractions rythmiques de l'utérus. Comme chez l'homme, l'orgasme s'accompagne d'une sensation de plaisir intense et d'une relaxation. L'orgasme n'est pas suivi d'une période de latence chez la femme, de sorte qu'elle peut ressentir plusieurs orgasmes au cours d'un seul coït. Normalement, la fécondation n'est pas possible si l'homme n'a pas d'orgasme et n'éjacule pas, alors que la conception est possible même si la femme n'a pas d'orgasme. Certaines femmes n'atteignent jamais l'orgasme, mais elles sont parfaitement capables de concevoir.

MALADIES TRANSMISSIBLES SEXUELLEMENT

Les **maladies transmissibles sexuellement (MTS)**, parfois appelées *maladies vénériennes*, sont des maladies infectieuses transmises lors de contacts sexuels. Les États-Unis affichent le plus haut taux d'infection parmi les pays industrialisés. Chaque année aux États-Unis, quelque 12 millions de personnes (dont le quart sont des adolescents) contractent une MTS.

Ce groupe de maladies est la plus importante cause d'affections des organes génitaux. La gonorrhée et la syphilis, deux maladies bactériennes, étaient autrefois les MTS les plus courantes. Depuis dix ans, des maladies virales comme l'herpès génital et le SIDA (surtout transmis au cours du coït) ont pris le devant de la scène. Le SIDA, causé par le VIH, un virus qui attaque le système immunitaire, est décrit au chapitre 22. Nous traitons ici des plus importantes MTS d'origine bactérienne et virale. Le condom réduit considérablement la propagation des MTS ; c'est pourquoi son emploi est fortement conseillé depuis l'apparition du SIDA.

Gonorrhée

L'agent causal de la **gonorrhée** est *Neisseria gonorrhoeæ*, aussi appelée gonocoque, qui envahit la muqueuse des organes génitaux et urinaires. Cette bactérie est transmissible par le contact avec la muqueuse génitale, anale et pharyngée. La plupart des personnes atteintes sont des adolescents et des jeunes adultes.

Chez l'homme, le symptôme le plus courant de la gonorrhée, surnommée « chaudepisse », est l'*urétrite*, accompagnée par des mictions douloureuses et l'écoulement de pus par le méat urétral. Les symptômes sont plus variables chez la femme : certaines femmes n'en ont aucun (20 % des cas), d'autres présentent un malaise abdominal, un écoulement vaginal, des saignements utérins anormaux ou, parfois, des symptômes d'urétrite semblables à ceux des hommes.

Sans traitement, la gonorrhée peut conduire à la constriction de l'urètre et à l'inflammation de toutes les voies génitales chez l'homme. Chez la femme, elle cause la pelvipéritonite et la stérilité. Ces complications sont rares depuis les années cinquante grâce à l'apparition de la pénicilline, des tétracyclines et d'autres antibiotiques. Malheureusement, les souches de gonocoques résistantes à ces antibiotiques sont de plus en plus courantes. Actuellement, la ceftriaxone est l'antibiotique le plus utilisé pour traiter la gonorrhée.

Syphilis

La **syphilis** est causée par *Treponema pallidum*, ou tréponème pâle, une bactérie hélicoïdale. Elle se transmet généralement lors des contacts sexuels. La syphilis peut aussi être congénitale, c'est-à-dire transmise au bébé par sa mère. Aux États-Unis, un nombre croissant de femmes se livrant à la prostitution pour obtenir du « crack » (un dérivé de la cocaïne) transmettent la syphilis à leur fœtus. En général, les fœtus infectés par la syphilis sont mort-nés ou meurent peu après leur naissance. Le tréponème pâle pénètre facilement dans les muqueuses intactes et la peau abîmée pour entrer ensuite dans les vaisseaux lymphatiques et sanguins ; quelques heures après l'exposition, une infection asymptomatique généralisée est déclenchée. Après une période d'incubation d'une durée de deux à trois semaines en général, une lésion primaire, le *chancre*, apparaît à l'endroit où la bactérie a pénétré dans le corps. Chez les hommes, le chancre apparaît habituellement sur le pénis ; chez la femme, il passe souvent inaperçu car il se trouve dans le vagin ou sur le col de l'utérus. La lésion primaire s'ulcère et forme une croûte, puis elle se cicatrise et disparaît au bout d'une ou plusieurs semaines.

En l'absence de traitement, les symptômes secondaires de la syphilis apparaissent quelques semaines ou quelques mois plus tard. Une roséole sur tout le corps constitue l'un des premiers symptômes. La fièvre et les douleurs articulaires sont fréquentes. La personne peut présenter une anémie et perdre ses cheveux par plaques. Ces signes et symptômes disparaissent spontanément en trois à douze semaines. La maladie entre alors dans sa *phase latente*, et le seul moyen de la détecter est d'effectuer un test sanguin. La phase latente peut durer jusqu'à la mort de l'individu (ou le système immunitaire peut tuer la bactérie) ou se transformer un jour en *syphilis tertiaire*. Le stade tertiaire se caractérise par le développement de *gommes*, des lésions destructrices du SNC, des vaisseaux sanguins, des os et de la peau. La pénicilline, qui gêne la synthèse des parois cellulaires par les bactéries en train de se diviser, est encore le traitement de choix à tous les stades de la syphilis.

Infection à *Chlamydia*

L'**infection à *Chlamydia*** est une épidémie silencieuse et encore négligée qui atteint chaque année de 4 à 5 millions de personnes, ce qui en fait la MTS la plus fréquente aux États-Unis. L'agent causal de cette infection, *Chlamydia trachomatis*, est responsable de 25 à 50 % de tous les cas diagnostiqués de pelvipéritonite (et, par voie de conséquence, de 1 grossesse ectopique sur 4). Chaque année, 150 000 enfants naissent d'une mère atteinte de l'infection à *Chlamydia*. Environ 30 % des femmes et 20 % des hommes atteints de gonorrhée sont également infectés par *C. trachomatis*.

Les bactéries du genre *Chlamydia* vivent aux dépens des cellules hôtes, comme les virus. La période d'incubation de la maladie dans les cellules de l'organisme dure environ une semaine. Ses symptômes sont souvent négligés ; ils comprennent l'urétrite (accompagnée de mictions douloureuses et fréquentes et d'un écoulement pénien épais), un écoulement vaginal, une douleur abdominale, rectale ou testiculaire, des douleurs pendant le coït et l'irrégularité du cycle menstruel. Chez l'homme, l'infection à *Chlamydia* peut causer l'inflammation des articulations de même qu'une infection étendue des organes génitaux ; chez la femme (qui dans 80 % des cas ne présente aucun symptôme), sa pire conséquence est la stérilité. Chez les nouveau-nés infectés pendant leur passage dans le vagin, *Chlamydia* provoque souvent des conjonctivites et des inflammations des voies respiratoires, notamment la pneumonie. L'infection à *Chlamydia* peut être diagnostiquée au moyen de cultures cellulaires et soignée à l'aide de la tétracycline.

Vaginite

La **vaginite** est habituellement la manifestation d'une infection localisée causée par un protozoaire flagellé (organisme unicellulaire appelé *Trichomonas vaginalis*) ou par la bactérie *Gardnerella vaginalis*, mais plusieurs autres microorganismes peuvent en être responsables, dont *Gonococcus* et *Candida*. La forme de vaginite causée par *T. vaginalis* est aussi courante que la gonorrhée chez les femmes sexuellement actives. La maladie peut s'accompagner de nombreux symptômes, dont la douleur lors du coït, mais les plus fréquents sont un prurit génital intense et un écoulement vaginal verdâtre, nauséabond et abondant. Le médicament de choix pour la vaginite est le métronidazole administré en dose orale unique. Les deux partenaires sexuels doivent se traiter en même temps pour prévenir la réinfection continuelle.

Condylomes acuminés

Les **condylomes acuminés** (figure 28.23) sont dus au *papillomavirus*, qui représente en fait un groupe de 60 virus. Environ un million d'Américains contractent des condylomes acuminés chaque année, et il semble que l'infection par le papillomavirus augmente le risque de souffrir de certains cancers (cancers du pénis, du vagin, du col de l'utérus et de l'anus). En fait, le virus est associé à 80 % de tous les cancers invasifs du col de l'utérus.

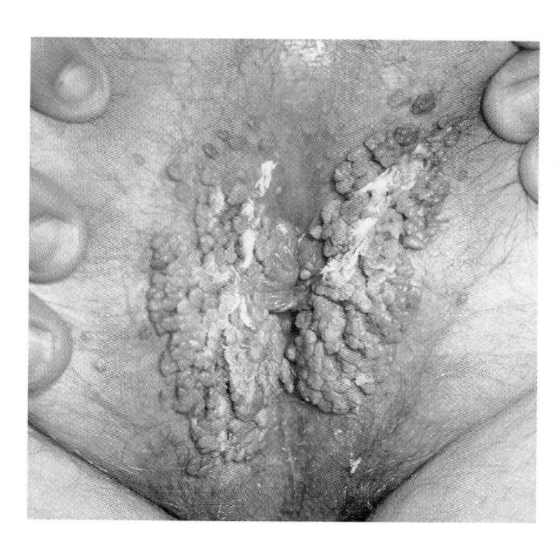

FIGURE 28.23
Condylomes acuminés sur la vulve.

Le traitement est difficile et controversé. Certains cliniciens préfèrent ne pas traiter les condylomes tant qu'ils ne se propagent pas, alors que d'autres cliniciens recommandent de les enlever par cryochirurgie, traitement au laser ou application d'interféron alpha.

Herpès génital

Les herpèsvirus (groupe dont font partie le virus *Herpes simplex* et le virus d'Epstein-Barr) se rangent parmi les agents pathogènes les plus difficiles à soigner chez les humains. Ils peuvent rester à l'état latent pendant des mois et des années, puis récidiver brusquement et produire des bouquets de lésions vésiculeuses. Le virus *Herpes simplex* de type 2, généralement en cause dans l'**herpès génital**, se transmet directement par les sécrétions infectées. Les lésions douloureuses qui apparaissent alors sur les organes génitaux de l'adulte sont très désagréables mais ne mettent pas sa vie en danger. Cependant, le fœtus qui contracte l'herpès peut présenter des malformations importantes. En outre, les herpèsvirus pourraient être associés au cancer du col de l'utérus. La plupart des personnes atteintes d'herpès génital ignorent qu'elles le sont : certains chercheurs pensent que le quart voire la moitié des Américains sont porteurs du virus *Herpes simplex* de type 2. Un antiviral, l'*acyclovir*, est le médicament de choix pour traiter l'herpès génital. Il accélère la guérison des lésions et diminue la fréquence des éruptions. L'Inter Vir-A, un onguent antiviral, soulage quelque peu les démangeaisons et la douleur causées par les lésions. ■

DÉVELOPPEMENT ET VIEILLISSEMENT DES ORGANES GÉNITAUX : CHRONOLOGIE DU DÉVELOPPEMENT SEXUEL

Jusqu'à présent, nous avons parlé des organes génitaux tels qu'ils se présentent et fonctionnent chez les adultes. Nous nous penchons maintenant sur les événements qui font de nous des individus sexués. Ce processus commence longtemps avant la naissance et, du moins chez les femmes, se termine à la fin de l'âge mûr.

Développement embryonnaire et fœtal

Détermination du sexe génétique

Aristote croyait que l'intensité des rapports sexuels déterminait le sexe du futur bébé. Évidemment, il n'en est rien ! Le sexe génétique est déterminé dès le moment où les gènes du spermatozoïde s'unissent aux gènes de l'ovule, et ce sont les **chromosomes sexuels** présents dans chaque gamète qui constituent l'élément déterminant. Des 46 chromosomes de l'ovule fécondé, 2 (une paire) sont des chromosomes sexuels ; les 44 autres sont des **autosomes.** Deux types de chromosomes sexuels existent chez les humains : le gros **chromosome X** et le petit **chromosome Y.** Les cellules somatiques des femmes possèdent deux chromosomes X, c'est-à-dire qu'elles sont XX, de sorte que l'ovule formé au cours d'une méiose normale chez la femme renferme toujours un chromosome X. Les hommes ont un chromosome X et un chromosome Y dans leurs cellules somatiques (XY), de sorte que la moitié des spermatozoïdes produits au cours de la méiose normale chez l'homme renferment un X et l'autre moitié un Y. Si le spermatozoïde qui pénètre l'ovule possède un chromosome X, l'ovule fécondé et toutes ses cellules filles posséderont les chromosomes XX : des ovaires vont se développer chez l'embryon. Si le spermatozoïde a un chromosome Y, l'embryon sera de sexe masculin (XY) et des testicules vont apparaître. Un seul gène situé sur le chromosome Y (le gène *SRY*) déclenche le développement des testicules et, donc, détermine que l'embryon sera de sexe masculin. C'est donc le père qui détermine le sexe génétique de l'embryon. Tout le processus de la différenciation sexuelle dépend du type de gonades qui se sont formées au cours de la vie embryonnaire.

28

Si les chromosomes ne se distribuent pas également dans les deux cellules filles au cours de la méiose, l'ovule fécondé possède une combinaison de chromosomes anormale. Cette anomalie provient de la **non-disjonction** des centromères de deux chromosomes homologues avant leur migration vers les pôles de la cellule, de sorte que ces deux chromosomes migrent vers le même pôle. Un chromosome est donc absent d'une des cellules filles alors que l'autre cellule fille possède deux exemplaires du même chromosome. Quand la non-disjonction touche les chromosomes sexuels, elle produit des anomalies importantes, notamment dans le développement des organes génitaux. Par exemple, les ovaires ne se développent pas chez les femmes qui possèdent un seul chromosome X (XO), une affection appelée *syndrome de Turner.* Les garçons qui n'ont pas de chromosome X (YO) meurent au cours du développement embryonnaire. Les filles atteintes du *syndrome de la super-femelle* possèdent plusieurs chromosomes X (XXX, XXXX, etc.). Elles ont des ovaires sous-développés et une fécondité diminuée et présentent habituellement une déficience mentale. Le *syndrome de Klinefelter*, qui touche 1 naissance vivante de garçon sur 500, est la plus fréquente des anomalies des chromosomes sexuels. Les personnes atteintes de ce syndrome possèdent généralement un chromosome Y ainsi que deux ou plusieurs chromosomes X et ce sont des hommes stériles. Les hommes XXY ont en général une intelligence normale (ou légèrement inférieure à la normale), mais l'incidence de la déficience mentale augmente en proportion du nombre de chromosomes X. Les individus qui possèdent un chromosome Y supplémentaire (XYY) sont des hommes apparemment sains qui ont tendance à être un peu plus grands que la moyenne. ■

Différenciation sexuelle des organes génitaux

Les gonades mâles et femelles commencent à se développer durant la cinquième semaine de gestation ; elles apparaissent alors comme des masses de mésoderme appelées **crêtes gonadiques** (figure 28.24). Les crêtes gonadiques, qui forment des saillies sur la paroi abdominale postérieure, sont situées sur la face intérieure du mésonéphros (rein embryonnaire, voir p. 1000). Les **conduits paramésonéphriques,** ou **canaux de Müller** (futures voies génitales de la femme), se développent latéralement par rapport aux **conduits mésonéphriques,** ou **canaux de Wolff** (futures voies génitales de l'homme). Ces deux types de canaux débouchent dans une même cavité appelée *cloaque.* À ce stade du développement embryonnaire, on dit que le système génital est **indifférencié,** puisque le tissu des crêtes gonadiques peut aussi bien se transformer en gonades mâles qu'en gonades femelles et que les réseaux de conduits des deux sexes sont présents.

Peu après l'apparition des crêtes gonadiques, les **cellules germinales primordiales,** ou gonocytes, migrent vers les crêtes gonadiques à partir d'une structure embryonnaire appelée *sac vitellin* (voir la figure 29.7). Dans les gonades en voie de développement, ces cellules sont destinées à se transformer en spermatogonies et en ovogonies. Lorsque les cellules germinales primordiales sont installées, les crêtes gonadiques se différencient ; elles forment des testicules ou des ovaires, selon le matériel génétique de l'embryon. Ce processus commence à la septième semaine chez les embryons de sexe masculin (XY). Les tubules séminifères contournés se forment à l'intérieur des crêtes gonadiques et rejoignent les conduits mésonéphriques par l'intermédiaire des canalicules efférents. La poursuite du développement des conduits mésonéphriques donne naissance aux voies génitales de l'homme. Les conduits paramésonéphriques ne jouent aucun rôle dans le développement de l'embryon de sexe

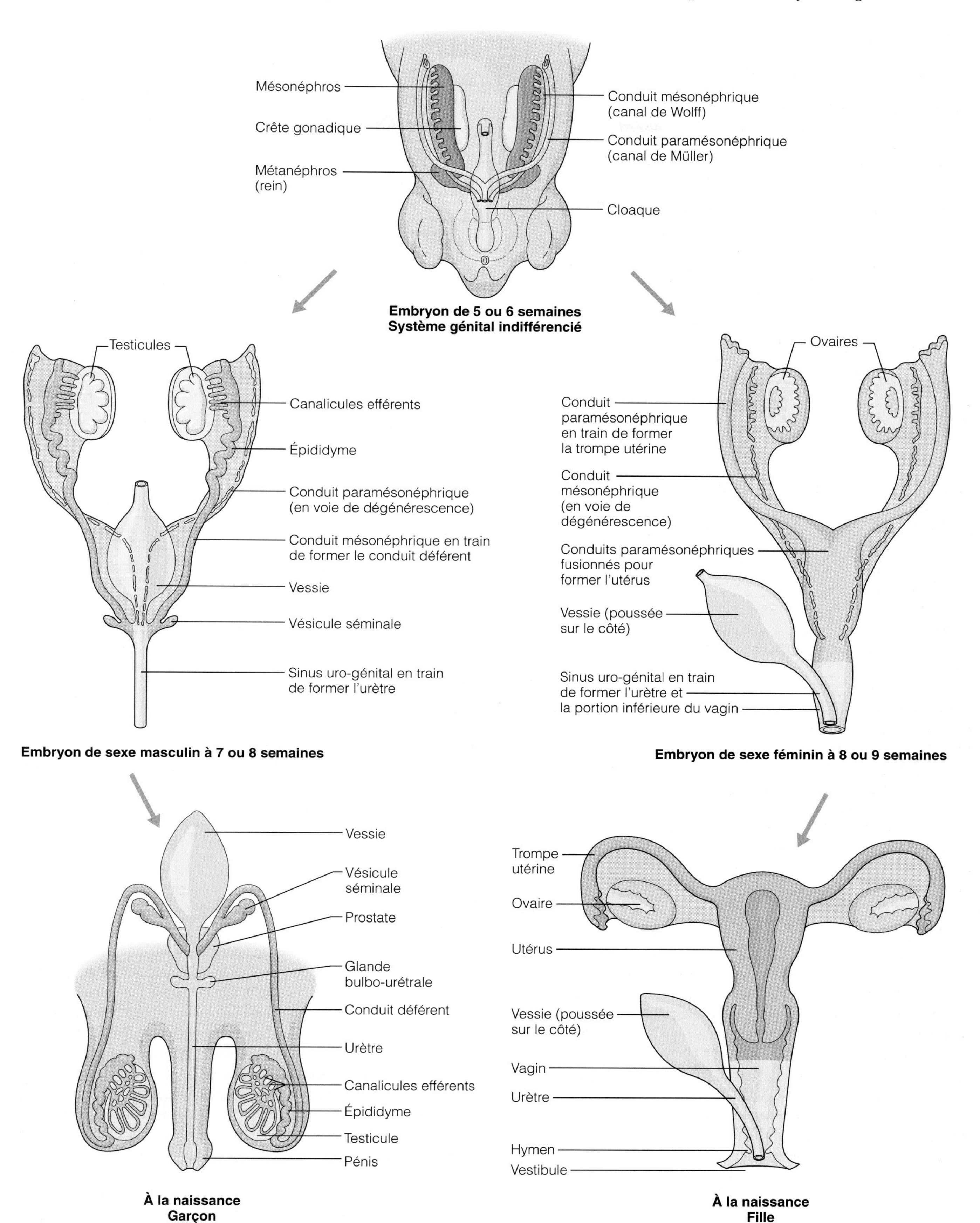
Mésonéphros
Crête gonadique
Métanéphros
(rein)
Conduit mésonéphrique
(canal de Wolff)
Conduit paramésonéphrique
(canal de Müller)
Cloaque
Embryon de 5 ou 6 semaines
Système génital indifférencié
Testicules
Canalicules efférents
Épididyme
Conduit paramésonéphrique
(en voie de dégénérescence)
Conduit mésonéphrique en train
de former le conduit déférent
Vessie
Vésicule séminale
Sinus uro-génital en train
de former l'urètre
Embryon de sexe masculin à 7 ou 8 semaines
Ovaires
Conduit
paramésonéphrique
en train de former
la trompe utérine
Conduit
mésonéphrique
(en voie de
dégénérescence)
Conduits paramésonéphriques
fusionnés pour
former l'utérus
Vessie (poussée
sur le côté)
Sinus uro-génital en train
de former l'urètre et
la portion inférieure du vagin
Embryon de sexe féminin à 8 ou 9 semaines
Vessie
Vésicule
séminale
Prostate
Glande
bulbo-urétrale
Conduit déférent
Urètre
Canalicules efférents
Épididyme
Testicule
Pénis
À la naissance
Garçon
Trompe
utérine
Ovaire
Utérus
Vessie (poussée
sur le côté)
Vagin
Urètre
Hymen
Vestibule
À la naissance
Fille

FIGURE 28.24
Développement des organes génitaux internes.

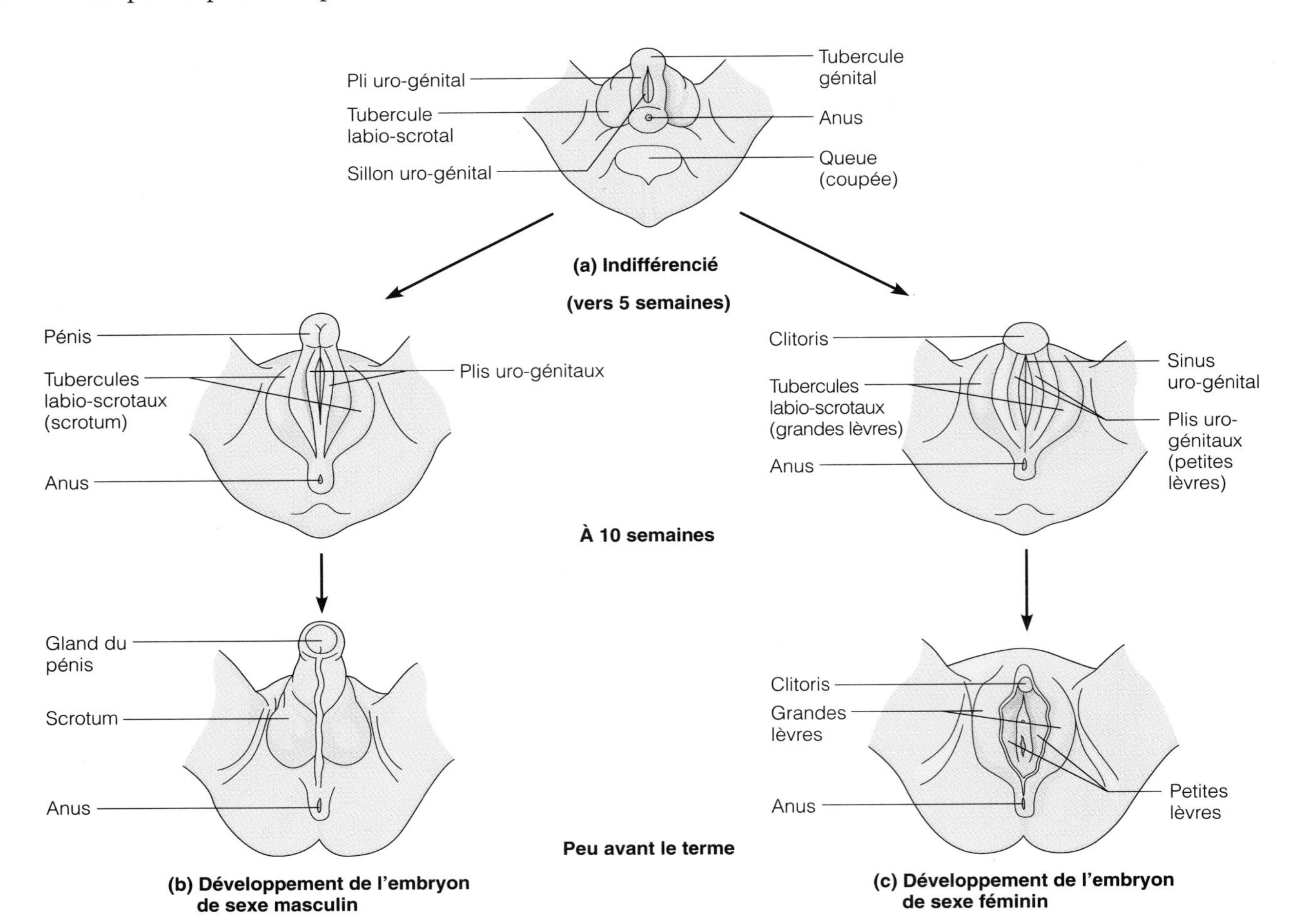

FIGURE 28.25
Développement des organes génitaux externes chez les humains.
(a) Les organes génitaux externes demeurent indifférenciés jusqu'à la huitième semaine de gestation. Au cours du stade indifférencié, tous les embryons présentent une élévation conique appelée tubercule génital, dotée d'une ouverture ventrale appelée sillon uro-génital. Le sillon est entouré des plis uro-génitaux, eux-mêmes limités par les tubercules labio-scrotaux. **(b)** Chez les embryons de sexe masculin, la testostérone provoque la croissance du tubercule génital pour former le corps du pénis, l'allongement du sillon uro-génital et la fusion médiane des plis uro-génitaux, ce qui circonscrit le conduit interne dans lequel va se développer la partie spongieuse (pénienne) de l'urètre. Les tubercules labio-scrotaux donnent naissance au scrotum. **(c)** Chez les embryons de sexe féminin (ou en l'absence de testostérone), le tubercule génital donne naissance au clitoris, le sillon uro-génital reste ouvert pour former le vestibule du vagin, et les plis uro-génitaux ne fusionnent pas et se transforment en petites lèvres. Les tubercules labio-scrotaux forment les grandes lèvres.

masculin et ils dégénèrent peu après, sauf si les petits testicules sont incapables de sécréter une hormone appelée *hormone antimüllérienne* (*AMH*). L'hormone antimüllérienne entraîne la dégradation des conduits paramésonéphriques (canaux de Müller) qui donnent naissance aux voies génitales de la femme (trompes utérines et utérus).

Chez les embryons de sexe féminin (XX), le processus de différenciation commence un peu plus tard, vers la huitième semaine. La partie externe, ou corticale, des ovaires immatures forme les follicules. Peu après, les conduits paramésonéphriques se différencient pour constituer les voies génitales de la femme et les conduits mésonéphriques dégénèrent.

Comme les gonades, les organes génitaux externes des deux sexes proviennent des mêmes structures (figure 28.25). Au stade indifférencié, tous les embryons présentent une petite proéminence appelée **tubercule génital.** Le sinus uro-génital, qui se développe à partir d'une division du cloaque (futurs urètre et vessie), est situé profondément sous le tubercule, et le **sillon uro-génital,** qui constitue l'orifice externe du sinus uro-génital, est situé sur la face inférieure du tubercule. De chaque côté du sillon uro-génital, on retrouve les **plis uro-génitaux,** entourés des **tubercules labio-scrotaux.**

Au cours de la huitième semaine, les organes génitaux entrent dans une période de développement rapide. Chez les garçons, le tubercule génital grossit et s'allonge afin de former le pénis. Les plis uro-génitaux fusionnent sur le plan médian du corps (dans le sens de la longueur) de manière à circonscrire un conduit interne. Cette fusion est incomplète à la partie distale des plis, et c'est ce qui forme le *méat urétral.* Le sinus uro-génital, situé à l'intérieur du conduit interne, est une cavité dont les segments vésical, pelvien et phallique donnent, respectivement, la vessie, les parties prostatique et membranacée de l'urètre, et la partie spongieuse de l'urètre. Les tubercules labio-scrotaux fusionnent également sur le plan médian du corps en formant le scrotum. Chez les filles, le tubercule génital donne naissance au clitoris et le sillon uro-génital devient le vestibule du vagin ; les plis uro-génitaux et les tubercules labio-scrotaux ne fusionnent pas, mais se transforment en petites lèvres et en grandes lèvres.

La différenciation des structures annexes et des organes génitaux externes en structures masculines ou féminines dépend de la présence ou de l'absence de testostérone. Peu après leur formation, les testicules commencent à libérer de la testostérone, qui amorce le développement des conduits annexes masculins et des organes génitaux externes. En l'absence de testostérone, les conduits annexes féminins et les organes génitaux externes féminins se développent.

Les problèmes associés à la production d'hormones sexuelles chez l'embryon provoquent des anomalies troublantes. Par exemple, si les testicules embryonnaires ne produisent pas de testostérone, un individu de sexe génétique masculin aura des annexes et des organes génitaux externes féminins. Par ailleurs, si les testicules ne produisent pas d'hormone antimüllérienne, des voies génitales féminines *et* masculines se développent, mais les organes génitaux externes sont masculins. Si un embryon de sexe génétique féminin est exposé à la testostérone (ce qui peut se produire si la mère a une tumeur de la surrénale sécrétant des androgènes), il possédera des ovaires, mais des conduits et des glandes masculins ainsi qu'un pénis et un scrotum vide. Il semble que les organes génitaux féminins possèdent une capacité intrinsèque de se développer (développement par défaut) : en l'absence de testostérone, ils se développent quel que soit le sexe génétique de l'individu.

Les individus dont les structures génitales annexes ne correspondent pas aux gonades sont appelés *pseudohermaphrodites*, afin de les distinguer des vrais *hermaphrodites*, ces rares individus qui possèdent du tissu ovarien et du tissu testiculaire. Les pseudohermaphrodites ont parfois recours à la chirurgie afin que leur apparence (organes génitaux externes) corresponde à leur identité (gonades). ■

Descente des gonades

Environ deux mois avant la naissance, les testicules commencent à descendre vers le scrotum, en entraînant derrière eux les vaisseaux sanguins et les nerfs qui les desservent (figure 28.26). Ils sortent de la cavité pelvienne par les canaux inguinaux, des passages inclinés à travers les muscles obliques internes de l'abdomen, et entrent dans le scrotum. La testostérone sécrétée par le testicule du fœtus de sexe masculin stimule cette migration, qui est également guidée par un fort cordon de tissu fibreux, appelé **gubernaculum,** s'étendant du testicule au plancher du sac scrotal. La *vaginale du testicule*, tirée dans le scrotum avec celui-ci, provient d'un prolongement en forme de doigt du péritoine pariétal, le *processus vaginal du péritoine*. Les vaisseaux sanguins, les nerfs et les couches de fascia qui accompagnent le testicule forment une partie du *cordon spermatique*, qui contribue à suspendre le testicule dans le scrotum.

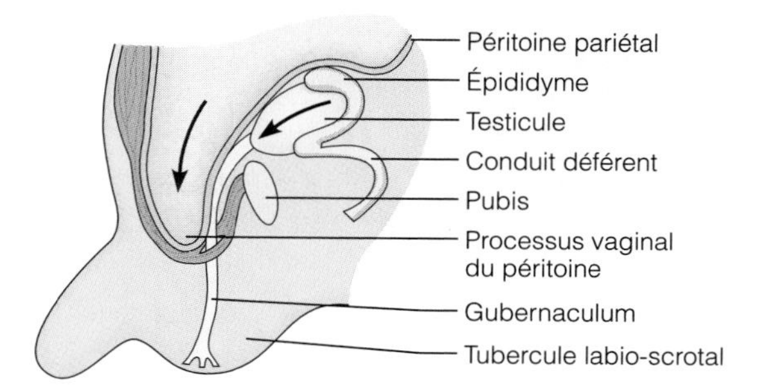

(a) Fœtus de sept mois

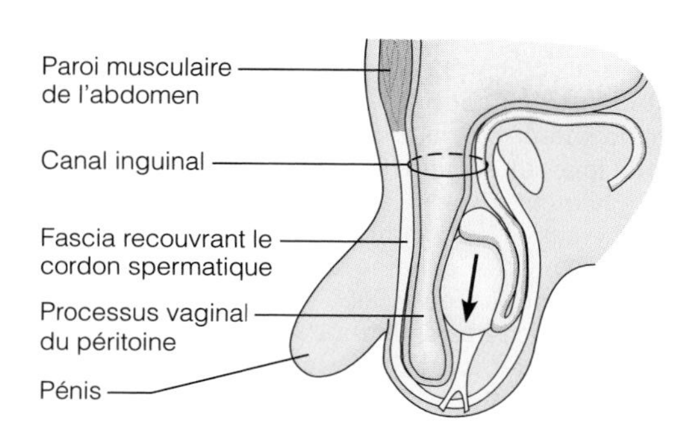

(b) Fœtus de huit mois

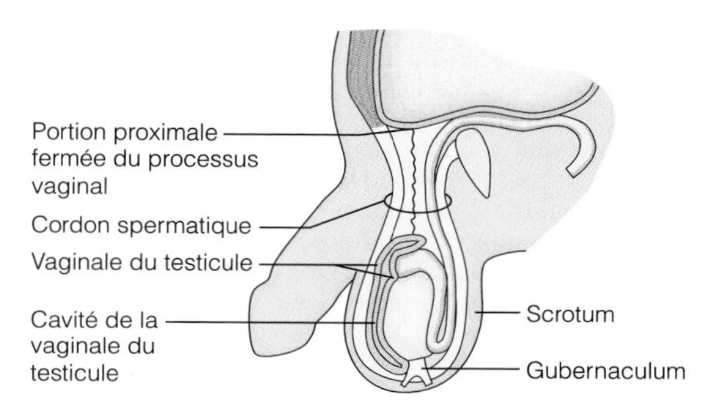

(c) Enfant de un mois

FIGURE 28.26
Descente des testicules. (a) Un testicule commence à descendre derrière le péritoine environ deux mois avant la naissance, et le processus vaginal du péritoine fait saillie dans le tissu qui formera le scrotum (tubercules labio-scrotaux). **(b)** À huit mois, le testicule, suivi du processus vaginal, est descendu dans le scrotum par le canal inguinal. **(c)** Chez l'enfant de un mois, la descente est complète. La portion inférieure du processus vaginal se transforme en vaginale du testicule. La portion proximale du processus vaginal est oblitérée.

Comme les testicules, les ovaires descendent au cours du développement fœtal, mais ils migrent seulement jusqu'au niveau du détroit supérieur, où leur progression est arrêtée par le ligament large. La descente de chaque ovaire est guidée par un gubernaculum (fixé à la grande lèvre) qui se divisera plus tard pour former le ligament propre de l'ovaire et le ligament rond de l'utérus, des structures soutenant les organes génitaux internes dans le bassin.

GROS PLAN

La contraception : être ou ne pas être

Pour toutes sortes de raisons, les êtres humains choisissent souvent de pratiquer la **contraception,** ou régulation des naissances. Même si les scientifiques sont sur la piste d'un contraceptif masculin et qu'un vaccin antispermatozoïde très efficace vient d'être mis au point, la contraception est restée jusqu'à nos jours une affaire de femmes, et la plupart des contraceptifs leur sont destinés.

Comme le montrent les flèches rouges du diagramme, les méthodes de contraception n'ont pas le même site d'action (n'exercent pas leur effet à la même étape du processus de la reproduction). Examinons comment quelques-unes des méthodes les plus courantes fonctionnent. Puisque la fiabilité de la méthode de contraception est capitale, nous donnerons pour chacune le taux d'efficacité ou le taux d'échec.

Les *contraceptifs oraux* (la « pilule ») sont la méthode de contraception la plus populaire en Amérique du Nord. Ces préparations sont vendues en conditionnement de 28 comprimés que la femme prend à raison de 1 comprimé par jour. Les 20 ou 21 premiers comprimés renferment d'infimes quantités d'œstrogènes et de progestatifs (des hormones semblables à la progestérone), tandis que les 7 derniers ne contiennent pas d'hormone. Les hormones présentes dans les contraceptifs oraux « endorment » l'axe hypothalamo-hypophysaire en créant des taux relativement constants d'hormones ovariennes, comme si la femme était enceinte (des œstrogènes et de la progestérone sont produits pendant toute la grossesse). Aucun follicule ovarique ne se développe, et l'ovulation cesse. L'endomètre prolifère légèrement et se desquame lorsque la prise des comprimés contenant des hormones est interrompue, mais l'écoulement menstruel est peu abondant. Cependant, l'équilibre hormonal étant une fonction physiologique réglée avec une très grande précision, certaines femmes ne supportent pas les changements produits par les contraceptifs oraux : elles souffrent de nausées et d'hypertension. On a cru pendant un certain temps que la pilule augmentait les risques de cancer du sein et de l'utérus, mais il semble que les nouveaux contraceptifs oraux à faible dose représenteraient plutôt une protection contre le cancer de l'ovaire et de l'endomètre. (Les indications sont moins évidentes en ce qui concerne le cancer du sein.) La fréquence des troubles cardiovasculaires graves, comme l'accident vasculaire cérébral, la crise cardiaque et la thrombophlébite, qui survenaient (rarement) avec les anciennes préparations a également été réduite. Plus de 50 millions de femmes aux États-Unis utilisent actuellement les contraceptifs oraux. Leur taux d'échec est de 6 grossesses par 100 femmes par année.

Plusieurs préparations contraceptives sont également utilisées pour la *contraception post-coïtale.* Ces *pilules du lendemain* qui contiennent un œstrogène synthétique sont couramment utilisées en Europe et au Canada, fréquemment prescrites aux étudiantes des collèges et des universités, et constituent le traitement conseillé aux victimes de viol. Prises dans les 72 heures suivant un rapport sexuel non protégé, ces préparations qui contiennent des concentrations plus élevées d'œstrogènes et de progestérone « dérèglent » les stimulus hormonaux normaux et empêchent la fécondation de se produire ou l'ovule fécondé de s'implanter. La *mifépristone* (*RU 486*), aussi appelée *pilule abortive*, a été mise au point en France. Des essais cliniques menés dans plusieurs pays au cours de la dernière décennie ont montré qu'elle a un taux d'efficacité de 96 à 98 % et qu'elle n'entraîne pratiquement pas d'effets indésirables. La mifépristone est une antihormone qui, lorsqu'on la prend au cours des sept premières semaines de la grossesse (en combinaison avec d'infimes quantités de prostaglandines pour déclencher des contractions utérines), provoque un avortement spontané en se liant aux sites récepteurs de la progestérone, ce qui bloque son effet « calmant » sur l'utérus.

Parmi les autres méthodes de contraception, on trouve les dispositifs implantés sous la peau et les injections de progestérone synthétique. L'implant Norplant, composé de six petits bâtonnets de silicone qui libèrent un progestatif sur une période de cinq ans, a été approuvé en 1990 aux États-Unis. Depuis son approbation, on a observé un taux d'échec (0,05 %) encore plus faible que celui de la pilule. Toutefois, le retrait de l'implant est parfois difficile et certains associent ce dispositif à une neurotoxicité. La *Depo-Provera*, quant à elle, est une préparation de progestérone synthétique qui est restée très longtemps à l'étude aux États-Unis. Mise au point en 1957, elle n'a été approuvée dans ce pays qu'en octobre 1992 pour utilisation sous forme de contraceptif injectable. Administrée en dose de 150 mg tous les trois mois, le taux d'échec de la Depo-Provera n'est que de 0,4 %.

Pendant de nombreuses années, la deuxième méthode de contraception a été le *dispositif intra-utérin*, couramment appelé stérilet. Inséré dans l'utérus, ce dispositif de plastique ou de métal empêche l'implantation de l'ovule fécondé dans l'endomètre. Les dispositifs intra-utérins ont un taux d'échec presque aussi faible que celui de la pilule, mais plusieurs fabricants les ont retirés du marché à cause de leur occasionnelle inefficacité et des risques de perforation de l'utérus et de pelvipéritonite. Un nouveau type de stérilet libère de façon continue de la progestérone synthétique dans l'endomètre. Ce stérilet est particulièrement recommandé aux femmes qui ont déjà accouché et qui n'ont qu'un seul partenaire sexuel (c'est-à-dire aux femmes qui présentent un risque peu élevé de pelvipéritonite).

La *ligature des trompes* et la *vasectomie* (sectionnement et cautérisation des trompes utérines ou des conduits déférents) sont des méthodes contraceptives pour ainsi dire à toute épreuve, et c'est pourquoi environ 33 % des couples américains en âge de procréer y ont recours. Ces méthodes avaient l'inconvénient d'être définitives, mais on arrive maintenant à rétablir la perméabilité des trompes utérines et des conduits déférents chez une grande partie des personnes qui le demandent.

Le *coït interrompu*, c'est-à-dire le retrait du pénis juste avant l'éjaculation, ne constitue pas une méthode de contraception efficace, car la maîtrise de l'éjaculation est toujours incertaine. Les *méthodes d'abstinence périodique* reposent sur la connaissance des périodes d'ovulation et de fertilité et sur l'abstinence au cours de ces intervalles. On peut déterminer ces périodes au moyen (1) de l'enregistrement quotidien de la température basale (la température baisse légèrement (de 0,1 à 0,5 °C) juste avant l'ovulation, puis augmente légèrement (de 0,1 à 0,5 °C) après l'ovulation) ou (2) de l'évaluation des modifications de la glaire cervicale (la glaire devient collante, puis translucide et élastique comme du blanc d'œuf au cours de la période de fécondité). Ces deux méthodes exigent un enregistrement précis des données durant plusieurs cycles avant qu'on puisse les utiliser efficacement, mais elles donnent un taux élevé de succès chez ceux qui les appliquent soigneusement. Leur taux d'échec de 10 à 20 % indique bien que tout le monde n'est pas prêt à faire les efforts nécessaires.

Les *barrières mécaniques*, telles que le diaphragme, la cape cervicale, le condom (versions masculine et féminine) ainsi que les gel, mousse et éponge spermicides, sont très efficaces, surtout quand elles sont employés par les deux partenaires. On leur reproche toutefois de gêner la spontanéité dans les rapports sexuels.

Plusieurs produits contraceptifs font actuellement l'objet d'essais cliniques, dont les suivants.

1. *Inhibine.* L'action de l'inhibine sur l'adénohypophyse diminue la sécrétion de FSH sans modifier le taux des autres hormones hypophysaires souvent libérées en même temps qu'elle (comme la LH). Certains chercheurs pensent qu'elle pourrait constituer le contraceptif idéal pour les hommes comme pour les femmes.

2. *Antagoniste des gonadotrophines.* Les études cliniques effectuées sur les antagonistes des gonadotrophines ont montré que ceux-ci sont des contraceptifs efficaces tant chez les hommes que chez les femmes. Comme ces antagonistes bloquent la libération de FSH et de LH par l'adénohypophyse, ils inhibent la production de sperme et de testostérone chez les hommes qui les utilisent. Des injections périodiques de testostérone sont cependant nécessaires pour maintenir la capacité d'érection.

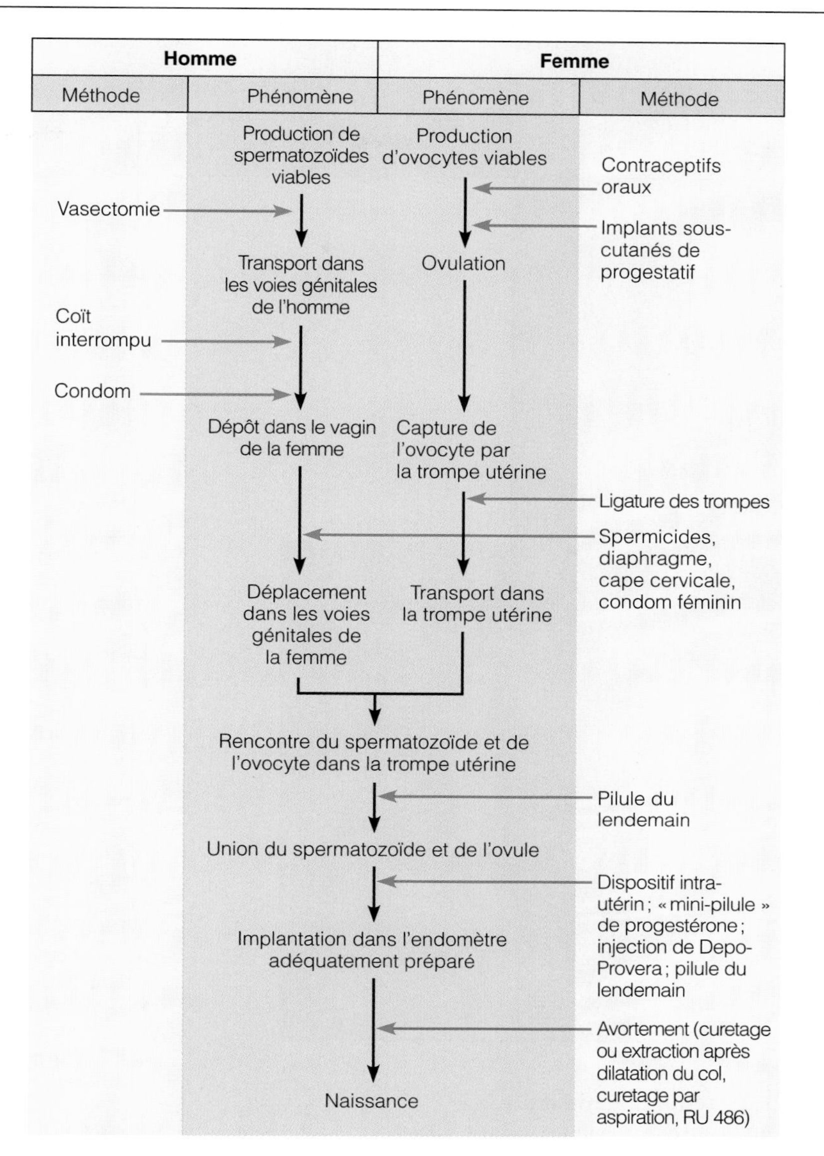

Diagramme des phénomènes composant le processus qui mène à la naissance d'un bébé. Les méthodes et les produits qui interrompent ce processus sont indiqués par des flèches de couleur pointant vers le site de leur action.

Plusieurs autres produits contraceptifs sont encore au stade expérimental, et de nouveaux sont continuellement mis au point. Il n'en reste pas moins que la seule méthode de contraception efficace à 100 % est l'*abstinence totale.*

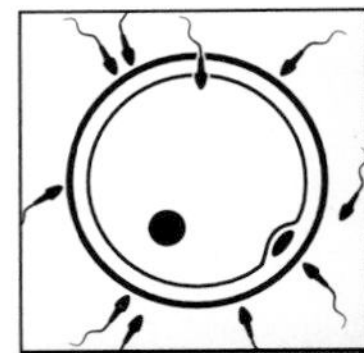

SYNTHÈSE

Tous pour un, un pour tous: relations entre le système génital et les autres systèmes de l'organisme

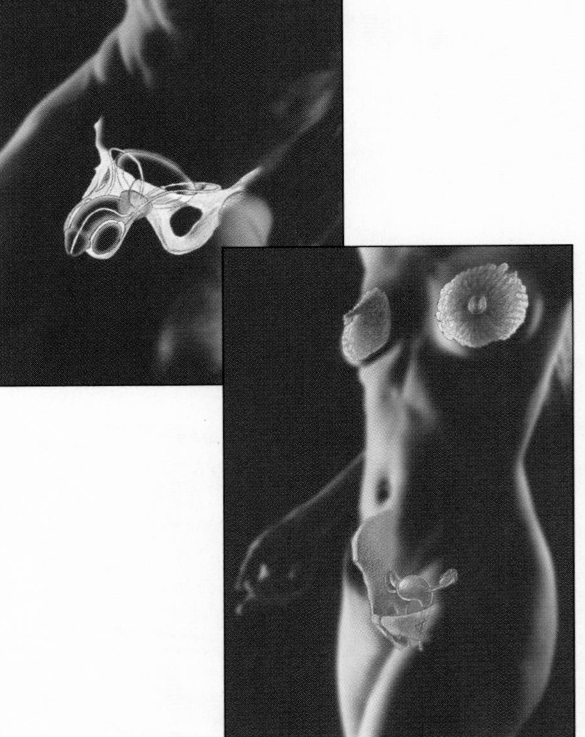

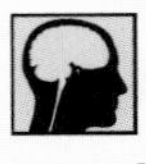

Système nerveux

- Les hormones sexuelles masculinisent ou féminisent le cerveau; elles influent sur la libido.
- L'hypothalamus règle le déroulement de la puberté; la réponse sexuelle est une activité réflexe.

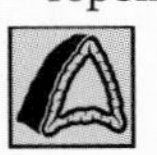

Système endocrinien

- Les hormones gonadiques exercent des rétroactions sur l'axe hypothalamo-hypophysaire; les hormones placentaires favorisent l'hypermétabolisme maternel.
- Les gonadotrophines (et la Gn-RH) contribuent à régler le fonctionnement des gonades.

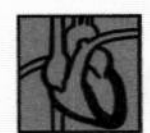

Système cardiovasculaire

- Les œstrogènes font baisser le taux de cholestérol sanguin et contribuent au bon fonctionnement du système cardiovasculaire chez les femmes préménopausées; la grossesse augmente le travail du système cardiovasculaire; la testostérone stimule l'hématopoïèse.
- Le système cardiovasculaire transporte des substances jusqu'aux organes génitaux; l'érection demande une vasodilatation locale; le sang transporte les hormones sexuelles.

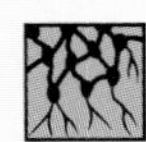

Système lymphatique et immunitaire

- L'embryon et le fœtus en voie de développement échappent à la surveillance immunitaire (absence de rejet).
- Les vaisseaux lymphatiques drainent les liquides tissulaires qui ont fui; ils transportent les hormones sexuelles jusqu'au sang; les cellules immunitaires protègent les organes génitaux contre les infections; le lait maternel contient des IgA.

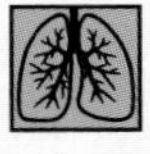

Système respiratoire

- La grossesse gêne la descente du diaphragme durant l'inspiration; la femme enceinte présente souvent de la dyspnée.
- Le système respiratoire fournit de l'oxygène; il rejette le gaz carbonique; le volume courant et la fréquence respiratoire augmentent au cours de la grossesse.

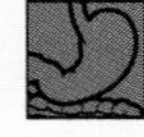

Système digestif

- Les organes du système digestif sont comprimés par le fœtus en voie de développement; les brûlures d'estomac et la constipation sont fréquentes durant la grossesse.
- Le système digestif fournit les nutriments nécessaires au bon fonctionnement des organes du système génital.

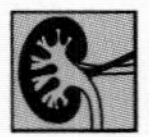

Système urinaire

- L'hypertrophie de la prostate entrave la miction; la compression de la vessie au cours de la grossesse cause des mictions fréquentes et impérieuses; les œstrogènes stimulent la réabsorption du sodium, ce qui inhibe la diurèse, alors que la progestérone l'augmente.
- Les reins éliminent les déchets azotés et maintiennent l'équilibre acido-basique du sang maternel et fœtal; le sperme est émis par l'urètre de l'homme.

Système tégumentaire

- Les androgènes activent les glandes sébacées qui lubrifient la peau et les poils; les hormones gonadiques stimulent la distribution caractéristique du tissu adipeux et l'apparition de poils pubiens et axillaires; les œstrogènes augmentent l'hydratation de la peau; les œstrogènes et la progestérone produisent la pigmentation accrue de la peau du visage au cours de la grossesse.
- La peau protège tous les organes en les recouvrant; les sécrétions des glandes mammaires (lait) nourrissent le bébé.

Système osseux

- Les androgènes masculinisent le squelette et augmentent la densité osseuse; les œstrogènes féminisent le squelette et maintiennent la masse osseuse chez la femme.
- Le bassin renferme les organes génitaux internes; un bassin trop étroit peut empêcher l'accouchement par voie vaginale.

Système musculaire

- Les androgènes favorisent l'augmentation de la masse musculaire.
- Les muscles abdominaux sont actifs au cours de l'accouchement; les muscles du plancher pelvien soutiennent les organes génitaux et contribuent à l'érection du pénis et du clitoris.

Liens particuliers: relations entre le système génital et les systèmes endocrinien, osseux et musculaire

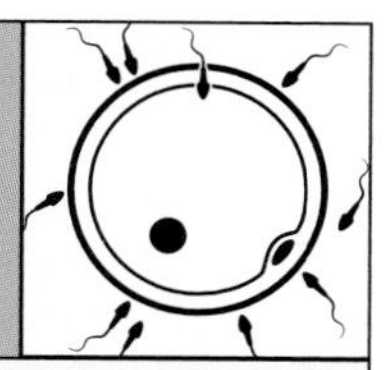

Le système génital peut paraître « égoïste », comme s'il s'intéressait seulement à son propre fonctionnement. Toutefois, compte tenu de l'importance de la reproduction et de la perpétuation de l'espèce, cet égoïsme constitue plutôt un avantage. En effet, le système génital assure (ou essaie d'assurer) la transmission du patrimoine génétique d'un individu et, au lieu d'investir son énergie dans les autres systèmes de l'organisme, il construit un tout nouvel individu. Ne s'agit-il pas là d'une mission plutôt extraordinaire ?

Bien que les relations entre le système génital et les autres systèmes soient relativement peu nombreuses, celles qu'il entretient avec le système endocrinien se distingue des autres, et c'est donc sur elles que nous porterons notre attention. Le système génital et le système endocrinien sont en effet difficiles à séparer, d'autant plus que les gonades fonctionnent elles-mêmes comme des glandes endocrines. Les relations que le système génital entretient avec la plupart des autres systèmes, par exemple avec le système nerveux et le système cardiovasculaire, s'établissent par l'intermédiaire de ses hormones. Par exemple, la testostérone et les œstrogènes masculinisent et féminisent le cerveau, respectivement, et les œstrogènes diminuent le risque d'athérosclérose et retardent le vieillissement du système cardiovasculaire de la femme (particulièrement des vaisseaux sanguins). Les hormones gonadiques jouent également un rôle important dans le développement somatique, surtout à la puberté ; nous y reviendrons un peu plus loin.

Système endocrinien

Tout d'abord, des organes endocriniens particuliers (l'hypothalamus avec sa Gn-RH, l'adénohypophyse avec sa FSH et sa LH) participent à l'orchestration de presque toutes les fonctions de la reproduction. Sans ces organes, les gonades n'atteindraient jamais leur maturité durant l'adolescence, les gamètes ne seraient pas produits et les phénomènes subséquemment déclenchés par les hormones gonadiques n'auraient pas lieu. Nous resterions à jamais des êtres sexuellement immatures et notre système génital serait comparable à celui d'un enfant. D'autre part, si la testostérone n'était pas sécrétée par les minuscules testicules du fœtus de sexe masculin, les voies génitales de l'homme ne se formeraient jamais. En outre, les hormones gonadiques produites en réponse aux gonadotrophines contribuent à régler la libération des gonadotrophines (par des mécanismes de rétroactivation et de rétro-inhibition), ainsi que celle de la gonadolibérine. Nous sommes donc en présence d'une boucle de rétroaction dans laquelle aucune des deux parties ne peut fonctionner sans l'autre.

Systèmes osseux et musculaire

Une fois que les gonades sont prêtes à fonctionner, elles se mettent à leur tour à produire des hormones. Ces hormones non seulement participent à la maturation des organes annexes de leur propre système et contribuent à assurer la gamétogenèse, mais elles jouent aussi un rôle capital dans la poussée de croissance extraordinaire de la puberté, qui transforme le corps d'un enfant en celui d'un adulte. Les effets les plus importants de ces hormones sont les effets anabolisants qui s'exercent sur les os et les muscles squelettiques. Le squelette devient plus grand, plus lourd et plus dense ; chez la femme, le bassin se transforme de manière à faciliter l'accouchement. Chez la femme en âge de procréer, les œstrogènes aident à conserver la masse osseuse. (Leur absence se fait vite sentir après la ménopause.) À la puberté, les muscles squelettiques augmentent eux aussi en volume et en masse, et ils deviennent capables d'une grande force. La testostérone est tout particulièrement importante dans la constitution de la masse musculaire. Les hormones gonadiques n'agissent pas seules, certes, et leurs effets se conjuguent à ceux de l'hormone de croissance et des hormones thyroïdiennes, mais elles contribuent grandement au développement de la stature adulte et sont responsables des modifications musculosquelettiques qui distinguent les deux sexes sur le plan anatomique.

IMPLICATIONS CLINIQUES

Système génital

Étude de cas: Nous revenons à M. Hardi aujourd'hui. La dernière fois que nous nous sommes penchés sur son cas (chapitre 27), on prescrivait une radiographie pour trouver la cause de sa douleur lombaire, ainsi que des analyses sanguines plus poussées. Voici les résultats de la radiographie.

- Radiographie révélant de nombreuses métastases carcinomateuses à la boîte crânienne et à la colonne vertébrale.

En ce qui concerne les analyses sanguines, voici la partie qui peut nous intéresser :

- Taux sérique anormalement élevé de phosphatase acide.

1. Qu'est-ce qu'un carcinome ? À votre avis, quel est le siège initial des lésions carcinomateuses secondaires présentes dans la boîte crânienne et dans la colonne vertébrale ?
2. Sur quoi vous êtes-vous basé pour arriver à cette conclusion ?
3. Quels autres examens pourraient aider à établir le diagnostic pour M. Hardi ?
4. À votre avis, quel type de traitement administrera-t-on à M. Hardi pour soigner son carcinome ? Pourquoi ?

(Réponses à l'appendice G)

La descente incomplète du testicule constitue la *cryptorchidie* (*kruptos* = caché ; *orkhis* = testicule). Parce que cette anomalie entraîne la stérilité et augmente le risque de cancer du testicule, on procède habituellement à une intervention chirurgicale pour la corriger chez le jeune enfant. ■

Puberté

La **puberté** est la période de la vie, entre 10 et 15 ans, où les organes génitaux atteignent leurs dimensions adultes et deviennent fonctionnels. Elle se produit en réaction à l'augmentation du taux d'hormones gonadiques (testostérone chez les garçons et œstrogènes chez les filles). Nous avons déjà décrit dans ce chapitre le développement des caractères sexuels secondaires et les phénomènes hormonaux de la puberté. Répétons toutefois que la puberté constitue le début de la période où la reproduction est possible.

La puberté se déroule de la même manière chez tous, mais elle peut survenir à des âges très différents. Chez les garçons, le signal du déclenchement de la puberté est l'augmentation du volume des testicules et du scrotum, entre l'âge de 8 et 14 ans, suivie de l'apparition des poils pubiens, axillaires et faciaux. La croissance du pénis s'étend sur deux ans. La maturité sexuelle sera révélée par la présence de spermatozoïdes matures dans le sperme. Entre-temps, le jeune homme a des érections intempestives et souvent gênantes de même que de fréquentes émissions nocturnes. Ces phénomènes sont dus à des poussées hormonales et à l'immaturité de l'axe de régulation hormonale.

Le premier signe de la puberté chez les filles est l'apparition des seins, entre l'âge de 8 et 13 ans. La ménarche se produit environ deux ans plus tard en général. L'ovulation est irrégulière et la fécondité incertaine jusqu'à la maturation de la régulation hormonale, qui demande encore deux années.

Ménopause

La plupart des femmes atteignent le sommet de leurs capacités reproductrices vers la fin de la vingtaine. La fonction ovarienne diminue graduellement par la suite, probablement parce que les ovaires répondent de moins en moins aux signaux de la FSH et de la LH. À l'âge de 30 ans, il y a encore quelque 100 000 ovocytes dans les ovaires ; vers l'âge de 50 ans, il n'en reste probablement que quelques-uns. À cause de la diminution des œstrogènes, plusieurs cycles sont anovulatoires, alors que d'autres produisent de 2 à 4 ovules, un phénomène qui reflète le déclin de la régulation hormonale. Ces ovulations multiples augmentent avec l'âge et expliquent pourquoi la proportion de jumeaux et de triplés est plus élevée chez les femmes qui ont leurs enfants dans la trentaine. Le cycle menstruel devient irrégulier et la menstruation dure de moins en moins longtemps. L'ovulation et la menstruation finissent par cesser définitivement ; c'est ce qu'on appelle la ménopause, qui arrive entre 46 et 54 ans. On considère que la **ménopause** s'est produite quand la femme n'a pas eu de menstruation depuis un an.

La sécrétion d'œstrogènes se poursuit pendant un certain temps après la ménopause, mais les ovaires arrêtent un jour de remplir leur rôle de glandes endocrines. Privés de la stimulation exercée par les œstrogènes, les organes génitaux et les seins commencent à s'atrophier. Le vagin s'assèche : les rapports sexuels peuvent devenir douloureux (surtout s'ils sont rares) ; les infections vaginales sont plus fréquentes. L'arrêt de la sécrétion d'œstrogènes peut également provoquer d'autres changements : irritabilité et troubles de l'humeur (dépression chez certaines) ; vasodilatation importante des vaisseaux sanguins de la peau, qui causent les désagréables « bouffées de chaleur » accompagnées de sueurs abondantes ; amincissement graduel de la peau et perte de masse osseuse. L'augmentation progressive du taux de cholestérol sanguin total et la diminution du taux de lipoprotéines de haute densité accroissent le risque de troubles cardiovasculaires chez la femme ménopausée. Si la femme le désire, son médecin peut lui prescrire de faibles doses d'œstrogènes et de progestérone (Prémarine et Provera) afin de l'aider à traverser cette période difficile et de prévenir les troubles osseux et cardiovasculaires. La femme qui prend ces hormones continue d'avoir des cycles menstruels comme si elle n'était pas ménopausée. L'hormonothérapie présente un autre avantage : elle stimule la mémoire immédiate et semble prévenir, du moins en partie, la maladie d'Alzheimer, une affection qui cause la dégénérescence progressive du système nerveux central. Cependant, l'augmentation des risques du cancer du sein que provoqueraient les œstrogènes fait de ce traitement un sujet de controverse.

Bien que certains groupes de femmes rejettent cette forme d'hormonothérapie en disant que la ménopause est une étape normale du développement de la femme, il faut reconnaître que les femmes vivent aujourd'hui plus longtemps qu'autrefois après la ménopause. Par conséquent, la période où elles sont exposées aux risques de troubles cardiovasculaires et de la maladie d'Alzheimer, période durant laquelle l'ostéoporose peut également frapper et occasionner des fractures débilitantes de la colonne vertébrale ou de la hanche, est de plus en plus longue. Il importe donc que les femmes fassent des choix éclairés en ce qui concerne cet aspect de leur santé.

Il n'y a pas d'équivalent de la ménopause chez l'homme. Chez l'homme âgé, la sécrétion de testostérone diminue graduellement et la période de latence après l'orgasme est plus longue, mais la fécondité persiste. Les hommes en bonne santé peuvent devenir pères même après l'âge de 80 ans. Cependant, la motilité des spermatozoïdes baisse considérablement avec le temps. Ainsi, les spermatozoïdes d'un jeune homme peuvent atteindre les trompes utérines en 20 à 50 minutes, alors que ceux d'un homme de 75 ans mettent 2 1/2 jours pour faire le même trajet.

* * *

Les organes génitaux se distinguent des autres systèmes de l'organisme par au moins deux caractéristiques : (1) ils ne fonctionnent pas au cours des 10 à 15 premières années de la vie ; (2) ils peuvent interagir avec les organes génitaux complémentaires d'une autre personne. En fait, non seulement le peuvent-ils, mais c'est leur seul moyen d'accomplir leur fonction biologique ! Cette interaction complexe se termine par une grossesse et une naissance. Toutefois, les partenaires sexuels n'ont pas toujours l'intention d'avoir un bébé, et c'est pourquoi les humains ont inventé plusieurs méthodes de contraception (voir l'encadré des pages 1076-1077).

Le système génital a pour fonction de maintenir, par le biais des hormones gonadiques, la physiologie normale de ses organes, afin de permettre la production d'une descendance. Cependant, les organes gonadiques influent sur les organes d'autres systèmes, et les organes génitaux dépendent d'autres systèmes pour obtenir des nutriments et de l'oxygène et pour se débarrasser de leurs déchets. (Voir l'encadré intitulé *Synthèse*.)

Maintenant que nous savons comment les organes génitaux se préparent à la reproduction, nous sommes prêts à étudier le déroulement de la grossesse et du développement prénatal d'un nouvel être humain, ce que nous faisons au chapitre 29.

TERMES MÉDICAUX

Cancer de l'ovaire Tumeur maligne de l'ovaire se développant le plus souvent à partir de l'épithélium germinatif; vient au quatrième rang des cancers des organes génitaux ; sa fréquence augmente en fonction de l'âge, et elle est particulièrement élevée entre 50 et 60 ans. Étant donné que les premiers symptômes font penser à des troubles digestifs (malaise abdominal, ballonnement et flatulence), il arrive souvent que le médecin ne soit consulté qu'après la formation de métastases ; le taux de survie après cinq ans est de 60 % si le diagnostic est posé avant la métastase.

Dysménorrhée (*dus* = difficile ; *mên* = mois ; *rhein* = couler) Menstruation douloureuse ; peut résulter d'une activité anormalement élevée des prostaglandines au cours de la menstruation.

Endométriose Trouble inflammatoire dans lequel du tissu endométrial apparaît ailleurs que dans son milieu normal (dans les trompes, sur l'ovaire, sur le rectum, etc.) et subit une croissance atypique ; caractérisée par des saignements utérins et rectaux anormaux, la dysménorrhée et une douleur pelvienne ; peut causer la stérilité.

Gynécologie (*gunê* = femme ; *logos* = discours) Branche de la médecine qui a pour objet le diagnostic et le traitement des troubles des organes génitaux féminins.

Gynécomastie (*gunê* = femme ; *mastos* = mamelle) Augmentation anormale du tissu mammaire chez l'homme, due à l'hypersécrétion d'œstrogènes par le cortex surrénal, à certains médicaments (cimétidine, spironolactone et quelques agents chimiothérapeutiques) ou à l'usage de marijuana.

Hernie inguinale Protubérance d'une partie des intestins dans le scrotum ou à travers une ouverture des muscles abdominaux dans la région inguinale ; étant donné que les canaux inguinaux constituent un point faible dans la paroi abdominale, le soulèvement d'objets lourds et les autres activités qui augmentent la pression intra-abdominale peuvent causer une hernie inguinale.

Hystérectomie (*hustera* = utérus ; *ektomê* = ablation) Ablation chirurgicale totale ou partielle de l'utérus.

Kystes ovariens Les kystes sont les maladies de l'ovaire les plus courantes ; certains sont des tumeurs. Il en existe plusieurs types : (1) les *kystes folliculaires* se forment à partir d'un ou plusieurs follicules hypertrophiés et sont remplis d'un liquide translucide ; (2) les *kystes dermoïdes* sont remplis d'un liquide jaune épais et contiennent des tissus partiellement développés (poils, dents, os, etc.) ; (3) les *kystes chocolat*, remplis d'une matière gélatineuse foncée, résultent souvent de l'endométriose de l'ovaire. Aucun de ces kystes n'est malin, mais les deux derniers peuvent le devenir.

Laparoscopie (*lapara* = flanc ; *skopein* = examiner) Examen de la cavité abdomino-pelvienne au moyen d'un laparoscope (appareil optique installé à l'extrémité d'un tube mince qu'on insère dans la paroi abdominale antérieure). La laparoscopie est souvent utilisée pour évaluer l'état des organes génitaux internes de la femme.

Orchite (*orkhis* = testicule) Inflammation aiguë ou chronique du testicule, parfois causée par le virus des oreillons.

Ovariectomie Ablation chirurgicale de l'ovaire.

Salpingite (*salpinx* = trompe) Inflammation de la trompe utérine faisant suite le plus souvent à une inflammation de l'utérus.

RÉSUMÉ DU CHAPITRE

La fonction du système génital est de produire une descendance. Les gonades produisent les gamètes (spermatozoïdes ou ovules) et les hormones sexuelles. Tous les autres organes génitaux sont des annexes.

Anatomie du système génital de l'homme (p. 1039-1044)

Scrotum (p. 1040)

1. Le scrotum renferme les testicules. Il les maintient à une température légèrement inférieure à celle du corps, ce qui est essentiel à la production de spermatozoïdes viables.

Testicules (p. 1040-1042)

2. Chaque testicule est recouvert d'une albuginée qui se projette vers l'intérieur et divise le testicule en un grand nombre de lobules. Chaque lobule renferme des tubules séminifères contournés, qui produisent les spermatozoïdes, et des cellules interstitielles, qui produisent des androgènes.

Voies génitales de l'homme (p. 1042)

3. L'épididyme recouvre la face externe du testicule et constitue le lieu de maturation et de stockage des spermatozoïdes.

4. Le conduit déférent, qui s'étend de l'épididyme à l'urètre, projette les spermatozoïdes dans l'urètre grâce à ses mouvements péristaltiques au cours de l'éjaculation. Son extrémité terminale fusionne avec le conduit de la vésicule séminale pour former le conduit éjaculateur.

5. L'urètre s'étend de la vessie jusqu'à l'extrémité du pénis. Il transporte l'urine ou le sperme jusqu'à l'extérieur du corps.

Glandes annexes (p. 1042-1044)

6. Les glandes annexes sécrètent la majeure partie du sperme, qui contient le fructose produit par les vésicules séminales, le liquide activateur provenant de la prostate et le mucus sécrété par les glandes bulbo-urétrales.

Pénis (p. 1044)

7. Le pénis, organe de la copulation chez l'homme, est surtout constitué de tissu érectile (le corps spongieux et les deux corps caverneux). Quand le tissu érectile s'engorge de sang, le pénis se raidit, un phénomène appelé érection.

8. Le périnée de l'homme est la région limitée par la symphyse pubienne, les tubérosités ischiatiques et le coccyx.

Sperme (p. 1044)

9. Le sperme est un liquide alcalin qui dilue et transporte les spermatozoïdes. Les substances les plus importantes qu'il contient sont des nutriments, des prostaglandines et la séminalplasmine. Une éjaculation se compose de 2 à 5 mL de sperme. Chaque millilitre contient entre 50 et 130 millions de spermatozoïdes chez les adultes normaux.

Physiologie du système génital de l'homme (p. 1044-1053)

Réponse sexuelle de l'homme (p. 1044-1045)

1. L'érection est régie par des réflexes parasympathiques.

2. L'éjaculation est l'expulsion du sperme à l'extérieur des voies génitales de l'homme. Elle est régie par le système nerveux sympathique. L'éjaculation fait partie de l'orgasme masculin, qui s'accompagne d'une sensation de plaisir et d'une augmentation du pouls et de la pression artérielle.

Spermatogenèse (p. 1045-1051)

3. La spermatogenèse, production des gamètes mâles dans les tubules séminifères contournés, commence à la puberté.

4. La méiose, processus de base de la production des gamètes, se compose de deux divisions nucléaires successives, sans réplication de l'ADN entre les deux divisions. La méiose réduit de moitié le nombre de chromosomes et crée des variations génétiques. La synapsis et l'enjambement (« crossing-over ») sont des phénomènes uniques à la méiose.

5. Les spermatogonies se divisent par mitose afin de perpétuer la lignée des cellules germinales. Certaines de leurs descendantes se transforment en spermatocytes de premier ordre, qui subissent la méiose I et donnent des spermatocytes de deuxième ordre. Les spermatocytes de deuxième ordre subissent la méiose II, chacun produisant alors quatre spermatides haploïdes (n).

6. Les spermatides se transforment en spermatozoïdes fonctionnels au cours de la spermiogenèse, qui leur fait perdre le cytoplasme superflu et leur donne un acrosome et un flagelle (queue).

7. Les épithéliocytes de soutien constituent la barrière hémato-testiculaire, nourrissent les cellules germinales et les transportent vers la lumière des tubules séminifères contournés, et sécrètent un liquide servant au transport des spermatozoïdes.

Régulation hormonale de la fonction de reproduction chez l'homme (p. 1051-1053)

8. La Gn-RH sécrétée par l'hypothalamus stimule la libération de FSH et de LH par l'adénohypophyse. La FSH active la spermatogenèse en stimulant la production de l'ABP par les épithéliocytes de soutien. La LH stimule la libération de testostérone par les cellules interstitielles. La testostérone se lie à l'ABP afin de stimuler la spermatogenèse. La testostérone et l'inhibine (sécrétée par les épithéliocytes de soutien) exercent une rétroaction qui inhibe le fonctionnement de l'hypothalamus et de l'adénohypophyse.

9. La maturation de la régulation hormonale s'établit au cours de la puberté et prend environ trois ans.

10. La testostérone stimule la maturation des organes génitaux masculins et déclenche le développement des caractères sexuels secondaires de l'homme. Elle exerce des effets anabolisants sur le squelette et les muscles squelettiques, stimule la spermatogenèse et est responsable de la libido.

Anatomie du système génital de la femme (p. 1053-1062)

1. Les organes génitaux de la femme produisent des gamètes et des hormones sexuelles et soutiennent le fœtus en voie de développement jusqu'à sa naissance.

Ovaires (p. 1053-1056)

2. Les ovaires sont localisés de part et d'autre de l'utérus. Ils sont maintenus en place par les ligaments propre et suspenseur de l'ovaire et par le mésovarium.

3. On trouve dans chaque ovaire des follicules (renfermant un ovocyte) à divers stades de développement et des corps jaunes.

Voies génitales de la femme (p. 1056-1060)

4. La trompe utérine, soutenue par le mésosalpinx, commence près de l'ovaire et va jusqu'à l'utérus. Son extrémité frangée et ciliée crée un courant qui contribue à attirer l'ovocyte dans la trompe elle-même. Les cils de la muqueuse de la trompe font avancer l'ovocyte vers l'utérus.

5. L'utérus comporte un fundus, un corps et un col. Il est soutenu par le ligament large, le ligament du paracervix, les ligaments utéro-sacraux et les ligaments ronds.

6. La paroi utérine est composée du périmétrium (couche externe), du myomètre et de l'endomètre (couche interne). L'endomètre se compose d'une couche fonctionnelle, qui se desquame régulièrement si aucun embryon ne s'y implante, et d'une couche basale, qui reconstitue la couche fonctionnelle.

7. Le vagin s'étend de l'utérus jusqu'à l'extérieur du corps. C'est l'organe de la copulation et il permet l'écoulement du flux menstruel et le passage du bébé.

Organes génitaux externes (p. 1060)

8. Les organes génitaux externes de la femme (vulve) se composent du mont du pubis, des grandes et petites lèvres, du clitoris, de l'orifice vaginal et du méat urétral. Les grandes lèvres renferment les glandes vestibulaires majeures, qui sécrètent un mucus.

Glandes mammaires (p. 1060-1062)

9. Les glandes mammaires sont situées devant les muscles pectoraux du thorax. Chaque glande mammaire est constituée d'un grand nombre de lobules séparés par du tissu conjonctif et du tissu adipeux ; les lobules renferment les alvéoles productrices de lait.

Physiologie du système génital de la femme (p. 1062-1070)

Ovogenèse (p. 1062-1064)

1. L'ovogenèse, la production d'ovules, commence chez le fœtus. Les ovogonies, les cellules germinales diploïdes des gamètes de la femme, se transforment en ovocytes de premier ordre avant la naissance. Les ovaires du bébé contiennent environ 400 000 follicules primordiaux qui renferment chacun un ovocyte de premier ordre arrêté à la prophase de la méiose I.

2. La méiose reprend à partir de la puberté. Chaque mois, un ovocyte de premier ordre complète la méiose I, ce qui produit un gros ovocyte de deuxième ordre et un globule polaire I. La méiose II de l'ovocyte de deuxième ordre produit un ovule fonctionnel et un globule polaire II, mais elle n'a lieu que si l'ovocyte de deuxième ordre est pénétré par un spermatozoïde.

3. L'ovule renferme la majeure partie du cytoplasme de l'ovocyte. Les globules polaires ne sont pas fonctionnels et ils dégénèrent.

Cycle ovarien (p. 1064-1065)

4. Au cours de la phase folliculaire (jours 1 à 14), plusieurs follicules primaires commencent à mûrir. Les cellules folliculaires prolifèrent et sécrètent des œstrogènes, et une capsule de tissu conjonctif (thèque) se forme autour du follicule en voie de maturation. En général, un seul follicule par mois achève le processus de maturation et fait saillie à la surface de l'ovaire. Vers la fin de cette phase, l'ovocyte du follicule dominant achève la méiose I. L'ovulation se produit, habituellement le jour 14, et l'ovocyte est libéré dans la cavité péritonéale. Les autres follicules en voie de développement se détériorent.

5. Pendant la phase lutéale (jours 15 à 28), le follicule rompu se transforme en corps jaune. Celui-ci produit de la progestérone et des œstrogènes pendant le reste du cycle. Si l'ovocyte n'est pas fécondé, le corps jaune dégénère après 10 jours environ.

Régulation hormonale du cycle ovarien (p. 1065-1067)

6. À partir de la puberté, les hormones de l'hypothalamus, de l'adénohypophyse et des ovaires interagissent de manière à établir et à régler le cycle ovarien. L'établissement du cycle adulte, révélé par la ménarche, prend environ quatre ans.

7. Les phénomènes hormonaux de chaque cycle ovarien sont les suivants: (1) La Gn-RH stimule la libération par l'adénohypophyse de FSH et de LH, qui stimulent la maturation du follicule et la production d'œstrogènes par celui-ci. (2) Quand les œstrogènes sanguins atteignent un certain niveau, ils exercent une rétroactivation sur l'axe hypothalamo-hypophysaire, ce qui provoque une brusque libération de LH qui active la poursuite de la méiose par l'ovocyte de premier ordre et déclenche l'ovulation. (3) L'augmentation des taux de progestérone et d'œstrogènes inhibe l'axe hypothalamo-hypophysaire, le corps jaune dégénère, les hormones ovariennes chutent à leur plus bas niveau, et le cycle recommence.

Cycle menstruel (p. 1067-1069)

8. Les variations des taux sanguins d'hormones ovariennes déclenchent les phénomènes du cycle menstruel.

9. Au cours de la phase menstruelle, ou menstruation, du cycle menstruel (jours 1 à 5), la couche fonctionnelle de l'endomètre se desquame. Au cours de la phase proliférative (jours 6 à 14), l'augmentation du taux d'œstrogènes stimule la régénération de la couche fonctionnelle, de façon que l'utérus soit favorable à l'implantation d'un embryon environ une semaine après l'ovulation. Pendant la phase sécrétoire (jours 15 à 28), les glandes utérines sécrètent du glycogène et la vascularisation de l'endomètre s'accroît.

10. La baisse des taux d'hormones ovariennes au cours des derniers jours du cycle ovarien provoque des spasmes des artères spiralées et l'interruption de l'apport sanguin à la couche fonctionnelle: la menstruation marque le début d'un nouveau cycle menstruel.

Effets extra-utérins des œstrogènes et de la progestérone (p. 1069)

11. Les œstrogènes stimulent l'ovogenèse. À la puberté, ils provoquent la croissance des organes génitaux, la poussée de croissance de l'adolescence et l'apparition des caractères sexuels secondaires.

12. La progestérone agit de concert avec les œstrogènes pour la maturation des seins et la régulation du cycle menstruel.

Réponse sexuelle de la femme (p. 1069-1070)

13. La réponse sexuelle de la femme ressemble à celle de l'homme. Chez la femme, l'orgasme n'est pas accompagné d'une éjaculation et n'est pas nécessaire à la conception.

Maladies transmissibles sexuellement (p. 1070-1071)

1. Les maladies transmissibles sexuellement (MTS) sont des maladies infectieuses transmises lors des contacts sexuels. La gonorrhée, la syphilis, l'infection à *Chlamydia* et certaines formes de vaginite sont des maladies bactériennes qui, en l'absence de traitement, peuvent mener à la stérilité. La syphilis a des conséquences plus importantes que la plupart des autres MTS bactériennes, puisqu'elle peut toucher tous les organes. L'herpès génital et les condylomes acuminés, des infections virales, pourraient être associés au cancer du col de l'utérus. Le SIDA, qui se manifeste par une dépression du système immunitaire, peut également se transmettre par contact sexuel.

Développement et vieillissement des organes génitaux: chronologie du développement sexuel (p. 1072-1080)

Développement embryonnaire et fœtal (p. 1072-1077, 1080)

1. Le sexe génétique est déterminé par les chromosomes sexuels: un chromosome X provenant de la mère et un chromosome X ou Y provenant du père. Si l'ovule fécondé est XX, l'enfant sera de sexe féminin et possédera des ovaires; s'il est XY, l'enfant sera de sexe masculin et possédera des testicules.

2. Les gonades des deux sexes proviennent des crêtes gonadiques (masses de mésoderme). Les conduits mésonéphriques donnent naissance aux conduits et aux glandes annexes de l'homme. Les conduits paramésonéphriques donnent naissance aux voies génitales de la femme.

3. Les organes génitaux externes proviennent du tubercule génital et des structures qui y sont associées. Le développement des organes génitaux annexes et des organes génitaux externes masculins dépend de la présence de la testostérone sécrétée par les testicules embryonnaires. En l'absence de testostérone, les organes féminins se développent.

4. Les testicules se forment dans la cavité abdominale et descendent dans le scrotum.

Puberté (p. 1080)

5. La puberté est la période où les organes génitaux atteignent leur maturité et deviennent fonctionnels. Chez les garçons, elle commence par la croissance du pénis et du scrotum; chez les filles, par le développement des seins.

Ménopause (p. 1080)
6. Au cours de la ménopause, la fonction ovarienne diminue, puis l'ovulation et la menstruation cessent. Des bouffées de chaleur et des troubles de l'humeur peuvent survenir. La ménopause peut entraîner une atrophie des organes génitaux, une perte de masse osseuse et une augmentation des risques de troubles cardiovasculaires.

QUESTIONS DE RÉVISION

Choix multiples/associations

(Réponses à l'appendice G)

1. Après l'ovulation, les structures qui attirent l'ovocyte dans les voies génitales de la femme sont : (a) les cils ; (b) les franges ; (c) les microvillosités ; (d) les stéréocils.

2. L'embryon s'implante habituellement dans : (a) la trompe utérine ; (b) la cavité péritonéale ; (c) le vagin ; (d) l'utérus.

3. L'homologue masculin du clitoris de la femme est : (a) le pénis ; (b) le scrotum ; (c) la partie spongieuse de l'urètre ; (d) le testicule.

4. Lequel des énoncés suivants décrit correctement une partie de l'anatomie féminine ? (a) L'orifice vaginal est le plus postérieur des trois orifices du périnée ; (b) le méat urétral est situé entre l'orifice vaginal et l'anus ; (c) l'anus est localisé entre l'orifice vaginal et le méat urétral ; (d) le méat urétral est le plus antérieur des deux orifices de la vulve.

5. Les caractères sexuels secondaires sont : (a) présents chez l'embryon ; (b) une conséquence de l'augmentation du taux d'hormones sexuelles à la puberté ; (c) le testicule chez l'homme et l'ovaire chez la femme ; (d) permanents une fois qu'ils sont apparus.

6. Laquelle des structures suivantes sécrète les hormones sexuelles mâles ? (a) Les vésicules séminales ; (b) le corps jaune ; (c) les follicules en voie de développement du testicule ; (d) les cellules interstitielles du testicule.

7. Que se produit-il si les testicules ne descendent pas ? (a) Aucune hormone sexuelle mâle ne circulera dans l'organisme ; (b) les spermatozoïdes ne pourront pas sortir du corps ; (c) le développement des testicules sera retardé à cause de l'apport sanguin insuffisant ; (d) aucun spermatozoïde mature ne sera produit.

8. Le nombre diploïde de chromosomes chez les humains est : (a) 48 ; (b) 47 ; (c) 46 ; (d) 23 ; (e) 24.

9. En gardant à l'esprit les différences entre la mitose et la méiose, choisissez les énoncés qui s'appliquent *seulement* à la méiose. (a) Marquée par la présence de tétrades ; (b) produit deux cellules filles ; (c) produit quatre cellules filles ; (d) se poursuit pendant toute la vie ; (e) réduit de moitié le nombre de chromosomes ; (f) marquée par la synapsis et l'enjambement des chromosomes.

10. Associez les termes suivants avec la description appropriée :

(a) ABP	**(e)** Inhibine
(b) Œstrogènes	**(f)** LH
(c) FSH	**(g)** Progestérone
(d) Gn-RH	**(h)** Testostérone

__________, __________ **(1)** Hormones qui règlent directement le cycle ovarien.

__________, __________ **(2)** Substances chimiques qui inhibent l'axe hypothalamo-testiculaire chez l'homme.

__________ **(3)** Hormone qui rend la glaire cervicale visqueuse.

__________ **(4)** Accentue l'action de la testostérone sur les cellules germinales.

__________, __________ **(5)** Chez la femme, exerce une rétro-inhibition sur l'hypothalamus et l'adénohypophyse.

__________ **(6)** Stimule la sécrétion de la testostérone.

11. On peut diviser le cycle menstruel en trois phases successives. À partir du premier jour du cycle, elles se déroulent dans l'ordre suivant : (a) menstruelle, proliférative, sécrétoire ; (b) menstruelle, sécrétoire, proliférative ; (c) sécrétoire, menstruelle, proliférative ; (d) proliférative, menstruelle, sécrétoire ; (e) sécrétoire, proliférative, menstruelle.

12. Les spermatozoïdes sont aux tubules séminifères contournés ce que les ovocytes sont aux : (a) franges ; (b) corpus albicans ; (c) follicules ovariques ; (d) corps jaunes.

13. Laquelle des structures suivantes synthétise la plus grande partie du sperme ? (a) Prostate ; (b) glandes bulbo-urétrales ; (c) testicules ; (d) vésicule séminale.

14. Le corps jaune se forme au site de : (a) la fécondation ; (b) l'ovulation ; (c) la menstruation ; (d) l'implantation.

15. Le sexe d'un enfant est déterminé par : (a) le chromosome sexuel que possède le spermatozoïde ; (b) le chromosome sexuel que possède l'ovocyte ; (c) le nombre de spermatozoïdes qui fécondent l'ovocyte ; (d) la position du fœtus dans l'utérus.

16. La phase sécrétoire du cycle menstruel correspond à quelle phase du cycle ovarien ? (a) La phase folliculaire ; (b) la phase lutéale ; (c) la phase menstruelle ; (d) la phase proliférative.

17. Un médicament qui « rappelle » à l'hypophyse de produire de la FSH et de la LH pourrait être utile comme : (a) contraceptif ; (b) diurétique ; (c) stimulant de la fécondité ; (d) stimulant de l'avortement.

Questions à court développement

18. Pourquoi le terme *système uro-génital* s'applique-t-il davantage aux hommes qu'aux femmes ?

19. La spermatide est haploïde mais ce n'est pas un gamète fonctionnel. Nommez et décrivez le processus de transformation de la spermatide en spermatozoïde motile et décrivez les principales régions structurales (et fonctionnelles) du spermatozoïde.

20. Chez la femme, l'ovogenèse produit un gamète fonctionnel, l'ovule. Quelles autres cellules ce processus produit-il ? Que signifie ce « gaspillage » de cellules au cours de la production des gamètes, en d'autres termes pourquoi n'y a-t-il qu'un gamète au lieu de quatre comme chez l'homme ?

21. Énumérez trois caractères sexuels secondaires féminins.

22. Décrivez le déroulement et les effets possibles de la ménopause.

23. Qu'est-ce que la ménarche ? Qu'indique-t-elle ?

24. Pour trois méthodes de régulation des naissances — les contraceptifs oraux, le diaphragme et le coït interrompu — , indiquez : (a) le site du blocage du processus de la reproduction ; (b) le mode d'action ; (c) l'efficacité relative ; (d) les problèmes inhérents à la méthode.

25. Décrivez le trajet du spermatozoïde, depuis le testicule de l'homme jusqu'à la trompe utérine de la femme.

26. Lors de la menstruation, la couche fonctionnelle de l'endomètre se desquame. Expliquez les facteurs hormonaux et physiques qui sont responsables de cette desquamation. (Indice : voir la figure 28.22.)

27. L'épithélium du vagin et les glandes cervicales de l'utérus contribuent à empêcher les bactéries résidentes du vagin de se propager dans les voies génitales supérieures. Expliquez comment chacune de ces structures fonctionne.

28. Des élèves du cours d'anatomie ont dit que les glandes bulbo-urétrales (et les glandes urétrales) de l'homme agissent comme ces employés municipaux qui, en prévision d'un défilé, viennent s'assurer qu'aucune voiture n'est garée dans la rue où il passera. Que signifie cette analogie ?

29. Un homme a nagé dans de l'eau froide pendant une heure, puis il a remarqué que son scrotum était rétréci et plissé. Il a d'abord cru qu'il avait perdu ses testicules. Que s'est-il réellement passé ?

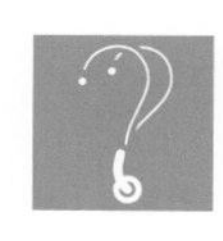

RÉFLEXION ET APPLICATION

1. Danielle Martin, une femme de 44 ans mère de 8 enfants, consulte son médecin au sujet d'une sensation de lourdeur dans le bassin, de douleurs lombaires et d'incontinence urinaire. Son périnée présente de grosses chéloïdes (tumeurs cutanées pouvant être causées par une lésion antérieure) et l'examen vaginal montre que l'orifice externe du col de l'utérus se trouve tout près de l'orifice vaginal. Elle explique au médecin qu'elle a vécu à la campagne dans une communauté qui désapprouvait l'accouchement à l'hôpital (sauf en cas d'absolue nécessité). Selon vous, quel est le problème de Danielle et par quoi a-t-il été causé ? Donnez une description anatomique. (Indice : voir la page 1058.)

2. Mathieu, un adolescent actif sexuellement, se présente au CLSC parce qu'il souffre de douleurs à la miction et d'un écoulement purulent par le méat urétral. On lui demande quelles ont été ses activités sexuelles dernièrement. (a) Quel est le problème de Mathieu selon vous ? (b) Quel est l'agent causal de cette affection ? (c) Comment soigne-t-on cette maladie et que se produira-t-il si elle n'est pas soignée ?

3. Une femme de 36 ans, mère de 4 enfants, pense à subir une ligature des trompes afin d'éviter de nouvelles grossesses. Elle demande au médecin si elle sera ménopausée après l'opération. (a) Que répondriez-vous à sa question et comment mettriez-vous fin à ses inquiétudes ? (b) Qu'est-ce que la ligature des trompes ?

4. M. Savard, un homme de 76 ans, songe à se marier avec une femme beaucoup plus jeune que lui. Il demande à son urologue s'il sera capable de devenir père étant donné son âge avancé. Quelles questions le médecin devrait-il lui poser et quelle épreuve diagnostique devrait-il lui prescrire ?

5. Lucie a subi l'ablation chirurgicale de l'ovaire gauche et de la trompe utérine droite à l'âge de 17 ans en raison d'un kyste et d'une tumeur à ces organes. Maintenant âgée de 32 ans, elle se porte bien et est enceinte de son deuxième enfant. Comment Lucie a-t-elle pu concevoir un enfant avec un seul ovaire et une seule trompe qui, en outre, se trouvent très éloignés l'un de l'autre dans le bassin ?

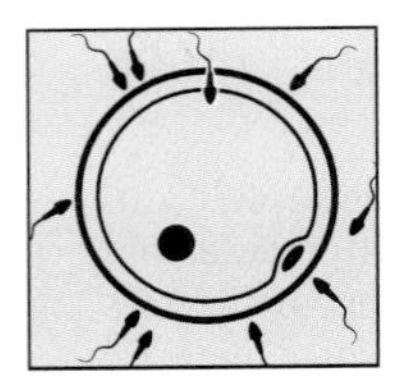

29

GROSSESSE ET DÉVELOPPEMENT PRÉNATAL

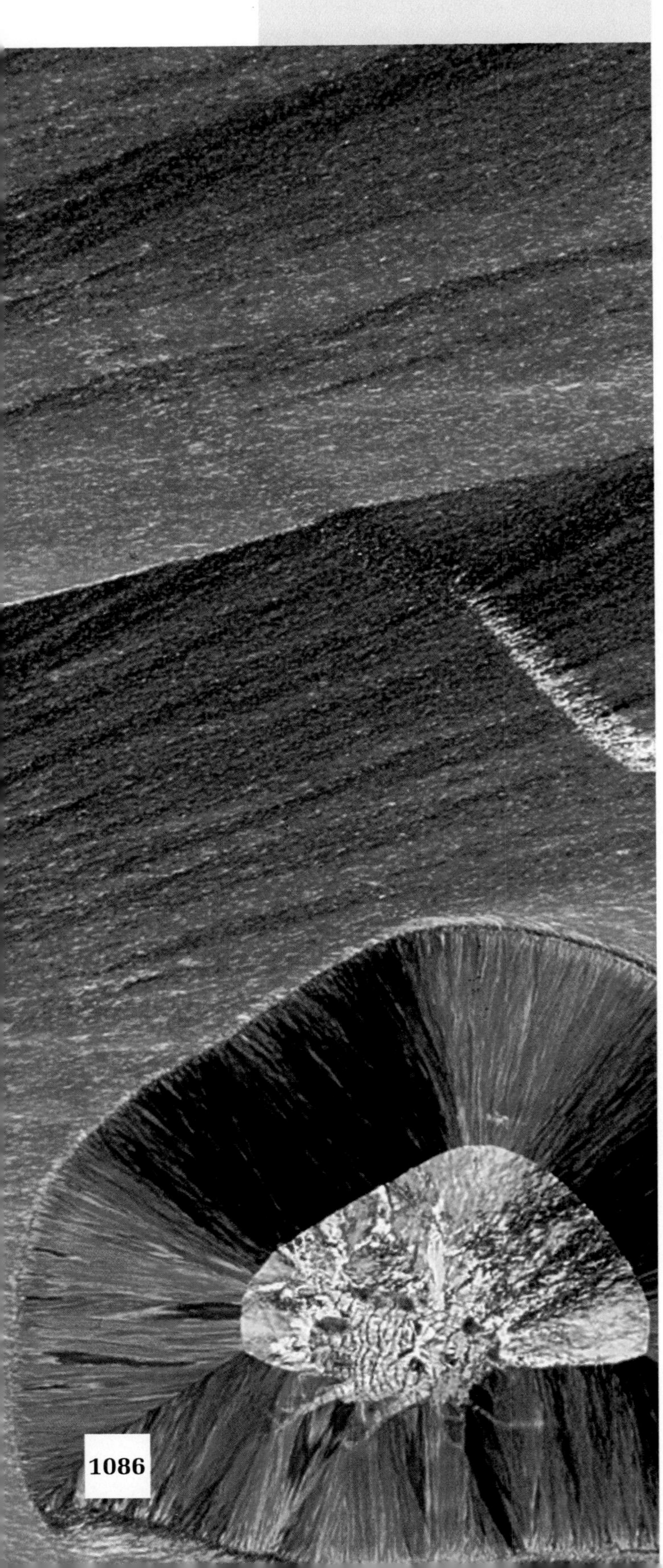

SOMMAIRE ET OBJECTIFS D'APPRENTISSAGE

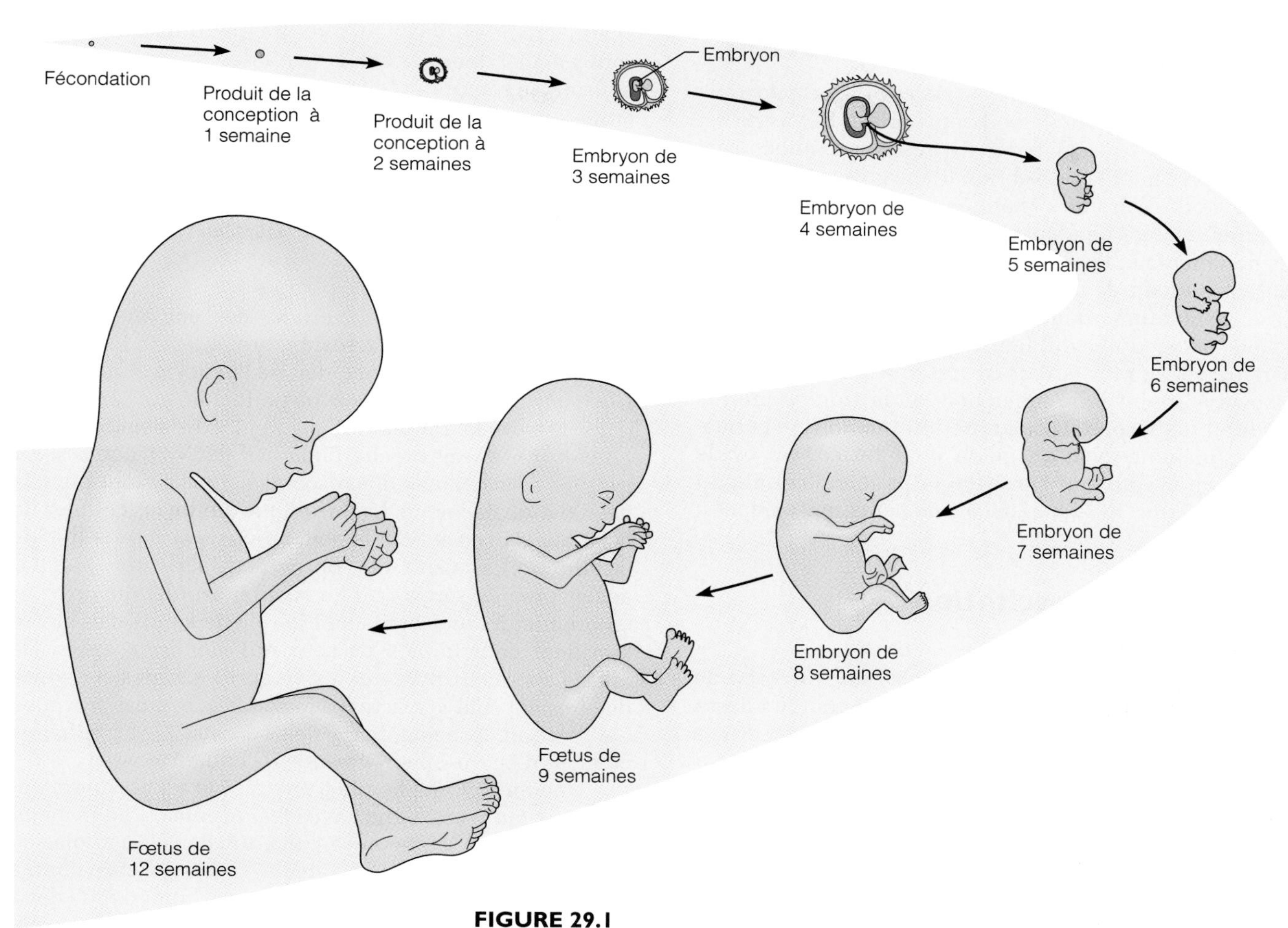

FIGURE 29.1
Ces dessins représentent les dimensions réelles du produit de la conception, depuis la fécondation jusqu'au début du stade fœtal. Le stade embryonnaire commence au cours de la troisième semaine suivant la fécondation; le stade fœtal commence au cours de la neuvième semaine.

La naissance d'un bébé est un événement si courant qu'on a tendance à oublier que cet accomplissement est une merveille; une seule cellule, l'ovule fécondé, se transforme en un être humain complexe formé de billions de cellules. Il nous aurait fallu tout ce manuel pour décrire ce processus en détail. Nous nous limiterons donc à considérer les phénomènes importants de la gestation et à décrire brièvement les événements qui se déroulent immédiatement après la naissance.

Définissons d'abord quelques termes. Le mot **grossesse** désigne les événements qui se déroulent entre la fécondation (conception) et la naissance de l'enfant. L'enfant en voie de développement dans le corps de la femme enceinte est appelé **produit de la conception.** La période de développement est appelée **période de gestation** (*gestare* = porter). Par convention, on la définit comme l'intervalle entre la dernière menstruation et l'accouchement, c'est-à-dire environ 280 jours. Au moment de la fécondation, la mère est donc officiellement enceinte de deux semaines, même si cela est illogique. Pendant les deux semaines suivant la fécondation, le produit de la conception subit son *développement préembryonnaire*; il est parfois appelé **préembryon.** De la troisième à la huitième semaine après la fécondation, la *période embryonnaire,* le produit de la conception est appelé **embryon**; de la neuvième semaine jusqu'à la naissance, la *période fœtale,* le produit de la conception est appelé **fœtus.** La figure 29.1 montre les modifications de la forme et de la grosseur du produit de la conception, depuis la fécondation jusqu'au début de la période fœtale.

DE L'OVULE À L'EMBRYON

Déroulement de la fécondation

Pour que la fécondation soit possible, le spermatozoïde doit atteindre l'ovocyte de deuxième ordre. L'ovocyte est viable pendant 12 à 24 heures après son expulsion de l'ovaire, après quoi la probabilité d'une grossesse tombe à presque zéro. Bien que certains « superspermatozoïdes » demeurent viables pendant cinq jours dans les voies génitales de la femme, la plupart des spermatozoïdes conservent leur pouvoir de fécondation pendant 24 à 72 heures après l'éjaculation. Donc, pour que la fécondation soit possible, le coït doit avoir lieu au plus tôt 72 heures avant l'ovulation et au plus tard 24 heures après, au moment où l'ovocyte a atteint le premier tiers de la trompe utérine (ampoule). La **fécondation** se produit quand un spermatozoïde fusionne avec un ovule pour former un ovule fécondé, ou **zygote,** qui constitue la première cellule du nouvel individu. Étudions les événements qui mènent à la fécondation.

Transport et capacitation des spermatozoïdes

Lors de l'éjaculation, l'homme expulse des millions de spermatozoïdes qui pénètrent à une assez grande vitesse dans le vagin de sa partenaire. Pourtant, la plupart de ces spermatozoïdes ne se rendront pas jusqu'à l'ovocyte qui se trouve à seulement une douzaine de centimètres d'eux. C'est que les spermatozoïdes font face à un trajet périlleux dans les voies génitales de la femme. Tout d'abord, des millions s'écoulent du vagin presque tout de suite après y avoir été déposés. Ensuite, des millions sont détruits par l'environnement acide du vagin et, si l'épaisse glaire cervicale n'a pas été rendue plus liquide par les œstrogènes, plusieurs millions ne parviennent pas à franchir le col utérin. Les spermatozoïdes qui réussissent à pénétrer dans l'utérus sont soumis à de puissantes contractions utérines qui, dans une action semblable à celle d'une machine à laver, les dispersent dans toute la cavité utérine ; des milliers d'entre eux sont alors détruits par les phagocytes résidant sur l'endomètre. Parmi les millions de spermatozoïdes que contenait l'éjaculat de l'homme, seulement quelques milliers (parfois moins de 200) atteindront finalement les trompes utérines, où l'ovocyte est en train de cheminer tranquillement vers l'utérus.

Après toutes ces difficultés, les spermatozoïdes ont encore un obstacle à surmonter. Lorsqu'ils sont déposés dans le vagin, ils sont en effet incapables de pénétrer un ovocyte. Ils doivent d'abord subir une **capacitation,** c'est-à-dire que leur membrane doit se fragiliser afin de permettre la libération des hydrolases de leur acrosome. Le mécanisme précis de la capacitation reste mystérieux, mais nous savons que, à mesure que les spermatozoïdes nagent à travers la glaire cervicale, puis dans l'utérus et les trompes utérines, ils perdent le cholestérol qui assure la solidité et la stabilité de leur membrane acrosomiale. La capacitation se fait donc graduellement, en six à huit heures. Même quand les spermatozoïdes atteignent l'ovocyte en quelques minutes, ils doivent « attendre » que la capacitation se produise. Ce mécanisme de prévention de la perte des enzymes acrosomiales peut sembler excessif, mais il est essentiel : si la membrane acrosomiale des spermatozoïdes devenait plus fragile alors que ceux-ci sont encore dans les voies génitales de l'homme, elle pourrait se rompre prématurément et provoquer une certaine autolyse (autodigestion) des organes génitaux de l'homme.

Réaction acrosomiale et pénétration du spermatozoïde

Durant la **réaction acrosomiale,** des enzymes acrosomiales (hyaluronidase, acrosine, protéase, etc.) sont libérées dans le voisinage immédiat de l'ovocyte (figure 29.2). L'ovocyte est entouré de la zone pellucide, puis encapsulé dans la corona radiata ; il ne peut être pénétré avant l'ouverture d'une brèche dans ces deux structures. La rupture de centaines d'acrosomes est nécessaire pour la dégradation de l'acide hyaluronique qui lie les cellules de la corona radiata et pour la perforation de la zone pellucide (acellulaire). Dans ce cas, on ne peut pas dire « premier arrivé, premier servi », car les spermatozoïdes qui arrivent en premier à l'ovocyte jouent le rôle de kamikazes qui se sacrifient pour le bien de ceux qui viendront après. De fait, le spermatozoïde qui arrive après que des centaines d'autres ont subi la réaction acrosomiale, et ainsi provoqué l'exposition de la membrane de l'ovocyte, a les meilleures chances d'être *le* spermatozoïde fécondant.

Une fois qu'un chemin a été tracé et qu'un spermatozoïde est entré en contact avec les récepteurs de la membrane de l'ovocyte, son noyau est attiré dans le cytoplasme de l'ovocyte (figure 29.2a). Chaque spermatozoïde porte à sa surface un appareil de liaison spécial composé de deux parties. La partie *protéine bêta* agit en premier : elle trouve un récepteur sur la membrane de l'ovocyte (récepteur qu'on appelle temporairement glycoprotéine ZP3) et s'y lie. Cette liaison active la partie *protéine alpha,* qui s'insère alors dans la membrane. C'est ainsi que la membrane de l'ovocyte et celle du spermatozoïde fusionnent en un contact si parfait que le contenu de leur cellule respective se combine à l'intérieur d'une seule membrane, et ce sans la moindre perte.

Obstacles à la polyspermie

La **polyspermie** (pénétration de plusieurs spermatozoïdes dans un ovule) se produit chez certains animaux. Chez les humains, un seul spermatozoïde peut pénétrer l'ovocyte. Deux mécanismes assurent la **monospermie,** c'est-à-dire la fécondation par un seul spermatozoïde. Aussitôt que la membrane plasmique d'un spermatozoïde entre en contact avec la membrane de l'ovocyte, les canaux à sodium s'ouvrent et du sodium ionique (présent dans le liquide interstitiel) diffuse dans l'ovocyte, ce qui provoque une dépolarisation de sa membrane. Ce phénomène électrique, appelé *blocage rapide de la polyspermie,* empêche d'autres spermatozoïdes de fusionner avec la membrane de l'ovocyte. Une fois que le spermatozoïde a pénétré dans l'ovocyte, du calcium ionique (Ca^{2+}) est libéré dans le cytoplasme de l'ovocyte. On ignore encore si cette brusque

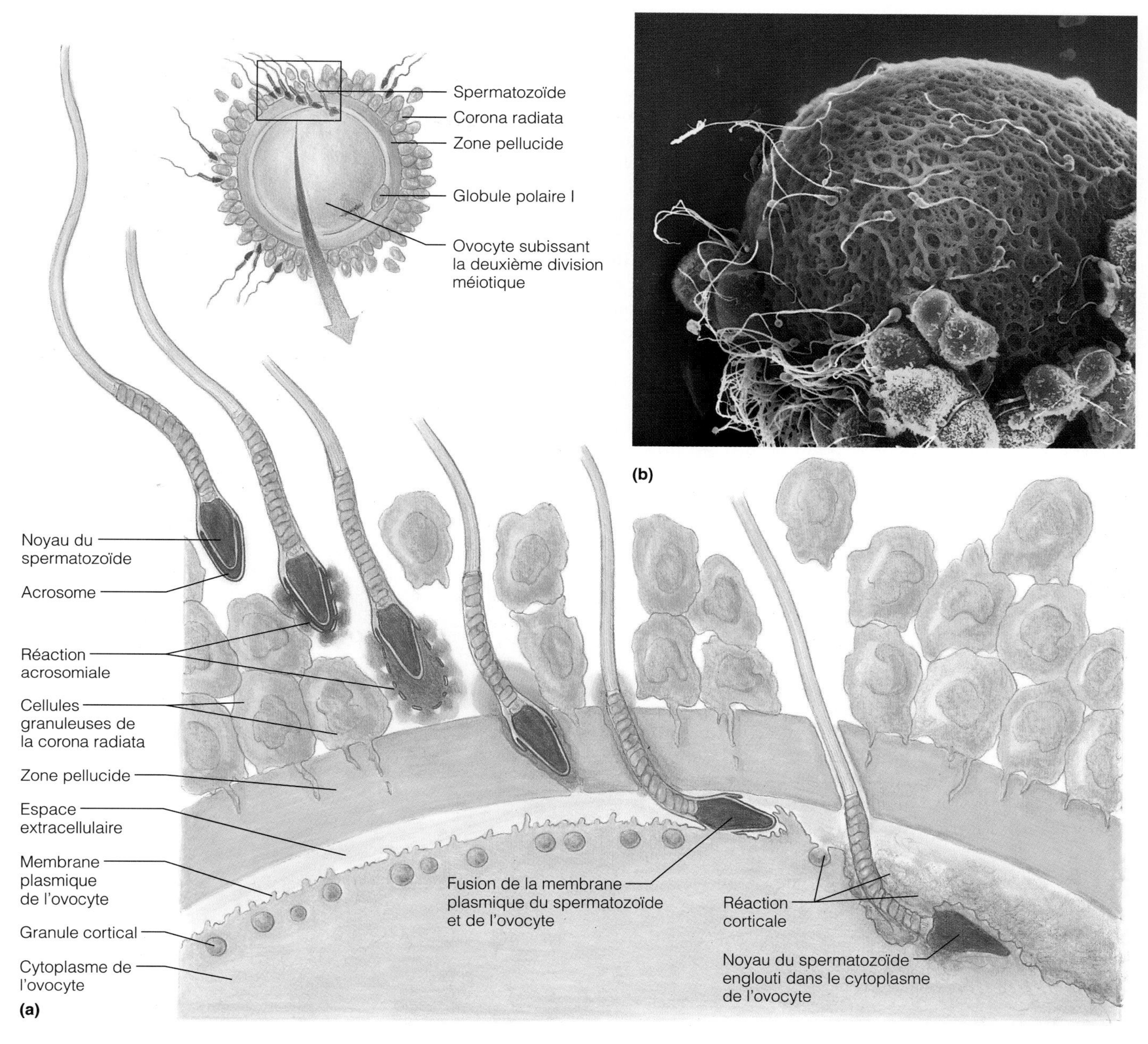

FIGURE 29.2
Pénétration du spermatozoïde et réaction corticale (blocage lent de la polyspermie). (a) Les étapes de la pénétration de l'ovocyte par un spermatozoïde sont représentées de gauche à droite. La pénétration du spermatozoïde dans la corona radiata et la zone pellucide de l'ovocyte est permise par la libération des enzymes acrosomiales d'un grand nombre de spermatozoïdes. La fusion de la membrane plasmique d'un seul spermatozoïde avec celle de l'ovocyte est suivie de l'engloutissement de la tête (où se trouve le noyau) du spermatozoïde dans le cytoplasme de l'ovocyte et de la réaction corticale. La réaction corticale est accompagnée de la libération du contenu des granules corticaux de l'ovocyte dans l'espace extracellulaire situé entre sa membrane plasmique et la zone pellucide, ce qui prévient l'entrée d'autres spermatozoïdes. **(b)** Photographie au microscope électronique à balayage de spermatozoïdes humains entourant un ovocyte humain (750 ×). Les petites cellules sphériques sont les cellules granuleuses de la corona radiata.

augmentation du Ca^{2+} intracellulaire est déclenchée par la dépolarisation qui sert au blocage rapide de la polyspermie ou par une protéine soluble libérée par le spermatozoïde. Quoi qu'il en soit, cette augmentation du Ca^{2+} intracellulaire active l'ovocyte, de sorte qu'il se prépare à la division cellulaire. Elle déclenche également la **réaction corticale** (voir la figure 29.2a), pendant laquelle les granules corticaux, situés directement sous la membrane plasmique, répandent leur contenu dans l'espace extracellulaire sous la zone pellucide. Les matériaux répandus se lient à l'eau et gonflent graduellement, détachant ainsi tous les spermatozoïdes encore en contact avec les récepteurs de la membrane de l'ovocyte. Ce processus constitue le *blocage lent de la polyspermie.* Dans les rares cas où la polyspermie se produit, l'embryon renferme trop de matériel génétique et n'est pas viable (il meurt).

Achèvement de la méiose II et fécondation

Après avoir pénétré dans l'ovocyte, le spermatozoïde demeure un moment dans le cytoplasme périphérique, le temps de préparer ses chromosomes à la première mitose de segmentation, avant de migrer au centre de l'ovocyte. Ce qui se passe ensuite est présenté à la figure 29.3. L'ovocyte de deuxième ordre, activé par le signal du calcium ionique, achève la méiose II : il forme alors le noyau de l'ovule et éjecte le globule polaire II. Le noyau de l'ovule et celui du spermatozoïde gonflent et se transforment en **pronucléus féminin** et **masculin** (*pro* = avant). Ils se rapprochent l'un de l'autre pendant que le fuseau mitotique s'établit entre eux. Les membranes des pronucléus se rompent alors, et libèrent les chromosomes dans le voisinage immédiat du fuseau. C'est à ce moment que la véritable fécondation se produit, quand les chromosomes maternels et paternels se combinent et forment le zygote diploïde*. Presque tout de suite après l'union des pronucléus, leurs chromosomes se répliquent. La première division mitotique du produit de la conception commence ensuite (figure 29.3d-f).

Développement préembryonnaire

Le développement préembryonnaire débute au moment de la fécondation et se poursuit pendant que le préembryon avance dans la trompe utérine, flotte librement dans la cavité utérine, puis s'implante dans l'endomètre. Les événements marquants du stade préembryonnaire sont la *segmentation,* qui produit une structure appelée blastocyste, et l'*implantation* du blastocyste.

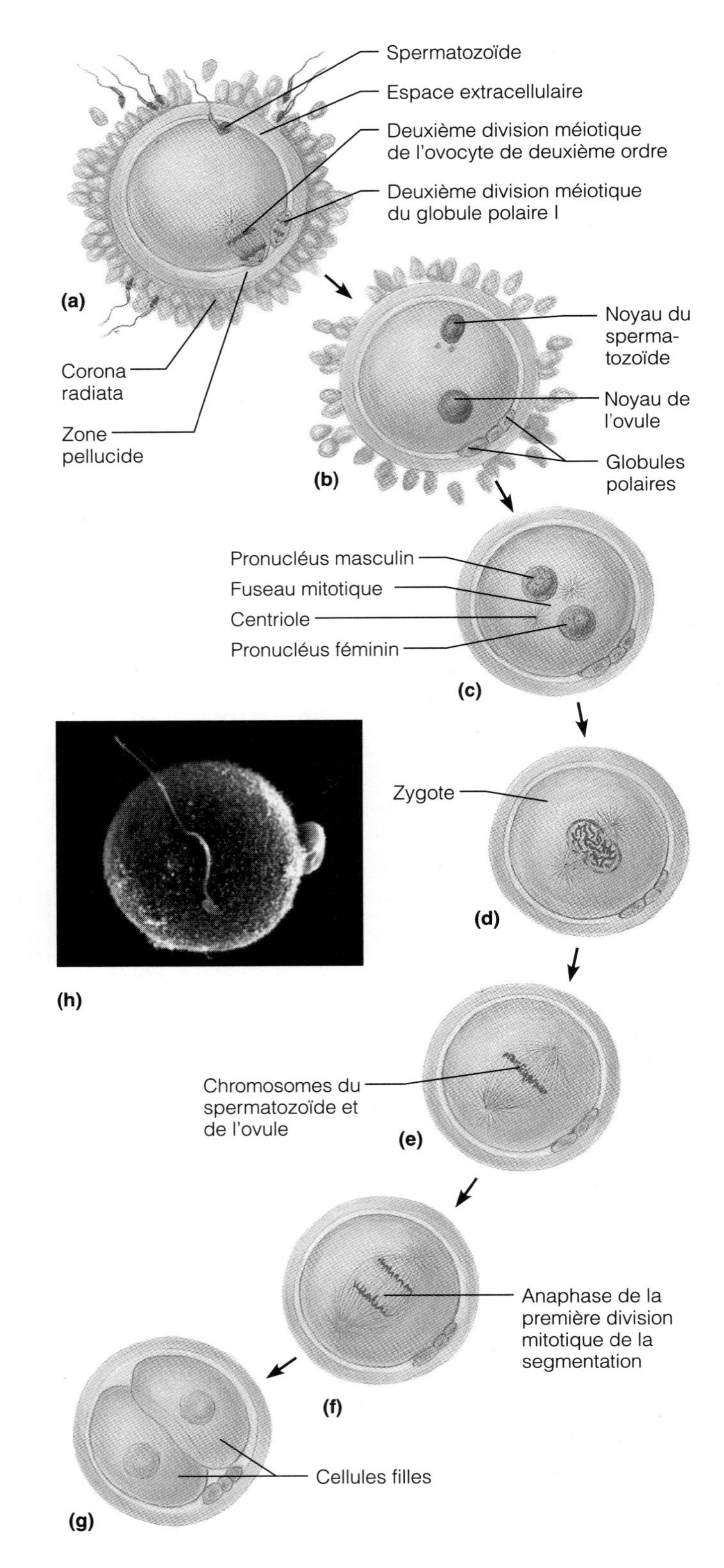

FIGURE 29.3
Phénomènes suivant immédiatement la pénétration du spermatozoïde. (a) Une fois que le spermatozoïde a pénétré dans l'ovocyte de deuxième ordre, celui-ci achève la méiose II et expulse le globule polaire II. **(b-c)** Le noyau de l'ovule formé au cours de la méiose II commence à gonfler, et les noyaux du spermatozoïde et de l'ovule se rapprochent l'un de l'autre. Lorsqu'ils sont gonflés au maximum, les noyaux sont appelés pronucléus. **(d-g)** Lorsque les pronucléus masculin et féminin se rejoignent (réalisant ainsi la fécondation), leur ADN se réplique immédiatement et forme des chromosomes qui s'attachent au fuseau mitotique. La première division mitotique de la segmentation est alors en cours ; elle donnera deux cellules filles. **(h)** Photographie au microscope électronique à balayage d'un ovule fécondé (zygote). Remarquez le globule polaire II qui fait saillie à droite. On voit un spermatozoïde près de la surface de l'ovocyte (500 ×).

*Selon certaines sources, la fécondation est simplement la pénétration de l'ovocyte par le spermatozoïde. Cependant, chez les humains, le zygote ne peut se former si les chromosomes de l'homme et de la femme ne s'unissent pas.

Pourquoi le blastocyste multicellulaire est-il juste un peu plus gros que le zygote unicellulaire?

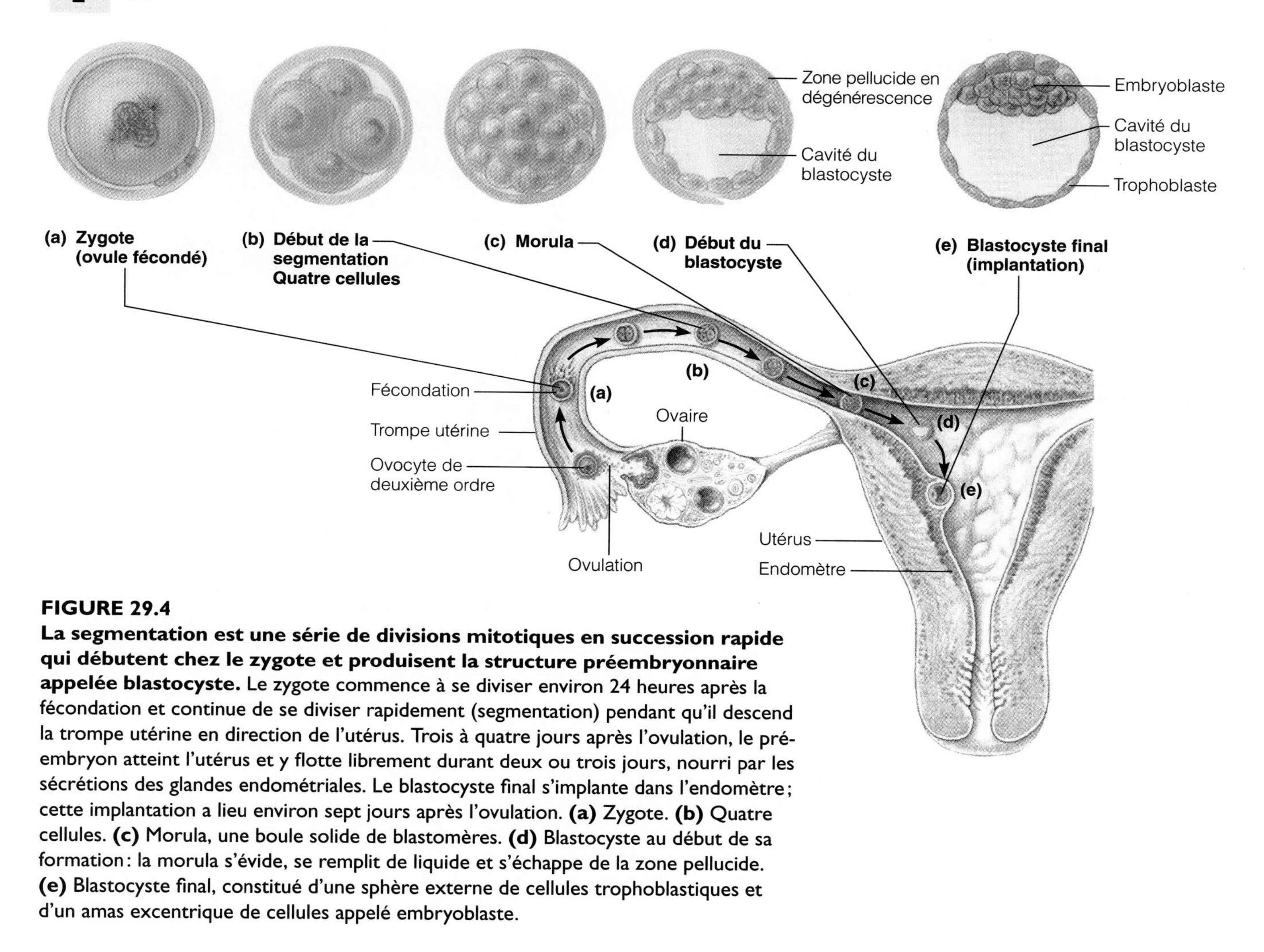

FIGURE 29.4
La segmentation est une série de divisions mitotiques en succession rapide qui débutent chez le zygote et produisent la structure préembryonnaire appelée blastocyste. Le zygote commence à se diviser environ 24 heures après la fécondation et continue de se diviser rapidement (segmentation) pendant qu'il descend la trompe utérine en direction de l'utérus. Trois à quatre jours après l'ovulation, le préembryon atteint l'utérus et y flotte librement durant deux ou trois jours, nourri par les sécrétions des glandes endométriales. Le blastocyste final s'implante dans l'endomètre; cette implantation a lieu environ sept jours après l'ovulation. **(a)** Zygote. **(b)** Quatre cellules. **(c)** Morula, une boule solide de blastomères. **(d)** Blastocyste au début de sa formation: la morula s'évide, se remplit de liquide et s'échappe de la zone pellucide. **(e)** Blastocyste final, constitué d'une sphère externe de cellules trophoblastiques et d'un amas excentrique de cellules appelé embryoblaste.

Segmentation et formation du blastocyste

La **segmentation** est la période de développement mitotique relativement rapide qui suit la fécondation. Comme les divisions se succèdent trop rapidement pour qu'il puisse y avoir une *croissance* entre chacune, les cellules filles sont de plus en plus petites (figure 29.4). Les cellules produites au cours de la segmentation ont donc un rapport surface/volume élevé, ce qui favorise la capture des nutriments et de l'oxygène et l'expulsion des déchets. La segmentation garantit aussi que l'embryon sera constitué à partir d'un grand nombre de cellules. Pourquoi cette caractéristique est-elle importante? Pour la même raison qu'il est beaucoup plus facile d'essayer de construire un gratte-ciel à l'aide d'un grand nombre de briques qu'avec un gigantesque bloc de granit.

Parce que pratiquement aucune croissance n'a lieu entre les divisions successives de la segmentation.

Environ 36 heures après la fécondation, la première division de la segmentation a donné deux cellules identiques appelées *blastomères.* Ces deux blastomères se divisent ensuite pour former 4 cellules, puis 8, et ainsi de suite. Environ 72 heures après la fécondation, on a une petite boule de 16 cellules ou plus appelée **morula** (littéralement, «mûre»). Toutes ces divisions ont lieu pendant le voyage du préembryon vers l'utérus. Quatre ou cinq jours après la fécondation, le préembryon est composé d'environ 100 cellules et il flotte dans l'utérus. La zone pellucide commence alors à se dégrader, et elle laisse échapper une structure interne, le blastocyste. Le **blastocyste** est une sphère remplie de liquide formée d'une couche de grosses cellules aplaties appelées **cellules trophoblastiques** et d'un petit amas de cellules arrondies appelé **embryoblaste,** localisé à une extrémité. Les cellules trophoblastiques prendront part à la formation du placenta, comme leur nom l'indique (*trophê* = nourriture; *blastos* = germe). L'embryoblaste, lui, devient le **disque embryonnaire,** qui forme l'embryon proprement dit.

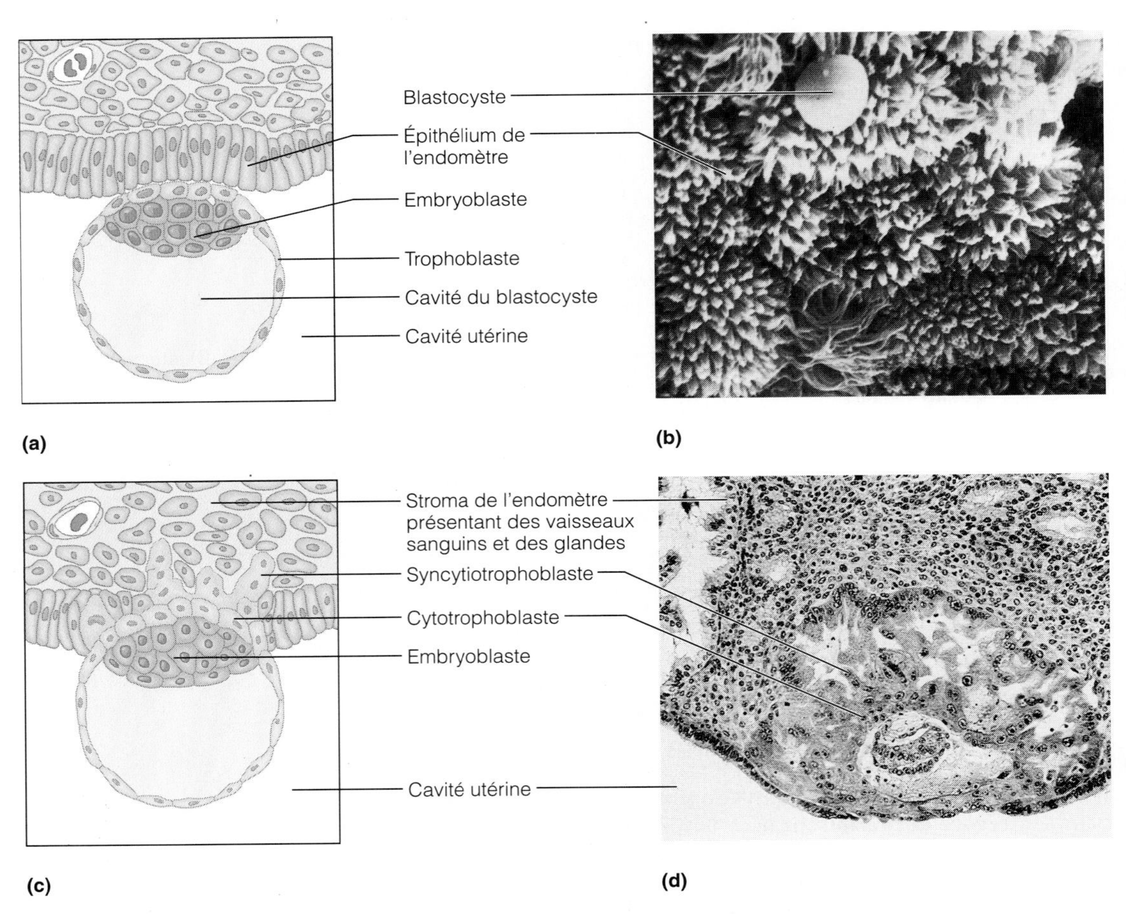

FIGURE 29.5
Implantation du blastocyste.
(a) Représentation schématique d'un blastocyste qui vient d'adhérer à l'endomètre.
(b) Photographie au microscope électronique à balayage d'un blastocyste qui commence à s'implanter dans l'endomètre.
(c) Stade légèrement plus avancé de l'implantation de l'embryon (environ sept jours après l'ovulation), montrant le cytotrophoblaste et le syncytiotrophoblaste, celui-ci étant en train d'effectuer son travail d'érosion de l'endomètre.
(d) Photomicrographie optique d'un blastocyste implanté (environ dix jours après l'ovulation).

Implantation

Une fois que le blastocyste a atteint l'utérus, il flotte dans la cavité utérine pendant deux à trois jours, nourri par les sécrétions utérines. Environ six jours après la fécondation, l'**implantation** débute. La couche externe du blastocyste, le trophoblaste, vérifie si l'endomètre est prêt pour l'implantation. La réceptivité de l'endomètre à l'implantation, c'est-à-dire la *fenêtre d'implantation,* s'établit lorsque les taux sanguins d'hormones ovariennes (œstrogènes et progestérone) sont adéquats. Si la muqueuse présente des conditions favorables, le blastocyste s'implante dans le haut de l'utérus. Si l'endomètre n'a pas atteint la maturité optimale, le blastocyste se détache et flotte jusqu'à un niveau inférieur. Il s'implante finalement à un endroit qui émet les signaux chimiques appropriés. Les cellules trophoblastiques situées au-dessus de l'embryoblaste adhèrent à l'endomètre (figure 29.5a et b) et se mettent à sécréter des enzymes digestives, des cytokines et des facteurs de croissance sur la surface de l'endomètre. L'endomètre s'épaissit rapidement à cet endroit, qui présente bientôt les caractéristiques d'une réaction inflammatoire aiguë : les vaisseaux sanguins de l'utérus deviennent plus perméables et laissent s'échapper du sang, et des cellules inflammatoires, dont des lymphocytes, des cellules tueuses naturelles et des macrophagocytes, envahissent le site. Le trophoblaste commence alors à proliférer, et forme deux couches distinctes (figure 29.5c). Les cellules de la couche interne, appelée **cytotrophoblaste,** conservent leurs limites externes. Les cellules de la couche externe perdent au contraire leur membrane plasmique pour réaliser une masse cytoplasmique multinucléée appelée **syncytiotrophoblaste,** qui se projette en envahissant l'endomètre et qui digère rapidement les cellules avec lesquelles elle entre en contact. À mesure que l'endomètre est érodé, le blastocyste s'enfouit dans cette muqueuse épaisse et veloutée. Il baigne alors dans le sang s'étant échappé des vaisseaux sanguins érodés de l'endomètre. Peu après, le blastocyste implanté est recouvert et isolé de la cavité utérine grâce à la prolifération des cellules endométriales (figure 29.5d).Le blastocyste se trouve donc littéralement enfoui dans l'endomètre et non pas simplement « attaché » à celui-ci.

L'implantation prend environ une semaine ; elle est généralement finie le quatorzième jour suivant l'ovulation, c'est-à-dire le jour même où l'endomètre commencerait normalement à se desquamer (menstruation). Si la menstruation débutait, elle délogerait l'embryon, ce qui

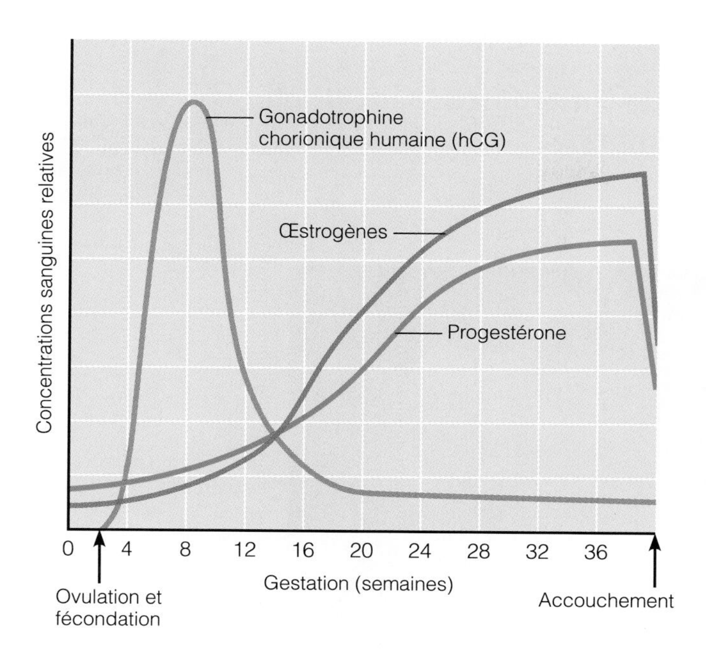

FIGURE 29.6
Fluctuations relatives des concentrations sanguines maternelles de gonadotrophine chorionique humaine (hCG), d'œstrogènes et de progestérone. (Les concentrations sanguines réelles ne sont pas indiquées.)

signifierait la fin de la grossesse. Le fonctionnement du corps jaune est entretenu par une hormone semblable à la LH, la **gonadotrophine chorionique humaine (hCG,** « human chorionic gonadotropin »), qui est sécrétée par les cellules syncytiotrophoblastiques du blastocyste. La hCG court-circuite les commandes hypophyse-ovaire pendant cette période capitale et incite le corps jaune à continuer de sécréter de la progestérone et des œstrogènes. Le *chorion,* qui se développe à partir du trophoblaste après l'implantation, poursuit cette stimulation hormonale. Le produit de la conception prend donc en charge la régulation hormonale de l'utérus au cours de cette phase du développement. La hCG apparaît généralement dans le sang de la mère durant la troisième semaine de gestation (une semaine après la fécondation). La concentration sanguine de hCG augmente jusqu'à la fin du deuxième mois, puis diminue brusquement. À quatre mois de gestation, le taux de hCG descend à un niveau peu élevé qui se maintiendra jusqu'à la fin de la grossesse (figure 29.6). Entre le deuxième et le troisième mois, le placenta (décrit dans la prochaine section) prend en charge la sécrétion de progestérone et d'œstrogènes pour tout le reste de la grossesse. Le corps jaune dégénère alors, et les ovaires demeurent inactifs jusqu'à ce que l'accouchement ait eu lieu. Tous les tests de grossesse employés de nos jours sont basés sur les propriétés antigéniques de la hCG, qui permettent de détecter celle-ci dans le sang ou l'urine de la femme.

Initialement, l'embryon implanté se nourrit en digérant les cellules endométriales, puis, au deuxième mois, le placenta commence à lui fournir des nutriments et de l'oxygène et à le débarrasser de ses déchets métaboliques. Puisque la formation du placenta est une continuation de l'implantation, nous allons l'étudier dès maintenant et délaisser un moment le développement embryonnaire proprement dit.

Placentation

La **placentation** est la création du **placenta** (« galette »), un organe absolument unique, puisqu'il est temporaire et qu'il est issu de deux organismes différents : l'embryon (par le trophoblaste) et la mère (par l'endomètre). Lorsque le trophoblaste donne naissance à une couche de mésoderme extra-embryonnaire sur sa face interne (figure 29.7b, p. 1096), il est devenu le **chorion.** Les **villosités chorioniques** se développent à partir du chorion (figure 29.7c) ; ces villosités sont particulièrement élaborées aux endroits où elles entrent en contact avec le sang maternel. Peu après, le mésoderme des villosités devient très vascularisé grâce au développement de nombreux vaisseaux sanguins qui atteignent l'embryon par l'intermédiaire de la veine et des artères ombilicales. Les vaisseaux sanguins de l'embryon sont donc reliés à la portion fœtale (choriale) du placenta. L'érosion continue de l'endomètre produit de gros **espaces intervilleux** dans la couche fonctionnelle de l'endomètre (voir la figure 28.15, p. 1059). Les villosités baignent dans le sang maternel que renferment ces espaces (figure 29.7d). Après l'implantation de l'embryon, la partie de l'endomètre en contact avec lui est profondément remaniée afin de réaliser la *caduque.* La couche fonctionnelle de l'endomètre (située entre les villosités chorioniques et la couche basale) se transforme en **caduque basale,** tandis que celle qui recouvre la face de l'embryon faisant saillie dans la cavité utérine constitue la **caduque capsulaire** (figure 29.7d et f). Les villosités chorioniques (tissu embryonnaire) et la caduque basale (tissu maternel) forment le placenta.

On reconnaît facilement la face fœtale du placenta, car elle est lisse et luisante et le cordon ombilical en fait saillie (voir la figure 29.18c, p. 1110). La face maternelle du placenta est bosselée, car elle épouse la forme des masses de villosités chorioniques.

Après la naissance de l'enfant, le placenta se décolle puis est expulsé de l'utérus. La caduque capsulaire s'étend à mesure que le fœtus grossit, jusqu'à ce qu'il remplisse et étire la cavité utérine. La croissance du bébé provoque la compression des villosités de la caduque capsulaire, ce qui réduit leur irrigation sanguine et entraîne ainsi leur dégénérescence. Pendant ce temps, les villosités de la caduque basale deviennent plus nombreuses et plus ramifiées.

À la fin du troisième mois de la grossesse, le placenta est généralement bien formé. Il est alors en mesure de remplir ses fonctions de nutrition, de respiration et d'excrétion et de jouer son rôle d'organe endocrinien. Cependant, il y a déjà longtemps que l'oxygène et les nutriments diffusent du sang maternel au sang embryonnaire et que les déchets métaboliques sont transportés dans la direction opposée. L'obstacle au libre passage des substances entre les deux circulations sanguines est la barrière placentaire, constituée par les membranes des villosités chorioniques et l'endothélium des capillaires embryonnaires. Bien que le sang maternel et le sang fœtal se côtoient de très près, ils ne se mélangent jamais en situation normale.

Le placenta sécrète de la hCG dès sa formation, mais ses cellules syncytiotrophoblastiques (les « manufactures d'hormones ») acquièrent beaucoup plus lentement leur

GROS PLAN

Faire un bébé : de l'insémination artificielle au transfert d'embryon

Louise Brown est née au cours de l'été 1978. Ses parents avaient des motifs particuliers de se réjouir, car la petite Louise était unique : elle était le premier bébé conçu dans une éprouvette, c'est-à-dire dans un laboratoire de *fécondation* in vitro (*FIV*). La plupart des gens qui entendirent parler de cet événement furent absolument stupéfaits qu'on ait pu concevoir un enfant à l'extérieur du corps humain. Pour les spécialistes de la physiologie de la reproduction, la naissance de Louise fut une percée éclatante qui ouvrit la voie à une avalanche de nouvelles techniques destinées à permettre aux couples incapables de concevoir d'avoir des enfants. Ces méthodes de conception sont appelées *techniques de reproduction médicalement assistée.*

Il y a très peu de temps qu'on peut « faire des bébés » ailleurs que dans la chambre à coucher. Au cours des années 1970, on a élaboré la première et la plus simple des techniques de reproduction assistée. Cette méthode, l'*insémination artificielle avec le sperme d'un donneur* (*IAD*), était destinée aux femmes célibataires et aux couples dont l'homme est infertile. Du jour au lendemain ou presque, on assista à la création de banques de sperme congelé. Il existe aujourd'hui aux États-Unis plusieurs banques de sperme où sont emmagasinés et mis en vente des éjaculats. La technique de l'insémination artificielle est assez simple : il faut du sperme, une seringue et une femme féconde. Le sperme est déposé dans le vagin ou le col de la femme au moment approprié de son cycle, puis on laisse la nature faire son œuvre. Chaque année, 20 000 bébés américains naissent grâce à cette méthode.

Utérus

Trompe utérine

Ovaire

(a)

Follicules ovariques mûrs

Ovaire

(b)

Photographie (a) d'un ovaire non stimulé et (b) d'un ovaire qui a été stimulé à l'aide d'hormones afin qu'il produise plusieurs follicules ovariques mûrs, que l'on peut voir faisant saillie à la surface de l'ovaire.

Bien que le nombre de *bébés-éprouvettes* comme Louise continue d'augmenter, ils restent relativement peu nombreux, car la *fécondation* in vitro est un procédé complexe. On donne à la femme une grande quantité d'hormones (gonadotrophines naturelles ou synthétiques) qui provoquent le développement de plusieurs ovocytes dans les ovaires. (Les photographies montrent un ovaire non stimulé et un ovaire stimulé.) Les ovocytes (une dizaine) sont ensuite aspirés à l'extérieur de l'ovaire à l'aide d'un *laparoscope,* un instrument d'optique introduit dans l'abdomen par une courte incision. Quelques ovocytes sont ensuite fécondés dans un récipient de verre (d'où le nom de la technique) à l'aide de spermatozoïdes du partenaire de la femme. Après quelques jours de croissance, tous les préembryons (32 cellules) dont le développement semble normal sont réimplantés dans l'utérus de la femme. Il existe une méthode encore plus récente dans laquelle on extrait des ovocytes *immatures* de l'ovaire pour ensuite les inciter à se développer *in vitro* en les immergeant dans des gonadotrophines. On épargne ainsi à la femme les injections hormonales quotidiennes qui causent des sautes d'humeur, des ballonnements et des nausées, et on réduit aussi considérablement la durée et le coût du procédé de fécondation *in vitro.*

La fécondation *in vitro* comporte un autre avantage pour les couples qui présentent des antécédents familiaux d'anomalies génétiques. Selon une technique appelée *diagnostic de préimplantation,* on extrait une ou deux cellules du produit de la conception à un stade peu avancé (8 cellules) et on vérifie si elles renferment les gènes anormaux. Selon les résultats, les parents décident ensuite d'implanter ou non le produit de la conception. Les autres ovocytes sont aussi fécondés, puis congelés au cas où le premier essai échouerait. Comme on estime que seulement 30 % des fécondations naturelles produisent une grossesse et un bébé en bonne santé, le taux de succès de 15 à 20 % déclaré par les cliniques de fécondation *in vitro* est très bon.

Entre-temps, le recours aux *mères porteuses* s'est popularisé. Les mères porteuses sont payées pour fournir un ovule et « prêter » leur utérus à des femmes qui ont un partenaire fertile mais qui ne sont pas capables de porter un bébé. La mère porteuse est inséminée à l'aide du sperme du mari. L'enfant est finalement remis au couple qui a payé la mère porteuse. On entend souvent parler des problèmes juridiques et éthiques soulevés par la question des mères porteuses, surtout quand une mère porteuse décide de garder le bébé après sa naissance. Qui sont les parents de ce bébé ?

On n'aura plus besoin des services de mères porteuses lorsqu'on aura mis au point la méthode de *transfert d'embryon* de l'utérus d'une femme à celui d'une autre femme. Dans cette méthode, le produit de la conception est recueilli chez une donneuse qui a été inséminée artificiellement par le partenaire de la receveuse infertile, et ensuite transféré dans l'utérus de cette receveuse. Le prélèvement est effectué en faisant un lavage de l'utérus de la donneuse au moyen d'un cathéter (tube de plastique) souple. Vous vous doutez sûrement que cette méthode est encore plus complexe que la fécondation *in vitro,* mais en 1984 un petit garçon est né à la suite d'un transfert d'embryon.

Il existe encore une autre méthode, appelée *transfert intrafallopien de gamètes* (*TIG*). Le TIG est un moyen d'éviter que les spermatozoïdes rencontrent les obstacles présents dans les voies génitales de la femme (acidité élevée, glaire incompatible, macrophagocytes, etc.) en introduisant des spermatozoïdes et des ovocytes directement dans les trompes utérines (trompes de Fallope). Comme dans la fécondation *in vitro,* on administre à la femme des stimulants de l'ovulation, puis on recueille des ovocytes au moyen d'un laparoscope muni d'un aspirateur. Les ovocytes et le sperme du mari sont alors mélangés et immédiatement introduits dans les trompes à l'aide du laparoscope. Le TIG coûte moins cher que la fécondation *in vitro,* parce qu'il ne demande qu'une seule intervention.

Le but ultime de toutes les techniques de reproduction assistée est essentiellement de mettre en contact le noyau de l'ovocyte et celui du spermatozoïde. À l'exception de la FIV, les techniques présentées jusqu'ici laissent cette rencontre se produire dans l'organisme de la femme. Toutefois, lorsque la production de spermatozoïdes est insuffisante ou défectueuse, on peut forcer la fécondation à l'extérieur de l'organisme féminin, avant d'implanter le préembryon dans l'utérus. Ces techniques se raffinent continuellement. Au début, on mettait des milliers de spermatozoïdes en contact avec l'ovocyte en perforant la zone pellucide. Par la suite, on a élaboré une méthode permettant de déposer quelques spermatozoïdes seulement entre la zone pellucide et la membrane de l'ovocyte (technique appelée *SUZI,* « subzonal injection »). Plus tard, on a réussi à injecter un seul spermatozoïde directement dans l'ovocyte à l'aide d'une micropipette, procédé appelé *injection intracytoplasmique* (*ICSI*). En 1995, on a innové en injectant dans l'ovocyte une spermatide (précurseur du spermatozoïde) prélevée dans l'éjaculat ou par biopsie testiculaire ; deux garçons apparemment normaux sont nés grâce à cette technique. Aux cours d'autres essais, des chercheurs ont injecté uniquement le noyau de la spermatide dans l'ovocyte.

Dans une autre voie de recherche, on songe maintenant à échanger le noyau de l'ovocyte d'une femme âgée par celui de l'ovocyte d'une femme plus jeune, ce qui augmenterait les chances de fécondation.

Toutes ces percées scientifiques donnent de l'espoir aux couples infertiles, mais certaines personnes envisagent avec crainte le jour où la gestation de tous les bébés se fera en laboratoire et où seuls pourront naître ceux qui possèdent le sexe voulu ou les traits génétiques désirés. Par ailleurs, il n'est pas impossible que, sur le strict plan biologique, certains aspects de ces nouvelles techniques présentent des risques pour l'enfant à naître. Le monde est ainsi fait : tout changement important est une bouffée de bonheur au milieu d'un océan de larmes.

capacité de sécréter les hormones stéroïdes de la grossesse (œstrogènes et progestérone). Si, pour une raison quelconque, le placenta ne produit pas des quantités suffisantes de ces hormones au moment où le taux de hCG diminue, l'endomètre dégénère et un avortement survient. Les anomalies de l'implantation et de la placentation sont importantes sur le plan clinique, car elles sont la cause d'avortements spontanés dans un tiers des grossesses.

Pendant toute la grossesse, les concentrations sanguines d'œstrogènes et de progestérone augmentent graduellement (voir la figure 29.6), ce qui stimule le développement et la différenciation des glandes mammaires et les prépare à la lactation. Le placenta sécrète également d'autres hormones, comme l'*hormone placentaire lactogène humaine,* la *relaxine* et l'*hormone thyréotrope placentaire.* Nous décrirons plus loin les effets de ces hormones chez la mère.

DÉVELOPPEMENT EMBRYONNAIRE

Nous venons de suivre le développement du placenta jusqu'à la période fœtale. Retournons maintenant en arrière pour étudier le développement de l'embryon pendant et après l'implantation. Alors que l'implantation se poursuit, le blastocyste progresse jusqu'au stade de la **gastrula,** pendant lequel on peut reconnaître les trois feuillets embryonnaires primitifs et observer le développement des membranes embryonnaires.

Formation et rôles des membranes embryonnaires

Les **membranes embryonnaires,** qui se forment au cours des deux ou trois premières semaines de développement, sont l'amnios, le sac vitellin, l'allantoïde et le chorion (voir la figure 29.7c). L'**amnios** se développe quand les cellules de la face dorsale du *disque embryonnaire* forment un sac membraneux transparent. Ce sac, l'amnios, se remplit de **liquide amniotique.** Puis, lorsque le disque embryonnaire se courbe pour réaliser un corps tubulaire (processus que nous décrirons bientôt), l'amnios se courbe avec lui. L'amnios finit par entourer complètement l'embryon, sauf à l'endroit où est implanté le cordon ombilical (voir la figure 29.7d).

Parfois appelé « poche des eaux », l'amnios constitue une chambre de flottabilité qui protège l'embryon en voie de développement contre les chocs physiques et maintient une température favorable à l'équilibre homéostatique. Le liquide empêche aussi les parties du corps de

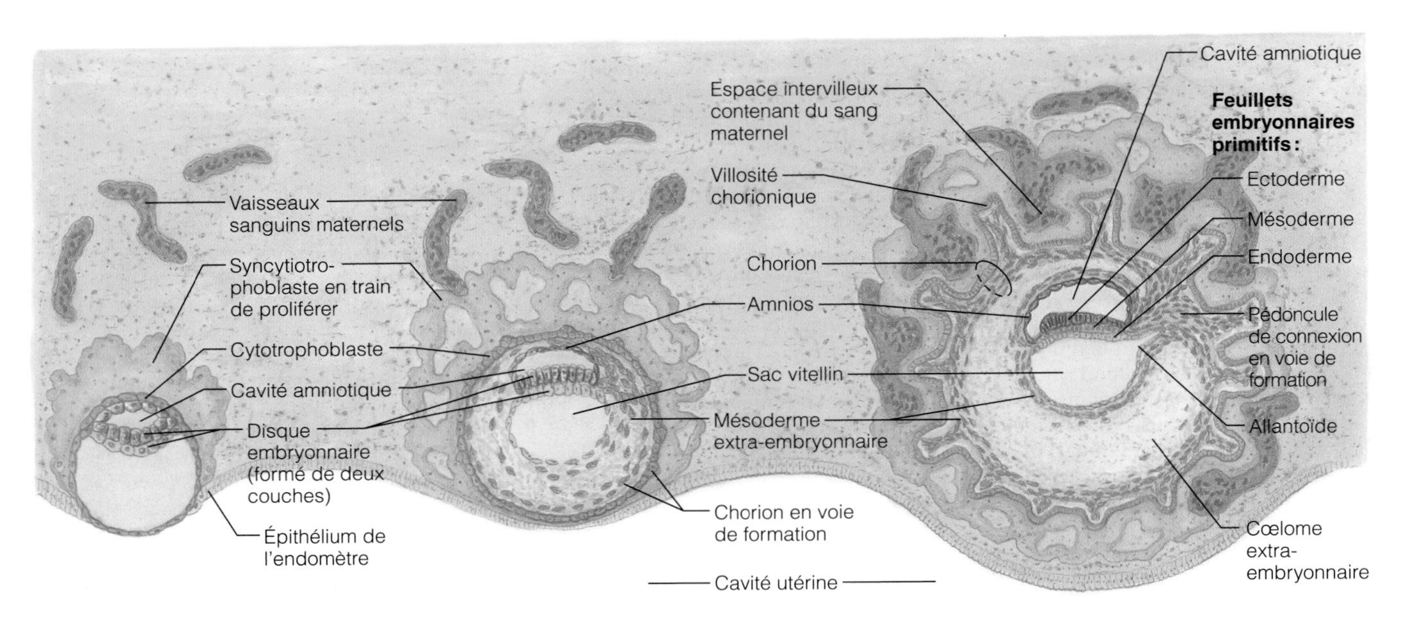

(a) Blastocyste de 7 jours et demie en train de s'implanter

(b) Blastocyste de 9 jours implanté

(c) Embryon de 16 jours

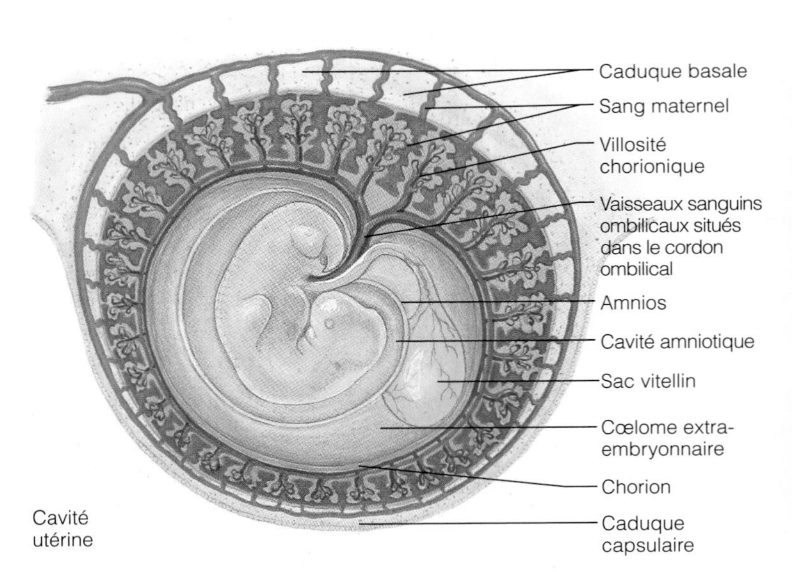

(d) Embryon de 4 semaines et demie

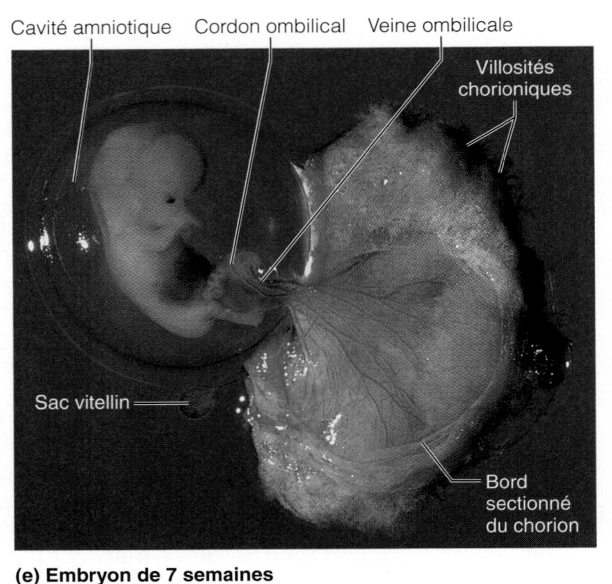

(e) Embryon de 7 semaines

FIGURE 29.7
Placentation, début du développement embryonnaire et formation des membranes embryonnaires.
Les périodes données correspondent à l'âge du produit de la conception, qui est typiquement inférieur de deux semaines à l'âge gestationnel. **(a)** Blastocyste en train de s'implanter. Le syncytiotrophoblaste continue à éroder l'endomètre, et les cellules du disque embryonnaire sont maintenant séparées de l'amnios par un espace rempli de liquide (cavité amniotique). **(b)** Au neuvième jour, l'implantation est terminée et le mésoderme extra-embryonnaire commence à former une couche distincte sous le cytotrophoblaste. **(c)** À 16 jours, le cytotrophoblaste et le mésoderme qui y est associé se sont transformés en chorion et les villosités chorioniques sont en train de se développer. L'embryon présente maintenant les trois feuillets embryonnaires primitifs, un sac vitellin (formé par les cellules de l'endoderme) et une allantoïde, l'excroissance du sac vitellin qui forme la base structurale du pédoncule de connexion, ou cordon ombilical. **(d)** À 4 semaines et demie, la caduque capsulaire (qui recouvre l'embryon du côté de la cavité utérine) et la caduque basale (située entre les villosités chorioniques et la couche basale de l'endomètre) sont bien formées. **(e)** Embryon de 7 semaines et membranes embryonnaires qui contribueront au placenta (à droite). **(f)** Fœtus de 13 semaines. **(g)** Anatomie détaillée des relations vasculaires dans la caduque basale arrivée à maturité. Ce stade du développement est atteint à la fin du troisième mois de développement.

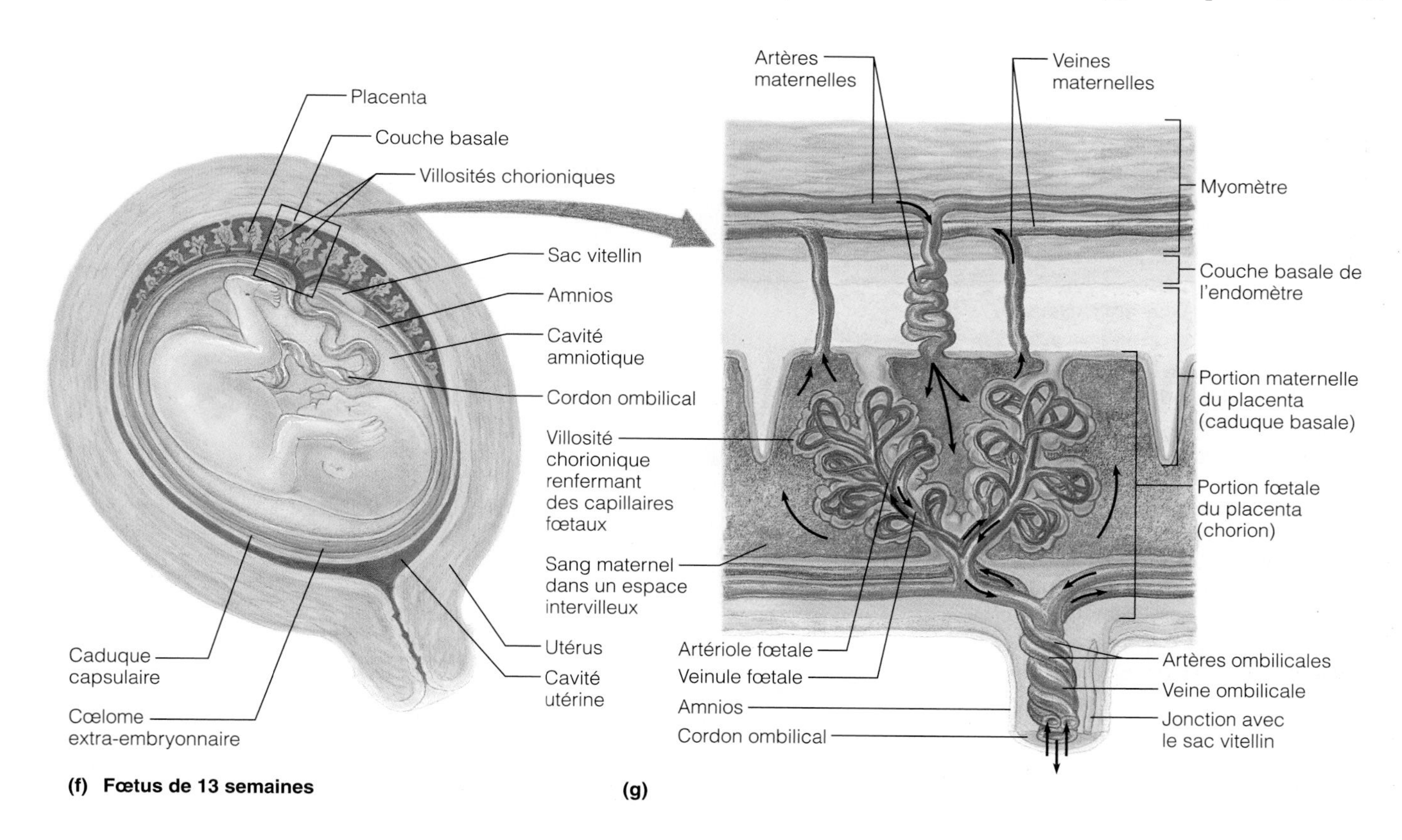

(f) Fœtus de 13 semaines **(g)**

l'embryon d'adhérer les unes aux autres et de fusionner au cours de leur croissance rapide. En outre, il laisse à l'embryon une grande liberté de mouvement qui contribue à son développement musculosquelettique. Initialement, le liquide amniotique est un dérivé du sang maternel, mais quand les reins du fœtus deviennent fonctionnels, l'urine fœtale contribue au volume du liquide amniotique.

Le **sac vitellin** (voir la figure 29.7b) se forme, du moins en partie, à partir des cellules de la surface du disque embryonnaire du côté opposé à l'amnios en voie de formation. Ces cellules prolifèrent pour composer un petit sac suspendu à la face ventrale de l'embryon (voir la figure 29.7d). Le sac vitellin renferme le vitellus (littéralement, « jaune d'œuf »). L'amnios et le sac vitellin ressemblent à deux ballons qui se touchent, le disque embryonnaire se trouvant au point de contact. Chez de nombreuses espèces, le sac vitellin constitue la principale source de nutriments pour l'embryon, mais les œufs humains contiennent très peu de « jaune », et les fonctions de nutrition du sac vitellin sont assumées par le placenta. Le sac vitellin demeure néanmoins très important chez les humains, car (1) il forme une partie de l'*intestin* (tube digestif), (2) ses parois produisent les premières cellules sanguines et (3) c'est dans ses parois qu'apparaissent les cellules germinales primordiales qui migrent ensuite dans le corps de l'embryon pour « ensemencer » les gonades.

L'**allantoïde** est une petite cavité localisée à l'extrémité caudale du sac vitellin (voir la figure 29.7c). Chez les animaux qui se développent à l'intérieur d'une coquille, l'allantoïde sert au stockage des déchets métaboliques solides (excreta). Chez les humains, l'allantoïde sert de base structurale pour l'élaboration du cordon ombilical qui relie l'embryon au placenta et forme une partie de la vessie. Lorsque le cordon ombilical est complètement formé, il contient au centre un tissu conjonctif embryonnaire (la gelée de Wharton), il renferme les artères et la veine ombilicales, et il est recouvert de la membrane amniotique. L'allantoïde deviendra l'*ouraque,* tube allant du sommet de la vessie à l'ombilic chez le fœtus, puis le *ligament ombilical médian* chez l'adulte.

Nous avons déjà décrit le *chorion,* qui contribue à former la partie embryonnaire du placenta (voir la figure 29.7c). Étant donné qu'il est la membrane externe, le chorion recouvre l'embryon et toutes les autres membranes.

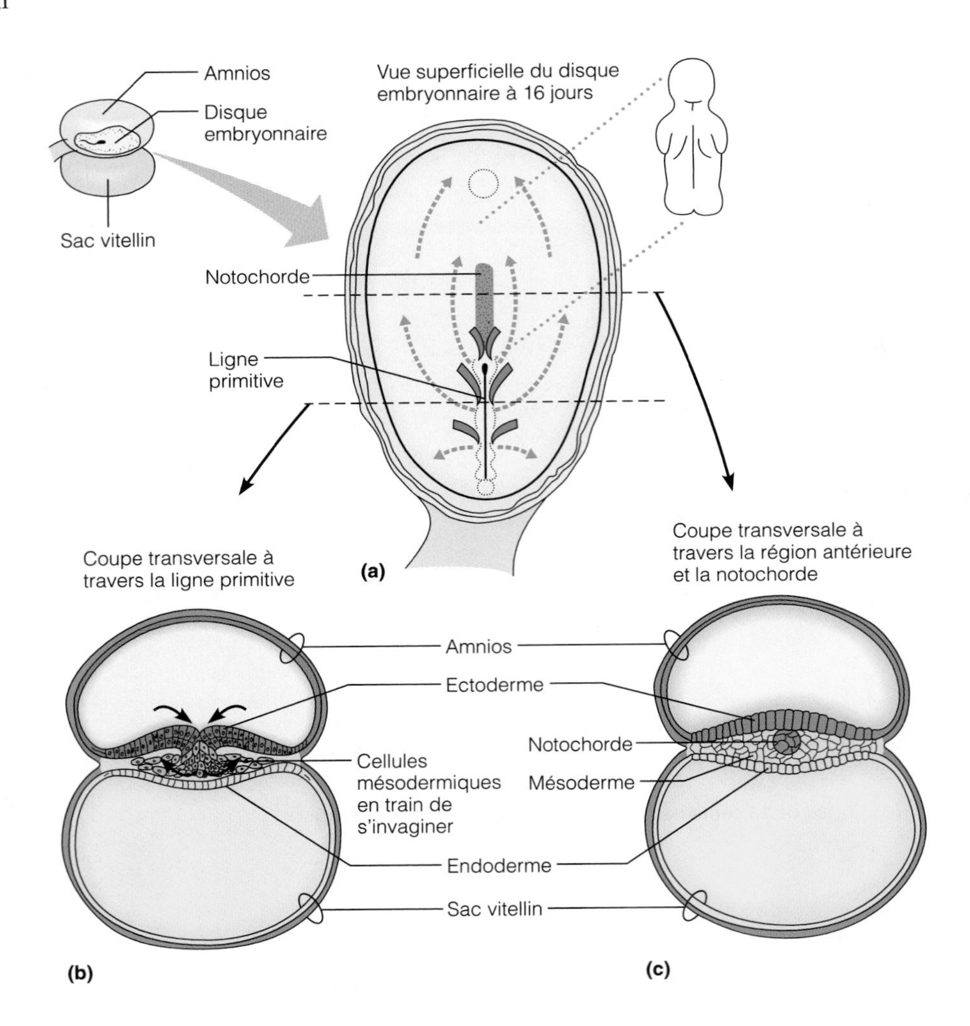

FIGURE 29.8
Gastrulation: formation des trois feuillets embryonnaires primitifs.
(a) Vue superficielle d'un disque embryonnaire. Remarquez la corrélation entre la notochorde en train de se constituer, les autres régions du disque embryonnaire et le plan corporel du bébé en voie de développement (voir le corps du bébé en mortaise à droite). Les traits bleus indiquent le trajet des cellules superficielles qui migrent vers la ligne primitive. Les lignes pointillées (en rouge) indiquent le trajet de ces mêmes cellules quand elles pénètrent dans la ligne primitive et migrent latéralement sous les cellules superficielles. **(b)** Coupe transversale du disque embryonnaire montrant les feuillets embryonnaires établis grâce à la migration cellulaire. Les flèches montrent le trajet migratoire des cellules qui ont envahi la ligne primitive. **(c)** La migration est terminée: les cellules localisées à la surface du disque embryonnaire sont des cellules ectodermiques; celles de la surface ventrale sont des cellules endodermiques; les cellules qui occupent le milieu du disque sont des cellules mésodermiques. Cette coupe transversale a été effectuée devant la ligne primitive, dans la région du futur thorax.

Gastrulation: formation des feuillets embryonnaires

29

Au cours de la troisième semaine, le disque embryonnaire, constitué de deux couches, se transforme en un *embryon* composé de trois couches, appelées **feuillets embryonnaires primitifs**: l'*ectoderme,* le *mésoderme* et l'*endoderme.* Ce processus, appelé **gastrulation,** comprend des réarrangements et d'importantes migrations cellulaires. Peu après la formation de l'amnios, le disque embryonnaire s'allonge et sa partie antérieure s'élargit, ce qui donne une plaque en forme de poire. Un épaississement appelé **ligne primitive** apparaît à sa face dorsale, ce qui établit l'axe longitudinal de l'embryon (figure 29.8a et b).

Les migrations cellulaires qui se produisent ensuite semblent assez frénétiques quand on les observe au microscope. Les cellules superficielles du disque embryonnaire migrent vers le centre en passant entre les autres cellules, entrent dans la ligne primitive, puis se déplacent latéralement entre les cellules des surfaces inférieure et supérieure (voir la figure 29.8a et b). Lorsque cette migration se termine (vers la deuxième semaine après la fécondation), les cellules de la limite dorsale du disque embryonnaire constituent l'**ectoderme,** celles de la face ventrale, l'**endoderme,** et celles du milieu du « sandwich », le **mésoderme.** Les cellules mésodermiques localisées directement sous la ligne primitive s'agrègent rapidement et forment un cordon appelé **notochorde,** qui constitue le premier support axial de l'embryon (figure 29.8c). Le produit de la conception, maintenant appelé embryon, mesure environ 2 mm de long.

Tous les organes dérivent des trois feuillets embryonnaires primitifs, dont l'arrangement des cellules diffère. L'ectoderme (« peau de dehors ») réalisera les structures du système nerveux et l'épiderme de la peau. L'endoderme (« peau du dedans ») formera les muqueuses des systèmes digestif, respiratoire et génito-urinaire, de même que les glandes qui y sont associées. Le mésoderme (« peau du milieu ») donnera naissance à presque toutes les autres structures. L'ectoderme et l'endoderme sont principalement composés de cellules jointes solidement les unes aux autres et sont considérés comme des *épithéliums*. Par contre, le mésoderme est un *mésenchyme*. Remarquez, cependant, que le terme **mésenchyme** désigne *tous* les tissus embryonnaires constitués de cellules étoilées qui sont capables de migrer presque partout dans l'embryon. Le tableau 29.1 (p. 1102) présente une liste des dérivés des feuillets embryonnaires. Décrivons maintenant quelques détails du processus de différenciation.

Organogenèse : différenciation des feuillets embryonnaires

La gastrulation jette les bases de la structure de l'embryon et constitue une préparation à l'organogenèse, c'est-à-dire à la formation des organes et des systèmes. Au cours de l'organogenèse, les cellules de l'embryon se réarrangent et se regroupent en grappes, en tiges ou en membranes avant de se différencier pour former les tissus et les organes définitifs. À la fin de la période embryonnaire, lorsque l'embryon est âgé de huit semaines et mesure 22 mm de la tête aux fesses (ce qu'on appelle la *longueur vertex-coccyx*), tous les systèmes de l'adulte sont présents. Il est vraiment impressionnant que l'organogenèse soit si avancée après une si courte période et dans une si petite quantité de matière vivante.

Spécialisation de l'ectoderme

Le premier phénomène important de l'organogenèse est la **neurulation,** ou différenciation de l'ectoderme, qui donne naissance à l'encéphale et à la moelle épinière (figure 29.9). Ce processus est *induit* par des signaux chimiques émis par la *notochorde,* le cordon axial constitué de mésoderme que nous avons déjà mentionné. L'ectoderme sus-jacent à la notochorde s'épaissit pour former la **plaque neurale,** puis il commence à se replier vers l'intérieur pour donner un **sillon neural** qui, en épaississant, forme des **plis neuraux** proéminents. Au vingt-troisième jour, les bords des plis neuraux fusionnent pour établir le **tube neural,** qui bientôt se détache de l'ectoderme superficiel et se loge un peu plus en profondeur tout en restant dans le plan médian. Comme nous l'avons décrit au chapitre 12, la partie antérieure du tube neural deviendra l'encéphale et le reste deviendra la moelle épinière. Les **cellules de la crête neurale** migrent dans plusieurs directions pour donner naissance aux nerfs crâniens et rachidiens, aux ganglions associés à ces nerfs, aux ganglions de la chaîne sympathique latéro-vertébrale, à la médulla des glandes surrénales, ainsi qu'à une partie de certains tissus conjonctifs. À la fin du premier mois de développement, les trois vésicules cérébrales primaires (prosencéphale, mésencéphale et rhombencéphale) sont apparentes. À la fin du deuxième mois, toutes les courbures de l'encéphale sont présentes, les hémisphères cérébraux recouvrent l'extrémité supérieure du tronc cérébral (voir la figure 12.4, p. 407) et on peut enregistrer des ondes électroencéphalographiques. La majeure partie du reste de l'ectoderme, qui constitue la surface du corps embryonnaire, se différencie pour former l'épiderme de la peau. Les autres dérivés de l'ectoderme sont énumérés au tableau 29.1.

> *Lorsque vous révisez la matière en prévision d'un examen, écrivez de mémoire le plus de choses que vous savez sur chaque sujet avant d'ouvrir vos livres. Cette méthode renforcera vos connaissances et vous permettra de voir où sont vos lacunes.*
>
> *Jennifer Klaich, étudiante en soins infirmiers*

? *Quel feuillet embryonnaire donne naissance au tube neural ?*

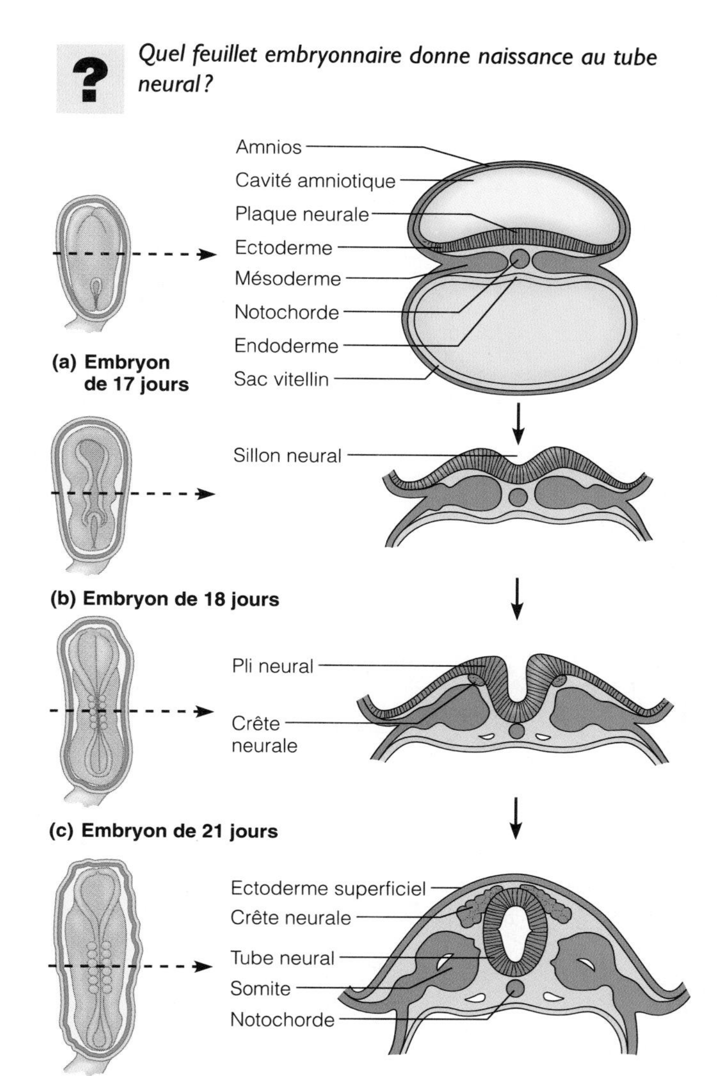

FIGURE 29.9
Déroulement de la neurulation. À gauche, vues de la face dorsale ; à droite, coupes frontales. **(a)** Le disque embryonnaire après la gastrulation. La notochorde et la plaque neurale sont présentes. **(b)** Formation des plis neuraux grâce à l'invagination de la plaque neurale. **(c)** Les plis neuraux commencent à se fermer. **(d)** Le tube neural nouvellement constitué se détache de l'ectoderme de surface et se localise entre l'ectoderme superficiel et la notochorde ; la crête neurale est évidente. Pendant l'élaboration du tube neural, le disque embryonnaire se replie de manière à établir le corps embryonnaire, tel que vous pouvez le voir à la figure 29.10.

L'ectoderme.

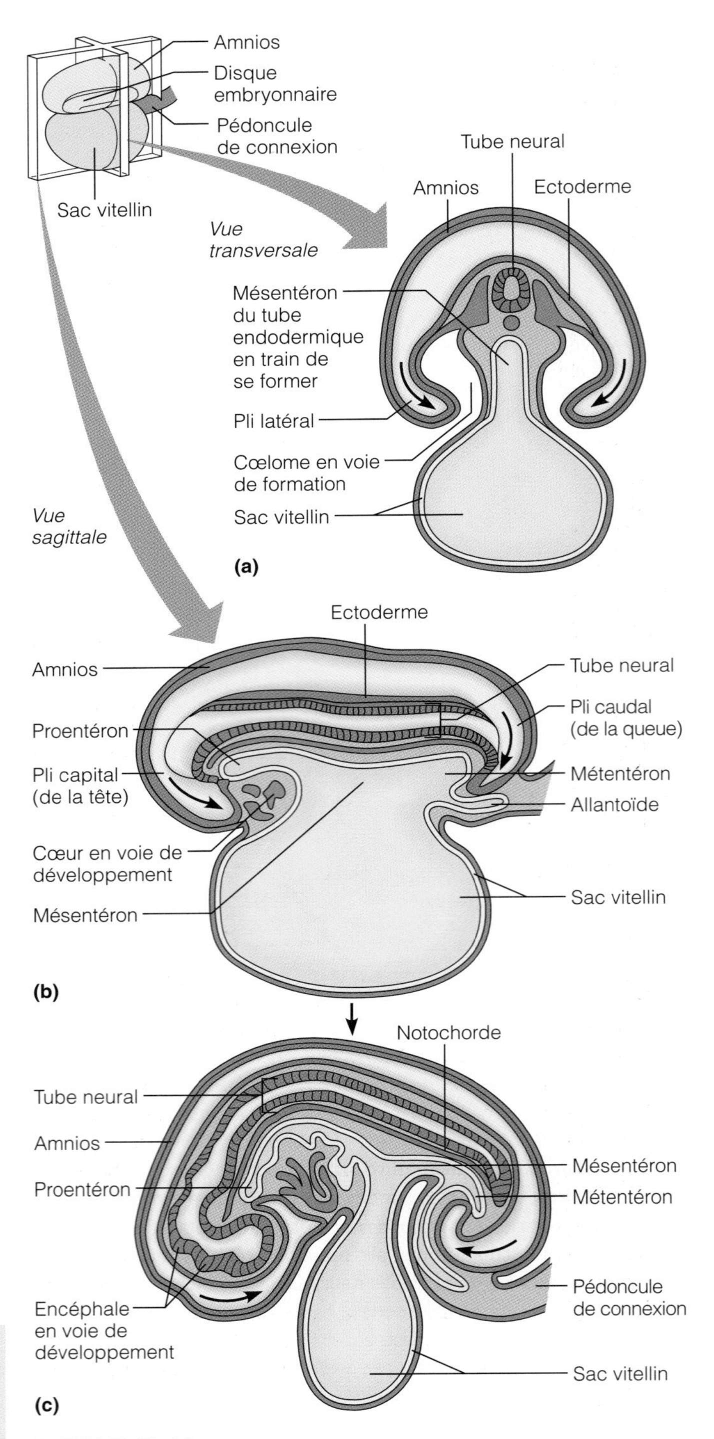

FIGURE 29.10
Le corps embryonnaire se replie pour former le tronc tubulaire de l'organisme. (a) Vue frontale montrant le pliage latéral du disque embryonnaire. Vues sagittales du début **(b)** et de la fin **(c)** du processus de pliage, qui se déroule simultanément aux extrémités rostrale et caudale de l'embryon. Le pliage mène à la formation d'un tube endodermique interne qui constitue le proentéron, le mésentéron et le métentéron de l'embryon.

Spécialisation de l'endoderme

Nous avons déjà vu que le corps de l'embryon est plat au début, puis qu'il se replie rapidement pour atteindre une forme cylindrique (figure 29.10). Le repliement se produit simultanément des deux côtés (*plis latéraux*) ainsi que de son extrémité rostrale (*pli capital*) à son extrémité caudale (*pli caudal*), puis il progresse vers la partie centrale du corps embryonnaire, où prennent naissance le sac vitellin et les vaisseaux ombilicaux. Pendant qu'il se replie et que ses bords se rapprochent et fusionnent, l'endoderme englobe une partie du sac vitellin. Le tube d'endoderme ainsi formé, appelé **intestin primitif,** constitue la tunique muqueuse du tube digestif (figure 29.11). Les organes du système digestif (pharynx, œsophage, etc.) deviennent rapidement évidents, puis les orifices buccal et anal s'établissent. La muqueuse du système respiratoire se forme à partir d'une saillie du *proentéron* (endoderme pharyngien). Les glandes dérivées de l'endoderme proviennent de saillies endodermiques localisées à différents endroits du tube digestif. Ainsi, la glande thyroïde, les glandes parathyroïdes et le thymus s'organisent à partir de l'endoderme pharyngien, et le foie et le pancréas proviennent de la muqueuse intestinale (*mésentéron*). Les glandes que nous venons de nommer sont constituées entièrement à partir de cellules endodermiques, mais seul l'épithélium de la tunique muqueuse des organes creux du tube digestif et du système respiratoire se développe à partir de l'endoderme. En effet, tout le reste de la paroi de ces organes se développe à partir du mésoderme.

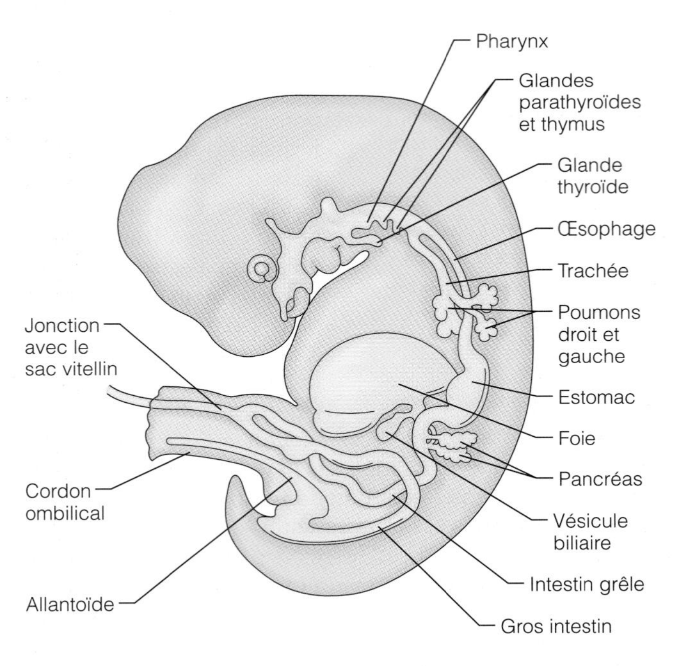

FIGURE 29.11
Différenciation de l'endoderme, qui réalise les tuniques épithéliales du tube digestif, des voies respiratoires et des glandes annexes.

Spécialisation du mésoderme

Le mésoderme produit toutes les parties du corps, mis à part le système nerveux, l'épithélium de la peau et ses dérivés, ainsi que les dérivés épithéliaux et glandulaires des muqueuses. Puisque nous avons décrit le développement embryonnaire de chaque système dans le chapitre approprié, nous nous pencherons ici sur les toutes premières étapes de la ségrégation et de la spécialisation mésodermiques.

Le premier signe de la différenciation mésodermique est l'apparition de la notochorde dans le disque embryonnaire (voir la figure 29.8c). (Bien que la notochorde soit plus tard remplacée par la colonne vertébrale, ses reliquats persistent jusqu'à l'adolescence dans le nucléus pulposus, la partie centrale et moelleuse des disques intervertébraux.) Peu après, des amas de mésoderme apparaissent de chaque côté de la notochorde (figure 29.12.a). Les plus gros de ces agrégats sont les **somites,** une série de segments mésodermiques appariés localisés de part et d'autre de la notochorde. Les 40 paires de somites sont présentes à la fin de la quatrième semaine du développement. À la face externe des somites, on retrouve de petits amas de mésoderme constituant le *mésoderme intermédiaire,* puis les deux feuillets du *mésoderme latéral.*

Chaque **somite** a trois parties fonctionnelles : le *sclérotome,* le *dermatome* et le *myotome.* Les cellules du **sclérotome** (*sklêros* = dur ; *tomê* = section) de chaque côté migrent sur le plan médian, se regroupent autour de la notochorde et du tube neural, et produisent les vertèbres et les côtes à ce niveau. Les cellules du **dermatome** (*derma* = peau), qui forment la paroi externe de chaque somite, contribuent à la formation du derme de la peau dans la partie dorsale du corps. Les cellules du **myotome** (*mus* = muscle) sont celles qui restent après la migration des cellules du sclérotome et du dermatome. Les **myotomes** se développent conjointement aux vertèbres. Ils forment les muscles squelettiques du cou et du tronc, ainsi que la plus grande partie des membres.

Les cellules du **mésoderme intermédiaire** forment les gonades, les reins et le cortex des glandes surrénales. Le **mésoderme latéral** se compose d'une paire de feuillets mésodermiques : le *mésoderme somatique* et le *mésoderme splanchnique.* Les cellules du **mésoderme somatique** ont trois fonctions principales : (1) elles migrent sous l'ectoderme superficiel et contribuent à la formation du derme de la peau dans la région ventrale du corps ; (2) elles réalisent la séreuse pariétale, qui tapisse la cavité ventrale ; (3) elles produisent les **bourgeons des membres,** qui donneront naissance aux os et à une partie des muscles des membres (voir la figure 29.12b). Le **mésoderme splanchnique** fournit les cellules mésenchymateuses qui forment les organes du système cardiovasculaire et la majorité des tissus conjonctifs. Les cellules du mésoderme splanchnique s'accumulent autour de la tunique muqueuse endodermique, où elles réaliseront le tissu musculaire lisse, les tissus conjonctifs et les séreuses (c'est-à-dire presque toute la paroi) des organes du système digestif et du système respiratoire. La cavité ventrale, appelée **cœlome,** apparaît lorsque le corps embryonnaire se replie sur lui-même (figure 29.12b). Comme nous l'avons dit plus haut, les feuillets du mésoderme latéral contribuent au développement de la séreuse du cœlome.

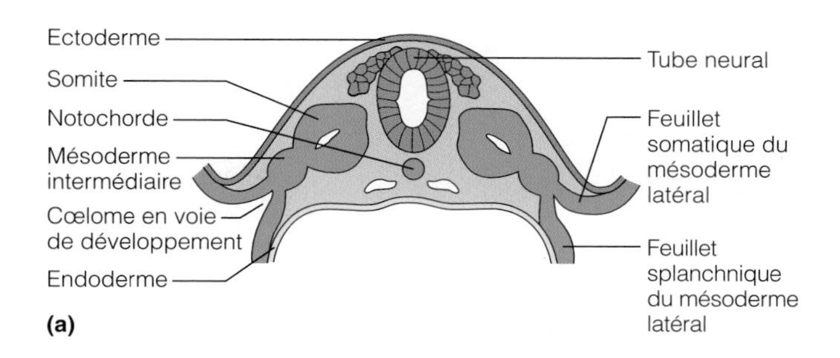

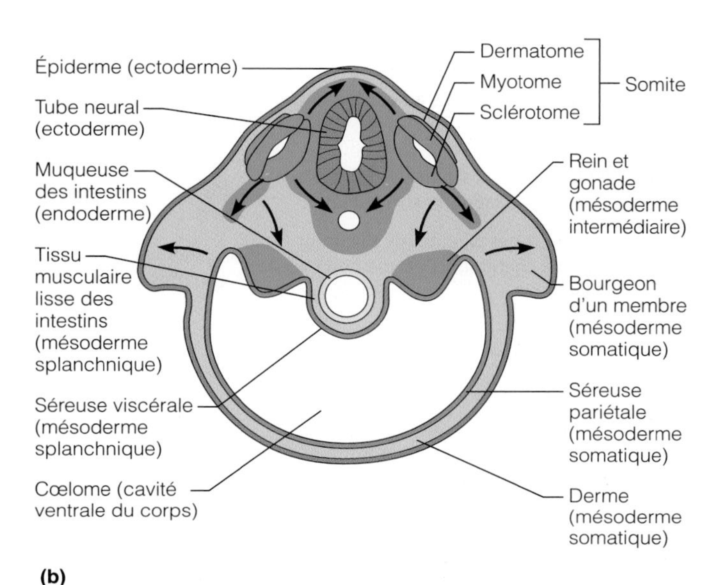

FIGURE 29.12
Début de la différenciation du mésoderme. (a) La ségrégation du mésoderme (à l'exception de la formation de la notochorde, qui se produit plus tôt) a lieu en même temps que la neurulation. De chaque côté de la notochorde, un somite, le mésoderme intermédiaire et le mésoderme latéral se disposent. **(b)** Vue schématique des divisions et des relations du mésoderme dans un embryon replié. Les différentes régions de chaque somite — le sclérotome, le dermatome et le myotome — contribuent respectivement à la formation des vertèbres, du derme de la peau et des muscles squelettiques. Le mésoderme intermédiaire forme les reins, les gonades et les structures annexes. Le feuillet somatique du mésoderme latéral donne les bourgeons des membres et la séreuse pariétale, et contribue au derme ; le feuillet splanchnique élabore les muscles, les tissus conjonctifs et la séreuse de la paroi des viscères, de même que le cœur et les vaisseaux sanguins.

À la fin du développement embryonnaire, l'ossification des os est commencée et les muscles squelettiques sont bien formés et se contractent spontanément. Les reins métanéphrotiques se développent, les gonades sont formées, et les poumons et le système digestif atteignent leur forme et leur situation finales. Les gros vaisseaux sanguins ont acquis leur disposition définitive, et le transport du sang en provenance et en direction du placenta, par l'intermédiaire des vaisseaux ombilicaux, se fait de façon continue et efficace. Le cœur et le foie se disputent l'espace

TABLEAU 29.1	Dérivés des feuillets embryonnaires primitifs	
Ectoderme	**Mésoderme**	**Endoderme**
Tous les tissus nerveux	Tissu musculaire squelettique, lisse et cardiaque	Épithélium du tube digestif (sauf celui des cavités orale et anale)
Épiderme de la peau et dérivés de l'épiderme (poils et cheveux, follicules pileux, glandes sébacées et sudoripares, ongles)	Cartilage, os et autres tissus conjonctifs	Glandes dérivées du tube digestif (foie, pancréas)
Cornée et cristallin de l'œil	Sang, moelle osseuse et tissus lymphoïdes	Épithélium des voies respiratoires, du méat acoustique et des tonsilles
Épithélium des cavités nasale et orale, des sinus paranasaux et du canal anal	Endothélium des vaisseaux sanguins et lymphatiques	Glandes thyroïde et parathyroïdes et thymus
Émail des dents	Séreuses de la cavité ventrale	Épithélium des conduits et des glandes du système génital
Épithélium du corps pinéal, de l'hypophyse ainsi que médulla surrénale	Tuniques fibreuse et vasculaire de l'œil	Épithélium de l'urètre et de la vessie
Mélanocytes ; certains os du crâne et cartilages branchiaux (dérivés de la crête neurale)	Membranes synoviales des cavités articulaires	
	Organes génito-urinaires (uretères, reins, gonades et conduits annexes)	

disponible et dessinent une protubérance à la face ventrale du corps de l'embryon. Tout cela après huit semaines de développement, dans un embryon qui mesure à peu près 2,5 cm du sommet du crâne au coccyx !

Développement de la circulation fœtale Le développement embryonnaire du système cardiovasculaire jette les bases du système circulatoire fœtal, qui se transformera en système circulatoire adulte à la naissance. Les premières cellules sanguines sont élaborées dans les parois du sac vitellin. Avant la troisième semaine de développement, de petits espaces apparaissent dans le mésoderme splanchnique. Ces espaces sont rapidement tapissés de cellules épithéliales, recouverts de mésenchyme et reliés les uns aux autres pour former des réseaux vasculaires qui s'étendent rapidement : ils sont destinés à constituer le cœur, les vaisseaux sanguins et les vaisseaux lymphatiques. À la fin de la troisième semaine, l'embryon possède un système assez élaboré de vaisseaux sanguins appariés, et les deux tubes cardiaques d'où proviendra le cœur ont fusionné pour réaliser un cœur tubulaire simple qui adopte ensuite la forme d'un S (voir la figure 19.23, p. 687). À trois semaines et demie, un cœur miniature pompe du sang pour un embryon mesurant environ 5 mm de long.

Les **artères ombilicales,** la **veine ombilicale** et les trois *dérivations vasculaires* sont des structures vasculaires uniques au développement prénatal (figure 29.13). Ces structures se ferment peu après la naissance. La grosse *veine ombilicale* transporte le sang fraîchement oxygéné provenant du placenta vers le corps de l'embryon et l'achemine dans le foie. Une partie du sang placentaire passe alors à travers les sinusoïdes du foie jusque dans les veines hépatiques. Cependant, la majeure partie du sang de la veine ombilicale passe dans le **conduit veineux,** une dérivation veineuse qui contourne entièrement le foie. Les veines hépatiques et le conduit veineux se vident dans la veine cave inférieure, où le sang placentaire se mélange au sang désoxygéné qui revient de la partie inférieure du corps du fœtus. La veine cave dirige ensuite ce « mélange de sang » directement dans l'oreillette droite du cœur. Après la naissance, le foie jouera un rôle important dans le traitement des nutriments, mais cette fonction est accomplie par le foie maternel au cours de la vie embryonnaire. La circulation du sang dans le foie sert donc surtout à assurer la survie des cellules hépatiques.

Le sang pénétrant dans le cœur et en sortant rencontre deux autres dérivations qui servent toutes deux à contourner les poumons, encore non fonctionnels. Une partie du sang pénétrant dans l'oreillette droite passe directement dans le côté gauche du cœur par le **foramen ovale** (« trou ovale »), un orifice dans le septum interauriculaire. Le sang qui pénètre dans le ventricule droit est ensuite pompé dans le tronc pulmonaire. Toutefois, la deuxième dérivation, le **conduit artériel,** transfère une grande partie de ce sang directement dans l'aorte, ce qui lui permet de contourner le circuit pulmonaire. (Les poumons reçoivent assez de sang oxygéné et de nutriments pour assurer leur croissance.) Le sang passe dans les deux dérivations pulmonaires parce que la cavité cardiaque ou le vaisseau situé de l'autre côté de chaque dérivation est une région de basse pression, à cause du faible retour veineux provenant des poumons. Le sang qui quitte le cœur dans l'aorte atteint finalement les artères ombilicales, qui sont en fait des branches des artères iliaques internes desservant le bassin. Le sang presque entièrement désoxygéné et chargé de déchets métaboliques est ensuite acheminé jusque dans la circulation capillaire des villosités chorioniques du placenta. Les changements du système circulatoire à la naissance sont décrits à la figure 29.13b.

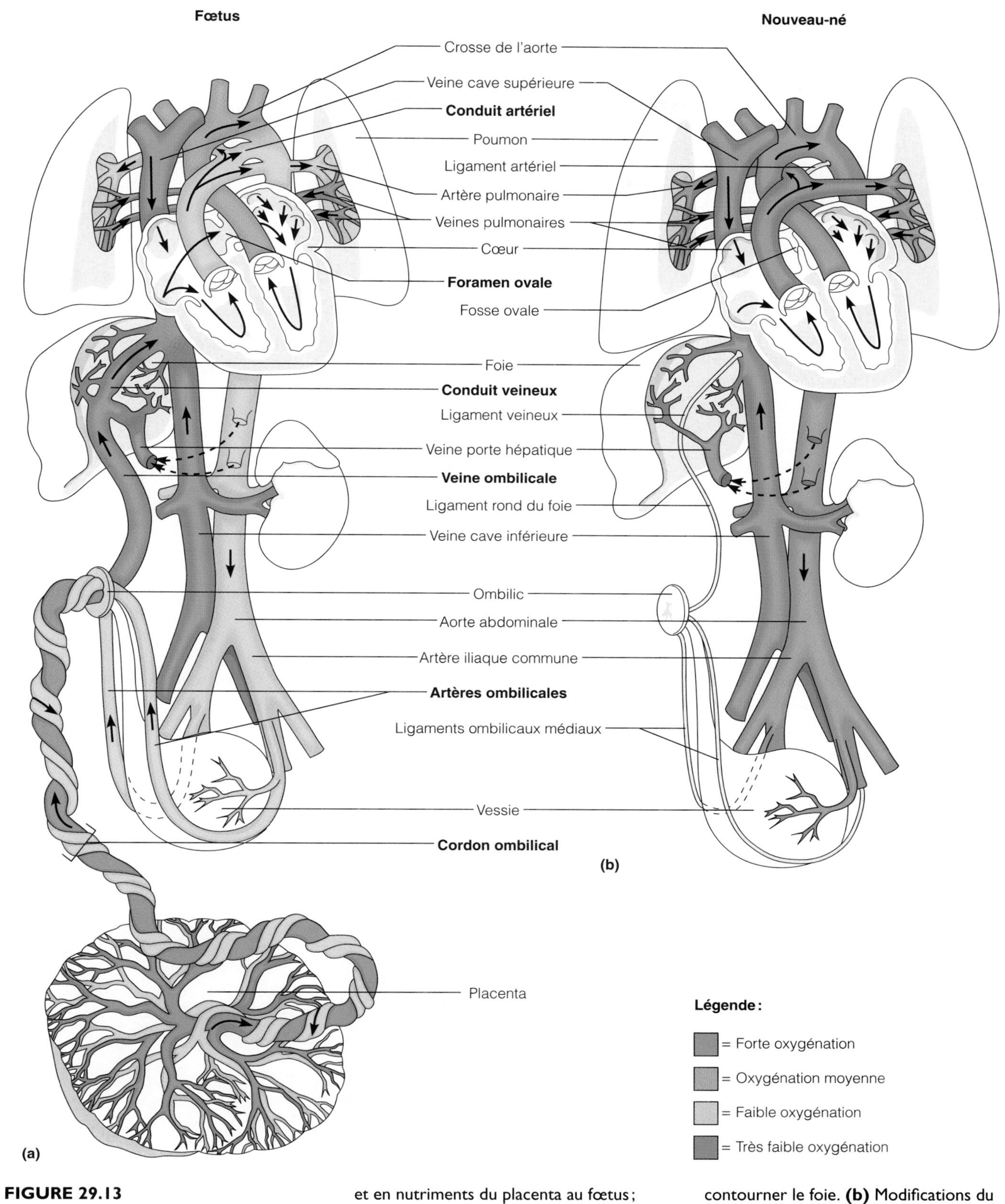

FIGURE 29.13
Circulation chez le fœtus et le nouveau-né. Les flèches indiquent la direction de la circulation sanguine. **(a)** Adaptations particulières à la vie embryonnaire et fœtale. La veine ombilicale transporte le sang riche en oxygène et en nutriments du placenta au fœtus ; les artères ombilicales transportent le sang chargé des déchets du fœtus au placenta ; le conduit artériel et le foramen ovale permettent au sang de contourner les poumons, non fonctionnels ; le conduit veineux permet à une partie du sang de contourner le foie. **(b)** Modifications du système cardiovasculaire à la naissance. Les vaisseaux ombilicaux se ferment, de même que les dérivations pulmonaires et hépatique (conduit veineux, conduit artériel et foramen ovale).

DÉVELOPPEMENT FŒTAL

Le tableau 29.2 résume la chronologie des principaux événements de la période fœtale (de la neuvième à la quarantième semaine). La période fœtale se caractérise par la croissance rapide des structures corporelles qui ont été établies durant la période embryonnaire. Cependant, il ne s'agit pas seulement d'une période de croissance. En effet, durant la première moitié de la période fœtale, les cellules continuent de se spécialiser pour former les tissus distinctifs de l'organisme, et elles achèvent les menus détails des structures corporelles. Au début de la période fœtale, le fœtus mesure approximativement 30 mm du vertex au coccyx et pèse environ 1 g ; à la fin de cette période, il mesure en moyenne 360 mm et pèse 2,7 à 4,1 kg ou plus. (La longueur totale du fœtus à la naissance est d'environ 550 mm.) Une croissance aussi phénoménale s'accompagne évidemment de changements importants des caractéristiques physiques (figure 29.14).

Étant donné qu'un grand nombre de substances potentiellement néfastes peuvent traverser la barrière placentaire et pénétrer dans le sang fœtal, la femme enceinte doit porter une grande attention à tout ce qu'elle absorbe. Ces précautions sont particulièrement importantes pendant la période embryonnaire, quand les « fondations » du corps se forment. Les **agents tératogènes** (*teras* = monstre) peuvent causer de graves anomalies congénitales et même la mort fœtale. L'alcool, la nicotine, certains médicaments (anticoagulants, sédatifs, antihypertenseurs et quelques antibiotiques) et certaines maladies chez la mère (notamment la rubéole) sont des agents tératogènes. Ainsi, lorsqu'une femme enceinte consomme de l'alcool, son fœtus en absorbe lui aussi. Chez le fœtus, l'alcool peut provoquer le *syndrome d'alcoolisme fœtal* (*SAF*), qui se caractérise par la microcéphalie (petite tête), la déficience mentale et une croissance anormale. La nicotine réduit l'apport d'oxygène au fœtus, ce qui gêne la croissance et le développement. La **thalidomide,** un sédatif destiné à soulager les nausées matinales qui fut prescrit dans les années 1960 à des milliers de femmes enceintes, a parfois provoqué des déformations importantes quand il était pris au cours de la différenciation des bourgeons des membres (du jour 26 au jour 56 environ) : les enfants atteints sont nés avec des membres courts et palmés. ■

EFFETS DE LA GROSSESSE CHEZ LA MÈRE

La grossesse peut être une période difficile pour la mère. En plus des modifications anatomiques, la grossesse produit chez elle des changements importants sur les plans métabolique et physiologique.

Modifications anatomiques

Pendant la grossesse, les organes génitaux de la femme deviennent plus vascularisés et gorgés de sang, et le vagin prend une coloration violacée (*signe de Chadwick*). L'augmentation de la vascularisation accroît la sensibilité vaginale. Le plaisir sexuel devient alors plus intense ; d'ailleurs, certaines femmes connaissent leur premier orgasme au cours de la grossesse. Les seins aussi se gorgent de sang. En outre, l'augmentation des taux d'œstrogènes et de progestérone les fait augmenter de volume et rend les aréoles plus foncées. Certaines femmes présentent une augmentation de la pigmentation du nez et des joues, un phénomène appelé *chloasma,* ou « masque de grossesse ».

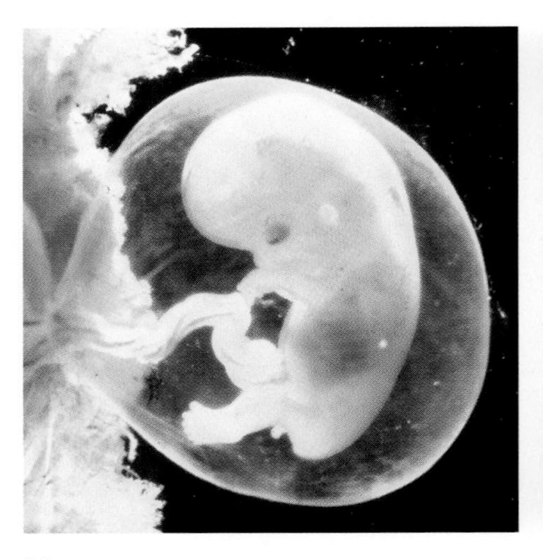

(a)

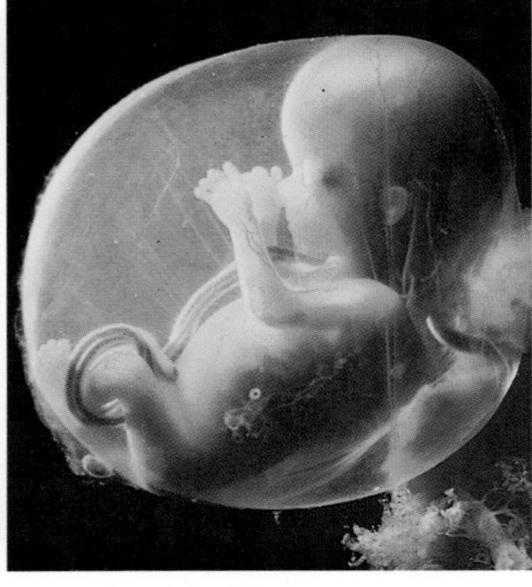

(b)

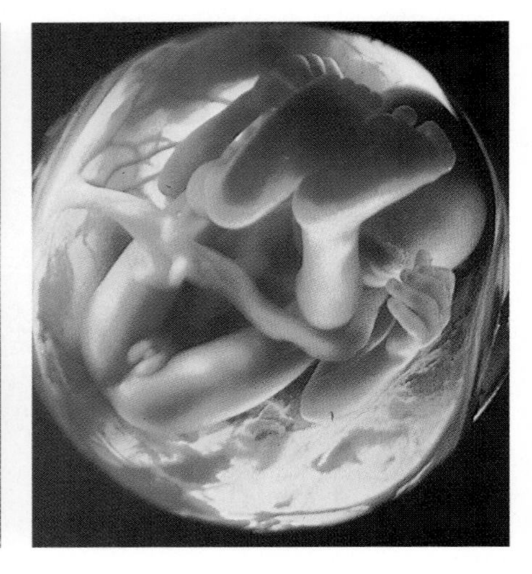

(c)

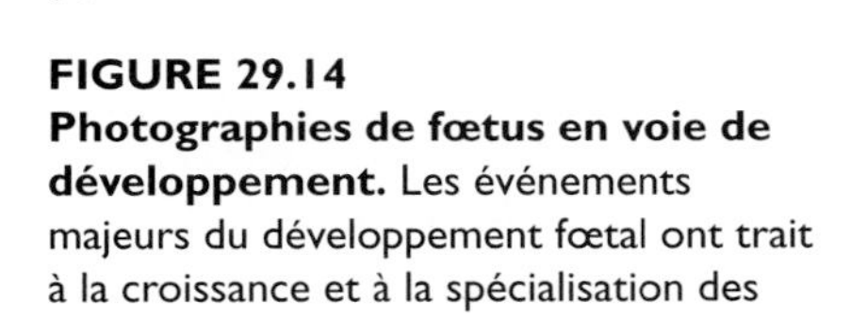

FIGURE 29.14
Photographies de fœtus en voie de développement. Les événements majeurs du développement fœtal ont trait à la croissance et à la spécialisation des tissus. Tous les systèmes s'élaborent, du moins sous forme rudimentaire, au cours du développement embryonnaire. **(a)** Fœtus de 9 semaines, mesurant environ 3 cm de longueur ; tous les systèmes et les caractéristiques externes sont en place. **(b)** Fœtus de 14 semaines, mesurant environ 6 cm. **(c)** Fœtus de 20 semaines, mesurant environ 19 cm. À la naissance, le fœtus mesure de 35 à 40 cm du vertex au coccyx.

TABLEAU 29.2 Développement au cours de la période fœtale

Âge	Changements
8 semaines (fin de la période embryonnaire) 8 semaines	La tête est presque aussi grosse que le corps; les principales régions de l'encéphale sont présentes; premières ondes électroencéphalographiques Le foie est très gros et il commence à synthétiser des globules sanguins Les membres sont apparus; les mains et les pieds sont palmés, mais les doigts et les orteils sont distincts à la fin de cette période Début de l'ossification; faibles contractions musculaires spontanées Le système cardiovasculaire est entièrement fonctionnel (le cœur pompe du sang depuis la quatrième semaine) Tous les systèmes sont présents, du moins sous forme rudimentaire Longueur vertex-coccyx approximative: 30 mm; masse: 1 g
9 à 12 semaines (troisième mois) 12 semaines	La tête domine encore, mais le corps s'allonge; l'encéphale continue de grossir et possède sa structure générale; la moelle épinière présente un renflement cervical et un renflement lombal; la rétine de l'œil est apparue L'épiderme et le derme de la peau sont apparus; les traits du visage sont ébauchés Le foie proéminent sécrète de la bile; le palais fusionne; la majorité des glandes d'origine mésodermique sont apparues; du tissu musculaire lisse commence à se développer dans les parois des viscères creux La moelle osseuse commence à élaborer des globules sanguins La notochorde dégénère et l'ossification s'accélère; les membres sont bien formés On peut facilement déterminer le sexe d'après les organes génitaux externes Longueur vertex-coccyx approximative à la fin de cette période: 90 mm
13 à 16 semaines (quatrième mois) 16 semaines	Le cervelet devient proéminent; les récepteurs sensoriels du toucher sont différenciés; les yeux et les oreilles adoptent leur forme et leur situation caractéristiques; les yeux clignent et les lèvres font des mouvements de succion Le visage a une apparence humaine et le corps commence à grossir plus vite que la tête Les glandes du tube digestif se développent; le méconium s'accumule Les reins atteignent leur structure typique La plupart des os sont maintenant distincts et les cavités des articulations sont apparentes Longueur vertex-coccyx approximative à la fin de cette période: 140 mm
17 à 20 semaines (cinquième mois)	Le corps est couvert de vernix caseosa (substance grasse composée de sébum sécrété par les glandes sébacées et de cellules épidermiques); la peau présente du lanugo (fin duvet) Le fœtus adopte la position fœtale (en flexion antérieure) à cause du manque d'espace Les membres atteignent presque leurs proportions finales La mère sent les premiers mouvements actifs du fœtus Longueur vertex-coccyx approximative à la fin de cette période: 190 mm
21 à 30 semaines (sixième et septième mois) À la naissance	Période d'importante augmentation du poids (possibilité de survie en cas de naissance prématurée à 27-28 semaines, bien que la régulation de la température par l'hypothalamus et la production de surfactant dans les poumons soient encore insuffisantes) Début de la myélinisation de la moelle épinière; les yeux sont ouverts Les os distaux des membres commencent à s'ossifier La peau est plissée et rouge; les ongles des doigts et des orteils sont bien formés; l'émail des dents de lait est en train de se former Le corps est mince et bien proportionné La moelle osseuse devient le seul endroit où sont sécrétés des globules sanguins Les testicules atteignent le scrotum au septième mois (chez les garçons) Longueur vertex-coccyx approximative à la fin de cette période: 280 mm
30 à 40 semaines (huitième et neuvième mois)	Peau d'un blanc rosé; graisse déposée dans les tissus sous-cutanés (hypoderme) Longueur vertex-coccyx approximative à la fin de cette période: 350 à 400 mm; masse: 2,7 à 4,1 kg

À partir de cette figure, expliquez pourquoi beaucoup de femmes enceintes se plaignent d'avoir le souffle court.

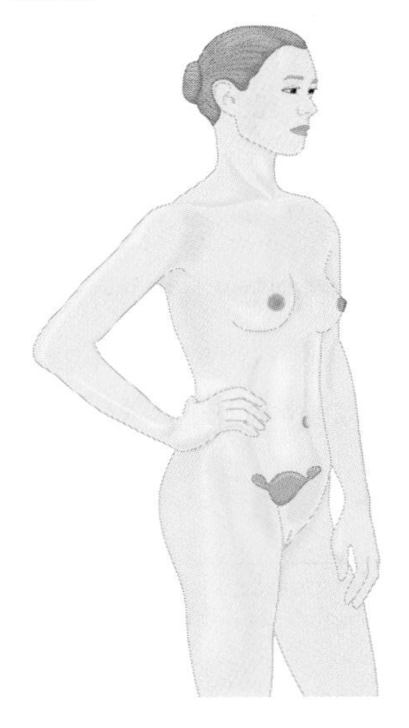

(a) Avant la conception

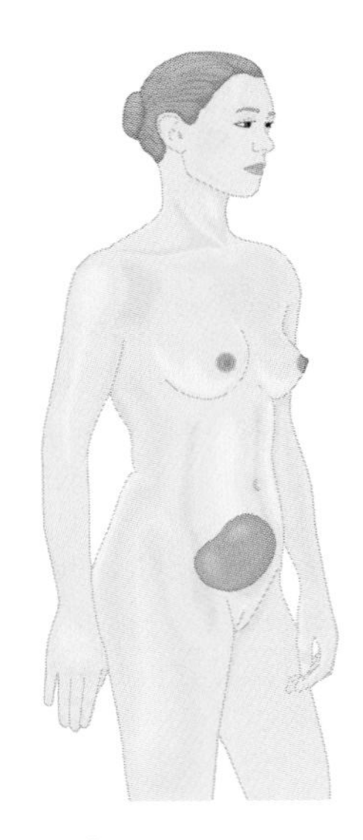

(b) À quatre mois

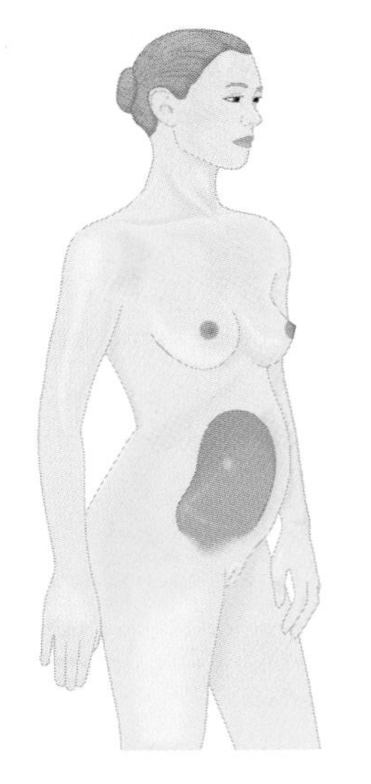

(c) À sept mois

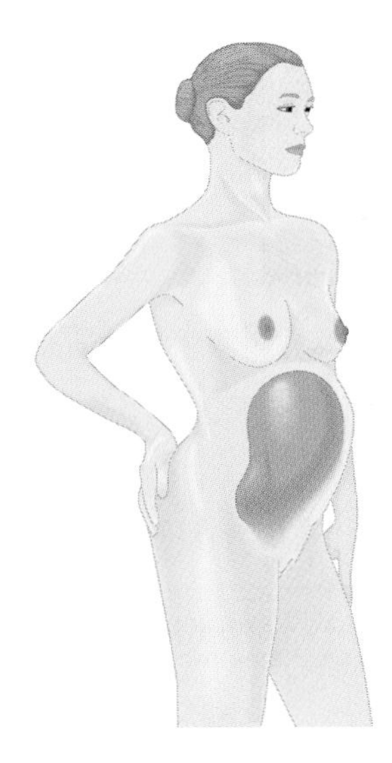

(d) À neuf mois

FIGURE 29.15
Volume relatif de l'utérus avant la conception et au cours de la grossesse. (a) Avant la conception, l'utérus est de la grosseur d'un poing et se trouve dans le bassin. **(b)** À quatre mois, le fond utérin est à mi-chemin entre la symphyse pubienne et l'ombilic. **(c)** À sept mois, le fond utérin se situe bien au-dessus de l'ombilic. **(d)** À neuf mois, le fond utérin atteint le processus xiphoïde.

L'augmentation du volume de l'utérus au cours de la grossesse est tout à fait remarquable. De la grosseur du poing au début de la grossesse, l'utérus occupe déjà toute la cavité pelvienne à 16 semaines (figure 29.15b). Même si le fœtus ne mesure alors que 140 mm environ, le placenta est complètement formé, le myomètre est hypertrophié et le liquide amniotique devient plus abondant. À mesure que la grossesse avance, l'utérus monte de plus en plus haut dans la cavité abdominale et exerce une pression croissante sur les organes abdominaux et pelviens (figure 29.15c). À la fin de la grossesse, l'utérus atteint le niveau du processus xiphoïde du sternum et occupe la majeure partie de la cavité abdominale (figure 29.15d). Les organes abdominaux sont repoussés vers le haut et entassés contre le diaphragme, qui est lui-même repoussé vers la cavité thoracique. Ce phénomène entraîne un écartement des côtes qui élargit le thorax.

L'augmentation du volume de l'abdomen vers l'avant modifie le centre de gravité de la femme, ce qui peut provoquer une lordose (accentuation de la courbure lombale) et des douleurs lombales au cours des derniers mois de la grossesse. La **relaxine,** une hormone sécrétée par le placenta, entraîne la relaxation, l'assouplissement et l'élargissement de la symphyse pubienne et des ligaments pelviens. Cette mobilité accrue facilitera l'accouchement, mais elle provoque entre-temps une démarche dandinante.

La grossesse normale s'accompagne d'un gain de masse corporelle important. Il est impossible de préciser le gain de masse idéal, car certaines femmes ont une masse corporelle excessive ou insuffisante au début de leur grossesse. Si on additionne les gains associés à la croissance fœtale et placentaire, à l'augmentation du volume des organes génitaux et des seins ainsi qu'à l'accroissement du volume sanguin, on obtient toutefois un gain de masse typique d'environ 13 kg.

Il va de soi qu'une alimentation adéquate est nécessaire durant toute la grossesse, afin de fournir au fœtus tous les matériaux (notamment les protéines, le calcium et le fer) dont il a besoin pour l'élaboration de ses tissus et de ses organes. De plus, l'absorption de multivitamines contenant de l'acide folique semble réduire le risque d'avoir un bébé souffrant de problèmes neurologiques, notamment d'anomalies congénitales comme le spina bifida et l'anencéphalie. Cependant, la femme enceinte ne doit ajouter que 1300 kJ à son apport quotidien pour assurer la croissance fœtale. Elle doit mettre l'accent sur la qualité des aliments plutôt que sur la quantité ; si elle doit « manger *pour* deux », elle ne doit pas nécessairement « manger *comme* deux ».

À mesure que la grossesse avance, l'utérus monte dans l'abdomen et finit par comprimer le diaphragme, ce qui gêne la descente de celui-ci.

Modifications du métabolisme

À mesure que le placenta grossit, il sécrète davantage d'**hormone placentaire lactogène humaine (hPL,** « human placental lactogen »), aussi appelée **hormone chorionique somatotrope (hCS,** « human chorionic somatomammotropin »), qui travaille conjointement avec les œstrogènes et la progestérone pour stimuler la maturation des seins en préparation à la lactation. En outre, la hPL favorise la croissance fœtale et exerce un effet d'épargne sur l'utilisation du glucose chez la mère. Par conséquent, les cellules de la mère métabolisent plus d'acides gras et moins de glucose qu'en temps normal, ce qui laisse davantage de glucose au fœtus. Le placenta libère également l'**hormone thyréotrope placentaire (hCT,** « human chorionic thyrotropin »), une hormone glycoprotéique semblable à la thyréotrophine (TSH) sécrétée par l'adénohypophyse. La hCT est responsable de l'augmentation de la vitesse du métabolisme maternel durant toute la grossesse; elle produit un hypermétabolisme. Comme les taux plasmatiques de parathormone et de vitamine D activée augmentent, la femme enceinte a tendance à avoir un bilan calcique positif pendant toute sa grossesse. Le fœtus dispose donc de tout le calcium dont il a besoin pour la minéralisation de ses os.

Modifications physiologiques

Système digestif

Un grand nombre de femmes souffrent de nausées et de vomissements, les *nausées matinales,* au cours des premiers mois de la grossesse, c'est-à-dire jusqu'à ce que leur organisme s'adapte aux concentrations élevées de progestérone et d'œstrogènes. La nausée est aussi un effet indésirable des contraceptifs oraux. Le retour du suc gastrique acide dans l'œsophage, causant des *brûlures d'estomac,* est également un malaise courant, provoqué par le déplacement de l'estomac sous la poussée de l'utérus gravide. Enfin, la constipation est fréquente parce que la motilité du tube digestif est réduite au cours de la grossesse.

Système urinaire

Les reins produisent plus d'urine pendant la grossesse, car ils doivent fonctionner davantage pour débarrasser l'organisme des déchets métaboliques du fœtus. Comme la vessie est comprimée par l'utérus gravide, la miction est plus fréquente et impérieuse. Elle devient parfois involontaire: il s'agit alors d'incontinence.

Système respiratoire

Les œstrogènes provoquent un œdème et une congestion de la muqueuse nasale, qui peuvent s'accompagner de saignements de nez. La capacité vitale et la fréquence respiratoire sont augmentées pendant la grossesse, et l'hyperventilation est courante. Le volume de réserve expiratoire et le volume résiduel sont toutefois diminués, de sorte qu'un grand nombre de femmes présentent de la *dyspnée,* ou gêne respiratoire, vers la fin de la grossesse.

Système cardiovasculaire

Les modifications physiologiques les plus importantes se produisent sans doute dans le système cardiovasculaire. Le volume d'eau corporelle augmente. À la 32e semaine, le volume sanguin total s'est accru de 25 à 40%, grâce à l'augmentation des éléments figurés du sang et du volume plasmatique, afin de répondre aux besoins du fœtus. L'augmentation du volume sanguin permettra aussi à la femme de supporter une perte sanguine plus ou moins importante au moment de l'accouchement. La pression artérielle et le pouls s'accroissent, ce qui augmente le débit cardiaque de 20 à 40% (selon le stade de la grossesse). Cette augmentation facilite la circulation du volume sanguin accru. Comme l'utérus exerce une pression sur les vaisseaux pelviens, le retour veineux des membres inférieurs peut être réduit, ce qui peut provoquer des *varices* ou de l'œdème.

Un grand nombre d'obstétriciens recommandent de limiter l'intensité et la durée de l'activité physique durant la grossesse, au grand dépit des femmes actives qui savent qu'il faut faire de l'exercice régulièrement pour rester en forme. Il est vrai que le sang est détourné vers les muscles squelettiques durant l'exercice, mais il faut se rappeler que l'adaptation des systèmes cardiovasculaire et respiratoire durant la grossesse permet la compensation et assure un apport sanguin suffisant au placenta chez les femmes en bonne santé. En outre, non seulement les femmes qui continuent de faire de l'exercice durant leur grossesse sont-elles elles-mêmes en bonne condition physique, mais elles ont aussi des bébés qui pèsent de 5 à 10% de plus que les bébés nés de mères sédentaires.

PARTURITION (ACCOUCHEMENT)

La **parturition,** ou *accouchement,* est le point culminant de la grossesse: la naissance du bébé. Elle survient habituellement dans les 15 jours autour de la date prévue (280 jours après la dernière menstruation). Les événements qui mènent à l'expulsion du fœtus à l'extérieur de l'utérus constituent le **travail.**

Déclenchement du travail

Le mécanisme qui déclenche le travail n'est pas bien connu, mais plusieurs phénomènes et hormones participent à ce processus. Au cours des dernières semaines de la grossesse, les œstrogènes atteignent leurs niveaux les plus élevés dans le sang maternel*. Ces taux d'œstrogènes ont deux effets: ils stimulent la formation de récepteurs de l'ocytocine sur la membrane plasmique des cellules du myomètre. Il en résulte une augmentation progressive de l'excitabilité du myomètre de même qu'un affaiblissement de celui-ci; des contractions irrégulières du myomètre apparaissent. À cause de ces contractions, appelées

* Certaines études indiquent que c'est le fœtus qui détermine sa propre date de naissance. À la fin de la grossesse, la sécrétion accrue d'hormones corticosurrénales (particulièrement de cortisol) par le fœtus stimule la libération de cette grande quantité d'œstrogènes par le placenta.

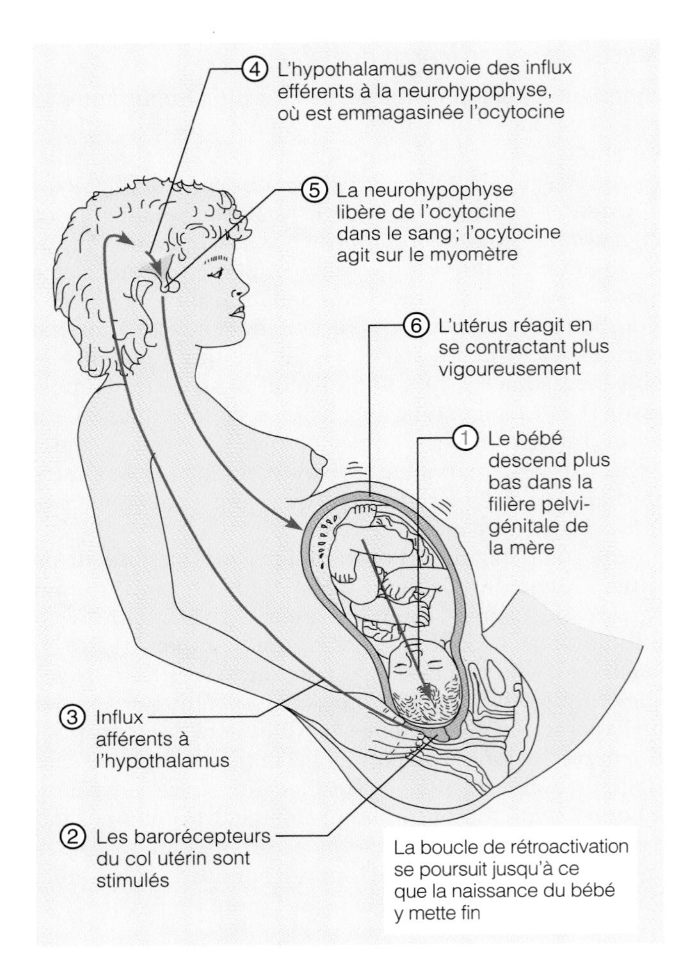
④ L'hypothalamus envoie des influx efférents à la neurohypophyse, où est emmagasinée l'ocytocine
⑤ La neurohypophyse libère de l'ocytocine dans le sang ; l'ocytocine agit sur le myomètre
⑥ L'utérus réagit en se contractant plus vigoureusement
① Le bébé descend plus bas dans la filière pelvi-génitale de la mère
③ Influx afférents à l'hypothalamus
② Les barorécepteurs du col utérin sont stimulés
La boucle de rétroactivation se poursuit jusqu'à ce que la naissance du bébé y mette fin

FIGURE 29.16
Mécanisme de rétroactivation qui permet à l'ocytocine d'activer les contractions utérines au cours du travail.

contractions de Braxton-Hicks, beaucoup de femmes partent pour l'hôpital en pensant que le travail est commencé, mais on les renvoie chez elles car il s'agit de **faux travail.**

Deux signaux chimiques concourent à transformer les contractions du faux travail en vrai travail. Certaines cellules du fœtus se mettent à synthétiser de l'**ocytocine,** qui exerce sur le placenta une action stimulant la sécrétion de **prostaglandines.** Ces deux hormones exercent un puissant effet stimulant sur le myomètre et, comme celui-ci est devenu très sensible à l'ocytocine, les contractions deviennent plus fréquentes et plus vigoureuses. À ce moment, l'augmentation du stress émotionnel et physique active l'hypothalamus de la mère, qui envoie un signal à la neurohypophyse afin qu'elle libère de l'ocytocine. Ensemble, les taux accrus d'ocytocine et de prostaglandines déclenchent les contractions rythmiques du vrai travail. Une fois que l'hypothalamus est intervenu, un *mécanisme de rétroactivation* entre en action: l'augmentation de la force des contractions provoque la libération d'ocytocine, qui provoque des contractions plus fortes, et ainsi de suite (figure 29.16). Ces contractions du vrai travail sont favorisées par le fait que la *fibronectine fœtale,* une glycoprotéine qui lie les tissus fœtaux et maternels ensemble durant la grossesse, se transforme en une substance se comportant comme un lubrifiant juste avant le début du vrai travail.

L'ocytocine et les prostaglandines sont essentielles au déclenchement du travail chez l'être humain. L'augmentation inopportune du taux d'ocytocine peut provoquer un accouchement prématuré, tandis que les troubles qui empêchent la sécrétion de l'une ou l'autre de ces hormones empêcheront le déclenchement du travail. Ainsi, les antiprostaglandines comme l'AAS (Aspirin) et l'ibuprofène peuvent inhiber le déclenchement du travail. C'est pourquoi on emploie parfois ces médicaments pour prévenir un accouchement prématuré.

Périodes du travail

Première période: période de dilatation

La **période de dilatation** (figure 29.17a) va du déclenchement du travail jusqu'au moment où le col utérin est complètement dilaté (à un diamètre de 10 cm environ) par la tête du bébé. Au début du travail, des contractions faibles mais régulières (un peu comme les contractions péristaltiques) commencent dans le haut de l'utérus et descendent vers le vagin. À ce moment, les contractions ne touchent que la partie supérieure du myomètre. Ces contractions reviennent toutes les 15 à 30 minutes et durent de 10 à 30 secondes. À mesure que le travail avance, les contractions deviennent plus vigoureuses et plus rapides, et font intervenir le segment utérin inférieur. La tête de l'enfant est poussée contre le col utérin à chaque contraction, de sorte que le col se ramollit, s'amincit (s'efface) et se dilate. À un moment donné, l'amnios se rompt et le liquide amniotique s'écoule (certaines personnes disent que « les eaux crèvent »). La période de la dilatation est la plus longue étape du travail: elle dure de 6 à 12 heures (ou plus). Plusieurs événements se déroulent au cours de cette période. L'*engagement* est accompli lorsque la tête de l'enfant est entrée dans le petit bassin. Pendant sa descente dans la filière pelvi-génitale, la tête du bébé décrit une rotation afin que son plus grand diamètre se trouve dans le plan antéropostérieur, ce qui lui permettra de franchir le petit détroit inférieur.

Deuxième période: période d'expulsion

La **période d'expulsion** (figure 29.17c) s'étend de la dilatation complète à la naissance de l'enfant, c'est-à-dire jusqu'à l'accouchement proprement dit. Au moment où la dilatation du col est complète, les contractions se produisent habituellement toutes les 2 à 3 minutes, durent 1 minute et sont fortes. Si la mère n'a pas subi d'anesthésie locale, elle ressent une envie croissante de faire des efforts expulsifs, c'est-à-dire de pousser avec ses muscles abdominaux. Cette période peut durer 2 heures, mais en général elle prend 50 minutes pour un premier accouchement et 20 minutes pour les suivants.

Lorsque le plus grand diamètre de la tête du bébé distend la vulve, on dit que la tête est au *couronnement* (figure 29.18a). À ce moment, une *épisiotomie* peut se révéler nécessaire pour prévenir le déchirement des tissus du périnée. L'épisiotomie est une incision destinée à agrandir l'orifice vaginal. La tête du bébé se place en extension au moment où elle émerge du périnée, et le reste du corps peut ensuite naître beaucoup plus facilement. Après la naissance, le cordon ombilical est clampé puis sectionné.

Dans la *présentation du sommet,* la *présentation* la plus fréquente, le crâne du bébé (son plus grand diamètre) exerce la pression qui provoque la dilatation du col. En outre, la présentation céphalique permet qu'on retire le mucus des voies respiratoires du bébé et qu'il respire avant même d'être entièrement sorti de la filière pelvi-génitale (figure 29.18b). En cas de *présentation du siège* ou d'une autre présentation non céphalique, on ne profite pas de ces avantages, et l'accouchement est beaucoup plus difficile : il faut souvent recourir aux forceps.

Le travail peut être prolongé ou difficile si la femme a un bassin déformé ou un bassin de type masculin. Ce problème constitue une *dystocie* (dus = difficulté ; *tokos* = accouchement). En plus de rendre le travail extrêmement fatigant pour la mère, la dystocie risque de provoquer des lésions cérébrales (pouvant causer l'infirmité motrice cérébrale ou l'épilepsie) ou d'autres troubles chez l'enfant. C'est pourquoi on a souvent recours à une *césarienne* dans de tels cas. Dans une césarienne, l'enfant est sorti de l'utérus par une incision pratiquée dans les parois abdominale et utérine. ■

Troisième période : période de la délivrance

La **période de la délivrance** du placenta (figure 29.17d) se déroule dans les 15 minutes qui suivent la naissance de l'enfant. Les contractions utérines vigoureuses qui continuent après l'accouchement compriment les vaisseaux sanguins de l'utérus, réduisent le saignement et provoquent le décollement du placenta. On retire alors le placenta et les membranes fœtales qui en sont issues, qu'on appelle le **délivre,** en tirant délicatement sur le cordon ombilical. Il est très important que tous les fragments du placenta soient retirés, afin d'empêcher que les saignements continuent après l'accouchement (*hémorragie de la délivrance*).

On compte toujours le nombre de vaisseaux sanguins dans le cordon ombilical après la délivrance du placenta (figure 29.18c), car l'absence d'une artère ombilicale est souvent associée à des troubles cardiovasculaires chez l'enfant.

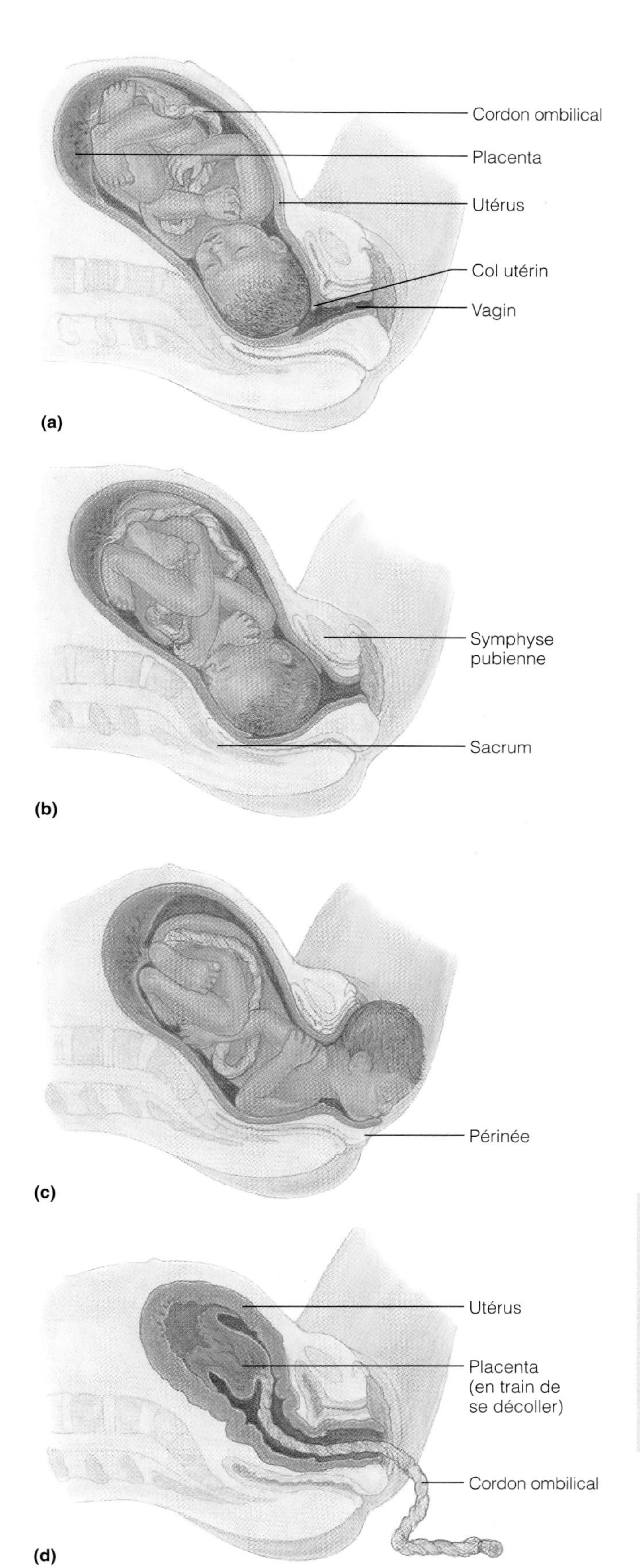

FIGURE 29.17
Parturition. (a) Période de dilatation (début). La tête du bébé est entrée dans le petit bassin et s'est engagée. Le plus grand diamètre de la tête suit l'axe gauche-droite. **(b)** Fin de la dilatation. La tête du bébé effectue un mouvement de rotation, de sorte que son plus grand diamètre se trouve dans l'axe antéro-postérieur pendant qu'elle franchit le détroit inférieur. La dilatation du col est presque complète. **(c)** Période d'expulsion. La tête du bébé se place en extension au moment où elle atteint le périnée et est expulsée. **(d)** Période de la délivrance. Après la naissance du bébé, les contractions utérines provoquent le décollement du placenta, qui est ensuite expulsé.

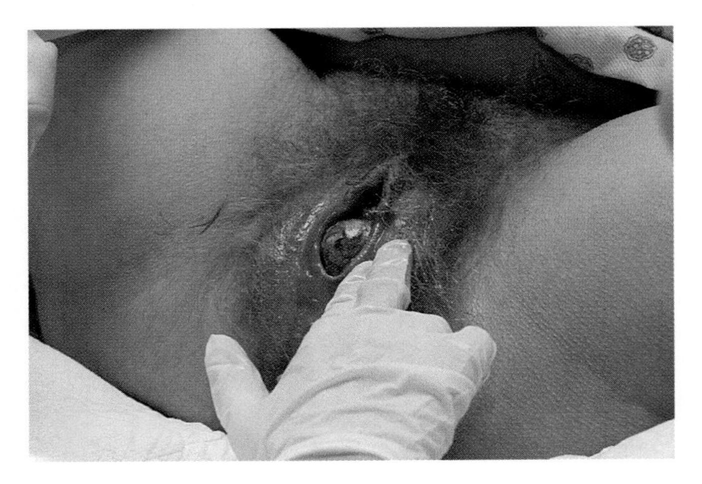

(a)

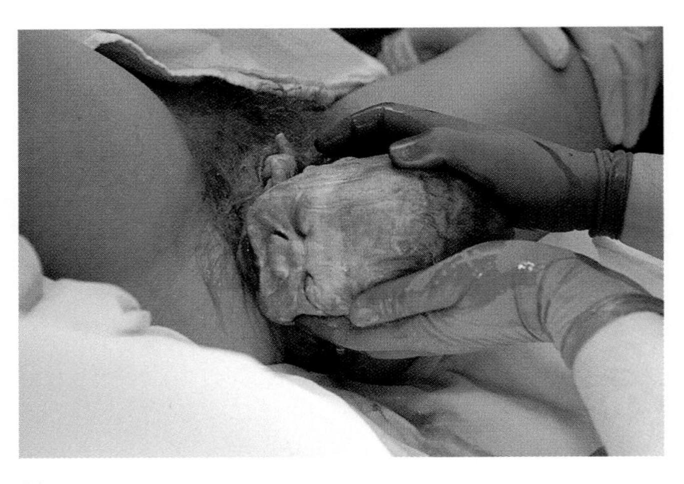

(b)

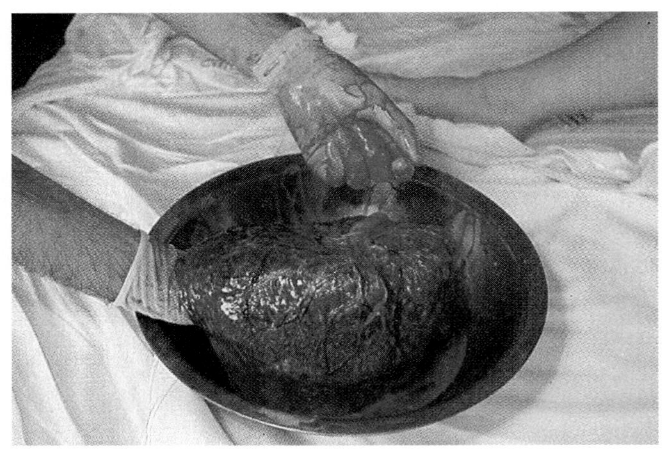

(c)

FIGURE 29.18
Naissance. (a) Couronnement. La tête du bébé distend la vulve de la mère. **(b)** Naissance de la tête de l'enfant vers la fin de la période d'expulsion. **(c)** Après la délivrance, le placenta est examiné : on vérifie s'il a une structure normale et on compte le nombre de vaisseaux dans le cordon ombilical.

ADAPTATION DE L'ENFANT À LA VIE EXTRA-UTÉRINE

Les quatre semaines suivant la naissance constituent la **période néonatale.** Nous nous limiterons ici aux phénomènes qui se produisent au cours des premières heures de vie d'un nouveau-né normal. Vous vous doutez bien que la naissance est un choc pour l'enfant. Il est exposé à des traumatismes physiques pendant l'accouchement, il est expulsé de son environnement aqueux et chaud, et il ne dispose plus du soutien apporté par le placenta. Il doit maintenant accomplir par lui-même tout ce que le corps de sa mère faisait pour lui : respirer, obtenir des nutriments, excréter et maintenir sa température corporelle.

Une minute et cinq minutes après la naissance, on évalue l'état physique du nouveau-né en fonction de cinq critères : fréquence cardiaque, respiration, coloration, tonus musculaire et réactivité aux stimulus (chiquenaudes sur la plante des pieds). On attribue à chaque critère un coefficient de 0 à 2, et on additionne ces coefficients pour obtenir l'**indice d'Apgar.** Un indice d'Apgar de 8 à 10 signifie que le nouveau-né est en bonne santé ; un indice plus bas révèle des anomalies d'une ou de plusieurs des fonctions physiques évaluées.

Première respiration

La première respiration est cruciale. À partir du moment où le placenta cesse de retirer le gaz carbonique, ce gaz s'accumule dans le sang du nouveau-né, ce qui provoque une acidose. L'acidose excite les centres respiratoires de l'encéphale et déclenche la première inspiration. La première respiration exige un effort considérable, car les voies respiratoires sont minuscules et les poumons sont affaissés. Cependant, une fois que les poumons ont été remplis d'air chez le bébé à terme, le surfactant présent dans le liquide alvéolaire réduit la tension superficielle des alvéoles, et la respiration devient plus facile. La fréquence respiratoire est rapide (environ 45 respirations par minute) au cours des deux premières semaines, mais elle ralentit ensuite jusqu'à la fréquence normale.

Les nouveau-nés prématurés (qui pèsent moins de 2500 g à la naissance) ont beaucoup plus de difficultés à garder leurs poumons gonflés, puisque le surfactant est synthétisé pendant les derniers mois de la vie prénatale. C'est pourquoi il faut souvent offrir une assistance respiratoire aux prématurés (les mettre sous respirateur), jusqu'à ce que leurs poumons soient en mesure de fonctionner de manière autonome.

Fermeture des vaisseaux sanguins fœtaux et des dérivations vasculaires

Après la naissance, les vaisseaux sanguins ombilicaux et les dérivations vasculaires du fœtus ne sont plus nécessaires (voir la figure 29.13b). La veine et les artères ombilicales se resserrent puis se transforment en tissu fibreux. La portion proximale des artères ombilicales persiste sous la forme des *artères vésicales supérieures,* qui irriguent la vessie, et leur portion distale constitue les **ligaments ombilicaux médiaux,** situés de part et d'autre de la vessie. Le reliquat de la veine ombilicale devient le **ligament rond du foie,** qui rattache l'ombilic au foie. Le conduit veineux s'affaisse quand le sang a cessé de circuler dans le cordon ombilical et finit par former le **ligament veineux** de la face inférieure du foie.

Lorsque la circulation pulmonaire devient fonctionnelle, la pression augmente dans le cœur gauche et baisse dans le cœur droit, ce qui entraîne la fermeture des dérivations pulmonaires. Le pan du foramen ovale est rabattu en position fermée et ses bords fusionnent avec la paroi du septum. Chez l'adulte, sa situation n'est marquée que par une petite dépression appelée **fosse ovale.** Le conduit artériel se resserre et persiste sous la forme du **ligament artériel,** une sorte de cordon reliant l'aorte et le tronc pulmonaire.

À l'exception du foramen ovale, toutes les structures circulatoires spéciales du fœtus se ferment dans les 30 minutes suivant la naissance. La fermeture du foramen ovale s'effectue habituellement au cours de la première année de vie. Cependant, le foramen ovale ne se soude *jamais* au septum chez environ un quart des humains. En général, cela ne pose aucun problème puisque la pression normale du sang dans l'oreillette gauche maintient la « trappe » en position fermée. Comme nous l'avons vu au chapitre 19, la persistance du canal artériel ou du foramen ovale constituent des anomalies congénitales.

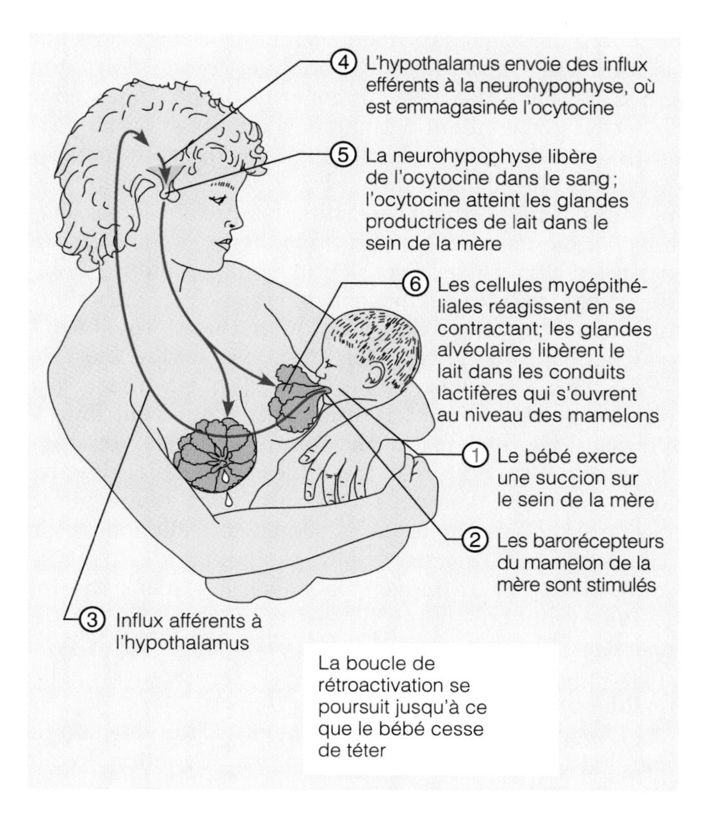
④ L'hypothalamus envoie des influx efférents à la neurohypophyse, où est emmagasinée l'ocytocine
⑤ La neurohypophyse libère de l'ocytocine dans le sang ; l'ocytocine atteint les glandes productrices de lait dans le sein de la mère
⑥ Les cellules myoépithéliales réagissent en se contractant; les glandes alvéolaires libèrent le lait dans les conduits lactifères qui s'ouvrent au niveau des mamelons
① Le bébé exerce une succion sur le sein de la mère
② Les barorécepteurs du mamelon de la mère sont stimulés
③ Influx afférents à l'hypothalamus
La boucle de rétroactivation se poursuit jusqu'à ce que le bébé cesse de téter

FIGURE 29.19
Mécanisme de rétroactivation du réflexe d'éjection du lait.

Période de transition

Les six à huit heures suivant la naissance constituent la **période de transition,** une période d'instabilité au cours de laquelle le nouveau-né s'adapte à la vie extra-utérine. Pendant ses 30 premières minutes de vie, le bébé est éveillé, alerte et actif. La fréquence cardiaque augmente jusqu'à dépasser la plage normale chez le nourrisson (120 à 160 battements par minute), la respiration devient plus rapide et la température corporelle baisse. L'activité diminue ensuite graduellement, et le bébé dort pendant trois heures ou plus. La seconde période d'activité commence alors, et le bébé régurgite souvent du mucus et d'autres débris avant de se rendormir. Finalement, son état se stabilise : il commence à se réveiller toutes les trois ou quatre heures (au rythme de sa faim).

LACTATION

La **lactation** est la production et la libération de lait par les glandes mammaires. L'augmentation des taux d'œstrogènes, de progestérone et de lactogène (les hormones placentaires) vers la fin de la grossesse stimule la libération du facteur déclenchant la sécrétion de prolactine (PRF) par l'hypothalamus, et l'adénohypophyse y réagit en sécrétant la **prolactine.** (Ce mécanisme est décrit plus en détail au chapitre 17, p. 602.) Après un délai de deux à trois jours, la production de lait véritable commence. Entretemps (et aussi vers la fin de la grossesse), les glandes mammaires sécrètent un liquide jaunâtre appelé **colostrum.** Le colostrum contient moins de lactose que le lait et pratiquement pas de matières grasses, mais il renferme plus de protéines, de vitamine A et de minéraux que le lait maternel proprement dit. Tout comme le lait, le colostrum est également riche en immunoglobulines IgA. Parce que ces immunoglobulines ne sont pas digérées dans l'estomac, elles pourraient protéger le tube digestif du bébé contre les infections bactériennes. En outre, les immunoglobulines IgA sont absorbées par endocytose et pénètrent dans la circulation sanguine, où elles joueraient également un rôle immunitaire.

Après l'accouchement, la sécrétion de prolactine diminue graduellement. La production de lait dépend ensuite de la stimulation mécanique des mamelons, normalement exercée par le bébé qui tète. Les mécanorécepteurs du mamelon envoient des influx nerveux afférents à l'hypothalamus, ce qui stimule la sécrétion de PRF. Celui-ci provoque la libération d'une giclée de prolactine qui stimulera la production du lait nécessaire pour la tétée suivante.

Les influx afférents provenant du mamelon entraînent également la sécrétion d'ocytocine par l'hypothalamus, au moyen d'un *mécanisme de rétroactivation.* L'ocytocine provoque le **réflexe d'éjection** du lait par les alvéoles des glandes mammaires (figure 29.19). L'éjection se produit lorsque l'ocytocine se lie aux cellules myoépithéliales entourant les glandes, après quoi le lait coule des *deux* seins, et non seulement de celui qui est stimulé. Beaucoup d'obstétriciens conseillent aux mères d'allaiter leur bébé parce que l'ocytocine stimule aussi l'utérus, qui se contracte et retourne (presque) à son volume d'avant la grossesse. Par ailleurs, le lait maternel est bénéfique pour le bébé : (1) il contient des matières grasses et du fer plus faciles à absorber et des acides aminés qui sont métabolisés plus efficacement que ceux du lait de vache ; (2) en plus des IgA, il contient beaucoup d'autres substances qui concourent avec les anticorps à protéger le bébé contre des infections dangereuses. Par exemple, le lait maternel renferme des interleukines qui préviennent les réactions inflammatoires excessives, ainsi qu'une glycoprotéine qui empêche la bactérie *H. pylori* (responsable d'ulcères) de se fixer à la muqueuse de l'estomac. (3) Le lait maternel possède aussi un effet laxatif naturel qui contribue à expulser des intestins le **méconium,** une pâte goudronneuse verdâtre composée de cellules épithéliales desquamées, de bile et d'autres substances. Étant donné que le méconium et ensuite les fèces permettent l'élimination de la bilirubine de l'organisme, l'évacuation rapide du méconium constitue un moyen de prévenir l'*ictère physiologique* (voir la section Termes médicaux à la fin du chapitre). Elle favorise également la colonisation du gros intestin par les bactéries (la source de la vitamine K et de quelques-unes des vitamines du groupe B).

Lorsque la femme cesse d'allaiter, le stimulus entraînant la libération de la prolactine et la production du lait disparaît, et les glandes mammaires cessent de sécréter du lait. Les glandes mammaires peuvent produire du lait pendant plusieurs années si le bébé continue de boire au sein, mais les femmes qui allaitent pendant six mois ou plus perdent une quantité importante de calcium osseux. Quand le taux de prolactine est élevé, la régulation hypothalamo-hypophysaire du cycle ovarien est gênée, probablement parce que la stimulation de l'hypothalamus par la succion provoque la libération de bêta-endorphine, une hormone peptidique qui inhibe la libération de Gn-RH et, par conséquent, la sécrétion de FSH et de LH par l'hypophyse. Parce que la prolactine se trouve ainsi à inhiber la fonction ovarienne, certains pensent que l'allaitement est une méthode de contraception. Il ne faut toutefois pas s'y fier, car la plupart des femmes recommencent à ovuler avant de sevrer leur enfant.

* * *

Dans ce chapitre, nous avons suivi le développement intra-utérin chez les êtres humains. Nous n'avons toutefois pas vraiment parlé du phénomène de la différenciation. Comment une cellule non spécialisée qui a le potentiel de devenir *n'importe quoi* dans notre corps se transforme-t-elle en *quelque chose* de spécifique (une cellule cardiaque par exemple) ? Qu'est-ce qui dicte l'ordre du développement, de sorte que si un processus n'a pas lieu à un moment précis, il ne se produira jamais ? Les scientifiques commencent à penser que la clé du développement se trouve dans les gènes. Dans le chapitre 30, le dernier chapitre de cet ouvrage, nous examinons brièvement comment l'interaction des gènes détermine la personne que nous devenons.

TERMES MÉDICAUX

Avortement (*abortus* = accouchement avant terme) Expulsion prématurée (spontanée ou provoquée) de l'embryon ou du fœtus ; dans le cas d'une expulsion spontanée, on parle couramment de « fausse couche ».

Décollement prématuré du placenta normalement inséré Aussi appelé hématome rétroplacentaire ; s'il se produit avant le travail, ce phénomène peut provoquer la mort du fœtus par hypoxie.

Échographie Procédé diagnostique non invasif qui utilise des ondes ultrasonores pour explorer un organe et, notamment, pour visualiser la position et le volume du fœtus et du placenta.

Éclampsie gravidique (*eklampein* = faire explosion) Affection dangereuse dans laquelle la femme enceinte souffre d'œdème et d'hypertension, de protéinurie et de crises convulsives analogues à celles de l'épilepsie ; autrefois appelée toxémie gravidique.

Grossesse ectopique (*ektos* = au dehors) Grossesse au cours de laquelle l'embryon s'implante ailleurs que dans la cavité utérine, la plupart du temps dans une trompe utérine (grossesse tubaire), mais quelquefois dans l'ovaire ou dans la cavité péritonéale ; le placenta ne peut s'établir dans une trompe (ni dans aucun autre site extra-utérin) et l'embryon ne peut y croître. La trompe se rompt si cette anomalie n'est pas diagnostiquée rapidement ou alors la grossesse se termine par un avortement spontané. Une infection des trompes est un facteur prédisposant à la grossesse tubaire.

Ictère physiologique (ou ictère simple du nouveau-né) (*ikteros* = jaunisse) Ictère qui apparaît chez les prématurés et chez un certain nombre de nouveau-nés normaux trois ou quatre jours après la naissance. Les érythrocytes fœtaux ne vivent pas longtemps et se dégradent rapidement après la naissance ; le foie de l'enfant peut être incapable de transformer la bilirubine (produit de la dégradation du pigment de l'hémoglobine) assez rapidement pour éviter son accumulation dans le sang puis dans les tissus. Le problème se règle habituellement de lui-même en quelques jours.

Môle hydatiforme (*moles* = masse) Anomalie de développement du placenta ; le produit de la conception dégénère et les villosités chorioniques se transforment en une masse de vésicules ressemblant à du tapioca, réunies par de fins filaments et enveloppées d'une membrane ; elle provoque des saignements vaginaux contenant de petites vésicules.

Placenta prævia (*prævius* = qui va au-devant) Insertion du placenta près de l'orifice interne du col utérin ou sur cet orifice. Cette anomalie peut causer des hémorragies durant les derniers mois de la grossesse ; le placenta peut se déchirer quand l'utérus et le col s'étirent ; par ailleurs, le placenta se trouve à précéder l'enfant dans le vagin. Ce type de placentation représente un danger pour la mère et le fœtus et exige, le plus souvent, un accouchement par césarienne.

RÉSUMÉ DU CHAPITRE

1. La période de gestation de 280 jours s'étend entre la dernière menstruation et l'accouchement. Le produit de la conception connaît une période de développement préembryonnaire qui se termine environ 2 semaines après la fécondation, une période de développement embryonnaire (de la 3e à la 8e semaine) et une période de développement fœtal (de la 9e semaine à la naissance).

De l'ovule à l'embryon (p. 1088-1095)

Déroulement de la fécondation (p. 1088-1090)

1. L'ovocyte est fécondable pendant 24 heures au maximum; certains spermatozoïdes survivent jusqu'à 5 jours dans les voies génitales de la femme.

2. Les spermatozoïdes doivent survivre à l'environnement hostile du vagin et subir la capacitation.

3. Des centaines de spermatozoïdes doivent libérer leurs enzymes acrosomiales pour dégrader la corona radiata et la zone pellucide de l'ovocyte.

4. Lorsqu'un spermatozoïde pénètre dans l'ovocyte, il déclenche le blocage rapide de la polyspermie (dépolarisation de la membrane) puis le blocage lent de la polyspermie (éclatement des granules corticaux).

5. Après la pénétration du spermatozoïde, l'ovocyte de deuxième ordre achève la méiose II. Les pronucléus de l'ovule et du spermatozoïde fusionnent ensuite (fécondation) ce qui forme le zygote.

Développement préembryonnaire (p. 1090-1095)

6. La segmentation, une série de divisions mitotiques rapides sans période de croissance entre chacune, commence chez le zygote et se termine chez le blastocyste. Le blastocyste est composé du trophoblaste et de l'embryoblaste. La segmentation donne un grand nombre de cellules profitant d'un rapport surface/volume favorable.

7. Le trophoblaste adhère à l'endomètre, en digère une partie et s'y implante. L'implantation est terminée lorsque le blastocyste est complètement entouré de tissu endométrial, environ 14 jours après l'ovulation.

8. La hCG sécrétée par le blastocyste entretient la production d'hormones par le corps jaune, ce qui prévient la menstruation. La concentration de hCG demeure à un niveau peu élevé à partir du quatrième mois. Typiquement, le placenta joue son rôle d'organe endocrinien dès le troisième mois.

9. Le placenta remplit les fonctions de respiration, de nutrition et d'excrétion pour le fœtus et sécrète les hormones de la grossesse; il se forme à partir de tissus embryonnaires (villosités chorioniques) et maternels (caduque de l'endomètre). Le chorion se développe lorsque le trophoblaste s'associe au mésoderme extra-embryonnaire.

Développement embryonnaire (p. 1095-1103)

Formation et rôles des membranes embryonnaires (p. 1095-1097)

1. L'amnios, rempli de liquide amniotique, se développe à partir des cellules de la face supérieure de l'embryoblaste. Il protège l'embryon contre les chocs physiques et la formation d'adhérences, maintient une température uniforme et permet au fœtus de bouger.

2. Le sac vitellin provient de l'endoderme; il est la source des cellules germinales primordiales et des premières cellules sanguines.

3. L'allantoïde, une petite cavité se formant à partir du sac vitellin, constitue la base de la structure du cordon ombilical.

4. Le chorion est la membrane externe; il joue un rôle dans la placentation.

Gastrulation: formation des feuillets embryonnaires (p. 1098-1099)

5. Le processus de la gastrulation se compose de migrations cellulaires qui transforment l'embryoblaste en un embryon constitué de trois couches: l'ectoderme, le mésoderme et l'endoderme. Les cellules destinées à faire partie du mésoderme partent de la surface du disque embryonnaire et traversent la ligne primitive avant d'atteindre la couche du milieu.

Organogenèse: différenciation des feuillets embryonnaires (p. 1099-1103)

6. L'ectoderme réalisera le système nerveux de même que l'épiderme de la peau et ses dérivés. Le premier événement de l'organogenèse est la neurulation, qui donne naissance à l'encéphale et à la moelle épinière. À huit semaines de gestation, les principales régions de l'encéphale sont formées.

7. L'endoderme forme les muqueuses du système digestif et du système respiratoire, ainsi que plusieurs glandes (thyroïde, parathyroïdes, thymus, foie, pancréas). Il se transforme en tube continu quand l'embryon se replie et que sa face ventrale se fusionne.

8. Le mésoderme produit tous les autres systèmes et tissus. Il se différencie rapidement en (1) une notochorde, (2) des paires de somites qui composeront les vertèbres, les muscles squelettiques du thorax et une partie du derme et (3) des masses appariées de mésoderme intermédiaire et latéral. Le mésoderme intermédiaire formera les reins et les gonades; le feuillet somatique du mésoderme latéral donnera le derme de la peau, la séreuse pariétale, et les os et les muscles des membres; le feuillet splanchnique du mésoderme latéral constituera le système cardiovasculaire et la séreuse viscérale.

9. Le système cardiovasculaire du fœtus se forme au cours de la période embryonnaire. La veine ombilicale transporte le sang riche en nutriments et en oxygène jusqu'à l'embryon; les deux artères ombilicales retournent le sang désoxygéné et chargé de déchets au placenta. Le conduit veineux permet à la majeure partie du sang de contourner le foie; le foramen ovale et le conduit artériel sont des dérivations pulmonaires.

Développement fœtal (p. 1104)

1. La base de tous les systèmes est établie au cours du développement embryonnaire; la croissance et la spécialisation des tissus et des organes constituent les événements marquants de la période fœtale.

2. Au cours de la période fœtale, la longueur du fœtus passe de 30 mm à 360 mm et sa masse passe de 1 g à 2,7-4,1 kg.

Effets de la grossesse chez la mère (p. 1104-1107)

Modifications anatomiques (p. 1104-1106)

1. Les organes génitaux et les seins deviennent plus vascularisés pendant la grossesse, et les seins grossissent.

2. L'utérus finit par occuper presque toute la cavité abdomino-pelvienne. Les organes abdominaux sont repoussés vers le haut et ils réduisent le volume de la cavité thoracique, ce qui provoque un écartement des côtes.

3. L'accroissement de la masse de l'abdomen modifie le centre de gravité de la femme; la lordose et les douleurs lombales sont courantes. Une démarche dandinante apparaît, car la relaxine sécrétée par le placenta assouplit les ligaments et les articulations pelviennes.

4. Le gain de masse courant chez une femme de masse corporelle normale est d'environ 13 kg.

Modifications du métabolisme (p. 1107)

5. L'hormone placentaire lactogène humaine a des effets anabolisants et favorise l'épargne du glucose chez la mère. La hCT entraîne un hypermétabolisme maternel.

Modifications physiologiques (p. 1107)

6. Un grand nombre de femmes souffrent de nausées et de vomissements, de brûlures d'estomac et de constipation au cours de la grossesse.

7. L'augmentation de la production d'urine par les reins et la pression exercée sur la vessie causent souvent des mictions fréquentes et impérieuses et de l'incontinence.

8. La capacité vitale et la fréquence respiratoire augmentent, mais le volume de réserve expiratoire et le volume résiduel diminuent. La dyspnée est courante.

9. Le volume d'eau corporelle et le volume sanguin augmentent considérablement. La fréquence cardiaque et la pression artérielle augmentent et mènent à un accroissement du débit cardiaque.

Parturition (accouchement) (p. 1107-1110)

1. La parturition comprend une série d'événements qui constituent le travail.

Déclenchement du travail (p. 1107-1108)

2. Lorsque les taux d'œstrogènes sont assez élevés, ils provoquent la formation de récepteurs de l'ocytocine sur la membrane plasmique des cellules myométriales et inhibent l'effet tranquillisant de la progestérone sur le myomètre. Des contractions faibles et irrégulières apparaissent.

3. Les cellules du fœtus produisent de l'ocytocine qui stimule la production de prostaglandines par le placenta. Ces deux hormones stimulent la contraction du myomètre. L'accroissement du stress active l'hypothalamus, qui provoque la libération d'ocytocine par la neurohypophyse ; la boucle de rétroactivation ainsi établie entraîne le déclenchement du vrai travail.

Périodes du travail (p. 1108-1110)

4. La période de dilatation commence au moment de l'apparition de contractions utérines rythmiques et fortes, et se termine quand le col utérin est complètement dilaté. La tête du fœtus effectue une rotation pendant sa descente dans le détroit inférieur.

5. La période d'expulsion va de la dilatation complète du col jusqu'à la naissance de l'enfant.

6. La période de délivrance est l'expulsion du placenta et des membranes fœtales.

Adaptation de l'enfant à la vie extra-utérine (p. 1110-1111)

1. L'indice d'Apgar est évalué immédiatement après la naissance.

Première respiration (p. 1110)

2. Une fois que le cordon ombilical est clampé, le gaz carbonique s'accumule dans le sang de l'enfant, ce qui cause une diminution du pH entraînant le déclenchement de la première inspiration par les centres respiratoires de l'encéphale.

3. Une fois que les poumons sont gonflés, la respiration est facilitée par le surfactant, qui diminue la tension superficielle du liquide alvéolaire.

Fermeture des vaisseaux sanguins fœtaux et des dérivations vasculaires (p. 1110-1111)

4. Le gonflement des poumons modifie la pression dans le système circulatoire : la veine et les artères ombilicales, le conduit veineux et le conduit artériel s'affaissent, et le foramen ovale se ferme. Les vaisseaux sanguins affaissés se transforment en cordons fibreux et le foramen ovale devient la fosse ovale.

Période de transition (p. 1111)

5. Pendant les huit heures suivant la naissance, l'enfant présente une instabilité physiologique et s'adapte à la vie extra-utérine. Une fois que son état s'est stabilisé, le bébé se réveille toutes les trois ou quatre heures, au rythme de sa faim.

Lactation (p. 1111-1112)

1. Pendant la grossesse, les seins sont préparés à la lactation par les taux élevés d'œstrogènes et de progestérone ainsi que par l'hormone placentaire lactogène humaine.

2. Le colostrum, le liquide qui précède le lait, renferme peu de matières grasses, mais plus de protéines, de vitamine A et de minéraux que le lait véritable. Il est sécrété à la fin de la grossesse et pendant les deux ou trois premiers jours après l'accouchement.

3. Le lait véritable est sécrété vers le troisième jour en réaction à la succion, qui stimule l'hypothalamus, celui-ci provoquant à son tour la libération de prolactine par l'adénohypophyse et celle d'ocytocine par la neurohypophyse. La prolactine stimule la production et la sécrétion du lait ; l'ocytocine déclenche l'éjection du lait. La production de lait se poursuit seulement si l'allaitement est maintenu.

4. La menstruation et l'ovulation sont absentes ou irrégulières chez la femme qui commence à allaiter, mais elles reprennent à un moment donné chez la majorité des femmes qui allaitent depuis un certain temps.

QUESTIONS DE RÉVISION

Choix multiples/associations

(Réponses à l'appendice G)

1. Indiquez si les énoncés suivants décrivent : (a) la segmentation ; ou (b) la gastrulation.

__________ **(1)** période de formation de la morula
__________ **(2)** période d'intense migration cellulaire
__________ **(3)** période d'apparition des trois feuillets embryonnaires
__________ **(4)** période de formation du blastocyste

2. La plupart des systèmes commencent à fonctionner chez le fœtus de quatre à six mois. Quel système fait exception, malheureusement pour les prématurés ? (a) Le système circulatoire ; (b) le système respiratoire ; (c) le système urinaire ; (d) le système digestif.

3. Le zygote contient des chromosomes provenant : (a) de la mère seulement ; (b) du père seulement ; (c) pour moitié du père et pour moitié de la mère ; (d) des deux parents en plus de ceux qu'il synthétise.

4. La couche externe du blastocyste, qui s'attachera à l'utérus, est : (a) la caduque ; (b) le trophoblaste ; (c) l'amnios ; (d) l'embryoblaste.

5. La membrane fœtale qui constitue la base du cordon ombilical est : (a) l'allantoïde ; (b) l'amnios ; (c) le chorion ; (d) le sac vitellin.

6. Chez le fœtus, le conduit artériel transporte le sang : (a) de l'artère pulmonaire à la veine pulmonaire ; (b) du foie à la veine cave inférieure ; (c) du ventricule droit au ventricule gauche ; (d) du tronc pulmonaire à l'aorte.

7. Lequel des changements suivants se produit dans le système cardiovasculaire du bébé peu après la naissance ? (a) La pression sanguine augmente dans le cœur gauche. (b) Les vaisseaux pulmonaires se dilatent lorsque les poumons se gonflent. (c) Le conduit veineux et le conduit artériel s'affaissent. (d) Toutes ces réponses.

8. La délivrance constitue l'expulsion : (a) du placenta seulement ; (b) du placenta et de la caduque ; (c) du placenta et des membranes fœtales (déchirées) ; (d) des villosités chorioniques.

9. Les jumeaux identiques résultent de la fécondation : (a) d'un ovule par un spermatozoïde ; (b) d'un ovule par deux spermatozoïdes ; (c) de deux ovules par deux spermatozoïdes ; (d) de deux ovules par un spermatozoïde.

10. Le veine ombilicale transporte : (a) les déchets jusqu'au placenta ; (b) l'oxygène et les nutriments au fœtus ; (c) l'oxygène et les nutriments au placenta ; (d) l'oxygène et les déchets au fœtus.

11. Le feuillet embryonnaire d'où proviennent les muscles squelettiques, le cœur et le squelette est : (a) l'ectoderme ; (b) l'endoderme ; (c) le mésoderme.

12. Laquelle des substances suivantes ne peut pas traverser la barrière placentaire ? (a) Les cellules sanguines ; (b) le glucose ; (c) les acides aminés ; (d) les gaz ; (e) les anticorps.

13. L'hormone qui joue le rôle le plus important dans le déclenchement et le maintien de la lactation est : (a) la progestérone ; (b) la FSH ; (c) la prolactine ; (d) l'ocytocine.

14. La première période du travail, durant laquelle le col utérin est étiré, est : (a) la période de dilatation ; (b) la période d'expulsion ; (c) la période de délivrance.

15. Associez chaque structure embryonnaire de la colonne A à son dérivé adulte de la colonne B.

	Colonne A	Colonne B
________	**(1)** notochorde	**(a)** rein
________	**(2)** ectoderme (pas le tube neural)	**(b)** cavité ventrale
________	**(3)** mésoderme intermédiaire	**(c)** pancréas, foie
________	**(4)** mésoderme splanchnique	**(d)** séreuse pariétale, derme
________	**(5)** sclérotome	**(e)** nucléus pulposus
________	**(6)** cœlome	**(f)** séreuse viscérale
________	**(7)** tube neural	**(g)** poils, cheveux et épiderme
________	**(8)** mésoderme somatique	**(h)** encéphale
________	**(9)** endoderme	**(i)** côtes

Questions à court développement

16. La fécondation est beaucoup plus que le rétablissement du nombre diploïde de chromosomes. (a) Quelles modifications doivent subir l'ovocyte et le spermatozoïde ? (b) Quels sont les effets de la fécondation ?

17. La segmentation est un phénomène embryonnaire constitué principalement de divisions mitotiques. En quoi la segmentation se distingue-t-elle des mitoses qui se produisent à partir de la naissance et quels sont ses rôles importants ?

18. Le corps jaune persiste pendant trois mois après l'implantation, puis il se détériore. (a) Expliquez pourquoi. (b) Expliquez pourquoi il est important que le corps jaune continue de fonctionner après l'implantation.

19. Le placenta est un organe extraordinaire, mais temporaire. En commençant par une description de sa formation, montrez qu'il fait partie intégrante de l'anatomie et de la physiologie à la fois fœtale et maternelle au cours de la gestation.

20. Comment se fait-il qu'un seul parmi des centaines (ou des milliers) de spermatozoïdes pénètre dans l'ovocyte ?

21. Quelle est la fonction du processus de gastrulation ?

22. (a) Qu'est-ce qu'une présentation du siège ? (b) Nommez deux problèmes causés par ce type de présentation.

23. Quels facteurs sont en jeu dans l'apparition des contractions utérines à la fin de la grossesse ?

24. Expliquez comment le disque embryonnaire passe de sa forme plate à la forme cylindrique d'un têtard.

RÉFLEXION ET APPLICATION

1. À la cafétéria, une étudiante vous révèle qu'elle est enceinte de trois mois. Peu de temps auparavant, elle s'est vantée de boire beaucoup d'alcool et d'essayer toutes sortes de drogues depuis qu'elle est inscrite à l'université. Lequel des conseils suivants devriez-vous lui donner ? (Justifiez votre choix.) (a) Elle doit arrêter de consommer des drogues, mais son enfant ne peut pas avoir été affecté pendant les premiers mois de la grossesse. (b) Les substances dangereuses ne peuvent pas passer de la mère à l'embryon et elle peut continuer d'en consommer. (c) Son fœtus peut avoir des anomalies. Elle devrait donc arrêter de prendre des drogues et consulter un médecin le plus tôt possible. (d) Si elle n'a pas pris de drogues depuis une semaine, tout devrait bien aller.

2. Au cours de l'accouchement de Mme Sanchez, le médecin a décidé qu'il fallait lui faire une épisiotomie. Qu'est-ce qu'une épisiotomie et pourquoi doit-on procéder à cette intervention ?

3. Une femme qui souffre de douleurs intenses appelle son médecin et lui dit (en sanglotant) qu'elle va avoir son bébé « tout de suite ». Le médecin essaie de la calmer et lui demande pourquoi elle pense cela. Elle dit que ses eaux ont crevé et que son mari voit la tête du bébé. (a) A-t-elle raison ? Si oui, à quelle période du travail est-elle arrivée ? (b) Pensez-vous qu'elle a le temps de se rendre à l'hôpital, situé à 75 km de chez elle ? Pourquoi ?

4. Marie fume beaucoup et n'a pas suivi le conseil de ses amis, qui lui avaient recommandé de cesser de fumer pendant sa grossesse. En fonction de vos connaissances sur les effets physiologiques du tabac, décrivez comment son fœtus peut être affecté.

5. Pendant qu'il prépare son examen d'anatomie, Martin lit que certaines parties du mésoderme deviennent les somites. Or, il se rend compte qu'il ne se rappelle plus ce que sont les somites. Définissez ce terme et donnez trois exemples de structures dérivées des somites.

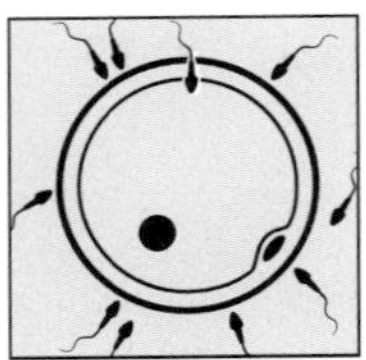

30

LA GÉNÉTIQUE

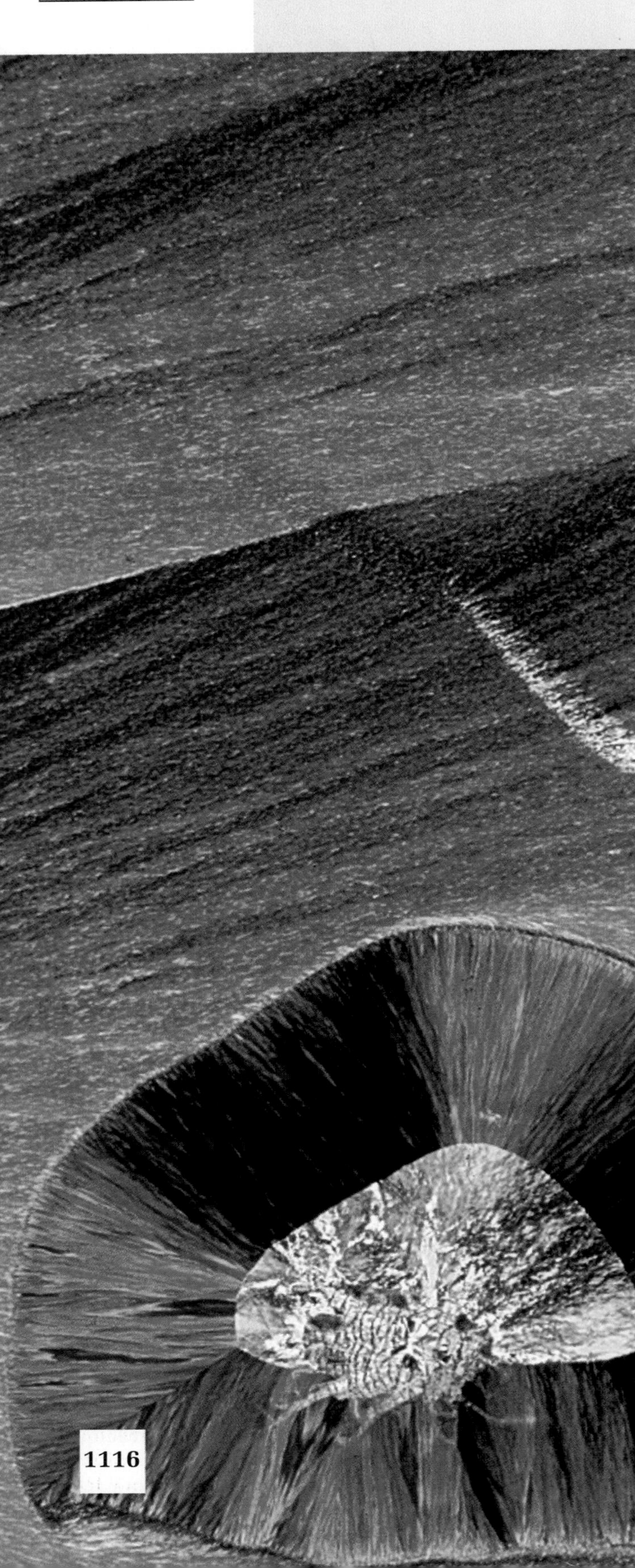

SOMMAIRE ET OBJECTIFS D'APPRENTISSAGE

Vocabulaire de la génétique (p. 1117-1118)

1. Expliquer l'objet de la génétique et montrer pourquoi la recherche en génétique humaine est particulièrement complexe.
2. Définir les termes allèle, dominant, récessif, autosome, caryotype, génome, homozygote et hétérozygote.
3. Distinguer clairement le génotype du phénotype.

Sources sexuelles de variations génétiques (p. 1118-1120)

4. Énumérer et décrire les phénomènes qui créent des variations génétiques dans les gamètes.

Types de transmission héréditaire (p. 1120-1123)

5. Comparer et différencier l'hérédité dominante-récessive, la dominance incomplète et la codominance ; prédire, à l'aide d'une grille de Punnett, les résultats d'un croisement faisant intervenir chacun de ces types de transmission.
6. Définir ce qu'est un porteur ; expliquer la raison d'être des lois qui interdisent les mariages consanguins.
7. Décrire le phénomène de transmission par allèles multiples ; donner un exemple chez l'humain et prédire, à l'aide d'une grille de Punnett, les résultats d'un croisement faisant intervenir ce type de transmission.
8. Décrire le mécanisme de l'hérédité liée au sexe ; prédire, à l'aide d'une grille de Punnett, les résultats d'un croisement faisant intervenir ce type de transmission.
9. Expliquer en quoi l'hérédité polygénique diffère de celle qui résulte de l'action d'une seule paire de gènes ; donner des exemples de caractères transmis de cette façon.
10. Expliquer pourquoi les maladies causées par des gènes dominants létaux sont rares.
11. Définir ce qu'est un gène à retardement et donner un exemple de maladie transmise par ce type de gène.

Effets des facteurs environnementaux sur l'expression génique (p. 1123-1124)

12. À l'aide d'exemples, montrer comment les facteurs environnementaux peuvent modifier l'expression génique.

Hérédité non traditionnelle (p. 1124-1125)

13. Décrire en quoi l'empreinte génomique et l'hérédité extrachromosomique (cytoplasmique) se distinguent de l'hérédité mendélienne.

Dépistage des maladies héréditaires, conseil génétique et thérapie génique (p. 1125-1128)

14. Énumérer et décrire deux techniques de reconnaissance des porteurs.
15. Dresser et analyser un arbre généalogique pour suivre un caractère génétique dans une famille.
16. Décrire, en les comparant, l'amniocentèse et la biopsie des villosités chorioniques.
17. Décrire un exemple d'intervention génétique pratiquée dans le cadre de la thérapie génique.

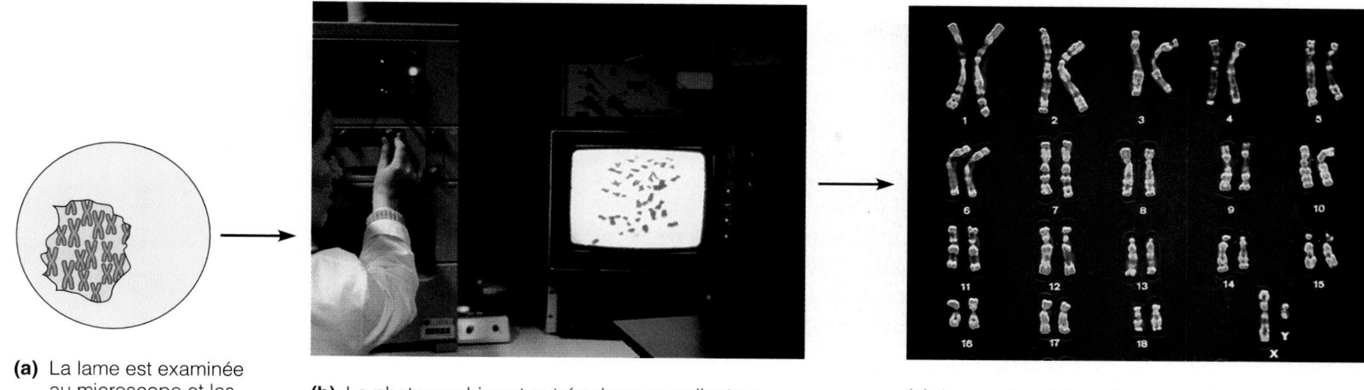

(a) La lame est examinée au microscope et les chromosomes sont photographiés.

(b) La photographie est entrée dans un ordinateur, qui réorganise les chromosomes en paires selon leur taille, l'endroit où se trouve leur centromère et la disposition de leurs différentes bandes.

(c) La représentation chromosomique obtenue est le caryotype.

FIGURE 30.1
Préparation d'un caryotype humain.
Après avoir divisé et cultivé des lymphocytes pendant plusieurs jours, on les traite à l'aide d'une substance qui arrête la mitose au stade de la métaphase, pendant lequel les chromosomes sont facilement identifiables. On recueille ensuite les cellules pour les imbiber d'une solution qui stimule l'étalement de leurs chromosomes et pour les préparer à l'examen microscopique. Les chromosomes représentés en **(a)** sont photographiés, puis la photographie est analysée par un ordinateur qui dispose les chromosomes en paires homologues **(b)**. Le caryotype obtenu sert à déterminer la structure et le nombre des chromosomes **(c)**.

La croissance et le développement d'un nouvel individu sont guidés par le code génétique présent dans les chromosomes reçus de ses parents, par l'intermédiaire de l'ovule et du spermatozoïde. Comme nous l'avons expliqué au chapitre 3, les *gènes,* ou segments d'ADN, renferment les « recettes » ou les « plans » pour la synthèse des protéines. Une grande partie des protéines sont des enzymes, qui dirigent la synthèse de presque toutes les molécules de l'organisme. En conséquence, les gènes s'expriment dans la couleur de vos yeux, déterminent votre sexe et votre groupe sanguin, etc. Comme vous le verrez, la capacité d'un gène de provoquer le développement d'un trait dépend des interactions avec d'autres gènes et des facteurs environnementaux.

La **génétique** (*genos* = origine), la science de l'hérédité, est une discipline relativement jeune, mais notre compréhension de la manière dont les gènes interagissent a beaucoup progressé depuis que le moine Gregor Mendel a établi les règles de la transmission génétique au milieu du XIXe siècle. La génétique humaine pose des problèmes complexes car, au contraire des pois qui furent l'objet des expériences de Mendel, les humains ont une longue durée de vie et une progéniture peu nombreuse. En outre, on ne peut pas les accoupler de manière expérimentale pour voir quel genre d'enfants ils auront ! Mais le désir de comprendre l'hérédité humaine est très puissant, et les progrès effectués depuis quelques années ont permis aux généticiens de manipuler et de fabriquer des gènes humains afin d'étudier leur expression et de soigner ou guérir des maladies. Nous ferons un survol de certaines de ces percées, mais nous nous concentrerons dans ce chapitre sur l'étude des principes de l'hérédité.

VOCABULAIRE DE LA GÉNÉTIQUE

Le noyau de toutes les cellules humaines, à l'exception des gamètes, renferme le nombre diploïde de chromosomes (46), composé de 23 paires de chromosomes homologues. Une de ces paires est constituée des **chromosomes sexuels** (X et Y), qui déterminent notre sexe génétique ; les 44 autres chromosomes forment 22 paires d'**autosomes,** qui guident l'expression de la plupart des autres traits. Un **caryotype** humain est reproduit à la figure 30.1. Le **génome,** c'est-à-dire le matériel génétique (l'ADN) est diploïde ; il est composé de deux ensembles d'instructions génétiques, un qui provient de l'ovule (23 chromosomes) et un qui provient du spermatozoïde (23 chromosomes).

Paires de gènes (allèles)

Étant donné que les chromosomes sont appariés (assortis par paires), les gènes sont également appariés. Par conséquent, chacun de nous reçoit deux gènes, un de chaque parent, qui interagissent pour dicter un trait particulier. Ces gènes appariés, qui occupent le même *locus* (site) de chromosomes homologues, sont appelés **allèles.** Les allèles peuvent coder pour la même forme ou pour une forme différente d'un trait. Par exemple, deux gènes dictent si vous présentez ou non une hyperlaxité de l'articulation du pouce (une particularité de la capsule articulaire entre le métacarpe et la phalange qui permet une hyperextension du pouce). Un allèle code pour des ligaments tendus ; l'autre code pour des ligaments relâchés. Lorsque les deux allèles qui déterminent un trait sont identiques, la personne est dite **homozygote** pour ce trait. Lorsque les deux allèles sont dissemblables et s'expriment différemment, la personne est dite **hétérozygote** pour ce trait.

Parfois, un allèle masque ou supprime l'expression de l'autre. Cet allèle est dit **dominant,** alors que l'allèle masqué est dit **récessif.** Par convention, l'allèle dominant est représenté par une majuscule (par exemple, *P*) et l'allèle récessif par une minuscule (*p*). Les allèles dominants s'expriment, qu'il y en ait un ou deux ; les allèles récessifs doivent être tous deux présents pour pouvoir s'exprimer, ce qui constitue un état homozygote. Pour reprendre notre exemple, une personne qui possède la paire de gènes *PP* (homozygote dominant) ou *Pp* (hétérozygote) aura l'articulation du pouce relâchée. La combinaison *pp* (homozygote récessif) est nécessaire pour avoir l'articulation du pouce tendue.

Beaucoup de gens pensent que les traits dominants s'expriment nécessairement bien plus souvent, puisqu'ils sont apparents dès qu'un des deux allèles est dominant. Cependant, la dominance et la récessivité ne sont pas les seuls facteurs qui déterminent la fréquence d'un trait dans une population : celle-ci dépend aussi de la fréquence ou de l'abondance relative des allèles dominants et récessifs au sein de cette population.

Génotype et phénotype

Le patrimoine génétique d'une personne (c'est-à-dire si elle est homozygote ou hétérozygote pour chaque paire de gènes) est son **génotype.** La façon dont le génotype se manifeste chez cette personne est son **phénotype.** Ainsi, l'hyperlaxité du pouce est le phénotype produit par le génotype *PP* ou *Pp*.

SOURCES SEXUELLES DE VARIATIONS GÉNÉTIQUES

Avant de considérer les interactions des gènes, voyons comment il se fait que chacun de nous soit différent, avec son génotype et son phénotype uniques. Cette variabilité traduit trois phénomènes qui ont lieu avant même que nos parents se rencontrent : la ségrégation indépendante des chromosomes homologues, l'enjambement des chromosomes homologues et la fécondation aléatoire des ovules par les spermatozoïdes.

Ségrégation indépendante des chromosomes

30

Comme nous l'avons expliqué au chapitre 28 (p. 1048), toutes les paires de chromosomes homologues entrent en synapsis (s'accolent) pendant la méiose I, pour former des tétrades. La synapsis se produit au cours de la spermatogenèse et de l'ovogenèse. C'est le hasard qui détermine l'alignement et l'orientation des tétrades sur le fuseau mitotique de la métaphase I, de sorte que les chromosomes maternels et paternels sont distribués au hasard dans le noyau des cellules filles. Ainsi que le montre la figure 30.2, ce phénomène très simple mène à des variations importantes chez les gamètes. La cellule de cet exemple a un nombre diploïde de six chromosomes, ce qui donne trois tétrades. Comme vous pouvez le voir, les différentes combinaisons d'alignement des trois tétrades donnent huit types de gamètes. Étant donné que l'alignement des tétrades se fait au hasard et qu'un grand nombre de cellules mères subissent la méiose simultanément, chaque alignement et chaque type de gamète revient à la même fréquence que tous les autres. Rappelez-vous deux points très importants : (1) les membres de la paire d'allèles qui détermine chaque trait subissent une **ségrégation,** c'est-à-dire qu'ils sont distribués à des gamètes différents au cours de la méiose ; (2) les allèles localisés sur différentes paires de chromosomes homologues sont distribués indépendamment les uns des autres. C'est ainsi que chaque gamète ne peut posséder qu'un seul allèle pour chaque

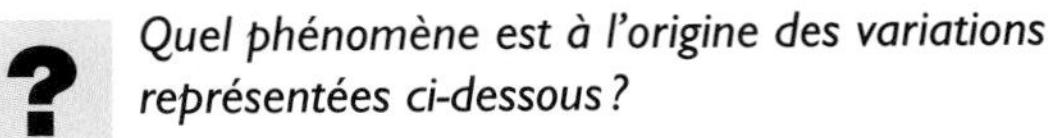

?
Quel phénomène est à l'origine des variations représentées ci-dessous ?

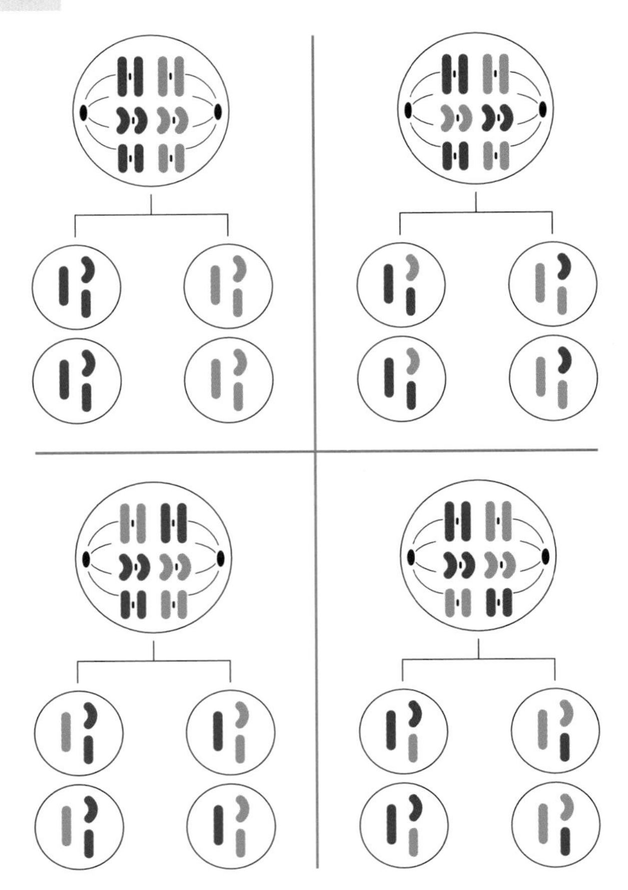

FIGURE 30.2
Production de variations chez les gamètes grâce à la ségrégation indépendante des chromosomes homologues au cours de la métaphase de la méiose I. Les grands cercles montrent les alignements possibles en métaphase I chez une cellule mère ayant un nombre diploïde de 6. Les chromosomes homologues du père sont mauves et ceux de la mère sont verts. Les petits cercles représentent les combinaisons de chromosomes des cellules filles (gamètes) résultant de chaque alignement. Certains gamètes renferment uniquement des chromosomes maternels ou des chromosomes paternels ; d'autres (la majorité) possèdent des combinaisons variées de chromosomes maternels et paternels.

L'alignement aléatoire des tétrades sur le fuseau mitotique de la métaphase I.

trait et que cet allèle ne constitue qu'un des quatre allèles parentaux possibles.

Le nombre de types de gamètes résultant de la **ségrégation indépendante** des chromosomes homologues au cours de la méiose I peut se calculer pour tous les génomes à l'aide de la formule 2^n, n étant le nombre de paires homologues. Dans notre exemple, $2^n = 2^3$ (ou $2 \times 2 \times 2$), ce qui donne 8 types de gamètes. Le nombre de types de gamètes augmente considérablement à mesure que le nombre de chromosomes augmente. Une cellule possédant 6 paires de chromosomes homologues pourrait produire 2^6, ou 64, types de gamètes. Sur la seule base de l'assortiment indépendant, les testicules d'un homme peuvent donc produire 2^{23} types de gamètes, soit environ 8,5 millions, ce qui représente une incroyable diversité. Puisque les ovaires d'une femme seront le site de 500 méioses complètes au maximum au cours de sa vie, le nombre de types de gamètes produits est beaucoup plus petit. Il n'en reste pas moins que le nombre de types de gamètes différents que *pourrait* produire une femme est tout aussi grand que chez l'homme (2^{23}) et que chaque ovocyte expulsé de l'ovaire sera probablement différent des autres sur le plan génétique par suite de la ségrégation indépendante des chromosomes.

Enjambement des chromosomes homologues et recombinaisons géniques

D'autres variations proviennent de l'enjambement (« crossing-over »), et de l'échange de portions de chromosomes qui en résulte, au cours de la méiose I. On sait que les gènes de chaque chromosome sont alignés sur toute la longueur de celui-ci. Les gènes d'un chromosome sont dits **liés,** car ils sont transmis en bloc à la cellule fille au cours de la mitose. Tel n'est pas le cas durant la méiose, car les chromosomes paternels peuvent alors échanger de façon très précise des segments génétiques avec les chromosomes homologues maternels, grâce à l'**enjambement.** Au cours de ce processus, deux chromatides non-sœurs s'entrecroisent, se fracturent aux mêmes points puis se ressoudent en diagonale, ce qui fait apparaître les **décussations** (manifestation visible de l'enjambement). Après l'enjambement, certains gènes du chromosome paternel se retrouvent sur le chromosome maternel, alors que les gènes correspondants du chromosome maternel se retrouvent sur le chromosome paternel. Cet échange de gènes produit des **chromosomes recombinants,** formés d'une combinaison du matériel génétique des deux parents. Dans l'exemple hypothétique présenté à la figure 30.3, les gènes qui codent pour la couleur des cheveux et des yeux sont liés. Les chromosomes paternels renferment les allèles qui codent pour les cheveux blonds et les yeux bleus, alors que les allèles maternels codent pour les cheveux bruns et les yeux bruns. La décussation se trouve entre ces deux gènes liés, ce qui fait que certains gamètes possèdent

? *Que se passerait-il si l'enjambement se produisait ailleurs sur les chromosomes ?*

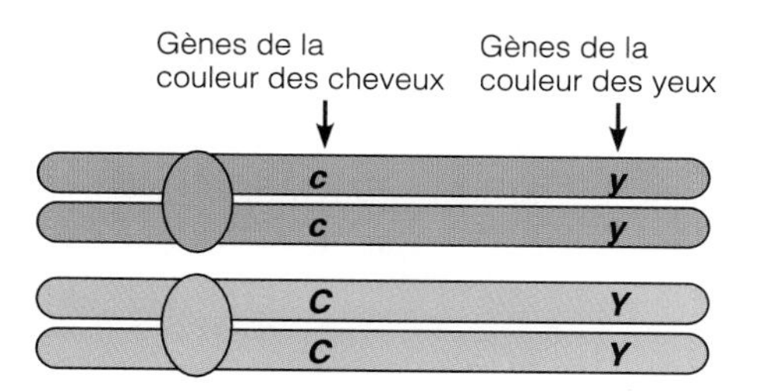

Les chromosomes homologues entrent en synapsis en cours de la prophase I de la méiose ; chaque chromosome est constitué de deux chromatides sœurs

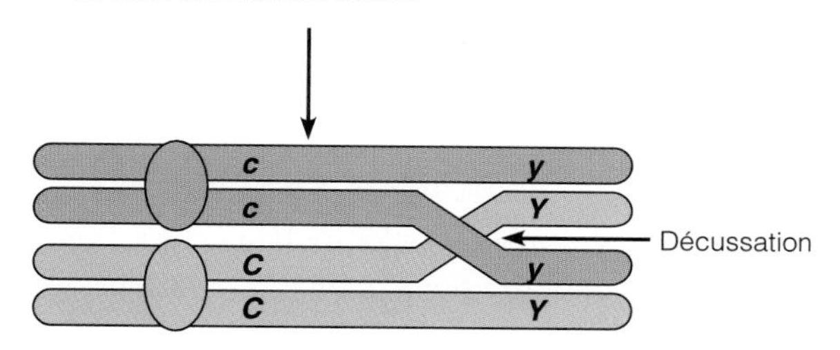

Il y a enjambement et formation d'une décussation ; un segment d'une chromatide (paternelle) échange sa position avec un segment d'une autre chromatide (maternelle)

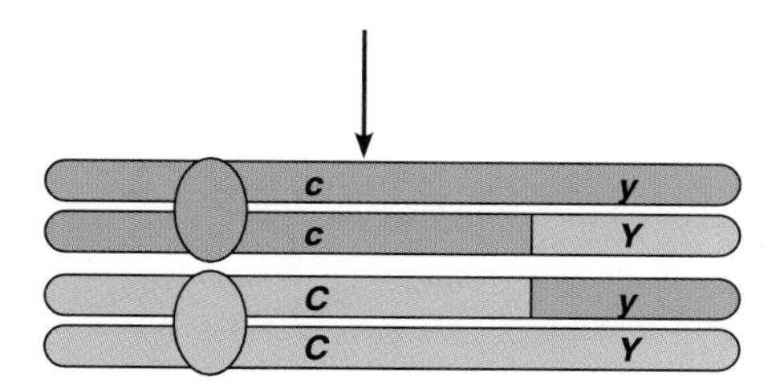

Les chromatides paternelle et maternelle ayant formé une décussation se fracturent et les extrémités fracturées se ressoudent

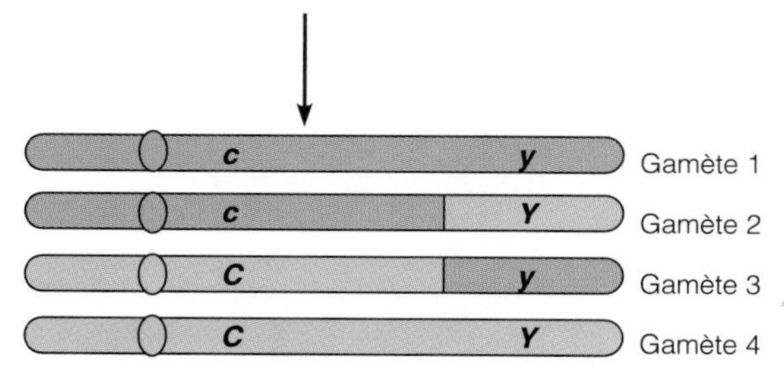

À la fin de la méiose, chaque gamète haploïde possède un des quatre chromosomes représentés ; deux de ces chromosomes sont recombinants, c'est-à-dire qu'ils portent de nouvelles combinaisons de gènes

Légende :

C = allèle pour les cheveux bruns
c = allèle pour les cheveux blonds
Y = allèle pour les yeux bruns
y = allèle pour les yeux bleus

= Chromosome paternel
= Chromosome maternel
Homologues

FIGURE 30.3
L'enjambement et les recombinaisons géniques qui ont lieu au cours de la méiose I produisent des variations génétiques dans les gamètes.

On obtiendrait une variété différente de gènes liés dans les gamètes.

30

les allèles pour les cheveux blonds et les yeux bruns et certains autres possèdent les allèles pour les cheveux bruns et les yeux bleus. (Si la décussation se trouvait ailleurs, d'autres combinaisons génétiques se seraient formées.) À cause de l'enjambement, deux des quatre chromatides de la tétrade ont des allèles mélangés, certains provenant de la mère et d'autres du père. C'est ainsi qu'au moment de la ségrégation des chromatides chaque gamète recevra une combinaison unique et mélangée de gènes des parents.

Deux seulement des quatre chromatides d'une tétrade semblent prendre part à des enjambements et à des recombinaisons au cours de la synapsis, mais ces deux chromatides subissent un grand nombre de ces échanges chromosomiques. En outre, chaque enjambement entraîne la recombinaison de nombreux gènes, et pas seulement de deux comme dans notre exemple. En général, les décussations se produisent au hasard (par une sorte de loterie moléculaire). Plus le chromosome est long, plus il peut subir d'enjambements. Comme les humains possèdent 23 tétrades, et que la plupart subissent des enjambements au cours de la méiose I, ce facteur à lui seul est à l'origine d'une quantité phénoménale de variations.

Fécondation aléatoire

À tout moment, la gamétogenèse produit des gamètes présentant toutes les variations résultant de la ségrégation indépendante et de l'enjambement. Un autre facteur de variation provient du fait qu'on ne peut absolument pas prévoir quel spermatozoïde fécondera l'ovule. En ne considérant que les variations introduites par la ségrégation indépendante et la fécondation aléatoire, chaque enfant n'est qu'un zygote sur près de 7,2 billions (8,5 millions × 8,5 millions) de zygotes possibles. Les variations supplémentaires produites par l'enjambement accroissent ce nombre de façon exponentielle. Vous comprenez peut-être maintenant pourquoi deux frères et sœurs sont à la fois si différents et si semblables.

Une fois qu'on comprend ces sources de variations, on se rend compte que les gens ont souvent une conception erronée de l'hérédité. Ainsi, on entend dire des choses comme « Je suis à moitié française, au quart irlandaise et au quart espagnole », ce qui révèle la croyance que les gènes de chaque côté de la famille sont répartis avec une grande précision. Il est vrai que nous recevons la moitié de nos gènes de chaque parent, mais nous ne possédons pas le quart des gènes de chacun de nos grands-parents ou un huitième des gènes de nos arrière-grands-parents. (Référez-vous à la figure 30.2 si cela vous surprend !) Par ailleurs, il n'existe pas de gènes « français », « irlandais » ou « espagnol ».

TYPES DE TRANSMISSION HÉRÉDITAIRE

Chez les humains, quelques traits visibles, ou phénotypes, peuvent être attribués à une seule paire de gènes (comme nous le verrons bientôt), mais ce genre de trait est peu courant dans la nature ou alors il ne concerne qu'une variation dans une seule enzyme. La plupart des traits humains sont déterminés par des allèles multiples ou par l'interaction de plusieurs paires de gènes.

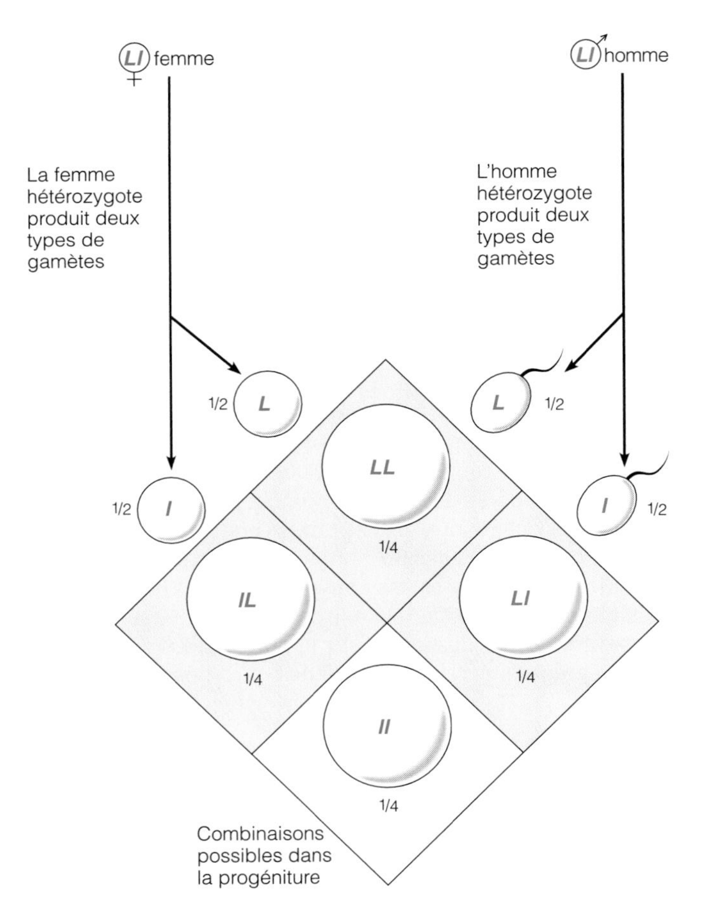

FIGURE 30.4
Probabilités des différents génotypes et phénotypes à la suite de l'union de deux parents hétérozygotes. Les allèles portés par la mère sont montrés à gauche ; les allèles portés par le père, à droite. La grille de Punnett montre toutes les combinaisons possibles de ces allèles chez le zygote. Dans cet exemple, l'allèle *L* est dominant et détermine la capacité de rouler la langue ; l'allèle *l* est récessif. Les individus homozygotes récessifs (*ll*) sont incapables de rouler la langue. Les enfants *LL* et *Ll* peuvent rouler la langue.

Hérédité dominante-récessive

L'**hérédité dominante-récessive** reflète l'interaction des allèles dominants et récessifs. Un diagramme simple, appelé **grille de Punnett,** permet de représenter les combinaisons de gènes possibles pour un trait si les gamètes de deux parents dont on connaît le génotype s'unissent (figure 30.4). Dans l'exemple choisi, les deux parents peuvent rouler la langue en U, parce qu'ils possèdent l'allèle dominant (*L*) qui confère ce trait. En effet, ils sont tous deux hétérozygotes pour ce trait (*Ll*). Les allèles présents dans les gamètes de la mère sont indiqués d'un côté de la grille de Punnett et ceux qui sont présents dans les gamètes du père sont indiqués du côté opposé. On combine les allèles horizontalement et verticalement pour déterminer les combinaisons de gènes (génotypes) possibles et leur fréquence dans la progéniture de ces parents. Après avoir rempli la grille de Punnett, on constate que les parents de notre exemple ont une probabilité de 25 % (1 chance sur 4) de produire un enfant homozygote dominant (*LL*) ; de 50 % (2 chances sur 4) de produire un enfant hétérozygote (*Ll*) ; de 25 % (1 chance sur 4) de produire un enfant homozygote récessif (*ll*). Comme l'allèle *L* est dominant, les enfants *LL* et *Ll* seront capables de rouler la langue; seuls les enfants *ll* seront incapables de faire un U avec la langue.

La grille de Punnett permet de prévoir rapidement les résultats d'un croisement génétique simple, mais il ne donne que la *probabilité* d'avoir un certain pourcentage d'enfants présentant un génotype (et un phénotype) donné. Plus la progéniture est nombreuse, plus il est vraisemblable que les proportions soient conformes aux prévisions. C'est la même chose que quand on joue à pile ou face: plus le nombre de fois qu'on lance la pièce de monnaie est élevé, meilleures sont les chances qu'on obtienne un nombre égal de piles et de faces. Si on ne lance la pièce que deux fois, on pourrait bien avoir deux faces. De même, si le couple de notre exemple n'avait que deux enfants, il ne serait pas étonnant que tous les deux possèdent le génotype *Ll*.

Quelles sont les probabilités d'avoir deux enfants du même génotype? Pour déterminer la probabilité que deux événements se succèdent, on multiplie l'une par l'autre la probabilité de chacun de ces événements. La probabilité d'avoir pile quand on lance une pièce est de $\frac{1}{2}$, de sorte que la probabilité d'avoir pile deux fois de suite est de $\frac{1}{2} \times \frac{1}{2} = \frac{1}{4}$. (En d'autres termes, si on lance la pièce un grand nombre de séries de deux fois, on aura deux piles dans un quart des séries.) Passons maintenant à la probabilité que notre couple ait deux enfants qui soient incapables de rouler la langue (*ll*). La probabilité qu'*un* enfant soit *ll* est de $\frac{1}{4}$. Par conséquent, la probabilité que les *deux* enfants soient *ll* est de $\frac{1}{4} \times \frac{1}{4} = \frac{1}{16}$, c'est-à-dire d'un peu plus de 6 %. Cependant, il faut toujours se rappeler que la production de chaque zygote (donc de chaque enfant), tout comme chaque lancer de la pièce, est un *événement indépendant*, qui n'influe pas sur les autres. Si on obtient pile au premier lancer, on a encore la moitié des chances d'obtenir pile au deuxième lancer; si le couple a un premier enfant incapable de rouler la langue, il a encore $\frac{1}{4}$ des chances d'avoir un deuxième enfant incapable de rouler la langue.

Traits dominants

Parmi les traits humains déterminés par des allèles dominants, on peut mentionner la pointe de cheveux sur le front, les fossettes, les taches de rousseur et les lobes des oreilles libres, c'est-à-dire non fixés à la peau de la tête.

Les maladies héréditaires causées par des gènes dominants sont assez rares, car les *gènes dominants létaux* s'expriment toujours et provoquent la mort au stade embryonnaire ou fœtal ou encore pendant l'enfance. Les gènes mortels sont donc rarement transmis aux générations suivantes. Cependant, il existe certaines maladies dominantes moins graves ou permettant à la personne de vivre assez longtemps pour se reproduire, comme l'achondroplasie et la chorée de Huntington. L'*achondroplasie* est un type de nanisme qui résulte d'une anomalie dans le processus d'ossification endochondrale; les os longs ne se développent pas normalement et les membres sont démesurément courts. La *chorée de Huntington* est une maladie mortelle du système nerveux qui se caractérise par la dégénérescence de deux des noyaux gris centraux (putamen et noyau caudé) et par une atrophie du cortex cérébral. Elle se manifeste par des troubles mentaux et des contractions musculaires involontaires lentes en séries (chorée). Le gène en cause, situé sur le chromosome 4, est un *gène à retardement* qui ne s'exprime pas avant que l'individu atteigne la fin de la trentaine ou le début de la quarantaine. Les enfants d'un parent atteint de la chorée de Huntington ont un risque de 50 % d'hériter du gène létal. (Le parent est toujours hétérozygote, car l'état homozygote dominant est mortel pour le fœtus.) C'est pourquoi beaucoup de personnes qui ont un parent touché par cette maladie décident de ne pas avoir d'enfants. Le tableau 30.1 présente une liste de traits déterminés par un gène dominant et de quelques maladies déterminées par un gène récessif.

TABLEAU 30.1 Traits déterminés par l'hérédité dominante-récessive simple

Phénotypes dus à l'expression de:	
Gènes dominants (génotype *ZZ* ou *Zz*)	**Gènes récessifs (génotype *zz*)**
Capacité de rouler la langue	Incapacité de rouler la langue en U
Lobes des oreilles libres	Lobes des oreilles adhérents
Hypermétropie	Vision normale
Astigmatisme	Vision normale
Taches de rousseur	Absence de taches de rousseur
Fossettes aux joues	Absence de fossettes
Arches plantaires normales	Pieds plats
Capacité de goûter le phénylthiocarbamide (PTC)	Incapacité de goûter le PTC
Pointe de cheveux sur le front	Ligne des cheveux droite
Hyperlaxité du pouce	Ligaments du pouce tendus
Lèvres épaisses	Lèvres minces
Polydactylie (doigts et orteils surnuméraires)	Nombre normal de doigts et d'orteils
Syndactylie (doigts ou orteils soudés)	Doigts et orteils normaux
Achondroplasie (hétérozygote: nanisme; homozygote: mort fœtale)	Ossification endochondrale normale
Chorée de Huntington	Absence de chorée de Huntington
Pigmentation cutanée normale	Albinisme
Absence de la maladie de Tay-Sachs	Maladie de Tay-Sachs
Absence de la fibrose kystique du pancréas	Fibrose kystique du pancréas
État mental normal	Schizophrénie

Traits récessifs

Un grand nombre de traits déterminés par des gènes récessifs ne causent pas de problèmes de santé, et certains de ces traits sont même très désirables. Par exemple, la vision normale est déterminée par des allèles récessifs, alors que l'hypermétropie et l'astigmatisme sont déterminés par des allèles dominants. Cependant, la plupart des maladies héréditaires sont produites par un trait récessif. C'est le cas de l'*albinisme* (absence de pigmentation de la peau), de la *fibrose kystique du pancréas,* ou mucoviscidose (production de mucus plus visqueux que la normale réduisant l'écoulement des sécrétions des glandes exocrines, ce qui affecte surtout le fonctionnement des poumons et du pancréas ; voir p. 845) et de la *maladie de Tay-Sachs.* Cette maladie héréditaire touchant le métabolisme des lipides dans le cerveau est provoquée par un déficit enzymatique (en hexoaminidase A) qui devient apparent quelques mois après la naissance (voir p. 84).

La fréquence élevée des maladies héréditaires récessives par rapport à celle des maladies causées par un gène dominant reflète le fait que les personnes qui possèdent un allèle récessif (par exemple *m*) pour une maladie héréditaire récessive ne manifestent pas la maladie si l'autre allèle est dominant (*M*), mais peuvent transmettre le gène en cause à leur progéniture. On dit que ces personnes (*Mm*) sont des **porteurs** de la maladie. La compréhension de ce phénomène sous-tend les lois qui interdisent les **mariages consanguins** (littéralement, « du même sang »), c'est-à-dire entre frères et sœurs et cousins germains. Le terme *consanguin* nous vient de l'époque où on pensait que les traits héréditaires étaient portés dans le sang. Le risque d'hériter de deux gènes récessifs identiques (*mm*), et par conséquent de présenter la maladie qu'ils produisent, est beaucoup plus élevé dans ce genre d'union que dans les unions entre personnes non apparentées. La fréquence élevée des mortinaissances et des maladies héréditaires graves chez les chiens de race, où les accouplements consanguins sont très fréquents, prouve bien que ces craintes sont fondées.

Dominance incomplète et codominance

Les gènes ne suivent pas tous la règle de l'hérédité dominante-récessive que nous venons de décrire, et dans laquelle une variante d'un allèle masque complètement l'autre. Certains traits présentent en effet une **dominance incomplète.** La dominance incomplète est très courante chez les plantes et certains animaux, mais elle l'est beaucoup moins chez l'être humain. Dans la dominance incomplète, l'individu hétérozygote montre un phénotype intermédiaire par rapport à celui que déterminent les deux gènes dominants. Par exemple, la fleur rose (*RB*) présente une partie des caractères de la fleur rouge (*RR*) et une partie des caractères de la fleur blanche (*BB*). Lorsque l'individu hétérozygote exprime toutes les caractéristiques déterminées par les deux allèles, il s'agit plutôt de **codominance.**

Le meilleur exemple de codominance chez les êtres humains est probablement celui de l'**anémie à hématies falciformes,** ou drépanocytose, une maladie causée par la substitution d'un acide aminé dans la chaîne β de la molécule d'hémoglobine (une valine se substitue à un acide glutamique). Lorsque la pression partielle d'oxygène est basse, les molécules d'hémoglobine qui contiennent ces chaînes anormales précipitent dans les globules rouges, qui prennent alors la forme d'une faucille (voir la figure 18.8b, p. 638). Les individus homozygotes pour ce trait (Hb^SHb^S) sont très malades. Chez eux, les infections, la gène respiratoire et l'exercice peuvent provoquer des accès de falciformation. Les hématies en forme de faucille s'agglutinent dans les capillaires et les obstruent, ce qui provoque des douleurs intenses de même que des lésions ischémiques aux organes vitaux (par exemple au cerveau ou au cœur). De plus, les hématies falciformes sont rapidement détruites, ce qui explique l'anémie grave dont souffrent les homozygotes. Les traitements de cette maladie comprennent la transfusion sanguine, qui permet de remplacer les hématies falciformes par des globules rouges normaux, la greffe de moelle osseuse et l'administration d'hydroxyurée.

Le phénomène de codominance se manifeste chez les individus hétérozygotes pour ce trait (Hb^AHb^S), qui expriment le phénotype des homozygotes normaux (Hb^AHb^A) *et* celui des homozygotes anémiques (Hb^SHb^S). Le gène qui détermine la formation de l'Hb^A et celui qui détermine la formation de l'Hb^S sont donc codominants. Les individus hétérozygotes sont généralement en bonne santé, mais ils peuvent présenter des symptômes de falciformation en cas de réduction prolongée du taux sanguin d'oxygène, par exemple quand ils voyagent dans des régions de haute altitude.

Le gène responsable de l'anémie à hématies falciformes est particulièrement répandu chez les Noirs (ceux qui vivent dans les régions d'Afrique où le paludisme est endémique et ceux dont les ancêtres étaient originaires de ces régions). Il est également courant dans d'autres régions tropicales, en Inde et dans les pays de l'est de la Méditerranée. On estime que 10 % des Noirs américains sont hétérozygotes pour ce gène, appelé **trait drépanocytaire.** Cette fréquence élevée traduit le fait que l'état hétérozygote permet de résister au paludisme, une adaptation importante pour les habitants de certaines régions d'Afrique.

Transmission par allèles multiples (polymorphisme génétique)

Nous recevons seulement deux allèles d'un même gène, mais certains gènes existent sous plus de deux formes à l'intérieur d'une population, ce qui mène à un phénomène appelé **transmission par allèles multiples,** ou **polymorphisme génétique.** La transmission des groupes sanguins du système ABO constitue un exemple de ce phénomène. Trois allèles déterminent le groupe sanguin ABO chez les humains : I^A, I^B et *i*. Les allèles I^A *et* I^B sont *codominants*, c'est-à-dire qu'ils s'expriment tous les deux quand ils sont présents ; l'allèle *i* est récessif. Chacun de nous reçoit deux de ces trois allèles. Un individu qui possède les allèles I^Ai est du groupe sanguin A (exemple de dominance complète) ; celui qui possède les allèles I^AI^B est du groupe sanguin AB (exemple de codominance). Les génotypes qui déterminent les quatre groupes sanguins du système ABO sont présentés au tableau 30.2.

Hérédité liée au sexe

Les traits héréditaires déterminés par des gènes localisés sur les chromosomes sexuels sont dits **liés au sexe.** Les chromosomes sexuels (X et Y) ne sont pas vraiment homo-

TABLEAU 30.2 Groupes sanguins du système ABO

Groupe sanguin (phénotype)	Génotype	Fréquence (% dans la population des États-Unis)		
		Blancs	Noirs	Asiatiques
O	*ii*	45	49	40
A	I^AI^A ou I^Ai	40	27	28
B	I^BI^B ou I^Bi	11	20	27
AB	I^AI^B	4	4	5

logues. En effet, le chromosome Y, qui porte le gène (ou les gènes) déterminant le sexe masculin, est trois fois plus petit que le chromosome X. Le chromosome X porte plus de 2500 gènes, tandis que le chromosome Y n'en porte que 15 environ. Un grand nombre de gènes du chromosome X qui codent pour des caractères de nature non sexuelle sont par conséquent absents sur le chromosome Y. Ainsi, les gènes qui codent pour certains facteurs de coagulation (en cause dans l'hémophilie), pour les cônes photorécepteurs de la rétine de l'œil (en cause dans le daltonisme et l'achromatopsie) et même pour les récepteurs de la testostérone sont présents sur le chromosome X mais non sur le chromosome Y. Un gène qu'on trouve uniquement sur le chromosome X est dit **lié au chromosome X.**

Lorsqu'un homme reçoit un allèle récessif lié au chromosome X (par exemple celui de l'hémophilie ou du daltonisme), l'expression de ce gène n'est jamais masquée ou atténuée par un autre gène, puisqu'il ne possède pas d'allèle correspondant sur le chromosome Y. Le gène récessif s'exprime donc toujours, même s'il est seul. Par contre, les femmes doivent recevoir deux allèles récessifs liés au chromosome X pour que la maladie s'exprime. C'est pourquoi très peu de femmes présentent des maladies liées au chromosome X. Les traits liés au chromosome X se transmettent de la mère à ses fils, étant donné que le chromosome X d'un homme provient toujours de sa mère. Comme les hommes ne reçoivent pas de chromosome X de leur père, puisqu'ils en reçoivent le chromosome Y, les traits liés au chromosome X ne se transmettent jamais du père à ses fils. La mère peut évidemment transmettre l'allèle récessif à ses filles, mais celles-ci ne l'exprimeront pas, sauf si elles ont reçu un autre allèle récessif sur le chromosome X provenant de leur père.

Il faut également savoir que certains segments du chromosome Y n'ont pas d'équivalent sur le chromosome X. Les traits déterminés par des gènes localisés sur ces segments (comme la présence de poils sur le pavillon de l'oreille) apparaissent seulement chez les hommes et se transmettent du père à ses fils. Ce type de transmission liée au sexe est appelé **hérédité liée au chromosome Y.**

Hérédité polygénique

Jusqu'à présent, nous avons étudié les traits qui se transmettent selon les mécanismes de la génétique mendélienne classique, assez faciles à comprendre. Ces traits peuvent avoir deux, ou parfois trois, formes différentes. Cependant, un grand nombre de phénotypes dépendent de l'action conjointe de plusieurs paires de gènes situées à différents endroits des chromosomes. L'**hérédité polygénique** produit des variations phénotypiques *continues,* ou *qualitatives,* entre deux extrêmes et elle explique de nombreuses caractéristiques humaines. Par exemple, la couleur de la peau humaine dépend de trois gènes distincts, ayant chacun deux allèles : *A, a ; B, b ; C, c.* Les allèles *A, B* et *C* confèrent des pigments cutanés foncés et leurs effets sont cumulatifs, alors que les allèles *a, b* et *c* donnent une peau pâle. Un individu possédant le génotype *AABBCC* aurait donc la peau la plus foncée possible, alors qu'une personne *aabbcc* aurait le teint très clair. L'union d'individus hétérozygotes pour au moins une de ces paires peut donner des enfants présentant une grande variété de pigmentation. Vous trouverez à la figure 30.5 une illustration de la gradation de la pigmentation cutanée en fonction du génotype. Si on trace une courbe de la distribution des phénotypes dans l'hérédité polygénique, on obtient une parabole.

La quantité de pigment brun dans l'iris (qui détermine la couleur de l'œil) est polygénique, tout comme l'intelligence et la taille. La taille est fixée par quatre paires de gènes, et différentes combinaisons des allèles qui codent pour une grande ou une petite taille sont révélées par les différences de stature, de la même manière que pour la couleur de la peau. Le phénomène de l'hérédité polygénique permet de comprendre pourquoi des parents de taille moyenne peuvent avoir des enfants très grands ou très petits.

EFFETS DES FACTEURS ENVIRONNEMENTAUX SUR L'EXPRESSION GÉNIQUE

Dans bien des situations, les facteurs environnementaux l'emportent sur l'expression génique ou du moins influent sur elle. Alors que notre génotype semble aussi stable que le rocher de Gilbraltar (en l'absence de mutations), notre phénotype présente davantage de ressemblances avec l'argile. Dans le cas contraire, nous ne pourrions pas bronzer au soleil, les femmes culturistes ne pourraient

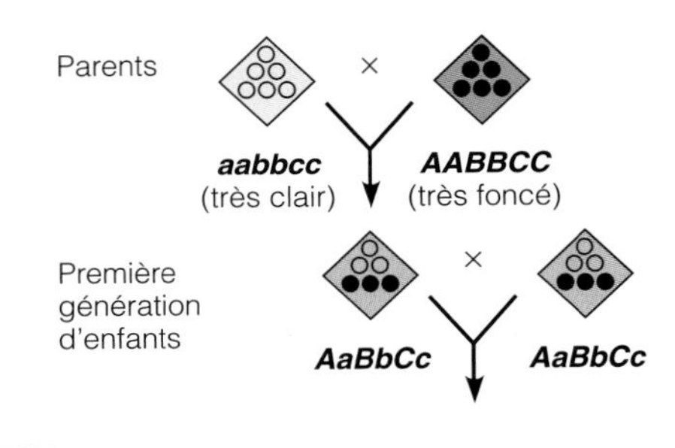

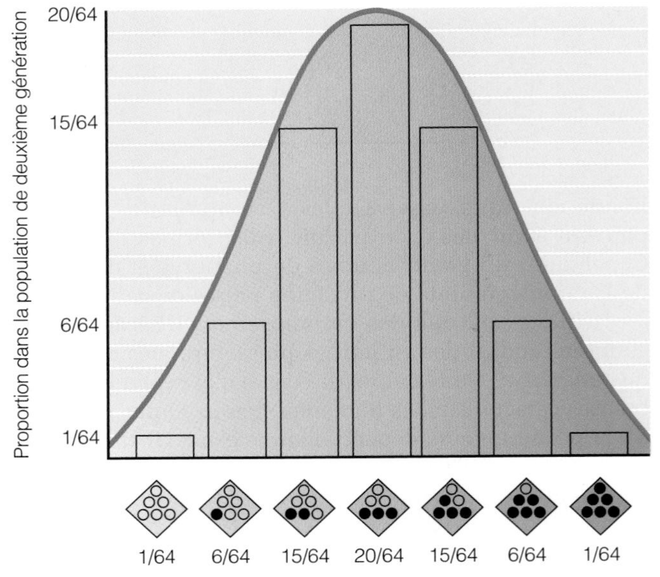

FIGURE 30.5
Hérédité polygénique: pigmentation cutanée basée sur trois paires de gènes. Les allèles qui codent pour la peau foncée ont une dominance incomplète sur ceux qui codent pour la peau claire. Chaque gène dominant (*A*, *B* et *C*) donne une unité de pigmentation au phénotype. Si, comme dans notre exemple, les parents homozygotes se situent aux extrémités opposées de l'éventail des phénotypes, chacun de leurs enfants hérite de trois unités de couleur foncée; ils sont hétérozygotes et ont une pigmentation intermédiaire. Quand des hétérozygotes s'unissent, leurs enfants (deuxième génération) peuvent présenter une très grande variété de pigmentation, comme le montre l'histogramme des types de pigmentation.

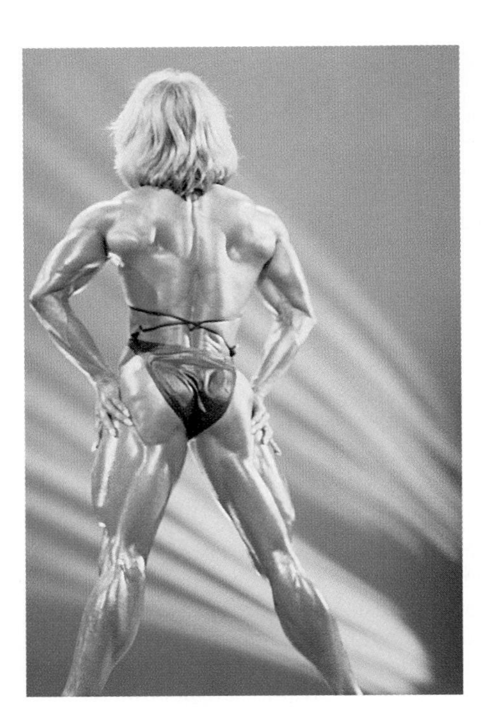

FIGURE 30.6
Bien que les gènes déterminent la morphologie, les culturistes peuvent développer leur potentiel musculaire jusqu'à son maximum.

pas développer de gros muscles (figure 30.6) et nous ne pourrions espérer guérir les maladies héréditaires.

Il arrive que des facteurs maternels (médicaments, agents pathogènes, etc.) empêchent l'expression génique normale au cours du développement embryonnaire. Ce fut le cas chez les enfants de mères ayant pris de la thalidomide pendant la grossesse (voir p. 1104). Ces enfants ont acquis un phénotype différent de celui qui était dicté par leurs gènes (des membres palmés plus ou moins longs et développés). On appelle **phénocopies** ce genre de phénotypes provoqués par des facteurs environnementaux mais qui ressemblent aux phénotypes causés par des mutations génétiques (modifications permanentes et transmissibles de l'ADN).

Les facteurs environnementaux peuvent également influer sur l'expression génique après la naissance. Par exemple, la malnutrition chez le nourrisson affecte la croissance ultérieure du cerveau, le développement physique et la taille. C'est ainsi qu'une personne qui possède les gènes dictant une haute taille peut rester petite en cas de malnutrition. Par ailleurs, les déficits hormonaux au cours de la croissance peuvent mener à une croissance et à une morphologie anormales du squelette, comme dans le crétinisme, un type de nanisme résultant de l'hypothyroïdie chez l'enfant. Dans un tel cas, des gènes (ou des anomalies génétiques) qui ne déterminent pas la taille influent sur le phénotype de la taille. L'influence des autres gènes fait donc partie de l'environnement d'un gène.

HÉRÉDITÉ NON TRADITIONNELLE

Les écrits de Mendel traduisent le courant de pensée traditionnel dans le domaine de l'hérédité. D'autres facteurs ne s'insèrent toutefois pas dans les règles découvertes par Mendel. Parmi les types non traditionnels d'hérédité qui font actuellement l'objet de recherches, on compte l'*empreinte génomique* et l'*hérédité extrachromosomique.*

Empreinte génomique

Mendel ignorait totalement qu'un allèle peut avoir un effet différent selon le parent dont il est issu. Par exemple, les victimes du syndrome de Prader, Labhart, Willi et

« *Pour faire votre révision sur les systèmes de l'organisme, préparez un diagramme qui explique en détail les processus se déroulant dans chacun d'eux. Cet exercice vous permettra de vérifier que vous comprenez bien le fonctionnement de chaque système et que vous possédez le vocabulaire employé pour l'expliquer.*

Scott Kelley,
étudiant en psychologie

Fanconi présentent un déficit mental allant de léger à modéré et sont de petite taille et très obèses. Les enfants atteints du syndrome d'Angelman (surnommé « marionnette joyeuse ») souffrent d'un grave retard mental, s'expriment de manière incohérente, ont des accès de rire excessifs et font des mouvements saccadés et brusques rappelant ceux d'une marionnette. Les symptômes de ces deux syndromes sont très différents, mais ils ont la même cause génétique : l'absence d'une partie du chromosome 15. Si le chromosome défectueux vient du père, l'enfant est atteint du syndrome de Prader, Labhart, Willi et Fanconi ; s'il vient de la mère, l'enfant souffre du syndrome d'Angelman. Il semblerait donc que les gènes de la partie touchée par la délétion se comportent différemment chez les individus normaux selon qu'ils sont transmis par l'ovule ou le spermatozoïde. Cela s'explique par le fait que, pendant la gamétogenèse, certains gènes présents dans le spermatozoïde et l'ovule sont modifiés par l'ajout de groupements méthyle ($-CH_3$). Ce processus, appelé **empreinte génomique**, désigne ces gènes comme des gènes maternels ou paternels et confère d'importantes caractéristiques fonctionnelles à l'embryon qu'ils forment. L'embryon reconnaît cette désignation et exprime parfois le gène maternel au détriment de celui du père (ou l'inverse). Le processus de méthylation est réversible. À chaque génération, les empreintes sont « effacées » lorsque de nouveaux gamètes sont produits et que tous les chromosomes sont modifiés en fonction du sexe des parents (figure 30.7). Bien qu'ils n'en aient pas la preuve, de nombreux chercheurs soupçonnent que le *syndrome de l'X fragile,* la forme la plus courante de déficience mentale, est causé par l'empreinte génomique.

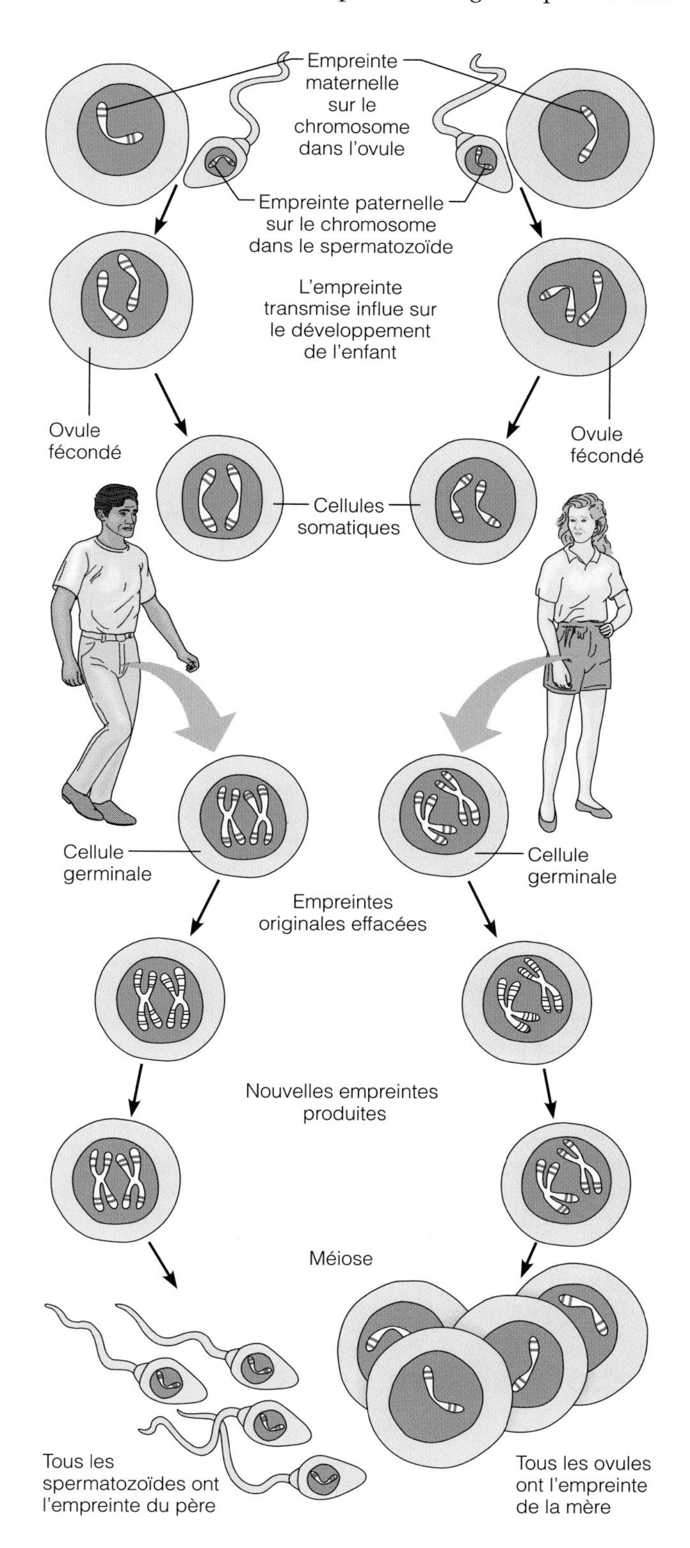

FIGURE 30.7
Empreinte génomique. Le spermatozoïde et l'ovule peuvent apporter des chromosomes possédant une empreinte différente. Un même allèle peut avoir un effet phénotypique différent sur la progéniture selon qu'il provient de la mère ou du père. À chaque génération, les anciennes empreintes sont « effacées » lorsque le spermatozoïde et l'ovule sont produits. Tous les chromosomes reçoivent alors une nouvelle empreinte en fonction du sexe de la personne.

Hérédité extrachromosomique (cytoplasmique)

Nous avons surtout parlé de l'hérédité chromosomique, mais il faut se rappeler que les gènes ne se trouvent pas tous dans les noyaux cellulaires. Certains sont situés dans les nombreuses copies du chromosome circulaire des mitochondries. Puisque l'ovule cède tout son cytoplasme au zygote (et le spermatozoïde très peu), les gènes mitochondriaux sont transmis à la progéniture exclusivement par la mère. Un nombre croissant d'affections, toutes rares, sont maintenant attribuées à des erreurs (mutations ou délétions) touchant les gènes mitochondriaux. La plupart de ces troubles se caractérisent par une dégénérescence musculaire ou des problèmes neurologiques. Citons, par exemple, l'atrophie optique de Leber (atteinte du nerf optique) et la myopathie mitochondriale (anomalies des mitochondries des cellules musculaires). Selon certains chercheurs, la maladie de Parkinson fait également partie de ces affections.

DÉPISTAGE DES MALADIES HÉRÉDITAIRES, CONSEIL GÉNÉTIQUE ET THÉRAPIE GÉNIQUE

Les nouveau-nés subissent des examens de dépistage de plusieurs anomalies physiques (dysplasie congénitale de la hanche, imperforation de l'anus, etc.) et de certaines

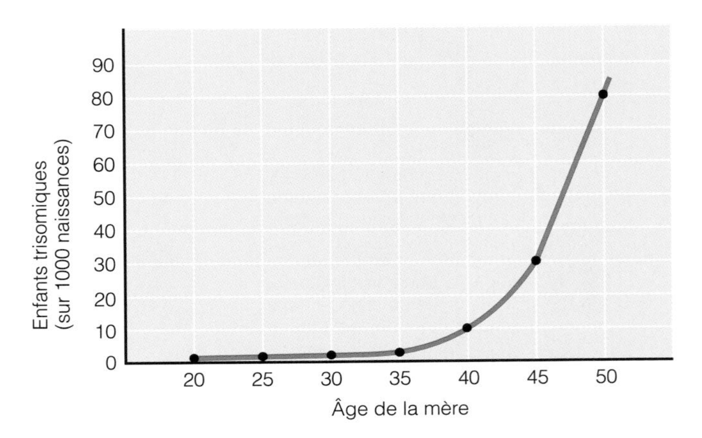

FIGURE 30.8
Relation entre l'âge de la mère et le syndrome de Down.

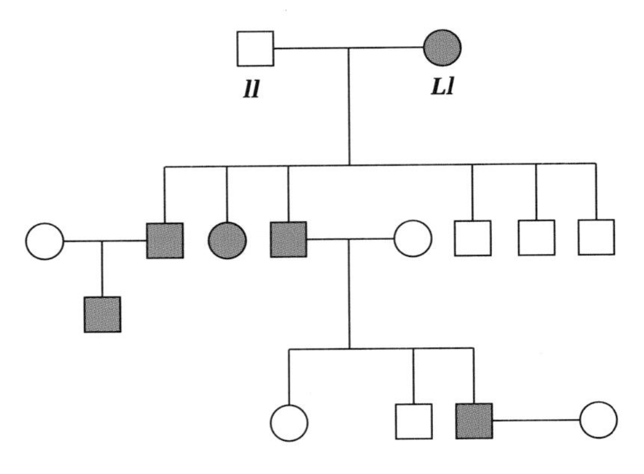

(a) Arbre généalogique de la transmission d'un trait dominant

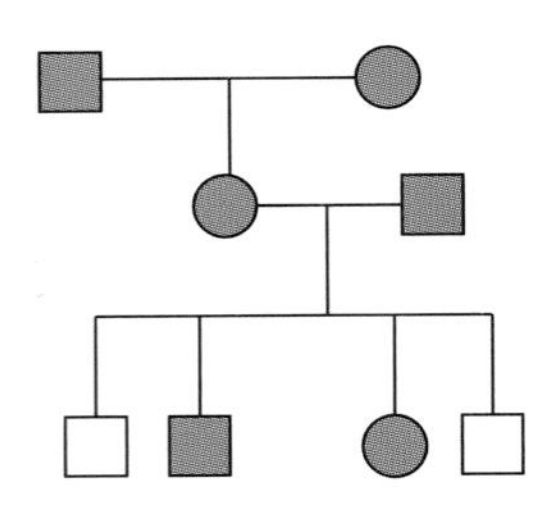

(b) Arbre généalogique de la transmission d'un trait récessif

FIGURE 30.9
L'analyse de l'arbre généalogique permet de détecter les porteurs de gènes particuliers. Les cercles représentent des femmes, les carrés, des hommes. Les traits horizontaux indiquent l'union de deux individus ; les traits verticaux montrent leurs enfants. **(a)** Arbre généalogique de la transmission du gène des cheveux laineux dans trois générations d'une famille. Les symboles de couleur représentent des individus qui expriment le trait dominant des cheveux laineux. Les symboles blancs montrent les individus qui n'expriment pas ce trait ; ces individus sont homozygotes récessifs (*ll*). **(b)** Arbre généalogique de la transmission du trait récessif de l'albinisme (absence de pigmentation de la peau) dans trois générations d'une famille. Les deux parents de la deuxième génération ont la peau colorée (symboles de couleur), mais deux de leurs quatre enfants ont le trait de l'albinisme (symboles blancs). Conclusion : ces deux parents sont hétérozygotes et ils ont la peau colorée parce que l'allèle pour ce trait est dominant.

maladies (comme la phénylcétonurie [voir p. 965]). Ces épreuves sont effectuées beaucoup trop tard pour que les parents puissent décider s'ils veulent avoir l'enfant ou non, mais elles leur permettent de savoir qu'un traitement est essentiel au bien-être de leur enfant. Les anomalies physiques sont habituellement corrigées au moyen d'une intervention chirurgicale, et la phénylcétonurie est soignée par un régime strict qui exclut la majorité des aliments contenant de la phénylalanine. Grâce au *dépistage des maladies héréditaires* et au *conseil génétique,* les parents d'aujourd'hui peuvent avoir des informations et faire des choix dont on ne rêvait même pas au siècle dernier. Les personnes qui ont un parent atteint de la chorée de Huntington ont évidemment intérêt à avoir recours à ces techniques, mais beaucoup d'autres maladies héréditaires peuvent toucher les bébés. Par exemple, une femme qui est enceinte pour la première fois à l'âge de 35 ans peut désirer savoir si son bébé est atteint de la trisomie 21 (syndrome de Down), une anomalie chromosomique plus fréquente quand la mère a dépassé cet âge (figure 30.8). Selon la maladie qu'on recherche, le dépistage peut être effectué avant la conception (reconnaissance des porteurs) ou à l'aide de procédés de diagnostic prénatal.

Reconnaissance des porteurs

Lorsqu'une personne désirant un enfant est atteinte d'une maladie héréditaire récessive et que son partenaire n'est pas atteint de la même maladie, il faut déterminer si le partenaire est hétérozygote pour le gène récessif en cause. S'il ne l'est pas, l'enfant ne recevra qu'un seul gène récessif et n'exprimera pas le trait. Mais si le partenaire *est* porteur, l'enfant court un risque de 50 % de recevoir les deux gènes nuisibles.

Il existe deux méthodes de détection des porteurs : l'arbre généalogique et les analyses sanguines. Au moyen de l'**arbre généalogique,** ou lignage, on suit un trait génétique particulier dans plusieurs générations, ce qui permet de faire des prédictions pour l'avenir. Un conseiller génétique recueille des informations sur les phénotypes du plus grand nombre de membres de la famille qu'il le peut, puis construit l'arbre généalogique. La figure 30.9a montre comment se construit et se lit un arbre généalogique. L'exemple choisi est celui du trait des cheveux laineux, un trait rare qui apparaît chez les Européens du Nord. Les cheveux laineux, qui résultent de la présence d'un allèle dominant (*L*), sont des cheveux duveteux et cassants, bien différents des cheveux crépus des Noirs. Dans l'arbre généalogique, les individus qui présentent le phénotype des cheveux laineux (symboles de couleur) ont au moins un gène dominant (ils sont *LL* ou *Ll*), alors que ceux qui ont des cheveux normaux sont obligatoirement homozygotes récessifs (*ll*). Si on remonte dans l'arbre généalogique en appliquant les règles de l'hérédité dominante-récessive, on peut déduire les génotypes des parents. Étant donné que trois de leurs enfants ont des cheveux normaux (*ll*), nous savons que chacun des parents doit posséder au moins un gène récessif. La mère a les cheveux laineux, déterminés par le gène *L*, de sorte que son génotype doit être *Ll*. Le père a les cheveux

Quelle technique de visualisation non effractive permet de déterminer certains aspects du développement fœtal? (Indice: voir l'encadré Gros plan du chapitre 1.)

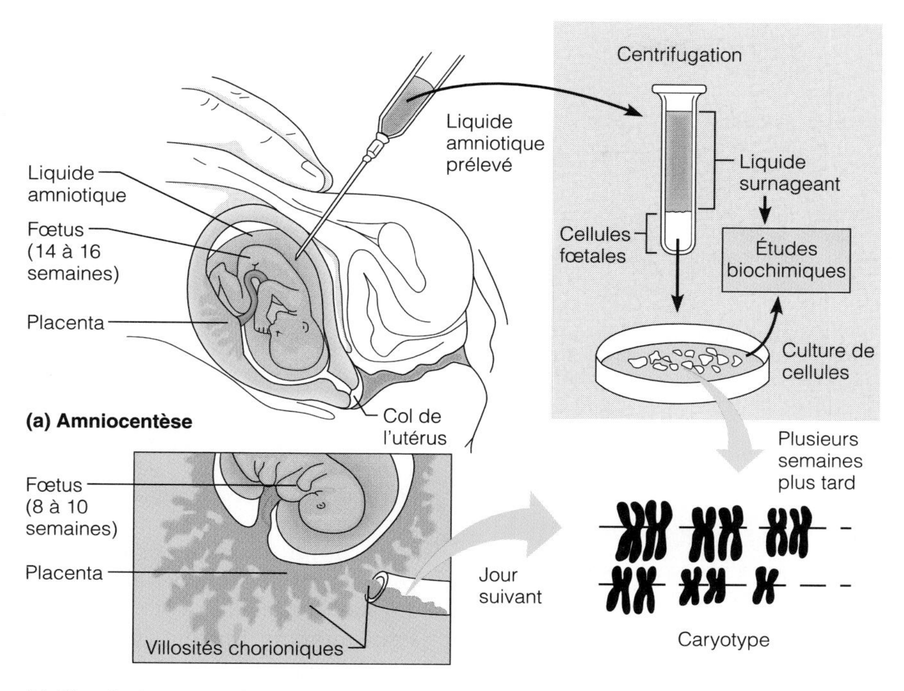

FIGURE 30.10
Diagnostic prénatal. (a) Dans l'amniocentèse, on localise le fœtus par échographie et un échantillon de liquide amniotique est prélevé. Les médecins peuvent diagnostiquer certaines maladies en analysant les substances chimiques présentes dans le liquide lui-même et d'autres anomalies en effectuant des épreuves sur les cellules fœtales cultivées. Ces épreuves comprennent des études biochimiques permettant de rechercher certaines enzymes et le caryotype, qui sert à déterminer si les chromosomes des cellules fœtales sont normaux en nombre et en apparence. **(b)** Dans la biopsie des villosités chorioniques, le médecin introduit un tube fin dans l'utérus et prélève un échantillon de tissu fœtal (villosité chorionique) du placenta. L'échantillon est ensuite utilisé pour établir le caryotype.

normaux, de sorte qu'il doit être homozygote récessif (*ll*). À partir de ces données, vous devriez pouvoir deviner les génotypes les plus probables de leurs enfants. La figure 30.9b montre l'arbre généalogique de la transmission de l'albinisme, un trait récessif. Essayez d'en faire l'analyse. Ces arbres généalogiques représentent deux des cas les plus simples, car de nombreux traits humains sont déterminés par des allèles multiples ou par plus d'une paire de gènes (hérédité polygénique), ce qui rend leur transmission beaucoup plus difficile à élucider.

Des analyses sanguines très simples sont effectuées pour détecter le gène en cause dans l'anémie à hématies falciformes chez les hétérozygotes, et des analyses sophistiquées de la *chimie sanguine* ainsi que des *sondes d'ADN* (qui utilisent des techniques d'hybridation de l'ADN pour reconnaître les gènes aberrants) permettent de détecter la présence d'autres gènes récessifs non exprimés. Actuellement, ces épreuves permettent de reconnaître les porteurs des gènes de la maladie de Tay-Sachs et de la fibrose kystique du pancréas.

Diagnostic prénatal

Les procédés de diagnostic prénatal sont employés lorsqu'il existe un risque avéré de maladie héréditaire. Le procédé de diagnostic le plus courant est l'**amniocentèse.** Au cours de cette intervention relativement simple, une aiguille de gros calibre est introduite par la paroi abdominale jusque dans l'utérus puis dans le sac amniotique (figure 30.10a), et une petite quantité de liquide amniotique (10 mL environ) est retirée. Parce qu'il existe un risque de blesser le fœtus tant que ce liquide est peu abondant, on attend normalement jusqu'à la 14ᵉ semaine de grossesse pour effectuer l'amniocentèse. L'emploi de l'échographie pour visualiser la position du fœtus et du sac amniotique a permis de réduire considérablement les risques posés par cette intervention. Le liquide amniotique lui-même peut être analysé afin de détecter la présence des substances chimiques (enzymes et autres) qui sont les marqueurs de certaines maladies, mais la plupart des études sont effectuées sur les cellules fœtales desquamées présentes dans le liquide. Ces cellules sont isolées, cultivées en laboratoire pendant plusieurs semaines, puis examinées pour rechercher les marqueurs génétiques de maladies héréditaires. On dresse également le caryotype (voir la figure 30.1) afin de vérifier s'il existe des anomalies chromosomiques, tel le syndrome de Down.

La **biopsie des villosités chorioniques** (**BVC**) consiste à prélever par succion des échantillons des villosités

L'échographie.

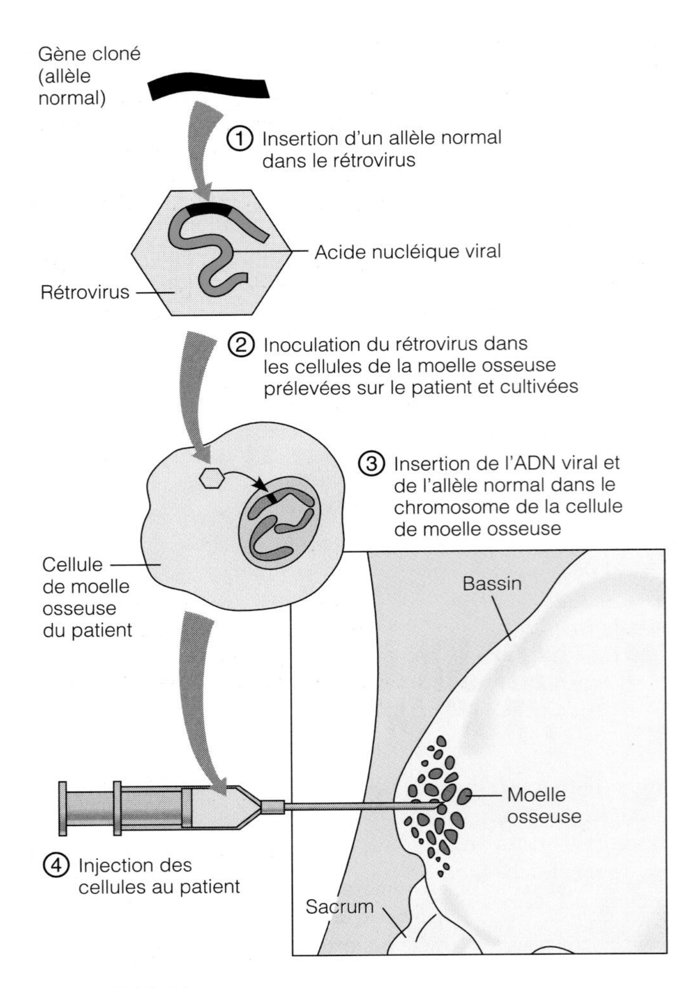
Gène cloné (allèle normal)
① Insertion d'un allèle normal dans le rétrovirus
Acide nucléique viral
Rétrovirus
② Inoculation du rétrovirus dans les cellules de la moelle osseuse prélevées sur le patient et cultivées
③ Insertion de l'ADN viral et de l'allèle normal dans le chromosome de la cellule de moelle osseuse
Cellule de moelle osseuse du patient
Bassin
Moelle osseuse
④ Injection des cellules au patient
Sacrum

FIGURE 30.11
Exemple d'intervention de thérapie génique. Ce procédé consiste à introduire, en utilisant comme vecteur un rétrovirus inoffensif, un allèle normal d'un gène dans les cellules d'un patient qui en est dépourvu. On profite ainsi du fait qu'un rétrovirus insère une copie de son acide nucléique (de l'ADN transcrit à partir de son génome d'ARN) dans l'ADN chromosomique de la cellule hôte. Si cet acide nucléique viral contient un gène étranger et que ce gène est exprimé, la cellule et ses descendants mitotiques seront guéris. Les cellules qui continuent à se reproduire tout au long de la vie, telles les cellules de la moelle osseuse, répondent particulièrement bien à cette intervention.

chorioniques (c'est-à-dire de la partie fœtale) du placenta (figure 30.10b). Un petit tube est inséré dans le vagin et le col de l'utérus puis, à l'aide de l'échographie, glissé jusqu'à un endroit où il est possible de prélever un peu de tissu du placenta. Ce procédé peut être effectué plus tôt que l'amniocentèse (à huit semaines, bien qu'il soit habituellement recommandé d'attendre après la dixième semaine) et prend beaucoup moins de temps que celle-ci. Il permet de dresser le caryotype presque immédiatement, car les cellules du placenta se divisent très rapidement.

Ces deux interventions sont invasives et comportent par conséquent des risques pour le fœtus et pour la mère. (Par exemple, la BVC augmente les risques d'anomalies aux doigts et aux orteils chez le fœtus.) On les prescrit systématiquement aux femmes enceintes de plus de 35 ans (à cause du risque accru de syndrome de Down), mais on les effectue chez les femmes plus jeunes seulement quand le risque de maladie fœtale grave est supérieur aux risques inhérents à l'intervention. Si une maladie héréditaire ou une anomalie congénitale graves est diagnostiquée, les parents doivent décider s'il y a lieu de mettre fin à la grossesse.

Thérapie génique

Les progrès réalisés en matière de diagnostic des maladies génétiques ont été suivis de près par la mise au point de nouvelles applications thérapeutiques permettant d'atténuer, voire de guérir, certaines affections, particulièrement celles qui sont attribuables à la déficience d'un seul gène ou d'une seule protéine. En effet, le génie génétique permet maintenant de remplacer un gène défectueux par une version normale. Par exemple, il est possible d'« inoculer » aux cellules déficientes un virus dans lequel on a inséré un gène fonctionnel (figure 30.11) ou d'injecter une molécule d'ADN « corrigée » directement dans les cellules du patient. De telles interventions ont donné de bons résultats dans le traitement de la fibrose kystique du pancréas et de la dystrophie musculaire. Cependant, elles sont démesurément coûteuses et posent certaines questions éthiques, religieuses et sociales épineuses: Qui doit payer? Comment détermine-t-on qui aura accès à ces nouvelles thérapeutiques? Sommes-nous en train de jouer aux apprentis sorciers?

* * *

Dans ce chapitre, nous avons exploré quelques-uns des principes de base de la génétique, la manière dont les gènes s'expriment et les phénomènes qui peuvent influer sur l'expression génique. Quand on considère la précision nécessaire pour faire des copies parfaites des gènes et des chromosomes, de même que la complexité mécanique de la division méiotique, on peut s'étonner que les anomalies génétiques soient si rares. Après la lecture de ce chapitre, vous appréciez peut-être davantage d'être tel que vous êtes.

TERMES MÉDICAUX

Délétion Aberration chromosomique caractérisée par la perte d'un fragment de chromosome; cause des malformations. Par exemple, la délétion du bras court du chromosome 5 (maladie du cri du chat) entraîne, notamment, des malformations du crâne, de la face et du cœur.

Mutation (*mutatio* = changement) Modification structurale brusque, permanente et possiblement héréditaire d'un gène; selon le site et la nature de la modification, la mutation modifie ou non l'expression du gène (la synthèse de la protéine).

Non-disjonction Ségrégation anormale des chromosomes au cours de la méiose, qui donne des gamètes possédant deux copies ou aucune copie d'un chromosome parental particulier; si le gamète anormal participe à une fécondation, le zygote possédera un nombre anormal de chromosomes (monosomie ou trisomie) pour ce chromosome, comme dans le syndrome de Down (trisomie 21), le syndrome de Turner (XO) et le syndrome de Klinefelter (XXY).

Syndrome de Down Aussi appelée **trisomie 21** (ou improprement « mongolisme ») car cette affection reflète le plus souvent la présence d'un chromosome surnuméraire (trisomie du chromosome 21) ; l'enfant a les yeux légèrement bridés, le visage aplati, une grosse langue, des lèvres épaisses et proéminentes et une tendance à être petit et à avoir les doigts larges et courts ; une partie des personnes atteintes présentent des malformations cardiaques et une déficience mentale ; le principal facteur de risque semble être l'âge avancé de la mère (ou du père).

RÉSUMÉ DU CHAPITRE

La génétique est la science de l'hérédité et des mécanismes de transmission des gènes.

Vocabulaire de la génétique (p. 1111-1118)

1. L'ensemble complet de chromosomes (nombre diploïde) forme le *caryotype* d'un organisme ; le complément génétique complet est le *génome*. Le génome complet d'une personne se compose de deux ensembles d'instructions, un reçu de chaque parent.

Paires de gènes (allèles) (p. 1117-1118)

2. Les gènes qui codent pour le même trait et occupent le même locus de chromosomes homologues sont appelés allèles.

3. Les allèles peuvent avoir la même expression ou une expression différente. Lorsque les allèles d'une paire sont identiques, la personne est homozygote pour ce trait ; lorsque les allèles sont différents, la personne est hétérozygote.

Génotype et phénotype (p. 1118)

4. Le matériel génétique d'une cellule est son génotype ; le phénotype est la façon dont ces gènes sont exprimés.

Sources sexuelles de variations génétiques (p. 1118-1120)

Ségrégation indépendante des chromosomes (p. 1118-1119)

1. Au cours de la méiose I de la gamétogenèse, les tétrades s'alignent au hasard sur la plaque équatoriale, puis les chromatides sont distribuées au hasard dans les cellules filles. Ce phénomène est appelé ségrégation indépendante des chromosomes homologues. Chaque gamète reçoit un seul allèle de chaque paire de gène.

2. Chaque alignement différent au cours de la métaphase I produit un assortiment différent des chromosomes parentaux dans les gamètes, et toutes les combinaisons des chromosomes maternels et paternels sont également possibles.

Enjambement des chromosomes homologues et recombinaisons géniques (p. 1119-1120)

3. Au cours de la méiose I, deux des quatre chromatides (une maternelle et une paternelle) peuvent s'enjamber à un ou plusieurs endroits afin d'échanger des segments génétiques correspondants. Les chromosomes recombinants contiennent de nouvelles combinaisons de gènes, qui s'ajoutent aux variations produites par la ségrégation indépendante.

Fécondation aléatoire (p. 1120)

4. La troisième source de variation génétique est la fécondation aléatoire des ovules par les spermatozoïdes.

Types de transmission héréditaire (p. 1120-1123)

Hérédité dominante-récessive (p. 1120-1122)

1. Les allèles dominants s'expriment toujours, qu'ils soient seuls ou avec un autre allèle dominant ; les allèles récessifs doivent être présents tous les deux pour pouvoir s'exprimer.

2. Dans le cas de traits transmis selon le mode dominant-récessif, les lois de la probabilité donnent les résultats pour un grand nombre d'unions.

3. Les maladies héréditaires proviennent plus souvent d'un état homozygote récessif plutôt que d'un état homozygote dominant ou hétérozygote, parce que les gènes dominants s'expriment toujours et que la grossesse se termine généralement par un avortement spontané si ces gènes sont létaux. L'achondroplasie et la chorée de Huntington sont deux maladies héréditaires causées par un gène dominant ; la fibrose kystique du pancréas et la maladie de Tay-Sachs sont causées par des gènes récessifs.

4. Les porteurs sont des hétérozygotes qui portent un gène récessif nuisible (dont ils n'expriment pas le trait) et qui peuvent le transmettre à leurs enfants. Les risques d'union de deux porteurs du même trait sont plus élevés dans les mariages consanguins.

Dominance incomplète et codominance (p. 1122)

5. Dans la dominance incomplète, la personne hétérozygote présente un phénotype situé entre celui des homozygotes dominants et celui des homozygotes récessifs. Dans la codominance, les deux allèles expriment pleinement leurs caractéristiques respectives. L'anémie à hématies falciformes est un exemple de codominance.

Transmission par allèles multiples (p. 1122)

6. La transmission par allèles multiples caractérise des gènes qui existent sous forme de plus de deux allèles dans la population. Seulement deux de ces allèles sont transmis, mais selon les lois du hasard. La transmission des groupes sanguins du système ABO est un exemple de transmission par allèles multiples dans lequel des allèles I^A et I^B sont codominants.

Hérédité liée au sexe (p. 1122-1123)

7. Les traits déterminés par des gènes situés sur les chromosomes X et Y sont dits liés au sexe. Le petit chromosome Y ne possède pas la plupart des gènes du chromosome X. Les gènes récessifs présents seulement sur le chromosome X s'expriment toujours chez l'homme, même s'ils ne sont représentés que par un seul allèle. Les anomalies liées au chromosome X, transmises de mère en fils, comprennent l'hémophilie et le daltonisme. Il existe quelques gènes liés au chromosome Y, qui se transmettent seulement de père en fils.

Hérédité polygénique (p. 1123)

8. Dans l'hérédité polygénique, plusieurs paires de gènes interagissent pour produire des phénotypes qui présentent des variations qualitatives dans une large plage. La taille, la couleur des yeux et la pigmentation de la peau sont des exemples d'hérédité polygénique.

Effets des facteurs environnementaux sur l'expression génique (p. 1123-1124)

1. Les facteurs environnementaux peuvent exercer une influence sur l'expression du génotype.

2. Les facteurs maternels qui traversent la barrière placentaire peuvent affecter l'expression des gènes fœtaux. Les phénotypes produits par l'environnement mais qui ressemblent à des phénotypes déterminés génétiquement sont appelés phénocopies. Pendant l'enfance, les carences nutritionnelles et les déficits hormonaux peuvent empêcher la réalisation de la croissance et du développement déterminés par les gènes.

Hérédité non traditionnelle (p. 1124-1125)

Empreinte génomique (p. 1124-1125)

1. L'empreinte génomique, qui fait intervenir la méthylation de certains gènes durant la gamétogenèse, confère différents effets et phénotypes aux gènes maternels et paternels. Ce processus est réversible et se renouvelle à chaque génération.

Hérédité extrachromosomique (cytoplasmique) (p. 1125)

2. Les gènes cytoplasmiques (mitochondriaux) sont transmis à la progéniture par l'ovule et permettent de déterminer certaines caractéristiques. On attribue certaines maladies génétiques rares à des délétions ou à des mutations de gènes cytoplasmiques.

Dépistage des maladies héréditaires, conseil génétique et thérapie génique (p. 1125-1128)

Reconnaissance des porteurs (p. 1126-1127)

1. On peut évaluer la possibilité qu'un individu porte un gène récessif nuisible en dressant son arbre généalogique. Certains de ces gènes peuvent être détectés au moyen d'analyses sanguines et de sondes d'ADN.

Diagnostic prénatal (p. 1127-1128)

2. L'amniocentèse est un procédé permettant de prélever des échantillons de liquide amniotique. Les cellules fœtales présentes dans le liquide sont cultivées pendant plusieurs semaines, puis examinées pour rechercher les anomalies chromosomiques (dans le caryotype) ou les marqueurs de maladies héréditaires. L'amniocentèse ne peut être effectuée avant la quatorzième semaine de la grossesse.

3. La biopsie des villosités chorioniques est un procédé consistant à prélever un échantillon du chorion. Étant donné que ce tissu se divise rapidement, on peut établir le caryotype presque sans délai. Ce procédé peut être effectué dès la huitième semaine de la grossesse.

Thérapie génique (p. 1128)

4. Jusqu'à présent, la thérapie génique a surtout servi à traiter des maladies liées à un seul gène déficient. L'intervention la plus courante en thérapie génique consiste à introduire, par l'entremise d'un virus ou d'un autre vecteur, un gène corrigé dans les cellules malades afin d'en assurer le fonctionnement normal.

QUESTIONS DE RÉVISION

Choix multiples/associations

(Réponses à l'appendice G)

1. Associez les termes suivants (a-i) avec la description appropriée :

(a) allèles (d) génotype (g) phénotype
(b) autosomes (e) hétérozygote (h) allèle récessif
(c) allèle dominant (f) homozygote (i) chromosomes sexuels

__________ (1) matériel génétique
__________ (2) expression du matériel génétique
__________ (3) chromosomes qui dictent la majorité des caractéristiques du corps
__________ (4) formes possibles d'un même gène
__________ (5) individu qui porte deux allèles identiques pour un trait particulier
__________ (6) allèle qui s'exprime qu'il soit seul ou en double
__________ (7) individu qui porte deux allèles différents pour un trait particulier
__________ (8) allèle qui doit être présent en double pour pouvoir s'exprimer

2. Associez les types d'hérédité suivants (a-e) à la description appropriée :

(a) dominante-récessive (d) polygénique
(b) dominance incomplète (e) liée au sexe
(c) par allèles multiples

__________ (1) seuls les fils présentent le trait
__________ (2) les homozygotes et les hétérozygotes ont le même phénotype
__________ (3) les hétérozygotes ont un phénotype qui se situe entre ceux des homozygotes
__________ (4) les phénotypes des enfants peuvent être plus variés que ceux des parents
__________ (5) transmission des groupes sanguins du système ABO
__________ (6) transmission de la taille

30

Questions à court développement

3. Décrivez les principaux mécanismes qui créent des variations génétiques dans les gamètes.

4. La capacité de goûter le phénylthiocarbamide (PTC) dépend de la présence d'un gène dominant (*G*) ; ceux qui ne peuvent le goûter sont homozygotes pour le gène récessif *g*. Il s'agit d'une situation classique d'hérédité dominante-récessive. (a) Dans le cas d'une union entre des parents hétérozygotes qui auront trois enfants, quelle proportion des enfants pourront goûter le PTC ? Quelles sont les probabilités que tous les trois en seront capables ? ou incapables ? Quelles sont les probabilités que deux en seront capables et l'autre incapable ? (b) Dans le cas d'une union entre des parents *Gg* et *gg*, quel pourcentage des enfants seront capables de goûter le PTC ? Quel pourcentage seront incapables de le goûter ? Quelle proportion des enfants seront homozygotes récessifs ? Hétérozygotes ? Homozygotes dominants ?

5. La plupart des enfants albinos naissent de parents à la pigmentation normale. Les albinos sont homozygotes pour un gène récessif (*aa*). Que pouvez-vous dire sur le génotype des parents qui ne sont pas albinos ?

6. Une femme du groupe sanguin A a deux enfants, un du groupe O et l'autre du groupe B. Quel est le génotype de la mère ? Quels sont le génotype et le phénotype du père ? Quel est le génotype de chaque enfant ?

7. Quel sera l'éventail des pigmentations cutanées chez les enfants des parents suivants : (a) *AABBCC* × *aabbcc* ; (b) *AABBCC* × *AaBbCc* ; (c) *AAbbcc* × *aabbcc* ?

8. Comparez l'amniocentèse et la biopsie des villosités chorioniques en ce qui concerne le moment où on peut les exécuter et les techniques donnant des informations sur l'état du fœtus.

RÉFLEXION ET APPLICATION

1. Un homme atteint de cécité pour le rouge et le vert (daltonisme) se marie avec une femme qui a une vision normale mais dont le père était aussi daltonien. (a) Quelles sont les probabilités que leur premier enfant soit un garçon daltonien ? Une fille daltonienne ? (b) S'ils ont quatre enfants, quelles sont les probabilités que deux seront des garçons daltoniens ? (Réfléchissez bien à la dernière question.)

2. Pour son cours de biologie, Bertrand doit établir un arbre généalogique des fossettes aux joues. L'absence de fossettes est récessive ; la présence de fossettes révèle un allèle dominant. Bertrand a des fossettes, tout comme ses trois frères. Sa mère et sa grand-mère maternelle n'ont pas de fossettes, mais son père et ses autres grands-parents en ont. Construisez un arbre généalogique de trois générations de la famille de Bertrand. Inscrivez le génotype et le phénotype de chaque personne.

3. M. et Mme Lehman vont voir un conseiller en génétique. Mme Lehman est enceinte (sans l'avoir désiré) et elle s'inquiète parce que le frère de son mari est mort de la maladie de Tay-Sachs. Elle n'a jamais entendu parler d'un cas de cette maladie dans sa famille. Pensez-vous qu'on devrait recommander à Mme Lehman de subir des analyses biochimiques pour détecter le gène nuisible ? Justifiez votre réponse.

APPENDICE A

Le système international d'unités

Grandeur	Unités et abréviations	Équivalents
Longueur	Kilomètre (km)	= 1000 (10^3) mètres
	Mètre (m)	= 100 (10^2) centimètres = 1000 millimètres
	Centimètre (cm)	= 0,01 (10^{-2}) mètre
	Millimètre (mm)	= 0,001 (10^{-3}) mètre
	Micromètre (μm)	= 0,000 001 (10^{-6}) mètre
	Nanomètre (nm)	= 0,000 000 001 (10^{-9}) mètre
	Angström (Å)	= 0,000 000 000 1 (10^{-10}) mètre
Superficie	Mètre carré (m^2)	= 10 000 centimètres carrés
	Centimètre carré (cm^2)	= 100 millimètres carrés
Masse	Tonne métrique (t)	= 1000 kilogrammes
	Kilogramme (kg)	= 1000 grammes
	Gramme (g)	= 1000 milligrammes
	Milligramme (mg)	= 0,001 gramme
	Microgramme (μg)	= 0,000 001 gramme
	Millimole (mmol)	= 0,001 mole
	Micromole (μmol)	= 0,001 millimole
Volume (solides)	Mètre cube (m^3)	= 1 000 000 centimètres cubes
	Centimètre cube (cm^3)	= 0,000 001 mètre cube = 1 millilitre
	Millimètre cube (mm^3)	= 0,000 000 001 mètre cube
Volume (liquides et gaz)	Kilolitre (kL)	= 1000 litres
	Litre (L)	= 1000 millilitres
	Millilitre (mL)	= 0,001 litre = 1 centimètre cube
	Microlitre (μL)	= 0,000 001 litre
Temps	Seconde (s)	= $\frac{1}{60}$ minute
	Milliseconde (ms)	= 0,001 seconde
Énergie	Kilojoule (kJ)	= 1000 (10^3) joules
Température	Degré Celsius (°C)	

APPENDICE B

Les acides aminés

Non polaires

Glycine (Gly)

Alanine (Ala)

Valine (Val)

Leucine (Leu)

Isoleucine (Ile)

Méthionine (Met)

Phénylalanine (Phe)

Tryptophane (Trp)

Proline (Pro)

Polaires

Sérine (Ser)

Thréonine (Thr)

Cystéine (Cys)

Tyrosine (Tyr)

Asparagine (Asn)

Glutamine (Gln)

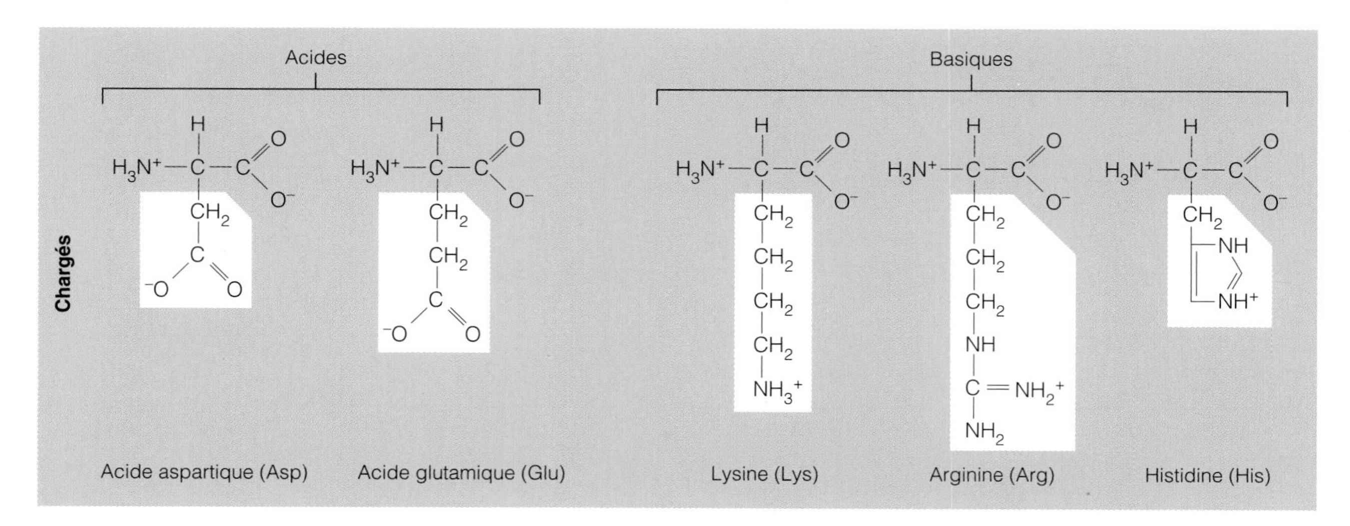

APPENDICE C

Groupements fonctionnels dans les molécules organiques

Groupement fonctionnel	Formule générale	Nom des composés	Exemple	Autres sources
Hydroxyle — OH (ou HO —)	— OH	Alcools	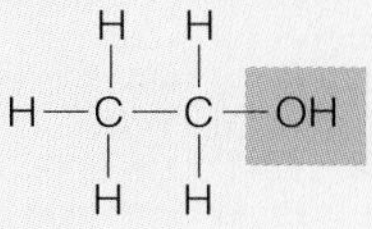 H H | | H—C—C—OH | | H H Éthanol	Sucres ; vitamines hydrosolubles
Carbonyle >CO	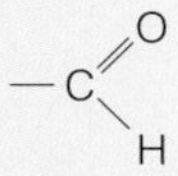 O // —C \\ H	Aldéhydes	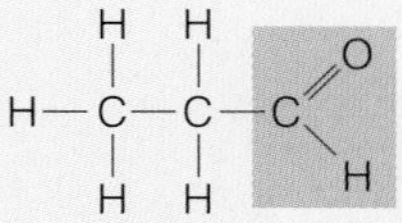 H H | | O H—C—C—C // | | \\ H H H Propanal	Certains sucres ; formaldéhyde (un agent de conservation)
	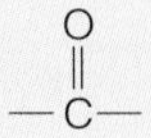 O ‖ —C—	Cétones	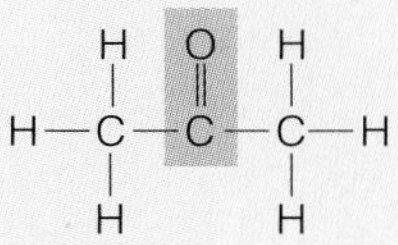 H O H | ‖ | H—C—C—C—H | | H H Acétone	Certains sucres ; « corps cétoniques » dans l'urine (par décomposition des graisses)
Carboxyle — COOH	O // —C \\ OH	Acides carboxyliques	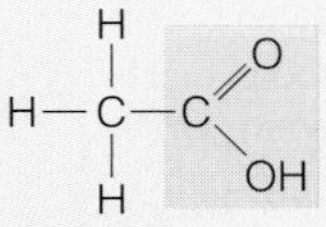 H | O H—C—C // | \\ H OH Acide acétique	Acides aminés ; protéines ; certaines vitamines ; acides gras
Amine — NH_2 (ou H_2N —)	H / —N \\ H	Amines	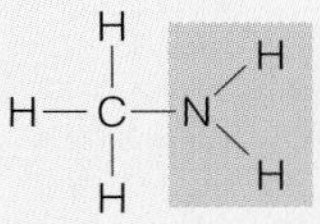 H | H H—C—N / | \\ H H Méthylamine	Acides aminés ; protéines ; urée dans l'urine (par décomposition des protéines)

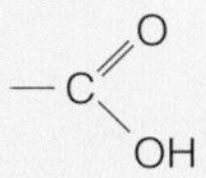

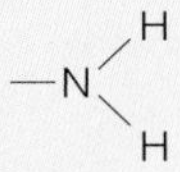

APPENDICE D

Deux voies métaboliques importantes

Étape 1 L'acétyl CoA à deux atomes de carbone est combiné à l'acide oxaloacétique, un composé à quatre atomes de carbone. La liaison instable entre le groupement acétyle et la CoA est brisée lorsque l'acide oxaloacétique se lie et que la CoA est libérée pour activer un autre fragment de deux atomes de carbone dérivé de l'acide pyruvique. Le produit est de l'acide citrique, à six atomes de carbone, d'après lequel le cycle est nommé.

Étape 2 Une molécule d'eau est éliminée et une autre est ajoutée. Le résultat net est la conversion de l'acide citrique en son isomère, l'acide isocitrique.

Étape 3 Le substrat perd une molécule de CO_2 et le composé à cinq atomes de carbone qui reste est oxydé, formant l'acide α-cétoglutarique et réduisant le NAD^+.

Étape 4 Cette étape est catalysée par un complexe multi-enzymatique très semblable à celui qui convertit l'acide pyruvique en acétyl CoA. Une molécule de CO_2 est perdue ; le composé à quatre atomes de carbone restant est oxydé par le transfert d'électrons au NAD^+ pour former le NADH, puis il est lié à la CoA par une liaison instable. Le produit est le succinyl CoA.

Étape 5 Une phosphorylation au niveau du substrat s'effectue à cette étape. La CoA est remplacée par un groupement phosphate qui est alors transféré à la GDP pour former la guanosine triphosphate (GTP). La GTP est semblable à l'ATP, lequel se forme lorsque la GTP donne un groupement phosphate à l'ADP. Les produits de cette étape sont l'acide succinique et l'ATP.

Étape 6 Pendant une autre étape d'oxydation, deux atomes d'hydrogène sont enlevés à l'acide succinique pour former l'acide fumarique, et ils sont transférés à la FAD pour former la $FADH_2$. La fonction de cette coenzyme est semblable à celle du NADH, mais la $FADH_2$ emmagasine moins d'énergie. L'enzyme qui catalyse cette réaction d'oxydoréduction est la seule enzyme du cycle incluse dans la membrane mitochondriale. Toutes les autres enzymes du cycle de l'acide citrique sont dissoutes dans la matrice mitochondriale.

Étape 7 Au cours de cette étape, les liaisons du substrat sont réarrangées par ajout d'une molécule d'eau. Le produit est l'acide malique.

Étape 8 La dernière étape oxydative réduit un autre NAD^+ et régénère l'acide oxaloacétique qui accepte un fragment de deux atomes de carbone de l'acétyl CoA pour effectuer un autre tour du cycle.

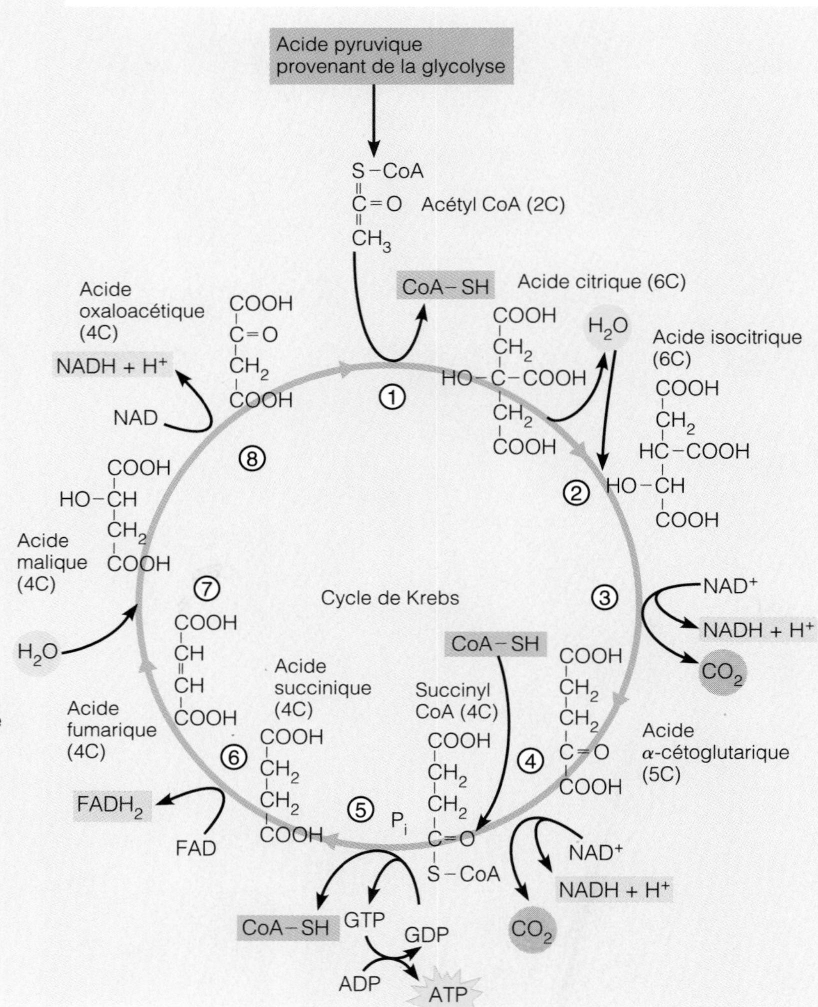

CYCLE DE KREBS (CYCLE DE L'ACIDE CITRIQUE) Toutes les étapes à l'exception d'une seule (étape 6) s'effectuent dans la matrice mitochondriale. La préparation de l'acide pyruvique (par oxydation, décarboxylation et réaction avec la coenzyme A) pour son entrée dans le cycle sous forme d'acétyl CoA est représentée en haut du cycle. L'acétyl CoA est capté par l'acide oxaloacétique pour former l'acide citrique; pendant son passage dans le cycle, l'acide citrique est oxydé quatre fois (pour former trois molécules de NAD réduit [$NADH + H^+$] et une molécule de FAD réduite [$FADH_2$]) et décarboxylé deux fois (libérant 2 CO_2). L'énergie est captée dans les liaisons de la GTP qui agit alors avec l'ADP, dans une réaction couplée, pour générer une molécule d'ATP par phosphorylation au niveau du substrat.

Étape 1 Le glucose entre dans la cellule et est phosphorylé par l'hexokinase, l'enzyme qui catalyse le transfert d'un groupement phosphate, symbolisé par P, d'une molécule d'ATP au carbone numéro six du glucose, ce qui produit du glucose-6-phosphate. La charge électrique du groupement phosphate empêche cette forme de glucose de sortir de la cellule, car la membrane plasmique est imperméable aux ions. La phosphorylation du glucose rend également la molécule plus réactive chimiquement. Bien que la glycolyse soit censée *produire* de l'ATP, à l'étape 1, l'ATP est en fait utilisé (un investissement d'énergie qui sera par la suite remboursé avec des dividendes dans la glycolyse).

Étape 2 Le glucose-6-phosphate subit un réarrangement et est converti en son isomère, le fructose-6-phosphate. Les isomères, rappelez-vous, possèdent le même nombre d'atomes de même type mais dans une disposition différente.

Étape 3 Pendant cette étape, une nouvelle molécule d'ATP est utilisée pour ajouter un deuxième groupement phosphate au glucide, ce qui produit le fructose-1,6-diphosphate. Jusque-là, le « grand livre » de l'ATP présente un débit de –2. Le glucide, avec un groupement phosphate de chaque côté, est maintenant prêt à être scindé en deux.

Étape 4 Il s'agit de la réaction dont la glycolyse tire son nom. Une enzyme coupe la molécule de glucide en deux glucides différents à trois atomes de carbone : le glycéraldéhyde-3-phosphate et la dihydroxyacétone phosphate. Ces deux glucides sont des isomères l'un de l'autre.

Étape 5 L'enzyme isomérase interconvertit les glucides à trois atomes de carbone et, seule dans une éprouvette, la réaction atteint un équilibre. Cette situation ne se produit pas dans une cellule, cependant, parce que l'enzyme suivante dans la glycolyse utilise uniquement le glycéraldéhyde-3-phosphate comme substrat et n'accepte pas la dihydroxyacétone phosphate. Cela déplace l'équilibre entre les deux glucides à trois atomes de carbone vers le glycéraldéhyde-3-phosphate, qui est éliminé à mesure qu'il se forme. Le résultat global des étapes 4 et 5 est donc le clivage d'un glucide à six atomes de carbone en deux molécules de glycéraldéhyde-3-phosphate ; toutes les deux participeront aux étapes restantes de la glycolyse.

Étape 6 Une enzyme catalyse alors deux réactions successives tout en conservant le glycéraldéhyde-3-phosphate sur son site actif. D'abord, le glucide est oxydé par le transfert, au NAD^+, d'électrons et de H provenant du carbone numéro un du glucide, pour former le NADH + H^+. Ici, nous voyons dans son contexte métabolique la réaction d'oxydoréduction décrite au chapitre 25. Cette réaction libère une quantité importante d'énergie, et l'enzyme capitalise là-dessus en couplant la réaction à la création d'une liaison phosphate riche en énergie au carbone numéro un du substrat oxydé. La source du phosphate est le phosphate inorganique (P_i) toujours présent dans le cytosol. L'enzyme produit le NADH + H^+ et l'acide 1,3-diphosphoglycérique. Remarquez que, dans la figure, la nouvelle liaison phosphate est symbolisée par un court trait ondulé (~), qui indique que la liaison possède au moins autant d'énergie que les liaisons phosphate riches en énergie de l'ATP.

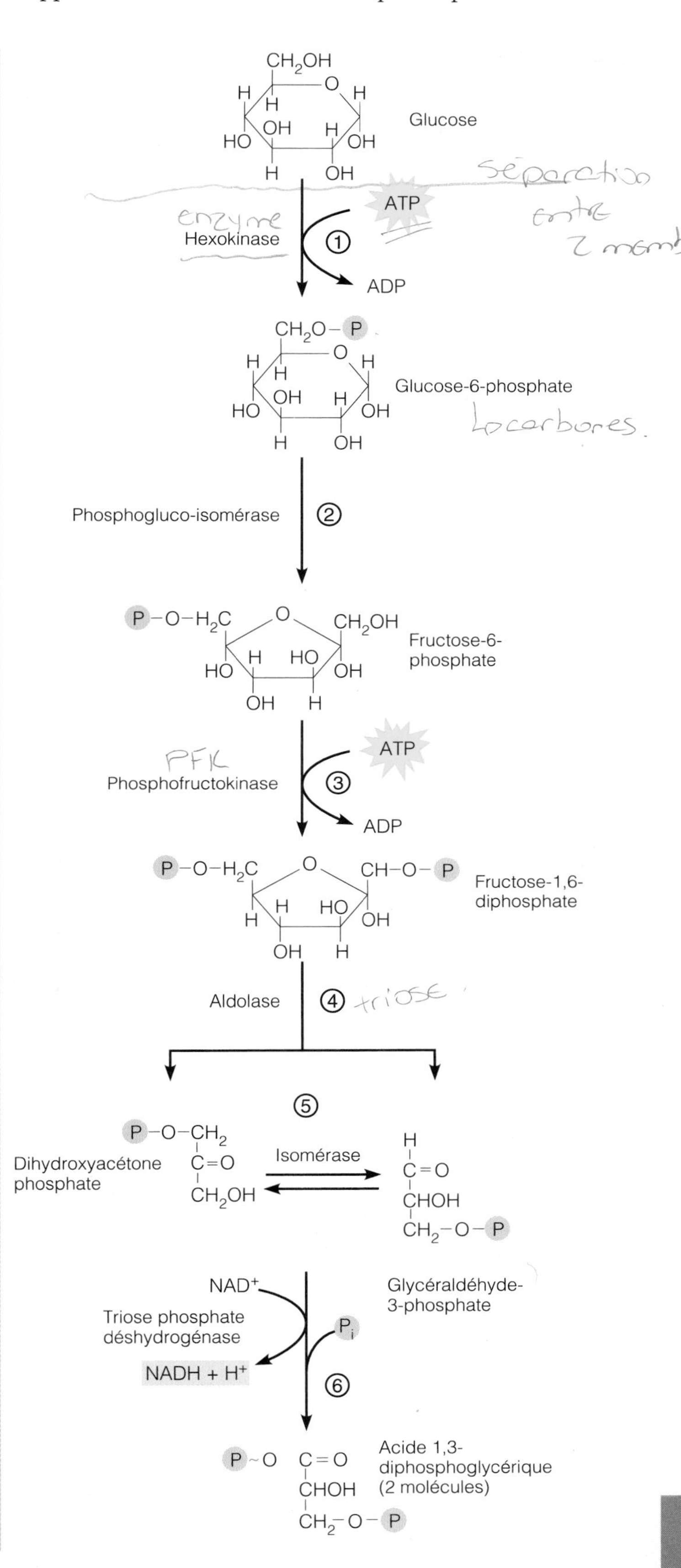

LES DIX ÉTAPES DE LA GLYCOLYSE Chacune des dix étapes de la glycolyse est catalysée par une enzyme spécifique présente en solution dans le cytoplasme. Toutes les étapes sont réversibles. Une version abrégée des trois principales étapes de la glycolyse est représentée dans la partie inférieure droite de la figure.

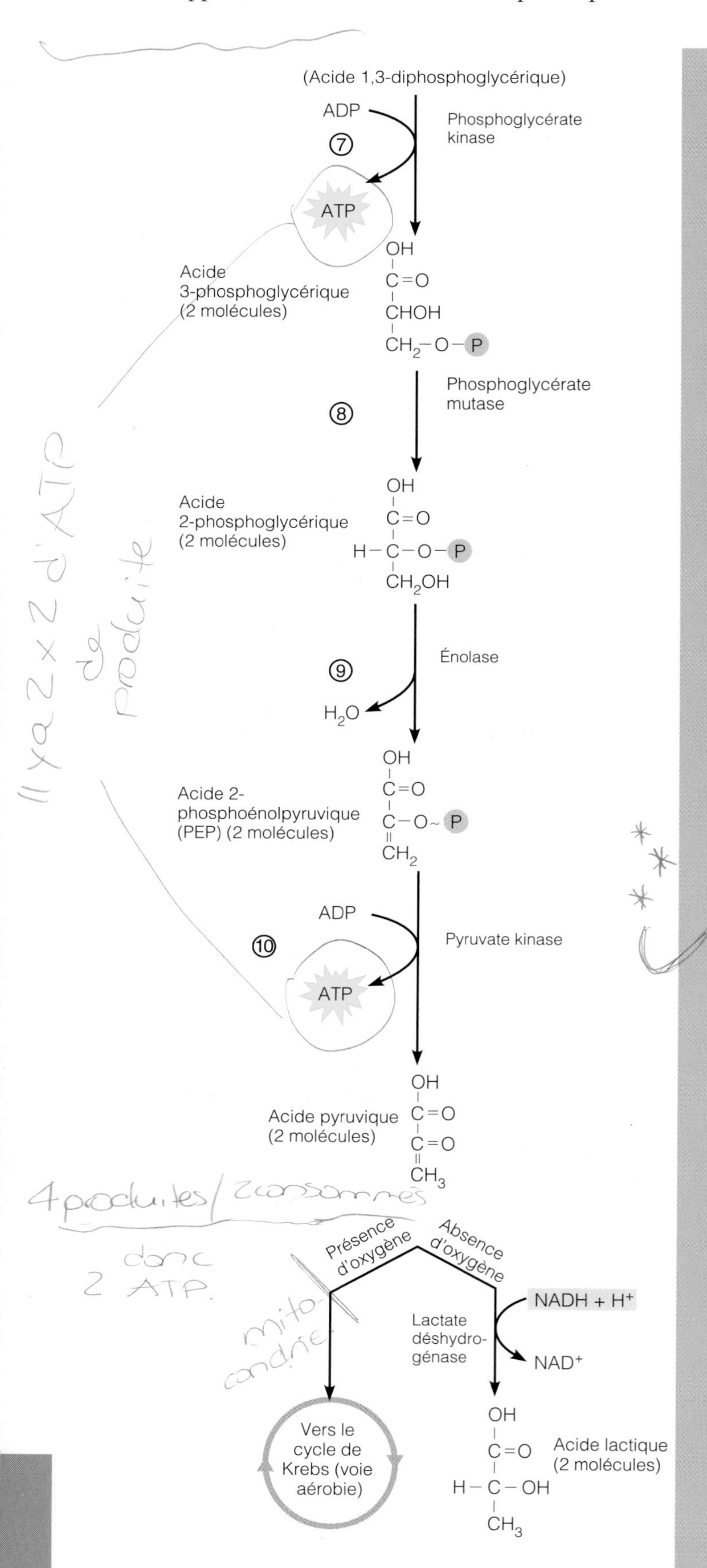

Étape 7 La glycolyse produit finalement de l'ATP. Le groupement phosphate, avec sa liaison riche en énergie, est transféré de l'acide 1,3-diphosphoglycérique à l'ADP. Pour chaque molécule de glucose qui entre dans la glycolyse, l'étape 7 produit deux molécules d'ATP, car chaque produit à la fin de l'étape de scission du glucide (étape 4) subit cette transformation. Le « grand livre » de l'ATP se retrouve maintenant à zéro. À la fin de l'étape 7, le glucose a été converti en deux molécules d'acide 3-phosphoglycérique. Ce composé n'est pas un glucide. Le glucide a déjà été oxydé en acide organique à l'étape 6 et, maintenant, l'énergie fournie par cette oxydation a servi à la production d'ATP.

Étape 8 Ensuite, une enzyme déplace le groupement phosphate restant de l'acide 3-phosphoglycérique pour former l'acide 2-phosphoglycérique. C'est une préparation du substrat pour la réaction suivante.

Étape 9 Une enzyme forme une liaison double dans le substrat par élimination d'une molécule d'eau de l'acide 2-phosphoglycérique pour former l'acide phosphoénolpyruvique, ou PEP. Cela provoque un réarrangement des électrons du substrat de façon telle que la liaison phosphate qui reste devient très instable ; elle a été promue à un niveau d'énergie supérieur.

Étape 10 La dernière réaction de la glycolyse produit une autre molécule d'ATP par transfert du groupement phosphate du PEP à un ADP. Cette étape s'effectue deux fois pour chaque molécule de glucose, c'est pourquoi le « grand livre » de l'ATP présente maintenant un gain net de deux molécules d'ATP. Les étapes 7 et 10 produisent chacune deux molécules d'ATP pour un crédit total de quatre, mais une dette de deux molécules d'ATP a été contractée aux étapes 1 et 3. La glycolyse a remboursé l'investissement d'ATP avec un intérêt de 100 %. Pendant ce temps, le glucose a été coupé et oxydé en deux molécules d'acide pyruvique, le composé produit à partir du PEP dans l'étape 10.

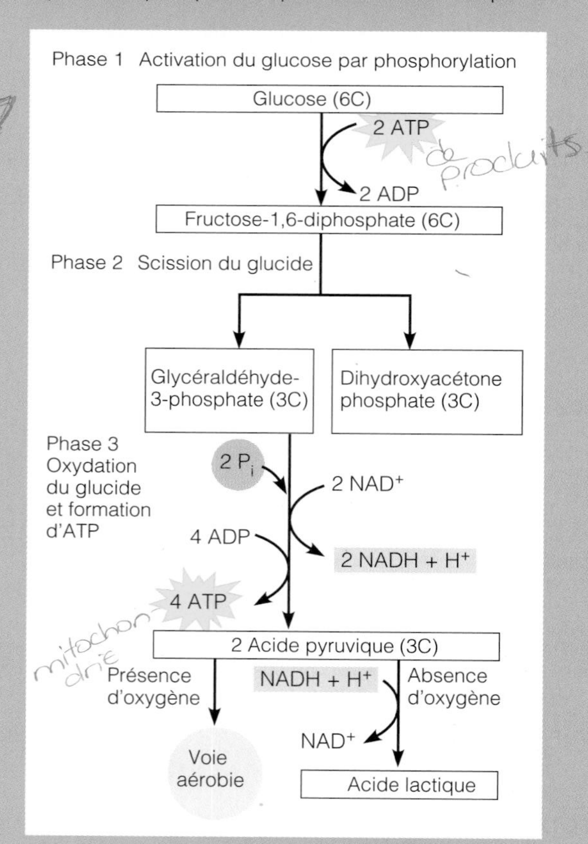

APPENDICE E

Tableau périodique des éléments

1 **H** Hydrogène 1,00794	Numéro atomique Symbole Nom de l'élément Masse atomique

IA 1	IIA 2	IIIB 3	IVB 4	VB 5	VIB 6	VIIB 7	VIIIB 8	VIIIB 9	VIIIB 10	IB 11	IIB 12	IIIA 13	IVA 14	VA 15	VIA 16	VIIA 17	VIIIA 18
1 **H** Hydrogène 1,00794																	2 **He** Hélium 4,00
3 **Li** Lithium 6,94	4 **Be** Béryllium 9,01											5 **B** Bore 10,81	6 **C** Carbone 12,01	7 **N** Azote 14,01	8 **O** Oxygène 16,00	9 **F** Fluor 19,00	10 **Ne** Néon 20,18
11 **Na** Sodium 22,99	12 **Mg** Magnésium 24,31											13 **Al** Aluminium 26,98	14 **Si** Silicium 28,09	15 **P** Phosphore 30,97	16 **S** Soufre 32,06	17 **Cl** Chlore 34,45	18 **Ar** Argon 39,95
19 **K** Potassium 39,10	20 **Ca** Calcium 40,08	21 **Sc** Scandium 44,96	22 **Ti** Titanium 47,88	23 **V** Vanadium 50,94	24 **Cr** Chrome 52,00	25 **Mn** Manganèse 54,94	26 **Fe** Fer 55,85	27 **Co** Cobalt 58,93	28 **Ni** Nickel 58,71	29 **Cu** Cuivre 63,54	30 **Zn** Zinc 65,37	31 **Ga** Gallium 69,72	32 **Ge** Germanium 72,59	33 **As** Arsenic 74,92	34 **Se** Sélénium 78,96	35 **Br** Brome 79,91	36 **Kr** Krypton 83,80
37 **Rb** Rubidium 85,47	38 **Sr** Strontium 87,62	39 **Y** Yttrium 88,91	40 **Zr** Zirconium 91,22	41 **Nb** Niobium 92,91	42 **Mo** Molybdène 95,94	43 **Tc** Technétium 98,91	44 **Ru** Ruthénium 101,07	45 **Rh** Rhodium 102,91	46 **Pd** Palladium 106,4	47 **Ag** Argent 107,87	48 **Cd** Cadmium 112,40	49 **In** Indium 114,82	50 **Sn** Étain 118,69	51 **Sb** Antimoine 121,75	52 **Te** Tellure 127,60	53 **I** Iode 126,90	54 **Xe** Xénon 131,30
55 **Cs** Césium 132,91	56 **Ba** Barium 137,33	71 **Lu** Lutécium 174,97	72 **Hf** Hafnium 178,49	73 **Ta** Tantale 180,95	74 **W** Tungstène 183,85	75 **Re** Rhénium 186,2	76 **Os** Osmium 190,2	77 **Ir** Iridium 192,2	78 **Pt** Platine 195,09	79 **Au** Or 196,97	80 **Hg** Mercure 200,59	81 **Tl** Thallium 204,37	82 **Pb** Plomb 207,19	83 **Bi** Bismuth 208,98	84 **Po** Polonium 210	85 **At** Astate 210	86 **Rn** Radon 222
87 **Fr** Francium 223	88 **Ra** Radium 226,03	103 **Lr** Lawrencium 262,1	104 **Rf** Rutherfordium	105 **Db** Dubnium	106 **Sg** Seaborgium	107 **Bh** Bohrium	108 **Hs** Hassium	109 **Mt** Meitnerium	110 **Uun**	111 **Uuu**	112 **Uub**	113 **Uut**					

*Lanthanides	57 **La*** Lanthane 138,91	58 **Ce** Cérium 140,12	59 **Pr** Praséodyme 140,91	60 **Nd** Néodyme 144,24	61 **Pm** Prométhium 146,92	62 **Sm** Samarium 150,35	63 **Eu** Europium 151,96	64 **Gd** Gadolinium 157,25	65 **Tb** Terbium 158,92	66 **Dy** Dysprosium 162,50	67 **Ho** Holmium 164,93	68 **Er** Erbium 167,26	69 **Tm** Thulium 168,93	70 **Yb** Ytterbium 173,04
**Actinides	89 **Ac**** Actinium 227,03	90 **Th** Thorium 232,04	91 **Pa** Proctactinium 231,04	92 **U** Uranium 238,03	93 **Np** Neptunium 237,05	94 **Pu** Plutonium 239,05	95 **Am** Américium 241,06	96 **Cm** Curium 247,07	97 **Bk** Berkélium 249,08	98 **Cf** Californium 251,08	99 **Es** Einsteinium 254,09	100 **Fm** Fermium 257,10	101 **Md** Mendélévium 258,10	102 **No** Nobélium 255

Dans le tableau périodique, les éléments sont disposés selon leur numéro atomique et leur masse atomique en rangées horizontales appelées *périodes* et en 18 colonnes verticales appelées *groupes*, ou *familles*. Les groupes d'éléments sont en outre catégorisés dans la classe A ou la classe B.

Les éléments de chaque groupe de la série A présentent des propriétés chimiques et physiques semblables. Cela reflète le fait que chacun des membres d'un groupe particulier possède le même nombre d'électrons de valence. Par exemple, les éléments du groupe IA possèdent un électron de valence, ceux du groupe IIA en ont deux et ceux du groupe VA, cinq. Par contre, si on considère une période en allant de gauche à droite, les propriétés des éléments changent progressivement, des propriétés très métalliques des groupes IA et IIA aux propriétés non métalliques du groupe VIIA (chlore et autres) et, enfin, aux éléments inertes (gaz rares) du groupe VIIIA. Ces différences dans les propriétés des éléments traduisent l'augmentation continue du nombre d'électrons de valence à l'intérieur d'une période (de gauche à droite).

Les éléments de la classe B sont appelés *éléments de transition*. Tous ces éléments sont des métaux, et ils possèdent en général un ou deux électrons de valence. (Dans ces éléments, certains électrons occupent des couches électroniques plus éloignées du noyau avant que les couches qui sont près du noyau soient pleines.)

Les 24 éléments présents dans l'organisme humain sont énumérés au tableau 2.1, p. 29, accompagnés de leur symbole, de leur pourcentage de la masse corporelle et de leurs fonctions.

APPENDICE F

Valeurs de référence pour certaines analyses de sang et d'urine

La plupart des valeurs de référence du tableau ci-dessous ont été tirées du *Manuel SI des soins de la santé,* Santé et Bien-être social Canada, 1986. Ces valeurs se situent à l'intérieur des plages habituelles obtenues chez l'adulte; cependant, le laboratoire procédant aux analyses fixe lui-même ses propres valeurs « normales ». Divers facteurs peuvent modifier ces valeurs, notamment les méthodes et le matériel d'analyse utilisés, l'âge du sujet, sa masse corporelle, son sexe, son régime alimentaire, son niveau d'activité, les médicaments qu'il prend et le stade d'évolution de sa maladie.

Ces valeurs de référence sont exprimées en unités du système international (SI). Les unités du SI qui mesurent la quantité par volume sont utilisées dans la plupart des pays et des publications scientifiques. Elles sont souvent exprimées en moles ou en millimoles par litre.

Dans la colonne 1, les échantillons sont les suivants : sérum (S), plasma (P), sang entier (Sg).

Analyse (échantillon)	Valeurs de référence	Indications physiologiques et variables cliniques
ANALYSES BIOCHIMIQUES DE SANG		
Acétoacétique, acide (S) Acétone (Sg, S)	30 à 300 μmol/L 0 μmol/L	Catabolisme des acides gras. Élévation en cas d'acidocétose, d'inanition, de faible consommation d'hydrates de carbone, de déshydratation et d'ingestion d'AAS.
Albumine (S)	40 à 60 g/L	Pression osmotique. Augmentation en cas de déshydratation. Diminution en cas d'atteinte hépatique, de malnutrition, de maladie de Crohn, de syndrome néphrotique et de lupus érythémateux disséminé (LED).
Ammoniac (P) en ammoniac (NH_3) en ammonium (NH_4^+) en azote (N)	 5 à 50 μmol/L 5 à 50 μmol/L 5 à 50 μmol/L	Fonction hépatique et rénale. Élévation en cas d'atteinte hépatique, d'insuffisance rénale, de maladie hémolytique du nouveau-né, d'insuffisance cardiaque et de cœur pulmonaire. Diminution en cas d'hypertension.
Amylase (S)	0 à 130 U/L	Fonction pancréatique. Élévation en cas de pancréatite, d'oreillons, d'obstruction du conduit pancréatique et d'acidocétose. Diminution en cas d'atteinte hépatique, d'intestin perforé, d'infarctus pulmonaire et d'éclampsie gravidique.
Aspartate aminotransférase (ASAT) (S)	0 à 35 U/L	Lésion cellulaire. Élévation en cas d'infarctus du myocarde, d'atteinte hépatique chronique, de toxicité médicamenteuse et de traumatisme musculaire. Diminution en cas d'acidocétose.
Bilirubine (S)	Totale : 2 à 18 μmol/L Conjuguée : 0 à 4 μmol/L	Fonction hépatique et destruction des érythrocytes. Élévation de la bilirubine conjuguée en cas d'atteinte hépatique et d'obstruction biliaire. Élévation de la bilirubine non conjuguée pendant l'hémolyse des érythrocytes.
Calcium, ion (S)	1,00 à 1,15 mmol/L	Augmentation en cas de tumeur des glandes parathyroïdes et d'hyperparathyroïdie. Diminution en cas d'hypothyroïdie et de diarrhée.
Carbonique, gaz teneur (bicarbonate + CO_2) (Sg, P, S)	22 à 28 mmol/L	Élévation en cas d'alcalose métabolique et d'acidose respiratoire. Diminution en cas d'acidose métabolique et d'alcalose respiratoire.
Cholestérol (P) < 29 ans 30 à 39 ans 40 à 49 ans > 50 ans	 < 5,20 mmol/L < 5,85 mmol/L < 6,35 mmol/L < 6,85 mmol/L	Élévation en cas de diabète sucré et d'hypothyroïdie.

AP

Analyse (échantillon)	Valeurs de référence	Indications physiologiques et variables cliniques
Créatine kinase (CK) (S)	0 à 130 U/L	Lésion cellulaire. Élévation en cas d'infarctus du myocarde, de dystrophie musculaire, d'hypothyroïdie, d'infarctus pulmonaire, d'accident vasculaire cérébral (AVC), de choc, de lésion tissulaire et de trauma.
Créatinine (S)	50 à 110 μmol/L	Fonction rénale. Élévation en cas d'atteinte rénale et d'acromégalie. Diminution en cas de dystrophie musculaire.
Gaz artériels (Sg)		
P_{O_2}	10,0 à 14,0 kPa (75 à 105 mm Hg)	Élévation en cas d'hyperventilation et de polycythémie. Diminution en cas d'anémie et d'hypoxie.
P_{CO_2}	4,4 à 5,9 kPa (33 à 44 mm Hg)	Élévation en cas d'alcalose métabolique et d'acidose respiratoire. Diminution en cas d'acidose métabolique et d'alcalose respiratoire.
Glucose (S)	3,9 à 6,1 mmol/L	Fonction métabolique. Élévation en cas de diabète sucré, de syndrome de Cushing, d'atteinte hépatique, de stress aigu et de début d'hyperpituitarisme et de néphrite. Diminution en cas de maladie d'Addison, d'insulinome et d'hypothyroïdie.
Immunoglobulines (S)		
IgA	0,50 à 3,50 g/L	Intégrité immunitaire. Élévation en cas d'atteinte hépatique, de fièvre rhumatismale, de cancer et de maladies auto-immunes. Diminution en cas de déficit immunitaire et de maladie intestinale inflammatoire.
IgD	< 60 mg/L	Intégrité immunitaire. Élévation en cas de myélomes et d'infection chronique.
IgE		Réactions allergiques. Élévation en cas de réactions allergiques. Diminution en cas d'agammaglobulinémie.
0 à 3 ans	1 à 24 μg/L	
3 à 80 ans	12 à 140 μg/L	
IgG	5,00 à 12,00 g/L	Réaction immunitaire. Élévation en cas d'infections chroniques, de fièvre rhumatismale, d'atteinte hépatique et de polyarthrite rhumatoïde. Diminution en cas d'amylose, de leucémie et de prééclampsie.
IgM	0,30 à 2,30 g/L	Intégrité immunitaire. Élévation en cas de maladie auto-immune, de polyarthrite rhumatoïde et de parasitoses. Diminution en cas d'amylose et de leucémie.
Lactate (en acide lactique) (P)	0,5 à 2,0 mmol/L	Oxygénation anaérobie des tissus. Élévation en cas d'insuffisance cardiaque, de choc, d'hémorragie et d'exercice intense.
Lactate déshydrogénase totale (LDH) (S)	140 à 180 U/L	Lésion tissulaire des organes ou du muscle strié. Élévation en cas d'infarctus du myocarde, d'infarctus pulmonaire, d'atteinte hépatique, d'accident vasculaire cérébral (AVC), de mononucléose infectieuse, de dystrophie musculaire et de fractures.
Lipoprotéines de basse densité (LDL) (en cholestérol) (P)	1,30 à 4,90 mmol/L (dépend de l'âge)	Élévation en cas d'hyperlipidémie et de cardiopathie athéroscléreuse. Diminution en cas de malabsorption des graisses et de malnutrition.
Lipoprotéines de haute densité (HDL) (en cholestérol) (P)		Élévation en cas d'atteinte hépatique. Diminution en cas de cardiopathie athéroscléreuse et de malnutrition.
Femme	0,80 à 2,35 mmol/L	
Homme	0,80 à 1,80 mmol/L	
Osmolalité (S)	280 à 300 mmol/kg	Équilibre hydroélectrolytique. Élévation en cas d'hypernatrémie, de déshydratation, d'atteinte rénale et d'ingestion d'alcool. Diminution en cas d'hyponatrémie, d'hyperhydratation et de syndrome de sécrétion inappropriée d'ADH.

AP

➤

Analyse (échantillon)	Valeurs de référence	Indications physiologiques et variables cliniques
Phosphate (en phosphore minéral) (S)	0,80 à 1,60 mmol/L	Fonction des parathyroïdes ; affection osseuse. Élévation en cas d'hypoparathyroïdie, d'insuffisance rénale, de métastase osseuse, d'atteinte hépatique et d'hypocalcémie. Diminution en cas d'hyperparathyroïdie, d'hypercalcémie, d'alcoolisme, de carence en vitamine D, d'acidocétose et d'ostéomalacie.
Potassium, ion (S)	3,5 à 5,0 mmol/L	Équilibre hydroélectrolytique. Élévation en cas d'atteinte rénale, de maladie d'Addison, d'acidocétose, de brûlures et de lésions par écrasement. Diminution en cas de vomissements, de diarrhée, de syndrome de Cushing et d'alcalose.
Protéines totales (S)	60 à 80 g/L	Pression osmotique ; intégrité du système immunitaire. Élévation en cas d'infections chroniques, de déshydratation, de choc et d'hémoconcentration. Diminution en cas de malnutrition protéique, de brûlures, de diarrhée et d'insuffisance rénale.
Sodium, ion (S)	135 à 147 mmol/L	Équilibre hydroélectrolytique. Élévation en cas de déshydratation, de diabète insipide et de maladie de Cushing. Diminution en cas de vomissements, de diarrhée, de brûlures, de maladie d'Addison, d'œdème, d'insuffisance cardiaque, d'hyperhydratation et de syndrome de sécrétion inappropriée d'ADH.
Triglycérides (en trioléine) (P)	< 1,80 mmol/L	Élévation en cas d'infarctus du myocarde, d'atteinte hépatique, de syndrome néphrotique et de grossesse.
Urate (en acide urique) (S)	120 à 420 μmol/L	Fonction rénale. Élévation en cas de saturnisme, de trouble de la fonction rénale, de goutte, de cancer métastatique, d'alcoolisme et de leucémie. Diminution en cas de maladie de Wilson.
Urée, azote (S)	3,0 à 6,5 mmol/L	Fonction rénale. Élévation en cas d'atteinte rénale, de déshydratation, d'obstruction urinaire, d'insuffisance cardiaque, d'infarctus du myocarde et de brûlures. Diminution en cas d'insuffisance hépatique, d'hyperhydratation, de malabsorption des protéines et de grossesse.
ANALYSES HÉMATOLOGIQUES		
Hématocrite (Sg) Femme Homme	 0,33 à 0,43 0,39 à 0,49	Oxygénation. Élévation en cas de polycythémie, de déshydratation, d'insuffisance cardiaque, de choc et d'intervention chirurgicale. Diminution en cas d'anémie, d'hémorragie, d'insuffisance médullaire osseuse, de malnutrition, de cirrhose et de polyarthrite rhumatoïde.
Hémoglobine (Sg) Concentration massique Femme Homme Concentration molaire Femme Homme	 120 à 150 g/L 136 à 172 g/L 7,45 à 9,31 mmol/L 8,44 à 10,67 mmol/L	Oxygénation. Élévation en cas de déshydratation, de polycythémie, d'insuffisance cardiaque, de bronchopneumopathie chronique obstructive et de haute altitude. Diminution en cas d'anémie, d'hémorragie, de cancer, d'atteinte rénale, de lupus érythémateux disséminé (LED) et de carence nutritionnelle.
Numération globulaire Érythrocytes (Sg) Femme Homme	 $4,3$ à $5,2 \times 10^{12}$/L $4,5$ à $5,9 \times 10^{12}$/L	Oxygénation. Élévation en cas de haute altitude, de polycythémie, d'hémoconcentration et de cœur pulmonaire. Diminution en cas d'hémorragie, d'hémolyse, d'anémies, de maladie chronique, de carences nutritionnelles, de leucémie et d'hyperhydratation.
Numération globulaire Réticulocytes (Sg) (adultes) (fraction des érythrocytes)	0,001 à 0,024 (10 à 75×10^9/L)	Fonction de la moelle osseuse. Élévation en cas d'anémie hémolytique, d'anémie à hématies falciformes, de leucémie et de grossesse. Diminution en cas d'anémie pernicieuse, de carence en acide folique, de cirrhose, d'infection chronique et de dépression ou d'insuffisance de la fonction médullaire osseuse.

Analyse (échantillon)	Valeurs de référence	Indications physiologiques et variables cliniques
Numération globulaire Leucocytes (Sg)	3,2 à 9,8 × 10^9/L	Intégrité du système immunitaire. Élévation en cas d'infection, de trauma, de stress, de nécrose tissulaire et d'inflammation. Diminution en cas de dépression ou d'insuffisance de la fonction médullaire osseuse, de toxicité médicamenteuse, d'infection foudroyante et de malnutrition.
Temps de céphaline activée (TCA)	25 à 41 secondes	Mécanismes de la coagulation. Élévation en cas d'anomalies du facteur de coagulation, de cirrhose, de carence en vitamine K et de coagulation intravasculaire disséminée (CID). Diminution en cas de CID précoce et de cancer généralisé.
Temps de prothrombine (Sg) (ou temps de Quick)	> 80 % du contrôle	Mécanismes de coagulation. Élévation en cas d'atteinte hépatique, de carence en vitamine K et d'intoxication salicylée. Diminution en cas de CID et d'obstruction des voies biliaires.
Thrombocytes (plaquettes) (Sg)	150 à 450 × 10^9/L	Mécanismes de coagulation. Élévation en cas de polycythémie, de cancer, de polyarthrite rhumatoïde, de cirrhose et de trauma. Diminution en cas d'atteinte hépatique, d'anémie hémolytique et pernicieuse, de CID, de purpura thrombopénique idiopathique (PTI) et de lupus érythémateux disséminé (LED).
Formule leucocytaire (Sg)		
Granulocytes neutrophiles	0,55 à 0,70 (2 à 7,5 × 10^9/L)	Intégrité du système immunitaire. Élévation en cas de stress, de syndrome de Cushing, de troubles inflammatoires, d'acidocétose et de goutte. Diminution en cas d'anémie aplasique, de dépression médullaire osseuse, d'infections virales, d'infections bactériennes graves et de maladie d'Addison.
Lymphocytes	0,20 à 0,40 (1 à 4 × 10^9/L)	Intégrité du système immunitaire. Élévation en cas d'infections bactériennes chroniques, d'oreillons, de rubéole, de leucémie lymphocytique, de mononucléose infectieuse et d'hépatite infectieuse. Diminution en cas de leucémie, de déficit immunitaire et de lupus érythémateux et en présence de médicaments affectant la fonction de la moelle osseuse.
Granulocytes éosinophiles	0,01 à 0,04 (0 à 0,8 × 10^9 /L)	Intégrité du système immunitaire. Élévation en cas de réactions allergiques, d'infections parasitaires, de leucémie et de maladies auto-immunes. Diminution en cas de production excessive de corticostéroïdes.
Monocytes	0,02 à 0,08 (0,2 à 1 × 10^9/L)	Intégrité du système immunitaire. Élévation en cas de troubles inflammatoires, d'infections virales et de tuberculose. Diminution en cas de corticothérapie.
Granulocytes basophiles	0,005 à 0,01 (0 à 0,5 × 10^9/L)	Intégrité du système immunitaire. Élévation en cas de syndromes myéloprolifératifs et de leucémie. Diminution en cas de réactions allergiques, d'hyperthyroïdie et de stress.
ANALYSES D'URINE		
Bilirubine	Négatif	Fonction hépatique. Élévation en cas d'atteinte hépatique et d'obstruction extrahépatique (calculs biliaires, tumeur, inflammation).
Couleur	Paille, jaune ou ambrée	Équilibre liquidien et fonction rénale. Plus foncée en cas de déshydratation. Plus pâle en cas d'hyperhydratation et de diabète insipide. La couleur varie selon le stade d'évolution de la maladie, le régime alimentaire et la médication.

➤

Analyse (échantillon)	Valeurs de référence	Indications physiologiques et variables cliniques
Densité	1,005 à 1,030	Fonction rénale. Élévation en cas de déshydratation, de syndrome de sécrétion inappropriée d'ADH, de fièvre, de glycosurie, de protéinurie et de baisse du débit sanguin rénal (sténose, insuffisance cardiaque). Diminution en cas d'atteinte rénale.
Odeur	Aromatique	Infection concernant la fonction métabolique. Odeurs anormales en cas d'infection, de cétonurie, de fistule rectale, d'insuffisance hépatique et de phénylcétonurie.
Osmolalité	50 à 1400 mmol/kg	Équilibre hydroélectrolytique, fonction rénale et fonction endocrine. Élévation en cas d'hypernatrémie, de syndrome de sécrétion inappropriée d'ADH, d'insuffisance cardiaque, de cirrhose et d'acidose. Diminution en cas de diabète insipide, d'hypercalcémie, d'intoxication par des liquides, de polynéphrite, de néphrite tubulaire et d'aldostéronisme.
Phosphate (en phosphore minéral)	Selon le régime alimentaire (22 à 42 mmol/d)	Fonction parathyroïde. Élévation en cas d'hyperparathyroïdie, d'urémie, d'ostéomalacie, d'atteinte rénale et de maladie auto-immune. Diminution en cas d'hypoparathyroïdie.
Potassium, ion	Selon le régime alimentaire (25 à 100 mmol/d)	Équilibre hydroélectrolytique. Élévation en cas d'atteinte rénale, d'acidose métabolique, de déshydratation, d'aldostéronisme et de syndrome de Cushing. Diminution en cas de maladie d'Addison, de malabsorption, d'insuffisance rénale aiguë et de syndrome de sécrétion inappropriée d'ADH.
Protéines totales	< 0,15 g/d	Fonction rénale. Élévation en cas de syndrome néphrotique, de trauma, d'hyperthyroïdie, de diabète sucré et de lupus érythémateux.
Sang	Négatif	Fonction du système urinaire. Élévation en cas de cystite, d'atteinte rénale, d'anémie hémolytique, de réaction transfusionnelle, de prostatite et de brûlures.
Sodium, ion	Selon le régime alimentaire (100 à 300 mmol/d)	Équilibre hydroélectrolytique. Élévation en cas de déshydratation, d'acidocétose, de syndrome de sécrétion inappropriée d'ADH et d'insuffisance du cortex surrénal. Diminution en cas d'insuffisance cardiaque, d'insuffisance rénale, de diarrhée et d'aldostéronisme.
Urate (en acide urique)	Selon le régime alimentaire (1,5 à 4,2 mmol/d)	Fonction rénale et métabolisme. Élévation en cas de goutte, de leucémie, d'atteinte hépatique et de colite ulcéreuse. Diminution en cas d'atteinte rénale, d'alcoolisme et de saturnisme.
Urobilinogène	0,0 à 6,8 μmol/d	Fonction hépatique. Élévation en cas d'anémies hémolytiques, d'hépatite A, de cirrhose et d'atteinte biliaire. Diminution en cas d'atteinte rénale et d'obstruction du conduit cholédoque.
Volume	1,0 à 2,0 L/d	Équilibre hydroélectrolytique et fonction rénale. Élévation en cas de diabète insipide, de diabète sucré et d'atteinte rénale. Diminution en cas de déshydratation, de syndrome de sécrétion inappropriée d'ADH et d'atteinte rénale.

Note : U = unité
d = 24 heures

APPENDICE G

Réponses aux questions des sections «Implications cliniques» et «Choix multiples/associations»

Chapitre 1

1. c; **2.** a; **3.** e; **4.** a, d; **5.** (a) poignet, (b) hanche, (c) nez, (d) orteils, (e) cuir chevelu; **6.** ni c ni d ne seraient visibles dans la coupe sagittale médiane; **7.** (a) postérieure, (b) antérieure, (c) postérieure, (d) antérieure; **8.** b; **9.** b

Chapitre 2

1. b, d; **2.** d; **3.** b; **4.** a; **5.** b; **6.** a; **7.** c, d; **8.** b; **9.** a; **10.** a; **11.** b; **12.** a, c; **13.** (1)a, (2)c; **14.** c; **15.** d; **16.** e; **17.** d; **18.** d; **19.** a; **20.** b; **21.** b; **22.** c

Chapitre 3

1. d; **2.** a, c; **3.** b; **4.** d; **5.** b; **6.** e; **7.** c; **8.** d; **9.** a; **10.** a; **11.** b; **12.** d; **13.** c; **14.** b; **15.** d; **16.** a; **17.** b; **18.** d

Chapitre 4

1. a, c, d, b; **2.** c, e; **3.** b, f, a, d, g, d; **4.** b; **5.** c; **6.** b

Chapitre 5

Implications cliniques **1.** La peau sépare et protège le milieu interne de l'organisme des dangers potentiels de l'environnement. Les abrasions épidermiques de Mme Deschênes ont endommagé cette barrière protectrice. Le manteau acide de la peau et les macrophagocytes intraépidermiques, qui bloquent l'invasion de microorganismes, ont été détruits de même que la protection cutanée contre les rayons ultraviolets. **2.** Lorsque l'épiderme est atteint, les macrophagocytes du derme peuvent prendre le relais pour freiner les invasions bactériennes et virales. **3.** La suture permet de rapprocher les bords des plaies, ce qui accélère la guérison puisqu'une quantité moindre de tissu de granulation est nécessaire pour la cicatrisation. On appelle ce processus la *cicatrisation par première intention*. **4.** La cyanose indique une diminution de la quantité d'oxygène acheminée par l'hémoglobine dans le sang. Toute atteinte du système respiratoire ou cardiovasculaire peut entraîner une cyanose.

Choix multiples/associations **1.** a; **2.** c; **3.** d; **4.** d; **5.** b; **6.** b; **7.** c; **8.** c; **9.** b; **10.** b; **11.** a; **12.** d; **13.** b

Chapitre 6

Implications cliniques **1.** Mme Deschênes présente une fracture ouverte car des bouts d'os cassés percent les tissus mous et la peau. **2.** La lacération de la peau causée par le bout d'os cassé ouvre une brèche dans la barrière protectrice, ce qui favorise l'entrée de bactéries et d'autres microorganismes. De plus, les bouts d'os cassés ont été exposés à l'environnement non stérile, ce qui peut entraîner une ostéomyélite, une infection bactérienne que l'on soigne aux antibiotiques. **3.** La réparation d'une fracture est appelée réduction. Le médecin de Mme Deschênes a choisi de pratiquer une réduction chirurgicale, qui consiste à relier les deux extrémités fracturées au moyen de tiges ou de fils métalliques. Il a ensuite appliqué un plâtre pour immobiliser les parties alignées jusqu'à la guérison de la fracture. **4.** La guérison de la fracture de Mme Deschênes commencera lorsqu'un cal osseux se formera pour remplir l'os fracturé de tissu osseux. Ce processus débutera trois à quatre semaines après la fracture et se poursuivra sur une période de deux à trois mois. **5.** Les artères nourricières fournissent du sang au tissu osseux. Pour que la fracture de Mme Deschênes guérisse normalement, le tissu osseux doit recevoir de l'oxygène (pour produire de l'ATP, source d'énergie) et des nutriments qui lui permettront de reconstruire l'os. Toute lésion à une artère nourricière diminue cet apport de matières reconstitutives et ralentit par le fait même la guérison. **6.** Lorsqu'une fracture est longue à guérir, de nouvelles méthodes peuvent favoriser la guérison, notamment la stimulation électrique, qui favorise le dépôt de nouveau tissu osseux, les ultrasons, qui accélèrent la consolidation des os, et l'implantation de substituts osseux dans la région fracturée. **7.** Le cartilage du genou ne se régénérera probablement pas étant donné l'âge de Mme Deschênes (45 ans). En effet, le cartilage cesse habituellement de croître pendant l'adolescence. Les lésions au cartilage qui surviennent pendant l'âge adulte guérissent lentement, car le cartilage n'est pas vascularisé et ne se renouvelle pas. On procède habituellement à une intervention chirurgicale visant à enlever le cartilage déchiré pour permettre à l'articulation de mieux bouger.

Choix multiples/associations **1.** e; **2.** b; **3.** c; **4.** d; **5.** e; **6.** b; **7.** c; **8.** b; **9.** e; **10.** c; **11.** b; **12.** c; **13.** a; **14.** b

Chapitre 7

1. (1)b, g; (2)h; (3)d; (4)d, f; (5)e; (6)c; (7)a, b, d, h; (8)i; **2.** (1)g; (2)f; (3)b; (4)a; (5)b; (6)c; (7)d; (8)e; **3.** (1)b; (2)c; (3)e; (4)a; (5)h; (6)e; (7)f

Chapitre 8

1. (1)c; (2)a; (3)a; (4)b; (5)c; (6)b; (7)b; (8)a; (9)c; **2.** b; **3.** d; **4.** d; **5.** b; **6.** d; **7.** d

Chapitre 9

Implications cliniques **1.** La première étape de la cicatrisation est la mise en branle de la réaction inflammatoire. Les substances chimiques inflammatoires augmentent la perméabilité des capillaires dans la région touchée, ce qui permet aux globules blancs, aux liquides et à d'autres substances d'y pénétrer. L'étape suivante est la formation de tissu de granulation, pendant laquelle la vascularisation de la région touchée reprend et les fibres collagènes capables de recoudre les extrémités déchirées du tissu se forment. Le muscle squelettique ne se régénère pas bien, de sorte que les lésions du tissu musculaire de Mme Deschênes seront vraisemblablement réparées d'abord par la formation de tissu conjonctif riche en fibres, qui produit du tissu cicatriciel. **2.** La cicatrisation est efficace dans la mesure où il y a une bonne circulation sanguine dans la région touchée. Les lésions vasculaires ralentissent donc la guérison car elles réduisent l'apport en oxygène et en nutriments vers les tissus. **3.** En temps normal, les muscles squelettiques reçoivent continuellement des signaux électriques du système nerveux. Ces signaux contribuent au maintien du tonus et de la rapidité de réponse du muscle. Lorsque le nerf ischiatique est sectionné, cet influx nerveux continu est interrompu, ce qui provoque une atrophie musculaire. Lorsqu'un muscle est immobile, le tissu contractile qui le compose est remplacé par du tissu conjonctif non contractile. À l'extrémité distale du point de section, le muscle s'atrophie dans les trois à sept jours suivant son immobilisation. Ce processus peut être retardé par une stimulation électrique des tissus. Des exercices passifs d'amplitude du mouvement peuvent par ailleurs prévenir la perte de tonus musculaire et d'amplitude articulaire et améliorer la circulation dans les régions atteintes. **4.** Le médecin de Mme Deschênes souhaite que ses tissus endommagés reçoivent un apport adéquat en matériaux de réparation car cela facilitera leur cicatrisation. Une alimentation riche en protéines fournit une grande quantité d'acides aminés, qui contribuent à la reconstruction ou au remplacement des protéines endommagées; les glucides fournissent les molécules nécessaires à la production d'ATP; la vitamine C est un facteur important de la régénération du tissu conjonctif.

Choix multiples/associations **1.** c; **2.** b; **3.** (1)b, (2)a, (3)b, (4)a, (5)b, (6)a; **4.** c; **5.** a; **6.** a; **7.** d; **8.** a; **9.** (1)a, (2)a, c; (3)b; (4)c; (5)b; (6)b; **10.** a; **11.** c; **12.** c; **13.** c; **14.** b

Chapitre 10

1. c; **2.** (1)e, (2)c, (3)g, (4)f, (5)d; **3.** a; **4.** c; **5.** d; **6.** c; **7.** c; **8.** b; **9.** d; **10.** b; **11.** a; **12.** c

Chapitre 11

1. b; **2.** (1)d, (2)b, (3)f, (4)c, (5)a; **3.** b; **4.** c; **5.** a; **6.** c; **7.** b; **8.** d; **9.** c; **10.** c; **11.** a; **12.** (1)d, (2)b, (3)a, (4)c

Chapitre 12

1. a; **2.** d; **3.** c; **4.** a; **5.** (1)d, (2)f, (3)e, (4)g, (5)b, (6)f, (7)i, (8)a; **6.** b; **7.** c; **8.** a; **9.** (1)a, (2)b, (3)a, (4)a, (5)b, (6)a, (7)b, (8)b, (9)a; **10.** d

Chapitre 13
1. b; **2.** c; **3.** c; **4.** (1)f; (2)i; (3)b; (4)g, h, l; (5)e; (6)i; (7)i; (8)k; (9)l; (10)c, d, f, k; **5.** (1)b 6; (2)d 8; (3)c 2; (4)c 5; (5)a 4; (6)a 3, 9; (7)a 7; (8)a 7; (9)d 1; **6.** (1)a, 1; (2)a, 3 et 5; (3)a, 4; (4)a, 2; (5)c, 2; **7.** b

Chapitre 14
Implications cliniques **1.** L'emplacement des lacérations et des ecchymoses d'Éric et le fait qu'il soit incapable de se lever ont indiqué aux ambulanciers qu'il s'était blessé à la tête, au cou ou au dos. Ils ont donc immobilisé sa tête et son torse pour prévenir toute nouvelle lésion à l'encéphale et à la moelle épinière. **2.** La dégradation des signes neurologiques indique une probable hémorragie intracrânienne. Le sang s'échappant des vaisseaux sanguins sectionnés comprimera l'encéphale d'Éric et augmentera sa pression intracrânienne. Lors de l'intervention chirurgicale, on réparera les vaisseaux endommagés et on retirera la masse de sang coagulé faisant pression sur l'encéphale. **3.** Le coup qu'Éric a reçu à la tête a causé un œdème cérébral; ce phénomène fait partie de la réaction inflammatoire suivant une lésion des tissus. La dexaméthasone est un anti-inflammatoire qui résorbera l'œdème et diminuera la pression intracrânienne. **4.** Éric souffre d'un choc spinal consécutif à sa lésion à la moelle épinière. Il s'agit d'un état temporaire pendant lequel toutes les activités réflexes et motrices régies par les régions de la moelle épinière situées sous le niveau de la lésion sont interrompues, ce qui explique la paralysie des muscles d'Éric; sa pression artérielle est basse en raison de la perte de tonus sympathique vasculaire et sa température est élevée, puisque le mécanisme qui la régit (sudation) est partiellement bloqué. **5.** Cette réaction est appelée *syndrome de l'hyperréflectivité autonome.* Lorsqu'un stimulus normal est donné, il se produit une activation massive des neurones moteurs autonomes et somatiques. **6.** L'hypertension artérielle grave peut causer une rupture des vaisseaux sanguins dans l'encéphale (ainsi que dans d'autres parties du corps), ce qui met la vie d'Éric en danger.

Choix multiples/associations **1.** d; **2.** (1)S, (2)P, (3)P, (4)S, (5)S, (6)P, (7)P, (8)S, (9)P, (10)S, (11)P, (12)S

Chapitre 15
1. c; **2.** d; **3.** c; **4.** e; **5.** b; **6.** (1)d, (2)e, (3)d, (4)a

Chapitre 16
1. d; **2.** a; **3.** d; **4.** c; **5.** d; **6.** b; **7.** c; **8.** d; **9.** a; **10.** b; **11.** c; **12.** d; **13.** b; **14.** a; **15.** b; **16.** b; **17.** b; **18.** d; **19.** b; **20.** c; **21.** d; **22.** b; **23.** b; **24.** e; **25.** b; **26.** c; **27.** c; **28.** c; **29.** c

Chapitre 17
Implications cliniques **1.** Raison d'être des directives: M. Gendron étant inconscient, on ne connaît pas encore l'état de son cerveau. La surveillance, toutes les heures, de ses réactions et de ses signes vitaux fournira aux intervenants des informations sur l'étendue de ses blessures. En le tournant toutes les 4 heures et en soignant méticuleusement sa peau, ils préviendront les escarres de décubitus (plaies de lit) et stimuleront ses voies proprioceptives. **2.** M. Gendron souffre de *diabète insipide,* un état caractérisé par une production ou une libération insuffisante d'hormone antidiurétique. Le patient atteint de diabète insipide excrète de grandes quantités d'urine mais cette urine est exempte de glucose ou de corps cétoniques. Il se peut que le traumatisme crânien ait endommagé l'hypothalamus (qui produit cette hormone) ou la neurohypophyse (qui libère l'hormone antidiurétique dans la circulation sanguine). **3.** Le diabète insipide n'est pas une maladie mortelle chez la plupart des gens, car les mécanismes normaux de la soif poussent la personne à s'hydrater suffisamment pour compenser la perte de liquide. Cependant, puisque M. Gendron est comateux, il faut surveiller étroitement ses excreta et remplacer le volume de liquide perdu par perfusion intraveineuse. Le rétablissement subséquent de M. Gendron sera peut-être compromis si son hypothalamus est atteint, car celui-ci abrite les neurones du centre de la soif.

Choix multiples/associations **1.** b; **2.** a; **3.** c; **4.** d; **5.** (1)c, (2)b, (3)f, (4)d, (5)e, (6)g, (7)a, (8)h, (9)b et e, (10)a; **6.** d; **7.** c; **8.** b; **9.** d; **10.** b; **11.** d; **12.** b; **13.** c; **14.** d

Chapitre 18
1. c; **2.** c; **3.** d; **4.** b; **5.** d; **6.** a; **7.** a; **8.** b; **9.** c; **10.** d

Chapitre 19
1. a; **2.** c; **3.** b; **4.** c; **5.** b; **6.** b; **7.** c; **8.** d; **9.** b

Chapitre 20
Implications cliniques **1.** Les tissus de la jambe droite de M. Hubert ont été privés d'oxygène et de nutriments pendant au moins une demi-heure. Lorsque les tissus manquent d'oxygène, leur métabolisme ralentit au point de s'arrêter complètement; ainsi, l'anoxie a peut-être causé la nécrose des tissus. **2.** Les signes vitaux de M. Hubert (pression artérielle basse, pouls rapide et filant) indiquent que sa vie est en danger et que son état doit être stabilisé avant qu'on ne traite les problèmes moins graves. Il faudra ensuite prévoir une réduction chirurgicale de l'os broyé de la jambe, si l'état des tissus dans cette jambe le permet. S'il y a eu nécrose des tissus, une amputation de ce membre devra être envisagée. **3.** Le pouls rapide et filant de M. Hubert et la chute de sa pression artérielle sont des indications de choc hypovolémique, un état résultant d'une baisse du volume sanguin. Lorsque le volume sanguin est faible, la fréquence cardiaque augmente pour accroître le débit cardiaque en vue de maintenir l'apport sanguin vers les organes vitaux. Le volume sanguin de M. Hubert doit donc être augmenté le plus rapidement possible au moyen de transfusions sanguines ou d'une perfusion de sérum physiologique. Cette intervention stabilisera son état et permettra aux médecins de pratiquer l'intervention chirurgicale.

Choix multiples/associations **1.** d; **2.** b; **3.** d; **4.** c; **5.** e; **6.** d; **7.** c; **8.** b; **9.** b; **10.** a; **11.** b; **12.** c

Chapitre 21
Implications cliniques **1.** Les stries rouges irradiant du doigt de M. Hubert indiquent une inflammation des vaisseaux lymphatiques. Cette inflammation peut être due à une infection bactérienne. Si le bras de M. Hubert était œdémateux, mais sans présenter de stries rouges, on en déduirait que le transport de la lymphe à partir du bras jusqu'au tronc est perturbé à cause de vaisseaux lymphatiques endommagés ou bloqués. **2.** On a placé le bras de M. Hubert dans une écharpe pour qu'il reste immobile, ce qui ralentira le drainage lymphatique de la région infectée et limitera par le fait même la propagation de l'inflammation. **3.** La déficience en lymphocytes indique que l'organisme de M. Hubert est inapte à combattre l'infection bactérienne ou virale. L'administration d'antibiotiques et les mesures de protection prises par le personnel infirmier visent à protéger le patient jusqu'à ce que sa numération lymphocytaire augmente. Les gants et le masque protègent également le personnel infirmier de toute infection que M. Hubert pourrait avoir. **4.** Le rétablissement de M. Hubert s'annonce problématique, car il est probable qu'il présente déjà une infection bactérienne contre laquelle son organisme ne peut lutter adéquatement.

Choix multiples/associations **1.** c; **2.** c; **3.** a, d; **4.** c; **5.** a; **6.** b; **7.** a; **8.** b; **9.** d

Chapitre 22
1. c; **2.** a; **3.** d; **4.** d, e; **5.** a; **6.** d; **7.** b; **8.** c; **9.** d

Chapitre 23
Implications cliniques **1.** La lésion à la moelle épinière consécutive à une fracture au niveau de la vertèbre C_2 a interrompu la transmission normale des signaux du tronc cérébral vers le diaphragme par le biais du nerf phrénique. Sonia est incapable de respirer en raison de la paralysie de son diaphragme. **2.** Le personnel aurait dû immobiliser la tête, le cou et le torse de Sonia pour prévenir toute nouvelle lésion à la moelle épinière. De plus, il aurait fallu l'intuber pour lui procurer une assistance ventilatoire. **3.** La cyanose est une diminution du degré de saturation en oxygène de l'hémoglobine. Puisque Sonia a cessé de fournir un effort respiratoire, sa P_{O_2} alvéolaire a chuté, ce qui a entraîné une baisse de la diffusion d'oxygène entre les poumons et la circulation sanguine. De plus, sa P_{CO_2} artérielle a augmenté. Ces deux événements favoriseront la libération de l'O_2 de l'hémoglobine. **4.** Sa lésion à la moelle épinière au niveau de la vertèbre

C_2 causera une quadriplégie (paralysie des quatre membres). **5.** L'atélectasie est l'affaissement d'un poumon. Le thorax droit de Sonia a été comprimé, de sorte que seul son poumon droit est affecté. De plus, les poumons se trouvant chacun dans une cavité pleurale distincte, seul celui de droite s'est affaissé. **6.** Les côtes fracturées de Sonia ont probablement perforé le tissu de son poumon, duquel de l'air s'est échappé jusque dans la cavité pleurale. **7.** Pour traiter l'atélectasie, il faut d'abord fermer la déchirure dans le tissu du poumon, puis retirer l'air de la cavité pleurale au moyen de drains thoraciques. Cette intervention permettra au poumon de se remplir de nouveau d'air.

Choix multiples/associations **1.** b; **2.** a; **3.** c; **4.** c; **5.** b; **6.** d; **7.** d; **8.** b; **9.** c, d; **10.** c; **11.** b; **12.** b; **13.** b; **14.** c; **15.** b; **16.** b

Chapitre 24

Implications cliniques **1.** Les effets du lait sur le système digestif de M. Gendron laissent supposer qu'il manque peut-être de lactase, une enzyme de la bordure en brosse qui digère le lactose (sucre du lait). **2.** Les réponses de M. Gendron écartent la possibilité qu'il soit atteint d'ulcère gastrique ou d'une infection à *Shigella*. Sa diarrhée, quant à elle, peut être due à une infection à *Salmonella*. Pour vérifier ce diagnostic, on procédera à une culture des selles de M. Gendron pour détecter la présence de cette bactérie. Si le résultat est positif, il faudra traiter M. Gendron avec des analgésiques et lui administrer un remplacement liquidien et électrolytique. **3.** Le nom de M. Gendron sera transmis aux autorités sanitaires car les personnes infectées par la bactérie *Salmonella* peuvent rester porteurs de la bactérie de nombreux mois après la disparition de leurs symptômes.

Choix multiples/associations **1.** d; **2.** d; **3.** b; **4.** b; **5.** a; **6.** d; **7.** d; **8.** b; **9.** c; **10.** c; **11.** a; **12.** d; **13.** d; **14.** b; **15.** c; **16.** a

Chapitre 25

1. a; **2.** c; **3.** c; **4.** d; **5.** b; **6.** c; **7.** a; **8.** d; **9.** d; **10.** a; **11.** b; **12.** d; **13.** c; **14.** d; **15.** a

Chapitre 26

1. d; **2.** b; **3.** c; **4.** d; **5.** c; **6.** b; **7.** a; **8.** c; **9.** a

Chapitre 27

Implications cliniques **1.** Les signes vitaux de M. Hardi indiquent qu'il souffre d'un choc hypovolémique causé vraisemblablement par une hémorragie interne. **2.** La rate est un organe très vascularisé étant donné le rôle qu'il joue dans la filtration du sang. Les macrophagocytes dans le foie et la moelle osseuse de M. Hardi compenseront la perte de la rate. **3.** L'élévation des concentrations de rénine, d'aldostérone et d'hormone antidiurétique indique que l'organisme de M. Hardi tente de compenser la chute de pression artérielle et la perte de sang. *Rénine*: libérée lorsque le débit sanguin rénal diminue et que la pression artérielle baisse. La rénine déclenche la réaction angiotensine-aldostérone. La formation d'angiotensine II provoque une vasoconstriction, qui à son tour augmente la pression artérielle et la libération d'aldostérone. *Aldostérone*: augmente la réabsorption de Na^+ par le rein. L'arrivée de ce Na^+ réabsorbé dans la circulation sanguine favorise le déplacement de l'eau du liquide interstitiel vers le sang, ce qui produit une augmentation du volume sanguin. *Hormone antidiurétique*: libérée lorsque les osmorécepteurs hypothalamiques perçoivent une augmentation de l'osmolalité. Cette hormone peut avoir deux effets: une vasoconstriction accompagnée d'une augmentation de la pression artérielle, et une rétention d'eau par le rein, ce qui accroît le volume sanguin. **4.** Il peut y avoir plusieurs causes à la baisse du débit urinaire de M. Hardi. La chute spectaculaire de la pression artérielle a réduit le débit sanguin rénal, ce qui a réduit également la pression artérielle glomérulaire et le taux de filtration glomérulaire. L'élévation des taux d'hormone antidiurétique peut abaisser le débit urinaire car le rein réabsorbe une quantité accrue d'eau. Le rein a peut-être également été endommagé lorsque la région lombale gauche a été écrasée. Les cylindres granuleux et la couleur brun-rouge de l'urine indiquent probablement la présence de cellules lésées et de sang. Si le rein de M. Hardi a été affecté par l'écrasement, les néphrons peuvent avoir subi des dommages, y compris la rupture de la membrane de filtration; des érythrocytes ont alors pu passer dans le filtrat, puis dans l'urine. Les tubules rénaux et les capillaires péritubulaires ont également pu subir des dommages qui ont favorisé la pénétration de sang et de cellules épithéliales lésées des tubules rénaux dans le filtrat.

Choix multiples/associations **1.** a; **2.** c; **3.** b; **4.** b; **5.** h, i, j; **6.** c, g; **7.** e, h; **8.** b; **9.** a; **10.** j; **11.** b, d, f; **12.** a; **13.** c

Chapitre 28

Implications cliniques **1.** Un *carcinome* est un cancer qui prend sa source dans le tissu épithélial. Il semblerait que le cancer de M. Hardi ait débuté dans la prostate. **2.** L'élévation des taux sériques de phosphatase acide est un signe de carcinome dans la prostate. (De plus, l'âge de M. Hardi le place dans un groupe à risque relativement élevé pour ce type de cancer.) **3.** L'examen de la prostate par toucher rectal permettra de détecter la présence de carcinome dans le tissu. On peut aussi mesurer les taux sériques d'antigène prostatique spécifique, car toute hausse de ces taux est une indication de cancer de la prostate. **4.** Le carcinome de M. Hardi a atteint la phase des métastases. Le traitement consistera à réduire les taux d'androgènes dans l'organisme, car les androgènes favorisent la croissance de tissu prostatique. On pourra aussi envisager la castration ou l'administration de médicaments bloquant la production ou les effets des androgènes.

Choix multiples/associations **1.** a et b; **2.** d; **3.** a; **4.** d; **5.** b; **6.** d; **7.** d; **8.** c; **9.** a, c, e, f; **10.** (1)c, f; (2)e, h; (3)g; (4)a; (5)b, g (et peut-être e), (6)f; **11.** a; **12.** c; **13.** d; **14.** b; **15.** a; **16.** b; **17.** c

Chapitre 29

1. (1)a, (2)b, (3)b, (4)a; **2.** b; **3.** c; **4.** b; **5.** a; **6.** d; **7.** d; **8.** c; **9.** a; **10.** b; **11.** c; **12.** a; **13.** c; **14.** a; **15.** (1)e, (2)g, (3)a, (4)f, (5)i, (6)b, (7)h, (8)d, (9)c

Chapitre 30

1. 1(d), (2)g, (3)b, (4)a, (5)f, (6)c, (7)e, (8)h; **2.** (1)e, (2)a, (3)b, (4)d, (5)c, (6)d

SOURCES DES PHOTOGRAPHIES ET DES ILLUSTRATIONS

Sources des photographies

Débuts de chapitres Chapitres 1-4 : © CNRI/SPL/Photo Researchers, Inc. Chapitres 5-10 : © P. Motta/ Department of Anatomy, La Sapienza/SPL/ Photo Researchers, Inc. Chapitres 11-17 : © Don Fawcett/Science Source/Photo Researchers, Inc. Chapitres 18-27 : © Keith R. Porter/ Photo Researchers, Inc. Chapitres 28-30 : © Sydney Moulds/SPL/ Photo Researchers, Inc.

Chapitre 1 1.1 : © 1997 PhotoDisc. 1.8a : © Howard Sochurek. 1gb : © Petit Format/Photo Researchers. 1.8c : © Howard Sochurek. 1.8 : © Jenny Thomas/ Addison Wesley Longman. *Gros plan :* © Howard Sochurek.

Chapitre 2 2.21c : Reproduite avec la permission de Computer Graphics Laboratory, University of California, San Francisco.

Chapitre 3 3.8a : © Keith R. Porter/ Photo Researchers, Inc. 3.8b : Reproduite avec la permission du Dr Mohnadas Narla, Lawrence Berkeley Laboratory. 3.8c : © David M. Phillips/Photo Researchers, Inc. 3.14 : Reproduite avec la permission de Nicolai Simionescu. 3.15b : Reproduite avec la permission du Dr Barry King, University of California, Davis School of Medicine/Biological Photo Service. 3.17 : © G.T. Cole, University of Texas-Austin/ Biological Photo Service. 3.19 : © R. Rodewald/Biological Photo Service. 3.21a : Reproduite avec la permission de Mary Osborn, Max Planck Institute. 3.21b : Reproduite avec la permission de Dr F. Solomon et Dr J. Dinsmore, Massachusetts Institute of Technology. 3.21c : Reproduite avec la permission de Mark S. Ladinsky et J. Richard McIntosh, University of Colorado. 3.23b : © W.L. Dentler, University of Kansas/Biological Photo Service. 3.25 : © CNRI/SPL/ Photo Researchers. 3.26 : © Ada Olins/Biological Photo Service. 3.26 : Reproduite avec la permission de GF Bahr, Armed Forces Institute of Pathology. 3.30 : © Ed Reschke.

Chapitre 4 4.2a-h : Benjamin/ Cummings Publishing Company. Photographie de Allen Bell, University of New England. 4.3a : © CNRI/Science Photo Library. 4.8a, b, f, g, j et k : © Ed Reschke. 4.8c, d, e, h et i : Benjamin/ Cummings Puhlishing Company. Photographie de Allen Bell, University of New England. 4.10a : © Eric Graves/Photo Researchers. 4.10b : © Ed Reschke. 4.10c : Benjamin/Cummings Puhlishing Company. Photographie de Allen Bell, University of New England. 4.11 : © Ed Reschke. *Gros plan :* © Gary M. Prior/Allsport.

Chapitre 5 5.1 : Tirée de *Gray's Anatomy,* de Henry Gray. Churchill Livingstone, UK. 5.4 : © CNRI/ Science Photo Library/Photo Researchers, Inc. 5.5e : Reproduite avec la permission de Marian Rice. 5.9a : Reproduite avec la permission de la Skin Cancer Foundation, New York, NY. 5.9b: Reproduite avec la permission de la Skin Cancer Foundation, New York, NY. *Gros plan :* © The Kobal Collection.

Chapitre 6 6.5b : Benjamin/ Cummings Publishing Company, photographie de Allen Bell, University of New England. 6.9 : © Ed Reschke. 6.14 : © Carolina Biological Supply. *Gros plan :* Reproduite avec la permission de Norian Corporation.

Chapitre 7 7.5, 7.6 et 7.7 : Tirées de *A Stereoscopic Atlas of Human Anatomy* de David L. Bassett. 7.25b : Department of Anatomy and Histology, University of California, San Francisco. 7.27a : Tirée de *A Stereoscopic Atlas of Haman Anatomy,* de David L. Bassett. Tableau 7.3 : Tirée de *A Stereoscopic Atlas of Human Anatomy,* de David L. Bassett.

Chapitre 8 8.3b : Addison Wesley Longman. Photographie de Mark Nielsen, University of Utah. 8.5 : © David Madison. 8.6a-i : © John Wilson White/Addison Wesley Longman. 8.9c : Tirée de *A Stereoscopic Atlas of Human Anatomy,* de David L. Bassett. 8.10b : Tirée de *A Stereoscopic Atlas of Human Anatomy,* de David L. Bassett. 8.11c : © Benjamin/Cummings Puhlishing. Photographie de Stephen Spector, reproduite avec la permission de Dr Charles Thomas, Kansas University Medical Center. 6.12c : Tirée de *A Stereoscopic Atlas of Human Anatomy,* de David L. Bassett. 8.15 : © SIU/Peter Arnold. *Gros plan :* © Alexander Tsiaris/ Science Source/Photo Researchers, Inc.

Chapitre 9 9.1b : Marian Rice. 9.2a : Marian Rice. 9.3e : Reproduite avec la permission de John Heuser. 9.6 : Reproduite avec la permission de Dr H.E. Huxley, Brandeis University, Waltham, MA. 9.12a et b : © Eric Graves/ Photo Researchers, Inc. Tableau 9.4 : (gauche) © Eric Graves/Photo Researchers. Inc. : (centre) © Marian Rice ; (droite) Department of Anatomy and Histology, University of California, San Francisco.

Chapitre 10 10.4a : © Benjamin/ Cummings Publishing. Photographie de BioMed Arts Associates, Inc. 10.5a : © Benjamin/Cummings Publishing. Photographie de BioMed Arts Associates Inc. 10.9c : Tirée de *A Stereoscopic Atlas of Human Anatomy,* de David L. Bassett. 10.10c : Tirée de *A Stereoscopic Atlas of Human Anatomy,* de David L. Bassett. 10.13b : Tirée de *A Stereoscopic Atlas of Human Anatomy,* de David L. Bassett. 10.16c : © Benjamin/Cummings Publishing. Photographie de Stephen Spector. Reproduite avec la permission de Dr Charles Thomas, Kansas University Medical Center.

Chapitre 11 11.4a : © Manfred Kage/Peter Arnold, Inc. 11.5g : © C. Raines/Visuals Unlimited. 11.18 : Dr E.R. Lewis, Y.Y. Zeevi et T.E. Everhart. *Gros plan :* © Ogden Gigli/Photo Researchers, Inc.

Chapitre 12 12.1 : Tirée de *A Stereoscopic Atlas of Human Anatomy,* de David L. Bassett. 12.5b : Tirée de *A Stereoscopic Atlas of Human Anatomy,* de David L. Bassett. 12.9 : © Lester Bergman. 12.12a : Benjamin/ Cummings Publishing Company. Photographie de Mark Nielsen, University of Utah. 12.16 : Benjamin/Cummings Publishing Company. Photographie de Mark Nielsen, University of Utah. 12.19a et c : Tirées de *A Stereoscopic Atlas of Human Anatomy,* de David L. Bassett. 12.19d : © Biophoto Associates/Photo Researchers. Inc. 12.22b : Tirée de *A Stereoscopic Atlas of Human Anatomy,* de David L. Bassett. 12.25 © Carroll H. Weiss. Tous droits réservés. 12.26b-d : Tirées de *A Stereoscopic Atlas of Human Anatomy,* de David L. Bassett. *Gros plan :* © Lawrence Migdale/ Photo Researchers, Inc.

Chapitre 13 13.2a : Tirée de *Tissues and Organs : A Text-Atlas of Scanning Electron Microscopy,* de R. Kessel et R. Kardon. © 1979 W.H. Freeman. Tableau 13.2 : William Thompson.

Chapitre 15 15.4a : © Alexander Tsiaras/Photo Researchers, Inc.

Chapitre 16 16.3 : © Benjamin/ Cummings Publishing Inc. Photographie de Richard Tauber. 16.6b : Tirée de *A Stereoscopic Atlas of Human Anatomy,* de David L. Bassett. 16.8b : © Ed Reschke/Peter Arnold, Inc. 16.10 : © 1990 Fisher/Custom Medical Stock Photo. 16.12 : © NMSB/ Custom Medical Stock Photography. 16.14 : © Charles D. Winter/ Photo Researchers, Inc. 16.22b : © Benjamin/Cummings Publishing, Inc. Photographie de Stephen Spector. Reproduite avec la permission de Dr Charles Thomas, Kansas University Medical Center. 16.36c : Reproduite avec la permission de Dr I.M. Hunter-Duvar, Department of Otolaryngology, The Hospital for Sick Children, Toronto.

Chapitre 17 17.7 : American Journal of Medicine, 20:133, 1956. Avec la permission de Albert I. Medeloff, M.D. 17.8d : © Ed Reshke. 17.10b : *Color Atlas of Histology,* de Leslie Gartner et James Hiatt. © 1990 Williams and Wilkins. 17.12a et b : © Ed Reschke. 17.15 : Carolina Biological. *Gros plan :* © Mike Neveux.

Chapitre 18 18.2 : Benjamin/ Cummings Publishing Company. Photographie de Victor Eroschenko, University of Idaho. 18.8a et b : © M. Murayama, Murayama Research Laboratory/Biological Photo Service. 18.10a-e : © Biophoto Associates/Photo Researchers, Inc. 18.14 : © Lennart Nilsson/Boehringer Ingelheim International GmbH. 18.15.1 : Reproduite avec la permission de Jack Scanlon, Holyoke Community College. 18.15.2 : Reproduite avec la permission de Jack Scanlon, Holyoke Community College. 18.15 : Reproduite avec la permission de Jack Scanlon, Holyoke Community College. *Gros plan :* Reproduite avec la permission de Tony Hunt, University of California, San Francisco.

Chapitre 19 19.4b : © A. & F. Michler/Peter Arnold, Inc. 19.7b : Tirée de *A Stereoscopic Atlas of Human Anatomy, de* David L. Bassett. 19.7c : © Lennart Nilsson. Tirée de *The Body Victorious.* © Boehringer Ingelheim International GmbH. 19.11a : © Ed Reschke.

Chapitre 20 20.19c : © Science Photo Library/Photo Researchers, Inc. *Gros plan :* © GCA/CNRI/ Phototake NYC.

Chapitre 21 21.3 : © Francis Leroy, Biocosmos, Science Photo Library, Science Source/Photo Researchers, Inc. 21.5b : Reproduite avec la permission de LUMEN Histology, Loyola University Medical Education Network, http :// www. lumen.luc.edu/lumen/

MedEd/Histo/frames/histo_frames.html. 21.6c : Benjamin/Cummings Publishing Company. Photographie de Mark Nielsen, University of Utah. 21.6d : Reproduite avec la permission de LUMEN Histology, Loyola University Medical Education Network, http ://www.lumen.luc.edu/lumen/MedEd/Histo/frames/histo_frames.html. 21.7a : Tirée de *A Stereoscopic Atlas of Human Anatomy,* de David L. Bassett. 21.7b : © John Cunningham/Visuals Unlimited. 21.8 : © John Cunningham/Visuals Unlimited. 21.9 : © Biophoto Associates/Science Source/Photo Researchers, Inc.

Chapitre 22 22.1 : © Manfred Kage/Peter Arnold, Inc. 22.12c : © Arthur J. Olson, The Scripps Research Institute. 22.17b : © Dr Andrejs Liepins/Science Photo Library/Photo Researchers, Inc.

Chapitre 23 23.2b : © John Wilson White/Addison Wesley Longman. 23.3b-d : Tirées de *A Stereoscopic Atlas of Human Anatomy,* de David L. Bassett. 23.5 : Reproduite avec la permission de University of San Francisco. 23.6 : © Science Photo Library/Photo Researchers, Inc. 23.7b : © Martin Dohrn, Royal College of Surgeons/Science Photo Library/Photo Researchers, Inc. 23.8b : © Carolina Biological/Phototake. 23.9a : © R. Kessel/Visuals Unlimited. 23.10b : Tirée de *A Stereoscopic Atlas of Human Anatomy,* de David L. Bassett. *Gros plan :* © Fred Bavendam/Peter Arnold, Inc.

Chapitre 24 24.8 : Tirée de *Tissues and Organs,* de R. Kessel et R. Kardon. © 1979 W.H. Freeman. 24.9h : © Science Photo Library/Photo Researchers, Inc. 24.12a : © Biophoto Associates/Photo Researchers, Inc. 24.12b : Tirée de *Color Atlas of Histology,* de Leslie P. Gartner et James L. Hiatt. © 1990 Williams & Wilkins. 24.14b : Tirée de *Color Atlas of Histology,* de Leslie P. Gartner et James L. Hiatt. © 1990 Williams & Wilkins. 24.20 : Tirée de *A Stereoscopic Atlas of Human Anatomy,* de David L. Bassett. 24.21 : Reproduite avec la permission de LUMEN Histology, Loyola University Medical Education Network, http ://www.lumen.luc.edu/lumen/MedEd/Histo/frames/histo_frames.html. 24.22a : © Professeur P.M. Motta/Department of Anatomy/University «La Sapienza», Rome/Science Photo Library/Photo Researchers, Inc. 24.22b : © Secchi-Lecaque-Roussel-UCLAF/CNRI/Science Photo Library/Photo Researchers, Inc. 24.23a et b : Tirées de *A Stereoscopic Atlas of Human Anatomy,* de David L. Bassett. 24.24a et b : Tirées de *A Stereoscopic Atlas of Human Anatomy,* de David L. Bassett. 24.25b : © M. Walker/Photo Researchers. 24.27b : Reproduite avec la permission de LUMEN Histology, Loyola University Medical Education Network, http ://www.lumen.luc.edu/lumen/MedEd/Histo/frames/histo_frames.html. 24.30b : Tirée de *A Stereoscopic Atlas of Human Anatomy,* de David L. Bassett. 24.31a : © Ed Reschke/ Peter Arnold.

Chapitre 25 25.24 : William Thompson. 25.26 : © Mike Powell/Allsport. *Gros plan :* © Will et Deni McIntyre/Photo Researchers.

Chapitre 26 26.2b : © Benjamin/Cummings Publishing Inc. Photographie de Richard Tauber. 26.3a : Tirée de *A Stereoscopic Atlas of Human Anatomy,* de David L. Bassett. 26.4c : © Biophoto Associates/Photo Researchers. 26.5c : Tirée de *Tissues and Organs,* de R. Kessel et R. Kardon. © 1979 W.H. Freeman. 26.8b : © Professeur P.M. Motta et M. Castellucci/Science Photo Library/Photo Researchers. 26.16 : © Biophoto Associates/Photo Researchers, Inc.

Chapitre 27 *Gros plan :* © David York/Medichrome.

Chapitre 28 28.3b : © Ed Reschke. 28.3c : Tirée de *A Stereoscopic Atlas of Human Anatomy,* de David L. Bassett. 28.8a : Tirée de *Tissues and Organs,* de R. Kessel et R. Kardon. © 1979 W.H. Freeman. 28.9b : © Manfred Kage/Peter Arnold. 28.12b : © Ed Reschke. 28.13 : © C. Edelman/La Vilette/Photo Researchers, Inc. 28.14 : Tirée de *A Stereoscopic Atlas of Human Anatomy,* de David L. Bassett. 28.15a : © Michael Ross. 28.18a : © Chris Priest/Science Photo Library/Photo Researchers, Inc. 28.18b et c : © 1994 Richard D'Amico, M.D./Custom Medical Stock Photography. 28.23 © Kenneth Greer/Visuals Unlimited.

Chapitre 29 29.2b : © Lennart Nilsson. Tirée de *A Child is Born.* © 1990 Dell Publishing, New York, NY. 29.3h : Reproduite avec la permission de Dr C.A. Ziomek, Worcester Fund for Experimental Biology, Shrewsbury, MA. 29.5a et b : Reproduite avec la permission de Dr E.S.E. Hafez, Wayne State University, Detroit, MI. 29.5c et d : Photographié pour la Carnegie Collection par Dr Allen C. Enders, University of California, Davis. 29.7e : Tirée de *A Stereoscopic Atlas of Human Anatomy,* de David L. Bassett. 29.14a-c : © Lennart Nilsson. Tirées de *A Child is Born.* © 1990 Dell Publishing, New York, NY. 29.18 : © Michael Alexander et Mickey Pfleger, 1991. *Gros plan :* Reproduite avec la permission de IVF Clinic, Stanford Medical Center.

Chapitre 30 30.1b : © SIU/Visuals Unlimited. 30.1c : © CNRI/SPL/Photo Researchers, Inc. 30.6 : © Tony Duffy/Allsport.

Sources des illustrations

Synthèse dans tout le manuel : Vincent Perez

Chapitre 1 1.1 : Jeanne Koelling. 1.2 : Vincent Perez. 1.3-1.7, 1.9-1.12 : Precision Graphics. Tableau 1.1 : Shirley Bortoli.

Chapitre 2 2.1-2.3 : George Klatt. 2.4-2.6 : Precision Graphics. 2.7 : George Klatt. 2.8 : Precision Graphics. 2.9 : George Klatt. 2.10-2.23 : Precision Graphics.

Chapitre 3 3.1 : Carla Simmons. 3.2 : Carla Simmons et Precision Graphics. 3.3-3.7, 3.9-3.14, 3.16 : Precision Graphics. 3.17 : Carla Simmons et Precision Graphics. 3.16 : Elizabeth Morales-Denney. 3.19-3.24 : Precision Graphics. 3.25 : Carla Simmons et Precision Graphics. 3.26-3.29, 3.31-3.34 : Precision Graphics. *Gros plan :* Precision Graphics.

Chapitre 4 4.1-4.4, 4.6 : Precision Graphics. 4.7 : Kristin Otwell. 4.6-4.13 : Precision Graphics.

Chapitre 5 5.2 : Precision Graphics. 5.3 : Elizabeth Morales-Denney. 5.5, 5.6 : Precision Graphics. 5.7 : Barbara Cousins. 5.8 : Precision Graphics.

Chapitre 6 6.1 : Precision Graphics. 6.2, 6.3 : Barbara Cousins. 6.4 : Laurie O'Keefe. 6.5 : Barbara Cousins et Precision Graphics. 6.6 : Precision Graphics. 6.7, 6.8 : Barbara Cousins. 6.9-6.12 : Precision Graphics. 6.13 : Barbara Cousins. Tableau 6.2 : Precision Graphics.

Chapitre 7 7.1 : Laurie O'Keefe. 7.2-7.4a et b : Nadine Sokol. 7.4c : Precision Graphics. 7.5-7.7 : Wendy Hiller Gee et Precision Graphics. 7.8 : Laurie O'Keefe, Nadine Sokol et Precision Graphics. 7.9, 7.10 : Nadine Sokol et Precision Graphics. 7.11 : Vincent Perez. 7.12 : Precision Graphics. 7.13 : Kristin Otwell. 7.14a : Nadine Sokol. 7.14b et c : Laurie O'Keefe. 7.15 : Nadine Sokol. 7.16-7.18 : Laurie O'Keefe et Precision Graphics. 7.19 : Precision Graphics. 7.20 : Laurie O'Keefe. 7.21 : Laurie O'Keefe et Precision Graphics. 7.21 : Precision Graphics. 7.22 : Laurie O'Keefe. 7.23 : Laurie O'Keefe et Precision Graphics. 7.24, 7.25 : Laurie O'Keefe. 7.26 : Laurie O'Keefe et Precision Graphics. 7.27 : Laurie O'Keefe. 7.28 : Kristin Otwell. 7.29 : Precision Graphics. 7.30 : Nadine Sokol. 7.31 : Precision Graphics. Tableaux 7.2 et 7.3 : Kristin Otwell. Tableau 7.4 : Laurie O'Keefe.

Chapitre 8 8.1 : Precision Graphics. 8.2 : Barbara Cousins et Precision Graphics. 8.3 : Precision Graphics. 8.4 : Barbara Cousins. 8.7, 8.8 : Precision Graphics. 8.9-8.11 : Barbara Cousins. 8.12, 8.13 : Precision Graphics. 8.14 : Barbara Cousins. Tableau 8.2 : Precision Graphics.

Chapitre 9 9.1 : Raychel Ciemma. 9.2-9.22 : Precision Graphics. Tableaux 9.1 et 9.4 : Precision Graphics.

Chapitre 10 10.1-10.3 : Precision Graphics. 10.4-10.16 : Raychel Ciemma. 10.17 : Precision Graphics. 10.18 : Laurie O'Keefe. 10.19 : Raychel Ciemma. 10.20 : Wendy Hiller Gee. 10.21-10.23 : Raychel Ciemma. 10.24 : Precision Graphics. 10.25 : Laurie O'Keefe.

Chapitre 11 11.1-11.3 : Precision Graphics. 11.4 : Charles W. Hoffman. 11.5-11.25 : Precision Graphics. Tableaux 11.1 et 11.3 : Precision Graphics.

Chapitre 12 12.2-12.24, 12.26, 12.27 : Precision Graphics. 12.28 : Stephanie McCann. 12.29-12.32 : Precision Graphics.

Chapitre 13 13.1 : Precision Graphics. 13.2 : Charles W. Hoffman. 13.4, 13.5 : Precision Graphics. 13.6 : Stephanie McCann. 13.7, 13.8 : Precision Graphics. 13.9, 13.10 : Kristin Mount. 13.11, 13.12 : Precision Graphics. 13.13 : Kristin Mount. 13.14-13.17 : Precision Graphics. Tableau 13.1 : Precision Graphics. Tableau 13.2 : Kristin Mount. *Gros plan :* Precision Graphics.

Chapitre 14 14.1-14.5 : Precision Graphics. 14.6 : Kristin Mount. 14.7-14.9 : Precision Graphics. *Gros plan :* Precision Graphics.

Chapitre 15 15.1-15.5 : Precision Graphics. 15.6 : Charles W. Hoffman.

Chapitre 16 16.1, 16.2 : Precision Graphics. 16.4 : Charles W. Hoffman. 16.5a et b : Wendy Hiller Gee/BioMed Arts. 16.5c : Precision Graphics. 16.6 : Barbara Cousins. 16.7-16.9, 16.11, 16.13, 16.15-16.17 : Precision Graphics. 16.18a : Charles W. Hoffman. 16.18b : Carla Simmons. 16.19-16.24 : Precision Graphics. 16.25 : Charles W. Hoffman. 16.26, 16.27 : Precision Graphics. 16.28 : Wendy Hiller Gee. 16.29-16.35 : Precision Graphics. 16.36a et d : Precision Graphics. 16.36b : Charles W. Hoffman. 16.37, 16.38 : Precision Graphics.

Chapitre 17 17.1-17.6 : Precision Graphics. 17.8 : Charles W. Hoffman. 17.9 : Precision Graphics.

17.10 : Charles W. Hoffman. 17.11-17.14 : Precision Graphics. 17.15 : Charles W. Hoffman. 17.16-17.18 : Precision Graphics. Tableaux 17.1 et 17.3 : Precision Graphics.

Chapitre 18 18.1 : Nadine Sokol. 18.3 : Precision Graphics. 18.4 : Nadine Sokol et Precision Graphics. 18.5-18.7, 18.9, 18.11-18.13 : Precision Graphics. Tableaux 18.2 et 18.4 : Precision Graphics.

Chapitre 19 19.1 : Wendy Hiller Gee et Precision Graphics. 19.2 : Barbara Cousins et Precision Graphics. 19.3, 19.4 : Barbara Cousins. 19.5 : Precision Graphics. 19.6 : Barbara Cousins. 19.7-19.9 : Barbara Cousins et Precision Graphics. 19.10-19.13 : Precision Graphics. 19.14a : Barbara Cousins. 19.14b : Precision Graphics. 19.15-19.17 : Precision Graphics. 19.18 : Kristin Mount. 19.19-19.24 : Precision Graphics. *Gros plan :* Precision Graphics.

Chapitre 20 20.2-20.7 : Precision Graphics. 20.8 : Barbara Cousins. 20.9-20.13 : Precision Graphics. 20.14, 20.15 : Kristin Mount. 20.16a : Precision Graphics. 20.16b : Barbara Cousins. 20.17 : Precision Graphics. 20.18a : Precision Graphics. 20.18b : Barbara Cousins. 20.19a : Precision Graphics. 20.19b et d : Barbara Cousins. 20.20a : Precision Graphics. 20.20b : Barbara Cousins. 20.21a : Precision Graphics. 20.21b et d : Barbara Cousins. 20.22a : Precision Graphics. 20.22b : Barbara Cousins. 20.23a : Precision Graphics. 20.23b : Barbara Cousins. 20.24a : Precision Graphics. 20.24b et c : Barbara Cousins. 20.25a : Precision Graphics. 20.25b : Barbara Cousins. 20.26a : Precision Graphics. 20.26b : Barbara Cousins. 20.26c : Barbara Cousins. 20.27 : Barbara Cousins.

Chapitre 21 21.1 : Nadine Sokol. 21.2, 21.4 : Kristin Mount. 21.5, 21.6 : Precision Graphics.

Chapitre 22 22.2 Kristin Mount. 22.3-22.19 : Precision Graphics. Tableau 22.3 : Precision Graphics. *Gros plan :* Kristin Mount.

Chapitre 23 23.1 : Precision Graphics. 23.2-23.4 : Raychel Ciemma. 23.5 : Precision Graphics. 23.8 : Wendy Hiller Gee. 23.9-23.26 : Precision Graphics. *Gros plan :* Precision Graphics.

Chapitre 24 24.2-24.6 : Precision Graphics. 24.7 : Cyndie Wooley. 24.8 : Kristin Otwell. 24.10-24.13 : Precision Graphics. 24.14 : Kristin Otwell. 24.15 : Precision Graphics. 24.16 : Kristin Mount. 24.17-24.21, 24.23 : Precision Graphics. 24.24 : Kristin Mount. 24.25-24.28 : Precision Graphics. 24.29 : Nadine Sokol. 24.30, 24.32-24.37 : Precision Graphics.

Chapitre 25 25.1-25.3 : Precision Graphics. 25.4 : Kristin Mount. 25.5-25.22 : Precision Graphics. 25.23 : Kristin Mount. 25.25, 25.27 : Precision Graphics.

Chapitre 26 26.1 : Linda McVay. 28.3b : Linda McVay. 26.3c : Precision Graphics. 26.4, 26.6 : Precision Graphics. 26.7 : Linda McVay. 26.8-26.15 : Precision Graphics. 26.17 : Linda McVay. 26.18, 26.19 : Precision Graphics. 26.20 : Linda McVay. *Gros plan :* Precision Graphics.

Chapitre 27 27.1-27.13 : Precision Graphics.

Chapitre 28 28.1 : Martha Blake et Precision Graphics. 28.2 : Martha Blake. 28.3 : Precision Graphics. 28.4 : Martha Blake. 28.5-28.8 : Precision Graphics. 28.9 : Martha Blake. 28.10 : Precision Graphics. 28.11 : Martha Blake et Precision Graphics. 28.12, 28.15 : Martha Blake. 28.16 : Barbara Cousins. 28.17 : Martha Blake. 28.19-28.22, 28.24-28.26 : Precision Graphics. *Gros plan :* Precision Graphics.

Chapitre 29 29.1 : Precision Graphics. 29.2-29.4 : Martha Blake. 29.5, 29.6 : Precision Graphics. 29.7 : Martha Blake. 29.8-29.13, 29.15, 29.16 : Precision Graphics. 29.17 : Martha Blake. 29.19 : Precision Graphics. Tableau 29.2 : Precision Graphics.

Chapitre 30 30.1-30.5, 30.7-30.11 : Precision Graphics.

Appendices A-E: Kristin Mount.

GLOSSAIRE

Abcès Accumulation de pus et de tissus nécrosés.
Abdomen Partie du corps comprise entre le diaphragme et le bassin.
Abduction Mouvement qui écarte un membre du plan médian du corps.
Absorption Processus par lequel les produits de la digestion passent à travers la muqueuse du tube digestif pour atteindre le sang ou la lymphe.
Accepteur de protons Substance qui capte des ions hydrogène en quantité détectable; base.
Accident vasculaire cérébral Arrêt de l'irrigation sanguine d'une région du cerveau, causé notamment par le blocage d'un vaisseau sanguin cérébral.
Accommodation Processus qui fait augmenter la puissance de réfraction du cristallin de l'œil.
Acétabulum Partie de la fosse de l'acétabulum qui reçoit le fémur.
Acétylcholine (Ach) Médiateur chimique libéré par les terminaisons nerveuses de certaines neurofibres (neurofibres cholinergiques).
Acétylcholinestérase (AChE) Enzyme présente à la terminaison neuromusculaire qui dégrade l'acétylcholine, ce qui empêche la poursuite de la contraction musculaire en l'absence d'une stimulation additionnelle.
Acide Substance qui libère des ions hydrogène lorsqu'elle est en solution (comparer avec base); donneur de protons.
Acide aminé Composé organique contenant de l'azote, du carbone, de l'hydrogène et de l'oxygène; unité de base des protéines; un acide aminé possède toujours un groupement carboxylique (—COOH) et un groupement amine (—NH_2).
Acide chlorhydrique (HCl) Acide qui contribue à la digestion des protéines dans l'estomac; produit par les cellules pariétales.
Acide gras Chaîne linéaire d'atomes de carbone et d'hydrogène (chaîne hydrocarbonée) dont une extrémité comporte un groupement acide organique; constituant des lipides.
Acide lactique Produit du métabolisme anaérobie, en particulier dans les cellules du muscle squelettique.
Acide pyruvique Composé à trois atomes de carbone, intermédiaire dans le métabolisme des glucides; produit final de la glycolyse.
Acide urique Déchet azoté produit par le métabolisme des acides nucléiques (purines); composant de l'urine.
Acides nucléiques Groupe de molécules organiques, constituées de nucléotides, dont font partie l'ADN et l'ARN.
Acidose Concentration anormalement élevée d'ions hydrogène dans le liquide extracellulaire.
Acidose physiologique pH du sang artériel inférieur à 7,35, quelle qu'en soit la cause.
Acromégalie Hypertrophie et épaississement de certaines parties osseuses et de tissus mous chez l'adulte, par suite d'une hypersécrétion de GH.
Acrosome Structure du spermatozoïde coiffant son noyau et contenant des enzymes hydrolytiques permettant au gamète mâle de pénétrer dans l'ovule.
Actine Protéine contractile, constituant des myofilaments minces des tissus musculaires.
Adaptation (1) Modification d'une structure ou d'une réaction face à un nouvel environnement; (2) diminution de la transmission de l'influx nerveux dans un nerf sensitif lorsqu'un récepteur est stimulé continuellement et sans modification de la force du stimulus.
Adduction Mouvement qui amène un membre vers le plan médian du corps.
Adénine (A) Une des deux principales purines présentes dans l'ARN et l'ADN; également présente dans divers nucléotides libres importants pour l'organisme, comme l'ATP; base complémentaire de la thymine ou de l'uracile.
Adénohypophyse Lobe antérieur de l'hypophyse; partie glandulaire de l'hypophyse.
Adénosine triphosphate (ATP) Molécule organique qui stocke et libère l'énergie chimique utilisée par les cellules de l'organisme; constituée d'une base azotée (adénine), d'un sucre (ribose) et de trois groupements phosphate.
Adipocytes Cellules adipeuses, ou graisseuses; leur cytoplasme contient une ou plusieurs gouttelettes de lipides.
ADN (acide désoxyribonucléique) Acide nucléique présent dans toutes les cellules vivantes; porte l'information génétique de l'organisme.
Adrénaline Principale hormone sécrétée par la médulla surrénale; aussi appelée épinéphrine.
Adventice Couche conjonctive externe d'un organe.
Aérobie Qui a besoin d'oxygène.
Afférent Qui véhicule un liquide ou un influx nerveux vers ou jusqu'à un centre.
Agent pathogène Microorganisme qui provoque une maladie.
Agglutination Amas de cellules (étrangères); produite par la liaison de complexes antigène-anticorps.
Agoniste Muscle qui est le principal responsable d'un mouvement particulier.
Aires associatives Aires fonctionnelles du cortex cérébral qui servent principalement à intégrer les diverses informations sensorielles afin d'envoyer des commandes motrices aux effecteurs.
Aires motrices Aires fonctionnelles du cortex cérébral qui président à la fonction motrice volontaire.
Aires sensitives Aires fonctionnelles du cortex cérébral qui permettent les perceptions sensorielles somatiques et autonomes.
Albuginée Enveloppe conjonctive blanchâtre de certains organes; p. ex. des testicules.
Albumine La plus abondante des protéines plasmatiques; joue un rôle important dans le maintien de la pression osmotique du plasma sanguin.
Alcalose Concentration anormalement faible d'ions hydrogène dans le liquide extracellulaire (pH > 7,45).
Aldostérone Hormone produite par le cortex surrénal qui règle la réabsorption des ions sodium et de l'eau ainsi que l'excrétion des ions potassium par les néphrons.
Allantoïde Membrane embryonnaire; ses vaisseaux sanguins se développent pour former les vaisseaux sanguins du cordon ombilical.
Allèles Gènes codant pour le même trait et occupant le même locus de chromosomes homologues.
Allergie (hypersensibilité) Réaction immunitaire anormalement vigoureuse à un antigène (allergène) ne représentant aucun danger pour l'organisme.
Allogreffe Greffe entre deux individus non génétiquement identiques mais appartenant à la même espèce.
Alopécie Calvitie.
Alvéoles Cavités microscopiques des poumons où se produisent les échanges gazeux.
Amines biogènes Classe de neurotransmetteurs dont font partie les catécholamines (adrénaline et noradrénaline), la sérotonine et l'histamine.
Ammoniac (NH_3) Déchet commun résultant de la dégradation des protéines dans l'organisme; gaz volatil incolore, très soluble dans l'eau et capable de former une base faible; accepteur de protons.
Amniocentèse Procédé de diagnostic prénatal courant qui consiste à prélever, dans la cavité amniotique, un échantillon de liquide et de cellules fœtales (présentes dans ce liquide).
Amnios Membrane fœtale qui forme un sac rempli de liquide autour de l'embryon.
AMP cyclique Important second messager intracellulaire qui régit les effets de plusieurs hormones; se forme à partir de l'ATP grâce à l'action de l'adénylate cyclase, une enzyme associée à la membrane plasmique.
Amphiarthrose Articulation semi-mobile.
Ampoule Portion renflée d'un canal ou d'un conduit.
Amylase Enzyme du système digestif qui dégrade les féculents.
Anabolisme Phase du métabolisme nécessitant de l'énergie afin de former des molécules plus complexes (synthèse) en liant des molécules plus petites.
Anaérobie Ne nécessitant pas d'oxygène.

Anaphase Troisième phase de la mitose, pendant laquelle des ensembles complets de chromosomes destinés aux cellules filles se déplacent vers les pôles opposés de la cellule.

Anaphylaxie Type d'hypersensibilité de type immédiat qui fait intervenir les IgE fixées sur les mastocytes ou les granulocytes basophiles.

Anastomose Communication entre deux nerfs ou deux vaisseaux sanguins ou lymphatiques.

Anatomie Étude de la structure des organismes vivants.

Androgène Hormone qui détermine les caractères sexuels secondaires masculins, telle que la testostérone.

Anémie Réduction de la capacité du sang à transporter de l'oxygène résultant d'un nombre insuffisant de globules rouges ou d'anomalies de l'hémoglobine.

Anévrisme Poche formée dans une paroi artérielle; causé par l'affaiblissement ou la dilatation de la paroi.

Angine de poitrine Douleur thoracique intense causée par l'interruption temporaire de l'apport d'oxygène au muscle cardiaque.

Angiotensine II Vasoconstricteur puissant activé par la rénine; déclenche aussi la libération d'aldostérone.

Anhydrase carbonique Enzyme qui catalyse la liaison du gaz carbonique et de l'eau pour former de l'acide carbonique de même que la réaction inverse; présente notamment dans les globules rouges.

Anion Ion portant une ou plusieurs charges négatives et, par conséquent, attiré par un ion positif (p. ex. Cl^-, OH^-).

Anoxie Manque d'oxygène.

Antagoniste Muscle qui s'oppose à un mouvement d'un autre muscle ou produit un effet contraire.

Anticodon Séquence de trois bases complémentaire au codon d'ARN messager (ARNm).

Anticorps Molécule protéique qui est libérée par un plasmocyte (cellule fille d'un lymphocyte B activé) et qui se lie spécifiquement à un antigène; une immunoglobuline (Ig).

Anticorps monoclonaux Préparations d'anticorps purs descendant d'une seule cellule qui sont spécifiques pour un seul antigène.

Antigène (Ag) Substance ou portion d'une substance (vivante ou non) qui est considérée comme étrangère par le système immunitaire; active le système immunitaire et réagit avec les cellules immunitaires ou leurs produits.

Anus Extrémité distale du tube digestif; orifice du rectum.

Aorte Principale artère systémique; naît du ventricule gauche du cœur.

Apnée Arrêt plus ou moins long de la respiration.

Apoenzyme Partie protéinique d'une enzyme.

Aponévrose Feuillet de tissu fibreux ou membraneux qui relie un muscle et la partie du corps qu'il fait bouger; s'attache au tissu conjonctif recouvrant un os ou un cartilage ou encore au fascia d'un muscle.

Appareil juxta-glomérulaire Cellules spécialisées du tubule distal et de l'artériole efférente situées près du glomérule; jouent un rôle dans la régulation de la pression artérielle en libérant une enzyme appelée rénine.

Appendicite Inflammation de l'appendice vermiforme (prolongement en cul-de-sac attaché au cæcum du gros intestin).

Appendiculaire Relatif aux membres; une des deux principales divisions du corps humain.

Apport énergétique Énergie libérée durant l'oxydation des nutriments.

Aqueduc de Sylvius *Voir* aqueduc du mésencéphale.

Aqueduc du mésencéphale Canal du mésencéphale qui relie les troisième et quatrième ventricules; aussi appelé aqueduc de Sylvius.

Arachnoïde Membrane souple située entre les deux autres méninges.

Arbre généalogique Méthode qui permet de suivre un trait génétique dans plusieurs générations et de prédire le génotype de la future progéniture.

Aréole Région circulaire et pigmentée entourant le mamelon; petit espace dans un tissu.

ARN (acide ribonucléique) Acide nucléique qui contient du ribose et les bases A, G, C et U; assure la synthèse des protéines en suivant les directives données par l'ADN.

ARN de transfert (ARNt) Petite molécule d'ARN qui transfère les acides aminés au ribosome.

ARN messager (ARNm) Longue chaîne de nucléotides qui reflète exactement (par la séquence de ses bases complémentaires) la séquence de nucléotides de l'ADN actif sur le plan génétique et transmet son message du noyau au cytoplasme.

ARN ribosomal (ARNr) Composant des ribosomes; existe à l'intérieur des ribosomes du cytoplasme et participe à la synthèse des protéines.

Artères Vaisseaux sanguins qui acheminent le sang sortant du cœur dans la circulation.

Artères pulmonaires Vaisseaux qui transportent vers les poumons le sang à oxygéner.

Artériole Petite artère.

Artériosclérose Lésions prolifératives et dégénératives des vaisseaux provoquant une diminution de leur élasticité.

Arthrite Inflammation des articulations.

Arthroscopie Intervention qui permet au chirurgien de réparer l'intérieur d'une articulation par l'intermédiaire d'une petite incision.

Articulation Point de contact de deux ou plusieurs os.

Articulations cartilagineuses Os unis par du cartilage; pas de cavité articulaire.

Articulations fibreuses Os reliés par du tissu conjonctif dense; pas de cavité articulaire.

Articulations synoviales Articulations mobiles présentant une cavité articulaire; aussi appelées diarthroses.

Arythmie Irrégularité du rythme cardiaque causée par un trouble du système de conduction cardiaque.

Astigmatisme Inégalité de la courbure des différentes parties du cristallin (ou de la cornée) qui produit une vision floue.

Astrocytes Type de gliocytes du SNC qui interviennent dans les échanges entre les capillaires sanguins et les neurones.

Ataxie Perturbation de la coordination des muscles qui entraîne l'imprécision des mouvements.

Atélectasie Affaissement des alvéoles pulmonaires qui les rend inaptes à la ventilation, même si la circulation sanguine fonctionne.

Athérosclérose Accumulation de lipides sur la paroi interne des grosses et moyennes artères qui diminue la lumière du vaisseau; premier stade de l'artériosclérose.

Atome Plus petite particule d'un élément qui possède les propriétés de cet élément; composé de protons, de neutrons et d'électrons.

Atrophie Diminution de la taille d'un organe ou d'une cellule résultant d'une maladie ou de l'immobilité.

Autogreffe Greffe de tissu d'une région à une autre chez une même personne.

Autolyse Processus d'autodigestion des cellules, particulièrement des cellules mortes ou en dégénérescence, par l'intermédiaire d'enzymes protéolytiques contenues dans les lysosomes.

Autorégulation rénale Processus utilisé par les reins pour maintenir un débit de filtration glomérulaire presque constant malgré les fluctuations de la pression artérielle systémique.

Autosomes Chromosomes numérotés de 1 à 22; tous les chromosomes sauf les chromosomes sexuels.

Autotolérance Absence de réaction aux antigènes du soi qui fait partie de l'« éducation » des lymphocytes.

Avantage mécanique (levier de puissance) Situation présente lorsque la charge se situe près du point d'appui et que la force est appliquée loin de celui-ci; permet à une petite force appliquée à une distance relativement grande de déplacer une charge lourde sur une courte distance.

Axial Relatif à la tête, au cou et au tronc; une des deux principales divisions du corps humain.

Axolemme Membrane plasmique de l'axone.

Axone Prolongement unique du neurone, pouvant porter des collatérales; structure conductrice des neurones qui génèrent et transmettent les influx nerveux aux effecteurs ou vers d'autres neurones.

Axones amyélinisés Axones dépourvus d'une gaine de myéline qui, par conséquent, conduisent les influx nerveux très lentement.

Barorécepteur (1) Récepteur stimulé par les changements de pression; (2) terminaison nerveuse sensible à l'étirement des vaisseaux située dans la paroi des sinus carotidiens et du sinus de l'aorte.

Barrière hémato-encéphalique Mécanisme qui inhibe le passage de substances du sang aux tissus de l'encéphale; traduit l'imperméabilité relative des capillaires de l'encéphale.

Base Substance pouvant se lier avec les ions hydrogène; accepteur de protons.

Base complémentaire Degré d'appariement des bases entre deux séquences de molécules d'ADN ou d'ARN.

Bassin Structure osseuse composée de la ceinture pelvienne, du sacrum et du coccyx; aussi appelé pelvis.

Bâtonnets Un des deux types de cellules photosensitives de la rétine.

Bénin Non malin.

Biceps Constitué de deux chefs; se dit surtout de certains muscles.

Bile Liquide vert jaunâtre ou brunâtre élaboré et sécrété par le foie, emmagasiné dans la vésicule biliaire, libéré dans l'intestin grêle; permet l'émulsion des graisses; contient des sels et des pigments biliaires et du cholestérol.

Bilirubine Pigment jaune-rougeâtre de la bile; provient de la dégradation de l'hémoglobine.

Biopsie des villosités chorioniques Procédé de diagnostic prénatal qui consiste à prélever des échantillons des villosités chorioniques puis à dresser le caryotype. Ce procédé peut être effectué à la huitième semaine de grossesse.

Blastocyste Stade du début du développement embryonnaire; produit de la segmentation; constitué par des cellules entourant une cavité remplie de liquide.

Bloc cardiaque Trouble de la transmission des influx des oreillettes aux ventricules qui cause une arythmie.

Bol alimentaire Masse arrondie de nourriture préparée par la bouche avant la déglutition.

Bordure en brosse Microvillosités denses au pôle apical de cellules épithéliales; p. ex. au niveau de la muqueuse de l'intestin grêle.

Bourse Sac fibreux aplati tapissé d'une membrane synoviale et contenant du liquide synovial; située entre des os et des tendons de muscles (ou d'autres structures); contribue à réduire la friction au cours de mouvements.

Boutons terminaux *Voir* corpuscules nerveux terminaux.

Bradycardie Fréquence cardiaque inférieure à 60 battements par minute.

Bronche Une des deux grosses branches de la trachée qui mène aux poumons.

Bronchioles Conduits aériens de diamètre inférieur à 1 mm qui se ramifient dans les poumons; les bronchioles terminales se ramifient en bronchioles respiratoires qui mènent aux sacs alvéolaires.

Bronchopneumopathies chroniques obstructives (BPCO) Groupe de maladies respiratoires obstructives et progressives comme l'emphysème et la bronchite chronique.

Brûlure Détérioration des tissus occasionnée par une chaleur intense, un courant électrique, les rayonnements ionisants ou certains produits chimiques. Chacun de ces facteurs dénature les protéines cellulaires et cause la mort cellulaire dans les régions touchées.

Brûlure du premier degré Brûlure dans laquelle seul l'épiderme est touché.

Brûlure du second degré Brûlure dans laquelle l'épiderme et la partie supérieure du derme sont touchés.

Brûlure du troisième degré Brûlure dans laquelle toute l'épaisseur de la peau est touchée; également appelée brûlure profonde. Des greffes de peau sont habituellement nécessaires.

Bulbe rachidien Partie inférieure du tronc cérébral.

Bursite Inflammation d'une bourse.

Cæcum Segment en cul-de-sac constituant la portion initiale du gros intestin; prolongé par l'appendice vermiforme.

Cal Tissu de réparation (fibreux ou osseux) apparaissant au siège d'une fracture.

Calcitonine Hormone polypeptidique libérée par les cellules parafolliculaires de la glande thyroïde qui entraîne une diminution de la concentration sanguine de calcium; aussi appelée thyrocalcitonine.

Calcul Concrétion solide se formant dans un organe.

Calculs biliaires Cholestérol cristallisé qui empêche la bile de sortir de la vésicule biliaire.

Calice rénal Extension en forme de coupe qui se déverse dans le pelvis rénal.

Calicules gustatifs Récepteurs sensoriels dans lesquels sont situées les cellules gustatives, qui réagissent aux substances chimiques en solution.

Canal central de l'ostéon (canal de Havers) Canal situé au centre de chaque ostéon où passent de petits vaisseaux sanguins et des neurofibres qui desservent les ostéocytes.

Canalicule Canal extrêmement fin.

Canaux de Volkmann *Voir* canaux perforants de l'os compact.

Canaux perforants de l'os compact Canaux orientés perpendiculairement à l'axe de l'ostéon; permettent les connexions nerveuses et vasculaires entre le périoste, les canaux centraux de l'ostéon et le canal médullaire; aussi appelés canaux de Volkmann.

Cancer Néoplasme malin et invasif qui peut se propager dans tout l'organisme et à toutes les structures.

Capacité vitale Volume de gaz qui peut être expulsé des poumons au cours d'une expiration forcée faite après une inspiration forcée; quantité totale d'air échangeable.

Capillaires sanguins Les plus petits des vaisseaux sanguins situés entre les artérioles et les veinules; siège des échanges entre le sang et les cellules des tissus.

Capsule articulaire Capsule composée de deux couches de tissus, c'est-à-dire d'une capsule fibreuse tapissée par la membrane synoviale; entoure la cavité articulaire d'une articulation synoviale.

Capsule glomérulaire rénale Structure en forme de coupe à double paroi située à l'extrémité proximale d'un tubule rénal et enveloppant le glomérule rénal; partie du corpuscule rénal.

Capsule interne Bande de neurofibres de projection qui passe entre le thalamus et certains des noyaux basaux.

Caractères sexuels secondaires Caractères anatomiques, non associés à la reproduction, qui se développent sous l'influence des hormones sexuelles (type masculin ou féminin de développement musculaire, de croissance des os, de distribution des poils, etc.).

Cardia Partie supérieure de l'estomac qui relie celui-ci à l'œsophage.

Carotène Pigment dont les tons varient du jaune à l'orangé qui s'accumule dans la couche cornée de l'épiderme et dans les cellules adipeuses de l'hypoderme.

Cartilage Tissu conjonctif ferme mais flexible, avasculaire et contenant un très fort pourcentage d'eau; constitue le squelette de l'embryon et subsiste en certains endroits chez l'adulte.

Cartilage articulaire Cartilage hyalin qui recouvre les extrémités des os dans les articulations mobiles.

Cartilage élastique Cartilage renfermant beaucoup de fibres élastiques; plus flexible que le cartilage hyalin; on en retrouve dans l'oreille externe et l'épiglotte.

Cartilage épiphysaire Plaque de cartilage hyalin localisée à la jonction de la diaphyse et de l'épiphyse; permet la croissance en longueur des os longs.

Cartilage fibreux Type de cartilage le plus compressible; résiste bien à la tension. Forme les disques intervertébraux et les coussins cartilagineux des genoux.

Cartilage hyalin Type de cartilage le plus répandu dans le corps; assure un soutien ferme allié à une certaine flexibilité; il recouvre les épiphyses des os longs, lie les côtes au sternum et forme le squelette du larynx.

Caryotype Chromosomes (nombre diploïde) présentés par paires de chromosomes homologues disposés des plus longs aux plus courts (X et Y sont disposés selon leur grosseur plutôt qu'appariés); chez l'humain, il est constitué de 44 autosomes et de 2 chromosomes sexuels.

Catabolisme Processus du métabolisme par lequel les cellules vivantes dégradent les molécules en molécules plus petites.

Catalyseur Substance qui accroît la vitesse d'une réaction chimique sans être elle-même modifiée chimiquement ni devenir une partie du produit.

Cataracte Opacité du cristallin de l'œil qui embrouille la vision; parfois congénital mais le plus souvent dû au vieillissement.
Catécholamines Adrénaline et noradrénaline.
Cation Ion portant une charge positive (p. ex. Ca^{2+}, K^{+}, Na^{+}).
Caudal Littéralement, vers la queue; chez les êtres humains, portion inférieure du corps.
Cavité épidurale Espace situé entre les vertèbres et la dure-mère spinale.
Cavités pleurales Subdivisions de la cavité thoracique; contiennent chacune un poumon.
Ceinture pelvienne Ceinture formée par les deux os coxaux; relie les membres inférieurs au squelette axial.
Ceinture scapulaire (ou pectorale) Os qui relient les membres supérieurs au squelette axial; comprend la clavicule et la scapula.
Cellule Unité de base structurale et fonctionnelle des êtres vivants.
Cellule anucléée Cellule ne possédant pas de noyau; les globules rouges sont les seules cellules anucléées de l'organisme humain.
Cellule cible Cellule qui est capable de réagir à une hormone parce qu'elle possède des récepteurs auxquels l'hormone peut se lier.
Cellule multinucléée Cellule possédant plus d'un noyau, comme les cellules des muscles squelettiques et les cellules hépatiques.
Cellule nerveuse Neurone.
Cellules B *Voir* lymphocytes B.
Cellules caliciformes Cellules (glandes unicellulaires) qui produisent du mucus; situées dans l'épithélium du tube digestif et des voies respiratoires.
Cellules interstitielles (cellules de Leydig) Cellules situées dans le tissu conjonctif lâche qui recouvre les tubules séminifères; synthétisent les androgènes (en particulier la testostérone) et les libèrent dans le liquide interstitiel où elles baignent.
Cellules mémoires Cellules du clone des lymphocytes B et T qui sont responsables de la mémoire immunitaire.
Cellules NK *Voir* cellules tueuses naturelles.
Cellules T *Voir* lymphocytes T.
Cellules tueuses naturelles Cellules de défense qui peuvent tuer les cellules cancéreuses et les cellules infectées par des virus avant que le système immunitaire entre en action; aussi appelées cellules NK.
Cellulose Polysaccharide indigestible, polymère du glucose; le principal constituant des aliments d'origine végétale.
Centre de régulation Un des trois éléments des mécanismes de régulation; fixe la valeur de référence.
Centre vasomoteur Région de l'encéphale qui intervient dans la régulation de la résistance des vaisseaux sanguins.
Centrioles Petites structures voisines du noyau de la cellule; jouent un rôle dans la division cellulaire.
Centrosome Région voisine du noyau qui contient une paire d'organites appelés centrioles.
Cercle artériel du cerveau Anastomose artérielle située à la base du cerveau.
Cerveau Principale partie de l'encéphale, constituée des deux hémisphères cérébraux et des structures du diencéphale.
Cervelet Région de l'encéphale qui permet l'équilibre et synchronise les contractions des muscles squelettiques de manière à produire des mouvements coordonnés; situé à l'arrière du tronc cérébral.
Cétones (corps cétoniques) Métabolites des acides gras; acides forts.
Cétose État anormal dans lequel un excès de corps cétoniques est produit.
Champ visuel Étendue de l'espace que l'œil peut couvrir lorsque la tête est immobile.
Chiasma optique Lame de substance blanche située au-dessous de l'hypophyse; correspond au croisement partiel des neurofibres des nerfs optiques.
Chimiorécepteur Récepteur sensible aux substances chimiques en solution.
Chimiotactisme Mouvement d'une cellule, d'un organisme ou d'une partie d'un organisme le rapprochant ou l'éloignant d'une substance chimique.
Choanes Orifice postérieur des cavités nasales par lequel elles communiquent avec le nasopharynx.
Choc cardiogénique Défaillance de la pompe cardiaque; le cœur est trop faible pour faire circuler le sang de façon adéquate.
Choc hypovolémique Forme la plus répandue de l'état de choc; résulte d'une diminution considérable du volume sanguin.
Cholécystokinine (CCK) Hormone produite par la muqueuse duodénale qui stimule la contraction de la vésicule biliaire et la libération du suc pancréatique riche en enzymes.
Cholestérol Stéroïde présent dans les graisses animales ainsi que dans la majorité des tissus; synthétisé par le foie; constituant de la membrane plasmique et précurseur des hormones stéroïdes.
Chondroblastes Cellules du cartilage qui se divisent par mitose.
Chondrocytes Cellules adultes du tissu cartilagineux.
Chorion Membrane fœtale superficielle; contribue, en formant des villosités, à l'élaboration du placenta.
Choroïde Partie postérieure fortement pigmentée de la tunique moyenne vasculaire de l'œil.
Chromatine Structure du noyau qui porte les gènes; constituée d'ADN et de protéines. Elle se transforme en chromosomes au moment de la division cellulaire.
Chromosomes Bâtonnets constitués de chromatine enroulée; visibles au cours de la division cellulaire.
Chromosomes sexuels Chromosomes, X et Y, qui déterminent le sexe génétique (XX = femme; XY = homme); constituent la 23e paire de chromosomes.
Chylomicrons Gouttelettes de lipoprotéines formées dans les cellules de l'épithélium de l'intestin grêle et déversées dans les vaisseaux chylifères.
Chyme Masse crémeuse et semi-liquide composée d'aliments partiellement digérés et de suc gastrique.
Cils Petites projections qui bougent à l'unisson; permettent le déplacement de substances à la surface de certaines cellules.
Circulation coronaire Irrigation fonctionnelle du cœur; la plus petite circulation de l'organisme.
Circulation pulmonaire Réseau de vaisseaux sanguins qui permet les échanges gazeux dans les poumons; composé des artères pulmonaires, des capillaires alvéolaires et des veines pulmonaires; aussi appelée petite circulation.
Circulation splanchnique Réseau de vaisseaux sanguins qui dessert le système digestif.
Circulation systémique Réseau de vaisseaux sanguins qui permet les échanges gazeux dans les tissus; aussi appelée grande circulation.
Circumduction Mouvement au cours duquel un membre décrit un cône dans l'espace, le sommet du cône (l'articulation de l'épaule ou de la hanche) étant immobile.
Cirrhose Maladie chronique du foie; caractérisée par la destruction des hépatocytes et par la croissance excessive de tissu conjonctif, ou fibrose; causée par une hépatite ou l'alcoolisme.
Citerne Cavité ou espace fermé servant de réservoir.
Citerne du chyle Sac situé à la base du conduit thoracique; origine du conduit thoracique.
Clairance rénale Débit (mL/min) auquel les reins débarrassent le plasma d'une substance particulière; donne des informations sur la fonction rénale.
Clone Descendance d'une même cellule.
Coagulation Transformation du sang en masse gélatineuse; formation du caillot.
Cochlée Cavité spiralée et conique du labyrinthe osseux qui abrite le récepteur de l'audition (l'organe spiral).
Code génétique Règles de traduction des séquences de bases du gène d'ADN en chaîne polypeptidique (séquence d'acides aminés).
Codon Séquence de trois bases présente sur une molécule d'ARN messager qui fournit l'information génétique nécessaire à la synthèse des protéines.
Coenzyme Cofacteur organique associé à une enzyme, qu'il active; le plus souvent une vitamine du groupe B.
Cofacteur Ion d'un élément métallique (comme le cuivre ou le fer) ou molécule organique nécessaire à l'activité enzymatique.
Col de l'utérus Orifice inférieur de l'utérus qui s'étend dans le vagin.
Colloïde Mélange dans lequel les particules de soluté ne se déposent pas et ne passent pas à travers les membranes naturelles.

Côlon Région du gros intestin; comprend le côlon ascendant, le côlon descendant et le côlon sigmoïde.
Colonne vertébrale Constituée d'os appelés vertèbres et de deux os formés de vertèbres fusionnées (sacrum et coccyx).
Complément Système composé d'au moins 20 protéines circulant dans le sang sous une forme inactive et qui, lorsqu'elles sont activées, accentuent les réactions inflammatoire et immunitaire et peuvent mener à la cytolyse.
Complémentarité de la structure et de la fonction Relation entre une structure et sa fonction; la structure détermine la fonction.
Complexe golgien Système membraneux, constitué de saccules et de vésicules, situé près du noyau de la cellule; modifie et emballe les sécrétions protéiques pour l'exportation, les enzymes destinées aux lysosomes et les protéines qui feront partie des membranes cellulaires.
Compliance pulmonaire Aptitude des poumons à se dilater.
Composé Substance constituée de deux ou plusieurs éléments, dont les atomes sont unis par des liaisons chimiques.
Composé inorganique Substance chimique qui ne contient pas de carbone; comprend l'eau, les sels et de nombreux acides et bases. Le gaz carbonique (CO_2) et le monoxyde de carbone (CO) sont considérés comme des composés inorganiques même s'ils contiennent du carbone.
Composé organique Substance contenant des atomes (notamment des atomes de carbone) unis par des liaisons covalentes (partage d'électrons).
Conduction saltatoire Propagation d'un potentiel d'action le long d'un axone myélinisé où le signal électrique semble sauter d'un nœud de la neurofibre à l'autre; beaucoup plus rapide que la conduction continue dans les neurofibres amyélinisées.
Conductivité Capacité de transmettre un courant électrique.
Conduit Canal; structure tubulaire qui permet la sortie des sécrétions d'une glande ou le passage d'un liquide.
Conduit déférent Conduit qui s'étend de l'épididyme à l'urètre; propulse les spermatozoïdes dans l'urètre lors de l'éjaculation au moyen d'ondes péristaltiques.
Conduit thoracique Conduit qui reçoit la lymphe provenant de la partie inférieure du corps, du membre supérieur gauche et du côté gauche de la tête et du thorax.
Cônes Un des deux types de cellules photosensitives de la rétine; permettent la vision des couleurs, mais exigent une grande quantité de lumière (du jour) pour être actives.
Congénital Présent à la naissance.
Congestion périphérique Trouble causé par l'insuffisance du côté droit du cœur; cause l'œdème des extrémités.
Congestion pulmonaire Trouble dans lequel la pression sanguine de la circulation pulmonaire augmente, ce qui provoque l'œdème des tissus; causé par l'insuffisance du côté gauche du cœur.
Conjonctive Mince muqueuse protectrice qui tapisse les paupières et recouvre la surface antérieure du bulbe de l'œil.
Connexons Canaux cylindriques constitués par des protéines transmembranaires qui relient des cellules adjacentes au niveau des jonctions ouvertes, ce qui permet le passage de substances chimiques.
Conscience Facultés de perception, de communication, de mémorisation, de compréhension, de jugement et d'accomplissement des mouvements volontaires.
Contraception Prévention de la conception; régulation des naissances.
Contractilité Capacité des cellules musculaires de se raccourcir.
Contraction Action de se tendre ou de se raccourcir; capacité très développée dans les cellules musculaires.
Contraction isométrique Contraction dans laquelle le muscle ne raccourcit pas (la charge est trop lourde) mais la tension augmente à l'intérieur des cellules musculaires.
Contraction isotonique Contraction dans laquelle la tension demeure constante et la longueur du muscle change. Elle peut être de deux types: concentrique (le muscle raccourcit et produit un travail) ou excentrique (le muscle se contracte en s'allongeant).
Controlatéral Du côté opposé.
Cordes vocales Replis muqueux du larynx qui jouent un rôle dans la phonation (production de la voix); aussi appelées plis vocaux.
Cordon ombilical Structure composée de deux artères et d'une veine; relie le fœtus au placenta.
Cornée Portion antérieure transparente du bulbe de l'œil; fait partie de la tunique fibreuse.
Corona radiata (1) Arrangement de cellules folliculaires allongées recouvrant la zone pellucide d'un ovule à maturité; (2) arrangement de neurofibres en forme de couronne qui rayonnent de la capsule interne des hémisphères cérébraux jusque dans toutes les régions du cortex cérébral.
Corps cellulaire du neurone Centre biosynthétique du neurone; aussi appelé péricaryon.
Corps jaune Structure endocrine de l'ovaire produite par la transformation du follicule ovarique après l'ovulation.
Corps pinéal Portion hormonopoïétique de la partie la plus dorsale du diencéphale qui interviendrait dans le réglage de l'horloge biologique et influerait sur les fonctions de reproduction; aussi appelé glande pinéale.
Corpuscule basal Partie allongée du centriole d'une cellule qui forme la base des cils et des flagelles.
Corpuscules nerveux terminaux Extrémités bulbeuses des télodendrons qui renferment les neurotransmetteurs (contenus dans des microvésicules); aussi appelés boutons terminaux.
Cortex Couche superficielle d'un organe.
Cortex cérébral Région superficielle de substance grise des hémisphères cérébraux; siège de la conscience, de la volonté, de la mémoire et de l'intelligence.
Corticostéroïdes Hormones stéroïdes libérées par le cortex surrénal.
Corticotrophine (ACTH) Hormone adénohypophysaire qui influe sur l'activité du cortex surrénal.
Cortisol (hydrocortisone) Glucocorticoïde produit par le cortex surrénal; favorise la néoglucogenèse.
Couche de valence Dernier niveau d'énergie d'un atome qui contienne des électrons; porte les électrons qui sont chimiquement actifs.
Couches électroniques (niveaux d'énergie) Régions de l'espace disposées de façon concentrique autour du noyau de l'atome.
Coupe Incision pratiquée le long d'une ligne imaginaire à travers le corps (ou un organe) selon un plan particulier; mince tranche de tissu préparée pour l'examen au microscope.
Coupe oblique Coupe pratiquée selon un plan intermédiaire entre un plan vertical et un plan horizontal.
Coupe transversale Coupe pratiquée selon un angle droit avec l'axe du corps (ou d'un organe), qu'elle divise en parties supérieure et inférieure.
Couplage excitation-contraction Succession d'événements par laquelle le potentiel d'action transmis le long du sarcolemme provoque le glissement des myofilaments.
Crâne Ensemble d'os constituant la protection osseuse de l'encéphale et des organes de l'ouïe et de l'équilibre.
Créatine kinase (CK) Enzyme qui catalyse le transfert du phosphate de la phosphocréatine à l'ADP, ce qui forme de la créatine et de l'ATP; joue un rôle important dans la contraction musculaire.
Créatine phosphate (CP) Composé qui peut servir de source d'énergie aux muscles; les cellules musculaires emmagasinent cinq fois plus de CP que d'ATP.
Créatinine Déchet azoté qui n'est pas réabsorbé par le rein; cette caractéristique la rend utile pour la mesure du débit de filtration glomérulaire et l'évaluation de la fonction glomérulaire.
Crêtes ampullaires Récepteurs sensoriels situés dans les ampoules des conduits semi-circulaires de l'oreille interne; récepteurs de l'équilibre dynamique.
Crise cardiaque *Voir* infarctus du myocarde.
Crises d'épilepsie Décharges anormales de groupes de neurones cérébraux, pendant lesquelles aucun autre message ne peut être analysé.
Cristaux Grands assemblages de cations et d'anions maintenus ensemble par des liaisons ioniques; se forment lorsqu'un élément ou un composé se solidifie ou est à l'état sec.
Croissance par apposition Croissance accomplie par l'addition de nouvelles couches sur les couches déjà formées; un des mécanismes de croissance du cartilage.
Crossing-over *Voir* enjambement.
Cutané Relatif à la peau.

Cycle cellulaire Suite de transformations que subit la cellule entre l'instant où elle est formée et le moment où elle se reproduit; comprend l'interphase et la mitose.
Cycle de Krebs Voie métabolique aérobie se déroulant dans les mitochondries; oxyde les métabolites des aliments, libère du CO_2 et réduit les coenzymes.
Cycle ovarien Cycle mensuel composé du développement du follicule, de l'ovulation et de la formation du corps jaune dans un ovaire.
Cytochromes Protéines de couleurs vives contenant du fer qui forment une partie de la membrane interne des mitochondries et jouent le rôle de transporteurs d'électrons dans la phosphorylation oxydative.
Cytocinèse Division du cytoplasme qui se produit une fois que le noyau a fini de se diviser.
Cytokines Médiateurs chimiques que l'on trouve dans l'immunité cellulaire; comprennent les lymphokines et les monokines.
Cytoplasme Matériau cellulaire entourant le noyau et situé à l'intérieur de la membrane plasmique.
Cytosine (C) Base contenant de l'azote qui fait partie de la structure des nucléotides; sa base complémentaire est la guanine.
Cytosol Liquide visqueux et translucide dans lequel les autres éléments du cytoplasme se trouvent en suspension.
Cytosquelette Littéralement, squelette de la cellule. Réseau complexe de bâtonnets traversant le cytosol; soutient les structures cellulaires et produit les divers mouvements de la cellule; comprend les microtubules, les microfilaments et les filaments intermédiaires.
Débit cardiaque (DC) Quantité de sang éjectée par un ventricule en une minute.
Débit de filtration glomérulaire Vitesse de la formation de filtrat par les reins.
Défécation Élimination du contenu des intestins (fèces).
Déficit immunitaire Trouble résultant de la production ou du fonctionnement inadéquats des cellules immunitaires ou de certaines molécules (complément, anticorps, etc.) nécessaires à la réaction immunitaire normale.
Déficit immunitaire combiné sévère Affection héréditaire qui se caractérise par une faible protection, voire aucune, contre les agents pathogènes en tous genres.
Dégénérescence wallérienne Processus dégénératif d'un axone se produisant lorsqu'il est écrasé ou sectionné et qu'il ne reçoit plus de nutriments du corps cellulaire.
Délai d'action synaptique Temps requis pour qu'un influx soit transmis à travers la fente synaptique entre deux neurones; il est de l'ordre de 0,3 à 5,0 ms.
Dénaturation Modification, parfois réversible, de la structure spécifique d'une protéine causée notamment par la chaleur ou une variation du pH.
Dendrite Prolongement ramifié du neurone qui sert de structure réceptrice de l'influx nerveux; propage l'influx nerveux vers le corps cellulaire.
Dépense énergétique Énergie perdue sous forme de chaleur, utilisée pour effectuer un travail et emmagasinée sous forme de lipides ou de glycogène.
Dépolarisation Perte d'un état de polarité; perte ou diminution d'un potentiel de membrane négatif.
Dermatome Portion de somite du mésoderme qui donne le derme de la peau; également, surface de la peau innervée par les branches cutanées d'un nerf spinal.
Derme Couche de la peau sous-jacente à l'épiderme; composé de tissu conjonctif dense irrégulier.
Désamination Retrait d'un groupement amine d'un composé organique.
Désavantage mécanique (levier de vitesse) Situation présente lorsque la charge se situe loin du point d'appui et que la force est appliquée près du point d'appui; la force doit être plus grande que la charge à déplacer. Ce type de levier permet de déplacer rapidement la charge sur une grande distance.
Déshydratation Perte excessive d'eau.
Desmosome Jonction cellulaire constituée par des épaississements des membranes plasmiques unis par des filaments; joue un rôle protecteur mécanique.
Dette d'oxygène Volume d'oxygène nécessaire après une période d'exercice pour oxyder l'acide lactique formé pendant cette période.
Diabète insipide Maladie caractérisée par l'élimination d'une grande quantité d'urine diluée accompagnée d'une soif intense et de déshydratation; causée par la libération inadéquate de l'hormone antidiurétique.
Diabète sucré Maladie causée par la libération insuffisante d'insuline ou par un trouble relatif aux récepteurs de l'insuline; les cellules sont incapables d'utiliser le glucose.
Dialyse Diffusion de solutés à travers une membrane semi-perméable.
Diapédèse Passage de leucocytes par la paroi intacte des vaisseaux jusqu'aux tissus.
Diaphragme (1) Toute cloison ou paroi séparant une région d'une autre; (2) muscle qui sépare la cavité thoracique de la cavité abdomino-pelvienne. Avec les muscles intercostaux externes, il permet les mouvements respiratoires normaux.
Diaphyse Corps allongé d'un os long.
Diarthrose Articulation mobile.
Diastole Période de la révolution cardiaque pendant laquelle les oreillettes ou les ventricules sont relâchés.
Diencéphale Partie du prosencéphale située entre les hémisphères cérébraux et le mésencéphale; comprend le thalamus, le troisième ventricule, l'hypothalamus et l'épithalamus.
Différenciation cellulaire Apparition de caractéristiques spécifiques dans les cellules, d'une seule cellule (l'ovule fécondé) à toutes les cellules spécialisées de l'adulte.
Diffusion Dispersion des particules dans un gaz ou une solution menant à la répartition uniforme des particules.
Diffusion facilitée Mécanisme de transport passif utilisé par certaines molécules, comme le glucose et d'autres sucres simples, trop volumineuses pour passer par les pores de la membrane plasmique; fait intervenir un transporteur protéique.
Diffusion simple Transport sans assistance à travers la membrane plasmique d'une substance liposoluble (p. ex. l'oxygène et le gaz carbonique) ou d'une très petite particule (p. ex. l'ion sodium).
Digestion Processus chimique ou mécanique de dégradation des aliments en substances qui peuvent être absorbées (nutriments).
Dipeptide Combinaison de deux acides aminés unis par une liaison peptidique.
Diploé Couche interne d'os spongieux située dans les os plats.
Diplopie Vision double.
Dipôle (molécule polaire) Molécule asymétrique qui contient des atomes non équilibrés sur le plan électrique.
Disaccharide Composé formé par l'union de deux monosaccharides; le sucrose et le lactose sont des disaccharides.
Discrimination spatiale Capacité des neurones de localiser la provenance des stimulus.
Disques intercalaires Jonctions ouvertes qui relient les cellules musculaires du myocarde.
Disques intervertébraux Disques de cartilage fibreux situés entre les vertèbres.
Distal Éloigné du point d'attache d'un membre ou de l'origine d'une structure.
Diurétiques Substances chimiques qui favorisent la diurèse.
Diverticule Poche ou sac dans la paroi d'une structure ou d'un organe creux.
Division cellulaire (phase M (mitotique)) Une des deux principales périodes du cycle cellulaire; comprend la division du noyau (mitose) et la division du cytoplasme (cytocinèse).
Dominance cérébrale Désigne la prépondérance d'un hémisphère cérébral par rapport au langage.
Donneur de protons Substance qui libère des ions hydrogène en quantité détectable; acide.
Dorsal Relatif au dos; postérieur.
Double hélice Structure secondaire de deux brins d'ADN retenus sur toute leur longueur par des liaisons hydrogène reliant les bases complémentaires des brins opposés.
Douleur projetée Douleur perçue à un endroit différent de celui d'où elle provient.
Duodénum Première partie de l'intestin grêle; les conduits cholédoques et pancréatiques s'ouvrent dans cette partie de l'intestin.

Dure-mère La plus superficielle et la plus résistante des trois méninges (membranes) qui recouvrent l'encéphale et la moelle épinière.

Dyskinésie Troubles du tonus musculaire et de la posture et mouvements involontaires.

Dyspnée Respiration difficile.

Dystrophie musculaire Ensemble de maladies héréditaires qui attaquent les muscles.

Ectoderme Un des trois feuillets embryonnaires primitifs ; forme l'épiderme de la peau et ses dérivés ainsi que le tissu nerveux.

Effecteur Organe, glande ou muscle pouvant être activé par des terminaisons nerveuses.

Efférent Qui conduit loin ou en éloignant ; se dit surtout d'une neurofibre qui transmet les influx nerveux hors du système nerveux central.

Électrocardiogramme (ECG) Enregistrement graphique de l'activité électrique du cœur ; comprend normalement une onde P, un complexe QRS et une onde T.

Électroencéphalogramme (EEG) Enregistrement graphique de l'activité électrique des cellules nerveuses du cerveau.

Électrolytes Substances chimiques, comme les sels, les acides et les bases, qui s'ionisent et se dissocient dans l'eau et sont capables de conduire un courant électrique.

Électron Particule subatomique de charge négative en orbite autour du noyau de l'atome.

Élément Une des substances fondamentales de matière qui composent toutes les autres substances et qui ne peut être décomposé en substances plus simples ; par exemple, le carbone, l'hydrogène et l'oxygène.

Éléments figurés Portion cellulaire du sang.

Émail Matériau acellulaire très dur qui recouvre la couronne de la dent.

Embolie Obstruction d'un vaisseau sanguin par un embole (caillot sanguin, masse adipeuse, bulle d'air, etc.) flottant dans le sang.

Embryoblaste Amas de cellules situé dans le blastocyste et donnant naissance à l'embryon.

Embryon Nom du produit de la conception de la gastrulation à la fin de la huitième semaine de gestation.

Empreinte génétique Phénomène par lequel un même allèle peut produire un phénotype différent selon qu'il provient du père ou de la mère.

Encéphalite Inflammation de l'encéphale.

Endocarde Endothélium qui tapisse l'intérieur du cœur.

Endocytose Mécanisme actif de transport vésiculaire qui permet l'entrée de macromolécules ou de particules dans la cellule ; comprend la phagocytose, la pinocytose et l'endocytose par récepteurs interposés.

Endocytose par récepteurs interposés Un des trois types d'endocytose dans lequel les particules capturées se lient à des récepteurs avant que l'endocytose se produise.

Endoderme Un des trois feuillets embryonnaires primitifs ; forme la muqueuse du tube digestif et la majorité de ses structures annexes.

Endogène Provenant de l'organisme ou d'une de ses parties.

Endomètre Muqueuse qui tapisse la cavité interne de l'utérus.

Endomysium Mince gaine de tissu conjonctif qui enveloppe chaque fibre musculaire.

Endoste Membrane de tissu conjonctif qui recouvre les surfaces internes de l'os.

Endothélium Couche simple de cellules squameuses qui tapisse les cavités internes du cœur, des vaisseaux sanguins et des vaisseaux lymphatiques.

Endurance aérobie Laps de temps durant lequel un muscle peut continuer de se contracter en utilisant les voies aérobies.

Énergie Capacité de fournir un travail ; peut être stockée (énergie potentielle) ou se manifester par le mouvement (énergie cinétique).

Énergie chimique Énergie emmagasinée dans les liaisons des substances chimiques.

Énergie cinétique Énergie représentée par le mouvement, tel que les déplacements incessants des atomes ou la poussée qui met en mouvement une porte tournante.

Énergie d'activation Énergie nécessaire pour que les réactifs puissent amorcer la réaction chimique.

Énergie électrique Énergie formée par le mouvement de particules chargées à travers les membranes cellulaires.

Énergie électromagnétique (de rayonnement) Énergie qui se propage sous forme d'ondes.

Énergie mécanique Énergie produisant un mouvement de matière ; par exemple, lorsqu'on fait de la bicyclette les jambes fournissent une énergie mécanique qui permet d'actionner les pédales.

Énergie potentielle Énergie stockée, ou inactive.

Enjambement Processus se produisant durant la méiose I, au cours duquel deux chromatides non sœurs s'échangent des segments génétiques ; un des facteurs de variation génétique ; aussi appelé « crossing-over ».

Entorse Élongation ou déchirure des ligaments qui renforcent une articulation.

Enveloppe nucléaire Double membrane du noyau de la cellule.

Enzyme Protéine qui constitue un catalyseur biologique accélérant la vitesse des réactions chimiques.

Épendymocytes Type de gliocytes qui tapissent les cavités centrales de l'encéphale et de la moelle épinière.

Épiderme Couche superficielle de la peau ; formé d'un épithélium stratifié squameux kératinisé.

Épididyme Portion des voies génitales de l'homme où les spermatozoïdes accomplissent leur maturation ; se déverse dans le conduit déférent.

Épiglotte Cartilage élastique situé derrière la gorge ; recouvre l'orifice du larynx pendant la déglutition.

Épimysium Feuillet de tissu conjonctif dense qui entoure un muscle.

Épinéphrine *Voir* adrénaline.

Épiphyse Extrémité d'un os long, attachée à la diaphyse.

Épithalamus Partie postérieure du diencéphale ; forme le toit du troisième ventricule ; le corps pinéal pointe de son extrémité postérieure.

Épithélium Tissu recouvrant la surface externe du corps ou tapissant ses cavités ; il peut jouer un rôle de protection, d'absorption, de filtration, de sécrétion ou d'excrétion.

Équilibre acido-basique Situation dans laquelle le pH du sang se maintient entre 7,35 et 7,45.

Équilibre chimique État de repos apparent créé par deux réactions se déroulant dans des directions différentes à la même vitesse.

Équilibre dynamique Sens qui perçoit les mouvements angulaires ou rotatifs de la tête dans l'espace.

Équilibre électrolytique Équilibre entre les entrées et les sorties de sels (sodium, potassium, calcium et magnésium) dans l'organisme.

Équilibre statique Sens de la position de la tête dans l'espace par rapport à la force gravitationnelle.

Érythrocytes Globules rouges.

Érythropoïèse Formation des érythrocytes.

Érythropoïétine Hormone libérée par les reins qui stimule la production de globules rouges.

Estomac Réservoir temporaire du tube digestif situé dans le quadrant supérieur gauche de la cavité abdominale, où la dégradation des protéines commence et où les aliments sont transformés en chyme.

Eupnée Fréquence respiratoire normale.

Excitabilité Faculté de réagir aux stimulus.

Excrétion Élimination des déchets de l'organisme.

Exercices contre résistance Exercices intenses dans lesquels une forte résistance ou un poids immobile est opposé aux muscles ; font augmenter le volume des cellules musculaires.

Exocytose Mécanisme actif de transport vésiculaire qui assure le passage de certaines substances de l'intérieur de la cellule à l'espace extracellulaire au moyen d'une vésicule sécrétoire qui fusionne avec la membrane plasmique.

Exogène Provenant de l'extérieur d'un organe ou d'une partie du corps.

Exons Séquences (séparées par des introns) codant pour des acides aminés spécifiques dans les gènes des organismes supérieurs.

Exsudat Substance composée de liquide, de pus ou de cellules qui s'est échappée des vaisseaux sanguins et s'est déposée dans les tissus.

Extension Mouvement qui augmente l'angle d'une articulation ; par exemple, redresser un genou fléchi.

Extérocepteur Récepteur sensoriel qui réagit aux stimulus provenant de l'environnement.

Extrasystole Contraction cardiaque prématurée.

Extrinsèque D'origine externe.

Facteur de croissance des cellules nerveuses (NGF) Protéine qui régit le développement des neurones postganglionnaires sympathiques ; sécrété par les cellules cibles des axones postganglionnaires.

Facteur de stress Stimulus qui, directement ou indirectement, provoque le déclenchement par l'hypothalamus de réactions visant à réduire le stress ; p. ex. réaction de lutte ou de fuite.

Facteur intrinsèque Substance produite par les cellules pariétales de l'estomac ; nécessaire à l'absorption de la vitamine B_{12}.

Facteur natriurétique auriculaire (FNA) Hormone libérée par certaines cellules des oreillettes du cœur ; réduit la pression artérielle et le volume sanguin en inhibant presque tous les mécanismes qui favorisent la vasoconstriction et la rétention d'eau et de sodium.

Faisceau Ensemble de neurofibres ou de fibres musculaires retenues ensemble par du tissu conjonctif.

Faisceau auriculo-ventriculaire Amas de fibres spécialisées qui transmettent les influx du nœud auriculo-ventriculaire aux ventricules droit et gauche ; aussi appelé faisceau de His.

Faisceau de His *Voir* faisceau auriculo-ventriculaire.

Fascia Couches de tissu conjonctif qui recouvre et sépare les muscles en loges musculaires.

Fèces Substance éliminée par les intestins ; composées de résidus d'aliments, de sécrétions et de bactéries.

Fécondation Fusion du noyau d'un spermatozoïde avec celui d'un ovule.

Fenestré Percé d'une ou de plusieurs petites ouvertures.

Fente synaptique Espace de 30 à 50 nm entre le neurone présynaptique et le neurone postsynaptique.

Feuillets embryonnaires Les trois couches de cellules (ectoderme, mésoderme et endoderme) qui représentent la spécialisation initiale des cellules du corps embryonnaire et qui donnent naissance à tous les tissus de l'organisme.

Fibre Structure ou filament mince et allongé.

Fibre musculaire Cellule musculaire.

Fibres collagènes Le plus abondant des trois types de fibres de la matrice du tissu conjonctif.

Fibres élastiques Fibres constituées d'une protéine appelée élastine, qui rend la matrice du tissu conjonctif élastique et caoutchouteuse.

Fibres réticulaires Fin réseau de fibres du tissu conjonctif qui forme la charpente interne des organes lymphatiques.

Fibrillation Contractions cardiaques rapides et irrégulières ou désynchronisées.

Fibrine Protéine fibreuse insoluble qui se forme au cours de la coagulation sanguine.

Fibrinogène Protéine du plasma que la thrombine transforme en fibrine au cours de la coagulation sanguine.

Fibrinolyse Processus qui entraîne la dissolution du caillot lorsque la cicatrisation est achevée.

Fibroblastes Cellules jeunes qui se divisent par mitose et produisent les fibres de la matrice du tissu conjonctif.

Fibrocyte Fibroblaste mature ; entretient la matrice des tissus conjonctifs.

Fibrose Prolifération de tissu conjonctif riche en fibres appelé tissu cicatriciel.

Fibrose kystique du pancréas Maladie héréditaire récessive caractérisée par l'hypersécrétion d'un mucus très visqueux qui bloque les voies respiratoires (ce qui prédispose à des infections respiratoires mortelles) et les conduits pancréatiques (ce qui affecte la digestion).

Filtrat Liquide dérivé du plasma qui est traité le long des tubules rénaux afin de former l'urine.

Filtration Passage d'un solvant ou d'une substance dissoute à travers une membrane ou un filtre.

Fissures (1) Sillons ou fentes ; (2) les plus profonds des replis ou dépressions du cerveau et du cervelet.

Fixateur Muscle qui immobilise un ou plusieurs os, afin que d'autres muscles impriment des mouvements à partir d'une base stable.

Flagelle Long prolongement de la membrane plasmique de certaines bactéries et des spermatozoïdes ; propulse la cellule.

Flexion Mouvement qui diminue l'angle d'une articulation ; par exemple, flexion du genou d'une position droite à une position formant un angle.

Fœtus Nom du produit de la conception de la neuvième semaine de gestation à la naissance.

Foie Organe annexe lobé et volumineux, situé sous le diaphragme dans le quadrant supérieur droit ; produit la bile, qui contribue à la digestion des graisses, et remplit de nombreuses fonctions métaboliques et régulatrices.

Follicule (1) Structure ovarienne composée d'un ovocyte en voie de développement entouré d'une ou plusieurs couches de cellules folliculaires ; (2) structure de la glande thyroïde remplie de colloïde.

Follicule pileux Structure formée d'une gaine interne et d'une gaine externe qui s'étend de la surface de l'épiderme jusque dans le derme et à partir de laquelle le poil se développe.

Follicules lymphatiques agrégés Organes lymphatiques situés dans la paroi de l'intestin grêle et de l'appendice vermiforme.

Fond Base d'un organe ; partie la plus éloignée de l'ouverture de l'organe.

Fontanelles Membranes fibreuses situées aux angles des os du crâne ; elles permettent la croissance de l'encéphale chez le fœtus et le nourrisson.

Foramen Orifice ou ouverture dans un os ou entre deux cavités.

Formation réticulaire Système fonctionnel qui s'étend à travers le tronc cérébral ; intervient dans la régulation des influx se dirigeant vers le cortex cérébral ; maintient celui-ci en état de veille et régit le comportement moteur.

Formule leucocytaire Analyse sanguine effectuée pour déterminer la proportion relative de chaque type de leucocytes.

Fosse Dépression peu profonde à la surface d'un os et servant souvent de surface articulaire.

Fovéa Dépression en forme de coupe.

Fracture Cassure d'un os.

Fuseaux neurotendineux Propriocepteurs situés dans les tendons, près du point d'insertion du muscle squelettique ; leur activation, par une contraction du muscle associé au tendon, amène une inhibition de ce muscle.

Fuseaux neuromusculaires Récepteurs encapsulés présents dans les muscles squelettiques ; sensibles à l'étirement.

Gaine de myéline Gaine lipidique qui recouvre une très grande partie des neurofibres du SNC et du SNP ; protège, isole les neurofibres et augmente la vitesse de propagation des influx nerveux.

Gamète Cellule sexuelle ; spermatozoïde ou ovule.

Gamétogenèse Formation des gamètes.

Ganglion Regroupement de corps cellulaires de neurones à l'extérieur du SNC.

Gastrine Hormone sécrétée par les endocrinocytes gastro-intestinaux ; règle la sécrétion du suc gastrique en stimulant la production de HCl.

Gastro-entérite Inflammation du tube digestif.

Gastrulation Étape du développement qui produit les trois feuillets embryonnaires (ectoderme, mésoderme, endoderme).

Gène Une des unités biologiques de l'hérédité situées sur un chromosome et constituées d'ADN ; transmet l'information héréditaire.

Génome Ensemble de chromosomes qui provient d'un parent (génome haploïde) ; ou les deux ensembles de chromosomes, c'est-à-dire un qui provient de l'ovule et un qui provient du spermatozoïde (génome diploïde).

Génotype Patrimoine génétique d'une personne.

Gestation Période de la grossesse ; environ 280 jours chez les êtres humains.

Glande Organe spécialisé qui sécrète ou excrète des substances qui seront utilisées par l'organisme ou éliminées.

Glande alvéolaire Glande dont les cellules sécrétrices forment de petits sacs d'aspect flasque.

Glande pinéale *Voir* corps pinéal.
Glande thyroïde Une des plus grosses glandes endocrines; elle repose sur la trachée sous le cartilage cricoïde; sécrète des hormones, la T_3 et la T_4.
Glandes endocrines Glandes dépourvues de conduits qui déversent leurs sécrétions hormonales directement dans le sang.
Glandes exocrines Glandes dotées de conduits qui transportent leurs sécrétions vers un site particulier (à la surface d'une muqueuse ou à la surface de l'organisme).
Glandes holocrines Glandes qui accumulent les sécrétions à l'intérieur de leurs cellules; les sécrétions sont libérées au moment de la rupture et de la mort de la cellule; p. ex. les glandes sébacées.
Glandes mammaires Glandes sécrétrices de lait situées dans les seins.
Glandes mérocrines Glandes qui produisent des sécrétions sans destruction des structures cellulaires; c'est le cas de la plupart des glandes exocrines.
Glandes parathyroïdes Petites glandes endocrines situées sur la face postérieure de la glande thyroïde; elles sécrètent la parathormone.
Glandes sébacées Glandes épidermiques qui produisent une sécrétion huileuse appelée sébum.
Glandes sudoripares Glandes épidermiques qui produisent la sueur.
Glandes sudoripares apocrines Variété la moins abondante de glandes sudoripares; fabriquent une sécrétion contenant de l'eau, des sels, des protéines et des acides gras; expulsent une partie de la cellule en même temps que la substance sécrétée.
Glandes sudoripares mérocrines Glandes sudoripares abondantes sur la paume des mains, la plante des pieds et le front.
Glandes surrénales Glandes hormonopoïétiques situées au-dessus des reins; chacune est formée d'une médulla sécrétant l'adrénaline et la noradrénaline et d'un cortex sécrétant les minéralocorticoïdes, les glucocorticoïdes et les gonadocorticoïdes.
Glaucome Trouble dans lequel la pression intra-oculaire augmente, par suite de l'accumulation de l'humeur aqueuse, jusqu'à un niveau qui cause la compression de la rétine et du nerf optique; entraîne la cécité s'il n'est pas diagnostiqué à temps.
Gliocytes Cellules de soutien du système nerveux; on en retrouve quatre types dans le SNC (où ils forment la névroglie) et deux types dans le SNP.
Gliocytes ganglionnaires Type de gliocytes situés dans le SNP; entourent le corps cellulaire des neurones situés dans les ganglions.
Glomérule du rein Bouquet de capillaires artériels formant une partie du néphron; produit le filtrat glomérulaire.
Glomus carotidiens Chimiorécepteurs situés dans l'artère carotide commune; sensibles aux modifications des concentrations plasmatiques d'oxygène et de gaz carbonique ainsi qu'aux variations du pH du sang.
Glotte Ouverture entre les cordes vocales dans le larynx.
Glucagon Hormone sécrétée par les endocrinocytes alpha des îlots pancréatiques; augmente la concentration sanguine de glucose.
Glucide Composé organique contenant du carbone, de l'hydrogène et de l'oxygène; comprend les monosaccharides (comme le glucose), les disaccharides (comme le sucrose), les polysaccharides (comme l'amidon, le glycogène et la cellulose).
Glucocorticoïdes Hormones du cortex surrénal qui augmentent la concentration sanguine de glucose et contribuent à la résistance aux facteurs de stress; le cortisol est la principale hormone de ce groupe.
Glucose Principal glucide sanguin; un hexose.
Glycémie Concentration plasmatique de glucose.
Glycérol Glucide simple modifié (sucre-alcool); en s'unissant à trois acides gras il forme un triglycéride.
Glycocalyx Couche de glycoprotéines localisées à la surface de la membrane plasmique; détermine le groupe sanguin; intervient dans les interactions cellulaires de la fécondation, du développement embryonnaire et de l'immunité; joue le rôle d'un adhésif entre les cellules.
Glycogène Glucide mis en réserve dans les tissus animaux; polysaccharide.
Glycogenèse Synthèse du glycogène à partir du glucose; se produit surtout dans le foie et les muscles.
Glycogénolyse Dégradation du glycogène en glucose.
Glycolipide Lipide lié à un ou plusieurs glucides par des liaisons covalentes.
Glycolyse Dégradation d'une molécule de glucose en deux molécules d'acide pyruvique, un processus anaérobie dont les dix étapes se déroulent dans le cytosol et produisent un gain net de deux ATP.
Glycolyse anaérobie Conversion du glucose en acide lactique dans divers tissus, notamment les muscles, en cas de déficit en oxygène; permet d'obtenir de l'énergie.
Gonade Principal organe génital, c'est-à-dire testicule chez l'homme et ovaire chez la femme.
Gonadocorticoïdes Hormones sexuelles, particulièrement les androgènes, sécrétées par le cortex surrénal.
Gonadotrophines Hormones qui régissent le fonctionnement des gonades; produites par l'adénohypophyse; comprennent la LH, la FSH et la hCG.
Gradient de concentration Différence de la concentration d'une substance dans deux régions différentes.
Gradient de pression Différence de pression entre deux points; permet la circulation du sang, la ventilation pulmonaire, la filtration glomérulaire.
Gradient électrochimique Distribution des ions faisant intervenir un gradient chimique et un gradient électrique, qui interagissent pour déterminer la direction de la diffusion.
Graisses neutres Substances composées de chaînes d'acides gras et de glycérol; aussi appelées triglycéride ou triacylglycérol; communément appelées huiles lorsqu'elles sont à l'état liquide.
Grande circulation *Voir* circulation systémique.
Granulocyte basophile Globule blanc dont les granulations, qui contiennent de l'histamine et de l'héparine, se teintent en violet sombre avec des colorants basiques; son noyau est relativement pâle; très semblable aux mastocytes des tissus.
Granulocyte éosinophile Globule blanc au noyau bilobé dont les abondantes granulations ont une grande affinité pour un colorant appelé éosine; spécialisé dans l'attaque des vers parasites.
Granulocyte neutrophile Type de globules blancs le plus abondant; macrophagocytes très actifs.
Gros intestin Partie du tube digestif qui s'étend de la valve iléo-cæcale à l'anus; comprend le cæcum, l'appendice vermiforme, le côlon, le rectum et le canal anal.
Guanine (G) Une des deux principales purines présente dans tous les acides nucléiques; base complémentaire de la cytosine.
Gustation Goût.
Gyrus Saillies de tissu nerveux à la surface du cortex cérébral.
Haptène Antigène incomplet; possède la réactivité mais non l'immunogénicité.
Hélice alpha (α) La plus courante des structures secondaires de la chaîne d'acides aminés des protéines; ressemble aux anneaux d'un fil de téléphone.
Hématocrite Pourcentage d'érythrocytes dans le volume sanguin total.
Hématome Masse de sang coagulé qui se forme au siège d'une lésion.
Hématopoïèse Formation des cellules sanguines; hémopoïèse.
Hème Pigment contenant du fer qui est essentiel au transport d'oxygène par l'hémoglobine.
Hémocytoblastes Cellules souches de la moelle osseuse qui donnent naissance à tous les éléments figurés du sang.
Hémoglobine Composant des érythrocytes qui transporte l'oxygène.
Hémogramme *Voir* numération globulaire.
Hémolyse Rupture des érythrocytes.
Hémophilie Affections hémorragiques héréditaires récessives dont les deux formes les plus importantes sont liées au sexe. La forme la plus fréquente, l'hémophilie A, résulte d'une carence en facteur VIII.
Hémopoïèse *Voir* hématopoïèse.
Hémorragie Écoulement de sang provoqué par la rupture d'un vaisseau sanguin; saignement.
Hémostase Arrêt du saignement.

Héparine Anticoagulant naturel sécrété dans le plasma par les granulocytes basophiles, les mastocytes et les cellules endothéliales.

Hépatite Inflammation du foie.

Hérédité liée au sexe Transmission de traits héréditaires déterminés par des gènes localisés sur les chromosomes sexuels ; par exemple, les gènes liés au chromosome X sont transmis de la mère au fils et les gènes liés au chromosome Y sont transmis du père au fils.

Hernie Saillie anormale d'un organe ou d'une structure à travers la paroi d'une cavité.

Hétérozygote Qui possède des allèles dissemblables sur un ou (par extension) plusieurs locus ; p. ex. *Aa, Bb.*

Hile Échancrure d'un organe où pénètrent et d'où sortent des vaisseaux sanguins et lymphatiques ainsi que des nerfs.

Hippocampe Structure du système limbique qui joue un rôle dans la conversion des nouvelles informations en mémoire à long terme.

Histamine Substance sécrétée par les granulocytes basophiles et les mastocytes ; cause une vasodilatation et une augmentation de la perméabilité vasculaire.

Histologie Branche de l'anatomie qui étudie la structure microscopique des tissus.

Homéostasie État d'équilibre de l'organisme ou stabilité du milieu interne de l'organisme.

Homolatéral Situé du même côté.

Homologues Structures ou organes apparentés sur le plan de la structure, mais pas nécessairement sur celui de la fonction.

Homozygote Qui possède des gènes identiques sur un ou plusieurs locus ; par ex. *AA, bb.*

Hormone antidiurétique (ADH) Hormone produite par l'hypothalamus et libérée par la neurohypophyse ; stimule la réabsorption d'eau par les tubules rénaux ; réduit le volume des urines.

Hormone de croissance (GH) Hormone qui stimule la croissance en général ; produite par l'adénohypophyse ; aussi appelée somatotrophine.

Hormone folliculostimulante (FSH) Hormone sécrétée par l'adénohypophyse qui stimule la maturation du follicule ovarien chez la femme et la production des spermatozoïdes chez l'homme.

Hormone lutéinisante (LH) Hormone sécrétée par l'adénohypophyse qui contribue à la maturation des cellules de l'ovaire et déclenche l'ovulation chez la femme. Chez l'homme, elle est responsable de la production de la testostérone par les cellules interstitielles du testicule.

Hormones Stéroïdes ou dérivés d'acides aminés libérés dans le liquide interstitiel et transportés par le sang jusqu'aux cellules cibles ; jouent le rôle de messagers chimiques et règlent les fonctions physiologiques de l'organisme.

Humeur aqueuse Liquide aqueux présent dans la chambre antérieure de l'œil ; fournit des nutriments et de l'oxygène au cristallin.

Hydrolyse Processus dans lequel l'eau est utilisée pour dégrader une substance en particules plus petites ; la digestion chimique fait intervenir des réactions d'hydrolyse.

Hydrophile Qualifie les molécules, ou les parties de molécules, qui interagissent avec l'eau et les particules chargées.

Hydrophobe Qualifie les molécules, ou les parties de molécules, qui interagissent seulement avec les molécules non polaires.

Hyperalgésie Amplification de la douleur.

Hypercapnie Concentration élevée de gaz carbonique dans le sang.

Hyperémie Augmentation du débit sanguin dans un tissu ou un organe ; congestion.

Hyperglycémiante Terme utilisé pour qualifier les hormones, tel le glucagon, qui font augmenter la concentration sanguine de glucose.

Hyperleucocytose Augmentation du nombre de leucocytes (globules blancs) ; résulte généralement d'une attaque microbienne contre l'organisme.

Hypermétropie Anomalie de la vision dans laquelle l'image des objets se focalise à l'arrière de la rétine.

Hyperplasie Développement accéléré ; p. ex., l'utérus subit une hyperplasie considérable durant la grossesse.

Hyperpnée Respiration plus profonde et plus vigoureuse sans modification marquée de la fréquence respiratoire, comme pendant l'exercice.

Hypersensibilité *Voir* allergie.

Hypertension Pression artérielle élevée.

Hypertonique Qui présente une tension ou un tonus excessif ou supérieur à la normale.

Hypertrophie Augmentation du volume d'un tissu ou d'un organe sans relation avec la croissance générale du corps.

Hyperventilation Augmentation de l'amplitude et de la fréquence de la respiration.

Hypocapnie Diminution de la concentration sanguine de gaz carbonique.

Hypoderme (fascia superficiel) Tissu sous-cutané qui se trouve juste sous la peau ; constitué de tissu adipeux et d'un peu de tissu conjonctif lâche.

Hypoglycémiante Terme utilisé pour qualifier les hormones, telle l'insuline, qui font diminuer la concentration sanguine de glucose.

Hyponatrémie Concentration anormalement faible d'ions sodium dans le liquide extracellulaire.

Hypophyse Glande neuroendocrine située sous le cerveau ; assume diverses fonctions, dont la régulation de l'activité des gonades, de la glande thyroïde et du cortex surrénal ainsi que celle de la lactation et de l'équilibre hydrique.

Hypoprotéinémie Concentration plasmatique anormalement faible de protéines causant une diminution de la pression oncotique ; provoque l'œdème des tissus.

Hypotension Basse pression artérielle.

Hypothalamus Région du diencéphale qui constitue le plancher du troisième ventricule cérébral ; principal centre de régulation des fonctions physiologiques, essentiel au maintien de l'homéostasie. Il constitue un lien entre le système nerveux et le système endocrinien.

Hypotonique Qui présente une tension ou un tonus inférieur à la normale.

Hypoventilation Diminution de la fréquence et de la profondeur de la respiration.

Hypoxie Apport insuffisant d'oxygène aux tissus.

Iléum Dernière partie de l'intestin grêle ; situé entre le jéjunum et le cæcum du gros intestin.

Immunité Capacité de l'organisme à résister aux nombreux agents (vivants ou inanimés) qui causent des maladies ; résistance aux maladies.

Immunité active Immunité produite par la rencontre avec un antigène ; permet l'acquisition d'une mémoire immunitaire.

Immunité cellulaire Immunité conférée par les lymphocytes T activés, qui effectuent la lyse des cellules infectées ou cancéreuses ou des cellules des greffons étrangers et libèrent des substances chimiques régissant la réaction immunitaire.

Immunité humorale Immunité assurée par les anticorps présents dans le plasma et dans d'autres liquides de l'organisme.

Immunité passive Immunité de courte durée résultant de l'introduction d'anticorps (sérothérapie) provenant d'un animal immunisé ou d'un donneur humain ; aucune mémoire immunitaire n'est établie.

Immunocompétence Capacité des cellules immunitaires de l'organisme de reconnaître des antigènes spécifiques (en s'y liant) ; reflète la présence de récepteurs liés à la membrane plasmique.

In vitro Dans une éprouvette, sur une lame de verre ou dans un environnement artificiel.

In vivo Dans l'organisme vivant.

Inclusions cytoplasmiques Structures inertes du cytoplasme ; substances en réserve, grains de sécrétion.

Incontinence Incapacité de maîtriser la miction.

Indice d'Apgar Évaluation de l'état physique du nouveau-né une minute et cinq minutes après la naissance en fonction de cinq critères : fréquence cardiaque, respiration, coloration, tonus musculaire et réactivité aux stimulus.

Infarctus Région de tissu mort et nécrosé à cause de l'insuffisance de l'apport sanguin.

Infarctus du myocarde État caractérisé par des régions de tissu mort dans le myocarde; causé par l'interruption de l'apport sanguin à ces régions.
Inférieur Relatif à une position vers le bas de l'axe du corps.
Infirmité motrice cérébrale Trouble neuromusculaire qui résulte d'une lésion cérébrale se traduisant par une mauvaise maîtrise des muscles ou une paralysie.
Inflammation Réaction de défense non spécifique de l'organisme aux lésions; provoque la dilatation des vaisseaux sanguins et une augmentation de la perméabilité des vaisseaux; indiquée par la rougeur, la chaleur, la tuméfaction et la douleur.
Influx nerveux Onde de dépolarisation qui se propage d'elle-même; aussi appelé potentiel d'action.
Infundibulum Tige de tissu qui relie l'hypophyse à l'hypothalamus.
Inguinal Relatif à la région de l'aine.
Innervation Distribution des nerfs dans une région de l'organisme.
Insertion musculaire Point d'attache mobile d'un muscle.
Insuffisance cardiaque Trouble dans lequel l'action de pompage du cœur est si faible que la circulation ne suffit plus à satisfaire les besoins des tissus.
Insuline Hormone produite par les endocrinocytes bêta des îlots pancréatiques qui augmente le transport membranaire du glucose dans les cellules des tissus, ce qui fait diminuer la concentration sanguine de glucose.
Intégration Processus par lequel le système nerveux traite l'information sensorielle et détermine l'action à entreprendre à tout moment.
Interféron (IFN) Substance chimique produite par les cellules infectées par un virus et par des lymphocytes; fournit une certaine protection contre l'invasion de l'organisme par des virus; inhibe la croissance virale.
Interneurone (neurone d'association) Cellule nerveuse située entre les neurones sensitif et moteur qui achemine les influx nerveux vers les centres du SNC où se déroule l'intégration.
Intérocepteur Récepteur sensoriel situé dans les viscères; sensible aux stimulus produits dans le milieu interne; aussi appelé viscérocepteur.
Interphase Une des deux principales périodes du cycle cellulaire; représente tout le laps de temps entre la formation de la cellule et sa division.
Intestin grêle Tube aux formes compliquées qui va du muscle sphincter pylorique à la valve iléo-cæcale, où il rejoint le gros intestin; endroit où se termine la digestion et où se produit pratiquement toute l'absorption.
Introns Segments non codants de l'ADN dont la longueur se situe entre 60 et 100 000 nucléotides.
Ion Atome possédant une charge positive (cation) ou négative (anion).
Ion hydrogène (H^+) Atome d'hydrogène ayant perdu son électron et, par conséquent, portant une charge positive (c'est-à-dire un proton).
Ion hydroxyle (OH^-) Ion libéré lorsqu'un hydroxyde (une base inorganique commune) est dissous dans l'eau.
Irrigation des tissus Débit sanguin dans les tissus ou les organes.
Ischémie Diminution de l'irrigation sanguine locale.
Isogreffe Greffe de tissus donnés par un jumeau identique.
Isomères Substances ayant la même formule moléculaire, mais dont la disposition des atomes n'est pas la même.
Isotopes Formes atomiques différentes du même élément. Les isotopes ne contiennent pas tous le même nombre de neutrons; les isotopes les plus lourds sont souvent radioactifs.
Jéjunum Partie de l'intestin grêle qui s'étend du duodénum à l'iléum.
Jonction ouverte Passage entre deux cellules adjacentes; constituée de protéines transmembranaires appelées connexons.
Jonction serrée Région où les membranes plasmiques de cellules adjacentes sont fusionnées; empêche les substances de passer à travers l'espace extracellulaire entre deux cellules adjacentes d'un épithélium.
Joule (J) Unité d'énergie équivalant au travail produit par une force de un newton qui déplace son point d'application de un mètre dans sa propre direction; on utilise généralement le kilojoule (kJ) pour parler des échanges d'énergie associés aux réactions biochimiques.
Kératine Protéine hydrosoluble présente dans l'épiderme, les cheveux, les poils et les ongles, grâce à laquelle ces structures sont dures et repoussent l'eau; son précurseur est la kératohyaline.
Kilojoule (kJ) *Voir* joule.
Lab-ferment Enzyme sécrétée par l'estomac qui coagule la caséine du lait; non produite chez l'adulte.
Labyrinthe Cavités osseuses et membranes de l'oreille interne.
Lacrymal Relatif aux larmes.
Lactation Synthèse et sécrétion du lait.
Lacune Petite dépression ou petit espace; dans l'os et le cartilage, les lacunes sont occupées par des cellules.
Lame (1) Couche ou plaque mince; (2) partie d'une vertèbre située entre le processus transverse et le processus épineux.
Lame basale Feuillet acellulaire adhésif composé principalement de glycoprotéines sécrétées par les cellules épithéliales.
Lame réticulaire Couche de matériau extracellulaire contenant un fin réseau de fibres collagènes qui appartiennent aux tissus conjonctifs sous-jacents à l'épithélium; forme, avec la lame basale, la membrane basale d'un épithélium.
Lamelle Couche, comme un cylindre de matrice dans l'ostéon de l'os compact.
Lamelles interstitielles Lamelles incomplètes situées entre des ostéons intacts ou dans les intervalles entre les ostéons en formation; peuvent également représenter des fragments d'ostéons qui ont été coupés par le remaniement osseux.
Larynx Organe cartilagineux situé entre la trachée et le pharynx; organe de la phonation.
Latéral Opposé au plan médian du corps.
Lemnisque médial Voie de transmission au cortex cérébral de l'information concernant la discrimination tactile, la pression, la vibration et la proprioception consciente; va du bulbe rachidien au thalamus.
Leucémie Groupe d'états cancéreux des globules blancs.
Leucocytes Globules blancs; éléments figurés participant à la défense de l'organisme et intervenant dans les réactions inflammatoire et immunitaire.
Leucocytose Augmentation du nombre de leucocytes traduisant généralement une infection.
Leucopénie Diminution du nombre de globules blancs dans le sang.
Leucopoïèse Production des globules blancs.
Liaison chimique Relation énergétique entre des atomes; fait intervenir une interaction entre des électrons.
Liaison covalente Liaison chimique formée par le partage d'électrons entre des atomes; p. ex. entre les deux atomes d'oxygène de la molécule de O_2.
Liaison hydrogène Liaison faible dans laquelle un atome d'hydrogène forme un pont entre deux atomes avides d'électrons; importante liaison intramoléculaire; p. ex. liaisons qui maintiennent et stabilisent les molécules de protéines et les molécules d'ADN.
Liaison ionique Liaison chimique formée par le transfert d'électrons entre des atomes; p. ex. la liaison entre l'atome de sodium et l'atome de chlore dans la molécule de NaCl.
Liaison peptidique Liaison entre le groupement amine d'un acide aminé et le groupement acide d'un autre acide aminé, associée à la perte d'une molécule d'eau.
Ligament Bande de tissu conjonctif dense qui relie des os.
Ligands Substances chimiques servant à la transmission de signaux et qui se lient spécifiquement aux récepteurs membranaires.
Lipide Composé organique contenant du carbone, de l'hydrogène et de l'oxygène, comme les triglycérides, le cholestérol et les phospholipides. Ces derniers contiennent également du phosphore.
Lipolyse Dégradation des réserves de lipides en glycérol et en acides gras.
Liquide cérébro-spinal (LCS) Liquide ressemblant au plasma qui remplit les ventricules du SNC et entoure celui-ci; assure une protection mécanique à l'encéphale et à la moelle épinière et contribue à leur nutrition.

Liquide extracellulaire Liquide situé à l'extérieur des cellules; comprend le plasma et le liquide interstitiel.
Liquide interstitiel Liquide situé entre les cellules.
Liquide intracellulaire Liquide présent à l'intérieur de la cellule.
Liquide synovial Liquide sécrété par la membrane synoviale; lubrifie les surfaces articulaires et nourrit les cartilages articulaires.
Loi de Boyle-Mariotte Loi qui veut que, à pression constante, la pression d'un gaz soit inversement proportionnelle à son volume.
Loi de Hilton Tout nerf desservant un muscle responsable du mouvement d'une articulation innerve aussi l'articulation elle-même et la peau qui la recouvre.
Lombal Relatif à la région du dos située entre le thorax et le bassin.
Luette *Voir* uvule palatine.
Lumière Cavité à l'intérieur d'un tube, d'un vaisseau sanguin ou d'un organe creux.
Luxation Déplacement des os de leur position normale dans une articulation.
Lymphe Liquide contenant des leucocytes et des protéines transporté par les vaisseaux lymphatiques; formé à partir du sang et du liquide interstitiel, il retourne au sang par les vaisseaux lymphatiques.
Lymphocyte Globule blanc qui provient des cellules souches de la moelle osseuse et qui arrive à maturité dans les organes lymphatiques.
Lymphocytes B Lymphocytes qui déterminent l'immunité humorale; les cellules de leur clone se différencient en plasmocytes producteurs d'anticorps; aussi appelés cellules B.
Lymphocytes T Lymphocytes responsables de l'immunité à médiation cellulaire; comprennent les lymphocytes T auxiliaires, cytotoxiques et suppresseurs; aussi appelés cellules T.
Lymphocytes T auxiliaires Lymphocytes qui organisent l'immunité à médiation cellulaire en entrant en contact direct avec d'autres cellules immunitaires et en libérant des substances chimiques appelées lymphokines; interviennent également dans l'immunité humorale en interagissant avec les lymphocytes B.
Lymphocytes T cytotoxiques Lymphocytes T effecteurs qui tuent (lysent) directement les cellules étrangères, les cellules cancéreuses et les cellules de l'organisme infectées par un virus; aussi appelés lymphocytes T tueurs.
Lymphocytes T suppresseurs Lymphocytes T de régulation qui suppriment la réaction immunitaire.
Lymphocytes T tueurs *Voir* lymphocytes T cytotoxiques.
Lymphokines Glycoprotéines libérées par les lymphocytes T sensibilisés qui interviennent dans les réactions immunitaires à médiation cellulaire et qui accentuent les réactions immunitaire et inflammatoire.
Lysosomes Organites issus du complexe golgien qui renferment de puissantes enzymes digestives.
Lysozyme Enzyme présente dans la sueur, la salive et les larmes et qui peut détruire certaines bactéries.
Macromolécule Grande molécule complexe; p. ex. une protéine contenant de 100 à 10 000 acides aminés ou de l'ADN.
Macrophagocyte Type de cellules protectrices abondantes dans le tissu conjonctif, le tissu lymphatique et certains organes; phagocyte les cellules endommagées de l'organisme, les bactéries et d'autres débris étrangers; joue un rôle important comme présentateur d'antigènes aux lymphocytes T et B dans la réaction immunitaire.
Macula Région ou tache colorée.
Macules Récepteurs servant à l'équilibre statique situés dans le vestibule de l'oreille interne.
Maladie d'Alzheimer Maladie dégénérative de l'encéphale associée à une perte graduelle de la mémoire et de la régulation motrice ainsi qu'à une démence progressive.
Maladie de Graves Maladie que l'on croit auto-immune se manifestant par un hyperfonctionnement de la glande thyroïde; les principaux symptômes sont un taux métabolique élevé, une perte de masse corporelle, de l'exophtalmie.
Maladie de Parkinson Maladie neurodégénérative des noyaux basaux faisant intervenir des anomalies de la dopamine (un neurotransmetteur); ses symptômes comprennent un tremblement persistant et des mouvements rigides.
Maladie osseuse de Paget Trouble caractérisé par une résorption osseuse exagérée et par une ossification anormale.
Maladies psychosomatiques Maladies provoquées par les émotions.
Maladies transmissibles sexuellement Maladies infectieuses transmises lors de contacts sexuels; p. ex. gonorrhée, syphilis, SIDA et herpès génital.
Malin Potentiellement mortel; relatif aux néoplasmes qui s'étendent et causent la mort, comme le cancer.
Mandibule Mâchoire inférieure, en forme de U; os le plus volumineux de la face.
Manœuvre de Heimlich Procédé qui consiste à utiliser l'air contenu dans les poumons d'une personne pour expulser un morceau d'aliment qui obstrue la trachée.
Masse atomique Moyenne des nombres de masse de tous les isotopes d'un élément.
Mastocytes Cellules immunitaires qui détectent les cellules étrangères dans le liquide interstitiel et amorcent la réaction inflammatoire locale contre elles; on les retrouve généralement sous un épithélium ou le long d'un vaisseau sanguin.
Matériau ostéoïde Matrice osseuse non minéralisée.
Matrice extracellulaire Matériau non vivant qui sépare les cellules vivantes dans le tissu conjonctif; composée de substance fondamentale et de fibres.
Méat Orifice externe d'un conduit (p. ex. méat nasal supérieur) ou le conduit lui-même (p. ex. méat acoustique externe).
Mécanisme de rétroactivation Le moins important des deux mécanismes de régulation de l'homéostasie, dans lequel le changement produit va dans la même direction que la fluctuation initiale; c'est ce mécanisme qui intervient au cours de l'accouchement.
Mécanisme de rétro-inhibition Le plus courant des mécanismes de régulation de l'homéostasie. Le système met fin au stimulus de départ ou réduit son intensité.
Mécanorécepteur Récepteur sensible aux facteurs mécaniques tels que le toucher, la pression, les vibrations et l'étirement.
Médian (ou médial) Vers la ligne médiane du corps.
Médiastin Subdivision de la cavité thoracique située entre les deux poumons et contenant la cavité péricardique, la trachée et l'œsophage.
Médulla Partie centrale de certains organes.
Méiose Processus de division nucléaire qui réduit de moitié le nombre de chromosomes et donne quatre cellules haploïdes (n); se produit seulement dans les testicules et les ovaires.
Mélange Deux substances (ou plus) physiquement entremêlées; il en existe trois types: solutions, colloïdes et suspensions.
Mélanine Pigment foncé synthétisé par des cellules appelées mélanocytes; donne leur couleur à la peau, aux cheveux et aux poils.
Mélanome malin Cancer des mélanocytes; peut prendre naissance à tous les endroits où on trouve des pigments.
Mélatonine Hormone sécrétée par le corps pinéal qui inhibe la sécrétion de GnRH par l'hypothalamus; sécrétion maximale pendant la nuit.
Membrane à perméabilité sélective Membrane qui laisse passer certaines substances tout en limitant les déplacements d'autres substances; aussi appelée membrane à perméabilité différentielle.
Membrane basale Matériau extracellulaire situé sous un épithélium et constitué d'une lame basale sécrétée par les cellules épithéliales et d'une lame réticulaire sécrétée par les cellules du tissu conjonctif sous-jacent.
Membrane plasmique Membrane constituée d'une bicouche de phospholipides et d'une couche de protéines qui renferme le contenu de la cellule; membrane externe de la cellule. Elle régit les échanges cellulaires, maintient un potentiel de membrane et porte des récepteurs membranaires.
Ménarche Établissement de la fonction menstruelle; première menstruation.
Méninges Membranes protectrices du système nerveux central; de la plus superficielle à la plus profonde, il s'agit de la dure-mère, de l'arachnoïde et de la pie-mère.
Méningite Inflammation des méninges.
Ménopause Période de la vie où des changements hormonaux provoquent l'arrêt de l'ovulation et de la menstruation.

Menstruation Écoulement utérin périodique et cyclique de sang, de sécrétions, de tissus et de mucus qui se produit en l'absence de grossesse chez la femme adulte.

Mésencéphale Cerveau moyen; partie du tronc cérébral localisée entre le diencéphale et le pont.

Mésenchyme Tissu embryonnaire qui donne naissance à tous les tissus conjonctifs.

Mésentère Double couche de péritoine qui soutient la plupart des organes de la cavité abdominale.

Mésoderme Un des trois feuillets embryonnaires primitifs; forme le squelette et les muscles.

Mésothélium Épithélium des séreuses qui tapissent la paroi de la cavité abdominale et qui recouvrent les organes contenus dans cette cavité.

Métabolisme Ce terme englobe toutes les réactions chimiques qui se produisent à l'intérieur des cellules; comprend l'anabolisme et le catabolisme.

Métabolisme basal Vitesse à laquelle l'énergie est dépensée (la chaleur produite) par l'organisme par unité de temps dans des conditions contrôlées (basales), soit 12 heures après un repas et au repos.

Métaphase Deuxième phase de la mitose.

Métastase Propagation du cancer d'une structure ou d'un organe à d'autres qui n'y sont pas liées directement.

Métencéphale Partie antérieure du rhombencéphale; composé du pont et du cervelet.

Microfilaments Un des trois constituants du cytosquelette; fins filaments d'une protéine contractile, l'actine. La plupart des microfilaments sont associés aux mouvements cellulaires et aux changements de forme de la cellule.

Microglies Type de gliocytes qui se transforment en macrophagocytes dans les régions où les neurones sont endommagés.

Microtubules Un des trois types de bâtonnets (les plus gros) qui forment le cytosquelette de la cellule; tubes creux constitués de protéines sphériques qui déterminent la forme de la cellule ainsi que l'emplacement des organites cellulaires.

Microvillosités Minuscules extensions présentes sur la surface libre de certaines cellules épithéliales; accroissent la surface de contact avec l'extérieur.

Miction Émission d'urine; vidange de la vessie.

Minéralocorticoïdes Hormones stéroïdes du cortex surrénal qui règlent le métabolisme des minéraux (Na^+ et K^+) et l'équilibre hydrique.

Minéraux Composés inorganiques présents dans la nature; sels.

Mitochondries Organites cytoplasmiques responsables de la synthèse d'ATP, qui fournit l'énergie pour les activités cellulaires.

Mitose Processus par lequel les chromosomes sont redistribués également aux noyaux de deux cellules filles; division nucléaire. Comprend la prophase, la métaphase, l'anaphase et la télophase.

Modèle de la mosaïque fluide Représentation de la structure des membranes d'une cellule comme une bicouche de phospholipides parmi lesquelles sont disséminées des protéines.

Moelle épinière Centre nerveux situé dans le canal vertébral qui s'étend de l'encéphale jusqu'à la première ou la deuxième vertèbre lombale; achemine les influx nerveux provenant de l'encéphale et ceux qui se dirigent vers lui; constitue un centre de réflexes.

Molaire Concentration d'une solution déterminée en fonction de la masse du soluté; une solution de 1 mol/L d'une substance contient l'équivalent en grammes de la masse moléculaire de la substance (ou de sa masse atomique) dans un litre de solution.

Molarité Méthode d'expression de la concentration d'une solution en fonction du nombre de moles de soluté par litre de solution.

Mole Une mole d'un élément ou d'un composé est égale à la masse atomique ou à la masse moléculaire (somme des masses atomiques) mesurée en grammes.

Molécule Particule composée de deux ou plusieurs atomes unis par des liaisons chimiques.

Molécules non polaires Molécules équilibrées sur le plan électrique.

Molécules polaires Molécules asymétriques qui contiennent des atomes non équilibrés sur le plan électrique.

Monocytes Les plus gros des leucocytes; agranulocytes. Ils se transforment en macrophagocytes dans les tissus, où leur action phagocytaire est très intense en cas d'infection chronique.

Monokines Médiateurs chimiques qui accentuent la réaction immunitaire; sécrétées par les macrophagocytes.

Mononucléose infectieuse Affection virale hautement contagieuse; se caractérise par un nombre excessif d'agranulocytes.

Monosaccharide Littéralement, un sucre; composant des glucides; le glucose est un monosaccharide.

Mort cérébrale Coma irréversible, même si des mesures de maintien des fonctions vitales conservent le fonctionnement normal des autres organes.

Morula Boule de blastomères résultant de la segmentation du produit de la conception.

Mouvement amiboïde Mouvement du cytoplasme d'un macrophagocyte.

Mucus Liquide visqueux et épais sécrété par les glandes muqueuses et les muqueuses; humidifie la surface libre des membranes.

Muqueuses Membranes tapissant les cavités du corps qui s'ouvrent sur l'extérieur (voies respiratoires, urinaires et génitales, et tube digestif); la plupart des muqueuses sont constituées d'un épithélium stratifié squameux ou simple prismatique.

Muscle arrecteur du poil Petit muscle lisse associé à un follicule pileux; sa contraction provoque le redressement du poil.

Muscle cardiaque Muscle spécialisé du cœur.

Muscle involontaire Muscle qui n'est pas normalement soumis aux commandes volontaires; muscle lisse et muscle cardiaque.

Muscle lisse Muscle composé de cellules fusiformes renfermant un noyau central; ne porte pas de stries visibles de l'extérieur. Présent surtout dans les parois des organes creux.

Muscle sphincter pylorique Valve de l'extrémité distale de l'estomac qui règle l'entrée des aliments dans le duodénum.

Muscle squelettique Muscle composé de cellules cylindriques multinucléées présentant des stries évidentes; muscle qui s'attache au squelette; muscle volontaire.

Muscle volontaire Muscle soumis aux commandes volontaires; muscle squelettique.

Muscles du bulbe de l'œil Les six muscles squelettiques qui s'insèrent sur l'œil et produisent ses mouvements.

Muscles viscéraux Type de muscles lisses; leurs cellules ont tendance à se contracter ensemble et de façon rythmique, elles sont couplées électriquement par des jonctions ouvertes et elles présentent souvent des potentiels d'action spontanés.

Myélencéphale Partie inférieure du rhombencéphale, notamment le bulbe rachidien.

Myoblastes Cellules du mésoderme embryonnaire à partir desquelles toutes les fibres musculaires se développent.

Myocarde Tunique de la paroi du cœur constituée du muscle cardiaque.

Myofibres de conduction cardiaque Fibres musculaires cardiaques modifiées qui font partie du système de conduction du cœur.

Myofibrille Fuseau circulaire de filaments contractiles (myofilaments) présent dans les cellules musculaires.

Myofilament Filament qui compose les myofibrilles; actine ou myosine.

Myoglobine Pigment qui se lie à l'oxygène dans les muscles.

Myogramme Enregistrement graphique de l'activité contractile mécanique produit par un appareil qui mesure la contraction musculaire.

Myomètre Épaisse couche musculaire de l'utérus.

Myopie Anomalie de la vision dans laquelle l'image des objets se forme à l'avant de la rétine plutôt que sur la rétine elle-même, ce qui empêche de distinguer correctement les objets éloignés; généralement due à une élongation du bulbe de l'œil.

Myosine Une des principales protéines contractiles du tissu musculaire; constituant des myofilaments épais.

Myxœdème Trouble résultant d'un hypofonctionnement de la glande thyroïde; se caractérise par une diminution du métabolisme basal, une sensation constante de froid et une diminution des aptitudes mentales.

Nécrose Mort ou désintégration d'une cellule ou des tissus causée par une maladie ou un traumatisme.

Néoglucogenèse Formation de glucose à partir de molécules non glucidiques ; processus déclenché dans le foie quand la glycémie s'abaisse.
Néoplasme Masse anormale de cellules qui se multiplient de manière anarchique ; les néoplasmes bénins restent localisés ; les néoplasmes malins sont formés de cellules cancéreuses qui peuvent se propager à d'autres organes.
Néphron Unité structurale et fonctionnelle du rein, qui en contient plus d'un million ; formé du corpuscule rénal et du tubule rénal.
Nerfs crâniens Les 12 paires de nerfs qui émergent de l'encéphale.
Nerfs mixtes Nerfs qui contiennent des neurofibres sensitives et des neurofibres motrices ; transmettent des influx dirigés vers le SNC et des influx qui en proviennent. Tous les nerfs spinaux sont mixtes.
Nerfs moteurs (efférents) Nerfs qui transmettent des influx provenant de l'encéphale et de la moelle épinière vers des effecteurs.
Nerfs sensitifs (afférents) Nerfs qui contiennent des neurofibres sensitives ; transmettent des influx dirigés vers le SNC.
Nerfs spinaux Les 31 paires de nerfs qui émergent de la moelle épinière.
Neurofibre Axone d'un neurone.
Neurofibres adrénergiques Neurofibres qui libèrent de la noradrénaline lorsqu'elles sont stimulées.
Neurofibres cholinergiques Neurofibres qui libèrent de l'acétylcholine lorsqu'elles sont stimulées.
Neurofibres vasomotrices Neurofibres sympathiques qui règlent la contraction du muscle lisse de la paroi des vaisseaux sanguins et, par conséquent, le diamètre des vaisseaux sanguins.
Neurohypophyse Lobe postérieur de l'hypophyse ; portion de l'hypophyse dérivée du tissu nerveux. Elle emmagasine et libère l'ADH et l'ocytocine produites par l'hypothalamus.
Neurolemmocytes Type de gliocytes situés dans le SNP ; constituent les gaines de myéline et sont essentiels à la régénération des neurofibres périphériques.
Neurone Cellule du système nerveux capable de générer et d'acheminer des influx nerveux.
Neurone postganglionnaire Neurone moteur autonome dont le corps cellulaire est situé dans un ganglion périphérique et qui projette son axone jusqu'à un effecteur.
Neurone préganglionnaire Neurone moteur autonome dont le corps cellulaire est situé dans le système nerveux central et qui projette son axone jusqu'à un ganglion périphérique.
Neurone pseudo-unipolaire *Voir* neurone unipolaire.
Neurone (sensitif) afférent Neurone qui transmet les influx nerveux vers le système nerveux central ; déclenche l'influx nerveux après la stimulation du récepteur.
Neurone unipolaire Neurone que la fusion embryonnaire de ses deux prolongements a laissé avec un seul prolongement (axone) qui s'étend à partir du corps cellulaire ; neurones sensitifs de premier ordre que l'on retrouve dans les nerfs spinaux et certains nerfs crâniens.
Neurones bipolaires Neurones possédant un axone et une dendrite qui sont issus de côtés opposés du corps cellulaire ; neurones sensitifs situés dans les organes des sens.
Neurones multipolaires Neurones possédant trois prolongements ou plus ; type de neurones le plus abondant dans le SNC ; certains sont des neurones moteurs ; la plupart sont des interneurones.
Neuropeptides Classe de neurotransmetteurs comprenant les bêta-endorphines et les enképhalines (qui agissent comme des euphorisants et réduisent la perception de la douleur) ; présents en grande quantité dans le système digestif.
Neurotransmetteur Substance chimique libérée par les neurones et qui, en se liant aux récepteurs des neurones postganglionnaires ou des cellules effectrices, stimule ou inhibe ces cellules.
Neutron Particule subatomique dépourvue de charge électrique ; se trouve dans le noyau de l'atome. Les isotopes d'un même élément diffèrent par leur nombre de neutrons.
Névroglie Ensemble de cellules non excitables du tissu nerveux qui soutiennent, protègent et isolent les neurones.
Nocicepteur Récepteur sensible aux stimulus potentiellement nuisibles qui causent de la douleur.
Nœud auriculo-ventriculaire Amas de cellules cardionectrices situé à la jonction auriculo-ventriculaire du cœur.
Nœud lymphatique Petit organe lymphatique qui filtre la lymphe ; renferme des macrophagocytes et des lymphocytes. Ils sont situés surtout dans les régions axillaires, inguinales et cervicale et jouent un rôle de filtration de la lymphe et d'activation du système immunitaire.
Nœud sinusal Cellules spécialisées du myocarde situées dans la paroi de l'oreillette droite ; centre rythmogène du cœur.
Nombre d'Avogadro Nombre de molécules dans une mole de n'importe quelle substance ; $6{,}02 \times 10^{23}$.
Nombre de masse Somme du nombre de protons et de neutrons dans le noyau de l'atome.
Nombre diploïde de chromosomes Nombre de chromosomes caractéristique d'un organisme, symbolisé par $2n$; le double du nombre de chromosomes (n) des gamètes ; chez l'être humain, $2n = 46$.
Non-disjonction Absence de séparation des chromatides sœurs pendant la mitose ou absence de séparation des chromosomes homologues pendant la méiose ; les cellules filles possèdent alors un nombre anormal de chromosomes.
Noradrénaline Neurotransmetteur faisant partie du groupe des catécholamines (amine biogène) et hormone de la médulla surrénale, associée à l'activation du système nerveux sympathique.
Noyau Centre de régulation de la cellule ; renferme le matériel génétique.
Noyaux basaux Régions de substance grise situées au cœur de la substance blanche des hémisphères cérébraux ; comprennent le noyau caudé et le noyau lenticulaire. Ils participent à la régulation motrice et à la cognition.
Nucléoles Corps sphériques denses du noyau cellulaires qui interviennent dans la synthèse et le stockage des sous-unités ribosomales.
Nucléoplasme Solution colloïdale retenue par la membrane nucléaire.
Nucléosome Unité fondamentale de la chromatine ; constitué d'un brin d'ADN enroulé autour d'une masse sphérique de huit histones.
Nucléotide Unité de base des acides nucléiques ; composé d'un sucre, d'une base azotée et d'un groupement phosphate.
Numération globulaire Analyse clinique qui comprend un hématocrite, une numération de tous les éléments figurés ainsi que d'autres indicateurs ; aussi appelée hémogramme.
Numéro atomique Nombre de protons dans un atome.
Nutriments Substances chimiques provenant de l'alimentation qui servent à produire de l'énergie ou à construire des cellules.
Occlusion Fermeture ou obstruction.
Ocytocine Hormone sécrétée par les cellules de l'hypothalamus et libérée dans le sang par la neurohypophyse ; stimule les contractions de l'utérus pendant l'accouchement et l'éjection du lait au cours de l'allaitement.
Œdème Accumulation anormale de liquide dans une partie du corps ou un tissu ; cause un gonflement.
Œdème pulmonaire Fuite de liquide dans les sacs alvéolaires et les tissus des poumons.
Œsophage Tube musculeux qui commence au laryngopharynx, traverse le diaphragme et débouche dans l'estomac ; s'affaisse lorsqu'il ne propulse pas d'aliments.
Œstrogènes Hormones qui stimulent les caractères sexuels secondaires chez la femme ; hormones sexuelles femelles.
Olfaction Odorat.
Oligodendrocytes Type de gliocytes qui constituent les gaines de myéline dans le SNC.
Ombilic Nombril ; marque l'endroit où le cordon ombilical était fixé pendant la vie fœtale.
Ophtalmique Relatif à l'œil.
Optique Relatif à l'œil ou à la vision.
Oreillettes Les deux cavités supérieures du cœur ; reçoivent le sang des veines.
Organe Structure composée d'au moins deux types de tissus et destinée à accomplir une fonction spécifique ; p. ex. estomac.
Organes annexes du tube digestif Organes qui contribuent au processus de la digestion mais qui ne font pas partie du tube diges-

tif; comprennent la langue, les dents, les glandes salivaires, le pancréas et le foie.

Organes des sens Amas de cellules (généralement de plusieurs types) qui participent à un même processus de réception.

Organes viscéraux (ou viscères) Ensemble d'organes internes situés dans la cavité antérieure.

Organique Relatif aux molécules qui contiennent du carbone, comme les protéines, les lipides et les glucides.

Organisme Animal (ou végétal) vivant, qui représente l'ensemble de tous les systèmes qui travaillent en synergie pour assurer le maintien de la vie.

Organites Petites structures cellulaires (ribosomes, mitochondries et autres) qui effectuent les fonctions métaboliques spécifiques répondant aux besoins de toute la cellule.

Origine musculaire Point d'attache d'un muscle qui demeure relativement fixe durant la contraction musculaire.

Os endochondral (os cartilagineux) Os formé par la calcification de structures de cartilage hyalin.

Os sésamoïdes Os courts enchâssés dans un tendon; leur nombre et leur taille varient; plusieurs d'entre eux influent sur l'action de muscles; le plus gros os sésamoïde est la rotule.

Os spongieux Couche interne des os; les lamelles osseuses y sont disposées de façon irrégulière (il n'y a pas d'ostéons) et laissent entre elles de larges espaces remplis de moelle.

Osmolalité Nombre de particules de soluté dissoutes dans un litre (1000 g) d'eau; traduit la capacité de la solution de causer l'osmose.

Osmolarité Concentration totale de toutes les particules de soluté dans un litre de solution.

Osmorécepteur Structure sensible à la pression osmotique, ou concentration, d'une solution.

Osmose Diffusion d'un solvant à travers une membrane; le déplacement se fait d'une solution diluée à une solution plus concentrée.

Osselets de l'ouïe Les trois os minuscules de l'oreille moyenne qui transmettent les vibrations; il s'agit du malléus, de l'incus et du stapès.

Ossification *Voir* ostéogenèse.

Ossification endochondrale Formation embryonnaire d'os par le remplacement de cartilage calcifié; la majorité des os du squelette se forment par ce processus.

Ostéoblastes Cellules productrices de matière osseuse.

Ostéoclastes Grosses cellules qui détruisent la matière osseuse.

Ostéocytes Cellules osseuses matures.

Ostéogenèse Processus de formation des os; également appelé ossification.

Ostéomalacie Perturbation qui se traduit par une minéralisation insuffisante des os; os mous.

Ostéon Système de canaux communicants microscopiques dans l'os compact adulte; unité structurale de l'os; aussi appelé système de Havers.

Ostéoporose Ramollissement des os qui résulte du ralentissement graduel du dépôt de matière osseuse.

Ovaire Organe sexuel femelle où sont produits les ovules; gonade femelle.

Ovocyte Gamète femelle immature.

Ovocyte de premier ordre Produit par division de l'ovogonie; c'est dans cette cellule que débute la première division de la méiose.

Ovocyte de deuxième ordre Cellule produite par la première division de la méiose; cette cellule entreprend la deuxième division de la méiose mais ne la termine que si le spermatozoïde la féconde.

Ovogenèse Processus de formation de l'ovule (gamète femelle).

Ovulation Expulsion dans la cavité péritonéale d'un ovocyte de deuxième ordre, par rupture du follicule ovarique mûr; l'ovocyte est normalement capté par les franges des trompes utérines.

Ovule Gamète femelle.

Oxydases Enzymes qui catalysent le transfert d'oxygène dans les réactions d'oxydoréduction.

Oxydation Processus par lequel les substances se combinent avec de l'oxygène ou perdent de l'hydrogène.

Oxyhémoglobine Hémoglobine liée à de l'oxygène.

Palais Plafond de la bouche.

Pancréas Glande située derrière l'estomac, entre la rate et le duodénum; produit des sécrétions endocrines et exocrines.

Papille Petite saillie ressemblant à un mamelon; p. ex. les papilles du derme, des projections de tissu dermique dans l'épiderme.

Parathormone (PTH) Hormone synthétisée par les glandes parathyroïdes; libérée dans le cas d'une baisse de la calcémie.

Pariétal Relatif à la paroi d'une cavité.

Parturition Point culminant de la grossesse; accouchement.

Pectoral Relatif à la poitrine.

Pelvis *Voir* bassin.

Pelvis rénal Portion proximale de l'uretère, en forme d'entonnoir, qui s'ouvre dans le rein.

Pénis Organe de la copulation et de la miction chez l'homme.

Pepsine Enzyme capable de digérer les protéines dans un milieu de pH acide.

Péricarde Séreuse composée de deux feuillets qui recouvre le cœur et constitue sa couche superficielle.

Péricaryon *Voir* corps cellulaire du neurone.

Périchondre Membrane de tissu conjonctif qui recouvre la surface externe des structures cartilagineuses.

Périmysium Gaine de tissu conjonctif qui enveloppe les faisceaux de fibres musculaires.

Périnée Région du corps située entre les tubérosités ischiatiques d'une part et, d'autre part, entre l'anus et le scrotum chez l'homme et entre l'anus et la vulve chez la femme.

Période de latence Période qui s'écoule entre la stimulation et le début de la contraction musculaire.

Période néonatale Période de quatre semaines suivant la naissance.

Période réfractaire Période au cours de laquelle une cellule excitable ne réagit pas à un stimulus liminaire.

Période réfractaire absolue Période suivant la stimulation, pendant laquelle aucun nouveau potentiel d'action ne peut être évoqué.

Période réfractaire relative Période suivant la période réfractaire absolue; intervalle pendant lequel un stimulus intense peut déclencher un potentiel d'action.

Périoste Double membrane de tissu conjonctif qui recouvre l'os et le nourrit.

Péristaltisme Ondes de contraction et de relâchement successives qui poussent la nourriture dans les organes du tube digestif (ou provoquent le déplacement d'autres substances dans d'autres organes creux).

Péritoine Séreuse qui tapisse l'intérieur de la cavité abdominale et recouvre les surfaces des organes abdominaux.

Péritonite Inflammation du péritoine.

Perméabilité Propriété d'une membrane qui permet le passage des molécules et des ions.

Peroxysomes Sac membraneux du cytoplasme contenant des oxydases, des enzymes puissantes qui utilisent l'oxygène moléculaire pour neutraliser de nombreuses substances nuisibles ou toxiques comme les radicaux libres.

Petite circulation *Voir* circulation pulmonaire.

Pétéchies Petites marques violacées sur la peau; traduisent les hémorragies étendues causées par la thrombopénie.

Phagocytose Capture de particules solides étrangères par une cellule (phagocytaire); processus nécessitant la formation de pseudopodes.

Phagosome Vésicule formée au cours de la phagocytose lorsqu'une vésicule endocytaire fusionne avec un lysosome.

Pharynx Tube musculaire qui s'étend entre la région postérieure des cavités nasales et la bouche d'une part et l'œsophage et le larynx d'autre part; comprend trois parties: le nasopharynx, l'oropharynx et le laryngopharynx.

Phase S (de synthèse) Phase de l'interphase pendant laquelle l'ADN se réplique, de sorte que les deux cellules qui seront produites recevront des copies identiques du matériel génétique.

Phénotype Expression observable du génotype.

Phospholipide Lipide modifié contenant du phosphore; les phospholipides sont un des constituants principaux de la membrane plasmique.

Phosphorylation Mécanisme de synthèse de l'ATP; comprend la phosphorylation au niveau du substrat et la phosphorylation oxydative.

Phosphorylation oxydative Processus de synthèse de l'ATP au moyen duquel un groupement phosphate inorganique est lié à l'ADP; effectué au moyen de la chaîne de transport des électrons (chaîne respiratoire) dans les mitochondries.

Photorécepteur Cellules réceptrices spécialisées de la rétine qui réagissent à l'énergie lumineuse; il en existe deux types: les cônes et les bâtonnets.

Physiologie Étude du fonctionnement des organismes vivants.

Pinocytose Mécanisme de transport vésiculaire qui permet la capture de liquide extracellulaire par la cellule.

Placenta Organe temporaire composé de tissus maternels et fœtaux qui fournit les nutriments et l'oxygène au fœtus en voie de développement, élimine ses déchets métaboliques et sécrète les hormones de la grossesse.

Plan (sagittal) médian Plan sagittal situé exactement sur la ligne médiane.

Plan frontal (coronal) Plan vertical qui divise le corps en parties antérieure et postérieure.

Plan sagittal Plan vertical qui divise le corps ou une partie du corps en portions droite et gauche.

Plan transverse (horizontal) Plan qui forme un angle droit avec l'axe du corps, qu'il divise en parties supérieure et inférieure.

Plans parasagittaux Plans sagittaux qui ne sont pas situés sur la ligne médiane.

Plaque motrice Partie du sarcolemme de la fibre musculaire qui contribue à former la terminaison neuromusculaire.

Plaquettes Fragments cellulaires présents dans le sang; interviennent dans l'hémostase et la coagulation; aussi appelées thrombocytes. Les plaquettes sont fabriquées dans la moelle osseuse, par fragmentation des mégacaryocytes.

Plasma Composant liquide inanimé du sang où les éléments figurés et divers solutés sont en suspension.

Plasmocytes Membres du clone d'un lymphocyte B; produisent et libèrent des anticorps.

Plèvre Séreuse composée de deux feuillets qui tapisse la paroi thoracique et recouvre la surface externe du poumon.

Plexus Réseau de neurofibres, de vaisseaux sanguins ou de vaisseaux lymphatiques convergents et divergents.

Plexus choroïde Amas de capillaires qui fait saillie dans un ventricule cérébral; sécrètent le liquide cérébro-spinal.

Plexus nerveux Réseaux de neurofibres enchevêtrées présents dans les régions cervicale, brachiale, lombale et sacrale; desservent principalement les membres.

Plis gastriques Plis longitudinaux de la muqueuse gastrique.

Plis vocaux *Voir* cordes vocales.

Point d'appui Point fixe (pivot) sur lequel se déplace un levier lorsqu'une force est appliquée.

Polarisation État de la membrane plasmique d'un neurone ou d'une cellule musculaire non stimulée lorsque l'intérieur de la cellule est relativement négatif par rapport à l'extérieur; état de repos.

Polycythémie Augmentation du nombre d'érythrocytes ou excès d'érythrocytes qui amène une augmentation de la viscosité du sang; résulte souvent d'un cancer de la moelle osseuse.

Polymère Substance de grande masse moléculaire; longue molécule formée d'une chaîne d'unités identiques; p. ex. glycogène et amidon.

Polypeptide Chaîne de 10 à 50 acides aminés liés.

Polypes Tumeurs bénignes des muqueuses.

Polysaccharide Littéralement, nombreux sucres; polymère de monosaccharides liés; l'amidon et le glycogène sont des polysaccharices.

Pompe à sodium et à potassium (à Na^+-K^+) Système de transport actif primaire qui éjecte le Na^+ de la cellule contre un gradient prononcé et pompe le K^+ à l'intérieur de la cellule; permet le fonctionnement des cellules musculaires et nerveuses.

Pompe à soluté Transporteur protéique ressemblant à une enzyme qui permet le transport actif de solutés comme les acides aminés et les ions contre leur gradient de concentration.

Pont Partie du tronc cérébral qui relie le bulbe rachidien au mésencéphale et, ainsi, les centres cérébraux supérieurs et inférieurs.

Pore Ouverture vers l'extérieur du canal d'une glande sudoripare.

Potentiel d'action Inversion transitoire importante de la polarité qui se propage le long de la membrane d'une fibre musculaire ou d'une neurofibre.

Potentiel de membrane Voltage de part et d'autre de la membrane plasmique.

Potentiel de repos de la membrane Voltage qui existe à travers la membrane plasmique d'une cellule excitable à l'état de repos; se situe entre −20 et −200 millivolts selon le type de cellule.

Potentiel gradué Modification locale du potentiel de membrane qui est directement proportionnelle à l'intensité du stimulus et diminue selon la distance.

Potentiel récepteur Potentiel gradué qui se produit au niveau de la membrane d'un récepteur sensoriel.

Pouls Expansion et rétraction rythmiques des artères résultant de la contraction du cœur; peut être perçu à l'extérieur de l'organisme.

Presbytie Perte de l'amplitude de l'accommodation qui reflète une perte d'élasticité du cristallin; commence vers l'âge de 40 ans.

Pression artérielle Force par unité de surface que le sang exerce sur les parois des artères.

Pression artérielle diastolique Pression artérielle atteinte pendant la diastole ou peu après; pression la moins élevée de tout le cycle ventriculaire.

Pression artérielle systolique Pression exercée par le sang sur la paroi des artères durant la contraction du ventricule gauche.

Pression atmosphérique Force exercée par l'air sur la surface du corps.

Pression hydrostatique Pression du liquide dans un système.

Pression oncotique (ou osmotique colloïdale) Pression créée dans un liquide par de grosses molécules qui ne diffusent pas; p. ex. les protéines plasmatiques qui ne peuvent pas traverser la membrane capillaire et attirent l'eau.

Pression osmotique Pression exercée sur une solution afin de prévenir le passage de solvant à l'intérieur de la solution; tendance à résister à l'entrée (nette) d'eau.

Pression partielle Pression exercée par chacun des gaz d'un mélange de gaz.

Pression sanguine Force par unité de surface que le sang exerce sur la paroi d'un vaisseau; les différences de pression dans le système cardiovasculaire fournissent la force propulsive nécessaire à la circulation du sang.

Processus (1) Proéminence, saillie ou apophyse; (2) Série d'actions visant à accomplir une tâche spécifique.

Progestérone Hormone produite par le corps jaune; partiellement responsable de la préparation de l'utérus pour recevoir l'ovule fécondé.

Prolactine (PRL) Hormone adénohypophysaire qui stimule la production de lait par les seins.

Pronation Rotation de l'avant-bras vers l'intérieur qui fait croiser le radius sur l'ulna, la paume étant dirigée vers le bas.

Prophase Première phase de la mitose; comprend la contraction linéaire et l'épaississement des chromosomes ainsi que la migration des deux paires de centrioles vers les pôles de la cellule.

Propriocepteur Récepteur situé dans une articulation, un muscle ou un tendon; capte des informations relatives à la locomotion, à la posture et au tonus musculaire.

Prosencéphale Partie antérieure de l'encéphale constituée du télencéphale et du diencéphale.

Prostaglandine Médiateur chimique lipidique associé aux membranes cellulaires et synthétisé dans la plupart des tissus; substance hormonale à action locale; joue un rôle notamment dans la coagulation du sang, dans la réaction inflammatoire et dans l'accouchement.

Prostate Glande annexe des organes génitaux; produit un tiers du volume du sperme, y compris le liquide qui active les spermatozoïdes.

Protéines Substances complexes formées par l'union d'un grand nombre d'acides aminés; représentent de 10 à 30 % de la masse des cellules.

Protéines fibreuses (structurales) Protéines composées de longues chaînes polypeptidiques formant une structure ressemblant à une corde; linéaires, insolubles dans l'eau et très stables; p. ex. collagène.

Proton Particule subatomique de charge positive; se trouve dans le noyau de l'atome.

Proximal Vers le point d'attache d'un membre ou l'origine d'une structure.

Puberté Période de la vie où les organes génitaux deviennent fonctionnels.

Pulmonaire Relatif aux poumons.

Pupille Ouverture centrale de l'iris qui laisse pénétrer la lumière dans l'œil.

Pus Liquide produit par la réaction inflammatoire; composé de globules blancs, de débris de cellules mortes et d'un liquide clair.

Radicaux libres Substances chimiques très réactives comportant des électrons non appariés qui peuvent semer le désordre dans la structure des protéines, des lipides et des acides nucléiques.

Radioactivité Processus de désintégration spontanée des isotopes les plus lourds durant lequel des particules ou de l'énergie sont émis à partir du noyau de l'atome, qui devient plus stable.

Radio-isotope Isotope qui présente de la radioactivité.

Rameau Branche d'un nerf, d'une artère, d'une veine ou d'un os.

Rate Le plus gros des organes lymphatiques, situé sous le diaphragme, au-dessus de la partie supérieure gauche de l'estomac; constitue un site de prolifération des lymphocytes et d'élaboration de la réaction immunitaire et purifie le sang.

Réabsorption tubulaire Mouvement des composants du filtrat des tubules rénaux au sang.

Réactif Substance prenant part à une réaction chimique.

Réaction auto-immune Production d'anticorps ou de lymphocytes T cytotoxiques sensibilisés qui attaquent les propres tissus de la personne.

Réaction chimique Processus de formation, de réarrangement ou de rupture des liaisons chimiques.

Réaction d'échange (de substitution) Réaction chimique dans laquelle il y a simultanément création et rupture de liaisons; les atomes se combinent à des atomes différents.

Réaction d'oxydoréduction Réaction d'oxydation (perte d'électrons) d'une molécule couplée à la réduction (gain d'électrons) d'une autre molécule.

Réaction de dégradation Réaction chimique dans laquelle une molécule est brisée en molécules plus petites ou en chacun des atomes qui la constituaient.

Réaction de neutralisation Réaction dans laquelle le mélange d'un acide et d'une base forme de l'eau et un sel.

Réaction de synthèse Réaction chimique dans laquelle des atomes ou des molécules se combinent pour former une molécule plus grosse et plus complexe.

Réaction endothermique Réaction chimique qui absorbe de l'énergie; par exemple, réaction anabolique.

Réaction exothermique Réaction chimique qui libère de l'énergie; par exemple, réaction catabolique ou oxydative.

Réaction hémolytique Réaction se produisant lorsque les globules rouges du donneur sont attaqués par les agglutinines du receveur.

Récepteur (1) Cellule ou terminaison nerveuse d'un neurone sensitif spécialisé qui répond à un type particulier de stimulus; (2) molécule qui se lie spécifiquement avec d'autres molécules, comme des neurotransmetteurs, des hormones et des antigènes.

Récepteur sensoriel Terminaisons dendritiques d'un neurone, ou partie d'autres types de cellules, chargées de réagir à un stimulus.

Récepteurs kinesthésiques des articulations Récepteurs qui donnent de l'information sur la position et le mouvement des articulations.

Récepteurs membranaires Groupe diversifié et nombreux de glycoprotéines et de protéines intégrées qui jouent le rôle de sites de liaisons au niveau de la membrane plasmique.

Récepteurs muscariniques Récepteurs des organes cibles du système nerveux autonome; se lient à l'acétylcholine; nommés ainsi parce qu'ils sont activés par la muscarine, une substance toxique extraite d'un champignon.

Récepteurs nicotiniques Récepteurs de tous les neurones postganglionnaires autonomes et des terminaisons neuromusculaires des muscles squelettiques; se lient à l'acétylcholine; nommés ainsi parce qu'ils sont activés par la nicotine.

Récepteurs sensoriels cutanés Récepteurs présents dans la peau qui réagissent aux stimulus provenant de l'extérieur du corps; font partie du système nerveux.

Réduction Réaction chimique dans laquelle une molécule gagne des électrons et de l'énergie (et souvent des ions hydrogène) ou perd de l'oxygène.

Réflexe des raccourcisseurs Réflexe déclenché par un stimulus douloureux (réel ou perçu); éloigne automatiquement du stimulus la partie du corps menacée.

Réflexe Réaction rapide, automatique et prévisible à un stimulus.

Réflexes autonomes (ou viscéraux) Réflexes qui activent des muscles lisses, le muscle cardiaque ou des glandes.

Réflexes somatiques Réflexes qui activent des muscles squelettiques.

Réfraction Déviation d'un rayon lumineux lorsqu'il rencontre la surface d'un milieu différent obliquement plutôt que perpendiculairement.

Régénération Remplacement de tissu détruit par le même type de tissu.

Règle de l'octet (règle des huit électrons) Tendance des atomes à interagir de façon à se retrouver avec huit électrons dans leur couche de valence.

Règle des neuf Méthode de calcul de l'étendue des brûlures; on divise le corps en un certain nombre de régions comptant chacune pour 9 % de la surface corporelle.

Régulation négative Diminution de la réaction à la stimulation hormonale; fait intervenir une diminution du nombre de récepteurs et empêche les cellules cibles d'avoir une réaction excessive après une exposition prolongée à de fortes concentrations hormonales.

Régulation positive Augmentation de la formation de récepteurs par les cellules cibles en réaction à l'accroissement de la concentration des hormones auxquelles elles réagissent.

Remaniement osseux Processus composé du dépôt et de la résorption de matière osseuse en réaction à des facteurs hormonaux et mécaniques.

Rénine Substance libérée par les reins qui permet la formation enzymatique d'angiotensine II, laquelle contribue à l'augmentation de la pression artérielle.

Réplication de l'ADN Processus qui se déroule avant la division cellulaire; garantit que toutes les cellules filles auront des gènes identiques.

Repolarisation Retour du potentiel de membrane à l'état de repos initial (polarisation).

Réponses graduées du muscle Variation de la contraction musculaire par le changement de la fréquence ou de la force des stimulus.

Réserve cardiaque Différence entre le débit cardiaque au repos et le débit cardiaque à l'effort.

Résistance périphérique Mesure de la friction du sang sur la paroi des vaisseaux sanguins.

Résorption osseuse Retrait de matière osseuse; fait partie du processus continu de remaniement osseux.

Respiration Processus qui fournit de l'oxygène à l'organisme et le débarrasse du gaz carbonique.

Respiration cellulaire Processus métabolique qui produit de l'ATP.

Respiration cellulaire aérobie Respiration dans laquelle l'oxygène est consommé et le glucose entièrement dégradé; les produits finals sont l'eau, le gaz carbonique et de grandes quantités d'ATP.

Respiration interne Échanges gazeux entre le sang et le liquide interstitiel et entre le liquide interstitiel et les cellules.

Réticulocyte Érythrocyte immature.

Réticulum endoplasmique Réseau de membranes tubulaires ou sacculaires présent dans le cytoplasme de la cellule.

Réticulum sarcoplasmique (RS) Réticulum endoplasmique spécialisé des cellules musculaires qui régit la concentration de calcium.

Rétine Tunique sensitive de l'œil; contient les photorécepteurs (bâtonnets et cônes).
Rétroaction biologique Entraînement qui permet une prise de conscience des activités viscérales; permet une certaine maîtrise volontaire sur les fonctions autonomes.
Révolution cardiaque Suite d'événements qui comprennent une contraction et un relâchement complets des oreillettes et des ventricules du cœur.
Rhombencéphale Partie caudale de l'encéphale en voie de développement; se contracte pour former le métencéphale et le myélencéphale; comprend le pont, le cervelet et le bulbe rachidien.
Ribosomes Organites cytoplasmiques, libres ou situés sur le réticulum endoplasmique rugueux, qui constituent le siège de la synthèse des protéines.
Rotation Mouvement d'un os autour de son axe longitudinal.
Sac vitellin Sac endodermique qui constitue la source des cellules germinales primordiales.
Salive Sécrétion des glandes salivaires; nettoie et humidifie la bouche et amorce la digestion des féculents.
Sarcolemme Surface de la membrane plasmique d'une fibre musculaire.
Sarcomère Plus petite unité contractile de la fibre musculaire; s'étend d'une strie Z à la suivante.
Sarcoplasme Cytoplasme d'une fibre musculaire ne comportant pas de fibrilles.
Sclère Partie blanche et opaque formant la plus grande partie de la tunique fibreuse de l'œil; constitue le « blanc de l'œil ».
Sclérose en plaques Maladie démyélinisante du SNC; cause l'apparition d'indurations (appelées plaques de sclérose) dans l'encéphale et la moelle épinière.
Scrotum Sac externe contenant les testicules.
Sébum Sécrétion huileuse des glandes sébacées.
Second messager Molécule intracellulaire produite par la liaison d'une substance chimique (hormone ou neurotransmetteur) à un récepteur de la membrane plasmique; médiateur de la réaction cellulaire au messager chimique.
Secousse musculaire Réponse d'un muscle à un seul stimulus liminaire de courte durée.
Sécrétion (1) Passage d'une substance à travers la membrane plasmique de la cellule vers le liquide interstitiel; (2) produit de la cellule transporté à l'extérieur de celle-ci.
Sécrétion tubulaire Mouvement des substances indésirables (comme les médicaments, l'urée et les ions en excès) du sang au filtrat.
Segmentation Phase du début du développement embryonnaire où des divisions mitotiques rapides ne sont pas séparées par des périodes de croissance; produit le blastocyste.
Ségrégation Au cours de la méiose, distribution des membres d'une paire d'allèles à des gamètes différents.
Sélection clonale Processus durant lequel un lymphocyte B ou T est sensibilisé par le contact avec un antigène.
Séquence-signal Court segment peptidique présent dans une protéine en cours de synthèse qui cause la liaison du ribosome qui lui est associé avec la membrane du réticulum endoplasmique rugueux.
Séreuse Membrane humide située dans les cavités fermées du corps; comporte deux couches: un feuillet pariétal et un feuillet viscéral.
Séreuse pariétale Partie de la membrane formée de deux couches qui tapisse la face interne de la paroi de la cavité antérieure.
Séreuse viscérale Partie de la membrane formée de deux couches qui tapisse la surface des organes de la cavité antérieure.
Sérosité Liquide lubrifiant transparent sécrété par les cellules d'une séreuse.
Sérum Liquide ambré qui suinte du sang coagulé lorsque le caillot se rétracte; ne contient plus de fibrinogène.
Seuil anaérobie Degré d'intensité à partir duquel le métabolisme musculaire commence à utiliser la glycolyse anaérobie.
SIDA Syndrome d'immunodéficience acquise; causé par le virus de l'immunodéficience humaine (VIH); les symptômes comprennent une perte pondérale importante, des sueurs nocturnes, la tuméfaction des nœuds lymphatiques et des infections opportunistes.
Signes vitaux Pouls, pression artérielle, fréquence respiratoire et température corporelle.
Sillon Rainures superficielles du cerveau, moins profondes que les fissures.
Sillon branchial Dépression de l'ectoderme superficiel de l'embryon; donne naissance au méat acoustique externe.
Sinus (1) Cavités remplies d'air et tapissées d'une muqueuse dans certains os du crâne; (2) canal dilaté servant au passage du sang ou de la lymphe.
Sinus carotidien Dilatation d'une artère carotide commune; participe à la régulation de la pression artérielle systémique.
Site actif Région de la surface d'une protéine fonctionnelle (globulaire) qui s'ajuste à d'autres protéines de forme et de charge complémentaires et interagit chimiquement avec elles.
Soluté Substance dissoute dans une solution.
Solution hypertonique Solution qui présente une concentration plus élevée de soluté non diffusible que la cellule de référence; solution ayant une pression osmotique plus élevée que la solution de référence (plasma sanguin ou liquide interstitiel). Les cellules placées dans une solution hypertonique perdent de l'eau par osmose.
Solution hypotonique Solution plus diluée (contenant moins de solutés non diffusibles) que la cellule de référence. Les cellules placées dans une solution hypotonique se gonflent rapidement d'eau.
Solution isotonique Solution dans laquelle la concentration de soluté non diffusible est égale à celle que l'on trouve dans la cellule de référence.
Somatomédines Protéines favorisant la croissance sécrétées par le foie; la GH agit sur la synthèse de ces substances.
Somatotrophine *Voir* hormone de croissance.
Somite Segment mésodermique du corps de l'embryon qui contribue à la formation des muscles squelettiques, des vertèbres et du derme de la peau.
Sommation Accumulation des effets, et en particulier de ceux des stimulus musculaires, sensoriels ou mentaux.
Sommeil paradoxal Type de sommeil pendant lequel les yeux se déplacent rapidement, le tracé électroencéphalographique se rapproche de celui de l'état de veille et les rêves se produisent.
Souffle cardiaque Bruit anormal du cœur (résultant d'un trouble des valves du cœur).
Sous-cutané Sous la peau.
Spasme vasculaire Réaction immédiate que provoque la lésion d'un vaisseau sanguin; produit une constriction.
Spermatogenèse Processus de formation des spermatozoïdes (gamètes mâles); comprend la méiose et la spermiogenèse.
Spermatozoïde Gamète mâle.
Sperme Liquide contenant les spermatozoïdes et les sécrétions des glandes annexes des organes génitaux de l'homme.
Sphincter Muscle circulaire qui entoure un orifice.
Sténose Rétrécissement anormal; diminution du calibre d'un orifice, p. ex. rétrécissement valvulaire.
Stéroïdes Groupe de substances chimiques auquel appartiennent le cholestérol et certaines hormones; liposolubles et contenant peu d'oxygène.
Stimulines Quatre des six hormones adénohypophysaires qui régissent l'action d'un autre organe endocrinien.
Stimulus Excitant ou irritant; changement de l'environnement qui évoque une réaction.
Stimulus liminaire Stimulus le plus faible qui peut déclencher une réaction dans un tissu excitable.
Stroma Charpente interne de base d'un organe.
Substance blanche Groupements denses d'axones myélinisés dans le système nerveux central; neurofibres myélinisées.
Substance grise Région grise du système nerveux central; formée des corps cellulaires et des axones amyélinisés de neurones.
Substrat Réactif sur lequel une enzyme agit de manière à provoquer une réaction chimique.
Suc pancréatique Sécrétion du pancréas déversée dans le duodénum; riche en ions bicarbonate; contient des enzymes qui contribuent à la dégradation de toutes les catégories d'aliments.
Superficiel Situé près de la surface ou à la surface du corps.
Supérieur Relatif à la tête ou au haut d'une structure ou du corps.

Supination Rotation latérale de l'avant-bras pour tourner la paume en position antérieure.

Surface basale Surface située près de la base ou de l'intérieur d'une structure ; à proximité de la face inférieure ou du bas d'une structure.

Surfactant Sécrétion produite par certaines cellules des alvéoles qui réduit la tension superficielle des molécules d'eau et prévient ainsi l'affaissement des alvéoles après chaque expiration.

Suspension Mélange hétérogène contenant des particules de grande taille souvent visibles et qui ont tendance à se déposer.

Suture Articulation fibreuse immobile ; tous les os de la tête sauf un sont unis par des sutures.

Symbole chimique Symbole formé d'une ou deux lettres utilisé pour désigner un élément ; généralement la ou les premières lettres de son nom.

Symphyse Articulation dans laquelle les os sont reliés par du cartilage fibreux.

Synapse Jonction fonctionnelle ou point de contact étroit entre deux neurones ou entre un neurone et une cellule effectrice.

Synapsis Accolement des chromosomes homologues durant la première division méiotique.

Synarthrose Articulation immobile.

Synchondrose Articulation dans laquelle les os sont reliés par du cartilage hyalin.

Syndesmose Articulation dans laquelle les os sont reliés par un ligament ou une membrane de tissu conjonctif dense.

Synergique Qualifie un muscle qui aide un agoniste en effectuant le même mouvement que lui ou en stabilisant les articulations que croise l'agoniste afin de prévenir les mouvements indésirables.

Synostose Articulation complètement ossifiée ; articulation fusionnée.

Système Ensemble d'organes qui travaillent de concert pour accomplir une fonction vitale ; p. ex. système nerveux.

Système cardiovasculaire Système qui distribue le sang afin de fournir les nutriments et de retirer les déchets.

Système cranio-sacral *Voir* système nerveux parasympathique.

Système de Havers *Voir* ostéon.

Système de levier Système composé d'un levier (os), d'une force (action musculaire), d'une résistance (poids de l'objet à déplacer) et d'un point d'appui (articulation).

Système digestif Système qui transforme les aliments en nutriments absorbables et qui élimine les résidus impossibles à digérer.

Système endocrinien Système qui regroupe les organes internes sécrétant des hormones.

Système génital Système destiné à la reproduction.

Système immunitaire Système de défense spécifique dont les éléments attaquent les substances étrangères.

Système limbique Système nerveux fonctionnel qui intervient dans les réactions émotionnelles.

Système lymphatique Système composé des vaisseaux lymphatiques, des nœuds lymphatiques et d'autres organes et amas de tissu lymphatique ; recueille le surplus de liquides de l'espace extracellulaire et constitue un site de surveillance immunitaire.

Système musculaire Système composé des muscles squelettiques et de leurs attaches de tissu conjonctif.

Système nerveux Système de régulation qui agit rapidement pour déclencher la contraction musculaire ou la sécrétion glandulaire.

Système nerveux autonome (SNA) Division efférente du système nerveux périphérique qui innerve le muscle cardiaque, les muscles lisses et les glandes ; aussi appelé système nerveux involontaire.

Système nerveux central (SNC) Encéphale et moelle épinière.

Système nerveux involontaire *Voir* système nerveux autonome.

Système nerveux parasympathique Division du système nerveux autonome qui règle la digestion, l'élimination et la fonction glandulaire ; s'active surtout dans les situations de repos.

Système nerveux périphérique (SNP) Partie du système nerveux composée de nerfs et de ganglions situés à l'extérieur de l'encéphale et de la moelle épinière.

Système nerveux somatique Subdivision du système nerveux périphérique qui fournit l'innervation motrice aux muscles squelettiques ; aussi appelé système nerveux volontaire.

Système nerveux sympathique Division du système nerveux autonome qui prépare l'organisme à répondre aux facteurs de stress (danger, excitation, etc.) ; responsable de la réaction de lutte ou de fuite.

Système nerveux volontaire *Voir* système nerveux somatique.

Système osseux Système de protection et de soutien composé principalement d'os et de cartilages.

Système porte hépatique Circulation dans laquelle la veine porte hépatique apporte au foie les nutriments dissous pour qu'il les traite.

Système respiratoire Système où s'effectuent les échanges gazeux ; composé notamment du nez, du pharynx, du larynx, de la trachée, des bronches et des poumons.

Système somesthésique Ensemble fonctionnel de structures nerveuses qui régit la réception dans la paroi du corps et les membres ; reçoit des influx provenant des extérocepteurs, des propriocepteurs et des intérocepteurs.

Système tampon acide carbonique-bicarbonate Système tampon qui contribue à maintenir l'homéostasie du pH sanguin.

Système tégumentaire La peau et ses dérivés ; constitue le revêtement protecteur de l'organisme.

Système urinaire Système principalement responsable de l'équilibre hydrique, électrolytique et acido-basique et de l'élimination des déchets azotés.

Systémique Relatif à tout l'organisme.

Systole Période de la révolution cardiaque pendant laquelle les oreillettes ou les ventricules sont contractés.

Tachycardie Fréquence cardiaque supérieure à 100 battements par minute.

Tampon Substance chimique ou système qui réduit les variations du pH en acceptant ou en libérant des ions hydrogène.

Télencéphale Subdivision antérieure du prosencéphale primaire qui se développe pour former les hémisphères cérébraux et les ventricules latéraux.

Télodendrons Ramifications terminales d'un axone.

Télophase Dernière phase de la mitose ; commence lorsque la migration des chromosomes vers les pôles de la cellule est complétée et se termine par la séparation complète des deux cellules filles.

Temps de prothrombine Analyse sanguine effectuée pour évaluer l'hémostase.

Tendinite Inflammation des gaines de tendon, habituellement causée par une utilisation excessive.

Tendon Bande de tissu conjonctif dense qui relie un muscle à un os.

Tendon calcanéen Tendon qui fixe le muscle du mollet à la face postérieure du calcanéus (talon).

Tension musculaire Force exercée sur un objet par un muscle contracté.

Terminaison neuromusculaire Région où un neurone moteur entre en contact avec une fibre musculaire squelettique.

Testicule Organe sexuel mâle qui produit les spermatozoïdes ; gonade mâle.

Testostérone Hormone sexuelle mâle produite par les testicules ; suscite la virilisation durant la puberté ; nécessaire à la production de spermatozoïdes.

Tétanos (1) Contraction musculaire prolongée résultant d'une stimulation de haute fréquence ; (2) maladie infectieuse causée par une bactérie anaérobie.

Tête Structure osseuse renfermant l'encéphale et les organes de l'ouïe et de l'équilibre ; comprend les os de la face ; aussi appelée crâne osseux.

Thalamus Masse de substance grise située dans le diencéphale et constituant les parois du troisième ventricule ; relais sensitif et moteur d'influx allant au cortex cérébral et en provenant.

Thermogenèse Production de chaleur.

Thermorécepteur Récepteur sensible aux changements de température.

Thorax Partie du tronc située au-dessus du diaphragme et au-dessous du cou.

Thorax osseux (cage thoracique) Os qui forment la charpente du thorax; comprennent le sternum, les côtes et les vertèbres thoraciques.
Thrombine Enzyme qui provoque la coagulation en transformant le fibrinogène en fibrine.
Thrombocyte Plaquette; intervient dans la coagulation du sang.
Thrombopénie Insuffisance du nombre de plaquettes circulant dans le sang.
Thrombus Caillot qui se développe dans un vaisseau sanguin intact et qui y demeure.
Thymine (T) Base constituée d'une seule structure cyclique (une pyrimidine) présente dans l'ADN; base complémentaire de l'adénine.
Thymus Glande endocrine qui joue un rôle dans la réponse immunitaire.
Thyréotrophine (TSH) Hormone adénohypophysaire qui régit la sécrétion des hormones thyroïdiennes.
Thyrocalcitonine *Voir* calcitonine.
Thyroxine (T_4) Hormone renfermant de l'iode sécrétée par la glande thyroïde; accélère le métabolisme cellulaire dans la majorité des tissus.
Tissu Groupe de cellules semblables (et leur substance intercellulaire) qui remplissent une fonction spécifique; les tissus primaires de l'organisme sont le tissu épithélial, le tissu conjonctif, le tissu musculaire et le tissu nerveux.
Tissu adipeux Tissu conjonctif aréolaire modifié en vue du stockage des nutriments; tissu conjonctif constitué principalement de cellules adipeuses.
Tissu conjonctif Tissu primaire; prend des formes et assure des fonctions très variées. Remplit notamment des fonctions de soutien, de site de stockage et de protection.
Tissu conjonctif aréolaire Type de tissu conjonctif lâche qui contient une grande quantité de liquide et de macrophagocytes; le plus répandu des tissus conjonctifs de l'organisme.
Tissu épithélial (épithélium) Tissu primaire qui recouvre la surface du corps, tapisse ses cavités et forme les glandes.
Tissu osseux Tissu conjonctif qui forme le squelette.
Tonicité Mesure de la capacité d'une solution de modifier le tonus ou la forme des cellules en provoquant le flux osmotique d'eau.
Tonsilles Anneau de tissu lymphatique autour de l'entrée du pharynx; il existe trois paires de tonsilles nommées d'après leur localisation.
Tonus musculaire Légère contraction continue d'un muscle en réaction à l'activation des récepteurs de l'étirement; permet aux muscles de rester fermes et prêts à répondre à une stimulation.
Tonus parasympathique Tonus qui établit le niveau d'activité normal des systèmes digestif et urinaire.
Tonus sympathique (ou vasomoteur) État de vasoconstriction partielle des vaisseaux sanguins entretenu par les neurofibres sympathiques.
Trabécules Bandes fibreuses que projette la capsule d'un organe à l'intérieur de l'organe.
Trachée Tube renforcé d'anneaux cartilagineux qui s'étend du larynx aux bronches.
Tractus Dans le système nerveux central, regroupement de neurofibres qui prennent naissance et se terminent aux mêmes endroits et qui partagent la même fonction.
Tractus cortico-spinaux Voies motrices principales des mouvements volontaires; descendent à partir du lobe frontal de chacun des hémisphères cérébraux.
Tractus hypothalamo-hypophysaire Réseau de neurofibres qui passe dans l'infundibulum et relie la neurohypophyse et l'hypothalamus.
Traduction Une des deux principales étapes du transfert de l'information génétique, pendant laquelle l'information portée par l'ARNm est décodée et utilisée pour assembler des polypeptides.
Trait dominant Se produit lorsqu'un allèle masque ou supprime l'expression de l'autre (qui est récessif).
Trait récessif Trait dû à un allèle qui ne se manifeste pas en présence d'autres allèles générant des traits qui le dominent; doit être présent en double pour être exprimé.
Transcription Une des deux principales étapes du transfert de l'information génétique; transfert de l'information d'une séquence de bases contenue dans un gène d'ADN à une séquence complémentaire formée sur une molécule d'ARNm.
Transduction Conversion de l'énergie d'un stimulus en énergie électrique.
Transformation sol-gel Capacité réversible d'un colloïde qui peut passer d'un état liquide (sol) à un état plus solide (gel).
Transport actif Mécanisme de transport membranaire qui nécessite un apport d'ATP; par exemple, le pompage de solutés et l'endocytose.
Transport actif primaire Type de transport actif dans lequel l'énergie nécessaire au mécanisme de transport est fournie directement par l'hydrolyse de l'ATP.
Transport passif Mécanisme de transport membranaire qui ne nécessite pas d'énergie cellulaire (ATP); par exemple, la diffusion, qui utilise l'énergie cinétique des molécules.
Transport transépithélial Mouvement de substances à travers plutôt que entre des cellules épithéliales adjacentes unies par des jonctions serrées, comme dans l'absorption des nutriments dans l'intestin grêle.
Transport vésiculaire (en vrac) Mouvement des grosses particules et des macromolécules à travers la membrane plasmique; comprend l'exocytose, la phagocytose, la pinocytose et l'endocytose par récepteurs interposés.
Travail Événements qui mènent à l'expulsion du fœtus à l'extérieur de l'utérus.
Travées Petites pièces pointues ou plates d'os dans l'os compact.
Triglycérides Graisses et huiles composées d'acides gras et de glycérol; source d'énergie la plus concentrée utilisable par l'organisme; aussi appelés graisses neutres.
Triiodothyronine (T_3) Hormone dont la sécrétion et la fonction sont semblables à celles de la thyroxine; formée à partir de la thyroxine (T_4) au niveau des cellules cibles; est une dizaine de fois plus active que la thyroxine.
Tripeptide Combinaison de trois acides aminés unis par une liaison peptidique.
Trompe auditive Conduit qui relie l'oreille moyenne au pharynx.
Trompe de Fallope *Voir* trompe utérine.
Trompe utérine Conduit dans lequel l'ovule est transporté jusqu'à l'utérus; aussi appelée trompe de Fallope.
Tronc cérébral Structure de l'encéphale composée du mésencéphale, du pont et du bulbe rachidien.
Trophoblaste Couche superficielle de cellules du blastocyste.
Trypsine Enzyme protéolytique sécrétée par le pancréas.
Tube digestif Tube creux continu s'étendant de la bouche à l'anus; comprend la cavité orale, le pharynx, l'œsophage, l'estomac, l'intestin grêle et le gros intestin.
Tube neural Tissu fœtal qui donne naissance à l'encéphale, à la moelle épinière et aux structures nerveuses associées; se forme à partir de l'ectoderme avant le jour 23 du développement embryonnaire.
Tubule transverse Prolongement de la membrane plasmique de la cellule musculaire (sarcolemme) qui s'enfonce profondément dans la cellule; conduit l'onde de dépolarisation en profondeur dans la cellule musculaire.
Tubules séminifères contournés Tubules situés dans les testicules; fabriquent les spermatozoïdes.
Tumeur Masse de cellules anormales, parfois cancéreuses.
Tunique Revêtement ou couche d'un tissu.
Ulcère Lésion ou érosion d'une muqueuse, comme l'ulcère de l'estomac.
Unité de pH Unité de mesure de l'acidité ou de l'alcalinité relative d'une solution.
Unité motrice Ensemble formé par un neurone moteur et toutes les fibres musculaires qu'il dessert.
Uracile (U) Base constituée d'une seule structure cyclique (une pyrimidine) présente dans l'ARN; base complémentaire de l'adénine.
Urée Principal déchet azoté excrété dans l'urine.
Uretère Conduit qui transporte l'urine du rein à la vessie.
Urètre Conduit qui transporte l'urine de la vessie à l'extérieur de l'organisme.
Utérus Organe creux, situé entre le rectum et la vessie, à la paroi musculaire épaisse; accueille, héberge et nourrit l'ovule fécondé; siège du développement de l'embryon et du fœtus.

Uvule palatine Prolongement en forme de doigt du palais mou; aussi appelée luette.
Vaccin Préparation qui confère une immunité active artificielle.
Vagin Tube à la paroi mince qui s'étend du col de l'utérus à l'extérieur du corps; organe de la copulation chez la femme.
Vaisseau chylifère Capillaire lymphatique modifié de l'intestin grêle qui participe à l'absorption des lipides.
Vaisseaux lymphatiques Vaisseaux qui recueillent et transportent la lymphe jusqu'aux veines du système cardiovasculaire.
Valve bicuspide (ou mitrale) Valve auriculo-ventriculaire gauche.
Valve iléo-cæcale Sphincter situé à l'endroit où l'intestin grêle rejoint le gros intestin; régit le passage des substances vers le gros intestin.
Valve tricuspide Valve auriculo-ventriculaire droite.
Valves auriculo-ventriculaires Valves qui empêchent le sang de refluer dans les oreillettes lorsque les ventricules se contractent.
Varicosités axonales Renflements bulbeux situés à la jonction des neurofibres du SNA et des fibres musculaires lisses; renferment des mitochondries et des vésicules synaptiques.
Vasa recta Capillaires sanguins qui irriguent l'anse du néphron dans la médulla rénale.
Vasculaire Relatif aux vaisseaux sanguins ou richement irrigué par des vaisseaux sanguins.
Vasoconstriction Réduction du calibre des vaisseaux sanguins.
Vasodilatation Relâchement des muscles lisses des vaisseaux sanguins qui produit leur dilatation.
Végétations adénoïdes Tonsilles pharyngiennes.
Veine cave inférieure Veine qui retourne à l'oreillette droite le sang provenant des régions situées au-dessous du diaphragme.
Veine cave supérieure Veine qui retourne à l'oreillette droite le sang provenant des régions situées au-dessus du diaphragme.
Veines Vaisseaux sanguins qui retournent vers les oreillettes du cœur le sang provenant de la circulation.
Veines pulmonaires Vaisseaux qui acheminent à l'oreillette gauche du cœur le sang fraîchement oxygéné provenant de la zone respiratoire des poumons.
Veinule Petite veine.
Ventilation alvéolaire (VA) Mesure de l'efficacité respiratoire; indique le volume d'air inutilisé et la concentration de gaz frais dans les alvéoles.
Ventilation pulmonaire Respiration; composée de l'inspiration et de l'expiration.
Ventral Relatif à l'avant; antérieur.
Ventricules (1) Les deux cavités intérieures du cœur qui constituent les principales pompes sanguines; (2) cavités de l'encéphale.
Ventricules cérébraux Cavités remplies de liquide cérébro-spinal situées dans l'encéphale.
Vertèbres cervicales Les sept vertèbres de la colonne vertébrale qui sont situées dans le cou.
Vertèbres lombales Les cinq vertèbres de la région lombale de la colonne vertébrale.
Vésicule Petit sac rempli de liquide.
Vésicule biliaire Sac localisé sous le lobe droit du foie; emmagasine la bile.
Vésicules de sécrétion Vésicules contenant des protéines qui migrent en direction de la membrane plasmique de la cellule et libèrent leur contenu à l'extérieur de la cellule par exocytose.
Vésicules synaptiques Petits sacs membraneux situés dans les corpuscules nerveux terminaux des télodendrons; contiennent un neurotransmetteur.
Vessie Sac musculaire lisse et rétractile qui emmagasine temporairement l'urine; située sur le plancher pelvien, derrière la symphyse pubienne.
Vestibule Portion plus large au commencement d'un canal, comme dans l'oreille interne, le nez, le larynx et le vagin.
VIH (virus de l'immunodéficience humaine) Virus qui détruit les lymphocytes T auxiliaires, ce qui provoque un déficit de l'immunité à médiation cellulaire; les symptômes du SIDA apparaissent graduellement lorsque les nœuds lymphatiques ne peuvent plus contenir le virus.
Villosités intestinales Saillies digitiformes des cellules de la muqueuse de l'intestin grêle qui multiplient la surface de contact pour faciliter l'absorption des nutriments.
Viscéral Relatif à un organe interne du corps ou à la partie interne d'une structure.
Viscérocepteur *Voir* intérocepteur.
Viscosité État de ce qui est collant ou épais.
Vitamines Composés organiques dont l'organisme a besoin en très petites quantités; classées en vitamines liposolubles (A,D,E,K) et hydrosolubles (groupe B et vitamine C). La plupart des vitamines agissent comme coenzymes dans les réactions permettant l'utilisation des nutriments.
Vitesse du métabolisme Dépense énergétique de l'organisme par unité de temps.
Volume systolique (VS) Volume de sang éjecté par un ventricule pendant une contraction.
Vomissement Évacuation réflexe du contenu de l'estomac par l'œsophage et le pharynx.
Vulve Organes génitaux externes de la femme.
Xénogreffe Greffe de tissus provenant d'une autre espèce animale.
Xérostomie Diminution importante ou arrêt complet de la salivation.
Zone de conduction Comprend toutes les voies respiratoires qui permettent à l'air d'atteindre le siège des échanges gazeux (la zone respiratoire).
Zygote Ovule fécondé.

INDEX

Les nombres en caractères gras renvoient à une définition.
Les lettres f, t et e renvoient respectivement à une figure, à un tableau ou à un encadré.

IN

IN

IN

IN

IN

IN